《机械设计手册》卷目

卷　　次	篇　　名
第 1 卷　机械设计基础资料	1. 常用设计资料和数据　2. 机械制图与机械零部件精度设计　3. 机械工程材料　4. 机械零部件结构设计
第 2 卷　机械零部件设计(连接、紧固与传动)	5. 连接与紧固　6. 带传动和链传动　7. 摩擦轮传动与螺旋传动　8. 齿轮传动　9. 轮系　10. 减速器和变速器　11. 机构设计
第 3 卷　机械零部件设计(轴系、支承与其他)	12. 轴　13. 滑动轴承　14. 滚动轴承　15. 联轴器、离合器与制动器　16. 弹簧　17. 起重运输机械零部件和操作件　18. 机架、箱体与导轨　19. 润滑　20. 密封
第 4 卷　流体传动与控制	21. 液压传动与控制　22. 气压传动与控制　23. 液力传动
第 5 卷　机电一体化与控制技术	24. 机电一体化技术及设计　25. 机电系统控制　26. 机器人与机器人装备　27. 数控技术　28. 微机电系统及设计　29. 机械状态监测与故障诊断技术　30. 激光及其在机械工程中的应用　31. 电动机、电器与常用传感器
第 6 卷　现代设计与创新设计(一)	32. 现代设计理论与方法综述　33. 机械系统概念设计　34. 机械系统的振动设计及噪声控制　35. 疲劳强度设计　36. 摩擦学设计　37. 机械可靠性设计　38. 机械结构的有限元设计　39. 优化设计　40. 数字化设计　41. 试验优化设计　42. 工业设计与人机工程　43. 机械产品设计中的常用软件
第 7 卷　现代设计与创新设计(二)	44. 机械创新设计概论　45. 创新设计方法论　46. 顶层设计原理、方法与应用　47. 创新原理、思维、方法与应用　48. 绿色设计与和谐设计　49. 智能设计　50. 仿生机械设计　51. 互联网上的合作设计　52. 工业通信网络　53. 面向机械工程领域的大数据、云计算与物联网技术　54. 3D 打印设计与制造技术　55. 系统化设计理论与方法

机械设计手册

第6版

主　编　闻邦椿

副主编　鄂中凯　张义民　陈良玉　孙志礼

　　　　宋锦春　柳洪义　巩亚东　宋桂秋

第2卷　机械零部件设计
（连接、紧固与传动）

卷主编　陈良玉　巩云鹏

机械工业出版社

本版手册是在前5版手册的基础上吸收并总结了国内外机械工程设计领域中的新标准、新材料、新工艺、新结构、新技术、新产品、新设计理论与方法，并配合我国创新驱动战略的需求撰写而成的。本版手册全面系统地介绍了常规设计、机电一体化设计、机电系统控制、现代设计与创新设计方法及其应用等内容。具有体系新颖、内容现代、凸显创新、系统全面、信息量大、实用可靠及简明便查等特点。

本版手册分为7卷55篇，内容有：机械设计基础资料、机械零部件设计（连接、紧固与传动）、机械零部件设计（轴系、支承与其他）、流体传动与控制、机电一体化与控制技术、现代设计与创新设计等。

本卷为第2卷，主要内容有：连接与紧固、带传动和链传动、摩擦轮传动与螺旋传动、齿轮传动、轮系、减速器和变速器、机构设计等。

本版手册可供从事机械设计、制造、维修及相关专业的工程技术人员作为工具书使用，也可供大专院校的相关专业师生使用和参考。

图书在版编目（CIP）数据

机械设计手册. 第2卷/闻邦椿主编. —6版. —北京：机械工业出版社，2017.12（2022.10重印）

ISBN 978-7-111-58342-4

Ⅰ.①机… Ⅱ.①闻… Ⅲ.①机械设计-技术手册 Ⅳ.①TH122-62

中国版本图书馆CIP数据核字（2017）第261176号

机械工业出版社（北京市百万庄大街22号 邮政编码100037）
策划编辑：曲彩云 责任编辑：曲彩云 黄丽梅
责任校对：刘志文 张晓蓉 刘雅娜
封面设计：马精明 责任印制：张 博
保定市中画美凯印刷有限公司印刷
2022年10月第6版第5次印刷
184mm×260mm · 107.75印张 · 3插页 · 3736千字
标准书号：ISBN 978-7-111-58342-4
定价：199.00元

凡购本书，如有缺页、倒页、脱页，由本社发行部调换

电话服务
服务咨询热线：010-88361066
读者购书热线：010-68326294
010-88379203

网络服务
机 工 官 网：www.cmpbook.com
机 工 官 博：weibo.com/cmp1952
金 书 网：www.golden-book.com
教育服务网：www.cmpedu.com

编写和审稿人员

主　　编　闻邦椿　（东北大学）

副 主 编　鄂中凯　张义民　陈良玉　孙志礼　宋锦春　柳洪义　巩亚东　宋桂秋　（东北大学）

卷次及卷主编	篇次	篇　主　编	编　写　人	审稿人
第 1 卷 机械设计基础资料 卷主编 鄂中凯（东北大学）	第 1 篇	鄂中凯　（东北大学）	鄂中凯　周康年　宋叔尼　林　菁	张义民
	第 2 篇	黄　英 李小号　（东北大学）	黄　英　李小号　孙少妮　马明旭 张闻雷　赵　薇	田　凌 毛　昕
	第 3 篇	方昆凡　（东北大学）	方昆凡　夏永发　黄　英　鄂晓宇 单宝峰　高　虹	鄂中凯
	第 4 篇	王宛山 于天彪　（东北大学）	王宛山　单瑞兰　崔虹雯　于天彪 孟祥志　王学智	巩亚东
第 2 卷 机械零部件设计 （连接、紧固与传动） 卷主编 陈良玉　巩云鹏 （东北大学）	第 5 篇	吴宗泽　（清华大学）	吴宗泽	罗圣国
	第 6 篇	吴宗泽　（清华大学） 陈铁鸣　（哈尔滨工业大学）	吴宗泽　陈铁鸣	罗圣国
	第 7 篇	陈良玉　（东北大学）	陈良玉	巩云鹏
	第 8 篇	陈良玉 巩云鹏　（东北大学）	陈良玉　巩云鹏　张伟华	鄂中凯 陈良玉 王延忠
	第 9 篇	李力行　（大连交通大学）	李力行　叶庆泰　何卫东　李　欣	张少名
	第 10 篇	程乃士　（东北大学）	程乃士　刘　温　石晓辉　程　越	鄂中凯 巩云鹏
	第 11 篇	邓宗全 于红英　（哈尔滨工业大学） 邹　平　（东北大学） 焦映厚　（哈尔滨工业大学）	邓宗全　于红英　邹　平　焦映厚 陈照波　唐德威　杨　飞　刘文涛 陶建国　荣伟彬　王乐锋　陈　明 刘荣强	陈良玉 杨玉虎
第 3 卷 机械零部件设计 （轴系、支承与其他） 卷主编 孙志礼（东北大学）	第 12 篇	巩云鹏　（东北大学）	巩云鹏　张伟华	孙志礼
	第 13 篇	卜　炎　（天津大学）	卜　炎	吴宗泽
	第 14 篇	李元科　（华中科技大学）	李元科　毛宽民	吴宗泽
	第 15 篇	孙志礼　（东北大学）	孙志礼　闫玉涛　闫　明　王　健	修世超 苏鹏程

卷次及卷主编	篇次	篇主编	编写人	审稿人
第 3 卷 机械零部件设计 （轴系、支承与其他） 卷主编 孙志礼（东北大学）	第 16 篇	闫玉涛 （东北大学）	闫玉涛 印明昂	孙志礼
	第 17 篇	郑夕健 （沈阳建筑大学）	郑夕健 谢正义 鄂 东 冯 勃	屈福政
	第 18 篇	张耀满 吴自通 （东北大学）	张耀满 吴自通	原所先
	第 19 篇	丁津原 （东北大学）	丁津原 马先贵 胡俊宏 金映丽	鄂中凯 孙志礼
	第 20 篇	修世超 （东北大学）	修世超 李宝民	丁津原 杨好志
第 4 卷 流体传动与控制 卷主编 宋锦春（东北大学）	第 21 篇	宋锦春 陈建文 （东北大学）	宋锦春 陈建文 韩学军 周生浩 王长周 林君哲 李 松	张艾群 曹鑫铭
	第 22 篇	宋锦春 王炳德 （东北大学）	宋锦春 王炳德 赵丽丽 周 娜	曹鑫铭 张艾群
	第 23 篇	雷雨龙 （吉林大学）	雷雨龙 汤 辉 李兴忠 王忠山 付 尧 卢秀全 王佳欣 王宏卫	宋锦春 宋 斌
第 5 卷 机电一体化与 控制技术 卷主编 柳洪义 刘 杰 巩亚东 （东北大学）	第 24 篇	刘 杰 （东北大学）	刘 杰 李允公 刘 宇 戴 丽	柳洪义 刘 杰
	第 25 篇	柳洪义 （东北大学）	柳洪义 郝丽娜 罗 忠 王 菲	刘 杰 柳洪义
	第 26 篇	宋伟刚 （东北大学）	宋伟刚 汪 博	柳洪义 赵明扬
	第 27 篇	巩亚东 张耀满 （东北大学）	巩亚东 张耀满	刘 杰 李宪凯
	第 28 篇	黄庆安 （东南大学）	黄庆安 周再发 宋 竞 聂 萌	刘 杰
	第 29 篇	段志善 （西安建筑科技大学）	段志善 史丽晨 东亚斌	高金吉 柳洪义
	第 30 篇	王立军 （中国科学院长春光学精密机械与物理研究所）	王立军 付喜宏 关振忠	柳洪义
	第 31 篇	史家顺 （东北大学）	史家顺 朱立达	鄂中凯 刘 杰
第 6 卷 现代设计与创新设计 （一） 卷主编 张义民 孙志礼 宋桂秋 （东北大学）	第 32 篇	闻邦椿 刘树英 （东北大学）	闻邦椿 刘树英	雒建斌
	第 33 篇	邹慧君 （上海交通大学）	邹慧君	谢友柏
	第 34 篇	闻邦椿 刘树英 （东北大学）	闻邦椿 刘树英	黄文虎
	第 35 篇	王德俊 王 雷 （东北大学）	王德俊 王 雷	鄂中凯 孙志礼
	第 36 篇	卜 炎 （天津大学）	卜 炎	丁津原
	第 37 篇	孙志礼 （东北大学）	孙志礼 张义民 杨 强 郭 瑜 王 健	王德俊 李良巧

卷次及卷主编	篇次	篇主编	编写人	审稿人
第 6 卷 现代设计与创新设计 （一） 卷主编 张义民　孙志礼 宋桂秋 （东北大学）	第 38 篇	韩清凯　（大连理工大学）	韩清凯　翟敬宇　张　昊	陈良玉
	第 39 篇	宋桂秋　（东北大学）	宋桂秋　李一鸣	佟杰新
	第 40 篇	王宛山 于天彪　（东北大学）	王宛山　郭　钢　于天彪　朱立达 李　虎　孙　伟　杨建宇　王学智	巩亚东
	第 41 篇	任露泉 田为军　（吉林大学） 丛　茜	任露泉　田为军　丛　茜	杨印生
	第 42 篇	刘　洋 任　宏　（沈阳航空航天大学）	刘　洋　任　宏	张　强 张　剑
	第 43 篇	李　鹤 孙　伟　（东北大学）	李　鹤　孙　伟	孙志礼
第 7 卷 现代设计与创新设计 （二） 卷主编 宋桂秋　刘树英 （东北大学）	第 44 篇	闻邦椿　（东北大学）	闻邦椿　宋桂秋	雒建斌
	第 45 篇	闻邦椿 刘树英　（东北大学）	闻邦椿　刘树英	赵淳生
	第 46 篇	闻邦椿 刘树英　（东北大学）	闻邦椿　刘树英	高金吉
	第 47 篇	赵新军　（东北大学）	赵新军　钟　莹　孙晓枫	宋桂秋 巩云鹏
	第 48 篇	刘志峰　（合肥工业大学）	刘志峰　李新宇　张　雷　李小彭	刘光复 孙志礼
	第 49 篇	王安麟　（同济大学）	王安麟	柳洪义
	第 50 篇	任露泉 韩志武　（吉林大学）	任露泉　韩志武　呼　咏　孙霁宇 田丽梅　张成春　张俊秋　张　强 张　锐　张志辉	王继新
	第 51 篇	朱爱斌　（西安交通大学）	朱爱斌　张执南	谢友柏
	第 52 篇	宋桂秋 刘　宇　（东北大学）	宋桂秋　刘　宇　李一鸣	邓庆绪 彭玉怀
	第 53 篇	邓庆绪　（东北大学）	邓庆绪　彭玉怀	张　斌
	第 54 篇	李　虎　（东北大学）	李　虎　陈亚东	巩亚东 宋桂秋
	第 55 篇	闻邦椿 刘树英　（东北大学）	闻邦椿　刘树英	赵淳生

本卷编辑人员

篇　　目	责 任 编 辑	审 读 编 辑
第 5 篇	张元生	崔滋恩
第 6 篇	张元生	黄丽梅
第 7 篇	徐强	崔滋恩
第 8 篇	李含杨	陈保华　黄丽梅　王春雨
第 9 篇	徐强	黄丽梅
第 10 篇	李含杨	王珑
第 11 篇	高依楠	黄丽梅

前　言

本版手册为新出版的第6版七卷本《机械设计手册》。由于科学技术的快速发展，需要我们对手册内容进行更新，增加新的科技内容，以满足广大读者的迫切需要。

《机械设计手册》自1991年面世发行以来，历经5次修订，截至2016年已累计发行38万套。作为国家级重点科技图书的《机械设计手册》，深受社会各界的重视和好评，在全国具有很大的影响力，该手册曾获得全国优秀科技图书奖二等奖（1995年）、机械工业部科技进步奖二等奖（1997年）、机械工业科学技术奖一等奖（2011年）、中国出版政府奖提名奖（2013年），并多次获得全国科技畅销书奖等奖项。1994年，《机械设计手册》曾在我国台湾建宏出版社出版发行，并在海内外产生了广泛的影响。《机械设计手册》荣获的一系列国家和部级奖项表明，其具有很高的科学价值、实用价值和文化价值。《机械设计手册》已成为机械设计领域的一部大型品牌工具书，已成为机械工程领域权威的和影响力较大的大型工具书，长期以来，它为我国装备制造业的发展做出了巨大贡献。

第5版《机械设计手册》出版发行至今已有7年时间，这期间我国国民经济有了很大发展，国家制定了《国家创新驱动发展战略纲要》，其中把创新驱动发展作为了国家的优先战略。因此，《机械设计手册》第6版修订工作的指导思想除努力贯彻“科学性、先进性、创新性、实用性、可靠性”外，更加突出了“创新性”，以全力配合我国“创新驱动发展战略”的重大需求，为实现我国建设创新型国家和科技强国梦做出贡献。

在本版手册的修订过程中，广泛调研了厂矿企业、设计院、科研院所和高等院校等多方面的使用情况和意见。对机械设计的基础内容、经典内容和传统内容，从取材、产品及其零部件的设计方法与计算流程、设计实例等多方面进行了深入系统的整合，同时，还全面总结了当前国内外机械设计的新理论、新方法、新材料、新工艺、新结构、新产品和新技术，特别是在现代设计与创新设计理论与方法、机电一体化及机械系统控制技术等方面做了系统和全面的论述和凝练。相信本版手册会以崭新的面貌展现在广大读者面前，它将对提高我国机械产品的设计水平、推进新产品的研究与开发、老产品的改造，以及产品的引进、消化、吸收和再创新，进而促进我国由制造大国向制造强国跃升，发挥出巨大的作用。

本版手册分为7卷55篇：第1卷　机械设计基础资料；第2卷　机械零部件设计（连接、紧固与传动）；第3卷　机械零部件设计（轴系、支承与其他）；第4卷　流体传动与控制；第5卷　机电一体化与控制技术；第6卷　现代设计与创新设计（一）；第7卷　现代设计与创新设计（二）。

本版手册有以下七大特点：

一、构建新体系

构建了科学、先进、实用、适应现代机械设计创新潮流的《机械设计手册》新结构体系。该体系层次为：机械基础、常规设计、机电一体化设计与控制技术、现代设计与创新设计方法。该体系的特点是：常规设计方法与现代设计方法互相融合，光、机、电设计融为一体，局部的零部件设计与系统化设计互相衔接，并努力将创新设计的理念贯穿于常规设计与现代设计之中。

二、凸显创新性

习近平总书记在2014年6月和2016年5月召开的中国科学院、中国工程院两院院士大会上分别提出了我国科技发展的方向就是“创新、创新、再创新”，以及实现创新型国家和科技强国的三个阶段的目标和五项具体工作。为了配合我国创新驱动发展战略的重大需求，本版手册突出了机械创新设计内容的编写，主要有以下几个方面：

（1）新增第7卷，重点介绍了创新设计及与创新设计有关的内容。

该卷主要内容有：机械创新设计概论，创新设计方法论，顶层设计原理、方法与应用，创新原理、思维、方法与应用，绿色设计与和谐设计，智能设计，仿生机械设计，互联网上的合作设计，工业通信网络，面向机械工程领域的大数据、云计算与物联网技术，3D打印设计与制造技术，系统化设计理论与方法。

（2）在一些篇章编入了创新设计和多种典型机械创新设计的内容。

“第11篇 机构设计”篇新增加了“机构创新设计”一章，该章编入了机构创新设计的原理、方法及飞剪机剪切机构创新设计，大型空间折展机构创新设计等多个创新设计的案例。典型机械的创新设计有大型全断面掘进机（盾构机）仿真分析与数字化设计、机器人挖掘机的机电一体化创新设计、节能抽油机的创新设计、产品包装生产线的机构方案创新设计等。

（3）编入了一大批典型的创新机械产品。

“机械无级变速器”一章中编入了新型金属带式无级变速器，“并联机构的设计与应用”一章中编入了数十个新型的并联机床产品，“振动的利用”一章中新编入了激振器偏移式自同步振动筛、惯性共振式振动筛、振动压路机等十多个典型的创新机械产品。这些产品有的获得了国家或省部级奖励，有的是专利产品。

（4）编入了机械设计理论和设计方法论等方面的创新研究成果。

1）闻邦椿院士团队经过长期研究，在国际上首先创建了振动利用工程学科，提出了该类机械设计理论和方法。本版手册中编入了相关内容和实例。

2）根据多年的研究，提出了以非线性动力学理论为基础的深层次的动态设计理论与方法。本版手册首次编入了该方法并列举了若干应用范例。

3）首先提出了和谐设计的新概念和新内容，阐明了自然环境、社会环境（政治环境、经济环境、人文环境、国际环境、国内环境）、技术环境、资金环境、法律环境下的产品和谐设计的概念和内容的新体系，把既有的绿色设计篇拓展为绿色设计与和谐设计篇。

4）全面系统地阐述了产品系统化设计的理论和方法，提出了产品设计的总体目标、广义目标和技术目标的内涵，提出了应该用IQCTES六项设计要求来代替QCTES五项要求，详细阐明了设计的四个理想步骤，即“3I调研”“7D规划”“1+3+X实施”“5（A+C）检验”，明确提出了产品系统化设计的基本内容是主辅功能、三大性能和特殊性能要求的具体实现。

5）本版手册引入了闻邦椿院士经过长期实践总结出的独特的、科学的创新设计方法论体系和规则，用来指导产品设计，并提出了创新设计方法论的运用可向智能化方向发展，即采用专家系统来完成。

三、坚持科学性

手册的科学水平是评价手册编写质量的重要方面，因此，本版手册特别强调突出内容的科学性。

（1）本版手册努力贯彻科学发展观及科学方法论的指导思想和方法，并将其落实到手册内容的编写中，特别是在产品设计理论方法的和谐设计、深层次设计及系统化设计的编写中。

（2）本版手册中的许多内容是编著者多年研究成果的科学总结。这些内容中有不少是国家863、973计划项目，国家科研重大专项，国家自然科学基金重大、重点和面上项目资助项目的研究成果，有不少成果曾获得国际、国家、部委、省市科技奖励及技术专利，充分体现了本版手册内容的重大科学价值与创新性。

下面简要介绍本版手册编入的几方面的重要研究成果：

1）振动利用工程新学科是闻邦椿院士团队经过长期研究在国际上首先创建的。本版手册中编入了振动利用机械的设计理论、方法和范例。

2）产品系统化设计理论与方法的体系和内容是闻邦椿院士团队提出并加以完善的，编写者依据多年的研究成果和系列专著，经综合整理后首次编入本版手册。

3）仿生机械设计是一门新兴的综合性交叉学科，近年来得到了快速发展，它为机械设计的创新提供了新思路、新理论和新方法。吉林大学任露泉院士领导的工程仿生教育部重点实验室开展了大量的深入研究工作，取得了一系列创新成果且出版了专著，据此并结合国内外大量较新的文献资料，为本版手册构建了仿生机械设计的新体系，编写了“仿生机械设计”篇（第 50 篇）。

4）激光及其在机械工程中的应用篇是中国科学院长春光学精密机械与物理研究所王立军院士依据多年的研究成果，并参考国内外大量较新的文献资料编写而成的。

5）绿色制造工程是国家确立的五项重大工程之一，绿色设计是绿色制造工程的最重要环节，是一个新的学科。合肥工业大学刘志峰教授依据在绿色设计方面获多项国家和省部级奖励的研究成果，参考国内外大量较新的文献资料为本版手册首次构建了绿色设计新体系，编写了“绿色设计与和谐设计”篇（第 48 篇）。

6）微机电系统及设计是前沿的新技术。东南大学黄庆安教授领导的微电子机械系统教育部重点实验室多年来开展了大量研究工作，取得了一系列创新研究成果，本版手册的“微机电系统及设计”篇（第 28 篇）就是依据这些成果和国内外大量较新的文献资料编写而成的。

四、重视先进性

（1）本版手册对机械基础设计和常规设计的内容做了大规模全面修订，编入了大量新标准、新材料、新结构、新工艺、新产品、新技术、新设计理论和计算方法等。

1）编入和更新了产品设计中需要的大量国家标准，仅机械工程材料篇就更新了标准 126 个，如 GB/T 699—2015《优质碳素结构钢》、GB/T 3077—2015《合金结构钢》、GB/T 15712—2016《非调质机械结构钢》、GB/T 11263—2017《热轧 H 型钢和部分 T 型钢》和 GB/T 2040—2017《铜及铜合金板材》等。

2）在新材料方面，充实并完善了铝及铝合金、钛及钛合金、镁及镁合金等内容。这些材料由于具有优良的力学性能、物理性能以及回收率高等优点，目前广泛应用于航空、航天、高铁、计算机、通信元件、电子产品、纺织和印刷等行业。增加了国内外粉末冶金材料的新品种，如美国、德国和日本等国家的各种粉末冶金材料。充实了国内外工程塑料及复合材料的新品种。

3）新编的“机械零部件结构设计”篇（第 4 篇），依据 11 个结构设计方面的基本要求，编写了相应的内容，并编入了结构设计的评估体系和减速器结构设计、滚动轴承部件结构设计的示例。

4）按照 GB/T 3480.1～3—2013（报批稿）、GB/T 10062.1～3—2003 及 ISO 6336—2006 等新标准，重新构建了更加完善的渐开线圆柱齿轮传动和锥齿轮传动的设计计算新体系；按照初步确定尺寸的简化计算、简化疲劳强度校核计算、一般疲劳强度校核计算，编排了三种设计计算方法，以满足不同场合、不同要求的齿轮设计。

5）在“第 4 卷　流体传动与控制”卷中，编入了一大批国内外知名品牌的新标准、新结构、新产品、新技术和新设计计算方法。在“液力传动”篇（第 23 篇）中新增加了液黏传动，它是一种新型的液力传动。

（2）“第5卷 机电一体化与控制技术”卷充实了智能控制及专家系统的内容，大篇幅增加了机器人与机器人装备的内容。

机器人是机电一体化特征最为显著的现代机械系统，机器人技术是智能制造的关键技术。由于智能制造的迅速发展，近年来机器人产业呈现出高速发展的态势。为此，本版手册大篇幅增加了“机器人与机器人装备”篇（第26篇）的内容。该篇从实用性的角度，编写了串联机器人、并联机器人、轮式机器人、机器人工装夹具及变位机；编入了机器人的驱动、控制、传感、视角和人工智能等共性技术；结合喷涂、搬运、电焊、冲压及压铸等工艺，介绍了机器人的典型应用实例；介绍了服务机器人技术的新进展。

（3）为了配合我国创新驱动战略的重大需求，本版手册扩大了创新设计的篇数，将原第6卷扩编为两卷，即新的“现代设计与创新设计（一）”（第6卷）和“现代设计与创新设计（二）”（第7卷）。前者保留了原第6卷的主要内容，后者编入了创新设计和与创新设计有关的内容及一些前沿的技术内容。

本版手册“现代设计与创新设计（一）”卷（第6卷）的重点内容和新增内容主要有：

1）在“现代设计理论与方法综述”篇（第32篇）中，简要介绍了机械制造技术发展总趋势、在国际上有影响的主要设计理论与方法、产品研究与开发的一般过程和关键技术、现代设计理论的发展和根据不同的设计目标对设计理论与方法的选用。闻邦椿院士在国内外首次按照系统工程原理，对产品的现代设计方法做了科学分类，克服了目前产品设计方法的论述缺乏系统性的不足。

2）新编了“数字化设计”篇（第40篇）。数字化设计是智能制造的重要手段，并呈现应用日益广泛、发展更加深刻的趋势。本篇编入了数字化技术及其相关技术、计算机图形学基础、产品的数字化建模、数字化仿真与分析、逆向工程与快速原型制造、协同设计、虚拟设计等内容，并编入了大型全断面掘进机（盾构机）的数字化仿真分析和数字化设计、摩托车逆向工程设计等多个实例。

3）新编了“试验优化设计”篇（第41篇）。试验是保证产品性能与质量的重要手段。本篇以新的视觉优化设计构建了试验设计的新体系、全新内容，主要包括正交试验、试验干扰控制、正交试验的结果分析、稳健试验设计、广义试验设计、回归设计、混料回归设计、试验优化分析及试验优化设计常用软件等。

4）将手册第5版的“造型设计与人机工程”篇改编为“工业设计与人机工程”篇（第42篇），引入了工业设计的相关理论及新的理念，主要有品牌设计与产品识别系统（PIS）设计、通用设计、交互设计、系统设计、服务设计等，并编入了机器人的产品系统设计分析及自行车的人机系统设计等典型案例。

（4）“现代设计与创新设计（二）”卷（第7卷）主要编入了创新设计和与创新设计有关的内容及一些前沿技术内容，其重点内容和新编内容有：

1）新编了“机械创新设计概论”篇（第44篇）。该篇主要编入了创新是我国科技和经济发展的重要战略、创新设计的发展与现状、创新设计的指导思想与目标、创新设计的内容与方法、创新设计的未来发展战略、创新设计方法论的体系和规则等。

2）新编了“创新设计方法论”篇（第45篇）。该篇为创新设计提供了正确的指导思想和方法，主要编入了创新设计方法论的体系、规则，创新设计的目的、要求、内容、步骤、程序及科学方法，创新设计工作者或团队的四项潜能，创新设计客观因素的影响及动态因素的作用，用科学哲学思想来统领创新设计工作，创新设计方法论的应用，创新设计方法论应用的智能化及专家系统，创新设计的关键因素及制约的因素分析等内容。

3）创新设计是提高机械产品竞争力的重要手段和方法，大力发展创新设计对我国国民经济发展具有重要的战略意义。为此，编写了“创新原理、思维、方法与应用”篇（第47篇）。除编入了创新思维、原理和方法，创新设计的基本理论和创新的系统化设计方法外，还编入了29种创新思维方法、30种创新技术、40种发明创造原理，列举了大量的应用范例，为引领机械创新设计做出了示范。

4）绿色设计是实现低资源消耗、低环境污染、低碳经济的保护环境和资源合理利用的重要技术政策。本版手册中编入了“绿色设计与和谐设计”篇（第48篇）。该篇系统地论述了绿色设计的概念、理论、方法及其关键技术。编者结合多年的研究实践，并参考了大量的国内外文献及较新的研究成果，首次构建了系统实用的绿色设计的完整体系，包括绿色材料选择、拆卸回收产品设计、包装设计、节能设计、绿色设计体系与评估方法，并给出了系列典型范例，这些对推动工程绿色设计的普遍实施具有重要的指引和示范作用。

5）仿生机械设计是一门新兴的综合性交叉学科，本版手册新编入了“仿生机械设计”篇（第50篇），包括仿生机械设计的原理、方法、步骤，仿生机械设计的生物模本，仿生机械形态与结构设计，仿生机械运动学设计，仿生机构设计，并结合仿生行走、飞行、游走、运动及生机电仿生手臂，编入了多个仿生机械设计范例。

6）第55篇为“系统化设计理论与方法”篇。装备制造机械产品的大型化、复杂化、信息化程度越来越高，对设计方法的科学性、全面性、深刻性、系统性提出的要求也越来越高，为了满足我国制造强国的重大需要，亟待创建一种能统领产品设计全局的先进设计方法。该方法已经在我国许多重要机械产品（如动车、大型离心压缩机等）中成功应用，并获得重大的社会效益和经济效益。本版手册对该系统化设计方法做了系统论述并给出了大型综合应用实例，相信该系统化设计方法对我国大型、复杂、现代化机械产品的设计具有重要的指导和示范作用。

7）本版手册第7卷还编入了与创新设计有关的其他多篇现代化设计方法及前沿新技术，包括顶层设计原理、方法与应用，智能设计，互联网上的合作设计，工业通信网络，面向机械工程领域的大数据、云计算与物联网技术，3D打印设计与制造技术等。

五、突出实用性

为了方便产品设计者使用和参考，本版手册对每种机械零部件和产品均给出了具体应用，并给出了选用方法或设计方法、设计步骤及应用范例，有的给出了零部件的生产企业，以加强实际设计的指导和应用。本版手册的编排尽量采用表格化、框图化等形式来表达产品设计所需要的内容和资料，使其更加简明、便查；对各种标准采用摘编、数据合并、改排和格式统一等方法进行改编，使其更为规范和便于读者使用。

六、保证可靠性

编入本版手册的资料尽可能取自原始资料，重要的资料均注明来源，以保证其可靠性。所有数据、公式、图表力求准确可靠，方法、工艺、技术力求成熟。所有材料、零部件、产品和工艺标准均采用新公布的标准资料，并且在编入时做到认真核对以避免差错。所有计算公式、计算参数和计算方法都经过长期检验，各种算例、设计实例均来自工程实际，并经过认真的计算，以确保可靠。本版手册编入的各种通用的及标准化的产品均说明其特点及适用情况，并注明生产厂家，供设计人员全面了解情况后选用。

七、保证高质量和权威性

本版手册主编单位东北大学是国家211、985重点大学、“重大机械关键设计制造共性技术”985创新平台建设单位、2011国家钢铁共性技术协同创新中心建设单位，建有“机械设计及理论国家重点学科”和“机械工程一级学科”。由东北大学机械及相关学科的老教授、老专家和中青年学术精英组成了实力强大的大型工具书编写团队骨干，以及一批来自国家重点高校、研究院所、大型企业等 30 多个单位、近 200 位专家、学者组成了高水平编审团队。编审团队成员的大多数都是所在领域的著名资深专家，他们具有深广的理论基础、丰富的机械设计工作经历、丰富的工具书编纂经验和执着的敬业精神，从而确保了本版手册的高质量和权威性。

在本版手册编写中，为便于协调，提高质量，加快编写进度，编审人员以东北大学的教师为主，并组织邀请了清华大学、上海交通大学、西安交通大学、浙江大学、哈尔滨工业大学、吉林大学、天津大学、华中科技大学、北京科技大学、大连理工大学、东南大学、同济大学、重庆大学、北京化工大学、南京航空航天大学、上海师范大学、合肥工业大学、大连交通大学、长安大学、西安建筑科技大学、沈阳工业大学、沈阳航空航天大学、沈阳建筑大学、沈阳理工大学、沈阳化工大学、重庆理工大学、中国科学院长春光学精密机械与物理研究所、中国科学院沈阳自动化研究所等单位的专家、学者参加。

在本版手册出版之际，特向著名机械专家、本手册创始人、第 1 版及第 2 版的主编徐灏教授致以崇高的敬意，向历次版本副主编邱宣怀教授、蔡春源教授、严隽琪教授、林忠钦教授、余俊教授、汪恺总工程师、周士昌教授致以崇高的敬意，向参加本手册历次版本的编写单位和人员表示衷心感谢，向在本手册历次版本的编写、出版过程中给予大力支持的单位和社会各界朋友们表示衷心感谢，特别感谢机械科学研究总院、郑州机械研究所、徐州工程机械集团公司、北方重工集团沈阳重型机械集团有限责任公司和沈阳矿山机械集团有限责任公司、沈阳机床集团有限责任公司、沈阳鼓风机集团有限责任公司及辽宁省标准研究院等单位的大力支持。

由于编者水平有限，手册中难免有一些不尽如人意之处，殷切希望广大读者批评指正。

主编　闻邦椿

目　录

第5篇　连接与紧固

第1章　连接总论

第2章　螺纹和螺纹连接

第3章 键、花键和销连接

第4章 过盈连接

第5章 焊、粘、铆连接

第6篇 带传动和链传动

第1章 带 传 动

第 2 章 链 传 动

第7篇　摩擦轮传动与螺旋传动

第1章　摩擦轮传动

第2章　螺旋传动

第8篇　齿轮传动

第1章　概　　述

第2章 渐开线圆柱齿轮传动

第3章　圆弧齿轮传动

第4章　锥齿轮和准双曲面齿轮传动

第 5 章 蜗 杆 传 动

第9篇　轮　系

第1章　轮系概论

第2章　渐开线齿轮行星传动

第3章 摆线针轮行星传动

第4章 谐波齿轮传动

第 5 章 多点啮合柔性传动装置

第 10 篇 减速器和变速器

第 1 章 一般减速器设计资料

第 2 章 标准减速器

第3章　机械无级变速器

第11篇　机构设计

第1章　机构的基本概念和分析方法

第2章　连杆机构设计

第3章 共轭曲线机构设计

第4章 凸轮机构设计

第5章　棘轮机构、槽轮机构和不完全齿轮机构设计

第6章　组合机构

第7章　并联机构的设计与应用

第8章　柔顺机构设计

第9章 机构选型

第10章 机构创新设计

第11章 机构系统方案设计

第5篇　连接与紧固

主　编　吴宗泽
编写人　吴宗泽
审稿人　罗圣国

第 5 版
第 5 篇　连接与紧固

主　编　吴宗泽
编写人　吴宗泽　王忠祥
审稿人　罗圣国

第1章　连接总论

1　设计机械连接应考虑的问题

在设计连接时应考虑以下问题：

1）按工作条件和载荷情况正确选择接头结构和连接件。机械零件的接合面常为平面、圆柱面、圆锥面或其他复杂表面（如花键）。为使连接可靠，这些接合面应有足够大的尺寸和合理的形状，并按具体情况安装连接件，如螺栓、铆钉、键等。

2）有足够的强度。铆接、焊接钢板连接接头的强度常用强度系数 ϕ 表示：

$$\phi = \frac{\text{按接头各种失效方式求得的承载能力中的最低值 } F_M}{\text{未经削弱的(如钢板未钻孔时)被连接件的承载能力 } F_O}$$

强度系数是连接设计的一个性能指标。

3）加工、装配、拆卸、修理方便。如紧固件应采用标准件，同一台机器上紧固件的规格应尽量减少，要保证拆装所需的操作空间等。

4）保证连接的可靠性。除保证连接的强度以外，还应该注意避免其他的失效，如防止螺纹连接松脱、粘接剂老化、不同金属连接腐蚀等。连接接头应有可靠的质量检验手段。

5）减小连接产生的变形。焊接常引起较大的变形，设计和施工中应尽量避免。精密机械应特别注意连接引起的变形。图 5.1-1 所示为用螺钉把钢制导轨固定在铸铁机座上的结构。图 5.1-1a 为刚性导轨结构，螺钉压紧力使导轨变形，导轨工作表面不平直。而图 5.1-1b 所示的结构减小了螺钉压紧部分与导轨连接处的刚度，使导轨精度不受螺钉压力的影响。

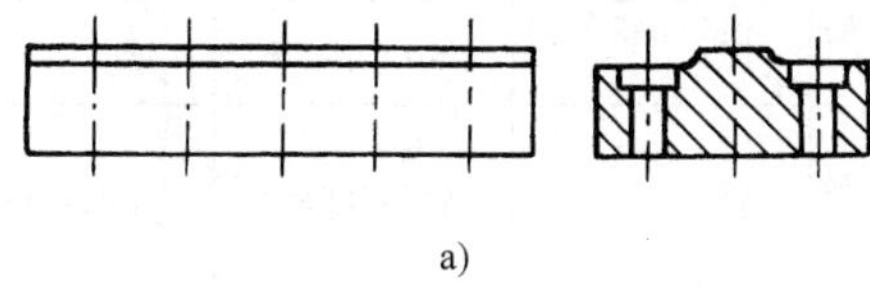

a)

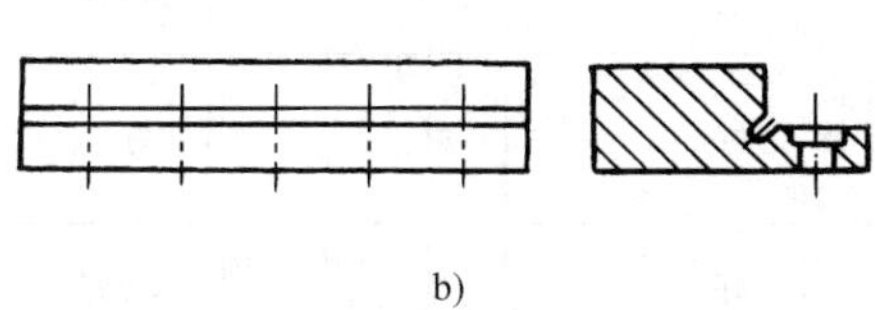

b)

图 5.1-1　减小螺钉压紧变形对导轨精度的影响
a）刚性结构　b）柔性连接结构

6）考虑施工、材料等对环境的影响。如铆接时产生噪声、有的粘接材料对人有不利影响等。特别应注意焊接不慎会引起火灾。

必要时把几种连接方式结合使用，能达到更好的效果，如键-过盈配合、点焊-粘接、铆-焊等。

2　连接的类型和选择

2.1　按拆卸可能性分类

按拆卸可能性分为可拆卸与不可拆卸连接。

1）可拆卸连接。经若干次反复装拆，连接件和被连接件仍不损坏，能保证原来连接质量的，称为可拆卸连接，如螺纹连接、花键连接等。

2）不可拆卸连接。拆开这类连接时，必须把连接件或被连接件损坏，如铆接、焊接等。

过盈配合连接可以拆卸，但不能反复多次拆装使用，近年来用高压液压泵装拆过盈配合，使这一问题得到改善。

应根据机器在使用中是否要经常拆卸或拆卸时是否要求保持零件完整，来选择连接形式。

2.2　按锁合分类

按连接所依据的原理，分为力锁合、形锁合和材料锁合三类。

1）力锁合连接。在两个零件的接合面上有正压力，靠由此产生的摩擦力传力，从而使两零件无相对运动。正压力可由惯性力、电磁力、重力或被连接件的弹性变形产生（如过盈配合连接）。这种连接在载荷反向时可以没有空回，但是在有振动时容易松动。

2）形锁合连接。依靠连接件或被连接件的形状交错啮合，把两个零件连接在一起，如花键、平键、圆柱销、加强杆螺栓等。在无载荷时，两零件的接合面间一般没有压力。这类连接拆卸方便，结构简单，连接尺寸较小，适合于振动或冲击较大的场合。

3）材料锁合连接。用某些材料如钎焊剂、胶粘剂等把两个零件连接在一起，这种方法多为不可拆卸连接。

表 5.1-1、表 5.1-2 可供选择连接形式时参考。

表 5.1-1 连接零件选型参考表

主要特征	功能特征	焊接	钎焊	粘接	铆接	螺栓连接	摩擦锁合连接	形状锁合连接
功能	能承受载荷的多样性	很好(能受各方向的载荷)	有限制(主要受切应力)	有限制(主要受切应力)	有限制(优先在载荷方向)	好(接合零件靠摩擦锁紧时)	好(在摩擦闭合方向内能受各方向的载荷)	有限制(特别对无预紧的连接)
	对中能力	没有(只在有附加结构措施时才有)	没有(只在有附加结构措施时才有)	没有(只在有附加措施时才有)	好(特别当采用热铆时)	有限(需附加结构措施,普通螺栓) 好(加强杆螺栓)	有限(在与摩擦的闭合力,即正压力垂直的方向内)	好(特别是有预紧的连接)
	减振性、刚性	刚性好,几乎没有附加阻尼	刚性好,几乎没有附加阻尼	刚性好,几乎没有附加阻尼	刚性较好,附加阻尼较大(与铆钉布置有关)	刚性可满足一般要求,附加阻尼与结构关系很大	刚性较好,可能有附加阻尼	刚性较好,可能有附加阻尼(预紧时)
	其他功能	几乎没有(密封性能有限)	密封、导电和传热	密封、电绝缘	没有	可有相对运动(用特殊螺纹)	没有	可有相对运动(限制在一个方向)
结构布置	结构多样性	很好(对于形状) 较好(对于材料)	有限(对于形状) 好(对于材料)	有限(对于形状) 好(对于材料)	有限(用于标准型材的连接)	有限(对于标准型材的连接)	好(一般不要求工作表面有特殊形状)	有限(要求专用的形状锁合零件)
	材料利用	好(由于结构合理)	好(应力集中小)	好(应力集中小)	不好(因为应力分布不合理)	不好(因为应力分布不合理)	好(由于结构合理)	不好(因为应力分布经常是不合理的)
	静承载能力	很好(决定于接缝材料)	好(决定于剪切面结构设计)	好(决定于剪切面结构设计)	有限(铆钉布置决定应力分布)	有限(决定于螺栓的质量和数目)	有限(决定于摩擦因数和锁紧力)	有限(因为应力分布不合理)
	动承载能力	有限(取决于形状和冶金的缺陷)	好(应力集中小)	好(应力集中小)	不好(形状和力流引起的应力集中都大)	有限(螺纹应力集中和预紧力较大)	好(按力流和变形方法设计的结构)	不好(形状和力流引起的应力集中都大)
	所需空间	小(焊缝形状可按结构特点调整)	大(要求大的接缝面)	大(要求大的接缝面)	中等	中等	中等(按所需锁紧力而定)	中等(按零件形状而定)
可靠性、美观	可靠性	很好(对无间隙焊接)	好(对无间隙钎焊)	有限(露天长期受载)	好	较差(沉降现象、松脱)	好(预紧力不衰减时)	有限(可能脱开、有间隙)
	造型	好或较好(光滑表面或由标准型材限制)	好(光滑表面)	好(光滑表面)	较好	较好	较好	较好
装配检验	难度	低	高	高	低(加工、装配简单,精度要求低)	低(加工简单,标准件)	中等(公差小,工作面形状简单)	高(制造公差小,装配简单)
	自动化程度	较高	较好(工艺装备困难)	较好(工艺装备困难)	高	高(装配简单)	较好(工具和装配昂贵)	高(大批量生产)
	可拆卸性能	不可能	一定条件下可能	一定条件下可能	较差(要破坏铆钉)	很好(装配简单)	较好	好
	质量可靠性	好(小焊缝尺寸,焊缝表面容易观察时)	较差(钎焊不好难看出)	较差(检验困难)	好(铆钉易检查)	好	好,但昂贵	好(容易检查)
使用	过载性能	差(靠塑性变形)	不可能	不可能	差	较好	差	较好
	再利用可能性	几乎没有	几乎没有	很困难	有可能(扩孔后用新铆钉)	好	好	好
	温度性能	很好	有限的热强度	有限的热强度	好	好	较差(由于锁紧力变化)	较好
	耐蚀性	较差	好(因为无间隙连接)	较差(有老化倾向)	较差	较差	好	较差

（续）

主要特征	功能特征	焊接	钎焊	粘接	铆接	螺栓连接	摩擦锁合连接	形状锁合连接
维护	检查维护	简单（可用表面检查）	昂贵（用 X 射线或超声波）	昂贵（用 X 射线或超声波）	较易	简单	较差（因摩擦面看不见）	简单（容易拆开检查）
	修理	好（用焊接修理）	可能	几乎不能	可能	可能	可能	可能
	废品材料回收可能	好	较差	较差	较差	好	较好	好
制造成本		低	高	高	低	低	中等	高

表 5.1-2　几种连接形式的主要性能的比较

序号	连接形式 / 连接的主要性能	不可拆卸连接				可拆卸连接			
		铆接	焊接	粘接	过盈配合	螺纹连接	键连接	花键连接	弹性环连接
1	不削弱被连接件强度	C	C	A	B	C	C	C	B
2	接头承载能力不低于被连接零件	A	A	B	A	B	B	A	A
3	被连接零件相互位置均衡、准确	C	C	C	A	C	B	A	A
4	装拆方便	D	D	D	C 或 D	A	B	A	A
5	工艺性好	C	A	B	A 或 B	A	B	A	A
6	有互换性	A	A	A	A	A	A	A	A
7	结构简单	C	A	A	A	B	C	C	C

注：A—好，B—中等，C—差，D—不可能。

3　连接设计的几个问题

3.1　被连接件接合面设计

1）接合面应有合理的形状和足够大的尺寸。为使两零件可靠地连接起来，它们的接合面必须紧密贴合。因此两零件的接合面形状应尽可能简单，以方便得到高精度和紧密的配合。最常见的接合面是平面（如箱体与箱盖之间的连接）或圆柱面（如齿轮与轴）。

图 5.1-2a 中两个零件用凸缘连接，受左右方向力矩 M，由于接合面在中间接触面积很小，两边有较大的间隙，连接螺钉很快松脱；改用图 5.1-2b 所示的结构比较合理。

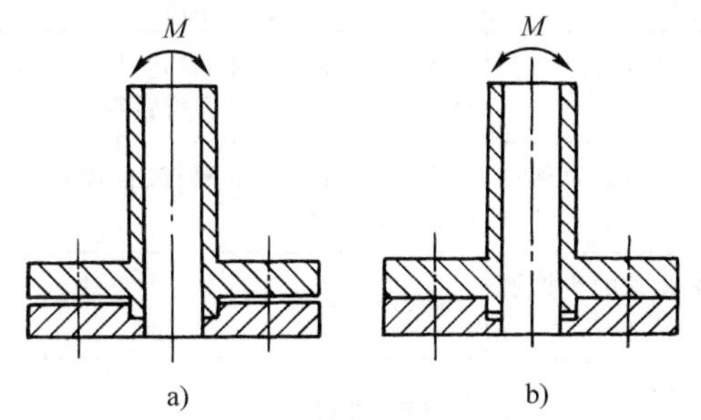

图 5.1-2　接合面应有合理的形状

2）接合面的位置对连接效果有明显的影响。如图 5.1-3 所示，将长度为 L 的圆柱形或平面接合面，中间做出长度为 L_1 的凹槽，可避免因加工误差而产生中间凸起，保证两端接触，连接稳固。

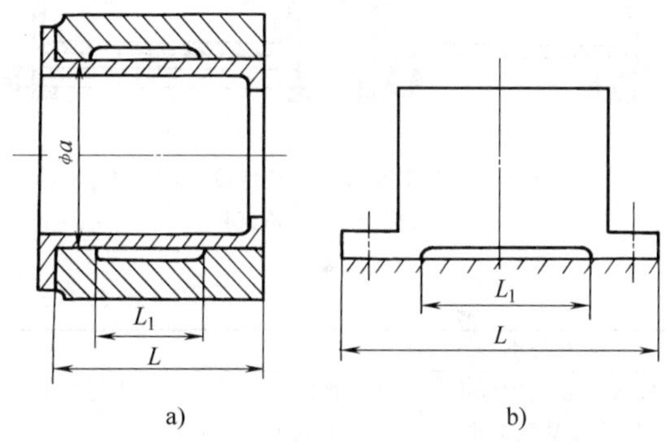

图 5.1-3　改变接合面形状，改进连接效果
a）圆柱形接合面　b）平面接合面

3.2　减小接头的应力集中

1）各紧固件间受力不均匀。紧固件的数量通常比较多，如固定一个气缸盖就要用多个螺钉，应尽量使这些紧固件受力均匀，如提高加工精度（如花键）、采用配作方法（如销钉孔）、提高装配的一致性（如控制螺钉预紧力）等。此外还应注意由于变形不协调引起的应力分布不均匀，图 5.1-4 所示为铆钉、焊接中紧固件受力不均匀的问题。因此在设计中应限制在受力方向的紧固件数量或焊缝长度，并要求接头材料有较大的塑性，使载荷得到均化。

2）连接件引起的应力集中。螺钉、铆钉连接要在零件上钻孔，键连接要在轴上做键槽，这样不但减小了被连接件的承载面积，而且引起应力集中。为减轻这些应力集中，应选用应力集中较小的连接方式，如焊接、

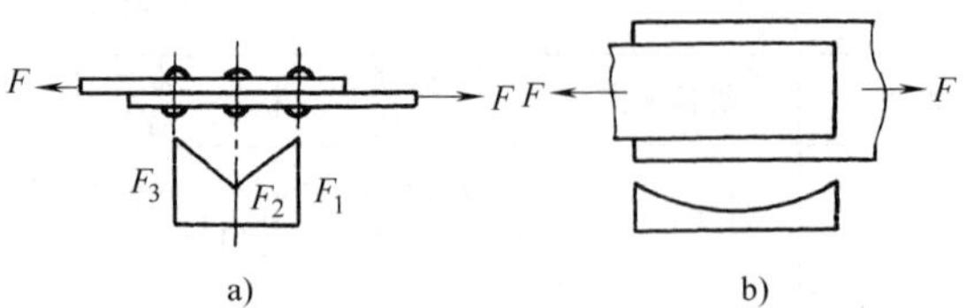

图 5.1-4 紧固件受力不均匀现象

a）铆钉受力不均匀现象 b）焊缝受力不均匀现象

粘接、弹性环连接，并采用减小应力集中的结构，如减荷槽等。

对紧固件受力不均匀的计算，除用有限元方法外，还可以参阅有关资料。

3.3 考虑环境和工作条件的要求

在常温环境，冲击或变载荷条件下工作的气缸或液压缸螺栓，长螺栓的柔度较大，抗冲击能力强，宜采用图 5.1-5b 所示的结构。在高温环境下，由于螺栓长，热膨胀量大，螺栓伸长使其预紧力减小，造成泄漏，图 5.1-6a 所示结构适用于这种场合。

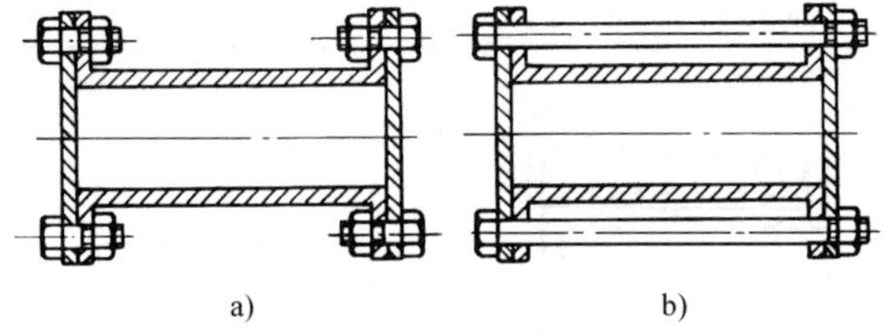

图 5.1-5 考虑环境和工作条件设计螺栓连接

a）短螺栓 b）长螺栓

3.4 使连接件受力情况合理

图 5.1-6 所示的点焊连接应承受剪切载荷，避免在受拉或翻倒力矩的情况下，使点焊受拉力。

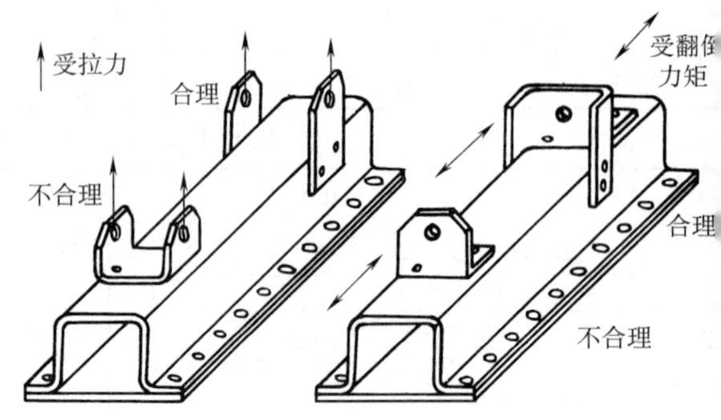

图 5.1-6 点焊连接的合理受力

4 紧固件的标准和检验

4.1 紧固件的有关标准（见表 5.1-3）

4.2 紧固件的检验项目

根据国家标准规定的紧固件力学性能归纳得到的资料见表 5.1-4，其具体检验方法详见有关标准。

表 5.1-3 紧固件的有关标准

标准分类	标准名称
机械工业基础标准	1）极限与配合。2）几何公差。3）表面粗糙度。4）机械制图。5）普通螺纹。6）键与花键
紧固件基础标准	1）名词术语。2）标记方法。3）标注及公差。4）结构要素。5）通用技术条件。6）验收条件
产品标准	各种螺栓、螺柱、螺母、自攻螺钉、木螺钉、垫圈、销钉、铆钉等

表 5.1-4 紧固件检验项目说明

名　　称	目　　的	主要内容	适用零件
抗拉强度试验	确定紧固件本身的抗拉强度	对机加工试件或实物进行拉力试验	螺栓、螺钉、螺母、紧定螺钉、自攻螺钉、环槽、铆钉、高抗剪铆钉等
硬度试验	检查紧固件的力学性能、全脱碳层深度等	布氏、洛氏、维氏、显微硬度检查	螺栓、螺钉、紧定螺钉、自攻螺钉、垫圈、销、铆钉等
抗剪强度试验	确定紧固件抗剪强度	将紧固件放在夹具的半圆孔内，进行双剪试验	螺钉、铆钉等
板夹紧力试验	确定抽心铆钉等紧固件产生在被连接件上的压紧力	将两板连接起来以后，加横向拉力	铆钉、螺钉
心杆固紧力试验	确定抽心铆钉与被连接件的固紧力	在专用夹具上试验	拉丝抽心铆钉
锁紧性能试验	确定螺母的自锁能力	安装时测锁紧力矩，做多周期加力试验，拧下螺母测松脱力矩	各种螺母、螺钉、锁紧装置等

（续）

名　　称	目　　的	主要内容	适用零件
密封试验	检验紧固件防液、气介质泄漏性能	用典型压力容器，装入各种紧固件进行测量	螺钉、螺栓、螺母等
振动试验	鉴定各种紧固件系统在加速振动下的防松或抗振能力	将紧固件固定在夹具上，使之产生一定的夹紧力，在振动台上进行试验，有纵向或横向振动	螺栓、各种螺钉、铆钉等
扳手特性试验	鉴定螺母能重复经受拧紧和拧出力矩转动而不产生永久变形的能力	反复拧紧、拧松紧固件至一定拧紧力矩达到产品技术条件规定的次数	螺栓、各种螺钉、螺母、锁紧装置
旋具槽转矩试验	鉴定旋具槽承受转矩的能力	反复扭紧螺钉，测试槽寿命	有槽紧固件
紧固件杆部膨胀特性试验	检查可变形实心铆钉和抽心铆钉杆部膨胀特性	在夹具上装紧铆钉，测量钉杆直径变化	铆钉
自锁螺母永久变形试验	鉴定自锁螺母的自锁能力	将试样装到芯棒上，测量其扭紧扭松力矩	自锁螺母
应力松弛试验	试验紧固件的应力松弛	在应力松弛试验机上，保持受载试样初始长度，加热可达1260℃，求一定时间后预载的减小值	在高温下工作的紧固件
应力持久性试验	检验不受结构和尺寸限制的各种紧固件可能产生的脆变	在试件上加稳定的静载荷	多用于高强度钢制造的紧固件
应力腐蚀试验	确定紧固件在加速应力腐蚀条件下对应力腐蚀开裂的相对敏感性	在3.5%（质量分数）NaCl溶液中，加载达技术条件规定的最小破坏拉力的75%。每小时浸入10min，观察裂纹或断裂	在应力腐蚀条件下工作的紧固件
晶间腐蚀试验	确定铝合金紧固件抗电化腐蚀能力	将紧固件放入用浓硝酸与氢氟酸配成的溶液中酸蚀，检查晶间腐蚀深度是否符合规定	铝制紧固件
盐雾试验	确定紧固件在模拟高温度和盐度大气条件下的相对抗盐雾腐蚀的能力	空气湿度在95%～98%，在规定的雾化箱内，5%（质量分数）的盐水雾化，持续试验时间96h	在盐雾中工作的紧固件
湿度试验	确定紧固件在模拟高湿度大气条件下的相对抗湿能力	试验温度在49℃左右，相对湿度在90%左右，持续时间96h	在潮湿环境下工作的紧固件
抗疲劳试验	鉴定紧固件在室温下的抗疲劳性能	利用疲劳试验机和夹具进行试验	受变应力的螺栓、螺母等紧固件

5　紧固件标记方法（见图 5.1-7）（摘自 GB/T 1237—2000）

标记示例：

1）螺纹规格 d=M12，公称长度 l=80mm，性能等级 10.9 级，表面氧化，产品等级为 A 级的六角头螺栓的完整标记：

螺栓　GB/T 5782—2016-M12×80-10.9-A-O

2）螺纹规格 d=M12，公称长度 l=80mm，性能等级 8.8 级，表面氧化，产品等级为 A 级的六角头螺栓的简化标记：

螺栓　GB/T 5782　M12×80

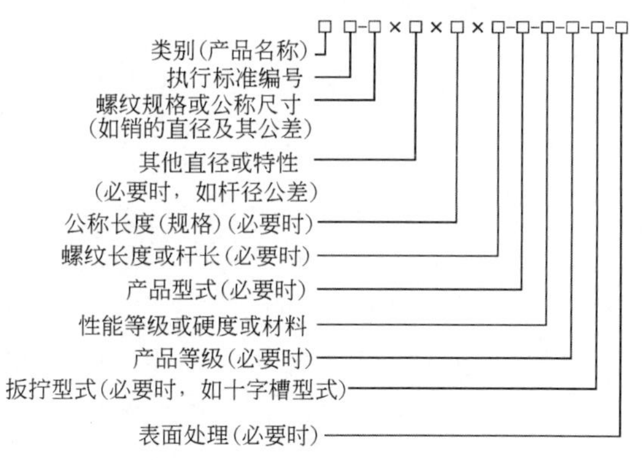

图 5.1-7　紧固件的完整标记

紧固件表面处理的标记方法，按 GB/T 13911 的规定。

标记的简化原则：类别（名称）、标准年代号及其前面的“-”，允许全部或部分省略，省略年代的标准应以现行标准为准，标记中的“-”，允许全部或部分省略，标记中的“其他直径或特性”前面的“×”，允许省略，省略后不应造成对标记的误解，一般以空字代替为宜；当产品标准中规定一种产品形式、性能等级或硬度或材料、产品等级、扳拧形式及表面处理时，允许全部或部分省略。当产品标准中规定两种及以上的产品形式、性能等级或硬度或材料、产品等级、扳拧形式及表面处理时，应规定可以省略其中一种，并在产品标准的标记示例下给出省略后的简化标记。

第 2 章　螺纹和螺纹连接

1　螺纹

1.1　螺纹分类、特点和应用

螺纹分类主要有如下几种方法：

1）用途法。紧固、密封、传动、管、普通（或一般用途）、专用等。

2）牙型法。梯形、锯齿形、圆牙、矩形、三角形、短牙、60°牙、55°牙等。

3）配合性质和形式法。过渡、过盈、间隙、锥/锥、柱/锥、柱/柱等。

4）螺距或直径相对大小法。粗牙、细牙、超细牙、小螺纹等。

5）单位制法。寸制、米制。

6）发明者姓氏或发明国及发布组织法。惠氏、爱克姆、美制、英制、ISO、EN 等。

因螺纹标记较为简单并具有唯一性，建议在图样和合同中采用标记代号定义螺纹，必要时可加注相应的标准编号。

常用螺纹的种类、特别和应用见表 5.2-1。

表 5.2-1　常用螺纹种类、特点及应用

种　类		牙　型　图	特点及应用
普通细纹		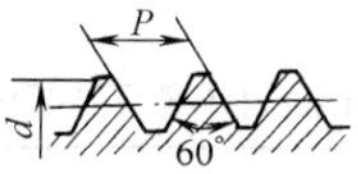	牙型角 α=60°。同一直径按其螺距不同，分为粗牙与细牙两种，细牙的自锁性能较好，螺纹零件的强度削弱少，但易滑扣 一般连接多用粗牙螺纹。细牙螺纹多用于薄壁或细小零件，以及受变载、冲击和振动的连接中，还可用于轻载和精密的微调机构中的螺旋副
管螺纹	55°非密封管螺纹	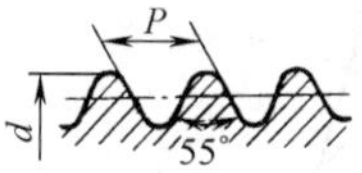	牙型角 α=55°。公称直径近似为管子内径，内、外螺纹均为圆柱形的管螺纹，其公称牙型没有间隙，牙顶和牙底都是圆弧形。螺纹副本身不具有密封性，可借助于密封圈在螺纹副之外的端面进行密封。多用于静载下的低压管路系统，如水、煤气管路、润滑和电线管路系统
	55°密封管螺纹	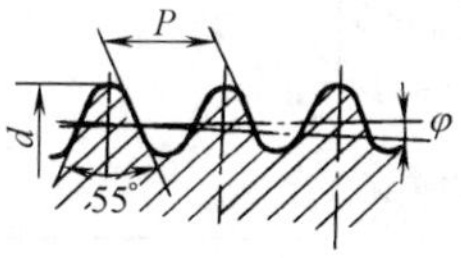	牙型角 α=55°。公称直径近似为管子内径，圆锥螺纹分布在 1∶16 的圆锥管壁上，其内、外螺纹可组成两种密封配合形式：①圆柱内螺纹与圆锥外螺纹组成“柱/锥”配合；②圆锥内螺纹和圆锥外螺纹组成“锥/锥”配合。不用填料可保证螺纹连接的密封性 牙顶和牙底均为圆弧形。当“柱/锥”配合时，在 1MPa 压力下，可保证足够的紧密性，必要时，允许在螺纹副内添加密封物保证密封。用于低压、水、煤气管路中；圆锥内螺纹与圆锥外螺纹的配合，可用于高温、高压、承受冲击载荷的系统
	60°密封管螺纹	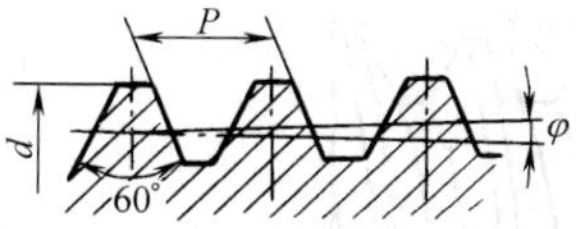	牙型角 α=60°。60°密封管螺纹与 55°密封管螺纹的配合方式及性能相同，其锥度亦为 1∶16。螺纹副本身具有密封性。为保证螺纹连接的密封性，亦可在螺纹副内加入密封物 在汽车、飞机和机床等行业中使用较多
	米制密封螺纹	基本牙型及尺寸系列均符合普通螺纹的规定	牙型角 α=60°，用于依靠螺纹密封的连接螺纹。其内、外螺纹可组成两种密封配合形式（锥/锥配合和柱/锥配合） 适用于管子、阀门和旋塞等产品上的一般密封螺纹连接。装配时，推荐在螺纹副内添加合适的密封介质，如密封胶带和密封胶等

（续）

种　类	牙　型　图	特点及应用
梯形螺纹	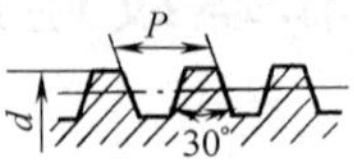	牙型角 $\alpha=30°$，牙根强度高、工艺性好、螺纹副对中性好，采用剖分螺母时可以调整间隙，传动效率略低于矩形螺纹 用于传动（如机床丝杠）及紧固连接
矩形螺纹	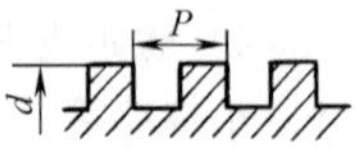	牙型为正方形、传动效率高于其他螺纹，牙厚是螺距的一半、强度较低（螺距相同时比较），精确制造困难，对中精度低 用于传力螺纹，如千斤顶、小型压力机等
锯齿形螺纹（3°、30°）	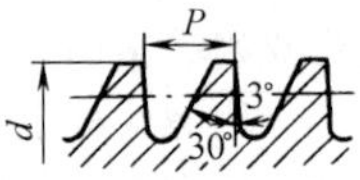	牙型角 $\alpha=33°$，牙的工作面倾斜3°、牙的非工作面倾斜30°。传动效率及强度都比梯形螺纹高，外螺纹的牙底有相当大的圆角，以减小应力集中。螺纹副的大径处无间隙，对中性良好 用于单向受力的传动螺纹，如轧钢机的压下螺旋、螺旋压力机等
圆弧螺纹	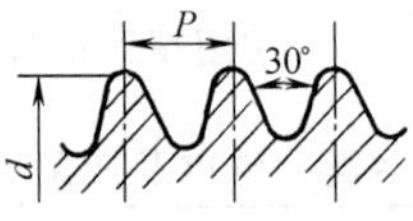	牙型角 $\alpha=30°$，牙粗、圆角大、螺纹不易碰损，积聚在螺纹凹处的尘垢和铁锈易消除 用于经常和污物接触和易生锈的场合（如水管闸门的螺旋导轴），亦可用在薄壁空心零件上

1.2　螺纹术语及其定义（见表5.2-2）

表5.2-2　螺纹术语及其定义（摘自 GB/T 14791—2013）

序号	术　语	定　义
1	螺旋线 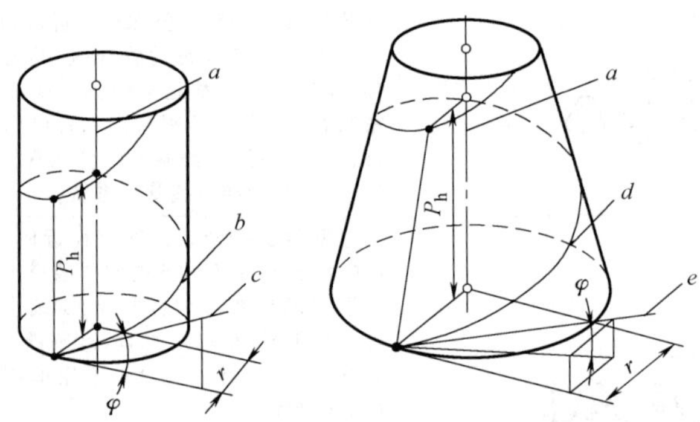a) 在圆柱表面上的螺旋线　b) 在圆锥表面上的螺旋线	沿着圆柱或圆锥表面运动点的轨迹，该点的轴向位移与相应角位移成定比 a—螺旋线的轴线 b—圆柱形螺旋线 c—圆柱形螺旋线的切线 d—圆锥形螺旋线 e—圆锥形螺旋线的切线 P_h—螺旋线导程 φ—螺旋线导角
2	螺纹	在圆柱或圆锥表面上具有相同牙型、沿螺旋线连续凸起的牙体
3	圆柱螺纹 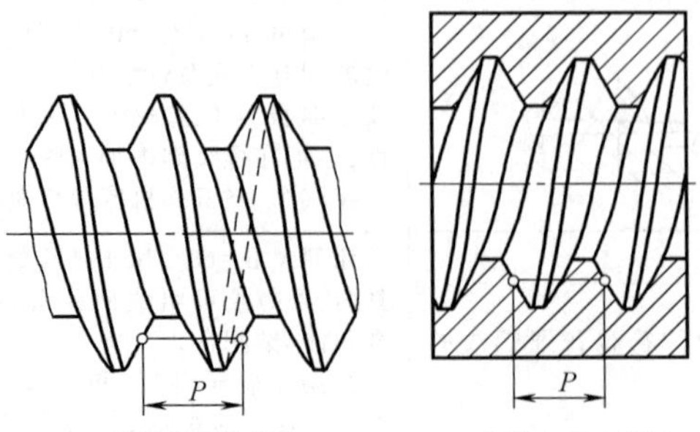a) 单线右旋外螺纹　b) 单线右旋内螺纹	在圆柱表面上所形成的螺纹 P—螺距

（续）

序号	术　语	定　义
4	圆锥螺纹（见序号 58 图）	在圆锥表面上所形成的螺纹
5	单线螺纹与多线螺纹 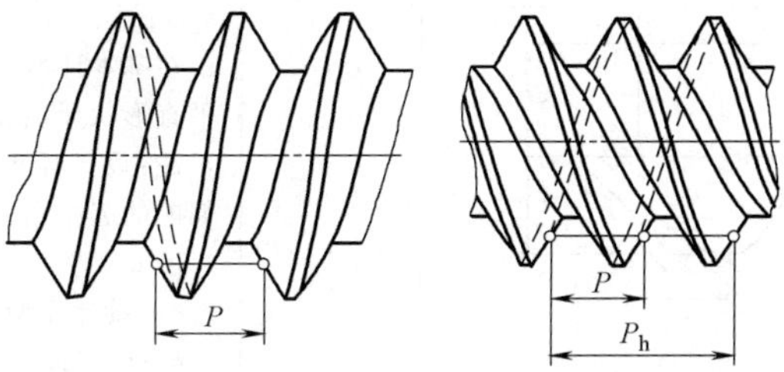 a) 单线左旋外螺纹　b) 双线右旋外螺纹	单线螺纹：只有一个起始点的螺纹，其螺距等于导程 多线螺纹：具有两个或两个以上起始点的螺纹，其螺距等于导程除以线数 P—螺距 P_h—导程
6	右旋 RH（或左旋 LH）螺纹（见序号 3、5 图）	顺时针（或逆时针）旋入的螺纹
7	螺纹收尾（见序号 58 图）	由切削刀具倒角或退出所形成的牙底不完整的螺纹
8	引导螺纹	旋入端的螺纹，其牙底完整而牙顶不完整
9	原始三角形和基本牙型 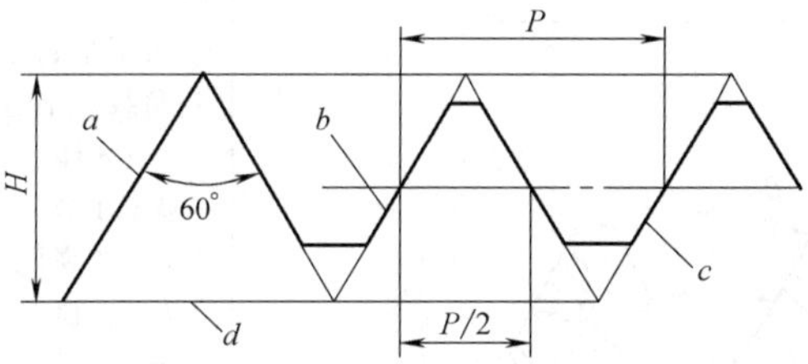	原始三角形：由延长基本牙型的牙侧获得的三个连续交点所形成的三角形 基本牙型：在螺纹轴线平面内，由理论尺寸、角度和削平高度所形成的内、外螺纹共有的理论牙型。它是确定螺纹设计牙型的基础 a—原始三角形 b—中径线 c—基本牙型 d—底边
10	原始三角形高度 H（见序号 9 图）	由原始三角形底边到与此底边相对的原始三角形顶点间的径向距离
11	削平高度 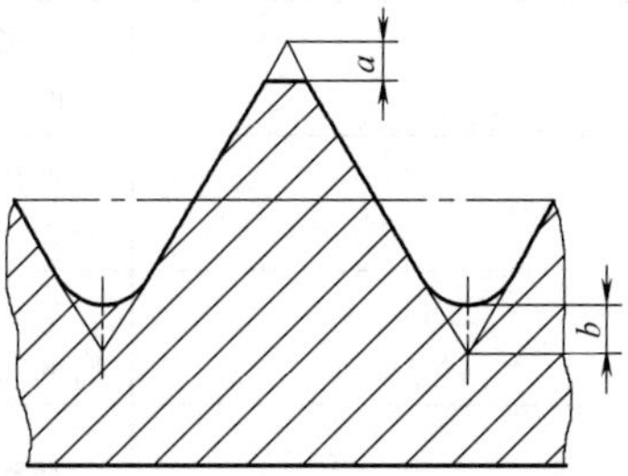	在螺纹牙型上，从牙顶或牙底到它所在原始三角形的最邻近顶点间的径向距离 a—牙顶削平高度 b—牙底削平高度
12	螺纹牙型	在螺纹轴线平面内的螺纹轮廓形状

（续）

序号	术　　语	定　　义
13	设计牙型 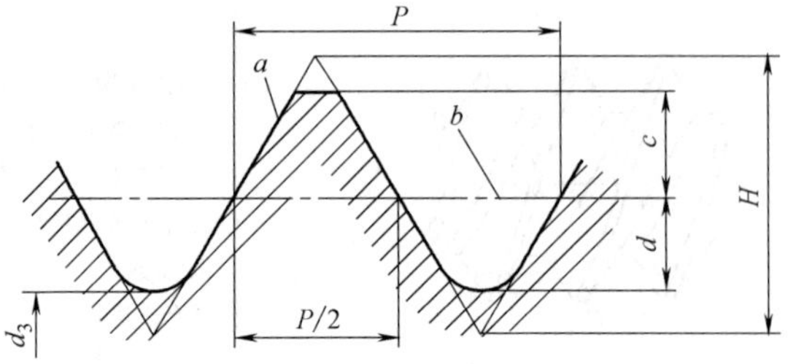 a) 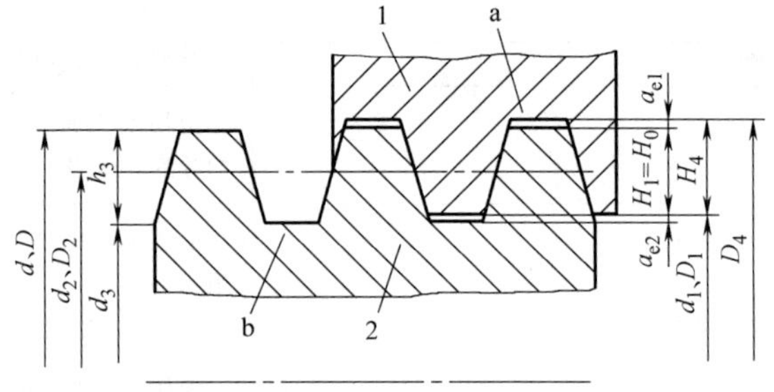 b)	在基本牙型基础上，具有圆弧或平直形状牙顶和牙底的螺纹牙型 注：设计牙型是内、外螺纹极限偏差的起始点 图 a *a*—设计牙型 *b*—中径线 *c*—牙顶高 *d*—牙底高 图 b 1—内螺纹 2—外螺纹 a—内螺纹设计牙型 b—外螺纹设计牙型
14	最大（最小）实体牙型	具有最大（最小）实体极限的螺纹牙型
15	牙侧 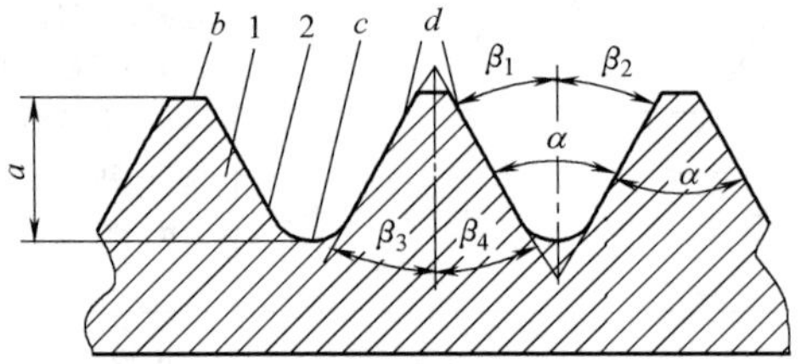	由不平行于螺纹中径线的原始三角线一个边所形成的螺旋表面 1—牙体 2—牙槽 *a*—牙高 *b*—牙顶 *c*—牙底 *d*—牙侧 对称螺纹：$\beta_1=\beta_2$ 非对称螺纹：$\beta_1\neq\beta_2$
16	同名牙侧	处在同一螺旋面上的牙侧
17	牙体（见序号 15 图）	相邻牙侧间的材料实体
18	牙槽（见序号 15 图）	相邻牙侧间的非实体空间
19	牙顶（见序号 15 图）	连接两个相邻牙侧的牙体顶部表面
20	牙底（见序号 15 图）	连接两个相邻牙侧的牙槽底部表面
21	牙型高度（见序号 15 图牙高）	从一个螺纹牙体的牙顶到其牙底间的径向距离
22	牙侧角 β（米制螺纹）（见序号 15 图） 注：对寸制螺纹，对称螺纹的牙侧角代号为 α，非对称螺纹牙侧角代号为 α_1 和 α_2	在螺纹牙型上，一个牙侧与垂直于螺纹轴线平面间的夹角
23	牙型角 α（米制螺纹）（见序号 15 图） 注：对寸制螺纹，对称螺纹牙型角代号为 2α，非对称螺纹牙型角代号为 $\alpha_1+\alpha_2$	在螺纹牙型上，两相邻牙侧间的夹角

（续）

序号	术　语	定　义
24	牙顶（牙底）圆弧半径 R、r	在螺纹轴线平面内，牙顶（牙底）上呈圆弧部分的曲率半径
25	公称直径 D、d	代表螺纹尺寸的直径 注：1. 对紧固螺纹和传动螺纹，其大径公称尺寸是螺纹的代表尺寸。对管螺纹，其管子公称尺寸是螺纹的代表尺寸 2. 对内螺纹，使用直径的大写字母代号 D；对外螺纹，使用直径的小写字母代号 d
26	大径 D、d、D_4（米制螺纹） 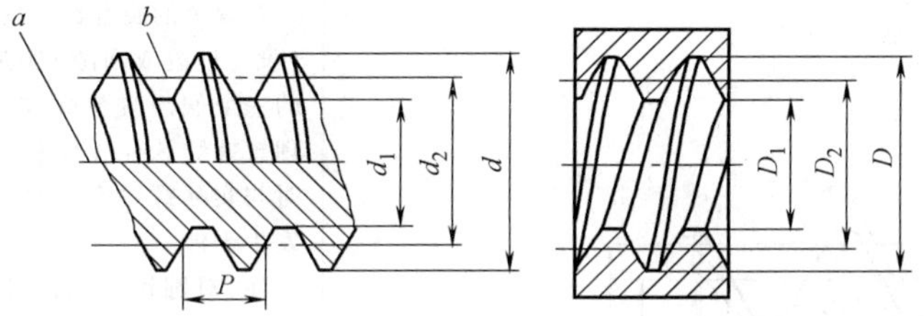 a b d_1 d_2 d P D_1 D_2 D	与外螺纹牙顶或内螺纹牙底相切的假想圆柱或圆锥的直径 注：1. 对圆锥螺纹，不同螺纹轴线位置处的大径是不同的 2. 当内螺纹设计牙型上的大径尺寸不同于其基本牙型上的大径时，设计牙型上的大径使用代号 D_4 a—螺纹轴线 b—中径线
27	小径 D_1、d_1、d_3（见序号 13、26 图）	与外螺纹牙底或内螺纹牙顶相切的假想圆柱或圆锥的直径 注：1. 对圆锥螺纹，不同螺纹轴线位置处的小径是不同的。 2. 当外螺纹设计牙型上的小径尺寸不同于其基本牙型上的小径时，设计牙型上的小径使用代号 d_3
28	顶径 D_1、d（见序号 13、26 图）	与螺纹牙顶相切的假想圆柱或圆锥的直径 注：它是外螺纹的大径或内螺纹的小径
29	底径 D 与 d_1（见序号 26 图）、d_3 与 D_4（米制螺纹）（见序号 13 图）	与螺纹牙底相切的假想圆柱或圆锥的直径 注：1. 它是外螺纹的小径或内螺纹的大径 2. 当内螺纹的设计牙型上的大径尺寸不同于其基本牙型上的大径时，设计牙型上的大径使用代号 D_4 3. 当外螺纹设计牙型上的小径尺寸不同于其基本牙型上的小径时，设计牙型上的小径使用代号 d_3
30	中径 D_2、d_2（见序号 26 图）	中径圆柱或中径圆锥的直径 注：对圆锥螺纹，不同螺纹轴线位置处的中径是不同的

（续）

序号	术 语	定 义
31	单一中径 D_{2s}、d_{2s} 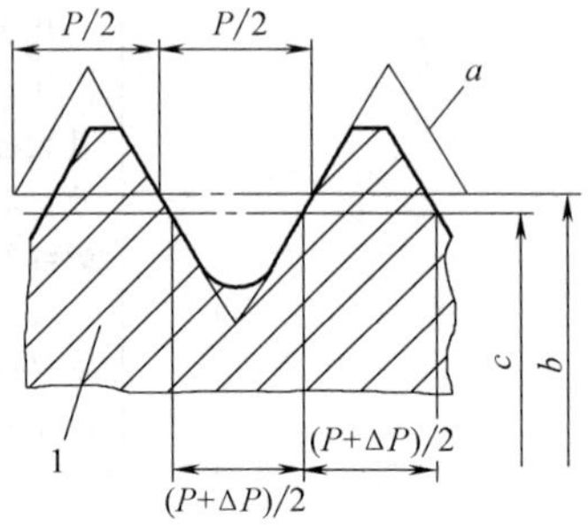 P/2 P/2 a 1 c b (P+ΔP)/2 (P+ΔP)/2	一个假想圆柱或圆锥的直径，该圆柱或圆锥的素线通过实际螺纹上牙槽宽度等于半个基本螺距的地方。通常采用最佳量针或量球进行测量 注：1. 对圆锥螺纹，不同螺纹轴线位置处的单一中径是不同的 2. 对理想螺纹，其中径等于单一中径 1—带有螺距偏差的实际螺纹 *a*—理想螺纹 *b*—单一中径 *c*—中径
32	作用中径 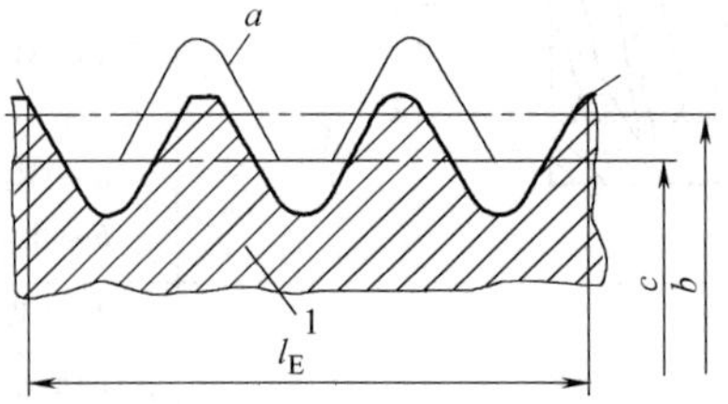 a 1 l_E c b	在规定的旋合长度内，恰好包容（没有过盈或间隙）实际螺纹牙侧的一个假想理想螺纹的中径。该理想螺纹具有基本牙型，并且包容时与实际螺纹在牙顶和牙底处不发生干涉 注：对圆锥螺纹，不同螺纹轴线位置处的作用中径是不同的 1—实际螺纹 l_E—螺纹旋合长度 *a*—理想内螺纹 *b*—作用中径 *c*—中径
33	中径轴线、螺纹轴线（见序号26图）	中径圆柱或中径圆锥的轴线 注：如果没有误解风险，大多数场合允许用“螺纹轴线”替代“中径轴线”。但不允许用“大径轴线”或“小径轴线”替代“中径轴线”
34	螺距 P、牙槽螺距 P_2、累积螺距 P_Σ 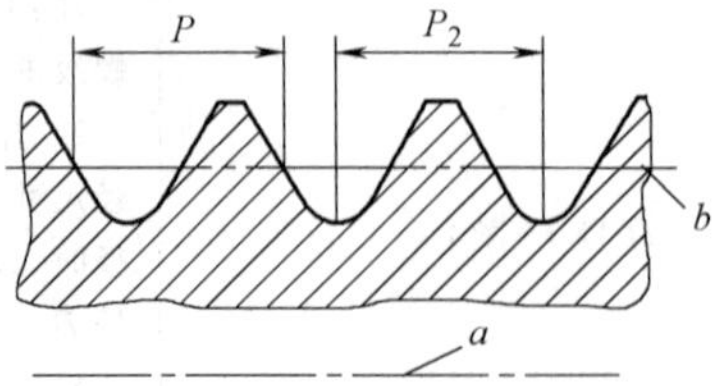 P P_2 b a	螺距 P：相邻两牙体上的对应牙侧与中径线相交两点间的轴向距离。牙槽螺距 P_2：相邻两牙槽的对称线在中径线上对应两点间的轴向距离。通常采用最佳量针或量球进行测量 注：牙槽螺距仅适用于对称螺纹，其牙槽对称线垂直于螺纹轴线 累计螺距 P_Σ：相距两个或两个以上螺距的两个牙体间的各个螺距之和 *a*—螺纹轴线 *b*—中径线
35	牙数 n	每25.4mm轴向长度内所包含的螺纹螺距个数 注：此术语主要用于寸制螺纹。牙数是英寸螺距值的倒数。

（续）

序号	术　语	定　义
36	导程 P_h（米制螺纹）和 L（寸制螺纹）、牙槽导程 P_{h2} P_h P P_{h2} 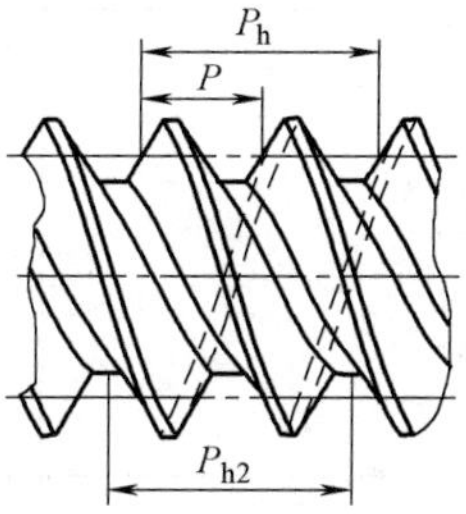	导程：米制螺纹为 P_h，寸制螺纹为 L，指最邻近的两同名牙侧与中径线相交两点间的轴向距离 注：导程是一个点沿着在中径圆柱或中径圆锥上的螺旋线旋转一周所对应的轴向位移 牙槽导程 P_{h2}：处于同一牙槽内的两最邻近牙槽的对称线在中径线上对应两点间的轴向距离。通常采用最佳量针或量球进行测量 注：牙槽导程仅适用于对称螺纹，其牙槽对称线垂直于螺纹轴线
37	升角、导程角、φ（米制螺纹）和 λ（寸制螺纹）	在中径圆柱或中径圆锥上螺旋线的素线与垂直于螺纹轴线平面间的夹角 注：1. 对米制螺纹，其计算公式为 $\tan\varphi=\dfrac{P_h}{\pi d_2}$；对寸制螺纹，其计算公式为 $\tan\lambda=\dfrac{L}{\pi d_2}$ 2. 对圆锥螺纹，其不同螺纹轴线位置处的升角是不同的
38	牙厚	一个牙体的相邻牙侧与中径线相交两点间的轴向距离
39	牙槽宽	一个牙槽的相邻牙侧与中径线相交两点间的轴向距离
40	螺纹接触高度 H_0、牙侧接触高度 H_1 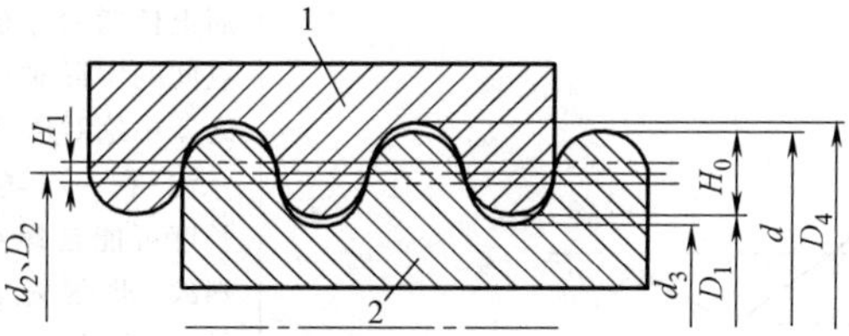 1 H_1 H_0 d_2、D_2 2 d_3 D_1 d D_4	螺纹接触高度：在两个同轴配合螺纹的牙型上，外螺纹牙顶至内螺纹牙顶间的径向距离，即内、外螺纹的牙型重叠径向高度 牙侧接触高度：在两个同轴配合螺纹的牙型上其牙侧重合部分的径向高度 1—内螺纹 2—外螺纹
41	螺纹旋合长度 l_E、螺纹装配长度 l_A 1 2 l_E l_A 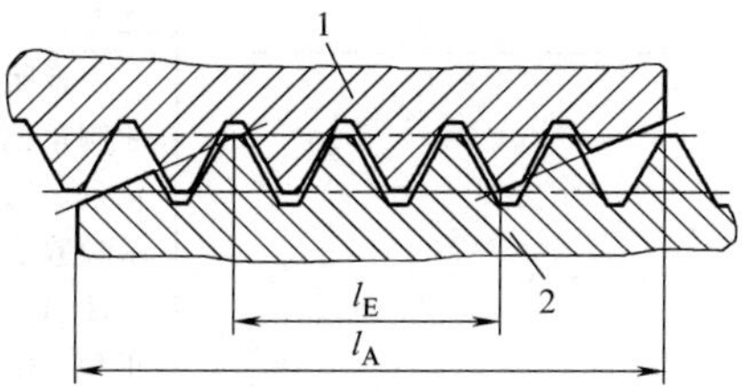	螺纹旋合长度 l_E：两个配合螺纹的有效螺纹相互接触的轴向长度 螺纹装配长度 l_A：两个配合螺纹旋合的轴向长度 注：螺纹装配长度允许包含引导螺纹的倒角和（或）螺纹收尾 1—内螺纹 2—外螺纹
42	大径间隙 a_{e1}（见序号 13 图）	在设计牙型上，同轴装配的内螺纹牙底与外螺纹牙顶间的径向距离

（续）

序号	术　语	定　义
43	小径间隙 a_{c2}(见序号 13 图)	在设计牙型上,同轴装配的内螺纹牙顶与外螺纹牙底间的径向距离
44	行程 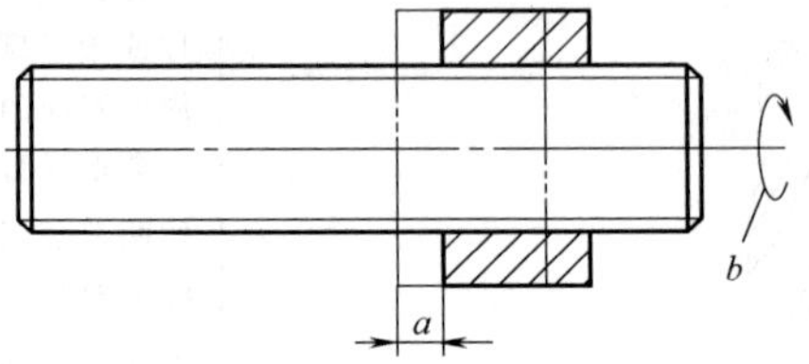	两个配合螺纹相对转动某一角度所产生的相对轴向位移量。此术语通常用于传动螺纹 a—行程 b—转动角度
45	螺距偏差 ΔP	螺距的实际值与其基本值之差
46	牙槽螺距偏差 ΔP_2	牙槽螺距的实际值与其基本值之差
47	累积螺距偏差 ΔP_{Σ} 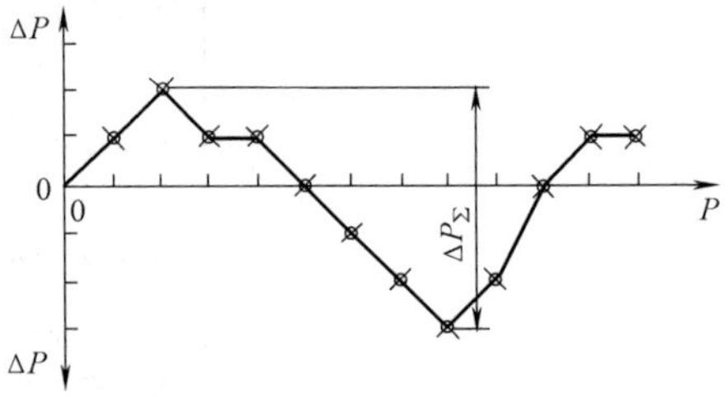	在规定的螺纹长度内,任意两牙体间的实际累积螺距值与其基本累积螺距值差中绝对值最大的那个偏差 注:在一些场合,此规定的螺纹长度可能是螺纹旋合长度。对管螺纹,此规定的螺纹长度可能是 25.4mm
48	导程偏差 ΔP_h(米制螺纹)和 ΔL(寸制螺纹)	导程的实际值与其基本值之差
49	牙槽导程偏差 ΔP_{h2}	牙槽导程的实际值与其基本值之差
50	行程偏差	行程的实际值与其基本值之差
51	累积导程偏差 $\Delta P_{h\Sigma}$ 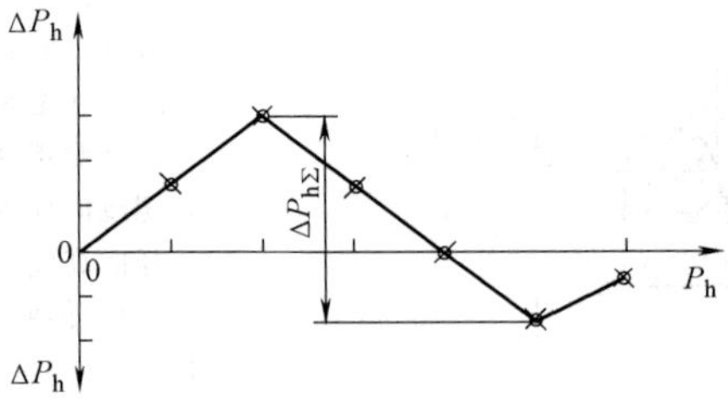	在规定的螺纹长度内,同一螺旋面上任意两牙侧与中径线相交两点间的实际轴向距离与其基本值之差中绝对值最大的那个偏差 注:在一些场合,此规定的螺纹长度可能是螺纹旋合长度。对管螺纹,此规定的螺纹长度可能是 25.4mm
52	牙侧角偏差 $\Delta\beta$(米制螺纹)	牙侧角的实际值与其基本值之差
53	中径当量	由螺距偏差或导程偏差和(或)牙侧角偏差所引起作用中径的变化量。通常利用螺纹指示规的差示检验法进行测量 注:1. 对外螺纹,其中径当量是正值;对内螺纹,其中径当量是负值 2. 中径当量也可细分为螺距偏差的中径当量和牙侧角偏差的中径当量

（续）

序号	术语		定义
54	与非对称螺纹相关的术语	承载牙侧	螺纹副中承受外部轴向载荷的牙侧
55		非承载牙侧	螺纹副中不承受外部轴向载荷的牙侧
56		引导牙侧	在螺纹即将装配时，面对与其配合螺纹工件的牙侧
57		跟随牙侧	在螺纹即将装配时，背对与其配合螺纹工件的牙侧
58	完整螺纹 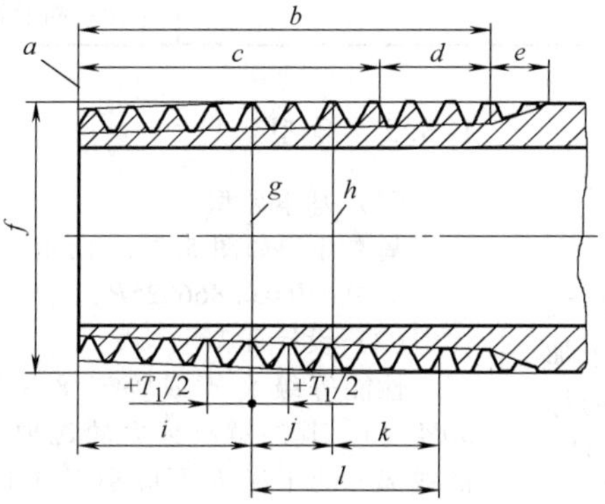 a b c d e f g h $+T_1/2$ $+T_1/2$ i j k l		牙顶和牙底均具有完整形状的螺纹 注：当引导螺纹的倒角轴向长度不超过一个螺距，此引导螺纹包含在完整螺纹长度之内 a—参照平面 b—有效螺纹 c—完整螺纹 d—不完整螺纹 e—螺纹收尾 f—基准直径（d） g—基准平面 h—手旋合时最小实体内螺纹工件端面能够到达的轴向位置 i—基准距离 j—与内螺纹正公差相等的余量 k—扳紧余量 l—装配余量 注：序号 58~69 是与密封管螺纹相关的术语
59	不完整螺纹（见序号 58 图）		牙底形状完整，牙顶因与工件圆柱表面相交而形状不完整的螺纹
60	有效螺纹（见序号 58 图）		由完整螺纹和不完整螺纹组成的螺纹，不包含螺尾
61	基准直径（见序号 58 图）		为规定密封管螺纹尺寸而设立的基准基本大径
62	基准平面（见序号 58 图）		垂直于密封管螺纹轴线、具有基准直径的平面 注：螺纹环规和塞规利用此平面进行螺纹工件的检验
63	基准距离（见序号 58 图）		从基准平面到圆锥外螺纹小端面的轴向距离
64	装配余量（见序号 58 图）		在圆锥外螺纹基准平面之后的有效螺纹长度。它提供了与最小实体状态内螺纹的装配量
65	扳紧余量（见序号 58 图）		手旋合后用于扳紧所需的有效螺纹长度。扳紧时，它容纳两配合螺纹工件间的相对运动

（续）

序号	术 语	定 义
66	参照平面（见序号58图）	检验螺纹时，读取量规检验数值（基准平面的位置偏差）所参照的螺纹工件可见端面 注：它是内螺纹工件的大端面或外螺纹工件的小端面
67	容纳长度	从内螺纹大端面到妨碍外螺纹扳紧旋入所遇到的第一个障碍物间的轴向距离
68	中径圆锥锥度	在中径圆锥上，两个位置的直径差与这两个位置间的轴向距离之比
69	紧密距	在规定的安装力矩或者其他条件下，圆锥螺纹工件或量规上规定参照点间的轴向距离

1.3 普通螺纹（牙型、尺寸及公差）

1.3.1 概述

普通螺纹是一种使用量最大的紧固连接螺纹。它具有规格多、公差带种类多、旋合性好、易于加工、连接牢固、适用范围广等特点。与其相关的标准有：GB/T 192—2013《普通螺纹 基本牙型》，GB/T 193—2003《普通螺纹 直径与螺距系列》，GB/T 9144—2003《普通螺纹 优选系列》，GB/T 196—2003《普通螺纹 公称尺寸》，GB/T 197—2003《普通螺纹 公差》，GB/T 15756—2008《普通螺纹 极限尺寸》，GB/T 3934—2003《普通螺纹量规 技术条件》等。与加工有关的信息见相应的丝锥、板牙、搓丝板、滚丝轮、底孔直径、搓（滚）丝前的毛坯直径、倒角、肩距退刀槽和收尾等标准。螺纹表面电镀层厚度按 GB/T 5267.1—2002 的规定选取。

1.3.2 牙型

（1）基本牙型

基本牙型如图 5.2-1a 所示。

图中：$H=0.866025P$。

（2）设计牙型

性能等级高于或等于 8.8 级的紧固件（GB/T 3098.1），其外螺纹牙底轮廓要有圆滑连接的曲线，曲线部分的半径 R 不应小于 $0.125P$。内螺纹的设计牙型对牙底形状无要求，与基本牙型基本相同。外螺纹设计牙型如图 5.2-1b 所示。

1.3.3 直径与螺距系列

1）直径与螺距系列按表 5.2-3 的规定。

2）系列的选择原则。螺纹直径应优先选用第一系列，其次是第二系列，最后选择第三系列。表 5.2-3中括号内的螺距应尽可能不用。

1.3.4 公称尺寸（见表 5.2-3）

a)

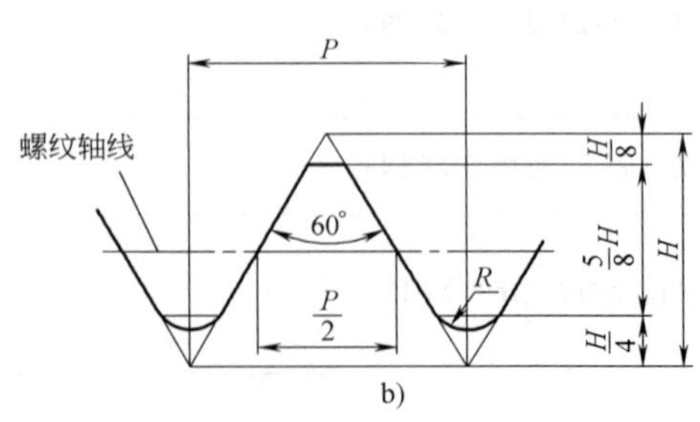

b)

图 5.2-1 牙型

a）基本牙型 b）外螺纹的设计牙型

表 5.2-3　普通螺纹公称尺寸（摘自 GB/T 193—2003 和 GB/T 196—2003）　（mm）

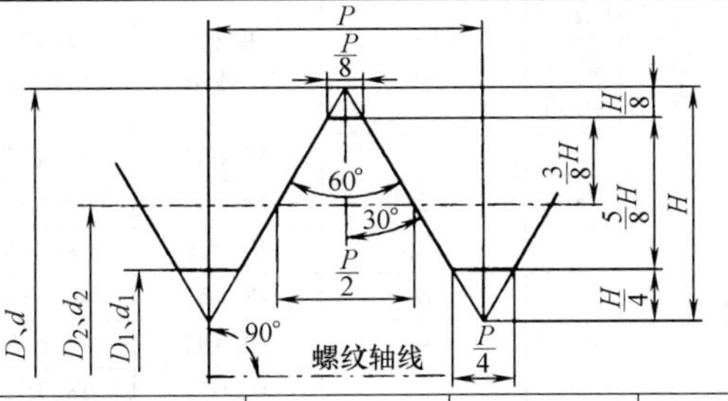

公称尺寸

$D=d$

$D_2=d_2=d-2\times\frac{3}{8}H=d_1-0.64952P$

$D_1=d_1=d-2\times\frac{5}{8}H=d-1.08253P$

$H=\frac{\sqrt{3}}{2}P=0.866025404P$

公称直径 D、d 第一系列	第二系列	第三系列	螺距 P	中径 D_2 或 d_2	小径 D_1 或 d_1
1			**0.25**	0.838	0.729
			0.2	0.870	0.783
	1.1		**0.25**	0.938	0.829
			0.2	0.970	0.883
1.2			**0.25**	1.038	0.929
			0.2	1.070	0.983
	1.4		**0.3**	1.205	1.075
			0.2	1.270	1.183
1.6			**0.35**	1.373	1.221
			0.2	1.470	1.383
	1.8		**0.35**	1.573	1.421
			0.2	1.670	1.583
2			**0.4**	1.740	1.567
			0.25	1.838	1.729
	2.2		**0.45**	1.908	1.713
			0.25	2.038	1.929
2.5			**0.45**	2.208	2.013
			0.35	2.273	2.121
3			**0.5**	2.675	2.459
			0.35	2.773	2.621
	3.5		**0.6**	3.110	2.850
			0.35	3.273	3.121
4			**0.7**	3.545	3.242
			0.5	3.675	3.459
	4.5		**0.75**	4.013	3.688
			0.5	4.175	3.959
5			**0.8**	4.480	4.134
			0.5	4.675	4.459
		5.5	0.5	5.175	4.959
6			**1**	5.350	4.917
			0.75	5.513	5.188
	7		**1**	6.350	5.917
			0.75	6.513	6.188
8			**1.25**	7.188	6.647
			1	7.350	6.917
			0.75	7.513	7.188
		9	**1.25**	8.188	7.647
			1	8.350	7.917
			0.75	8.513	8.188
10			**1.5**	9.026	8.376
			1.25	9.188	8.647
			1	9.350	8.917
			0.75	9.513	9.188
		11	**1.5**	10.026	9.376
			1	10.350	9.917
			0.75	10.513	10.188
12			**1.75**	10.863	10.106
			1.25	11.188	10.647
			1	11.350	10.917
	14		**2**	12.701	11.835
			1.5	13.026	12.376
			1.25[1]	13.188	12.647
			1	13.350	12.917
		15	1.5	14.026	13.376
			1	14.350	13.917
16			**2**	14.701	13.835
			1.5	15.026	14.376
			1	15.350	14.917
		17	1.5	16.026	15.376
			1	16.350	15.917
	18		**2.5**	16.376	15.294
			2	16.701	15.835
			1.5	17.026	16.376
			1	17.350	16.917
20			**2.5**	18.376	17.294
			2	18.701	17.835
			1.5	19.026	18.376
			1	19.350	18.917
	22		**2.5**	20.376	19.294
			2	20.701	19.835
			1.5	21.036	20.376
			1	21.350	20.917
24			**3**	22.051	20.752
			2	22.701	21.835
			1.5	23.026	22.376
			1	23.350	22.917
		25	2	23.701	22.835
			1.5	24.026	23.376

（续）

公称直径 D、d			螺距 P	中径 D_2 或 d_2	小径 D_1 或 d_1
第一系列	第二系列	第三系列			
		25	1	24.350	23.917
		26	1.5	25.026	24.376
	27		**3**	25.051	23.752
			2	25.701	24.835
			1.5	26.026	25.376
			1	26.350	25.917
		28	2	26.701	25.835
			1.5	27.026	26.376
			1	27.350	26.917
30			**3.5**	27.727	26.211
			(3)	28.051	26.752
			2	28.701	27.835
			1.5	29.026	28.376
			1	29.350	28.917
		32	2	30.701	29.835
			1.5	31.026	30.376
	33		**3.5**	30.727	29.211
			(3)	31.051	29.752
			2	31.701	30.835
			1.5	32.026	31.376
		35②	1.5	34.026	33.376
36			**4**	33.402	31.670
			3	34.051	32.752
			2	34.701	33.835
			1.5	35.026	34.376
		38	1.5	37.026	36.376
	39		**4**	36.402	34.670
			3	37.051	35.752
			2	37.701	36.835
			1.5	38.026	37.376
		40	3	38.051	36.752
			2	38.701	37.835
			1.5	39.026	38.376
42			**4.5**	39.077	37.129
			4	39.402	37.670
			3	40.051	38.752
			2	40.701	39.835
			1.5	41.026	40.376
	45		**4.5**	42.077	40.129
			4	42.402	40.670
			3	43.051	41.752
			2	43.701	42.835
			1.5	44.026	43.376
48			**5**	44.752	42.587
			4	45.402	43.670
			3	46.051	44.752
			2	46.701	45.835
			1.5	47.026	46.376

公称直径 D、d			螺距 P	中径 D_2 或 d_2	小径 D_1 或 d_1
第一系列	第二系列	第三系列			
		50	3	48.051	46.752
			2	48.701	47.835
			1.5	49.026	48.376
	52		**5**	48.752	46.587
			4	49.402	47.670
			3	50.051	48.752
			2	50.701	49.835
			1.5	51.026	50.376
		55	4	52.402	50.670
			3	53.051	51.752
			2	53.701	52.835
			1.5	54.026	53.376
56			**5.5**	52.428	50.046
			4	53.402	51.670
			3	54.051	52.752
			2	54.701	53.835
			1.5	55.026	54.376
		58	4	55.402	53.670
			3	56.051	54.752
			2	56.701	55.835
			1.5	57.026	56.376
	60		**5.5**	56.428	54.046
			4	57.402	55.670
			3	58.051	56.752
			2	58.701	57.835
			1.5	59.026	58.376
		62	4	59.402	57.670
			3	60.051	58.752
			2	60.701	59.835
			1.5	61.026	60.376
64			**6**	60.103	57.505
			4	61.402	59.670
			3	62.051	60.752
			2	62.701	61.835
			1.5	63.026	62.376
		65	4	62.402	60.670
			3	63.051	61.752
			2	63.701	62.835
			1.5	64.026	63.376
	68		**6**	64.103	61.505
			4	65.406	63.670
			3	66.051	64.752
			2	66.701	65.835
			1.5	67.026	66.376
		70	6	66.103	63.505
			4	67.402	65.670
			3	68.051	66.752

（续）

公称直径 D、d			螺距	中径	小径	公称直径 D、d			螺距	中径	小径
第一系列	第二系列	第三系列	P	D_2 或 d_2	D_1 或 d_1	第一系列	第二系列	第三系列	P	D_2 或 d_2	D_1 或 d_1
		70	2	68.701	67.835		115		6	111.103	108.505
			1.5	69.026	68.376				4	112.402	110.670
72			6	68.103	65.505				3	113.051	111.752
			4	69.402	67.670				2	113.701	112.835
			3	70.051	68.752		120		6	116.103	113.505
			2	70.701	69.835				4	117.402	115.670
			1.5	71.026	70.376				3	118.051	116.752
		75	4	72.402	70.670				2	118.701	117.835
			3	73.051	71.752	125			8	119.804	116.340
			2	73.701	72.835				6	121.103	118.505
			1.5	74.026	73.376				4	122.402	120.670
	76		6	72.103	69.505				3	123.051	121.752
			4	73.402	71.670				2	123.701	122.835
			3	74.051	72.752		130		8	134.804	121.340
			2	74.701	73.835				6	126.103	123.505
			1.5	75.026	74.376				4	127.402	125.670
		78	2	76.701	75.835				3	128.051	126.752
80			6	76.103	73.505				2	128.701	127.835
			4	77.402	75.670			135	6	131.103	128.505
			3	78.051	76.752				4	132.402	130.670
			2	78.701	77.835				3	133.051	131.752
			1.5	79.026	78.376				2	133.701	132.835
		82	2	80.701	79.835	140			8	134.804	131.340
	85		6	81.103	78.505				6	136.103	133.505
			4	82.402	80.670				4	137.402	135.670
			3	83.051	81.752				3	138.051	136.752
			2	83.701	82.835				2	138.701	137.835
90			6	86.103	83.505			145	6	141.103	138.505
			4	87.402	85.670				4	142.402	140.670
			3	88.051	86.752				3	143.051	141.752
			2	88.701	87.835				2	143.701	142.835
	95		6	91.103	88.505		150		8	144.804	144.340
			4	92.402	90.670				6	146.103	143.505
			3	93.051	91.752				4	147.402	145.670
			2	93.701	92.835				3	148.051	146.752
100			6	96.103	93.505				2	148.701	147.835
			4	97.402	95.670			155	6	151.103	148.505
			3	98.051	96.752				4	152.402	150.670
			2	98.701	97.835				3	153.051	151.752
	105		6	101.103	98.505	160			8	154.804	151.340
			4	102.402	100.670				6	156.103	153.505
			3	103.051	101.752				4	157.402	155.670
			2	103.701	102.835				3	158.051	156.752
110			6	106.103	103.505			165	6	161.103	158.505
			4	107.402	105.670				4	162.402	160.670
			3	108.051	106.752				3	163.051	161.752
			2	108.701	107.835				2	163.701	162.835

（续）

公称直径 D、d			螺距 P	中径 D_2 或 d_2	小径 D_1 或 d_1
第一系列	第二系列	第三系列			
	170		8	164.804	161.340
			6	166.103	163.505
			4	167.402	165.670
			3	168.051	166.752
		175	6	171.103	168.505
			4	172.402	170.670
			3	173.051	171.752
180			8	174.804	171.340
			6	176.103	173.505
			4	177.402	175.670
			3	178.051	176.752
		185	6	181.103	178.505
			4	182.402	180.670
			3	183.051	181.752
	190		8	184.804	181.340
			6	186.103	183.505
			4	187.402	185.670
			3	188.051	186.752
		195	6	191.103	188.505
			4	192.402	190.670
			3	193.051	191.752
200			8	194.804	191.340
			6	196.103	193.505
			4	197.402	195.670
			3	198.051	196.752
		205	6	201.103	198.505
			4	202.402	200.670
			3	203.051	201.752
	210		8	204.804	201.340
			6	206.103	203.505
			4	207.402	205.670
			3	208.051	206.752
		215	6	211.103	208.505
			4	212.402	210.670
			3	213.051	211.752
220			8	214.804	211.340
			6	216.103	213.505
			4	217.402	215.670
			3	218.051	216.752
		225	6	221.103	218.505
			4	222.402	220.670
			3	223.051	221.752
		230	8	224.804	221.340
			6	226.103	223.505
			4	227.402	225.670
			3	228.051	226.752
		235	6	231.103	228.505
			4	232.402	230.670
		235	3	233.051	231.752
	240		8	234.804	231.340
			6	236.103	233.505
			4	237.402	235.670
			3	238.051	236.752
		245	6	241.103	238.505
			4	242.402	240.670
			3	243.051	241.752
250			8	244.804	241.340
			6	246.103	243.505
			4	247.402	245.670
			3	248.051	246.752
		255	6	251.103	248.505
			4	252.402	250.670
	260		8	254.804	251.340
			6	256.103	253.505
			4	257.402	255.670
		265	6	261.103	258.505
			4	262.402	260.670
		270	8	264.804	261.340
			6	266.103	263.505
			4	267.402	265.670
		275	6	271.103	268.505
			4	272.402	270.670
280			8	274.804	271.340
			6	276.103	273.505
			4	277.402	275.670
		285	6	281.103	278.505
			4	282.402	280.670
		290	8	284.804	281.340
			6	286.103	283.505
			4	287.402	285.670
		295	6	291.103	288.505
			4	292.402	290.670
	300		8	294.804	291.340
			6	296.103	293.505
			4	297.402	295.670
		310	6	306.103	303.505
			4	307.402	305.670
320			6	316.103	313.505
			4	317.402	315.670
		330	6	326.103	323.505
			4	327.402	325.670
	340		6	336.103	333.505
			4	337.402	335.670
		350	6	346.103	343.505
			4	347.402	345.670

（续）

公称直径 D、d 第一系列	第二系列	第三系列	螺距 P	中径 D_2 或 d_2	小径 D_1 或 d_1	公称直径 D、d 第一系列	第二系列	第三系列	螺距 P	中径 D_2 或 d_2	小径 D_1 或 d_1
360			6	356.103	353.505		460		6	456.103	453.505
			4	357.402	355.670			470	6	466.103	463.505
		370	6	366.103	363.505		480		6	476.103	473.505
			4	367.402	365.670			490	6	486.103	483.505
	380		6	376.103	373.505	500			6	496.103	493.505
			4	377.402	375.670			510	6	506.103	503.505
		390	6	386.103	383.505		520		6	516.103	513.505
			4	387.402	385.670			530	6	526.103	523.505
400			6	396.103	393.505		540		6	536.103	533.505
			4	397.402	395.670	550			6	546.103	543.505
		410	6	406.103	403.505		560		6	556.103	553.505
	420		6	416.103	413.505			570	6	566.103	563.505
		430	6	426.103	423.505		580		6	576.103	573.505
	440		6	436.103	433.505			590	6	586.103	583.505
450			6	446.103	443.505	600			6	596.103	593.505

注：1. 公称直径优先选用第一系列，其次选用第二系列，最后选用第三系列。

2. 尽可能避免用括号内的螺距。

3. 黑体螺距为粗牙螺距，其余为细牙螺距。

4. 对直径 150~600mm 的螺纹，需要使用螺距大于 6mm 的螺纹时，应优先选用 8mm 的螺距。

① M14×1.25 仅用于火花塞。

② M35×1.5 仅用于滚动轴承锁紧螺母。

1.3.5　普通螺纹的标记

普通螺纹的完整标记由螺纹特征代号、尺寸代号、公差带代号和其他有必要的信息组成，标记时除特征代号与尺寸代号不隔开外，其他各项之间应用“-”分开。其格式如下：

螺纹特征代号　尺寸代号 - 公差带代号 - 旋合长度代号 - 旋向代号

螺纹特征代号用字母“M”表示；尺寸代号：细牙螺纹的尺寸代号用“公称直径×螺距”表示，对于粗牙螺纹其螺距省略不标，多线螺纹则用“公称直径×Ph 导程 P 螺距”表示。

公差带代号包括螺纹的中径公差带代号和顶径公差带代号，标注时中径公差带代号在前、顶径公差带代号在后，当两者公差带相同时只标注一个代号。在下列情况下中等公差等级螺纹不标注其公差带代号：

内螺纹：

-5H　公称直径小于和等于 1.4mm 时；

-6H　公称直径大于和等于 1.6mm 时。

外螺纹：

-6h　公称直径小于和等于 1.4mm 时；

-6g　公称直径大于和等于 1.6mm 时。

表示内、外螺纹配合时，内螺纹公差带代号在前，外螺纹公差带代号在后，中间用斜线分开。

标记中中等旋合长度（代号为 N）的螺纹不用标注，而短旋合长度（代号为 S）和长旋合长度（代号为 L）则宜标注。

对左向螺纹应标注“LH”代号，右旋螺纹不标注旋向代号。

普通螺纹的标记示例：

M6×0.75-5g4g-L-LH（依次表示：公称直径为 6mm，螺距为 0.75mm 的细牙螺纹，中、顶径公差带 5g4g，长旋合长度，左旋）；

M8（公称直径为 8mm 的粗牙普通螺纹，由于其中径和顶径公差带为 6g 中等旋合长度、右旋，故后三项均被省略不标记）；

M20×2-6H/5g6g-S（内、外螺纹配合时）

1.3.6　普通螺纹公差（摘自 GB/T 197—2003）

1）普通螺纹的公差带及公差等级。螺纹公差带是沿螺纹牙型分布的牙型公差带，在垂直于螺纹轴线方向计量其公差和偏差值的大小。GB/T 197—2003 规定了内、外螺纹的顶径公差和中径公差的等级（表 5.2-4）。螺纹公差带相对基本牙型的位置是由基本偏差来确定的。国标规定内螺纹有 G（其基本偏差 EI 为正值）和 H（其基本偏差 EI 为零）两种公差带位置，而外螺纹则有 e、f、g（其基本偏差 es 为负值）、h（其基本偏差 es 为零）四种公差带位置。

表 5.2-4　内、外螺纹顶径和中径的公差等级

螺纹直径		公差等级
外螺纹	中径(d_2)	3,4,5,6,7,8,9
	大径(d)	4,6,8
内螺纹	中径(D_2)	4,5,6,7,8
	小径(D_1)	4,5,6,7,8

注：顶径指外螺纹大径和内螺纹小径。

2）螺纹的旋合长度。两相配合的螺纹沿螺纹轴线方向相互旋合部分的长度称为螺纹的旋合长度。GB/T 197—2003 将旋合长度分为三组：短旋合长度（S）、中等旋合长度（N）及长旋合长度（L）。各组的长度范围见表 5.2-5。

3）推荐公差带见表 5.2-6，其数值见表 5.2-7～表 5.2-9。

表 5.2-5　螺纹旋合长度（摘自 GB/T 197—2003）　（mm）

基本大径 D、d		螺距 P	旋合长度			
			S	N		L
>	≤		≤	>	≤	>
0.99	1.4	0.2	0.5	0.5	1.4	1.4
		0.25	0.6	0.6	1.7	1.7
		0.3	0.7	0.7	2	2
1.4	2.8	0.2	0.5	0.5	1.5	1.5
		0.25	0.6	0.6	1.9	1.9
		0.35	0.8	0.8	2.6	2.6
		0.4	1	1	3	3
		0.45	1.3	1.3	3.8	3.8
2.8	5.6	0.35	1	1	3	3
		0.5	1.5	1.5	4.5	4.5
		0.6	1.7	1.7	5	5
		0.7	2	2	6	6
		0.75	2.2	2.2	6.7	6.7
		0.8	2.5	2.5	7.5	7.5
5.6	11.2	0.75	2.4	2.4	7.1	7.1
		1	3	3	9	9
		1.25	4	4	12	12
		1.5	5	5	15	15
11.2	22.4	1	3.8	3.8	11	11
		1.25	4.5	4.5	13	13
		1.5	5.6	5.6	16	16
		1.75	6	6	18	18
		2	8	8	24	24
		2.5	10	10	30	30
22.4	45	1	4	4	12	12
		1.5	6.3	6.3	19	19
		2	8.5	8.5	25	25
		3	12	12	36	36
		3.5	15	15	45	45
		4	18	18	53	53
		4.5	21	21	63	63
45	90	1.5	7.5	7.5	22	22
		2	9.5	9.5	28	28
		3	15	15	45	45
		4	19	19	56	56
		5	24	24	71	71
		5.5	28	28	85	85
		6	32	32	95	95
90	180	2	12	12	36	36
		3	18	18	53	53
		4	24	24	71	71
		6	36	36	106	106
		8	45	45	132	132
180	355	3	20	20	60	60
		4	26	26	80	80
		6	40	40	118	118
		8	50	50	150	150

表 5.2-6　螺纹的推荐公差带

	公差精度	公差带位置 e			公差带位置 f			公差带位置 g			公差带位置 h		
		S	N	L	S	N	L	S	N	L	S	N	L
外螺纹	精密	—	—	—	—	—	—	—	(4g)	(5g4g)	(3h4h)	**4h**	(5h4h)
	中等	—	**6e**	(7e6e)		**6f**	—	(5g6g)	**6g**	(7g6g)	(5h6h)	6h	(7h6h)
	粗糙	—	(8e)	(9e8e)	—	—	—		8g	(9g8g)	—	—	—

（续）

	公差精度	公差带位置 G			公差带位置 H			说明	
		S	N	L	S	N	L		
内螺纹	精　密	—	—	—	4H	5H	6H	说明	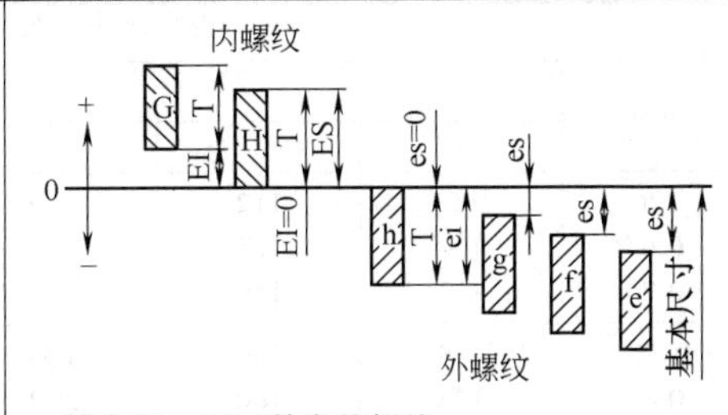
	中　等	（5G）	**6G**	（7G）	**5H**	**[6H]**	**7H**		精密级—用于精密的螺纹 中等级—用于一般用途螺纹 粗糙级—用于制造螺纹有困难的场合，例如深盲孔内加工螺纹
	粗　糙	—	（7G）	（8G）	—	7H	8H		

注：1. 公差带优先选用顺序为：粗字体公差带、一般字体公差带、括号内公差带。带方框的粗字体公差带用于大量生产的紧固件螺纹。

2. 如果不知道螺纹旋合长度的实际值，推荐按中等旋合长度（N）选取螺纹公差带。

3. 表内的内螺纹公差带能与表内的外螺纹公差带形成任意组合。但是，为了保证内、外螺纹间有足够的螺纹接触高度，推荐完工后的螺纹零件宜优先组成 H/g、H/h 或 G/h 配合。对公称直径小于和等于 1.4mm 的螺纹，应选用 5H/6h、4H/6h 或更精密的配合。

4. 如无其他特殊说明，推荐公差带适用于涂镀前螺纹。涂镀后，螺纹实际轮廓上的任何点不应超越按公差位置 H 或 h 所确定的最大实体牙型。推荐公差带仅适用于具有薄涂镀层的螺纹，例如电镀螺纹。

表 5.2-7　内、外螺纹的基本偏差　（μm）

螺距 P /mm	基本偏差					
	内螺纹		外螺纹			
	G EI	H EI	e es	f es	g es	h es
0.2	+17	0	—	—	−17	0
0.25	+18	0	—	—	−18	0
0.3	+18	0	—	—	−18	0
0.35	+19	0	—	−34	−19	0
0.4	+19	0	—	−34	−19	0
0.45	+20	0	—	−35	−20	0
0.5	+20	0	−50	−36	−20	0
0.6	+21	0	−53	−36	−21	0
0.7	+22	0	−56	−38	−22	0
0.75	+22	0	−56	−38	−22	0
0.8	+24	0	−60	−38	−24	0
1	+26	0	−60	−40	−26	0
1.25	+28	0	−63	−42	−28	0
1.5	+32	0	−67	−45	−32	0
1.75	+34	0	−71	−48	−34	0
2	+38	0	−71	−52	−38	0
2.5	+42	0	−80	−58	−42	0
3	+48	0	−85	−63	−48	0
3.5	+53	0	−90	−70	−53	0
4	+60	0	−95	−75	−60	0
4.5	+63	0	−100	−80	−63	0
5	+71	0	−106	−85	−71	0
5.5	+75	0	−112	−90	−75	0
6	+80	0	−118	−95	−80	0
8	+100	0	−140	−118	−100	0

表 5.2-8　内螺纹小径和外螺纹大径公差值　（μm）

螺距 P /mm	内螺纹小径公差（T_{D_1}）					外螺纹大径公差（T_d）		
	公差等级							
	4	5	6	7	8	4	6	8
0.2	38	—	—	—	—	36	56	—
0.25	45	56	—	—	—	42	67	—
0.3	53	67	85	—	—	48	75	—
0.35	63	80	100	—	—	53	85	—
0.4	71	90	112	—	—	60	95	—
0.45	80	100	125	—	—	63	100	—

（续）

螺距 P /mm	内螺纹小径公差（T_{D_1}）					外螺纹大径公差（T_d）		
	公差等级							
	4	5	6	7	8	4	6	8
0.5	90	112	140	180	—	67	106	—
0.6	100	125	160	200	—	80	125	—
0.7	112	140	180	224	—	90	140	—
0.75	118	150	190	236	—	90	140	—
0.8	125	160	200	250	315	95	150	236
1	150	190	236	300	375	112	180	280
1.25	170	212	265	335	425	132	212	335
1.5	190	236	300	375	475	150	236	375
1.75	212	265	335	425	530	170	265	425
2	236	300	375	475	600	180	280	450
2.5	280	355	450	560	710	212	335	530
3	315	400	500	630	800	236	375	600
3.5	355	450	560	710	900	265	425	670
4	375	475	600	750	950	300	475	750
4.5	425	530	670	850	1060	315	500	800
5	450	560	710	900	1120	335	530	850
5.5	475	600	750	950	1180	355	560	900
6	500	630	800	1000	1250	375	600	950
8	630	800	1000	1250	1600	450	710	1180

表 5.2-9 内、外螺纹中径公差值 （μm）

基本大径 /mm		螺距 P /mm	内螺纹中径公差（T_{D_2}）					外螺纹中径公差（T_{d_2}）						
			公差等级											
>	≤		4	5	6	7	8	3	4	5	6	7	8	9
0.99	1.4	0.2	40	—	—	—	—	24	30	38	48	—	—	—
		0.25	45	56	—	—	—	26	34	42	53	—	—	—
		0.3	48	60	75	—	—	28	36	45	56	—	—	—
1.4	2.8	0.2	52	—	—	—	—	25	32	40	50	—	—	—
		0.25	48	60	—	—	—	28	36	45	56	—	—	—
		0.35	53	67	85	—	—	32	40	50	63	80	—	—
		0.4	56	71	90	—	—	34	42	53	67	85	—	—
		0.45	60	75	95	—	—	36	45	56	71	90	—	—
2.8	5.6	0.35	56	71	90	—	—	34	42	53	67	85	—	—
		0.5	63	80	100	125	—	38	48	60	75	95	—	—
		0.6	71	90	112	140	—	42	53	67	85	106	—	—
		0.7	75	95	118	150	—	45	56	71	90	112	—	—
		0.75	75	95	118	150	—	45	56	71	90	112	—	—
		0.8	80	100	125	160	200	48	60	75	95	118	150	190
5.6	11.2	0.75	85	106	132	170	—	50	63	80	100	125	—	—
		1	95	118	150	190	236	56	71	90	112	140	180	224
		1.25	100	125	160	200	250	60	75	95	118	150	190	236
		1.5	112	140	180	224	280	67	85	106	132	170	212	265
11.2	22.4	1	100	125	160	200	250	60	75	95	118	150	190	236
		1.25	112	140	180	224	280	67	85	106	132	170	212	265
		1.5	118	150	190	236	300	71	90	112	140	180	224	280
		1.75	125	160	200	250	315	75	95	118	150	190	236	300
		2	132	170	212	265	335	80	100	125	160	200	250	315
		2.5	140	180	224	280	355	85	106	132	170	212	265	335

（续）

基本大径 /mm		螺距 P /mm	内螺纹中径公差（T_{D_2}）					外螺纹中径公差（T_{d_2}）						
			公差等级											
>	≤		4	5	6	7	8	3	4	5	6	7	8	9
22.4	45	1	106	132	170	212	—	63	80	100	125	160	200	250
		1.5	125	160	200	250	315	75	95	118	150	190	236	300
		2	140	180	224	280	355	85	106	132	170	212	265	335
		3	170	212	265	335	425	100	125	160	200	250	315	400
		3.5	180	224	280	355	450	106	132	170	212	265	335	425
		4	190	236	300	375	475	112	140	180	224	280	355	450
		4.5	200	250	315	400	500	118	150	190	236	300	375	475
45	90	1.5	132	170	212	265	335	80	100	125	160	200	250	315
		2	150	190	236	300	375	90	112	140	180	224	280	355
		3	180	224	280	355	450	106	132	170	212	265	335	425
		4	200	250	315	400	500	118	150	190	236	300	375	475
		5	212	265	335	425	530	125	160	200	250	315	400	500
		5.5	224	280	355	450	560	132	170	212	265	335	425	530
		6	236	300	375	475	600	140	180	224	280	355	450	560
90	180	2	160	200	250	315	400	95	118	150	190	236	300	375
		3	190	236	300	375	475	112	140	180	224	280	355	450
		4	212	265	335	425	530	125	160	200	250	315	400	500
		6	250	315	400	500	630	150	190	236	300	375	475	600
		8	280	355	450	560	710	170	212	265	335	425	530	670
180	355	3	212	265	335	425	530	125	160	200	250	315	400	500
		4	236	300	375	475	600	140	180	224	280	355	450	560
		6	265	335	425	530	670	160	200	250	315	400	500	630
		8	300	375	475	600	750	180	224	280	355	560	560	710

1.4　管螺纹

1.4.1　55°非密封管螺纹

GB/T 7307—2001 规定了牙型角为 55°，内、外螺纹都是圆柱形的管螺纹。这种螺纹拧紧后没有密封功能，仅在管路中起机械连接作用，适用于管接头、旋塞、阀门及其他管路附件。

（1）基本牙型

55°圆柱管螺纹的基本牙型如图 5.2-2 所示，其牙顶和牙底呈圆弧形，圆弧半径为 r。大、小径的削平高度均为 $H/6$。公称尺寸见表 5.2-10。

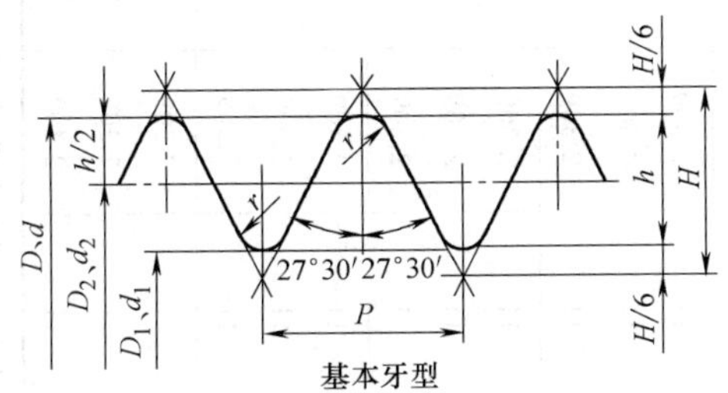

$P=\dfrac{25.4}{n}$；$H/6=0.160082P$；

$H=0.960491P$；$D_2=d_2=d-0.640327P$；

$h=0.640327P$；$D_1=d_1=d-1.280654P$；

$r=0.137329P$

图 5.2-2　55°圆柱管螺纹的基本牙型

（2）公差带

55°圆柱管螺纹公差带位置如图 5.2-3 所示，其内、外螺纹的基本偏差均为零，而且公差带都是向形成间隙的方向分布的，并允许螺纹的牙顶在公差范围内削平。内、外螺纹配合后最小间隙为零，在绝大多数情况下，内、外螺纹都有间隙的配合，这也是圆柱管螺纹不具有密封性能的根本原因。

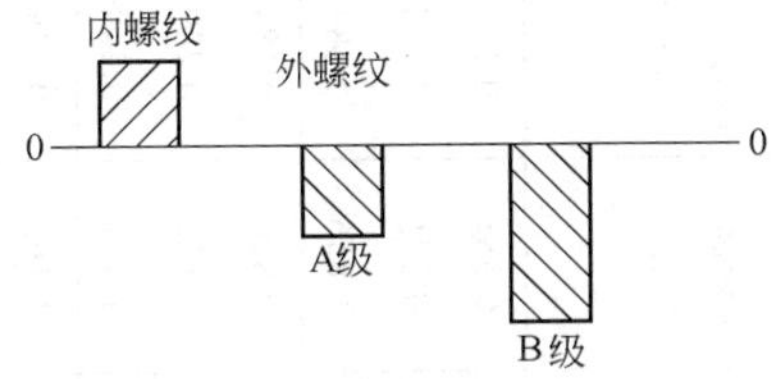

图 5.2-3　55°圆柱管螺纹公差带

外螺纹的中径有 A、B 两种公差等级，A 级的公差值与同标准内螺纹（不分级）的公差值相等，B 级是 A 级的两倍，各直径的公差值见表 5.2-10。

（3）标记方法和示例

GB/T 7307 中规定的非螺纹密封的管螺纹，其标记由螺纹特征代号、尺寸代号（见表 5.2-10 第 1 栏）和公差等级代号组成。特征代号为 G，尺寸代号标注在特征代号之后，外螺纹的公差等级代号写在尺寸代

表 5.2-10　管螺纹基本尺寸和公差

（mm）

尺寸代号	每 25.4mm 内的牙数 n	螺距 P	牙高 h	圆弧半径 $r\approx$	基本直径			外螺纹					内螺纹			
					大径 $d=D$	中径 $d_2=D_2$	小径 $d_1=D_1$	大径公差		中径公差			中径公差		小径公差	
								下偏差	上偏差	下偏差		上偏差	下偏差	上偏差	下偏差	上偏差
										A 级	B 级					
1/16	28	0.907	0.581	0.125	7.723	7.142	6.561	−0.214	0	−0.107	−0.214	0	0	+0.107	0	+0.282
1/8	28	0.907	0.581	0.125	9.728	9.147	8.566	−0.214	0	−0.107	−0.214	0	0	+0.107	0	+0.282
1/4	19	1.337	0.856	0.184	13.157	12.301	11.445	−0.250	0	−0.125	−0.250	0	0	+0.125	0	+0.445
3/8	19	1.337	0.856	0.184	16.662	15.806	14.950	−0.250	0	−0.125	−0.250	0	0	+0.125	0	+0.445
1/2	14	1.814	1.162	0.249	20.955	19.793	18.631	−0.284	0	−0.142	−0.284	0	0	+0.142	0	+0.541
5/8	14	1.814	1.162	0.249	22.911	21.749	20.587	−0.284	0	−0.142	−0.284	0	0	+0.142	0	+0.541
3/4	14	1.814	1.162	0.249	26.441	25.279	24.117	−0.284	0	−0.142	−0.284	0	0	+0.142	0	+0.541
7/8	14	1.814	1.162	0.249	30.201	29.039	27.877	−0.284	0	−0.142	−0.284	0	0	+0.142	0	+0.541
1	11	2.309	1.479	0.317	33.249	31.770	30.291	−0.360	0	−0.180	−0.360	0	0	+0.180	0	+0.640
1⅛	11	2.309	1.479	0.317	37.897	36.418	34.939	−0.360	0	−0.180	−0.360	0	0	+0.180	0	+0.640
1¼	11	2.309	1.479	0.317	41.910	40.431	38.952	−0.360	0	−0.180	−0.360	0	0	+0.180	0	+0.640
1½	11	2.309	1.479	0.317	47.803	46.324	44.845	−0.360	0	−0.180	−0.360	0	0	+0.180	0	+0.640
1¾	11	2.309	1.479	0.317	53.746	52.267	50.788	−0.360	0	−0.180	−0.360	0	0	+0.180	0	+0.640
2	11	2.309	1.479	0.317	59.614	58.135	56.656	−0.360	0	−0.180	−0.360	0	0	+0.180	0	+0.640
2¼	11	2.309	1.479	0.317	65.710	64.231	62.752	−0.434	0	−0.217	−0.434	0	0	+0.217	0	+0.640
2½	11	2.309	1.479	0.317	75.184	73.705	72.226	−0.434	0	−0.217	−0.434	0	0	+0.217	0	+0.640
2¾	11	2.309	1.479	0.317	81.534	80.055	78.576	−0.434	0	−0.217	−0.434	0	0	+0.217	0	+0.640
3	11	2.309	1.479	0.317	87.884	86.405	84.926	−0.434	0	−0.217	−0.434	0	0	+0.217	0	+0.640
3½	11	2.309	1.479	0.317	100.330	98.851	97.372	−0.434	0	−0.217	−0.434	0	0	+0.217	0	+0.640
4	11	2.309	1.479	0.317	113.030	111.551	110.072	−0.434	0	−0.217	−0.434	0	0	+0.217	0	+0.640
4½	11	2.309	1.479	0.317	125.730	124.251	122.772	−0.434	0	−0.217	−0.434	0	0	+0.217	0	+0.640
5	11	2.309	1.479	0.317	138.430	136.951	135.472	−0.434	0	−0.217	−0.434	0	0	+0.217	0	+0.640
5½	11	2.309	1.479	0.317	151.130	149.651	148.172	−0.434	0	−0.217	−0.434	0	0	+0.217	0	+0.640
6	11	2.309	1.479	0.317	163.830	162.351	160.872	−0.434	0	−0.217	−0.434	0	0	+0.217	0	+0.640

注：对薄壁管件，此公差适用于平均中径，该中径是测量两个相互垂直直径的算术平均值。

号之后。若未注公差等级则为内螺纹，当螺纹为左旋时，在标记的最后加注“LH”。尺寸代号为 1/2 的螺纹示例如下：

A 级外螺纹：G1/2A；

内螺纹：G1/2；

左旋 B 级外螺纹：G1/2B-LH；

螺纹副 G1/2G1/2A。

1.4.2　55°密封管螺纹

GB/T 7306.1、2—2000 规定了螺纹副具有密封能力的牙型角为 55°的管螺纹。标准中规定了两种配合方式，即圆柱内螺纹和圆锥外螺纹配合以及内、外螺纹都是圆锥的配合，这两种配合方式的螺纹副均具有密封性，并允许在螺纹副内加入密封填料来增强密封性，适用于管子、管接头和旋塞等管路附件。

圆柱内螺纹和圆锥外螺纹的配合通常称为直/锥配合，当圆锥外螺纹旋入圆柱内螺纹时，很容易在圆柱内螺纹端面锁紧，并在内、外螺纹的中径尺寸相等处构成一个密封环，如图 5.2-4 所示。内、外螺纹旋紧后，形成这一环是比较容易的，因此大量用于各种低压、静载的场合，如水、煤气管等。

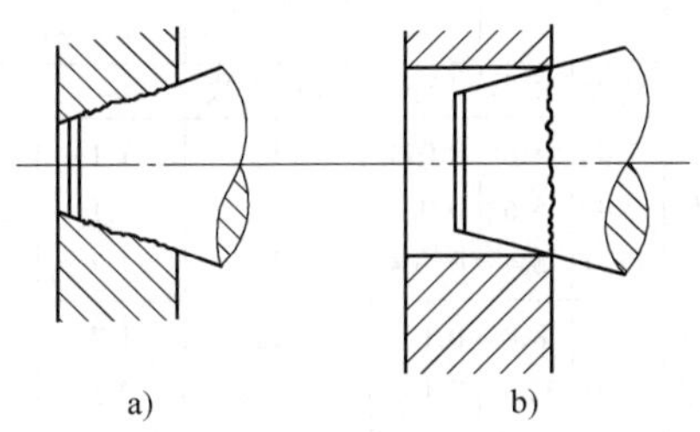

图 5.2-4　两种配合方式的比较

a）内锥/外锥的配合　b）内柱/外锥的配合

内、外螺纹都是圆锥的配合是在内、外螺纹相互旋紧的整个锥面上进行密封，由于受到内、外螺纹锥度、牙型半角等多个要素一致性的制约，要在整个锥面上全部贴合是不容易的，往往已经拧得很紧，却仍然有泄漏，但是当它们一旦实现密封则难以被破坏，比较可靠，一般在高压、动载情况下使用。

（1）基本牙型

管螺纹的原始三角形是顶角为 55°的等腰三角形，大、小径的削平高度均为 $H/6$，其中锥螺纹的锥度比为 1∶16，牙型角的角平分线垂直于螺纹轴线，圆锥管螺纹和圆柱管螺纹基本牙型及公称尺寸见表 5.2-11。

（2）公差

圆锥管螺纹是通过规定基面轴向位移量的公差对各单项要素（如螺距、半角、锥度等）进行综合控制的。这是因为圆锥螺纹在轴向不同位置具有不同的直径尺寸，如果制造有误差，在规定位置上的大径就不等于基准直径，也就是说，此位置的平面不是基准平面，而在另外一个位置上的大径却等于基准直径。这另一个位置上的平面才是基准平面。这个新位置到规定位置的距离就是基准平面的轴向位移量，该值即代表锥螺纹的误差。内、外圆柱、圆锥管螺纹的公差见表 5.2-12。

（3）标记方法和示例

GB/T 7306 中规定的用螺纹密封的管螺纹，其标记由螺纹特征代号、尺寸代号两部分组成。各种螺纹的特征代与规定如下：

Rc——圆锥内螺纹；

Rp——与圆锥外螺纹配合的圆柱内螺纹；

R_1、R_2——分别与圆柱、圆锥内螺纹配合。

表 5.2-11　圆锥管螺纹和圆柱管螺纹的基本牙型及公称尺寸　（mm）

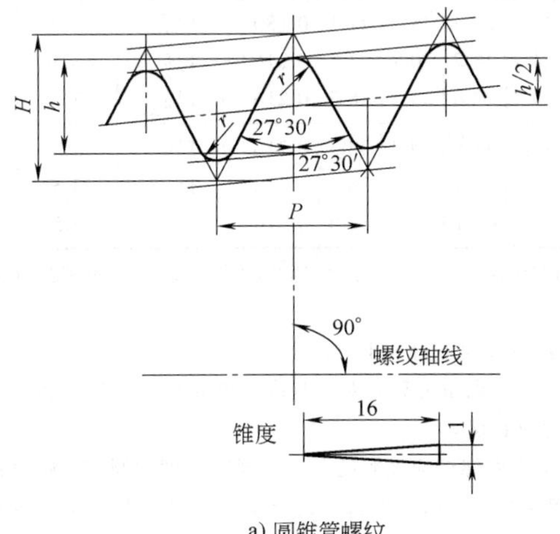

a) 圆锥管螺纹

$P=\frac{25.4}{n}$；$h=0.640327P$；

$H=0.960237P$；$r=0.137278P$

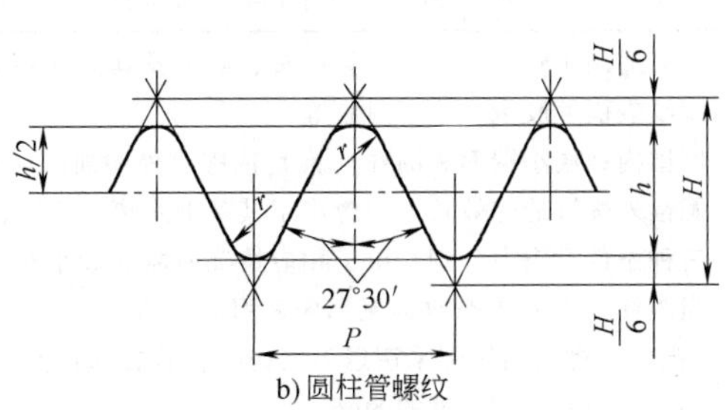

b) 圆柱管螺纹

（续）

尺寸代号	每25.4mm内的牙数 n	螺距 P	牙高 h	圆弧半径 $r\approx$	基准平面上的基本直径		
					大径（基准直径）$d=D$	中径 $d_2=D_2$	小径 $d_1=D_1$
1/16	28	0.907	0.581	0.125	7.723	7.142	6.561
1/8	28	0.907	0.581	0.125	9.728	9.147	8.566
1/4	19	1.337	0.856	0.184	13.157	12.301	11.445
3/8	19	1.337	0.856	0.184	16.662	15.806	14.950
1/2	14	1.814	1.162	0.249	20.955	19.793	18.631
3/4	14	1.814	1.162	0.249	26.441	25.279	24.117
1	11	2.309	1.479	0.317	33.249	31.770	30.291
1¼	11	2.309	1.479	0.317	41.910	40.431	38.952
1½	11	2.309	1.479	0.317	47.803	46.324	44.845
2	11	2.309	1.479	0.317	59.614	58.135	56.656
2½	11	2.309	1.479	0.317	75.184	73.705	72.226
3	11	2.309	1.479	0.317	87.884	86.405	84.926
4	11	2.309	1.479	0.317	113.030	111.551	110.072
5	11	2.309	1.479	0.317	138.430	136.951	135.472
6	11	2.309	1.479	0.317	163.830	162.351	160.872

表 5.2-12 内、外圆锥、圆柱管螺纹的公差 （mm）

尺寸代号	每25.4mm内牙数 n	螺距 P	基准距离					装配余量		外螺纹的有效螺纹长度≥			圆柱内螺纹直径极限偏差 $\pm T_2/2$		圆锥内螺纹基准平面轴向位移极限偏差 $\pm T_2/2$	
			基本	极限偏差 $\pm T_1/2$		最大	最小	长度 ≈	圈数	基准距离						
				≈	圈数					基本	最大	最小	径向	轴向圈数	≈	圈数
1/16	28	0.907	4.0	0.9	1	4.9	3.1	2.5	2¾	6.5	7.4	5.6	0.071	1¼	1.1	1¼
1/8	28	0.907	4.0	0.9	1	4.9	3.1	2.5	2¾	6.5	7.4	5.6	0.071	1¼	1.1	1¼
1/4	19	1.337	6.0	1.3	1	7.3	4.7	3.7	2¾	9.7	11.0	8.4	0.104	1¼	1.7	1¼
3/8	19	1.337	6.4	1.3	1	7.7	5.1	3.7	2¾	10.1	11.4	8.8	0.104	1¼	1.7	1¼
1/2	14	1.814	8.2	1.8	1	10.0	6.4	5.0	2¾	13.2	15.0	11.4	0.142	1¼	2.3	1¼
3/4	14	1.814	9.5	1.8	1	11.3	7.7	5.0	2¾	14.5	16.3	12.7	0.142	1¼	2.3	1¼
1	11	2.309	10.4	2.3	1	12.7	8.1	6.4	2¾	16.8	19.1	14.5	0.180	1¼	2.9	1¼
1¼	11	2.309	12.7	2.3	1	15.0	10.4	6.4	2¾	19.1	21.4	16.8	0.180	1¼	2.9	1¼
1½	11	2.309	12.7	2.3	1	15.0	10.4	6.4	2¾	19.1	21.4	16.8	0.180	1¼	2.9	1¼
2	11	2.309	15.9	2.3	1	18.2	13.6	7.5	3¼	23.4	25.7	21.1	0.180	1¼	2.9	1¼
2½	11	2.309	17.5	3.5	1½	21.0	14.0	9.2	4	26.7	30.2	23.2	0.216	1½	3.5	1½
3	11	2.309	20.6	3.5	1½	24.1	17.1	9.2	4	29.8	33.3	26.3	0.216	1½	3.5	1½
4	11	2.309	25.4	3.5	1½	28.9	21.9	10.4	4½	35.8	39.3	32.3	0.216	1½	3.5	1½
5	11	2.309	28.6	3.5	1½	32.1	25.1	11.5	5	40.1	43.6	36.6	0.216	1½	3.5	1½
6	11	2.309	28.6	3.5	1½	32.1	25.1	11.5	5	40.1	43.6	36.6	0.216	1½	3.5	1½

注：1. 本表适用于管子、阀门、管接头、旋塞及其他管路附件的螺纹连接。允许在螺纹副内添加合适的密封介质，如在螺纹表面缠胶带、涂密封胶等。

2. 圆锥内螺纹小端面和圆柱（锥）内螺纹外端面的倒角轴向长度不得大于 P。

3. 圆锥外螺纹的有效长度不应小于其基准距离的实际值与装配余量之和。对应基准距离为基本、最大和最小尺寸的三种条件，表中分别给出了相应情况所需的最小有效螺纹长度。

4. 当圆柱（锥）内螺纹的尾部未采用退刀结构时，其最小有效螺纹应能容纳表中所规定长度的圆锥外螺纹；当圆柱（锥）内螺纹的尾部采用退刀结构时，其容纳长度应能容纳表中所规定长度的圆锥外螺纹，其最小有效长度应不小于表中所规定长度的80%。

标准规定将管螺纹的尺寸代号（表 5.2-12 的第 1 栏）标注在特征代号之后，当螺纹为左旋时，在标记的最后加注“LH”。尺寸代号为 1/2 的管螺纹示例如下：

圆锥内螺纹：Rc 1/2；

左旋圆柱内螺纹：Rp 1/2-LH；

圆柱内螺纹与圆锥外螺纹的配合：Rp/R_12。

1.4.3　60°密封管螺纹

GB/T 12716—2011 规定了内、外圆锥螺纹和圆柱内螺纹的牙型、尺寸、公差和标记。内、外螺纹可以组成两种配合：锥/锥和柱/锥，这两种配合的螺纹副本身具有密封能力，使用中允许加入密封填料。适用于管子、阀门、管接头、旋塞及其他管路附件。

（1）尺寸代号

60°密封管螺纹各直径尺寸的代号与其他螺纹标准一致，而在轴向尺寸方面，我国其他螺纹还没有过类似的规定，因此，直接采用了美国标准的代号，如图 5.2-5 所示。各尺寸的代号和名称见表 5.2-13 中。

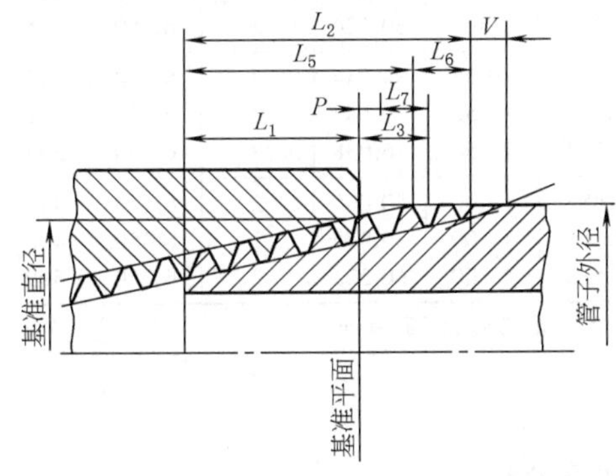

图 5.2-5　60°密封圆锥管螺纹的轴向尺寸

表 5.2-13　60°密封管螺纹尺寸代号和名称

代号	名　称
D	内螺纹大径
d	外螺纹大径
D_2	内螺纹中径
d_2	外螺纹中径
D_1	内螺纹小径
d_1	外螺纹小径
P	螺距
H	原始三角形高度
h	牙型高度
n	25.4mm 内的螺纹牙数
f	削平高度
V	螺尾长度
L_1	基准长度
L_2	有效螺纹长度
L_3	装配余量
L_5	完整螺纹长度
L_6	不完整螺纹长度
L_7	旋紧余量

（2）基本牙型

60°密封管螺纹的牙型，其原始三角形为 60°的等边三角形。圆锥螺纹的锥度为 1∶16，其牙型角的角平分线垂直于螺纹轴线。圆柱内螺纹和圆锥内、外螺纹的牙型如图 5.2-6 所示，牙型上各尺寸间的关系如下：

$P=25.4/n$，$H=0.866025P$，$h=0.8P$，$f=0.033P$。

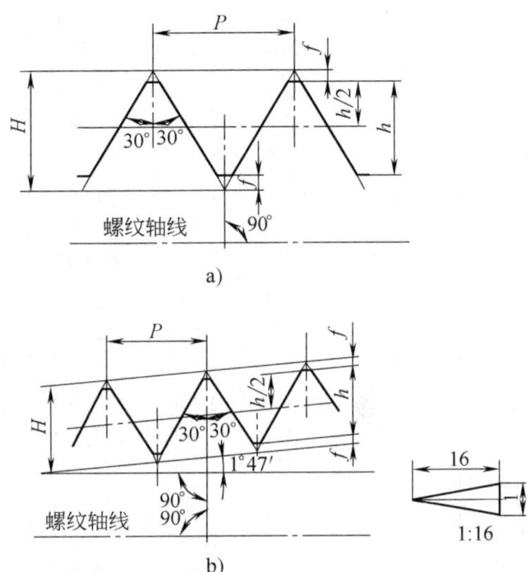

图 5.2-6　60°密封圆锥管螺纹的基本牙型

a）圆柱螺纹　b）圆锥螺纹

圆锥外螺纹基准平面的理论位置位于垂直于螺纹轴线，与小端面（参照平面）相距一个基准距离的平面内；内螺纹基准平面的理论位置位于垂直于螺纹轴线端面（参照平面）内，参见图 5.2-5。圆锥螺纹的大、中、小径的公称尺寸在基准平面上，圆柱内螺纹大、中、小径的公称尺寸应分别与圆锥螺纹在基准平面内的大、中、小径公称尺寸值相等，具体数值见表 5.2-14。

（3）公差

圆锥管螺纹基准平面轴向位置的极限偏差为$\pm P$，圆柱内螺纹基准平面轴向位置的极限偏差为$\pm 1.5P$；在同一轴向平面内，螺纹的大径和小径尺寸应随中径的尺寸变化而变化，以保证螺纹牙顶高和牙底高在规定的公差范围内，表 5.2-15 列出了牙顶高和牙底高公差的具体数值；对圆锥管螺纹，表 5.2-16 给出了锥度、导程和牙侧角的极限偏差，这些单项要素的误差一般由控制刀具的尺寸来保证；对圆柱内螺纹，表 5.2-17 列出了螺纹中径在径向所对应的极限尺寸。

（4）标记方法和示例

60°密封管螺纹的标记由螺纹特征代号、尺寸代号两部分组成。当螺纹为左旋时，应在尺寸代号后面

表 5.2-14　60°管螺纹的公称尺寸　　(mm)

尺寸代号	每25.4mm内牙数 n	螺距 P	牙高 h	基准平面内的基本直径			基准长度 L_1		装配余量 L_3		外螺纹小端面内的基本小径
				大径 $d=D$	中径 $d_2=D_2$	小径 $d_1=D_1$	圈数	尺寸	圈数	尺寸	
1/16	27	0.941	0.752	7.894	7.142	6.389	4.32	4.064	3	2.822	6.137
1/8	27	0.941	0.752	10.242	9.489	8.737	4.36	4.102	3	2.822	8.481
1/4	18	1.411	1.129	13.616	12.487	11.358	4.10	5.785	3	4.233	10.996
3/8	18	1.411	1.129	17.055	15.926	14.797	4.32	6.096	3	4.233	14.417
1/2	14	1.814	1.451	21.224	19.772	18.321	4.48	8.128	3	5.443	17.813
3/4	14	1.814	1.451	26.569	25.117	23.666	4.75	8.618	3	5.443	23.127
1	11.5	2.209	1.767	33.228	31.461	29.694	4.60	10.160	3	6.626	29.060
1¼	11.5	2.209	1.767	41.985	40.218	38.451	4.83	10.668	3	6.626	37.785
1½	11.5	2.209	1.767	48.054	46.278	44.520	4.83	10.668	3	6.626	43.853
2	11.5	2.209	1.767	60.092	58.325	56.558	5.01	11.065	3	6.626	55.867
2½	8	3.175	2.540	72.699	70.159	67.619	5.46	17.335	2	6.350	66.535
3	8	3.175	2.540	88.608	86.068	83.528	6.13	19.463	2	6.350	82.311
3½	8	3.175	2.540	101.316	98.776	96.236	6.57	20.860	2	6.350	94.932
4	8	3.175	2.540	113.973	111.433	108.893	6.75	21.431	2	6.350	107.554
5	8	3.175	2.540	140.952	138.412	135.872	7.50	23.812	2	6.350	134.384
6	8	3.175	2.540	167.792	165.252	162.772	7.66	24.320	2	6.350	161.191
8	8	3.175	2.540	218.441	215.901	213.361	8.50	26.988	2	6.350	211.673
10	8	3.175	2.540	272.312	269.772	267.232	9.68	30.734	2	6.350	265.311
12	8	3.175	2.540	323.032	320.492	317.952	10.88	34.544	2	6.350	315.793
14 O. D.	8	3.175	2.540	354.904	352.364	349.824	12.50	39.688	2	6.350	347.345
16 O. D.	8	3.175	2.540	405.784	403.244	400.704	14.50	46.038	2	6.350	397.828
18 O. D.	8	3.175	2.540	456.565	454.025	451.485	16.00	50.800	2	6.350	448.310
20 O. D.	8	3.175	2.540	507.246	504.706	502.166	17.00	53.975	2	6.350	498.792
24 O. D.	8	3.175	2.540	608.608	606.068	603.528	19.00	60.325	2	6.350	599.758

注：1. 对有效螺纹长度大于25.4mm的螺纹，其导程累积误差的最大测量跨度为25.4mm。

2. 螺尾长度（V）为3.47P。

3. O. D. 是英文管子外径（Outside Diameter）的缩写。

表 5.2-15　牙顶高和牙底高公差　　(mm)

25.4mm轴向长度内所包含的牙数 n	牙顶高和牙底高公差	25.4mm轴向长度内所包含的牙数 n	牙顶高和牙底高公差
27	0.059	11.5	0.088
18	0.077	8	0.092
14	0.081		

表 5.2-16　锥度、导程和牙侧角极限偏差

在25.4mm轴向长度内所包含的牙数 n	中径线锥度(1/16)的极限偏差	有效螺纹的导程累积偏差/mm	牙侧角偏差/(°)
27	+1/96 -1/192	±0.076	±1.25
18、14			±1
11、5、8			±0.75

表 5.2-17　圆柱内螺纹的极限尺寸

螺纹的尺寸代号	在25.4mm长度内所包含的牙数 n	中径/mm		小径/mm
		max	min	min
1/8	27	9.578	9.401	8.636
1/4	18	12.618	12.355	11.227
3/8	18	16.057	15.794	14.656

（续）

螺纹的尺寸代号	在 25.4mm 长度内所包含的牙数 n	中径/mm		小径/mm
		max	min	min
1/2	14	19.941	19.601	18.161
1/4	14	25.288	24.948	23.495
1	11.5	31.668	31.255	29.489
1¼	11.5	40.424	40.010	38.252
1½	11.5	46.494	46.081	44.323
2	11.5	58.531	58.118	56.363
2½	8	70.457	69.860	67.310
3	8	86.365	85.771	83.236
3½	8	99.072	98.479	95.936
4	8	111.729	111.135	108.585

加注“LH”。各种螺纹的特征代号规定如下：

NPT——圆锥管螺纹；

NPSC——圆柱内螺纹。

标记示例：

尺寸为 3/4 的右旋圆柱内螺纹为 NPSC3/4；

尺寸为 6 的右旋圆锥内或外螺纹为 NPT6；

尺寸为 14O. D. 的左旋圆锥内螺纹为 NPT14O. D. - LH。

.4.4 米制锥螺纹

GB/T 1415—2008 规定了米制锥螺纹及与米制外锥螺纹配合的圆柱内螺纹牙型、尺寸、公差和检验。内、外螺纹可以组成两种配合：圆锥内螺纹/圆锥外螺纹和圆柱内螺纹/圆锥外螺纹，这两种配合形式的螺纹副都具有密封能力，并允许在螺纹副内加入密封填料以提高其密封能力，适用于使用米制螺纹的管路系统。

（1）牙型和公称尺寸（见表 5.2-18）

（2）公差

圆锥螺纹公差见表 5.2-19～表 5.2-21。圆柱内螺纹的牙顶高和牙底高极限偏差见表 5.2-20，圆柱内螺纹中径公差带 H，其公差值应符合 GB/T 197 的规定。

表 5.2-18 米制密封螺纹的牙型和公称尺寸（摘自 GB/T 1415—2008） （mm）

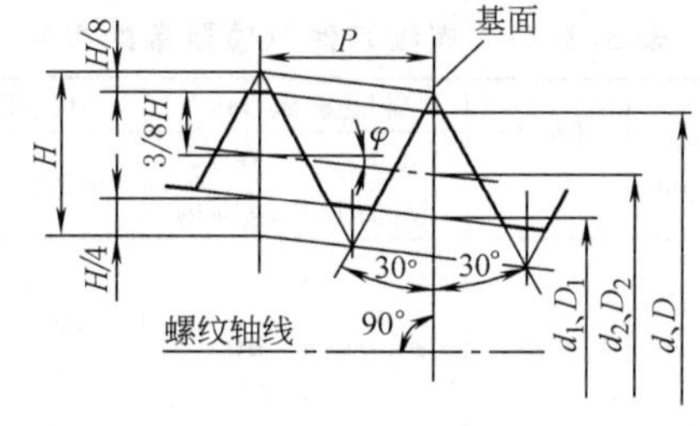

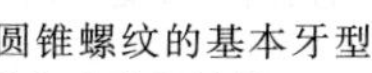

圆锥螺纹的基本牙型

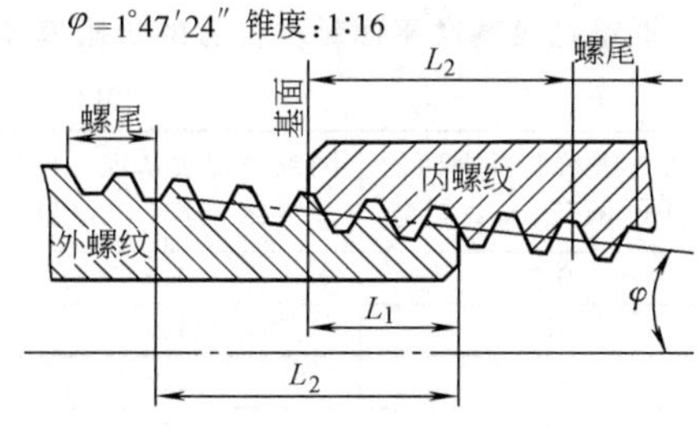

米制密封螺纹上各主要尺寸的分布位置

L_1—基准距离 L_2—有效螺纹长度

螺纹牙型尺寸按下列公式进行计算

$H=0.866025404P$

$5H/8=0.541265877P$

$3H/8=0.324759526P$

$H/4=0.216506351P$

$H/8=0.108253175P$

公称直径 D,d	螺距 P	基面内的直径			基准长度[①]		最小有效螺纹长度[①]	
		大径 D,d	中径 D_2,d_2	小径 D_1,d_1	标准型 L_1	短型 $L_{1短}$	标准型 L_2	短型 $L_{2短}$
8	1	8.000	7.350	6.917	5.500	2.500	8.000	5.500
10	1	10.000	9.350	8.917	5.500	2.500	8.000	5.500
12	1	12.000	11.350	10.917	5.500	2.500	8.000	5.500
14	1.5	14.000	13.026	12.376	7.500	3.500	11.000	8.500

（续）

公称直径 D,d	螺距 P	基面内的直径			基准长度①		最小有效螺纹长度①	
		大径 D,d	中径 D_2,d_2	小径 D_1,d_1	标准型 L_1	短型 $L_{1短}$	标准型 L_2	短型 $L_{2短}$
16	1	16.000	15.350	14.917	5.500	2.500	8.000	5.500
	1.5	16.000	15.026	14.376	7.500	3.500	11.000	8.500
20	1.5	20.000	19.026	18.376	7.500	3.500	11.000	8.500
27	2	27.000	25.701	24.835	11.000	5.000	16.000	12.000
33	2	33.000	31.701	30.835	11.000	5.000	16.000	12.000
42	2	42.000	40.701	39.835	11.000	5.000	16.000	12.000
48	2	48.000	46.701	45.835	11.000	5.000	16.000	12.000
60	2	60.000	58.701	57.835	11.000	5.000	16.000	12.000
72	3	72.000	70.051	68.752	16.500	7.500	24.000	18.000
76	2	76.000	74.701	73.835	11.000	5.000	16.000	12.000
90	2	90.000	88.701	87.835	11.000	5.000	16.000	12.000
	3	90.000	88.051	86.752	16.500	7.500	24.000	18.000
115	2	115.000	113.701	112.835	11.000	5.000	16.000	12.000
	3	115.000	113.051	111.752	16.500	7.500	24.000	18.000
140	2	140.000	138.701	137.835	11.000	5.000	16.000	12.000
	3	140.000	138.051	136.752	16.500	7.500	24.000	18.000
170	3	170.000	168.051	166.752	16.500	7.500	24.000	18.000

注：米制密封圆柱内螺纹基本牙型应符合 GB/T 192—2003 普通螺纹基本牙型的规定。

① 基准长度有两种形式：标准型和短型。两种基准长度分别对应两种形式的最小有效螺纹长度。标准型基准长度 L_1 和标准型最小有效螺纹长度 L_2 适用于由圆锥内螺纹与圆锥外螺纹组成的“锥/锥”配合螺纹；短型基准长度 $L_{1短}$ 和短型最小有效螺纹长度 $L_{2短}$ 适用于由圆柱内螺纹与圆锥外螺纹组成的“柱/锥”配合螺纹。选择时要注意两种配合形式对应两组不同的基准长度和最小有效螺纹长度，避免选择错误。

表 5.2-19　圆锥螺纹基准平面轴向位置的极限偏差

（mm）

螺距 P	圆锥外螺纹基准平面的极限偏差（$\pm T_1/2$）	圆锥内螺纹基准平面的极限偏差（$\pm T_2/2$）
1	0.7	1.2
1.5	1	1.5
2	1.4	1.8
3	2	3

表 5.2-20　螺纹牙顶高和牙底高的极限偏差

（mm）

螺距 P	外螺纹极限偏差		内螺纹极限偏差	
	牙顶高	牙底高	牙顶高	牙底高
1	0 −0.032	−0.015 −0.050	±0.030	±0.030
1.5	0 −0.048	−0.020 −0.065	±0.040	±0.040
2	0 −0.050	−0.025 −0.075	±0.045	±0.045
3	0 −0.055	−0.030 −0.085	±0.050	±0.050

表 5.2-21　螺纹其他单项要素的极限偏差

螺距 P/mm	牙侧角（′）	螺距累积/mm		中径锥角①（′）	
		在 L_1 范围内	在 L_2 范围内	外螺纹	内螺纹
1	±45	±0.04	±0.07	+24 −12	+12 −24
1.5					
2					
3					

① 测量中径锥角的测量跨度为 L_1。

（3）螺纹标记

米制密封螺纹标记由螺纹特征代号、尺寸代号和基准距离组别代号组成。但对于左旋螺纹，还应在基准距离组别之后标注“LH”。

特征代号：

Mc——圆锥螺纹的特征代号；

Mp——圆柱内螺纹的特征代号。

螺纹尺寸代号：为“公称直径×螺距”（单位为 mm）。

基准距离组别代号：当采用标准型基准距离时可以省略基准距离组别代号（N）；短型基准距离的组别代号为“S”，不能省略。

标记示例：

Mc12×1——表示公称直径为 12mm、螺距为 1mm、标准型基准距离、右旋的圆锥螺纹；

Mc20×1.5-S——表示公称直径为 20mm、螺距为 1.5mm、短型基准距离、右旋的圆锥外螺纹；

Mp42×2-S——表示公称直径为 42mm、螺距为 2mm、短型基准距离、右旋的圆柱内螺纹；

Mc12×1-LH——表示公称直径为 12mm、螺距为 1mm、标准型基准距离、左旋的圆锥外螺纹。

螺纹副：

锥/锥配合（标准型）的螺纹副，其标记方法与单独圆锥内螺纹或圆锥外螺纹完全相同。

柱/锥配合螺纹（短型），螺纹副的特征代号为“Mp/Mc”。前面为内螺纹的特征代号，后面为外螺纹的特征代号，中间用斜线分开。

标记示例：

Mp/Mc20×1.5-S——表示公称直径为 20mm、螺距为 1.5mm、短型基准距离、右旋的圆柱内螺纹与圆锥外螺纹副；

Mc12×1——表示公称直径为 12mm、螺距为 1mm、标准型基准距离、右旋圆锥螺纹副。

1.4.5　80°非密封管螺纹（摘自 GB/T 29537—2013）（见表 5.2-22～表 5.2-25）

内螺纹直径的下偏差（EI）和外螺纹直径的上偏差（es）为基本偏差，其基本偏差为零。

内、外螺纹各自只有一种公差。每种螺纹的大径、中径和小径公差值相同。

内螺纹的直径极限尺寸和公差应符合表 5.2-24 的规定。

外螺纹的直径极限尺寸和公差应符合表 5.2-25 的规定。

螺纹标记：80°圆柱管螺纹标记应采用表 5.2-23～表 5.2-25 内第 1 列所规定的代号。省略螺纹的螺距和公差带内容。对左旋螺纹，应在螺纹尺寸代号后面加注“LH”。用“-”分开螺纹尺寸代号与旋向代号。

示例：

具有标准系列和标准公差的右旋内螺纹或外螺纹：Pg 21。

表 5.2-22　设计牙型和计算公式

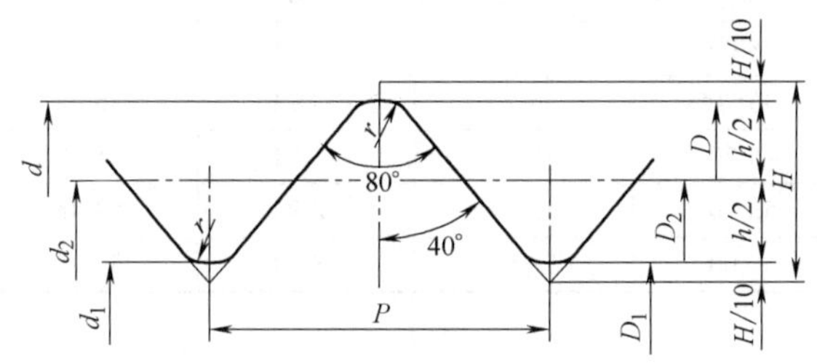

设计牙型

80°圆柱管螺纹的标准系列及其公称尺寸应符合表 5.2-23 的规定

螺纹直径可按下列公式计算

$$D=d$$
$$D_2=d_2=d-h=d-0.4767P$$
$$D_1=d_1=d-2h=d-0.9534P$$

表 5.2-23　80°圆柱管螺纹的标准系列和公称尺寸　（mm）

螺纹标记代号	牙数 n	螺距 P	牙高 h	大径 $D=d$	中径 $D_2=d_2$	小径 $D_1=d_1$	圆弧半径 r
Pg 7	20	1.27	0.61	12.50	11.89	11.28	0.14
Pg 9	18	1.41	0.67	15.20	14.53	13.86	0.15
Pg 11	18	1.41	0.67	18.60	17.93	17.26	0.15
Pg 13.5	18	1.41	0.67	20.40	19.73	19.06	0.15
Pg 16	18	1.41	0.67	22.50	21.83	21.16	0.15
Pg 21	16	1.588	0.76	28.30	27.54	26.78	0.17
Pg 29	16	1.588	0.76	37.00	36.24	35.48	0.17
Pg 36	16	1.588	0.76	47.00	46.24	45.48	0.17
Pg 42	16	1.588	0.76	54.00	53.24	52.48	0.17
Pg 48	16	1.588	0.76	59.30	58.54	57.78	0.17

表 5.2-24 内螺纹的直径极限尺寸和公差 (mm)

螺纹标记代号	大径 D		中径 D_2		小径 D_1		直径公差 T_D
	min	max	min	max	min	max	
Pg 7	12.50	12.65	11.89	12.04	11.28	11.43	0.15
Pg 9	15.20	15.35	14.53	14.68	13.86	14.01	0.15
Pg 11	18.60	18.75	17.93	18.08	17.26	17.41	0.15
Pg 13.5	20.40	20.56	19.73	19.88	19.06	19.21	0.15
Pg 16	22.50	22.65	21.83	21.98	21.16	21.31	0.15
Pg 21	28.30	28.55	27.54	27.79	26.78	27.03	0.25
Pg 29	37.00	37.25	36.24	36.49	35.48	35.73	0.25
Pg 36	47.00	47.25	46.24	46.49	45.48	45.73	0.25
Pg 42	54.00	54.25	53.24	53.49	52.48	52.73	0.25
Pg 48	59.30	59.55	58.54	58.79	57.78	58.03	0.25

表 5.2-25 外螺纹的直径极限尺寸和公差 (mm)

螺纹标记代号	大径 d		中径 d_2		小径 d_1		直径公差 T_d
	max	min	max	min	max	min	
Pg 7	12.50	12.30	11.89	11.69	11.28	11.08	0.20
Pg 9	15.20	15.00	14.53	14.33	13.86	13.66	0.20
Pg 11	18.60	18.40	17.93	17.73	17.26	17.06	0.20
Pg 13.5	20.40	20.20	19.73	19.53	19.06	18.86	0.20
Pg 16	22.50	22.30	21.83	21.63	21.16	20.96	0.20
Pg 21	28.30	28.00	27.54	27.24	26.78	26.48	0.30
Pg 29	37.00	36.70	36.24	35.94	35.48	35.18	0.30
Pg 36	47.00	46.70	46.24	45.94	45.48	45.18	0.30
Pg 42	54.00	53.70	53.24	52.94	52.48	52.18	0.30
Pg 48	59.30	59.00	58.54	58.24	57.78	57.48	0.30

2 螺纹连接结构设计

2.1 螺纹紧固件的类型选择（见表 5.2-26）

表 5.2-26 螺纹紧固件的特点和应用

类型	结构图	特点和应用	类型	结构图	特点和应用
螺栓连接		用于连接两个较薄的零件。在被连接件上开有通孔。普通螺栓的钉杆与孔之间有间隙，通孔的加工要求较低，结构简单、装拆方便，应用广泛。加强杆螺栓（GB/T 27）孔与螺杆常采用过渡配合，如 H7/m6、H7/n6。这种连接能精确固定被连接件的相对位置，适于承受横向载荷，但孔的加工精度要求较高，常采用配钻、铰	双头螺柱连接		用于被连件之一较厚，不宜于用螺栓连接，较厚的被连接件强度较差，又需经常拆卸的场合。在厚零件上加工出螺纹孔，薄零件上加工光孔，螺柱拧入螺纹孔中，用螺母压紧薄件。在拆卸时，只需旋下螺母而不必拆下双头螺柱。可避免大型被连接件上的螺纹孔损坏

（续）

类型	结构图	特点和应用	类型	结构图	特点和应用
螺钉连接		螺栓（或螺钉）直接拧入被连接件的螺纹孔中，不用螺母。结构比双头螺柱简单、紧凑。用于两个连接件中一个较厚，但不需经常拆卸，以免螺纹孔损坏的场合	自攻螺钉		用于连接强度要求不高的场合。但一般应预先制出底孔。若采用带钻头部分的自钻自攻螺钉，则不需预制底孔，用于有色金属、木材等
			木螺钉连接		一般用于木结构的连接。木质件视其材质的硬度和木螺钉的长度，可以不预制或预制出一定大小、深度的预制孔
紧定螺钉连接		利用拧入零件螺纹孔中的螺纹末端顶住另一零件的表面或顶入另一零件上的凹坑中，以固定两个零件的相对位置。这种连接方式结构简单，有的可任意改变零件在周向或轴向的位置，便于调整，如电器开关旋钮的固定	自攻锁紧螺钉连接		其螺纹为弧形三角截面，螺钉经表面淬硬，可拧入金属材料的预制孔内，挤压形成内螺纹 挤压形成的内螺纹比切制的提高强度 30% 以上。螺钉的最小抗拉强度为 800MPa 自攻锁紧螺纹有低拧紧力矩、高锁紧性能，在家用电器、电工和汽车行业中大量使用
沉头螺钉		用于强度要求不高，螺纹直径小于 10mm 的场合 螺钉头全部或局部沉入被连接件，这种结构多用于要求外表面平整的场合，如仪器面板	紧固件-组合件连接		垫圈与外螺纹紧固件由标准件专业厂生产后组装成套供应。这种连接件使用方便、省时、安全可靠，常用于密集采用紧固件连接的场合，如电气柜的接线柱

2.2　螺栓组的布置

布置螺栓组包括确定螺栓组中的螺栓数目并给出每个螺栓的位置。应力求使各螺栓受力均匀而且较小，避免螺栓受附加载荷，还应有利于加工和装配等。

1）接合面处的零件形状应尽量简单，最好是方形、圆形或矩形（图 5.2-7），同一圆周上的螺栓数目应采用 4、6、8、12 等，以便于加工时分度。应使螺栓组的形心与零件接合面的形心重合，最好有两个互相垂直的对称轴，以便于加工和计算。常把接合面中间挖空，以减少接合面加工量和接合面平面度的影响，还可以提高连接刚度。

2）受力矩的螺栓组，螺栓应远离对称轴，以减小螺栓受力。

3）受横向力的螺栓组，沿受力方向布置的螺栓不宜超过 6~8 个，以免各螺栓受力严重不均匀。

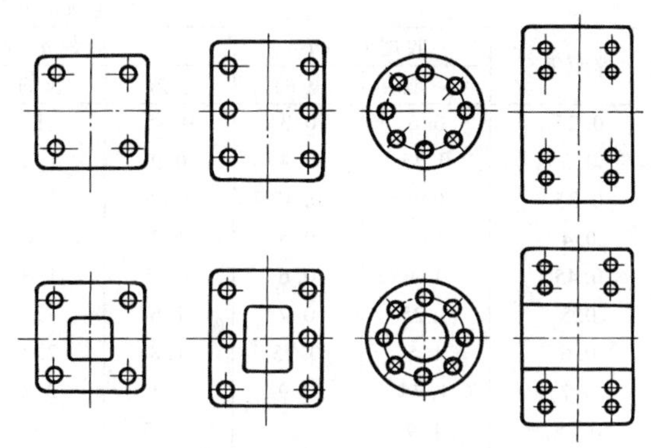

图 5.2-7　零件接合面的形状和螺栓布置

4）同一螺栓组所用的紧固件的形状、尺寸、材料等应一致，以便于加工和装配。螺栓间的距离可参考表 5.2-27 取值。

5）为装配螺纹连接时，工具应有足够的操作空间，应保证一定的扳手空间尺寸。

表 5.2-27　螺栓间距参考值

螺栓数 Z,通常取 4 的倍数

连接用途			l<
普通连接			10d
容器法兰连接	工作压强 /MPa	≤1.6	7d
		>1.6~4.0	4.5d
		>4.0~10	4.5d
		>10~16	4d
		>16~20	3.5d
		>20~30	3d

2.3　螺纹零件的结构要素

2.3.1　螺纹收尾、肩距、退刀槽、倒角（见表 5.2-28）

表 5.2-28　普通螺纹收尾、肩距、退刀槽、倒角（摘自 GB/T 3—1997）　　（mm）

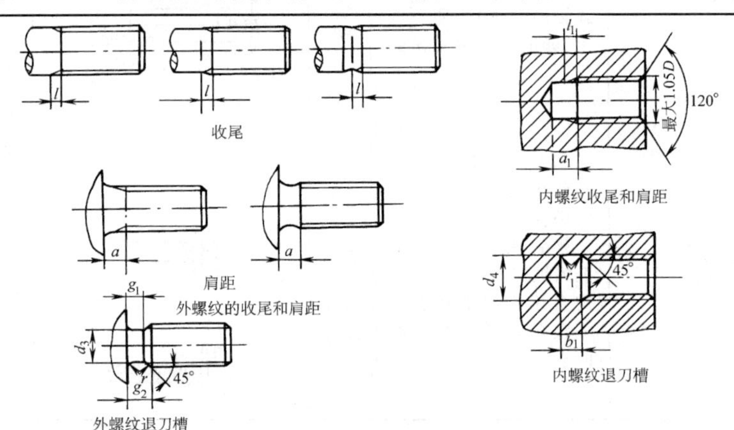

收尾

内螺纹收尾和肩距

肩距

外螺纹的收尾和肩距

外螺纹退刀槽

内螺纹退刀槽

外螺纹的收尾、肩距和退刀槽

螺距 P	收尾 l　max		肩距 a　max			退刀槽			
	一般	短的	一般	长的	短的	g_1　mix	g_2　max	d_3	$r\approx$
0.25	0.6	0.3	0.75	1	0.5	0.4	0.75	d-0.4	0.12
0.3	0.75	0.4	0.9	1.2	0.6	0.5	0.9	d-0.5	0.16
0.35	0.9	0.45	1.05	1.4	0.7	0.6	1.05	d-0.6	0.16
0.4	1	0.5	1.2	1.6	0.8	0.6	1.2	d-0.7	0.2
0.45	1.1	0.6	1.35	1.8	0.9	0.7	1.35	d-0.7	0.2
0.5	1.25	0.7	1.5	2	1	0.8	1.5	d-0.8	0.2
0.6	1.5	0.75	1.8	2.4	1.2	0.9	1.8	d-1	0.4
0.7	1.75	0.9	2.1	2.8	1.4	1.1	2.1	d-1.1	0.4
0.75	1.9	1	2.25	3	1.5	1.2	2.25	d-1.2	0.4
0.8	2	1	2.4	3.2	1.6	1.3	2.4	d-1.3	0.4
1	2.5	1.25	3	4	2	1.6	3	d-1.6	0.6
1.25	3.2	1.6	4	5	2.5	2	3.75	d-2	0.6
1.5	3.8	1.9	4.5	6	3	2.5	4.5	d-2.3	0.8
1.75	4.3	2.2	5.3	7	3.5	3	5.25	d-2.6	1
2	5	2.5	6	8	4	3.4	6	d-3	1
2.5	6.3	3.2	7.5	10	5	4.4	7.5	d-3.6	1.2

（续）

外螺纹的收尾、肩距和退刀槽									
螺距 P	收尾 l　max		肩距 a　max			退刀槽			
	一般	短的	一般	长的	短的	g_1　mix	g_2　max	d_3	$r\approx$
3	7.5	3.8	9	12	6	5.2	9	d-4.4	1.6
3.5	9	4.5	10.5	14	7	6.2	10.5	d-5	1.6
4	10	5	12	16	8	7	12	d-5.7	2
4.5	11	5.5	13.5	18	9	8	13.5	d-6.4	2.5
5	12.5	6.3	15	20	10	9	15	d-7	2.5
5.5	14	7	16.5	22	11	11	17.5	d-7.7	3.2
6	15	7.5	18	24	12	11	18	d-8.3	3.2
参考值	≈2.5P	≈1.25P	≈3P	=4P	=2P	—	≈3P	—	—

注：1. 应优先选用“一般”长度的收尾和肩距；“短”收尾和“短”肩距仅用于结构受限制的螺纹件上；产品等级为 B 或 C 级的螺纹，紧固件可采用“长”肩距。

2. d 为螺纹公称直径（大径）代号。

3. d_3 公差为：h13（d>3mm）、h12（$d\leqslant$3mm）。

内螺纹的收尾、肩距和退刀槽								
螺距 P	收尾 l_1　max		肩距 a_1		退　刀　槽			
					b_1		d_4	r_1 ≈
	一般	短的	一般	长的	一般	短的		
0.25	1	0.5	1.5	2			d+0.3	
0.3	1.2	0.6	1.8	2.4				
0.35	1.4	0.7	2.2	2.8				
0.4	1.6	0.8	2.5	3.2				
0.45	1.8	0.9	2.8	3.6				
0.5	2	1	3	4	2	1	D+0.3	0.2
0.6	2.4	1.2	3.2	4.8	2.4	1.2		0.3
0.7	2.8	1.4	3.5	5.6	2.8	1.4		0.4
0.75	3	1.5	3.8	6	3	1.5		0.4
0.8	3.2	1.6	4	6.4	3.2	1.6		0.4
1	4	2	5	8	4	2	D+0.5	0.5
1.25	5	2.5	6	10	5	2.5		0.6
1.5	6	3	7	12	6	3		0.8
1.75	7	3.5	9	14	7	3.5		0.9
2	8	4	10	16	8	4	D+0.5	1
2.5	10	5	12	18	10	5		1.2
3	12	6	14	22	12	6		1.5
3.5	14	7	16	24	24	7		1.8
4	16	8	18	26	16	8		2
4.5	18	9	21	29	18	9		2.2
5	20	10	23	32	20	10		2.5
5.5	22	11	25	35	22	11		2.8
6	24	12	28	38	24	12		3
参考值	=4P	=2P	≈(6~5)P	≈(8~6.5)P	=4P	=2P	—	≈0.5P

注：1. 应优先选用“一般”长度的收尾和肩距；容屑需要较大空间时可选用“长”肩距，结构限制时可选用“短”收尾。

2. “短”退刀槽仅在结构受限制时采用。

3. d_4 公差为 H13。

4. D 为螺纹公称直径（大径）代号。

2.3.2　螺钉拧入深度和钻孔深度（见表5.2-29、表5.2-30）

表5.2-29　粗牙螺栓、螺钉的拧入深度、攻螺纹深度和钻孔深度　（mm）

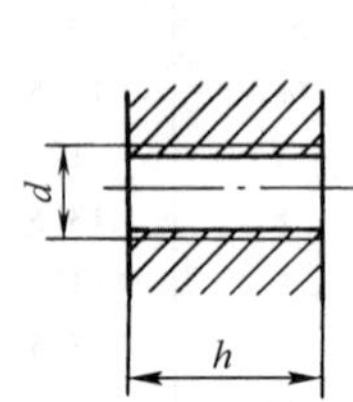

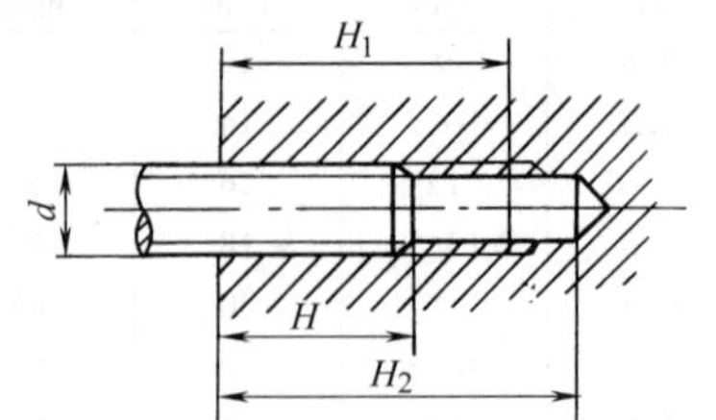

公称直径 d	钢和青铜				铸　铁				铝			
	通孔	不通孔			通孔	不通孔			通孔	不通孔		
	拧入深度 h	拧入深度 H	攻螺纹深度 H_1	钻孔深度 H_2	拧入深度 h	拧入深度 H	攻螺纹深度 H_1	钻孔深度 H_2	拧入深度 h	拧入深度 H	攻螺纹深度 H_1	钻孔深度 H_2
3	4	3	4	7	6	5	6	9	8	6	7	10
4	5.5	4	5.5	9	8	6	7.5	11	10	8	10	14
5	7	5	7	11	10	8	10	14	12	10	12	16
6	8	6	8	13	12	10	12	17	15	12	15	20
8	10	8	10	16	15	12	14	20	20	16	18	24
10	12	10	13	20	18	15	18	25	24	20	23	30
12	15	12	15	24	22	18	21	30	28	24	27	36
16	20	16	20	30	28	24	28	33	36	32	36	46
20	25	20	24	36	35	30	35	47	45	40	45	57
24	30	24	30	44	42	35	42	55	55	48	54	68
30	36	30	36	52	50	45	52	68	70	60	67	84
36	45	36	44	62	65	55	64	82	80	72	80	98
42	50	42	50	72	75	65	74	95	95	85	94	115
48	60	48	58	82	85	75	85	108	105	95	105	128

表5.2-30　普通螺纹的内、外螺纹余留长度、钻孔余留深度　（mm）

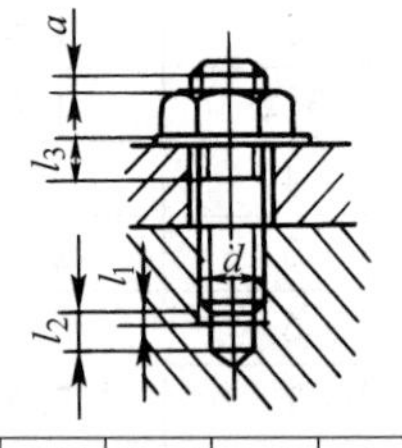

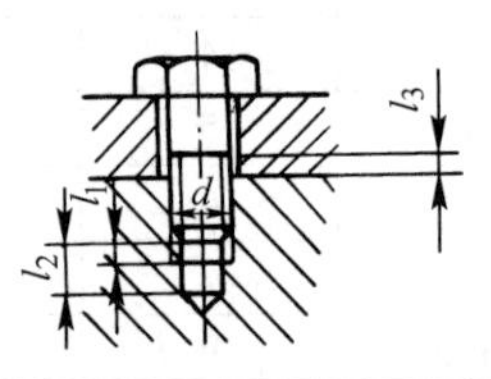

螺距 P		0.5	0.7	0.75	0.8	1	1.25	1.5	1.75	2	2.5	3	3.5	4	4.5	5	5.5	6
余留长度	内螺纹 l_1	1	1.5	1.5	1.5	2	2.5	3	3.5	4	5	6	7	8	9	10	11	12
	钻孔 l_2	4	5	6	6	7	9	10	13	14	17	20	23	26	30	33	36	40
	外螺纹 l_3	2	2.5	2.5	2.5	3.5	4	4.5	5.5	6	7	8	9	10	11	13	16	18
末端长度 a		1~2	2~3			2.5~4		3.5~5		4.5~6.5		5.5~8		7~11		10~15		

2.3.3　螺纹孔的尺寸（见表5.2-31~表5.2-37）

表5.2-31　螺栓和螺钉通孔（摘自GB/T 5277—1985）　（mm）

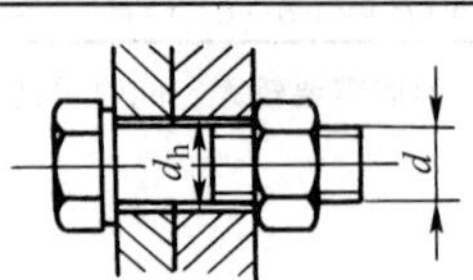

（续）

螺纹直径 d	通孔 d_h 系列 精装配 H12	通孔 d_h 系列 中等装配 H13	通孔 d_h 系列 粗装配 H14	螺纹直径 d	通孔 d_h 系列 精装配 H12	通孔 d_h 系列 中等装配 H13	通孔 d_h 系列 粗装配 H14
M1	1.1	1.2	1.3	M36	37	39	42
M1.2	1.3	1.4	1.5	M39	40	42	45
M1.4	1.5	1.6	1.8	M42	43	45	48
M1.6	1.7	1.8	2	M45	46	48	52
M1.8	2	2.1	2.2	M48	50	52	56
M2	2.2	2.4	2.6	M52	54	56	62
M2.5	2.7	2.9	3.1	M56	58	62	66
M3	3.2	3.4	3.6	M60	62	66	70
M3.5	3.7	3.9	4.2	M64	66	70	74
M4	4.3	4.5	4.8	M68	70	74	78
M4.5	4.8	5	5.3	M72	74	78	82
M5	5.3	5.5	5.8	M76	78	82	86
M6	6.4	6.6	7	M80	82	86	91
M7	7.4	7.6	8	M85	87	91	96
M8	8.4	9	10	M90	93	96	101
M10	10.5	11	12	M95	98	101	107
M12	13	13.5	14.5	M100	104	107	112
M16	17	17.5	18.5	M105	109	112	117
M18	19	20	21	M110	114	117	122
M20	21	22	24	M115	119	122	127
M22	23	24	26	M120	124	127	132
M24	25	26	28	M125	129	132	137
M27	28	30	32	M130	134	137	144
M30	31	33	35	M140	144	147	155
M33	34	36	38	M150	155	158	165

表 5.2-32　沉头螺钉用沉孔尺寸（摘自 GB/T 152.2—2014）　（mm）

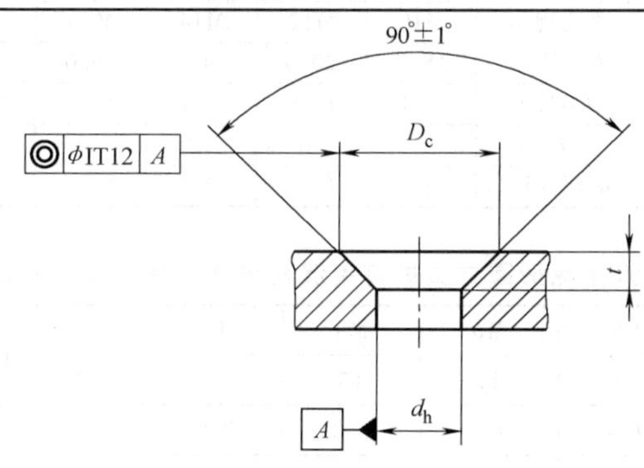

图 1　沉孔

公称规格	螺纹规格		d_h ① min(公称)	d_h ① max	D_c min(公称)	D_c max	t ≈
1.6	M1.6	—	1.80	1.94	3.6	3.7	0.95
2	M2	ST2.2	2.40	2.54	4.4	4.5	1.05
2.5	M2.5	—	2.90	3.04	5.5	5.6	1.35
3	M3	ST2.9	3.40	3.58	6.3	6.5	1.55
3.5	M3.5	ST3.5	3.90	4.08	8.2	8.4	2.25
4	M4	ST4.2	4.50	4.68	9.4	9.6	2.55
5	M5	ST4.8	5.50	5.68	10.40	10.65	2.58
5.5	—	ST5.5	6.00②	6.18	11.50	11.75	2.88
6	M6	ST6.3	6.60	6.82	12.60	12.85	3.13
8	M8	ST8	9.00	9.22	17.30	17.55	4.28
10	M10	ST9.5	11.00	11.27	20.0	20.3	4.65

① 按 GB/T 5277 中等装配系列的规定，公差带为 H13；

② GB/T 5277 中无此尺寸。

表 5.2-33　沉头螺钉用沉头孔的标记和表示方法（摘自 GB/T 152.2—2014）

标记示例

头部形状符合 GB/T 5279、螺纹规格为 M4 的沉头螺钉，或螺纹规格为 ST4.2 的自攻螺钉用公称规格为 4mm 沉孔的标记：

沉孔　GB/T 152.2-4

在技术图样上，沉孔表示方法

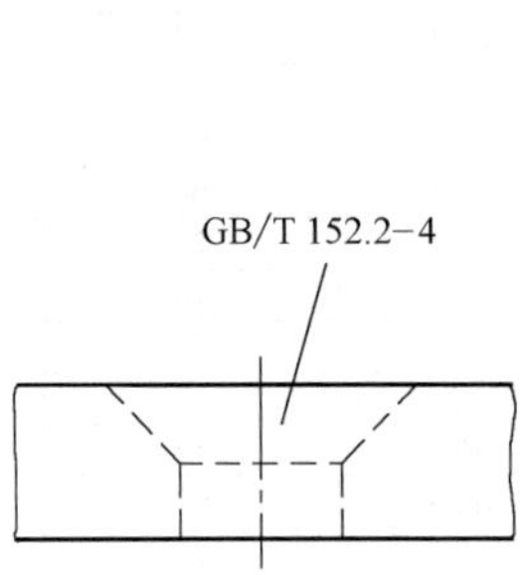

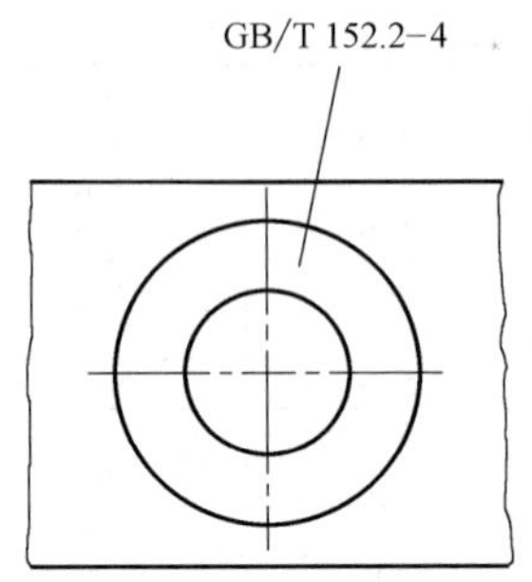

表 5.2-34　内六角圆柱头螺钉用沉孔尺寸（摘自 GB/T 152.3—1988）　　(mm)

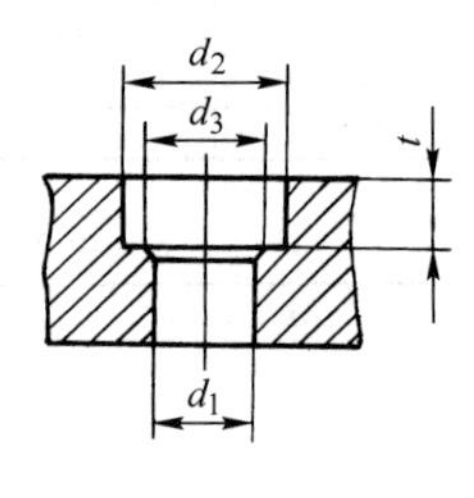

螺纹规格	M1.6	M2	M2.5	M3	M4	M5	M6	M8
d_2(H13)	3.3	4.3	5.0	6.0	8.0	10.0	11.0	15.0
t(H13)	1.8	2.3	2.9	3.4	4.6	5.7	6.8	9.0
d_3	—	—	—	—	—	—	—	—
d_1(H13)	1.8	2.4	2.9	3.4	4.5	5.5	6.6	9.0
螺纹规格	M10	M12	M14	M16	M20	M24	M30	M36
d_2(H13)	18.0	20.0	24.0	26.0	33.0	40.0	48.0	57.0
t(H13)	11.0	13.0	15.0	17.5	21.5	25.5	32.0	38.0
d_3	—	16	18	20	24	28	36	42
d_1(H13)	11.0	13.5	15.5	17.5	22.0	26.0	33.0	39.0

表 5.2-35　内六角花形圆柱头螺钉用沉孔尺寸（摘自 GB/T 152.3—1988）　　(mm)

螺纹规格	M4	M5	M6	M8	M10	M12	M14	M16	M20
d_2(H13)	8	10	11	15	18	20	24	26	33
t	3.2	4.0	4.7	6.0	7.0	8.0	9.0	10.5	12.5
d_3	—	—	—	—	—	16	18	20	24
d_1(H13)	4.5	5.5	6.6	9.0	11.0	13.5	15.5	17.5	22.0

表 5.2-36　六角头螺栓和六角头螺母用沉孔（摘自 GB/T 152.4—1988）　　(mm)

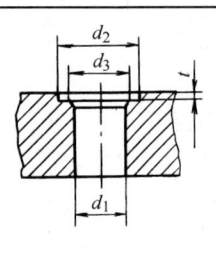

螺纹规格	M1.6	M2	M2.5	M3	M4	M5	M6	M8	M10	M12	M14	M16	M18	M20
d_2(H15)	5	6	8	9	10	11	13	18	22	26	30	33	36	40
d_3	—	—	—	—	—	—	—	—	—	16	18	20	22	24
d_1(H13)	1.8	2.4	2.9	3.4	4.5	5.5	6.6	9.0	11.0	13.5	15.5	17.5	20.0	22.0
螺纹规格	M22	M24	M27	M30	M33	M36	M39	M42	M45	M48	M52	M56	M60	M64
d_2(H15)	43	48	53	61	66	71	76	82	89	98	107	112	118	125
d_3	26	28	33	36	39	42	45	48	51	56	60	68	72	76
d_1(H13)	24	26	30	33	36	39	42	45	48	52	56	62	66	70

表 5.2-37　地脚螺栓孔和凸缘　（mm）

a)　b)

刮平　Ra 25

d	16	20	24	30	36	42	48	56	64	76	90	100	115	130
d_1	20	25	30	40	50	55	65	80	95	110	135	145	165	185
D	45	48	60	85	100	110	130	170	200	220	280	280	330	370
L	25	30	35	50	55	60	70	95	110	120	150	150	175	200
L_1	22	25	30	50	55	60	70							
	图 a 采用钻孔							图 b 采用铸孔						

注：根据结构和工艺要求，必要时尺寸 L 及 L_1 可以变动。

2.3.4　扳手空间（见表 5.2-38）

表 5.2-38　扳手空间　（mm）

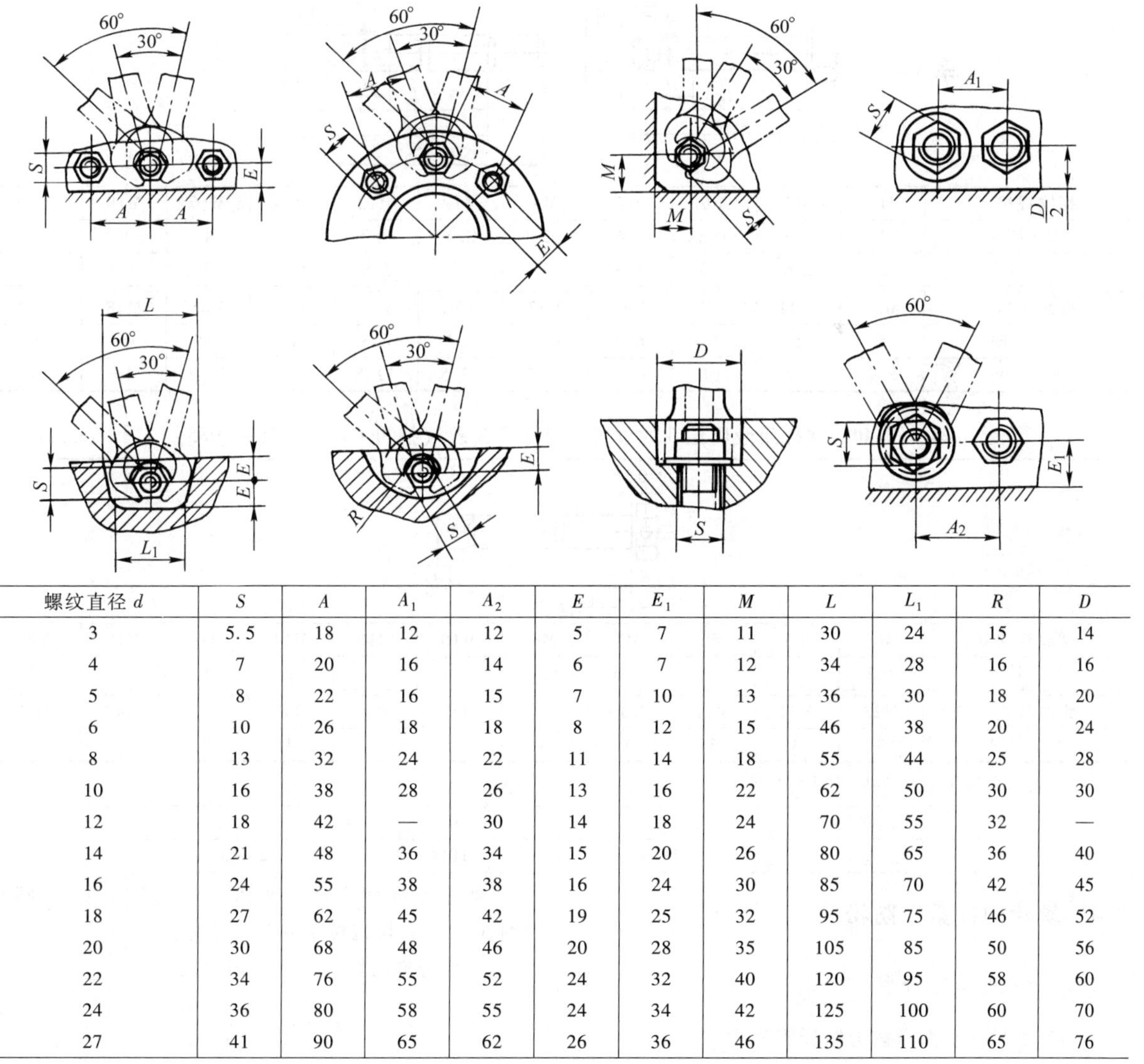

螺纹直径 d	S	A	A_1	A_2	E	E_1	M	L	L_1	R	D
3	5.5	18	12	12	5	7	11	30	24	15	14
4	7	20	16	14	6	7	12	34	28	16	16
5	8	22	16	15	7	10	13	36	30	18	20
6	10	26	18	18	8	12	15	46	38	20	24
8	13	32	24	22	11	14	18	55	44	25	28
10	16	38	28	26	13	16	22	62	50	30	30
12	18	42	—	30	14	18	24	70	55	32	—
14	21	48	36	34	15	20	26	80	65	36	40
16	24	55	38	38	16	24	30	85	70	42	45
18	27	62	45	42	19	25	32	95	75	46	52
20	30	68	48	46	20	28	35	105	85	50	56
22	34	76	55	52	24	32	40	120	95	58	60
24	36	80	58	55	24	34	42	125	100	60	70
27	41	90	65	62	26	36	46	135	110	65	76

（续）

螺纹直径 d	S	A	A_1	A_2	E	E_1	M	L	L_1	R	D
30	46	100	72	70	30	40	50	155	125	75	82
33	50	108	76	75	32	44	55	165	130	80	88
36	55	118	85	82	36	48	60	180	145	88	95
39	60	125	90	88	38	52	65	190	155	92	100
42	65	135	96	96	42	55	70	205	165	100	106
45	70	145	105	102	45	60	75	220	175	105	112
48	75	160	115	112	48	65	80	235	185	115	126
52	80	170	120	120	48	70	84	245	195	125	132
56	85	180	126	—	52	—	90	260	205	130	138
60	90	185	134	—	58	—	95	275	215	135	145
64	95	195	140	—	58	—	100	285	225	140	152

2.3.5 开口销孔的位置、尺寸和公差（见表5.2-39、表5.2-40）

表5.2-39　开口销孔的位置、尺寸及公差（摘自GB/T 5278—1985）　（mm）

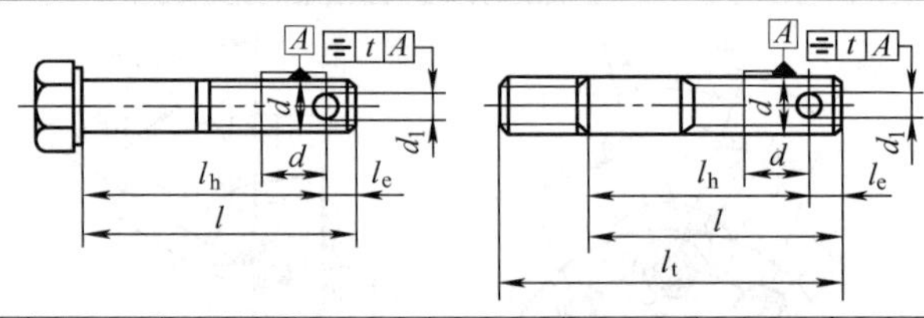

螺纹规格 d	M4	M5	M6	M7	M8	M10	M12	M14	M16	M18	M20
d_1　H14	1	1.2	1.6	1.6	2	2.5	3.2	3.2	4	4	4
l_e　min	2.3	2.6	3.3	3.3	3.9	4.9	5.9	6.5	7	7.7	7.7
螺纹规格 d	M22	M24	M27	M30	M33	M36	M39	M42	M45	M48	M52
d_1　H14	5	5	5	6.3	6.3	6.3	6.3	8	8	8	8
l_e　min	8.7	10	10	11.2	11.2	12.5	12.5	14.7	14.7	16	16

表5.2-40　螺栓用金属丝孔的位置、尺寸及公差（摘自GB/T 5278—1985）　（mm）

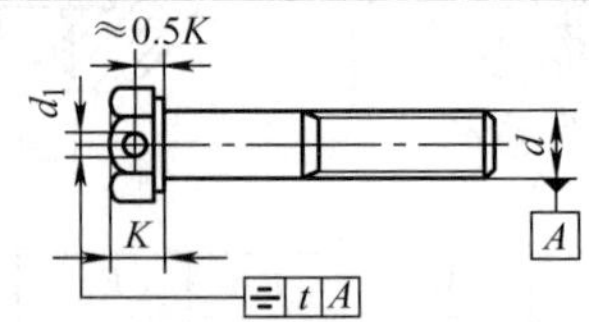

螺纹规格 d	M4	M5	M6	M7	M8	M10	M12	M14	M16	M18	M20
d_1　H14	1.2	1.2	1.6	1.6	2	2	2	2	3	3	3
螺纹规格 d	M22	M24	M27	M30	M33	M36	M39	M42	M45	M48	M52
d_1　H14	3	3	3	3	4	4	4	4	4	4	5

注：表5.2-39和表5.2-40中几何公差 t

产品等级	A	B	C
公差 t	2IT13	2IT14	2IT15

2.4 螺栓的拧紧和防松

2.4.1 螺纹摩擦计算

（1）螺母支承面摩擦力矩计算公式

螺母支承面内径、外径分别为 d_0、d_w 的圆环（图5.2-8），可以按下列公式计算：

按跑合推力轴承计算摩擦力矩：

$$T_2=\frac{1}{3}Ff_1\frac{d_w^3-d_0^3}{d_w^2-d_0^2}$$

按未磨合推力轴承计算摩擦力矩：

$$T_2'=\frac{1}{4}Ff_1\ (d_w+d_0)$$

式中　F——螺栓的轴向预紧力；

f_1——螺母支承面的摩擦因数。

按六角螺母尺寸（GB/T 6170—2015）$d_0/d_w=0.60\sim0.71$，以上两式的相对误差为 $(T_2-T_2')/T_2=(1\sim2)\%$。两式差别不大。

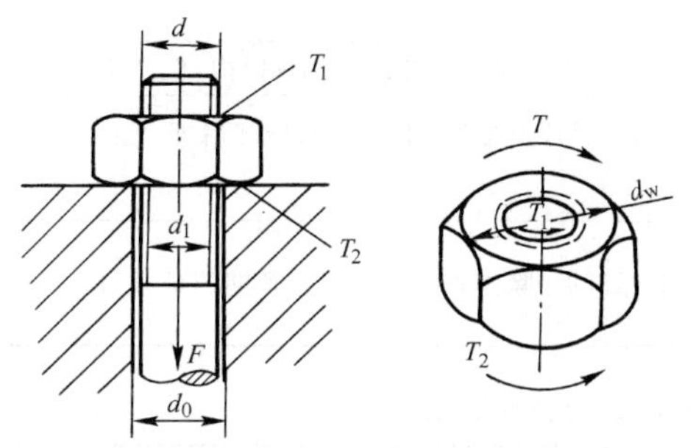

图 5.2-8　螺母的支承面尺寸

(2) 拧紧螺母的扭矩系数

拧紧螺母所需力矩 T 为螺纹摩擦力矩 T_1 和支承面摩擦力矩 T_2（T_2'）之和，计算螺母拧紧力矩的计算公式为

$$T=T_1+T_2'=\frac{F}{2}d_2\tan(\lambda+\rho_v)+\frac{1}{2}Ff_1d_m$$

$$=\frac{F}{2}[d_2\tan(\lambda+\rho_v)+d_mf_1]$$

式中　F——预紧力；

d_2——螺纹中径；

λ——螺纹升角；

ρ_v——螺纹当量摩擦角；

$d_m=(d_w+d_0)/2$——螺母支承面平均直径；

f_1——螺母支承面摩擦因数。

取力矩系数 $K=\frac{1}{2}\left[\frac{d_2}{d}\tan(\lambda+\rho_v)+\frac{d_m}{d}f_1\right]$

式中　d——螺栓大径。

则螺母拧紧力矩的计算公式为

$$T=KFd$$

取 $d_2/d=0.92$，$\lambda=2.5°$，$\rho_v=9.83°$，$d_m/d=1.3$，$f_1=0.15$；则可近似取扭矩系数为

$$K\approx\frac{1}{2}\times\frac{d_2}{d}\tan\lambda+\frac{1}{2}\times\frac{d_2}{d}\tan\rho_v+\frac{d_m}{d}f_1$$

$$=0.0121+0.0797+0.0975$$

$$=0.197\approx0.2$$

由以上计算可知：可以近似取 $K=0.2$，拧紧螺母的力矩由三部分组成，第一部分由升角产生，用于产生预紧力使螺栓杆伸长；第二部分为螺纹副摩擦，约占 40%；第三部分为支承面摩擦，约占 50%，后两项约占 90%。靠控制螺母的拧紧力矩控制螺栓的预紧力时，必须精确控制螺纹紧固件的摩擦因数。为此应对垫圈进行适当处理。

美、德、日等国建议的力矩系数 $K=0.15\sim0.2$，加润滑油的可达 0.12。

2.4.2　控制螺栓预紧力的方法

采用不同的拧紧方法得到的预紧力分布不同（见表 5.2-41），可由分散系数 α_A 表示：

$$\alpha_A=\frac{F_{max}}{F_{min}}=\frac{F_m+2\sigma}{F_m-2\sigma}$$

式中　F_{max}——最大预紧力；

F_{min}——最小预紧力；

F_m——平均预紧力；

σ——标准离差。

测试数据见表 5.2-42。

表 5.2-41　控制螺栓预紧力的方法

序号	控制方法	特点和应用		
1	感觉法	靠操作者在拧紧时的感觉和经验，拧紧 4.6 级螺栓施加在扳手上的拧紧力 F 如下		
		螺纹大径	拧紧力 F	操作要领
		M6	45N	只加腕力
		M8	70N	加腕力和肘力
		M10	130N	加全手臂力
		M12	180N	加上半身力
		M16	320N	加全身力
		M20	500N	加上全身重量
		最经济简单，一般认为对有经验的操作者，误差可达±40%，用于普通的螺纹连接		
2	力矩法	用测力矩扳手或定力矩扳手控制预紧力，这是国内外长期以来应用广泛的控制预紧力的方法。费用较低，一般认为误差有±25%。若表面有涂层，支承面、螺纹表面质量较好，力矩扳手示值准确，则误差可显著减小。有润滑的控制效果较好		
3	测量螺栓伸长法	用于螺栓在弹性范围内时的预紧力控制。误差在±(3%～5%)，使用麻烦，费用高。用于特殊需要的场合		

（续）

序号	控制方法	特点和应用
4	螺母转角法	螺旋预紧达到预紧力 F_0 时所需的螺母转角 θ 由下式求得 $$\theta=\frac{360°}{P}\times\frac{F_0}{C_p}$$ 式中　P——螺距(mm) C_p——螺栓的刚度(N/mm) 采用此法,需先把螺栓副拧紧到“密贴”位置,再转过角度 θ。误差±15%。在美国和德国的汽车工业和钢结构中广泛使用
5	应变计法	在螺栓的无螺纹部分贴电阻应变片,以控制螺钉杆所受拉力。误差可控制在±1%以内,但费用昂贵
6	螺栓预胀法	对于较大的螺栓,如汽轮机螺栓,用电阻加热到一定温度后拧上螺母(不预紧),冷却后即产生预紧力。控制加热温度即可控制预紧力
7	液压拉伸法	用专门的液压拉伸装置拉伸螺栓到一定轴向力,拧上螺母后,除去外力即可得到预期的预紧力

表5.2-42　不同的拧紧方法得到的预紧力分散系数 α_A

扭紧方法	分散系数 α_A	扭紧方法	分散系数 α_A
用测力矩扳手	1.6~1.8	加热螺栓至一定温度,拧紧螺母	1.0
用定力矩扳手	1.7~2.5	用动力冲击拧紧螺母	2.5~4
用钢球放在螺栓顶部测其伸长	1.2	用液压控制预紧力	1.0

2.4.3　螺纹连接常用的防松方法（见表5.2-43）

表5.2-43　螺纹连接常用防松方法

类型	结　　构	特点及应用
自由旋转型	弹簧垫圈	依靠弹簧垫圈在压平后产生的弹力及其切口尖角嵌入被连接件及紧固件支承面起防松作用。结构简单、成本低、使用简便 GB 93、GB 859 等弹簧垫圈,弹力不均,也不十分可靠,多用于不甚重要的连接。对连接表面不允许划伤和经常拆卸的场合不宜选用 GB/T 7245、GB/T 7246 等鞍形或波形弹簧垫圈可明显改善一般弹簧垫圈之不足
	双螺母	两个螺母对顶拧紧,构成螺纹连接副纵向压紧。正确的安装方法为:先用规定的拧紧力矩的80%拧紧下面的螺母,再用100%的拧紧力矩拧紧上面的螺母;下面的螺母螺纹牙只受对顶力,其高度可以减小,一般用薄螺母;而上面的螺母用1型标准螺母;有的为防止装错和保证下面的螺母有足够的强度,则采用两个等高的螺母(1型) 该结构简单、成本低、重量大,多用于低速重载或载荷平稳的场合
	扣紧螺母	先用六角螺母紧固连接件,然后旋上 GB 805 扣紧螺母(扣紧螺母的螺纹有缺口,用以锁紧),并用手拧紧,再用扳手拧紧(约转过60°~90°)。松开扣紧螺母时,必须先拧紧六角螺母,使其与扣紧螺母之间产生间隙,然后才能拧下扣紧螺母,以免划伤螺栓螺纹 该结构防松性能良好,但不宜用于频繁装卸的场合;国外在电力铁塔上使用效果良好,可达几十年不松动

（续）

<table>
<tr><th>类型</th><th>结　　构</th><th>特点及应用</th></tr>
<tr><td rowspan="3">自由旋转型</td><td>弹性垫圈 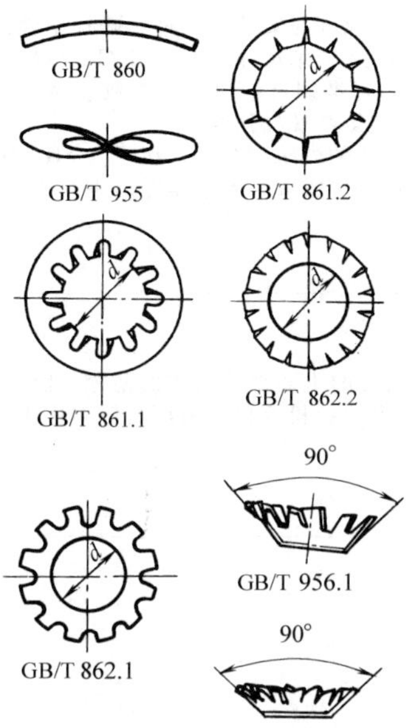
GB/T 860
GB/T 955
GB/T 861.2
GB/T 861.1
GB/T 862.2
90°
GB/T 956.1
GB/T 862.1
90°
GB/T 956.2</td><td>GB/T 860 鞍形弹簧垫圈、GB/T 955 波形弹性垫圈在一定的载荷条件下，弹性好，各种硬度的被连接件均可适用。工作中不会划伤被连接件表面，可用于经常拆卸的场合；常用于调整并紧固被连接件间的间隙之场合，以及低性能等级，如 5.8 及其以下的连接
GB/T 861.1、GB/T 862.1 等齿形锁紧垫圈，依靠齿被压平产生的弹力，以及齿嵌入连接件和支承面产生的阻力起锁紧作用。由于齿形的强度较低，弹力也有限，一般适用于小规格、低性能等级的连接
GB/T 861.2、GB/T 862.2 锯齿锁紧垫圈，又称错齿型，也是依靠齿形受压产生的弹力，以及齿嵌入连接件及支承面产生的阻力起锁紧作用。锯齿强度高，可适用于性能等级较高及较大的规格，能获得较好的防松效果
齿形与锯齿锁紧垫圈，均不宜于被连接件材料过硬或过软的场合，否则效果不佳
GB/T 956.1 与 GB/T 956.2 之特点与上述情况类同，仅适用于沉头或半沉头螺钉
内齿的，适用于钉头直径 d_k 较小的，如开槽圆柱头螺钉；还常用于因外观或防止钩挂异物等有要求的场合，如理发座椅。外齿的因齿形处于较大力臂的部位，可获得最大的止退力矩</td></tr>
<tr><td>六角法兰面形式——无锁紧元件 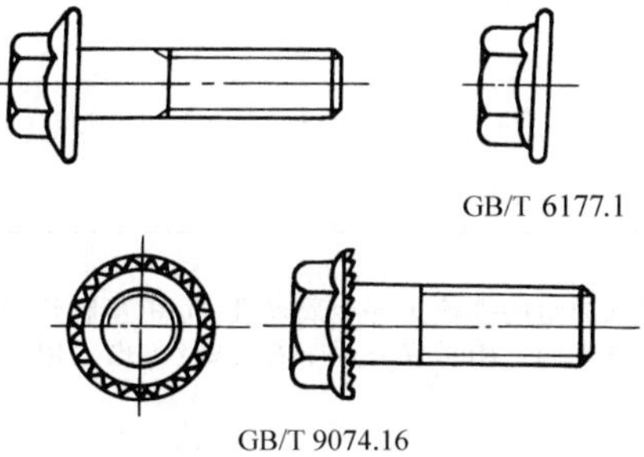
GB/T 6177.1
GB/T 9074.16</td><td>六角法兰面螺栓、GB/T 6177.1 六角法兰面螺母，具有加大的支承面直径（d_w 近似或大于 2 倍的螺纹直径），在一定的预紧力作用下，可获得足够的防松能力。如在其支承面上再制出齿纹（GB/T 9074.16），则防松能力成倍提高，又称为“三合一螺栓（母）”，即具有六角扳拧部分、加大支承面的功能以及防松功能，三者合为一体。是新型的六角扳拧紧固件形式
这些形式适用于高强度（8.8 或 8 级及其以上）紧固件用在重要的连接场合，如发动机使用。但比其他形式的成本高</td></tr>
<tr><td>标准六角头螺栓与螺母采用或省略防松元件的参考条件 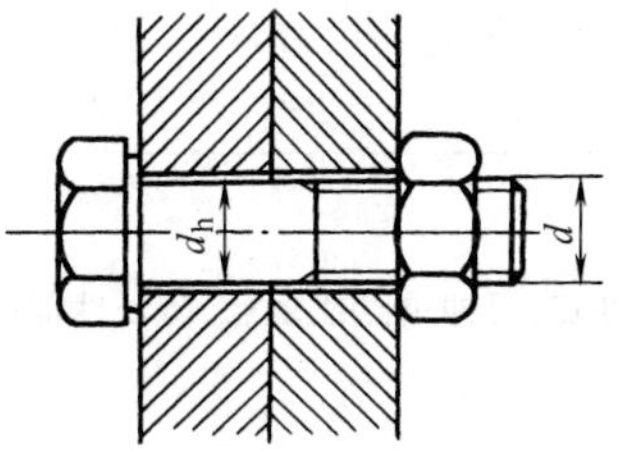
d_h　d</td><td>防松元件的使用可能使预紧力出现较大的损失，而预紧力的损失，又增加了松动的可能，所以，在一定条件下可以省略防松元件
在螺栓承受轴向载荷的条件下，对 8.8 级及其以上的螺栓，其夹紧长度大于螺纹直径的 3 倍时，可以不采用防松元件。因为，在这种情况下，如能比较准确地控制预紧力，即使承受冲击载荷时，一般还能保证足够的残余预紧力，以阻止螺栓松动
对 4.8、5.6 和 5.8 级的螺栓，其夹紧长度大于螺纹直径的 5 倍时，同理，也可以不采用防松元件。在引进技术中，有的重要的螺栓，省略了以往采用开槽螺母及开口销锁紧的形式
但在螺栓承受径向载荷的条件下，或由于被连接件的弹性变形，使轴向作用力引起横向位移的情况下，必须采用防松元件</td></tr>
<tr><td>有效力矩型</td><td>尼龙圈锁紧螺母 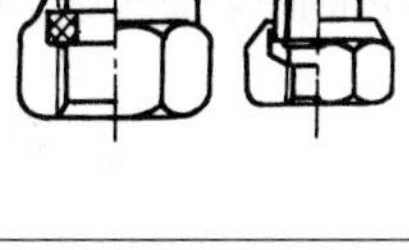</td><td>锁紧部分是嵌装在螺母体上，没有内螺纹的尼龙圈。当外螺纹件拧入后，由于尼龙材料良好的弹性产生锁紧力，达到锁紧
该类螺母由于尼龙熔点的限制，一般最高工作温度应小于 120℃，以 100℃以下为宜。如遇特殊需要，改换材料可达 240℃
由于尼龙属惰性物质，不受工业中常用化学产品的腐蚀，但受无机酸、弱酸与强酸的腐蚀。因此，装入尼龙圈之后不可进行电镀
理论与实践表明，这种螺母经拧入、拧出 400 次以上，性能基本稳定</td></tr>
</table>

（续）

类型	结构	特点及应用
有效力矩型	带尼龙嵌件的锁紧螺栓或螺钉 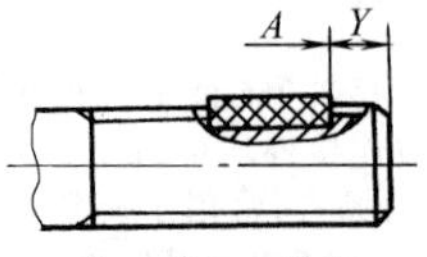 A Y $Y=(3\sim4)P$ $A=5P$ 式中 A—有效力矩部分的轴向长度 P—螺距	锁紧部分是尼龙件,其尺寸与安装位置都影响锁紧性能。一般标准规定的安装位置如图所示,详细尺寸可参见 JB/T 5399 该锁紧方式适用于非标准螺母或机体内螺纹。由于结构特点决定其使用的规格较小,以免影响螺杆强度 一般使用中应采用较高的内螺纹公差。粗牙为5H、6H;细牙为6H。内螺纹的有效螺纹长度等于或大于6倍螺距。螺孔必须制出倒角,以保证锁紧性能
机械锁固型	螺杆带孔和开槽螺母配开口销 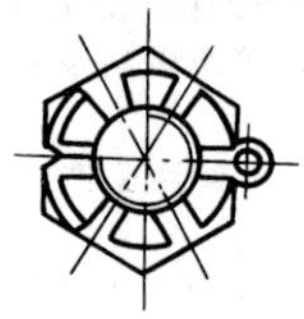	适用于变载、振动场合的重要部位连接的防松,性能可靠。设计及装配不便。航空、汽车及拖拉机等普遍采用。但不适用于双头螺柱的防松方法
	普通螺杆和螺母配开口销 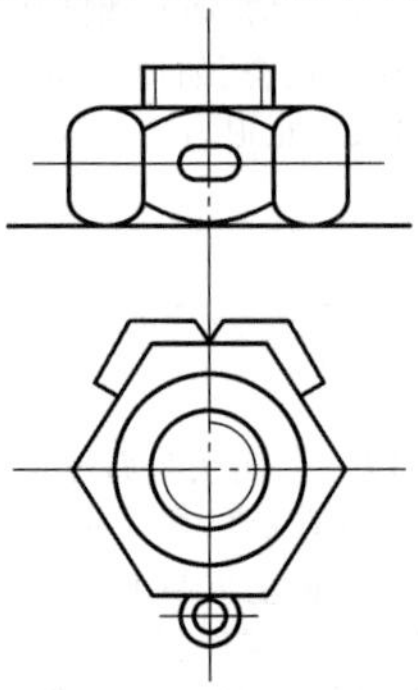	装配时,拧紧螺母后配钻;开口销孔可参照 GB/T 5278 选用。适用于单件生产的重要连接,但不适用于高强度紧固件连接及双头螺柱
	头部带孔螺栓穿金属丝 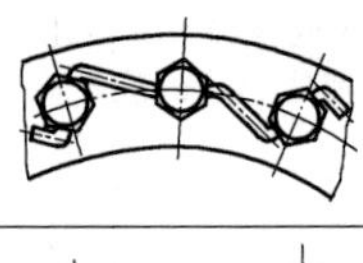	用低碳钢丝穿入成组的螺栓头部金属丝孔,可相互制约,防松可靠。安装时应注意钢丝走向。图示仅适用于右旋螺纹;也适用于双头螺柱的防松
	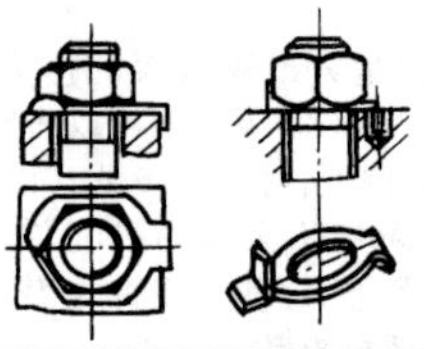	一般用低碳钢制成的单耳(GB/T 854)或双耳(GB/T 855)或外舌(GB/T 856)止动垫圈将螺栓六角头或螺母固定于被连接件上,防松可靠,但要求有一定的安装空间
冲点铆接型	端面冲点 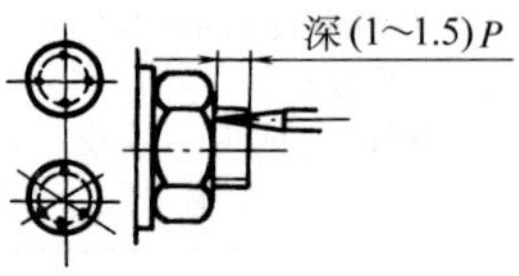 深$(1\sim1.5)P$	在螺纹末端小径处冲点,可冲单点或多点,防松性能一般,只适用于低强度紧固件
	铆接 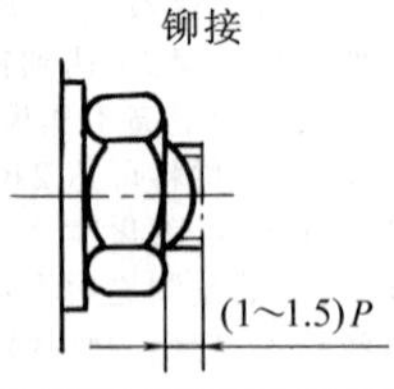 $(1\sim1.5)P$	螺栓杆末端外露$(1\sim1.5)P$长度,拧紧螺母后铆死,用于低强度螺栓,不拆卸的场合

（续）

类型	结　　构	特点及应用
黏接型	涂黏结剂	黏接螺纹方法简单、经济并有效。其防松性能与黏结剂直接相关，大体分为：低强度、中等强度和高温（承受 100℃以上）条件，以及可以拆卸或不可拆卸等要求，应分别选用适当的黏结剂

3　螺纹紧固件的性能等级和常用材料

3.1　螺栓、螺钉和螺柱

在紧固件各项性能中，力学和工作性能至关重要，它是设计选用和衡量紧固件的基本依据。在现行国际和国家标准中将其统称为力学性能（GB/T 3098 系列标准）。

3.1.1　螺栓、螺钉和螺柱的力学性能等级、材料和热处理

（1）范围

螺栓、螺钉和螺柱的力学性能（GB/T 3098.1—2010）适用于碳钢或合金钢制造的螺栓、螺钉和螺柱等外螺纹紧固件，无论何种形状，只要用于承受轴向拉力载荷的场合，均应保证其具有足够的抗拉强度、屈服点和韧度等。对于紧定螺钉及类似的不规定抗拉强度的螺纹紧固件及承剪零件的性能要求与之不同。当工作温度高于 300℃或低于-50℃时，产品的力学性能可能发生明显改变，使用中应予以注意。

（2）材料

适合各力学性能等级的材料成分及热处理状态见表 5.2-44。对材料的要求只规定其类别和部分主要化学成分的极限要求，对于 8.8～12.9 级的产品，还必须遵循最低回火温度要求。根据供需双方协议，当供方能够保证力学性能要求时，可以采用表 5.2-44 以外的材料和热处理。

（3）力学性能

螺栓、螺钉和螺柱的力学性能指标见表 5.2-45。

最小拉伸载荷反映螺栓、螺钉和螺柱实物的抗拉强度，由产品的螺纹应力截面积和最小抗拉强度的乘积确定。粗牙螺纹的最小拉伸载荷见表 5.2-47；细牙螺纹的最小拉伸载荷见表 5.2-48。对一端为粗牙螺纹、另一端为细牙螺纹的双头螺柱，应按对粗牙螺纹的规定选取载荷。

最小保证载荷反映螺纹产品实物不产生明显塑性变形所能承受载荷的极限，由产品的螺纹应力截面积和保证应力的乘积确定。粗牙螺纹的保证载荷见表 5.2-49；细牙螺纹的保证载荷见表 5.2-50。对一端为粗牙螺纹，另一端为细牙螺纹的双头螺柱，应按对粗牙螺纹的规定选取载荷。

螺纹规格小于 M3 的和螺纹规格为 M3～M10，因长度太短而不能实施拉力试验的螺栓和螺钉，可用扭矩试验代替拉力试验。

表 5.2-44　适合各力学性能等级的材料成分和热处理状态（摘自 GB/T 3098.1—2010）

性能等级	材料和热处理	化学成分极限（熔炼分析%）①					回火温度 /℃ min
		C		P	S	B②	
		min	max	max	max	max	
4.6③④	碳素钢或添加元素的碳素钢	—	0.55	0.050	0.060	未规定	—
4.8④							
5.6③		0.13	0.55	0.050	0.060		
5.8④		—	0.55	0.050	0.060		
6.8④		0.15	0.55	0.050	0.060		
8.8⑥	添加元素的碳素钢(如硼或锰或铬)淬火并回火	0.15⑤	0.40	0.025	0.025	0.003	425
	碳素钢淬火并回火	0.25	0.55	0.025	0.025		
	合金钢淬火并回火	0.20	0.55	0.025	0.025		
9.8⑥	添加元素的碳素钢(如硼或锰或铬)淬火并回火	0.15⑤	0.40	0.025	0.025	0.003	425
	碳素钢淬火并回火	0.25	0.55	0.025	0.025		
	合金钢淬火并回火⑦	0.20	0.55	0.025	0.025		

（续）

性能等级	材料和热处理	化学成分极限(熔炼分析%)[①]					回火温度/℃
		C		P	S	B[②]	
		min	max	max	max	max	min
10.9[⑥]	添加元素的碳钢(如硼或锰或铬)淬火并回火	0.20[⑤]	0.55	0.025	0.025	0.003	425
	碳素钢淬火并回火	0.25	0.55	0.025	0.025		
	合金钢淬火并回火[⑦]	0.20	0.55	0.025	0.025		
12.9[⑥⑧⑨]	合金钢淬火并回火[⑦]	0.30	0.50	0.025	0.025	0.003	425
$\underline{12.9}$[⑥⑧⑨]	添加元素的碳素钢(如硼或锰或铬或钼)淬火并回火	0.28	0.50	0.025	0.025	0.003	380

① 有争议时，实施成品分析。

② 硼的含量（质量分数，余同）可达 0.005%，非有效硼由添加钛和/或铝控制。

③ 对 4.6 和 5.6 级冷镦紧固件，为保证达到要求的塑性和韧性，可能需要对其冷镦用线材或冷镦紧固件产品进行热处理。

④ 这些性能等级允许采用易切钢制造，其 S、P 和 Pb 的最大含量为：S0.34%；P0.11%；Pb0.35%。

⑤ 对碳含量低于 0.25%的添加 B 的碳素钢，其 Mn 的最低含量：8.8 级为 0.6%；9.8 级和 10.9 级为 0.7%。

⑥ 对这些性能等级用的材料，应有足够的淬透性，以确保紧固件螺纹截面的芯部在“淬硬”状态、回火前获得约 90%的马氏体组织。

⑦ 这些合金钢至少应含有下列的一种元素，其最小含量分别为：Cr0.30%；Ni0.30%；Mo0.20%；V0.10%。当含有二、三或四种复合的合金成分时，合金元素的含量不能少于单个合金元素含量总和的 70%。

⑧ 对 12.9/$\underline{12.9}$级表面不允许有金相能测出的白色磷化物聚集层。去除磷化物聚集层应在热处理前进行。

⑨ 当考虑使用 12.9/$\underline{12.9}$级，应谨慎从事。紧固件制造者的能力、服役条件和扳拧方法都应仔细考虑。除表面处理外，使用环境也可能造成紧固件的应力腐蚀开裂。

表 5.2-45　螺栓、螺钉和螺柱的力学性能（摘自 GB/T 3098.1—2010）

序号	力学性能		性能等级									
			4.6	4.8	5.6	5.8	6.8	8.8 $d\leqslant$16mm[①]	8.8 $d>$16mm[②]	9.8 $d\leqslant$16mm	10.9	12.9/$\underline{12.9}$
1	抗拉强度 R_m/MPa	公称[③]	400		500		600	800		900	1000	1200
		min	400	420	500	520	600	800	830	900	1040	1220
2	下屈服强度 R_{eL}[④]/MPa	公称[③]	240	—	300	—	—	—	—	—	—	—
		min	240	—	300	—	—	—	—	—	—	—
3	规定非比例延伸 0.2%的应力 $R_{p0.2}$/MPa	公称[③]	—	—	—	—	—	640	640	720	900	1080
		min	—	—	—	—	—	640	660	720	940	1100
4	紧固件实物的规定非比例延伸 0.0048d 的应力 R_{Pf}/MPa	公称[③]	—	320	—	400	480	—	—	—	—	—
		min	—	340[⑤]	—	420[⑤]	480[⑤]	—	—	—	—	—
5	保证应力 S_P[⑥]/MPa	公称	225	310	280	380	440	580	600	650	830	970
	保证应力比	$S_{P,公称}/R_{eL,min}$或 $S_{P,公称}/R_{P0.2,min}$或 $S_{P,公称}/R_{Pf,min}$	0.94	0.91	0.93	0.90	0.92	0.91	0.91	0.90	0.88	0.88
6	机械加工试件的断后伸长率 A(%)	min	22	—	20	—	—	12	12	10	9	8
7	机械加工试件的断面收缩率 Z(%)	min	—					52		48	48	44
8	紧固件实物的断后伸长率 A_f	min	—	0.24	—	0.22	0.20	—	—	—	—	—
9	头部坚固性		不得断裂或出现裂缝									
10	维氏硬度　HV，$F\geqslant$98N	min	120	130	155	160	190	250	255	290	320	385
		max	220				250	320	335	360	380	435

（续）

序号	力学性能		性能等级									
			4.6	4.8	5.6	5.8	6.8	8.8 $d \leqslant$ 16mm①	8.8 $d>$ 16mm②	9.8 $d \leqslant$ 16mm	10.9	12.9/<u>12.9</u>
11	布氏硬度　HBW	min	114	124	147	152	181	245	250	286	316	380
		max	209⑦				238	316	331	355	375	429
12	洛氏硬度　HRB	min	67	71	79	82	89	—				
		max	95.0⑦				99.5	—				
	洛氏硬度　HRC	min	—					22	23	28	32	39
		max	—					32	34	37	39	44
13	表面硬度⑩　HV0.3	max	—					⑧			⑧⑨	⑧⑨
14	螺纹未脱碳层的高度 E/mm	min	—					$1/2H_1$			$2/3H_1$	$3/4H_1$
	螺纹全脱碳层的深度 G/mm	max	—					0.015				
15	再回火后硬度的降低值　HV	max	—					20				
16	破坏扭矩 M_B/N·m	min	—					按 GB/T 3098.13 的规定				
17	吸收能量 KV⑪⑫/J	min	—		27	—		27	27	27	27	⑬
18	表面缺陷		GB/T 5779.1⑭									GB/T 5779.3

① 数值不适用于螺栓连接结构。

② 对螺栓连接结构 $d \geqslant$ M12。

③ 规定公称值，仅为性能等级标记制度的需要。

④ 在不能测定下屈服强度 R_{eL} 的情况下，允许测量规定非比例延伸 0.2% 的应力 $R_{P0.2}$。

⑤ 对性能等级 4.8、5.8 和 6.8 的 $R_{Pf,min}$ 数值尚在调查研究中。表中数值是按保证载荷比计算给出的，而不是实测值。

⑥ 表 5.2-49 和表 5.2-50 规定了保证载荷值。

⑦ 在紧固件的末端测定硬度时，应分别为：250HV、238HBW 或 99.5HRB。

⑧ 当采用 HV0.3 测定表面硬度及芯部硬度时，紧固件的表面硬度不应比芯部硬度高出 30HV 单位。

⑨ 表面硬度不应超出 390HV。

⑩ 表面硬度不应超出 435HV。

⑪ 试验温度在-20℃下测定。

⑫ 适用于 $d \geqslant$ 16mm。

⑬ KV 数值尚在调查研究中。

⑭ 由供需双方协议，可用 GB/T 5779.3 代替 GB/T 5779.1。

3.1.2　螺纹紧固件的应力截面积

螺纹紧固件的应力截面积（GB/T 16823.1—1997）适用于计算外螺纹的应力和内螺纹保证应力。

螺纹的应力截面积计算公式为

$$A_s = \frac{\pi}{4}\left(\frac{d_2 + d_3}{2}\right)^2 \qquad (5.2\text{-}1)$$

或　$A_s = 0.7854(d - 0.9382P)^2$

式中　A_s——螺纹的应力截面积（mm^2）；

π——圆周率，$\pi = 3.1416$；

d_2——螺纹中径的公称尺寸（mm）；

d_3——螺纹小径的公称尺寸（d_1）减去螺纹原始三角形高度（H）的 1/6 值，即：

$$d_3 = d_1 - \frac{H}{6}$$

H——螺纹原始三角形高度（$H = 0.866025P$）（mm）；

d——外螺纹大径的公称尺寸（mm）；

P——螺距（mm）。

粗牙螺纹 M1～M68（GB/T 193—2003）和细牙螺纹 M8×1～M130×6（GB/T 193—2003）的应力截面积（A_s，取 3 位有效数字）见表 5.2-46。

3.1.3　最小拉力载荷和保证载荷

国家标准规定了各种螺纹紧固件力学性能及其试验方法，见 GB/T 3098.1—2010～GB/T 3098.17—2000。按螺栓、螺钉和螺柱的力学性能及其试验方法（GB/T 3098.1—2010），拉力试验的试件形状及尺寸如图 5.2-9 所示。

最小拉力载荷（$A_s \times R_m$），式中 A_s 是螺纹紧固件

表 5.2-46　螺纹紧固件的应力截面积（摘自 GB/T 16823.1—1997）　　(mm)

粗牙螺纹			细牙螺纹			粗牙螺纹			细牙螺纹		
螺纹直径 d	螺距 P	应力截面积 A_s/mm^2	螺纹直径 d	螺距 P	应力截面积 A_s/mm^2	螺纹直径 d	螺距 P	应力截面积 A_s/mm^2	螺纹直径 d	螺距 P	应力截面积 A_s/mm^2
1	0.25	0.46	8	1	39.2	14	2	115	56	4	2144
1.1	0.25	0.588	10	1	64.5	16	2	157	60	4	2490
1.2	0.25	0.732	10	1.25	31.2	18	2.5	192	64	4	2851
1.4	0.3	0.983	12	1.25	92.1	20	2.5	245	72	6	3460
1.6	0.35	1.27	12	1.5	88.1	22	2.5	303	76	6	3890
1.8	0.35	1.70	14	1.5	125	24	3	353	80	6	4340
2	0.4	2.07	16	1.5	167	27	3	459	85	6	4950
2.2	0.45	2.48	18	1.5	216	30	3.5	561	90	6	5590
2.5	0.45	3.39	20	1.5	272	33	3.5	694	95	6	6270
3	0.5	5.03	20	2	258	36	4	817	100	6	7000
3.5	0.6	6.78	22	1.5	333	39	4	976	105	6	7760
4	0.7	8.78	24	2	384	42	4.5	1120	110	6	8560
4.5	0.75	11.3	27	2	496	45	4.5	1310	115	6	9390
5	0.8	14.2	30	2	621	48	5	1470	120	6	10300
6	1	20.1	33	2	761	52	5	1760	125	6	11200
7	1	28.9	36	3	865	56	5.5	2030	130	6	12100
8	1.25	36.6	39	3	1030	60	5.5	2360			
10	1.5	58.0	45	3	1400	64	6	2680			
12	1.75	84.3	52	4	1830	68	6	3060			

的应力截面积，由表 5.2-46 查得。R_m 最小抗拉强度，由表 5.2-45 查得。由此求得的 $A_s \times R_m$ 见表 5.2-47 和表 5.2-48。当试验拉力达到表中规定的最小拉力载荷 $A_s \times R_m$ 时，不得断裂。当载荷增大至大于（$A_s \times R_m$）直至拉断，断裂应发生在杆部或螺纹部分，而不应发生在头与杆部的交接处。

保证载荷（$A_s \times S_P$），式中 A_s 为螺纹的应力截面积，查表 5.2-46。S_P 为保证应力，由表 5.2-45 查得。由此求得的（$A_s \times S_P$）见表 5.2-49 和表 5.2-50。在试件上施加保证载荷以后，其永久伸长量（包括测量误差），不应大于 12.5μm。

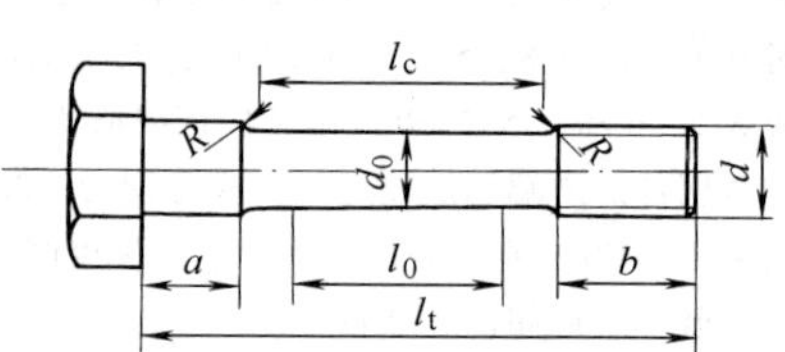

图 5.2-9　拉力试验的试件

d—外螺纹大径　d_0—试件直径（d_0<外螺纹小径 d_1）　b—螺纹长度（$b \geqslant d$）　l_0—$5d_0$ 或 $5.65\sqrt{F_0}$，$F_0 = \frac{\pi}{4}d_0^2$—中间光杆部分截面积　l_c—直线部分的长度 $=(l_0+d_0)$　l_t—试件的总长度 $=(l_c+2R+a+b)$　R—圆角半径（$R \geqslant 4mm$）　$a \geqslant 0$

表 5.2-47　粗牙螺纹最小拉伸载荷（摘自 GB/T 3098.1—2010）

螺纹规格 (d)	螺纹公称应力截面积 $A_{s,公称}$①/mm²	性能等级								
		4.6	4.8	5.6	5.8	6.8	8.8	9.8	10.9	12.9/12.9
		最小拉伸载荷 $F_{m,min}(A_{s,公称} \times R_{m,min})$/N								
M3	5.03	2010	2110	2510	2620	3020	4020	4530	5230	6140
M3.5	6.78	2710	2850	3390	3530	4070	5420	6100	7050	8270
M4	8.78	3510	3690	4390	4570	5270	7020	7900	9130	10700
M5	14.2	5680	5960	7100	7380	8520	11350	12800	14800	17300
M6	20.1	8040	8440	10000	10400	12100	16100	18100	20900	24500
M7	28.9	11600	12100	14400	15000	17300	23100	26000	30100	35300
M8	36.6	14600②	15400	18300②	19000	22000	29200②	32900	38100②	44600
M10	58	23200②	24400	29000②	30200	34800	46400②	52200	60300②	70800
M12	84.3	33700	35400	42200	43800	50600	67400③	75900	87700	103000
M14	115	46000	48300	57500	59800	69000	92000③	104000	120000	140000
M16	157	62800	65900	78500	81600	94000	125000③	141000	163000	192000

（续）

螺纹规格（d）	螺纹公称应力截面积 $A_{s,公称}$①/mm^2	性能等级								
		4.6	4.8	5.6	5.8	6.8	8.8	9.8	10.9	12.9/<u>12.9</u>
		最小拉伸载荷 $F_{m,min}(A_{s,公称} \times R_{m,min})$/N								
M18	192	76800	80600	96000	99800	115000	159000	—	200000	234000
M20	245	98000	103000	122000	127000	147000	203000	—	255000	299000
M22	303	121000	127000	152000	158000	182000	252000	—	315000	370000
M24	353	141000	148000	176000	184000	212000	293000	—	367000	431000
M27	459	184000	193000	230000	239000	275000	381000	—	477000	560000
M30	561	224000	236000	280000	292000	337000	466000	—	583000	684000
M33	694	278000	292000	347000	361000	416000	576000	—	722000	847000
M36	817	327000	343000	408000	425000	490000	678000	—	850000	997000
M39	976	390000	410000	488000	508000	586000	810000	—	1020000	1200000

① A_s 公称的计算见 3.1.2。

② 6az 螺纹（GB/T 22029）的热浸镀锌紧固件，应按 GB/T 5267.3 中附录 A 的规定。

③ 对螺栓连接结构为：70000N（M12）、95500N（M14）和 130000N（M16）。

表 5.2-48　细牙螺纹最小拉伸载荷（摘自 GB/T 3098.1—2010）

螺纹规格（$d \times P$）	螺纹公称应力截面积 $A_{s,公称}$①/mm^2	性能等级								
		4.6	4.8	5.6	5.8	6.8	8.8	9.8	10.9	12.9/<u>12.9</u>
		最小拉伸载荷 $F_{m,min}(A_{s,公称} \times R_{m,min})$/N								
M8×1	39.2	15700	16500	19600	20400	23500	31360	35300	40800	47800
M10×1.25	61.2	24500	25700	30600	31800	36700	49000	55100	63600	74700
M10×1	64.5	25800	27100	32300	33500	38700	51600	58100	67100	78700
M12×1.5	88.1	35200	37000	44100	45800	52900	70500	79300	91600	107000
M12×1.25	92.1	36800	38700	46100	47900	55300	73700	82900	95800	112000
M14×1.5	125	50000	52500	62500	65000	75000	100000	112000	130000	152000
M16×1.5	167	66800	70100	83500	86800	100000	134000	150000	174000	204000
M18×1.5	216	86400	90700	108000	112000	130000	179000	—	225000	264000
M20×1.5	272	109000	114000	136000	141000	163000	226000	—	283000	332000
M22×1.5	333	133000	140000	166000	173000	200000	276000	—	346000	406000
M24×2	384	154000	161000	192000	200000	230000	319000	—	399000	469000
M27×2	496	198000	208000	248000	258000	298000	412000	—	516000	605000
M30×2	621	248000	261000	310000	323000	373000	515000	—	646000	758000
M33×2	761	304000	320000	380000	396000	457000	632000	—	791000	928000
M36×3	865	346000	363000	432000	450000	519000	718000	—	900000	1055000
M39×3	1030	412000	433000	515000	536000	618000	855000	—	1070000	1260000

① $A_{s,公称}$ 的计算见 3.1.2。

表 5.2-49　粗牙螺纹保证载荷（摘自 GB/T 3098.1—2010）

螺纹规格（d）	螺纹公称应力截面积 $A_{s,公称}$①/mm^2	性能等级								
		4.6	4.8	5.6	5.8	6.8	8.8	9.8	10.9	12.9/<u>12.9</u>
		保证载荷 $F_P(A_{s,公称} \times S_{P,公称})$/N								
M3	5.03	1130	1560	1410	1910	2210	2920	3270	4180	4880
M3.5	6.78	1530	2100	1900	2580	2980	3940	4410	5630	6580
M4	8.78	1980	2720	2460	3340	3860	5100	5710	7290	8520
M5	14.2	3200	4400	3980	5400	6250	8230	9230	11800	13800
M6	20.1	4520	6230	5630	7640	8840	11600	13100	16700	19500
M7	28.9	6500	8980	8090	11000	12700	16800	18800	24000	28000
M8	36.6	8240②	11400	10200②	13900	16100	21200②	23800	30400②	35500
M10	58	13000②	18000	16200②	22000	25500	33700②	37700	48100②	56300
M12	84.3	19000	26100	23600	32000	37100	48900③	54800	70000	81800

（续）

螺纹规格 (*d*)	螺纹公称应力截面积 $A_{s,公称}$①/mm²	性能等级								
		4.6	4.8	5.6	5.8	6.8	8.8	9.8	10.9	12.9/12.9
		保证载荷 $F_P(A_{s,公称}\times S_{P,公称})$/N								
M14	115	25900	35600	32200	43700	50600	66700③	74800	95500	112000
M16	157	35300	48700	44000	59700	69100	91000③	102000	130000	152000
M18	192	43200	59500	53800	73000	84500	115000	—	159000	186000
M20	245	55100	76000	68600	93100	108000	147000	—	203000	238000
M22	303	68200	93900	84800	115000	133000	182000	—	252000	294000
M24	353	79400	109000	98800	134000	155000	212000	—	293000	342000
M27	459	103000	142000	128000	174000	202000	275000	—	381000	445000
M30	561	126000	174000	157000	213000	247000	337000	—	466000	544000
M33	694	156000	215000	194000	264000	305000	416000	—	576000	673000
M36	817	184000	253000	229000	310000	359000	490000	—	678000	792000
M39	976	220000	303000	273000	371000	429000	586000	—	810000	947000

① $A_{s,公称}$的计算见 3.1.2。

② 6az 螺纹（GB/T 22029）的热浸镀锌紧固件，应按 GB/T 5267.3 中附录 A 的规定。

③ 对螺栓连接结构为：50700N（M12）、68800N（M14）和 94500N（M16）。

表 5.2-50 细牙螺纹保证载荷（摘自 GB/T 3098.1—2010）

螺纹规格 (*d*×*P*)	螺纹公称应力截面积 $A_{s,公称}$①/mm²	性能等级								
		4.6	4.8	5.6	5.8	6.8	8.8	9.8	10.9	12.9/12.9
		保证载荷 $F_P(A_{s,公称}\times S_{P,公称})$/N								
M8×1	39.2	8820	12200	11000	14900	17200	22700	25500	32500	38000
M10×1.25	61.2	13800	19000	17100	23300	26900	355000	39800	50800	59400
M10×1	64.5	14500	20000	18100	24500	28400	37400	41900	53500	62700
M12×1.5	88.1	19800	27300	24700	33500	38800	51100	57300	73100	85500
M12×1.25	92.1	20700	28600	25800	35000	40500	53400	59900	76400	89300
M14×1.5	125	28100	38800	35000	47500	55000	72500	81200	104000	121000
M16×1.5	167	37600	51800	46800	63500	73500	96900	109000	139000	162000
M18×1.5	216	48600	67000	60500	82100	95000	130000	—	179000	210000
M20×1.5	272	61200	84300	76200	103000	120000	163000	—	226000	264000
M22×1.5	333	74900	103000	93200	126000	146000	200000	—	276000	323000
M24×2	384	86400	119000	108000	146000	169000	230000	—	319000	372000
M27×2	496	112000	154000	139000	188000	218000	298000	—	412000	481000
M30×2	621	140000	192000	174000	236000	273000	373000	—	515000	602000
M33×2	761	171000	236000	213000	289000	335000	457000	—	632000	738000
M36×3	865	195000	268000	242000	329000	381000	519000	—	718000	839000
M39×3	1030	232000	319000	288000	391000	453000	618000	—	855000	999000

① $A_{s,公称}$的计算见 3.1.2。

3.2 螺母（见表 5.2-51～表 5.2-54）

表 5.2-51 螺母材料的化学成分

性能等级		化学成分（质量分数,%）			
		C max	Mn min	P max	S max
4、5、6	—	0.50	—	0.110	0.150
8、9	04	0.58	0.25	0.060	0.150
10	05	0.58	0.30	0.048	0.058
12	—	0.58	0.45	0.048	0.058

注：1. 4、5、6、04、05 级允许用易切钢制造（供需双方另有协议除外），其 S、P 及 Pb 的最大质量分数为：S0.30%；P0.11%；Pb0.35%。

2. 对于 10、12、15 级，为改善螺母的力学性能，必要时，可增添合金元素。

表 5.2-52 螺母的力学性能

性能等级	粗牙螺母(GB/T 3098.2)				细牙螺母(GB/T 3098.4)				螺母	
	螺纹直径 D/mm	保证应力 S_P/MPa	维氏硬度 HV		螺纹直径 D/mm	保证应力 S_P/MPa	维氏硬度 HV		热处理	形式
			min	max			min	max		
04	≤39	380	188	302	≤39	380	188	302	不淬火回火	薄型
05	≤39	500	272	353	≤39	500	272	353	淬火并回火	薄型
4	>16~39	510	117	302	—	—	—	—	不淬火回火	1 型
5	≤4	520	130	302	8~16	690	175	302	不淬火回火	1 型
	>4~7	580								
	>7~10	590								
	>10~16	610								
	>16~39	630	146		>16~39	720	190			
6	≤4	600	150	302				302	不淬火回火	1 型
	>4~7	670			8~10	770	188			
	>7~10	680			>10~16	780				
	>10~16	700			>16~33	870	233			
	>16~39	720	170		>33~39	930				
8	≤4	800	180	302	—	—	—	—	不淬火回火	1 型
	>4~7	855	200							
	>7~10	870								
	>10~16	880								
	>16~39	890	180	302	8~16	890	195	302		2 型
	—	—	—	—		955	250	353	淬火并回火	1 型
	>16~39	920	233	353	>16~33	1030	295			
					>33~39	1090				
9	≤4	900	170	302	—	—	—	—	不淬火回火	2 型
	>4~7	915	188							
	>7~10	940								
	>10~16	950								
	>16~39	920								
10	≤10	1040	272	353	8~10	1100	295	353	淬火并回火	1 型
	>10~16	1050			>10~16	1110				
	>16~39	1060			—	—	—			
	—	—	—	—	>16~39	1080	260			2 型
12	≤10	1140	295	353	—	—	—	—	淬火并回火	1 型
	>10~16	1170								
	≤7	1150	272		8~10	1200	295	353		2 型
	>7~10	1160								
	>10~16	1190			>10~16					
	>16~39	1200			—	—	—	—		

注：1. 最低硬度仅对经热处理的螺母或规格太大而不能进行保证载荷试验的螺母，才是强制性的；对其他螺母，是指导性的。对不淬火回火而又能满足保证载荷试验的螺母，最低硬度应不作为拒收（考核）依据。

2. D>16mm 的 6 级细牙螺母，也可以淬火并回火处理，由制造者确定。

表 5.2-53　粗牙螺纹螺母保证载荷值（GB/T 3098.2—2015）

螺纹规格 D/mm	螺距 P/mm	保证载荷①/N 性能等级 04	05	5	6	8	10	12
M5	0.8	5400	7100	8250	9500	12140	14800	16300
M6	1	7640	10000	11700	13500	17200	20900	23100
M7	1	11000	14500	16800	19400	24700	30100	33200
M8	1.25	13900	18300	21600	24900	31800	38100	42500
M10	1.5	22000	29000	34200	39400	50500	60300	67300
M12	1.75	32000	42200	51400	59000	74200	88500	100300
M14	2	43700	57500	70200	80500	101200	120800	136900
M16	2	59700	78500	95800	109900	138200	164900	186800
M18	2.5	73000	96000	121000	138200	176600	203500	230400
M20	2.5	93100	122500	154400	176400	225400	259700	294000
M22	2.5	115100	151500	190900	218200	278800	321200	363600
M24	3	134100	176500	222400	254200	324800	374200	423600
M27	3	174400	229500	289200	330500	422300	486500	550800
M30	3.5	213200	280500	353400	403900	516100	594700	673200
M33	3.5	263700	347000	437200	499700	638500	735600	832800
M36	4	310500	408500	514700	588200	751600	866000	980400
M39	4	370900	488000	614900	702700	897900	1035000	1171000

① 使用薄螺母时，应考虑其脱扣载荷低于全承载能力螺母的保证载荷。

表 5.2-54　细牙螺纹螺母保证载荷值（GB/T 3098.2—2015）

螺纹规格 (D×P)/mm	保证载荷①/N 性能等级 04	05	5	6	8	10	12
M8×1	14900	19600	27000	30200	37400	43100	47000
M10×1.25	23300	30600	44200	47100	58400	67300	73400
M10×1	24500	32200	44500	49700	61600	71000	77400
M12×1.5	33500	44000	60800	68700	84100	97800	105700
M12×1.25	35000	46000	63500	71800	88000	102200	110500
M14×1.5	47500	62500	86300	97500	119400	138800	150000
M16×1.5	63500	83500	115200	130300	159500	185400	200400
M18×2	77500	102000	146900	177500	210100	220300	—
M18×1.5	81700	107500	154800	187000	221500	232200	—
M20×2	98000	129000	185800	224500	265700	278600	—
M20×1.5	103400	136000	195800	236600	280200	293800	—
M22×2	120800	159000	229000	276700	327500	343400	—
M22×1.5	126500	166500	239800	289700	343000	359600	—
M24×2	145900	192000	276500	334100	395500	414700	—
M27×2	188500	248000	351100	431500	510900	536700	—
M30×2	236000	310500	447100	540300	639600	670700	—
M33×2	289200	380500	547900	662100	783800	821900	—
M36×3	328700	432500	622800	804400	942800	934200	—
M39×3	391400	5158000	741600	957900	1123000	1112000	—

① 使用薄螺母时，应考虑其脱扣载荷低于全承载能力螺母的保证载荷。

8.3　不锈钢螺栓、螺钉、螺柱和螺母

（1）范围

不锈钢螺栓、螺钉、螺柱和螺母的力学性能（GB/T 3098.6—2014、GB/T 3098.15—2014）用于由奥氏体、马氏体和铁素体耐蚀不锈钢制造的、任何形状的、螺纹直径为 1.6～39mm 的螺栓、螺钉、螺柱和螺母。螺母的对边宽度不应小于 1.45*D*，螺纹有效长度不应小于 0.6*D*。

（2）性能等级的标记和标志

1）性能等级的标记代号见表 5.2-55、表 5.2-56。

表 5.2-55　不锈钢螺栓、螺钉和螺柱的标记代号（GB/T 3098.6—2014）

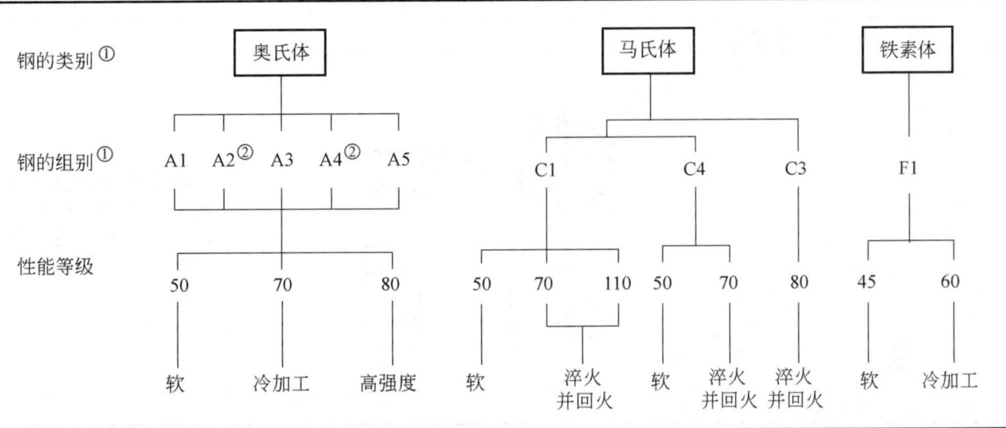

① 表中钢的类别和组别的分级见 GB/T 3098.6—2014 中附录 B。

② 碳的质量分数低于 0.03%的低碳不锈钢，可增加标记 L，如 A4L-80。

表 5.2-56　不锈钢螺母的标记代号（GB/T 3098.15—2014）

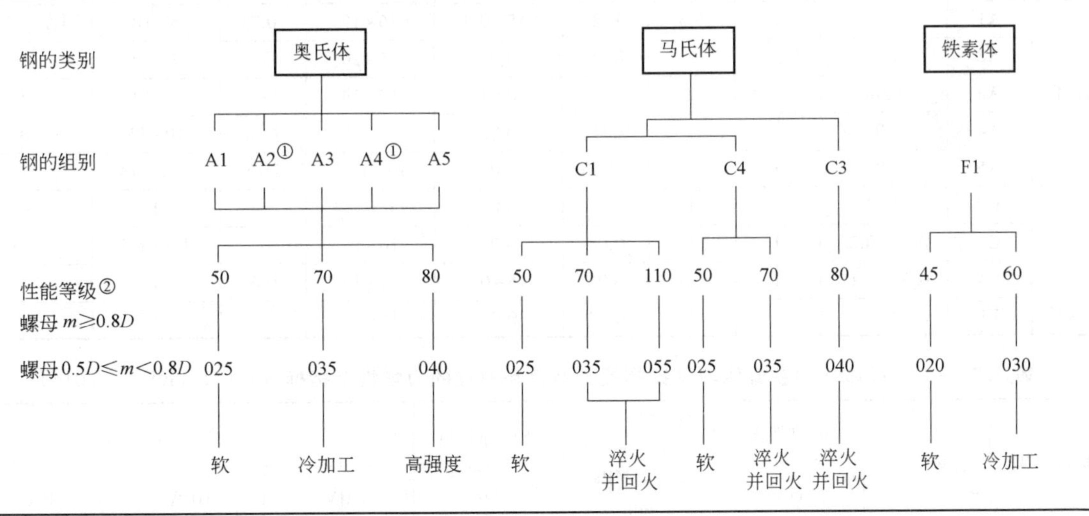

① 碳质量分数低于 0.03%的低碳不锈钢，可增加标记“L”，如 A4L-80。

② 按 GB/T 5267.4 进行表面钝化处理，可以增加标记“P”。示例：A4-80P。

2）性能等级的标志方法见表 5.2-57。对所有标志性能等级的产品，在产品上必须同时制出制造者标识、商标（鉴别）。

（3）材料

按标准生产的紧固件适用的不锈钢化学成分见表 5.2-58。

（4）力学性能

在常温下，马氏体钢和铁素体钢紧固件的力学性能指标见表 5.2-59 和表 5.2-60；奥氏体钢紧固件的力学性能指标见表 5.2-61 和表 5.2-62，螺纹规格 ≤5mm 的奥氏体钢螺钉的破坏扭矩见表 5.2-63。

表 5.2-57 性能等级的标志方法

品 种	标志代号	标 志 部 位	标志要求
六角头螺栓、内六角和内六角花形圆柱头螺钉	与标志代号一致	 A2–70　A2–70　A2–70	在头部顶面用凸字或凹字标志，或在头部侧面用凹字标志
螺柱	由供需双方协议		
螺母		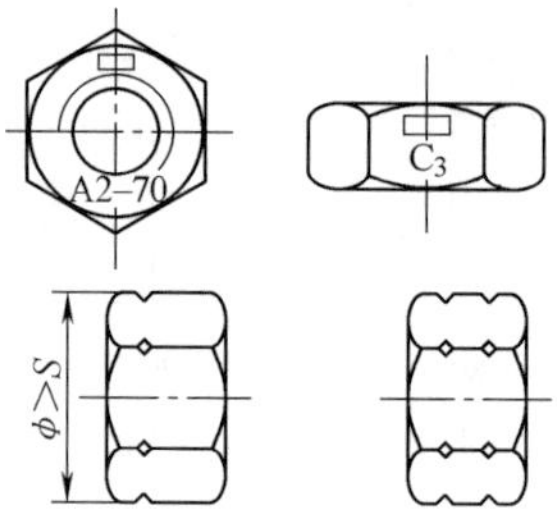 A2–70　C_3　$\phi \geq S$	在支承面或侧面打凹字标志，或在倒角面打凸字标志，但凸字标志不应凸出到螺母支承面
左旋螺纹	见表 5.2-2 中序号 5 图		

表 5.2-58 适合各力学性能等级的不锈钢材料化学成分（GB/T 3098.6—2014）

类别	组别	化学成分(质量分数,%)								
		C	Si	Mn	P	S	Cr	Mo	Ni	Cu
奥氏体	A1	0.12	1	6.5	0.2	0.15~0.35	16~19	0.7	5~10	1.75~2.25
	A2	0.1	1	2	0.05	0.03	15~20	—	8~19	4
	A3	0.08	1	2	0.045	0.03	17~19	—	9~12	1
	A4	0.08	1	2	0.045	0.03	16~18	2~3	10~15	4
	A5	0.08	1	2	0.045	0.03	16~18.5	2~3	10.5~14	1
马氏体	C1	0.09~0.15	1	1	0.05	0.03	11.5~14	—	1	—
	C3	0.17~0.25	1	1	0.04	0.03	16~18	—	1.5~2.5	—
	C4	0.08~0.15	1	1.5	0.06	0.15~0.35	12~14	0.6	1	—
铁素体	F1	0.12	1	1	0.04	0.03	15~18	—	1	—

表 5.2-59 马氏体钢和铁素体不锈钢螺栓、螺钉和螺柱的力学性能指标（GB/T 3098.6—2014）

材料组别		性能等级	抗拉强度 R_m/MPa min	规定非比例伸长强度 $R_{p0.2}$/MPa min	断后伸长量 A/mm min	硬 度		
						HV	HBW	HRC
马氏体	C1	50	500	250	0.2d	155~220	147~209	—
		70	700	410	0.2d	220~330	209~314	20~34
		110	1100	820	0.2d	350~440	—	36~45
	C3	80	800	640	0.2d	240~340	228~323	21~35
	C4	50	500	250	0.2d	155~220	147~209	—
		70	700	410	0.2d	220~330	209~314	20~34
铁素体	F1	45	450	250	0.2d	135~220	128~209	—
		60	600	410	0.2d	180~285	171~271	—

表 5.2-60　马氏体和铁素体不锈钢螺母的力学性能指标（GB/T 3098.15—2014）

类别	组别	性能等级		保证应力 S_P/MPa		硬　度		
		螺母（$m \geqslant 0.8D$）	螺母（$0.5D \leqslant m < 0.8D$）	螺母（$m \geqslant 0.8D$）	螺母（$0.5D \leqslant m < 0.8D$）	HBW	HRC	HV
马氏体	C1	50	025	500	250	147~209	—	155~220
		70	—	700	—	209~314	20~34	220~330
		110①	055①	1100	550	—	36~45	350~440
	C3	80	040	800	400	228~323	21~35	240~340
	C4	50	—	500	—	147~209	—	155~220
		70	035	700	350	209~314	20~34	220~330
铁素体	F②	45	020	450	200	128~209	—	135~220
		60	030	600	300	171~271	—	180~285

① 淬火并回火，最低回火温度为 275℃。

② 螺纹公称直径 $D \leqslant 24$mm。

表 5.2-61　奥氏体不锈钢螺栓、螺钉和螺柱的力学性能指标（GB/T 3098.6—2014）

钢的组别	性能等级	抗拉强度 R_m/MPa min	规定非比例伸长应力 $R_{p0.2}$/MPa min	断后伸长量 A/mm min
A1、A2	50	500	210	$0.6d$
A3、A4	70	700	450	$0.4d$
A5	80	800	600	$0.3d$

表 5.2-62　奥氏体不锈钢螺母的力学性能指标（GB/T 3098.15—2014）

类型	组别	性能等级		保证应力 S_P/(N/mm^2)	
		螺母（$m \geqslant 0.8D$）	螺母（$0.5D \leqslant m < 0.8D$）	螺母（$m \geqslant 0.8D$）	螺母（$0.5D \leqslant m < 0.8D$）
奥氏体	A1、A2、A3、A4、A5	50	025	500	250
		70	035	700	350
		80	040	800	400

表 5.2-63　奥氏体不锈钢螺栓和螺钉的破坏扭矩（GB/T 3098.6—2014）

粗牙螺纹	破坏扭矩 M_{Bmin}/(N·m) 性能等级		
	50	70	80
M1.6	0.15	0.2	0.24
M2	0.3	0.4	0.48
M2.5	0.6	0.9	0.96
M3	1.1	1.6	1.8
M4	2.7	3.8	4.3
M5	5.5	7.8	8.8
M6	9.3	13	15
M8	23	32	37
M10	46	65	74
M12	80	110	130
M16	210	290	330

对马氏体和铁素体钢螺栓和螺钉的破坏扭矩值，应由供需双方协议。

3.4　紧定螺钉

（1）范围

紧定螺钉力学性能（GB/T 3098.3—2016）适用于碳钢或合金钢制造的、螺纹直径为 1.6~39mm 的紧定螺钉及类似的不规定抗拉强度的螺纹紧固件，工作温度为-50~300℃（用易切钢制造的螺母不能用于 250℃以上）。

（2）性能等级的标记和标志

紧定螺钉利用其拧入内螺纹时产生的轴向压力紧固零件，影响其效果的主要因素是硬度，所以用硬度来衡量其力学性能；一般认为，硬度越高，性能越好。自然，性能等级标记代号就与螺钉的硬度值有关。

性能等级代号由数字（最低维氏硬度的 10%）和表示硬度的字母 H 组成（见表 5.2-64）。

紧定螺钉一般不要求标志。如有特殊需要，由供需双方协议，按性能等级标记代号进行标志，但不要求标志制造者的识别标志、商标（鉴别）。

表 5.2-64 紧定螺钉性能等级的标记
（GB/T 3098.3—2016）

性能等级	14H	22H	33H	45H
维氏硬度 HV min	140	220	330	450

（3）材料

适合各力学性能等级的材料及热处理状态见表 5.2-65。对材料的要求只规定部分主要化学成分的极限要求。对性能等级为 45H 级的紧定螺钉，当满足标准规定的扭矩试验时，亦可采用其他材料。

（4）力学性能

在常温下，紧定螺钉的力学性能见表 5.2-66，内六角紧定螺钉的保证扭矩见表 5.2-67。

表 5.2-65 适合各力学性能等级的材料及热处理（GB/T 3098.3—2016）

硬度等级	材 料	热处理①	化学成分极限（熔炼分析）② %			
			C		P	S
			max	min	max	max
14H	碳钢③	—	0.50	—	0.11	0.15
22H	碳钢④	淬火并回火	0.50	0.19	0.05	0.05
33H	碳钢④	淬火并回火	0.50	0.19	0.05	0.05
45H	碳钢④,⑤	淬火并回火	0.50	0.45	0.05	0.05
	添加元素的碳钢④（如硼或锰或铬）	淬火并回火	0.50	0.28	0.05	0.05
	合金钢④,⑥	淬火并回火	0.50	0.30	0.05	0.05

① 不允许表面硬化。

② 有争议时，实施成品分析。

③ 可以使用易切钢，其铅、磷和硫的最大含量分别为 0.35%、0.11%、0.34%。

④ 可以使用最大 Pb 含量为 0.35%的钢。

⑤ 仅适用于 $d \leqslant$ M16。

⑥ 这些合金钢至少应含有下列的一种元素，其最小含量分别为 Cr0.30%、Ni0.30%、Mo0.20%、V0.10%。当含有二、三或四种复合的合金成分时，合金元素的含量不能少于单个合金元素含量总和的 70%。

表 5.2-66 紧定螺钉的力学性能（GB/T 3098.3—2016）

序号	机械和物理性能				14H	22H	33H	45H
1	测试硬度							
	1.1	维氏硬度 HV10		min	140	220	330	450
				max	290	300	440	560
	1.2	布氏硬度 HBW $F=30D^2$		min	133	209	314	428
				max	276	285	418	532
	1.3	洛氏硬度	HRB	min	75	95	—	—
				max	105	①	—	—
			HRC	min	—	①	33	45
				max	—	30	44	53
2	扭矩强度				—	—	—	见表 5
3	螺纹未脱碳层的高度 E/mm		min		—	$1/2H_1$	$2/3H_1$	$3/4H_1$
4	螺纹全脱碳层的深度 G/mm		max		—	0.015	0.015	②
5	表面硬度 HV0.3(见 9.1.3)		max		—	320	450	580
6	无增碳 HV0.3		max		—	③	③	③
7	表面缺陷				GB/T 5779.1			

（表头：“硬度等级”跨 14H、22H、33H、45H 四列）

① 对 22H 级如进行洛氏硬度试验时，需要采用 HRB 试验最小值和 HRC 试验最大值。

② 对 45H 不允许有全脱碳层。

③ 当采用 HV0.3 测定表面硬度及芯部硬度时，紧固件的表面硬度不应比芯部硬度高出 30HV 单位。

表 5.2-67　内六角紧定螺钉的保证扭矩（GB/T 3098.3—2016）

螺纹直径 d/mm	试验螺钉的最小长度/mm				保证扭矩 /(N·m)	螺纹直径 d/mm	试验螺钉的最小长度/mm				保证扭矩 /(N·m)
	平端	凹端	锥端	圆柱端			平端	凹端	锥端	圆柱端	
3	4	5	5	6	0.9	12	16	16	16	20	65
4	5	6	6	8	2.5	16	20	20	20	25	160
5	6	6	8	8	5	20	25	25	25	30	310
6	8	8	8	10	8.5	24	30	30	30	35	520
8	10	10	10	12	20	30	36	36	36	45	860
10	12	12	12	16	40						

3.5　自攻螺钉

自攻螺钉力学性能（GB/T 3098.5—2016）适用于渗碳钢制造的、螺纹规格为 ST2.2～ST8 的自攻螺钉。自攻螺钉不区分力学性能等级，也就没有性能等级的标记和标志，主要力学性能和工作性能要求见表 5.2-68。

3.6　自挤螺钉

自挤螺钉力学性能（GB/T 3098.7—2000）适用于渗碳钢或合金钢制造的、螺纹规格为 M2～M12 的自挤螺钉。自挤螺钉不区分力学性能等级。产品不做标志。

（1）材料和热处理

自挤螺钉应由渗碳钢冷镦制造，表 5.2-69 给出的化学成分仅是指导性的。螺钉应进行渗碳淬火并回火处理，心部硬度为 290～370HV10，表面硬度应≥450HV0.3，表面渗碳层深度按表 5.2-70 规定，力学性能和工作性能要求见表 5.2-71。

（2）力学性能和工作性能

自挤螺钉主要力学性能和工作性能要求见表 5.2-71。

表 5.2-68　自攻螺钉的主要力学性能和工作性能（GB/T 3098.5—2016）

螺纹规格		ST2.2	ST2.6	ST2.9	ST3.3	ST3.5	ST3.9	ST4.2	ST4.8	ST5.5	ST6.3	ST8	ST9.5
破坏扭矩/N·m	min	0.45	0.90	1.5	2.0	2.7	3.4	4.4	6.3	10.0	13.6	30.5	68.0
渗碳层深度/mm	min	0.04		0.05			0.10				0.15		
	max	0.10		0.18			0.23				0.28		
表面硬度　≥		450HV0.3											
心部硬度		螺纹≤ST3.9:270～370HV5,螺纹≥ST4.2:270～370HV10											
显微组织		在渗碳层与心层间的显微组织不应呈现带状亚共析铁素体											

表 5.2-69　自挤螺钉的材料化学成分（GB/T 3098.7—2000）

性能等级	化学成分(质量分数,%)			
	C		Mn	
	min	max	min	max
桶样	0.15	0.25	0.70	1.65
检验	0.13	0.27	0.64	1.71

表 5.2-70　自挤螺钉表面渗碳层深度（GB/T 3098.7—2000）　（mm）

螺纹规格	渗碳层深度	
	min	max
M2、M2.5	0.04	0.12
M3、M3.5	0.05	0.18
M4、M5	0.10	0.25
M6、M8	0.15	0.28
M10、M12	0.15	0.32

表 5.2-71　自挤螺钉主要力学性能和工作性能要求（GB/T 3098.7—2000）

螺纹规格	拧入扭矩 /N·m max	最小破坏扭矩 /N·m min	破坏拉力载荷(参考)/N min
M2	0.3	0.5	1940
M2.5	0.6	1.2	3150
M3	1.1	2.1	4680
M3.5	1.7	3.4	6300
M4	2.5	4.9	8170
M5	5	10	13200
M6	8.5	17	18700
M8	21	42	34000
M10	43	85	53900
M12	75	150	78400

3.7　自钻自攻螺钉（见表 5.2-72、表 5.2-73）

表 5.2-72　自钻自攻螺钉钻孔和攻螺纹试验数据（GB/T 3098.11—2002）

螺纹规格	试验板厚度①/mm	轴向力 /N	拧入时间/s max	载荷下螺钉转速/r·min^{-1}	螺纹规格	试验板厚度①/mm	轴向力 /N	拧入时间/s max	载荷下螺钉转速/r·min^{-1}
ST2.9	0.7+0.7=1.4	150	3	1800～2500	ST4.8	2+2=4	250	7	1800～2500
ST3.5	1+1=2	150	4	1800～2500	ST5.5	2+3=5	350	11	1000～1800
ST4.2	1.5+1.5=3	250	5	1800～2500	ST6.3	2+3=5	350	13	1000～1800

① 试验板厚度可以由两块钢板组成。这些数值仅适用于验收检查。

表 5.2-73　自钻自攻螺钉主要力学性能和工作性能要求（GB/T 3098.11—2002）

螺纹规格		ST2.9	ST3.5	ST4.2	ST4.8	ST5.5	ST6.3
破坏力矩/N·m　min		1.5	2.8	4.7	6.9	10.4	16.9
渗碳层深度/mm	min	0.05		0.10			0.15
	max	0.18		0.23			0.28
热处理		渗碳淬火并回火推荐最低回火温度330℃					
表面硬度≥		530HV0.3					
心部硬度		320HV5~400HV5　320HV10~400HV10					
显微组织		显微金相组织中表面硬化层与心部之间不允许出现带状铁素体等异常组织					

3.8　耐热用螺纹连接副（见表 5.2-74）

表 5.2-74　耐热用螺纹连接副的材料

持续工作的极限温度/℃（参考）	螺栓、螺柱		螺　母	
	材料牌号	标准	材料牌号	标准
400	35A 45	GB/T 699	35	GB/T 699
500	30CrMo 35CrMo 35CrMoA	GB/T 3077	35、45	GB/T 699
			20CrMoA	GB/T 3077
510	21CrMoV	—	20CrMoA 35CrMoA	GB/T 3077
550	20CrMoV 21CrMoV	—	30CrMo 35CrMo	GB/T 3077
570	20CrMoVTiB 20CrMoVNbYiB	—	20CrMoV 21CrMoV	—
600	2Cr12WMoVNb	—	20CrMoV	—
650	GH2132	—	21CrMoV	—

注：1. 螺栓、螺柱应比螺母的硬度高（如高30~50HBW）。

2. 受力套管的材料，推荐采用与螺柱相同的材料。

3.9　有色金属螺纹连接件（见表 5.2-75、表 5.2-76）

表 5.2-75　适合各性能等级的材料牌号

性能等级	材料牌号	标准	性能等级	材料牌号	标准
CU1	T2	GB/T 5231	AL1	5A02	GB/T 3190
CU2	H62	GB/T 5231	AL2	2A11、5A05	GB/T 3190
CU3	HPb58-2	GB/T 5231	AL3	5A43	GB/T 3190
CU4	QSn6.5-0.4	GB/T 5231	AL4	2B11、2A90	GB/T 3190
CU5	QSi1-3	GB/T 5231	AL5	—	—
CU6	—	—	AL6	7A09	GB/T 3190
CU7	QAl10-4-4	GB/T 5231	—		

表 5.2-76　有色金属外螺纹件的力学性能指标

性能等级	螺纹直径/mm	抗拉强度/MPa	下屈服强度/MPa	断后伸长率(%)	性能等级	螺纹直径/mm	抗拉强度/MPa	下屈服强度/MPa	断后伸长率(%)
CU1	≤39	240	160	14	AL1	≤10	270	230	3
CU2	≤6	440	340	11		>10~20	250	180	4
	>6~39	370	250	19	AL2	≤14	310	205	6
CU3	≤6	440	340	11		>14~36	280	200	6
	>6~39	370	250	19	AL3	≤6	320	250	7
CU4	≤12	470	340	22		>6~39	310	260	10
	>12~39	400	200	33	AL4	≤10	420	290	6
CU5	≤39	590	840	12		>10~39	380	260	10
CU6	>6~39	440	180	18	AL5	≤39	460	380	7
CU7	>12~39	640	270	15	AL6	≤39	510	440	7

4　螺栓、螺钉、双头螺柱强度计算

4.1　螺栓组受力计算

在计算螺栓组时，要求出受力最大的螺栓载荷，首先把螺栓组所受载荷向接合面螺栓组几何中心简化，可分解为 4 种典型受力情况，表 5.2-77 介绍了这 4 种典型载荷。表 5.2-78 给出这 4 种情况中每个螺栓受力的计算方法。应注意，横向载荷和力矩对螺栓组中螺栓的作用力应该分别求出每个螺栓受力后向量合成，求出每个螺栓受力。在一组螺栓中，找出受力最大的螺栓，进行强度计算，求出螺栓直径，其余螺栓取同一直径。

表 5.2-77　螺栓组受力情况分析

螺栓组受力一般情况简图	螺栓组所受载荷分解	螺栓组典型载荷
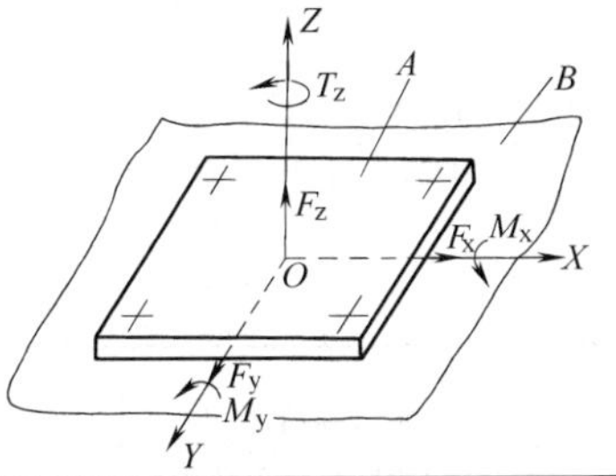	沿 x 方向受力 F_x	受横向力螺栓组
	沿 y 方向受力 F_y	
	绕 z 轴转矩 T_z	受扭转力矩螺栓组
	绕 x 轴翻转力矩 M_x	受翻转力矩螺栓组
	绕 y 轴翻转力矩 M_y	
	沿 z 方向受力 F_z	受轴向力螺栓组

表 5.2-78　螺栓受力计算公式

螺栓组载荷情况	每个螺栓受力计算公式	
	普通螺栓	加强杆螺栓
受横向力螺栓组 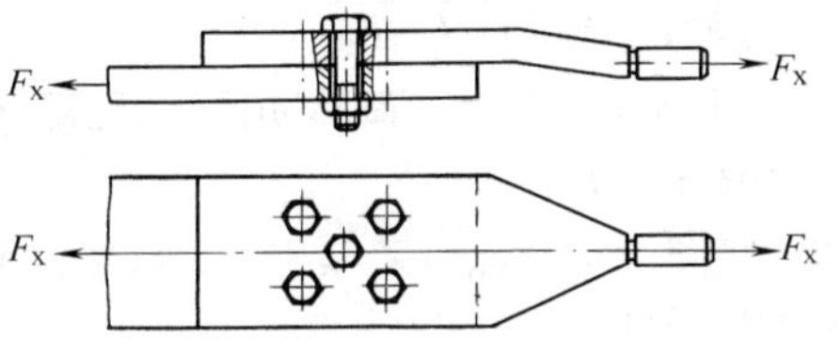	$F_A = \dfrac{F_x}{Z}$　各螺栓受力相等	$F'_A = \dfrac{F_x}{Z}$　各螺栓受力相等 Z—螺栓数
受扭转力矩螺栓组 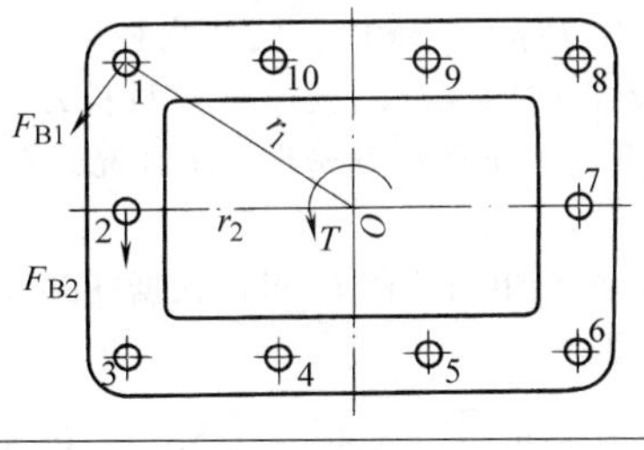	$F_B = \dfrac{T_z}{r_1 + r_2 + \cdots + r_n}$ 各螺栓受力相等	$F'_B = \dfrac{T_z r_{max}}{r_1^2 + r_2^2 + \cdots + r_n^2}$ 各螺栓受力与其至中心的距离成正比例 n—螺栓数
受轴向力螺栓组 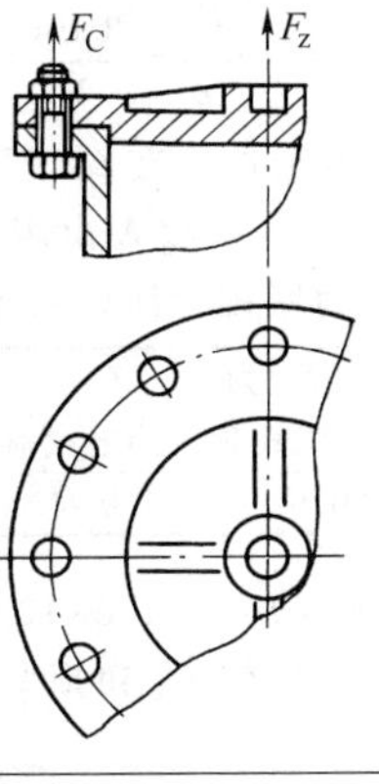	$F_C = \dfrac{F_z}{Z}$　各螺栓受力相等	—

（续）

螺栓组载荷情况	每个螺栓受力计算公式
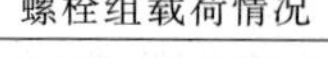 受翻转力矩螺栓组 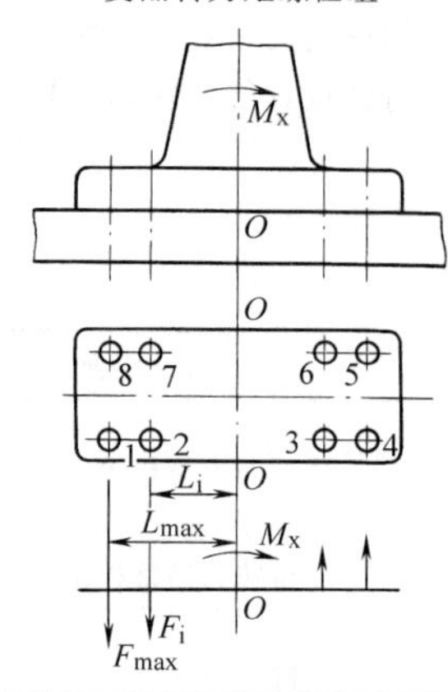	$F_D=\dfrac{M_x L_{max}}{L_1^2+L_2^2+\cdots+L_n^2}$　各螺栓受力与其与中心的距离成正比

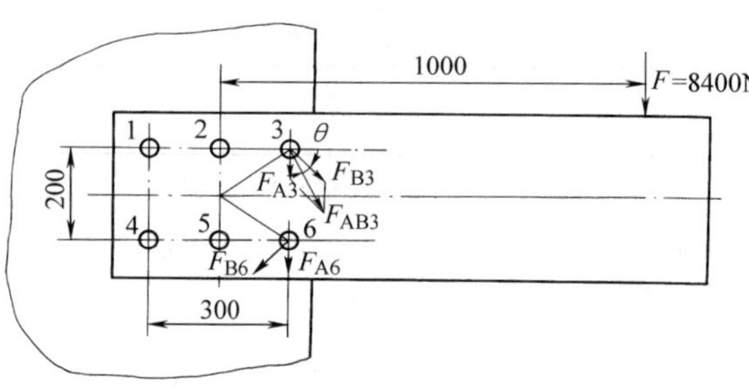

图 5.2-10　例 1 图

例 5.2-1　如图 5.2-10 所示，由 4 个普通螺栓固定的钢板，受力 $F=8400\text{N}$，求每个螺栓受力。

$$\theta=\arctan\frac{100}{150}=32.69°$$

解　1）将载荷向螺栓组中心 O 点简化，螺栓组受外载荷：横向力 $F_x=F=8400\text{N}$，扭转力矩 $T_z=F\times L=8400\times1000\text{N}\cdot\text{mm}=8.4\times10^6\text{N}\cdot\text{mm}$。分别计算对每个螺栓的作用力，再合成。

2）求横向力 F_x 对螺栓的作用力　由表 5.2-78 螺栓受力计算公式，各螺栓受力相同。

$$F_{A1}=F_{A2}=F_{A3}=F_{A4}=F_{A5}=F_{A6}=F_A$$

$$=\frac{F_x}{Z}=\frac{8400}{6}\text{N}=1400\text{N}$$

3）求扭转力矩 T_z 对螺栓的作用力　由表 5.2-78 螺栓受力计算公式，各螺栓受力相同。

$$r_1=r_3=r_4=r_6=\sqrt{100^2+150^2}\text{mm}$$

$$=180.3\text{mm}$$

$$r_2=r_4=100\text{mm}$$

$$F_{B1}=F_{B2}=F_{B3}=F_{B4}=F_{B5}=F_{B6}=F_B$$

$$=\frac{T_z}{r_1+r_2+\cdots+r_n}$$

$$=\frac{8.4\times10^6}{4\times180.3+2\times100}\text{N}$$

$$=9119\text{N}$$

4）由图 5.2-10 可知，F_{A3}、F_{B3} 的合力 F_{AB3} 与 F_{A6}、F_{B6} 的合力 F_{AB6} 相等而且是最大值。

$$F_{AB3}=\sqrt{F_{A3}^2+F_{B3}^2+2F_{A3}F_{B3}\cos\theta}$$

$$=\sqrt{1400^2+9119^2+2\times1400\times9119\times\cos32.69°}\text{N}$$

$$=10325\text{N}=F_{AB6}$$

按螺栓受横向力 F_{AB1} 计算其直径，取螺栓组各螺栓直径相同即可。

例 5.2-2　在表 5.2-78 图所示气缸连接中，气缸中气体最大压力 $p=2.5\text{MPa}$，气缸内径 $D_2=320\text{mm}$。用 16 个螺栓连接气缸与气缸盖，气缸材料为铸钢，用铜皮石棉垫片，要求保证气密性。求在充气前后螺栓受力。

解　1）螺栓组的载荷 F_z 可以根据气缸直径和气体压力 p 求得

$$F_z=\frac{\pi}{4}D_2^2p=\frac{\pi}{4}\times320^2\times2.5\text{N}=201062\text{N}$$

每个螺栓的轴向载荷 $F_C=\dfrac{F_z}{Z}=\dfrac{201062}{16}\text{N}=12566\text{N}$

2）为了气缸的紧密性，在充气后螺栓所须残余预紧力 $F_p'=KF_C$，式中，系数 K 由表 5.2-79 求得。

表 5.2-79　受轴向力紧螺栓所须残余预紧力系数 K

工作情况	一般连接	F_C 为变载荷	F_C 为冲击载荷	压力容器或重要连接
K 值	0.2~0.6	0.6~1.0	1.0~1.5	1.5~1.8

按上表残余预紧力 $F_p'=KF_C=1.6\times12566\text{N}=20106\text{N}$

3）螺栓所受的总载荷 F_0 和预紧力 F_p 可由以下公式求得

$$F_0 = F_C + F'_p$$

$$F_p = F'_p + (1-\lambda)F_C$$

在以上两式中 λ 为螺栓连接的相对刚度由表5.2-80求得。

表 5.2-80　螺栓连接的相对刚度 λ

垫片材料	金属(或无垫片)	皮革	铜皮石棉	橡胶
λ	0.2~0.3	0.7	0.8	0.9

在此采用铜皮石棉垫片 $\lambda = 0.8$。

螺栓所受的总载荷　$F_0 = F_C + F'_p = (12566+20106)\text{N} = 32672\text{N}$

每个螺栓的预紧力　$F_p = F'_p + (1-\lambda)F_C = 20106 + (1-0.8)12566\text{N} = 22619\text{N}$

根据螺栓所受的总载荷 $F_0 = 32672\text{N}$ 按强度计算螺栓直径。

例 5.2-3　轴承支座的尺寸和受力如图 5.2-11 所示。求螺栓的载荷和预紧力。

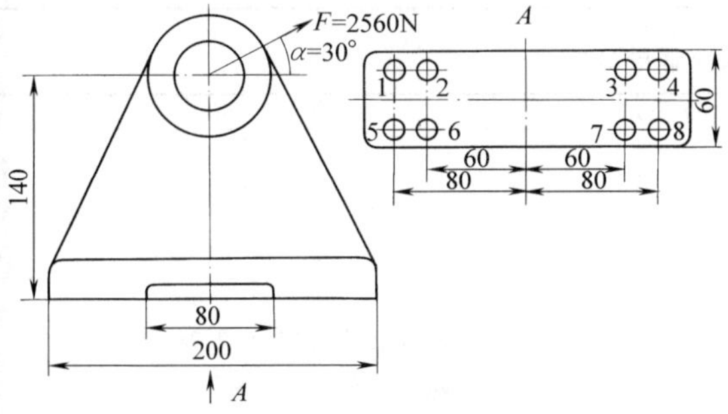

图 5.2-11　例 3 图

解　1）将载荷向相互连接的两零件接合面螺栓组中心 O 点简化，螺栓组受外载荷：

横向力 $F_x = F\cos\alpha = 2560\text{N}\times\cos30° = 2295\text{N}$

轴向力 $F_z = F\sin\alpha = 2560\text{N}\times\sin30° = 1280\text{N}$

翻转力矩 $M_y = F_x \times H = 2295\times140\text{N}\cdot\text{mm} = 3.213\times10^5\text{N}\cdot\text{mm}$

在以上各载荷的作用下，此螺栓连接应满足以下条件：

螺栓有足够的抗拉强度；在翻转力矩 M_y 和轴向力 F_z 作用下，支座右端不压坏地面；左端与地面不分离；在横向力 F_x 作用下支座不打滑。

2）求螺栓承受载荷、螺栓受翻转力矩 M_y 和轴向力 F_z 的综合作用。

查表 5.2-78，由翻转力矩 M_y 产生的最大拉力

$$F_D = \frac{M_x L_{max}}{L_1^2 + L_2^2 + \cdots + L_n^2} = \frac{3.213\times10^5\times80}{4\times80^2 + 4\times60^2}\text{N} = 642.6\text{N}$$

查表 5.2-78，由轴向力 F_z 产生的拉力

$$F_C = \frac{F_z}{Z} = \frac{1280}{8}\text{N} = 160\text{N}$$

以上两项相加受力最大螺栓的载荷　$F_{CD} = F_C + F_D = 160\text{N} + 642.6\text{N} = 802.6\text{N}$。

3）取每个螺栓预紧力 $F_p = 1200\text{N}$。预紧力 F_p 引起两零件接合面间的压应力 $\sigma_p = \frac{ZF_p}{A} = \frac{8\times1200}{12000}\text{MPa} = 0.8\text{MPa}$。

接合面面积 $A = bL(1-\alpha) = 100\times200\times(1-0.4)\text{mm}^2 = 12000\text{mm}^2$。

α 为缺口长度 80mm 与接合面长度 $L = 200\text{mm}$ 之比：$\alpha = \frac{80}{200} = 0.4$。

翻转力矩 M_y 引起两零件接合面间的压应力 $\sigma_M = \frac{M_y}{W} = \frac{3.213\times10^5}{6.24\times10^5}\text{MPa} = 0.52\text{MPa}$。

$$W = \frac{bL^2}{6}(1-\alpha^4) = \frac{100\times200^2}{6}(1-0.4^4)\text{mm}^3 = 6.24\times10^5\text{mm}^3。$$

轴向力 F_z 引起的接合面压应力减小量 $\sigma_z = \frac{F_z}{A} = \frac{1280}{12000}\text{MPa} = 0.11\text{MPa}$。

考虑螺栓刚度远小于地基刚度（$\lambda\approx0$），因而可以不必计算连接件的相对刚度，而以应力直接代数相加。

接合面右端压应力 $\sigma_r = \sigma_p + \sigma_M - \sigma_z = (0.8+0.52-0.11)\text{MPa} = 1.21\text{MPa} < [\sigma_p] = 2.5\text{MPa}$。

接合面左端压应力 $\sigma_l = \sigma_p - \sigma_M - \sigma_z = (0.8-0.52-0.11)\text{MPa} = 0.17\text{MPa} > 0$

按工作要求 σ_r 应小于接合面的许用挤压应力 $[\sigma_p]$，由表 5.2-81 查得，混凝土地基 $[\sigma_p] = 2.5\text{MPa}$；而 σ_l 应 >0，以保证接合面不分离。以上两个条件都满足，表明取每个螺栓预紧力 $F_p = 1200\text{N}$ 是合理的。接合面的形状和尺寸是可用的。

表 5.2-81　接合面材料的许用挤压应力 $[\sigma_p]$

材料	钢	铸铁	混凝土	砖(水泥浆缝)	木材
$[\sigma_p]$/MPa	$0.8R_{eL}$	$(0.4\sim0.5)R_m$	2~3	1.5~2.0	2~4

4）校核在横向力 $F_x = 2295\text{N}$ 作用下轴承支座不滑动。连接的接合面间的摩擦因数 $f = 0.28$。轴承支座与地基表面之间的正压力为

$F_H = ZF_p - F_z = (8\times1200 - 1280)\text{N} = 8320\text{N}$。最大摩擦力为 $F_H \times f = 8320\times0.28\text{N} = 2330\text{N} > F_x = 2295\text{N}$。

表明轴承支座不会滑动。如不满足应加附加

装置。

5）螺栓所受拉力。由于螺栓与地基相比刚度极小，因而可以取$\lambda \approx 0$，从而导出螺栓受力

$$F_0 \approx F_p = 1200\text{N}$$

可按这一数值计算螺栓尺寸。

4.2 按强度计算螺栓尺寸（见表5.2-82～表5.2-86）

表5.2-82 加强杆螺栓强度计算

结构简图	计算项目	计算公式	说明
受横向载荷加强杆螺栓连接	按挤压强度计算	$\sigma_p = \dfrac{F'_A}{d_0\delta} \leqslant [\sigma_p]$	F'_A—螺栓所受横向载荷见表5.2-78 m—螺栓受剪面个数 d_0—螺栓受剪面直径 δ—受挤压高度（取δ_1、δ_2中的较小值）
	按抗剪强度计算	$\tau = \dfrac{F'_A}{m\dfrac{\pi}{4}d_0^2} \leqslant [\tau]$	
	加强杆螺栓许用应力	静载荷	变载荷
	许用挤压应力$[\sigma_p]$	钢$[\sigma_p]=\dfrac{R_{eL}}{1.25}$ 铸铁$[\sigma_p]=\dfrac{R_{eL}}{2\sim2.5}$	$[\sigma_p]$—将静载荷的许用值乘以0.7～0.8
	许用切应力$[\tau]$	$[\tau]=\dfrac{R_{eL}}{2.5}$	$[\tau]=\dfrac{R_{eL}}{3.5\sim5}$

表5.2-83 普通螺栓强度计算

结构简图	计算项目	计算公式	说明
受轴向载荷松螺栓连接	螺杆拉断	$\sigma=\dfrac{F_C}{\dfrac{\pi}{4}d_1^2}\leqslant[\sigma]$ $[\sigma]=\dfrac{R_{eL}}{S_s}$	F_C—轴向载荷，按表5.2-78计算 d_1—螺纹小径 R_{eL}—螺栓屈服强度 S_s—安全系数，一般取1.2～1.7
受横向载荷紧螺栓连接	螺栓受轴向预紧力F_p压紧被连接件，在被连接件之间产生摩擦力F_A，传递横向载荷 螺杆受拉伸扭转综合作用	预紧力$F_p=\dfrac{K_fF_A}{mf}$ $\sigma=\dfrac{1.3F_p}{\dfrac{\pi}{4}d_1^2}\leqslant[\sigma]$ $[\sigma]=\dfrac{R_{eL}}{S_s}$	F_A—横向载荷，按表5.2-78计算 K_f—可靠性系数，取1.1～1.3 m—接合面数 f—接合面间摩擦因数 d_1—螺纹小径 R_{eL}—螺栓屈服强度 S_s—安全系数，由表5.2-84查得
受轴向载荷紧螺栓连接	静载荷—按螺栓最大拉伸力F_0计算（式5.2-2）	$\sigma=\dfrac{1.3F_0}{\dfrac{\pi}{4}d_1^2}\leqslant[\sigma]$ $[\sigma]=\dfrac{R_{eL}}{S_s}$	F_0—螺栓所受的总载荷，按表5.2-78计算 d_1—螺纹小径 R_{eL}—螺栓屈服强度 S_s—安全系数，由表5.2-84查得
	变载荷—按螺栓应力幅σ_a计算	$\sigma_a=\lambda\dfrac{2F_C}{\pi d_1^2}\leqslant[\sigma_a]$	F_C—轴向载荷，按表5.2-78计算 $[\sigma_a]$—许用应力幅，按表5.2-85计算

表 5.2-84　预紧螺栓连接的安全系数

材料种类	静载荷			变载荷		
	M6～M16	M16～M30	M30～M60	M6～M16	M16～M30	M30～M60
碳素钢	4～3	3～2	2～1.3	10～6.5	6.5	6.5～10
合金钢	5～4	4～2.5	2.5	7.5～5	5	6～7.5

表 5.2-85　许用应力幅 [σ_a] 计算

许用应力幅计算公式 $[\sigma_a]=\dfrac{\varepsilon K_t K_u \sigma_{-1t}}{K_\sigma S_a}$

尺寸因数 ε	螺栓直径 d/mm	<12	16	20	24	30	36	42	48	56	64
	ε	1	0.87	0.8	0.74	0.65	0.64	0.60	0.57	0.54	0.53
螺纹制造工艺因数 K_t	切制螺纹 $K_t=1$，滚制、搓制螺纹 $K_t=1.25$										
受力不均匀因数 K_u	受压螺母 $K_u=1$，受拉螺母 $K_u=1.5～1.6$										
试件的疲劳极限 σ_{-1t}	见表 5.2-86										
缺口应力集中因数 K_σ	螺栓材料 R_m/MPa	400		600		800		1000			
	K_σ	3		3.9		4.8		5.2			
安全因数 S_a	安装螺栓情况	控制预紧力				不控制预紧力					
	S_a	1.5～2.5				2.5～5					

表 5.2-86　常用螺纹材料力学性能

(MPa)

	抗拉强度 R_m	屈服强度 R_{eL}	抗压疲劳极限 σ_{-1t}
10	340～420	210	120～150
Q215-A	340～420	220	
Q235-A	410～470	240	120～160
35	540	320	170～220
45	610	360	190～250
15MnVB	1000～1200	800	
40Cr	750～1000	650～900	240～340
30CrMnSi	1080～1200	900	

例 5.2-4　在例 1 中，采用普通螺栓连接或加强杆螺栓连接，分别计算螺栓尺寸。

解　(1) 采用普通螺栓连接

由表 5.2-83，预紧力 $F_p=\dfrac{K_f F_A}{mf}$，在此预紧力 F_A 与例 1 中之 F_{AB1}，$F_A=F_{AB1}=10325\text{N}$，将 $m=$ 、$f=0.16$、$K_f=1.2$ 代入得

$$F_p=\frac{K_f F_A}{mf}=\frac{1.2\times 10325}{1\times 0.16}\text{N}=77438\text{N}$$

由表 5.2-83，按拉扭综合作用计算螺栓直径，计算公式为

$$\sigma=\frac{1.3F_p}{\dfrac{\pi}{4}d_1^2}\leqslant[\sigma],\quad [\sigma]=\frac{R_{eL}}{S_s}$$

采用 6.8 级螺栓，$R_{eL}=480\text{MPa}$，由表 5.2-84，安全因数 $S_s=2$（假定螺栓直径 $d=30\text{mm}$）则

$$[\sigma]=\frac{R_{eL}}{S_s}=\frac{480}{2}\text{MPa}=240\text{MPa}$$

由螺栓直径计算公式得

$$d_1=\sqrt{\frac{4\times 1.3F_P}{\pi\times\sigma}}=\sqrt{\frac{5.2\times 77438}{\pi\times 240}}\text{mm}=23.1\text{mm}$$

按 GB/T 196—2003（见表 5.2-3）选 M30 螺栓，其小径 $d_1=26.211\text{mm}$。

(2) 按加强杆螺栓设计

1) 求螺栓所受的横向力。加强杆螺栓与普通螺栓受力不同，不能再用例 1 的计算结果。按表 5.2-78 受扭转力矩的加强杆螺栓，各螺栓受力与至中心的距离成正比。

$$F'_{B3}=\frac{T_z r_{max}}{r_1^2+r_2^2+\cdots+r_n^2}=\frac{8.4\times 10^6\times 180.3}{4\times 180.3^2+2\times 100^2}\text{N}=10095\text{N}$$

求 F_{A3} 与 F'_{B3} 之合力 F_{AB3}

$$F_{AB3}=\sqrt{F_{A3}^2+F'^2_{B3}+2F_{A3}F'_{B3}\cos\theta}=\sqrt{1400^2+10095^2+2\times 1400\times 10095\times\cos 32.69°}\text{N}=11299\text{N}$$

2) 确定许用压力。螺栓仍取 6.8 级，则按表 5.2-82 其许用切应力为

$$[\tau]=\frac{R_{eL}}{2.5}=\frac{480}{2.5}\text{MPa}=192\text{MPa}$$

$$[\sigma_p]=\frac{R_{eL}}{1.25}=\frac{480}{1.25}\text{MPa}=384\text{MPa}$$

3) 求螺栓尺寸。先按抗剪强度计算螺栓钉杆直

径 d_0，由公式 $\tau=\dfrac{F'_A}{m\dfrac{\pi}{4}d_0^2}\leqslant[\tau]$ 得

$$d_0=\sqrt{\frac{4F'_A}{m\pi[\tau]}}=\sqrt{\frac{4\times11299}{1\times\pi\times192}}\text{mm}=8.66\text{mm}$$

查加强杆螺栓国家标准 GB/T 27—2013 选用 M8 六角头加强杆螺栓（钉杆直径 $d_0=9$mm），取板厚 $b_1=b_2=10$mm，则由图 5.2-12 可知挤压面尺寸为 $\delta_1=8$mm，$\delta_2=l-(l-l_3)-\delta_1=(30-15-10)$mm $=5$mm $=\delta_{\min}$，按 $\delta_2=5$mm 计算

$$\sigma_p=\frac{F'_A}{d_0\delta_2}=\frac{11299}{9\times5}\text{MPa}=251\text{MPa}\leqslant[\sigma_p]=384\text{MPa}$$

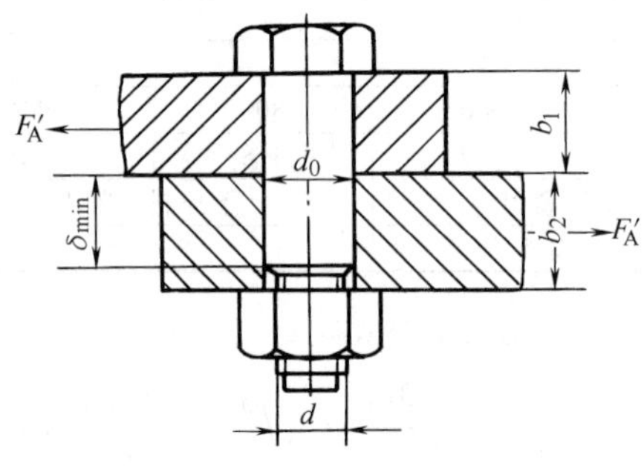

图 5.2-12　例 4 图

5　螺纹连接的标准元件和挡圈

5.1　螺栓（见表 5.2-87～表 5.2-115）

对常用螺栓的说明：

1）六角头螺栓产品等级分为 A、B、C 三级。其中 A 级精度最高，C 级精度最差。A 级用于承载较大，要求精度高或受冲击、振动载荷的场合。

2）六角法兰面螺栓的防松性能较好，承载面积较大，可用于连接较软的材料。

3）钢结构用高强度六角头螺栓主要用于工业与民用建筑、塔架、桥梁、起重机的钢结构。

4）加强杆螺栓能精确固定被连接件的相互位置适用于承受横向载荷。

5）方头螺栓的螺栓头与扳手的接触面较六角头大，便于卡住和扳拧。也可用于T形槽中，常用于比较粗糙的结构。

6）半圆头螺栓用于受到结构限制不便于采用其他形状钉头的场合。钉头比较光滑、美观。大半圆头常用于连接较软的零件或木制件。

7）活节螺栓常用于经常拆卸的场合。

8）U 形螺栓常用于固定管子。

表 5.2-87　六角头螺栓（GB/T 5782—2016）、**六角头螺栓细牙**（GB/T 5785—2016）　（mm）

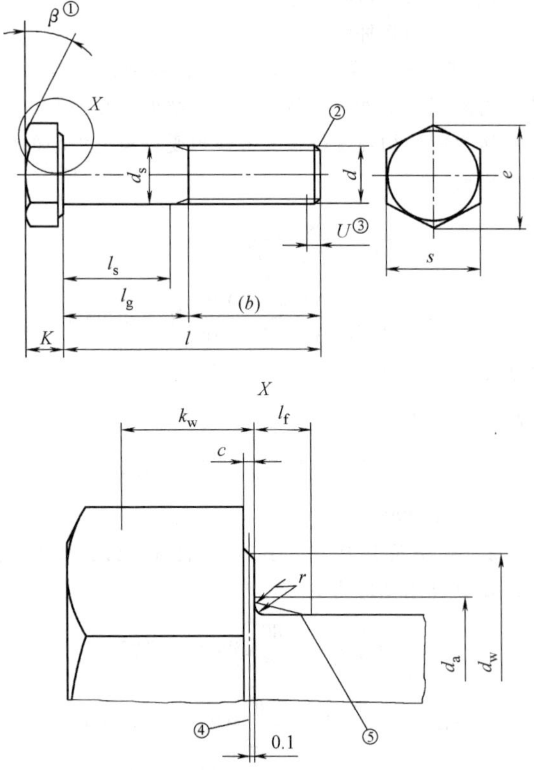

标记示例

螺纹规格 d＝M12、公称长度 l＝80mm、性能等级为 8.8 级、表面氧化、A 级六角头螺栓的标记

螺栓　GB/T 5782　M12×80

螺纹规格 d＝M12×1.5、公称长度 l＝80mm、细牙螺纹、性能等级为 8.8 级、表面氧化、A 级六角头螺栓的标记

螺栓 GB/T 5785　M12×1.5×80

（续）

螺纹规格（6g）			M1.6	M2	M2.5	M3	（M3.5）	M4	M5	M6
	d		M1.6	M2	M2.5	M3	（M3.5）	M4	M5	M6
	d×P									
b（参考）	l≤125		9	10	11	12	13	14	16	18
	125<l<200		15	16	17	18	19	20	22	24
	l>200		28	29	30	31	22	33	35	37
e min	A 级		3.41	4.32	5.45	6.01	6.58	7.66	8.79	11.05
	B 级		3.28	4.18	5.31	5.88	6.44	7.50	8.63	10.89
s	min		3.20	4.00	5.00	5.50	6.00	7.00	8.00	10.00
	max	A 级	3.02	3.82	4.82	5.32	5.82	6.78	7.78	9.78
		B 级	2.90	3.70	4.70	5.20	5.70	6.64	7.64	9.64
K（公称）			1.1	1.4	1.7	2	2.4	2.8	3.5	4
l 长度范围（公称）			12,16	16,20	16～25	20～30	20～35	25～40	25～50	30～60

螺纹规格（6g）			M8	M10	M12	（M14）	M16	（M18）	M20	（M22）
	d		M8	M10	M12	（M14）	M16	（M18）	M20	（M22）
	d×P		M8×1	M10×1	M12×1.5		M16×1.5		M20×1.5	
				（M10×1.25）	（M12×1.25）	（M14×1.5）		（M18×1.5）	（M20×2）	（M22×1.5）
b（参考）	l≤125		22	26	30	34	38	42	46	50
	125<l≤200		28	32	36	40	44	48	52	56
	l>200		41	45	49	53	57	61	65	69
e min	A 级		14.38	17.77	20.03	23.36	26.75	30.14	33.53	37.72
	B 级		14.20	17.59	19.85	22.76	26.17	29.56	32.95	37.29
s	min		13.00	16.00	18.00	21.00	24.00	27.00	30.00	34.00
	max	A 级	12.73	15.73	17.73	20.67	23.67	26.67	29.67	33.38
		B 级	12.57	15.57	17.57	20.16	23.16	26.16	29.16	33.00
K（公称）			5.3	6.4	7.5	8.8	10	11.5	12.5	14
l 长度范围（公称）			40～80	45～100	50～120	60～140	65～160	70～180	80～200	90～220

螺纹规格（6g）			M24	（M27）	M30	（M33）	M36	（M39）	M42	（M45）
	d		M24	（M27）	M30	（M33）	M36	（M39）	M42	（M45）
	d×P		M24×2		M30×2		M36×3		M42×3	
				（M27×2）		（M33×2）		（M39×3）		（M45×3）
b（参考）	l≤125		54	60	66	—	—	—	—	—
	125<l≤200		60	66	72	78	84	90	96	102
	l>200		73	79	85	91	97	103	109	115
e min	A 级		39.98	—	—	—	—	—	—	—
	B 级		39.55	45.2	50.85	55.37	60.79	66.44	71.3	76.95
s	min		36.00	41	46	50	55.0	60.0	65	70.0
	max	A 级	35.38	—	—	—	—	—	—	—
		B 级	35.00	40	45	49	53.8	58.8	63.1	68.1
K（公称）			15	17	18.7	21	22.5	25	26	28
l 长度范围（公称）			90～240	100～260	100～300	130～320	140～340	150～380	160～440	180～440

螺纹规格（6g）		M48	（M52）	M56	（M60）	M64
	d	M48	（M52）	M56	（M60）	M64
	d×P	M48×3		M56×4		M64×4
			（M52×4）		（M60×4）	
b（参考）	l≤125	—	—	—	—	—
	125<l≤200	108	116	—	—	—
	l>200	121	129	127	145	153

（续）

螺纹规格（6g）			M48	（M52）	M56	（M60）	M64
	d×P		M48×3		M56×4		M64×4
				（M52×4）		（M60×4）	
e min		A 级	—	—	—	—	—
		B 级	89.6	88.25	93.56	99.21	104.86
s	min		75.0	80.0	85.0	90.0	95.0
	max	A 级	—	—	—	—	—
		B 级	73.1	78.1	82.8	87.8	92.8
K（公称）			30	33	35	38	40
l 长度范围（公称）			180~480	200~480	220~500	240~500	260~500

注：1. 螺栓的性能等级和表面处理

性能等级	钢	$d<3$mm 或 $d>39$mm：按协议；3mm≤d≤39mm：5.6，8.8，10.9；3mm≤d≤16mm：9.8
	不锈钢	d≤24mm：A2-70，A4-70；24mm<d≤39mm：A2-50，A4-50；$d>39$mm：按协议
	有色金属	CU2、CU3、AL4
表面处理	钢	不经处理，电镀，非电解锌片涂层
	不锈钢	简单处理，钝化处理
	有色金属	简单处理，电镀

2. $l_{gmax}=l_{公称}-b$。

3. 括号内的螺纹规格为非优选的螺纹规格。

① $\beta=15°\sim30°$。

② 末端应倒角（GB/T 2）。

③ 不完整螺纹的长度 $u\leqslant2P$。

④ d_w 的仲裁基准。

⑤ 最大圆弧过渡。

表 5.2-88 六角头螺栓 全螺纹（GB/T 5783—2016） （mm）

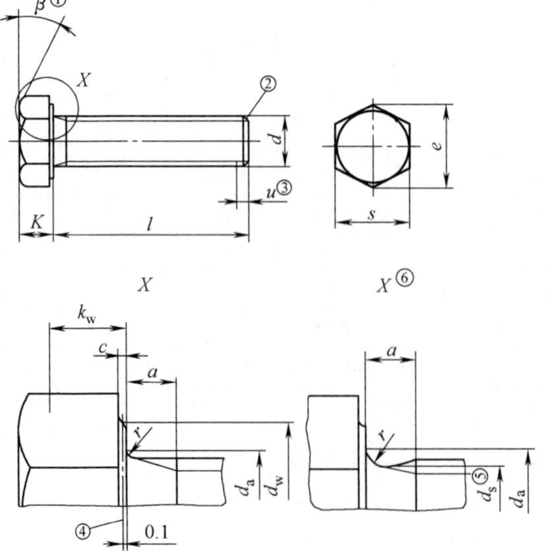

标记示例：

螺纹规格为 M12，公称长度 $l=80$mm，全螺纹，性能等级为 8.8 级，表面不经处理，产品等级为 A 的六角头螺栓的标记为

螺栓 GB/T 5783-M12×80

（续）

螺纹规格 d(6g)			M1.6	M2	M2.5	M3	(M3.5)	M4	M5	M6
a　max			1.05	1.20	1.35	1.50	1.80	2.1	2.40	3.00
e　min		A 级	3.41	4.32	5.45	6.01	6.58	7.66	8.70	11.05
		B 级	3.28	4.18	5.31	5.88	6.44	7.50	8.63	10.89
s	max		3.20	4.00	5.00	5.50	6	7	8	10
	min	A 级	3.02	3.82	4.82	5.32	5.82	6.78	7.78	9.78
		B 级	2.90	3.70	4.70	5.20	5.70	6.64	7.64	9.64
K(公称)			1.1	1.4	1.7	2	2.4	2.8	3.5	4
l 长度范围(公称)			2~16	4~20	5~25	6~30	20~35	8~40	10~50	12~60
螺纹规格 d(6g)			M8	M10	M12	(M14)	M16	(M18)	M20	(M22)
a　max			4.10	4.50	5.30	6.00	6.00	7.50	7.50	7.50
e　min		A 级	14.38	17.77	20.03	23.36	26.75	30.14	33.53	37.72
		B 级	14.20	17.59	19.85	22.78	26.17	29.56	32.95	37.29
s	max		13	16	18	21	24	27	30	34
	min	A 级	12.73	15.73	17.73	20.67	23.67	26.67	29.67	33.38
		B 级	12.57	15.57	17.57	20.16	23.16	26.16	29.16	33.00
K(公称)			5.3	6.4	7.5	8.8	10	11.5	12.5	14
l 长度范围(公称)			16~80	20~100	25~120	30~140	30~150	35~150	40~150	40~150
螺纹规格 d(6g)			M24	(M27)	M30	(M33)	M36	(M39)	M42	(M45)
a　max			9.00	9.00	10.50	10.50	12.00	12.00	13.50	13.50
e　min		A 级	39.98	—	—	—	—	—	—	—
		B 级	39.55	45.20	50.85	55.37	60.79	66.44	71.30	76.95
s	max		36	41	46	50	55	60	65	70
	min	A 级	35.38	—	—	—	—	—	—	—
		B 级	35.00	40	45.00	49.00	53.80	58.80	63.10	68.10
K(公称)			15	17	18.7	21	22.5	25	26	28
l 长度范围(公称)			50~150	55~150	60~150	65~200	70~150	80~200	80~200	90~200

螺纹规格 d(6g)			M48	(M52)	M56	(M60)	M64
a　max			15.00	15.00	16.5	16.5	18.00
e　min		A 级	—	—	—	—	—
		B 级	82.60	88.25	93.56	99.21	104.86
s	max		75	80	85	90	95
	min	A 级	—	—	—	—	—
		B 级	73.10	78.10	82.80	87.80	92.80
K(公称)			30	33	35	38	40
l 长度范围(公称)			100~200	100~200	110~200	130~200	120~200

注：1. 螺栓的性能等级和表面处理

性能等级	钢	d<3mm 或 d>39mm：按协议；3mm≤d≤39mm：5.6，8.8，10.9；3mm≤d≤16mm：9.8
	不锈钢	d≤24mm，A2-70，A4-70；24mm<d≤39mm：A2-50，A4-50；d>39mm：按协议
	有色金属	CU2、CU3、AL4
表面处理	钢	不经处理，电镀，热浸镀锌层
	不锈钢	简单处理，钝化处理
	有色金属	简单处理，电镀

2. 括号内的螺纹规格为非优选的螺纹规格，请优先选择无括号的优选的螺纹规格。

3. 长度系列为：2（1 进位），6（2 进位），12（4 进位），25（5 进位），70（10 进位），160（20 进位）200。

① $\beta=15°\sim30°$。

② 末端应倒角（GB/T 2）。

③ 不完整螺纹的长度 $u\leqslant2P$。

④ d_w 的仲裁基准。

⑤ $d_s\approx$螺纹中径。

⑥ 允许的形状。

表 5.2-89　细牙全螺纹六角头螺栓（GB/T 5786—2016）（图同表 5.2-88）　(mm)

螺纹规格 d×P (6g)			M8×1	M10×1 (M10×1.25)	M12×1.5 (M12×1.25)	(M14×1.5)	M16×1.5	(M18×1.5)	(M20×2) M20×1.5
a	max		3	3(4)	4.5(4)	4.5	4.5	4.5	4.5(6)[②]
e	min	A 级	14.38	17.77	20.03	23.36	26.75	30.14	33.53
e	min	B 级	14.20	17.59	19.85	22.78	26.17	29.56	32.95
s	max		13	16	18	21	24	27	30
s	min	A 级	12.73	15.73	17.73	20.67	23.67	26.67	29.67
s	min	B 级	12.57	15.57	17.57	20.16	23.16	26.16	29.16
K(公称)			5.3	6.4	7.5	8.8	10	11.5	12.5
l		A 级	16~90	20~100	25~120	30~140	35~150	33~150	40~150
l		B 级	—	—	—	—	160	160~180	160~200

螺纹规格 d×P (6g)			(M22×1.5)	M24×2	(M27×2)	M30×2	(M33×2)	M36×3	(M39×3)
a	max		4.5	6	6	6	6	9	9
e	min	A 级	37.72	39.98	—	—	—	—	—
e	min	B 级	37.29	39.55	45.2	50.85	55.37	60.79	66.44
s	max		34	36	41	46	50	55	60
s	min	A 级	33.38	35.38	—	—	—	—	—
s	min	B 级	33	35	40	45	49	53.8	58.8
K(公称)			14	15	17	18.7	21	22.5	25
l		A 级	45~150	40~150	—	—	—	—	—
l		B 级	160~220	160~200	55~280	40~220	65~360	40~220	80~380

螺纹规格 d×P (6g)			M42×3	(M45×3)	M48×3	(M52×4)	M56×4	(M60×4)	M64×4
a	max		9	9	9	12	12	12	12
e	min	B 级	71.3	76.95	82.6	88.25	93.56	99.21	104.86
s	max		65	70	75	80	85	90	95
s	min	B 级	63.1	68.1	73.1	78.1	82.8	87.8	92.8
K(公称)			26	28	30	33	35	38	40
l		B 级	90~420	90~440	100~480	100~500	120~500	110~500	130~500

注：1. 螺栓的性能等级和表面处理

性能等级	钢	d≤39mm:5.6,8.8,10.9;d>39mm:按协议
性能等级	不锈钢	d≤24mm:A2-70,A4-70;24mm<d≤39mm:A2-50,A4-50;d>39mm:按协议
性能等级	有色金属	CU2、CU3、AL4
表面处理	钢	不经处理,电镀,非电解锌片涂层
表面处理	不锈钢	简单处理,钝化处理
表面处理	有色金属	简单处理,电镀

2. 括号内的螺纹规格为非优选的螺纹规格，请优先选择无括号的优选的螺纹规格。

3. 长度系列（单位为 mm）：16、20、25~70（5 进位）、70~160（10 进位）、160~500（20 进位）。

标记示例

螺纹规格为 M12×1.5，公称长度 $l=80$mm，细牙螺纹，全螺纹，性能等级为 8.8 级，表面不经处理，产品等级为 A 级的六角头螺栓的标记为

螺栓 GB/T 5786　M12×1.5×80

表 5.2-90　C 级六角头螺栓（摘自 GB/T 5780—2016）**和全螺纹六角头螺栓**（GB/T 5781—2016）

（mm）

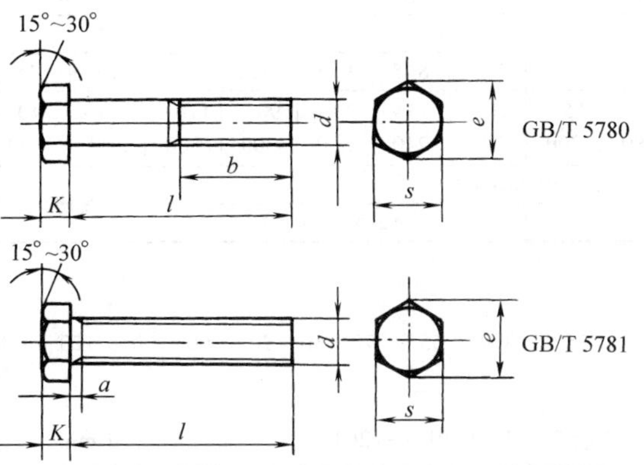

标记示例

螺纹规格 d=M12、公称长度 l=80mm、性能等级为 4.8 级、不经表面处理、C 级六角头螺栓，标记为

螺栓　GB/T 5780　M12×80

螺纹规格 d(8g)		M5	M6	M8	M10	M12	(M14)	M16	(M18)	M20	(M22)	M24	(M27)
b	l≤125	16	18	22	26	30	34	38	42	46	50	54	60
	125<l≤200	22	24	28	32	36	40	44	48	52	56	60	66
	l>200	35	37	41	45	49	53	57	61	65	69	73	79
a　max		2.4	3	4	4.5	5.3	6	6	7.5	7.5	7.5	9	9
e　min		8.63	10.89	14.2	17.59	19.85	22.78	26.17	29.56	32.95	37.29	39.55	45.2
K(公称)		3.5	4	5.3	6.4	7.5	8.8	10	11.5	12.5	14	15	17
s	max	8	10	13	16	18	21	24	27	30	34	36	41
	min	7.64	9.64	12.57	15.57	17.57	20.16	23.16	26.16	29.16	33	35	40
l①	GB/T 5780	25~50	30~60	40~80	45~100	55~120	60~140	65~160	80~180	65~200	90~220	100~240	110~260
	GB/T 5781	10~50	12~60	16~80	20~100	25~180	30~140	30~160	35~180	40~200	45~220	50~240	55~280
性能等级	钢	4.6,4.8											
表面处理	钢	1)不经处理;2)电镀;3)非电解锌片涂层											

螺纹规格 d(8g)		M30	(M33)	M36	(M39)	M42	(M45)	M48	(M52)	M56	(M60)	M64
b	l≤125	66	72									
	125<l≤200	72	78	84	90	96	102	108	116		132	
	l>200	85	91	97	103	109	115	121	129	137	145	153
a　max		10.5	10.5	12	12	13.5	13.5	15	15	16.5	16.5	18
e　min		50.85	55.37	60.79	66.44	72.02	76.95	82.6	88.25	93.56	99.21	104.86
K(公称)		18.7	21	22.5	25	26	28	30	33	35	38	40
s	max	46	50	55	60	65	70	75	80	85	90	95
	min	45	49	53.8	58.8	63.8	68.1	73.1	78.1	82.8	87.8	92.8
l①	GB/T 5780	120~300	130~320	140~360	150~400	180~420	180~440	200~480	200~500	240~500	240~500	260~500
	GB/T 5781	60~300	65~360	70~360	80~400	80~420	90~440	100~480	100~500	110~500	120~500	120~500
性能等级	钢	4.6、4.8					按协议					
表面处理	钢	1)不经处理;2)电镀;3)非电解锌片涂层										

注：尽可能不采用括号内的规格。

① 长度系列（单位为 mm）：10、12、16、20~70（5 进位）、70~150（10 进位）、180~500（20 进位）。

表 5.2-91　螺杆带孔（GB/T 31.1—2013）、**头部带孔**（GB/T 32.1—1988）**六角头螺栓**　（mm）

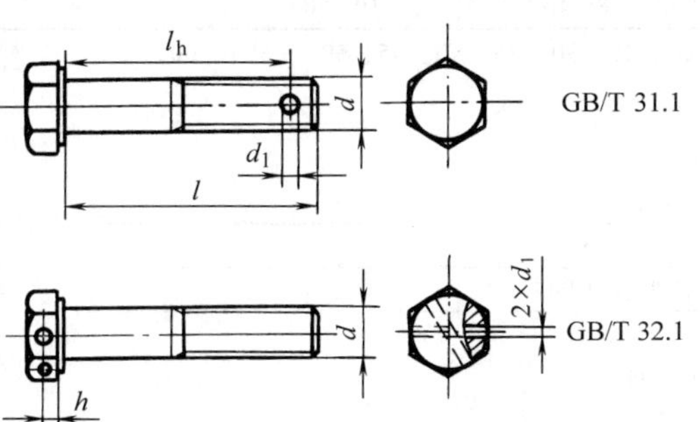

标记示例

螺纹规格 d=M12、公称长度 l=80mm、性能等级为 8.8 级、表面氧化、A 级六角头螺杆带孔螺栓的标记为

螺栓　GB/T 31.1　M12×80

（续）

螺纹规格 d(6g)		M6	M8	M10	M12	(M14)	M16	(M18)	M20	(M22)	M24	(M27)	M30	M36	M42	M48
d_1 min	GB/T 31.1	1.6	2	2.5	3.2		4			5			6.3		8	
	GB/T 32.1	1.6	2				3							4		
h		2	2.6	3.2	3.7	4.4	5	5.7	7	7.5	8.5	9.3	11.2	5	13	15
l(公称)		30～60	35～80	40～100	45～120	50～140	55～160	60～180	65～200	70～220	80～240	90～300	90～300	110～300	130～300	140～300
性能等级	钢	d≤39mm:5.6、8.8、10.9;d>39mm:按协议													按协议	
	不锈钢	A2-70、A4-70								A2-50、A4-50						

注：1. 尽可能不采用括号内的规格。

2. 表面处理：钢—氧化、镀锌钝化，不锈钢—不经处理。

3. l 长度尺寸系列（单位为 mm）：30、35、40、45、50、（55）、60、（65）、70、80、90、100、110、120、130、140、150、160、180、200、220、240、260、280、300。

表 5.2-92　六角头带十字槽螺栓（摘自 GB/T 29.2—2013）　　（mm）

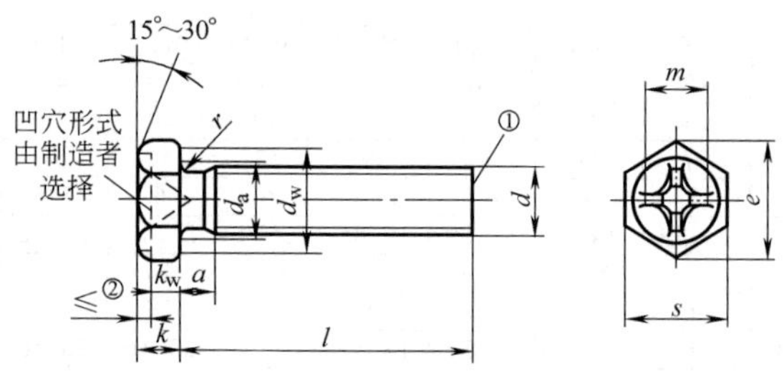

标记示例

螺纹规格 d=M6、公称长度 l=40mm、性能等级为 5.8 级、产品等级为 B 级的六角头带十字槽螺栓的标记为

螺栓 GB/T 29.2　M6×40

螺纹规格 d			M4	M5	M6	M8
a max			2.1	2.4	3	3.75
d_a max			4.7	5.7	6.8	9.2
d_w min			5.7	6.7	8.7	11.4
e min			7.5	8.53	10.89	14.2
k		公称	2.8	3.5	4	5.3
k_w		min	1.8	2.3	2.6	3.5
r		max	0.2	0.2	0.25	0.4
s		max	7	8	10	13
		min	6.64	7.64	9.64	12.57
十字槽 H 型	槽号	序号	2		3	
	m	参考	4	4.8	6.2	7.2
	插入深度	max	1.93	2.73	2.86	3.86
		min	1.4	2.19	2.31	3.24
l(公称)			8～35	8～40	10～50	12～60

注：1. 长度 l 标准系列（单位为 mm）：8、10、12、（14）、16、20、25、30、35、40、45、50、（55）、60。

2. 尽可能不采用括号内的规格。

① 辗制末端（GB/T 2）。

② 0.2$k_{公称}$。

机械性能等级	5.8
十字槽	H 型,GB 944.1
表面处理	①不经处理 ②电镀技术要求按 GB/T 5267.1 的规定 ③如需其他表面处理,应按供需协议

表 5.2-93　六角头头部带槽螺栓（GB/T 29.1—2013）　（mm）

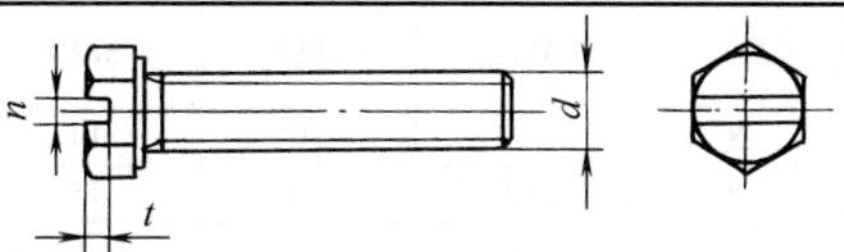

标记示例

螺纹规格 d=M12、公称长度 l=80mm、性能等级为 8.8 级、表面氧化、全螺纹、A 级六角头头部带槽螺栓的标记

螺栓 GB/T 29.1　M12×80

螺纹规格 d (6g)		M3	M4	M5	M6	M8	M10	M12
n		0.8	1.2	1.2	1.6	2	2.5	3
t	min	0.7	1	1.2	1.4	1.9	2.4	3
l(公称)		6~30	8~40	10~50	12~60	16~80	20~100	25~120
性能等级	钢	5.6、8.8、10.9						
	不锈钢	A2-70、A4-70						
	有色金属	CU2、CU3、AL4						
l 长度系列		6、8、10、12、16、20、25、30、35、40、45、50、55、60、65、70、80、90、100、110、120						

表 5.2-94　B 级细杆六角头螺栓（GB/T 5784—1986）　（mm）

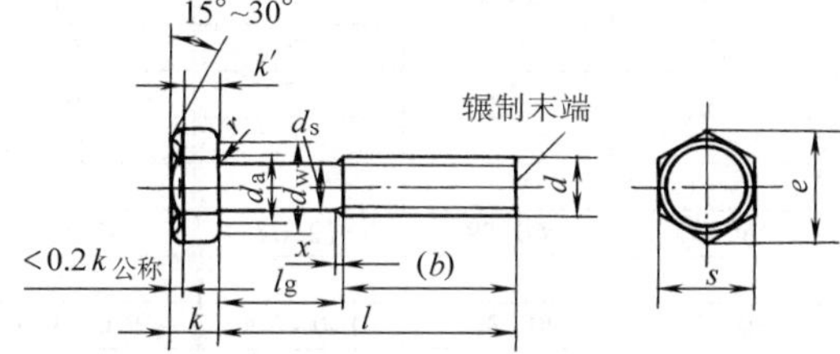

标记示例

螺纹规格 d=M12、公称长度 l=80mm、性能等级为 5.8 级、不经表面处理、B 级六角头螺栓的标记

螺栓　GB/T 5784　M12×80

螺纹规格 d (6g)		M3	M4	M5	M6	M8	M10	M12	(M14)	M16	M20
b (参考)	l≤125	12	14	16	18	22	26	30	34	38	46
	125<l≤200	—	—	—	—	28	32	36	40	44	52
e	min	5.98	7.50	8.63	10.89	14.20	17.59	19.85	22.78	26.17	32.95
s	max	5.5	7	8	10	13	16	18	21	24	30
	min	5.20	6.64	7.64	9.64	12.57	15.57	17.57	20.16	23.16	29.16
k	公称	2	2.8	3.5	4	5.3	6.4	7.5	8.8	10	12.5
l①	长度范围	20~30	20~40	25~50	25~60	30~80	40~100	45~120	50~140	55~150	65~150
性能等级	钢	5.8、6.8、8.8									
	不锈钢	A2-70									

注：1. 尽可能不采用括号内的规格。

2. 表面处理：钢—不经处理、镀锌钝化、氧化；不锈钢—不经处理。

① 长度系列（单位为 mm）：20~50（5 进位）、(55)、60、(65)、70~150（10 进位）。

表 5.2-95　六角头加强杆螺栓（GB/T 27—2013）　（mm）

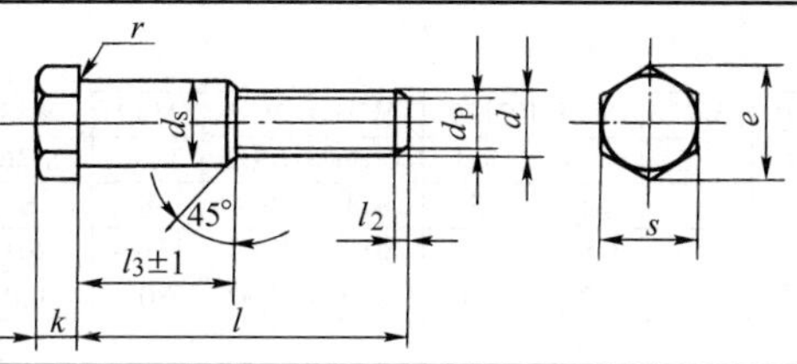

标记示例

螺纹规格 d=M12、公称长度 l=80mm、性能等级为 8.8 级、表面氧化、A 级六角头铰制孔用螺栓的标记

螺栓 GB/T 27　M12×80

d_s 按 m6 制造时应加标记 m6

螺栓 GB/T 27　M12m6×80

螺纹规格 d (6g)			M6	M8	M10	M12	(M14)	M16	(M18)	M20
d_s	(h9)	max	7	9	11	13	15	17	19	21
s	max		10	13	16	18	21	24	27	30
	min	A 级	9.78	12.73	15.73	17.73	20.67	23.67	26.67	29.67
		B 级	9.64	12.57	15.57	17.57	20.16	23.16	26.16	29.16

（续）

螺纹规格 d (6g)			M6	M8	M10	M12	(M14)	M16	(M18)	M20
k 公称			4	5	6	7	8	9	10	11
d_p			4	5.5	7	8.5	10	12	13	15
l_2			1.5		2		3			4
e	min	A级	11.05	14.38	17.77	20.03	23.35	26.75	30.14	33.53
		B级	10.89	14.20	17.59	19.85	22.78	26.17	29.56	32.95
g			2.5				3.5			
l① 长度范围			25~65	25~80	30~120	35~180	40~180	45~200	50~200	55~200
$l-l_3$			12	15	18	22	25	28	30	32
性能等级			8.8							
表面处理			氧化							

螺纹规格 d (6g)			(M22)	M24	(M27)	M30	M36	M42	M48
d_s (h9) max			23	25	28	32	38	44	50
s	max		34	36	41	46	55	65	75
	min	A级	33.38	35.38	—	—	—	—	—
		B级	33	35	40	45	53.8	63.8	73.1
k 公称			12	13	15	17	20	23	26
d_p			17	18	21	23	28	33	38
l_2			4		5		6	7	8
e	min	A级	37.72	39.98	—	—	—	—	—
		B级	37.29	39.55	45.2	50.85	60.79	72.02	82.60
g			3.5	5					
l① 长度范围			60~200	65~200	75~200	80~230	90~300	110~300	120~300
$l-l_3$			35	38	42	50	55	65	70
性能等级			8.8					按协议	
表面处理			氧化						

注：尽可能不采用括号内的规格。

① 长度系列（单位为mm）：25、(28)、30、(32)、35、(38)、40~50（5进位）、(55)、60、(65)、70、(75)、80、(85)、90、(95)、100~260（10进位）、280、300。

表 5.2-96　六角头螺杆带孔加强杆螺栓（摘自 GB/T 28—2013）

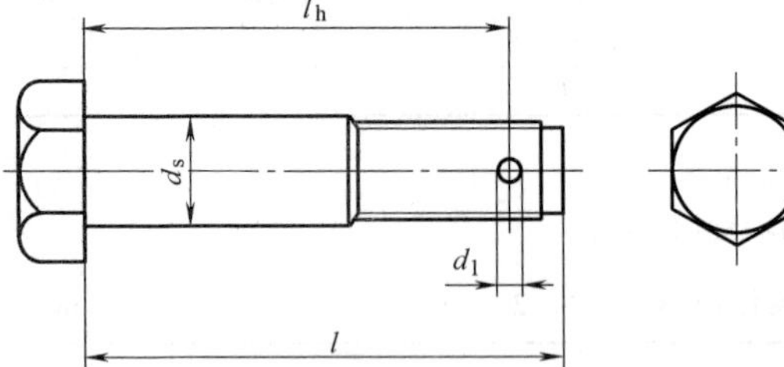

标记示例

螺纹规格 d=M12，d_s 按 GB/T 27 规定，公称长度 l=60mm，机械性能等级为8.8级，表面氧化处理，产品等级为A级带3.2mm开口销孔的六角头加强杆螺栓的标记

螺栓　GB/T 28　M12×60

若 d_s 按 m6 制造，其余条件同上时，应标记为

螺栓　GB/T 28　M12m6×60

螺纹规格 d		M6	M8	M10	M12	(M14)	M16	(M18)	M20	(M22)	M24	(M27)	M30	M36	M42	M48
d_1	max	1.85	2.25	2.75	3.5	3.5	4.3	4.3	4.3	5.3	5.3	5.3	6.66	6.66	8.36	8.36
	min	1.6	2	2.5	3.2	3.2	4	4	4	5	5	5	6.3	6.3	8	8
l（公称）		25~65	25~80	30~120	35~180	40~180	45~200	50~200	55~200	60~200	65~200	75~200	80~230	90~300	110~300	120~300
机械性能		$d\leqslant39$mm，8.8；$d>39$mm，按协议														
表面处理		氧化，如需其他表面处理，应由供需协议														

注：1. 其余尺寸按 GB/T 27 规定。

2. 括号内为非优选的规格，尽可能不采用。

3. 长度 l 尺寸系列（单位为mm）：25、(28)、30、(32)、35、(38)、40、45、50、(55)、60、(65)、70、(75)、80、(85)、90、(95)、100、110、120、130、140、150、160、170、180、190、200、210、220、230、240、250、260、280、300。

表 5.2-97　B 级加大系列（GB/T 5789—1986）、B 级细杆加大系列六角法兰面螺栓（GB/T 5790—1986）　（mm）

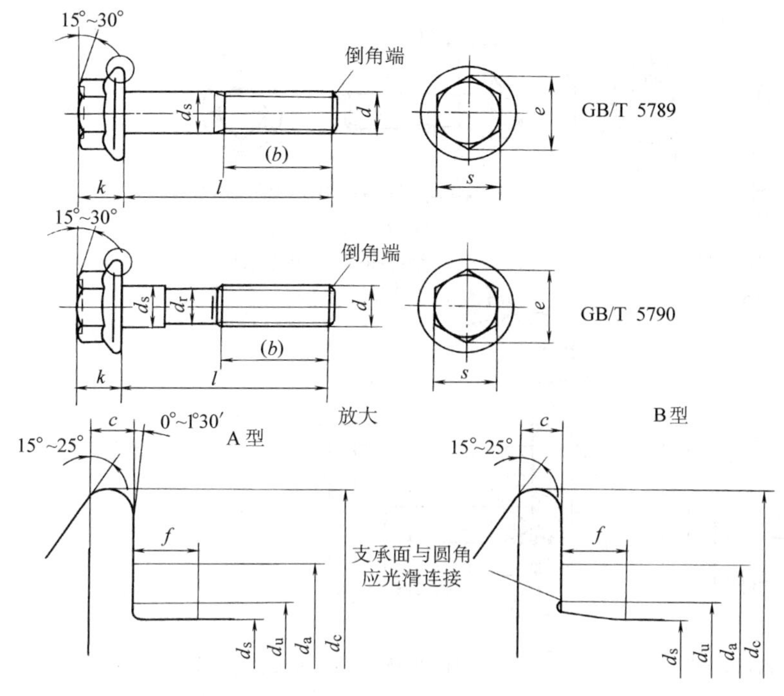

标记示例

螺纹规格 d=M12、公称长度 l=80mm、性能等级为 8.8 级、表面氧化、A 或 B 型六角法兰面螺栓的标记

螺栓 GB/T 5789 M12×80

螺纹规格 d (6g)		M5	M6	M8	M10	M12	(M14)	M16	M20
b	l≤125	16	18	22	26	30	34	38	48
	125<l≤200	—	—	28	32	36	40	44	52
d_a max	A 型	5.7	6.8	9.2	11.2	13.7	15.7	17.7	22.4
	B 型	6.2	7.4	10	12.6	15.2	17.7	20.7	25.7
c	min	1	1.1	1.2	1.5	1.8	2.1	2.4	3
d_c	max	11.8	14.2	18	22.3	26.6	30.5	35	43
d_u	max	5.5	6.6	9	11	13.5	15.5	17.5	22
d_s	max	5	6	8	10	12	14	16	20
f	max	1.4	2			3			4
e	min	8.56	10.8	14.08	16.32	19.68	22.58	25.94	32.66
k	max	5.4	6.5	8.1	9.2	10.4	12.4	14.1	17.7
s	max	8	10	13	15	18	21	24	30
l①	GB/T 5789	10~50	12~60	16~80	20~100	25~120	30~140	35~160	40~200
	GB/T 5790	30~50	35~60	40~80	45~100	50~120	55~140	60~160	70~200
性能等级	钢	8.8、10.9							
	不锈钢	A2-70							
表面处理	钢	1)氧化;2)镀锌钝化							
	不锈钢	不经处理							

注：尽可能不采用括号内的规格。

① 长度系列（单位为 mm）：10、12、16、20~50（5 进位）、(55)、60、(65)、70~200（10 进位）。

表 5.2-98　六角法兰面螺栓小系列和六角法兰面螺栓细牙小系列

（摘自 GB/T 16674.1—2016 和 GB/T 16674.2—2016）　　（mm）

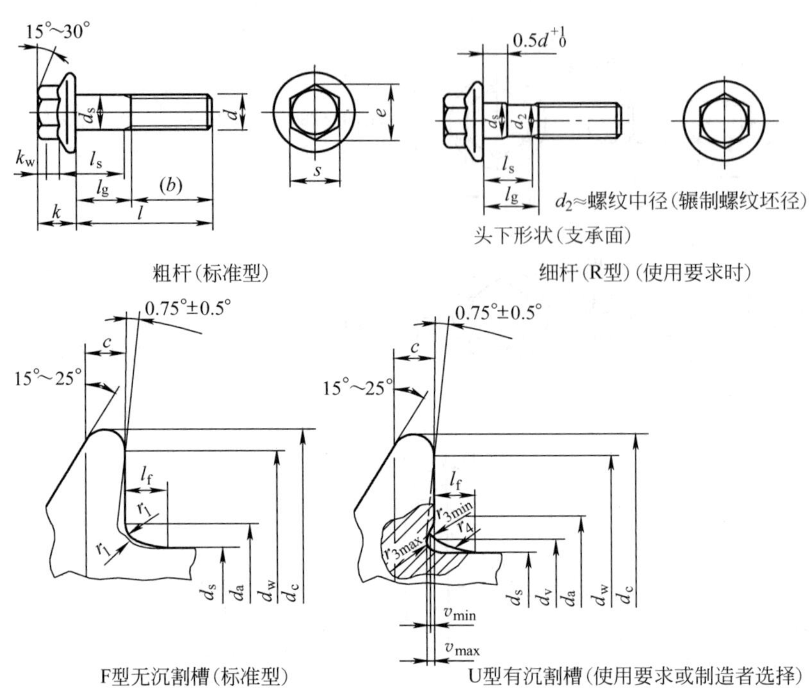

粗杆(标准型)　　细杆(R型)(使用要求时)

F型无沉割槽(标准型)　　U型有沉割槽(使用要求或制造者选择)

螺纹规格	d	M5	M6	M8	M10	M12	(M14)	M16
(6g)	d×P			M8×1	M10×1 M10×1.25	M12×1.25 M12×1.5	(M14×1.5)	M16×1.5
b(参考)	l≤125	16	18	22	26	30	34	38
	125<l≤200	—	—	28	32	36	40	44
c　min		1	1.1	1.2	1.5	1.8	2.1	2.4
d_a　max	F 型	5.7	6.8	9.2	11.2	13.7	15.7	17.7
	U 型	6.2	7.5	10	12.5	15.2	17.7	20.5
d_c　max		11.4	13.6	17	20.8	24.7	28.6	32.8
d_s	max	5.00	6.00	8.00	10.00	12.00	14.00	16.00
	min	4.82	5.82	7.78	9.78	11.73	13.73	15.73
d_v　max		5.5	6.6	8.8	10.8	12.8	14.8	17.2
d_w　min		9.4	11.6	14.9	18.7	22.5	26.4	30.6
e　min		7.59	8.71	10.95	14.26	16.5	19.86	23.15
k　max		5.6	6.9	8.5	9.7	12.1	12.9	15.2
k_w　min		2.3	2.9	3.8	4.3	5.4	5.6	6.8
l_f　max		1.4	1.6	2.1	2.1	2.1	2.1	3.2
r_1　min		0.2	0.25	0.4	0.4	0.6	0.6	0.6
$r_2$①　max		0.3	0.4	0.5	0.6	0.7	0.9	1
r_3	max	0.25	0.26	0.36	0.45	0.54	0.63	0.72
	min	0.10	0.11	0.16	0.20	0.24	0.28	0.32
r_4	(参考)	4	4.4	5.7	5.7	5.7	5.7	8.8

（续）

螺纹规格	d	M5	M6	M8	M10	M12	(M14)	M16
s	max	7.00	8.00	10.00	13.00	15.00	18.00	21.00
	min	6.78	7.78	9.78	12.73	14.73	17.73	20.67
v	max	0.15	0.20	0.25	0.30	0.35	0.45	0.50
	min	0.05	0.05	0.10	0.15	0.15	0.20	0.25
l		25～50	30～60	35～80	40～100	45～120	50～140	55～160
性能等级	钢	8.8、9.8、10.9、12.9/<u>12.9</u>						
	不锈钢	A2-70						
表面处理	钢	1)不经处理;2)电镀(按 GB/T 5267.1);3)非电解锌片涂层						
	不锈钢	1)简单处理;2)钝化处理						

注：1. 长度系列（单位为 mm）：10、12、16、20～50（5 进位）、55、60、65、70～160（10 进位）。

2. 标记示例：

1）螺纹规格 d=M12、公称长度 l=80mm、由制造者任选 U 型或 F 型、小系列、8.8 级、表面不经处理、产品等级为 A 级的六角系列的法兰面螺栓的标记：螺栓 GB/T 16674.1 M12×80。

2）螺纹规格 d=M12、公称长度 l=80mm、F 型、小系列、8.8 级、表面不经处理、产品等级为 A 级的六角系列的法兰面螺栓的标记：

螺栓 GB/T 16674.1 M12×80-F。

3）上述两例如在特殊情况下，要求细杆 R 型时，则应增加"R"的标记：螺栓　GB/T 16674.1　M12×80-R。

① r_2 适用于棱角和六角面。

表 5.2-99　栓接结构用大六角头螺栓螺纹长度按 GB/T 3106 C 级 8.8 和 8.9 级（摘自 GB/T 18230.1—2000）

短螺纹长度 C 级　8.8 和 10.9 级（摘自 GB/T 18230.2—2000）　（mm）

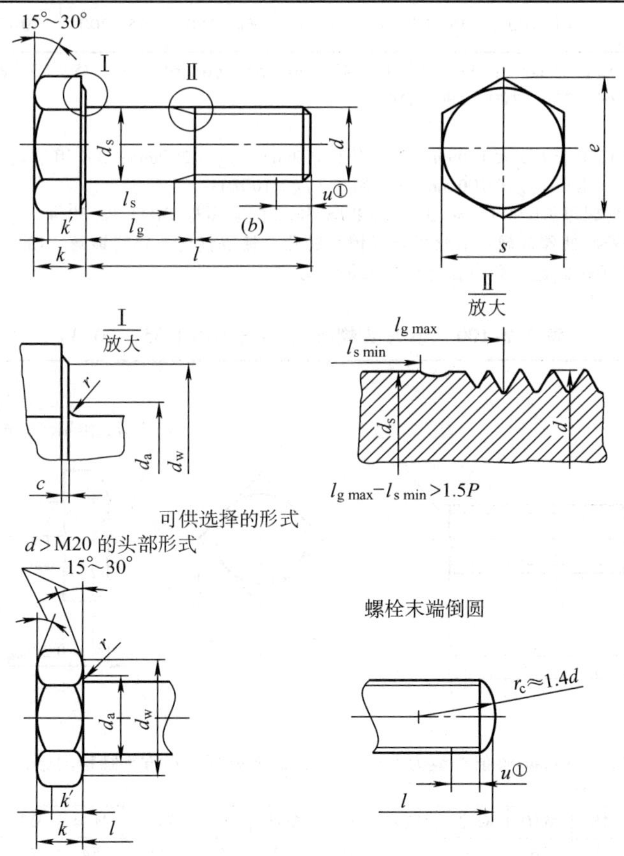

标记示例

螺纹规格 d=M16、公称长度 l=80mm、性能等级为 8.8 级、表面氧化、产品等级为 C 级、螺纹长度按 GB/T 3106 的栓接结构用大六角头螺栓的标记

螺栓　GB/T 18230.1　M16×80

（续）

螺纹规格 d		M12	M16	M20	(M22)	M24	(M27)	M30	M36
螺距 P		1.75	2	2.5	2.5	3	3	3.5	4
$b_{参考}$ GB/T 18230.1	1)	30	38	46	50	54	60	66	78
	2)	—	44	52	56	60	66	72	84
	3)	—	—	65	69	73	79	85	97
$b_{参考}$ GB/T 18230.2	4)	25	31	36	38	41	44	49	56
	5)	32	38	43	45	48	51	56	63
c	max	0.8	0.8	0.8	0.8	0.8	0.8	0.8	0.8
	min	0.4	0.4	0.4	0.4	0.4	0.4	0.4	0.4
d_a	max	15.2	19.2	24.4	26.4	28.4	32.4	35.4	42.4
d_s	max	12.70	16.70	20.84	22.84	24.84	27.84	30.84	37.00
	min	11.30	15.30	19.16	21.16	23.16	26.16	29.16	35.00
d_w	max	$d_{wmax}=S_{实际}$							
	min	19.2	24.9	31.4	33.3	38.0	42.8	46.5	55.9
e	min	22.78	29.56	37.29	39.55	45.20	50.85	55.37	66.44
k	公称	7.5	10	12.5	14	15	17	18.7	22.5
	max	7.95	10.75	13.40	14.90	15.90	17.90	19.75	23.55
	min	7.05	9.25	11.60	13.10	14.10	16.10	17.65	21.45
k'	min	4.9	6.5	8.1	9.2	9.9	11.3	12.4	15.0
r	min	1.2	1.2	1.5	1.5	1.5	2.0	2.0	2.0
s	max	21	27	34	36	41	46	50	60
	min	20.16	26.16	33	35	40	45	49	58.8
$l_{公称}$	GB/T 18230.1	35~100	40~150	45~150	50~150	55~200	60~200	70~200	85~200
	GB/T 18230.2	40~100	45~150	55~150	60~150	65~200	70~200	80~200	90~200

注：1. 长度 l 尺寸系列（单位为 mm）：30、35、40、45、50、55、60、65、70、75、80、85、90、95、100、110、120、130、140、150、160、170、180、190、200。

2. b 长度使用：

GB/T 18230.1：1）用于 $l_{公称}\leqslant100$mm；2）用于 100mm<$l_{公称}\leqslant200$mm；3）用于 $l_{公称}>200$mm。

GB/T 18230.2：1）用于 $l_{公称}\leqslant100$mm；2）用于 $l_{公称}>100$mm。

3. GB/T 18230.1 配套螺母 GB/T 18230.3，GB/T 18230.2 配套螺母 GB/T 18230.4。

4. 螺纹公差 6g 级，表面处理常规：氧化可选择镀锌钝化、镀隔钝化、热浸镀锌、粉末渗锌。

5. 如需要镀前螺纹按 6az 制造，则应在标记中增加字母“U”。

① 不完整螺纹的长度 $u\leqslant2P$。

表 5.2-100 小方头螺栓（摘自 GB/T 35—2013） （mm）

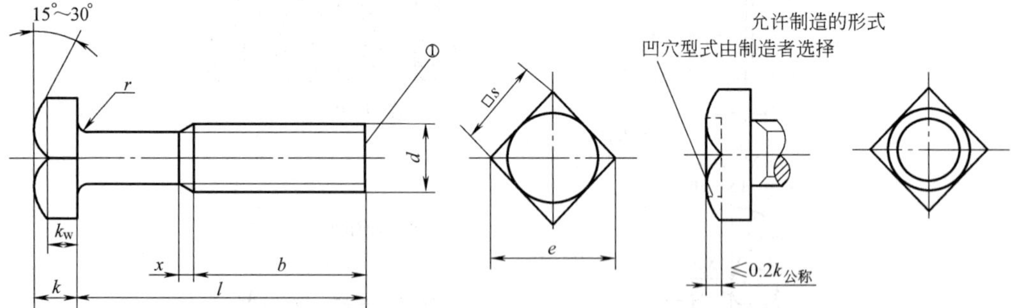

标记示例

螺纹规格 d=M12、公称长度 l=80mm、性能等级为 5.8 级、不经表面处理的小方头螺栓的标记

螺栓 GB/T 35—2013 M12×80

螺纹规格 d		M5	M6	M8	M10	M12	(M14)	M16	(M18)	M20	(M22)	M24	(M27)	M30	M36	M42	M48
b	$l\leqslant125$	16	18	22	26	30	34	38	42	46	50	54	60	66	78	—	—
	$125<l\leqslant200$	—	—	28	32	36	40	44	48	52	56	60	66	72	84	96	108
	$l>200$	—	—	—	—	—	—	57	61	65	69	73	79	85	97	109	121
e	min	9.93	12.53	16.34	20.24	22.84	26.21	30.11	34.01	37.91	42.9	45.5	52	58.5	69.94	82.03	95.05

（续）

螺纹规格	d	M5	M6	M8	M10	M12	(M14)	M16	(M18)	M20	(M22)	M24	(M27)	M30	M36	M42	M48
k	公称	3.5	4	5	6	7	8	9	10	11	12	13	15	17	20	23	26
	min	3.26	3.76	4.76	5.76	6.71	7.71	8.71	9.71	10.65	11.65	12.65	14.65	16.65	19.58	22.58	25.58
	max	3.74	4.24	5.24	6.24	7.29	8.29	9.29	10.29	11.35	12.35	13.35	15.35	17.35	20.42	23.42	26.42
r	min	0.2	0.25	0.4	0.4	0.6	0.6	0.6	0.8	0.8	0.8	0.8	1	1	1	1.2	1.6
s	max	8	10	13	16	18	21	24	27	30	34	36	41	46	55	65	75
	min	7.64	9.64	12.57	15.57	17.57	20.16	23.16	26.13	29.16	33	35	40	45	53.5	63.1	73.1
x	min	2	2.5	3.2	3.8	4.2	5	5	6.3	6.3	6.3	7.5	7.5	8.8	10	11.3	12.5
商品规格 l		20~50	30~60	35~80	40~100	45~120	55~140	55~160	60~180	65~200	70~260	80~240	90~260	90~300	110~300	130~300	140~300
l 系列		20、25、30、35、40、45、50、(55)、60、(65)、70、80、90、100、110、120、130、140、150、160、180、200、220、240、260、280、300															
技术条件		材料	螺纹公差	性能等级						表面处理							
		钢	6g	d≤39 时:5.8、8.8;d>39 时按协议						1)不经处理;2)镀锌钝化							

注：1. 尽可能不采用括号内的规格，它们是非优选的规格。

2. 螺栓末端按 GB/T 2 规定；无螺纹部分杆径约等于螺纹中径或等于螺纹大径。

3. 无螺纹部分杆径约等于螺纹中径或螺纹大径。

① 辗制末端（GB/T 2）。

表 5.2-101　圆头方颈螺栓（GB/T 12—2013）　（mm）

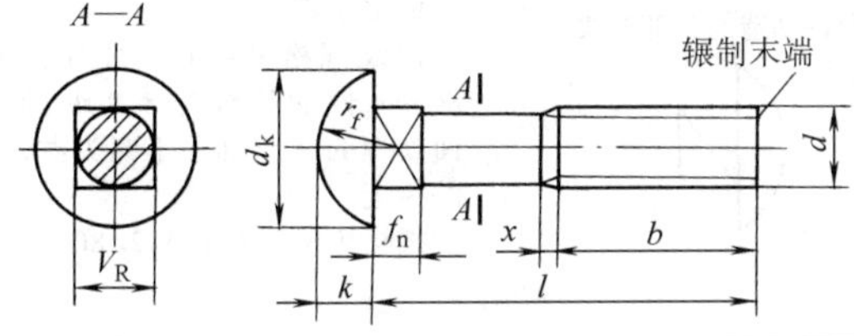

标记示例

螺纹规格 d=M12、公称长度 l=80mm、性能等级为 4.8 级、不经表面处理的圆头方颈螺栓的标记

螺栓 GB/T 12 M12×80

螺纹规格 d (8g)		M6	M8	M10	M12	(M14)	M16	M20
b (参考)	l≤125	18	22	26	30	34	38	46
	125<l≤200	—	28	32	36	40	44	52
d_k	max	13.1	17.1	21.3	25.3	29.3	33.6	41.6
f_n	max	4.4	5.4	6.4	8.45	9.45	10.45	12.55
k	max	4.08	5.28	6.48	8.9	9.9	10.9	13.1
V_R	max	6.3	8.36	10.36	12.43	14.43	16.43	20.82
r_f		7	9	11	13	15	18	22
x	max	2.5	3.2	3.8	4.3	5		6.3
l①	长度范围	16~60	16~80	25~100	30~120	40~140	45~160	60~200
性能等级		4.6、4.8						
表面处理		1)不经处理;2)电镀;3)如需其他表面处理,应由供需协议						

注：尽可能不采用括号内的规格。

① 长度系列（单位为 mm）：16、20~50（5 进位）、(55)、60、(65)、70~160（10 进位）、180、200。

表 5.2-102　小半圆头低方颈螺栓　B 级（GB/T 801—1998）　（mm）

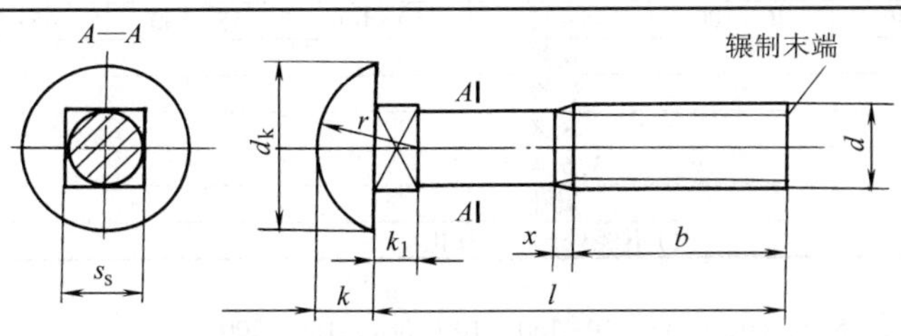

标记示例

螺纹规格 d=M12、公称长度 l=80mm、性能等级为 4.8 级、不经表面处理的半圆头低方颈螺栓的标记

螺栓 GB/T 801 M12×80

（续）

螺纹规格 d (8g)		M6	M8	M10	M12	M16	M20
b（参考）	$l \leqslant 125$	18	22	26	30	38	46
	$125 < l \leqslant 200$	—	—	—	—	44	52
d_k	max	14.2	18	22.3	26.6	35	43
k	max	3.6	4.8	5.8	6.8	8.9	10.9
s_s	max	6.48	8.58	10.58	12.7	16.7	20.84
l①	长度范围	12~60	14~80	20~100	20~120	30~160	35~160
性能等级		4.8、8.8、10.9					
表面处理		1)不经处理;2)镀锌钝化;3)热镀锌					

注：尽可能不采用括号内的规格。

① 长度系列（单位为 mm）：12、(14)、16、20~65（5进位）、70~160（10进位）。

表 5.2-103 加强半圆头方颈螺栓（GB/T 794—1993） （mm）

A型

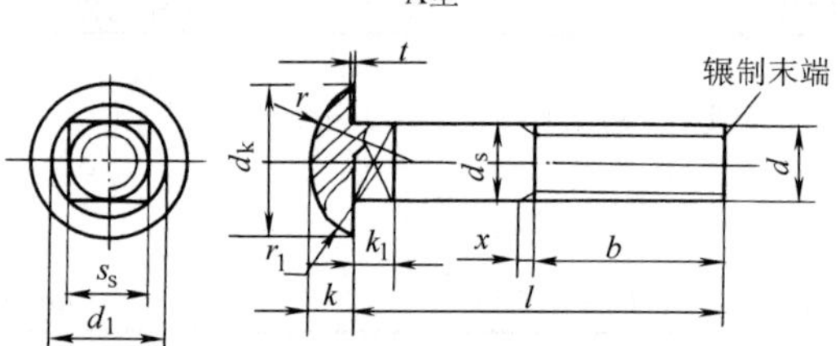

允许制造的方颈倒角形式

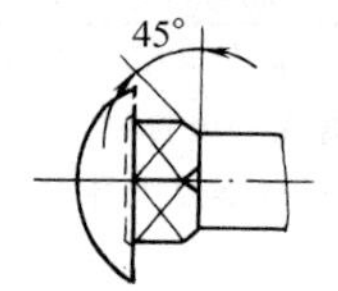

B型

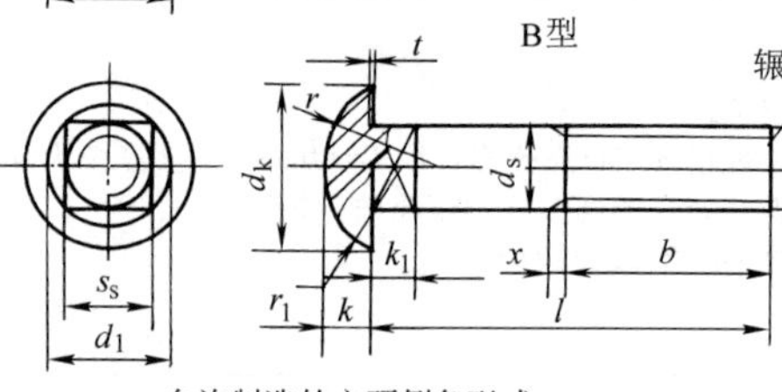

允许制造的头部形式

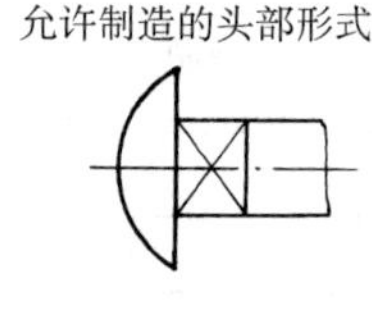

允许制造的方颈倒角形式

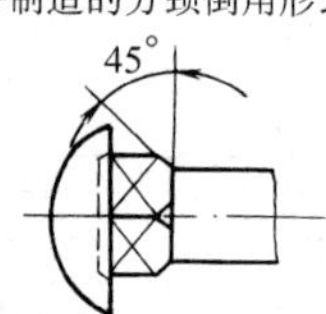

标记示例

螺纹规格 d = M12、公称长度 l = 80mm、性能等级为 8.8 级、不经表面处理的 A 型加强半圆头方颈螺栓的标记

螺栓 GB/T 794 M12×80

螺纹规格 d		M6	M8	M10	M12	(M14)	M16	M20
螺纹公差	A 型	6g						
	B 型	8g						
b（参考）	$l \leqslant 125$	18	22	26	30	34	38	46
	$125 < l \leqslant 200$	—	28	32	36	40	44	52
d_k	max	15.1	19.1	24.3	29.3	33.6	36.6	45.6
d_1		10	13.5	16.5	20	23.6	26	32
k	max	3.98	4.98	6.28	7.48	8.9	9.9	11.9
k_1	max	4.4	5.4	6.4	8.45	9.45	10.45	12.55
r		14	18	24	26	30	34	40
r_1		4.5	5	7	9	10	10.5	14
s_s	max	6.3	8.36	10.36	12.43	14.43	16.43	20.52
x	max	2.5	3.2	3.8	4.2	5		6.3
l①	长度范围	20~60	25~80	40~100	45~120	50~140	55~160	65~200
产品等级	A 型	B 级						
	B 型	C 级						
性能等级	A 型	8.8						
	B 型	3.6、4.8						
表面处理	A 型	氧化						
	B 型	1)不经处理;2)氧化						

注：尽可能不采用括号内的规格。

① 长度系列（单位为 mm）：20~50（5进位）、(55)、60、(65)、70~160（10进位）、180、200。

表 5.2-104　扁圆头带榫螺栓（GB/T 15—2013）　(mm)

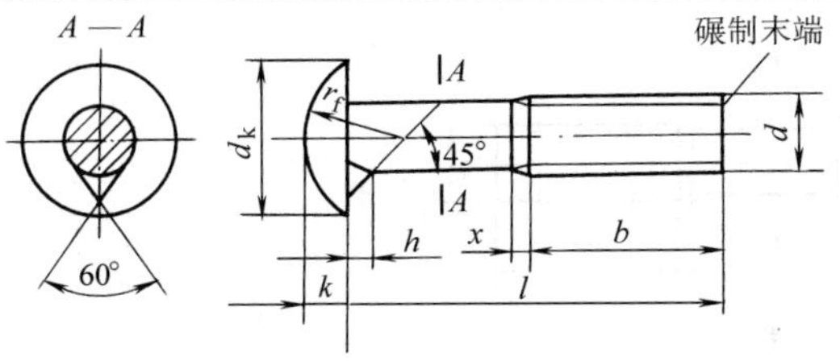

标记示例

螺纹规格 d=M12、公称长度 l=80mm、性能等级为 4.8 级、不经表面处理的扁圆头带榫螺栓的标记

螺栓 GB/T 15 M12×80

螺纹规格 d (8g)		M6	M8	M10	M12	(M14)	M16	M20	M24
b (参考)	l≤125	18	22	26	30	34	38	46	54
	125<l≤200	—	28	32	36	40	44	52	60
d_k	max	15.1	19.1	24.3	29.3	33.6	36.6	45.6	53.9
h	max	3.5	4.3	5.5	6.7	7.7	8.8	9.9	12
k	max	3.48	4.48	5.48	6.48	7.9	8.9	10.9	13.1
r_f		11	14	18	22		26	32	34
x	max	2.5	3.2	3.8	4.3	5		6.3	7.5
l①	长度范围	20~60	20~80	30~100	35~120	35~140	50~160	60~200	80~200
性能等级		4.8							
表面处理		1)不经处理;2)电镀;3)如需其他表面处理,应由供需协议							

注：尽可能不采用括号内的规格。

① 长度系列（单位为 mm）：20~50（5 进位）、(55)、60、(65)、70~160（10 进位）、180、200。

表 5.2-105　扁圆头方颈螺栓（摘自 GB/T 14—2013）　(mm)

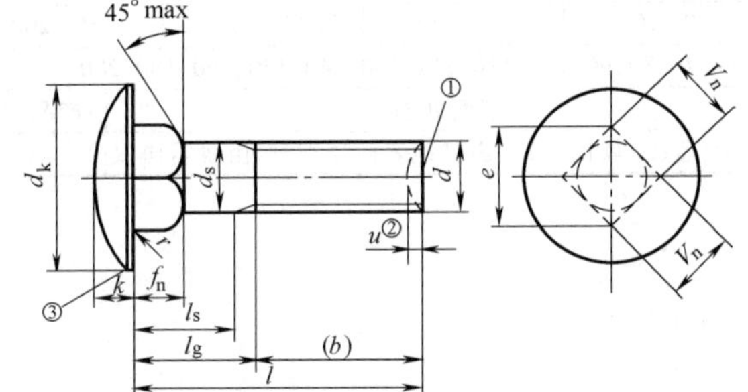

标记示例

螺纹规格 d=M12、公称长度 l=80mm、性能等级为 4.8 级、不经表面处理、产品等级为 C 级的扁圆头方颈螺栓的标记

螺栓　GB/T 14　M12×80

螺纹规格 d		M5	M6	M8	M10	M12	M16	M20
b④	l≤125	16	18	22	26	30	38	46
	125<l≤200	—	—	28	32	36	44	52
	l>200	—	—	—	—	—	57	65
d_k	max=公称	13	16	20	24	30	38	46
d_s	max	5.48	6.48	8.58	10.58	12.7	16.7	20.84
e⑤	min	5.9	7.2	9.6	12.2	14.7	19.9	24.9
f_n	max	4.1	4.6	5.6	6.6	8.8	12.9	15.9
k	min	2.5	3	4	5	6	8	10
r	max	0.4	0.5	0.8	0.8	1.2	1.2	1.6
V_n	max	5.48	6.48	8.58	10.58	12.7	16.7	20.84
l	公称	20~50	30~60	40~80	45~100	55~120	65~200	80~200
l 系列		20、25、30、35、40、45、50、(55)、60、(65)、70、80、90、100、110、120、130、140、150、160、180、200⑥⑦						

① 辗制末端（GB/T 2）。

② 不完整螺纹的长度 u≤2P。

③ 圆的或平的。

④ 公称长度 l≤70mm 和螺纹直径 d≤M12 的螺栓，允许制出全螺纹（$l_{gmax}=f_{nmax}+2P$）。

⑤ e_{min}的测量范围：从支承面起长度等于 0.8f_{nmin}（$e_{min}=1.3V_{nmin}$）。

⑥ 公称长度在 200mm 以上，采用按 20mm 递增的尺寸。

⑦ 尽可能不采用括号内的规格。

表 5.2-106 沉头方颈螺栓（摘自 GB/T 10—2013） (mm)

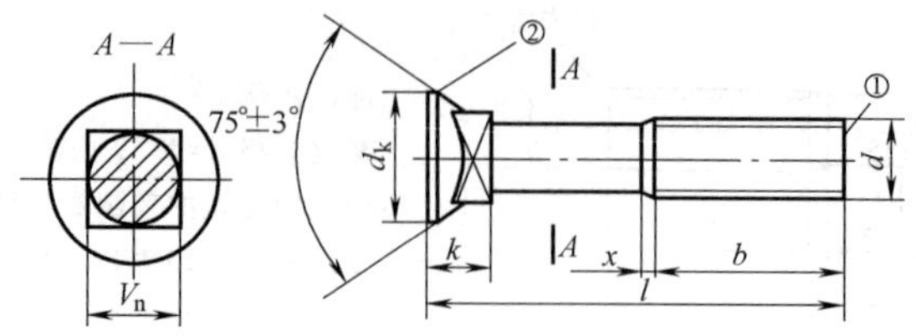

标记示例

螺纹规格 d=M12、公称长度 l=80mm、性能等级 4.8 级、不经表面处理、产品等级为 C 级的沉头方颈螺栓的标记

螺栓 GB/T 10 M12×80

<table>
<tr><td colspan="2">螺纹规格 d</td><td>M6</td><td>M8</td><td colspan="2">M10</td><td>M12</td><td>M16</td><td>M20</td></tr>
<tr><td colspan="2">P</td><td>1</td><td>1.25</td><td colspan="2">1.5</td><td>1.75</td><td>2</td><td>2.5</td></tr>
<tr><td rowspan="2">b</td><td>l≤125</td><td>18</td><td>22</td><td colspan="2">26</td><td>30</td><td>38</td><td>46</td></tr>
<tr><td>125<l≤200</td><td>—</td><td>28</td><td colspan="2">32</td><td>36</td><td>44</td><td>52</td></tr>
<tr><td rowspan="2">d_k</td><td>max</td><td>11.05</td><td>14.55</td><td colspan="2">17.55</td><td>21.65</td><td>28.65</td><td>36.80</td></tr>
<tr><td>min</td><td>9.95</td><td>13.45</td><td colspan="2">16.45</td><td>20.35</td><td>27.35</td><td>35.2</td></tr>
<tr><td rowspan="2">k</td><td>max</td><td>6.1</td><td>7.25</td><td colspan="2">8.45</td><td>11.05</td><td>13.05</td><td>15.05</td></tr>
<tr><td>min</td><td>5.3</td><td>6.35</td><td colspan="2">7.55</td><td>9.95</td><td>11.95</td><td>13.95</td></tr>
<tr><td rowspan="2">V_n</td><td>max</td><td>6.36</td><td>8.36</td><td colspan="2">10.36</td><td>12.43</td><td>16.43</td><td>20.52</td></tr>
<tr><td>min</td><td>5.84</td><td>7.8</td><td colspan="2">9.8</td><td>11.76</td><td>15.76</td><td>19.72</td></tr>
<tr><td>x</td><td>max</td><td>2.5</td><td>3.2</td><td colspan="2">3.8</td><td>4.3</td><td>5</td><td>6.3</td></tr>
<tr><td colspan="2">l 公称</td><td>25～60</td><td>25～80</td><td colspan="2">30～100</td><td>30～120</td><td>45～160</td><td>55～200</td></tr>
<tr><td colspan="2">l 系列</td><td colspan="7">25、30、35、40、45、50、(55)、60、(65)、70、80、90、100、110、120、130、140、150、160、180、200</td></tr>
<tr><td colspan="2" rowspan="2">技术条件</td><td>材料</td><td>螺纹公差</td><td>性能等级</td><td colspan="3">表面处理</td><td>产品等级</td></tr>
<tr><td>钢</td><td>8g</td><td>4.6、4.8</td><td colspan="3">1)不处理;2)氧化;3)如需其他表面处理,应由供需协议</td><td>C</td></tr>
</table>

注：1. 尽可能不采用括号内的规格。

2. 无螺纹部分杆径约等于螺纹中径或螺纹大径。

① 辗制末端（GB/T 2）。

② 圆的或平的。

表 5.2-107 圆头带榫螺栓（摘自 GB/T 13—2013） (mm)

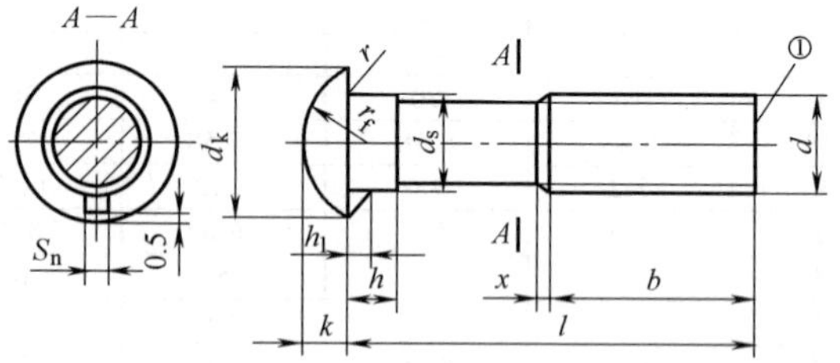

标记示例

螺纹规格 d=M12、公称长度 l=80mm、性能等级 4.8 级、不经表面处理、产品等级为 C 级的圆头带榫螺栓的标记

螺栓 GB/T 13 M12×60

<table>
<tr><td colspan="2">螺纹规格 d</td><td>M6</td><td>M8</td><td>M10</td><td>M12</td><td>(M14)</td><td>M16</td><td>M20</td><td>M24</td></tr>
<tr><td colspan="2">P</td><td>1</td><td>1.25</td><td>1.5</td><td>1.75</td><td>2</td><td>2</td><td>2.5</td><td>3</td></tr>
<tr><td rowspan="2">b</td><td>l≤125</td><td>18</td><td>22</td><td>26</td><td>30</td><td>34</td><td>38</td><td>46</td><td>54</td></tr>
<tr><td>125<l≤200</td><td>—</td><td>28</td><td>32</td><td>36</td><td>40</td><td>44</td><td>52</td><td>60</td></tr>
<tr><td rowspan="2">d_k</td><td>max</td><td>12.1</td><td>15.1</td><td>18.1</td><td>22.3</td><td>25.3</td><td>29.3</td><td>35.6</td><td>43.6</td></tr>
<tr><td>min</td><td>10.3</td><td>13.3</td><td>16.3</td><td>20.16</td><td>23.16</td><td>27.16</td><td>33</td><td>41</td></tr>
</table>

（续）

螺纹规格 d		M6	M8	M10	M12	(M14)	M16	M20	M24
S_n	max	2.7	2.7	3.8	3.8	4.8	4.8	4.8	6.3
	min	2.3	2.3	3.2	3.2	4.2	4.2	4.2	5.7
h_1	max	2.7	3.2	3.8	4.3	5.3	5.3	6.3	7.4
	min	2.3	2.8	3.2	3.7	4.7	4.7	5.7	6.6
k	max	4.08	5.28	6.48	8.9	9.9	10.9	13.1	17.1
	min	3.2	4.4	5.6	7.55	8.55	9.55	11.45	15.45
d_s	max	6.48	8.58	10.58	12.7	14.7	16.7	20.84	24.84
	min	5.52	7.42	9.42	11.3	13.3	15.3	19.16	23.16
h	min	4	5	6	7	8	9	11	13
r	min	0.5	0.5	0.5	0.8	0.8	1	1	1.5
r_f	≈	6	7.5	9	11	13	15	18	22
x	max	2.5	3.2	3.8	4.3	5	5	6.3	7.5
l		20~60	20~80	30~100	35~120	35~140	50~160	60~200	80~200
长度 l 系列		20、25、30、35、40、45、50、(55)、60、(65)、70、80、90、100、110、120、130、140、150、160、180、200							
机械性能		4.6、4.8							
表面处理		1)不经处理;2)电镀,要求按 GB/T 5287.1;3)如需其他表面处理,应由供需协议							

注：无螺纹部分杆径约等于螺纹中径或螺纹大径。

① 辗制末端（GB/T 2）。

表 5.2-108　沉头带榫螺栓（摘自 GB/T 11—2013）　　（mm）

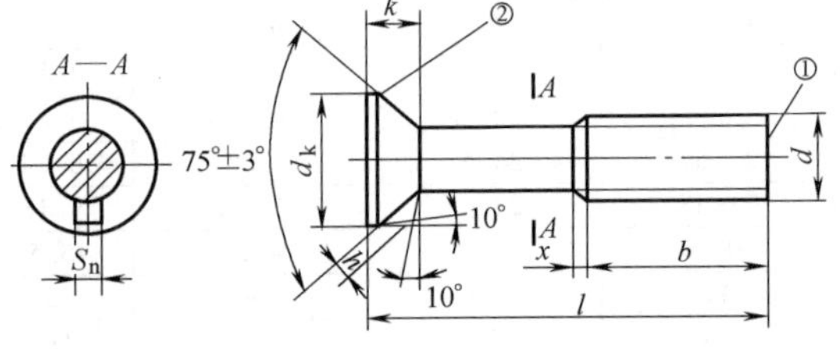

标记示例

螺纹规格 d=M12、公称长度 l=80mm、性能等级为 4.8 级、不经表面处理、产品等级为 C 级的沉头带榫螺栓的标记

螺栓 GB/T 11　M12×80

螺纹规格 d		M6	M8	M10	M12	(M14)	M16	M20	(M22)	M24
b	l≤125	18	22	26	30	34	38	46	50	54
	125<l≤200	—	28	32	36	40	44	52	56	60
d_k	max	11.05	14.55	17.55	21.65	24.65	28.65	36.8	40.8	45.8
	min	9.95	13.45	16.45	20.35	23.35	27.35	35.2	39.2	44.2
S_n	max	2.7	2.7	3.8	3.8	4.3	4.8	4.8	6.3	6.3
	min	2.3	2.3	3.2	3.2	3.7	4.2	4.2	5.7	5.7
h	max	1.2	1.6	2.1	2.4	2.9	3.3	4.2	4.5	5
	min	0.8	1.1	1.4	1.6	1.9	2.2	2.8	3	3.3
k	≈	4.1	5.3	6.2	8.5	8.9	10.2	13	14.3	16.5
x	max	2.5	3.2	3.8	4.3	5	5	6.3	6.3	7.5
l 公称		25~60	30~80	35~100	40~120	45~140	45~160	60~200	65~200	80~200
l 系列		25、30、35、40、45、50、(55)、60、(65)、70、80、90、100、110、120、130、140、150、160、180、200								
技术条件	材料	螺纹公差	性能等级	表面处理						产品等级
	钢	8g	4.6、4.8	1)不经处理;2)电镀;3)如需其他表面处理,应由供需协议						C

注：1. 尽可能不采用括号内的规格。

2. 无螺纹部分杆径约等于螺纹中径或螺纹大径。

① 辗制末端（GB/T 2）。

② 圆的或平的。

表 5.2-109　钢结构用扭剪型高强度螺栓连接副（GB/T 3632—2008）　　(mm)

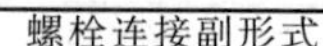

螺栓连接副形式

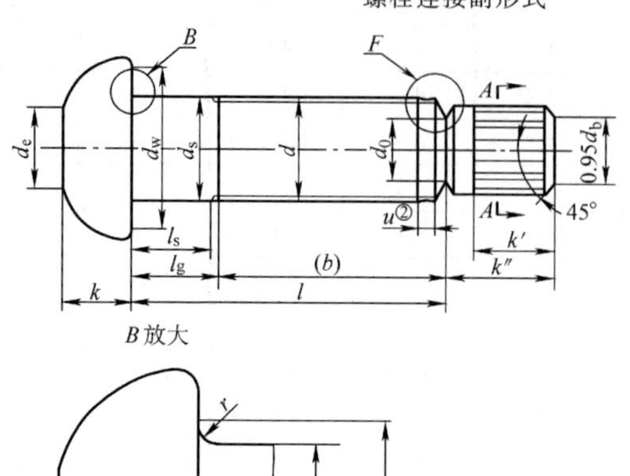

B 放大

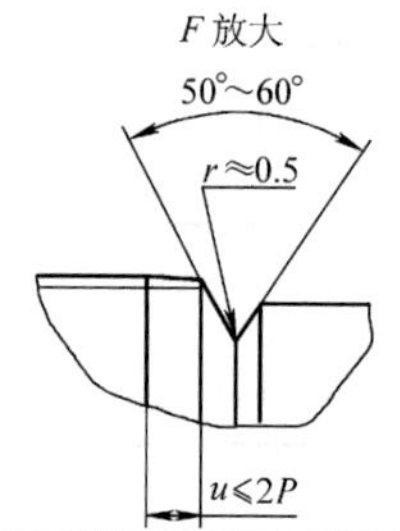

A—A 放大

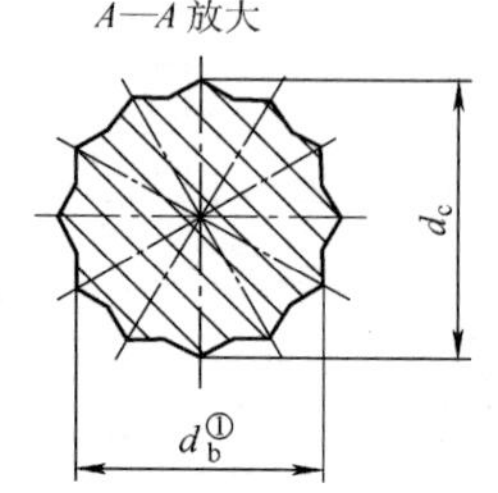

F 放大

50°～60°

r≈0.5

u≤2P

标记示例

粗牙普通螺纹，d = M20、l = 100mm、性能等级为 10.9S、表面防锈处理钢结构用扭剪型高强度螺纹连接

螺纹连接副　GB/T 3632　M20×100

螺纹规格 d		M16	M20	(M22)③	M24	(M27)③	M30
P④		2	2.5	2.5	3	3	3.5
d_a	max	18.83	24.4	26.4	28.4	32.84	35.84
d_s	max	16.43	20.52	22.52	24.52	27.84	30.84
	min	15.57	19.48	21.48	23.48	26.16	29.16
d_w	min	27.9	34.5	38.5	41.5	42.8	46.5
d_k	max	30	37	41	44	50	55
k	公称	10	13	14	15	17	19
	max	10.75	13.90	14.90	15.90	17.90	20.05
	min	9.25	12.10	13.10	14.10	16.10	17.95
k'	min	12	14	15	16	17	18
k''	max	17	19	21	23	24	25
r	min	1.2	1.2	1.2	1.6	2.0	2.0
d_0	≈	10.9	13.6	15.1	16.4	18.6	20.6
d_b	公称	11.1	13.9	15.4	16.7	19.0	21.1
	max	11.3	14.1	15.6	16.9	19.3	21.4
	min	11.0	13.8	15.3	16.6	18.7	20.8
d_c	≈	12.8	16.1	17.8	19.3	21.9	24.4
d_e	≈	13	17	18	20	22	24
$\frac{(b)}{l}$		$\frac{30}{40\sim50}$	$\frac{35}{45\sim60}$	$\frac{40}{50\sim65}$	$\frac{45}{55\sim70}$	$\frac{50}{65\sim75}$	$\frac{55}{70\sim80}$
		$\frac{35}{55\sim130}$	$\frac{40}{65\sim160}$	$\frac{45}{70\sim220}$	$\frac{50}{75\sim220}$	$\frac{55}{80\sim220}$	$\frac{60}{85\sim220}$
l 系列公称		40～100(5 进位),110～200(10 进位),220					

① d_b 为内切圆直径。

② u 为不完整螺纹的长度。

③ 括号内的规格为第二选择系列，应优先选用第一系列（不带括号）的规格。

④ P—螺距。

表 5.2-110　钢结构用高强度大六角头螺栓（摘自 GB/T 1228—2006）　　（mm）

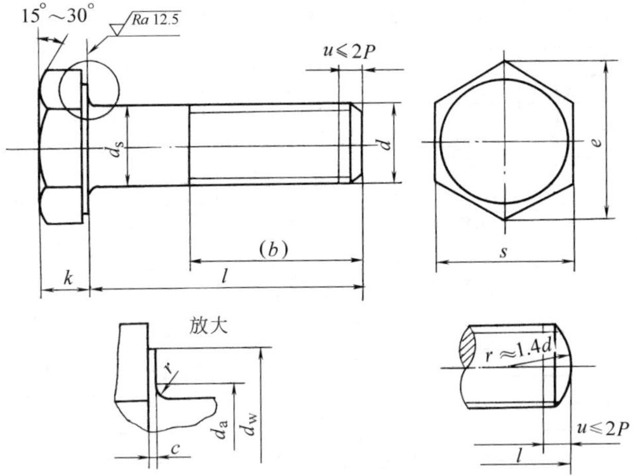

末端可选择的形式（P是螺距）头部可选择的形式

标记示例

螺纹规格 d=M20、公称长度 l=100mm、性能等级为 10.9S 级的钢结构用高强度大六角头螺栓的标记

螺栓 GB/T 1228—2006　M20×100

螺纹规格 d		M12	M16	M20	（M22）	M24	（M27）	M30
d_w	min	19.2	24.9	31.4	33.3	38.0	42.8	46.5
e	min	22.78	29.56	37.29	39.55	45.20	50.85	55.37
k	公称	7.5	10	12.5	14	15	17	18.7
r	min	1.0	1.0	1.5	1.5	1.5	2.0	2.0
s	max	21	27	34	36	41	46	50
c	max	0.8						
$\frac{b}{l}$		25/35～40 30/45～75	30/45～50 35/55～130	35/50～60 40/65～160	40/55～65 45/70～220	45/60～70 50/75～240	50/65～75 55/80～260	55/70～80 60/85～260
l 系列		35～100（按 5 进级）、110～200（按 10 进级）、220、240、260						
公称应力截面积 A_s/mm²		84.3	157	245	303	353	459	561
拉力载荷/N		等于 $A_s \times R_m$						

技术条件	性能等级	抗拉强度 R_m (MPa)	屈服强度 $R_{p0.2}$ (MPa)	推荐材料	洛氏硬度 HRC	通用规格	螺纹公差带	产品等级
	10.9s	1040～1240	940	20MnTiB	33～39	≤M24	6g	C
				35VB		≤M30		
	8.8s	830～1030	660	45、35	24～31	≤M20		
				40Cr		≤M24		
				35VB、35CrMo		≤M30		

注：1. 表中列出的技术条件按 GB/T 1231—2006。

2. 括号内的规格为第二选择系列。

3. 长度 l 尺寸系列（单位为 mm）：35、40、45、50、55、60、65、70、75、80、85、90、95、100、110、120、130、140、150、160、170、180、190、200、220、240、260。

表 5.2-111　钢网架螺栓球节点用高强度螺栓（GB/T 16939—2016）　　（mm）

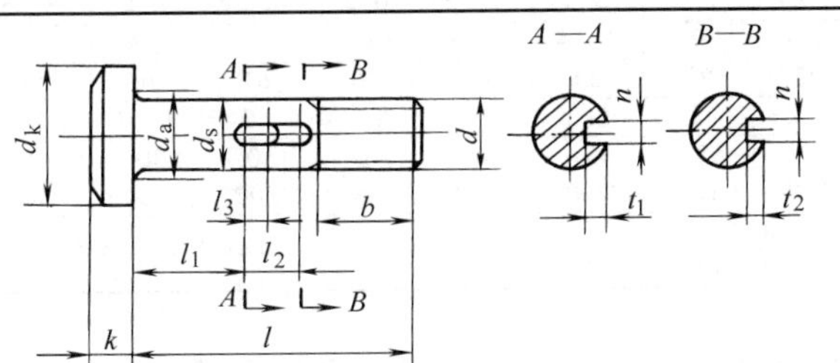

标记示例

螺纹规格 d=M30、公称长度 l=98mm、性能等级为 10.9 级、表面氧化的钢网架球节点用高强度螺栓的标记

螺栓 GB/T 16939 M30×98

（续）

螺纹规格 d (6g)	M12	M14	M16	M20	M24	M27	M30	M36	M39	M42
P	1.75	2	2	2.5	3	3	3.5	4	4	4.5
b min	15	17	20	25	30	33	37	44	47	50
d_k max	18	21	24	30	36	41	46	55	60	65
d_s min	11.65	13.65	15.65	19.58	23.58	26.58	29.58	35.50	38.50	41.50
k nom	6.4	7.5	10	12.5	15	17	18.7	22.5	25	26
d_a max	15.20	17.20	19.20	24.40	28.40	32.40	35.40	42.40	45.40	48.60
l nom	50	54	62	73	82	90	98	125	128	136
l_1 nom	18		22	24		28		43	43	
l_2 ref	10		13	16	18	20	24	26	26	
l_3	4									
n min	3			5		6		8	8	
t_1 min	2.2			2.7		3.62		4.62	4.62	
t_2 min	1.7			2.2		2.7		3.62	3.62	
性能等级	10.9S								9.8S	
表面处理	氧化									

螺纹规格 d (6g)	M45	M48	M56×4	M60×4	M64×4	M68×4	M72×4	M76×4	M80×4	M85×4
P	4.5	5	4	4	4	4	4	4	4	4
b min	55	58	66	70	74	78	83	87	92	98
d_k max	70	75	90	95	100	100	105	110	125	125
d_s min	44.50	47.50	55.86	59.86	63.86	67.94	71.98	76.02	80.06	84.98
k nom	28	30	35	38	40	45	45	50	55	55
d_a max	52.60	56.60	67.00	71.00	75.00	79.00	83.00	87.00	91.00	96.00
l nom	145	148	172	196	205	215	230	240	245	265
l_1 nom	48		53		58		63			68
l_2 ref	30		42	57		65	70	75	80	85
l_3	4									
n min	8									
t_1 min	4.62									
t_2 min	3.62									
性能等级	9.8S									
表面处理	氧化									

表 5.2-112　T 形槽用螺栓（GB/T 37—1988）　（mm）

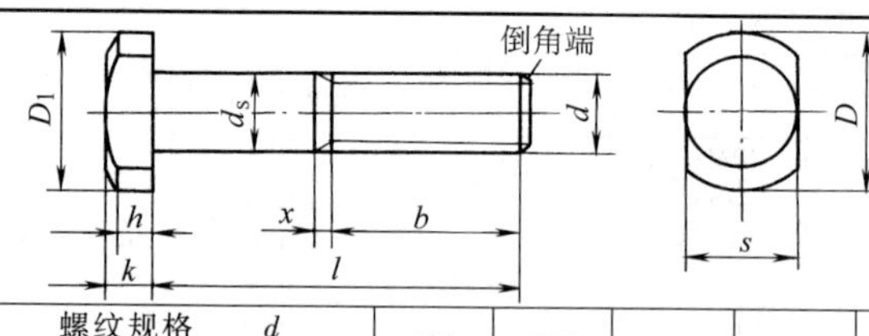

标记示例

螺纹规格 d=M12、公称长度 l=80mm、性能等级为 8.8 级、表面氧化的 T 形槽用螺栓的标记

螺栓　GB/T 37 M12×80

螺纹规格 d (6g)		M5	M6	M8	M10	M12	M16	M20	M24	M30	M36	M42	M48
b（参考）	l≤125	16	18	22	26	30	38	46	54	66	78	—	—
	125<l≤200	—	—	28	32	36	44	52	60	72	84	96	108
	l>200	—	—	—	—	—	57	65	73	85	97	109	121
d_s	max	5	6	8	10	12	16	20	24	30	36	42	48
D		12	16	20	25	30	38	46	58	75	85	95	105
k	max	4.24	5.24	6.24	7.29	8.89	11.95	14.35	16.35	20.42	24.42	28.42	32.5
h		2.8	3.4	4.1	4.8	6.5	9	10.4	11.8	14.5	18.5	22	26
s	公称	9	12	14	18	22	28	34	44	56	67	76	86
x	max	2	2.5	3.2	3.8	4.2	5	6.3	7.5	8.8	10	11.3	12.5
l①	长度范围	25~50	30~60	35~80	40~100	45~120	55~160	65~200	80~240	90~300	110~300	130~300	140~300
性能等级	钢	8.8										按协议	
表面处理	钢	1）氧化；2）镀锌钝化											

注：尽可能不采用括号内的规格。

① 长度系列（单位为 mm）：20~50（5 进位）、（55）、60、（65）、70~160（10 进位）、180~300（20 进位）。

表 5.2-113　活节螺栓（GB/T 798—1988）　（mm）

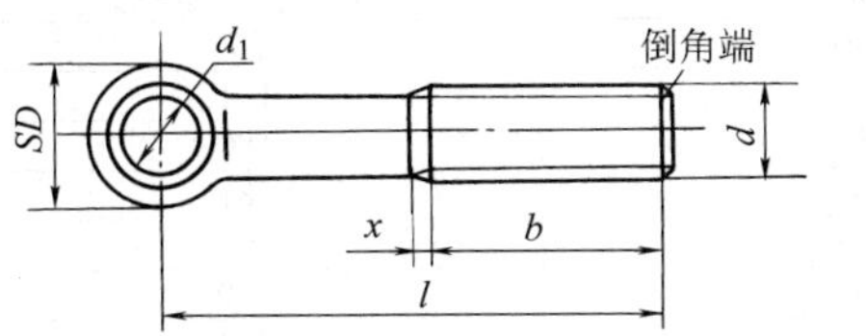

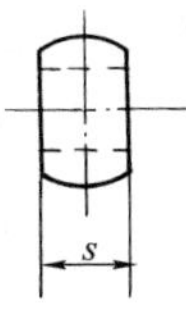

标记示例

螺纹规格 d=M12、公称长度 l=80mm、性能等级为 4.6 级、不经表面处理的活节颈螺栓的标记

螺栓 GB/T 798 M12×80

螺纹规格 d (8g)		M4	M5	M6	M8	M10	M12	M16	M20	M24	M30	M36
d_1	公称	3	4	5	6	8	10	12	16	20	25	30
s	公称	5	6	8	10	12	14	18	22	26	34	40
b		14	16	18	22	26	30	38	52	60	72	84
D		8	10	12	14	18	20	28	34	42	52	64
x	max	1.75	2	2.5	3.2	3.8	4.2	5	6.3	7.5	8.8	10
l①	长度范围	20~35	25~45	30~55	35~70	40~110	50~130	60~160	70~180	90~260	110~300	130~300
性能等级	钢	4.6、5.6										
表面处理	钢	1）不经处理；2）镀锌钝化										

注：尽可能不采用括号内的规格。

① 长度系列（单位为 mm）：20~50（5 进位）、（55）、60、（65）、70~160（10 进位）、180~300（20 进位）。

表 5.2-114　地脚螺栓（GB/T 799—1988）　（mm）

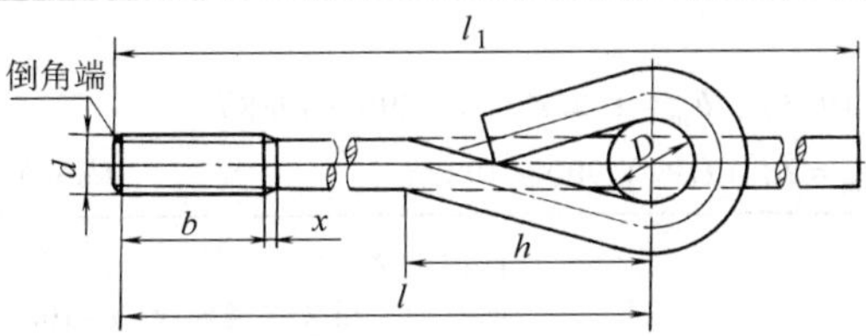

标记示例

螺纹规格 d=M12、公称长度 l=400mm、性能等级为 3.6 级、不经表面处理的地脚螺栓的标记

螺栓 GB/T 799 M12×400

螺纹规格 d (8g)		M6	M8	M10	M12	M16	M20	M24	M30	M36	M42	M48
b	max	27	31	36	40	50	58	68	80	94	106	118
	min	24	28	32	36	44	52	60	72	84	96	108
D		10		15	20		30		45	60		70
h		41	46	65	82	93	127	139	192	244	261	302
l_1		l+37		l+53	l+72		l+110		l+165	l+217		l+225
x	max	2.5	3.2	3.8	4.3	5	6.3	7.5	8.8	10	11.3	12.5
l①	长度范围	80~160	120~220	160~300	160~400	220~500	300~630	300~800	400~1000	500~1000	630~1250	630~1500
性能等级	钢	3.6									按协议	
表面处理	钢	1）不经处理；2）氧化；3）镀锌钝化										

① 长度系列（单位为 mm）为 80、120、160、220、300、400、500、630、800、1000、1250、1500。

表 5.2-115　U 形螺栓（JB/ZQ 4321—2006）　（mm）

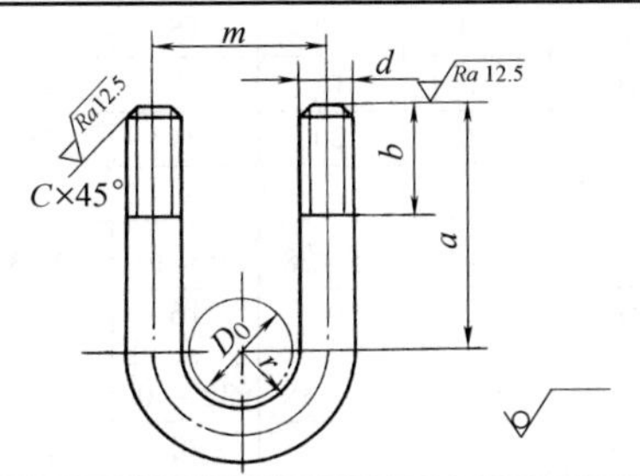

标记示例

管子外径 D_0=25mm 的 U 形螺栓标记

U 形螺栓 25　JB/ZQ 4321—2006

D_0	r	d	L	a	b	m	C	1000 件质量/kg
14	8	M6	98	33	22	22	1	22
18	10		108	35		26		24
22	12	M10	135	42	28	34	1.5	83
25	14		143	44		38		88

（续）

D_0	r	d	L	a	b	m	C	1000件质量/kg
33	18	M10	160	48	28	46	1.5	99
38	20	M12	192	55	32	52	2	171
42	22		202	57		56		180
45	24		210	59		60		188
48	25		220	60		62		196
51	27		225	62		66		300
57	31		240	66		74		314
60	32		250	67		76		223
76	40		289	75		92		256
83	43		310	78		98		276
89	46		325	81		104		290
102	53	M16	365	93	38	122		575
108	56		390	96		128		616
114	59		405	99		134		640
133	69		450	109		154		712
140	72		470	112		160		752
159	82		520	122		180		822
165	85		538	125		186		850
219	112		680	152		240		1075

注：表中 L 为毛坯长度，D_0 为管子外径。

5.2　双头螺柱（见表 5.2-116~表 5.2-118）

表 5.2-116　双头螺柱 $b_m=1d$（GB/T 897—1988）、**$b_m=1.25d$**（GB 898—1988）、**$b_m=1.5d$**（GB 899—1988）**和 $b_m=2d$**（GB/T 900—1988）　（mm）

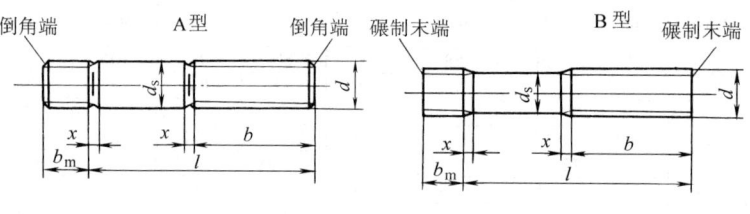

倒角端　A型　倒角端
碾制末端　B型　碾制末端

标记示例

两端均为粗牙普通螺纹，$d=10$mm、$l=50$mm、性能等级为 4.8 级、不经表面处理、B 型、$b_m=1d$ 的双头螺柱的标记

螺柱 GB/T 897 M10×50

旋入机体一端为过渡配合螺纹的第一种配合，旋入螺母一端为粗牙普通螺纹，$d=10$mm、$l=50$mm、性能等级为 8.8 级、镀锌钝化、B 型、$b_m=1d$ 的双头螺柱的标记

螺柱　GB/T 897 GM10-M10×50-8.8-Zn · D

螺纹规格 d (6g)		M2	M2.5	M3	M4	M5	M6	M8	M10	M12	(M14)	M16
b_m 公称	GB/T 897					5	6	8	10	12	14	16
	GB 898					6	8	10	12	15	18	20
	GB 899	3	3.5	4.5	6	8	10	12	15	18	21	24
	GB/T 900	4	5	6	8	10	12	16	20	24	28	32
x max		2.5P										
$\frac{l}{b}$[①] 长度范围		$\frac{12\sim16}{6}$	$\frac{14\sim18}{8}$	$\frac{16\sim20}{6}$	$\frac{16\sim22}{8}$	$\frac{16\sim22}{10}$	$\frac{20\sim22}{10}$	$\frac{20\sim22}{12}$	$\frac{25\sim28}{14}$	$\frac{25\sim30}{16}$	$\frac{30\sim35}{18}$	$\frac{30\sim38}{20}$
		$\frac{18\sim25}{10}$	$\frac{20\sim30}{11}$	$\frac{22\sim40}{12}$	$\frac{25\sim40}{14}$	$\frac{25\sim50}{16}$	$\frac{25\sim30}{14}$	$\frac{25\sim30}{16}$	$\frac{30\sim38}{16}$	$\frac{32\sim40}{20}$	$\frac{38\sim45}{25}$	$\frac{40\sim55}{30}$
							$\frac{32\sim75}{18}$	$\frac{32\sim90}{22}$	$\frac{40\sim120}{26}$	$\frac{45\sim120}{30}$	$\frac{50\sim120}{34}$	$\frac{60\sim120}{38}$
									$\frac{130}{32}$	$\frac{130\sim180}{36}$	$\frac{130\sim180}{40}$	$\frac{130\sim200}{44}$

（续）

螺纹规格 d （8g）		(M18)	M20	(M22)	M24	(M27)	M30	(M33)	M36	(M39)	M42	M48
b_m 公称	GB/T 897	18	20	22	24	27	30	33	36	39	42	48
	GB 898	22	25	28	30	35	38	41	45	49	52	60
	GB 899	27	30	33	36	40	45	49	54	58	63	72
	GB/T 900	36	40	44	48	54	60	66	72	78	84	96
x	max	2.5P										
$\frac{l}{b}$ ① 长度范围		35~40/22	35~40/25	40~45/30	45~50/30	50~60/35	60~65/40	65~70/45	65~75/45	70~80/50	70~80/50	80~90/60
		45~60/35	45~65/35	50~70/40	55~75/45	65~85/50	70~90/50	75~95/60	80~110/60	85~110/60	85~110/70	95~110/80
		65~120/42	70~120/46	75~120/50	80~120/54	90~120/60	95~120/66	100~120/72	120/78	120/84	120/90	120/102
		130~200/48	130~200/52	130~200/56	130~200/60	130~200/66	130~200/72	130~200/78	130~200/84	130~200/90	130~200/96	130~200/108
							210~250/85	210~300/91	210~300/97	210~300/103	210~300/109	210~300/121

注：1. 尽可能不采用括号内的规格。

2. 旋入机体端可以采用过渡或过盈配合螺纹：GB/T 897~899：GM、G2M；GB/T 900：GM、G3M、YM。

3. 旋入螺母端可以采用细牙螺纹。

4. 性能等级：钢—4.8、5.8、6.8、8.8、10.9、12.9；不锈钢—A2-50、A2-70。

5. 表面处理：钢—不经处理、氧化、镀锌钝化；不锈钢—不经处理。

① 长度系列（单位为 mm）：12、(14)、16、(18)、20、(22)、25、(28)、30、(32)、35、(38)、40、45、50、(55)、60、(65)、70、75、80、85、90、95、100~260（10 进位）、280、300。

表 5.2-117　等长双头螺柱　B 级（GB/T 901—1988）　　(mm)

碾制末端　碾制末端

标记示例

螺纹规格 d=M12、公称长度 l=100mm、性能等级为 4.8 级、不经表面处理的 B 级等长双头螺柱的标记

螺柱　GB/T 901 M12×100

螺纹规格 d （6g）		M2	M2.5	M3	M4	M5	M6	M8	M10	M12	(M14)	M16	(M18)
b		10	11	12	14	16	18	28	32	36	40	44	48
x	max	1.5P											
l① 长度范围		10~60	10~80	12~250	16~300	20~300	25~300	32~300	40~300	50~300	60~300	60~300	60~300
性能等级	钢	4.8、5.8、6.8、8.8、10.9、12.9											
	不锈钢	A2-50、A2-70											
表面处理	钢	1)不经处理；2)镀锌钝化											
	不锈钢	不经处理											

螺纹规格 d （6g）		M20	(M22)	M24	(M27)	M30	(M33)	M36	(M39)	M42	M48	M56
b		52	56	60	66	72	78	84	89	96	108	124
x	max	1.5P										
l① 长度范围		70~300	80~300	90~300	100~300	120~400	140~400	140~500	140~500	140~500	150~500	190~500
性能等级	钢	4.8、5.8、6.8、8.8、10.9、12.9										
	不锈钢	A2-50、A2-70										
表面处理	钢	1)不经处理；2)镀锌钝化										
	不锈钢	不经处理										

注：尽可能不采用括号内的规格。

① 长度系列（单位为 mm）：10、12、(14)、16、(18)、20、(22)、25、(28)、30、(32)、35、(38)、40、45、50、(55)、60、(65)、70、(75)、80、(85)、90、(95)、100~260（10 进位）、280、300、320、350、380、400、420、450、480、500。

表 5.2-118　等长双头螺柱　C 级（GB/T 953—1988）　　(mm)

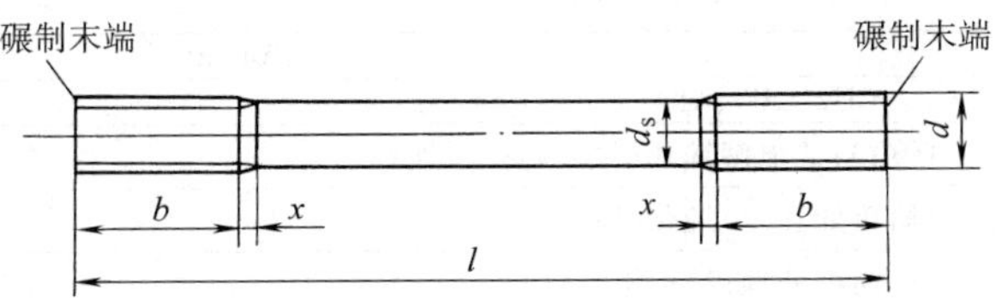

标记示例

螺纹规格 d=M10、公称长度 l=100mm、螺纹长度 b=26mm 性能等级为 4.8 级、不经表面处理的 C 级等长双头螺柱的标记

螺柱　GB/T 953 M10×100

需要加长螺纹时，应加标记 Q

螺柱　GB/T 953 M10×100-Q

（续）

螺纹规格 (8g)	d	M8	M10	M12	(M14)	M16	(M18)	M20	(M22)
b	标准	22	26	30	34	38	42	46	50
	加长	41	45	49	53	57	61	65	69
x	max	1.5P							
l[①]	长度范围	100~600	100~800	150~1200	150~1200	200~1500	200~1500	260~1500	260~1800
性能等级	钢	4.8、6.8、8.8							
表面处理	钢	1)不经处理;2)镀锌钝化							

螺纹规格 (8g)	d	M24	(M27)	M30	(M33)	M36	(M39)	M42	M48
b	标准	54	60	66	72	78	84	90	102
	加长	72	79	85	91	97	103	109	121
x	max	1.5P							
l[①]	长度范围	300~1800	300~2000	350~2500	350~2500	350~2500	350~2500	500~2500	500~2500
性能等级	钢	4.8、6.8、8.8							
表面处理	钢	1)不经处理;2)镀锌钝化							

注：1. 尽可能不采用括号内的规格。
2. 性能等级（钢）：4.8、6.8、8.8。
3. 表面处理（钢）：不经处理，镀锌钝化。
① 长度系列（单位为 mm）：100~200（10 进位）、220~320（20 进位）、350、380、400、420、450、480、500~1000（50 进位）1100~2500（100 进位）。

5.3 螺母（见表 5.2-119~表 5.2-156）

表 5.2-119　1 型六角螺母（GB/T 6170—2015）、**细牙 1 型六角螺母**（GB/T 6171—2016）　　（mm）

螺纹规格 (6H)		M1.6	M2	M2.5	M3	(M3.5)	M4	M5	M6	M8	M10	M12	(M14)
	$D\times P$									M8×1	M10×1	M12×1.5	(M14×1.5)
											(M10×1.25)	(M12×1.25)	
e	min	3.41	4.32	5.45	6.01	6.58	7.66	8.79	11.05	14.38	17.77	20.03	23.36
s	max	3.2	4	5	5.5	6	7	8	10	13	16	18	21
	min	3.02	3.82	4.82	5.32	5.82	6.78	7.78	9.78	12.73	15.73	17.73	20.67
m	max	1.3	1.6	2	2.4	2.8	3.2	4.7	5.2	6.8	8.4	10.8	12.8
性能等级	钢	按协议						6、8、10(QT)					
	不锈钢	A2-70、A4-70											
	有色金属	CU2、CU3、AL4											
表面处理（全部尺寸）	钢	1)不经处理;2)电镀;3)非电解锌片涂层;4)热浸镀锌层											
	不锈钢	1)简单处理;2)钝化处理											
	有色金属	1)简单处理;2)电镀											

螺纹规格 (6H)	D	M16	(M18)	M20	(M22)	M24	(M27)	M30	(M33)	M36
	$D\times P$	M16×1.5	(M18×1.5)	(M20×2)	(M22×1.5)	M24×2	(M27×2)	M30×2	(M33×2)	M36×3
				M20×1.5						
e	min	26.75	29.56	32.95	37.29	39.55	45.2	50.85	55.37	60.79
s	max	24	27	30	34	36	41	46	50	55
	min	23.67	26.16	29.16	33	35	40	45	49	53.8
m	max	14.8	15.8	18	19.4	21.5	23.8	25.6	28.7	31
性能等级	钢	6、8、10(QT)	6、8(QT)、10(QT)							
	不锈钢	A2-70、A4-70					A2-50、A4-50			
	有色金属	CU2、CU3、AL4								
表面处理（全部尺寸）	钢	1)不经处理;2)电镀;3)非电解锌片涂层;4)热浸镀锌层								
	不锈钢	1)简单处理;2)钝化处理								
	有色金属	1)简单处理;2)电镀								

（续）

螺纹规格（6H）	D	(M39)	M42	(M45)	M48	(M52)	M56	(M60)	M64
	D×P	(M39×3)	M42×3	(M45×3)	M48×3	(M52×4)	M56×4	(M60×4)	M64×4
e	min	66.44	71.30	76.95	82.60	88.25	93.56	99.21	104.86
s	max	60	65	70	75	80	85	90	95
	min	58.8	63.1	68.1	73.1	78.1	82.8	87.8	92.8
m	max	33.4	34	36	38	42	45	48	51
性能等级	钢	6、8(QT)、10(QT)	按协议						
	不锈钢	A2-50、A4-50	按协议						
	有色金属	CU2、CU3、AL4							
表面处理（全部尺寸）	钢	1)不经处理;2)电镀;3)非电解锌片涂层;4)热浸镀锌层							
	不锈钢	1)简单处理;2)钝化处理							
	有色金属	1)简单处理;2)电镀							

注：1. 括号内的螺纹规格为非优选的螺纹规格。
2. QT—淬火并回火。

表 5.2-120 C 级 1 型六角螺母（摘自 GB/T41—2016） (mm)

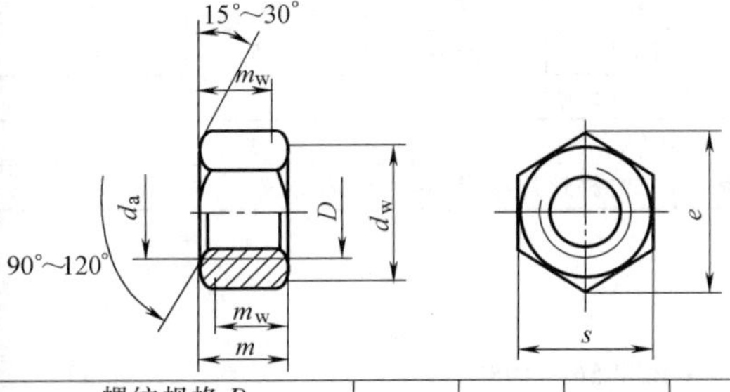

标记示例

螺纹规格为 M12、性能等级为 5 级、不经表面处理、C 级的 1 型六角螺母,标记为

螺母 GB/T 41 M12

螺纹规格 D (7H)		M5	M6	M8	M10	M12	(M14)	M16	(M18)	M20	(M22)	M24	(M27)
e	min	8.63	10.89	14.20	17.59	19.85	22.78	26.17	29.56	32.95	37.29	39.55	45.2
s	max	8	10	13	16	18	21	24	27	30	34	36	41
	min	7.64	9.64	12.57	15.57	17.57	20.16	23.16	26.16	29.16	33	35	40
m	max	5.6	6.4	7.90	9.50	12.20	13.9	15.90	16.90	19.00	20.20	22. 30	24.70
性能等级	钢	5											
表面处理	钢	①不经处理;②电镀;③非电解锌片涂层;④热浸镀锌层;⑤由供需协议											

螺纹规格 D (7H)		M30	(M33)	M36	(M39)	M42	(M45)	M48	(M52)	M56	(M60)	M64
e	min	50.85	55.37	60.79	66.44	71.30	76.95	82.6	88.25	93.56	99.21	104.86
s	max	46	50	55	60	65	70	75	80	85	90	95
	min	45	49	53.8	58.8	63.1	68.1	73.1	78.1	82.8	87.8	92.8
m	max	26.40	29.50	31.90	34.30	34.90	36.90	38.90	42.90	45.90	48.90	52.40
性能等级	钢	5				按协议						
表面处理	钢	1)不经处理;2)电镀;3)非电解锌片涂层;4)热浸镀锌层;5)由供需协议										

注：尽可能不采用括号内的规格。

表 5.2-121 2 型六角螺母粗牙（摘自 GB/T 6175—2016）**和 2 型六角螺母细牙**（GB/T 6176—2016） (mm)

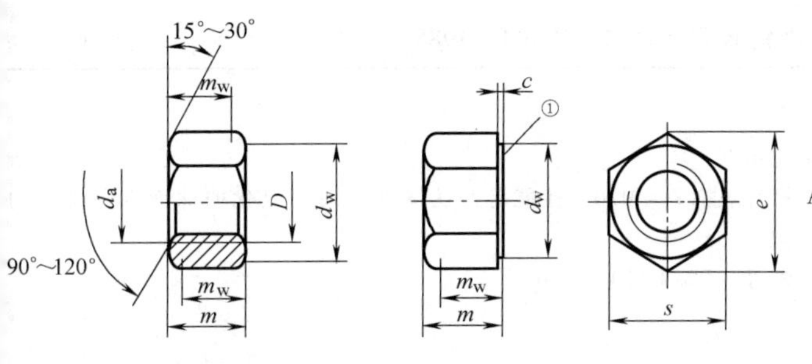

标记示例

螺纹规格为 M16、性能等级为 10 级、表面不经处理、A 级 2 型六角螺母,标记为

螺母 GB/T 6175 M16

（续）

螺纹规格（6H）	D	M5	M6	M8	M10	M12	（M14）	M16	
	D×P			M8×1	M10×1	M12×1.5	（M14×1.5）	M16×1.5	（M18×1.5）
					（M10×1.25）	（M12×1.25）			
e	min	8.79	11.05	14.38	17.77	20.03	23.35	26.75	29.56
s	max	8	10	13	16	18	21	24	27.00
	min	7.78	9.78	12.73	15.73	17.73	20.67	23.67	26.16
m	max	5.1	5.7	7.5	9.3	12	14.1	16.4	17.6
性能等级	GB/T 6175	10（QT），12（QT）							
	GB/T 6176	8、10（QT），12（QT）							10（QT）
表面处理	钢	1）不经处理；2）电镀；3）非电解锌片涂层；4）由供需协议							
螺纹规格（6H）	D	M20		M24		M30		M36	
	D×P	（M20×2）	（M22×1.5）	M24×2	（M27×2）	M30×2	（M33×2）	M36×3	
		M20×1.5							
e	min	32.95	37.29	39.55	45.2	50.85	55.37	60.79	
s	max	30	34	36	41	46	50	55	
	min	29.16	33	35	40	45	49	53.8	
m	max	20.3	21.8	23.9	26.7	28.6	32.5	34.7	
性能等级	GB/T 6175	10（QT），12（QT）							
	GB/T 6176	10（QT）							
表面处理	钢	1）不经热处理；2）电镀；3）非电解锌片涂层；4）由供需协议							

注：1. 括号内为非优选的螺纹规格。

2. QT—淬火并回火。

① 要求垫圈面形式时，应在订单中注明。

表 5.2-122　六角厚螺母（摘自 GB/T 56—1988）　（mm）

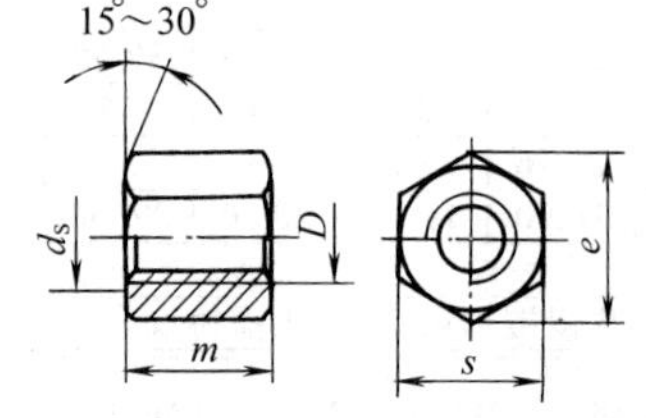

标记示例

螺纹规格 D=M20、性能等级为 5 级、不经表面处理的六角厚螺母的标记

螺母　GB/T 56　M20

螺纹规格（6H）	D	M16	（M18）	M20	（M22）	M24	（M27）	M30	M36	M42	M48
e	min	26.17	29.56	32.95	37.29	39.55	45.2	50.85	60.79	72.09	82.6
s	max	24	27	30	34	36	41	46	55	65	75
	min	23.16	26.16	29.16	33	35	40	45	53.8	63.1	73.1
m	max	25	28	32	35	38	42	48	55	65	75
性能等级	钢	5、8、10									
表面处理	钢	1）不经处理；2）氧化									

注：尽可能不采用括号内的规格。

表 5.2-123　球面六角螺母（摘自 GB 804—1988）　（mm）

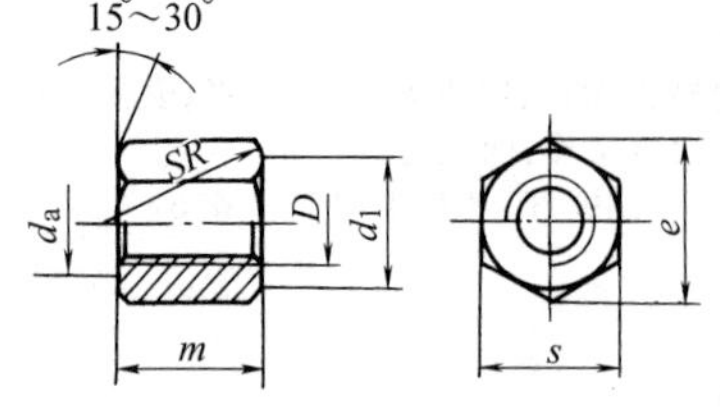

标记示例

螺纹规格 D = M20、性能等级为 8 级、表面氧化的球面六角螺母的标记

螺母　GB/T 804　M20

（续）

螺纹规格(6H)	D	M6	M8	M10	M12	M16	M20	M24	M30	M36	M42	M48
d_a	min	6	8	10	12	16	20	24	30	36	42	48
d_1		7.5	9.5	11.5	14	18	22	26	32	38	44	50
e	min	11.05	14.38	17.77	20.03	26.75	32.95	39.55	50.85	60.79	72.09	82.6
s	max	10	13	16	18	24	30	36	46	55	65	75
	min	9.78	12.73	15.73	17.73	23.67	29.16	35	45	53.8	63.8	73.1
m	max	10.29	12.35	16.35	20.42	25.42	32.5	38.5	48.5	55.6	65.6	75.6
m′	min	7.77	9.32	12.52	15.66	19.66	25.2	30	38	43.52	51.52	59.52
SR		10	12	16	20	25	32	36	40	50	63	70
性能等级	钢	8、10										
表面处理	钢	氧化										

注：A 级用于 D≤M16；B 级用于 D>M16。

表 5.2-124　A 和 B 级粗牙（摘自 GB/T 6172.1—2016）、细牙（摘自 GB/T 6173—2015）六角薄螺母

（mm）

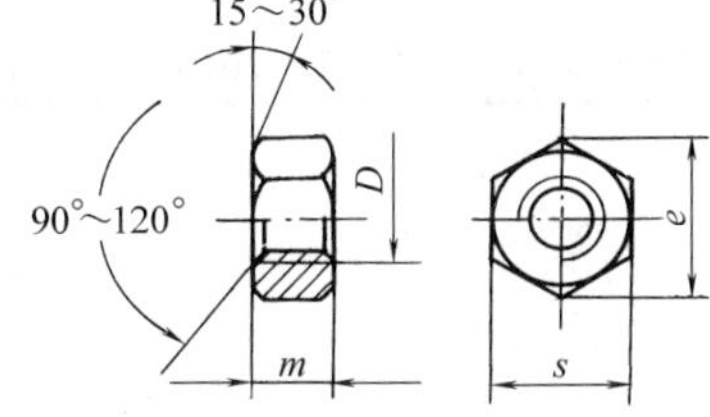

标记示例

螺纹规格 D=M12、性能等级为 04 级、不经表面处理、A 级六角薄螺母的标记

螺母　GB/T 6172.1　M12

螺纹规格(6H)		M1.6	M2	M2.5	M3	M(3.5)	M4	M5	M6	M8	M10	M12	(M14)	M16
	D×P	—	—	—	—	—	—	—	—	M8×1	M10×1	M12×1.5	(M14×1.5)	M16×1.5
		—	—	—	—	—	—	—	—	—	(M10×1.25)	(M12×1.25)	—	—
e	min	3.41	4.32	5.45	6.01	6.58	7.66	8.79	11.05	14.38	17.77	20.03	23.35	26.75
s	max	3.2	4	5	5.5	6	7	8	10	13	16	18	21	24
	min	3.02	3.82	4.82	5.32	6.58	6.78	7.78	9.78	12.73	15.73	17.73	20.67	23.67
m	max	1	1.2	1.6	1.8	2	2.2	2.7	3.2	4	5	6	7	8

螺纹规格(6H)	D	(M18)	M20	(M22)	M24	(M27)	M30	(M33)	M36
	D×P	(M18×1.5)	(M20×2)	(M22×1.5)	M24×2	(M27×2)	M30×2	(M33×2)	M36×3
		—	M20×1.5	—	—	—	—	—	—
e	min	29.56	32.95	37.29	39.55	45.2	50.85	55.37	60.79
s	max	27	30	34	36	41	46	50	55
	min	26.16	29.16	33	35	40	45	49	53.8
m	max	9	10	11	12	13.5	15	16.5	18

螺纹规格(6H)	D	(M39)	M42	(M45)	M48	(M52)	M56	(M60)	M64
	D×P	(M39×3)	M42×3	(M45×3)	M48×3	(M52×4)	M56×4	(M60×4)	M64×4
		—	—	—	—	—	—	—	—
e	min	66.44	71.30	76.95	82.60	88.25	93.56	99.21	104.86
s	max	60	65	70	75	80	85	90	95
	min	58.8	63.1	68.1	73.1	78.1	82.8	87.8	92.8
m	max	19.5	21	22.5	24	26	28	30	32

注：1. 括号内为非优选的螺纹规格。

2. 表面处理：钢—不经处理、镀锌钝化、氧化；不锈钢—不经处理。

3. 性能等级

螺纹规格 D	M1.6～M5	M6～M24	(M27)～(M39)	M42～M64
钢	按协议	04、05（QT）		按协议
不锈钢	A2-035、A4-035		A2-025、A4-025	按协议
有色金属	CU2、CU3、AL4			

表 5.2-125 无倒角六角薄螺母（摘自 GB/T 6174—2016） (mm)

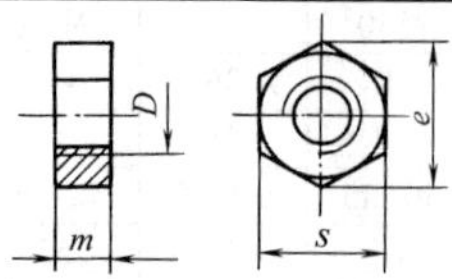

标记示例

螺纹规格为 M6、钢螺母硬度大于或等于 110HV30、不经表面处理、B 级的无倒角六角薄螺母的标记

螺母 GB/T 6174 M6

螺纹规格(6H)	D	M1.6	M2	M2.5	M3	(M3.5)	M4	M5	M6	M8	M10
e	min	3.28	4.18	5.31	5.88	6.44	7.50	8.63	10.89	14.20	17.59
s	max	3.2	4	5	5.5	6.0	7	8	10	13	16
	min	2.9	3.7	4.7	5.2	5.7	6.64	7.64	9.64	12.57	15.57
m	max	1	1.2	1.6	1.8	2	2.2	2.7	3.2	4	5
性能等级	钢	硬度 110HV30(min)									
	有色金属	材料符合 GB/T 3098.10									
表面处理	钢	1)不经处理;2)电镀;3)非电解锌片涂层									
	有色金属	1)简单处理;2)电镀									

注：尽可能不采用括号内的规格。

表 5.2-126 2型六角法兰面螺母粗牙、细牙（摘自 GB/T 6177.1—2016 和 GB/T 6177.2—2016） (mm)

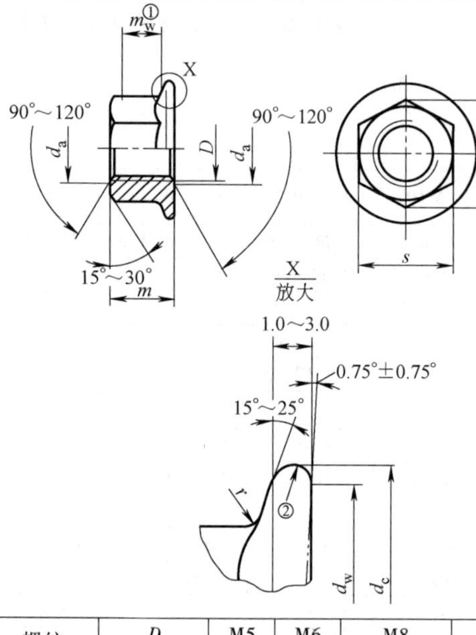

标记示例

螺纹规格为 M12、性能等级为 10 级、表面氧化、产品等级为 A 级的 2 型六角法兰面螺母的标记

螺母 GB/T 6177.1 M12

螺纹规格(6H)	D	M5	M6	M8	M10	M12	(M14)	M16	M20
	D×P			M8×1	M10×1.25	M12×1.25	(M14×1.5)	M16×1.5	M20×1.5
				—	(M10×1)	(M12×1.5)			
d_c	min	11.8	14.2	17.9	21.8	26	29.9	34.5	42.8
e	min	8.79	11.05	14.38	16.64	20.03	23.36	26.75	32.95
s	max	8	10	13	15	18	21	24	30
	min	7.78	9.78	12.73	14.73	17.73	20.67	23.67	29.16
m	max	5	6	8	10	12	14	16	20
	min	4.7	5.7	7.64	9.64	11.57	13.3	15.3	18.7
性能等级	钢	8、10(QT)、12(QT)							
	不锈钢	A2-70							
表面处理	钢	1)不经处理;2)电镀;3)非电解锌片涂层							
	不锈钢	1)简单处理;2)钝化处理							

注：尽可能不采用括号内的规格。

① m_w 是扳拧高度。

② 棱边形状由制造者任选。

表 5.2-127　A 和 B 级粗牙（摘自 GB/T 6178—1986）、细牙（摘自 GB/T 9457—1988）1 型六角开槽螺母

（mm）

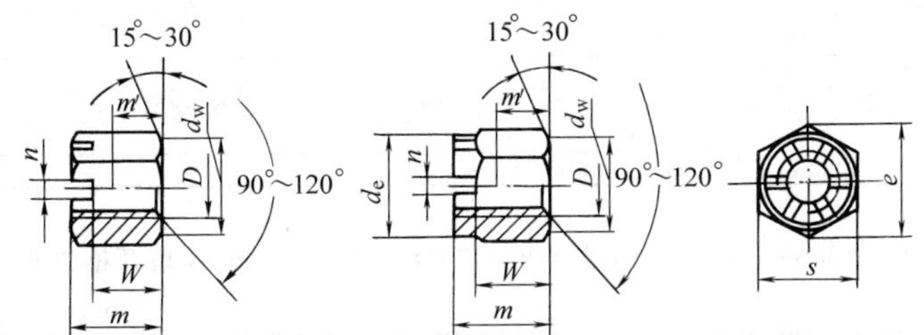

标记示例

螺纹规格 D=M12、性能等级为 8 级、表面氧化、A 级 1 型六角开槽螺母的标记

螺母　GB/T 6178　M12

螺纹规格（6H）	D	M4	M5	M6	M8	M10	M12	（M14）	M16
	$D\times P$	—	—	—	M8×1	M10×1	M12×1.5	（M14×1.5）	M16×1.5
		—	—	—	—	M10×1.25	M12×1.25	—	—
e	min	7.66	8.79	11.05	14.38	17.77	20.03	23.35	26.75
s	max	7	8	10	13	16	18	21	24
	min	6.78	7.78	9.78	12.73	15.73	17.73	20.67	23.67
m	max	5	6.7	7.7	9.8	12.4	15.8	17.8	20.8
	min	4.7	6.34	7.34	9.44	11.97	15.37	17.37	20.28
m'	min	2.32	3.52	3.92	5.15	6.43	8.3	9.68	11.28
W	max	3.2	4.7	5.2	6.8	8.4	10.8	12.8	14.8
	min	2.9	4.4	4.9	6.44	8.04	10.37	12.37	14.37
n	min	1.2	1.4	2	2.5	2.8	3.5	3.5	4.5
d_e		—	—	—	—	—	—	—	—
开口销		1×10	1.2×12	1.6×14	2×16	2.5×20	3.2×22	3.2×26	4×28
性能等级	钢	6、8、10							
表面处理	钢	1）氧化;2）不经处理;3）镀锌钝化							

螺纹规格（6H）	D	—	M20	—	M24	—	M30	—	M36
	$D\times P$	（M18×1.5）	M20×2	（M22×1.5）	M24×2	（M27×2）	M30×2	（M33×2）	M36×3
		—	M20×1.5	—	—	—	—	—	—
d_w	min	24.8	27.7	31.4	33.2	38	42.7	46.6	51.1
e	min	29.56	32.95	37.29	39.55	45.2	50.85	55.37	60.79
s	max	27	30	34	36	41	46	50	55
	min	26.16	29.16	33	35	40	45	49	53.8
m	max	21.8	24	27.4	29.5	31.8	34.6	37.7	40
m'	min	12.08	13.52	14.85	16.16	18.37	19.44	22.16	23.52
W	max	15.8	18	19.4	21.5	23.8	25.6	28.7	31
	min	15.1	17.3	18.56	20.66	22.96	24.76	27.86	30
n	min	4.5		5.5			7		
d_e		25	28	30	34	38	42	46	50
开口销		4×32	4×36	5×40		5×45	6.3×50	6.3×60	6.3×65
性能等级	钢	6、8							
表面处理	钢	1）氧化;2）不经处理;3）镀锌钝化							

注：尽可能不采用括号内的规格。

表 5.2-128　C 级 1 型六角开槽螺母（摘自 GB/T 6179—1986）　　（mm）

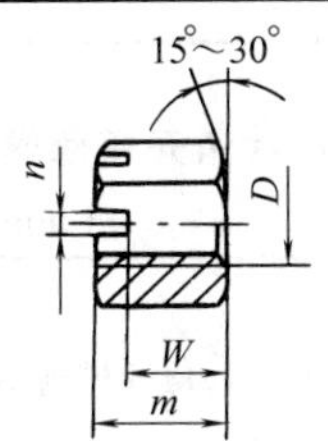

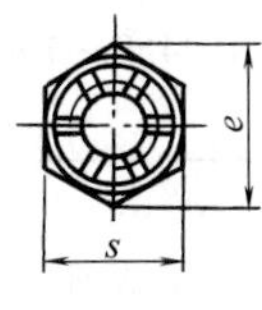

标记示例

螺纹规格 D=M5、性能等级为 5 级、不经表面处理、C 级 1 型六角开槽螺母的标记

螺母　GB/T 6179　M5

螺纹规格（6H）	D	M5	M6	M8	M10	M12	（M14）	M16	M20	M24	M30	M36
e	min	8.63	10.89	14.20	17.59	19.85	22.78	26.17	32.95	39.55	50.85	60.79
s	max	8	10	13	16	18	21	24	30	36	46	55
	min	7.64	9.64	12.57	15.57	17.57	20.16	23.16	29.16	35	45	53.8

（续）

螺纹规格（6H）	D	M5	M6	M8	M10	M12	（M14）	M16	M20	M24	M30	M36
m	max	7.6	8.9	10.94	13.54	17.17	18.9	21.9	25	30.3	35.4	40.9
W	max	5.6	6.4	7.94	9.54	12.17	13.9	15.9	19	22.3	26.4	31.9
	min	4.4	4.9	6.44	8.04	10.37	12.1	14.1	16.9	20.2	24.3	29.4
n	min	1.4	2	2.5	2.8	3.5	3.5	4.5		5.5	7	
开口销		1.2×12	1.6×14	2×16	2.5×20	3.2×22	3.2×26	4×28	4×36	5×40	6.3×50	6.3×65
性能等级	钢	4、5										
表面处理	钢	1）不经处理；2）镀锌钝化										

注：尽可能不采用括号内的规格。

表 5.2-129　A 级和 B 级粗牙（摘自 GB/T 6180—1986）、**细牙**（摘自 GB/T 9458—1988）**2 型六角开槽螺母**

（mm）

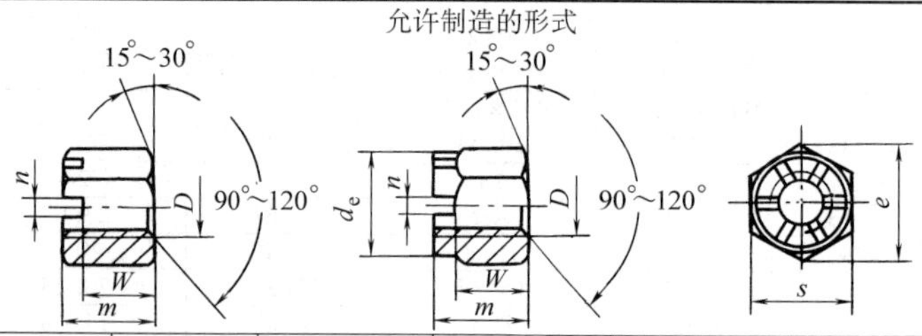

标记示例

螺纹规格 D=M5、性能等级为 9 级、表面氧化、A 级 2 型六角开槽螺母的标记

螺母　GB/T 6180　M5

螺纹规格 D=M8×1、性能等级为 8 级、表面氧化、A 级 2 型六角开槽细牙螺母的标记

螺母　GB/T 9458　M8×1

螺纹规格（6H）		M5	M6	M8	M10	M12	（M14）	M16
	D×P	—	—	M8×1	M10×1	M12×1.5	（M14×1.5）	M16×1.5
		—	—	—	M10×1.25	M12×1.25	—	—
e	min	8.79	11.05	14.38	17.77	20.03	23.36	26.75
s	max	8	10	13	16	18	21	24
	min	7.78	9.78	12.73	15.73	17.73	20.67	23.67
m	max	7.1	8.2	10.5	13.3	17	19.1	22.4
W	max	5.1	5.7	7.5	9.3	12	14.1	16.4
	min	4.8	5.4	7.14	8.94	11.57	13.67	15.97
n	min	1.4	2	2.5	2.8	3.5	3.5	4.5
d_e	max	—	—	—	—	—	—	—
开口销		1.2×12	1.6×14	2×16	2.5×20	3.2×22	3.2×26	4×28
性能等级	GB/T 6180	9、12						
	GB/T 9458	8、10						
表面处理	钢	1）氧化；2）不经处理；3）镀锌钝化						

螺纹规格（6H）	D	—	M20	—	M24	—	M30	—	M36
	D×P	（M18×1.5）	M20×2	（M22×1.5）	M24×2	（M27×2）	M30×2	（M33×2）	M36×3
		—	M20×1.5	—	—	—	—	—	—
e	min	29.56	32.95	37.29	39.55	45.2	50.85	55.37	60.79
s	max	27	30	34	36	41	46	50	55
	min	26.16	29.16	33	35	40	45	49	53.8
m	max	23.6	26.3	29.8	31.9	34.7	37.6	41.5	43.7
W	max	17.6	20.3	21.8	23.9	26.7	28.6	32.5	34.7
	min	16.9	19.46	20.5	23.06	25.4	27.78	30.9	33.7
n	min	4.5		5.5			7		
d_e	max	25	28	30	24	38	42	46	50
开口销		4×32	4×36	5×40		5×45	6.3×50	6.3×60	6.3×65
性能等级	GB/T 6180	9、12							
	GB/T 9458	10							
表面处理	钢	1）氧化；2）镀锌钝化							

注：尽可能不采用括号内的规格。

表 5.2-130　A 级和 B 级粗牙（摘自 GB 6181—1986）、**细牙**（摘自 GB/T 9459—1988）**六角开槽薄螺母**

（mm）

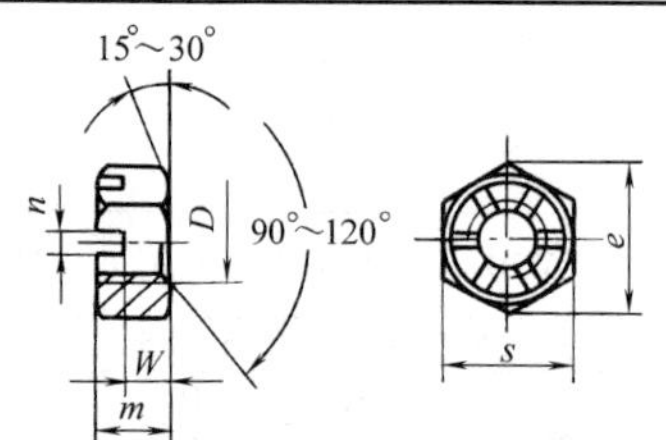

标记示例

螺纹规格 D=M12、性能等级为 04 级、不经表面处理、A 级六角开槽薄螺母的标记

螺母　GB 6181　M12

螺纹规格 D=M10×1、性能等级为 04 级、不经表面处理、A 级六角开槽细牙薄螺母的标记

螺母　GB/T 9459　M10×1

（续）

螺纹规格（6H）		M5	M6	M8	M10	M12	（M14）	M16
	D	M5	M6	M8	M10	M12	（M14）	M16
	D×P	—	—	M8×1	M10×1	M12×1.5	（M14×1.5）	M16×1.5
		—	—	—	M10×1.25	M12×1.25	—	—
e	min	8.79	11.05	14.38	17.77	20.03	23.35	26.75
s	max	8	10	13	16	18	21	24
	min	7.78	9.78	12.73	15.73	17.73	20.67	23.67
m	max	5.1	5.7	7.5	9.3	12	14.1	16.4
W	max	3.1	3.2	4.5	5.3	7	9.1	10.4
	min	2.8	2.9	4.2	5	6.64	8.74	9.79
n	min	1.4	2	2.5	2.8	3.5	3.5	4.5
开口销		1.2×12	1.6×14	2×16	2.5×20	3.2×22	3.2×26	4×28
性能等级	钢	04,05						
	不锈钢[①]	A2-50						
表面处理	钢	1）氧化;2）不经处理;3）镀锌钝化						
	不锈钢	不经处理						

螺纹规格（6H）									
	D	—	M20	—	M24	—	M30	—	M36
	D×P	（M18×1.5）	M20×2	（M22×1.5）	M24×2	（M27×2）	M30×2	（M33×2）	M36×3
		—	M20×1.5	—	—	—	—	—	—
e	min	29.56	32.95	37.29	39.55	45.2	50.85	55.37	60.79
s	max	27	30	34	36	41	46	50	55
	min	26.16	29.16	33	35	40	45	49	53.8
m	max	17.6	20.3	21.8	23.9	26.7	28.6	32.5	34.7
W	max	11.6	14.3	14.8	15.9	18.7	19.6	23.5	25.7
	min	10.9	13.6	14.1	15.2	17.86	18.76	22.66	24.86
n	min	4.5		5.5			7		
开口销		4×32	4×36	5×40		5×45	6.3×50	6.3×60	6.3×65
性能等级	钢	04、05							
	不锈钢[①]	A2-50							
表面处理	钢	1）氧化;2）不经处理;3）镀锌钝化							
	不锈钢	不经处理							

注：尽可能不采用括号内的规格。

① 仅用于 GB 6181。

表 5.2-131　1 型非金属嵌件六角锁紧螺母（摘自 GB/T 889.1—2015）、1 型非金属嵌件六角锁紧螺母细牙（摘自 GB/T 889.2—2016）　（mm）

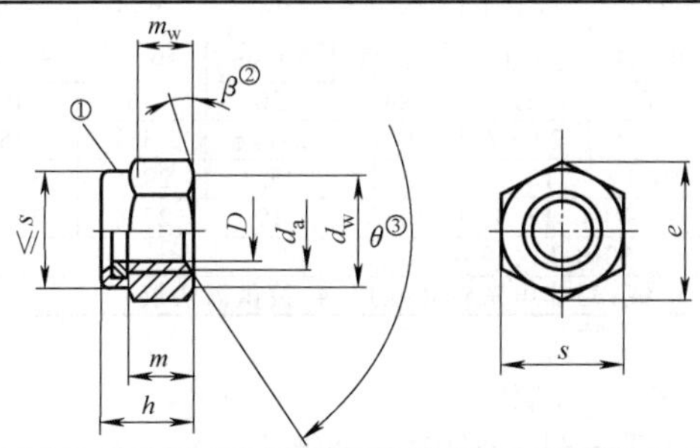

标记示例

螺纹规格 D=M12、性能等级为 8 级、表面氧化、A 级 1 型非金属嵌件六角锁紧螺母的标记

螺母　GB/T 889.1　M12

螺纹规格（6H）		M3	M4	M5	M6	M8	M10	M12	（M14）	M16	M20	M24	M30	M36
	D	M3	M4	M5	M6	M8	M10	M12	（M14）	M16	M20	M24	M30	M36
	D×P	—	—	—	—	M8×1	M10×1 M10×1.25	M12×1.25 M12×1.5	（M14×1.5）	M16×1.5	M20×1.5	M24×2	M30×2	M36×3
e	min	6.01	7.66	8.79	11.05	14.38	17.77	20.03	23.36	26.75	32.95	39.55	50.85	60.79
s	max	5.5	7	8	10	13	16	18	21	24	30	36	46	55
	min	5.32	6.78	7.78	9.78	12.73	15.73	17.73	20.67	23.67	29.16	35	45	53.8
h	max	4.5	6	6.8	8	9.5	11.9	14.9	17	19.1	22.8	27.1	32.6	38.9
m	min	2.15	2.9	4.4	4.9	6.44	8.04	10.37	12.1	14.1	16.9	20.2	24.3	29.4
性能等级	钢	5、8、10												
表面处理	钢	1）不经处理;2）镀锌钝化												

注：1. 尽可能不采用括号内的规格。

2. A 级用于 $D \leqslant 16$mm，B 级用于 $D>16$mm 的螺母。

① 有效力矩部分形状由制造者自选。

② $\beta=15° \sim 30°$。

③ $\theta=90° \sim 120°$。

表 5.2-132　A 和 B 级 1 型全金属六角锁紧螺母（摘自 GB/T 6184—2000）　（mm）

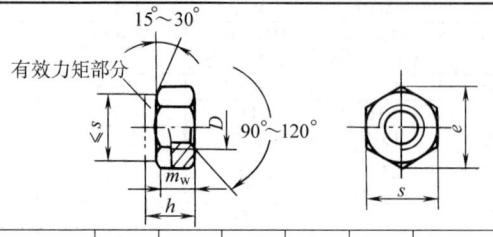

标记示例

螺纹规格 D=M12、性能等级为 8 级、表面氧化、A 级 1 型全金属六角锁紧螺母的标记

螺母　GB/T 6184　M12

螺纹规格（6H）	D	M5	M6	M8	M10	M12	（M14）	M16	（M18）	M20	（M22）	M24	M30	M36
e	min	8.79	11.05	14.38	17.77	20.03	23.36	26.75	29.56	32.95	37.29	39.55	50.85	60.79
s	max	8	10	13	16	18	21	24	27	30	34	36	46	55
	min	7.78	9.78	12.73	15.73	17.73	20.67	23.67	26.16	29.16	33	35	45	53.8
h	max	5.3	5.9	7.1	9	11.6	13.2	15.2	17	19	21	23	26.9	32.5
	min	4.8	5.4	6.44	8.04	10.37	12.1	14.1	15.01	16.9	18.1	20.2	24.3	29.4
m_w	min	3.52	3.92	5.15	6.43	8.3	9.68	11.28	12.08	13.52	14.5	16.16	19.44	23.52
性能等级	钢	5、8、10（QT）								5、8（QT）、10（QT）				
表面处理	钢	1）不经热处理；2）电镀；3）非电解锌片涂层；4）按供需协议												

注：1. 尽可能不采用括号内的规格。
2. QT—淬火并回火。

表 5.2-133　2 型非金属嵌件六角锁紧螺母（摘自 GB/T 6182—2016）　（mm）

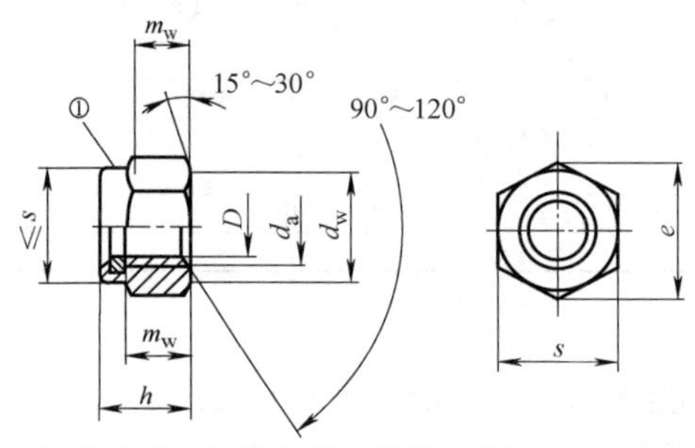

标记示例

螺纹规格为 M12、性能等级为 10 级、表面不经处理、A 级 2 型非金属嵌件六角锁紧螺母，标记为

螺母　GB/T 6182　M12

螺纹规格（6H）	D	M5	M6	M8	M10	M12	（M14）	M16	M20	M24	M30	M36
e	min	8.79	11.05	14.38	17.77	20.03	23.35	26.75	32.95	39.55	50.85	60.79
s	max	8	10	13	16	18	21	24	30	36	46	55
	min	7.78	9.78	12.73	15.73	17.73	20.67	23.67	29.16	35	45	53.8
h	max	7.2	8.5	10.2	12.8	16.1	18.3	20.7	25.1	29.5	35.6	42.6
m	min	4.8	5.4	7.14	8.94	11.57	13.4	15.7	19	22.6	27.3	33.1
性能等级	钢	10(QT),12(QT)										
表面处理	钢	1)不经处理;2)电镀;3)非电解锌片涂层;4)按供需协议										

注：1. 尽可能不采用括号内的规格。
2. QT—淬火并回火。
① 有效力矩部分，形状由制造者任选。

表 5.2-134　粗牙（摘自 GB/T 6185.1—2016）**和细牙**（摘自 GB/T 6185.2—2016）**2 型全金属六角锁紧螺母**　（mm）

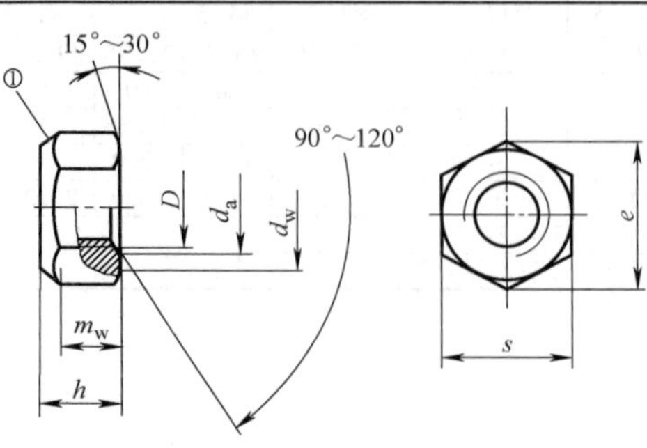

标记示例

螺纹规格为 M12、性能等级为 8 级、表面不经处理、A 级 2 型全金属六角锁紧螺母，标记为

螺母　GB/T 6185.1　M12

（续）

螺纹规格（6H）		M5	M6	M8	M10	M12	(M14)	M16	M20	M24	M30	M36
D												
D×P				M8×1	M10×1	M12×1.25	(M14×1.5)	M16×1.5	M20×1.5	M24×2	M30×2	M36×3
					M10×1.25	M12×1.5						
e	min	8.79	11.05	14.38	17.77	20.03	23.35	26.75	32.95	39.55	50.85	60.79
s	max	8	10	13	16	18	21	24	30	36	46	55
	min	7.78	9.78	12.73	15.73	17.73	20.67	23.67	29.16	35	45	53.8
h	max	5.1	6	8	10	12	14.1	16.4	20.3	23.9	30	36
	min	4.8	5.4	7.14	8.94	11.57	13.4	15.7	19	22.6	27.3	33.1
m_w	min	3.52	3.92	5.15	6.43	8.3	9.68	11.28	13.52	16.16	19.44	23.52
性能等级	钢	GB/T 6185.1　5,8,10(QT),12(QT)										
		GB/T 6185.2　8mm≤D≤16mm:8、10(QT)、12(QT)　16mm<D≤36mm:8(QT)、10(QT)										
表面处理	钢	1)不经处理;2)电镀;3)非电解锌片涂层;4)按供需协议										

注：尽可能不采用括号内的规格。

① 有效力矩部分形状由制造者自选。

表 5.2-135　2 型全金属六角锁紧螺母　9 级（摘自 GB/T 6186—2000）　（mm）

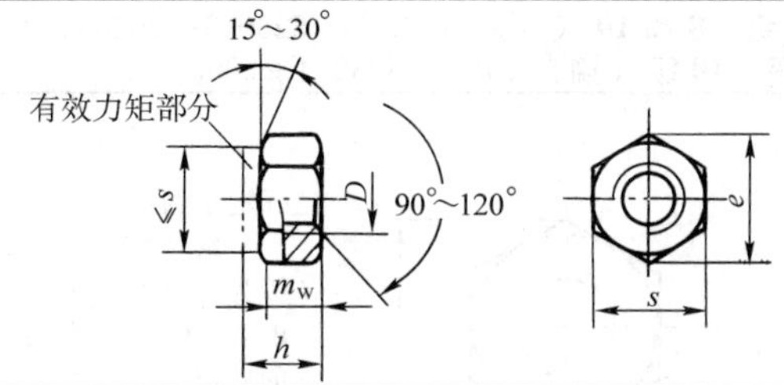

标记示例

螺纹规格 D=M12、性能等级为 9 级、表面氧化、A 级 2 型全金属六角锁紧螺母的标记

螺母　GB/T 6186　M12

螺纹规格（6H）	D	M5	M6	M8	M10	M12	(M14)	M16	M20	M24	M30	M36
e	min	8.79	11.05	14.38	17.77	20.03	23.36	26.75	32.95	39.55	50.85	60.79
s	max	8	10	13	16	18	21	24	30	36	46	55
	min	7.78	9.78	12.73	15.73	17.73	20.67	23.67	29.16	35	45	53.8
h	max	5.3	6.7	8	10.5	13.3	15.4	17.9	21.8	26.4	31.8	38.5
	min	4.8	5.4	7.14	8.94	11.57	13.4	15.7	19	22.6	27.3	33.1
m_w	min	3.84	4.32	5.71	7.15	9.26	10.7	12.6	15.2	18.1	21.8	26.5
性能等级	钢	9										
表面处理	钢	1) 氧化;2) 镀锌钝化										

注：尽可能不采用括号内的规格。

表 5.2-136　2 型非金属嵌件粗牙（摘自 GB/T 6183.1—2016）、**细牙**（摘自 GB/T 6183.2—2016）、**细牙六角法兰面锁紧螺母**　（mm）

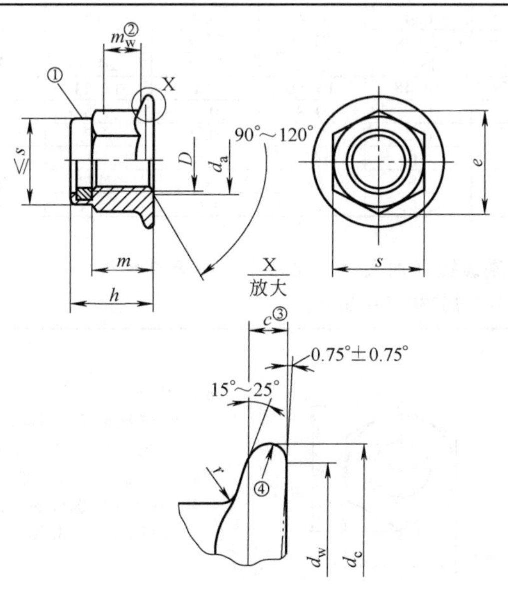

标记示例

螺纹规格 D×P=M12×1.5，细牙螺纹，性能等级为 8 级，表面不经处理，产品等级为 A 级的 2 型金属嵌件六角法兰面锁紧螺母的标记

螺母 GB/T 6187.2　M12×1.5

（续）

螺纹规格（6H）		M5	M6	M8	M10	M12	(M14)	M16	M20
	$D\times P$	—	—	M8×1	M10×1	M12×1.5	(M14×1.5)	M16×1.5	M20×1.5
		—	—	—	M10×1.25	M12×1.25	—	—	—
d_c	min	11.8	14.2	17.9	21.8	26	29.9	34.5	42.8
c	min	1	1.1	1.2	1.5	1.8	2.1	2.4	3
e	min	8.79	11.05	14.38	16.64	20.03	23.36	26.75	32.95
h	max	7.10	9.10	11.1	13.5	16.1	18.2	20.3	24.8
m	min	4.7	5.7	7.64	9.54	11.57	13.3	15.3	18.7
s	max	8	10	13	15	18	21	24	30
	min	7.78	9.78	12.73	14.73	17.73	20.67	23.67	29.16
性能等级	GB/T 6183.1	8、10(QT)							
	GB/T 6183.2	8mm≤D≤16mm,6、8、10(QT),16mm<D≤20mm 6(QT)、8(QT)、10(QT)							
表面处理		1)不经处理;2)电镀;3)非电解锌片涂层;4)按供需协议							

注：尽可能不采用括号内的规格。
① 有效力矩部分形状由制造者自选。
② m_w 为扳拧高度。
③ c 在 d_{wmin} 处测量。
④ 棱边形状由制造者任选。

表 5.2-137 栓接结构用大六角螺母 B 级 8 和 10 级（摘自 GB/T 18230.3—2000）、**栓接结构用 1 型大六角螺母 B 级 10 级**（摘自 GB/T 18230.4—2000） （mm）

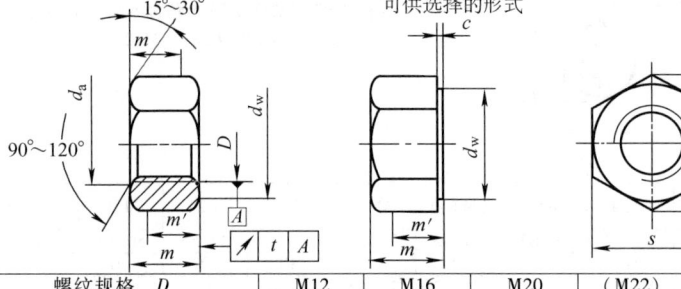

标记示例：

螺纹规格 D=M20,性能等级为 8 级表面硬化,产品等级为 B 级的栓接结构用大六角螺母的标记

螺母 GB/T 18230.3 M20

螺纹规格 D			M12	M16	M20	(M22)	M24	(M27)	M30	M36
螺距 P			1.75	2	2.5	2.5	3	3	3.5	4
d_a		max	13	17.3	21.6	23.8	25.9	29.1	32.4	38.9
		min	12	16	20	22	24	27	30	36
d_w		max	$=S_{实际}$							
		min	19.2	24.9	31.4	33.3	38.0	42.8	46.5	55.9
e		min	22.78	29.56	37.29	39.55	45.20	50.85	55.37	66.44
GB/T 18230.3	m	max	12.3	17.1	20.7	23.6	24.2	27.6	30.7	36.6
		min	11.9	16.4	19.4	22.3	22.9	26.3	29.1	35.0
	m'	min	9.5	13.1	15.5	17.8	18.3	21.0	23.3	28.0
	c	max	0.8	0.8	0.8	0.8	0.8	0.8	0.8	0.8
		min	0.4	0.4	0.4	0.4	0.4	0.4	0.4	0.4
GB/T 18230.4	m	max	10.8	14.8	18	19.4	21.5	23.8	25.6	31
		min	10.37	14.1	16.9	18.1	20.2	22.5	24.3	29.4
	m'	min	8.3	11.28	13.52	14.48	16.16	18	19.44	23.52
	c	max	0.6	0.8	0.8	0.8	0.8	0.8	0.8	0.8
		min	0.15	0.2	0.2	0.2	0.2	0.2	0.2	0.2
s		max	21	27	34	36	41	46	50	60
		min	20.16	26.16	33	35	40	45	49	58.8
t			0.38	0.47	0.58	0.63	0.72	0.80	0.87	1.05

注：括号内的规格为第二选择系列。

表 5.2-138 栓接结构用 1 型六角螺母热浸镀锌（加大攻螺纹尺寸）**A 级和 B 级 5.6 和 8 级**（摘自 GB/T 18230.6—2000） （mm）

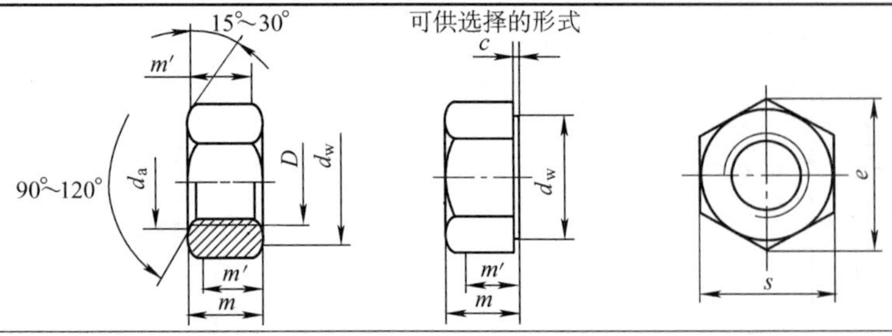

标记示例：

螺纹规格 D=M12,性能等级为 8 级、6A×螺纹、表面热浸镀锌,产品等级为 A 级的栓接结构用I型六角螺母的标记

螺母 GB/T 18230.6 M12

（续）

螺纹规格　D		M10	M12	(M14)	M16	M20	M24	M30	M36
P		1.5	1.75	2	2	2.5	3	3.5	4
c	max	0.6	0.6	0.6	0.8	0.8	0.8	0.8	0.8
d_a	min	10	12	14	16	20	24	30	36
	max	10.8	13	15.1	17.3	21.6	25.9	32.4	38.9
d_w	min	14.6	16.6	19.6	22.5	27.7	33.2	42.7	51.1
e	min	17.77	20.03	23.35	26.75	32.95	39.55	50.85	60.79
m	max	8.4	10.8	12.8	14.8	18	21.5	25.6	31
	min	8.04	10.37	12.1	14.1	16.9	20.2	24.3	29.4
m′	min	6.43	8.3	9.68	11.28	13.52	16.16	19.44	23.52
s	max	16	18	21	24	30	36	46	55
	min	15.73	17.73	20.67	23.67	29.16	35	45	53.8

注：1. 保证应力 S_P（MPa）为

螺纹直径	性能等级		
D/mm	5	6	8
M10	483	551	710
M12、M14、M16	510	580	710
M20、M24、M30、M36	560	650	850

2. 括号内的规格为第二选择系列。

表 5.2-139　栓接结构用 2 型六角螺母热浸镀锌（加大攻螺纹尺寸）A 级　9 级（摘自 GB/T 18230.7—2000）

（mm）

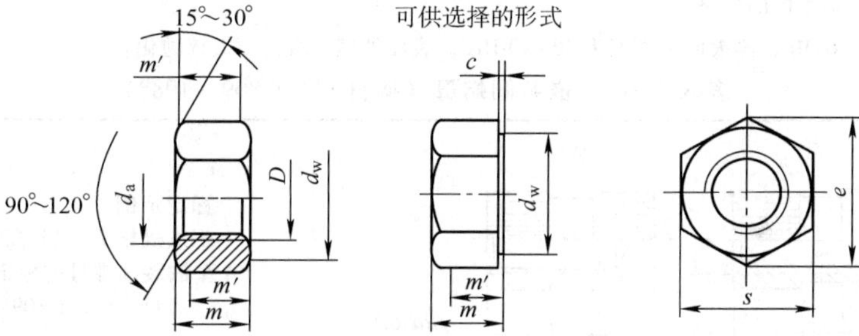

标记示例

螺纹规格 D=M12,性能等级为 9 级、6AX 螺纹、表面热浸镀锌,产品等级为 A 级的栓接结构用 2 型六角螺母的标记

螺母 GB/T 18230.7　M12

螺纹规格　D		M10	M12	(M14)	M16
P		1.5	1.75	2	2
c	max	0.6	0.6	0.6	0.8
d_a	min	10	12	14	16
	max	10.8	13	15.1	17.3
d_w	min	14.6	16.6	19.6	22.5
e	min	17.77	20.03	23.35	26.75
m	max	9.3	12	14.1	16.4
	min	8.94	11.57	13.4	15.7
m′	min	7.15	9.26	10.7	12.6
s	max	16	18	21	24
	min	15.73	17.73	20.67	23.67

注：1. 6AX 螺纹保证载荷（性能等级 9）

螺纹规格 D	公称应力截面积 A_s/mm^2	保证应力 S_P/MPa	保证载荷 $A_s \times S_P$/N
M10	58.0	775	45000
M12	84.3	800	67500
M14	115	810	93500
M16	157	810	127500

2. 括号内的规格为第二选择系列。

表 5.2-140　扣紧螺母（摘自 GB 805—1988）　　(mm)

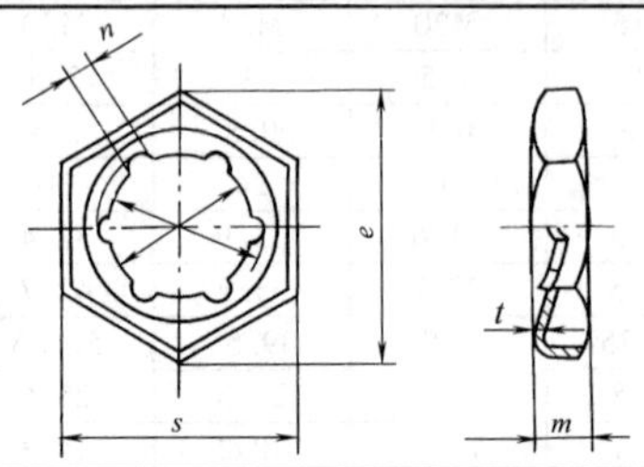

标记示例

螺纹规格 D = M12、材料为 65Mn、热处理硬度 30～40HRC、表面氧化的扣紧螺母的标记

螺母　GB 805　M12

螺纹规格 $D \times P$	D max	D min	s max	s min	D_1	n	e	m	t
6×1	5.3	5	10	9.73	7.5	1	11.5	3	0.4
8×1.25	7.16	6.8	13	12.73	9.5		16.2	4	0.5
10×1.5	8.86	8.5	16	15.73	12		19.6	5	0.6
12×1.75	10.73	10.3	18	17.73	14	1.5	21.9		0.7
(14×2)	12.43	12	21	20.67	16	1.5	25.4	6	0.8
16×2	14.43	14	24	23.67	18		27.7		
(18×2.5)	15.93	15.5	27	26.16	20.5	2	31.2	7	1
20×2.5	17.93	17.5	30	29.16	22.5		34.6		
(22×2.5)	20.02	19.5	34	33	25		36.9		
24×3	21.52	21	36	35	27	2.5	41.6	9	1.2
(27×3)	24.52	24	41	40	30		47.3		
30×3.5	27.02	26.5	46	45	34		53.1		1.4
36×4	32.62	32	55	53.8	40	3	63.5	12	
42×4.5	38.12	37.5	65	63.8	47		75		1.8
48×5	43.62	43	75	73.1	54		86.5	14	

注：1. 尽可能不采用括号内的规格。

2. 材料：弹簧钢 65Mn，淬火回火硬度为 30～40HRC；表面处理：氧化、镀锌钝化。

表 5.2-141　嵌装圆螺母（摘自 GB/T 809—1988）　　(mm)

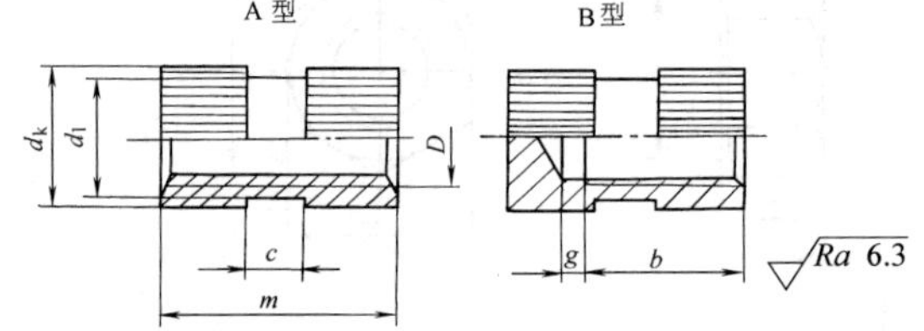

标记示例

螺纹规格 D = M5、高度 10mm、材料为 H62 的 A 型嵌装圆螺母的标记

螺母　GB/T 809　M5×10

螺纹规格						D	M2	M2.5	M3	M4	M5	M6	M8	M10	M12
d_k(滚花前)						max	4	4.5	5	6	8	10	12	15	18
						min	3.82	4.32	4.82	6.82	7.78	9.78	11.73	14.73	17.73
d_1						max	3	3.5	4	5	7	9	10	13	16
m			b		c	g									
公称	min	max	max	min											
2	1.75	2	—	—	0.6	—									
3	2.75	3	—	—	0.8	—									
4	3.70	4	—	—	1.2	—									
5	4.70	5	—	—	1.2	—									
6	5.70	6	3.24	2.76	2	1.5									
8	7.64	8	4.74	4.26	2	1.5									
10	9.64	10	6.29	5.71	3	1.5									
12	11.57	12	8.29	7.71	3	1.5									
14	13.57	14	10.29	9.71	4	1.5									
16	15.57	16	11.35	10.65	4	1.5									
18	17.57	18	12.35	11.65	4	2.5									
20	19.48	20	14.35	13.65	6	2.5									
25	24.48	25	19.42	18.58	6	2.5									
30	29.48	30	20.42	19.58	8	2.5									

注：1. 粗折线为 A 型的选用范围；虚折线为 B 型的选用范围。

2. 技术条件

螺纹按 6H 制造（GB/T 196、GB/T 197）。

直纹滚花按 GB/T 6403.3 的规定。

经供需双方协议，允许制造六角嵌装螺母。

经供需双方协议，对 B 型允许制成组合结构的形式。

表 5.2-142　钢结构用扭剪型高强度螺栓连接副（摘自 GB/T 3632—2008）　　（mm）

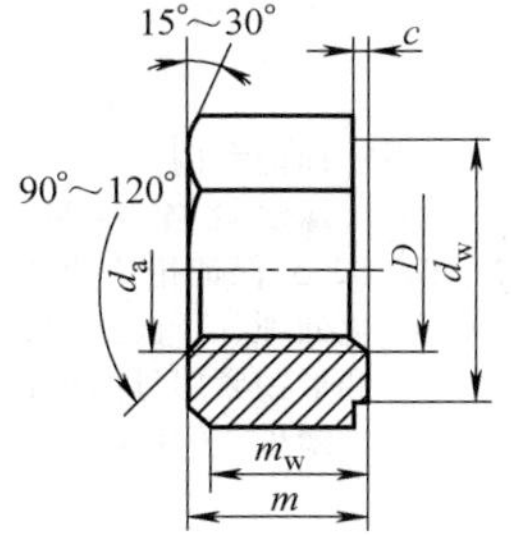

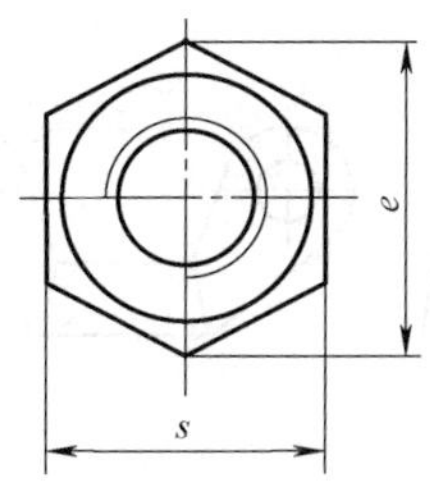

标记示例

螺纹规格 D=M20、性能等级为 10S 级、表面防锈处理的钢结构用扭剪型高强度螺母

螺母　GB/T 3632　M20

螺纹规格 D		M16	M20	(M22)	M24	(M27)	M30
P		2	2.5	2.5	3	3	3.5
d	max	17.3	21.6	23.8	25.9	29.1	32.4
	min	16	20	22	24	27	30
d_w	min	24.9	31.4	33.3	38.0	42.8	46.5
e	min	29.56	37.29	39.55	45.20	50.85	55.37
m	max	17.1	20.7	23.6	24.2	27.6	30.7
	min	16.4	19.4	22.3	22.9	26.3	29.1
m_w	min	11.5	13.6	15.6	16.0	18.4	20.4
c	max	0.8	0.8	0.8	0.8	0.8	0.8
	min	0.4	0.4	0.4	0.4	0.4	0.4
s	max	27	34	36	41	46	50
	min	26.16	33	35	40	45	49
支承面对螺纹轴线的全跳动公差		0.38	0.47	0.50	0.57	0.64	0.70

注：括号内的规格为第二选择系列。

表 5.2-143　钢结构用高强度大六角螺母（摘自 GB/T 1229—2006）　　（mm）

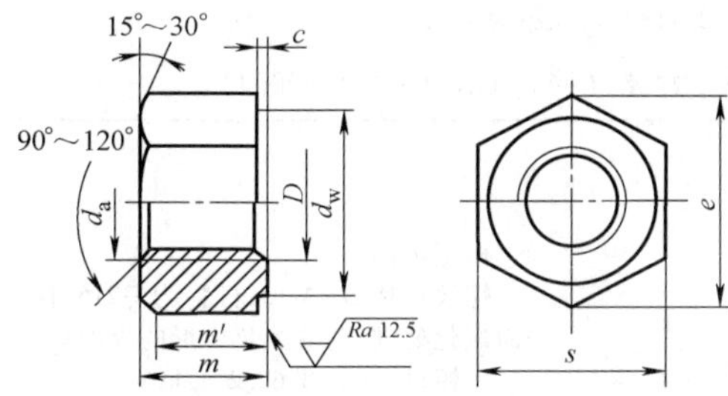

标记示例

螺纹规格 D=M20、性能等级为 10H 级的钢结构用高强度大六角螺母的标记

螺母　GB/T 1229　M20

螺纹规格 D=M20、性能等级为 8H 级的钢结构用高强度大六角螺母的标记

螺母　GB/T 1229　M20-8H

螺纹规格 D		N12	M16	M20	(M22)	M24	(M27)	M30
P		1.75	2	2.5	2.5	3	3	3.5
d_a	max	13	17.3	21.6	23.8	25.9	29.1	32.4
	min	12	16	20	22	24	27	30
d_w	min	19.2	24.9	31.4	33.3	38.0	42.8	46.5
e	min	22.78	29.56	37.29	39.55	45.20	50.85	55.37
m	max	12.3	17.1	20.7	23.6	24.2	27.6	30.7
	min	11.87	16.4	19.4	22.3	22.9	26.3	29.1
m'	min	8.3	11.5	13.6	15.6	16.0	18.4	20.4
c	max	0.8	0.8	0.8	0.8	0.8	0.8	0.8
	min	0.4	0.4	0.4	0.4	0.4	0.4	0.4
s	max	21	27	34	36	41	46	50
	min	20.16	26.16	33	35	40	45	49
支承面对螺纹轴线的垂直度公差		0.29	0.38	0.47	0.50	0.57	0.64	0.70
每 1000 个钢螺母的理论质量/kg		27.68	61.51	118.77	146.59	202.67	288.51	374.01

注：括号内的规格为第二选择系列。

表 5.2-144　蝶形螺母　圆翼（摘自 GB/T 62.1—2004）　　(mm)

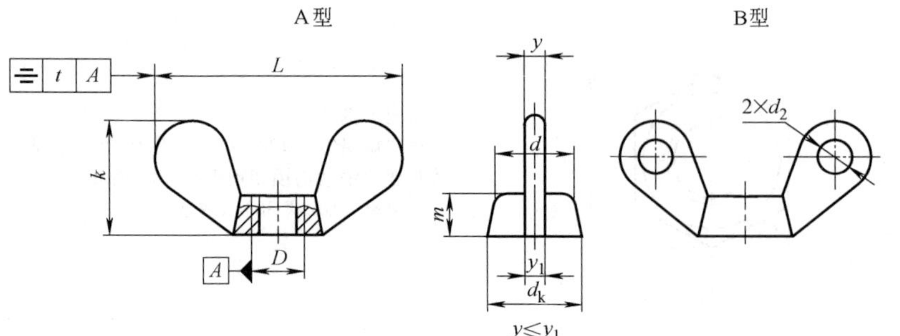

标记示例

螺纹规格 D=M10、材料为Q215、保证扭矩为Ⅰ级、表面氧化处理、两翼为半圆形的A型螺形锁紧螺母的标记

螺母　GB/T 62.1　M10

螺纹规格 D	d_k min	d ≈	L		k		m min	y max	y_1 max	d_2 max	t max
M2	4	3	12	±1.5	6	±1.5	2	2.5	3	2	0.3
M2.5	5	4	16		8		3	2.5	3	2.5	0.3
M3	5	4	16		8		3	2.5	3	3	0.4
M4	7	6	20		10		4	3	4	4	0.4
M5	8.5	7	25		12		5	3.5	4.5	4	0.5
M6	10.5	9	32	±2	16		6	4	5	5	0.5
M8	14	12	40		20		8	4.5	5.5	6	0.6
M10	18	15	50		25		10	5.5	6.5	7	0.7
M12	22	18	60		30		12	7	8	8	1
(M14)	26	22	70		35	±2	14	8	9	9	1.1
M16	26	22	70		35		14	8	9	10	1.2
(M18)	30	25	80		40		16	8	10	10	1.4
M20	34	28	90	±2.5	45		18	9	11	11	1.5
(M22)	38	32	100		50		20	10	12	11	1.6
M24	43	36	112		56		22	11	13	12	1.8

注：1. 尽可能不采用括号内的规格。

2. 材料：保证扭矩Ⅰ级为 Q215、Q235、KT30-6、12Cr18Ni9，Ⅱ级为 H62。

表 5.2-145　蝶形螺母　方翼（摘自 GB/T 62.2—2004）　　(mm)

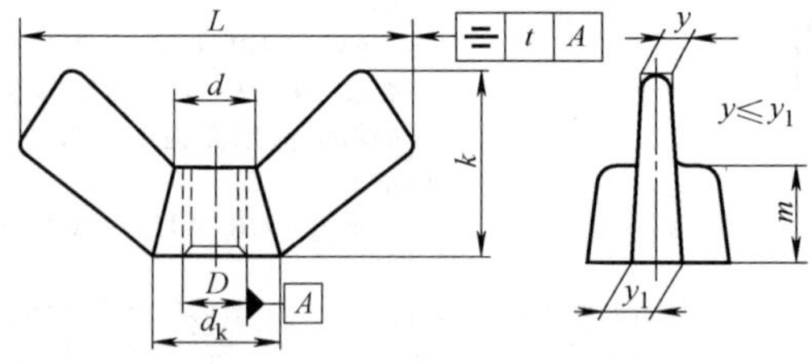

标记示例

螺纹规格 D=M10、材料为 Q215、保证扭矩为 1 级、表面氧化处理、两翼为长方形的蝶形螺母的标记

螺母　GB/T 62.2　M10

螺纹规格 D	d_k min	d ≈	L		k		m min	y max	y_1 max	t max
M3	6.5	4	17	±1.5	9	±1.5	3	3	4	0.4
M4	6.5	4	17		9		3	3	4	0.4
M5	8	6	21		11		4	3.5	4.5	0.5
M6	10	7	27		13		4.5	4	5	0.5
M8	13	10	31	±2	16		6	4.5	5.5	0.6
M10	16	12	36		18		7.5	5.5	6.5	0.7
M12	20	16	48		23		9	7	8	1
(M14)	20	16	48		23		9	7	8	1.1
M16	27	22	68		35	±2	12	8	9	1.2
(M18)	27	22	68		35		12	8	9	1.4
M20	27	22	68		35		12	8	9	1.5

注：1. 尽可能不采用括号内的规格。

2. 材料：保证扭矩Ⅰ级为 Q215、Q235、KT30-6、12Cr18Ni9，Ⅱ级为 H62。

表 5.2-146　蝶形螺母　冲压（摘自 GB/T 62.3—2004）　　（mm）

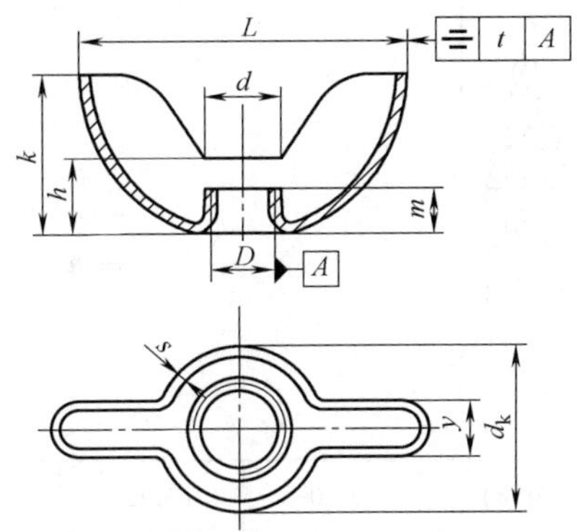

标记示例

螺纹规格 D=M5、材料为 Q215、保证扭矩为Ⅱ级，经表面氧化处理、用钢板冲压制成的 A 形蝶型螺母的标记

螺母　GB/T 62.3　M5

螺纹规格 D	d_k max	d ≈	L		k		h ≈	y max	A 型（高型）			B 型（低型）			t max
									m		S	m		S	
M3	10	5	16	±1	6.5	±1	2	4	3.5	±0.5	1	1.4	±0.3	0.8	0.4
M4	12	6	19		8.5		2.5	5	4			1.6			0.4
M5	13	7	22		9		3	5.5	4.5			1.8			0.5
M6	15	9	25		9.5		3.5	6	5	±0.8		2.4	±0.4	1	0.5
M8	17	10	28		11		5	7	6		1.2	3.1	±0.5	1.2	0.6
M10	20	12	35	±1.5	12		6	8	7			3.8			0.7

注：材料：保证扭矩 A 型Ⅱ级、B 型Ⅲ级均为 Q215、Q235。

表 5.2-147　蝶形螺母　压铸（摘自 GB/T 62.4—2004）　　（mm）

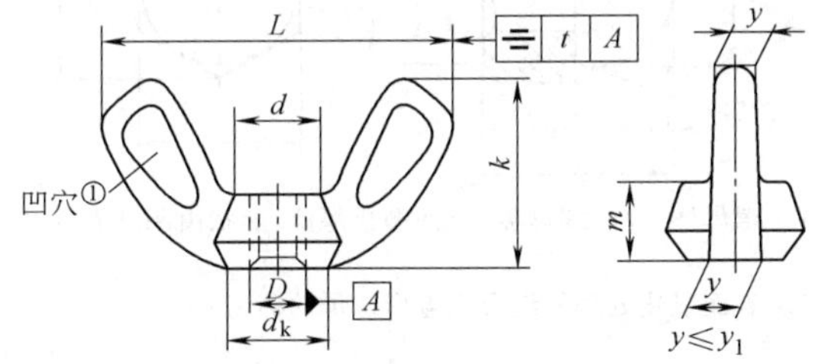

① 有无凹穴及其形式与尺寸，由制造者确定。

标记示例

螺纹规格 D=M5、材料为 ZZnAlD4-3、保证扭矩为Ⅱ级、不经表面处理、用锌合金压铸制成的蝶形螺母的标记

螺母　GB/T 62.4　M5

螺纹规格 D	d_k max	d ≈	L		k		m min	y max	y_1 max	t max
M3	5	4	16	±1.5	8.5	±1.5	2.4	2.5	3	0.4
M4	7	6	21		11		3.2	3	4	0.4
M5	8.5	7	21		11		4	3.5	4.5	0.5
M6	10.5	9	23		14		5	4	5	0.5
M8	13	10	30		16		6.5	4.5	5.5	0.6
M10	16	12	37	±2	19		8	5.5	6.5	0.7

注：材料：保证扭矩Ⅱ级为锌合金 ZZnAlD4-3。

表 5.2-148　环形螺母（摘自 GB/T 63—1988）　　(mm)

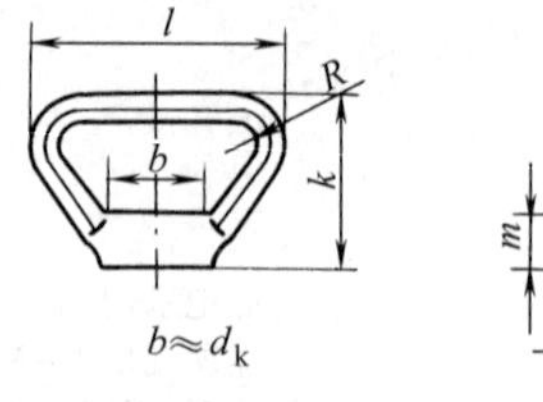

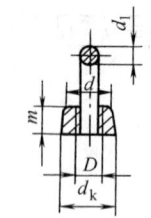

标记示例

螺纹规格 D=M16、材料 ZCuZn40Mn2、不经表面处理的环形螺母的标记

螺母　GB/T 63　M16

螺纹规格 D (6H)	M12	(M14)	M16	(M18)	M20	(M22)	M24
d_k	24		30		36		46
d	20		26		30		38
m	15		18		22		26
k	52		60		72		84
l	66		76		86		98
d_1	10		12		13		14
R	6				8		10
材　料	ZCuZn40Mn2						

注：尽可能不采用括号内的规格。

表 5.2-149　组合式盖形螺母（摘自 GB/T 802.1—2008）　　(mm)

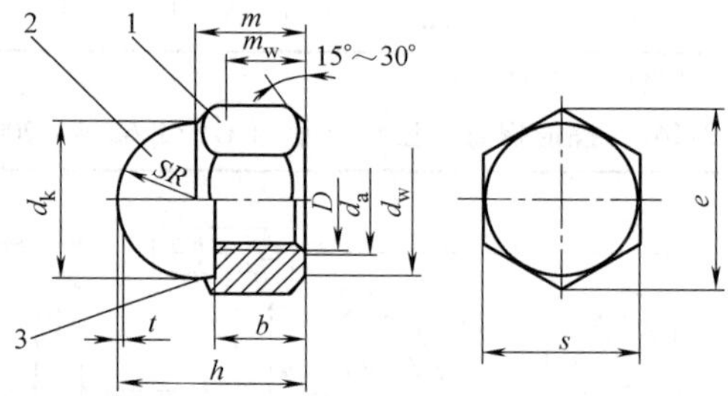

1—螺母体　2—螺母盖　3—铆合部位，形状由制造者任选

标记示例

螺纹规格 D=M12、性能等级为 6 级、表面氧化处理的组合式盖形螺母的标记

螺母　　GB/T 802.1　M12

螺纹规格 D①	第 1 系列	M4	M5	M6	M8	M10	M12
	第 2 系列	—	—	—	M8×1	M10×1	M12×1.5
	第 3 系列	—	—	—	—	M10×1.25	M12×1.25
P②		0.7	0.8	1	1.25	1.5	1.75
d_a	max	4.6	5.75	6.75	8.75	10.8	13
	min	4	5	6	8	10	12
d_k	≈	6.2	7.2	9.2	13	16	18
d_w	min	5.9	6.9	8.9	11.6	14.6	16.6
e	min	7.66	8.79	11.05	14.38	17.77	20.03
h	max=公称	7	9	11	15	18	22
m	≈	4.5	5.5	6.5	8	10	12
b	≈	2.5	4	5	6	8	10
m_w	min	3.6	4.4	5.2	6.4	8	9.6
SR	≈	3.2	3.6	4.6	6.5	8	9
s	公称	7	8	10	13	16	18
	min	6.78	7.78	9.78	12.73	15.73	17.73
t	≈	0.5	0.5	0.8	0.8	0.8	1

（续）

螺纹规格 D①		(M14)	M16	(M18)	M20	(M22)	M24
	第 1 系列	(M14)	M16	(M18)	M20	(M22)	M24
	第 2 系列	(M14×1.5)	M16×1.5	(M18×1.5)	M20×2	(M22×1.5)	M24×2
	第 3 系列	—	—	(M18×2)	M20×1.5	(M22×2)	—
P②		2	2	2.5	2.5	2.5	3
d_a	max	15.1	17.3	19.5	21.6	23.7	25.9
	min	14	16	18	20	22	24
d_k	≈	20	22	25	28	30	34
d_w	min	19.6	22.5	24.9	27.7	31.4	33.3
e	min	23.35	26.75	29.56	32.95	37.29	39.55
h	max=公称	24	26	30	35	38	40
m	≈	13	15	17	19	21	22
b	≈	11	13	14	16	18	19
m_w	min	10.4	12	13.6	15.2	16.8	17.6
SR	≈	10	11.5	12.5	14	15	17
s	公称	21	24	27	30	34	36
	min	20.67	23.67	26.16	29.16	33	35
t	≈	1	1	1.2	1.2	1.2	1.2

① 尽可能不采用括号内的规格；按螺纹规格第 1 至第 3 系列，依次优先选用。

② P—粗牙螺纹螺距。

表 5.2-150　滚花高螺母（摘自 GB/T 806—1988）**和滚花薄螺母**（摘自 GB/T 807—1988）　（mm）

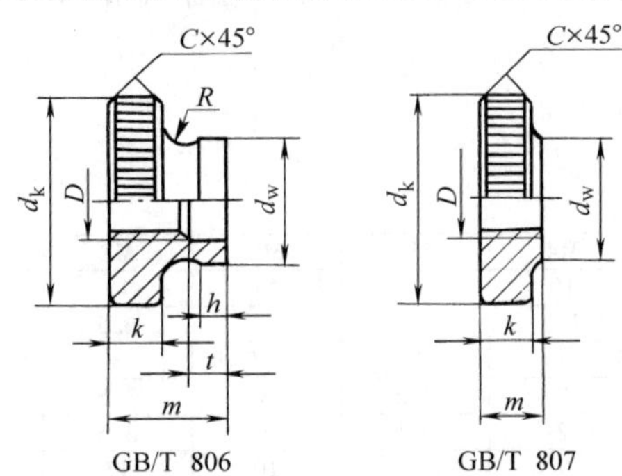

标记示例

螺纹规格 D=M5、性能等级为 5 级、不经表面处理的滚花高螺母和滚花薄螺母分别标记为

螺母　GB/T 806　M5

螺母　GB/T 807　M5

螺纹规格　D(6H)		M1.4	M1.6	M2	M2.5	M3	M4	M5	M6	M8	M10
d_k（滚花前）	max	6	7	8	9	11	12	16	20	24	30
	min	5.78	6.78	7.78	8.78	10.73	11.73	15.73	19.67	23.67	29.67
d_w	max	3.5	4	4.5	5	6	8	10	12	16	20
	min	3.2	3.7	4.2	4.7	5.7	7.64	9.64	11.57	15.57	19.48
C		0.2				0.3		0.5		0.8	
GB/T 806	m max	—	4.7	5	5.5	7	8	10	12	16	20
	k	—	2	2	2.2	2.8	3	4	5	6	8
	t max	—	1.5		2		2.5	3	4	5	6.5
	R min	—	1.25		1.5	2		2.5	3	4	5
	h	—	0.8	1		1.2	1.5	2	2.5	3	3.8
	d_1	—	3.6	3.8	4.4	5.2	6.4	9	11	13	17.5
GB/T 807	m　max	2	2.5			3		4	5	6	8
	k	1.5	2			2.5		3.5	4	5	6

表 5.2-151　C 级方螺母（摘自 GB/T 39—1988）　（mm）

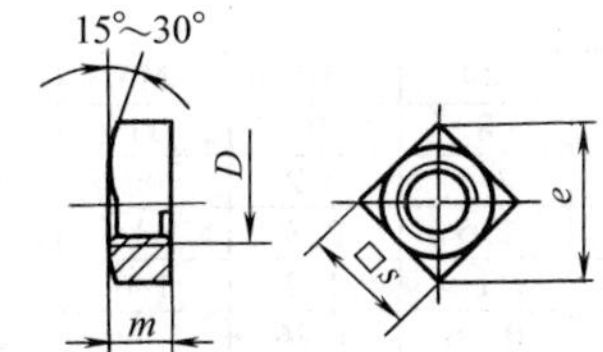

标记示例

螺纹规格 D=M16、性能等级为 5 级、不经表面处理、C 级方螺母的标记

螺母　GB/T 39　M12

螺纹规格　D(7H)		M3	M4	M5	M6	M8	M10	M12	(M14)	M16	(M18)	M20	(M22)	M24
s	max	5.5	7	8	10	13	16	18	21	24	27	30	34	36

（续）

螺纹规格	D(7H)	M3	M4	M5	M6	M8	M10	M12	(M14)	M16	(M18)	M20	(M22)	M24
s	min	5.2	6.64	7.64	9.64	12.57	15.57	17.57	20.16	23.16	26.16	29.16	33	35
m	max	2.4	3.2	4	5	6.5	8	10	11	13	15	16	18	19
	min	1.4	2	2.8	3.8	5	6.5	8.5	9.2	11.2	13.2	14.2	16.2	16.9
e	min	6.76	8.63	9.93	12.53	16.34	20.24	22.84	26.21	30.11	34.01	37.91	42.9	45.5

注：尽可能不采用括号内的规格。

表 5.2-152　端面带孔圆螺母（摘自 GB/T 815—1988）**和侧面带孔圆螺母**（摘自 GB/T 816—1988）

（mm）

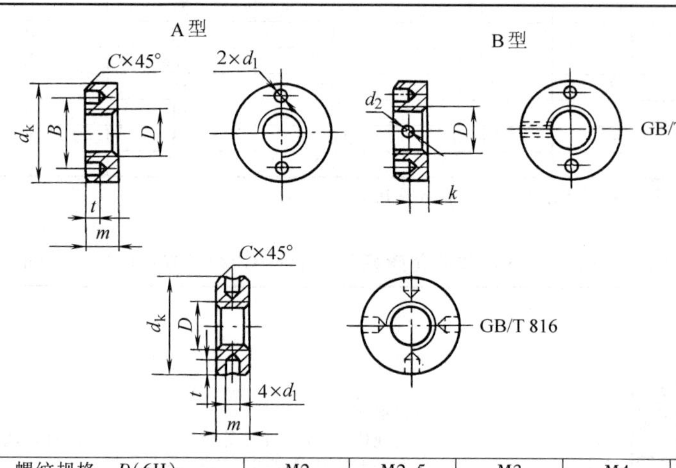

标记示例

螺纹规格 D = M5、材料为 Q235、不经表面处理的 A 型端面带孔圆螺母的标记

螺母　GB/T 815　M5

螺纹规格	D(6H)	M2	M2.5	M3	M4	M5	M6	M8	M10
d_k	max	5.5	7	8	10	12	14	18	22
m	max	2	2.2	2.5	3.5	4.2	5	6.5	8
d_1		1	1.2	1.5		2	2.5	3	3.5
t	GB/T 815	2	2.2	1.5	2	2.5	3	3.5	4
	GB/T 816	1.2		1.5	2	2.5	3	3.5	4
B		4	5	5.5	7	8	10	13	15
k		1	1.1	1.3	1.8	2.1	2.5	3.3	4
d_2		M1.2	M1.4	M1.4	M2	M2	M2.5	M3	M3
垂直度 δ		按 GB/T 3103.1 中 11.2 对 A 级产品的规定							
材料		Q235							
表面处理		1）不经表面处理；2）氧化；3）镀锌钝化							

表 5.2-153　带槽圆螺母（摘自 GB/T 817—1988）　　（mm）

A型

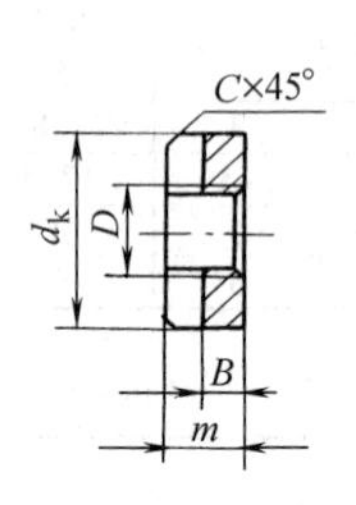

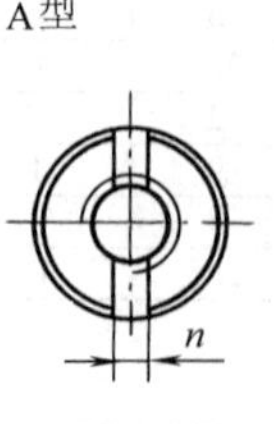

B型

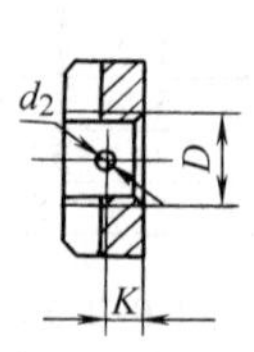

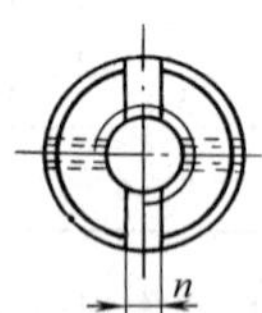

标记示例

螺纹规格 D = M5、材料为 Q235、不经表面处理的 A 型带槽圆螺母的标记

螺母　GB/T 817　M5

螺纹规格	D(6H)	M1.4	M1.6	M2	M2.5	M3	M4	M5	M6	M8	M10	M12
d_k	max	3	4	1.5	5.5	6	8	10	11	14	18	22
m	max	1.6	2	2.2	2.5	3	3.5	4.2	5	6.5	8	10
B	max	1.1	1.2	1.4	1.6	2	2.5	2.8	3	4	5	6
n	公称	0.4		0.5	0.6	0.8	1	1.2	1.6	2	2.5	3
	min	0.46		0.56	0.66	0.86	0.96	1.26	1.66	2.06	2.56	3.06
	max	0.6		0.7	0.8	1	1.31	1.51	1.91	2.31	2.81	3.31
K		—			1.1	1.3	1.8	2.1	2.5	3.3	4	5
C		0.1		0.2			0.3	0.4		0.5		0.8

（续）

螺纹规格　D(6H)	M1.4	M1.6	M2	M2.5	M3	M4	M5	M6	M8	M10	M12
d_2	—			M1.4			M2			M3	M4
垂直度 δ	按 GB/T 3103.1 中 11.2 对 A 级产品的规定										
材　　料	Q235										
表面处理	1)不经表面处理;2)氧化;3)镀锌钝化										

表 5.2-154　小圆螺母（摘自 GB/T 810—1988）　　（mm）

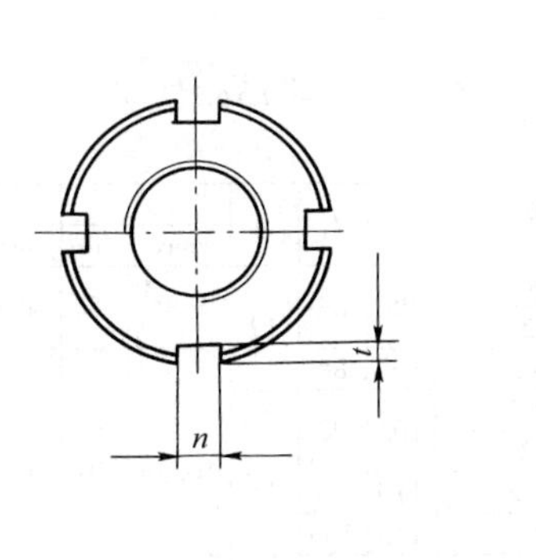

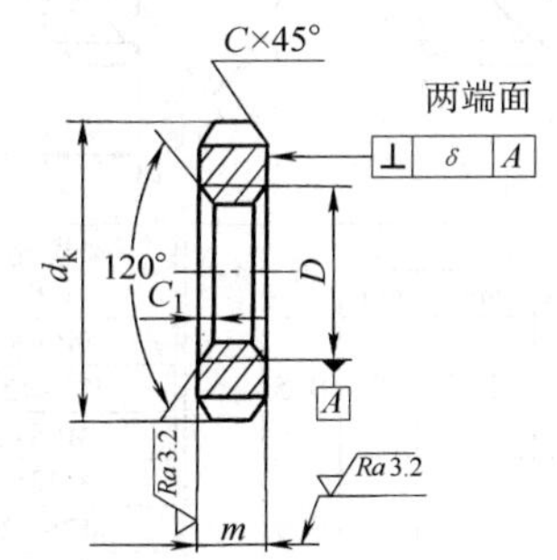

$D \leqslant$ M100×2　槽数4

$D \geqslant$ M105×2　槽数6

$\sqrt{Ra\ 6.3}$ ($\sqrt{}$)

螺纹规格 $D \times P$		M10×1	M12×1.25	M14×1.5	M16×1.5	M18×1.5	M20×1.5	M22×1.5	M24×1.5	M27×1.5	M30×1.5	M33×1.5	M36×1.5	M39×1.5	M42×1.5
d_k		20	22	25	28	30	32	35	38	42	45	48	52	55	58
m		6						8							
n	max	4.3				5.30							6.30		
	min	4				5							6		
t	max	2.6				3.10							3.60		
	min	2				2.5							3		
C		0.5								1					
C_1		0.5													

螺纹规格 $D \times P$		M45×1.5	M48×1.5	M52×1.5	M56×2	M60×2	M64×2	M68×2	M72×2	M76×2	M80×2	M85×2	M90×2	M95×2	M100×2
d_k		62	68	72	78	80	85	90	95	100	105	110	115	120	125
m		8	10						12						
n	max	6.3		8.36						10.36					12.43
	min	6		8						10					12
t	max	3.6		4.25						4.75					5.75
	min	3		3.5						4					5
C		1									1.5				
C_1		0.5			1										

螺纹规格 $D \times P$		M105×2	M110×2	M115×2	M120×2	M125×2	M130×2	M140×2	M150×2	M160×3	M170×3	M180×3	M190×3	M200×3
d_k		130	135	140	145	150	160	170	180	195	205	220	230	240
m		15						18				22		
n	max	12.43			14.43						16.43			
	min	12			14						16			
t	max	5.75			6.75						7.90			
	min	5			6						7			
C		1.5								2				
C_1		1								1.5				

表 5.2-155　圆螺母（摘自 GB/T 812—1988）　（mm）

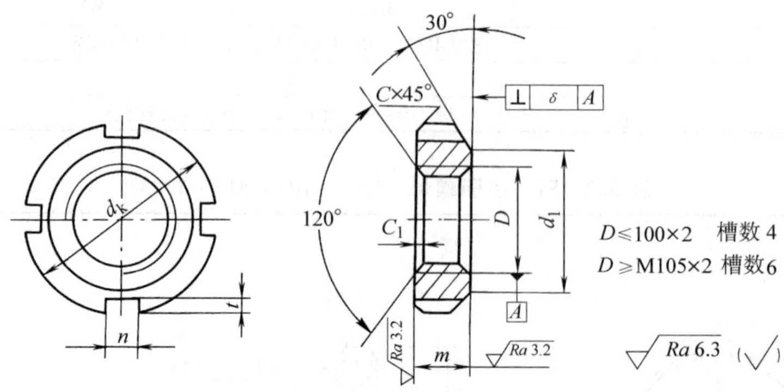

螺纹规格 D×P	d_k	d_1	m	n max	n min	t max	t min	C	C_1	螺纹规格 D×P	d_k	d_1	m	n max	n min	t max	t min	C	C_1
M10×1	22	16	8	4.3	4	2.6	2	0.5	0.5	M64×2	95	84	12	8.36	8	4.25	3.5	1.5	1
M12×1.25	25	19								M65×2①									
M14×1.5	28	20								M68×2	100	88							
M16×1.5	30	22		5.3	5	3.1	2.5	0.5		M72×2	105	93	15	10.36	10	4.75	4		
M18×1.5	32	24								M75×2①									
M20×1.5	35	27								M76×2	110	98							
M22×1.5	38	30	10					1		M80×2	115	103							
M24×1.5	42	34								M85×2	120	108							
M25×1.5①										M90×2	125	112	18	12.43	12	5.75	5		
M27×1.5	45	37								M95×2	130	117							
M30×1.5	48	40								M100×2	135	122							
M33×1.5	52	43		6.3	6	3.6	3			M105×2	140	127							
M35×1.5①										M110×2	150	135		14.43	14	6.75	6		
M36×1.5	55	46						1.5		M115×2	155	140	22						
M39×1.5	58	49								M120×2	160	145							
M40×1.5①										M125×2	165	150							
M42×1.5	62	53								M130×2	170	155							
M45×1.5	68	59								M140×2	180	165	26						
M48×1.5	72	61	12	8.36	8	4.25	3.5		1	M150×2	200	180		16.43	16	7.9	7		
M50×1.5①										M160×3	210	190						2	1.5
M52×1.5	78	67								M170×3	220	200							
M55×2*										M180×3	230	210	30						
M56×2	85	74								M190×3	240	220							
M60×2	90	79								M200×3	250	230							

① 仅用于滚动轴承锁紧装置。

表 5.2-156　带锁紧槽圆螺母　（mm）

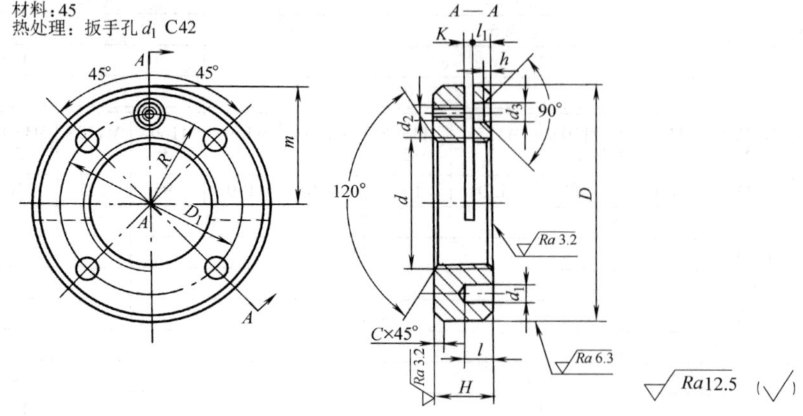

（续）

d	D	D_1 公称尺寸	D_1 允差	H 公称尺寸	H 允差	d_1 公称尺寸	d_1 允差	d_2	d_3	R	l	h 公称尺寸	h 允差	l_1	K	m	C	螺钉 GB/T 68—2016
M10×1	22	16	+0.12	6	−0.30	3	+0.25	M2	2.6	8	3	1.2	−0.3	1.2	1.5	15	0.2	M2×4
M12×1.25	25	18								9								
M16×1.5	30	22	+0.14	8	−0.36	3.5	+0.25	M3	3.6	11.5	4	1.5	−0.3	1.5	1.5	20	0.5	M3×6
M18×1.5	32	24					+0.30			12.5								
M20×1.5	35	27				4				13.5								
(M22×1.5)	38	30		10				M4	4.8	15	5	2	−0.4	2	2	25		M4×8
M24×1.5	42	34	+0.17							16.5							1	
(M27×1.5)	45					4.5				18						30		
M30×1.5	48	38								19.5	6							
(M33×1.5)	52	42						M5	6	20.5		2.5		3		35		M5×8
M36×1.5	55	46								23								
(M39×1.5)	58					5.5				24.5						40		
M42×1.5	62	54	+0.20							26	7							
(M45×1.5)	68									28.5						45		
M48×1.5	72	62		12	−0.43			M6	7	30		3		4	3			M6×10
(M52×1.5)	78					6.5				32.5						50		
M56×2	85	72					+0.36			35.5								
(M60×2)	90					7.5				38						55		
M64×2	95	80								40	8							
(M68×2)	100					9				42				5		60		M6×12
M72×2	105	90	+0.23	15						44	10						1.5	
(M76×2)	110							M8	9	46.5		4	−0.5					M8×12
M80×2	115	100								49								
(M85×2)	120									51						65		
M90×2	125	110		18						54				6				M8×15
(M95×2)	130									56.5								
M100×2	135	120								59						70		

注：1. 括号内的规格尽量不用。

2. 表面发蓝处理。

5.4　螺钉（见表 5.2-157～表 5.2-181）

表 5.2-157　开槽圆柱头螺钉（摘自 GB/T 65—2016）、**开槽盘头螺钉**（摘自 GB/T 67—2016）、**开槽沉头螺钉**（摘自 GB/T 68—2016）、**开槽半沉头螺钉**（摘自 GB/T 69—2016）　（mm）

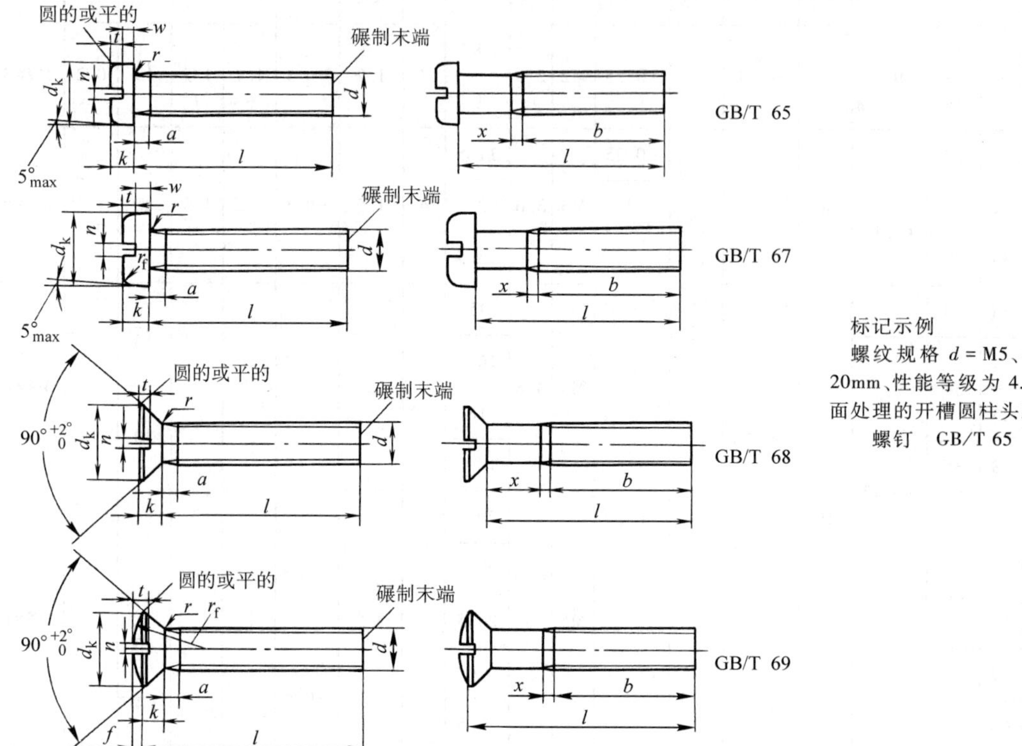

标记示例

螺纹规格 d = M5、公称长度 l = 20mm、性能等级为 4.8 级、不经表面处理的开槽圆柱头螺钉标记为

螺钉　GB/T 65　M5×20

螺纹规格 d			M1.6	M2	M2.5	M3	(M3.5)	M4	M5	M6	M8	M10
a	max		0.7	0.8	0.9	1	1.2	1.4	1.6	2	2.5	3
b	min		25				38					
n	公称		0.4	0.5	0.6	0.8	1	1.2	1.2	1.6	2	2.5
x	max		0.9	1	1.1	1.25	1.5	1.75	2	2.5	3.2	3.8
d_k	max	GB/T 65	3.00	3.80	4.50	5.50	6	7	8.5	10	13	16
		GB/T 67	3.2	4	5	5.6	7	8	9.5	12	16	20
		GB/T 68 GB/T 69	3	3.8	4.7	5.5	7.3	8.4	9.3	11.3	15.8	18.3
k	max	GB/T 65	1.10	1.40	1.80	2.00	2.4	2.6	3.3	3.9	5	6
		GB/T 67	1	1.3	1.5	1.8	2.1	2.4	3	3.6	4.8	6
		GB/T 68 GB/T 69	1	1.2	1.5	1.65	2.35	2.7		3.3	4.65	5
t	min	GB/T 65	0.45	0.6	0.7	0.85	1	1.1	1.3	1.6	2	2.4
		GB/T 67	0.35	0.5	0.6	0.7	0.8	1	1.2	1.4	1.9	2.4
		GB/T 68	0.32	0.4	0.5	0.6	0.9	1	1.1	1.2	1.8	2
		GB/T 69	0.64	0.8	1	1.2	1.4	1.6	2	2.4	3.2	3.8
r	min	GB/T65 GB/T67	0.1					0.2		0.25	0.4	
r	max	GB/T 68 GB/T 69	0.4	0.5	0.6	0.8	0.9	1	1.3	1.5	2	2.5
r_f	参考	GB/T67	0.5	0.6	0.8	0.9	1	1.2	1.5	1.8	2.4	3
r_f	≈	GB/T69	3	4	5	6	8.5	9.5	9.5	12	16.5	19.5
f		GB/T 69	0.4	0.5	0.6	0.7	0.8	1	1.2	1.4	2	2.3
w	min	GB/T 65	0.4	0.5	0.7	0.75	1	1.1	1.3	1.6	2	2.4
		GB/T 67	0.3	0.4	0.5	0.7	0.8	1	1.2	1.4	1.9	2.4
l① 长度范围		GB/T 65	2～16	3～20	3～25	4～30	5～35	5～40	6～50	8～60	10～80	12～80
		GB/T 67	2～16	2.5～20	3～25	4～30	5～35	5～40	6～50	8～60	10～80	12～80

（续）

螺纹规格 d		M1.6	M2	M2.5	M3	(M3.5)	M4	M5	M6	M8	M10
l① 长度范围	GB/T 68 GB/T 69	2.5~16	3~20	4~25	5~30	6~35	6~40	8~50	8~60	10~80	12~80
性能等级	钢	按协议			4.8,5.8						
	不锈钢	A2-50、A2-70									
	有色金属	按协议			Cu2、Cu3、AL4						
表面处理	钢	1)不经处理;2)电镀;3)非电解涂层;4)按协议									
	不锈钢	1)简单处理;2)钝化处理									
	有色金属	1)简单处理;2)电镀									

① 长度系列为（单位为 mm）：3、4、5、6~12（2 进位）（14）、16、20~50（5 进位）、（55）、60、（65）、70、（75）、80。

表 5.2-158　十字槽盘头螺钉（摘自 GB/T 818—2016）、**十字槽沉头螺钉**（摘自 GB/T 819.1—2016）、**十字槽半沉头螺钉**（摘自 GB/T 820—2015）、**十字槽圆柱头螺钉**（摘自 GB/T 822—2016）、**十字槽小盘头螺钉**（摘自 GB/T 823—2016）　(mm)

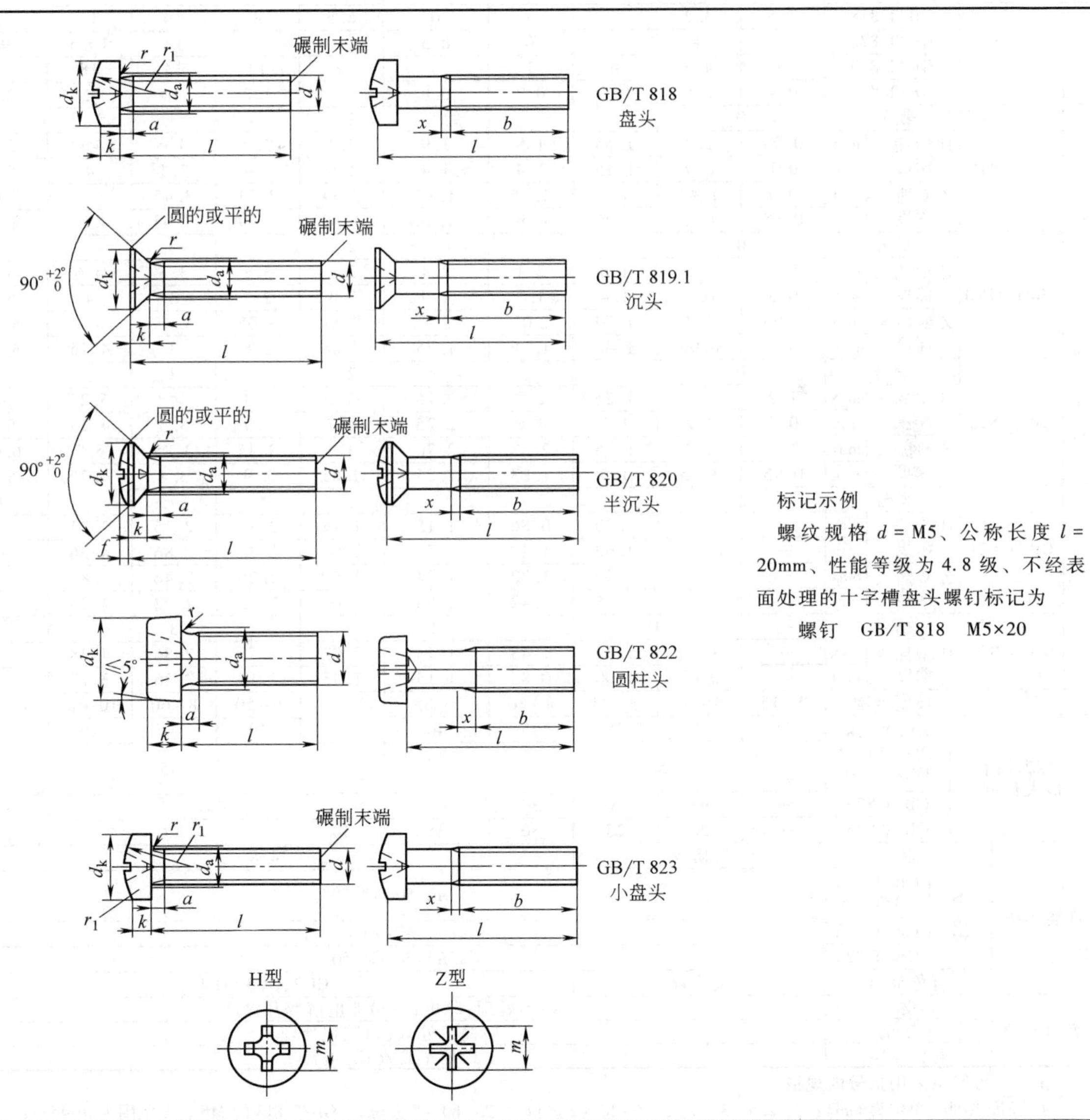

标记示例

螺纹规格 d = M5、公称长度 l = 20mm、性能等级为 4.8 级、不经表面处理的十字槽盘头螺钉标记为

螺钉　GB/T 818　M5×20

（续）

螺纹规格			d	M1.6	M2	M2.5	M3	(M3.5)	M4	M5	M6	M8	M10
a			max	0.7	0.8	0.9	1	1.2	1.4	1.6	2	2.5	3
b			min	25				38					
d_a			max	2.0	2.6	3.1	3.6	4.1	4.7	5.7	6.8	9.2	11.2
x			max	0.9	1	1.1	1.25	1.5	1.75	2	2.5	3.2	3.8
d_k　max	GB/T 818			3.2	4	5	5.6	7	8	9.5	12	16	20
	GB/T 819 GB/T 820			3	3.8	4.7	5.5	7.3	8.4	9.3	11.3	15.8	18.3
	GB/T 822			—	—	4.5	5	6	7	8.5	10	13.0	—
	GB/T 823			—	3.5	4.5	5.5	6	7	9	10.5	14	—
k　max	GB/T 818			1.3	1.6	2.1	2.4	2.6	3.1	3.7	4.6	6	7.5
	GB/T 819 GB/T 820			1	1.2	1.5	1.65	2.35	2.7		3.3	4.65	5
	GB/T 822			—	—	1.8	2.0	2.4	2.6	3.3	3.9	5	—
	GB/T 823			—	1.4	1.8	2.15	2.45	2.75	3.45	4.1	5.4	—
r　min	GB/T 818			0.1					0.2		0.25	0.4	
	GB/T 822			—	—	0.1			0.2		0.25	0.4	—
	GB/T 823			—	—	0.1			0.2			0.25	0.4
r　max	GB/T 819 GB/T 820			0.4	0.5	0.6	0.8	0.9	1	1.3	1.5	2	2.5
r_f　≈	GB/T 818			2.5	3.2	4	5	6	6.5	8	10	13	16
	GB/T 820			3	4	5	6	8.5	9.5		12	16.5	19.5
	GB/T 823			—	4.5	6	7	8	9	12	14	18	—
f	GB/T 820			0.4	0.5	0.6	0.7	0.8	1	1.2	1.4	2	2.3
十字槽	GB/T 818	槽号		0		1		2			3	4	
		H型插入深度	max	0.95	1.2	1.55	1.8	1.9	2.4	2.9	3.6	4.6	5.8
			min	0.7	0.9	1.15	1.4	1.4	1.9	2.4	3.1	4	5.2
		Z型插入深度	max	0.9	1.42	1.5	1.75	1.93	2.34	2.74	3.45	4.5	5.69
			min	0.65	1.17	1.25	1.50	1.48	1.89	2.29	3.03	4.05	5.24
	GB/T 819.1	槽号		0		1		2			3	4	
		H型插入深度	max	0.9	1.2	1.8	2.1	2.4	2.6	3.2	3.5	4.6	5.7
			min	0.6	0.9	1.4	1.7	1.9	2.1	2.7	3	4	5.1
		Z型插入深度	max	0.95	1.2	1.73	2.01	2.2	2.51	3.05	3.45	4.6	5.64
			min	0.7	0.95	1.48	1.76	1.75	2.06	2.6	3	4.15	5.19
	GB/T 820	槽号		0		1		2			3	4	
		H型插入深度	max	1.2	1.5	1.85	2.2	2.75	3.2	3.4	4	5.25	6
			min	0.9	1.2	1.5	1.8	2.25	2.7	2.9	3.5	4.75	5.5
		Z型插入深度	max	1.2	1.4	1.75	2.08	2.70	3.1	3.35	3.85	5.2	6.05
			min	0.95	1.15	1.5	1.83	2.25	2.65	2.9	3.4	4.75	5.6
	GB/T 822	槽号		—	1		2				3		4
		H型插入深度	max	—	—	1.20	0.86	1.15	1.45	2.14	2.25	3.73	—
			min	—	—	1.62	1.43	1.73	2.03	2.73	2.86	4.36	—
		Z型插入深度	max	—	—	1.10	1.22	1.34	1.60	2.26	2.46	3.88	
			min	—	—	1.35	1.42	1.80	2.06	2.72	2.92	4.34	
	GB/T 823	槽号		—	1		2			3			—
		H型插入深度	max	—	1.01	1.42	1.43	1.73	2.03	2.73	2.86	4.38	—
			min	—	0.60	1.00	0.86	1.15	1.45	2.14	2.26	3.73	—
l[①]	长度范围			3~16	3~20	3~25	4~30	5~35	5~40	6~50	8~60	10~60	12~60
全螺纹时最大长度	GB/T 818			25	25	25	25	40	40	40	40	40	
	GB/T 819.1 GB/T 820			30				45 45	45				
	GB/T 822			—	—	30	30	40	40				—
	GB/T 823			—	20	25	30	35	40	50			—
性能等级	钢			按协议			4.8						
	不锈钢	GB/T 818 GB/T 820		A2-50、A2-70									
		GB/T 822		A2-70									
		GB/T 823		A1-50、C4-50									
	有色金属			按协议			CU2、CU3、AL4						
表面处理	钢			1）不处理；2）电镀；3）非电解锌片涂层									
	不锈钢			1）简单处理；2）钝化处理									
	有色金属			1）简单处理；2）电镀									

注：尽可能不采用括号内规格。

① 长度系列（单位为mm）：2、2.5、3、4、5、6~16（2进位）、20~80（5进位）。GB/T 818的M5长度范围为6~45mm。

表 5.2-159　十字槽沉头螺钉（摘自 GB/T 819.2—2016）　　（mm）

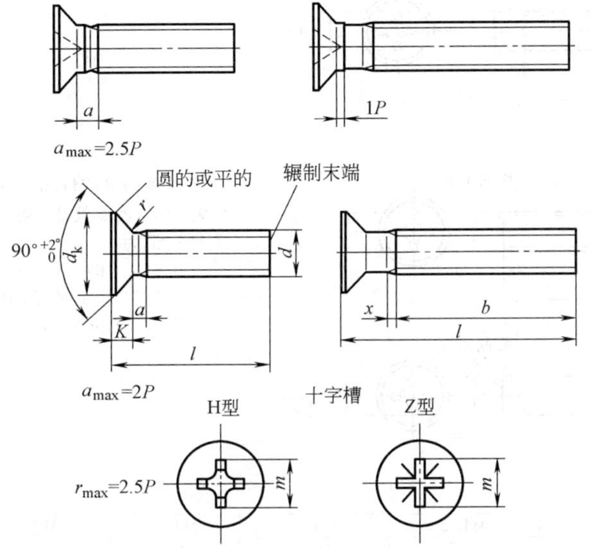

标记示例

螺纹规格 d=M5、公称长度 l=20mm、性能等级为 8.8 级、H 型十字槽，其插入深度由制造者任选的系列 1 或系列 2、由制造者任选，不经表面处理的十字槽沉头螺钉标记为

螺钉　GB/T 819.2　M5×20

如需要指定插入深度系列时，应在标记中标明十字槽形式及系列数如 H 型，系列 1 的标记：

螺钉　GB/T 819.2　M5×20-H1

螺纹规格			d	M2	M2.5	M3	(M3.5)	M4	M5	M6	M8	M10
b			min	25			38					
x			max	1	1.1	1.25	1.5	1.75	2	2.5	3.2	3.8
d_k			max	4.4	5.5	6.3	8.2	9.4	10.4	12.6	17.3	20
K			max	1.2	1.5	1.65	2.35	2.7		3.3	4.65	5
r			max	0.5	0.6	0.8	0.9	1	1.3	1.5	2	2.5
十字槽	系列 1（深的）	槽号		0	1		2			3	4	
		H 型插入深度	max	1.2	1.8	2.1	2.4	2.6	3.2	3.5	4.6	5.7
			min	0.9	1.4	1.7	1.9	2.1	2.7	3	4	5.1
		Z 型插入深度	max	1.2	1.73	2.01	2.20	2.51	3.05	3.45	4.60	5.64
			min	0.95	1.48	1.76	1.75	2.06	2.60	3.00	4.15	5.19
	系列 2（浅的）	槽号		0	1		2			3	4	
		H 型插入深度	max	1.2	1.55	1.8	2.1	2.6	2.8	3.3	4.4	5.3
			min	0.9	1.25	1.4	1.6	2.1	2.3	2.8	3.9	4.8
		Z 型插入深度	max	1.2	1.47	1.83	2.05	2.51	2.72	3.18	4.32	5.23
			min	0.95	1.22	1.48	1.61	2.06	2.27	2.73	3.87	4.78
l①		长度范围		3~20	3~25	4~30	5~35	5~40	6~50	8~60	10~60	12~60
性能等级		钢		8.8								
		不锈钢		A2-70								
		有色金属		CU2、CU3								
表面处理		钢		1）不经处理；2）电镀；3）非电解镀锌片涂层								
		不锈钢		1）简单处理；2）钝化处理								
		有色金属		1）简单处理；2）电镀								

注：尽可能不采用括号内规格。

① 长度系列（单位为 mm）：2、2.5、3、4、5、6~16（2 进位）、20~80（5 进位）。GB/T 818 的 M5 长度范围为 6~45mm。

表 5.2-160　精密机械用十字槽螺钉（摘自 GB/T 13806.1—1992）　　（mm）

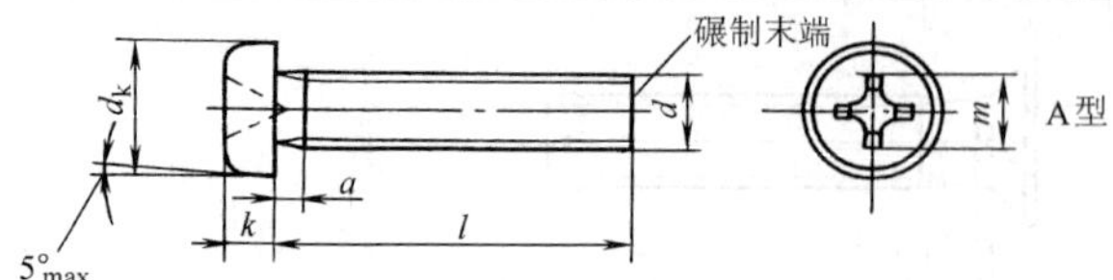

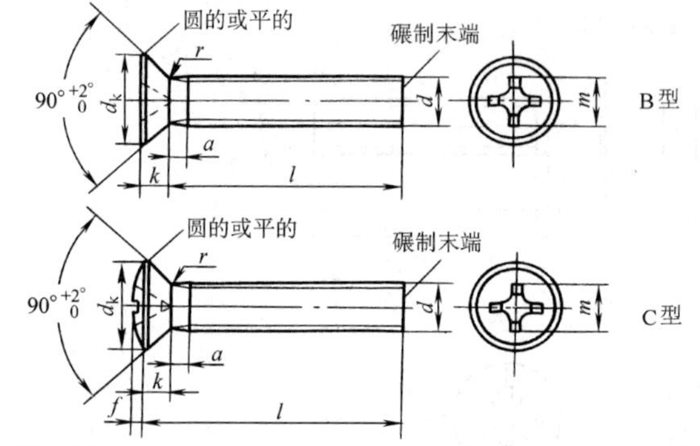

标记示例

螺纹规格 d=M1.6、公称长度 l=2.5mm、产品等级为F级、不经表面处理、用 Q215 制造的 A 型十字槽圆柱头螺钉记为

螺钉　GB/T 13806.1　M1.6×2.5

产品等级为 A 级、用 H68 制造，B 型，其余同上记为

螺钉　GB/T 13806.1　BM1.6×2.5-AH68

螺纹规格			d	M1.2	(M1.4)	M1.6	M2	M2.5	M3
a			max	0.5	0.6	0.7	0.8	0.9	1
d_k	max		A 型	2	2.3	2.6	3	3.8	5
			B 型	2	2.35	2.7	3.1	3.8	5.5
			C 型	2.2	2.5	2.8	3.5	4.3	5.5
k	max		A 型	0.55			0.7	0.9	1.4
			B、C 型	0.7		0.8	0.9	1.1	1.4
H 型十字槽	槽号			0				1	
	插入深度	A 型	min	0.20	0.25	0.28	0.30	0.40	0.85
			max	0.32	0.35	0.40	0.45	0.60	1.10
		B 型	min	0.5		0.6	0.7	0.8	1.1
			max	0.7		0.8	0.9	1.1	1.4
		C 型	min	0.7		0.8	0.9	1.1	1.2
			max	0.9		1.0	1.1	1.4	1.5
l[①]			长度范围	1.6~4	1.8~5	2~6	2.5~8	3~10	4~10
材料				钢:Q215;铜:H68、HPb59-1					
表面处理				1）不经表面处理;2）氧化;3）镀锌钝化					

注：尽可能不采用括号内规格。

① 长度系列（单位为 mm）：1.6、(1.8)、2、(2.2)、2.5、(2.8)、3、(3.5)、4、(4.5)、5、(5.5)、6、(7)、8、(9)、10。

表 5.2-161　开槽带孔球面圆柱头螺钉（摘自 GB/T 832—1988）　　（mm）

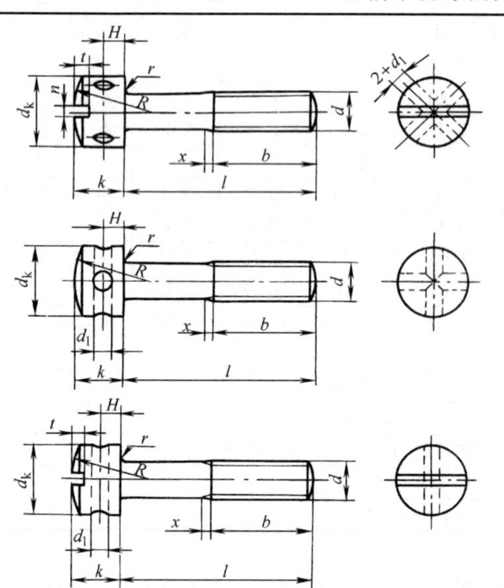

标记示例：

螺纹规格 d=M5、公称长度 l=20mm、性能等级为 4.8 级、不经表面处理的开槽带孔球面圆柱头螺钉标记为

螺钉　GB/T 832　M5×20

（续）

螺纹规格	d	M1.6	M2	M2.5	M3	M4	M5	M6	M8	M10
b		15	16	17	18	20	22	24	28	32
d_k	max	3	3.5	4.2	5	7	8.5	10	12.5	15
k	max	2.6	3	3.6	4	5	6.5	8	10	12.5
n	公称	0.4	0.5	0.6	0.8	1.0	1.2	1.5	2.0	2.5
t	min	0.6	0.7	0.9	1.0	1.4	1.7	2.0	2.5	3.0
d_1	min	1.0		1.2	1.5	2.0		3.0		4.0
H	公称	0.9	1.0	1.2	1.5	2.0	2.5	3.0	4.0	5.0
l①	长度范围	2.5~16	2.5~20	3~25	4~30	6~40	8~50	10~60	12~60	20~60
全螺纹时最大长度		50								
性能等级	钢	4.8								
	不锈钢	A1-50、C4-50								
表面处理	钢	1）不经处理;2）镀锌钝化								
	不锈钢	不经处理								

① 长度系列（单位为 mm）：2.5、3、4、5、6~16（2 进位）、20~60（5 进位）。

表 5.2-162　开槽大圆柱头螺钉（摘自 GB/T 833—1988）**和开槽球面大圆柱头螺钉**（摘自 GB/T 947—1988）

（mm）

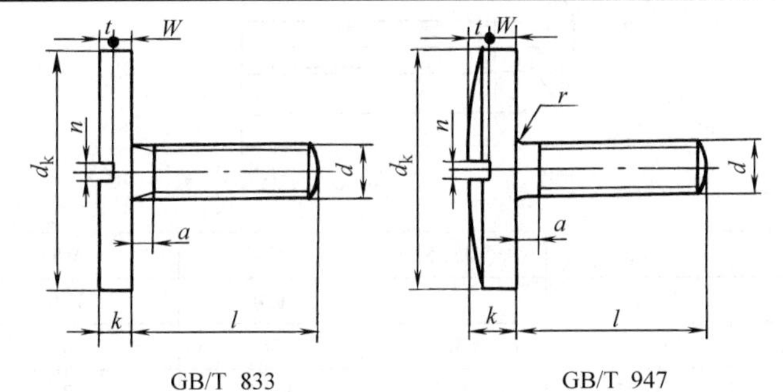

标记示例

螺纹规格 d = M5、公称长度 l = 20mm、性能等级为 4.8 级、不经表面处理的开槽大圆柱头螺钉和开槽大球面圆柱头螺钉分别标记为

螺钉　GB/T 833　M5×20

螺钉　GB/T 947　M5×20

螺纹规格	d	M1.6	M2	M2.5	M3	M4	M5	M6	M8	M10
d_k	max	6	7	9	11	14	17	20	25	30
k	max	1.2	1.4	1.8	2	2.8	3.5	4	5	6
a	max	0.7	0.8	0.9	1	1.4	1.6	2	2.5	3
n	公称	0.4	0.5	0.6	0.8	1.0	1.2	1.5	2.0	2.5
t	min	0.6	0.7	0.9	1	1.4	1.7	2.0	2.5	3
W	min	0.26	0.36	0.56	0.66	1.06	1.22	1.3	1.5	1.8
l① 长度范围	GB/T 833	2.5~5	3~6	4~8	4~10	5~12	6~14	8~16	10~16	12~20
	GB/T 947	2~5	2.5~6	3~8	4~10	5~12	6~14	8~16	10~16	12~20
性能等级	钢	4.8								
	不锈钢	A1-50、C4-50								
表面处理	钢	1）不经处理;2）镀锌钝化								
	不锈钢	不经处理								

① 长度系列(单位为 mm)：2.5、3、4、5、6~16(2 进位)、20。

表 5.2-163　内六角花形低圆柱头螺钉(GB/T 2671.1—2004)、内六角花形盘头螺钉(GB/T 2672—2004)、内六角花形沉头螺钉(GB/T 2673—2007)、内六角花形半沉头螺钉(GB/T 2674—2004)　(mm)

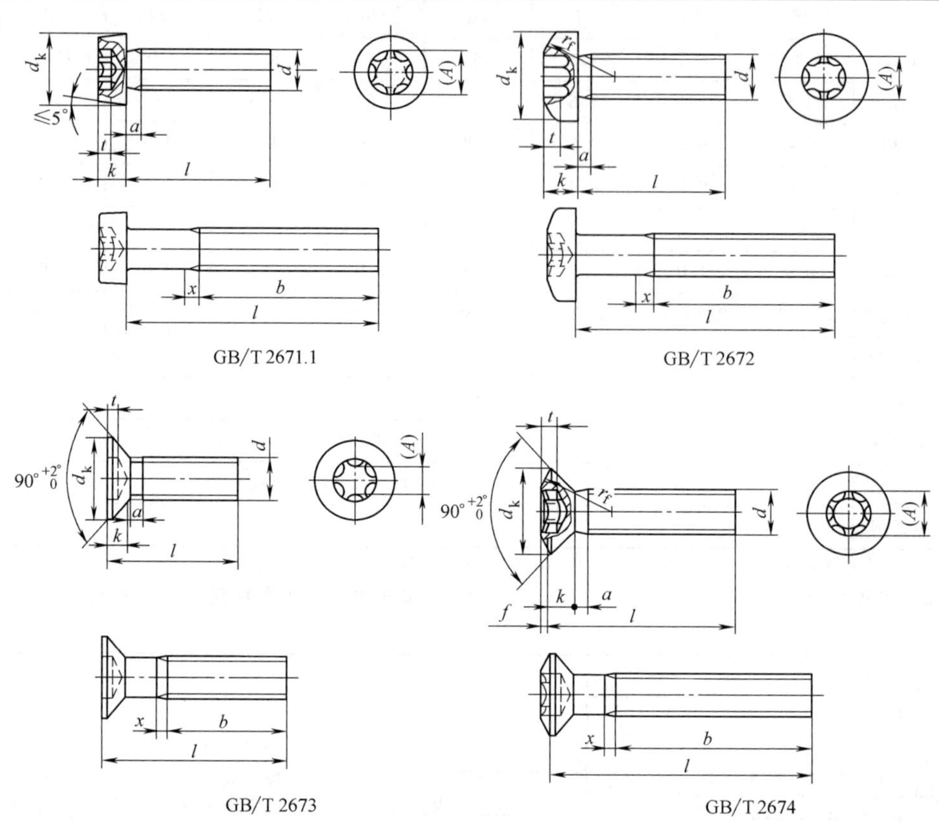

螺纹规格 d			M2	M2.5	M3	(M3.5)	M4	M5
a		max	0.8	0.9	1	1.2	1.4	1.6
b		min	25	25	25	38	38	38
x		max	1	1.1	1.25	1.5	1.75	2
d_k 公称 = max		GB/T 2671.1	3.8	4.5	5.5	6	7	8.5
		GB/T 2672	4	5	5.6	7	8	9.5
		GB/T 2673	—	—	—	—	—	—
		GB/T 2674	3.8	4.7	5.5	7.3	8.4	9.3
k 公称 = max		GB/T 2671.1	1.55	1.85	2.4	2.6	3.1	3.65
		GB/T 2672	1.6	2.1	2.4	2.6	3.1	3.7
		GB/T 2673	—	—	—	—	—	—
		GB/T 2674	1.2	1.5	1.65	2.35	2.7	2.7
r_f ≈		GB/T 2672	3.2	4	5	6	6.5	8
		GB/T 2674	4	5	6	8.5	9.5	9.5
f≈		GB/T 2674	0.5	0.6	0.7	0.8	1	1.2
六角花形	槽号		6	8	10	15	20	25
	t min	GB/T 2671.1	0.71	0.78	1.01	1.07	1.27	1.52
		GB/T 2672	0.63	0.91	1.01	1.07	1.27	1.52
		GB/T 2673	—	—	—	—	—	—
		GB/T 2674	0.63	0.91	0.88	1.27	1.42	1.65
	A 参考		1.75	2.4	2.8	3.35	3.95	4.5
l① 长度范围			3~20	3~25	4~30	5~35	5~40	6~50

（续）

螺纹规格 d			M6	M8	M10	M12	(M14)	M16	M20
a		max	2	2.5	3	3.5	4	4	5
b		min	38	38	38	48	48	48	48
x		max	2.5	3.2	3.8	4.3	5	5	6.3
d_k 公称=max		GB/T 2671.1	10	13	16	—	—	—	—
		GB/T 2672	12	16	20	—	—	—	—
		GB/T 2673	11.3	15.8	18.3	22	25.5	29	36
		GB/T 2674	11.3	15.8	18.3	—	—	—	—
k 公称=max		GB/T 2671.1	4.4	5.8	6.9	—	—	—	—
		GB/T 2672	4.6	6	7.5	—	—	—	—
		GB/T 2673	3.3	4.65	5	6	7	8	10
		GB/T 2674	3.3	4.65	5	—	—	—	—
r_f ≈		GB/T 2672	10	13	16	—	—	—	—
		GB/T 2674	12	16.5	19.5	—	—	—	—
f≈		GB/T 2674	1.4	2	2.3	—	—	—	—
六角花形	槽号		30	45/40②	50	55	55	60	80
	t min	GB/T 2671.1	1.9	2.66	3.04	—	—	—	—
		GB/T 2672	2.02	2.79	3.62	—	—	—	—
		GB/T 2673	1.4	2.1	2.3	3.02	3.22	3.62	5.42
		GB/T 2674	2.02	2.92	3.42	—	—	—	—
	A 参考		5.6/4.15②	7.95/5②	8.95/6.62②	8.2②	8.2②	9.8②	13②
l① 长度范围			8~60	10~60③	12~60③	20~80	25~80	25~80	35~80
性能等级		GB/T 2671.1	钢:4.8、5.8;不锈钢:A2-50、A2-70、A3-50、A3-70;铜:CU2、CU3						
		GB/T 2672	钢:4.8;不锈钢:A2-70、A3-70;铜:CU2、CU3						
		GB/T 2673	钢:4.8;不锈钢:A2-70、A3-70;铜:CU2、CU3						
		GB/T 2674	钢:4.8;不锈钢:A2-70、A3-70;铜:CU2、CU3						
表面处理			钢:1)不经处理、2)电镀按 GB/T 5267.1、3)非电解锌片涂层按 GB/T 5267.2;不锈钢:简单处理;铜:1)简单处理、2)电镀按 GB/T 5267.1						

注：尽可能不采用括号内的规格。

① 长度系列（单位为 mm）：3、4、5、6~12（2 进位）、(14)、16、20~50（5 进位）、(55)、60、(65)、70、(75)、80。

② GB/T 2673 的槽号及尺寸 A（max）。

③ GB/T 2671.1、GB/T 2673 最大长度至 80mm。

标记示例

螺纹规格 d=M6、公称长度 l=30mm、性能等级为 4.8 级、不经表面处理的内六角花形低圆柱头螺钉、内六角花形盘头螺钉、内六角花形沉头螺钉、内六角花形半沉头螺钉分别标记为

螺钉　GB/T 2671.1　M6×30

螺钉　GB/T 2672　M6×30

螺钉　GB/T 2673　M6×30

螺钉　GB/T 2674　M6×30

表 5.2-164　内六角花形圆柱头螺钉（GB/T 2671.2—2004）　　（mm）

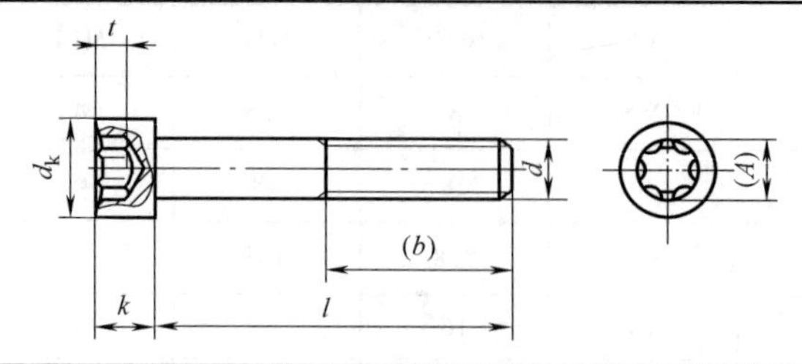

螺纹规格 d			M2	M2.5	M3	M4	M5	M6	M8
b	参考		16	17	18	20	22	24	28
d_k	max（光滑头）		3.8	4.5	5.5	7	8.5	10	13
	max（滚花头）		3.98	4.68	5.68	7.22	8.72	10.22	13.27
k	max		2	2.5	3	4	5	6	8
六角花形	槽号		6	8	10	20	25	30	45
	t	min	0.71	0.91	1.01	1.42	1.65	2.02	2.92
	A	参考	1.75	2.4	2.8	3.95	4.5	5.6	7.95
l[①]长度范围			3~20	4~25	5~30	6~40	8~50	10~60	40~80
性能等级			钢：8.8、9.8、10.9、12.9；不锈钢：A2-70、A4-70、A3-70、A5-70，铜：CU2、CU3						
表面处理			钢：1）氧化、2）电镀按 GB/T 5267.1、3）非电解锌片涂层按 GB/T 5267.2；不锈钢：简单处理；铜：1）简单处理、2）电镀按 GB/T 5267.1						

螺纹规格 d			M10	M12	（M14）	M16	（M18）	M20
b	参考		32	36	40	44	48	52
d_k	max（光滑头）		16	18	21	24	27	30
	max（滚花头）		16.27	18.27	21.33	24.33	27.33	30.33
k	max		10	12	14	16	18	20
六角花形	槽号		50	55	60	70	80	90
	t	min	3.62	4.82	5.62	6.62	7.50	8.69
	A	参考	8.95	11.35	13.45	15.7	17.75	20.2
l[①]长度范围			45~100	55~120	60~140	65~160	70~180	80~200
性能等级			钢：8.8、9.8、10.9、12.9；不锈钢：A2-70、A4-70、A3-70、A5-70，铜：CU2、CU3					
表面处理			钢：1）氧化、2）电镀按 GB/T 5267.1、3）非电解锌片涂层按 GB/T 5267.2；不锈钢：简单处理；铜：1）简单处理、2）电镀按 GB/T 5267.1					

注：尽可能不采用括号内的规格。

① 长度系列（单位为 mm）：3、4、5、6~12（2 进位）、16、20~70（5 进位）、80~160（10 进位）、180、200。

标记示例

螺纹规格 d=M6、公称长度 l=50mm、性能等级为 8.8 级、表面氧化的内六角花形圆柱头螺钉的标记为

螺钉　GB/T 2671.2　M6×50

表 5.2-165　开槽锥端紧定螺钉（摘自 GB/T 71—1985）、**开槽平端紧定螺钉**（摘自 GB/T 73—1985）、**开槽凹端紧定螺钉**（摘自 GB/T 74—1985）、**开槽长圆柱端紧定螺钉**（摘自 GB/T 75—1985）

（mm）

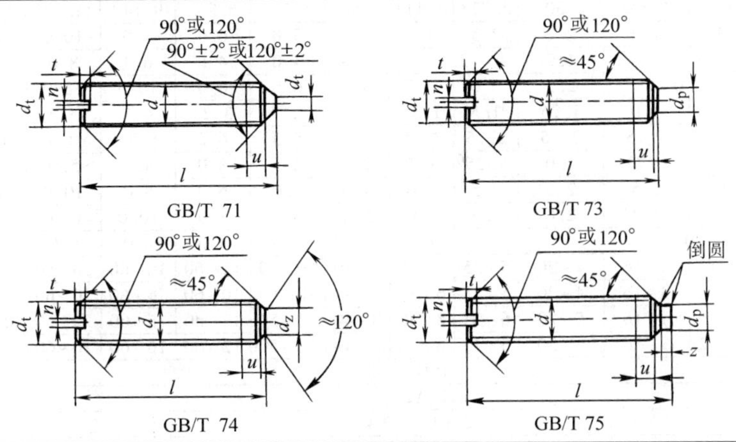

标记示例

螺纹规格 d = M5、公称长度 l = 12mm、性能等级为 14H 级、表面氧化的开槽锥端紧定螺钉标记为

螺钉　GB/T 71　M5×12

螺纹规格	d	M1.2	M1.6	M2	M2.5	M3	M4	M5	M6	M8	M10	M12
d_f	≈	螺纹小径										
d_p	max	0.6	0.8	1.0	1.5	2.0	2.5	3.5	4.0	5.5	7.0	8.5
n	公称	0.2	0.25		0.4		0.6	0.8	1	1.2	1.6	2
t	max	0.52	0.74	0.84	0.95	1.05	1.42	1.63	2	2.5	3	3.6
	min	0.4	0.56	0.64	0.72	0.8	1.12	1.28	1.6	2	2.4	2.8
d_t	max	0.12	0.16	0.2	0.25	0.3	0.4	0.5	1.5	2	2.5	3
z	max	—	1.05	1.25	1.5	1.75	2.25	2.75	3.25	4.3	5.3	6.3
d_z	max	—	0.8	1	1.2	1.4	2	2.5	3	5	6	8
长度范围①	GB/T 71	2~6	2~8	3~10	3~12	4~16	6~20	8~25	8~30	10~40	12~50	14~60
	GB/T 73	2~6	2~8	2~10	2.5~12	3~6	4~20	5~25	6~30	8~40	10~50	12~60
	GB/T 74	—	2~8	2.5~10	3~12	3~16	4~20	5~25	6~30	8~40	10~50	12~60
	GB/T 75	—	2.5~8	3~10	4~12	5~16	6~20	8~25	8~30	10~40	12~50	14~60
性能等级	钢	14H、22H										
	不锈钢	A1-50										
表面处理	钢	1）氧化;2）镀锌钝化										
	不锈钢	不经处理										

① 长度系列（单位：mm）：2、2.5、3、4、5、6~12（2 进位）、(14)、16、20~50（5 进位）、(55)、60。

表 5.2-166　内六角平端紧定螺钉（摘自 GB/T 77—2007）、**内六角锥端紧定螺钉**（摘自 GB/T 78—2007）、**内六角圆柱端紧定螺钉**（摘自 GB/T 79—2007）、**内六角凹端紧定螺钉**（摘自 GB/T 80—2007）

（mm）

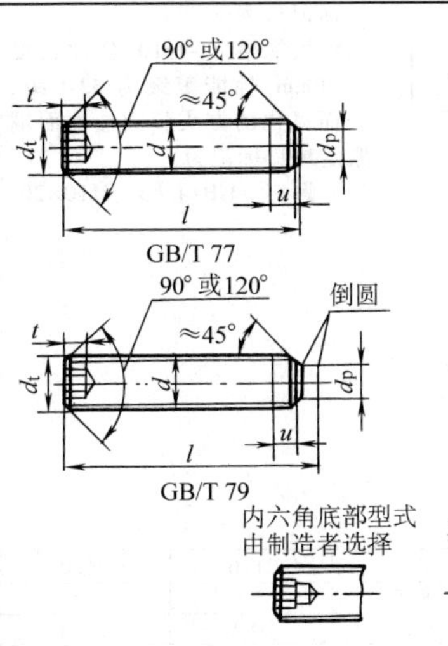

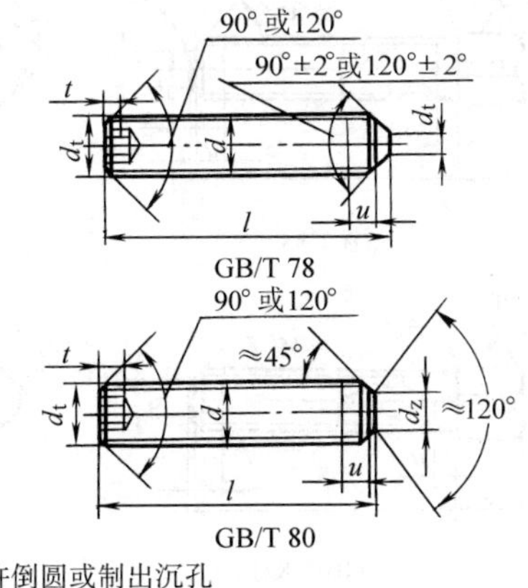

内六角底部型式由制造者选择

允许倒圆或制出沉孔

标记示例

螺纹规格 d = M6、公称长度 l = 12mm、性能等级为 33H 级、表面氧化的内六角平端紧定螺钉标记为

螺钉　GB/T 77　M6×12

螺纹规格 d = M6、公称长度 l = 12mm、z_{min} = 3mm（长圆柱端）、性能等级为 33H 级、表面氧化的内六角圆柱端紧定螺钉标记为

螺钉　GB/T 79　M6×12

当采用短圆柱端时，应加 z 的标记（如 z_{min} = 1.5mm）：

螺钉　GB/T 79　M6×12×1.5

（续）

螺纹规格 d		M1.6	M2	M2.5	M3	M4	M5	M6	M8	M10	M12	M16	M20	M24
d_p	max	0.8	1.0	1.5	2.0	2.5	3.5	4.0	5.5	7.0	8.5	12.0	15.0	18.0
d_f	≈	螺纹小径												
e	min	0.809	1.011	1.454	1.733	2.303	2.873	3.443	4.583	5.723	6.863	9.149	11.429	13.716
s	公称	0.7	0.9	1.3	1.5	2.0	2.5	3.0	4.0	5.0	6.0	8.0	10.0	12.0
t min	①	0.7	0.8	1.2		1.5	2.0		3.0	4.0	4.8	6.4	8.0	10.0
	②	1.5	1.7	2.0		2.5	3.0	3.5	5.0	6.0	8.0	10.0	12.0	15.0
z max	短圆柱端	0.65	0.75	0.88	1.0	1.25	1.5	1.75	2.25	2.75	3.25	4.3	5.3	6.3
	长圆柱端	1.05	1.25	1.5	1.75	2.25	2.75	3.25	4.3	5.3	6.3	8.36	10.36	12.43
z min	短圆柱端	0.4	0.5	0.63	0.75	1.0	1.25	1.5	2.0	2.5	3.0	4.0	5.0	6.0
	长圆柱端	0.8	1.0	1.25	1.5	2.0	2.5	3.0	4.0	5.0	6.0	8.0	10.0	12.0
d_z	max	0.8	1.0	1.2	1.4	2.0	2.5	3.0	5.0	6.0	8.0	10.0	14.0	16.0
d_t	max	0						1.5	2.0	2.5	3.0	4.0	5.0	6.0
l③ 长度范围	GB/T 77	2~8	2~10	2.5~12	3~16	4~20	5~25	6~30	8~40	10~50	12~60	16~60	20~60	25~60
	GB/T 78	2~8	2~10	2.5~12	3~16	4~20	5~25	6~30	8~40	10~50	10~60	16~60	20~60	25~60
	GB/T 79	2~8	2.5~10	3~12	4~16	5~20	6~25	8~30	8~40	10~50	12~60	16~60	20~60	25~60
	GB/T 80	2~8	2~10	2.5~12	3~16	4~20	5~25	6~30	8~40	10~50	12~60	16~60	20~60	25~60
性能等级	钢	45H												
	不锈钢	A1、A2												
	有色金属	CU2、CU3、AL4												
表面处理	钢	1）氧化；2）镀锌钝化												
	不锈钢	简单处理												
	有色金属	简单处理												

① 短螺钉的最小扳手啮合深度。

② 长螺钉的最小扳手啮合深度。

③ 长度系列（单位为 mm）：2、2.5、3、4、5、6~12（2 进位）、（14）、16、20~50（5 进位）、（55）、60。

表 5.2-167　方头长圆柱球面端紧定螺钉（摘自 GB/T 83—1988）、**方头凹端紧定螺钉**（摘自 GB/T 84—1988）、**方头长圆柱端紧定螺钉**（摘自 GB/T 85—1988）、**方头短圆柱锥端紧定螺钉**（摘自 GB/T 86—1988）、**方头倒角端紧定螺钉**（摘自 GB/T 821—1988）　　（mm）

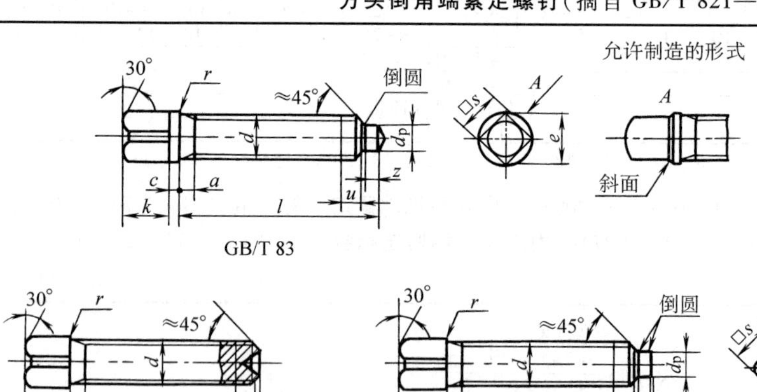

GB/T 83

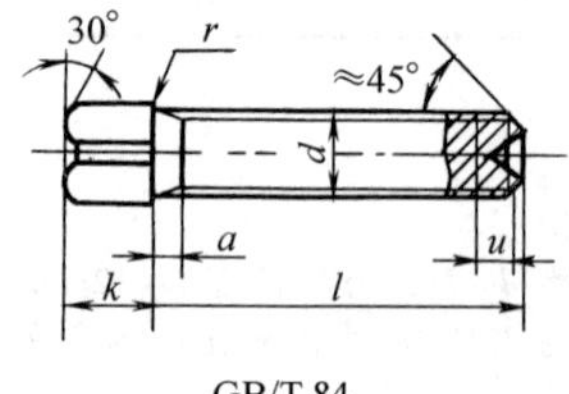

GB/T 84

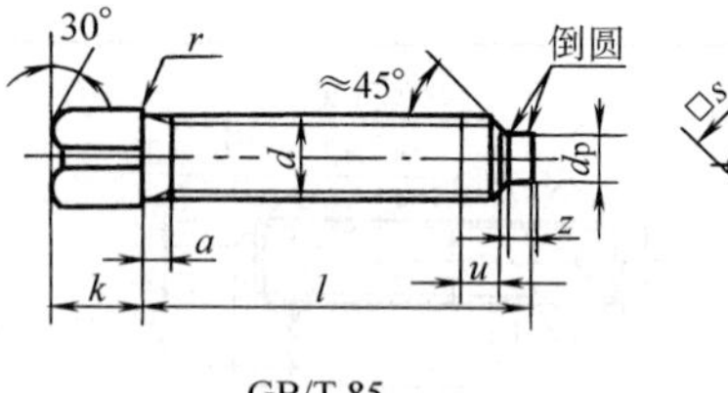

GB/T 85

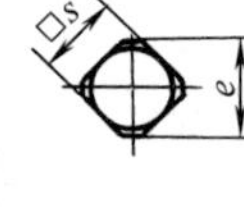

标记示例

螺纹规格 d = M10、公称长度 l = 30mm、性能等级为 33H 级、表面氧化的方头长圆柱球面端紧定螺钉标记为

螺钉　GB/T 83　M10×30

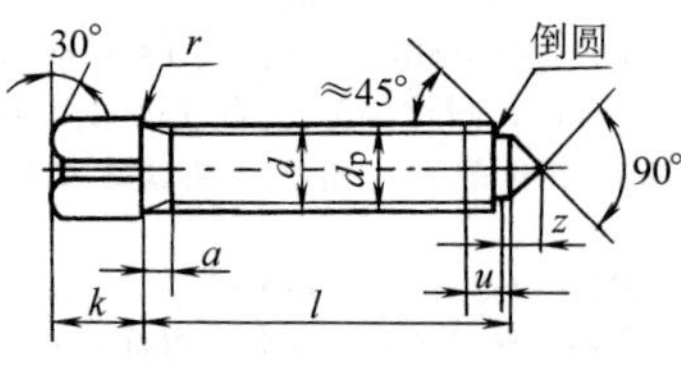

GB/T 86

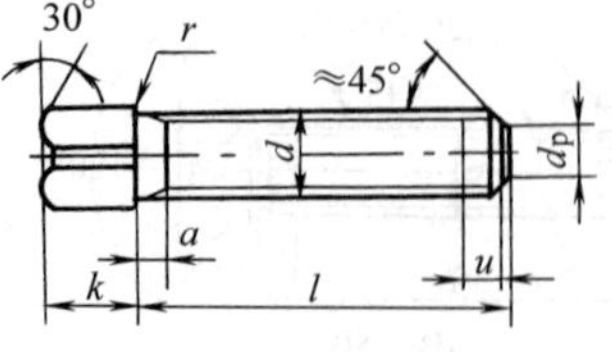

GB/T 821

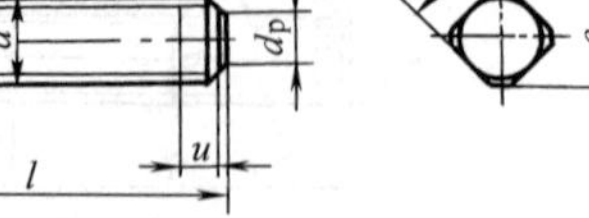

螺纹规格 d		M5	M6	M8	M10	M12	M16	M20
d_p	max	3.5	4.0	5.5	7.0	8.5	12	15
e	min	6	7.3	9.7	12.2	14.7	20.9	27.1
s	公称	5	6	8	10	12	17	22

（续）

螺纹规格 d		M5	M6	M8	M10	M12	M16	M20
k 公称	GB/T 83	—	—	9	11	13	18	23
	GB/T 84 GB/T 85 GB/T 86 GB/T 821	5	6	7	8	10	14	18
c	≈	—	—	2	3		4	5
z min	GB/T 83	—	—	4	5	6	8	10
	GB/T 85	2.5	3	4	5	6	8	10
	GB/T 86	3.5	4	5	6	7	9	11
d_z	max	2.5	3	5	6	7	10	13
	min	2.25	2.75	4.7	5.7	6.64	9.64	12.57
l[①] 长度范围	GB/T 83	—	—	16~40	20~50	25~60	30~80	35~100
	GB/T 84	10~30	12~30	14~40	20~50	25~60	30~80	40~100
	GB/T 85 GB/T 86	12~30	12~30	14~40	20~50	25~60	25~80	40~100
	GB/T 821	8~30	8~30	10~40	12~50	14~60	20~80	40~100
性能等级	钢	33H、45H						
	不锈钢	A1-50、C4-50						
表面处理	钢	1）氧化；2）镀锌钝化						
	不锈钢	不经处理						

① 长度系列（单位为 mm）：8、10、12、（14）、16、20~50（5 进位）、（55）、60~100（10 进位）。

表 5.2-168　内六角圆柱头螺钉（摘自 GB/T 70.1—2008）　　（mm）

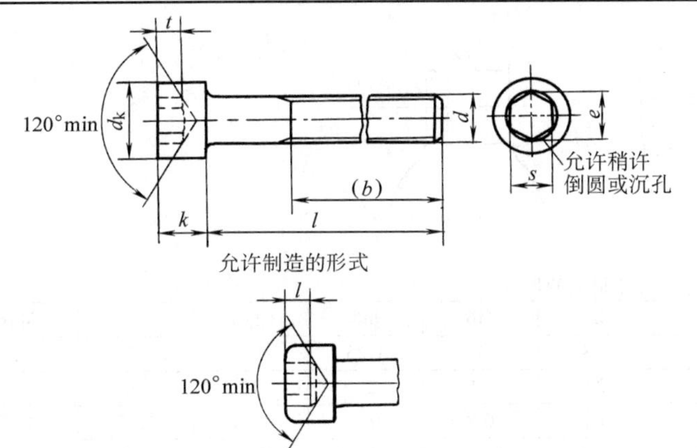

标记示例

螺纹规格 d=M5、公称长度 l=20mm、性能等级为 8.8 级、表面氧化的内六角圆柱头螺钉标记为

螺钉　GB/T 70.1　M5×20

螺纹规格 d		M1.6	M2	M2.5	M3	M4	M5	M6	M8	M10	M12
b	参考	15	16	17	18	20	22	24	28	32	36
d_k max	光滑	3	3.8	4.5	5.5	7	8.5	10	13	16	18
	滚花	3.14	3.98	4.68	5.68	7.22	8.72	10.22	13.27	16.27	18.27
k	max	1.6	2	2.5	3	4	5	6	8	10	12
e	min	1.73		2.3	2.87	3.44	4.58	5.72	6.86	9.15	11.43
s	公称	1.5		2	2.5	3	4	5	6	8	10
t	min	0.7	1	1.1	1.3	2	2.5	3	4	5	6
l[①]	长度范围	2.5~16	3~20	4~25	5~30	6~40	8~50	10~60	12~80	16~100	20~120
性能等级	钢	d<3：按协议；3mm≤d≤39mm：8.8、10.9、12.9；d>39：按协议									
	不锈钢	d≤24mm：A2-70、A4-70；24mm<d≤39mm：A2-50、A4-50；d>39mm：按协议									
表面处理	钢	1）氧化；2）镀锌钝化									
	不锈钢	不经处理									
螺纹规格 d		(M14)	M16	M20	M24	M30	M36	M42	M48	M56	M64
b 参考		40	44	52	60	72	84	96	108	124	140
d_k max	光滑	21	24	30	36	45	54	63	72	84	96
	滚花	21.33	24.33	30.33	36.39	45.39	54.46	63.46	72.46	84.54	96.54
k	max	14	16	20	24	30	36	42	48	56	64
e	min	13.72	16.00	19.44	21.73	25.15	30.85	36.57	41.13	46.83	52.53
s	公称	12	14	17	19	22	27	32	36	41	46
t	min	7	8	10	12	15.5	19	24	28	34	38

（续）

螺纹规格 d		(M14)	M16	M20	M24	M30	M36	M42	M48	M56	M64
l①	长度范围	25~140	25~160	30~200	40~200	45~200	55~200	60~300	70~300	80~300	90~300
性能等级	钢	d<3：按协议；3mm≤d≤39mm：8.8、10.9、12.9；d>39：按协议									
	不锈钢	d≤24mm：A2-70、A4-70；24mm<d≤39mm：A2-50、A4-50；d>39mm：按协议									
表面处理	钢	1）氧化；2）镀锌钝化									
	不锈钢	简单处理									

注：尽可能不采用括号内规格。

① 长度系列（单位为 mm）：2.5、3、4、5、6~12（2 进位）、16、20~70（5 进位）、80~160（10 进位）、180~300（20 进位）。

表 5.2-169 内六角平圆头螺钉（摘自 GB/T 70.2—2015） （mm）

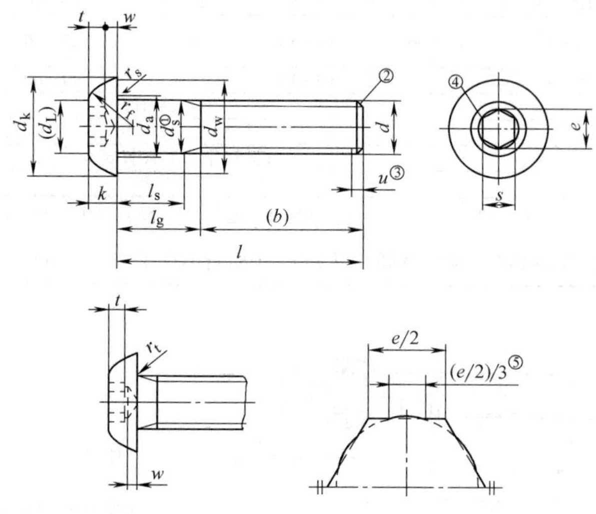

允许制造的形式

螺纹规格 d		M3	M4	M5	M6	M8	M10	M12	M16
P		0.5	0.7	0.8	1	1.25	1.5	1.75	2
b	≈	18	20	22	24	28	32	36	44
d_a	max	3.6	4.7	5.7	6.8	9.2	11.2	13.7	17.7
d_k	max	5.70	7.60	9.50	10.50	14.00	17.50	21.00	28.00
	min	5.40	7.24	9.14	10.07	13.57	17.07	20.48	27.48
d_L	≈	2.6	3.8	5.0	6.0	7.7	10.0	12.0	16.0
d_s	max	3	4	5	6	8	10	12	16
	min	2.86	3.82	4.82	5.82	7.78	9.78	11.73	15.73
d_w	min	5.00	6.84	8.74	9.57	13.07	16.57	19.68	26.68
e	min	2.303	2.873	3.443	4.583	5.723	6.863	9.149	11.429
k	max	1.65	2.20	2.75	3.30	4.40	5.50	6.60	8.80
	min	1.40	1.95	2.50	3.00	4.10	5.20	6.24	8.44
r_f	max	3.70	4.60	5.75	6.15	7.95	9.80	11.20	15.30
	min	3.30	4.20	5.25	5.65	7.45	9.20	10.50	14.50
r_s	min	0.10	0.20	0.20	0.25	0.40	0.40	0.60	0.60
r_t	min	0.30	0.40	0.45	0.50	0.70	0.70	1.10	1.10
s	公称	2	2.5	3	4	5	6	8	10
	max	2.080	2.580	3.080	4.095	5.140	6.140	8.175	10.175
	min	2.020	2.520	3.020	4.020	5.020	6.020	8.025	10.025
t	min	1.04	1.30	1.56	2.08	2.60	3.12	4.16	5.20
w	min	0.20	0.30	0.38	0.74	1.05	1.45	1.63	2.25

（续）

螺纹规格 d		M3	M4	M5	M6	M8	M10	M12	M16
螺杆长度	全螺纹	6~20	6~25	8~25	10~30	12~35	16~40	20~50	25~60
$l=b+l_g$	部分螺纹	25~30	30~40	30~50	35~60	40~80	45~90	55~90	65~90

注：l 长度数列（单位为 mm）：6~12（2 进位）、16、20、25~70（5 进位）、80、90。
　　r_s—带无螺纹杆部的螺钉头下圆角半径；
　　r_t—全螺纹螺钉头下圆角半径。
① 在 l_{smin} 范围内，d_s 应符合规定。
② 按 GB/T 2 倒角端或对 M4 及其以下“辗制末端”。
③ 不完整螺纹的长度 $u \leqslant 2P$。
④ 内六角口部允许倒圆或沉孔。
⑤ 对切制内六角，当尺寸达到最大极限时，由于钻孔造成的过切不应超过内六角任何一面长度（$e/2$）的 1/3。

材料	钢	不锈钢
机械性能　性能等级	08.8、010.9、012.9/012.9	A2-070、A3-070、A4-070、A5-070、A2-080、A3-080、A4-080、A5-080
表面处理	不经处理 电镀 非电解锌片涂层	简单处理 不锈钢钝化处理

表 5.2-170　内六角沉头螺钉（摘自 GB/T 70.3—2008）　（mm）

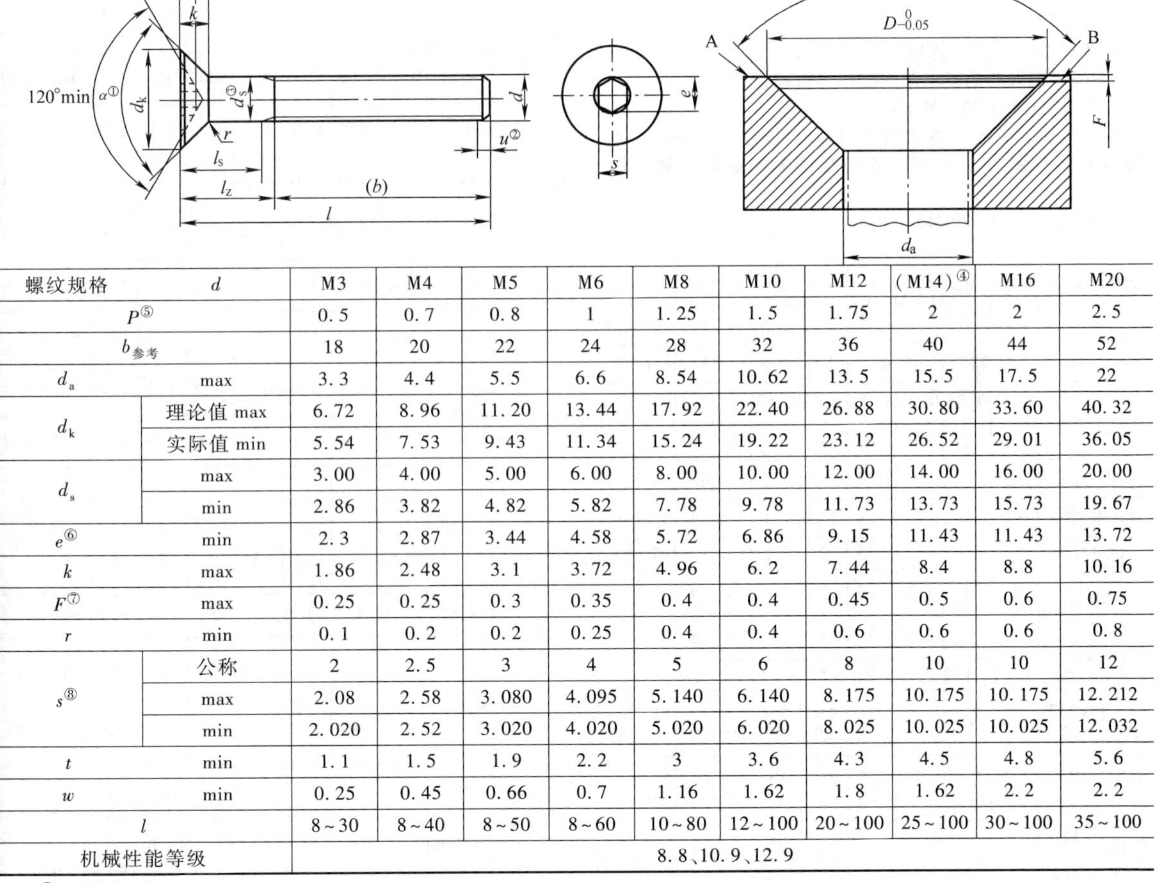

螺纹规格	d	M3	M4	M5	M6	M8	M10	M12	(M14)④	M16	M20
P⑤		0.5	0.7	0.8	1	1.25	1.5	1.75	2	2	2.5
$b_{参考}$		18	20	22	24	28	32	36	40	44	52
d_a	max	3.3	4.4	5.5	6.6	8.54	10.62	13.5	15.5	17.5	22
d_k	理论值 max	6.72	8.96	11.20	13.44	17.92	22.40	26.88	30.80	33.60	40.32
	实际值 min	5.54	7.53	9.43	11.34	15.24	19.22	23.12	26.52	29.01	36.05
d_s	max	3.00	4.00	5.00	6.00	8.00	10.00	12.00	14.00	16.00	20.00
	min	2.86	3.82	4.82	5.82	7.78	9.78	11.73	13.73	15.73	19.67
e⑥	min	2.3	2.87	3.44	4.58	5.72	6.86	9.15	11.43	11.43	13.72
k	max	1.86	2.48	3.1	3.72	4.96	6.2	7.44	8.4	8.8	10.16
F⑦	max	0.25	0.25	0.3	0.35	0.4	0.4	0.45	0.5	0.6	0.75
r	min	0.1	0.2	0.2	0.25	0.4	0.4	0.6	0.6	0.6	0.8
s⑧	公称	2	2.5	3	4	5	6	8	10	10	12
	max	2.08	2.58	3.080	4.095	5.140	6.140	8.175	10.175	10.175	12.212
	min	2.020	2.52	3.020	4.020	5.020	6.020	8.025	10.025	10.025	12.032
t	min	1.1	1.5	1.9	2.2	3	3.6	4.3	4.5	4.8	5.6
w	min	0.25	0.45	0.66	0.7	1.16	1.62	1.8	1.62	2.2	2.2
l		8~30	8~40	8~50	8~60	10~80	12~100	20~100	25~100	30~100	35~100
机械性能等级		8.8、10.9、12.9									

① $\alpha=90°\sim92°$。
② 不完整螺纹的定长度 $u \leqslant 2P$。
③ d_s 适用于规定了 l_{smin} 数值的产品。
④ 尽可能不采用括号内的规格。
⑤ P—螺距。
⑥ $e_{min}=1.14s_{min}$。
⑦ F 是头部的沉头公差。量规的 F 尺寸公差为：${}_{-0.01}^{0}$。
⑧ s 应用综合测量方法进行检验。

表 5.2-171 开槽锥端定位螺钉（摘自 GB/T 72—1988）、开槽圆柱端定位螺钉（摘自 GB/T 829—1988）

（mm）

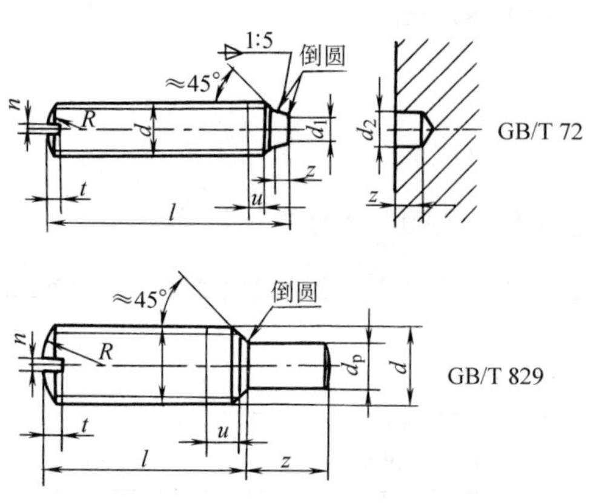

标记示例

螺纹规格 d = M10、公称长度 l = 20mm、性能等级为 14H 级、不经表面处理的开槽锥端定位螺钉标记为

螺钉 GB/T 72 M10×20

螺纹规格 d = M5、公称长度 l = 10mm、长度 z = 5mm、性能等级为 14H 级、不经表面处理的开槽圆柱端定位螺钉标记为

螺钉 GB/T 829 M5×10×5

螺纹规格 d			M1.6	M2	M2.5	M3	M4	M5	M6	M8	M10	M12
d_p max			0.8	1	1.5	2	2.5	3.5	4	5.5	7.0	8.5
n 公称			0.25		0.4		0.6	0.8	1	1.2	1.6	2
t max			0.74	0.84	0.95	1.05	1.42	1.63	2	2.5	3	3.6
R ≈			1.6	2	2.5	3	4	5	6	8	10	12
d_1 ≈			—			1.7	2.1	2.5	3.4	4.7	6	7.3
d_2（推荐）			—			1.8	2.2	2.6	3.5	5	6.5	8
z	GB/T 72		—			1.5	2	2.5	3	4	5	6
	GB/T 829	范围	1~1.5	1~2	1.2~2.5	1.5~3	2~4	2.5~5	3~6	4~8	5~10	—
		系列	1, 1.2, 1.5, 2, 2.5, 3, 4, 5, 6, 8, 10									
l[①] 长度范围	GB/T 72		—			4~16	4~20	5~20	6~25	8~35	10~45	12~50
	GB/T 829		1.5~3	1.5~4	2~5	2.5~6	3~8	4~10	5~12	6~16	8~20	—
性能等级	钢		14H、33H									
	不锈钢		A1-50、C4-50									
表面处理	钢		1）不经处理；2）氧化（仅用于 GB/T 72）；3）镀锌钝化									
	不锈钢		不经处理									

注：尽可能不采用括号内规格。

① 长度系列（单位为 mm）：1.5、2、2.5、3、4、5、6~12（2 进位）、（14）、16、20~50（5 进位）。

表 5.2-172 开槽盘头定位螺钉（摘自 GB/T 828—1988）

（mm）

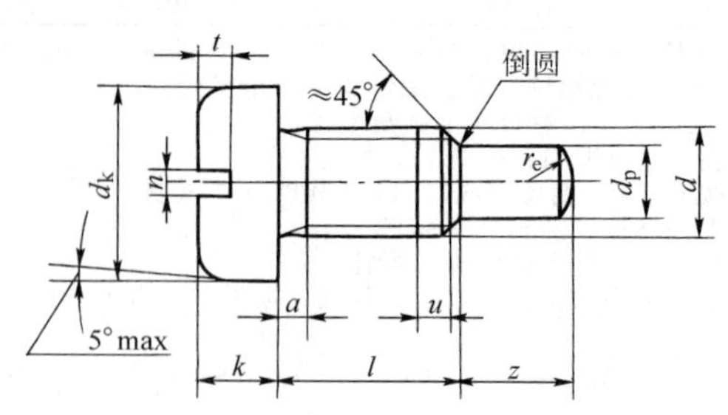

标记示例

螺纹规格 d = M6、公称长度 = 6mm、长度 z = 4mm、性能等级为 14H 级、不经表面处理的开槽盘头定位螺钉标记为

螺钉 GB/T 828 M6×6×4

螺纹规格 d		M1.6	M2	M2.5	M3	M4	M5	M6	M8	M10
a max		0.7	0.8	0.9	1.0	1.4	1.6	2.0	2.5	3.0
d_k max		3.2	4.0	5.0	5.6	8.0	9.5	12.0	16.0	20.0
k max		1.0	1.3	1.5	1.8	2.4	3.0	3.6	4.8	6.0
n 公称		0.4	0.5	0.6	0.8	1.2		1.6	2	2.5
d_p max		0.8	1	1.5	2	2.5	3.5	4	5.5	7
t min		0.35	0.5	0.6	0.7	1.0	1.2	1.4	1.9	2.4
r_e ≈		1.12	1.4	2.1	2.8	3.5	4.9	5.6	7.7	9.8
z	公称	1~1.5	1~2	1.2~2.5	1.5~3	2~4	2.5~5	3~6	4~8	5~10
	系列	1, 1.2, 1.5, 2, 2.5, 3, 4, 5, 6, 8, 10								
l[①] 长度范围		1.5~3	1.5~4	2~5	2.5~6	3~8	4~10	5~12	6~16	8~20
性能等级	钢	14H、33H								
	不锈钢	A1-50、C4-50								
表面处理	钢	1）不经处理；2）镀锌钝化								
	不锈钢	不经处理								

注：尽可能不采用括号内规格。

① 长度系列（单位为 mm）：1.5、2、2.5、3、4、5、6~12（2 进位）、（14）、16、20。

表 5.2-173　开槽无头螺钉（摘自 GB/T 878—2007）　(mm)

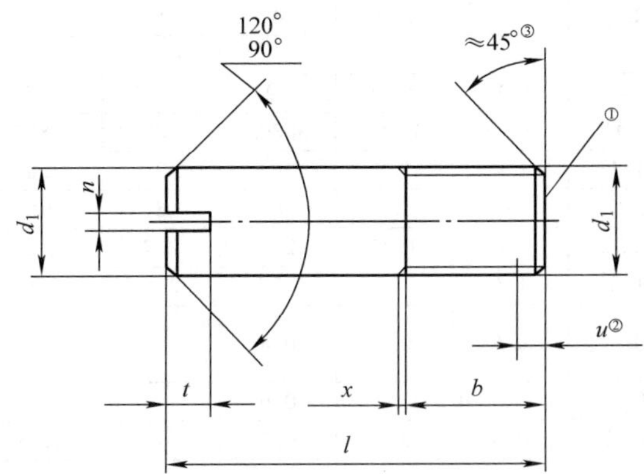

螺纹规格 d		M1	M1.2	M1.6	M2	M2.5	M3	(M3.5)	M4	M5	M6	M8	M10
P		0.25	0.25	0.35	0.4	0.45	0.5	0.6	0.7	0.8	1	1.25	1.5
b	$^{+2P}_{0}$	1.2	1.4	1.9	2.4	3	3.6	4.2	4.8	6	7.2	9.6	12
d_1	min	0.86	1.06	1.46	1.86	2.36	2.86	3.32	3.82	4.82	5.82	7.78	9.78
	max	1.0	1.2	1.6	2.0	2.5	3.0	3.5	4.0	5.0	6.0	8.0	10.0
n	公称	0.2	0.25	0.3	0.3	0.4	0.5	0.5	0.6	0.8	1	1.2	1.6
	min	0.26	0.31	0.36	0.36	0.46	0.56	0.56	0.66	0.86	1.06	1.26	1.66
	max	0.40	0.45	0.50	0.50	0.60	0.70	0.70	0.80	1.0	1.2	1.51	1.91
t	min	0.63	0.63	0.88	1.0	1.10	1.25	1.5	1.75	2.0	2.5	3.1	3.75
	max	0.78	0.79	1.06	1.2	1.33	1.5	1.78	2.05	2.35	2.9	3.6	4.25
x	max	0.6	0.6	0.9	1	1.1	1.25	1.5	1.75	2	2.5	3.2	3.8
长度 l		2.5~4	3~5	4~6	5~8	5~10	6~12	8~(14)	8~(14)	10~20	12~25	14~30	16~35
长度尺寸系列(单位为 mm):2.5、3、4.5、6、8、10、12、(14)、16、20、25、30、35													

注：括号内的尺寸尽量不用。

① 平端（GB/T 2）。

② 不完整螺纹的长度 $u \leqslant 2P$。

③ 45°仅适用于螺纹小径以内的末端部分。

表 5.2-174　开槽圆柱头轴位螺钉（摘自 GB/T 830—1988）、**开槽无头轴位螺钉**（摘自 GB/T 831—1988）、**开槽球面圆柱头轴位螺钉**（摘自 GB/T 946—1988）　(mm)

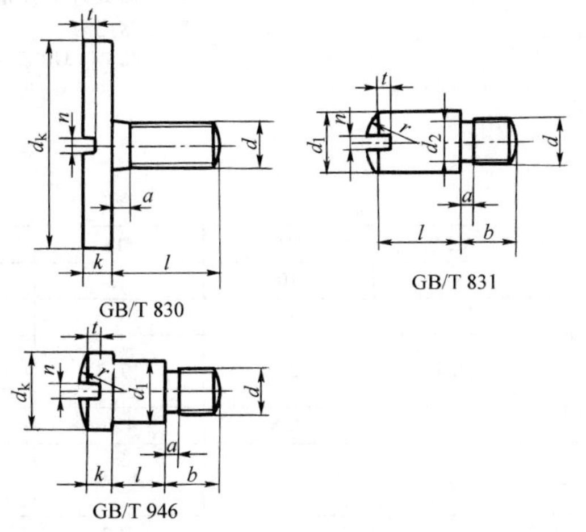

标记示例

螺纹规格 d = M5、公称长度 l = 10mm、性能等级为 8.8 级、不经表面处理的开槽圆柱头轴位螺钉标记为

螺钉　GB/T 830 M5×10

d_1 按 f9 制造时，应加标记 f9

螺钉　GB/T 830 M5f9×10

螺纹规格 d = M5、公称长度 l = 10mm、性能等级为 14H 级、不经表面处理的开槽无头轴位螺钉标记为

螺钉　GB/T 831 M5×10

d_1 按 f9 制造时，应加标记 f9

螺钉　GB/T 831 M5f 9×10

（续）

螺纹规格 d		M1.6	M2	M2.5	M3	M4	M5	M6	M8	M10
b		2.5	3	3.5	4	5	6	8	10	12
a ≈		1				1.5		2		3
d_1	max	2.48	2.98	3.47	3.97	4.97	5.97	7.96	9.96	11.95
	min	2.42	2.92	3.395	3.895	4.895	5.895	7.87	9.87	11.84
d_2		1.1	1.4	1.8	2.2	3	3.8	4.5	6.2	7.8
d_k max		3.5	4	5	6	8	10	12	15	20
k max	GB/T 830	1.32	1.52	1.82	2.1	2.7	3.2	3.74	5.24	6.24
	GB/T 946	1.2	1.6	1.8	2	2.8	3.5	4	5	6
n 公称	GB/T 830 GB/T 946	0.4	0.5	0.6	0.8	1.2		1.6	2	2.5
	GB/T 831	0.4	0.5		0.6	0.8		1.2	1.6	2
t min	GB/T 830	0.35	0.5	0.6	0.7	1	1.2	1.4	1.9	2.4
	GB/T 831 GB/T 946	0.6	0.7	0.9	1	1.4	1.7	2	2.5	3
r ≈	GB/T 831	2.5	3	3.5	4	5	6	8	10	12
	GB/T 946	3.5	4	5	6	8	10	12	15	20
l① 长度范围	GB/T 830 GB/T 946	1~6	1~8		1~10		1~12	1~14	2~16	2~20
	GB/T 831	2~3	2~4	2~5	2.5~6	3~8	4~10	5~12	6~16	6~20
性能等级	钢	GB/T 830、GB/T 946：8.8；GB/T 831：14H								
	不锈钢	A1-50、C4-50								
表面处理	钢	1）不经处理；2）镀锌钝化								
	不锈钢	不经处理								

① 长度系列（单位为mm）：1、1.2、1.6、2、2.5、3、4、5、6~12（2进位）、(14)、16、20。

表 5.2-175 开槽盘头不脱出螺钉（摘自 GB/T 837—1988）、开槽沉头不脱出螺钉（摘自 GB/T 948—1988）、开槽半沉头不脱出螺钉（摘自 GB/T 949—1988） （mm）

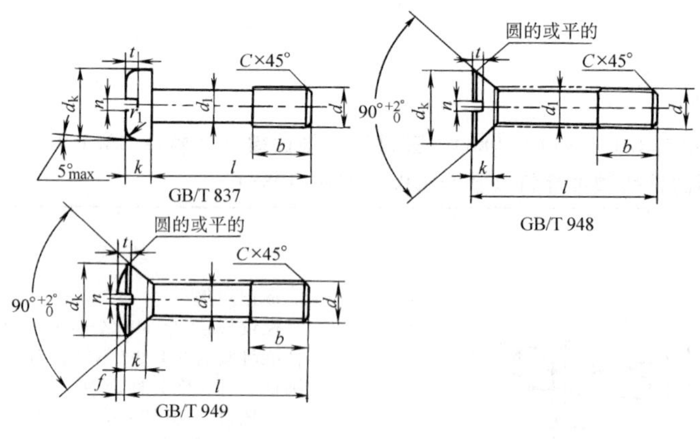

标记示例

螺纹规格 d=M5、公称长度 l=16mm、性能等级为4.8级、不经表面处理的开槽盘头不脱出螺钉标记为

螺钉 GB/T 837 M5×16

螺纹规格 d		M3	M4	M5	M6	M8	M10
b		4	6	8	10	12	15
d_k max	GB/T 837	5.6	8.0	9.5	12.0	16.0	20.0
	GB/T 948 GB/T 949	6.3	9.4	10.4	12.6	17.3	20.0
k max	GB/T 837	1.8	2.4	3.0	3.6	4.8	6.0
	GB/T 948 GB/T 949	1.65	2.70		3.30	4.65	5.00
n	公称	0.8	1.2		1.6	2.0	2.5

（续）

螺纹规格 d		M3	M4	M5	M6	M8	M10
t　min	GB/T 837	0.7	1.0	1.2	1.4	1.9	2.4
	GB/T 948	0.6	1.0	1.1	1.2	1.8	2.0
	GB/T 949	1.2	1.6	2.0	2.4	3.2	3.8
d_1	max	2.0	2.8	3.5	4.5	5.5	7.0
l①	长度范围	10~25	12~30	14~40	20~50	25~60	30~60
性能等级	钢	4.8					
	不锈钢	A1-50、C4-50					
表面处理	钢	1）不经处理；2）镀锌钝化					
	不锈钢	不经处理					

① 长度系列（单位为 mm）：10、12、（14）、16、20~50（5 进位）、（55）、60。

表 5.2-176　六角头不脱出螺钉（摘自 GB/T 838—1988）　（mm）

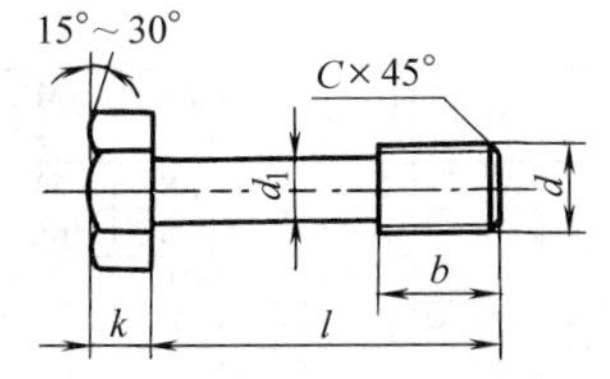

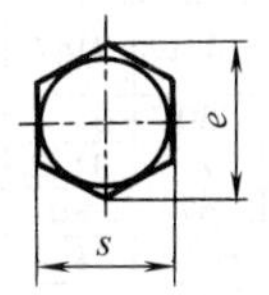

标记示例

螺纹规格 d=M6、公称长度 l=20mm、性能等级为 4.8 级、不经表面处理的六角头不脱出螺钉标记为

螺钉　GB/T 838 M6×20

螺纹规格 d		M5	M6	M8	M10	M12	M14	M16
b		8	10	12	15	18	20	24
k	公称	3.5	4	5.3	6.4	7.5	8.8	10
s	max	8	10	12	16	18	21	24
e	min	8.79	11.05	14.38	17.77	20.03	23.35	26.75
d_1	max	3.5	4.5	5.5	7.0	9.0	11.0	12.0
l①	长度范围	14~40	20~50	25~65	30~80	30~100	35~100	40~100
性能等级	钢	4.8						
	不锈钢	A1-50、C4-50						
表面处理	钢	1）不经处理；2）镀锌钝化						
	不锈钢	不经处理						

① 长度系列（单位为 mm）：（14）、16、20~50（5 进位）、（55）、60、（65）、70、75、80、90、100。

表 5.2-177　滚花头不脱出螺钉（摘自 GB/T 839—1988）　（mm）

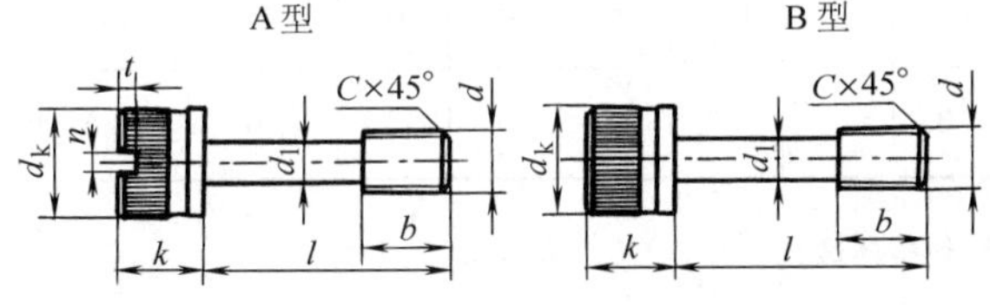

标记示例

螺纹规格 d=M6、公称长度 l=20mm、性能等级为 4.8 级、不经表面处理、按 A 型制造的滚花头不脱出螺钉标记为

螺钉　GB/T 839 M6×20

按 B 型制造时，应加标记 B

螺钉　GB/T 839 BM5×16

螺纹规格 d		M3	M4	M5	M6	M8	M10
b		4	6	8	10	12	15
d_k（滚花前）	max	5	8	9	11	14	17
k	max	4.5	6.5	7	10	12	13.5
n	公称	0.8	1.2		1.6	2	2.5
t	min	0.7	1.0	1.2	1.4	1.9	2.4
d_1	max	2.0	2.8	3.5	4.5	5.5	7.0
l①	长度范围	10~25	12~30	14~40	20~50	25~60	30~60
性能等级	钢	4.8					
	不锈钢	A1-50、C4-50					
表面处理	钢	1）不经处理；2）镀锌钝化					
	不锈钢	不经处理					

① 长度系列（单位为 mm）：10、12、（14）、16、20~50（5 进位）、（55）、60。

表 5.2-178 吊环螺钉（摘自 GB 825—1988） （mm）

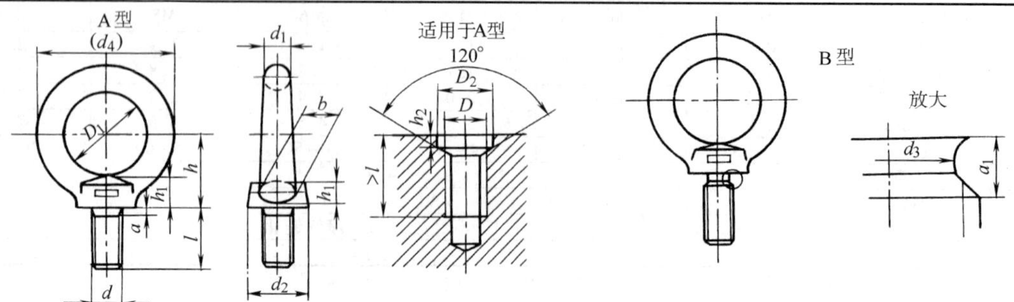

标记示例

螺纹规格 d=M20、材料为 20 钢、经正火处理、不经表面处理的 A 型吊环螺钉标记为

螺钉 GB 825 M20

规格 d		M8	M10	M12	M16	M20	M24	M30	M36	M42	M48	M56	M64	M72 ×6	M80 ×6	M100 ×6
d_1	max	9.1	11.1	13.1	15.2	17.4	21.4	25.7	30	34.4	40.7	44.7	51.4	63.8	71.8	79.2
	min	7.6	9.6	11.6	13.6	15.6	19.6	23.5	27.5	31.2	37.4	41.1	46.9	58.8	66.8	73.6
D_1	公称	20	24	28	34	40	48	56	67	80	95	112	125	140	160	200
	min	19	23	27	32.9	38.8	4638	54.6	65.5	78.1	92.9	109.9	122.3	137	157	196.7
d_2	max	21.1	25.1	29.1	35.2	41.4	49.4	57.7	69	82.4	97.7	114.7	128.4	143.8	163.8	204.2
	min	19.6	23.6	27.6	33.6	69.3	47.6	55.5	66.5	79.2	94.1	111.1	123.9	138.8	158.8	198.6
l 公称		16	20	22	28	35	40	45	55	65	70	80	90	100	115	140
d_2 参考		36	44	52	62	72	88	104	123	144	171	196	221	260	296	350
h		18	22	26	31	36	44	53	63	74	87	100	115	130	150	175
a max		2.5	3	3.5	4	5	6	7	8	9	10	11	12			
a_1 max		3.75	4.5	5.25	6	7.5	9	10.5	12	13.5	15	16.5	18			
b		10	12	14	16	19	24	28	32	38	46	50	58	72	80	88
d_3	公称（max）	6	7.7	9.4	13	16.4	19.6	25	30.8	34.6	41	48.3	55.7	63.7	71.7	91.7
	min	5.82	7.48	9.18	12.73	16.13	19.27	24.67	29.91	35.21	40.61	47.91	55.24	63.24	17.24	91.16
D		M8	M10	M12	M16	M20	M24	M30	M36	M42	M48	M56	M64	M72×6	M80×6	M100×6
D_2	公称（min）	13	15	17	22	28	32	38	45	52	60	68	75	85	95	115
	max	13.43	15.43	17.52	22.52	28.52	32.62	38.62	45.62	52.74	60.74	68.74	75.74	85.87	95.87	115.87
h_2	公称（min）	2.5	3	3.5	4.5	5	7	8	9.5	10.5	11.5	12.5	13.5	14		
	max	2.9	3.4	3.98	4.98	5.48	7.58	8.58	40.08	11.2	12.2	13.2	14.2	14.7		
起吊质量 /t max	单螺钉起吊	0.16	0.25	0.40	0.63	1	1.6	2.5	4	6.3	8	10	16	20	25	40
	双螺钉起吊	0.08	0.125	0.2	0.32	0.5	0.8	1.25	2	3.2	4	5	8	10	12.5	20

注：1. M8～M36 为商品规格。
2. 起吊质量系指平稳起吊的最大质量。吊环螺钉须整体锻造。
3. A 型无螺纹部分的杆径≈螺纹中径或螺纹大径。
4. 吊环螺钉应进行轴向保证载荷试验，试验后环部的变形率不得大于 0.5%。
5. 吊环螺钉应进行硬度试验，其硬度应取 67～95HRB。
6. 双螺钉起吊时，两环间起吊夹角不得大于 90°。
7. 螺纹公差按 GB/T 197 的 8g 级规定。

表 5.2-179 滚花高头螺钉（摘自 GB/T 834—1988）**滚花平头螺钉**（摘自 GB/T 835—1988） （mm）

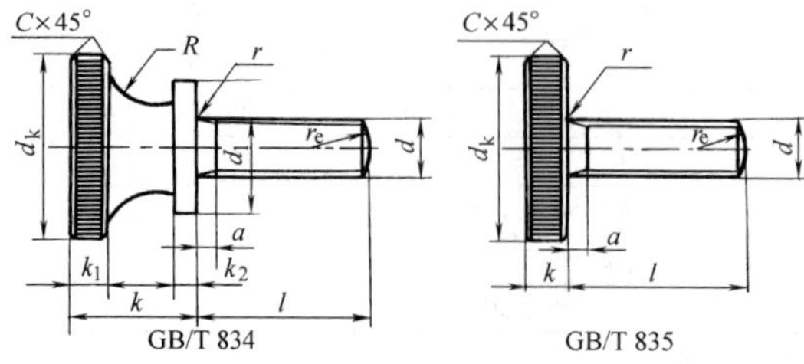

标记示例

螺纹规格 d=M5、公称长度 l=20mm、性能等级为 4.8 级、不经表面处理的滚花高头螺钉和滚花平头螺钉分别标记为

螺钉 GB/T 834 M5×20

螺钉 GB/T 835 M5×20

（续）

螺纹规格 d		M1.6	M2	M2.5	M3	M4	M5	M6	M8	M10
d_k　max		7	8	9	11	12	16	20	24	30
k　max	GB/T 834	4.7	5	5.5	7	8	10	12	16	20
	GB/T 835	2		2.2	2.8	3	4	5	6	8
k_1		2		2.2	2.8	3	4	5	6	8
k_2		0.8	1		1.2	1.5	2	2.5	3	3.8
R　≈		1.25		1.5	2		2.5	3	4	5
r　min		0.1				0.2		0.25	0.4	
r_e		2.24	2.8	3.5	4.2	5.6	7	8.4	11.2	14
d_1		4	4.5	5	6	8	10	12	16	20
l[①]长度范围	GB/T 834	2~8	2.5~10	3~12	4~16	5~16	6~20	8~25	10~30	12~35
	GB/T 835	2~12	4~16	5~16	6~20	8~25	10~25	12~30	16~35	20~45
性能等级	钢	4.8								
	不锈钢	A1-50、C4-50								
表面处理	钢	1）不经处理；2）镀锌钝化								
	不锈钢	不经处理								

① 长度系列（单位为 mm）：2、2.5、3、4、5、6、8、10、12、（14）、16、20~45（5 进位）。

表 5.2-180　滚花小头螺钉（摘自 GB/T 836—1988）　　（mm）

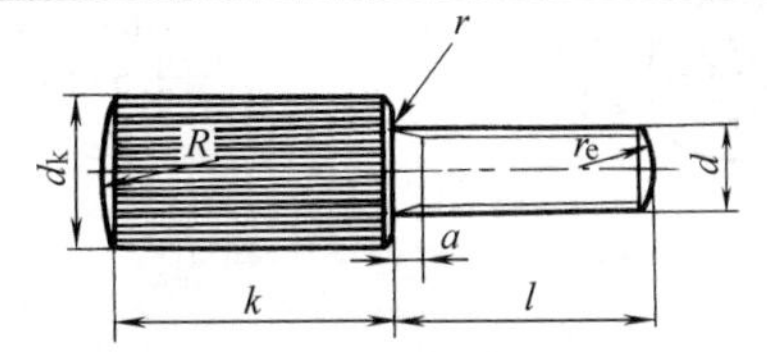

标记示例

螺纹规格 d=M5、公称长度 l=20mm、性能等级为 4.8 级、不经表面处理的滚花小头螺钉标记为

螺钉　GB/T 836 M5×20

螺纹规格　d		M1.6	M2	M2.5	M3	M4	M5	M6
d_k　max		3.5	4	5	6	7	8	10
k　max		10	11		12		13	
R　≈		4		5	6	8		10
r　min		0.1				0.2		0.25
r_e		2.24	2.8	3.5	4.2	5.6	7	8.4
l[①]　长度范围		3~16	4~20	5~20	6~25	8~30	10~35	12~40
性能等级	钢	4.8						
	不锈钢	A1-50、C4-50						
表面处理	钢	1）不经处理；2）镀锌钝化						
	不锈钢	不经处理						

① 长度系列（单位为 mm）：3、4、5、6、8、10、12、（14）、16、20~40（5 进位）。

表 5.2-181　塑料滚花头螺钉（摘自 GB/T 840—1988）　　（mm）

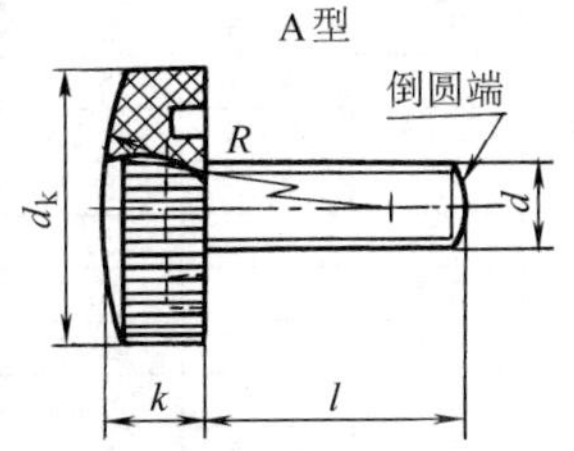

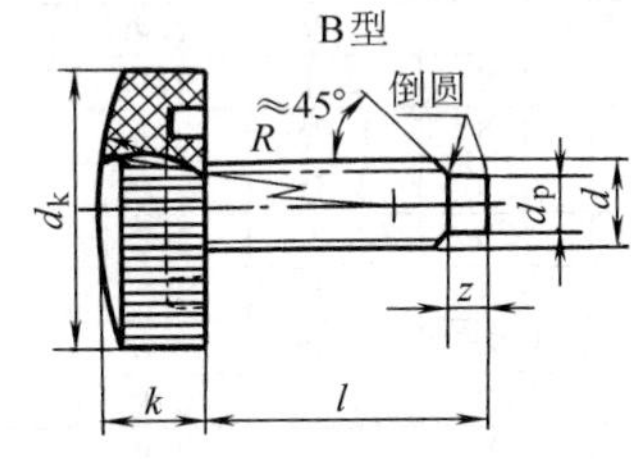

标记示例

螺纹规格 d=M10、公称长度 l=30mm、性能等级为 14H 级、表面氧化、按 A 型制造的塑料滚花头螺钉标记为

螺钉　GB/T 840 M10×30

按 B 型制造应加标记 B

螺钉　GB/T 840 B M10×30

螺纹规格　d	M4	M5	M6	M8	M10	M12	M16
d_k　max	12	16	20	25	28	32	40
k　max	5	6		8		10	12
d_p　max	2.5	3.5	4	5.5	7	8.5	12
z　min	2	2.5	3	4	5	6	8
R　≈	25	32	40	50	55	65	80
l[①]长度范围	8~30	10~40	12~40	16~45	20~60	25~60	30~80
性能等级　钢	—						
表面处理　钢	1）氧化；2）镀锌钝化						

① 长度系列（单位为 mm）：8、10、12、16、20~50（5 进位）、60、70、80。

5.5　自攻螺钉（见表 5.2-182～表 5.2-189）

表 5.2-182　十字槽盘头自攻螺钉（摘自 GB 845—1985）、**十字槽沉头自攻螺钉**（摘自 GB 846—1985）**和十字槽半沉头自攻螺钉**（摘自 GB 847—1985）　　(mm)

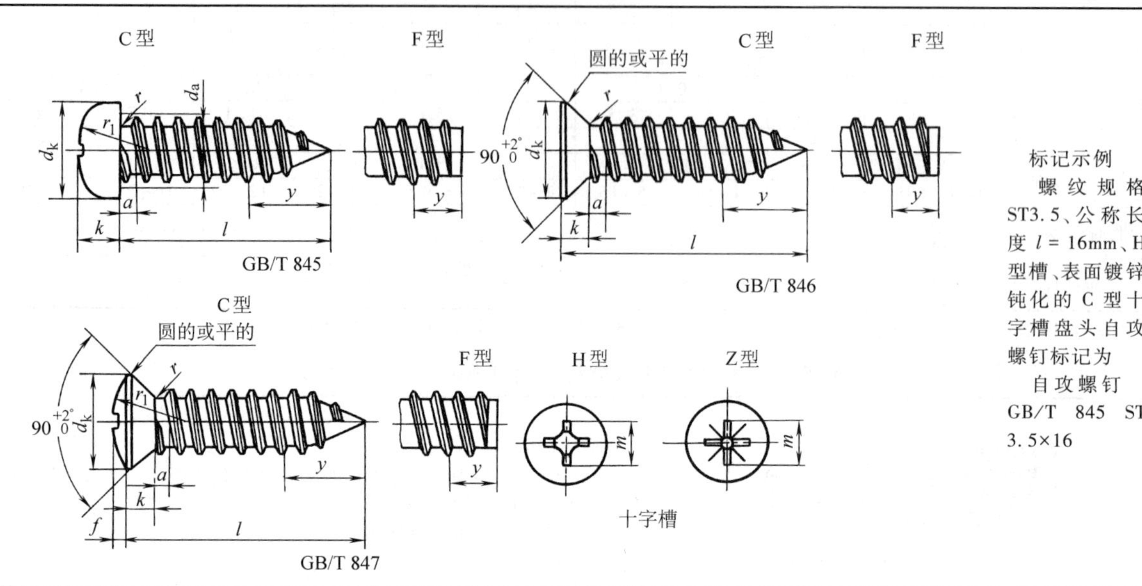

标记示例

螺纹规格 ST3.5、公称长度 l = 16mm、H 型槽、表面镀锌钝化的 C 型十字槽盘头自攻螺钉标记为

自攻螺钉　GB/T 845　ST 3.5×16

螺纹规格 d			ST2.2	ST2.9	ST3.5	ST4.2	ST4.8	ST5.5	ST6.3	ST8	ST9.5
螺距 P			0.8	1.1	1.3	1.4	1.6	1.8		2.1	
a	max		0.8	1.1	1.3	1.4	1.6	1.8		2.1	
d_k　max	GB 845		4	5.6	7	8	9.5	11	12	16	20
	GB 846 GB 847		3.8	5.5	7.3	8.4	9.3	10.3	11.3	15.8	18.3
k　max	GB 845		1.6	2.4	2.6	3.1	3.7	4	4.6	6	7.5
	GB 846 GB 847		1.1	1.7	2.35	2.6	2.8	3	3.15	4.65	5.25
y（参考）	C 型		2	2.6	3.2	3.7	4.3	5	6	7.5	8
	F 型		1.6	2.1	2.5	2.8	3.2	3.6		4.2	
十字槽槽号			0	1	2			3		4	
十字槽插入深度 H 型	GB 845	min	0.85	1.4		1.9	2.4	2.6	3.1	4.15	5.2
		max	1.2	1.8	1.9	2.4	2.9	3.1	3.6	4.7	5.8
Z 型		min	0.95	1.45	1.5	1.95	2.3	2.55	3.05	4.05	5.25
		max	1.2	1.75	1.9	2.35	2.75	3	3.5	4.5	5.7
H 型	GB 846	min	0.9	1.7	1.9	2.1	2.7	2.8	3	4	5.1
		max	1.2	2.1	2.4	2.6	3.2	3.3	3.5	4.6	5.7
Z 型		min	0.95	1.6	1.75	2.05	2.6	2.75	3	4.15	5.2
		max	1.2	2	2.2	2.5	3.05	3.2	3.45	4.6	5.56
H 型	GB 847	min	1.2	1.8	2.25	2.7	2.9	2.95	3.5	4.75	5.5
		max	1.5	2.2	2.75	3.2	3.4	3.45	4	5.25	6
Z 型		min	1.15	1.8	2.25	2.65	2.9	2.95	3.4	4.75	5.6
		max	1.4	2.1	2.7	3.1	3.35	3.4	3.85	5.2	6.05
l①长度范围	GB 845		4.5～16	6.5～19	9.5～25	9.5～32	9.5～38	13～38		16～50	
	GB 846 GB 847		4.5～16	6.5～19	9.5～25	9.5～32		13～38		16～50	
螺纹规格			ST2.2	ST2.9	ST3.5	ST4.2	ST4.8	ST5.5	ST6.3	ST8	ST9.5
性能等级			GB/T 3098.5—2016								
表面处理			镀锌钝化								

① 长度系列（单位为 mm）：4.5、6.5、9.5、13、16、19、22、25、32、38、45、50。

表 5.2-183　开槽盘头自攻螺钉（摘自 GB 5282—1985）、**开槽沉头自攻螺钉**（摘自 GB 5283—1985）**和开槽半沉头自攻螺钉**（摘自 GB 5284—1985）　（mm）

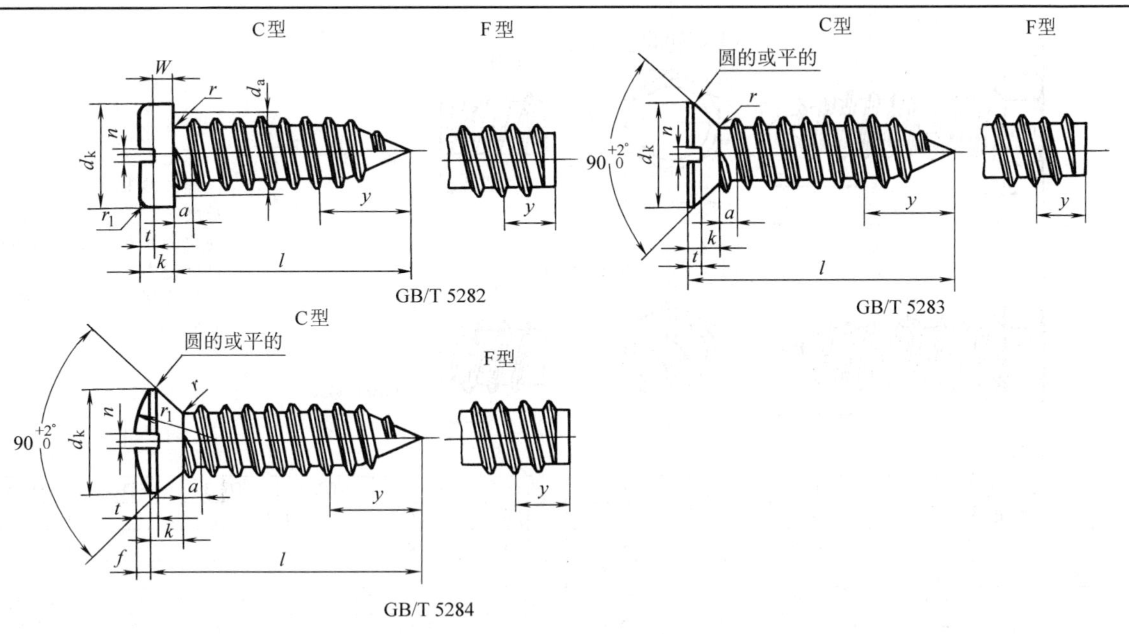

标记示例

螺纹规格 ST3.5、公称长度 l=16mm、H 型槽、表面镀锌钝化的 C 型开槽盘头自攻螺钉标记为

自攻螺钉　GB 5282 ST 3.5×16

螺纹规格 d		ST2.2	ST2.9	ST3.5	ST4.2	ST4.8	ST5.5	ST6.3	ST8	ST9.5
螺距 P		0.8	1.1	1.3	1.4	1.6	1.8		2.1	
a	max	0.8	1.1	1.3	1.4	1.6	1.8		2.1	
d_k　max	GB 5282	4	5.6	7	8	9.5	11	12	16	20
	GB 5283 GB 5284	3.8	5.5	7.3	8.4	9.3	10.3	11.3	15.8	18.3
k　max	GB 5282	1.6	2.4	2.6	3.1	3.7	4	4.6	6	7.5
	GB 5283 GB 5284	1.1	1.7	2.35	2.6	2.8	3	3.15	4.65	5.25
n	公称	0.5	0.8	1	1.2		1.6		2	2.5
t　min	GB 5282	0.5	0.7	0.8	1	1.2	1.3	1.4	1.9	2.4
	GB 5283	0.4	0.6	0.9	1	1.1		1.2	1.8	2
	GB 5284	0.8	1.2	1.4	1.6	2	2.2	2.4	3.2	3.8
y（参考）	C 型	2	2.6	3.2	3.7	4.3	5	6	7.5	8
	F 型	1.6	2.1	2.5	2.8	3.2	3.6		4.2	
l[①]长度范围	GB 5282	4.5~16	6.5~19	6.5~22	9.5~25	9.5~32	13~32	13~38	16~50	
	GB 5283	4.5~16	6.5~19	9.5~25	9.5~32		16~38		19~50	22~50
	GB 5284	4.5~16	6.5~19	9.5~22	9.5~25	9.5~32	13~32	13~38	16~50	19~50
性能等级		GB/T 3098.5—2016								
表面处理		镀锌钝化								

① 长度系列（单位为 mm）：4.5、6.5、9.5、13、16、19、22、25、32、38、45、50。

表 5.2-184　六角头自攻螺钉（摘自 GB 5285—1985）和十字槽凹穴六角头自攻螺钉（摘自 GB/T 9456—1988）　（mm）

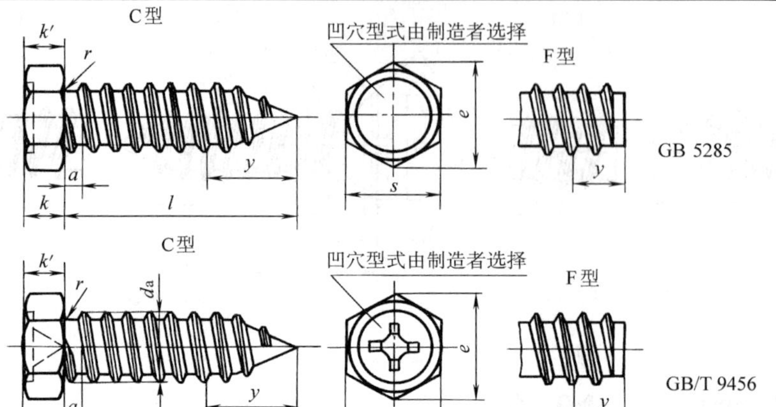

标记示例

螺纹规格 ST 3.5、公称长度 l = 16mm、表面镀锌钝化的 C 型六角头自攻螺钉标记为

自攻螺钉　GB 5285 ST 3.5×16

螺纹规格 d			ST2.2	ST2.9	ST3.5	ST4.2	ST4.8	ST5.5	ST6.3	ST8	ST9.5
螺距 P			0.8	1.1	1.3	1.4	1.6	1.8		2.1	
a	max		0.8	1.1	1.3	1.4	1.6	1.8		2.1	
s	max		3.2	5	5.5	7	8		10	13	16
e	min		3.38	5.4	5.96	7.59	8.71		10.95	14.26	17.62
k	max		1.3	2.3	2.6	3	3.8	4.1	4.7	6	7.5
十字槽 H 型			—	1	2			—	3		—
	插入深度	min	—	0.95	0.91	1.40	1.80	—	2.36	3.20	—
		max	—	1.32	1.43	1.90	2.33	—	2.86	3.86	—
y　参考	C 型		2	2.6	3.2	3.7	4.3	5	6	7.5	8
	F 型		1.6	2.1	2.5	2.8	3.2	3.6		4.2	
l[①]长度范围	GB 5285		4.5~16	6.5~19	6.5~22	9.5~25	9.5~32	13~32	13~38	13~50	16~50
	GB/T 9456		—	6.5~19	9.5~22	9.5~25	9.5~32	—	13~38	13~50	—
性能等级			GB/T 3098.5—2016								
表面处理			镀锌钝化								

① 长度系列（单位为 mm）：4.5、6.5、9.5、13、16、19、22、25、32、38、45、50。

表 5.2-185　十字槽自攻螺钉（摘自 GB/T 13806.2—1992）　（mm）

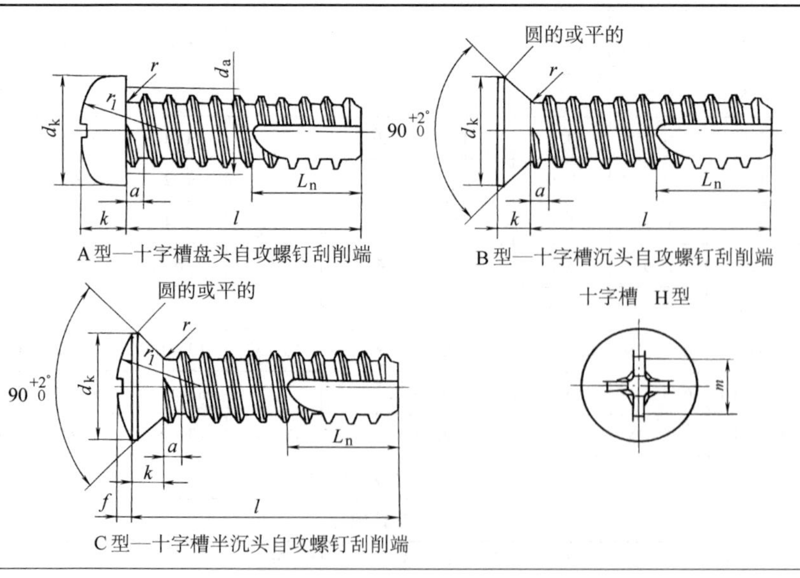

A 型—十字槽盘头自攻螺钉刮削端

B 型—十字槽沉头自攻螺钉刮削端

C 型—十字槽半沉头自攻螺钉刮削端

标记示例

螺纹规格 ST2.2、公称长度 l = 6mm、镀锌钝化的 A 型—十字槽盘头自攻螺钉刮削端的标记

自攻螺钉　GB/T 13806.2　ST 2.2×6

（续）

螺纹规格 d			ST1.5	（ST1.9）	ST2.2	（ST2.6）	ST2.9	ST3.5	ST4.2
螺　距　P			0.5	0.6	0.8	0.9	1.1	1.3	1.4
a	max		0.5	0.6	0.8	0.9	1.1	1.3	1.4
d_k　max	A 型		2.8	3.5	4.0	4.3	5.6	7.0	8.0
	B、C 型		2.8	3.5	3.8	4.8	5.5	7.3	8.4
k　max	A 型		0.9	1.1	1.6	2.0	2.4	2.6	3.1
	B、C 型		0.8	0.9	1.1	1.4	1.7	2.35	2.6
L_n	max		0.7	0.9	1.6		2.1	2.5	2.8
十字槽槽号			0			1		2	
十字槽插入深度　H 型	A 型	min	0.5	0.7	0.85	1.1	1.4		1.95
		max	0.7	0.9	1.2	1.5	1.8	1.9	2.35
	B 型	min	0.7	0.8	0.9	1.3	1.7	1.9	2.1
		max	0.9	1.0	1.2	1.6	2.1	2.4	2.6
	C 型	min	0.9	1.0	1.2	1.4	1.8	2.25	—
		max	1.1	1.2	1.5	1.8	2.2	2.75	—
l① 长度范围			4~8		4.5~10	4.5~16	4.5~20	7~25	
性能等级			GB/T 3098.5—2016						
表面处理			镀锌钝化						

注：尽可能不采用括号内规格。

① 长度系列（单位为 mm）：4、(4.5)、5、(5.5)、6、(7)、8、(9.5)、10、13、16、20、(22)、25。

表 5.2-186　十字槽盘头自挤螺钉（摘自 GB/T 6560—2014）、十字槽沉头自挤螺钉（摘自 GB/T 6561—2014）和十字槽半沉头自挤螺钉（摘自 GB/T 6562—2014）　（mm）

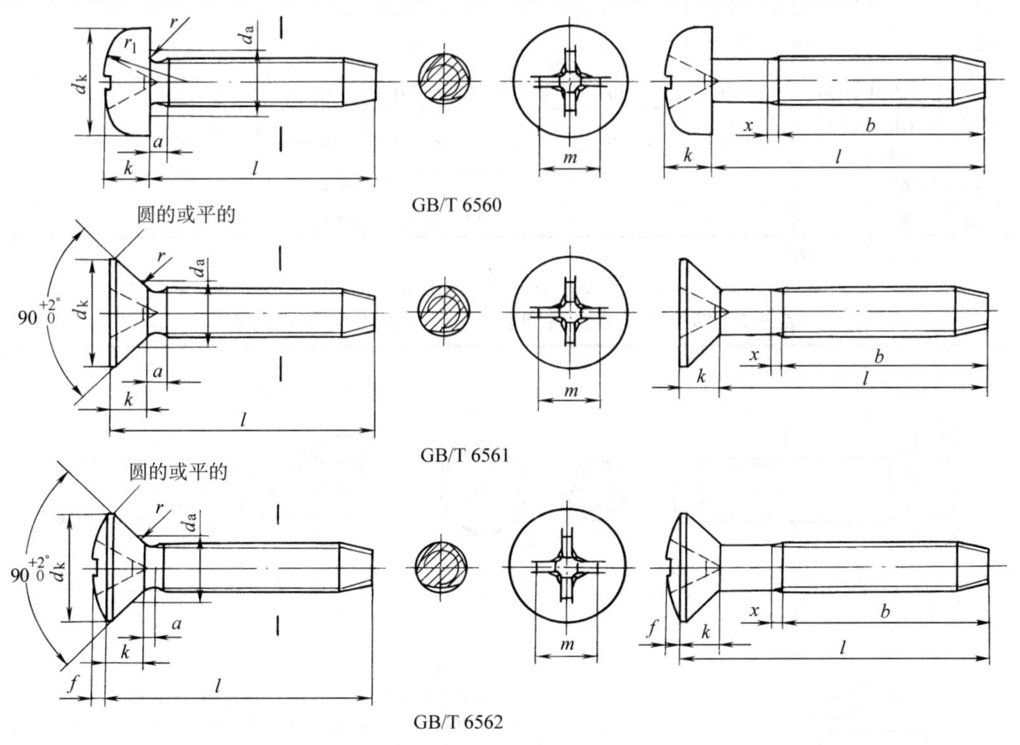

标记示例

螺纹规格为 M5、公称长度 l=20mm、H 型十字槽、表面镀锌，厚度 8μm，光亮、黄彩虹铬盐处理的十字槽盘头自挤螺钉标记为

自挤螺钉　GB/T 6560 M5×20

（续）

螺纹规格				M2	M2.5	M3	M4	M5	M6	M8	M10
a　max				0.8	0.9	1	1.4	1.6	2	2.5	3
b　min				25	25	25	38	38	38	38	38
x　max				1	1.1	1.25	1.75	2	2.5	3.2	3.8
d_k　max	GB/T 6560			4	5	5.6	8	9.5	12	16	20
	GB/T 6561 GB/T 6562			3.8	4.7	5.5	8.4	9.3	11.3	15.8	18.3
k　max	GB/T 6560			1.6	2.1	2.4	3.1	3.7	4.6	6	7.5
	GB/T 6561 GB/T 6562			1.2	1.5	1.65	2.7	2.7	3.3	4.65	5
十字槽槽号				0	1		2		3	4	
十字槽插入深度	H 型	GB/T 6560	min	0.9	1.15	1.4	1.9	2.4	3.1	4	5.2
			max	1.2	1.55	1.8	2.4	2.9	3.6	4.6	5.8
		GB/T 6561	min	0.9	1.25	1.4	2.1	2.3	2.8	3.9	4.8
			max	1.2	1.55	1.8	2.6	2.8	3.3	4.4	5.3
		GB/T 6562	min	1.2	1.5	1.8	2.7	2.9	3.5	4.75	5.5
			max	1.5	1.85	2.2	3.2	3.4	4	5.25	6
	Z 型	GB/T 6560	min	1.17	1.25	1.5	1.89	2.29	3.03	4.05	5.24
			max	1.42	1.5	1.75	2.34	2.74	3.46	4.5	5.69
		GB/T 6561	min	0.95	1.22	1.48	2.06	2.27	2.73	3.87	4.78
			max	1.2	1.47	1.73	2.51	2.72	3.18	4.32	5.23
		GB/T 6562	min	1.15	1.5	1.83	2.65	2.9	3.4	4.75	5.6
			max	1.4	1.75	2.08	3.1	3.35	3.85	5.2	6.05
全螺纹时最大长度	GB/T 6560			30	30	30	40	40	40	40	40
	GB/T 6561 GB/T 6562			30	30	30	45	45	45	45	45
l[①] 长度范围	GB/T 6560			3～16	4～20	4～25	6～30	8～40	8～50	10～60	16～80
	GB/T 6561 GB/T 6562			4～16	5～20	6～25	8～30	10～40	10～50	14～60	20～80
性能等级				GB/T 3098.7							
表面处理				1）电镀；2）非电解锌片涂层							

注：尽可能不采用括号内规格。

① 长度系列：4、5、6、8、10、12、(14)、16、20、25、30、35、40、45、50、(55)、60、70、80。

表 5.2-187　六角头自挤螺钉（摘自 GB/T 6563—2014）　　（mm）

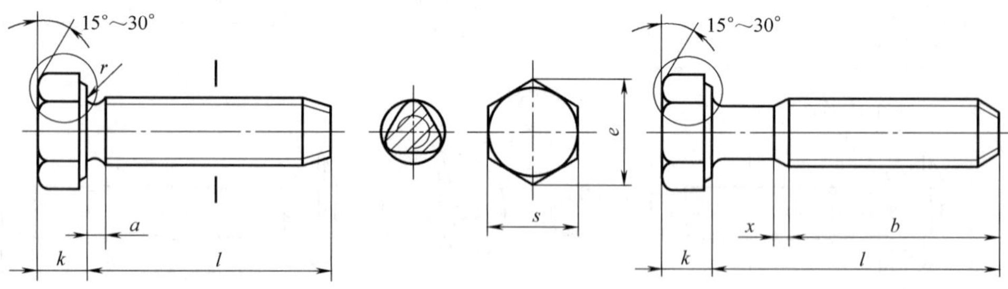

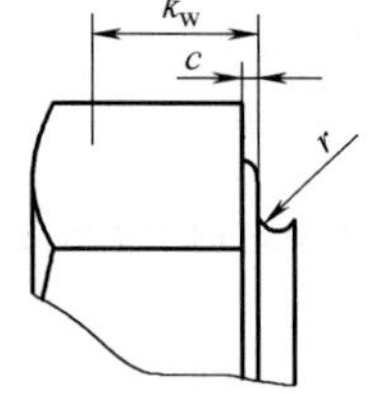

标记示例

螺纹规格为 M6、公称长度 l＝30mm，表面镀锌（A3L；镀锌、厚度 8μm、光亮、黄彩虹铬酸盐处理）的 A 级六角头自挤螺钉的标记：

自挤螺钉　GB/T 6563　M6×30

（续）

螺纹规格		M2	M2.5	M3	M4	M5	M6	M8	M10	M12
a	max	1.2	1.35	1.5	2.1	2.4	3	4	4.5	5.3
b	min	25	25	25	38	38	38	38	38	38
c	max	0.25	0.25	0.4	0.4	0.5	0.5	0.6	0.6	0.6
	min	0.10	0.10	0.15	0.15	0.15	0.15	0.15	0.15	0.15
e	min	4.32	5.45	6.01	7.66	8.79	11.05	14.38	17.77	20.03
k	公称	1.4	1.7	2	2.8	3.5	4	5.3	6.4	7.5
r	min	0.1	0.1	0.1	0.2	0.2	0.25	0.4	0.4	0.6
x	max	1	1.1	1.25	1.75	2	2.5	3.2	3.8	4.4
s	max	4	5	5.5	7	8	10	13	16	18
	min	3.82	4.82	5.32	6.78	7.78	9.78	12.78	15.73	17.73
l 长度范围		3~16	4~20	4~25	6~30	8~40	8~50	10~60	12~80	(14)~80
性能等级		GB/T 3098.7								
表面处理		1）电镀；2）非电解锌片涂层								

注：1. 尽可能不采用括号内规格。
　　2. 长度尺寸系列（单位为 mm）：3、4、5、6、8、10、12、（14）、16、20、（5 进位）50、（55）、60、70、80。

表 5.2-188　十字槽盘头自钻自攻螺钉（摘自 GB/T 15856.1—2002）、**十字槽沉头自钻自攻螺钉**（摘自 GB/T 15856.2—2002）**和十字槽半沉头自钻自攻螺钉**（摘自 GB/T 15856.3—2002）（mm）

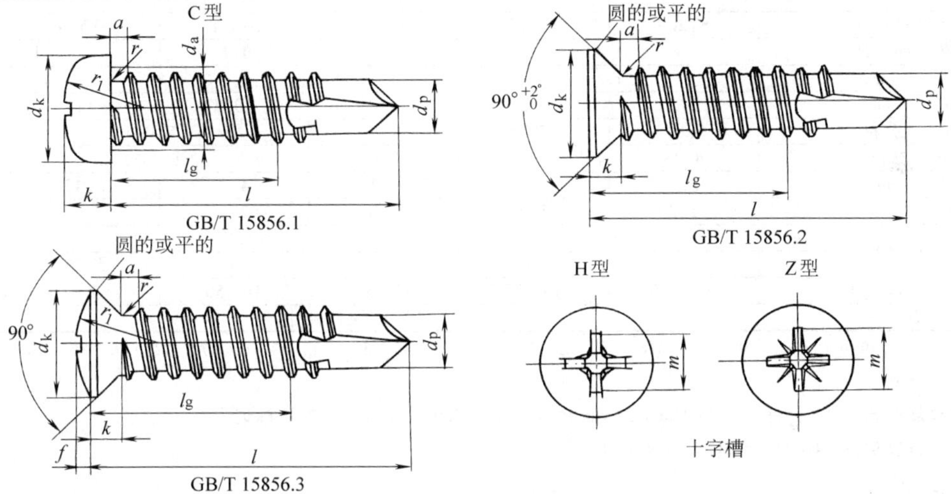

标记示例

螺纹规格 ST 4.2、公称长度 l=16mm、H 型槽表面镀锌钝化的十字槽盘头自钻自攻螺钉标记为

　　自攻螺钉 GB/T 15856.1 ST 4.2×16

螺纹规格 d				ST2.9	ST3.5	ST4.2	ST4.8	ST5.5	ST6.3
螺　距　P				1.1	1.3	1.4	1.6	1.8	
a	max			1.1	1.3	1.4	1.6	1.8	
d_k　max	GB/T 15856.1			5.6	7	8	9.5	11	12
	GB/T 15856.2 GB/T 15856.3			5.5	7.3	8.4	9.3	10.3	11.3
k　max	GB/T 15856.1			2.4	2.6	3.1	3.7	4	4.6
	GB/T 15856.2 GB/T 15856.3			1.7	2.35	2.6	2.8	3	3.15
d_p　≈				2.3	2.8	3.6	4.1	4.8	5.8
十字槽槽号				1	2			3	
十字槽插入深度	H 型	GB/T 15856.1	min	1.4		1.9	2.4	2.6	3.1
			max	1.8	1.9	2.4	2.9	3.1	3.6
	Z 型		min	1.45	1.5	1.95	2.3	2.55	3.05
			max	1.75	1.9	2.35	2.75	3	3.5
	H 型	GB/T 15856.2	min	1.7	1.9	2.1	2.7	2.8	3
			max	2.1	2.4	2.6	3.2	3.3	3.5
	Z 型		min	1.6	1.75	2.05	2.6	2.75	3
			max	2	2.2	2.5	3.05	3.2	3.45
	H 型	GB/T 15856.3	min	1.8	2.25	2.7	2.9	2.95	3.5
			max	2.2	2.75	3.2	3.4	3.45	4
	Z 型		min	1.8	2.25	2.65	2.9	2.95	3.4
			max	2.1	2.7	3.1	3.35	3.4	3.85

（续）

螺纹规格 d		ST2.9	ST3.5	ST4.2	ST4.8	ST5.5	ST6.3
钻削范围(板厚)	≥	0.7		1.75			2
	≤	1.9	2.25	3	4	5.25	6
$l^{①}$ 长度范围		13~19	13~25	13~38	16~50	19~50	

① 长度系列（单位为 mm）：13、16、19、22、25、32、38、45、50。

表 5.2-189 六角法兰面自钻自攻螺钉（GB/T 15856.4—2002）**和**
六角凸缘自钻自攻螺钉（GB/T 15856.5—2002） （mm）

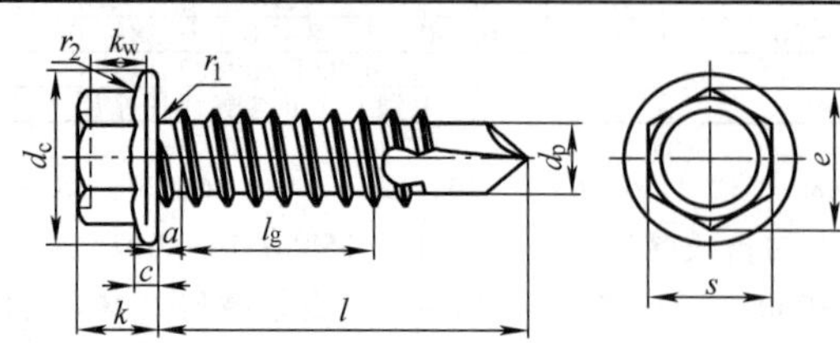

螺纹规格 d		ST2.9	ST3.5	ST4.2	ST4.8	ST5.5	ST6.3
螺 距 P		1.1		1.4	1.6	1.8	
a max		1.1		1.4	1.6	1.8	
d_c max		6.3	8.3	8.8	10.5	11	13.5
s 公称		4.0	5.5	7.0	8.0		10.0
e min		4.28	5.96	7.59	8.71		10.95
k max		2.8	3.4	4.1	4.3	5.45	5.9
k_w min		1.3	1.5	1.8	2.2	2.7	3.1
钻削范围(板厚)	≥	0.7		1.75			2
	≤	1.9	2.25	3	4	5.25	6
$l^{①}$ 长度范围		9.5~19	13~25	13~38	16~50	19~50	
表面处理		镀锌钝化					

① 长度系列（单位为 mm）：9.5、13、16、19、22、25、32、38、45、50、55、60、65、70、75、80、85、90、95、100。

标记示例

螺纹规格 ST4.2、公称长度 l=16mm、表面镀锌钝化的六角头自钻自攻螺钉标记为

自攻螺钉 GB/T 15856.4 ST 4.2×16

5.6 木螺钉（见表 5.2-190～表 5.2-192）

表 5.2-190 开槽圆头木螺钉（摘自 GB 99—1986）、**开槽沉头木螺钉**（摘自 GB/T 100—1986）
和开槽半沉头木螺钉（摘自 GB 101—1986） （mm）

GB 99　　GB/T 100　　GB 101

标记示例

公称直径 10mm、长度 100mm、材料为 Q215、不经表面处理的开槽圆头木螺钉标记为

木螺钉 GB 99 10×100

（续）

d	公称	1.6	2	2.5	3	3.5	4	(4.5)	5	(5.5)	6	(7)	8	10
d_k max	GB 99	3.2	3.9	4.63	5.8	6.75	7.65	8.6	9.5	10.5	11.05	13.35	15.2	18.9
	GB/T 100 GB 101	3.2	4	5	6	7	8	9	10	11	12	14	16	20
k	GB/T 99	1.4	1.6	1.98	2.37	2.65	2.95	3.25	3.5	3.95	4.34	4.86	5.5	6.8
	GB/T 100 GB 101	1	1.2	1.4	1.7	2	2.2	2.7	3	3.2	3.5	4	4.5	5.8
n	公称	0.4	0.5	0.6	0.8	0.9	1	1.2	1.2	1.4	1.6	1.8	2	2.5
r ≈	GB 99	1.6	2.3	2.6	3.4	4	4.8	5.2	6	6.5	6.8	8.2	9.7	12.1
	GB 101	2.8	3.6	4.3	5.5	6.1	7.3	7.9	9.1	9.7	10.9	12.4	14.5	18.2
t min	GB 99	0.64	0.70	0.90	1.06	1.26	1.38	1.60	1.90	2.10	2.20	2.34	2.94	3.60
	GB/T 100	0.48	0.58	0.64	0.79	0.95	1.05	1.30	1.46	1.56	1.71	1.95	2.2	2.90
	GB 101	0.64	0.74	0.9	1.1	1.36	1.46	1.8	2.0	2.2	2.3	2.8	3.1	4.04
l① 长度范围	GB 99	6~12	6~14	6~22	8~25	8~38	12~65	14~80	16~90	22~90	22~120	38~120		65~120
	GB/T 100	6~12	6~16	6~25	8~30	8~40	12~70	16~85	18~100	25~100	25~120	40~120		75~120
	GB 101	6~12	6~16	6~25	8~30	8~40	12~70	16~85	18~100	30~100	30~120	40~120		70~120
材料	碳素钢	Q215、Q235												
	铜及铜合金	H62、HPb59-1												
表面缺陷		螺纹表面不允许有裂纹、折纹。除螺纹最初两扣和螺尾外，不允许有扣不完整，表面不允许有浮锈，不允许有影响使用的裂纹、凹痕、毛刺、圆钝和飞边												

注：尽可能不采用括号内的规格。

① 长度系列（单位为 mm）：6~20（2 进位）、(22)、25、30、(32)、35、(38)、40~90（5 进位）、100、120。

表 5.2-191　六角头木螺钉（摘自 GB 102—1986）　　（mm）

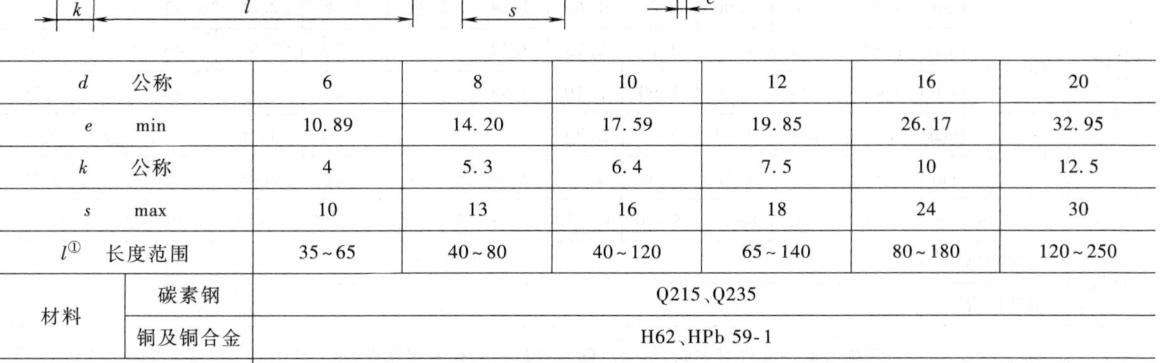

标记示例

公称直径 10mm、长度 100mm、材料为 Q215、不经表面处理的六角头木螺钉的标记

木螺钉　GB 102 10×100

d	公称	6	8	10	12	16	20
e	min	10.89	14.20	17.59	19.85	26.17	32.95
k	公称	4	5.3	6.4	7.5	10	12.5
s	max	10	13	16	18	24	30
l①	长度范围	35~65	40~80	40~120	65~140	80~180	120~250
材料	碳素钢	Q215、Q235					
	铜及铜合金	H62、HPb 59-1					
表面缺陷		螺纹表面不允许有裂纹、折叠。除螺纹最初两扣和螺尾外，不允许有扣不完整，表面不允许有浮锈，不允许有影响使用的裂纹、凹痕、毛刺、圆钝和飞边					

① 公称长度系列（单位为 mm）：35、40、50、65、80~200（20 进位）、(225)、(250)。

表 5.2-192　十字槽圆头木螺钉（摘自 GB 950—1986）、十字槽沉头木螺钉（摘自 GB 951—1986）和十字槽沉头木螺钉（摘自 GB 952—1986）　（mm）

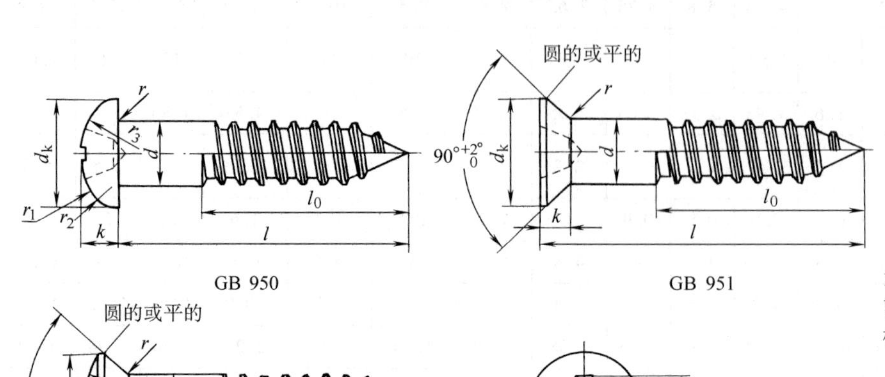

GB 950　　GB 951

标记示例

公称直径 10mm、长度 100mm、材料为 Q215、不经表面处理的十字槽圆头木螺钉标记为

木螺钉　GB 950 10×100

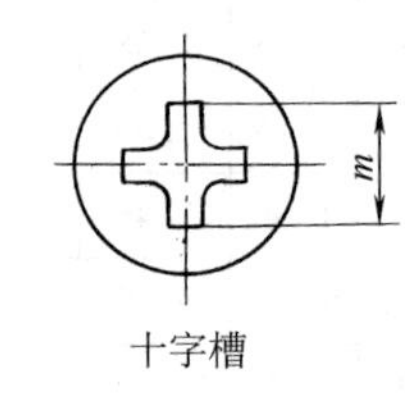

十字槽

GB 952

d 公称			2	2.5	3	3.5	4	(4.5)	5	(5.5)	6	(7)	8	10
d_k max	GB 950		3.9	4.63	5.8	6.75	7.65	8.6	9.5	10.5	11.05	13.35	15.2	18.9
	GB 951 GB 952		4	5	6	7	8	9	10	11	12	14	16	20
k	GB 950		1.6	1.98	2.37	2.65	2.95	3.25	3.5	3.95	4.34	4.86	5.5	6.8
	GB 951 GB 952		1.2	1.4	1.7	2	2.2	2.7	3	3.2	3.5	4	4.5	5.8
r_1	GB 950		2.3	2.6	3.4	4	4.8	5.2	6	6.5	6.8	8.2	9.7	12.1
	GB 952		3.6	4.3	5.5	6.1	7.3	7.9	9.1	9.7	10.9	12.4	14.5	18.2
十字槽槽号			1		2					3			4	
十字槽（H 型）插入深度	GB 950	max	1.32	1.52	1.63	1.83	2.23	2.43	2.63	2.76	3.26	3.56	4.35	5.35
		min	0.9	1.1	1.06	1.25	1.64	1.84	2.04	2.16	2.65	2.93	3.77	4.75
	GB 951	max	1.32	1.52	1.73	2.13	2.73	3.13	3.33	3.36	3.96	4.46	4.95	5.95
		min	0.95	1.14	1.20	1.60	2.19	2.58	2.77	2.80	3.39	3.87	4.41	5.39
	GB 952	max	1.52	1.72	1.83	2.23	2.83	3.23	3.43	3.46	4.06	4.56	5.15	6.15
		min	1.14	1.34	1.30	1.69	2.28	2.68	2.87	2.90	3.48	3.97	4.60	5.58
l①	长度范围		6~16	6~25	8~30	8~40	12~70	16~85	18~100	25~100	25~120	40~120		70~120
材料	碳素钢		Q215、Q235											
	铜及铜合金		H62、HPb59-1											
表面缺陷			螺纹表面不允许有裂纹、折叠。除螺纹最初两扣和螺尾外，不允许有扣不完整，表面不允许有浮锈，不允许有影响使用的裂纹、凹痕、毛刺、圆钝和飞边											

注：尽可能不采用括号内的规格。

① 公称长度系列（单位为 mm）：6~(22)（2 进位）、25、30、(32)、35、(38)、40~90（5 进位）、100、120。

5.7　垫圈和轴端挡圈（见表 5.2-193～表 5.2-215）

表 5.2-193　平垫圈 A 级（摘自 GB/T 97.1—2002）**和倒角型平垫圈 A 级**（摘自 GB/T 97.2—2002）

（mm）

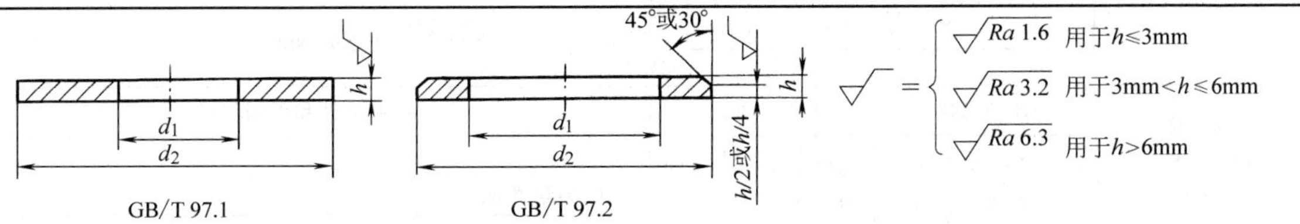

标记示例

标准系列、公称规格 8mm、由钢制造的硬度等级为 200HV 级、不经表面处理、产品等级为 A 级的平垫圈的标记

垫圈　GB/T 97.1　8

由 A2 不锈钢制造，其余同上，标记为

垫圈 GB/T 97.1　8　A2

公称规格（螺纹大径 d）		GB/T 97.1			GB/T 97.2		
		内径 d_1	外径 d_2	厚度 h	内径 d_1	外径 d_2	厚度 h
优选尺寸	1.6	1.7	4	0.3	—	—	—
	2	2.2	5	0.3	—	—	—
	2.5	2.7	6	0.5	—	—	—
	3	3.2	7	0.5	—	—	—
	4	4.3	9	0.8	—	—	—
	5	5.3	10	1	5.3	10	1
	6	6.4	12	1.6	6.4	12	1.6
	8	8.4	16	1.6	8.4	16	1.6
	10	10.5	20	2	10.5	20	2
	12	13	24	2.5	13	24	2.5
	16	17	30	3	17	30	3
	20	21	37	3	21	37	3
	24	25	44	4	25	44	4
	30	31	56	4	31	56	4
	36	37	66	5	37	66	5
	42	45	78	8	45	78	8
	48	52	92	8	52	92	8
	56	62	105	10	62	105	10
	64	70	115	10	70	115	10
非优选尺寸	14	15	28	2.5	15	28	2.5
	18	19	34	3	19	34	3
	22	23	39	3	23	39	3
	27	28	50	4	28	50	4
	33	34	60	5	34	60	5
	39	42	72	6	42	72	6
	45	48	85	8	48	85	8
	52	56	98	8	56	98	8
	60	66	110	10	66	110	10

技术条件和引用标准

1）力学性能

	硬度等级	硬度范围
钢	200HV 300HV	200～300HV 300～370HV
不锈钢	200HV	200～300HV

2）不锈钢组别：A2、F1、C1、A4、C4（按 GB/T 3098.6）

3）表面处理

①不经表面处理，即垫圈应是本色的并涂有防锈油或按协议的涂层

②电镀的技术要求按 GB/T 5267.1

③非电解锌片涂层技术要求按 GB/T 5267.2

④对淬火回火的垫圈应采用适当的涂层或电镀工艺以免氢脆。当电镀或磷化处理垫圈时，应在电镀或涂层后立即进行适当处理，以驱除有害的氢脆

⑤所有公差适用于镀或涂前尺寸

表 5.2-194　小垫圈 A 级（摘自 GB/T 848—2002）**和大垫圈 A 级**（摘自 GB/T 96.1—2002）（mm）

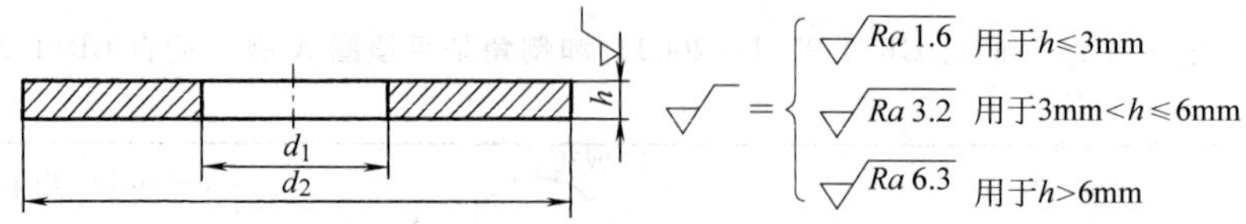

公称规格（螺纹大径 d）		GB/T 848			GB/T 96.1		
		内径 d_1	外径 d_2	厚度 h	内径 d_1	外径 d_2	厚度 h
优选尺寸	1.6	1.7	3.5	0.3	—	—	—
	2	2.2	4.5	0.3	—	—	—
	2.5	2.7	5	0.5	—	—	—
	3	3.2	6	0.5	3.2	9	0.8
	4	4.3	8	0.5	4.3	12	1
	5	5.3	9	1	5.3	15	1
	6	6.4	11	1.6	6.4	18	1.6
	8	8.4	15	1.6	8.4	24	2
	10	10.5	18	1.6	10.5	30	2.5
	12	13	20	2	13	37	3
	16	17	28	2.5	17	50	3
	20	21	34	3	21	60	4
	24	25	39	4	25	72	5
	30	31	50	4	33	92	6
	36	37	60	5	39	110	8
非优选尺寸	3.5	3.7	7	0.5	3.7	11	0.8
	14	15	24	2.5	15	44	3
	18	19	30	3	19	56	4
	22	23	37	3	23	66	5
	27	28	44	4	30	85	6
	33	34	56	5	36	105	6

技术条件和引用标准

1）力学性能

	硬度等级	硬度范围
钢	200HV	200~300HV
	300HV	300~370HV
不锈钢	200HV	200~300HV

2）不锈钢组别：A2、F1、C1、A4、C4（按 GB/T 3098.6）

3）表面处理

①不经表面处理，即垫圈应是本色的并涂有防锈油或按协议的涂层

②电镀的技术要求按 GB/T 5267.1

③非电解锌片涂层技术要求按 GB/T 5267.2

④对淬火回火的垫圈应采用适当的涂层或电镀工艺以免氢脆。当电镀或磷化处理垫圈时，应在电镀或涂层后立即进行适当处理，以驱除有害的氢脆

⑤所有公差适用于镀或涂前尺寸

表 5.2-195　平垫圈 C 级（摘自 GB/T 95—2002）、**大垫圈 C 级**（摘自 GB/T 96.2—2002）**和特大垫圈 C 级**（摘自 GB/T 5287—2002）（mm）

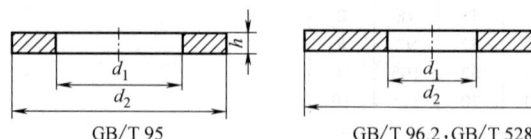

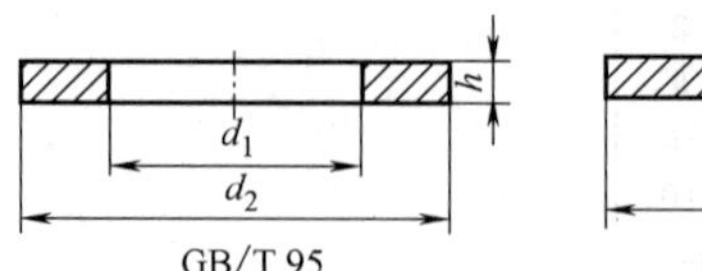

GB/T 95　　GB/T 96.2，GB/T 5287

公称规格（螺纹大径 d）		GB/T 95			GB/T 96.2			GB/T 5287		
		内径 d_1	外径 d_2	厚度 h	内径 d_1	外径 d_2	厚度 h	内径 d_1	外径 d_2	厚度 h
优选尺寸	1.6	1.8	4	0.3	—	—	—	—	—	—
	2	2.4	5	0.3	—	—	—	—	—	—
	2.5	2.9	6	0.5	—	—	—	—	—	—
	3	3.4	7	0.5	3.4	9	0.8	—	—	—
	4	4.5	9	0.8	4.5	12	1	—	—	—
	5	5.5	10	1	5.5	15	1	5.5	18	2

（续）

公称规格（螺纹大径 d）		GB/T 95			GB/T 96.2			GB/T 5287		
		内径 d_1	外径 d_2	厚度 h	内径 d_1	外径 d_2	厚度 h	内径 d_1	外径 d_2	厚度 h
优选尺寸	6	6.6	12	1.6	6.6	18	1.6	6.6	22	2
	8	9	16	1.6	9	24	2	9	28	3
	10	11	20	2	11	30	2.5	11	34	3
	12	13.5	24	2.5	13.5	37	3	13.5	44	4
	16	17.5	30	3	17.5	50	3	17.5	56	5
	20	22	37	3	22	60	4	22	72	6
	24	26	44	4	26	72	5	26	85	6
	30	33	56	4	33	92	6	33	105	6
	36	39	66	5	39	110	8	39	125	8
	42	45	78	8	—	—	—	—	—	—
	48	52	92	8	—	—	—	—	—	—
	56	62	105	10	—	—	—	—	—	—
	64	70	115	10	—	—	—	—	—	—
非优选尺寸	3.5	3.9	8	0.5	3.9	11	0.8	—	—	—
	14	15.5	28	2.5	15.5	44	3	15.5	50	4
	18	20	34	3	20	56	4	20	60	5
	22	24	39	3	24	66	5	24	80	6
	27	30	50	4	30	85	6	30	98	6
	33	36	60	5	36	105	6	36	115	8
	39	42	72	6	—	—	—	—	—	—
	45	48	85	8	—	—	—	—	—	—
	52	56	98	8	—	—	—	—	—	—
	60	66	110	10	—	—	—	—	—	—

注：材料为钢；硬度等级 100HV；硬度范围为 100~200HV。

表 5.2-196 平垫圈用于螺钉和垫圈组合件（摘自 GB/T 97.4—2002） （mm）

螺钉和垫圈组合件用 A 级垫圈分为三种形式

S 型：小系列，优先用于内六角圆柱头螺钉和圆柱头机器螺钉

N 型：标准系列，优先用于六角头螺栓（螺钉）

L 型：大系列，优先用于六角头螺栓（螺钉）

公称规格	S 型			N 型			L 型		
（螺纹大径 d）	内径 d_1	外径 d_2	厚度 h	内径 d_1	外径 d_2	厚度 h	内径 d_1	外径 d_2	厚度 h
2	1.75	4.5	0.6	1.75	5	0.6	1.75	6	0.6
2.5	2.25	5	0.6	2.25	6	0.6	2.25	8	0.6
3	2.75	6	0.6	2.75	7	0.6	2.75	9	0.8
3.5	3.2	7	0.8	3.2	8	0.8	3.2	11	0.8
4	3.6	8	0.8	3.6	9	0.8	3.6	12	1
5	4.55	9	1	4.55	10	1	4.55	15	1
6	5.5	11	1.6	5.5	12	1.6	5.5	18	1.6
8	7.4	15	1.6	7.4	16	1.6	7.4	24	2
10	9.3	18	2	9.3	20	2	9.3	30	2.5
12	11	20	2	11	24	2.5	11	37	3

注：1. 材料为钢；硬度等级为 200HV（硬度范围为 200~300HV）、300HV（硬度范围为 300~370HV）。

2. 图同表 5.2-193 左图。

表 5.2-197 A 级平垫圈用于自攻螺钉和垫圈组合件（摘自 GB/T 97.5—2002） （mm）

公称规格	N 型（标准系列）			L 型（大系列）		
（螺纹大径 d）	内径 d_1	外径 d_2	厚度 h	内径 d_1	外径 d_2	厚度 h
2.2	1.9	5	1	1.9	7	1
2.9	2.5	7	1	2.5	9	1
3.5	3	8	1	3	11	1
4.2	3.55	9	1	3.55	12	1
4.8	4	10	1	4	15	1.6
5.5	4.7	12	1.6	4.7	15	1.6
6.3	5.4	14	1.6	5.4	18	1.6
8	7.15	16	1.6	7.15	24	2
9.5	8.8	20	2	8.8	30	2.5

注：图同表 5.2-193 左图。

表 5.2-198 栓接结构用平垫圈淬火并回火（摘自 GB/T 18230.5—2000） (mm)

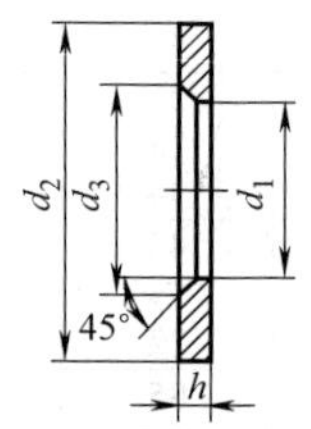

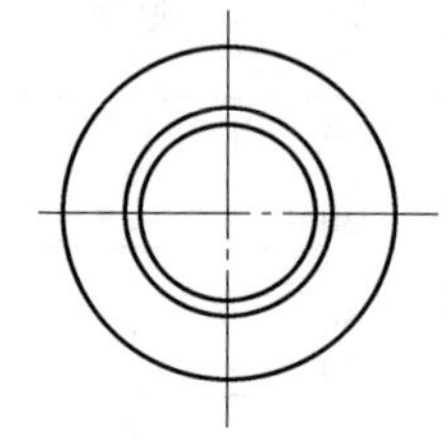

标记示例

公称规格 16mm、淬火并回火的栓接结构用平垫圈的标记

垫圈 GB/T 18230.5 16

公称规格(螺纹大径 d)		12	16	20	(22)	24	(27)	30	36
d_1	min	13	17	21	23	25	28	31	37
	max	13.43	17.43	21.52	23.52	25.52	28.52	31.62	37.62
d_2	min	23.7	31.4	38.4	40.4	45.4	50.1	54.1	64.1
	max	25	33	40	42	47	52	56	66
h	公称	3.0	4.0	4.0	5.0	5.0	5.0	5.0	5.0
	min	2.5	3.5	3.5	4.5	4.5	4.5	4.5	4.5
	max	3.8	4.8	4.8	5.8	5.8	5.8	5.8	5.8
d_3	min	15.2	19.2	24.4	26.4	28.4	32.4	35.4	42.4
	max	16.04	20.04	25.24	27.44	29.44	33.4	36.4	43.4

注：1. 硬度为 35~45HRC。

2. 表面处理：常规的氧化，可选择的有电镀锌（GB/T 5267.1）、电镀镉（GB/T 5267.1）、热浸镀锌（GB/T 13912）、粉末渗锌（JB/T 5067），必须有驱氢措施。

3. 热浸垫圈的最低硬度为 26HRC。

表 5.2-199 钢结构用高强度垫圈（摘自 GB/T 1230—2006）**和**
钢结构用扭剪型高强度螺栓连接副用垫圈（GB/T 3632—2008） (mm)

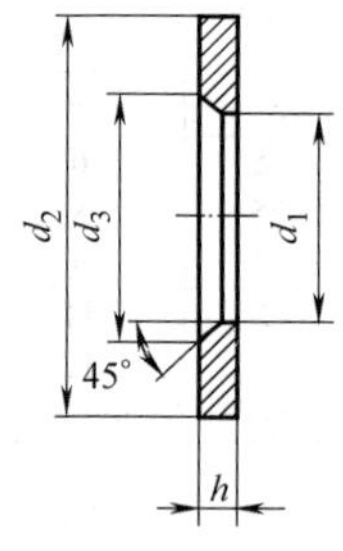

标记示例

规格为 20mm、热处理硬度为 35~45HRC 的钢结构用高强度垫圈的标记

垫圈 GB/T 1230 20

规格(螺纹大径 d)		12	16	20	(22)	24	(27)	30
d_1	min	13	17	21	23	25	28	31
	max	13.43	17.43	21.52	23.52	25.52	28.52	31.62
d_2	min	23.7	31.4	38.4	40.4	45.4	50.1	54.1
	max	25	33	40	42	47	52	56
h	公称	3.0	4.0	4.0	5.0	5.0	5.0	5.0
	min	2.5	3.5	3.5	4.5	4.5	4.5	4.5
	max	3.8	4.8	4.8	5.8	5.8	5.8	5.8
d_3	min	15.23	19.23	24.32	26.32	28.32	32.84	35.84
	max	16.03	20.03	25.12	27.12	29.12	33.64	36.64
每 1000 个钢垫圈的理论质量/kg		10.47	23.40	33.55	43.34	55.76	66.52	75.42

注：1. 括号内的规格为第二选择系列。

2. 钢结构用扭剪高强度螺栓垫圈（GB/T 3632—2008），数据同本表，但无 M12 规格。

表 5.2-200　工字钢用方斜垫圈（摘自 GB/T 852—1988）**和槽钢用方斜垫圈**（摘自 GB/T 853—1988）

（mm）

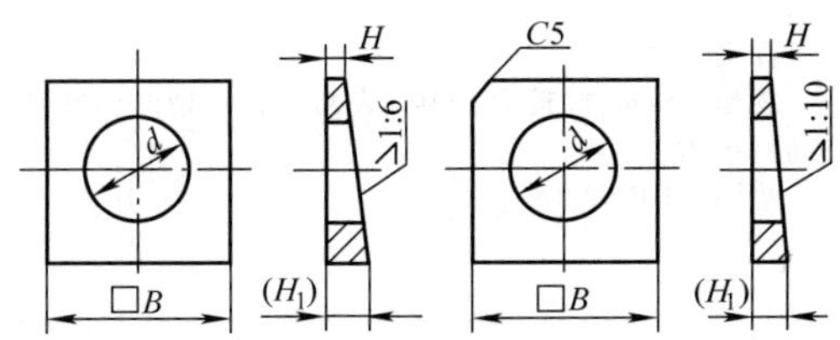

标记示例

规格 16mm、材料为 Q215、不经表面处理的工字钢用方斜垫圈标记为

垫圈　GB/T 852 16

规格（螺纹大径）		6	8	10	12	16	(18)	20	(22)	24	(27)	30	36
d　min		6.6	9	11	13.5	17.5	20	22	24	26	30	33	39
B		16	18	22	28	35	40			50		60	70
H		2					3						
(H_1)	GB/T 852	4.7	5	5.7	6.7	7.7	9.7			11.3		13	14.7
	GB/T 853	3.6	3.8	4.2	4.8	5.4	7			8		9	10
材料及热处理		Q215、Q235											
表面处理		不经处理											

注：尽可能不采用括号内的规格。

表 5.2-201　球面垫圈（摘自 GB/T 849—1988）**和锥面垫圈**（摘自 GB/T 850—1988）（mm）

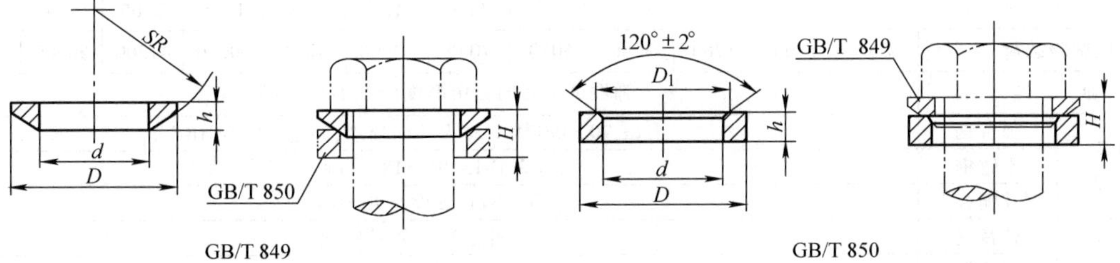

GB/T 849　　GB/T 850

标记示例

规格 16mm、材料为 45 钢、热处理硬度 40~48HRC、表面氧化处理的球面垫圈标记为

垫圈　GB/T 849 16

规格（螺纹大径）		6	8	10	12	16	20	24	30	36	42	48
GB/T 849	d　min	6.40	8.40	10.50	13.00	17.00	21.00	25.00	31.00	37.00	43.00	50.00
	D　max	12.5	17.00	21.00	24.00	30.00	37.00	44.00	56.00	66.00	78.00	92.00
	h　max	3.00	4.00		5.00	6.00	6.60	9.60	9.80	12.00	16.00	20.00
	SR	10	12	16	20	25	32	36	40	50	63	70
GB/T 850	d　min	8	10	12.5	16	20	25	30	36	43	50	60
	D　max	12.5	17	21	24	30	37	44	56	66	78	92
	h　max	2.6	3.2	4	4.7	5.1	6.6	6.8	9.9	14.3	14.4	17.4
	D_1	12	16	18	23.5	29	34	38.5	45.2	64	69	78.6
H　≈		4	5	6	7	8	10	13	16	19	24	30
材料及热处理		45 钢，热处理硬度为 40~48HRC										
表面处理		氧化										

表 5.2-202　标准型弹簧垫圈（摘自 GB 93—1987）、轻型弹簧垫圈（摘自 GB 859—1987）和重型弹簧垫圈（摘自 GB/T 7244—1987）　(mm)

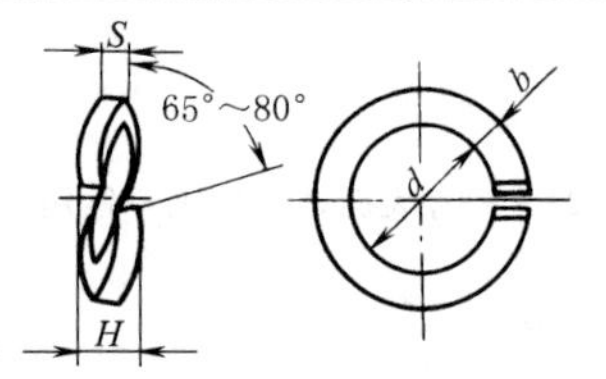

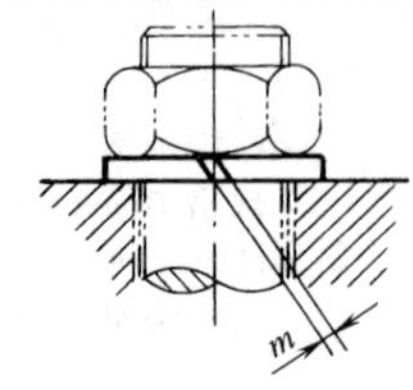

标记示例

规格 16mm、材料为 65Mn、表面氧化处理的标准型弹簧垫圈标记为

垫圈　GB 93 16

规格(螺纹大径)		2	2.5	3	4	5	6	8	10	12	(14)	16	(18)
d	min	2.1	2.6	3.1	4.1	5.1	6.1	8.1	10.2	12.2	14.2	16.2	18.2
GB 93	S 公称	0.5	0.65	0.8	1.1	1.3	1.6	2.1	2.6	3.1	3.6	4.1	4.5
	b 公称	0.5	0.65	0.8	1.1	1.3	1.6	2.1	2.6	3.1	3.6	4.1	4.5
	H max	1.25	1.63	2	2.75	3.25	4	5.25	6.5	7.75	9	10.25	11.25
	m ≤	0.25	0.33	0.4	0.55	0.65	0.8	1.05	1.3	1.55	1.8	2.05	2.25
GB 859	S 公称	—		0.6	0.8	1.1	1.3	1.6	2	2.5	3	3.2	3.6
	b 公称	—		1	1.2	1.5	2	2.5	3	3.5	4	4.5	5
	H max	—		1.5	2	2.75	3.25	4	5	6.25	7.5	8	9
	m ≤	—		0.3	0.4	0.55	0.65	0.8	1	1.25	1.5	1.6	1.8
GB/T 7244	S 公称	—					1.8	2.4	3	3.5	4.1	4.8	5.3
	b 公称	—					2.6	3.2	3.8	4.3	4.8	5.3	5.8
	H max	—					4.5	6	7.5	8.75	10.25	12	13.25
	m ≤	—					0.9	1.2	1.5	1.75	2.05	2.4	2.65
弹性试验载荷/N		700	1160	1760	3050	5050	7050	12900	20600	30000	41300	56300	69000
弹　性		弹性试验后的自由高度应不小于 $1.67S_{公称}$											
材料及热处理	弹簧钢	65Mn、70、60Si2Mn,淬火并回处理,硬度 42~50HRC											
	不锈钢	30Cr13、06Cr18Ni11Ti											
	铜及铜合金	QSi3-1,硬度≥90HBW											
表面处理	弹簧钢	氧化、磷化、镀锌钝化											
	不锈钢	—											
	铜及铜合金	—											

规格(螺纹大径)		20	(22)	24	(27)	30	(33)	36	(39)	42	(45)	48
d	min	20.2	22.5	24.5	27.5	30.5	33.5	36.5	39.5	42.5	45.5	48.5
GB 93	S 公称	5	5.5	6	6.8	7.5	8.5	9	10	10.5	11	12
	b 公称	5	5.5	6	6.8	7.5	8.5	9	10	10.5	11	12
	H max	12.5	13.75	15	17	18.75	21.25	22.5	25	26.25	27.5	30
	m ≤	2.5	2.75	3	3.4	3.75	4.25	4.5	5	5.25	5.5	6
GB 859	S 公称	4	4.5	5	5.5	6	—					
	b 公称	5.5	6	7	8	9	—					
	H max	10	11.25	12.5	13.75	15	—					
	m ≤	2	2.25	2.5	2.75	3	—					
GB/T 7244	S 公称	6	6.6	7.1	8	9	9.9	10.8	—			
	b 公称	6.4	7.2	7.5	8.5	9.3	10.2	11.0	—			
	H max	15	16.5	17.75	20	22.5	24.75	27	—			
	m ≤	3	3.3	3.55	7	7.5	7.95	5.4	—			
弹性试验载荷/N		88000	110000	127000	167000	204000	255000	298000	343000	394000	457000	518000
弹　性		弹性试验后的自由高度应不小于 $1.67S_{公称}$										

（续）

规格（螺纹大径）		20	（22）	24	（27）	30	（33）	36	（39）	42	（45）	48
d	min	20.2	22.5	24.5	27.5	30.5	33.5	36.5	39.5	42.5	45.5	48.5
材料及热处理	弹簧钢	65Mn、70、60Si2Mn，淬火并回处理，硬度 42～50HRC										
	不锈钢	30Cr13、06Cr18Ni11Ti										
	铜及铜合金	QSi3-1，硬度≥90HBW										
表面处理	弹簧钢	氧化、磷化、镀锌钝化										
	不锈钢	—										
	铜及铜合金	—										

注：尽可能不采用括号内的规格。

表 5.2-203　鞍形弹簧垫圈（摘自 GB/T 7245—1987）**和波形弹簧垫圈**（摘自 GB/T 7246—1987）

（mm）

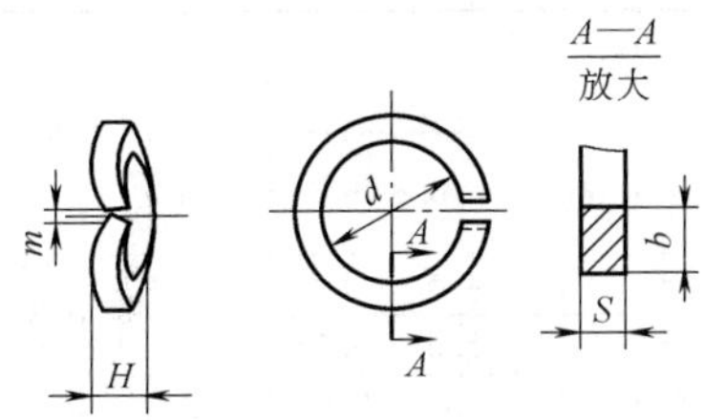

GB/T 7245

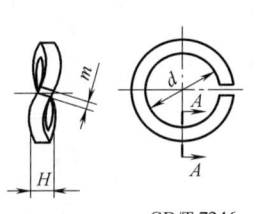

GB/T 7246

标记示例

规格 16mm、材料为 Mn、表面氧化处理的鞍形弹簧垫圈、波形弹簧垫圈分别标记为

垫圈　GB/T 7245　16

垫圈　GB/T 7246　16

规格（螺纹大径）		3	4	5	6	8	10	12	（14）	16	（18）	20	（22）	24	（27）	30
d	min	3.1	4.1	5.1	6.1	8.1	10.2	12.2	14.2	16.2	18.2	20.2	22.5	24.5	27.5	30.5
H	max	1.3	1.4	1.7	2.2	2.75	3.15	3.65	4.3	5.1		5.9		7.5		10.5
S	公称	0.6	0.8	1.1	1.3	1.6	2	2.5	3	3.2	3.6	4	4.5	5	5.5	6
b	公称	1	1.2	1.5	2	2.5	3	3.5	4	4.5	5	5.5	6	7	8	9
弹性试验载荷/N		1760	3050	5050	7050	12900	20600	30000	41300	56300	69000	88000	110000	127000	167000	204000
弹性试验后的自由高度　≥		0.9	1	1.25	1.6	2.1	2.4	2.8	3.2	3.8		4.4		5.6		8
材料及热处理	弹簧钢	65Mn、70、60Si2Mn，淬火并回火处理，硬度 42～50HRC														
	不锈钢	30Cr13、06Cr18Ni11Ti														
	铜及铜合金	QSi3-1，硬度≥90HBW														
表面处理	弹簧钢	氧化、磷化、镀锌钝化														
	不锈钢	—														
	铜及铜合金	—														

注：尽可能不采用括号内的规格。

表 5.2-204　波形弹性垫圈（摘自 GB/T 955—1987）　（mm）

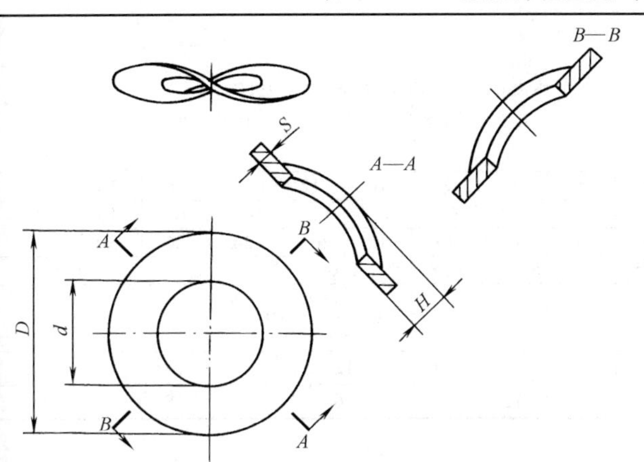

标记示例

规格 6mm、材料为 65Mn、表面氧化的波形弹性垫圈的标记

垫圈　GB/T 955　16

（续）

规格（螺纹大径）	d min	d max	D min	D max	H min	H max	S	规格（螺纹大径）	d min	d max	D min	D max	H min	H max	S
3	3.2	3.5	7.42	8	0.8	1.6	0.5	16	17	17.43	29	30	3.2	3.3	1.5
4	4.3	4.6	8.42	9	1	2		(18)	19	19.52	33	34	3.3	6.5	
5	5.3	5.6	10.30	11	1.1	2.2		20	21	21.52	35	36	3.7	7.4	1.6
6	6.4	6.76	11.30	12	1.3	2.6		(22)	23	23.52	39	40	3.9	7.8	1.8
8	8.4	8.76	14.30	15	1.5	3	0.8	24	25	25.52	43	44	4.1	8.2	
10	10.5	10.93	20.16	21	2.1	4.2	1.0	(27)	28	28.52	49	50	4.7	9.4	2
12	13	13.43	23.16	24	2.5	5	1.2	30	31	31.62	54.8	56	5	10	
(14)	15	15.43	27.16	28	3	5.9	1.5								

注：尽可能不采用括号内的规格。

表 5.2-205　鞍形弹性垫圈（摘自 GB/T 860—1987）　　(mm)

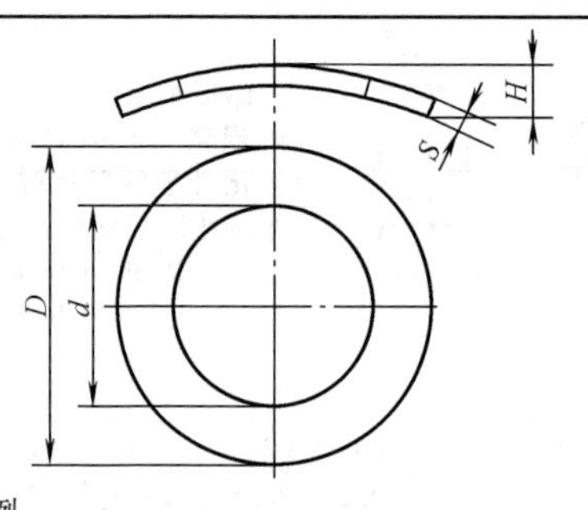

标记示例

规格 6mm、材料为 65Mn、表面氧化的鞍形弹性垫圈的标记

垫圈　GB/T 860　6

规格（螺纹大径）	d min	d max	D min	D max	H min	H max	S
2	2.2	2.45	4.2	4.5	0.5	1	0.3
2.5	2.7	2.95	5.2	5.5	0.55	1.1	
3	3.2	3.5	5.7	6	0.65	1.3	0.4
4	4.3	4.6	7.64	8	0.8	1.6	0.5
5	5.3	5.6	9.64	10	0.9	1.8	
6	6.4	6.76	10.57	11	1.1	2.2	
8	8.4	8.76	14.57	15	1.7	3.4	
10	10.5	10.93	17.57	18	2	4	0.8

表 5.2-206　内齿锁紧垫圈（摘自 GB/T 861.1—1987）、**内锯齿锁紧垫圈**（摘自 GB/T 861.2—1987）、**外齿锁紧垫圈**（摘自 GB/T 862.1—1987）、**外锯齿锁紧垫圈**（摘自 GB/T 862.2—1987）　(mm)

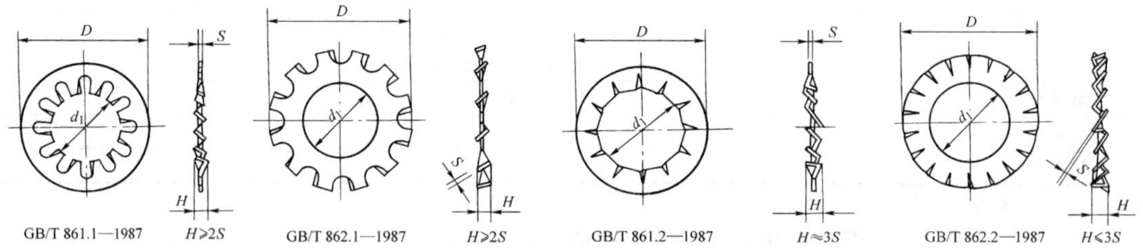

标记示例

规格 6mm、材料为 65Mn、表面氧化的垫圈标记

内齿锁紧垫圈 GB/T 861.1—1987　6

内锯齿锁紧垫圈 GB/T 861.2—1987　6

外齿锁紧垫圈 GB/T 862.1—1987　6

外锯齿锁紧垫圈 GB/T 862.2—1987　6

规格（螺纹大径）		2	2.5	3	4	5	6	8	10	12	(14)	16	(18)	20
d_1	min	2.2	2.7	3.2	4.3	5.3	6.4	8.4	10.5	12.5	14.5	16.5	19	21
D	max	4.5	5.5	6	8	10	11	15	18	20.5	24	26	30	33
S		0.3		0.4	0.5	0.6		0.8	1.0		1.2		1.5	
齿数 min	GB/T 861.1 GB/T 862.1	6			8				9	10		12		
	GB/T 861.2	7			8		9	10	12		14			16
	GB/T 862.2	9			11		12	14	16		18			20

注：1. 尽可能不采用括号内的规格。

2. 材料为 65Mn。

表 5.2-207　锥形锁紧垫圈（摘自 GB/T 956.1—1987）**和锥形锯齿锁紧垫圈**（摘自 GB/T 956.2—1987）

（mm）

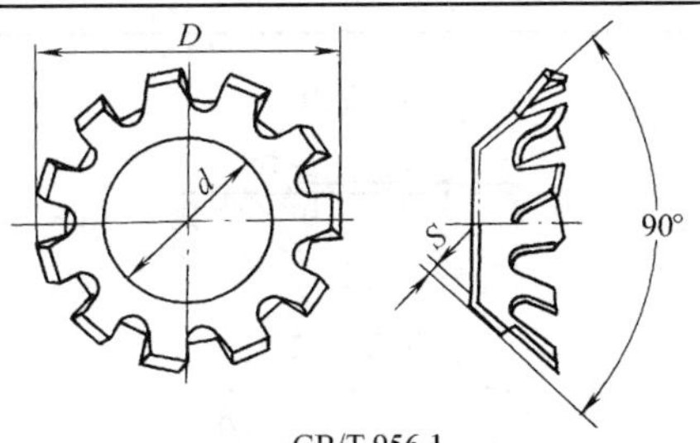

GB/T 956.1

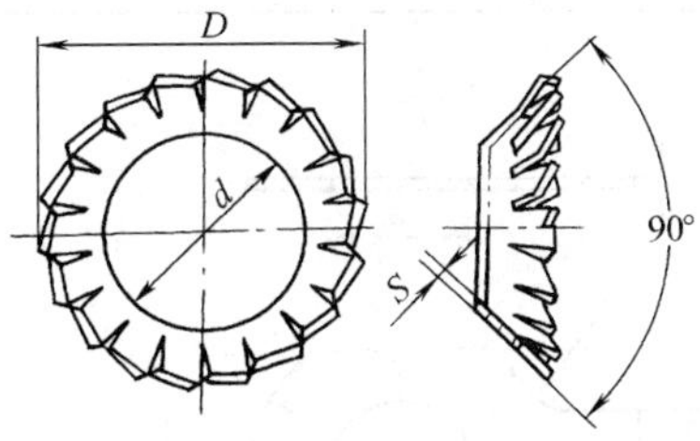

GB/T 956.2

标记示例

规格 6mm、材料为 65Mn、表面氧化的锥形锁紧垫圈

垫圈 GB/T 956.1　16

规格(螺纹大径)		3	4	5	6	8	10	12
d	min	3.2	4.3	5.3	6.4	8.4	10.5	12.5
$D\approx$		6	8	9.8	11.8	15.3	19	23
S		0.4	0.5	0.6		0.8	1.0	
齿数	GB/T 956.1	6	8		10			
	GB/T 956.2	12	14		16	18	20	26

表 5.2-208　圆螺母用止动垫圈（摘自 GB/T 858—1988）　（mm）

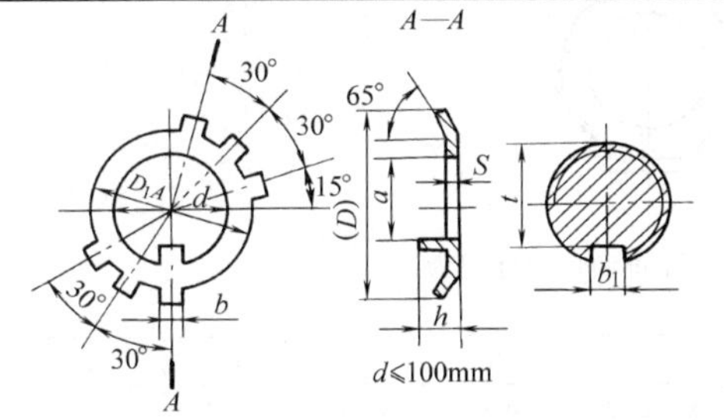

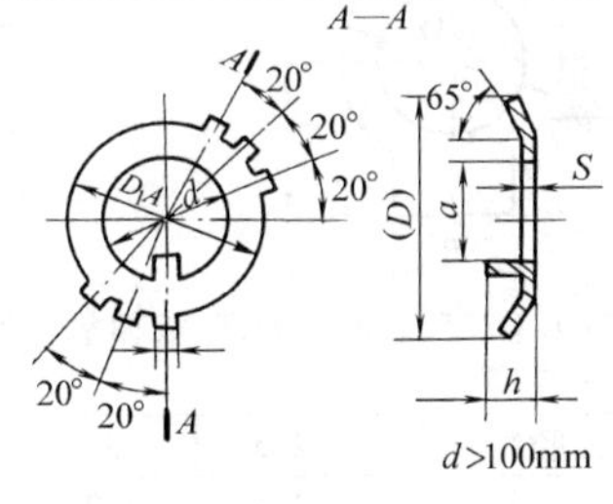

标记示例

规格为 16mm、材料为 Q215、经退火、表面氧化的圆螺母用止动垫圈

垫圈　GB/T 858 16

规格（螺纹大径）	d	D（参考）	D_1	S	b	a	h	每1000个的质量/kg ≈	轴端 b_1	轴端 t
10	10.5	25	16	1	3.8	8	3	1.91	4	7
12	12.5	28	19			9		2.3		8
14	14.5	32	20			11		2.5		10
16	16.5	34	22		4.8	13		2.99	5	12
18	18.5	35	24			15	4	3.04		14
20	20.5	38	27			17		3.5		16
22	22.5	42	30			19		4.14		18
24	24.5	45	34			21		5.01		20
25①	25.5	45	34			22		4.7		—
27	27.5	48	37			24	5	5.4		23
30	30.5	52	40			27		5.87		26
33	33.5	56	43	1.5	5.7	30		10.01	6	29
35①	35.5	56	43			32		8.75		—
36	36.5	60	46			33		10.76		32
39	39.5	62	49			36		11.06		35
40①	40.5	62	49			37		10.33		—
42	42.5	66	53			39		12.55		38
45	45.5	72	59			42		16.3		41
48	48.5	76	61		7.7	45	6	17.68	8	44
50①	50.5	76				47		15.86		—
52	52.5	82	67			49		21.12		48
55①	56					52		17.67		—
56	57	90	74			53		26		52
60	61	94	79			57		28.4		56

规格（螺纹大径）	d	D（参考）	D_1	S	b	a	h	每1000个的质量/kg ≈	轴端 b_1	轴端 t
64	65	100	84	1.5	7.7	61	6	31.55	8	60
65①	66					62		30.35		—
68	69	105	88		9.6	65		34.69	10	64
72	73	110	93			69	7	37.9		68
75①	76					71		33.9		—
76	77	115	98			72		41.27		70
80	81	120	103			76		44.7		74
85	86	125	108			81		46.72		79
90	91	130	112	2	11.6	86		64.82	12	84
95	96	135	117			91		67.4		89
100	101	140	122			96		69.97		94
105	106	145	127			101		72.54		99
110	111	156	135		13.5	106		89.08	14	104
115	116	160	140			111		91.33		109
120	121	166	145			116		94.96		114
125	126	170	150			121		97.21		119
130	131	176	155			126		100.8		122
140	141	186	165			136		106.7		132
150	151	206	180	2.5	15.5	146		175.9	16	142
160	161	216	190			156	8	185.1		149
170	171	226	200			166		194		159
180	181	236	210			176		202.9		169
190	191	246	220			186		211.7		179
200	201	256	230			196		220.6		189

① 仅用于滚动轴承锁紧装置。

表 5.2-209　单耳止动垫圈（摘自 GB/T 854—1988）和双耳止动垫圈（摘自 GB/T 855—1988）

（mm）

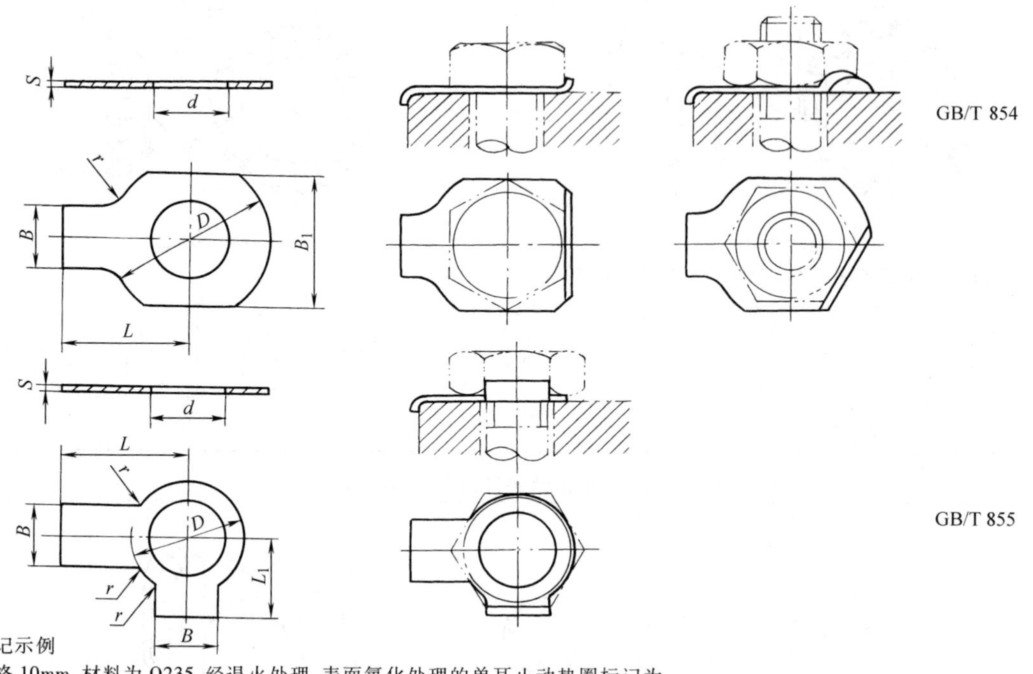

标记示例

规格 10mm、材料为 Q235、经退火处理、表面氧化处理的单耳止动垫圈标记为

垫圈　GB/T 854 10

规格(螺纹大径)		2.5	3	4	5	6	8	10	12	(14)	16
d min		2.7	3.2	4.2	5.3	6.4	8.4	10.5	13	15	17
L 公称		10	12	14	16	18	20	22	28		
L_1 公称		4	5	7	8	9	11	13	16		
S		0.4			0.5				1		
B		3	4	5	6	7	8	10	12		15
B_1		6	7	9	11	12	16	19	21	25	32
r	GB/T 854	2.5				4		6	10		
	GB/T 854	1					2				
D max	GB/T 854	8	10	14	17	19	22	26	32		40
	GB/T 854	5		8	9	11	14	17	22		27
材料及热处理		Q215、Q235、10、15，退火									
表面处理		氧化									

规格(螺纹大径)		(18)	20	(22)	24	(27)	30	36	42	48
d min		19	21	23	25	28	31	37	43	50
L 公称		36		42		48	52	62	70	80
L_1 公称		22		25		30	32	38	44	50
S		1				1.5				
B		18		20		24	26	30	35	40
B_1		38		39	42	48	55	65	78	90
r	GB/T 854	10				15				
	GB/T 854	3							4	
D max	GB/T 854	45		50		58	63	75	88	100
	GB/T 854	32		36		41	46	55	65	75
材料及热处理		Q215、Q235、10、15，退火								
表面处理		氧化								

注：尽可能不采用括号内的规格。

表 5.2-210　外舌止动垫圈（摘自 GB/T 856—1988）　（mm）

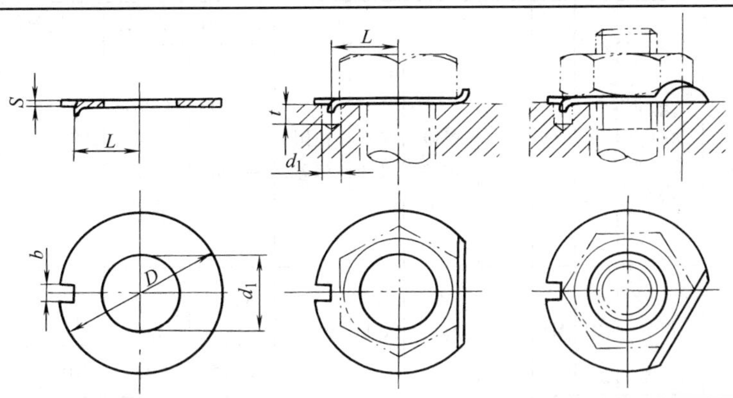

标记示例

规格 10mm、材料为 Q215、经退火处理、表面氧化处理的外舌止动垫圈标记为

垫圈　GB/T 856 10

规格(螺纹大径)	2.5	3	4	5	6	8	10	12	(14)	16
d　min	2.7	3.2	4.2	5.3	6.4	8.4	10.5	13	15	17
D　max	10	12	14	17	19	22	26	32		40
b　max	2	2.5		3.5			4.5			5.5
L　公称	3.5	4.5	5.5	7	7.5	8.5	10	12		15
S	0.4			0.5				1		
d_1	2.5	3		4			5			6
t	3			4			5	6		
材料及热处理	Q215、Q235、10、15，退火									
表面处理	氧化									

规格(螺纹大径)	(18)	20	(22)	24	(27)	30	36	42	48
d　min	19	21	23	25	28	31	37	43	50
D　max	45		50		58	63	75	88	100
b　max	6		7		8		11		13
L　公称	18		20		23	25	31	36	40
S	1				1.5				
d_1	7		8		9		12		14
t	7				10			12	13
材料及热处理	Q215、Q235、10、15，退火								
表面处理	氧化								

注：尽可能不采用括号内的规格。

表 5.2-211　锥销锁紧挡圈（摘自 GB/T 883—1986）、**螺钉锁紧挡圈**（摘自 GB/T 884—1986）、**带锁圈的螺钉锁紧挡圈**（摘自 GB/T 885—1986）**和钢丝锁圈**（摘自 GB 921—1986）　（mm）

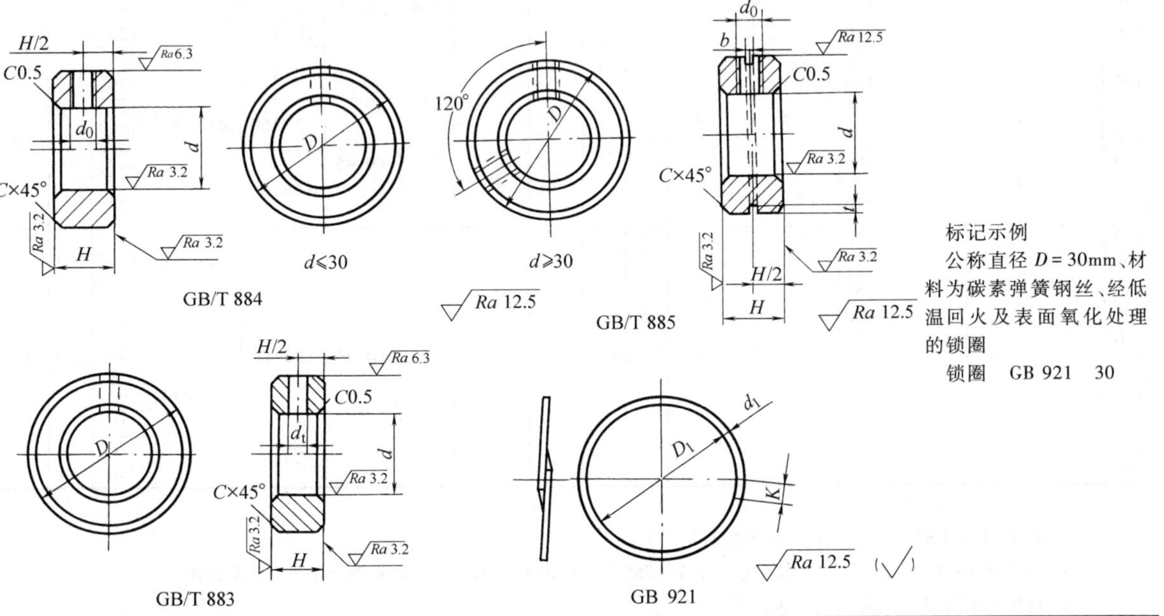

标记示例

公称直径 D = 30mm、材料为碳素弹簧钢丝、经低温回火及表面氧化处理的锁圈

锁圈　GB 921　30

（续）

公称直径 d		H		D	C		d_t	d_0	b		t		圆锥销	螺钉	钢丝锁圈		
基本尺寸	极限偏差	基本尺寸	极限偏差		GB/T 883	GB/T 884、GB/T 885			基本尺寸	极限偏差	基本尺寸	极限偏差	GB/T 117—2000（推荐）	GB/T 71—1985（推荐）	公称直径 D_1	d_1	K
8	+0.036 0	10	0 -0.36	20	0.5	0.5	3	M5	1	+0.20 +0.06	1.8	±0.18	3×22	M5×8	15	0.7	2
(9)				22											17		
10																	
12	+0.043 0			25									3×25		20		
(13)																	
14		12	0 -0.43	28		1	4	M6			2	±0.20	4×28	M6×10	23		
15				30									4×32		25	0.8	3
16																	
17			0 -0.43	32											27		
18							5						4×32				
(19)	+0.052 0			35									4×35		30		
20																	
22				38	1		6						5×40		32		
25		14		42				M8	1.2	+0.31 +0.06	2.5	±0.25	5×45	M8×12	35	1	6
28				45											38		
30	+0.062 0			48									6×50		41		
32				52									6×55		44		
35		16		56				M10	1.6		3	±0.30		M10×16	47	1.4	
40	+0.062 0	16	0 -0.43	62	1	1	6	M10	1.6	+0.31 +0.06	3	±0.30	6×60	M10×16	54	1.4	6
45		18		70									6×70		62		
50	+0.074 0			80			8						8×80	M10×20	71		9
55				85									8×90		76		
60		20	0 -0.52	90			10								81		
65				95									10×100		86		
70				100											91		
75		22		110				M12	2		3.6	±0.36	10×120	M12×25	100	1.8	
80				115											105		
85	+0.087 0			120											110		
90				125											115		
95		25		130	1.5	1.5							10×130	M12×25	120		
100				135									10×140		124		12
105				140											129		
110		30		150			12				4.5	±0.45	12×150		136		
115				155											142		
120				160									12×160		147		
(125)	+0.10 0			165											152		
130	+0.10 0	30	0 -0.52	170	1.5	1.5	12	M12	2	+0.31 +0.06	4.5	±0.45	12×180	M12×25	156	1.8	12
(135)				175	—										162		
140				180											166		
(145)				190										M12×30	176		
150				200											186		
160				210											196		
170				220											206		
180				230											216		
190	+0.0115 0			240											226		
200				250											236		

注：1. 尽可能不采用括号内的规格。

2. d_1 孔在加工时，只钻一面；在装配时钻透并铰孔。

3. 挡圈按 GB/T 959.2—1986 技术规定，材料为 35、45、Q235A、Y12、35、45 钢淬火并回火及表面氧化处理。

4. 钢丝锁圈应进行低温回火及表面氧化处理。

表 5.2-212　螺钉紧固轴端挡圈（GB/T 891—1986）和螺栓紧固轴端挡圈（GB/T 892—1986）（mm）

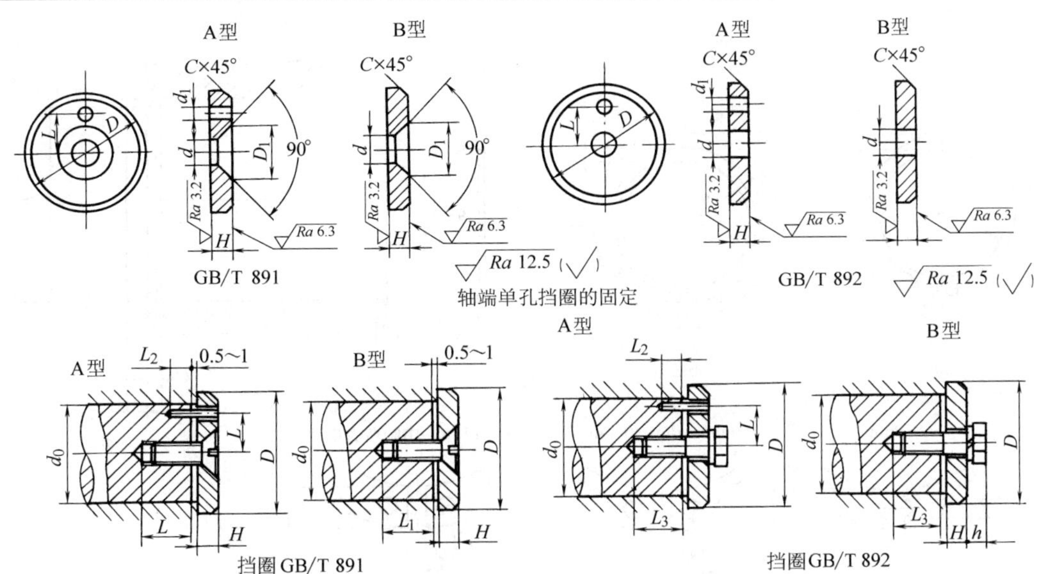

标记示例

挡圈 GB/T 891—1986　45（公称直径 D=45mm、材料为 Q235A、不经表面处理的 A 型螺钉紧固轴端挡圈）

挡圈 GB/T 891—1986　B45（公称直径 D=45mm、材料为 Q235A、不经表面处理的 B 型螺钉紧固轴端挡圈）

轴径 d_0 ≤	公称直径 D	H	L	d	d_1	C	D_1	螺钉紧固轴端挡圈			螺栓紧固轴端挡圈					安装尺寸（参考）			
								螺钉 GB/T 819.1—2016（推荐）	1000 个质量 /kg≈ A 型	1000 个质量 /kg≈ B 型	圆柱销 GB/T 119.1—2000（推荐）	螺栓 GB/T 5783—2016（推荐）	垫圈 GB/T 93—1987（推荐）	1000 个质量 /kg≈ A 型	1000 个质量 /kg≈ B 型	L_1	L_2	L_3	h
16	22	4	—	5.5	2.1	0.5	11	M5×12	—	10.7	A2×10	M5×16	5	—	11.2	14	6	16	4.8
18	25		—						—	14.2				—	14.7				
20	28		7.5						17.9	18.1				18.4	18.6				
22	30								20.8	21.0				21.3	21.5				
25	32	5	10	6.6	3.2	1	13	M6×16	28.7	29.2	A3×12	M6×20	6	29.7	30.2	18	7	20	5.6
28	35								34.8	35.3				35.8	36.3				
30	38								41.5	42.0				42.5	43.0				
32	40		12						46.3	46.8				47.3	47.8				
35	45								59.5	59.9				60.5	60.9				
40	50								74.0	74.5				75.0	75.5				
45	55	6	16	9	4.2	1.5	17	M8×20	108	109	A4×14	M8×25	8	110	111	22	8	24	7.4
50	60								126	127				128	129				
55	65								149	150				151	152				
60	70		20						174	175				176	177				
65	75								200	201				202	203				
70	80								229	230				231	232				
75	90	8	25	—				M12×25	381	383	A5×16	M12×30	12	383	390	26	10	28	11.5
85	100								427	429				434	436				

注：1. 当挡圈装在带螺纹孔的轴端时，紧固用螺钉允许加长。

2. “轴端单孔挡圈的固定”不属 GB/T 891—1986、GB/T 892—1986，供参考。

3. 材料为 Q235A、35、45 钢。

表 5.2-213　轴用弹簧挡圈（摘自 GB/T 894—2017）

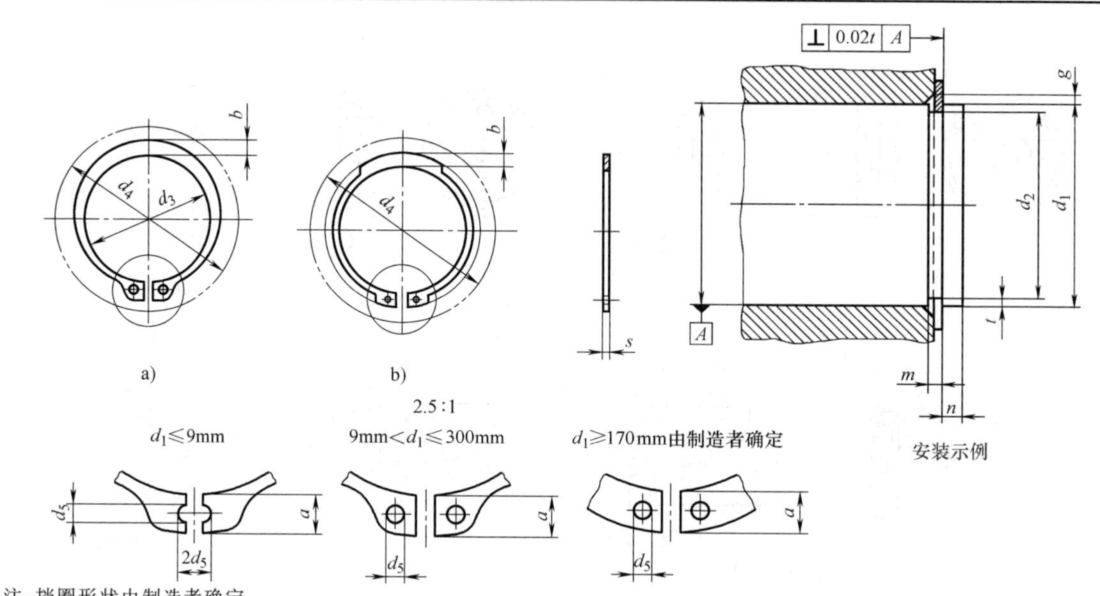

注：挡圈形状由制造者确定。

标准型（A型）

公称规格 d_1	挡圈					沟槽				其他					
	s	d_3	a max	b ≈	d_5 min	d_2	m H13	t	n min	d_4	F_N /kN	F_R[①] /kN	g	F_{Rg}[①] /kN	极限转速 /(r/min)
3	0.40	2.7	1.9	0.8	1.0	2.8	0.5	0.10	0.3	7.0	0.15	0.47	0.5	0.27	360000
4	0.40	3.7	2.2	0.9	1.0	3.8	0.5	0.10	0.3	8.6	0.20	0.50	0.5	0.30	211000
5	0.60	4.7	2.5	1.1	1.0	4.8	0.7	0.10	0.3	10.3	0.26	1.00	0.5	0.80	154000
6	0.70	5.6	2.7	1.3	1.2	5.7	0.8	0.15	0.5	11.7	0.46	1.45	0.5	0.90	114000
7	0.80	6.5	3.1	1.4	1.2	6.7	0.9	0.15	0.5	13.5	0.54	2.60	0.5	1.40	121000
8	0.80	7.4	3.2	1.5	1.2	7.6	0.9	0.20	0.6	14.7	0.81	3.00	0.5	2.00	96000
9	1.00	8.4	3.3	1.7	1.2	8.6	1.1	0.20	0.6	16.0	0.92	3.50	0.5	2.40	85000
10	1.00	9.3	3.3	1.8	1.5	9.6	1.1	0.20	0.6	17.0	1.01	4.00	1.0	2.40	84000
11	1.00	10.2	3.3	1.8	1.5	10.5	1.1	0.25	0.8	18.0	1.40	4.50	1.0	2.40	70000
12	1.00	11.0	3.3	1.8	1.7	11.5	1.1	0.25	0.8	19.0	1.53	5.00	1.0	2.40	75000
13	1.00	11.9	3.4	2.0	1.7	12.4	1.1	0.30	0.9	20.2	2.00	5.80	1.0	2.40	66000
14	1.00	12.9	3.5	2.1	1.7	13.4	1.1	0.30	0.9	21.4	2.15	6.35	1.0	2.40	58000
15	1.00	13.8	3.6	2.2	1.7	14.3	1.1	0.35	1.1	22.6	2.66	6.90	1.0	2.40	50000
16	1.00	14.7	3.7	2.2	1.7	15.2	1.1	0.40	1.2	23.8	3.26	7.40	1.0	2.40	45000
17	1.00	15.7	3.8	2.3	1.7	16.2	1.1	0.40	1.2	25.0	3.46	8.00	1.0	2.40	41000
18	1.20	16.5	3.9	2.4	2.0	17.0	1.30	0.50	1.5	26.2	4.58	17.0	1.5	3.75	39000
19	1.20	17.5	3.9	2.5	2.0	18.0	1.30	0.50	1.5	27.2	4.48	17.0	1.5	3.80	35000
20	1.20	18.5	4.0	2.6	2.0	19.0	1.30	0.50	1.5	28.4	5.06	17.1	1.5	3.85	32000
21	1.20	19.5	4.1	2.7	2.0	20.0	1.30	0.50	1.5	29.6	5.36	16.8	1.5	3.75	29000
22	1.20	20.5	4.2	2.8	2.0	21.0	1.30	0.50	1.5	30.8	5.65	16.9	1.5	3.80	27000
24	1.20	22.2	4.4	3.0	2.0	22.9	1.30	0.55	1.7	33.2	6.75	16.1	1.5	3.65	27000
25	1.20	23.2	4.4	3.0	2.0	23.9	1.30	0.55	1.7	34.2	7.05	16.2	1.5	3.70	25000
26	1.20	24.2	4.5	3.1	2.0	24.9	1.30	0.55	1.7	35.5	7.34	16.1	1.5	3.70	24000
28	1.50	25.9	4.7	3.2	2.0	26.6	1.60	0.70	2.1	37.9	10.00	32.1	1.5	7.50	21200
29	1.50	26.9	4.8	3.4	2.0	27.6	1.60	0.70	2.1	39.1	10.37	31.8	1.5	7.45	20000
30	1.50	27.9	5.0	3.5	2.0	28.6	1.60	0.70	2.1	40.5	10.73	32.1	1.5	7.65	18900
32	1.50	29.6	5.2	3.6	2.5	30.3	1.60	0.85	2.6	43.0	13.85	31.2	2.0	5.55	16900
34	1.50	31.5	5.4	3.8	2.5	32.3	1.60	0.85	2.6	45.4	14.72	31.3	2.0	5.60	16100
35	1.50	32.2	5.6	3.9	2.5	33.0	1.60	1.00	3.6	46.8	17.80	30.8	2.0	5.55	15500
36	1.75	33.2	5.6	4.0	2.5	34.0	1.85	1.00	3.0	47.8	18.33	49.4	2.0	9.00	14500

（续）

标准型（A 型）															
公称规格 d_1	挡圈					沟槽				其他					
	s	d_3	a max	b ≈	d_5 min	d_2	m H13	t	n min	d_4	F_N /kN	F_R① /kN	g	F_{Rg}① /kN	极限转速 /(r/min)
38	1.75	35.2	5.8	4.2	2.5	36.0	1.85	1.00	3.0	50.2	19.30	49.5	2.0	9.10	13600
40	1.75	36.5	6.0	4.4	2.5	37.0	1.85	1.25	3.8	52.6	25.30	51.0	2.0	9.50	14300
42	1.75	38.5	6.5	4.5	2.5	39.5	1.85	1.25	3.8	55.7	26.70	50.0	2.0	9.45	13000
45	1.75	41.5	6.7	4.7	2.5	42.5	1.85	1.25	3.8	59.1	28.60	49.0	2.0	9.35	11400
48	1.75	44.5	6.9	5.0	2.5	45.5	1.85	1.25	3.8	62.5	30.70	49.4	2.0	9.55	10300
50	2.00	45.8	6.9	5.1	2.5	47.0	2.15	1.50	4.5	64.5	38.00	73.3	2.0	14.40	10500
52	2.00	47.8	7.0	5.2	2.5	49.0	2.15	1.50	4.5	66.7	39.70	73.1	2.5	11.50	9850
55	2.00	50.8	7.2	5.4	2.5	52.0	2.15	1.50	4.5	70.2	42.00	71.4	2.5	11.40	8960
56	2.00	51.8	7.3	5.5	2.5	53.0	2.15	1.50	4.5	71.6	42.80	70.8	2.5	11.35	8670
58	2.00	53.8	7.3	5.6	2.5	55.0	2.15	1.50	4.5	73.6	44.30	71.1	2.5	11.50	8200
60	2.00	55.8	7.4	5.8	2.5	57.0	2.15	1.50	4.5	75.6	46.00	69.2	2.5	11.30	7620
62	2.00	57.8	7.5	6.0	2.5	59.0	2.15	1.50	4.5	77.8	47.50	69.3	2.5	11.45	7240
63	2.00	58.8	7.6	6.2	2.5	60.0	2.15	1.50	4.5	79.0	48.30	70.2	2.5	11.60	7050
65	2.50	60.8	7.8	6.3	3.0	62.0	2.65	1.50	4.5	81.4	49.80	135.6	2.5	22.70	6640
68	2.50	63.5	8.0	6.5	3.0	65.0	2.65	1.50	4.5	84.8	52.20	135.9	2.5	23.10	6910
70	2.50	65.5	8.1	6.6	3.0	67.0	2.65	1.50	4.5	87.0	53.80	134.2	2.5	23.00	6530
72	2.50	67.5	8.2	6.8	3.0	69.0	2.65	1.50	4.5	89.2	55.30	131.8	2.5	22.80	6190
75	2.50	70.5	8.4	7.0	3.0	72.0	2.65	1.50	4.5	92.7	57.60	130.0	2.5	22.80	5740
78	2.50	73.5	8.6	7.3	3.0	75.0	2.65	1.50	4.5	96.1	60.00	131.3	3.0	19.75	5450
80	2.50	74.5	8.6	7.4	3.0	76.5	2.65	1.75	5.3	98.1	71.60	128.4	3.0	19.50	6100
82	2.50	76.5	8.7	7.6	3.0	78.5	2.65	1.75	5.3	100.3	73.50	128.0	3.0	19.60	5860
85	3.00	79.5	8.7	7.8	3.5	81.5	3.15	1.75	5.3	103.3	76.20	215.4	3.0	33.40	5710
88	3.00	82.5	8.8	8.0	3.5	84.5	3.15	1.75	5.3	106.5	79.00	221.8	3.0	34.85	5200
90	3.00	84.5	8.8	8.2	3.5	86.5	3.15	1.75	5.3	108.5	80.80	217.2	3.0	34.40	4980
95	3.00	89.5	9.4	8.6	3.5	91.5	3.15	1.75	5.3	114.8	85.50	212.2	3.5	29.25	4550
100	3.00	94.5	9.6	9.0	3.5	96.5	3.15	1.75	5.3	120.2	90.00	206.4	3.5	29.00	4180
105	4.00	98.0	9.9	9.3	3.5	101.0	4.15	2.00	6.0	125.8	107.60	471.8	3.5	67.70	4740
110	4.00	103.0	10.1	9.6	3.5	106.0	4.15	2.00	6.0	131.2	113.00	457.0	3.5	66.90	4340
115	4.00	108.0	10.6	9.8	3.5	111.0	4.15	2.00	6.0	137.3	118.20	438.6	3.5	65.50	3970
120	4.00	113.0	11.0	10.2	3.5	116.0	4.15	2.00	6.0	143.1	123.50	424.6	3.5	64.50	3685
125	4.00	118.0	11.4	10.4	4.0	121.0	4.15	2.00	6.0	149.0	128.70	411.5	4.0	56.50	3420
130	4.00	123.0	11.6	10.7	4.0	126.0	4.15	2.00	6.0	154.4	134.00	395.5	4.0	55.20	3180
135	4.00	128.0	11.8	11.0	4.0	131.0	4.15	2.00	6.0	159.8	139.20	389.5	4.0	55.40	2950
140	4.00	133.0	12.0	11.2	4.0	136.0	4.15	2.0	6.0	165.2	144.5	376.5	4.0	54.4	2760
145	4.00	138.0	12.2	11.5	4.0	141.0	4.15	2.0	6.0	170.6	149.6	367.0	4.0	53.8	2600
150	4.00	142.0	13.0	11.8	4.0	145.0	4.15	2.5	7.5	177.3	193.0	357.5	4.0	53.4	2480
155	4.00	146.0	13.0	12.0	4.0	150.0	4.15	2.5	7.5	182.3	199.6	352.9	4.0	52.6	2710
160	4.00	151.0	13.3	12.2	4.0	155.0	4.15	2.5	7.5	188.0	206.1	349.2	4.0	52.2	2540
165	4.00	155.5	13.5	12.5	4.0	160.0	4.15	2.5	7.5	193.4	212.5	345.3	5.0	41.4	2520
170	4.00	160.5	13.5	12.9	4.0	165.0	4.15	2.5	7.5	198.4	219.1	349.2	5.0	41.9	2440
175	4.00	165.5	13.5	13.5	4.0	170.0	4.15	2.5	7.5	203.4	225.5	340.1	5.0	40.7	2300
180	4.00	170.5	14.2	13.5	4.0	175.0	4.15	2.5	7.5	210.0	232.2	345.3	5.0	41.4	2180
185	4.00	175.5	14.2	14.0	4.0	180.0	4.15	2.5	7.5	215.0	238.6	336.7	5.0	40.4	2070
190	4.00	180.5	14.2	14.0	4.0	185.0	4.15	2.5	7.5	220.0	245.1	333.8	5.0	40.0	1970
195	4.00	185.5	14.2	14.0	4.0	190.0	4.15	2.5	7.5	225.0	251.8	325.4	5.0	39.0	1835
200	4.00	190.5	14.2	14.0	4.0	195.0	4.15	2.5	7.5	230.0	258.3	319.2	5.0	38.3	1770
210	5.00	198.0	14.2	14.0	4.0	204.0	5.15	3.0	9.0	240.0	325.1	598.2	6.0	59.9	1835
220	5.00	208.0	14.2	14.0	4.0	214.0	5.15	3.0	9.0	250.0	340.8	572.4	6.0	57.3	1620
230	5.00	218.0	14.2	14.0	4.0	224.0	5.15	3.0	9.0	260.0	356.6	548.9	6.0	55.0	1445
240	5.00	228.0	14.2	14.0	4.0	234.0	5.15	3.0	9.0	270.0	372.6	530.3	6.0	53.0	1305
250	5.00	238.0	14.2	14.0	4.0	244.0	5.15	3.0	9.0	280	388.3	504.3	6.0	50.5	1180
260	5.00	245.0	16.2	16.0	5.0	252.0	5.15	4.0	12.0	294	535.8	540.6	6.0	54.6	1320

（续）

标准型（A 型）														
公称规格 d_1	挡圈					沟槽				其他				
	s	d_3	a max	b ≈	d_5 min	d_2	m H13	t	n min	d_4	F_N /kN	F_R① /kN	g	F_{Rg}① /kN	极限转速 /(r/min)
270	5.00	255.0	16.2	16.0	5.0	262.0	5.15	4.0	12.0	304	556.6	525.3	6.0	52.5	1215
280	5.00	265.0	16.2	16.0	5.0	272.0	5.15	4.0	12.0	314	576.6	508.2	6.0	50.9	1100
290	5.00	275.0	16.2	16.0	5.0	282.0	5.15	4.0	12.0	324	599.1	490.8	6.0	49.2	1005
300	5.00	585.0	16.2	16.0	5.0	292.0	5.15	4.0	12.0	334	619.1	475.0	6.0	47.5	930
重型（B 型）															
公称规格 d_2	挡圈					沟槽				其他					
	s	d_3	a max	b ≈	d_5 min	d_2	m H13	t	n min	d_4	F_N /kN	F_R① /kN	g	F_{Rg}① /kN	n_{Pb1}^{d} /(r/min)
15	1.50	13.8	4.8	2.4	2.0	14.3	1.60	0.35	1.1	25.1	2.66	15.5	1.0	6.40	57000
16	1.50	14.7	5.0	2.5	2.0	15.2	1.60	0.40	1.2	26.5	3.26	16.6	1.0	6.35	44000
17	1.50	15.7	5.0	2.6	2.0	16.2	1.60	0.40	1.2	27.5	3.46	18.0	1.0	6.70	46000
18	1.50	16.5	5.1	2.7	2.0	17.0	1.60	0.50	1.5	28.7	4.58	26.6	1.5	5.85	42750
20	1.75	18.5	5.5	3.0	2.0	19.0	1.85	0.50	1.5	31.6	5.06	36.3	1.5	8.20	36000
22	1.75	20.5	6.0	3.1	2.0	21.0	1.85	0.50	1.5	34.6	5.65	36.0	1.5	8.10	29000
24	1.75	22.2	6.3	3.2	2.0	22.9	1.85	0.55	1.7	37.3	6.75	34.2	1.5	7.60	29000
25	2.00	23.2	6.4	3.4	2.0	23.9	2.15	0.55	1.7	38.5	7.05	45.0	1.5	10.30	25000
28	2.00	25.9	6.5	3.5	2.0	26.6	2.15	0.70	2.1	41.7	10.00	57.0	1.5	13.40	22200
30	2.00	27.9	6.5	4.1	2.0	28.6	2.15	0.70	2.1	43.7	10.70	57.0	1.5	13.60	21100
32	2.00	29.6	6.5	4.1	2.5	30.3	2.15	0.85	2.6	45.7	13.80	55.5	2.0	10.00	18400
34	2.50	31.5	6.6	4.2	2.5	32.3	2.65	0.85	2.6	47.9	14.70	87.0	2.0	15.60	17800
35	2.50	32.2	6.7	4.2	2.5	33.0	2.65	1.00	3.0	49.1	17.80	86.0	2.0	15.40	16500
38	2.50	35.2	6.8	4.3	2.5	36.0	2.65	1.00	3.0	52.3	19.30	101.0	2.0	18.60	14500
40	2.50	36.5	7.0	4.4	2.5	37.5	2.65	1.25	3.8	54.7	25.30	104.0	2.0	19.30	14300
42	2.50	38.5	7.2	4.5	2.5	39.5	2.65	1.25	3.8	57.2	26.70	102.0	2.0	19.20	13000
45	2.50	41.5	7.5	4.7	2.5	42.5	2.65	1.25	3.8	60.8	28.6	100.0	2.0	19.1	11400
48	2.50	44.5	7.8	5.0	2.5	45.5	2.65	1.25	3.8	64.4	30.7	101.0	2.0	19.5	10300
50	3.00	45.8	8.0	5.1	2.5	47.0	3.15	1.50	4.5	66.8	38.0	165.0	2.0	32.4	10500
52	3.00	47.8	8.2	5.2	2.5	49.0	3.15	1.50	4.5	69.3	39.7	165.0	2.5	26.0	9850
55	3.00	50.8	8.5	5.4	2.5	52.0	3.15	1.50	4.5	72.9	42.0	161.0	2.5	25.6	8960
58	3.00	53.8	8.8	5.6	2.5	55.0	3.15	1.50	4.5	76.5	44.3	160.0	2.5	26.0	8200
60	3.00	55.8	9.0	5.8	2.5	57.0	3.15	1.50	4.5	78.9	46.0	156.0	2.5	25.4	7620
65	4.00	60.8	9.3	6.3	3.0	62.0	4.15	1.50	4.5	84.6	49.8	346.0	2.5	58.0	6640
70	4.00	65.5	9.5	6.6	3.0	67.0	4.15	1.50	4.5	90.0	53.8	343.0	2.5	59.0	6530
75	4.00	70.5	9.7	7.0	3.0	72.0	4.15	1.50	4.5	95.4	57.6	333.0	2.5	58.0	5740
80	4.00	74.5	9.8	7.4	3.0	76.5	4.15	1.75	5.3	100.6	71.6	328.0	3.0	50.0	6100
85	4.00	79.5	10.0	7.8	3.5	81.5	4.15	1.75	5.3	106.0	76.2	383.0	3.0	59.4	5710
90	4.00	84.5	10.2	8.2	3.5	86.5	4.15	1.75	5.3	111.5	80.8	386.0	3.0	61.0	4980
100	4.0	94.5	10.5	9.0	3.5	96.5	4.15	1.75	5.3	122.1	90.0	368.0	3.0	51.6	4180

注：1. F_N 为材料下屈服强度 $R_{eL}=200\mathrm{MPa}$ 的沟槽承载能力。

2. F_R 为直角接触的挡圈承载能力。

3. F_{Rg} 为倒角接触的挡圈承载能力。

4. 挡圈安装工具按 JB/T 3411.47 的规定。

① 适用于 C67S、C75S 制造的挡圈。

表 5.2-214　孔用弹性挡圈（摘自 GB/T 893—2017）　（mm）

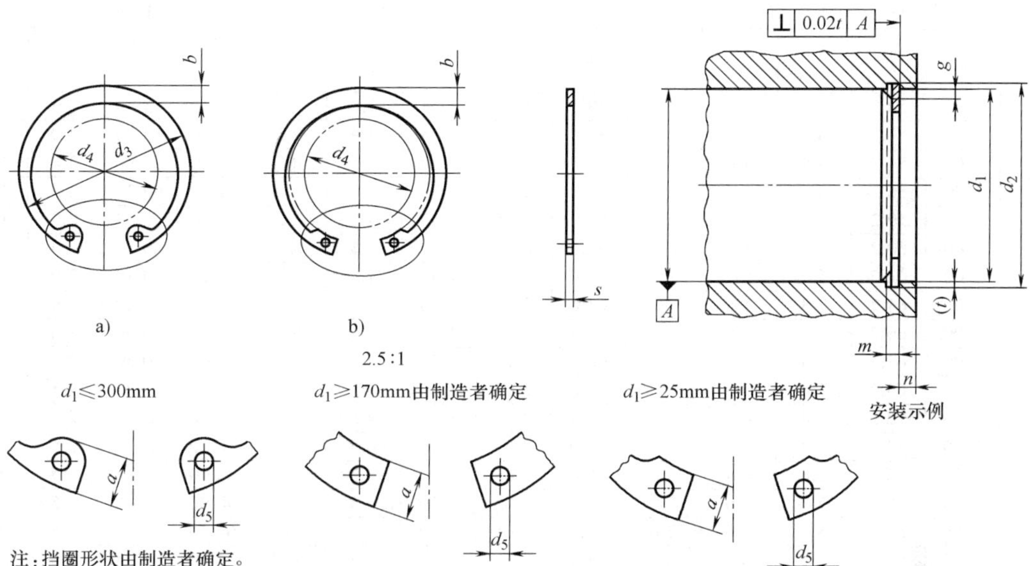

注：挡圈形状由制造者确定。

标准型（A 型）

公称规格 d_1	挡圈					沟槽				其他				
	s	d_3	a max	b ≈	d_5 min	d_2	m H13	t	n min	d_4	F_N /kN	F_R① /kN	g	F_{Rg}① /kN
8	0.80	8.7	2.4	1.1	1.0	8.4	0.9	0.20	0.6	3.0	0.86	2.00	0.5	1.50
9	0.80	9.8	2.5	1.3	1.0	9.4	0.9	0.20	0.6	3.7	0.96	2.00	0.5	1.50
10	1.00	10.8	3.2	1.4	1.2	10.4	1.1	0.20	0.6	3.3	1.08	4.00	0.5	2.20
11	1.00	11.8	3.3	1.5	1.2	11.4	1.1	0.20	0.6	4.1	1.17	4.00	0.5	2.30
12	1.00	13	3.4	1.7	1.5	12.5	1.1	0.25	0.8	4.9	1.60	4.00	0.5	2.30
13	1.00	14.1	3.6	1.8	1.5	13.6	1.1	0.30	0.9	5.4	2.10	4.20	0.5	2.30
14	1.00	15.1	3.7	1.9	1.7	14.6	1.1	0.30	0.9	6.2	2.25	4.50	0.5	2.30
15	1.00	16.2	3.7	2.0	1.7	15.7	1.1	0.35	1.1	7.2	2.80	5.00	0.5	2.30
16	1.00	17.3	3.8	2.0	1.7	16.8	1.1	0.40	1.2	8.0	3.40	5.50	1.0	2.60
17	1.00	18.3	3.9	2.1	1.7	17.8	1.1	0.40	1.2	8.8	3.60	6.00	1.0	2.50
18	1.00	19.5	4.1	2.2	2.0	19	1.1	0.50	1.5	9.4	4.80	6.50	1.0	2.60
19	1.00	20.5	4.1	2.2	2.0	20	1.1	0.50	1.5	10.4	5.10	6.80	1.0	2.50
20	1.00	21.5	4.2	2.3	2.0	21	1.1	0.50	1.5	11.2	5.40	7.20	1.0	2.50
21	1.00	22.5	4.2	2.4	2.0	22	1.1	0.50	1.5	12.2	5.70	7.60	1.0	2.60
22	1.00	23.5	4.2	2.5	2.0	23	1.1	0.50	1.5	13.2	5.90	8.00	1.0	2.70
24	1.20	25.9	4.4	2.6	2.0	25.2	1.3	0.60	1.8	14.8	7.70	13.90	1.0	4.60
25	1.20	26.9	4.5	2.7	2.0	26.2	1.3	0.60	1.8	15.5	8.00	14.60	1.0	4.70
26	1.20	27.9	4.7	2.8	2.0	27.2	1.3	0.60	1.8	16.1	8.40	13.85	1.0	4.60
28	1.20	30.1	4.8	2.9	2.0	29.4	1.3	0.70	2.1	17.9	10.50	13.30	1.0	4.50
30	1.20	32.1	4.8	3.0	2.0	31.4	1.3	0.70	2.1	19.9	11.30	13.70	1.0	4.60
31	1.20	33.4	5.2	3.2	2.5	32.7	1.3	0.85	2.6	20.0	14.10	13.80	1.0	4.70
32	1.20	34.4	5.4	3.2	2.5	33.7	1.3	0.85	2.6	20.6	14.60	13.80	1.0	4.70
34	1.50	36.5	5.4	3.3	2.5	35.7	1.60	0.85	2.6	22.6	15.40	26.20	1.5	6.30
35	1.50	37.8	5.4	3.4	2.5	37.0	1.60	1.00	3.0	23.6	18.80	26.90	1.5	6.40
36	1.50	38.8	5.4	3.5	2.5	38.0	1.60	1.00	3.0	24.6	19.40	26.40	1.5	6.40
37	1.50	39.8	5.5	3.6	2.5	39	1.60	1.00	3.0	25.4	19.80	27.10	1.5	6.50
38	1.50	40.8	5.5	3.7	2.5	40	1.60	1.00	3.0	26.4	22.50	28.20	1.5	6.70
40	1.75	43.5	5.8	3.9	2.5	42.5	1.85	1.25	3.8	27.8	27.00	44.60	2.0	8.30
42	1.75	45.5	5.9	4.1	2.5	44.5	1.85	1.25	3.8	29.6	28.40	44.70	2.0	8.40
45	1.75	48.5	6.2	4.3	2.5	47.5	1.85	1.25	3.8	32.0	30.20	43.10	2.0	8.20

（续）

公称规格 d_1	标准型（A 型）												
	挡圈					沟槽				其他			
	s	d_3	a max	b ≈	d_5 min	d_2	m H13	t	n min	d_4	F_N /kN	F_R① /kN	g	F_{Rg}① /kN
47	1.75	50.5	6.4	4.4	2.5	49.5	1.85	1.25	3.8	33.5	31.40	43.50	2.0	8.30
48	1.75	51.5	6.4	4.5	2.5	50.5	1.85	1.25	3.8	34.5	32.00	43.20	2.0	8.40
50	2.00	54.2	6.5	4.6	2.5	53.0	2.15	1.50	4.5	36.3	40.50	60.80	2.0	12.10
52	2.00	56.2	6.7	4.7	2.5	55.0	2.15	1.50	4.5	37.9	42.00	60.25	2.0	12.00
55	2.00	59.2	6.8	5.0	2.5	58.0	2.15	1.50	4.5	40.7	44.40	60.30	2.0	12.50
56	2.00	60.2	6.8	5.1	2.5	59.0	2.15	1.50	4.5	41.7	45.20	60.30	2.0	12.60
58	2.00	62.2	6.9	5.2	2.5	61.0	2.15	1.50	4.5	43.5	46.70	60.80	2.0	12.70
60	2.00	64.2	7.3	5.4	2.5	63.0	2.15	1.50	4.5	44.7	48.30	61.00	2.0	13.00
62	2.00	66.2	7.3	5.5	2.5	65.0	2.15	1.50	4.5	46.7	49.80	60.90	2.0	13.00
63	2.00	67.2	7.3	5.6	2.5	66.0	2.15	1.50	4.5	47.7	50.60	60.80	2.0	13.00
65	2.50	69.2	7.6	5.8	3.0	68.0	2.65	1.50	4.5	49.0	51.80	121.00	2.5	20.80
68	2.50	72.5	7.8	6.1	3.0	71.0	2.65	1.50	4.5	51.6	51.50	121.50	2.5	21.20
70	2.50	74.5	7.8	6.2	3.0	73.0	2.65	1.50	4.5	53.6	56.20	119.00	2.5	21.00
72	2.50	76.5	7.8	6.4	3.0	75.0	2.65	1.50	4.5	55.6	58.00	119.20	2.5	21.00
75	2.50	79.5	7.8	6.6	3.0	78.0	2.65	1.50	4.5	58.6	60.00	118.00	2.5	21.00
78	2.50	82.5	8.5	6.6	3.0	81.0	2.65	1.50	4.5	60.1	62.30	122.50	2.5	21.80
80	2.50	85.5	8.5	6.8	3.0	83.5	2.65	1.75	5.3	62.1	74.60	120.90	2.5	21.80
82	2.50	87.5	8.5	7.0	3.0	85.5	2.65	1.75	5.3	64.1	76.60	119.00	2.5	21.40
85	3.00	90.5	8.6	7.0	3.5	88.5	3.15	1.75	5.3	66.9	79.50	201.40	3.0	31.20
88	3.00	93.5	8.6	7.2	3.5	91.5	3.15	1.75	5.3	69.9	82.10	209.40	3.0	32.70
90	3.00	95.5	8.6	7.6	3.5	93.5	3.15	1.75	5.3	71.9	84.00	199.00	3.0	31.40
92	3.00	97.5	8.7	7.8	3.5	95.5	3.15	1.75	5.3	73.7	85.80	201.00	3.0	32.00
95	3.00	100.5	8.8	8.1	3.5	98.5	3.15	1.75	5.3	76.5	88.60	195.00	3.0	31.40
98	3.00	103.5	9.0	8.3	3.5	101.5	3.15	1.75	5.3	79.0	91.30	191.00	3.0	31.00
100	3.00	105.5	9.2	8.4	3.5	103.5	3.15	1.75	5.3	80.6	93.10	188.00	3.0	30.80
102	4.00	108	9.5	8.5	3.5	106.0	4.15	2.00	6.0	82.0	108.80	439.00	3.0	72.60
105	4.00	112	9.5	8.7	3.5	109.0	4.15	2.00	6.0	85.0	112.00	436.00	3.0	73.00
108	4.00	115	9.5	8.9	3.5	112.0	4.15	2.00	6.0	88.0	115.00	419.00	3.0	71.00
110	4.00	117	10.4	9.0	3.5	114.0	4.15	2.00	6.0	88.2	117.00	415.00	3.0	71.00
112	4.00	119	10.5	9.1	3.5	116.0	4.15	2.00	6.0	90.0	119.00	418.00	3.0	72.00
115	4.00	122	10.5	9.3	3.5	119.0	4.15	2.00	6.0	93.0	122.00	409.00	3.0	71.20
120	4.00	127	11.0	9.7	3.5	124.0	4.15	2.00	6.0	96.9	127.00	396.00	3.0	70.00
125	4.00	132	11.0	10.0	4.0	129.0	4.15	2.00	6.0	101.9	132.00	385.00	3.0	70.00
130	4.00	137	11.0	10.2	4.0	134.0	4.15	2.00	6.0	106.9	138.00	374.00	3.0	69.00
135	4.00	142	11.2	10.5	4.0	139.0	4.15	2.00	6.0	111.5	143.00	358.00	3.0	67.00
140	4.00	147	11.2	10.7	4.0	144.0	4.15	2.00	6.0	116.5	148.00	350.00	3.0	66.50
145	4.00	152	11.4	10.9	4.0	149.0	4.15	2.00	6.0	121.0	153.00	336.00	3.0	65.00
150	4.00	158	12.0	11.2	4.0	155.0	4.15	2.50	7.5	124.8	191.00	326.00	3.0	64.00
155	4.00	164	12.0	11.4	4.0	160.0	4.15	2.50	7.5	129.8	206.00	324.00	3.5	55.00
160	4.00	169	13.0	11.6	4.0	165.0	4.15	2.50	7.5	132.7	212.00	321.00	3.5	54.40
165	4.00	174.5	13.0	11.8	4.0	170.0	4.15	2.50	7.5	137.7	219.00	319.00	3.5	54.00
170	4.00	179.5	13.5	12.2	4.0	175.0	4.15	2.50	7.5	141.6	225.00	349.00	3.5	59.00
175	4.00	184.5	13.5	12.7	4.0	180.0	4.15	2.50	7.5	146.6	232.00	351.00	3.5	59.00
180	4.00	189.5	14.2	13.2	4.0	185.0	4.15	2.50	7.5	150.2	238.00	347.00	3.5	58.50
185	4.00	194.5	14.2	13.7	4.0	190.0	4.15	2.50	7.5	155.2	245.00	349.00	3.5	57.50
190	4.00	199.5	14.2	13.8	4.0	195.0	4.15	2.50	7.5	160.2	251.00	340.00	3.5	57.50
195	4.00	204.5	14.2	14.0	4.0	200.0	4.15	2.50	7.5	165.2	258.00	330.00	3.5	55.50
200	4.00	209.5	14.2	14.0	4.0	205.0	4.15	2.50	7.5	170.2	265.00	325.00	3.5	55.00
210	5.00	222.0	14.2	14.0	4.0	216.0	5.15	3.00	9.0	180.2	333.00	601.00	4.0	89.50
220	5.00	232.0	14.2	14.0	4.0	226.0	5.15	3.00	9.0	190.2	349.00	574.00	4.0	85.00
230	5.00	242.0	14.2	14.0	4.0	236.0	5.15	3.00	9.0	200.2	365.00	549.00	4.0	81.00
240	5.00	252.0	14.2	14.0	4.0	246.0	4.15	3.00	9.0	210.2	380.00	525.00	4.0	77.50

（续）

标准型（A 型）														
公称规格 d_1	挡圈					沟槽				其他				
	s	d_3	a max	b ≈	d_5 min	d_2	m H13	t	n min	d_4	F_N /kN	F_R① /kN	g	F_{Rg}① /kN
250	5.00	262.0	16.2	16.0	5.0	256.0	5.15	3.00	9.0	220.2	396.00	504.00	4.0	75.00
260	5.00	275.0	16.2	16.0	5.0	268.0	5.15	4.00	12.0	226.0	553.00	538.00	4.0	80.00
270	5.00	285.0	16.2	16.0	5.0	278.0	5.15	4.00	12.0	236.0	573.00	518.00	4.0	77.00
280	5.00	295.0	16.2	16.0	5.0	288.0	5.15	4.00	12.0	246.0	593.00	499.00	4.0	74.00
290	5.00	305.0	16.2	16.0	5.0	298.0	5.15	4.00	12.0	256.0	615.00	482.00	4.0	71.50
300	5.00	315.0	16.2	16.0	5.0	308.0	5.15	4.00	12.0	266.0	636.00	466.00	4.0	69.00

重型（B 型）														
公称规格 d_1	挡圈					沟槽				其他				
	s	d_3	a max	b ≈	d_5 min	d_2	m H13	t	n min	d_4	F_N /kN	F_R① /kN	g	F_{Rg}① /kN
20	1.50	21.5	4.5	2.4	2.0	21.0	1.60	0.50	1.5	10.5	5.40	16.0	1.0	5.60
22	1.50	23.5	4.7	2.8	2.0	23.0	1.60	0.50	1.5	12.1	5.90	18.0	1.0	6.10
24	1.50	25.9	4.9	3.0	2.0	25.2	1.60	0.60	1.8	13.7	7.70	21.7	1.0	7.20
25	1.50	26.9	5.0	3.1	2.0	26.2	1.60	0.60	1.8	14.5	8.00	22.8	1.0	7.30
26	1.50	27.9	5.1	3.1	2.0	27.2	1.60	0.60	1.8	15.3	8.40	21.6	1.0	7.20
28	1.50	30.1	5.3	3.2	2.0	29.4	1.60	0.70	2.1	16.9	10.50	20.8	1.0	7.00
30	1.50	32.1	5.5	3.3	2.0	31.4	1.60	0.70	2.1	18.4	11.30	21.4	1.0	7.20
32	1.50	34.4	5.7	3.4	2.0	33.7	1.60	0.85	2.6	20.0	14.60	21.4	1.0	7.30
34	1.75	36.5	5.9	3.7	2.5	35.7	1.85	0.85	2.6	21.6	15.40	35.6	1.5	8.60
35	1.75	37.8	6.0	3.8	2.5	37.0	1.85	1.00	3.0	22.4	18.80	36.6	1.5	8.70
37	1.75	39.8	6.2	3.9	2.5	39.0	1.85	1.00	3.0	24.0	19.80	36.8	1.5	8.80
38	2.00	40.8	6.3	3.9	2.5	40.0	1.85	1.00	3.0	24.7	22.50	38.3	1.5	9.10
40	2.00	43.5	6.5	3.9	2.5	42.5	2.15	1.25	3.8	26.3	27.00	58.4	2.0	10.90
42	2.00	45.5	6.7	4.1	2.5	44.5	2.15	1.25	3.8	27.9	28.40	58.5	2.0	11.00
45	2.00	48.5	7.0	4.3	2.5	47.5	2.15	1.25	3.8	30.3	30.20	56.5	2.0	10.70
47	2.00	50.5	7.2	4.4	2.5	49.5	2.15	1.25	3.8	31.9	31.40	57.0	2.0	10.80
50	2.50	54.2	7.5	4.6	2.5	53.0	2.65	1.50	4.5	34.2	40.50	95.50	2.0	19.00
52	2.50	56.2	7.7	4.7	2.5	55.0	2.65	1.50	4.5	35.8	42.00	94.60	2.0	18.80
55	2.50	59.2	8.0	5.0	2.5	58.0	2.65	1.50	4.5	38.2	44.40	94.70	2.0	19.60
60	3.00	64.2	8.5	5.4	2.5	63.0	3.15	1.50	4.5	42.1	48.30	137.00	2.0	29.20
62	3.00	66.2	8.6	5.5	2.5	65.0	3.15	1.50	4.5	43.9	49.80	137.00	2.0	29.20
65	3.00	69.2	8.7	5.8	3.0	68.0	3.15	1.50	4.5	46.7	51.80	174.00	2.5	30.00
68	3.00	72.5	8.8	6.1	3.0	71.0	3.15	1.50	4.5	49.5	54.50	174.50	2.5	30.60
70	3.00	74.5	9.0	6.2	3.0	73.0	3.15	1.50	4.5	51.1	56.20	171.00	2.5	30.30
72	3.00	76.5	9.2	6.4	3.0	75.0	3.15	1.50	4.5	52.7	58.00	172.00	2.5	30.30
75	3.00	79.5	9.3	6.6	3.0	78.0	3.15	1.50	4.5	55.5	60.00	170.00	2.5	30.30
80	4.00	85.5	9.5	7.0	3.0	83.5	4.15	1.75	5.3	60.0	74.60	308.00	2.5	56.00
85	4.00	90.5	9.7	7.2	3.5	88.5	4.15	1.75	5.3	64.6	79.50	358.00	3.0	55.00
90	4.00	95.5	10.0	7.6	3.5	93.5	4.15	1.75	5.3	69.0	84.00	354.00	3.0	56.00
95	4.00	100.5	10.3	8.1	3.5	98.5	4.15	1.75	5.3	73.4	88.60	347.00	3.0	56.00
100	4.00	105.5	10.5	8.4	3.5	103.5	4.15	1.75	5.3	78.0	93.10	335.00	3.0	55.00

注：1. F_N 为材料下屈服强度 $R_{eL}=200\text{MPa}$ 的沟槽承载能力。

2. F_R 为直角接触的挡圈承载能力。

3. F_{Rg} 为倒角接触的挡圈承载能力。

4. 挡圈安装工具按 JB/T 3411.47 的规定。

① 适用于 C67S、C75S 制造的挡圈。

表 5.2-215 孔用钢丝挡圈（摘自 GB 895.1—1986）和轴用钢丝挡圈（摘自 GB 895.2—1986）（mm）

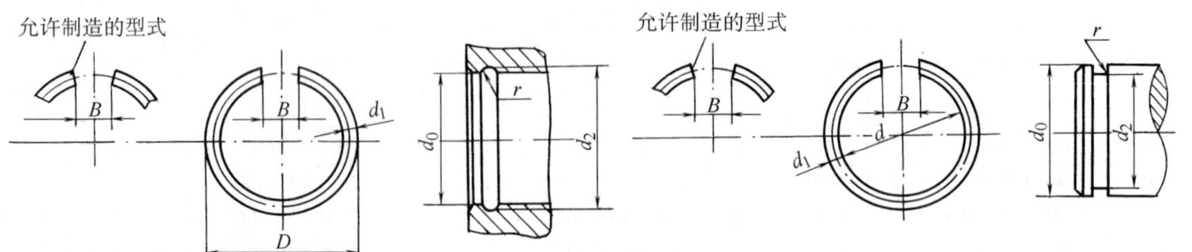

标记示例

孔径 d_0 = 40mm、材料为碳素弹簧钢丝、经低温回火及表面氧化处理的孔用钢丝挡圈

挡圈 GB 895.1—1986 40

孔径轴径 d_0	挡圈								沟槽（推荐）				1000 个质量 /kg≈	
	d_1	r	GB 895.1—1986			GB 895.2—1986			GB 895.1—1986		GB 895.2—1986		GB 895.1—1986	GB 895.2—1986
			D		B	d		B	d_2		d_2			
			基本尺寸	极限偏差		基本尺寸	极限偏差		基本尺寸	极限偏差	基本尺寸	极限偏差		
4	0.6	0.4	—	—	—	3	$^{0}_{-0.18}$	1	—	—	3.4	±0.037	—	—
5			—			4			—		4.4		—	0.03
6			—			5			—		5.4		—	0.037
7	0.8	0.5	8.0	$^{+0.22}_{0}$	4	6	$^{0}_{-0.22}$	2	7.8	±0.045	6.2	±0.045	0.0735	0.076
8			9.0			7			8.8		7.2		0.0859	0.089
10			11.0			9			10.8	±0.055	9.2		0.0934	0.114
12	1.0	0.6	13.5	$^{+0.43}_{0}$	6	10.5	$^{0}_{-0.47}$	3	13.0		11.0	±0.055	0.205	0.204
14			15.5			12.5			15.0		13.0		0.244	0.243
16	1.6		18.0		8	14.0			17.6		14.4		0.705	0.726
18			20.0	$^{+0.52}_{0}$		16.0	$^{0}_{-0.47}$		19.6	±0.065	16.4		0.804	0.825
20	2.0	1.1	22.5		10	17.5			22.0	±0.105	18.0	±0.09	1.32	1.437
22			24.5			19.5	$^{0}_{-0.52}$		24.0		20.0	±0.105	1.47	1.592
24			26.5			21.5			26.0		22.0		1.63	1.747
25			27.5			22.5			27.0		23.0		1.70	1.824
26			28.5			23.5			28.0		24.0		1.79	1.902
28			30.5	$^{+0.62}_{0}$		25.5			30.0		26.0		1.94	2.057
30			32.5			27.5			32.0	±0.125	28.0		2.10	2.212
32	2.5	1.4	35.0		12	29.0		4	34.5		29.5		3.47	3.659
35			38.0	$^{+1.00}_{0}$		32.0	$^{0}_{-1.00}$		37.6		32.5	±0.125	3.85	4.022
38			41.0			35.0			40.6		35.5		4.20	4.386
40			43.0			37.0			42.6		37.5		4.43	4.628
42			45.0		16	39.0			44.5		39.5		4.54	4.87
45			48.0			42.0			47.5		42.5		4.89	5.233
48			51.0			45.0			50.5	±0.150	45.5		5.24	5.596
50			53.0			47.0			52.5		47.5		5.51	5.838
55	3.2	1.8	59.0	$^{+1.20}_{0}$	20	51.0	$^{0}_{-1.20}$	4	58.2	±0.150	51.8	±0.15	9.805	10.43
60			64.0			56.0			63.2		56.8		10.80	11.43
65			69.0			61.0			68.2		61.8		11.79	12.22
70			74.0		25	66.0		5	73.2		66.8		12.46	13.41
75			79.0			71.0			78.2		71.8		13.47	14.40
80			84.0	$^{+1.40}_{0}$		76.0			83.2	±0.175	76.8		14.45	15.39
85			89.0			81.0	$^{0}_{-1.40}$		88.2		81.8	±0.175	15.44	16.39
90			94.0			86.0			93.2		86.8		16.43	17.38
95	3.2	1.8	99.0	$^{+1.40}_{0}$	25	91.0	$^{0}_{-1.40}$	5	98.2	±0.175	91.8	±0.175	17.42	18.31
100			104.0		32	96.0			103.2		96.8		17.97	19.36
105			109.0			101.0			108.2		101.8		18.96	20.35
110			114.0			106.0			113.2		106.8		19.96	21.34
115			119.0			111.0			118.2		111.8		20.95	22.34
120			124.0	$^{+1.60}_{0}$		116.0			123.2	±0.200	116.8	±0.20	21.94	23.33
125			129.0			121.0	$^{0}_{-1.60}$		128.2		121.8		22.93	24.32

注：材料按 GB/T 959.2—1986 选用碳素弹簧钢丝，低温回火。

5.8　螺钉、垫圈组合件（见表 5.2-216～表 5.2-221）

表 5.2-216　十字槽沉头螺钉和锥形锁紧垫圈组合件（摘自 GB/T 9074.9—1988）**和十字槽半沉头螺钉和锥形锁紧垫圈组合件**（摘自 GB/T 9074.10—1988）　（mm）

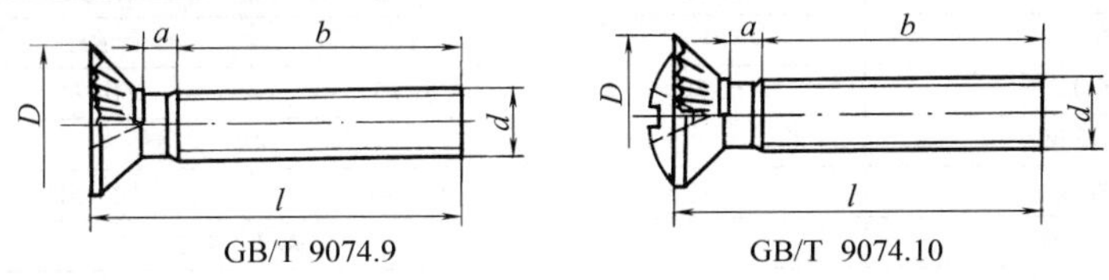

GB/T 9074.9　　GB/T 9074.10

标记示例

螺纹规格 d=M6、公称长度 l=20mm、性能等级为 4.8 级、表面镀锌钝化的十字槽半沉头螺钉和锥形锁紧垫圈组合件标记为

螺钉组合件　GB/T 9074.10 M5×20

螺纹规格 d			M3	M4	M5	M6	M8
a　max			1.0	1.4	1.6	2.0	2.5
b　min			25	38			
D　≈			6.0	8.0	9.8	11.8	15.3
全螺纹时最大长度			30	45			
l①　长度范围			8～30	10～35	12～40	14～50	16～60
相关标准	螺钉	GB/T 9074.9	GB/T 819.1				
		GB/T 9074.10	GB/T 820				
	垫圈		GB/T 9074.28				
表面处理			1）镀锌钝化；2）氧化				
其他技术要求			垫圈应能自由转动而不脱落				

① 长度系列（单位为 mm）：8、10、12、（14）、16、20～50（5 进位）。

表 5.2-217　十字槽凹穴六角头螺栓和平垫圈组合件（摘自 GB/T 9074.11—1988）、**十字槽凹穴六角头螺栓和弹簧垫圈组合件**（摘自 GB/T 9074.12—1988）**和十字槽凹穴六角头螺栓、弹簧垫圈和平垫圈组合件**（摘自 GB/T 9074.13—1988）　（mm）

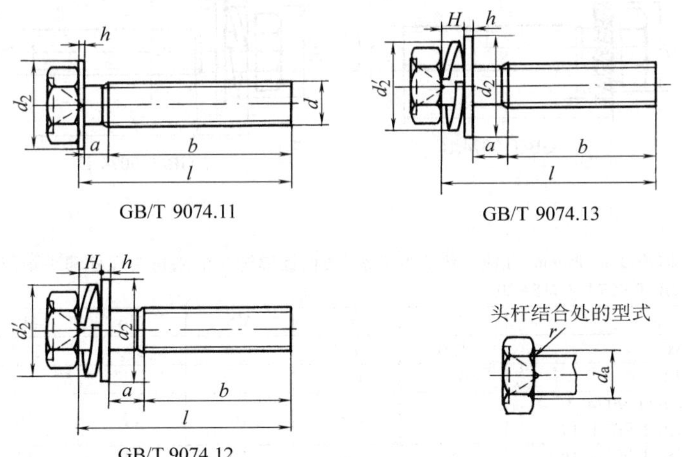

GB/T 9074.11　　GB/T 9074.13　　GB/T 9074.12

标记示例

螺纹规格 d=M5、公称长度 l=20mm、性能等级为 5.8 级、表面镀锌钝化的十字槽凹穴六角头螺栓和平垫圈组合件标记为

螺钉组合件　GB/T 9074.11 M5×20

螺纹规格 d	M4	M5	M6	M8
a　max	1.4	1.6	2.0	2.5

（续）

螺纹规格　d			M4	M5	M6	M8
b　min			38			
h　公称			0.8	1.0	1.6	
H　公称			2.75	3.25	4.00	5.00
d_2　公称			9	10	12	16
d_2'　（参考）			6.78	8.75	10.71	13.64
全螺纹时最大长度			40			
l[①]　长度范围			10～35	12～40	14～50	16～60
相关标准	螺　栓		GB/T 29.2			
	垫圈	GB/T 9074.11				
		GB/T 9074.12	GB/T 9074.26			
		GB/T 9074.13	GB/T 9074.26			
表面处理			1）镀锌钝化；2）氧化			
其他技术要求			垫圈应能自由转动而不脱落			

① 长度系列（单位为mm）：8、10、12、（14）、16、20～50（5进位）。

表5.2-218　螺栓或螺钉和平垫圈组合件（摘自GB/T 9074.1—2002）、**六角头螺栓和弹簧垫圈组合件**（摘自GB/T 9074.15—1988）、**六角头螺栓和外锯齿锁紧垫圈组合件**（摘自GB/T 9074.16—1988）**和六角头螺栓和弹簧垫圈及平垫圈组合件**（摘自GB/T 9074.17—1988）

（mm）

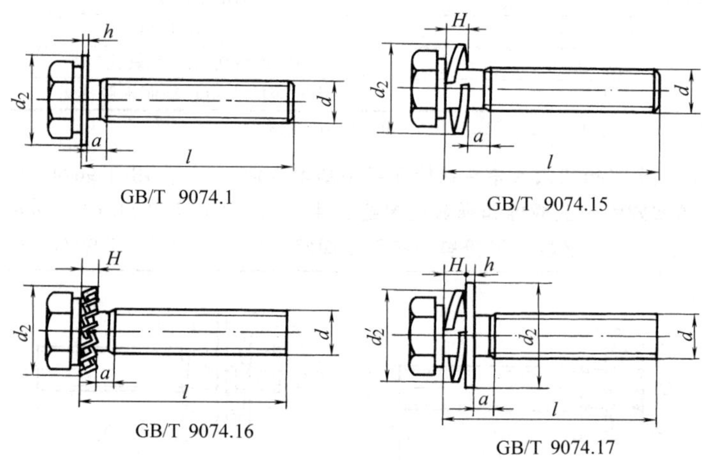

标记示例

螺纹规格 d=M5、公称长度 l=20mm、性能等级为8.8级、表面镀锌钝化的六角头螺栓和平垫圈组合件标记为

螺钉组合件　GB/T 9074.1 M5×20

螺纹规格　d		M3	M4	M5	M6	M8	M10	M12
a　max		1.0	1.4	1.6	2.0	2.5	3.0	3.5
h　公称		0.5	0.8	1.0	1.6		2.0	2.5
d_2　公称	GB/T 9074.1 GB/T 9074.17	7	9	10	12	16	20	24
	GB/T 9074.16	6	8	10	11	15	18	—
H　公称	GB/T 9074.15 GB/T 9074.17	1.6	2.2	2.6	3.2	4.0	5.0	6.0
H　≈	GB/T 9074.16	1.2	1.5	1.8		2.4	3.0	—
d_2'　（参考）		5.23	6.78	8.75	10.71	13.64	16.59	19.53
l[①]长度范围	GB/T 9074.1 GB/T 9074.15 GB/T 9074.16	8～30	10～35	12～40	16～50	20～65	25～80	30～100
	GB/T 9074.17				20～50	25～65	30～80	35～100

（续）

相关标准	螺　栓		GB/T 5783
	垫圈	GB/T 9074.1	
		GB/T 9074.15	GB/T 9074.26
		GB/T 9074.16	GB/T 9074.27
		GB/T 9074.17	GB/T 9074.26
表面处理			1）镀锌钝化；2）氧化
其他技术要求			垫圈应能自由转动而不脱落

① 长度系列（单位为 mm）：8、10、12、16、20~50（5 进位）、（55）、60、（65）、70~100（10 进位）。

表 5.2-219　自攻螺钉和平垫圈组合件（GB/T 9074.18—2002）　（mm）

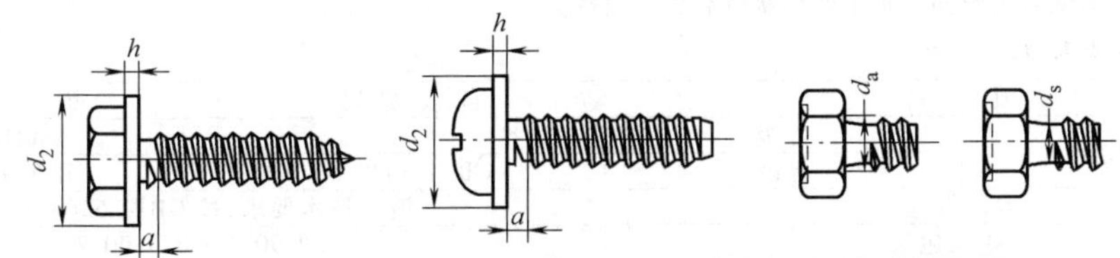

螺纹规格	a② max	d_a max	平垫圈尺寸①			
			标准系列　N 型		大系列　L 型	
			h 公称	d_2 max	h 公称	d_2 max
ST2.2	0.8	2.1	1	5	1	7
ST2.9	1.1	2.8	1	7	1	9
ST3.5	1.3	3.3	1	8	1	11
ST4.2	1.4	4.03	1	9	1	12
ST4.8	1.6	4.54	1	10	1.6	15
ST5.5	1.8	5.22	1.6	12	1.6	15
ST6.3	1.8	5.93	1.6	14	1.6	18
ST8	2.1	7.76	1.6	16	2	24
ST9.5	2.1	9.43	2	20	2.5	30

① 摘自 GB/T 97.5 的尺寸。

② 尺寸 a，在垫圈与螺钉支承面或头下圆角接触后进行测量。组合件的技术要求如下：

a. 组合件中自攻螺钉的力学性能应符合 GB/T 3098.5 的规定。

b. 组合件中垫圈的硬度应为 90~320HV，组合件中各件代号为：

自攻螺钉代号		平垫圈代号		组合件的标记内容
引用标准	代号	引用标准	代号	对元件的描述 本国家标准编号 自攻螺钉的特性 标明自攻螺钉类型代号 标明垫圈形式代号
GB 5285　六角头自攻螺钉	S1	GB/T 97.5　平垫圈	N	
GB 845　十字槽盘头自攻螺钉	S2	GB/T 97.5　平垫圈	L	
GB 5282　开槽盘头自攻螺钉	S3	—	—	

c. 标记示例

六角头自攻螺钉和平垫圈组合件包括：一个 GB/T 5285-ST4.2×16、锥端（C）六角头自攻螺钉（代号 S1）和一个 GB/T 97.5 标准系列垫圈（代号 N）的标记为

自攻螺钉和垫圈组合件 GB/T 9074.18-ST4.2×16-C-S1-N

表 5.2-220　十字槽凹穴六角头自攻螺钉和平垫圈组合件（GB/T 9074.20—2004）　（mm）

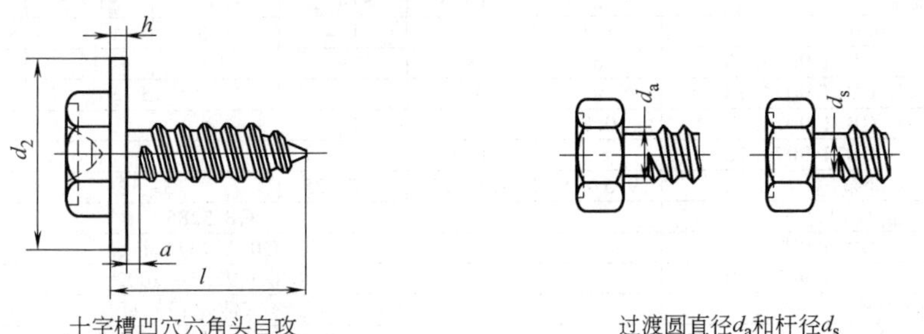

十字槽凹穴六角头自攻螺钉和平垫圈组合件示例　　过渡圆直径d_a和杆径d_s

（续）

螺纹规格	a[②] max	d_a max	平垫圈尺寸[①]			
			标准系列 N 型		大系列 L 型	
			h 公称	d_2 max	h 公称	d_2 max
ST2.9	1.1	2.8	1	7	1	9
ST3.5	1.3	3.3	1	8	1	11
ST4.2	1.4	4.03	1	9	1	12
ST4.8	1.6	4.54	1	10	1.6	15
ST6.3	1.8	5.93	1.6	14	1.6	18
ST8	2.1	7.76	1.6	16	2	24

① 摘自 GB/T 97.5 的尺寸。

② 尺寸 a 在垫圈与螺钉支承面或头下圆角接触后进行测量。

a. 组合件的技术要求为：

项　　目		自 攻 螺 钉	垫　　圈
机械性能	等级	—	180HV
	标准	GB/T 3098.5	GB/T 97.5
表面处理		镀锌技术要求，按 GB/T 5267.1	
验收及包装		GB/T 90.1、GB/T 90.2	

注：为避免在热处理的过程中对垫圈硬度的影响，组合前应对垫圈采取适当的防护措施，如镀铜。

b. 自攻螺钉和垫圈的形式及代号

产　　品	代　　号	形　　式	标准编号
十字槽凹穴六角头自攻螺钉	S1	—	GB/T 9456
平垫圈　用于自攻螺钉和垫圈组合件	N	标准系列	GB/T 97.5
	L	大系列	

c. 标记示例：

十字槽凹穴六角头自攻螺钉和平垫圈组合件包括：一个 GB/T 9456 ST4.2×16、锥端（C）十字槽凹穴六角头自攻螺钉（代号 S1）和一个 GB/T 97.5 标准系列垫圈（代号 N）组合件表面镀锌钝化（省略标记）的标记为

自攻螺钉和垫圈组合件　GB/T 9074.20　ST4.2×16-S1-N

十字槽凹穴六角头自攻螺钉和平垫圈组合件包括：一个 GB/T 9456 ST4.2×16、锥端（C）十字槽凹穴六角头自攻螺钉（代号 S1）和一个 GB/T 97.5 大系列垫圈（代号 L）组合件表面镀锌钝化（省略标记）的标记为

自攻螺钉和垫圈组合件　GB/T 9074.20　ST4.2×16-S1-L

表 5.2-221　六角头自攻螺钉和平垫圈组合件（摘自 GB/T 9074.18—2002）

和六角头自攻螺钉和大垫圈组合件（摘自 GB/T 9074.18—2002）　（mm）

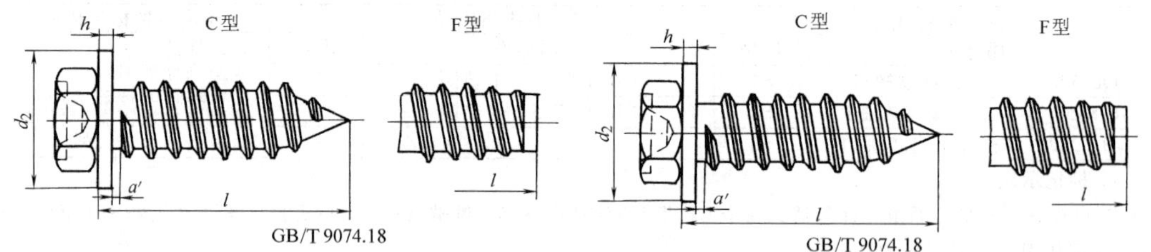

标记示例

螺纹规格 ST3.5、公称长度 l=16mm、表面镀锌钝化、C 型六角头自攻螺钉和平垫圈组合件标记为

自攻螺钉组合件　GB/T 9074.18　ST3.5×16

螺纹规格　d			ST2.9	ST3.5	ST4.2	ST4.8	ST5.5	ST6.3	ST8
a'　max			1.1	1.3	1.4	1.6	1.8		2.1
d_2　公称	GB/T 9074.18		6	8	9	10	12	14	
	GB/T 9074.18		9	11	12	15		18	21
h　公称	GB/T 9074.18		0.8	1.0			1.6		
	GB/T 9074.18		1.0			1.6			2.0
l[①]　长度范围			9.5～19	9.5～22	9.5～25	13～32		13～38	16～50
相关标准	自攻螺钉		GB 5285						
	垫圈	GB/T 9074.18	GB/T 9074.1						
		GB/T 9074.18	GB/T 97.5—2002						
表面处理			1）镀锌钝化；2）氧化						
其他技术要求			垫圈应能自由转动而不脱落						

① 长度系列（单位为 mm）：9.5、13、16、19、22、25、32、38、45、50。

第 3 章　键、花键和销连接

1　键连接

1.1　键和键连接的类型、特点及应用（见表 5.3-1）

表 5.3-1　键和键连接的类型、特点及应用

类型		结构图例	特点和应用
平键连接	普通平键 GB/T 1096—2003 薄型平键 GB/T 1567—2003	A 型　B 型　C 型	靠侧面传递转矩，对中好，易拆装。无轴向固定作用。精度较高，用于高速轴或受冲击、正反转的场合。薄型平键用于薄壁结构和传递转矩较小的传动。A 型用于键槽刀加工键槽，键在槽中固定好，但应力集中较大；B 型用于盘铣刀加工轴上键槽，应力集中较小；C 型用于轴端
	导向平键 GB/T 1097—2003	A 型　B 型	靠侧面传递转矩，对中好，易拆装。无轴向固定作用。用螺钉把键固定在轴上。中间的螺纹孔用于起出键。用于轴上零件沿轴移动量不大的场合，如变速箱中的滑移齿轮
	滑键		靠侧面传递转矩，对中好，易拆装。键固定在轮毂上，用于轴上零件移动量较大的结构
半圆键连接	半圆键 GB/T 1099.1—2003		靠侧面传递转矩，键可在轴槽中沿槽底圆弧滑动，装拆方便，但要加长键时，必定使键槽加深而使轴强度削弱。一般用于轻载，常用于轴的键形轴端
楔键连接	普通楔键 GB/T 1564—2003 钩头楔键 GB/T 1565—2003 薄型楔键 薄型钩头楔键 GB/T 16922—1997	1:100　1:100　1:100　1:100	键的上表面和毂槽都有 1∶100 的斜度，装配时打入、楔紧，键的上下两面与轴和轮毂接触是工作面。对轴上零件有轴向固定作用。但由于楔紧力的作用使轴上零件偏心，导致对中精度不高，转速也受到限制。钩头供装拆用，但应加保护罩，以免伤人
切向键连接	切向键 GB/T 1974—2003	1:100	由两个斜度为 1∶100 的楔键组成。能传递较大的转矩，一对切向键只能传递一个方向的转矩，传递双向转矩时，要用两对切向键，互成 120°～135°。用于载荷大、对中要求不高的场合。键槽对轴的削弱大，常用于直径大于 100mm 的轴

（续）

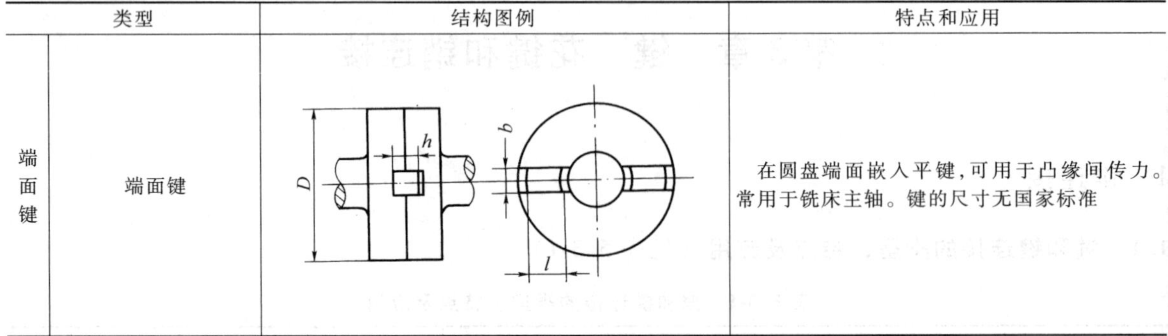

类型		结构图例	特点和应用
端面键	端面键		在圆盘端面嵌入平键，可用于凸缘间传力。常用于铣床主轴。键的尺寸无国家标准

1.2　键的选择和键连接的强度校核计算

键连接的强度校核按表 5.3-2 中所列公式计算。如强度不够，可采用双键，这时应考虑键的合理布置：两个平键最好相隔 180°；两个半圆键则应沿轴布置在同一条直线上；两个楔键夹角一般为 90°～120°。双键连接的强度按 1.5 个键计算。如果轮毂允许适当加长，也可相应地增加键的长度，以提高单键连接的承载能力。但一般采用的键长不宜超过（1.6～1.8）d。必要时加大轴径或改用其他连接方式。

键材料采用抗拉强度不低于 590MPa 的键用钢，通常为 45 钢；如轮毂系非铁金属或非金属材料，键可用 20 钢、Q235A 钢等。

表 5.3-2　键连接的强度校核公式

键的类型		计算内容	强度校核公式	说　明
半圆键		连接工作面挤压	$\sigma_p=\dfrac{2T}{dkl}\leqslant[\sigma_p]$	T—传递的转矩（N·mm） d—轴的直径（mm） k—键与轮毂的接触高度（mm）；平键 $k=0.4h$；半圆键 k 查表 5.3-7 l—键的工作长度（mm），A 型，$l=L-b$；B 型，$l=L$；C 型，$l=L-b/2$ b—键的宽度（mm） $[\sigma_p]$—键、轴、轮毂三者中最弱材料的许用挤压应力（MPa），见表 5.3-3 $[p]$—键、轴、轮毂三者中最弱材料的许用压强（MPa）见表 5.3-3 μ—摩擦因数，对钢和铸铁 $\mu=0.12\sim0.17$ t—切向键工作面宽度（mm） c—切向键倒角的宽度（mm） 端面键尺寸见表 5.3-1 图
平键	静连接	连接工作面挤压	$\sigma_p=\dfrac{2T}{dkl}\leqslant[\sigma_p]$	
平键	动连接	连接工作面压强	$p=\dfrac{2T}{dkl}\leqslant[p]$	
楔键		连接工作面挤压	$\sigma_p=\dfrac{12T}{bl(b\mu d+b)}\leqslant[\sigma_p]$	
切向键		连接工作面挤压	$\sigma_p=\dfrac{T}{(0.5\mu+0.45)dl(t-c)}\leqslant[\sigma_p]$	
端面键		连接工作面挤压	$\sigma_p=\dfrac{4T}{Dhl\left(1-\dfrac{l}{D}\right)^2}$	

表 5.3-3　键连接的许用应力（MPa）

许用应力	连接工作方式	键或毂，轴的材料	载荷性质		
			静载荷	轻微冲击	冲击
许用挤压应力 $[\sigma_p]$	静连接	钢	125～150	100～120	60～90
		铸铁	70～80	50～60	30～45
许用压强 $[p]$	动连接	钢	50	40	30

注：如与键有相对滑动的键槽经表面硬化处理，$[p]$ 可提高 2～3 倍。

1.3　键连接的尺寸系列、公差配合和表面粗糙度

1.3.1　平键（见表 5.3-4～表 5.3-6）

1.3.2　半圆键（见表 5.3-7）

1.3.3　楔键（见表 5.3-8、表 5.3-9）

表 5.3-4　普通平键（摘自 GB/T 1095—2003、GB/T 1096—2003）　　（mm）

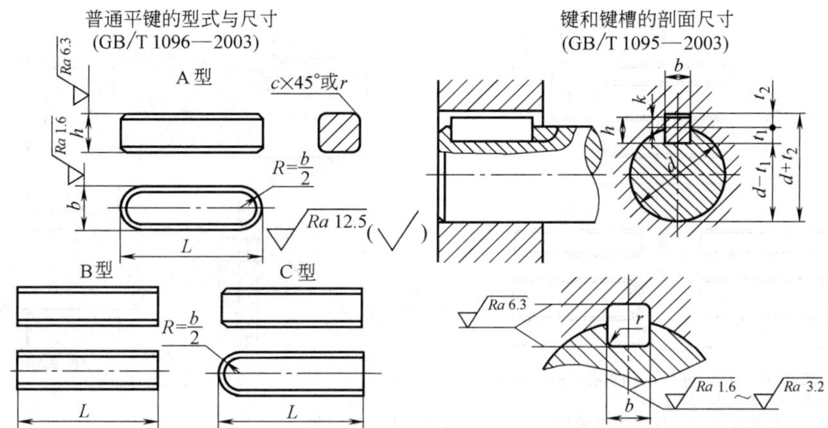

标记示例：圆头普通平键（A 型），$b=10$mm，$h=8$mm，$L=25$mm
GB/T 1096—2003　键　10×8×25
对于同一尺寸的平头普通平键（B 型）或单圆头普通平键（C 型），标记为
GB/T 1096—2003　键　B10×8×25
GB/T 1096—2003　键　C10×8×25

轴径 d	键的公称尺寸				每 100mm 质量 /kg	键槽尺寸						
	b(h8)	(h8) h(h11)	c 或 r	L(h14)		轴 t_1 公称尺寸	轴 t_1 公差	毂 t_2 公称尺寸	毂 t_2 公差	b	圆角半径 r min	圆角半径 r max
6~8	2	2	0.16~0.25	6~20	0.003	1.2	+0.1 0	1	+0.1 0	公称尺寸同键，公差见表 5.3-9	0.08	0.16
>8~10	3	3		6~36	0.007	1.8		1.4				
>10~12	4	4		8~45	0.013	2.5		1.8				
>12~17	5	5	0.25~0.4	10~56	0.02	3.0		2.3			0.16	0.25
>17~22	6	6		14~70	0.028	3.5	+0.2 0	2.8	+0.2 0			
>22~30	8	7		18~90	0.044	4.0		3.3				
>30~38	10	8	0.4~0.6	22~110	0.063	5.0		3.3			0.25	0.4
>38~44	12	8		28~140	0.075	5.0		3.3				
>44~50	14	9		36~160	0.099	5.5		3.8				
>50~58	16	10		45~180	0.126	6.0		4.3				
>58~65	18	11		50~200	0.155	7.0		4.4				
>65~75	20	12	0.6~0.8	56~220	0.188	7.5		4.9			0.4	0.6
>75~85	22	14		63~250	0.242	9.0		5.4				
>85~95	25	14		70~280	0.275	9.0		5.4				
>95~110	28	16		80~320	0.352	10.0		6.4				
>110~130	32	18		90~360	0.452	11		7.4				
>130~150	36	20	1~1.2	100~400	0.565	12	+0.3 0	8.4	+0.3 0		0.7	1.0
>150~170	40	22		100~400	0.691	13		9.4				
>170~200	45	25		110~450	0.883	15		10.4				
>200~230	50	28		125~500	1.1	17		11.4				
>230~260	56	32	1.6~2.0	140~500	1.407	20		12.4			1.2	1.6
>260~290	63	32		160~500	1.583	20		12.4				
>290~330	70	36		180~500	1.978	22		14.4				
>330~380	80	40	2.5~3	200~500	2.512	25		15.4			2	2.5
>380~440	90	45		220~500	3.179	28		17.4				
>440~500	100	50		250~500	3.925	31		19.5				
L 系列	6,8,10,12,14,16,18,20,22,25,28,32,36,40,45,50,56,63,70,80,90,100,110,125,140,160,180,200,220,250,280,320,360,400,450,500											

注：1. 在工作图中，轴槽深用 $d-t_1$ 或 t_1 标注，毂槽深用 $d+t_2$ 标注。（$d-t_1$）和（$d+t_2$）尺寸偏差按相应的 t_1 和 t_2 的偏差选取，但（$d-t_1$）偏差取负号（-）。
2. 当键长大于 500mm 时，其长度应按 GB/T 321—2005 优先数和优先数系的 R20 系列选取。
3. 表中每 100mm 长的质量系指 B 型键。
4. 键高偏差对于 B 型键应为 h9。
5. 当需要时，键允许带起键螺孔，起键螺孔的尺寸按键宽参考表 5.3-6 中的 d_0 选取。螺孔的位置距键端为 $b\sim2b$，较长的键可以采用两个对称的起键螺孔。

表 5.3-5 薄型平键（摘自 GB/T 1566—2003） (mm)

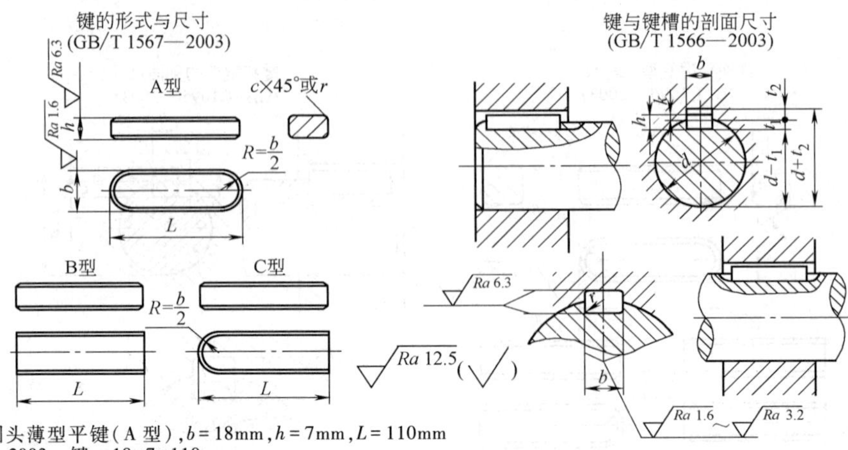

标记示例：圆头薄型平键（A 型），$b=18$mm，$h=7$mm，$L=110$mm
GB/T 1567—2003 键 18×7×110
对于同一尺寸的平头薄型平键（B 型）或单圆头薄型平键（C 型），标记为
GB/T 1567—2003 键 B 18×7×110
GB/T 1567—2003 键 C 18×7×110

轴 径	键的公称尺寸					键槽尺寸					
						轴 t_1		毂 t_2			
d	b(h9)	h(h11)	c 或 r	L(h14)	每 100mm 质量 /kg	公称尺寸	公差	公称尺寸	公差	b	圆角半径 r
12～17 >17～22 >22～30	5 6 8	3 4 5	0.25～0.4	10～56 14～70 18～90	0.012 0.019 0.031	1.8 2.5 3	$^{+0.1}_{0}$	1.4 1.8 2.3	$^{+0.1}_{0}$	公称尺寸同键，公差见表 5.3-9	0.16～0.25
>30～38 >38～44 >44～50 >50～58 >58～65	10 12 14 16 18	6 6 6 7 7	0.4～0.6	22～110 28～140 36～160 45～180 50～200	0.047 0.0565 0.066 0.088 0.099	3.5 3.5 3.5 4 4	$^{+0.1}_{0}$（3.5） $^{+0.2}_{0}$（4）	2.8 2.8 2.8 3.3 3.3	$^{+0.1}_{0}$（2.8） $^{+0.2}_{0}$（3.3）		0.25～0.4
>65～75 >75～85 >85～95 >95～110 >110～130	20 22 25 28 32	8 9 9 10 11	0.6～0.8	56～220 63～250 70～280 80～320 90～360	0.126 0.155 0.177 0.22 0.276	5 5.5 5.5 6 7	$^{+0.2}_{0}$	3.3 3.8 3.8 4.3 4.4	$^{+0.2}_{0}$		0.4～0.6
>130～150	36	12	1.0～1.2	100～400	0.339	7.5	$^{+0.2}_{0}$	4.9	$^{+0.2}_{0}$		0.70～1.0
L 系列	10，12，14，16，18，20，22，25，28，32，36，40，45，50，56，63，70，80，90，100，110，125，140，160，180，200，220，250，280，320，360，400										

注：表中每 100mm 长的质量系指 B 型键。

表 5.3-6 导向平键（摘自 GB/T 1097—2003） (mm)

键的形式和尺寸（GB/T 1097—2003）

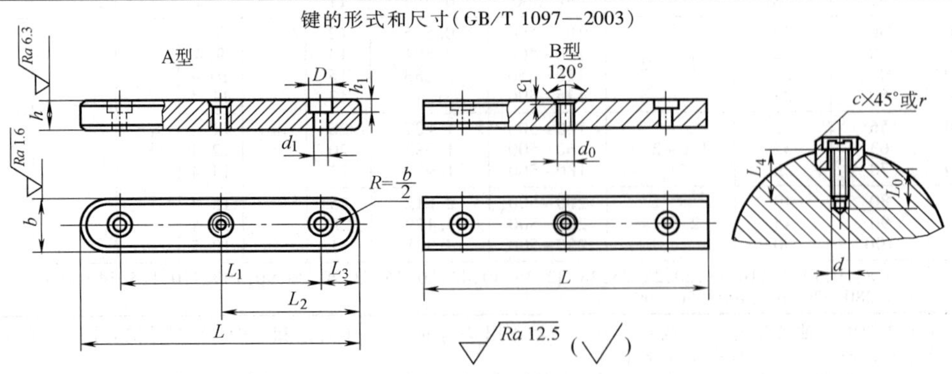

标记示例：
圆头导向平键（A 型），$b=16$mm，$h=10$mm，$L=100$mm
GB/T 1097 键 16×10×100
方头导向平键（B 型），$b=16$mm，$h=10$mm，$L=100$mm
GB/T 1097 键 B16×10×100

（续）

b(h8)	8	10	12	14	16	18	20	22	25	28	32	36	40	45
h(h11)	7	8	8	9	10	11	12	14	14	16	18	20	22	25
c 或 r	0.25~0.4	0.4~0.6					0.6~0.8					1.0~1.2		
h_1	2.4		3.0	3.5		4.5			6		7	8		
d_0	M3		M4	M5		M6			M8		M10	M12		
d_1	3.4		4.5	5.5		6.6			9		11	14		
D	6		8.5	10		12			15		18	22		
c_1	0.3		0.5									1.0		
L_0	7	8	10			12			15		18	22		
螺　钉 ($d_0 \times L_4$)	M3×8	M3×10	M4×10	M5×10	M5×10	M6×12	M6×12	M6×16	M8×16	M8×16	M10×20	M12×25		
L 范围	25~90	25~110	28~140	36~160	45~180	50~200	56~220	63~250	70~280	80~320	90~360	100~400	100~400	110~450
每 100mm 长质量/kg	0.0392	0.06	0.071	0.091	0.114	0.143	0.175	0.228	0.25	0.324	0.402	0.515	0.602	0.837

L 与 L_1、L_2、L_3 的对应长度系列

L	25	28	32	36	40	45	50	56	63	70	80	90	100	110	125	140	160	180	200	220	250	280	320	360	400	450
L_1	13	14	16	18	20	23	26	30	36	40	48	54	60	66	75	80	90	100	110	120	140	160	180	200	220	250
L_2	12.5	14	16	18	20	22.5	25	28	31.5	35	40	45	50	55	62	70	80	90	100	110	125	140	160	180	200	225
L_3	6	7	8	9	10	11	12	13	14	15	16	18	20	22	25	30	35	40	45	50	55	60	70	80	90	100

注：1. b 和 h 根据轴径 d 由表 5.3-4 选取。

2. 固定螺钉按 GB/T 65—2016《开槽圆柱螺钉》的规定。

3. 键槽的尺寸应符合 GB/T 1095—2003《平键　键槽的剖面尺寸》的规定，见表 5.3-4。

4. 当键长大于 450mm 时，其长度按 GB/T 321—2005《优先数和优先数系》的 R20 系列选取。

5. 每 100mm 长重量系指 B 型键。

表 5.3-7　半圆键（摘自 GB/T 1099.1—2003）　（mm）

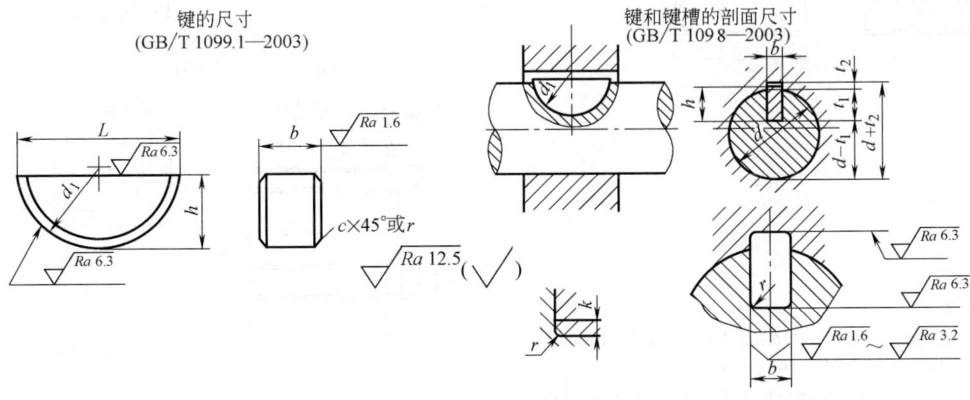

标记示例：

半圆键 $b=8mm$, $h=11mm$, $d_1=28mm$

GB/T 1099—2003　键　8×11×28

（续）

轴径 d		键的公称尺寸						键槽尺寸						
传递转矩用	定位用	b (h9)	h (h11)	d_1 (h12)	$L\approx$	c	每1000件的质量/kg	轴 t_1 公称尺寸	轴 t_1 公差	轮毂 t_2 公称尺寸	轮毂 t_2 公差	k	圆角半径 r	b
3~4	3~4	1.0	1.4	4	3.9	0.16~0.25	0.031	1.0	$^{+0.1}_{0}$	0.6	$^{+0.1}_{0}$	0.4	0.08~0.16	公称尺寸同键，公差见表5.3-9
>4~5	>4~6	1.5	2.6	7	6.8		0.153	2.0		0.8		0.72		
>5~6	>6~8	2.0	2.6	7	6.8		0.204	1.8		1.0		0.97		
>6~7	>8~10	2.0	3.7	10	9.7		0.414	2.9		1.0		0.95		
>7~8	>10~12	2.5	3.7	10	9.7		0.518	2.7		1.2		1.2		
>8~10	>12~15	3.0	5.0	13	12.7		1.10	3.8		1.4		1.43		
>10~12	>15~18	3.0	6.5	16	15.7		1.8	5.3	$^{+0.2}_{0}$	1.4		1.4	0.16~0.25	
>12~14	>18~20	4.0	6.5	16	15.7	0.25~0.4	2.4	5.0		1.8		1.8		
>14~16	>20~22	4.0	7.5	19	18.6		3.27	6.0		1.8		1.75		
>16~18	>22~25	5.0	6.5	16	15.7		3.01	4.5		2.3		2.35		
>18~20	>25~28	5.0	7.5	19	18.6		4.09	5.5		2.3		2.32		
>20~22	>28~32	5.0	9.0	22	21.6		5.73	7.0		2.3		2.29		
>22~25	>32~36	6.0	9.0	22	21.6		6.88	6.5	$^{+0.3}_{0}$	2.8		2.87		
>25~28	>36~40	6.0	10	25	24.5		8.64	7.5		2.8	$^{+0.2}_{0}$	2.83		
>28~32	40	8.0	11	28	27.4	0.4~0.6	14.1	8		3.3		3.51	0.25~0.4	
>32~38	—	10	13	32	31.4		19.3	10		3.3		3.67		

注：轴和毂键槽宽度 b 极限偏差按表5.3-9中一般连接或较紧连接。

表 5.3-8　楔键（摘自GB/T 1563—2003）　　（mm）

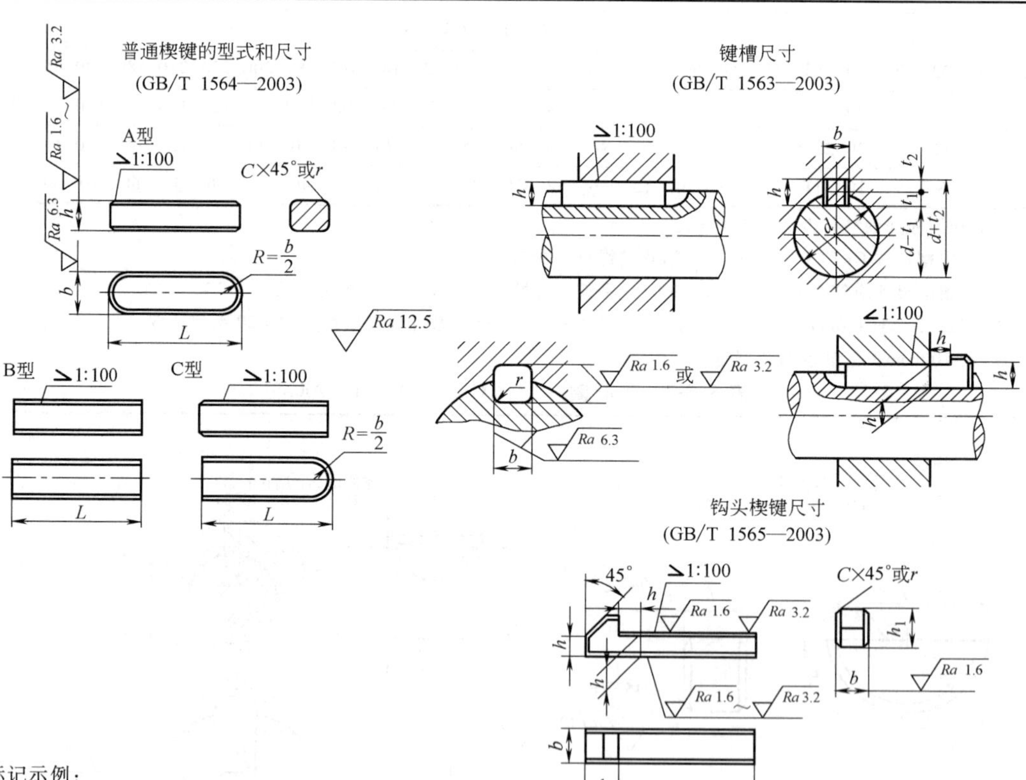

标记示例：

圆头普通楔键（A型），b=16mm，h=10mm，L=100mm

GB/T 1564—2003　键　16×10×100

对于同一尺寸的平头普通楔键（B型）或单圆头普通楔键（C型），标记为

GB/T 1564—2003　键B　16×10×100

GB/T 1564—2003　键C　16×10×100

标记示例：

钩头楔键，b=16mm，h=10mm，L=100mm

GB/T 1565—2003　键　16×10×100

（续）

轴径	键的公称尺寸						键槽				
					L(h14)		轴 t_1		轮毂 t_2		圆角半径 r
d	b (h9)	h (h11)	C 或 r	h_1	GB/T 1564—2003	GB/T 1565—2003	公称尺寸	公差	公称尺寸	公差	
6~8	2	2	0.16		6~20	—	1.2		0.5		0.08
>8~10	3	3	~		6~36	—	1.8		0.9		~
>10~12	4	4	0.25	7	8~45	14~45	2.5	$^{+0.1}_{0}$	1.2	$^{+0.1}_{0}$	0.16
>12~17	5	5	0.25	8	10~56	14~56	3.0		1.7		0.16
>17~22	6	6	~	10	14~70		3.5		2.2		~
>22~30	8	7	0.4	11	18~90		4.0		2.4		0.25
>30~38	10	8		12	22~110		5.0		2.4		
>38~44	12	8	0.4	12	28~140		5.0		2.4		0.25
>44~50	14	9	~	14	36~160		5.5		2.9		~0.40
>50~58	16	10	0.6	16	45~180		6.0		3.4		
>58~65	18	11		18	50~200		7.0	$^{+0.2}_{0}$	3.4	$^{+0.2}_{0}$	
>65~75	20	12		20	56~220		7.5		3.9		
>75~85	22	14	0.6	22	63~250		9.0		4.4		0.40
>85~95	25	14	~	22	70~280		9.0		4.4		~
>95~110	28	16	0.8	25	80~320		10.0		5.4		0.60
>110~130	32	18		28	90~360		11.0		6.4		
>130~150	36	20		32	100~400		12		7.1		0.70
>150~170	40	22	1.0	36	100~400		13		8.1		~
>170~200	45	25	~1.2	40	110~450	110~400	15		9.1		1.00
>200~230	50	28		45	125~500		17		10.1		
>230~260	56	32	1.6	50	140~500		20	$^{+0.3}_{0}$	11.1	$^{+0.3}_{0}$	1.2
>260~290	63	32	~	50	160~500		20		11.1		~
>290~330	70	36	2.0	56	180~500		22		13.1		1.6
>330~380	80	40	2.5	63	200~500		25		14.1		2.0
>380~440	90	45	~	70	220~500		28		16.1		~
>440~500	100	50	3.0	80	250~500		31		18.1		2.5
L 系列	6,8,10,12,14,16,18,20,22,25,28,32,36,40,45,50,56,63,70,80,90,100,110,125,140,160,180,200,220,250,280,320,360,400,450,500										

注：1. 安装时，键的斜面与轮毂槽的斜面紧密配合。

2. 键槽宽 b（轴和毂）尺寸公差 D10。

表 5.3-9　薄型楔键和键槽的剖面尺寸及公差（摘自 GB/T 16922—1997）　　（mm）

标记示例：
圆头薄型楔键（A 型）b = 16mm，h = 7mm，L = 100mm
GB/T 16922—1997　键 A 16×7×100
平头薄型楔键（B 型）b = 16mm，h = 7mm，L = 100mm
GB/T 16922—1997　键 B 16×7×100
单圆头薄型楔键（C 型）b = 16mm，h = 7mm，L = 100mm
GB/T 16922—1997　键 C 16×7×100

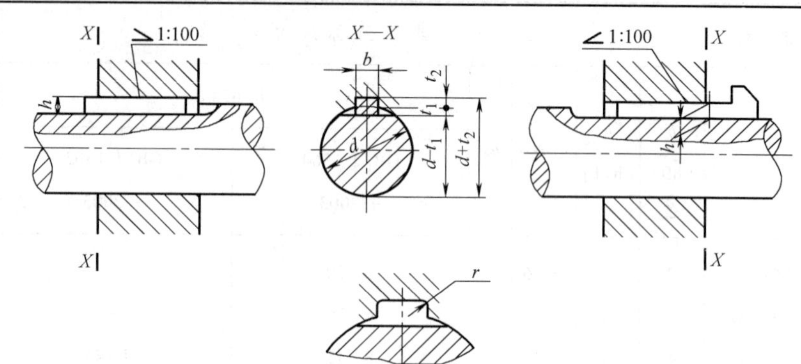

键槽局部放大

轴 基本直径 d	键 公称尺寸 $b\times h$	键槽（轮毂）						平台（轴）		长度 L H14
		宽度 b		深度 t_2		半径 r		深度 t_1		
		公称尺寸	极限偏差 D10	公称尺寸	极限偏差	最小	最大	公称尺寸	极限偏差	
22～30	8×15	8	+0.098 +0.040	1.7	+0.1 0	0.16	0.25	3.0	+0.1 0	20～70
>30～38	10×6	10		2.2		0.25	0.40	3.5		25～40
>38～44	12×6	12	+0.120 +0.050	2.2				3.5		32～125
>44～50	14×6	14		2.2				3.5		36～140
>50～58	16×7	16		2.4	+0.2 0			4	+0.2 0	45～180
>58～65	18×7	18		2.4				4		50～200
>65～75	20×8	20	+0.149 +0.065	2.4		0.40	0.60	5		56～220
>75～85	22×9	22		2.9				5.5		63～250
>85～95	25×9	25		2.9				5.5		70～280
>95～110	28×10	28		3.4				6		80～320
>110～130	32×11	32	+0.180 +0.080	3.4				7		90～360
>130～150	36×12	36		3.9		0.70	1	7.5		100～400
>160～170	40×14	40		4.4				9		125～400
>170～200	45×16	45		5.4				10		140～400
>200～230	50×18	50		6.4				11		160～400

注：1. （$d-t$）和（$d+t_1$）两个组合尺寸的极限偏差按相应的 t 和 t_1 的极限偏差选取，但（$d-t$）极限偏差值应取负号。
2. L 系列：20、22、25、28、32、36、40、45、50、56、63、70～110（10 进位）、125、140～220（20 进位）、250、280～400（40 进位）。

1.3.4　键用型钢

JB/T 7930—1995[⊖]《键用型钢》规定了平键、普通楔键和薄型楔键用型钢的剖面尺寸及公差、表面粗糙度、标记示例等内容，供平键（普通平键、导向平键和薄型平键）、普通楔键和薄型楔键（键宽 b 最大到 36mm）批量生产时选用。

键用型钢的截面有正方形和长方形两种，这是由键的剖面形状决定的。键用型钢的剖面尺寸、公差及表面粗糙度见表 5.3-10。

键用型钢的抗拉强度应不小于 590MPa。

键用型钢的材料，一般为 45 或 35 钢。

标记示例

普通平键或普通楔键用钢 b = 16mm、h = 10mm，其标记为：

键钢　16×10　JB/T 7930—1995

薄型平键或薄型楔键用钢 b = 16mm、h = 7mm，其标记为：

键钢　16×7　JB/T 7930—1995

1.3.5　键和键槽的几何公差、配合及尺寸标注

1）当键长与键宽比 $L/b \geqslant 8$ 时，键宽在长度方向上的平行度公差等应按 GB/T 1184—1996 选取，当 $b \leqslant 6$mm

⊖ JB/T 7930—1995 已经作废，但目前仍有大量应用，此处仅供参考。

取 7 级，$b\geqslant8\sim36$mm 取 6 级，$b\geqslant40$mm 取5 级。

2）轴槽和毂槽对轴线对称度公差等级根据不同工作要求参照键连接的配合按 7~9 级（GB/T 1184—1996）选取。

表 5.3-10　键用型钢的剖面尺寸及公差（摘自 JB/T 7930—1995）　（mm）

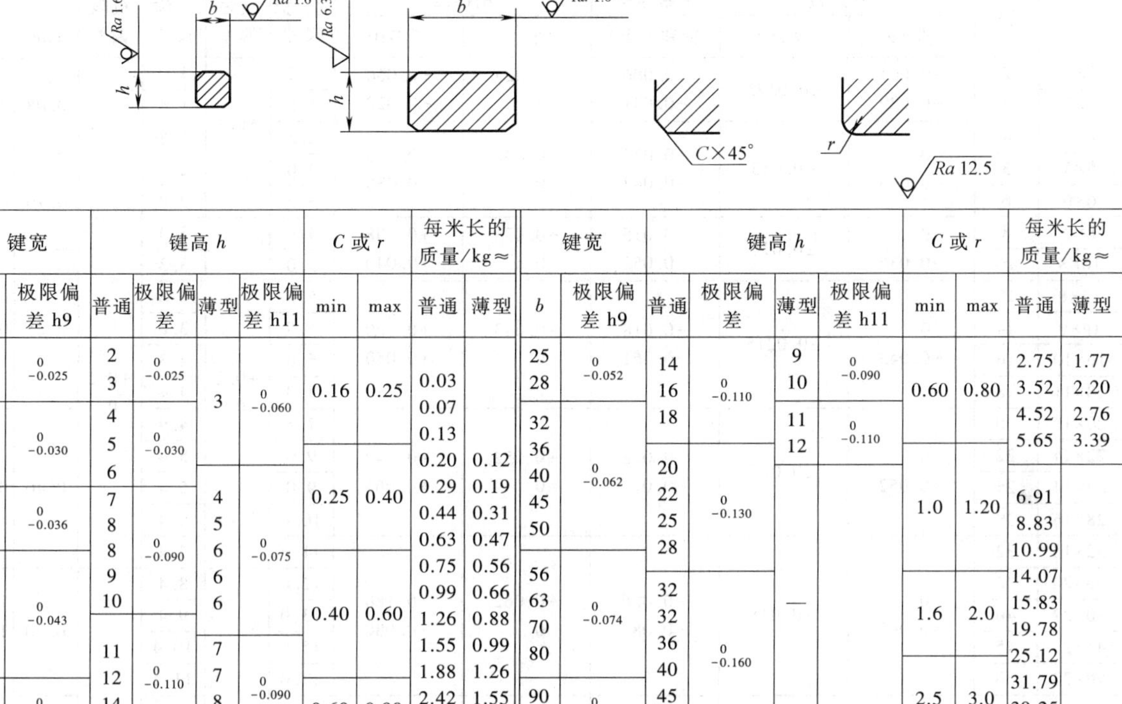

键宽		键高 h				C 或 r		每米长的质量/kg≈	
b	极限偏差 h9	普通	极限偏差	薄型	极限偏差 h11	min	max	普通	薄型
2	0 -0.025	2	0 -0.025	3	0 -0.060	0.16	0.25	0.03	
3		3						0.07	
4	0 -0.030	4	0 -0.030					0.13	
5		5				0.25	0.40		
6		6		4	0 -0.075			0.20	0.12
8	0 -0.036	7	0 -0.090	5				0.29	0.19
10		8		6				0.44	0.31
12	0 -0.043	8		6		0.40	0.60	0.63	0.47
14		9		6				0.75	0.56
16		10		7	0 -0.090			0.99	0.66
18		11	0 -0.110	7				1.26	0.88
20	0 -0.052	12		8		0.60	0.80	1.55	0.99
22		14		9				1.88	1.26
								2.42	1.55

键宽		键高 h				C 或 r		每米长的质量/kg≈	
b	极限偏差 h9	普通	极限偏差	薄型	极限偏差 h11	min	max	普通	薄型
25	0 -0.052	14	0 -0.110	9	0 -0.090	0.60	0.80	2.75	1.77
28		16		10				3.52	2.20
32	0 -0.062	18		11	0 -0.110			4.52	2.76
36		20	0 -0.130	12				5.65	3.39
40		22		—		1.0	1.20	6.91	
45		25						8.83	
50		28						10.99	
56	0 -0.074	32	0 -0.160			1.6	2.0	14.07	
63		32						15.83	
70		36						19.78	
80		40						25.12	
90	0 -0.087	45				2.5	3.0	31.79	
100		50						39.25	

当同时采用平键与过盈配合连接，特别是过盈量较大时，则应严格控制键槽的对称度公差，以免装配困难。

3）键和键槽配合的松紧，取决于键槽宽公差带的选取，如何选取见表 5.3-11。

4）在工作图中，轴槽深用（$d-t_1$）或 t_1 标注，轮槽深用（$d+t_2$）标注。（$d-t_1$）和（$d+t_2$）两个组合尺寸的偏差应按相应的 t_1 和 t_2 的偏差选取，但（$d-t_1$）的偏差值应取负值（-），对于楔键，（$d+t_2$）及 t_2 指的是大端轮毂槽深度。

表 5.3-11　键和键槽尺寸公差带（摘自 GB/T 1095—2003，GB/T 1096—2003）　（mm）

宽度 b	公称尺寸		2	3	4	5	6	8	10	12	14	16	18	20	22
	极限偏差 h8		0 -0.014		0 -0.018			0 -0.022		0 -0.027				0 -0.033	
高度 h	公称尺寸		2	3	4	5	6	7	8	8	9	10	11	12	14
	极限偏差	矩形 h11	—		—			0 -0.090					0 -0.110		
		方形 h8	0 -0.014		0 -0.018			—					—		
宽度 b	公称尺寸		25	28	32	36	40	45	50	56	63	70	80	90	100
	极限偏差 h8		0 -0.033		0 -0.039					0 -0.046				0 -0.054	
高度 h	公称尺寸		14	16	18	20	22	25	28	32	32	36	40	45	50
	极限偏差	矩形 h11	0 -0.110			0 -0.130				0 -0.160					
		方形 h8	—			—				—					

（续）

键尺寸 b×h	键槽											
	宽度 b						深度				半径 r	
	公称尺寸	极限偏差					轴 t_1		毂 t_2			
		正常连接		紧密连接	松连接		公称尺寸	极限偏差	公称尺寸	极限偏差		
		轴 N9	毂 JS9	轴和毂 P9	轴 H9	毂 D10					min	max
2×2	2	-0.004 -0.029	±0.0125	-0.006 -0.031	+0.025 0	+0.060 +0.020	1.2	+0.1 0	1.0	+0.1 0	0.08	0.16
3×3	3						1.8		1.4			
4×4	4	0 -0.030	±0.015	-0.012 -0.042	+0.030 0	+0.078 +0.030	2.5		1.8			
5×5	5						3.0		2.3		0.16	0.25
6×6	6						3.5		2.8			
8×7	8	0 -0.036	±0.018	-0.015 -0.051	+0.036 0	+0.098 +0.040	4.0	+0.2 0	3.3	+0.2 0		
10×8	10						5.0		3.3		0.25	0.40
12×8	12	0 -0.043	±0.0215	-0.018 -0.061	+0.043 0	+0.120 +0.050	5.0		3.3			
14×9	14						5.5		3.8			
16×10	16						6.0		4.3			
18×11	18						7.0		4.4			
20×12	20	0 -0.052	±0.026	-0.022 -0.074	+0.052 0	+0.149 +0.065	7.5		4.9		0.40	0.60
22×14	22						9.0		5.4			
25×14	25						9.0		5.4			
28×16	28						10.0		6.4			
32×18	32	0 -0.062	±0.031	-0.026 -0.088	+0.062 0	+0.180 +0.080	11.0		7.4			
36×20	36						12.0	+0.3 0	8.4	+0.3 0	0.70	1.00
40×22	40						13.0		9.4			
45×25	45						15.0		10.4			
50×28	50						17.0		11.4			
56×32	56	0 -0.074	±0.037	-0.032 -0.106	+0.074 0	+0.220 +0.100	20.0		12.4		1.20	1.60
63×32	63						20.0		12.4			
70×36	70						22.0		14.4			
80×40	80						25.0		15.4		2.00	2.50
90×45	90	0 -0.087	±0.0435	-0.037 -0.124	+0.087 0	+0.260 +0.120	28.0		17.4			
100×50	100						31.0		19.5			

1.3.6 切向键（见表5.3-12）

表5.3-12 切向键（摘自GB/T 1974—2003） (mm)

普通切向键、强力切向键及键槽尺寸（GB/T 1974—2003）

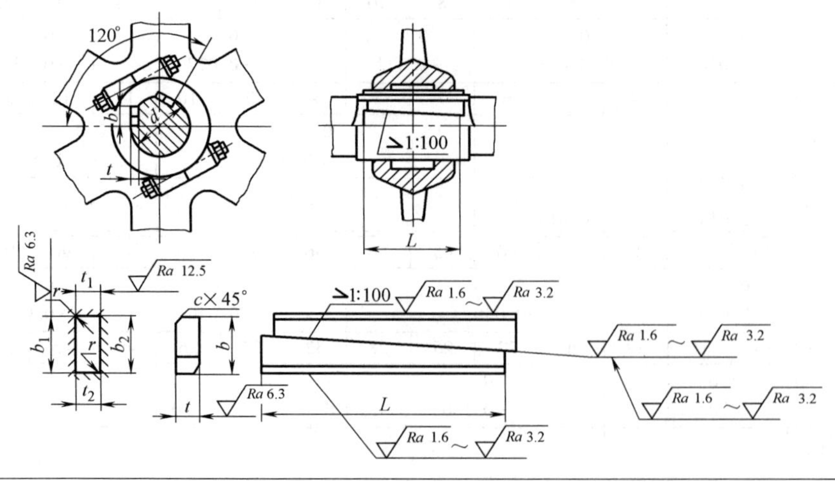

标记示例：

一对切向键，厚度 t = 8mm，计算宽度 b = 24mm，长度 L = 100mm

GB/T 1974 键 8×24×100

（续）

普通切向键													
轴径 d	键					键槽							
	厚度 t		计算宽度 b	倒角 s		深度				计算宽度		半径 R	
						轮毂 t_1		轴 t_2		轮毂 b_1	轴 b_2		
	尺寸	偏差 h11		min	max	尺寸	偏差	尺寸	偏差			max	min
60	7	0 -0.090	19.3	0.6	0.8	7	0 -0.2	7.3	+0.2 0	19.3	19.6	0.6	0.4
63			19.8							19.8	20.2		
65			20.1							20.1	20.5		
70			21.0							21.0	21.4		
71	8		22.5			8		8.3		22.5	22.8		
75			23.2							23.2	23.5		
80			24.0							24.0	24.4		
85			24.8							24.8	25.2		
90			25.6							25.6	26.0		
95	9		27.8			9		9.3		27.8	28.2		
100			28.6							28.6	29.0		
110			30.1							30.1	30.6		
120	10		33.2	1.0	1.2	10		10.3		33.2	33.6	1.0	0.7
125			33.9							33.9	34.4		
130			34.6							34.6	35.1		
140	11	0 -0.110	37.7			11		11.4		37.7	38.3		
150			39.1							39.1	39.7		
160	12		42.1			12	0 -0.3	12.4	+0.3 0	42.1	42.8		
170			43.5							43.5	44.2		
180			44.9							44.9	45.6		
190	14		49.6			14		14.4		49.6	50.3		
200			51.0							51.0	51.7		
220	16		57.1	1.6	2.0	16		16.4		57.1	57.8	1.6	1.2
240			59.9							59.9	60.6		
250	18		64.6			18		18.4		64.6	65.3		
260			66.0							66.0	66.7		
280	20	0 -0.130	72.1	2.5	3.0	20		20.4		72.1	72.8	2.5	2.0
300			74.8							74.8	75.5		
320	22		81.0			22		22.4		81.0	81.6		
340			83.6							83.6	84.3		
360	26		93.2			26		26.4		93.2	93.8		
380			95.9							95.9	96.6		
400			98.6							98.6	99.3		
420	30		108.2	3.0	4.0	30		30.4		108.2	108.8	3.0	2.5
440			110.9							110.9	111.6		
450			112.3						+0.3 0	112.3	112.9		
460			113.6							113.6	114.3		
480	34	0 -0.160	123.1	3.0	4.0	34	0 -0.3	34.4		123.1	123.8	3.0	2.5
500			125.9							125.9	126.6		
530	38		136.7			38		38.4		136.7	137.4		
560			140.8							140.8	141.5		
600	42		153.1			42		42.4		153.1	153.8		
630			157.1							157.1	157.8		

（续）

强力型切向键及键槽尺寸

轴径 d	键					键槽							
	厚度 t		计算宽度 b	倒角 s		深度				计算宽度		半径 R	
						轮毂 t_1		轴 t_2		轮毂 b_1	轴 b_2		
	尺寸	偏差 h11		min	max	尺寸	偏差	尺寸	偏差			max	min
100	10	0 −0.090	30			10	0 −0.2	10.3	+0.2 0	30	30.4		
110	11		33			11		11.4		33	33.5		
120	12		36			12		12.4		36	36.5		
125	12.5		37.5	1.0	1.2	12.5		12.9		37.5	38.0	1.0	0.7
130	13		39			13		13.4		39	39.5		
140	14	0 −0.110	42			14		14.4		42	42.5		
150	15		45			15		15.4		45	45.5		
160	16		48			16		16.4		48	48.5		
170	17		51			17		17.4		51	51.5		
180	18		54			18		18.4		54	54.5		
190	19		57	1.6	2.0	19		19.4		57	57.5	1.6	1.2
200	20		60			20		20.4		60	60.5		
220	22		66			22		22.4		66	66.5		
240	24	0 −0.130	72			24		24.4		72	72.5		
250	25		75			25		25.4		75	75.5		
260	26		78			26		26.4		78	78.5		
280	28		84	2.5	3.0	28		28.4		84	84.5	2.5	2.0
300	30		90			30	0 −0.3	30.4	+0.3 0	90	90.5		
320	32		96			32		32.4		96	96.5		
340	34		102			34		34.4		102	102.5		
360	36		108			36		36.4		108	108.5		
380	38		114			38		38.4		114	114.5		
400	40		120			40		40.4		120	120.5		
420	42	0 −0.160	126			42		42.4		126	126.5		
440	44		132			44		44.4		132	132.5		
450	45		135			45		45.4		135	135.5		
460	46		138	3.0	4.0	46		46.4		138	138.5	3.0	2.5
480	48		144			48		48.4		144	144.5		
500	50		150			50		50.5		150	150.7		
530	53		159			53		53.5		159	159.7		
560	56	0 −0.190	168			56		56.5		168	168.7		
600	60		180			60		60.5		180	180.7		
630	63		189			63		63.5		189	189.7		

注：1. 当轴径 d 位于两相邻轴径值之间时

切向键及键槽：

采用大轴径值的 t 和 t_1、t_2，但 b 和 b_1、b_2 须按式（1）、式（2）计算：

$$b=b_1=\sqrt{t(d-t)} \quad (1)$$

$$b_2=\sqrt{t_2(d-t_2)} \quad (2)$$

强力型切向键及键槽：

键与键槽的尺寸按式（3）、式（4）计算：

$$t=t_1=0.1d \quad (3)$$

$$b=b_1=0.3d \quad (4)$$

$$t_2=t+0.3\text{mm}(\text{当 } t\leqslant 10\text{mm}) \quad (5)$$

$$t_2=t+0.4\text{mm}(\text{当 } 10\text{mm}<t\leqslant 45\text{mm}) \quad (6)$$

$$t_2=t+0.5\text{mm}(\text{当 } t>45\text{mm}) \quad (7)$$

$$b_2=\sqrt{t_2(d-t_2)} \quad (8)$$

2. 当轴径 d 超过 630mm 时

切向键及键槽：

推荐：$t=t_1=0.07d$，$b=b_1=0.25d$；

强力型切向键及键槽：

推荐：$t=t_1=0.1d$，$b=b_1=0.3d$。

2　花键连接

2.1　花键基本术语（摘自 GB/T 15758—2008）

GB/T 15758—2008 适用于矩形、渐开线和端齿花键，其他花键也可参照使用。

2.1.1　一般术语

1）花键连接。两零件上等距分布且齿数相同的键齿相互连接，并传递转矩或运动的同轴偶件。

2）齿线。渐开线花键分度圆柱面或分度圆锥面、矩形花键平分齿高的圆柱面和端齿花键平分工作齿高的基准平面与齿面的交线（图 5.3-1）。

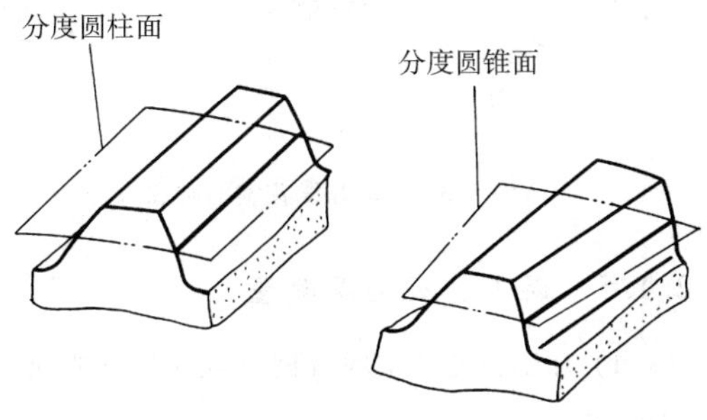

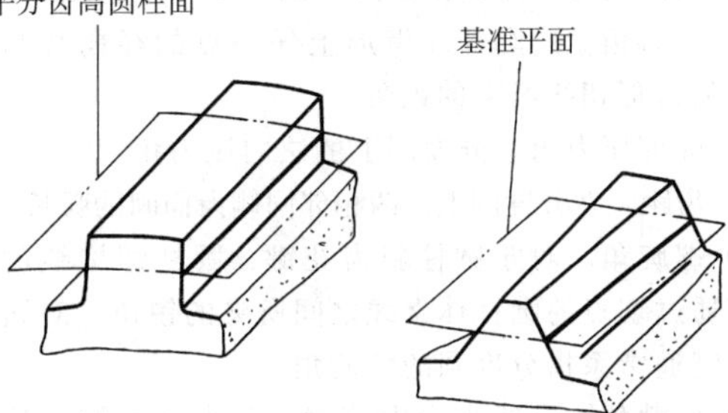

图 5.3-1　齿线

3）基准平面。渐开线花键的基本齿条或端齿花键上的假想平面。在该平面上，齿厚与齿距之比为一个给定的标准值（通常为 0.5）。

4）平齿根花键。在渐开线花键同一齿槽上，两侧渐开线齿形各由一段齿根圆弧与齿根圆相连接的花键，如图 5.3-2a 所示。

5）圆齿根花键。在渐开线花键端平面同一齿槽上，两侧渐开线齿形由一段或近似一段齿根圆弧与齿根圆相连接的花键，如图 5.3-2b 所示。

6）结合深度。内花键小圆至外花键大圆的径向距离（不包括倒棱深度），如图 5.3-3 所示。

7）齿形裕度。在渐开线花键连接中，渐开线齿形超过结合深度的径向距离，如图 5.3-3 所示。用来补偿内花键小圆和外花键大圆相对于分度圆的同轴度误差。

8）工作齿面。在花键副工作时，内外花键传递转矩或运动的齿面（含齿形裕度部分），如图 5.3-3 所示。

a)　b)

图 5.3-2　花键的齿根

a）平齿根　b）圆齿根

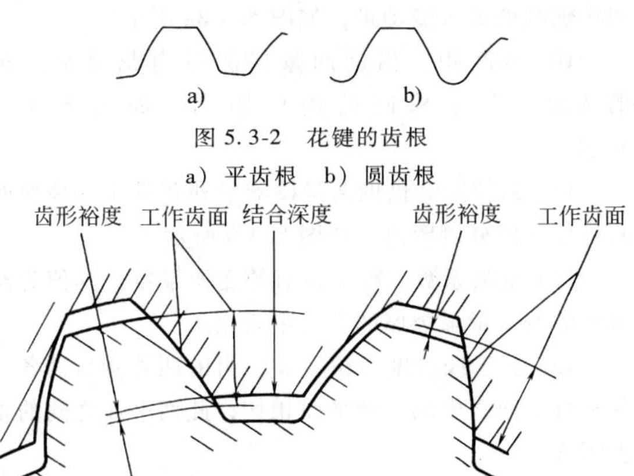

图 5.3-3　结合深度和齿形裕度

2.1.2　花键的种类

1）矩形花键。端平面上外花键的键齿或内花键的键槽，两侧齿形为相互平行的直线且对称于轴平面的花键。分为圆柱直齿矩形花键和圆柱斜齿矩形花键。

2）渐开线花键。键齿在圆柱（或圆锥）上，且齿形为渐开线的花键。分为圆柱直齿渐开线花键、圆锥直齿渐开线花键和圆柱斜齿渐开线花键。

2.1.3　齿廓

1）基本齿廓。基本齿条的法向齿廓，是确定花键尺寸的依据（见图 5.3-4）。

2）基本齿条。直径为无穷大的无误差的理想渐开线花键。

3）基准线。基本齿条的法平面与基准平面的交线。基准线是横贯基本齿廓的一条直线，以此线为基准，确定基本齿廓的尺寸，如图 5.3-4 所示。

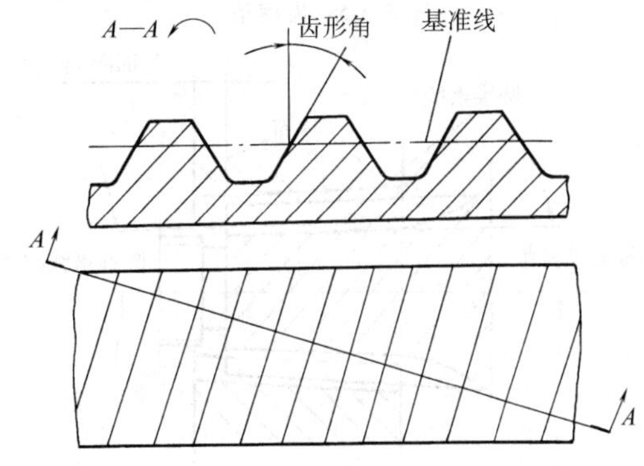

图 5.3-4　基本齿廓

4）齿形角。过基本齿廓与基准线交点的径向线与齿廓所夹锐角，如图 5.3-4 所示。

2.1.4　基本参数

1）模数。表示渐开线花键键齿大小的参数，其数值为齿距除以圆周率 π 所得的商，以 mm 计。

2）法向模数。法向齿距除以圆周率 π 所得的商。

3）端面模数。端面齿距除以圆周率 π 所得的商。

4）压力角。过渐开线齿形上任一点的径向线与过该点的齿形切线所夹的锐角。

5）标准压力角。分度圆上的法向压力角。

6）齿距。在分度圆上，两相邻同侧齿面间的弧长。

7）螺旋角。对于圆柱斜齿花键，圆柱螺旋线的切线与通过切点的圆柱体素线之间所夹的锐角。对渐开线花键通常系指分度圆的螺旋角。

8）齿槽角。直线齿形内花键，其齿槽两侧齿形的夹角，如图 5.3-5 所示。

9）圆锥素线。小径圆锥表面与通过花键轴平面的交线，如图 5.3-6 所示。

10）圆锥素线斜角。内外花键圆锥素线与花键轴线所夹锐角，如图 5.3-6 所示。

11）基面。在圆锥花键连接中，规定花键参数、尺寸公差的端平面。基面的位置规定在外花键小端并应与设计给定的内花键基面重合，如图 5.3-6 所示。

12）基面距离。从基面到圆锥内花键小端端面的距离，如图 5.3-6 所示。

13）分度圆。渐开线花键分度圆柱面或分度圆锥面与端平面的交线。它（对圆锥直齿花键为基面上的分度圆）是计算花键尺寸的基准圆，该圆上的模数和压力角为设计值，如图 5.3-7 所示。

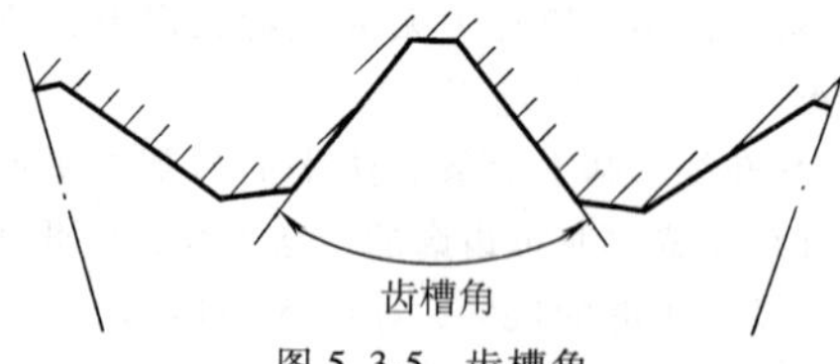

图 5.3-5　齿槽角

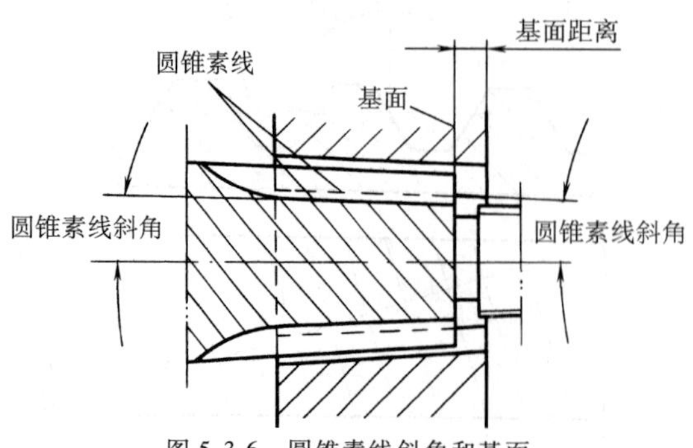

图 5.3-6　圆锥素线斜角和基面

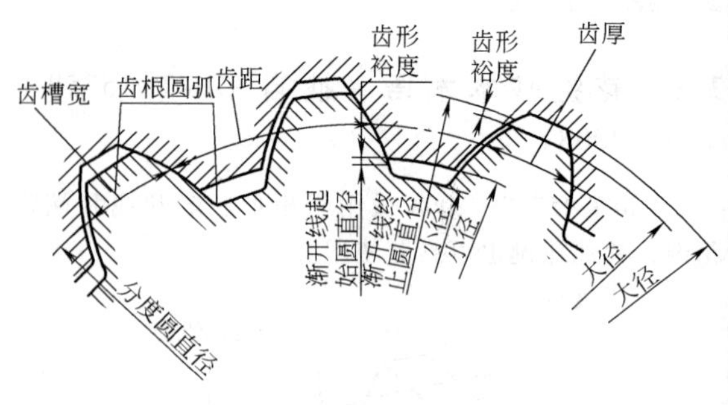

图 5.3-7　渐开线花键的圆和直径

2.1.5　误差、公差及测量

1）加工公差。实际齿槽宽或实际齿厚允许的变动量。

2）综合误差。花键齿槽或键齿的形状误差和位置误差的综合。

3）综合公差。允许的综合误差。

4）总公差。加工公差与综合公差之和。

5）齿距累积误差。在分度圆上（矩形花键在大圆上），任意两同侧齿面间的实际弧长与理论弧长之差的最大绝对值。

6）齿形误差。在齿形工作部分（包括齿形裕度部分，不包括齿顶倒棱）包容实际齿形的两条理论齿形之间的法向距离。

7）齿向误差。在花键长度范围内，包容实际齿线的两条理论齿线之间的弧长。

8）齿槽角极限偏差。实际齿槽角相对于基本齿槽角的上、下偏差。

9）齿圈径向跳动。花键在一转范围内，测头在齿槽内或键齿上于分度圆附近双面接触，测头相对于回转轴线的最大变动量，如图 5.3-8a 所示。

10）棒间距。借助两量棒测量内花键实际齿槽宽时，两量棒间的内侧距离，如图 5.3-8b 所示。

11）跨棒距。借助两量棒测量外花键实际齿厚时两量棒间的外侧距离，如图 5.3-9 所示。

12）变换系数。跨棒距值的变换系数，其值为跨棒距的变动量与齿厚的变动量之比。

13）公法线长度。相隔 K 个齿的两外侧齿面各与两平行平面之中的一个平面相切，此两平面之间的垂直距离。

14）公法线平均长度。同一花键上实际测得的公法线长度的平均值。

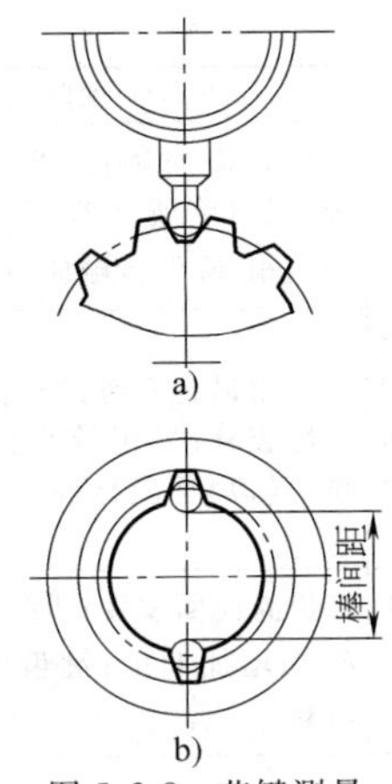

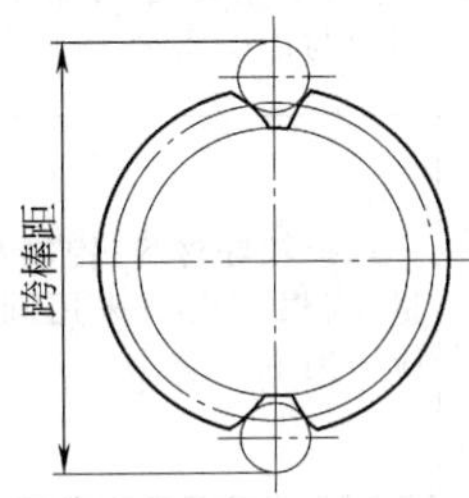

图 5.3-8　花键测量

a）外花键齿圈径向跳动　b）内花键棒间距

图 5.3-9　外花键跨棒距

2.2　花键连接的强度计算

2.2.1　通用简单算法

此法适用于矩形花键和渐开线花键。

花键连接的类型和尺寸通常根据被连接件的结构特点、使用要求和工作条件选择。为避免键齿工作表面压溃（静连接）或过度磨损（动连接），应进行必要的强度校核计算，计算公式如下：

静连接　$$\sigma_p=\frac{2T}{\psi Zhld_m}\leqslant[\sigma_p]$$

动连接　$$p=\frac{2T}{\psi Zhld_m}\leqslant[p]$$

式中　T——传递转矩（N·mm）；

ψ——各齿间载荷不均匀系数，一般取 ψ = 0.7~0.8，齿数多时取偏小值；

Z——花键的齿数；

d_m——平均直径，$d_m=\frac{D+d}{2}$；

D——花键大径；

d——花键小径；

h——键齿工作高度（mm）；

矩形花键　$h=\frac{D-d}{2}-2C$；

C——倒角尺寸（mm）；

渐开线花键　$h=\begin{cases}m, & \alpha_D=30°\\0.8m, & \alpha_D=45°\end{cases}$；　$d_m=D$；

m——模数（mm）；

l——齿的工作长度（mm）；

d_m——平均直径（mm）；

$[\sigma_p]$——花键连接许用挤压应力（MPa），见表 5.3-13；

$[p]$——许用压强（MPa），见表 5.3-13。

表 5.3-13　花键连接的许用挤压应力和许用压强

（MPa）

连接工作方式		许用值	使用和制造情况	齿面未经热处理	齿面经热处理
静连接		许用挤压应力 $[\sigma_p]$	不良 中等 良好	35~50 60~100 80~120	40~70 100~140 120~200
动连接	空载下移动	许用压强 $[p]$	不良 中等 良好	15~20 20~30 25~40	20~35 30~60 40~70
	载荷作用下移动	许用压强 $[p]$	不良 中等 良好	— — —	3~10 5~15 10~20

注：1. 使用和制造不良，系指受变载、有双向冲击、振动频率高和振幅大、润滑不好（对动连接）、材料硬度不高和精度不高等。

2. 同一情况下，$[\sigma_p]$ 或 $[p]$ 的较小值用于工作时间长和较重要的场合。

3. 内、外花键材料的抗拉强度不低于 590MPa。

2.2.2　花键承载能力计算（精确算法）

GB/T 17855—1999《花键承载能力计算方法》规定了花键承载能力计算的主要内容，包括：花键受载分析、系数的确定和齿面接触强度、齿根抗弯强度、齿根抗剪强度、齿面耐磨损能力的计算方法及外花键扭转与弯曲承载能力计算方法等内容。

（1）常见的失效形式（见表 5.3-14）

（2）承载能力计算

在产品设计时，应根据花键零件的具体结构、受力状态、材料热处理及硬度、精度等级等情况，选择上述内容的全部或部分进行花键承载能力计算。

1）术语与代号。在花键承载能力计算中采用的术语和代号见表 5.3-15。

2）受力分析。

① 无载荷。对于无误差的花键连接，在其无载荷状态时（不计自重，下同），内、外花键各齿的中心线（或对称面）是重合的。键齿两侧间隙相等，均为作用侧隙之半，如图 5.3-10a 所示。

表 5.3-14　花键常见的失效形式

失效形式	主要特征	主要原因	预防措施
键齿面压溃	键齿面及次表面材料出现明显的金属流动；在齿顶、齿端出现飞边；键齿面被压陷，作用侧隙增大	花键材料硬度偏低；接触应力过高；单项误差（ΔF_p、Δf_f、ΔF_β）偏大	提高齿面硬度；提高花键的公差等级、压缩单项公差（F_p、f_f、F_β），增加接触面积，降低接触应力
键齿面磨损	键齿面材料大量磨掉；齿厚明显减薄（或齿槽宽增大）；工作齿面与键齿面非工作部分交界处出现台阶；作用侧隙增大	存在摩擦磨损或微动磨损；有较大振动和冲击载荷；润滑不良；润滑油有杂质，产生磨粒磨损或有活性成分，产生腐蚀磨损；作用侧隙偏大	采用强制润滑；控制润滑油清洁度及活性成分；采用较小作用侧隙；键齿面喷涂（镀）相应材料
键齿面柔伤（冷作硬化伤）	键齿接触表面局部呈疲劳片状剥落；有冷作硬化现象；常发生在齿端、齿根、齿顶或几个键齿上	键齿表面局部应力过大；齿面硬度低；受变动载荷；花键的单项误差（ΔF_p、Δf_f、ΔF_β）偏大	提高齿面硬度；压缩单项公差（F_p、f_f、F_β）；增加润滑；键齿面喷涂（镀）相应材料
键齿过载断裂	通常发生在键齿根部；断口有呈放射状裂纹高速扩展区；断口无贝壳纹疲劳线和明显的宏观塑性变形	键齿所受弯曲应力过高；载荷严重集中，突然过载；单项误差偏大（载荷偏向齿端、齿顶或集中在个别齿上）；材料缺陷	设计时充分考虑强度裕度；防止过载（采取安全设置）；缩小单项公差；控制材料与加工质量
键齿疲劳断裂	一般疲劳折断的键齿断口分 3 个区 断裂源区：疲劳折断的发源处，是贝壳纹疲劳线的焦点，位于齿根受拉侧 疲劳扩展区：有由焦点向外扩展的疲劳线（或放射状台阶） 瞬断区：类似过载断裂的断口	齿根受交变应力过大，花键强度裕度小；材料或热处理等因素（如材料缺陷、热处理齿根有裂纹）；齿根最小曲率半径小，应力集中大	选择较好材料；控制材料和热处理质量（齿根探伤）；采用圆齿根花键，减小应力集中

表 5.3-15　术语、代号及说明（GB/T 17855—1999）

序号	术语	代号	单位	说　明
1	输入转矩	T	N · m	输入给花键副的转矩
2	输入功率	P	kW	输入给花键副的功率
3	转速	n	r/min	花键副的转速
4	名义切向力	F_t	N	花键副所受的名义切向力
5	平均圆直径	d_m	mm	矩形花键大径与小径之和的一半
6	单位载荷	W	N/mm	单一键齿在单位长度上所受的法向载荷
7	键数（齿数）	N	—	花键的键数（齿数）
8	结合长度	l	mm	内花键与外花键相配合部分的长度（按名义值）
9	压轴力	F	N	花键副所受的与轴线垂直的径向作用力
10	弯矩	M_b	N · m	作用在花键副上的弯矩
11	使用系数	K_1	—	主要考虑由于传动系统外部因素而产生的动力过载影响的系数
12	齿侧间隙系数	K_2	—	当花键副承受压轴力时，考虑花键副齿侧配合间隙（过盈）对各键齿上所受载荷影响的系数
13	分配系数	K_3	—	考虑由于花键的齿距累积误差（分度误差）影响各键齿载荷分配不均的系数
14	轴向偏载系数	K_4	—	考虑由于花键的齿向误差和安装后花键副的同轴度误差，以及受载后花键扭转变形，影响各键齿沿轴向受载不均匀的系数
15	齿面压应力	σ_H	MPa	键齿表面计算的平均接触压应力
16	工作齿高	h_w	mm	键齿工作高度，$h_w = h_{min}$
17	外花键大径	D	mm	外花键大径的公称尺寸
18	内花键小径	d	mm	内花键小径的公称尺寸
19	齿面接触强度的计算安全系数	S_H	—	S_H 值一般可取 1.25～1.50 较重要的及淬火的花键取较大值，一般的未经淬火的花键取较小值

（续）

序号	术语	代号	单位	说　明
20	齿面许用压应力	$[\sigma_H]$	MPa	
21	材料的屈服强度	$R_{p0.2}$	MPa	花键材料的屈服强度(按表层取值)
22	齿根弯曲应力	σ_F	MPa	花键齿根的计算弯曲应力
23	全齿高	h	mm	花键的全齿高，$h=(D-d)/2$
24	弦齿厚	S_{Fn}	mm	花键齿根危险截面(最大弯曲应力处)的弦齿厚
25	许用齿根弯曲应力	$[\sigma_F]$	MPa	
26	材料的抗拉强度	R_m	MPa	花键材料的抗拉强度
27	抗弯强度的计算安全系数	S_F	—	一般情况 S_F 取 1.25～2.00
28	齿根最大切应力	τ_{Fmax}	MPa	
29	切应力	τ_{tn}	MPa	靠近花键收尾处的切应力
30	应力集中系数	α_{tn}	—	
31	外花键小径	d	mm	外花键小径的公称尺寸
32	作用直径	d_h	mm	当量应力处的直径，相当于光滑扭棒的直径
33	齿根圆角半径	ρ	mm	一般指外花键齿根圆弧最小曲率半径
34	许用切应力	$[\tau_F]$	MPa	
35	齿面磨损许用压应力	$[\sigma_{H1}]$	MPa	花键副在 10^8 次循环数以下工作时的许用压应力
36	齿面磨损许用压应力	$[\sigma_{H2}]$	MPa	花键副长期工作无磨损的许用压应力
37	当量应力	σ_V	MPa	计算花键扭转与抗弯强度时，切应力与弯曲应力的合成应力
38	弯曲应力	σ_{Fa}	MPa	计算花键扭转与抗弯强度时的弯曲应力
39	转换系数	K	—	确定作用直径 d_h 的转换系数
40	许用应力	$[\sigma_V]$	MPa	计算花键扭转与抗弯强度时的许用应力
41	作用侧隙	C_V	mm	花键副的全齿侧隙
42	位移量	e_0	mm	花键副的内外花键两轴线的径向相对位移量

② 受纯转矩载荷。对无误差的花键连接，在其只传递转矩 T 而无压轴力 F 时，同侧的各齿面在转矩的作用下，彼此接触、作用侧隙相等，内、外花键的两轴线仍是同轴的，如图 5.3-10b 所示。所有键齿承受同样大小的载荷，如图 5.3-11 所示。

③ 受纯压轴力载荷。对无误差的花键连接，在只承受压轴力 F 不受转矩 T 时，内、外花键的两轴线出现一个相对位移量 e_0（图 5.3-10c）。当花键副回转时，各键齿两侧面所受载荷的大小按图 5.3-12 周期性变化。此时，花键副容易磨损。

④ 受转矩和压轴力两种载荷。对无误差的花键连接，在其承受转矩 T 和压轴力 F 两种载荷时，内、外花键的相对位置和各键齿所受载荷的大小和方向，决定于所受转矩 T 和压轴力 F 的大小及两者的比例。

当花键副所受的载荷主要是转矩 T，压轴力 F 是次要的或很小时，该花键副回转后，各键齿两侧面的受力状态发生周期性变化，如图 5.3-13 所示。

当花键副所受的载荷主要是压轴力 F，转矩 T 是次要的或很小时，该花键副回转后，各键齿两侧面受力状态发生周性变化，如图 5.3-14 所示。在这种情况下，花键副也容易磨损。

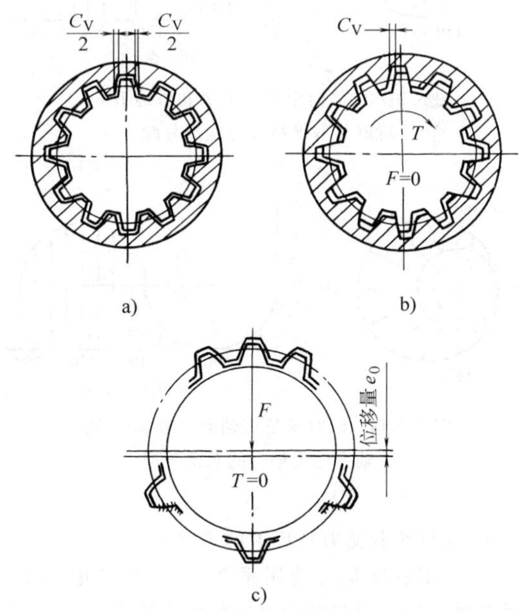

图 5.3-10　内、外渐开线花键的相对位置
a）无载荷、有间隙　b）只承受转矩 T 无压轴力 F　c）只承受压轴力 F 无转矩 T

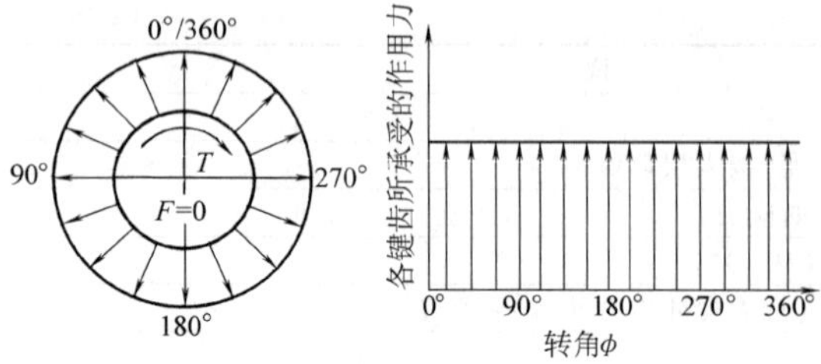

图 5.3-11　只传递转矩 T 无压轴力 F 时的载荷分配

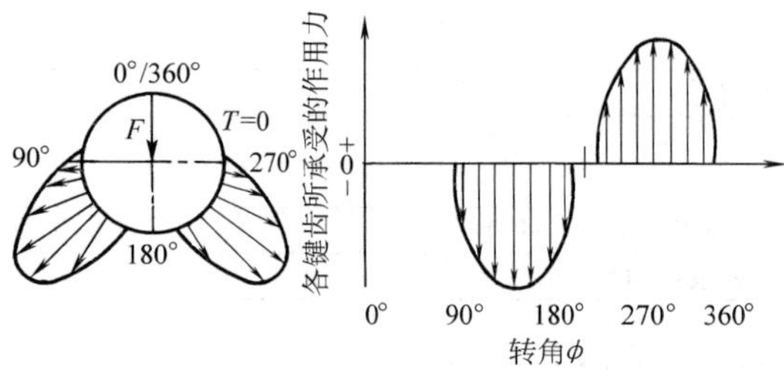

图 5.3-12　只承受压轴力 F 而无转矩 T 时的载荷分配

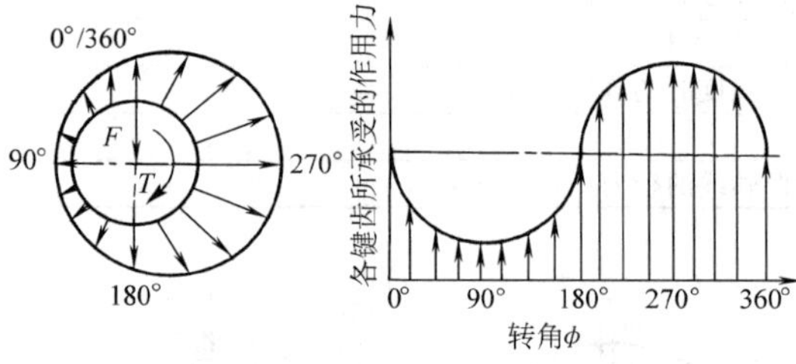

图 5.3-13　同时承受转矩 T 和压轴力 F，转矩 T 占优势时的载荷分配

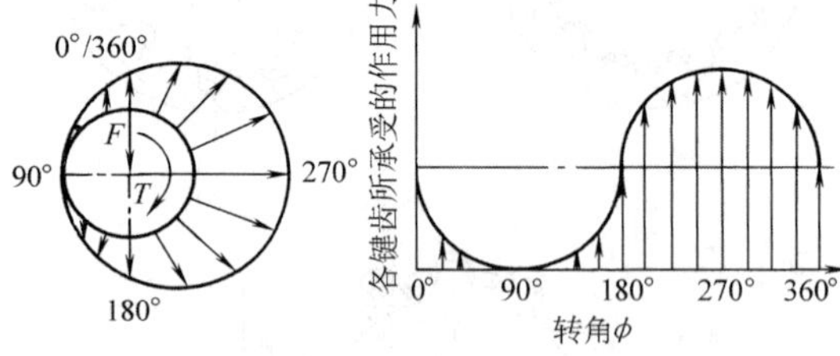

图 5.3-14　同时承受压轴力 F 和转矩 T，压轴力占优势时的载荷分配

3）花键承载能力计算中的系数。

① 使用系数 K_1。使用系数 K_1 主要考虑由于传动系统外部因素引起的动力过载影响的系数。

该系数可以通过精密测量获得，也可经过对全系统分析后确定。在上述方法不能实现时，可参考表 5.3-16 取值。

② 齿侧间隙系数 K_2。当花键副承受压轴力 F 作用时，其各键齿的受力状态将失去均匀性。因花键侧隙发生变化，内、外花键的两轴线将出现一个位移量 e_0，如图 5.3-10c 所示。该位移量会影响花键的承载能力。这一影响用齿侧间隙系数 K_2 予以考虑。对小径定心的矩形花键，可取 $K_2=1.1\sim2.0$。

表 5.3-16　使用系数 K_1

原动机（输入端）	工作机（输出端）		
	均匀、平稳	中等冲击	严重冲击
均匀、平稳	1.00	1.25	1.75 或更大
轻微冲击	1.25	1.50	2.00 或更大
中等冲击	1.50	1.75	2.25 或更大

注：1. 均匀平稳的原动机：电动机、蒸汽机、燃气轮机等。
2. 轻微冲击的原动机：多缸内燃机等。
3. 中等冲击的原动机：单缸内燃机等。
4. 均匀平稳的工作机：电动机、带式输送机、通风机、透平压缩机、均匀密度材料搅拌机等。
5. 中等冲击的工作机：机床主传动、非均匀密度材料搅拌机、多缸柱塞泵、航空或舰船螺旋桨等。
6. 严重冲击的工作机：冲床、剪床、轧机、钻机等。

当压轴力较小、花键副精度较高时，可取 $K_2=1.1\sim3.0$；当压轴力较大、花键副精度较低时，可取 $K_2=2.0\sim3.0$；当压轴力为零时（只承受转矩），$K_2=1.0$。

③ 分配系数 K_3。花键副的内花键和外花键的两轴线在同轴状态下，由于花键位置度误差（键齿等分度误差、对称度误差）的影响，使各键齿所受载荷不同。这种影响用分配系数 K_3 予以考虑。

符合 GB/T 1144 标准规定的精密传动用的矩形花键，$K_3=1.1\sim1.2$；符合该标准规定的一般用途的矩形花键，$K_3=1.3\sim1.6$。对于经过磨合，各键齿均可参与工作，且受载荷基本相同的花键副，取 $K_3=1.0$。

④ 轴向偏载系数 K_4。由于花键侧面对轴线的平行度误差、安装后的同轴度误差和受载后的扭转变形，使键齿沿轴向所受载荷不均匀。用轴向偏载系数 K_4 予以考虑。其值可从表 5.3-17 中选取。

对磨合后的花键副，各键齿沿轴向载荷分布基本相同时，可取 $K_4=1.0$。

当花键精度较高、花键结合长度 l 和平均圆直径 d_m 较小时，表 5.3-17 中的轴向偏载系数 K_4 取较小值，反之取较大值。

4）计算公式。矩形花键承载能力计算公式见表 5.3-18。

例 5.3-1　中系列矩形花键副：$6\times21\dfrac{H7}{f7}\times25\dfrac{H10}{a11}\times5\dfrac{H11}{d10}$，已知输入功率 $P=8.83\text{kW}$，转速 $n=1275\text{r/min}$，输入端连接离合器（平稳），输出端连接齿轮（轻微冲击），花键结合长度 $l=30\text{mm}$，工作齿高 $h_w=2\text{mm}$，

全齿高 $h=2$mm，齿根圆角半径 $\rho=0.2$mm，大径 $D=25$mm，小径 $d=21$mm，材料为低碳合金钢，表面渗碳淬火，表面硬度为 58～64HRC，$R_{p0.2}\geqslant 965$MPa，$R_m=1080$MPa。校核花键强度。

表 5.3-17　轴向偏载系数 K_4

系列或模数/mm	平均圆直径 d_m/mm	l/d_m		
		≤1.0	>1.0～1.5	>1.5～2.0
轻系列或 $m\leqslant 2$	≤30	1.1～1.3	1.2～1.6	1.3～1.7
	>30～50	1.2～1.5	1.4～2.0	1.5～2.3
	>50～80	1.3～1.7	1.6～2.4	1.7～2.9
	>80～120	1.4～1.9	1.8～2.8	1.9～3.5
	>120	1.5～2.1	2.0～3.2	2.1～4.1
中系列或 $2<m\leqslant 5$	≤30	1.2～1.6	1.3～2.1	1.4～2.4
	>30～50	1.3～1.8	1.5～2.5	1.6～3.0
	>50～80	1.4～2.0	1.7～2.9	1.8～3.6
	>80～120	1.5～2.2	1.9～3.3	2.0～4.2
	>120	1.6～2.4	2.1～3.6	2.2～4.8
$5<m\leqslant 10$	≤30	1.3～2.0	1.4～2.8	1.5～3.4
	>30～50	1.4～2.2	1.6～3.2	1.7～4.0
	>50～80	1.5～2.4	1.8～3.6	1.9～4.6
	>80～120	1.6～2.6	2.0～3.9	2.1～5.2
	>120	1.7～2.8	2.2～4.2	2.3～5.6

解　① 载荷计算：

输入转矩 $T=9549\times P/n$

$=9549\times 8.83/1275\text{N}\cdot\text{m}$

$=66.13\text{N}\cdot\text{m}$

名义切向力 $F_t=2000\times T/d_m$

$=2000\times 66.13/[(25+21)/2]\text{N}$

$=5750.4\text{N}$

单位载荷 $W=F_t/(Nl)$

$=5750.4/(6\times 30)\text{N/mm}$

$=31.95\text{N/mm}$

② 齿面接触强度计算：

齿面压应力 $\sigma_H=W/h_w$

$=31.95/2\text{MPa}$

$=15.98\text{MPa}$

齿面许用压应力

$[\sigma_H]=R_{p0.2}/(S_HK_1K_2K_3K_4)$

$=965/(1.4\times 1.25\times 1.2\times 1.3\times 1.4)\text{MPa}$

$=252.5\text{MPa}$

表 5.3-18　计算公式

项　目		代号	公　式
载荷计算	输入转矩	T	$T=9549P/n$
	名义切向力	F_t	$F_t=2000T/d_m$
	单位载荷	W	$W=F_t/(Nl)$
齿面接触强度计算	齿面压应力	σ_H	$\sigma_H=W/h_w$ 式中：$h_w=h_{min}$
	齿面许用压应力	$[\sigma_H]$	$[\sigma_H]=\sigma_{0.2}/(S_HK_1K_2K_3K_4)$
	满足条件		$\sigma_H\leqslant[\sigma_H]$
齿根抗弯强度计算	齿根弯曲应力	σ_F	$\sigma_F=6hW/S_{Fn}^2$ 式中：S_{Fn} 按最小键宽或齿根过渡曲线上的最小键宽（两者的小值）
	许用弯曲应力	$[\sigma_F]$	$[\sigma_F]=\sigma_b/(S_FK_1K_2K_3K_4)$ 式中：$S_F=1.25\sim 2.00$
	满足条件		$\sigma_F\leqslant[\sigma_F]$
齿根抗剪强度计算	齿根最大扭转切应力	τ_{Fmax}	$\tau_{Fmax}=\tau_{tn}\alpha_{tn}$ 式中：$\tau_{tn}=\dfrac{16000T}{\pi d_h^3}$ $d_h=d+\dfrac{Kd(D-d)}{D}$ K 值：轻系列取 0.50、中系列取 0.45 $\alpha_{tn}=\dfrac{d}{d_h}\left\{1+0.17\dfrac{h}{\rho}\left(1+\dfrac{3.94}{0.1+\dfrac{h}{\rho}}\right)+\dfrac{6.38\left(1+0.1\dfrac{h}{\rho}\right)}{\left[2.38+\dfrac{d}{2h}\left(\dfrac{h}{\rho}+0.04\right)^{1/3}\right]^2}\right\}$
	许用切应力	$[\tau_F]$	$[\tau_F]=[\sigma_F]/2$
	满足条件		$\tau_{Fmax}\leqslant[\tau_F]$
10^8 循环数下工作耐磨损计算	齿面压应力	σ_H	$\sigma_H=W/h_w$ 式中：$h_w=h_{min}$
	齿面磨损许用应力	$[\sigma_{H1}]$	见表 5.3-19
	满足条件		$\sigma_H\leqslant[\sigma_{H1}]$
长期工作无磨损计算	齿面压应力	σ_H	$\sigma_H=W/h_w$ 式中：$h_w=h_{min}$
	齿面磨损许用应力	$[\sigma_{H2}]$	见表 5.3-19
	满足条件		$\sigma_H\leqslant[\sigma_{H2}]$

（续）

项目		代号	公式
外花键扭转与抗弯强度计算	当量应力	σ_V	$\sigma_V=\sqrt{\sigma_{Fn}^2+3\tau_{tn}^2}$ 式中：$\sigma_{Fn}=\dfrac{32000M_b}{\pi d_h^2}$ $\tau_{tn}=\dfrac{16000T}{\pi d_h^3}$ $d_h=D_{ie}+\dfrac{KD_{ie}(D_{ce}-D_{ie})}{D_{ce}}$ K 值：轻系列取 0.50、中系列取 0.45
	许用应力	$[\sigma_V]$	$[\sigma_V]=R_{p0.2}/(S_FK_1K_2K_3K_4)$ 式中：$S_F=1.25\sim2.00$
	满足条件		$\sigma_V\leqslant[\sigma_V]$

取：$S_H=1.4$、$K_1=1.25$、$K_2=1.2$、$K_3=1.3$、$K_4=1.4$

计算结果：满足 $\sigma_H\leqslant[\sigma_H]$ 条件，安全。

③ 齿根抗弯强度计算：

齿根弯曲应力 $\sigma_F=6hW/S_{Fn}^2$

$=6\times2\times31.95/5^2\text{MPa}$

$=15.3\text{MPa}$

齿根许用弯曲应力

$[\sigma_F]=R_m/(S_FK_1K_2K_3K_4)$

$=1080/(1.5\times1.25\times1.2\times1.3\times1.4)\text{MPa}$

$=263.7\text{MPa}$

取 $S_F=1.5$

计算结果：满足 $\sigma_F\leqslant[\sigma_F]$ 条件，安全。

④ 齿根抗剪强度计算：

齿根最大扭转切应力

$\tau_{Fmax}=\tau_{tn}\alpha_{tn}$

$=29.5\times3.2\text{MPa}$

$=94.4\text{MPa}$

$$d_h=d+\frac{Kd(D-d)}{D}$$

$$=\left[21+\frac{0.45\times21(25-21)}{25}\right]\text{mm}$$

$=22.51\text{mm}$

上式中由表 5.3-20 查得 $K=0.45$

$$\tau_{tn}=\frac{16000T}{\pi d_h^3}$$

$$=\frac{16000\times66.13}{\pi\times22.51^3}\text{MPa}=29.5\text{MPa}$$

$$\alpha_{tn}=\frac{d}{d_h}\left\{1+0.17\frac{h}{\rho}\left(1+\frac{3.94}{0.1+\frac{h}{\rho}}\right)+\frac{6.38\left(1+0.1\frac{h}{\rho}\right)}{\left[2.38+\frac{d}{2h}\left(\frac{h}{\rho}+0.04\right)^{1/3}\right]^2}\right\}$$

$$=\frac{21}{22.51}\left\{1+0.17\times\frac{2}{0.2}\left(1+\frac{3.94}{0.1+\frac{2}{0.2}}\right)+\frac{6.38\left(1+0.1\times\frac{2}{0.2}\right)}{\left[2.38+\frac{21}{2\times2}\left(\frac{2}{0.2}+0.04\right)^{1/3}\right]^2}\right\}=3.2$$

许用切应力 $[\tau_F]=(\sigma_F)/2$

$=263.7/2\text{MPa}=131.9\text{MPa}$

计算结果：满足 $\tau_{Fmax}\leqslant[\tau_F]$ 条件，安全。

⑤ 齿面耐磨损能力计算：

花键副在 10^8 循环数下工作时耐磨损能力计算：

齿面压应力 $\sigma_H=15.98\text{MPa}$

齿面磨损许用压应力 $[\sigma_{H1}]=205\text{MPa}$（查表 5.3-19得）

表 5.3-19 σ_{H1}值、σ_{H2}值（摘自 GB/T 17855—1999）

σ_{H1}值						σ_{H2}值	
未经热处理 20HRC	调质处理 28HRC	淬火			渗碳、渗氮、淬火 60HRC	未经热处理	0.028×布氏硬度值
		40HRC	45HRC	50HRC		调质处理	0.032×布氏硬度值
						淬火	0.3×洛氏硬度值
95	110	135	170	185	205	渗碳、渗氮淬火	0.4×洛氏硬度值

计算结果：满足 $\sigma_H\leqslant[\sigma_{H1}]$ 条件，安全。

花键副长期工作无磨损时耐磨损能力计算：

齿面压应力 $\sigma_H=22.8\text{MPa}$

齿面磨损许用压应力 $[\sigma_{H2}]=0.4\times58\text{MPa}=23.2\text{MPa}$（查表 5.3-19 得）

计算结果：满足 $\sigma_H\leqslant[\sigma_{H2}]$ 条件，可以长期无磨损（或很少磨损）工作。

⑥ 外花键的抗剪与抗弯强度计算：

当量应力 $\sigma_V=\sqrt{\sigma_{Fn}^2+3\tau_{tn}^2}$

$=\sqrt{0^2+3\times29.5^2}\text{MPa}$

$=51.1\text{MPa}$　　$(M_b=0、\sigma_{Fn}=0)$

许用应力$[\sigma_V]=R_{p0.2}/(S_F K_1 K_2 K_3 K_4)=965/(1.5\times 1.25\times 1.2\times 1.3\times 1.4)\text{MPa}=235.7\text{MPa}$

计算结果：满足 $\sigma_V \leqslant [\sigma_V]$ 条件，安全。

表 5.3-20　*K* 值

轻系列矩形花键	0.5	较少齿渐开线花键	0.3
中系列矩形花键	0.45	较多齿渐开线花键	0.15

2.3　矩形花键连接

2.3.1　矩形花键公称尺寸系列（见表 5.3-21、表 5.3-22）

表 5.3-21　矩形花键公称尺寸系列（摘自 GB/T 1144—2001）　　(mm)

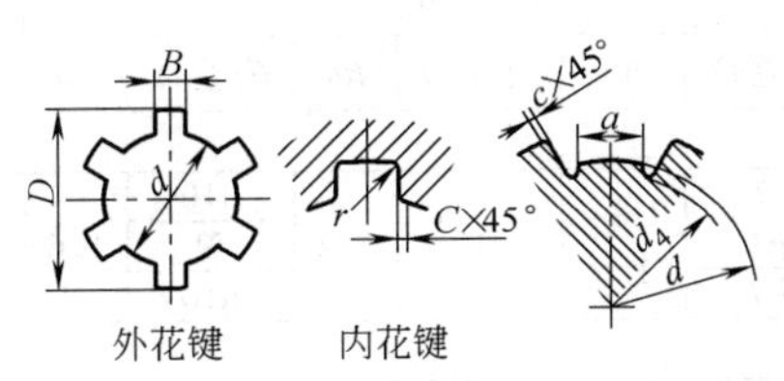

标记示例	
花键规格	$N\times d\times D\times B$　例如 6×23×26×6
花键副	$6\times 23\frac{H7}{f7}\times 26\frac{H10}{a11}\times 6\frac{H11}{d10}$　GB/T 1144—2001
内花键	6×23H7×26H10×6H11　GB/T 1144—2001
外花键	6×23f7×26a11×6d10　GB/T 1144—2001

小径 *d*	轻系列					中系列				
	规格 $N\times d\times D\times B$	*C*	*r*	参考 d_{1min}	参考 a_{min}	规格 $N\times d\times D\times B$	*C*	*r*	参考 d_{1min}	参考 a_{min}
11						6×11×14×3	0.2	0.1		
13						6×13×16×3.5				
16						6×16×20×4	0.3	0.2	14.4	1.0
18						6×18×22×5			16.6	1.0
21						6×21×25×5			19.5	2.0
23	6×23×26×6	0.2	0.1	22	3.5	6×23×28×6			21.2	1.2
26	6×26×30×6	0.3	0.2	24.5	3.8	6×26×32×6	0.4	0.3	23.6	1.2
28	6×28×32×7			26.6	4.0	6×28×34×7			25.8	1.4
32	8×32×36×6			30.3	2.7	8×32×38×6			29.4	1.0
36	8×36×40×7			34.4	3.5	8×36×42×7			33.4	1.0
42	8×42×46×8			40.5	5.0	8×42×48×8			39.4	2.5
46	8×46×50×9			44.6	5.7	8×46×54×9	0.5	0.4	42.6	1.4
52	8×52×58×10	0.4	0.3	49.6	4.8	8×52×60×10			48.6	2.5
56	8×56×62×10			53.5	6.5	8×56×65×10			52.0	2.5
62	8×62×68×12			59.7	7.3	8×62×72×12	0.6	0.5	57.7	2.4
72	10×72×78×12			69.6	5.4	10×72×82×12			67.7	1.0
82	10×82×88×12			79.3	8.5	10×82×92×12			77.0	2.9
92	10×92×98×11			89.6	9.9	10×92×102×11			87.3	4.5
102	10×102×108×16			99.6	11.3	10×102×112×16			97.7	6.2
112	10×112×120×18	0.5	0.4	108.8	10.5	10×112×125×18			106.2	4.1

注：1. *r*—圆角半径；*D*—大径；*B*—键宽或键槽宽。

2. d_1 和 *a* 值仅适用于展成法加工。

表 5.3-22　矩形内花键形式及长度系列（摘自 GB/T 10081—2005）　　(mm)

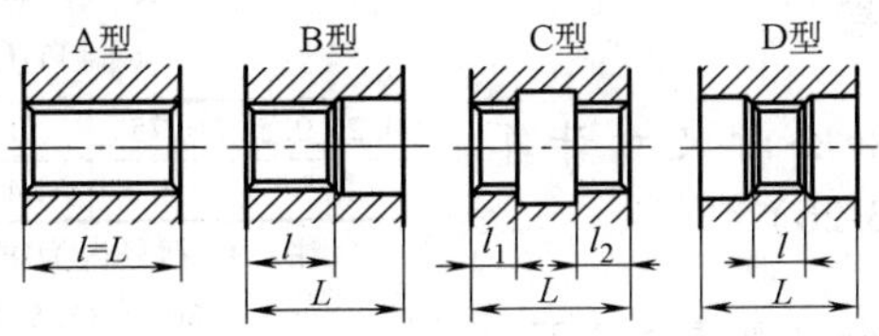

（续）

花键小径 d	11	13	16~21	23~32	36~52	56~62	72	82~112
花键长度 l 或 l_1+l_2	10~50		10~80		22~120		32~200	
孔的最大长度 L	50	80		120	200	250		300
花键长度 l 或 l_1+l_2 系列	10,12,15,18,22,25,28,30,32,36,38,42,45,48,50,56,60,63,71,75,80,85,90,95,100,110,120,130,140,160,180,200							

2.3.2　矩形花键的公差与配合（见表 5.3-23、表 5.3-24）

表 5.3-23　矩形花键的尺寸公差带和表面粗糙度 *Ra*（摘自 GB/T 1144—2001）　　（μm）

内花键							外花键						装配形式
d		D		B			d		D		B		
				公差带									
公差带	Ra	公差带	Ra	拉削后不热处理	拉削后热处理	Ra	公差带	Ra	公差带	Ra	公差带	Ra	
一般用													
H7	0.8~1.6	H10	3.2	H9	H11	3.2	f7	0.8~1.6	a11	3.2	d10	1.6	滑动
							g7				f9		紧滑动
							h7				h10		固定
精密传动用													
H5	0.4	H10	3.2	H7,H9		3.2	f5	0.4	a11	3.2	d8	0.8	滑动
							g5				f7		紧滑动
							h5				h8		固定
H6	0.8						f6	0.8			d8		滑动
							g6				f7		紧滑动
							h6				h8		固定

注：1. 精密传动用的内花键，当需要控制键侧配合间隙时，槽宽可选用 H7，一般情况下可选用 H9。

2. d 为 H6 和 H7 的内花键允许与高一级的外花键配合。

表 5.3-24　矩形花键的位置度、对称度公差（摘自 GB/T 1144—2001）　　（mm）

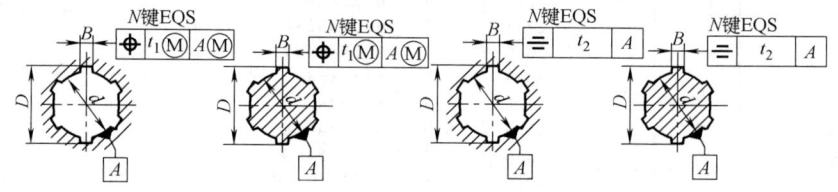

键槽宽或键宽 B		3	3.5~6	7~10	12~18
		位置度公差 t_1			
键槽		0.010	0.015	0.020	0.025
键	滑动、固定	0.010	0.015	0.020	0.025
	紧滑动	0.006	0.010	0.013	0.016
		对称度公差 t_2			
一般用		0.010	0.012	0.015	0.018
精密传动用		0.006	0.008	0.009	0.011

注：花键的等分度公差值等于键宽的对称度公差。

2.4　圆柱直齿渐开线花键连接

2.4.1　渐开线花键的模数和公称尺寸计算（见表 5.3-25、表 5.3-26）

2.4.2　渐开线花键公差与配合（见表 5.3-27~表 5.3-33）

表 5.3-25　渐开线花键模数 *m*

（摘自 GB/T 3478.1—2008）　（mm）

0.25	0.5	(0.75)	1	(1.25)	1.5	(1.75)	2
2.5		3	(4)	5	(6)	(8)	10

注：1. 括号内为第二系列，优先采用第一系列。

2. 30°、37.5°压力角花键无 $m=0.25$mm，45°压力角模数范围 0.25~2.5mm。

表 5.3-26　渐开线花键的公称尺寸计算

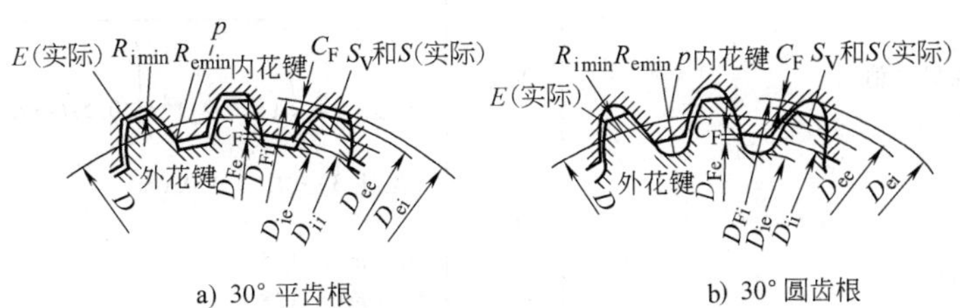

a) 30° 平齿根　　b) 30° 圆齿根

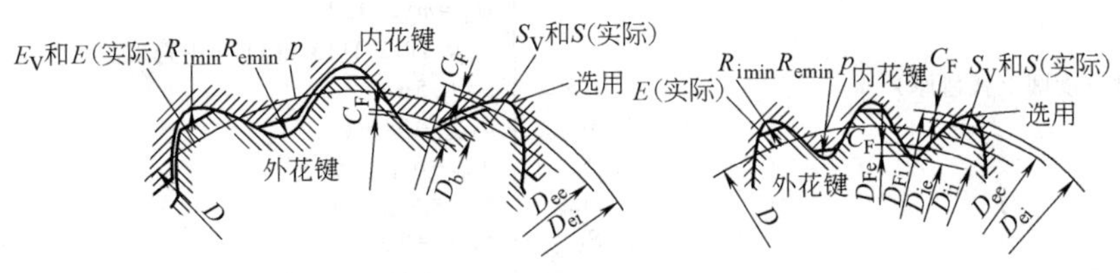

c) 37.5° 圆齿根　　d) 45° 圆齿根

项　　目	代号	公式或说明
分度圆直径	D	$D=mz$
基圆直径	D_b	$D_b=mz\cos\alpha_D$
齿距	p	$p=\pi m$
内花键大径公称尺寸	D_{ei}	
30°平齿根		$D_{ei}=m(z+1.5)$
30°圆齿根		$D_{ei}=m(z+1.8)$
37.5°圆齿根		$D_{ei}=m(z+1.4)$（见注 1）
45°圆齿根		$D_{ei}=m(z+1.2)$（见注 1）
内花键大径下偏差		0
内花键大径公差		从 IT12、IT13 或 IT14 选取
内花键渐开线终止圆直径最小值	D_{Fimin}	
30°平齿根和圆齿根		$D_{Fimin}=m(z+1)+2C_F$
37.5°圆齿根		$D_{Fimin}=m(z+0.9)+2C_F$
45°圆齿根		$D_{Fimin}=m(z+0.8)+2C_F$
内花键小径公称尺寸	D_{ii}	$D_{ii}=D_{Femax}+2C_F$（见注 2）
基本齿槽宽（内花键分度圆上弧齿槽宽）	E	$E=0.5\pi m$
作用齿槽宽（理想全齿外花键分度圆上弦齿厚）	E_V	
作用齿槽宽最小值	E_{Vmin}	$E_{Vmin}=0.5\pi m$
实际齿槽宽最大值（实测单个齿槽弧齿宽）	E_{max}	$E_{max}=E_{Vmin}+(T+\lambda)$
实际齿槽宽最小值	E_{min}	$E_{min}=E_{Vmin}+\lambda$
作用齿槽宽最大值	E_{Vmax}	$E_{Vmax}=E_{max}-\lambda$
外花键大径公称尺寸	D_{ee}	
30°平齿根和圆齿根		$D_{ee}=m(z+1)$
37.5°圆齿根		$D_{ee}=m(z+0.9)$
45°圆齿根		$D_{ee}=m(z+0.8)$

（续）

项　　目	代号	公式或说明
外花键渐开线起始圆直径最大值	D_{Femax}	$D_{Femax}=2\sqrt{(0.5D_b)^2+\left(0.5D\sin\alpha_D-\dfrac{h_s-\dfrac{0.5es_V}{\tan\alpha_D}}{\sin\alpha_D}\right)^2}$ (见注3)式中 $h_s=0.6m$
外花键小径公称尺寸	D_{ie}	
30°平齿根		$D_{ie}=m(z-1.5)$
30°圆齿根		$D_{ie}=m(z-1.8)$
37.5°圆齿根		$D_{ie}=m(z-1.4)$
45°圆齿根		$D_{ie}=m(z-1.2)$
外花键小径公差		从IT12、IT13和IT14中选取
基本齿厚(外花键分度圆上弧齿厚)	S	$S=0.5\pi m$
作用齿厚最大值	S_{Vmax}	$S_{Vmax}=S+es_V$
实际齿厚最小值	S_{min}	$S_{min}=S_{Vmax}-(T+\lambda)$
实际齿厚最大值	S_{max}	$S_{max}=S_{Vmax}-\lambda$
作用齿厚最小值	S_{Vmin}	$S_{Vmin}=S_{min}+\lambda$
齿形裕度	C_F	$C_F=0.1m$(见注4)
内、外花键齿根圆弧最小曲率半径	R_{imin} R_{emin}	
30°平齿根		$R_{imin}=R_{emin}=0.2m$
30°圆齿根		$R_{imin}=R_{emin}=0.4m$
37.5°圆齿根		$R_{imin}=R_{emin}=0.3m$
45°圆齿根		$R_{imin}=R_{emin}=0.25m$

注：1. 45°圆齿根内花键允许选用平齿根，此时，内花键大径公称尺寸 D_{ei} 应大于内花键渐开线终止圆直径最小值 D_{Fimin}。
2. 对所有花键齿侧配合类别，均按H/h配合类别取 D_{Femax} 值。
3. 表中公式是按齿条形刀具加工原理推导的。
4. 对基准齿形，齿形裕度 C_F 均等于0.1m；对花键，除H/h配合类别外，其他各种配合类别的齿形裕度均有变化。m 为模数。
5. 内花键基准齿形的齿根圆角半径 ρ_{Fi} 和外花键基准齿形的齿根圆角半径 ρ_{Fe} 均为定值。工作中允许平齿根和圆齿根的基准齿形在内、外花键上混合使用。

（1）渐开线花键公差

渐开线花键的公差等级是指齿槽宽与齿厚及其有关参数，即齿距累积误差、齿形误差和齿向误差的公差等级，公差等级按总公差（$T+\lambda$）的大小划分。按GB 3478.1—2008，对30°压力角渐开线花键，规定了4、5、6、7四个公差等级。对45°压力角渐开线花键，规定了6、7两个公差等级。对于4、5级，通常需磨削加工；对6、7级，只需滚齿、插齿或拉削加工。

表5.3-27 渐开线花键公差计算式 （μm）

公差等级	齿槽宽和齿厚的总公差 ($T+\lambda$)	综合公差 λ	齿距累积公差 F_p	齿形公差 f_f	齿向公差 F_β
4	$10i$①$+40i$②	$\lambda=0.6\sqrt{(F_p)^2+(f_f)^2+(F_\beta)^2}$	$2.5\sqrt{L}+6.3$	$1.6\varphi_f+10$	$0.8\sqrt{g}+4$
5	$16i$①$+64i$②		$3.55\sqrt{L}+9$	$2.5\varphi_f+16$	$1.0\sqrt{g}+5$
6	$25i$①$+100i$②		$5\sqrt{L}+12.5$	$4\varphi_f+25$	$1.25\sqrt{g}+6.3$
7	$40i$①$+160i$②		$7.1\sqrt{L}+18$	$6.3\varphi_f+40$	$2.0\sqrt{g}+10$
说明	L—分度圆周长之半(mm)，即 $L=\pi mz/2$；φ_f—公差因数，$\varphi_f=m+0.0125D$(mm)；g—花键长度(mm)				

注：加工公差 T 为总公差（$T+\lambda$）与综合公差 λ 之差，即（$T+\lambda$）$-\lambda$。

① 以分度圆直径 D 为基础的公差，其公差单位 i 为：

当 $D\leqslant500$mm 时；$i=0.45\sqrt[3]{D}+0.001D$

当 $D>500$mm 时；$i=0.004D+2.1$

② 以基本齿槽宽 E 或基本齿厚 S 为基础的公差，其公差单位 i 为：

$i=0.45\sqrt[3]{E}+0.001E$ 或 $i=0.45\sqrt[3]{S}+0.001S$

式中，D、E 和 S 的单位为mm。

表 5.3-28　总公差（$T+\lambda$）、综合公差 λ、齿距累积公差 F_p 和齿形公差 f_f　（μm）

z	公差等级															
	4				5				6				7			
	$T+\lambda$	λ	F_p	f_f	$T+\lambda$	λ	F_p	f_f	$T+\lambda$	λ	F_p	f_f	$T+\lambda$	λ	F_p	f_f
$m=1$mm																
11	31	13	17	12	50	19	24	19	78	27	33	30	124	41	48	47
12	31	13	17	12	50	19	24	19	79	28	34	30	126	42	49	47
13	32	13	18	12	51	19	25	19	79	28	35	30	127	42	50	47
14	32	13	18	12	51	20	26	19	80	29	36	30	128	43	51	47
15	32	14	18	12	52	20	26	19	81	29	37	30	129	43	52	47
16	32	14	19	12	52	20	27	19	81	29	38	30	130	44	54	48
17	33	14	19	12	52	20	27	19	82	30	38	30	131	45	55	48
18	33	14	20	12	53	21	28	19	82	30	39	30	132	45	56	48
19	33	14	20	12	53	21	28	19	83	31	40	30	133	46	57	48
20	33	15	20	12	53	21	29	19	84	31	41	30	134	46	58	48
21	34	15	21	12	54	21	29	19	84	31	41	30	134	47	59	48
22	34	15	21	12	54	22	30	19	85	32	42	30	135	47	60	48
23	34	15	21	12	54	22	30	19	85	32	43	30	136	48	61	48
24	34	15	22	12	55	22	31	19	86	32	43	30	137	48	62	48
25	34	16	22	12	55	22	31	19	86	33	44	30	138	48	62	48
26	35	16	22	12	55	23	32	19	86	33	44	30	138	49	63	48
27	35	16	23	12	56	23	32	19	87	33	45	30	139	49	64	48
28	35	16	23	12	56	23	33	19	87	34	46	30	140	50	65	48
29	35	16	23	12	56	23	33	19	88	34	46	30	140	50	66	49
30	35	16	23	12	56	24	33	19	88	34	47	30	141	51	67	49
31	35	17	24	12	57	24	34	19	89	34	47	31	142	51	68	49
32	36	17	24	12	57	24	34	20	89	35	48	31	142	52	68	49
33	36	17	24	12	57	24	35	20	89	35	48	31	143	52	69	49
34	36	17	25	12	57	24	35	20	90	35	49	31	144	52	70	49
35	36	17	25	12	58	25	35	20	90	36	50	31	144	53	71	49
36	36	17	25	12	58	25	36	20	91	36	50	31	145	53	71	49
37	36	18	25	12	58	25	36	20	91	36	51	31	145	54	72	49
38	36	18	26	12	58	25	36	20	91	37	51	31	146	54	73	49
39	37	18	26	12	59	25	37	20	92	37	52	31	147	54	74	49
40	37	18	26	12	59	26	37	20	92	37	52	31	147	55	74	49
$m=2$mm																
11	39	16	21	14	63	23	30	22	98	33	42	34	157	49	60	54
12	40	16	22	14	64	23	31	22	99	34	43	34	159	50	62	54
13	40	16	22	14	64	23	32	22	100	34	44	34	160	51	63	55
14	40	17	23	14	65	24	33	22	101	35	46	34	162	52	65	55
15	41	17	23	14	65	24	33	22	102	36	47	34	163	53	67	55
16	41	17	24	14	66	25	34	22	103	36	48	35	164	54	68	55
17	41	17	25	14	66	25	35	22	104	37	49	35	166	55	70	55
18	42	18	25	14	67	26	36	22	104	37	50	35	167	55	71	55
19	42	18	26	14	67	26	36	22	105	38	51	35	168	56	73	56
20	42	18	26	14	68	26	37	22	106	38	52	35	169	57	74	56
21	43	19	27	14	68	27	38	22	106	39	53	35	170	58	76	56
22	43	19	27	14	69	27	39	22	107	39	54	35	171	58	77	56
23	43	19	28	14	69	28	39	22	108	40	55	35	172	59	78	56
24	43	19	28	14	69	28	40	23	108	40	56	35	173	60	80	56
25	44	20	28	14	70	28	40	23	109	41	57	35	174	60	81	57
26	44	20	29	14	70	19	41	23	110	41	58	36	175	61	82	57
27	44	20	29	14	70	29	42	23	110	42	59	36	176	62	83	57

（续）

z	公差等级															
	4				5				6				7			
	$T+\lambda$	λ	F_p	f_f	$T+\lambda$	λ	F_p	f_f	$T+\lambda$	λ	F_p	f_f	$T+\lambda$	λ	F_p	f_f
$m=2$mm																
28	44	20	30	14	71	29	42	23	111	42	59	36	177	62	85	57
29	44	21	30	14	71	30	43	23	111	43	60	36	178	63	86	57
30	45	21	31	14	72	30	43	23	112	43	61	36	179	64	87	57
31	45	21	31	14	72	30	44	23	112	44	62	36	180	64	88	57
32	45	21	31	14	72	31	45	23	113	44	63	36	181	65	89	58
33	45	22	32	15	73	31	45	23	113	45	63	36	181	66	90	58
34	46	22	32	15	73	31	46	23	114	45	64	36	182	66	91	58
35	46	22	33	15	73	31	46	23	114	45	65	36	183	67	92	58
36	46	22	33	15	73	32	47	23	115	46	66	37	184	67	94	58
37	46	22	33	15	74	32	47	23	115	46	66	37	184	68	95	58
38	46	23	34	15	74	32	48	23	116	47	67	37	185	69	96	59
39	46	23	34	15	74	33	48	23	116	47	68	37	186	69	97	59
40	47	23	34	15	75	33	49	23	117	48	69	37	187	70	98	59
$m=2.5$mm																
11	42	17	23	15	68	24	32	23	106	35	45	36	170	53	65	58
12	43	17	23	15	69	25	33	23	107	36	47	37	171	54	67	58
13	43	17	24	15	69	25	34	23	108	37	48	37	173	55	69	58
14	44	18	25	15	70	26	35	23	109	38	50	37	174	56	71	59
15	44	18	25	15	70	26	36	23	110	38	51	37	176	57	72	59
16	44	19	26	15	71	27	37	23	111	39	52	37	177	58	74	59
17	45	19	27	15	71	27	38	24	112	40	53	37	179	59	76	59
18	45	19	27	15	72	28	39	24	112	40	55	37	180	60	78	59
19	45	20	28	15	72	28	40	24	113	41	56	37	181	61	79	59
20	46	20	28	15	73	29	40	24	114	42	57	37	182	62	81	60
21	46	20	29	15	73	29	41	24	115	42	58	38	184	62	82	60
22	46	21	30	15	74	29	42	24	115	43	59	38	185	63	84	60
23	46	21	30	15	74	30	43	24	116	43	60	38	186	64	85	60
24	47	21	31	15	75	30	43	24	117	44	61	38	187	65	87	60
25	47	21	31	15	75	31	44	24	118	44	62	38	188	66	88	61
26	47	22	32	15	76	31	45	24	118	45	63	38	189	66	90	61
27	48	22	32	15	76	31	46	24	119	45	64	38	190	67	91	61
28	48	22	33	15	76	32	46	24	119	46	65	39	191	68	92	61
29	48	22	33	15	77	32	47	25	120	47	66	39	192	69	94	61
30	48	23	33	15	77	33	48	25	121	47	67	39	193	69	95	62
31	49	23	34	16	78	33	48	25	121	48	68	39	194	70	96	62
32	49	23	34	16	78	33	49	25	122	48	69	39	195	71	98	62
33	49	24	35	16	78	34	49	25	122	49	69	39	196	71	99	62
34	49	24	35	16	79	34	50	25	123	49	70	39	197	72	100	62
35	49	24	36	16	79	34	51	25	123	50	71	39	198	73	101	63
36	50	24	36	16	79	35	51	25	124	50	72	39	198	73	102	63
37	50	25	36	16	80	35	52	25	125	51	73	40	199	74	104	63
38	50	25	37	16	80	35	52	25	125	51	74	40	200	75	105	63
39	50	25	37	16	80	36	53	25	126	51	74	40	201	75	106	63
40	50	25	38	16	81	36	53	25	126	52	75	40	202	76	107	64
$m=3$mm																
11	45	18	24	15	72	26	35	25	113	38	48	39	181	57	69	61
12	46	18	25	16	73	26	36	25	114	39	50	39	182	58	71	62
13	46	19	26	16	74	27	37	25	115	39	52	39	184	59	74	62

（续）

z	公差等级															
	4				5				6				7			
	$T+\lambda$	λ	F_p	f_f	$T+\lambda$	λ	F_p	f_f	$T+\lambda$	λ	F_p	f_f	$T+\lambda$	λ	F_p	f_f
$m=3$mm																
14	46	19	27	16	74	28	38	25	116	40	53	39	186	60	76	62
15	47	19	27	16	75	28	39	25	117	41	55	39	187	61	78	62
16	47	20	28	16	76	29	40	25	118	42	56	39	189	62	80	63
17	48	20	29	16	76	29	41	25	119	42	57	40	190	63	82	63
18	48	21	29	16	77	30	42	25	120	43	59	40	192	64	83	63
19	48	21	30	16	77	30	43	25	121	44	60	40	194	66	85	63
20	49	21	31	16	78	31	44	25	121	44	61	40	194	66	87	64
21	49	22	31	16	78	31	44	25	122	45	62	40	196	67	89	64
22	49	22	32	16	79	32	45	26	123	46	63	40	197	68	90	64
23	50	22	32	16	79	32	46	26	124	46	65	40	198	69	92	64
24	50	23	33	16	80	32	47	26	125	47	66	41	199	69	93	65
25	50	23	33	16	80	33	48	26	125	48	67	41	200	70	95	65
26	50	23	34	16	81	33	48	26	126	48	68	41	201	71	97	65
27	51	24	34	16	81	34	49	26	127	49	69	41	203	72	98	65
28	51	24	35	16	81	34	50	26	127	49	70	41	204	73	100	66
29	51	24	36	17	82	35	50	26	128	50	71	41	205	74	101	66
30	51	24	36	17	82	35	51	26	129	51	72	41	206	74	102	66
31	52	25	37	17	83	35	52	26	129	51	73	42	207	75	104	66
32	52	25	37	17	83	36	53	27	130	52	74	42	208	76	105	66
33	52	25	37	17	83	36	53	27	130	52	75	42	209	77	107	67
34	52	26	38	17	84	37	54	27	131	53	76	42	210	78	108	67
35	53	26	38	17	84	37	55	27	132	53	77	42	210	78	109	67
36	53	26	39	17	85	37	55	27	132	54	78	42	211	79	110	67
37	53	26	39	17	85	38	56	27	133	54	79	42	212	80	112	68
38	53	27	40	17	85	38	57	27	133	55	79	43	213	81	113	68
39	54	27	40	17	86	38	57	27	134	55	80	43	214	81	114	68
40	54	27	41	17	86	39	58	27	134	56	81	43	215	82	115	68
$m=5$mm																
11	54	22	30	19	86	31	42	30	134	46	59	48	215	69	84	76
12	54	22	31	19	87	32	43	30	136	47	61	48	217	70	87	76
13	55	23	32	19	88	33	45	30	137	48	63	48	219	72	90	77
14	55	23	33	19	89	34	46	31	138	49	65	48	221	73	92	77
15	56	24	33	20	89	34	48	31	140	50	67	49	223	75	95	77
16	56	24	34	20	90	35	49	31	141	51	68	49	225	76	98	78
17	57	25	35	20	91	36	50	31	142	52	70	49	227	77	100	78
18	57	25	36	20	91	36	51	31	143	53	72	50	229	79	102	78
19	58	26	37	20	92	37	52	31	144	54	74	50	230	80	105	79
20	58	26	38	20	93	38	53	32	145	55	75	50	232	81	107	79
21	58	27	38	20	93	38	54	32	146	56	77	50	233	82	109	80
22	59	27	39	20	94	39	56	32	147	57	78	50	235	84	111	80
23	59	28	40	20	95	39	57	32	148	57	80	51	237	85	113	80
24	59	28	41	20	95	40	58	32	149	58	81	51	238	86	115	81
25	60	28	41	20	96	41	59	32	150	59	82	51	239	87	117	81
26	60	29	42	21	96	41	60	32	150	60	84	52	241	88	119	82
27	61	29	43	21	97	42	61	33	151	61	85	52	242	89	121	82
28	61	30	43	21	97	42	62	33	152	61	87	52	243	90	123	82
29	61	30	44	21	98	43	63	33	153	62	88	52	245	92	125	83
30	61	30	45	21	98	43	63	33	154	63	89	52	246	93	127	83
31	62	31	45	21	99	44	64	33	155	64	90	53	247	94	129	84
32	62	31	46	21	99	44	65	34	155	64	92	53	248	95	130	84
33	62	31	46	21	100	45	66	34	156	65	93	53	250	96	132	84
34	63	32	47	21	100	45	67	34	157	66	94	54	251	97	134	85
35	63	32	48	22	101	46	68	34	158	67	95	54	252	98	136	85
36	63	33	48	22	101	46	69	34	158	67	96	54	253	99	137	86
37	64	33	49	22	102	47	70	34	159	68	98	54	254	100	139	86
38	64	33	49	22	102	47	70	34	160	69	99	54	255	101	141	86
39	64	34	50	22	103	48	71	34	160	69	100	55	257	102	142	87
40	64	34	51	22	103	48	72	35	161	70	101	55	258	103	144	87

注：当齿数 z 超出表中值时，上述公差可用表 5.3-27 中公式计算。

表 5.3-29　齿向公差 F_β　　（μm）

花键长度 g / 公差等级	5	10	15	20	25	30	35	40	45	50	55	60	70	80	90	100
4	6	7	7	8	8	8	9	9	9	10	10	10	11	11	12	12
5	7	8	9	9	10	10	11	11	12	12	12	13	13	14	14	15
6	9	10	11	12	13	13	14	14	15	15	16	16	17	17	18	19
7	14	16	18	19	20	21	22	23	23	24	25	25	27	28	29	30

注：当花键长度 g（mm）不为表中数值时，可按表 5.3-27 中公式计算。

表 5.3-30　内花键小径 D_{ii} 极限偏差和外花键大径 D_{ee} 公差　　（μm）

直　径 D_{ii} 和 D_{ee} /mm	内花键小径 D_{ii} 极限偏差			外花键大径 D_{ee} 公差		
	模　数　m/mm					
	0.25~0.75	1~1.75	2~10	0.25~0.75	1~1.75	2~10
	H10	H11	H12	IT10	IT11	IT12
≤6	$^{+48}_{0}$			48		
>6~10	$^{+58}_{8}$	$^{+90}_{0}$		58		
>10~18	$^{+70}_{0}$	$^{+110}_{0}$	$^{+180}_{0}$	70	110	
>18~30	$^{+84}_{0}$	$^{+130}_{0}$	$^{+210}_{0}$	84	130	210
>30~50	$^{+100}_{0}$	$^{+160}_{0}$	$^{+250}_{0}$	100	160	250
>50~80	$^{+120}_{0}$	$^{+190}_{0}$	$^{+300}_{0}$	120	190	300
>80~120		$^{+220}_{0}$	$^{+350}_{0}$		220	350
>120~180		$^{+250}_{0}$	$^{+400}_{0}$		250	400
>180~250			$^{+460}_{0}$			460
>250~315			$^{+520}_{0}$			520
>315~400			$^{+570}_{0}$			570
>400~500			$^{+630}_{0}$			630
>500~630			$^{+700}_{0}$			700
>630~800			$^{+800}_{0}$			800
>800~1000			$^{+900}_{0}$			900

注：若花键尺寸超出表中数值时，按 GB/T 1800.1—2009 取值。

表 5.3-31　作用齿槽宽 E_V 下偏差和作用齿厚 S_V 上偏差　　（μm）

分度圆直径 D /mm	基　本　偏　差						
	H	d	e	f	h	js	k
	作用齿槽宽 E_V 下偏差	作用齿厚 S_V 上偏差 es_V					
≤6	0	-30	-20	-10	0		
>6~10	0	-40	-25	-13	0		
>10~18	0	-50	-32	-16	0		
>18~30	0	-65	-40	-20	0	$+\frac{(T+\lambda)}{2}$	$+(T+\lambda)$
>30~50	0	-80	-50	-25	0		
>50~80	0	-100	-60	-30	0		
>80~120	0	-120	-72	-36	0		

（续）

分度圆直径 D /mm	基本偏差						
	H	d	e	f	h	js	k
	作用齿槽宽 E_V 下偏差	作用齿厚 S_V 上偏差 es_V					
>120~180	0	-145	-85	-43	0	$+\frac{(T+\lambda)}{2}$	$+(T+\lambda)$
>180~250	0	-170	-100	-50	0		
>250~315	0	-190	-110	-56	0		
>315~400	0	-210	-125	-62	0		
>400~500	0	-230	-135	-68	0		
>500~630	0	-260	-145	-76	0		
>630~800	0	-290	-160	-80	0		
>800~1000	0	-320	-170	-86	0		

注：1. 当表中的作用齿厚上偏差 es_V 值不能满足需要时，对 30°压力角花键允许采用 GB/T 1800. 1—2009 中的基本偏差 c 或 b；对 45°压力角花键，允许采用 e 或 d。

2. 总公差（$T+\lambda$）的数值见表 5. 3-28。

表 5. 3-32　外花键小径 D_{ie} 和大径 D_{ee} 的上偏差 $es_V/\tan\alpha_D$

分度圆直径 D /mm	标准压力角 α_D						
	30°	30°	30°	45°	30°和 45°	30°	30°和 45°
	d	e	f		h	js	k
	$es_V/\tan\alpha_D/\mu m$						
≤6	-52	-35	-17	-10	0	$+(T+\lambda)/2\tan\alpha_D$ ①	$+(T+\lambda)/\tan\alpha_D$ ①
>6~10	-69	-43	-12	-13	0		
>10~18	-87	-55	-28	-16	0		
>18~30	-113	-69	-35	-20	0		
>30~50	-139	-87	-43	-25	0		
>50~80	-173	-104	-52	-30	0		
>80~120	-208	-125	-62	-36	0		
>120~180	-251	-147	-74	-43	0		
>180~250	-294	-173	-87	-50	0		
>250~315	-329	-191	-97	-56	0		
>315~400	-364	-217	-107	-62	0		
>400~500	-398	-234	-118	-68	0		
>500~630	-450	-251	-132	-76	0		
>630~800	-502	-277	-139	-80	0		
>800~1000	-554	-294	-149	-86	0		

① 对于大径，取值为零。

表 5. 3-33　参数表示例　（mm）

内花键参数表			外花键参数表		
齿数	z	24	齿数	z	24
模数	m	2. 5	模数	m	2. 5
压力角	α_D	30°	压力角	α_D	30°
公差等级和配合类别	5H	5H（GB/T 3478. 1—2008）	公差等级和配合类别	5h	5h（GB/T 3478. 1—2008）
大径	D_{ei}	$\phi 63.75^{+0.30}_{0}$	大径	D_{ee}	$\phi 62.50^{0}_{-0.30}$
渐开线终止圆直径最小值	D_{Fimin}	$\phi 63$	渐开线起始圆直径最大值	D_{Femax}	$\phi 57.24$
小径	D_{ii}	$\phi 57.74^{+0.30}_{0}$	小径	D_{ie}	$\phi 56.25^{0}_{-0.30}$
实际齿槽宽最大值	E_{max}	4. 002	作用齿厚最大值	S_{Vmax}	3. 927
作用齿槽宽最小值	E_{Vmin}	3. 927	实际齿厚最小值	S_{min}	3. 852
实际齿槽宽最小值	E_{min}	3. 957	作用齿厚最小值	S_{Vmin}	3. 882
作用齿槽宽最大值	E_{Vmax}	3. 972	实际齿厚最大值	S_{max}	3. 897
齿根圆弧最小曲率半径	R_{imin}	$R0.50$	齿根圆弧最小曲率半径	R_{emin}	$R0.50$
齿距累积公差	F_p	0. 043	齿距累积公差	F_p	0. 043
齿形公差	f_f	0. 024	齿形公差	f_f	0. 024
齿向公差	F_β	0. 010	齿向公差	F_β	0. 010

（2）渐开线花键齿侧配合

渐开线花键连接，键齿侧面既起驱动作用，又有自动定心作用。齿侧配合采用基孔制，用改变外花键作用齿厚上偏差的方法实现不同的配合。齿侧配合的公差带分布如图 5. 3-15 所示。齿侧配合的性质取决于最小作用侧隙与公差等级无关（配合类别 H/k 和 H/js 除外）。

在连接中允许不同公差等级的内、外花键相互配合。

按 GB/T 3478.1—2008 的规定，对 $\alpha_D=30°$ 渐开线花键连接，规定6种齿侧配合类别：H/k、H/js、H/h、H/f、H/e 和 H/d；对 $\alpha_D=45°$ 渐开线花键连接，规定3种齿侧配合类别：H/k、H/h 和 H/f。

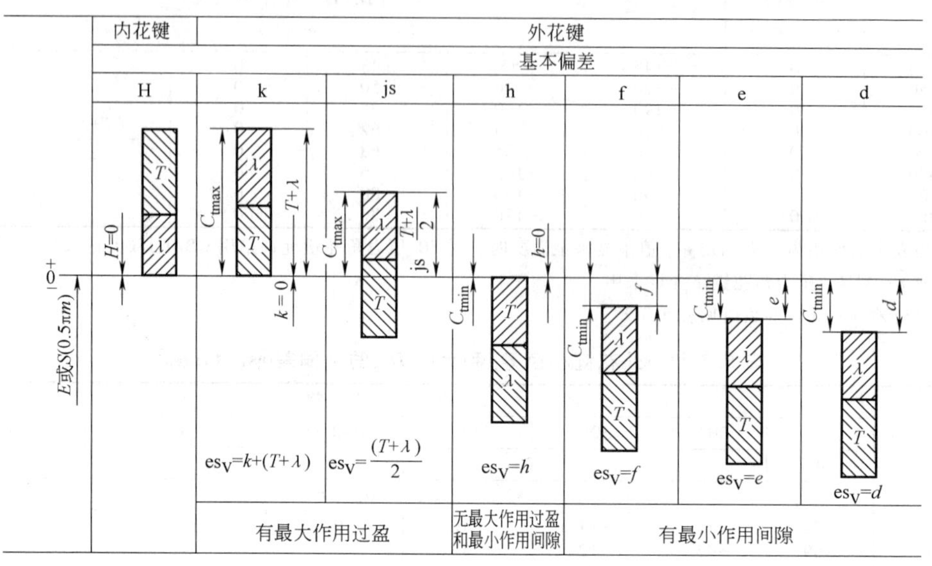

图 5.3-15　齿侧配合公差带分布

2.4.3　渐开线花键参数标注与标记

（1）渐开线花键参数表

在零件图上，应给出制造花键时所需的全部尺寸、公差和参数，列出参数表，见表 5.3-33。表中项目可按需增减，必要时可画出齿形图。

（2）渐开线花键标记方法

在有关图样和技术文件中，需要标记时，应符合如下规定：

内花键：INT

外花键：EXT

花键副：INT/EXT

齿数：z（前面加齿数值）

模数：m（前面加模数值）

30°平齿根：30P

30°圆齿根：30R

45°圆齿根：45

公差等级：4、5、6 或 7（当内、外花键公差等级不同时，见表 5.3-34 中例 2）

配合类别：H（内花键）

k、js、h、f、e 或 d（外花键）

标准号：GB/T 3478.1—2008

表 5.3-34　标记示例

示例		标记方法	
例1	花键副，齿数24，模数2.5，30°圆齿根，公差等级为5级，配合类别为H/h	花键副	INT/EXT　24z×2.5m×30R×5H/5h　GB/T 3478.1—2008
		内花键	INT　24z×2.5m×30R×5H　GB/T 3478.1—2008
		外花键	EXT　24z×2.5m×30R×5h　GB/T 3478.1—2008
例2	花键副，齿数24，模数2.5，内花键为平齿根，其公差等级为6级，外花键为圆齿根，其公差等级为5级，配合类别为H/h	花键副	INT/EXT　24z×2.5m×30P/R×6H/5h　GB/T 3478.1—2008
		内花键	INT　24z×2.5m×30P×6H　GB/T 3478.1—2008
		外花键	EXT　24z×2.5m×30R×5h　GB/T 3478.1—2008
例3	花键副，齿数24，模数2.5，45°标准压力角，内花键公差等级为6级，外花键公差等级为7级，配合类别为H/h	花键副	INT/EXT　24z×2.5m×45×6H/7h　GB/T 3478.1—2008
		内花键	INT　24z×2.5m×45×6H　GB/T 3478.1—2008
		外花键	EXT　24z×2.5m×45×7h　GB/T 3478.1—2008

2.5　圆锥直齿渐开线花键（摘自 GB/T 18842—2008）

GB/T 18842—2008 用于内花键齿形为直线，外花键齿形为渐开线，标准压力角 45°，模数为 0.50～1.50mm，锥度为 1∶15 的圆锥直齿渐开线花键。

2.5.1　术语、代号和定义（见表 5.3-35）

2.5.2　几何尺寸计算公式（见表 5.3-36）

表 5.3-35　圆锥直齿渐开线花键专用的术语、代号和定义

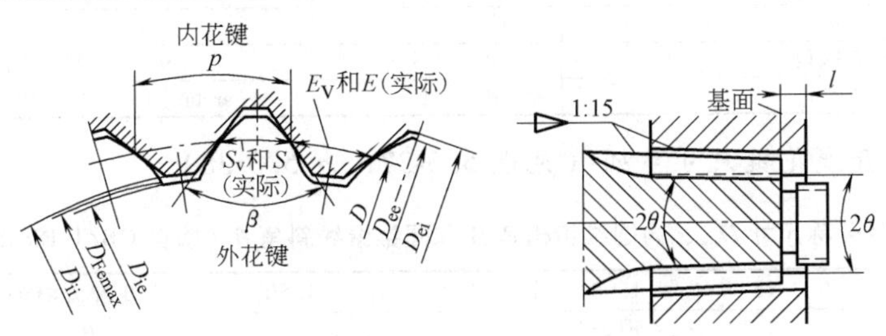

术　语	代号	定　　义
基面		规定花键参数、尺寸及其公差的端平面。基面的位置规定在外花键的小端，并与设计给定的内花键基面重合
圆锥素线		小径圆锥面与花键轴平面的交线
齿槽角	β	内花键同一齿槽两侧齿形所夹的锐角
圆锥素线斜角	θ	内外花键圆锥素线与花键轴线所夹的锐角
基面距离	l	从基面到内花键小径端面的距离

表 5.3-36　圆锥直齿渐开线花键几何尺寸计算公式（摘自 GB/T 18842—2008）

项　　目	代号	公式或说明
模数	m	0.5,0.75,1.00,1.25,1.50
齿数	z	
标准压力角	α_D	45°
分度圆直径	D	mz
基圆直径	D_b	$mz\cos\alpha_D$
齿距	p	πm
内花键大径公称尺寸	D_{ei}	$m(z+1.2)$
内花键大径下偏差		0
内花键大径公差		从 IT12、IT13 或 IT14 中选取(见 GB/T1800.2)
内花键小径公称尺寸	D_{ii}	$D_{Femax}+2C_F$(取 D_{Femax} 公式中 $es_V=0$)
内花键小径极限偏差		见表 5.3-38
基本齿槽宽	E	$0.5\pi m$
作用齿槽宽最小值	E_{Vmin}	$0.5\pi m$
实际齿槽宽最大值	E_{max}	$E_{Vmin}+(T+\lambda)$
实际齿槽宽最小值	E_{min}	$E_{Vmin}+\lambda$
作用齿槽宽最大值	E_{Vmax}	$E_{Vmin}-\lambda$
外花键作用齿厚上偏差	es_V	$(T+\lambda)$(按基本偏差 k)
外花键大径公称尺寸	D_{ee}	$m(z+0.8)$
外花键大径极限偏差		见表 5.3-38
外花键渐开线起始圆直径最大值	D_{Femax}	$2\sqrt{(0.5D_b)^2+\left(0.5D\sin\alpha_D-\dfrac{0.5m-\dfrac{0.5es_V}{\tan\alpha_D}}{\sin\alpha_D}\right)^2}$
外花键小径公称尺寸	D_{ie}	$m(z-1.2)$

（续）

项 目	代号	公式或说明
外花键小径上偏差		$+(T+\lambda)$
外花键小径公差		从 IT12、IT13 或 IT14 中选取
基本齿厚	S	$0.5\pi m$
作用齿厚最大值	S_{Vmax}	$S+es_V$
实际齿厚最小值	S_{min}	$S_{Vmax}-(T+\lambda)$
实际齿厚最大值	S_{max}	$S_{Vmax}-\lambda$
作用齿厚最小值	S_{Vmin}	$S_{min}+\lambda$
齿形裕宽	C_F	$0.1m$
内花键齿槽角	β	$90°-360°E/(\pi D)$
圆锥素线斜角	θ	$\arctan[(z-1.2)/30(z+0.8)]$

2.5.3 圆锥直齿渐开线花键尺寸系列（见表 5.3-37、表 5.3-38）

表 5.3-37 外花键大径公称尺寸 D_{ee}、内圆锥齿槽角 β 和圆锥素线斜角 θ（摘自 GB/T 18842—2008）

m	0.50	0.75	1.00	1.25	1.50	内花键齿槽角 β	内花键圆锥素线斜角 θ
z	$D_{ee}=m(z+0.8)$						
32	16.4	24.6	32.8	41.0	49.2	84°22′3″	1°47′34″
34	17.4	26.1	34.8	43.5	52.2	84°42′21″	1°47′58″
36	18.4	27.6	36.8	46.0	55.2	85°	1°48′20″
38	19.4	29.1	38.8	48.5	58.2	85°15′47″	1°48′39″
40	20.4	30.6	40.8	51.0	61.2	85°30′	1°48′56″
44	22.4	33.6	44.8	56.0	67.2	85°54′33″	1°49′26″
48	—	36.6	48.8	61.0	73.2	86°15′	1°49′51″
52	—	—	—	66.0	79.2	86°32′18″	1°50′13″

注：当表中尺寸不能满足要求时，允许选用不按表中规定的齿数，但必须保持本标准的几何参数关系和公差配合，以便采用标准刀具。此时，相应的公差见 GB/T 3478.1，β 和 θ 值按表 5.3-36 中公式计算。

表 5.3-38 圆锥渐开线花键尺寸（摘自 GB/T 18842—2008） （mm）

<table>
<tr><th rowspan="4">齿数 z</th><th rowspan="4">分度圆直径 D</th><th colspan="6">内花键</th><th colspan="6">外花键</th></tr>
<tr><th rowspan="3">大径 D_{ei}</th><th colspan="2">小径 D</th><th colspan="2">齿槽最大宽度</th><th rowspan="3">基本距离 l（参考）</th><th colspan="2">大径 D_{ee}</th><th rowspan="3">小径 D_{ie}</th><th colspan="2">作用齿厚</th><th rowspan="3">渐开线起始圆直径最大值 D_{Femax}</th></tr>
<tr><th rowspan="2">公称尺寸</th><th rowspan="2">极限偏差</th><th>实际槽宽 E_{max}</th><th>作用槽宽 E_{Vmax}</th><th rowspan="2">公称尺寸</th><th rowspan="2">极限偏差</th><th>最大值 S_{Vmax}</th><th>最小值 S_{Vmin}</th></tr>
<tr><th>6H
7H</th><th>6H
7H</th><th>6k
7k</th><th>6k
7k</th></tr>
<tr><td colspan="14">$m=0.5, E=S=E_{Vmin}=S_{min}=0.5\pi m=0.785$</td></tr>
<tr><td>32</td><td>16.0</td><td>16.60</td><td>15.61</td><td rowspan="3">+0.076
0</td><td>0.855
0.898</td><td>0.826
0.855</td><td>3</td><td>16.40</td><td rowspan="3">0
-0.070</td><td>15.40</td><td>0.855
0.895</td><td>0.814
0.828</td><td>15.51</td></tr>
<tr><td>34</td><td>17.0</td><td>17.60</td><td>16.61</td><td>0.856
0.899</td><td>0.827
0.856</td><td>3</td><td>17.40</td><td>16.40</td><td>0.856
0.899</td><td>0.814
0.828</td><td>16.51</td></tr>
<tr><td>36</td><td>18.0</td><td>18.60</td><td>17.61</td><td>0.857
0.899</td><td>0.828
0.856</td><td>3</td><td>18.40</td><td>17.40</td><td>0.857
0.899</td><td>0.814
0.829</td><td>17.51</td></tr>
<tr><td>38</td><td>19.0</td><td>19.60</td><td>18.61</td><td rowspan="3">+0.084
0</td><td>0.857
0.900</td><td>0.828
0.856</td><td>4</td><td>19.40</td><td rowspan="3">0
-0.084</td><td>18.40</td><td>0.857
0.900</td><td>0.815
0.829</td><td>18.51</td></tr>
<tr><td>40</td><td>20.0</td><td>20.60</td><td>19.61</td><td>0.858
0.901</td><td>0.828
0.856</td><td>4</td><td>20.40</td><td>19.40</td><td>0.858
0.901</td><td>0.815
0.830</td><td>19.51</td></tr>
<tr><td>44</td><td>22.0</td><td>22.60</td><td>21.61</td><td>0.859
0.903</td><td>0.828
0.857</td><td>4</td><td>22.40</td><td>21.40</td><td>0.859
0.903</td><td>0.816
0.831</td><td>21.51</td></tr>
<tr><td colspan="14">$m=0.75, E=S=E_{Vmin}=S_{min}=0.5\pi m=1.178$</td></tr>
<tr><td>32</td><td>24.0</td><td>24.90</td><td>23.41</td><td>+0.084
0</td><td>1.259
1.307</td><td>1.227
1.260</td><td>4</td><td>24.60</td><td>0
-0.084</td><td>23.10</td><td>1.259
1.307</td><td>1.210
1.225</td><td>23.26</td></tr>
</table>

（续）

齿数 z	分度圆直径 D	内花键						外花键					
		大径 D_{ei}	小径 D		齿槽最大宽度		基本距离 l（参考）	大径 D_{ee}		小径 D_{ie}	作用齿厚		渐开线起始圆直径最大值 D_{Femax}
			公称尺寸	极限偏差	实际槽宽 E_{max} 6H/7H	作用槽宽 E_{Vmax} 6H/7H		公称尺寸	极限偏差		最大值 S_{Vmax} 6k/7k	最小值 S_{Vmin} 6k/7k	
$m=0.75, E=S=S_{Vmin}=S_{min}=0.5\pi m=1.178$													
34	25.5	26.40	24.91	+0.084 0	1.259 1.308	1.227 1.260	4	26.10	0 −0.084	24.60	1.259 1.308	1.210 1.226	24.76
36	27.0	27.90	26.41		1.260 1.309	1.227 1.260	4	27.60		26.10	1.260 1.309	1.211 1.227	26.26
38	28.5	29.40	27.91		1.261 1.310	1.228 1.261	5	29.10		27.60	1.261 1.310	1.211 1.227	27.76
40	30.0	30.90	29.41		1.261 1.311	1.228 1.261	5	30.60	0 −0.100	29.10	1.261 1.311	1.212 1.228	29.26
44	33.0	33.90	32.41	+0.100 0	1.263 1.313	1.228 1.262	5	33.60		32.10	1.263 1.313	1.213 1.229	32.26
48	36.0	36.90	35.41		1.264 1.315	1.228 1.262	5	36.60		35.10	1.264 1.315	1.214 1.231	35.26
$m=1.00, E=S=E_{Vmin}=S_{min}=0.5\pi m=1.571$													
32	32.0	33.20	31.22	+0.160 0	1.660 1.713	1.625 1.661	5	32.80	0 −0.160	30.80	1.660 1.713	1.606 1.623	31.02
34	34.0	35.20	33.22		1.661 1.715	1.626 1.663	5	34.80		32.80	1.661 1.715	1.606 1.623	33.02
36	36.0	37.20	35.21		1.662 1.716	1.626 1.663	5	36.80		34.80	1.662 1.716	1.607 1.624	35.01
38	38.0	39.20	37.21		1.662 1.717	1.626 1.663	6	38.80		36.80	1.662 1.717	1.608 1.625	37.01
40	40.0	41.20	39.21		1.663 1.718	1.626 1.663	6	40.80		38.80	1.663 1.718	1.608 1.626	39.01
44	44.0	45.20	43.21		1.664 1.720	1.626 1.664	6	44.80		42.80	1.664 1.720	1.609 1.627	43.01
48	48.0	49.20	47.21		1.665 1.722	1.626 1.664	6	48.80		46.80	1.665 1.722	1.610 1.629	47.01
$m=1.25, E=S=E_{Vmin}=S_{min}=0.5\pi m=1.963$													
32	40.0	41.50	39.02	+0.160 0	2.059 2.117	2.022 2.062	6	41.00	0 −0.160	38.50	2.059 2.117	2.000 2.018	38.77
34	42.5	44.00	41.52		2.060 2.118	2.022 2.062	6	43.50		41.00	2.060 2.118	2.001 2.019	41.27
36	45.0	46.50	44.02		2.061 2.119	2.022 2.062	6	46.00		43.50	2.061 2.119	2.002 2.020	43.77
38	47.5	49.00	46.52		2.061 2.121	2.022 2.063	6	48.50		46.00	2.061 2.121	2.002 2.021	46.27
40	50.0	51.50	49.02		2.062 2.122	2.022 2.063	6	51.00	0 −0.190	48.50	2.062 2.122	2.003 2.022	48.77
44	55.0	56.50	54.01	+0.190 0	2.064 2.124	2.023 2.063	6	56.00		53.50	2.064 2.124	2.004 2.024	53.76
48	60.0	61.50	59.01		2.065 2.126	2.023 2.064	6	61.00		58.50	2.065 2.126	2.005 2.025	58.76
52	65.0	66.50	64.01		2.066 2.128	2.023 2.064	6	66.00		63.50	2.066 2.128	2.007 2.027	63.76

（续）

齿数 z	分度圆直径 D	内花键 大径 D_{ei}	小径 D 公称尺寸	小径 D 极限偏差	齿槽最大宽度 实际槽宽 E_{max} 6H/7H	齿槽最大宽度 作用槽宽 E_{Vmax} 6H/7H	基本距离 l（参考）	外花键 大径 D_{ee} 公称尺寸	大径 D_{ee} 极限偏差	小径 D_{ie}	作用齿厚 最大值 S_{Vmax} 6k/7k	作用齿厚 最小值 S_{Vmin} 6k/7k	渐开线起始圆直径最大值 D_{Femax}
$m=1.5, E=S=E_{Vmin}=S_{min}=0.5\pi m=2.356$													
32	48.0	49.80	46.82	+0.160 0	2.458/2.520	2.418/2.461	6	49.20	0 −0.160	46.20	2.458/2.520	2.396/2.415	46.52
34	51.0	52.80	49.82		2.459/2.521	2.418/2.461	6	52.20		49.20	2.459/2.521	2.397/2.416	49.52
36	54.0	55.80	52.82	+0.190 0	2.460/2.523	2.419/2.461	6	55.20	0 −0.190	52.20	2.460/2.523	2.397/2.417	52.52
38	57.0	58.80	55.82		2.461/2.524	2.419/2.462	6	58.20		55.20	2.461/2.524	2.398/2.418	55.52
40	60.0	61.80	58.82		2.462/2.525	2.419/2.462	6	61.20		58.20	2.462/2.525	2.399/2.419	58.52
44	66.0	67.80	64.82		2.463/2.528	2.419/2.463	6	67.20		64.20	2.463/2.528	2.400/2.421	64.52
48	72.0	73.80	70.82		2.465/2.532	2.420/2.464	6	73.20		70.20	2.465/2.530	2.401/2.422	70.52
52	78.0	79.80	76.81		2.466/2.532	2.420/2.464	6	79.20		76.20	2.466/2.532	2.403/2.424	76.51

注：表中分子分母表示不同精度时对应的 E_{max}、E_{Vmax}、S_{Vmax}、S_{Vmin} 值。

2.5.4 圆锥直齿渐开线花键公差（见表 5.3-39～表 5.3-41）

表 5.3-39 齿槽宽和齿厚的公差（6级用）　　（μm）

m	0.50				0.75				1.00				1.25				1.50			
z	$T+\lambda$	λ	F_p	f_f	$T+\lambda$	λ	F_p	f_f	$T+\lambda$	λ	F_p	f_f	$T+\lambda$	λ	F_p	f_f	$T+\lambda$	λ	F_p	f_f
32	70	29	38	28	81	32	43	29	89	35	48	31	96	37	52	32	102	40	56	33
34	71	29	38	28	81	32	44	29	90	35	49	31	97	38	53	32	103	41	57	34
36	72	29	39	28	82	33	45	29	91	36	50	31	98	39	55	32	104	41	59	34
38	73	30	40	28	83	33	46	29	91	37	51	31	98	39	56	32	105	42	60	34
40	74	30	41	28	83	34	47	30	92	37	52	31	99	40	57	32	106	43	61	34
44	75	31	42	28	85	35	48	30	93	38	54	31	101	41	59	33	107	44	63	34
48	76	32	43	28	86	36	50	30	95	39	56	31	102	42	61	33	109	45	66	35
52	76	32	44	28	87	37	52	30	96	40	58	32	103	44	63	33	110	47	68	35

表 5.3-40 齿槽宽和齿厚的公差（7级用）　　（μm）

m	0.50				0.75				1.00				1.25				1.50			
z	$T+\lambda$	λ	F_p	f_f	$T+\lambda$	λ	F_p	f_f	$T+\lambda$	λ	F_p	f_f	$T+\lambda$	λ	F_p	f_f	$T+\lambda$	λ	F_p	f_f
32	113	43	54	44	129	47	62	47	142	52	68	49	154	55	74	51	164	59	80	53
34	114	43	55	44	130	48	63	47	144	52	70	49	155	56	76	51	165	60	82	53
36	114	44	56	45	131	49	64	47	145	53	71	49	156	57	78	51	166	61	83	54
38	115	45	57	45	132	49	66	47	146	54	73	49	158	58	79	52	168	62	85	54
40	116	46	58	45	133	50	67	47	147	55	74	49	159	59	81	52	169	63	87	54
41	118	46	60	45	135	51	69	47	149	56	77	50	161	61	84	52	172	65	90	55
48	119	47	62	45	137	53	71	48	151	58	80	50	163	62	87	53	174	66	94	55
52	121	48	63	45	139	54	74	48	153	59	82	50	165	64	90	53	176	68	97	56

表 5.3-41　花键的齿向公差 F_β　（μm）

花键长度/mm		~15	>20~25	>25~30	>30~35	>35~40	>40~45	>45~50	>50~55	>55~60	>60~70	>70~80	>80
公差等级	6 级	11	12	13	13	14	14	15	15	16	16	17	17
	7 级	18	19	20	21	22	23	23	24	25	25	27	28

2.5.5　参数表示示例(见表5.3-42、表5.3-43)

表 5.3-42　内花键参数表（示例）

齿数	32
模数	1mm
齿槽角	84°22′03″
实际齿槽宽最大值	1.660(参考)
作用齿槽宽最大值	1.625mm
作用齿槽宽最小值	1.571mm
公差等级与配合类别	6H　GB/T 18842—2008
配对零件图号	×××—××—××

表 5.3-43　外花键参数表（示例）

齿数	32
模数	1mm
标准压力角	45°
实际齿厚最大值	1.571(参考)
作用齿厚最大值	1.606mm
作用齿厚最小值	1.660mm
公差等级与配合类别	6K　GB/T 18842—2008
配对零件图号	×××—××—××

3　销连接

3.1　销连接的类型、特点和应用（见表 5.3-44）

表 5.3-44　销连接的类型、特点和应用

类型	结构图例	特点和应用
圆柱销 GB/T 119.1—2000 GB/T 119.2—2000		主要用于定位,也可用于连接。直径偏差有 u6、m6、h8、h11 四种以满足不同的使用要求。常用的加工方法是配钻、铰,以保证要求的装配精度
内螺纹圆柱销 GB/T 120.1—2000 GB/T 120.2—2000		主要用于定位,也可用于连接。内螺纹供拆卸用,有 A、B 两种规格。B 型用于不通孔。直径偏差只有 n6 一种。销钉直径最小为 6mm。常用的加工方法是配钻、铰,以保证要求的装配精度
无头销轴 GB/T 880—2008		两端用开口销锁住,拆卸方便。用于铰链连接处
弹性圆柱销　直槽　重型 GB/T 879.1—2000 弹性圆柱销　直槽　轻型 GB/T 879.2—2000		有弹性,装配后不易松脱。钻孔精度要求低,可多次拆装。刚性较差,不适用于高精度定位。可用于有冲击、振动的场合
弹性圆柱销　卷制　重型 GB/T 879.3—2000 弹性圆柱销　卷制　标准型 GB/T 879.4—2000 弹性圆柱销　卷制　轻型 GB/T 879.5—2000		销钉由钢板卷制,加工方便。有弹性,装配后不易松脱。钻孔精度要求低,可多次拆装。刚性较差,不适用于高精度定位。可用于有冲击、振动的场合
圆锥销 GB/T 117—2000	1:50	有 1 : 50 的锥度,与有锥度的铰制孔相配。拆装方便,可多次拆装,定位精度比圆柱销高。能自锁。一般两端伸出被连接件,以便拆装
内螺纹圆锥销 GB/T 118—2000	1:50	螺纹孔用于拆卸,可用于不通孔。有 1 : 50 的锥度,与有锥度的铰制孔相配。拆装方便,可多次拆装,定位精度比圆柱销高。能自锁。一般两端伸出被连接件,以便拆装

（续）

<table>
<tr><th>类型</th><th>结构图例</th><th colspan="2">特点和应用</th></tr>
<tr><td>螺尾锥销
GB/T 881—2000</td><td>1:50</td><td colspan="2">螺纹孔用于拆卸，拆卸方便，有 1∶50 的锥度，与有锥度的铰制孔相配。拆装方便，可多次拆装，定位精度比圆柱销高。能自锁。一般两端伸出被连接件，以便拆装</td></tr>
<tr><td>开尾圆锥销
GB/T 877—1986</td><td>1:50</td><td colspan="2">有 1∶50 的锥度，与有锥度的铰制孔相配。打入销孔后，末端可以稍张开，避免松脱，用于有冲击、振动的场合</td></tr>
<tr><td>开口销
GB/T 91—2000</td><td></td><td colspan="2">用于锁定其他零件，如轴、槽形螺母等。是一种较可靠的锁紧方法，应用广泛</td></tr>
<tr><td>销轴
GB/T 882—2008</td><td></td><td colspan="2">用于作铰接轴，用开口销锁紧，工作可靠</td></tr>
<tr><td>槽销　带导杆及全长平行沟槽
GB/T 13829.1—2004</td><td></td><td rowspan="9">沿销体素线辗压或模锻 3 条（相隔 120°）不同形状和深度的沟槽，打入销孔与孔壁压紧，不易松脱。能承受振动和变载荷。销孔不需铰光，可多次装拆</td><td rowspan="2">全长有平行槽，端部有导杆或倒角。销与孔壁间压力分布较均匀。用于有严重振动和冲击载荷的场合</td></tr>
<tr><td>槽销　带倒角及全长平行沟槽
GB/T 13829.2—2004</td><td></td></tr>
<tr><td>槽销　中部槽长为 1/3 全长
GB/T 13829.3—2004</td><td></td><td rowspan="2">槽中部的短槽等于全长的 1/2 或 1/3，常用作心轴，将带毂的零件固定在有槽处</td></tr>
<tr><td>槽销　中部槽长为 1/2 全长
GB/T 13829.4—2004</td><td></td></tr>
<tr><td>槽销　全长锥槽
GB/T 13829.5—2004</td><td>1:50</td><td rowspan="2">槽为楔形，作用与圆锥销相似，销与孔壁间压力分布不均匀。比圆锥销拆装方便而定位精度较低</td></tr>
<tr><td>槽销　半长锥槽
GB/T 13829.6—2004</td><td></td></tr>
<tr><td>槽销　半长倒锥槽
GB/T 13829.7—2004</td><td></td><td>常用作轴杆</td></tr>
<tr><td>圆头槽销
GB/T 13829.8—2004</td><td></td><td rowspan="2">可代替铆钉或螺钉，用于固定标牌、管夹子等</td></tr>
<tr><td>沉头槽销
GB/T 13829.9—2004</td><td></td></tr>
</table>

3.2 销的选择和销连接的强度计算

定位销一般用两个，其直径根据结构决定，应考虑在拆装时不产生永久变形。中小尺寸的机械常用直径为 10~16mm 的销钉。

销的材料通常为 35、45 钢，并进行硬化处理，许用切应力 $[\tau]=80\sim100$MPa，许用弯曲应力 $[\sigma_b]=$ $120\sim150$MPa；弹性圆柱销多用 65Mn，其许用切应力

[τ] =120~130MPa。受力较大、要求抗腐蚀等的场合可以采用 30CrMnSiA、1Cr13、2Cr15、H63、1Cr18Ni9Ti。

安全销的材料，可选用 35、45、50 或 T8A、T10A，热处理后硬度为 30~36HRC。销套材料可用 45、35SiMn、40Cr 等，热处理后硬度为 40~50HRC。安全销的抗剪强度极限可取为 τ_b = (0.6~0.7) R_m，R_m 为材料的抗拉强度。

销的强度计算公式见表 5.3-45。

表 5.3-45　销的强度计算公式

销的类型	受力情况图	计算内容	计算公式
圆柱销		销的抗剪强度	$\tau=\dfrac{4F_t}{\pi d^2 z}\leqslant[\tau]$
	$d=(0.13\sim0.20)D$ $l=(1.0\sim1.5)D$	销或被连接零件工作面的抗压强度	$\sigma_p=\dfrac{4T}{Ddl}\leqslant[\sigma_p]$
		销的抗剪强度	$\tau=\dfrac{2T}{Ddl}\leqslant[\tau]$
圆锥销	$d=(0.2\sim0.3)D$	销的抗剪强度	$\tau=\dfrac{4T}{\pi d^2 D}\leqslant[\tau]$
销轴	$a=(1.5\sim1.7)d$ $b=(2.0\sim3.5)d$	销或拉杆工作面的抗压强度	$\sigma_p=\dfrac{F_t}{2ad}\leqslant[\sigma_p]$ 或 $\sigma_p=\dfrac{F_t}{bd}\leqslant[\sigma_p]$
		销轴的抗剪强度	$\tau=\dfrac{F_t}{2\times\dfrac{\pi d^2}{4}}\leqslant[\tau]$
		销轴的抗弯强度	$\sigma_b\approx\dfrac{F_t(a+0.5b)}{4\times0.1d^3}\leqslant[\sigma_b]$
安全销		销的直径	$d=1.6\sqrt{\dfrac{T}{D_0 z\tau_b}}$
说明	F_t—横向力(N) T—转矩(N·mm) z—销的数量 d—销的直径(mm),对于圆锥销,d 为平均直径 l—销的长度(mm) D—轴径(mm)		D_0—安全销中心圆直径(mm) [τ]—销的许用切应力(MPa) [σ_p]—销连接的许用挤压应力(MPa) [σ_b]—许用弯曲应力(MPa) τ_b—销材料的抗剪强度(MPa)

注：若两个弹性圆柱销套在一起使用，其抗剪强度可取两个销抗剪强度之和。

3.3 销的标准件

3.3.1 圆柱销（见表 5.3-46～表 5.3-50）

表 5.3-46 圆柱销 不淬硬钢和奥氏体不锈钢（摘自 GB/T 119.1—2000）

圆柱销 淬硬钢和马氏体不锈钢（摘自 GB/T 119.2—2000） （mm）

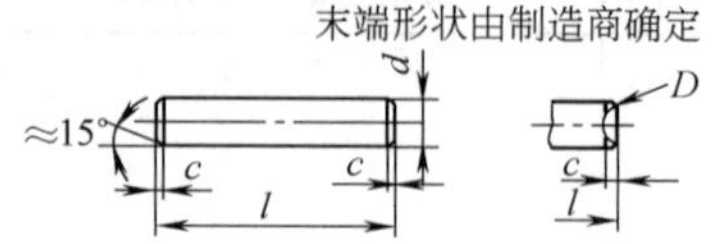

允许倒圆或凹穴

标记示例

公称直径 d=8mm、公差为 m6、公称长度 l=30、材料为钢、不经淬火、不经表面处理的圆柱销的标记

销 GB/T 119.1 8m6×30

尺寸公差同上，材料为钢、普通淬火（A 型）、表面氧化处理的圆柱销的标记

销 GB/T 119.2 8×30

尺寸公差同上，材料为 C1 组马氏体不锈钢表面氧化处理的圆柱销的标记

销 GB/T 119.2 6×30-C1

	d	0.6	0.8	1	1.2	1.5	2	2.5	3	4	5	6	8	10	12	16	20	25	30	40	50
GB/T119.1	c	0.12	0.16	0.2	0.25	0.3	0.35	0.4	0.5	0.63	0.8	1.2	1.6	2	2.5	3	3.5	4	5	6.3	8
	l	2～6	2～8	4～10	4～12	4～16	6～20	6～24	8～30	8～40	10～50	12～60	14～80	18～95	22～140	26～180	35～200	50～200	60～200	80～200	95～200
	1. 钢硬度 125～245HV30，奥氏体不锈钢 A1 硬度 210～280HV30 2. 表面粗糙度公差 m6，Ra≤0.8μm；公差 h8；Ra≤1.6μm																				

	d	1	1.5	2	2.5	3	4	5	6	8	10	12	16	20
GB/T 119.2	c	0.2	0.3	0.35	0.4	0.5	0.63	0.8	1.2	1.6	2	2.5	3	3.5
	l	3～10	4～16	5～20	6～24	8～30	10～40	12～50	14～60	18～80	22～100	26～100	40～100	50～100
	1. 钢 A 型、普通淬火，硬度 550～650HV30，B 型表面淬火，表面硬度 600～700HV1，渗碳深度 0.25～0.4mm，550HV1。马氏体不锈钢 C1，淬火并回火，硬度 460～560HV30 2. 表面粗糙度 Ra≤0.8μm													

注：l 系列（公称尺寸，单位 mm）：2，3，4，5，6，8，10，12，14，16，18，20，22，24，26，28，30，32，35，40，45，50，55，60，65，70，75，80，85，90，100，公称长度大于 100mm，按 20mm 递增。

表 5.3-47 内螺纹圆柱销 不淬硬钢和奥氏体不锈钢（摘自 GB/T 120.1—2000）

内螺纹圆柱销 淬硬钢和马氏体不锈钢（摘自 GB/T 120.2—2000） （mm）

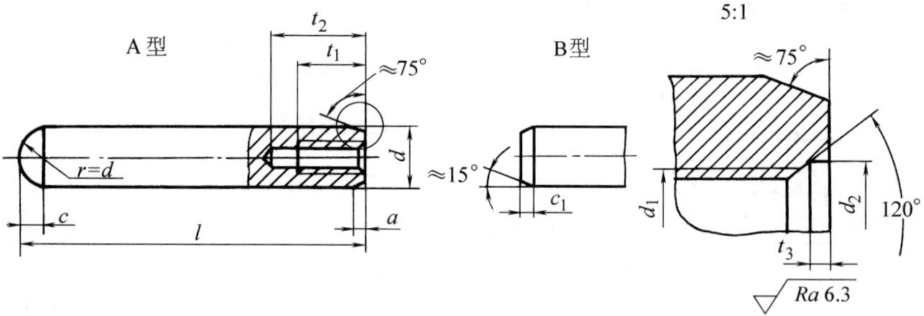

A 型—球面圆柱端，适用于普通淬火钢和马氏体不锈钢

B 型—平端，适用于表面淬火钢，其余尺寸见 A 型

标记示例：

公称直径 d=10mm、公差为 m6、公称长度 l=60mm、材料为 A1 组奥氏体不锈钢、表面简单处理的内螺纹圆柱销

销 GB/T 120.1—2000 10×60-A1

d(公称)m6	6	8	10	12	16	20	25	30	40	50
a	0.8	1	1.2	1.6	2	2.5	3	4	5	6.3
c_1	1.2	1.6	2	2.5	3	3.5	4	5	6.3	8
d_1	M4	M5	M6	M6	M8	M10	M16	M20	M20	M24
t_1	6	8	10	12	16	18	24	30	30	36
t_2 min	10	12	16	20	25	28	35	40	40	50
c	2.1	2.6	3	3.8	4.6	6	6	7	8	10
l(商品规格范围)	16～60	18～80	22～100	26～120	32～160	40～200	50～200	60～200	80～200	100～200
l 系列(公称尺寸)	16，18，20，22，24，26，28，30，32，35，40，45，50，55，60，65，70，75，80，85，90，95，100，120，140，160，180，200，公称长度大于 200mm，按 20mm 递增									

表 5.3-48 无头销轴（摘自 GB/T 880—2008） （mm）

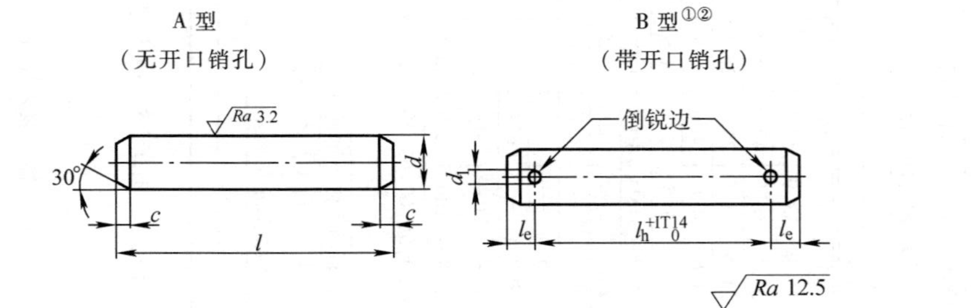

注：用于铁路和开口销承受交变横向力的场合，推荐采用表中规定的下一档较大的开口销及相应的孔径

① 其余尺寸、角度和表面粗糙度值见 A 型

② 某些情况下，不能按 $l—l_e$ 计算 l_h 尺寸，所需要的尺寸应在标记（见标记示例）中注明，但不允许 l_h 尺寸小于表中规定的数值

标记示例

公称直径 $d=20$mm，长度 $l=100$mm，由易切削钢制造的硬度为 125～245HV，表面氧化处理的 B 型无头销轴的标记

销 GB/T 880 20×100

开口销孔为 6.3mm，其余要求与上述示例相同的无头销轴的标记

销 GB/T 880 20×100×6.3

孔距 $l_h=80$mm，开口销孔为 6.3mm，其余要求与上述示例相同的无头销轴的标记

销 GB/T 880 20×100×6.3×80

孔距 $l_h=80$mm，其余要求与上述示例相同的无头销轴的标记

销 GB/T 880 20×100×80

d h11	3	4	5	6	8	10	12	14	16	18	20	22	24	27	30	33	36	40	45	50	55	60	70	80	90	100
d_1 H13	0.8	1	1.2	1.6	2	3.2	3.2	4	4	5	5	6	6.3	6.3	8	8	8	8	10	10	10	10	13	13	13	13
c max	1	1	2	2	2	2	3	3	3	3	4	4	4	4	4	4	4	4	4	4	6	6	6	6	6	6
l_e min	1.6	2.2	2.9	3.2	3.5	4.5	5.5	6	6	7	8	8	9	9	10	10	10	10	12	12	14	14	16	16	16	16
l（公称）	6～30	8～40	10～50	12～60	16～80	20～100	24～120	28～140	32～160	36～180	40～200	45～200	50～200	55～200	60～200	65～200	70～200	80～200	90～200	100～200	120～200	120～200	140～200	160～200	180～200	200

注：1. 长度 l 系列：6～32（2 进位），35～100（5 进位），120～200 及 200 以上（20 进位）。

2. 长度 l 公差：6～10 为±0.25，12～50 为±0.5，55～200 为±0.75。

表 5.3-49　弹性圆柱销直槽重型（GB/T 879.1—2000）、弹性圆柱销直槽轻型（GB/T 879.2—2000）　（mm）

对 $d \geqslant 10$mm 的单性销,也可由制造商选用单面倒角的形式

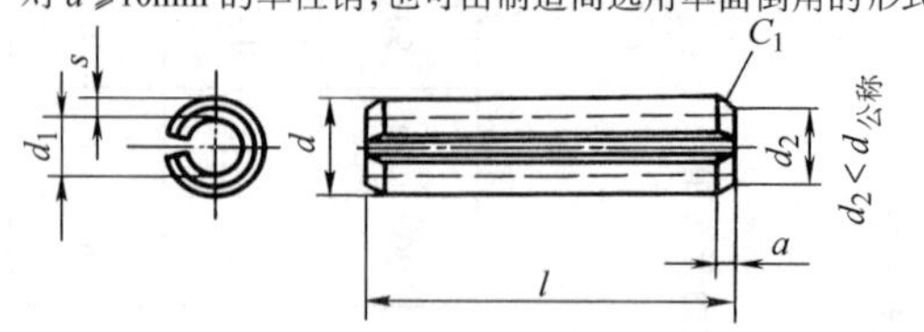

标记示例

公称直径 d=6mm、公称长度 l=30mm、材料为钢(St)、热处理硬度 500~560HV30、表面氧化处理、直槽、重型(轻型)弹性圆柱销

销　GB/T 879.1(879.2)　6×30

d	公称	1	1.5	2	2.5	3	3.5	4	4.5	5	6	8	10	12	13
	max	1.3	1.8	2.4	2.9	3.4	4.0	4.6	5.1	5.6	6.7	8.5	10.8	12.8	13.8
	min	1.2	1.7	2.3	2.8	3.3	3.8	4.4	4.9	5.4	6.4	8.5	10.5	12.5	13.5
GB/T 879.1	d_1	0.8	1.1	1.5	1.8	2.1	2.3	2.8	2.9	3.4	4	5.5	6.5	7.5	8.5
	a max	0.35	0.45	0.55	0.6	0.7	0.8	0.85	1.0	1.1	1.4	2.0	2.4	2.4	2.4
	s	0.2	0.3	0.4	0.5	0.6	0.75	0.8	1	1	1.2	1.5	2	2.5	2.5
	G^*_{min}/kN	0.7	1.5	2.82	4.38	6.32	9.06	11.24	15.36	17.54	26.04	42.76	70.16	104.1	115.1
GB/T 879.2	d_1	—	—	1.9	2.3	2.7	3.1	3.4	3.9	4.4	4.9	7	8.5	10.5	11
	a max	—	—	0.4	0.45	0.45	0.5	0.7	0.7	0.7	0.9	1.8	2.4	2.4	2.4
	s	—	—	0.2	0.25	0.3	0.35	0.5	0.5	0.5	0.75	0.75	1	1	1.2
	G^*_{min}/kN	—	—	1.5	2.4	3.5	4.6	8	8.8	10.4	18	24	40	48	66
商品规格 l		4~20	4~20	4~30	4~30	4~40	4~40	4~50	5~50	5~80	10~100	10~120	10~160	10~180	10~180
l 系列		4,5,6,8,10,12,14,16,18,20,22,24,26,28,30,32,35,40,45,50,55,60,65,70,75,80,85,90,95,100,120,140,160,180,200													
材　料		1)钢:由制造商任选,优质碳素钢或硅锰钢。2)奥氏体不锈钢(A)。3)马氏体不锈钢(C)													
表面处理		1)钢:不经处理;氧化;磷化;镀锌钝化。2)奥氏体不锈钢:简单处理。3)马氏体不锈钢:简单处理。4)其他表面镀层或表面处理,应由供需双方协议。5)所有公差仅适用于涂、镀前的公差													
直　槽		采用标准的、槽的形状和宽度由制造商任选													
表　面		不允许有不规则的和有害的缺陷;销的任何部位不得有毛刺													
d	公称	14	16	18	20	21	25	28	30	32	35	38	40	45	50
	max	14.8	16.8	18.9	20.9	21.9	25.9	28.9	30.9	32.9	35.9	38.9	40.9	45.9	50.9
	min	14.5	16.5	18.5	20.5	21.5	25.1	28.5	30.5	32.5	35.5	38.5	40.5	45.5	50.5
GB/T 879.1	d_1	8.5	10.5	11.5	12.5	13.5	15.5	17.5	18.5	20.5	21.5	23.5	25.5	28.5	31.5
	a max	2.4	2.4	2.4	3.4	3.4	3.4	3.4	3.4	3.6	3.6	4.6	4.6	4.6	4.6
	s	3	3	3.5	4	4	5	5.5	6	6	7	7.5	7.5	8.5	9.5
	G^*_{min}/kN	144.7	171	222.5	280.6	298.2	438.5	452.6	631.4	684	859	1003	1068	1360	1685
GB/T 879.2	d_1	11.5	13.5	15	16.5	17.5	21.5	23.5	25.5	—	28.5	—	32.5	37.5	40.5
	a max	2.4	2.4	2.4	2.4	2.4	3.4	3.4	3.4	—	3.4	—	4.6	4.6	4.6
	s	1.5	1.5	1.7	2	2	2	2.5	2.5	—	3.5	—	4	4	5
	G^*_{min}/kN	84	98	126	158	168	202	280	302	—	490	—	634	720	1000
商品规格 l		10~200	10~200	10~200	10~200	14~200	14~200	14~200	14~200	20~200	20~200	20~200	20~200	20~200	20~200
l 系列		4,5,6,8,10,12,14,16,18,20,22,24,26,28,30,32,35,40,45,50,55,60,65,70,75,80,85,90,95,100,120,140,160,180,200													
材　料		1)钢:由制造商任选,优质碳素钢或硅锰钢。2)奥氏体不锈钢(A)。3)马氏体不锈钢(C)													
表面处理		1)钢:不经处理;氧化;磷化;镀锌钝化。2)奥氏体不锈钢:简单处理。3)马氏体不锈钢:简单处理。4)其他表面镀层或表面处理,应由供需双方协议。5)所有公差仅适用于涂、镀前的公差													
直　槽		采用标准的、槽的形状和宽度由制造商任选													
表　面		不允许有不规则的和有害的缺陷;销的任何部位不得有毛刺													

注：1. a 值为参考。

2. G^*_{min}为最小双面剪切载荷值（kN），仅适用钢和马氏体不锈钢；对奥氏体不锈钢弹性柱销，不规定双面剪切载荷值。

3. 公称长度大于 200mm，按 20mm 递增。

4. d 的 max 及 min 尺寸为装配前尺寸。

5. 销孔的公称直径应等于弹性销的公称直径（d 公称），其公差带为 H12。

6. 由于弹性圆柱销带开口，槽口位置不应装在销子受压的一面，在组装图上应表示槽口方向。销子装入允许的最小销孔时，槽口也不得完全闭合。

7. 详细的材料成分及技术条件，请见相关国家标准。

弹性圆柱销　卷制　重型（GB/T 879.3—2000）
表 5.3-50　弹性圆柱销　卷制　标准型（GB/T 879.4—2000）
弹性圆柱销　卷制　轻型（GB/T 879.5—2000）　（mm）

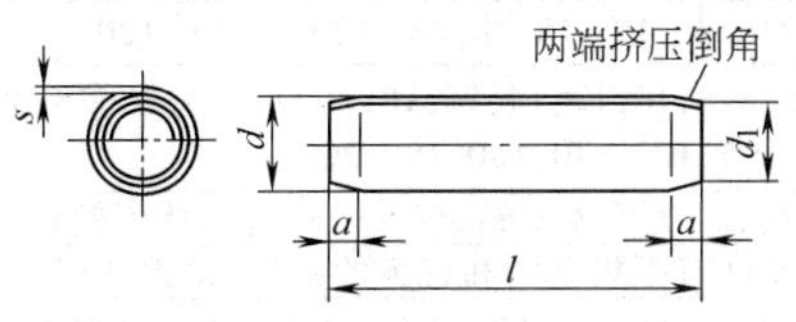

标记示例

公称直径 d=6mm、公称长度 l=30mm、材料为钢（St）、热处理硬度 420～545HV30、表面氧化处理、卷制、重型（标准型、轻型）弹性圆柱销

销　GB/T 879.3(879.4、879.5)　6×30

公称直径 d=6mm、公称长度 l=30mm、材料为奥氏体不锈钢（A）、不经处理、表面简单处理、卷制、重型（标准型、轻型）弹性圆柱销

销　GB/T 879.3(879.4、879.5)　6×30-A

d 公称			0.8	1	1.2	1.5	2	2.5	3	3.5	4
GB/T 879.3	d 装配前	max	—	—	—	1.71	2.21	2.73	3.25	3.79	4.3
		min	—	—	—	1.61	2.11	2.62	3.12	3.46	4.15
	s		—	—	—	0.17	0.22	0.28	0.33	0.39	0.45
	G_{min}/kN	①	—	—	—	1.9	3.5	5.5	7.6	10	13.5
		②	—	—	—	1.45	2.5	3.8	5.7	7.6	10
GB/T 879.4	d 装配前	max	0.91	1.15	1.35	1.73	2.25	2.78	3.3	3.85	4.4
		min	0.85	1.05	1.25	1.62	2.13	2.65	3.15	3.67	4.2
	s		0.07	0.08	0.1	0.13	0.17	0.21	0.25	0.29	0.33
	G_{min}/kN	①	0.4	0.6	0.9	1.45	2.5	3.9	5.5	7.5	9.6
		②	0.3	0.45	0.65	1.05	1.9	2.9	4.2	5.7	7.6
GB/T 879.5	d 装配前	max	—	—	—	1.75	2.28	2.82	3.35	3.87	4.45
		min	—	—	—	1.62	2.13	2.65	3.15	3.67	4.2
	s		—	—	—	0.08	0.11	0.14	0.17	0.19	0.22
	G_{min}/kN	①	—	—	—	0.8	1.5	2.3	3.3	4.5	5.7
		②	—	—	—	0.65	1.1	1.8	2.5	3.4	4.4
d_1 装配前			0.75	0.95	1.15	1.4	1.9	2.4	2.9	3.4	3.9
a			0.3	0.3	0.4	0.5	0.7	0.7	0.9	1	1.1
商品规格 l			4～16			4～24	4～40	5～45	6～50		8～60
技术条件	材料		1）钢；2）奥氏体不锈钢（A）；3）马氏体不锈钢（C）								
	表面缺陷		不允许有不规则的和有害的缺陷；销的任何部位不得有毛病								
	表面处理		1）钢：不经处理；氧化；磷化；镀锌钝化。2）奥氏体不锈钢（A）和马氏体不锈钢（C）：简单处理。3）其他表面镀层或表面处理应由供需双方协议。4）所有公差仅适用于涂、镀前的公差								

d 公称			5	6	8	10	12	14	16	20
GB/T 879.3	d 装配前	max	5.35	6.4	8.55	10.65	12.75	14.85	16.9	21
		min	5.15	6.18	8.25	10.3	11.7	13.6	16.4	20.4
	s		0.56	0.67	0.9	1.1	1.3	1.6	1.8	2.2
	G_{min}/kN	①	20	30	53	84	120	165	210	340
		②	15.5	23	41	64	91	—	—	—
GB/T 879.4	d 装配前	max	5.5	6.5	8.83	10.8	12.85	14.95	17	21.1
		min	5.25	6.25	8.3	10.35	12.4	14.45	16.45	20.4
	s		0.42	0.5	0.67	0.84	1	1.2	1.3	1.7
	G_{min}/kN	①	15	22	39	62	89	120	155	250
		②	11.5	16.8	30	48	67	—	—	—
GB/T 879.5	d 装配前	max	5.5	6.55	8.65	—	—	—	—	—
		min	5.2	6.25	8.3	—	—	—	—	—
	s		0.28	0.33	0.45	—	—	—	—	—
	G_{min}/kN	①	9	13	23	—	—	—	—	—
		②	7	10	18	—	—	—	—	—

（续）

d(公称)		5	6	8	10	12	14	16	20
d_1(装配前)		4.85	5.85	7.8	9.75	11.7	13.6	15.6	19.6
a		1.3	1.5	2	2.5	3	3.5	4	4.5
商品规格 l		10~60	12~75	16~120	20~120	24~160	28~200	32~200	45~200
l 系列		4,5,6,8,10,12,14,16,18,20,22,24,26,28,30,32,35,40,45,50,55,60,65,70,75,80,85,90,95,100,140,160,180,200							
技术条件	材料	1)钢;2)奥氏体不锈钢(A);3)马氏体不锈钢(C)							
	表面缺陷	不允许有不规则的和有害的缺陷;销的任何部位不得有毛病							
	表面处理	1)钢:不经处理;氧化;磷化;镀锌钝化。2)奥氏体不锈钢(A)和马氏体不锈钢(C):简单处理。3)其他表面镀层或表面处理应由供需双方协议。4)所有公差仅适用于涂、镀前的公差							

注：1. G_{min}为最小双面剪切载荷（kN）。

2. 公称长度大于200mm，按20mm递增（GB/T 879.3和GB/T 879.4）；公称长度大于120mm，按20mm递增（GB/T 879.5）。

3. 同表5.3-49注4、5及7。其中仅GB/T 879.4的公差带为：H12适用于$d \geqslant 1.5$mm；H10适用于$d \leqslant 1.2$mm。

① 适用于钢和马氏体不锈钢产品。

② 适用于奥氏体不锈钢产品。

3.3.2　圆锥销（表5.3-51～表5.3-54）

表5.3-51　圆锥销（摘自GB/T 117—2000）　　（mm）

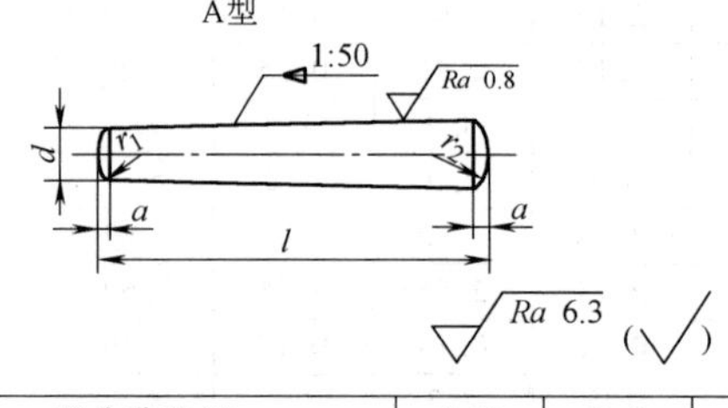

$r_1 \approx d$

$$r_2 \approx \frac{a}{2}+d+\frac{(0.021)^2}{8a}$$

标记示例

公称直径 d=10mm，长度 l=60mm，材料35钢，热处理硬度28~38HRC，表面氧化处理的A型圆锥销

销 GB/T 117　10×60

d(公称)h10	0.6	0.8	1	1.2	1.5	2	2.5	3	4	5
a≈	0.08	0.1	0.12	0.16	0.2	0.25	0.3	0.4	0.5	0.63
l 系列(公称尺寸)	2,3,4,5,6,8,10,12,14,16,18,20,22,24,26,28,30,32,35,40,45,50,55,60,65,70,75,80,85,90,95,100,公称长度大于100mm,按20mm递增									
l(商品规格范围)	4~8	5~12	6~16	6~20	8~24	10~35	10~35	12~45	14~55	18~60
d(公称)h10	6	8	10	12	16	20	25	30	40	50
a≈	0.8	1	1.2	1.6	2	2.5	3	4	5	6.3
l(商品规格范围)	22~90	22~120	26~160	32~180	40~200	45~200	50~200	55~200	60~200	65~200
l 系列(公称尺寸)	2,3,4,5,6,8,10,12,14,16,18,20,22,24,26,28,30,32,35,40,45,50,55,60,65,70,75,80,85,90,95,100,公称长度大于100mm,按20mm递增									

注：1. A型（磨削）：锥面表面粗糙度 $Ra=0.8\mu m$。

B型（切削或冷镦）：锥面表面粗糙度 $Ra=3.2\mu m$。

2. 材料：钢、易切钢（Y12、Y15）、碳素钢（35，28~38HRC、45，38~46HRC）、合金钢（30CrMnSiA35~41HRC）、不锈钢（1Cr13、2Cr13、Cr17Ni2、0Cr18Ni9Ti）。

表5.3-52　内螺纹圆锥销（摘自GB/T 118—2000）　　（mm）

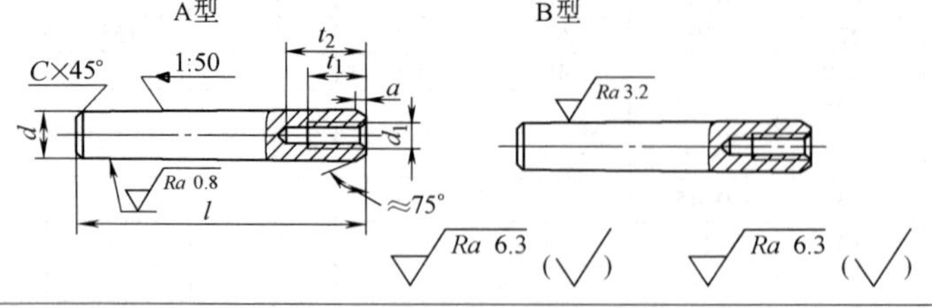

标记示例

公称直径 d=10mm、长度 l=60mm、材料为35钢、热处理硬度28~38HRC、表面氧化处理的A型内螺纹圆锥销

销　GB/T 118　10×60

（续）

d(公称)h10	6	8	10	12	16	20	25	30	40	50
a	0.8	1	1.2	1.6	2	2.5	3	4	5	6.3
d_1	M4	M5	M6	M8	M10	M12	M16	M20	M20	M24
t_1	6	8	10	12	16	18	24	30	30	36
t_2 min	10	12	16	20	25	28	35	40	40	50
d_2	4.3	5.3	6.4	8.4	10.5	13	17	21	21	25
l(商品规格范围)	16~60	18~80	22~100	26~120	32~160	40~200	50~200	60~200	80~200	100~200
l系列(公称尺寸)	16,18,20,22,24,26,28,30,32,35,40,45,50,55,60,65,70,75,80,85,90,95,100,公称长度大于100mm,按20mm递增									

表 5.3-53 螺尾锥销（摘自 GB/T 881—2000） （mm）

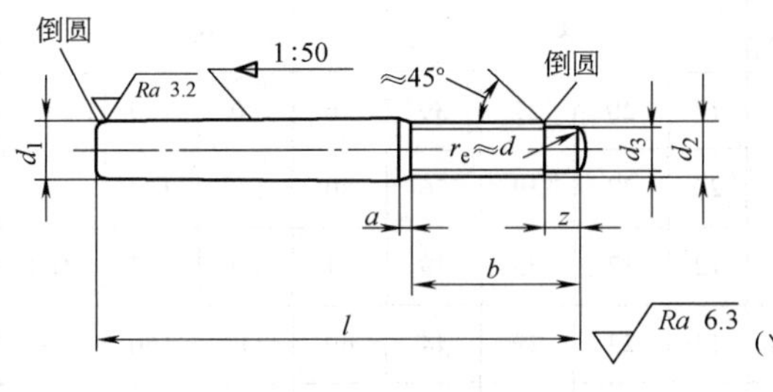

标记示例

公称直径 d_1 = 8mm、公称长度 l = 60mm、材料为 Y12 或 Y15、不经热处理、不经表面氧化处理的螺尾锥销

销 GB/T 881 8×60

d_1(公称)h10	5	6	8	10	12	16	20	25	30	40	50
a max	2.4	3	4	4.5	5.3	6	6	7.5	9	10.5	12
b max	15.6	20	24.5	27	30.5	39	39	45	52	65	78
d_2	M5	M6	M8	M10	M12	M16	M16	M20	M24	M30	M36
d_3 max	3.5	4	5.5	7	8.5	12	12	15	18	23	28
z max	1.5	1.75	2.25	2.75	3.25	4.3	4.3	5.3	6.3	7.5	9.4
l(商品规格范围)	40~50	45~60	55~75	65~100	85~120	100~160	120~190	140~250	160~280	190~320	220~400
l系列(公称尺寸)	40,45,50,55,60,65,75,85,100,120,140,160,190,220,250,280,320,360,400										

表 5.3-54 开尾锥销（摘自 GB/T 877—2000） （mm）

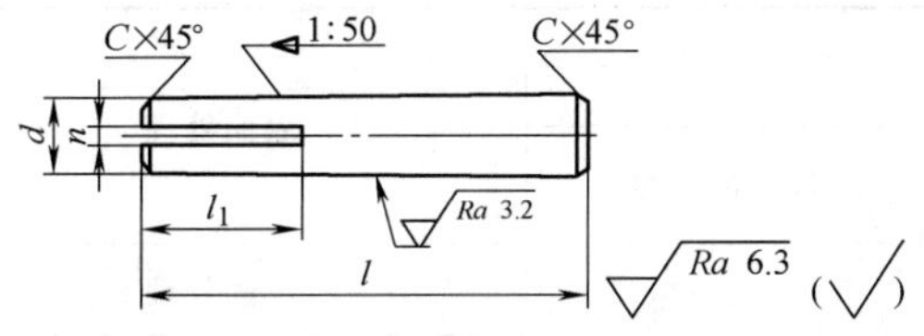

标记示例

公称直径 d = 10mm、长度 l = 60mm、材料为 35 钢、不经热处理及表面处理的开尾锥销

销 GB/T 877 10×60

d(公称)h10	3	4	5	6	8	10	12	16
n(公称)	0.8		1		1.6		2	
l_1	10		12	15	20	25	30	40
$C≈$	0.5		1			1.5		
l(商品规格范围)	30~55	35~60	40~80	50~100	60~120	70~160	80~120	100~200
l系列(公称尺寸)	30,32,35,40,45,50,55,60,65,70,75,80,85,90,95,100,120,140,160,180,200							

3.3.3 开口销和销轴（见表 5.3-55～表 5.3-57）

表 5.3-55 开口销（摘自 GB/T 91—2000） （mm）

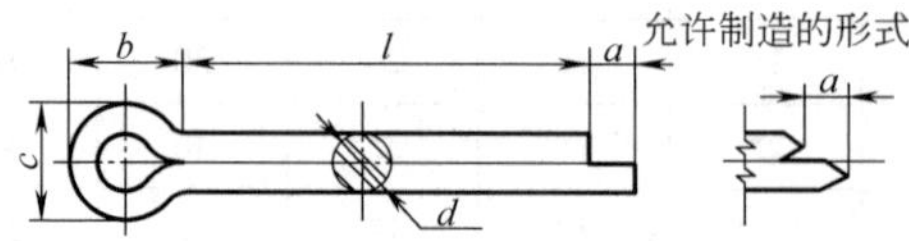

标记示例

公称直径 d=5mm、长度 l=50mm、材料为 Q215 或 Q235 不经表面处理的开口销

销 GB/T 91 5×50

d(公称)			0.6	0.8	1	1.2	1.6	2	2.5	3.2	4	5	6.3	8	10	13	16	20
c max			1	1.4	1.8	2	2.8	3.6	4.6	5.8	7.4	9.2	11.8	15	19	24.8	30.8	38.5
b≈			2	2.4	3	3	3.2	4	5	6.4	8	10	12.6	16	20	26	32	40
a max			1.6			2.5				3.2	4				6.3			
适用的直径	螺栓	>	—	2.5	3.5	4.5	5.5	7	9	11	14	20	27	39	56	80	120	170
		≤	2.5	3.5	4.5	5.5	7	9	11	14	20	27	39	56	80	120	170	—
	U 形销	>	—	2	3	4	5	6	8	9	12	17	23	29	44	69	110	160
		≤	2	3	4	5	6	8	9	12	17	23	29	44	69	110	160	—
l(商品长度规格范围)			4～12	5～16	6～20	8～25	8～32	10～40	12～50	14～63	18～80	22～100	32～125	40～160	45～200	71～250	112～280	160～280
l 系列(公称尺寸)			4,5,6,8,10,12,14,16,18,20,22,25,28,32,36,40,45,50,56,63,71,80,90,100,112,120,125,140,160,180,200,224,250,280															

注：1. 销孔的公称直径等于 d（公称）。销孔直径推荐的公差为：$d \leqslant 1.2$mm，H13；$d>1.2$mm，H14。

2. $a_{min}=\frac{1}{2}a_{max}$。

3. 根据使用需要，由供需双方协议，可采用 d（公称）为 3.6mm 或 12mm 的规格。

表 5.3-56 开口销材料

材料及表面处理	材料			表面处理
	种类	牌号	标准号	
	碳素钢	Q215A、Q235A Q215B、Q235B	GB/T 700	不经处理
				镀锌钝化按 GB/T 5267.1
				磷化按 GB/T 11376
	不锈钢	06Cr18Ni11Ti	GB/T 1220	简单处理
	铜及其合金	H63	GB/T 5231—2012	简单处理

表 5.3-57　销轴（摘自 GB/T 882—2008）　（mm）

A 型
（无开口销孔）

B 型①②
（带开口销孔）

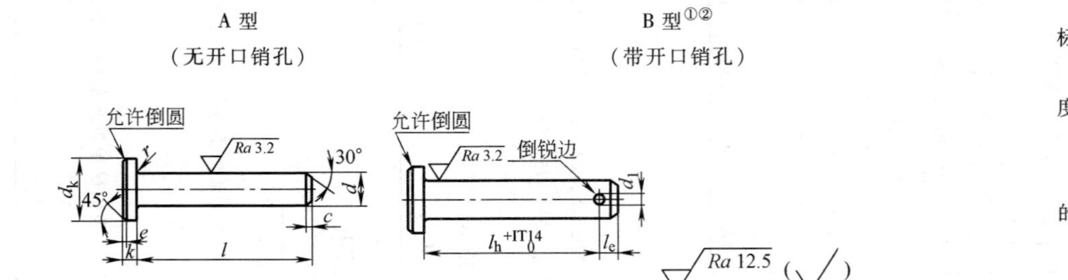

注：用于铁路和开口销承受交变横向力的场合，推荐采用表中规定的下一档较大的开口销及相应的孔径

① 其余尺寸、角度和表面粗糙度值见 A 型

② 某些情况下，不能按 $l-l_e$ 计算 l_h 尺寸，所需要的尺寸应在标记（见标记示例）中注明，但不允许 l_h 尺寸小于表中规定的数值

标记示例

公称直径 d = 20mm、长度 l = 100mm、由钢制造的硬度为 125~245HV、表面氧化处理的 B 型销轴的标记

销　GB/T 882　20×100

开口销孔为 6.3mm，其余要求与上述示例相同的销轴的标记

销　GB/T 882　20×100×6.3

孔距 l_h = 80mm、开口销孔为 6.3mm，其余要求与上述示例相同的销轴的标记

销　GB/T 882　20×100×6.3×80

孔距 l_h = 80mm，其余要求与上述示例相同的销轴的标记

销　GB/T 882　20×100×80

d h11	3	4	5	6	8	10	12	14	16	18	20	22	24	27	30	33	36	40	45	50	56	60	70	80	90	100
d_k h14	5	6	8	10	14	18	20	22	25	28	30	33	36	40	44	47	50	55	60	66	72	78	90	100	110	120
d_1 H13	0.8	1	1.2	1.6	2	3.2	3.2	4	4	5	5	5	6.3	6.3	8	8	8	8	10	10	10	10	13	13	13	13
c max	1	1	2	2	2	2	3	3	3	3	4	4	4	4	4	4	4	4	4	4	6	6	6	6	6	6
e ≈	0.5	0.5	1	1	1	1	1.6	1.6	1.6	1.6	2	2	2	2	2	2	2	2	2	2	3	3	3	3	3	3
k js14	1	1	1.6	2	3	4	4	4	4.5	5	5	5.5	6	6	8	8	8	8	9	9	11	12	13	13	13	13
l_e min	1.6	2.2	2.9	3.2	3.5	4.5	5.5	6	6	7	8	8	9	9	10	10	10	10	12	12	14	14	16	16	16	16
l（公称）	6~30	8~40	10~50	12~60	16~80	20~100	24~120	28~140	32~160	36~180	40~200	45~200	50~200	55~200	60~200	65~200	70~200	80~200	90~200	100~200	120~200	120~200	140~200	160~200	180~200	200

注：1. 长度 l 系列：6~32（2 进位），35~100（5 进位），120~200 及 200 以上（20 进位）。

2. 长度 l 公差：6~10 为±0.25，12~50 为±0.5，55~200 为±0.75。

3. 圆角 r 半径：d=3~16 为 r=0.6，d=18~200 为 r=1。

3.3.4　槽销（见表5.3-58～表5.3-63）

表5.3-58　槽销　带导杆及全长平行沟槽（GB/T 13829.1—2004）
槽销　带倒角及全长平行沟槽（GB/T 13829.2—2004）　（mm）

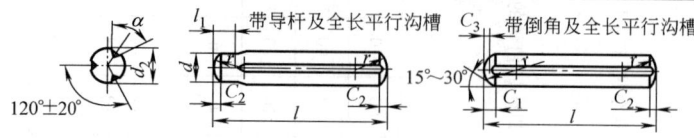

带导杆及全长平行沟槽　带倒角及全长平行沟槽

标记示例：公称直径 d=6mm、公称长度 l=50mm、材料为碳钢、硬度为125～245HV30、不经表面处理的带导杆及全长平行沟槽或带倒角及全长平行沟槽的槽销，标记为

销　GB/T 13829.1　6×50

销　GB/T 13829.2　6×50

公称直径 d=6mm、公称长度 l=50mm、材料为A1组奥氏体不锈钢、硬度为210～280HV30、表面简单处理的带导杆及全长平行沟槽的槽销，标记为

销　GB/T 13829.1　6×50-A1

d（公称）	1.5	2	2.5	3	4	5	6	8	10	12	16	20	25
d 公差	h9				h11								
l_{1max}	2	2	2.5	2.5	3	3	4	4	5	5	5	7	7
l_{1min}	1	1	1.5	1.5	2	2	3	3	4	4	4	6	6
C_2≈	0.2	0.25	0.3	0.4	0.5	0.63	0.8	1	1.2	1.6	2	2.5	3
C_3≈	0.12	0.18	0.25	0.3	0.4	0.5	0.6	0.8	1	1.2	1.6	2	2.5
C_1	0.6	0.8	1	1.2	1.4	1.7	2.1	2.6	3	3.8	4.6	6	7.5
d_2	1.60	2.15	2.65	3.20	4.25	5.25	6.30	8.30	10.35	12.35	16.40	20.50	25.50
d_2 的偏差	$^{+0.05}_{0}$		±0.05							±0.10			
最小抗剪力（双剪）/kN	1.6	2.84	4.4	6.4	11.3	17.6	25.4	45.2	70.4	101.8	181	283	444
l（商品规格范围）	8～20	8～30	10～30	10～40	10～60	14～60	14～80	14～100	14～100	18～100	22～100	26～100	26～100

注：1. 最小抗剪力仅适用于由碳钢制成的槽销。

2. 扩展直径 d_2 仅适用于由碳钢制成的槽销。对于其他材料，由供需双方协议。

3. 扩展直径 d_2 应使用光滑通、止环规进行检验。

4. l 系列（公称尺寸）为8±0.25、10±0.25、12±0.5、14±0.5、16±0.5、18±0.5、20±0.5、22±0.5、24±0.5、26±0.5、28±0.5、30±0.5、32±0.5、35±0.5、40±0.5、45±0.5、50±0.5、55±0.75、60±0.75、65±0.75、70±0.75、75±0.75、80±0.75、85±0.75、90±0.75、95±0.75、100±0.75。

表5.3-59　槽销　中部槽长为1/3全长（GB/T 13829.3—2004）
槽销　中部槽长为1/2全长（GB/T 13829.4—2004）　（mm）

槽销中部槽长为1/3全长　槽销中部槽长为1/2全长

标记示例：公称直径 d=6mm、公称长度 l=50mm、材料为碳钢、硬度为125～245HV30、不经表面处理的中部槽长为1/3全长或中部槽长为1/2全长的槽销，标记为

销　GB/T 13829.3　6×50

销　GB/T 13829.4　6×50

公称直径 d=6mm、公称长度 l=50mm、材料为A1组奥氏体不锈钢、硬度为210～280HV30、表面简单处理的中部槽长为1/3全长的槽销，标记为

销　GB/T 13829.3　6×50—A1

（续）

d(公称)	1.5	2	2.5	3	4	5	6	8	10	12	16	20	25
d 公差	h9				h11								
$C_2\approx$	0.2	0.25	0.3	0.4	0.5	0.63	0.8	1	1.2	1.6	2	2.5	3
d_2	1.60 1.63	2.10 2.15	2.60 2.65	3.10 3.15 3.20	4.15 4.20 4.25 4.30	5.15 5.20 5.25 5.30	6.15 6.25 6.30 6.35	8.20 8.25 8.30 8.35 8.40	10.20 10.30 10.40 10.45 10.40	12.25 12.30 12.40 12.50	16.25 16.30 16.40 16.50	20.25 20.30 20.40 20.50	25.25 25.30 25.40 25.50
d_2 的偏差	$^{+0.05}_{0}$		±0.05							±0.10			
最小抗剪力(双剪)/kN	1.6	2.84	4.4	6.4	11.3	17.6	25.4	45.2	70.4	101.8	181	283	444
l(商品规格范围)	8~20	8~30	10~30	10~40	10~60	14~60	14~80	14~100	14~100	18~100	22~100	26~100	26~100

注：1. 最小抗剪力仅适用于由碳钢制成的槽销。

2. 扩展直径 d_2 仅适用于由碳钢制成的槽销。对于其他材料，由供需双方协议。

3. 扩展直径 d_2 应使用光滑通、止环规进行检验。

4. l 系列（公称尺寸）为 8±0.25、10±0.25、12±0.5、14±0.5、16±0.5、18±0.5、20±0.5、22±0.5、24±0.5、26±0.5、28±0.5、30±0.5、32±0.5、35±0.5、40±0.5、45±0.5、50±0.5、55±0.75、60±0.75、65±0.75、70±0.75、75±0.75、80±0.75、85±0.75、90±0.75、95±0.75、100±0.75、120±0.75、140±0.75、160±0.75、180±0.75、200±0.75。

d_2	1.60	1.63	2.10	2.15	2.60	2.65	3.10	3.15	3.20	4.15	4.20	4.25	4.30
l(商品规格范围)	8~12	14~20	12~20	22~30	12~16	18~30	12~16	18~24	26~40	18~20	22~30	32~45	50~60
d_2	5.15	5.20	5.25	5.30	6.15	6.25	6.30	6.35	8.20	8.25	8.30	8.35	8.40
l(商品规格范围)	18~20	22~30	32~55	60	22~24	26~35	40~60	65~80	26~30	32~35	40~45	50~65	70~100
d_2	10.20	10.30	10.40	10.45	10.40	12.25	12.30	12.40	12.50	16.25	16.30	16.40	16.50
l(商品规格范围)	32~40	45~55	60~75	80~100	120~160	40~45	50~60	65~80	85~200	45	50~60	65~80	85~200
d_2	20.25	20.30	20.40	20.50	25.25	25.30	25.40	25.50					
l(商品规格范围)	45~50	55~65	70~90	95~200	45~50	55~65	70~90	95~200					

表 5.3-60　槽销　全长锥槽（GB/T 13829.5—2004）　　（mm）

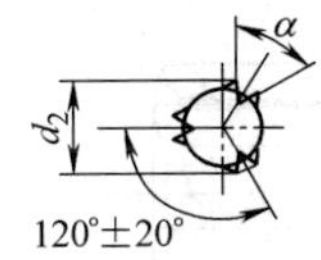

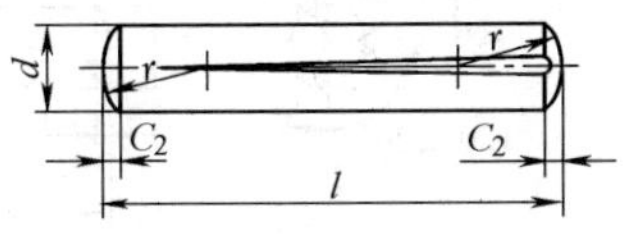

标记示例：公称直径 d=6mm、公称长度 l=50mm、材料为碳钢、硬度为 125~245HV30、不经表面处理的全长锥槽的槽销，标记为

销　GB/T 13829.5　6×50

公称直径 d=6mm、公称长度 l=50mm、材料为 A1 组奥氏体不锈钢、硬度为 210~280HV30、表面简单处理的全长锥槽的槽销，标记为

销　GB/T 13829.5　6×50—A1

d（公称）	1.5	2	2.5	3	4	5	6	8	10	12	16	20	25
d 公差	h8				h11								
$C_2\approx$	0.2	0.25	0.3	0.4	0.5	0.63	0.8	1	1.2	1.6	2	2.5	3

（续）

d_2	1.63 1.6	2.15	2.7 2.65	3.25 3.3 3.25 3.2	4.3 4.35 4.3 4.25	5.3 5.35 5.3 5.25	6.3 6.35 6.3 6.25	8.35 8.4 8.55 8.3 8.25	10.4 10.45 10.4 10.35 10.3	12.4 12.45 12.4 12.3	16.65 16.6 16.55 16.5	20.6	25.6
d_2 的偏差	$^{+0.05}_{0}$		±0.05							±0.10			
最小抗剪力（双剪）/kN	1.6	2.84	4.4	6.4	11.3	17.6	25.4	45.2	70.4	101.8	181	283	444
l（商品规格范围）	8~20	8~30	10~30	10~40	10~60	14~60	14~80	14~100	14~100	18~100	22~100	26~100	26~100

注：1. 最小抗剪力仅适用于由碳钢制成的槽销。

2. 扩展直径 d_2 仅适用于由碳钢制成的槽销。对于其他材料，由供需双方协议。

3. 扩展直径 d_2 应使用光滑通、止环规进行检验。

4. l 系列（公称尺寸）为 8±0.25、10±0.25、12±0.5、14±0.5、16±0.5、18±0.5、20±0.5、22±0.5、24±0.5、26±0.5、28±0.5、30±0.5、32±0.5、35±0.5、40±0.5、45±0.5、50±0.5、55±0.75、60±0.75、65±0.75、70±0.75、75±0.75、80±0.75、85±0.75、90±0.75、95±0.75、100±0.75、120±0.75。

d_2	1.63	1.6	2.15	2.7	2.65	3.25	3.3	3.25	3.2	4.3	4.35	4.3	4.25
l（商品规格范围）	8~10	12~20	80~30	8~16	18~30	8	10~16	18~24	26~40	18~10	12~20	22~35	40~60
d_2	5.3	5.35	5.3	5.25	6.3	6.35	6.3	6.25	8.35	8.4	8.55	8.3	8.25
l（商品规格范围）	8~12	14~20	22~40	45~60	10~12	14~30	32~50	55~80	12~16	18~30	32~55	60~80	85~100
d_2	10.4	10.45	10.4	10.35	10.3	12.4	12.45	12.4	12.3	16.65	16.6	16.55	16.5
l（商品规格范围）	14~20	22~40	45~60	65~100	120	14~20	22~40	45~65	70~120	24	26~50	55~90	95~120
d_2	20.6	25.6											
l（商品规格范围）	26~120	26~120											

表 5.3-61　槽销　半长锥槽（GB/T 13829.6—2004）　　（mm）

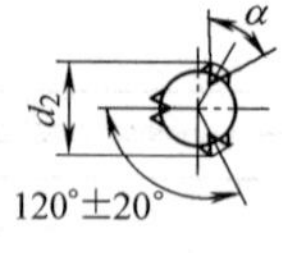

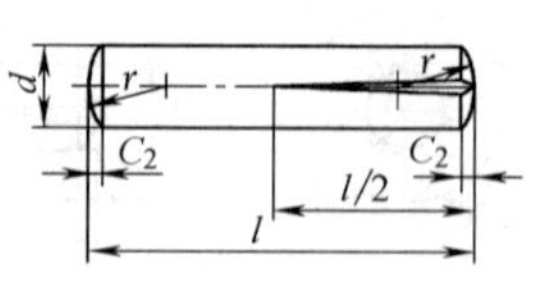

标记示例：公称直径 d=6mm、公称长度 l=50mm、材料为碳钢、硬度为 125~245HV30、不经表面处理的半长锥槽的槽销，标记为

销　GB/T 13829.6　6×50

公称直径 d=6mm、公称长度 l=50mm、材料为 A1 组奥氏体不锈钢、硬度为 210~280HV30、表面简单处理的半长锥槽的槽销，标记为

销　GB/T 13829.6　6×50—A1

d（公称）	1.5	2	2.5	3	4	5	6	8	10	12	16	20	25
d 公差	h9				h11								
C_2 ≈	0.2	0.25	0.3	0.4	0.5	0.63	0.8	1	1.2	1.6	2	2.5	3

（续）

d_2	1.63	2.15	2.65 2.70	3.2 3.25 3.3 3.25	4.25 4.3 4.35 4.3	5.25 5.3 5.35 5.3	6.25 6.30 6.35 6.30	8.25 8.3 8.35 8.4 8.35	10.3 10.35 10.4 10.45 10.4 10.35	12.3 12.35 12.4 12.45 12.4 12.35	16.5 16.55 16.6 16.55	20.55 20.6	25.5 25.6
d_2 的偏差	$^{+0.05}_{0}$		±0.05							±0.10			
最小抗剪力（双剪）/kN	1.6	2.84	4.4	6.4	11.3	17.6	25.4	45.2	70.4	101.8	181	283	444
l(商品规格范围)	8～20	8～30	10～30	10～40	10～60	14～60	14～80	14～100	14～100	18～100	22～100	26～100	26～100

注：1. 最小抗剪力仅适用于由碳钢制成的槽销。

2. 扩展直径 d_2 仅适用于由碳钢制成的槽销。对于其他材料，由供需双方协议。

3. 扩展直径 d_2 应使用光滑通、止环规进行检验。

4. l 系列（公称尺寸）为 8±0.25、10±0.25、12±0.5、14±0.5、16±0.5、18±0.5、20±0.5、22±0.5、24±0.5、26±0.5、28±0.5、30±0.5、32±0.5、35±0.5、40±0.5、45±0.5、50±0.5、55±0.75、60±0.75、65±0.75、70±0.75、75±0.75、80±0.75、85±0.75、90±0.75、95±0.75、100±0.75、120±0.75、140±0.75、160±0.75、180±0.75、200±0.75。

d_2	1.63	2.15	2.65	2.7	3.2	3.25	3.3	3.25	4.25	4.30	4.35	4.30	5.25
l(商品规格范围)	8～20	8～30	8～10	12～30	8～10	12～16	18～30	32～40	10～12	14～20	22～40	45～60	10～12
d_2	5.30	5.35	5.30	6.25	6.30	6.35	6.30	8.25	8.3	8.35	8.4	8.35	10.30
l(商品规格范围)	14～20	22～50	55～60	10～16	18～24	26～60	65～80	14～16	18～20	22～40	45～75	80～100	14～20
d_2	10.35	10.40	10.45	10.40	10.35	12.30	12.35	12.40	12.45	12.40	12.35	16.50	16.55
l(商品规格范围)	22～24	26～45	50～80	85～120	140～200	18～20	22～24	26～45	50～80	85～120	140～200	26～30	32～55
d_2	16.60	16.55	20.55	20.60	25.50	25.60							
l(商品规格范围)	60～100	120～200	26～50	55～200	26～50	55～200							

表 5.3-62　槽销　半长倒锥槽（GB/T 13829.7—2004）　（mm）

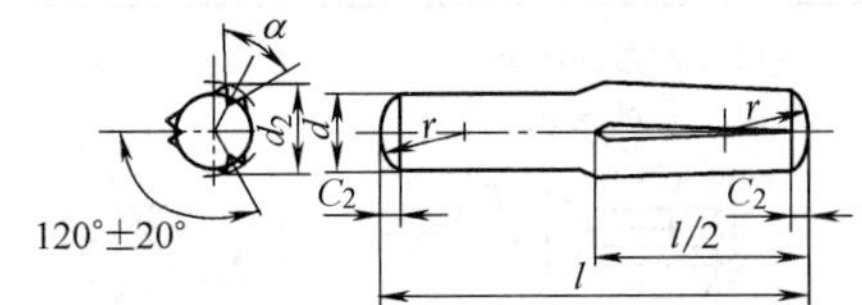

标记示例：公称直径 d=6mm、公称长度 l=50mm、材料为碳钢、硬度为 125～245HV30、不经表面处理的半长倒锥槽的槽销，标记为

销　GB/T 13829.5　6×50

公称直径 d=6mm、公称长度 l=50mm、材料为 A1 组奥氏体不锈钢、硬度为 210～280HV30、表面简单处理的半长倒锥槽的槽销，标记为

销　GB/T 13829.5　6×50—A1

d（公称）	1.5	2	2.5	3	4	5	6	8	10	12	16	20	25
d 公差	h9				h11								
C_2 ≈	0.2	0.25	0.3	0.4	0.5	0.63	0.8	1	1.2	1.6	2	2.5	3

（续）

d_2	1.6 1.63	2.1 2.15	2.6 2.65 2.70	3.1 3.15 3.2 3.25	4.15 4.2 4.25 4.30	5.15 5.2 5.25 5.30	6.15 6.25 6.3 6.35	8.2 8.25 8.3 8.35 8.4 8.35	10.2 10.3 10.4 10.45 10.4	12.25 12.3 12.4 12.5 12.45	16.25 16.3 16.4 16.5 16.45	20.25 20.3 20.4 20.5 20.45	25.25 25.3 25.4 25.5 25.45
d_2 的偏差	$^{+0.05}_{0}$		±0.05							±0.10			
最小抗剪力（双剪）/kN	1.6	2.84	4.4	6.4	11.3	17.6	25.4	45.2	70.4	101.8	181	283	444
l（商品规格范围）	8~20	8~30	8~30	8~40	10~60	10~60	12~80	14~100	18~160	26~200	26~200	26~200	26~200

注：1. 最小抗剪力仅适用于由碳钢制成的槽销。

2. 扩展直径 d_2 仅适用于由碳钢制成的槽销。对于其他材料，由供需双方协议。

3. 扩展直径 d_2 应使用光滑通、止环规进行检验。

4. l 系列（公称尺寸）为 8±0.25、10±0.25、12±0.5、14±0.5、16±0.5、18±0.5、20±0.5、22±0.5、24±0.5、26±0.5、28±0.5、30±0.5、32±0.5、35±0.5、40±0.5、45±0.5、50±0.5、55±0.75、60±0.75、65±0.75、70±0.75、75±0.75、80±0.75、85±0.75、90±0.75、95±0.75、100±0.75、120±0.75、140±0.75、160±0.75、180±0.75、200±0.75。

d_2	1.6	1.63	2.1	2.15	2.6	2.65	2.7	3.1	3.15	3.2	3.25	4.15	4.2
l（商品规格范围）	8~10	12~20	8~16	18~30	8~12	14~20	22~30	8~12	14~16	18~24	26~40	10~12	14~20
d_2	4.25	4.3	5.15	5.2	5.25	5.3	6.15	6.25	6.3	6.35	8.2	8.25	8.3
l（商品规格范围）	22~35	40~60	10~12	14~20	22~35	40~60	12~16	18~24	26~40	45~80	14~20	22~24	26~30
d_2	8.35	8.4	8.35	10.2	10.3	10.4	10.45	10.4	12.25	12.3	12.4	12.5	12.45
l（商品规格范围）	32~45	50~75	80~100	18~24	26~35	40~50	55~90	95~60	26~30	32~40	45~55	60~100	120~200
d_2	16.25	16.3	16.40	16.5	16.45	20.25	20.3	20.4	20.5	20.45	25.25	25.3	25.4
l（商品规格范围）	26~30	32~40	45~55	60~100	120~200	26~35	40~45	50~55	60~120	140~200	26~35	40~45	50~55
d_2	25.5	25.45											
l（商品规格范围）	60~120	140~200											

表 5.3-63 圆头槽销（GB/T 13829.8—2004）**沉头槽销**（GB/T 13829.9—2004）（mm）

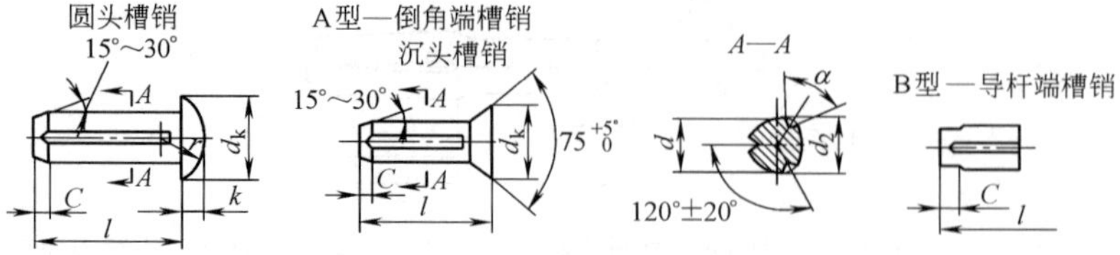

标记示例：公称直径 d=6mm、公称长度 l=50mm、材料为冷镦钢、硬度为 125~245HV30、不经表面处理的圆头槽销或沉头槽销的槽销，标记为

销 GB/T 13829.8 6×50

销 GB/T 13829.9 6×50

如果要指明用 A 型—倒角端槽销或 B 型—导杆端槽销，标记为

销 GB/T 13829.8 6×50-A

销 GB/T 13829.9 6×50-B

（续）

d	公称	1.4	1.6	2	2.5	3	4	5	6	8	10	12	16	20
	max	1.40	1.60	2.00	2.500	3.000	4.0	5.0	6.0	8.00	10.00	12.0	16.0	20.0
	min	1.35	1.55	1.95	2.425	2.925	3.9	4.9	5.9	7.85	9.85	11.8	15.8	19.8
d_k	max	2.6	3.0	3.7	4.6	5.45	7.25	9.1	10.8	14.4	16.0	19.0	25.0	32.0
	min	2.2	2.6	3.3	4.2	4.95	6.75	8.5	10.2	13.6	14.9	17.7	23.7	30.7
k	max	0.9	1.1	1.3	1.6	1.95	2.55	3.15	3.75	5.0	7.4	8.4	10.9	13.9
	min	0.7	0.9	1.1	1.4	1.65	2.25	2.85	3.45	4.6	6.5	7.5	10.0	13.0
$r\approx$		1.4	1.6	1.9	2.4	2.8	3.8	4.6	5.7	7.5	8	9.5	13	16.5
C		0.42	0.48	0.6	0.75	0.9	1.2	1.5	1.8	2.4	3.0	3.6	4.8	6
d_2		1.50	1.70	2.15	2.70	3.20	4.25	5.25	6.30	8.30	10.35	12.35	16.40	20.50
d_2 的偏差		$^{+0.05}_{0}$			±0.05							±0.10		
l（商品规格范围）		3～6	3～8	3～10	3～12	4～16	5～20	6～25	8～30	10～40	12～40	16～40	20～40	25～40

注：1. 扩展直径 d_2 仅适用于由冷镦钢制成的槽销。对于其他材料，由供需双方协议。

2. 扩展直径 d_2 应使用光滑通、止环规进行检验。

3. l 系列（公称尺寸）为 3±0.2、4±0.3、5±0.3、6±0.3、8±0.3、10±0.3、12±0.4、16±0.4、20±0.5、25±0.5、30±0.5、35±0.5、40±0.5。

第4章 过盈连接

过盈连接是利用零件间的配合过盈实现连接，这种连接结构简单，定心精度好，可承受转矩、轴向力或两者复合的载荷，而且承载能力高，在冲击、振动载荷下也能较可靠地工作，缺点是结合面加工精度要求较高，装配不便，虽然连接零件无键槽削弱，但配合面边缘处应力集中较大。过盈连接主要用在重型机械、起重机械、船舶、机车及通用机械，且多为中等和大尺寸。

1 过盈连接的类型、特点和应用（见表 5.4-1）

表 5.4-1 过盈连接的类型、特点和应用

类型	结构图例	特点和应用
圆柱面过盈连接	1—轮缘 2—轮心 3—齿轮 4—轴	圆柱面过盈连接的过盈量是由所选择的配合来确定的。当过盈量及配合尺寸较小时，一般采用在常温下直接压入法装配；当过盈量及配合尺寸较大时，常用温差法装配 圆柱面过盈连接结构简单，加工方便。不宜多次装拆。应用广泛，常用于轴毂连接，轮圈与轮心、滚动轴承与轴的连接，曲轴的连接等
圆锥面过盈连接		圆锥面过盈连接是利用包容件与被包容件相对轴向位移压紧获得过盈结合。可利用螺纹连接件实现轴向相对位移和压紧；也可利用液压装入和拆下。圆锥面过盈连接时压合距离短，装拆方便，装拆时结合面不易擦伤；但结合面加工不便。这种连接多用于承载较大且需多次装拆的场合，尤其适用于大型零件，如轧钢机械、螺旋桨尾轴等

<table>
<tr><th>装配方法</th><th colspan="2">特点和适用场合</th></tr>
<tr><td>压入法</td><td colspan="2">工艺简单，但配合表面易擦伤，削弱了连接的紧固性，适用于过盈量不大或尺寸较小的场合</td></tr>
<tr><td>温差法</td><td>将包容件置于电炉、煤气炉或热油中加热；或将被包容件用干冰、液态空气或置于低温箱中冷却；也可同时加热包容件和冷却被包容件</td><td rowspan="2">工艺较压入法复杂，配合表面不易擦伤，可重复装拆，适用于过盈量或尺寸较大的场合，温差法尤其适用于经热处理或涂覆过的表面，液压法主要用于圆锥面过盈连接</td></tr>
<tr><td>液压法</td><td>将高压油压入配合表面，使包容件胀大、被包容件缩小，同时施以不大的轴向力，两者相对移动到预定位置，然后排出高压即可得过盈连接，对配合面的接触精度要求较高，需要高压液压泵等专用设备</td></tr>
</table>

2 圆柱面过盈连接计算

2.1 计算基础

2.1.1 两个简单厚壁圆筒在弹性范围内连接的计算

弹性范围是指包容件和被包容件由于结合压力而产生的变形与应力成线性关系，亦即连接件的应力低于其材料的下屈服强度（R_{eL}或$R_{p0.2}$）。

2.1.2 计算的假定条件

1）包容件与被包容件处于平面应力状态，即轴向应力 $\sigma_z=0$。

2）包容件与被包容件在结合长度上结合压力为常数。

3）材料的弹性模量为常数。

4）计算的强度理论，按变形能理论。

2.1.3 计算用的符号（见表5.4-2）

2.1.4 直径变化量的计算公式

1）包容件直径变化量 e_a

$$e_a=\frac{p_f d_f}{E_a}\left(\frac{1+q_a^2}{1-q_a^2}+\nu_a\right)$$

2）被包容件直径变化量

$$e_i=\frac{p_f d_f}{E_i}\left(\frac{1+q_i^2}{1-q_i^2}-\nu_i\right)$$

3）有效过盈量 δ_e

$$\delta_e=e_a+e_i$$

表5.4-2 过盈连接计算用的符号（摘自GB/T 5371—2004）

符号	含　义	单　位	符号	含　义	单　位
δ	过盈量	mm	F_{xi}	压入力	N
δ_e	有效过盈量	mm	F_{xe}	压出力	N
δ_b	基本过盈量	mm	F_a	轴向力	N
d_f	结合直径	mm	T	转矩	N·mm
d_a	包容件外径	mm	F_t	传递力	N
d_i	被包容件内径	mm	μ	摩擦因数	—
l_f	结合长度	mm	ν	泊松比	—
q_a	包容件直径比	—	R_{eL}	下屈服强度	MPa
q_i	被包容件直径比	—	R_m	抗拉强度	MPa
S_a	包容件的压平深度	mm	E	弹性模量	MPa
S_i	被包容件的压平深度	mm	Ra	轮廓算术平均偏差	mm
e_a	包容件直径变化量	mm	注:除另有说明外,表中符号再加下标“a”表示包容件;“i”表示被包容件		
e_i	被包容件直径变化量	mm			
p_f	结合压力	MPa			

2.2 最小过盈量计算公式（见表5.4-3、表5.4-4、图5.4-1）

表5.4-3 过盈连接传递负荷所需的最小过盈量计算公式（摘自GB/T 5371—2004）

序号	计算内容		计算公式	说　明
1	传递载荷所需的最小结合压力	传递转矩	$p_{f\min}=\frac{2T}{\pi d_f^2 l_f \mu}$	—
		承受轴向力	$p_{f\min}=\frac{F_a}{\pi d_f l_f \mu}$	—
		传递力	$p_{f\min}=\frac{F_t}{\pi d_f l_f \mu}$	$F_t=\sqrt{F_a^2+\left(\frac{2T}{d_f}\right)^2}$
2	包容件直径比		$q_a=\frac{d_f}{d_a}$	—
3	被包容件直径比		$q_i=\frac{d_i}{d_f}$	对实心轴 $q_i=0$
4	包容件传递载荷所需的最小直径变化量		$e_{a\min}=p_{f\min}\frac{d_f}{E_a}C_a$	$C_a=\frac{1+q_a^2}{1-q_a^2}+\nu_a$
5	被包容件传递载荷所需的最小直径变化量		$e_{i\min}=p_{f\min}\frac{d_f}{E_i}C_i$	$C_i=\frac{1+q_i^2}{1-q_i^2}-\nu_i$
6	传递载荷所需的最小有效过盈量		$\delta_{e\min}=e_{a\min}+e_{i\min}$	—
7	考虑压平量的最小过盈量		$\delta_{\min}=\delta_{e\min}+2(S_a+S_i)$	对纵向过盈连接取 $S_a=1.6Ra_a$, $S_i=1.6Ra_i$

表 5.4-4　过盈连接件不产生塑性变形所允许的最大有效过盈量计算公式（摘自 GB/T 5371—2004）

序号	计算内容	计算公式	说　明
1	包容件不产生塑性变形所允许的最大结合压力	塑性材料：$p_{fa\ max}=aR_{eLa}$ 脆性材料：$p_{fa\ max}=b\dfrac{R_{ma}}{2\sim3}$	$a=\dfrac{1-q_a^2}{\sqrt{3+q_a^4}}$，$b=\dfrac{1-q_a^2}{1+q_a^2}$ a、b 值可查图 5.4-1
2	被包容件不产生塑性变形所允许的最大结合压力	塑性材料：$p_{fi\ max}=cR_{eL\ i}$ 脆性材料：$p_{fi\ max}=c\dfrac{R_{mi}}{2\sim3}$	$c=\dfrac{1-q_i^2}{2}$，c 值可查图 5.4-1 实心轴 $q_i=0$，此时 $c=0.5$
3	连接件不产生塑性变形的最大结合压力	$p_{f\ max}$ 取 $p_{fa\ max}$ 和 $p_{fi\ max}$ 中的较小者	
4	连接件不产生塑性变形的传递力	$F_t=p_{f\ max}\cdot\pi d_f l_f\mu$	μ 值可查表 5.4-6、表 5.4-7
5	包容件不产生塑性变形所允许的最大直径变化量	$e_{a\ max}=\dfrac{p_{f\ max}d_f}{E_a}C_a$	$C_a=\dfrac{1+q_a^2}{1-q_a^2}+\nu_a$ E_a、E_i、ν_a、ν_i 查表 5.4-8
6	被包容件不产生塑性变形所允许的最大直径变化量	$e_{i\ max}=\dfrac{p_{f\ max}d_f}{E_i}C_i$	$C_i=\dfrac{1+q_i^2}{1-q_i^2}-\nu_i$ E_a、E_i、ν_a、ν_i 查表 5.4-8
7	连接件不产生塑性变形所允许的最大有效过盈量	$\delta_{e\ max}=e_{a\ max}+e_{i\ max}$	—

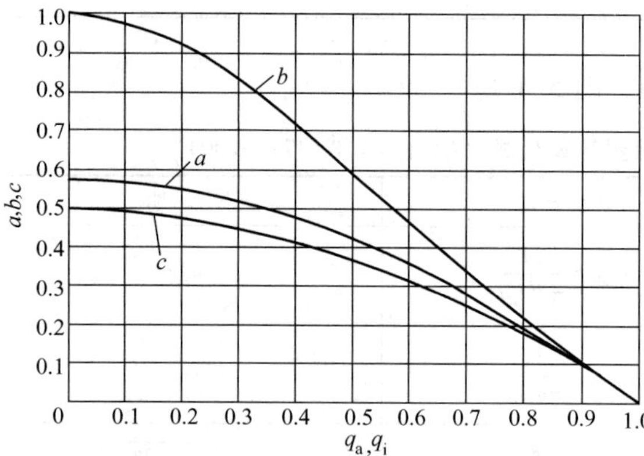

图 5.4-1　系数 a、b、c

2.3　配合的选择

1）过盈配合按 GB/T 1800.1、GB/T 1800.2 和 GB/T 1801 的规定选择。

2）选出的配合，其最大过盈量［δ_{max}］和最小过盈量［δ_{min}］应满足下列要求：

① 保证过盈连接传递给定的载荷：

$$[\delta_{min}]>\delta_{min}。$$

② 保证连接件不产生塑性变形：

$$[\delta_{max}]\leqslant\delta_{e\ max}。$$

3）配合的选择步骤。

① 初选基本过盈量 δ_b。

一般情况，可取 $\delta_b\approx\dfrac{\delta_{min}+\delta_{e\ max}}{2}$。

当要求有较多的连接强度储备时，可取 $\delta_{e\ max}>\delta_b>\dfrac{\delta_{min}+\delta_{e\ max}}{2}$。

当要求有较多的连接件材料强度储备时，可取 $\delta_{min}<\delta_b<\dfrac{\delta_{min}+\delta_{e\ max}}{2}$。

② 按初选的基本过盈量 δ_b 和结合直径 d_f，由图 5.4-2 查出配合的基本偏差代号。

③ 按基本偏差代号和 $\delta_{e\ max}$、δ_{min}，由 GB/T 1801 和 GB/T 1800.2 确定选用的配合和孔、轴公差带。

2.4　校核计算（见表 5.4-5～表 5.4-8）

表 5.4-5　校核计算

序号	计算内容	计算公式	说　明
1	最小传递力	$F_{t\ min}=[p_{f\ min}]\pi d_f l_f\mu$	$[p_{f\ min}]=\dfrac{[\delta_{min}]-2(S_a+S_i)}{d_f\left(\dfrac{C_a}{E_a}+\dfrac{C_i}{E_i}\right)}$

（续）

序号	计算内容	计算公式	说　明
2	包容件的最大应力	塑性材料：$\sigma_{a\max}=\dfrac{[p_{f\max}]}{a}$ 脆性材料：$\sigma_{a\max}=\dfrac{[p_{f\max}]}{b}$	$[p_{f\max}]=\dfrac{[\delta_{\max}]}{d_f\left(\dfrac{C_a}{E_a}+\dfrac{C_i}{E_i}\right)}$
3	被包容件的最大应力	$\sigma_{f\max}=\dfrac{[p_{f\max}]}{c}$	
4	包容件的外径扩大量	$\Delta d_a=\dfrac{2p_f d_a q_a^2}{E_a(1-q_i^2)}$	p_f 取$(p_{f\max})$或$(p_{f\min})$
5	被包容件的内径缩小量	$\Delta d_i=\dfrac{2p_f d_i}{E_i(1-q_i^2)}$	p_f 取$(p_{f\max})$或$(p_{f\min})$

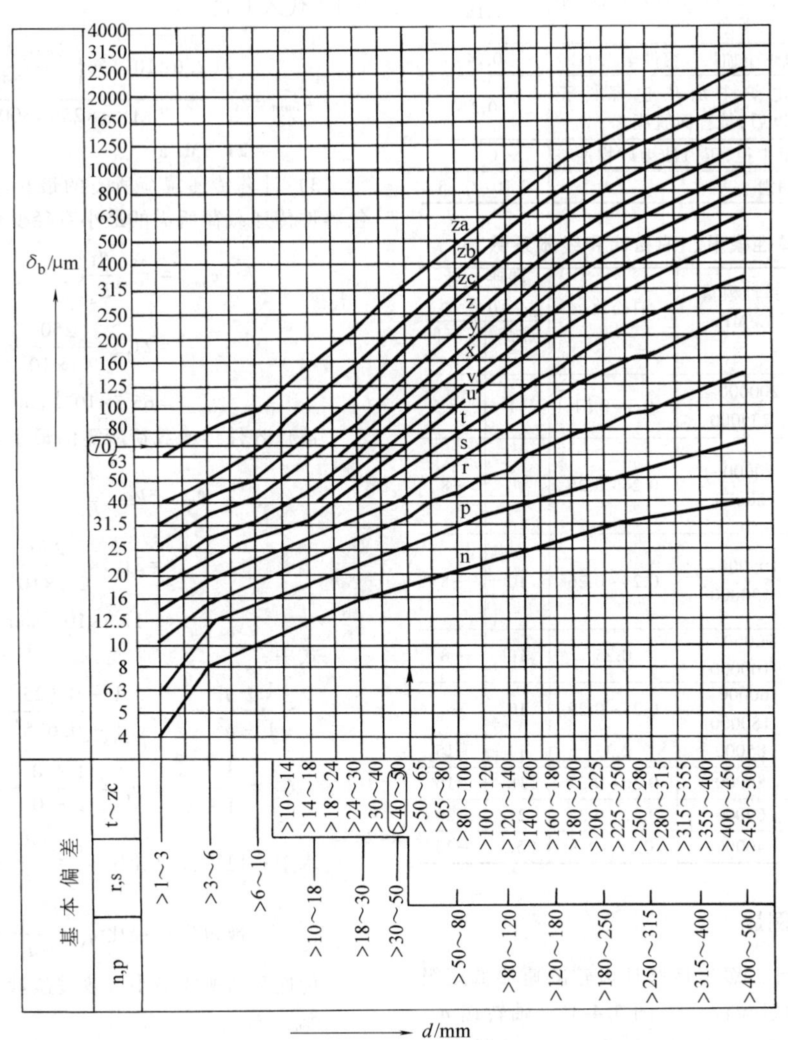

图 5.4-2　过盈配合选择线图

表 5.4-6　纵向过盈连接的摩擦因数

（用压入法实现的过盈连接）

材　　料	摩擦因数 μ	
	无润滑	有润滑
钢-钢	0.07～0.16	0.05～0.13
钢-铸钢	0.11	0.08
钢-结构钢	0.10	0.07
钢-优质结构钢	0.11	0.08
钢-青铜	0.15～0.2	0.03～0.06
钢-铸铁	0.12～0.15	0.05～0.10
铸铁-铸铁	0.15～0.25	0.05～0.10

表 5.4-7　横向过盈连接的摩擦因数

（用胀缩法实现的过盈连接）

材料	结合方式、润滑	摩擦因数 μ
钢-钢	油压扩径，压力油为矿物油	0.125
	油压扩径，压力油为甘油，结合面排油干净	0.18
	在电炉中加热包容件至 300℃	0.14
	在电炉中加热包容件至 300℃以后，结合面脱脂	0.2
钢-铸铁	油压扩径，压力油为矿物油	0.1
钢-铝镁合金	无润滑	0.10～0.15

表 5.4-8　弹性模量、泊松比和线胀系数

材　　料	弹性模量 E/MPa ≈	泊松比 ν ≈	线胀系数 $\alpha/(10^{-6}/℃)$	
			加热 ≈	冷却 ≈
碳钢、低合金钢、合金结构钢	200000～235000	0.3～0.31	11	-8.5
灰铸铁 HT150 HT200	70000～80000	0.24～0.25	10	-8
灰铸铁 HT250 HT300	105000～130000	0.24～0.26	10	-8
可锻铸铁	90000～100000	0.25	10	-8
非合金球墨铸铁	160000～180000	0.28～0.29	10	-8
青铜	85000	0.35	17	-15
黄铜	80000	0.36～0.37	18	-16
铝合金	69000	0.32～0.36	21	-20
镁合金	40000	0.25～0.3	25.5	-25

2.5　设计计算例题

例 5.4-1　设计二级斜齿圆柱齿轮减速器低速级焊接大齿轮与轴的过盈配合（图 5.4-3）。轴转速 n = 30.5r/min，齿轮转矩 $T=6.26\times10^7$N·mm，受轴向力 $F_a=2.6\times10^4$N。轴材料为 42CrMoA，屈服强度 R_{eLa} = 930MPa，轮毂材料为 45 钢，屈服强度 R_{eLa} = 355MPa。轴与轮毂配合面直径 d_f = 250mm，配合面轮毂长度 l_f = 300mm，轮毂外径 d_a = 400mm，轮毂表面粗糙度 $Ra3.2\mu m$，轴表面粗糙度 $Ra1.6\mu m$。若载荷全部由过盈配合传递，键作为辅助连接，选择轴与孔的配合。

解

1）在计算中忽略轮辐和轮缘的作用，只考虑轮毂与轴进行过盈配合计算，并忽略键和键槽的影响。

2）计算传递 T、F_a 所需最小的压强 p_{fmin}（表 5.4-3）为

$$p_{fmin}=\frac{\sqrt{F_a{}^2+\left(\frac{2T}{d_f}\right)^2}}{\mu\pi d_f l_f}$$

按已知条件，$F_a=2.6\times10^4$N，$T=6.26\times10^7$N·mm，d_f = 250mm，l_f = 300mm，由表 5.4-6 查得摩擦因数 μ = 0.1。代入上式

$$p_{fmin}=\frac{\sqrt{(2.6\times10^4)^2+\left(\frac{2\times6.26\times10^7}{250}\right)^2}}{0.1\times\pi\times250\times300}\text{MPa}$$

$$=21.3\text{MPa}$$

3）计算传递载荷所需的最小过盈。由表 5.4-3，包容件传递载荷所需的最小直径变化量为

$$e_{amin}=p_{fmin}\frac{d_f}{E_a}C_a$$

$$=21.3\times\frac{250}{2.1\times10^5}\times2.582\text{mm}$$

$$=65.5\times10^{-3}\text{mm}$$

被包容件传递载荷所需的最小直径变化量为

$$e_{imin}=p_{fmin}\frac{d_f}{E_i}C_i$$

$$=21.3\times\frac{250}{2.1\times10^5}\times0.7\text{mm}$$

$$=17.8\times10^{-3}\text{mm}$$

式中：

$$C_a=\frac{1+q_a^2}{1-q_a^2}+\nu_a=\frac{1+0.625^2}{1-0.625^2}+0.3=2.582$$

$$C_i=\frac{1+q_i^2}{1-q_i^2}+\nu_i=\frac{1+0}{1-0}-0.3=0.7$$

式中：包容件直径比 $q_a=\frac{d_f}{d_a}=\frac{250}{400}=0.625$

被包件直径比 $q_i=\frac{d_i}{d_f}=\frac{0}{250}=0$

传递载荷所需最小有效过盈量为

$$\delta_{emin}=e_{amin}+e_{imin}$$

$$=(65.5\times10^{-3}+17.8\times10^{-3})\text{mm}$$

$$=83.3\times10^{-3}\text{mm}$$

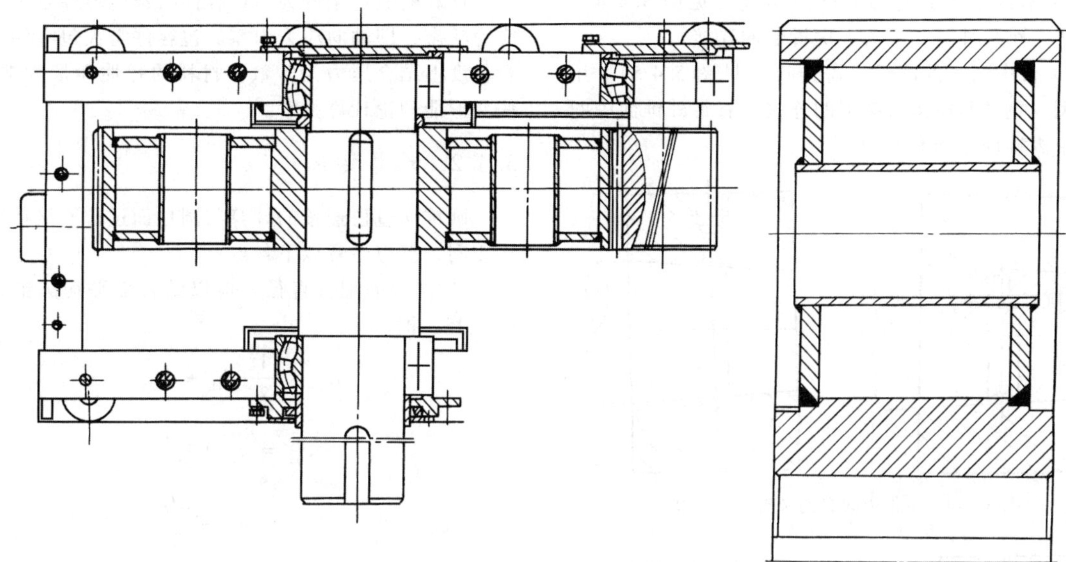

图 5.4-3 二级斜齿圆柱齿轮减速器（局部）和大齿轮

考虑压平量的最小过盈，由表 5.4-3

$$\delta_{min} = \delta_{emin} + 2(S_a + S_i)$$
$$= [83.3 + 2(1.6 + 1.6)] \times 10^{-3}mm$$
$$= 89.7 \times 10^{-3}mm$$

4）按 GB/T 1800.2 选择适当的配合（图 5.4-2）。

决定选 $250\dfrac{H7}{S6}$，其偏差为 $250S6^{+0.169}_{+0.140}$，$250H7^{+0.46}_{+0}$

最小过盈 $Y_{min}=140\mu m-46\mu m=94\mu m=94\times10^{-3}mm$

最大过盈 $Y_{max}=169\mu m=169\times10^{-3}mm$

5）计算连接件不产生塑性变性的最大有效过盈。

轴和轮都是塑性材料，由表 5.4-4 得计算公式。

包容件不产生塑性变形所允许的最大结合压力：

$$p_{famax} = aR_{eLa} = 0.343 \times 355MPa = 121.8MPa$$

式中 $a = \dfrac{1-q_a^2}{\sqrt{3+q_a^4}} = \dfrac{1-0.625^2}{\sqrt{3+0.625^4}} = 0.343$（也可由图 5.4-1 查得）

被包容件不产生塑变形所允许的最大结合压力：

$$p_{fimax} = cR_{eLi} = 0.5 \times 930MPa = 465MPa$$

式中 $c = \dfrac{1-q_i^2}{2} = \dfrac{1-0}{2} = 0.5$（也可由图 5.4-1 查得）

连接件不产生塑性变性的最大结合力（取 p_{famax} 与 p_{fimax} 中的较小值）：

$$p_{fmax} = 121.8MPa$$

包容件不产生塑性变形所允许的最大直径变化量：

$$e_{amax} = \frac{p_{fmax}d_f}{E_a}C_a$$
$$= \frac{121.8 \times 250}{2.1 \times 10^5} \times 2.582mm$$
$$= 0.374mm$$

被包容件不产生塑性变形所允许的最大直径变化量：

$$e_{imax} = \frac{p_{fmax}d_f}{E_i}C_i$$
$$= \frac{121.8 \times 250}{2.1 \times 10^5} \times 0.7mm = 0.102mm$$

连接件不产生塑性变形所允许的最大有效过盈：

$$\delta_{emax} = e_{amax} + e_{imax}$$
$$= (0.374 + 0.102)mm = 0.476mm$$
$$\delta_{emax} > \text{最大过盈 } Y_{max} = 0.169mm$$

结论：选择 250H7/S6 配合，合理可行。

3 圆锥过盈配合的计算和选用（摘自 GB/T 15755—1995）

3.1 圆锥过盈连接的特点

圆锥过盈连接的特点：

1）包容件和被包容件不需加热或冷却即可装配。

2）可实现较小直径的连接。

3）当轴向定位要求不高时，可得到配合零件的互换性。

4）可通过控制轴向位移来精确地调整其过盈量。

5）可以实现多次拆装，不用压入设备，不损伤其结合面。

3.2 圆锥过盈连接的形式及应用

圆锥过盈连接有以下两种形式：

1）不带中间套的圆锥过盈连接（见图 5.4-4）。用于中、小尺寸，或不需多次拆装的连接。

2）带中间套的圆锥过盈连接（见图 5.4-5）。用于大型、重载和需多次装拆的连接。有带外锥面中间套和带内锥面中间套两种。

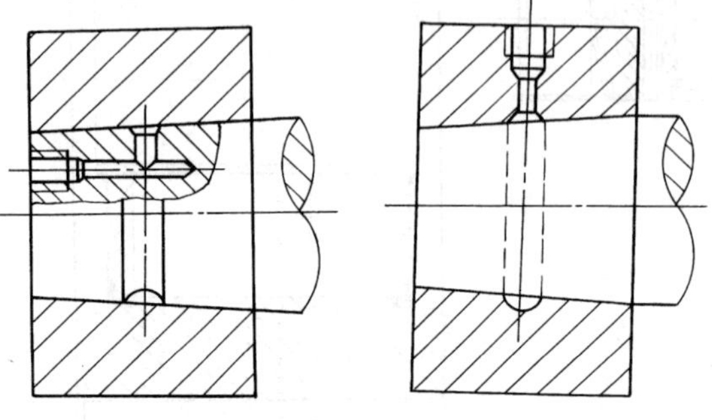

图 5.4-4　不带中间套的圆锥过盈连接

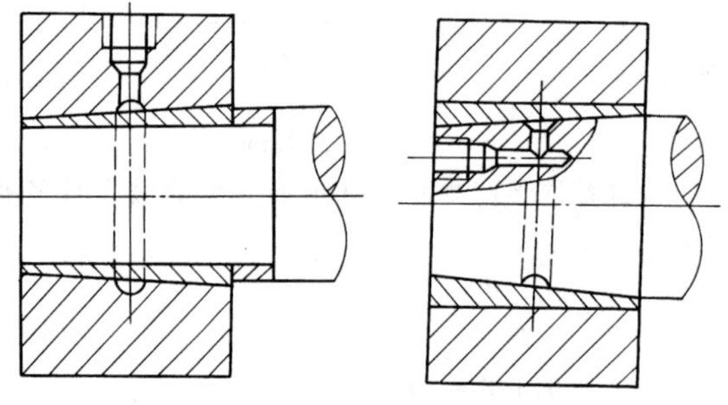

图 5.4-5　带中间套的圆锥过盈连接

3.3　圆锥过盈连接的计算和选用

3.3.1　计算基础与假定条件

本计算以两个简单厚壁圆筒在弹性范围内的连接为计算基础。

计算的假定条件为：包容件与被包容件处于平面应力状态，即轴向应力为零。包容件与被包容件在结合长度上结合压力为常数，材料的弹性模量为常数按变形能理论计算强度。

3.3.2　计算要点

圆锥面过盈连接的计算与圆柱面过盈连接计算方法相同，但应注意以下各点：

1）结合面配合直径 d 应以结合面平均圆锥直径 d_m 代替，即

$$d_m = \frac{1}{2}(d_{f1} + d_{f2})$$

或
$$d_m = d_{f1} + \frac{Cl_f}{2}$$

或
$$d_m = d_{f2} - \frac{Cl_f}{2}$$

式中　d_{f1}——结合面最小圆锥直径；

d_{f2}——结合面最大圆锥直径；

l_f——结合面圆锥长度；

C——结合面锥度。

2）材料是否产生塑性变形，应以装拆油压进行计算，装拆油压一般比实际结合压力大 10%。

3）用油压装拆时，结合面间存在油膜，因此装拆时的摩擦因数与连接工作时的摩擦因数不同。推荐取：连接工作时的摩擦因数 $\mu = 0.12$；用油压装拆时的摩擦因数 $\mu = 0.02$。

4）圆锥过盈连接的锥度 C，推荐选用 1∶20、1∶30、1∶50。其结合长度推荐为 $l_f \leqslant 1.5d_m$。

3.4　油压装拆圆锥过盈连接的参数选择（表 5.4-9）

表 5.4-9　油压装拆圆锥过盈连接的参数选择　（mm）

计算内容	计　算　公　式	说　　明
确定中间套尺寸	外锥面中间套：$d_{fi1} = 1.03d + 3$ $d_{fi2} = d_{fi1} + Cl_f$ 内锥面中间套：$d_{fi2} = 0.97d - 3$ $d_{fi1} = d_{fi2} - Cl_f$	带中间套的圆锥过盈连接须进行此项计算 d_{fi1}—中间套最小圆锥直径 d_{fi2}—中间套最大圆锥直径 d—中间套圆柱面直径 C—结合面锥度 l_f—结合长度
中间套与相关圆柱面配合	外锥面中间套：推荐 $d \leqslant 100$mm 时，按 $\frac{G6}{h5}$ 200mm $\geqslant d >$ 100mm 时，按 $\frac{G7}{h6}$ $d >$ 200mm 时，按 $\frac{G7}{h7}$ 内锥面中间套：推荐 $d \leqslant 100$mm 时，按 $\frac{H6}{n5}$ $d >$ 100mm 时，按 $\frac{H7}{p6}$	

（续）

计算内容	计　算　公　式	说　　明
中间套与相关件圆柱面配合极限间隙	X_{min} X_{max}	按国家标准极限与配合的有关规定查取、计算
轴向位移量 E_a 的极限值	不带中间套：$E_{amin}=\frac{1}{C}Y_{min}$ $E_{amax}=\frac{1}{C}Y_{max}$ 带中间套：$E_{amin}=\frac{1}{C}\{Y_{min}+X_{min}\}$ $E_{amax}=\frac{1}{C}\{Y_{max}+X_{max}\}$	Y_{min}—圆锥配合的最小过盈 Y_{max}—圆锥配合的最大过盈
装配时中间套变形所需压力	$\Delta p_f=\frac{EX_{max}}{2d}\left[1-\left(\frac{d}{d_m}\right)^2\right]$	
配合的最大结合压力	不带中间套　$[p_{fmax}]=\frac{Y_{max}}{d_m\left(\frac{C_2}{E_2}+\frac{C_1}{E_1}\right)}$ 带中间套　$[p_{fmax}]=\frac{Y_{max}}{d_m\left(\frac{C_2}{E_2}+\frac{C_1}{E_1}\right)}+\Delta p_f$	
装拆油压	$p_x=1.1[p_{fmax}]$	应使 $p_x<\min[p_{1max},p_{2max}]$ p_{1max}、p_{2max} 由表 5.4-3 求得
压入力	$F_{xi}=p_x\pi d_m l_f\left(\mu+\frac{C}{2}\right)$	油压装配时摩擦因数推荐取 $\mu=0.02$ 式中　C—锥度
压出力	$F_{xe}=p_x\pi d_m l_f\left(\mu-\frac{C}{2}\right)$	拆卸时的摩擦因数，推荐取 $\mu=0.02$，当 F_{xe} 为负值时，应注意采用安全措施，防止弹出

3.5　设计计算例题（根据 GB/T 15755—1995 例题编写）

例 5.4-2　圆锥过盈配合结构见图 5.4-6 所示，包容件与被包容件材料为 35CrMo，调质处理，硬度为269～302HBW，中间套材料为 45 钢，调质硬度为241～286HBW。包容件外径 $d_2=460$mm，中间套圆柱面直径 $d=300$mm，结合面最大圆锥直径 $d_{f2}=320$mm，结合面长度 $l_f=400$mm，结合面锥度 $C=1:50=0.02$，包容件和被包容件的屈服强度 $R_{eL2}=R_{eL1}=540$MPa，包容件、被包容件和中间套的弹性模量 $E_2=E_1=E=2.1\times10^5$MPa。包容件和被包容件泊松比 $\nu_2=\nu_1=0.3$。传递转矩 $T=370$kN·m，承受轴向力 $F_a=470$kN。圆锥、圆柱结合面的轮廓算术平均偏差 $Ra=0.0016$mm。

解

1）计算此圆锥过盈配合传递的力所需最小压强。

$$p_{min}=\frac{K\sqrt{F_a^2+\left(\frac{2T}{d_m}\right)^2}}{\mu\pi d_m l_f}$$

$$=\frac{1.5\sqrt{470000^2+\left(\frac{2\times370000000}{316}\right)^2}}{0.12\times\pi\times316\times400}\text{MPa}$$

$$=75.2\text{MPa}$$

式中，结合面平均圆锥直径 $d_m=d_{f2}-\frac{Cl_f}{2}=\left(320-\frac{\frac{1}{50}\times400}{2}\right)\text{mm}=316\text{mm}$。

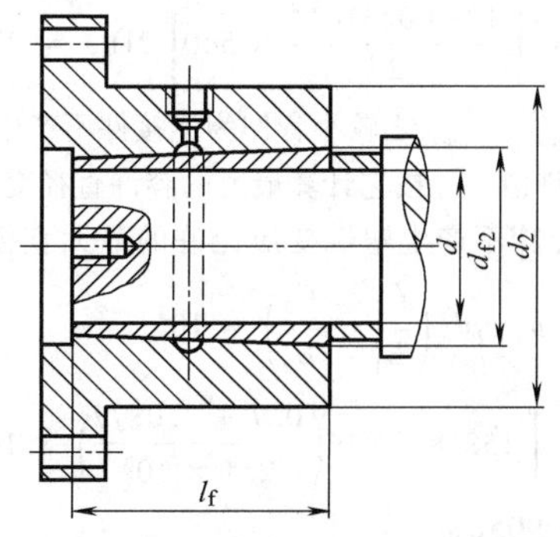

图 5.4-6　圆锥过盈配合例题

根据 GB/T 15755—1995 推荐取 $K=1.2\sim3$，$\mu=0.12$，本题中取 $K=1.5$。

2）计算传递外载荷所需最小过盈。

$$\delta_{emin}=p_{min}d_m\left(\frac{C_1}{E_1}+\frac{C_2}{E_2}\right)\times10^3$$

$$=\left[75.2\times316\times\left(\frac{0.7+3.0877}{2.1\times10^5}\right)\times10^3\right]\mu m$$

$$=428.6\mu m$$

式中 $$C_1=\frac{1+(d_1/d_m)^2}{1-(d_1/d_m)^2}-\nu_1=\frac{1+\left(\frac{0}{316}\right)^2}{1-\left(\frac{0}{310}\right)^2}-0.3$$

$$=0.7$$

$$C_2=\frac{1+(d_m/d_2)^2}{1-(d_m/d_2)^2}-\nu_2=\frac{1+\left(\frac{316}{460}\right)^2}{1-\left(\frac{316}{460}\right)^2}+0.3$$

$$=3.0877$$

3）考虑压平量的要求最小过盈量。

$$\delta_{min}=\delta_{emin}+2u\times2$$

$$=\delta_{emin}+2\times1.6(R_{a1}+R_{a2})\times2$$

$$=[428.6+2\times1.6(1.6+1.6)\times2]\mu m$$

$$=449.1\mu m$$

式中因为锥套内外与轴和包容件接触，共有 4 个表面，所以 $2u$ 应加倍计算。

4）计算不产生塑性变形所容许的最大结合压力。

对包容件：

$$p_{max2}=\frac{1-(d_m/d_2)^2}{\sqrt{3+(d_m/d_2)^4}}\times R_{eL2}$$

$$=\left[\frac{1-(316/460)^2}{\sqrt{3+(316/460)^4}}\times540\right]MPa=158.8MPa$$

对被包容件：

$$p_{max1}=\frac{1-(d_1/d_m)^2}{2}R_{eL1}$$

$$=\left[\frac{1-(0/316)^2}{2}\times540\right]MPa=270MPa$$

取 p_{max1}、p_{max2}之较小者作为连接件不产生塑性变形的最大允许值，并按它计算最大的容许直径变化量。

5）计算不产生塑性变形允许的最大直径变化量。

$$\delta_{emax}=p_{max2}d_m\left(\frac{C_1}{E_1}+\frac{C_2}{E_2}\right)\times10^3$$

$$=\left[158.8\times316\left(\frac{0.7+3.0877}{2.1\times10^5}\right)\times10^3\right]\mu m$$

$$=905\mu m$$

6）选择配合。

① 确定内外锥直径公差。内外锥的锥度为 1∶50,选取内锥公差 H7，外锥公差 h6。

② 选定过盈量。

要求最小过盈 $Y_{min}>\delta_{min}=449.1\mu m$

最大过盈 $Y_{max}<\delta_{emax}=905\mu m$

据此，按国家标准选 $\phi316\frac{H7}{x6}$，其公差为

$\phi316H7^{+0.57}_{+0}$ $\phi316\times6^{+0.626}_{+0.590}$

由以上数据求得 $Y_{min}=(590-57)\mu m=533\mu m$

$Y_{max}=626\mu m$

③ 选定中间套与轴的圆柱面配合。

选配合 $\phi300\frac{G7}{h7}$

$\phi300G7^{+0.69}_{+0.17}$ $\phi300h7^{0}_{-0.52}$

由以上数据求得

最大间隙 $X_{max}=(69+52)\mu m=121\mu m$

最小间隙 $X_{min}=(17-0)\mu m=17\mu m$

7）计算轴向位移的极限值。

$$E_{amax}=\frac{Y_{max}+X_{max}}{C}=\frac{0.626+0.121}{\frac{1}{50}}mm=37.35mm$$

$$E_{amin}=\frac{Y_{min}+X_{max}}{C}=\frac{0.533+0.121}{\frac{1}{50}}mm=32.7mm$$

8）装配时中间套变形所需的压力

$$\Delta p_f=\frac{EX_{max}}{2d}\left[1-\left(\frac{d}{d_m}\right)^2\right]$$

$$=\left\{\frac{2.1\times10^5\times0.121}{2\times300}\times\left[1-\left(\frac{300}{316}\right)^2\right]\right\}MPa$$

$$=4.18MPa$$

9）实际最大结合压力

$$[p_{fmax}]=\frac{Y_{max}}{d_m\left(\frac{C_2}{E_2}+\frac{C_1}{E_1}\right)}+\Delta p_f$$

$$=\left[\frac{0.626}{316\left(\frac{3.0877+0.7}{2.1\times10^5}\right)}+4.18\right]MPa$$

$$=114MPa$$

10）装拆油压

$$p_x=1.1[p_{fmax}]=(1.1\times114)MPa$$

$$=125.4MPa$$

11）压入力

$$F_{xi}=p_x\pi d_m l_f\left(\mu+\frac{C}{2}\right)$$

$$=\left[125.4\times\pi\times316\times400\times\left(0.2+\frac{0.02}{2}\right)\right]kN$$

$= 1494\text{kN}$

12）压出力

$$F_{xe} = p_x \pi d_m l_f \left(\mu - \frac{C}{2}\right) = 125.4 \times \pi \times 316 \times 400 \times \left(0.02 - \frac{0.02}{2}\right) = 498\text{kN}$$

校核计算：

1）实际最小结合压力。

$$[p_{fmin}] = \frac{Y_{min} - 2 \times 2u}{d_m\left(\frac{C_1}{E_1} + \frac{C_2}{E_2}\right)} = \frac{0.533 - 2 \times 2 \times 1.6 \times (0.0016 + 0.0016)}{316 \times \left(\frac{0.7 + 3.0877}{2.1 \times 10^5}\right)}\text{MPa} = 89.92\text{MPa}$$

2）传递最小载荷。

传递转矩：

$$T_{min} = \frac{[p_{fmin}]\pi d_m^2 l_f \mu}{2} = \frac{89.92 \times \pi \times 316^2 \times 400 \times 0.12}{2}\text{kN} \cdot \text{m} = 677\text{kN} \cdot \text{m}$$

传递力：

$$F_{tmin} = [p_{fmin}]\pi d_m l_f \mu = (89.92 \times \pi \times 316 \times 400 \times 0.12)\text{kN} = 4285\text{kN}$$

3）零件的应力。

包容件最大应力：

$$\sigma_{2max} = \frac{p_x}{\dfrac{1-(d_m/d_2)^2}{\sqrt{3+(d_m/d_2)^4}}} = \frac{125.4}{\dfrac{1-(316/460)^2}{\sqrt{3+(316/460)^4}}}\text{MPa} = 426.4\text{MPa} < R_{eL2}$$

被包容件最大应力：

$$\sigma_{1max} = \frac{p_x}{\dfrac{1-(d_1/d_m)^2}{2}} = \frac{125.4}{\dfrac{1-(0/316)^2}{2}}\text{MPa} = 250.8\text{MPa} < R_{eL1}$$

3.6 结构设计

3.6.1 结构要求

1）为降低圆锥面过盈连接两端的应力集中，在包容件或被包容件端部可采用卸载槽、过渡圆弧等结构型式。

2）连接件材料相同时，为避免黏着和装拆时表面擦伤，包容件和被包容件的结合面应具有不同的表面硬度。

3）为便于装拆，将包容件结合面的两端加工成15°的倒角，或将被包容件两端加工成过渡圆槽。

4）进油孔和进油环槽可以设在包容件上，也可以设在被包容件上，以结构设计允许和装拆方便为准。进油环槽的位置，应放在大约位于包容件的重心处，但不能离两端太近，以免影响密封性。

5）进油环槽的边缘必须倒圆，以免影响结合面压力油的挤出。

6）为使油压分布均匀，并能迅速建立油压和释放油压，应在包容件或被包容件结合面上刻排油槽，其方法如下：

在被包容件的结合面上，沿轴向刻有 4～8 条均匀分布的细刻线（见图 5.4-7）。也可在包容件的结合面上，刻一条螺旋形的细刻线（见图 5.4-8）。

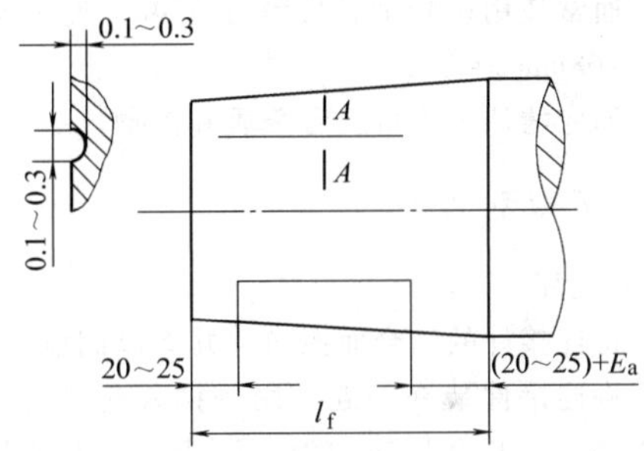

图 5.4-7　均匀分布的细刻线

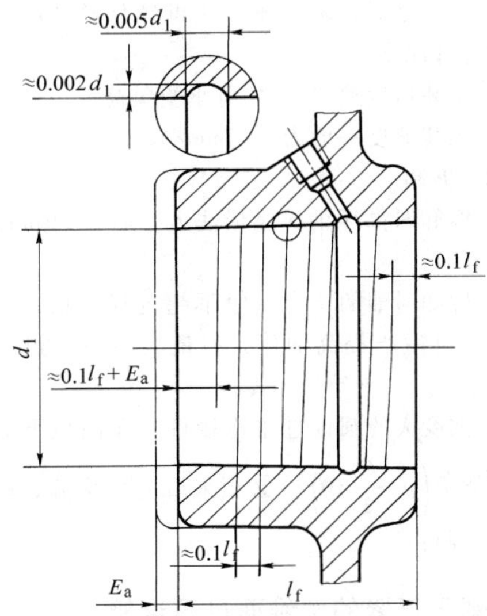

图 5.4-8　螺旋形的细刻线

7）需多次装拆或大尺寸圆锥过盈连接时，应采用中间套。中间套一般采用45碳素结构钢，并经调质处理，其硬度为241~286HBW。

8）经多次装拆的圆锥过盈连接，由于表面压平过盈量减小，设计压入行程应比计算值加大0.5~1mm。

3.6.2　对结合面的要求

（1）尺寸精度

包容件最大圆锥直径公差按GB/T 1800.1规定的IT6或IT7选取；被包容件的最大圆锥直径公差按GB/T 1800.1规定的IT5或IT6选取。

（2）表面粗糙度

对圆锥面：当 $d_m \leqslant 180$mm时，$Ra \leqslant 0.8\mu m$；$d_m > 180$mm时，$Ra \leqslant 1.6\mu m$。对圆柱面：$Ra \leqslant 1.6\mu m$。

（3）接触精度

圆锥面接触率，应不低于80%。

3.6.3　压力油的选择

1）通常使用矿物油，推荐油在40℃时的运动黏度为46~68mm²/s。

2）油应清洁，不得含有杂质和污物。

3.6.4　装配和拆卸

（1）装配

1）将连接件的结合面擦净，并涂以润滑油。

2）将连接件装在一起，用手推移包容件，直至推不动时为止，以此状态下的位置为压入行程的起点。

3）压装开始时，轴向压力不能过大。以后随着油压的加大而逐步提高，但不能超过最大轴向压力。

4）压装之后，轴向压力应继续保持15~30min，以免包容件脱出。

5）压装后应放置3h才可承受负荷。

6）压装速度一般为2~5mm/s。

（2）拆卸

1）拆卸时高压油应缓慢注入，需5~10min才可将套脱开。

2）拆卸时油的压力一般不超过规定值。当拆卸困难时，可适当提高油压，但最大不得超过规定值的10%。

3）锥度大的圆锥过盈连接件，在油压下脱开时有自卸能力$\left(\mu-\dfrac{C}{2}<0\right)$，必须采取防护措施，防止包容件自动弹出。

3.7　螺母压紧的圆锥面过盈连接

这种连接如图5.4-9所示。拧紧螺母可使配合面压紧形成过盈结合，多用于轴端连接，有时可作为过载保护装置。

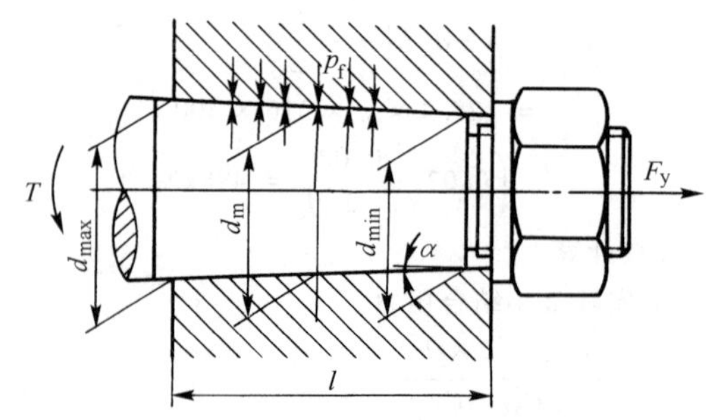

图5.4-9　螺母压紧的过盈连接

配合面的锥度小时，所需的轴向力小，但不易拆卸；锥度大时，拆卸方便，但所需轴向力增大。通常锥度可取1∶30~1∶8。

连接的计算可根据圆锥面过盈连接的特点参考表5.4-9公式进行。

图5.4-9中轴向力 F_y 与锥面间压力 p_f、传递转矩 T 之间的关系式为

$$F_y = p_f \pi d l \tan\left(\frac{\alpha}{2}+\rho\right)$$

$$T = p_f \pi d_m^2 l \mu / 2$$

式中　d_m——锥面平均直径；

l——锥面长度；

ρ——摩擦角，可取为6°~7°，$\tan\rho=\mu$；

α——锥顶角，$\tan\alpha = 1:30 \sim 1:8$。

4　胀紧连接套（摘自GB/T 28701—2012）

4.1　概述

胀紧连接套的结构如图5.4-10所示。在轴与毂孔之间装入一对或数对以内、外锥面贴合的胀套。在轴向压力作用下，内套缩小，外套胀大，形成过盈配合，靠摩擦力传递转矩或轴向力，或二者的复合作用。

胀套连接作为一种新的轴毂连接方式，应用越来越广泛，主要有以下特点：

1）定心精度好。

2）制造和安装简单，安装胀套的轴和孔的加工不像过盈配合那样要求高精度的制造公差。安装胀套也无须加热、冷却或加压设备，只需螺钉按规定的力矩拧紧即可，并且调整方便，可以将轮毂在轴上很方便地调整到所需位置。

3）有良好的互换性，且拆卸方便。

4）胀套连接可以承受重载荷。一个胀套不够，

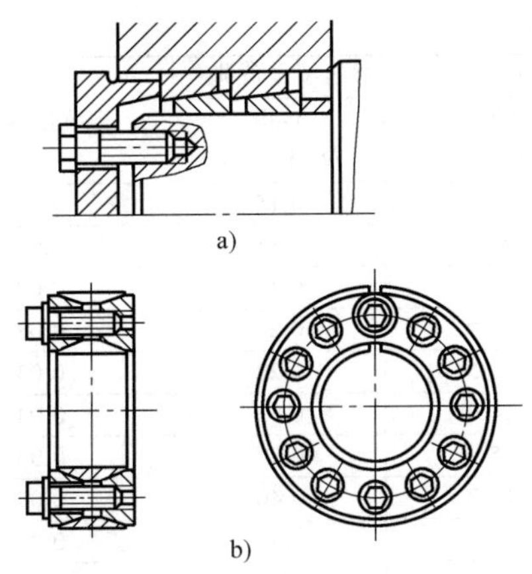

图 5.4-10　胀紧连接套的结构

还可多个串联使用。

5）胀套连接靠摩擦传动，对被连接件没有键槽削弱，没有相对运动，胀套在胀紧后，无正反转的运动误差，适用于精密的运动链传动。

6）有安全保护作用。

7）由于要在轴和毂孔间安装胀套，应用有时受到结构尺寸的限制。

按 GB/T 28701—2012 的规定，胀紧连接套分为 19 种（ZJ1～ZJ19）。

胀紧连接套的型号表示方法如下：

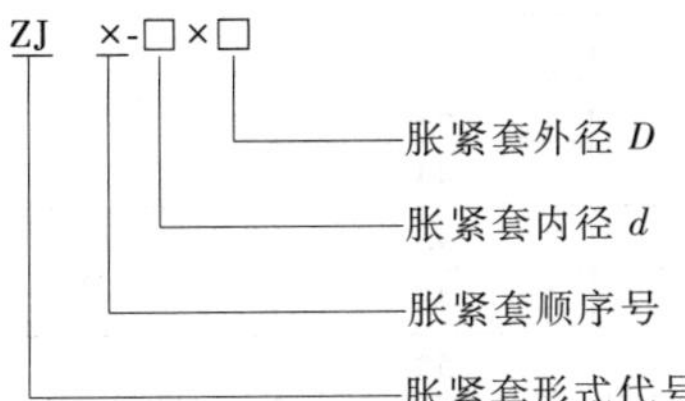

标记示例

示例 1：内径 $d=100$mm，外径 $D=145$mm 的 ZJ2 型胀紧连接套：

胀紧套 ZJ2-100×145　GB/T 28701—2012

示例 2：内径 $d=120$mm，外径 $D=165$mm 的 ZJ9A 型胀紧连接套：

胀紧套 ZJ9A-120×165　GB/T 28701—2012

4.2　基本参数和主要尺寸（见表 5.4-10～表 5.4-28）

表 5.4-10　ZJ1 型胀紧连接套的基本参数和主要尺寸

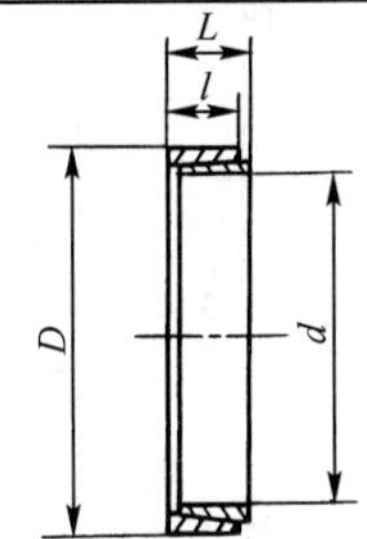

公称尺寸/mm				当 $p_f=100$MPa 时的额定负荷		质量/kg
d	D	L	l	轴向力 F_t/kN	转矩 M_t/kN·m	
8	11	4.5	3.7	1.2	0.005	0.001
9	12			1.3	0.006	0.001
10	13			1.6	0.008	0.002
12	15			2.0	0.012	0.002
13	16			2.4	0.016	0.002
14	18	6.3	5.3	2.8	0.020	0.004
15	19			3.0	0.022	0.004
16	20			3.2	0.025	0.005
17	21			3.3	0.028	0.005
18	22			3.6	0.032	0.005
19	24			3.8	0.036	0.007
20	25			4.0	0.040	0.007
22	26			4.5	0.050	0.007
24	28			4.8	0.055	0.007
25	30			5.0	0.060	0.009
28	32			5.6	0.080	0.009
30	35			6.0	0.09	0.01
32	36			6.4	0.10	0.01

（续）

公称尺寸/mm				当 p_f = 100MPa 时的额定负荷		质量/kg
d	D	L	l	轴向力 F_t/kN	转矩 M_t/kN·m	
35	40	7.0	6.0	8.5	0.15	0.02
36	42			9.0	0.16	0.02
38	44			9.4	0.18	0.02
40	45	8.0	6.6	10.0	0.20	0.02
42	48			10.5	0.22	0.03
45	52	10.0	8.6	14.6	0.33	0.04
48	55			15.4	0.37	0.05
50	57			16.2	0.40	0.05
55	62			17.8	0.49	0.05
56	64	12.0	10.4	21.7	0.61	0.06
60	68			23.5	0.70	0.07
65	73			25.6	0.83	0.08
70	79	14.0	12.2	32.0	1.12	0.11
75	84			34.4	1.29	0.12
80	91	17.0	15	45.0	1.81	0.19
85	96			48.0	2.04	0.20
90	101			51.0	2.29	0.22
95	106			54.0	2.55	0.23
100	114	21.0	18.7	70.0	3.50	0.38
105	119			73.2	3.82	0.40
110	124			77.0	4.25	0.41
120	134			84.0	5.05	0.45
125	139			92.0	5.75	0.62
130	148	28.0	25.3	124.0	8.05	0.85
140	158			134.0	9.35	0.91
150	168			143.0	10.70	0.97
160	178			152.5	12.20	1.02
170	191	33.0	30.0	192.0	16.30	1.50
180	201			204.0	18.30	1.58
190	211			214.0	20.40	1.68
200	224	38.0	34.8	262.0	26.20	2.32
210	234			275.0	28.90	2.45
220	244			288.0	37.70	2.49
240	267	42.0	39.5	358.0	43.00	3.52
250	280	53.0	49.0	415.0	52.00	4.68
260	290			435.0	56.50	4.82
280	313	65.0	59.0	520.0	72.50	6.27
300	333			555.0	83.00	6.47
320	360			710.0	114.00	10.90
340	380			755.0	128.50	11.50
360	400			800.0	144.00	12.20
380	420			845.0	160.50	12.80
400	440			890.0	178.00	13.50
420	460			935.0	196.00	14.10
450	490			998.0	224.50	15.20
480	520			1070.0	256.00	16.00
500	540			1110.0	278.00	16.50

注：p_f 为胀紧连接套与轴结合面上的压力。

表 5.4-11　ZJ2 型胀紧连接套的基本参数和主要尺寸

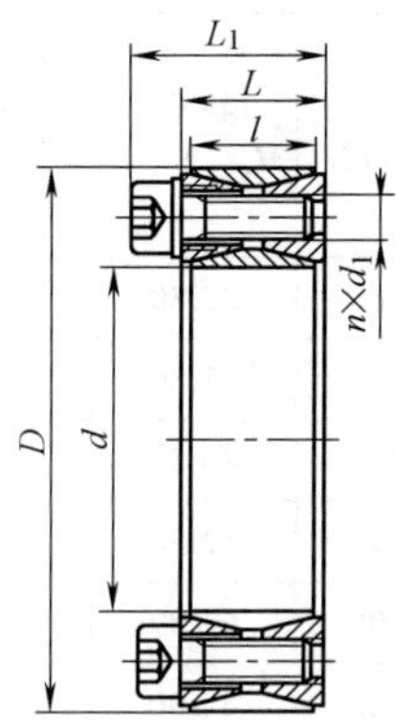

公称尺寸/mm					螺钉		额定负荷		胀紧套与轴结合面上的压力 p_f/MPa	胀紧套与轮毂结合面上的压力 p_f'/MPa	螺钉的拧紧力矩 M_a/N·m	质量 /kg
d	D	l	L	L_1	d_1 /mm	n	轴向力 F_t/kN	转矩 M_t/kN·m				
19	47	17	20	27.5	M6	8	27	0.25	215	85	14	0.24
20								0.27	210	90		0.23
22								0.30	195			0.20
24	50						30	0.36		95		0.26
25						9		0.38	190			0.25
28	55					10	33	0.47	185			0.30
30								0.50	175			0.29
35	60					12	40	0.70	180	105		0.32
38	63					14	46	0.88	190	115		0.33
38	65							0.88		110		0.34
40								0.92	180			0.34
42	72	20	24	33.5	M8	12	65	1.36	205	120	35	0.48
45	75						72	1.62	210	125		0.57
50	80						71	1.77	190	115		0.60
55	85					14	83	2.27	200	130		0.63
60	90							2.47	180	120		0.69
65	95					16	93	3.04	190	130		0.73
70	110	24	28	39	M10	14	132	4.60	210	130	70	1.26
75	115						131	4.90	195	125		1.33
80	120							5.20	180	120		1.40
85	125					16	148	6.30	195	130		1.49
90	130						147	6.60	180	125		1.53
95	135					18	167	7.90	195	135		1.62
100	145	29	33	47	M12	14	192	9.60			125	2.01
105	150						190	9.98	165	115		2.10
110	155						191	10.50	180	125		2.15
120	165					16	218	13.10	185	135		2.35
125	170					18	220	13.78	160	118		2.95
130	180					20	272	17.60	165	120		3.51
140	190	34	38	52		22	298	20.90		125		3.85
150	200					24	324	24.20	170			4.07
160	210					26	350	28.00		130		4.30

（续）

<table>
<tr><th colspan="5">公称尺寸/mm</th><th colspan="2">螺钉</th><th colspan="2">额定负荷</th><th rowspan="2">胀紧套与轴结合面上的压力
p_f/MPa</th><th rowspan="2">胀紧套与轮毂结合面上的压力
p_f'/MPa</th><th rowspan="2">螺钉的拧紧力矩
M_a/N·m</th><th rowspan="2">质量
/kg</th></tr>
<tr><th>d</th><th>D</th><th>l</th><th>L</th><th>L_1</th><th>d_1
/mm</th><th>n</th><th>轴向力
F_t/kN</th><th>转矩
M_t/kN·m</th></tr>
<tr><td>170</td><td>225</td><td rowspan="2">38</td><td rowspan="2">44</td><td rowspan="2">60</td><td rowspan="4">M14</td><td>22</td><td>386</td><td>32.80</td><td>160</td><td>120</td><td rowspan="4">190</td><td>5.78</td></tr>
<tr><td>180</td><td>235</td><td>24</td><td>420</td><td>37.80</td><td>165</td><td>125</td><td>6.05</td></tr>
<tr><td>190</td><td>250</td><td rowspan="2">46</td><td rowspan="2">52</td><td rowspan="2">68</td><td>28</td><td>490</td><td>46.50</td><td rowspan="4">150</td><td rowspan="4">115</td><td>8.25</td></tr>
<tr><td>200</td><td>260</td><td>30</td><td>525</td><td>52.50</td><td>8.65</td></tr>
<tr><td>210</td><td>275</td><td rowspan="5">50</td><td rowspan="5">56</td><td rowspan="5">74</td><td rowspan="5">M16</td><td>24</td><td>599</td><td>62.89</td><td rowspan="5">295</td><td>10.10</td></tr>
<tr><td>220</td><td>285</td><td>26</td><td>620</td><td>68.00</td><td>11.22</td></tr>
<tr><td>240</td><td>305</td><td>30</td><td>715</td><td>85.50</td><td>160</td><td>125</td><td>12.20</td></tr>
<tr><td>250</td><td>315</td><td>32</td><td>768</td><td>96.00</td><td rowspan="2">165</td><td rowspan="2">130</td><td>12.70</td></tr>
<tr><td>260</td><td>325</td><td>34</td><td>800</td><td>104.00</td><td>13.20</td></tr>
<tr><td>280</td><td>355</td><td rowspan="2">60</td><td rowspan="2">66</td><td rowspan="2">86.5</td><td rowspan="2">M18</td><td>32</td><td>915</td><td>128.00</td><td>145</td><td>115</td><td rowspan="2">405</td><td>19. 20</td></tr>
<tr><td>300</td><td>375</td><td rowspan="7">36</td><td>1020</td><td>153.00</td><td rowspan="2">150</td><td rowspan="2">120</td><td>20.50</td></tr>
<tr><td>320</td><td>405</td><td rowspan="2">72</td><td rowspan="2">78</td><td rowspan="2">100.5</td><td rowspan="2">M20</td><td rowspan="2">1310</td><td>210.00</td><td rowspan="2">580</td><td>29.60</td></tr>
<tr><td>340</td><td>425</td><td>224.00</td><td rowspan="2">145</td><td rowspan="2">115</td><td>31.10</td></tr>
<tr><td>360</td><td>455</td><td rowspan="4">84</td><td rowspan="4">90</td><td rowspan="4">116</td><td rowspan="4">M22</td><td>1630</td><td>294.00</td><td rowspan="4">780</td><td>42.20</td></tr>
<tr><td>380</td><td>475</td><td>1620</td><td>308.00</td><td>135</td><td>110</td><td>44.00</td></tr>
<tr><td>400</td><td>495</td><td>1610</td><td>322.00</td><td>130</td><td>105</td><td>46.00</td></tr>
<tr><td>420</td><td>515</td><td>40</td><td>1780</td><td>374.00</td><td>135</td><td>110</td><td>50.00</td></tr>
<tr><td>450</td><td>555</td><td rowspan="15">96</td><td rowspan="15">102</td><td rowspan="15">130</td><td rowspan="15">M24</td><td>40</td><td>2050</td><td>461.25</td><td rowspan="3">125</td><td rowspan="6">100</td><td rowspan="15">1000</td><td>65.00</td></tr>
<tr><td>480</td><td>585</td><td>42</td><td>2160</td><td>518.40</td><td>71.00</td></tr>
<tr><td>500</td><td>605</td><td>44</td><td>2240</td><td>560.00</td><td>72.60</td></tr>
<tr><td>530</td><td>640</td><td>45</td><td>2330</td><td>617.00</td><td rowspan="4">120</td><td>83.60</td></tr>
<tr><td>560</td><td>670</td><td>48</td><td>2440</td><td>680.00</td><td>85.00</td></tr>
<tr><td>600</td><td>710</td><td>50</td><td>2580</td><td>775.00</td><td>91.00</td></tr>
<tr><td>630</td><td>740</td><td>52</td><td>2680</td><td>844.00</td><td>105</td><td>94.00</td></tr>
<tr><td>670</td><td>780</td><td>56</td><td>2820</td><td>944.00</td><td rowspan="7">115</td><td rowspan="8">100</td><td>101.00</td></tr>
<tr><td>710</td><td>820</td><td>60</td><td>2970</td><td>1054.00</td><td>106.00</td></tr>
<tr><td>750</td><td>860</td><td>62</td><td>3130</td><td>1173.00</td><td>112.00</td></tr>
<tr><td>800</td><td>910</td><td>66</td><td>3260</td><td>1300.00</td><td>118.00</td></tr>
<tr><td>850</td><td>960</td><td>70</td><td>3500</td><td>1487.00</td><td>125.00</td></tr>
<tr><td>900</td><td>1010</td><td>75</td><td>3680</td><td>1650.00</td><td>132.00</td></tr>
<tr><td>950</td><td>1060</td><td>80</td><td>3870</td><td>1838.00</td><td>139.00</td></tr>
<tr><td>1000</td><td>1110</td><td>82</td><td>4000</td><td>2000.00</td><td>110</td><td>146.00</td></tr>
</table>

表 5.4-12　ZJ3 型胀紧连接套的基本参数和主要尺寸

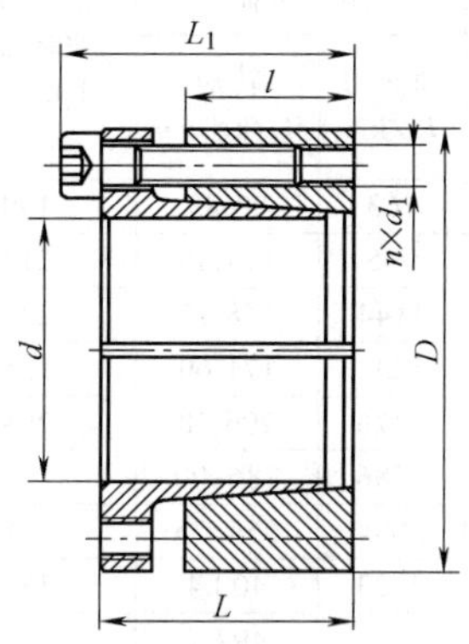

公称尺寸/mm					螺钉		额定负荷		胀紧套与轴结合面上的压力	胀紧套与轮毂结合面上的压力	螺钉的拧紧力矩	质量
d	D	l	L	L_1	d_1 /mm	n	轴向力 F_t/kN	转矩 M_t/kN·m	p_f/MPa	p_f'/MPa	M_a/N·m	/kg
20	47	17	28	34	M6	5	37	0.377	286	124	14	0.25
22								0.416	260			0.25
24	50							0.481				0.27
25						6	47	0.585	279	143		0.27
28	55							0.650	260			0.32
30								0.702	247	130		0.35
32	60					8	62	1.001	279	150		0.37
35								1.092	247	143		0.34
38	65							1.183	254	150		0.40
40								1.248	247	137		0.38
45	75	20	33	41	M8	7	100	2.275	299	176	35	0.63
50	80							2.500	273	169		0.68
55	85					8	114	3.185	280	176		0.73
60	90							3.510	247	163		0.78
63	95					9	130	4.134	267	182		0.89
65								4.225	260	180		0.83
70	110	24	40	50	M10	8	183	6.500	286	182	70	1.33
75	115							6.825	260	169		1.40
80	120							7.280	247	163		1.48
85	125					9	207	8.775	260	176		1.55
90	130							9.230	247	169		1.63
95	135					10	229	10.855	260	182		1.70
100	145	26	44	56	M12	8	267	13.380	273	189	125	2.60
110	155							14.625	247	176		2.80
120	165					9	277	18.070	273	189		3.00
130	180	34	54	68		12	400	26.000	247	182		4.60
140	190				M14	9	412	28.925	234	169	190	4.90
150	200					10	458	34.19	247	182		5.20
160	210					11	504	40.30		189		5.50
170	225	44	64	78		12	549	46.67	195	149		7.75
180	235							49.40	189	143		8.15
190	250					15	686	65.13	221	169		9.50
200	260							68.64	208	163		9.90

（续）

公称尺寸/mm					螺钉		额定负荷		胀紧套与轴结合面上的压力 p_f/MPa	胀紧套与轮毂结合面上的压力 p_f'/MPa	螺钉的拧紧力矩 M_a/N·m	质量 /kg
d	D	l	L	L_1	d_1 /mm	n	轴向力 F_t/kN	转矩 M_t/kN·m				
220	285	50	72	88	M16	12	763	83.85	189	143	295	13.40
240	305					15	945	114.40	215	169		14.30
260	325					18	1144	148.72	234	189		15.50
280	355	60	84	102	M18	16	1232	171.60	195	156	405	22.90
300	375					18	1376	206.70	208	163		24.40
320	405	74	101	121	M20	18	1786	286.00	195	156	580	36.10
340	425					21	2084	354.25	228	176		38.40
360	455	86	116	138	M22	18	2223	400.4	182	143	780	46.20
380	475					21	2594	492.7	202	163		55.00
400	495							518.7	195	156		61.00

表 5.4-13　ZJ4 型胀紧连接套的基本参数和主要尺寸

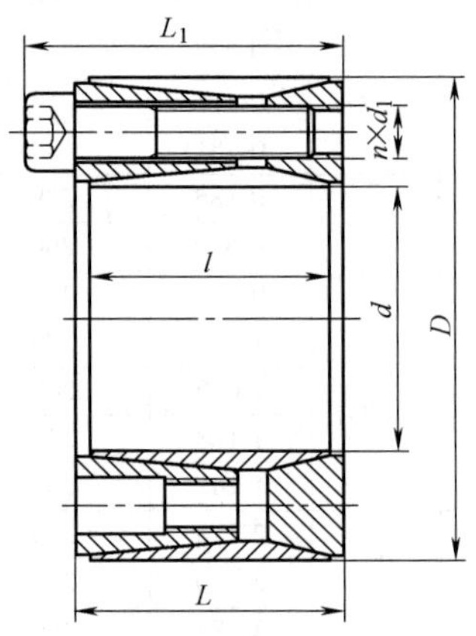

公称尺寸/mm					螺钉		额定负荷		胀紧套与轴结合面上的压力 p_f/MPa	胀紧套与轮毂结合面上的压力 p_f'/MPa	螺钉的拧紧力矩 M_a/N·m	质量 /kg
d	D	l	L	L_1	d_1 /mm	n	轴向力 F_t/kN	转矩 M_t/kN·m				
70	120	56	62	74	M12	8	197	6.85	201	117	145	3.3
80	130					12	291	11.65	263	162		3.7
90	140						290	13.00	234	150		4.0
100	160	74	80	94	M14	15	389	19.70	213	133	230	7.2
110	170						483	22.60	242	157		7.7
120	180						482	28.90	222	148		8.3
125	185						480	30.00	212	143		8.5
130	190							31.20	205	140		8.8
140	200					18	574	40.20	227	159		9.3
150	210						572	42.90	212	152		10.0
160	230	88	94	110	M16		800	64.00	227	158	355	14.9
170	240						795	67.80	214	152		15.7
180	250					21	923	83.00	235	170		16.4
190	260						921	88.00	223	163		17.2
200	270					24	1050	105.00	242	179		18.8

（续）

公称尺寸/mm					螺钉		额定负荷		胀紧套与轴结合面上的压力 p_f/MPa	胀紧套与轮毂结合面上的压力 p_f'/MPa	螺钉的拧紧力矩 M_a/N·m	质量 /kg
d	D	l	L	L_1	d_1 /mm	n	轴向力 F_t/kN	转矩 M_t/kN·m				
210	290	110	116	134	M18	20	1118	117.30	197	143	485	23.0
220	300					21	1120	123.00	189	138		27.7
240	320					24	1280	153.00	198	148		29.8
250	330					27	1282	160.20	205	157		31.0
260	340						1430	186.00	205	157		32.0
280	370	130	136	156	M20	24	1650	230.00	192	145	690	46.0
300	390							245.00	179	138		49.0

表 5.4-14　ZJ5 型胀紧连接套的基本参数和主要尺寸

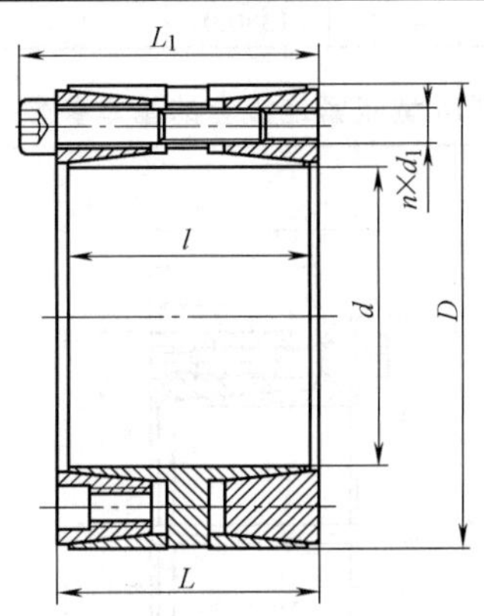

公称尺寸/mm					螺钉		额定负荷		胀紧套与轴结合面上的压力 p_f/MPa	胀紧套与轮毂结合面上的压力 p_f'/MPa	螺钉的拧紧力矩 M_a/N·m	质量 /kg
d	D	l	L	L_1	d_1 /mm	n	轴向力 F_t/kN	转矩 M_t/kN·m				
100	145	60	65	77	M12	10	288	14.4	192	132	145	4.1
110	155							15.8	175	123		4.4
120	165					12	346	20.8	192	139		4.8
130	180	68	74	86		15	433	28.1	193	139		6.5
140	190					18	519	36.3	214	157		7.0
150	200							39.0	200	150		7.4
160	210					21	606	48.5	219	167		7.8
170	225	75	81	95	M14	18	712	60.6	215	162	230	10.0
180	235							64.1	203	155		10.6
190	250	88	94	108		20	792	75.2	178	135		14.3
200	260					24	950	95.0	203	156		15.0
210	275	98	104	120	M16	18	970	102.0	187	142	355	17.5
220	285						990	109.0	183	141		19.8
240	305					24	1318	158.0	222	176		21.4
250	315						1340	167.5	215	170		22.0
260	325					25	1370	178.0		172		23.0
280	355	120	126	144	M18	24	1590	222.5	188	149	485	35.2
300	375					25	1650	248.0	183	146		37.4
320	405	135	142	162	M20		2140	344.0	192	152	690	51.3
340	425							365.0	181	144		54.1

（续）

公称尺寸/mm					螺钉		额定负荷		胀紧套与轴结合面上的压力 p_f/MPa	胀紧套与轮毂结合面上的压力 p_f'/MPa	螺钉的拧紧力矩 M_a/N·m	质量 /kg
d	D	l	L	L_1	d_1 /mm	n	轴向力 F_t/kN	转矩 M_t/kN·m				
360	455	158	165	187	M22	25	2670	480.0	176	139	930	75.4
380	475							508.0	166	133		79.0
400	495							535.0	158	128		82.8
420	515					30	3200	673.0	181	147		86.5
450	555	172	180	204	M24		3700	832.5	175	142	1200	112.0
480	585					32	3950	948.0		143		119.0
500	605							988.0	168	139		123.0
530	640	190	200	227	M27	30	4320	1145.0	157	130	1600	151.0
560	670							1210.0	148	124		160.0
600	710					32	4610	1380.0	147			170.0

表 5.4-15　ZJ6 型胀紧连接套的基本参数和主要尺寸

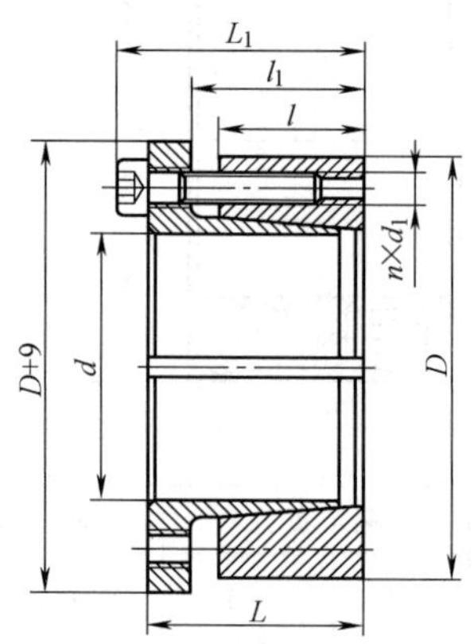

公称尺寸/mm						螺钉		额定负荷		胀紧套与轴结合面上的压力 p_f/MPa	胀紧套与轮毂结合面上的压力 p_f'/MPa	螺钉的拧紧力矩 M_a/N·m	质量 /kg
d	D	l	l_1	L	L_1	d_1 /mm	n	轴向力 F_t/kN	转矩 M_t/kN·m				
20	47	17	22	28	34	M6	5	30	0.29	220	95	17	0.25
22									0.32	200			0.25
24	50								0.37				0.27
25							6	36	0.45	215	110		0.27
28	55								0.50	200	100		0.32
30									0.54	190			0.35
32	60						8	48	0.77	215	115		0.37
35									0.84	190	110		0.34
38	65								0.91	195	115		0.40
40									0.96	190	105		0.38
45	75	20	25	33	41	M8	7	77	1.75	230	135	41	0.63
50	80								1.93	210	130		0.68
55	85						8	88	2.45	215	135		0.73
60	90								2.70	190	125		0.78
63	95						9	100	3.18	205	140		0.89
65									3.25	200	135		0.83

（续）

公称尺寸/mm						螺钉		额定负荷		胀紧套与轴结合面上的压力 p_f/MPa	胀紧套与轮毂结合面上的压力 p_f'/MPa	螺钉的拧紧力矩 M_a/N·m	质量 /kg
d	D	l	l_1	L	L_1	d_1 /mm	n	轴向力 F_t/kN	转矩 M_t/kN·m				
70	110	24	30	40	50	M10	8	141	5.00	220	140	83	1.33
75	115								5.25	200	130		1.40
80	120								5.60	190	125		1.48
85	125						9	159	6.75	200	135		1.55
90	130								7.10	190	130		1.63
95	135						10	176	8.35	200	140		1.70
100	145	26	32	44	56	M12	8	205	10.30	210	145	230	2.60
110	155								11.25	190	135		2.80
120	165						9	231	13.90	210	145		3.00
130	180	34	40	54	68		12	308	20.00	190	140		4.60
140	190					M14	9	317	22.25	180	130		4.90
150	200						10	352	26.30	190	140		5.20
160	210						11	387	31.00		145		5.50
170	225	44	50	64	78		12	422	35.90	150	115		7.75
180	235								38.00	145	110		8.15
190	250						15	528	50.10	170	130		9.50
200	260								52.80	160	125		9.90
220	285	50	56	72	88	M16	12	587	64.50	145	110	335	13.40
240	305						15	734	88.00	165	130		14.30
260	325						18	880	114.00	180	145		15.50
280	355	60	66	84	102	M18	16	948	132.00	150	120	485	22.90
300	375						18	1059	159.00	160	125		24.40
320	405	74	81	101	121	M20		1374	220.00	150	120	690	36.10
340	425						21	1603	272.50	175	135		38.40
360	455	86	94	116	138	M22	18	1710	308.00	140	110	930	46.20
380	475						21	1995	379.00	155	125		55.00
400	495								399.00	150	120		61.00

表 5.4-16 ZJ7 型胀紧连接套的基本参数和主要尺寸

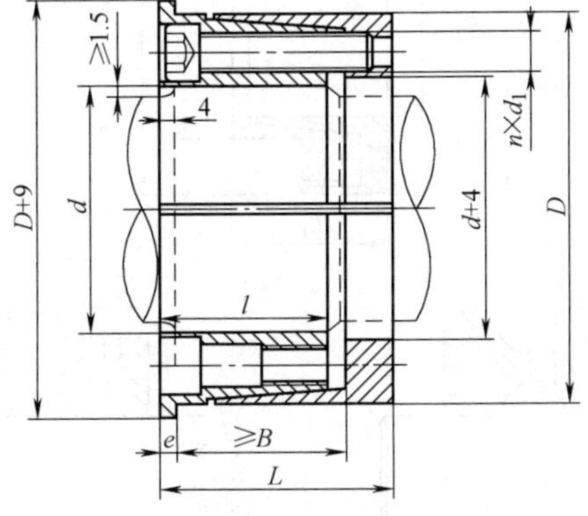

（续）

公称尺寸/mm						螺钉		额定负荷		胀紧套与轴结合面上的压力 p_f/MPa	胀紧套与轮毂结合面上的压力 p_f'/MPa	螺钉的拧紧力矩 M_a/N·m	质量 /kg
d	D	l	L	e	B	d_1 /mm	n	轴向力 F_t/kN	转矩 M_t/kN·m				
100	145	54	75	5	65	M12	8	192	9.6	102	70	145	4.7
110	155							191	10.5	92	65		5.1
120	165						9	216	13.0	96	70		5.5
130	180	63	84	6	72		12	287	17.8	100	72		7.5
140	190								20.2	95	70		7.9
150	200								21.6	86	65		8.4
160	210						15	360	28.8	101	77		8.9
170	225						16	383	32.6		76		10.5
180	235						8	431	38.8	108	83		11.0
190	250	69	94		81	M14	15	493	46.8	106	81	230	14.3
200	260						16	526	52.8	108	83		15.0
220	285					M16	14	640	70.0	118	91	355	17.8
240	305	86	112	7	98		16	731	88.0	99	78		23.2
260	325						18	822	107.0	102	82		24.8
280	355	94	120	8	106		20	914	128.0	96	76		33.0
300	375						22	1000	151.0	99	79		36.0
320	405	109	142		125	M20	18	1280	206.0	102	81	690	52.0
340	425						20	1420	242.0	106	85		54.0
360	455	120	159		140	M22	20	1770	319.0	113	89	930	72.0
380	475								337.0	107	86		75.0
400	495								355.0	101	82		78.0
420	515						22	1980	410.0	106	86		82.0

表 5.4-17　ZJ8 型胀紧连接套的基本参数和主要尺寸

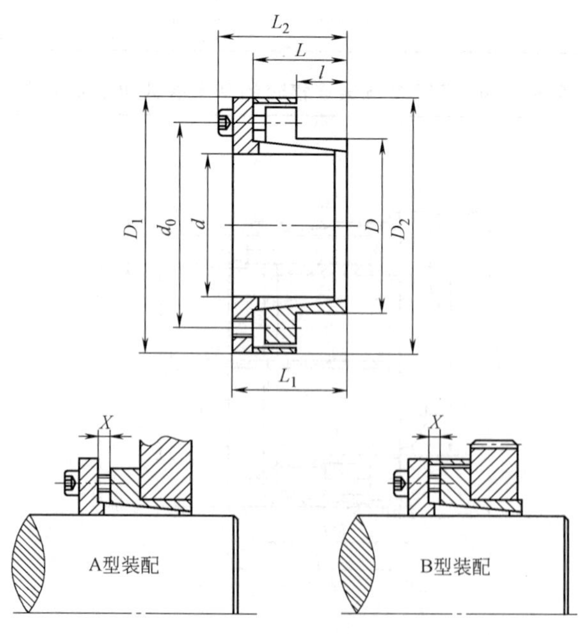

（续）

公称尺寸/mm									螺钉		额定负荷				胀紧套与轴结合面上的压力		胀紧套与轮毂结合面上的压力		螺钉的拧紧力矩 M_a /N·m	质量 /kg
d	D	d_0	l	L	L_1	L_2	D_1	D_2	d_1 /mm	n	轴向力 F_t/kN		转矩 M_t/ kN·m		p_t/MPa		力 p_f'/MPa			
装配形式											A	B	A	B	A	B	A	B		
6	14	19	10	19.8	22.3	25.3	25	23	M3	3	6.7	4.2	20	13	297	186	127	80	4. 9	0.08
8	15	20	12	21.8	24.8	28.8	27	24	M4		11.6	7.3	46	29	321	202	171	107		0.10
9	16	21	14	22.8	25.8	29.8	28	25					50	32	243	153	138	87		0.12
10	16												57	36	220	138				0.12
11	18	23		23	26	30	32	28		4	15.5	9.7	85	53	267	167	163	102		0.14
12	18												93	58	245	154				0.14
14	23	28. 5					38	33					108	68	210	132	128	80		0.15
15	24	32	16	29	36	42	45	40	M6	4	35.5	22.4	285	179	307	193	219	138	17	0.26
16															328	206				0.25
18	26	34	18	34	41	47	47	42					320	200	290	184	202	127		0.27
19	27	35					49	43					335	212	276	174	195	122		0.30
20	28	36					50	44					350	224	262	165	187	118		0.30
22	32	40	25	41	48	54	54	48					353	231	155	101	106	69		0.38
24	34	42					56	50		6	53.4	33.6	636	400	237	149	167	105		0.40
25													665	420	228	143				0.39
28	39	47					61	55					745	470	204	128	146	92		0.47
3.0	41	49					62	57					795	500	189	119	139	87		0.48
32	43	51					65	59		8	71.3	44.8	1136	715	237	149	177	111		0.52
35	47	54	32	45	52	58	69	62					1160	735	152	99	114	74		0.63
38	50	58					72	66					1223	797	140	92	106	70		0.67
40	53	61					75	69					1287	840	133	87	100	66		0.74
42	55	63					78	71					1352	881	127	82	102	66		0.78
45	59	69.5	45	64	72	80	86	80	M8		119	77.6	2677	1745	155	102	119	78	41	1.23
48	62	71.5					87	81					2855	1860	145	95	113	74		1.24
50	65	75.5					92	86					2975	1940	140	92	108	70		1.40
55	71	81.5	55	74	82	90	98	92		9	133	87.2	3680	2400	117	77	91	60		1.70
60	77	87.5					104	98					4015	2620	107	70	84	55		1.90
65	84	94.5					111	105					4350	2840	100	65	77	55		2.20
70	90	101.5	65	87	97	107	119	113	M10		212	139	7440	4850	123	81	96	63	83	3.05
75	95	107					126	119					7970	5200	114	75	91	59		3.32
80	100	112.5					131	125		12	283	184	11335	7390	144	94	115	75		3.50
85	106	118.5					137	131					12040	7850	135	88	108	71		3.81
90	112	124.5					144	137					12750	8320	128	83	102	67		4.20

表 5.4-18a　ZJ9A 型胀紧连接套的基本参数和主要尺寸

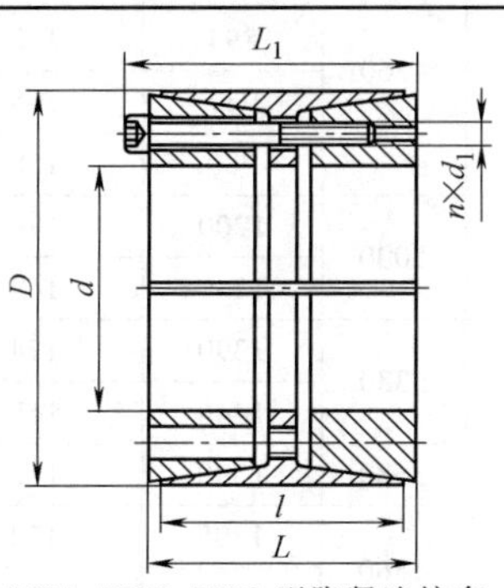

ZJ9A、ZJ9B、ZJ9C 型胀紧连接套

（续）

公称尺寸/mm					螺钉		额定负荷		胀紧套与轴结合面上的压力 p_f/MPa	胀紧套与轮毂结合面上的压力 p_f'/MPa	螺钉的拧紧力矩 M_a/N·m	质量 /kg
d	D	l	L	L_1	d_1 /mm	n	轴向力 F_t/kN	转矩 M_t/kN·m				
25	55	32	40	46	M6	6	67	0.84	297	101	17	0.47
28								0.94	265			0.44
30								1.00	248			0.42
35	60	44	54	60		7	74	1.30	165	87		1.00
40	75			62	M8		145	2.90	282	116	41	1.10
45	75							3.26	251			1.20
50	80	56	64	72		8	165	4.15	200	98		1.40
55	85					9	186	5.15	205	104		1.60
60	90					10	207	6.20	202	106		1.70
65	95							6.75	187	100		1.90
70	110	70	78	88	M10		329	11.50	223	114	83	3.10
80	120					11	362	14.50	215	115		3.50
90	130					12	390	17.80	208			3.80
100	145	90	100	112	M12	11	527	26.30	200	107	145	6.10
110	155					12	575	31.80	198	110		6.60
120	165					14	670	40.40	212	120		7.20
130	180	104	116	130	M14	12	789	51.50	192	112	230	10.00
140	190					14	920	64.70	208	124		10.60
150	200					15	986	74.2		127		11.30
160	210					16	1050	84.50		128		11.90
170	225	134	146	162	M16	14	1280	108.2	182	113	355	18.00
180	235					15	1370	123.25	184	115		18.80
190	250					16	1460	146	186	116		21.90
200	260							181	177	112		23.00
220	285					18	1820	218	188	115		27.00
240	305					20	1820	218	184	119		29.20
260	325					21	1920	250	178	117		31.50
280	355	165	177	197	M20	18	2550	360	185		690	48.00
300	375					20	2850	428	192	123		51.00
320	405					21	3000	480	188	119		62.00
340	425					22	3140	530	186			66.00
360	455	190	202	22	M22	21	3730	670	176	115	930	91.00
380	475					22	3900	742	175			95.00
400	495					24	4260	852	181	120		100.00
420	515							894	173	116		104.00
440	535							937	165	112		109.00
460	555							980	158	107		113.00
480	575					28	5000	1200	176	121		118.00
500	595							1240	169	117		122.00
520	615					30	5330	1390	174	121		126.00
540	635							1440	168	117		131.00
560	655					32	5680	1590	172	121		135.00
580	675					33	5860	1705	172			140.00
600	695							1760	166	118		144.00

表 5.4-18b　ZJ9B 型胀紧连接套的基本参数和主要尺寸（图同表 5.4-18a）

公称尺寸/mm					螺钉		额定负荷		胀紧套与轴结合面上的压力 p_f/MPa	胀紧套与轮毂结合面上的压力 p_f'/MPa	螺钉的拧紧力矩 M_a/N·m	质量 /kg
d	D	l	L	L_1	d_1 /mm	n	轴向力 F_t/kN	转矩 M_t/kN·m				
70	110	50	60	70	M10	8	204	7.15	194	107	83	2.3
80	120					10	250	10.25	212	123		2.5
90	130					11	280	12.60	207	125		2.7
100	145	60	70	82	M12	10	372	18.60	205	126	145	4.1
110	155							20.50	187	118		4.4
120	165					11	408	24.50	188	122		4.8
130	180	65	79	91		14	520	33.80	197	128		6.3
140	190					15	557	39.00	196	130		6.6
150	200							41.80	183	123		7.8
160	210					16	593	47.50		125		7.4
170	225	78	92	106	M14	15	764	65.00	193	133	230	10.7
180	235						766	69.00	182	127		11.3
190	250	88	102	116		16	815	77.50	163	103		14.6
200	260					18	1020	102	194	124		15.3
220	285	96	108	124	M16	15	1060	117	174	113	355	20.2
240	305					20	1410	170	212	140		21.8
260	325					21	1480	193	205	138		23.4
280	355		110	130	M20	15	1650	232	213	141	690	30.0
300	375						1660	249	198	134		31.2
320	405	124	136	156		20	2210	354	191	125		48.0
340	425							376	180	119		51.0
360	455	140	155	177	M22		2750	496	185	118	930	69.0
380	475							524	175	113		73.0
400	495					22	3010	602	183	122		76.0
420	515					24	3300	694	190	127		80.0
440	535							728	166	123		81.0
460	555							760	159	118		85.0
480	575					25	3440	830		119		88.0
500	595							861	153	115		91.0
520	615					28	3850	1003	164	124		95.0
540	635						3860	1042	158	120		98.0
560	655					30	4130	1157	163	125		101.0
580	675							1199	158	121		104.0
600	695							1240	153	118		108.0

表 5.4-18c　ZJ9C 型胀紧连接套的基本参数和主要尺寸（图同表 5.4-18a）

公称尺寸/mm					螺钉		额定负荷		胀紧套与轴结合面上的压力 p_f/MPa	胀紧套与轮毂结合面上的压力 p_f'/MPa	螺钉的拧紧力矩 M_a/N·m	质量 /kg
d	D	l	L	L_1	d_1 /mm	n	轴向力 F_t/kN	转矩 M_t/kN·m				
70	110	50	60	70	M10	8	121	4.25	115	64	49	2.3
80	120					10	152	6.10	125	73		2.5
90	130					11	167	7.50	122	74		2.7
100	145	60	70	82	M12	10	177	8.84	97	60	69	4.1
110	155							9.74	89	56		4.4
120	165					11	193	11.60	89	58		4.8
130	180	65	79	91		14	247	16.06	93	61		6.3
140	190					15	264	18.50	93	62		6.6
150	200							19.86	87	59		7.8
160	210					16	290	23.27	87	60		9.4
170	225	78	92	106	M14	15	363	30.87	92	63	108	10.7
180	235							32.75	87	60		11.3
190	250	88	102	116		16	387	36.80	78	50		14.6
200	260					18	484	48.45	92	59		15.3
220	285	96	108	124	M16	15	505	55.57	83	54	168	20.2
240	305					20	673	80.75	100	67		21.8
260	325					21	705	91.67	97	66		23.4
280	355		110	130	M20	15	877	122.80	114	75	369	30.0
300	375						887	133.00	106	72		21.2
320	405	124	136	156		20	1181	189.00	102	67		48.0
340	425							200.80	96	64		51.0
360	455	140	155	177	M22		1455	262.00	98	62	495	69.0
380	475							277.70	93	60		73.0
400	495					22	1595	319.00	97	65		76.0
420	515					24	1751	367.80	100	68		80.0
440	535						1952	429.50	98	73	550	81.0
460	555							448.40	94	70		85.0
480	575					25	2040	489.70	94	70		88.0
500	595							508.00	90	68		91.0
520	615					28	2273	591.00	97	73		95.0
540	635							614.00	93	71		98.0
560	655					30	2437	682.60	96	74		101.0
580	675							707.40	93	72		104.0
600	695							731.60	90	70		108.0

表 5.4-19　ZJ10 型胀紧连接套的基本参数和主要尺寸

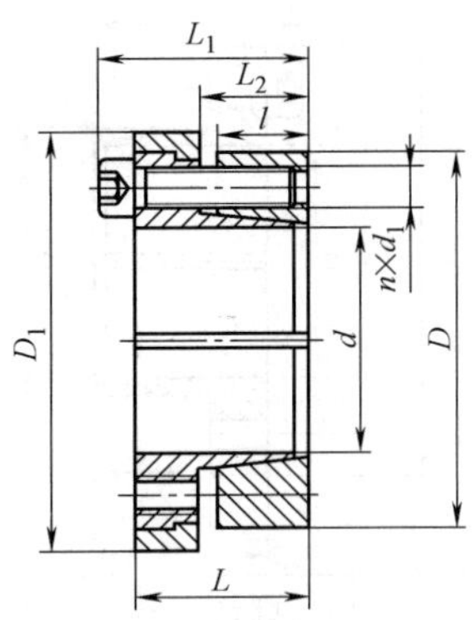

公称尺寸/mm							螺钉		额定负荷		胀紧套与轴结合面上的压力 p_f/MPa	胀紧套与轮毂结合面上的压力 p'_f/MPa	螺钉的拧紧力矩 M_a/N·m	质量 /kg
d	D	l	L	L_1	L_2	D_1	d_1 /mm	n	轴向力 F_t/kN	转矩 M_t/kN·m				
20	47	26	42	48	29	53	M6	7	0.54	54	276	117	14	0.51
22									0.60		253	118		0.53
24	50					56			0.65		230	110		0.55
25									0.68		222	111		0.65
28	55					61			0.76		198	100		0.62
30									0.82		186	101		0.80
32	60					66		11	1.31	82	261	139		0.70
35									1.44		240	140		0.81
38	65					71			1.56		220	129		0.77
40									1.64		209			1.33
42	75	30	51	59	34.5	81	M8	6	2.13	101	213	119	41	1.24
45									2.28		199			1.44
48	80					86			2.43		186	112		1.41
50									2.53		179			1.35
55	85					91		9	4.18	152	244	158		1.45
60	90					96			4.56		224	149		1.55
65	95					102			4.94		206	141		1.67
70	110	40	56	66	45	117	M10	7	6.50	186	176	112	83	2.61
75	115					122			7.00		165	107		2.75
80	120					127			7.40		153	102		2.89
85	125					132		8	9.00	213	165	112		3.04
90	130					137			9.60		157	109		3.18
95	135					142		10	12.60	267	185	130		3.33
100	145	46	65	77	52	153	M12	7	13.30	270	153	105	145	4.62
110	155					163			14.70	270	140	99		5.00
120	165					173		8	18.40	309	147	107		5.37
130	180					188		10	25.10	388	171	124		6.46
140	190	51	73.5	87.5	58.5	199	M14	11	40.15	586	213	157	230	7.73
150	200					209		12	47.00	639	217	163		8.21
160	210					219		13	54.30	692	220	167		8.64
170	225					234		14	63.00	746	226	171		10.14
180	235					244			66.00	746	212	162		10.66

表 5.4-20　ZJ11 型胀紧连接套的基本参数和主要尺寸

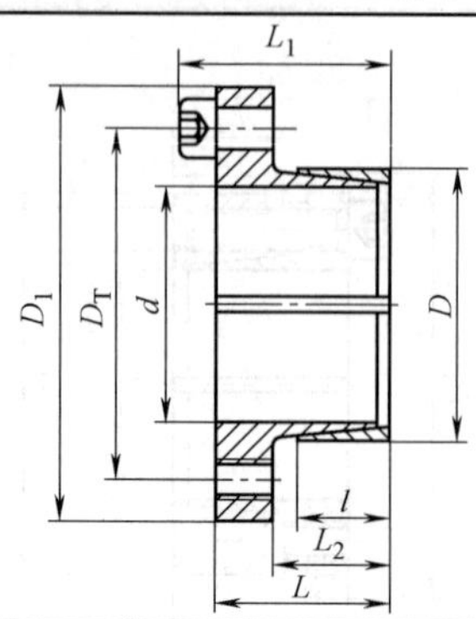

公称尺寸/mm								螺钉		额定负荷		胀紧套与轴结合面上的压力	胀紧套与轮毂结合面上的压力	螺钉的拧紧力矩	质量
d	D	D_T	D_1	l	L	L_1	L_2	d_1 /mm	n	轴向力 F_t/kN	转矩 M_t/kN·m	p_f/MPa	p'_f/MPa	M_a /N·m	/kg
14	25	33	42	16	26	30	20	M4	4	64	9.20	109	61	2.9	0.091
16										74		95			0.082
18										82		85			0.072
19										87		80			0.068
20	30	39	50			31		M5		150	15.00	124	82	6	0.113
22										165		113			0.110
24										180		104			0.088
25	36	45	55							187	15.00	100	69	6	0.144
28										210		89			0.121
30										225		83			0.105
32	42	51	62		28	33				240		77	59		0.200
35										260		71			0.173
36										270		69			0.162
38	44	54	66			34		M6		400	21.20	93	80	10	0.182
40	48	58	70							425		88	73		0.223
42	48	58	70							446	21.20	83	73	10	0.191
45	55	67	82	20	35	43	25	M8		875	38.90	115	94	25	0.400
48										935		107			0.350
50	62	74	89	20						974		103	83		0.500
55										1070		94			0.410
60	72	84	99	20						1165		86	71		0.580
65										1265		79			0.460

表 5.4-21　ZJ12 型胀紧连接套的基本参数和主要尺寸

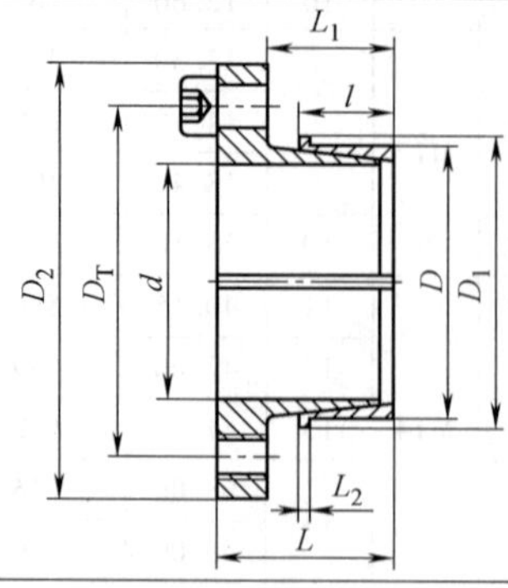

（续）

公称尺寸/mm									螺钉		额定负荷		胀紧套与轴结合面上的压力 p_f/MPa	胀紧套与轮毂结合面上的压力 p'_f/MPa	螺钉的拧紧力矩 M_a/N·m	质量 /kg
d	D	D_T	l	L	L_1	L_2	D_1	D_2	d_1 /mm	n	轴向力 F_t/kN	转矩 M_t/kN·m				
9	12	21	11.5	19.5	15	1.5	15	29	M4	3	7.8	0.035	199	149	4.0	0.04
10	13	22					16	30				0.039	180	138		0.04
11	14	23					17	31				0.043	164	129		0.04
12	15	24					18	32				0.047	150	120		0.04
14	18	27	16.0	26.0	20	2.0	22	35		4	10.4	0.073	123	96		0.06
15	19	28					23	36				0.078	115	91		0.07
16	20	29		27.0			24	37		6	15.6	0.125	162	130		0.08
17	21	30					25	38				0.132	151	122		0.10
18	22	33					26	43	M5	4	17.1	0.154	156	128	8.5	0.11
19	24	35					28	45				0.162	149	118		0.12
20	25	36					29	46				0.171	142	114		0.12
22	26	38					30	48				0.188	129	109		0.16
24	28	40					32	50				0.205	118	101		0.16
25	30	42					34	52				0.214	114	95		0.19
28	32	44		28.5	21		36	54		6	25.6	0.358	151	132		0.20
30	35	47					39	57				0.384	141	121		0.23
32	36	49		30.0		2.5	41	59				0.410	133	118		0.33
35	40	53	17.5	31.5	23		45	63				0.448	111	97		0.33
38	44	58		33.0			49	70	M6		36.1	0.686	144	124	17.0	0.40
40	45	59	20.0	35.5	26		50	71				0.722	120	106		0.65
42	48	62		36.5			53	74		8	48.0	1.010	152	133		0.68
45	52	69	25.0	44.5	32	3.0	58	84	M8	6	66.3	1.490	156	135	34.3	0.69
48	55	72					61	87				1.590	146	127		0.74
50	57	74					63	89				1.660	141	124		0.86
55	62	79					68	94				1.820	128	114		1.10
60	68	86	27.0	47.0	34	3.5	75	101				1.990	109	96		1.20
65	73	91		49.0			80	106		8	88.5	2.880	134	119		1.30
70	79	97	31.0	53.0	38		86	112				3.100	108	96		1.70
75	84	102		54.5	39		91	117		10	111	4.160	127	113		2.20
80	91	110	34.0	59.0	42	4.0	99	125				4.440	108	95		2.30

表 5.4-22　ZJ13 型胀紧连接套的基本参数和主要尺寸

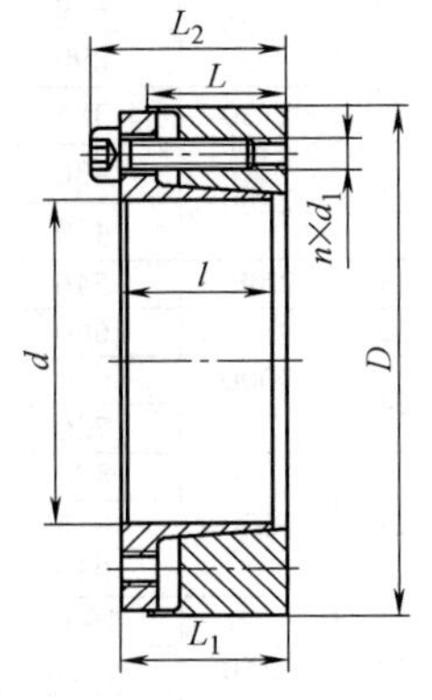

（续）

公称尺寸/mm						螺钉		额定负荷		胀紧套与轴结合面上的压力 p_f/MPa	胀紧套与轮毂结合面上的压力 p'_f/MPa	螺钉的拧紧力矩 M_a/N·m	质量/kg
d	D	l	L	L_1	L_2	d_1/mm	n	轴向力 F_t/kN	转矩 M_t/kN·m				
20	47	20	17	23	29	M6	5	34	0.34	242	121	17	0.25
22									0.38	220			0.24
24	50								0.41	202	114		0.27
25									0.43	194			0.29
28	55						6	43	0.60	208	124		0.31
30									0.64	194			0.30
35	60						7	51	0.90		133		0.33
40	65						8		1.00		140		0.37
45	75	24	20	28	36	M8	6	80	1.80	198	142	41	0.62
50	80						7	92	2.3	208	156		0.67
55	85						8	105	2.9	216	167		0.72
60	90							107	3.2	198	158		0.77
65	95						9	117	3.8	205	169		0.82
70	110	29	24	34	44	M10	8	171	6.0	223	172	83	1.50
75	115								6.4	208	164		1.59
80	120							170	6.8	195	157		1.67
85	125						9	191	8.1	207	170		1.76
90	130						10	213	9.6	217	181		1.84
95	135							210	10.0	206	175		1.90
100	145	33	28	38	50	M12	8	220	11	200	163	145	2.58
110	155						9	254	14	205	171		2.79
120	165	38	33	43	55		10	283	17	209	179		3.00
130	180						12	354	23	201	167		4.10
140	190							342	24	186	158		4.37
150	200						14	400	30	203	175		4.63
160	210						15	438	35	204	179		4.90
170	225	43	38	49	63	M14	12	494	42	186	159	230	6.56
180	235						14	560	51	205	178		6.90
190	250	51	46	57	71		16	640	61	187	158		9.27
200	260						18	720	72	200	171		9.70
220	285	55	50	61	77	M16	16	900	100	207	175	355	12.30
240	305								108	189	164		13.30
260	325						18	1000	130	197	173		14.30
280	355	65	60	73	91	M18		1200	170	188	161	485	21.40
300	375						20	1330	200	195	169		22.70
320	405	77	72	85	105	M20	18	1700	275	198	167	930	32.20
340	425						20		290	187	160		34.00
360	455	89	84	99	121	M22		2130	385	190	159		47.20
380	475						21	2260	430	189	160		49.50
400	495								450	180	154		51.80
420	515						24	2590	546	196	169		54.20
440	545	101	96	113	137	M24	22	3000	660	190	161	1200	72.00
460	565						24		690	182	156		74.90
480	585								720	174	150		77.90
500	605						28	3520	880	195	170		80.80
520	630								915	178	155		88.10
540	650								950	171	150		91.10
560	670						30	3780	1060	178	156		94.20
580	690								1100	172	152		97.30
600	710								1130	165	148		100.3

表 5.4-23　ZJ14 型胀紧连接套的基本参数和主要尺寸

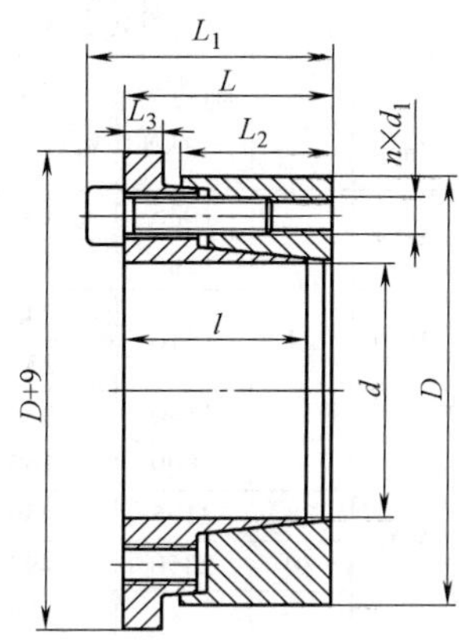

公称尺寸/mm							螺钉		额定负荷		胀紧套与轴结合面上的压力	胀紧套与轮毂结合面上的压力	螺钉的拧紧力矩	质量
d	D	l	L	L_1	L_2	L_3	d_1/mm	n	轴向力 F_t/kN	转矩 M_t/kN·m	p_f/MPa	p'_f/MPa	M_a/N·m	/kg
20	47	20	23	29	17	3	M6	6	28	0.28	185	93	17	0.26
22										0.31	168			0.25
24	50									0.34	154	87		0.28
25										0.35	148			0.30
28	55							8	37	0.52	176	105		0.32
30										0.56	164			0.31
35	60							9	42	0.74	158	109		0.34
40	65							10	46	0.93	154	112		0.38
45	75	24	28	36	20	4	M8	8	69	1.56	168	121	41	0.64
50	80							9	80	2.00	170	127		0.69
55	85							10	87	2.40	171	133		0.75
60	90									2.60	157	126		0.80
65	95							12	105	3.40	174	143		0.85
70	110	29	34	44	24	5	M10	10	137	4.80	177	136	83	1.56
75	115									5.15	166	130		1.65
80	120								151	6.05	171	138		1.73
85	125							12	164	7.0	175	144		1.83
90	130									7.4	166	138		1.91
95	135									7.8	157	133		1.99
100	145	33	38	50	28		M12	11	200	10.0	175	142	145	2.68
110	155									11.0	159	133		2.90
120	165							14	263	15.8	186	159		3.10
130	180	38	43	55	33		M12	16	300	19.5	170	142		4.25
140	190									21.0	158	134		4.50
150	200							18	338	25.4	166	143		4.80
160	210								375	30.0	156	137		5.00
170	225	43	49	63	38		M14	16	412	35.0	158	135	230	6.80
180	235							18	464	41.8	168	145		7.10
190	250	51	57	71	46			21	537	51.4	156	132		9.60
200	260							24	620	62	170	145		10.00
220	285	55	61	77	50		M16	20	718	79	164	139	355	12.70
240	305							21	766	92	158	137		13.80
260	325							24	862	112	167	147		14.80

（续）

公称尺寸/mm							螺钉		额定负荷		胀紧套与轴结合面上的压力 p_f/MPa	胀紧套与轮毂结合面上的压力 p'_f/MPa	螺钉的拧紧力矩 M_a/N·m	质量/kg
d	D	l	L	L_1	L_2	L_3	d_1/mm	n	轴向力 F_t/kN	转矩 M_t/kN·m				
280	355	65	73	91	60	5	M18	24	1035	145	159	136	485	22.20
300	375								1166	175	167	145		23.60
320	405	77	85	105	72		M20		1510	242	170	144	690	33.40
340	425									257	160	137		35.30
360	455	89	99	121	84		M22		1880	338	156	130	930	49.00
380	475								1890	360	147	125		51.50
400	495							28	2195	439	163	140		53.80
420	515							30	2350	494	167	144		56.30
440	545							32	2572	566	161	137	1200	74.80
460	565									592	154	132		77.80
480	585	101	113	137	96		M24			617	148	128		81.00
500	605							36	2893	723	160	139		84.00
520	630									752	146	128		91.60
540	650									781	141	123		94.70
560	670							40	3215	900	151	133		97.90
580	690									932	145	129		101.00
600	710									964	141	125		104.00

表 5.4-24a　ZJ15A 型胀紧连接套的基本参数和主要尺寸

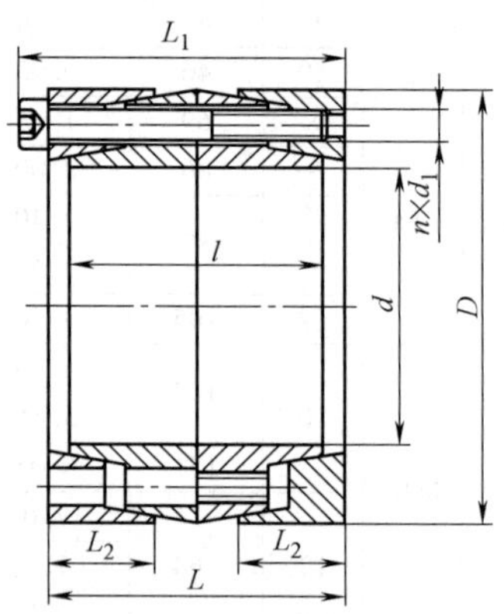

ZJ15 型、ZJ15B 型胀紧连接套

公称尺寸/mm						螺钉		额定负荷		胀紧套与轴结合面上的压力 p_f/MPa	胀紧套与轮毂结合面上的压力 p'_f/MPa	螺钉的拧紧力矩 M_a/N·m	质量/kg
d	D	l	L	L_1	L_2	d_1/mm	n	轴向力 F_t/kN	转矩 M_t/kN·m				
30	55	40	46	52	17	M6	6	60	0.9	132	85	17	0.5
35	60						7	71	1.2	135	93		0.6
40	65						8	75	1.5	125	90		0.7
45	75	48	56	64	20	M8	6	111	2.5	136	98	41	1.1
50	80						7	120	3.0	133	100		1.2
55	85						8	138	3.8	139	108		1.3
60	90							143	4.3	132	106		1.4
65	95						9	163	5.3	139	114		1.5
70	110	58	68	78	24	M10	8	217	7.6	142	109	83	2.6
75	115							219	8.2	133	105		2.8

（续）

公称尺寸/mm						螺钉		额定负荷		胀紧套与轴结合面上的压力 p_f/MPa	胀紧套与轮毂结合面上的压力 p_f'/MPa	螺钉的拧紧力矩 M_a/N·m	质量/kg
d	D	l	L	L_1	L_2	d_1/mm	n	轴向力 F_t/kN	转矩 M_t/kN·m				
80	120	58	68	78	24	M10	8	217	8.7	124	100	83	2.9
85	125						9	245	10.4	132	108		3.1
90	130						10	272	12	138	116		3.2
95	135							271	13	131	111		3.3
100	145	66	76	88	28	M12	8	317	16	127	104	145	4.5
110	155						9	340	19	124			4.9
120	165						10	377	23	126	108		5.3
130	180	76	86	98	33		12	453	29	122	101		7.3
140	190								32	113	96		7.8
150	200						14	528	40	23	106		8.2
160	210							566	45		108		8.7
170	225	86	98	112	38	M14	12	622	53	113	96	230	11.6
180	235						14	726	65	124	108		12.2
190	250	102	114	128	46		15	829	79	114	96		16.7
200	260						16	933	93	121	103		17.4
220	285	110	122	138	50	M16	15	1141	126	125	106	355	22.3
240	305								137	115	99		24.1
260	325						16	1284	167	119	105		25.8
280	355	130	146	164	60	M18		1562	219	114	97	485	38.2
300	375						18	1735	260	118	102		40.6
320	405	154	170	190	72	M20		2230	357	120	101	690	58.6
340	425								379	113	97		61.8
360	455	178	198	220	84	M22		2784	501	115		930	85.0
380	475						20	2923	555				87.2
400	495								585	109	93		93.4
420	515						21	3132	658	111	96		97.5
440	545	202	226	250	96	M24		3616	696	108	92	1200	128.9
460	565						22		832	103	88		134.1
480	585								868	99	85		139.3
500	605						26	3938	984	103	90		144.5
520	630								1024	99	86		157.6
540	650								1063	96	84		163.1
560	670						27	4219	1181	99	87		168.6
580	690								1224	96	84		174.0
600	710								1266		82		179.5

表 5.4-24b　ZJ15B 型胀紧连接套的基本参数和主要尺寸（图同表 5.4-24a）

公称尺寸/mm						螺钉		额定负荷		胀紧套与轴结合面上的压力 p_f/MPa	胀紧套与轮毂结合面上的压力 p_f'/MPa	螺钉的拧紧力矩 M_a/N·m	质量/kg
d	D	l	L	L_1	L_2	d_1/mm	d	轴向力 F_t/kN	转矩 M_t/kN·m				
100	145	66	76	86	28	M10	8	224	11	90	73	83	4.5
110	155						9	240	13	88			4.9
120	165						10	267	16	89	77		5.3
130	180	76	86	96	33		12	312	20	84	70		7.3
140	190							320	22	80	68		7.8
150	200						14	364	27	85	73		8.2
160	210						15	390	31		75		8.7

（续）

公称尺寸/mm						螺钉		额定负荷		胀紧套与轴结合面上的压力 p_f/MPa	胀紧套与轮毂结合面上的压力 p'_f/MPa	螺钉的拧紧力矩 M_a/N·m	质量/kg
d	D	l	L	L_1	L_2	d_1/mm	d	轴向力 F_t/kN	转矩 M_t/kN·m				
170	225	86	98	110	38	M12	12	449	38	82	70	145	11.6
180	235						14	524	47	90	78		12.2
190	250	102	114	126	46		16	599	57	82	69		16.7
200	260						18	674	67	88	75		17.4
220	285	110	122	136	50	M14	16	828	91	91	77	230	22.3
240	305							822	99	83	72		24.1
260	325						18	937	122	87	76		25.8
280	355	130	146	162	60	M16		1294	181	94	81	355	38.2
300	375						20	1431	215	97	84		40.6
320	405	154	170	188	72	M18	18	1725	276	93	78	485	58.6
340	425							1732	294	88	75		61.8
360	455	178	198	216	84		22	2065	372	85	72		85.0
380	475							2068	393	81	69		87.2
400	495						24		414	77	66		93.4
420	515						26	2412	507	86	74		97.5
440	545	202	226	246	96	M20	21	2409	530	72	61	690	128.9
460	565						22		554	69	59		134.1
480	585								578	66	57		139.3
500	605						26	2811	703	74	64		144.5
520	630								731	71	62		157.6
540	650								759	68	60		163.1
560	670						27	3012	843	71	62		168.6
580	690								873	68	60		174.0
600	710								903	66	59		179.5

表 5.4-25　ZJ16 型胀紧连接套的基本参数和主要尺寸

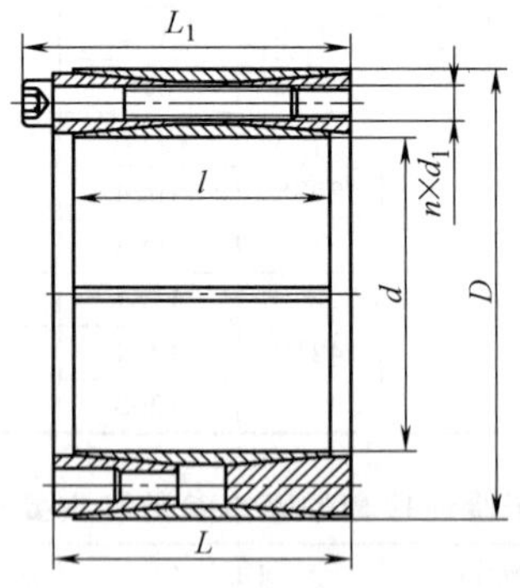

公称尺寸/mm					螺钉		额定负荷		胀紧套与轴结合面上的压力 p_f/MPa	胀紧套与轮毂结合面上的压力 p'_f/MPa	螺钉的拧紧力矩 M_a/N·m	质量/kg
d	D	l	L	L_1	d_1/mm	n	轴向力 F_t/kN	转矩 M_t/kN·m				
45	75	55	64	72	M8	9	174	3.90	185	110	41	1.5
48	80							4.15	170	105		1.7
50	80							4.30	165			1.6
55	85							4.80	150	95		1.7
60	90					11	213	6.40	170	110		1.8
65	95							6.90	155	105		2.0

（续）

公称尺寸/mm					螺钉		额定负荷		胀紧套与轴结合面上的压力 p_f/MPa	胀紧套与轮毂结合面上的压力 p'_f/MPa	螺钉的拧紧力矩 M_a/N·m	质量 /kg
d	D	l	L	L_1	d_1 /mm	n	轴向力 F_t/kN	转矩 M_t/kN·m				
70	110	70	78	88	M10	11	338	11.8	185	115	83	3.6
75	115							12.7	170	110		3.8
80	120					12	369	14.7	175	115		4.0
85	125							15.7	165	110		4.3
90	130					13	400	18.0	170	115		4.5
95	135							19.0	160	110		4.7
100	145	90	100	112	M12	12	538	26.9			145	7.2
110	155					13	583	32.0	155			7.7
120	165					15	673	40.3	165	120		8.3
130	180	105	116	130	M14	13	800	52.0	155	115	230	11.7
140	190					15	923	64.6	170	125		12.5
150	200					16	985	73.8	165			13.2
160	210					17	1045	83.7				14.0
170	225	132	146	162	M16	15	1283	109.0	150	115	355	20.6
180	235					16	1369	123.2				21.6
190	250					17	1454	138.0				25.0
200	260							145.4	145	110		26.2
220	285					20	1710	188.0	155	120		31.1
240	305					22	1880	225.0				33.6
260	325							244.0	145	115		36.1
280	355	160	177	197	M20	20	2670	373.0	155	120	690	54.9
300	375					22	2930	440.0		125		58.3
320	405							470.0	145	115		71.0

表 5.4-26a ZJ17A 型胀紧连接套的基本参数和主要尺寸

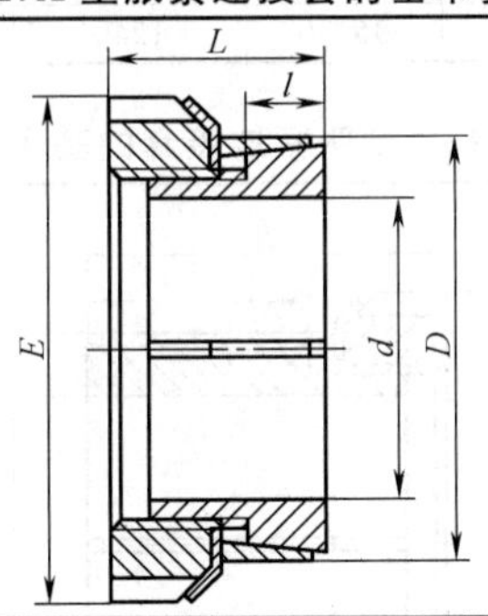

公称尺寸/mm					圆螺母螺纹直径 /mm	额定负荷		胀紧套与轴结合面上的压力 p_f/MPa	胀紧套与轮毂结合面上的压力 p'_f/MPa	圆螺母的拧紧力矩 M_a/N·m	质量 /kg
d	D	E	l	L		轴向力 F_t/kN	转矩 M_t/kN·m				
14	25	32	6.5	16.5	M20×1	5.10	38	200	110	95	0.05
15						5.50	41	185			0.04
16						5.45	43	174			
17	26					5.50	47	164	107		
18					M22×1	5.40	49	155			
18	30	38			M25×1.5	6.60	58	185	112	160	0.06
19				18			62	176			
20							66	167	111		
22	32						73	152	105		

（续）

<table>
<tr><th colspan="5">公称尺寸/mm</th><th rowspan="2">圆螺母螺纹直径/mm</th><th colspan="2">额定负荷</th><th rowspan="2">胀紧套与轴结合面上的压力 p_f/MPa</th><th rowspan="2">胀紧套与轮毂结合面上的压力 p'_f/MPa</th><th rowspan="2">圆螺母的拧紧力矩 M_a/N · m</th><th rowspan="2">质量/kg</th></tr>
<tr><th>d</th><th>D</th><th>E</th><th>l</th><th>L</th><th>轴向力 F_t/kN</th><th>转矩 M_t/kN · m</th></tr>
<tr><td>24</td><td rowspan="2">35</td><td rowspan="3">45</td><td rowspan="4">6. 5</td><td rowspan="4">18</td><td rowspan="2">M30×1. 5</td><td>8. 75</td><td>105</td><td>185</td><td rowspan="2">127</td><td rowspan="3">220</td><td>0. 08</td></tr>
<tr><td>25</td><td>8. 80</td><td>110</td><td>178</td><td>0. 07</td></tr>
<tr><td>28</td><td>36</td><td>M32×1. 5</td><td>8. 55</td><td>120</td><td>159</td><td>124</td><td>0. 06</td></tr>
<tr><td>28</td><td rowspan="2">40</td><td rowspan="3">52</td><td rowspan="2">M35×1. 5</td><td rowspan="3">10. 60</td><td>149</td><td>188</td><td>141</td><td rowspan="3">340</td><td rowspan="3">0. 09</td></tr>
<tr><td>30</td><td rowspan="2">7</td><td rowspan="2">19. 5</td><td>160</td><td>164</td><td>123</td></tr>
<tr><td>32</td><td>42</td><td>M36×1. 5</td><td>170</td><td>154</td><td>117</td></tr>
<tr><td>35</td><td rowspan="2">45</td><td rowspan="4">58</td><td rowspan="4">8</td><td rowspan="4">21. 5</td><td rowspan="2">M40×1. 5</td><td>13. 10</td><td>230</td><td>153</td><td rowspan="2">120</td><td rowspan="4">480</td><td>0. 11</td></tr>
<tr><td>36</td><td>13. 30</td><td>240</td><td>149</td><td>0. 1</td></tr>
<tr><td>38</td><td>48</td><td rowspan="3">M42×1. 5</td><td rowspan="2">13. 10</td><td rowspan="2">250</td><td rowspan="2">141</td><td rowspan="2">112</td><td>0. 12</td></tr>
<tr><td>38</td><td rowspan="2">50</td><td rowspan="2">0. 14</td></tr>
<tr><td>40</td><td rowspan="3">65</td><td rowspan="2">10</td><td rowspan="2">24. 5</td><td rowspan="2">15. 50</td><td rowspan="2">310</td><td>124</td><td rowspan="2">93</td><td rowspan="3">680</td></tr>
<tr><td>40</td><td>52</td><td>M45×1. 5</td><td>120</td><td>0. 17</td></tr>
<tr><td>42</td><td rowspan="2">55</td><td rowspan="7">10</td><td rowspan="7">25. 5</td><td>M48×1. 5</td><td>15. 20</td><td>320</td><td>114</td><td>87</td><td>0. 2</td></tr>
<tr><td>45</td><td rowspan="2">70</td><td rowspan="2">M50×1. 5</td><td rowspan="2">17. 70</td><td rowspan="2">400</td><td rowspan="2">122</td><td rowspan="2">96</td><td rowspan="2">870</td><td>0. 16</td></tr>
<tr><td>45</td><td>57</td><td>0. 2</td></tr>
<tr><td>48</td><td>60</td><td>75</td><td>M55×2</td><td rowspan="3">20. 80</td><td>500</td><td>135</td><td rowspan="3">105</td><td rowspan="3">970</td><td>0. 21</td></tr>
<tr><td>50</td><td>60</td><td rowspan="2">75</td><td rowspan="2">M55×2</td><td rowspan="2">520</td><td rowspan="2">130</td><td>0. 18</td></tr>
<tr><td>50</td><td>62</td><td>0. 22</td></tr>
<tr><td>55</td><td>65</td><td rowspan="3">80</td><td rowspan="6">12</td><td rowspan="3">27. 5</td><td rowspan="3">M60×2</td><td rowspan="3">22. 00</td><td rowspan="2">610</td><td rowspan="2">103</td><td rowspan="2">84</td><td rowspan="3">1100</td><td>0. 21</td></tr>
<tr><td>55</td><td rowspan="2">68</td><td>0. 28</td></tr>
<tr><td>56</td><td>620</td><td>101</td><td>82</td><td>0. 26</td></tr>
<tr><td>60</td><td>70</td><td rowspan="2">85</td><td>30</td><td rowspan="2">M65×2</td><td rowspan="2">26. 60</td><td rowspan="2">800</td><td rowspan="2">113</td><td rowspan="2">93</td><td rowspan="2">1300</td><td>0. 24</td></tr>
<tr><td>60</td><td>73</td><td rowspan="3">30. 5</td><td>0. 33</td></tr>
<tr><td>63</td><td rowspan="2">79</td><td rowspan="2">92</td><td rowspan="2">M70×2</td><td>31. 10</td><td>980</td><td>107</td><td rowspan="2">86</td><td rowspan="2">1600</td><td>0. 43</td></tr>
<tr><td>65</td><td rowspan="2">14</td><td>31. 00</td><td>1010</td><td>104</td><td>0. 38</td></tr>
<tr><td>70</td><td>84</td><td>98</td><td>31. 5</td><td>M75×2</td><td>35. 40</td><td>1240</td><td>110</td><td>92</td><td>2000</td><td>0. 42</td></tr>
</table>

表 5. 4-26b　ZJ17B 型胀紧连接套的基本参数和主要尺寸

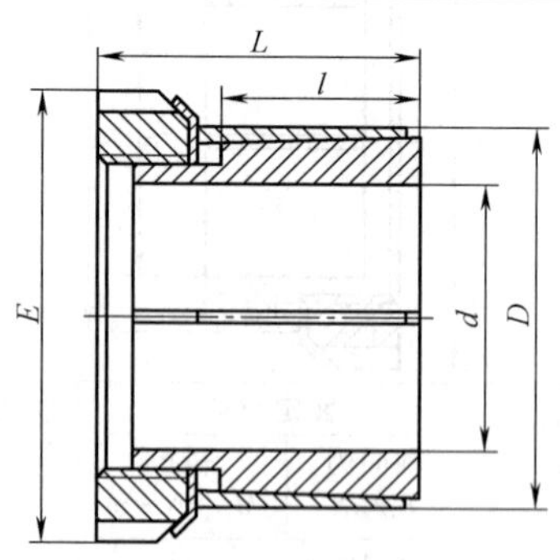

<table>
<tr><th colspan="5">公称尺寸/mm</th><th rowspan="2">圆螺母螺纹直径/mm</th><th colspan="2">额定负荷</th><th rowspan="2">胀紧套与轴结合面上的压力 p_f/MPa</th><th rowspan="2">胀紧套与轮毂结合面上的压力 p'_f/MPa</th><th rowspan="2">圆螺母的拧紧力矩 M_a/N · m</th><th rowspan="2">质量/kg</th></tr>
<tr><th>d</th><th>D</th><th>E</th><th>l</th><th>L</th><th>轴向力 F_t/kN</th><th>转矩 M_t/kN · m</th></tr>
<tr><td>14</td><td rowspan="4">25</td><td rowspan="5">32</td><td rowspan="5">20</td><td rowspan="3">30</td><td rowspan="3">M20×1</td><td rowspan="5">9. 1</td><td>64</td><td>85</td><td rowspan="4">45</td><td rowspan="5">95</td><td rowspan="2">0. 08</td></tr>
<tr><td>15</td><td>70</td><td>80</td></tr>
<tr><td>16</td><td>73</td><td>75</td><td rowspan="2">0. 07</td></tr>
<tr><td>17</td><td rowspan="2">32</td><td rowspan="2">M22×1</td><td>80</td><td>70</td></tr>
<tr><td>18</td><td>30</td><td>83</td><td>65</td><td>40</td><td>0. 12</td></tr>
</table>

（续）

公称尺寸/mm					圆螺母螺纹直径/mm	额定负荷		胀紧套与轴结合面上的压力 p_f/MPa	胀紧套与轮毂结合面上的压力 p'_f/MPa	圆螺母的拧紧力矩 M_a/N·m	质量/kg
d	D	E	l	L		轴向力 F_t/kN	转矩 M_t/kN·m				
19	30	38	20	32	M25×1.5	11.0	105	75	45	160	0.11
20							112	70			0.10
22	35	45	25	36	M30×1.5	14.5	163			220	0.17
24							178	65			0.15
25							185	60			0.14
28	40	52	30	42	M35×1.5		250	55	40	340	0.22
30						17.5	270	50			0.19
32	42			44	M36×1.5	21.5	350	60	45		0.20
32	45	58			M40×1.5					480	0.27
35							390	55			0.22
38	50	65		45	M45×1.5	26.0	500	60		680	0.30
40							520		50		0.25
45	55	70		46	M50×1.5	30.0	680			870	0.29
48	60	75			M55×2	35.0	840			970	0.37
50							880				0.32
55	65	80			M60×2	37.5	1030			1100	0.34
60	70	85		52	M65×2	45.0	1360	65	55	1300	0.42

表 5.4-27　ZJ18 型胀紧连接套的基本参数和主要尺寸

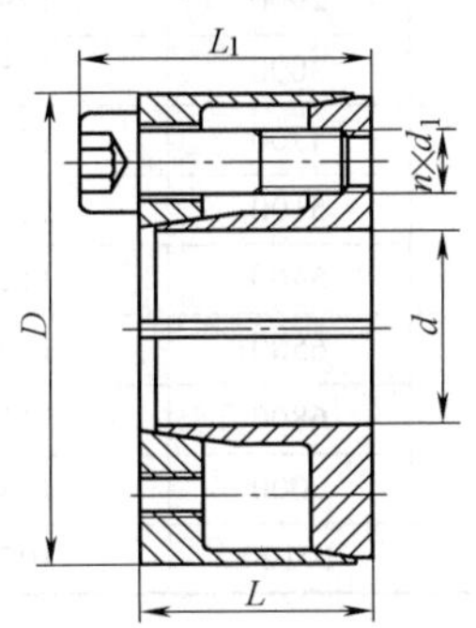

公称尺寸/mm				螺钉		额定负荷		胀紧套与轴结合面上的压力 p_f/MPa	胀紧套与轮毂结合面上的压力 p'_f/MPa	螺钉的拧紧力矩 M_a/N·m	质量/kg
d	D	L	L_1	d_1/mm	n	轴向力 F_t/kN	转矩 M_t/kN·m				
5	16	11	13.5	M2.5	4	2.4	6	159	50	1.2	0.010
6						2.6	8	147	55		0.012
7	17						9	122	50		0.013
8	18					2.8	11	113			0.015
9	20	13	15.5			3.6	16	116	52		0.020
10							18	106	53		0.019
11	22						20	97	49		0.024
12							22	90			0.022
14	26	17	20	M3	5	5.6	39	88	48	2.2	0.039
15	28						42	83	44		0.044
16	32		21	M4		9.6	77	132	66	5	0.067
17	35		25				82	125	61		0.090
18		21				9.7	87	102	53		0.087
19							92	97			0.098

（续）

公称尺寸/mm				螺钉		额定负荷		胀紧套与轴结合面上的压力 p_f/MPa	胀紧套与轮毂结合面上的压力 p'_f/MPa	螺钉的拧紧力矩 M_a/N·m	质量/kg
d	D	L	L_1	d_1/mm	n	轴向力 F_t/kN	转矩 M_t/kN·m				
20	47	29	35	M6	5	28	280	155	66	17	0.100
22							310	142			0.110
24	50					33	400	154	74		0.200
25							420	148			0.190
28	55				6		470	132	67		0.220
30							500	123			0.270
32	60				7	44	710	153	82		0.250
35						45	780	141			0.360
38	65				8		850	130	76		0.430
40							890	123			0.400
42	75	36	44	M8	6	71	1500	150	84	41	0.670
45							1600	140			0.630
48	80				8		1700	130	78		0.740
50						72	1800	127	80		0.700
55	85					84	2300	134	87		1.100
60	90						2500	123	82		1.000
63	95				9	92	2900	129	86		1.000
65							3000	125			0.860
70	110	46	56	M10	8	135	4700	127	81	83	2.150
75	115						5100	120	78		2.200
80	120						5400	112	75		2.400
85	125				9	152	6500	119	81		2.450
90	130				10		6800	111	77		2.500
95	135					168	8000	118	83		2.650
100	145	56	68	M12	8	202	10100	107	74	145	3.850

表 5.4-28　ZJ19 型液压胀紧连接套的基本参数和主要尺寸

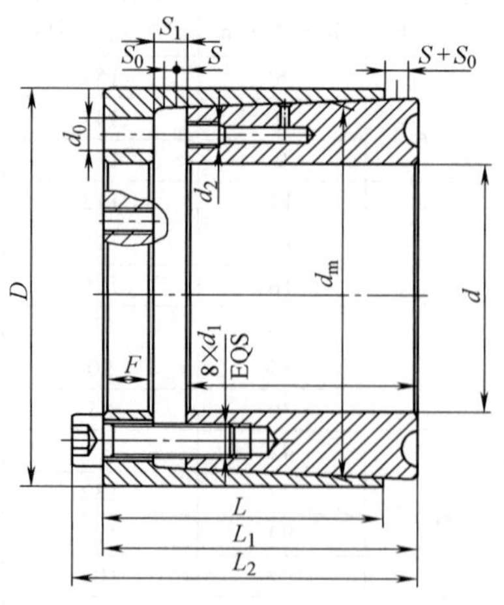

（续）

公称尺寸/mm												螺钉 d_1 /mm	注油孔径 d_2	未注入液压油时		螺钉拧紧力矩 M_a/N·m	质量 /kg
d	D	d_m	l	L	L_1	L_2	F	d_0	S	S_1	S_0			转矩 M_t/kN·m	压力 p/MPa		
100	145	139	70	85	95	105	15	10	2.9	10	S_0 的值见附录 D 表 D1	M10	Rc1/8	12.5	80	83	6.5
110	155	149												14.0	75		7.0
120	165	159												15.6	70		7.5
130	180	172	104	120	135	147	18	15	3.1	13		M12		31.6	60	145	11.0
140	190	182							3.4					36.0	80		12.0
150	200	192												38.4	75		13.0
160	210	202												41.2	60		14.0
170	230	220	132	150	165	179	20	18	3.6	15		M14		71.0	80	230	22.0
180	240	230												76.4			23.0
200	260	250							4.0					81.0	70		25.0
220	285	274	157	180	200	216	24	18	4.0	25		M16		123	75	355	35.0
240	305	294												135	70		38.0
260	325	314							4.6					145	65		41.0
280	345	334												183	70		44.0
300	365	354												196			48.0
320	405	387	200	237	267	287	35	24	5.0	32		M20	Rc1/4	375	85	690	88.0
340	425	407												402	80		93.0
360	445	427												431			97.0
400	485	467												475	70		107.0
420	505	487							6.0					626	85		110.0
460	545	527												684	80		120.0
500	585	567												740	75		130.0

4.3　胀紧连接套的材料（见表 5.4-29）

表 5.4-29　胀紧连接套的材料

胀紧套形式	选用材料		
	普通机械	重型机械	精密机械
ZJ1	45、40Cr	42CrMo、60Si2Mn	42CrMo、60Si2Mn
ZJ2	40Cr、42CrMo、65Mn	40Cr、42CrMo、60Si2Mn	40Cr、42CrMo
ZJ3	45、42CrMo	42CrMo、65Mn	42CrMo
ZJ4、ZJ5	40Cr、42CrMo、65Mn	40Cr、42CrMo、60Si2Mn	40Cr、42CrMo
ZJ6、ZJ7	40Cr、42CrMo	42CrMo、65Mn	42CrMo
ZJ8	45、40Cr	40Cr、42CrMo	
ZJ9A、ZJ9B、ZJ9C	45、40Cr、65Mn	40Cr、42CrMo、65Mn	40Cr、42CrMo
ZJ10、ZJ11、ZJ12	45、40Cr	40Cr、42CrMo、65Mn	
ZJ13、ZJ14、ZJ15	40Cr、65Mn	42CrMo、60Si2Mn	42CrMo
ZJ16	40Cr、42CrMo	40Cr、42CrMo、65Mn	40Cr、42CrMo
ZJ17A、ZJ17B	45、40Cr	40Cr、42CrMo	42CrMo
ZJ18	45、40Cr、65Mn	40Cr、42CrMo、65Mn	
ZJ19	40Cr	42CrMo	

4.4 按传递载荷选择胀套的计算（见表 5.4-30）

表 5.4-30 按传递载荷选择胀套的计算

项 目	计 算 式	说 明
选择胀套应满足的条件	传递转矩：$M_t \geqslant M$ 承受轴向力：$F_t \geqslant F_x$ 传递力：$F_t \geqslant \sqrt{F_x^2+\left(M\dfrac{d}{2}\times10^{-3}\right)^2}$ 承受径向力：$p_f \geqslant \dfrac{F_r}{dl}\times10^3$	M_t——胀套的额定转矩（kN·m） M——需传递的转矩（kN·m） F_t——胀套的额定轴向力（kN） F_x——需承受的轴向力（kN） p_f——胀套与轴结合面上的压强（MPa） F_r——需承受的径向力（kN） d,l——胀套内径和内环宽度（mm）
一个连接采用数个胀套时的额定载荷	一个胀套的额定载荷小于需传递的载荷时，可用两个以上的胀套串联使用，其总额定载荷为 $M_{tn}=mM_t$	M_{tn}——n 个胀套总额定载荷 m——载荷系数（见下表）

	连接中胀套的数量 n	1	2	3	4
m	ZJ1 型胀套	1.0	1.56	1.86	2.03
	ZJ2～ZJ5 型胀套	1.0	1.8	2.7	—
	ZJ9、ZJ13、ZJ15、ZJ16	1.0	1.8	—	—

4.5 结合面公差及表面粗糙度（见表 5.4-31）

表 5.4-31 结合面公差及表面粗糙度

胀套形式	结合面公差			结合面表面粗糙度 Ra/μm	
	胀套内径 d/mm	与胀套结合的轴的公差带	与胀套结合的孔的公差带	与胀套结合的轴	与胀套结合的孔
ZJ1	所有直径	h8	H8	≤1.6	≤1.6
其他形式	所有直径	h8	H8	≤3.2	≤3.2

4.6 被连接件的尺寸（见表 5.4-32、表 5.4-33）

表 5.4-32 空心轴内径

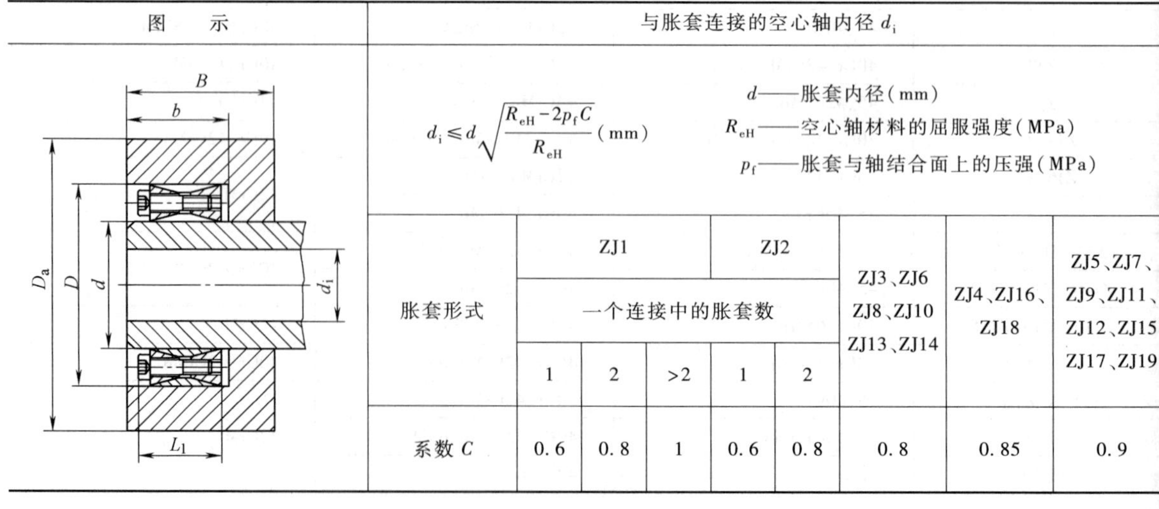

图 示	与胀套连接的空心轴内径 d_i
（见图）	$d_i \leqslant d\sqrt{\dfrac{R_{eH}-2p_fC}{R_{eH}}}$（mm） d——胀套内径（mm） R_{eH}——空心轴材料的屈服强度（MPa） p_f——胀套与轴结合面上的压强（MPa）

胀套形式	ZJ1			ZJ2		ZJ3、ZJ6 ZJ8、ZJ10 ZJ13、ZJ14	ZJ4、ZJ16、 ZJ18	ZJ5、ZJ7、 ZJ9、ZJ11、 ZJ12、ZJ15 ZJ17、ZJ19
	一个连接中的胀套数							
	1	2	>2	1	2			
系数 C	0.6	0.8	1	0.6	0.8	0.8	0.85	0.9

表 5.4-33 轮毂外径

毂孔与胀套连接形式

毂孔与胀套连接有 A、B、C 三种形式，如图 a～图 h 所示。最好采用毂型 A、C，因其用料少，省工时。毂型 B 用后会产生锈蚀，拆卸困难

毂型 A：$C_1=1$

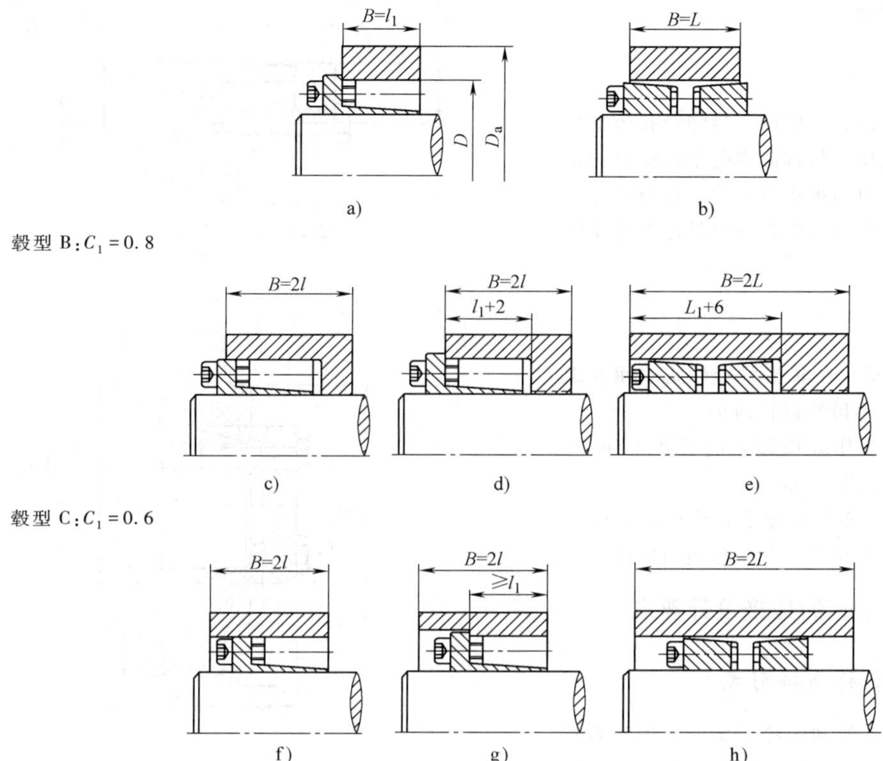

与胀套连接的轮毂外径 D_a

$$D_a \geqslant D\sqrt{\frac{R_{eH}+p'_f C_1}{R_{eH}-p'_f C_1}}$$

式中 D——胀套外径(mm)

R_{eH}——轮毂材料的屈服强度(MPa)

p'_f——胀套与轮毂结合面上的压强(MPa)

C_1——系数，轮毂与装在毂孔中的胀套宽度相同时 $C_1=1$

4.7 胀紧连接套安装和拆卸的一般要求

4.7.1 安装准备

结合面的尺寸应按 GB/T 3177 规定的方法进行检验。清除连接件与胀紧套结合面污物，然后均匀地涂抹薄薄一层不含二硫化钼（MoS_2）的润滑油或润滑脂。松开所有螺钉数圈，并至少用三个螺钉拧入拆卸螺孔中使其压环与内外锥面保持有一定距离。

4.7.2 安装

1）把连接件之轮毂套在轴上，并推移到设计规定位置。

2）将拧松螺钉的胀紧套平滑地装入连接孔处（要防止结合件的倾斜），然后除去拆卸螺孔中的螺钉，并预紧紧固螺钉，使其固定在设计位置。

3）用力矩扳手对角、交叉、均匀地拧紧胀紧连接套各紧固螺钉，但开缝处两侧的螺钉应依次先后拧

紧。其依次拧紧力矩按下列规定：

第一次：以三分之一拧紧力矩 M_a［拧紧力矩 M_a（N·m）按胀紧套基本参数表中规定］值拧紧。

第二次：以二分之一拧紧力矩 M_a 值拧紧。

第三次：以拧紧力矩 M_a 值拧紧。

4）最后按螺钉排列顺序依次以拧紧力矩 M_a 值进行检查，确保全部达到规定的拧紧力矩。

4.7.3 拆卸

将所有螺钉转松数圈，并取出与拆卸螺孔数量相同的螺钉拧入拆卸螺孔中。将拆卸螺孔中的螺钉对角逐级、平均拧入，必要时还可边拧入边无损敲击螺钉或连接件，使其胀紧套脱开。但在开缝处左右两侧的螺钉应依次拧入。

4.7.4 防护

1）胀紧套安装完毕，在其胀紧套外露端面及螺钉头部采取涂抹防锈油等措施进行防护。

2）在露天作业或工作环境较差的设备上使用，要定期检查外露部分的防护措施。

3）在腐蚀介质中工作的胀紧套，应使用有防锈功能的胀紧套或增加防护罩等专门措施进行防护。

4.8 ZJ1型胀紧连接套的连接设计要点

4.8.1 ZJ1型胀紧套的连接形式

ZJ1型胀紧套需以法兰和螺栓夹紧，常用的有在轮毂上夹紧（见图5.4-11a）和在轴端上夹紧（见图5.4-11b）两种结构型式。

4.8.2 夹紧力

1）ZJ1型胀紧套的总夹紧力 p_A 等于单件螺栓的夹紧力 p_v 乘以螺栓的数量 Z（即 $p_A = Zp_v$）。单件螺栓的拧紧力矩 M_a 与单件螺栓的夹紧力 p_v 的关系见表5.4-34。

表5.4-34 螺栓的夹紧力 p_v

螺栓直径	力学性能等级8.8级		力学性能等级10.9级	
/mm	M_a/N·m	p_v/kN	M_a/N·m	p_v/kN
M5	6	6.4	8	8.43
M6	10	9.0	14	12.6
M8	25	16.5	35	23.2
M10	49	26.2	69	36.9
M12	86	38.3	120	54.0
M16	210	73.0	295	102.0
M20	410	114.0	580	160.0
M24	710	164.0	1000	230.0

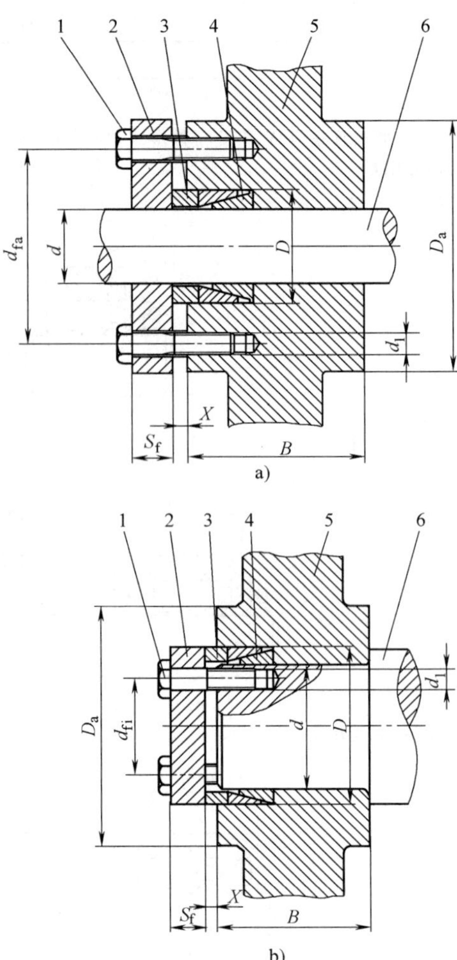

图5.4-11 ZJ1型胀紧套的结构形式
a）在轮毂上夹紧ZJ1型胀紧套
b）在轴端面上夹紧ZJ1型胀紧套
1—螺栓 2—法兰 3—隔套
4—ZJ1型胀紧套 5—轮毂 6—轴

2）ZJ1型胀紧套的夹紧过程如图5.4-12所示。

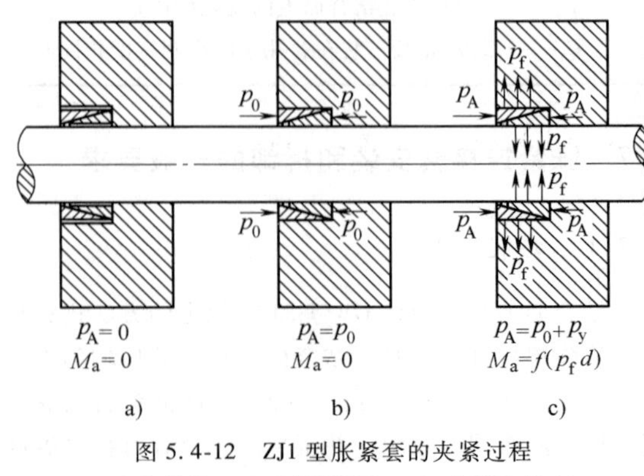

图5.4-12 ZJ1型胀紧套的夹紧过程
a）夹紧前 b）消除间隙 c）夹紧胀紧套

按表 5.4-31 规定的公差带时，消除配合间隙所需夹紧力 p_0 见表 5.4-35。

ZJ1 型胀紧套与轴结合面上的压力 $p_f=100\text{MPa}$ 时所需的有效夹紧力 p_y 见表 5.4-35。

4.8.3　夹紧附件的公称尺寸

1）隔套（见图 5.4-11 中件号 3）的公称尺寸见表 5.4-35。

2）法兰与轮毂端面的距离 X（见图 5.4-11）按连接中胀紧套的数量而定，见表 5.4-35。

3）法兰（见图 5.4-11）的公称尺寸：

$$d_{fa}=D+10+d_1 \quad (\text{mm})$$

$$d_{fi}=D-10-d_1 \quad (\text{mm})$$

$$S_f \geqslant d_1(a_1+a/Z) \quad (\text{mm})$$

式中，d_1 为螺栓直径（mm）；

a_1 为系数；

a 为螺栓布置系数，见表 5.4-36；

Z 为螺栓数。

对于法兰的屈服强度 $R_{eH}\geqslant 295\text{MPa}$，螺栓的力学性能等级为 8.8 级时 $a_1=1$；

对于法兰的屈服强度 $R_{eH}\geqslant 345\text{MPa}$，螺栓的力学性能等级为 10.9 级时 $a_1=1.5$。

表 5.4-35　夹紧力及隔套的公称尺寸

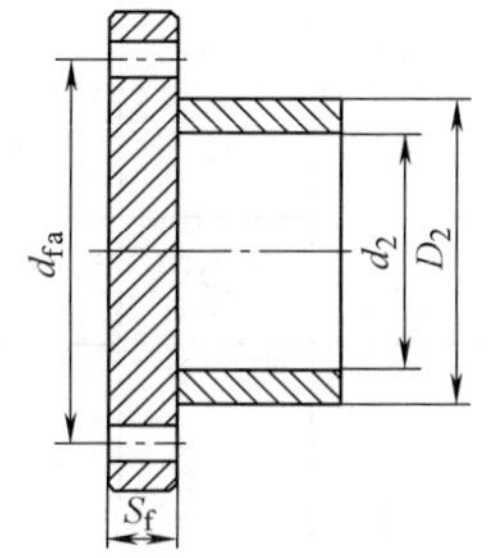

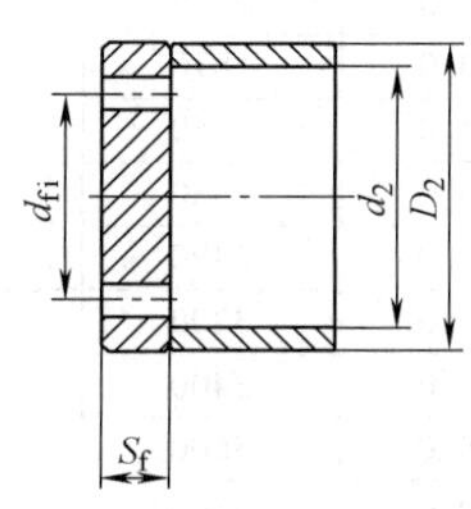

<table>
<tr><th rowspan="3">d/mm</th><th rowspan="3">D/mm</th><th rowspan="3">p0/kN</th><th>pf=100MPa</th><th colspan="4">X/mm</th><th rowspan="3">d2/mm</th><th rowspan="3">D2/mm</th></tr>
<tr><th rowspan="2">py/kN</th><th colspan="4">连接中的胀紧套数量</th></tr>
<tr><th>1</th><th>2</th><th>3</th><th>4</th></tr>
<tr><td>20</td><td>25</td><td>12.1</td><td>18.0</td><td rowspan="7">3</td><td rowspan="7">3</td><td rowspan="7">4</td><td rowspan="7">5</td><td>20.2</td><td>24.8</td></tr>
<tr><td>22</td><td>26</td><td>9.1</td><td>19.8</td><td>22.2</td><td>25.8</td></tr>
<tr><td>25</td><td>30</td><td>9.9</td><td>22.5</td><td>25.2</td><td>29.8</td></tr>
<tr><td>28</td><td>32</td><td>7.4</td><td>25.2</td><td>28.2</td><td>31.8</td></tr>
<tr><td>30</td><td>35</td><td>8.5</td><td>27.0</td><td>30.2</td><td>34.8</td></tr>
<tr><td>32</td><td>36</td><td>7.9</td><td>28.8</td><td>32.2</td><td>35.8</td></tr>
<tr><td>35</td><td>40</td><td>10.1</td><td>35.6</td><td>35.2</td><td>39.8</td></tr>
<tr><td>40</td><td>45</td><td>13.8</td><td>45.0</td><td rowspan="8">3</td><td rowspan="7">4</td><td rowspan="7">5</td><td rowspan="3">6</td><td>40.2</td><td>44.8</td></tr>
<tr><td>45</td><td>52</td><td>28.2</td><td>66.0</td><td>45.2</td><td>51.8</td></tr>
<tr><td>50</td><td>57</td><td>23.5</td><td>73.0</td><td>50.2</td><td>56.8</td></tr>
<tr><td>55</td><td>62</td><td>21.8</td><td>80.0</td><td rowspan="5">7</td><td>55.2</td><td>61.8</td></tr>
<tr><td>60</td><td>68</td><td>27.4</td><td>106.0</td><td>60.2</td><td>67.8</td></tr>
<tr><td>65</td><td>73</td><td>25.4</td><td>115.0</td><td>65.2</td><td>72.8</td></tr>
<tr><td>70</td><td>79</td><td>31.0</td><td>145.0</td><td>70.3</td><td>78.7</td></tr>
<tr><td>75</td><td>84</td><td>34.6</td><td>155.0</td><td rowspan="5">5</td><td rowspan="5">6</td><td>75.3</td><td>83.7</td></tr>
<tr><td>80</td><td>91</td><td>48.0</td><td>203.0</td><td rowspan="8">4</td><td rowspan="4">8</td><td>20.3</td><td>90.7</td></tr>
<tr><td>85</td><td>96</td><td>45.6</td><td>216.0</td><td>85.3</td><td>95.7</td></tr>
<tr><td>90</td><td>101</td><td>43.4</td><td>229.0</td><td>90.3</td><td>100.7</td></tr>
<tr><td>95</td><td>106</td><td>41.2</td><td>242.0</td><td>95.3</td><td>105.7</td></tr>
<tr><td>100</td><td>114</td><td>60.7</td><td>347</td><td rowspan="4">6</td><td rowspan="4">7</td><td rowspan="4">9</td><td>100.3</td><td>113.7</td></tr>
<tr><td>105</td><td>119</td><td>63.2</td><td>332</td><td>105.3</td><td>119.7</td></tr>
<tr><td>110</td><td>124</td><td>66.0</td><td>349</td><td>110.3</td><td>123.7</td></tr>
<tr><td>120</td><td>134</td><td>60.2</td><td>380</td><td>120.4</td><td>133.6</td></tr>
</table>

（续）

<table>
<tr><th rowspan="3">d/mm</th><th rowspan="3">D/mm</th><th rowspan="3">p_0/kN</th><th>$p_f=100$MPa</th><th colspan="4">X/mm</th><th rowspan="3">d_2/mm</th><th rowspan="3">D_2/mm</th></tr>
<tr><th rowspan="2">p_y/kN</th><th colspan="4">连接中的胀紧套数量</th></tr>
<tr><th>1</th><th>2</th><th>3</th><th>4</th></tr>
<tr><td>125</td><td>139</td><td>70.1</td><td>420</td><td rowspan="5">5</td><td rowspan="5">7</td><td rowspan="5">9</td><td rowspan="5">11</td><td>125.4</td><td>138.6</td></tr>
<tr><td>130</td><td>148</td><td>96.2</td><td>558</td><td>130.4</td><td>147.6</td></tr>
<tr><td>140</td><td>158</td><td>89.0</td><td>600</td><td>140.4</td><td>157.6</td></tr>
<tr><td>150</td><td>168</td><td>84.5</td><td>643</td><td>150.4</td><td>167.6</td></tr>
<tr><td>160</td><td>178</td><td>78.5</td><td>686</td><td>160.4</td><td>177.6</td></tr>
<tr><td>170</td><td>191</td><td>117.5</td><td>865</td><td rowspan="7">6</td><td rowspan="6">8</td><td rowspan="6">11</td><td rowspan="6">13</td><td>170.5</td><td>190.5</td></tr>
<tr><td>180</td><td>201</td><td>111.2</td><td>916</td><td>180.5</td><td>200.5</td></tr>
<tr><td>190</td><td>211</td><td>105.0</td><td>966</td><td>190.5</td><td>211.5</td></tr>
<tr><td>200</td><td>224</td><td>134.0</td><td>1180</td><td>200.6</td><td>223.4</td></tr>
<tr><td>210</td><td>234</td><td>127.0</td><td>1239</td><td>210.6</td><td>233.4</td></tr>
<tr><td>220</td><td>244</td><td>122.0</td><td>1298</td><td>220.6</td><td>243.4</td></tr>
<tr><td>240</td><td>267</td><td>157.5</td><td>1610</td><td>9</td><td>12</td><td>14</td><td>240.6</td><td>266.4</td></tr>
<tr><td>250</td><td>280</td><td>190.0</td><td>1870</td><td rowspan="4">7</td><td rowspan="2">10</td><td rowspan="2">13</td><td rowspan="2">16</td><td>250.8</td><td>279.2</td></tr>
<tr><td>260</td><td>290</td><td>182.0</td><td>1950</td><td>260.8</td><td>289.2</td></tr>
<tr><td>280</td><td>313</td><td>206.0</td><td>2330</td><td rowspan="2">11</td><td rowspan="2">14</td><td rowspan="2">17</td><td>280.8</td><td>312.2</td></tr>
<tr><td>300</td><td>333</td><td>214.0</td><td>2490</td><td>300.8</td><td>332.2</td></tr>
<tr><td>320</td><td>360</td><td>292.0</td><td>3200</td><td rowspan="9">10</td><td rowspan="9">15</td><td rowspan="9">15</td><td rowspan="9">25</td><td>321.0</td><td>359</td></tr>
<tr><td>340</td><td>380</td><td>272.0</td><td>3400</td><td>341.0</td><td>379</td></tr>
<tr><td>360</td><td>400</td><td>258.0</td><td>3600</td><td>361.0</td><td>399</td></tr>
<tr><td>380</td><td>420</td><td>269.0</td><td>3800</td><td>381.0</td><td>419</td></tr>
<tr><td>400</td><td>440</td><td>256.0</td><td>4000</td><td>401.0</td><td>439</td></tr>
<tr><td>420</td><td>460</td><td>244.0</td><td>4200</td><td>421.0</td><td>459</td></tr>
<tr><td>450</td><td>490</td><td>238.0</td><td>4500</td><td>451.0</td><td>489</td></tr>
<tr><td>480</td><td>520</td><td>239.0</td><td>4800</td><td>481.0</td><td>519</td></tr>
<tr><td>500</td><td>540</td><td>229.0</td><td>5000</td><td>501.0</td><td>539</td></tr>
</table>

表 5.4-36 螺栓布置系数 a

a	六角头螺栓直径 d_1							
	M5	M6	M8	M10	M12	M16	M20	M24
	d_{fa}或 d_{fi}/mm							
3	18	19	26	30	33	41	51	60
4	22	23	32	37	41	50	63	74
5	26	28	38	44	49	60	75	88
6	30	32	44	52	58	71	88	104
7	35	37	51	60	66	82	102	119
8	39	42	58	68	75	92	115	135
9	44	47	65	76	84	103	129	152
10	49	52	72	84	93	114	143	168
11	53	57	78	92	102	125	156	184
12	58	62	85	100	111	136	170	200
13	63	67	92	108	119	147	184	216
14	67	72	99	116	128	158	198	222
15	72	77	106	124	138	170	212	249
16	77	82	113	133	147	181	226	266
17	81	87	120	141	156	192	240	281
18	86	93	127	149	165	203	254	298
19	91	98	134	157	174	214	268	314

（续）

a	六角头螺栓直径 d_1							
	M5	M6	M8	M10	M12	M16	M20	M24
	d_{fa}或 d_{fi}/mm							
20	96	103	141	165	183	225	282	330
21	100	108	148	174	192	237	296	347
22	105	113	155	182	201	247	309	363
23	110	118	162	190	211	259	324	380
24	115	123	169	198	219	270	338	396
25	119	128	176	206	228	281	351	412
26	124	133	183	215	238	293	365	429
27	129	138	190	222	246	304	379	445
28	134	143	197	231	256	315	394	463
29	138	148	204	239	265	326	407	479
30	143	153	211	247	274	337	421	495

4.8.4　胀紧套数量和夹紧螺栓数量的计算

胀紧套数量及夹紧螺栓数量的计算公式见表 5.4-37。

表 5.4-37　胀紧套数量及夹紧螺栓数量的计算公式

序号	计算内容	计算公式	说明
1	轮毂不产生塑性变形所容许的最大压力	在轮毂上夹紧（图 5.4-11a） $p'_{fmax}=\frac{R_{eH}}{C}\left[\frac{(D_a-d_1)^2-D^2}{(D_a-d_1)^2+D^2}\right]$ 在轴端面上夹紧（图 5.4-11b） $p'_{fmax}=\frac{R_{eH}}{C}\left[\frac{(D_a^2-D^2)}{(D_a^2+D^2)}\right]$	R_{eH}—轮毂的屈服强度（MPa） d_1—螺栓直径（mm） C—系数，查表 5.4-32
2	与 p'_{fmax}相应的压力 p_{fmax}	$p_{fmax}=\frac{D}{d}p'_{fmax}$	—
3	胀紧套可传递的负荷	当 p_f = 100MPa 时，胀紧套可传递的转矩为 M_t 当压力为 p_{fmax}时，胀紧套可传递的转矩为 $M_{tmax}=\frac{M_t p_{fmax}}{100}$	M_t 值查表 5.4-10
4	求载荷系数并求出传递给定负荷所需的胀紧套数 n	$m\geqslant\frac{M}{M_{tmax}}$ 由 m 值求出 n	n 值查表 5.4-30
5	传递给定负荷所需的有效夹紧力	当 p_f = 100MPa 时，胀紧套有效夹紧力为 p_y 当压力为 p_{fmax}时，胀紧套有效夹紧力为 $p'_y=\frac{p_y p_{fmax}}{100}$	p_y 值查表 5.4-35
6	总夹紧力	$p_A=p_0+p'_y$	p_0 值查表 5.4-35
7	螺栓数量	$Z=\frac{p_A}{p_v}$	p_v 值查表 5.4-34 Z 值应取整数

4.8.5　计算举例

（1）已知条件

如图5.4-13所示，已知 $d=100\text{mm}$，$D_a=175\text{mm}$，轮毂材料 $R_{eH}=315\text{MPa}$，法兰材料 $R_{eH}=295\text{MPa}$，需传递的转矩 $M=7.8\text{kN}\cdot\text{m}$。

试确定胀紧套数量、螺栓数量及法兰尺寸。

（2）计算步骤和结果

见表5.4-38。

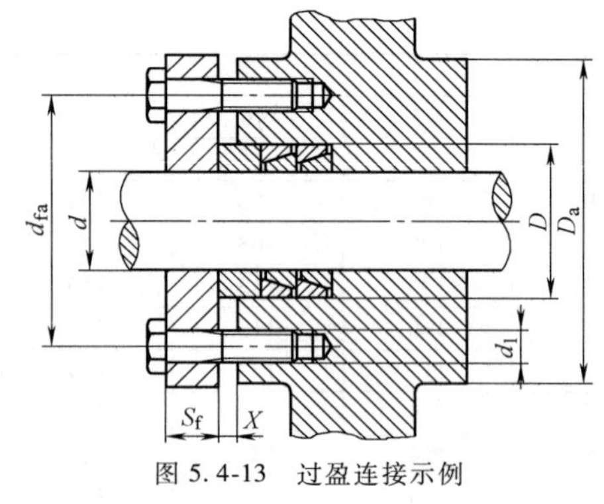

图5.4-13　过盈连接示例

表5.4-38　计算步骤和结果

序号	计算内容	计算公式	说　明
1	选择胀紧套规格	根据 $d=100\text{mm}$，选定胀紧套ZJ1-100×114，即 $d=100\text{mm}$，$D=114\text{mm}$ 当 $p_f=100\text{MPa}$ 时，转矩 $M_t=3.50\text{kN}\cdot\text{m}$	查表5.4-10
2	查消除间隙所需夹紧力和有效夹紧力	$p_0=60.70\text{kN}$ 当 $p_f=100\text{MPa}$ 时，$p_y=347\text{kN}$	查表5.4-35
3	初选螺栓尺寸	根据连接结构选定 螺栓直径M12，力学性能等级8.8级 拧紧力矩 $M_a=86\text{N}\cdot\text{m}$ 夹紧力 $p_v=38.3\text{kN}$	M_a 和 p_v 值查表5.4-34
4	轮毂不产生塑性变形所容许的最大压力	$p'_{fmax}=\dfrac{R_{eH}}{C}\left[\dfrac{(D_a-d_1)^2-D^2}{(D_a-d_1)^2+D^2}\right]$ $=\dfrac{315}{0.8}\times\left[\dfrac{(175-12)^2-114^2}{(175-12)^2+114^2}\right]$ $=135.1\text{MPa}$	C 值查表5.4-32
5	与 p'_{fmax} 相应的压力 p_{fmax}	$p_{fmax}=p'_{fmax}\dfrac{D}{d}$ $=135.1\times\dfrac{114}{100}$ $=154\text{MPa}$	—
6	胀紧套可传递的负荷	$p_f=100\text{MPa}$，$M_t=3.50\text{kN}\cdot\text{m}$，当压力为 $p_{fmax}=154\text{MPa}$ 时 $M_{tmax}=\dfrac{M_t p_{fmax}}{100}$ $=\dfrac{3.50\times154}{100}=5.39\text{kN}\cdot\text{m}$	查表5.4-10
7	传递负荷所需的胀紧套数量	载荷系数 $m=\dfrac{M}{M_{tmax}}=\dfrac{7.8}{5.39}=1.45$ 胀紧套数量 $n=2$	查表5.4-30，当 $m<1.56$ 时 $n=2$
8	传递给定负荷所需的有效夹紧力	当 $p_f=100\text{MPa}$ 时，$p_y=347\text{kN}$ 而 $p_{fmax}=154\text{MPa}$，则 $p'_y=\dfrac{p_y p_{fmax}}{100}$ $=\dfrac{347\times154}{100}$ $=534.4\text{kN}$	p_y 值查表5.4-35

（续）

序号	计算内容	计算公式	说明
9	总夹紧力	$p_A=p_0+p'_y$ $=60.7+534.4$ $=595.1\text{kN}$	p_0 值查表 5.4-35
10	螺栓数量	$Z=\dfrac{p_A}{p_v}=\dfrac{595.1}{38.3}=15.5$ 取 $Z=16$	—
11	螺栓的实际拧紧力矩	$p_{fmax}=154\text{MPa}$，且拧紧力矩 $M_a=86\text{N}\cdot\text{m}$ 时需螺栓 $Z=15.5$ 个，现取螺栓 16 个，则实际拧紧力矩 $M_a=\dfrac{86\times15.5}{16}=83.3\text{N}\cdot\text{m}$	—
12	确定法兰尺寸	$d_{fa}=D+10+d_1$ $=114+10+12$ $=136\text{mm}$ $S_f=d_1(a_1+a/Z)$ $=12\times\left(1+\dfrac{15}{16}\right)$ $=23.25$，取 $S_f=24\text{mm}$	a 值查表 5.4-36
13	法兰与轮毂端面的距离	$X=6$	X 值查表 5.4-35

第5章　焊、粘、铆连接

1　焊接

1.1　焊接结构的特点

与螺栓连接、铆接比较，焊接有以下特点：

1）焊接接头强度高。螺栓连接和铆接都要在被连接件上钻孔，这就削弱了连接的强度。而焊缝的强度已经可以达到甚至超过母材的强度。

2）焊接结构的尺寸和形状可以满足大范围的要求。焊接结构的外形尺寸不像铸件或锻件那样受设备条件的限制，制造大型焊接零件是比较容易的。壁的厚度也可以按要求选择，而且可以把差别较大的两段厚度不同的零件焊接起来。还可以采用各种型钢、锻件、铸件焊接成复杂的形状。

3）与铸造比较焊接容易制造封闭的中空零件。与铆接比较焊接件容易制造严密性要求高的零件。

4）铸造需要制造木模（或其他模型）而焊接不需要，因而焊前准备工作简单，生产周期短，在小批或单件生产中这一特点更显得突出。而且焊接容易按要求改变零件的尺寸或形状。

5）焊接件成品率较高而且当出现不合格品时容易修复。

6）焊接容易产生变形和内应力。

7）焊接件的应力集中容易导致结构疲劳破坏或裂纹。

8）焊接接头性能不均匀。

以上1)~5）为焊接结构的优点，6)~8）为焊接结构的缺点。在工作中应尽量发挥其优点。

1.2　焊接方法及其选择

1.2.1　焊接方法介绍

（1）电弧焊

1）焊条电弧焊。这是发展最早而仍应用最广的方法。它是用外部涂有涂料的焊条作电极和填充金属，电弧在焊条端部和被焊工件表面之间燃烧，涂料在电弧热的作用下产生气体以保护电弧，而熔化产生的熔渣覆盖在熔池表面，防止熔化金属与周围气体的相互作用。熔渣还与熔化金属产生冶金物理化学反应，或添加合金元素，改善焊缝金属性能。焊条电弧焊设备简单，操作灵活，配用相应的焊条可适用于普通碳钢、低合金结构钢、不锈钢、铜、铝及其合金的焊接。重要铸铁部件的修复，也可采用焊条电弧焊。

2）埋弧焊。它是以机械化连续送进的焊丝作为电极和填充金属。焊接时，在焊接区的上面覆盖一层颗粒状焊剂，电弧在焊剂层下燃烧，将焊丝端部和局部母材熔化，形成焊缝。

在电弧热的作用下，一部分焊剂熔化成熔渣，并与液态金属发生冶金反应，改善焊缝的成分和性能。熔渣浮在金属熔池表面，保护焊缝金属，防止氧、氮等气体的浸入。

埋弧焊可以采用较大的焊接电流。与焊条电弧焊相比，其优点是焊缝质量好，焊接速度快。适用于机械化焊接大型工件的直缝和环缝。

埋弧焊已广泛用于碳钢、低合金结构钢和不锈钢的焊接。

3）钨极惰性气体保护焊。利用钨极和工件之间的电弧使金属熔化形成焊缝。焊接过程中钨极不熔化，只起电极的作用。同时由焊炬的喷嘴送进氩气以保护焊接区。还可根据需要另外添加填充金属焊丝。

此方法能很好地控制电流，是焊接薄板和打底焊的一种很好的方法。它可以用于各种金属焊接，尤其适用于焊接铝、镁及其合金。焊缝质量高，但比其他电弧焊方法的焊接速度慢。

4）熔化极气体保护电弧焊。利用连续送进的焊丝与工件之间燃烧的电弧作热源，由焊炬喷嘴喷出的气体保护电弧进行焊接。

此方法常用的保护气体有氩气、氦气、CO_2或这些气体的混合气。以氩气或氦气为保护气时，称为熔化极惰性气体保护焊；以惰性气体与氧化性气体（O_2、CO_2）混合气为保护气时，称为气体保护电弧焊；利用CO_2作为保护气体时，则称为二氧化碳气体保护焊，简称CO_2焊。

这些方法的主要优点是可以方便地进行各种位置的焊接，焊接速度较快，熔敷效率较高。适用于焊接大部分主要金属，包括碳钢、合金钢、不锈钢、铝、镁、铜、钛、锆及镍合金。

5）药芯焊丝电弧焊。这也是利用连续送进的焊丝与工件之间燃烧的电弧为热源来进行焊接的，可以认为是气体保护焊的一种类型。药芯焊丝是由薄钢带卷成圆形钢管，填进各种粉料，经拉制而成焊丝。焊接时，外加保护气体，主要是CO_2。粉料受热分解或熔化，起造渣、保护熔池、渗合金及稳弧等作用。

药芯焊丝电弧焊不另加保护气体时，叫作自保护药芯焊丝电弧焊，它以管内粉料分解产生的气体作为保护气体。这种方法焊丝的伸出长度变化不会影响保护效果。自保护焊特别适于露天大型金属结构的安装作业。

药芯焊丝电弧焊可用于大多数黑色金属各种厚度、各种接头的焊接，已经得到了广泛的应用。

（2）电阻焊

以固体电阻热为能源的电阻焊方法，主要有点焊、缝焊及对焊等。

电阻焊一般是利用电流通过工件时所产生的电阻热，将两工件之间的接触表面熔化，从而实现连接的焊接方法。通常使用较大的电流，焊接过程中始终要施加压力。

定位焊和缝焊的特点在于焊接电流（单相）大（几千至几万安培），通电时间短（几周波至几秒），设备昂贵、复杂，生产率高，因此适于大批量生产。主要用于焊接厚度小于3mm的薄板组件，如轿车外壳等。各类钢材、铝、镁等有色金属及其合金、不锈钢等均可焊接。

对焊是利用电阻热将两工件沿整个端面同时焊接起来的一种电阻焊方法。对焊的生产率高、易于实现自动化，因而获得广泛应用。例如工件的接长（型材、钢筋、钢轨、管道）；环形工件的对焊（汽车轮辋）；异种金属的对焊（刀具、铝铜导电接头）等。

对焊可分为电阻对焊和闪光对焊两种。电阻对焊是将两工件端面压紧，利用电阻热加热至塑性状态，然后迅速施加顶锻压力完成焊接的方法，适用于小断面（小于250mm^2）金属型材的对接。

闪光对焊可以焊接碳钢、合金钢、铜、铝、钛和不锈钢等各种金属。预热闪光对焊低碳钢管，最大可以焊接截面32000mm^2的管子。

（3）高能焊

1）电子束焊。以集中的高速电子束，轰击工件表面时产生热能进行焊接的方法。电子束产生在真空室内并加速。

电子束焊与电弧焊相比，主要的特点是焊缝熔深大、熔宽小、焊缝金属纯度高。它既可以用在很薄材料的精密焊接，又可以用在很厚的（最厚达300mm）构件焊接。它可以焊接各种金属，还能解决异种金属、易氧化金属及难熔金属的焊接。此方法主要用于要求高质量产品的焊接，但不适合于大批量产品。

2）激光焊。利用大功率相干单色光子流聚焦而成的激光束为热源进行的焊接。主要采用CO_2气体激光器。

此方法的优点是不需要在真空中进行，缺点是穿透力远不如电子束焊。激光焊时能进行精确的能量控制，因而可以实现精密微型器件的焊接。它能用于很多金属，特别是能解决一些难焊金属及异种金属的焊接。

（4）钎焊

利用熔点比被焊材料的熔点低的金属作钎料，加热使钎料熔化，润湿被焊金属表面，使液相与固相之间相互熔解和扩散而形成钎焊接头。

钎料的液相线温度高于450℃而低于母材金属的熔点时，称为硬钎焊；低于450℃时，称为软钎焊。根据热源或加热方法的不同，钎焊可分为火焰钎焊、感应钎焊、炉中钎焊、浸渍钎焊、电阻钎焊等。

钎焊时由于加热温度比较低，故对工件材料的性能影响较小，焊件的应力变形也较小。但钎焊接头的强度一般比较低，耐热能力较差。

钎焊可以用于焊接碳钢、不锈钢、铝、铜等金属材料，还可以连接异种金属、金属与非金属。适合于焊接承受载荷不大或常温下工作的接头，对于精密的、微型的及复杂的多缝的焊件尤其适用。

（5）其他焊接方法

1）电渣焊。这是以熔渣的电阻热为能源的焊接方法。焊接过程是在立焊位置，在由两工件端面与两侧水冷铜滑块形成的装配间隙内进行。焊接时利用电流通过熔渣产生的电阻热，将工件端部熔化。

电渣焊的优点是可焊的工件厚度大（从30mm到大于1000mm），生产率高。主要用于大断面对接接头及T形接头的焊接。

电渣焊可用于各种钢结构的焊接，也可用于铸钢件的组焊。电渣焊接头由于加热及冷却均较慢，焊接热影响区宽、显微组织粗大、韧性低，因此焊接以后一般须进行正火处理。

2）高频焊。焊接时利用高频电流在工件内产生的电阻热，使工件焊接区表层加热到熔化或塑性状态，随即施加顶锻力而实现金属的结合。

高频焊要根据产品配备专用设备。生产率高，焊接速度可达30m/min。主要用于制造管子的纵缝或螺旋缝的焊接。

3）气焊。用气体火焰为热源的焊接方法。应用最多的是以乙炔气作燃料的氧乙炔火焰。此方法设备简单、操作方便。但气焊加热速度及生产率较低，焊接热影响区较大，并且容易引起较大的焊件变形。

气焊可用于黑色金属、有色金属及其合金的焊接。一般适用于维修及单件薄板焊接。

4）气压焊。它也是以气体火焰为热源。焊接时将两对接工件的端部加热到一定温度，随即施加压力，从而获得牢固的接头。气压焊常用于钢轨焊接和钢筋焊接。

5）爆炸焊。利用炸药爆炸所产生的能量实现金属连接。在爆炸波作用下，两件金属瞬间即可被加速撞击形成金属的结合。

在各种焊接方法中，爆炸焊可以焊接的异种金属的组合最广。此法可将冶金上不相容的两种金属焊接成为各种过渡接头。爆炸焊大多用于表面积很大的平板覆层，是制造复合板的高效方法。

6）摩擦焊。它是利用两表面间的机械摩擦所产生的热来实现金属的连接。

摩擦焊时热量集中在接合面处，因此焊接热影响区窄。两表面间须施加压力，在加热终止时增大压力，使热态金属受顶锻而结合。

此方法生产率高，原理上所有能进行热锻的金属都能用此方法焊接。它还可用于异种金属的焊接。适用于工件截面为圆形及圆管的对接。目前最大的焊接截面为 $20000mm^2$。

7）扩散焊。此焊接一般在真空或保护气氛下进行。焊接时，使两被焊工件的表面在高温和较大压力下接触并保温一定时间，经过原子相互扩散而结合。焊前要求工件表面粗糙度低于一定值，并要清洗工件表面的氧化物等杂质。

扩散焊对被焊材料性能几乎不产生有害作用。它可以焊接很多同种和异种金属，以及一些非金属材料，如陶瓷等。它可以焊接复杂的结构及厚度相差很大的工件。

1.2.2　焊接方法的选择

选择焊接方法时，要求能保证焊接产品质量，并使生产率高和成本低。

（1）产品特点

1）产品结构类型。可分为以下四类：

① 结构类，如桥梁、建筑钢结构、石油化工容器等。

② 机械零部件类，如箱体、机架、齿轮等。

③ 半成品类，如各种有缝管、工字梁等。

④ 微电子器件类，如印制电路板元器件与铜箔电路的焊接。

不同类型产品，因焊缝长短、形状、焊接位置、质量要求各不相同，因而适用的焊接方法也不同。

结构类产品中长焊缝和环缝宜采用埋弧焊。焊条电弧焊用于单件、小批量和短焊缝及空间位置焊缝的焊接。机械类产品焊缝一般较短，选用焊条电弧焊及气体保护电弧焊（一般厚度）。薄板件，如汽车车身采用电阻焊。半成品类的产品，焊缝规则、大批量，应采用机械化焊接方法，如埋弧焊、气体保护电弧焊、高频焊。微电子器件要求导电性、受热程度小等，宜采用电子束焊、激光焊、扩散焊及钎焊等方法。

2）工件厚度。各种焊接方法因所用热源不同，各有其适用的材料厚度范围，如图5.5-1所示。

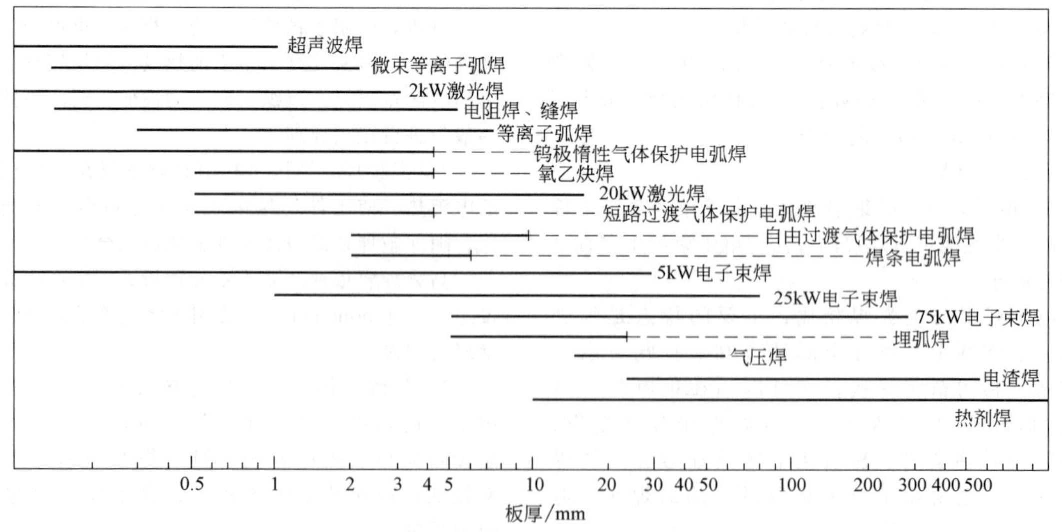

图5.5-1　各种焊接方法适用的厚度范围

注：1. 由于技术的发展，激光焊及等离子弧焊可焊厚度有增加趋势。

2. 虚线表示采用多道焊。

3）接头形式和焊接位置。接头形式有对接、搭接、角接等。对接形式适用于大多数焊接方法。钎焊一般只适用于连接面积比较大而材料厚度较小的搭接接头。

一件产品的各个接头，可能需要在不同的焊接位置焊接，包括平焊、立焊、横焊、仰焊及全位置焊接等。焊接时应尽可能使产品接头处于平焊位置，这样就可以选择优质、高效的焊接方法，如埋弧焊和气体保护电弧焊。

4）母材性能。

① 母材的物理性能。当焊接热导率较高的金属，如铜、铝及其合金时，应选择热输入强度大、具有较高焊透能力的焊接方法，以使被焊金属在最短的时间内达到熔化状态，并使工件变形最小。对于电阻率较高的金属，可采用电阻焊。对于钼、钽等难熔金属，可采用电子束焊。对于异种金属，因其物理性能相差较大，可采用不易形成脆性中间相的方法，如电阻对焊、闪光对焊、爆炸焊、摩擦焊、扩散焊及激光焊等。

② 母材的力学性能。被焊材料的强度、塑性、硬度等力学性能，会影响焊接过程的顺利进行。如爆炸焊时，要求所焊的材料具有足够的强度与延性，并能承受焊接工艺过程中发生的快速变形。选用的焊接方法应该便于得到力学性能与母材相接近的接头。

③ 母材的冶金性能。普通碳钢和低合金钢采用一般的电弧焊方法都可以进行焊接。钢材的合金含量，特别是碳含量越高，越难焊接，可以选用的焊接方法越少。

对于铝、镁及其合金等活性金属材料，不宜选用具有氧化性的 CO_2 电弧焊、埋弧焊，而应选用惰性气体保护焊。对于不锈钢，可采用手工电弧焊和惰性气体保护焊。常用材料适用的焊接方法见表 5.5-1。

表 5.5-1　常用材料适用的焊接方法

材料	厚度/mm	焊接方法																									
		焊条电弧焊	埋弧焊	气体保护电弧焊				管状焊丝电弧焊	钨极惰性气体保护焊	等离子弧焊	电渣焊	气电焊	电阻焊	闪光焊	气焊	扩散焊	摩擦焊	电子束焊	激光焊	硬钎焊							软钎焊
				射流过渡	潜弧	脉冲弧	短路电弧													火焰钎焊	炉中钎焊	感应加热钎焊	电阻加热钎焊	浸渍钎焊	红外线钎焊	扩散钎焊	
碳钢	~3	△	△			△	△		△				△	△	△			△	△	△	△	△	△	△	△	△	△
	3~6	△	△	△	△	△	△	△	△				△	△	△		△	△	△	△	△	△	△	△	△	△	△
	6~19	△	△	△	△	△		△					△	△	△		△	△	△	△	△	△					△
	19 以上	△	△	△	△	△		△			△	△		△	△		△	△			△					△	
低合金钢	~3	△	△			△	△		△				△	△	△	△		△	△	△	△	△	△	△	△	△	△
	3~6	△	△	△		△	△	△	△				△	△		△	△	△	△	△	△	△				△	△
	6~19	△	△	△		△		△						△		△	△	△	△	△	△	△				△	
	19 以上	△	△	△		△		△			△			△		△	△	△			△					△	
不锈钢	~3	△	△			△	△		△	△			△	△	△	△		△	△	△	△	△	△	△	△	△	△
	3~6	△	△	△		△	△	△	△	△			△	△		△	△	△	△	△	△	△				△	△
	6~19	△	△	△		△		△		△				△		△	△	△	△	△	△	△				△	△
	19 以上	△	△	△		△		△			△					△	△	△			△					△	
铸铁	3~6	△													△					△	△	△				△	△
	6~19	△	△	△				△							△					△	△	△				△	△
	19 以上	△	△	△				△							△						△					△	
镍和合金	~3	△				△	△		△	△			△	△	△			△	△	△	△	△	△	△	△	△	△
	3~6	△	△	△		△	△		△	△			△	△			△	△	△	△	△	△				△	△
	6~19	△	△	△		△				△				△			△	△	△	△	△					△	
	19 以上	△		△		△					△			△			△	△			△					△	
铝和合金	~3			△		△			△	△			△	△	△	△	△	△	△	△	△	△	△	△	△	△	△
	3~6			△		△			△				△	△		△	△	△	△	△				△		△	△
	6~19			△					△					△			△	△	△	△				△		△	
	19 以上			△							△	△		△				△			△					△	

（续）

材料	厚度/mm	焊接方法																									
		焊条电弧焊	埋弧焊	气体保护电弧焊				管状焊丝电弧焊	钨极惰性气体保护焊	等离子弧焊	电渣焊	气电焊	电阻焊	闪光焊	气焊	扩散焊	摩擦焊	电子束焊	激光焊	硬钎焊							软钎焊
				射流过渡	潜弧	脉冲弧	短路电弧													火焰钎焊	炉中钎焊	感应加热钎焊	电阻加热钎焊	浸渍钎焊	红外线钎焊	扩散钎焊	
钛和合金	~3					△			△	△			△	△		△		△	△		△	△			△	△	
	3~6			△		△			△	△				△		△	△	△	△		△					△	
	6~19			△		△			△	△				△		△	△	△	△		△					△	
	19以上			△		△								△		△		△			△					△	
铜和合金	~3					△			△	△				△				△		△	△	△	△			△	△
	3~6			△		△				△				△			△	△		△	△		△			△	△
	6~19			△										△			△	△		△	△					△	
	19以上			△										△				△			△					△	
镁和合金	~3					△			△									△	△	△	△					△	
	3~6			△		△			△					△			△	△	△	△	△					△	
	6~19			△		△								△			△	△	△		△					△	
	19以上			△		△								△				△									
难熔合金	~3					△			△	△				△				△		△	△	△	△		△	△	
	3~6			△		△				△				△				△		△	△					△	
	6~19													△													
	19以上																										

注：有△表示被推荐。

（2）生产条件

1）技术水平。在产品设计时，要考虑制造厂的技术条件，其中焊工水平尤为重要。

通常焊工需经培训合格取证，并要定期复验，持证上岗。焊条电弧焊、钨极氩弧焊、埋弧焊、气体保护电弧焊等都是分别取证。电子束焊、激光焊时，由于设备及辅助装置较为复杂，要求有更高的基础知识和操作技术水平。

2）设备。包括焊接电源、机械化系统、控制系统和辅助设备。

焊接电源有交流电源和直流电源两大类，前者构造简单，成本低。

焊条电弧焊只需一台电源，配用焊接电缆及夹持焊条的焊钳即可，设备最简单。

气体保护电弧焊要有自动送进焊丝装置、自动行走装置、输送保护气体系统、冷却水系统及焊炬等。

真空电子束焊需配用高压电源、真空室和专门的电子枪。激光焊要有一定功率的激光器及聚焦系统。另外，二者都要有专门的工装和辅助设备，因而成本也比较高。电子束焊机还要有高压安全防护措施，以及防止X射线辐射的屏蔽设施。

3）避免污染环境和施工时引起火灾。

1.3　焊接材料

焊接材料包括焊条、焊丝、焊剂、钎料、钎剂、保护气体等。

焊条是涂有药皮的供焊条电弧焊用的熔化电极，它由药皮和焊芯两部分组成，如图5.5-2所示。焊条和焊丝的规格、分类、代号、选择参见表5.5-2～表5.5-5。

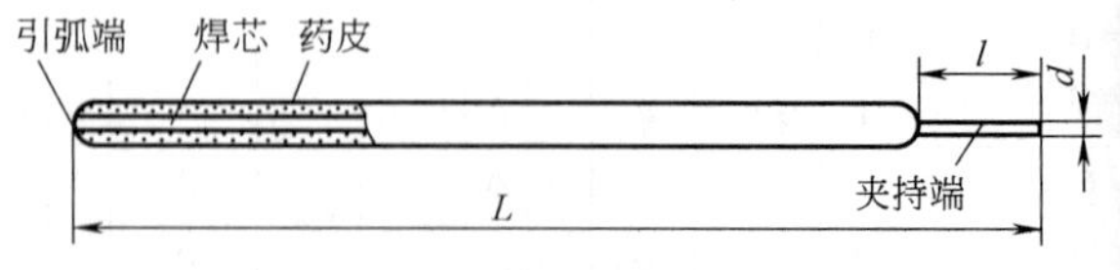

图5.5-2　焊条的组成

L—焊条长度　l—夹持端长度　d—焊条直径

表 5.5-2　常用碳钢焊条型号

焊条型号	焊条牌号	药皮类型	焊接位置	电流种类	抗拉强度 R_m/MPa	下屈服强度 R_{eL}/MPa	断后伸长率 A(%)	冲击吸收功	
								试验温度/℃	平均值①/J
E4303	J422	钛钙型	平、立、横、仰	交流、直流	420	330	22	0	27
E5003	J502	钛钙型	平、立、横、仰	交流、直流	490	400	20	0	27
E5015	J507	低氢钠型	平、立、横、仰	直流反接	490	400	22	-30	27
E5016	J506	低氢钾型	平、立、横、仰	交流直流反接	490	400	22	-30	27

焊条型号	熔敷金属化学成分(质量分数,%)								
	C	Mn	Si	S	P	Ni	Cr	Mo	V	MnNiCrMoV 总量
E4303	—	—	—	≤0.035	≤0.040	—	—	—	—	—
E5003	—	—	—	≤0.035	≤0.040	—	—	—	—	—
E5015	—	≤1.60	≤0.75	≤0.035	≤0.040	≤0.30	≤0.20	≤0.30	≤0.08	≤1.75
E5016	—	≤1.60	≤0.75	≤0.035	≤0.040	≤0.30	≤0.20	≤0.30	≤0.08	≤1.75

① 5 个试样，舍去最大值和最小值，其余 3 个值平均，3 个值中要有两个值不小于 27J，另一个值不小于 20J。

表 5.5-3　熔化焊用钢丝举例

钢种	序号	牌　号	化学成分(质量分数,%)							
			C	Mn	Si	Cr	Ni	Cu	S ≤	P ≤
碳素结构钢	1	H03A	≤0.10	0.30~0.55	≤0.03	≤0.20	≤0.30	≤0.20	0.030	0.030
	2	H08E	≤0.10	0.30~0.55	≤0.03	≤0.20	≤0.30	≤0.20	0.020	0.020
	3	H08C	≤0.10	0.30~0.55	≤0.03	≤0.10	≤0.10	≤0.20	0.015	0.015
	4	H08MnA	≤0.10	0.80~1.10	≤0.07	≤0.20	≤0.30	≤0.20	0.030	0.030
	5	H15A	0.11~0.18	0.35~0.65	≤0.03	≤0.20	≤0.30	≤0.20	0.030	0.030
	6	H15Mn	0.11~0.18	0.80~1.10	≤0.03	≤0.20	≤0.30	≤0.20	0.035	0.035
合金结构钢	7	H10Mn2	≤0.12	1.50~1.90	≤0.07	≤0.20	≤0.30	≤0.20	0.035	0.035
	8	H10MnSi	≤0.14	0.80~1.10	0.60~0.90	≤0.20	≤0.30	≤0.20	0.035	0.035

表 5.5-4　气体保护焊用焊丝型号举例　(%)

焊丝型号	焊丝牌号	w_C	w_{Mn}	w_{Si}	w_P	w_S	w_{Ni}	w_{Cr}	w_{Mo}	w_{Cu}	其他元素总量 W
ER49-1	MG49-1	≤0.11	1.80~2.10	0.65~0.95	≤0.030	≤0.030	≤0.30	≤0.20	—	≤0.50	—
ER50-3	MG50-3	0.06~0.15	0.90~1.40	0.45~0.75	≤0.023	≤0.035	—	—	—	≤0.50	≤0.50
ER50-4	MG50-4	0.07~0.15	1.00~1.50	0.65~0.85	≤0.025	≤0.035	—	—	—	≤0.50	≤0.50
ER55-B2	TGR55CM	0.07~0.12	0.40~0.70	0.40~0.70	≤0.025	≤0.025	≤0.20	1.20~1.50	0.40~0.65	≤0.35	≤0.50
ER62-B3	TGR59C2M	0.07~0.12	0.40~0.70	0.40~0.70	≤0.025	≤0.025	≤0.20	2.30~2.70	0.90~1.20	≤0.35	≤0.50
ER55-B2①-MnV	TGR55V	0.06~0.10	1.20~1.60	0.60~0.90	≤0.030	≤0.025	≤0.25	1.00~1.30	0.50~0.70	≤0.35	≤0.50

（续）

焊丝型号	状态	保护气体	抗拉强度 R_m/MPa	比例延伸强度 $R_{p0.2}$/MPa	断后伸长率 A(%)	V 型缺口冲击吸收功		焊丝钢种
						试验温度/℃	J	
ER49-1	焊后状态	CO_2	≥490	≥372	≥20	室温	≥47	碳钢焊丝
ER50-3	焊后状态	CO_2	≥500	≥420	≥22	-18	≥27	碳钢焊丝
ER50-4	焊后状态	CO_2	≥500	≥420	≥22	不要求		碳钢焊丝
ER55-B2	焊后热处理	Ar+1%~5%$w(O_2)$	≥550	≥470	≥19	不要求		铬钼钢焊丝
ER62-B3	焊后热处理	Ar+1%~5%$w(O_2)$	≥620	≥540	≥17	不要求		同上
ER55-B2①-MnV	焊后热处理	Ar+20%$w(CO_2)$	≥550	≥440	≥19	室温	≥27	同上

① 另含 w0.20%~0.40%。

表 5.5-5　碳钢药芯焊丝型号举例　　（%）

焊丝型号	w_C	w_{Mn}	w_{Si}	w_P	w_S	w_{Ni}	w_{Cr}	w_{Mo}	w_V	w_{Al}
EF01-5020 EF03-5040 EF04-5020	—	≤1.75	≤0.90	≤0.04	≤0.03	≤0.50	≤0.20	≤0.30	≤0.08	≤(1.8)

焊丝型号	焊丝牌号	药芯类型	保护气体	电流种类	抗拉强度 R_m/MPa	比例延伸强度 $R_{p0.2}$/MPa	断后伸长率 A(%)	冲击吸收功	
								试验温度/℃	J≥
EF01-5020	YJ502-1	氧化钛型	二氧化碳	直流，焊丝接正	≥500	≥410	≥22	0	27
EF03-5040	YJ507-1	氧化钙-氟化物型	二氧化碳	直流，焊丝接正	≥500	≥410	≥22	-30	27
EF04-5020	YJ507-2	—	自保护	直流，焊丝接正	≥500	≥410	≥22	0	27

1.4　电弧焊接头的坡口选择（见表 5.5-6）和点焊、缝焊接头尺寸推荐值（见表 5.5-7、表 5.5-8）

表 5.5-6　常用对接接头的坡口形式及应用

坡口形式及简图	适 用 场 合
I形坡口（间隙 b）	1）适用于 3mm 以下的薄板，不加填充金属 2）板厚不大于 6mm 的手工焊和板厚不大于 20mm 的埋弧焊，但要选择合适的焊接工艺参数和坡口间隙 b 3）当载荷较大时，焊后应在背面补焊封底焊道
卷边坡口	1）适用于 3mm 以下薄板，能防止烧穿和便于焊接，不加填充金属 2）卷边部分较高而未全部熔化时，接头的反面会有严重的应力集中，不宜做工作焊缝，只宜作联系焊缝
Y 形坡口	1）最常用的坡口形式，适用于 3~30mm 板厚的对接焊 2）焊后有较大的角变形，当板较厚时，焊缝填充金属消耗量较大 3）加工比较方便
双 Y 形坡口	1）板较厚时，比 Y 形坡口可节省 1/2 的焊缝填充金属，且角变形较小。若由两边交替进行焊接，角变形可进一步减小。采用不对称的双 Y 形坡口，既可降低角变形，又可降低工件的翻转次数 2）背面焊前，要进行清根
U 形坡口	1）适用于厚度为 20mm 以上板的焊接，角变形和焊缝填充金属的消耗量都较少，且节省焊接时间 2）坡口的加工较复杂
窄间隙坡口	1）适用于 60~250mm 板厚的窄间隙埋弧焊，首层焊一道，以后每层焊两道。内部坡口侧可采用任何明弧焊 2）坡口加工困难，加工精度高 3）焊缝填充金属的消耗量极少

注：参见 GB/T 985.1—2008 气焊、焊条电弧焊、气体保护焊和高能束焊的推荐坡口、GB/T 985.2—2008 埋弧焊的推荐坡口、GB/T 985.3—2008 铝及铝合金气体保护焊的推荐坡口。

表 5.5-7　推荐点焊接头尺寸　(mm)

薄件厚度 δ	熔核直径 d	单排焊缝最小搭边宽度 b①		最小工艺点距②			备　注
		轻合金	钢、钛合金	轻合金	低合金钢	不锈钢、耐热钢、耐热合金	
0.3	$2.5^{\pm1}$	8.0	6	8	7	5	
0.5	3.0^{+1}	10	8	11	10	7	
0.8	3.5^{+1}	12	10	13	11	9	
1.0	4.0^{+1}	14	12	14	12	10	
1.2	5.0^{+1}	16	13	15	13	11	
1.5	6.0^{+1}	18	14	20	14	12	
2.0	$7.0^{+1.5}$	20	16	25	18	14	
2.5	$8.0^{+1.5}$	22	18	30	20	16	
3.0	$9.0^{+1.5}$	26	20	35	24	18	
4.0	11^{+2}	30	26	45	32	24	
4.5	12^{+2}	34	30	50	36	26	
5.0	13^{+2}	36	34	55	40	30	
5.5	14^{+2}	38	38	60	46	34	
6.0	15^{+2}	43	44	65	52	40	

① 搭边尺寸不包括弯边圆角半径 r；点焊双排焊缝或连接3个以上零件时，搭接边应增加25%～30%。

② 点焊两板件的板厚比大于2，或连接3个以上零件时，点距应增加10%～20%。

表 5.5-8　推荐缝焊接头尺寸　(mm)

薄件厚度 δ	焊缝宽度 d	最小搭边宽度 b		备　注
		轻合金	钢、钛合金	
0.3	2.0^{+1}	8	6	
0.5	2.5^{+1}	10	8	
0.8	3.0^{+1}	10	10	
1.0	3.5^{+1}	12	12	
1.2	4.5^{+1}	14	13	
1.5	5.5^{+1}	16	14	
2.0	$6.5^{+1.5}$	18	16	
2.5	$7.5^{+1.5}$	20	18	
3.0	$8.0^{+1.5}$	24	20	

注：1. 搭边尺寸不包括弯边圆角半径 r；缝焊双排焊缝或连接3个以上零件时，搭边应增加25%～35%。

2. 压痕深度 $c'<0.15\delta$，焊透率 $A=30\%\sim70\%$，重叠量 $l'-f=(15\sim20)\%l'$ 可保证气密性，而 $l'-f=(40\sim50)\%l'$ 可获得最高强度。

1.5　焊接接头的静载强度计算

1.5.1　许用应力设计法

(1) 电弧焊接头的静载强度计算

1) 基本假定。为简化计算，在焊接接头的静载强度计算中，采用如下假定，即：一不考虑焊接残余应力对焊接接头静载强度的影响；二不考虑焊根和焊趾处的应力集中，以平均应力计算；三焊脚尺寸的大小对角焊缝单位面积的强度没有影响。

2) 焊接接头静载强度的简易计算方法。

① 对接焊缝接头。熔透对接接头的静载强度计算公式与基本金属（母材）的计算公式完全相同，焊缝的计算厚度取被连接的两板中较薄板的厚度，焊缝的计算长度一般取焊缝的实际长度。开坡口熔透的T形接头和十字接头按对接焊缝进行强度计算，焊缝的计算厚度取立板的厚度。一般情况下，按等强原则选择焊缝填充金属的优质低合金结构钢和碳素结构钢的对接焊缝，可不进行强度计算。对接焊缝受简单载荷作用的强度计算公式见表5.5-9。

② 角焊缝接头。在其静载强度简化计算中，假定所有角焊缝是在切应力作用下破坏的，其破断面在角焊缝内接三角形的最小高度截面上，且不考虑正面角焊缝与侧面角焊缝的强度差别。角焊缝接头的强度按切应力计算，焊缝的计算长度一般取每条焊缝的实际长度减去10mm。角焊缝的计算厚度取其内接三角形的最小高度，一般等腰直边角焊缝的计算厚度 $a=K\cos45°$，可取 $a=0.7K$，见图5.5-3a所示。图5.5-3是各种形状角焊缝的计算厚度。一般焊接方法的少量熔深可不予考虑，而对于埋弧焊和 CO_2 气体保护焊所具有的较大均匀熔深 p 则应予以考虑，其计算厚度 $a=0.7(K+p)$，见图5.5-3e。当 $K\leqslant8$mm 时，可取 $a=K$；当 $K>8$mm 时，熔深一般取3mm。开坡口部分熔透的角焊缝，其计算厚度按图5.5-4所示方法确定。不熔透的对接接头应按角焊缝计算。

表 5.5-9　对接焊缝接头静载强度计算公式

名　　称	简　　图	计算公式	备　　注
对　接接头		受拉：$\sigma=\dfrac{F}{l\delta}\leqslant[\sigma_1']$	$[\sigma_1']$—焊缝的许用拉应力 $[\sigma_a']$—焊缝的许用压应力 $[\tau']$—焊缝的许用切应力 $\delta\leqslant\delta_1$
		受压：$\sigma=\dfrac{F}{l\delta}\leqslant[\sigma_a']$	
		受剪：$\tau=\dfrac{F_t}{l\delta}\leqslant[\tau']$	
		平面内弯矩 M_1：$\sigma=\dfrac{6M_1}{l^2\delta}\leqslant[\sigma_1']$	
		平面外弯矩 M_2：$\sigma=\dfrac{6M_2}{l\delta^2}\leqslant[\sigma_1']$	
开坡口熔透T形接头或十字接头		受拉：$\sigma=\dfrac{F}{l\delta}\leqslant[\sigma_1']$	
		受压：$\sigma=\dfrac{F}{l\delta}\leqslant[\sigma_a']$	
		受剪：$\tau=\dfrac{F_t}{l\delta}\leqslant[\tau']$	
		平面内弯矩 M_1：$\sigma=\dfrac{6M_1}{l^2\delta}\leqslant[\sigma_1']$	
		平面外弯矩 M_2：$\sigma=\dfrac{6M_2}{l\delta^2}\leqslant[\sigma_1']$	

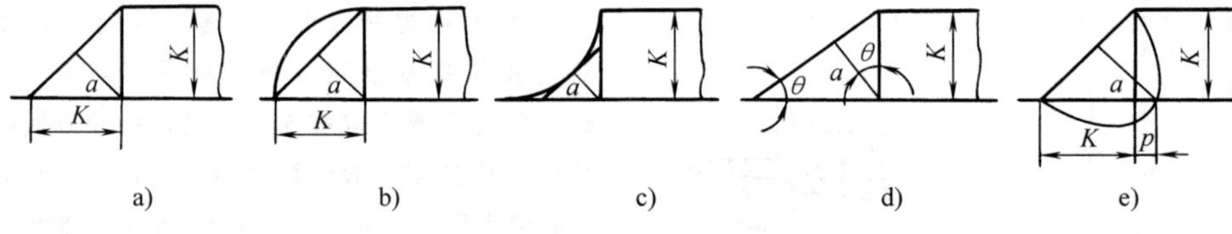

图 5.5-3　角焊缝的计算厚度

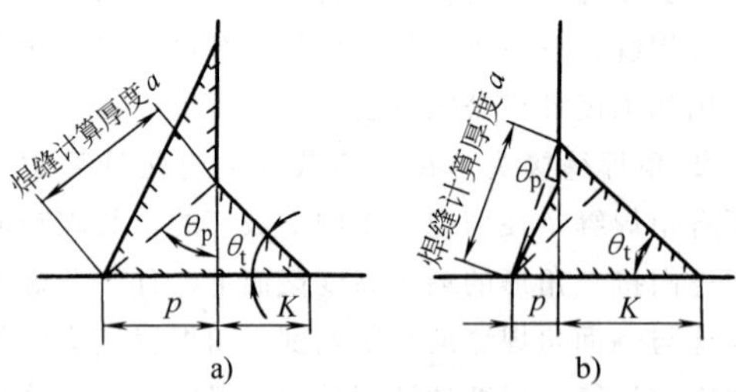

图 5.5-4　部分熔透角焊缝的计算厚度

a）$p>K(\theta_p<\theta_t)$　b）$p<K(\theta_p<\theta_t)$

角焊缝接头的静载强度基本计算公式见表5.5-10。

在设计计算角焊缝时，一般应遵循以下原则和规定：

a）侧面或正面角焊缝的计算长度不得小于8K，并不小于40mm。

b）角焊缝的最小焊角尺寸不应小于4mm，当焊件厚度小于4mm，可与焊件厚度相同。

c）不是主要用于承载的角焊缝，或因构造上需要而设置的角焊缝，其最小焊角尺寸，可根据被连接板的厚度及焊接工艺要求确定，最小焊角尺寸的数值见表5.5-11。

d）在承受静载的次要焊件中，如果计算出的角焊缝焊角尺寸，小于规定的最小值，可采用断续焊缝。断续焊缝的焊角尺寸，可根据折算方法确定。断续焊缝的间距，在受压构件中不应大于15δ，受拉构件中一般不应大于30δ。δ为被连接构件中较薄件的厚度。在腐蚀介质下工作的构件不得采用断续焊缝。

③ 承受复杂载荷的焊接接头强度计算。应分别求出各载荷所引起的应力，然后计算合成应力。在计算合成应力前，先必须明确各应力的方向、性质和位置，确定合成应力最大点（即危险点）的合成应力。在危险点难以确定时，应选几个大应力点计算合成应力，以最大值的点作为危险点。最大正应力和最大切应力不在同一点时，偏于安全的方法，是以最大正应

表 5.5-10　角焊缝接头静载强度基本计算公式

名称	简　图	计算公式	备　注
搭接接头	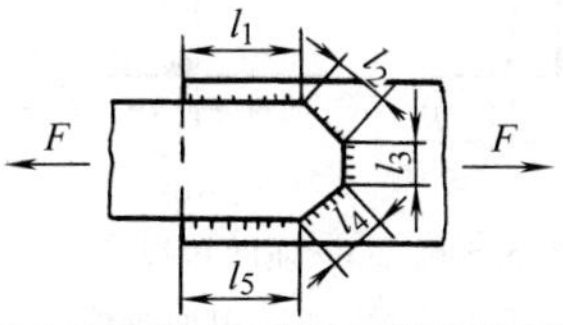	受拉或受压:$\tau=\dfrac{F}{a\Sigma l}\leqslant[\tau']$	$[\tau']$—焊缝的许用切应力 $\Sigma l=l_1+l_2+\cdots+l_5$
	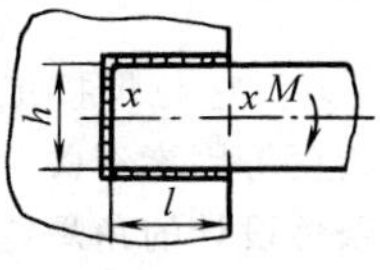 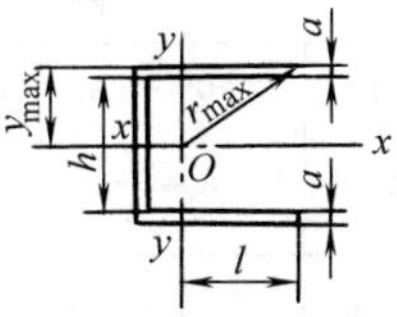	方法一:分段计算法 $\tau=\dfrac{M}{al(h+a)+\dfrac{ah^2}{6}}\leqslant[\tau']$ 方法二:轴惯性矩计算法 $\tau=\dfrac{M}{I_x}y_{\max}\leqslant[\tau']$ 方法三:极惯性矩计算法 $\tau=\dfrac{M}{I_p}r_{\max}\leqslant[\tau']$	$I_p=I_x+I_y$ I_x、I_y—焊缝计算面积对 x 轴、y 轴的惯性矩 I_p—焊缝计算面积的极惯性矩 $y_{\max}$—焊缝计算截面距 x 轴的最大距离 $r_{\max}$—焊缝计算截面距 O 点的最大距离
T形接头和十字接头	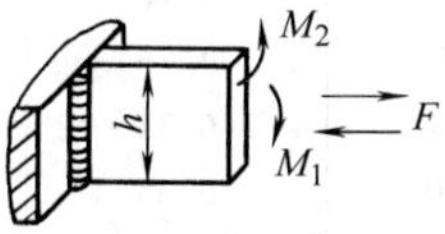	拉:$\tau=\dfrac{F}{2ah}\leqslant[\tau']$	在承受压应力时,考虑到板的端面可以传递部分压力,许用应力从$[\tau']$提高到$[\sigma'_a]$
		压:$\tau=\dfrac{F}{2ah}\leqslant[\sigma'_a]$	
		平面内弯矩 M_1:$\tau=\dfrac{3M_1}{ah^2}\leqslant[\tau']$	
		平面外弯矩 M_2:$\tau=\dfrac{M_2}{ha(\delta+a)}\leqslant[\tau']$	
	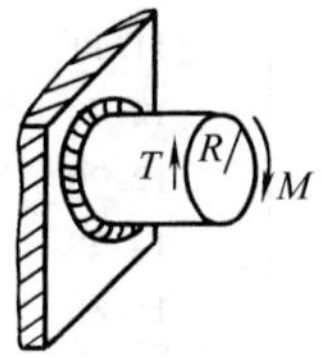	弯:$\tau=\dfrac{4M(R+a)}{\pi[(R+a)^4-R^4]}\leqslant[\tau']$	
		扭:$\tau=\dfrac{2T(R+a)}{\pi[(R+a)^4-R^4]}\leqslant[\tau']$	
	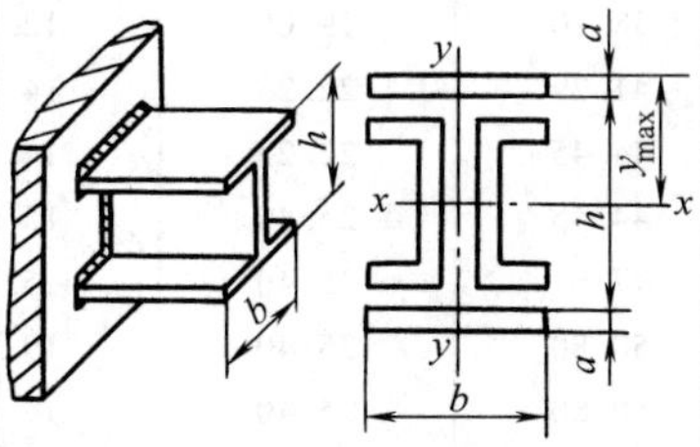	弯:$\tau=\dfrac{M}{I_x}y_{\max}\leqslant[\tau']$	
不熔透对接接头	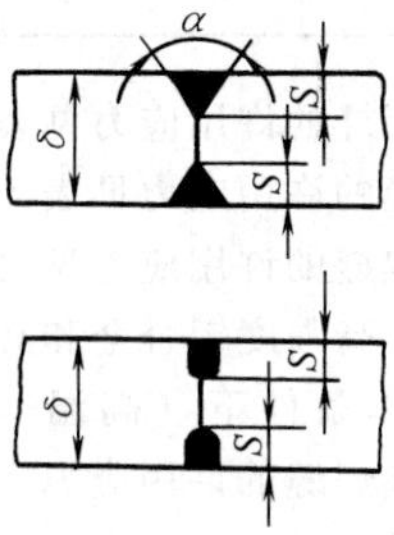	拉:$\tau=\dfrac{F}{2al}\leqslant[\tau']$	V 形坡口: $\alpha\geqslant60°$时,$a=S$ $\alpha<60°$时,$a=0.75S$ U 形、J 形坡口: $a=S$ $I_x=al(\delta-a)^2$ l—焊缝长度
		剪:$\tau=\dfrac{F_t}{2al}\leqslant[\tau']$	
		弯:$\tau=\dfrac{M}{I_x}y_{\max}\leqslant[\tau']$	

表5.5-11　角焊缝的最小焊脚尺寸 K_{min}

(mm)

被焊件中较厚件的厚度	K_{min}	
	碳素钢	低合金钢
$\delta \leqslant 10$	4	6
$10<\delta \leqslant 20$	6	8
$20<\delta \leqslant 30$	8	10

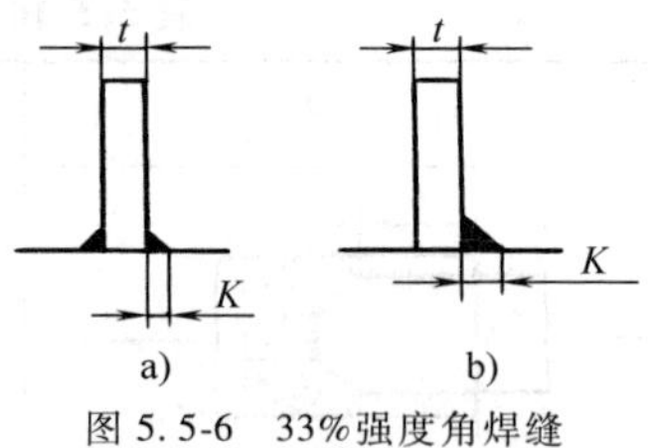

图5.5-6　33%强度角焊缝
a）双面焊缝　b）单面焊缝

力和平均切应力计算其合成应力。

3）按刚度条件选择角焊缝尺寸。焊接机床床身、底座、立柱和横梁等大型机件，一般工作应力较低，只相当于一般结构钢许用应力的10%～20%。若按工作应力来设计角焊缝尺寸，其值必然很小；若按等强原则选择焊缝，则尺寸将过大，这会增加成本并产生严重的焊接残余应力和变形。因此，这类焊缝不宜再用强度条件选择尺寸，而应根据刚度条件确定焊缝尺寸，根据实践经验提出了如下经验作法，即以被焊件中较薄件强度的33%、50%和100%作为焊缝强度来确定焊缝尺寸。

例如，对T型接头的双面角焊缝，其焊角尺寸 K 与立板板厚 δ 的关系为：

100%强度焊缝：$K=\frac{3}{4}\delta$；

50%强度焊缝：$K=\frac{3}{8}\delta$；

33%强度焊缝：$K=\frac{1}{4}\delta$。

100%强度角焊缝即等强焊缝，主要用于集中载荷作用的部位，如导轨的焊接。50%强度的角焊缝用于焊接箱体中，一般指 $K=\frac{3}{4}\delta$ 的单面角焊缝，如图5.5-5所示。33%强度的角焊缝，主要用于不承载焊缝，它可以是单面的，也可以是双面的，如图5.5-6所示。按刚度条件设计的角焊缝尺寸见表5.5-12。

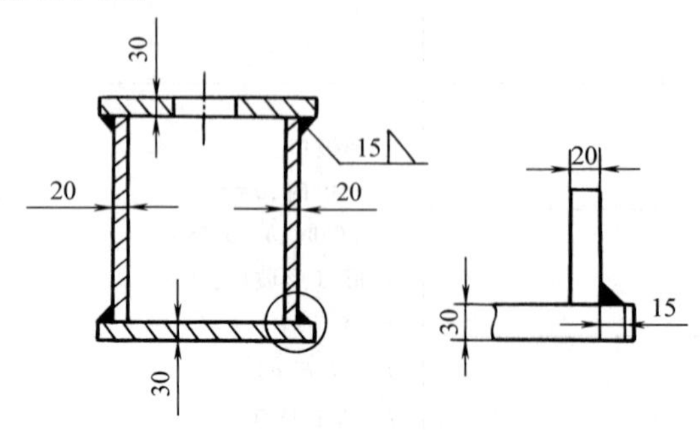

图5.5-5　50%强度角焊缝

4）焊缝的许用应力。它与焊接工艺、材料、接头形式、焊接检验的程度等因素有关。

表5.5-12　按刚度条件设计的角焊缝尺寸（mm）

板厚 δ	强度设计	刚度设计	
	100%强度 $K=\frac{3}{4}\delta$	50%强度 $K=\frac{3}{8}\delta$	33%强度 $K=\frac{1}{4}\delta$
6.36	4.76	4.76	4.76
7.94	6.35	4.76	4.76
9.53	7.94	4.76	4.76
11.11	9.53	4.76	4.76
12.70	9.53	4.76	4.76
14.27	11.11	6.35	6.35
15.88	12.70	6.35	6.35
19.05	14.27	7.94	6.35
22.23	15.88	9.53	7.94
25.40	19.05	9.53	7.94
28.58	22.23	11.11	7.94
31.75	25.40	12.70	7.94
34.93	28.58	12.70	9.53
38.10	31.75	14.29	9.53
41.29	34.88	15.88	11.11
44.45	34.95	19.05	11.11
50.86	38.10	19.05	12.70
53.98	41.29	22.23	14.29
56.75	44.45	22.23	14.29
60.33	44.45	25.40	15.88
63.50	47.61	25.40	15.88
66.67	50.80	25.40	19.05
69.85	50.80	25.40	19.05
76.20	56.75	28.58	19.05

机器焊接结构焊缝的许用应力见表5.5-13。

起重机结构焊缝的许用应力见表5.5-14。

钢制压力容器焊缝的许用应力见表5.5-15。

对于高强度钢、高强度铝合金和其他特殊材料制成的、或在特殊工作条件下（高温、腐蚀介质等）使用的焊接结构，其焊缝的许用应力，应按有关规定或通过专门试验确定。

表 5.5-13　机器焊接结构焊缝的许用应力

焊缝种类	应力状态	焊缝许用应力	
		一般 E43××型及 E50××型焊条电弧焊	低氢焊条电弧焊、埋弧焊、半埋弧焊
对接缝	拉应力	0.9[σ]	[σ]
	压应力	[σ]	[σ]
	切应力	0.6[σ]	0.65[σ]
角焊缝	切应力	0.6[σ]	0.65[σ]

注：1. 表中[σ]为基本金属的许用拉应力。

2. 本表适用于低碳钢及 500MPa 级以下的低合金结构钢。

表 5.5-14　起重机结构焊缝的许用应力

焊缝种类	应力种类	符号	用普通方法检查的焊条电弧焊	埋弧焊或用精确方法检查的焊条电弧焊
对接	拉伸、压缩应力	[σ′]	0.8[σ]	[σ]
对接及角焊缝	切应力	[τ′]	$\frac{0.8[\sigma]}{\sqrt{2}}$	$\frac{[\sigma]}{\sqrt{2}}$

注：[σ]为基本金属的许用拉应力，[σ′]为焊缝金属的许用拉应力，[τ′]为焊缝的许用切应力。

表 5.5-15　钢制压力容器焊缝的许用应力

无损探伤的程度	焊缝类型		
	双面焊或相当于双面焊的全焊透对接焊缝	单面对接焊缝，沿焊缝根部全长具有紧贴基本金属垫板	单面焊环向对接焊缝，无垫板
100%探伤	[σ]	0.9[σ]	
局部探伤	0.85[σ]	0.8[σ]	
无法探伤			0.6[σ]

注：此表系数只适用于厚度不超过 16mm、直径不超过 600mm 的壳体环向焊缝。

（2）电阻焊接头的静载强度计算

点焊接头的静载强度计算中不考虑焊点受力不均匀的影响，焊点内工作应力均匀分布。点焊和缝焊接头受简单载荷作用的静载强度计算公式见表 5.5-16。碳素结构钢、低合金结构钢和部分铝合金的点焊接头、缝焊接头，其焊缝金属的许用拉应力为[σ′]，其许用切应力$[\tau_0']=(0.3\sim0.5)[\sigma']$，抗撕拉许用应力$[\sigma_0]=(0.25\sim0.3)[\sigma']$。

表 5.5-16　电阻焊接头静载强度计算公式

名称	简图	计算公式	备注
点焊接头	F　F 单面剪切 双面剪切	受拉或压 单面剪切：$\tau=\frac{4F}{ni\pi d^2}\leqslant[\tau_0']$ 双面剪切：$\tau=\frac{2F}{ni\pi d^2}\leqslant[\tau_0']$	$[\tau_0']$—焊点的许用切应力 i—焊点的排数 n—每排焊点个数 d—焊点直径 y_{max}—焊点距 x 轴的最大距离 y_j—j 焊点距 x 轴的距离
	y　x　M　y_1　y_2　y_3　M　x　y	受弯 单面剪切：$\tau=\frac{4My_{max}}{i\pi d^2\sum_{j=1}^{n}y_j^2}\leqslant[\tau'_0]$ 双面剪切：$\tau=\frac{4My_{max}}{n\pi d^2\sum_{j=1}^{n}y_j^2}\leqslant[\tau'_0]$	

（续）

名称	简　图	计算公式	备　注
缝焊接头	F M M F b	受拉或压：$\tau=\frac{F}{bl}\leqslant[\tau_0']$ 受弯：$\tau=\frac{6M}{bl^2}\leqslant[\tau_0']$	$[\tau_0']$—缝焊焊缝的许用切应力 b—焊缝宽度 l—焊缝长度

1.5.2　可靠性设计方法

把与设计有关的载荷、强度、尺寸和寿命等数据当作随机变量，用概率论和数理统计方法处理。此种方法已用于机械零件和结构构件设计。在我国建筑行业已按概率理论，制定了建筑结构的极限状态设计法，在 GB 50068—2001《建筑结构可靠度设计统一标准》中采用设计基准期为 50 年。建筑结构为三个安全等级：一级（破坏后果很严重——重要的工业与民用建筑），二级（破坏后果严重——一般的工业与民用建筑），三级（破坏后果不严重——不重要的建筑物），规定了不同的安全系数。

1.6　焊接接头的疲劳强度计算

1.6.1　许用应力计算法

GB/T 3811—2008《起重机设计规范》中规定了起重机金属结构的疲劳强度计算方法。此方法以疲劳试验或模拟疲劳试验为基础，用按最大、最小应力 σ_{max}、σ_{min} 和平均应力 σ_m 绘出的疲劳曲线图，导出许用应力计算法的公式。

起重机结构中的焊缝疲劳许用应力见表 5.5-17。表中的应力循环特征 r 按以下公式计算。

表 5.5-17　起重机结构中焊缝疲劳许用应力

应力状态		疲劳许用应力计算公式	备　注
$r\leqslant0$	拉伸	$[\sigma_{rl}]=\frac{1.67[\sigma_{-1}]}{1-0.67r}$	$[\sigma_{-1}]$—疲劳许用应力的基本值（$r=-1$），$[\sigma_{-1}]$ 的值见表 5.5-18 R_m—结构件或接头材料的抗拉强度，Q235 钢取 $R_m=380\text{MPa}$；16Mn 钢，$R_m=500\text{MPa}$
	压缩	$[\sigma_{ra}]=\frac{2[\sigma_{-1}]}{1-r}$	
$r>0$	拉伸	$[\sigma_{rl}]=\frac{1.67[\sigma_{-1}]}{1-\left(1-\frac{[\sigma_{-1}]}{0.45R_m}\right)r}$	
	压缩	$[\sigma_{ra}]=\frac{2[\sigma_{-1}]}{1-\left(1-\frac{[\sigma_{-1}]}{0.45R_m}\right)r}$	
剪切疲劳许用应力		$[\tau_r]=\frac{[\sigma_{rl}]}{\sqrt{2}}$	取表 5.5-18 中与 K_0 相应的 $[\sigma_{rl}]$ 的值

焊接接头只受正应力时，$r=\dfrac{\sigma_{\min}}{\sigma_{\max}}$；

焊接接头只受切应力时，$r=\dfrac{\tau_{\min}}{\tau_{\max}}$；

焊接接头受正应力 σ_x、σ_y 和切应力 τ_{xy} 时，r 按以下公式分别计算：

$$r_x=\frac{\sigma_{x\min}}{\sigma_{x\max}},\quad r_y=\frac{\sigma_{y\min}}{\sigma_{y\max}},\quad r_{xy}=\frac{\tau_{xy\min}}{\tau_{xy\max}}$$

在计算中各应力应带有各自的正负号。按公式

$$\sigma_{\max}\leqslant[\sigma_r]$$

或

$$\tau_{\max}\leqslant[\tau_r]$$

验算疲劳强度。$[\sigma_r]$ 表示拉伸（或压缩）疲劳许用应力。$[\tau_r]$ 表示剪切疲劳许用应力。当接头同时承受正应力和切应力，强度验算应符合下式：

$$\left(\frac{\sigma_{x\max}}{[\sigma_{rx}]}\right)^2+\left(\frac{\sigma_{y\max}}{[\sigma_{ry}]}\right)^2-\frac{\sigma_{x\max}\sigma_{y\max}}{[\sigma_{rx}][\sigma_{ry}]}+\left(\frac{\tau_{xy\max}}{[\tau_r]}\right)^2\leqslant1.1$$

表 5.5-18 是疲劳许用应力的基本值，要结合表 5.5-19 中接头的应力集中情况等级选取。

1.6.2　应力折减系数法

应力折减系数法中，疲劳许用应力 $[\sigma_r]$，是以静载时所选用的焊缝许用应力 $[\sigma']$ 值乘上折减系数 β 而确定的。

$$[\sigma_r]=\beta[\sigma']$$

$$\beta=\frac{1}{(aK_\sigma+b)-(aK_\sigma-b)r}$$

式中　a、b——材料系数，按表 5.5-20 选取；

K_σ——有效应力集中系数，按表 5.5-21 选取；

r——应力循环特征系数。

表 5.5-18　疲劳许用应力基本值 $[\sigma_{-1}]$　（MPa）

应力集中情况等级	材料类型	结构工作级别①							
		A_1	A_2	A_3	A_4	A_5	A_6	A_7	A_8
K_0	Q235					168.0	133.3	105.8	84.0
	16Mn					168.0	133.3	105.8	84.0
K_1	Q235				170.0	150.0	119.0	94.5	75.0
	16Mn				188.4	150.0	119.0	94.5	75.0
K_2	Q235			170.0	158.3	126.0	100.0	79.4	63.0
	16Mn			198.4	158.3	126.0	100.0	79.4	63.0
K_3	Q235		170.0	141.7	113.0	90.0	71.4	66.7	45.0
	16Mn		178.5	141.7	113.0	90.0	71.4	66.7	45.0
K_4	Q235	135.9	107.1	85.0	67.9	54.0	42.8	34.0	27.0
	16Mn	135.9	107.1	85.0	67.9	54.0	42.8	34.0	27.0

① 工作级别由起重机利用等级和载荷状态所确定，详见 GB/T 3811—2008（见本章附录）。

表 5.5-19　应力集中情况等级

接头形式	工艺方法说明	应力集中情况等级	接头形式	工艺方法说明	应力集中情况等级
	对接焊缝 力方向垂直于焊缝 力方向平行于焊缝	 K_2 K_1		对接焊缝，焊缝受纵向剪切	K_0

（续）

接头形式	工艺方法说明	应力集中情况等级
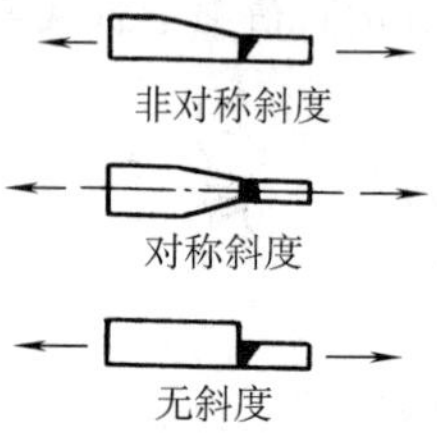 非对称斜度 对称斜度 无斜度	不同厚度的对接焊缝，力方向垂直于焊缝 非对称斜度（1∶4）~（1∶5） 非对称斜度 1∶3 对称斜度 1∶3 对称斜度 1∶2 非对称、无斜度	 K_1 K_2 K_1 K_2 K_4
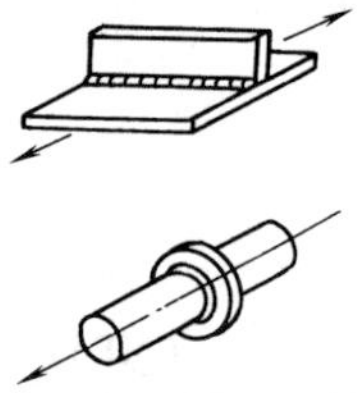	力方向垂直于焊缝，用双面角焊缝把构件焊在主要受力构件上 用连续角焊缝把横隔板、腹板的肋板、圆环或轮毂焊在主要受力构件上（如翼缘或轴）	K_2 K_2
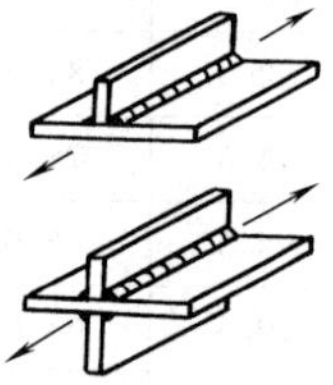	角焊缝，力方向平行于焊缝	K_1
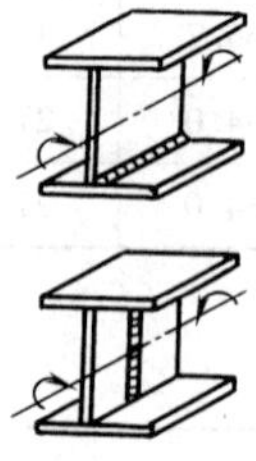	梁的盖板和腹板间的 K 形焊缝或角焊缝，梁的腹板横向对接焊缝	K_1
	十字接头焊缝，力方向垂直于焊缝 K 形焊缝 双向角焊缝	 K_3 K_4
	承受弯曲和剪切作用 K 形焊缝 双向角焊缝	 K_3 K_4
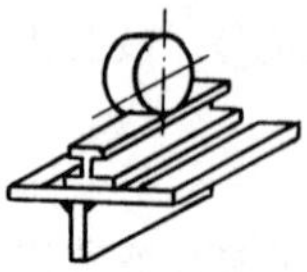	承受集中载荷的翼缘和腹板间的焊缝 K 形焊缝 双面角焊缝	 K_3 K_4
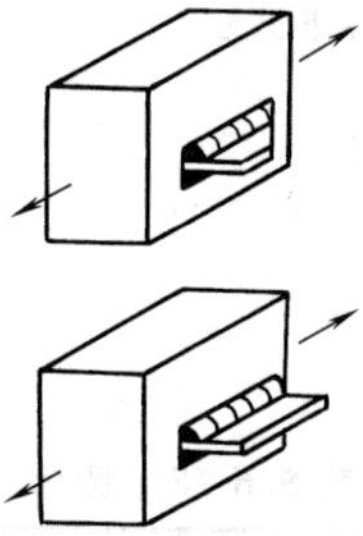	在整体主要构件侧面焊上与其端面成直角布置的构件，力方向平行于焊缝 焊接件两端有侧角或带圆弧 焊接件两端无侧角	 K_3 K_4
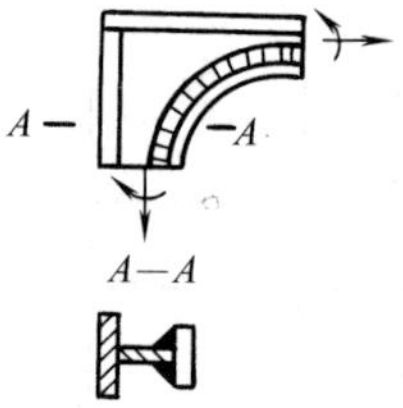 A—A	弯曲的翼缘与腹板间的焊缝 K 形焊缝 双面角焊缝	 K_3 K_4
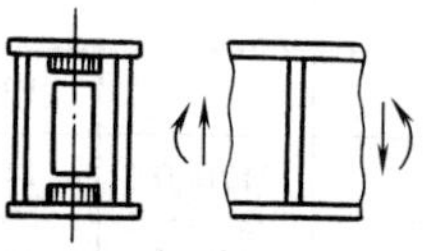	隔板用双面角焊缝（连续）与翼缘和腹板连接 隔板切角 不切角 用断续焊缝连接	 K_3 K_4 K_5
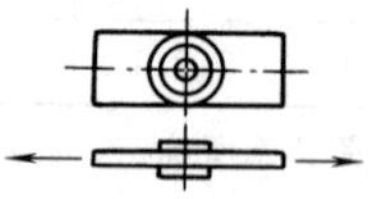	角焊缝	K_3
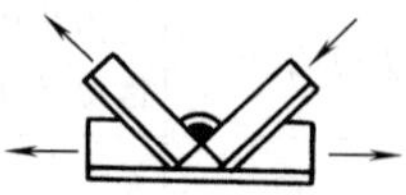	桁架节点各杆件用角焊缝连接	K_4
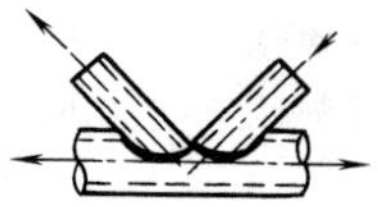	用管子制成的桁架，其节点用角焊缝连接	K_4

表 5.5-20　材料系数 *a* 和 *b* 的值

结构型式	钢种	系数	
		a	b
脉动循环载荷作用下的结构	碳素结构钢	0.75	0.3
	低合金结构钢	0.8	0.3
对称循环载荷作用下的结构	碳素结构钢	0.9	0.3
	低合金结构钢	0.95	0.3

表 5.5-21　焊接结构的有效应力集中系数 K_σ

焊 接 形 式	K_σ		图 示 （"a-a"表示焊接接头的计算截面）
	碳素结构钢	低合金结构钢	
对接焊缝，焊缝全部焊透	1.0	1.0	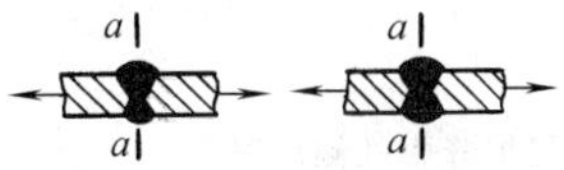
对接焊缝，焊缝根部未焊透	2.67	—	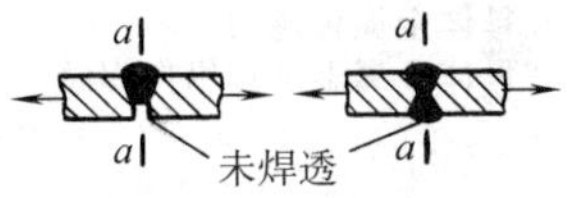 未焊透
搭接的端焊缝 1）焊条电弧焊 2）埋弧焊	 2.3 1.7	 — —	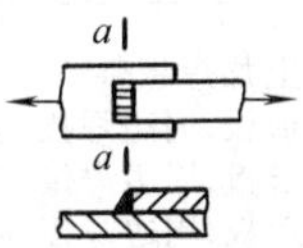
侧缝焊，焊条电弧焊	3.4	4.4	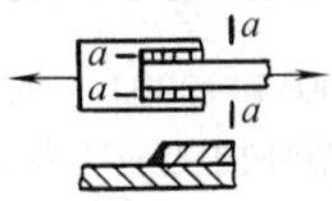
邻近焊缝的母体金属，对接焊缝的热影响区 1）经机械加工 2）由焊缝至母体金属的过渡区足够平滑时，未经机械加工 直焊缝时 斜焊缝时 3）由焊缝至母体金属的过渡区足够平滑时，但焊缝高出母体金属 0.2δ，未经机械加工的直焊缝 4）由焊缝至母体金属的过渡区足够平滑时，有垫圈的管子对接焊缝，未经机械加工 5）沿力作用线的对接焊缝，未经机械加工	1.1 1.4 1.3 1.8 1.5 1.1	1.2 1.5 1.4 2.2 2.0 1.2	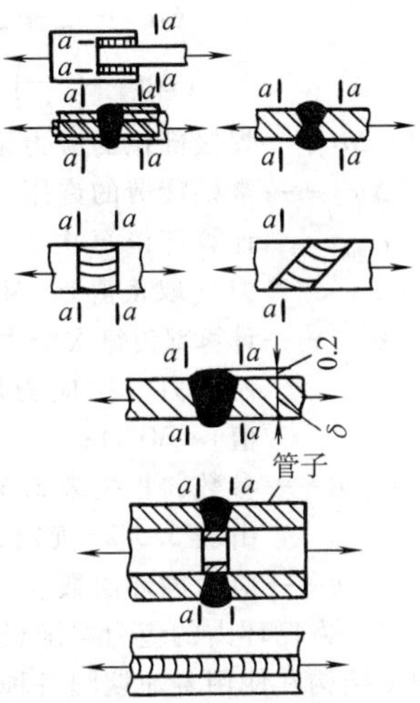 0.2 δ 管子

（续）

焊接形式	K_σ		图示（"a-a"表示焊接接头的计算截面）
	碳素结构钢	低合金结构钢	
邻近焊缝的母体金属，搭接焊缝中端焊缝的热影响区			
1）焊趾长度比为2~2.5的端焊缝，未经机械加工	2.4	2.8	
2）焊趾长度比为2~25的端焊缝，经机械加工	1.8	2.1	
3）焊趾等长度的凸形端焊缝，未经机械加工	3.0	3.5	
4）焊趾长度比为2~2.5的端焊缝，未经机械加工，但经母体金属传递力	1.7	2.3	
5）焊趾长度比为2~2.5的端焊缝，由焊缝至母体金属的过渡区经机械加工，经母体金属传递力	1.4	1.9	
6）焊趾等长度的凸形端焊缝，未经机械加工，但经母体金属传递力	2.2	2.6	
7）在母体金属上加焊直焊缝	2.0	2.3	
搭接焊缝中的侧焊缝			
1）经焊缝传递力，并与截面对称	3.2	3.5	
2）经焊缝传递力，与截面不对称	3.5	—	
3）经母体金属传递力	3.0	3.8	
4）在母体金属上加焊纵向焊缝	2.2	2.5	
母体金属上加焊板件			
1）加焊矩形板，周边焊接，应力集中区未经机械加工	2.5	3.5	
2）加焊矩形板，周边焊接，应力集中区经机械加工	2.0	—	
3）加焊梯形板，周边焊接，应力集中区经机械加工	1.5	2.0	
组合焊缝	3.0	—	

GB 50017—2003《钢结构设计规范》规定，对所有应力循环内的应力幅保持常量的常幅疲劳，疲劳强度按下式计算：

$$\Delta\sigma \leqslant [\Delta\sigma]$$

$$\Delta\sigma = \sigma_{max} - \sigma_{min}$$

$$[\Delta\sigma] = \left(\frac{C}{n}\right)^{1/\beta}$$

式中　$\Delta\sigma$——焊接部位的应力幅（MPa）；

$[\Delta\sigma]$——常幅疲劳的许用应力幅（MPa）；

σ_{max}——计算部位每次应力循环中的最大拉应力（取正值）（MPa）；

σ_{min}——计算部位每次应力循环中最小拉应力或压应力（拉应力取正值，压应力取负值）（MPa）；

C、β——参数，根据表5.5-23提供的连接类别，由表5.5-22确定；

n——应力循环次数。

对应力循环内的应力幅随机变化的变幅疲劳，若能预测结构在使用寿命期间各种载荷的频率分布、应力幅水平以及频次分布总和所构成的设计应力谱，则可将其折算为等效常幅疲劳，按下式计算：

$$\Delta\sigma_e = \left[\frac{\sum n_i(\Delta\sigma_i)^\beta}{\sum n_i}\right]^{1/\beta} \leqslant [\Delta\sigma]$$

式中　$\Delta\sigma_e$——变幅疲劳的等效应力幅；

$\sum n_i$——以应力循环次数表示的结构预期使用寿命；

n_i——预期寿命内应力幅达到$\Delta\sigma_i$的应力循环次数。

表5.5-22　参数C和β的值

连接类别	1	2	3	4	5	6	7	8
$C(\times10^{12})$	1940	861	3.25	2.18	1.47	0.96	0.65	0.41
β	4	4	3	3	3	3	3	3

以上疲劳强度的计算，都是以"无缺陷"材料的高周疲劳作为研究对象，即低应力、高应力循环次数的疲劳，因此一般不适于高应力、低应力循环次数，由反复性塑性应变产生破坏的低周疲劳问题。而且这类方法由于未考虑焊接结构中的缺陷、焊接接头的非均质性及实际加载频率等，因而疲劳强度计算与实际结构有一定的出入。

表 5.5-23　疲劳计算的构件和连接类别

简　图	说　明	类别
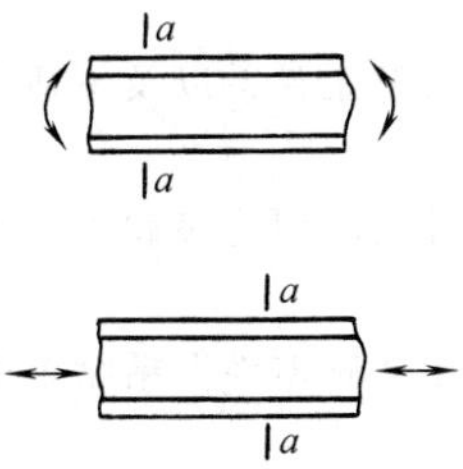	无连接处的主体金属 1)轧制工字钢 2)钢板 ①两侧为轧制边或刨边 ②两侧为自动、半自动切割边(切割质量标准应符合《钢结构工程施工及验收规范》一级标准)	 1 1 2
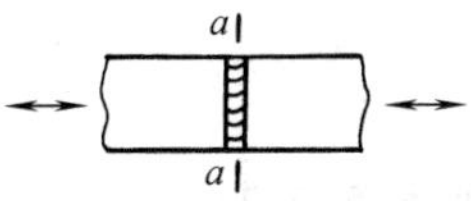	横向对接焊缝附近的主体金属 1)焊缝经加工、磨平及无损检验(符合《钢结构工程施工及验收规范》一级标准) 2)焊缝经检验,外观尺寸符合一级标准	 2 3
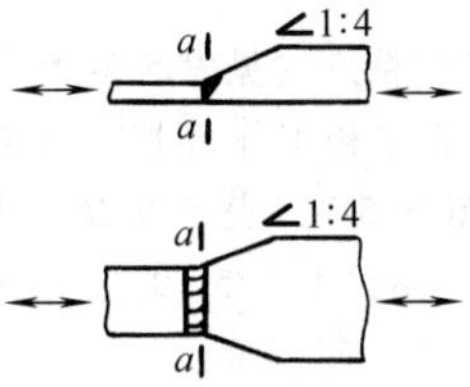	不同厚度(或宽度)横向对接焊缝附近的主体金属,焊缝加工成平滑过渡并经无损检验符合一级标准	2
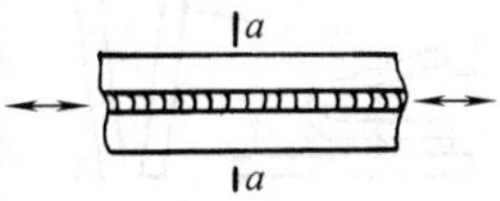	纵向对接焊缝附近的主体金属,焊缝经无损检验及外观尺寸检查均符合二级标准	2
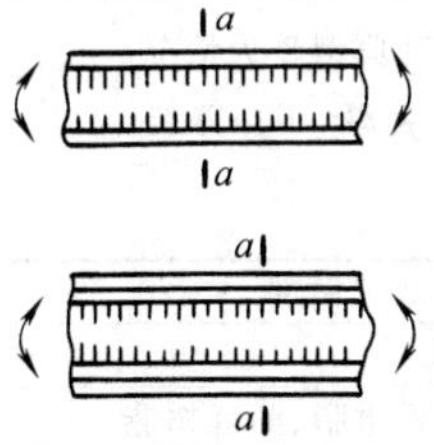	翼缘连接焊缝附近的主体金属(焊缝质量经无损检验符合二级标准) 1)单层翼缘板 ①埋弧焊 ②手弧焊 2)双层翼缘板	 2 3 3
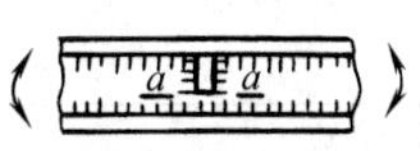	横向肋板端部附近的主体金属 1)肋端不断弧(采用回焊) 2)肋端断弧	 4 5
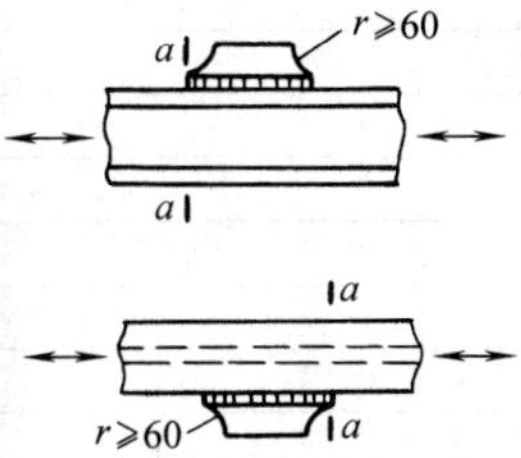	梯形节点板对焊于梁翼缘、腹板以及桁架构件处的主体金属,过渡处在焊后铲平、磨光、圆滑过渡,不得有焊接起弧、灭弧缺陷	5
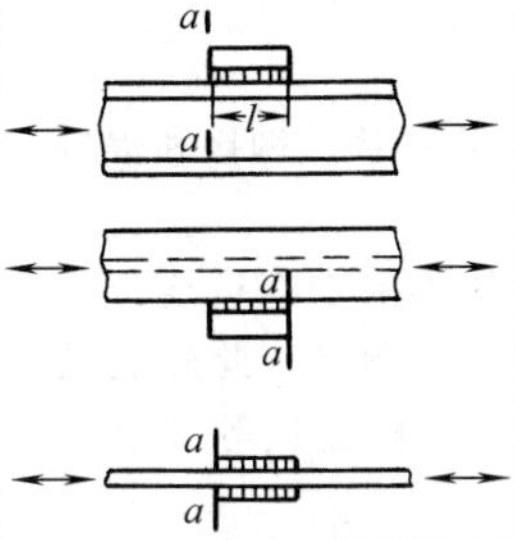	矩形节点板用角焊缝连于构件翼缘或腹板处的主体金属,l>150mm	7
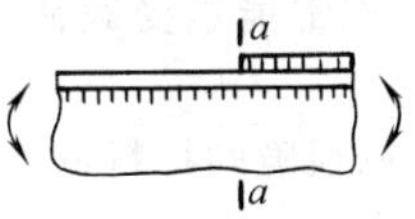	翼缘板中断处的主体金属板端有正面焊缝	7
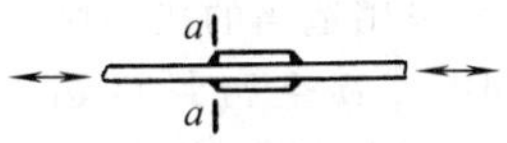	向正面角焊缝过渡处的主体金属	6
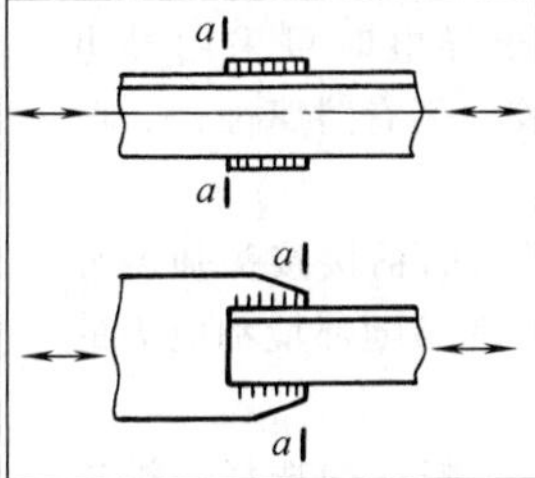	两侧面角焊缝连接端部的主体金属	8
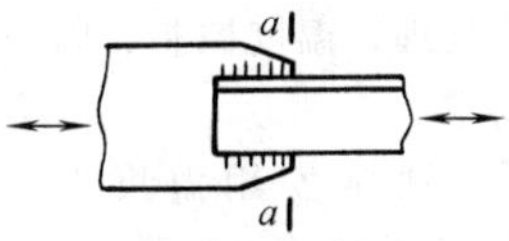	三面围焊的角焊缝端部主体金属	7
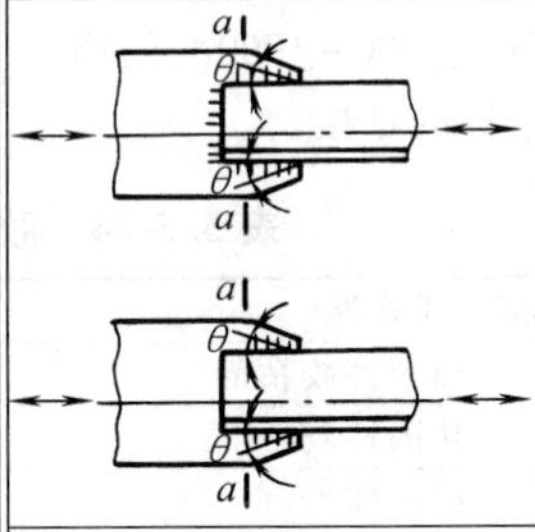	三面围焊或两侧面角焊缝连接的节点板主体金属(节点板计算宽度按扩散角 θ 等于 30°考虑)	7
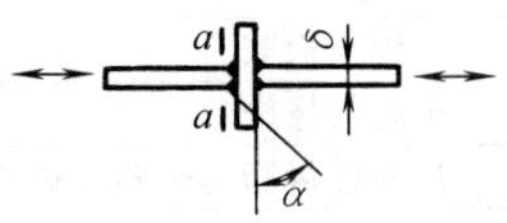	K 形对接焊缝处的主体金属,两板轴线偏离小于 0.15δ,焊缝经无损检验且焊趾角 $\alpha\leqslant45°$	5
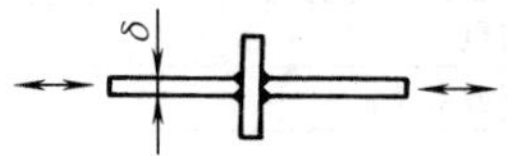	十字接头角焊缝处的主体金属,两板轴线偏离小于 0.15δ	7
角焊缝	按有效截面确定的应力幅计算	8

2 粘接

2.1 粘接的特点和应用

机械制造中，采用粘接与螺栓连接、铆接和焊接相比，具有以下特点：

1）应力分布比较均匀。粘接不要求在被连接件上钻孔，也不像焊接那样存在热影响区，此外它是“面连接”，能避免点焊、铆接、螺栓连接等“点连接”引起的较严重的应力集中。

2）传力面积大，整个粘接面积都能承受载荷，使其承载能力可能超过焊接或铆接。

3）可粘接不同材料，极薄的或很脆的材料也可采用粘接。

4）胶层有较好的密封性，如采用适当的接头结构，粘接接头容器可耐压 30MPa，真空密封可达 1.33×10^{11} MPa，胶粘剂通常具有很好的电绝缘性，最高可达 $10^{13\sim14}\ \Omega\text{mm}^2/\text{m}$。要求导电时可采用导电胶，其导电率可接近于水银。胶粘剂有防腐蚀性，胶接接头一般不需再做防腐处理。

5）当前的粘接技术水平得到的粘接接头强度分散性较大，剥离强度低，粘接性能易随环境和应力的作用发生变化。

6）对粘接技术要求较高，对胶粘剂选择、被连接零件的尺寸和公差、粘接表面处理、温度控制、固化和工装等都必须满足严格的要求。

7）胶粘剂一般耐热较低，通常使用温度在150℃以下，可在250℃以上使用的不多。以硅酸盐、磷酸盐等为基料的无机胶粘剂可达 800～1000℃ 的高温，但性能较脆，只用于特殊结构的粘接。

以上1～5属于优点，6、7为缺点。因此它的主要应用范围是：

1）优先用于轻金属粘接，如飞机结构，可得到高刚度和低重量。

2）用于不能焊接的材料或薄工件，以及不适于采用螺栓连接或铆接的工件。

3）在电子工业中，粘接可以起到连接和绝缘的作用。

4）在应力测量试验中，在被测零件上粘贴电阻应变片。

5）在机械制造中用于零件的修复，刀具粘接等。

此外，在建筑、纺织、轻工、医学等行业中粘接技术也得到广泛的应用。

2.2 胶粘剂的选择

2.2.1 胶粘剂的分类（见表 5.5-24）

2.2.2 胶粘剂选择原则和常用胶粘剂

1）按被粘材料的性质选择胶粘剂（见表 5.5-25）。

2）考虑粘接对象的使用条件和工作环境，如粘接接头受力情况和大小（见图 5.5-7、表 5.5-26、表 5.5-27）、环境温度（见表 5.5-28、表 5.5-29）、耐酸碱性能（见表 5.5-30）等。

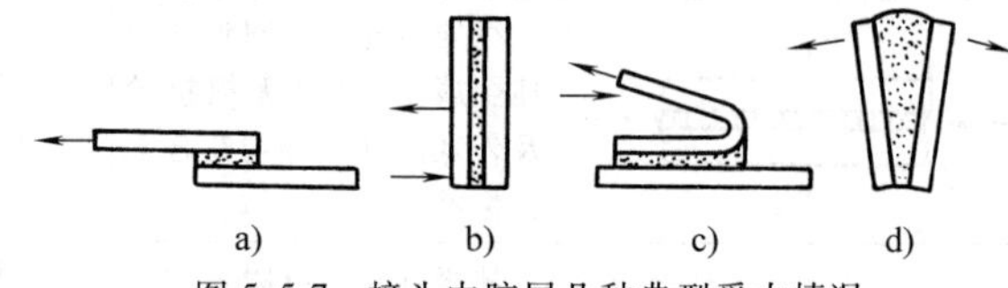

图 5.5-7 接头中胶层几种典型受力情况
a）剪切 b）正拉 c）剥离 d）劈裂

表 5.5-24 胶粘剂的分类

胶粘剂分类				典型胶粘剂
有机胶粘剂	合成胶粘剂	树脂型	热塑性胶粘剂	α-氰基丙烯酸酯
			热固性胶粘剂	不饱和聚酯、环氧树脂、酚醛树脂
		橡胶型	树脂酸性	氯丁-酚醛
			单-橡胶	氯丁胶浆
		混合型	橡胶与橡胶	氯丁-丁腈
			树脂与橡胶	酚醛-丁腈、环氧-聚硫
			热固性树脂与热塑性树脂	酚醛-缩醛、环氧-尼龙
	天然胶粘剂	动物胶粘剂		骨胶、虫胶
		植物胶粘剂		淀粉、松香、桃胶
		矿物胶粘剂		沥青
		天然橡胶胶粘剂		橡胶水
无机胶粘剂	硫酸盐			石膏
	硅酸盐			水玻璃
	磷酸盐			磷酸-氧化铜
	硼酸盐			

表 5. 5-25　常用胶粘剂

被粘物材料名称	胶粘剂名称
钢铁	环氧-聚酰胺胶、环氧-多胺胶、环氧-丁腈胶、环氧-聚砜胶、环氧-聚硫胶、环氧-尼龙胶、环氧-缩醛胶、酚醛-丁腈胶、第二代丙烯酸酯胶、厌氧胶、α-氰基丙烯酸酯胶、无机胶
铜及其合金	环氧-聚酰胺胶、环氧-丁腈胶、酚醛-缩醛胶、第二代丙烯酸酯胶、α-氰基丙烯酸酯胶、厌氧胶
铝及其合金	环氧-聚酰胺胶、环氧-缩醛胶、环氧-丁腈胶、环氧-脂肪胺胶、酚醛-缩醛胶、酚醛-丁腈胶、第二代丙烯酸酯胶、α-氰基丙烯酯胶、厌氧胶、聚氨酯胶
不锈钢	环氧-聚酰胺胶、酚醛-丁腈胶、聚氨酯胶、第二代丙烯酸酯胶、聚苯硫醚胶
镁及其合金	环氧-聚酰胺胶、酚醛-丁腈胶、聚氨酯胶、α-氰基丙烯酸酯胶
钛及其合金	环氧-聚酰胺胶、酚醛-缩醛胶、第二代丙烯酸酯胶
镍	环氧-聚酰胺胶、酚醛-丁腈胶、α-氰基丙烯酸酯胶
铬	环氧-聚酰胺胶、酚醛-丁腈胺、聚氨酯胶
锡	环氧-聚酰胺胶、酚醛-缩醛聚、聚氨酯胶
锌	环氧-聚酰胺胶
铅	环氧-聚酰胺胶、环氧-尼龙胶
玻璃钢(环氧、酚醛、不饱和聚酯)	环氧胶、酚醛-缩醛胶、第二代丙烯酸酯胶、α-氰基丙烯酸酯胶
胶(电)木	环氧-脂肪胺胶、酚醛-缩醛胶、α-氰基丙酸酯胶
层压塑料	环氧胶、酚醛-缩醛胶、α-氰基丙烯酸酯胶
有机玻璃	α-氰基丙烯酸酯胶、聚氨酯胶、第二代丙烯酸酯胶
聚苯乙烯	α-氰基丙烯酸酯胶
ABS	α-氰基烯酸酯胶、第二代丙烯酸酯胶、聚氨酯胶、不饱和聚酯胶
硬聚氯乙烯	过氯乙烯胶、酚醛-氯丁胶、第二代丙烯酸酯胶
软聚氯乙烯	聚氨酯胶、第二代丙烯酸酯胶、PVC 胶
聚碳酸酯	α-氰基丙烯酸酯胶、聚氨酯胶、第二代丙烯酸酯胶、不饱和聚酯胶
聚甲醛	环氧-聚酰胺胶、α-氰基丙烯酸酯胶
尼龙	环氧-聚酰胺胶、环氧-尼龙胶、聚氨酯胶
涤纶	氯丁-酚醛胶、聚酯胶
聚砜	α-氰基丙烯酸酯胶、第二代丙烯酸酯胶、聚氨酯胶、不饱和聚酯胶
聚乙(丙)烯	EVA 热熔胶、丙烯酸压敏胶、聚异丁烯胶
聚四氟乙烯	F-2 胶、F-4D 胶、FS-203 胶
天然橡胶	氯丁胶、聚氨酯胶、天然橡胶胶粘剂
氯丁橡胶	氯丁胶、丁腈胶
丁腈橡胶	丁腈胶
丁苯橡胶	氯丁胶、聚氨酯胶
聚氨酯橡胶	聚氨酯胶、接枝氯丁胶
硅橡胶	硅橡胶胶
氟橡胶	FXY-3 胶
玻璃	环氧-聚酰胺胶、厌氧胶、不饱和聚酯胶
陶瓷	环氧胶

（续）

被粘物材料名称	胶粘剂名称
混凝土	环氧胶、酚醛-氯丁胶、不饱和聚酯胶
木(竹)材	白乳胶、脲醛胶、酚醛胶、环氧胶、丙烯酸酯乳液胶
棉织物	天然胶乳、氯丁胶、白乳胶
尼龙织物	氯丁乳胶、接枝氯丁胶、热熔胶
涤纶织物	氯丁-酚醛胶、氯丁胶乳、热熔胶
纸张	聚乙烯醇胶、聚乙烯醇缩醛胶、白乳胶、热熔胶
泡沫橡胶	氯丁-酚醛胶、聚氨酯胶
聚苯乙烯泡沫	丙烯酸酯浮液
聚氯乙烯泡沫	氯丁胶、聚氨酯胶
聚氨酯泡沫	氯丁-酚醛胶、聚氨酯胶、丙烯酸酯乳液
聚氯乙烯薄膜	过聚乙烯胶、压敏胶
涤纶薄膜	氯丁-酚醛胶
聚丙烯薄膜	热熔胶、压敏胶
玻璃纸	压敏胶
皮革	氯丁胶、聚氨酯胶、热熔胶
人造革	接枝氧丁胶、聚氨酯胶
合成革	接枝氧丁胶、聚氨酯胶
仿牛皮革	聚氨酯胶、接枝氯丁胶、热熔胶
橡塑材料	聚氨酯胶、接枝氯丁胶、热熔胶

表 5.5-26　按受外力大小选择胶粘剂

粘接件的特点	胶粘剂的选择		
	类型	组成	选择实例
必须保持稳定持久和高强度粘接	结构型	热固性树脂	环氧-聚硫橡胶类 酚醛-丁腈橡胶类
不需要保持长久的粘接或者对于粘接强度要求不高	非结构型	热塑性树脂	烯烃类弹性体

表 5.5-27　胶粘剂的强度特性

胶粘剂种类	抗剪	抗拉	剥离	挠曲	扭曲	冲击	蠕变	疲劳
环氧树脂	好	中	差	差	差	差	好	差
酚醛树脂	好	中	差	差	差	差	好	差
氰基丙烯酸脂	好	中	差	差	差	差	好	差
尼龙	好	好	中	好	好	好	中	好
聚乙烯醇缩甲醛	好	好	中	好	好	好	中	好
聚乙烯醇缩丁酯	中	中	中	好	好	好	中	好
氰基橡胶	差	差	中	好	好	好	差	好
硅酮树脂	差	差	中	好	好	好	差	好
热固+热塑性树脂	好	好	好	好	好	好	好	好

在通常情况下，合成树脂类胶粘剂的拉伸、剪切强度较大而剥离强度及撕裂强度较差；合成橡胶类胶粘剂剥离、撕裂强度较高。

对于承受持续性外力作用或者承受冲击外力作用的粘接接头，一般选用耐老化性好的或柔韧的胶粘剂。

在环氧树脂及酸性环氧树脂胶粘剂中，其柔韧性的好坏顺序为：环氧-胺<环氧-聚酰胺<环氧-聚硫橡胶。在酸性酚醛胶粘剂中柔韧性的顺序为：酚醛-环氧<酚醛-聚酯酸乙烯酯<酚醛-丁腈橡胶。

表 5.5-28　耐高温胶粘剂

最高使用温度/℃	胶粘剂牌号
200	TG801、204(JF-1)、J-01、JG-4、F-2、F-3、H-02、J-14、E-8、J-48、SG-200、南大-705、GPS-1
200~250	J-06-2、GPS-4、KH-506
250	609 密封胶、FS-203、GD-401、J-04、J-10、J-15、J-16、YJ-30
300	TG737、30-40 和 P-32 聚酰亚胺
350	J08、J-25、JG-3
400	4017 应变胶、KH-505
450	TG747、B-19 应变胶、J-09
500	604 密封胶、聚苯异味唑
550	聚苯硫醚
>800	TG757、WKT 无机胶
>1200	TG777、WJ2101、WPP-1 无机胶

表 5.5-29　耐低温胶粘剂

胶粘剂牌号	使用温度范围/℃	胶粘剂牌号	使用温度范围/℃
J11	-120~60	ZW-3	-200~70
1#超低温胶	-273~60	PBI	-253~538
2#超低温胶	-196~100	203(FSC-3)	-70~100
3#超低温胶	-200~150	H-01	-170~200
E-6	-196~200	H-066	-196~150
TG106	-196~150	J-15	-70~250
679	-196~150	J-06-2	-196~250
HY-912	-196~50	WP-01 无机胶	-180~600
DW-3	-269~60	TG757	-196~800

表 5.5-30　胶粘剂的耐酸碱性能

胶粘剂	耐酸	耐碱	胶粘剂	耐酸	耐碱
环氧-脂肪胺	尚可	良	聚氨酯	尚可	良
环氧-芳香胺	良	优	α-氰基丙烯酸	尚可	差
环氧-酸酐	良	良	厌氧	良	尚可
环氧-聚酰胺	尚可	差	第二代丙烯酸酯	良	尚可
环氧-聚硫	良	优	有机硅树脂	差	差
环氧-缩醛	良	良	聚乙烯醇	差	差
环氧-尼龙	尚可	差	聚酰亚胺	良	尚可
环氧-丁腈	良	良	白乳胶	尚可	尚可
环氧-酚醛	良	良	氯丁橡胶	良	良
环氧-聚砜	尚可	良	丁腈橡胶	尚可	尚可
酚醛-缩醛	良	尚可	丁苯橡胶	尚可	良
酚醛-丁腈	良	尚可	丁基橡胶	优	良
酚醛-氯丁	尚可	良	聚硫橡胶	良	良
脲醛	差	尚可	硅橡胶	差	尚可
不饱和聚酯	尚可	尚可	无机	尚可	差

胶粘剂可分为结构型和非结构型两大类。可以按受外力的大小选择不同类型的胶粘剂，见表 5.5-26。

2.3　粘接接头设计

2.3.1　粘接接头设计原则

影响粘接接头强度的因素很多，因此粘接接头的强度试验数据离散性很大，尚难以强度计算结果作为粘接接头的可靠依据。在设计粘接接头时，应注意以下几方面的问题：

1）在可能的条件下，应妥善考虑接头部分的形状和尺寸，适当增加粘接面积，以提高粘接接头的承载能力。

2）尽量使粘缝受剪力或拉力，避免承受剥离和不均匀扯离。

3）为提高接头强度，可采用混合连接方式，如粘接与机械相结合的混合连接，粘接加螺栓、加铆、点焊、穿销、卷边等方式。

4）力求接头加工方便、夹具简单、便于粘后加压等，以保证粘接质量。

5）接头表面粗糙度对有机胶以 $Ra2.5\sim6.3\mu m$ 为宜，无机胶以 $Ra25\sim100\mu m$ 为宜。

2.3.2　常用粘接接头形式及其改进结构（见表5.5-31、表5.5-32）

表5.5-31　常用粘接接头形式

名称	简　图	特点和应用
对接		粘接面在零件的端面，粘接面积小，承受拉力或不均匀扯离力，强度差，主要用于修补
搭接		常用于薄板连接，胶层主要受剪应力，应用较广
平接		两个被粘接的平面贴合，粘接面积大，强度高，使用广泛
角接	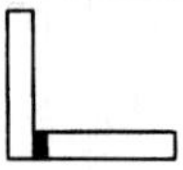	受力面积小，受不均匀扯离力作用，应力集中严重，强度很差，当必须将互相垂直的两板端部连接时，应予以适当补强
T形接	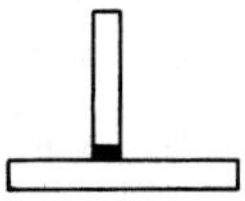	受力面积小，受力情况差，应采用补强结构
套接	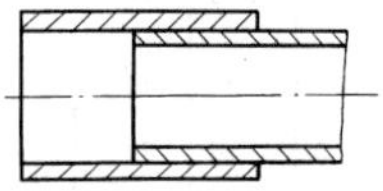	粘接面积大，受力情况好，粘接强度高，但胶层不易控制，两零件对中精度不高

表5.5-32　粘接接头改进结构

（1）对接结构的改进

简图	说明
斜接头 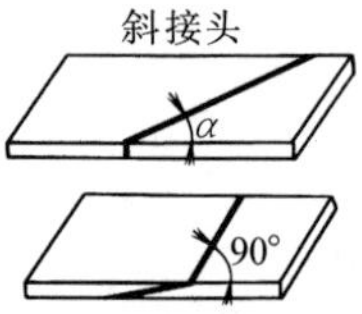 α 90°	将对接接头改为斜接头，不但可以增加粘接面积，而且接头受力由拉力或扯离力改变为主要受剪切力。为提高采用斜接头的效果，建议取 $\alpha \leqslant 45°$
互相嵌接 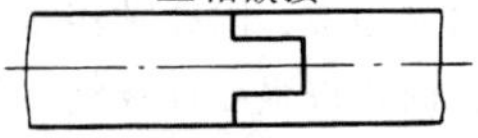 嵌入附加件 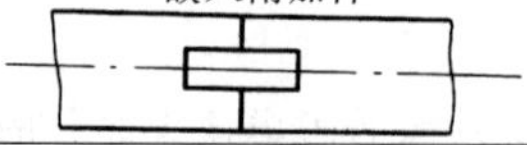	互相嵌入增大了粘接面积，并有帮助胶粘剂承受某些方向外载荷的作用，但形状较复杂，要求较高的加工精度并留有适当的间隙，适用于较厚的零件连接
单盖板 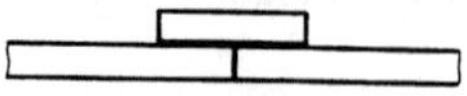 双盖板 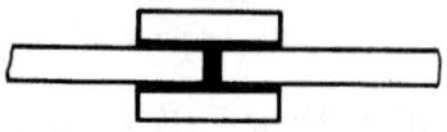	适用于较薄板状零件的连接。用盖板增大了粘接面积。双盖板受力合理，但零件表面有凸起的盖板。单盖板有附加力矩，但可得到一面平整的表面

（2）角接头结构的改进

简图	说明
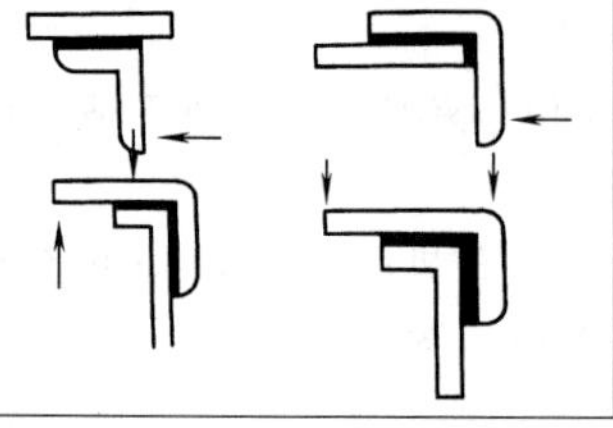	图中的几种结构都能增大粘接面积（与表5.5-31中的角接结构比较），但左边两种结构受力对粘接缝为不利的扯离力。而右图两种结构受力情况较为有利

（续）

(3)T 形接头结构的改进

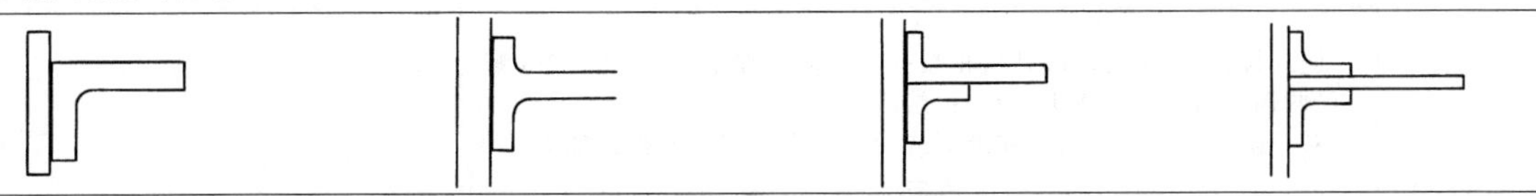

由左至右四种结构的强度依次增大，而结构的复杂程度依次增加

(4)圆棒接头的改进

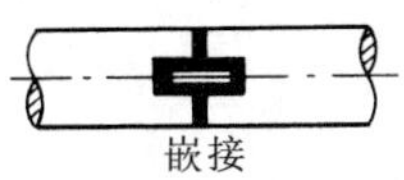
嵌接

台阶对接

外套接

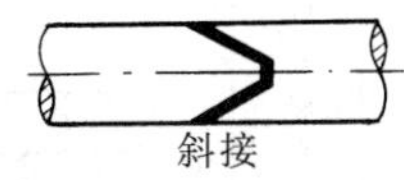
斜接

(5)圆管接头的改进

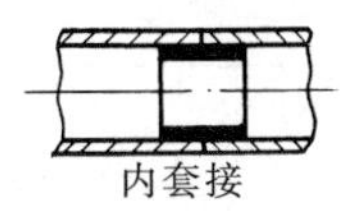
内套接

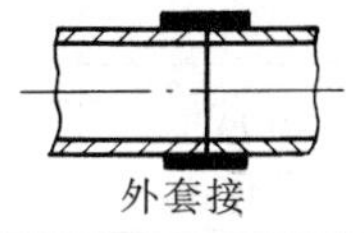
外套接

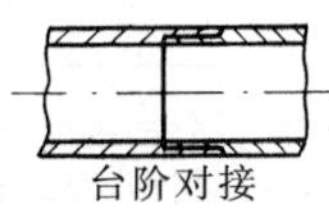
台阶对接

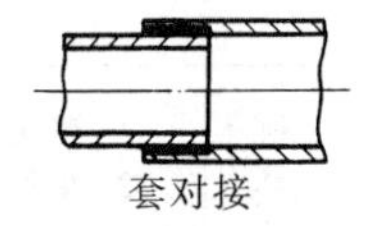
套对接

(6)圆棒、圆管与平面粘接接头的改进

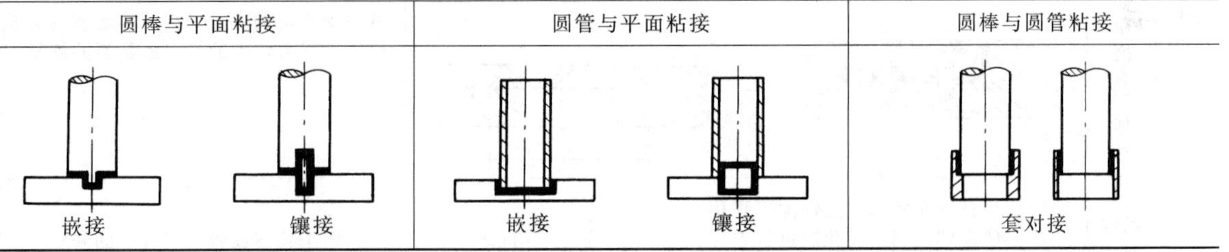

2.3.3　接头结构强化措施（见表 5.5-33）

表 5.5-33　接头结构的强化措施

分类		结构简图及工艺特点	适用范围
机械加工	嵌入波浪键	1)先在损坏的工件上确定裂纹纹路，分析断裂原因，做出粘接修复方案 2)波浪键凸缘的选用数目，一般为 5、7、9 等单数 3)在待修复的工件裂纹垂直方向上加工波形槽。波形键与波形槽之间的配合，最大允许间隙为 0.1～0.2mm。波形槽深度一般为工件壁厚的 0.7～0.8 倍。波形槽的间距通常控制在 30mm 左右 4)用压缩空气吹净波形槽内的金属屑 5)用小型铆钉枪铆击波浪键，将其嵌入波形槽。铆击前，先将胶涂在槽内及波浪键的粘接部位 6)固化 $L=2.2b$　$d=(1.1\sim1.6)b$　$b=3\sim6$　$t=(1\sim1.2)b$	适用于粘接修复壁厚为 8～40mm、承受 6MPa 压力的铸件的断裂处的修复

（续）

分类		结构简图及工艺特点	适用范围
机械加工	嵌入销钉、螺栓、金属套	嵌入螺栓，在裂纹两端钻出止裂孔，攻螺纹，带胶装入 M5～M8 螺钉，两螺钉间相互重叠 1/4 左右，然后铆平 对于折断工件对接后可在外周或内孔镀上金属套而得到加固 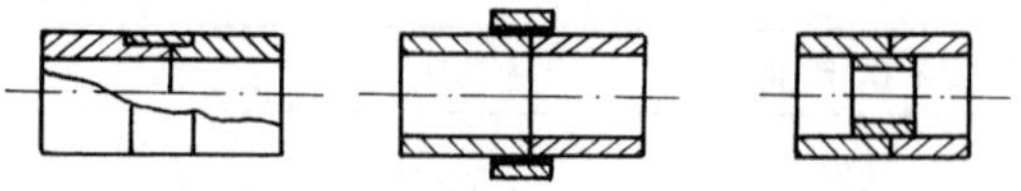 对接嵌外套　对接加外套　对接镶内套 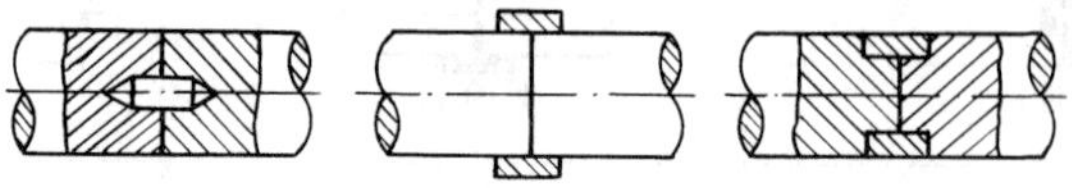 对接嵌销轴　对接加外套　对接嵌外套	适用于管、轴的修复
	镶块与嵌入燕尾槽点焊加固	1）镶块的方法，带胶装入镶块，再以点焊或螺钉固定（左图） 2）在裂缝或断裂处嵌入燕尾槽，效果相当好，但加工复杂 $t=(1/3\sim2/5)T$，$b=3T$，T 为工件壁厚，t 为燕尾槽厚，b 为燕尾槽宽（右图） 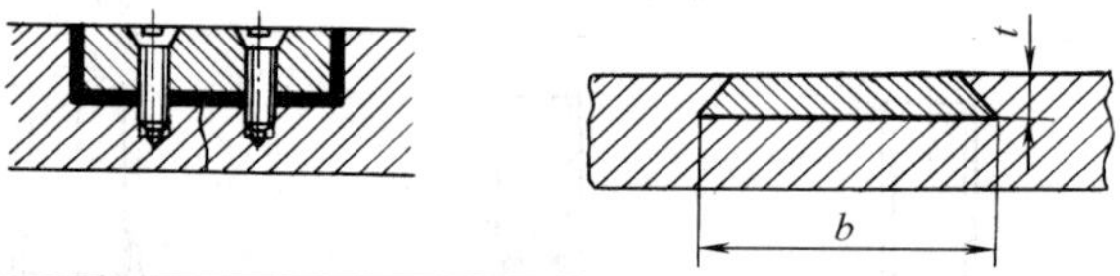 t　b	当损坏部位较大，又要求外观平整时，可采用镶块的方法，嵌入燕尾槽的方法适用于受力较大的裂缝或断裂的修复
	点焊加固	1）镶块补洞在四周用点焊加固强化 2）一般在胶粘剂初固化后进行点焊，点焊距离为 30～50mm 3）焊后清理角涂胶覆盖	适用于补洞或较长裂缝处的修复
	钢板加固	在损坏处贴上一块钢板，钢板厚可为 2～5mm，材料为 10～30 钢，尺寸要比损坏部位大 30～50mm，钢板要经过适当的表面处理，涂上胶粘剂，贴合后再用螺钉或电焊加固	用于受力较大的断裂部位或孔洞
	构织铁丝网	对于孔洞的粘接修复，可在断面处钻排孔，孔间距为 20～25mm，孔径 2～4mm，孔深 7～12mm，在纵横方向插入相应直径的细铁丝构织成网状，并涂敷胶粘剂，贴上玻璃布再用胶粘剂填平	适用较大孔洞的粘接修复
粘贴玻璃布		在经过处理的被粘表面涂贴上几层玻璃纤维布，能够增加粘接面积，提高结合力，保证胶层厚度，提高粘接强度，是值得采用的好方法 粘贴玻璃布的层数一般为 1～3 层。玻璃布的厚度为 0.05～0.15mm，玻璃布的外层应比内层大，但不应超过粘接面积的 1.5 倍。玻璃布应选用无碱、无蜡类型，且经过一定的处理	适用于裂缝和小孔的修复，且粘接面间空隙较大的场合
防止剥离		为防止从胶层边缘开始产生剥离，采用端部加宽、削薄、斜面、卷边等方法 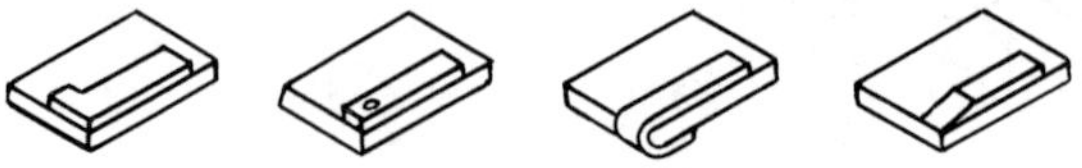 加宽　加铆　卷边　削薄	用于被粘物中有一种是软质材质的粘接
防止分层		如果平面搭接，使表层受到切应力，会造成材料内部分层破坏，为得到牢固的粘接，应采用斜接接头，让其纵向受力，避免层间剥离	适用于胶合板、纤维板、玻璃钢、石棉板等层压材料

（续）

分　类	结构简图及工艺特点	适用范围
改变接头的几何形状	1）搭接接头末端削成斜角形 2）将接头末端的材料去掉一部分，降低刚性 3）使接头末端弯曲 4）接头末端内部削成斜角 1) 3) 2) 4)	适用于需要较高粘接强度的平面搭接
消除内应力	1）采用需膨胀粘接技术 2）降低固化反应活性 3）在胶粘剂中加入活性增韧剂 4）加入无机粉末填料 5）固化后缓慢冷却 6）后固化	适用于内应力大的粘接修复场合
表面进行化学热处理	金属的结构粘接，经过化学处理后的粘接强度有极大的提高 化学处理就是金属表面脱脂之后，在一定条件下与酸碱溶液接触，通过化学反应在金属表面上生成一层难溶于水的非金属膜，大大改善胶粘剂与表面结合力，从而极大地提高粘接强度	适用于对性能要求较高的粘接修复
偶联剂处理	用偶联剂对被粘接表面处理，是强化粘接的一种有效方法，操作方便，用量少，效果好 偶联剂为1%～2%的非水溶液或水溶液，涂敷后要在室温下晾干，再于80～100℃烘干半小时	适用于对性能要求较高的粘接修复
加热固化	加热固化有利于分子进一步扩散渗透、缠结，使化学反应更加完全，提高固化程度和交联程度，减少蠕变，其强度可提高50%～100%	获得较高的粘接强度
缠绕纤维增强	在粘接接头处带胶缠绕纤维，常用的是玻璃纤维，固化后为玻璃钢结构，强化效果非常好	适用于管或棒等圆形粘接接头

3 铆接

3.1 铆缝的设计

3.1.1 确定钢结构铆缝的结构参数

（1）钉杆直径

一般情况下，按结构尺寸和强度计算确定钉杆直径，按国家标准选择标准铆钉（见表5.5-42～表5.5-46）。当制定或修订国家标准“铆钉”（不含抽芯钉）产品标准时，应按表5.5-34选用铆钉杆直径。这些杆径也用于非标准产品。

（2）钉孔直径 d_0（见表5.5-35）

为使铆合时铆钉容易穿过钉孔，应使铆钉孔直径 d_0 大于铆钉杆公称直径 d。

（3）铆钉间的距离

根据连接各部分强度近似相等的条件确定铆钉间的距离。见表5.5-36。

（4）铆钉长度的计算（见表5.5-37）

表5.5-34 铆钉公称杆径（GB/T 18194—2000） （mm）

基本系列	1	1.2	1.6	2	2.5	3	4	5	6	8	10	12	16	20	24	30	36
第二系列		1.4				3.5			7			14	18	20	27	33	

表5.5-35 铆钉用通孔直径 d_0（GB/T 152.1—1988） （mm）

	d	0.6	0.7	0.8	1	1.2	1.4	1.6	2	2.5	3	3.5	4	5
	d_0 精装配	0.7	0.8	0.9	1.1	1.3	1.5	1.7	2.1	2.6	3.1	3.6	4.1	5.2
	d	6	8	10	12	14	16	18	20	22	24	27	30	36
d_0	精装配	6.2	8.2	10.3	12.4	14.5	16.5	—	—	—	—	—	—	—
d_0	粗装配	—	—	11	13	15	17	19	21.5	23.5	25.5	28.5	32	38

注：1. 钉孔尽量采用钻孔，尤其是受变载荷的铆缝。也可以先冲（留3～5mm余量）后钻，既经济又能保证孔的质量。冲孔的孔壁有冲剪的痕迹及硬化裂纹，故只用于不重要的铆接中。
2. 铆钉直径 d 小于8mm时一般只进行精装配。

表 5.5-36 铆钉间的距离

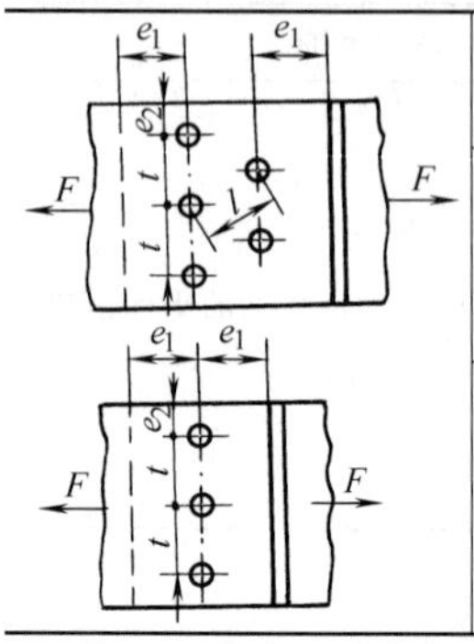

名称	位置与方向		最大允许距离（取两者之小值）	最小允许距离	
间距 t	外 排		$8d_0$ 或 12δ	钉并列	$3d_0$
	中间排	构件受压	$12d_0$ 或 18δ	钉错列	
		构件受拉	$16d_0$ 或 24δ		
边距	平行于载荷的方向 e_1		$4d_0$ 或 8δ	$2d_0$	
	垂直于载荷的方向 e_2	切割边		$1.5d_0$	
		轧制边		$1.2d_0$	

注：1. 表中 d_0 为铆钉孔的直径，δ 为较薄板件的厚度。

2. 钢板边缘与刚性构件（如角钢、槽钢等）相连的铆钉的最大间距，可按中间排确定。

3. 有色金属或异种材料（如石棉制动带与铸铁制动瓦）铆缝的结构参数推荐：铆钉直径 $d=1.5\delta+2\text{mm}$；间距 $t=(2.5\sim3)d$，边距 $e_1\geqslant d$，$e_2\geqslant(1.8\sim2)d$。

表 5.5-37 铆钉长度推荐计算式

种 类	推荐计算式	说 明
钢制半圆头铆钉	$l=1.1\Sigma\delta+1.4d$	l—铆钉未铆合前钉材长度 $\Sigma\delta$—被连接件的总厚度。为使铆钉胀满，铆钉孔一般取 $\Sigma\delta\leqslant5d$ d—铆钉直径
有色金属半圆头铆钉	$l=\Sigma\delta+1.4d$	

3.1.2 受拉（压）构件的铆接（见表 5.5-38）

表 5.5-38 受拉（压）构件的铆缝计算

计算内容	计算公式	公式中符号说明
被铆件的横剖面面积 A/mm	受拉构件 A① $=\dfrac{F}{\psi[\sigma]}$ 受压构件 A① $=\dfrac{F}{\zeta[\sigma]}$	F— 作用于构件上的拉（压）外载荷(N) ψ— 铆缝的强度系数，$\psi=\dfrac{t-a}{t}$，初算时可取 $\psi=0.6\sim0.8$ $[\sigma]$— 被铆件的许用拉（压）应力(MPa)，见表 5.5-41 ζ— 压杆纵弯曲系数 δ— 被铆件中较薄板的厚度。对于双盖板，两盖板厚度之和为一个被铆件(mm) m— 每个铆钉的抗剪面数量 d_0— 铆钉孔直径(mm)，见表 5.5-36 $[\tau]$— 铆钉许用切应力(MPa)，见表 5.5-41 $[\sigma]_p$—被铆件的许用挤压应力(MPa)，见表 5.5-41
铆钉直径 d/mm	当 $\delta\geqslant5\text{mm}$ 时，$d\approx2\delta$ 当 $\delta=6\sim20\text{mm}$ 时，$d\approx(1.1\sim1.6)\delta$ 被连接件的厚度较大时，δ 前面的系数取较小值	
铆钉数量 Z	铆钉抗剪强度 Z② $=\dfrac{4F}{m\pi d_0^2[\tau]}$ 被铆件抗压强度 Z② $=\dfrac{F}{d_0\delta[\sigma]_p}$	

① 按计算面积 A，确定被铆件厚度 δ 或构件尺寸选定后再定 δ 值。

② 铆钉数量 Z，取两式中计算得到的大值，但不少于两个。

系数 ζ

λ	10	20	30	40	50	60	70	80	90	100	110	120	140	160	180	200
ζ	0.99	0.96	0.94	0.92	0.89	0.86	0.81	0.75	0.69	0.6	0.52	0.45	0.36	0.29	0.23	0.19
说明	表中：柔度 $\lambda=\dfrac{\mu l}{i_{\min}}$；$\mu$—柱端系数；$l$—构件的计算长度(m)；$i_{\min}$—被铆件截面最小惯量半径(mm)															

3.1.3 铆钉连接计算

铆缝应首先确定铆钉的排列形式和结构尺寸。求出受力最大的铆钉的载荷（见表 5.5-39），然后校核连接的强度。

分析铆缝的受力时，若构件受一纯力矩或是通过铆钉组形心外一点的外载荷，则认为各铆钉所受的外力与被铆件可能的相对位移成正比，因此，距铆钉组形心距离最大 $l_{\max}$ 的铆钉受力最大。若载荷通过铆钉组形心，可认为各铆钉所受的外力均等。

根据铆钉所受的 $F_{\max}$，分别校核铆钉的抗剪强度和被铆件的抗压强度。

$$\tau=\frac{4F_{max}}{\pi d_0^2 m}\leqslant[\tau]$$

$$\sigma_p=\frac{F_{max}}{d_0\delta}\leqslant[\sigma]_p$$

3.1.4　铆钉材料和连接的许用应力

铆钉必须用高塑性材料制造，常用的铆钉材料及其应用见表 5.5-40，钢结构连接的许用应力见表 5.5-41。

表 5.5-39　受力矩铆缝的铆钉最大载荷的计算

受力简图	铆钉的最大载荷	受力简图	铆钉的最大载荷
$l_1=l_{max}$ l_2 M	$F_{max}=\frac{Ml_{max}}{l_1^2+l_2^2+\cdots+l_i^2}$	$l_1=l_{max}$ L Q R_{max} l_2 $\frac{Q}{z}$ F_{max} l_3	$F_{max}=R_{max}+\frac{Q}{z}$ $R_{max}=\frac{ml_{max}}{l_1^2+l_2^2+\cdots+l_z^2}$ $M=QL$

表 5.5-40　铆钉材料及其应用

铆钉材料		应用
钢和合金钢	Q215A、Q235A、ML2、ML3	一般钢结构
	10、15、ML10、ML15	受力较大的钢结构
	ML20MnA	受力很大的钢结构
	06Cr18Ni10Ti	不锈钢、钛合金等耐热耐蚀结构
铜及其合金	T3、H62、HPb59—1	导电结构
	H62 防磁	有防磁要求的结构
铝及其合金	1050A(L3)、1035(L4)	非金属结构、标牌
	2A01(LY1)	受力较小或薄壁构件
	2A10(LY10)	一般结构件
	5B05(LF10)	镁合金结构件
	3A21(LF21)	铝合金及非金属结构

表 5.5-41　钢结构连接的许用应力　　(MPa)

	材料		Q215A	Q235A	16Mn
被铆件	$[\sigma]$		140~155	155~170	215~240
	$[\sigma]_p$	钻孔	280~310	310~340	430~480
		冲孔	240~265	265~290	365~410
铆钉	材料		10、15、ML10、ML15	1Cr18Ni9Ti	
	$[\tau]$	钻孔	145	230	
		冲孔	115		
	$[\sigma]_p$		240~320		

注：1. 被铆件之一厚度大于 16mm 时，许用应力取小值。
2. 受变载荷时，表中数值应减小 10%~20%。

3.2　铆接结构设计中应注意的几个问题

1）铆接结构应具有良好的开敞性，以方便操作。进行结构设计时，应尽量为机械化铆接创造条件。

2）强度高的零件不应夹在强度低的零件之间，厚的、刚性大的零件布置在外侧，铆钉镦头尽可能安排在材料强度大或厚度大的零件一侧；为减少铆件变形，铆钉镦头可以交替安排在被铆接件的两面。

3）铆接厚度一般规定不大于 5d（d 为铆钉直径）；被铆接件的零件不应多于 4 层。在同一结构上铆钉种类不宜太多，一般不要超过两种。在传力铆接中，排在力作用方向的铆钉数不宜超过 6 个，但不应少于 2 个。

4）冲孔铆接的承载能力比钻孔铆接的承载能力约小 20%。因此，冲孔的方法只可用于不受力或受力较小的构件。

5）铆钉材料强度高或被铆件材料较软时，或镦头可能损伤构件时，在铆钉镦头处应加适当材料的薄垫圈。

6）铆钉材料一般应与被铆件相同，以避免因线胀系数不同而影响铆接强度，或与腐蚀介质接触而产生电化腐蚀。

3.3　铆钉

铆钉有空心的和实心的两大类。实心的多用于受力大的金属零件的连接，空心的用于受力较小的薄板或非金属零件的连接。一般机械铆钉的主要类型、参数及其用途，见表 5.5-42~表 5.5-46。

表 5.5-42　一般机械铆钉的主要类型及其参数和用途　（mm）

标　准	简　图	d	10	12	14	16	18	20	22	24	27	30	36	用　途
GB 863.1—1986 半圆头铆钉（粗制）	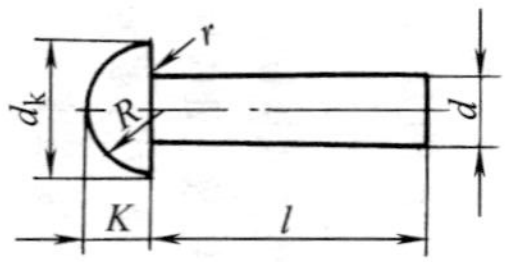	l		20~90	22~100	26~110	32~150	32~150	38~180	52~180	55~180	55~180	58~200	用于承受较大剪力的铆缝，如金属结构中桥梁、桁架等
		d_k		22	25	30	33.4	36.4	40.0	44.4	49.4	54.8	63.8	
		K		8.5	9.5	10.5	13.3	14.8	16.3	17.8	20.2	22.2	26.2	
		R		11	12.5	15.5	16.5	18	20	22	26	27	32	
		r			0.5		0.5		0.8					
GB/T 863.2—1986 小半圆头铆钉（粗制）		l	12~15	16~60	20~70	25~80	28~90	30~200	35~200	38~200	40~200	42~200	48~200	
		d_k	16	19	22	25	28	32	36	40	43	48	58	
		$K\approx$	7.4	8.4	9.9	10.9	12.6	14.1	15.1	17.1	18.1	20.3	24.3	
		$R\approx$	8	9.5	11	13	14.5	16.5	18.5	20.5	22	24.5	30	
		r	0.5	0.6	0.6	0.8	0.8	1	1	1.2	1.2	1.6	2	
GB/T 864—1986 平锥头铆钉（粗制）	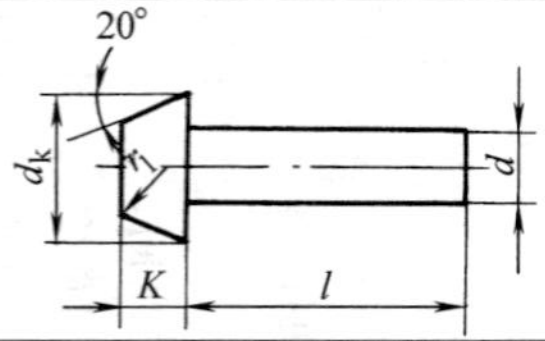	l		20~100	20~110	24~110	30~150	30~150	38~180	50~180	58~180	65~180	70~200	用于承受较大剪力
		d_k		21	25	29	32.4	35.4	39.9	41.4	46.4	51.4	61.8	
		K		10.5	12.8	14.8	16.8	17.8	20.2	22.7	24.7	28.2	34.6	
		r_1		2	2	2	2	3	3	3	3	3	3	
GB 865—1986 沉头铆钉（粗制）	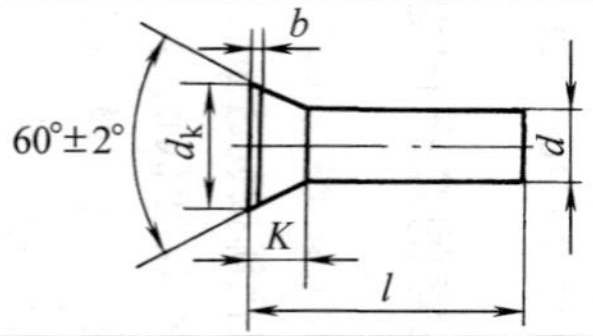	l		20~75	20~100	24~100	28~150	30~150	38~180	50~180	55~180	60~200	65~200	用于表面要求平滑但受力不大的结构
		d_k		19.6	22.5	25.7	29	33.4	37.4	40.4	44.4	51.4	59.3	
		$K\approx$		6	7	8	9	11	12	13	14	17	19	
		b		0.6	0.6	0.6	0.6	0.6	0.6	0.8	0.8	0.8	0.8	
GB 866—1986 半沉头铆钉（粗制）	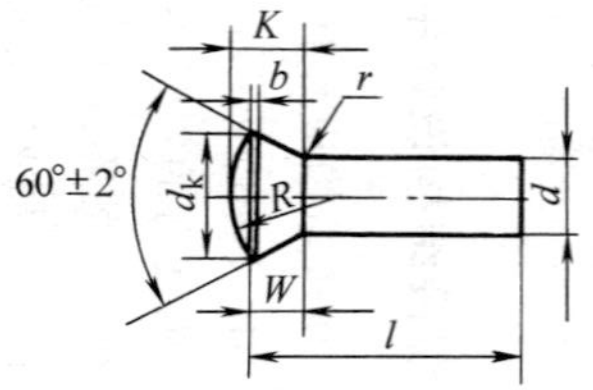	l		20~75	20~100	24~100	28~150	30~150	38~180	50~180	55~180	60~200	65~200	用于表面要求光滑但受力不大的结构
		d_k		19.6	22.5	25.7	29	33.4	37.4	40.4	44.4	51.4	59.3	
		$K\approx$		8.8	10.4	11.4	12.8	15.3	16.8	18.8	19.5	23	26	
		$R\approx$		17.5	19.5	24.7	27.7	32	36	38.5	44.5	55	63.6	
		W		6	7	8	9	11	12	13	14	17	19	
		b		0.6	0.6	0.6	0.6	0.6	0.8	0.8	0.8	0.8	0.8	
		r		0.5	0.5	0.5	0.5	0.5	0.5	0.8	0.8	0.8	0.8	

（续）

标准	简图	d	1	1.2	1.4	1.6	2	2.5	3	3.5	4	5	6	8	10	12	14	16	用途
GB 867—1986 半圆头铆钉		l	2~8	2.5~8	3~12	3~12	3~16	5~20	5~26	7~26	7~50	7~55	8~60	16~65	16~85	20~90	22~100	26~110	用于承受较大剪力的铆缝，如金属结构中桥梁、桁架等
		d_k	2	2.3	2.7	3.2	3.74	4.84	5.54	6.59	7.39	9.09	11.35	14.35	17.35	21.42	21.42	29.12	
		K	0.7	0.8	0.9	1.2	1.4	1.8	2.2	2.3	2.6	3.2	3.84	5.04	6.24	8.29	9.0	10.29	
		$R\approx$	1	1.2	1.4	1.6	1.9	2.5	2.9	3.4	3.8	4.7	6	8	9	11	12.5	15.5	
		r	0.1	0.1	0.1	0.1	0.1	0.1	0.1	0.3	0.3	0.3	0.3	0.3	0.3	0.4	0.4	0.4	
GB/T 868—1986 平锥头铆钉		l					3~16	4~20	6~24	6~28	8~32	10~40	12~10	16~60	16~60	18~110	18~110	24~110	
		d_k					3.84	4.74	5.64	6.59	7.49	9.29	11.15	14.75	18.35	20.12	24.42	28.42	
		K					1.2	1.5	1.7	2	2.2	2.7	3.2	4.24	5.24	6.24	7.29	8.29	
		r_1					0.7	0.7	0.7	1	1	1	1	1	1	1.5	1.5	1.5	
GB/T 109—1986 平头铆钉		l					4~8	5~10	6~14	6~18	8~22	10~26	12~30	16~30	20~30				用于金属薄板或皮革、帆布、木材、塑料
		d_k					4.24	5.24	6.24	7.29	8.29	10.29	12.35	16.35	20.42				
		K					1.2	1.4	1.6	1.8	2	2.2	2.6	3	3.44				
		r					0.1	0.1	0.1	0.3	0.3	0.3	0.3	0.5	0.5				
GB/T 872—1986 扁平头铆钉		l		1.5~6	2~7	2~8	2~13	3~15	3.5~30	5~36	5~40	6~50	7~50	9~50	10~50				
		d_k		2.4	2.7	3.2	3.74	4.74	5.74	6.79	7.79	9.79	11.85	15.85	19.42				
		K		0.58	0.58	0.58	0.63	0.68	0.88	0.88	1.13	1.13	1.33	1.33	1.63				
		r		0.1	0.1	0.1	0.1	0.1	0.1	0.3	0.3	0.3	0.3	0.3	0.3				
GB/T 869—1986 沉头铆钉	GB/T 869：$d\leqslant 10$mm，α 为 90°。$d>10$mm，α 为 60°。GB 954：α 为 120°。	l	2~8	2.5~8	3~12	3~12	3.5~16	5~18	5~22	6~24	6~30	6~50	6~50	12~60	16~75	18~75	20~100	24~100	表面须平滑，受载不大的铆缝
		d_k	2.03	0.23	2.83	3.03	4.05	4.75	5.35	6.28	7.18	8.98	10.62	14.22	17.82	18.86	21.76	24.96	
		K	0.5	0.5	0.7	0.7	1	1.1	1.2	1.4	1.6	2	2.4	3.2	4	6	7	8	
GB 954—1986 120°沉头铆钉		l		1.5~6	2.5~8	2.5~10	3~10	4~15	5~20	6~36	6~42	7~50	8~50	10~50					
		d_k		2.83	3.45	3.96	4.75	5.35	6.28	7.08	7.98	9.68	11.72	15.32					
		K		0.5	0.6	0.7	0.8	0.9	1	1.1	1.2	1.4	1.7	2.3					

（续）

标准	简图	d	1	1.2	1.4	1.6	2	2.5	3	3.5	4	5	6	8	10	12	14	16	用途
GB/T 871—1986 扁圆头铆钉		l		1.5~6	2~8	2~8	2~18	3~16	3.5~30	5~36	5~40	6~50	7~50	9~50	10~50				用于受力不大的结构
		d_k		2.6	3	3.44	4.24	5.24	6.24	7.29	8.29	10.29	12.35	16.35	20.42				
		K		0.6	0.7	0.8	0.9	0.9	1.2	1.4	1.5	1.9	2.4	3.2	4.24				
		$R\approx$		1.7	1.9	2.2	2.9	4.3	5	5.7	6.8	8.7	9.3	12.2	14.5				
GB 1011—1986 大扁圆头铆钉		l					3.5~16	3.5~20	3.5~24	6~28	6~32	8~40	10~40	14~50					
		d_k					5.04	6.49	7.49	8.79	9.89	12.45	14.85	19.92					
		K					1	1.4	1.6	1.9	2.1	2.6	3	4.14					
		$R\approx$					3.6	4.7	5.4	6.3	7.3	9.1	10.9	14.5					
GB/T 870—1986 半沉头铆钉		l	2~8	2.5~8	3~12	3~12	3.5~16	5~18	5~22	6~24	6~30	6~50	6~50	12~60	16~75	18~75	20~100	24~100	用于表面要求光滑但受力不大的结构
		d_k	2.03	2.23	2.83	3.03	4.05	4.75	5.35	6.28	7.18	8.98	10.62	14.22	17.82	18.86	21.76	24.96	
		K	0.8	0.85	1.1	1.15	1.55	1.8	2.05	2.4	2.7	3.4	4	5.2	6.6	8.8	10.4	11.4	
		$R\approx$	1.8	1.8	2.5	2.6	3.8	4.2	4.5	5.3	6.3	7.6	9.5	13.6	17	17.5	19.5	24.7	
GB 1012—1986 120°半沉头铆钉	GB/T 870：$d\leqslant 10$mm，α 为 90°；$d>10$mm，α 为 60°。GB 1012：α 为 120°。	l							5~24	6~28	6~32	8~40	10~40						
		d_k							6.28	7.08	7.98	9.68	11.72						
		K							1.8	1.9	2	2.2	2.5						
		$R\approx$							6.5	7.5	11	15.7	19						
GB 1013—1986 平锥头半空心铆钉		l			3~8	10~8	4~14	5~16	6~18	8~20	8~24	10~40	12~40	14~50	18~50				用于内部非金属材料结构
		d_k			2.7	3.2	3.84	4.74	5.64	6.59	7.49	9.29	11.15	14.75	18.35				
		K			0.9	0.9	1.2	1.5	1.7	2	2.2	2.7	3.2	4.24	5.24				
		r_1			0.7	0.7	0.7	0.7	0.7	1	1	1	1	1	1				
		d_t			0.77	0.87	1.12	1.62	2.12	2.32	2.62	3.66	4.66	6.16	7.7				
		t			1.64	1.84	2.24	2.74	3.24	3.79	4.29	5.29	6.29	8.35	10.35				
		r			0.1	0.1	0.1	0.1	0.1	0.3	0.3	0.3	0.3	0.3	0.3				
GB/T 875—1986 扁平头半空心铆钉		l		1.5~6	2~7	2~8	2~13	3~15	3.5~30	5~36	5~40	6~50	7~50	9~50	10~50				
		d_k		2.4	2.7	3.2	3.74	4.74	5.74	6.79	7.79	9.79	11.85	15.85	19.42				
		K		0.58	0.58	0.58	0.68	0.68	0.88	0.88	1.13	1.13	1.33	1.33	1.63				
		d_t		0.66	0.77	0.87	0.12	1.62	2.12	2.32	2.62	3.66	4.66	6.16	7.7				
		t		1.44	1.64	1.84	2.21	2.74	3.24	3.79	4.29	5.29	6.29	8.35	10.35				
		r		0.1	0.1	0.1	0.1	0.1	0.1	0.3	0.3	0.3	0.3	0.3	0.3				

（续）

标　准	简　图	d	1	1.2	1.4	1.6	2	2.5	3	3.5	4	5	6	8	10	用　途
GB 1014—1986 大扁圆头半空心铆钉		l					4~14	5~16	6~18	8~20	8~24	10~40	12~40	14~40		铆接方便，用于受力不大的结构
		d_k					5.04	6.49	7.49	8.79	9.89	12.45	14.85	19.92		
		K					1	1.4	1.6	1.9	2.1	2.6	3	4.14		
		R					3.6	4.7	5.4	6.3	7.3	9.1	10.9	14.5		
		d_t					1.12	1.62	2.12	2.32	2.62	3.66	4.66	6.16		
		t					2.24	2.74	3.24	3.79	4.29	5.29	6.29	8.35		
		r					0.1	0.1	0.1	0.3	0.3	0.3	0.3	0.3		
GB/T 873—1986 扁圆头半空心铆钉		l		1.5~6	2~8	2~8	2~13	3~16	3.5~30	5~36	5~40	6~50	7~50	9~50	10~50	
		d_k		2.6	3	3.44	4.24	5.24	6.24	7.29	8.29	10.29	12.35	16.35	20.42	
		K		0.6	0.7	0.8	0.9	0.9	1.2	1.4	1.5	1.9	2.4	3.2	4.24	
		R		1.7	1.9	2.2	2.9	4.3	5	5.7	6.8	8.7	9.3	12.2	14.5	
		d_t		0.66	0.77	0.87	1.12	1.62	2.12	2.32	2.62	3.66	4.66	6.16	7.7	
		t		1.44	1.64	1.84	2.24	2.74	3.24	3.79	4.29	5.29	6.29	8.35	10.35	
		r		0.1	0.1	0.1	0.1	0.1	0.1	0.3	0.3	0.3	0.3	0.3	0.3	
GB 876—1986 空心铆钉		l			1.5~5	2~5	2~6	2~8	2~10	2.5~10	3~12	3~15	3~15			用于受力不大的和非金属的结构
		d_k			2.6	2.8	3.5	4	5	5.5	6	8	10			
		K			0.5	0.5	0.6	0.6	0.7	0.7	0.82	1.12	1.12			
		r			0.15	0.2	0.25	0.25	0.25	0.3	0.3	0.5	0.7			
		d_t			0.8	0.9	1.2	1.7	2	2.5	2.9	4	5			
		δ			0.2	0.22	0.25	0.25	0.3	0.3	0.35	0.35	0.35			
GB 827—1986 标牌铆钉		l				3~6	3~8	3~10	4~12	6~18	8~12					用于铆标牌 d_2—推荐孔直径(max)
		d_k				3.2	3.74	4.84	5.54	7.39	9.09					
		K				1.2	1.4	1.8	2	2.6	3.2					
		R				1.6	1.9	2.5	2.9	3.8	4.7					
		d_1				1.75	2.15	2.65	3.15	4.15	5.15					
	$d \leqslant 3mm, l_1 = 1mm$	P				0.72	0.7	0.72	0.72	0.84	0.92					
	$d > 3mm, l_1 = 1.5mm$	d_2				1.56	1.96	2.46	2.96	3.96	4.96					

表 5.5-43 120°沉头半空心铆钉（摘自 GB/T 874—1986） （mm）

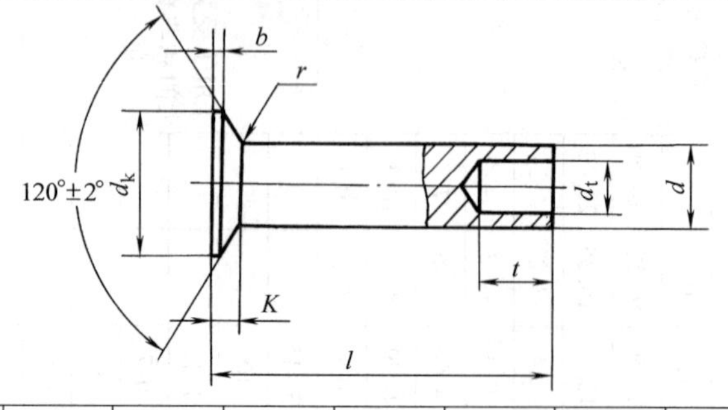

d		公称	(1.2)	1.4	(1.6)	2	2.5	3	(3.5)	4	5	6	8
		max	1.26	1.46	1.66	2.06	2.56	3.06	3.58	4.08	5.08	6.08	8.1
		min	1.14	1.34	1.54	1.94	2.44	2.94	3.42	3.92	4.92	5.92	7.9
d_k		max	2.83	3.45	3.95	4.75	5.35	6.28	7.08	7.98	9.68	11.72	15.82
		min	2.57	3.15	3.65	4.45	5.05	5.92	6.72	7.62	9.32	11.28	15.38
d_t	黑色	max	0.66	0.77	0.87	1.12	1.62	2.12	2.32	2.62	3.66	4.66	6.16
		min	0.56	0.65	0.75	0.94	1.44	1.94	2.14	2.44	3.42	4.42	5.92
	有色	max	0.66	0.77	0.87	1.12	1.62	2.12	2.32	2.52	3.46	4.16	4.66
		min	0.56	0.65	0.75	0.94	1.44	1.94	2.14	2.34	3.22	3.92	4.42
t		max	1.44	1.64	1.84	2.24	2.74	3.24	3.79	4.29	5.29	6.29	8.35
		min	0.96	1.16	1.36	1.76	2.26	2.76	3.21	3.71	4.71	5.71	7.65
r		max	0.1	0.1	0.1	0.1	0.1	0.1	0.3	0.3	0.3	0.3	0.3
b		max	0.2	0.2	0.2	0.2	0.2	0.2	0.4	0.4	0.4	0.4	0.4
K		≈	0.5	0.6	0.7	0.8	0.9	1	1.1	1.2	1.4	1.7	2.3
l		公称	1.5~6	2.5~8	2.5~10	3~10	4~14	5~20	6~36	6~42	7~50	8~50	10~50

注：1. 尽可能不采用括号内的规格。

2. d_t 栏内“黑色”适用于由钢材制成的铆钉，“有色”适用于由铝或铜材制成的铆钉。

3. l 长度尺寸系列（单位为 mm）：1.5，2，2.5，3，3.5，4~20 取整数，22~50 取双数。

表 5.5-44 管状铆钉（摘自 JB/T 10582—2006） （mm）

d		0.7	1	(1.2)	1.5	1.8	2	2.5	3	4	5	6	8	10	12	(14)	16	20
d_k	max	2	2.4	2.6	2.9	3.2	3.44	4.24	4.74	5.74	7.29	8.79	11.85	14.35	16.35	18.35	20.42	26.42
	min	1.6	2	2.2	2.5	2.8	2.96	3.76	4.26	5.26	6.71	8.21	11.15	13.65	15.65	17.65	19.58	25.58
K	max	0.28	0.38	0.38	0.5	0.5	0.6	0.6	0.92	0.92	1.12	1.12	1.65	1.65	1.65	2.15	2.15	2.65
	min	0.12	0.22	0.22	0.3	0.3	0.4	0.4	0.68	0.68	0.88	0.88	1.35	1.35	1.35	1.85	1.85	2.35
δ		0.15	0.15	0.15	0.2	0.2	0.25	0.25	0.5	0.5	0.5	0.5	1	1	1	1.5	1.5	1.5
留铆余量（推荐）		0.4	0.5	0.5	0.6	0.6	0.8	0.8	1.5	1.5	2.5	2.5	3.5	3.5	4	4	4.5	5
l(公称)尺寸		1~7	1~10	1.5~12	1.5~15	2~16	3~16	4~20	5~24	6~28	8~35	10~40	14~40	18~40	20~40	22~40	24~40	26~40

注：1. 尽可能不采用括号内的规格。

2. 长度 l 尺寸系列（单位为 mm）：1，1.5，2，2.5，3，3.5，4~40 取整数。

表 5.5-45　沉头半空心铆钉（摘自 GB 1015—1986）　　（mm）

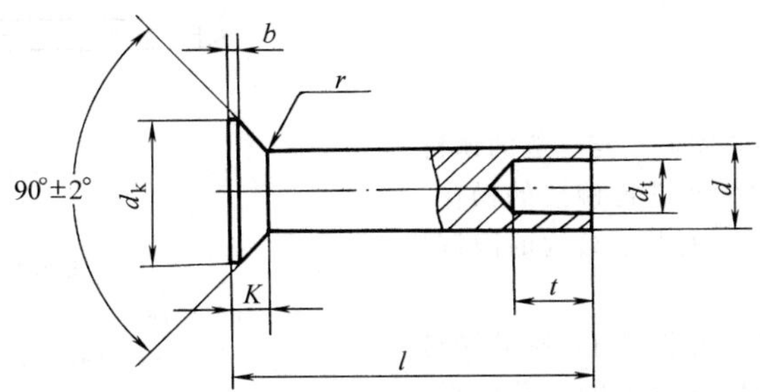

			1.4	(1.6)	2	2.5	3	(3.5)	4	5	6	8	10
d		公称	1.4	(1.6)	2	2.5	3	(3.5)	4	5	6	8	10
		max	1.46	1.66	2.06	2.56	3.06	3.58	4.08	5.08	6.08	8.1	10.1
		min	1.34	1.54	1.94	2.44	2.94	3.42	3.92	4.92	5.92	7.9	9.9
d_k		max	2.83	3.03	4.05	4.75	5.35	6.28	7.18	8.98	10.62	14.22	17.82
		min	2.57	2.77	3.75	4.45	5.05	5.92	6.82	8.62	10.18	13.78	17.38
d_t	黑色	max	0.77	0.87	1.12	1.62	2.12	2.32	2.62	3.66	4.66	6.16	7.7
		min	0.65	0.75	0.94	1.44	1.94	2.14	2.44	3.42	4.42	5.92	7.4
	有色	max	0.77	0.87	1.12	1.62	2.12	2.32	2.52	3.46	4.16	4.66	7.7
		min	0.65	0.75	0.94	1.44	1.94	2.14	2.34	3.22	3.92	4.42	7.4
t		max	1.64	1.84	2.24	2.74	3.24	3.79	4.29	5.29	6.29	8.35	10.35
		min	1.16	1.36	1.76	2.26	2.76	3.21	3.71	4.71	5.71	7.65	9.65
K		≈	0.7	0.7	1	1.1	1.2	1.4	1.6	2	2.4	3.2	4
r		max	0.1	0.1	0.1	0.1	0.1	0.3	0.3	0.3	0.3	0.3	0.3
b		max	0.2	0.2	0.2	0.2	0.2	0.4	0.4	0.4	0.4	0.4	0.4
l		公称	3~8	3~10	4~14	5~16	6~18	8~20	8~24	10~40	12~40	14~40	18~40

注：1. 尽可能不采用括号内的规格。

2. d_t 栏内“黑色”适用于由钢材制成的铆钉，“有色”适用于由铝或铜材制成的铆钉。

3. 长度尺寸系列（单位为 mm）：3，4，5，6，7，8~50 取双数。

表 5.5-46　无头铆钉（摘自 GB 1016—1986）　　（mm）

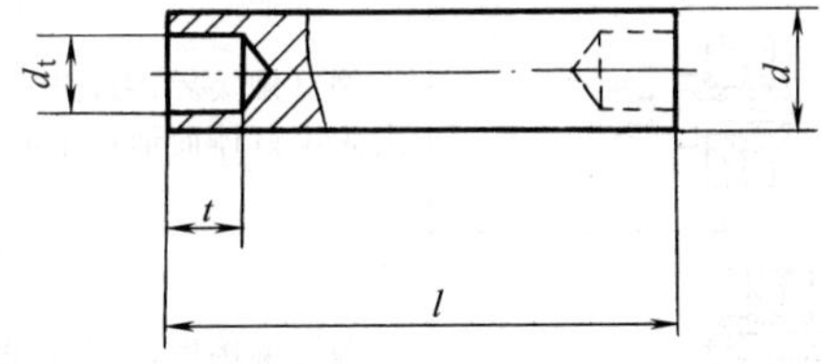

		1.4	2	2.5	3	4	5	6	8	10
d	公称	1.4	2	2.5	3	4	5	6	8	10
	max	1.4	2	2.5	3	4	5	6	8	10
	min	1.34	1.94	2.44	2.94	3.92	4.92	5.92	7.9	9.9
d_t	max	0.77	1.32	1.72	1.92	2.92	3.76	4.66	6.16	7.2
	min	0.65	1.14	1.54	1.74	2.74	3.52	4.42	5.92	6.9
t	max	1.74	1.74	2.24	2.74	3.24	4.29	5.29	6.29	7.35
	min	1.26	1.26	1.76	2.26	2.76	3.71	4.71	5.71	6.65
l	公称	6~14	6~20	8~30	8~38	10~50	14~60	16~60	18~60	22~60

注：长度 l 尺寸系列（单位为 mm）：6，8，10，12，14，16，18，20，22，24，26，28，30，32，35，38，40，42，45，48，50，52，55，58，60。

3.4 盲铆钉

3.4.1 概述

盲铆钉是用于单面铆接的紧固件，与一般的铆钉不同，它不需要从被连接件的两面进行铆接的操作，因此，可以用于某些被连接件一边由于结构的限制，必须进行单面操作的场合。

常用的盲铆钉有抽芯铆钉和击芯铆钉。抽芯铆钉如图5.5-8所示，铆钉插入被紧固件上的通孔以后，钉芯2受轴向拉力，钉芯的头部使钉体端6变形而形成盲铆头。图5.5-9示出铆成的结构。表5.5-47示出几种钉芯的结构。

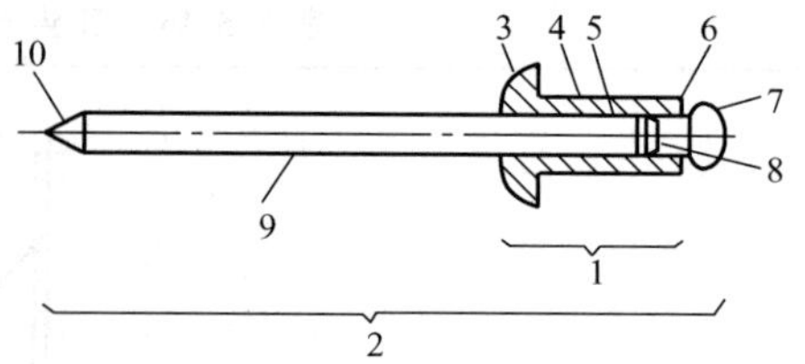

图5.5-8　抽芯铆钉
1—钉体　2—钉芯　3—钉体头　4—钉体杆
5—钉体孔　6—钉体端　7—钉芯头
8—断裂槽　9—钉芯杆　10—钉芯端

3.4.2 抽芯铆钉的力学性能等级与材料组合（见表5.5-48）

抽芯铆钉的力学性能等级由两位数字组成，表示不同的钉体与钉芯材料组合或力学性能。同一力学性能等级，不同的抽芯铆钉形式，其力学性能不同。

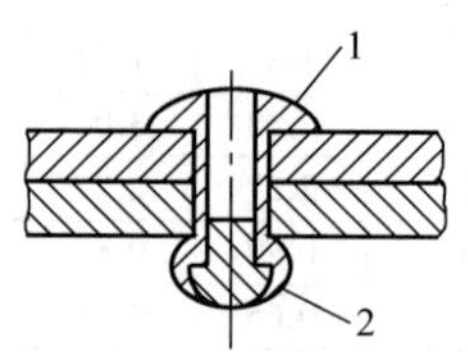

图5.5-9　盲铆钉装配后
1—突出　2—盲铆头

表5.5-47　几种钉芯的结构（摘自GB/T 3099.2—2004）

名　称	简　图	特　点
穿越式钉芯		铆钉铆接后，钉芯完全通过钉体孔，形成空心铆钉
断裂式钉芯		铆钉铆接后，钉芯断在芯头与芯杆交接处或其附近，钉芯头和一小部分芯杆留在钉体中
脱出式钉芯		铆钉铆接后，钉芯断在芯头与芯杆交接处或其附近，两者分别脱出钉体而形成空心铆钉
非断裂式钉芯		铆钉铆接后，钉芯不断裂
埋入式钉芯		铆钉铆接后，钉芯杆在钉体内或外的某点断裂
卡紧式钉芯		铆接时，钉芯和（或）钉体预期的变形产生较大的钉芯杆移出阻力，而在铆接后，钉芯在钉体头顶面齐平拉断，使该接头在钉体和钉芯杆上都有抗剪面
击入式钉芯		使用前，钉芯突出在钉体头之外，铆钉插入被紧固件的通孔以后，将钉击入钉体，直到与钉体头顶面齐平。钉体端被扩开，形成盲铆头

表 5.5-48　抽芯铆钉力学性能等级与材料组合（GB/T 3098.19—2004）

性能等级	钉体材料			钉芯材料	
	种类	材料牌号	标准编号	材料牌号	材料编号
06	铝	1035	GB/T 3190	7A03 5183	GB/T 3190
08	铝合金	5005、5A05		10、15、 35、45	GB/T 699 GB/T 3206
10		5052、5A02			
11		5056、5A05			
12		5052、5A02		7A03 5183	GB/T 3190
15		5056、5A05		0Cr18Ni9 1Cr18Ni9	GB/T 4232
20	铜	T1 T2 T3	GB/T 14956	10、15、 35、45	GB/T 699 GB/T 3206
21				青铜①	①
22				0Cr18Ni9 1Cr18Ni9	GB/T 4232
23	黄铜	①	①	①	①
30	碳素钢	08F、10	GB/T 699 GB/T 3206	10、15、 35、45	GB/T 699 GB/T 3206
40	镍铜合金	28-2.5-1.5 镍铜合金 (NiCu28-2.5-1.5)	GB/T 5235		
41				0Cr18Ni9 2Cr13	GB/T 4232
50	不锈钢	0Cr18Ni9 1Cr18Ni9	GB/T 1220	10、15 35、45	GB/T 699 GB/T 3206
51				0Cr18Ni9 2Cr13	GB/T 4232

① 数据待生产验证（含选用材料牌号）。

3.4.3　抽芯铆钉力学性能（见表 5.5-49～表 5.5-55）

表 5.5-49　抽芯铆钉最小剪切载荷——开口型（GB/T 3098.19—2004）

钉体直径 d/mm	性能等级							
	06	08	10 12	11 15	20 21	30	40 41	50 51
	最小剪切载荷/N							
2.4	—	172	250	350	—	650	—	—
3.0	240	300	400	550	760	950	—	1800①
3.2	285	360	500	750	800	1100①	1400	1900①
4.0	450	540	850	1250	1500①	1700	2200	2700
4.8	660	935	1200	1850	2000	2900①	3300	4000
5.0	710	990	1400	2150	—	3100	—	4700
6.0	940	1170	2100	3200	—	4300	—	—
6.4	1070	1460	2200	3400	—	4900	5500	—

① 数据待生产验证（含选用材料牌号）。

表 5.5-50 抽芯铆钉最小拉力载荷——开口型（GB/T 3098.19—2004）

钉体直径 d/mm	性能等级							
	06	08	10 12	11 15	20 21	30	40 41	50 51
	最小拉力载荷/N							
2.4	—	258	350	550	—	700	—	—
3.0	310	380	550	850	950	1100	—	2200①
3.2	370	450	700	1100	1000	1200	1900	2500①
4.0	590	750	1200	1800	1800	2200	3000	3500
4.8	860	1050	1700	2600	2500	3100	3700	5000
5.0	920	1150	2000	3100	—	4000	—	5800
6.0	1250	1560	3000	4600	—	4800	—	—
6.4	1430	2050	3150	4850	—	5700	6800	—

① 数据待生产验证（含选用材料牌号）。

表 5.5-51 抽芯铆钉最小剪切载荷——封闭型（GB/T 3098.19—2004）

钉体直径 d/mm	性能等级				
	06	11 15	20 21	30	50 51
	最小剪切载荷/N				
3.0	—	930	—	—	—
3.2	460	1100	850	1150	2000
4.0	720	1600	1350	1700	3000
4.8	1000①	2200	1950	2400	4000
5.0	—	2420	—	—	—
6.0	—	3350	—	—	—
6.4	1220	3600①	—	3600	6000

① 数据待生产验证（含选用材料牌号）。

表 5.5-52 抽芯铆钉最小拉力载荷——封闭型（GB/T 3098.19—2004）

钉体直径 d/mm	性能等级				
	06	11 15	20 21	30	50 51
	最小拉力载荷/N				
3.0	—	1080	—	—	—
3.2	540	1450	1300	1300	2200
4.0	760	2200	2000	1550	3500
4.8	1400①	3100	2800	2800	4400
5.0	—	3500	—	—	—
6.0	—	4285	—	—	—
6.4	1580	4900①	—	4000	8000

① 数据待生产验证（含选用材料牌号）。

表 5.5-53　抽芯铆钉钉头保持能力——开口型（GB/T 3098.19—2004）

钉体直径 d/mm	性能等级	
	06、08、10、11、12、15、20、21、40、41	30、50、51
	钉头保持能力/N	
2.4	10	30
3.0	15	35
3.2	15	35
4.0	20	40
4.8	25	45
5.0	25	45
6.0	30	50
6.4	30	50

表 5.5-54　抽芯铆钉钉芯断裂载荷——开口型（GB/T 3098.19—2004）

钉体材料	铝	铝	铜	钢	镍铜合金	不锈钢
钉芯材料	铝	钢、不锈钢	钢、不锈钢	钢	钢、不锈钢	钢、不锈钢
钉体直径 d/mm	钉芯断裂载荷/N(max)					
2.4	1100	2000	—	2000	—	—
3.0	—	3000	3000	3200	—	4100
3.2	1800	3500	3000	4000	4500	4500
4.0	2700	5000	4500	5800	6500	6500
4.8	3700	6500	5000	7500	8500	8500
5.0	—	6500	—	8000	—	9000
6.0	—	9000	—	12500	—	—
6.4	6300	11000	—	13000	14700	—

表 5.5-55　抽芯铆钉钉芯断裂载荷——封闭型（GB/T 3098.19—2004）

钉体材料	铝	铝	钢	不锈钢
钉芯材料	铝	钢、不锈钢	钢	钢、不锈钢
钉体直径 d/mm	钉芯断裂载荷/N(max)			
3.2	1780	3500	4000	4500
4.0	2670	5000	5700	6500
4.8	3560	7000	7500	8500
5.0	4200	8000	8500	—
6.0	—	—	—	—
6.4	8000	10230	10500	16000

3.4.4　抽芯铆钉尺寸

（1）封闭型平圆头抽芯铆钉（见图 5.5-10、图 5.5-11、表 5.5-56～表 5.5-60）

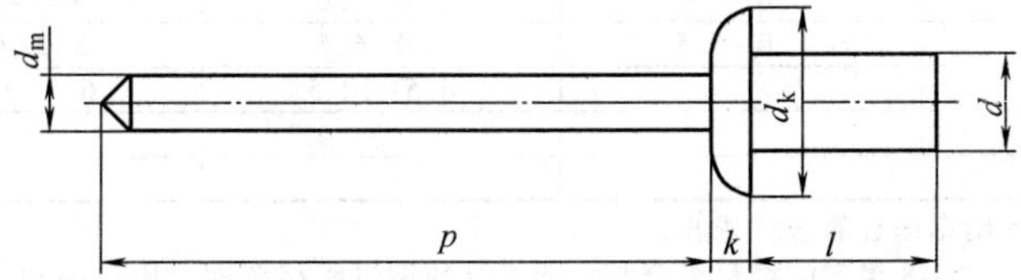

图 5.5-10　封闭型平圆头抽芯铆钉（图 5.5-8、图 5.5-9 适用表 5.5-56～表 5.5-60）

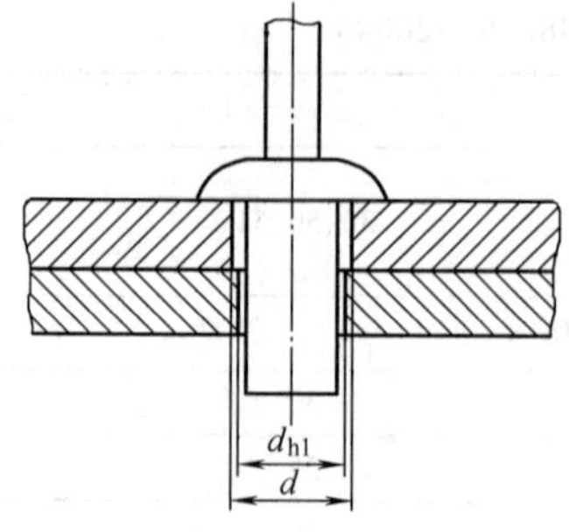

图 5.5-11　封闭型平圆头抽芯铆钉孔

表 5.5-56　抽芯铆钉孔直径（GB/T 12615.1—2004）

(mm)

公称直径 d	d_{h1}	
	min	max
3.2	3.3	3.4
4	4.1	4.2
4.8	4.9	5.0
5	5.1	5.2
6.4	6.5	6.6

注：表中数字适用图 5.5-9、图 5.5-11。

表 5.5-57　封闭型平圆头抽芯铆钉 11 级尺寸（GB/T 12615.1—2004）　(mm)

<table>
<tr><td rowspan="6">钉体</td><td rowspan="3">d</td><td>公称</td><td>3.2</td><td>4</td><td>4.8</td><td>5[①]</td><td>6.4</td></tr>
<tr><td>max</td><td>3.28</td><td>4.08</td><td>4.88</td><td>5.08</td><td>6.48</td></tr>
<tr><td>min</td><td>3.05</td><td>3.85</td><td>4.65</td><td>4.85</td><td>6.25</td></tr>
<tr><td rowspan="2">d_k</td><td>max</td><td>6.7</td><td>8.4</td><td>10.1</td><td>10.5</td><td>13.4</td></tr>
<tr><td>min</td><td>5.8</td><td>6.9</td><td>8.3</td><td>8.7</td><td>11.6</td></tr>
<tr><td>k</td><td>max</td><td>1.3</td><td>1.7</td><td>2</td><td>2.1</td><td>2.7</td></tr>
<tr><td rowspan="2">钉芯</td><td>d_m</td><td>max</td><td>1.85</td><td>2.35</td><td>2.77</td><td>2.8</td><td>3.71</td></tr>
<tr><td>p</td><td>min</td><td colspan="2">25</td><td colspan="3">27</td></tr>
<tr><td colspan="3">铆钉长度 l　公称</td><td colspan="5" rowspan="2">推荐的铆接范围[②]</td></tr>
<tr><td colspan="2">min</td><td>max</td></tr>
<tr><td colspan="2">6.5</td><td>7.5</td><td>0.5~2.0</td><td></td><td colspan="2"></td><td></td></tr>
<tr><td colspan="2">8</td><td>9</td><td>2.0~3.5</td><td>0.5~3.5</td><td colspan="2"></td><td></td></tr>
<tr><td colspan="2">8.5</td><td>9.5</td><td>—</td><td>—</td><td colspan="2">0.5~3.5</td><td></td></tr>
<tr><td colspan="2">9.5</td><td>10.5</td><td>3.5~5.0</td><td>3.5~5.0</td><td colspan="2">3.5~5.0</td><td></td></tr>
<tr><td colspan="2">11</td><td>12</td><td>5.0~6.5</td><td>5.0~6.5</td><td colspan="2">5.0~6.5</td><td></td></tr>
<tr><td colspan="2">12.5</td><td>13.5</td><td>6.5~8.0</td><td>6.5~8.0</td><td colspan="2">—</td><td>1.5~6.5</td></tr>
<tr><td colspan="2">13</td><td>14</td><td></td><td>—</td><td colspan="2">6.5~8.0</td><td>—</td></tr>
<tr><td colspan="2">14.5</td><td>15.5</td><td></td><td>8~10</td><td colspan="2">8.0~9.5</td><td>—</td></tr>
<tr><td colspan="2">15.5</td><td>16.5</td><td></td><td></td><td colspan="2">—</td><td>6.5~9.5</td></tr>
<tr><td colspan="2">16</td><td>17</td><td></td><td></td><td colspan="2">9.5~11.0</td><td>—</td></tr>
<tr><td colspan="2">18</td><td>19</td><td></td><td></td><td colspan="2">11~13</td><td>—</td></tr>
<tr><td colspan="2">21</td><td>22</td><td></td><td></td><td colspan="2">13~16</td><td>—</td></tr>
</table>

注：铆钉体的尺寸按 3.4.5 给出的计算公式求出。

① ISO 15973 无此规格。

② 符合表 5.5-57 尺寸和表 5.5-48 规定的材料组合与性能等级的铆钉铆接范围，用最小和最大铆接长度表示。最小铆接长度仅为推荐值。某些使用场合可能使用更小的长度。

表 5.5-58　封闭型平圆头抽芯铆钉 30 级尺寸（GB/T 12615.2—2004）　(mm)

<table>
<tr><td rowspan="6">钉体</td><td rowspan="3">d</td><td>公称</td><td>3.2</td><td>4</td><td>4.8</td><td>6.4</td></tr>
<tr><td>max</td><td>3.28</td><td>4.08</td><td>4.88</td><td>6.48</td></tr>
<tr><td>min</td><td>3.05</td><td>3.85</td><td>4.65</td><td>6.25</td></tr>
<tr><td rowspan="2">d_k</td><td>max</td><td>6.7</td><td>8.4</td><td>10.1</td><td>13.4</td></tr>
<tr><td>min</td><td>5.8</td><td>6.9</td><td>8.3</td><td>11.6</td></tr>
<tr><td>k</td><td>max</td><td>1.3</td><td>1.7</td><td>2</td><td>2.7</td></tr>
<tr><td rowspan="2">钉芯</td><td>d_m</td><td>max</td><td>2</td><td>2.35</td><td>2.95</td><td>3.9</td></tr>
<tr><td>p</td><td>min</td><td colspan="2">25</td><td colspan="2">27</td></tr>
<tr><td colspan="3">铆钉长度 l　公称</td><td colspan="4" rowspan="2">推荐的铆接范围[①]</td></tr>
<tr><td colspan="2">min</td><td>max</td></tr>
<tr><td colspan="2">6</td><td>7</td><td>0.5~1.5</td><td>0.5~1.5</td><td></td><td></td></tr>
<tr><td colspan="2">8</td><td>9</td><td>1.5~3.0</td><td>1.5~3.0</td><td>0.5~3.0</td><td></td></tr>
<tr><td colspan="2">10</td><td>11</td><td>3.0~5.0</td><td>3.0~5.0</td><td>3.0~5.0</td><td></td></tr>
<tr><td colspan="2">12</td><td>13</td><td>5.0~6.5</td><td>5.0~6.5</td><td>5.0~6.5</td><td></td></tr>
<tr><td colspan="2">15</td><td>16</td><td></td><td>6.5~10.5</td><td>6.5~10.5</td><td>3.0~6.5</td></tr>
<tr><td colspan="2">16</td><td>17</td><td></td><td></td><td></td><td>6.5~8.0</td></tr>
<tr><td colspan="2">21</td><td>22</td><td></td><td></td><td></td><td>8.0~12.5</td></tr>
</table>

注：铆钉体的尺寸按 3.4.5 给出的计算公式求出。

① 符合表 5.5-58 尺寸和表 5.5-48 规定的材料组合与性能等级的铆钉铆接范围，用最小和最大铆接长度表示。最小铆接长度仅为推荐值。某些使用场合可能使用更小的长度。

表 5.5-59　封闭型平圆头抽芯铆钉尺寸 06 级（GB/T 12615.3—2004）　（mm）

钉体	d	公称	3.2	4	4.8	6.4①
		max	3.28	4.08	4.88	6.48
		min	3.05	3.85	4.65	6.25
	d_k	max	6.7	8.4	10.1	13.4
		min	5.8	6.9	8.3	11.6
	k	max	1.3	1.7	2	2.7
钉芯	d_m	max	1.85	2.35	2.77	3.75
	p	min	25		27	
铆钉长度 l 公称			推荐的铆接范围②			
min	max					
8.0	9.0		0.5~3.5	—	1.0~3.5	
9.5	10.5		3.5~5.0	1.0~5.0	—	—
11.0	12.0		5.0~6.5	—	3.5~6.5	—
11.5	12.5		—	5.0~6.5	—	—
12.5	13.5		—	6.5~8.0	—	1.5~7.0
14.5	15.5		—	—	6.5~9.5	7.0~8.5
18.0	19.0		—	—	9.5~13.5	8.5~10.0

注：铆钉体的尺寸按 3.4.5 给出的计算公式求出。

① ISO 15975 无此规格。

② 符合表 5.5-59 尺寸和表 5.5-48 规定的材料组合与性能等级的铆钉铆接范围，用最小和最大铆接长度表示。最小铆接长度仅为推荐值。某些使用场合可能使用更小的长度。

表 5.5-60　封闭型平圆头抽芯铆钉 51 级尺寸（GB/T 12615.4—2004）　（mm）

钉体	d	公称	3.2	4	4.8	6.4
		max	3.28	4.08	4.88	6.48
		min	3.05	3.85	4.65	6.25
	d_k	max	6.7	8.4	10.1	13.4
		min	5.8	6.9	8.3	11.6
	k	max	1.3	1.7	2	2.7
钉芯	d_m	max	2.15	2.75	3.2	3.9
	p	min	25		27	
铆钉长度 l 公称			推荐的铆接范围①			
min	max					
6	7		0.5~1.5	0.5~1.5		
8	9		1.5~3.0	1.5~3.0	0.5~3.0	
10	11		3.0~5.0	3.0~5.0	3.0~5.0	
12	13		5.0~6.5	5.0~6.5	5.0~6.5	1.5~6.5
14	15		6.5~8.0	6.5~8.0	—	—
16	17			8.0~11.0	6.5~9.0	6.5~8.0
20	21				9.0~12.0	8.0~12.0

注：铆钉体的尺寸按 3.4.5 给出的计算公式求出。

① 符合表 5.5-60 尺寸和表 5.5-48 规定的材料组合与性能等级的铆钉铆接范围，用最小和最大铆接长度表示。最小铆接长度仅为推荐值。某些使用场合可能使用更小的长度。

（2）封闭型沉头抽芯铆钉（见图5.5-12、图5.5-13、表5.5-61）

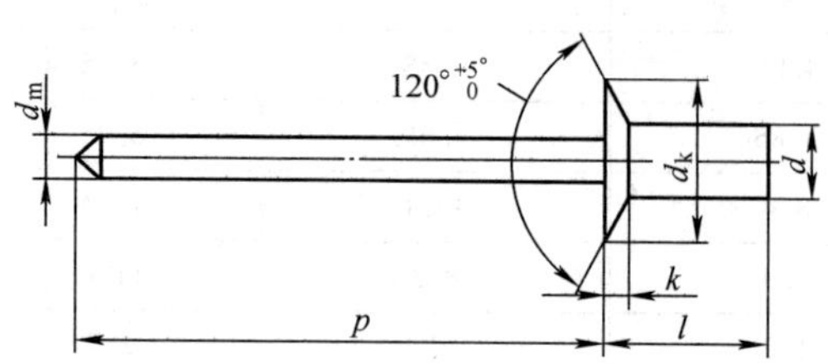

图5.5-12　封闭型沉头抽芯铆钉

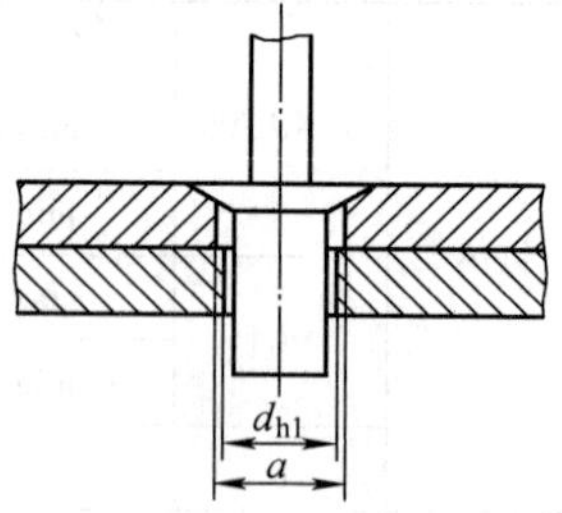

图5.5-13　沉头抽芯铆钉孔

表5.5-61　封闭型沉头抽芯铆钉11级尺寸（GB/T 12616.1—2004）　（mm）

钉体	d	公称	3.2	4	4.8	5[①]	6.4[①]
		max	3.28	4.08	4.88	5.08	6.48
		min	3.05	3.85	4.65	4.85	6.25
	d_k	max	6.7	8.4	10.1	10.5	13.4
		min	5.8	6.9	8.3	8.7	11.6
	k	max	1.3	1.7	2	2.1	2.7
钉芯	d_m	max	1.85	2.35	2.77	2.8	3.75
	p	min	25		27		
铆钉长度 l 公称			推荐的铆接范围[②]				
min		max					
8		9	2.0~3.5	2.0~3.5			
8.5		9.5	—	—	2.5~3.5		
9.5		10.5	3.5~5.0	3.5~5.0	3.5~5.0		
11		12	5.0~6.5	5.0~6.5	5.0~6.5		
12.5		13.5	6.5~8.0	6.5~8.0	—		1.5~6.5
13		14		—	6.5~8.0		—
14.5		15.5		8.0~10.0	8.0~9.5		—
15.5		16.5			—		6.5~9.5
16		17			9.5~11.0		—
18		19			11.0~13.0		—
21		22			13.0~16.0		—

注：铆钉体的尺寸按3.4.5给出的计算公式求出。

① ISO 15974无此规格。

② 符合表5.5-60尺寸和表5.5-48规定的材料组合与性能等级的铆钉铆接范围，用最小和最大铆接长度表示。最小铆接长度仅为推荐值。某些使用场合可能使用更小的长度。

3.4.5　抽芯铆钉连接计算公式

（1）钉体直径

最大钉体直径

$$d_{max}=d_{公称}+0.08\text{mm}$$

最小钉体直径

$$d_{min}=d_{公称}-0.15\text{mm}$$

（2）头部直径

最大头部直径

$$d_{kmax}=2.1d_{公称}$$

圆整到小数点后1位。

（3）头部直径公差

头部直径公差为：

h16用于 $d_{公称}=3.2\text{mm}$；

h17用于 $d_{公称}>3.2\text{mm}$。

（4）头部高度

最大头部高度

$$k_{max}=0.415d_{公称}$$

圆整到小数点后1位。

（5）铆钉孔直径

抽芯铆钉用铆钉孔直径

$$d_{h1max}=d_{公称}+0.2\text{mm}$$

$$d_{h1min}=d_{公称}+0.1\text{mm}$$

3.5 铆螺母（见表 5.5-62～表 5.5-66）

表 5.5-62 平头铆螺母（摘自 GB/T 17880.1—1999） （mm）

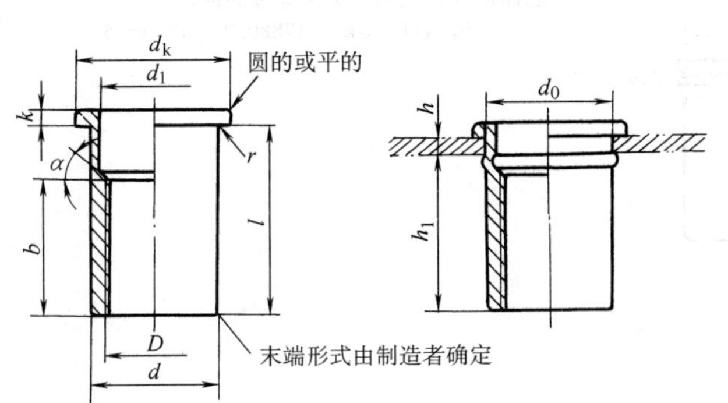

标记示例

螺纹规格 D=M8，长度规格 l=15mm，材料 ML10，表面镀锌钝化的螺母标记

铆螺母 GB/T 17880.1 M8×15

$b=(1.25\sim1.5D)$；α—由制造者确定；

允许在支承面和（或）d 圆周表面制出花纹，其形式与尺寸由制造者确定。

螺纹规格（6H）	D	M3	M4	M5	M6	M8	M10	M12
	$D\times P$	—	—	—	—	—	M10×1	M12×1.5
d	$^{-0.02}_{-0.10}$	5	6	7	9	11	13	15
d_1	H12	4.0	4.8	5.6	7.5	9.2	11	23
d_k	max	8	9	10	12	14	16	18
k		0.8		1.0	1.5		1.8	
r		0.2				0.3		
d_0	$^{-0.15}_{0}$	5	6	7	9	11	13	15
h_1	参考	5.8	7.5	9.3	11	12.3	15.0	17.5
铆接厚度 h（推荐）		l max						
0.25～1.0		7.5	9.0	11.0				
1.0～2.0		8.5	10.0	12.0				
2.0～3.0		9.5	10.5	13.0				
3.0～4.0		10.5	11.0	14.0				
0.5～1.5					13.5	15.0	18.0	21.0
1.5～3.0					15.0	16.5	19.5	22.5
3.0～4.5					16.5	18.0	21.0	24.0
4.5～6.0					18.0	19.5	22.5	25.5
保证载荷/N min	钢	3900	6800	11500	16500	25000	32000	34000
	铝	1900	4000	6500	7800	12300	17500	—
头部结合力/N min	钢	2236	3220	4648	6149	9034	11926	13914
	铝	1242	1789	2435	3416	5019	6626	—
剪切力/N min	钢	1100	2100	2600	3800	5400	6900	7500
	铝	640	1200	1900	2700	3900	4200	—

注：1. 常用材料：钢—08F，ML10；铝合金—5056，6061。

2. 表面处理：钢—镀锌钝化，铝合金—不经处理。

表 5.5-63　沉头铆螺母（摘自 GB/T 17880.2—1999）　　(mm)

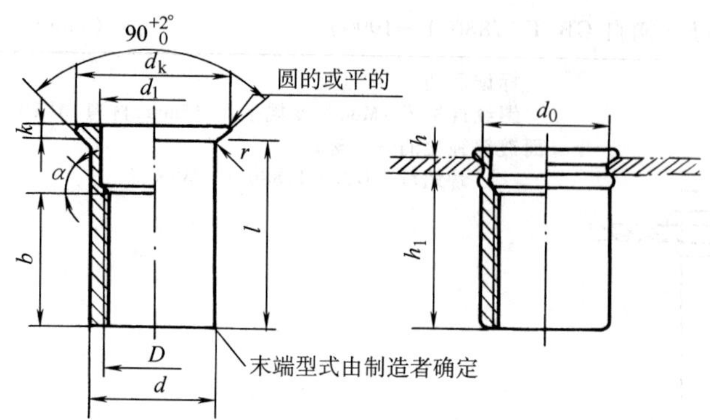

标记示例

螺纹规格 D=M8，长度规格 l=16.5mm，材料 ML10，表面镀锌钝化的沉头铆螺母的标记

铆螺母　GB/T 17880.2　M8×16.5

b=(1.25~1.5D)；α—由制造者确定；

允许在支承面和(或)d圆周表面制出花纹，其形式与尺寸由制造者确定。

螺纹规格(6H)		M3	M4	M5	M6	M8	M10	M12
	D	M3	M4	M5	M6	M8	M10	M12
	$D \times P$	—	—	—	—	—	M10×1	M12×1.5
d	$^{-0.02}_{-0.10}$	5	6	7	9	11	13	15
d_1	H12	4.0	4.8	5.6	7.5	9.2	11	23
d_k	max	8	9	10	12	14	16	18
k		1.5						
r		0.2				0.3		
d_0	$^{-0.15}_{0}$	5	6	7	9	11	13	15
h_1	参考	5.8	7.5	9.3	11	12.3	15.0	17.5
铆接厚度 h(推荐)		l max						
1.7~2.5		9.0	10.5	12.5				
2.5~3.5		10.0	11.5	13.5				
3.5~4.5		11.0	12.5	14.5				
1.7~3.0					15.0	16.5	19.5	22.5
3.0~4.5					16.5	18.0	19.0	24.0
4.5~6.0					18.0	19.5	22.5	25.5
6.0~7.5							24.0	27.0
保证载荷/N min	钢	3900	6800	11500	16500	25000	32000	34000
	铝	1900	4000	6500	7800	12300	17500	—
头部结合力/N min	钢	2236	3220	4648	6149	9034	11926	13914
	铝	1242	1789	2435	3416	5019	6626	—
剪切力/N min	钢	1100	2100	2600	3800	5400	6900	7500
	铝	640	1200	1900	2700	3900	4200	—

注：1. 常用材料：钢—0F，ML10；铝合金—5056，6061。

2. 表面处理：钢—镀锌钝化，铝合金—不经处理。

表 5.5-64　小沉头铆螺母（摘自 GB/T 17880.3—1999）　　（mm）

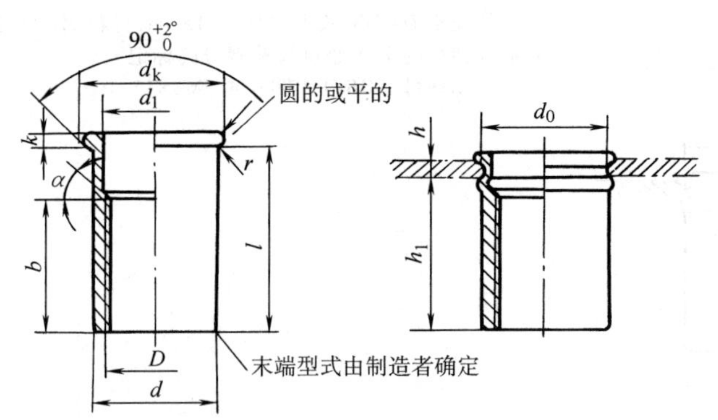

标记示例

螺纹规格 D=M8，长度规格 l=15mm，材料 ML10，表面镀锌钝化的小沉头铆螺母的标记

铆螺母　GB/T 17880.3　M8×15

b=(1.25~1.5D)；α—由制造者确定；

允许在支承面和(或)d 圆周表面制出花纹，其形式与尺寸由制造者确定。

螺纹规格(6H)	D	M3	M4	M5	M6	M8	M10	M12
	$D\times P$	—	—	—	—	—	M10×1	M12×1.5
d	$^{-0.02}_{-0.10}$	5	6	7	9	11	13	15
d_1	H12	4.0	4.8	5.6	7.5	9.2	11	23
d_k	max	5.5	6.75	8.0	10.0	12.0	14.5	16.5
k		0.35	0.5	0.6				0.85
r		0.2				0.3		
d_0	$^{-0.15}_{0}$	5	6	7	9	11	13	15
h_1	参考	5.8	7.5	9.3	11	12.3	15.0	17.5
铆接厚度 h(推荐)		l max						
0.5~1.0		7.5	9.0	11.0				
1.0~2.0		8.5	10.0	12.0				
2.0~3.0		9.5	11.0	13.0				
0.5~1.5					13.5	15.0	18.0	21.0
1.5~3.0					15.0	16.5	19.5	22.5
3.0~4.5					16.5	18.0	21.0	24.0
保证载荷/N min	钢	3900	6800	11500	16500	25000	32000	34000
剪切力/N min	钢	1100	2100	2600	3800	5400	6900	7500

注：1. 材料：钢—08F、ML10。

2. 表面处理—镀锌钝化。

表 5.5-65　120°小沉头铆螺母（摘自 GB/T 17880.4—1999）　　（mm）

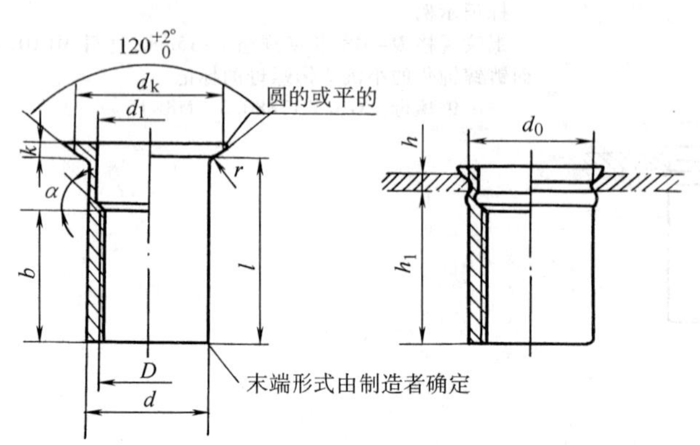

标记示例

螺纹规格 D=M8，长度规格 l=15mm，材料 ML10，表面镀锌钝化的 120°小沉头铆螺母的标记

铆螺母　GB/T 17880.4　M8×15

b=(1.25～1.5D)；α—由制造者确定；

允许在支承面和(或)d 圆周表面制出花纹，其形式与尺寸由制造者确定。

螺纹规格(6H)		M3	M4	M5	M6	M8	M10	M12
	D	M3	M4	M5	M6	M8	M10	M12
	$D×P$	—	—	—	—	—	M10×1	M12×1.5
d	$^{-0.02}_{-0.10}$	5	6	7	9	11	13	15
d_1	H12	4.0	4.8	5.6	7.5	9.2	11	23
d_k	max	6.5	8.0	9.0	11.0	13.0	16.0	18.0
k		0.35	0.5		0.6		0.85	
r			0.2				0.3	
d_0	$^{-0.15}_{0}$	5	6	7	9	11	13	15
h_1 参考		5.8	7.5	9.3	11	12.3	15.0	17.5
铆接厚度 h(参考)					l max			
0.5～1.0		7.5	9.0	11.0				
1.0～2.0		8.5	10.0	12.0				
2.0～3.0		9.5	11.0	13.0				
0.5～1.5					13.5	15.0	18.0	21.0
1.5～3.0					15.0	16.5	19.5	22.5
3.0～4.5					16.5	18.0	21.0	24.0
保证载荷/N min	钢	3900	6800	11500	16500	25000	32000	34000
剪切力/N min	钢	1100	2100	2600	3800	5400	6900	7500

注：1. 材料：钢—08F、ML10。

2. 表面处理—镀锌。

表 5.5-66　平头六角铆螺母（摘自 GB/T 17880.5—1999）　（mm）

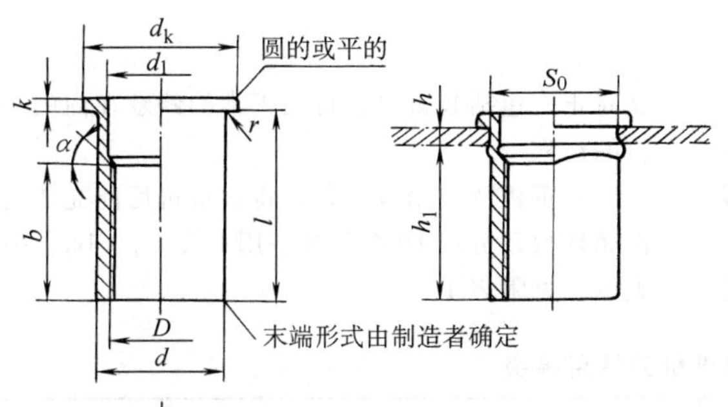

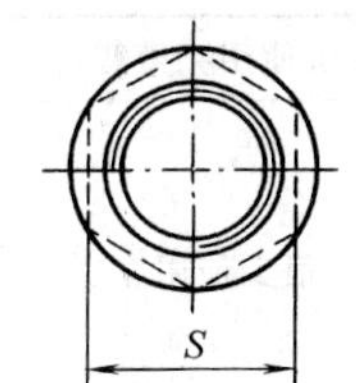

标记示例

螺纹规格 D=M8，长度规格 l=15mm，材料 ML10，表面镀锌钝化的平头六角铆螺母的标记

铆螺母　GB/T 17880.5　M8×15

b=(1.25~1.5D)；α—由制造者确定。

螺纹规格 (6H)	D	M6	M8	M10	M12
	$D\times P$	—	—	M10×1	M12×1.5
$d_{-0.10}^{-0.03}$		9	11	13	15
d_1	H_{12}	8	10	11.5	13.5
d_k	max	12	14	16	18
k		1.5	1.5	1.8	1.8
r		0.2	0.3	0.3	0.3
S_0	$^{+0.15}_{0}$	9	11	13	15
h_1 参考		11	12.3	15.0	17.5
铆接厚度 h(推荐)		l max			
0.5~1.5		13.5	15.0	18.0	21.0
1.5~3.0		15.0	16.5	19.5	22.5
3.0~4.5		16.5	18.0	21.0	24.0
4.5~6.0		18.0	19.5	22.5	25.5
保证载荷/N min	钢	16500	25000	32000	34000
	铝	7800	12300	17500	—
头部结合力/N min	钢	6149	9034	11926	13914
	铝	3415	5019	6626	—
剪切力/N min	钢	3800	5400	6900	7500
	铝	2700	3900	4200	—

[附录] 起重机的工作等级和载荷计算（摘自 GB/T 3811—2008）

（1）起重机整机的分级

1）起重机的使用等级。起重机的设计预期寿命，是指设计预设的该起重机从开始使用起到最终报废时止，能完成的总工作循环数。起重机的一个工作循环，是指从起吊一个物品起到能开始起吊下一个物品时止，包括起重机运行及正常的停歇在内的一个完整的过程。

起重机的使用等级，是将起重机可能完成的总工作循环数划分成 10 个等级，用 U_0、U_1、U_2、…、U_9 表示，见附表 1。

附表 1　起重机的使用等级

使用等级	起重机总工作循环数 C_T	起重机使用频繁程度
U_0	$C_T \leqslant 1.60\times10^4$	很少使用
U_1	$1.60\times10^4 < C_T \leqslant 3.20\times10^4$	
U_2	$3.20\times10^4 < C_T \leqslant 6.30\times10^4$	
U_3	$6.30\times10^4 < C_T \leqslant 1.25\times10^5$	
U_4	$1.25\times10^5 < C_T \leqslant 2.50\times10^5$	不频繁使用
U_5	$2.50\times10^5 < C_T \leqslant 5.00\times10^5$	中等频繁使用
U_6	$5.00\times10^5 < C_T \leqslant 1.00\times10^6$	较频繁使用
U_7	$1.00\times10^6 < C_T \leqslant 2.00\times10^6$	频繁使用
U_8	$2.00\times10^6 < C_T \leqslant 4.00\times10^6$	特别频繁使用
U_9	$4.00\times10^6 < C_T$	

2）起重机的起升载荷状态级别。起重机的起升载荷，是指起重机在实际的起吊作业中，每一次吊运的物品质量（有效起重量）与吊具及属具质量的总和（即起升质量）的重力。起重机的额定起升载荷，是指起重机起吊额定起重量时，能够吊运的物品最大质量与吊具及属具质量的总和（即总起升质量）的重力。其单位为牛顿（N）或千牛（kN）。

起重机的起升载荷状态级别，是指在起重机的设计预期寿命期限内，它的各个有代表性的起升载荷值的大小及各相对应的起吊次数，与起重机的额定起升载荷值的大小及总的起吊次数的比值情况。

起重机的载荷状态级别及载荷谱系数见附表 2。

附表 2　起重机的载荷状态级别及载荷谱系数

载荷状态级别	起重机的载荷谱系数 K_P	说　明
Q1	$K_P \leqslant 0.125$	很少吊运额定载荷，经常吊运较轻载荷
Q2	$0.125 < K_P \leqslant 0.250$	较少吊运额定载荷，经常吊运中等载荷
Q3	$0.250 < K_P \leqslant 0.500$	有时吊运额定载荷，较多吊运较重载荷
Q4	$0.500 < K_P \leqslant 1.000$	经常吊运额定载荷

如果已知起重机各个起升载荷值的大小及相应的起吊次数，则可用下式算出该起重机的载荷谱系数：

$$K_P=\sum\left[\frac{C_i}{C_T}\left(\frac{P_{Qi}}{P_{Q\max}}\right)^m\right] \quad (1)$$

式中　K_P——起重机的载荷谱系数；

C_i——与起重机各个有代表性的起升载荷相应的工作循环数，$C_i=C_1C_2C_3\cdots C_n$；

C_T——起重机总工作循环数，$C_T=\sum_{i=1}^{n}C_i=C_1+C_2+C_3+\cdots+C_n$；

P_{Qi}——能表征起重机在预期寿命期内工作任务的各个有代表性的起升载荷，$P_{Qi}=P_{Q1}P_{Q2}P_{Q3}\cdots P_{Qn}$；

$P_{Q\max}$——起重机的额定起升载荷；

m——幂指数，为了便于级别的划分，约定取 $m=3$。

展开后，式（1）变为

$$K_P=\frac{C_1}{C_T}\left(\frac{P_{Q1}}{P_{Q\max}}\right)^3+\frac{C_2}{C_T}\left(\frac{P_{Q2}}{P_{Q\max}}\right)^3+\frac{C_3}{C_T}\left(\frac{P_{Q3}}{P_{Q\max}}\right)^3+\cdots+\frac{C_i}{C_T}\left(\frac{P_{Qn}}{P_{Q\max}}\right)^3 \quad (2)$$

由式（2）算得起重机载荷谱系数的值后，即可按附表 2 确定该起重机的载荷状态级别。

如果不能获得起重机设计预期寿命期内，起吊的各个有代表性的起升载荷值的大小及相应的起吊次数，因而无法通过上述计算得到它的载荷谱系数，以及确定它的载荷状态级别，则可以由制造商和用户协商选出适合于该起重机的载荷状态级别及确定相应的载荷谱系数。

3）起重机整机的工作级别。根据起重机的 10 个使用等级和 4 个载荷状态级别，起重机整机的工作级别划分为 A1~A8 八个级别，见附表 3。

附表 3　起重机整机的工作级别

载荷状态级别	起重机的载荷谱系数 K_P	起重机的使用等级									
		U_0	U_1	U_2	U_3	U_4	U_5	U_6	U_7	U_8	U_9
Q1	$K_P\leqslant0.125$	A1	A1	A1	A2	A3	A4	A5	A6	A7	A8
Q2	$0.125<K_P\leqslant0.250$	A1	A1	A2	A3	A4	A5	A6	A7	A8	A8
Q3	$0.250<K_P\leqslant0.500$	A1	A2	A3	A4	A5	A6	A7	A8	A8	A8
Q4	$0.500<K_P\leqslant1.000$	A2	A3	A4	A5	A6	A7	A8	A8	A8	A8

（2）机构的分级

1）机构的使用等级。机构的设计预期寿命，是指设计预设的该机构从开始使用起到预期更换或最终报废为止的总运转时间。它只是该机构实际运转小时数累计之和，而不包括工作中此机构的停歇时间。机构的使用等级，是将该机构的总运转时间分成十个等级，以 T_0、T_1、T_2、…、T_9 表示，见附表 4。

2）机构的载荷状态级别。机构的载荷状态级别表明了机构所受载荷的轻重情况，附表 5 列出机构的载荷状态级别及载荷谱系数。机构载荷谱系数 K_m 的四个范围值，它们各代表了机构一个相对应的载荷状态级别。

附表 4　机构的使用等级

使用等级	总使用时间 t_T/h	机构运转频繁情况
T_0	$t_T\leqslant200$	很少使用
T_1	$200<t_T\leqslant400$	
T_2	$400<t_T\leqslant800$	—
T_3	$800<t_T\leqslant1600$	
T_4	$1600<t_T\leqslant3200$	不频繁使用

（续）

使用等级	总使用时间 t_T/h	机构运转频繁情况
T_5	$3200<t_T\leqslant 6300$	中等频繁使用
T_6	$6300<t_T\leqslant 12500$	较频繁使用
T_7	$12500<t_T\leqslant 25000$	频繁使用
T_8	$25000<t_T\leqslant 50000$	
T_9	$50000<t_T$	

附表5　机构的载荷状态级别及载荷谱系数

载荷状态级别	机构载荷谱系数 K_m	说　明
L1	$K_m\leqslant 0.125$	机构很少承受最大载荷，一般承受轻小载荷
L2	$0.125<K_m\leqslant 0.250$	机构较少承受最大载荷，一般承受中等载荷
L3	$0.250<K_m\leqslant 0.500$	机构有时承受最大载荷，一般承受较大载荷
L4	$0.500<K_m\leqslant 1.000$	机构经常承受最大载荷

机构的载荷谱系数 K_m 可用下式计算：

$$K_m=\sum\left[\frac{t_i}{t_T}\left(\frac{P_i}{P_{max}}\right)^m\right] \tag{3}$$

式中　K_m——机构载荷谱系数；

t_i——与机构承受各个大小不同等级载荷的相应持续时间（h），$t_i=t_1t_2t_3\cdots t_n$；

t_T——机构承受所有大小不同等级载荷的时间总和（h），$t_T=\sum_{i=1}^{n}t_i=t_1+t_2+t_3+\cdots+t_n$；

P_i——能表征机构在服务期内工作特征的各个大小不同等级的载荷（N），$P_i=P_1P_2P_3\cdots P_n$；

P_{max}——机构承受的最大载荷（N）。

展开后，式（3）变为

$$K_m=\frac{t_1}{t_T}\left(\frac{P_1}{P_{max}}\right)^3+\frac{t_2}{t_T}\left(\frac{P_2}{P_{max}}\right)^3+\frac{t_3}{t_T}\left(\frac{P_3}{P_{max}}\right)^3+\cdots+\frac{t_n}{t_T}\left(\frac{P_n}{P_{max}}\right)^3 \tag{4}$$

由式（4）算得机构载荷谱系数的值后，即可按附表5确定该机构相应的载荷状态级别。

3）机构的工作级别。机构工作级别的划分，是将各单个机构分别作为一个整体进行的关于其载荷大小程度及运转频繁情况总的评价，它并不表示该机构中所有的零部件都有与此相同的受载及运转情况。

根据机构的10个使用等级和4个载荷状态级别，机构单独作为一个整体进行分级的工作级别划分为M1～M8共八级，见附表6。

附表6　机构的工作级别

载荷状态级别	机构载荷谱系数 K_m	机构的使用等级									
		T_0	T_1	T_2	T_3	T_4	T_5	T_6	T_7	T_8	T_9
		机构的工作级别									
L1	$K_m\leqslant 0.125$	M1	M1	M1	M2	M3	M4	M5	M6	M7	M8
L2	$0.125<K_m\leqslant 0.250$	M1	M1	M2	M3	M4	M5	M6	M7	M8	M8
L3	$0.250<K_m\leqslant 0.500$	M1	M2	M3	M4	M5	M6	M7	M8	M8	M8
L4	$0.500<K_m\leqslant 1.000$	M2	M3	M4	M5	M6	M7	M8	M8	M8	M8

第6篇　带传动和链传动

主　　编　吴宗泽　陈铁鸣
编 写 人　吴宗泽　陈铁鸣
审 稿 人　罗圣国

第 5 版
第 6 篇　带传动和链传动

主　编　吴宗泽
编写人　吴宗泽　张卧波
审稿人　罗圣国

第1章 带 传 动

1 传动带的种类及其选择

1.1 带和带传动的形式

根据带传动原理不同，带传动可分为摩擦型和啮合型两大类，前者过载会打滑，传动比不准确（弹性滑动率在2%以下）；后者可保证同步传动。根据带的形状，带传动可分为平带传动、V带传动、特殊带传动和同步带传动。根据用途，有一般工业用、汽车用和农机用等之分。

传动带的类型、特点、应用及其适用性能见表6.1-1、表6.1-2。

表6.1-1 传动带的类型、特点和应用

类型		简图	结构	特点	应用	说明
平带	帆布平带		由数层挂胶帆布黏合而成，有切边式和包边式	抗拉强度较大，耐湿性好，价廉；耐热、耐油性能差；切边式较柔软	$v<30\text{m/s}$、$P<500\text{kW}$、$i<6$中心距较大的传动	v—带速(m/s) P—传递功率(kW) 规格见表6.1-32
	编织平带		有棉织、毛织和缝合棉布带，以及用于高速传动的丝、麻、聚酰胺纤维编织带。带面有覆胶和不覆胶两种	挠曲性好，传递功率小，易松弛	中、小功率传动	高速带推荐规格见表6.1-42
	聚酰胺片基平带	聚酰胺片 特殊织物 聚酰胺片 铬鞣革	承载层为聚酰胺片（有单层和多层黏合），工作面贴有铬鞣革、挂胶帆布或特殊织物等	强度高，摩擦因数大，挠曲性好，不易松弛	大功率传动，薄型可用于高速传动	—
	高速环形胶带	橡胶高速带　聚氨酯高速带	承载层为聚酯绳，橡胶高速带表面覆耐磨、耐油胶布	带体薄而软，曲挠性好，强度较高，传动平稳，耐油、耐磨性能好，不易松弛	高速传动	推荐规格见表6.1-42
V带	普通V带		承载层为绳芯，楔角为40°，相对高度近似为0.7，梯形截面环形带。有包边V带和切边V带两大类，内周可制成齿形	由于有楔形效应，工作面与轮槽间的当量摩擦因数大，允许包角小、传动比大、预紧力小。齿形V带带体较柔软，挠曲性好	$v<25\sim30\text{m/s}$、$P<700\text{kW}$、$i\leqslant10$中心距小的传动	截面尺寸规格见表6.1-4
	窄V带		承载层为合成纤维绳芯，楔角为40°，相对高度近似为0.9，梯形截面环形带，内周可制成齿形	除具有普通V带的特点外，能承受较大的预紧力，允许速度和挠曲次数高，传递功率大，节能	大功率、结构紧凑的传动	有两种尺寸制：基准宽度制和有效宽度制，截面尺寸规格分别见表6.1-4、表6.1-5
	联组V带		将几根相同的普通V带或窄V带在顶面连成一体的V带组	传动过程中各根V带载荷均匀，可减少运转中振动和横向翻转	结构紧凑、要求高的传动	联组窄V带和联组普通V带截面尺寸规格分别见表6.1-23、表6.1-26

（续）

类型		简图	结构	特点	应用	说明
V带	汽车V带	参见窄V带和普通V带	承载层为绳芯的V带，相对高度有0.9的，也有0.7的	挠曲性和耐热性好	汽车、拖拉机等内燃机专用V带，也可用于带轮和轴间距较小、工作温度较高的传动	结构和截面尺寸见图6.1-29、表6.1-104
	大楔角V带		承载层为绳芯，楔角为60°的聚氨酯环形带	质量均匀，摩擦因数大，传递功率大，外廓尺寸小，耐磨性、耐油性好	速度较高、结构特别紧凑的传动	—
	宽V带、半宽V带		承载层为绳芯，相对高度近似为0.3和0.5的梯形截面环形带	挠曲性好，耐热性和耐侧压性能好	无级变速传动	用于无级变速，工业用宽V带见表6.1-121，农业用半宽V带见表6.1-123
特殊带	多楔带		在绳芯结构平带的基体下有若干纵向三角形楔的环形带，工作面是楔面，有橡胶和聚氨酯两种	具有平带的柔软、V带摩擦力大的特点，比V带传动平稳，外廓尺寸小	结构紧凑的传动，特别是要求V带根数多或轮轴垂直地面的传动	截面尺寸和长度系列见表6.1-90、表6.1-91
	双面V带		截面为六角形。四个侧面均为工作面，承载层为绳芯，位于截面中心	可以两面工作，带体较厚，挠曲性差，寿命和效率较低	需要V带两面都工作的场合，如农业机械中多从动轮传动	截面尺寸和长度系列见表6.1-127、表6.1-128
	圆形带		截面为圆形，有圆皮带、圆绳带、圆聚酰胺带等	结构简单	$v<15\text{m/s}$、$i=\frac{1}{2}\sim3$的小功率传动	最小带轮直径$d_{\min}$可取$20\sim30d_b$（d_b—圆形带的直径）；轮槽可做成半圆形
同步带	梯形齿同步带		工作面为梯形齿齿面，承载层为玻璃纤维绳芯、钢丝绳等的环形带，有氯丁胶和聚氨酯橡胶两种	靠啮合传动，承载层保证带齿齿距不变，传动比准确，轴压力小，结构紧凑，耐油、耐磨性较好，但安装制造要求高	$v<50\text{m/s}$、$P<300\text{kW}$、$i<10$要求同步的传动，也可用于低速传动	齿形尺寸见表6.1-53
	曲线齿同步带		工作面为曲线齿齿面，承载层为玻璃纤维、合成纤维绳芯的环形带，带的基体为氯丁胶	与梯形齿同步带相同，但工作时齿根应力集中小	大功率传动	齿形和尺寸见表6.1-68～表6.1-71

表 6.1-2　各种传动带的适用性能

类别		材质	类型	传动、环境条件																	
				紧凑性	容许速度 $/\mathrm{m\cdot s^{-1}}$	运行噪声小	双面传动	背面张紧	对称面重合性差	起停频繁	振动横转	粉尘条件	允许最高温度/℃	允许最低温度/℃	耐水性	耐油性	耐酸性	耐碱性	耐候性	防静电性	通用性
摩擦传动	平带	橡胶系	帆布平带	0	25	2	3	3	1~0	1	2	1	70	−40	1	0	1~0	1~0	2	0	3
			高速环形胶带	2	60	3	3	3	0	1	3	2	90	−30	1	1~0	1	1	2	3	2
		其他	棉麻织带	2	25 (50)	3	3	3	0	1	2	0	50	−40	0	1	0	1	2	0	1
			毛织带	0	30	2	3	3	0	1	2	2	60	−40	1	1	1	0	2	0	1
			聚酰胺片基平带	2	80	3	3	3	0	1	3	1	80	−30	1	2	1	1	2	3	3
	V 带	橡胶系	普通 V 带	2	30	2	1	1	1~0	2	2	1	70	−40	1	1	1	1	2	0	3
			窄 V 带	3	30	2	1	1~0	0	2	2	1	90	−30	1	1	1	1	3	3	3
			联组 V 带	2~3	30~40	2	1	1~0	0	2	3	1	70~90	−40~−30	1	1	1	1	2~3	3	2
			汽车 V 带	3	30	2	1	1~0	0	2	2	1	90	−30	1	1	1	1	3	3	3
			宽 V 带	2	30	2	0	0	0	2	3	1	90	−30	1	1	1	1	3	0	3
		聚氨酯系	大楔角 V 带	3	45	2	0	0	0	1	2	3	60	−40	1	3	1~0	1~0	2	0	2
	特殊带	橡胶系	多楔带	3	40	2	0	2	0	2	3	2	90	−30	1	1	1	1	3	2	1
			双面 V 带	2	30	2	3	3	1~0	2	2	1	70	−40	1	1	1	1	2	3	1
		聚氨酯系	多楔带	2	40	2	0	2	0	1	3	2	60	−40	1	3	1~0	1~0	2	0	2
			圆形带	0	20	2	3	2	1~0	1	2	2	60	−20	0	3	1~0	1~0	2	0	2
啮合传动	同步带	橡胶系	梯形齿同步带	2	40	1	0	3	0	2~1	3	2	90	−35	1	1~2	1	1	2	3~0	3
			曲线齿同步带	2	40	1	0	3	0	2~1	3	2	90	−35	1	2	1	1	2	3~0	2
		聚氨酯系	梯形齿同步带	2	30	1	0	3	0	2~1	3	2	60	−20	1	3	1	1	2	0	2

注：3—良好的使用性，2—可以使用，1—必要时可以用，0—不适用。

1.2　带传动设计的一般内容

带传动设计的典型问题、设计的主要内容和主要结果如下：

1）带传动设计的典型已知条件。原动机种类、工作机名称及其特性、原动机额定功率和转速、工作制度、带传动的传动比、高速轴（小带轮）转速、许用带轮直径、中心距要求等。

2）设计要满足的条件：

① 运动学的条件。传动比 $i=n_1/n_2\approx d_2/d_1$。

② 几何条件。带轮直径、带长、中心距应满足一定的几何关系。

③ 传动能力条件。带传动有足够的传动能力和寿命。

④ 其他条件。中心距、小轮包角、带速度应在合理范围内。

⑤ 此外还应考虑经济性、工艺性要求。

3）设计结果。确定带的种类、带型、所需带根数或带宽、带长、带轮直径、中心距、带轮的结构和尺寸、预紧力、轴载荷、张紧方法等。

1.3　带传动的效率

传动效率 η 的计算公式为

$$\eta=\frac{T_O n_O}{T_I n_I}\times 100\%$$

式中　T_O——输出转矩（N·m）；

n_O——输出转速（r/min）；

T_I——输入转矩（N·m）；

n_I——输入转速（r/min）。

带传动有下列几种功率损失：

1）滑动损失。带在工作时，由于带与轮之间的弹性滑动和可能存在的几何滑动，而产生的滑动损失。

2）滞后损失。带在运行中会产生反复伸缩，特别是在带轮上的挠曲会使带体内部产生摩擦，引起功率损失。

3）空气阻力。高速传动时，运行中的风阻会引起转矩的损耗，其损耗与速度的平方成正比。因此设计高速带传动时，带的表面积宜小，带轮的轮辐表面要平滑（如用椭圆形）或用辐板以减小风阻。

4）轴承的摩擦损失。滑动轴承的损失为 2%~

5%，滚动轴承为 1%～2%。

考虑上述损失，带传动的效率约在 80%～98%范围内，根据带的种类而定。进行传动设计时，可按表 6.1-3 选取。

表 6.1-3 带传动的效率

带的种类	效率(%)
平带①	83～98
有张紧轮的平带	80～95
普通 V 带②	92～96
窄 V 带	90～95
多楔带	92～97
同步带	93～98

① 聚酰胺片基平带取高值。

② V 带传动的效率与 $\frac{d_1}{h}$（d_1—小带轮直径，h—带高）有关，当 $\frac{d_1}{h}\approx 9$ 时取低值，$\frac{d_1}{h}\approx 19$ 时取高值。

2 V 带传动

V 带和带轮有两种宽度制，即基准宽度制和有效宽度制。

基准宽度制是以基准线的位置和基准宽度 b_d（见图 6.1-1a）来定义带轮的槽型和尺寸。当 V 带的节面与带轮的基准直径重合时，带轮的基准宽度即为 V 带节面在轮槽内相应位置的槽宽，用以表示轮槽轮截面的特征值。它本身无公差，是带轮与带标准化的公称尺寸。

有效宽度制规定轮槽两侧边的最外端宽度为有效宽度 b_e（见图 6.1-1b）。该尺寸无公差规定，在轮槽有效宽度处的直径是有效直径。

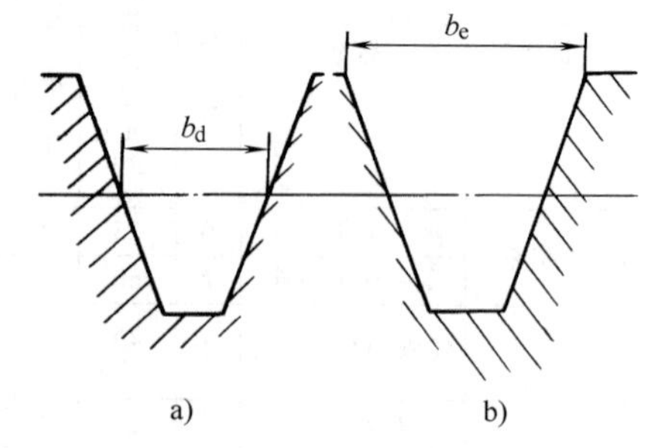

图 6.1-1 V 带的两种宽度制

由于尺寸制的不同，带的长度分别以基准长度和有效长度来表示。基准长度是在规定的张紧力下，V 带位于测量带轮基准直径处的周长；有效长度则是在规定的张紧力下，V 带位于测量带轮有效直径处的周长。

普通 V 带采用基准宽度制，窄 V 带则由于尺寸制的不同，有两种尺寸系列。在设计计算时，基本原理和计算公式是相同的，尺寸则有所差别。

2.1 尺寸规格、结构和力学性能

普通 V 带和窄 V 带（基准宽度制）的截面尺寸和露出高度见表 6.1-4，有效宽度制窄 V 带截面尺寸见表 6.1-5。窄 V 带的力学性能要求见表 6.1-6，普通 V 带和窄 V 带的基准带长和带长修正系数 K_L 见表 6.1-7。

表 6.1-4 V 带（基准宽度制）的截面尺寸和露出高度（摘自 GB/T 11544—2012） (mm)

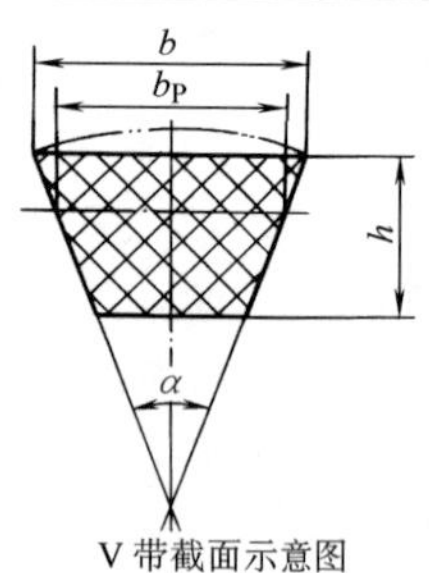

V 带截面示意图

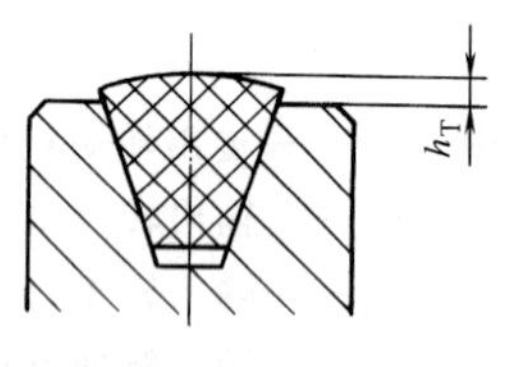

规定标记：
型号为 SPA 型基准长度为 1250mm 的窄 V 带
标记示例：
SPA1250 GB/T 11544—2012

型号		节宽 b_P	顶宽 b	高度 h	楔角 α	露出高度 h_T		适用槽形的基准宽度
						最大	最小	
普通 V 带	Y	5.3	6	4	40°	+0.8	−0.8	5.3
	Z	8.5	10	6		+1.6	−1.6	8.5
	A	11.0	13	8		+1.6	−1.6	11
	B	14.0	17	11		+1.6	−1.6	14
	C	19.0	22	14		+1.5	−2.0	19
	D	27.0	32	19		+1.6	−3.2	27
	E	32.0	38	23		+1.6	−3.2	32
窄 V 带	SPZ	8.5	10	8	40°	+1.1	−0.4	8.5
	SPA	11.0	13	10		+1.3	−0.6	11
	SPB	14.0	17	14		+1.4	−0.7	14
	SPC	19.0	22	18		+1.5	−1.0	19

有效宽度制窄 V 带有效带长和带长修正系数 K_L 见表 6.1-8。

表 6.1-5　有效宽度制窄 V 带截面尺寸

（摘自 GB/T 13575.2—2008）

型　号	截面尺寸/mm		楔角 α
	顶宽 b	高度 h	
9N(3V)	9.5	8.0	40°
15N(5V)	16.0	13.5	
25N(8V)	25.5	23.0	

表 6.1-6　窄 V 带的力学性能

（摘自 GB/T 12730—2008）

项目	指　标				
	SPZ、9N	SPA	SPB、15N	SPC	25N
抗拉强度≥/kN	2.3	3.0	5.4	9.8	12.7
参考力/kN	0.8	1.1	2.0	3.9	5.0
参考力伸长率(%)≤	4				5
线绳黏合强度≥/(kN/m)	13	17	21	27	31

表 6.1-7　普通 V 带和窄 V 带的基准带长和带长修正系数 K_L

（摘自 GB/T 11544—2012、GB/T 13575.1—2008）

普通 V 带

Y		Z		A		B		C		D		E	
L_d/mm	K_L	L_d/mm	K_L	L_d/mm	K_L	L_d/mm	K_L	L_d/mm	K_L	L_d/mm	K_L	L_d/mm	K_L
200	0.81	405	0.87	630	0.81	930	0.83	1565	0.82	2740	0.82	4660	0.91
224	0.82	475	0.90	700	0.83	1000	0.84	1760	0.85	3100	0.86	5040	0.92
250	0.84	530	0.93	790	0.85	1100	0.86	1950	0.87	3330	0.87	5420	0.94
280	0.87	625	0.96	890	0.87	1210	0.87	2195	0.90	3730	0.90	6100	0.96
315	0.89	700	0.99	990	0.89	1370	0.90	2420	0.92	4080	0.91	6850	0.99
355	0.92	780	1.00	1100	0.91	1560	0.92	2715	0.94	4620	0.94	7650	1.01
400	0.96	920	1.04	1250	0.93	1760	0.94	2880	0.95	5400	0.97	9150	1.05
450	1.00	1080	1.07	1430	0.96	1950	0.97	3080	0.97	6100	0.99	12230	1.11
500	1.02	1330	1.13	1550	0.98	2180	0.99	3520	0.99	6840	1.02	13750	1.15
		1420	1.14	1640	0.99	2300	1.01	4060	1.02	7620	1.05	15280	1.17
		1540	1.54	1750	1.00	2500	1.03	4600	1.05	9140	1.08	16800	1.19
				1940	1.02	2700	1.04	5380	1.08	10700	1.13		
				2050	1.04	2870	1.05	6100	1.11	12200	1.16		
				2200	1.06	3200	1.07	6815	1.14	13700	1.19		
				2300	1.07	3600	1.09	7600	1.17	15200	1.21		
				2480	1.09	4060	1.13	9100	1.21				
				2700	1.10	4430	1.15	10700	1.24				
						4820	1.17						
						5370	1.20						
						6070	1.24						

窄 V 带

L_d/mm	SPZ	SPA	SPB	SPC
	K_L			
630	0.82			
710	0.84			
800	0.86	0.81		
900	0.88	0.83		
1000	0.90	0.85		
1120	0.93	0.87		
1250	0.94	0.89	0.82	
1400	0.96	0.91	0.84	
1600	1.00	0.93	0.86	
1800	1.01	0.95	0.88	
2000	1.02	0.96	0.90	0.81
2240	1.05	0.98	0.92	0.83
2500	1.07	1.00	0.94	0.86
2800	1.09	1.02	0.96	0.88

窄 V 带

L_d/mm	SPZ	SPA	SPB	SPC
	K_L			
3150	1.11	1.04	0.98	0.90
3550	1.13	1.06	1.00	0.92
4000		1.08	1.02	0.94
4500		1.09	1.04	0.96
5000			1.06	0.98
5600			1.08	1.00
6300			1.10	1.02
7100			1.12	1.04
8000			1.14	1.06
9000				1.08
10000				1.10
11200				1.12
12500				1.14

表 6.1-8 有效宽度制窄 V 带的有效带长和带长修正系数 K_L（摘自 GB/T 13575.2—2008）

L_e/mm	9N、9J	15N、15J	25N、25J
	K_L		
630	0.83		
670	0.84		
710	0.85		
760	0.86		
800	0.87		
850	0.88		
900	0.89		
950	0.90		
1050	0.92		
1080	0.93		
1145	0.94		
1205	0.95		
1270	0.96	0.85	
1345	0.97	0.86	
1420	0.98	0.87	
1525	0.99	0.88	
1600	1.00	0.89	
1700	1.01	0.90	
1800	1.02	0.91	
1900	1.03	0.92	
2030	1.04	0.93	
2160	1.06	0.94	
2290	1.07	0.95	
2410	1.08	0.96	
2540	1.09	0.96	0.87
2690	1.10	0.97	0.88
2840	1.11	0.98	0.88
3000	1.12	0.99	0.89
3180	1.13	1.00	0.90
3350	1.14	1.01	0.91
3550	1.15	1.02	0.92
3810		1.03	0.93
4060		1.04	0.94
4320		1.05	0.94
4570		1.06	0.95
4830		1.07	0.96
5080		1.08	0.97
5380		1.09	0.98
5690		1.09	0.98
6000		1.10	0.99
6350		1.11	1.00
6730		1.12	1.01
7100		1.13	1.02
7620		1.14	1.03
8000		1.15	1.03
8500		1.16	1.04
9000		1.17	1.05
9500			1.06
10160			1.07
10800			1.08
11430			1.09
12060			1.09
12700			1.10

按 GB/T 1171—2017《一般传动用普通 V 带》的规定，普通 V 带有包边 V 带、切边 V 带两大类，其结构如图 6.1-2 所示，尺寸按 GB/T 11544—2012 的规定，力学性能应符合表 6.1-9 的规定。

按 GB/T 1171—2017 的规定，一般传动用普通 V 带的疲劳寿命，A 型和 B 型 V 带无扭矩疲劳寿命不小于 1.0×10^7 次，24h 中心距变化率不大于 2.0%。

2.2 V 带传动的设计

2.2.1 主要失效形式

主要失效形式包括：

1）带在带轮上打滑，不能传递动力。

2）带由于疲劳产生脱层、撕裂和拉断。

3）带的工作面磨损。

保证带在工作中不打滑，并具有一定的疲劳强度和使用寿命是 V 带传动设计的主要根据，也是靠摩擦传动的其他带传动设计的主要根据。

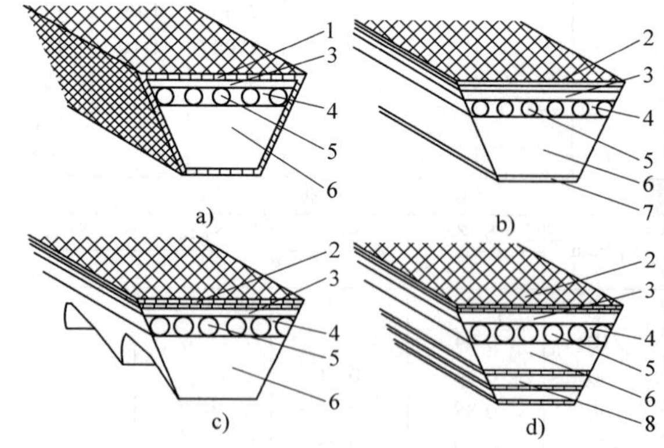

图 6.1-2 V 带结构示意图（摘自 GB/T 1171—2017）

a）包边 V 带 b）普通切边 V 带

c）有齿切边 V 带 d）底胶夹布切边 V 带

1—胶帆布 2—顶布 3—顶胶 4—缓冲胶

5—芯绳 6—底胶 7—底布 8—底胶夹布

2.2.2 设计计算

V 带传动的设计计算见表 6.1-10。

表 6.1-9　普通 V 带的力学性能（摘自 GB/T 1171—2017）

型号	抗拉强度/kN ≥	参考力 /kN	参考力伸长率(%) ≤		布与顶胶间黏合强度 /kN·m^{-1} ≥
			包边 V 带	切边 V 带	
Y	1.2	0.6	7.0	5.0	—
Z	2.0	0.8	7.0	5.0	—
A	3.0	1.4	7.0	5.0	—
B	5.0	2.4	7.0	5.0	2.0
C	9.0	3.9	7.0	5.0	2.0
D	15.0	7.8	7.0	—	2.0
E	20.0	11.8	7.0	—	2.0

表 6.1-10　V 带传动的设计计算

序号	计算项目	符号	单位	计算公式和参数选定	说　明
1	设计功率	P_d	kW	$P_d = K_A P$	P—传递的功率(kW) K_A—工况系数,见表 6.1-11
2	选定带型			根据 P_d 和 n_1 由图 6.1-3、图 6.1-4 或图 6.1-5 选取	n_1—小带轮转速(r/min)
3	传动比	i		$i=\dfrac{n_1}{n_2}=\dfrac{d_{p2}}{d_{p1}}$ 若计入滑动率 $i=\dfrac{n_1}{n_2}=\dfrac{d_{p2}}{(1-\varepsilon)d_{p1}}$ 通常 $\varepsilon=0.01\sim0.02$	n_2—大带轮转速(r/min) d_{p1}—小带轮的节圆直径(mm) d_{p2}—大带轮的节圆直径(mm) ε—弹性滑动率 通常带轮的节圆直径可视为基准直径
4	小带轮的基准直径	d_{d1}	mm	按表 6.1-15、表 6.1-16 选定	为提高 V 带的寿命,宜选取较大的直径
5	大带轮的基准直径	d_{d2}	mm	$d_{d2}=id_{d1}(1-\varepsilon)$	d_{d2} 应按表 6.1-15、表 6.1-16 选取标准值
6	带速	v	m/s	$v=\dfrac{\pi d_{p1}n_1}{60\times1000}\leqslant v_{max}$ 普通 V 带　$v_{max}=25\sim30$ 窄 V 带　$v_{max}=35\sim40$	一般 v 不得低于 5m/s
7	初定中心距	a_0	mm	$0.7(d_{d1}+d_{d2})\leqslant a_0<2(d_{d1}+d_{d2})$	或根据结构要求定
8	所需基准长度	L_{d0}	mm	$L_{d0}=2a_0+\dfrac{\pi}{2}(d_{d1}+d_{d2})+\dfrac{(d_{d2}-d_{d1})^2}{4a_0}$	由表 6.1-7 选取相近的 L_d。对有效宽度制 V 带,按有效直径计算所需带长度,由表 6.1-8 选相近带长
9	实际中心距	a	mm	$a\approx a_0+\dfrac{L_d-L_{d0}}{2}$	安装时所需最小中心距 $a_{min}=a-i, i=2b_d+0.009L_d$ 张紧或补偿伸长所需最大中心距 $a_{max}=a+s, s=0.02L_d$
10	小带轮包角	α_1	°	$\alpha_1=180°-\dfrac{d_{d2}-d_{d1}}{a}\times57.3°$	如 α_1 较小,应增大 a 或用张紧轮
11	单根 V 带传递的额定功率	P_1	kW	根据带型、d_{d1} 和 n_1 查表 6.1-14a～n	P_1 是 $\alpha=180°$、载荷平稳时,特定长度的单根 V 带基本额定功率
12	传动比 $i\neq1$ 的额定功率增量	ΔP_1	kW	根据带型、n_1 和 i 查表 6.1-14a～n	
13	V 带的根数	z		$z=\dfrac{P_d}{(P_1+\Delta P_1)K_\alpha K_L}$	K_α—小带轮包角修正系数,见表 6.1-12 K_L—带长修正系数,见表 6.1-7、表 6.1-8
14	单根 V 带的预紧力	F_0	N	$F_0=500\left(\dfrac{2.5}{K_\alpha}-1\right)\dfrac{P_d}{zv}+mv^2$	m—V 带每米长的质量(见表 6.1-13)(kg/m)
15	作用在轴上的力	F_r	N	$F_r=2F_0 z\sin\dfrac{\alpha_1}{2}$	
16	带轮的结构和尺寸				见本章 2.3 节

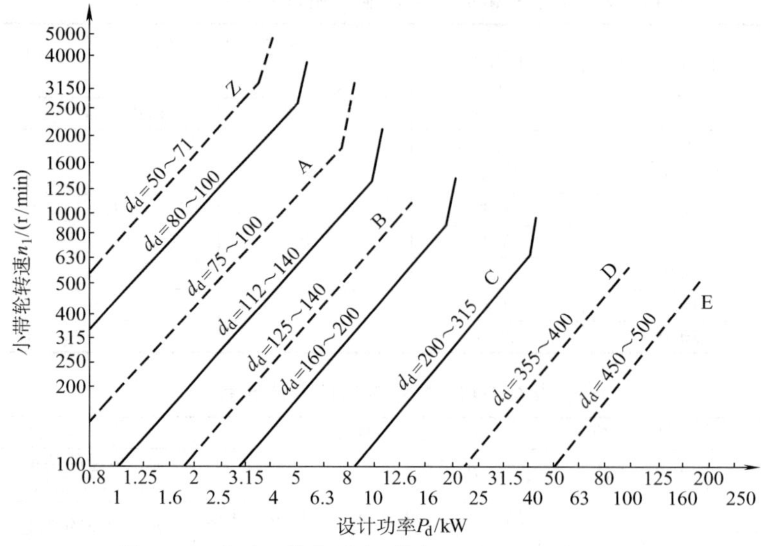

图 6.1-3 普通 V 带选型图（摘自 GB/T 13575.1—2008）

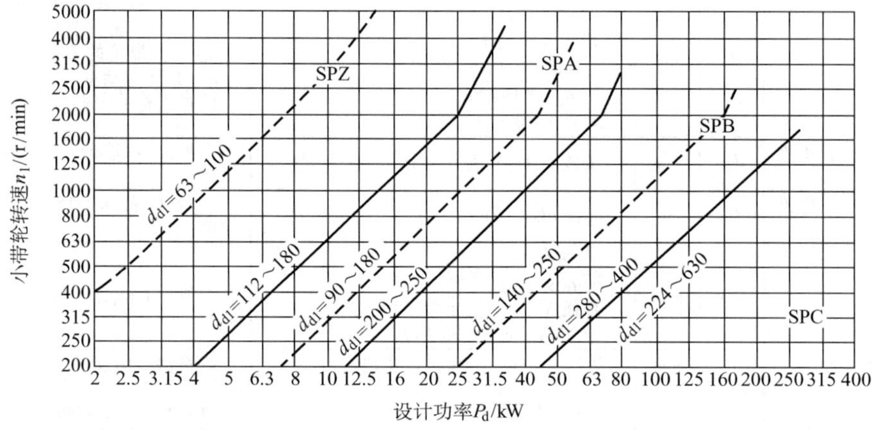

图 6.1-4 窄 V 带（基准宽度制）选型图（摘自 GB/T 13575.1—2008）

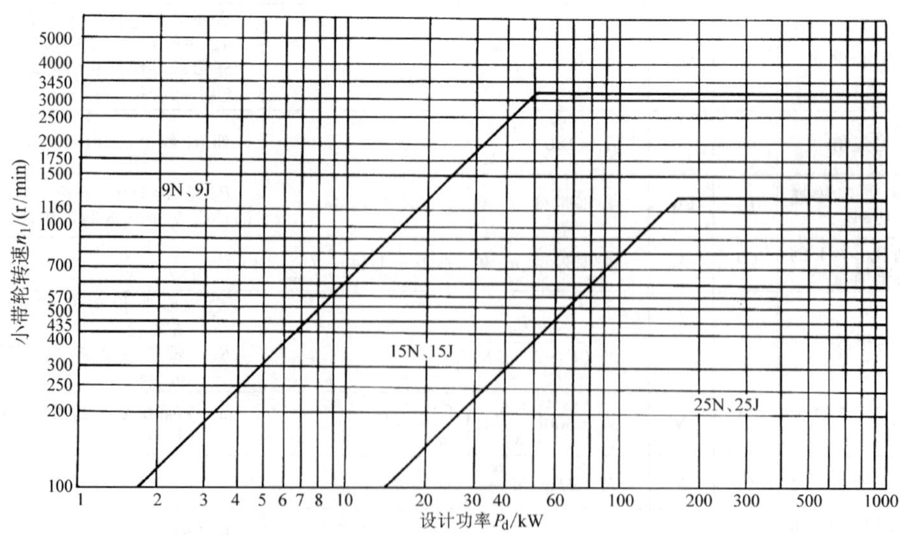

图 6.1-5 窄 V 带（有效宽度制）选型图（摘自 GB/T 13575.2—2008）

表 6.1-11　工况系数 K_A（摘自 GB/T 13575.1—2008）

工况		K_A					
		空、轻载起动			重载起动		
		每天工作时间/h					
		<10	10~16	>16	<10	10~16	>16
载荷变动最小	液体搅拌机、通风机和鼓风机（≤7.5kW）、离心式水泵和压缩机、轻载荷输送机	1.0	1.1	1.2	1.1	1.2	1.3
载荷变动小	带式输送机（不均匀负荷）、通风机（>7.5kW）、旋转式水泵和压缩机（非离心式）、发电机、金属切削机床、印刷机、旋转筛、锯木机和木工机械	1.1	1.2	1.3	1.2	1.3	1.4
载荷变动较大	制砖机、斗式提升机、往复式水泵和压缩机、起重机、磨粉机、冲剪机床、橡胶机械、振动筛、纺织机械、重载输送机	1.2	1.3	1.4	1.4	1.5	1.6
载荷变动很大	破碎机（旋转式、颚式等）、磨碎机（球磨、棒磨、管磨）	1.3	1.4	1.5	1.5	1.6	1.8

注：1. 空、轻载起动—电动机（交流起动、三角起动、直流并励），四缸以上的内燃机，装有离心式离合器、液力联轴器的动力机。

2. 重载起动—电动机（联机交流起动、直流复励或串励）、四缸以下的内燃机。

3. 反复起动、正反转频繁、工作条件恶劣等场合，K_A 应乘 1.2，窄 V 带乘 1.1。

4. 增速传动时 K_A 应乘下列系数：

增速比	1.25~1.74	1.75~2.49	2.5~3.49	≥3.5
系数	1.05	1.11	1.18	1.25

表 6.1-12　小带轮包角修正系数 K_α（摘自 GB/T 13575.1—2008）

小带轮包角 /（°）	K_α
180	1
175	0.99
170	0.98
165	0.96
160	0.95
155	0.93
150	0.92
145	0.91
140	0.89
135	0.88
130	0.86
120	0.82
110	0.78
100	0.74
95	0.72
90	0.69

表 6.1-13　V 带每米长的质量 m（摘自 GB/T 13575.1—2008、GB/T 13575.2—2008）

带型		m/kg·m^{-1}
基准宽度制普通 V 带	Y	0.023
	Z	0.060
	A	0.105
	B	0.170
	C	0.300
	D	0.630
	E	0.970
基准宽度制窄 V 带	SPZ	0.072
	SPA	0.112
	SPB	0.192
	SPC	0.370
有效宽度制窄 V 带	9N	0.08
	15N	0.20
	25N	0.57
有效宽度制联组窄 V 带	9J	0.122
	15J	0.252
	25J	0.693

表 6.1-14a　Y 型 V 带的额定功率（摘自 GB/T 1171—2017）　　（kW）

n_1/r · min^{-1}	小带轮基准直径 d_{d1}/mm								传动比 i 或 $1/i$									
	20	25	28	31.5	35.5	40	45	50	1.00~1.01	1.02~1.04	1.05~1.08	1.09~1.12	1.13~1.18	1.19~1.24	1.25~1.34	1.35~1.50	1.51~1.99	≥2.00
	单根 V 带的基本额定功率 P_1								$i\neq1$ 时额定功率的增量 ΔP_1									
200	—	—	—	—	—	—	—	0.04	0.00	0.00	0.00	0.00	0.00	0.00	0.00	0.00	0.00	0.00
400	—	—	—	—	—	—	0.04	0.05	0.00	0.00	0.00	0.00	0.00	0.00	0.00	0.00	0.00	0.00
700	—	—	—	0.03	0.04	0.04	0.05	0.06	0.00	0.00	0.00	0.00	0.00	0.00	0.00	0.00	0.00	0.00
800	—	0.03	0.03	0.04	0.05	0.05	0.06	0.07	0.00	0.00	0.00	0.00	0.00	0.00	0.00	0.00	0.00	0.00
950	0.01	0.03	0.04	0.04	0.05	0.06	0.07	0.08	0.00	0.00	0.00	0.00	0.00	0.00	0.01	0.01	0.01	0.01
1200	0.02	0.03	0.04	0.05	0.06	0.07	0.08	0.09	0.00	0.00	0.00	0.00	0.00	0.00	0.01	0.01	0.01	0.01
1450	0.02	0.04	0.05	0.06	0.06	0.08	0.09	0.11	0.00	0.00	0.00	0.00	0.00	0.01	0.01	0.01	0.01	0.01
1600	0.03	0.05	0.05	0.06	0.07	0.09	0.11	0.12	0.00	0.00	0.00	0.00	0.00	0.01	0.01	0.01	0.01	0.01
2000	0.03	0.05	0.06	0.07	0.08	0.11	0.12	0.14	0.00	0.00	0.00	0.00	0.00	0.01	0.01	0.01	0.01	0.02
2400	0.04	0.06	0.07	0.09	0.09	0.12	0.14	0.16	0.00	0.00	0.00	0.00	0.01	0.01	0.01	0.01	0.02	0.02
2800	0.04	0.07	0.08	0.10	0.11	0.14	0.16	0.18	0.00	0.00	0.00	0.01	0.01	0.01	0.01	0.02	0.02	0.02
3200	0.05	0.08	0.09	0.11	0.12	0.15	0.17	0.20	0.00	0.00	0.00	0.01	0.01	0.01	0.02	0.02	0.02	0.02
3600	0.06	0.08	0.10	0.12	0.13	0.16	0.19	0.22	0.00	0.00	0.01	0.01	0.01	0.02	0.02	0.02	0.02	[illegible]
4000	0.06	0.09	0.11	0.13	0.14	0.18	0.20	0.23	0.00	0.00	0.01	0.01	0.01	0.02	0.02	0.02	0.03	0.03
4500	0.07	0.10	0.12	0.14	0.16	0.19	0.21	0.24	0.00	0.00	0.01	0.01	0.01	0.02	0.02	0.02	0.03	0.03
5000	0.08	0.11	0.13	0.15	0.18	0.20	0.23	0.25	0.00	0.01	0.01	0.01	0.01	0.02	0.02	0.02	0.03	0.03
5500	0.09	0.12	0.14	0.16	0.19	0.22	0.24	0.26	0.00	0.01	0.01	0.01	0.01	0.02	0.02	0.02	0.03	0.03
6000	0.10	0.13	0.15	0.17	0.20	0.24	0.26	0.27	0.00	0.01	0.01	0.01	0.01	0.02	0.02	0.02	0.03	0.03

表 6.1-14b　Z 型 V 带的额定功率（摘自 GB/T 1171—2017）　　（kW）

n_1 /r · min^{-1}	小带轮基准直径 d_{d1}/mm						传动比 i 或 $1/i$									
	50	56	63	71	80	90	1.00~1.01	1.02~1.04	1.05~1.08	1.09~1.12	1.13~1.18	1.19~1.24	1.25~1.34	1.35~1.50	1.51~1.99	≥2.00
	单根 V 带的基本额定功率 P_1						$i\neq1$ 时额定功率的增量 ΔP_1									
200	0.04	0.04	0.05	0.06	0.10	0.10	0.00	0.00	0.00	0.00	0.00	0.00	0.00	0.00	0.00	0.00
400	0.06	0.06	0.08	0.09	0.14	0.14	0.00	0.00	0.00	0.00	0.00	0.00	0.00	0.00	0.01	0.01
700	0.09	0.11	0.13	0.17	0.20	0.22	0.00	0.00	0.00	0.00	0.00	0.00	0.01	0.01	0.01	0.02
800	0.10	0.12	0.15	0.20	0.22	0.24	0.00	0.00	0.00	0.00	0.01	0.01	0.01	0.01	0.02	0.02
960	0.12	0.14	0.18	0.23	0.26	0.28	0.00	0.00	0.00	0.01	0.01	0.01	0.01	0.02	0.02	0.02
1200	0.14	0.17	0.22	0.27	0.30	0.33	0.00	0.00	0.01	0.01	0.01	0.01	0.02	0.02	0.02	0.03
1450	0.16	0.19	0.25	0.30	0.35	0.36	0.00	0.00	0.01	0.01	0.01	0.02	0.02	0.02	0.02	0.03
1600	0.17	0.20	0.27	0.33	0.39	0.40	0.00	0.01	0.01	0.01	0.01	0.02	0.02	0.02	0.03	0.03
2000	0.20	0.25	1.32	0.39	0.44	0.48	0.00	0.01	0.01	0.02	0.02	0.02	0.02	0.03	0.03	0.04
2400	0.22	0.30	0.37	0.46	0.50	0.54	0.00	0.01	0.02	0.02	0.02	0.03	0.03	0.03	0.04	0.04
2800	0.26	0.33	0.41	0.50	0.56	0.60	0.00	0.01	0.02	0.02	0.03	0.03	0.03	0.04	0.04	0.04
3200	0.28	0.35	0.45	0.54	0.61	0.64	0.00	0.01	0.03	0.03	0.03	0.03	0.03	0.04	0.04	0.05
3600	0.30	0.37	0.47	0.58	0.64	0.68	0.00	0.02	0.03	0.03	0.03	0.04	0.04	0.04	0.05	0.05
4000	0.32	0.39	0.49	0.61	0.67	0.72	0.00	0.02	0.03	0.04	0.04	0.04	0.04	0.05	0.05	0.06
4500	0.33	0.40	0.50	0.62	0.67	0.73	0.00	0.02	0.03	0.04	0.04	0.04	0.05	0.05	0.06	0.06
5000	0.34	0.41	0.50	0.62	0.66	0.73	0.00	0.02	0.03	0.04	0.04	0.04	0.05	0.05	0.06	0.06
5500	0.33	0.41	0.49	0.61	0.64	0.65	0.00	0.02	0.03	0.04	0.04	0.04	0.05	0.05	0.06	0.06
6000	0.31	0.40	0.48	0.56	0.61	0.56	0.00	0.02	0.03	0.04	0.04	0.04	0.05	0.05	0.06	0.06

表 6.1-14c　A 型 V 带的额定功率（摘自 GB/T 1171—2017）　　（kW）

n_1/r·min^{-1}	小带轮基准直径 d_{d1}/mm								传动比 i 或 $1/i$									
	75	90	100	112	125	140	160	180	1.00~1.01	1.02~1.04	1.05~1.08	1.09~1.12	1.13~1.18	1.19~1.24	1.25~1.34	1.35~1.51	1.52~1.99	≥2.00
	单根 V 带的基本额定功率 P_1								$i \neq 1$ 时额定功率的增量 ΔP_1									
200	0.15	0.22	0.26	0.31	0.37	0.43	0.51	0.59	0.00	0.00	0.01	0.01	0.01	0.01	0.02	0.02	0.02	0.03
400	0.26	0.39	0.47	0.56	0.67	0.78	0.94	1.09	0.00	0.01	0.01	0.02	0.02	0.03	0.03	0.04	0.04	0.05
700	0.40	0.61	0.74	0.90	1.07	1.26	1.51	1.76	0.00	0.01	0.02	0.03	0.04	0.05	0.06	0.07	0.08	0.09
800	0.45	0.68	0.83	1.00	1.19	1.41	1.69	1.97	0.00	0.01	0.02	0.03	0.04	0.05	0.06	0.08	0.09	0.10
950	0.51	0.77	0.95	1.15	1.37	1.62	1.95	2.27	0.00	0.01	0.03	0.04	0.05	0.06	0.07	0.08	0.10	0.11
1200	0.60	0.93	1.14	1.39	1.66	1.96	2.36	2.74	0.00	0.02	0.03	0.05	0.07	0.08	0.10	0.11	0.13	0.15
1450	0.68	1.07	1.32	1.61	1.92	2.28	2.73	3.16	0.00	0.02	0.04	0.06	0.08	0.09	0.11	0.13	0.15	0.17
1600	0.73	1.15	1.42	1.74	2.07	2.45	2.54	3.40	0.00	0.02	0.04	0.06	0.09	0.11	0.13	0.15	0.17	0.19
2000	0.84	1.34	1.66	2.04	2.44	2.87	3.42	3.93	0.00	0.03	0.06	0.08	0.11	0.13	0.16	0.19	0.22	0.24
2400	0.92	1.50	1.87	2.30	2.74	3.22	3.80	4.32	0.00	0.03	0.07	0.10	0.13	0.16	0.19	0.23	0.26	0.29
2800	1.00	1.64	2.05	2.51	2.98	3.48	4.06	4.54	0.00	0.04	0.08	0.11	0.15	0.19	0.23	0.26	0.30	0.34
3200	1.04	1.75	2.19	2.68	3.16	3.65	4.19	4.58	0.00	0.04	0.09	0.13	0.17	0.22	0.26	0.30	0.34	0.39
3600	1.08	1.83	2.28	2.78	3.26	3.72	4.17	4.40	0.00	0.05	0.10	0.15	0.19	0.24	0.29	0.34	0.39	0.44
4000	1.09	1.87	2.34	2.83	3.28	3.67	3.98	4.00	0.00	0.05	0.11	0.16	0.22	0.27	0.32	0.38	0.43	0.48
4500	1.07	1.83	2.33	2.79	3.17	3.44	3.48	3.13	0.00	0.06	0.12	0.18	0.24	0.30	0.36	0.42	0.48	0.54
5000	1.02	1.82	2.25	2.64	2.91	2.99	2.67	1.81	0.00	0.07	0.14	0.20	0.27	0.34	0.40	0.47	0.54	0.60
5500	0.96	1.70	2.07	2.37	2.48	2.31	1.51	—	0.00	0.08	0.15	0.23	0.30	0.38	0.46	0.53	0.60	0.68
6000	0.80	1.50	1.80	1.96	1.87	1.37	—	—	0.00	0.08	0.16	0.24	0.32	0.40	0.49	0.57	0.65	0.73

表 6.1-14d　B 型 V 带的额定功率（摘自 GB/T 1171—2017）　　（kW）

n_1/r·min^{-1}	小带轮基准直径 d_{d1}/mm								传动比 i 或 $1/i$									
	125	140	160	180	200	224	250	280	1.00~1.01	1.02~1.04	1.05~1.08	1.09~1.12	1.13~1.18	1.19~1.24	1.25~1.34	1.35~1.51	1.52~1.99	≥2.00
	单根 V 带的基本额定功率 P_1								$i \neq 1$ 时额定功率的增量 ΔP_1									
200	0.48	0.59	0.74	0.88	1.02	1.19	1.37	1.58	0.00	0.01	0.01	0.02	0.03	0.04	0.04	0.05	0.06	0.06
400	0.84	1.05	1.32	1.59	1.85	2.17	2.50	2.89	0.00	0.01	0.03	0.04	0.06	0.07	0.08	0.10	0.11	0.13
700	1.30	1.64	2.09	2.53	2.96	3.47	4.00	4.61	0.00	0.02	0.05	0.07	0.10	0.12	0.15	0.17	0.20	0.22
800	1.44	1.82	2.32	2.81	3.30	3.86	4.46	5.13	0.00	0.03	0.06	0.08	0.11	0.14	0.17	0.20	0.23	0.25
950	1.64	2.08	2.66	3.22	3.77	4.42	5.10	5.85	0.00	0.03	0.07	0.10	0.13	0.17	0.20	0.23	0.26	0.30
1200	1.93	2.47	3.17	3.85	4.50	5.26	6.04	6.90	0.00	0.04	0.08	0.13	0.17	0.21	0.25	0.30	0.34	0.38
1450	2.19	2.82	3.62	4.39	5.13	5.97	6.82	7.76	0.00	0.05	0.10	0.15	0.20	0.25	0.31	0.36	0.40	0.46
1600	2.33	3.00	3.86	4.68	5.46	6.33	7.20	8.13	0.00	0.06	0.11	0.17	0.23	0.28	0.34	0.39	0.45	0.51
1800	2.50	3.23	4.15	5.02	5.83	6.73	7.63	8.46	0.00	0.06	0.13	0.19	0.25	0.32	0.38	0.44	0.51	0.57
2000	2.64	3.42	4.40	5.30	6.13	7.02	7.87	8.60	0.00	0.07	0.14	0.21	0.28	0.35	0.42	0.49	0.56	0.63
2200	2.76	3.58	4.60	5.52	6.35	7.19	7.97	8.53	0.00	0.08	0.16	0.23	0.31	0.39	0.46	0.54	0.62	0.70
2400	2.85	3.70	4.75	5.67	6.47	7.25	7.89	8.22	0.00	0.08	0.17	0.25	0.34	0.42	0.51	0.59	0.68	0.76
2800	2.96	3.85	4.89	5.76	6.43	6.95	7.14	6.80	0.00	0.10	0.20	0.29	0.39	0.49	0.59	0.69	0.79	0.89
3200	2.94	3.83	4.80	5.52	5.95	6.05	5.60	4.26	0.00	0.11	0.23	0.34	0.45	0.56	0.68	0.79	0.90	1.01
3600	2.80	3.63	4.46	4.92	4.98	4.47	3.12	—	0.00	0.13	0.25	0.38	0.51	0.63	0.76	0.89	1.01	1.14
4000	2.51	3.24	3.82	3.92	3.47	2.14	—	—	0.00	0.14	0.28	0.42	0.56	0.70	0.84	0.99	1.13	1.27
4500	1.93	2.45	2.59	2.04	0.73	—	—	—	0.00	0.16	0.32	0.48	0.63	0.79	0.95	1.11	1.27	1.43
5000	1.09	1.29	0.81	—	—	—	—	—	0.00	0.18	0.36	0.53	0.71	0.89	1.07	1.24	1.42	1.60

表 6.1-14e C 型 V 带的额定功率（摘自 GB/T 1171—2017） （kW）

n_1/r·min^{-1}	小带轮基准直径 d_{d1}/mm								传动比 i 或 $1/i$									
	200	224	250	280	315	355	400	450	1.00~1.01	1.02~1.04	1.05~1.08	1.09~1.12	1.13~1.18	1.19~1.24	1.25~1.34	1.35~1.51	1.52~1.99	≥2.00
	单根 V 带的基本额定功率 P_1								$i \neq 1$ 时额定功率的增量 ΔP_1									
200	1.39	1.70	2.03	2.42	2.84	3.36	3.91	4.51	0.00	0.02	0.04	0.06	0.08	0.10	0.12	0.14	0.16	0.18
300	1.92	2.37	2.85	3.40	4.04	4.75	5.54	6.40	0.00	0.03	0.06	0.09	0.12	0.15	0.18	0.21	0.24	0.26
400	2.41	2.99	3.62	4.32	5.14	6.05	7.06	8.20	0.00	0.04	0.08	0.12	0.16	0.20	0.23	0.27	0.31	0.35
500	2.87	3.58	4.33	5.19	6.17	7.27	8.52	9.81	0.00	0.05	0.10	0.15	0.20	0.24	0.29	0.34	0.39	0.44
600	3.30	4.12	5.00	6.00	7.14	8.45	9.82	11.29	0.00	0.06	0.12	0.18	0.24	0.29	0.35	0.41	0.47	0.53
700	3.69	4.64	5.64	6.76	8.09	9.50	11.02	12.63	0.00	0.07	0.14	0.21	0.27	0.34	0.41	0.48	0.55	0.62
800	4.07	5.12	6.23	7.52	8.92	10.46	12.10	13.80	0.00	0.08	0.16	0.23	0.31	0.39	0.47	0.55	0.63	0.71
950	4.58	5.78	7.04	8.49	10.05	11.73	13.48	15.23	0.00	0.09	0.19	0.27	0.37	0.47	0.56	0.65	0.74	0.83
1200	5.29	6.71	8.21	9.81	11.53	13.31	15.04	16.59	0.00	0.12	0.24	0.35	0.47	0.59	0.70	0.82	0.94	1.06
1450	5.84	7.45	9.04	10.72	12.46	14.12	15.53	16.47	0.00	0.14	0.28	0.42	0.58	0.71	0.85	0.99	1.14	1.27
1600	6.07	7.75	9.38	11.06	12.72	14.19	15.24	15.57	0.00	0.16	0.31	0.47	0.63	0.78	0.94	1.10	1.25	1.41
1800	6.28	8.00	9.63	11.22	12.67	13.73	14.08	13.29	0.00	0.18	0.35	0.53	0.71	0.88	1.06	1.23	1.41	1.59
2000	6.34	8.06	9.62	11.04	12.14	12.59	11.95	9.64	0.00	0.20	0.39	0.59	0.78	0.98	1.17	1.37	1.57	1.76
2200	6.26	7.92	9.34	10.48	11.08	10.70	8.75	4.44	0.00	0.22	0.43	0.65	0.86	1.08	1.29	1.51	1.72	1.94
2400	6.02	7.57	8.75	9.50	9.43	7.98	4.34	—	0.00	0.23	0.47	0.70	0.94	1.18	1.41	1.65	1.88	2.12
2600	5.61	6.93	7.85	8.08	7.11	4.32	—	—	0.00	0.25	0.51	0.76	1.02	1.27	1.53	1.78	2.04	2.29
2800	5.01	6.08	6.56	6.13	4.16	—	—	—	0.00	0.27	0.55	0.82	1.10	1.37	1.64	1.92	2.19	2.47
3200	3.23	3.57	2.93	—	—	—	—	—	0.00	0.31	0.61	0.91	1.22	1.53	1.63	2.14	2.44	2.75

表 6.1-14f D 型 V 带的额定功率（摘自 GB/T 1171—2017） （kW）

n_1/r·min^{-1}	小带轮基准直径 d_{d1}/mm								传动比 i 或 $1/i$									
	355	400	450	500	560	630	710	800	1.00~1.01	1.02~1.04	1.05~1.08	1.09~1.12	1.13~1.18	1.19~1.24	1.25~1.34	1.35~1.51	1.52~1.99	≥2.00
	单根 V 带的基本额定功率 P_1								$i \neq 1$ 时额定功率的增量 ΔP_1									
100	3.01	3.66	4.37	5.08	5.91	6.88	8.01	9.22	0.00	0.03	0.07	0.10	0.14	0.17	0.21	0.24	0.28	0.31
150	4.20	5.14	6.17	7.18	8.43	9.82	11.38	13.11	0.00	0.05	0.11	0.15	0.21	0.26	0.31	0.36	0.42	0.47
200	5.31	6.52	7.90	9.21	10.76	12.54	14.55	16.76	0.00	0.07	0.14	0.21	0.28	0.35	0.42	0.49	0.56	0.63
250	6.36	7.88	9.50	11.09	12.97	15.13	17.54	20.18	0.00	0.09	0.18	0.26	0.35	0.44	0.57	0.61	0.70	0.78
300	7.35	9.13	11.02	12.88	15.07	17.57	20.35	23.39	0.00	0.10	0.21	0.31	0.42	0.52	0.62	0.73	0.83	0.94
400	9.24	11.45	13.85	16.20	18.95	22.05	25.45	29.08	0.00	0.14	0.28	0.42	0.56	0.70	0.83	0.97	1.11	1.25
500	10.90	13.55	16.40	19.17	22.38	25.94	29.76	33.72	0.00	0.17	0.35	0.52	0.70	0.87	1.04	1.22	1.39	1.56
600	12.39	15.42	18.67	21.78	25.32	29.18	33.18	37.13	0.00	0.21	0.42	0.62	0.83	1.04	1.25	1.46	1.67	1.88
700	13.70	17.07	20.63	23.99	27.73	31.68	35.59	39.14	0.00	0.24	0.49	0.73	0.97	1.22	1.46	1.70	1.95	2.19
800	14.83	18.46	22.25	25.76	29.55	33.38	36.87	39.55	0.00	0.28	0.56	0.83	1.11	1.39	1.67	1.95	2.22	2.50
950	16.15	20.06	24.01	27.50	31.04	34.19	36.35	36.76	0.00	0.33	0.66	0.99	1.32	1.60	1.92	2.31	2.64	2.97
1100	16.98	20.99	24.84	28.02	30.85	32.65	32.52	29.26	0.00	0.38	0.77	1.15	1.53	1.91	2.29	2.68	3.06	3.44
1200	17.25	21.20	24.84	26.71	29.67	30.15	27.88	21.32	0.00	0.42	0.84	1.25	1.67	2.09	2.50	2.92	3.34	3.75
1300	17.26	21.06	24.35	26.54	27.58	26.37	21.42	10.73	0.00	0.45	0.91	1.35	1.81	2.26	2.71	3.16	3.61	4.06
1450	16.77	20.15	22.02	23.59	22.58	18.06	7.99	—	0.00	0.51	1.01	1.51	2.02	2.52	3.02	3.52	4.03	4.53
1600	15.63	18.31	19.59	18.88	15.13	6.25	—	—	0.00	0.56	1.11	1.67	2.23	2.78	3.33	3.89	4.45	5.00
1800	12.97	14.28	13.34	9.59	—	—	—	—	0.00	0.63	1.24	1.88	2.51	3.13	3.74	4.38	5.01	5.62

表 6.1-14g　E 型 V 带的额定功率（摘自 GB/T 1171—2017）　（kW）

n_1/r·min^{-1}	小带轮基准直径 d_{d1}/mm								传动比 i 或 $1/i$									
	500	560	630	710	800	900	1000	1120	1.00～1.01	1.02～1.04	1.05～1.08	1.09～1.12	1.13～1.18	1.19～1.24	1.25～1.34	1.35～1.51	1.52～1.99	≥2.00
	单根 V 带的基本额定功率 P_1								$i \neq 1$ 时额定功率的增量 ΔP_1									
100	6.21	7.32	8.75	10.31	12.05	13.96	15.64	18.07	0.00	0.07	0.14	0.21	0.28	0.34	0.41	0.48	0.55	0.62
150	8.60	10.33	12.32	14.56	17.05	19.76	22.14	25.58	0.00	0.10	0.20	0.31	0.41	0.52	0.62	0.72	0.83	0.93
200	10.86	13.09	15.65	18.52	21.70	25.15	28.52	32.47	0.00	0.14	0.28	0.41	0.55	0.69	0.83	0.96	1.10	1.24
250	12.97	15.67	18.77	22.23	26.03	30.14	34.11	38.71	0.00	0.17	0.34	0.52	0.69	0.86	1.03	1.20	1.37	1.55
300	14.96	18.10	21.69	25.69	30.05	34.71	39.17	44.26	0.00	0.21	0.41	0.62	0.83	1.03	1.24	1.45	1.65	1.86
350	16.81	20.38	24.42	28.89	33.73	38.64	43.66	49.04	0.00	0.24	0.48	0.72	0.96	1.20	1.45	1.69	1.92	2.17
400	18.55	22.49	26.95	31.83	37.05	42.49	47.52	52.98	0.00	0.28	0.55	0.83	1.00	1.38	1.65	1.93	2.20	2.48
500	21.65	26.25	31.36	36.85	42.53	48.20	53.12	57.94	0.00	0.34	0.64	1.03	1.38	1.72	2.07	2.41	2.75	3.10
600	24.21	29.30	34.83	40.58	46.26	51.48	55.45	58.42	0.00	0.41	0.83	1.24	1.65	2.07	2.48	2.89	3.31	3.72
700	26.21	31.59	37.26	42.87	47.96	51.95	54.00	53.62	0.00	0.48	0.97	1.45	1.93	2.41	2.89	3.38	3.86	4.34
800	27.57	33.03	38.52	43.52	47.38	49.21	48.19	42.77	0.00	0.55	1.10	1.65	2.21	2.76	3.31	3.86	4.41	4.96
950	28.32	33.40	37.92	41.02	41.59	38.19	30.08	—	0.00	0.65	1.29	1.95	2.62	3.27	3.92	4.58	5.23	5.89
1100	27.30	31.35	33.94	33.74	29.06	17.65	—	—	0.00	0.76	1.52	2.27	3.03	3.79	4.40	5.30	6.06	6.82
1200	25.53	28.49	29.17	25.91	16.46	—	—	—										
1300	22.82	24.31	22.56	15.44	—	—	—	—										
1450	16.82	15.35	8.85	—	—	—	—	—										

表 6.1-14h　SPZ 型窄 V 带的额定功率（摘自 GB/T 13575.1—2008）

d_{d1}/mm	i 或 $\frac{1}{i}$	小轮转速 n_1/r·min^{-1}															
		200	400	700	800	950	1200	1450	1600	2000	2400	2800	3200	3600	4000	4500	5000
		额定功率 P_1/kW															
63	1	0.20	0.35	0.54	0.60	0.68	0.81	0.93	1.00	1.17	1.32	1.45	1.56	1.66	1.74	1.81	1.85
	1.2	0.22	0.39	0.61	0.68	0.78	0.94	1.08	1.17	1.38	1.57	1.74	1.89	2.03	2.15	2.27	2.37
	1.5	0.23	0.41	0.65	0.72	0.83	1.00	1.16	1.25	1.48	1.69	1.88	2.06	2.21	2.35	2.50	2.63
	≥3	0.24	0.43	0.68	0.76	0.88	1.06	1.23	1.33	1.58	1.81	2.03	2.22	2.40	2.56	2.74	2.88
71	1	0.25	0.44	0.70	0.78	0.90	1.08	1.25	1.35	1.59	1.81	2.00	2.18	2.33	2.46	2.59	2.68
	1.2	0.27	0.49	0.77	0.87	1.00	1.20	1.40	1.51	1.79	2.05	2.29	2.51	2.70	2.87	3.05	3.20
	1.5	0.28	0.51	0.81	0.91	1.04	1.26	1.47	1.59	1.90	2.18	2.43	2.67	2.88	3.08	3.28	3.45
	≥3	0.29	0.53	0.85	0.95	1.09	1.33	1.55	1.68	2.00	2.30	2.58	2.83	3.07	3.28	3.51	3.71
80	1	0.31	0.55	0.88	0.99	1.14	1.38	1.60	1.73	2.05	2.34	2.61	2.85	3.06	3.24	3.42	3.56
	1.2	0.33	0.59	0.96	1.07	1.24	1.50	1.75	1.89	2.25	2.59	2.90	3.18	3.43	3.65	3.89	4.07
	1.5	0.34	0.61	0.99	1.11	1.28	1.56	1.82	1.97	2.36	2.71	3.04	3.34	3.61	3.86	4.12	4.33
	≥3	0.35	0.64	1.03	1.15	1.33	1.62	1.90	2.06	2.46	2.84	3.18	3.51	3.80	4.06	4.35	4.58
90	1	0.37	0.67	1.09	1.21	1.40	1.70	1.98	2.14	2.55	2.93	3.26	3.57	3.84	4.07	4.30	4.46
	1.2	0.39	0.71	1.16	1.30	1.50	1.82	2.13	2.31	2.76	3.17	3.55	3.90	4.21	4.48	4.76	4.97
	1.5	0.40	0.74	1.19	1.34	1.55	1.88	2.20	2.39	2.86	3.30	3.70	4.06	4.39	4.68	4.99	5.23
	≥3	0.41	0.76	1.23	1.38	1.60	1.95	2.28	2.47	2.96	3.42	3.84	4.23	4.58	4.89	5.22	5.48
100	1	0.43	0.79	1.28	1.44	1.66	2.02	2.36	2.55	3.05	3.49	3.90	4.26	4.58	4.85	5.10	5.27
	1.2	0.45	0.83	1.35	1.52	1.76	2.14	2.51	2.72	3.25	3.74	4.19	4.59	4.95	5.26	5.57	5.79
	1.5	0.46	0.85	1.39	1.56	1.81	2.20	2.58	2.80	3.35	3.86	4.33	4.76	5.13	5.46	5.80	6.05
	≥3	0.47	0.87	1.43	1.60	1.86	2.27	2.66	2.88	3.46	3.99	4.48	4.92	5.32	5.67	6.03	6.30
112	1	0.51	0.93	1.52	1.70	1.97	2.40	2.80	3.04	3.62	4.16	4.64	5.06	5.42	5.72	5.99	6.14
	1.2	0.53	0.98	1.59	1.78	2.07	2.52	2.95	3.20	3.83	4.41	4.93	5.39	5.79	6.13	6.45	6.65
	1.5	0.54	1.00	1.63	1.83	2.12	2.58	3.03	3.28	3.93	4.53	5.07	5.55	5.98	6.33	6.68	6.91
	≥3	0.55	1.02	1.66	1.87	2.17	2.65	3.10	3.37	4.04	4.65	5.21	5.72	6.16	6.54	6.91	7.17
125	1	0.59	1.09	1.77	1.99	2.30	2.80	3.28	3.55	4.24	4.85	5.40	5.88	6.27	6.58	6.83	6.92
	1.2	0.61	1.13	1.84	2.07	2.40	2.93	3.43	3.72	4.44	5.10	5.69	6.21	6.64	6.99	7.29	7.44
	1.5	0.62	1.15	1.88	2.11	2.45	2.99	3.50	3.80	4.54	5.22	5.83	6.37	6.83	7.19	7.52	7.69
	≥3	0.63	1.17	1.91	2.15	2.50	3.05	3.58	3.88	4.65	5.35	5.98	6.53	7.01	7.40	7.75	7.95

（续）

d_{d1} /mm	i 或 $\frac{1}{i}$	小轮转速 n_1/r·min^{-1}															
		200	400	700	800	950	1200	1450	1600	2000	2400	2800	3200	3600	4000	4500	5000
		额定功率 P_1，kW															
140	1	0.68	1.26	2.06	2.31	2.68	3.26	3.82	4.13	4.92	5.63	6.24	6.75	7.16	7.45	7.64	7.60
	1.2	0.70	1.30	2.13	2.39	2.77	3.39	3.96	4.30	5.13	5.87	6.53	7.08	7.53	7.86	8.10	8.12
	1.5	0.71	1.32	2.17	2.43	2.82	3.45	4.04	4.38	5.23	6.00	6.67	7.25	7.72	8.07	8.33	8.37
	≥3	0.72	1.34	2.20	2.47	2.87	3.51	4.11	4.46	5.33	6.12	6.81	7.41	7.90	8.27	8.56	8.63
160	1	0.80	1.49	2.44	2.73	3.17	3.86	4.51	4.88	5.80	6.60	7.27	7.81	8.19	8.40	8.41	8.11
	1.2	0.82	1.53	2.51	2.82	3.27	3.98	4.66	5.05	6.00	6.84	7.56	8.13	8.56	8.81	8.88	8.62
	1.5	0.83	1.55	2.54	2.86	3.32	4.05	4.74	5.13	6.11	6.97	7.70	8.30	8.74	9.02	9.11	8.88
	≥3	0.84	1.57	2.58	2.90	3.37	4.11	4.81	5.21	6.21	7.09	7.85	8.46	8.93	9.22	9.34	9.14
180	1	0.92	1.71	2.81	3.15	3.65	4.45	5.19	5.61	6.63	7.50	8.20	8.71	9.01	9.08	8.81	8.11
	1.2	0.94	1.76	2.88	3.23	3.75	4.57	5.34	5.77	6.84	7.75	8.49	9.04	9.38	9.49	9.28	8.62
	1.5	0.95	1.78	2.92	3.28	3.80	4.63	5.41	5.86	6.94	7.87	8.63	9.21	9.57	9.70	9.51	8.88
	≥3	0.96	1.80	2.95	3.32	3.85	4.69	5.49	5.94	7.04	8.00	8.78	9.37	9.75	9.90	9.74	9.14

表 6.1-14i　SPA 型窄 V 带的额定功率（摘自 GB/T 13575.1—2008）

d_{d1} /mm	i 或 $\frac{1}{i}$	小轮转速 n_1/r·min^{-1}															
		200	400	700	800	950	1200	1450	1600	2000	2400	2800	3200	3600	4000	4500	5000
		额定功率 P_1/kW															
90	1	0.43	0.75	1.17	1.30	1.48	1.76	2.02	2.16	2.49	2.77	3.00	3.16	3.26	3.29	3.24	3.07
	1.2	0.47	0.85	1.34	1.49	1.70	2.04	2.35	2.53	2.96	3.33	3.64	3.90	4.09	4.22	4.28	4.22
	1.5	0.50	0.89	1.42	1.58	1.81	2.18	2.52	2.71	3.19	3.60	3.96	4.27	4.50	4.68	4.80	4.80
	≥3	0.52	0.94	1.50	1.67	1.92	2.32	2.69	2.90	3.42	3.88	4.29	4.63	4.92	5.14	5.32	5.37
100	1	0.53	0.94	1.49	1.65	1.89	2.27	2.61	2.80	3.27	3.67	3.99	4.25	4.42	4.50	4.48	4.31
	1.2	0.57	1.03	1.65	1.84	2.11	2.54	2.95	3.17	3.73	4.22	4.64	4.98	5.25	5.43	5.52	5.46
	1.5	0.60	1.08	1.73	1.93	2.22	2.68	3.11	3.36	3.96	4.50	4.96	5.35	5.66	5.89	6.04	6.04
	≥3	0.62	1.13	1.81	2.02	2.33	2.82	3.28	3.54	4.19	4.78	5.29	5.72	6.08	6.35	6.56	6.62
112	1	0.64	1.16	1.86	2.07	2.38	2.86	3.31	3.57	4.18	4.71	5.15	5.49	5.72	5.85	5.83	5.61
	1.2	0.69	1.26	2.02	2.26	2.60	3.14	3.65	3.94	4.64	5.27	5.79	6.23	6.55	6.77	6.87	6.76
	1.5	0.71	1.30	2.10	2.35	2.71	3.28	3.82	4.12	4.87	5.54	6.12	6.60	6.97	7.23	7.39	7.34
	≥3	0.74	1.35	2.18	2.44	2.82	3.42	3.98	4.30	5.11	5.82	6.44	6.96	7.38	7.69	7.91	7.91
125	1	0.77	1.40	2.25	2.52	2.90	3.50	4.06	4.38	5.15	5.80	6.34	6.76	7.03	7.16	7.09	6.75
	1.2	0.82	1.50	2.42	2.70	3.12	3.78	4.40	4.75	5.61	6.36	6.99	7.49	7.86	8.08	8.13	7.90
	1.5	0.84	1.54	2.50	2.80	3.23	3.92	4.56	4.93	5.84	6.63	7.31	7.86	8.28	8.54	8.65	8.48
	≥3	0.86	1.59	2.58	2.89	3.34	4.06	4.73	5.12	6.07	6.91	7.63	8.23	8.69	9.01	9.17	9.06
140	1	0.92	1.66	2.71	3.03	3.49	4.23	4.91	5.29	6.22	7.01	7.64	8.11	8.39	8.48	8.27	7.69
	1.2	0.96	1.77	2.87	3.21	3.71	4.50	5.24	5.66	6.68	7.56	8.29	8.85	9.22	9.40	9.31	8.85
	1.5	0.99	1.82	2.95	3.31	3.82	4.64	5.41	5.84	6.91	7.84	8.61	9.22	9.64	9.85	9.83	9.42
	≥3	1.01	1.86	3.03	3.40	3.93	4.78	5.58	6.03	7.14	8.12	8.94	9.59	10.05	10.32	10.35	10.00
160	1	1.11	2.04	3.30	3.70	4.27	5.17	6.01	6.47	7.60	8.53	9.24	9.72	9.94	9.87	9.34	8.28
	1.2	1.15	2.13	3.46	3.88	4.49	5.45	6.34	6.84	8.06	9.08	9.89	10.46	10.77	10.79	10.38	9.43
	1.5	1.18	2.18	3.55	3.98	4.60	5.59	6.51	7.03	8.29	9.36	10.21	10.83	11.18	11.25	10.90	10.01
	≥3	1.20	2.22	3.63	4.07	4.71	5.73	6.68	7.21	8.52	9.63	10.53	11.20	11.60	11.72	11.42	10.58
180	1	1.30	2.39	3.89	4.36	5.04	6.10	7.07	7.62	8.90	9.93	10.67	11.09	11.15	10.81	9.78	7.99
	1.2	1.34	2.49	4.05	4.54	5.25	6.37	7.41	7.99	9.37	10.49	11.32	11.83	11.98	11.73	10.81	9.15
	1.5	1.37	2.53	4.13	4.64	5.36	6.51	7.57	8.17	9.60	10.76	11.64	12.20	12.39	12.19	11.33	9.72
	≥3	1.39	2.58	4.21	4.73	5.47	6.65	7.74	8.35	9.83	11.04	11.96	12.56	12.81	12.65	11.85	10.30
200	1	1.49	2.75	4.47	5.01	5.79	7.00	8.10	8.72	10.13	11.22	11.92	12.19	11.98	11.25	9.50	6.75
	1.2	1.53	2.84	4.63	5.19	6.00	7.27	8.44	9.08	10.60	11.77	12.56	12.93	12.81	12.17	10.54	7.91
	1.5	1.55	2.89	4.71	5.29	6.11	7.41	8.61	9.27	10.83	12.05	12.89	13.30	13.23	12.63	11.06	8.43
	≥3	1.58	2.93	4.79	5.38	6.22	7.55	8.77	9.45	11.06	12.32	13.21	13.67	13.64	13.09	11.58	9.06
224	1	1.71	3.17	5.16	5.77	6.67	8.05	9.30	9.97	11.51	12.59	13.15	13.13	12.45	11.04	8.15	3.87
	1.2	1.75	3.26	5.32	5.96	6.89	8.33	9.63	10.34	11.97	13.14	13.79	13.86	13.28	11.96	9.19	5.02
	1.5	1.78	3.30	5.40	6.05	6.99	8.46	9.80	10.53	12.20	13.42	14.12	14.23	13.69	12.42	9.71	5.60
	≥3	1.80	3.35	5.48	6.14	7.10	8.60	9.96	10.71	12.43	13.69	14.44	14.60	14.11	12.89	10.23	6.17
250	1	1.95	3.62	5.88	6.59	7.60	9.15	10.53	11.26	12.85	13.84	14.13	13.62	12.22	9.83	5.29	
	1.2	1.99	3.71	6.05	6.77	7.82	9.43	10.86	11.63	13.31	14.39	14.77	14.36	13.05	10.75	6.33	
	1.5	2.02	3.75	6.13	6.87	7.93	9.56	11.03	11.81	13.54	14.67	15.10	14.73	13.47	11.21	6.85	
	≥3	2.04	3.80	6.21	6.96	8.04	9.70	11.19	12.00	13.77	14.95	15.42	15.10	13.83	11.67	7.36	

表 6.1-14j　SPB 型窄 V 带的额定功率（摘自 GB/T 13575.1—2008）

d_{d1} /mm	i 或 $\frac{1}{i}$	小轮转速 n_1/r · min^{-1}														
		200	400	700	800	950	1200	1450	1600	1800	2000	2200	2400	2800	3200	3600
		额定功率 P_1/kW														
140	1	1.08	1.92	3.02	3.35	3.83	4.55	5.19	5.54	5.95	6.31	6.62	6.86	7.15	7.17	6.89
	1.2	1.17	2.12	3.35	3.74	4.29	5.14	5.90	6.32	6.83	7.29	7.69	8.03	8.52	8.73	8.65
	1.5	1.22	2.21	3.53	3.94	4.52	5.43	6.25	6.71	7.27	7.70	8.23	8.61	9.20	9.51	9.52
	≥3	1.27	2.31	3.70	4.13	4.76	5.72	6.61	7.40	7.71	8.26	8.76	9.20	9.89	10.29	10.40
160	1	1.37	2.47	3.92	4.37	5.01	5.98	6.86	7.33	7.89	8.38	8.80	9.13	9.52	9.53	9.10
	1.2	1.46	2.66	4.27	4.76	5.47	6.57	7.56	8.11	8.77	9.36	9.87	10.30	10.89	11.09	10.86
	1.5	1.51	2.76	4.44	4.96	5.70	6.86	7.92	8.50	9.21	9.85	10.41	10.88	11.57	11.87	11.74
	≥3	1.56	2.86	4.61	5.15	5.93	7.15	8.27	8.89	9.65	10.33	10.94	11.47	12.25	12.65	12.61
180	1	1.65	3.01	4.82	5.37	6.16	7.38	8.46	9.05	9.74	10.34	10.83	11.21	11.62	11.49	10.77
	1.2	1.75	3.20	5.16	5.76	6.63	7.97	9.17	9.83	10.62	11.32	1.91	12.39	12.98	13.05	12.52
	1.5	1.80	3.30	5.33	5.96	6.86	8.26	9.53	10.22	11.06	11.80	12.44	12.97	13.66	13.83	13.40
	≥3	1.85	3.40	5.50	6.15	7.09	8.55	9.88	10.61	11.50	12.29	12.98	13.56	14.35	14.61	14.28
200	1	1.94	3.54	5.96	6.35	7.30	8.74	10.02	10.70	11.50	12.18	12.72	13.11	13.41	13.01	11.83
	1.2	2.03	3.74	6.03	6.75	7.76	9.33	10.73	11.48	12.38	13.15	13.79	14.28	14.78	14.57	13.69
	1.5	2.08	3.84	6.21	6.94	7.99	9.62	11.03	11.87	12.82	13.64	14.33	14.86	15.46	15.36	14.46
	≥3	2.13	3.93	6.38	7.14	8.23	9.91	11.43	12.26	13.26	14.13	14.86	15.45	16.14	16.14	15.34
224	1	2.28	4.18	6.73	7.52	8.63	10.33	11.81	12.59	13.49	14.21	14.76	15.10	15.14	14.22	12.23
	1.2	2.37	4.37	7.07	7.91	9.10	10.92	12.52	13.37	14.37	15.19	15.83	16.27	16.51	15.78	13.98
	1.5	2.42	4.47	7.24	8.10	9.33	11.21	12.87	13.76	14.80	15.68	16.37	16.86	17.19	16.57	14.86
	≥3	2.47	4.57	7.41	8.30	9.56	11.50	13.23	14.15	15.24	16.16	16.90	17.44	17.87	17.35	15.74
250	1	2.64	4.86	7.84	8.75	10.04	11.99	13.66	14.51	15.47	16.19	16.68	16.89	16.44	14.69	11.48
	1.2	2.74	5.05	8.18	9.14	10.50	12.57	14.37	15.29	16.35	17.17	17.75	18.06	17.81	16.25	13.23
	1.5	2.79	5.15	8.35	9.33	10.74	12.87	14.72	15.68	16.78	17.66	18.28	18.65	18.49	17.03	14.11
	≥3	2.83	5.25	8.52	9.53	10.97	13.16	15.07	16.07	17.22	18.15	18.82	19.23	19.17	17.81	14.99
280	1	3.05	5.63	9.09	10.14	11.62	13.82	15.65	16.56	17.52	18.17	18.48	18.43	17.13	14.04	8.92
	1.2	3.15	5.83	9.43	10.53	12.08	14.41	16.36	17.34	18.39	19.14	19.55	19.60	18.49	15.60	10.68
	1.5	3.20	5.93	9.60	10.72	12.32	14.70	16.72	17.73	18.83	19.63	20.09	20.18	19.18	16.38	11.56
	≥3	3.25	6.02	9.77	10.92	12.55	14.99	17.07	18.12	19.27	20.12	20.62	20.77	19.86	17.16	12.43
315	1	3.53	6.53	10.51	11.71	13.40	15.84	17.79	18.70	19.55	20.00	19.97	19.44	16.71	11.47	3.40
	1.2	3.63	6.72	10.85	12.11	13.86	16.43	18.50	19.48	20.44	20.97	21.05	20.61	18.07	13.03	5.16
	1.5	3.68	6.82	11.02	12.30	14.09	16.72	18.85	19.87	20.88	21.46	21.58	21.20	18.76	13.81	6.04
	≥3	3.73	6.92	11.19	12.50	14.32	17.01	19.21	20.26	21.32	21.95	22.12	21.78	19.44	14.59	6.91
355	1	4.08	7.53	12.10	13.46	15.33	17.99	19.96	20.78	21.39	21.42	20.79	19.46	14.45	5.91	
	1.2	4.17	7.73	12.44	13.85	15.80	18.57	20.67	21.56	22.27	22.39	21.87	20.63	15.81	7.47	
	1.5	4.22	7.82	12.61	14.04	16.03	18.86	21.02	21.95	22.71	22.88	22.40	21.22	16.50	8.25	
	≥3	4.27	7.92	12.78	14.24	16.26	19.16	21.37	22.34	23.15	23.37	22.94	21.80	17.18	9.03	
400	1	4.68	8.64	13.82	15.34	17.39	20.17	22.02	22.62	22.76	22.07	20.46	17.87	9.37		
	1.2	4.78	8.84	14.16	15.73	17.85	20.75	22.72	23.40	23.63	23.04	21.54	19.04	10.74		
	1.5	4.83	8.94	14.33	15.92	18.09	21.05	23.08	23.79	24.07	23.53	22.07	19.63	11.42		
	≥3	4.87	9.03	14.50	16.12	18.32	21.34	23.43	24.18	24.51	24.02	22.61	20.21	12.10		

表 6.1-14k SPC 型窄 V 带的额定功率（摘自 GB/T 13575.1—2008）

d_{d1} /mm	i 或 $\frac{1}{i}$	小轮转速 n_1/r·min^{-1}														
		200	300	400	500	600	700	800	950	1200	1450	1600	1800	2000	2200	2400
		额定功率 P_1/kW														
224	1	2.90	4.08	5.19	6.23	7.21	8.13	8.99	10.19	11.89	13.22	13.81	14.35	14.58	14.47	14.01
	1.2	3.14	4.44	5.67	6.83	7.92	8.97	9.95	11.33	13.33	14.95	15.73	16.51	16.98	17.11	16.88
	1.5	3.26	4.62	5.91	7.13	8.28	8.39	10.43	11.90	14.05	15.82	16.69	17.59	18.17	18.43	18.32
	≥3	3.38	4.80	6.15	7.43	8.64	9.81	10.91	12.47	14.77	16.69	17.65	18.66	19.37	19.75	19.75
250	1	3.50	4.95	6.31	7.60	8.81	9.95	11.02	12.51	14.61	16.21	16.52	17.52	17.70	17.44	16.69
	1.2	3.74	5.31	6.79	8.19	9.53	10.79	11.98	13.64	16.05	17.95	18.83	19.67	20.10	20.08	19.57
	1.5	3.86	5.49	7.03	8.49	9.89	11.21	12.46	14.21	16.77	18.82	19.79	20.75	21.30	21.40	21.01
	≥3	3.98	5.67	7.27	8.79	10.25	11.63	12.94	14.78	17.49	19.69	20.75	21.83	22.50	22.72	22.45
280	1	4.18	5.94	7.59	9.15	10.62	12.01	13.31	15.10	17.60	19.44	20.20	20.75	20.75	20.13	18.86
	1.2	4.42	6.30	8.07	9.75	11.34	12.85	14.27	16.24	19.04	21.18	22.12	22.91	23.15	22.77	21.73
	1.5	4.54	6.48	8.31	10.05	11.70	13.27	14.75	16.81	19.76	22.05	23.07	23.99	24.34	24.09	23.17
	≥3	4.66	6.66	8.55	10.35	12.06	13.69	15.23	17.38	20.48	22.92	24.03	25.07	25.54	25.41	24.61
315	1	4.97	7.08	9.07	10.94	12.70	14.36	15.90	18.01	20.88	22.87	23.58	23.91	23.47	22.18	19.98
	1.2	5.21	7.44	9.55	11.54	13.42	15.20	16.86	19.15	22.32	24.60	25.50	26.07	25.87	24.82	32.86
	1.5	5.33	7.62	9.79	11.84	13.73	15.62	17.34	19.72	23.04	25.47	26.46	27.15	27.07	26.14	24.30
	≥3	5.45	7.80	10.03	12.14	14.14	16.04	17.82	20.29	23.76	26.34	27.42	28.23	28.26	27.46	25.74
355	1	5.87	8.37	10.72	12.94	15.02	16.96	18.76	21.17	23.34	26.29	26.80	26.62	25.37	22.94	19.22
	1.2	6.11	8.73	11.20	13.54	15.74	17.80	19.72	22.31	25.78	28.03	28.72	28.78	27.77	25.58	22.10
	1.5	6.23	8.91	11.44	13.84	16.10	18.22	20.20	22.88	26.50	28.90	29.68	29.86	28.97	26.90	23.54
	≥3	6.35	9.09	11.68	14.14	16.46	18.64	20.68	23.45	27.22	29.77	30.64	30.94	30.17	28.22	24.98
400	1	6.86	9.80	12.56	15.15	17.56	19.79	21.84	24.52	27.83	29.46	29.53	28.42	25.81	21.54	15.48
	1.2	7.10	10.16	13.04	15.75	18.28	20.63	22.80	25.66	29.27	31.20	31.45	30.58	28.21	24.18	18.35
	1.5	7.22	10.34	13.28	16.04	18.64	21.05	23.28	26.23	29.99	32.07	32.41	31.66	29.41	25.50	19.79
	≥3	7.34	10.52	13.52	16.34	19.00	21.47	23.76	26.80	30.70	32.94	33.37	32.74	30.60	26.82	21.23
450	1	7.96	11.37	14.56	17.54	20.29	22.81	25.07	27.94	31.15	32.06	31.33	28.69	23.95	16.89	
	1.2	8.20	11.73	15.04	18.13	21.01	23.65	26.03	29.08	32.59	33.80	33.25	30.85	26.34	19.53	
	1.5	8.32	11.91	15.28	18.43	21.37	24.07	26.51	29.65	33.31	34.67	34.21	31.92	27.54	20.85	
	≥3	8.44	12.09	15.52	18.73	21.73	24.48	26.99	30.22	34.03	35.54	35.16	33.00	28.74	22.17	
500	1	9.04	12.91	16.52	19.86	22.92	25.67	28.09	31.04	33.85	33.58	31.07	26.94	19.35		
	1.2	9.28	13.27	17.00	20.46	23.64	26.51	29.05	32.18	35.29	35.31	33.62	29.10	21.74		
	1.5	9.40	13.45	17.24	20.76	24.00	26.93	29.53	32.75	36.01	36.18	34.57	30.18	22.94		
	≥3	9.52	13.63	17.48	21.06	24.35	27.35	30.01	33.32	36.73	37.05	35.53	31.26	24.14		
560	1	10.32	14.74	18.82	22.56	25.93	28.90	31.43	34.29	36.18	33.83	30.05	21.90			
	1.2	10.56	15.09	19.30	23.16	26.65	29.74	32.39	35.43	37.62	35.57	31.97	24.05			
	1.5	10.68	15.27	19.54	23.46	27.01	30.16	32.87	36.00	38.34	36.44	32.93	25.14			
	≥3	10.80	15.45	19.78	23.76	27.37	30.58	33.35	36.57	39.06	37.31	33.89	26.22			
630	1	11.80	16.82	21.42	25.56	29.25	32.37	34.88	37.37	37.52	31.74	24.90				
	1.2	12.04	17.18	21.90	26.18	29.96	33.21	35.84	38.51	38.96	33.48	26.88				
	1.5	12.16	17.36	22.14	26.48	30.32	33.63	36.32	39.07	39.68	34.35	27.84				
	≥3	12.28	17.54	22.38	26.78	30.68	34.04	36.80	39.64	40.40	35.22	28.79				

表 6.1-14 l 9N、9J 型窄 V 带的额定功率（摘自 GB/T 13575.2—2008） (kW)

n_1 /r·min^{-1}	d_{e1}/mm														i									
	67	71	75	80	90	100	112	125	140	160	180	200	250	315	1.00~1.01	1.02~1.05	1.06~1.11	1.12~1.18	1.19~1.26	1.27~1.38	1.39~1.57	1.58~1.94	1.95~3.38	3.39~以上
	P_1														ΔP_1									
100	0.12	0.13	0.15	0.17	0.21	0.24	0.29	0.34	0.39	0.47	0.54	0.61	0.79	1.02	0.0	0.00	0.00	0.01	0.01	0.01	0.01	0.02	0.02	0.02
200	0.21	0.24	0.27	0.31	0.38	0.46	0.54	0.64	0.74	0.88	1.02	1.16	1.50	1.94	0.0	0.00	0.01	0.01	0.02	0.02	0.03	0.03	0.03	0.03
300	0.30	0.35	0.39	0.44	0.55	0.66	0.78	0.92	1.07	1.28	1.48	1.68	2.18	2.81	0.0	0.00	0.01	0.02	0.03	0.03	0.04	0.05	0.05	0.05
400	0.38	0.44	0.50	0.57	0.71	0.85	1.01	1.19	1.39	1.66	1.92	2.18	2.83	3.65	0.0	0.01	0.02	0.03	0.04	0.05	0.05	0.06	0.07	0.07
500	0.46	0.53	0.60	0.69	0.86	1.03	1.23	1.45	1.70	2.03	2.35	2.67	3.46	4.46	0.0	0.01	0.02	0.03	0.05	0.06	0.07	0.08	0.08	0.09
600	0.54	0.62	0.70	0.80	1.01	1.21	1.45	1.71	2.00	2.39	2.77	3.15	4.08	5.25	0.0	0.01	0.02	0.04	0.06	0.07	0.08	0.09	0.10	0.10
700	0.61	0.70	0.80	0.92	1.15	1.38	1.66	1.96	2.29	2.74	3.18	3.61	4.68	6.02	0.0	0.01	0.03	0.05	0.07	0.08	0.09	0.11	0.11	0.12
725	0.63	0.73	0.82	0.95	1.19	1.43	1.71	2.02	2.37	2.83	3.28	3.73	4.83	6.21	0.0	0.01	0.03	0.05	0.07	0.08	0.10	0.11	0.12	0.13
800	0.68	0.79	0.89	1.03	1.29	1.55	1.87	2.20	2.58	3.08	3.58	4.07	5.26	6.76	0.0	0.01	0.03	0.06	0.08	0.09	0.11	0.12	0.13	0.14
900	0.75	0.87	0.99	1.13	1.43	1.72	2.07	2.44	2.86	3.42	3.97	4.51	5.83	7.48	0.0	0.01	0.04	0.06	0.08	0.10	0.12	0.14	0.15	0.16
950	0.78	0.91	1.03	1.19	1.50	1.80	2.17	2.56	3.00	3.59	4.17	4.73	6.11	7.83	0.0	0.01	0.04	0.07	0.09	0.11	0.13	0.14	0.16	0.17
1000	0.81	0.94	1.08	1.24	1.56	1.89	2.27	2.68	3.14	3.75	4.36	4.95	6.39	8.17	0.0	0.01	0.04	0.07	0.09	0.11	0.13	0.15	0.16	0.17
1200	0.94	1.09	1.25	1.44	1.83	2.21	2.66	3.14	3.68	4.40	5.10	5.79	7.46	9.48	0.0	0.02	0.05	0.08	0.11	0.14	0.16	0.18	0.20	0.21
1400	1.06	1.24	1.42	1.64	2.08	2.51	3.03	3.58	4.21	5.02	5.82	6.60	8.46	10.67	0.0	0.02	0.06	0.10	0.13	0.16	0.19	0.21	0.23	0.24
1425	1.07	1.26	1.44	1.66	2.11	2.55	3.08	3.63	4.27	5.10	5.91	6.70	8.58	10.81	0.0	0.02	0.06	0.10	0.13	0.16	0.19	0.21	0.23	0.25
1500	1.12	1.31	1.50	1.73	2.20	2.67	3.21	3.80	4.46	5.32	6.17	6.99	8.93	11.22	0.0	0.02	0.06	0.10	0.14	0.17	0.20	0.23	0.25	0.26
1600	1.17	1.38	1.58	1.83	2.32	2.81	3.39	4.01	4.71	5.62	6.50	7.36	9.39	11.74	0.0	0.02	0.06	0.11	0.15	0.18	0.21	0.24	0.26	0.28
1800	1.28	1.51	1.73	2.01	2.56	3.10	3.74	4.42	5.19	6.19	7.16	8.09	10.25	12.67	0.0	0.03	0.07	0.12	0.17	0.21	0.24	0.27	0.30	0.31
2000	1.39	1.63	1.88	2.19	2.79	3.38	4.08	4.82	5.66	6.74	7.77	8.77	11.03	13.45	0.0	0.03	0.08	0.14	0.19	0.23	0.27	0.30	0.33	0.35
2200	1.49	1.76	2.02	2.35	3.01	3.65	4.41	5.21	6.11	7.26	8.36	9.40	11.73	14.07	0.0	0.03	0.09	0.15	0.21	0.25	0.29	0.33	0.36	0.38
2400	1.58	1.87	2.16	2.52	3.22	3.91	4.72	5.58	6.53	7.75	8.90	9.98	12.33	14.52	0.0	0.03	0.10	0.17	0.23	0.27	0.32	0.36	0.39	0.42
2600	1.67	1.98	2.29	2.68	3.43	4.16	5.03	5.93	6.94	8.21	9.41	10.51	12.84		0.0	0.04	0.10	0.18	0.25	0.30	0.35	0.39	0.43	0.45
2800	1.76	2.09	2.42	2.83	3.63	4.41	5.32	6.27	7.32	8.64	9.87	10.98	13.24		0.0	0.04	0.11	0.19	0.26	0.32	0.37	0.42	0.46	0.49
3000	1.84	2.19	2.54	2.97	3.82	4.64	5.59	6.59	7.68	9.04	10.29	11.40	13.53		0.0	0.04	0.12	0.21	0.28	0.34	0.40	0.45	0.49	0.52
3200	1.92	2.29	2.66	3.11	4.00	4.86	5.86	6.89	8.02	9.41	10.66	11.75			0.0	0.05	0.13	0.22	0.30	0.37	0.43	0.48	0.52	0.56
3400	2.00	2.39	2.77	3.25	4.17	5.07	6.11	7.18	8.33	9.74	10.98	12.04			0.0	0.05	0.14	0.24	0.32	0.39	0.45	0.51	0.56	0.59
3600	2.07	2.47	2.88	3.37	4.34	5.27	6.34	7.44	8.62	10.04	11.25	12.25			0.0	0.05	0.14	0.25	0.34	0.41	0.48	0.54	0.59	0.63
3800	2.13	2.56	2.98	3.49	4.50	5.46	6.57	7.69	8.88	10.29	11.47	12.40			0.0	0.06	0.15	0.26	0.36	0.43	0.51	0.57	0.62	0.66
4000	2.19	2.64	3.07	3.61	4.65	5.64	6.77	7.91	9.12	10.51	11.63				0.0	0.06	0.16	0.28	0.38	0.46	0.54	0.60	0.66	0.69
4200	2.25	2.71	3.16	3.72	4.79	5.81	6.96	8.12	9.32	10.68	11.74				0.0	0.06	0.17	0.29	0.40	0.48	0.56	0.63	0.69	0.73

表 6.1-14m 15N、15J 型窄 V 带的额定功率（摘自 GB/T 13575.2—2008） （kW）

n_1 /r·min^{-1}	d_{e1}/mm													i									
	180	190	200	212	224	236	250	280	315	355	400	450	500	1.00~1.01	1.02~1.05	1.06~1.11	1.12~1.18	1.19~1.26	1.27~1.38	1.39~1.57	1.58~1.94	1.95~3.38	3.39~以上
	P_1													ΔP_1									
50	0.62	0.67	0.73	0.79	0.86	0.93	1.00	1.17	1.36	1.57	1.81	2.07	2.34	0.0	0.00	0.01	0.02	0.03	0.03	0.04	0.04	0.05	0.05
60	0.73	0.79	0.86	0.94	1.02	1.09	1.19	1.38	1.60	1.86	2.14	2.46	2.77	0.0	0.00	0.01	0.02	0.03	0.04	0.05	0.05	0.06	0.06
80	0.94	1.03	1.11	1.22	1.32	1.42	1.54	1.80	2.09	2.42	2.79	3.20	3.61	0.0	0.01	0.02	0.03	0.04	0.05	0.06	0.07	0.07	0.08
100	1.15	1.26	1.36	1.49	1.62	1.74	1.89	2.20	2.56	2.97	3.43	3.93	4.44	0.0	0.01	0.02	0.04	0.05	0.06	0.08	0.09	0.09	0.10
200	2.13	2.33	2.54	2.78	3.02	3.26	3.54	4.14	4.83	5.61	6.47	7.43	8.38	0.0	0.02	0.04	0.08	0.11	0.13	0.15	0.17	0.19	0.20
300	3.05	3.34	3.64	3.99	4.34	4.69	5.10	5.97	6.97	8.10	9.35	10.73	12.10	0.0	0.02	0.07	0.12	0.16	0.19	0.23	0.26	0.28	0.30
400	3.92	4.30	4.69	5.15	5.61	6.06	6.59	7.72	9.02	10.48	12.11	13.89	15.64	0.0	0.03	0.09	0.16	0.21	0.26	0.30	0.34	0.37	0.39
500	4.75	5.23	5.70	6.26	6.83	7.38	8.03	9.41	10.99	12.77	14.75	16.89	19.00	0.0	0.04	0.11	0.20	0.27	0.32	0.38	0.43	0.46	0.49
600	5.56	6.12	6.68	7.34	8.00	8.66	9.42	11.04	12.90	14.98	17.27	19.76	22.18	0.0	0.05	0.13	0.24	0.32	0.39	0.45	0.51	0.56	0.59
700	6.34	6.98	7.62	8.39	9.15	9.90	10.77	12.62	14.73	17.10	19.69	22.48	25.18	0.0	0.06	0.16	0.27	0.37	0.45	0.53	0.60	0.65	0.69
725	6.53	7.20	7.86	8.64	9.43	10.20	11.10	13.00	15.18	17.61	20.27	23.13	25.89	0.0	0.06	0.16	0.28	0.39	0.47	0.55	0.62	0.67	0.71
800	7.10	7.82	8.54	9.40	10.25	11.10	12.07	14.14	16.50	19.12	21.98	25.04	27.96	0.0	0.07	0.18	0.31	0.43	0.52	0.61	0.68	0.74	0.79
900	7.83	8.63	9.43	10.38	11.32	12.26	13.33	15.61	18.19	21.05	24.15	27.43	30.53	0.0	0.07	0.20	0.35	0.48	0.58	0.68	0.77	0.84	0.89
950	8.19	9.03	9.87	10.86	11.85	12.82	13.95	16.32	19.01	21.99	25.19	28.56	31.73	0.0	0.08	0.21	0.37	0.51	0.61	0.72	0.81	0.88	0.93
1000	8.54	9.42	10.29	11.33	12.36	13.38	14.55	17.02	19.81	22.89	26.19	29.65	32.86	0.0	0.08	0.22	0.39	0.53	0.65	0.76	0.85	0.93	0.98
1200	9.89	10.92	11.93	13.14	14.33	15.50	16.85	19.67	22.82	26.24	29.83	33.48	36.73	0.0	0.10	0.27	0.47	0.64	0.78	0.91	1.02	1.11	1.18
1400	11.16	12.32	13.46	14.82	16.15	17.46	18.96	22.07	25.50	29.14	32.84	36.43	39.41	0.0	0.12	0.31	0.55	0.75	0.91	1.06	1.19	1.30	1.38
1425	11.31	12.49	13.65	15.02	16.37	17.69	19.21	22.35	25.81	29.46	33.17	36.73		0.0	0.12	0.32	0.56	0.76	0.92	1.08	1.21	1.32	1.40
1500	11.76	12.98	14.19	15.61	17.01	18.38	19.94	23.17	26.70	30.39	34.08	37.54		0.0	0.12	0.34	0.59	0.80	0.97	1.14	1.28	1.39	1.48
1600	12.33	13.61	14.88	16.36	17.82	19.25	20.87	24.20	27.80	31.52	35.13	38.38		0.0	0.13	0.36	0.63	0.85	1.03	1.21	1.36	1.49	1.57
1800	13.41	14.80	16.17	17.77	19.33	20.85	22.56	26.03	29.70	33.33	36.63			0.0	0.15	0.40	0.71	0.96	1.16	1.36	1.53	1.67	1.77
2000	14.39	15.88	17.33	19.02	20.66	22.24	24.02	27.55	31.15	34.52				0.0	0.17	0.45	0.78	1.07	1.29	1.51	1.70	1.86	1.97
2200	15.27	16.83	18.35	20.11	21.80	23.42	25.22	28.71	32.11					0.0	0.18	0.49	0.86	1.17	1.42	1.67	1.88	2.04	2.16
2400	16.03	17.65	19.22	21.03	22.74	24.37	26.15	29.51	32.56					0.0	0.20	0.54	0.94	1.28	1.55	1.82	2.05	2.23	2.36
2600	16.67	18.34	19.94	21.76	23.47	25.07	26.79	29.89						0.0	0.21	0.58	1.02	1.39	1.68	1.97	2.22	2.41	2.56
2800	17.19	18.88	20.49	22.30	23.97	25.51	27.12							0.0	0.23	0.63	1.10	1.49	1.81	2.12	2.39	2.60	2.75
3000	17.59	19.28	20.87	22.63	24.23	25.67	27.11							0.0	0.25	0.67	1.18	1.60	1.94	2.27	2.56	2.79	2.95
3500	17.95	19.54	20.97	22.48										0.0	0.29	0.79	1.37	1.87	2.26	2.65	2.98	3.25	3.44

表 6.1-14n　25N、25J 型窄 V 带的额定功率（摘自 GB/T 13575.2—2008）　（kW）

n_1 /r·min^{-1}	d_{e1}/mm													i									
	315	335	355	375	400	425	450	475	500	560	630	710	800	1.00~1.01	1.02~1.05	1.06~1.11	1.12~1.18	1.19~1.26	1.27~1.38	1.39~1.57	1.58~1.94	1.95~3.38	3.39~以上
	P_1													ΔP_1									
10	0.62	0.68	0.75	0.81	0.89	0.97	1.05	1.13	1.21	1.40	1.62	1.86	2.14	0.0	0.00	0.01	0.02	0.03	0.03	0.04	0.04	0.05	0.05
20	1.16	1.28	1.41	1.53	1.68	1.84	1.99	2.14	2.29	2.66	3.08	3.55	4.08	0.0	0.01	0.02	0.04	0.05	0.07	0.08	0.09	0.09	0.10
30	1.67	1.85	2.03	2.21	2.44	2.66	2.89	3.11	3.33	3.86	4.48	5.18	5.95	0.0	0.01	0.03	0.06	0.08	0.10	0.12	0.13	0.14	0.15
40	2.16	2.40	2.64	2.88	3.17	3.47	3.76	4.05	4.34	5.04	5.84	6.75	7.77	0.0	0.02	0.05	0.08	0.11	0.13	0.15	0.17	0.19	0.20
50	2.64	2.94	3.23	3.52	3.89	4.25	4.61	4.97	5.33	6.19	7.18	8.30	9.56	0.0	0.02	0.06	0.10	0.14	0.16	0.19	0.22	0.24	0.25
60	3.11	3.46	3.81	4.15	4.59	5.02	5.44	5.87	6.30	7.31	8.49	9.82	11.31	0.0	0.03	0.07	0.12	0.16	0.20	0.23	0.26	0.28	0.30
70	3.57	3.97	4.37	4.78	5.27	5.77	6.27	6.76	7.25	8.42	9.78	11.32	13.04	0.0	0.03	0.08	0.14	0.19	0.23	0.27	0.30	0.33	0.35
80	4.02	4.48	4.93	5.39	5.95	6.51	7.08	7.63	8.19	9.52	11.06	12.80	14.74	0.0	0.03	0.09	0.16	0.22	0.26	0.31	0.35	0.38	0.40
100	4.90	5.46	6.02	6.58	7.28	7.97	8.66	9.35	10.04	11.67	13.57	15.71	18.10	0.0	0.04	0.11	0.20	0.27	0.33	0.39	0.43	0.47	0.50
120	5.76	6.43	7.09	7.75	8.58	9.40	10.22	11.03	11.85	13.78	16.02	18.56	21.39	0.0	0.05	0.14	0.24	0.33	0.39	0.46	0.52	0.57	0.60
140	6.60	7.37	8.14	8.90	9.85	10.80	11.75	12.69	13.62	15.86	18.44	21.36	24.61	0.0	0.06	0.16	0.28	0.38	0.46	0.54	0.61	0.66	0.70
160	7.42	8.29	9.16	10.03	11.11	12.18	13.25	14.31	15.37	17.90	20.82	24.12	27.79	0.0	0.07	0.18	0.32	0.43	0.53	0.62	0.69	0.76	0.80
180	8.22	9.20	10.17	11.14	12.34	13.54	14.73	15.91	17.09	19.91	23.16	26.83	30.91	0.0	0.08	0.21	0.36	0.49	0.59	0.69	0.78	0.85	0.90
200	9.02	10.09	11.16	12.23	13.55	14.87	16.18	17.49	18.79	21.89	25.46	29.50	33.98	0.0	0.08	0.23	0.40	0.54	0.66	0.77	0.87	0.94	1.00
300	12.82	14.38	15.93	17.48	19.40	21.30	23.20	25.09	26.96	31.42	36.53	42.28	48.62	0.0	0.13	0.34	0.60	0.81	0.99	1.16	1.30	1.42	1.50
400	16.38	18.41	20.42	22.42	24.91	27.37	29.82	32.24	34.65	40.35	46.86	54.12	62.03	0.0	0.17	0.46	0.80	1.09	1.32	1.54	1.73	1.89	2.00
500	19.75	22.22	24.67	27.10	30.12	33.10	36.06	38.98	41.88	48.70	56.43	64.94	74.08	0.0	0.21	0.57	1.00	1.36	1.64	1.93	2.17	2.36	2.50
600	22.93	25.82	28.69	31.53	35.03	38.50	41.92	45.29	48.62	56.42	65.16	74.64	84.61	0.0	0.25	0.69	1.20	1.63	1.97	2.31	2.60	2.83	3.00
700	25.93	29.22	32.47	35.69	39.65	43.55	47.38	51.15	54.86	63.47	72.98	83.08	93.40	0.0	0.29	0.80	1.40	1.90	2.30	2.70	3.03	3.30	3.50
725	26.66	30.04	33.38	36.68	40.75	44.75	48.68	52.55	56.33	65.12	74.78	84.98	95.30	0.0	0.30	0.83	1.44	1.97	2.38	2.79	3.14	3.42	3.63
800	28.75	32.41	36.02	39.58	43.95	48.23	52.43	56.54	60.55	69.78	79.79	90.13	100.24	0.0	0.34	0.91	1.59	2.17	2.63	3.08	3.47	3.78	4.00
900	31.38	35.38	39.32	43.18	47.91	52.53	57.03	61.40	65.65	75.29	85.49	95.63		0.0	0.38	1.03	1.79	2.44	2.96	3.47	3.90	4.25	4.50
950	32.62	36.79	40.87	44.87	49.76	54.52	59.15	63.63	67.96	77.72	87.89	97.75		0.0	0.40	1.09	1.89	2.58	3.12	3.66	4.12	4.49	4.75
1000	33.82	38.13	42.35	46.49	51.52	56.41	61.14	65.71	70.10	79.93	89.98	99.42		0.0	0.42	1.14	1.99	2.71	3.29	3.85	4.33	4.72	5.00
1100	36.05	40.64	45.11	49.48	54.76	59.85	64.74	69.41	73.87	83.61	93.14			0.0	0.46	1.26	2.19	2.98	3.62	4.24	4.77	5.19	5.50
1200	38.07	42.90	47.59	52.13	57.60	62.82	67.78	72.48	76.90	86.28	94.87			0.0	0.50	1.37	2.39	3.26	3.95	4.62	5.20	5.67	6.00
1300	39.87	44.89	49.75	54.42	60.01	65.28	70.24	74.86	79.12	87.84				0.0	0.55	1.49	2.59	3.53	4.27	5.01	5.63	6.14	6.50
1400	41.43	46.61	51.59	56.34	61.96	67.21	72.06	76.50	80.50					0.0	0.59	1.60	2.79	3.80	4.60	5.39	6.07	6.61	7.00
1425	41.78	47.00	51.99	56.76	62.38	67.60	72.41	76.79	80.71					0.0	0.60	1.63	2.84	3.87	4.68	5.49	6.18	6.73	7.13
1500	42.74	48.04	53.08	57.86	63.44	68.57	73.22	77.36	80.98					0.0	0.63	1.72	2.99	4.07	4.93	5.78	6.50	7.08	7.50
1600	43.80	49.16	54.22	58.96	64.42	69.33	73.66	77.39						0.0	0.67	1.83	3.19	4.34	5.26	6.16	6.93	7.55	8.00
1700	44.58	49.96	54.97	59.61	64.86	69.45	73.36							0.0	0.71	1.94	3.39	4.61	5.59	6.55	7.37	8.03	8.50
1800	45.08	50.42	55.33	59.80	64.74	68.91								0.0	0.76	2.06	3.59	4.88	5.92	6.93	7.80	8.50	9.00
1900	45.29	50.52	55.27	59.50	64.03									0.0	0.80	2.17	3.79	5.15	6.25	7.32	8.23	8.97	9.50

2.3　带轮

2.3.1　传动带带轮设计的要求

设计传动带带轮时，应使其结构便于制造，质量分布均匀，重量轻，并避免由于铸造产生过大的内应力。v>5m/s 时要进行静平衡，v>25m/s 时则应进行动平衡。

带轮工作表面应光滑，以减少传动带的磨损。

2.3.2　带轮材料

带轮材料常采用灰铸铁、钢、铝合金或工程塑料等。灰铸铁应用最广，当 $v \leqslant 30$m/s 时采用 HT200，$v \geqslant 25 \sim 45$m/s，则宜采用孕育铸铁或铸钢，也可用钢板冲压-焊接带轮。

小功率传动可用铸铝或塑料。

2.3.3　带轮的结构

带轮由轮缘、轮辐和轮毂三部分组成。

V 带轮的直径系列见表 6.1-15、表 6.1-16；轮缘及轮槽截面尺寸见表 6.1-17、表 6.1-18；径向和轴向圆跳动公差见表 6.1-19。

轮辐部分有实心、辐板（或孔板）和椭圆轮辐等三种，可根据带轮的基准直径参照表 6.1-20 决定。

V 带轮的典型结构如图 6.1-6 所示。

表 6.1-15　普通和窄 V 带轮（基准宽度制）**直径系列**（摘自 GB/T 13575.1—2008）　（mm）

基准直径 d_d	槽型 Y	槽型 Z SPZ	槽型 A SPA	槽型 B SPB	槽型 C SPC	圆跳动公差 t
20	+					0.2
22.4	+					
25	+					
28	+					
31.5	+					
35.5	+					
40	+					
45	+					
50	+	+				
56	+	+				
63		⊕				
71		⊕				
75		⊕	+			
80	+	⊕	+			
85			+			
90	+	⊕	⊕			
95			⊕			
100	+	⊕	⊕			
106			⊕			0.3
112	+	⊕	⊕			
118			⊕			
125	+	⊕	⊕	+		
132		⊕	⊕	+		
140		⊕	⊕	⊕		
150		⊕	⊕	⊕		
160		⊕	⊕	⊕		
170				⊕		0.4
180		⊕	⊕	⊕		
200		⊕	⊕	⊕	+	
212					+	
224		⊕	⊕	⊕	⊕	
236					⊕	
250		⊕	⊕	⊕	⊕	

基准直径 d_d	槽型 Z SPZ	槽型 A SPA	槽型 B SPB	槽型 C SPC	槽型 D	槽型 E	圆跳动公差 t
265				⊕			0.5
280	⊕	⊕	⊕	⊕			
300				⊕			
315	⊕	⊕	⊕	⊕			
335				⊕			
355	⊕	⊕	⊕	⊕	+		
375					+		
400	⊕	⊕	⊕	⊕	+		
425					+		0.6
450		⊕	⊕	⊕	+		
475					+		
500	⊕	⊕	⊕	⊕	+	+	
530						+	
560		⊕	⊕	⊕	+	+	
600			⊕	⊕	+	+	
630	⊕	⊕	⊕	⊕	+	+	
670						+	0.8
710		⊕	⊕	⊕	+	+	
750			⊕	⊕	+		
800		⊕	⊕	⊕	+	+	
900			⊕	⊕	+	+	
1000			⊕	⊕	+	+	
1060					+		1
1120			⊕	⊕	+	+	
1250				⊕	+	+	
1400				⊕	+	+	
1500					+	+	
1600				⊕	+	+	
1800					+	+	1.2
1900						+	
2000				⊕	+	+	
2240						+	
2500						+	

注：1. 有+号的只用于普通 V 带，有⊕号的用于普通 V 带和窄 V 带。

2. 基准直径的极限偏差为±0.8%。

3. 轮槽基准直径间的最大偏差，Y 型为 0.3mm，Z、A、B、SPZ、SPA、SPB 型为 0.4mm，C、D、E、SPC 型为 0.5mm。

表 6.1-16　窄 V 带轮（有效宽度制）**直径系列**（摘自 GB/T 10413—2002）　（mm）

有效直径 d_e	槽型 9N、9J 选用情况	9N、9J $2\Delta d$	15N、15J 选用情况	15N、15J $2\Delta d$
67	○	4		
71	◎	4		
75	○	4		
80	◎	4		
85	○	4		
90	◎	4		
95	○	4		
100	◎	4		
106	○	4		
112	◎	4		
118	○	4		
125	◎	4		
132	○	4		
140	◎	4		
150	○	4		
160	◎	4		
180	○	4	◎	7
190			○	7
200	◎	4	◎	7
212			○	7
224	○	4	◎	7
236			○	7
250	◎	4	◎	7
265			○	7
280	○	4.5	◎	7
300			○	7

有效直径 d_e	槽型 9N、9J 选用情况	9N、9J $2\Delta d$	15N、15J 选用情况	15N、15J $2\Delta d$	25N、25J 选用情况	25N、25J $2\Delta d$
315	◎	5	◎	7	◎	5
335					○	5.4
355	○	5.7	○	7	◎	5.7
375					○	6
400	◎	6.4	◎	7	◎	6.4
425					○	6.8
450	○	7.2	○	7.2	◎	7.2
475					○	7.6
500	◎	8	◎	8	◎	8
530					○	
560	○	9	○	9	◎	9
600					○	9.6
630	○	10.1	◎	10.1	◎	10.1
710	○	11.4	○	11.4	○	11.4
800	○	12.8	◎	12.8	◎	12.8
900			○	14.4	○	14.4
1000			◎	16	◎	16
1120			○	17.9	○	17.9
1250			◎	20	◎	20
1400			○	22.4	○	22.4
1600					◎	25.6
1800			○	25.6	○	28.8
2000			○	28.8	◎	32
2240					○	35.8
2500					◎	40

注：1. 有效直径 d_e 为其最小值，最大值 $d_{emax}=d_e+2\Delta d$。

2. ◎表示优先选用，○表示可以选用。

表 6.1-17　V 带轮轮缘尺寸（基准宽度制）（摘自 GB/T 10412—2002、GB/T 13575.1—2008）

（mm）

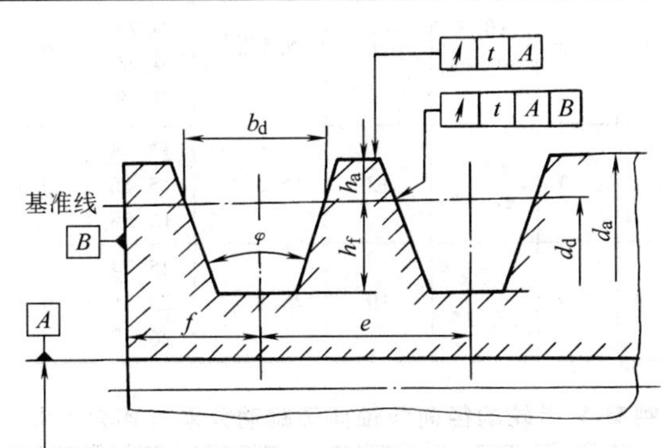

项　　目	符号	槽型 Y	Z、SPZ	A、SPA	B、SPB	C、SPC	D	E
基准宽度	b_d	5.3	8.5	11.0	14.0	19.0	27.0	32.0
基准线上槽深	h_{amin}	1.6	2.0	2.75	3.5	4.8	8.1	9.6

（续）

项目		符号	槽型						
			Y	Z、SPZ	A、SPA	B、SPB	C、SPC	D	E
基准线下槽深		h_{fmin}	4.7	7.0 9.0	8.7 11.0	10.8 14.0	14.3 19.0	19.9	23.4
槽间距		e	8±0.3	12±0.3	15±0.3	19±0.4	25.5±0.5	37±0.6	44.5±0.7
第一槽对称面至端面的最小距离		f_{min}	6	7	9	11.5	16	23	28
槽间距累积极限偏差			±0.6	±0.6	±0.6	±0.8	±1.0	±1.2	±1.4
带轮宽		B	$B=(z-1)e+2f$ （z—轮槽数）						
外径		d_a	$d_a=d_d+2h_a$						
轮槽角 φ	32°	相应的基准直径 d_d	≤60	—	—	—	—	—	—
	34°		—	≤80	≤118	≤190	≤315	—	—
	36°		>60	—	—	—	—	≤475	≤600
	38°		—	>80	>118	>190	>315	>475	>600
	极限偏差		±0.5°						

表 6.1-18 窄 V 带轮（有效宽度制）轮槽截面及尺寸（摘自 GB/T 13575.2—2008） （mm）

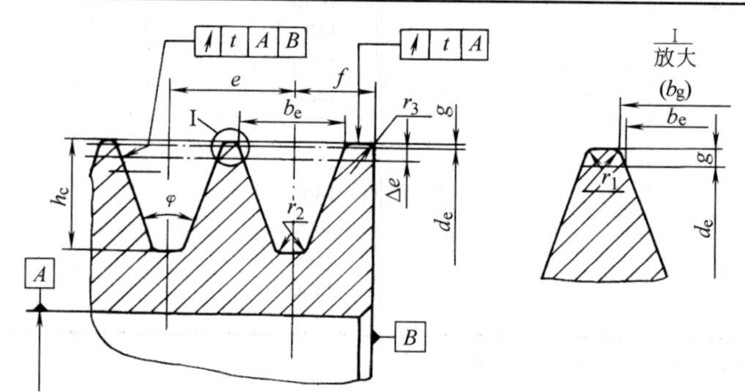

槽型	d_e	φ/(°)	b_e	Δe	e	f_{min}	h_c	(b_g)	g	r_1	r_2	r_3
9N、9J	≤90 >90~150 >150~305 >305	36 38 40 42	8.9	0.6	10.3 ±0.25	9	$9.5^{+0.5}_{0}$	9.23 9.24 9.26 9.28	0.5	0.2~ 0.5	0.5~ 1.0	1~2
15N、15J	≤255 >255~405 >405	38 40 42	15.2	1.3	17.5 ±0.25	13	$15.5^{+0.5}_{0}$	15.54 15.56 15.58	0.5	0.2~ 0.5	0.5~ 1.0	2~3
25N、25J	≤405 >405~570 >570	38 40 42	25.4	2.5	28.6 ±0.25	19	$25.5^{+0.5}_{0}$	25.74 25.76 26.78	0.5	0.2~ 0.5	0.5~ 1.0	3~5

表 6.1-19 有效宽度制窄 V 带轮的径向和轴向圆跳动公差（摘自 GB/T 10413—2002） （mm）

有效直径基本值 d_e	径向圆跳动 t_1	轴向圆跳动 t_2	有效直径基本值 d_e	径向圆跳动 t_1	轴向圆跳动 t_2
$d_e\leqslant125$	0.2	0.3	$1000<d_e\leqslant1250$	0.8	1
$125<d_e\leqslant315$	0.3	0.4	$1250<d_e\leqslant1600$	1	1.2
$315<d_e\leqslant710$	0.4	0.6	$1600<d_e\leqslant2500$	1.2	1.2
$710<d_e\leqslant1000$	0.6	0.8			

表 6.1-20　V 带轮的结构型式和辐板厚度

(mm)

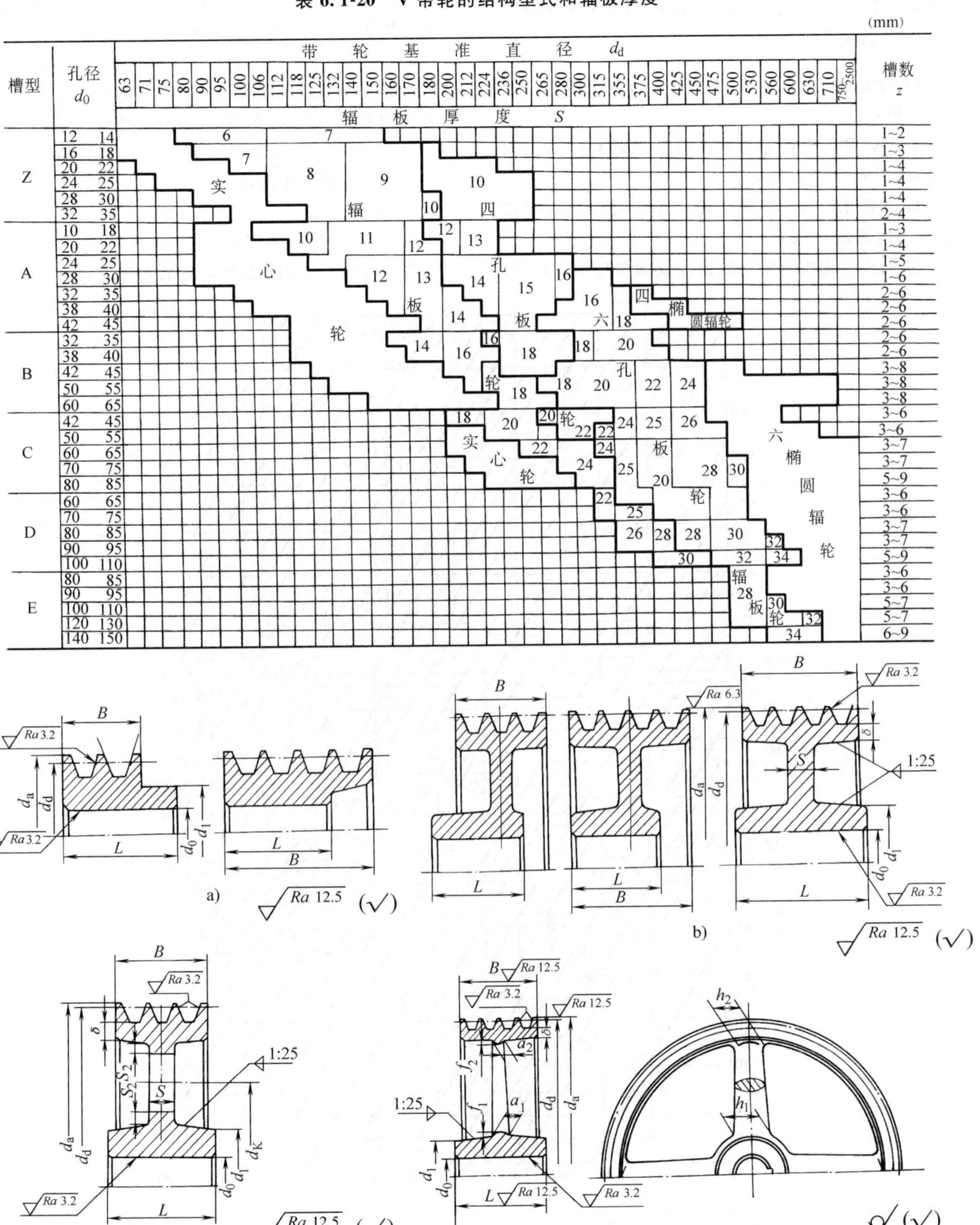

图 6.1-6　V 带轮的典型结构

a）实心轮　b）辐板轮　c）孔板轮　d）椭圆辐轮

$d_1=(1.8\sim2)d_0$，$L=(1.5\sim2)d_0$，S 查表 6.1-20，$S_1\geqslant1.5S$，$S_2\geqslant0.5S$，$h_1=290\sqrt[3]{\dfrac{P}{nA}}$ mm。式中：P—传递的功率（kW），n—带轮的转速（r/min），A—轮辐数，$h_2=0.8h_1$，$a_1=0.4h_1$，$a_2=0.8a_1$，$f_1=0.2h_1$，$f_2=0.2h_2$

2.3.4 带轮的技术要求（摘自 GB/T 11357—2008）

1）带轮各工作面的表面粗糙度 *Ra* 应不超过以下推荐值：

① V 带和多楔带轮槽及各种带轮轴孔的表面粗糙度 *Ra* 不应超过 3.2μm。

② 平带轮轮缘、各种带轮轮缘棱边的表面粗糙度 *Ra* 不应超过 6.3μm。

③ 同步带轮的齿侧和齿顶的表面粗糙度 *Ra*，对一般工业传动不应超过 3.2μm，对高性能传动（如汽车专用传动）不应超过 1.6μm。

2）带轮的平衡分为静平衡和动平衡，带轮有较宽的轮缘表面或以相对较高的速度转动时，需要进行动平衡（图 6.1-7）。静平衡应使带轮在工作直径（由带轮类型确定为基准或有效直径）上的偏心残留量不大于下列两值中的较大值：

a）0.005kg。

b）带轮及附件的当量质量㊀的 0.2%。

当带轮转速已知时应确定是否需要进行动平衡。

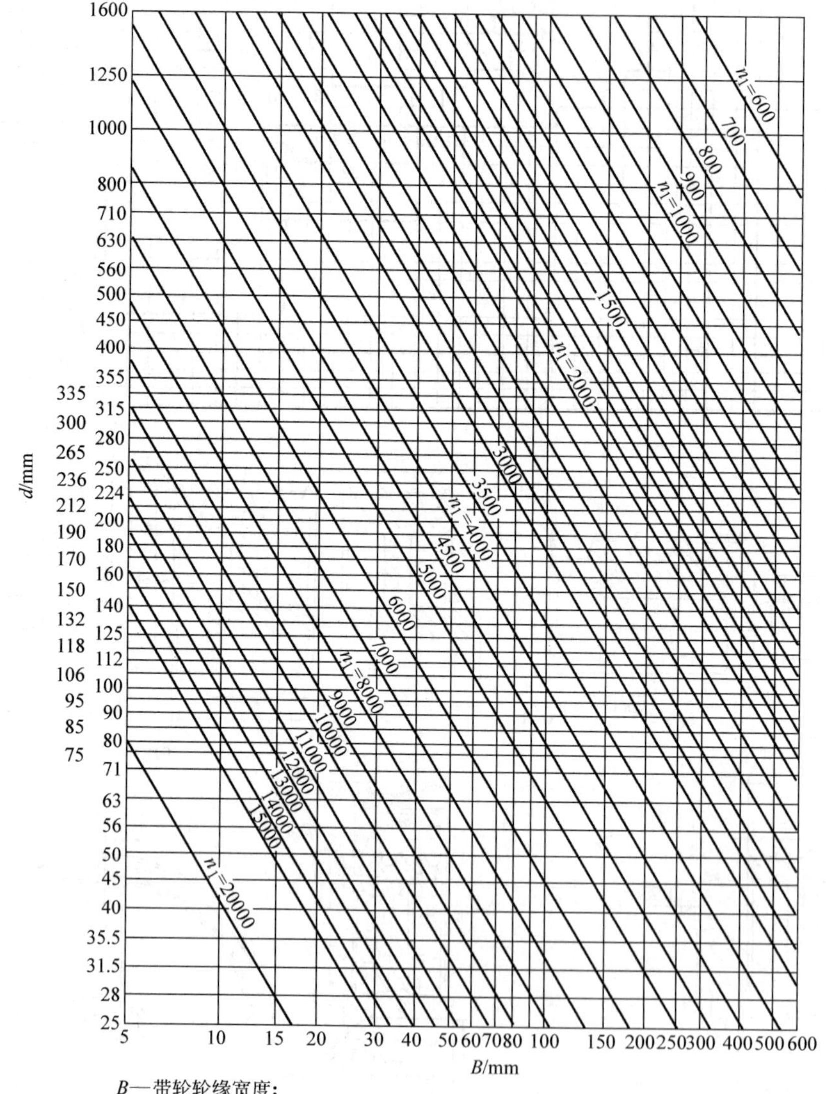

B—带轮轮缘宽度；
d—带轮直径(基准直径或有效直径)。

图 6.1-7 静平衡、动平衡极限转速 n_1（r/min）

㊀ 当量质量系指几何形状与被检带轮相同的铸铁带轮的质量。

通过下面公式计算带轮极限速度：

$$n_1 = \sqrt{1.58 \times 10^{11}/Bd}$$

式中 B——带轮轮缘宽度（mm）；

d——带轮直径（基准直径或有效直径）（mm）。

当带轮转速$n \leqslant n_1$时，进行静平衡；$n > n_1$时，进行动平衡。

动平衡要求质量等级由下列两值中选取较大值：

$$G_1 = 6.3\text{mm/s}$$

$$G_2 = 5v/M$$

式中 5——残留偏心量的实际限度（g）；

v——带轮的圆周速度（m/s）；

M——带轮的当量质量（kg）。

如果使用者有特殊需求时，质量等级可能小于G_1或G_2。

2.3.5 几种特殊V带轮简介

（1）易装拆V带轮

易装拆V带轮（见图6.1-8）由带锥孔的轮毂和带外锥的开口锥套组成。锥套已标准化（JB/T 7513—1994），可根据需要选配组合。锥套开有弹性槽，内孔直径可利用锥套的外锥调节，所以即使轴径有一定的加工误差，仍可得到所需的配合，这样就降低了轴的加工要求，而且连接可靠，装拆方便，不需要笨重的拆卸工具；不同轴径只要更换不同锥套，扩大了带轮的通用性，并可由专业厂批量生产。

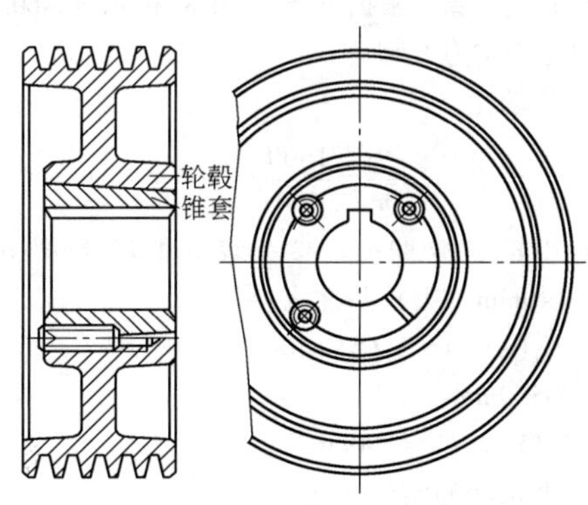

图6.1-8 易装拆V带轮

易装拆V带轮的结构也适用于其他带轮、链轮、齿轮或联轴器等与轴的连接。

（2）深槽V带轮

深槽V带轮可同时适用于两种带型的V带，增加了带轮的通用性，便于带轮的专业化生产，常和易装拆带轮结合使用。它还可用于其中较小带型V带的交叉、半交叉或角度传动及双面V带传动。

图6.1-9是A-B型深槽V带轮的轮槽。各种轮槽尺寸见表6.1-21。

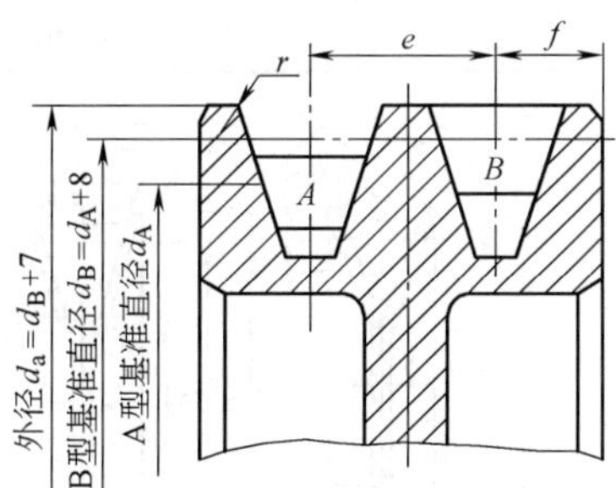

图6.1-9 A-B型深槽V带轮轮槽

表6.1-21 深槽V带轮轮槽尺寸

（mm）

带型	A	B	C	D	9N	15N	25N
直径增量	7	8	14	19	5.6	8.1	13.2
槽间距e	19±0.4	22.5±0.5	32±0.6	44.5±0.6	15±0.2	23±0.5	37.5±0.6
槽边距f	10.5	15	22	30	11	16	23.5
轮槽圆角r	0.5	0.5	1	1.5	0.5	1	1

（3）冲压型V带轮

冲压型V带轮的轮缘部分采用钢板冲压成形后经铆接或点焊组合而成，轮毂部分由铸铁或钢制成，然后用铆接或螺栓连接起来，其结构如图6.1-10所示，这种带轮的质量仅为铸造带轮的1/2.5~1/3，适合大量生产，其轮槽尺寸见表6.1-22。

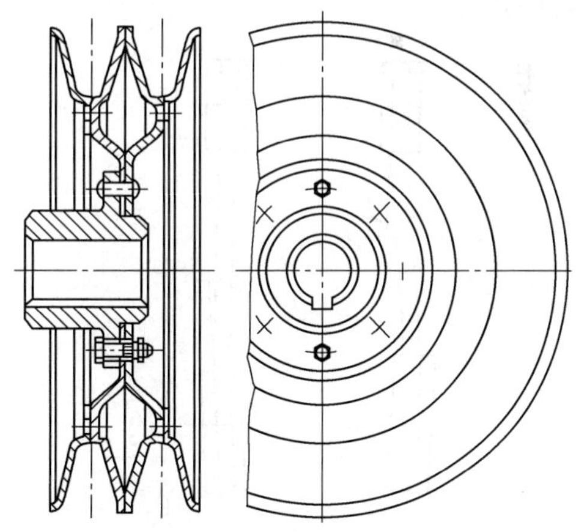

图6.1-10 冲压型V带轮的结构

2.4 V带传动设计中应注意的问题

1）V带通常都是做成无端环形带，为便于安装、调整中心距和预紧力，要求轴承的位置能够移动。中心距的调整范围见表6.1-10。

2）多根V带传动时，为避免各根V带的载荷分布不均，带的配组公差应满足图样规定。若更换带必须全部同时更换。

表 6.1-22　冲压型 V 带轮轮槽尺寸　(mm)

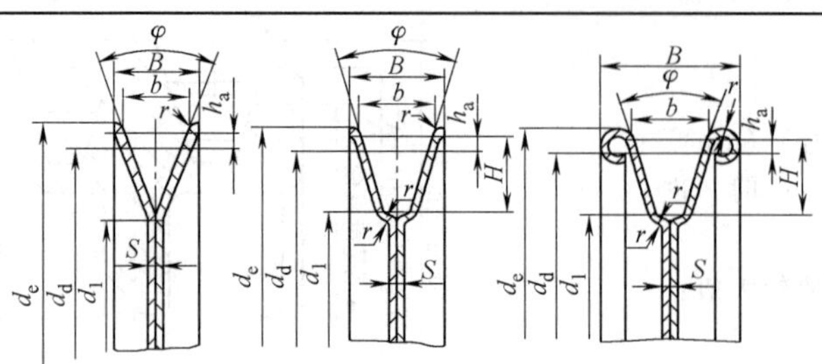

Ⅰ型：d_d<200mm
Ⅱ型：d_d=200~335mm
Ⅲ型：d_d=355~800mm

带轮形式	尺寸符号		普通槽型				深槽型			
			A	B	C	D	A	B	C	D
Ⅰ、Ⅱ、Ⅲ	B		19 19 29	23 23 33	28 28 39	 42 56	21 21 31	25 25 35	32 32 43	 48 62
Ⅰ、Ⅱ、Ⅲ	d_e①		d_d+11	d_d+14	d_d+16	d_d+24	d_d+18	d_d+22	d_d+28	d_d+42
	d_i		d_d-18	d_d-22	d_d-30	d_d-40	d_d-18	d_d-22	d_d-30	d_d-40
	h_{amin}		2.75	3.5	4.8	8.1	5.5	7	10	17
	s	$d_d<355$	1.5	1.5	1.5	2.5	1.5	1.5	1.5	2.5
		$d_d\geqslant355$	2	2	2	3	2	2	2	3
	r	$d_d<355$	1.5	1.5	1.5	2.5	1.5	1.5	1.5	2.5
		$d_d\geqslant355$	2	2	2	3	2	2	2	3

注：槽宽 b 和槽角 φ 与基准直径 d_d 的关系同铸铁带轮。
① d_e 为 S 较薄时的尺寸。

3）传动装置中，各带轮轴线应相互平行，带轮对应轮槽的对称平面应重合，其偏差不得超过±20′（图 6.1-11）。

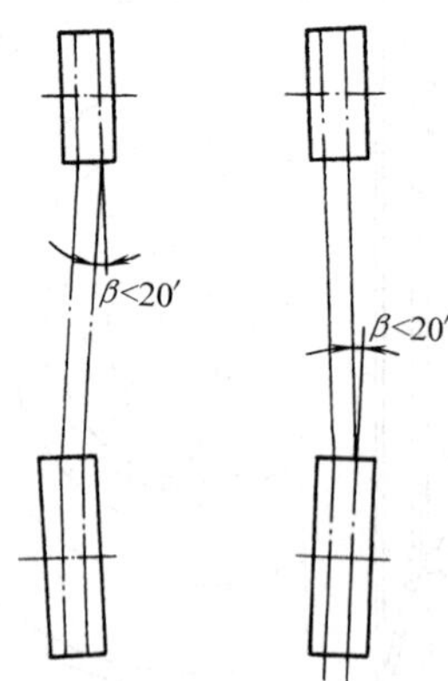

图 6.1-11　带轮装置安装的公差

4）带传动的张紧方法见表 6.1-134。采用张紧轮的带传动，可增大小轮包角，有利于保持带的张紧力，但会增加带的挠曲次数，使带的寿命缩短。

2.5　设计实例

设计由电动机驱动旋转式水泵的普通 V 带传动。电动机为 Y160M-4，额定功率 P=11kW，转速 n_1=1460r/min，水泵轴转速 n_2=400r/min，轴间距离约为 1500mm，每天工作 24h。

1）设计功率 P_d。由表 6.1-11 查得工况系数 K_A=1.3，

$$P_d=K_AP=1.3\times11\text{kW}=14.3\text{kW}$$

2）选定带型。根据 P_d=14.3kW 和 n_1=1460r/min，由图 6.1-3 确定为 B 型。

3）传动比。

$$i=\frac{n_1}{n_2}=\frac{1460}{400}=3.65$$

4）小轮基准直径。参考表 6.1-15 和图 6.1-3，取 d_{d1}=140mm，大轮基准直径

$$d_{d2}=id_{d1}(1-\varepsilon)=3.65\times140(1-0.01)\text{mm}$$
$$=505.9\text{mm}$$

由表 6.1-15 取 d_{d2}=500mm。

5）水泵轴的实际转速

$$n_2=\frac{(1-\varepsilon)\ n_1d_{d1}}{d_{d2}}=\frac{(1-0.01)\ 1460\times140}{500}\text{r/min}$$
$$=404.7\text{r/min}$$

6）带速

$$v=\frac{\pi d_{p1}n_1}{60\times1000}=\frac{\pi\times140\times1460}{60\times1000}\text{m/s}$$
$$=10.70\text{m/s}$$

此处取 $d_{p1}=d_{d1}$。

7）初定中心距　按要求取 a_0=1500mm。

8）所需基准长度。

$$L_{d0}=2a_0+\frac{\pi}{2}(d_{d1}+d_{d2})+\frac{(d_{d2}-d_{d1})^2}{4a_0}$$

$$=\left[2\times1500+\frac{\pi}{2}(140+500)+\frac{(500-140)^2}{4\times1500}\right]\text{mm}$$

$$=4026.9\text{mm}$$

由表 6.1-7 选取基准长度 $L_d=4000\text{mm}$。

9）实际中心距

$$a\approx a_0+\frac{L_d-L_{d0}}{2}=\left(1500+\frac{4000-4026.9}{2}\right)\text{mm}$$

$$=1487\text{mm}$$

安装时所需最小中心距

$$a_{min}=a-(2b_d+0.009L_d)=[1487-(2\times14+0.009\times4000)]\text{mm}=1423\text{mm}$$

张紧或补偿伸长所需最大中心距

$$a_{max}=a+0.02L_d$$

$$=(1487+0.02\times4000)\text{mm}=1567\text{mm}$$

10）小带轮包角

$$\alpha_1=180°-\frac{d_{d2}-d_{d1}}{a}\times57.3°$$

$$=180°-\frac{500-140}{1487}\times57.3°$$

$$=166.13°$$

11）单根 V 带的基本额定功率。根据 $d_{d1}=140\text{mm}$ 和 $n_1=1460\text{r/min}$，由表 6.1-14d 查得 B 型带 $P_1=2.82\text{kW}$。

12）考虑传动比的影响，额定功率的增量 ΔP_1 由表 6.1-14d 查得

$$\Delta P_1=0.46\text{kW}$$

13）V 带的根数

$$z=\frac{P_d}{(P_1+\Delta P_1)\ K_\alpha K_L}$$

由表 6.1-12 查得 $K_\alpha=0.965$，

由表 6.1-7 查得 $K_L=1.13$，则

$$z=\frac{14.3}{(2.82+0.46)\ \times0.965\times1.13}\text{根}$$

$$=3.998\text{ 根}$$

取 4 根。

14）单根 V 带的预紧力

$$F_0=500\left(\frac{2.5}{K_\alpha}-1\right)\frac{P_d}{zv}+mv^2$$

由表 6.1-13 查得 $m=0.17\text{kg/m}$。

$$F_0=500\left(\frac{2.5}{0.965}-1\right)\frac{14.3}{4\times10.70}\text{N}+0.17\times(10.70)^2\text{N}$$

$$=285.2\text{N}$$

15）带轮的结构和尺寸。此处以小带轮为例确定其结构和尺寸。

由 Y160M-4 电动机可知，其轴伸直径 $d=42\text{mm}$，长度 $L=110\text{mm}$。故小带轮轴孔直径应取 $d_0=42\text{mm}$，毂长应略大于 110mm。

由表 6.1-20 查得，小带轮结构为实心轮。

轮槽尺寸及轮宽按表 6.1-17 计算，参考图 6.1-6 典型结构，即可画出小带轮工作图（见图 6.1-12）。

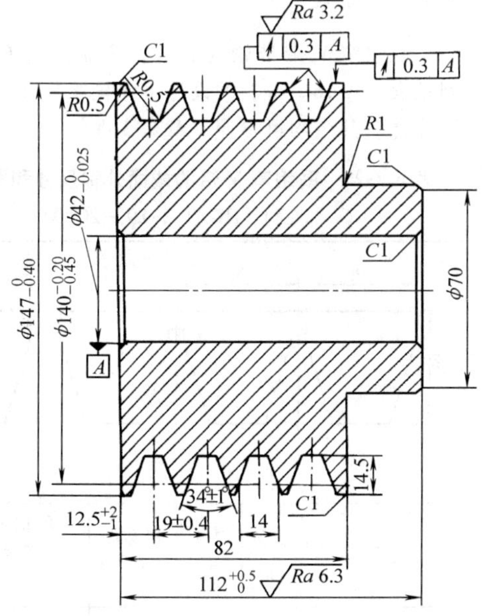

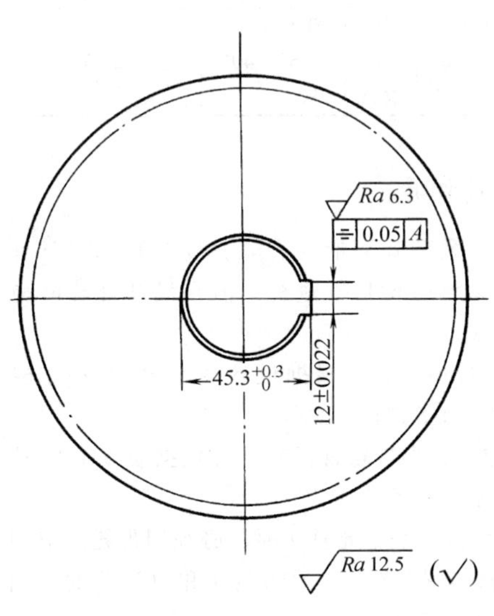

技术要求

1. 轮槽工作面不应有砂眼、气孔。

2. 各轮槽间距的累积误差不得超过±0.8，材料：HT200。

图 6.1-12　小带轮工作图

3　联组V带

联组V带的各根V带载荷均匀，可减少运转中的振动和横向翻转，它分为联组普通V带（HG/T 3745—2011）和联组窄V带（有效宽度制，GB/T 13575.2—2008）。联组窄V带和联组普通V带相比，具有结构紧凑、寿命长、节能等特点，并适用于高速传动（v=35~45m/s），近年来发展较快。

3.1　联组窄V带（GB/T 13575.2—2008）（有效宽度制）传动及其设计特点

3.1.1　尺寸规格

联组窄V带的截面尺寸见表6.1-23。联组窄V带的有效长度系列见表6.1-28。

表6.1-23　联组窄V带的截面尺寸

（摘自GB/T 13575.2—2008）（mm）

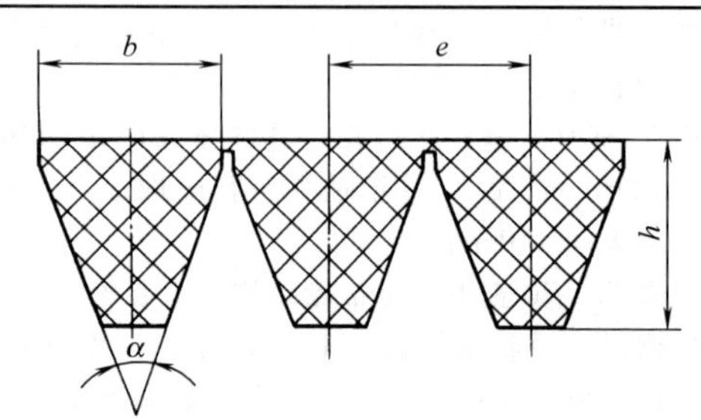

带　型	b	h	e	α	联组根数
9J	9.5	10	10.3	40°	2~5
15J	16	16	17.5		
25J	25.5	26.5	28.6		

3.1.2　设计计算

窄V带、联组窄V带（有效宽度制）的设计计算方法，可参照表6.1-10进行。但在设计计算时应考虑以下几点：

1）选择带型时，应根据设计功率 P_d 和小带轮转速 n_1 由图6.1-5选取。

2）确定大、小带轮直径时，应根据表6.1-16选定其有效直径 d_e。

3）计算传动比 i、带速 v 时，必须用带轮的节圆直径 d_p；而计算带长 L_e、轴间距 a 和包角 α 时，则用带轮的有效直径 d_e。

$$d_p = d_e - 2\Delta e$$

Δe 值可查表6.1-18。节圆直径 d_p 和有效直径 d_e 的对应关系可由表6.1-18直接查得。

4）根据有效直径计算所需的带长，应按表6.1-8选取带的有效长度 L_e。

5）计算带的根数时，基本额定功率、$i \neq 1$ 时额定功率的增量查表6.1-141~n，小带轮包角修正系数 K_α 查表6.1-12，带长修正系数 K_L 查表6.1-8。

6）联组窄V带的设计计算和窄V带完全相同，按所需根数选取联组带和组合形式。产品有2、3、4、5联组4种，可参考表6.1-24。

表6.1-24　联组窄V带的组合

所需窄V带根数	组合形式
6	3,3①
7	3,4
8	4,4
9	5,4
10	5,5
11	4,3,4
12	4,4,4
13	4,5,4
14	5,4,5
15	5,5,5
16	4,4,4,4

① 数字表示一根联组窄V带的联组根数。

按化工行业标准，联组窄V带有6种型号，形状、尺寸见表6.1-25，长度与表6.1-8基本一致。

3.1.3　带轮

联组窄V带带轮（有效宽度制）的有效直径系列见表6.1-16。带轮的设计中除轮缘尺寸按表6.1-18计算外，其余均可参照本章2.3进行。

表6.1-25　联组窄V带的截面公称尺寸和露出高度

（摘自HG/T 2819—2010）　（mm）

b_b　S_g　h_{bb}　b_b　h_b

联组带　　单根带

型号	顶宽 b_b	带距 S_g	带高度 h_{bb}	单根带高度 h_b	露出高度 ≤
9J、9JX	9.7	10.3	9.7	7.9	5.1
15J、15JX	15.7	17.5	15.7	13.5	6.4
25J、25JX	25.4	28.6	25.4	23.0	7.6

注：有齿切边窄V带添加符号“X”。

3.2 联组普通 V 带（见表 6.1-26）

表 6.1-26 联组普通 V 带的截面公称尺寸

（摘自 HG/T 3745—2011） （mm）

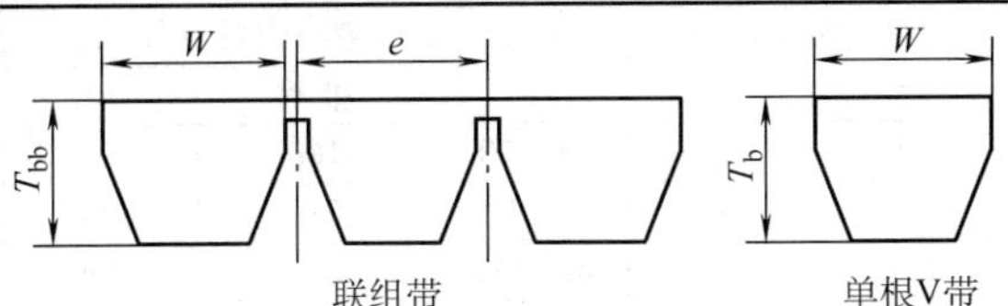

型号	顶宽 W	带距 e	单根带高度 T_b	带高度 T_{bb}
AJ、AJX	13	15.88	8	10
BJ、BJX	16	19.05	10	13
CJ、CJX	22	25.40	13	17
DJ	32	36.53	19	21

3.3 联组普通 V 带轮（有效宽度制）轮槽截面尺寸（见表 6.1-27）

表 6.1-27 联组普通 V 带轮（有效宽度制）轮槽截面尺寸（摘自 GB/T 13575.2—2008）

（mm）

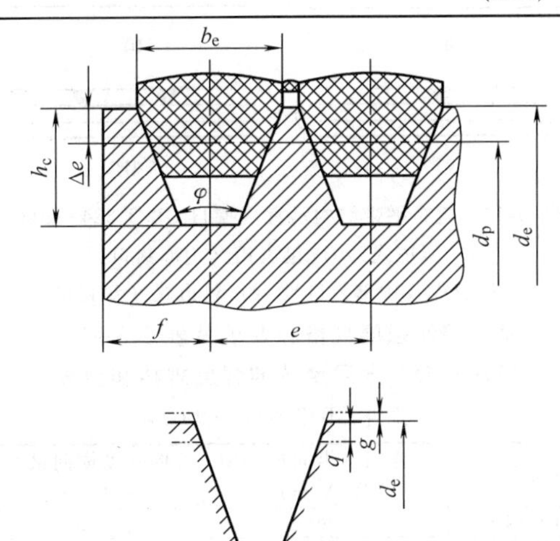

槽 型		AJ	BJ	CJ	DJ
有效宽度 b_e		13	16.5	22.5	32.8
槽顶最大增量 g		0.2	0.25	0.3	0.3
槽顶弧最大深度 q		0.35	0.40	0.45	0.55
有效线差 Δe		1.5	2.0	3.0	4.5
槽深 h_c		12	14	19	26
槽间距 e		15.88±0.3	19.05±0.4	25.40±0.5	36.53±0.6
e 值累积公差 $\Sigma\Delta e$		±0.6	±0.8	±1.0	±1.2
轮槽与端面距离 f_{min}		9	11.5	16	23
最小有效直径 d_{min}		80	132	212	375
轮槽角 φ		有效直径 d_e			
	34°	$d_e \leqslant 125$	$d_e \leqslant 195$	$d_e \leqslant 325$	
	36°				$d_e \leqslant 490$
	38°	$d_e > 125$	$d_e > 195$	$d_e > 325$	$d_e > 490$

4 平带传动

4.1 平型传动带的尺寸与公差

平带宽度及其极限偏差和荐用带轮宽度见表 6.1-28。直线度误差在 10m 内不大于 20mm。厚度差不大于平均厚度的 10%。

表 6.1-28 平带宽度、极限偏差和荐用带轮宽度

（摘自 GB/T 524—2007） （mm）

平带宽度公称值	平带宽度极限偏差	荐用对应轮宽	平带宽度公称值	平带宽度极限偏差	荐用对应轮宽
16	±2	20	140	±4	160
20		25	160		180
25		32	180		200
32		40	200		224
40		50	224		250
50		63	250		280
63		71			
71	±3	80	280	±5	315
80		90	315		355
90		100	355		400
100		112	400		450
112		125	450		500
125		140	500		560

环形平带长度是平带在正常安装力作用下的内周长度，见表 6.1-29，有端平带供货最小长度见表 6.1-30。

表 6.1-29 环形平带的长度

（摘自 GB/T 524—2007） （mm）

优选系列	500		560		630		710		800		900
第二系列		530		600		670		750		850	
优选系列		1000		1120		1250		1400		1600	
第二系列	950		1060		1180		1320		1500		1700
优选系列	1800		2000	2240	2500	2800	3150	3550	4000	4500	5000
第二系列		1900									

注：如果给出的长度不够用，可按下列原则进行补充：系列两端以外，选用 R20 优先数系中的其他数，2000~5000mm 相邻长度值之间，选用 R40 数系中的数。

表 6.1-30 有端平带供货最小长度

（摘自 GB/T 524—2007）

平带宽度 b/mm	$b \leqslant 90$	$90 < b \leqslant 250$	$b > 250$
有端平带供货最小长度/m	8	15	20

注：供货长度由供求双方协商确定，供货的有端平带可由若干段组成，其偏差范围为 0%~±2%。

有端平带接头形式见表 6.1-31。

表 6.1-31　有端平带的接头形式

接头种类		简　　图	特点及应用
硫化接头	帆布平带硫化接头	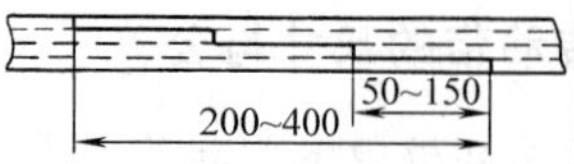	接头平滑、可靠，连接强度高，但连接技术要求高；接头效率 80%~90%
	聚酰胺片基平带硫化接头	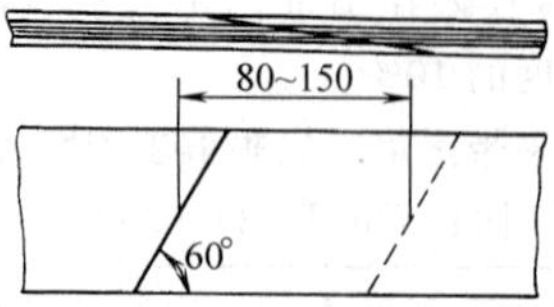	用于不需经常改接的高速大功率传动和有张紧轮的传动
机械接头	带扣接头	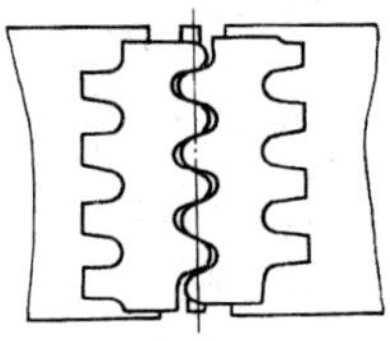	连接迅速、方便，其端部被削弱，运转中有冲击；接头效率 85%~90% 用于经常改接的中小功率传动，帆布平带带扣接头 $v<20\mathrm{m/s}$
	铁丝钩接头	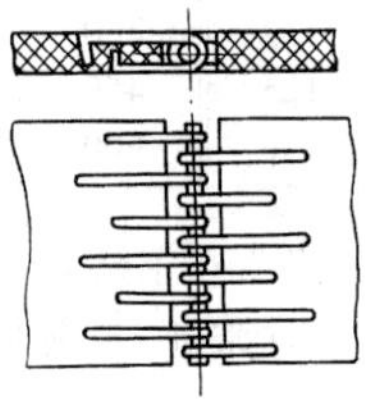	特点同带扣接头铁丝钩接头 $v<25\mathrm{m/s}$
	螺栓接头	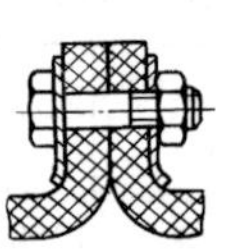	连接方便，接头强度高，只能单面传动；接头效率 30%~65% 用于 $v<10\mathrm{m/s}$ 的大功率帆布平带传动

4.2　帆布平带

4.2.1　规格

平型传动带由纤维织物及织物黏合材料（如橡胶、塑料）制造。其结构由涂覆有橡胶和塑料的一层或数层布料或整体织物构成。整个平带应采用统一的方法硫化或熔合为一体。用帆布制成的平带称为帆布平带，其横截面结构如图 6.1-13 所示（以 4 层帆布的平带为例）。

对于包边式结构平带，一般以无封口面为传动面（即使用时与带轮接触的平面）。

帆布平带的规格应参考生产厂的产品样本，可参照表 6.1-32 选取。有端平带按所需的长度截取，并将其端部连接起来。其接头形式见表 6.1-31。

表 6.1-32　帆布平带规格　（mm）

胶帆布层数 z	带厚[①] δ	宽度范围 b	最小带轮直径 $d_{\min}$	
			推荐	许用
3	3.6	16~20	160	112
4	4.8	20~315	224	160
5	6	63~315	280	200
6	7.2	63~500	315	224
7	8.4	200~500	355	280
8	9.6		400	315
9	10.8		450	355
10	12		500	400
11	13.2	355~500	560	450
12	14.4		630	500

宽度系列：
16　20　25　32　40　50　63　71　80　90　100　112　125　140　160　180　200　224　250　280　315　355　400　450　500

① 带厚为参考尺寸。

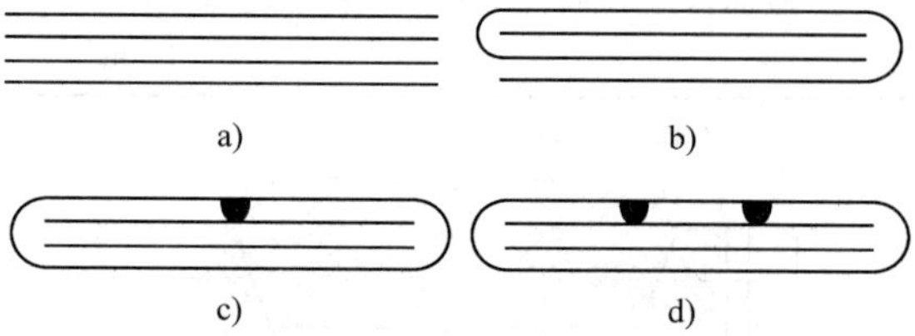

图 6.1-13　帆布平带结构示意（摘自 GB/T 524—2007）
a）切边式　b）包边式（边部封口）
c）包边式（中部封口）　d）包边式（双封口）

全厚度拉伸强度规格和要求见表 6.1-33。

表 6.1-33　全厚度拉伸强度规格和要求
（摘自 GB/T 524—2007）

拉伸强度规格	拉伸强度纵向最小值 /(kN/m)	拉伸强度横向最小值 /(kN/m)
190/40	190	75
190/60	190	110
240/40	240	95
240/60	240	140
290/40	290	115
290/60	290	175
340/40	340	130
340/60	340	200
385/60	385	225
425/60	425	250
450	450	
500	500	
560	560	

注：斜线前的数字表示纵向拉伸强度规格（以 kN/m 为单位）；斜线后的数字表示横向强度对纵向强度的百分比（简称横纵强度比，省略“%”号）；没有斜线时，数字表示纵向拉伸强度规格，且其对应的横纵强度比只有 40%一种。

按所采用聚合物不同，平带应在下列环境温度中使用。

除氯丁胶以外的橡胶（普通用途型）　-35~65℃

氯丁胶　-27~65℃

热塑性塑料　0~50℃

产品标记示例如下（摘自 GB/T 524—2007）：

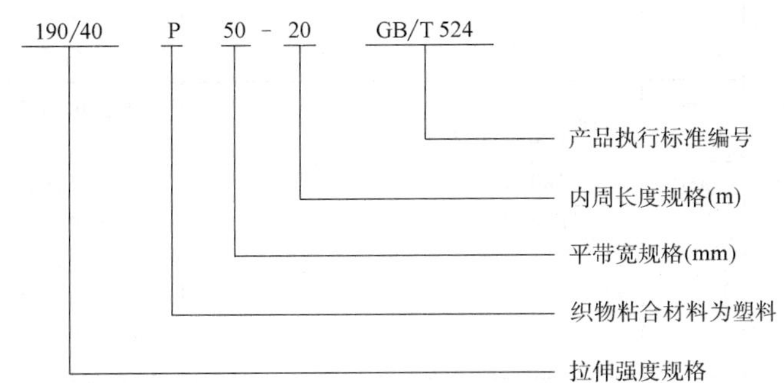

说明：1. 非环形平带标记中无“内周长度规格”。

2. 织物黏合材料的类型：R—通用橡胶材料，C—氯丁胶材料，P—塑料。

4.2.2　设计计算（见表 6.1-34）

表 6.1-34　帆布平带传动的设计计算

序号	计算项目	符号	单位	计算公式和参数选定	说　明
1	选定胶带				
2	小带轮直径	d_1	mm	$d_1=(1100\sim1350)\sqrt[3]{\frac{P}{n_1}}$ 或　$d_1=\frac{6000v}{\pi n_1}$	P—传递的功率(kW) n_1—小带轮转速(r/min) v—带速(m/s),最有利的带速 $v=10\sim20$m/s d_1 应按表 6.1-48 选取标准值
3	带速	v	m/s	$v=\frac{\pi d_1 n_1}{60\times1000}\leqslant v_{max}$ 帆布平带 $v_{max}=30$m/s	应使带速在最有利的带速范围内为佳,否则可考虑改变 d_1 值
4	大带轮直径	d_2	mm	$d_2=id_1(1-\varepsilon)=\frac{n_1}{n_2}d_1(1-\varepsilon)$ ε 取 0.01~0.02	n_2—大带轮转速(r/min) ε—弹性滑动率 d_2 应按表 6.1-48 选取标准值
5	中心距	a	mm	$a=(1.5\sim2)(d_1+d_2)$ 且 $1.5(d_1+d_2)\leqslant a\leqslant5(d_1+d_2)$	或根据结构要求定
6	所需带长	L	mm	开口传动 $L=2a+\frac{\pi}{2}(d_1+d_2)+\frac{(d_2-d_1)^2}{4a}$ 交叉传动 $L=2a+\frac{\pi}{2}(d_1+d_2)+\frac{(d_2+d_1)^2}{4a}$ 半交叉传动 $L=2a+\frac{\pi}{2}(d_1+d_2)+\frac{d_1^2+d_2^2}{4a}$	未考虑接头长度
7	小带轮包角	α_1	(°)	开口传动 $\alpha_1=180°-\frac{d_2-d_1}{a}\times57.3°\geqslant150°$ 交叉传动 $\alpha_1\approx180°+\frac{d_2-d_1}{a}\times57.3°$ 半交叉传动 $\alpha_1\approx180°+\frac{d_1}{a}\times57.3°$	

（续）

序号	计算项目	符号	单位	计算公式和参数选定	说　明
8	挠曲次数	y	s^{-1}	$y=\dfrac{1000mv}{L}\leqslant y_{max}$ $y_{max}=6\sim10$	m—带轮数
9	带厚	δ	mm	$\delta\leqslant\left(\dfrac{1}{40}\sim\dfrac{1}{30}\right)d_1$	按表 6.1-32 选取标准值
10	带的截面积	A	mm^2	$A=\dfrac{100K_AP}{P_0K_\alpha K_\beta}$	K_A—工况系数，见表 6.1-11 P_0—平带单位截面积所能传递的基本额定功率（kW/cm^2），见表 6.1-35 K_α—包角修正系数，见表 6.1-36 K_β—传动布置系数，见表 6.1-37
11	带宽	b	mm	$b=\dfrac{A}{\delta}$	按表 6.1-28 选取标准值
12	作用在轴上的力	F_r	N	$F_r=2\sigma_0A\sin\dfrac{\alpha_1}{2}$ 推荐 $\sigma_0=1.8MPa$	σ_0—带的预紧应力（MPa）
13	带轮结构和尺寸				见本章 4.5

表 6.1-35　帆布平带单位截面积传递的基本额定功率 P_0

（$\alpha=180°$、载荷平稳、预紧应力 $\sigma_0=1.8MPa$）

（kW/cm^2）

d_1/δ	带速 v/(m/s)									
	5	6	7	8	9	10	11	12	13	14	15
30	1.1	1.3	1.5	1.7	1.9	2.1	2.3	2.5	2.7	2.9	3.0
35	1.1	1.3	1.5	1.7	2.0	2.2	2.4	2.5	2.7	2.9	3.1
40	1.1	1.3	1.6	1.8	2.0	2.2	2.4	2.6	2.8	2.9	3.1
50	1.2	1.4	1.6	1.8	2.1	2.3	2.5	2.6	2.8	3.0	3.2
75	1.2	1.4	1.7	1.9	2.1	2.3	2.5	2.7	2.9	3.1	3.3
100	1.2	1.4	1.7	1.9	2.1	2.4	2.5	2.8	2.9	3.2	3.4

d_1/δ	带速 v/(m/s)									
	16	17	18	19	20	22	24	26	28	30
30	3.2	3.3	3.5	3.6	3.7	4.0	4.1	4.3	4.3	4.3
35	3.2	3.4	3.6	3.7	3.8	4.0	4.1	4.3	4.4	4.4
40	3.3	3.4	3.6	3.7	3.9	4.1	4.3	4.4	4.4	4.5
50	3.4	3.5	3.7	3.8	4.0	4.2	4.4	4.5	4.5	4.6
75	3.5	3.6	3.8	3.9	4.1	4.3	4.5	4.6	4.7	4.7
100	3.6	3.7	3.9	4.0	4.1	4.4	4.6	4.7	4.7	4.8

注：本表只适用于 $b<300mm$ 的帆布平带。

表 6.1-36　平带传动的包角修正系数 K_α

α/(°)	220	210	200	190	180	170
K_α	1.20	1.15	1.10	1.05	1.00	0.97
α/(°)	160	150	140	130	120	
K_α	0.94	0.91	0.88	0.85	0.82	

表 6.1-37　传动布置系数 K_β

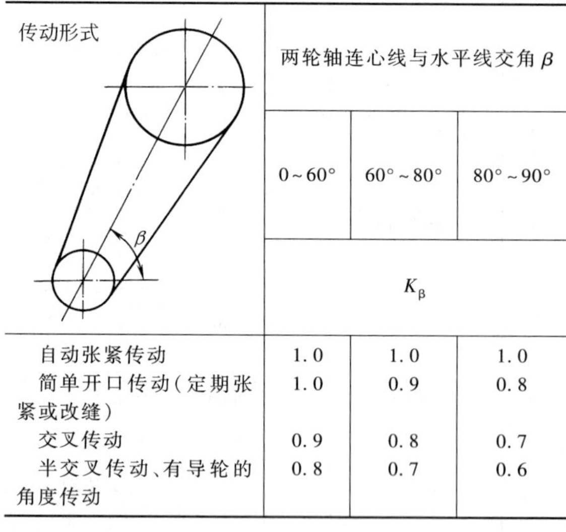

传动形式	两轮轴连心线与水平线交角 β		
	0~60°	60°~80°	80°~90°
	K_β		
自动张紧传动	1.0	1.0	1.0
简单开口传动（定期张紧或改缝）	1.0	0.9	0.8
交叉传动	0.9	0.8	0.7
半交叉传动、有导轮的角度传动	0.8	0.7	0.6

4.3　聚酰胺片基平带（摘自 GB/T 11063—2014）

聚酰胺（PA 尼龙）片基平带强度高，摩擦因数大，挠曲性好，不易松弛，适用于大功率传动，薄型的可用于高速传动。

4.3.1　结构

如图 6.1-14 所示，以聚酰胺为片基，按其使用和结构不同，以覆盖层材料分类，GG 系列——上、下覆盖层均为橡胶层，LL 系列——上、下覆盖层均为皮革，GL 系列——上覆盖为橡胶，下覆盖层为皮革。标记示例如图 6.1-15 所示。平带尺寸规格见表 6.1-38，平带内周长度极限偏差（环带）、宽度、厚度极限偏差见表 6.1-39、表 6.1-40。

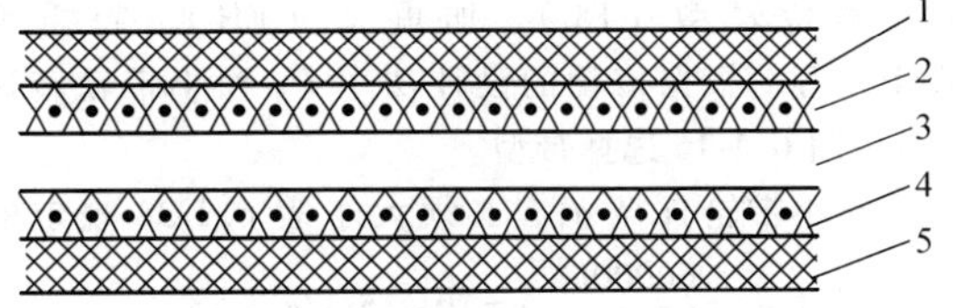

图 6.1-14　聚酰胺片基平带的结构
1—上覆盖层　2、4—布层　3—片基层
5—下覆盖层

4.3.2　设计计算

聚酰胺片基平带传动设计可参照表 6.1-34 帆布平带传动设计进行，但应考虑以下几点：

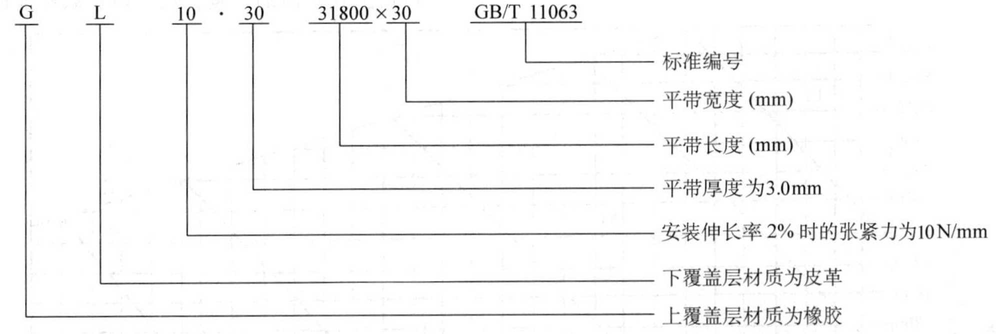

图 6.1-15　聚酰胺片基平带标记示例

表 6.1-38　聚酰胺片基平带的尺寸规格

（mm）

带型	聚酰胺片厚 δ_N	带厚（约）	宽度范围 b	带轮允许最小直径 d_{min}
LL-EL	0.25	2.8	16~300	40
LL-L	0.50	3.6		45
LL-M	0.70	4.0		71
LL-H	1.00	4.2		112
LL-EH	1.40	4.8		180
LL-EEH	2.00	5.2		250
GL-EL	0.25	1.9(1.7)	16~300	35
GL-L	0.50	2.5(2.1)		45
GL-M	0.70	2.9(2.5)		71
GL-H	1.00	3.7(3.3)		112
GL-EH	1.40	4.5(4.1)		180
GL-EEH	2.00	5.2(4.8)		250
GG-EL	0.25	1.6	10~280	30
GG-L	0.50	1.8		40
GG-M	0.70	2.0		63
GG-H	1.00	2.3		100
GG-EH	1.40	2.8		160
GG-EEH	2.00	3.4		224
宽度系列:与普通平带相同				

注：1. 本表是根据生产厂样本综合而成，GB/T 11063—2014 只规定了 L、M、H 三种带型。
2. 表中各带型的抗拉强度（N/mm）如下：EL—100，L—200，M—300，H—400，EH—600，EEH—800。

表 6.1-39　聚酰胺片基平带内周长度的极限偏差

（摘自 GB/T 11063—2014）　（mm）

内周长度 L	极限偏差
$L \leqslant 1000$	±5
$1000 < L \leqslant 2000$	±10
$2000 < L \leqslant 5000$	±0.5%
$5000 < L \leqslant 20000$	±0.3%
$20000 < L \leqslant 125000$	±0.2%

表 6.1-40　聚酰胺片基平带宽度和厚度的极限偏差

（摘自 GB/T 11063—2014）　（mm）

宽度 b		极限偏差
环形平带	$b \leqslant 60$	±1
	$60 < b \leqslant 150$	±1.5
	$150 < b \leqslant 520$	±2
非环形平带		$^{+2}_{0}$%

厚度 δ	极限偏差	同卷或同条带极限偏差
<3.0	±0.2	±0.1
≥3.0	±0.3	±5%

1）选择带型前，应先根据载荷情况和工作环境等选择结构类型。对于重载、变载以及在油、脂环境下工作的传动，宜选 LL、GL 型，也可选用有抗油、防尘弹胶体摩擦面的 GG 型；轻中载、载荷变动不大、在潮湿、粉尘环境下工作的传动，应选 GG 型；上下两面都需工作的多从动轮传动或交叉传动，则宜选用 LL 型或双面都具有耐磨、耐油、防尘的 GG 型平带。

根据抗拉体的抗拉强度（聚酰胺片厚度不同），聚酰胺片基平带可分为轻型（L）、中型（M）、重型

(H) 和特轻型 (EL)、加重型 (EH)、超重型 (EEH) 等。根据传动的设计功率 P_d 和小带轮转速 n_1 可由图 6.1-16 选择带型。

2) 小带轮直径 d_1，必须大于表 6.1-38 规定的 d_{min}，通常 $d_1=\frac{60000v}{\pi n_1}$，$v=10\sim15\text{m/s}$ 为宜。

3) 挠曲次数 y 应小于 $y_{max}=15\sim50$，小轮直径大时取高值。

4) 确定带的宽度。

$$b=\frac{P_d}{K_\alpha K_\beta P_0}$$

式中　P_d——设计功率(kW)，$P_d=K_AP$(K_A——工况系数，见表6.1-11，P——传递的功率)；

P_0——单位带宽的基本额定功率 (kW/mm)，见表 6.1-41；

K_α——包角系数，见表 6.1-36；

K_β——传动布置系数，见表 6.1-37。

根据上式算出的带宽，按规格选取标准值。

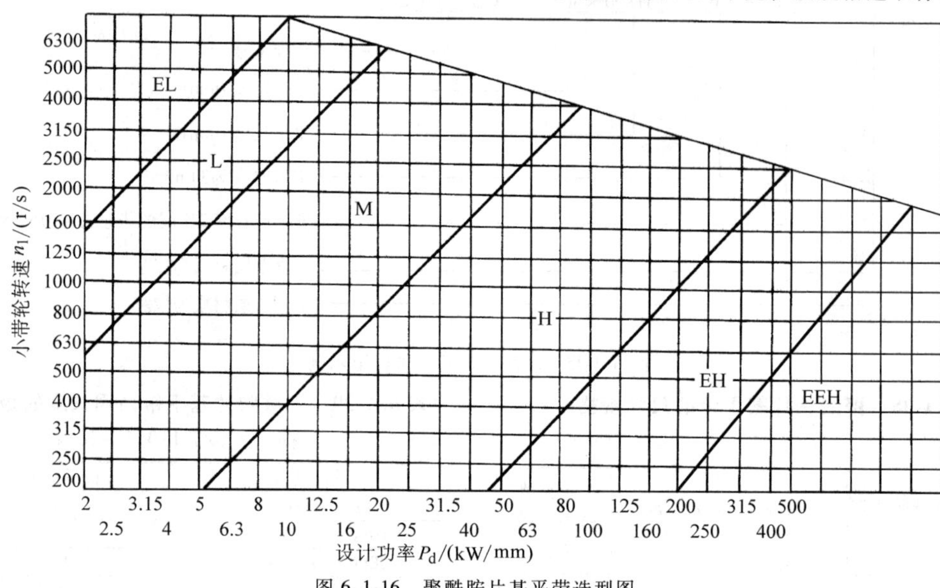

图 6.1-16　聚酰胺片基平带选型图

表 6.1-41　聚酰胺片基平带单位带宽的基本额定功率 ($\alpha_1=180°$、载荷平稳、预紧应力 $\sigma_0=3\text{MPa}$)

(kW/mm)

带型	带速 v/(m/s)											
	10	15	20	25	30	35	40	45	50	55~60	65	70
EL	0.06	0.089	0.113	0.135	0.157	0.176	0.193	0.213	0.231	0.248	0.230	0.218
L	0.10	0.148	0.188	0.225	0.261	0.294	0.328	0.356	0.385	0.413	0.384	0.364
M	0.14	0.208	0.263	0.315	0.365	0.412	0.459	0.498	0.539	0.578	0.537	0.510
H	0.20	0.297	0.376	0.450	0.522	0.588	0.656	0.711	0.770	0.825	0.767	0.728
EH	0.28	0.416	0.526	0.630	0.731	0.823	0.918	0.995	1.078	1.155	1.074	1.019
EEH	0.40	0.594	0.752	0.900	1.044	1.176	1.312	1.422	1.540	1.650	1.534	1.456

4.4　高速带传动

带速 $v>30\text{m/s}$、高速轴转速 $n_1=10000\sim50000\text{r/min}$ 都属于高速带传动，带速 $v\geqslant100\text{m/s}$ 时称为超高速带传动。

高速带传动通常都是开口的增速传动，定期张紧时，i 可达到 4；自动张紧时，i 可达到 6；采用张紧轮传动时，i 可达到 8。小带轮直径一般取 $d_1=20\sim40\text{mm}$。

由于要求传动可靠，运转平稳，并有一定寿命，所以都采用重量轻、厚度薄而均匀、挠曲性好的环形平带，如特制的编织带（麻、丝、聚酰胺丝等）、薄型聚酰胺片基平带、高速环形胶带等。高速带传动若采用硫化接头时，必须使接头与带的挠曲性能尽量接近。

高速带传动的缺点是带的寿命短，个别结构甚至只有几小时，传动效率也较低。

4.4.1　规格

高速带规格见表 6.1-42。

标记示例：

聚氨酯高速带，带厚 1mm 宽 25mm 内周长 1120mm：

聚氨酯高速带 1×25×1120

4.4.2　设计计算

高速带传动的设计计算，可参照表 6.1-34 进行。但计算时应考虑下列几点：

1）小带轮直径可取 $d_1 \geqslant d_0 + 2\delta_{min}$（$d_0$——轴直径；$\delta_{min}$——最小轮缘厚度，通常取 3~5mm）。若带速和安装尺寸允许，d_1 应尽可能选较大值。

2）带速 v 应小于表 6.1-43 中的 v_{max}。

表 6.1-42　高速带规格　（mm）

带宽 b	内周长度 L_i 范围	内周长度系列
20	450~1000	450、480、500、530、560、600
25	450~1500	630、670、710、750、800、850
32	600~2000	900、950、1000、1060、1120、1180
40	710~3000	1250、1320、1400、1500、1600、1700
50	710~3000	1800、1900、2000、2120、2240、2350
60	1000~3000	2500、2650、2800、3000
带厚 δ	0.8、1.0、1.2、1.5、2.0、2.5、(3)	

注：1. 编织带带厚无 0.8mm 和 1.2mm。
2. 括号内的尺寸尽可能不用。

3）带的挠曲次数 y 应小于表 6.1-43 中的 y_{max}。

4）带厚 δ 可根据 d_1 和表 6.1-43 中的 $\frac{\delta}{d_{min}}$ 由表 6.1-42 选定。

5）带宽 b 由下式计算，并选取标准值。

$$b=\frac{K_A P}{K_f K_\alpha K_\beta K_i([\sigma]-\sigma_c)\delta v}$$

式中　P——传递的功率（kW）；

K_A——工况系数，见表 6.1-11；

K_f——拉力计算系数，当 $i=1$、带轮为金属材料时：

纤维编织带：$K_f=0.47$；

橡胶带：$K_f=0.67$；

聚氨酯带：$K_f=0.79$；

皮革带：$K_f=0.72$；

K_α——包角修正系数，见表 6.1-44；

K_β——传动布置系数，见表 6.1-37；

K_i——传动比系数，见表 6.1-45；

$[\sigma]$——带的许用拉应力（MPa），见表 6.1-47；

σ_c——带的离心拉应力（MPa），$\sigma_c=mv^2$；

m——带的密度（kg/cm³），见表 6.1-46。

表 6.1-43　高速带传动的 $\frac{\delta}{d_{min}}$、v_{max} 和 y_{max}

高速带种类			棉织带	麻、丝、聚酰胺丝织带	橡胶高速带	聚氨酯高速带	薄型聚酰胺片基平带
$\frac{\delta}{d_{min}}$	推荐	≤	$\frac{1}{50}$	$\frac{1}{30}$	$\frac{1}{40}$	$\frac{1}{30}$	$\frac{1}{100}$
	许用		$\frac{1}{40}$	$\frac{1}{25}$	$\frac{1}{30}$	$\frac{1}{20}$	$\frac{1}{50}$
v_{max}/(m/s)			40	50	40	50	80
y_{max}/s⁻¹			60	60	100	100	50

表 6.1-44　高速带传动的包角修正系数 K_α

α(°)	220	210	200	190	180	170	160	150
K_α	1.20	1.15	1.10	1.05	1.0	0.95	0.90	0.85

表 6.1-45　传动比系数 K_i

$\frac{主动轮转速}{从动轮转速}$	$\geqslant\frac{1}{1.25}$	$<\frac{1}{1.25}\sim\frac{1}{1.7}$	$<\frac{1}{1.7}\sim\frac{1}{2.5}$	$<\frac{1}{2.5}\sim\frac{1}{3.5}$	$<\frac{1}{3.5}$
K_i	1	0.95	0.90	0.85	0.80

表 6.1-46　高速带的密度 m　（kg/cm³）

高速带种类	无覆胶编织带	覆胶编织带	橡胶高速带	聚氨酯高速带	薄型皮革高速带	薄型聚酰胺片基平带
密度 m	0.9×10^{-3}	1.1×10^{-3}	1.2×10^{-3}	1.34×10^{-3}	1×10^{-3}	1.13×10^{-3}

表 6.1-47　高速带的许用拉应力 $[\sigma]$　（MPa）

高速带种类	棉、麻、丝编织带	聚酰胺丝编织带	橡胶高速带		聚氨酯高速带	薄型聚酰胺片基平带
			聚酯绳芯	棉绳芯		
$[\sigma]$	3.0	5.0	6.5	4.5	6.5	20

4.5　带轮

平带轮的设计要求、材料、轮毂尺寸、静平衡与 V 带轮相同（见本章 2.3）。平带轮的直径、结构型式和辐板厚度 S 见表 6.1-48。轮缘尺寸见表 6.1-49，为防止掉带，通常在大带轮轮缘表面制成中凸度，中凸度见表 6.1-50。

高速带传动必须使带轮重量轻、质量均匀对称，运转时空气阻力小。通常都采用钢或铝合金制造。各个面都应进行加工，轮缘工作表面的表面粗糙度应为 $Ra3.2\mu m$。为防止掉带，主、从动轮轮缘表面都应制成中凸度。除薄型聚酰胺片基平带的带轮外，也可将轮缘表面的两边做成 2°左右的锥度，如图 6.1-17a 所示。为了防止运转时带与轮缘表面间形成气垫，轮缘表面应开环形槽（大轮可不开），环形槽间距为 5~10mm，见图 6.1-17b 所示。带轮必须按表 6.1-51 的要求进行动平衡。

表 6.1-48　平带轮的直径、结构型式和辐板厚度　　(mm)

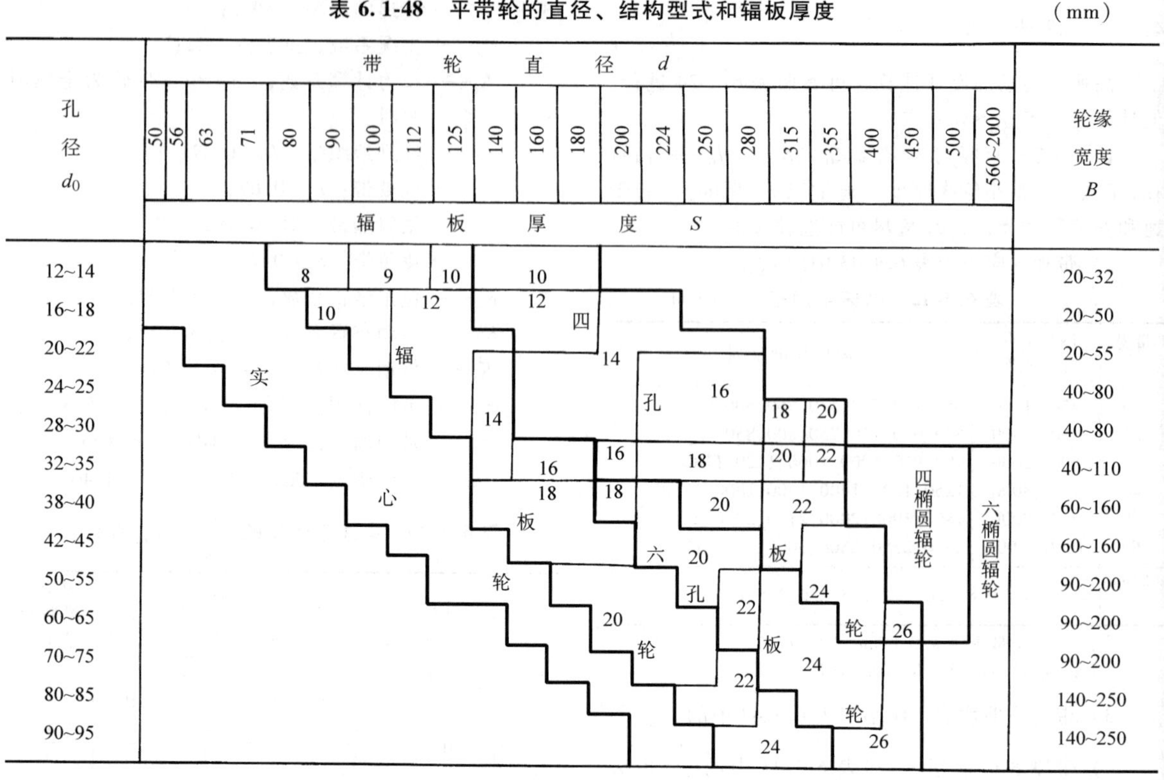

表 6.1-49　平带轮轮缘尺寸（摘自 GB/T 11358—1999）　　(mm)

	带宽 b		轮缘宽 B	
	公称尺寸	偏差	公称尺寸	偏差
$r=\delta/2$ … δ d B h	16 20 25 32 40 50 63	±2	20 25 32 40 50 63 71	±1
	71 80 90 100 112 125	±3	80 90 100 112 125 140	±1.5
	140 160 180 200 224 250	±4	160 180 200 224 250 280	±2
	280 315 355 400 450 500 560	±5	315 355 400 450 500 560 630	±3
轮缘厚度	$\delta=0.005d+3$			
中凸度 h	见表 6.1-50			

表 6.1-50　平带轮轮缘的中凸度

（摘自 GB/T 11358—1999）　（mm）

带轮直径	中凸度 h_{min}	带轮直径	中凸度 h_{min}
20~112	0.3	400~500	1.0
125~140	0.4	560~710	1.2
160~180	0.5	800~1000	1.2~1.5①
200~224	0.6	1120~1400	1.5~2.0①
250~355	0.8	1600~2000	1.8~2.5①

① 轮缘宽 B>250mm 时，取大值。

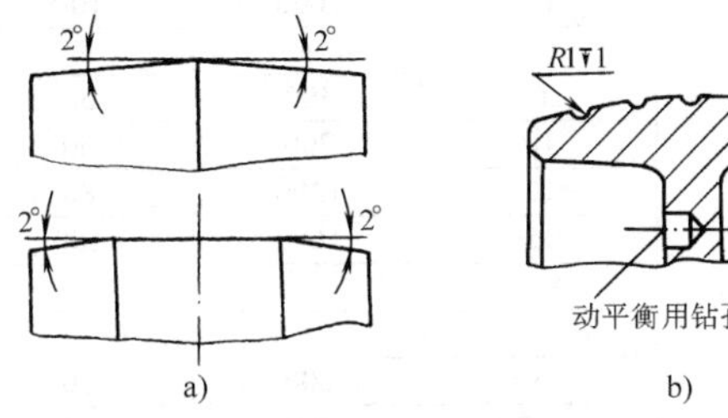

图 6.1-17　高速带轮轮缘表面

表 6.1-51　带轮动平衡要求

带轮类型	允许重心偏移量 e/μm	精度等级
一般机械带轮（n≤1000r/min）	50	G6.3
机床小带轮（n=1500r/min）	15	G2.5
主轴和一般磨头带轮（n=6000~10000r/min）	3~5	G2.5
高速磨头带轮（n=15000~30000r/min）	0.4~1.2	G1.0
精密磨床主轴带轮（n=15000~50000r/min）	0.08~0.25	G0.4

带轮的结构型式可参考图 6.1-6。带轮尺寸较大或因装拆需要（如装在两轴承间），可制成剖分式（图 6.1-18），剖分面应在轮辐处。

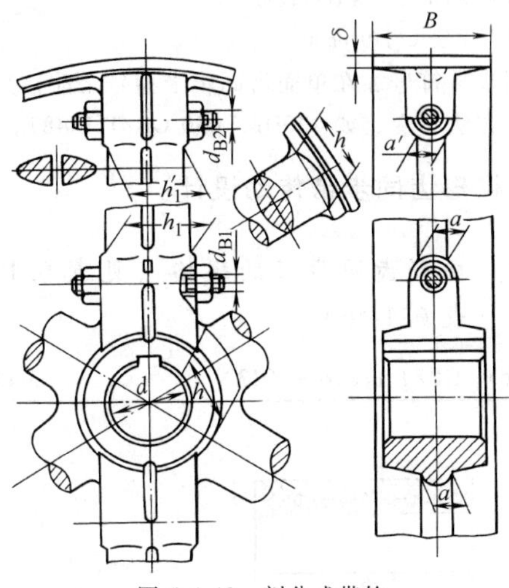

图 6.1-18　剖分式带轮

$d_{B1}=0.15d+(8\sim12)$mm　d—轴径（mm）

$d_{B2}=0.45\sqrt{B\delta}+5$mm

5　同步带传动

5.1　同步带传动常用术语（摘自 GB/T 6931.3—2008）

同步带：纵向截面具有等距横向齿的环形传动带（见图 6.1-19）。

带节距 P_b：在规定的张紧力下，带的纵截面上相邻两齿对称中心线的直线距离。

节线：当带垂直其底边弯曲时，在带中保持原长不变的任意一条周线。其长度称为节线长，通常用公称长度 L_p 表示。

基准节圆柱面：与带轮同轴的假想圆柱面，在这个圆柱面上，带轮的节距等于带的节距。

节圆：基准节圆柱面与带轮轴线垂直平面的交线。

节径 d：节圆的直径。

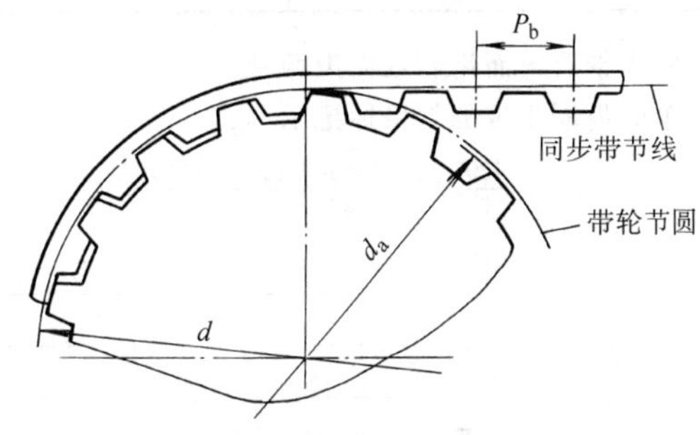

图 6.1-19　同步带传动

5.2　一般传动用同步带的类型和标记

包括梯形齿、曲线齿和圆弧齿的环形一般传动用同步带（简称同步带），其结构如图 6.1-20 所示。其物理性能应符合表 6.1-52 的规定。

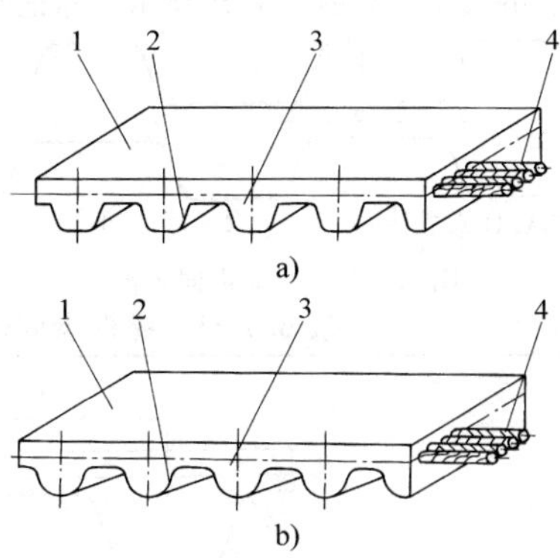

图 6.1-20　同步带结构（摘自 GB/T 13487—2017）

a）梯形齿　b）曲线齿

1—带背　2—齿布　3—带齿　4—芯绳

表 6.1-52 一般传动用同步带的物理性能（GB/T 13487—2017）

项目		拉伸强度/(N/mm) ≥	参考力伸长率		齿布黏合强度/(N/mm) ≥	芯绳黏合强度/N ≥	齿体剪切强度/(N/mm) ≥
			参考力/(N/mm)	伸长率(%) ≤			
曲线齿	H3M、S3M、R3M	90	70		—	—	—
	H5M、S5M、R5M	160	130		6	400	50
	H8M、S8M、R8M	300	240		10	700	60
	H14M、S14M、R14M	400	320		12	1200	80
	H20M、S20M、R20M	520	410		15	1600	100
圆弧齿	3M	90	70		—	—	—
	5M	160	130		6	400	50
	8M	300	240		10	700	60
	14M	400	320	4.0	12	1200	80
	20M	520	410		15	1600	100
梯形齿	MXL、T2.5	60	45		—	—	—
	XXL	70	55		—	—	—
	XL、T5	80	60		5	200	50
	L	120	90		6.5	380	60
	H、T10	270	220		8	600	70
	XH、T20	380	300		10	800	75
	XXH	450	360		12	1500	90

同步带有单面齿和双面齿两种。

单面齿同步带的规格标记示例：

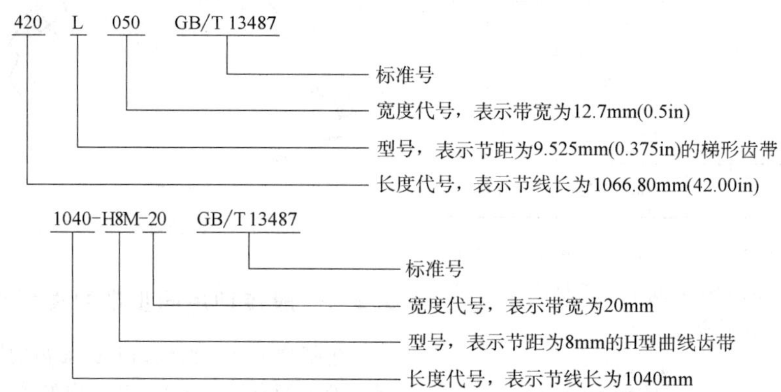

对称式双面齿同步带用 DA 表示，交叉式双面齿同步带用 DB 表示，如图 6.1-21 所示。标记时可将双面齿同步带符号加在单面齿同步带型号之前，其余标记表示方法不变，如 420DB L050 GB/T 13487。

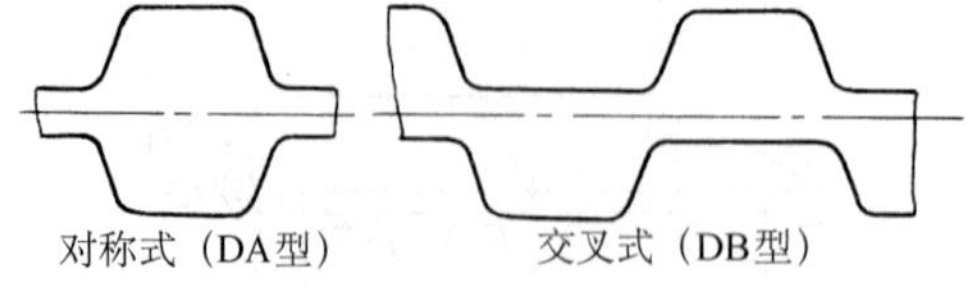

图 6.1-21 双面齿同步带

5.3 梯形齿同步带传动设计

5.3.1 梯形齿同步带的规格（见表 6.1-53～表 6.1-55）

表 6.1-53 梯形齿同步带的齿形尺寸（摘自 GB/T 11616—2013） （mm）

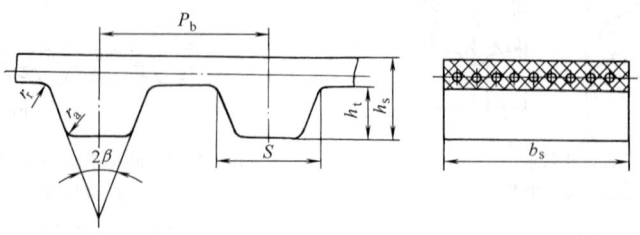

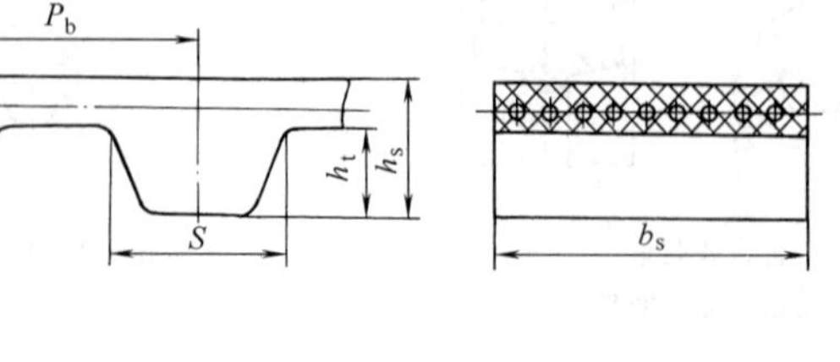

（续）

带　型①	节距 P_b	齿形角 $2\beta/(°)$	齿根厚 S	齿高 h_t	带高② h_s	齿根圆角半径 r_r	齿顶圆角半径 r_a	节线差 t_a
MXL	2.032	40	1.14	0.51	1.14	0.13	0.13	0.254
XXL	3.175	50	1.73	0.76	1.52	0.20	0.30	0.254
XL	5.080	50	2.57	1.27	2.30	0.38	0.38	0.254
L	9.525	40	4.65	1.91	3.60	0.51	0.51	0.381
H	12.700	40	6.12	2.29	4.30	1.02	1.02	0.686
XH	22.225	40	12.57	6.35	11.20	1.57	1.19	1.397
XXH	31.750	40	19.05	9.53	15.70	2.29	1.52	1.524

① 带型即节距代号，MXL—最轻型；XXL—超轻型；XL—特轻型；L—轻型；H—重型；XH—特重型；XXH—超重型。
② 系单面带的带高。

表 6.1-54　梯形齿同步带的带长及极限偏差（摘自 GB/T 11616—2013）

带长代号	节线长 L_p/mm 基本尺寸	节线长 L_p/mm 极限偏差	节线长上的齿数 MXL	XXL	XL	L	H	XH	XXH
36	91.44	±0.41	45						
40	101.60		50						
44	111.76		55	—					
48	121.92		60	—					
50	127.00		—	40					
56	142.24		70	—					
60	152.40		75	48	30				
64	162.56		80	—	—				
70	177.80		—	56	35				
72	182.88		90	—	—				
80	203.20		100	64	40				
88	223.52		110	—	—				
90	228.60		—	72	45				
100	254.00		125	80	50				
110	279.40	±0.46	—	88	55				
112	284.48		140	—	—				
120	304.80		—	96	60	—			
124	314.33		—	—	—	33			
124	314.96		155	—	—	—			
130	330.20		—	104	65	—			
140	355.60		175	112	70	—			
150	381.00		—	120	75	40			
160	406.40	±0.51	200	128	80	—			
170	431.80		—	—	85	—			
180	457.20		225	144	90	—			
187	476.25		—	—	—	50			
190	482.60		—	—	95	—			
200	508.00		250	160	100	—			
210	533.40	±0.61	—	—	105	56			
220	558.80		—	176	110	—			
225	571.50			—	—	60			
230	584.20				115	—	—		
240	609.60				120	64	48		
250	635.00				125	—	—		
255	647.70				—	68	—		
260	660.40				130	—	—		
270	685.80					72	54		
285	723.90					76	—		
300	762.00					80	60		
322	819.15	±0.66				86	—		
330	838.20					—	66		
345	876.30	±0.66				92	—		
360	914.40					—	72		
367	933.45					98	—		
390	990.60					104	78		
420	1066.80	±0.76				112	84		
450	1143.00					120	90	—	
480	1219.20					128	96	—	
507	1289.05	±0.81				—	—	58	
510	1295.40					136	102	—	
540	1371.60					144	108	—	
560	1422.40					—	—	64	
570	1447.80					—	114	—	
600	1524.00					160	120	—	
630	1600.20	±0.86				—	126	72	
660	1676.40					—	132	—	
700	1778.00						140	80	56
750	1905.00	±0.91					150	—	—
770	1955.80						—	88	—
800	2032.00						160	—	64
840	2133.60	±0.97					—	96	—
850	2159.00						170	—	—
900	2286.00						180	—	72
980	2489.20	±1.02					—	112	—
1000	2540.00						200	—	80
1100	2794.00	±1.07					220	—	—
1120	2844.80	±1.12					—	128	—
1200	3048.00						—	—	96
1250	3175.00	±1.17					250	—	—
1260	3200.40						—	144	—
1400	3556.00	±1.22					280	160	112
1540	3911.60	±1.32					—	176	—
1600	4064.00						—	—	128
1700	4318.00	±1.37					340	—	—
1750	4445.00	±1.42						200	—
1800	4572.00							—	144

表 6.1-55　梯形齿同步带宽度 b_s 系列　　(mm)

<table>
<tr><td colspan="2">带宽</td><td colspan="5">极限偏差</td><td colspan="7">带　型</td></tr>
<tr><td>代号</td><td>尺寸系列</td><td>L_p<838.20</td><td colspan="2">L_p>838.20~1676.40</td><td colspan="2">L_p>1676.40</td><td>MXL</td><td>XXL</td><td>XL</td><td>L</td><td>H</td><td>XH</td><td>XXH</td></tr>
<tr><td>012</td><td>3.0</td><td rowspan="5">+0.5
-0.8</td><td rowspan="5" colspan="2">—</td><td rowspan="6" colspan="2">—</td><td rowspan="3">MXL</td><td rowspan="3">XXL</td><td></td><td></td><td></td><td></td><td></td></tr>
<tr><td>019</td><td>4.8</td><td></td><td></td><td></td><td></td><td></td></tr>
<tr><td>025</td><td>6.4</td><td rowspan="3">XL</td><td></td><td></td><td></td><td></td></tr>
<tr><td>031</td><td>7.9</td><td></td><td></td><td></td><td></td><td></td><td></td></tr>
<tr><td>037</td><td>9.5</td><td></td><td></td><td></td><td></td><td></td><td></td></tr>
<tr><td>050</td><td>12.7</td><td rowspan="4">±0.8</td><td rowspan="4" colspan="2">+0.8
-1.3</td><td></td><td></td><td></td><td rowspan="3">L</td><td></td><td></td><td></td></tr>
<tr><td>075</td><td>19.1</td><td rowspan="3" colspan="2">+0.8
-1.3</td><td></td><td></td><td></td><td rowspan="5">H</td><td></td><td></td></tr>
<tr><td>100</td><td>25.4</td><td></td><td></td><td></td><td></td><td></td></tr>
<tr><td>150</td><td>38.1</td><td></td><td></td><td></td><td></td><td></td><td></td></tr>
<tr><td>200</td><td>50.8</td><td>+0.8
-1.3 (H)①</td><td>±1.3(H)</td><td rowspan="3">±0.48</td><td>+1.3
-1.5 (H)</td><td rowspan="4">±0.48</td><td></td><td></td><td></td><td></td><td rowspan="3">XH</td><td rowspan="4">XXH</td></tr>
<tr><td>300</td><td>76.2</td><td>+1.3
-1.5 (H)</td><td>±1.5(H)</td><td>+1.5
-2.0 (H)</td><td></td><td></td><td></td><td></td></tr>
<tr><td>400</td><td>101.6</td><td rowspan="2">—</td><td>—</td><td rowspan="2">—</td><td></td><td></td><td></td><td></td><td></td></tr>
<tr><td>500</td><td>127.0</td><td colspan="2">—</td><td></td><td></td><td></td><td></td><td></td><td></td></tr>
</table>

① 极限偏差只适用于括号内的带型。

5.3.2　梯形齿同步带的选型和基准额定功率（见图 6.1-22 和表 6.1-56）

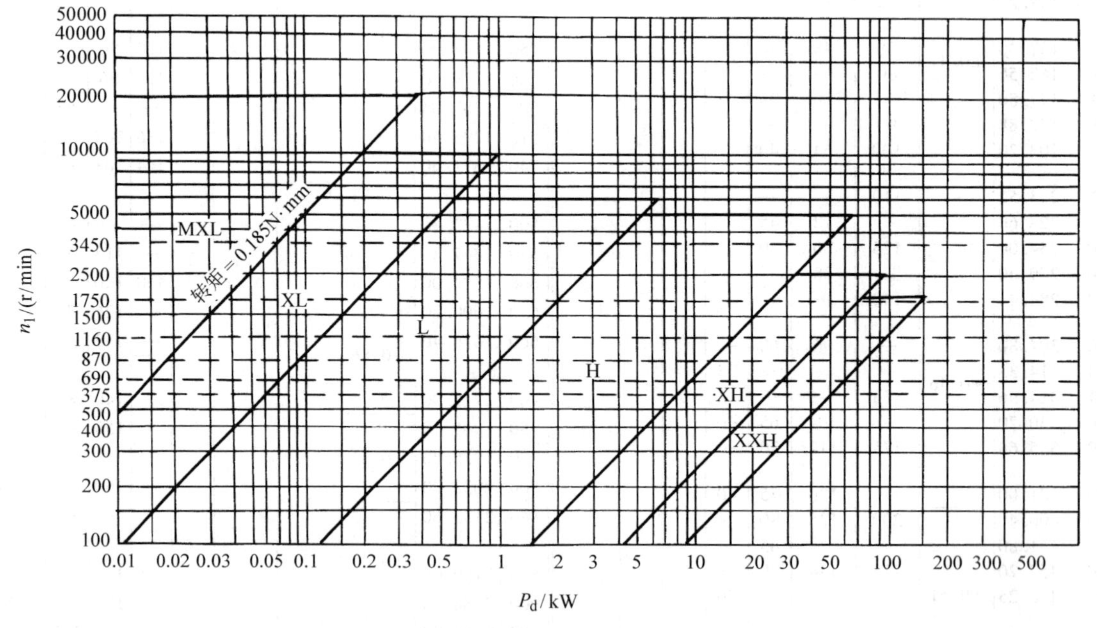

图 6.1-22　梯形齿同步带选型图（摘自 GB/T 11362—2008）

表 6.1-56a　XL 型带（节距 5.080mm，基准宽度 9.5mm）**基准额定功率 P_0**（摘自 GB/T 11362—2008）　　(kW)

小带轮转速 n_1 /r·min^{-1}	小带轮齿数和节圆直径/mm									
	10 16.17	12 19.40	14 22.64	16 25.87	18 29.11	20 32.34	22 35.57	24 38.81	28 45.28	30 48.51
950	0.040	0.048	0.057	0.065	0.073	0.081	0.089	0.097	0.113	0.121
1160	0.049	0.059	0.069	0.079	0.089	0.098	0.108	0.118	0.138	0.147
1425	—	0.073	0.085	0.097	0.109	0.121	0.133	0.145	0.169	0.181
1750	—	0.089	0.104	0.119	0.134	0.148	0.163	0.178	0.207	0.221
2850	—	0.145	0.169	0.193	0.216	0.240	0.263	0.287	0.333	0.355

（续）

小带轮转速 n_1 /r·min^{-1}	小带轮齿数和节圆直径/mm									
	10 16.17	12 19.40	14 22.64	16 25.87	18 29.11	20 32.34	22 35.57	24 38.81	28 45.28	30 48.51
3450	—	0.175	0.204	0.232	0.261	0.289	0.317	0.345	0.399	0.425
100	0.004	0.005	0.006	0.007	0.008	0.009	0.009	0.010	0.012	0.013
200	0.009	0.010	0.012	0.014	0.015	0.017	0.019	0.020	0.024	0.026
300	0.013	0.015	0.018	0.020	0.023	0.026	0.028	0.031	0.036	0.038
400	0.017	0.020	0.024	0.027	0.031	0.034	0.037	0.041	0.048	0.051
500	0.021	0.026	0.030	0.034	0.038	0.043	0.047	0.051	0.060	0.064
600	0.026	0.031	0.036	0.041	0.046	0.051	0.056	0.061	0.071	0.076
700	0.030	0.036	0.042	0.048	0.054	0.060	0.065	0.071	0.083	0.089
800	0.034	0.041	0.048	0.054	0.061	0.068	0.075	0.082	0.095	0.102
900	0.038	0.046	0.054	0.061	0.069	0.076	0.084	0.092	0.107	0.115
1000	0.043	0.051	0.060	0.068	0.076	0.085	0.093	0.102	0.119	0.127
1100	0.047	0.056	0.065	0.075	0.084	0.093	0.103	0.112	0.131	0.140
1200	—	0.061	0.071	0.082	0.092	0.102	0.112	0.122	0.142	0.152
1300	—	0.066	0.077	0.088	0.099	0.110	0.121	0.132	0.154	0.165
1400	—	0.071	0.083	0.095	0.107	0.119	0.131	0.142	0.166	0.178
1500	—	0.076	0.089	0.102	0.115	0.127	0.140	0.152	0.178	0.190
1600	—	0.082	0.095	0.109	0.122	0.136	0.149	0.163	0.189	0.203
1700	—	0.087	0.101	0.115	0.130	0.144	0.158	0.173	0.201	0.215
1800	—	0.092	0.107	0.122	0.137	0.152	0.168	0.183	0.213	0.228
2000	—	0.102	0.119	0.136	0.152	0.169	0.186	0.203	0.236	0.252
2200	—	0.112	0.131	0.149	0.168	0.186	0.204	0.223	0.259	0.277
2400	—	0.122	0.142	0.163	0.183	0.203	0.223	0.242	0.282	0.301
2600	—	0.132	0.154	0.176	0.198	0.219	0.241	0.262	0.304	0.325
2800	—	0.142	0.166	0.189	0.213	0.236	0.259	0.282	0.327	0.349
3000	—	0.152	0.178	0.203	0.228	0.252	0.277	0.301	0.349	0.373
3200	—	0.163	0.189	0.216	0.242	0.269	0.295	0.321	0.371	0.396
3400	—	0.173	0.201	0.229	0.257	0.285	0.312	0.340	0.393	0.420
3600	—	0.183	0.213	0.242	0.272	0.301	0.330	0.359	0.415	0.443
3800	—	—	—	0.256	0.287	0.317	0.348	0.378	0.436	0.465
4000	—	—	—	0.269	0.301	0.333	0.365	0.396	0.458	0.487
4200	—	—	—	0.282	0.316	0.349	0.382	0.415	0.478	0.509
4400	—	—	—	0.295	0.330	0.365	0.400	0.433	0.499	0.531
4600	—	—	—	0.308	0.345	0.381	0.417	0.452	0.519	0.552
4800	—	—	—	0.321	0.359	0.396	0.433	0.470	0.539	0.573

表 6.1-56b　L 型带（节距 9.525mm，基准宽度 25.4mm）**基准额定功率 P_0**（摘自 GB/T 11362—2008）

（kW）

小带轮转速 n_1 /r·min^{-1}	小带轮齿数和节圆直径/mm														
	12 36.38	14 42.45	16 48.51	18 54.57	20 60.64	22 66.70	24 72.77	26 78.83	28 84.89	30 90.90	32 97.02	36 109.15	40 121.28	44 133.40	48 145.53
725	0.34	0.39	0.45	0.51	0.56	0.62	0.67	0.73	0.78	0.84	0.90	1.01	1.12	1.23	1.33
870	0.40	0.47	0.54	0.61	0.67	0.74	0.81	0.87	0.94	1.01	1.07	1.20	1.33	1.46	1.59
950	0.44	0.52	0.59	0.66	0.73	0.81	0.88	0.95	1.03	1.10	1.17	1.31	1.45	1.59	1.73
1160	0.54	0.63	0.72	0.81	0.90	0.98	1.07	1.16	1.25	1.33	1.42	1.59	1.76	1.93	2.09
1425	—	0.77	0.88	0.99	1.10	1.20	1.31	1.42	1.52	1.63	1.73	1.94	2.14	2.34	2.53

（续）

小带轮转速 n_1 /r·min^{-1}	小带轮齿数和节圆直径/mm														
	12 36.38	14 42.45	16 48.51	18 54.57	20 60.64	22 66.70	24 72.77	26 78.83	28 84.89	30 90.90	32 97.02	36 109.15	40 121.28	44 133.40	48 145.53
1750	—	0.95	1.08	1.21	1.34	1.47	1.60	1.73	1.86	1.98	2.11	2.35	2.59	2.81	3.03
2850	—	—	1.73	1.94	2.14	2.34	2.53	2.72	2.90	3.08	3.25	3.57	3.86	4.11	4.33
3450	—	—	2.08	2.32	2.55	2.78	3.00	3.21	3.40	3.59	3.77	4.09	4.35	4.56	4.69
100	0.05	0.05	0.06	0.07	0.08	0.09	0.09	0.10	0.11	0.12	0.12	0.14	0.16	0.17	0.19
200	0.09	0.11	0.12	0.14	0.16	0.17	0.19	0.20	0.22	0.23	0.25	0.28	0.31	0.34	0.37
300	0.14	0.16	0.19	0.21	0.23	0.26	0.28	0.30	0.33	0.35	0.37	0.42	0.47	0.51	0.56
400	0.19	0.22	0.25	0.28	0.31	0.34	0.37	0.40	0.43	0.47	0.50	0.56	0.62	0.68	0.74
500	0.23	0.27	0.31	0.35	0.39	0.43	0.47	0.50	0.54	0.58	0.62	0.70	0.77	0.85	0.93
600	0.28	0.33	0.37	0.42	0.47	0.51	0.56	0.60	0.65	0.70	0.74	0.83	0.93	1.02	1.11
700	0.33	0.38	0.43	0.49	0.54	0.60	0.65	0.70	0.76	0.81	0.87	0.97	1.08	1.18	1.29
800	0.37	0.43	0.50	0.56	0.62	0.68	0.74	0.80	0.86	0.93	0.99	1.11	1.23	1.35	1.47
900	0.42	0.49	0.56	0.63	0.70	0.77	0.83	0.90	0.97	1.04	1.11	1.24	1.38	1.51	1.65
1000	0.47	0.54	0.62	0.70	0.77	0.85	0.93	1.00	1.08	1.15	1.23	1.38	1.53	1.67	1.82
1100	0.51	0.60	0.68	0.77	0.85	0.93	1.02	1.10	1.18	1.27	1.35	1.51	1.68	1.83	1.99
1200	0.56	0.65	0.74	0.83	0.93	1.02	1.11	1.20	1.29	1.38	1.47	1.65	1.82	1.99	2.16
1300	0.60	0.70	0.80	0.90	1.00	1.10	1.20	1.30	1.39	1.49	1.59	1.78	1.96	2.15	2.33
1400	0.65	0.76	0.87	0.97	1.08	1.18	1.29	1.39	1.50	1.60	1.70	1.91	2.11	2.30	2.49
1500	0.70	0.81	0.93	1.04	1.15	1.27	1.38	1.49	1.60	1.71	1.82	2.04	2.25	2.45	2.65
1600	0.74	0.87	0.99	1.11	1.23	1.35	1.47	1.59	1.70	1.82	1.94	2.16	2.38	2.60	2.81
1700	0.79	0.92	1.05	1.18	1.30	1.43	1.56	1.68	1.81	1.93	2.05	2.29	2.52	2.74	2.96
1800	0.83	0.97	1.11	1.24	1.38	1.51	1.65	1.78	1.91	2.04	2.16	2.41	2.65	2.88	3.11
1900	0.88	1.03	1.17	1.31	1.45	1.59	1.73	1.87	2.01	2.14	2.27	2.53	2.78	3.02	3.25
2000	0.93	1.08	1.23	1.38	1.53	1.67	1.82	1.96	2.11	2.25	2.38	2.65	2.91	3.15	3.39
2200	1.02	1.18	1.35	1.51	1.68	1.83	1.99	2.15	2.30	2.45	2.60	2.88	3.16	3.41	3.65
2400	1.11	1.29	1.47	1.65	1.82	1.99	2.16	2.33	2.49	2.65	2.81	3.11	3.39	3.65	3.89
2600	1.20	1.39	1.59	1.78	1.96	2.15	2.33	2.51	2.68	2.85	3.01	3.32	3.61	3.87	4.10
2800	1.29	1.50	1.70	1.91	2.11	2.30	2.49	2.68	2.86	3.03	3.20	3.52	3.81	4.07	4.29
3000	1.38	1.60	1.82	2.04	2.25	2.45	2.65	2.85	3.03	3.21	3.39	3.71	4.00	4.24	4.45
3200	—	1.70	1.94	2.16	2.38	2.60	2.81	3.01	3.20	3.39	3.56	3.89	4.17	4.40	4.58
3400	—	1.81	2.05	2.29	2.52	2.74	2.96	3.17	3.37	3.55	3.73	4.05	4.32	4.53	4.67
3600	—	1.91	2.16	2.41	2.65	2.88	3.11	3.32	3.52	3.71	3.89	4.20	4.45	4.63	4.74
3800	—	2.01	2.27	2.53	2.78	3.02	3.25	3.47	3.67	3.86	4.03	4.33	4.56	4.70	4.76
4000	—	2.11	2.38	2.65	2.91	3.15	3.39	3.61	3.81	4.00	4.17	4.45	4.65	4.75	4.75
4200	—	—	2.49	2.77	3.03	3.28	3.52	3.74	3.94	4.13	4.29	4.55	4.71	4.76	4.70
4400	—	—	2.60	2.88	3.16	3.41	3.65	3.87	4.07	4.24	4.40	4.63	4.75	4.74	4.60
4600	—	—	2.70	3.00	3.27	3.53	3.77	3.99	4.18	4.35	4.49	4.69	4.76	4.69	4.46
4800	—	—	2.81	3.11	3.39	3.65	3.89	4.10	4.29	4.45	4.58	4.74	4.75	4.60	4.27

注：┆┆为带轮圆周速度在 33m/s 以上时的功率值，设计时带轮用碳素钢或铸钢。

表 6.1-56c　H 型带（节距 12.7mm，基准宽度 76.2mm）**基准额定功率 P_0**（摘自 GB/T 11362—2008）

（kW）

小带轮转速 n_1/ $r \cdot min^{-1}$	小带轮齿数和节圆直径/mm													
	14 56.60	16 64.68	18 72.77	20 80.85	22 88.94	24 97.02	26 105.11	28 113.19	30 121.28	32 129.36	36 145.53	40 161.70	44 177.87	48 194.04
725	4.51	5.15	5.79	6.43	7.08	7.71	8.35	8.99	9.63	10.26	11.53	12.79	14.05	15.30
870	5.41	6.18	6.95	7.71	8.48	9.25	10.01	10.77	11.53	12.29	13.80	15.30	16.79	18.26
950	—	6.74	7.58	8.42	9.26	10.09	10.92	11.75	12.58	13.40	15.04	16.66	18.28	19.87
1160	—	8.23	9.25	10.26	11.28	12.29	13.30	14.30	15.30	16.29	18.26	20.21	22.13	24.03
1425	—	—	11.33	12.57	18.81	15.04	16.26	17.47	18.68	19.87	22.24	24.56	26.83	29.06
1750	—	—	13.88	15.38	16.88	18.36	19.83	21.29	22.73	24.16	26.95	29.67	32.30	34.84
2850	—	—	—	24.56	26.84	29.06	31.22	33.33	35.37	37.33	41.04	44.40	47.39	49.96
3450	—	—	—	29.29	31.90	34.41	36.82	39.13	41.32	43.38	47.09	50.20	52.64	54.35
100	0.62	0.71	0.80	0.89	0.98	1.07	1.16	1.24	1.33	1.42	1.60	1.78	1.96	2.13
200	1.25	1.42	1.60	1.78	1.96	2.13	2.31	2.49	2.67	2.84	3.20	3.56	3.91	4.27
300	1.87	2.13	2.40	2.67	2.93	3.20	3.47	3.73	4.00	4.27	4.80	5.33	5.86	6.39
400	2.49	2.84	3.20	3.56	3.91	4.27	4.62	4.97	5.33	5.68	6.39	7.10	7.80	8.51
500	3.11	3.56	4.00	4.44	4.89	5.33	5.77	6.21	6.66	7.10	7.98	8.86	9.74	10.61
600	3.73	4.27	4.80	5.33	5.86	6.39	6.92	7.45	7.98	8.51	9.56	10.61	11.66	12.71
700	4.35	4.97	5.59	6.21	6.83	7.45	8.07	8.68	9.30	9.91	11.14	12.36	13.57	14.78
800	4.97	5.68	6.39	7.10	7.80	8.51	9.21	9.91	10.61	11.31	12.71	14.09	15.47	16.83
900	—	6.39	7.19	7.98	8.77	9.56	10.35	11.14	11.92	12.71	14.26	15.81	17.35	18.87
1000	—	7.10	7.98	8.86	9.74	10.61	11.49	12.36	13.23	14.09	15.81	17.52	19.20	20.87
1100	—	7.80	8.77	9.74	10.70	11.66	12.62	13.57	14.52	15.47	17.35	19.20	21.04	22.85
1200	—	8.51	9.56	10.61	11.66	12.71	13.75	14.78	15.81	16.83	18.87	20.87	22.85	24.80
1300	—	9.21	10.35	11.49	12.62	13.74	14.87	15.98	17.09	18.19	20.38	22.53	24.64	26.72
1400	—	9.91	11.14	12.36	13.57	14.78	15.98	17.18	18.36	19.54	21.87	24.16	26.40	28.59
1500	—	10.61	11.92	13.23	14.52	15.81	17.09	18.36	19.62	20.87	23.34	25.76	28.13	30.43
1600	—	11.31	12.71	14.09	15.47	16.83	18.19	19.54	20.88	22.20	24.80	27.35	29.82	32.23
1700	—	12.01	13.49	14.95	16.41	17.85	19.29	20.71	22.12	23.51	26.24	28.90	31.48	33.98
1800	—	12.71	14.26	15.81	17.35	18.87	20.38	21.87	23.34	24.80	27.66	30.43	33.11	35.68
1900	—	13.40	15.04	16.66	18.28	19.87	21.46	23.02	24.56	26.08	29.06	31.93	34.69	37.33
2000	—	14.09	15.81	17.52	19.20	20.87	22.53	24.16	25.76	27.35	30.43	33.40	36.24	38.93
2100	—	—	16.58	18.36	20.13	21.87	23.59	25.28	26.95	28.59	31.78	34.84	37.74	40.47
2200	—	—	17.35	19.20	21.04	22.85	24.64	26.40	28.13	29.82	33.11	36.24	39.19	41.96
2300	—	—	18.11	20.04	21.95	23.83	25.68	27.50	29.29	31.03	34.41	37.60	40.60	43.38
2400	—	—	18.87	20.87	22.85	24.80	26.72	28.59	30.43	32.23	35.68	38.93	41.96	44.73
2500	—	—	19.62	21.70	23.75	25.76	27.74	29.67	31.56	33.40	36.92	40.22	43.26	46.02
2600	—	—	20.38	22.53	24.64	26.72	28.75	30.73	32.67	34.55	38.14	41.47	44.51	47.24
2800	—	—	21.87	24.16	26.40	28.59	30.73	32.82	34.84	36.79	40.47	43.84	46.84	49.45

（续）

小带轮转速 n_1/r·min^{-1}	小带轮齿数和节圆直径/mm													
	14 56.60	16 64.68	18 72.77	20 80.85	22 88.94	24 97.02	26 105.11	28 113.19	30 121.28	32 129.36	36 145.53	40 161.70	44 177.87	48 194.04
3000	—	—	23.35	25.76	28.13	30.43	32.67	34.84	36.93	38.93	42.67	46.02	48.93	51.35
3200	—	—	24.80	27.35	29.82	32.23	34.55	36.79	38.93	40.97	44.73	48.01	50.75	52.91
3400	—	—	26.24	28.90	31.49	33.98	36.38	38.67	40.85	42.91	46.64	49.79	52.30	54.11
3600	—	—	—	30.43	33.11	35.68	38.14	40.47	42.68	44.73	48.38	51.35	53.55	54.92
3800	—	—	—	31.93	34.69	37.33	39.84	42.20	44.40	46.43	49.96	52.67	54.49	55.33
4000	—	—	—	33.40	36.24	38.93	41.47	43.84	46.02	48.01	51.35	53.75	55.10	55.31
4200	—	—	—	34.84	37.74	40.47	43.03	45.39	47.53	49.45	52.55	54.56	55.37	54.84
4400	—	—	—	36.24	39.19	41.96	44.51	46.84	48.93	50.75	53.55	55.10	55.27	53.90
4600	—	—	—	37.60	40.60	43.38	45.92	48.20	50.20	51.91	54.35	55.36	54.78	52.46
4800	—	—	—	38.93	41.96	44.73	47.24	49.45	51.35	52.91	54.92	55.31	53.90	50.50

注：□为带轮圆周速度在 33m/s 以上时的功率值，设计时带轮用碳素钢或铸钢。

表 6.1-56d　XH 型带（节距 22.225mm，基准宽度 101.6mm）**基准额定功率 P_0**（摘自 GB/T 11362—2008）

（kW）

小带轮转速 n_1 /r·min^{-1}	小带轮齿数和节圆直径/mm						
	22 155.64	24 169.79	26 183.94	28 198.08	30 212.23	32 226.38	40 282.98
575	18.82	20.50	22.17	23.83	25.48	27.13	33.58
585	19.14	20.85	22.55	24.23	25.91	27.58	34.13
690	22.50	24.49	26.47	28.43	30.38	32.30	39.81
725	23.62	25.70	27.77	29.81	31.84	33.85	41.65
870	28.18	30.63	33.05	35.44	37.80	40.13	49.01
950	30.66	33.30	35.91	38.47	41.00	43.47	52.85
1160	37.02	40.13	43.17	46.13	49.01	51.81	62.06
1425	44.70	48.28	51.73	55.05	58.22	61.24	71.52
1750	53.44	57.40	61.40	64.62	62.83	70.74	79.12
2850	—	78.45	80.45	81.36	81.10	79.57	—
3450	—	81.37	80.10	78.90	71.62	64.10	—
100	3.30	3.60	3.90	4.20	4.50	4.80	5.99
200	6.59	7.19	7.79	8.39	8.98	9.58	11.96
300	9.88	10.77	11.66	12.55	13.44	14.33	17.87
400	13.15	14.33	15.51	16.69	17.87	19.04	23.69
500	16.40	17.87	19.33	20.79	22.24	23.69	29.39
600	19.62	21.37	23.11	24.84	26.56	28.26	34.95
700	22.82	24.84	26.84	28.83	30.80	32.75	40.34
800	25.99	28.26	30.52	32.75	34.95	37.13	45.52
900	29.11	31.64	34.13	36.59	39.01	41.39	50.47
1000	32.19	34.95	37.67	40.34	42.96	45.52	55.17
1100	35.23	38.21	41.13	43.99	46.78	49.50	59.57
1200	38.21	41.39	44.50	47.53	50.47	53.32	63.65
1300	41.13	44.50	47.78	50.95	54.02	56.96	67.39
1400	43.99	47.53	50.96	54.25	57.40	60.41	70.74
1500	46.78	50.47	54.02	57.40	60.62	63.65	73.70
1600	49.50	53.32	56.96	60.41	63.65	66.67	76.22
1700	52.15	56.07	59.78	63.26	66.48	69.45	78.27
1800	54.71	58.71	62.46	65.93	69.11	71.98	79.84
1900	57.18	61.24	65.00	68.43	71.52	74.24	80.88
2000	59.57	63.65	67.39	70.74	73.70	76.22	81.37
2100	61.85	65.94	69.61	72.85	75.63	77.90	81.28
2200	64.04	68.09	71.67	74.76	77.30	79.27	80.59

（续）

小带轮转速 n_1 /r·min⁻¹	小带轮齿数和节圆直径/mm						
	22 155.64	24 169.79	26 183.94	28 198.08	30 212.23	32 226.38	40 282.98
2300	66.12	70.10	73.56	76.44	78.71	80.32	79.26
2400	68.09	71.98	75.26	77.90	79.84	81.02	77.26
2500	—	73.70	76.78	79.12	80.67	81.37	74.56
2600	—	75.26	78.09	80.09	81.19	81.35	71.15
2800	—	77.90	80.09	81.24	81.28	80.13	—
3000	—	79.84	81.19	81.28	80.00	77.26	—
3200	—	81.02	81.35	80.13	77.26	72.60	—
3400	—	81.41	[80.48]	[77.11]	72.95	66.05	—
3600	—	80.94	[78.24]	[73.94]	[66.98]	—	—

注：[ ]为带轮圆周速度在 33m/s 以上时的功率值，设计时带轮用碳素钢或铸钢。

表 6.1-56e　XXH 型带（节距 31.75mm，基准宽度 127mm）**基准额定功率 P_0**（摘自 GB/T 11362—2008）

（kW）

小带轮转速 n_1 /r·min⁻¹	小带轮齿数和节圆直径/mm					
	22 222.34	24 242.55	26 262.76	30 303.19	34 343.62	40 404.25
575	42.09	45.76	49.39	56.52	63.45	73.41
585	42.79	46.52	50.21	57.44	64.46	74.53
690	50.11	54.40	58.62	66.83	74.70	85.74
725	52.51	56.98	61.36	69.87	77.97	89.25
870	62.23	67.36	72.34	81.85	90.66	102.38
950	67.41	72.85	78.10	88.01	97.01	108.55
1160	80.31	86.35	92.06	102.38	111.05	120.49
1425	94.85	101.13	106.80	116.11	122.36	125.12
1750	109.43	115.05	119.53	124.72	124.25	[111.30]
100	7.44	8.122	8.80	10.15	11.50	13.52
200	14.87	16.21	17.55	20.23	22.91	26.90
300	22.24	24.24	26.23	30.20	34.14	39.99
400	29.54	32.18	34.80	39.99	45.12	52.67
500	36.75	39.99	43.21	49.55	55.76	64.78
600	43.85	47.66	51.42	58.80	65.96	76.19
700	50.80	55.14	59.41	67.70	75.64	86.75
800	57.59	62.41	67.12	76.19	84.72	96.33
900	64.19	69.44	74.53	84.20	93.10	104.78
1000	70.58	76.19	81.58	91.67	100.71	111.97
1100	76.74	82.64	88.26	98.56	107.45	117.75
1200	82.64	88.75	94.50	104.79	113.25	121.98
1300	88.26	94.50	100.28	110.30	118.00	124.53
1400	93.57	99.86	105.56	115.05	121.63	125.24
1500	98.56	104.78	110.30	118.96	124.06	123.99
1600	103.19	109.26	114.46	121.98	125.18	[120.62]
1700	107.45	113.24	118.00	124.06	124.93	[115.00]
1800	111.31	116.71	120.88	125.12	123.20	[106.99]

注：[ ]为带轮圆周速度在 33m/s 以上时的功率值，设计时带轮用碳素钢或铸钢。

5.3.3 梯形齿同步带传动设计方法（见表 6.1-57）

表 6.1-57 梯形齿同步带传动设计方法（摘自 GB/T 11362—2008）

计算项目	代号	公式及数据	单位	说明
设计功率	P_d	$P_d=K_AP$	kW	K_A—工况系数，见表 6.1-58 P—需传递的功率
带型	MXL XXL XL L H XH XXH	根据 P_d 和 n_1 由图 6.1-22 选择 n_1—小带轮转速（r/min）		当选择的带型与相邻带型较接近时，将两种带型做平行设计，择优选用
节距	P_b	具体带型对应的节距	mm	见表 6.1-53
小带轮齿数	z_1	按表 6.1-64 选取，应使 $z_1 \geqslant z_{min}$，z_{min} 见表 6.1-59		
大带轮齿数	z_2	$z_2=iz_1$		i 为传动比，计算结果按表 6.1-64 圆整①
小带轮节径	d_1	$d_1=P_bz_1/\pi$	mm	
大带轮节径	d_2	$d_2=P_bz_2/\pi$	mm	
带速	v	$v=\dfrac{\pi d_1n_1}{60000}=\dfrac{\omega P_bz_1 10^{-3}}{2\pi}<v_{max}$	m/s	v_{max}②
节线长	L_p	$L_p=2a_0\cos\phi+\dfrac{\pi(d_2+d_1)}{2}+\dfrac{\pi\phi(d_2-d_1)}{180}$ 按表 6.1-54 选择最接近的标准带长	mm	a_0—初定中心距（mm） $\phi=\arcsin\left(\dfrac{d_2-d_1}{2a}\right)$③
计算中心距	a	a）近似公式 $a\approx M+\sqrt{M^2-\dfrac{1}{8}\left[\dfrac{P_b(z_2-z_1)}{\pi}\right]^2}$ b）精确公式 $a=\dfrac{P_b(z_2-z_1)}{2\pi\cos\theta}$ $\mathrm{inv}\theta=\pi\dfrac{z_b-z_2}{z_2-z_1}=\tan\theta-\theta$	mm	$M=\dfrac{P_b}{8}(2z_b-z_1-z_2)$ z_b—带的齿数； z_2/z_1 较大时，采用方法 b） z_2/z_1 接近 1 时，采用方法 a） θ③的数值可用逐步逼近法或查渐开线函数表来确定
小带轮啮合齿数	z_m	$z_m=\mathrm{ent}\left[\dfrac{z_1}{2}-\dfrac{P_bz_1}{2\pi^2a}(z_2-z_1)\right]$		ent[ ]—取括号内的整数部分
基准额定功率（XL～XXH 型，$z_m \geqslant 6$ 时）	P_0	$P_0=\dfrac{(T_a-mv^2)v}{1000}$ 表 6.1-56 给出了 XL～XXH 型带的基准额定功率值，可直接查得	kW	T_a—带的基准宽度 b_{so} 的许用工作拉力（N）（见表 6.1-61）； b_{so}—带的基准宽度（mm）（见表 6.1-60）； m—带的基准宽度 b_{so} 的单位长度的质量（kg/m）（见表 6.1-61）； v—带的速度（m/s）
啮合齿数系数	K_Z	$z_m \geqslant 6$ 时，$K_Z=1$； $z_m<6$ 时，$K_Z=1-0.2(6-z_m)$		
额定功率	P_r	$P_r=\left(K_ZK_WT_a-\dfrac{b_smv^2}{b_{so}}\right)v\times10^{-3}$ $P_r\approx K_ZK_WP_0$	kW	K_W—宽度系数 $K_W=\left(\dfrac{b_s}{b_{so}}\right)^{1.14}$

（续）

计算项目	代号	公式及数据	单位	说　明
带宽	b_s	根据设计要求，$P_d \leqslant P_r$ 故带宽 $b_s \geqslant b_{so}\left(\dfrac{P_d}{K_Z P_0}\right)^{1/1.14}$	mm	b_{so} 见表 6.1-60 计算结果按表 6.1-55 确定带宽。一般应使 $b_s < d_1$
验算工作能力	P	$P_r = \left(K_Z K_W T_a - \dfrac{b_s m v^2}{b_{so}}\right) v \times 10^{-3} > P_d$ 时，传递能力足够	kW	T_a 和 m 见表 6.1-61 $v = \dfrac{P_d d_1 n_1}{60000}$

① GB/T 11361—2008 推荐梯形带轮齿数：10～20（取整数）、(21)、22、(23)、(24)、25、(26)、(27)、28、(30)、32、36、40、48、60、72、84、96、120、156，括号内的尺寸尽量不采用（参见表 6.1-64）。

② GB/T 11362—2008 规定同步带允许最大线速度 v_{max}（m/s）：MXL、XXL、XL 型带—40～50，L、H 型带—35～40，XH、XXH 型带—25～30。

③ 计算辅助角 θ 的公式：

$$\mathrm{inv}\theta = \pi \frac{z_b - z_2}{z_2 - z_1}$$

式中　$\mathrm{inv}\theta = \tan\theta - \theta$，$\theta$（见右图）的数值可用逐步逼近法或查渐开线函数表来确定。

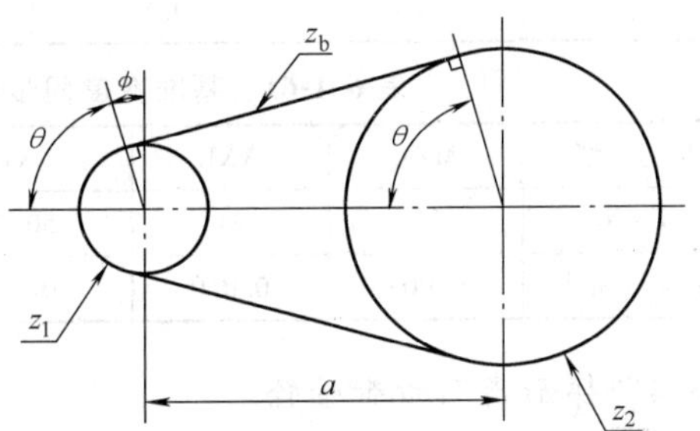

表 6.1-58　工况系数 K_A（GB/T 11362—2008）

工　作　机	原动机：交流电动机（普通转矩笼型、同步电动机），直流电动机（并励），多缸内燃机			原动机：交流电动机（大转矩、大滑差率、单相、滑环），直流电动机（复励、串励），单缸内燃机		
	运转时间			运转时间		
	断续使用 每日 3～5h	普通使用 每日 8～10h	连续使用 每日 16～24h	断续使用 每日 3～5h	普通使用 每日 8～10h	连续使用 每日 16～24h
	K_A					
复印机、计算机、医疗器械	1.0	1.2	1.4	1.2	1.4	1.6
清扫机、缝纫机、办公机械、带锯盘	1.2	1.4	1.6	1.4	1.6	1.8
轻载荷传送带、包装机、筛子	1.3	1.5	1.7	1.5	1.7	1.9
液体搅拌机、圆形带锯、平碾盘、洗涤机、造纸机、印刷机械	1.4	1.6	1.8	1.6	1.8	2.0
搅拌机（水泥、黏性体）、带式输送机（矿石、煤、砂）、牛头刨床、中挖掘机、离心压缩机、振动筛、纺织机械（整经机、绕线机）、回转压缩机、往复式发动机	1.5	1.7	1.9	1.7	1.9	2.1
输送机（盘式、吊式、升降式）、抽水泵、洗涤机、鼓风机（离心式，引风、排风）、发动机、激励机、卷扬机、起重机、橡胶加工机（压延、滚轧压出机）、纺织机械（纺纱、精纺、捻纱机、绕纱机）	1.6	1.8	2.0	1.8	2.0	2.2
离心分离机、输送机（货物、螺旋）、锤击式粉碎机、造纸机（碎浆）	1.7	1.9	2.1	1.9	2.1	2.3
陶土机械（硅、黏土搅拌）、矿山用混料机、强制送风机	1.8	2.0	2.2	2.0	2.2	2.4

注：1. 当增速传动时，将下列系数加到工况系数 K_A 中：

增速比	1.00～1.24	1.25～1.74	1.75～2.49	2.50～3.49	≥3.50
系　数	0	0.1	0.2	0.3	0.4

2. 当使用张紧轮时，还要将下列系数加到工况系数 K_A 中：

张紧轮的位置	松边内侧	松边外侧	紧边内侧	紧边外侧
系　数	0	0.1	0.1	0.2

3. 对带型为 14M 和 20M 的传动，当 $n_1 \leqslant 600$r/min 时，应追加系数（加进 K_A 中）：

n_1/r·min^{-1}	≤200	201～400	401～600
K_A 增加值	0.3	0.2	0.1

4. 对频繁正反转，严重冲击、紧急停机等非正常传动，视具体情况修正 K_A。

表 6.1-59　小带轮的最小齿数 z_{min}（摘自 GB/T 11362—2008）

小带轮转速 n_1/r·min^{-1}	带型						
	MXL	XXL	XL	L	H	XH	XXH
<900	10	10	10	12	14	22	22
900~<1200	12	12	10	12	16	24	24
1200~<1800	14	14	12	14	18	26	26
1800~<3600	16	16	12	16	20	30	—
3600~<4800	18	18	15	18	22	—	—

表 6.1-60　同步带的基准宽度 b_{so}（摘自 GB/T 11362—2008）　（mm）

带型	MXL、XXL	XL	L	H	XH	XXH
b_{so}	6.4	9.5	25.4	76.2	101.6	127.0

表 6.1-61　基准宽度同步带的许用工作拉力 T_a 和单位长度的质量 m

带型	MXL	XXL	XL	L	H	XH	XXH
T_a/N	27	31	50.17	244.46	2100.85	4048.90	6398.03
m/kg·m^{-1}	0.007	0.010	0.022	0.095	0.448	1.484	2.473

5.3.4　梯形齿同步带带轮

同步带轮的齿形一般推荐采用渐开线齿形，并由渐开线齿形带轮刀具用展成法加工而成，因此齿形尺寸取决于其加工刀具的尺寸。表 6.1-62 给出了加工渐开线齿形的齿条刀具的尺寸和公差。也可以使用直边齿形，表 6.1-63 给出了直边齿带轮的尺寸和公差。

标准同步带轮的直径见表 6.1-64，带轮宽度见表 6.1-65，带轮的挡圈尺寸见表 6.1-66。

带轮的公差和表面粗糙度见表 6.1-67，同步带传动安装要求见图 6.1-23。

带轮的结构参见本章 2.3.3。

带轮在安装时，必须注意带轮轴线的平行度，使各带轮的传动中心平面位于同一平面内，防止因带轮偏斜而使带侧压紧在挡圈上，造成带侧面磨损加剧，甚至带被挡圈切断。偏斜角 θ_m（图 6.1-23）的允许最大值是：

带宽/mm	$\tan\theta_m$ 允许最大值
$b_s \leqslant 20$	$\leqslant 6/1000$
$20 < b_s \leqslant 40$	$\leqslant 5/1000$
$40 < b_s \leqslant 70$	$\leqslant 4/1000$
$70 < b_s \leqslant 100$	$\leqslant 3/1000$
$100 < b_s$	$\leqslant 2/1000$

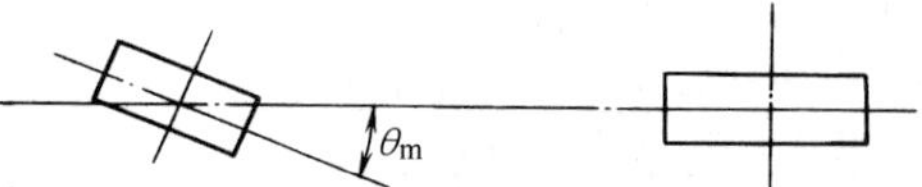

图 6.1-23　带轮安装要求

表 6.1-62　加工渐开线齿形的齿条刀具的尺寸和公差（摘自 GB/T 11361—2008）　（mm）

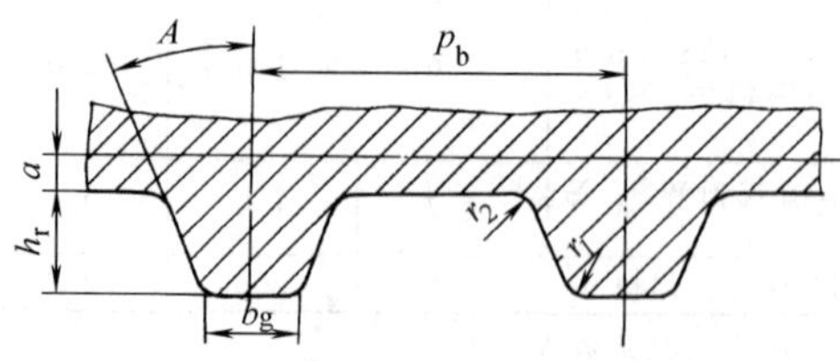

项目	槽型						
	MXL	XXL	XL	L	H	XH	XXH
带轮齿数	10~23，≥24	≥10	≥10	≥10	14~19，≥20	≥18	≥18
节距 P_b±0.003	2.032	3.175	5.080	9.525	12.700	22.225	31.750
齿形角 A±0.12°/(°)	28，20	25	25	20	20	20	20
齿高 h_r+0.05	0.64	0.84	1.40	2.13	2.59	6.88	10.29
齿顶厚 $b_{g\,0}^{+0.05}$	0.61，0.67	0.96	1.27	3.10	4.24	7.59	11.61
齿顶圆角半径 r_1±0.03	0.30	0.30	0.61	0.86	1.47	2.01	2.69
齿根圆角半径 r_2±0.03	0.23	0.28	0.61	0.53	1.04，1.42	1.93	2.82
两倍节根距 $2a$	0.508	0.508	0.508	0.762	1.372	2.794	3.048

表 6.1-63　直边齿带轮的尺寸和公差（摘自 GB/T 11361—2008）　（mm）

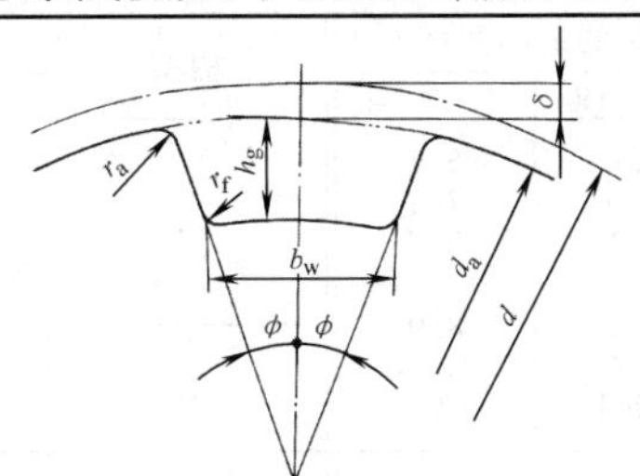

项　目	符　号	槽　型						
		MXL	XXL	XL	L	H	XH	XXH
齿槽底宽	b_w	0.84±0.05	$0.96^{+0.05}_{0}$	1.32±0.05	3.05±0.10	4.19±0.13	7.90±0.15	12.17±0.18
齿高	h_g	$0.69^{0}_{-0.05}$	$0.84^{0}_{-0.05}$	$1.65^{0}_{-0.08}$	$2.67^{0}_{-0.10}$	$3.05^{0}_{-0.13}$	$7.14^{0}_{-0.13}$	$10.31^{0}_{-0.13}$
槽半角	$\phi\pm1.5°$	20	25	25	20	20	20	20
齿根圆角半径	r_f	0.25	0.35	0.41	1.19	1.60	1.98	3.96
齿顶圆角半径	r_a	$0.13^{+0.05}_{0}$	0.30±0.05	$0.64^{+0.05}_{0}$	$1.17^{+0.13}_{0}$	$1.60^{+0.13}_{0}$	$2.39^{+0.13}_{0}$	$3.18^{+0.13}_{0}$
两倍节顶距	2δ	0.508	0.508	0.508	0.762	1.372	2.794	3.048
外圆直径	d_a	$d_a=d-2\delta$						
外圆节距	P_a	$p_a=\dfrac{\pi d_a}{z}$（z—带轮齿数）						
根圆直径	d_f	$d_f=d_a-2h_g$						

表 6.1-64　标准同步带轮的直径（摘自 GB/T 11361—2008）　（mm）

带轮齿数 $z_{1,2}$	标准直径													
	MXL		XXL		XL		L		H		XH		XXH	
	d	d_a	d	d_a	d	d_a	d	d_a	d	d_a	d	d_a	d	d_a
10	6.47	5.96	10.11	9.60	16.17	15.66								
11	7.11	6.61	11.12	10.61	17.79	17.28								
12	7.76	7.25	12.13	11.62	19.40	18.90	36.38	35.62						
13	8.41	7.90	13.14	12.63	21.02	20.51	39.41	38.65						
14	9.06	8.55	14.15	13.64	22.64	22.13	42.45	41.69	56.60	55.23				
15	9.70	9.19	15.16	14.65	24.26	23.75	45.48	44.72	60.64	59.27				
16	10.35	9.84	16.17	15.66	25.87	25.36	48.51	47.75	64.68	63.31				
17	11.00	10.49	17.18	16.67	27.49	26.98	51.54	50.78	68.72	67.35				
18	11.64	11.13	18.19	17.68	29.11	28.60	54.57	53.81	72.77	71.39	127.34	124.55	181.91	178.86
19	12.29	11.78	19.20	18.69	30.72	30.22	57.61	56.84	76.81	75.44	134.41	131.62	192.02	188.97
20	12.94	12.43	20.21	19.70	32.34	31.83	60.64	59.88	80.85	79.48	141.49	138.69	202.13	199.08
(21)	13.58	13.07	21.22	20.72	33.96	33.45	63.67	62.91	84.89	83.52	148.56	145.77	212.23	209.18
22	14.23	13.72	22.23	21.73	35.57	35.07	66.70	65.94	88.94	87.56	155.64	152.84	222.34	219.29
(23)	14.88	14.37	23.24	22.74	37.19	36.68	69.73	68.97	92.98	91.61	162.71	159.92	232.45	229.40
(24)	15.52	15.02	24.26	23.75	38.81	38.30	72.77	72.00	97.02	95.65	169.79	166.99	242.55	239.50
25	16.17	15.66	25.27	24.76	40.43	39.92	75.80	75.04	101.06	99.69	176.86	174.07	252.66	249.61
(26)	16.82	16.31	26.28	25.77	42.04	41.53	78.83	78.07	105.11	103.73	183.94	181.14	262.76	259.72
(27)	17.46	16.96	27.29	26.78	43.66	43.15	81.86	81.10	109.15	107.78	191.01	188.22	272.87	269.82
28	18.11	17.60	28.30	27.79	45.28	44.77	84.89	84.13	113.19	111.82	198.08	195.29	282.98	279.93
(30)	19.40	18.90	30.32	29.81	48.51	48.00	90.96	90.20	121.28	119.90	212.23	209.44	303.19	300.14
32	20.70	20.19	32.34	31.83	51.74	51.24	97.02	96.26	129.36	127.99	226.38	223.59	323.40	320.35
36	23.29	22.78	36.38	35.87	58.21	57.70	109.15	108.39	145.53	144.16	254.68	251.89	363.83	360.78
40	25.37	25.36	40.43	39.92	64.68	64.17	121.28	120.51	161.70	160.33	282.98	280.18	404.25	401.21
48	31.05	30.54	48.51	48.00	77.62	77.11	145.53	144.77	194.04	192.67	339.57	336.78	485.10	482.06
60	38.81	38.30	60.64	60.13	97.02	96.51	181.91	181.15	242.55	241.18	424.47	421.67	606.38	603.33
72	46.57	46.06	72.77	72.26	116.43	115.92	218.30	217.53	291.06	289.69	509.36	506.57	727.66	724.61
84							254.68	253.92	339.57	338.20	594.25	591.46	848.93	845.88
96							291.06	290.30	388.08	386.71	679.15	676.35	970.21	967.16
120							363.83	363.07	485.10	483.73	848.93	846.14	1212.76	1209.71
156									630.64	629.26				

注：括号中的齿数为非优先的直径尺寸。

表 6.1-65　同步带轮的宽度（摘自 GB/T 11361—2008）　（mm）

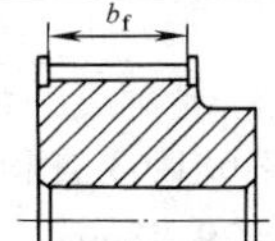

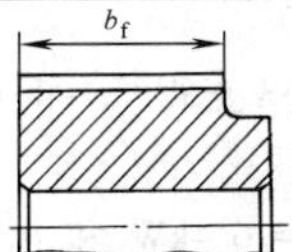

（续）

槽型	轮宽代号	轮宽公称尺寸	带轮的最小宽度 b_f 双边挡圈	带轮的最小宽度 b_f 无挡圈
MXL XXL	012 019 025	3.0 4.8 6.4	3.8 5.3 7.1	5.6 7.1 8.9
XL	025 031 037	6.4 7.9 9.5	7.1 8.6 10.4	8.9 10.4 12.2
L	050 075 100	12.7 19.1 25.4	14.0 20.3 26.7	17.0 23.3 29.7
H	075 100 150 200 300	19.1 25.4 38.1 50.8 76.2	20.3 26.7 39.4 52.8 79.0	24.8 31.2 43.9 57.3 83.5
XH	200 300 400	50.8 76.2 101.6	56.6 83.8 110.7	62.6 89.8 116.7
XXH	200 300 400 500	50.8 76.2 101.6 127.0	56.6 83.8 110.7 137.7	64.1 91.3 118.2 145.2

表 6.1-66 同步带轮的挡圈尺寸（摘自 GB/T 11361—2008）

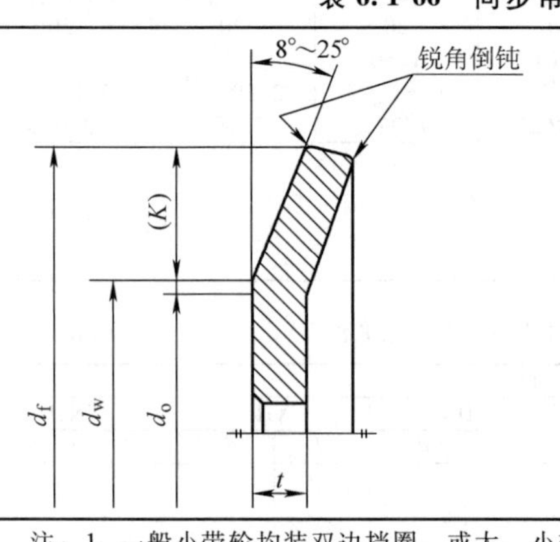

带型	MXL	XXL	XL	L	H	XH	XXH
K_{min}	0.5	0.8	1.0	1.5	2.0	4.8	6.1
t（参考）	0.5~1.0	0.5~1.5	1.0~1.5	1.0~2.0	1.5~2.5	4.0~5.0	5.0~6.5

d_o—带轮外径（mm）

d_w—挡圈弯曲处直径（mm），$d_w=(d_o+0.38)\pm0.25$

K_{min}—挡圈最小高度（mm）

注：1. 一般小带轮均装双边挡圈，或大、小轮的不同侧各装单边挡圈。

2. 轴间距 $a>8d_1$（d_1—小带轮节径），两轮均装双边挡圈。

3. 轮轴垂直水平面时，两轮均应装双边挡圈；或至少主动轮装双边挡圈，从动轮下侧装单边挡圈。

表 6.1-67 同步带轮的公差和表面粗糙度（摘自 GB/T 11361—2008） （mm）

项目		符号	带轮外径 d_a ≤25.4	>25.4~50.8	>50.8~101.6	>101.6~177.8	>177.8~304.8	>304.8~508	>508~762	>762~1016	>1016
外径极限偏差		Δd_a	+0.05 0	+0.08 0	+0.10 0	+0.13 0	+0.15 0	+0.18 0	+0.20 0	+0.23 0	+0.25 0
节距偏差	任意两相邻齿	Δp	±0.03								
	90°弧内累积	Δp_Σ	±0.05	±0.08	±0.10	±0.13	±0.15			±0.18	±0.20
外圆径向圆跳动		δt_2	0.13					0.13+(d_a−203.2)×0.0005			
端面圆跳动		δt_1	0.10			0.001d_a			0.25+(d_a−254.0)×0.0005		
轮齿与轴孔平行度			<0.001B（B—轮宽，B 小于10mm时，按10mm计算）								
外圆锥度			<0.001B（B 小于10mm时，按10mm计算）								
轴孔直径极限偏差		Δd_0	H7 或 H8								
外圆、齿面的表面粗糙度			Ra3.2~6.3								

5.3.5 设计实例

例 设计精密车床的梯形齿同步带传动。电动机为Y112M-4，其额定功率 $P=4\text{kW}$，额定转速 $n_1=1440\text{r/min}$，传动比 $i=2.4$（减速），中心距约为450mm。每天两班制工作（按16h计）。

解 1）设计功率 P_d。由表6.1-58查得 $K_A=1.6$，

$$P_d=K_AP=1.6\times4\text{kW}=6.4\text{kW}$$

2）选定带型和节距。根据 $P_d=6.4\text{kW}$ 和 $n_1=1440\text{r/min}$，由图6.1-22确定为H型，节距 $P_b=12.7\text{mm}$。

3）小带轮齿数 z_1。根据带型H和小带轮转速 n_1，由表6.1-59查得小带轮的最小齿数 $z_{1\min}=18$，此处取 $z_1=20$。

4）小带轮节圆直径 d_1。

$$d_1=\frac{z_1P_b}{\pi}=\frac{20\times12.7}{\pi}\text{mm}=80.85\text{mm}$$

由表6.1-63查得其外径 $d_{a1}=d_1-2\delta=(80.85-1.37)\text{mm}=79.48\text{mm}$。

5）大带轮齿数 z_2。

$$z_2=iz_1=2.4\times20=48$$

6）大带轮节圆直径 d_2。

$$d_2=\frac{z_2P_b}{\pi}=\frac{48\times12.7}{\pi}\text{mm}=194.04\text{mm}$$

由表 6.1-63 查得其外径 $d_{a2}=d_2-2\delta=(194.04-1.37)$ mm = 192.67mm。

7）带速 v。

$$v=\frac{\pi d_1n_1}{60\times1000}=\frac{\pi\times80.85\times1440}{60\times1000}\text{m/s}$$
$$=6.1\text{m/s}<v_{max}=35\sim40\text{m/s}，合格$$

8）初定中心距 a_0。

取 $a_0=450$mm

9）带长及其齿数。

$$L_0=2a_0+\frac{\pi}{2}(d_1+d_2)+\frac{(d_2-d_1)^2}{4a_0}$$
$$=\left[2\times450+\frac{\pi}{2}(80.85+194.04)+\frac{(194.04-80.85)^2}{4\times450}\right]\text{mm}=1338.91\text{mm}$$

由表 6.1-54 查得应选用带长代号为 510 的 H 型同步带，其节线长 $L_p=1295.4$mm，节线长上的齿数 $z=102$。

10）实际中心距 a。此结构的轴间距可调整，

$$a\approx a_0+\frac{L_p-L_0}{2}=\left[450+\frac{1295.4-1338.91}{2}\right]\text{mm}$$
$$=428.25\text{mm}$$

11）小带轮啮合齿数 z_m。

$$z_m=\text{ent}\left[\frac{z_1}{2}-\frac{P_bz_1}{2\pi^2a}(z_2-z_1)\right]$$
$$=\text{ent}\left[\frac{20}{2}-\frac{12.7\times20}{2\pi^2\times428.25}(48-20)\right]=9$$

12）基本额定功率。

$$P_0=\frac{(T_a-mv^2)\ v}{1000}$$

由表 6.1-61 查得 $T_a=2100.85$N，$m=0.448$kg/m，

$$P_0=\frac{(2100.85-0.448\times6.1^2)\times6.1}{1000}\text{kW}=12.71\text{kW}$$

此值也可由表 6.1-56c 用插值法求得。

13）所需带宽。

$$b_s=b_{so}\sqrt[1.14]{\frac{P_d}{K_zP_0}}$$

由表 6.1-60 查得 H 型带 $b_{so}=76.2$mm，$z_m=9$，$K_z=1$。

$$b_s=76.2\sqrt[1.14]{\frac{6.4}{12.71}}\text{mm}=41.74\text{mm}$$

由表 6.1-55 查得，应选带宽代号为 200 的 H 型带，其 $b_s=50.8$mm。

14）带轮结构和尺寸。

传动选用的同步带为 510H200；

小带轮：$z_1=20$，$d_1=80.85$mm，$d_{a1}=79.48$mm；

大带轮：$z_2=48$，$d_2=194.04$mm，$d_{a2}=192.67$mm。

可根据上列参数决定带轮的结构和全部尺寸（以下略）。

5.4 曲线齿同步带传动设计

5.4.1 曲线齿同步带的规格

曲线齿同步带有三种系列：H 系列（又称 HTD 带和圆弧齿同步带）、S 系列（又称 STPD 带和平顶圆弧齿同步带）和 R 系列（又称 RPP 带和凹顶抛物线齿同步带）。曲线齿同步带齿形为曲线，与相当节距的梯形齿同步带比较，其齿高、齿根厚和齿根圆角半径等均比梯形齿大，带齿受载后应力分布状态较好，齿根应力集中小，承载能力高，并可防止跳齿和啮合过程中齿的干涉。其中 S 系列带啮合时其带齿顶与轮槽底接触，减小了传动中的多边形效应，使速度更均匀，传动误差小，定位精度高；R 系列带齿廓为抛物线，接触面更大，且齿顶有凹槽，有利于与轮槽底部接触时缓冲吸振，噪声更小，传动速度可更高。我国已有标准，并在食品、汽车、纺织、制药、印刷、造纸等行业得到广泛应用。H 型、R 型、S 型曲线齿同步带的带齿尺寸、带宽和极限偏差、长度系列、节线长极限偏差见表 6.1-68～表 6.1-73。

GB/T 24619—2009《曲线齿同步带传动》采用了相应国际标准 ISO 13050：1990，规定了 H8M、H14M、R8M、R14M、S8M、S14M 等六种型号的曲线齿同步带。其附录中增加了国际标准没有的 H、R 两种齿形中 3mm、5mm 和 20mm 三种节距的带和带轮尺寸，这些目前已有行业标准，并投入生产、使用。

表 6.1-68　H 型带齿尺寸（摘自 GB/T 24619—2009）　（mm）

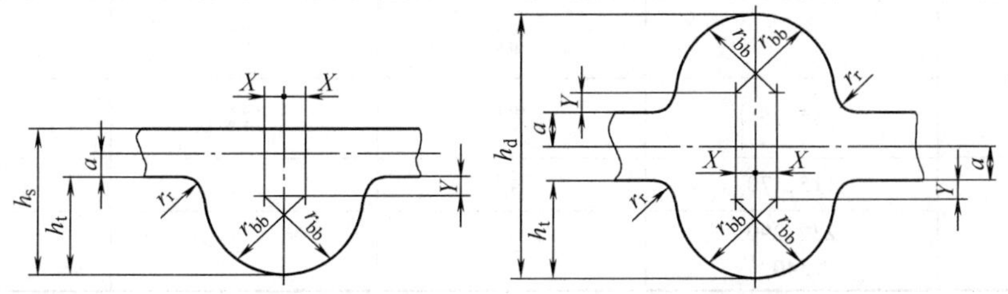

（续）

齿型	节距 P_b	带高 h_s	带高 h_d	齿高 h_t	根部半径 r_r	顶部半径 r_{bb}	节线差 a	X	Y	带宽
H3M	3	2.4		1.21	0.3	0.86	0.381	0	0.35	6,9,15
DH3M	3		3.2	1.21	0.3	0.86	0.381	0	0.35	
H5M	5	3.8		2.08	0.41	1.5	0.572	0	0.58	9,15,20 25,30,40
DH5M	5		5.3	2.08	0.41	1.5	0.572	0	0.58	
H8M	8	6		3.38	0.76	2.59	0.686	0.089	0.787	20,25,30 40,50,60 70,85
DH8M	8		8.1	3.38	0.76	2.59	0.686	0.089	0.787	
H14M	14	10		6.02	1.35	4.55	1.397	0.152	1.470	30,40,55 85,100,115 130,150,170
DH14M	14		14.8	6.02	1.35	4.55	1.397	0.152	1.470	
H20M	20	13.2		8.68	2.03	6.4	2.159	0	2.28	70,85,100,115 130,150,170,230

表 6.1-69　H型、R型、S型带宽和极限偏差（摘自 GB/T 24619—2009）　　（mm）

带　型	带宽 b_s	带宽极限偏差		
		$L_p \leqslant 840$	$840<L_p \leqslant 1680$	$L_p>1680$
H8M DH8M R8M DR8M	20,30	$^{+0.8}_{-0.8}$	$^{+0.8}_{-1.3}$	$^{+0.8}_{-1.3}$
	50	$^{+1.3}_{-1.3}$	$^{+1.3}_{-1.3}$	$^{+1.3}_{-1.5}$
	85	$^{+1.5}_{-1.5}$	$^{+1.5}_{-2.0}$	$^{+2.0}_{-2.0}$
H14M DH14M R14M DR14M	40	$^{+0.8}_{-1.3}$	$^{+0.8}_{-1.3}$	$^{+1.3}_{-1.5}$
	55	$^{+1.3}_{-1.3}$	$^{+1.5}_{-1.5}$	$^{+1.5}_{-1.5}$
	85	$^{+1.5}_{-1.5}$	$^{+1.5}_{-2.0}$	$^{+2.0}_{-2.0}$
	115,170	$^{+2.3}_{-2.3}$	$^{+2.3}_{-2.8}$	$^{+2.3}_{-3.3}$
S8M DS8M	15,25	$^{+0.8}_{-0.8}$	$^{+0.8}_{-1.3}$	$^{+0.8}_{-1.3}$
	60	$^{+1.3}_{-1.5}$	$^{+1.5}_{-1.5}$	$^{+1.5}_{-2.0}$
S14M DS14M	40	$^{+0.8}_{-1.3}$	$^{+0.8}_{-1.3}$	$^{+1.3}_{-1.5}$
	60	$^{+1.3}_{-1.5}$	$^{+1.5}_{-1.5}$	$^{+1.5}_{-2.0}$
	80,100	$^{+1.5}_{-1.5}$	$^{+1.5}_{-2.0}$	$^{+2.0}_{-2.0}$
	120	$^{+2.3}_{-2.3}$	$^{+2.3}_{-2.8}$	$^{+2.3}_{-3.3}$
H3M DH3M R3M DR3M	8,9	$^{+0.4}_{-0.8}$	$^{+0.4}_{-0.8}$	—
	15	$^{+0.8}_{-0.8}$	$^{+0.8}_{-1.2}$	$^{+0.8}_{-1.2}$
H5M DH5M R5M DR5M	9	$^{+0.4}_{-0.8}$	$^{+0.4}_{-0.8}$	—
	15,25	$^{+0.8}_{-0.8}$	$^{+0.8}_{-1.2}$	$^{+0.8}_{-1.2}$
H20M R20M	115,170	$^{+2.3}_{-2.3}$	$^{+2.3}_{-2.8}$	$^{+2.3}_{-3.3}$
	230,290 340	—	—	$^{+4.8}_{-6.4}$

表 6.1-70　R 型带齿尺寸（摘自 GB/T 24619—2009）　（mm）

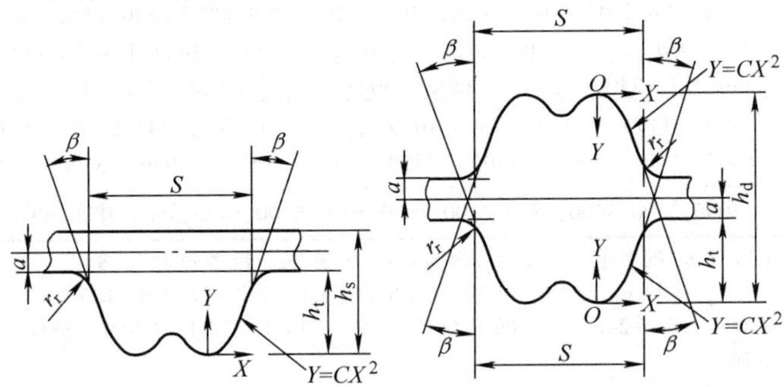

齿型	节距 P_b	齿形角 β	齿根厚 S	带高 h_s	带高 h_d	齿高 h_t	根部半径 r_r	节线差 Q	C
R3M	3	16°	1.95	2.4		1.27	0.380	0.380	3.056
DR3M	3	16°	1.95		3.3	1.27	0.380	0.380	3.056
R5M	5	16°	3.30	3.8		2.15	0.630	0.570	1.795
DR5M	5	16°	3.30		5.44	2.15	0.630	0.570	1.795
R8M	8	16°	5.5	5.4		3.2	1	0.686	1.228
DR8M	8	16°	5.5		7.8	3.2	1	0.686	1.228
R14M	14	16°	9.5	9.7		6	1.75	1.397	0.643
DR14M	14	16°	9.5		14.5	6	1.75	1.397	0.643
R20M	20	16°	13.60	14.50		8.75	2.5	2.160	2.288

表 6.1-71　S 型带齿尺寸（摘自 GB/T 24619—2009）　（mm）

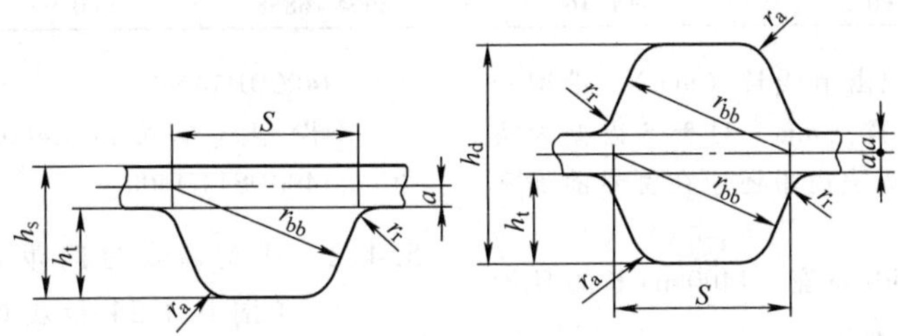

齿型	节距 P_b	带高 h_s	带高 h_d	齿高 h_t	根部半径 r_r	顶部半径 r_{bb}	节线差 Q	S	r_a
S8M	8	5.3	—	3.05	0.8	5.2	0.686	5.2	0.8
DS8M	8	—	7.5	3.05	0.8	5.2	0.686	5.2	0.8
S14M	14	10.2	—	5.3	1.4	9.1	1.397	9.1	1.4
DS14M	14	—	13.4	5.3	1.4	9.1	1.397	9.1	1.4

表 6.1-72　H 型曲线齿同步带长度系列（摘自 JB/T 7512.1—2014）

带的型号	节距 P_b/mm	带节线长度 L_p 系列/mm
H3M	3	120,144,150,177,192,201,207,225,252,264,276,300,339,384,420,459,486,501,537,564,633,750,936,1800
H5M	5	295,300,320,350,375,400,420,450,475,500,520,550,560,565,600,615,635,645,670,695,710,740,800,830,845,860,870,890,900,920,930,940,950,975,1000,1025,1050,1125,1145,1270,1295,1350,1380,1420,1595,1800,1870,2000,2350

（续）

带的型号	节距 P_b/mm	带节线长度 L_p 系列/mm
H8M	8	416,424,480*,560*,600,640*,720*,760,800*,840,856,880*,920,960*,1000,1040,1056,1080,1120*,1200*,1248,1280*,1392,1400,1424,1440*,1600*,1760*,1800*,2000*,2240,2272,2400*,2600*,2800*,3048,3200,3280,3600*,4400*
H14M	14	966*,1190*,1400*,1540,1610*,1778*,1890*,2002,2100*,2198,2310*,2450*,2590*,2800*,3150*,3360*,3500*,3850*,4326*,4578*,4956*,5320*,5740*,6160*,6860*
H20M	20	2000,2500,3400,3800,4200,4600,5000,5200,5400,5600,5800,6000,6200,6400,6600

注：1. 长度代号等于其节线长 L_p 的数值，如 L_p=1248mm 的 H8M 同步带型号为 1248。
2. 带的齿数=节线长度 L_p/节距 p_b，如 L_p=1248 的 H8M 同步带齿数=1248/8=156 齿。
3. 有＊的带长系列同时为 GB/T 24619—2009 规定的 H8M、H14M、R8M、R14M、S8M、S14M 六种型号单、双面曲线齿同步带带长系列。

表 6.1-73　节线长极限偏差　（mm）

节线长范围	中心距极限偏差	节线长极限偏差	节线长范围	中心距极限偏差	节线长极限偏差
≤254	±0.20	±0.40	>3320~3556	±0.61	±1.22
>254~381	±0.23	±0.46	>3556~3810	±0.64	±1.28
>381~508	±0.25	±0.50	>3810~4064	±0.66	±1.32
>508~762	±0.30	±0.60	>4064~4318	±0.69	±1.38
>762~1016	±0.33	±0.66	>4318~4572	±0.71	±1.42
>1016~1270	±0.38	±0.76	>4572~4826	±0.73	±1.46
>1270~1524	±0.41	±0.82	>4826~5008	±0.76	±1.52
>1524~1778	±0.43	±0.86	>5008~5334	±0.79	±1.58
>1778~2032	±0.46	±0.92	>5334~5588	±0.82	±1.64
>2032~2286	±0.48	±0.96	>5588~5842	±0.85	±1.70
>2286~2540	±0.51	±1.02	>5842~6096	±0.88	±1.76
>2540~2794	±0.53	±1.06	>6096~6350	±0.91	±1.82
>2794~3048	±0.56	±1.12	>6350~6604	±0.94	±1.88
>3048~3320	±0.58	±1.16	>6604~6858	±0.97	±1.94

曲线齿同步带的标记由节线长（mm）、带型号（包括齿型和节距）和带宽（mm，对于 S 齿型为实际带宽的 10 倍）组成，双边齿带还应在型号前加字母 D。

示例：节距 14mm、40mm 宽、1400mm 长的 H 齿和 S 齿曲线齿同步带标记为：

H 齿型（单边）：1400H14M40，H 齿型（双边）：1400DH14M40；

S 齿型（单边）：1400S14M400，S 齿型（双边）：1400DS14M400。

5.4.2　H 型曲线齿同步带的选型和额定功率（图 6.1-24 和表 6.1-74）

表 6.1-74a　H3M（6mm 宽）基本额定功率 P_0（摘自 JB/T 7512.3—2014）　（kW）

z_1		10	12	14	16	18	20	24	28	32	40	48	56	64	72	80
d_1/mm		9.55	11.46	13.37	15.28	17.19	19.10	22.92	26.74	30.56	38.20	45.48	53.48	61.12	68.75	76.39
小带轮转速/(r/min)	20	0.001	0.001	0.001	0.001	0.002	0.002	0.002	0.003	0.003	0.004	0.006	0.007	0.008	0.008	0.008
	40	0.002	0.002	0.002	0.003	0.003	0.003	0.004	0.005	0.006	0.009	0.011	0.013	0.015	0.017	0.019
	60	0.002	0.003	0.003	0.004	0.005	0.005	0.007	0.008	0.010	0.013	0.017	0.020	0.023	0.025	0.028
	100	0.004	0.005	0.006	0.007	0.008	0.009	0.011	0.013	0.016	0.021	0.028	0.033	0.038	0.042	0.047
	200	0.008	0.010	0.011	0.013	0.015	0.017	0.022	0.027	0.032	0.043	0.055	0.066	0.075	0.084	0.094
	300	0.011	0.013	0.016	0.018	0.021	0.024	0.030	0.036	0.043	0.058	0.074	0.087	0.100	0.112	0.125
	400	0.013	0.016	0.019	0.023	0.026	0.030	0.037	0.045	0.053	0.071	0.090	0.107	0.122	0.138	0.153
	500	0.016	0.019	0.023	0.027	0.031	0.035	0.044	0.053	0.062	0.083	0.106	0.125	0.143	0.161	0.179
	600	0.018	0.022	0.027	0.031	0.035	0.040	0.050	0.060	0.071	0.095	0.120	0.142	0.163	0.183	0.203
	700	0.020	0.025	0.030	0.035	0.040	0.045	0.056	0.068	0.080	0.106	0.134	0.159	0.181	0.204	0.227
	800	0.023	0.028	0.033	0.039	0.044	0.050	0.062	0.075	0.088	0.117	0.148	0.174	0.199	0.224	0.249
	870	0.024	0.030	0.035	0.041	0.047	0.053	0.066	0.080	0.094	0.124	0.157	0.185	0.211	0.238	0.264
	900	0.025	0.030	0.036	0.042	0.048	0.055	0.068	0.082	0.096	0.127	0.160	0.189	0.216	0.243	0.270
	1000	0.027	0.033	0.039	0.046	0.052	0.059	0.073	0.088	0.104	0.137	0.173	0.204	0.233	0.262	0.291

（续）

z_1		10	12	14	16	18	20	24	28	32	40	48	56	64	72	80
d_1/mm		9.55	11.46	13.37	15.28	17.19	19.10	22.92	26.74	30.56	38.20	45.48	53.48	61.12	68.75	76.39
小带轮转速/(r/min)	1160	0.030	0.037	0.044	0.051	0.059	0.066	0.082	0.099	0.116	0.153	0.192	0.226	0.258	0.291	0.323
	1200	0.031	0.038	0.045	0.052	0.060	0.068	0.084	0.101	0.119	0.156	0.197	0.232	0.265	0.298	0.330
	1400	0.035	0.043	0.051	0.059	0.068	0.076	0.094	0.113	0.133	0.175	0.219	0.258	0.295	0.331	0.368
	1450	0.036	0.044	0.052	0.061	0.069	0.078	0.097	0.116	0.137	0.179	0.225	0.264	0.302	0.339	0.377
	1600	0.039	0.047	0.056	0.065	0.075	0.084	0.104	0.125	0.147	0.192	0.241	0.283	0.323	0.363	0.403
	1750	0.042	0.051	0.060	0.070	0.080	0.090	0.112	0.134	0.157	0.205	0.256	0.301	0.344	0.386	0.429
	1800	0.042	0.052	0.062	0.072	0.082	0.092	0.114	0.136	0.160	0.209	0.261	0.307	0.351	0.394	0.437
	2000	0.046	0.056	0.067	0.077	0.089	0.100	0.123	0.148	0.173	0.226	0.281	0.331	0.377	0.423	0.469
	2400	0.053	0.065	0.077	0.089	0.102	0.115	0.141	0.169	0.197	0.257	0.319	0.375	0.427	0.479	0.530
	2800	0.060	0.073	0.086	0.100	0.114	0.129	0.158	0.189	0.221	0.287	0.355	0.416	0.474	0.530	0.586
	3200	0.066	0.081	0.096	0.111	0.126	0.142	0.175	0.209	0.243	0.315	0.389	0.455	0.517	0.578	0.638
	3600	0.073	0.088	0.105	0.121	0.138	0.155	0.191	0.227	0.265	0.342	0.421	0.492	0.558	0.622	0.685
	4000	0.079	0.096	0.113	0.131	0.150	0.168	0.206	0.245	0.285	0.368	0.451	0.526	0.596	0.663	0.727
	5000	0.094	0.114	0.134	0.155	0.177	0.198	0.243	0.288	0.334	0.427	0.521	0.603	0.678	0.749	0.814
	6000	0.108	0.131	0.154	0.178	0.202	0.227	0.227	0.327	0.378	0.481	0.581	0.667	0.743	0.812	0.871
	7000	0.121	0.147	0.173	0.200	0.227	0.254	0.309	0.364	0.419	0.528	0.631	0.718	0.790	0.850	0.896
	8000	0.134	0.163	0.191	0.221	0.250	0.279	0.339	0.398	0.456	0.569	0.673	0.754	0.816	0.861	0.885
	10000	0.159	0.192	0.226	0.259	0.293	0.326	0.393	0.457	0.519	0.631	0.724	0.781	0.804	0.792	0.729
	12000	0.182	0.220	0.257	0.295	0.332	0.368	0.438	0.505	0.566	0.666	0.729	0.739	0.691	0.582	—
	14000	0.204	0.245	0.286	0.327	0.366	0.404	0.476	0.541	0.596	0.670	0.683	0.616	—	—	—

表 6.1-74b H5M（9mm 宽）基本额定功率 P_0（摘自 JB/T 7512.3—2014） （kW）

z_1		14	16	18	20	24	28	32	36	40	44	48	56	64	72	80
d_1/mm		22.28	25.46	28.65	31.83	38.20	44.56	50.93	57.30	63.66	70.03	76.39	89.13	101.86	114.59	127.32
小带轮转速/(r/min)	20	0.004	0.005	0.006	0.007	0.009	0.011	0.013	0.015	0.017	0.020	0.023	0.027	0.031	0.034	0.038
	40	0.009	0.011	0.012	0.014	0.018	0.021	0.026	0.030	0.035	0.040	0.045	0.054	0.061	0.069	0.077
	60	0.013	0.016	0.018	0.021	0.026	0.032	0.038	0.045	0.052	0.060	0.068	0.080	0.092	0.103	0.115
	100	0.022	0.026	0.030	0.035	0.044	0.054	0.064	0.075	0.087	0.100	0.113	0.134	0.153	0.172	0.192
	200	0.045	0.053	0.061	0.069	0.088	0.107	0.128	0.150	0.174	0.199	0.226	0.268	0.306	0.345	0.383
	300	0.061	0.072	0.083	0.094	0.119	0.145	0.172	0.202	0.233	0.266	0.300	0.356	0.407	0.458	0.509
	400	0.076	0.090	0.103	0.117	0.147	0.179	0.213	0.249	0.286	0.326	0.368	0.436	0.498	0.561	0.623
	500	0.091	0.106	0.122	0.139	0.174	0.211	0.251	0.292	0.336	0.382	0.430	0.510	0.583	0.656	0.728
	600	0.104	0.122	0.140	0.159	0.199	0.241	0.286	0.334	0.383	0.435	0.489	0.580	0.662	0.745	0.827
	700	0.117	0.137	0.158	0.179	0.223	0.271	0.321	0.373	0.428	0.485	0.545	0.646	0.738	0.829	0.921
	800	0.130	0.152	0.174	0.198	0.247	0.299	0.353	0.411	0.471	0.533	0.598	0.709	0.809	0.910	1.010
	870	0.139	0.162	0.186	0.211	0.263	0.318	0.376	0.437	0.500	0.566	0.634	0.751	0.858	0.965	1.071
	900	0.142	0.166	0.191	0.216	0.269	0.326	0.385	0.447	0.512	0.580	0.650	0.769	0.879	0.987	1.096
	1000	0.154	0.180	0.206	0.234	0.291	0.352	0.416	0.483	0.552	0.625	0.699	0.828	0.945	1.062	1.178
	1160	0.173	0.201	0.231	0.262	0.326	0.393	0.464	0.537	0.614	0.694	0.776	0.918	1.047	1.176	1.304
	1200	0.177	0.207	0.237	0.268	0.334	0.403	0.475	0.551	0.629	0.710	0.794	0.939	1.072	1.204	1.334
	1400	0.199	0.232	0.266	0.301	0.375	0.451	0.532	0.615	0.702	0.791	0.884	1.044	1.919	1.336	1.480
	1450	0.205	0.239	0.274	0.309	0.384	0.463	0.545	0.631	0.720	0.811	0.905	1.071	1.220	1.368	1.515
	1600	0.221	0.257	0.295	0.333	0.414	0.498	0.586	0.677	0.771	0.869	0.969	1.144	1.303	1.461	1.617
	1750	0.236	0.275	0.315	0.356	0.442	0.532	0.625	0.722	0.822	0.925	1.030	1.215	1.384	1.550	1.713
	1800	0.242	0.281	0.322	0.364	0.451	0.543	0.638	0.736	0.838	0.943	1.050	1.239	1.410	1.578	1.745
	2000	0.262	0.305	0.349	0.394	0.488	0.586	0.688	0.794	0.902	1.014	1.128	1.329	1.511	1.689	1.864
	2400	0.301	0.350	0.400	0.451	0.558	0.669	0.784	0.902	1.024	1.148	1.274	1.479	1.697	1.891	2.079
	2800	0.338	0.393	0.449	0.506	0.625	0.748	0.874	1.004	1.137	1.272	1.408	1.649	1.863	2.067	2.262
	3200	0.374	0.434	0.496	0.559	0.688	0.822	0.960	1.100	1.242	1.386	1.531	1.786	2.008	2.217	2.411
	3600	0.409	0.474	0.541	0.609	0.749	0.893	1.040	1.190	1.340	1.492	1.644	1.908	2.134	2.340	2.526
	4000	0.443	0.513	0.585	0.658	0.808	0.961	1.116	1.274	1.431	1.589	1.745	2.015	2.238	2.436	2.604
	5000	0.523	0.605	0.688	0.772	0.943	1.115	1.288	1.459	1.628	1.792	1.951	2.212	2.402	2.541	2.623
	6000	0.598	0.690	0.783	0.877	1.064	1.250	1.433	1.610	1.778	1.973	2.084	2.301	2.411	2.434	2.358
	7000	0.669	0.769	0.870	0.971	1.171	1.365	1.550	1.722	1.880	2.019	2.137	2.268	2.245	2.084	1.766
	8000	0.735	0.843	0.950	1.057	1.264	1.459	1.637	1.794	1.927	2.031	2.101	2.100	1.882	—	—
	10000	0.854	0.972	1.088	1.199	1.403	1.577	1.714	1.804	1.842	1.819	1.729	—	—	—	—
	12000	0.956	1.078	1.193	1.299	1.476	1.594	1.643	1.609	—	—	—	—	—	—	—
	14000	1.039	1.158	1.354	1.473	1.495	1.403	—	—	—	—	—	—	—	—	—

表 6.1-74c H8M（20mm 宽）基本额定功率 P_0（摘自 JB/T 7512.3—2014） （kW）

z_1	22	24	26	28	30	32	34	36	38	40	44	48	56	64	72	80
d_1/mm	56.02	61.12	66.21	71.30	76.38	81.49	86.58	91.67	96.77	101.86	112.05	122.23	142.60	162.97	183.35	203.72
小带轮转速/(r/min) 10	0.02	0.02	0.02	0.03	0.04	0.04	0.07	0.08	0.08	0.09	0.10	0.10	0.12	0.14	0.16	0.18
20	0.04	0.04	0.05	0.06	0.07	0.08	0.14	0.14	0.16	0.17	0.19	0.19	0.22	0.26	0.30	0.33
40	0.07	0.09	0.10	0.12	0.14	0.16	0.25	0.27	0.29	0.13	0.34	0.37	0.42	0.48	0.54	0.60
60	0.12	0.13	0.15	0.17	0.21	0.25	0.36	0.38	0.41	0.44	0.48	0.51	0.59	0.68	0.76	0.85
100	0.19	0.22	0.25	0.28	0.34	0.41	0.54	0.58	0.63	0.68	0.74	0.79	0.92	1.04	1.18	1.31
200	0.37	0.41	0.47	0.55	0.66	0.78	0.96	1.04	1.12	1.21	1.31	1.42	1.63	1.86	2.08	2.31
300	0.53	0.59	0.67	0.79	0.94	1.13	1.33	1.44	1.56	1.67	1.82	1.96	2.28	2.57	2.87	3.18
400	0.69	0.76	0.87	1.01	1.20	1.45	1.66	1.81	1.95	2.10	2.28	2.47	2.86	3.22	3.59	3.96
500	0.83	0.92	1.04	1.20	1.43	1.73	1.96	2.15	2.33	2.50	2.72	2.94	3.39	3.82	4.24	4.67
600	0.98	1.07	1.20	1.38	1.64	1.99	2.25	2.47	2.68	2.87	3.13	3.37	3.90	4.37	4.85	5.32
700	1.14	1.25	1.35	1.54	1.83	2.22	2.51	2.77	3.01	3.23	3.51	3.79	4.37	4.89	5.41	5.92
800	1.31	1.42	1.54	1.69	1.99	2.41	2.75	3.05	3.32	3.56	3.86	4.18	4.82	5.38	5.92	6.46
900	1.42	1.54	1.68	1.81	2.10	2.54	2.92	3.24	3.54	3.78	4.11	4.44	5.12	5.70	6.27	6.81
1000	1.63	1.78	1.92	2.07	2.26	2.73	3.21	3.57	3.90	4.18	4.54	4.89	5.63	6.25	6.85	7.42
1160	1.89	2.06	2.33	2.40	2.57	2.95	3.54	3.95	4.33	4.63	5.03	5.42	6.22	6.87	7.48	8.04
1200	1.95	2.13	2.31	2.48	2.66	3.02	3.61	4.04	4.43	4.74	5.14	5.54	6.36	7.01	7.62	8.18
1400	2.28	2.48	2.69	2.89	3.10	3.23	3.97	4.46	4.92	5.26	5.69	6.12	7.00	7.66	8.25	8.76
1600	2.60	2.83	3.07	3.30	3.54	3.77	4.28	4.83	5.36	5.72	6.18	6.65	7.56	8.20	8.72	9.06
1750	2.84	3.10	3.36	3.61	3.86	4.11	4.48	5.09	5.65	6.05	6.53	7.00	7.92	8.51	8.89	9.71
2000	3.25	3.54	3.83	4.11	4.40	4.68	4.97	5.43	6.11	6.53	7.02	7.50	8.39	8.97	9.94	10.85
2400	3.88	4.23	4.57	4.91	5.25	5.59	5.92	6.25	6.68	7.15	7.62	8.17	9.37	10.50	11.53	12.48
2800	4.51	4.91	5.30	5.70	6.09	6.47	6.85	7.23	7.59	7.96	8.68	9.37	10.68	11.86	12.91	13.82
3200	—	—	6.03	6.47	6.90	7.33	7.75	8.17	8.58	8.97	9.75	10.50	11.86	13.05	14.05	14.81
3500	—	—	—	—	7.50	7.96	8.41	8.86	9.28	9.71	10.52	11.29	12.67	13.82	—	—
4000	—	—	—	—	—	8.97	9.47	9.94	10.41	10.85	11.70	12.48	13.82	—	—	—
4500	—	—	—	—	—	—	10.46	10.96	11.44	11.91	12.76	13.51	—	—	—	—
5000	—	—	—	—	—	—	—	11.91	12.39	12.85	—	—	—	—	—	—
5500	—	—	—	—	—	—	—	—	13.23	13.67	—	—	—	—	—	—

注：与粗黑线框内功率对应的使用寿命将会降低。

表 6.1-74d H14M（40mm 宽）基本额定功率 P_0（摘自 JB/T 7512.3—2014） （kW）

z_1	28	29	30	32	34	36	38	40	44	48	56	64	72	80
d_1/mm	124.78	129.23	133.69	142.60	151.52	160.43	169.34	178.25	196.08	213.90	249.55	285.21	320.86	365.51
小带轮转速/(r/min) 10	0.18	0.19	0.19	0.21	0.23	0.27	0.32	0.377	0.41	0.45	0.52	0.60	0.68	0.78
20	0.37	0.38	0.39	0.42	0.46	0.53	0.63	0.75	0.83	0.90	1.05	1.20	1.35	1.57
40	0.73	0.75	0.78	0.84	0.93	1.06	1.27	1.50	1.65	1.81	2.10	2.40	2.70	3.13
60	1.10	1.13	1.17	1.25	1.39	1.59	1.91	2.25	2.48	2.70	3.16	3.60	4.05	4.70
100	1.83	1.89	1.95	2.08	2.31	2.65	3.18	3.75	4.13	4.51	5.25	6.01	6.75	7.83
200	3.65	3.77	3.91	4.12	4.63	5.30	6.36	7.34	8.25	9.00	10.50	12.00	13.50	15.64
300	5.01	5.25	5.54	5.74	6.87	7.94	9.12	9.86	11.28	13.07	15.73	17.97	20.21	22.89
400	6.14	6.51	6.90	7.24	8.57	10.44	11.21	12.09	13.71	15.73	19.36	22.29	24.63	27.04
500	7.19	7.67	8.17	8.65	10.15	12.23	13.11	14.10	15.88	18.05	22.13	25.24	27.83	30.50
600	8.16	8.76	9.36	9.98	11.63	13.89	14.85	15.94	17.84	20.13	24.56	27.76	30.54	33.40
700	9.08	9.78	10.48	11.25	13.02	15.43	16.46	17.64	19.64	22.01	26.71	29.93	32.85	35.83
800	9.95	10.75	11.56	12.46	14.33	16.85	17.97	19.22	21.29	23.71	28.60	31.79	34.79	37.84
870	10.54	11.41	12.27	13.27	15.21	17.80	18.96	20.25	22.37	24.80	29.80	32.94	35.96	39.16
1000	11.59	12.57	13.55	14.72	16.76	19.64	20.69	22.05	24.21	26.65	31.76	34.73	37.73	40.72
1160	12.81	13.92	15.02	16.40	18.54	21.31	22.63	24.06	26.23	28.63	33.75	36.37	39.25	42.01
1200	13.11	14.25	15.37	16.80	21.75	23.08	24.53	26.69	29.08	34.17	36.73	39.52	42.19	—
1400	14.53	15.79	17.05	18.70	20.94	23.77	25.17	26.67	28.79	31.06	35.90	37.87	40.21	42.28
1600	15.78	17.24	18.59	20.45	22.72	25.54	26.98	28.51	30.53	32.60	37.00	38.20	39.84	—
1750	16.84	18.25	19.66	21.65	23.92	26.71	28.17	29.70	31.60	33.49	37.40	37.91	—	—
2000	18.40	19.84	21.29	23.46	25.69	28.38	29.83	31.32	32.97	34.47	37.31	36.44	—	—
2400	20.82	22.08	23.52	25.83	27.91	30.30	31.66	33.00	34.72	35.14	—	—	—	—
2800	23.48	24.11	25.30	27.52	29.34	31.31	32.47	33.53	33.72	33.33	—	—	—	—
3200	—	26.36	26.91	28.51	29.97	31.41	32.24	32.88	—	—	—	—	—	—
3500	—	—	28.25	29.07	29.94	30.92	31.40	—	—	—	—	—	—	—
4000	—	—	—	30.17	29.27	—	—	—	—	—	—	—	—	—

注：与粗黑线框内功率对应的使用寿命将会降低。

表 6.1-74e　**H20M**（115mm 宽）基本额定功率 P_0（摘自 JB/T 7512.3—2014）　　（kW）

z_1		34	36	38	40	44	48	52	56	60	64	68	72	80	90
d_1/mm		216.45	229.18	241.92	254.65	280.11	305.58	331.04	356.51	381.97	407.44	432.90	458.37	509.30	572.96
小带轮转速/(r/min)	10	2.01	2.16	2.31	2.46	2.69	2.98	3.21	3.43	3.66	3.80	4.03	4.18	4.55	5.00
	20	4.03	4.33	4.55	4.85	5.45	5.89	6.42	6.86	7.31	7.68	8.06	8.18	9.17	10.00
	30	6.04	6.49	6.86	7.31	8.13	8.88	9.62	10.29	10.97	11.49	12.09	12.61	13.73	15.07
	40	7.98	8.58	9.18	9.77	10.82	11.79	12.70	13.80	14.55	15.37	17.11	16.86	18.28	20.07
	50	10.00	10.74	11.41	12.16	13.50	14.77	15.96	17.23	18.20	19.17	20.14	21.04	22.90	25.06
	60	12.01	12.91	13.73	14.62	16.26	17.68	19.17	20.14	21.86	22.97	24.17	25.29	27.45	30.06
	80	16.04	17.23	18.28	19.47	21.63	23.57	25.59	27.53	29.17	30.66	32.15	33.64	36.55	40.06
	100	19.99	21.48	22.90	24.32	27.08	29.54	31.93	34.39	36.40	38.34	40.21	42.07	45.73	50.06
	150	30.06	32.23	34.32	36.48	40.58	44.24	47.89	51.62	54.61	57.44	60.28	63.04	68.48	74.97
	200	40.06	41.78	45.73	48.64	54.01	58.93	63.80	68.71	72.66	76.47	80.20	83.93	91.09	99.67
	300	57.96	62.29	66.17	70.35	78.93	87.80	93.53	99.14	104.66	110.04	115.26	120.40	130.40	142.34
	400	73.03	78.33	83.15	88.40	98.99	110.04	116.97	123.76	130.40	136.82	143.08	149.20	160.99	174.79
	500	87.06	93.25	98.99	105.11	117.57	130.40	138.35	146.14	153.68	160.99	168.00	174.79	187.69	202.46
	600	100.19	107.27	113.77	120.70	134.73	149.20	—	166.58	174.79	182.62	190.16	197.32	210.75	225.67
	730	116.15	124.21	131.59	139.43	155.32	171.58	—	190.38	199.11	207.31	215.00	222.23	235.21	248.57
	800	124.28	132.86	140.62	148.83	165.54	182.62	192.62	201.94	210.75	218.95	226.56	233.57	245.73	257.37
	870	132.04	141.07	149.20	157.85	175.31	193.06	203.21	212.61	221.26	229.40	236.78	243.35	254.31	263.64
	970	142.64	152.18	160.76	169.94	188.29	206.87	—	226.34	234.77	242.30	248.94	254.61	263.04	—
	1170	161.88	172.33	181.58	191.42	210.97	230.51	—	248.27	255.13	260.58	264.61	267.07	267.44	—
	1200	164.57	175.09	184.49	194.33	214.03	233.57	—	250.88	257.37	262.37	265.87	267.74	266.47	—
	1460	185.46	196.57	206.19	216.27	235.96	254.98	261.55	265.95	267.96	267.52	264.46	—	—	—
	1600	194.93	206.12	215.59	225.52	244.54	262.37	266.70	268.04	266.47	—	—	—	—	—
	1750	203.66	214.70	223.60	233.27	251.03	266.99	267.96	265.35	—	—	—	—	—	—
	2000	214.92	225.14	233.13	241.26	225.36	266.47	—	—	—	—	—	—	—	—

注：与粗黑线框内功率对应的使用寿命将会降低。

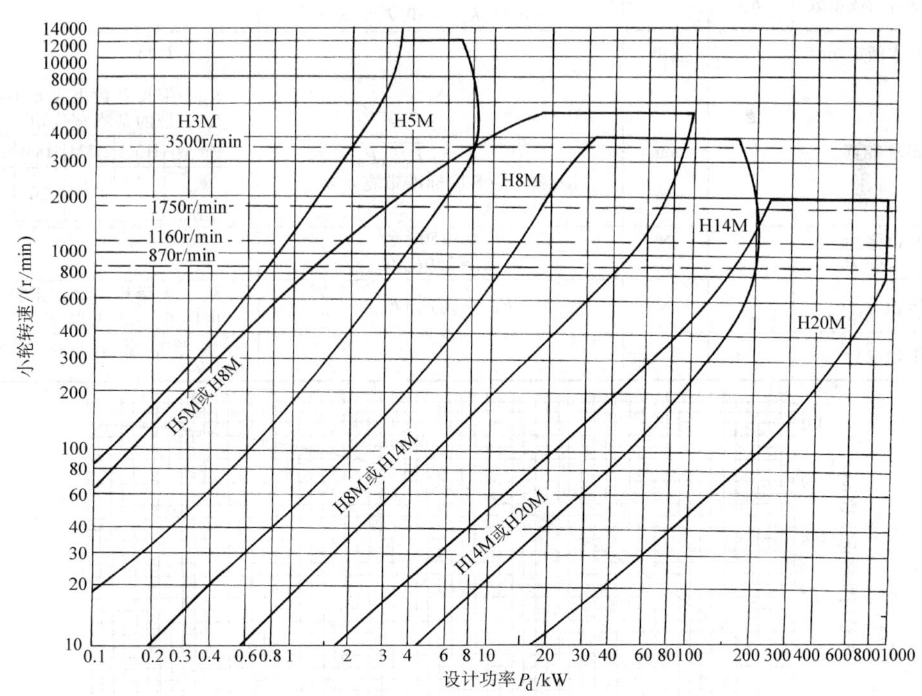

图 6.1-24　H 型曲线齿同步带选型图（摘自 JB/T 7512.3—2014）

5.4.3　H 型曲线齿同步带传动设计计算（根据 JB/T 7512.2—2014）

H 型曲线齿同步带传动的设计计算见表 6.1-75。

表 6.1-75　H型曲线齿同步带传动设计计算

序号	计算项目	符号	单位	计算公式和参数选定	说明
1	设计功率	P_d	kW	$P_d=K_AP$	P—传递的功率(kW) K_A—工况系数,见表 6.1-58
2	选定带型节距 P_b	P_b	mm	根据 P_d 和 n_1 由图 6.1-24 选取	n_1—小带轮转速(r/min)
3	小带轮齿数	z_1		$z_1\geqslant z_{1min}$ z_{1min} 见表 6.1-81	带速 v 和安装尺寸允许时,z_1 应取较大的值
4	小带轮节圆直径	d_1	mm	$d_1=\dfrac{z_1P_b}{\pi}$	
5	大带轮齿数	z_2		$z_2=iz_1=\dfrac{n_1}{n_2}z_1$	i—传动比 n_2—大带轮转速(r/min) z_2 计算后应圆整
6	大带轮节圆直径	d_2	mm	$d_2=\dfrac{z_2P_b}{\pi}$	
7	带速	v	m/s	$v=\dfrac{\pi d_1n_1}{60\times1000}$	
8	初定中心距	a_0	mm	$0.7(d_1+d_2)\leqslant a_0\leqslant2(d_1+d_2)$	或根据结构要求确定
9	带长(节线长度)	L_0	mm	$L_0=2a_0+\dfrac{\pi(d_1+d_2)}{2}+\dfrac{(d_2-d_1)^2}{4a_0}$	按表 6.1-72 选取标准节线长 L_p
10	带齿数	Z		$Z=\dfrac{L_p}{P_b}$	
11	实际中心距	a	mm	$a=[M+\sqrt{M^2-32(d_2-d_1)^2}]/16$ $M=4L_p-2\pi(d_2+d_1)$	
12	安装量 调整量	I S	mm mm	$a_{min}=a-I$ $a_{max}=a+S$	I、S 可由表 6.1-83 查得
13	啮合齿数	z_m		$z_m=\text{ent}\left(0.5-\dfrac{d_2-d_1}{6a}\right)z_1$	
14	啮合齿数系数	K_z		$z_m\geqslant6$ 时,$K_z=1$ $z_m<6$ 时,$K_z=1-0.2(6-z_m)$	
15	基本额定功率	P_0	kW		表 6.1-74
16	要求带宽	b_s	mm	$b_s\geqslant b_{so}\sqrt[1.14]{\dfrac{P_d}{K_LK_zP_0}}$ 按表 6.1-68 取标准带宽 $b_f\geqslant b_s$	K_L—带长系数由表 6.1-82 查得 b_{so}—带的基本宽度由下表查得 带型: H3M / H5M / H8M / H14M / H20M b_{so}/mm: 6 / 9 / 20 / 40 / 115
17	紧边张力 松边张力	F_1 F_2	N N	$F_1=1250P_d/v$ $F_2=250P_d/v$	
18	压轴力	F_Q	N	$F_Q=K_F(F_1+F_2)$	K_F—矢量相加修正系数 由图 6.1-25 求得
19	带轮设计				参考本章 2.3 及表 6.1-75 ~ 表 6.1-94

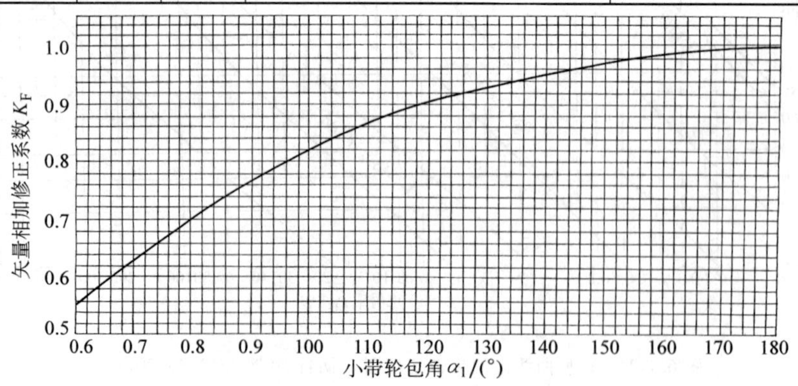

图 6.1-25　矢量相加修正系数（摘自 GB/T 7512.3—2014）

$$小带轮包角\ \alpha_1=180°-\left(\frac{d_2-d_1}{a}\right)\times57.3°$$

5.4.4　曲线齿同步带带轮（见表 6.1-76～表 6.1-89）

表 6.1-76　加工 H 型曲线齿带轮齿条刀具尺寸及公差（摘自 GB/T 24619—2009）　（mm）

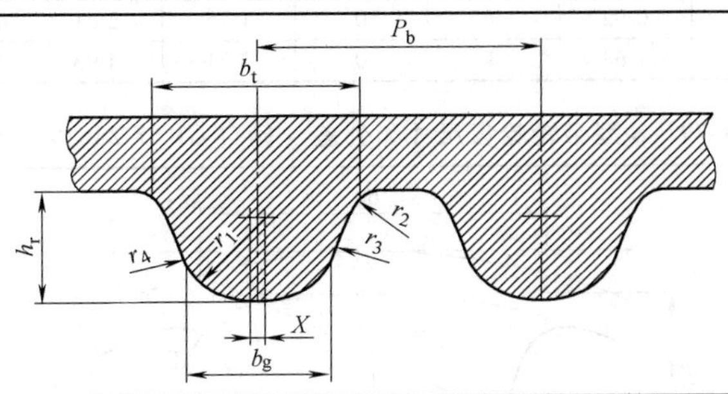

齿型	H8M			H14M		
齿数	22～27	28～80	90～200	28～36	37～89	90～216
P_b±0.012	8	8	8	14	14	14
h_r±0.015	3.29	3.61	3.63	6.32	6.20	6.35
b_g	3.48	4.16	4.24	7.11	7.73	8.11
b_t	6.04	6.05	5.69	11.14	10.79	10.26
r_1±0.012	2.55	2.77	2.64	4.72	4.66	4.62
r_2±0.012	1.14	1.07	0.94	1.88	1.83	1.91
r_3±0.012	0	12.90	0	20.83	15.75	20.12
r_4±0.012	0	0.73	0	1.14	1.14	0.25
X	0	0.25	0	0	0	0

表 6.1-77　H 型带轮轮齿尺寸和公差（摘自 GB/T 24619—2009）　（mm）

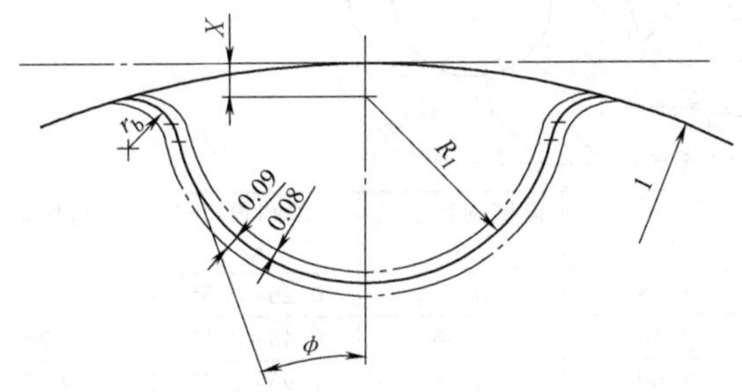

齿型	H8M			H14M					
齿数 z	22～27	28～89	90～200	28～32	33～36	37～57	58～89	90～153	154～216
R_1	2.675	2.629	2.639	4.859	4.834	4.737	4.669	4.636	4.597
r_b	0.874	1.024	1.008	1.544	1.613	1.654	1.902	1.704	1.770
X	0.620	0.975	0.991	1.468	1.494	1.461	1.529	1.692	1.730
ϕ/(°)	11.3	7	6.6	7.1	5.2	9.3	8.9	6.9	8.6

表 6.1-78　R 型带轮轮齿尺寸及公差（摘自 GB/T 24619—2009）　（mm）

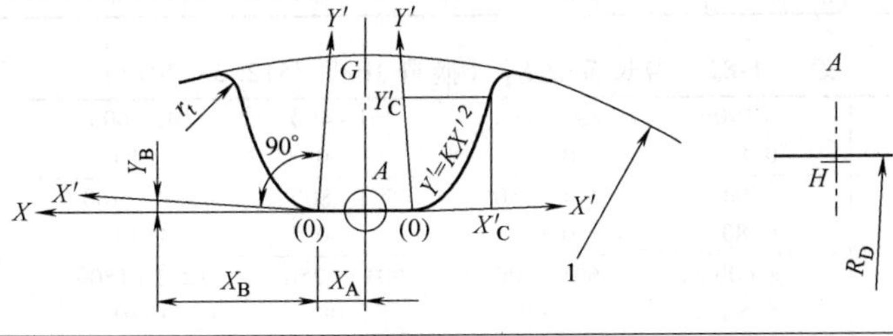

（续）

齿型	齿数	GH	X_A	X_B	Y_B	X'_C	Y'_C	K	$r_t\pm0.015$	R_D
R8M	22~37	3.47	1	4	0.11	1.75	2.61	0.84767	0.83	22
	≥38	3.47	0.92	4	0	1.75	2.61	0.84767	0.95	22
R14M	≥28	6.04	1.64	4	0	3.21	4.93	0.4799	1.6	32

表 6.1-79　S 型带轮轮齿尺寸和公差（摘自 GB/T 24619—2009）　（mm）

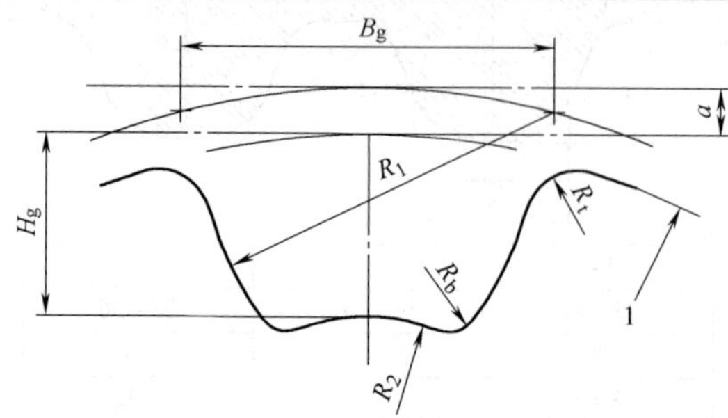

齿型	齿数	$B_g{}^{+0.1}_{0}$	$H_g\pm0.03$	$R_b\pm0.1$	$R_t\pm0.1$	$R_2{}^{+0.1}_{0}$	a	$R_1{}^{+0.1}_{0}$
S8M	≥22	5.2	2.83	4.04	0.4	0.75	0.686	5.3
S14M	≥28	9.1	4.95	7.07	0.7	1.31	1.397	9.28

表 6.1-80　H 型曲线齿同步带轮齿（摘自 JB/T 7512.2—2014）　（mm）

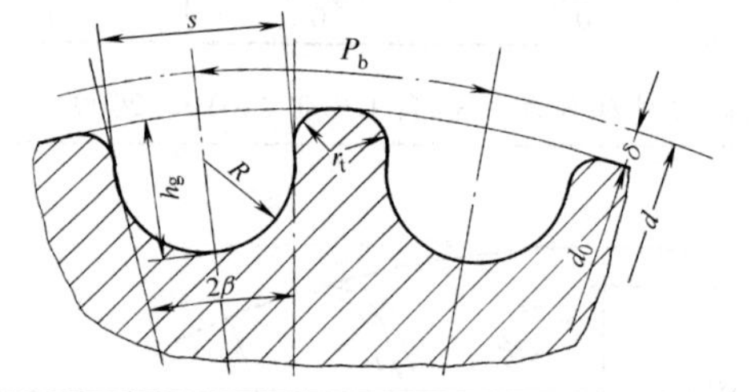

节圆直径

$$d=\frac{P_b z}{\pi}$$

外径

$$d_0=d-2\delta$$

槽型	节距 P_b	齿槽深 h_g	齿槽圆弧半径 R	齿顶圆角半径 r_t	齿槽宽 s	两倍节顶距 2δ	齿形角 2β
H3M	3	1.28	0.91	0.26~0.35	1.90	0.762	≈14°
H5M	5	2.16	1.56	0.48~0.52	3.25	1.144	≈14°
H20M	20	8.60	6.84	1.95~2.25	14.80	4.320	≈14°

表 6.1-81　最少齿数 z_{min}（摘自 JB/T 7512.2—2014）

带轮转速/(r/min)	带型				
	H3M	H5M	H8M	H14M	H20M
	z_{min}				
≤900	10	14	22	28	34
>900~1200	14	20	28	28	34
>1200~1800	16	24	32	32	38
>1800~3600	20	28	36	—	—
>3600~4800	22	30	—	—	—

表 6.1-82　带长系数 K_L（摘自 JB/T 7512.2—2014）

H3M	L_p/mm	≤190	191~260	261~400	401~600	>600
	K_L	0.80	0.90	1.00	1.10	1.20
H5M	L_p/mm	≤440	441~550	551~800	801~1100	>1100
	K_L	0.80	0.90	1.00	1.10	1.20
H8M	L_p/mm	≤600	601~900	901~1250	1251~1800	>1800
	K_L	0.80	0.90	1.00	1.10	1.20

（续）

H14M	L_p/mm	≤1400	1401~1700	1701~2000	2001~2500	2501~3400	>3400
	K_L	0.80	0.90	0.95	1.00	1.05	1.10
H20M	L_p/mm	≤2000	2001~2500	2501~3400	3401~4600	4601~5600	>5600
	K_L	0.80	0.85	0.95	1.00	1.05	1.10

表 6.1-83　中心距安装量 *I* 和调整量 *S*（摘自 JB/T 7512.2—2014）　（mm）

L_p	I	S	L_p	I	S
≤500	1.02	0.76	>2260~3020	2.79	1.27
>500~1000	1.27	0.76	>3020~4020	3.56	1.27
>1000~1500	1.78	1.02	>4020~4780	4.32	1.27
>1500~2260	2.29	1.27	>4780~6860	5.33	1.27

注：当带轮加挡圈量，安装量 I 还应加下列数值（mm）：

带型	单轮加挡圈	两轮均加挡圈
H3M	3.0	6.0
H5M	13.5	19.1
H8M	21.6	32.8
H14M	35.6	58.2
H20M	47.0	77.5

表 6.1-84　H 型曲线齿同步带轮宽度（摘自 GB/T 24619—2009，JB/T 7512.2—2014）　（mm）

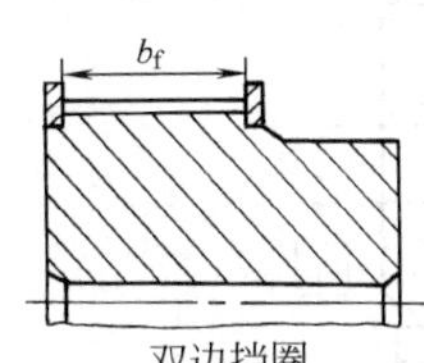

双边挡圈

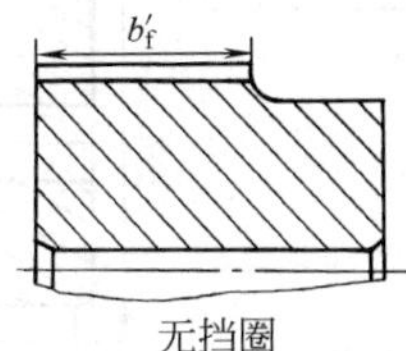

无挡圈

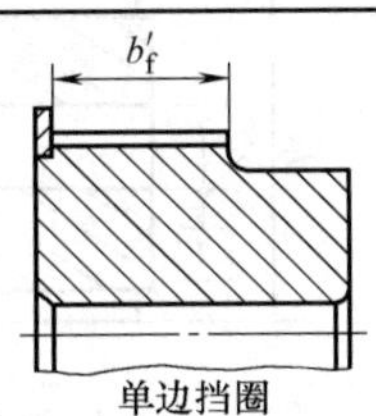

单边挡圈

轮宽代号	H3M		H5M		H8M		H14M		H20M	
	b_f	b_f'	b_f	b_f'	b_f	b_f'	b_f	b_f'	b_f	b_f'
6	7.3	11.0								
9	10.3	14.0	10.3	14.0						
15	16.3	20.0	16.3	20.0						
20			21.3	25.0	22	30				
25			26.3	30.0	26.7	33.0				
30			31.3	35.0	32	40	32	40		
40			41.3	45.0	41.7	48.0	42	55		
50					53	60				
55							58	70		
60					62.7	69.0				
70					72.7	79.0	73	81	78.5	85
85					89	96	89	101	89.5	102
100							104	112	104.5	117
115							120	131	120.5	134
130							135	143	136	150
150							155	163	158	172
170							175	186	178	192
230									238	254
290									298	314
340									348	364

（槽型：H3M、H5M、H8M、H14M、H20M 下为带轮宽度）

表 6.1-85　带轮挡圈尺寸（摘自 JB/T 7512.2—2014）　（mm）

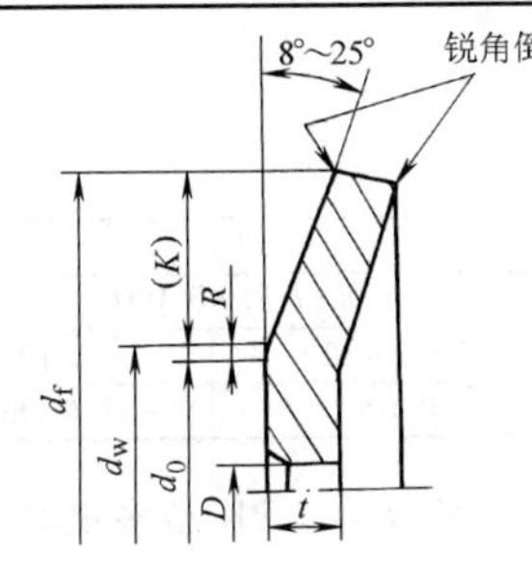

d_0—带轮外径（mm）；d_w—挡圈弯曲处直径（mm），$d_w=d_0+2R$

d_f—挡圈外径（mm），$d_f=d_w+2K$

D—挡圈与带轮配合孔直径（mm）

槽型	H3M	H5M	H8M	H14M	H20M
挡圈最小高度 K	2.0~2.5	2.5~3.5	4.0~5.5	7.0~7.5	8.0~8.5
$R=(d_w-d_0)/2$	1	1.5	2	2.5	3
挡圈厚度 t	1.5~2.0	1.5~2.0	1.5~2.5	2.5~3.0	3.0~3.5

表 6.1-86 节距偏差（摘自 GB/T 24617—2009，JB/T 7512.2—2014） （mm）

带轮外径 d_0	节距偏差	
	任意两相邻齿	90°弧内累积
≤25.40	±0.03	±0.05
>25.40~50.08		±0.08
>50.08~101.60		±0.10
>101.60~177.80		±0.13
>177.80~304.80		±0.15
>304.80~508.00		±0.18
>508.00		±0.20

表 6.1-87 带轮外径极限偏差（摘自 GB/T 24617—2009，JB/T 7512.2—2014）

外径 d_0	≤25.4	>25.4~50.8	>50.8~101.6	>101.6~177.8	>177.8~304.8	>304.8~508.0	>508.0~762.0	>762~1016	>1016
极限偏差	$^{+0.05}_{0}$	$^{+0.08}_{0}$	$^{+0.10}_{0}$	$^{+0.13}_{0}$	$^{+0.15}_{0}$	$^{+0.18}_{0}$	$^{+0.20}_{0}$	$^{+0.23}_{0}$	$^{+0.25}_{0}$

表 6.1-88 带轮端面和径向圆跳动公差（摘自 GB/T 24617—2009，JB/T 7512.2—2014）

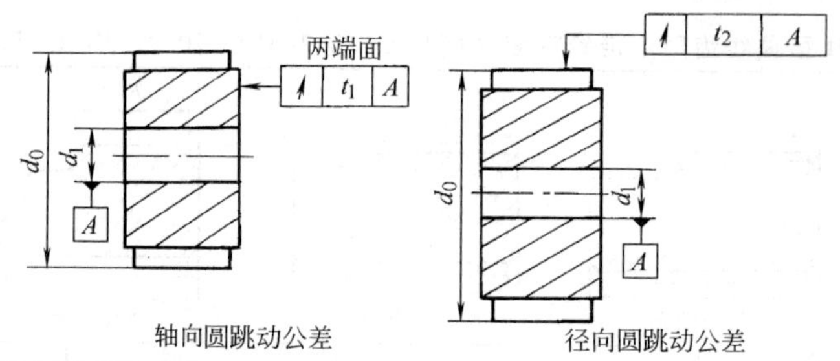

轴向圆跳动公差 径向圆跳动公差

外径 d_0	≤101.6	>101.6~254.0	>254.0
轴向圆跳动公差 t_1	0.1	d_0×0.001	0.25+(d_0-254)×0.0005
外径 d_0		≤203.20	>203.20
径向圆跳动公差 t_2		0.13	0.13+(d_0-203.20)×0.0005

表 6.1-89 带轮平行度、圆柱度公差（摘自 JB/T 7512.2—2014） （mm）

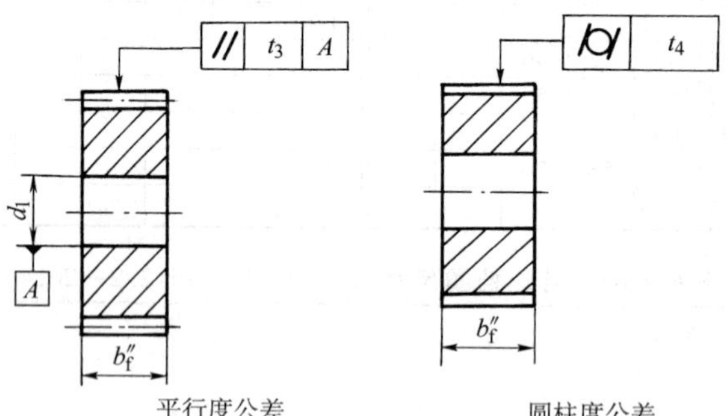

平行度公差 圆柱度公差

带轮宽度 $b_f(b_f'')$	≤10		>10	
平行度公差 t_3	<0.01		<$b_f(b_f'')$×0.001	

带轮宽度 b_f''	≤12.7	>12.7~38.1	>38.1~76.2	>76.2~127	>127
圆柱度公差 t_4	0.01	0.02	0.04	0.05	0.06

6 多楔带传动

6.1 多楔带的规格

GB/T 16588—2009 规定了 5 种工业用环形多楔带和多楔带带轮槽的主要尺寸。PK 型多楔带主要用于汽车内燃机辅助设备的传动（见 8.3 节）。

多楔带截面尺寸见表 6.1-90。

带的有效长度按 GB/T 16588—2009 的规定，用户可根据需要与制造厂协商，有效长度的极限偏差见

表 6.1-91。JB/T 5983—1992 规定的多楔带长度系列（表 6.1-92），可供选择带长时参考。

表 6.1-90　多楔带截面尺寸（摘自 GB/T 16588—2009）　（mm）

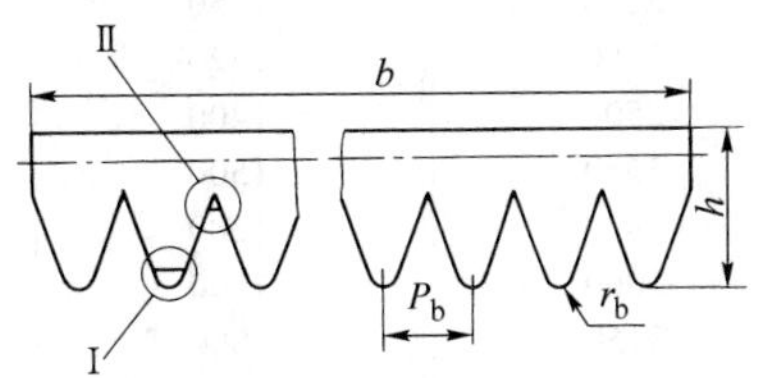

公称宽度 $b=nP_b$，式中 n 为楔数。

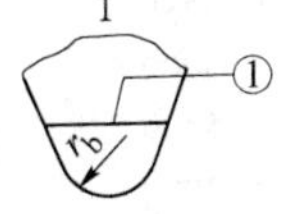

带楔顶

① 带亦可选用平的楔顶轮廓线。

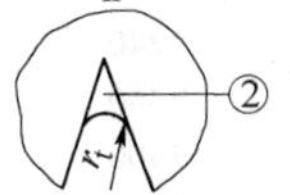

带槽底

② 带的楔底轮廓线可位于该区的任何部位。

型　　号	PH	PJ	PK	PL	PM
楔距 P_b	1.6	2.34	3.56	4.7	9.4
楔顶圆弧半径 r_b(min)	0.3	0.4	0.5	0.4	0.75
槽底圆弧半径 r_t(max)	0.15	0.2	0.25	0.4	0.75
带高 h(近似值)	3	4	6	10	17

注：楔距与带高的值仅为参考尺寸，楔距累积误差是一个重要参数，但受带的工作张力和抗拉体弹性模量的影响。

表 6.1-91　有效长度的极限偏差　（mm）

有效长度 L_e	极　限　偏　差				
	PH	PJ	PK	PL	PM
$200<L_e\leqslant500$	+4 -8	+4 -8	+4 -8		
$500<L_e\leqslant750$	+5 -10	+5 -10	+5 -10		
$750<L_e\leqslant1000$	+6 -12	+6 -12	+6 -12	+6 -12	
$1000<L_e\leqslant1500$	+8 -16	+8 -16	+8 -16	+8 -16	
$1500<L_e\leqslant2000$	+10 -20	+10 -20	+10 -20	+10 -20	
$2000<L_e\leqslant3000$	+12 -24	+12 -24	+12 -24	+12 -24	+12 -24
$3000<L_e\leqslant4000$				+15 -30	+15 -30
$4000<L_e\leqslant6000$				+20 -40	+20 -40
$6000<L_e\leqslant8000$				+30 -60	+30 -60
$8000<L_e\leqslant12500$					+45 -90
$12500<L_e\leqslant17000$					+60 -120

注：有效长度的极限偏差可按以下方法粗略计算，上偏差为 $+0.004L_e$，下偏差为 $-0.008L_e$，L_e 为有效长度。

6.2　设计计算

多楔带传动的设计计算与 V 带传动基本相同。典型的多楔带设计问题是，已知：传动功率 P，主动轮转速 n_1，从动轮转速 n_2（或传动比 i），传动形式，工作情况及原动机种类等。

设计要求确定：带的类型、有效长度、楔数、带轮直径、传动中心距、作用在轴上的力并画出带轮工作图。设计方法和步骤见表 6.1-93。

表 6.1-92 多楔带长度系列（摘自 JB/T 5983—1992） (mm)

长度系列 L_e			长度系列 L_e		
PJ	PL	PM	PJ	PL	PM
450	1250	2240	1250	2800	5600
475	1320	2360	1320	3000	6300
500	1400	2500	1400	3150	6700
560	1500	2650	1500	3350	7100
630	1600	2800	1600	3550	8000
710	1700	3000	1700	3750	9000
750	1800	3150	1800	4000	10000
800	1900	3350	1900	4250	11200
850	2000	3550	2000	4500	12500
900	2120	3750	2120	4750	13200
950	2240	4000	2240	5000	14000
1000	2360	4250	2360	5300	15000
1060	2500	4500	2500	5600	16000
1120	2650	5000	—	6000	—

表 6.1-93 多楔带传动设计方法和步骤

计算项目	符号	单位	计算公式和参数选择	说明
设计功率	P_d	kW	$P_d=K_AP$	P—传动功率(kW) K_A—工作情况系数，见表 6.1-94
带型			根据 P_d 和 n_1 由图 6.1-26 选取	n_1—小带轮转速(r/min)
传动比	i		$i=\dfrac{n_1}{n_2}\approx\dfrac{d_{p2}}{(1-\varepsilon)d_{p1}}$ $d_p=d_e+2\delta_e$ $\varepsilon=0.01\sim0.02$ δ_e 值(mm)：PH 型带 $\delta_e=0.8$，PJ 型带 $\delta_e=1.2$，PK 型带 $\delta_e=2$，PL 型带 $\delta_e=3$，PM 型带 $\delta_e=4$	n_2—大带轮转速(r/min) d_{p1}、d_{p2}—小、大带轮节圆直径(mm) d_e—带轮有效直径(mm) δ_e—有效线差
小带轮有效直径	d_{e1}	mm	由表 6.1-95 选取	为提高带的寿命，条件允许时，d_{e1} 尽量取较大值
大带轮有效直径	d_{e2}	mm	$d_{e2}=i(d_{e1}+2\delta_e)(1-\varepsilon)-2\delta_e$，查表 6.1-95 选标准值	
带速	v	m/s	$v=\dfrac{\pi d_{p1}n_1}{60\times1000}\leqslant v_{max}$ $v_{max}\leqslant30\text{m/s}$	若 v 过高，则应取较小的 d_{e1} 或选用较小的多楔带型号
初定中心距	a_0	mm	$0.7(d_{e1}+d_{e2})<a_0<2(d_{e1}+d_{e2})$	或根据结构定
带的有效长度	L_e	mm	$L_{e0}=2a_0+\dfrac{\pi}{2}(d_{e1}+d_{e2})+\dfrac{(d_{e2}-d_{e1})^2}{4a_0}$	由 L_{e0} 按表 6.1-92 选取相近的标准 L_e 或按生产厂可购到的规格选用
计算中心距	a	mm	$a=a_0+\dfrac{L_e-L_{e0}}{2}$	为了安装方便和张紧胶带，尚需给中心距留有一定的调整余量，见表 6.1-96
小带轮包角	α_1	(°)	$\alpha_1\approx180°-\dfrac{d_{e2}-d_{e1}}{a}\times57.3°$	一般 $\alpha_1\geqslant120°$，如 α_1 较小，应增大 α 或采用张紧轮
带每楔所传递的额定功率及其增量	P_0 ΔP_0	kW kW	根据带型 d_{e1} 和 n_1 由表 6.1-100 选取 根据带型 i，由表 6.1-100 选取	
带的楔数	z		$z=\dfrac{P_d}{(P_0+\Delta P_0)K_\alpha K_L}$	K_α—包角修正系数，见表 6.1-97 K_L—带长修正系数，见表 6.1-98
有效圆周力	F_t	N	$F_t=\dfrac{P_d}{v}\times10^3$	
作用于轴上之力	F_Q	N	$F_Q=K_rF_t\sin\dfrac{\alpha_1}{2}$	K_r—带与带轮楔合系数，见表 6.1-99

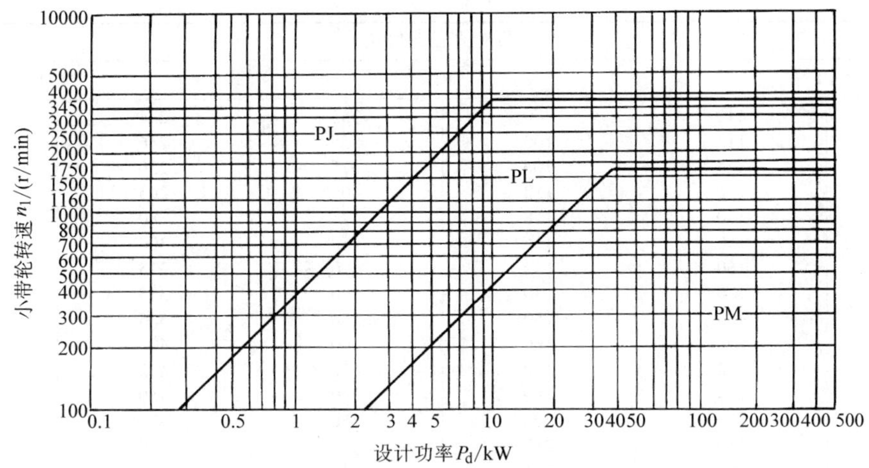

图 6.1-26　选择多楔带型图

表 6.1-94　多楔带工作情况系数 K_A（摘自 JB/T 5983—1992）

工况	原动机类型					
	交流电动机（普通转矩、笼型、同步、分相式），直流电动机（并励），内燃机			交流电动机（大转矩、大滑差率、单相、滑环式、串励），直流电动机（复励）		
	每天连续运转≤6h	每天连续运转>6～16h	每天连续运转>16～24h	每天连续运转≤6h	每天连续运转>6～16h	每天连续运转>16～24h
	K_A					
液体搅拌器，鼓风机和排气装置，离心泵和压缩机，功率在7.5kW以下（含7.5kW）的风扇，轻型输送机	1.0	1.1	1.2	1.1	1.2	1.3
带式输送机（砂子、尘物等），和面机，功率超过7.5kW的风扇，发电机，洗衣机，机床，冲床、压力机、剪床，印刷机，往复式振动筛，正排量旋转泵	1.1	1.2	1.3	1.2	1.3	1.4
制砖机，斗式提升机，励磁机，活塞式压缩机，输送机（链板式、盘式、螺旋式），锻压机床，造纸用打浆机，柱塞泵，正排量鼓风机，粉碎机，锯床和木工机械	1.2	1.3	1.4	1.4	1.5	1.6
破碎机（旋转式、颚式、滚动式），研磨机（球式、棒式、圆筒形式），起重机，橡胶机械（压光机、模压机、轧制机）	1.3	1.4	1.5	1.6	1.6	1.8
节流机械	2.0	2.0	2.0	2.0	2.0	2.0

注：如使用张紧轮，将下列数值加到 K_A 中：
张紧轮位于松边内侧：0；
张紧轮位于松边外侧：0.1；
张紧轮位于紧边内侧：0.1；
张紧轮位于紧边外侧：0.2。

表 6.1-95　多楔带轮直径系列（摘自 JB/T 5983—1992）　（mm）

带轮直径系列 d_e					
PJ		PL		PM	
20	95	75	280	180	750
22.4	100	80	300	200	800
25	106	90	315	212	850

（续）

带轮直径系列 d_e					
PJ		PL		PM	
28	112	95	335	224	900
31.5	118	100	355	236	950
33.5	125	106	375	250	1 000
35.5	132	112	400	265	1 120
37.5	140	118	425	280	
40	150	125	450	300	
42.5	160	132	470	315	
45	170	140	500	355	
47.5	180	150	560	375	
50	200	160	600	400	
53	212	170	630	425	
56	224	180	710	450	
60	236	200	750	475	
63	250	212		500	
71	265	224		560	
75	280	236		600	
80	300	250		630	
90		265		710	

注：选择小带轮有效直径时，不应小于表中该类型的最小直径值。

表 6.1-96　中心距调整量（摘自 JB/T 5983—1992）　　（mm）

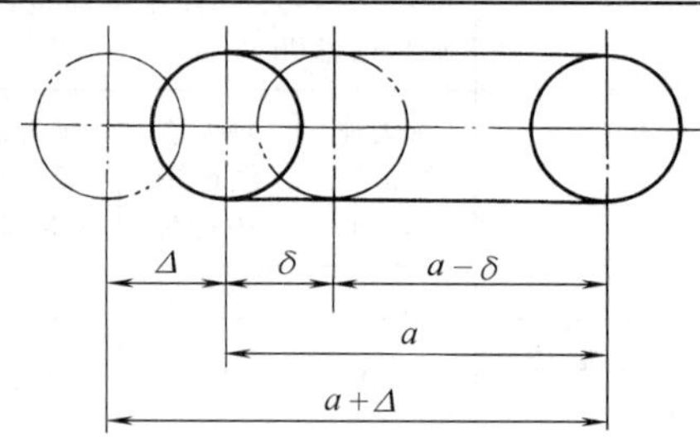

有效长度 L_e	Δ_{min}	δ_{min}	有效长度 L_e	Δ_{min}	δ_{min}	有效长度 L_e	Δ_{min}	δ_{min}
PJ			PL			PM		
						2240~2500	29	38
450~500	5	8	1250~1500	16	22	>2500~3000	34	40
>500~750	8	10	>1500~1800	19	22	>3000~4000	40	42
>750~1000	10	11	>1800~2000	22	24	>4000~5000	51	46
>1000~1250	11	13	>2000~2240	25	24	>5000~6000	60	48
>1250~1500	13	14	>2240~2500	29	25	>6000~6700	76	54
>1500~1800	16	16	>2500~3000	34	27	>6700~8500	92	60
>1800~2000	18	18	>3000~4000	40	29	>8500~10000	106	67
>2000~2500	19	19	>4000~5000	51	34	>10000~11800	134	73
			>5000~6000	60	35	>11800~16000	168	86

表 6.1-97　包角修正系数 K_α（摘自 JB/T 5983—1992）

小轮包角 α_1/（°）	包角修正系数 K_α	小轮包角 α_1/（°）	包角修正系数 K_α	小轮包角 α_1/（°）	包角修正系数 K_α
180	1.00	148	0.90	113	0.77
177	0.99	145	0.89	110	0.76
174	0.98	142	0.88	106	0.75
171	0.97	139	0.87	103	0.73
169	0.97	136	0.86	99	0.72
166	0.96	133	0.85	95	0.70
163	0.95	130	0.84	91	0.68
160	0.94	127	0.83	87	0.66
157	0.93	125	0.81	83	0.84
154	0.92	120	0.80		
151	0.91	117	0.79		

表 6.1-98　有效长度 L_e 和带长修正系数 K_L（摘自 JB/T 5983—1992）

有效长度 L_e /mm	带长修正系数 K_L PJ	PL	PM	有效长度 L_e /mm	带长修正系数 K_L PJ	PL	PM
450	0.78	—	—	3150	—	1.00	0.90
500	0.79			3350		1.01	0.91
630	0.83			3750		1.03	0.93
710	0.85			4000		1.04	0.94
800	0.87			4500		1.06	0.95
900	0.89			5000		1.07	0.97
1000	0.91			5600		1.08	0.99
1120	0.93			6300		1.11	1.01
1250	0.96	0.85		6700		—	1.01
1400	0.98	0.87		7500			1.03
1600	1.01	0.89		8500			1.04
1800	1.02	0.91		9000			1.05
2000	1.04	0.93	0.85	10000			1.07
2360	1.08	0.96	0.86	10600			1.08
2500	1.09	0.96	0.87	12500			1.10
2650	—	0.98	0.88	13200			1.12
2800		0.98	0.88	15000			1.14
3000		0.99	0.89	16000			1.15

表 6.1-99　多楔带与带轮的楔合系数 K_r

小带轮包角 α_1	180°	170°	160°	150°	140°	130°	120°	110°	100°	90°	80°	70°	60°
楔合系数 K_r	1.50	1.56	1.63	1.71	1.80	1.91	2.04	2.20	2.38	2.61	2.92	3.30	3.82

6.3　设计实例

设计用于离心式鼓风机的多楔带传动，原动机为电动机，额定功率 $P=7.5\text{kW}$，转速 $n_1=720\text{r/min}$，离心式鼓风式转速 $n_2=450\text{r/min}$。鼓风机每天工作10~16h，要求中心距955mm左右。

解　1）确定设计功率 P_d。由表 6.1-94 查得工作情况系数 $K_A=1.1$，设计功率 $P_d=K_AP=1.1\times7.5\text{kW}=8.25\text{kW}$。

2）选择带型。由图 6.1-26 选择 PL 型多楔带。

3）计算传动比。$i=n_1/n_2=720/450=1.6$。

4）确定小带轮有效直径 d_{e1}。应使 $d_{e1}\geqslant d_{emin}$，由表 6.1-95 得 $d_e=75\text{mm}$，取 $d_{e1}=125\text{mm}$。

5）确定大带轮有效直径。由表 6.1-93

$$d_{e2}=i(d_{e1}+2\delta_e)(1-\varepsilon)-2\delta_e$$

由表 6.1-101$\delta_e=3$，

$$d_{e2}=[1.6(125+2\times3)(1-0.02)-2\times3]\text{mm}=199.4\text{mm}$$

取 $d_{e2}=200\text{mm}$（参见表 6.1-95）。

6）计算初定带的有效长度 L_{e0} 和中心距 a_0。

初定中心距 $a_0=955\text{mm}$，

初定带的有效长度

$$L_{e0}=2a_0+\frac{\pi}{2}(d_{e1}+d_{e2})+\frac{(d_{e2}-d_{e1})^2}{4a_0}$$

$$=\left[2\times955+\frac{\pi}{2}(200+125)+\frac{(200-125)^2}{4\times955}\right]\text{mm}$$

$$=2422\text{mm}$$

由表 6.1-92 选标准带长 $L_e=2360\text{mm}$。

7）计算实际中心距 a。

$$a=a_0+\frac{L_e-L_{e0}}{2}$$

$$=\left(955+\frac{2360-2422}{2}\right)\text{mm}$$

$$=924\text{mm}$$

8）确定中心距调整量。由表 6.1-96 得，$\Delta_{min}=29\text{mm}$，$\delta_{min}=25\text{mm}$。中心距尺寸范围为

$$(a-\delta)\sim(a+\Delta)$$

$$=[(924-25)\sim(924+29)]\text{mm}$$

$$=899\sim953\text{mm}$$

9）计算小带轮包角 α_1，确定包角系数 K_α。

$$\alpha_1=180°-\frac{d_{e2}-d_{e1}}{a}\times57.3°$$

$$=180°-\frac{200-125}{924}\times57.3°=175.3°$$

查表 6.1-97 得 $K_\alpha=0.985$。

10）确定带长修正系数 K_L。由表 6.1-98 查得

$$K_L=0.96$$

11）确定每楔传递的基本额定功率 P_0 和传动比引起的功率增量 ΔP_0。由表 6.1-100b 查得 $P_0=0.908\text{kW}$，$\Delta P_0=0.042\text{kW}$。

每楔能传递功率 $P_0+\Delta P_0=(0.908+0.042)\text{kW}=0.95\text{kW}$。

12）确定带的楔数。

表 6.1-100a　PJ 型多楔带每楔传递的

小轮转速 n_1 /r·min^{-1}	小带轮有效																
	20	22.4	25	28	31.5	35.5	37.5	40	42.5	45	47.5	50	53	56	60	63	71
	PJ 型多楔带包角 180°时每楔传递的																
200	0.01	0.01	0.01	0.01	0.01	0.01	0.01	0.02	0.02	0.02	0.02	0.03	0.03	0.03	0.04	0.04	0.04
300	0.01	0.01	0.01	0.01	0.01	0.02	0.02	0.03	0.03	0.03	0.04	0.04	0.04	0.04	0.04	0.05	0.06
400	0.01	0.01	0.01	0.02	0.02	0.03	0.03	0.04	0.04	0.04	0.04	0.05	0.05	0.06	0.06	0.07	0.07
500	0.01	0.01	0.01	0.02	0.03	0.04	0.04	0.04	0.04	0.05	0.06	0.06	0.07	0.07	0.07	0.08	0.10
600	0.01	0.01	0.02	0.02	0.03	0.04	0.04	0.05	0.05	0.06	0.07	0.07	0.07	0.08	0.09	0.10	0.11
700	0.01	0.01	0.02	0.03	0.04	0.04	0.05	0.06	0.06	0.07	0.07	0.08	0.09	0.10	0.10	0.11	0.13
800	0.01	0.01	0.02	0.03	0.04	0.05	0.06	0.07	0.07	0.07	0.08	0.09	0.10	0.10	0.11	0.12	0.14
900	0.01	0.01	0.02	0.04	0.04	0.06	0.06	0.07	0.07	0.08	0.09	0.10	0.11	0.12	0.13	0.13	0.16
950	0.01	0.02	0.03	0.04	0.04	0.06	0.07	0.07	0.08	0.09	0.10	0.10	0.11	0.12	0.13	0.14	0.16
1000	0.01	0.02	0.03	0.04	0.05	0.06	0.07	0.07	0.08	0.09	0.10	0.11	0.12	0.13	0.13	0.15	0.17
1100	0.01	0.02	0.03	0.04	0.05	0.07	0.07	0.08	0.09	0.10	0.11	0.12	0.13	0.14	0.15	0.16	0.19
1160	0.01	0.02	0.03	0.04	0.05	0.07	0.07	0.09	0.10	0.10	0.11	0.13	0.13	0.14	0.16	0.17	0.19
1200	0.01	0.02	0.03	0.04	0.06	0.07	0.08	0.09	0.10	0.11	0.12	0.13	0.14	0.15	0.16	0.17	0.20
1300	0.01	0.02	0.03	0.04	0.06	0.07	0.08	0.10	0.10	0.12	0.13	0.13	0.15	0.16	0.17	0.19	0.22
1400	0.01	0.02	0.04	0.05	0.06	0.08	0.09	0.10	0.11	0.13	0.13	0.14	0.16	0.17	0.19	0.20	0.23
1425	0.01	0.02	0.04	0.05	0.07	0.08	0.09	0.10	0.11	0.13	0.13	0.15	0.16	0.17	0.19	0.20	0.23
1500	0.01	0.02	0.04	0.05	0.07	0.08	0.10	0.10	0.12	0.13	0.14	0.16	0.16	0.18	0.19	0.21	0.23
1600	0.01	0.02	0.04	0.05	0.07	0.09	0.10	0.11	0.13	0.14	0.15	0.16	0.18	0.19	0.21	0.22	0.25
1700	0.01	0.03	0.04	0.06	0.07	0.10	0.10	0.12	0.13	0.15	0.16	0.17	0.19	0.20	0.22	0.23	0.27
1800	0.01	0.03	0.04	0.06	0.07	0.10	0.11	0.13	0.14	0.15	0.16	0.18	0.19	0.21	0.22	0.25	0.28
1900	0.01	0.03	0.04	0.06	0.08	0.10	0.12	0.13	0.15	0.16	0.17	0.19	0.20	0.22	0.24	0.25	0.30
2000	0.01	0.03	0.04	0.06	0.08	0.10	0.12	0.14	0.15	0.16	0.18	0.19	0.22	0.23	0.25	0.27	0.31
2200	0.01	0.03	0.04	0.07	0.09	0.11	0.13	0.15	0.16	0.18	0.19	0.21	0.23	0.25	0.27	0.29	0.34
2400	0.01	0.03	0.05	0.07	0.10	0.12	0.14	0.16	0.18	0.19	0.21	0.23	0.25	0.27	0.29	0.31	0.37
2600	0.01	0.03	0.05	0.07	0.10	0.13	0.15	0.17	0.19	0.21	0.22	0.25	0.27	0.29	0.31	0.34	0.39
2800	0.01	0.03	0.05	0.08	0.10	0.14	0.16	0.18	0.20	0.22	0.24	0.26	0.28	0.31	0.33	0.36	0.41
2850	0.01	0.03	0.05	0.08	0.11	0.14	0.16	0.18	0.20	0.22	0.25	0.26	0.29	0.31	0.34	0.37	0.42
3000	0.01	0.04	0.06	0.08	0.11	0.15	0.17	0.19	0.21	0.23	0.25	0.28	0.30	0.33	0.35	0.38	0.44
3200	0.01	0.04	0.06	0.09	0.12	0.16	0.18	0.20	0.22	0.25	0.27	0.29	0.31	0.34	0.37	0.40	0.46
3400	0.01	0.04	0.06	0.09	0.13	0.16	0.19	0.21	0.23	0.25	0.28	0.31	0.34	0.36	0.39	0.42	0.48
3600	0.01	0.04	0.06	0.10	0.13	0.17	0.19	0.22	0.25	0.27	0.29	0.32	0.35	0.37	0.40	0.44	0.51
4000	0.01	0.04	0.07	0.10	0.14	0.18	0.21	0.24	0.27	0.29	0.32	0.34	0.38	0.41	0.44	0.48	0.55
5000	—	0.04	0.07	0.12	0.16	0.22	0.25	0.28	0.31	0.35	0.38	0.41	0.45	0.48	0.52	0.57	0.65
6000	—	0.04	0.08	0.13	0.19	0.25	0.28	0.32	0.36	0.40	0.43	0.47	0.51	0.55	0.60	0.64	0.74
7000	—	0.04	0.08	0.14	0.20	0.27	0.31	0.36	0.40	0.44	0.48	0.52	0.57	0.61	0.66	0.71	0.84*
8000	—	0.04	0.09	0.15	0.22	0.29	0.34	0.39	0.43	0.48	0.52	0.57	0.61	0.66	0.71	0.76	0.89*
9000	—	0.03	0.09	0.16	0.23	0.31	0.37	0.42	0.46	0.51	0.56	0.60	0.65	0.70	0.75*	0.79*	0.92*
10000	—	0.02	0.09	0.16	0.24	0.33	0.38	0.43	0.48	0.54	0.58	0.63	0.68*	0.72*	0.77*	0.81*	0.92*

注：带轮材料：圆周速度小于 27m/s 时，为正常运转情况，标准带轮用灰铸铁制造；大于 27m/s 时，向制造厂咨询。带

基本额定功率 P_0（kW）（摘自 JB/T 5983—1992）

直 径 d_{e1}/mm								传 动 比 i									
75	80	95	100	112	125	140	150	1.00~1.01	1.02~1.05	1.06~1.11	1.12~1.18	1.19~1.26	1.27~1.38	1.39~1.57	1.58~1.94	1.95~3.38	≥3.39
基本额定功率 P_0/kW								由传动比 i 引起的功率增量 ΔP_0/kW									
0.04	0.04	0.06	0.06	0.07	0.08	0.09	0.10	0.00	0.00	0.00	0.00	0.00	0.00	0.00	0.00	0.00	0.00
0.07	0.07	0.08	0.09	0.10	0.11	0.13	0.14	0.00	0.00	0.00	0.00	0.00	0.00	0.00	0.00	0.00	0.00
0.08	0.09	0.10	0.12	0.13	0.15	0.16	0.18	0.00	0.00	0.00	0.00	0.00	0.00	0.00	0.00	0.00	0.00
0.10	0.10	0.13	0.14	0.16	0.18	0.20	0.22	0.00	0.00	0.00	0.00	0.00	0.00	0.00	0.00	0.00	0.00
0.12	0.13	0.16	0.16	0.19	0.21	0.24	0.25	0.00	0.00	0.00	0.00	0.00	0.00	0.00	0.01	0.01	0.01
0.13	0.14	0.18	0.19	0.19	0.25	0.28	0.30	0.00	0.00	0.00	0.00	0.00	0.00	0.00	0.01	0.01	0.01
0.16	0.16	0.20	0.22	0.25	0.28	0.31	0.33	0.00	0.00	0.00	0.00	0.00	0.01	0.01	0.01	0.01	0.01
0.17	0.18	0.22	0.24	0.27	0.31	0.34	0.37	0.00	0.00	0.00	0.00	0.00	0.01	0.01	0.01	0.01	0.01
0.18	0.19	0.23	0.25	0.28	0.32	0.36	0.39	0.00	0.00	0.00	0.00	0.01	0.01	0.01	0.01	0.01	0.01
0.19	0.19	0.25	0.26	0.30	0.34	0.37	0.40	0.00	0.00	0.00	0.00	0.01	0.01	0.01	0.01	0.01	0.01
0.20	0.22	0.26	0.28	0.32	0.37	0.41	0.44	0.00	0.00	0.00	0.00	0.01	0.01	0.01	0.01	0.01	0.01
0.21	0.22	0.28	0.30	0.34	0.38	0.43	0.46	0.00	0.00	0.00	0.00	0.01	0.01	0.01	0.01	0.01	0.01
0.22	0.23	0.28	0.31	0.35	0.39	0.44	0.47	0.00	0.00	0.00	0.00	0.01	0.01	0.01	0.01	0.01	0.01
0.23	0.25	0.31	0.33	0.37	0.42	0.47	0.51	0.00	0.00	0.00	0.01	0.01	0.01	0.01	0.01	0.01	0.01
0.25	0.27	0.33	0.35	0.40	0.45	0.51	0.54	0.00	0.00	0.00	0.01	0.01	0.01	0.01	0.01	0.01	0.01
0.25	0.27	0.33	0.36	0.40	0.46	0.51	0.55	0.00	0.00	0.00	0.01	0.01	0.01	0.01	0.01	0.01	0.01
0.27	0.28	0.34	0.37	0.43	0.48	0.54	0.57	0.00	0.00	0.00	0.01	0.01	0.01	0.01	0.01	0.01	0.01
0.28	0.30	0.37	0.40	0.45	0.50	0.56	0.60	0.00	0.00	0.00	0.01	0.01	0.01	0.01	0.01	0.01	0.01
0.30	0.31	0.39	0.42	0.47	0.53	0.60	0.63	0.00	0.00	0.00	0.01	0.01	0.01	0.01	0.01	0.01	0.01
0.31	0.33	0.40	0.43	0.49	0.55	0.63	0.67	0.00	0.00	0.00	0.01	0.01	0.01	0.01	0.01	0.01	0.01
0.33	0.34	0.43	0.46	0.51	0.58	0.65	0.70	0.00	0.00	0.00	0.01	0.01	0.01	0.01	0.01	0.01	0.01
0.34	0.36	0.44	0.48	0.54	0.61	0.68	0.73	0.00	0.00	0.00	0.01	0.01	0.01	0.01	0.01	0.01	0.01
0.37	0.39	0.48	0.51	0.59	0.66	0.73	0.78	0.00	0.00	0.00	0.01	0.01	0.01	0.01	0.01	0.01	0.01
0.40	0.42	0.51	0.55	0.63	0.70	0.78	0.84	0.00	0.00	0.01	0.01	0.01	0.01	0.01	0.01	0.01	0.01
0.43	0.45	0.55	0.59	0.67	0.75	0.84	0.90	0.00	0.00	0.01	0.01	0.01	0.01	0.01	0.01	0.01	0.02
0.45	0.48	0.58	0.63	0.71	0.79	0.89	0.94	0.00	0.00	0.01	0.01	0.01	0.01	0.01	0.01	0.02	0.02
0.46	0.48	0.60	0.63	0.72	0.81	0.90	0.95	0.00	0.00	0.01	0.01	0.01	0.01	0.01	0.01	0.02	0.02
0.48	0.51	0.62	0.66	0.75	0.84	0.93	0.99	0.00	0.00	0.01	0.01	0.01	0.01	0.01	0.02	0.02	0.02
0.50	0.53	0.65	0.70	0.79	0.87	0.97	1.03	0.00	0.00	0.01	0.01	0.01	0.01	0.01	0.02	0.02	0.02
0.53	0.56	0.68	0.73	0.83	0.92	1.01	1.07	0.00	0.00	0.01	0.01	0.01	0.01	0.02	0.02	0.02	0.02
0.55	0.58	0.72	0.76	0.86	0.95	1.05	1.11*	0.00	0.00	0.01	0.01	0.01	0.01	0.02	0.02	0.02	0.03
0.60	0.63	0.81	0.82	0.93	1.01	1.11*	1.17*	0.00	0.00	0.01	0.01	0.01	0.02	0.02	0.02	0.03	0.03
0.71	0.75	0.90	0.95	1.09*	1.14*	1.22*	1.25*	0.00	0.00	0.01	0.01	0.02	0.03	0.03	0.03	0.04	0.04
0.80	0.84	0.98*	1.04*	1.13*	1.19*	1.22*	1.25*	0.00	0.00	0.01	0.01	0.02	0.03	0.04	0.04	0.04	0.04
0.87*	0.90*	1.04*	1.09*	1.14*	1.16*			0.00	0.01	0.01	0.02	0.03	0.04	0.04	0.04	0.04	0.05
0.91*	0.95*	1.06*	1.08*	0.09*				0.00	0.01	0.01	0.02	0.03	0.04	0.04	0.05	0.05	0.06
0.93*	0.96*	1.03*	1.02*					0.00	0.01	0.01	0.03	0.04	0.04	0.05	0.06	0.06	0.07
0.93*	0.95*	0.95*						0.00	0.01	0.01	0.03	0.04	0.04	0.06	0.07	0.07	0.07

“*”者圆周速度大于27m/s。

表 6.1-100b　PL 型多楔带每楔传递的

小轮转速 n_1 /r·min^{-1}	小带轮有效																
	75	80	90	95	100	106	112	118	125	132	140	150	160	170	180	200	212
	PL 型多楔带包角 180°时每楔传递的																
100	0.07	0.08	0.10	0.11	0.12	0.13	0.13	0.14	0.16	0.17	0.19	0.20	0.22	0.24	0.25	0.28	0.30
200	0.11	0.15	0.19	0.20	0.22	0.23	0.25	0.26	0.30	0.31	0.34	0.37	0.40	0.43	0.46	0.52	0.55
300	0.19	0.22	0.26	0.28	0.31	0.33	0.35	0.37	0.42	0.44	0.48	0.53	0.57	0.62	0.66	0.75	0.79
400	0.24	0.27	0.33	0.36	0.39	0.42	0.45	0.48	0.54	0.57	0.63	0.67	0.74	0.80	0.86	0.97	1.02
500	0.28	0.32	0.40	0.43	0.47	0.51	0.54	0.58	0.66	0.69	0.76	0.83	0.90	0.97	1.01	1.18	1.25
540	0.31	0.34	0.43	0.46	0.50	0.54	0.58	0.62	0.70	0.74	0.81	0.89	0.96	1.04	1.11	1.26	1.34
575	0.32	0.37	0.45	0.49	0.53	0.57	0.61	0.66	0.74	0.78	0.86	0.94	1.01	1.10	1.17	1.33	1.41
600	0.33	0.37	0.46	0.51	0.55	0.60	0.63	0.68	0.76	0.81	0.89	0.97	1.05	1.13	1.22	1.38	1.46
700	0.37	0.43	0.53	0.57	0.63	0.68	0.72	0.78	0.89	0.92	1.01	1.11	1.21	1.30	1.40	1.58	1.67
800	0.42	0.47	0.59	0.64	0.70	0.75	0.81	0.87	0.98	1.03	1.14	1.25	1.35	1.46	1.57	1.77	1.87
900	0.46	0.52	0.65	0.71	0.77	0.84	0.90	0.95	1.08	1.14	1.26	1.38	1.50	1.61	1.73	1.96	2.07
1000	0.49	0.57	0.70	0.78	0.84	0.91	0.98	1.04	1.18	1.25	1.38	1.51	1.63	1.77	1.89	2.14	2.27
1100	0.54	0.61	0.76	0.84	0.91	0.98	1.06	1.13	1.28	1.35	1.49	1.63	1.78	1.91	2.05	2.32	2.45
1200	0.57	0.66	0.82	0.90	0.98	1.06	1.14	1.22	1.37	1.45	1.60	1.76	1.91	2.06	2.21	2.49	2.63
1300	0.60	0.69	0.87	0.95	1.04	1.13	1.22	1.30	1.47	1.55	1.72	1.88	2.04	2.20	2.36	2.66	2.81
1400	0.64	0.74	0.93	1.01	1.11	1.20	1.29	1.38	1.56	1.65	1.83	2.00	2.17	2.33	2.50	2.83	2.98
1500	0.68	0.78	0.98	1.07	1.17	1.27	1.37	1.46	1.65	1.75	1.93	2.19	2.29	2.47	2.65	2.98	3.16
1600	0.71	0.81	1.03	1.13	1.23	1.34	1.44	1.54	1.74	1.84	2.04	2.22	2.42	2.60	2.78	3.14	3.31
1700	0.75	0.86	1.07	1.19	1.30	1.37	1.51	1.62	1.83	1.93	2.13	2.33	2.54	2.73	2.92	3.29	3.47
1800	0.78	0.90	1.13	1.24	1.36	1.47	1.58	1.69	1.91	2.02	2.23	2.42	2.65	2.85	3.05	3.43	3.62
1900	0.81	0.93	1.17	1.30	1.42	1.53	1.65	1.77	1.99	2.11	2.33	2.55	2.76	2.98	3.18	3.57	3.76
2000	0.84	0.97	1.22	1.35	1.47	1.60	1.72	1.84	2.07	2.19	2.42	2.65	2.87	3.09	3.30	3.71	3.90
2100	0.87	1.00	1.27	1.40	1.53	1.66	1.78	1.91	2.16	2.28	2.51	2.75	2.98	3.20	3.42	3.80	4.03
2200	0.90	1.04	1.31	1.45	1.58	1.72	1.85	1.98	2.23	2.36	2.60	2.85	3.08	3.31	3.54	3.95	4.16
2300	0.93	1.07	1.36	1.50	1.63	1.78	1.91	2.04	2.31	2.44	2.69	2.94	3.19	3.42	3.64	4.07	4.27
2400	0.95	1.10	1.40	1.54	1.69	1.84	1.97	2.11	2.39	2.51	2.78	3.03	3.27	3.51	3.74	4.18	4.38
2600	1.01	1.17	1.48	1.64	1.79	1.94	2.09	2.24	2.53	2.66	2.94	3.21	3.46	3.71	3.94	4.38	4.58*
2800	1.06	1.23	1.57	1.73	1.89	2.05	2.21	2.36	2.66	2.80	3.09	3.36	3.63	3.88	4.11	4.54*	4.74*
2900	1.08	1.26	1.60	1.77	1.93	2.10	2.26	2.42	2.72	2.87	3.16	3.44	3.70	3.95	4.19*	4.62*	4.81*
3000	1.10	1.29	1.64	1.81	1.98	2.15	2.31	2.47	2.78	2.94	3.23	3.51	3.71	4.03	4.27*	4.68*	4.87*
3500	1.22	1.42	1.81	2.01	2.19	2.37	2.55	2.72	3.06	3.22	3.53	3.81*	4.08*	4.31*	4.54*		
4000	1.31	1.53	1.96	2.16	2.36	2.56	2.75	2.93	3.27	3.44*	3.74*	4.02*	4.26*				
4500	1.39	1.63	2.08	2.30	2.51	2.71	2.90	3.08	3.42*	3.58*	3.87*						
5000	1.45	1.69	2.17	2.39	2.60	2.80*	3.00*	3.18*	3.51*	3.65*							

注：“＊”同表 6.1-100a 注。

基本额定功率 P_0（kW）（摘自 JB/T 5983—1992）

直　径　d_{e1}/mm							传　动　比　i									
224	236	250	280	300	315	355	1.00~1.01	1.02~1.05	1.06~1.11	1.12~1.18	1.19~1.26	1.27~1.38	1.39~1.57	1.58~1.94	1.95~3.38	≥3.39
基本额定功率 P_0/kW							由传动比 i 引起的功率增量 ΔP_0/kW									
0.31	0.33	0.37	0.40	0.44	0.48	0.51	0.00	0.00	0.00	0.00	0.01	0.01	0.01	0.01	0.01	0.01
0.58	0.61	0.67	0.75	0.82	0.89	0.96	0.00	0.00	0.00	0.01	0.01	0.01	0.01	0.01	0.01	0.01
0.84	0.88	0.96	1.07	1.17	1.28	1.38	0.00	0.00	0.01	0.01	0.01	0.01	0.01	0.02	0.02	0.02
1.08	1.13	1.25	1.38	1.51	1.65	1.78	0.00	0.00	0.01	0.01	0.01	0.02	0.02	0.03	0.03	0.03
1.31	1.38	1.51	1.68	1.84	2.01	2.16	0.00	0.00	0.01	0.01	0.02	0.02	0.03	0.03	0.04	0.04
1.40	1.48	1.62	1.80	1.97	2.14	2.31	0.00	0.00	0.01	0.01	0.02	0.03	0.03	0.04	0.04	0.04
1.48	1.56	1.71	1.89	2.08	2.26	2.44	0.00	0.00	0.01	0.01	0.02	0.03	0.04	0.04	0.04	0.04
1.54	1.62	1.78	1.97	2.16	2.35	2.54	0.00	0.01	0.01	0.01	0.02	0.03	0.04	0.04	0.04	0.04
1.76	1.85	2.03	2.25	2.47	2.68	2.89	0.00	0.01	0.01	0.02	0.03	0.04	0.04	0.04	0.05	0.05
1.98	2.07	2.28	2.52	2.76	3.00	3.23	0.00	0.01	0.01	0.02	0.03	0.04	0.04	0.05	0.06	0.06
2.19	2.30	2.51	2.78	3.05	3.30	3.56	0.00	0.01	0.01	0.03	0.04	0.04	0.05	0.06	0.07	0.07
2.39	2.51	2.75	3.04	3.32	3.60	3.86	0.00	0.01	0.01	0.03	0.04	0.05	0.06	0.07	0.07	0.07
2.59	2.72	2.97	3.28	3.59	3.88	4.16	0.00	0.01	0.02	0.03	0.04	0.05	0.07	0.07	0.08	0.08
2.78	2.92	3.19	3.83	3.83	4.14	4.44	0.00	0.01	0.02	0.04	0.05	0.06	0.07	0.08	0.09	0.09
2.96	3.11	3.39	3.74	4.07	4.39	4.69	0.00	0.01	0.02	0.04	0.05	0.07	0.07	0.08	0.09	0.10
3.14	3.30	3.60	3.96	4.30	4.63	4.93	0.00	0.01	0.02	0.04	0.06	0.07	0.08	0.09	0.10	0.10
3.32	3.48	3.79	4.16	4.51	4.85	5.15	0.00	0.01	0.02	0.04	0.06	0.07	0.09	0.10	0.10	0.11
3.48	3.65	3.98	4.36	4.71	5.05*	5.35*	0.00	0.01	0.03	0.04	0.07	0.08	0.10	0.10	0.11	0.12
3.65	3.82	4.15	4.54	4.90	5.23*	5.53*	0.00	0.01	0.03	0.05	0.07	0.08	0.10	0.11	0.12	0.13
3.80	3.98	4.31	4.71	5.07*	5.39*	5.68*	0.00	0.01	0.03	0.05	0.07	0.09	0.10	0.12	0.13	0.13
3.95	4.16	4.47	4.86*	5.22*	5.54*	5.80*	0.00	0.01	0.03	0.06	0.07	0.10	0.11	0.13	0.13	0.14
4.05	4.27	4.62	5.01*	5.36*	5.66*		0.00	0.01	0.04	0.06	0.08	0.10	0.12	0.13	0.14	0.15
4.22	4.41	4.75*	5.14*	5.50*			0.00	0.01	0.04	0.07	0.09	0.10	0.12	0.13	0.14	0.16
4.35	4.53	4.88*	5.26*	5.58*			0.00	0.01	0.04	0.07	0.09	0.11	0.13	0.14	0.16	0.16
4.46	4.65	4.99*	5.33*				0.00	0.01	0.04	0.07	0.10	0.11	0.13	0.15	0.16	0.17
4.57*	4.75*	5.09*	5.45*				0.00	0.01	0.04	0.07	0.10	0.12	0.14	0.16	0.17	0.18
4.77*	4.95*	5.28*					0.00	0.01	0.04	0.08	0.10	0.13	0.15	0.17	0.19	0.19
4.92*	5.09*						0.00	0.01	0.05	0.08	0.11	0.14	0.16	0.19	0.20	0.22
4.99*	5.15*						0.00	0.01	0.05	0.09	0.12	0.14	0.17	0.19	0.21	0.22
5.04*							0.00	0.02	0.05	0.09	0.13	0.15	0.18	0.19	0.22	0.23
							0.00	0.02	0.06	0.10	0.14	0.17	0.20	0.23	0.25	0.27
							0.00	0.02	0.07	0.12	0.16	0.20	0.23	0.26	0.28	0.31
							0.00	0.03	0.07	0.13	0.19	0.22	0.26	0.30	0.32	0.34
							0.00	0.03	0.09	0.15	0.21	0.25	0.29	0.33	0.36	0.38

表 6.1-100c　PM 型多楔带每楔传递的

小轮转速 n_1 /r · min^{-1}	小带轮有效												
	180	200	212	236	250	265	280	300	315	355	375	400	450
	PM 型多楔带包角 180°时每楔传递的												
100	0.58	0.72	0.79	0.85	0.99	1.06	1.13	1.26	1.33	1.53	1.60	1.79	2.05
200	1.03	1.20	1.42	1.55	1.81	1.93	2.06	2.31	2.44	2.80	2.93	3.30	3.78
300	1.43	1.81	2.00	2.19	2.55	2.74	2.92	3.28	3.46	3.99	4.17	4.69	5.39
400	1.81	2.30	2.54	2.78	3.26	3.50	3.73	4.20	4.43	5.12	5.34	6.01	6.39
500	2.16	2.76	3.06	3.55	3.93	4.21	4.50	5.07	5.35	6.18	6.45	7.26	8.32
540	2.30	2.94	3.25	3.57	4.19	4.50	4.80	5.41	5.71	6.59	6.88	7.43	8.86
575	2.42	3.09	3.42	3.76	4.41	4.74	5.06	5.69	6.01	6.95	7.25	8.15	9.33
600	2.50	3.20	3.54	3.89	4.57	4.91	5.24	5.90	6.22	7.19	7.50	8.44	9.65
675	2.74	3.51	3.90	4.28	5.03	5.40	5.77	6.50	6.86	7.92	8.26	9.28	10.59
700	2.81	3.62	4.01	4.41	5.18	5.57	5.95	6.69	7.06	8.15	8.50	9.55	10.89
800	3.12	4.02	4.16	4.90	5.77	6.19	6.62	7.45	7.86	9.05	9.44	10.59	12.04
870	3.33	4.29	4.77	5.24	6.16	6.62	7.06	7.94	8.38	9.65	10.02	11.26	12.78
900	3.41	4.40	4.89	5.37	6.33	6.79	7.25	8.15	8.60	9.90	10.32	11.54	13.08
1000	3.69	4.77	5.30	5.83	6.86	7.36	7.86	8.83	9.30	10.68	11.13	12.41	14.01
1100	3.95	5.12	5.69	6.25	7.36	7.89	8.43	9.46	9.96	11.41	11.88	13.20	14.82
1200	4.20	5.45	6.06	6.66	7.83	8.40	8.96	10.04	10.57	12.07	12.54	13.89	15.49*
1300	4.43	5.76	6.41	7.04	8.27	8.87	9.46	10.59	11.12	12.66	13.14	14.49*	16.03*
1400	4.66	6.06	6.74	7.40	8.69	9.31	9.91	10.70	11.63	13.17	13.66	14.97*	16.42*
1500	4.86	6.33	7.04	7.74	9.07	9.71	10.33	11.51	12.07	13.01*	14.08*	15.34*	
1600	5.66	6.59	7.33	8.05	9.42	10.08	10.71	11.90	11.99	13.91*	14.43*	15.60*	
1700	5.24	6.83	7.59	8.33	9.74	10.40	11.04	12.22	12.78*	14.24*	14.66*		
1800	5.41	7.05	7.83	8.59	10.02	10.63	11.32	12.50*	13.03*	14.43*	14.81*		
1900	5.56	7.25	8.05	8.82	10.26	10.93	11.56*	12.70*	13.22*	14.51*			
2000	5.70	7.43	8.24	9.02	10.46	11.12*	11.74*	12.85*	13.34*				
2200	5.92	7.71	8.54	9.33	10.74*	11.38*	11.95*	12.94*					
2400	6.09	7.91	8.74	9.50*	10.85*	11.43*	11.94*						
2600	6.18	8.00*	8.81*	9.54*	10.78*								
2800	6.20	7.99*	8.76*	9.44*									
2900	6.18	7.94*	8.68*	9.33*									
3000	6.13*	7.86*	8.57*										
3400	5.45*												
3800	5.04*												

注："*"同表 6.1-100a 注。

基本额定功率 P_0（kW）（摘自 JB/T 5983—1992）

直　径　d_{e1}/mm				传　动　比　i									
500	560	600	710	1.00~1.01	1.02~1.05	1.06~1.11	1.12~1.18	1.19~1.26	1.27~1.38	1.39~1.57	1.58~1.94	1.95~3.38	≥3.39
基本额定功率 P_0/kW				由传动比 i 引起的功率增量 ΔP_0/kW									
2.31	2.56	2.81	3.05	0.00	0.01	0.01	0.02	0.03	0.04	0.04	0.05	0.05	0.06
4.26	4.73	5.19	5.60	0.00	0.01	0.02	0.04	0.06	0.07	0.09	0.10	0.10	0.11
6.06	6.74	7.39	8.04	0.00	0.01	0.04	0.07	0.09	0.11	0.13	0.15	0.16	0.17
7.76	8.61	9.44	10.25	0.00	0.02	0.05	0.09	0.12	0.15	0.17	0.19	0.22	0.22
9.35	10.35	11.32	12.26	0.00	0.02	0.07	0.11	0.16	0.19	0.22	0.25	0.27	0.28
9.95	11.01	12.03	13.02	0.00	0.02	0.07	0.12	0.16	0.20	0.24	0.26	0.29	0.31
10.47	11.56	12.62	13.64	0.00	0.03	0.07	0.13	0.18	0.22	0.25	0.28	0.31	0.33
10.82	11.95	13.04	14.08	0.00	0.03	0.07	0.13	0.19	0.22	0.26	0.29	0.32	0.34
11.85	13.06	14.20	15.29	0.00	0.03	0.09	0.15	0.21	0.25	0.29	0.33	0.34	0.38
12.18	13.41	14.56	15.65	0.00	0.03	0.09	0.16	0.22	0.26	0.31	0.34	0.37	0.40
13.41	14.70	15.89	16.98*	0.00	0.04	0.10	0.18	0.25	0.30	0.35	0.40	0.43	0.46
14.20	15.49	16.89*	17.74*	0.00	0.04	0.11	0.19	0.27	0.32	0.38	0.43	0.46	0.49
14.50	15.81	16.99*	18.02*	0.00	0.04	0.12	0.20	0.28	0.34	0.40	0.44	0.48	0.51
15.45	16.73*	17.84*	18.76*	0.00	0.04	0.13	0.22	0.31	0.37	0.43	0.49	0.54	0.57
16.23*	17.44*	18.42*		0.00	0.05	0.14	0.25	0.34	0.41	0.48	0.54	0.59	0.62
16.84*	17.95*			0.00	0.06	0.16	0.27	0.37	0.45	0.52	0.59	0.64	0.68
17.26*				0.00	0.06	0.17	0.29	0.40	0.48	0.57	0.63	0.69	0.73
				0.00	0.07	0.18	0.31	0.43	0.52	0.61	0.69	0.75	0.79
				0.00	0.07	0.19	0.34	0.46	0.56	0.66	0.73	0.80	0.85
				0.00	0.07	0.21	0.38	0.49	0.60	0.69	0.78	0.85	0.90
				0.00	0.08	0.22	0.38	0.52	0.63	0.74	0.84	0.91	0.96
				0.00	0.08	0.23	0.40	0.55	0.67	0.78	0.89	0.96	1.01
				0.00	0.09	0.25	0.43	0.58	0.71	0.83	0.93	1.01	1.07
				0.00	0.10	0.26	0.45	0.61	0.75	0.87	0.98	1.07	1.13
				0.00	0.10	0.28	0.49	0.67	0.82	0.95	1.07	1.17	1.25
				0.00	0.11	0.31	0.54	0.74	0.90	1.04	1.18	1.28	1.36
				0.00	0.13	0.34	0.59	0.80	0.97	1.13	1.28	1.39	1.47
				0.00	0.13	0.37	0.63	0.86	1.04	1.22	1.37	1.49	1.58
				0.00	0.13	0.37	0.66	0.89	1.07	1.26	1.42	1.54	1.64
				0.00	0.14	0.39	0.68	0.92	1.11	1.31	1.47	1.60	1.69
				0.00	0.16	0.44	0.77	1.04	1.26	1.48	1.66	1.81	1.92
				0.00	0.18	0.49	0.86	1.41	1.41	1.66	1.87	2.03	2.15

$$z=\frac{P_d}{(P_0+\Delta P_0)K_\alpha K_L}=\frac{8.25}{0.95\times0.985\times0.96}=9.2$$

取 $z=10$。

13）确定压轴力 F_Q。

带速 $v=\frac{\pi d_{e1}n_1}{60\times1000}=\frac{\pi\times125\times720}{60\times1000}\text{m/s}=4.71\text{m/s}$

由此得带传动有效拉力

$$F_t=\frac{P_d\times1000}{v}=\frac{8.25\times1000}{4.71}\text{N}=1752\text{N}$$

$$F_Q=K_rF_t\sin\frac{\alpha_1}{2}=\left(1.53\times1752\times\sin\frac{175.3°}{2}\right)\text{N}=2555\text{N}$$

6.4　多楔带带轮

多楔带带轮轮槽尺寸、公差见表6.1-101、表6.1-102，带轮每毫米有效直径的轮槽轴向圆跳动公差值为0.002mm。轮槽表面粗糙度 *Ra* 的最大允许值为3.2μm。

表6.1-101　多楔带带轮轮槽尺寸（摘自GB/T 16588—2009）　（mm）

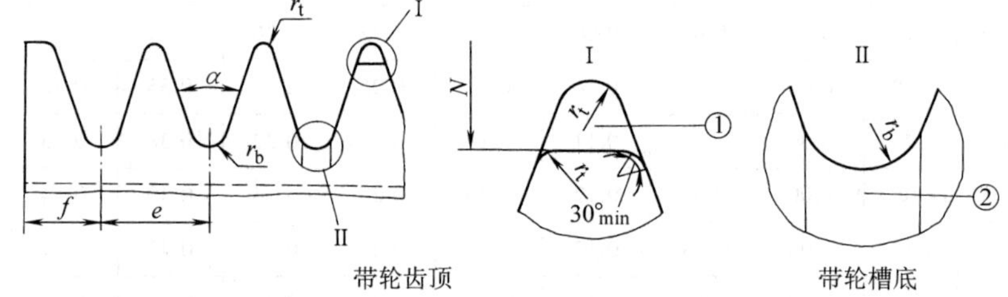

① 轮槽楔顶轮廓线可位于该区域任何部位，该轮廓线的两端应有一个与轮槽侧面相切的圆角（最小30°）。

② 轮槽槽底轮廓线可位于 r_b 弧线以下。

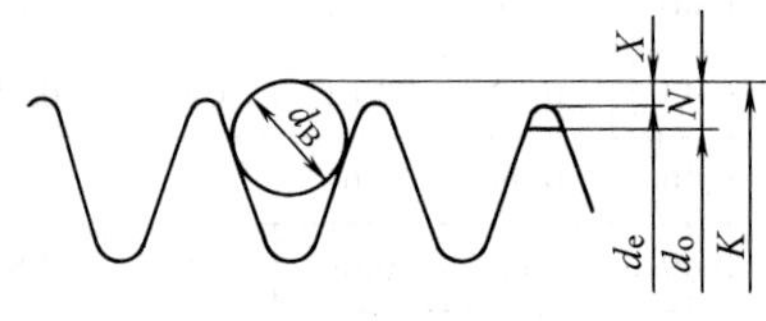

带轮直径

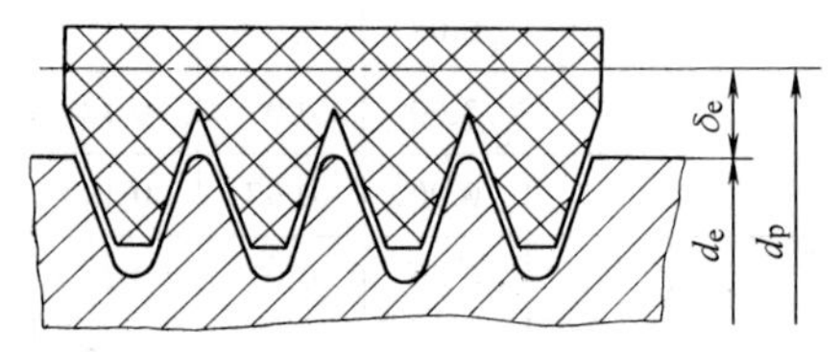

d_e—有效直径；d_o—外径；K—检验用圆球或圆柱的外切线之间的距离；d_B—检验用圆球或圆柱直径

δ_e—有效线差；d_p—节径节面位置

型　号	PH	PJ	PK	PL	PM
槽距 e	1.6±0.03	2.34±0.03	3.56±0.05	4.7±0.05	9.4±0.08
槽角 α	40°±0.5°	40°±0.5°	40°±0.5°	40°±0.5°	40°±0.5°
楔顶圆角半径 r_t(min)	0.15	0.2	0.25	0.4	0.75
槽底圆弧半径 r_b(max)	0.3	0.4	0.5	0.4	0.75
检验用圆球或圆柱直径 d_B	1±0.01	1.5±0.01	2.5±0.01	3.5±0.01	7±0.01
$2X$(公称值)	0.11	0.23	0.99	2.36	4.53
$2N$(max)	0.69	0.81	1.68	3.5	5.92
f(min)	1.3	1.8	2.5	3.3	6.4
带轮最小有效直径 d_e	13	20	45	75	180
有效线差公称值 δ_e	0.8	1.2	2	3	4

注：1. 表中所列 e 值极限偏差仅用于两相邻槽中心线的间距。

2. 槽距的累积误差不得超过±0.3mm。

3. 槽的中心线应对带轮轴线呈90°±0.5°。

4. 尺寸 N 与带轮有效直径无关，它是检验用圆球或圆柱与轮槽的接触点到圆球（或圆柱）外缘间的径向距离。

表 6.1-102　多楔带带轮公差（摘自 GB/T 16588—2009）　（mm）

有效直径 d_e	径向圆跳动	槽间直径差值	
	公差值	槽　数	直径最大差值
$d_e \leqslant 74$	0.13	$n \leqslant 6$	0.1
		$n>6$	$0.1+(n-6)\times 0.003$
$74<d_e \leqslant 500$	0.25	$n \leqslant 10$	0.15
		$n>10$	$0.15+(n-10)\times 0.005$
$d_e>500$	$0.25+(d_e-250)0.0004$	$n \leqslant 10$	0.25
		$n>10$	$0.25+(n-10)\times 0.01$

多楔带带和轮的标记要求见以下示例。

1）带的标记示例：

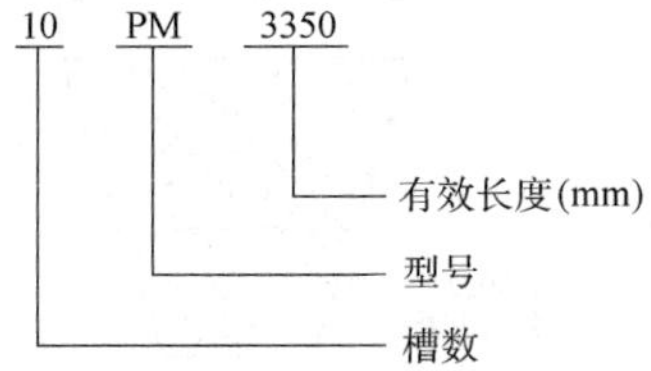

2）轮的标记示例：

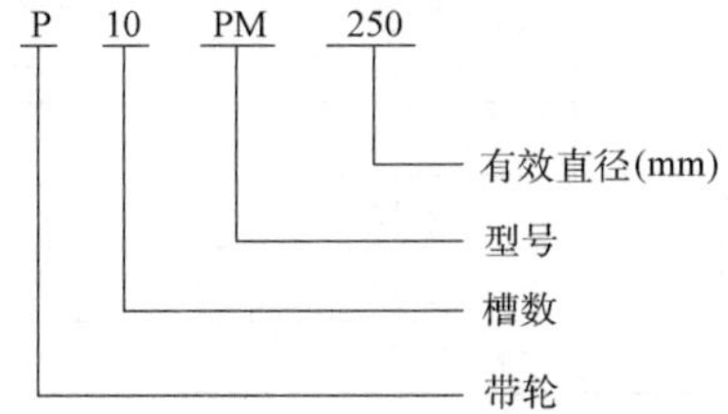

7　双面传动带（摘自 HG/T 3715—2011）

双面传动带有曲线齿双面同步带（简称双面同步带）和同步一多楔双面传动带（简称同步多楔带）两种，适用于粮食、纺织、轻工、化工、机床、橡塑机械双面传递动力的场合。

7.1　带的型号

双面同步带的结构如图 6.1-27 所示，其型号有 DH8M、DH14M、DR8M、DM14M、DS8M、DS14M，规格尺寸见表 6.1-68~表 6.1-71。

同步多楔带一面是曲线齿同步带，型号分别为 H8M、H14M、R8M、R14M、S8M、S14M，另一面为多楔带，型号分别为 PK 和 PL，如图 6.1-28 所示。

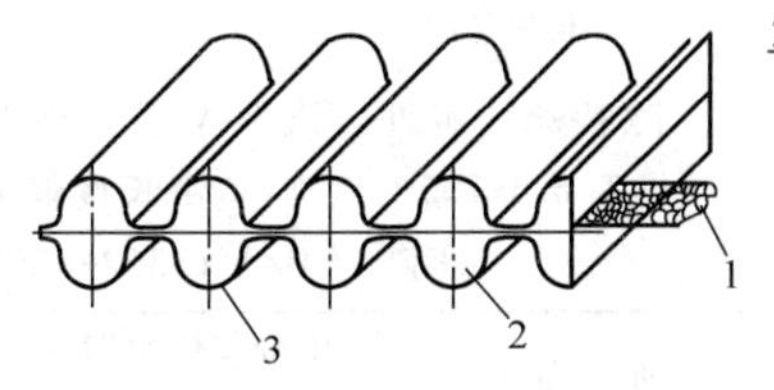

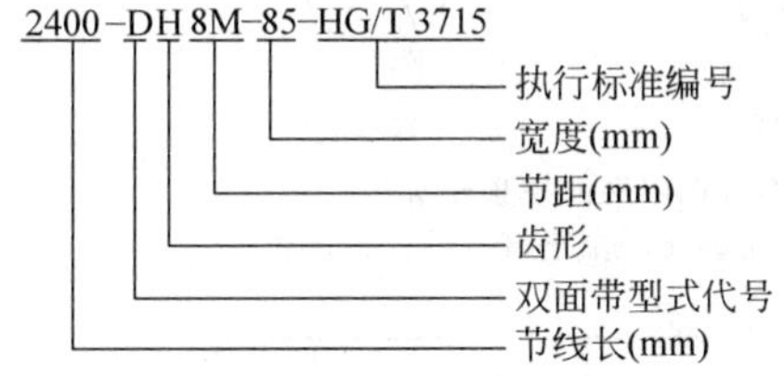

图 6.1-27　双面同步带的结构

1—芯绳　2—带齿　3—齿面包布

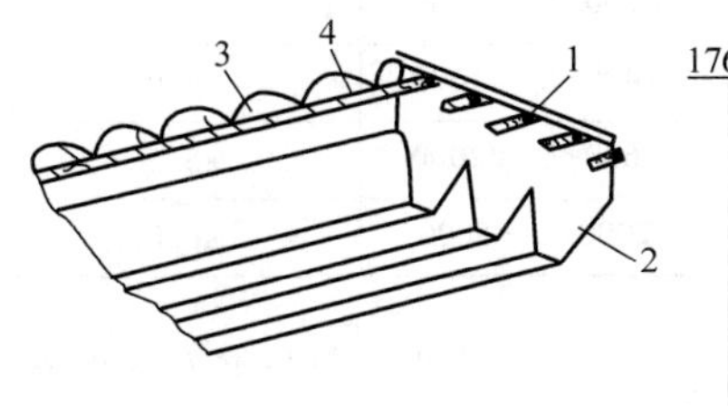

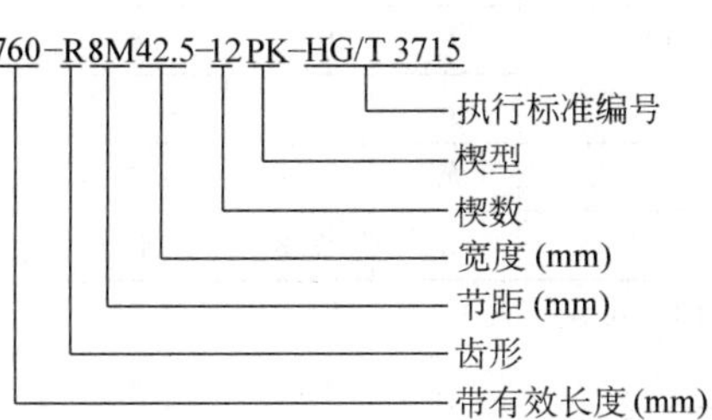

图 6.1-28　同步多楔带的结构

1—芯绳　2—带楔　3—带齿　4—齿面包布

7.2 双面传动带的材料

带齿和带楔分别采用相应的橡胶配方，带齿和带楔排列分布要均匀。芯绳采用玻璃纤维线绳或芳纶纤维线绳，其捻度应均匀一致。齿面包布采用耐磨尼龙布，织物的经向和纬向的密度应均匀。

7.3 同步多楔带的尺寸

（1）同步多楔带带齿尺寸

同步多楔带中曲线齿带齿公称尺寸见表6.1-68~表6.1-71。

（2）带楔尺寸

同步多楔带的带楔横截面尺寸见表6.1-103。

表6.1-103 同步多楔带带楔横截面尺寸

（摘自HG/T 3715—2011） （mm）

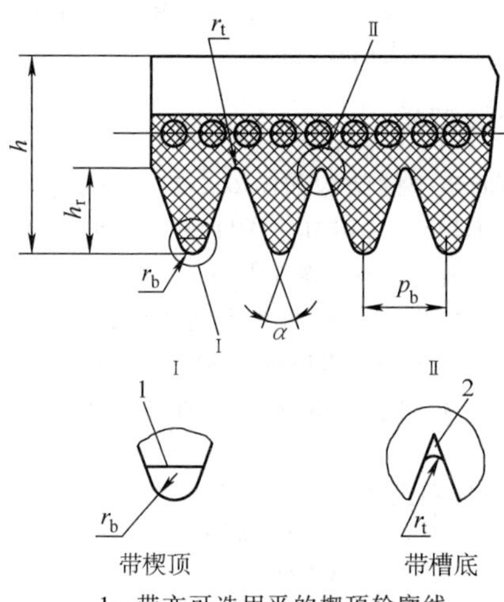

1—带亦可选用平的楔顶轮廓线
2—带的楔底轮廓线可位于该区的任何部位

名称	代号	型号	
		PK	PL
楔距	p_b	3.56	4.7
楔顶圆弧半径(最小值)	r_b	0.5	0.4
楔底圆弧半径(最大值)	r_t	0.25	0.4
楔角	α	40°	40°
楔高(参考值)	h_r	2~3	3.5
带高(参考值)①	h	7.8	11

① 对应H8M齿的带高。

8 汽车用传动带

汽车用传动带多用于汽车的内燃机，用来驱动发电机、风扇、压缩机等辅助设备。内燃机曲轴和凸轮轴之间有的用同步带代替齿轮或链传动。汽车用传动带工作转速和工作环境温度较高，工作空间有一定限制，要求有一定寿命，在质量上有特定的要求。

8.1 汽车V带

汽车V带根据其结构分为包边式V带（简称包边带）和切边式V带（简称切边带）两种，切边带又分普通式、有齿式和底胶夹布式3种（见图6.1-29）。汽车V带截面尺寸、长度偏差和配组差带轮轮槽尺寸见表6.1-104~表6.1-106。

表6.1-104 汽车V带截面尺寸

（摘自GB/T 13352—2008） （mm）

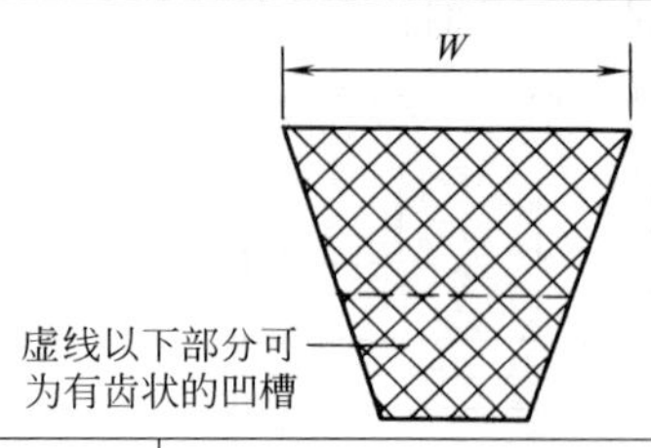

型号	顶宽W	
	包边式	切边式
AV10	10	10
AV13	13	13
AV15	15	—
AV17	17	17
AV22	22	22

注：AV15为老型号，主要是包边带，承载能力低，不推荐采用。

除特殊约定外，汽车V带公称楔角为40°。

表6.1-105 汽车V带长度偏差和配组差

（摘自GB/T 13352—2008） （mm）

带长范围	中心距极限偏差（推荐值）	配组中心距差值（推荐值）
$L_e \leqslant 1000$	±3.0	≤0.8
$1000<L_e \leqslant 1200$	±4.0	
$1200<L_e \leqslant 1400$	±4.5	
$1400<L_e \leqslant 1600$	±5.0	≤1.6
$1600<L_e \leqslant 2000$	±5.5	
$2000<L_e<5000$	±6.0	

汽车V带的长度以有效长度表示，其公称值由供需双方协商确定。

当对V带进行测量时，在V带转动一周中的带轮中心距变化量应符合要求。规定中心距变化量是为了保证V带的均匀性。

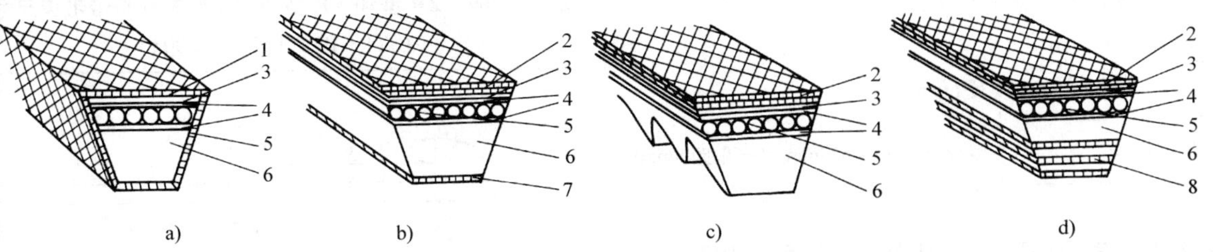

图 6.1-29 汽车 V 带结构（摘自 GB/T 12732—2008）

a）包布带 b）切边带（普通式） c）切边带（有齿式） d）切边带（底胶夹布式）

1—包布 2—顶布 3—顶胶 4—缓冲胶 5—抗拉体 6—底胶 7—底布 8—底胶夹布

表 6.1-106 汽车 V 带的带轮轮槽尺寸（摘自 GB/T 13352—2008）

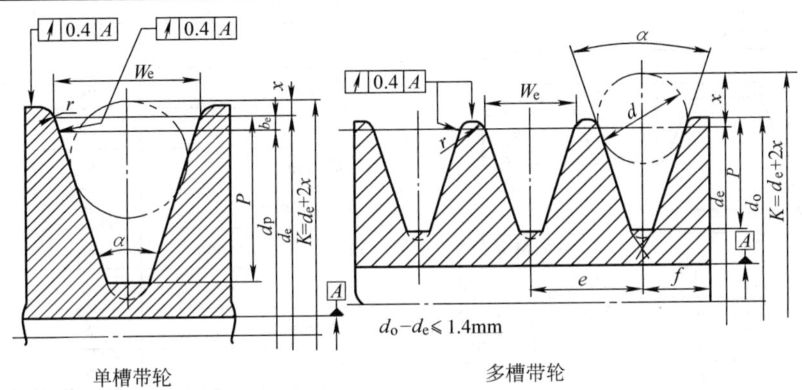

项 目	型 号				
	AV10	AV13	AV15	AV17	AV22
轮槽的有效宽度 W_e/mm	9.7	12.7	14.7	16.8	21.5
槽角 α	36°±0°30′	36°±0°30′	36°±0°30′	36°±0°30′	36°±0°30′
最小槽深 P/mm	11.0	13.8(多槽 13.75)	15.0	16.0	19.0
轮槽侧上部最小圆角半径 r/mm	0.8	0.8	0.8	0.8	0.8
槽间距 e/mm	12.6±0.3	15.9±0.3	18.0±0.3	21.4±0.4	—
轮槽中心到端面的距离 f/mm	8±0.5	10±0.6	12±0.6	15±0.8	—

注：1. 轮槽的两侧应是光滑的；

轮槽的轴向和径向跳动分别通过测量在轮旋转一周中安装于轮槽中的百分表触头在轴向和径向读数最大值和最小值的差而测出，并且在测量过程中触头的球体在弹簧作用下始终与两侧壁相接触；

若轮槽底取圆弧形，半径可任选，但圆弧应在槽深 P 以下；

轮槽的每一截面的对称轴应与穿过带轮轴心线的半平面成 90°±2°的角；

对直径<57mm 的 AV10 型带轮、直径<70mm 的 AV13 型带轮、直径<102mm 的 AV15、AV17 型带轮和直径<132mm的 AV22 型带轮，槽角最好减至 34°。

2. 多于 2 个轮槽的中心距公差应在±0.6mm 的范围内。

汽车 V 带的标记内容包括型号、有效长度公称值、执行标准编号。

标记示例如下：

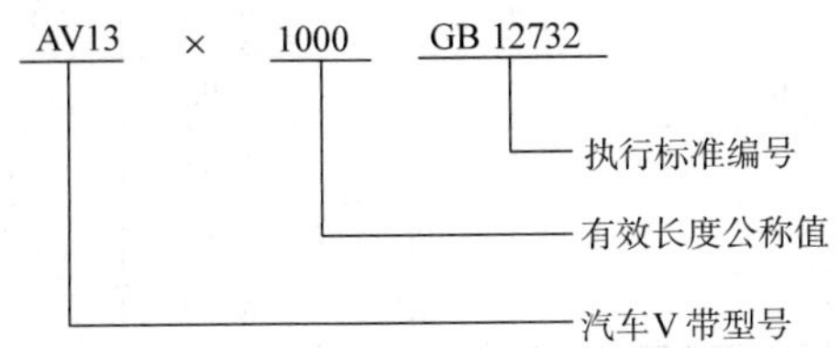

8.2 汽车同步带（GB/T 12734—2003）

汽车同步带有两大类、四种齿形：

梯形齿——ZA 型、ZB 型；

曲线齿——H 系列：ZH 型、YH 型；

R 系列：ZR 型、YR 型；

S 系列：ZS 型、YS 型。

汽车同步带的标记方法：例如，80 个齿，19mm

宽，ZA 型，标记如下：

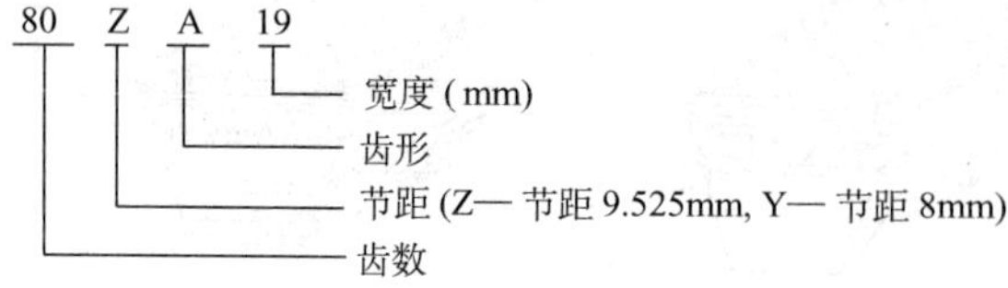

8.2.1　汽车同步带规格（表 6.1-107～表 6.1-110）

表 6.1-107　ZA 型和 ZB 型梯形齿汽车同步带带齿尺寸
（摘自 GB/T 12734—2003）

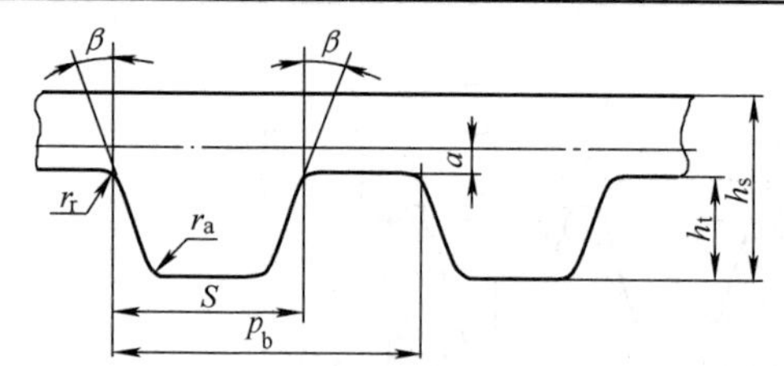

名　　称	符号	公称尺寸	
		ZA 型	ZB 型
齿节距/mm	p_b	9.525	9.525
齿形角/(°)	2β	40	40
带高/mm	h_s	4.1	4.5
节线差/mm	a	0.686	0.686
齿根圆角半径/mm	r_r	0.51	1.02
齿顶圆角半径/mm	r_a	0.51	1.02
齿高/mm	h_t	1.91	2.29
齿宽/mm	S	4.65	6.12

表 6.1-108　ZH 和 YH 型曲线齿汽车同步带带齿尺寸
（摘自 GB/T 12734—2003）

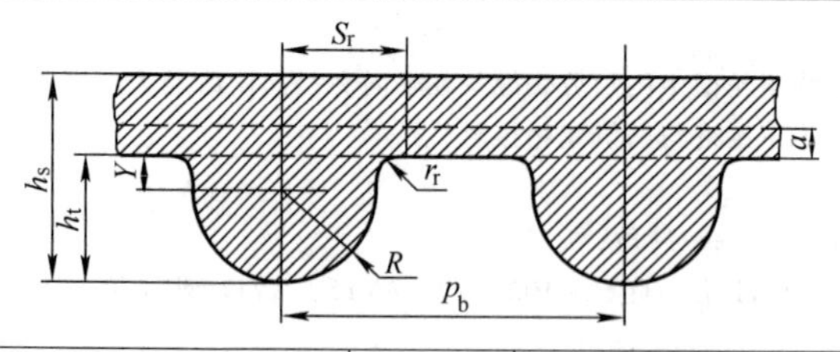

名　　称	符号	公称尺寸/mm	
		ZH 型	YH 型
齿节距	p_b	9.525	8
带高	h_s	5.5	5.2
节线差	a	0.686	0.686
齿根圆角半径	r_r	0.76	0.64
齿高	h_t	3.5	3.04
齿半径	R	2.45	2.11
齿心下移量	Y	1.05	0.93
齿根半宽	S_r	3.27	2.84

表 6.1-109　ZR 型和 YR 型曲线齿汽车同步带带齿尺寸
（摘自 GB/T 12734—2003）

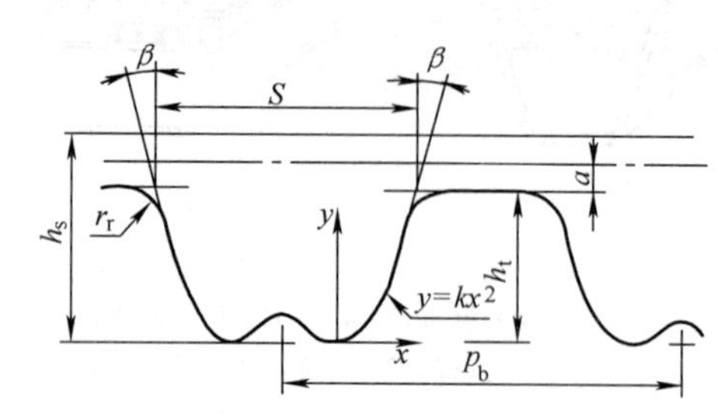

名　　称	代号	公称尺寸	
		ZR 型	YR 型
齿节距/mm	p_b	9.525	8
齿形角/(°)	2β	32	30
带高/mm	h_s	5.4	5.1
节线差/mm	a	0.75	0.75
齿根圆角半径/mm	r_r	1	0.8
齿高/mm	h_t	3.2	2.8
齿宽/mm	S	5.5	5.3
齿形因子	k	1.228	1.692

表 6.1-110　ZS 型和 YS 型曲线齿汽车同步带带齿尺寸
（摘自 GB/T 12734—2003）

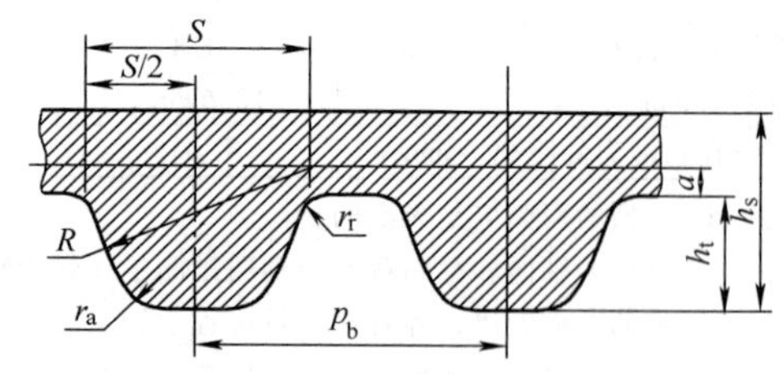

名　　称	代号	公称尺寸/mm	
		ZS 型	YS 型
齿节距	p_b	9.525	8
带高	h_s	5.7	5.2
节线差	a	0.686	0.686
齿根圆角半径	r_r	0.95	0.8
齿顶圆角半径	r_a	0.95	0.8
齿高	h_t	3.53	2.95
齿宽	S	6.19	5.2
齿半径	R	6.19	5.2

8.2.2　汽车同步带带长和宽度的极限偏差（见表 6.1-111）

表 6.1-111a　汽车同步带节线长极限偏差

（摘自 GB/T 12734—2003）　（mm）

节线长范围	节线长极限偏差
$L_p \leqslant 381$	±0.45
$382 \leqslant L_p \leqslant 505$	±0.5
$506 \leqslant L_p \leqslant 762$	±0.6
$763 \leqslant L_p \leqslant 991$	±0.65
$992 \leqslant L_p \leqslant 1220$	±0.75
$1221 \leqslant L_p \leqslant 1524$	±0.8
$1525 \leqslant L_p \leqslant 1782$	±0.85
$1783 \leqslant L_p \leqslant 2030$	±0.9
$2031 \leqslant L_p \leqslant 2286$	±0.95
$2287 \leqslant L_p \leqslant 2544$	±1

带宽应由有关方面协商确定。带宽极限偏差见表 6.1-111b。

表 6.1-111b　汽车同步带带宽极限偏差

（摘自 GB/T 12734—2003）　（mm）

带宽范围	节线长范围中的带宽极限偏差	
	$L_p<840$	$L_p \geqslant 840$
$b_s<40$	±0.8	±0.8
$b_s \geqslant 40$	±0.8	+0.8 -1.3

注：对于特殊应用，可用较小的极限偏差。

8.2.3　带与带轮和轮槽的尺寸和间隙（见表 6.1-112）

表 6.1-112a　ZA 和 ZB 型带与带轮的尺寸和间隙（摘自 GB/T 12734—2003）

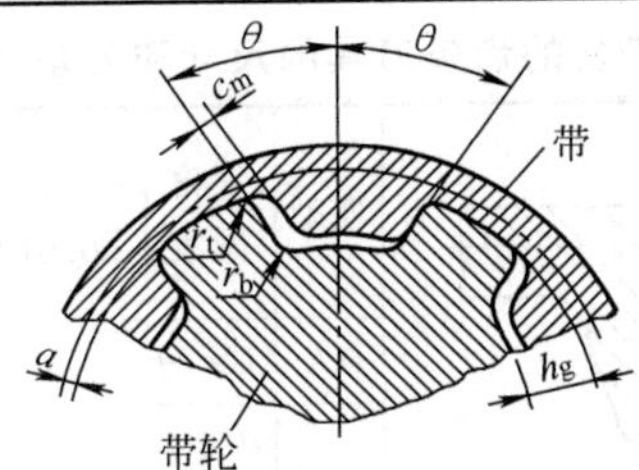

型号	最小间隙 c_m/mm	h_g/mm	r_b/mm	r_t/mm	θ/(°)	a/mm
ZA	0.33	2.68±0.1	0.85±0.1	0.85±0.1	20±1.5	0.686
ZB	0.38	3±0.1	1.23±0.1	1.23±0.1	20±1.5	0.686

表 6.1-112b　ZH 和 YH 型带与带轮的尺寸和间隙（摘自 GB/T 12734—2003）

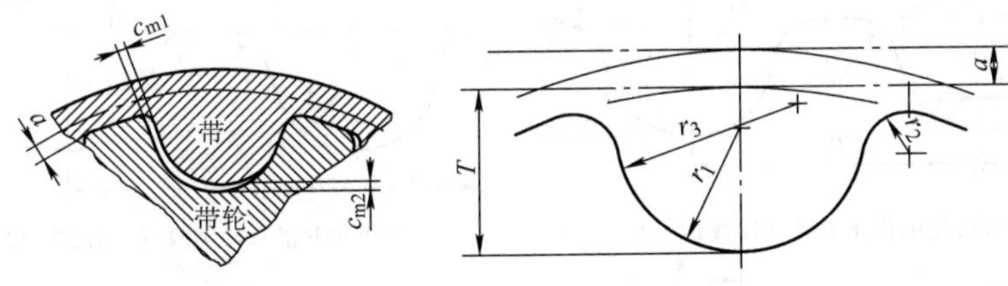

型号	a	最小间隙		r_1	r_2	r_3	T
		c_{m1}	c_{m2}	±0.05	±0.05	±0.05	±0.05
ZH	0.686	0.34	0.11	2.78	0.89	—①	3.61
YH	0.686	0.3	0.11	2.22	0.69	3.45	3.16

① 齿侧弧半径不适用于 ZH 型。

表 6.1-112c　ZR 和 YR 型带与带轮的间隙（摘自 GB/T 12734—2003）

型　号	齿数 z	最小间隙/mm		a/mm
		c_{m1}	c_{m2}	
ZR	20	0.34	0.11	0.75
YR	22	0.3	0.11	0.75

注：轮槽尺寸由 ISO9011：1997 规定的齿条刀具确定。

表 6.1-112d　ZS 和 YS 型带与带轮的轮槽尺寸和间隙（摘自 GB/T 12734—2003）

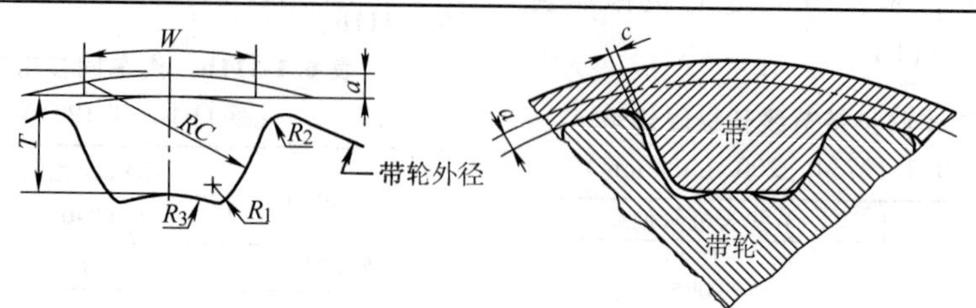

型号	a	最小间隙 c	W $^{+0.1}_{0}$	RC $^{+0.1}_{0}$	T ±0.03	R_1 ±0.05	R_2 $^{+0.05}_{0}$	R_3 ±0.05
ZS	0.686	0.2	6.19	6.31	3.37	0.48	0.89	4.81
YS	0.686	0.24	5.2	5.3	2.83	0.4	0.75	4.04

8.2.4　汽车同步带轮（见表 6.1-113～表 6.1-117）

表 6.1-113　加工 ZA 和 ZB 带轮的齿条刀具的尺寸和公差（摘自 GB/T 10414.2—2002）（mm）

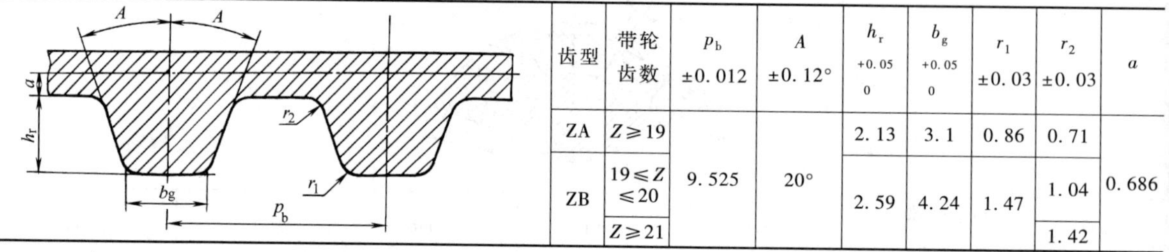

齿型	带轮齿数	p_b ±0.012	A ±0.12°	h_r $^{+0.05}_{0}$	b_g $^{+0.05}_{0}$	r_1 ±0.03	r_2 ±0.03	a
ZA	$Z \geqslant 19$	9.525	20°	2.13	3.1	0.86	0.71	0.686
ZB	$19 \leqslant Z \leqslant 20$			2.59	4.24	1.47	1.04	
	$Z \geqslant 21$						1.42	

表 6.1-114　加工 ZH 和 YH 型带轮的齿条刀具的尺寸和公差（摘自 GB/T 10414.2—2002）

（mm）

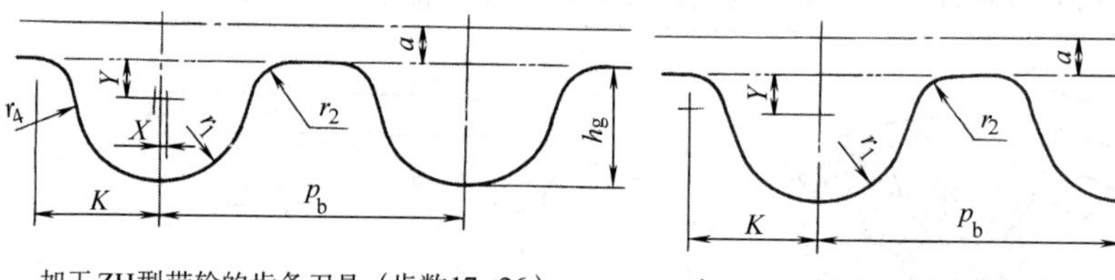

加工ZH型带轮的齿条刀具（齿数17～26）　　加工ZH型带轮的齿条刀具（齿数27～52）

加工YH型带轮齿条刀具

齿型	齿数 z	p_b ±0.012	B_g	b_g	h_g ±0.015	r_1 ±0.012	r_2 ±0.012	r_3 ±0.012	r_4 ±0.012	X	Y	K	a
ZH	$17 \leqslant z \leqslant 26$	9.525	—	—	3.43	2.41	0.95	—	6.67	0.058	1.02	3.7	0.686
	$27 \leqslant z \leqslant 52$				3.44	2.5					0.94	3.61	
YH	$20 \leqslant z \leqslant 31$	8	5.28	3	3.02	2.22	0.8	2	1.5	—	0.80	3.22	
	$z \geqslant 32$		5.08	3.11	3.06	2.17	0.67		1.1		0.89	3.06	

表 6.1-115 加工 ZR 和 YR 型带轮的齿条型刀具的尺寸和公差（摘自 GB/T 10414.2—2002）

（mm）

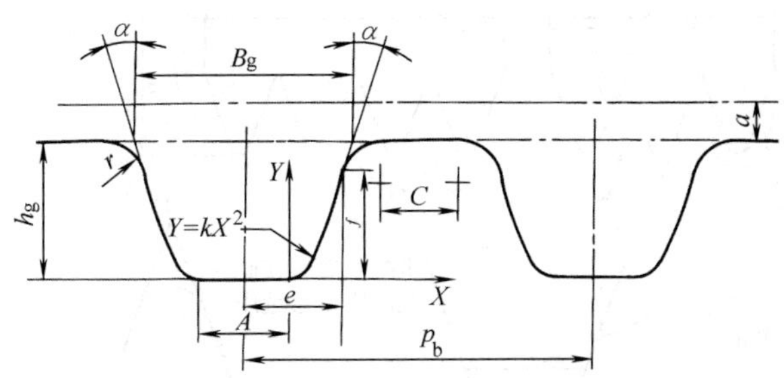

齿型	带轮齿数 z	p_b ±0.01	B_g $^{+0.05}_{0}$	A	C	a	h_g ±0.02	r	α /(°)	齿型系数 k	e	f
ZR	$z\geqslant20$	9.407	5.9	1.865	2.053	0.75	3.45	1	18	0.858	2.726	2.759
YR	$20\leqslant z\leqslant29$	7.786	5.6	2.788	0.959		2.92	0.8	15	1.496	2.641	2.327
	$z>29$	7.893			1.066							

表 6.1-116 ZS 和 YS 型带轮的尺寸和公差（摘自 GB/T 10414.2—2002） （mm）

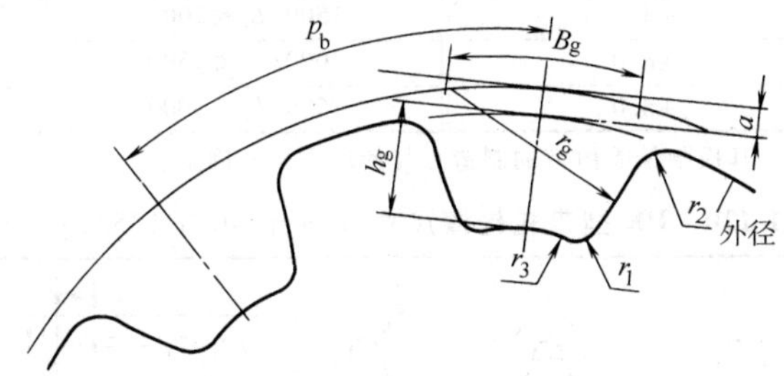

齿型	齿数 z	节距 p_b	B_g $^{+0.1}_{0}$	r_g $^{+0.1}_{0}$	h_g ±0.03	r_1 $^{+0.1}_{+0}$	r_2 $^{+0.1}_{+0}$	r_3 ±0.1	a
ZS	$z\geqslant17$	9.525	6.19	6.31	3.37	0.48	0.89	4.81	0.686
YS	$z\geqslant20$	8	5.2	5.3	2.83	0.4	0.75	4.04	

表 6.1-117 带轮公差（摘自 GB/T 10414.2—2002）

（mm）

外径 d_0	节距允许变动量		带轮外径公差
	任意两相邻齿间	90°弧内累积	
$49\leqslant d_0\leqslant99$	0.03	0.1	$^{+0.1}_{0}$
$100\leqslant d_0\leqslant178$	0.03	0.13	$^{+0.13}_{0}$
$179\leqslant d_0\leqslant305$	0.03	0.15	$^{+0.15}_{0}$

8.3 汽车多楔带（摘自 GB/T 13552—2008）

汽车多楔带一般采用 PK 型号。带楔数为 6、有效长度为 1500mm 的汽车多楔带标记为 6PK1500。

带的截面尺寸见表 6.1-118，有效长度极限偏差见表 6.1-119，轮槽尺寸见表 6.1-120。

表 6.1-118　带的截面尺寸（摘自 GB/T 13552—2008）　(mm)

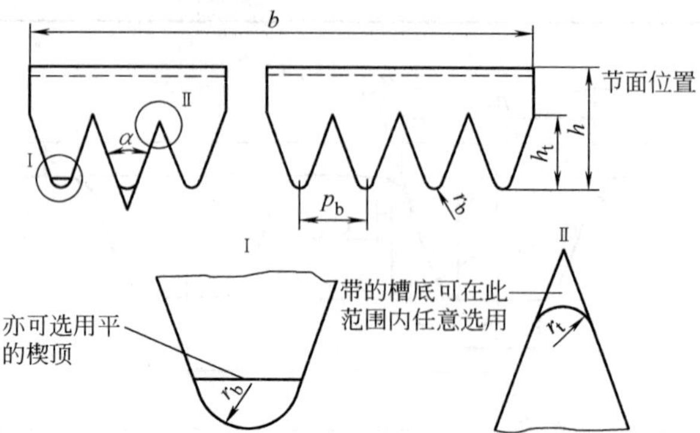

名　称	尺　寸	名　称	尺　寸
楔距 p_b	3.56	楔顶弧半径 r_b	0.5(最小值)
楔角 α	40°	带厚 h	4~6(参考)
楔底弧半径 r_t	0.25(最大值)	楔高 h_t	2~3(参考)

注：表中楔距和带高仅为参考值。楔距累积公差是一个重要指标，但它常常受带工作时的张紧力和抗拉体的模量的影响。

表 6.1-119　有效长度的极限偏差（摘自 GB/T 13552—2008）　(mm)

有效长度 L_e	极限偏差	有效长度 L_e	极限偏差
≤1000	±5.0	$1500<L_e\leqslant2000$	±9.0
$1000<L_e\leqslant1200$	±6.0	$2000<L_e\leqslant2500$	±10.0
$1200<L_e\leqslant1500$	±8.0	$2500<L_e\leqslant3000$	±11.0

注：有效长度大于 3000mm 时，其极限偏差由带的制造方与使用方协商确定。

表 6.1-120　PK 型带轮轮槽尺寸（摘自 GB/T 13552—2008）　(mm)

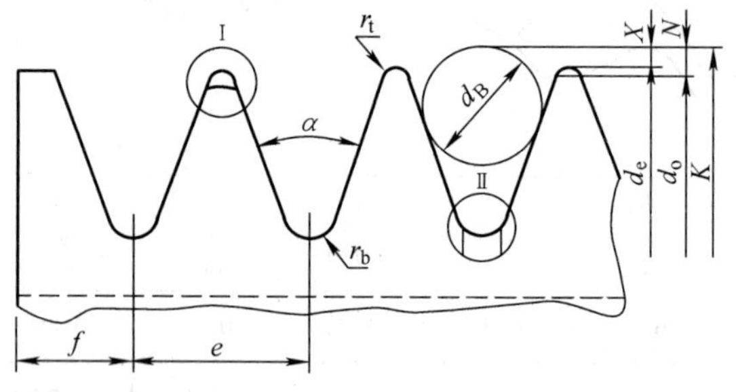

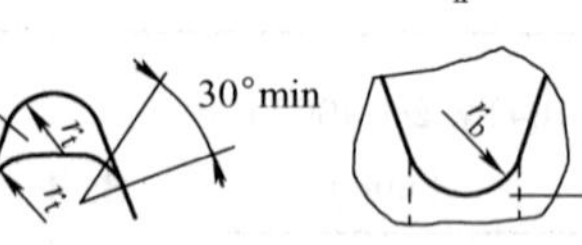

项　目	极限偏差	规定值
槽距 e	±0.05①②	3.56
测量带轮槽角 α③	±0°15′	40°
运转试验带轮和实用带轮槽角 α③	±1°	40°
r_t	最小值	0.25
r_b	最大值	0.5
测量用球（或柱）直径 d_B	±0.01	2.5
$2X$	公称值	0.99

（续）

项　　目	极限偏差	规定值
2N④	最大值	1.68
f	最小值	2.5

① e 值公差用于检测两相邻轮槽轴线间距。
② 任一带轮各槽 e 值偏差之和不得超出±0.3mm。
③ 槽中心线与带轮轴线的夹角应为 90°±0.5°。
④ N 值与带轮公称直径无关，它是指从置于轮槽内的测量用球（或柱）与轮槽的接触点到测量用球（或柱）外缘之间的径向距离。

9　工业用变速宽 V 带

工业用变速宽 V 带的特征是相对高度（高度与节宽之比）约为 0.32，其尺寸、基准长度及偏差见表 6.1-121 和表 6.1-122。

表 6.1-121　工业用变速宽 V 带尺寸（摘自 GB/T 15327—2007）　（mm）

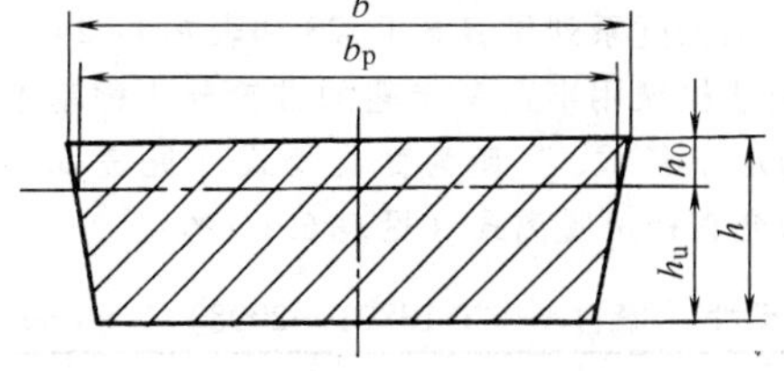

规定标记：工业用变速宽 V 带（GB/T 15327—2007）节宽型号 W25，高度 8mm，基准长度 710mm，角度 28°

标记示例：
W25×8×710-28GB/T 15327

型号		W16	W20	W25	W31.5	W40	W50	W63	W80	W100
顶宽 b		17	21	26	33	42	52	65	83	104
节宽 b_p		16	20	25	31.5	40	50	63	80	100
节线以上高度 h_0		1.5	1.75	2	2.5	3.2	4	5	6.5	8
节线以下高度 h_u		4.5	5.25	6	7.5	9.8	12	15	19.5	24
高度 h		6	7	8	10	13	16	20	26	32
露出高度 f	min	0	0	0	0	0	0	0	0	0
	max	1.2	1.8	1.8	1.8	2.4	2.4	3.0	3.0	3.6
拉伸强度≥/kN		4	7	10	13	20	28	33	40	50
全截面拉伸参考力/kN		3.2	5.6	8	10.4	16	22.4	26.4	32	40

注：1. 表中 h、h_0、h_u 的数值按以下近似公式计算：

$h = 0.32b_p$

$h_0 = 0.08b_p = 0.25h$

$h_u = 0.24b_p = 0.75h$

2. 本标准中露出高度 f 系指带的顶面高于测量带轮上刻线 H_1 的高度，见表 6.1-123 图。

表 6.1-122　宽 V 带的基准长度及偏差（摘自 GB/T 15327—2007）　（mm）

基准长度		型号								
L_d	极限偏差	W16	W20	W25	W31.5	W40	W50	W63	W80	W100
450	±10	×								
500		×								
560	±12	×	×							
630		×	×							
710	±14	×	×	×						
800	±16	×	×	×						
900	±18	×	×	×	×					
1000	±20	×	×	×	×					
1120	±22		×	×	×	×				
1250	±24		×	×	×	×				
1400	±28			×	×	×	×			
1600	±32			×	×	×	×			
1800	±36				×	×	×	×		
2000	±40				×	×	×	×		

（续）

基准长度		型号								
L_d	极限偏差	W16	W20	W25	W31.5	W40	W50	W63	W80	W100
2240	±44					×	×	×	×	
2500	±50					×	×	×	×	
2800	±56						×	×	×	×
3150	±62						×	×	×	×
3550	±70							×	×	×
4000	±80							×	×	×
4500	±90								×	×
5000	±100								×	×
5600	±110									×
6300	±120									×

注：如需要表中范围以外的带长度时，可以从 R20 系列的优先数系中补充；在表中两个相邻长度之间，可以从 R40 系列提供的优先数中补充。这种补充主要是为适应箱式变速器的需要。

10 农业机械用 V 带

10.1 农业机械用变速（半宽）V 带和带轮

农业机械用变速（半宽）V 带主要用于收割脱粒机械，其特征是相对高度约 0.5 左右，其截面尺寸、基准长度系列见表 6.1-123 和表 6.1-124。

农业机械用半宽 V 带轮的带轮分 3 种基本形式：1 型为定直径式，2 型为变直径式（见表 6.1-125），3 型为变直径可脱离式（见表 6.1-126）。

表 6.1-123 农业机械用变速（半宽）V 带截面尺寸（摘自 GB/T 10821—2008） （mm）

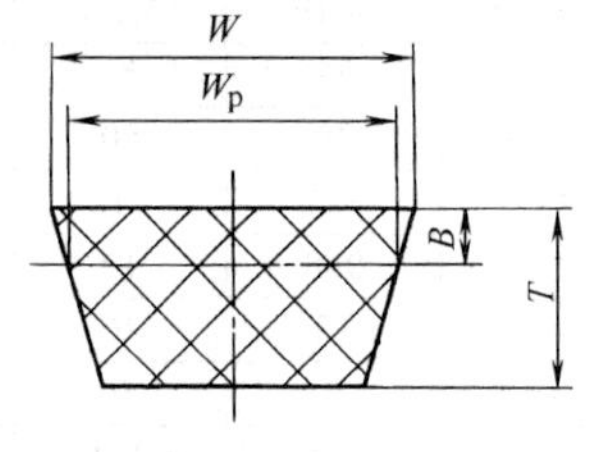

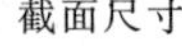
截面尺寸

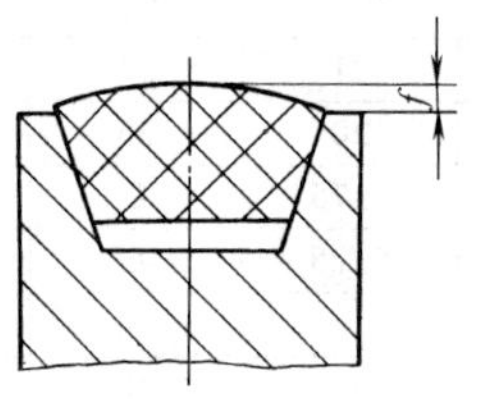

露出高度

尺寸	符号	HG	HH	HI	HJ	HK	HL	HM	HN	HO
节宽	W_p	15.4	19	23.6	29.6	35.5	41.4	47.3	53.2	59.1
顶宽	W	16.5	20.4	25.4	31.8	38.1	44.5	50.8	57.2	63.5
高度	T	8	10	12.7	15.1	17.5	19.8	22.2	23.9	25.4
节线以上高度	B	2.5	3	3.8	4.7	5.7	6.6	7.6	8.5	9.5
露出高度 f	-0.8～+4.1								-0.8～+5.6	

注：1. 带高度 T 约等于 $0.5W_p$。

2. 节线以上高度 B 约等于 $0.16W_p$。

表 6.1-124 农业机械用变速（半宽）V 带基准长度系列（摘自 GB/T 10821—2008） （mm）

基准长度[①]			HG	HH	HI	HJ	HK	HL	HM	HN	HO
公称尺寸	极限偏差										
	上偏差（+）	下偏差（-）									
630	5	10	×								
670	5	10	×								
710	6	12	×								
750	6	12	×								
800	6	12	×	×							
850	6	12	×	×							
900	7	14	×	×							

（续）

基准长度[①]			HG	HH	HI	HJ	HK	HL	HM	HN	HO
公称尺寸	极限偏差										
	上偏差（+）	下偏差（-）									
950	7	14	×	×							
1000	7	14	×								
1060	8	16	×	×	×						
1120	8	16	×	×	×						
1180	8	16		×	×						
1250	8	16		×	×						
1320	9	18		×	×						
1400	9	18		×	×	×					
1500	9	18		×	×	×					
1600	9	18		×	×	×	×				
1700	11	22			×	×	×				
1800	11	22			×	×	×				
1900	11	22				×	×				
2000	11	22				×	×	×	×		
2120	13	26				×	×	×	×	×	
2240	13	26				×	×	×	×	×	×
2360	13	26				×	×	×	×	×	×
2500	13	26					×	×	×	×	×
2650	15	30					×	×	×	×	×
2800	15	30					×	×	×	×	×
3000	15	30					×	×	×	×	×
3150	15	30						×	×	×	×
3350	18	36						×	×	×	×
3550	18	36						×	×	×	×
3750	18	36						×	×	×	×
4000	18	36						×	×	×	×
4250	22	44							×	×	×
4500	22	44							×	×	×
4750	22	44							×	×	×
5000	22	44							×	×	×

① 在 630~5000mm 范围内，带的基准长度系列选自 R40 优先数系；如需中间值，可从 R80 优先数系中选取。有×号处，表示该型号有相应标准规定的基准长度。

表 6.1-125　1 型、2 型农业机械用半宽 V 带轮尺寸（摘自 GB/T 10416—2007）　　（mm）

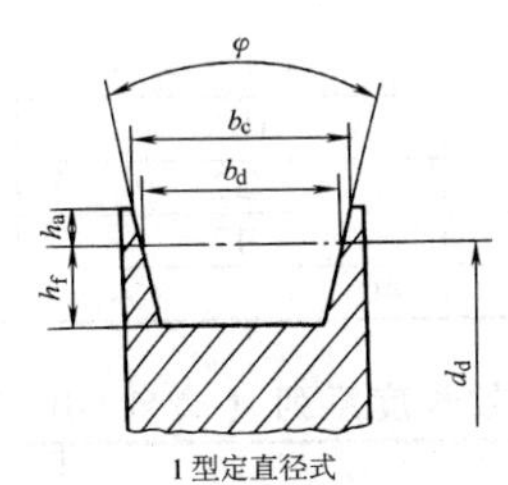

1 型定直径式

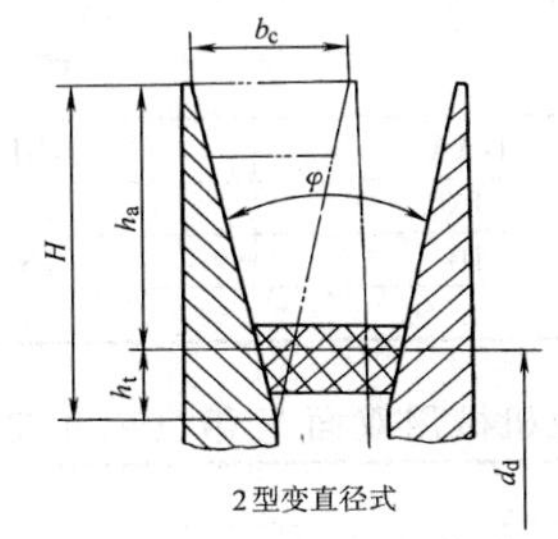

2 型变直径式

槽型	b_d	b_{cmin}	h_{amin}	h_{fmin}	d_{dmin}	H_{max}	φ	
							公称尺寸	极限偏差
HI	23.6	25.4	3.8	13	84	91.2	26°	±30′
HJ	29.6	31.8	4.7	16	105	116.2	26°	±30′
HK	35.5	38.1	5.7	19	126	141.2	26°	±30′
HL	41.4	44.4	6.6	22	147	166.4	26°	±30′
HM	47.3	50.8	7.6	25	162	191.4	26°	±30′

表 6.1-126　3 型农业机械用半宽 V 带轮尺寸（摘自 GB/T 10416—2007）　（mm）

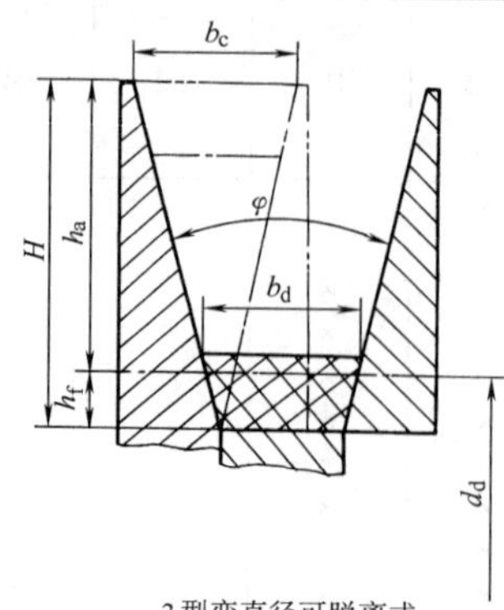

3 型变直径可脱离式

槽型	b_d	b_{cmin}	h_{amin}	h_{fmin}	d_{dmin}	H_{max}	φ	
							公称尺寸	极限偏差
HI	23.6	25.4	3.8	8.9	74	91.2	26°	±30′
HJ	29.6	31.8	4.7	10.4	93	116.2	26°	±30′
HK	35.5	38.1	5.7	11.8	112	141.2	26°	±30′
HL	41.4	44.4	6.6	13.2	130	166.4	26°	±30′
HM	47.3	50.8	7.6	14.6	149	191.4	26°	±30′

10.2　农业机械用双面 V 带（六角带）

农业机械用双面 V 带（六角带）常用于收割脱粒机械，带的尺寸见表 6.1-127 和表 6.1-128。

表 6.1-127　农业机械用双面 V 带（六角带）截面尺寸（摘自 GB/T 10821—2008）　（mm）

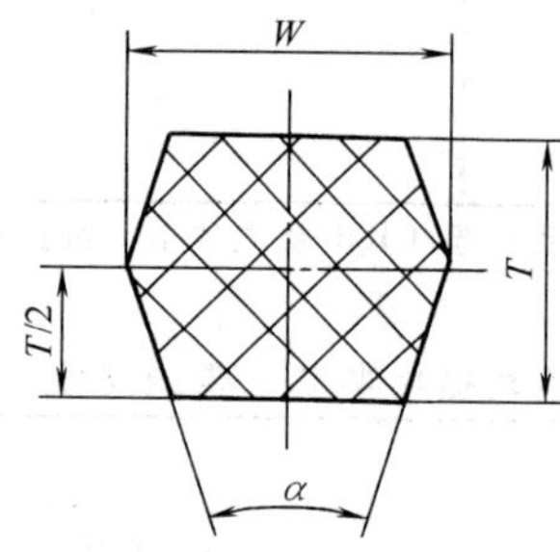

型号	HAA	HBB	HCC	HDD
带宽 W	13	17	22	32
高度 T	10	13	17	25
楔角 α	40°			

表 6.1-128　农业机械用双面 V 带（六角带）有效长度系列（摘自 GB/T 10821—2008）（mm）

有效长度[①]			HAA	HBB	HCC	HDD
基本尺寸	极限偏差					
	上偏差(+)	下偏差(-)				
1250	8	16	×			
1320	9	18	×			
1400	9	18	×			
1500	9	18	×			
1600	9	18	×			
1700	11	22	×			
1800	11	22	×			
1900	11	22	×			
2000	11	22	×	×		
2120	13	26	×	×		
2240	13	26	×	×	×	

（续）

有效长度①			HAA	HBB	HCC	HDD
基本尺寸	极限偏差					
	上偏差(+)	下偏差(-)				
2360	13	26	×	×	×	
2500	13	26	×	×	×	
2650	15	30	×	×	×	
2800	15	30	×	×	×	
3000	15	30	×	×	×	
3150	15	30	×	×	×	
3350	18	36	×	×	×	
3550	18	36	×	×	×	
3750	18	36		×	×	
4000	18	36		×	×	×
4250	22	44		×	×	×
4500	22	44		×	×	×
4750	22	44		×	×	×
5000	22	44		×	×	×
5300	26	52			×	×
5600	26	52			×	×
6000	26	52			×	×
6300	26	52			×	×
6700	32	64			×	×
7100	32	64			×	×
7500	32	64			×	×
8000	32	64			×	×
8500	39	78				×
9000	39	78				×
9500	39	78				×
10000	39	78				×

① 在 1250~10000mm 范围内，带的有效长度系列选取 R40 优先数系。有×号处，表示该型号有标准有效长度。

11　多从动轮带传动

多从动轮带传动仅适用于速度低的中小功率多根从动轴同时传动的场合。通常采用平带或单根 V 带，若有的从动轴和主动轴转向不同，应采用正反面都能工作的双面 V 带、平带或圆形带。

图 6.1-30 所示为一多从动轮带传动，R 为主动轮，A、B、C 为从动轮，Z 为张紧轮。传动中各带轮的位置除满足结构上的需要外，应使主动轮和传递功率较大的从动轮有较大的包角（应大于 120°），其余从动轮的包角应大于 70°。

多从动轮传动的设计见表 6.1-129，设计时应已知各轮的位置、转向、各从动轮的转速及其传递的功率。

多从动轮带传动常采用双面 V 带，其带型、截面尺寸和有效长度见表 6.1-127 和表 6.1-128。用于开口传动时，双面 V 带可与相应的普通 V 带带轮配用；用于非开口传动时，则应采用深槽带轮，其轮缘尺寸见表 6.1-130。其选型图可按图 6.1-3 根据相应的普通 V 带选取。

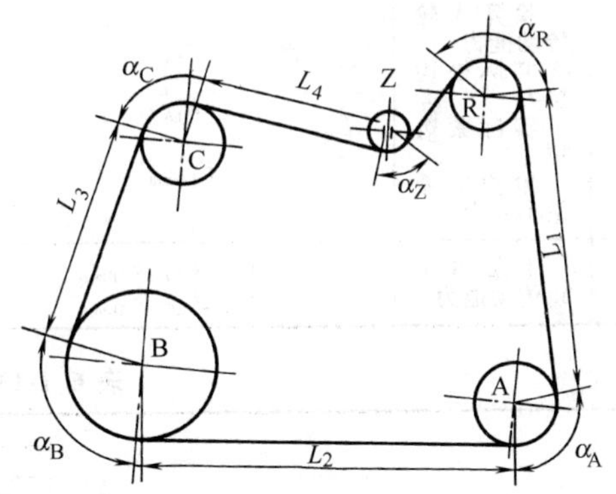

图 6.1-30　多从动轮带传动

表 6.1-129　多从动轮传动设计（以图 6.1-30 为例，采用单根 V 带）

序号	计算项目	符号					单位	计算公式和参数选定	说明
1	带轮和张紧轮直径	轮号					mm	根据结构要求、d_{min}、传动比 i 等条件确定，带轮直径应按表 6.1-15 选取标准值	张紧轮直径 d_Z 约等于(0.8~1)小带轮直径
		R	A	B	C	Z			
		d_R	d_A	d_B	d_C	d_Z			

（续）

序号	计算项目	符号					单位	计算公式和参数选定	说明
2	包角	α_R	α_A	α_B	α_C	α_Z	(°)		按比例绘制传动简图，由图中量出
3	包角修正系数	$K_{\alpha R}$	$K_{\alpha A}$	$K_{\alpha B}$	$K_{\alpha C}$	$K_{\alpha Z}$		查表 6.1-12	考虑作图误差，分别按 α−15°查表
4	工况系数		K_{AA}	K_{AB}	K_{AC}			查表 6.1-11	
5	设计功率	P_{dR}	P_{dA}	P_{dB}	P_{dC}		kW	$P_{dA}=\dfrac{K_{AA}P_A}{K_{\alpha A}}$ $P_{dB}=\dfrac{K_{AB}P_B}{K_{\alpha B}}$ $P_{dC}=\dfrac{K_{AC}P_C}{K_{\alpha C}}$ $P_{dR}=P_{dA}+P_{dB}+P_{dC}$	P_A、P_B、P_C—从动轮 A、B、C 传递的功率（kW）
6	选带型							按 P_{dR} 和 n_R 由图 6.1-3 选取	n_R—主动轮 R 的转速（r/min）
7	带速	v					m/s	$v=\dfrac{\pi d_R n_R}{60\times1000}$	
8	初算带长	L_{d0}					mm	$L_{d0}=L_1+L_2+L_3+L_4+L_5+\dfrac{\alpha_A d_A}{2}+\dfrac{\alpha_B d_B}{2}+\dfrac{\alpha_C d_C}{2}+\dfrac{\alpha_R d_R}{2}+\dfrac{\alpha_Z d_Z}{2}$	按表 6.1-128 选取标准值 L_d，L_d 与 L_{d0} 间的差可调整张紧轮与带轮位置补偿
9	主动轮紧边与松边的最小拉力	紧边 F_{1Rmin} 松边 F_{2Rmin}					N	$F_{1Rmin}=1.25\times\dfrac{1000P_{dR}}{v}$ $F_{2Rmin}=(1-0.8K_{\alpha R})F_{1Rmin}$	当 α=180°时紧边与松边的拉力比： V 带或双面 V 带取 $\dfrac{F_1}{F_2}\approx5$ 平带取 $\dfrac{F_1}{F_2}\approx3$
10	验算 A 轮传动能力 实际松边拉力 实际紧边拉力 紧边所需最小拉力	F_{2A} F_{1A} F_{1Amin}					N	$F_{2A}=F_{2Rmin}$ $F_{1A}=F_{2A}+\dfrac{1000P_{dA}K_{\alpha A}}{v}$ $F_{1Amin}=1.25\times\dfrac{1000P_{dA}}{v}$	应使 $F_{1A}>F_{1Amin}$，否则将打滑，这时应增大 d_A 或预紧力
11	验算 B、C 轮传动能力	F_{2B}、F_{1B}、F_{1Bmin} F_{2C}、F_{1C}、F_{1Cmin}					N	方法与序号 10 相同	应使 $F_{1B}>F_{1Bmin}$，$F_{1C}>F_{1Cmin}$

表 6.1-130　深槽带轮轮缘尺寸　　（mm）

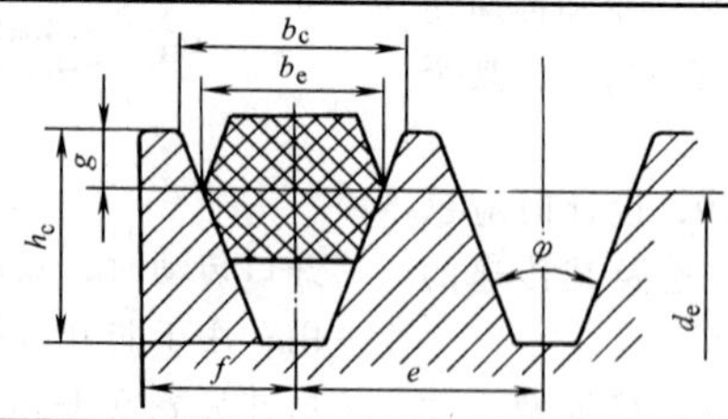

槽型	d_e	φ	b_e	b_c	h_c	g_{min}	e	f
HAA	≤118 >118	34° 38°	12.6	15.2 15.6	15.8	4.3	19.0±0.4	11.0^{+2}_{-1}
HBB	≤190 >190	34° 38°	16.2	19.4 19.8	19.6	5.3	22.0±0.4	14.0^{+2}_{-1}
HCC	≤315 >315	34° 38°	22.3	27.2 27.8	27.1	7.8	32.0±0.5	21.0^{+2}_{-1}
HDD	≤475 >475	36° 38°	32.0	39.3 39.7	39.2	11.2	44.0±0.6	27.0^{+3}_{-1}

12　塔轮传动

塔轮传动是一种有级变速的带传动（图6.1-31），变速级数一般为3~5级。由于它传动平稳、结构简单、制造容易、对轴的安装精度要求不高，所以在中小功率的变速传动（如磨床的头架、台式车床、台式钻床等）中仍有应用，但其体积较大，调速不便。

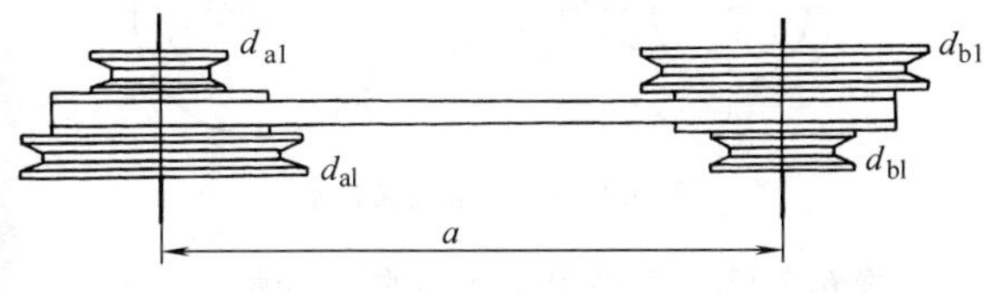

图6.1-31　塔轮传动

塔轮传动从动轴的转速通常按几何级数变化，设其转速分别为n_{b1}、n_{b2}、…、n_{bn}，公比为φ，则有

$$\frac{n_{b2}}{n_{b1}}=\frac{n_{b3}}{n_{b2}}=\cdots=\frac{n_{bn}}{n_{b(n-1)}}=\varphi$$

$$\varphi=\sqrt[n-1]{\frac{n_{bn}}{n_{b1}}}$$

塔轮传动按从动轴最低转速时传递的功率进行设计，计算方法除塔轮直径外，其余和一般带传动相同。各级带轮直径的计算见表6.1-131。

确定带轮直径时应满足以下条件：

1）保证传动比要求：i_1、i_2、…。

2）保证同一中心距下各级带长相等。

为了便于制造，通常是使主、从动塔轮尺寸完全相同。

表6.1-131　塔轮各级带轮直径的计算

序号	计算项目	符号	单位	计算公式	说明
1	第一级主、从动轮直径	d_{a1} d_{b1}	mm	根据结构要求参考表6.1-15或表6.1-49选定d_{a1} $d_{b1}=i_1d_{a1}$	此级传动比最大，主动轮直径最小
2	选定中心距计算带长	a L	mm	根据结构选定a $L=2a+\frac{\pi}{2}(d_{a1}+d_{b1})+\frac{(d_{b1}-d_{a1})^2}{4a}$	采用V带传动时，要初选a_0，计算带长L_0，选取标准带长后，再计算实际中心距
3	初定第x级带轮直径	d'_{ax} d'_{bx}	mm	$d'_{ax}=d_{a1}\frac{i_1+1}{i_x+1}$ $d'_{bx}=i_xd'_{ax}$	
4	带长差	ΔL_x	mm	$\Delta L_x=\frac{(d_{b1}-d_{a1})^2-(d'_{bx}-d'_{ax})^2}{4a}$	计算值精确到0.1
5	主动轮直径补偿值	ε_x	mm	$\varepsilon_x=\frac{2\Delta L_x}{\pi(i_x+1)}$	
6	第x级实际带轮直径	d_{ax} d_{bx}	mm	$d_{ax}=d'_{ax}+\varepsilon_x$ $d_{bx}=d'_{bx}+i_x\varepsilon_x$	

注：1. 下角标a—主动轮，b—从动轮。
2. 下角标x—变速级序号，相应为2、3、4、…。

13　半交叉传动、交叉传动和角度传动

半交叉传动、交叉传动和角度传动多使用平带、圆形带，特殊需要时，也可使用V带、同步带，这时带的磨损加剧，由于工作时带要产生附加扭转，降低了它们的寿命和传动效率。

13.1　半交叉传动

当两轴在空间交错（交角通常为90°）时，如图6.1-32所示，可采用半交叉传动。它只能用于小传动比（$i<2.5$）、大中心距，且

$$a_{min}=5(d_2-B)$$

式中　d_2——大带轮直径；

B——带轮宽。

半交叉传动的设计和开口传动基本相同，但应注意以下几点：

1）带进入主动轮和从动轮时，其运动方向必须对准该轮宽的对称平面。正确的相互位置如图6.1-32所示。主动边应位于下边，距离y应小于表6.1-132列出的值。

表6.1-132　距离y值　（mm）

中心距	1500	2000	2500	3000	3500	4000	5000	6000
y	60	70	76	100	130	165	225	300

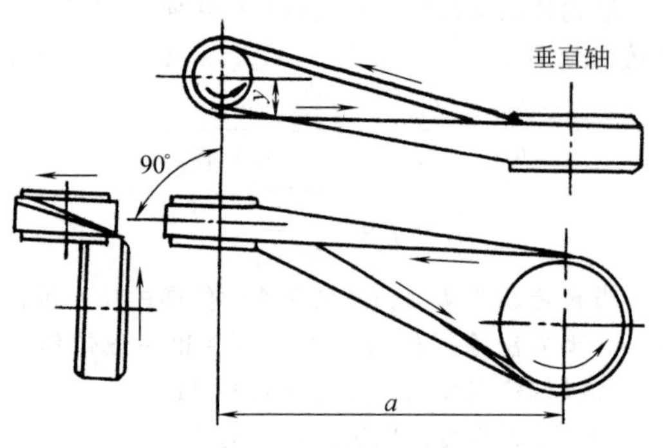

图 6.1-32　半交叉传动

2）传动的额定功率为开口传动的 80%。包角修正系数 $K_\alpha = 1$。

3）采用平带时，带轮不做中凸度，轮宽 B 应增大，通常 $B = 1.4b + 10\text{mm}$（b 为带宽），但小于 $2b$。采用 V 带时，带轮应采用深槽。

4）传动不许逆转。

5）当 $i>2.5$ 时，应采用两级传动，并使半交叉部分 $i=1$。

13.2　交叉传动

当两轴为平行轴，而转动方向相反时，可采用交叉传动。交叉传动带带面交叉处有摩擦磨损，效率较低，（$\eta = 70\% \sim 80\%$），可双向传动，传动比 $i<6$，平带、圆形带使用较多，这时中心距 $a>20b$（带宽）。当用单根 V 带进行交叉传动（见图 6.1-33）时，要求 V 带与两轮切点间的直线部分的最小长度 L_{min} 不小于表 6.1-133 的值。并采用深槽 V 带轮。

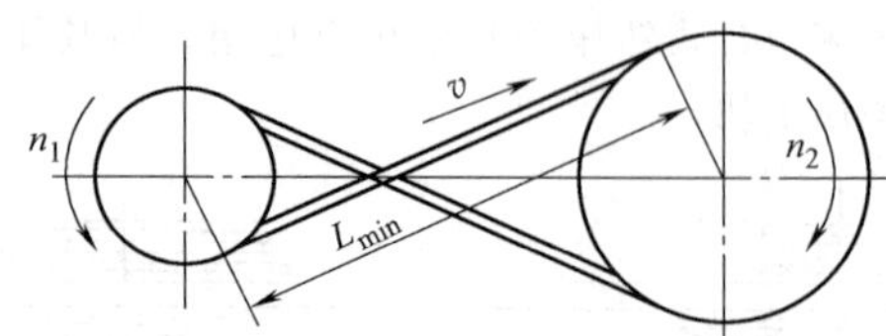

图 6.1-33　V 带交叉传动

表 6.1-133　V 带交叉传动的 L_{min} 值　（mm）

带型	A	B	C	D	E
L_{min}	460	560	710	940	1150

由于交叉处磨损严重，有时为避免交叉处磨损，两轮可不在同一平面内或在交叉处用一平带轮隔开。

13.3　V 带的角度传动

1）V 带角度的传动（见图 6.1-34）必须用导轮引导 V 带的方向。单导轮的角度传动，导轮置于松边，只能单向传动；双导轮的角度传动可双向传动。

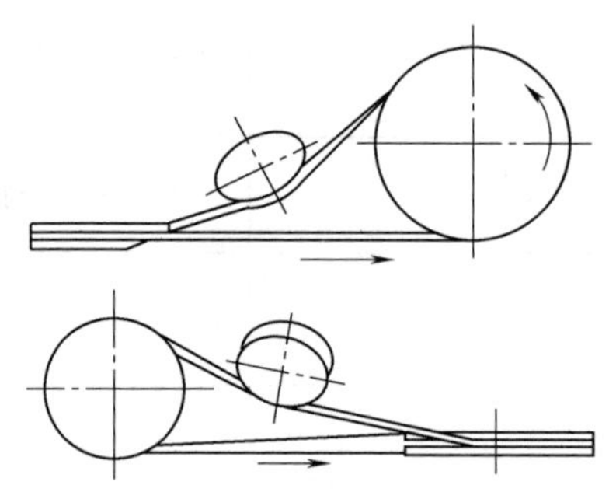

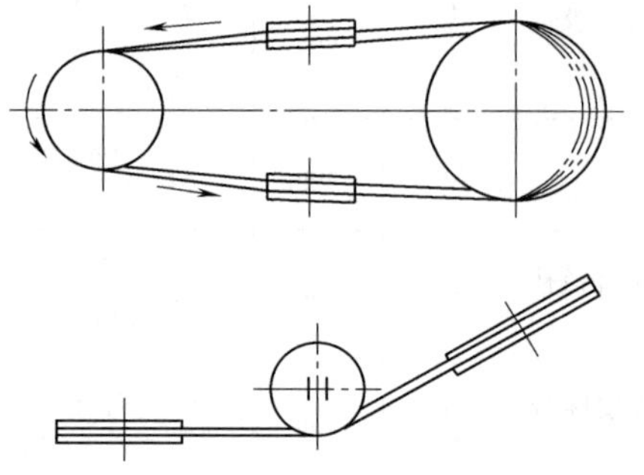

图 6.1-34　V 带的角度传动

2）导轮应使 V 带对准带轮轮槽的中心平面，单导轮时，应使紧边进入端的速度矢量在进入轮槽的中心平面上。

3）主、从动轮的中心距 $a \geqslant 5.5(d+B)$（B 为轮宽）。

4）传递的额定功率为开口传动的 80%。

5）采用深槽 V 带轮。

13.4　同步带的角度传动

1）同步带的角度传动与 V 带的角度传动类似，但一般均采用双导向轮（见图 6.1-35）。由于同步带的扭转对带的寿命有较大影响，所以中心距不宜太小。额定功率为开口传动额定功率的 70%～80%。

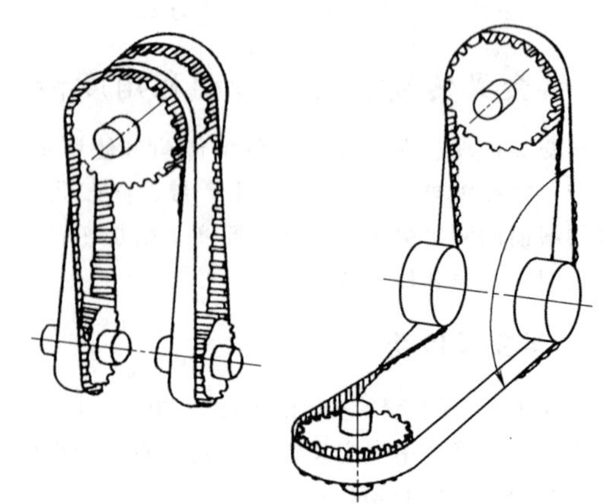

图 6.1-35　同步带的角度传动

2）同步带的角度传动一般用于 $v \leqslant 10\text{m/s}$、$i \leqslant 4$ 的场合。

3）导向轮可为有齿的同步带轮或无齿的辊轮。辊轮结构简单，导向容易，但带受反向弯曲，寿命受影响，所以辊轮直径不宜太小。

14　带传动的张紧

14.1　张紧方法

带传动的张紧方法见表 6.1-134。

表 6.1-134　带传动的张紧方法

张紧方法		简　　图	特点和应用
调节中心距	定期张紧	a)　b)	图 a 多用于水平或接近水平的传动 图 b 多用于垂直或接近垂直的传动 图 a 和图 b 是最简单的通用方法
	自动张紧	c)　d)	图 c 靠电动机的自重或定子的反力矩张紧，多用于小功率传动。应使电动机和带轮的转向有利于减轻配重或减小偏心距 图 d 常用于带传动的试验装置
张紧轮		e)　f)	可任意调节预紧力的大小、增大包角，容易装卸；但影响带的寿命，不能逆转 张紧轮的直径 $d_z \geqslant (0.8 \sim 1) d_1$ 应安装在带的松边 图 e 为定期张紧 图 f 为自动张紧，应使 $a_1 \geqslant d_1 + d_z$，$\alpha_z \leqslant 120°$
改变带长		对有接头的平带，常采用定期截去带长，使带张紧，截去长度 $\Delta L = 0.01L$（L—带长）	

14.2　预紧力的控制

带的预紧力对其传动能力、寿命和轴压力都有很大影响。预紧力不足，传递载荷的能力降低，效率低，且使小带轮急剧发热，胶带磨损；预紧力过大，则会使带的寿命降低，轴和轴承上的载荷增大，轴承发热与磨损。因此，适当的预紧力是保证带传动正常工作的重要因素。

在带传动中，预紧力通过在带与带轮的切边中点处加一垂直于带边的载荷 G，使其产生规定的挠度 f 来控制（图 6.1-36）。

切边长 t 可以实测，或用下式计算：

$$t = \sqrt{a^2 - \frac{(d_{a2} - d_{a1})^2}{4}}$$

式中　a——两轮中心距（mm）；

d_{a1}——小带轮外径（mm）；

d_{a2}——大带轮外径（mm）。

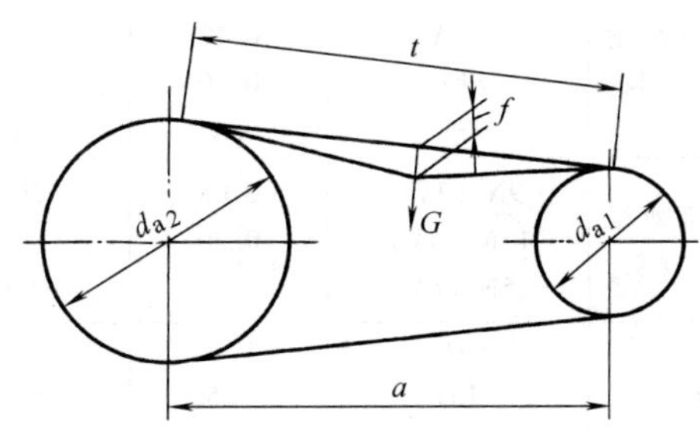

图 6.1-36　带传动预紧力的控制

14.2.1　V 带的预紧力

单根 V 带的预紧力 F_0 由下式计算：

$$F_0 = 500\left(\frac{2.5}{K_\alpha} - 1\right)\frac{P_d}{zv} + mv^2$$

式中　P_d——设计功率（kW）；

z——V带的根数；

v——带速（m/s）；

K_α——包角修正系数，见表6.1-12；

m——V带每米长的质量，见表6.1-135（kg/m）。

对于有效宽度制的窄V带，上式中的系数500改为450。

为了测定所需的预紧力 F_0，通常是在带的切边中点加一规定的载荷 G，使切边长每100mm产生1.6mm挠度，即通过 $f=\frac{1.6t}{100}$ 来保证。

载荷 G（N）的值可由下式算出：

新安装的V带：$G=\frac{1.5F_0+\Delta F_0}{16}$

运转后的V带：$G=\frac{1.3F_0+\Delta F_0}{16}$

最小极限值：$G_{min}=\frac{F_0+\Delta F_0}{16}$

式中　F_0——预紧力（N）；

ΔF_0——预紧力的修正值，见表6.1-135（N）。

表6.1-135　V带每米长的质量 m 和预紧力修正值 ΔF_0

带型			m /kg·m^{-1}	ΔF_0 /N
普通V带		Y	0.04	6
		Z	0.06	10
		A	0.10	15
		B	0.17	20
		C	0.30	29
		D	0.60	59
		E	0.87	108
窄V带	基准宽度制	SPZ	0.07	12
		SPA	0.12	19
		SPB	0.20	32
		SPC	0.37	55
	有效宽度制	9N（3V）	0.08	20
		15N（5V）	0.20	40
		25N（8V）	0.57	100
联组V带		9J	0.122	20
		15J	0.252	40
		25J	0.693	100

测定预紧力所需的垂直力G亦可参考表6.1-136给定。其高值用于新安装的V带或必须保持高张紧的严酷传动（如高速、小包角、超载起动、频繁的高转矩起动等）。

表6.1-136　测定预紧力所需垂直力 G

（N/根）

带型		小带轮直径 d_{d1}/mm	带速 v/m·s^{-1} 0~10	10~20	20~30
普通V带	Z	50~100 >100	5~7 7~10	4.2~6 6~8.5	3.5~5.5 5.5~7
	A	75~140 >140	9.5~14 14~21	8~12 12~18	6.5~10 10~15
	B	125~200 >200	18.5~28 28~42	15~22 22~33	12.5~18 18~27
	C	200~400 >400	36~54 54~85	30~45 45~70	25~38 38~56
	D	355~600 >600	74~108 108~162	62~94 94~140	50~75 75~108
	E	500~800 >800	145~217 217~325	124~186 186~280	100~150 150~225
窄V带	SPZ	67~95 >95	9.5~14 14~21	8~13 13~19	6.5~11 11~18
	SPA	100~140 >140	18~26 26~38	15~21 21~32	12~18 18~27
	SPB	160~265 >265	30~45 45~38	26~40 40~52	22~34 34~47
	SPC	224~355 >355	58~82 82~106	48~72 72~96	40~64 64~90

14.2.2　平带的预紧力

平带的预紧力通常是给定合适的预紧应力 σ_0，也可以根据下式计算平带单位宽度的预紧力 F'_0(N/mm)：

$$F'_0 = 500\left(\frac{3.2}{K_\alpha}-1\right)\frac{P_d}{bv}+mv^2$$

式中　P_d——设计功率（kW）；

b——带宽（mm）；

v——带速（m/s）；

K_α——包角修正系数，见表6.1-36；

m——单位长度、单位宽度平带的质量［kg/(m·mm)］。

为了测定所需的预紧力 F_0($F_0=F'_0b$)，可在带的切边中点加一规定的载荷 G，使切边长每100mm产生1.0mm的挠度，即通过 $f=\frac{t}{100}$ 来保证。

表6.1-137是测定帆布平带预紧应力 σ_0 =

1.8MPa 单位宽度所需施加的载荷 G 值。

表 6.1-137 测定帆布平带预紧力的 G 值

$$\left(产生挠度 f=\frac{t}{100}\text{mm} 的载荷 G=G'b\right)$$

帆布平带层数	单位带宽的载荷 $G'/\text{N}\cdot\text{mm}^{-1}$
3	0.26
4	0.35
5	0.43
6	0.52
7	0.61
8	0.69
9	0.78
10	0.86
11	0.95
12	1.04

注：1. 按本表控制，带的 $\sigma_0=1.8\text{MPa}$。

2. 中心距小、倾斜角大于 60°时，G 值可减小 10%。

3. 自动张紧传动 G 值应增大 10%。

4. 新传动带 G 值应增大 30%~50%。

表 6.1-138 是测定聚酰胺片基平带预紧应力 σ_0 = 3MPa 单位宽度所需施加的载荷 G 值。

表 6.1-138 测定聚酰胺片基平带预紧力的 G 值

$$\left(产生挠度 f=\frac{t}{100}\text{mm} 的载荷 G=G'b\right)$$

带 型	单位带宽的载荷 $G'/\text{N}\cdot\text{mm}^{-1}$
L	0.055
M	0.085
H	0.12
EM	0.17

注：1. 按本表控制，带的 $\sigma_0=3\text{MPa}$。

2. 新传动带 G 值应增大 30%~50%。

14.2.3 同步带的预紧力

同步带合适的预紧力见表 6.1-139。

为了测定所需的预紧力 F_0，通常是在带的切边中点加一规定的载荷 G，使切边长每 100mm 产生 1.6mm 的挠度，即通过 $f=\frac{1.6t}{100}$来保证。

表 6.1-139 同步带的预紧力 F_0 和修正系数 Y 值 (N)

带型	带宽/mm		6.4	7.9	9.5	12.7	19.1	25.4	38.1	50.8	76.2	101.6	127.0
	F_0、Y												
XL	F_0	最大值	29.40	37.30	44.70								
		推荐值	13.70	19.60	25.50								
	Y		0.40	0.55	0.77								
L	F_0	最大值				76.5	125	175					
		推荐值				52	87	123					
	Y					4.5	7.7	11					
H	F_0	最大值					293	421	646	890	1392		
		推荐值					222	312	486	668	1047		
	Y						14.5	21	32	43	69		
XH	F_0	最大值								1009	1583	2242	
		推荐值								909	1427	2021	
	Y									86	139	200	
XXH	F_0	最大值								2471.5	3884	5507	7110
		推荐值								1114	1750	2479	3203
	Y									141	227	322	418

载荷

$$G=\frac{F_0+\frac{t}{L_p}Y}{16}$$

式中 F_0——预紧力（N），见表 6.1-139；

t——切边长（mm）；

L_p——同步带的节线长（mm）；

Y——修正系数，见表 6.1-139。

14.2.4 多楔带的预紧力

多楔带的预紧力 F_0 可先按单根 V 带的预紧力计算出每楔所需的预紧力，再乘以楔数 z，其中 m 为多楔带每楔每米长的质量 kg/(m·z)，见表 6.1-140。

测定多楔带的预紧力也和 V 带相同。在切边中点所加的载荷 G，

对于新安装的多楔带：

$$G=\frac{1.5F_0+\Delta F_0}{16}$$

运转后的多楔带：

$$G=\frac{1.3F_0+\Delta F_0}{16}$$

最小极限值：

$$G_{min}=\frac{F_0+\Delta F_0}{16}$$

式中　F_0——所需的预紧力（N）；

ΔF_0——预紧力修正值，见表6.1-140（N）。

表6.1-140　多楔带每楔每米长的质量 m 和预紧力修正值 ΔF_0

带型	每楔每米长的质量 m /kg·(m·z)$^{-1}$	ΔF_0/N
PJ	0.01	42
PL	0.05	122
PM	0.16	302

15　磁力金属带传动简介

磁力金属带传动（Metal Belt Drive with Magnet, MBDM）是以金属带为挠性元件的新型摩擦传动，它于1968年提出，1987年日本富士重工开始使用，是近年发展起来的高效、精密的传动方式之一，它的主要特点是利用磁场吸引力和带的预紧力的耦合作用来传递运动和动力。它较普通带传动的传动功率提高5~6倍，传动比增加3~4倍；最高带速可达50~60m/s，甚至120m/s；弹性滑动率 ε 降至0.2‰~0.5‰，传动比准确；传动效率高，传动效率 η = 0.98~0.99。由于其有大功率、大传动比、高速、精密、长寿命的特点，可用于机床、纺织、汽车、化工、国防等高速、重载、重大装备领域。

15.1　磁力金属带传动的工作原理

根据磁力带轮励磁方式的不同，可将MBDM分为电磁带轮式金属带传动（Metal Belt Drive with Electric Magnet, MBDEM）和永磁带轮式金属带传动（Metal Belt Drive with Permanent Magnet, MBDPM）两类。

15.1.1　电磁带轮式金属带传动的工作原理与带轮结构

MBDEM的工作原理如图6.1-37所示，它主要由主动磁力带轮、从动磁力带轮、励磁线圈及金属带组成。主动、从动磁力带轮的轮辐上各缠绕一定匝数的励磁线圈，通以直流电流时便可在磁力带轮的轮缘上产生磁场，并吸引金属带，从而大幅度提高金属带与磁力带轮间的正压力和摩擦力，进而传递运动和动力。当主动磁力带轮由驱动力作用而发生运动时，依靠金属带与磁力带轮之间的摩擦力作用，带动从动磁力带轮一起转动。

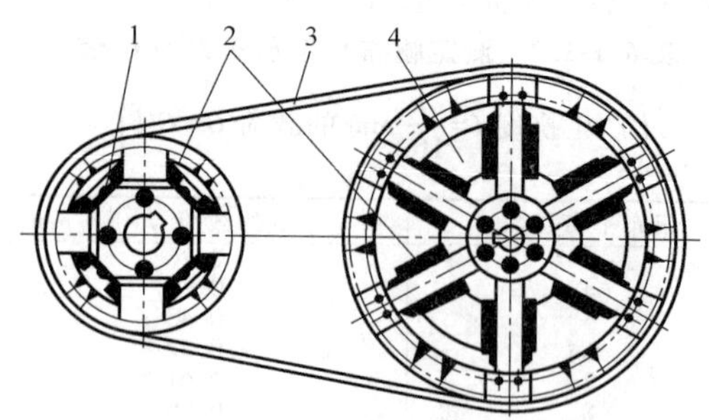

图6.1-37　MBDEM的工作原理
1—主动磁力带轮　2—励磁线圈　3—金属带　4—从动磁力带轮

主动、从动磁力带轮均采用轮辐式结构，如图6.1-38和图6.1-39所示，轮毂的内圈为隔磁体，轮毂的外圈和轮辐均为导磁体，轮缘则由导磁体和隔磁体相间组成，然后与轮辐固接。磁力线由磁力带轮的轮辐、轮缘导磁部分、金属带及轮毂的外圈形成闭合回路，从而产生轮缘对金属带的磁场吸引力。

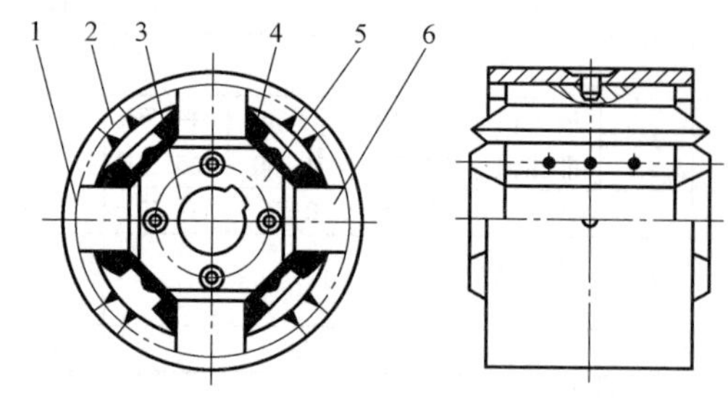

图6.1-38　主动磁力带轮的结构
1—轮缘　2—绝磁体　3—芯套　4—励磁线圈　5—轮毂　6—轮辐

磁力带轮主要由励磁线圈、轮辐、轮毂、轮缘、芯套等组成，其中轮缘由导磁体和绝磁体两部分相间组成，然后与轮辐固接；轮辐和轮毂均为导磁体；芯套为绝磁体，并与传动轴相连接，励磁线圈装在轮辐上，由于受结构的限制，主动磁力带轮上只装有4个励磁线圈，从动磁力带轮上则装有6个励磁线圈。要求每两个励磁线圈间应首尾相接，且旋向一致，以使其在轮缘上产生的南、北磁极间隔排列，磁力线便可由轮毂、轮辐、导磁部分及金属带形成闭合回路，从而产生轮缘对金属带的电磁吸引力。

15.1.2　永磁带轮式金属带传动工作原理及带轮结构

MBDPM的工作原理如图6.1-40所示，它主要由主动、从动磁力带轮、稀土永磁体及金属带组成。安装在主动、从动磁力带轮上的稀土永磁体可产生磁场

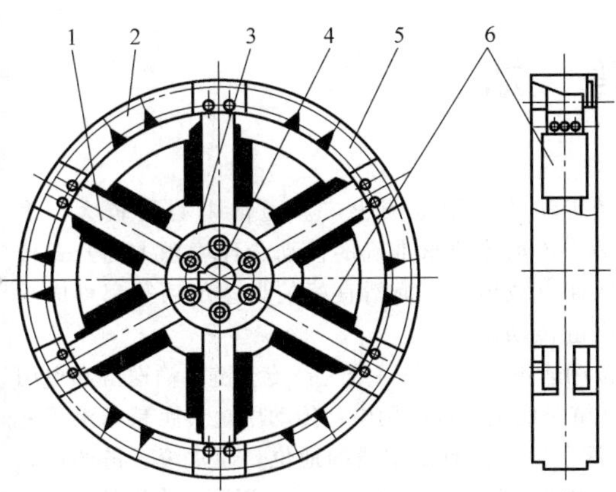

图 6.1-39　从动磁力带轮的结构
1—轮辐　2—绝磁体　3—轮毂　4—芯套
5—轮缘　6—励磁线圈

并吸引金属带，进而传递运动和动力。

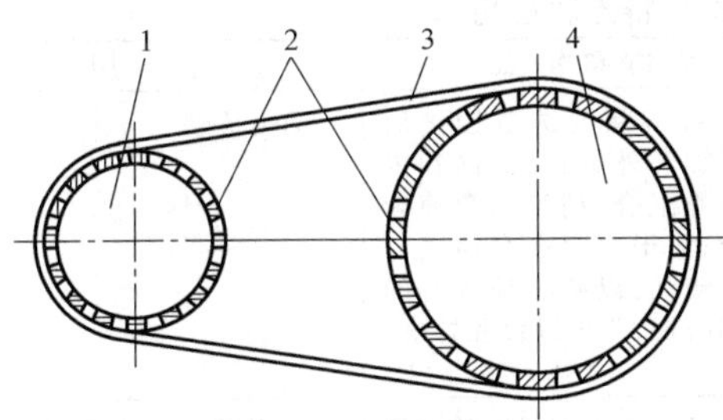

图 6.1-40　MBDPM 的工作原理
1—主动磁力带轮　2—稀土永磁体
3—金属带　4—从动磁力带轮

图 6.1-41 为永磁带轮的结构示意图，它主要由轮缘 1、导磁体 2、隔磁体 3、稀土永磁体 5 及轮毂 6 等组成。其中轮毂由绝磁材料铸造而成，环状轮缘由多片导磁体和隔磁体相间焊接而成，并被切割成两个半圆环，以便组装在轮毂上。稀土永磁体两侧导磁体紧贴。当挠性金属带覆盖在轮缘外圆周上时，由稀土永磁体、环形槽两侧的导磁体及金属带形成多个磁力线闭合回路，以产生轮缘对金属带的磁场吸引力，从而大幅度地提高金属带与磁力带轮间的正压力和摩擦力，进而传递运动和动力。

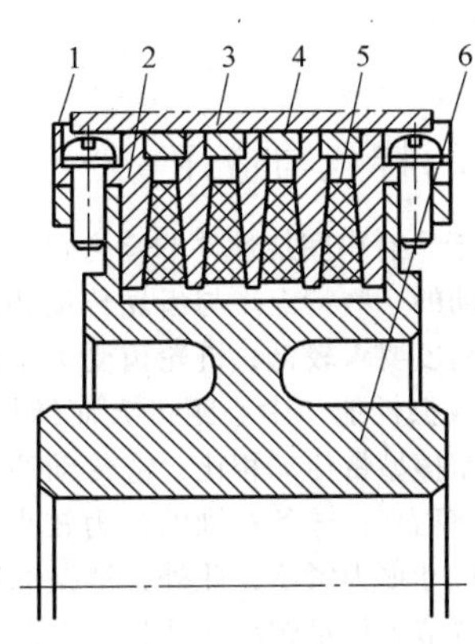

图 6.1-41　永磁带轮的结构示意图
1—轮缘　2—导磁体　3—隔磁体　4—金属带
5—稀土永磁体　6—轮毂

15.2　磁力金属带的结构

为降低磁力金属带工作时金属带的弯曲应力，提高使用寿命和导磁能力，磁力金属带可采用磁性复合结构，如图 6.1-42 所示。其中钢丝绳采用直径由 0.1～0.3mm 的钢丝编制而成，表面镀铬或锌。磁性橡胶用于固定钢丝绳，同时也起隔磁作用。磁场材料为钕铁硼（SH35～38），质量分数为 30%～50%。只需填满钢丝绳的缝隙，并与钢丝绳外圆面平齐。

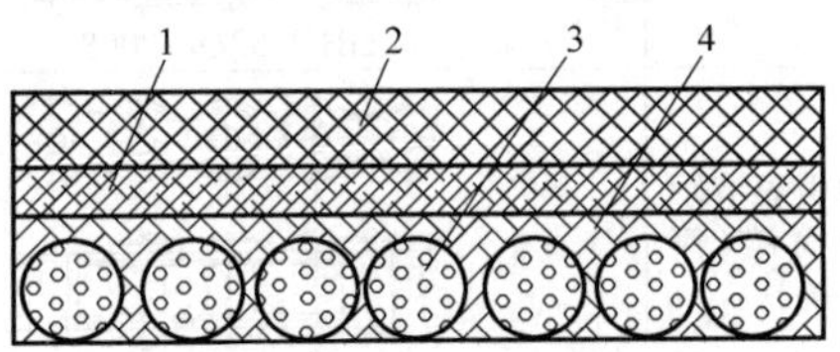

图 6.1-42　磁力金属带的磁性复合结构
1—帆布层　2—普通橡胶
3—钢丝绳　4—磁性橡胶

第 2 章　链　传　动

1　链传动的特点与应用

链传动属于具有中间挠性件的啮合传动，它兼有齿轮传动和带传动的一些特点。与齿轮传动相比，链传动的制造与安装精度要求较低；链轮齿受力情况较好；有一定的缓冲和减振性能；中心距可大而结构简单轻便，成本较低。与摩擦型带传动相比，链传动的平均传动比准确；传动效率稍高；链条对轴的拉力较小；同样使用条件下，结构尺寸更为紧凑；此外，链条的磨损伸长比较缓慢，张紧调节工作量较小，并且能在恶劣环境条件下工作。链传动的主要缺点是：不能保持瞬时传动比恒定；工作时有噪声；磨损后易发生跳齿；不适用于受空间限制要求中心距小以及急速反向传动的场合。

链传动的应用范围很广。通常中心距较大、多轴、平均传动比要求准确的传动，环境恶劣的开式传动，低速重载传动，润滑良好的高速传动等都可成功地采用链传动。

按用途不同，链条可分为：传动链、输送链和曳引链。在链条的生产与应用中，传动用短节距精密滚子链（简称滚子链）占有最主要的地位。通常滚子链的传动功率在 100kW 以下，链速在 15m/s 以下。先进的链传动技术已能使优质滚子链的传动功率达 5000kW，速度可达 35m/s；高速齿形链的速度则可达 40m/s。链传动的效率，对于一般传动，其值约为 0.94～0.96；对于用循环压力供油润滑的高精度传动，其值约为 0.98。

常用传动链的类型、结构特点和应用见表 6.2-1。

表 6.2-1　常用传动链的类型、结构特点和应用

种　类	简　图	结构和特点	应　用
传动用短节距精密滚子链（简称滚子链）	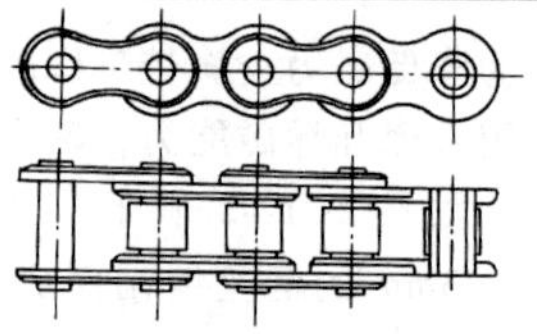 GB/T 1243—2006	由外链节和内链节铰接而成。销轴和外链板、套筒和内链板为静配合；销轴和套筒为动配合；滚子空套在套筒上可以自由转动，以减少啮合时的摩擦和磨损，并可以缓和冲击	动力传动
双节距滚子链	 GB/T 5269—2008	除链板节距为滚子链的两倍外，其他尺寸与滚子链相同，链条重量减轻	中小载荷、中低速和中心距较大的传动装置，亦可用于输送装置
传动用短节距精密套筒链（简称套筒链）	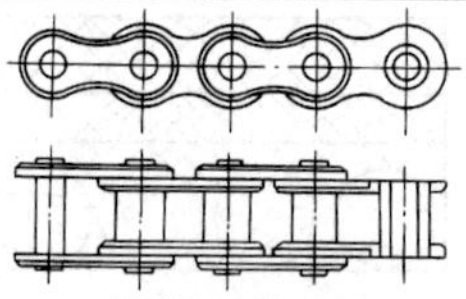 GB/T 1243-2006	除无滚子外，结构和尺寸同滚子链。重量轻，成本低，并可提高节距精度 为提高承载能力，可利用原滚子的空间加大销轴和套筒尺寸，增大承压面积	不经常传动、中低速传动或起重装置（如配重、铲车起升装置）等
重载传动用弯板滚子链（简称弯板链）	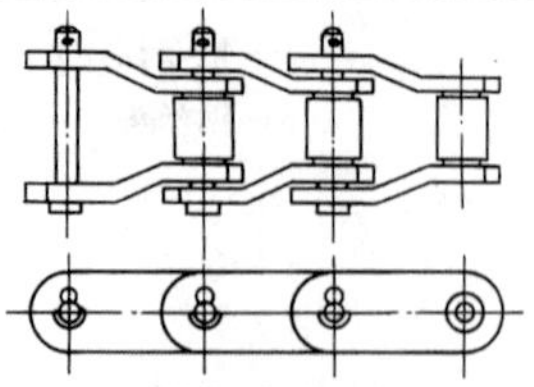 GB/T 5858-1997	无内外链节之分，磨损后链节节距仍较均匀。弯板使链条的弹性增加，抗冲击性能好。销轴、套筒和链板间的间隙较大，对链轮共面性要求较低。销轴拆装容易，便于维修和调整松边下垂量	低速或极低速、载荷大、有尘土的开式传动和两轮不易共面处，如挖掘机等工程机械的行走机构、石油机械等
齿形传动链（又名无声链）	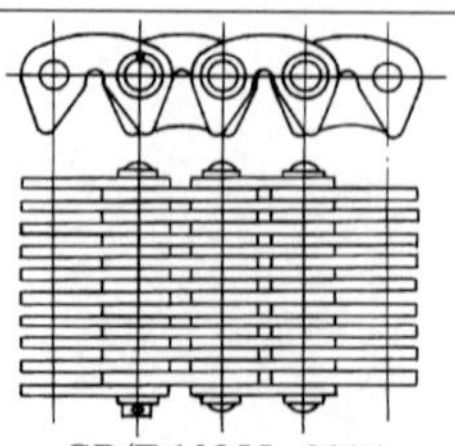 GB/T 10855—2016	由多个齿形链片并列铰接而成。链片的齿形部分和链轮啮合，有共轭啮合和非共轭啮合两种。传动平稳准确，振动噪声小，强度高，工作可靠；但重量较重，装拆较困难	高速或运动精度要求较高的传动，如机床主传动、发动机正时传动、石油机械以及重要的操纵机构等

（续）

种　类	简　图	结构和特点	应　用
成型链		链节由可锻铸铁或钢制造，装拆方便	用于农业机械和链速在3m/s 以下的传动

2　滚子链传动

2.1　滚子链的基本参数和尺寸

滚子链通常指短节距传动用精密滚子链。双节距滚子链、传动用短节距精密套筒链、弯板滚子传动链等的设计方法和步骤与短节距精密滚子链原则上一致。

短节距传动用精密滚子链应符合 GB/T 1243—2006 的规定，其基本参数和尺寸参见图 6.2-1、表 6.2-2～表 6.2-6。表中链号为用英制单位表示的节距，以 1in/16 为 1 个单位，因此，链号数乘以 25.4mm/16，即为该型号链条的米制节距值。链号中的后缀有 A、B 两种，表示两个系列，A 系列起源于美国，流行于全世界；B 系列起源于英国，主要流行于欧洲。两种系列互相补充。两种系列在我国都已生产和使用。链号中后缀为 C 的为短节距精密套筒链。后缀为 H 的为加重系列的短节距精密滚子链。按 GB/T 1243—2006 规定，滚子链标记方法如下：

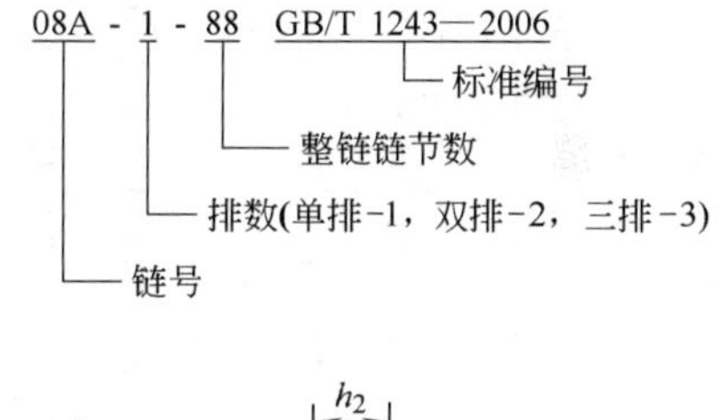

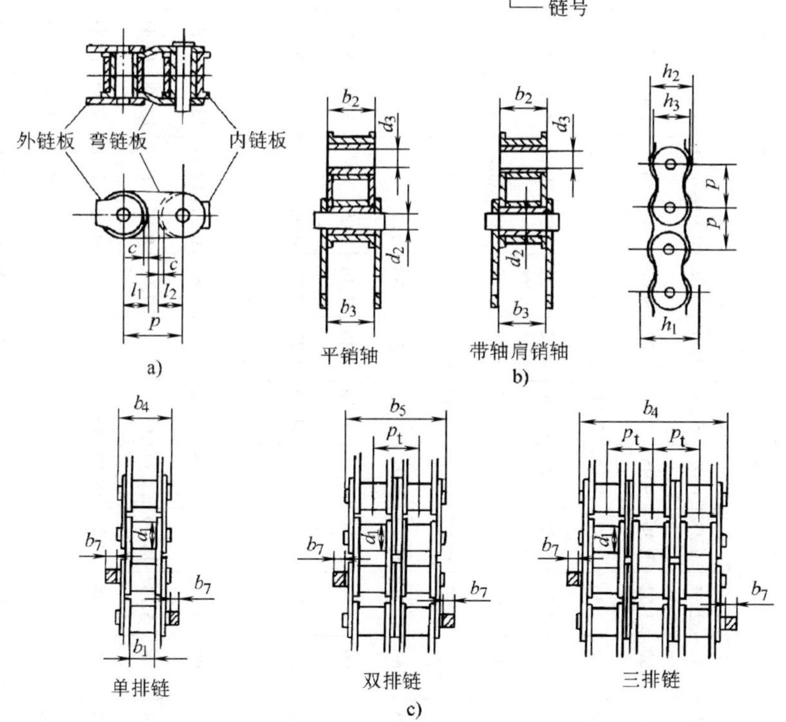

图 6.2-1　滚子链的基本参数和尺寸（GB/T 1243—2006）
a）过渡链节　b）链条截面　c）链条形式

表 6.2-2 中尺寸 c 表示弯链板与直链板之间的回转间隙。链条通道高度 h_1 是装配好的链条要通过的通道最小高度。用止锁零件接头的链条全宽是：当一端有带止锁件的接头时，对端部铆头销轴长度为 b_4、b_5 或 b_6 再加上 b_7（或带头锁轴的加 $1.6b_7$），当两端都有止锁件时加 $2b_7$。对三排以上的链条，其链条全宽为 b_4+p_t（链条排数-1）。

表 6.2-2　链条主要尺寸、测量力、抗拉强度及动载强度（摘自 GB/T 1243—2006）

链号[1]	节距 p（公称尺寸）	滚子直径 d_1 max	内节内宽 b_1 min	销轴直径 d_2 max	套筒孔径 d_3 min	链条通道高度 h_1 min	内链板高度 h_2 max	外或中链板高度 h_3 max	过渡链节尺寸[2] l_1 min	l_2 min	c	排距 p_t	内节外宽 b_2 max	外节内宽 b_3 min	销轴长度 单排 b_4 max	双排 b_5 max	三排 b_6 max	止锁件附加宽度[3] b_7 max	测量力 单排	双排	三排	抗拉强度 F_u 单排 min	双排 min	三排 min	动载强度[4][5][6] 单排 F_d min
	mm																		N			kN			N
04C	6.35	3.30[7]	3.10	2.31	2.34	6.27	6.02	5.21	2.65	3.08	0.10	6.40	4.80	4.85	9.1	15.5	21.8	2.5	50	100	150	3.5	7.0	10.5	630
06C	9.525	5.08[7]	4.68	3.60	3.62	9.30	9.05	7.81	3.97	4.60	0.10	10.13	7.46	7.52	13.2	23.4	33.5	3.3	70	140	210	7.9	15.8	23.7	1410
05B	8.00	5.00	3.00	2.31	2.36	7.37	7.11	7.11	3.71	3.71	0.08	5.64	4.77	4.90	8.6	14.3	19.9	3.1	50	100	150	4.4	7.8	11.1	820
06B	9.525	6.35	5.72	3.28	3.33	8.52	8.26	8.26	4.32	4.32	0.08	10.24	8.53	8.66	13.5	23.8	34.0	3.3	70	140	210	8.9	16.9	24.9	1290
08A	12.70	7.92	7.85	3.98	4.00	12.33	12.07	10.42	5.29	6.10	0.08	14.38	11.17	11.23	17.8	32.3	46.7	3.9	120	250	370	13.9	27.8	41.7	2480
08B	12.70	8.51	7.75	4.45	4.50	12.07	11.81	10.92	5.66	6.12	0.08	13.92	11.30	11.43	17.0	31.0	44.9	3.9	120	250	370	17.8	31.1	44.5	2480
081	12.70	7.75	3.30	3.66	3.71	10.17	9.91	9.91	5.36	5.36	0.08	—	5.80	5.93	10.2	—	—	1.5	125	—	—	8.0	—	—	
083	12.70	7.75	4.88	4.09	4.14	10.56	10.30	10.30	5.36	5.36	0.08	—	7.90	8.03	12.9	—	—	1.5	125	—	—	11.6	—	—	
084	12.70	7.75	4.88	4.09	4.14	11.41	11.15	11.15	5.77	5.77	0.08	—	8.80	8.93	14.8	—	—	1.5	125	—	—	15.6	—	—	
085	12.70	7.77	6.25	3.60	3.62	10.17	9.91	8.51	4.35	5.03	0.08	—	9.06	9.12	14.0	—	—	2.0	80	—	—	6.7	—	—	1340
10A	15.875	10.16	9.40	5.09	5.12	15.35	15.09	13.02	6.61	7.62	0.10	18.11	13.84	13.89	21.8	39.9	57.9	4.1	200	390	590	21.8	43.6	65.4	3850
10B	15.875	10.16	9.65	5.08	5.13	14.99	14.73	13.72	7.11	7.62	0.10	16.59	13.28	13.41	19.6	36.2	52.8	4.1	200	390	590	22.2	44.5	66.7	3330
12A	19.05	11.91	12.57	5.96	5.98	18.34	18.10	15.62	7.90	9.15	0.10	22.78	17.75	17.81	26.9	49.8	72.6	4.6	280	560	840	31.3	62.6	93.9	5490
12B	19.05	12.07	11.68	5.72	5.77	16.39	16.13	16.13	8.33	8.33	0.10	19.46	15.62	15.75	22.7	42.2	61.7	4.6	280	560	840	28.9	57.8	86.7	3720
16A	25.40	15.88	15.75	7.94	7.96	24.39	24.13	20.83	10.55	12.20	0.13	29.29	22.60	22.66	33.5	62.7	91.9	5.4	500	1000	1490	55.6	111.2	166.8	9550
16B	25.40	15.88	17.02	8.28	8.33	21.34	21.08	21.08	11.15	11.15	0.13	31.88	25.45	25.58	36.1	68.0	99.9	5.4	500	1000	1490	60.0	106.0	160.0	9530
20A	31.75	19.05	18.90	9.54	9.56	30.48	30.17	26.04	13.16	15.24	0.15	35.76	27.45	27.51	41.1	77.0	113.0	6.1	780	1560	2340	87.0	174.0	261.0	14600
20B	31.75	19.05	19.56	10.19	10.24	26.68	26.42	26.42	13.89	13.89	0.15	36.45	29.01	29.14	43.2	79.7	116.1	6.1	780	1560	2340	95.0	170.0	250.0	13500

（续）

链号①	节距 p（公称尺寸）	滚子直径 d_1 max	内节内宽 b_1 min	销轴直径 d_2 max	套筒孔径 d_3 min	链条通道高度 h_1 min	内链板高度 h_2 max	外或中链板高度 h_3 max	过渡链节尺寸② l_1 min	过渡链节尺寸② l_2 min	过渡链节尺寸② c	排距 p_t	内节外宽 b_2 max	外节内宽 b_3 min	销轴长度 单排 b_4 max	销轴长度 双排 b_5 max	销轴长度 三排 b_6 max	止锁件附加宽度③ b_7 max	测量力 单排	测量力 双排	测量力 三排	抗拉强度 F_u 单排 min	抗拉强度 F_u 双排 min	抗拉强度 F_u 三排 min	动载强度④⑤⑥ 单排 F_d min
	mm																		N			kN			N
24A	38.10	22.23	25.22	11.11	11.14	36.55	36.2	31.24	15.80	18.27	0.18	45.44	35.45	35.51	50.8	96.3	141.7	6.6	1110	2220	3340	125.0	250.0	375.0	20500
24B	38.10	25.40	25.40	14.63	14.68	33.73	33.4	33.40	17.55	17.55	0.18	48.36	37.92	38.05	53.4	101.8	150.2	6.6	1110	2220	3340	160.0	280.0	425.0	19700
28A	44.45	25.40	25.22	12.71	12.74	42.67	42.23	36.45	18.42	21.32	0.20	48.87	37.18	37.24	54.9	103.6	152.4	7.4	1510	3020	4540	170.0	340.0	510.0	27300
28B	44.45	27.94	30.99	15.90	15.95	37.46	37.08	37.08	19.51	19.51	0.20	59.56	46.58	46.71	65.1	124.7	184.3	7.4	1510	3020	4540	200.0	360.0	530.0	27100
32A	50.80	28.58	31.55	14.29	14.31	48.74	48.26	41.68	21.04	24.33	0.20	58.55	45.21	45.26	65.5	124.2	182.9	7.9	2000	4000	6010	223.0	446.0	669.0	34800
32B	50.80	29.21	30.99	17.81	17.86	42.72	42.29	42.29	22.20	22.20	0.20	58.55	45.57	45.70	67.4	126.0	184.5	7.9	2000	4000	6010	250.0	450.0	670.0	29900
36A	57.15	35.71	35.48	17.46	17.49	54.86	54.30	46.86	23.65	27.36	0.20	65.84	50.85	50.90	73.9	140.0	206.0	9.1	2670	5340	8010	281.0	562.0	843.0	44500
40A	63.50	39.68	37.85	19.85	19.87	60.93	60.33	52.07	26.24	30.36	0.20	71.55	54.88	54.94	80.3	151.9	223.5	10.2	3110	6230	9340	347.0	694.0	1041.0	53600
40B	63.50	39.37	38.10	22.89	22.94	53.49	52.96	52.96	27.76	27.76	0.20	72.29	55.75	55.88	82.6	154.9	227.2	10.2	3110	6230	9340	355.0	630.0	950.0	41800
48A	76.20	47.63	47.35	23.81	23.84	73.13	72.89	62.49	31.45	36.40	0.20	87.83	67.81	67.87	95.5	183.4	271.3	10.5	4450	8900	13340	500.0	1000.0	1500.0	73100
48B	76.20	48.26	45.72	29.24	29.29	64.52	63.88	63.88	33.45	33.45	0.20	91.21	70.56	70.69	99.1	190.4	281.6	10.5	4450	8900	13340	560.0	1000.0	1500.0	63600
56B	88.90	53.98	53.34	34.32	34.37	78.64	77.85	77.85	40.61	40.61	0.20	106.60	81.33	81.46	114.6	221.2	327.8	11.7	6090	12190	20000	850.0	1600.0	2240.0	88900
64B	101.60	63.50	60.96	39.40	39.45	91.08	90.17	90.17	47.07	47.07	0.20	119.89	92.02	92.15	130.9	250.8	370.7	13.0	7960	15920	27000	1120.0	2000.0	3000.0	106900
72B	114.30	72.39	68.58	44.48	44.53	104.67	103.63	103.63	53.37	53.37	0.20	136.27	103.81	103.94	147.4	283.7	420.0	14.3	10100	20190	33500	1400.0	2500.0	3750.0	132700

① 重载系列链条详见表 6.2-3。

② 对于高应力使用场合，不推荐使用过渡链节。

③ 止锁件的实际尺寸取决于其类型，但都不应超过规定尺寸，使用者应从制造商处获取详细资料。

④ 动载强度值不适用于过渡链节、连接链节或带有附件的链条。

⑤ 双排链和三排链的动载试验不能用单排链的值按比例套用。

⑥ 动载强度值是基于 5 个链节的试样，不含 36A、40A、40B、48A、48B、56B、64B 和 72B，这些链条是基于 3 个链节的试样。

⑦ 套筒直径。

表 6.2-3 ANSI 重载系列链条主要尺寸、测量力、抗拉强度及动载强度（摘自 GB/T 1243—2006）

链号[①]	节距 p nom	滚子直径 d_1 max	内节内宽 b_1 min	销轴直径 d_2 max	套筒孔径 d_3 min	链条通道高度 h_1 min	内链板高度 h_2 max	外或中链板高度 h_3 max	过渡链节尺寸[②] l_1 min	l_2 min	c	排距 p_t	内节外宽 b_2 max	外节内宽 b_3 min	销轴长度 单排 b_4 max	双排 b_5 max	三排 b_6 max	止锁件附加宽度[③] b_7 max	测量力 单排	双排	三排	抗拉强度 F_u 单排 min	双排 min	三排 min	动载强度[④⑤⑥] 单排 F_d min
	mm																		N			kN			N
60H	19.05	11.91	12.57	5.96	5.98	18.34	18.10	15.62	7.90	9.15	0.10	26.11	19.43	19.48	30.2	56.3	82.4	4.6	280	560	840	31.3	62.6	93.9	6330
80H	25.40	15.88	15.75	7.94	7.96	24.39	24.13	20.83	10.55	12.20	0.13	32.59	24.28	24.33	37.4	70.0	102.6	5.4	500	1000	1490	55.6	112.2	166.8	10700
100H	31.75	19.05	18.90	9.54	9.56	30.48	30.17	26.04	13.16	15.24	0.15	39.09	29.10	29.16	44.5	83.6	122.7	6.1	780	1560	2340	87.0	174.0	261.0	16000
120H	38.10	22.23	25.22	11.11	11.14	36.55	36.2	31.24	15.80	18.27	0.18	48.87	37.18	37.24	55.0	103.9	152.8	6.6	1110	2220	3340	125.0	250.0	375.0	22200
140H	44.45	25.40	25.22	12.71	12.74	42.67	42.23	36.45	18.42	21.32	0.20	52.20	38.86	38.91	59.0	111.2	163.4	7.4	1510	3020	4540	170.0	340.0	510.0	29200
160H	50.80	28.58	31.55	14.29	14.31	48.74	48.26	41.66	21.04	24.33	0.20	61.90	46.88	46.94	69.4	131.3	193.2	7.9	2000	4000	6010	223.0	446.0	669.0	36900
180H	57.15	35.71	35.48	17.46	17.49	54.86	54.30	46.86	23.65	27.36	0.20	69.16	52.50	52.55	77.3	146.5	215.7	9.1	2670	5340	8010	281.0	562.0	843.0	46900
200H	63.50	39.68	37.85	19.85	19.87	60.93	60.33	52.07	26.24	30.36	0.20	78.31	58.29	58.34	87.1	165.4	243.7	10.2	3110	6230	9340	347.0	694.0	1041.0	58700
240H	76.20	47.63	47.35	23.81	23.84	73.13	72.39	62.49	31.45	36.40	0.20	101.22	74.54	74.60	111.4	212.6	313.8	10.5	4450	8900	13340	500.0	1000.0	1500.0	84400

① 标准系列链条详见表 6.2-2。

② 对于高应力使用场合，不推荐使用过渡链节。

③ 止锁件的实际尺寸取决于其类型，但都不应超过规定尺寸，使用者应从制造商处获取详细资料。

④ 动载强度值不适用于过渡链节、连接链节或带有附件的链条。

⑤ 双排链和三排链的动载试验不能用单排链的值按比例套用。

⑥ 动载强度值是基于 5 个链节的试样，不含 180H、200H、240H，这些链条是基于 3 个链节的试样。

表6.2-4 滚子链K型附板尺寸（摘自GB/T 1243—2006） （mm）

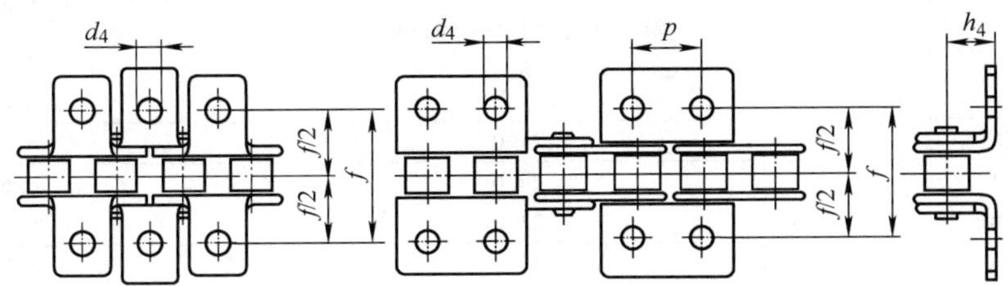

链　　号	附板平台高 h_4	板孔直径 d_4 min	孔中心间横向距离 f
06C	6.4	2.6	19.0
08A	7.9	3.3	25.4
08B	8.9	4.3	
10A	10.3	5.1	31.8
10B		5.3	
12A	11.9	5.1	38.1
12B	18.5	6.4	
16A	15.9	6.6	50.8
16B		6.4	
20A	19.8	8.2	63.5
20B		8.4	
24A	23.0	9.8	76.2
24B	26.7	10.5	
28A	28.6	11.4	88.9
28B		13.1	
32A	31.8	13.1	101.6
32B			
40A	42.9	16.3	127.0

注：1. 尺寸 p 见表6.2-2。

2. K型附板既可装在外链节，也可装在内链节。

3. K1和K2型附板可以相同，区别是K1型附板中心有一个孔。

4. K2型附板不能逐节安装。

表6.2-5 滚子链M型附板尺寸（摘自GB/T 1243—2006） （mm）

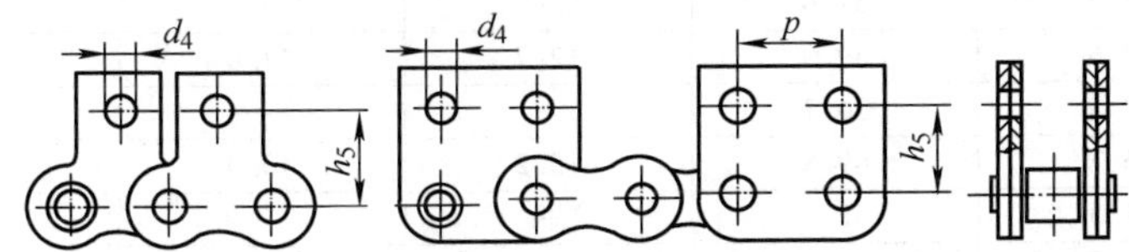

链　　号	附板孔与链板中心的距离 h_5	板孔直径 d_4 min
06C	9.5	2.6
08A	12.7	3.3
08B	13.0	4.3
10A	15.9	5.1
10B	16.5	5.3
12A	18.3	5.1

（续）

链　　号	附板孔与链板中心的距离 h_5	板孔直径 d_4 min
12B	21.0	6.4
16A	24.6	6.6
16B	23.0	6.4
20A	31.8	8.2
20B	30.5	8.4
24A	36.5	9.8
24B	36.0	10.5
28A	44.4	11.4
32A	50.8	13.1
40A	63.5	16.3

注：1. 尺寸 p 见表 6.2-2。

2. M 型附板既可装在外链节，也可装在内链节。

3. M1 和 M2 型附板可以相同，区别是 M1 型附板中心有一个孔。

4. M2 型附板不推荐逐节安装。

表 6.2-6　加长销轴尺寸（摘自 GB/T 1243—2006）　（mm）

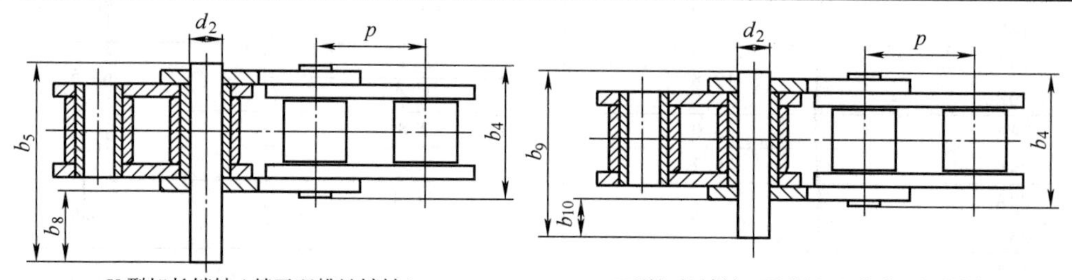

X 型加长销轴（基于双排链销轴）　Y 型加长销轴（通常用于“A”系列链条）

链　　号	X 型加长销轴		Y 型加长销轴①		X 型和 Y 型销轴直径
	b_8 max	b_5 max	b_{10} max	b_9 max	d_2 max
05B	7.1	14.3	—	—	2.31
06C	12.3	23.4	10.2	21.9	3.60
06B	12.2	23.8	—	—	3.28
08A	16.5	32.3	10.2	26.3	3.98
08B	15.5	31.0	—	—	4.45
10A	20.6	39.9	12.7	32.6	5.09
10B	18.5	36.2	—	—	5.08
12A	25.7	49.8	15.2	40.0	5.96
12B	21.5	42.2	—	—	5.72
16A	32.2	62.7	20.3	51.7	7.94
16B	34.5	68.0	—	—	8.28
20A	39.1	77.0	25.4	63.8	9.54
20B	39.4	79.7	—	—	10.19
24A	48.9	96.3	30.5	78.6	11.11
24B	51.4	101.8	—	—	14.63
28A	—	—	35.6	87.5	12.71
32A	—	—	40.60	102.6	14.29

注：尺寸 b_4 和 p 见表 6.2-2。

① Y 型加长销轴可选择使用，通常用在“A”系列链条。

2.2　滚子链传动的设计

2.2.1　滚子链传动选择指导

国家标准 GB/T 18150—2006《滚子链传动选择指导》是链传动设计选择标准，也是确保链条质量的标准，而且是对链条质量最低要求的标准。此标准等同采用 ISO10823：2004。

2.2.2　滚子链传动的设计计算

设计链传动的已知条件：

1）所传递的功率 P（kW）。

2）主动和从动机械的类型。

3）主、从动轴的转速 n_1、n_2（r/min）和直径。

4）中心距要求和布置。

5）环境条件。

滚子链传动的一般设计计算方法见表 6.2-7。

图 6.2-2 和图 6.2-3 是在下列条件下建立的典型链条承载能力图。其传动工作条件为：

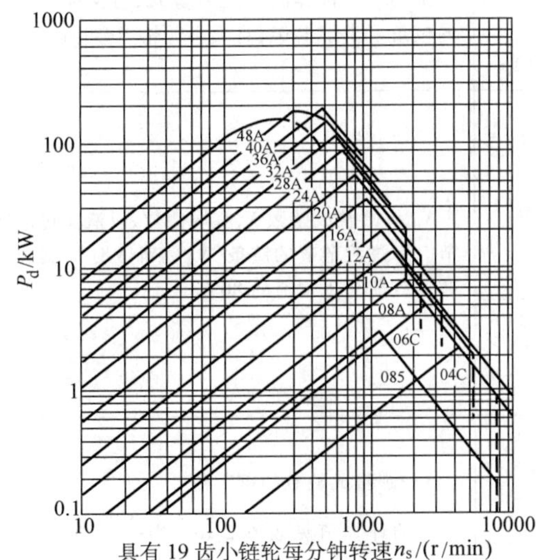

图 6.2-2　符合 GB/T 1243A 系列单排链条的承载能力图

n_s—小链轮转速　P_d—设计功率

注：1. 双排链的额定功率可由单排链的 P_d 值乘以 1.7 得到。
2. 三排链的额定功率可由单排链的 P_d 值乘以 2.5 得到。

1）安装在水平平行轴上的两链轮链传动。

2）小链轮齿数 $z_1=19$。

3）无过渡链节的单排链。

4）链长为 120 链节（链长小于此长度时，使用寿命将按比例减少）。

5）传动比为从 1∶3 到 3∶1。

6）链条预期使用寿命为 15000h。

7）工作环境温度在-5～70℃之间。

8）链轮正确对中，链条调节保持正确。

9）平稳运转，绝无过载、振动或频繁起动现象。

10）清洁和适当的润滑。

图 6.2-2～图 6.2-4 给出的是在一些链条制造厂发布的此类图表中具有代表性的承载能力图。各厂的链条有不同的等级，建议使用者向厂方咨询他们自己的承载能力图。

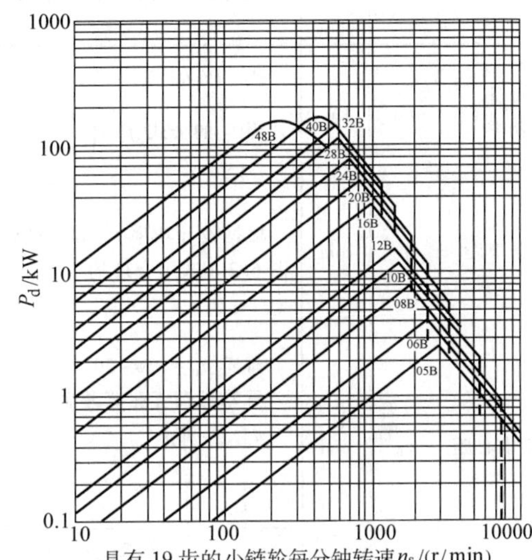

图 6.2-3　符合 GB/T 1243B 系列链条的承载能力图

n_s—小链轮转速　P_d—设计功率

注：1. 双排链的额定功率可由单排链的 P_d 值乘以 1.7 得到。
2. 三排链的额定功率可由单排链的 P_d 值乘以 2.5 得到。

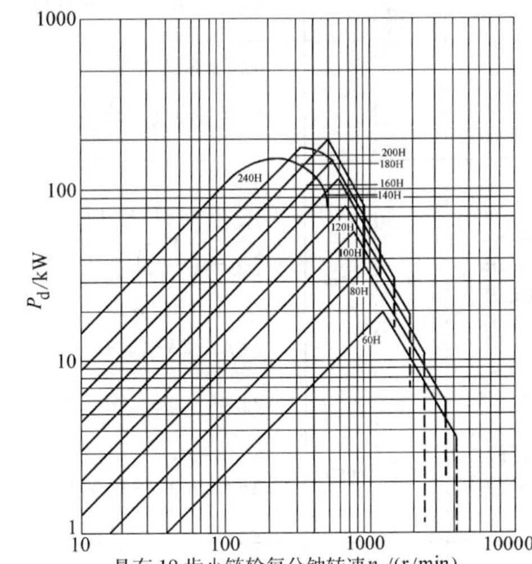

图 6.2-4　符合 GB/T 1243A 系列重载单排链条的承载能力图

n_s—小链轮转速　P_d—设计功率

注：1. 双排链的额定功率可由单排链的 P_d 值乘以 1.7 得到。
2. 三排链的额定功率可由单排链的 P_d 值乘以 2.5 得到。

表 6.2-7　滚子链传动的设计计算（根据 GB/T 18150—2006 编）

项目	符号	单位	公式和参数选定	说　　明
小链轮齿数 大链轮齿数	z_1 z_2		传动比 $i=\frac{n_1}{n_2}=\frac{z_2}{z_1}$ $z_{min}=17, z_{max}=114$ 一般特殊情况下 $z_{min}=9, z_{max}=150$	为传动平稳，链速增高时，应选较大 z_1，高速或受冲击载荷的链传动，z_1 至少选 25 齿，且小链轮齿面应淬硬。优选齿数为 17、19、21、23、25、38、57、71、95 和 114
设计功率	P_d	kW	$P_d=Pf_1f_2$ 计算 f_2 的公式：$f_2=\left(\frac{19}{z_1}\right)^{1.08}$	P—输入功率(kW) f_1—工况系数，见表 6.2-8 f_2—小链轮齿数系数，如图 6.2-5 所示
链条节距	p	mm	根据设计功率 P_d 和小链轮转速由图 6.2-2～图 6.2-4 选用合理的节距 p	为使传动平稳，在高速下，宜选用节距较小的双排或多排链。但应注意多排链传动对脏污和误差比较敏感
初定中心距	a_0	mm	推荐 $a_0=(30\sim50)p$ 脉动载荷无张紧装置时，$a_0<25p$ $a_{0max}=80p$ i：<4 时 $a_{0min}=0.2z_1(i+1)p$；≥4 时 $a_{0min}=0.33z_1(i-1)p$	首先考虑结构要求定中心距 a_0，有张紧装置或托板时，a_0 可大于 $80p$；对中心距不能调整的传动，$a_{0min}=30p$ 采用左边推荐的 a_{0min} 计算式，可保证小链轮的包角不小于 120°，且大小链轮不会相碰
链长节数	X_0		$X_0=\frac{2a_0}{p}+\frac{z_1+z_2}{2}+\frac{f_3p}{a_0}$ 式中 $f_3=\left(\frac{z_2-z_1}{2\pi}\right)^2$ f_3 也可由表 6.2-9 查得	X_0 应圆整成整数 X，宜取偶数，以避免过渡链节。有过渡链节的链条（X_0 为奇数时），其极限拉伸载荷为正常值的 80%
实际链条节数	X		X_0 圆整成 X 链条长度 $L=\frac{Xp}{1000}$	
最大中心距（理论中心距）	a	mm	$z_1=z_2=z$ 时（$i=1$） $a=p\left(\frac{X-z}{2}\right)$ $z_1\neq z_2$ 时（$i\neq1$） $a=f_4p[2X-(z_1+z_2)]$	X—圆整成整数的链节数 f_4 的计算值见表 6.2-10。当 $\frac{X-z_1}{z_2-z_1}$ 在表中二相邻值之间时可采用线性插值计算
实际中心距	a'	mm	$a'=a-\Delta a$ $\Delta a=(0.002\sim0.004)a$	Δa 应保证链条松边有合适的垂度 $f=(0.01\sim0.03)a$ 对中心距可调的传动，Δa 可取较大的值
链速	v	m/s	$v=\frac{z_1n_1p}{60\times1000}=\frac{z_2n_2p}{60\times1000}$	$v\leqslant0.6$m/s 为低速传动 $v>0.6\sim8$m/s 为中速传动 $v>8$m/s 为高速传动
有效圆周力	F	N	$F=\frac{1000P}{v}$	

（续）

项目	符号	单位	公式和参数选定	说　明
作用于轴上的拉力	F_Q	N	对水平传动和倾斜传动 $F_Q=(1.15\sim1.20)f_1F$ 对接近垂直布置的传动 $F_Q=1.05f_1F$	
润滑				参见图 6.2-6、表 6.2-11
小链轮包角	α_1	(°)	$\alpha_1=180°-\dfrac{(z_2-z_1)p}{\pi a}\times57.3°$	要求 $\alpha_1\geqslant120°$

表 6.2-8　工况系数 f_1（摘自 GB/T 18150—2006）

载荷种类	工 作 机	原 动 机		
		电动机、汽轮机、燃气轮机、带液力偶合器的内燃机	内燃机（≥6 缸）、频繁起动电动机	带机械联轴器的内燃机（<6 缸）
平稳运转	液体搅拌机、离心式泵和压缩机、风机、均匀给料的带式输送机、印刷机械、自动扶梯	1.0	1.1	1.3
中等振动	固体和混凝土搅拌机、混合机、不均匀负载的输送机、多缸泵和压缩机、滚筒筛	1.4	1.5	1.7
严重振动	电铲、轧机、橡胶机械、压力机、剪床、刨床、石油钻机、单缸或双缸泵和压缩机、破碎机、矿山机械、振动机械、锻压机械、冲床	1.8	1.9	2.1

表 6.2-9　系数 f_3 的计算值（摘自 GB/T 18150—2006）

$\|z_2-z_1\|$	f_3	$\|z_2-z_1\|$	f_3	$\|z_2-z_1\|$	f_3	$\|z_2-z_1\|$	f_3	$\|z_2-z_1\|$	f_3
1	0.0252	21	11.171	41	42.580	61	94.254	81	166.191
2	0.1013	22	12.260	42	44.683	62	97.370	82	170.320
3	0.2280	23	13.400	43	46.836	63	100.536	83	174.500
4	0.4053	24	14.590	44	49.040	64	103.753	84	178.730
5	0.6333	25	15.831	45	51.294	65	107.021	85	183.011
6	0.912	26	17.123	46	53.599	66	110.339	86	187.342
7	1.241	27	18.466	47	55.955	67	113.708	87	191.724
8	1.621	28	19.859	48	58.361	68	117.128	88	196.157
9	2.052	29	21.303	49	60.818	69	120.598	89	200.640
10	2.533	30	22.797	50	63.326	70	124.119	90	205.174
11	3.065	31	24.342	51	65.884	71	127.690	91	209.759
12	3.648	32	25.938	52	68.493	72	131.313	92	214.395
13	4.281	33	27.585	53	71.153	73	134.986	93	219.081
14	4.965	34	29.282	54	73.863	74	135.709	94	223.187
15	5.699	35	31.030	55	76.624	75	142.483	95	228.605
16	6.485	36	32.828	56	79.436	76	146.308	96	223.443
17	7.320	37	34.677	57	82.298	77	150.184	97	238.333
18	8.207	38	36.577	58	85.211	78	154.110	98	243.271
19	9.144	39	38.527	49	88.175	79	158.087	99	248.261
20	10.132	40	40.529	60	91.189	80	162.115	100	253.302

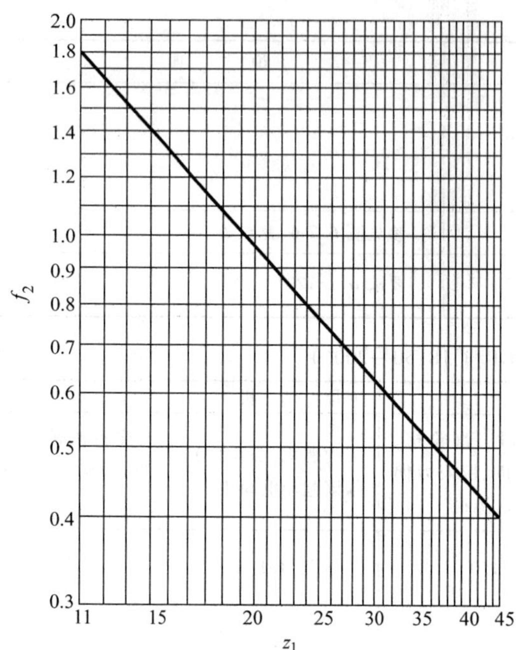

图 6.2-5　小链轮齿数系数 f_2

表 6.2-10　f_4 的计算值（摘自 GB/T 18150—2006）

$\frac{X-z_1}{z_2-z_1}$	f_4	$\frac{X-z_1}{z_2-z_1}$	f_4	$\frac{X-z_1}{z_2-z_1}$	f_4
13	0.24991	2.00	0.24421	1.33	0.22968
12	0.24990	1.95	0.24380	1.32	0.22912
11	0.24988	1.90	0.24333	1.31	0.22854
10	0.24986	1.85	0.24281	1.30	0.22793
9	0.24983	1.80	0.24222	1.29	0.22729
8	0.24978	1.75	0.24156	1.28	0.22662
7	0.24970	1.70	0.24081	1.27	0.22593
6	0.24958	1.68	0.24048	1.26	0.22520
5	0.24937	1.66	0.24013	1.25	0.22443
4.8	0.24931	1.64	0.23977	1.24	0.22361
4.6	0.24925	1.62	0.23938	1.23	0.22275
4.4	0.24917	1.60	0.23897	1.22	0.22185
4.2	0.24907	1.58	0.23854	1.21	0.22090
4.0	0.24896	1.56	0.23807	1.20	0.21990
3.8	0.24883	1.54	0.23758	1.19	0.21884
3.6	0.24868	1.52	0.23705	1.18	0.21771
3.4	0.24849	1.50	0.23648	1.17	0.21652
3.2	0.24825	1.48	0.23588	1.16	0.21526
3.0	0.24795	1.46	0.23524	1.15	0.21390
2.9	0.24778	1.44	0.23455	1.14	0.21245
2.8	0.24758	1.42	0.23381	1.13	0.21090
2.7	0.24735	1.40	0.23301	1.12	0.20923
2.6	0.24708	1.39	0.23259	1.11	0.20744
2.5	0.24678	1.38	0.23215	1.10	0.20549
2.4	0.24643	1.37	0.23170	1.09	0.20336
2.3	0.24602	1.36	0.23123	1.08	0.20104
2.2	0.24552	1.35	0.23073	1.07	0.19848
2.1	0.24493	1.34	0.23022	1.06	0.19564

2.2.3　润滑范围选择（见图 6.2-6）

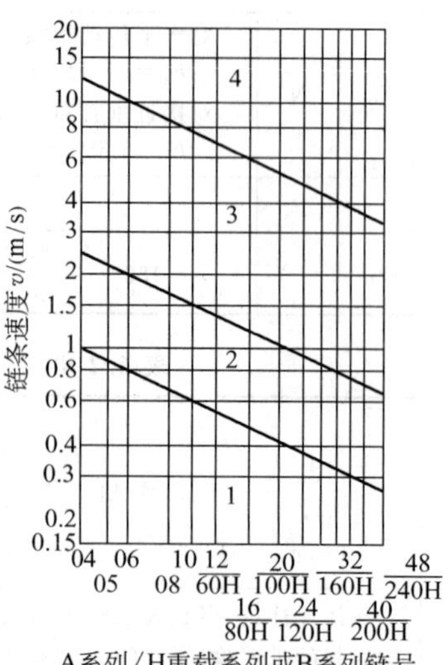

图 6.2-6　润滑范围选择图（摘自 GB/T 18150—2006）

正确的润滑方式可有效控制磨损，图 6.2-6 提供了各种润滑方式的范围，其范围定义如下：

范围 1：用油壶或油刷由人工定期润滑。

范围 2：滴油润滑。

范围 3：油池润滑或油盘飞溅润滑。

范围 4：油泵压力供油润滑，带过滤器，必要时带油冷却器。

当链传动为密闭传动，并做高速、大功率传动时，则有必要使用油冷却器。

不同工作环境温度下的滚子链传动用润滑油黏度等级见表 6.2-11。

表 6.2-11　滚子链传动用润滑油的黏度等级（摘自 GB/T 18150—2006）

环境温度	≥-5℃ ≤5℃	>5℃ ≤25℃	>25℃ ≤45℃	>45℃ ≤70℃
润滑油的黏度级别	VG68 （SAE20）	VG100 （SAE30）	VG150 （SAE40）	VG220 （SAE50）

注：应保证润滑油不被污染，特别不能有磨料性微粒存在。

2.2.4　滚子链的静强度计算

在低速重载链传动中，链条的静强度占有主要地位。通常 $v<0.6\text{m/s}$ 视为低速传动。如果低速链也按疲劳考虑，用额定功率曲线选择和计算，结果常不经济。因为额定功率曲线上各点相应的条件性安全系数 n 大于 8～20，比静强度安全系数大。

链条的静强度计算式为

$$n=\frac{F_u}{f_1F+F_c+F_f}\geqslant [n]$$

式中 n——静强度安全系数；

F_u——链条极限拉伸载荷（N），见表 6.2-2、表 6.2-3；

f_1——工况系数，见表 6.2-8；

F——有效拉力（即有效圆周力）（N），见表 6.2-7；

F_c——离心力引起的拉力（N），其计算式为 $F_c=qv^2$；q 为链条每米质量（kg/m），见表 6.2-12；v 为链速（m/s）；当 $v<4$m/s 时，F_c 可忽略不计；

F_f——悬垂拉力（N），见图 6.2-7，在 F'_f 和 F''_f 中选用较大者；

$[n]$——许用安全系数，一般为 4～8；如果按最大尖峰载荷 F_{max} 来代替 f_1F 进行计算，则可为 3～6；对于速度较低、从动系统惯性较小、不太重要的传动或作用力的确定比较准确时，$[n]$ 可取较小值。

表 6.2-12 滚子链每米质量 q

节距 p/mm	8.00	9.525	12.7	15.875	19.05	25.40
单排每米质量 q/kg·m^{-1}	0.18	0.40	0.65	1.00	1.50	2.60
节距 p/mm	31.75	38.10	44.45	50.80	63.50	76.20
单排每米质量 q/kg·m^{-1}	3.80	5.60	7.50	10.10	16.10	22.60

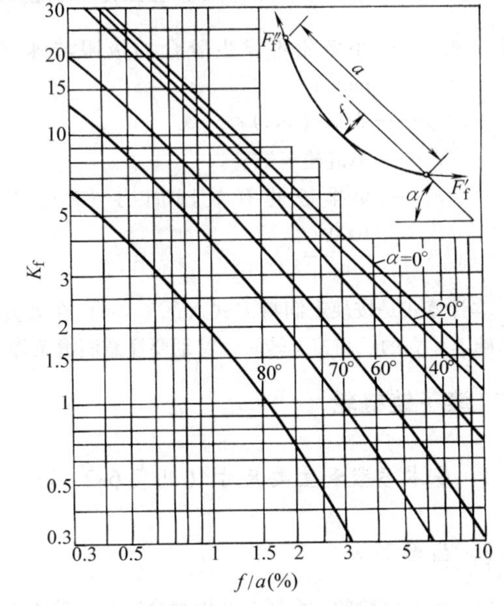

图 6.2-7 悬垂拉力的确定

$F'_f=K_fqa\times10^{-2}$，$F''_f=(K_f+\sin\alpha)\ qa\times10^{-2}$

式中，a（mm），q（kgf/m），

F'_f、F''_f(N)

2.2.5 滚子链的耐疲劳工作能力计算

当链条传递功率超过额定功率、链条的使用寿命要求小于 15000h 时，其疲劳寿命的近似计算法如下。本计算法仅适用于 A 系列标准滚子链，对 B 系列和加重系列可作为参考。

设 P'_0 为链板疲劳强度限定的额定功率（kW），P''_0 为滚子套筒冲击疲劳强度限定的额定功率（kW），P 为要求的传递功率（kW），则在铰链不发生胶合的前提下对已知链传动进行疲劳寿命计算如下。

当 $\dfrac{f_1P}{K_p}\geqslant P'_0$ 时

则 $$T=\frac{10^7}{z_1n_1}\left(\frac{K_pP'_0}{f_1P}\right)^{3.71}\frac{L_p}{100}$$

当 $P''_0\leqslant\dfrac{f_1P}{K_p}<P'_0$ 时

则 $$T=15000\left(\frac{K_pP'_0}{f_1P}\right)\frac{L_p}{100}$$

式中 T——使用寿命（h）；

z_1——小链轮齿数；

n_1——小链轮转速（r/min）；

K_p——多排链排数系数，单排 $K_p=1$，双排 $K_p=1.7$，三排 $K_p=2.5$，四排 $K_p=3.3$；

f_1——工况系数，见表 6.2-8；

L_p——链长，以节数表示。

$$P'_0=0.003z_1^{1.08}n_1^{0.9}\left(\frac{p}{25.4}\right)^{3-0.0028p}$$

$$P''_0=\frac{950z_1^{1.5}p^{0.8}}{n_1^{1.5}}$$

2.2.6 滚子链的耐磨损工作能力计算

当工作条件要求链条的磨损伸长率（即相对伸长量）$\dfrac{\Delta p}{p}$ 明显小于 3% 或润滑条件不符合图 6.2-6 的规定要求方式而有所恶化时，可按下列公式进行滚子链的磨损寿命计算：

$$T=91500\left(\frac{c_1c_2c_3}{p_r}\right)^3\frac{L_p}{v}\times\frac{z_1i}{i+1}\left(\frac{\Delta p}{p}\right)_p\frac{p}{3.2d_2}$$

式中 T——磨损使用寿命（h）；

L_p——链长，以节数表示；

v——链速（m/s）；

z_1——小链轮齿数；

i——传动比；

$\left(\dfrac{\Delta p}{p}\right)_p$——许用磨损伸长率，按具体条件确定，一

般取 3%；

d_2——滚子链销轴直径（mm）；

c_1——磨损系数，如图 6.2-8 所示；

c_2——节距系数，见表 6.2-13；

c_3——齿数-速度系数，如图 6.2-9 所示；

p_r——铰链的压强（MPa）。

表 6.2-13　节距系数 c_2

节距 p/mm	9.525	12.7	15.875	19.05	25.4	31.75	38.1	44.45	50.8	63.5
系数 c_2	1.48	1.44	1.39	1.34	1.27	1.23	1.19	1.15	1.11	1.03

铰链的压强 p_r 按下式计算：

$$p_r=\frac{f_1F_t+F_c+F_f}{A}(\mathrm{MPa})$$

式中　f_1——工况系数，见表 6.2-8；

F_t——有效拉力（即有效圆周力）（N），$F_t=\dfrac{1000p}{v}$；

F_c——离心力引起的拉力（N），$F_c=qv^2$，其中 q 为链条质量（kg/m），见表 6.2-12；v 为链条速度（m/s）；

F_f——悬垂拉力（N），如图 6.2-7 所示；

A——铰链承压面积（mm^2），$A=d_2b_2$，其中 d_2 为滚子链销轴直径（mm）；b_2 为套筒长度（即内链节外宽）（mm）。

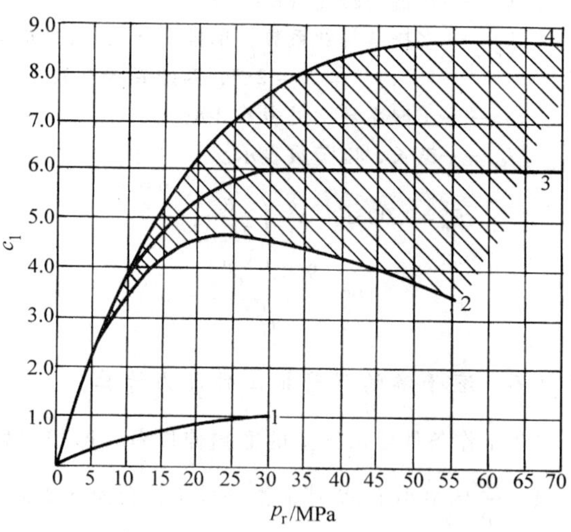

图 6.2-8　磨损系数 c_1

1—干运转，工作温度<140℃，链速 v<7m/s（干运转使磨损寿命大大下降，应尽可能使润滑条件位于图中的阴影区）　2—润滑不充分，工作温度<70℃，v<7m/s　3—采用规定的润滑方式（图 6.2-6）　4—良好的润滑条件

2.2.7　滚子链的抗胶合工作能力计算

由销轴与套筒间的胶合限定的滚子链工作能力（通常为计算小链轮的极限转速）可由下式确定。本公式仅适用于 A 系列标准滚子链。

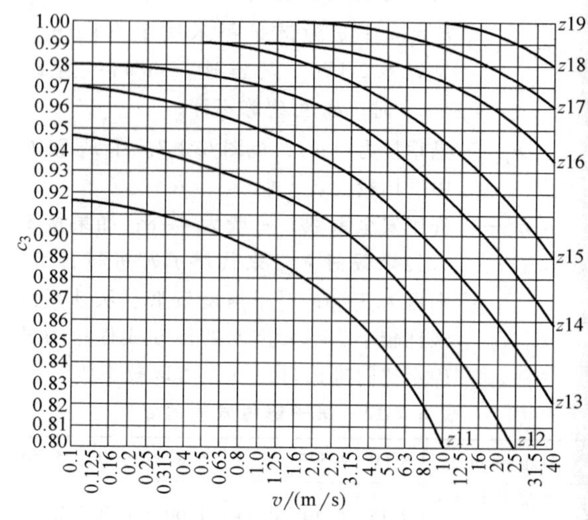

图 6.2-9　齿数-速度系数 c_3

$$\left(\frac{n_{\max}}{1000}\right)^{1.591\lg\frac{p}{25.4}+1.873}=\frac{82.5}{(7.95)^{\frac{p}{25.4}}(1.0278)z_1(1.323)^{\frac{F_t}{4450}}}$$

式中　$n_{\max}$——小链轮不发生胶合的极限转速（r/min）；

p——节距（mm）；

z_1——小链轮齿数；

F_t——单排链的有效圆周力（N），$F_t=\dfrac{1000pf_1}{v}$。

本计算式是按规定润滑方式（图 6.2-6）在大量试验基础上建立的。高速运转时，特别要注意润滑条件。

2.3　滚子链链轮

2.3.1　基本参数和主要尺寸（见表 6.2-14）

2.3.2　齿槽形状

滚子链与链轮的啮合属非共轭啮合，其链轮齿形的设计可以有较大的灵活性。GB/T 1243—2006 中没有规定具体的链轮齿形，仅仅规定了最大齿槽形状和最小齿槽形状及其极限参数，见表 6.2-15。凡在两个极限齿槽形状之间的各种标准齿形均可采用。试验和使用表明，齿槽形状在一定范围内变动，在一般工况下对链传动的性能不会有很大影响。这样安排不仅为不同使用要求情况时选择齿形参数留有较大的余地，也为研究发展更为理想的新齿形创造了条件，各种标准齿形的链轮之间也可以进行互换。

推荐一种三圆弧一直线齿形（或称凹齿形），其几何计算见表 6.2-16。这种齿形与滚子啮合时接触应力较小，作用角随齿数增加而增大，性能较好。它的缺点之一是切齿滚刀的制造比较麻烦。链轮也可用渐开线齿形。

表 6.2-14 滚子链链轮的基本参数和主要尺寸（摘自 GB/T 1243—2006） （mm）

	名称		符号	计算公式	说明
基本参数	链轮齿数		z		查表 6.2-7
	配用链条的	节距	p		见表 6.2-2、表 6.2-3
		滚子外径	d_1		
		排距	p_t		
主要尺寸	分度圆直径		d	$d=\dfrac{p}{\sin\dfrac{180°}{z}}$	
	齿顶圆直径		d_a	$d_{amax}=d+1.25p-d_1$ $d_{amin}=d+\left(1-\dfrac{1.6}{z}\right)p-d_1$ 若为三圆弧一直线齿形，则 $d_a=p\left(0.54+\cot\dfrac{180°}{z}\right)$	可在 d_{amax} 与 d_{amin} 范围内选取，但当选用 d_{amax} 时，应注意用展成法加工时有可能发生顶切
	齿根圆直径		d_f	$d_f=d-d_1$	
	分度圆弦齿高		h_a	$h_{amax}=0.625p-0.5d_1+\dfrac{0.8p}{z}$ $h_{amin}=0.5(p-d_1)$ 若为三圆弧一直线齿形，则 $h_a=0.27p$	h_a 见表 6.2-15、表 6.2-16 插图 h_a 是为简化放大齿形图的绘制而引入的辅助尺寸，h_{amax} 相应于 d_{amax}，h_{amin} 相应于 d_{amin}
	最大齿根距离		L_x	奇数齿 $L_x=d\cos\dfrac{90°}{z}-d_1$ 偶数齿 $L_x=d_f=d-d_1$	
	齿侧凸缘（或排间槽）直径		d_g	对链号为 04C 和 06C 的链条 $d_g\leqslant p\cot\dfrac{180°}{z}-1.05h_2-1.00-2r_a$ 对所有其他的链条 $d_g\leqslant p\cot\dfrac{180°}{z}-1.04h_2-0.76\text{mm}$	h_2—内链板高度，见表 6.2-2、表 6.2-3 r_a—齿侧凸缘圆角半径

注：d_a、d_g 计算值舍小数取整数，其他尺寸精确到 0.01mm。

表 6.2-15　最大和最小齿槽形状（摘自 GB/T 1243—2006）　　（mm）

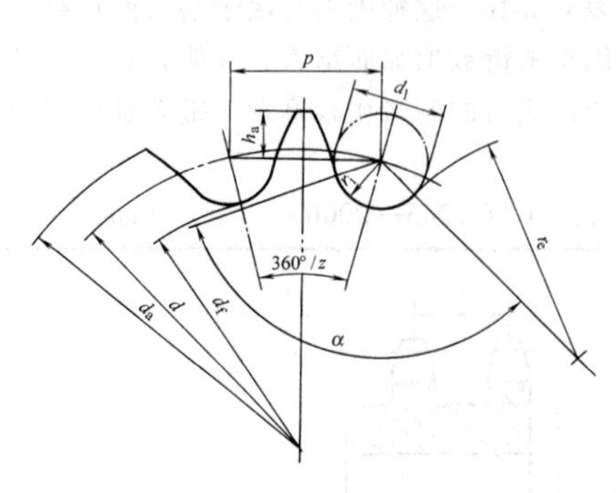

名称	符号	计算公式：最大齿槽形状	计算公式：最小齿槽形状
齿槽圆弧半径	r_e	$r_{emin}=0.008d_1(z^2+180)$	$r_{emax}=0.12d_1(z+2)$
齿沟圆弧半径	r_i	$r_{imax}=0.505d_1+0.069\sqrt[3]{d_1}$	$r_{imin}=0.505d_1$
齿沟角	α	$\alpha_{min}=120°-\dfrac{90°}{z}$	$\alpha_{max}=140°-\dfrac{90°}{z}$

表 6.2-16　三圆弧一直线齿槽形状　　（mm）

名称	符号	计算公式
齿沟圆弧半径	r_1	$r_1=0.5025d_1+0.05$
齿沟半角/(°)	$\dfrac{\alpha}{2}$	$\dfrac{\alpha}{2}=55°-\dfrac{60°}{z}$
工作段圆弧中心 O_2 的坐标	M	$M=0.8d_1\sin\dfrac{\alpha}{2}$
	T	$T=0.8d_1\cos\dfrac{\alpha}{2}$
工作段圆弧半径	r_2	$r_2=1.3025d_1+0.05$
工作段圆弧中心角/(°)	β	$\beta=18°-\dfrac{56°}{z}$
齿顶圆弧中心 O_3 的坐标	W	$W=1.3d_1\cos\dfrac{180°}{z}$
	V	$V=1.3d_1\sin\dfrac{180°}{z}$
齿形半角	$\dfrac{\gamma}{2}$	$\dfrac{\gamma}{2}=17°-\dfrac{64°}{z}$
齿顶圆弧半径	r_3	$r_3=d_1\left(1.3\cos\dfrac{\gamma}{2}+0.8\cos\beta-1.3025\right)-0.05$
工作段直线部分长度	b_c	$b_c=d_1\left(1.3\sin\dfrac{\gamma}{2}-0.8\sin\beta\right)$
e 点至齿沟圆弧中心连线的距离	H	$H=\sqrt{r_3^2-\left(1.3d_1-\dfrac{p_0}{2}\right)^2}$，$p_0=p\left(1+\dfrac{2r_1-d_1}{d}\right)$

注：齿沟圆弧半径 r_1 允许比表中公式计算的大 $0.0015d_1+0.06$mm。

2.3.3 剖面齿廓（见表 6.2-17）

表 6.2-17 剖面齿廓及尺寸（摘自 GB/T 1243—2006） （mm）

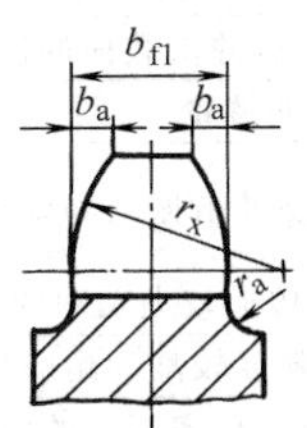

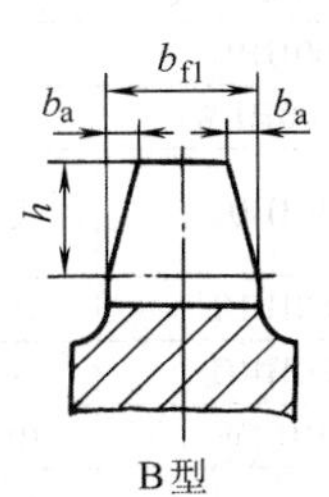

B型

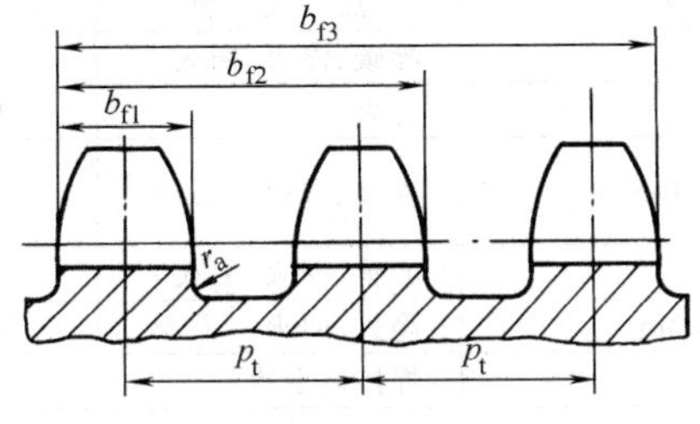

名称		符号	计算公式		备注
			$p \leqslant 12.7$	$p > 12.7$	
齿宽	单排 双排、三排 四排以上	b_{f1}	$0.93b_1$ $0.91b_1$ $0.88b_1$	$0.95b_1$ $0.93b_1$	$p>12.7$ 时，经制造厂同意，亦可使用 $p \leqslant 12.7$ 时的齿宽。b_1—内链节内宽，见表 6.2-2、表 6.2-3，公差为 h14
齿侧倒角		b_a	$b_{a公称}=0.06p$		适用于 081、083、084 和 085 的链条
			$b_{a公称}=0.13p$		适用于其余链条
齿侧半径		r_x	$r_{x公称}=p$		
齿全宽		b_{fm}	$b_{fm}=(m-1)p_t+b_{f1}$		m—排数

2.3.4 链轮公差（见表 6.2-18～表 6.2-20）

对一般用途的滚子链链轮，其轮齿经机械加工后，齿表面粗糙度 Ra 为 6.3μm。

表 6.2-18 滚子链链轮齿根圆直径极限偏差及量柱测量距极限偏差（摘自 GB/T 1243—2006） （mm）

项目	尺寸段	上偏差	下偏差	备注
齿根圆极限偏差及量柱测量距极限偏差	$d_f \leqslant 127$	0	−0.25	链轮齿根圆直径下偏差为负值。它可以用量柱法间接测量，量柱测量距 M_R 的公称尺寸值见表 6.2-19
	$127<d_f \leqslant 250$	0	−0.30	
	$250<d_f$	0	h11	

表 6.2-19 滚子链链轮的量柱测量距 M_R（摘自 GB/T1243—2006）

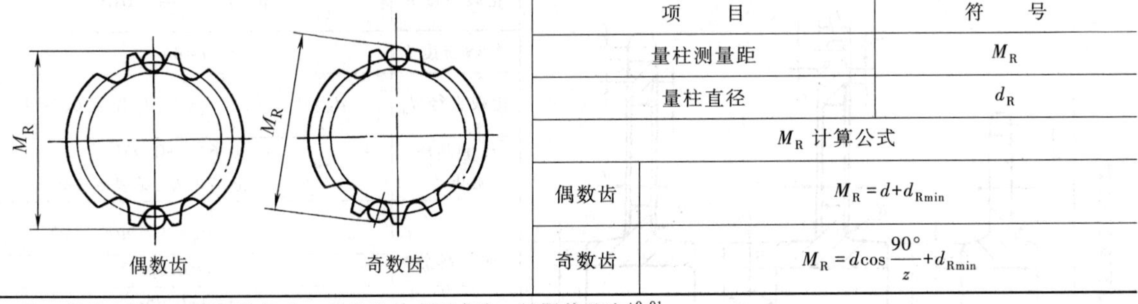

项目	符号
量柱测量距	M_R
量柱直径	d_R
M_R 计算公式	
偶数齿	$M_R=d+d_{Rmin}$
奇数齿	$M_R=d\cos\frac{90°}{z}+d_{Rmin}$

注：量柱直径 d_R=滚子外径 d_1。量柱的技术要求为：极限偏差为 $^{+0.01}_{0}$。

表 6.2-20 滚子链链轮齿根圆径向圆跳动和轴向圆跳动（摘自 GB/T 1243—2006）

项目	要求
链轮孔和根圆直径之间的径向圆跳动量	不应超过下列两数值中的较大值：$0.0008d_f+0.08$mm 或 0.15mm，最大到 0.76mm
轴孔到链轮齿侧平面部分的轴向圆跳动量	不应超过下列计算值：$0.0009d_f+0.08$mm，最大到 1.14mm。对焊接链轮，如果上式计算值小，可采用 0.25mm

2.3.5　链轮材料及热处理（见表6.2-21）

表6.2-21　链轮材料及热处理

材　　料	热　处　理	齿　面　硬　度	应　用　范　围
15、20	渗碳、淬火、回火	50~60HRC	$z \leqslant 25$ 有冲击载荷的链轮
35	正火	160~200HBW	$z>25$ 的链轮
45、50、45Mn、ZG310-570	淬火、回火	40~50HRC	无剧烈冲击振动和要求耐磨损的链轮
15Cr、20Cr	渗碳、淬火、回火	55~60HRC	$z<30$ 传递较大功率的重要链轮
40Cr、35SiMn、35CrMo	淬火、回火	40~50HRC	要求强度较高和耐磨损的重要链轮
Q235、Q275	焊接后退火	≈140HBW	中低速、功率不大的较大链轮
不低于HT200的灰铸铁	淬火、回火	260~280HBW	$z>50$ 的从动链轮以及外形复杂或强度要求一般的链轮
夹布胶木			$P<6$kW，速度较高，要求传动平稳、噪声小的链轮

2.3.6　链轮结构

小尺寸链轮常采用表6.2-22的整体式结构，中等尺寸的链轮除整体式结构外，也可做成板式齿圈的焊接结构或装配结构，如图6.2-10所示。

大尺寸链轮除可采用表6.2-22的整体式结构外，也可采用轮辐式铸造结构。其中轮辐剖面可用椭圆形或十字形，可参考铸造齿轮结构。

表6.2-22　链轮结构尺寸

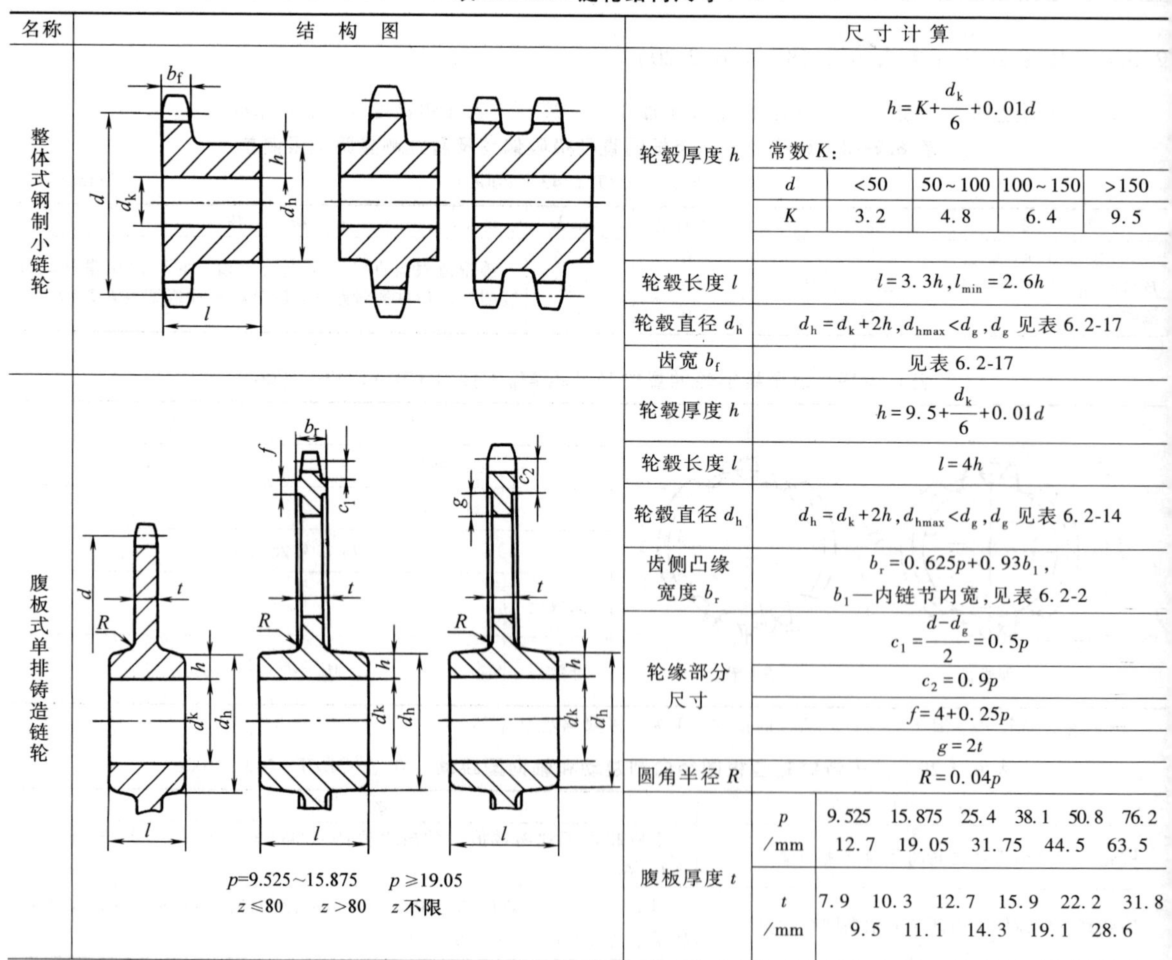

名称	尺寸计算	
整体式钢制小链轮	轮毂厚度 h	$h=K+\frac{d_k}{6}+0.01d$ 常数 K： d：<50，50~100，100~150，>150 K：3.2，4.8，6.4，9.5
	轮毂长度 l	$l=3.3h$，$l_{min}=2.6h$
	轮毂直径 d_h	$d_h=d_k+2h$，$d_{hmax}<d_g$，d_g 见表6.2-17
	齿宽 b_f	见表6.2-17
腹板式单排铸造链轮	轮毂厚度 h	$h=9.5+\frac{d_k}{6}+0.01d$
	轮毂长度 l	$l=4h$
	轮毂直径 d_h	$d_h=d_k+2h$，$d_{hmax}<d_g$，d_g 见表6.2-14
	齿侧凸缘宽度 b_r	$b_r=0.625p+0.93b_1$， b_1—内链节内宽，见表6.2-2
	轮缘部分尺寸	$c_1=\frac{d-d_g}{2}=0.5p$ $c_2=0.9p$ $f=4+0.25p$ $g=2t$
	圆角半径 R	$R=0.04p$
	腹板厚度 t	p/mm：9.525，12.7，15.875，19.05，25.4，31.75，38.1，44.5，50.8，63.5，76.2 t/mm：7.9，9.5，10.3，11.1，12.7，14.3，15.9，19.1，22.2，28.6，31.8

（续）

<table>
<tr><th>名称</th><th>结 构 图</th><th colspan="3">尺 寸 计 算</th></tr>
<tr><td rowspan="5">腹板式多排铸造链轮</td><td rowspan="5"></td><td>圆角半径 R</td><td colspan="2">$R=0.5t$</td></tr>
<tr><td>轮毂长度 l</td><td colspan="2">$l=4h$</td></tr>
<tr><td rowspan="2">腹板厚度 t</td><td>p
/mm</td><td>9.525 15.875 25.4 38.1 50.8 76.2
12.7 19.05 31.75 44.5 63.5</td></tr>
<tr><td>t
/mm</td><td>9.5 11.1 14.3 19.1 25.4 38.1
10.3 12.7 15.9 22.2 31.8</td></tr>
<tr><td>其余结构尺寸</td><td colspan="2">见腹板式单排铸造链轮</td></tr>
</table>

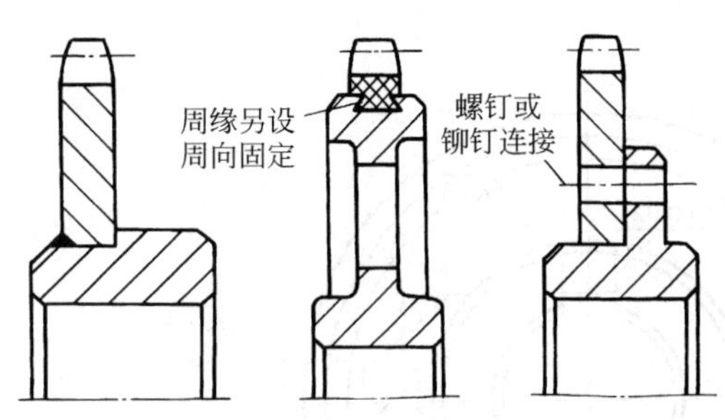

图 6.2-10 链轮结构

2.4 滚子链传动设计计算示例

设计一带式输送机驱动装置低速级用的滚子链传动。已知小链轮轴功率 $P=4.5\text{kW}$，小链轮转速 $n_1=265\text{r/min}$，传动比 $i=2.5$，工作载荷平稳，小链轮悬臂装于轴上，轴直径为 50mm，链传动中心距可调，两轮中心连线与水平面夹角近于 30°，传动简图如图 6.2-11 所示。

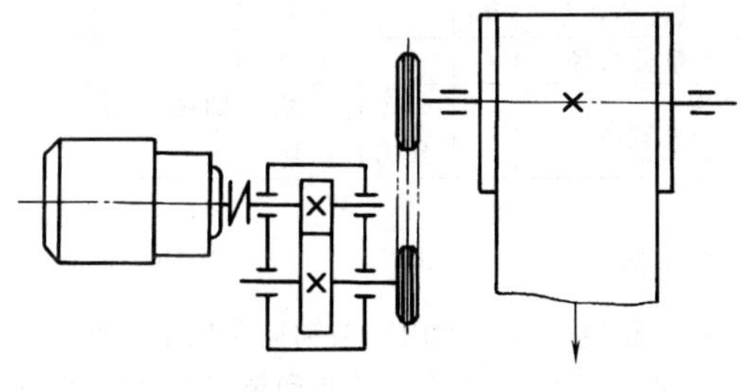

图 6.2-11 传动简图

解

1）链轮齿数。

取小链轮齿数 $z_1=25$

大链轮齿数

$z_2=iz_1=2.5\times25=62.5$，取 62

2）实际传动比 i

$$i=\frac{z_2}{z_1}=\frac{62}{25}=2.48$$

3）链轮转速。

小链轮转速 $n_1=265\text{r/min}$

大链轮转速

$$n_2=\frac{n_1}{i}=\frac{265}{2.48}\text{r/min}=107\text{r/min}$$

4）设计功率

$$P_d=Pf_1f_2=4.5\times1\times0.76\text{kW}=3.42\text{kW}$$

式中 由表 6.2-8，工况系数 $f_1=1$，

由图 6.2-5，小链轮齿数系数 $f_2=0.76$

5）链条节距 p。由设计功率 $P_d=3.42\text{kW}$ 和小链轮转速 $n_1=265\text{r/min}$，在图 6.2-2 上选得节距 p 为 12A，即 19.05mm。

6）初定中心距 a_0。因结构上未限定，暂取 $a_0\approx35p$。

7）链长节数

$$X_0=\frac{2a_0}{p}+\frac{z_1+z_2}{2}+\frac{f_3p}{a_0}$$

$$=2\times35+\frac{25+62}{2}+\frac{34.68}{35}=114.49$$

取 $X_0=114$

式中，$f_3=\left(\frac{62-25}{2\pi}\right)^2=34.68$。

8）链条长度

$$L=\frac{X_0p}{1000}=\frac{114\times19.05}{1000}\text{m}\approx2.17\text{m}$$

9）理论中心距

$$a=p\ (2X_0-z_2-z_1)\ f_4$$
$$=19.05(2\times114-62-25)\times0.24645\text{mm}$$
$$=661.98\text{mm}$$

式中，$f_4=0.24645$，按 $\frac{X_0-z_1}{z_2-z_1}=\frac{114-25}{62-25}=24.05$，由表

6.2-10 插值法求得。

10）实际中心距

$$a'=a-\Delta a$$
$$=(661.98-0.004\times661.98)\mathrm{mm}$$
$$=659.3\mathrm{mm}$$

11）链速

$$v=\frac{z_1n_1p}{60\times1000}=\frac{25\times265\times19.05}{60\times1000}\mathrm{m/s}=2.1\mathrm{m/s}$$

12）有效圆周力

$$F=\frac{1000P}{v}=\frac{1000\times4.5}{2.1}\mathrm{N}=2143\mathrm{N}$$

13）作用于轴上的拉力

$$F_Q\approx1.2f_1F=1.2\times1\times2143\mathrm{N}=2572\mathrm{N}$$

14）计算链轮几何尺寸并绘制链轮工作图，其中小链轮工作图如图 6.2-12 所示。

15）润滑方式的选定。根据链号 12A 和链条速度 $v=2.1\mathrm{m/s}$，由图 6.2-6 选用润滑范围 3，即油池润滑或油盘飞溅润滑。

16）链条标记。根据设计计算结果，采用单排 12A 滚子链，节距为 19.05mm，节数为 114 节，其标记为：

12A−1×114　GB/T 1243—2006

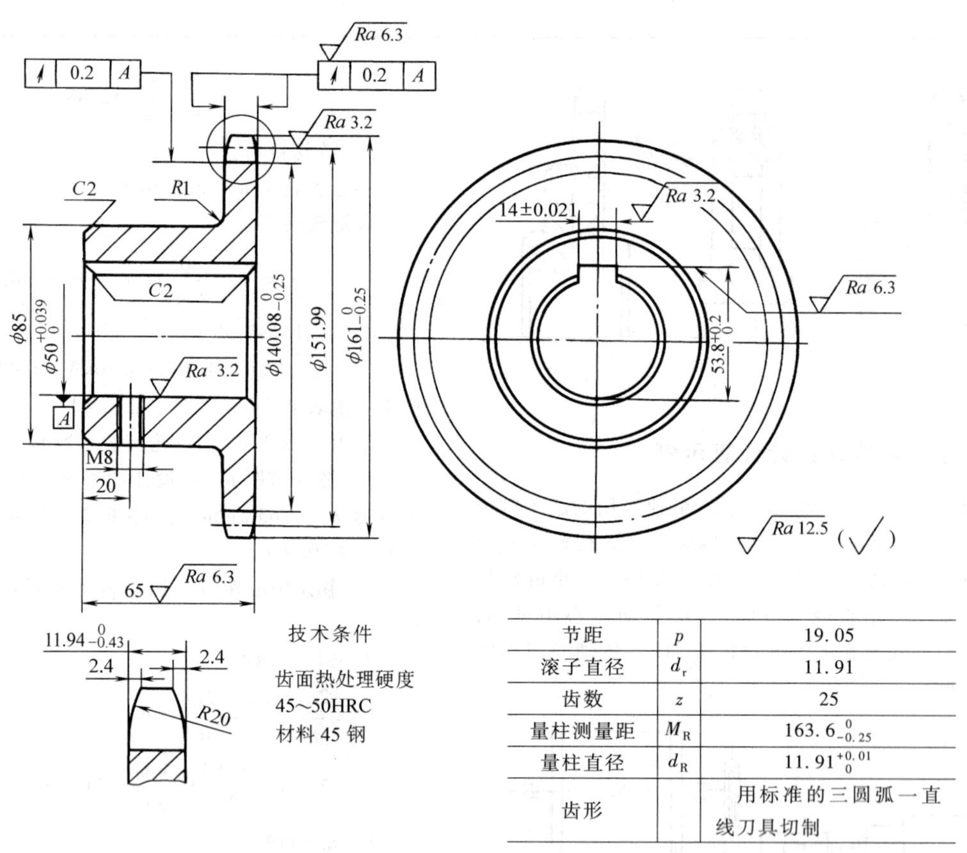

节距	p	19.05
滚子直径	d_r	11.91
齿数	z	25
量柱测量距	M_R	$163.6^{0}_{-0.25}$
量柱直径	d_R	$11.91^{+0.01}_{0}$
齿形		用标准的三圆弧一直线刀具切制

图 6.2-12　小链轮工作图示例

2.5　传动用双节距精密滚子链和链轮

传动及输送用双节距精密滚子链（GB/T 5269—2008）（以下简称双节距链）是由短节距精密滚子链派生出来的一种链条，除前者的节距是后者的两倍外，链条的结构型式和零件尺寸均相同。因此，与精密滚子链相比，双节距链是一种轻型链条，其传递功率及运转速度应相对降低，适用于传递功率较小、速度较低、传动中心距较大的场合。

双节距链条有传动用链条和输送用链条两种，其主要区别是链板、滚子、附件和链长精度等要求不同，本节主要介绍传动用双节距链和链轮。传动用双节距链对链长精度要求较高，链条一般不装附件和大滚子，链板形状一般为∞字形。

传动用双节距链的结构及尺寸如图 6.2-13 所示。

传动用双节距滚子链条主要尺寸、测量力和抗拉强度见表 6.2-23。其链号是在 GB/T 1243—2006 的相应链号上加前缀“2”构成。

表 6.2-23 传动用双节距滚子链条主要尺寸、测量力和抗拉强度（摘自 GB/T 5269—2008）

链号	节距 p	小滚子直径①d_{1max}	大滚子直径①d_{7max}	内链节内宽 b_{1min}	销轴直径 d_{2max}	套筒内径 d_{3min}	链条通道高度 h_{1min}	链板高度 h_{2max}	过渡链板尺寸② l_{1min}	内链节外宽 b_{2max}	外链节内宽 b_{3min}	销轴长度 b_{4max}	销轴止锁端加长量③ b_{7max}	测量力	抗拉强度 min
	mm													N	kN
208A	25.4	7.92	15.88	7.85	3.98	4.00	12.33	12.07	6.9	11.17	11.31	17.8	3.9	120	13.9
208B	25.4	8.51	15.88	7.75	4.45	4.50	12.07	11.81	6.9	11.30	11.43	17.0	3.9	120	17.8
210A	31.75	10.16	19.05	9.40	5.09	5.12	15.35	15.09	8.4	13.84	13.97	21.8	4.1	200	21.8
210B	31.75	10.16	19.05	9.65	5.08	5.13	14.99	14.73	8.4	13.28	13.41	19.6	4.1	200	22.2
212A	38.1	11.91	22.23	12.57	5.96	5.98	18.34	18.10	9.9	17.75	17.88	26.9	4.6	280	31.3
212B	38.1	12.07	22.23	11.68	5.72	5.77	16.39	16.13	9.9	15.62	15.75	22.7	4.6	280	28.9
216A	50.8	15.88	28.58	15.75	7.94	7.96	24.39	24.13	13	22.60	22.74	33.5	5.4	500	55.6
216B	50.8	15.88	28.58	17.02	8.28	8.33	21.34	21.08	13	25.45	25.58	36.1	5.4	500	60.0
220A	63.5	19.05	39.67	18.90	9.54	9.56	30.48	30.17	16	27.45	27.59	41.1	6.1	780	87.0
220B	63.5	19.05	39.67	19.56	10.19	10.24	26.68	26.42	16	29.01	29.14	43.2	6.1	780	95.0
224A	76.2	22.23	44.45	25.22	11.11	11.14	36.55	36.20	19.1	35.45	35.59	50.8	6.6	1110	125.0
224B	76.2	25.4	44.45	25.40	14.63	14.68	33.73	33.40	19.1	37.92	38.05	53.4	6.6	1110	160.0
228B	88.9	27.94	—	30.99	15.90	15.95	37.46	37.08	21.3	46.58	46.71	65.1	7.4	1510	200.0
232B	101.6	29.21	—	30.99	17.81	17.86	42.72	42.29	24.4	45.57	45.70	67.4	7.9	2000	250.0

① 大滚子链条在链号后加 L，它主要用于输送，但有时也用于传动。

② 对繁重的工况不推荐使用过渡链节。

③ 实际尺寸取决于止锁件的类型，但不得超过所给尺寸，详细资料应从链条制造商得到。

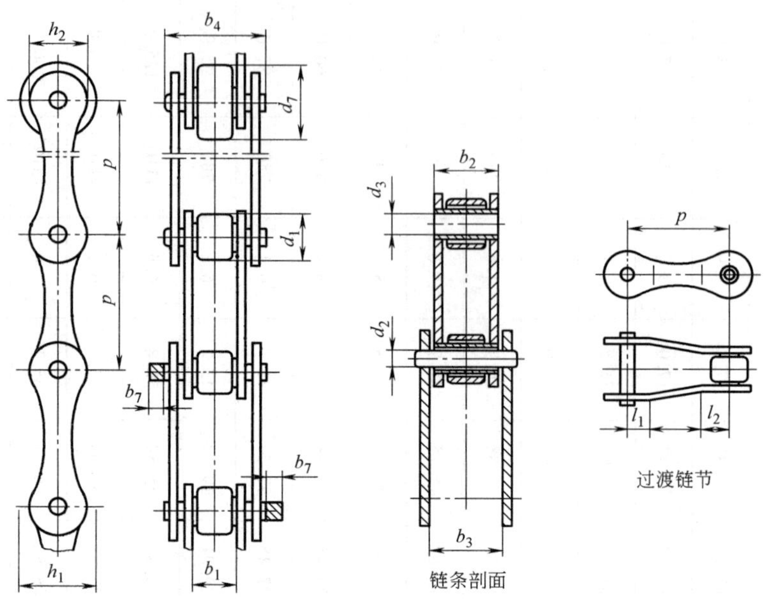

图 6.2-13　传动用双节距链的结构及尺寸

双节距链的链轮与一般滚子链链轮相仿，其尺寸与齿形如图 6.2-14 所示。

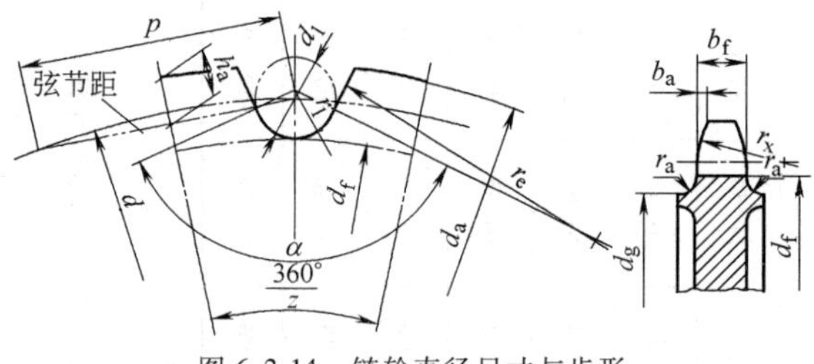

图 6.2-14　链轮直径尺寸与齿形

双节距链的链轮可做成单切齿或双切齿（图 6.2-15）。单切齿（图中实线所示）链轮的有效齿数等于实际齿数（$z=z_1$）。双切齿（图中虚线所示）则是在单切齿链轮的各齿中间位置上又切出一组齿，在这种情况下，链轮的有效齿数等于实际齿数之半（$z=z_1/2$）。

单切齿链轮齿数 z 必为整数。双切齿链轮的实际齿数 z_1 也是整数，但 z_1 为奇数时，有效齿数 z 则成为分数。双节距链轮的主要尺寸及计算公式见表 6.2-24。由于分度圆直径 d 不同，双节距链不能同派生它的短节距滚子链轮配用，即使使用同一刀具加工的链轮；反之亦然。

链轮齿数范围为 5~75，包括 $5\left(\frac{1}{2}\right)$ ~ $74\left(\frac{1}{2}\right)$ 的中间数。优选齿数为 7、9、10、11、13、19、27、38 和 57。

图 6.2-16 为检测链轮精度时量柱测量距 M_R。取量柱直径 $d_R=d_1$，齿根圆直径极限偏差按表 6.2-18 选取，量柱极限偏差为 $^{+0.01}_{0}$ mm。

表 6.2-24　双节距链轮的主要尺寸及计算公式（摘自 GB/T 5269—2008）

名称	符号	计算公式	说明
分度圆直径	d	$d=\dfrac{p}{\sin\dfrac{180°}{z}}$	p—弦齿距，等于链条节距 z—有效齿数，实际绕轮链节数
齿顶圆直径	d_a	$d_{amax}=d+0.625p-d_1$ $d_{amin}=d+p\left(0.5-\dfrac{0.4}{z}\right)-d_1$	d_{amax} 和 d_{amin} 受到刀具所能加工的最大直径的限制，d_1—滚子直径
齿根圆直径	d_f	$d_f=d-d_1$	
分度圆弦齿高	h_a	$h_{amax}=p\left(0.3125+\dfrac{0.8}{z}\right)-0.5d_1$ $h_{amin}=p\left(0.25+\dfrac{0.6}{z}\right)-0.5d_1$	h_{amax} 对应 d_{amax} h_{amin} 对应 d_{amin}

（续）

名称	符号	计算公式	说　明
最大齿槽廓	r_e r_1 α	$r_{emin}=0.008d_1(z^2+180)$ $r_{1max}=0.505d_1+0.069\sqrt[3]{d_1}$ $\alpha_{min}=120°-\dfrac{90°}{z}$	r_e—齿廓圆弧半径 r_1—滚子定位圆弧半径 α—齿沟角
最小齿槽廓	r_e r_1 α	$r_{emax}=0.12d_1(z+2)$ $r_{1min}=0.505d_1$ $\alpha_{max}=140°-\dfrac{90°}{z}$	
齿宽	b_f	$b_f=0.95b_1$（公差 h14）	用户与制造厂协商,也可用 $0.93b_1$，b_1—内链节内宽最小值
最大齿侧凸缘直径	d_g	$d_g=p\cot\dfrac{180°}{z}-1.05h_2-1-2r_a$	h_2—链板高度最大值
齿侧倒角半径	r_x	$r_{xnom}=0.5p$	
齿侧倒角	b_a	$b_{anom}=0.065p$	

测量链轮在转动一周中的径向圆跳动，其齿根圆直径对轴孔轴线的最大径向圆跳动量不应超过下列两数中的大值：$0.0008d_f+0.08$mm 或 0.15mm，但最大到 0.76mm。

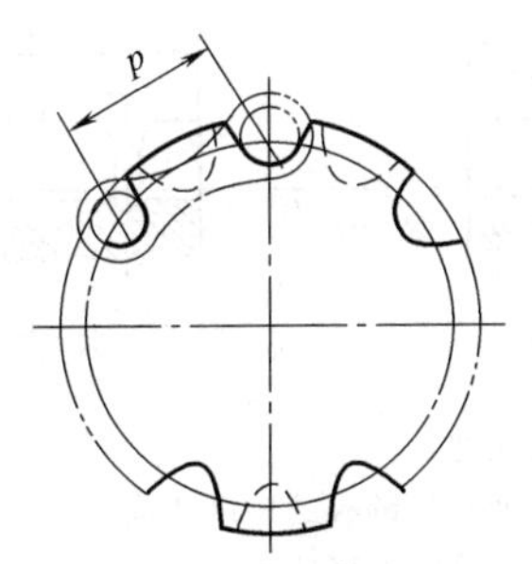

图 6.2-15　单、双切齿链轮
实线 $=z$，虚线 $=2z$

测量链轮在转动一周中的轴向跳动，其链轮齿侧的平直部分对轴孔轴线的轴向跳动量不应超过 $0.0009d_f+0.08$mm，但最大到 1.14mm。

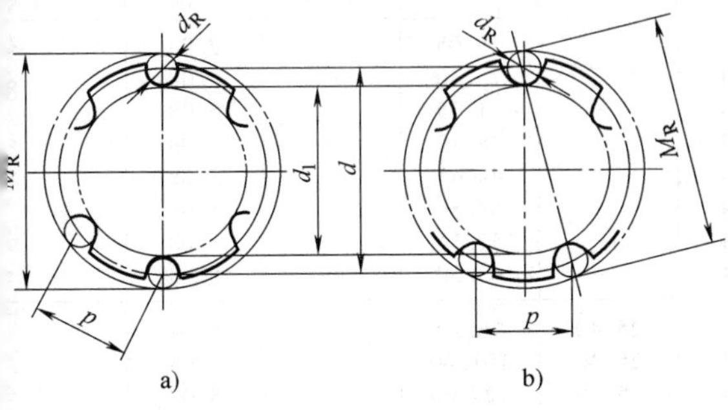

图 6.2-16　量柱测量距 M_R
a）偶数齿　b）奇数齿

对于组合装配（焊接）链轮，如果上述计算值较小，可以采用 0.25mm 作为最小限制值。

链轮的主要尺寸精度——齿距精度应与制造厂商定。

3　齿形链传动

齿形链传动具有啮合冲击与噪声小、工作可靠性高与运动精度保持性好等优点，因此，齿形链传动常用于较高速度、高可靠性场合。

齿形链传动分为外侧啮合传动和内侧啮合传动两类。外侧啮合传动中，链片的外侧直边与轮齿啮合，链片的内侧不与轮齿接触；其啮合的齿楔角有 60°和 70°两种，前者用于节距 $p\geqslant9.525$mm，后者则用于 $p<9.525$mm。齿楔角为 60°的外侧啮合齿形链传动因其制造较易，故应用较广。

3.1　齿形链的基本参数和尺寸（见表 6.2-25、表 6.2-26）

齿形链的外形如图 6.2-17 所示。按 GB/T 10855—2016 的规定，齿形链分为内导式和外导式。内导式齿形链的导板，嵌在链轮齿廓上圆周导槽中（图 6.2-17a）；外导式齿形链的导板，骑在链轮两侧（图 6.2-17b）。由于铰接件、连接件和链板弯部随各制造厂而异，因此标准中未包括这些部分。

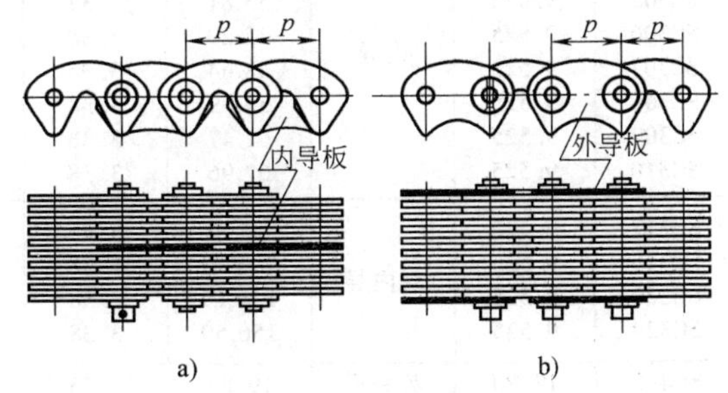

图 6.2-17　齿形链外形图
a）内导式齿形链　b）外导式齿形链

节距 $p\geqslant9.525$mm 的链条，链宽达到或超过 $2p$ 的，采用内导式；链宽小于 $2p$ 的可以采用外导式或内导式；链宽超过 $16p$ 的不推荐使用。

节距 $p=4.762$mm 的链条，可采用内导式或外导式，要求链宽 $\leqslant8p$。齿形链的链号表号方法如下：

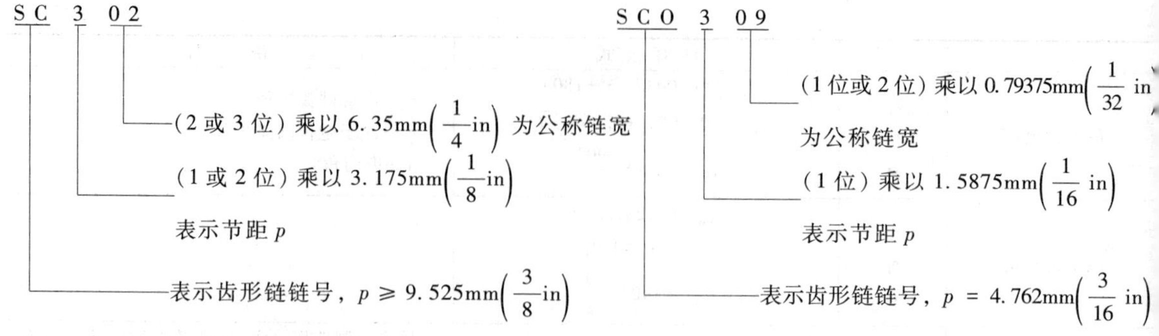

表 6.2-25 $p \geq 9.525$mm 齿形链的宽度和链轮尺寸（摘自 GB/T 10855—2016） （mm）

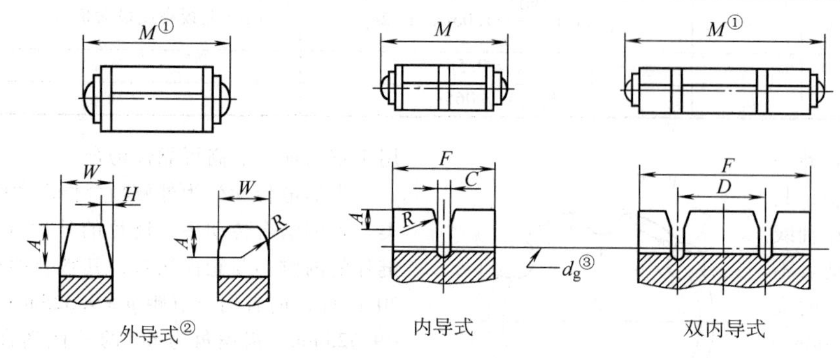

① M 等于链条最大全宽。

② 外导式的导板厚度与齿链板的厚度相同。

③ 切槽刀的端头可以是圆弧形或矩形。

链号①	链条节距 p	类型	最大链宽 M max	齿侧倒角高度 A	导槽宽度 C ±0.13	导槽间距 D ±0.25	齿全宽 F $^{+3.18}_{0}$	齿侧倒角宽度 H ±0.08	齿侧圆角半径 R ±0.08	齿宽 W $^{+0.25}_{0}$
SC302	9.525	外导②	19.81	3.38	—	—	—	1.30	5.08	10.41
SC303	9.525	内导	22.99	3.38	2.54	—	19.05	—	5.08	—
SC304	9.525	内导	29.46	3.38	2.54	—	25.40	—	5.08	—
SC305	9.525	内导	35.81	3.38	2.54	—	31.75	—	5.08	—
SC306	9.525	内导	42.29	3.38	2.54	—	38.10	—	5.08	—
SC307	9.525	内导	48.64	3.38	2.54	—	44.45	—	5.08	—
SC308	9.525	内导	54.99	3.38	2.54	—	50.80	—	5.08	—
SC309	9.525	内导	61.47	3.38	2.54	—	57.15	—	5.08	—
SC310	9.525	内导	67.96	3.38	2.54	—	63.50	—	5.08	—
SC312	9.525	双内导	80.39	3.38	2.54	25.40	76.20	—	5.08	—
SC316	9.525	双内导	105.79	3.38	2.54	25.40	101.60	—	5.08	—
SC320	9.525	双内导	131.19	3.38	2.54	25.40	127.00	—	5.08	—
SC324	9.525	双内导	156.59	3.38	2.54	25.40	152.40	—	5.08	—
SC402	12.70	外导②	19.81	3.33	—	—	—	1.30	5.08	10.41
SC403	12.70	内导	24.13	3.38	2.54	—	19.05	—	5.08	—
SC404	12.70	内导	30.23	3.38	2.54	—	25.40	—	5.08	—
SC405	12.70	内导	36.58	3.38	2.54	—	31.75	—	5.08	—
SC406	12.70	内导	42.93	3.38	2.54	—	38.10	—	5.08	—
SC407	12.70	内导	49.28	3.38	2.54	—	44.45	—	5.08	—
SC408	12.70	内导	55.63	3.38	2.54	—	50.80	—	5.08	—
SC409	12.70	内导	61.98	3.38	2.54	—	57.15	—	5.08	—
SC410	12.70	内导	68.33	3.38	2.54	—	63.50	—	5.08	—
SC411	12.70	内导	74.68	3.38	2.54	—	69.85	—	5.08	—
SC414	12.70	内导	93.98	3.38	2.54	—	88.90	—	5.08	—

（续）

链号[①]	链条节距 p	类型	最大链宽 M max	齿侧倒角高度 A	导槽宽度 C ±0.13	导槽间距 D ±0.25	齿全宽 F +3.18 0	齿侧倒角宽度 H ±0.08	齿侧圆角半径 R ±0.08	齿宽 W +0.25 0
SC416	12.70	双内导	106.68	3.38	2.54	25.40	101.60	—	5.08	—
SC420	12.70		132.33	3.38	2.54	25.40	127.00	—	5.08	—
SC424	12.70		157.73	3.38	2.54	25.40	152.40	—	5.08	—
SC428	12.70		183.13	3.38	2.54	25.40	177.80	—	5.08	—
SC504	15.875	内导	33.78	4.50	3.18	—	25.40	—	6.35	—
SC505	15.875		37.85	4.50	3.18	—	31.75	—	6.35	—
SC506	15.875		46.48	4.50	3.18	—	38.10	—	6.35	—
SC507	15.875		50.55	4.50	3.18	—	44.45	—	6.35	—
SC508	15.875		58.67	4.50	3.18	—	50.80	—	6.35	—
SC510	15.875		70.36	4.50	3.18	—	63.50	—	6.35	—
SC512	15.875		82.80	4.50	3.18	—	76.20	—	6.35	—
SC516	15.875		107.44	4.50	3.18	—	101.60	—	6.35	—
SC520	15.875	双内导	131.83	4.50	3.18	50.80	127.00	—	6.35	—
SC524	15.875		157.23	4.50	3.18	50.80	152.40	—	6.35	—
SC528	15.875		182.63	4.50	3.18	50.80	177.80	—	6.35	—
SC532	15.875		208.63	4.50	3.18	50.80	203.20	—	6.35	—
SC540	15.875		257.96	4.50	3.18	50.80	254.00	—	6.35	—
SC604	19.05	内导	33.78	6.96	4.57	—	25.40	—	9.14	—
SC605	19.05		39.12	6.96	4.57	—	31.75	—	9.14	—
SC606	19.05		46.48	6.96	4.57	—	38.10	—	9.14	—
SC608	19.05		58.67	6.96	4.57	—	50.80	—	9.14	—
SC610	19.05		71.37	6.96	4.57	—	63.50	—	9.14	—
SC612	19.05		81.53	6.96	4.57	—	76.20	—	9.14	—
SC614	19.05		94.23	6.96	4.57	—	88.90	—	9.14	—
SC616	19.05		106.93	6.96	4.57	—	101.60	—	9.14	—
SC620	19.05		132.33	6.96	4.57	—	127.00	—	9.14	—
SC624	19.05		159.26	6.96	4.57	—	152.40	—	9.14	—
SC628	19.05	双内导	184.66	6.96	4.57	101.60	177.80	—	9.14	—
SC632	19.05		208.53	6.96	4.57	101.60	203.20	—	9.14	—
SC636	19.05		233.93	6.96	4.57	101.60	228.60	—	9.14	—
SC640	19.05		259.33	6.96	4.57	101.60	254.00	—	9.14	—
SC648	19.05		310.13	6.96	4.57	101.60	304.80	—	9.14	—
SC808	25.40	内导	57.66	6.96	4.57	—	50.80	—	9.14	—
SC810	25.40		70.10	6.96	4.57	—	63.50	—	9.14	—
SC812	25.40		82.42	6.96	4.57	—	76.20	—	9.14	—
SC816	25.40		107.82	6.96	4.57	—	101.60	—	9.14	—
SC820	25.40		133.22	6.96	4.57	—	127.00	—	9.14	—
SC824	25.40		158.62	6.96	4.57	—	152.40	—	9.14	—
SC828	25.40	双内导	188.98	6.96	4.57	101.60	177.80	—	9.14	—
SC832	25.40		213.87	6.96	4.57	101.60	203.20	—	9.14	—
SC836	25.40		234.95	6.96	4.57	101.60	228.60	—	9.14	—
SC840	25.40		263.91	6.96	4.57	101.60	254.00	—	9.14	—
SC848	25.40		316.23	6.96	4.57	101.60	304.80	—	9.14	—
SC856	25.40		361.95	6.96	4.57	101.60	355.60	—	9.14	—
SC864	25.40		412.75	6.96	4.57	101.60	406.40	—	9.14	—

（续）

链号①	链条节距 p	类型	最大链宽 M max	齿侧倒角高度 A	导槽宽度 C ±0.13	导槽间距 D ±0.25	齿全宽 F $^{+3.18}_{0}$	齿侧倒角宽度 H ±0.08	齿侧圆角半径 R ±0.08	齿宽 W $^{+0.25}_{0}$
SC1010	31.75	内导	71.42	6.96	4.57	—	63.50	—	9.14	—
SC1012	31.75		84.12	6.96	4.57	—	76.20	—	9.14	—
SC1016	31.75		109.52	6.96	4.57	—	101.60	—	9.14	—
SC1020	31.75		134.92	6.96	4.57	—	127.00	—	9.14	—
SC1024	31.75		160.32	6.96	4.57	—	152.40	—	9.14	—
SC1028	31.75		185.72	6.96	4.57	—	177.80	—	9.14	—
SC1023	31.75	双内导	211.12	6.96	4.57	101.60	203.20	—	9.14	—
SC1036	31.75		236.52	6.96	4.57	101.60	228.60	—	9.14	—
SC1040	31.75		261.92	6.96	4.57	101.60	254.00	—	9.14	—
SC1048	31.75		312.72	6.96	4.57	101.60	304.80	—	9.14	—
SC1056	31.75		363.52	6.96	4.57	101.60	355.60	—	9.14	—
SC1064	31.75		414.32	6.96	4.57	101.60	406.40	—	9.14	—
SC1072	31.75		465.12	6.96	4.57	101.60	457.20	—	9.14	—
SC1080	31.75		515.92	6.96	4.57	101.60	508.00	—	9.14	—
SC1212	38.10	内导	85.98	6.96	4.57	—	76.20	—	9.14	—
SC1216	38.10		111.38	6.96	4.57	—	101.60	—	9.14	—
SC1220	38.10		136.78	6.96	4.57	—	127.00	—	9.14	—
SC1224	38.10		162.18	6.96	4.57	—	152.40	—	9.14	—
SC1228	38.10		187.58	6.96	4.57	—	177.80	—	9.14	—
SC1232	38.10	双内导	212.98	6.96	4.57	101.60	203.20	—	9.14	—
SC1236	38.10		238.38	6.96	4.57	101.60	228.60	—	9.14	—
SC1240	38.10		264.92	6.96	4.57	101.60	254.00	—	9.14	—
SC1248	38.10		315.72	6.96	4.57	101.60	304.80	—	9.14	—
SC1256	38.10		366.52	6.96	4.57	101.60	355.60	—	9.14	—
SC1264	38.10		417.32	6.96	4.57	101.60	406.40	—	9.14	—
SC1272	38.10		468.12	6.96	4.57	101.60	457.20	—	9.14	—
SC1280	38.10		518.92	6.96	4.57	101.60	508.00	—	9.14	—
SC1288	38.10		569.72	6.96	4.57	101.60	558.80	—	9.14	—
SC1296	38.10		620.52	6.96	4.57	101.60	609.60	—	9.14	—
SC1616	50.80	内导	110.74	6.96	5.54	—	101.60	—	9.14	—
SC1620	50.80		136.14	6.96	5.54	—	127.00	—	9.14	—
SC1624	50.80		161.54	6.96	5.54	—	152.40	—	9.14	—
SC1628	50.80		186.94	6.96	5.54	—	177.80	—	9.14	—
SC1632	50.80	双内导	212.34	6.96	5.54	101.60	203.20	—	9.14	—
SC1640	50.80		263.14	6.96	5.54	101.60	254.00	—	9.14	—
SC1648	50.80		313.94	6.96	5.54	101.60	304.80	—	9.14	—
SC1656	50.80		371.09	6.96	5.54	101.60	355.60	—	9.14	—
SC1688	50.80		574.29	6.96	5.54	101.60	558.80	—	9.14	—
SC1696	50.80		571.50	6.96	5.54	101.60	609.60	—	9.14	—
SC16120	50.80		571.50	6.96	5.54	101.60	762.00	—	9.14	—

① 选用链宽可查阅制造厂产品目录。

② 外导式链条的导板与齿链板的厚度相同。

表 6.2-26　$p=4.762$mm 齿形链的宽度和链轮齿宽尺寸（摘自 GB/T 10855—2016）　（mm）

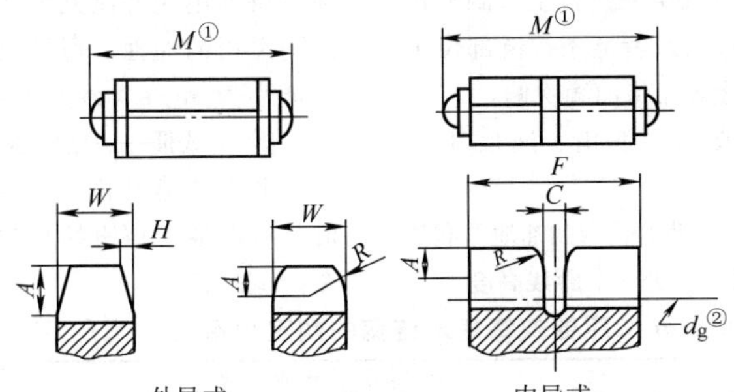

外导式　内导式

① M 等于链条最大全宽。

② 切槽刀的端头可以是圆弧形或矩形。

链号	链条节距 p	类型	最大链宽 M max	齿侧倒角高度 A	导槽宽度 C max	齿全宽 F min	齿侧倒角宽度 H	齿侧圆角半径 R	齿宽 W
SC0305	4.762	外导	5.49	1.5	—	—	0.64	2.3	1.91
SC0307	4.762		7.06	1.5	—	—	0.64	2.3	3.51
SC0309	4.762		8.66	1.5	—	—	0.64	2.3	5.11
SC0311①	4.762	外导/内导	10.24	1.5	1.27	8.48	0.64	2.3	6.71
SC0313①	4.762	外导/内导	11.84	1.5	1.27	10.06	0.64	2.3	8.31
SC0315①	4.762	外导/内导	13.41	1.5	1.27	11.66	0.64	2.3	9.91
SC0317	4.762	内导	15.01	1.5	1.27	13.23	—	2.3	—
SC0319	4.762		16.59	1.5	1.27	14.83	—	2.3	—
SC0321	4.762		18.19	1.5	1.27	16.41	—	2.3	—
SC0323	4.762		19.76	1.5	1.27	18.01	—	2.3	—
SC0325	4.762		21.59	1.5	1.27	19.58	—	2.3	—
SC0327	4.762		22.94	1.5	1.27	21.18	—	2.3	—
SC0329	4.762		24.54	1.5	1.27	22.76	—	2.3	—
SC0331	4.762		26.11	1.5	1.27	24.36	—	2.3	—

① 应指明链条外导或内导。

3.2　齿形链传动设计计算

（1）典型已知条件

传动功率 P、小链轮转速 n、传动比 i、工作条件、原动机种类、应用设备、每日工作小时数等。

（2）设计计算主要内容

1）选择小链轮齿数。$z_1 \geqslant z_{min}$，可取 $z_{min}=15 \sim 17$，建议取 $z_1 \geqslant 21$，取奇数（参考表 6.2-28）。

2）大齿轮齿数。$z_2=iz$，一般 $z_{2max}=120$。

3）求设计功率。$P_d=fP$，工况系数 f 由表 6.2-29 查取。

4）初选链条节距 p。按照表 6.2-27 初选链条节距，表中 n_1 为高速轴转速。

表 6.2-27　节距选择

n_1 /(r/min)	2000~5000	1500~3000	1200~2500	1000~2000	800~1500	600~1200	500~900
p/mm	9.525	12.70	15.875	19.05	25.4	31.75	38.1

5）由表 6.2-28 查取每 1mm 链宽的额定功率 P_0。

6）求要求的最小链宽（mm）b_0。

$$b_0=\frac{P_d}{P_0}$$

7）查表 6.2-25、表 6.2-26 选择标准链宽。

8）计算链长节数 X_0，计算公式同滚子链，链节数尽量取偶数节。

9）精确计算中心距，计算方法同滚子链。

10）设计链轮。

11）润滑。齿形链传动有 3 种基本的润滑方式。额定功率表中推荐的润滑方式取决于链条的速度和所要传递的功率。表中的额定功率是对润滑的最低要求，选择更高等级的润滑方式（例如用方式Ⅲ来取代方式Ⅱ）是允许并更加有利的。链条的使用寿命取决于所采用的润滑方式。润滑越好，链条寿命越长。因此，当选用表中列出的额定功率值时，同时采用下述推荐的润滑方式就很重要。

① 方式Ⅰ——手工润滑、刷子或油杯润滑，速度小于 5m/s。

手工润滑：用刷子或油壶在运转期间至少每隔 8h 加油一次。加油量和频率应能有效防止链条产生过热或者链条铰链部位出现变色。

油杯润滑：采用油杯将油直接滴在链板上。滴油量和频率应能有效防止链条产生过热或者链条铰链部位出现变色。滴油时必须注意不能让气流将油滴吹偏。

② 方式Ⅱ——浸油润滑或飞溅润滑，速度小于12.7m/s。

浸油润滑：链条松边要浸入传动油箱内的油池。润滑油液面应达到工作运行中链条最低点处的节距线高度。

飞溅润滑：链条在油位以上运转，浸在油箱里的油盘将油甩起并溅到链条上，通常在链箱上设一个溅油润滑用的油池。甩油盘的直径应使油盘在边缘处产生最小为3m/s、最大为40m/s的线速度。

③ 方式Ⅲ——循环油泵喷油润滑，速度大于12.7m/s。此方式通常由一个循环泵来提供一个连续的油流。润滑油应被直接均匀地施喷在链条环路内跨过整个链宽的松边。

表 6.2-28a　4.762mm 节距链条每毫米链宽的额定功率表（摘自 GB/T 10855—2016）　（kW）

小齿轮齿数	小链轮每分钟转数											
	500	600	700	800	900	1200	1800	2000	3500	5000	7000	9000
15	0.00822	0.00969	0.01116	0.01262	0.01380	0.01761	0.02349	0.02642	0.03905	0.04873	0.05695	0.05754
17	0.00969	0.01145	0.01292	0.01468	0.01615	0.02055	0.02818	0.03083	0.04697	0.05872	0.07046	0.07398
19	0.01086	0.01262	0.01468	0.01615	0.01791	0.02349	0.03229	0.03523	0.05284	0.06752	0.08103	0.08573
21	0.02104	0.01409	0.01615	0.01820	0.01996	0.02554	0.03582	0.03905	0.05960	0.07574	0.09160	0.09835
23	0.01321	0.01556	0.01761	0.01996	0.02202	0.02818	0.03963	0.04316	0.06606	0.08455	0.10275	0.11097
25	0.01439	0.01703	0.01938	0.02173	0.02407	0.03083	0.04316	0.04697	0.07193	0.09189	0.11156	0.12037
27	0.01556	0.01820	0.02084	0.02349	0.02584	0.03376	0.04639	0.05050	0.07721	0.09835	0.11919	0.12830
29	0.01673	0.01967	0.02231	0.02525	0.02789	0.03552	0.04991	0.05431	0.08308	0.10598	0.12918	0.13857
31	0.01761	0.02114	0.02378	0.02672	0.02965	0.03817	0.05314	0.05784	0.08866	0.11274	0.13681	0.14679
33	0.01879	0.02202	0.02525	0.02848	0.03141	0.04022	0.05578	0.06107	0.09307	0.11802	0.14239	—
35	0.01996	0.02349	0.02701	0.03024	0.03347	0.04257	0.05960	0.06488	0.10011	0.12536	0.15149	—
37	0.02084	0.02466	0.02818	0.03171	0.03494	0.04462	0.06195	0.06752	0.10217	0.12888	0.15384	—
40	0.02055	0.02672	0.03053	0.03406	0.03787	0.04815	0.06694	0.07340	0.11068	0.13975	—	—
45	0.02525	0.02995	0.03376	0.03817	0.04198	0.05373	0.07428	0.08074	0.12184	0.15296	—	—
50	0.02789	0.03288	0.03728	0.04022	0.04639	0.05872	0.08162	0.08866	0.13270	0.16587	—	—
	方式Ⅰ						方式Ⅱ			方式Ⅲ		

表 6.2-28b　9.525mm 节距链条每毫米链宽的额定功率表（摘自 GB/T 10855—2016）　（kW）

小齿轮齿数	小链轮转速/(r/min)														
	100	500	1000	1500	2000	2500	3000	3500	4000	4500	5000	6000	7000	8000	8500
17	0.02349	0.12037	0.24074	0.36111	0.47560	0.58717	0.70460	0.79267	0.91011	0.99818	1.08626	1.23305	1.35048	1.43855	1.43855
19	0.02642	0.13505	0.27010	0.40221	0.53138	0.64588	0.76331	0.88075	0.99818	1.08626	1.17433	1.32112	1.40920	1.46791	1.43855
21	0.02936	0.14973	0.29652	0.44037	0.58423	0.70460	0.85139	0.96822	1.08626	1.17433	1.26241	1.37984	1.43855	1.43855	1.37984
23	0.03229	0.16441	0.32588	0.48441	0.64588	0.79267	0.91011	1.02754	1.14497	1.26241	1.32112	1.43855	1.43855	1.35048	1.26241
25	0.03523	0.17615	0.35230	0.52258	0.67524	0.85139	0.96882	1.11561	1.23305	1.32112	1.37984	1.46791	1.40920	1.23305	1.08626
27	0.03817	0.19083	0.38166	0.56368	0.73396	0.91011	1.05690	1.17433	1.29176	1.37984	1.43855	1.43855	1.32112	1.02754	—
29	0.04110	0.20551	0.40808	0.61652	0.79267	0.96882	1.11561	1.23305	1.35048	1.40920	1.43855	1.40920	1.20369	—	—
31	0.04404	0.22019	0.44037	0.64588	0.82203	0.99818	1.17433	1.29176	1.37984	1.43855	1.46791	1.35048	1.02754	—	—
33	0.04697	0.23487	0.46386	0.67524	0.88075	1.05690	1.20369	1.32112	1.40920	1.43855	1.43855	1.26241	—	—	—
35	0.04991	0.24955	0.49028	0.70460	0.93946	1.11561	1.26241	1.37984	1.43855	1.46791	1.40920	1.11561	—	—	—
37	0.05284	0.26129	0.51671	0.76331	0.96882	1.14497	1.29176	1.40920	1.43855	1.43855	1.35048	—	—	—	—
40	0.05578	0.28184	0.55781	0.82203	1.02754	1.23305	1.35048	1.43855	1.43855	1.37984	1.23305	—	—	—	—
45	0.06459	0.31707	0.61652	0.91011	0.14497	1.32112	1.43855	1.46791	1.37984	1.20369	—	—	—	—	—
50	0.07046	0.35230	0.67524	0.96882	1.23305	1.37984	1.46791	1.40920	1.23305	—	—	—	—	—	—
润滑	方式Ⅰ		方式Ⅱ		方式Ⅲ										

表 6.2-28c　12.70mm 节距链条每毫米链宽的额定功率表（摘自 GB/T 10855—2016）　（kW）

小齿轮齿数	小链轮转速/(r/min)														
	100	500	1000	1500	2000	2500	3000	3500	4000	4500	5000	5500	6000	6500	7000
17	0.04697	0.23193	0.46386	0.67524	0.91011	1.11561	1.32112	1.49727	1.67342	1.82021	1.93765	2.05508	2.11379	2.17251	2.20187
19	0.05284	0.26129	0.51671	0.76331	0.99818	1.23305	1.43855	1.64406	1.82021	1.93765	2.05508	2.14315	2.17251	2.20187	2.14315
21	0.05872	0.28771	0.56955	0.85139	1.11561	1.35048	1.55599	1.76150	1.93765	2.05508	2.14315	2.20187	2.17251	2.11379	1.99636
23	0.06459	0.31413	0.61652	0.91011	1.20369	1.46791	1.67342	1.87893	2.02572	2.14315	2.17251	2.17251	2.11379	1.96700	1.76150
25	0.06752	0.34056	0.67524	0.99818	1.29176	1.55599	1.79085	1.96700	2.11379	2.17251	2.17251	2.11379	1.96700	1.73214	1.37984
27	0.07340	0.36991	0.73396	1.05690	1.37984	1.64406	1.87893	2.05508	2.17251	2.20187	2.14315	1.99636	1.73214	1.37984	—
29	0.07927	0.39634	0.79267	1.14497	1.46791	1.76150	1.96700	2.11379	2.20187	2.17251	2.02572	1.79085	1.40920	0.91011	—
31	0.08514	0.42276	0.82203	1.20369	1.55599	1.82021	2.02572	2.17251	2.20187	2.08444	1.87893	1.52663	0.99818	—	—
33	0.09101	0.44918	0.88075	1.29176	1.61470	1.90829	2.08444	2.20187	2.14315	1.99636	1.67342	1.17433	—	—	—
35	0.09688	0.47854	0.93946	1.35048	1.70278	1.96700	2.14315	2.20187	2.08444	1.82021	1.37984	—	—	—	—
37	0.10275	0.50496	0.99818	1.40920	1.76150	2.02572	2.17251	2.17251	1.99636	1.61470	—	—	—	—	—
40	0.10863	0.54313	1.05690	1.49727	1.87893	2.11379	2.20187	2.08444	1.79085	1.23305	—	—	—	—	—
45	0.12330	0.61652	1.17433	1.64406	1.99636	2.17251	2.14315	1.82021	1.23305	—	—	—	—	—	—
50	0.13798	0.67524	1.29176	1.79085	2.11379	2.17251	1.96700	1.37984	—	—	—	—	—	—	—
润滑	方式Ⅰ	方式Ⅱ		方式Ⅲ											

表 6.2-28d　15.875mm 节距链条每毫米链宽的额定功率表（摘自 GB/T 10855—2016）　（kW）

小齿轮齿数	小链轮转速/(r/min)												
	100	500	1000	1500	2000	2500	3000	3500	4000	4500	5000	5500	6000
17	0.07340	0.36404	0.73396	1.05690	1.40920	1.70278	1.96700	2.23123	2.43674	2.58353	2.70096	2.73032	2.73032
19	0.08220	0.40514	0.79267	1.17433	1.55599	1.87893	2.14315	2.40738	2.58353	2.70096	2.73032	2.70096	—
21	0.09101	0.44918	0.88075	1.29176	1.67342	2.02572	2.31930	2.52481	2.67160	2.73032	2.70096	—	—
23	0.09982	0.49028	0.96882	1.40920	1.82021	2.17251	2.43674	2.64224	2.73032	2.70096	—	—	—
25	0.10863	0.53432	1.05690	1.52663	1.93765	2.28994	2.55417	2.70096	2.73032	2.61289	—	—	—
27	0.11450	0.57542	1.11561	1.64406	2.08444	2.40738	2.64224	2.73032	2.67160	—	—	—	—
29	0.12330	0.61652	1.20369	1.73214	2.17251	2.52481	2.70096	2.73032	2.55417	—	—	—	—
31	0.13211	0.64588	1.29176	1.84957	2.28994	2.61289	2.73032	2.67160	—	—	—	—	—
33	0.14092	0.70460	1.35048	1.93765	2.37802	2.67160	2.73032	2.55417	—	—	—	—	—
35	0.14973	0.73396	1.43855	2.02572	2.46609	2.70096	2.70096	—	—	—	—	—	—
37	0.15853	0.79267	1.49727	2.11379	2.55417	2.73032	2.64224	—	—	—	—	—	—
40	0.17028	0.85139	1.61470	2.23123	2.64224	2.73032	2.46609	—	—	—	—	—	—
45	0.19376	0.93946	1.79085	2.40738	2.73032	2.61289	—	—	—	—	—	—	—
50	0.21432	1.05690	1.93765	2.55417	2.73032	2.31930	—	—	—	—	—	—	—
润滑	方式Ⅰ	方式Ⅱ		方式Ⅲ									

表 6.2-28e　19.05mm 节距链条每毫米链宽的额定功率表（摘自 GB/T 10855—2016）　(kW)

小齿轮齿数	小链轮转速/(r/min)														
	100	200	500	800	1000	1200	1500	2000	2400	2800	3000	3500	4000	5500	6000
17	0.08807	0.17615	0.43744	0.70460	0.85139	1.02754	1.26241	1.64406	1.90829	2.17251	2.26059	2.49545	2.64224	2.52481	2.28994
19	0.09688	0.19670	0.49028	0.76331	0.96882	1.14497	1.40920	1.82021	2.08444	2.31930	2.43674	2.61289	2.70096	2.20187	1.73214
21	0.10863	0.21725	0.54019	0.85139	1.05690	1.26241	1.52663	1.96700	2.26059	2.46609	2.55417	2.67160	2.67160	1.64406	0.91011
23	0.11743	0.23780	0.58717	0.93946	1.14497	1.37984	1.67342	2.11379	2.37802	2.58353	2.64224	2.70096	2.58353	0.85139	—
25	0.12918	0.25835	0.64588	0.99818	1.26241	1.46791	1.79085	2.23123	2.49545	2.64224	2.70096	2.64224	2.34866	—	—
27	0.14092	0.27890	0.70460	1.08626	1.35048	1.58535	1.90829	2.34866	2.58353	2.70096	2.70096	2.52481	2.05508	—	—
29	0.14973	0.29945	0.73396	1.17433	1.43855	1.67342	2.02572	2.43674	2.64224	2.70096	2.64224	2.31930	1.61470	—	—
31	0.16147	0.32001	0.79267	1.23305	1.52663	1.79085	2.11379	2.52481	2.70096	2.64224	2.55417	2.02572	1.05690	—	—
33	0.17028	0.34056	0.85139	1.32112	1.61470	1.87893	2.23123	2.61289	2.70096	2.55417	2.40738	1.64406	—	—	—
35	0.18202	0.36111	0.88075	1.37984	1.70278	1.96700	2.31930	2.64224	2.67160	2.43674	2.17251	1.17433	—	—	—
37	0.19083	0.38166	0.93946	1.46791	1.76150	2.05508	2.37802	2.70096	2.61289	2.23123	1.90829	—	—	—	—
40	0.20551	0.41102	0.99818	1.55599	1.87893	2.17251	2.49545	2.70096	2.46609	1.84957	1.35048	—	—	—	—
45	0.23193	0.46386	1.14497	1.73214	2.08444	2.34866	2.61289	2.61289	2.05508	0.91011	—	—	—	—	—
50	0.25835	0.51377	1.26241	1.87893	2.23123	2.49545	2.70096	2.34866	1.35048	—	—	—	—	—	—
润滑	方式Ⅰ		方式Ⅱ		方式Ⅲ										

表 6.2-28f　25.40mm 节距链条每毫米链宽的额定功率表（摘自 GB/T 10855—2016）　(kW)

小齿轮齿数	小链轮转速/(r/min)														
	100	200	500	800	1000	1200	1500	1800	2000	2500	3000	3500	4000	4500	5100
17	0.13798	0.27597	0.67524	1.08626	1.35048	1.58535	1.93765	2.23123	2.43674	2.78903	2.99454	2.99454	2.75968	2.26059	1.29176
19	0.15560	0.30826	0.76331	1.20369	1.49727	1.76150	2.11379	2.43674	2.61289	2.93583	2.99454	2.81839	2.28994	1.43855	—
21	0.17028	0.34056	0.85139	1.32112	1.64406	1.90829	2.28994	2.61289	2.75968	2.99454	2.90647	2.46609	1.58535	—	—
23	0.18789	0.37285	0.91011	1.43855	1.76150	2.05508	2.43674	2.75968	2.87711	2.99454	2.70096	1.93765	—	—	—
25	0.20257	0.40808	0.99818	1.55599	1.90829	2.20187	2.58353	2.84775	2.96518	2.93583	2.37802	—	—	—	—
27	0.22019	0.44037	1.08626	1.67342	2.02572	2.34866	2.70096	2.93583	2.99454	2.78903	1.87893	—	—	—	—
29	0.23487	0.47267	1.14497	1.79085	2.14315	2.46609	2.81839	2.99454	2.99454	2.52481	—	—	—	—	—
31	0.25248	0.50496	1.23305	1.87893	2.26059	2.58353	2.90647	2.99454	2.93583	2.20187	—	—	—	—	—
33	0.27010	0.53432	1.29176	1.99636	2.37802	2.67160	2.96518	2.99454	2.81839	—	—	—	—	—	—
35	0.28478	0.56661	1.37984	2.08444	2.46609	2.75968	2.99454	2.90647	2.67160	—	—	—	—	—	—
37	0.30239	0.58717	1.43855	2.17251	2.55417	2.84775	2.99454	2.81839	2.43674	—	—	—	—	—	—
40	0.32588	0.64588	1.55599	2.31930	2.70096	2.93583	2.96518	2.55417	1.96700	—	—	—	—	—	—
45	0.36698	0.73396	1.73214	2.52481	2.84775	2.99454	2.78903	1.87893	—	—	—	—	—	—	—
50	0.40808	0.79267	1.90829	2.70096	2.96518	2.96518	2.37802	—	—	—	—	—	—	—	—
润滑	方式Ⅰ		方式Ⅱ	方式Ⅲ											

表 6.2-28g 31.75mm 节距链条每毫米链宽的额定功率表（摘自 GB/T 10855—2016） （kW）

小齿轮齿数	小链轮每分钟转数										
	100	200	300	400	500	600	700	800	1000	1200	1500
19	0.16441	0.29358	0.44037	0.58716	0.70460	0.76331	0.85139	0.91011	0.99818	1.02754	—
21	0.18496	0.32294	0.52845	0.67524	0.76331	0.88075	0.96882	1.05690	1.17433	1.20369	—
23	0.20257	0.38166	0.55781	0.70460	0.85139	0.99818	1.05690	1.17433	1.32112	1.35048	1.35048
25	0.22019	0.41102	0.58716	0.76331	0.91011	1.05690	1.17433	1.29176	1.46791	1.55599	1.55599
27	0.23487	0.44037	0.67524	0.85139	1.02754	1.17433	1.29176	1.43855	1.58534	1.70278	1.70278
29	0.25248	0.46973	0.70460	0.91011	1.11561	1.26240	1.40919	1.55599	1.73214	1.84957	1.87893
31	0.27303	0.52845	0.76331	0.99818	1.17433	1.35048	1.49727	1.64406	1.87893	1.99636	2.02572
33	0.29065	0.55781	0.82203	1.02754	1.26240	1.43855	1.61470	1.76149	2.02572	2.14315	2.17251
35	0.32294	0.58716	0.85139	1.11561	1.32112	1.55599	1.73214	1.87893	2.14315	2.28994	2.28994
37	0.32294	0.61652	0.88075	1.17433	1.40919	1.61470	1.84957	1.99636	2.23123	2.37802	—
40	0.35230	0.70460	0.99818	1.29176	1.55599	1.76149	1.99636	2.17251	2.43673	2.58352	—
45	0.38166	0.76331	1.11561	1.43855	1.73214	1.99636	2.20187	2.37802	2.67160	—	—
50	0.44037	0.85139	1.26240	1.58534	1.90828	2.17251	2.43673	2.64224	2.93582	—	—
	方式Ⅰ			方式Ⅱ			方式Ⅲ				

表 6.2-28h 38.10mm 节距链条每毫米链宽的额定功率表（摘自 GB/T 10855—2016） （kW）

小齿轮齿数	小链轮转速/(r/min)														
	100	200	300	400	500	600	800	1000	1200	1400	1600	1800	2100	2400	2700
17	0.41982	0.85139	1.26241	1.67342	2.05508	2.46609	3.22941	3.93401	4.60925	5.19641	5.69550	6.07716	6.45882	6.57625	6.34138
19	0.46973	0.93946	1.40920	1.84957	2.28994	2.73032	3.58171	4.34502	5.02026	5.60743	6.04780	6.37074	6.57625	6.37074	5.69550
21	0.51964	1.02754	1.55599	2.05508	2.52481	3.02390	3.90465	4.69732	5.40192	5.95973	6.34138	6.54689	6.45882	5.84229	4.57989
23	0.56661	1.14497	1.70278	2.23123	2.75968	3.28813	4.22759	5.04962	5.72486	6.22395	6.51753	6.54689	6.10652	4.93219	—
25	0.61652	1.23305	1.82021	2.40738	2.99454	3.52299	4.52117	5.37256	6.01844	6.42946	6.57625	6.40010	5.49000	—	—
27	0.67524	1.32112	1.96700	2.61289	3.20005	3.78722	4.81476	5.66614	6.25331	6.54689	6.51753	6.07716	4.57989	—	—
29	0.70460	1.40920	2.11379	2.78903	3.43492	4.02208	5.07898	5.90101	6.42946	6.57625	6.31203	5.54871	—	—	—
31	0.76331	1.52663	2.26059	2.96518	3.64042	4.25695	5.34320	6.10652	6.51753	6.48818	5.95973	4.81476	—	—	—
33	0.82203	1.61470	2.40738	3.14133	3.84593	4.49181	5.57807	6.28267	6.57625	6.31203	5.43128	—	—	—	—
35	0.85139	1.70278	2.52481	3.31748	4.05144	4.69732	5.78358	6.42946	6.54689	6.01844	4.75604	—	—	—	—
37	0.91011	1.82021	2.67106	3.49363	4.25695	4.93219	5.95973	6.51753	6.45882	5.60743	—	—	—	—	—
40	0.99818	1.93765	2.87711	3.72850	4.52117	5.22577	6.22395	6.57625	6.13588	4.75604	—	—	—	—	—
45	1.11561	2.17251	3.20005	4.13952	4.96155	5.66614	6.48818	6.40010	5.19641	—	—	—	—	—	—
50	1.23305	2.40738	3.52299	4.52117	5.37256	6.01844	6.57625	5.90101	—	—	—	—	—	—	—
润滑	方式Ⅰ	方式Ⅱ			方式Ⅲ										

表 6.2-28i　50.80mm 节距链条每毫米链宽的额定功率表（摘自 GB/T 10855—2016）　（kW）

小齿轮齿数	小链轮转速/(r/min)														
	100	200	300	400	500	600	700	800	900	1000	1200	1300	1400	1500	1600
17	0.73396	1.49727	2.23123	2.93583	3.64042	4.31566	4.96155	5.57807	6.13588	6.66433	7.57443	7.95609	8.24967	8.48454	8.66069
19	0.82203	1.67342	2.46609	3.25877	4.02208	4.75604	5.46064	6.10652	6.69368	7.22213	8.07352	8.39646	8.60197	8.74876	8.74876
21	0.91011	1.82021	2.73032	3.58171	4.43310	5.19641	5.93037	6.60561	7.19277	7.72122	8.45518	8.60069	8.74876	8.71940	8.57261
23	0.99818	1.99636	2.96518	3.90465	4.81476	5.63679	6.40010	7.07534	7.63315	8.10288	8.69005	8.77812	8.69005	8.45518	8.01481
25	1.08626	2.17251	3.22941	4.22759	5.16705	6.04780	6.81112	7.48636	8.01481	8.42582	8.77812	8.66069	8.36710	7.86801	7.10470
27	1.17433	2.34866	3.46427	4.55053	5.51935	6.42946	7.19277	7.83866	8.33775	8.63133	8.66069	8.33775	7.77994	6.92855	—
29	1.26241	2.52481	3.72850	4.84411	5.87165	6.78176	7.54507	8.16160	8.57261	8.74876	8.39646	7.80930	6.89919	—	—
31	1.35048	2.67160	3.96337	5.13770	6.19459	7.13406	7.86801	8.39646	8.71940	8.74876	7.92673	7.01662	—	—	—
33	1.43855	2.84775	4.79823	5.43128	6.51753	7.42764	8.13224	8.60197	8.77812	8.63133	7.25149	—	—	—	—
35	1.52663	3.02390	4.43310	5.69550	6.81112	7.72122	8.36710	8.71940	8.71940	8.36710	6.34138	—	—	—	—
37	1.61470	3.17069	4.63861	5.95973	7.10470	7.95609	8.54325	8.77812	8.60197	7.98545	—	—	—	—	—
40	1.76150	3.43492	4.99090	6.37074	7.48636	8.27903	8.71940	8.69005	8.19096	—	—	—	—	—	—
45	1.96700	3.84593	5.51935	6.95791	8.01481	8.63133	8.71940	8.19096	—	—	—	—	—	—	—
50	2.17251	4.22759	6.04780	7.48636	8.42582	8.77812	8.36710	—	—	—	—	—	—	—	—
润滑	方式Ⅰ	方式Ⅱ		方式Ⅲ											

表 6.2-29　工况系数 f（摘自 GB/T 10855—2016）

应用设备	动力源①		应用设备	动力源①	
	A	B		A	B
搅拌器			压缩机		
液体	1.1	1.3	离心式	1.1	1.3
半液体	1.1	1.3	回转式	1.1	1.3
半液体（可变密度）	1.2	1.4	往复式（单冲程或双冲程）	1.6	1.8
面包厂机械			往复式（3冲程或以上）	1.3	1.5
和面机	1.2	1.4	输送机		
酿造和蒸馏设备			裙板式、挡边式	1.4	1.6
装瓶机	1.0	1.2	带式输送（矿石、煤、砂子）	1.2	1.4
气锅、炊具、捣磨桶	1.0	1.2	带式输送（轻物料）	1.0	1.2
料斗秤（经常启动）	1.2	1.4	烘箱、干燥箱、恒温箱	1.0	1.2
制砖和黏土器具机械			螺旋式	1.6	1.8
挤泥机、螺旋土钻	1.3	1.5	料斗式	1.4	1.6
制砖机	1.4	1.6	槽式、盘式	1.4	1.6
切割台	1.3	1.5	刮板式	1.6	1.8
干压机	1.4	1.6	提升式	1.4	1.6
除气机	1.3	1.5	棉油厂设备		
制粒机	1.4	1.6	棉绒去除器、剥绒机	1.4	1.6
混合机	1.4	1.6	蒸煮器	1.4	1.6
拌土机	1.4	1.6	起重机和吊车		
碾压机	1.4	1.6	主提升机-正常载荷	1.2	1.4
离心机	1.4	1.6	主提升机-重载荷	1.4	1.6
			倒卸式起重机、箕斗提升机	1.4	1.6

（续）

应用设备	动力源①	
	A	B
粉碎机、压碎机		
球磨机	1.6	1.8
碎煤机	1.4	1.6
煤炭粉碎机	1.4	1.6
圆锥破碎机、圆锥轧碎机	1.6	1.8
破碎机	1.6	1.8
旋转破碎机、环动碎石机	1.6	1.8
哈丁球磨机	1.6	1.8
腭式粉碎机	1.6	1.8
亚麻粉碎机	1.4	1.6
棒磨机	1.6	1.8
磨管机	1.6	1.8
挖泥机、疏浚机		
输送式、泵式、码垛式	1.4	1.6
抖动式、筛分式	1.6	1.8
斗式提升机		
均匀送料	1.2	1.4
重载用工况	1.4	1.6
通风机和鼓风机		
离心式	1.3	1.5
排风机	1.3	1.5
通风机	1.2	1.4
吸风机、引风机	1.2	1.4
矿用通风机	1.4	1.6
增压鼓风机	1.5	1.7
螺旋桨式通风机	1.3	1.5
叶片式	1.3	1.5
面粉、饲料、谷物加工机械		
筛面粉机和筛选机	1.1	1.3
磨碎机和锤磨机	1.2	1.4
送料机构	1.0	1.2
净化器和滚筒机	1.1	1.3
滚磨机	1.3	1.5
分离机、谷物分选机	1.1	1.3
主轴驱动装置	1.4	1.6
洗衣机械		
湿调器	1.1	1.3
脱水机	1.1	1.3
烫布机	1.1	1.3
转筒式洗衣机	1.2	1.4
洗涤机、洗选机	1.1	1.3
圆筒干燥器	1.3	1.5
主传动轴、动力轴		
制砖厂	1.6	1.8
煤装卸设备	1.2	1.4
轧棉机、轧花机	1.1	1.3
棉油设备	1.1	1.3
谷物提升机	1.0	1.2
相似其他设备	1.2	1.5
造纸设备	1.3	1.5
橡胶设备	1.4	1.6
轧钢设备、炼钢设备	1.4	1.6
机床		
镗床	1.1	1.3
凸轮加工机床	1.1	1.3
冲床和剪切机	1.4	1.7
钻床	1.0	1.3
锻锤	1.1	1.4
磨床	1.0	1.2
车床	1.0	1.2
铣床	1.1	1.3
造纸机械		
搅拌器	1.1	1.3
打浆机	1.3	1.5
压光机	1.2	1.4
切碎机	1.5	1.7
干燥机	1.2	1.4
约当发动机	1.2	1.4
纳什发动机	1.4	1.6
造纸机	1.2	1.3
洗涤机	1.4	1.6
卷筒式升降机	1.5	1.7
美式干燥机	1.3	1.5

（续）

应用设备	动力源①		应用设备	动力源①	
	A	B		A	B
剥皮机（机械式）	1.6	1.8	泵		
碾磨机			离心泵	1.2	1.4
球磨机	1.5	1.7	泥浆泵	1.6	1.8
薄片机、轧片机	1.5	1.7	齿轮泵	1.2	1.4
成型机	1.6	1.8	叶片泵	1.2	1.4
哈丁磨机	1.5	1.7	其他类泵	1.5	1.7
砾磨机、碎石磨机	1.5	1.7	管道泵	1.4	1.6
棒磨机	1.5	1.7	旋转泵	1.1	1.3
滚磨机	1.5	1.7	活塞泵（单冲程或双冲程）	1.3	1.5
管磨机	1.5	1.7	活塞泵（3冲程或以上）	1.6	1.8
滚筒磨机	1.6	1.8	发电机和励磁机	1.2	1.4
烘干磨、窑磨	1.6	1.8	橡胶厂设备		
钢厂			混合器、压片机、研磨机	1.6	1.8
轧机	1.3	1.5	压光机	1.5	1.7
金属拉丝机	1.2	1.4	制内胎机、硫化塔	1.5	1.7
自动加煤机	1.1	1.3	挤压机	1.5	1.7
纺织机械			橡胶厂机械		
进料斗、压光机	1.1	1.3	密封式混炼机	1.5	1.7
织布机	1.1	1.3	压光机	1.5	1.7
细砂机	1.0	1.2	混合器、脱料机	1.6	1.8
绞结器	1.0	1.2	碾压机	1.5	1.7
整经机	1.0	1.2	筛分机		
手纺车、卷轴	1.0	1.2	空气洗涤器、移动网筛机	1.0	1.2
搅拌机			锥形格筛	1.2	1.4
混凝土	1.6	1.8	旋转筛、砂砾筛、石子筛	1.5	1.7
液体和半液体	1.1	1.3	转动式	1.2	1.4
油田机械			振动式	1.5	1.7
泥浆泵	1.5	1.7	炼油装置		
复合搅拌装置	1.1	1.3	冷却器、过滤器	1.5	1.7
管道泵	1.4	1.6	压榨机、回转炉	1.5	1.7
绞车	1.8	2.0	制冰机械	1.5	1.7
印刷机械			车辆		
压纹机、印花机	1.2	1.4	起重机	1.5	1.7
平台印刷机	1.2	1.4	割草机	1.0	1.2
折页机、折叠机	1.2	1.4	公路设备（履带式）	1.5	1.7
划线机	1.1	1.3	除雪车	1.0	1.2
杂志印刷机	1.5	1.7	拖拉机（农用）	1.3	1.5
报纸印刷机	1.5	1.7	卡车（运货）	1.2	1.4
切纸机	1.1	1.3	卡车（扫雪机）	1.5	1.7
转轮印刷机	1.1	1.3	卡车（筑路机）	1.5	1.7

① 动力源A指液力偶合或液力变矩器发动机、电动机、涡轮机或液力马达；动力源B指机械耦合发动机。

3.3 齿形链链轮尺寸计算（见表6.2-30、表6.2-31）

表6.2-30 齿形链链轮尺寸计算（摘自GB/T 10855—2016）

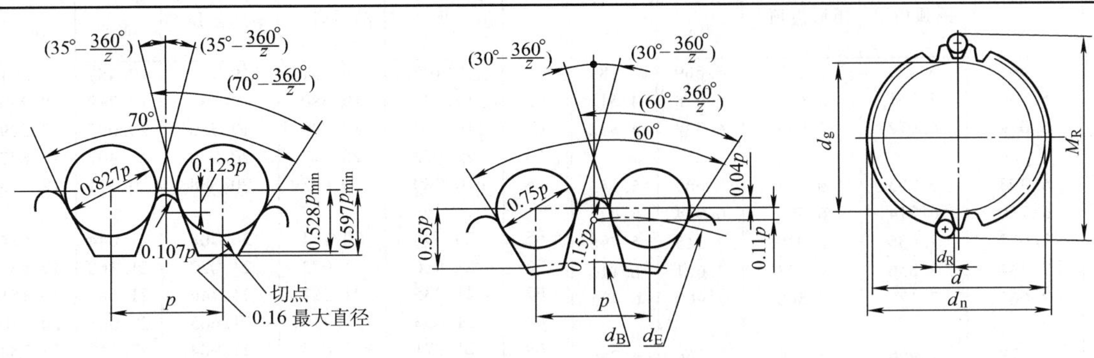

p=4.762mm 链轮尺寸　　p≥9.525mm 链轮尺寸　　跨柱测量距

名　称	单位	计算公式	
		$p=4.762\text{mm}$	$p\geqslant 9.525\text{mm}$
链条节距 p	mm	p	p
链轮齿数 z		z	z
分度圆直径		$d=\dfrac{p}{\sin\dfrac{180°}{z}}$	$d=\dfrac{p}{\sin\dfrac{180°}{z}}$
齿顶圆直径 d_a		$d_a=p\left(\cot\dfrac{180°}{z}-0.032\right)$	圆弧齿 $d_a=p\left(\cot\dfrac{90°}{z}+0.08\right)$ 矩形齿 $d_a=2\sqrt{X^2+L^2+2xL\cos\alpha}$ 其中：$X=Y\cos\alpha-\sqrt{(0.15p)^2-(Y\sin\alpha)^2}$ $Y=p(0.500-0.375\sec\alpha)\cot\alpha+0.11p$ $L=Y+\dfrac{d_E}{2}$
齿顶圆弧中心圆直径 d_E			$d_E=p\left(\cot\dfrac{180°}{z}-0.22\right)$
齿根圆弧中心圆直径 d_B			$d_B=p\sqrt{1.515213+\left(\cot\dfrac{180°}{z}-1.1\right)^2}$
量柱直径 d_R		$d_R=0.667p$	$d_R=0.625p$
跨柱测量距 M_R		偶数齿 $M_R=d-0.160p\csc\left(35°-\dfrac{180°}{z}\right)+0.667p$ 奇数齿 $M_R=\cos\dfrac{90°}{z}\left[d-0.160p\csc\left(35°-\dfrac{180°}{z}\right)\right]+0.667p$	偶数齿 $M_R=d-0.125p\csc\left(30°-\dfrac{180°}{z}\right)+0.625p$ 奇数齿 $M_R=\cos\dfrac{90°}{z}\left[d-0.125p\csc\left(30°-\dfrac{180°}{z}\right)\right]+0.625p$
导槽圆的最大直径 d_{gmax} 最大轮毂直径（MHD）		$d_{gmax}=p\left(\cot\dfrac{180°}{z}-1.20\right)$	$d_{gmax}=p\left(\cot\dfrac{180°}{z}-1.16\right)$ MHD（滚齿）$=p\left(\cot\dfrac{180°}{z}-1.33\right)$ MHD（铣齿）$=p\left(\cot\dfrac{180°}{z}-1.25\right)$
齿形角 α	（°）	$\alpha=35°-\dfrac{360°}{z}$	$\alpha=30°-\dfrac{360°}{z}$

表 6.2-31　$p \geqslant 9.525$mm 链轮主要尺寸（摘自 GB/T 10855—2016）　（mm）

齿数 z	分度圆直径 d	齿顶圆直径 d_a		跨柱测量距① M_R	导槽圆最大直径① d_g
		圆弧齿顶	矩形齿顶①		
17	5.442	5.429	5.298	5.669	4.189
18	5.759	5.751	5.623	6.018	4.511
19	6.076	6.072	5.947	6.324	4.832
20	6.393	6.393	6.271	6.669	5.153
21	6.710	6.714	6.595	6.974	5.474
22	7.027	7.036	6.919	7.315	5.796
23	7.344	7.356	7.243	7.621	6.116
24	7.661	7.675	7.568	7.960	6.435
25	7.979	7.996	7.890	8.266	6.756
26	8.296	8.315	8.213	8.602	7.075
27	8.614	8.636	8.536	8.909	7.396
28	8.932	8.956	8.859	9.244	7.716
29	9.249	9.275	9.181	9.551	8.035
30	9.567	9.595	9.504	9.884	8.355
31	9.885	9.913	9.828	10.192	8.673
32	10.202	10.233	10.150	10.524	8.993
33	10.520	10.553	10.471	10.833	9.313
34	10.838	10.872	10.793	11.164	9.632
35	11.156	11.191	11.115	11.472	9.951
36	11.474	11.510	11.437	11.803	10.270
37	11.792	11.829	11.757	12.112	10.589
38	12.110	12.149	12.077	12.442	10.909
39	12.428	12.468	12.397	12.851	11.228
40	12.746	12.787	12.717	13.080	11.547
41	13.064	13.106	13.037	13.390	11.866
42	13.382	13.425	13.357	13.718	12.185
43	13.700	13.743	13.677	14.028	12.503
44	14.018	14.062	13.997	14.356	12.822
45	14.336	14.381	14.317	14.667	13.141
46	14.654	14.700	14.637	14.994	13.460
47	14.972	15.018	14.957	15.305	13.778
48	15.290	15.338	15.277	15.632	14.097
49	15.608	15.656	15.597	15.943	14.416
50	15.926	15.975	15.917	16.270	14.735
51	16.244	16.293	16.236	16.581	15.053
52	16.562	16.612	16.556	16.907	15.372
53	16.880	16.930	16.876	17.218	15.690
54	17.198	17.249	17.196	17.544	16.009
55	17.517	17.568	17.515	17.857	16.328
56	17.835	17.887	17.834	18.183	16.647
57	18.153	18.205	18.154	18.494	16.965
58	18.471	18.524	18.473	18.820	17.284
59	18.789	18.842	18.793	19.131	17.602
60	19.107	19.161	19.112	19.457	17.921
61	19.426	19.480	19.431	19.769	18.240
62	19.744	19.799	19.750	20.095	18.229
63	20.062	20.117	20.070	20.407	18.877
64	20.380	20.435	20.388	20.731	19.195
65	20.698	20.754	20.708	21.044	19.514
66	21.016	21.072	21.027	21.368	19.832
67	21.335	21.391	21.346	21.682	20.151
68	21.653	21.710	21.665	22.006	20.470
69	21.971	22.028	21.984	22.319	20.788
70	22.289	22.347	22.303	22.643	21.107
71	22.607	22.665	22.662	22.955	21.425
72	22.926	22.984	22.941	23.280	21.744
73	23.244	23.302	23.259	23.593	22.062
74	23.562	23.621	23.578	23.917	22.381
75	23.880	23.939	23.897	24.230	22.699
76	24.198	24.257	24.216	24.553	23.017
77	24.517	24.577	24.535	24.868	23.337
78	24.835	24.895	24.853	25.191	23.655
79	25.153	25.213	25.172	25.504	23.973
80	25.471	25.431	25.491	25.828	24.291
81	25.790	25.851	25.809	26.141	24.611
82	26.108	26.169	26.128	26.465	24.929
83	26.426	26.487	26.447	26.778	25.247
84	26.744	26.805	26.766	27.101	25.565
85	27.063	27.125	27.084	27.415	25.885
86	27.381	27.443	27.403	27.739	26.203
87	27.699	27.761	27.722	28.052	26.521
88	28.017	28.079	28.040	28.375	26.839
89	28.335	28.397	28.359	28.689	27.157
90	28.654	28.716	28.678	29.013	27.476
91	28.972	29.035	28.997	29.327	27.795
92	29.290	29.353	29.315	29.649	28.113
93	29.608	29.671	29.634	29.963	28.431
94	29.926	29.989	29.953	30.285	28.749
95	30.245	30.308	30.271	30.601	29.068
96	30.563	30.627	30.590	30.923	29.387
97	30.881	30.945	30.909	31.237	29.705
98	31.199	31.263	31.228	31.559	30.023
99	31.518	31.582	31.546	31.874	30.342
100	31.836	31.900	31.865	32.196	30.660
101	32.154	32.218	32.183	32.511	30.978
102	32.473	32.537	32.502	32.834	31.297
103	32.791	32.856	32.820	33.148	31.616
104	33.109	33.174	33.139	33.470	31.934

① 表列均为最大直径值；所有公差必须取负值。

3.4 齿形链轮技术要求（摘自 GB/T 10855—2016）

节距 $p \geqslant 9.525$mm 链轮的公差：

1）矩形齿顶链轮的齿顶圆直径公差为 $_{-0.05p}^{\ 0}$mm。

2）圆弧齿顶链轮的齿顶圆直径公差与跨柱测量距公差相同。

3）导槽直径 d_g 的公差为 $_{-0.76}^{\ 0}$mm。

4）分度圆直径相对孔的最大径向圆跳动（全示值读数）公差为 $0.001d_a$；但不能小于 0.15mm，也不得大于 0.81mm。

5）链轮跨柱测量距公差见表 6.2-32。上偏差为零，下偏差取表中值，取为负公差。

31 齿及以下齿数的链轮，齿面洛氏硬度不低于 50HRC。

表 6.2-32 链轮跨柱测量距公差（摘自 GB/T 10855—2016） （mm）

节距	齿数									
	~15	16~24	25~35	36~48	49~63	64~80	81~99	100~120	121~143	144 以上
4.76	0.1	0.1	0.1	0.1	0.1	0.13	0.13	0.13	0.13	0.13
9.525	0.13	0.13	0.13	0.15	0.15	0.18	0.18	0.18	0.20	0.20
12.700	0.13	0.15	0.15	0.18	0.18	0.20	0.20	0.23	0.23	0.25
15.875	0.15	0.15	0.18	0.20	0.23	0.25	0.25	0.25	0.28	0.30
19.050	0.15	0.18	0.20	0.23	0.25	0.28	0.28	0.30	0.33	0.36
25.400	0.18	0.20	0.23	0.25	0.28	0.30	0.33	0.36	0.38	0.40
31.750	0.20	0.23	0.25	0.28	0.33	0.36	0.38	0.43	0.46	0.48
38.100	0.20	0.25	0.28	0.33	0.36	0.40	0.43	0.48	0.51	0.56
50.800	0.25	0.30	0.36	0.40	0.45	0.51	0.56	0.61	0.66	0.71

3.5 齿形链润滑油黏度选择（见表 6.2-33）

表 6.2-33 齿形链润滑油黏度推荐值（摘自 GB/T 10855—2016）

环境温度/℃	推荐润滑油
<5	VG22（SAE5）
5~32	VG32（SAE10）
>32	VG68（SAE20）

3.6 齿形链传动设计计算示例

设计一齿形链传动，已知原动机为电动机，工作机为木工机械，传动功率 $P=30$kW，主动链轮转速 $n_1=970$r/min，主动轴直径 $d_{k1}=60$mm，从动链轮转速 $n_2=320$r/min，从动轴直径 $d_{k2}=80$mm，要求中心距≈600mm，一班制工作，两轮中心在同一水平面内。

解

1）确定链轮齿数 z_1 和 z_2。选取小链轮齿数 $z_1=19$，则大链轮齿数 $z_2=\dfrac{n_1}{n_2}z_1=\dfrac{970}{320}\times19=57.6$，取 $z_2=58$。

2）选定链条节距 p 和链宽 b。根据表 6.2-27 可选定节距 $p=25.4$mm。

设计功率 $P_d=fp$

由表 6.2-29 工况系数 $f=1.4$，

由表 6.2-28f 查得 $P_0=1.4529$kW/mm（用插值法），

$$b_0=\frac{P_d}{P_0}=\frac{1.4\times30}{1.4529}\text{mm}=28.9\text{mm}$$

取标准链号 SC808，链宽 $F=50.8$mm。

3）确定链长节数 X_0、理论中心距 a、中心距减少量 Δa、初垂度 f_0 及安装中心距。

由表 6.2-7 链长节数计算式

$$X_0=2\frac{a_0}{p}+\frac{z_1+z_2}{2}+\frac{f_3p}{a_0}$$

式中 $\dfrac{a_0}{p}=\dfrac{600}{25.4}=23.62$

$$f_3=\left(\frac{z_2-z_1}{2\pi}\right)^2=\left(\frac{58-19}{2\pi}\right)^2=38.53$$

$$X_0=2\times23.62+\frac{19+58}{2}+\frac{38.53}{23.62}=87.37$$

取 $X_0=88$

理论中心距

$a=p(2X_0-z_1-z_2)f_4$

$=25.4(2\times88-19-58)\times0.24182\text{mm}=608.08\text{mm}$

按 $\dfrac{X_0-z_1}{z_2-z_1}=\dfrac{88-19}{58-19}=1.7692$，查表 6.2-10，得 $f_4=0.24182$（插值）。

实际中心距 $a'=a-\Delta a=(608.08-2)\text{mm}=606.08\text{mm}$

中心距减小量 $\Delta a=(0.002\sim0.004)a=(0.002\sim0.004)\times608.08\text{mm}$

$=1.2\sim2.4\text{mm}$　取 $\Delta a=2\text{mm}$

安装垂度 $f=(0.01\sim0.02)a=(0.01\sim0.02)\times608.08\text{mm}$

$=6.1\sim12.2\text{mm}$

取 $f=10\text{mm}$

4）求链速 v 和选定润滑方式。

$$v=\frac{z_1n_1p}{60\times1000}=\frac{19\times970\times25.4}{60\times1000}\text{m/s}=7.8\text{m/s}$$

按表 6.2-28f 选用润滑方式Ⅱ，油浴润滑或飞溅润滑。

5）链轮尺寸设计从略。

4　链传动的布置、张紧与维修

4.1　链传动的布置

链传动一般应布置在铅垂平面内，尽可能避免布置在水平或倾斜平面内。如确有需要，则应考虑加装托板或张紧轮等装置，并且设计较紧凑的中心距。

链传动的安装一般应使两轮轮宽的中心平面轴向位移误差 $\Delta e\leqslant\frac{0.2}{100}a$，两链轮旋转平面间的夹角误差 $\Delta\theta\leqslant\frac{0.6}{100}\text{rad}$，如图 6.2-18 所示。

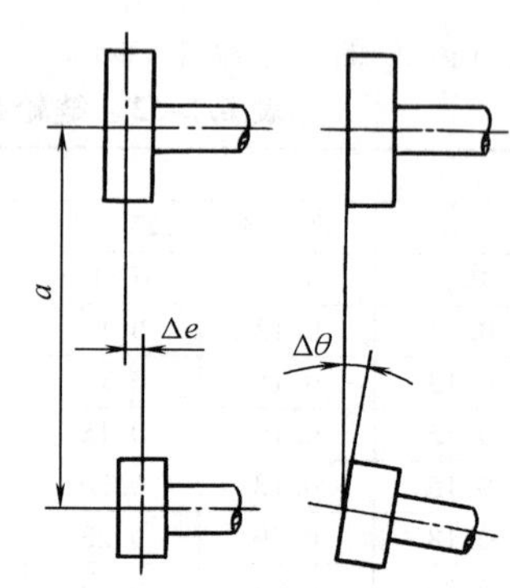

图 6.2-18　链轮的安装误差

链传动的布置应考虑表 6.2-34 提出的一些布置原则。

表 6.2-34　链传动的布置

传动条件	正确布置	不正确布置	说明
i 与 a 较佳场合 $i=2\sim3$ $a=(30\sim50)p$	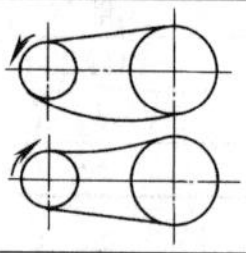		两链轮中心连线最好成水平，或与水平面成 60°以下的倾角。紧边在上面较好
i 大 a 小场合 $i>2$ $a<30p$	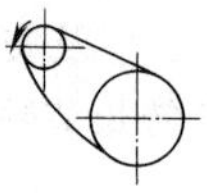	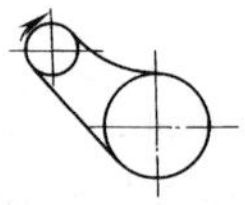	两轮轴线不在同一水平面上，此时松边应布置在下面，否则松边下垂量增大后，链条易与小链轮齿钩住
i 小 a 大场合 $i<1.5$ $a>60p$	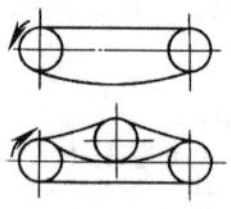	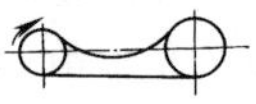	两轮轴线在同一水平面上，松边应布置在下面，否则松边下垂量增大后，松边会与紧边相碰。此外，需经常调整中心距
垂直传动场合 i、a 为任意值	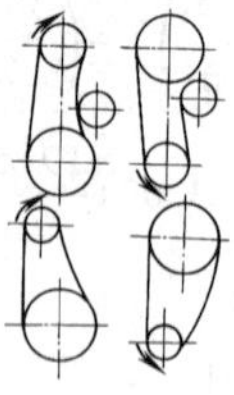	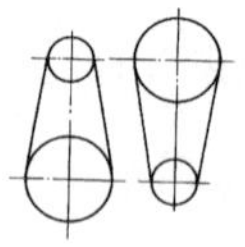	两轮轴线在同一铅垂面内，此时下垂量集中在下端，所以要尽量避免这种垂直或接近垂直的布置，否则会减少下面链轮的有效啮合齿数，降低传动能力。应采用：a）中心距可调；b）张紧装置；c）上下两轮错开，使其轴线不在同一铅垂面内；d）尽可能将小链轮布置在上方等措施
反向传动 $\|i\|<8$	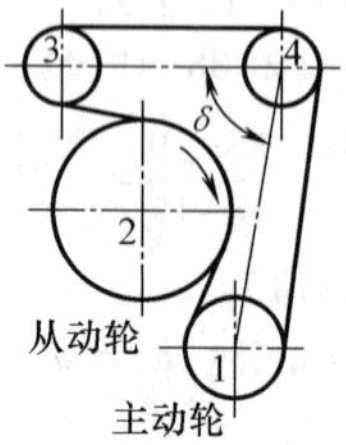 3　4　δ　2　从动轮　1　主动轮		为使两轮转向相反，应加装 3 和 4 两个导向轮，且其中至少有一个是可以调整张紧的。紧边应布置在 1 和 2 两轮之间，角 δ 的大小应使 2 轮的啮合包角满足传动要求

4.2　链传动的张紧

链传动的张紧程度可用测量松边垂度 f 的大小来表示。图 6.2-19a 为近似的测量 f 的方法，即近似认为两轮公切线与松边最远点的距离为垂度 f。对于图 6.2-19b 所示的双侧测量，其松边垂度 f 相当为

$$f = \sqrt{f_1^2 + f_2^2}$$

合适的松边垂度推荐为

$$f = (0.01 \sim 0.02)a$$

或

$$\left.\begin{aligned} & f_{\min} \leqslant f \leqslant f_{\max} \\ & f_{\min} = \frac{0.00036\sqrt{a^3}}{K_v}\cos\alpha \\ & f_{\max} = 3f_{\min} \end{aligned}\right\}$$

式中　a——传动中心距（mm）；

$f_{\min}$——最小垂度（mm）；

$f_{\max}$——最大垂度（mm）；

α——松边对水平面的倾角，如图 6.2-7 所示；

K_v——速度系数，当 $v \leqslant 10\text{m/s}$ 时，$K_v = 1.0$；当 $v > 10\text{m/s}$ 时，$K_v = 0.1v$。

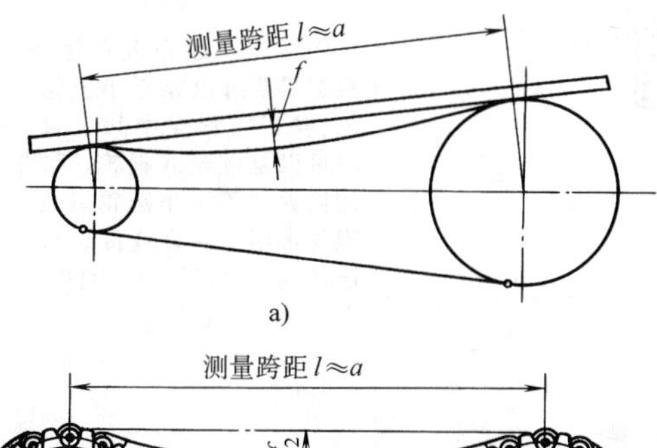

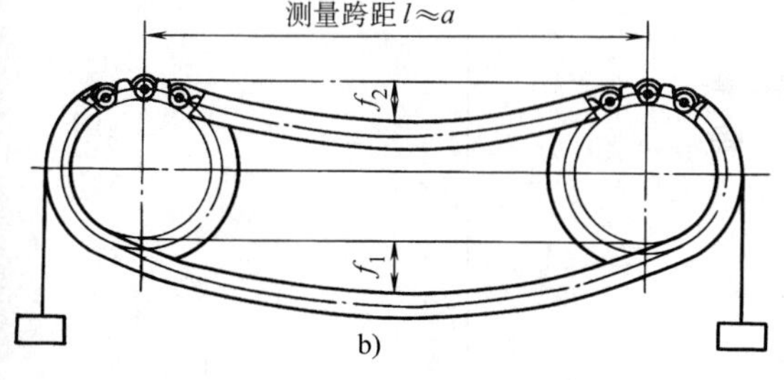

图 6.2-19　垂度测量

对于重载、经常起动、制动和反转的链传动以及接近垂直的链传动，其松边垂度应适当减小。

链传动的张紧可以采用下列方法：

（1）用调整中心距方法张紧

对于滚子链传动，其中心距调整量可取为 $2p$；对于齿形链传动，可取为 $1.5p$，p 为链条节距。

（2）用缩短链长方法张紧

当传动没有张紧装置而中心距又不可能调整时，可采用缩短链长（即拆去链节）的方法对因磨损而伸长的链条重新张紧，如图 6.2-20 所示。图 6.2-20a 是偶数节链条缩短一节的方法（图中所示为拆去 3 个链节即两个内链节一个外链节，换上一个复合过渡链节即一个内链节和一个过渡链节），采用过渡链节使抗拉强度有所降低；缩短两节虽可避免使用过渡链节，有时又会过分张紧。图 6.2-20b 是奇数节链条缩短一节的方法，即把过渡链节去掉，比较简单。

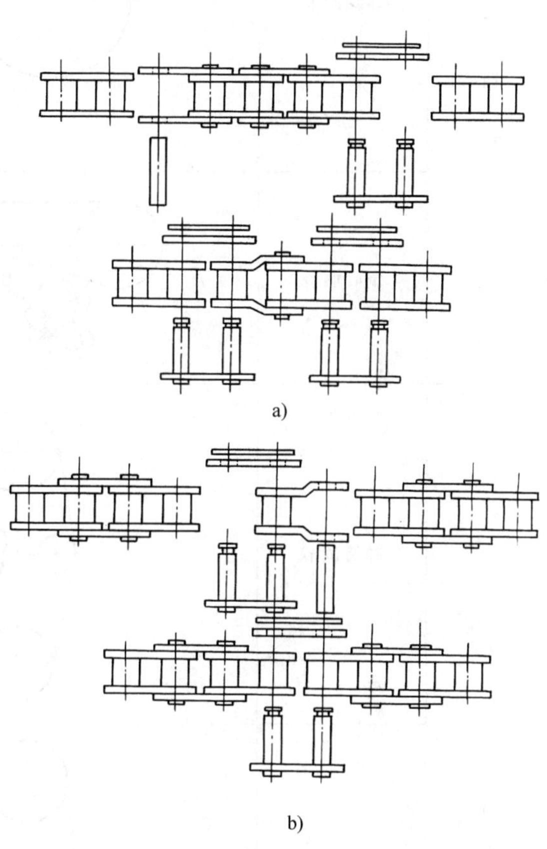

图 6.2-20　链条的缩短方法
a）偶数节链条缩短一节的方法
b）奇数节链条缩短一节的方法

（3）用张紧装置张紧

下列情况应增设张紧装置（张紧装置示例见表 6.2-35）：

1）两轴中心距较大（$a > 50p$ 和脉动载荷下 $a > 25p$）。

2）两轴中心距过小，松边在上面。

3）两轴布置使倾角 α 接近 90°。

4）需要严格控制张紧力。

5）多链轮传动或反向传动。

6）要求减小冲击振动，避免共振。

7）需要增大链轮啮合包角。

8）采用调整中心距或缩短链长的方法有困难。

表 6.2-35　张紧装置示例

类　型	张紧调节形式	简　图	说　明
定期张紧	螺纹调节	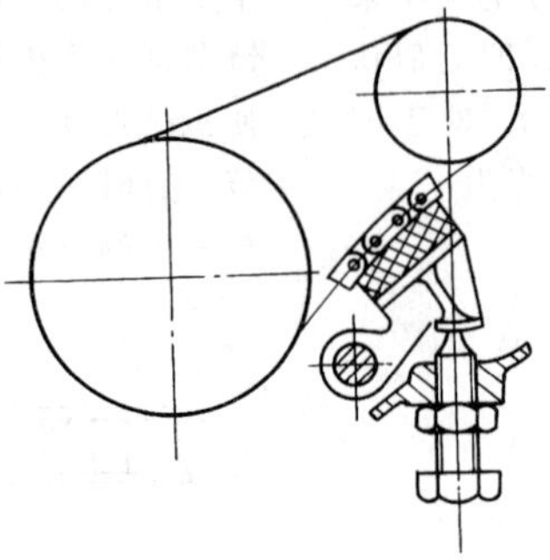	调节螺钉可采用细牙螺纹并带锁紧螺母
	偏心调节	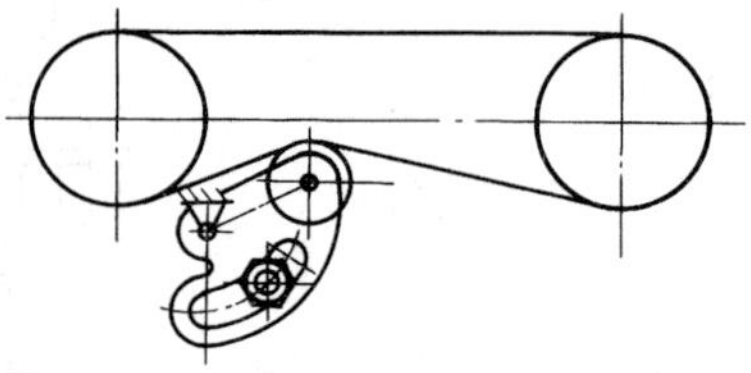	张紧轮一般布置在链条松边，根据需要可以靠近小链轮或大链轮，或者布置在中间位置。张紧轮可以是链轮或辊轮。张紧链轮的齿数常等于小链轮齿数。张紧辊轮常用于垂直或接近于垂直的链传动，其直径可取为(0.6~0.7) d，d 为小链轮直径
自动张紧	弹簧调节	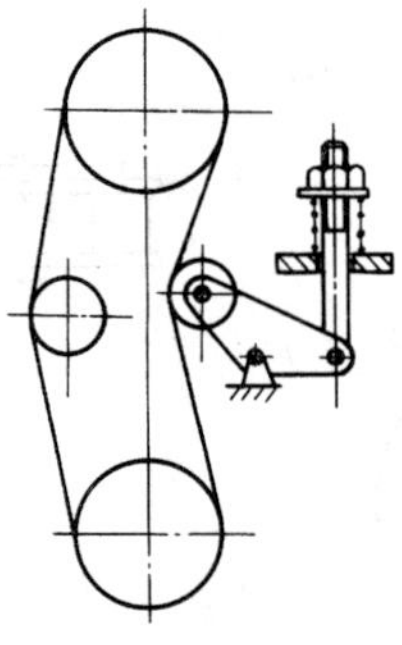	
	挂重调节	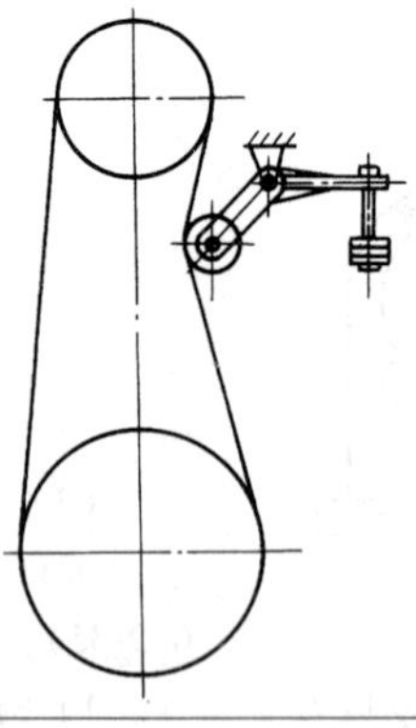	
	液压调节	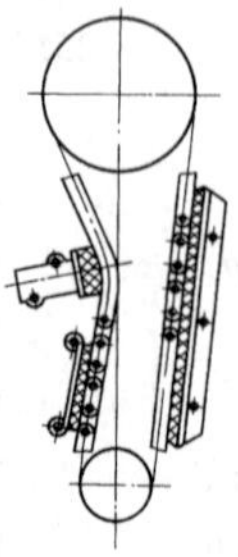	采用液压块与导板相结合的形式，减振效果好，适用于高速场合，如发动机的正时链传动

（续）

类　型	张紧调节形式	简　图	说　明
承托装置	托板和托架	A—A A A	适用于中心距较大的场合，托板上可衬以软钢、塑料或耐油橡胶，滚子可在其上滚动，更大中心距时，托板可以分成两段，借中间6~10节链条的自重下垂张紧

4.3　链传动的维修

链传动的故障分析与维修示例见表6.2-36。

表6.2-36　链传动故障分析与维修示例

故　障	原　因	维 修 措 施
链板或链轮齿严重侧磨	1）各链轮不共面 2）链轮端面跳动严重 3）链轮支承刚度差 4）链条扭曲严重	1）提高加工与安装精度 2）提高支承件刚度 3）更换合格链条
链板疲劳开裂	润滑条件良好的中低速链传动，链板的疲劳是主要矛盾，但若过早失效则可能是 1）链条规格选择不当 2）链条品质差 3）动力源或负载动载荷大	1）重新选用合适规格的链条 2）更换质量合格的链条 3）控制或减弱负载和动力源的冲击振动
滚子碎裂	1）链轮转速较高而链条规格选择不当 2）链轮齿沟有杂物或链条磨损严重发生爬齿和滚子被挤顶现象 3）链条质量差	1）重新选用稍大规格链条 2）清除齿沟杂物或换新链条 3）更换质量合格的链条
销轴磨损或销轴与套筒胶合	链条铰链元件的磨损是最常见的现象之一。正常磨损是一个缓慢发展的过程。如果发展过快则可能是 1）润滑不良 2）链条质量差或选用不当	1）清除润滑油内杂质，改善润滑条件，更换润滑油 2）更换质量合格或稍大规格链条
外链节外侧擦伤	1）链条未张紧，发生跳动，从而与邻近物体碰撞 2）链箱变形或内有杂物	1）使链条适当张紧 2）消除箱体变形，清除杂物
链条跳齿或抖动	1）链条磨损伸长，使垂度过大 2）冲击或脉动载荷状况较严重 3）链轮齿磨损严重	1）更换链条或链轮 2）适当张紧 3）采取措施使载荷较稳定
链轮齿磨损严重	1）润滑不良 2）链轮材质较差，齿面硬度不足	1）改善润滑条件 2）提高链轮材质和齿面硬度 3）把链轮拆下，翻转180°再装上，则可利用齿廓的另一侧而延长使用寿命
卡簧、开口销等链条锁止元件松脱	1）链条抖动过烈 2）有障碍物磕碰 3）锁止元件安装不当	1）适当张紧或考虑增设导板托板 2）消除障碍物 3）改善锁止件安装质量
振动剧烈、噪声过大	1）链轮不共面 2）松边垂度不合适 3）润滑不良 4）链箱或支承松动 5）链条或链轮磨损严重	1）改善链轮安装质量 2）适当张紧 3）改善润滑条件 4）消除链箱或支承松动 5）更换链条或链轮 6）加装张紧装置或防振导板

参考文献

[1] 闻邦椿. 机械设计手册：第 2 册 [M]. 5 版. 北京：机械工业出版社，2010.

[2] 吴宗泽. 机械设计师手册上册 [M]. 3 版. 北京：机械工业出版社，2015.

[3] 机械设计实用手册编委会. 机械设计实用手册 [M]. 北京：机械工业出版社，2008.

[4] 成大先. 机械设计手册：第 3 卷 [M]. 5 版. 北京：化学工业出版社，2008.

[5] 全国链传动标准化技术委员会，杭州东华链条集团有限公司. ISO/TC100 链传动国际标准译文集 [S]. 2 版. 北京：标准出版社，2006.

[6] 中国化工标准化研究所，中国标准出版社第二编辑室. 化学工业标准汇编. 胶带 [S]. 北京：中国标准出版社，2006.

[7] 全国链传动标准化技术委员会，中国标准出版社第三编辑室. 零部件及相关标准汇编. 链传动卷 [S]. 北京：中国标准出版社，2008.

[8] 吉林工业大学链传动研究所，苏州链条总厂. 链传动设计与应用手册 [M]. 北京：机械工业出版社，1992.

[9] 现代机械传动手册编委会. 现代机械传动手册 [M]. 2 版. 北京：机械工业出版社，2002.

[10] 朱孝录. 机械传动设计手册 [M]. 北京：电子工业出版社，2007.

[11] 徐薄滋，陈铁鸣，朴永春，带传动 [M]，北京：高等教育出版社，1988.

[12] 罗善明，余以道，郭迎福，等. 带传动理论与新型带传动 [M]. 北京：国防工业出版社，2006.

第 7 篇　摩擦轮传动与螺旋传动

主　编　陈良玉
编写人　陈良玉
审稿人　巩云鹏

第1章 摩擦轮传动

1 摩擦轮传动原理、特点及类型

1.1 摩擦轮传动原理及特点

摩擦轮传动是两个相互压紧的滚轮，通过接触面间的摩擦力传递运动和动力的。由于其结构简单，制造容易，运转平稳，噪声低，过载可以打滑（可防止设备中重要零部件的损坏），以及能连续平滑地调节其传动比，因而有着较大的应用范围，成为无级变速传动的主要元件。但由于在运转中有滑动（弹性滑动、几何滑动与打滑）影响从动轮的旋转精度，传动效率较低，结构尺寸较大，作用在轴和轴承上的载荷大，其多用于中小功率传动。本章主要讨论定传动比摩擦轮传动。

1.2 摩擦轮传动的类型

根据润滑情况不同，摩擦轮传动可分为两种。一种是工作表面无润滑，其中一轮是组合的，即其轮毂是金属的，在轮毂上或轮缘表面固定有非金属材料（如皮革、橡胶、木材和混合织物等），虽有较高的摩擦因数，但允许的接触应力低，传递的功率较小。另一种是工作表面有润滑的，两滚轮均为经过硬化处理的金属轮。有润滑的摩擦轮传动可以分为弹性流体动压润滑状态和混合润滑状态。弹性流体动压润滑状态是摩擦轮工作在高黏度压力指数的润滑剂中，接触区内在高压下产生抗剪强度很高的瞬时润滑油膜，使其处于弹性流体润滑状态，从而产生了很大的牵引力，提高了传动装置的承载能力，又称为牵引传动。混合润滑状态的摩擦轮传动依赖摩擦副材料和润滑剂组合的摩擦特性而形成的传动。

金属滚轮有圆柱轮、圆锥轮、圆盘、圆环、圆球或弧锥轮等。其工作面是平面或槽形锥面。

2 定传动比摩擦轮传动设计

定传动比摩擦轮传动有圆柱平摩擦轮传动、圆柱槽形摩擦轮传动和圆锥摩擦轮传动等，分别用于平行轴和交叉轴间传动（见表7.1-1）。

2.1 主要失效形式

1）过载、压紧力的改变和摩擦因数减小，导致打滑，使摩擦传动表面产生局部磨损与烧伤。

2）高的接触应力导致工作表面疲劳点蚀和表面压溃。

3）高压紧力作用下高速运转，摩擦传动表面相对滑动速度较高，导致摩擦表面瞬时温度升高，产生胶合。当两轮面均为金属时，通常都是按表面疲劳强度进行计算。其中有一个轮摩擦表面为非金属材料时，目前多采用条件性计算，即计算单位接触长度的压力。

2.2 设计计算

定传动比摩擦轮传动的设计与计算见表7.1-1。

2.3 摩擦轮传动的滑动

滑动对摩擦轮传动的性能影响很大。滑动的类型可分为如下3种：

（1）弹性滑动

摩擦副工作时由于材料的弹性变形所造成的滑动称为弹性滑动。弹性滑动区位于接触区的出端，在接触区的入端没有滑动，即整个接触区分为静止区和滑动区。在滑动区主动轮超前，从动轮落后，二者间存在“滑差”。在滑动区的各微摩擦力矩之和与所受的外加转矩平衡，所以载荷越大，滑动区越大，滑差也越大。

弹性滑动的大小不仅与载荷有关，还与材料的弹性模量有关。弹性模量越大，弹性滑动越小。弹性滑动是不可避免的。

（2）打滑

载荷大到整个接触区都出现滑动时，摩擦轮传动便出现打滑。打滑是一种过载现象。有几何滑动时，要同时考虑弹性滑动和几何滑动的影响。

打滑是摩擦传动失效的一种形式。它不仅会降低传力效率，工作不可靠，甚至会造成工作表面的磨损，严重时会发生胶合。设计时应采取合适的安全系数。

影响打滑的因素有：摩擦轮传动的摩擦因数过小或牵引油的牵引因数过小，法向压力太小，摩擦副的弹性模量太小，几何形状与相对位置设计不合理等。

油膜牵引时，牵引因数与滑动率有关，要保证足够的牵引因数，就必须有一定的滑动率，此时不是打滑。

表 7.1-1 定传动比摩擦轮传动的设计与计算

种类	圆柱平摩擦轮传动	圆柱槽形摩擦轮传动	端面摩擦轮传动	圆锥摩擦轮传动
传动简图				
传动比	$i=\frac{n_1}{n_2}=\frac{d_2}{d_1(1-\varepsilon)}$			当 $\varphi_1+\varphi_2=90°$时 $i=\frac{n_1}{n_2}=\frac{d_{2m}}{d_{1m}(1-\varepsilon)}=\frac{\tan\varphi_2}{(1-\varepsilon)}$ 当 $\varphi_1+\varphi_2\neq 90°$时 $i=\frac{n_1}{n_2}=\frac{\sin\varphi_2}{(1-\varepsilon)\sin\varphi_1}$
压紧力	$Q=\frac{KF}{\mu}=\frac{2\times10^3KT_1}{\mu d_1}$ $T_1=9.55\times10^3\frac{P_1}{n_1}$	$Q=\frac{10^3KT_1}{\mu d_1}$ $T_1=9.55\times10^3\frac{P_1}{n_1}$	$Q=\frac{2\times10^3KT_1}{\mu d_1}$ $T_1=9.55\times10^3\frac{P_1}{n_1}$	$Q=\frac{2\times10^3KT_1}{\mu d_{1m}}$ $T_1=9.55\times10^3\frac{P_1}{n_1}$
作用在轴上的力 总压力	$R_1=R_2=\sqrt{F^2+Q^2}$ $=\frac{2\times10^3T_1}{d_1}\sqrt{1+\left(\frac{K}{\mu}\right)^2}$	$R_1=R_2=\frac{2\times10^3T_1}{d_1}\sqrt{1+\left(\frac{K\sin\beta}{\mu}\right)^2}$	$R_1=\frac{2\times10^3T_1}{d_1}\sqrt{1+\left(\frac{K}{\mu}\right)^2}$ $R_2=\frac{2\times10^3KT_1}{d_1}$	$R_1=\frac{2\times10^3T_1}{d_{1m}}\sqrt{1+\left(\frac{K}{\mu}\cos\varphi_1\right)^2}$ $R_2=\frac{2\times10^3T_1}{d_{1m}}\sqrt{1+\left(\frac{K}{\mu}\cos\varphi_2\right)^2}$
作用在轴上的力 径向力、轴向力	$Q_r=Q$ $Q_a=0$	$Q_r=\frac{2\times10^3KT_1}{\mu d_1}(\sin\beta+\mu\cos\beta)$ $Q_a=0$	$Q_{r1}=Q$ $Q_{a1}=0$、$Q_{a2}=Q$	$Q_{r1}=Q_{a2}$、$Q_{r2}=Q_{a1}$ $Q_{a1}=Q\sin\varphi_1$、$Q_{a2}=Q\sin\varphi_2$

强度计算	接触强度	$a=(i\pm1)\sqrt[3]{E_e\frac{K}{\mu\psi_a}\frac{P_1}{in_1}\left(\frac{1300}{\sigma_{HP}}\right)^2}$ $E_e=\frac{2E_1E_2}{E_1+E_2}$ $\psi_a=\frac{b}{a}$,常取 $\psi_a=0.2\sim0.4$,轴系刚性好的取大值	当 $h=0.04d_1=\frac{0.08a}{i\pm1}$;$\beta=15°$时 $a=(i\pm1)\sqrt[3]{E_e\frac{K}{\mu z}\frac{P_1(i\pm1)}{in_1}\left(\frac{1620}{\sigma_{HP}}\right)^2}$ z—沟槽数,$z=5\sim8$ 当 $\beta\neq15°$时,1620 应乘以$\sqrt{\frac{\sin2\beta}{0.5}}$	$d_1=\sqrt[3]{E_e\frac{K}{\mu\psi_d}\frac{P_1}{n_1}\left(\frac{2580}{\sigma_{HP}}\right)^2}$ $\psi_d=\frac{b}{d_1}$,常取 $\psi_d=0.2\sim1.0$	当 $\varphi_1+\varphi_2=90°$时 $L=\sqrt{i^2+1}\sqrt[3]{E_e\frac{K}{\mu\psi_L}\frac{P_1}{in_1}\left(\frac{1300}{(1-0.5\psi_L)\sigma_{HP}}\right)^2}$ $\psi_L=\frac{b}{L}$,常取 $\psi_L=0.2\sim0.3$
	接触长度压力[①]	$a=3100\sqrt{\frac{K}{\mu\psi_a}\frac{P_1}{n_1}\frac{(i\pm1)}{[p]}}$	$a=7600(i+1)\sqrt{\frac{K}{\mu z}\frac{P_1}{n_1}\frac{1}{[p]}}$	$d_1=4370\sqrt{\frac{K}{\mu\psi_d}\frac{P_1}{n_1}\frac{1}{[p]}}$	当 $\varphi_1+\varphi_2=90°$时 $L=3100\sqrt{\frac{K}{\mu\psi_L}\frac{P_1}{n_1}\frac{\sqrt{i^2+1}}{(1-0.5\psi_L)[p]}}$
几何尺寸计算		$d_1=\frac{2a}{i\pm1}\geqslant(4\sim5)d_0$,$d_0$—轴径 $d_2=id_1(1-\varepsilon)$ $b=\psi_a a$	$d_1=\frac{2a}{i\pm1}$,$d_2=id_1(1-\varepsilon)$ $b=2z(h\tan\beta+\delta)$ $\delta=3$mm(钢),5mm(铸铁) $h=0.04d_1$ $d_e=d+h$;$d_i=d-h-(1\sim2)$mm	$d_2=id_1(1-\varepsilon)$ $b=\psi_d d_1$ $D_e=d_2+(0.8\sim1)b$	$d_1=2L\sin\varphi_1$ $d_2=id_1(1-\varepsilon)$或 $d_2=2L\sin\varphi_2$ $b=\psi_L L$
特点和设计注意事项		1)结构简单,制造容易 2)压紧力大,宜用于小功率传动 3)为减小压紧力,可将轮面之一用非金属材料做覆面 4)大功率传动时,摩擦轮常采用淬火钢(如 GCr15,硬度>60HRC),并采用自动压紧卸载环 5)为降低二轴的平行度要求,可将轮面之一制成鼓形,轴系刚性差时亦应如此 6)用于回转筒驱动装置、仪表调节装置等	1)压紧力较圆柱摩擦轮传动小,当 $\beta=15°$时,约为其 0.3 2)几何滑动较大,易发热与磨损,故应限制沟槽高度 $h=(0.04\sim0.06)d_1<(5\sim15)$mm 3)加工和安装要求较高 4)传动比随载荷和压紧力的变化在一定范围内变动 5)用于绞车驱动装置等	1)结构简单,容易制造 2)压紧力大,几何滑动大,易发热和磨损 3)将小轮制成鼓形,可减少几何滑动,降低安装精度 4)轴向移动小轮,可实现正反向无级变速,但应避免在 $d_2\approx0$ 附近运转 5)要注意大轮的刚度,并控制二轴线的垂直度 6)用于摩擦压力机等	1)结构简单,容易制造 2)设计与安装时,应保证轴线的相对位置正确,锥顶重合;否则几何滑动大,磨损严重 3)由于 $\varphi_1<\varphi_2$,故 $Q_{a1}<Q_{a2}$,应在小轮处施加压紧力 4)常用于大功率摩擦压力机

符号说明: n_1、n_2—主、从动轴转速(r/min)
ε—滑动率(%)
T_1—主动轴转矩(N·m)
P_1—传递功率(kW)
K—可靠性系数
μ—摩擦因数,见表 7.1-2
E_e—当量弹性模量(MPa)
E_1、E_2—主、从动轮材料的弹性模量(MPa)
ψ_a、ψ_d、ψ_L—宽度系数
σ_{HP}—许用接触应力(MPa),见表 7.1-2
$[p]$—许用线压力(N/mm),见表 7.1-2
$i\pm1$—"+"用于外接触,"-"用于内接触
其他物理量单位:力(N),长度(mm)

① 用于非金属材料或用其覆面的摩擦轮传动。

(3) 几何滑动

摩擦副工作时，由于几何形状的原因所造成的滑动称为几何滑动。例如，圆柱体在圆盘端面做绕圆盘中心的滚动，接触线上的速度分布呈“涡旋”，只有一点做纯滚动，此点称为节点。几何滑动的大小只与摩擦副元件的形状和相对位置有关。点接触的摩擦副也存在几何滑动。圆柱摩擦副或共顶的圆锥摩擦副没有几何滑动。几何滑动不是摩擦副的共性。

2.4 摩擦轮传动的效率

摩擦轮传动的总效率

$$\eta=\frac{P_1-P_{\Sigma}}{P_1} \tag{7.1-1}$$

式中 P_1——输入功率；

P_{Σ}——总功耗，$P_{\Sigma}=P_g+P_e+P_r+P_b+P_O$；

P_g——几何滑动功耗，是摩擦传动的主要功率损失；

P_e——弹性滑动功耗，高弹性模量的材料制成的摩擦副，其弹性滑动很小，弹性滑动功耗常可忽略不计；

P_r——滚动滞后功耗，是由于滚动面的弹性变形，致使径向力偏离轴心所致；

P_b——轴承功耗，通常按轴承的概略功率估算。压紧力很大，不带支承卸载装置的摩擦传动，轴承功耗是主要的；

P_O——介质功耗，包括搅油功耗和空气阻力功耗。

摩擦传动的效率比较复杂也难以精确计算，实用上多采用实测数据。

提高传动效率可采用如下措施：①尽量减少几何滑动；②尽量缩短接触线长度，或采用点接触；③采用摩擦因数小的轴承；④采用有卸载装置的支承结构；⑤采用自动压紧装置；⑥使刚性摩擦传动和支承具有足够的刚度；⑦摩擦轮的工作直径适当取大些；⑧采用高弹性模量、高硬度、高润滑油吸附性（湿式工作）和高摩擦因数（干式工作）的材料制造摩擦传动件；⑨加工合理的精度和表面粗糙度；⑩采用合适的润滑油和润滑方式。

3 摩擦轮的材料、润滑剂

摩擦轮的主要失效形式是表面破坏，故制造摩擦轮的材料应弹性模量大，摩擦因数高，接触疲劳强度高和耐磨性好，吸湿小(对非金属材料)，导热性好。

要求结构紧凑，传动承载能力高时，摩擦副材料都选用合金钢，经表面硬化处理后硬度达60HRC以上，如淬硬到60HRC以上滚动轴承钢(GCr6、GCr9、GCr9SiMn、GCr15、GCr15SiMn 等)或渗碳淬硬60HRC以上的镍铬类渗碳钢(20CrMnTi、18CrNiW等)。高硬度钢的摩擦轮表面磨合性差，故摩擦轮的摩擦表面应有较高的加工精度和较小的表面粗糙度以及较高的安装精度，而且箱体应具备足够的刚度。金属摩擦副必须湿式工作，即工作时有充足供油，否则，将产生严重磨损或者胶合。确定摩擦轮的设计参数和选择牵引油时还应保证其接触区形成弹性流体动压润滑油膜。

对于摩擦轮尺寸较大，结构复杂以及转速较低的开式传动的摩擦轮常采用白口铸铁与白口铸铁(或硬钢)相配的轮面。可采用冷铸或进行表面硬化处理。

要求较高的摩擦因数和低噪声时，可采用铸铁(或钢)与皮革、布质酚醛层压板、压制石棉纤维、弹胶体等材料覆盖的轮面，这种摩擦轮对于精度和表面粗糙度要求较低，但其接触强度低。

摩擦副材料组合应当是主动轮取较软的材料，从动轮取较硬材料，以保证从动轮面不被磨出凹坑。

各种摩擦轮材料的摩擦因数、许用接触应力和单位接触长度的许用线压力见表7.1-2。

表7.1-2 摩擦轮材料的摩擦因数 μ、许用接触应力 σ_{HP} 和单位接触长度的许用线压力〔p〕

摩擦轮轮面材料	工作条件	μ	σ_{HP}/MPa	〔p〕/N·mm^{-1}
淬火钢—淬火钢	良好润滑	0.04~0.05	(25~30)HRC	150~200
铸铁—铸铁		0.05~0.06	(1.5~1.8)HBW	105~135
钢—钢	无润滑	0.15~0.20	(1.2~1.5)HBW	100~150
铸铁—钢(铸铁)		0.10~0.15	1.5σ_{Bb}	100~135
布质酚醛层压板—钢(铸铁)		0.20~0.25	50~100	40~80
皮革—铸铁		0.20~0.35	12~15	15~25
纤维制品—钢(铸铁)		0.20~0.25	—	35~40
木材—铸铁		0.30~0.50	—	2.5~5
橡胶(弹胶体)—钢(铸铁)		0.45~0.60	—	10~30
石棉基材料—钢(铸铁)		0.30~0.40	—	—

对于无润滑的摩擦副，滑动面上不允许有润滑剂，否则会使摩擦因数急剧下降，甚至导致轮面（如弹胶体）的损坏。

对于需润滑的摩擦副，润滑剂起着非常重要的作用。它不仅起牵引、润滑、冷却和防锈的功效，还影响摩擦因数和传动效率，进而影响传动的工作状态和承载能力。摩擦轮副应选用高的牵引因数的牵引油。牵引油的种类有石蜡基矿物油、环烷基矿物油和专用合成油等，以多环环烷基牵引油较好。市场已有商品牵引油供应，表 7.1-3 供选用参考。

表 7.1-3　牵引油及其牵引系数

名称	牵引系数
多元醇酯 Mil-L　23699	0.035
双酯 Mil-L　7808	0.040
硅醇酯、聚乙二醇	0.045
石蜡基矿物油	0.050
芳香族变速器油	0.055
磷酞酯	0.060
环烷基矿物油　Mobil　62	0.058~0.065
硅油、氯苯基硅油	0.075~0.078
合成环己基油	0.084~0.095
Santotrac 30	0.084
Santotrac 40、50、70	0.095
S-20、30、80	0.118(试验值)
聚异丁烯油	0.043~0.052
氢化环烷系矿物油	0.042
Ub-1、2、3、4(无级变速器油)	0.184~0.109

注：牵引系数仅供选用参考，设计计算时应根据选用商品牵引油提供的性能及牵引系数。

4　摩擦轮传动加压装置

加压装置用来产生摩擦传动工作表面之间的压紧。压紧产生的压力的大小及变化直接影响传动的承载能力和工作性能。

常用的加压装置如下：

1）弹簧加压。一般采用圆柱螺旋弹簧或碟形弹通过其弹力使主、从动摩擦元件工作面彼此压紧。根据结构，有恒压式和非恒压式。

2）端面凸轮加压。凹凸相对应的端面凸轮和凸轮分别安置在轴和轴套上。在传动装置空载转动时，相应的端面凸轮和凸轮槽完全嵌合在一起而成为刚性联轴器，使轴套和轴一起转动；但在负载工作时，凸轮槽随着负载的作用、变化彼此沿周向做相对转动，导致凸轮套产生轴向相对位移，致使摩擦元件面压紧，其压紧力的大小随负载大小变化，亦称自动加压。

3）钢球（柱）V 形槽加压。在摩擦元件和传动的端面圆周上各制成均布相应的 V 形槽，每条槽各安放一个钢球（柱）。与端面凸轮加压作用原理相同，也是自动加压装置。

通常自动加压式的端面凸轮加压或钢球（柱）V 形槽加压装置皆与弹簧加压配合使用，由弹簧所产生预紧力，自动加压装置一般安装在转矩大的轴上，以保证加压可靠。

除上述加压装置外，摩擦轮传动还可以采用离心力加压、弹性环加压和摆动齿轮式加压方式，螺旋、齿轮、蜗轮以及液压、气压等机构也作为加压装置。

第2章　螺旋传动

1　螺旋传动的种类和应用

螺旋传动通过螺母和螺杆的旋合传递运动和动力。它一般是将旋转运动变成直线运动，当螺旋不自锁时可将直线运动变成旋转运动。

螺旋传动按摩擦性质可分为滑动螺旋、滚动螺旋和静压螺旋。按用途可分为传力螺旋（以传递动力为主，如螺旋压力机、起重千斤顶螺旋等）、传动螺旋（以传递运动为主，并要求有较高的传动精度，如机床的进给螺旋等）和调整螺旋（用以调整零部件的相互位置，如轧钢机轧辊的压下螺旋等）。传动螺旋和调整螺旋有的也承受较大的轴向载荷。各类螺旋传动的特点和应用见表7.2-1。

表7.2-1　各类螺旋传动的特点和应用

种类	滑动螺旋传动	滚动螺旋传动	静压螺旋传动
摩擦性质	滑动	滚动	油膜液体
特点	1)摩擦阻力大,传动效率低(通常为30%~60%) 2)结构简单,加工方便 3)易于自锁 4)运转平稳,但低速或微调时可能出现爬行 5)螺纹有侧向间隙,反向时有空行程,定位精度和轴向刚度较差(采用消隙机构可提高定位精度) 6)磨损快	1)摩擦阻力小,传动效率高(一般在90%以上) 2)结构复杂,制造较难 3)具有传动可逆性(可以把旋转运动变成直线运动,又可以把直线运动变成旋转运动),为了避免螺旋副受载后逆转,应设置防逆转机构 4)运转平稳,起动时无颤动,低速时不爬行 5)螺母和螺杆经调整预紧,可得到很高的定位精度(5μm/300mm)和重复定位精度(1~2μm)，并可以提高轴向刚度 6）工作寿命长，故障率低 7）抗冲击性能较差	1）摩擦阻力极小，传动效率高(可达99%) 2）螺母结构复杂 3）具有传动可逆性，必要时应设置防逆转机构 4）工作平稳，无爬行现象 5）反向时无空行程，定位精度高，并有很高的轴向刚度 6）磨损小、寿命长 7）需要配套压力稳定、温度恒定、过滤要求较高的供油系统
应用举例	金属切削机床的进给、分度机构的传动螺旋，摩擦压力机、起重器的传力螺旋	金属切削机床（特别是加工中心、数控机床和精密机床）、测试机械、仪器的传动螺旋和调整螺旋，升降、起重机构和汽车、拖拉机转向机构的传力螺旋，飞机、导弹、船舶和铁路等自控系统的传动螺旋和传力螺旋	精密机床的进给、分度机构的传动螺旋

2　螺旋传动螺纹

2.1　螺旋传动螺纹的类型、特点及应用

为提高螺旋传动的效率，传动螺纹的牙型角小于连接螺纹的，其轴剖面牙型有梯形、锯齿形、矩形等。梯形螺纹、锯齿形螺纹已标准化，矩形螺纹尚未标准化。表7.2-2列出了螺旋传动螺纹的类型、特点及应用。

表7.2-2　螺旋传动螺纹的类型、特点及应用

种类	牙型图	特点	应用
梯形螺纹	(牙型图：P，α，d) GB/T 5796.1~4—2005	牙型角α=30°,螺纹副的大径和小径处有相等的径向间隙。牙根强度高,螺纹的工艺性好(可以用高生产率的方法制造);内外螺纹以锥面贴合,对中性好,不易松动;采用剖分式螺母,可以调整和消除间隙;但其效率较低	用于传力螺旋和传动螺旋,如金属切削机床的丝杆、载重螺旋式起重机、锻压机的传力螺旋

（续）

种类	牙型图	特点	应用
锯齿形螺纹	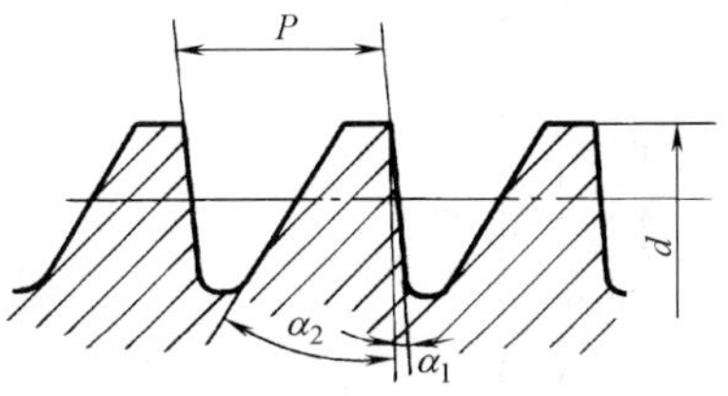 GB/T 13576.1~4—2008	有工作面牙型斜角 $\alpha_1=0°$、3°、7°，非工作面牙型斜角 $\alpha_2=30°$、45°等多种组合。3°/30°锯齿形螺纹已制定国家标准（GB/T 13576—2008），0°/45°锯齿形螺纹已有行业标准（JB/T 2001.73—1999）。外螺纹牙底处有相当大的圆角，能减小应力集中；螺纹副大径处无间隙，对中性好；螺纹强度高、工艺性好；传动效率比梯形螺纹高	用于单向受力的传力螺旋，如初轧机的压下螺旋、大型起重机的螺旋千斤顶，水压机的传力螺旋、火炮的炮栓机构
圆螺纹	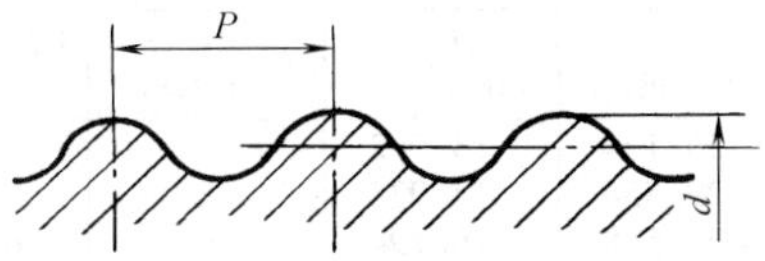	螺纹强度高，应力集中小；和其他螺纹比，对污物和腐蚀的敏感性小，但效率低	用于受冲击和变载荷的传力螺旋
矩形螺纹	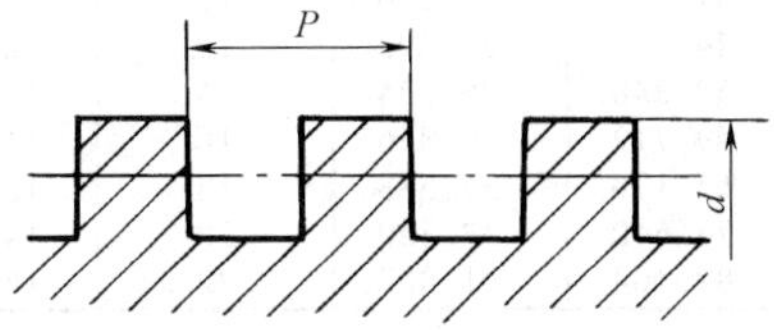	牙型为正方形，牙型角 $\alpha=0°$。传动效率高，但精确制造困难（为便于加工，可制成 10°牙型角）；螺纹强度比梯形螺纹、锯齿形螺纹低，对中精度低，螺纹副磨损后的间隙难以补偿与修复	用于传力螺旋和传动螺旋，如一般起重螺旋
三角形螺纹	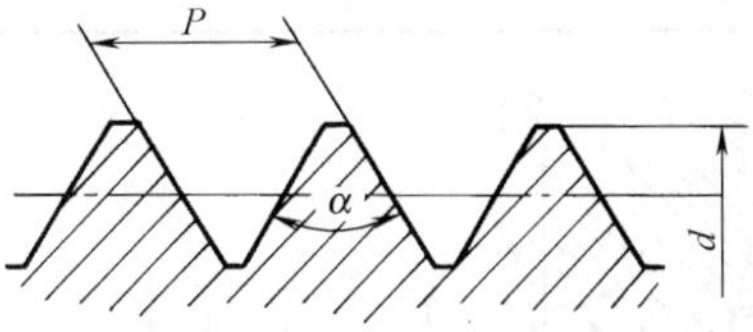	牙型角 $\alpha=60°$的特殊螺纹或米制普通螺纹。自锁性好，效率低	用于小螺距的高强度调整螺旋，如仪表机构

2.2 梯形螺纹

梯形螺纹具有加工比较容易、强度适中、传动可靠的特点，是使用最多的传动螺纹。国家标准 GB/T 5796.1~4—2005 规定了一般用途梯形螺纹的牙型、尺寸及公差，该标准与 ISO 2901~2904 等效，通用性好。该标准不适用于如机床丝杠等精密传动，我国机床行业对机床丝杠螺母制定有专门的精度标准（JB/T 2886—2008 机床梯形丝杠、螺母技术条件），用于各种精密机床的主轴丝杠等重要部位的传动。

2.2.1 梯形螺纹的术语、代号（见表 7.2-3）

2.2.2 梯形螺纹的牙型及尺寸

梯形螺纹的基本牙型为顶角 30°的等腰梯形构造的内、外螺纹理论牙型，牙顶、牙底的宽度为 $0.366P$。具有基本牙型的内、外螺纹配合后是无间隙的。设计牙型是为了保证传动的灵活性和避免干涉，分别在内、外螺纹的牙底处各留出一个牙顶间隙 a_c。表 7.2-4~表 7.2-6 分别列出了梯形螺纹的基本牙型、设计牙型及尺寸。

表 7.2-3　梯形螺纹的术语和代号

代号	术语
D	基本牙型上的内螺纹大径
D_4	设计牙型上的内螺纹大径
D_1	基本牙型和设计牙型上的内螺纹小径
D_2	基本牙型和设计牙型上的内螺纹中径
d	基本牙型和设计牙型上的外螺纹大径（公称直径）
d_1	基本牙型上的外螺纹小径
d_2	基本牙型和设计牙型上的外螺纹中径
d_3	设计牙型上的外螺纹小径
P	螺距
H	原始三角形高度
H_1	基本牙型高
H_4	设计牙型上的内螺纹牙高
h_3	设计牙型上的外螺纹牙高
a_c	牙顶间隙
R_1	外螺纹牙顶倒角圆弧半径
R_2	螺纹牙底倒角圆弧半径

表 7.2-4　梯形螺纹的基本牙型及尺寸（GB/T 5796.1—2005）　（mm）

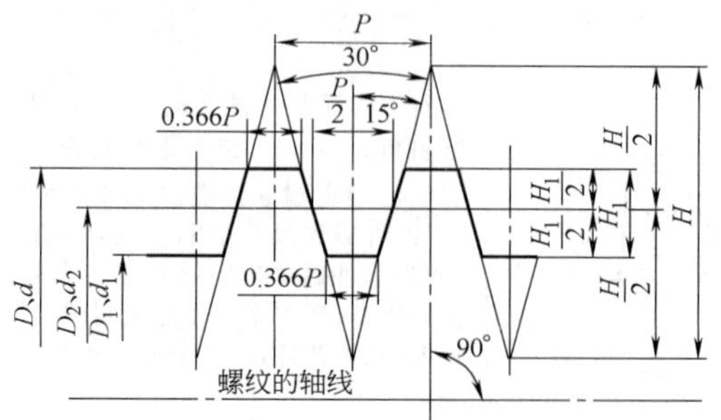

梯形螺纹基本牙型

螺距 P	H ($1.866P$)	$H/2$ ($0.933P$)	H_1 ($0.5P$)	牙顶、牙底宽 $0.366P$	螺距 P	H ($1.866P$)	$H/2$ ($0.933P$)	H_1 ($0.5P$)	牙顶、牙底宽 $0.366P$
1.5	2.799	1.400	0.75	0.549	14	26.124	13.062	7	5.124
2	3.732	1.866	1	0.732	16	29.856	14.928	8	5.856
3	5.598	2.799	1.5	1.098	18	33.588	16.794	9	6.588
4	7.464	3.732	2	1.464	20	37.320	18.660	10	7.320
5	9.330	4.665	2.5	1.830	22	41.052	20.526	11	8.052
6	11.196	5.598	3	2.196	24	44.784	22.392	12	8.784
7	13.062	6.531	3.5	2.562	28	52.248	26.124	14	10.248
8	14.928	7.464	4	2.928	32	59.712	29.856	16	11.712
9	16.794	8.397	4.5	3.294	36	67.176	33.588	18	13.176
10	18.660	9.330	5	3.660	40	74.640	37.320	20	14.640
12	22.392	11.196	6	4.392	44	82.104	41.052	22	16.104

表 7.2-5　梯形螺纹的设计牙型及尺寸（摘自 GB/T 5796.1—2005）　（mm）

$D_1=d-2H_1=d-P$

$D_4=d+2a_c$

$d_3=d-2h_3=d-P-2a_c$

$d_2=D_2=d-H_1=d-0.5P$

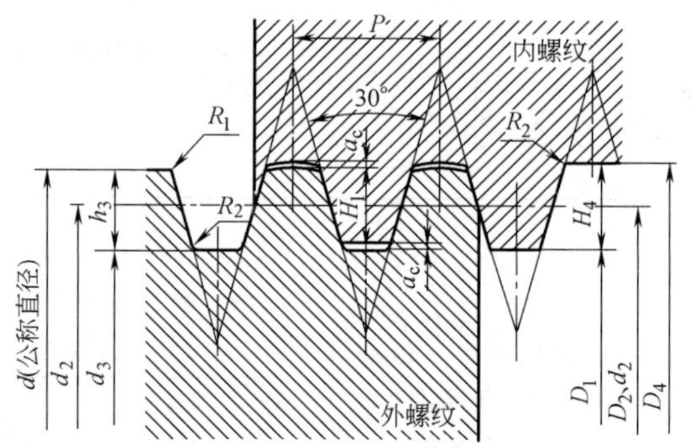

$H_1=0.5P$

$H_4=h_3=H_1+a_c$

$R_{1max}=0.5a_c$

$R_{2max}=a_c$

P—螺距

梯形螺纹设计牙型

螺距 P	a_c	$H_4=h_3$	R_{1max}	R_{2max}	螺距 P	a_c	$H_4=h_3$	R_{1max}	R_{2max}
1.5	0.15	0.9	0.075	0.15	14	1	8	0.5	1
2	0.25	1.25	0.125	0.25	16	1	9	0.5	1
3	0.25	1.75	0.125	0.25	18	1	10	0.5	1
4	0.25	2.25	0.125	0.25	20	1	11	0.5	1
5	0.25	2.75	0.125	0.25	22	1	12	0.5	1
6	0.5	3.5	0.25	0.5	24	1	13	0.5	1
7	0.5	4	0.25	0.5	28	1	15	0.5	1
8	0.5	4.5	0.25	0.5	32	1	17	0.5	1
9	0.5	5	0.25	0.5	36	1	19	0.5	1
10	0.5	5.5	0.25	0.5	40	1	21	0.5	1
12	0.5	6.5	0.25	0.5	44	1	23	0.5	1

注：1. 在外螺纹大径上的 R_1，推荐采用等于或小于 $0.5a_c$ 的倒圆或倒角；对螺距为 2～12mm 的滚压外螺纹在大径上的 R_1 推荐采用等于或大于 $0.6a_c$ 的倒圆或倒角。

2. 当采用滚压方法加工外螺纹时，可以修改其牙底形状，以便在外螺纹的牙底上能生成较大的圆弧，此时其外螺纹小径 d_3 可以减小 $0.15P$。

表 7.2-6 梯形螺纹公称尺寸（GB/T 5796.3—2005） （mm）

公称直径 d			螺距	中径	大径	小径	
第一系列	第二系列	第三系列	P	$d_2=D_2$	D_4	d_3	D_1
8			1.5	7.250	8.300	6.200	6.500
	9		1.5 2	8.250 8.000	9.300 9.500	7.200 6.500	7.500 7.000
10			1.5 2	9.250 9.000	10.300 10.500	8.200 7.500	8.500 8.000
	11		2 3	10.000 9.500	11.500 11.500	8.500 7.500	9.000 8.000
12			2 3	11.000 10.500	12.500 12.500	9.500 8.500	10.000 9.000
	14		2 3	13.000 12.500	14.500 14.500	11.500 10.500	12.000 11.000
16			2 4	15.000 14.000	16.500 16.500	13.500 11.500	14.000 12.000
	18		2 4	17.000 16.000	18.500 18.500	15.500 13.500	16.000 14.000
20			2 4	19.000 18.000	20.500 20.500	17.500 15.500	18.000 16.000
	22		3 5 8	20.500 19.500 18.000	22.500 22.500 23.000	18.500 16.500 13.000	19.000 17.000 14.000
24			3 5 8	22.500 21.500 20.000	24.500 24.500 25.000	20.500 18.500 15.000	21.000 19.000 16.000
	26		3 5 8	24.500 23.500 22.000	26.500 26.500 27.000	22.500 20.500 17.000	23.000 21.000 18.000
28			3 5 8	26.500 25.500 24.000	28.500 28.500 29.000	24.500 22.500 19.000	25.000 23.000 20.000
	30		3 6 10	28.500 27.000 25.000	30.500 31.000 31.000	26.500 23.000 19.000	27.000 24.000 20.000
32			3 6 10	30.500 29.000 27.000	32.500 33.000 33.000	28.500 25.000 21.000	29.000 26.000 22.000
	34		3 6 10	32.500 31.000 29.000	34.500 35.000 35.000	30.500 27.000 23.000	31.000 28.000 24.000
36			3 6 10	34.500 33.000 31.000	36.500 37.000 37.000	32.500 29.000 25.000	33.000 30.000 26.000
	38		3 7 10	36.500 34.500 33.000	38.500 39.000 39.000	34.500 30.000 27.000	35.000 31.000 28.000
40			3 7 10	38.500 36.500 35.000	40.500 41.000 41.000	36.500 32.000 29.000	37.000 33.000 30.000
	42		3 7 10	40.500 38.500 37.000	42.500 43.000 43.000	38.500 34.000 31.000	39.000 35.000 32.000
44			3 7 12	42.500 40.500 38.000	44.500 45.000 45.000	40.500 36.000 31.000	41.000 37.000 32.000

（续）

公称直径 d			螺距	中径	大径	小径	
第一系列	第二系列	第三系列	P	$d_2=D_2$	D_4	d_3	D_1
	46		3	44.500	46.500	42.500	43.000
			8	42.000	47.000	37.000	38.000
			12	40.000	47.000	33.000	34.000
48			3	46.500	48.500	44.500	45.000
			8	44.000	49.000	39.000	40.000
			12	42.000	49.000	35.000	36.000
	50		3	48.500	50.500	46.500	47.000
			8	46.000	51.000	41.000	42.000
			12	44.000	51.000	37.000	38.000
52			3	50.500	52.500	48.500	49.000
			8	48.000	53.000	43.000	44.000
			12	46.000	53.000	39.000	40.000
	55		3	53.500	55.500	51.500	52.000
			9	50.500	56.000	45.000	46.000
			14	48.000	57.000	39.000	41.000
60			3	58.500	60.500	56.500	57.000
			9	55.500	61.000	50.000	51.000
			14	53.000	62.000	44.000	46.000
	65		4	63.000	65.500	60.500	61.000
			10	60.000	66.000	54.000	55.000
			16	57.000	67.000	47.000	49.000
70			4	68.000	70.500	65.500	66.000
			10	65.000	71.000	59.000	60.000
			16	62.000	72.000	52.000	54.000
	75		4	73.000	75.500	70.500	71.000
			10	70.000	76.000	64.000	65.000
			16	67.000	77.000	57.000	59.000
80			4	78.000	80.500	75.500	76.000
			10	75.000	81.000	69.000	70.000
			16	72.000	82.000	62.000	64.000
	85		4	83.000	85.500	80.500	81.000
			12	79.000	86.000	72.000	73.000
			18	76.000	87.000	65.000	67.000
90			4	88.000	90.500	85.500	86.000
			12	84.000	91.000	77.000	78.000
			18	81.000	92.000	70.000	72.000
	95		4	93.000	95.500	90.500	91.000
			12	89.000	96.000	82.000	83.000
			18	86.000	97.000	75.000	77.000
100			4	98.000	100.500	95.500	96.000
			12	94.000	101.000	87.000	88.000
			20	90.000	102.000	78.000	80.000
		105	4	103.00	105.500	100.500	101.000
			12	99.000	106.000	92.000	93.000
			20	95.000	107.000	83.000	85.000
	110		4	108.000	110.500	105.500	106.000
			12	104.000	111.000	97.000	98.000
			20	100.000	112.000	88.000	90.000
		115	6	112.000	116.000	108.000	109.000
			14	108.000	117.000	99.000	101.000
			22	104.000	117.000	91.000	93.000
120			6	117.000	121.000	113.000	114.000
			14	113.000	122.000	104.000	106.000
			22	109.000	122.000	96.000	98.000
		125	6	122.000	126.000	118.000	119.000
			14	118.000	127.000	109.000	111.000
			22	114.000	127.000	101.000	103.000

（续）

公称直径 d			螺距	中径	大径	小径	
第一系列	第二系列	第三系列	P	$d_2=D_2$	D_4	d_3	D_1
	130		6	127.000	131.000	123.000	124.000
			14	123.000	132.000	114.000	116.000
			22	119.000	132.000	106.000	108.000
		135	6	132.000	136.000	128.000	129.000
			14	128.000	137.000	119.000	121.000
			24	123.000	137.000	109.000	111.000
140			6	137.000	141.000	133.000	134.000
			14	133.000	142.000	124.000	126.000
			24	128.000	142.000	114.000	116.000
		145	6	142.000	146.000	138.000	139.000
			14	138.000	147.000	129.000	131.000
			24	133.000	147.000	119.000	121.000
	150		6	147.000	151.000	143.000	144.000
			16	142.000	152.000	132.000	134.000
			24	138.000	152.000	124.000	126.000
		155	6	152.000	156.000	148.000	149.000
			16	147.000	157.000	137.000	139.000
			24	143.000	157.000	129.000	131.000
160			6	157.000	161.000	153.000	154.000
			16	152.000	162.000	142.000	144.000
			28	146.000	162.000	130.000	132.000
		165	6	162.000	166.000	158.000	159.000
			16	157.000	167.000	147.000	149.000
			28	151.000	167.000	135.000	137.000
	170		6	167.000	171.000	163.000	164.000
			16	162.000	172.000	152.000	154.000
			28	156.000	172.000	140.000	142.000
		175	8	171.000	176.000	166.000	167.000
			16	167.000	177.000	157.000	159.000
			28	161.000	177.000	145.000	147.000
180			8	176.000	181.000	171.000	172.000
			18	171.000	182.000	160.000	162.000
			28	166.000	182.000	150.000	152.000
		185	8	181.000	186.000	176.000	177.000
			18	176.000	187.000	165.000	167.000
			32	169.000	187.000	151.000	153.000
	190		8	186.000	191.000	181.000	182.000
			18	181.000	192.000	170.000	172.000
			32	174.000	192.000	156.000	158.000
		195	8	191.000	196.000	186.000	187.000
			18	186.000	197.000	175.000	177.000
			32	179.000	197.000	161.000	163.000
200			8	196.000	201.000	191.000	192.000
			18	191.000	202.000	180.000	182.000
			32	184.000	202.000	166.000	168.000
	210		8	206.000	211.000	201.000	202.000
			20	200.000	212.000	188.000	190.000
			36	192.000	212.000	172.000	174.000
220			8	216.000	221.000	211.000	212.000
			20	210.000	222.000	198.000	200.000
			36	202.000	222.000	182.000	184.000
	230		8	226.000	231.000	221.000	222.000
			20	220.000	232.000	208.000	210.000
			36	212.000	232.000	192.000	194.000

（续）

公称直径 d			螺距	中径	大径	小径	
第一系列	第二系列	第三系列	P	$d_2=D_2$	D_4	d_3	D_1
240			8	236.000	241.000	231.000	232.000
			22	229.000	242.000	216.000	218.000
			36	222.000	242.000	202.000	204.000
	250		12	244.000	251.000	237.000	238.000
			22	239.000	252.000	226.000	228.000
			40	230.000	252.000	208.000	210.000
260			12	254.000	261.000	247.000	248.000
			22	249.000	262.000	236.000	238.000
			40	240.000	262.000	218.000	220.000
	270		12	264.000	271.000	257.000	258.000
			24	258.000	272.000	244.000	246.000
			40	250.000	272.000	228.000	230.000
280			12	274.000	281.000	267.000	268.000
			24	268.000	282.000	254.000	256.000
			40	260.000	282.000	238.000	240.000
	290		12	284.000	291.000	277.000	278.000
			24	278.000	292.000	264.000	266.000
			44	268.000	292.000	244.000	246.000
300			12	294.000	301.000	287.000	288.000
			24	288.000	302.000	274.000	276.000
			44	278.000	302.000	254.000	256.000

注：1. 优先选用第一系列直径，其次选用第二系列。新产品设计中，不宜选用第三系列直径。
2. 如果需要使用表中规定以外的螺矩，则选用表中邻近直径所对应的螺矩。

2.2.3　梯形螺纹公差

梯形螺纹的公差带是沿牙型分布的公差带，由公差带位置和公差等级构成，在垂直于轴线方向上计算公差和偏差值。

（1）公差带位置与基本偏差

内螺纹大径 D_4、中径 D_2、小径 D_1 的公差带位置为H，其基本偏差EI为零（即EI=0），见图7.2-1。外螺纹大径 d、小径 d_3 只有一种公差带位置h，基本偏差es为零（即es=0），见图7.2-2a；外螺纹中径 d_2 的公差带位置有e、c两种，两者的基本偏差es为负值，见图7.2-2b。H、h公差带位置常用于空程较短的场合，e、c公差带位置可用于要求传动灵活的场合。螺纹有镀层时应根据镀层厚度、需要的传动间隙选择基本偏差。

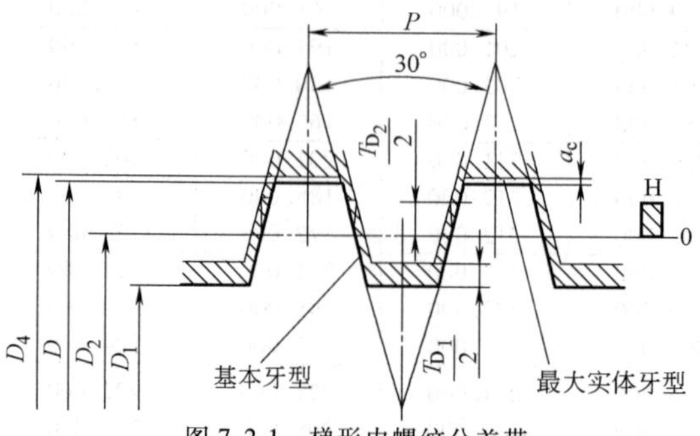

图7.2-1　梯形内螺纹公差带

T_{D_1}、T_{D_2}—内螺纹小径及中径的公差

内、外螺纹中径的基本偏差值见表7.2-7。

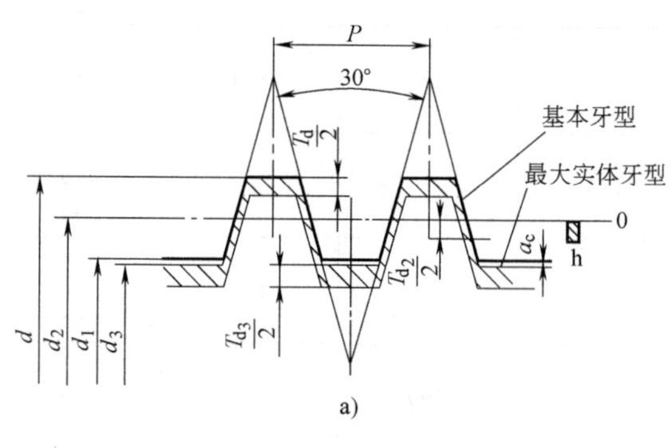

a)

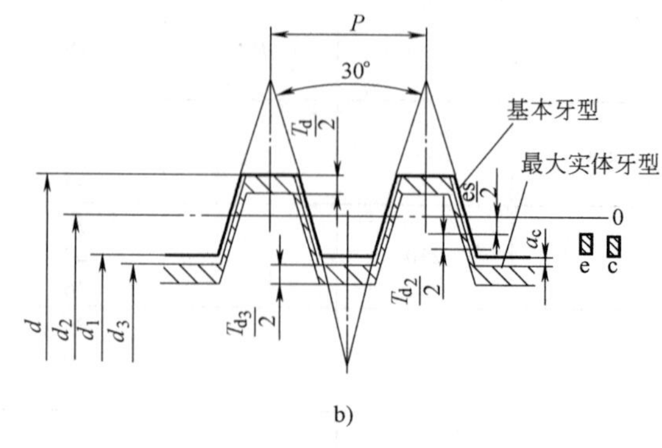

b)

图7.2-2　梯形外螺纹公差

T_d、T_{d_2}和T_{d_3}—外螺纹大径、中径及小径的公差

表 7.2-7 梯形螺纹中径的基本偏差

(GB/T 5796.4—2005)

螺距 P/mm	内螺纹 D_2/μm	外螺纹 d_2/μm	
	H	c	e
	EI	es	es
1.5	0	-140	-67
2	0	-150	-71
3	0	-170	-85
4	0	-190	-95
5	0	-212	-106
6	0	-236	-118
7	0	-250	-125
8	0	-265	-132
9	0	-280	-140
10	0	-300	-150
12	0	-335	-160
14	0	-355	-180
16	0	-375	-190
18	0	-400	-200
20	0	-425	-212
22	0	-450	-224
24	0	-475	-236
28	0	-500	-250
32	0	-530	-265
36	0	-560	-280
40	0	-600	-300
44	0	-630	-315

(2) 公差等级、公差值及旋合长度

梯形螺纹各直径的公差等级见表 7.2-8；内螺纹小径、外螺纹大径的公差见表 7.2-9；内、外螺纹的中径公差，外螺纹小径公差及旋合长度见表 7.2-10。

表 7.2-8 梯形螺纹各直径的公差等级

螺纹直径		公差等级
内螺纹	小径 D_1	4
	中径 D_2	7、8、9
外螺纹	大径 d	4
	中径 d_2	7、8、9
	小径 d_3	7、8、9

注：外螺纹的小径 d_3 及其中径 d_2 应选取相同的公差等级。

表 7.2-9 梯形内螺纹小径、外螺纹大径公差

(摘自 GB/T 5796.4—2005)

螺距 P/mm	公差等级为 4 级	
	内螺纹小径公差 T_{D_1}/μm	外螺纹大径公差 T_d/μm
1.5	190	150
2	236	180
3	315	236
4	375	300
5	450	335
6	500	375
7	560	425
8	630	450
9	670	500
10	710	530
12	800	600
14	900	670
16	1000	710
18	1120	800
20	1180	850
22	1250	900
24	1320	950
28	1500	1060
32	1600	1120
36	1800	1250
40	1900	1320
44	2000	1400

表 7.2-10 梯形螺纹内、外螺纹中径公差，外螺纹小径公差及旋合长度

(摘自 GB 5796.4—2005)

公称直径 d/mm		螺距 P/mm	内螺纹中径公差 T_{D_2}/μm			外螺纹中径公差 T_{d_2}/μm			外螺纹小径公差 T_{d_3}/μm						旋合长度/mm		
									中径公差带位置为 c			中径公差带位置为 e			中等旋合长度 N		长旋合长度 L
			公差等级			公差等级			公差等级			公差等级					
>	≤		7	8	9	7	8	9	7	8	9	7	8	9	>	≤	>
5.6	11.2	1.5	224	280	355	170	212	265	352	405	471	279	332	398	5	15	15
		2	250	315	400	190	236	300	388	445	525	309	366	446	6	19	19
		3	280	355	450	212	265	335	435	501	589	350	416	504	10	28	28
11.2	22.4	2	265	335	425	200	250	315	400	462	544	321	383	465	8	24	24
		3	300	375	475	224	280	355	450	520	614	365	435	529	11	32	32
		4	355	450	560	265	335	425	521	609	690	426	514	595	15	43	43
		5	375	475	600	280	355	450	562	656	775	456	550	669	18	53	53
		8	475	600	750	355	450	560	709	828	965	576	695	832	30	85	85

（续）

公称直径 d/mm		螺距 P /mm	内螺纹中径公差 T_{D_2}/μm			外螺纹中径公差 T_{d_2}/μm			外螺纹小径公差 T_{d_3}/μm						旋合长度/mm		
			公差等级			公差等级			中径公差带位置为 c 公差等级			中径公差带位置为 e 公差等级			中等旋合长度 N		长旋合长度 L
>	≤		7	8	9	7	8	9	7	8	9	7	8	9	>	≤	>
22.4	45	3	335	425	530	250	315	400	482	564	670	397	479	585	12	36	36
		5	400	500	630	300	375	475	587	681	806	481	575	700	21	63	63
		6	450	560	710	335	425	530	655	767	899	537	649	781	25	75	75
		7	475	600	750	355	450	560	694	813	950	569	688	825	30	85	85
		8	500	630	800	375	475	600	764	859	1015	601	726	882	34	100	100
		10	530	670	850	400	500	630	800	925	1087	650	775	937	42	125	125
		12	560	710	900	425	530	670	866	998	1223	691	823	1048	50	150	150
45	90	3	355	450	560	265	335	425	501	589	701	416	504	616	15	45	45
		4	400	500	630	300	375	475	565	659	784	470	564	689	19	56	56
		8	530	670	850	400	500	630	765	890	1052	632	757	919	38	118	118
		9	560	710	900	425	530	670	811	943	1118	671	803	978	43	132	132
		10	560	710	900	425	530	670	831	963	1138	681	813	988	50	140	140
		12	630	800	1000	475	600	750	929	1085	1273	754	910	1098	60	170	170
		14	670	850	1060	500	630	800	970	1142	1355	805	967	1180	67	200	200
		16	710	900	1120	530	670	850	1038	1213	1438	853	1028	1253	75	236	236
		18	750	950	1180	560	710	900	1100	1288	1525	900	1088	1320	85	265	265
90	180	4	425	530	670	315	400	500	584	690	815	489	595	720	24	71	74
		6	500	630	800	375	475	600	705	830	986	587	712	868	36	106	106
		8	560	710	900	425	530	670	796	928	1103	663	795	970	45	132	132
		12	670	850	1060	500	630	800	960	1122	1335	785	947	1160	67	200	200
		14	710	900	1120	530	670	850	1018	1193	1418	843	1018	1243	75	236	236
		16	750	950	1180	560	710	900	1075	1263	1500	890	1078	1315	90	265	265
		18	800	1000	1250	500	750	950	1150	1338	1588	950	1138	1388	100	300	300
		20	800	1000	1250	600	750	950	1175	1363	1613	962	1150	1400	112	335	335
		22	850	1060	1320	630	800	1000	1232	1450	1700	1011	1224	1474	118	355	355
		24	900	1120	1400	670	850	1060	1313	1538	1800	1074	1299	1561	132	400	400
		28	950	1180	1500	710	900	1120	1388	1625	1900	1138	1375	1650	150	450	450
180	355	8	600	750	950	450	560	710	828	965	1153	695	832	1020	50	150	150
		12	710	900	1120	530	670	850	998	1173	1398	823	998	1223	75	224	224
		18	850	1060	1320	630	800	1000	1187	1400	1650	987	1200	1450	112	335	335
		20	900	1120	1400	670	850	1060	1263	1488	1750	1050	1275	1537	125	375	375
		22	900	1120	1400	670	850	1060	1288	1513	1775	1062	1287	1549	140	425	425
		24	950	1180	1500	710	900	1120	1363	1600	1875	1124	1361	1636	150	450	450
		32	1060	1320	1700	800	1000	1250	1530	1780	2092	1265	1515	1827	200	600	600
		36	1120	1400	1800	850	1060	1320	1623	1885	2210	1343	1605	1930	224	670	670
		40	1120	1400	1800	850	1060	1320	1663	1925	2250	1363	1625	1950	250	750	750
		44	1250	1500	1900	900	1120	1400	1755	2030	2380	1440	1715	2065	280	850	850

（3）推荐公差带（见表 7.2-11）

表 7.2-11　梯形螺纹的公差带

公差精度	中径公差带			
	内螺纹		外螺纹	
	N	L	N	L
中等	7H	8H	7e	8e
粗糙	8H	9H	8c	9c

注：1. 根据使用场合选择梯形螺纹的精度等级：中等级—用于一般用途的螺纹；粗糙级—要求不高和制造螺纹有困难的场合。
2. 如果不能确定螺纹旋合长度的实际值，推荐按中等旋合长度组 N 选取螺纹公差带。

（4）多线螺纹公差

多线螺纹顶径公差和底径公差与单线螺纹的顶径和底径公差相同。多线螺纹的中径公差等于具有相同单线螺纹的中径公差乘以修正系数，修正系数见表 7.2-12。

表 7.2-12　螺纹线数的修正系数

线数	2	3	4	≥5
系数	1.12	1.25	1.4	1.6

2.2.4　梯形螺纹标记

完整的梯形螺纹标记包括螺纹特征代号、尺寸代号、公差带代号和旋合长度代号。梯形螺纹的公差带代号仅标记中径公差带代号。在旋合长度属 L 组时需在公差带代号之后注写出旋合长度的组别代号 L。当组别代号为 N 时，N 应省略不标。

标记各代号的排序如下：

[梯形螺纹特征代号] [尺寸代号] [旋向代号] [公差带代号] [旋合长度代号]

标记示例见表 7.2-13。

表 7.2-13　梯形螺纹标记示例

形式	示例	说明
内螺纹	Tr40×7-8H-L	公称直径为 40mm，螺距为 7mm，单线，右旋（右旋不标），中径公差带为 8H，旋合长度为 L 组的梯形螺纹（Tr 表示梯形螺纹）
外螺纹	Tr40×7LH-7e	公称直径为 40mm，螺距为 7mm，单线，左旋（LH 表示左旋），公差带为 7e，旋合长度为 N 组（N 组不标注）
多线螺纹	Tr40×14(P7)LH-8c	公称直径为 40mm，多线，导程为 14mm，螺距为 7mm，左旋，中径公差带为 8c，旋合长度为 N 组
螺旋副	Tr40×7-7H/7e	公称直径为 40mm，螺距为 7mm，单线，右旋，内螺纹，公差带为 7H，外螺纹公差带为 7e，旋合长度为 N 组

2.3　短牙梯形螺纹

短牙梯形螺纹是一种牙槽较普通梯形螺纹浅的梯形螺纹，具有结构紧凑、工艺性好等优点，适用于根部强度要求高、外形尺寸小的场合，如薄壁零件、各种阀门。JB/T 12005—2014 为阀门用短牙梯形螺纹的标准。

2.3.1　短牙梯形螺纹的牙型及尺寸

短牙梯形螺纹的基本牙型、设计牙型及尺寸除牙高 $H_1=0.3P$（梯形螺纹牙高 $H_1=0.5P$）外，其他各参数均与 GB/T 13576—2008 梯形螺纹的规定相同，见表 7.2-14～表 7.2-16。

表 7.2-14　短牙梯形螺纹的基本牙型及尺寸　（mm）

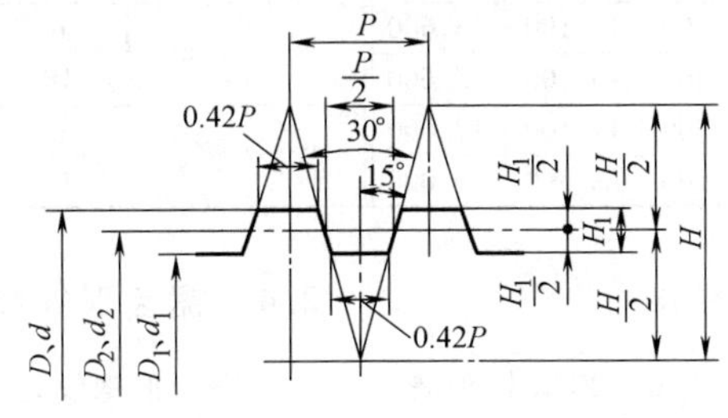

短牙梯形螺纹基本牙型

螺距 P	H (1.866P)	$H/2$ (0.933P)	H_1 0.3P	牙顶、牙底宽 0.42P	螺距 P	H (1.866P)	$H/2$ (0.933P)	H_1 0.3P	牙顶、牙底宽 0.42P
1.5	2.799	1.400	0.45	0.63	6	11.196	5.598	1.8	2.52
2	3.732	1.866	0.6	0.84	8	14.928	7.464	2.4	3.36
3	5.598	2.799	0.9	1.26	9	16.794	8.397	2.7	3.78
4	7.464	3.732	1.2	1.68	10	18.660	9.330	3.0	4.20
5	9.330	4.665	1.5	2.10					

表 7.2-15　短牙梯形螺纹的设计牙型及尺寸　(mm)

$D_1=d-2H_1=d-0.6P$

$D_4=d+2a_c$

$d_3=d-2h_3=d-0.6P-2a_c$

$d_2=D_2=d-H_1=d-0.3P$

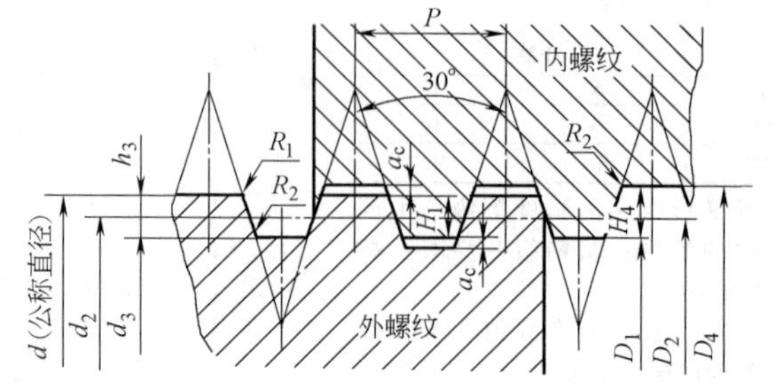

$H_1=0.3P$

$H_4=h_3=H_1+a_c$

$R_{1\max}=0.5a_c$

$R_{2\max}=a_c$

P—螺距

短牙梯形螺纹设计牙型

螺距 P	牙顶间隙 a_c	牙高 $H_4=h_3$	$R_{1\max}$	$R_{2\max}$	螺距 P	牙顶间隙 a_c	牙高 $H_4=h_3$	$R_{1\max}$	$R_{2\max}$
1.5	0.15	0.60	0.075	0.15	6	0.5	2.3	0.250	0.5
2	0.25	0.85	0.125	0.25	8	0.5	2.9	0.250	0.5
3	0.25	1.15	0.125	0.25	9	0.5	3.2	0.250	0.5
4	0.25	1.45	0.125	0.25	10	0.5	3.5	0.250	0.5
5	0.25	1.75	0.125	0.25					

表 7.2-16　短牙梯形螺纹的公称尺寸　(mm)

公称直径 d 第一系列	公称直径 d 第二系列	螺距 P	中径 $d_2=D_2$	大径 D_4	小径 d_3	小径 D_3	公称直径 d 第一系列	公称直径 d 第二系列	螺距 P	中径 $d_2=D_2$	大径 D_4	小径 d_3	小径 D_3
8		1.5	7.550	8.300	6.800	7.100		22	8	19.600	23.000	16.200	17.200
	9	2	8.400	9.500	7.300	7.800	24		5	22.500	24.500	20.500	21.000
10		2	9.400	10.500	8.300	8.800			8	21.600	25.000	18.200	19.200
	11	2	10.400	11.500	9.300	9.800		26	5	24.500	26.500	22.500	23.000
		3	10.100	11.500	8.700	9.200			8	23.600	27.000	20.200	21.200
12		3	11.100	12.500	9.700	10.200	28		5	26.500	28.500	24.500	25.000
	14	3	13.100	14.500	11.700	12.200			8	25.600	29.000	22.200	23.200
16		4	14.800	16.500	13.100	13.600		30	6	28.200	31.000	25.400	26.400
	18	4	16.800	18.500	15.100	15.600			10	27.000	31.000	23.000	24.000
20		4	18.800	20.500	17.100	17.600	32		6	30.200	33.000	27.400	28.400
	22	5	20.500	22.500	18.500	19.000			10	29.000	33.000	25.000	26.000

2.3.2　短牙梯形螺纹公差、标记

短牙梯形螺纹采用与 GB/T 13576—2008 梯形螺纹相同的公差值，其公差带分级、旋合长度的分组及各级公差值均与国标梯形螺纹使用时参照进行。短牙梯形螺纹分中等、粗糙两个精度级别，通常使用中等精度级，短牙梯形螺纹推荐公差带与国标梯形螺纹相同。

短牙梯形螺纹标记中特征代号为 DTr，其他的标记与国标梯形螺纹相同。

2.4　锯齿形螺纹

锯齿形螺纹是集矩形螺纹传动效率高、梯形螺纹工艺性能好于一体的螺纹。多用于承受单向载荷的场合，承载面牙型角小，以提高传动效率；非承载面牙型角大，以保证螺纹的强度。以下主要介绍国家标准 GB/T 13576.1～4—2008 规定的锯齿形（3°/30°）螺纹的牙型、尺寸、公差及标记。其他的牙型还有（0°/45°）、（3°/45°）、（7°/45°）等不同角度的组合，可参考使用。

2.4.1 锯齿形螺纹的牙型及公称尺寸（见表7.2-17）

表7.2-17 锯齿形(3°/30°) 螺纹的牙型及公称尺寸（摘自 GB/T 13576.1—2008 及 GB/T 13576.3—2008）

（mm）

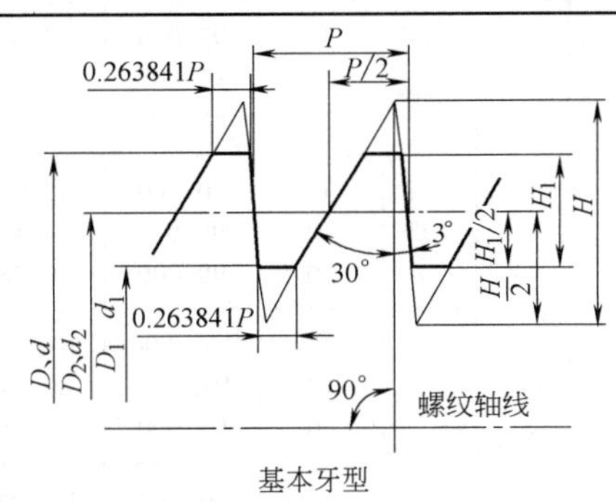

基本牙型

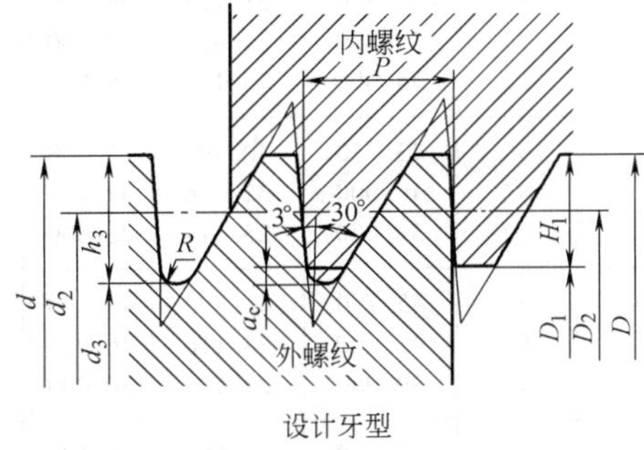

设计牙型

螺距 P(标准值)

外螺纹大径(公称直径) d(标准值)

内螺纹大径 $D=d$

原始三角形高 $H=1.5879117P$

基本牙型高(内螺纹设计牙型高) $H_1=0.75P$

设计牙型外螺纹牙高 $h_3=0.867767P$

小径间隙 $a_c=0.117767P$

外螺纹牙底圆弧半径 $R=0.124271P$

外螺纹中径 d_2=内螺纹中径 $D_2=d-0.75P$

内螺纹小径 $D_1=d-2H_1=d-1.5P$

外螺纹小径 $d_3=d-2h_3=d-1.735534P$

公称直径 d 第一系列	第二系列	第三系列	螺距 P	中径 $d_2=D_2$	小径 d_3	小径 D_1
10			2*	8.500	6.529	7.000
12			2 3*	10.500 9.750	8.529 6.793	9.000 7.500
	14		2 3*	12.500 11.750	10.529 8.793	11.000 9.500
16			2 4*	14.500 13.000	12.529 9.058	13.000 10.000
	18		2 4*	16.500 15.000	14.529 11.058	15.000 12.000
20			2 4*	18.500 17.000	16.529 13.058	17.000 14.000
	22		3 5* 8	19.750 18.250 16.000	16.793 13.322 8.116	17.500 14.500 10.000
24			3 5* 8	21.750 20.250 18.000	18.793 15.322 10.116	19.500 16.500 12.000
	26		3 5* 8	23.750 22.250 20.000	20.793 17.322 12.116	21.500 18.500 14.000
28			3 5* 8	25.750 24.250 22.000	22.793 19.322 14.116	23.500 20.500 16.000
	30		3 6* 10	27.750 25.500 22.500	24.793 19.587 12.645	25.500 21.000 15.000
32			3 6* 10	29.750 27.500 24.500	26.793 21.587 14.645	27.500 23.000 17.000
	34		3 6* 10	31.750 29.500 26.500	28.793 23.587 16.645	29.500 25.000 19.000
36			3 6* 10	33.750 31.500 28.500	30.793 25.587 18.645	31.500 27.000 21.000
	38		3 7* 10	35.750 32.750 30.500	32.793 25.851 20.645	33.500 27.500 23.000
40			3 7* 10	37.750 34.750 32.500	34.793 27.851 22.645	35.500 29.500 25.000
	42		3 7* 10	39.750 36.750 34.500	36.793 29.851 24.645	37.500 31.500 27.000

（续）

公称直径 d			螺距 P	中径 $d_2=D_2$	小径		公称直径 d			螺距 P	中径 $d_2=D_2$	小径	
第一系列	第二系列	第三系列			d_3	D_1	第一系列	第二系列	第三系列			d_3	D_1
44			3	41.750	38.793	39.500	100			4	97.000	93.058	94.000
			7*	38.750	31.851	33.500				12*	91.000	79.174	82.000
			12	35.000	23.174	26.000				20	85.000	65.289	70.000
	46		3	43.750	40.793	41.500			105	4	102.00	98.058	99.000
			8*	40.000	32.116	34.000				12*	96.000	84.174	87.000
			12	37.000	25.174	28.000				20	90.000	70.289	75.000
48			3	45.750	42.793	43.500		110		4	107.000	103.058	104.000
			8*	42.000	34.116	36.000				12*	101.000	89.174	92.000
			12	39.000	27.174	30.000				20	95.000	75.289	80.000
	50		3	47.750	44.793	45.500			115	6	110.500	104.587	106.000
			8*	44.000	36.116	38.000				14*	104.500	90.703	94.000
			12	41.000	29.174	32.000				22	98.500	76.818	82.000
52			3	49.750	46.793	47.500	120			6	115.500	109.587	111.000
			8*	46.000	38.116	40.000				14*	109.500	95.703	99.000
			12	43.000	31.174	34.000				22	103.500	81.818	87.000
	55		3	52.750	49.793	50.000			125	6	120.500	114.587	116.000
			9*	48.250	39.380	41.500				14*	114.500	100.703	104.000
			14	44.500	30.703	34.000				22	108.500	86.818	92.000
60			3	57.750	54.793	55.500		130		6	125.500	119.587	121.000
			9*	53.250	44.380	46.500				14*	119.500	105.703	109.000
			14	49.500	35.702	39.000				22	113.500	91.818	97.000
	65		4	62.000	58.058	59.000			135	6	130.500	124.587	126.000
			10*	57.500	47.645	50.000				14*	124.500	110.703	114.000
			16	53.000	37.231	41.000				24	117.000	93.347	99.000
70			4	67.000	63.058	64.000	140			6	135.500	129.587	131.000
			10*	62.500	52.645	55.000				14*	129.500	115.703	119.000
			16	58.000	42.231	46.000				24	122.000	98.347	104.000
	75		4	72.000	68.058	69.000			145	6	140.500	134.587	136.000
			10*	67.500	57.645	60.000				14*	134.500	120.703	124.000
			16	63.000	47.231	51.000				24	127.000	103.347	109.000
80			4	77.000	73.058	74.000		150		6	145.500	139.587	141.000
			10*	72.500	62.645	65.000				16*	138.000	122.231	126.000
			16	68.000	52.231	56.000				24	132.000	108.347	114.000
	85		4	82.000	78.058	79.000			155	6	150.500	144.587	146.000
			12*	76.000	64.174	67.000				16*	143.000	127.231	131.000
			18	71.500	53.760	58.000				24	137.000	113.347	119.000
90			4	87.000	83.058	84.000	160			6	155.500	149.587	151.000
			12*	81.000	69.174	72.000				16*	148.000	132.231	136.000
			18	76.500	58.760	63.000				28	139.000	111.405	118.000
	95		4	92.000	88.058	89.000			165	6	160.500	154.587	156.000
			12*	86.000	74.174	77.000				16*	153.000	137.231	141.000
			18	81.500	63.760	68.000				28	144.000	116.405	123.000

（续）

公称直径 d 第一系列	公称直径 d 第二系列	公称直径 d 第三系列	螺距 P	中径 $d_2=D_2$	小径 d_3	小径 D_1
	170		6	165.500	159.587	161.000
			16*	158.000	142.231	146.000
			28	149.000	121.405	128.000
		175	8	169.000	161.116	163.000
			16*	163.000	147.231	151.000
			28	154.000	126.405	133.000
180			8	174.000	166.116	168.000
			18*	166.500	148.760	153.000
			28	159.000	131.405	138.000
		185	8	179.000	171.116	173.000
			18*	171.500	153.760	158.000
			32	161.000	129.463	137.000
	190		8	184.000	176.116	178.000
			18*	176.500	158.760	163.000
			32	166.000	134.463	142.000
		195	8	189.000	181.116	183.000
			18*	181.500	163.760	168.000
			32	171.000	139.463	147.000
200			8	194.000	186.116	188.000
			18*	186.500	168.760	173.000
			32	176.000	144.463	152.000
	210		8	204.000	196.116	198.000
			20*	195.000	175.289	180.000
			36	183.000	147.521	156.000
220			8	214.000	206.116	208.000
			20*	205.000	185.289	190.000
			36	193.000	157.521	166.000
	230		8	224.000	216.116	218.000
			20*	215.000	195.289	200.000
			36	203.000	167.521	176.000
240			8	234.000	226.118	228.000
			22*	223.500	201.818	207.000
			36	213.000	177.521	186.000
	250		12	241.000	229.174	232.000
			22*	233.500	211.818	217.000
			40	220.000	180.579	190.000

公称直径 d 第一系列	公称直径 d 第二系列	公称直径 d 第三系列	螺距 P	中径 $d_2=D_2$	小径 d_3	小径 D_1
260			12	251.000	239.174	242.000
			22*	243.500	221.818	227.000
			40	230.000	190.579	200.000
	270		12	261.000	249.174	252.000
			24*	252.000	228.347	234.000
			40	240.000	200.579	210.000
280			12	271.000	259.174	262.000
			24*	262.000	238.347	244.000
			40	250.000	210.579	220.000
	290		12	281.000	269.174	272.000
			24*	272.000	248.347	254.000
			44	257.000	213.637	224.000
300			12	291.000	279.174	282.000
			24*	282.000	258.347	264.000
			44	267.000	223.637	234.000
	320		12	311.000	299.174	302.000
			44	287.000	243.636	254.000
340			12	331.000	319.174	322.000
			44	307.000	263.637	274.000
	360		12	351.000	339.174	342.000
380			12	371.000	359.174	362.000
	400		12	391.000	379.174	382.000
420			18	406.500	388.760	393.000
	440		18	426.500	408.760	413.000
460			18	446.500	428.760	433.000
	480		18	466.500	448.760	453.000
500			18	486.500	468.760	473.000
	520		24	502.000	478.347	484.000
540			24	522.000	498.347	504.000
	560		24	542.000	518.347	524.000
580			24	562.000	538.347	544.000
	600		24	582.000	558.347	564.000
620			24	602.000	578.347	584.000
	640		24	622.000	598.347	604.000

注：1. 优先选用第一系列，其次选用第二系列。新产品设计中不宜选用第三系列。

2. 优先选用带“＊”号的螺距。

3. 特殊需要时，允许选用表中临近的直径所对应的螺距。

2.4.2　锯齿形螺纹公差

（1）公差带位置与基本偏差

内螺纹大径 D、中径 D_2 和小径 D_1 的公差带位置为H，其基本偏差EI为零（即EI=0），见图7.2-3。外螺纹大径 d、小径 d_3 的公差带位置为h，基本偏差es为零（即es=0）；外螺纹中径 d_2 的公差带位置有c、e两种，两者的基本偏差es为负值（即es<0），见图7.2-4。内、外螺纹中径的基本偏差值见表7.2-18。

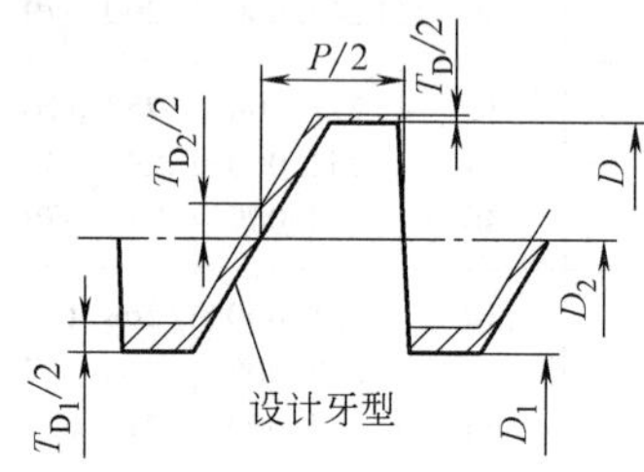

图7.2-3　内螺纹公差带位置

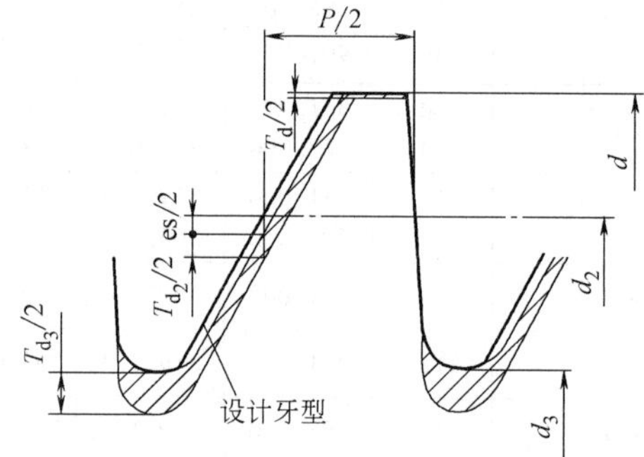

图7.2-4　外螺纹的公差带位置

表7.2-18　内、外螺纹中径的基本偏差

（GB/T 13576.4—2008）

螺距 P/mm	内螺纹 D_2/μm	外螺纹 d_2/μm	
	H	c	e
	EI	es	es
2	0	-150	-71
3	0	-170	-85
4	0	-190	-95
5	0	-212	-106
6	0	-236	-118
7	0	-250	-125
8	0	-265	-132
9	0	-280	-140
10	0	-300	-150
12	0	-335	-160
14	0	-355	-180
16	0	-375	-190
18	0	-400	-200
20	0	-425	-212
22	0	-450	-224
24	0	-475	-236
28	0	-500	-250
32	0	-530	-265
36	0	-560	-280
40	0	-600	-300
44	0	-630	-315

（2）公差等级、公差值及旋合长度

锯齿形螺纹中径、小径的公差等级见表7.2-19，内、外螺纹大径的公差等级分别为IT10、IT9。内、外螺纹的大径、中径、小径的公差及旋合长度分别见表7.2-20～表7.2-22。

表7.2-19　锯齿形螺纹中径、小径的公差等级

螺纹直径		公差等级
内螺纹	中径　D_2	7、8、9
	小径　D_1	4
外螺纹	中径　d_2	7、8、9
	小径　d_3	7、8、9

注：外螺纹小径 d_3 所选取的公差等级必须与其中径 d_2 的公差等级相同。

表7.2-20　内螺纹小径公差（T_{D_1}）

（GB/T 13576.4—2008）

螺距 P/mm	4级公差/μm	螺距 P/mm	4级公差/μm
2	236	18	1120
3	315	20	1180
4	375	22	1250
5	450	24	1320
6	500	28	1500
7	560	32	1600
8	630	36	1800
9	670	40	1900
10	710	44	2000
12	800		
14	900		
16	1000		

表7.2-21　内、外螺纹大径公差

（GB/T 13576.4—2008）

公称直径 d/mm		内螺纹大径公差 T_D/μm　H10	外螺纹大径公差 T_d/μm　h9
>	≤		
6	10	58	36
10	18	70	43
18	30	84	52
30	50	100	62
50	80	120	74
80	120	140	87
120	180	160	100
180	250	185	115
250	315	210	130
315	400	230	140
400	500	250	155
500	630	280	175
630	800	320	200

表 7.2-22 内、外螺纹中径公差，外螺纹小径公差及旋合长度（摘自 GB/T 13576.4—2008）

公称直径 d/mm		螺距 P/mm	内螺纹中径公差 T_{D_2}/μm			外螺纹中径公差 T_{d_2}/μm			外螺纹小径公差 T_{d_3}/μm						旋合长度/mm		
									c			e			中等旋合长度 N		长旋合长度 L
			公差等级			公差等级			公差等级								
>	≤		7	8	9	7	8	9	7	8	9	7	8	9	>	≤	>
5.6	11.2	2	250	315	400	190	236	300	388	445	525	309	366	446	6	19	19
		3	280	355	450	212	265	335	435	501	589	350	416	504	10	28	28
11.2	22.4	2	265	335	425	200	250	315	400	462	544	321	383	465	8	24	24
		3	300	375	475	224	280	355	450	520	614	365	435	529	11	32	32
		4	355	450	560	265	335	425	521	609	690	426	514	595	15	43	43
		5	375	475	600	280	355	450	562	656	775	456	550	669	18	53	53
		8	475	600	750	355	450	560	709	828	965	576	695	832	30	85	85
22.4	45	3	335	425	530	250	315	400	482	564	670	397	479	585	12	36	36
		5	400	500	630	300	375	475	587	681	806	481	575	700	21	63	63
		6	450	560	710	335	425	530	655	767	899	537	649	781	25	75	75
		7	475	600	750	355	450	560	694	813	950	569	688	825	30	85	85
		8	500	630	800	375	475	600	764	859	1015	601	726	882	34	100	100
		10	530	670	850	400	500	630	800	925	1087	650	775	937	42	125	125
		12	560	710	900	425	530	670	866	998	1223	691	823	1048	50	150	150
45	90	3	355	450	560	265	335	425	501	589	701	416	504	616	15	45	45
		4	400	500	630	300	375	475	565	659	784	470	564	689	19	56	56
		8	530	670	850	400	500	630	765	890	1052	632	757	919	38	118	118
		9	560	710	900	425	530	670	811	943	1118	671	803	978	43	132	132
		10	560	710	900	425	530	670	831	963	1138	681	813	988	50	140	140
		12	630	800	1000	475	600	750	929	1085	1273	754	910	1098	60	170	170
		14	670	850	1060	500	630	800	970	1142	1355	805	967	1180	67	200	200
		16	710	900	1120	530	670	850	1038	1213	1438	853	1028	1253	75	236	236
		18	750	950	1180	560	710	900	1100	1288	1525	900	1088	1320	85	265	265
90	180	4	425	530	670	315	400	500	584	690	815	489	595	720	24	71	71
		6	500	630	800	375	475	600	705	830	986	587	712	868	36	106	106
		8	560	710	900	425	530	670	796	928	1103	663	795	970	45	132	132
		12	670	850	1060	500	630	800	960	1122	1335	785	947	1160	67	200	200
		14	710	900	1120	530	670	850	1018	1193	1418	843	1018	1243	75	236	236
		16	750	950	1180	560	710	900	1075	1263	1500	890	1078	1315	90	265	265
		18	800	1000	1250	600	750	950	1150	1338	1588	950	1138	1388	100	300	300
		20	800	1000	1250	600	750	950	1175	1363	1613	962	1150	1400	112	335	335
		22	850	1060	1320	630	800	1000	1232	1450	1700	1011	1224	1474	118	355	355
		24	900	1120	1400	670	850	1060	1313	1538	1800	1074	1299	1561	132	400	400
		28	950	1180	1500	710	900	1120	1388	1625	1900	1138	1375	1650	150	450	450

（续）

公称直径 d/mm		螺距 P /mm	内螺纹中径公差 $T_{D_2}/\mu m$			外螺纹中径公差 $T_{d_2}/\mu m$			外螺纹小径公差 $T_{d_3}/\mu m$						旋合长度/mm		
									c			e			中等旋合长度 N		长旋合长度 L
			公差等级			公差等级			公差等级								
>	≤		7	8	9	7	8	9	7	8	9	7	8	9	>	≤	>
180	355	8	600	750	950	450	560	710	828	965	1153	695	832	1020	50	150	150
		12	710	900	1120	530	670	850	998	1173	1398	823	998	1223	75	224	224
		18	850	1060	1320	630	800	1000	1187	1400	1650	987	1200	1450	112	335	335
		20	900	1120	1400	670	850	1060	1263	1488	1750	1050	1275	1537	125	375	375
		22	900	1120	1400	670	850	1060	1288	1513	1775	1062	1287	1549	140	425	425
		24	950	1180	1500	710	900	1120	1363	1600	1875	1124	1361	1636	150	450	450
		32	1060	1320	1700	800	1000	1250	1530	1780	2092	1265	1515	1827	200	600	600
		36	1120	1400	1800	850	1060	1320	1623	1885	2210	1343	1605	1930	224	670	670
		40	1120	1400	1800	850	1060	1320	1663	1925	2250	1363	1625	1950	250	750	750
		44	1250	1500	1900	900	1120	1400	1755	2030	2380	1440	1715	2065	280	850	850
355	640	12	760	950	1200	560	710	900	1035	1223	1460	870	1058	1295	87	260	260
		18	900	1120	1400	670	850	1060	1238	1462	1725	1038	1263	1525	132	390	390
		24	950	1180	1480	710	900	1120	1368	1600	1875	1124	1361	1636	174	520	520
		44	1200	1610	2000	950	1220	1520	1818	2155	2530	1503	1840	2215	319	950	950

（3）推荐公差带

锯齿形螺纹的推荐中径公差带见表 7.2-23。一般用途螺纹选中等级别，粗糙级用于螺纹制造有困难的场合。当不能确定实际旋合长度时，按中等旋合长度 N 选取公差带。

表 7.2-23 锯齿形螺纹的推荐中径公差带

精度	内螺纹		外螺纹	
	N	L	N	L
中等	7H	8H	7e	8e
粗糙	8H	9H	8c	9c

（4）多线螺纹公差

锯齿形多线螺纹的顶径、底径的公差值与相同螺距单线螺纹的顶径、底径的公差值相等。多线螺纹中径公差值取相同螺距单线螺纹的中径公差值乘以修正系数，修正系数见表 7.2-24。

表 7.2-24 多线螺纹的中径公差修正系数

线数	2	3	4	≥5
修正系数	1.12	1.25	1.4	1.6

2.4.3 锯齿形螺纹标记

完整的锯齿形（3°/30°）螺纹标记包括螺纹特征代号、尺寸代号、公差带代号和旋合长度代号。另外，左旋螺纹还应标记旋向“LH”，右旋不标。

锯齿形螺纹的公差带代号仅标记中径公差带代号。长旋合长度组的螺纹，应在公差带代号后标注代号“L”，中等旋合长度组的代号“N”不标。

标记示例：见表 7.2-25。

表 7.2-25 锯齿形螺纹标记示例

形式		示例	说明
单个螺纹	内螺纹	B40×7-7H	公称直径为 40mm，螺距为 7mm，单线，右旋，中径公差为 7H，旋合长度为 N 组的锯齿形螺纹（右旋不标记，N 组旋合长度不标记，B 表示锯齿形螺纹）
	外螺纹	B40×7LH-7e	公称直径为 40mm，螺距为 7mm，单线，左旋（LH 表示左旋），中径公差带为 7e，旋合长度为 N 组的锯齿形螺纹
	多线螺纹	B40×14（P7）-8e-L	公称直径为 40mm，导程为 14mm，螺距为 7mm，右旋，中径公差带为 8e，旋合长度为 L 组
螺纹副		B40×7-7H/7e	公称直径为 40mm，螺距为 7mm，单线，右旋，内螺纹公差带为 7H，外螺纹公差带为 7e，旋合长度为 N 组

2.5　矩形螺纹（见表 7. 2-26）

表 7. 2-26　矩形螺纹牙型及尺寸　　（mm）

牙型	尺寸计算
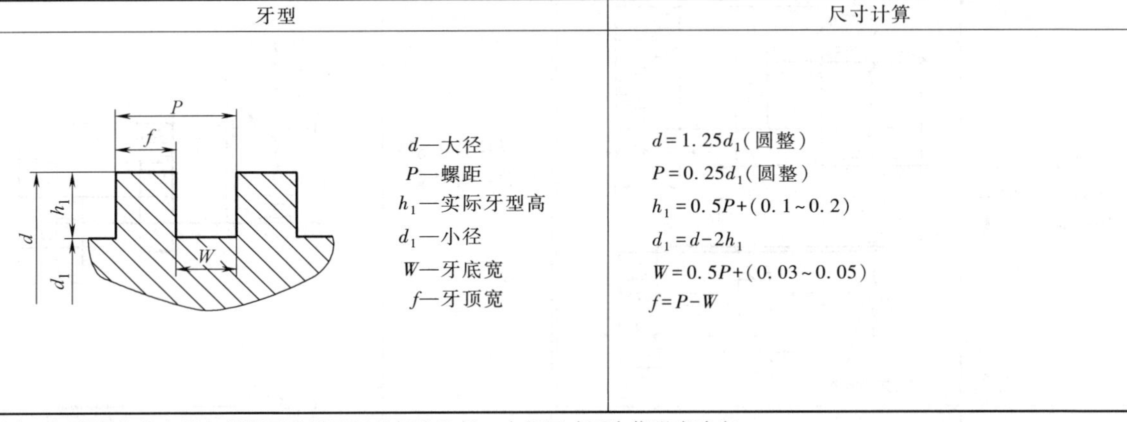 d—大径 P—螺距 h_1—实际牙型高 d_1—小径 W—牙底宽 f—牙顶宽	$d=1.25d_1$（圆整） $P=0.25d_1$（圆整） $h_1=0.5P+(0.1\sim0.2)$ $d_1=d-2h_1$ $W=0.5P+(0.03\sim0.05)$ $f=P-W$

注：矩形螺纹的直径与螺距可按梯形螺纹标准选择，小径尺寸可先依强度确定。

3　滑动螺旋传动

3.1　螺母的结构型式

滑动螺旋传动的螺母分整体式（见图 7. 2-5）和组合式（见图 7. 2-6）。前者结构简单，制造方便，但间隙不能调整。图 7. 2-5a 所示的结构用于单向受载；图 7. 2-5b 所示的结构用于双向受载。后者用于传动精度要求较高，螺纹间隙需要调整的地方，通过调整可以补偿螺纹的磨损间隙，或根据要求消除轴向间隙。图 7. 2-6a 是靠弹簧自动调整的，图 7. 2-6b 和图 7. 2-6c 是借助圆螺母和楔形块来调整的。

3.2　滑动螺旋传动的受力分析

滑动螺旋传动的受力情况列于表 7. 2-27。螺旋的驱动转矩为

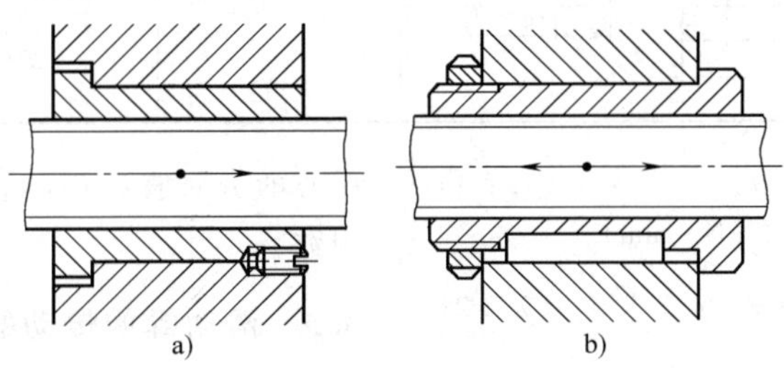
a)　　b)

图 7. 2-5　整体式螺母结构

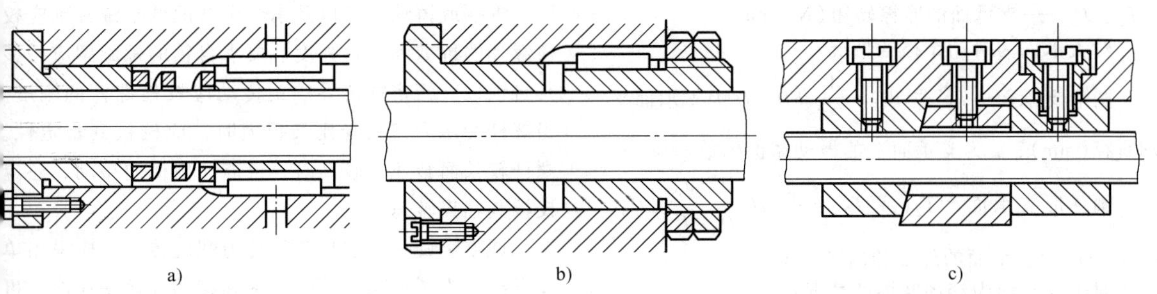
a)　　b)　　c)

图 7. 2-6　组合式螺母结构

表 7.2-27　滑动螺旋传动的受力情况

螺杆、螺母的运动特点	传动简图	螺杆载荷图	
		载荷 F	转矩 T
螺母固定，螺杆转动并做直线运动	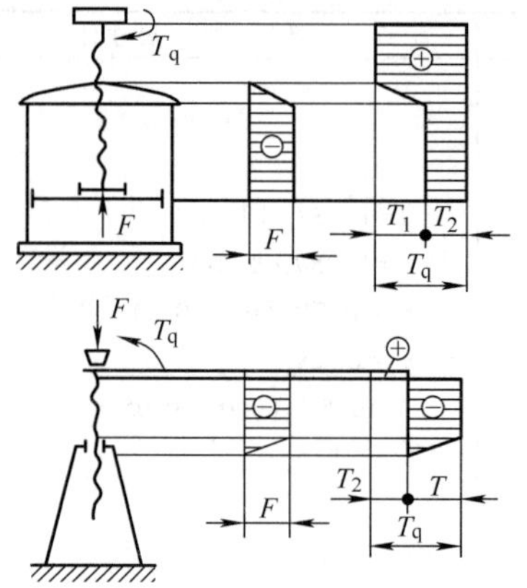		
螺杆固定，螺母转动并做直线运动	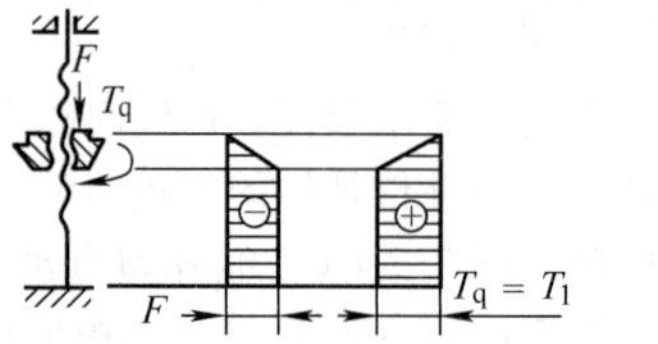		
螺母转动，螺杆做直线运动	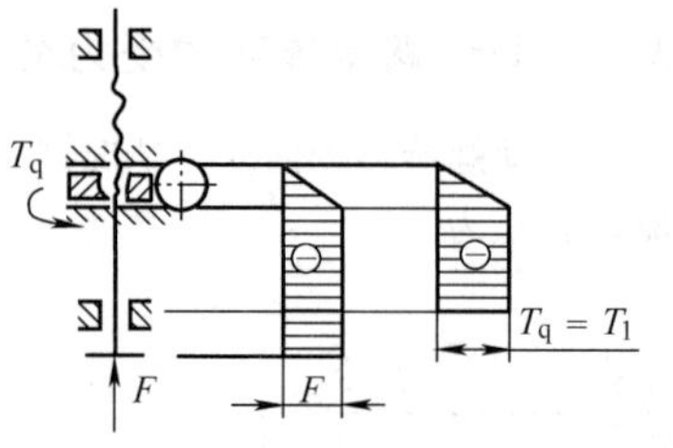		
螺杆转动，螺母做直线运动	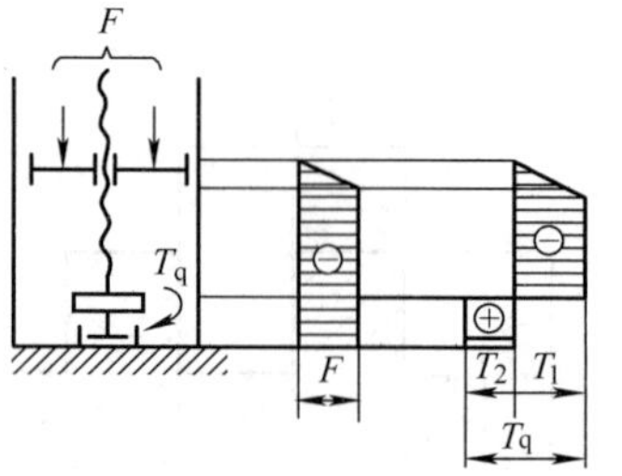		
螺杆转动，螺母做直线运动	（运动方向与 F 相反）		

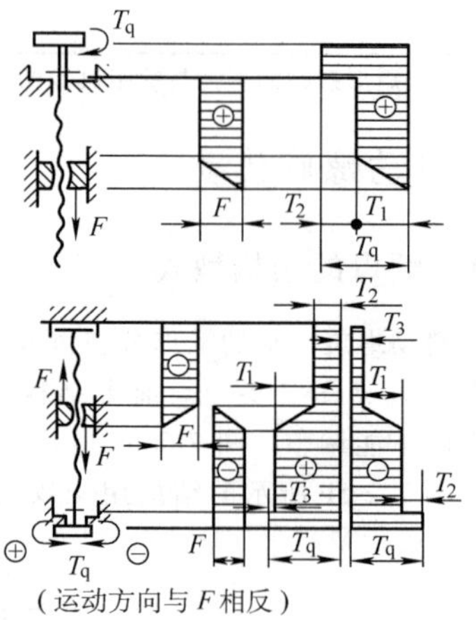

$$T_q = T_1 + T_2 + T_3 \qquad (7.2\text{-}1)$$

式中　T_1——螺旋副的摩擦转矩（N · mm）

$$T_1 = \frac{1}{2} d_2 F \tan(\gamma + \rho_v) \qquad (7.2\text{-}2)$$

F——轴向载荷（N）；

d_2——螺纹的中径（mm）；

γ——螺旋的导程角；

ρ_v——螺旋副的当量摩擦角；

T_2、T_3——支承面的摩擦转矩（N · mm）。

对支承面为滑动摩擦的情况：

圆形支承面　$T_2(\text{或 } T_3) = \frac{1}{3}\mu F D$，$D$ 为支承面平均直径（mm）；μ 为支承面上的滑动摩擦因数。

圆环形支承面　$T_2(\text{或 } T_3) = \frac{1}{3}\mu F \frac{D_0^3 - d_0^3}{D_0^2 - d_0^2}$，$D_0$、$d_0$ 为圆环形支承面的外径和内径（mm）。

对于支承面为滚动摩擦的情况：

$T_2(\text{或 } T_3) = \frac{1}{2}\mu_g F d_m$，$d_m$ 为滚动轴承滚动体中心的分布直径（mm）；μ_g 为支承面的滚动摩擦因数。

3.3　滑动螺旋传动的设计计算

滑动螺旋传动的失效形式主要是螺母螺纹的磨损，因此，螺杆的直径和螺母的高度通常是根据耐磨性确定的。传力螺旋传动应校核螺杆危险截面的强度。青铜或铸铁螺母以及承受重载的调整螺旋副应校核螺牙的抗剪和抗弯强度。要求自锁的螺旋副应校核其自锁性。精密的传导螺旋传动应校核螺杆的刚度。当螺杆受压力其长径比又很大时，应校核其稳定性。螺杆较长而转速又较高时，可能产生横向振动，还应校核其临界转速。

调整螺旋和要求自锁的传力螺旋传动，应采用单线螺纹。为了提高传动的效率和移动件运动速度，可采用多线螺纹（2~4 甚至 6 线）。

滑动螺旋传动的设计计算见表 7.2-28。

表 7.2-28　滑动螺旋传动的设计计算

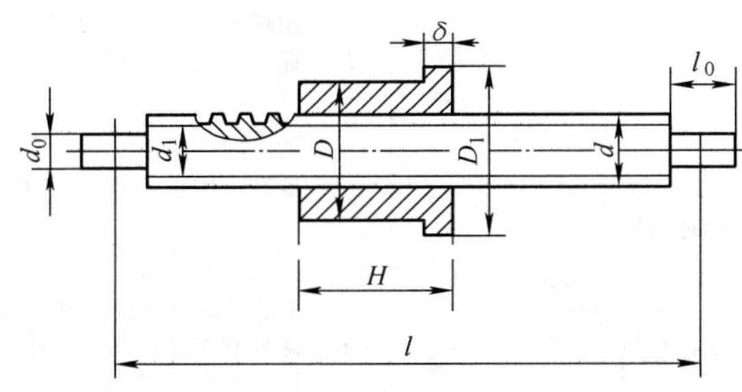

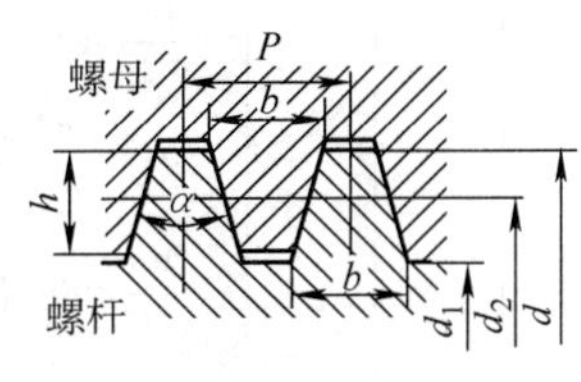

计算项目			符号	单位	计算公式及参数选定	说明
耐磨性	螺杆中径		d_2	mm	梯形螺纹和矩形螺纹 $d_2 \geqslant 0.8\sqrt{\dfrac{F}{\psi p_P}}$ 30°锯齿形螺纹 $d_2 \geqslant 0.65\sqrt{\dfrac{F}{\psi p_P}}$	F—轴向载荷(N) p_P—许用比压(MPa),查表 7.2-30,算出 d_2 应按国家标准选取相应的公称直径 d 及其螺距 P
	螺母高度		H	mm	$H=\psi d_2$	设计时 ψ 值可根据螺母形式选定： 整体式螺母取 $\psi=1.2\sim2.5$ 剖分式螺母取 $\psi=2.5\sim3.5$
	旋合圈数		z		$z=\dfrac{H}{P}\leqslant 10\sim12$	P—螺距(mm)
	螺纹的工作高度		h	mm	梯形螺纹和矩形螺纹 $h=0.5P$ 30°锯齿形螺纹 $h=0.75P$	
	工作比压		p	MPa	$p=\dfrac{F}{\pi d_2 hn}\leqslant p_P$	用于校核
验算自锁	导程角		γ		$\gamma=\arctan\dfrac{S}{\pi d_2}\leqslant\rho_v$,通常 $\gamma\leqslant 4°30'$ $\rho_v=\arctan\dfrac{\mu}{\cos\dfrac{\alpha}{2}}$	ρ_v—当量摩擦角 μ—摩擦因数(查表 7.2-29) S—螺纹导程(mm) α—螺纹牙型角
螺杆强度	当量应力		σ_{ca}	MPa	$\sigma_{ca}=\sqrt{\left(\dfrac{4F}{\pi {d_1}^2}\right)^2+3\left(\dfrac{T_1}{0.2d_1^3}\right)^2}\leqslant\sigma_P$	T_1—转矩(N·mm),据转矩图确定 σ_P—螺杆材料的许用应力(MPa)(见表 7.2-31)
螺牙强度	螺牙根部的宽度		b	mm	梯形螺纹 $b=0.65P$ 矩形螺纹 $b=0.5P$ 30°锯齿形螺纹 $b=0.74P$	P—螺距(mm) τ_P—材料的许用切应力(MPa)(见表 7.2-31) σ_{bbP}—材料的许用弯曲应力(MPa)(见表 7.2-31) 螺杆和螺母材料相同时,只需校核螺杆螺牙强度 d、d_2、d_1—螺杆的大、中、小直径(mm)
	螺杆	抗剪强度	τ	MPa	$\tau=\dfrac{F}{\pi d_1 bz}\leqslant\tau_P$	
		抗弯强度	σ_{bb}		$\sigma_{bb}=\dfrac{3F(d-d_2)}{\pi d_1 b^2 z}\leqslant\sigma_{bbP}$	
	螺母	抗剪强度	τ		$\tau=\dfrac{F}{\pi dbz}\leqslant\tau_P$	
		抗弯强度	σ_{bb}		$\sigma_{bb}=\dfrac{3F(d-d_2)}{\pi db^2 z}\leqslant\sigma_{bbP}$	

（续）

计算项目		符号	单位	计算公式及参数选定	说明
螺杆的稳定性	临界载荷	F_{cr}	N	$\frac{\mu_1 l}{i}>85\sim90$ 时， $F_{cr}=\frac{\pi^2 EI_a}{(\mu_1 l)^2}$ $\frac{\mu_1 l}{i}<90$（未淬火钢）时， $F_{cr}=\frac{334}{1+1.3\times10^{-4}\left(\frac{\mu_1 l}{i}\right)^2}\times\frac{\pi d_1^2}{4}$ $\frac{\mu_1 l}{i}<85$（淬火钢）时， $F_{cr}=\frac{480}{1+2\times10^{-4}\left(\frac{\mu_1 l}{i}\right)^2}\times\frac{\pi d_1^2}{4}$ 稳定条件是$\frac{F_{cr}}{F}\geqslant2.5\sim4$ 当不能满足此要求时，应增大 d_1	l—螺杆最大工作长度（mm） I_a—螺杆危险截面的轴惯性矩（mm^4） $I_a=\frac{\pi d_1^4}{64}$ i—螺杆危险截面的惯性半径（mm） $i=\sqrt{\frac{I_a}{A}}=\frac{d_1}{4}$ A 是危险截面的面积（mm^2） E—螺杆材料的弹性模量（MPa），对于钢 $E=206\times10^3$ MPa μ_1—长度系数，与螺杆的端部结构有关（见表 7.2-32）
螺杆的刚度	轴向载荷使导程产生的弹性变形	δP_{hF}	μm	$\delta P_{hF}=\pm10^3\frac{FP_h}{EA}=\pm10^3\frac{4FP_h}{\pi Ed_1^2}$	P_h—导程（单线的为螺距）（mm） I_P—螺杆危险截面的极惯性矩（mm^4） $I_P=\frac{\pi d_1^4}{32}$ G—螺杆材料的切变形模量（MPa），对于钢 $G=83.3\times10^3$ MPa 伸长变形为"+"，压缩变形为"-"；设计时常按危险情况考虑取 $\delta P_h=\delta P_{hF}+\delta P_{hT}$
	转矩使导程产生的弹性变形	δP_{hT}		$\delta P_{hT}=\pm10^3\frac{16T_1P_h}{2\pi GI_P}=\pm10^3\frac{16T_1P_h^2}{\pi^2 Gd_1^4}$	
	导程的总弹性变形量	δP_h		$\delta P_h=\pm\delta P_{hF}\pm\delta P_{hT}=\pm10^3\frac{16T_1P_h^2}{\pi^2 Gd_1^4}\pm10^3\frac{4FP_h}{\pi Ed_1^2}$	
	每米螺纹距离上的弹性变形量	$\frac{\delta P_h}{P_h}$	μm·m^{-1}	$\frac{\delta P_h}{P_h}\leqslant\left(\frac{\delta P_h}{P_h}\right)_P$	$\left(\frac{\delta P_h}{P_h}\right)_P$—每米螺纹距离上弹性变形量的许用值（μm/m）（见表 7.2-34）
横向振动	临界转速	n_c	r·min^{-1}	$n_c=\frac{60\mu_c^2 i}{2\pi l_c^2}\sqrt{\frac{E}{\rho}}$ 对钢制螺杆 $n_c=12.3\times10^6\frac{\mu_c^2 d_1^2}{l_c^2}$ 应使转速 $n\leqslant0.8n_c$	l_c—螺杆两支承间的最大距离（mm） μ_c—系数与螺杆的端部结构有关，见表 7.2-33 ρ—密度，钢 $\rho=7.8\times10^{-6}kg\cdot mm^{-3}$
驱动力矩		T_q	N·mm	$T_q=T_1+T_2+T_3$	T_1、T_2 和 T_3 见式（7.2-2）和表 7.2-27
效率		η		当 T_q 为主动时 $\eta=(0.95\sim0.99)\frac{\tan\gamma}{(\gamma\pm\rho_v)}$	0.95~0.99 是轴承效率；轴向载荷 F 与运动方向相反时取"+"号
牙面滑动速度		v_s	m·s^{-1}	$v_s=\frac{\pi d_2 v_1}{P_h\cos\gamma}$	v_1—轴向相对运动速度（m·s^{-1}） d_2—中径（mm） P_h—导程（mm） γ—导程角（°）

表 7.2-29 螺旋副材料的摩擦因数 μ 值（定期润滑条件下）

螺杆和螺母材料	μ 值①	螺杆和螺母材料	μ 值①
淬火钢对青铜	0.06~0.08	钢对灰铸铁	0.12~0.15
钢对青铜	0.08~0.10	钢对钢	0.11~0.17
钢对耐磨铸铁	0.10~0.12		

① 起动时取大值，运转中取小值。

表 7.2-30　滑动螺旋副材料的许用比压 p_p

牙面滑动速度 $v_s/m \cdot s^{-1}$	螺杆材料	螺母材料	许用比压 p_p/MPa
低速、润滑良好	钢	钢 青铜	7.5~13 18~25
<2.4 <3.0	钢	铸铁 青铜	13~18 11~18
6~12	钢	铸铁 耐磨铸铁 青铜	4~7 6~8 7~10
	淬火钢	青铜	10~13
>15	钢	青铜	1~2

表 7.2-31　滑动螺旋副材料的许用应力 σ_P、τ_P、σ_{bbP}

(MPa)

螺杆强度	$\sigma_P=\dfrac{R_{eL}}{3\sim5}$　R_{eL}—材料的屈服强度		
螺牙强度	材料	剪切 τ_P	弯曲 σ_{bbP}
	钢 青铜 铸铁 耐磨铸铁	$0.6\sigma_P$ 30~40 40 40	$(1.0\sim1.2)\sigma_P$ 40~60 45~55 50~60

注：静载荷时，许用应力取大值。

表 7.2-32　长度系数 μ_1

螺杆端部结构①	系数 μ_1
两端固定	0.5 （一端为不完全固定端时取 0.6）
一端固定,一端铰支	0.7
两端铰支	1
一端固定,一端自由	2

① 采用滑动支承时：$\dfrac{l_0}{d_0}<1.5$ 铰支；$\dfrac{l_0}{d_0}=1.5\sim3$ 不完全固定端；$\dfrac{l_0}{d_0}>3$ 固定端（l_0—支承长度，d_0—支承孔直径）。

采用滚动支承时：只有径向约束铰支；径向和轴向均有约束固定端。

表 7.2-33　系数 μ_c

螺杆端部结构①	系　数　μ_c
一端固定,一端自由	1.875
两端铰支	3.142
一端固定,一端铰支	3.927
两端固定	4.730

① 同表 7.2-32 注①。

表 7.2-34　螺杆每米螺纹距离上允许导程的变形 $\left(\dfrac{\delta P_h}{P_h}\right)_P$

(μm/mm)

精度等级	5	6	7	8	9
$\left(\dfrac{\delta P_h}{P_h}\right)_P$	10	12	30	55	110

3.4　滑动螺旋副的材料

螺杆和螺母材料及其匹配在保证足够的强度和良好的加工性能的基础上，还要求具有较高的耐磨性和较低的摩擦因数。钢制螺杆一般应进行热处理，以保证其耐磨性。精密传动螺旋其钢制螺杆热处理后应保证有较好的尺寸精度。常用滑动螺旋副材料、热处理及其应用见表 7.2-35 和表 7.2-36。

表 7.2-35　螺杆材料及其选用

螺杆材料	热处理	应用
45、50、Y40Mn		轻载、低速、精度不高的传动
45	正火 170～200HBW，调质 220～250HBW	中等精度的一般传动
40Cr、40CrMn	调质 230～280HBW，淬火、低温回火 45～50HRC	
65Mn	表面淬火、低温回火 45～50HRC	
T10、T12	球化调质 200～230HBW，淬火、低温回火 56～60HRC	有较高的耐磨性，用于精度较高的重要传动
20CrMnTi	渗碳、高频淬火 56～62HRC	
CrWMn、9Mn2V	淬火、低温回火 55～60HRC	耐磨性高，有较好的尺寸稳定性，用于精密传动螺旋
38CrMoAl	氮化，氮化层深0.45～0.6mm，850HV	

表 7.2-36　螺母材料及其选用

材料	特点和应用
ZCuSn10Zn2 ZCuSn10Pb1 ZCuSn5Pb5Zn5	和钢制螺杆配合,摩擦因数低,有较好的抗胶合能力和耐磨性;但强度稍低。适用于轻载、中高速传动精度高的传动
ZCuAl10Fe3 ZCuAl10Fe3Mn2 ZCuZn25Al6Fe3Mn3	和钢螺杆配合,摩擦因数较低,强度高,抗胶合能力较低。适用于重载、低速传动
35 球墨铸铁	螺旋副的摩擦因数较高,强度高,用于重载调整螺旋
耐磨铸铁	强度高,用于低速、轻载传动

3.5　滑动螺旋传动设计举例

例 7.2-1　设计某滑动螺旋传动。已知螺旋轴向工作载荷 $F=60\text{kN}$，轴向工作速度 $v_x=0.15\text{m}\cdot\text{s}^{-1}$，行程 $L=1500\text{mm}$，要求自锁。

解	
1. 牙型、材料和许用应力	采用梯形螺纹，单线 $n=1$ 螺杆 45 钢，螺母 ZCuSn5Pb5Zn5 由表 7.2-30，初按滑动速度 $v_s<3\text{m}\cdot\text{s}^{-1}$，许用比压 $p_p=11\sim18\text{MPa}$，取 $p_p=11\text{MPa}$ 螺杆的许用应力： 45 钢上屈服强度 $R_{eL}=340\text{MPa}$，由表 7.2-31，$\sigma_P=\dfrac{R_{eL}}{3\sim5}=\dfrac{340}{3\sim5}\text{MPa}=(113.4\sim68)\text{MPa}$，取 $\sigma_P=90\text{MPa}$ $\sigma_{bbP}=(1.0\sim1.2)\sigma_P=(1.0\sim1.2)\times90\text{MPa}=(90\sim108)\text{MPa}$，取 $\sigma_{bbP}=99\text{MPa}$ $\tau_P=0.6\sigma_P=0.6\times90\text{MPa}=54\text{MPa}$ 螺母的许用应力： $\sigma_{bbP}=(40\sim60)\text{ MPa}$，取 $\sigma_{bbP}=50\text{MPa}$；$\tau_P=(30\sim40)\text{ MPa}$，取 $\tau_P=35\text{MPa}$
2. 按耐磨性设计	采用整体式螺母，取 $\psi=1.8$ 计算螺杆中径 $$d_2\geqslant0.8\sqrt{\frac{F}{\psi p_p}}=0.8\sqrt{\frac{60\times10^3}{1.8\times11}}\text{mm}=44.04\text{mm}$$ 按梯形螺纹标准，取螺杆螺纹参数：$P=8\text{mm}$，$d=52\text{mm}$，$d_2=48\text{mm}$，$d_1=43\text{mm}$。螺母螺纹参数略 螺母高度 $H=\psi d_2=1.8\times48\text{mm}=86.4\text{mm}$，取 $H=86\text{mm}$ 螺纹旋合圈数 $z=\dfrac{H}{P}=\dfrac{86}{8}=10.75$ 螺纹的工作高度 $h=0.5P=0.5\times8\text{mm}=4\text{mm}$
3. 验算耐磨性	导程角 $\gamma=\arctan\dfrac{S}{\pi d_2}=\arctan\dfrac{8}{\pi\times48}=3.0368°$ 牙面滑动速度 $v_s=\dfrac{\pi d_2 v_x}{S\cos\gamma}=\dfrac{\pi\times48\times0.15}{8\times\cos3.0368°}=2.83\text{m}\cdot\text{s}^{-1}$，查表 7.2-30 许用比压 p_p 初取值合适，不再作耐磨性验算
4. 验算自锁	查表 7.2-29，摩擦因数 $\mu=0.9$，梯形螺纹牙型角 $\alpha=30°$ 当量摩擦角 $\rho_v=\arctan\dfrac{\mu}{\cos\dfrac{\alpha}{2}}=\arctan\dfrac{0.9}{\cos\dfrac{30°}{2}}=5.3232°$ $\gamma=3.0368°<\rho_v=5.3232°$，满足自锁要求
5. 计算螺杆强度	螺纹摩擦转矩 $T_1=\dfrac{1}{2}d_2F\tan(\gamma+\rho_v)=\dfrac{1}{2}\times48\times60\times10^3\times\tan(3.0368°+5.3232°)\text{N}\cdot\text{mm}=2.116\times10^5\text{N}\cdot\text{mm}$ $\sigma_{ca}=\sqrt{\left(\dfrac{4F}{\pi d_1^2}\right)^2+3\left(\dfrac{T_1}{0.2d_1^3}\right)^2}=\sqrt{\left(\dfrac{4\times60\times10^3}{\pi\times43^2}\right)^2+3\times\left(\dfrac{2.116\times10^5}{0.2\times43^3}\right)^2}\text{MPa}=47.3\text{MPa}$ $\sigma_{ca}=47.3\text{MPa}<\sigma_P=90\text{MPa}$，满足强度要求
6. 螺牙强度计算	钢质螺杆螺牙强度高于青铜质螺母，只计算螺母的螺牙强度 牙根宽度 $b=0.65P=0.65\times8\text{mm}=5.2\text{mm}$ $\tau=\dfrac{F}{\pi d_1bz}=\dfrac{60\times10^3}{\pi\times52\times5.2\times10.75}\text{MPa}=6.57\text{MPa}$ $\sigma_{bb}=\dfrac{3Fh}{\pi d_1b^2z}=\dfrac{3\times60\times10^3\times4}{\pi\times52\times5.2^2\times10.75}\text{MPa}=15.16\text{MPa}$ $\tau=6.57\text{MPa}<\tau_P=35\text{MPa}$，牙根剪切满足强度要求 $\sigma_{bb}=15.16\text{MPa}<\sigma_{bbP}=50\text{MPa}$，牙根弯曲满足强度要求
7. 螺杆的受压稳定性计算	螺杆两端滚动轴承支承，可视为两端铰支，长度系数 $\mu_1=1$ 惯性半径 $i=\dfrac{d_1}{4}=\dfrac{43}{4}\text{mm}=21.5\text{mm}$ 螺杆最大工作长度 $l\approx L=1500\text{mm}$ 参数 $\dfrac{\mu_1 l}{i}=\dfrac{1\times1500}{21.5}=69.8<85$ 临界载荷 $F_{cr}=\dfrac{334}{1+1.3\times10^{-4}\left(\dfrac{\mu_1 l}{i}\right)^2}\dfrac{\pi d_1^2}{4}=\dfrac{334}{1+1.3\times10^{-4}\times69.8^2}\dfrac{\pi\times43^2}{4}\text{N}=297062\text{N}$ $\dfrac{F_{cr}}{F}=\dfrac{297062}{60000}=4.95>(2.5\sim4)$，螺杆满足受压稳定性要求

3.6　螺杆、螺母工作图（见图 7.2-7、图 7.2-8）

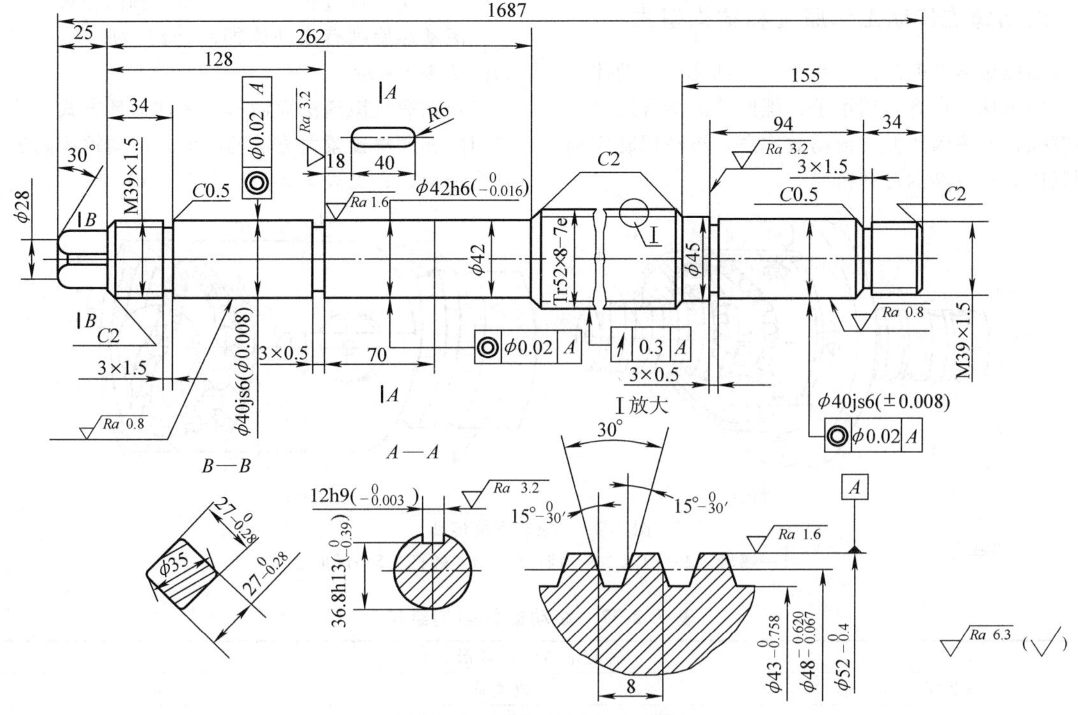

图 7.2-7　螺杆（丝杠）工作图

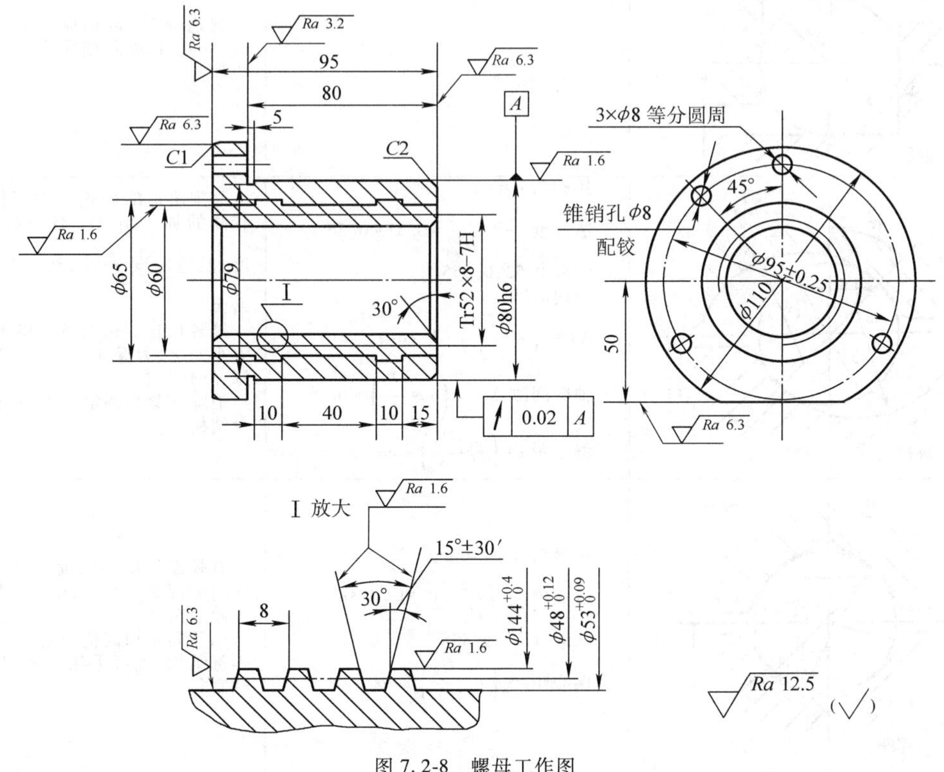

图 7.2-8　螺母工作图

4　滚动螺旋传动

4.1　滚动螺旋传动工作原理和结构型式

滚动螺旋传动的牙面之间置入滚动体，滚动体大多数采用钢珠，也有采用滚子，螺旋副的旋合运动为滚动摩擦，摩擦因数低，传动效率高。滚动螺旋应轴向预紧以获得较高的传动精度。

根据用途，滚动螺旋传动分为传力和定位两类。传力滚动螺旋（T 类）主要用于传递动力。定位滚动螺旋（P 类）用于通过转角或导程控制轴向位置。

滚动螺旋副有滚动体循环回路，形成自动循环，如图 7.2-9 所示。

根据螺纹滚道法面截形、钢球循环方式、消除轴向间隙和调整预紧力方法的不同，滚动螺旋副的结构有多种形式，见表 7.2-37、图 7.2-10。

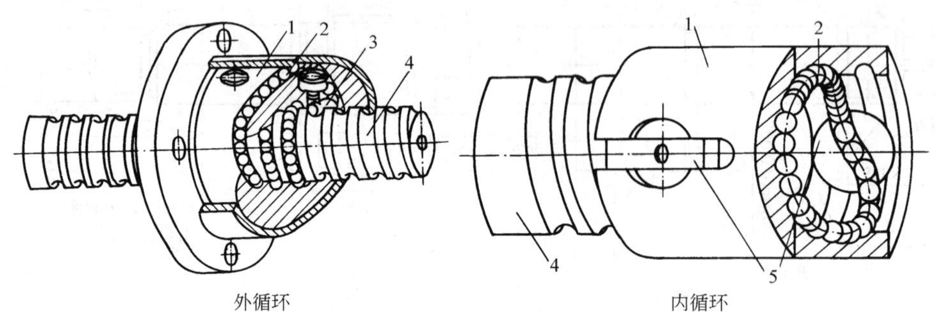

图 7.2-9　滚动螺旋传动

1—螺母　2—钢球　3—挡球器　4—螺杆　5—反向器

表 7.2-37　滚动螺旋副的结构

螺旋滚道法面截形			
滚道的法面截形		参数关系	特点
矩形	螺母 D_w d_0 螺杆		制造容易，接触应力高，承载能力低，只用于轴向载荷小、要求不高的传动
半圆弧	α　螺母 e　r_n r_s　D_w d_0 螺杆	接触角 $\alpha=45°$ 适应度$\frac{r_s}{D_w}=\frac{r_n}{D_w}=0.51\sim0.56$ 常取 0.52、0.555 径向间隙 $\Delta d=4\left(r_s-\frac{D_w}{2}\right)(1-\cos\alpha)$ 轴向间隙 $\Delta a=4\left(r_s-\frac{D_w}{2}\right)\sin\alpha$ 偏心距 $e=\left(r_s-\frac{D_w}{2}\right)\sin\alpha$	磨削滚道的砂轮成形简便，可得到较高的加工精度。有较高的接触强度，但适应度$\frac{r_s}{D_w}$小，运行时摩擦损失增大 接触角 α 随初始间隙和轴向载荷的大小变化，为保证 $\alpha=45°$，必须严格控制径向间隙 消除间隙和调整预紧必须采用双螺母结构
双圆弧	α　螺母 e　D_w r_s d_0 螺杆	接触角 $\alpha=45°$ 适应度$\frac{r_s}{D_w}=\frac{r_n}{D_w}=0.51\sim0.56$ 常取 0.52、0.555 偏心距 $e=\left(r_s-\frac{D_w}{2}\right)\sin\alpha$	有较高的接触强度，轴向间隙和径向间隙理论上为零，接触角稳定，但加工较复杂 消除间隙和调整预紧通常是采用双螺母结构，也可采用单螺母和增大钢球直径

（续）

钢球的循环方式				
类别	形式	简图	结构	特点
外循环	螺旋槽式	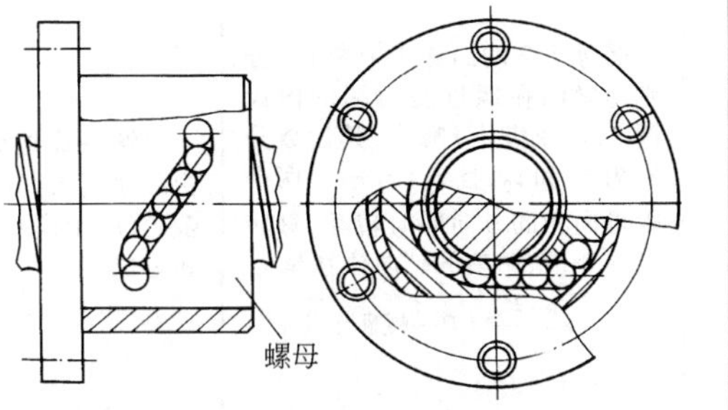 螺母	在螺母外圆柱面上有螺旋形回球槽，槽的两端有通孔与螺母的螺纹滚道相切，形成钢球循环通道 为引导钢球在通孔内顺利出入，在孔口置有挡球器	结构简单，承载能力较高。回球槽与通孔连接处曲率半径小，钢球的流畅性较差；挡球器端部易磨损
外循环	插管式	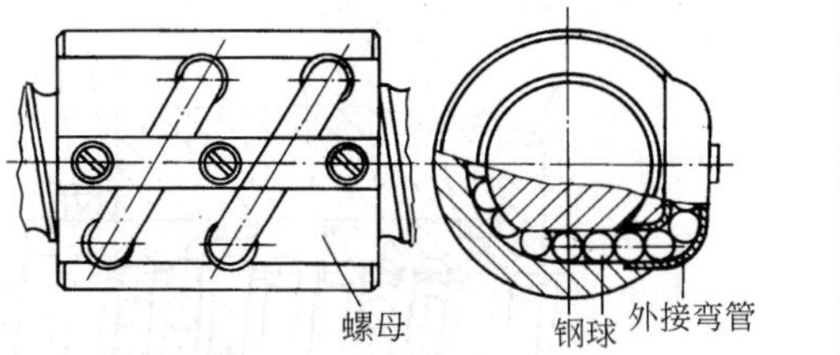 螺母　钢球　外接弯管	将外接弯管的两端插入与螺母螺纹滚道相切的通孔，形成钢球循环通道。孔口有挡球器引导钢球出入通道 弯管有埋入式和凸出式两种 一个螺母上通常有 2～3 条循环回路	结构简单，工艺性好，弯管可制成钢球流畅性好的通道。螺母结构的外形尺寸较大；若用弯管端部作挡球器，耐磨性差。应用范围广泛
内循环	镶块式	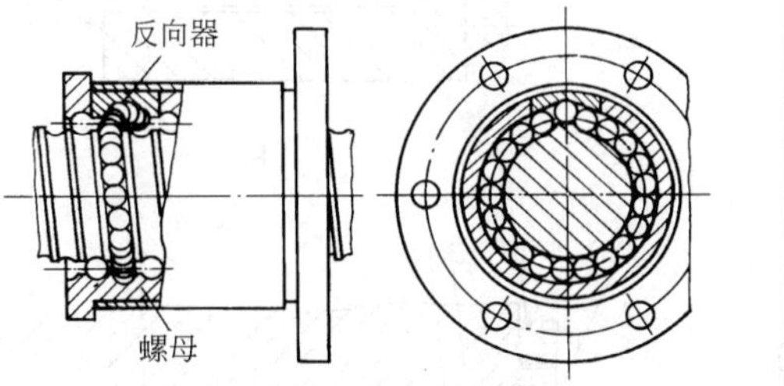 反向器　螺母	在螺母上开有侧孔，孔内镶有反向器，将相邻两螺纹滚道连接起来，钢球从螺纹滚道进入反向器，越过螺杆牙顶，进入相邻螺纹滚道，形成钢球循环通道 反向器有固定式和浮动式两种 一个螺母上通常有 2～4 条循环回路	螺母的径向尺寸小，和滑动螺旋副大致相同。钢球循环通道短，有利于减少钢球数量，减小摩擦损失，提高传动效率。反向器回行槽加工要求高；不适于重载传动

消除间隙和调整预紧的结构型式			
类型	简图及代号	调整方法	特点及应用
双螺母垫片式	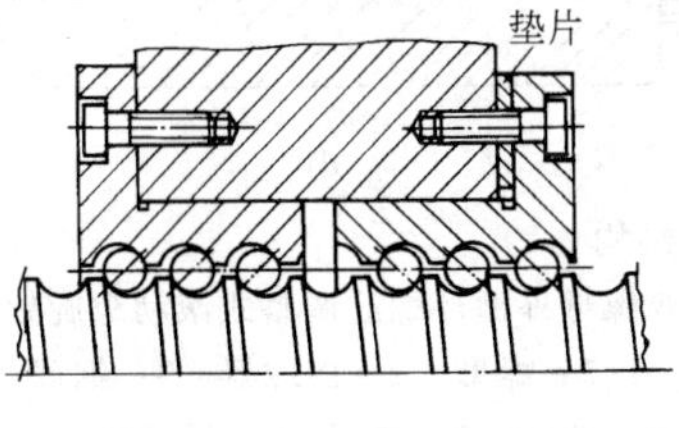 垫片	调整垫片厚度，使螺母产生轴向位移	结构简单，装卸方便，刚性大，但调整不便（通常生产厂根据用户要求调好），用于高刚度、重载荷的传动，目前应用最广
双螺母螺纹式	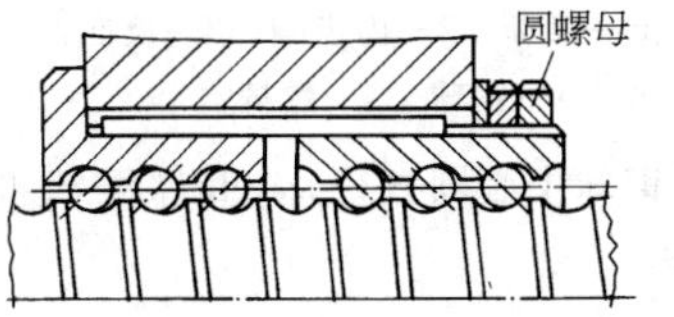 圆螺母	调整端部的圆螺母，使螺母产生轴向位移	结构紧凑，工作可靠，调整方便，应用广；但不很准确

（续）

消除间隙和调整预紧的结构型式			
类型	简图及代号	调整方法	特点及应用
双螺母齿差式	3, 4, z_1, z_2, 1, 2	螺母 1、2 的凸缘上有外齿，分别与紧固在螺母座两端的内齿圈 3、4（或齿块）啮合，其齿数分别为 z_1 和 z_2，且 $z_2=z_1+1$。两个螺母向相同方向同时转动，每转过一个齿，调整的轴向位移量为 $e=\frac{P}{z_1 z_2}$（P—螺距）	能够精确地调整预紧，但结构尺寸较大，装配调整比较复杂，宜用于高精度的传动机构和定位

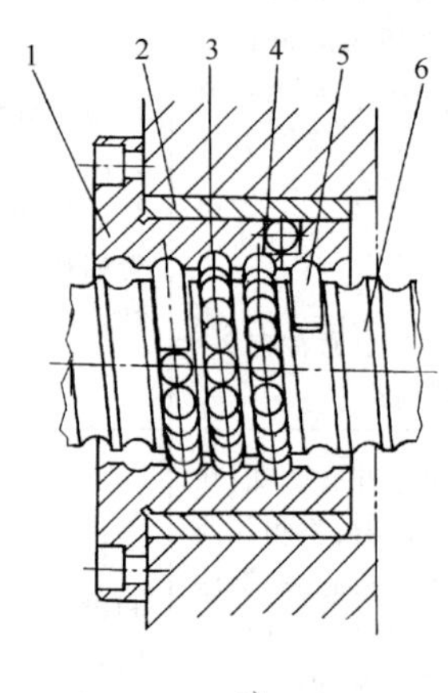

a)

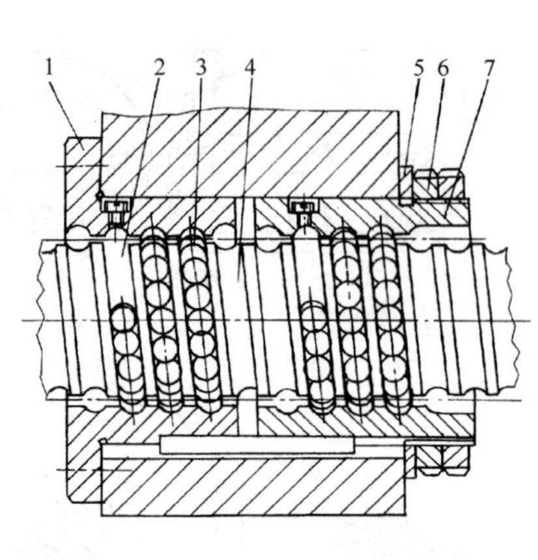

b)

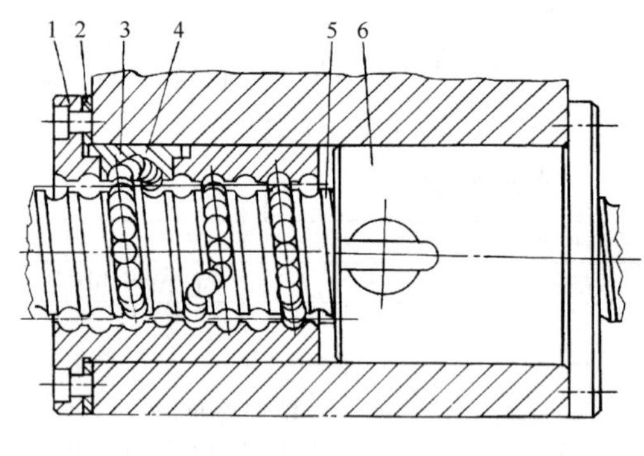

c)

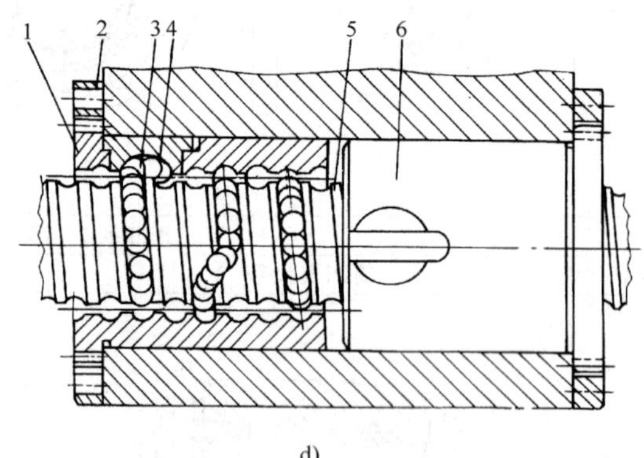

d)

图 7.2-10　滚动螺旋的结构

a）单螺母外循环滚动螺旋副
1—螺母　2—套　3—钢球　4—螺旋槽返回通道
5—挡球器　6—螺杆

b）双螺母外循环螺纹调整式滚动螺旋副
1、7—螺母　2—挡球器　3—钢球
4—螺杆　5—垫圈　6—圆螺母

c）双螺母内循环垫片调整式滚动螺旋副
1、6—螺母　2—调整垫片　3—反向器
4—钢球　5—螺杆

d）双螺母内循环齿差调整式滚动螺旋副
1、6—螺母　2—内齿圈　3—反向器
4—钢球　5—螺杆

4.2　滚动螺旋副的几何尺寸

滚动螺旋副的主要几何尺寸见表 7.2-38。其公称直径（钢球中心圆直径）d_0 和导程 P_h 的标准系列见表 7.2-39。

表 7.2-38　滚动螺旋副的主要几何尺寸

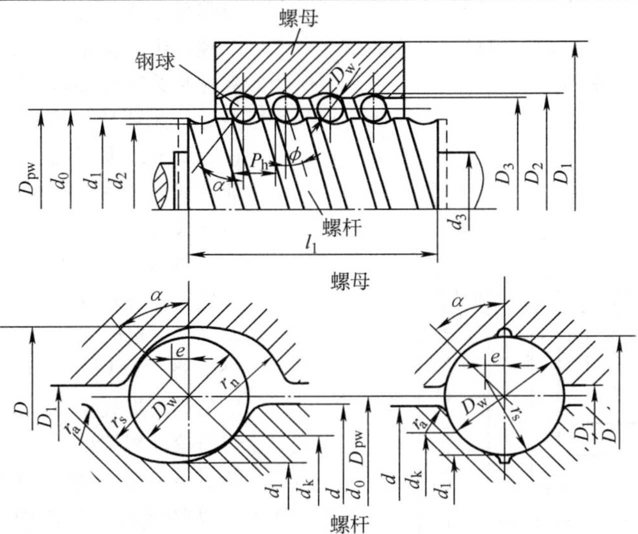

	主要尺寸	符号	计算公式
螺纹滚道	公称直径、节圆直径/mm	d_0、D_{pw}	一般 $d_0=D_{pw}$，标准系列见表 7.2-39
	导程/mm	P_h	标准系列见表 7.2-39
	接触角	α	$\alpha=45°$
	钢球直径/mm	D_w	$D_w\approx0.6P_h$
	螺杆、螺母螺纹滚道半径/mm	r_s、r_n	$r_s(r_n)=(0.51\sim0.56)D_w$
	偏心距/mm	e	$e=\left(r_s-\dfrac{D_w}{2}\right)\sin\alpha$
	螺纹导程角/(°)	ϕ	$\phi=\arctan\dfrac{P_h}{\pi d_0}=\arctan\dfrac{P_h}{\pi D_{pw}}$
螺杆	螺杆大径/mm	d	$d=d_0-(0.2\sim0.25)D_w$
	螺杆小径/mm	d_1	$d_1=d_0+2e-2r_s$
	螺杆接触点直径/mm	d_k	$d_k=d_0-D_w\cos\alpha$
	螺杆牙顶圆角半径(内循环用)/mm	r_a	$r_a=(0.1\sim0.15)D_w$
	轴径直径/mm	d_3	由结构和强度确定
螺母	螺母螺纹大径/mm	D	$D=d_0-2e+2r_n$
	螺母螺纹小径/mm	D_1	外循环　$D_1=d_0+(0.2\sim0.25)D_w$ 内循环　$D_1=d_0+0.5(d_0-d)$

表 7.2-39　滚动螺旋传动的公称直径 d_0 和基本导程 P_h　　(mm)

公称直径 d_0	基本导程 P_h														
	1	2	2.5	3	4	5	6	8	10	12	16	20	25	32	40
6			●												
8			●												
10			●			●									
12			●			●			●						
16			●			●			●						
20					○	●			●			●			
25						●			●			●			
32					○	●			●			●			
40						●	○		●			●			●
50						●	○	○	●	○		●			●
63						●		○	●	○		●			●
80									●			●			●
100									●			●			●
125									●			●			●
180												●			●
200												●			●

注：应优先采用有●的组合，优先组合不够用时，推荐选用○的组合；只有优先组合和推荐组合不敷用时，才选用框内的普通组合。

4.3　滚动螺旋的代号和标注

滚动螺旋副的型号根据其结构、规格、精度和螺纹旋向等特征，按下列格式编写。

各种特征代号表示如下：

(1) 循环方式代号

内循环浮动式——F

内循环固定式——G

外循环插管式——C

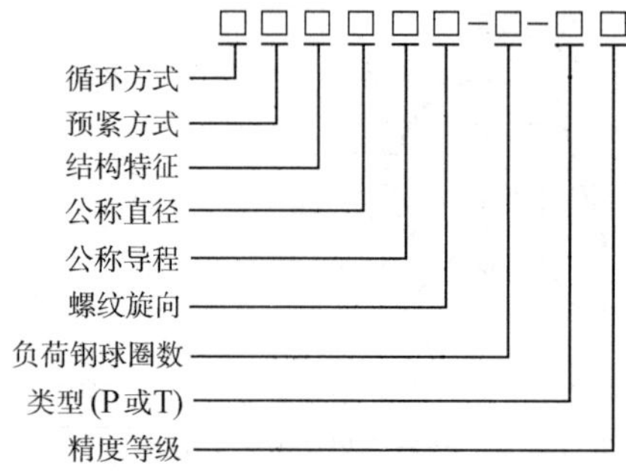

(2) 预紧方式代号

单螺母变位导程预紧——B

单螺母增大钢球直径预紧——Z

双螺母垫片预紧——D

双螺母齿差预紧——C

双螺母圆螺母预紧——L

单螺母无预紧——W

(3) 结构特征代号

埋入式外插管——M

凸出式外插管——T

(4) 螺纹旋向代号

右旋——不标注

左旋——LH

(5) 类型代号

定位滚动螺旋副——P

传力滚动螺旋副——T

标注示例：外循环插管式、双螺母垫片预紧、埋入式外插管滚动螺旋副，公称直径为 50mm，基本导程为 10mm，螺纹旋向右旋，负荷钢球圈数为 3 圈，3 级精度定位滚动螺旋（见图 7.2-11）的型号为

CDM5010-3-P3

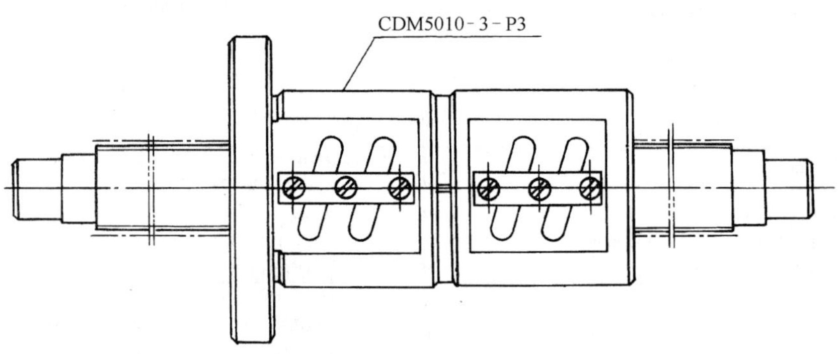

图 7.2-11　滚动螺旋副型号的标注

螺旋副螺纹代号标注的表示方法如下：

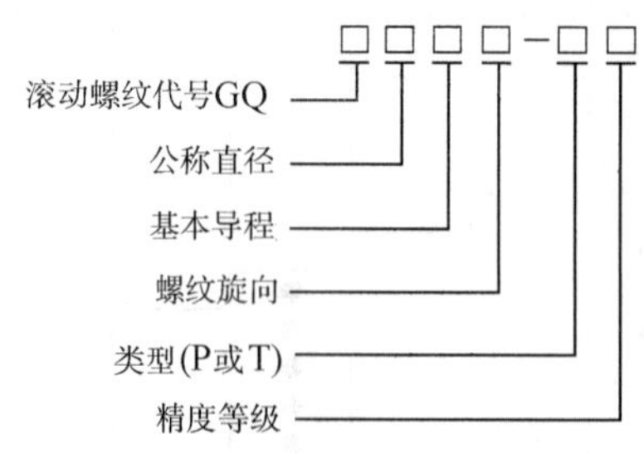

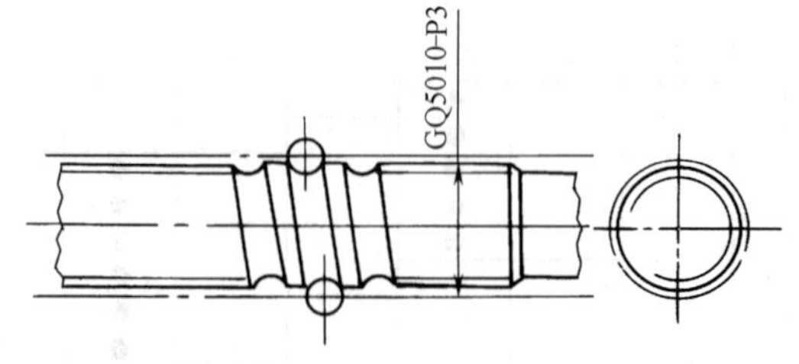

图 7.2-12　滚动螺旋副外螺纹的标注

标注示例如图 7.2-12 和图 7.2-13 所示。

4.4　滚动螺旋的选择计算

滚动螺旋已形成定型产品，由专业制造厂生产，用户可根据使用要求，确定类型、结构、精度等级，再按承载能力确定尺寸。

对于传力螺旋，转速较高工作时，应按寿命条件和静载荷条件选择尺寸；静止或转速低于 10r/min 时，按静载荷条件选择尺寸。尺寸确定后再做稳定性、刚度等验算。

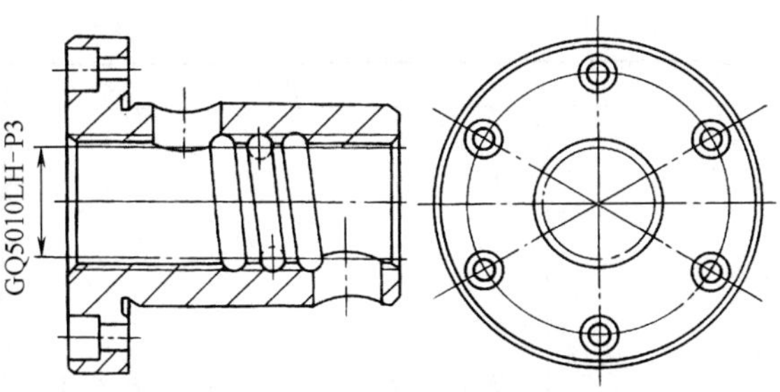

图 7.2-13 滚动螺旋副内螺纹的标注

对于定位螺旋，根据载荷、速度、定位精度和系统刚性确定结构和尺寸，然后做静载荷、寿命、稳定性等项验算。

滚动螺旋副的承载能力指标参数包括轴向额定静载荷、轴向额定动载荷、寿命和弹性静刚度等，其计算根据滚珠丝杠副轴向静刚度（GB/T 17587—2008）和滚珠丝杠副轴向额定静载荷和动载荷及使用寿命（GB/T 17587—2008）整理。滚动螺旋副的承载能力计算见表 7.2-40。

表 7.2-40 滚动螺旋副的承载能力计算

根据工作要求，确定类型、结构、螺杆行程及支承长度 l_s、精度等级、公称直径 d_0(mm)、导程 P_h(mm)、滚珠直径 D_w(mm)、螺旋副节圆直径 D_{pw}(mm)、螺母滚道半径 r_n(mm)、螺杆滚道半径 r_s(mm)等尺寸

参数	符号	单位	计算式	备注
导程角	ϕ	(°)	$\phi=\arctan\dfrac{P_h}{\pi d_0}=\arctan\dfrac{P_h}{\pi D_{pw}}$	
结构系数	γ		$\gamma=D_w\cos\alpha/D_{pw}$	α 为接触角
适应度	f_{rs} f_{rn}		滚珠螺杆滚道适应度 $f_{rs}=r_s/D_w$ 滚珠螺母滚道适应度 $f_{rn}=r_n/D_w$	表中计算适用于 $f_{rs}>0.5$ 和 $f_{rn}>0.5$ 的滚动螺旋副
轴向额定静载荷	C_{0a}	N	$C_{0a}=k_0z_1iD_w^2\sin\alpha\cos\phi$ (1) 每圈承载滚珠数目 $z_1=\mathrm{INT}\left[\dfrac{\pi D_{pw}}{D_w\cos\phi}-z_2\right]$ 轴向额定静载荷的特性数 $k_0=\dfrac{19.615}{\sqrt{D_w(2-1/f_{rs})/(1-\gamma)}}$	轴向额定静载荷的定义：滚动螺旋副在转速 $n\leqslant 10$r/min 条件下，受接触应力最大的钢球和滚道接触面产生的塑性变形量之和为钢球直径万分之一时的轴向载荷；i 为承载滚珠圈数；z_2 为每圈不承载滚珠数目
轴向额定动载荷	C_a	N	$C_a=C_si^{0.86}\left[1+\left(\dfrac{C_s}{C_n}\right)^{10/3}\right]^{-0.3}$ (2) 螺杆单圈轴向额定动载荷 $C_s=f_cz_1^{2/3}D_w^{1.8}(\cos\alpha)^{0.86}(\cos\phi)^{1.3}\tan\alpha$ 几何系数 $f_c=93.2\left(1-\dfrac{\sin\alpha}{3}\right)\left(\dfrac{2f_{rs}}{2f_{rs}-1}\right)^{0.41}\dfrac{\gamma^{0.3}(1-\gamma)^{1.39}}{(1+\gamma)^{1/3}}$ 参数：$\dfrac{C_s}{C_n}=\left(\dfrac{1-\gamma}{1+\gamma}\right)^{1.732}\left(\dfrac{2-1/f_{rn}}{2-1/f_{rs}}\right)^{0.41}$	轴向额定动载荷的定义：一组相同参数的滚动螺旋副，在相同条件下，运转 10^6 转，90%（即可靠度 0.9，失效率 0.1）的螺旋副（滚动体或滚道表面）不发生疲劳剥伤所能承受的纯轴向载荷
轴向额定静载荷修正值	C_{0am}	N	$C_{0am}=f_hf_{ac}C_{0a}$ (3) 硬度修正系数 $f_h=\left(\dfrac{\text{实际硬度值 HV10}}{\text{654HV10}}\right)^3$	f_{ac}为精度修正系数，见表 7.2-41
轴向额定动载荷修正值	C_{am}	N	$C_{am}=f_h\,f_{ac}f_mC_a$ (4)	f_m 为材料冶炼方法系数，见表 7.2-42
当量转速	n_m	r/min	转速稳定时，$n_m=n$ 转速变化时的当量转速 n_m（见图 7.2-14a） $n_m=n_1q_{n1}+n_2q_{n2}+\cdots+n_kq_{nk}=\sum\limits_{i=1}^{k}n_iq_{ni}$ (5)	n 为工作转速（r/min）；n_i、q_{ni}为各级转速和相应的工作时间与总工作时间的比

（续）

参数	符号	单位	计算式	备注
当量轴向载荷	F_m	N	（1）有间隙的螺旋副 a. 稳定的载荷 $F_m=F$ b. 稳定的周期变载荷 $F_m=\dfrac{2F_{max}+F_{min}}{3}$ c. 转速稳定，载荷变化时的当量载荷 F_m（见图7.2-14b） $F_m=\sqrt[3]{F_1^3q_1+F_2^3q_2+\cdots+F_k^3q_k}=\sqrt[3]{\sum\limits_{i=1}^{k}F_i^3q_i}$　（6） d. 转速和载荷均变化时 $F_m=\sqrt[3]{\dfrac{F_1^3n_1q_1}{n_m}+\dfrac{F_2^3n_2q_2}{n_m}+\cdots+\dfrac{F_k^3n_kq_k}{n_m}}=\sqrt[3]{\sum\limits_{i=1}^{k}\dfrac{F_i^3n_iq_i}{n_m}}$　（7）	F、F_{max}、F_{min}为工作载荷、工作载荷最大和最小值；F_i、q_i 为各级载荷和相应的工作时间与总工作时间的比；式（6）和式（7）为承受单向载荷的情况，承受双向载荷时，应分别各自计算当量载荷，寿命的计算见式（14）
			（2）预载的螺旋副 a. 当 $F\leqslant F_{lim}$时，两个螺母承受不等的轴向载荷 $F_1=0.6F_{a0}\left(1+\dfrac{F}{1.697F_{a0}}\right)^{1.5}$　（8） $F_2=F_1-F$　（9） b. 当 $F>F_{lim}$时，一个螺母承受全部外载荷，另一个不承受载荷 $F_1=F$　（10） $F_2=0$　（11） c. 当量轴向载荷取两者大的，即 $F_m=\max(F_1,F_2)$ d. 当转速和载荷变化时，按式（5）～（7）计算螺旋副的当量转速和当量载荷	F_{lim}为预载螺旋承受工作载荷不出现间隙的载荷极限值（N） $F_{lim}=2.8284F_{a0}$ F_{a0}为预载轴向载荷（N）
寿命计算和寿命条件	L	10^6r	$L=f_{rc}\left(\dfrac{C_{am}}{f_F F_m}\right)^3$　（12）	f_{rc}为可靠性系数，见表7.2-43 f_F 为载荷系数，见表7.2-44
	L_h	h	$L_h=\dfrac{10^6L}{60n_m}$　（13）	
			当螺旋副受双向载荷时，应各自确定当量转速 n_{m1}、n_{m2}和当量载荷 F_{m1}、F_{m2}，并按式（12）计算各自作用下的寿命 L_1、L_2，再计算综合寿命 $L=(L_1^{-10/9}+L_2^{-10/9})^{-9/10}$　（14）	
			寿命条件 $L_h\geqslant L_h'$　（15）	L_h'为预期工作寿命（h），按工作要求确定，参考表7.2-45
静载荷条件			$C_{0am}\geqslant f_F F_{max}$　（16）	传力螺旋应进行此项计算

（续）

参数	符号	单位	计算式	备注
轴向静刚度	R	N/μm	滚动螺旋副的轴向刚度由螺杆的刚度和螺母刚度组成,其中螺母的刚度有滚道-滚动体接触刚度和螺母自身的刚度两部分 $R=\frac{R_nR_s}{R_s+R_n}$　(17)	R_s 为螺杆刚度 R_n 为螺母刚度
			(1)螺杆轴向刚度 R_s 一端固定 $R_s=\frac{A_sE}{10^3l_s}$　(18) 两端固定时的最小刚度 $R_{smin}=\frac{4A_sE}{10^3l_s}$　(19)	A_s 为螺杆截面面积(mm^2) $A_s=\frac{1}{4}\pi(d_c^2-d_{b0}^2)$ d_c 为螺杆当量直径(mm) $d_c=D_{pw}-D_w\cos\alpha$ d_{b0}为中心孔直径(mm) E 为弹性模量(N/mm^2)
			(2)螺母的轴向刚度 $R_n=f_{ar}\frac{R_{n1}R_{n2}}{R_{n1}+R_{n2}}$　(20) a. 径向载荷引起的轴向刚度 R_{n1} 有间隙:$R_{n1}=R_0$ 预载的:$R_{n1}=2R_0$ 基本值 $R_0=\frac{2\pi iP_hE\tan\alpha}{10^3\times\left(\frac{D_1^2+D_c^2}{D_1^2-D_c^2}+\frac{d_c^2+d_{b0}^2}{d_c^2-d_{b0}^2}\right)}$ b. 滚道-滚珠的接触刚度 R_{n2} 有间隙:$R_{n2}=1.5\sqrt[3]{F(ik)^2}$ 预紧的:$R_{n2}=2.8284\sqrt[3]{F_{a0}(ik)^2}$ 轴承钢的刚度特性系数 $k=10z_1(\sin\alpha\cos\phi)^{2.5}c_k^{-1.5}$ 参数:$c_k=Y_s\sqrt[3]{\rho_{\sum s}}+Y_n\sqrt[3]{\rho_{\sum n}}$ 滚动体与螺杆滚道的综合曲率 $\rho_{\sum s}=\frac{1}{D_w}\left(4-\frac{1}{f_{rs}}+\frac{2}{1/\gamma-1}\right)$ 滚动体与螺母滚道的综合曲率 $\rho_{\sum n}=\frac{1}{D_w}\left(4-\frac{1}{f_{rn}}-\frac{2}{1/\gamma+1}\right)$ 辅助值 $Y_s=-0.1974\sqrt[4]{\sin\tau_s}+1.728\sqrt{\sin\tau_s}-0.2487\sin\tau_s$ $Y_n=-0.1974\sqrt[4]{\sin\tau_n}+1.728\sqrt{\sin\tau_n}-0.2487\sin\tau_n$ $\tau_s=\arccos\left\|1-\frac{4-2/f_{rs}}{D_w\rho_{\sum s}}\right\|$ $\tau_n=\arccos\left\|1-\frac{4-2/f_{rn}}{D_w\rho_{\sum n}}\right\|$	R_{n1}为径向载荷引起的轴向刚度 R_{n2}为滚道-滚珠的接触刚度 f_{ar}为滚动螺旋的刚度精度系数,见表7.2-46 F、F_{a0}为工作载荷和预紧力(N) D_c 为螺母当量直径(mm) $D_c=D_{pw}+D_w\cos\alpha$
螺杆的强度	σ	MPa	参照表 7.2-28	
螺杆稳定临界载荷	F_c	N	参照表 7.2-28	长径比较大的受压螺旋应作此项计算
临界转速	n_c	r/min	参照表 7.2-28	转速较高、支承距离较大的螺杆应做此项计算

表 7.2-41　滚动螺旋副精度修正系数 f_{ac}

精度等级	1~5	7	10
f_{ac}	1.0	0.9	0.7

表 7.2-42　材料冶炼方法系数 f_m

冶炼方法	空气熔炼	真空脱气	电渣重熔	真空再熔
f_m	1.0	1.25	1.44	1.71

表 7.2-43　可靠性系数 f_{rc}

可靠度	0.90	0.95	0.96	0.97	0.98	0.99
f_{rc}	1.0	0.62	0.53	0.44	0.33	0.21

表 7.2-44　载荷系数 f_F

载荷性质	载荷系数 f_F
平稳或轻微冲击	1.0~1.2
中等冲击	1.2~1.5
较大冲击和振动	1.5~2.5

表 7.2-45　滚动螺旋副的寿命要求

机械类型	预期寿命 L_h'/h
普通机械	5000~10000
普通金属切削机床	10000
数控机床、精密机械	15000
测试机械、仪器	15000
航空机械	1000

表 7.2-46　滚动螺旋的刚度精度系数 f_{ar}

精度等级	1	2	3	4	5
f_{ar}	0.6	0.58	0.55	0.53	0.5

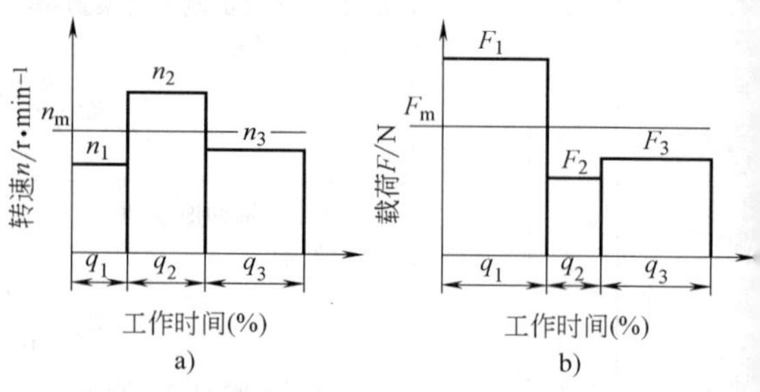

图 7.2-14　滚动螺旋传动的当量转速和当量载荷

4.5　材料及热处理

为使滚动螺旋传动有高的承载能力和一定的工作寿命，满足工作性能的要求，螺旋副元件应有足够的接触强度和耐磨性，其工作表面必须具有一定的硬度。通常螺纹滚道表面硬度应达到58~60HRC，钢球表面硬度应达到62~64HRC。为此，选择适当的材料并确定相应的热处理是十分重要的。

滚动螺旋副材料的选用及其热处理参见表 7.2-47。

整体淬火在热处理和磨削过程中变形较大，工艺性差，应尽可能采用表面硬化处理。对于高精度螺杆尚需进行稳定处理，消除残余应力。

表 7.2-47　滚动螺旋副的材料及其热处理

类别	适用范围	材料	热处理	硬度 HRC
精密螺杆	滚道长度≤1m	20CrMo	渗碳、淬火	60±2
	滚道长度≤2.5m	42CrMo	高、中频加热，表面淬火	
	滚道长度>2.5m	38CrMoAl	渗氮	850HV
普通螺杆	各种尺寸	50Mn、60Mn、55	高、中频加热，表面淬火	60±2
	d_0≤40mm	GCr15	整体淬火、低温回火	60±2
	d_0≤40mm、滚道长度≤2m	9Mn2V		
	d_0>40mm	GCr15SiMn		
	d_0>40~80mm、滚道长度≤2m	CrWMn		
抗蚀螺杆		9Cr18	中频加热、表面淬火	56~58
螺母		GCr15、CrWMn、9Cr18	整体淬火、低温回火	60~62
		20CrMnTi 12Cr2Ni4	渗碳、淬火	
反向器	内循环	CrWMn、GCr15	整体淬火、低温回火	60~62
		20CrMnTi 20Cr、40Cr	离子渗氮	850HV
挡球器	外循环	45、65Mn	整体淬火、低温回火	40~50

注：1. 螺杆滚道长度≥1m或精度要求高时，硬度可略低，但不得低于56HRC。
2. 表面硬化层应保证磨削后的深度：中频淬火，≥2mm；高频淬火、渗碳淬火，≥1mm；渗氮，>0.4mm。

4.6 精度

GB/T 17587.2—2008 规定了公称直径 6~200mm 适用于机床的滚动螺旋副的精度和性能要求等，分为 7 个精度等级，即 1 级、2 级、3 级、4 级、5 级、7 级和 10 级。其中 1 级精度最高，10 级最低，依次逐级降低。其他机械产品亦可参照选用。

为适应近代高精度化的要求，还将规定更高的 0 级精度。

滚动螺旋副的行程误差是影响定位精度（特别是 P 类定位滚动螺旋副）的决定性因素，故在其几何精度中规定了目标行程公差 e_p、有效行程内允许行程变动量 V_{up}、300mm 行程内允许行程变动量 V_{300p} 和 2πrad 内允许行程变动量 $V_{2\pi p}$ 等 4 项指标，并进行逐项检查。各项检查内容如图 7.2-15 所示，图中粗实线是实际行程误差曲线，它是根据综合行程测量得到的。

表 7.2-48 所列为定位滚动螺旋副有效行程内的平均行程偏差 e_p 和行程变动量 V_{up}（右下标加符号“p”为允许带宽），表 7.2-49 所列为任意 300mm 行程内的行程变动量 V_{300p} 和 2πrad 内行程变动量 $V_{2\pi p}$。

对于传力滚动螺旋副只检验有效行程 l_u 内平均行程偏差 e 和任意 300mm 行程内行程变动量 V_{300}。

$$e_p = 2\frac{l_u}{300}V_{300p}$$

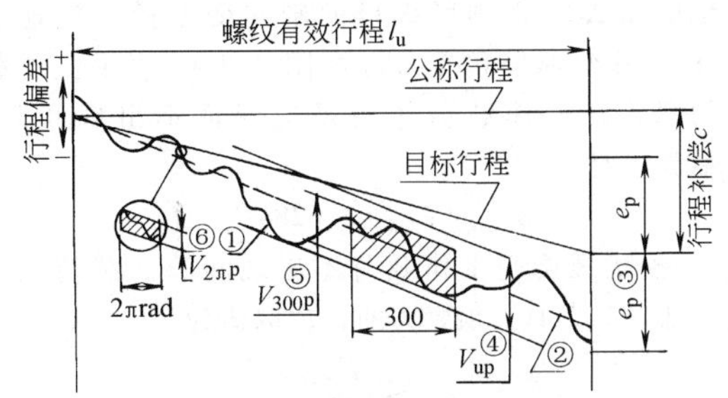

图 7.2-15 滚动螺旋副的行程误差检验
①实际行程误差 ②实际平均行程误差
③目标行程公差 ④有效行程内行程变动量
⑤任意 300mm 长度内行程变动量
⑥2πrad 内行程变动量

为了保证滚动螺旋传动的精度和性能要求，还应规定螺杆的位置公差，如螺杆外径、支承轴颈对螺纹轴线的径向圆跳动，支承轴颈肩面对螺纹轴线的圆跳动等。跳动和定位公差见 GB/T 17587.2—2008。

一般动力传动可选用 5、7 级精度，数控机机械和精密机械用定位滚动螺旋，则根据其定位精度和重复定位精度要求选用 1~5 级精度。

表 7.2-48 定位滚动螺旋副有效行程内的平均偏差 e_p 和行程变动量 V_{up}

有效行程 l_u/mm	精度等级									
	1		2		3		4		5	
	e_p/μm	V_{up}/μm	e_p/μm	V_{up}/μm	e_p/μm	V_{up}/μm	e_p/μm	V_{up}/μm	e_p/μm	V_{up}/μm
≤315	6	6	8	8	12	12	16	16	23	23
>315~400	7	6	9	8	13	12	18	17	25	25
>400~500	8	7	10	10	15	13	20	19	27	26
>500~630	9	7	11	11	16	14	22	21	30	29
>630~800	10	8	13	12	18	16	25	23	35	31
>800~1000	11	9	15	13	21	17	29	25	40	33
>1000~1250	13	10	18	14	24	19	34	29	46	39
>1250~1600	15	11	21	17	29	22	40	33	54	44
>1600~2000	18	13	25	19	35	25	48	38	65	51
>2000~2500	22	15	30	22	41	29	57	44	77	59
>2500~3150	26	17	36	25	50	34	69	52	93	69

表 7.2-49 任意 300mm 行程和 2πrad 内行程变动量 V_{300p}、$V_{2\pi p}$

精度等级	1	2	3	4	5	7	10
V_{300p}/μm	6	8	12	16	23	52	210
$V_{2\pi p}$/μm	4	5	6	7	8	—	—

4.7 预紧

为了消除滚动螺旋副的间隙，提高传动的定位精度、重复定位精度和轴向刚度，常采用双螺母预紧（见图 7.2-16）。双螺母预紧后，受预载轴

向载荷 F_{a0}的作用，螺母产生的轴向压缩变形量为 δ_{a0}。受外加的工作载荷 F 后，工作螺母的轴向变形量增加 $\Delta\delta$，而预紧螺母的轴向变形量相应地减小 $\Delta\delta$，其变形量和受力可由图 7.2-17 表示。预载后的螺旋在工作载荷作用是应保证不出现间隙，其临界条件是

$$F_{max}=F_{lim}=2.8284F_{a0}$$

F_{lim}为预载螺旋受工作载荷不出现间隙的载荷极限值，见表 7.2-41。预紧力的合理取值为

$$F_{a0}\geqslant\frac{F_{max}}{2.8284}$$

通常取 $F_{a0}\approx\frac{1}{3}F_{max}$。当预紧力取最大工作载荷的1/3时，寿命和效率影响很小，但过大的预紧力会使效率和寿命降低。

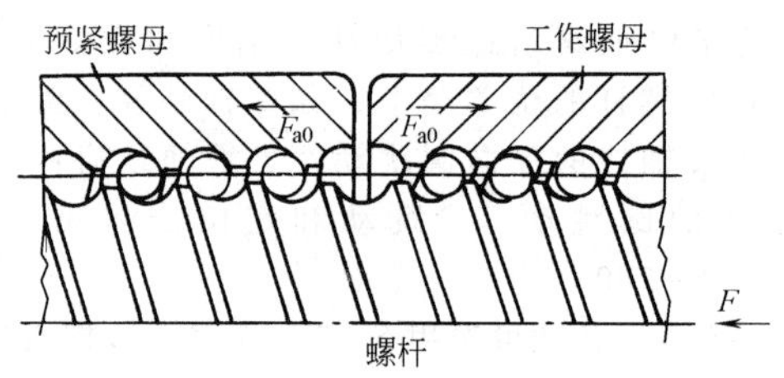

图 7.2-16　双螺母预紧

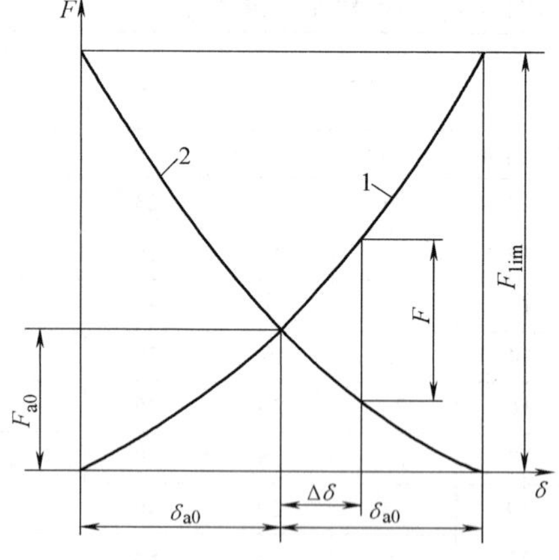

图 7.2-17　预紧螺母的变形和力关系
1—工作螺母变形线　2—预紧螺母变形线

4.8　设计中应注意的问题

1）防止逆转。滚动螺旋传动逆效率高，不能自锁。为了使螺旋副受力后不逆转，应考虑设置防止逆转装置，如采用制动电动机、步进电动机，在传动系统中设有能够自锁的机构（如蜗杆传动）；在螺杆、螺母或传动系统中装设单向离合器、双向离合器和制动器等。选用离合器时，必须注意其可靠性。

2）防止螺母脱出。在滚动螺旋传动中，特别是垂直传动，容易发生螺母脱出造成事故，设计时必须考虑防止螺母脱出的安全装置。

3）热变形。热变形对精密传动螺旋的定位精度、机床的加工精度等有着重要影响。其热源不单是螺旋副的摩擦热，还有其他机械部件工作时产生的热，致使螺杆热膨胀而伸长。为此必须分析热源的各因素，采取措施控制热源的各环节；另一方面可采用预拉伸、强制冷却等减小螺杆热伸长的影响。

4）自重。细长而又水平放置的螺杆，常因自重使轴线产生弯曲变形，是影响导程累积误差的因素之一，还会使螺母受载不均。设计长螺杆时，应考虑防止或减小自重弯曲变形的措施。

5）防护与密封。尘埃和杂质等污物进入螺纹滚道会妨碍滚动体运转通畅，加速滚动体与滚道的磨损，使滚动螺旋副丧失精度。因此，防护与密封是设计滚动螺旋传动必须考虑的一环。

最简单的办法是在螺母两端加密封圈（如橡胶、毛毡、聚氨酯和尼龙等密封圈），但应注意不要使螺杆外露部分受机械损伤。要求高的都采用伸缩套、折叠式防尘罩或螺旋弹簧钢带套管等。

6）润滑。润滑是减小驱动转矩、提高传动效率和延长螺旋副使用寿命的重要一环。接触表面形成的油膜还有缓冲吸振、减小传动噪声的作用。

可根据传动的用途和转速合理选择润滑剂，低速时，可选用锂基润滑脂、油脂容易黏附在螺纹滚道表面，保持良好的润滑。低速重载时，亦可选用黏度较高的润滑油（黏度级 100、150 等）。高转速并考虑减小其热变形时，宜选用低黏度润滑油（黏度级 32、46 等）循环润滑。

4.9　滚子螺旋传动简介

滚子螺旋传动有许多结构型式，但由于其结构复杂和制造工艺的困难，并不是所有的结构都得到广泛应用。已经应用的滚子螺旋传动，螺杆直径可小到 5mm；效率超过 90%；对于精密传动，任意 300mm 内的行程变动量可达 5μm；从动件移动速度可达到 100m/min，转速达到 6000r/min。它具有可靠性高、寿命长的特点。螺纹滚子螺旋可以比钢球滚动螺旋做成更小的导程。

目前滚子螺旋传动已应用于电梯、升降机和输送机（螺杆直径 75mm，长达 13m），船坞、闸门的重载起重装置以及压力机、千斤顶等。

滚子螺旋传动的设计最重要的是要保证滚子沿螺纹滚道表面的纯滚动，它关系到传动的效率、寿命和灵敏度。

图 7.2-18 所示为圆锥滚子螺旋机构；图 7.2-19 所示为滚子螺旋机构，其中图 7.2-19a 所示为滚子剖分螺母，半圆螺母的工作部分实际上就是两个滚子；图 7.2-20 所示为有滚道的滚子螺旋机构。

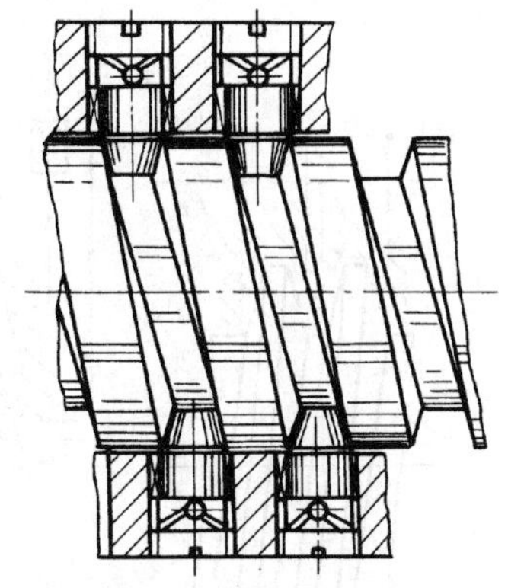

图 7.2-18　圆锥滚子螺旋机构

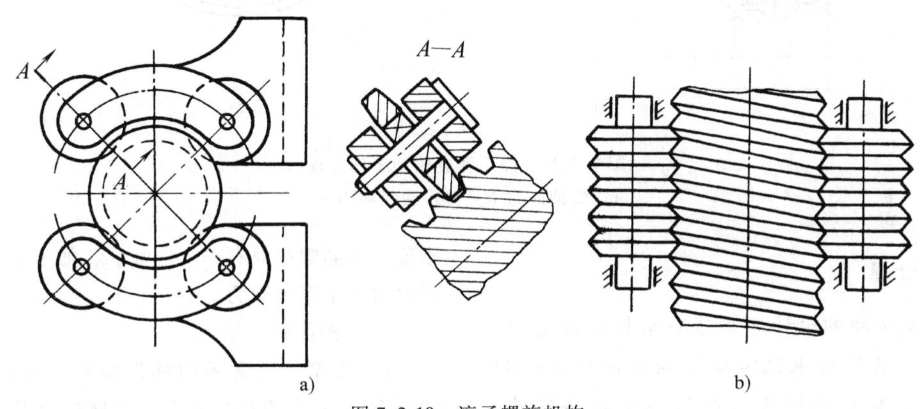

图 7.2-19　滚子螺旋机构
a）滚子剖分螺母　b）螺纹滚子

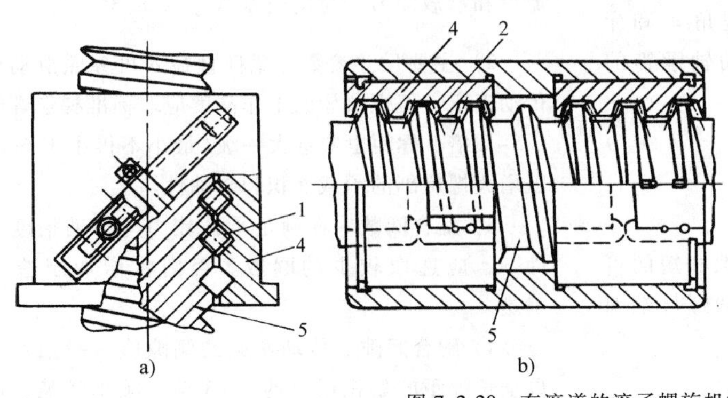

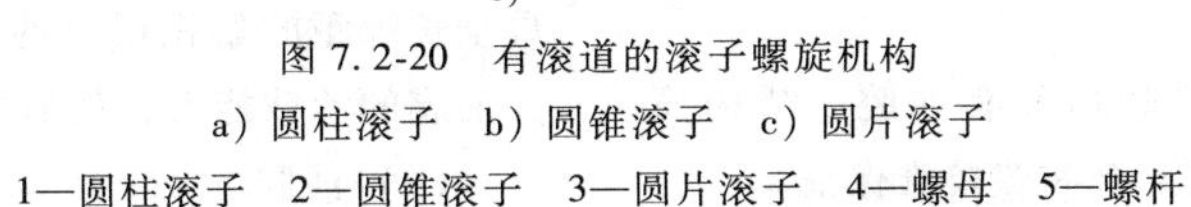

图 7.2-20　有滚道的滚子螺旋机构
a）圆柱滚子　b）圆锥滚子　c）圆片滚子
1—圆柱滚子　2—圆锥滚子　3—圆片滚子　4—螺母　5—螺杆

5　静压螺旋传动

静压螺旋传动的工作原理和双向多垫平面推力静压轴承基本相同。如图 7.2-21a 所示，经精细过滤的压力油，通过节流阀进入内螺纹牙两侧的油腔，充满旋合螺纹的间隙，然后经回油通路流回油箱。

当螺杆受轴向力 F_a 左移时，间隙 h_1 减小，h_2 增大，由于节流阀的作用，使左侧的压力 $p_{r1}>p_{r2}$，产生一支持 F_a 的反力。

若螺杆受径向力 F_r 沿载荷方向发生位移（见图 7.2-21b），油腔 A 侧间隙减小，油腔 B、C 侧间隙增大。同样由于节流阀的作用，使 A 侧油压增高，B、C 侧油压降低，形成压差与 F_r 平衡。

内螺纹的每一螺旋面设有 3 个以上的油腔时，螺杆（或螺母）不但能承受轴向载荷和径向载荷，也能承受一定的弯曲力矩。

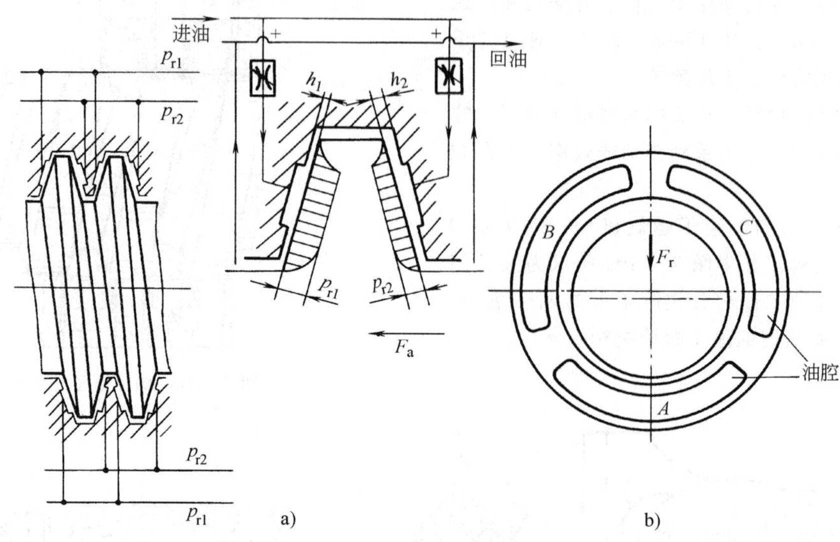

图 7.2-21　静压螺旋传动工作原理
a）受轴向力 F_a　b）受径向力 F_r

5.1　设计计算

静压螺旋传动的设计通常是根据其承载能力、刚度和空间位置等要求选定螺母的结构和节流阀的形式，初选螺纹的尺寸参数与节流阀的尺寸，确定供油压力和液压泵的流量，然后根据多环平面推力静压轴承，考虑螺杆的螺纹导程角 ϕ 和牙型角 α 进行有关参数的计算（参见滑动轴承篇的静压轴承）。

5.2　设计中的几个问题

（1）静压螺母的结构

静压螺母由螺纹部分、支承部分（螺杆短的可不要）和油路系统等组成。若不允许油从螺母端部流出，尚需设置密封装置。

螺母的结构型式如下：

1）整体式。内螺纹两侧均开有油腔。结构简单，安装容易，但螺旋副的配合间隙较难保证。

2）双螺母式。有固定螺母和调节螺母，只在工作面的一侧开油腔，两螺母的螺纹工作面对称布置，通过调节螺母获得所需的配合间隙。同样的承载能力，螺母的工作牙数比整体式增加一倍。

3）镶装式。螺母两端的螺纹为镶装的、起油封作用的扇形齿块，在螺旋副大径、小径的径向间隙间装有塑料密封，使螺纹两侧整个螺纹高度内的空间均成为油腔，增大了有效承载面积，提高了承载能力和刚度。每侧螺纹只有一个进油孔，加工工艺简单。但密封增大了摩擦阻力。

（2）螺纹

1）牙型。通常采用梯形螺纹，牙型角 α 可取 10°~30°，α 小传动精度高。牙型角的误差影响油的流量和承载能力，应使误差 $\Delta\dfrac{\alpha}{2}\leqslant\pm(3'\sim5')$。

2）主要尺寸参数。螺杆直径 d 可参照滑动螺旋传动确定，但螺纹牙的工作高度应取标准梯形螺纹的 1.5~2 倍，螺距也应选大一级（最小不得小于 6mm），以增大螺旋副的承载面积和封油性。

3）旋合圈数。在满足承载能力与传动精度的条件下，应选取较少的圈数。否则将增加制造上的困难。

4）配合间隙。传动螺旋的侧隙值一般推荐取螺母全长螺距的累积误差的 2~3 倍。减小间隙，可增大油膜的承载能力，耗油少，但制造困难。

（3）油腔

当传动承受径向载荷和倾覆力矩时，螺母牙的每一侧螺纹面上应设置 3、4 或 6 个油腔，且两侧面上的油腔必须对应设置，等距分布，使每圈牙都能形成一个单独的承载区。若仅承受轴向载荷，可在螺母牙每一侧螺纹面上设置一条直通的螺旋油腔，便于制造。

油腔深为 0.3~1mm，直通的连续油腔，深度最大可达 2mm。螺母直径大，旋合圈数多可取较大值。

油腔宽度一般为螺母螺纹高的$\frac{1}{4}$~$\frac{1}{3}$。

螺母两端始末两牙不设油腔，以起封油作用。

(4) 节流阀

1) 静压螺旋传动采用的节流阀有固定式（小孔或毛细管节流阀）和可变式(滑阀或薄膜反馈节流阀)两种。前者用于轻载荷传动，后者用于重载荷传动。

2) 节流阀设置方式有多节流型(每个油腔各用一个节流阀控制)和集中节流型(分布在同一母线上的同侧油腔用一个节流阀控制)两种。后者节流阀数量较少，传动的工作性能稳定，便于维护。

静压螺旋传动的结构及其系统的设计详见参考文献 7。

参考文献

[1] 机械工程手册电机工程手册编辑委员会. 机械工程手册：机械传动卷［M］. 2版. 北京：机械工业出版社，1997.

[2] 闻邦椿. 机械设计手册：第1卷、第2卷［M］. 5版. 北京：机械工业出版社，2010.

[3] 闻邦椿. 现代机械设计师手册：上册［M］. 北京：机械工业出版社，2012.

[4] 闻邦椿. 现代机械设计实用手册［M］. 北京：机械工业出版社，2015.

[5] 机械设计手册编辑委员会. 机械设计手册：第1卷［M］. 新版. 北京：机械工业出版社，2004.

[6] 成大先. 机械设计手册. 第1卷、第2卷［M］. 6版. 北京：化学工业出版社，2016.

[7] 机床设计手册编写组编. 机床设计手册：第2卷［M］. 北京：机械工业出版社，1980.

第8篇　齿轮传动

主　编　陈良玉　巩云鹏
编写人　陈良玉　巩云鹏　张伟华
审稿人　鄂中凯　陈良玉　王延忠

第 5 版
第 8 篇　齿 轮 传 动

主　编　陈良玉　巩云鹏
编写人　陈良玉　巩云鹏　张伟华　洪　滢
审稿人　鄂中凯　陈良玉　虞忠顺

第1章　概　　述

齿轮传动是机械传动中应用最广泛的一种传动形式。它的传动比准确，效率高，结构紧凑，工作可靠，寿命长。目前齿轮技术可达到的指标：圆周速度 $v=300\text{m/s}$，转速 $n=10^5\text{r/min}$，传递的功率 $P=10^5\text{kW}$，模数 $m=0.004\sim100\text{mm}$，直径 $d=1\text{mm}\sim152.3\text{m}$。

1　齿轮传动的分类和特点

1.1　分类

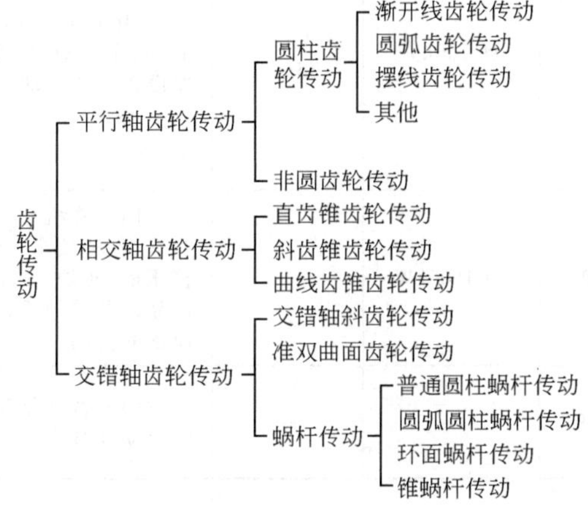

1.2　特点

1）瞬时传动比恒定。非圆齿轮传动的瞬时传动比能按需要的变化规律来设计。

2）传动比范围大，可用于减速或增速。

3）速度（指节圆圆周速度）和传递功率的范围大，可用于高速（$v>40\text{m/s}$）、中速和低速（$v<25\text{m/s}$）的传动；功率可从小于1W到 10^5kW。

4）传动效率高。一对高精度的渐开线圆柱齿轮，效率可达99%以上。

5）结构紧凑，适用于近距离传动。

6）制造成本较高。某些具有特殊齿形或精度很高的齿轮，因需要专用的或高精度的机床、刀具和量仪等，故制造工艺复杂，成本高。

7）精度不高的齿轮，传动时噪声、振动和冲击大，污染环境。

8）无过载保护作用。

2　齿轮传动类型选择的原则

1）满足使用要求，如对传动结构尺寸、重量、功率、速度、传动比、寿命、可靠性的要求等。对以上要求应做全面的深入分析，满足主要的要求，兼顾其他。如对大功率长期运转的固定式设备，则着重于齿轮的寿命长和提高齿轮的传动效率；对短期间歇运转的移动式设备，应要求结构紧凑为主；对重要的齿轮传动，则要求可靠性高。

2）考虑工艺条件，如制造厂的工艺水平、设备条件、生产批量等。

3）考虑合理性、先进性和经济性等。

表8.1-1列出各类齿轮传动的主要特点和适用范围，供选型时参考。

表8.1-1　各类齿轮传动的主要特点和适用范围

名　　称		主　要　特　点	适　用　范　围			
			传动比	传递功率	速度	应用举例
渐开线圆柱齿轮传动		传动的速度和功率范围很大；传动效率高，一对齿轮可达98%～99.5%，精度越高，效率越高；对中心距的敏感性小，装配和维修比较简便；可以进行变位切削及各种修形、修缘，以适应提高传动质量的要求；易于进行精确加工	单级1～8，最大为10 两级，45 三级，75	25000kW，最大达 10^5kW	150m/s，最高300m/s	应用非常广泛
圆弧齿轮传动	单圆弧齿轮传动	接触强度高；效率高；磨损小而均匀；没有根切现象。不能做成直齿	单级1～8，最大为10 两级，45 三级，75	高速传动可达6000kW 低速传动输出转矩达1.2MN·m，功率达5000kW	100m/s	高速传动，如用于鼓风机、制氧机、汽轮机等的传动；低速传动，如用于轧钢机械、矿山机械、起重运输机械等的传动
	双圆弧齿轮传动	具有单圆弧齿轮的优点，可用同一把滚刀加工一对齿轮；传动平稳，振动和噪声较单圆弧齿轮小，抗弯强度比单圆弧齿轮高				

（续）

名称			主要特点	适用范围			
				传动比	传递功率	速度	应用举例
锥齿轮传动	直齿锥齿轮传动		轴向力小；比曲线齿锥齿轮制造容易；可制成鼓形齿	1~8	370kW	<5m/s	用于机床、汽车、拖拉机及其他机械中轴线相交的传动
	曲线齿锥齿轮传动		比直齿锥齿轮传动平稳，噪声小，承载能力大。由于螺旋角产生轴向力，转向变化时，此轴向力方向亦改变，轴承应考虑止推问题	1~8	3700kW	>5m/s，≥40m/s需磨齿	用于汽车驱动桥传动，机床、拖拉机等传动
准双曲面齿轮传动			比曲线齿锥齿轮传动更平稳。利用偏置距增加小轮直径，因而可以增加小齿轮刚度，实现两端支承。沿齿长方向有滑动，需用准双曲面齿轮油润滑	1~10，用于代替蜗杆传动时可达50~100	735kW	>5m/s	广泛用于越野及小客车的传动，也用于货车的传动
蜗杆传动	圆柱蜗杆传动	普通圆柱蜗杆传动	传动比大；工作平稳；噪声较小；结构紧凑；在一定条件下有自锁性，效率低	8~80	到200kW	$v_s \leqslant 15 \sim 35$m/s	多用于中、小载荷、间歇工作的机器设备中的传动
		圆弧圆柱蜗杆传动	接触线形状优于普通圆柱蜗杆传动，有利于形成油膜；中间平面共轭齿廓为凸凹齿啮合，传动效率及承载能力均高于普通圆柱蜗杆传动				
	环面蜗杆传动		接触线和相对速度夹角接近90°，有利于形成油膜；同时接触齿数多，当量曲率半径大，因而承载能力大，一般比普通圆柱蜗杆传动大2~3倍	5~100	到4500kW	—	多用于轧机压下装置、各种绞车、冷挤压机、转炉、军工产品以及其他重型设备的传动
	锥蜗杆传动		同时接触齿数多，齿面得到充分润滑和冷却，易形成油膜，承载能力高；传动平稳；效率高于圆柱蜗杆传动；制造和装配简单	10~359	—	—	适用于特定结构的传动场合

3　常用符号（见表8.1-2）

表8.1-2　常用符号表

符号	名称	单位	符号	名称	单位
a	中心距	mm	c	顶隙和根隙	mm
a'	名义中心距（角变位齿轮的中心距）	mm	c_γ	啮合刚度	N/(mm·μm)
a_0	切齿中心距	mm	c'	单对齿刚度	N/(mm·μm)
a_v	当量圆柱齿轮中心距	mm	c^*	顶隙系数	
b	齿宽	mm	d	直径，分度圆直径	mm
b_1	小轮齿宽	mm	d_w	节圆直径	mm
b_2	大轮齿宽	mm	d_a	齿顶圆直径	mm
b_{cal}	计算齿宽	mm	d_{a1}	小轮齿顶圆直径，蜗杆齿顶圆直径	mm
b_{eF}	抗弯强度计算的有效齿宽	mm	d_{a2}	大轮齿顶圆直径，蜗轮喉圆直径	mm
b_{eH}	接触强度计算的有效齿宽	mm	d_b	基圆直径	mm
C	节点，系数		d_{e2}	蜗轮顶圆直径	mm
C_a	齿顶修缘量	μm	d_{e1}、d_{e2}	小轮、大轮大端分度圆直径	mm
C_{ay}	由磨合产生的齿顶修缘量	μm	d_f	齿根圆直径	mm
C_{eff}	有效修缘量	μm	d_{f1}、d_{f2}	小轮、大轮齿根圆直径	mm

（续）

符号	名称	单位
d_g	发生圆直径，滚圆直径	mm
d_{m1}、d_{m2}	小轮、大轮齿宽中点分度圆直径	mm
d_{v1}、d_{v2}	小轮、大轮的当量圆柱齿轮分度圆直径	mm
d_{va1}、d_{va2}	小轮、大轮的当量圆柱齿轮齿顶圆直径	mm
d_{van1} d_{van2}	小轮、大轮的当量圆柱齿轮法向齿顶圆直径	mm
d_{vb1} d_{vb2}	小轮、大轮的当量圆柱齿轮基圆直径	mm
d_{vbn1} d_{vbn2}	小轮、大轮的当量圆柱齿轮法向基圆直径	mm
d_{vn1}、d_{vn2}	小轮、大轮的当量圆柱齿轮法向分度圆直径	mm
d_0、r_0	刀具直径、半径	mm
d_1	小轮分度圆直径，蜗杆分度圆直径	mm
d_{w1}	小轮节圆直径，蜗杆节圆直径	mm
d_2	大轮分度圆直径，蜗轮分度圆直径	mm
d_{w2}	大轮节圆直径，蜗轮节圆直径	mm
D_M	量柱（球）直径	mm
E	弹性模量	MPa
E_{red}	综合弹性模量	MPa
E_{yns}	量柱（球）直径测量跨距上偏差	μm
E_{yni}	量柱（球）直径测量跨距下偏差	μm
E_{sn}	齿轮齿厚偏差	μm
E_{sns}	齿轮齿厚上偏差	μm
E_{sni}	齿轮齿厚下偏差	μm
E_{bn}	公法线长度偏差	μm
E_{si1}	蜗杆齿厚极限下偏差	μm
E_{ss1}	蜗杆齿厚极限上偏差	μm
E_{si2}	蜗轮齿厚极限下偏差	μm
E_{ss2}	蜗轮齿厚极限上偏差	μm
E_{bni}	公法线长度下偏差	μm
E_{bns}	公法线长度上偏差	μm
E_{Σ}	轴交角极限偏差	μm
e	齿槽宽	mm
e_n	分度圆法向槽宽	mm
e_t	分度圆端面槽宽	mm
e_x	分度圆轴向槽宽	mm
F'_{i1}	蜗杆单面啮合偏差，小齿轮切向综合偏差	μm
F'_{i2}	蜗轮单面啮合偏差，大齿轮切向综合偏差	μm
F'_{i12}	蜗杆副单面啮合偏差	μm
F_{r1}	蜗杆径向跳动偏差 小齿轮径向跳动偏差	μm
F_{r2}	蜗轮径向跳动偏差 大齿轮径向跳动偏差	μm
F_t	端面内分度圆周上的名义切向力	N
f_x	x方向轴线的平行度公差，蜗杆副的中间平面极限偏差，中间平面传动极限偏差	μm
f_{x0}	中间平面加工极限偏差	μm
f_y	y方向轴线的平行度公差，轴线垂直度公差	μm
F_{β}	齿轮螺旋线总偏差	μm
$F_{\beta x}$	初始啮合螺旋线偏差	μm
$F_{\beta y}$	磨合后的啮合螺旋线偏差	μm
f_{Σ}	蜗杆副的轴交角极限偏差	μm
$f_{\Sigma 0}$	轴交角加工极限偏差	μm
F_{α}	齿廓总偏差	μm
$F_{\alpha 1}$	蜗杆齿廓总偏差 小齿轮齿廓总偏差	μm
$F_{\alpha 2}$	蜗轮齿廓总偏差 大齿轮齿廓总偏差	μm
f_{AM}	齿圈轴向位移极限偏差	μm
f_a	齿轮副的中心距极限偏差，蜗杆副的中心距极限偏差，齿条副的安装距极限偏差	μm
f_{a0}	蜗杆副的中心距加工极限偏差	μm
F_{bn}	法面内基圆周上的名义切向力	N
F_{bt}	端面内基圆周上的名义切向力	N
$f_{f\beta}$	齿轮螺旋线形状偏差	μm
F'_i	齿轮切向综合偏差	μm
F''_i	齿轮径向综合偏差	μm
f'_i	齿轮一齿切向综合偏差，蜗杆传动单面一齿啮合偏差	μm
f''_i	齿轮一齿径向综合偏差	μm
f'_{i1}	蜗杆单面一齿啮合偏差，小齿轮一齿切向综合偏差	μm
f'_{i2}	蜗轮单面一齿啮合偏差，大齿轮一齿切向综合偏差	μm
f'_{i12}	蜗杆副单面一齿啮合偏差	μm
F'_{ic}	蜗杆副的切向综合公差，齿条副的切向综合公差	μm
f'_{ic}	蜗杆副的一齿切向综合公差，齿条副的一齿切向综合公差	μm
$F''_{i\Sigma}$	轴交角综合公差	μm
$f''_{i\Sigma}$	一齿轴交角综合公差	μm
$F''_{i\Sigma c}$	齿轮副轴交角综合公差	μm
$f''_{i\Sigma c}$	齿轮副一齿轴交角综合公差	μm

（续）

符号	名称	单位	符号	名称	单位
F_{mt}	齿宽中点分度圆上的名义切向力	N	h_{fe1}、h_{fe2}	小轮、大轮大端齿根高	mm
F_p	齿距累积总偏差	μm	h_{fm1}、h_{fm2}	小轮、大轮齿宽中点齿根高	mm
F_{pk}	k个齿距累积公差，齿距累积偏差	μm	h_{f0}	刀具齿根高	mm
f_{pt}	齿轮单个齿距偏差	μm	h_0	刀具齿高	mm
f_{pxk}	蜗杆k个轴向齿距累积偏差	μm	h'	蜗杆副接触面的工作高度，工作齿高	mm
f_{px}	蜗杆轴向齿距偏差	μm	h''	蜗杆副接触痕迹的平均高度	mm
f_{p2}	蜗轮单个齿距偏差	μm	i	总传动比	
f_{ux}	蜗杆相邻轴向齿距偏差	μm	$\mathrm{inv}\alpha$	α角的渐开线函数	
f_{u2}	蜗轮相邻齿距偏差	μm	j	侧隙	μm
F_{pz}	蜗杆导程偏差	μm	j_{wt}	圆周侧隙	μm
F_{p2}	蜗轮齿距累积总偏差	μm	j_{bn}	法向侧隙	μm
$f_{f\alpha}$	齿廓形状偏差	μm	j_r	径向侧隙	μm
$f_{f\alpha 1}$	蜗杆齿廓形状偏差，小轮齿廓形状偏差	μm	j_{wtmin}	最小圆周侧隙	μm
$f_{f\alpha 2}$	蜗轮齿廓形状偏差，大轮齿廓形状偏差	μm	j_{wtmax}	最大圆周侧隙	μm
$f_{H\alpha}$	齿廓倾斜偏差	μm	j_{bnmin}	最小法向侧隙	μm
$f_{H\alpha 1}$	蜗杆齿廓倾斜偏差，小轮齿廓倾斜偏差	μm	j_{bnmax}	最大法向侧隙	μm
$f_{H\alpha 2}$	蜗轮齿廓倾斜偏差，大轮齿廓倾斜偏差	μm	k	跨越齿数，跨越槽数（用于内齿轮），给定范围内的齿数或齿距数	
$f_{H\beta}$	齿轮螺旋线倾斜偏差	μm	K_A	使用系数	
$f_{\Sigma\delta}$	轴线平面内的轴线平行度偏差	μm	$K_{B\alpha}$	胶合承载能力计算的齿间载荷分配系数	
$f_{\Sigma\beta}$	垂直平面内的轴线平行度偏差	μm	$K_{B\beta}$	胶合承载能力计算的齿向载荷分布系数	
G	切变模量	MPa	$K_{B\gamma}$	螺旋线系数	
g	接触轨迹长度	mm	$K_{F\alpha}$	弯曲疲劳强度计算的齿间载荷分配系数	
g_α	端面啮合线长度	mm	$K_{F\beta}$	弯曲疲劳强度计算的齿向载荷分布系数	
g_β	纵向作用线长度	mm	$K_{H\alpha}$	接触疲劳强度计算的齿间载荷分配系数	
$g_{v\alpha}$	当量圆柱齿轮端面啮合线长度	mm	$K_{H\beta}$	接触疲劳强度计算的齿向载荷分布系数	
HBW	布氏硬度		$k_{H\beta be}$	支承系数	
HRC	洛氏硬度		K_v	动载系数	
HV1	$F=9.8$N时的维氏硬度		M	量柱或量球的测量距	mm
HV10	$F=9.81$N时的维氏硬度		m	模数，蜗杆轴向模数，蜗轮端面模数	mm
h	齿高（全齿高、齿顶高、齿根高）	mm	m	当量重量	kg/mm
h_a	齿顶高	mm	m_{et}	大端端面模数	mm
h_a^*	齿顶高系数		m_{it}	小端端面模数	mm
$\overline{h}_a$	弦齿高	mm	m_m	中点模数	mm
h_{ae1}、h_{ae2}	小轮、大轮大端齿顶高	mm	m_{nm}	齿宽中点法向模数	mm
h_{am1}、h_{am2}	小轮、大轮齿宽中点齿顶高	mm	m_{tm}	齿宽中点端面模数	mm
h_{a0}	刀具齿顶高	mm	m_n	法向模数	mm
h_{a0}^*	刀具齿顶高系数		m_{red}	诱导质量	kg/mm
$\overline{h}_c$	固定弦齿高	mm	m_t	端面模数	mm
h_{Fa}	载荷作用于齿顶时的弯曲力臂	mm	m_x	轴向模数	mm
h_{Fe}	载荷作用于单对齿啮合区上界点时的弯曲力臂	mm	m_0	刀具模数	mm
			N	临界转速比，指数	
			N_L	应力循环次数	
			n	转速	r/min
h_f	齿根高	mm	n_{g1}	小轮临界转速	r/min

（续）

符号	名　　称	单位	符号	名　　称	单位
P	名义功率	kW	$\bar{s}_e$	固定弦齿厚	mm
P	径节		s_f	齿根厚	mm
p	齿距，导程	mm	s_n	法向齿厚，蜗杆分度圆柱的法向齿厚	mm
p_b	基圆齿距	mm	$\bar{s}_n$	法向弦齿厚	mm
p_n	法向齿距	mm	s_{nil}	曲线齿锥齿轮的小轮小端法向齿厚	mm
p_x	蜗杆轴向齿距		s_t	端面齿厚	mm
p_z	蜗杆导程	mm	s_x	蜗杆分度圆柱的轴向齿厚	mm
p_t	蜗轮分度圆齿距，齿轮端面齿距	mm	s_0	刀具齿厚	mm
p_{r0}	凸台量	mm	T_{sn}	齿厚公差	μm
q	蜗杆的直径系数		T_{s2}	蜗轮齿厚公差	μm
q_s	齿根圆角参数		T_1、T_2	小轮、大轮名义转矩	N·m
R	锥距	mm	u	齿数比	
R_a	表面粗糙度算术平均值	μm	u_v	当量圆柱齿轮齿数比	
R_e	外锥距	mm	v	线速度，分度圆上的线速度	m/s
R_i	内锥距	mm	v_m	齿宽中点分度圆圆周速度	m/s
R_m	中点锥距	mm	v_x	两轮在啮合点处沿齿廓切线方向速度之和	m/s
R_v	背锥距	mm	w	公法线长度	mm
R_x	平均表面粗糙度	mm	w_k	跨 k 齿测量的公法线长度（对于外齿轮），跨 k 槽测量的公法线长度（对于内齿轮）	mm
R_z	轮廓最大高度	μm	W_m	单位齿宽平均载荷	N/mm
r	半径，分度圆半径	mm	W_{max}	单位齿宽最大载荷	N/mm
r_w	节圆半径	mm	w_t	单位齿宽载荷	N/mm
r_a	齿顶圆半径	mm	X_{BE}	小轮齿顶 E 点的几何系数	
r_b	基圆半径	mm	X_{ca}	齿顶修缘系数	
r_f	齿根圆半径	mm	X_M	热闪系数	
r_g	发生圆半径，滚圆半径	mm	X_Q	啮入冲击系数	
r_{g2}	蜗轮咽喉母圆半径	mm	X_S	润滑方式系数	
S_{intS}	胶合承载能力的计算安全系数		X_W	材料焊合系数	
S_{Smin}	胶合承载能力的最小安全系数		X_ε	重合度系数	
S_F	弯曲疲劳强度的计算安全系数		x	径向变位系数	
S_{Fmin}	弯曲疲劳强度的最小安全系数		x_t	切向变位系数	
s_{Fn}	危险截面上的齿厚	mm	x_{t2}	大轮切向变位系数	
S_H	接触疲劳强度的计算安全系数		x_1	小轮径向变位系数	
S_{Hmin}	接触疲劳强度的最小安全系数		x_2	大轮径向变位系数，蜗轮变位系数	
s_{mt}	齿宽中点端面齿厚	mm	Y_B	弯曲疲劳强度计算的轮缘厚度系数	
s'_{mt}	无侧隙时齿宽中点端面齿厚	mm	Y_{DT}	弯曲疲劳强度计算的深齿系数	
s_t	大端端面齿厚	mm	Y_F	载荷作用于单对齿啮合区上界点时的齿形系数	
s	齿厚	mm	Y_{Fa}	载荷作用于齿顶时的齿形系数	
$\bar{s}$	弦齿厚，分度圆弦齿厚	mm	Y_K	弯曲强度计算的锥齿轮系数	
s_a	齿顶厚	mm			
s_b	基圆齿厚	mm			

（续）

符号	名　　称	单位	符号	名　　称	单位
Y_{NT}	弯曲疲劳强度计算的寿命系数		α_{et}	单对齿啮合区外界点处的端面压力角	(°)
Y_{RrelT}	相对齿根表面状况系数				
Y_S	载荷作用于单对齿啮合区外界点时的应力修正系数		α_{Fan}	齿顶法向载荷作用角	(°)
			α_{Fat}	齿顶端面载荷作用角	(°)
Y_{Sa}	载荷作用于齿顶时的应力修正系数		α_{Fen}	单对齿啮合区外界点处法向载荷作用角	(°)
Y_{ST}	试验齿轮的应力修正系数				
Y_X	弯曲疲劳强度计算的尺寸系数		α_{Fet}	单对齿啮合区外界点处端面载荷作用角	(°)
Y_β	弯曲疲劳强度计算的螺旋角系数				
$Y_{\delta relT}$	相对齿根圆角敏感系数		α_n	法向、分度圆压力角	(°)
Y_ε	弯曲疲劳强度计算的重合度系数		α_t	端面、分度圆压力角	(°)
y	中心距变动系数		α_{wt}	端面、分度圆啮合角	(°)
y_α	齿廓磨合量		α_{vt}	当量圆柱齿轮端面压力角	(°)
y_β	螺旋线磨合量	mm	α_y	任意点 y 的压力角	(°)
Z_B	小齿轮单对齿啮合系数，单对齿啮合区下界点系数		α_0	刀具齿形角	(°)
			β	分度圆螺旋角	(°)
Z_D	大齿轮单对齿啮合系数		β'	节圆螺旋角	(°)
Z_E	弹性系数		β_b	基圆螺旋角	(°)
Z_H	节点区域系数		β_e	单对齿啮合区外界点处的螺旋角	(°)
Z_K	接触疲劳强度计算的锥齿轮系数		β_m	齿宽中点分度圆螺旋角	(°)
Z_L	润滑剂系数		β_{vb}	当量圆柱齿轮基圆螺旋角	(°)
$Z_{NT}(Z_N)$	接触强度计算的寿命系数		γ	螺杆导程角	(°)
Z_R	表面粗糙度系数		γ_b	基圆柱导程角	(°)
Z_v	速度系数		ν	润滑油运动黏度	mm^2/s
Z_W	齿面工作硬化系数		ν	泊松比	
Z_X	接触疲劳强度计算的尺寸系数		δ	分锥角	(°)
Z_β	接触疲劳强度计算的螺旋角系数		δ'	节锥角	(°)
Z_ε	接触疲劳强度计算的重合度系数		δ_a	顶锥角	(°)
z	齿数		δ_f	根锥角	(°)
z_v	当量齿数		δ_v	背锥角	(°)
z_{v1}、z_{v2}	斜齿轮的小轮、大轮的当量齿数		ε	重合度	
z_{vn1}、z_{vn2}	小轮、大轮当量圆柱齿轮法截面上的齿数		ε_α	端面重合度	
			ε_β	纵向重合度	
			ε_γ	总重合度	
z_0	刀具齿数		η	槽宽半角，滑动率	(°)
z_1	小轮齿数，蜗杆齿数(头数)		η	润滑油动力黏度	mPa·s
z_2	大轮齿数，蜗轮齿数		η_M	润滑油在本体下的动力黏度	mPa·s
α	压力角	(°)	J_1、J_2	小轮、大轮的转动惯量	$kg\cdot mm^2$
α_w	啮合角，工作压力角	(°)	θ_a	齿顶角	(°)
α'	和基准齿轮双面啮合的压力角	(°)	θ_f	齿根角	(°)
α_a	齿顶压力角	(°)	Θ_{flaE}	假定载荷全部作用在小齿轮齿顶 E 点时该点的瞬时闪温	℃
α_{an}	齿顶法向压力角	(°)			
α_{at}	齿顶端面压力角	(°)	Θ_{flaint}	平均闪温，是指齿面各啮合点瞬时温升沿啮合线的积分平均值	℃
α_{en}	单对齿啮合区外界点处的法向压力角	(°)	Θ_{int}	积分温度	℃

（续）

符号	名　　称	单位	符号	名　　称	单位
Θ_{intS}	胶合积分温度（容许积分温度）	℃	σ_{F0}	计算齿根应力基本值	MPa
$\Theta_M(\Theta_{M-C})$	本体温度	℃	σ_H	计算接触应力	MPa
μ_{mc}	平均摩擦因数		σ_{Hlim}	试验齿轮的接触疲劳极限	MPa
ρ	曲率半径，齿廓曲线的曲率半径	mm	σ_{HP}	许用接触应力	MPa
ρ	密度	kg/mm^3	σ_{H0}	计算接触应力基本值	MPa
ρ'	材料滑移层厚度	μm	τ	齿距角，冠轮上的齿距角	(°)
ρ_a	齿顶圆角半径	mm	φ	作用角	(°)
ρ_{a0}	基本齿条齿顶圆角半径	mm	ϕ	齿宽系数	
ρ_{fP}	基本齿条齿根过渡圆角半径	mm	φ_α	端面作用角	(°)
ρ_{red}	当量半径，啮合点处的综合曲率半径	mm	φ_β	纵向作用角	(°)
			φ_γ	总作用角	(°)
ρ_f	齿根圆角半径	mm	ψ	齿厚半角	(°)
Σ	轴交角	(°)	ψ_b	基圆齿厚半角	(°)
σ_F	计算齿根应力	MPa	ω	角速度	rad/s
σ_{FP}	许用齿根应力	MPa	ω_1	小轮角速度	rad/s
σ_{Flim}	试验齿根的弯曲疲劳极限	MPa	ω_2	大轮角速度	rad/s

注：表中的符号及名称因不同的齿轮传动方式可能有所区别，使用时请参照具体传动方式的规定。

第 2 章　渐开线圆柱齿轮传动

1　渐开线圆柱齿轮基本齿廓和模数系列（见表 8.2-1～表 8.2-5）

表 8.2-1　渐开线标准基本齿条齿廓（摘自 GB/T 1356—2001）

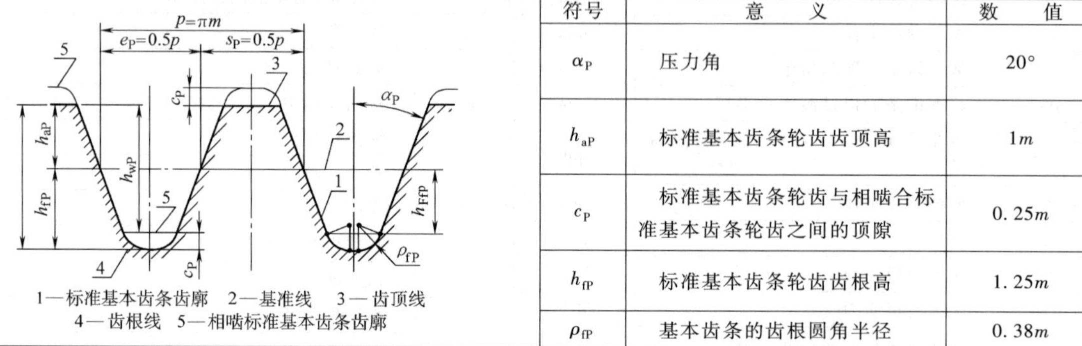

符号	意　　义	数　　值
α_P	压力角	20°
h_{aP}	标准基本齿条轮齿齿顶高	$1m$
c_P	标准基本齿条轮齿与相啮合标准基本齿条轮齿之间的顶隙	$0.25m$
h_{fP}	标准基本齿条轮齿齿根高	$1.25m$
ρ_{fP}	基本齿条的齿根圆角半径	$0.38m$

表 8.2-2　不同使用场合下推荐的基本齿条齿廓（摘自 GB/T 1356—2001）

项目代号	基本齿条齿廓类别			
	A	B	C	D
α_P	20°	20°	20°	20°
h_{aP}	$1m$	$1m$	$1m$	$1m$
c_P	$0.25m$	$0.25m$	$0.25m$	$0.4m$
h_{fP}	$1.25m$	$1.25m$	$1.25m$	$1.4m$
ρ_{fP}	$0.38m$	$0.3m$	$0.25m$	$0.39m$

注：1. A 型标准基本齿条齿廓推荐用于传递大转矩的齿轮。
2. B 型和 C 型基本齿条齿廓推荐用于普通的场合。用标准滚刀加工时，可以用 C 型。
3. D 型基本齿条齿廓的齿根圆角为单圆弧。当保持最大齿根圆角半径时，增大的齿根高（$h_{fP}=1.4m$，齿根圆角半径 $\rho_{fP}=0.39m$）使得精加工刀具能在没有干涉的情况下工作。这种齿廓推荐用于高精度、传递大转矩的齿轮；齿廓精加工用磨齿或剃齿，并要小心避免齿根圆角处产生凹痕，凹痕会导致应力集中。

表 8.2-3　具有挖根的基本齿条齿廓（摘自 GB/T 1356—2001）

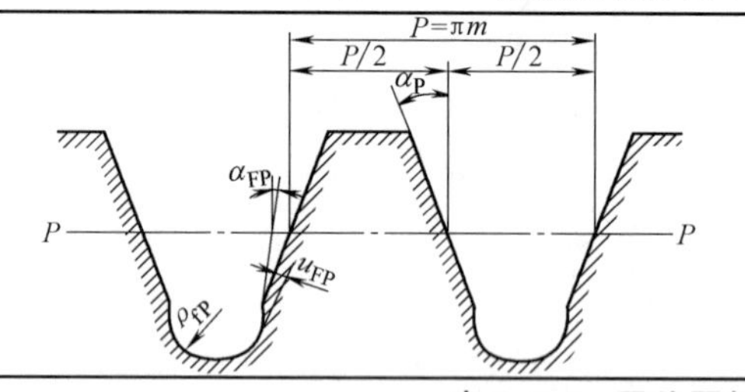

具有给定挖根量 u_{FP} 和挖根角 α_{FP} 的基本齿条齿廓见左图。这种齿廓用带凸台的刀具切齿并用磨齿或剃齿精加工齿轮。u_{FP} 和 α_{FP} 的值取决于一些影响因素，如加工方法等

表 8.2-4　国外圆柱齿轮常用基本齿廓主要参数

国　别	齿形种类	标　准　号	α	h_a^*	c^*	ρ_f
国际标准化组织	标准齿高	ISO 53—1998	20°	1	0.25	$0.38m$
德　　国	标准齿高 短　　齿	DIN 867	20° 20°	1 0.8	0.1～0.3 0.1～0.3	
日　　本	标准齿高	JIS B1701-1:2012	20°	1	0.25	$0.38m$
法　　国	标准齿高	NF ISO 53—1998	20°	1	0.25	$0.38m$
瑞　　士	标准齿高 马格齿形	VSM 15520	20° 15° 20°	1 1 1	0.25 0.167 0.167	
英　　国	标准齿高	BS ISO 53—1998	20°	1	0.25	$0.38m$
苏　　联	标准齿高 短　　齿	ГОСТ 13755—1968 ГОСТ 13755—1968	20° 20°	1 0.8	0.25 0.3	$0.4m$

注：表中 $m=\dfrac{25.4}{P}$mm，径节 $P=\dfrac{z}{d}$1/in，d 为分度圆直径，z 为齿数。

表 8.2-5　通用机械和重型机械用渐开线圆柱齿轮法向模数（摘自 GB/T 1357—2008）　（mm）

第Ⅰ系列	1		1.25		1.5		2		2.5		3	
第Ⅱ系列		1.125		1.375		1.75		2.25		2.75		3.5
第Ⅰ系列	4		5		6			8		10		12
第Ⅱ系列		4.5		5.5		(6.5)	7		9		11	
第Ⅰ系列		16		20		25		32		40		50
第Ⅱ系列	14		18		22		28		36		45	

注：1. 优先选用第Ⅰ系列法向模数，避免采用括号内数值。

2. 本标准不适用于汽车齿轮。

2　渐开线圆柱齿轮传动的几何尺寸计算

2.1　标准圆柱齿轮传动的几何尺寸计算

2.1.1　外啮合标准圆柱齿轮传动的几何尺寸计算

外啮合标准圆柱齿轮传动如图 8.2-1 所示，其几何尺寸计算公式见表 8.2-6。

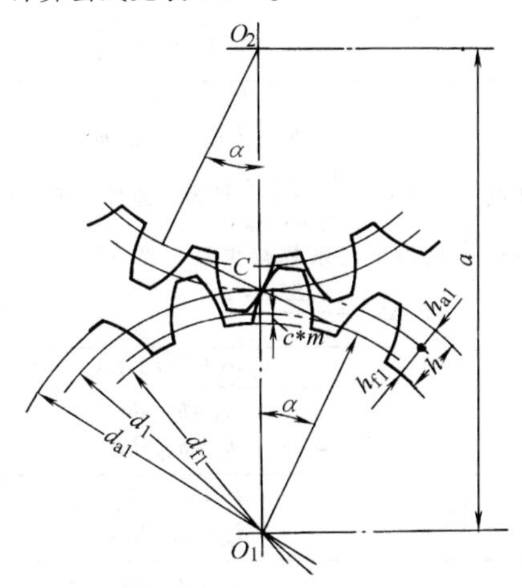

图 8.2-1　外啮合标准圆柱齿轮传动

2.1.2　内啮合标准圆柱齿轮传动的几何尺寸计算

内啮合标准圆柱齿轮传动如图 8.2-2 所示，其几何尺寸计算公式见表 8.2-7。

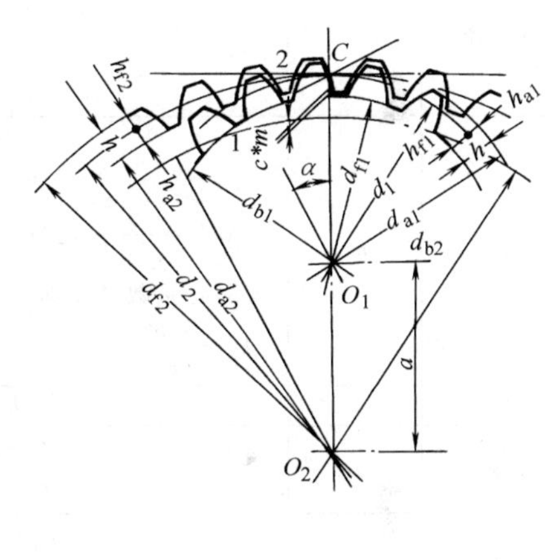

图 8.2-2　内啮合标准圆柱齿轮传动

表 8.2-6　外啮合标准圆柱齿轮传动的几何尺寸计算公式

名称	代　号	直　齿　轮	斜齿（人字齿）轮
模数	m 或 m_n	m 按强度计算或结构设计确定，并按表 8.2-5取标准值	m_n 按强度计算或结构设计确定，并按表 8.2-5 取标准值。$m_t=m_n/\cos\beta$
压力角	α 或 α_n	α 取标准值	α_n 取标准值，$\tan\alpha_t=\tan\alpha_n/\cos\beta$
分度圆直径	d	$d=zm$	$d=zm_t=zm_n/\cos\beta$
齿顶高	h_a	$h_a=h_a^*m$	$h_a=h_{an}^*m_n$
齿根高	h_f	$h_f=(h_a^*+c^*)m$	$h_f=(h_{an}^*+c_n^*)m_n$
全齿高	h	$h=h_a+h_f$	$h=h_a+h_f$
齿顶圆直径	d_a	$d_a=d+2h_a$	$d_a=d+2h_a$
齿根圆直径	d_f	$d_f=d-2h_f$	$d_f=d-2h_f$
中心距	a	$a=\frac{d_1+d_2}{2}=\frac{m(z_1+z_2)}{2}$	$a=\frac{d_1+d_2}{2}=\frac{m_n(z_1+z_2)}{2\cos\beta}$
基圆直径	d_b	$d_b=d\cos\alpha$	$d_b=d\cos\alpha_t$
齿顶压力角	α_a 或 α_{at}	$\alpha_a=\arccos\frac{d_b}{d_a}$	$\alpha_{at}=\arccos\frac{d_b}{d_a}$

（续）

名称		代　号	直　齿　轮	斜齿(人字齿)轮
重合度	端面重合度	ε_α	$\varepsilon_\alpha=\frac{1}{2\pi}[z_1(\tan\alpha_{a1}-\tan\alpha)+z_2(\tan\alpha_{a2}-\tan\alpha)]$	$\varepsilon_\alpha=\frac{1}{2\pi}[z_1(\tan\alpha_{at1}-\tan\alpha_t)+z_2(\tan\alpha_{at2}-\tan\alpha_t)]$
			$\alpha=20°$(或 $\alpha_n=20°$)时,可由图 8.2-7 查出	
	纵向重合度	ε_β	$\varepsilon_\beta=0$	$\varepsilon_\beta=\frac{b\sin\beta}{\pi m_n}$ 可由图 8.2-9 查出
	总重合度	ε_γ	$\varepsilon_\gamma=\varepsilon_\alpha+\varepsilon_\beta$	
当量齿数		z_v	$z_v=z$	$z_v=\frac{z}{\cos^3\beta}$

表 8.2-7　内啮合标准圆柱齿轮传动的几何尺寸计算公式

名称		代　号	直　齿　轮	斜齿(人字齿)轮
模数		m 或 m_n	m 按强度计算或结构设计确定,并按表 8.2-5取标准值	m_n 按强度计算或结构设计确定,并按表 8.2-5 取标准值。$m_t=m_n/\cos\beta$
压力角		α 或 α_n	α 取标准值	α_n 取标准值,$\tan\alpha_t=\tan\alpha_n/\cos\beta$
分度圆直径		d	$d_1=z_1m$ $d_2=z_2m$	$d_1=z_1m_t=\frac{z_1m_n}{\cos\beta}$ $d_2=z_2m_t=\frac{z_2m_n}{\cos\beta}$
齿顶高		h_a	$h_{a1}=h_a^*m$ $h_{a2}=(h_a^*-\Delta h_a^*)m$ $\Delta h_a^*=\frac{h_a^{*2}}{z_2\tan^2\alpha}$是为了避免过渡曲线干涉的齿顶高系数减少量。当 $h_a^*=1,\alpha=20°$ 时,$\Delta h_a^*=\frac{7.55}{z_2}$	$h_{a1}=h_{an}^*m_n$ $h_{a2}=(h_{an}^*-\Delta h_{an}^*)m_n$ $\Delta h_{an}^*=\frac{h_{an}^{*2}\cos^3\beta}{z_2\tan^2\alpha_n}$是为了避免过渡曲线干涉的齿顶高系数减少量。当 $h_{an}^*=1,\alpha_n=20°$ 时,$\Delta h_a^*=\frac{7.55\cos^3\beta}{z_2}$
齿根高		h_f	$h_f=(h_a^*+c^*)m$	$h_f=(h_{an}^*+c_n^*)m_n$
全齿高		h	$h_1=h_{a1}+h_f$ $h_2=h_{a2}+h_f$	$h_1=h_{a1}+h_f$ $h_2=h_{a2}+h_f$
齿顶圆直径		d_a	$d_{a1}=d_1+2h_{a1}$ $d_{a2}=d_2-2h_{a2}$	$d_{a1}=d_1+2h_{a1}$ $d_{a2}=d_2-2h_{a2}$
齿根圆直径		d_f	$d_{f1}=d_1-2h_f$ $d_{f2}=d_2+2h_f$	$d_{f1}=d_1-2h_f$ $d_{f2}=d_2+2h_f$
中心距		a	$a=\frac{d_2-d_1}{2}=\frac{m(z_2-z_1)}{2}$	$a=\frac{d_2-d_1}{2}=\frac{m_n(z_2-z_1)}{2\cos\beta}$
基圆直径		d_b	$d_{b1}=d_1\cos\alpha$ $d_{b2}=d_2\cos\alpha$	$d_{b1}=d_1\cos\alpha_t$ $d_{b2}=d_2\cos\alpha_t$
齿顶压力角		α_a 或 α_{at}	$\alpha_{a1}=\arccos\frac{d_{b1}}{d_{a1}}$ $\alpha_{a2}=\arccos\frac{d_{b2}}{d_{a2}}$	$\alpha_{at1}=\arccos\frac{d_{b1}}{d_{a1}}$ $\alpha_{at2}=\arccos\frac{d_{b2}}{d_{a2}}$
重合度	端面重合度	ε_α	$\varepsilon_\alpha=\frac{1}{2\pi}[z_1(\tan\alpha_{a1}-\tan\alpha)-z_2(\tan\alpha_{a2}-\tan\alpha)]$	$\varepsilon_\alpha=\frac{1}{2\pi}[z_1(\tan\alpha_{at1}-\tan\alpha_t)-z_2(\tan\alpha_{at2}-\tan\alpha_t)]$
			$\alpha=20°$(或 $\alpha_n=20°$)时,可由图 8.2-8 查出	
	纵向重合度	ε_β	$\varepsilon_\beta=0$	$\varepsilon_\beta=\frac{b\sin\beta}{\pi m_n}$ 可由图 8.2-9 查出
	总重合度	ε_γ	$\varepsilon_\gamma=\varepsilon_\alpha+\varepsilon_\beta$	
当量齿数		z_v	$z_v=z$	$z_v=\frac{z}{\cos^3\beta}$

2.2　变位圆柱齿轮传动的几何尺寸计算

2.2.1　变位齿轮传动的特点与功用

各种变位齿轮传动的特点及其与标准齿轮传动的比较见表 8.2-8。

应用渐开线变位齿轮传动，可以解决以下几方面问题：

1）避免根切。当齿轮的齿数 $z<z_{min}$时，利用正变位可以避免根切，提高齿根抗弯强度。

2）得到不同的中心距。在齿数 z_1、z_2 不变的情况下，通过改变啮合角 α_w，可以得到不同的中心距。

3）提高齿面接触强度，减小或平衡齿面的磨损。采用正传动，并适当分配变位系数 x_1、x_2，既可降低齿面接触应力，又可降低齿面间的滑动率。

4）修复被磨损的齿轮。在齿轮传动中，小齿轮比大齿轮磨损的严重，利用负变位把大齿轮齿面磨损部分切去，配一个正变位的小齿轮使用。

表 8.2-8　变位齿轮传动的特点及其与标准齿轮传动的比较

名称	代号	特点比较			
		标准齿轮传动 $x_\Sigma=x_1=x_2=0$	高度变位齿轮传动 $x_\Sigma=x_1+x_2=0$	角度变位齿轮传动 $x_\Sigma=x_1+x_2\neq0$	
				$x_\Sigma=x_1+x_2>0$	$x_\Sigma=x_1+x_2<0$
		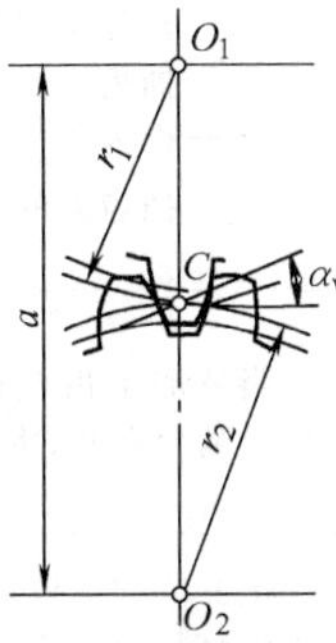	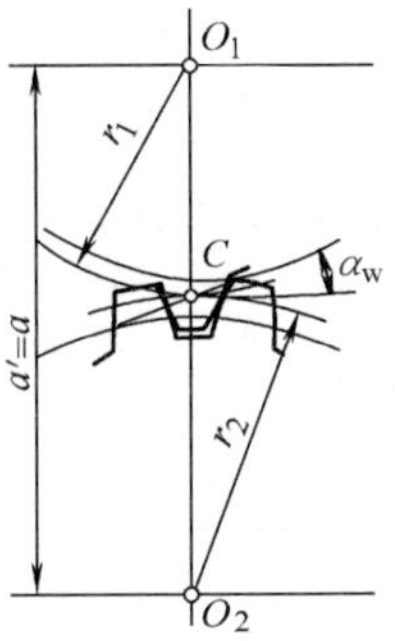	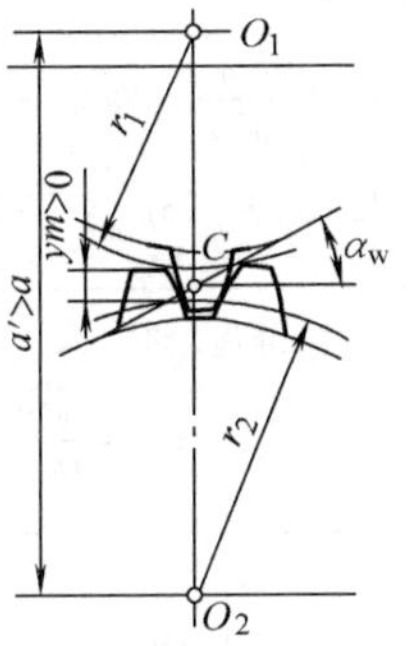	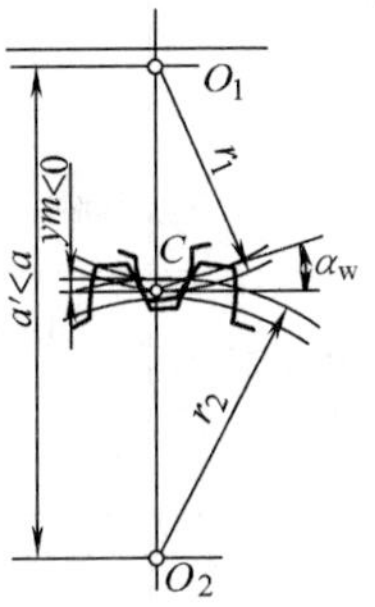
分度圆直径	d	$d=mz$			
基圆直径	d_b	$d_b=mz\cos\alpha$			
分度圆齿距	p	$p=\pi m$			
中心距	a	$a=\dfrac{1}{2}m(z_1+z_2)$		$a'>a$	$a'<a$
啮合角	α_w	$\alpha_w=\alpha=\alpha_0$		$\alpha_w>\alpha$	$\alpha_w<\alpha$
节圆直径	d_w	$d_w=d$		$d_w>d$	$d_w<d$
分度圆齿厚	s	$s=\dfrac{1}{2}\pi m$	$x>0,s>\dfrac{1}{2}\pi m;x<0,s<\dfrac{1}{2}\pi m$		
齿顶厚	s_a	$s_a=d_a\left(\dfrac{\pi}{2z}+\text{inv}\alpha-\text{inv}\alpha_a\right)$	$x>0,s_a$ 减小；$x<0,s_a$ 增大		
齿根厚	s_f	小齿轮齿根较薄	$x>0$,齿根增厚；$x<0$,齿根变薄		
齿顶高	h_a	$h_a=h_a^* m$	$x>0,h_a>h_a^* m;x<0,h_a<h_a^* m$		
齿根高	h_f	$h_f=(h_a^*+c^*)m$	$x>0,h_f<(h_a^*+c^*)m;x<0,h_f>(h_a^*+c^*)m$		
全齿高	h	$h=(2h_a^*+c^*)m$	$h=(2h_a^*+c^*)m$	$h<(2h_a^*+c^*)m$	$h<(2h_a^*+c^*)m$
重合度	ε	一般可保证 ε 大于许用值	略减小	减小	增大
滑动率	η	小齿轮齿根有较大的 η_{1max}	η_{1max}减小，可使 $\eta_{1max}=\eta_{2max}$		增大
几何压力系数	ψ	小齿轮齿根有较大的 ψ_{1max}	ψ_{1max}减小，可使 $\psi_{1max}=\psi_{2max}$		增大
效率			提高	提高	降低
齿数限制		$z_1>z_{min},z_2>z_{min}$	$z_1+z_2\geqslant2z_{min}$	z_1+z_2 可以小于 $2z_{min}$	$z_1+z_2>2z_{min}$

2.2.2 外啮合圆柱齿轮传动的变位系数选择

正确地选择变位系数(包括选定 x_Σ 以及将 x_Σ 适当地分配为 x_1 和 x_2)是设计变位齿轮的关键，应根据所设计的齿轮传动的具体工作要求认真考虑，如果变位系数选择不适当，也可能出现齿顶变尖、齿廓干涉等一系列问题，破坏正常啮合。

表 8.2-9 列出了选择外啮合齿轮变位系数的限制条件。

许多变位系数表和线图所推荐的变位方案都是在满足上述基本限制条件下分别侧重于某些传动性能指标的改善(如为了获得最大的接触强度，或为了使一对齿轮均衡地磨损等)。利用“封闭线图”有可能综合考虑各种性能指标，较合理地选择变位系数。

图 8.2-3~图 8.2-5 所示为一种比较简明的外啮合渐

表 8.2-9 选择外啮合齿轮变位系数的限制条件

限制条件	校验公式	说明
加工时不根切	用齿条型刀具加工时 $z_{min}=2h_a^*/\sin^2\alpha$ $x_{min}=h_a^*\dfrac{z_{min}-z}{z_{min}}=h_a^*-\dfrac{z\sin^2\alpha}{2}$ 用插齿刀加工时 $z'_{min}=\sqrt{z_0^2+\dfrac{4h_{a0}^*}{\sin^2\alpha}(z_0+h_{a0}^*)}-z_0$ $x_{min}=\dfrac{1}{2}\left[\sqrt{(z_0+2h_{a0}^*)^2+(z^2+2zz_0)\cos^2\alpha}-(z_0+z)\right]$	齿数太少($z<z_{min}$)或变位系数太小($x<x_{min}$),或负变位系数过大时,都会产生根切 h_a^*—齿轮的齿顶高系数 z—被加工齿轮的齿数 α—插齿刀或齿轮的分度圆压力角 z_0—插齿刀齿数 h_{a0}^*—插齿刀的齿顶高系数
加工时不顶切	用插齿刀加工标准齿轮时 $z_{max}=\dfrac{z_0^2\sin^2\alpha-4h_a^{*2}}{4h_a^*-2z_0\sin^2\alpha}$	当被加工齿轮的齿顶圆超过刀具的极限啮合点时,将产生“顶切”
齿顶不过薄	$s_a=d_a\left(\dfrac{\pi}{2z}+\dfrac{2x\tan\alpha}{z}+\mathrm{inv}\alpha-\mathrm{inv}\alpha_a\right)\geqslant(0.25\sim0.4)m$ 一般要求齿顶厚 $s_a\geqslant0.25m$ 对于表面淬火的齿轮,要求 $s_a>0.4m$	正变位的变位系数过大(特别是齿数较少)时,就可能发生齿顶过薄 d_a—齿轮的齿顶圆直径 α—齿轮的分度圆压力角 α_a—齿轮的齿顶压力角 $\alpha_a=\arccos(d_b/d_a)$
保证重合度	$\varepsilon_\alpha=\dfrac{1}{2\pi}[z_1(\tan\alpha_{a1}-\tan\alpha_w)+z_2(\tan\alpha_{a2}-\tan\alpha_w)]\geqslant1.2$	变位齿轮传动的端重合度 ε_α 随着啮合角 α_w 的增大而减小 α_w—齿轮传动的啮合角 α_{a1},α_{a2}—齿轮1、2的齿顶压力角
不产生过渡曲线干涉	用齿条型刀具加工的齿轮啮合时 1) 小齿轮齿根与大齿轮齿顶不产生干涉的条件 $\tan\alpha_w-\dfrac{z_2}{z_1}(\tan\alpha_{a2}-\tan\alpha_w)\geqslant\tan\alpha-\dfrac{4(h_a^*-x_1)}{z_1\sin2\alpha}$ 2) 大齿轮齿根与小齿轮齿顶不产生干涉的条件 $\tan\alpha_w-\dfrac{z_1}{z_2}(\tan\alpha_{a1}-\tan\alpha_w)\geqslant\tan\alpha-\dfrac{4(h_a^*-x_2)}{z_2\sin2\alpha}$ 用插齿刀加工的齿轮啮合时 1) 小齿轮齿根与大齿轮齿顶不产生干涉的条件 $\tan\alpha_w-\dfrac{z_2}{z_1}(\tan\alpha_{a2}-\tan\alpha_w)\geqslant\tan\alpha_{w01}-\dfrac{z_0}{z_1}(\tan\alpha_{a0}-\tan\alpha_{w01})$ 2) 大齿轮齿根与小齿轮齿顶不产生干涉的条件 $\tan\alpha_w-\dfrac{z_1}{z_2}(\tan\alpha_{a1}-\tan\alpha_w)\geqslant\tan\alpha_{w02}-\dfrac{z_0}{z_2}(\tan\alpha_{a0}-\tan\alpha_{w02})$	当一齿轮的齿顶与另一齿轮根部的过渡曲线接触时,不能保证其传动比为常数,此种情况称为过渡曲线干涉 当所选的变位系数的绝对值过大时,就可能发生这种干涉 用插齿刀加工的齿轮比用齿条型刀具加工的齿轮容易产生这种干涉 α—齿轮1、2的分度圆压力角 α_w—该对齿轮的啮合角 α_{a1}、α_{a2}—齿轮1、2的齿顶压力角 x_1、x_2—齿轮1、2的变位系数

注：本表给出的是直齿轮的公式，对斜齿轮，可用其端面参数按本表计算。

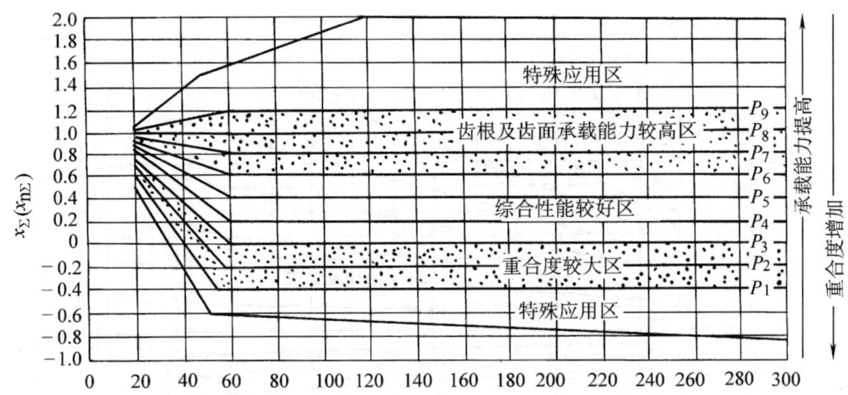

图 8.2-3　变位系数和 $x_\Sigma(x_{n\Sigma})$ 的选择

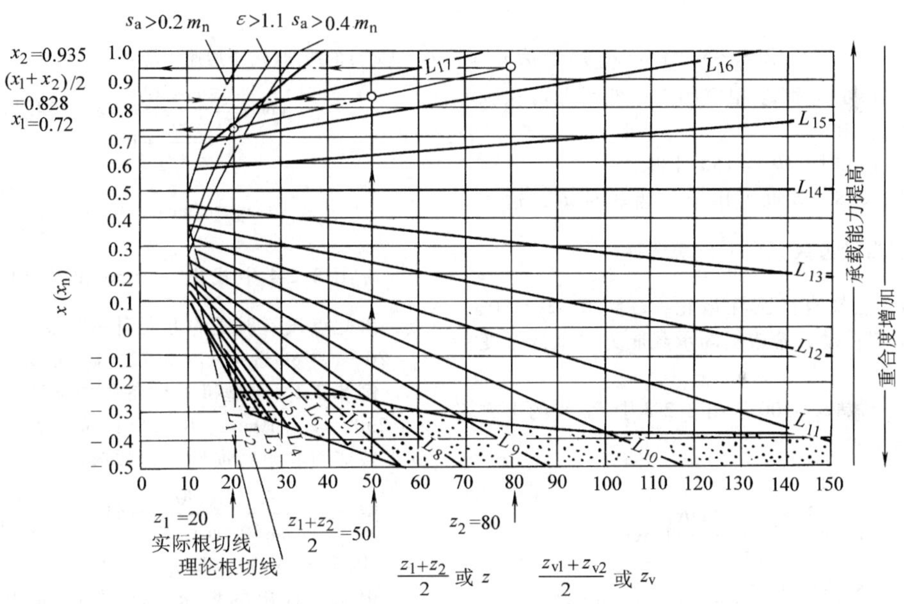

图 8.2-4　将 $x_\Sigma(x_{n\Sigma})$ 分配为 $x_1(x_{n1})$ 及 $x_2(x_{n2})$ 的线图(用于减速传动)

开线齿轮变位系数选择线图。它在满足基本的限制条件之下，提供了根据各种具体的工作条件多方面改进传动性能的可能性，而且按这种方法选择变位系数，不会产生轮齿不完全切削的现象，因此，对于用标准滚刀切制的齿轮不需要进行齿数和模数的验算。

利用图 8.2-3 可以根据不同的要求在相应的区间按 $z_\Sigma=z_1+z_2$ 选定 $x_\Sigma=x_1+x_2$。$P_6\sim P_9$ 为齿根弯曲及齿面接触承载能力较高的区域，$P_3\sim P_6$ 为轮齿承载能力和运转平稳性等综合性能比较好的区域，$P_1\sim P_3$ 为重合度较大的区域。P_9 以上的“特殊应用区”是具有大啮合角而重合度相应减少的区域。P_1 以下的“特殊应用区”是具有较小的啮合角而重合度相应增大的区域。在这个特殊应用区内，对减速传动，当 $1<i<2.5$ 时，有齿廓干涉危险；对增速传动，当 $x\leqslant-0.6$ 时，有齿廓干涉危险。

利用图 8.2-4 和图 8.2-5 将 x_Σ 分配为 x_1 和 x_2。图 8.2-4 用于减速传动，图 8.2-5 用于增速传动。图 8.2-4 和图 8.2-5 所示的变位系数分配线 $L_1\sim L_{17}$ 及 $S_1\sim S_{13}$ 是根据两齿轮的齿根抗弯强度近似相等，主动轮齿顶的滑动速度稍大于从动轮齿顶的滑动速度，避免过大的滑动比的条件而绘出的。当变位系数 x_1 或 x_2 位于图 8.2-4 下部的阴影区内时，应验算过渡曲线干涉。图 8.2-5 下部的“特殊应用区”是具有较小的啮合角而重合度相应增大的区域。

利用图 8.2-4（或图 8.2-5）分配变位系数时，首先在图 8.2-4（或图 8.2-5）上找出由 $\frac{z_1+z_2}{2}$ 和 $\frac{x_\Sigma}{2}$ 所决定的点，由此点按 L(或 S)射线的方向做一射线，

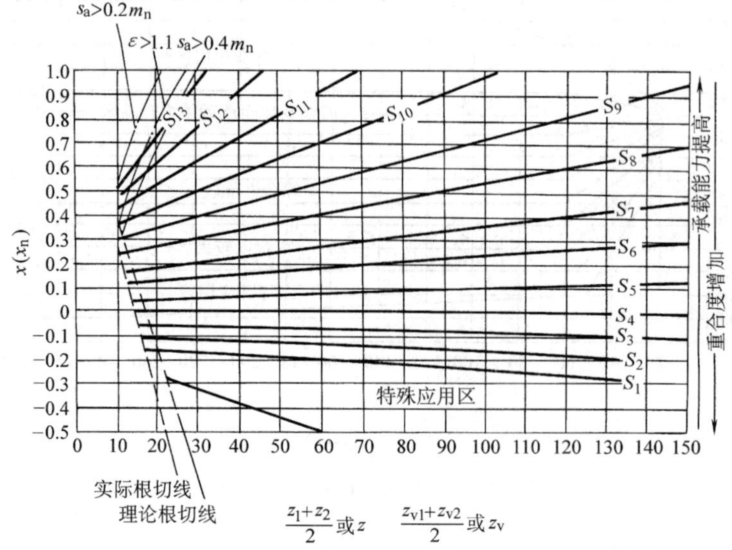

图 8.2-5　将 $x_\Sigma(x_{n\Sigma})$ 分配为 $x_1(x_{n1})$ 及 $x_2(x_{n2})$ 的线图（用于增速传动）

在此射线上找出与 z_1 和 z_2 相应的点，然后即可从纵坐标轴上查得 x_1 和 x_2。

当齿数 $z>150$ 时，按 $z=150$ 处理。

图 8.2-4、图 8.2-5 也可用于斜齿轮传动，这时变位系数应按当量齿数 $z_v=\dfrac{z}{\cos^3\beta}$来选择。

例 8.2-1　已知直齿圆柱齿轮，$z_1=20$、$z_2=80$、$m=10$mm，减速传动，希望提高承载能力，试选择变位系数。

解：按 $z_\Sigma=z_1+z_2=100$ 从图 8.2-3 中 P_9 线的上方区域初选 $x_\Sigma=1.6$。

按表 8.2-17，有

$$\mathrm{inv}\alpha_w=\frac{2(x_1+x_2)\tan\alpha}{z_1+z_2}+\mathrm{inv}\alpha$$

$$\mathrm{inv}\alpha_w=\frac{2\times1.6\times\tan20^\circ}{100}+\mathrm{inv}20^\circ=0.026547$$

查表 8.2-21，$\alpha_w=24.0568^\circ$。

按表 8.2-17，有

$$y=\frac{z_1+z_2}{2}\left(\frac{\cos\alpha}{\cos\alpha_w}-1\right)$$

$$y=\frac{100}{2}\left(\frac{\cos20^\circ}{\cos24.0568^\circ}-1\right)=1.454$$

按表 8.2-17，有

$$a'=m\left(\frac{z_1+z_2}{2}+y\right)$$

$$a'=10\times\left(\frac{100}{2}+1.454\right)=514.54\text{mm}$$

圆整中心距 $a'=515$mm，则

$$y=\frac{a'}{m}-\frac{z_1+z_2}{2}=1.5$$

$$\cos\alpha_w=\frac{\cos20^\circ}{\dfrac{2y}{z_1+z_2}+1},\quad \alpha_w=24.1716^\circ$$

$$x_\Sigma=(\mathrm{inv}\alpha_w-\mathrm{inv}20^\circ)\frac{z_1+z_2}{2\tan20^\circ}=1.655$$

在图 8.2-4 中找出$\dfrac{z_\Sigma}{2}=50$ 和$\dfrac{x_\Sigma}{2}=0.828$ 决定的点，由此点按 L 射线的方向引一射线，在此射线上按 $z_1=20$、$z_2=80$ 选定 $x_1=0.72$，$x_2=0.935$。

例 8.2-2　重型机械设备中的减速齿轮，$z_1=40$、$z_2=250$、$m_n=10$mm、$\beta=25^\circ$，希望大小齿轮有均衡的承载能力和耐磨损性能，试选择变位系数。

解：$z_{v1}=\dfrac{z_1}{\cos^3\beta}=\dfrac{40}{\cos^3 25^\circ}\approx54$，$z_{v2}=\dfrac{z_2}{\cos^3\beta}=\dfrac{250}{\cos^3 25^\circ}\approx337$，因为 $z_{v2}>150$，取 $z_{v2}=150$。

根据所提出的要求，从图 8.2-4 中按 $z_{v1}+z_{v2}=54+150=204$ 选取 $x_{n\Sigma}=0.4$。

在图 8.2-4 中，从$\dfrac{54+150}{2}=102$ 及$\dfrac{x_{n\Sigma}}{2}=0.2$ 决定的点引 L 射线，在此射线上按 $z_{v1}=54$，$z_{v2}=150$ 选得 $x_{n1}=0.32$，$x_{n2}=0.08$。

2.2.3　内啮合圆柱齿轮传动的干涉及变位系数选择

表 8.2-10 列出了内啮合齿轮的干涉现象及防止干涉的条件。

内齿轮采用正变位（$x_2>0$）有利于避免渐开线干涉和径向干涉。采用正传动（$x_2-x_1>0$）有利于避免过渡曲线干涉、重叠干涉和提高齿面接触强度（由于内啮合是凸齿面和凹齿面的接触，齿面接触强度高，往往不需要再通过变位来提高接触强度），但重合度随之降低。

内啮合齿轮推荐采用高变位，也可以采用角变位。

选择内啮合齿轮的变位系数以不使齿顶过薄、重合度不过小、不产生任何形式的干涉为限制条件。

对高变位齿轮，一般可选取：

$$x_1=x_2=0.5\sim0.65$$

对角变位齿轮，目前尚无选择变位系数的较好方法，需要时可以参考有关资料。

行星齿轮传动内啮合齿轮副的变位系数的选择见其他篇章。

表 8.2-10　内啮合齿轮的干涉现象和防止干涉的条件

名称	简图	定义	不产生干涉的条件	防止干涉的措施	说明
渐开线干涉	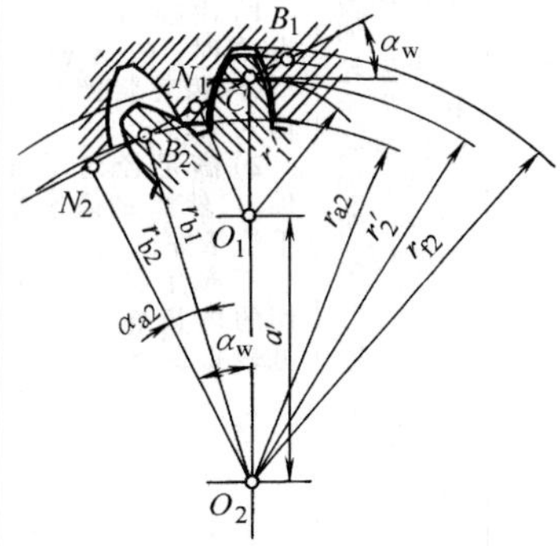	当实际啮合线的端点 B_2 落在理论啮合线的极限点 N_1 的左侧时，便发生渐开线干涉	$\dfrac{z_{02}}{z_2}\geqslant1-\dfrac{\tan\alpha_{a2}}{\tan\alpha_{w02}}$ 对于标准齿轮（$x_1=x_2=0$） $z_2\geqslant\dfrac{z_1^2\sin^2\alpha-4(h_{a2}/m)^2}{2z_1\sin^2\alpha-4(h_{a2}/m)}$	1）加大压力角 2）加大内齿轮和小齿轮的变位系数	用插齿刀加工内齿轮时，在这种干涉下，内齿轮产生展成顶切。不产生顶切的插齿刀最少齿数见表 8.2-11～表 8.2-13
齿廓重叠干涉	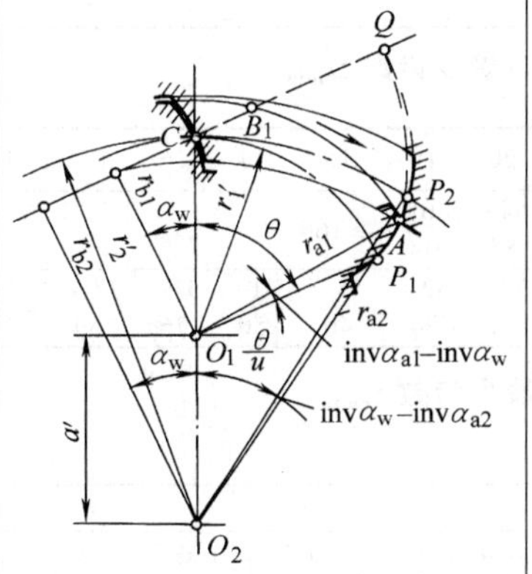	结束啮合的小齿轮的齿顶在退出内齿轮齿槽时，与内齿轮齿顶发生的重叠干涉称为齿廓重叠干涉	$z_1(\mathrm{inv}\alpha_{a1}+\delta_1)-z_2(\mathrm{inv}\alpha_{a2}+\delta_2)+(z_2-z_1)\mathrm{inv}\alpha_w\geqslant0$ 式中 $\delta_1=\arccos\dfrac{r_{a2}^2-r_{a1}^2-a'^2}{2r_{a1}a'}$ $\delta_2=\arccos\dfrac{a'^2+r_{a2}^2-r_{a1}^2}{2r_{a2}a'}$	1）增大压力角 2）减小齿顶高 3）加大内齿轮和小齿轮的齿数差 4）加大内齿轮的变位系数（增大小齿轮的变位系数，容易引起干涉）	用插齿刀加工内齿轮时，在这种干涉下，内齿轮的齿顶渐开线部分将遭到顶切，不产生重叠干涉时的 $(z_2-z_1)_{\min}$ 值见表 8.2-14 α_{a1}、α_{a2}—齿轮 1、2 的齿顶压力角 α_w—啮合角
过渡曲线干涉	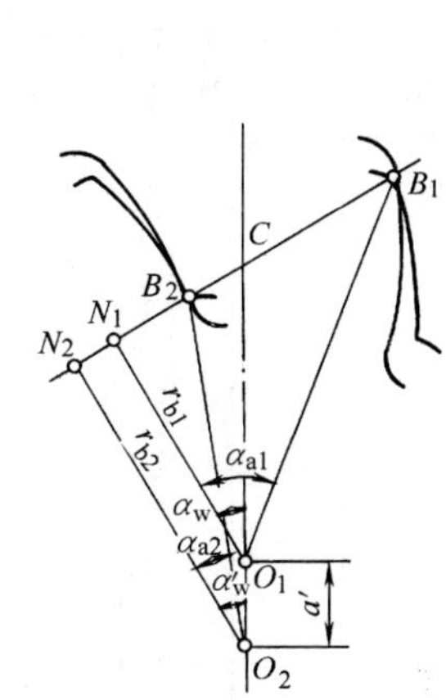	当小齿轮的齿顶与内齿轮的齿根过渡曲线部分接触，或者内齿轮的齿顶与小齿轮的齿根过渡曲线部分接触时，便引起过渡曲线干涉	1）不产生内齿轮齿根过渡曲线干涉的条件 $(z_2-z_1)\tan\alpha_w+z_1\tan\alpha_{a1}$ $\leqslant(z_2-z_{02})\tan\alpha_{w02}+z_{02}\tan\alpha_{a02}$ 2）不产生小齿轮齿根过渡曲线干涉的条件 小齿轮用齿条型刀具加工时 $z_2\tan\alpha_{a2}-(z_2-z_1)\tan\alpha_w$ $\geqslant z_1\tan\alpha-\dfrac{4(h_a^*-x_1)}{\sin2\alpha}$ 小齿轮用插齿刀加工时 $z_2\tan\alpha_{a2}-(z_2-z_1)\tan\alpha_w$ $\geqslant(z_1+z_{01})\tan\alpha_{w01}-z_{01}\tan\alpha_{a01}$	1）增大内齿轮的变位系数 2）减少齿顶高	小齿轮齿根容易发生过渡曲线干涉，尤其是标准、高变位及啮合角小的角变位齿轮。相反，内齿轮齿根过渡曲线干涉较不易发生，只有当 $z_1\gg z_0$、$x_1\gg x_0$ 时才会发生 z_{01}、z_{02}—加工齿轮 1、齿轮 2 时的插齿刀齿数 α_{w01}、α_{w02}—加工齿轮 1、齿轮 2 时的啮合角 α_{a01}、α_{a02}—加工齿轮1、齿轮2时的插齿刀的齿顶压力角

（续）

名称	简　图	定　义	不产生干涉的条件	防止干涉的措施	说　明
径向干涉		当把小齿轮从内齿轮的中心位置沿径向装入啮合位置时，若 $DE>FG$，则引起径向干涉	$\arcsin\sqrt{\dfrac{1-\left(\dfrac{\cos\alpha_{a1}}{\cos\alpha_{a2}}\right)^2}{1-\left(\dfrac{z_1}{z_2}\right)^2}}+\mathrm{inv}\alpha_{a1}-\mathrm{inv}\alpha_w-\dfrac{z_2}{z_1}\left[\arcsin\sqrt{\dfrac{\left(\dfrac{\cos\alpha_{a2}}{\cos\alpha_{a1}}\right)^2-1}{\left(\dfrac{z_2}{z_1}\right)^2-1}}+\mathrm{inv}\alpha_{a2}-\mathrm{inv}\alpha_w\right]\geqslant 0$ 对标准齿轮（$x_1=x_2=0$）可用以下近似式计算： $\begin{cases}z_2-z_1\geqslant\dfrac{2(h_{a1}+h_{a2})}{m\sin^2\delta}\\ \dfrac{2\delta-\sin2\delta}{1-\cos2\delta}=\tan\alpha\end{cases}$	1）增大压力角 2）减小齿顶高 3）加大内齿轮和小齿轮的齿数差 4）加大内齿轮的变位系数（增大小齿轮的变位系数时，容易引起干涉）	1）用插齿刀加工内齿轮时，在这种干涉下，内齿轮将产生径向切入顶切 2）满足径向干涉条件，自然满足齿廓重叠干涉条件 不产生径向切入顶切的内齿轮最少齿数见表 8.2-15

表 8.2-11　加工标准内齿轮不产生展成顶切的插齿刀最少齿数 z_{0min}

（$x_2=0, x_{02}=0, \alpha=20°$）

插齿刀最少齿数 z_{0min}			29	28	27	26	25	24	23	22	21	20	19	18	17	16	15	14
齿顶高系数	$h_a^*=1$	内齿轮齿数 z_2	34	35	36	37	38～39	40～41	42～45	46～52	53～63	64～85	86～160	≥160				
	$h_a^*=0.8$							27	—	28	29	30～31	32～34	35～40	41～50	51～76	77～269	≥270

表 8.2-12　加工内齿轮不产生展成顶切的插齿刀最少齿数 z_{0min}

（$x_2-x_{02}\geqslant 0, h_a^*=0.8, \alpha=20°$）

x_{02}	0								−0.105							
x_2	0	0.2	0.4	0.6	0.8	1.0	1.2	1.4	0	0.2	0.4	0.6	0.8	1.0	1.2	1.4
z_{0min}	内齿轮齿数 z_2															
10					20～35	20～53	20～74	20～97					20～27	20～39	20～53	20～69
11				20～28	36～52	54～79	75～100	98～100				20～21	28～36	40～52	54～71	70～100
12				29～48	53～89	80～100						22～30	37～50	53～73	72～98	
13			20～27	49～100	90～100							31～44	51～75	74～100	99～100	
14			28～100								20～28	45～78	76～100			
15	≥77	≥39									29～94	79～100				
16	51～76	28～38								≥57	≥95					
17	41～50	24～27							≥67	29～56						
18	35～40	22、23							47～66	23～28						
19	32～34	21							39～46	21、22						
20	30、31								34～38							
21	29								31～33							
22	28								30							
23	—								29							
24	27								28							
25									27							

（续）

x_{02}	-0.263								-0.315							
x_2	0	0.2	0.4	0.6	0.8	1.0	1.2	1.4	0	0.2	0.4	0.6	0.8	1.0	1.2	1.4
$z_{0\min}$	内齿轮齿数 z_2															
10					20~21	20~30	20~39	20~49					20	20~28	20~36	20~46
11					22~27	31~37	40~48	50~60					21~25	29~34	37~44	47~56
12				20~22	28~34	38~47	49~61	61~77				20~21	26~31	35~42	45~55	57~69
13				23~38	35~43	48~60	62~78	78~98				22~26	32~39	43~53	56~69	70~86
14				29~37	44~57	61~79	79~100	99~100				27~33	40~50	54~68	70~88	87~100
15			20~26	38~52	58~79	80~100					20~23	34~44	51~66	69~90	89~100	
16			27~40	53~79	80~100						24~33	45~61	67~92	91~100		
17			41~77	80~100							34~51	62~95	93~100			
18			78~100								52~100	96~100				
19	≥94	≥22								≥23						
20	51~93								≥77	22						
21	39~50								46~76							
22	34~38								36~45							
23	31~33								32~35							
24	29~30								29~31							
25	28								28							

注：1. 此表是按内齿轮齿顶圆公式 $d_{a2}=m\ (z_2-2h_a^*+2x_2)$ 做出的。

2. 当设计内齿轮齿顶圆直径应用 $d_{a2}=m\ (z_2-2h_a^*+2x_2-2\Delta y)$ 计算时，内齿轮齿顶高比用注 1. 公式计算的高 Δym，即内齿轮的实际齿顶高系数应为（$h_a^*+\Delta y$），则查此表时所采用的齿顶高系数应等于或略大于内齿轮的实际齿顶高系数。例如，一内齿轮 $h_a^*=0.8$，计算得 $\Delta y=0.1316$，其实际齿顶高系数 $h_a^*+\Delta y=0.9316$，则应按 $h_a^*=1$ 查表 8.2-13 有关数值。

表 8.2-13　加工内齿轮不产生展成顶切的插齿刀最少齿数 $z_{0\min}$

（$x_2-x_{02}\geqslant 0$，$h_a^*=1$，$\alpha=20°$）

x_{02}	0								-0.105							
x_2	0	0.2	0.4	0.6	0.8	1.0	1.2	1.4	0	0.2	0.4	0.6	0.8	1.0	1.2	1.4
$z_{0\min}$	内齿轮齿数 z_2															
10						20~23	20~33	20~43						20	20~28	20~37
11						24~29	34~41	44~55						21~25	29~35	38~45
12					20~24	30~38	42~54	56~71					20、21	26~31	36~43	46~56
13					25~32	39~51	55~72	72~95					22~26	32~39	44~54	57~70
14				20	33~45	52~71	73~100	96~100					27~34	40~51	55~70	71~90
15				21~32	46~70	72~100						20~23	35~45	52~68	71~93	91~100
16				33~64	71~100							24~34	46~64	69~98	94~100	
17				65~100								35~54	65~100	97~100		
18		≥95	≥27									55~100				
19	≥86	53~94	22~26								≥23					
20	64~85	41~52								≥69	22					
21	53~63	35~40							≥79	44~68						
22	46~52	32~34							60~78	36~43						
23	42~45	30、31							50~59	32~35						
24	40、41	28、29							45~49	29~31						
25	38、39								41~44	28						
26	37								39、40							
27	36								37、38							
28	35								36							
29	34								35							
30									—							
31									34							

（续）

x_{02}	-0.263								-0.315							
x_2	0	0.2	0.4	0.6	0.8	1.0	1.2	1.4	0	0.2	0.4	0.6	0.8	1.0	1.2	1.4
$z_{0\min}$	内　齿　轮　齿　数　z_2															
10							20~24	20~30							20~23	20~29
11						20~22	25~29	31~37						20、21	24~27	30~35
12						23~26	30~34	38~44						22~25	28~33	36~41
13					20~22	27~31	35~41	45~53					20、21	26~30	34~39	42~49
14					23~27	32~38	42~50	54~64					22~25	31~36	40~46	50~58
15					28~33	39~47	51~62	65~78					26~31	37~43	47~56	59~70
16				20~25	34~41	48~58	63~77	79~97				20~23	32~38	44~52	57~69	71~86
17				26~32	42~52	59~75	78~98	98~100				24~29	39~47	53~65	70~86	87~100
18				33~43	53~70	76~100	99~100					30~38	48~60	66~84	87~100	
19				44~62	71~100							39~51	61~81	85~100		
20			22~38	63~100							20~30	52~74	82~100			
21			39~100								31~55	75~100				
22		≥89									56~100					
23	≥98	40~88								≥56						
24	65~97	32~39							≥87	34~55						
25	52~64	29~31							61~86	29~33						
26	45~51	28							49~60	28						
27	41~44								43~48							
28	39、40								40~42							
29	37、38								37~39							
30	36								36							
31	35								35							
32	34								34							

注：与表 8.2-12 同。

表 8.2-14　不产生重叠干涉的 $(z_2-z_1)_{\min}$ 值

z_2	34~77	78~200	z_2	22~32	33~200
$(z_2-z_1)_{\min}$ 当 $d_{a2}=d_2-2m_n$ 时	9	8	$(z_2-z_1)_{\min}$ 当 $d_{a2}=d_2-2m_n+\dfrac{15.1m_n}{z_2}\cos^3\beta$ 时	7	8

表 8.2-15　新直齿插齿刀的基本参数和被加工内齿轮不产生径向切入顶切的最少齿数 $z_{2\min}$

插齿刀形式	插齿刀分度圆直径 d_0/mm	模　数 m/mm	插齿刀齿数 z_0	插齿刀变位系数 x_0	插齿刀齿顶圆直径 d_{a0}/mm	插齿刀齿高系数 h_{a0}^*	x_2								
							0	0.2	0.4	0.6	0.8	1.0	1.2	1.5	2.0
							$z_{2\min}$								
盘形直齿插齿刀 碗形直齿插齿刀	76	1	76	0.630	79.76	1.25	115	107	101	96	91	87	84	81	79
	75	1.25	60	0.582	79.58		96	89	83	78	74	70	67	65	62
	75	1.5	50	0.503	80.26		83	76	71	66	62	59	57	54	52
	75.25	1.75	43	0.464	81.24		74	68	62	58	54	51	49	47	45
	76	2	38	0.420	82.68		68	61	56	52	49	46	44	42	40
	76.5	2.25	34	0.261	83.30		59	54	49	45	43	40	39	37	36
	75	2.5	30	0.230	82.41		54	49	44	41	38	34	34	33	31
	77	2.75	28	0.224	85.37	1.3	52	47	42	39	36	34	33	31	30
	75	3	25	0.167	83.81		48	43	38	35	33	31	29	28	26
	78	3.25	24	0.149	87.42		46	41	37	34	31	29	28	27	25
	77	3.5	22	0.126	86.98		44	39	35	31	29	27	26	25	23
盘形直齿插齿刀	75	3.75	20	0.105	85.55	1.3	41	36	32	29	27	25	24	22	21
	76	4	19	0.105	87.24		40	35	31	28	26	24	23	21	20
	76.5	4.25	18	0.107	88.46		39	34	30	27	25	23	22	20	19
	76.5	4.5	17	0.104	89.15		38	33	29	26	24	22	21	19	18

（续）

插齿刀形式	插齿刀分度圆直径 d_0/mm	模数 m/mm	插齿刀齿数 z_0	插齿刀变位系数 x_0	插齿刀齿顶圆直径 d_{a0}/mm	插齿刀齿高系数 h_{a0}^*	x_2								
							0	0.2	0.4	0.6	0.8	1.0	1.2	1.5	2.0
							$z_{2\min}$								
盘形直齿插齿刀 碗形直齿插齿刀	100	1	100	1.060	104.6		156	147	139	132	125	118	114	110	105
	100	1.25	80	0.842	105.22		126	118	111	105	99	94	91	87	83
	102	1.5	68	0.736	107.96		110	102	95	89	85	80	77	74	71
	101.5	1.75	58	0.661	108.19	1.25	96	89	83	77	73	69	66	63	61
	100	2	50	0.578	107.31		85	78	72	67	63	60	57	55	52
	101.25	2.25	45	0.528	109.29		78	71	66	61	57	54	52	49	47
	100	2.5	40	0.442	108.46		70	64	59	54	51	48	46	44	42
	99	2.75	36	0.401	108.36		65	58	53	49	47	44	42	40	38
	102	3	34	0.337	111.28		60	54	50	46	44	41	39	37	35
	100.75	3.25	31	0.275	110.99		56	50	46	42	40	37	36	34	33
	98	3.5	28	0.231	108.72		54	46	42	39	37	34	33	31	30
	101.25	3.75	27	0.180	112.34		49	44	40	37	35	33	31	30	28
	100	4	25	0.168	111.74	1.3	47	42	38	35	33	31	29	28	26
	99	4.5	22	0.105	111.65		42	38	34	31	29	27	26	24	23
	100	5	20	0.105	114.05		40	36	32	29	27	25	24	22	21
	104.5	5.5	19	0.105	119.96		39	35	31	28	26	24	23	21	20
	102	6	17	0.105	118.86		37	33	29	26	24	22	21	20	18
	104	6.5	16	0.105	122.27		36	32	28	25	23	21	20	18	17
锥柄直齿插齿刀	25	1.25	20	0.106	28.39		40	35	32	29	26	25	24	22	21
	27	1.5	18	0.103	31.06		38	33	30	27	24	23	22	20	19
	26.25	1.75	15	0.104	30.99		35	30	26	23	21	20	19	17	16
	26	2	13	0.085	31.34	1.25	34	28	24	21	19	17	17	15	14
	27	2.25	12	0.083	33.0		32	27	23	20	18	16	16	14	13
	25	2.5	10	0.042	31.46		30	25	21	18	16	14	14	12	11
	27.5	2.75	10	0.037	34.58		30	25	21	18	16	14	14	12	11

注：表中数值是按新插齿刀和内齿轮齿顶圆直径 $d_{a2}=d_2-2m\ (h_a^*-x_2)$ 计算而得。若用旧插齿刀或内齿轮齿顶圆直径加大 $\Delta d_a=\frac{15.1}{z_2}m$ 时，表中数值是更安全的。

2.2.4　外啮合变位圆柱齿轮传动的几何尺寸计算

外啮合高变位圆柱齿轮传动的几何尺寸计算公式见表 8.2-16，外啮合角变位圆柱齿轮传动的几何尺寸计算公式见表 8.2-17。

表 8.2-16　外啮合高变位圆柱齿轮传动的几何尺寸计算公式

名称	代号	直齿轮	斜齿(人字齿)轮
模数	m 或 m_n	m 按强度计算或结构设计确定，并按表 8.2-5取标准值	m_n 按强度计算或结构设计确定，并按表 8.2-5 取标准值。$m_t=m_n/\cos\beta$
压力角	α 或 α_n	α 取标准值	α_n 取标准值，$\tan\alpha_t=\tan\alpha_n/\cos\beta$
分度圆直径	d	$d_1=z_1m$ $d_2=z_2m$	$d_1=z_1m_t=\frac{z_1m_n}{\cos\beta}$ $d_2=z_2m_t=\frac{z_2m_n}{\cos\beta}$
齿顶高	h_a	$h_{a1}=(h_a^*+x_1)m$ $h_{a2}=(h_a^*+x_2)m$	$h_{a1}=(h_{an}^*+x_{n1})m_n$ $h_{a2}=(h_{an}^*+x_{n2})m_n$
齿根高	h_f	$h_{f1}=(h_a^*+c^*-x_1)m$ $h_{f2}=(h_a^*+c^*-x_2)m$	$h_{f1}=(h_{an}^*+c_n^*-x_{n1})m_n$ $h_{f2}=(h_{an}^*+c_n^*-x_{n2})m_n$
全齿高	h	$h_1=h_{a1}+h_{f1}$ $h_2=h_{a2}+h_{f2}$	$h_1=h_{a1}+h_{f1}$ $h_2=h_{a2}+h_{f2}$

（续）

名称		代　号	直 齿 轮	斜齿(人字齿)轮
齿顶圆直径		d_a	$d_{a1}=d_1+2h_{a1}$ $d_{a2}=d_2+2h_{a2}$	$d_{a1}=d_1+2h_{a1}$ $d_{a2}=d_2+2h_{a2}$
齿根圆直径		d_f	$d_{f1}=d_1-2h_{f1}$ $d_{f2}=d_2-2h_{f2}$	$d_{f1}=d_1-2h_{f1}$ $d_{f2}=d_2-2h_{f2}$
中心距		a	$a=\dfrac{d_1+d_2}{2}=\dfrac{m(z_1+z_2)}{2}$	$a=\dfrac{d_1+d_2}{2}=\dfrac{m_n(z_1+z_2)}{2\cos\beta}$
基圆直径		d_b	$d_{b1}=d_1\cos\alpha$ $d_{b2}=d_2\cos\alpha$	$d_{b1}=d_1\cos\alpha_t$ $d_{b2}=d_2\cos\alpha_t$
齿顶压力角		α_a 或 α_{at}	$\alpha_{a1}=\arccos\dfrac{d_{b1}}{d_{a1}}$ $\alpha_{a2}=\arccos\dfrac{d_{b2}}{d_{a2}}$	$a_{at1}=\arccos\dfrac{d_{b1}}{d_{a1}}$ $a_{at2}=\arccos\dfrac{d_{b2}}{d_{a2}}$
重合度	端面重合度	ε_α	$\varepsilon_\alpha=\dfrac{1}{2\pi}[z_1(\tan\alpha_{a1}-\tan\alpha_w)+z_2(\tan\alpha_{a2}-\tan\alpha_w)]$	$\varepsilon_\alpha=\dfrac{1}{2\pi}[z_1(\tan\alpha_{at1}-\tan\alpha_{wt})+z_2(\tan\alpha_{at2}-\tan\alpha_{wt})]$
			$\alpha=20°$(或 $\alpha_n=20°$)时,可由图 8.2-8 查出	
	纵向重合度	ε_β	$\varepsilon_\beta=0$	$\varepsilon_\beta=\dfrac{b\sin\beta}{\pi m_n}$ 可由图 8.2-9 查出
	总重合度	ε_γ	$\varepsilon_\gamma=\varepsilon_\alpha+\varepsilon_\beta$	
当量齿数		z_v	$z_v=z$	$z_v=\dfrac{z}{\cos^3\beta}$

表 8.2-17　外啮合角变位圆柱齿轮传动的几何尺寸计算公式

名称		代　号	直 齿 轮	斜齿(人字齿)轮
模数		m 或 m_n	m 按强度计算或结构设计确定,并按表 8.2-5取标准值	m_n 按强度计算或结构设计确定,并按表 8.2-5 取标准值。$m_t=m_n/\cos\beta$
压力角		α 或 α_n	α 取标准值	α_n 取标准值,$\tan\alpha_t=\tan\alpha_n/\cos\beta$
分度圆直径		d	$d_1=z_1m$ $d_2=z_2m$	$d_1=z_1m_t=\dfrac{z_1m_n}{\cos\beta}$ $d_2=z_2m_t=\dfrac{z_2m_n}{\cos\beta}$
给定 a' 求 x	不变位中心距	a	$a=\dfrac{d_1+d_2}{2}=\dfrac{m(z_1+z_2)}{2}$	$a=\dfrac{d_1+d_2}{2}=\dfrac{m_n(z_1+z_2)}{2\cos\beta}$
	中心距变动系数	y	$y=\dfrac{a'-a}{m}$	$y_t=\dfrac{a'-a}{m_t}$ $y_n=\dfrac{a'-a}{m_n}$
	啮合角	α_w 或 α_{wt}	$\cos\alpha_w=\dfrac{a}{a'}\cos\alpha$	$\cos\alpha_{wt}=\dfrac{a}{a'}\cos\alpha_t$
			α_w、α_{wt} 可由图 8.2-6 查出	
	总变位系数	x_Σ	$x_\Sigma=(z_1+z_2)\dfrac{\mathrm{inv}\alpha_w-\mathrm{inv}\alpha}{2\tan\alpha}$	$x_{n\Sigma}=(z_1+z_2)\dfrac{\mathrm{inv}\alpha_{wt}-\mathrm{inv}\alpha_t}{2\tan\alpha_n}$
			$\mathrm{inv}\alpha_t$、$\mathrm{inv}\alpha_{wt}$、$\mathrm{inv}\alpha_w$、$\mathrm{inv}\alpha$ 可由表 8.2-21 查出	
	变位系数分配	x_1、x_2	$x_\Sigma=x_1+x_2$,按图 8.2-4 或图 8.2-5 分配 x_1、x_2	$x_{n\Sigma}=x_{n1}+x_{n2}$,按图 8.2-4 或图 8.2-5 分配 x_{n1}、x_{n2}

（续）

名称		代　号	直　齿　轮	斜齿（人字齿）轮
给定 x 求 a'	啮合角	α_w 或 α_{wt}	$\mathrm{inv}\alpha_w=\dfrac{2(x_1+x_2)\tan\alpha}{z_1+z_2}+\mathrm{inv}\alpha$	$\mathrm{inv}\alpha_{wt}=\dfrac{2(x_{n1}+x_{n2})\tan\alpha_n}{z_1+z_2}+\mathrm{inv}\alpha_t$
			$\mathrm{inv}\alpha_t$、$\mathrm{inv}\alpha$ 可由表 8.2-21 查出	
	中心距变动系数	y	$y=\dfrac{z_1+z_2}{2}\left(\dfrac{\cos\alpha}{\cos\alpha_w}-1\right)$	$y_t=\dfrac{z_1+z_2}{2}\left(\dfrac{\cos\alpha_t}{\cos\alpha_{wt}}-1\right)$ $y_n=\dfrac{y_t}{\cos\beta}$
	中心距	a'	$a'=\dfrac{d_1+d_2}{2}+ym=m\left(\dfrac{z_1+z_2}{2}+y\right)$	$a'=\dfrac{d_1+d_2}{2}+y_tm_t=m_n\left(\dfrac{z_1+z_2}{2\cos\beta}+y_n\right)$
齿顶高变动系数		Δy	$\Delta y=x_1+x_2-y$	$\Delta y_n=x_{n1}+x_{n2}-y_n$
齿顶高		h_a	$h_{a1}=(h_a^*+x_1-\Delta y)m$ $h_{a2}=(h_a^*+x_2-\Delta y)m$	$h_{a1}=(h_{an}^*+x_{n1}-\Delta y_n)m_n$ $h_{a2}=(h_{an}^*+x_{n2}-\Delta y_n)m_n$
齿根高		h_f	$h_{f1}=(h_a^*+c^*-x_1)m$ $h_{f2}=(h_a^*+c^*-x_2)m$	$h_{f1}=(h_{an}^*+c_n^*-x_{n1})m_n$ $h_{f2}=(h_{an}^*+c_n^*-x_{n2})m_n$
全齿高		h	$h_1=h_{a1}+h_{f1}$ $h_2=h_{a2}+h_{f2}$	$h_1=h_{a1}+h_{f1}$ $h_2=h_{a2}+h_{f2}$
齿顶圆直径		d_a	$d_{a1}=d_1+2h_{a1}$ $d_{a2}=d_2+2h_{a2}$	$d_{a1}=d_1+2h_{a1}$ $d_{a2}=d_2+2h_{a2}$
齿根圆直径		d_f	$d_{f1}=d_1-2h_{f1}$ $d_{f2}=d_2-2h_{f2}$	$d_{f1}=d_1-2h_{f1}$ $d_{f2}=d_2-2h_{f2}$
基圆直径		d_b	$d_{b1}=d_1\cos\alpha$ $d_{b2}=d_2\cos\alpha$	$d_{b1}=d_1\cos\alpha_t$ $d_{b2}=d_2\cos\alpha_t$
齿顶压力角		α_a 或 α_{at}	$\alpha_{a1}=\arccos\dfrac{d_{b1}}{d_{a1}}$ $\alpha_{a2}=\arccos\dfrac{d_{b2}}{d_{a2}}$	$a_{at1}=\arccos\dfrac{d_{b1}}{d_{a1}}$ $a_{at2}=\arccos\dfrac{d_{b2}}{d_{a2}}$
重合度	端面重合度	ε_α	$\varepsilon_\alpha=\dfrac{1}{2\pi}[z_1(\tan\alpha_{a1}-\tan\alpha_w)+z_2(\tan\alpha_{a2}-\tan\alpha_w)]$	$\varepsilon_\alpha=\dfrac{1}{2\pi}[z_1(\tan\alpha_{at1}-\tan\alpha_{wt})+z_2(\tan\alpha_{at2}-\tan\alpha_{wt})]$
			$\alpha=20°$（或 $\alpha_n=20°$）时，可由图 8.2-8 查出	
	纵向重合度	ε_β	$\varepsilon_\beta=0$	$\varepsilon_\beta=\dfrac{b\sin\beta}{\pi m_n}$ 可由图 8.2-9 查出
	总重合度	ε_γ	$\varepsilon_\gamma=\varepsilon_\alpha+\varepsilon_\beta$	
当量齿数		z_v	$z_v=z$	$z_v=\dfrac{z}{\cos^3\beta}$

2.2.5 内啮合变位圆柱齿轮传动的几何尺寸计算

内啮合高变位圆柱齿轮传动的几何尺寸计算公式见表8.2-18，内啮合角变位圆柱齿轮传动的几何尺寸计算公式见表8.2-19。

表8.2-18 内啮合高变位圆柱齿轮传动的几何尺寸计算公式

<table>
<tr><th colspan="2">名称</th><th>代 号</th><th>直 齿 轮</th><th>斜齿(人字齿)轮</th></tr>
<tr><td colspan="2">模数</td><td>m 或 m_n</td><td>m 按强度计算或结构设计确定，并按表8.2-5取标准值</td><td>m_n 按强度计算或结构设计确定，并按表8.2-5取标准值。$m_t=m_n/\cos\beta$</td></tr>
<tr><td colspan="2">压力角</td><td>α 或 α_n</td><td>α 取标准值</td><td>α_n 取标准值，$\tan\alpha_t=\tan\alpha_n/\cos\beta$</td></tr>
<tr><td colspan="2">分度圆直径</td><td>d</td><td>$d_1=z_1m$
$d_2=z_2m$</td><td>$d_1=z_1m_t=\dfrac{z_1m_n}{\cos\beta}$
$d_2=z_2m_t=\dfrac{z_2m_n}{\cos\beta}$</td></tr>
<tr><td colspan="2">齿顶高</td><td>h_a</td><td>$h_{a1}=(h_a^*+x_1)m$
$h_{a2}=(h_a^*-\Delta h_a^*-x_2)m$
$\Delta h_a^*=\dfrac{(h_a^*-x_2)^2}{z_2\tan^2\alpha}$是为了避免过渡曲线干涉的齿顶高系数减少量。当 $h_a^*=1,\alpha=20°$时，$\Delta h_a^*=\dfrac{7.55(1-x_2)^2}{z_2}$</td><td>$h_{a1}=(h_{an}^*+x_{n1})m_n$
$h_{a2}=(h_{an}^*-\Delta h_{an}^*-x_{n2})m_n$
$\Delta h_{an}^*=\dfrac{(h_{an}^*-x_{n2})^2\cos^3\beta}{z_2\tan^2\alpha_n}$是为了避免过渡曲线干涉的齿顶高系数减少量。当 $h_{an}^*=1$，$\alpha_n=20°$时，$\Delta h_a^*=\dfrac{7.55(1-x_{n2})^2\cos^3\beta}{z_2}$</td></tr>
<tr><td colspan="2">齿根高</td><td>h_f</td><td>$h_{f1}=(h_a^*+c^*-x_1)m$
$h_{f2}=(h_a^*+c^*+x_2)m$</td><td>$h_{f1}=(h_{an}^*+c_n^*-x_{n1})m_n$
$h_{f2}=(h_{an}^*+c_n^*+x_{n2})m_n$</td></tr>
<tr><td colspan="2">全齿高</td><td>h</td><td>$h_1=h_{a1}+h_{f1}$
$h_2=h_{a2}+h_{f2}$</td><td>$h_1=h_{a1}+h_{f1}$
$h_2=h_{a2}+h_{f2}$</td></tr>
<tr><td colspan="2">齿顶圆直径</td><td>d_a</td><td>$d_{a1}=d_1+2h_{a1}$
$d_{a2}=d_2-2h_{a2}$</td><td>$d_{a1}=d_1+2h_{a1}$
$d_{a2}=d_2-2h_{a2}$</td></tr>
<tr><td colspan="2">齿根圆直径</td><td>d_f</td><td>$d_{f1}=d_1-2h_{f1}$
$d_{f2}=d_2+2h_{f2}$</td><td>$d_{f1}=d_1-2h_{f1}$
$d_{f2}=d_2+2h_{f2}$</td></tr>
<tr><td colspan="2">中心距</td><td>a</td><td>$a=\dfrac{d_2-d_1}{2}=\dfrac{m(z_2-z_1)}{2}$</td><td>$a=\dfrac{d_2-d_1}{2}=\dfrac{m_n(z_2-z_1)}{2\cos\beta}$</td></tr>
<tr><td colspan="2">基圆直径</td><td>d_b</td><td>$d_{b1}=d_1\cos\alpha$
$d_{b2}=d_2\cos\alpha$</td><td>$d_{b1}=d_1\cos\alpha_t$
$d_{b2}=d_2\cos\alpha_t$</td></tr>
<tr><td colspan="2">齿顶压力角</td><td>α_a 或 α_{at}</td><td>$\alpha_{a1}=\arccos\dfrac{d_{b1}}{d_{a1}}$
$\alpha_{a2}=\arccos\dfrac{d_{b2}}{d_{a2}}$</td><td>$a_{at1}=\arccos\dfrac{d_{b1}}{d_{a1}}$
$a_{at2}=\arccos\dfrac{d_{b2}}{d_{a2}}$</td></tr>
<tr><td rowspan="5">重合度</td><td rowspan="2">端面重合度</td><td rowspan="2">ε_α</td><td>$\varepsilon_\alpha=\dfrac{1}{2\pi}[z_1(\tan\alpha_{a1}-\tan\alpha_w)-z_2(\tan\alpha_{a2}-\tan\alpha_w)]$</td><td>$\varepsilon_\alpha=\dfrac{1}{2\pi}[z_1(\tan\alpha_{at1}-\tan\alpha_{wt})-z_2(\tan\alpha_{at2}-\tan\alpha_{wt})]$</td></tr>
<tr><td colspan="2">$\alpha=20°$(或 $\alpha_n=20°$)时，可由图8.2-8查出</td></tr>
<tr><td rowspan="2">纵向重合度</td><td rowspan="2">ε_β</td><td rowspan="2">$\varepsilon_\beta=0$</td><td>$\varepsilon_\beta=\dfrac{b\sin\beta}{\pi m_n}$</td></tr>
<tr><td>可由图8.2-9查出</td></tr>
<tr><td>总重合度</td><td>ε_γ</td><td colspan="2">$\varepsilon_\gamma=\varepsilon_\alpha+\varepsilon_\beta$</td></tr>
<tr><td colspan="2">当量齿数</td><td>z_v</td><td>$z_v=z$</td><td>$z_v=\dfrac{z}{\cos^3\beta}$</td></tr>
</table>

注：插齿加工的齿轮要求准确的标准顶隙时，d_a 和 d_f 按表8.2-19中的插齿加工计算。

表 8.2-19　内啮合角变位圆柱齿轮传动几何尺寸计算公式

	名称	代号	直齿轮	斜齿(人字齿)轮
	模数	m 或 m_n	m 按强度计算或结构设计确定，并按表 8.2-5取标准值	m_n 按强度计算或结构设计确定，并按表 8.2-5 取标准值。$m_t=m_n/\cos\beta$
	压力角	α 或 α_n	α 取标准值	α_n 取标准值，$\tan\alpha_t=\tan\alpha_n/\cos\beta$
	分度圆直径	d	$d_1=z_1m$ $d_2=z_2m$	$d_1=z_1m_t=\dfrac{z_1m_n}{\cos\beta}$ $d_2=z_2m_t=\dfrac{z_2m_n}{\cos\beta}$
给定 a' 求 x	不变位中心距	a	$a=\dfrac{d_2-d_1}{2}=\dfrac{m(z_2-z_1)}{2}$	$a=\dfrac{d_2-d_1}{2}=\dfrac{m_n(z_2-z_1)}{2\cos\beta}$
	中心距变动系数	y	$y=\dfrac{a'-a}{m}$	$y_t=\dfrac{a'-a}{m_t}$ $y_n=\dfrac{a'-a}{m_n}$
	啮合角	α_w 或 α_{wt}	$\cos\alpha_w=\dfrac{a}{a'}\cos\alpha$	$\cos\alpha_{wt}=\dfrac{a}{a'}\cos\alpha_t$
			α_w、α_{wt} 可由图 8.2-6 查出	
	总变位系数	x_Σ	$x_\Sigma=(z_2-z_1)\dfrac{\mathrm{inv}\alpha_w-\mathrm{inv}\alpha}{2\tan\alpha}$	$x_{n\Sigma}=(z_2-z_1)\dfrac{\mathrm{inv}\alpha_{wt}-\mathrm{inv}\alpha_t}{2\tan\alpha_n}$
			$\mathrm{inv}\alpha_w$、$\mathrm{inv}\alpha$、$\mathrm{inv}\alpha_{wt}$、$\mathrm{inv}\alpha_t$ 可由表 8.2-21 查出	
	变位系数分配	x_1、x_2	$x_\Sigma=x_2-x_1$	$x_{n\Sigma}=x_{n2}-x_{n1}$
给定 x 求 a'	啮合角	α_w 或 α_{wt}	$\mathrm{inv}\alpha_w=\dfrac{2(x_2-x_1)\tan\alpha}{z_2-z_1}+\mathrm{inv}\alpha$	$\mathrm{inv}\alpha_{wt}=\dfrac{2(x_{n2}-x_{n1})\tan\alpha_n}{z_2-z_1}+\mathrm{inv}\alpha_t$
			$\mathrm{inv}\alpha_t$、$\mathrm{inv}\alpha$ 可由表 8.2-21 查出	
	中心距变动系数	y	$y=\dfrac{z_2-z_1}{2}\left(\dfrac{\cos\alpha}{\cos\alpha_w}-1\right)$	$y_t=\dfrac{z_2-z_1}{2}\left(\dfrac{\cos\alpha_t}{\cos\alpha_{wt}}-1\right)$ $y_n=\dfrac{y_t}{\cos\beta}$
	中心距	a'	$a'=\dfrac{d_2-d_1}{2}+ym=m\left(\dfrac{z_2-z_1}{2}+y\right)$	$a'=\dfrac{d_2-d_1}{2}+y_tm_t=m_n\left(\dfrac{z_2-z_1}{2\cos\beta}+y_n\right)$
滚齿加工	齿顶高变动系数	Δy	$\Delta y=x_2-x_1-y$	$\Delta y_n=x_{n2}-x_{n1}-y_n$
	齿顶高	h_a	$h_{a1}=(h_{a}^{\ *}+x_1+\Delta y)m$ $h_{a2}=(h_a^*-x_2+\Delta y)m$	$h_{a1}=(h_{an}^*+x_{n1}+\Delta y_n)m_n$ $h_{a2}=(h_{an}^*-x_{n2}+\Delta y_n)m_n$
	齿根高	h_f	$h_{f1}=(h_a^*+c^*-x_1)m$ $h_{f2}=(h_a^*+c^*+x_2)m$	$h_{f1}=(h_{an}^*+c_n^*-x_{n1})m_n$ $h_{f2}=(h_{an}^*+c_n^*+x_{n2})m_n$
	全齿高	h	$h_1=h_{a1}+h_{f1}$ $h_2=h_{a2}+h_{f2}$	$h_1=h_{a1}+h_{f1}$ $h_2=h_{a2}+h_{f2}$
	齿顶圆直径	d_a	$d_{a1}=d_1+2h_{a1}$ $d_{a2}=d_2-2h_{a2}$	$d_{a1}=d_1+2h_{a1}$ $d_{a2}=d_2-2h_{a2}$
	齿根圆直径	d_f	$d_{f1}=d_1-2h_{f1}$ $d_{f2}=d_2+2h_{f2}$	$d_{f1}=d_1-2h_{f1}$ $d_{f2}=d_2+2h_{f2}$
插齿加工	插齿时啮合角	α_{w0}	$\mathrm{inv}\alpha_{w01}=\dfrac{2(x_1+x_0)\tan\alpha}{z_1+z_0}+\mathrm{inv}\alpha$ $\mathrm{inv}\alpha_{w02}=\dfrac{2(x_2-x_0)\tan\alpha}{z_1-z_0}+\mathrm{inv}\alpha$	$\mathrm{inv}\alpha_{wt01}=\dfrac{2(x_{n1}+x_{n0})\tan\alpha_n}{z_1+z_0}+\mathrm{inv}\alpha_t$ $\mathrm{inv}\alpha_{wt02}=\dfrac{2(x_{n2}-x_{n0})\tan\alpha_n}{z_2-z_0}+\mathrm{inv}\alpha_t$
	插齿时中心距	a'_0	$a'_{01}=\dfrac{m(z_1+z_0)}{2}\ \dfrac{\cos\alpha}{\cos\alpha_{w01}}$ $a'_{02}=\dfrac{m(z_2-z_0)}{2}\ \dfrac{\cos\alpha}{\cos\alpha_{w02}}$	$a'_{01}=\dfrac{m_n(z_1+z_0)}{2\cos\beta}\ \dfrac{\cos\alpha_t}{\cos\alpha_{wt01}}$ $a'_{02}=\dfrac{m_n(z_2-z_0)}{2\cos\beta}\ \dfrac{\cos\alpha_t}{\cos\alpha_{wt02}}$

（续）

名称		代　号	直　齿　轮	斜齿（人字齿）轮
插齿加工	齿根圆直径	d_f	$d_{f1}=2a'_{01}-d_{a0}$ $d_{f2}=2a'_{02}+d_{a0}$	$d_{f1}=2a'_{01}-d_{a0}$ $d_{f2}=2a'_{02}+d_{a0}$
	齿顶圆直径	d_a	$d_{a1}=d_{f2}-2a'-2c^*m$ $d_{a2}=d_{f1}+2a'+2c^*m$	$d_{a1}=d_{f2}-2a'-2c_n^*m_n$ $d_{a2}=d_{f1}+2a'+2c_n^*m_n$
基圆直径		d_b	$d_{b1}=d_1\cos\alpha$ $d_{b2}=d_2\cos\alpha$	$d_{b1}=d_1\cos\alpha_t$ $d_{b2}=d_2\cos\alpha_t$
齿顶压力角		α_a 或 α_{at}	$\alpha_{a1}=\arccos\dfrac{d_{b1}}{d_{a1}}$ $\alpha_{a2}=\arccos\dfrac{d_{b2}}{d_{a2}}$	$\alpha_{at1}=\arccos\dfrac{d_{b1}}{d_{a1}}$ $\alpha_{at2}=\arccos\dfrac{d_{b2}}{d_{a2}}$
重合度	端面重合度	ε_α	$\varepsilon_\alpha=\dfrac{1}{2\pi}[z_1(\tan\alpha_{a1}-\tan\alpha_w)-z_2(\tan\alpha_{a2}-\tan\alpha_w)]$	$\varepsilon_\alpha=\dfrac{1}{2\pi}[z_1(\tan\alpha_{at1}-\tan\alpha_{wt})-z_2(\tan\alpha_{at2}-\tan\alpha_{wt})]$
			$\alpha=20°$（或 $\alpha_n=20°$）时，可由图 8.2-7 查出	
	纵向重合度	ε_β	$\varepsilon_\beta=0$	$\varepsilon_\beta=\dfrac{b\sin\beta}{\pi m_n}$ 可由图 8.2-9 查出
	总重合度	ε_γ	$\varepsilon_\gamma=\varepsilon_\alpha+\varepsilon_\beta$	
当量齿数		z_v	$z_v=z$	$z_v=\dfrac{z}{\cos^3\beta}$

注：刀具参数 z_0、d_{a0} 按表 8.2-20 确定。

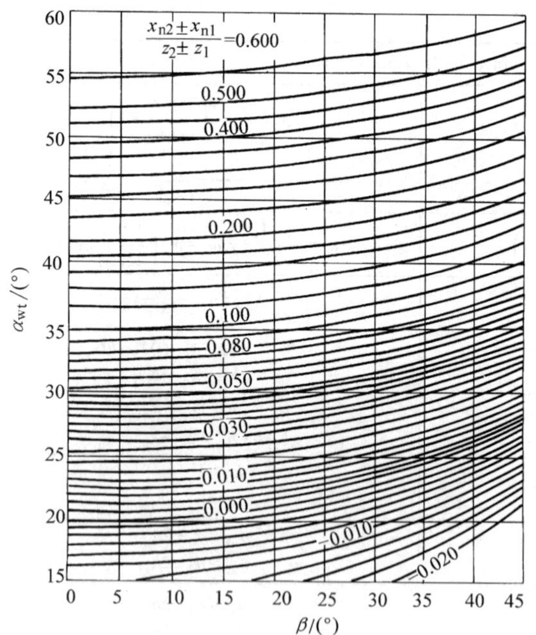

图 8.2-6　端面啮合角 α_w、α_{wt}（$\alpha=\alpha_n=20°$；$\beta=0$ 时，$\alpha_{wt}=\alpha_w$）

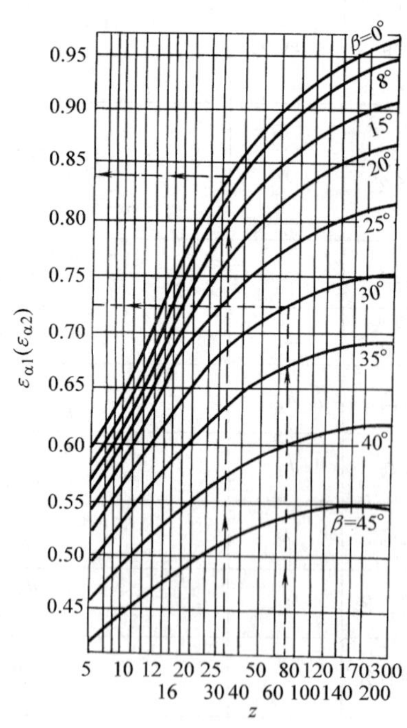

图 8.2-7　标准外啮合圆柱齿轮端面重合度 ε_α（$\alpha=\alpha_n=20°$，$h_a^*=h_{an}^*=1$）

注：一对标准斜齿圆柱齿轮传动，$z_1=48$，$z_2=69$，$\alpha=20°$，$\beta=30°$，$b/m_n=10$。由图 8.2-7 查得 $\varepsilon_{\alpha1}=0.71$，$\varepsilon_{\alpha2}=0.725$，由图 8.2-9 查得 $\varepsilon_\beta=1.6$，所以 $\varepsilon_\gamma=\varepsilon_{\alpha1}+\varepsilon_{\alpha2}+\varepsilon_\beta=0.71+0.725+1.6=3.035$。

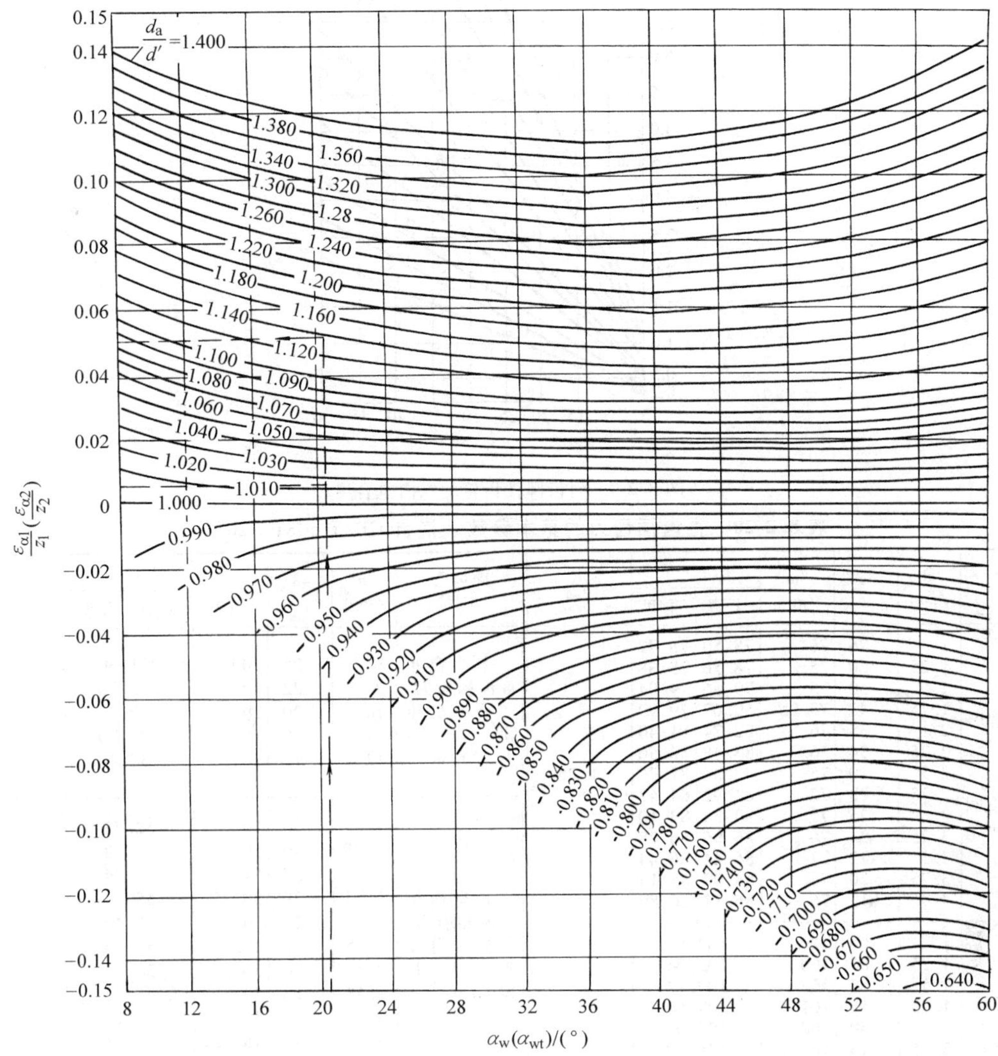

图 8.2-8　确定$\frac{\varepsilon_{\alpha 1}}{z_1}\left(\frac{\varepsilon_{\alpha 2}}{z_2}\right)$的曲线图

注：1. 本图适用于 α（或 α_n）= 20°的各种平行轴齿轮传动。对于外啮合的标准齿轮传动，使用图 8.2-7 则更为方便。

2. 使用方法：按 α_{wt} 和$\frac{d_{a1}}{d_{w1}}$查出$\frac{\varepsilon_{\alpha 1}}{z_1}$，按 α_{wt} 和$\frac{d_{a2}}{d_{w2}}$查出$\frac{\varepsilon_{\alpha 2}}{z_2}$，则 $\varepsilon_\alpha = z_1\left(\frac{\varepsilon_{\alpha 1}}{z_1}\right) \pm z_2\left(\frac{\varepsilon_{\alpha 2}}{z_2}\right)$，式中“+”用于外啮合，“−”用于内啮合。

3. α_{wt} 可由图 8.2-6 查得。

4. 例　一对外啮合斜齿圆柱齿轮传动，$z_1=21$，$z_2=74$，$m_n=3$mm，$\beta=12°$，$x_{n1}=0.5$，$x_{n2}=-0.5$，求端面重合度 ε_α。

解　根据计算 $d_{w1}=64.408$mm，$d_{a1}=73.408$mm，$d_{w2}=226.960$mm，$d_{a2}=229.960$mm。

$\frac{d_{a1}}{d_{w1}}=\frac{73.408}{64.408}=1.14$，$\frac{d_{a2}}{d_{w2}}=\frac{229.960}{226.960}=1.013$。

按 $\beta=12°$，$\frac{x_{n2}+x_{n1}}{z_2+z_1}=0$，由图 8.2-6 查得 $\alpha_{wt}\approx 20°24'$。

根据 $\alpha_{wt}\approx 20°24'$ 和$\frac{d_a}{d_w}$，由图 8.2-8 查得$\frac{\varepsilon_{\alpha 1}}{z_1}=0.052$，$\frac{\varepsilon_{\alpha 2}}{z_2}=0.006$。

所以 $\varepsilon_\alpha = z_1\left(\frac{\varepsilon_{\alpha 1}}{z_1}\right)+z_2\left(\frac{\varepsilon_{\alpha 2}}{z_2}\right)=21\times 0.052+74\times 0.006=1.53$。

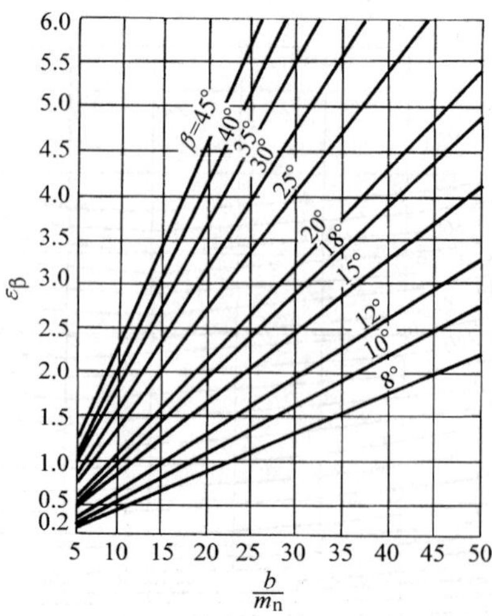

图 8.2-9 斜齿圆柱齿轮的纵向重合度

表 8.2-20 直齿插齿刀的基本参数（摘自 GB/T 6081—2001）

插齿刀形式	m /mm	z_0	d_{f0} /mm	d_{a0}/mm Ⅰ型	d_{a0}/mm Ⅱ型	h_{a0}^*
Ⅰ型盘形直齿插齿刀 Ⅱ型碗形直齿插齿刀 公称分度圆直径为 75mm	1	76	76	78.50	78.72	1.25
	1.25	60	75	78.56	78.38	
	1.5	50	75	79.56	79.04	
	1.75	43	75.25	80.67	79.99	
	2	38	76	82.24	81.40	
	2.25	34	76.5	83.48	82.56	
	2.5	30	75	82.34	81.76	
	2.75	28	77	84.92	84.42	
	3	25	75	83.34	83.10	
	3.25	24	78	86.96	86.78	
	3.5	22	77	86.44	86.44	
	3.75	20	75	84.90	85.14	
	4	19	76	86.32	86.80	
Ⅰ型盘形直齿插齿刀 Ⅱ型碗形直齿插齿刀 公称分度圆直径为 100mm	1	100	100	102.62		$m_n \leqslant 4mm$ $h_{a0}^*=1.25$ $m_n>4mm$ $h_{a0}^*=1.3$
	1.25	80	100	103.94		
	1.5	63	102	107.14		
	1.75	58	101.5	107.62		
	2	50	100	107.00		
	2.25	45	101.25	109.09		
	2.5	40	100	108.36		
	2.75	36	99	107.86		
	3	34	102	111.54		
	3.25	31	100.75	110.71		
	3.5	29	101.5	112.08		
	3.75	27	101.25	112.35		
	4	25	100	111.46		
	4.5	22	99	111.78		
	5	20	100	113.90		
	5.5	19	104.5	119.68		
	6	18	108	124.56		
Ⅰ型盘形直齿插齿刀 Ⅱ型碗形直齿插齿刀 公称分度圆直径为 125mm	4	31	124	136.80		1.3
	4.5	28	126	140.14		
	5	25	125	140.20		
	5.5	23	126.5	143.00		
	6	21	126	143.52		
	6.5	19	123.5	141.96		
	7	18	126	145.74		
	8	16	128	149.92		
Ⅰ型盘形直齿插齿刀 公称分度圆直径为 160mm	6	27	162	178.20		1.25
	6.5	25	162.5	180.06		
	7	23	161	179.90		
	8	20	160	181.60		
	9	18	162	186.30		
	10	16	160	187.00		
Ⅰ型盘形直齿插齿刀 公称分度圆直径为 200mm	8	25	200	221.60		1.25
	9	22	198	222.30		
	10	20	200	227.00		
	11	18	198	227.70		
	12	17	204	236.40		
Ⅱ型碗形直齿插齿刀 公称分度圆直径为 50mm	1	50	50	52.72		1.25
	1.25	40	50	53.38		
	1.5	34	51	55.04		
	1.75	29	50.75	55.49		
	2	25	50	55.40		
	2.25	22	49.5	55.56		
	2.5	20	50	56.76		
	2.75	18	49.5	56.92		
	3	17	51	59.10		
	3.25	15	48.75	57.53		
	3.5	14	49	58.44		
Ⅲ型锥柄直齿插齿刀 公称分度圆直径为 25mm	1	26	26	28.72		1.25
	1.25	20	25	28.38		
	1.5	18	27	31.04		
	1.75	15	26	30.89		
	2	13	26	31.24		
	2.25	12	27	32.90		
	2.5	10	25	31.26		
	2.75	10	27	34.48		
Ⅲ型锥柄直齿插齿刀 公称分度圆直径为 38mm	1	38	38	40.72		1.25
	1.25	30	37.5	40.88		
	1.5	25	37.5	41.54		
	1.75	22	38.5	43.24		
	2	19	38	43.40		
	2.25	16	36	41.98		
	2.5	15	37.5	44.26		
	2.75	14	38.5	45.88		
	3	12	36	43.74		
	3.25	12	39	47.58		
	3.5	11	38.5	47.52		
	3.75	10	37.5	46.88		

表 8. 2-21　渐开线函数 $\mathrm{inv}\alpha_k=\tan\alpha_k-\alpha_k$

α_k/(°)		0′	5′	10′	15′	20′	25′	30′	35′	40′	45′	50′	55′
10	0. 00	17941	18397	18860	19332	19812	20299	20795	21299	21810	22330	22859	23396
11	0. 00	23941	24495	25057	25628	26208	26797	27394	28001	28616	29241	29875	30518
12	0. 00	31171	31832	32504	33185	33875	34575	35285	36005	36735	37474	38224	38984
13	0. 00	39754	40534	41325	42126	42938	43760	44593	45437	46291	47157	48033	48921
14	0. 00	49819	50729	51650	52582	53526	54482	55448	56427	57417	58420	59434	60460
15	0. 00	61498	62548	63611	64686	65773	66873	67985	69110	70248	71398	72561	73738
16	0. 0	07493	07613	07735	07857	07982	08107	08234	08362	08492	08623	08756	08889
17	0. 0	09025	09161	09299	09439	09580	09722	09866	10012	10158	10307	10456	10608
18	0. 0	10760	10915	11071	11228	11387	11547	11709	11873	12038	12205	12373	12543
19	0. 0	12715	12888	13063	13240	13418	13598	13779	13963	14148	14334	14523	14713
20	0. 0	14904	15098	15293	15490	15689	15890	16092	16296	16502	16710	16920	17132
21	0. 0	17345	17560	17777	17996	18217	18440	18665	18891	19120	19350	19583	19817
22	0. 0	20054	20292	20533	20775	21019	21266	21514	21765	22018	22272	22529	22788
23	0. 0	23049	23312	23577	23845	24114	24386	24660	24936	25214	25495	25778	26062
24	0. 0	26350	26639	26931	27225	27521	27820	28121	28424	28729	29037	29348	29660
25	0. 0	29975	30293	30613	30935	31260	31587	31917	32249	32583	32920	33260	33602
26	0. 0	33947	34294	34644	34997	35352	35709	36069	36432	36798	37166	37537	37910
27	0. 0	38287	38666	39047	39432	39819	40209	40602	40997	41395	41797	42201	42607
28	0. 0	43017	43430	43845	44264	44685	45110	45537	45967	46400	46837	47276	47718
29	0. 0	48164	48612	49064	49518	49976	50437	50901	51368	51838	52312	52788	53268
30	0. 0	53751	54238	54728	55221	55717	56217	56720	57226	57736	58249	58765	59285
31	0. 0	59809	60336	60866	61400	61937	62478	63022	63570	46122	64677	65236	65799
32	0. 0	66364	66934	67507	68084	68665	69250	69838	70430	71026	71626	72230	72838
33	0. 0	73449	74064	74684	75307	75934	76565	77200	77839	78483	79130	79781	80437
34	0. 0	81097	81760	82428	83100	83777	84457	85142	85832	86525	87223	87925	88631
35	0. 0	89342	90058	90777	91502	92230	92963	93701	94443	95190	95942	96698	97459
36	0.	09822	09899	09977	10055	10133	10212	10292	10371	10452	10533	10614	10696
37	0.	10778	10861	10944	11028	11113	11197	11283	11369	11455	11542	11630	11718
38	0.	11806	11895	11985	12075	12165	12257	12348	12441	12534	12627	12721	12815
39	0.	12911	13006	13102	13199	13297	13395	13493	13592	13692	13792	13893	13995
40	0.	14097	14200	14303	14407	14511	14616	14722	14829	14936	15043	15152	15261
41	0.	15370	15480	15591	15703	15815	15928	16041	16156	16270	16386	16502	16619
42	0.	16737	16855	16974	17093	17214	17336	17457	17579	17702	17826	17951	18076
43	0.	18202	18329	18457	18585	18714	18844	18975	19106	19238	19371	19505	19639
44	0.	19774	19910	20047	20185	20323	20463	20603	20743	20885	21028	21171	21315
45	0.	21460	21606	21753	21900	22049	22198	22348	22499	22651	22804	22958	23112
46	0.	23268	23424	23582	23740	23899	24059	24220	24382	24545	24709	24874	25040
47	0.	25206	25374	25543	25713	25883	26055	26228	26401	26576	26752	26929	27107
48	0.	27285	27465	27646	27828	28012	28196	28381	28567	28755	28943	29133	29324
49	0.	29516	29709	29903	30098	30295	30492	30691	30891	31092	31295	31498	31703
50	0.	31909	32116	32324	32534	32745	32957	33171	33385	33601	33818	34037	34257
51	0.	34478	34700	34924	35149	35376	35604	35833	36063	36295	36529	36763	36999
52	0.	37237	37476	37716	37958	38202	38446	38693	38941	39190	39441	39693	39947
53	0.	40202	40459	40717	40977	41239	41502	41767	42034	42302	42571	42843	43116
54	0.	43390	43667	43945	44225	44506	44789	45074	45361	45650	45940	46232	46526
55	0.	46822	47119	47419	47720	48023	48328	48635	48944	49255	49568	49882	50199
56	0.	50518	50838	51161	51486	51813	52141	52472	52805	53141	53478	53817	54159
57	0.	54503	54849	55197	55547	55900	56255	56612	56972	57333	57698	58064	58433
58	0.	58804	59178	59554	59933	60314	60697	61083	61472	61863	62257	62653	63052
59	0.	63454	63858	64265	64674	65086	65501	65919	66340	66763	67189	67618	68050

注：1. $\mathrm{inv}27°15'=0.039432$；

$$\mathrm{inv}27°17'=0.039432+\frac{2}{5}\times 0.000387=0.039432+0.000155=0.039587。$$

2. $\mathrm{inv}\alpha=0.0060460$，由表求得 $\alpha=14°55'$。

3. α_k 表示任意一点的压力角。

3　渐开线圆柱齿轮齿厚的测量与计算

3.1　齿厚测量方法的比较和应用（见表8.2-22）

表8.2-22　齿厚测量方法的比较和应用

测量方法	简图	优点	缺点	应用
公法线长度	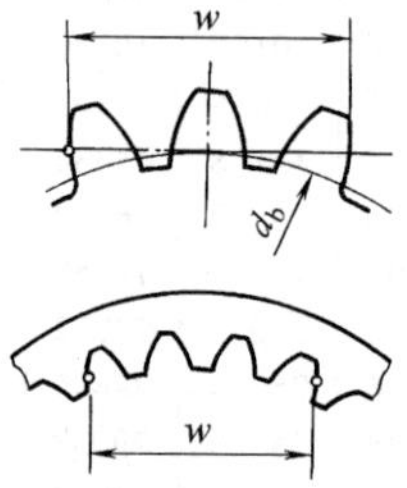	1）测量时不以齿顶圆为基准，因此不受齿顶圆误差的影响，测量精度较高并可放宽对齿顶圆的精度要求 2）测量方便 3）与量具接触的齿廓曲率半径较大，量具的磨损较轻	1）对斜齿轮，当 $b<w_k\sin\beta$ 时不能测量 2）当用于斜齿轮时，计算比较麻烦 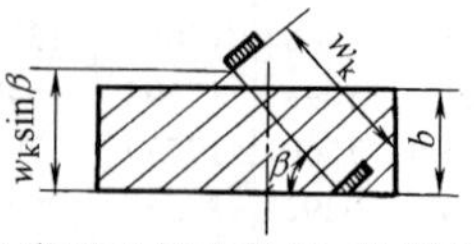	广泛用于各种齿轮的测量，但是对于大型齿轮因受量具限制使用不多
分度圆弦齿厚	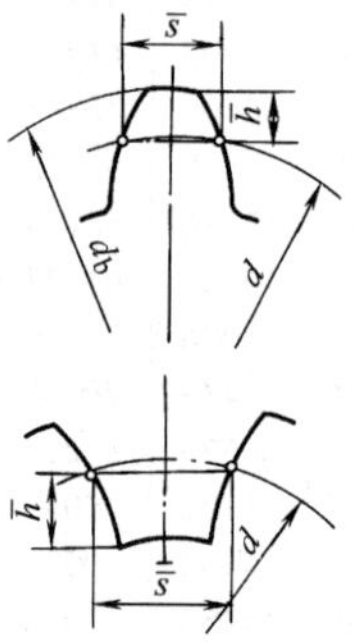	与固定弦齿厚相比，当齿轮的模数较小，或齿数较少时，测量比较方便	1）测量时以齿顶圆为基准，因此对齿顶圆的尺寸偏差及径向圆跳动有严格的要求 2）测量结果受齿顶圆误差的影响，精度不高 3）当变位系数较大（$x>0.5$）时，可能不便于测量 4）对斜齿轮，计算时要换算成当量齿数，增加了计算工作量 5）齿轮卡尺的卡爪尖部容易磨损	适用于大型齿轮的测量，也常用于精度要求不高的小型齿轮的测量
固定弦齿厚	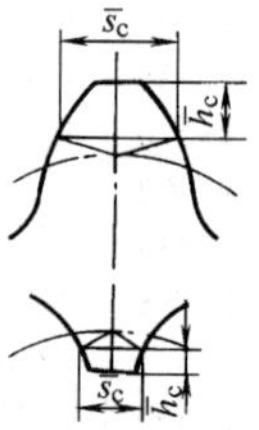	计算比较简单，特别是用于斜齿轮时，可省去当量齿数 z_v 的换算	1）测量时以齿顶圆为基准，因此对齿顶圆的尺寸偏差及径向圆跳动有严格的要求 2）测量结果受齿顶圆误差的影响，精度不高 3）齿轮卡尺的卡爪尖部容易磨损 4）对模数较小的齿轮，测量不够方便	适用于大型齿轮的测量
量柱（球）测量距	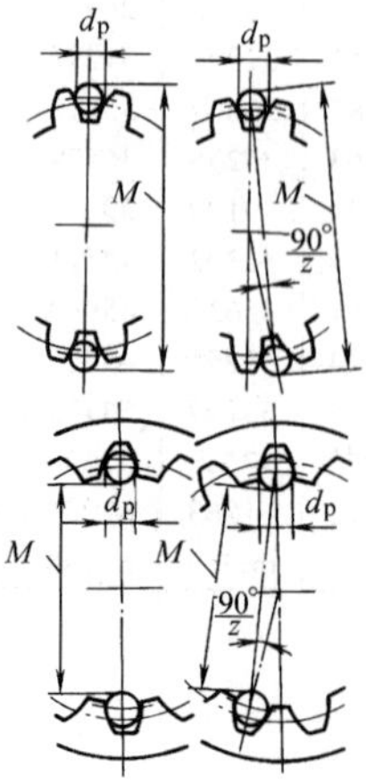	测量时不以齿顶圆为基准，因此不受齿顶圆误差的影响，并可放宽对齿顶圆的加工要求	1）对大型齿轮测量不方便 2）计算麻烦	多用于内齿轮和小模数齿轮的测量

3.2　公法线长度

3.2.1　公法线长度计算公式（见表8.2-23）

表 8.2-23　公法线长度计算公式

项　目		直齿轮(内啮合、外啮合)	斜齿轮(内啮合、外啮合)
标准齿轮	公法线跨齿数(内齿轮为跨齿槽数) k	$k=\frac{\alpha}{180°}z+0.5$ k 值四舍五入取整数 当 $\alpha=20°$时,k 值可按 z 查表 8.2-24	$k=\frac{\alpha_n}{180°}z'+0.5$ $z'=z\frac{\text{inv}\alpha_t}{\text{inv}\alpha_n}$ k 值四舍五入取整数 当 $\alpha_n=20°$时,比值$\frac{\text{inv}\alpha_t}{\text{inv}\alpha_n}$可查表 8.2-25 当 $\alpha_n=20°$时,k 可按 z'查表 8.2-24
	公法线长度 w_k 或 w_{kn}	$w_k=w_k^*m$ $w_k^*=\cos\alpha[\pi(k-0.5)+z\text{inv}\alpha]$ 当 $\alpha=20°$时,w_k^* 可按 z 查表 8.2-24	$w_k=w_{kn}^*m_n$ $w_{kn}^*=\cos\alpha_n[\pi(k-0.5)+z'\text{inv}\alpha_n]$ 当 $\alpha=20°$时,w_{kn}^*可按 z'查表 8.2-24
变位齿轮	公法线跨齿数(内齿轮为跨齿槽数) k	$k=\frac{\alpha}{180°}z+0.5+\frac{2x\cot\alpha}{\pi}$ k 值四舍五入取整数 当 $\alpha=20°$时,k 可按 z 查表 8.2-24	$k=\frac{\alpha_n}{180°}z'+0.5+\frac{2x_n\cot\alpha_n}{\pi}$ $z'=z\frac{\text{inv}\alpha_t}{\text{inv}\alpha_n}$ k 值四舍五入取整数 当 $\alpha_n=20°$时,比值$\frac{\text{inv}\alpha_t}{\text{inv}\alpha_n}$可查表 8.2-25 当 $\alpha_n=20°$时,k 可按 z'查表 8.2-24
	公法线长度 w_k 或 w_{kn}	$w_k=(w_k^*+\Delta w^*)m$ $w_k^*=\cos\alpha[\pi(k-0.5)+z\text{inv}\alpha]$ $\Delta w^*=2x\sin\alpha$ 当 $\alpha=20°$时,w_k^* 可按 z 查表 8.2-24;Δw^* 查表 8.2-27	$w_{kn}=(w_{kn}^*+\Delta w_n^*)m_n$ $w_{kn}^*=\cos\alpha_n[\pi(k-0.5)+z'\text{inv}\alpha_n]$ $\Delta w_n^*=2x_n\sin\alpha_n$ 当 $\alpha=20°$时,w_{kn}^*可按 z'查表 8.2-24;Δw_n^* 查表 8.2-27

3.2.2　公法线长度数值表(见表 8.2-24~表 8.2-27)

表 8.2-24　公法线长度 w_k^* (w_{kn}^*)($\alpha_n=\alpha=20°$, $m_n=m=1$mm)　(mm)

$z(z')$	$x(x_n)$	k	$w_k^*(w_{kn}^*)$	$z(z')$	$x(x_n)$	k	$w_k^*(w_{kn}^*)$	$z(z')$	$x(x_n)$	k	$w_k^*(w_{kn}^*)$
7	≤0.80	2	4.526	23	≤0.60	3	7.702	32	≤0.60	4	10.781
8	≤0.80	2	4.540		>0.60~1.40	4	10.655		>0.60~1.30	5	13.733
9	≤0.80	2	4.554	24	≤0.55	3	7.716		>1.30~1.80	6	16.685
10	≤0.90	2	4.568		>0.55~1.20	4	10.669	33	≤0.55	4	10.795
11	≤0.90	2	4.582		>1.20~1.60	5	13.621		>0.55~1.30	5	13.747
12	≤0.80	2	4.596	25	≤0.50	3	7.730		>1.30~1.80	6	16.699
	>0.80~1.20	3	7.548		>0.50~1.20	4	10.683	34	≤0.50	4	10.809
13	≤0.70	2	4.610		>1.20~1.60	5	13.635		>0.50~1.20	5	13.761
	>0.70~1.20	3	7.562	26	≤0.40	3	7.744		>1.20~1.80	6	16.713
14	≤0.60	2	4.624		>0.40~1.20	4	10.697	35	≤0.40	4	10.823
	>0.60~1.20	3	7.576		>1.20~1.60	5	13.649		>0.40~1.10	5	13.775
15	≤0.60	2	4.638	27	≤0.80	4	10.711		>1.10~1.90	6	16.727
	>0.60~1.20	3	7.590		>0.80~1.60	5	13.663	36	≤0.30	4	10.837
16	≤0.50	2	4.652		>1.60~1.80	6	16.615		>0.30~1.0	5	13.789
	>0.50~1.20	3	7.604	28	≤0.80	4	10.725		>1.0~1.90	6	16.741
17	≤1.0	3	7.618		>0.80~1.60	5	13.677	37	≤0.70	5	13.803
	>1.0~1.20	4	10.571		>1.60~1.80	6	16.629		>0.70~1.70	6	16.755
18	≤1.0	3	7.632	29	≤0.70	4	10.739		>1.70~2.00	7	19.707
	>1.0~1.20	4	10.585		>0.70~1.50	5	13.691	38	≤0.70	5	13.817
19	≤0.90	3	7.646		>1.50~1.80	6	16.643		>0.70~1.70	6	16.769
	>0.90~1.20	4	10.599	30	≤0.60	4	10.753		>1.70~2.00	7	19.721
20	≤0.80	3	7.660		>0.60~1.40	5	13.705	39	≤0.70	5	13.831
	>0.80~1.25	4	10.613		>1.40~1.80	6	16.657		>0.70~1.70	6	16.783
21	≤0.70	3	7.674	31	≤0.60	4	10.767		>1.70~2.00	7	19.735
	>0.70~1.30	4	10.627		>0.60~1.40	5	13.719	40	≤0.60	5	13.845
22	≤0.65	3	7.688		>1.40~1.80	6	16.671		>0.60~1.60	6	16.797
	>0.65~1.40	4	10.641						>1.60~2.00	7	19.749

（续）

$z(z')$	$x(x_n)$	k	$w_k^*(w_{kn}^*)$
41	≤0.50	5	13.859
	>0.50~1.40	6	16.811
	>1.40~2.00	7	19.763
42	≤0.40	5	13.873
	>0.40~1.20	6	16.825
	>1.20~2.20	7	19.777
43	≤0.30	5	13.887
	>0.30~1.10	6	16.839
	>1.10~2.20	7	19.791
44	≤0.20	5	13.901
	>0.20~1.0	6	16.853
	>1.0~1.6	7	19.805
	>1.6~2.2	8	22.757
45	≤0.20	5	13.915
	>0.20~1.0	6	16.867
	>1.0~1.6	7	19.819
	>1.6~2.2	8	22.771
46	≤0.60	6	16.881
	>0.60~1.5	7	19.833
	>1.5~2.2	8	22.785
47	≤0.55	6	16.895
	>0.55~1.55	7	19.847
	>1.55~2.2	8	22.799
48	≤0.50	6	16.909
	>0.50~1.4	7	19.861
	>1.4~2.2	8	22.813
	>2.2~2.5	9	25.765
49	≤0.50	6	16.923
	>0.50~1.4	7	19.875
	>1.4~2.2	8	22.827
	>2.2~2.5	9	25.779
50	≤0.50	6	16.937
	>0.50~1.3	7	19.889
	>1.3~2.0	8	22.841
	>2.0~2.4	9	25.793
51	≤0.45	6	16.951
	>0.45~1.2	7	19.903
	>1.2~1.9	8	22.855
	>1.9~2.4	9	25.807
52	≤0.40	6	16.965
	>0.40~1.1	7	19.917
	>1.1~1.8	8	22.869
	>1.8~2.4	9	25.821
53	≤0.30	6	16.979
	>0.30~1.0	7	19.931
	>1.0~1.7	8	22.883
	>1.7~2.4	9	25.835
54	≤0.20	6	16.993
	>0.20~1.0	7	19.945
	>1.0~1.6	8	22.897
	>1.6~2.4	9	25.849
55	≤0.80	7	19.959
	>0.80~1.7	8	22.911
	>1.7~2.4	9	25.863
56	≤0.80	7	19.973
	>0.80~1.6	8	22.925
	>1.6~2.4	9	25.877
57	≤0.80	7	19.987
	>0.80~1.5	8	22.939
	>1.5~2.0	9	25.891
	>2.0~2.4	10	28.844
58	≤0.80	7	20.001
	>0.80~1.4	8	22.953
	>1.4~2.0	9	25.905
	>2.0~2.4	10	28.858
59	≤0.65	7	20.015
	>0.65~1.3	8	22.967
	>1.3~2.0	9	25.919
	>2.0~2.4	10	28.872
60	≤0.50	7	20.029
	>0.5~1.2	8	22.981
	>1.2~2.0	9	25.933
	>2.0~2.6	10	28.886
61	≤0.40	7	20.043
	>0.40~1.1	8	22.995
	>1.1~1.9	9	25.947
	>1.9~2.6	10	28.900
62	≤0.30	7	20.057
	>0.30~1.0	8	23.009
	>1.0~1.8	9	25.961
	>1.8~2.6	10	28.914
63	≤0.20	7	20.071
	>0.20~0.9	8	23.023
	>0.9~1.7	9	25.975
	>1.7~2.6	10	28.928
64	≤0.80	8	23.037
	>0.80~1.6	9	25.989
	>1.6~2.4	10	28.942
	>2.4~2.6	11	31.894
65	≤0.80	8	23.051
	>0.80~1.5	9	26.003
	>1.5~2.3	10	28.956
	>2.3~2.6	11	31.908
66	≤0.80	8	23.065
	>0.80~1.5	9	26.017
	>1.5~2.2	10	28.970
	>2.2~2.6	11	31.922
67	≤0.80	8	23.079
	>0.80~1.4	9	26.031
	>1.4~2.1	10	28.984
	>2.1~2.8	11	31.936
68	≤0.80	8	23.093
	>0.80~1.3	9	26.045
	>1.3~2.0	10	28.998
	>2.0~2.8	11	31.950
69	≤0.70	8	23.107
	>0.70~1.2	9	26.059
	>1.2~1.9	10	29.012
	>1.9~2.7	11	31.964
70	≤0.60	8	23.121
	>0.60~1.2	9	26.073
	>1.2~1.8	10	29.026
	>1.8~2.6	11	31.978
71	≤0.50	8	23.135
	>0.50~1.1	9	26.087
	>1.1~1.7	10	29.040
	>1.7~2.5	11	31.992
72	≤0.40	8	23.149
	>0.4~1.0	9	26.101
	>1.0~1.6	10	29.054
	>1.6~2.4	11	32.006
73	≤0.80	9	26.115
	>0.80~1.7	10	29.068
	>1.7~2.3	11	32.020
	>2.3~2.8	12	34.972
74	≤0.80	9	26.129
	>0.8~1.6	10	29.082
	>1.6~2.2	11	32.034
	>2.2~2.8	12	34.986
75	≤0.80	9	26.144
	>0.8~1.5	10	29.096
	>1.5~2.1	11	32.048
	>2.1~2.8	12	35.000
76	≤0.80	9	26.158
	>0.8~1.4	10	29.110
	>1.4~2.0	11	32.062
	>2.0~2.8	12	35.014
77	≤0.70	9	26.172
	>0.70~1.3	10	29.124
	>1.3~1.9	11	32.076
	>1.9~2.7	12	35.028
78	≤0.60	9	26.186
	>0.60~1.2	10	29.138
	>1.2~1.8	11	32.090
	>1.8~2.6	12	35.042
79	≤0.50	9	26.200
	>0.50~1.1	10	29.152
	>1.1~1.8	11	32.104
	>1.8~2.5	12	35.056
80	≤0.40	9	26.214
	>0.40~1.0	10	29.166
	>1.0~1.8	11	32.118
	>1.8~2.4	12	35.070
81	≤0.30	9	26.228
	>0.30~0.9	10	29.180
	>0.9~1.8	11	32.182
	>1.8~2.4	12	35.084
82	≤0.80	10	29.194
	>0.8~1.6	11	32.146
	>1.6~2.2	12	35.098
	>2.2~2.8	13	38.050
83	≤0.80	10	29.208
	>0.8~1.5	11	32.160
	>1.5~2.2	12	35.112
	>2.2~2.8	13	38.064
84	≤0.80	10	29.222
	>0.8~1.4	11	32.174
	>1.4~2.2	12	35.126
	>2.2~2.8	13	38.078
85	≤0.70	10	29.236
	>0.7~1.3	11	32.188
	>1.3~2.1	12	35.140
	>2.1~2.8	13	38.092
86	≤0.60	10	29.250
	>0.6~1.2	11	32.202
	>1.2~2.0	12	35.154
	>2.0~2.8	13	38.106
87	≤0.60	10	29.264
	>0.6~1.2	11	32.216
	>1.2~1.9	12	35.168
	>1.9~2.7	13	38.120
88	≤0.60	10	29.278
	>0.6~1.2	11	32.230
	>1.2~1.8	12	35.182
	>1.8~2.6	13	38.134
89	≤0.50	10	29.292
	>0.5~1.1	11	32.244
	>1.1~1.7	12	35.196
	>1.7~2.5	13	38.148
90	≤0.40	10	29.306
	>0.4~1.1	11	32.258
	>1.1~1.6	12	35.210
	>1.6~2.4	13	38.162

（续）

$z(z')$	$x(x_n)$	k	$w_k^*(w_{kn}^*)$	$z(z')$	$x(x_n)$	k	$w_k^*(w_{kn}^*)$	$z(z')$	$x(x_n)$	k	$w_k^*(w_{kn}^*)$
91	≤0.80	11	32.272	112	≤0.60	13	38.470	129	≤0.50	15	44.612
	>0.8~1.5	12	35.224		>0.6~1.4	14	41.422		>0.5~1.5	16	47.565
	>1.5~2.2	13	38.176		>1.4~2.0	15	44.374		>1.5~2.0	17	50.517
	>2.2~2.8	14	41.128		>2.0~2.8	16	47.326		>2.0~2.5	18	53.469
92	≤0.80	11	32.286	113	≤0.60	13	38.484	130	≤0.50	15	44.626
	>0.8~1.4	12	35.238		>0.6~1.3	14	41.436		>0.5~1.5	16	47.579
	>1.4~2.2	13	38.190		>1.3~1.9	15	44.388		>1.5~2.0	17	50.531
	>2.2~2.8	14	41.142		>1.9~2.7	16	47.340		>2.0~2.5	18	53.483
93	≤0.70	11	32.300	114	≤0.60	13	38.498	131	≤0.50	15	44.641
	>0.7~1.3	12	35.252		>0.6~1.2	14	41.450		>0.5~1.5	16	47.593
	>1.3~2.1	13	38.204		>1.2~1.8	15	44.402		>1.5~2.0	17	50.545
	>2.1~2.8	14	41.156		>1.8~2.6	16	47.354		>2.0~2.5	18	53.497
94	≤0.60	11	32.314	115	≤0.50	13	38.512	132	≤0.50	15	44.654
	>0.6~1.2	12	35.266		>0.5~1.1	14	41.464		>0.5~1.5	16	47.607
	>1.2~2.0	13	38.218		>1.1~1.8	15	44.416		>1.5~2.0	17	50.559
	>2.0~2.8	14	41.170		>1.8~2.5	16	47.368		>2.0~2.5	18	53.511
95	≤0.60	11	32.328	116	≤0.40	13	38.526	133	≤0.50	15	44.668
	>0.6~1.2	12	35.280		>0.4~1.0	14	41.478		>0.5~1.5	16	47.621
	>1.2~2.0	13	38.232		>1.0~1.8	15	44.430		>1.5~2.0	17	50.573
	>2.0~2.6	14	41.148		>1.8~2.5	16	47.382		>2.0~2.5	18	53.525
96	≤0.60	11	32.342	117	≤0.80	14	41.492	134	≤0.50	15	44.682
	>0.6~1.2	12	35.294		>0.8~1.6	15	44.444		>0.5~1.5	16	47.635
	>1.2~2.0	13	38.246		>1.6~2.2	16	47.396		>1.5~2.0	17	50.587
	>2.0~2.6	14	41.198		>2.2~2.6	17	50.348		>2.0~2.5	18	53.539
97	≤0.50	11	32.356	118	≤0.80	14	41.506	135	≤0.50	16	47.649
	>0.5~1.1	12	35.308		>0.8~1.6	15	44.458		>0.5~1.5	17	50.601
	>1.1~1.9	13	38.260		>1.6~2.2	16	47.410		>1.5~2.0	18	53.553
	>1.9~2.5	14	41.212		>2.2~2.6	17	50.362		>2.0~2.5	19	56.505
98	≤0.40	11	32.370	119	≤0.80	14	41.520	136	≤0.50	16	47.663
	>0.4~1.0	12	35.322		>0.8~1.5	15	44.472		>0.5~1.5	17	50.615
	>1.0~1.8	13	38.274		>1.5~2.1	16	47.424		>1.5~2.0	18	53.567
	>1.8~2.5	14	41.226		>2.1~2.5	17	50.376		>2.0~2.5	19	56.519
99	≤0.30	11	32.384	120	≤0.80	14	41.534	137	≤0.50	16	47.671
	>0.3~0.9	12	35.336		>0.8~1.4	15	44.486		>0.5~1.5	17	50.629
	>0.9~1.7	13	38.288		>1.4~2.0	16	47.438		>1.5~2.0	18	53.581
	>1.7~2.4	14	41.240		>2.0~2.5	17	50.390		>2.0~2.5	19	56.533
100	≤0.80	12	35.350	121	≤0.50	14	41.548	138	≤0.50	16	47.691
	>0.8~1.6	13	38.302		>0.5~1.5	15	44.500		>0.5~1.5	17	50.643
	>1.6~2.2	14	41.254		>1.5~2.0	16	47.453		>1.5~2.0	18	53.595
	>2.2~2.8	15	44.206		>2.0~2.5	17	50.405		>2.0~2.5	19	56.547
102	≤0.60	12	35.378	122	≤0.50	14	41.562	139	≤0.50	16	47.705
	>0.6~1.4	13	38.330		>0.5~1.5	15	44.514		>0.5~1.5	17	50.657
	>1.4~2.0	14	41.282		>1.5~2.0	16	47.467		>1.5~2.0	18	53.609
	>2.0~2.8	15	44.234		>2.0~2.5	17	50.419		>2.0~2.5	19	56.561
104	≤0.40	12	35.406	123	≤0.50	14	41.576	140	≤0.50	16	47.719
	>0.4~1.2	13	38.358		>0.5~1.5	15	44.528		>0.5~1.5	17	50.671
	>1.2~2.0	14	41.310		>1.5~2.0	16	47.481		>1.5~2.0	18	53.623
	>2.0~2.7	15	44.262		>2.0~2.5	17	50.433		>2.0~2.5	19	56.575
105	≤0.40	12	35.420	124	≤0.50	14	41.590	141	≤0.50	16	47.733
	>0.4~1.2	13	38.372		>0.5~1.5	15	44.542		>0.5~1.5	17	50.685
	>1.2~1.9	14	41.324		>1.5~2.0	16	47.495		>1.5~2.0	18	53.637
	>1.9~2.6	15	44.276		>2.0~2.5	17	50.447		>2.0~2.5	19	56.589
106	≤0.40	12	35.434	125	≤0.50	14	41.604	142	≤0.50	16	47.747
	>0.4~1.2	13	38.386		>0.5~1.5	15	44.556		>0.5~1.5	17	50.699
	>1.2~1.8	14	41.338		>1.5~2.0	16	47.509		>1.5~2.0	18	53.651
	>1.8~2.5	15	44.290		>2.0~2.5	17	50.461		>2.0~2.5	19	56.603
108	≤0.20	12	35.462	126	≤0.50	15	44.570	143	≤0.50	16	47.761
	>0.2~1.0	13	38.414		>0.5~1.5	16	47.523		>0.5~1.5	17	50.713
	>1.0~1.6	14	41.366		>1.5~2.0	17	50.475		>1.5~2.0	18	53.665
	>1.6~2.4	15	44.318		>2.0~2.5	18	53.427		>2.0~2.5	19	56.617
110	≤0.80	13	38.442	127	≤0.50	15	44.585	144	≤0.50	17	50.727
	>0.8~1.5	14	41.394		>0.5~1.5	16	47.537		>0.5~1.5	18	53.679
	>1.5~2.2	15	44.346		>1.5~2.0	17	50.489		>1.5~2.0	19	56.631
	>2.2~2.8	16	47.298		>2.0~2.5	18	53.441		>2.0~2.5	20	59.583
111	≤0.70	13	38.456	128	≤0.50	15	44.598	145	≤0.50	17	50.741
	>0.7~1.4	14	41.408		>0.5~1.5	16	47.551		>0.5~1.5	18	53.693
	>1.4~2.1	15	44.360		>1.5~2.0	17	50.503		>1.5~2.0	19	56.645
	>2.1~2.8	16	47.312		>2.0~2.5	18	53.455		>2.0~2.5	20	59.597

（续）

$z(z')$	$x(x_n)$	k	$w_k^*(w_{kn}^*)$	$z(z')$	$x(x_n)$	k	$w_k^*(w_{kn}^*)$	$z(z')$	$x(x_n)$	k	$w_k^*(w_{kn}^*)$
146	≤0.50	17	50.755	158	≤0.50	18	53.875	170	≤0.50	19	56.995
	>0.5~1.5	18	53.707		>0.5~1.5	19	56.827		>0.5~1.5	20	59.947
	>1.5~2.0	19	56.659		>1.5~2.0	20	59.779		>1.5~2.0	21	62.900
	>2.0~2.5	20	59.611		>2.0~2.5	21	62.732		>2.0~2.5	22	65.852
147	≤0.50	17	50.769	159	≤0.50	18	53.889	171	≤0.50	20	59.961
	>0.5~1.5	18	53.721		>0.5~1.5	19	56.841		>0.5~1.5	21	62.914
	>1.5~2.0	19	56.673		>1.5~2.0	20	59.793		>1.5~2.0	22	65.866
	>2.0~2.5	20	59.625		>2.0~2.5	21	62.746		>2.0~2.5	23	68.818
148	≤0.50	17	50.783	160	≤0.50	18	53.903	172	≤0.50	20	59.975
	>0.5~1.5	18	53.735		>0.5~1.5	19	56.855		>0.5~1.5	21	62.928
	>1.5~2.0	19	56.687		>1.5~2.0	20	59.807		>1.5~2.0	22	65.880
	>2.0~2.5	20	59.639		>2.0~2.5	21	62.760		>2.0~2.5	23	68.832
149	≤0.50	17	50.797	161	≤0.50	19	56.869	173	≤0.50	20	59.990
	>0.5~1.5	18	53.749		>0.5~1.5	20	59.821		>0.5~1.5	21	62.942
	>1.5~2.0	19	56.701		>1.5~2.0	21	62.774		>1.5~2.0	22	65.894
	>2.0~2.5	20	59.653		>2.0~2.5	22	65.726		>2.0~2.5	23	68.846
150	≤0.50	17	50.811	162	≤0.50	19	56.883	174	≤0.50	20	60.003
	>0.5~1.5	18	53.763		>0.5~1.5	20	59.835		>0.5~1.5	21	62.956
	>1.5~2.0	19	56.715		>1.5~2.0	21	62.788		>1.5~2.0	22	65.908
	>2.0~2.5	20	59.667		>2.0~2.5	22	65.740		>2.0~2.5	23	68.860
151	≤0.50	17	50.825	163	≤0.50	19	56.897	175	≤0.50	20	60.017
	>0.5~1.5	18	53.777		>0.5~1.5	20	59.849		>0.5~1.5	21	62.970
	>1.5~2.0	19	56.729		>1.5~2.0	21	62.802		>1.5~2.0	22	65.922
	>2.0~2.5	20	59.681		>2.0~2.5	22	65.754		>2.0~2.5	23	68.874
152	≤0.50	17	50.839	164	≤0.50	19	56.911	176	≤0.50	20	60.031
	>0.5~1.5	18	53.791		>0.5~1.5	20	59.863		>0.5~1.5	21	62.984
	>1.5~2.0	19	56.743		>1.5~2.0	21	62.816		>1.5~2.0	22	65.936
	>2.0~2.5	20	59.695		>2.0~2.5	22	65.768		>2.0~2.5	23	68.888
153	≤0.50	18	53.805	165	≤0.50	19	56.925	177	≤0.50	20	60.045
	>0.5~1.5	19	56.757		>0.5~1.5	20	59.877		>0.5~1.5	21	62.998
	>1.5~2.0	20	59.709		>1.5~2.0	21	62.830		>1.5~2.0	22	65.950
	>2.0~2.5	21	62.662		>2.0~2.5	22	65.782		>2.0~2.5	23	68.902
154	≤0.50	18	53.819	166	≤0.50	19	56.939	178	≤0.50	20	60.059
	>0.5~1.5	19	56.771		>0.5~1.5	20	59.891		>0.5~1.5	21	63.012
	>1.5~2.0	20	59.723		>1.5~2.0	21	62.844		>1.5~2.0	22	65.964
	>2.0~2.5	21	62.676		>2.0~2.5	22	65.769		>2.0~2.5	23	68.916
155	≤0.50	18	53.833	167	≤0.50	19	56.953	179	≤0.50	20	60.074
	>0.5~1.5	19	56.785		>0.5~1.5	20	59.906		>0.5~1.5	21	63.026
	>1.5~2.0	20	59.737		>1.5~2.0	21	62.858		>1.5~2.0	22	65.978
	>2.0~2.5	21	62.690		>2.0~2.5	22	65.810		>2.0~2.5	23	68.930
156	≤0.50	18	53.847	168	≤0.50	19	56.967	180	≤0.50	21	63.040
	>0.5~1.5	19	56.799		>0.5~1.5	20	59.919		>0.5~1.5	22	65.992
	>1.5~2.0	20	59.751		>1.5~2.0	21	62.872		>1.5~2.0	23	68.944
	>2.0~2.5	21	62.704		>2.0~2.5	22	65.824		>2.0~2.5	24	71.896
157	≤0.50	18	53.861	169	≤0.50	19	56.981				
	>0.5~1.5	19	56.813		>0.5~1.5	20	59.933				
	>1.5~2.0	20	59.765		>1.5~2.0	21	62.886				
	>2.0~2.5	21	62.718		>2.0~2.5	22	65.838				

注：1. w_k^*（w_{kn}^*）为 $m=1\text{mm}$（或 $m_n=1\text{mm}$）时标准齿轮的公法线长度；当模数 $m\neq 1\text{mm}$（或 $m_n\neq 1\text{mm}$）时标准齿轮的公法线长度应为 $w_k=w_k^*m$（或 $w_{kn}=w_{kn}^*m_n$）。变位齿轮的公法线长度应按式 $w_k=m(w_k^*+\Delta w^*)$ 或 $w_{kn}=m_n(w_{kn}^*+\Delta w_n^*)$ 计算，式中 Δw^*（Δw_n^*）见表 8.2-27。

2. 对直齿轮表中 $z'=z$；对斜齿轮，$z'=z\dfrac{\text{inv}\alpha_t}{0.0149}$（比值$\dfrac{\text{inv}\alpha_t}{0.0149}$见表 8.2-25），按此式算出的 z'后面如有小数部分时，应利用表 8.2-26 的数值，按插入法进行补偿计算。

例　确定斜齿轮的公法线长度。已知 $z=23$，$m_n=4\text{mm}$，$\alpha_n=20°$，$\beta_0=29°48'$。

解　1）假想齿数 $z'=z\dfrac{\text{inv}\alpha_t}{0.0149}$，由表 8.2-25 查出$\dfrac{\text{inv}\alpha_t}{0.0149}=1.4953$（插入法计算）；

$z'=1.4953\times23=34.39$（取到小数点后两位数值）。

2）查表 8.2-24，$z'=34$ 为 10.809mm；查表 8.2-26，$z'=0.39$ 为 0.0055mm；$w_{kn}^*=(10.809+0.0055)\text{mm}=10.8145\text{mm}$。

3）$w_{kn}=w_{kn}^*m_n=10.8145\times4\text{mm}=43.258\text{mm}$。

表 8.2-25　比值 $\dfrac{\mathrm{inv}\alpha_t}{\mathrm{inv}\alpha_n}=\dfrac{\mathrm{inv}\alpha_t}{0.0149}$　（$\alpha_n=20°$）

β	$\frac{\mathrm{inv}\alpha_t}{\mathrm{inv}\alpha_n}$	β	$\frac{\mathrm{inv}\alpha_t}{\mathrm{inv}\alpha_n}$	β	$\frac{\mathrm{inv}\alpha_t}{\mathrm{inv}\alpha_n}$	β	$\frac{\mathrm{inv}\alpha_t}{\mathrm{inv}\alpha_n}$	β	$\frac{\mathrm{inv}\alpha_t}{\mathrm{inv}\alpha_n}$	β	$\frac{\mathrm{inv}\alpha_t}{\mathrm{inv}\alpha_n}$	β	$\frac{\mathrm{inv}\alpha_t}{\mathrm{inv}\alpha_n}$
7.00°	1.021595	12.00°	1.065083	17.00°	1.135833	22.00°	1.240111	27.00°	1.387956	32.00°	1.595175	37.00°	1.886893
7.10°	1.022225	12.10°	1.066215	17.10°	1.137564	22.10°	1.242600	27.10°	1.391453	32.10°	1.600076	37.10°	1.893834
7.20°	1.022864	12.20°	1.067357	17.20°	1.139308	22.20°	1.245106	27.20°	1.394974	32.20°	1.605012	37.20°	1.900824
7.30°	1.023513	12.30°	1.068511	17.30°	1.141065	22.30°	1.247629	27.30°	1.398519	32.30°	1.609981	37.30°	1.907865
7.40°	1.024170	12.40°	1.069676	17.40°	1.142836	22.40°	1.250170	27.40°	1.402087	32.40°	1.614984	37.40°	1.914956
7.50°	1.024838	12.50°	1.070851	17.50°	1.144621	22.50°	1.252728	27.50°	1.405680	32.50°	1.620021	37.50°	1.922098
7.60°	1.025515	12.60°	1.072038	17.60°	1.146419	22.60°	1.255305	27.60°	1.409297	32.60°	1.625093	37.60°	1.929292
7.70°	1.026201	12.70°	1.073235	17.70°	1.148231	22.70°	1.257899	27.70°	1.412938	32.70°	1.630200	37.70°	1.936537
7.80°	1.026897	12.80°	1.074444	17.80°	1.150056	22.80°	1.260511	27.80°	1.416604	32.80°	1.635342	37.80°	1.943835
7.90°	1.027603	12.90°	1.075664	17.90°	1.151896	22.90°	1.263141	27.90°	1.420294	32.90°	1.640519	37.90°	1.951185
8.00°	1.028318	13.00°	1.076895	18.00°	1.153729	23.00°	1.265789	28.00°	1.424010	33.00°	1.645732	38.00°	1.958588
8.10°	1.029043	13.10°	1.078137	18.10°	1.155616	23.10°	1.268455	28.10°	1.427750	33.10°	1.650980	38.10°	1.966045
8.20°	1.029777	13.20°	1.079390	18.20°	1.157497	23.20°	1.271140	28.20°	1.431516	33.20°	1.656265	38.20°	1.973556
8.30°	1.030521	13.30°	1.080655	18.30°	1.159392	23.30°	1.273844	28.30°	1.435307	33.30°	1.661587	38.30°	1.981122
8.40°	1.031275	13.40°	1.081931	18.40°	1.161302	23.40°	1.276566	28.40°	1.439124	33.40°	1.666945	38.40°	1.988742
8.50°	1.032038	13.50°	1.083219	18.50°	1.163225	23.50°	1.279306	28.50°	1.442967	33.50°	1.672340	38.50°	1.996418
8.60°	1.032811	13.60°	1.084518	18.60°	1.165163	23.60°	1.282066	28.60°	1.446835	33.60°	1.677772	38.60°	2.004149
8.70°	1.033594	13.70°	1.085828	18.70°	1.167116	23.70°	1.284844	28.70°	1.450730	33.70°	1.683242	38.70°	2.011937
8.80°	1.034386	13.80°	1.087150	18.80°	1.169082	23.80°	1.287642	28.80°	1.454650	33.80°	1.688750	38.80°	2.019782
8.90°	1.035189	13.90°	1.088484	18.90°	1.171064	23.90°	1.290458	28.90°	1.458598	33.90°	1.694296	38.90°	2.027684
9.00°	1.036001	14.00°	1.089829	19.00°	1.173060	24.00°	1.293294	29.00°	1.462572	34.00°	1.699880	39.00°	2.035644
9.10°	1.036823	14.10°	1.091186	19.10°	1.175070	24.10°	1.296149	29.10°	1.466573	34.10°	1.705503	39.10°	2.043663
9.20°	1.037655	14.20°	1.092554	19.20°	1.177095	24.20°	1.299024	29.20°	1.470601	34.20°	1.711166	39.20°	2.051740
9.30°	1.038497	14.30°	1.093934	19.30°	1.179135	24.30°	1.301919	29.30°	1.474656	34.30°	1.716867	39.30°	2.059876
9.40°	1.039349	14.40°	1.095326	19.40°	1.181190	24.40°	1.304833	29.40°	1.478738	34.40°	1.722609	39.40°	2.068073
9.50°	1.040211	14.50°	1.096730	19.50°	1.183260	24.50°	1.307767	29.50°	1.482848	34.50°	1.728390	39.50°	2.076329
9.60°	1.041083	14.60°	1.098146	19.60°	1.185345	24.60°	1.310721	29.60°	1.486986	34.60°	1.734211	39.60°	2.084647
9.70°	1.041964	14.70°	1.099574	19.70°	1.187445	24.70°	1.313695	29.70°	1.491152	34.70°	1.740073	39.70°	2.093026
9.80°	1.042856	14.80°	1.101014	19.80°	1.189560	24.80°	1.316690	29.80°	1.495346	34.80°	1.745977	39.80°	2.101467
9.90°	1.043758	14.90°	1.102466	19.90°	1.191691	24.90°	1.319704	29.90°	1.499569	34.90°	1.751921	39.90°	2.109970
10.00°	1.044670	15.00°	1.103930	20.00°	1.193837	25.00°	1.322740	30.00°	1.503820	35.00°	1.757907	40.00°	2.118537
10.10°	1.045592	15.10°	1.105406	20.10°	1.195998	25.10°	1.325795	30.10°	1.508100	35.10°	1.763935	40.10°	2.127167
10.20°	1.046525	15.20°	1.106894	20.20°	1.198175	25.20°	1.328872	30.20°	1.512409	35.20°	1.770005	40.20°	2.135862
10.30°	1.047467	15.30°	1.108395	20.30°	1.200367	25.30°	1.331970	30.30°	1.516747	35.30°	1.776117	40.30°	2.144621
10.40°	1.048420	15.40°	1.109907	20.40°	1.202573	25.40°	1.335088	30.40°	1.521115	35.40°	1.782273	40.40°	2.153445
10.50°	1.049383	15.50°	1.111433	20.50°	1.204799	25.50°	1.338228	30.50°	1.525512	35.50°	1.788472	40.50°	2.162335
10.60°	1.050356	15.60°	1.112970	20.60°	1.207039	25.60°	1.341389	30.60°	1.529939	35.60°	1.794714	40.60°	2.171292
10.70°	1.051340	15.70°	1.114520	20.70°	1.209295	25.70°	1.344571	30.70°	1.534396	35.70°	1.801001	40.70°	2.180316
10.80°	1.052334	15.80°	1.116083	20.80°	1.211567	25.80°	1.347775	30.80°	1.538883	35.80°	1.807332	40.80°	2.189408
10.90°	1.053339	15.90°	1.117658	20.90°	1.213855	25.90°	1.351001	30.90°	1.543401	35.90°	1.813707	40.90°	2.198567
11.00°	1.054353	16.00°	1.119246	21.00°	1.216159	26.00°	1.354249	31.00°	1.547950	36.00°	1.820128		
11.10°	1.055379	16.10°	1.120847	21.10°	1.218479	26.10°	1.357518	31.10°	1.552529	36.10°	1.826594		
11.20°	1.056414	16.20°	1.122460	21.20°	1.220816	26.20°	1.360810	31.20°	1.557140	36.20°	1.833105		
11.30°	1.057461	16.30°	1.124086	21.30°	1.223169	26.30°	1.364124	31.30°	1.561782	36.30°	1.839663		
11.40°	1.058518	16.40°	1.125725	21.40°	1.225539	26.40°	1.367460	31.40°	1.566455	36.40°	1.846268		
11.50°	1.059585	16.50°	1.127377	21.50°	1.227925	26.50°	1.370819	31.50°	1.571161	36.50°	1.852919		
11.60°	1.060663	16.60°	1.129042	21.60°	1.230329	26.60°	1.374200	31.60°	1.575899	36.60°	1.859617		
11.70°	1.061752	16.70°	1.130720	21.70°	1.232749	26.70°	1.377604	31.70°	1.580669	36.70°	1.866364		
11.80°	1.062852	16.80°	1.132411	21.80°	1.235186	26.80°	1.381032	31.80°	1.585471	36.80°	1.873158		
11.90°	1.063962	16.90°	1.134115	21.90°	1.237640	26.90°	1.384482	31.90°	1.590306	36.90°	1.880001		

表 8. 2-26　假想齿数的小数部分公法线长度 w_k^*（w_{kn}^*）

（$m_n = m = 1\text{mm}, \alpha_n = \alpha = 20°$）　　　　(mm)

z'	0. 00	0. 01	0. 02	0. 03	0. 04	0. 05	0. 06	0. 07	0. 08	0. 09
0. 0	0. 0000	0. 0001	0. 0003	0. 0004	0. 0006	0. 0007	0. 0008	0. 0010	0. 0011	0. 0013
0. 1	0. 0014	0. 0015	0. 0017	0. 0018	0. 0020	0. 0021	0. 0022	0. 0024	0. 0025	0. 0027
0. 2	0. 0028	0. 0029	0. 0031	0. 0032	0. 0034	0. 0035	0. 0036	0. 0038	0. 0039	0. 0041
0. 3	0. 0042	0. 0043	0. 0045	0. 0046	0. 0048	0. 0049	0. 0051	0. 0052	0. 0053	0. 0055
0. 4	0. 0056	0. 0057	0. 0059	0. 0060	0. 0061	0. 0063	0. 0064	0. 0066	0. 0067	0. 0069
0. 5	0. 0070	0. 0071	0. 0073	0. 0074	0. 0076	0. 0077	0. 0079	0. 0080	0. 0081	0. 0083
0. 6	0. 0084	0. 0085	0. 0087	0. 0088	0. 0089	0. 0091	0. 0092	0. 0094	0. 0095	0. 0097
0. 7	0. 0098	0. 0099	0. 0101	0. 0102	0. 0104	0. 0105	0. 0106	0. 0108	0. 0109	0. 0111
0. 8	0. 0112	0. 0114	0. 0115	0. 0116	0. 0118	0. 0119	0. 0120	0. 0122	0. 0123	0. 0124
0. 9	0. 0126	0. 0127	0. 0129	0. 0130	0. 0132	0. 0133	0. 0135	0. 0136	0. 0137	0. 0139

表 8. 2-27　变位齿轮的公法线长度附加量 Δw^*

（$m_n = m = 1$，$\alpha_n = \alpha = 20°$）　　　　(mm)

x（或 x_n）	0. 00	0. 01	0. 02	0. 03	0. 04	0. 05	0. 06	0. 07	0. 08	0. 09
0. 0	0. 0000	0. 0068	0. 0137	0. 0205	0. 0274	0. 0342	0. 0410	0. 0479	0. 0547	0. 0616
0. 1	0. 0684	0. 0752	0. 0821	0. 0889	0. 0958	0. 1026	0. 1094	0. 1163	0. 1231	0. 1300
0. 2	0. 1368	0. 1436	0. 1505	0. 1573	0. 1642	0. 1710	0. 1779	0. 1847	0. 1915	0. 1984
0. 3	0. 2052	0. 2121	0. 2189	0. 2257	0. 2326	0. 2394	0. 2463	0. 2531	0. 2599	0. 2668
0. 4	0. 2736	0. 2805	0. 2873	0. 2941	0. 3010	0. 3078	0. 3147	0. 3215	0. 3283	0. 3352
0. 5	0. 3420	0. 3489	0. 3557	0. 3625	0. 3694	0. 3762	0. 3831	0. 3899	0. 3967	0. 4036
0. 6	0. 4104	0. 4173	0. 4241	0. 4309	0. 4378	0. 4446	0. 4515	0. 4583	0. 4651	0. 4720
0. 7	0. 4788	0. 4857	0. 4925	0. 4993	0. 5062	0. 5130	0. 5199	0. 5267	0. 5336	0. 5404
0. 8	0. 5472	0. 5541	0. 5609	0. 5678	0. 5746	0. 5814	0. 5883	0. 5951	0. 6020	0. 6088
0. 9	0. 6156	0. 6225	0. 6293	0. 6362	0. 6430	0. 6498	0. 6567	0. 6635	0. 6704	0. 6772
1. 0	0. 6840	0. 6909	0. 6977	0. 7046	0. 7114	0. 7182	0. 7251	0. 7319	0. 7388	0. 7456
1. 1	0. 7524	0. 7593	0. 7661	0. 7730	0. 7798	0. 7866	0. 7935	0. 8003	0. 8072	0. 8140
1. 2	0. 8208	0. 8277	0. 8345	0. 8414	0. 8482	0. 8551	0. 8619	0. 8687	0. 8756	0. 8824
1. 3	0. 8893	0. 8961	0. 9029	0. 9098	0. 9166	0. 9235	0. 9303	0. 9371	0. 9440	0. 9508
1. 4	0. 9577	0. 9645	0. 9713	0. 9782	0. 9850	0. 9919	0. 9987	1. 0055	1. 0124	1. 0192
1. 5	1. 0261	1. 0329	1. 0397	1. 0466	1. 0534	1. 0603	1. 0671	1. 0739	1. 0808	1. 0876
1. 6	1. 0945	1. 1013	1. 1081	1. 1150	1. 1218	1. 1287	1. 1355	1. 1423	1. 1492	1. 1560
1. 7	1. 1629	1. 1697	1. 1765	1. 1834	1. 1902	1. 1971	1. 2039	1. 2108	1. 2176	1. 2244
1. 8	1. 2313	1. 2381	1. 2450	1. 2518	1. 2586	1. 2655	1. 2723	1. 2792	1. 2860	1. 2928
1. 9	1. 2997	1. 3065	1. 3134	1. 3202	1. 3270	1. 3339	1. 3407	1. 3476	1. 3544	1. 3612

3. 3　分度圆弦齿厚

3. 3. 1　分度圆弦齿厚计算公式（见表 8. 2-28）

表 8. 2-28　分度圆弦齿厚计算公式

项目			直齿轮（内啮合、外啮合）	斜齿轮（内啮合、外啮合）
外齿轮	标准齿轮	分度圆弦齿厚 $\bar{s}(\bar{s}_n)$	$\bar{s} = zm\sin\dfrac{90°}{z}$ $\bar{s}$ 查表 8. 2-29	$\bar{s}_n = z_v m_n \sin\dfrac{90°}{z_v}$ $\bar{s}_n$ 查表 8. 2-29
		分度圆弦齿高 $\bar{h}_a(\bar{h}_{an})$	$\bar{h}_a = m\left[1+\dfrac{z}{2}\left(1-\cos\dfrac{90°}{z}\right)\right]$ $\bar{h}_a$ 查表 8. 2-29	$\bar{h}_{an} = m_n\left[1+\dfrac{z_v}{2}\left(1-\cos\dfrac{90°}{z_v}\right)\right]$ $\bar{h}_{an}$ 查表 8. 2-29
	变位齿轮	分度圆弦齿厚 $\bar{s}(\bar{s}_n)$	$\bar{s} = zm\sin\Delta$，$\Delta = \dfrac{90°+41.7°x}{z}$ $\bar{s}$ 查表 8. 2-30	$\bar{s}_n = z_v m_n \sin\Delta$，$\Delta = \dfrac{90°+41.7°x_n}{z_v}$ $\bar{s}_n$ 查表 8. 2-30
		分度圆弦齿高 $\bar{h}_a(\bar{h}_{an})$	$\bar{h}_a = h_a + \dfrac{zm}{2}(1-\cos\Delta)$ $\bar{h}_a$ 查表 8. 2-30	$\bar{h}_{an} = h_a + \dfrac{z_v m_n}{2}(1-\cos\Delta)$ $\bar{h}_{an}$ 查表 8. 2-30

（续）

项　　目		直齿轮（内啮合、外啮合）	斜齿轮（内啮合、外啮合）
内齿轮	分度圆弦齿厚 $\bar{s}(\bar{s}_n)$	$\bar{s}_2=z_2m\sin\Delta_2$，$\Delta_2=\dfrac{90°-41.7°x_2}{z_2}$	$\bar{s}_{n2}=z_{v2}m_n\sin\Delta_2$，$\Delta_2=\dfrac{90°-41.7°x_{n2}}{z_{v2}}$
	分度圆弦齿高 $\bar{h}_a(\bar{h}_{an})$	$\bar{h}_{a2}=h_{a2}-\dfrac{z_2m}{2}(1-\cos\Delta_2)+\Delta h$ $\Delta h=\dfrac{d_{a2}}{2}(1-\cos\delta_a)$ $\delta_a=\dfrac{\pi}{2z_2}-\mathrm{inv}\alpha-\dfrac{2x_2}{z_2}\tan\alpha+\mathrm{inv}\alpha_{a2}$	$\bar{h}_{an2}=h_{a2}-\dfrac{z_{v2}m_n}{2}(1-\cos\Delta_2)+\Delta h$ $\Delta h=\dfrac{d_{a2}}{2}(1-\cos\delta_a)$ $\delta_a=\dfrac{\pi}{2z_{v2}}-\mathrm{inv}\alpha_t-\dfrac{2x_{n2}}{z_{v2}}\tan\alpha_t+\mathrm{inv}\alpha_{at2}$

3.3.2　分度圆弦齿厚数值表（见表 8.2-29、表 8.2-30）

表 8.2-29　外啮合标准齿轮分度圆弦齿厚 $\bar{s}$（$\bar{s}_n$）和弦齿高 $\bar{h}_a$（$\bar{h}_{an}$）

（$m_n=m=1$mm，$\alpha_n=\alpha=20°$，$\bar{h}^*_{an}=\bar{h}^*_a=1$）　　（mm）

齿数 $z(z_v)$	分度圆弦齿厚 $\bar{s}(\bar{s}_n)$	分度圆弦齿高 $\bar{h}_a(\bar{h}_{an})$	齿数 $z(z_v)$	分度圆弦齿厚 $\bar{s}(\bar{s}_n)$	分度圆弦齿高 $\bar{h}_a(\bar{h}_{an})$	齿数 $z(z_v)$	分度圆弦齿厚 $\bar{s}(\bar{s}_n)$	分度圆弦齿高 $\bar{h}_a(\bar{h}_{an})$	齿数 $z(z_v)$	分度圆弦齿厚 $\bar{s}(\bar{s}_n)$	分度圆弦齿高 $\bar{h}_a(\bar{h}_{an})$
6	1.5529	1.1022	40	1.5704	1.0154	74	1.5707	1.0084	108	1.5707	1.0057
7	1.5568	1.0873	41	1.5704	1.0150	75	1.5707	1.0083	109	1.5707	1.0057
8	1.5607	1.0769	42	1.5704	1.0147	76	1.5707	1.0081	110	1.5707	1.0056
9	1.5628	1.0684	43	1.5705	1.0143	77	1.5707	1.0080	111	1.5707	1.0056
10	1.5643	1.0616	44	1.5705	1.0140	78	1.5707	1.0079	112	1.5707	1.0055
11	1.5654	1.0559	45	1.5705	1.0137	79	1.5707	1.0078	113	1.5707	1.0055
12	1.5663	1.0514	46	1.5705	1.0134	80	1.5707	1.0077	114	1.5707	1.0054
13	1.5670	1.0474	47	1.5705	1.0131	81	1.5707	1.0076	115	1.5707	1.0054
14	1.5675	1.0440	48	1.5705	1.0129	82	1.5707	1.0075	116	1.5707	1.0053
15	1.5679	1.0411	49	1.5705	1.0126	83	1.5707	1.0074	117	1.5707	1.0053
16	1.5683	1.0385	50	1.5705	1.0123	84	1.5707	1.0074	118	1.5707	1.0053
17	1.5686	1.0362	51	1.5706	1.0121	85	1.5707	1.0073	119	1.5707	1.0052
18	1.5688	1.0342	52	1.5706	1.0119	86	1.5707	1.0072	120	1.5707	1.0052
19	1.5690	1.0324	53	1.5706	1.0117	87	1.5707	1.0071	121	1.5707	1.0051
20	1.5692	1.0308	54	1.5706	1.0114	88	1.5707	1.0070	122	1.5707	1.0051
21	1.5694	1.0294	55	1.5706	1.0112	89	1.5707	1.0069	123	1.5707	1.0050
22	1.5695	1.0281	56	1.5706	1.0110	90	1.5707	1.0068	124	1.5707	1.0050
23	1.5696	1.0268	57	1.5706	1.0108	91	1.5707	1.0068	125	1.5707	1.0049
24	1.5697	1.0257	58	1.5706	1.0106	92	1.5707	1.0067	126	1.5707	1.0049
25	1.5698	1.0247	59	1.5706	1.0105	93	1.5707	1.0067	127	1.5707	1.0049
26	1.5698	1.0237	60	1.5706	1.0102	94	1.5707	1.0066	128	1.5707	1.0048
27	1.5699	1.0228	61	1.5706	1.0101	95	1.5707	1.0065	129	1.5707	1.0048
28	1.5700	1.0220	62	1.5706	1.0100	96	1.5707	1.0064	130	1.5707	1.0047
29	1.5700	1.0213	63	1.5706	1.0098	97	1.5707	1.0064	131	1.5708	1.0047
30	1.5701	1.0205	64	1.5706	1.0097	98	1.5707	1.0063	132	1.5708	1.0047
31	1.5701	1.0199	65	1.5706	1.0095	99	1.5707	1.0062	133	1.5708	1.0047
32	1.5702	1.0193	66	1.5706	1.0094	100	1.5707	1.0061	134	1.5708	1.0046
33	1.5702	1.0187	67	1.5706	1.0092	101	1.5707	1.0061	135	1.5708	1.0046
34	1.5702	1.0181	68	1.5706	1.0091	102	1.5707	1.0060	140	1.5708	1.0044
35	1.5702	1.0176	69	1.5707	1.0090	103	1.5707	1.0060	145	1.5708	1.0042
36	1.5703	1.0171	70	1.5707	1.0088	104	1.5707	1.0059	150	1.5708	1.0041
37	1.5703	1.0167	71	1.5707	1.0087	105	1.5707	1.0059	齿条	1.5708	1.0000
38	1.5703	1.0162	72	1.5707	1.0086	106	1.5707	1.0058			
39	1.5704	1.0158	73	1.5707	1.0085	107	1.5707	1.0058			

注：1. 对于斜齿圆柱齿轮和锥齿轮，本表也可以用，所不同的是，齿数要改为当量齿数 z_v。

2. 如果当量齿数带小数，就要用比例插入法，把小数部分考虑进去。

3. 当模数 m（或 m_n）$\neq$1mm 时，应将查得的 $\bar{s}(\bar{s}_n)$ 和 $\bar{h}_a(\bar{h}_{an})$ 乘以 $m(m_n)$。

表 8.2-30　外啮合变位齿轮的分度圆弦齿厚 $\bar{s}$（$\bar{s}_n$）和分度圆弦齿高 $\bar{h}_a$（$\bar{h}_{an}$）

（$\alpha=\alpha_n=20°$，$m=m_n=1$，$h_a=h_{an}=1$）　　（mm）

$z(z_v)$	10		11		12		13		14		15		16		17	
$x(x_n)$	$\bar{s}$ ($\bar{s}_n$)	$\bar{h}_a$ ($\bar{h}_{an}$)	$\bar{s}$ ($\bar{s}_n$)	$\bar{h}_a$ ($\bar{h}_{an}$)	$\bar{s}$ ($\bar{s}_n$)	$\bar{h}_a$ ($\bar{h}_{an}$)	$\bar{s}$ ($\bar{s}_n$)	$\bar{h}_a$ ($\bar{h}_{an}$)	$\bar{s}$ ($\bar{s}_n$)	$\bar{h}_a$ ($\bar{h}_{an}$)	$\bar{s}$ ($\bar{s}_n$)	$\bar{h}_a$ ($\bar{h}_{an}$)	$\bar{s}$ ($\bar{s}_n$)	$\bar{h}_a$ ($\bar{h}_{an}$)	$\bar{s}$ ($\bar{s}_n$)	$\bar{h}_a$ ($\bar{h}_{an}$)
0.02															1.583	1.057
0.05											1.604	1.093	1.604	1.090	1.605	1.088
0.08											1.626	1.124	1.626	1.121	1.626	1.119
0.10									1.639	1.148	1.640	1.145	1.641	1.142	1.641	1.140
0.12									1.654	1.169	1.655	1.166	1.655	1.163	1.655	1.160
0.15							1.675	1.204	1.676	1.200	1.677	1.197	1.677	1.194	1.677	1.192
0.18							1.697	1.236	1.698	1.232	1.698	1.228	1.699	1.225	1.699	1.223
0.20					1.710	1.261	1.711	1.257	1.712	1.253	1.713	1.249	1.713	1.246	1.713	1.243
0.22					1.725	1.282	1.726	1.278	1.726	1.273	1.727	1.270	1.728	1.267	1.728	1.264
0.25	1.744	1.327	1.745	1.320	1.746	1.314	1.747	1.309	1.748	1.305	1.749	1.301	1.749	1.298	1.750	1.295
0.28	1.765	1.359	1.767	1.351	1.768	1.346	1.769	1.341	1.770	1.336	1.770	1.332	1.771	1.329	1.771	1.326
0.30	1.780	1.380	1.781	1.373	1.782	1.367	1.783	1.362	1.784	1.357	1.785	1.353	1.785	1.350	1.786	1.347
0.32	1.794	1.401	1.796	1.394	1.797	1.388	1.798	1.383	1.798	1.378	1.799	1.374	1.800	1.371	1.800	1.308
0.35	1.815	1.433	1.817	1.426	1.819	1.419	1.820	1.414	1.820	1.410	1.821	1.405	1.822	1.402	1.822	1.399
0.38	1.837	1.465	1.839	1.457	1.841	1.451	1.841	1.446	1.842	1.441	1.843	1.437	1.843	1.433	1.844	1.430
0.40	1.851	1.486	1.853	1.479	1.855	1.472	1.856	1.467	1.857	1.462	1.857	1.458	1.858	1.454	1.858	1.451
0.42	1.866	1.508	1.867	1.500	1.870	1.493	1.870	1.488	1.871	1.483	1.872	1.479	1.872	1.475	1.873	1.472
0.45	1.887	1.540	1.889	1.532	1.891	1.525	1.892	1.519	1.893	1.514	1.893	1.510	1.894	1.506	1.895	1.503
0.48	1.908	1.572	1.910	1.564	1.917	1.557	1.913	1.551	1.914	1.546	1.915	1.541	1.916	1.538	1.916	1.534
0.50	1.923	1.593	1.925	1.585	1.926	1.578	1.928	1.572	1.929	1.567	1.929	1.562	1.930	1.558	1.931	1.555
0.52	1.937	1.615	1.939	1.606	1.941	1.599	1.942	1.593	1.943	1.588	1.944	1.583	1.945	1.579	1.945	1.576
0.55	1.959	1.647	1.961	1.638	1.962	1.631	1.964	1.625	1.965	1.620	1.966	1.615	1.966	1.611	1.967	1.607
0.58	1.980	1.679	1.982	1.670	1.984	1.663	1.985	1.656	1.986	1.651	1.987	1.646	1.988	1.642	1.988	1.638
0.60	1.994	1.700	1.996	1.691	1.998	1.684	1.999	1.677	2.001	1.673	2.002	1.667	2.002	1.663	2.003	1.659

$z(z_v)$	18		19		20		21		22		23		24		25	
$x(x_n)$	$\bar{s}$ ($\bar{s}_n$)	$\bar{h}_a$ ($\bar{h}_{an}$)	$\bar{s}$ ($\bar{s}_n$)	$\bar{h}_a$ ($\bar{h}_{an}$)	$\bar{s}$ ($\bar{s}_n$)	$\bar{h}_a$ ($\bar{h}_{an}$)	$\bar{s}$ ($\bar{s}_n$)	$\bar{h}_a$ ($\bar{h}_{an}$)	$\bar{s}$ ($\bar{s}_n$)	$\bar{h}_a$ ($\bar{h}_{an}$)	$\bar{s}$ ($\bar{s}_n$)	$\bar{h}_a$ ($\bar{h}_{an}$)	$\bar{s}$ ($\bar{s}_n$)	$\bar{h}_a$ ($\bar{h}_{an}$)	$\bar{s}$ ($\bar{s}_n$)	$\bar{h}_a$ ($\bar{h}_{an}$)
-0.12					1.482	0.908	1.482	0.906	1.482	0.905	1.482	0.904	1.483	0.903	1.483	0.902
-0.10			1.496	0.930	1.497	0.928	1.497	0.297	1.497	0.925	1.497	0.924	1.497	0.923	1.497	0.922
-0.08			1.511	0.950	1.511	0.949	1.511	0.947	1.511	0.946	1.511	0.945	1.511	0.944	1.512	0.943
-0.05	1.533	0.983	1.533	0.981	1.533	0.979	1.533	0.978	1.533	0.977	1.533	0.976	1.534	0.975	1.534	0.974
-0.02	1.554	1.014	1.554	1.012	1.555	1.010	1.555	1.009	1.555	1.008	1.555	1.006	1.555	1.005	1.555	1.004
0.00	1.569	1.034	1.569	1.032	1.569	1.031	1.569	1.029	1.569	1.028	1.569	1.027	1.570	1.026	1.570	1.025
0.02	1.583	1.055	1.584	1.053	1.584	1.051	1.584	1.050	1.584	1.049	1.584	1.047	1.584	1.046	1.584	1.045
0.05	1.605	1.086	1.605	1.084	1.605	1.082	1.606	1.081	1.606	1.079	1.606	1.078	1.606	1.077	1.606	1.076
0.08	1.627	1.117	1.627	1.115	1.627	1.113	1.627	1.112	1.628	1.110	1.628	1.109	1.628	1.108	1.628	1.107
0.10	1.641	1.138	1.642	1.136	1.642	1.134	1.642	1.132	1.642	1.131	1.642	1.130	1.642	1.128	1.642	1.127
0.12	1.656	1.158	1.656	1.156	1.656	1.154	1.656	1.153	1.657	1.151	1.657	1.150	1.657	1.149	1.657	1.147
0.15	1.678	1.189	1.678	1.187	1.678	1.185	1.678	1.184	1.678	1.182	1.678	1.181	1.679	1.179	1.679	1.178
0.18	1.699	1.220	1.700	1.218	1.700	1.216	1.700	1.215	1.700	1.213	1.700	1.212	1.700	1.210	1.701	1.209
0.20	1.714	1.241	1.714	1.239	1.714	1.237	1.714	1.235	1.715	1.234	1.715	1.232	1.715	1.231	1.715	1.229
0.22	1.728	1.262	1.729	1.259	1.729	1.257	1.729	1.256	1.729	1.254	1.729	1.253	1.729	1.251	1.730	1.250
0.25	1.750	1.293	1.750	1.290	1.750	1.288	1.751	1.287	1.751	1.285	1.751	1.283	1.751	1.281	1.751	1.280
0.28	1.772	1.324	1.772	1.321	1.772	1.319	1.773	1.318	1.773	1.316	1.773	1.314	1.773	1.313	1.773	1.311
0.30	1.786	1.344	1.787	1.342	1.787	1.340	1.787	1.338	1.787	1.336	1.787	1.335	1.788	1.333	1.788	1.332
0.32	1.801	1.365	1.801	1.363	1.801	1.361	1.802	1.359	1.802	1.357	1.802	1.355	1.802	1.354	1.802	1.353
0.35	1.822	1.396	1.823	1.394	1.823	1.392	1.823	1.390	1.824	1.388	1.824	1.386	1.824	1.385	1.824	1.383
0.38	1.844	1.427	1.844	1.425	1.845	1.423	1.845	1.421	1.845	1.419	1.845	1.417	1.846	1.415	1.846	1.414
0.40	1.858	1.448	1.859	1.446	1.859	1.443	1.859	1.441	1.860	1.439	1.860	1.438	1.860	1.436	1.860	1.435

（续）

$z(z_v)$	18		19		20		21		22		23		24		25	
$x(x_n)$	$\bar{s}$ ($\bar{s}_n$)	$\bar{h}_a$ ($\bar{h}_{an}$)	$\bar{s}$ ($\bar{s}_n$)	$\bar{h}_a$ ($\bar{h}_{an}$)	$\bar{s}$ ($\bar{s}_n$)	$\bar{h}_a$ ($\bar{h}_{an}$)	$\bar{s}$ ($\bar{s}_n$)	$\bar{h}_a$ ($\bar{h}_{an}$)	$\bar{s}$ ($\bar{s}_n$)	$\bar{h}_a$ ($\bar{h}_{an}$)	$\bar{s}$ ($\bar{s}_n$)	$\bar{h}_a$ ($\bar{h}_{an}$)	$\bar{s}$ ($\bar{s}_n$)	$\bar{h}_a$ ($\bar{h}_{an}$)	$\bar{s}$ ($\bar{s}_n$)	$\bar{h}_a$ ($\bar{h}_{an}$)
0.42	1.873	1.469	1.873	1.466	1.874	1.464	1.874	1.462	1.874	1.460	1.874	1.458	1.875	1.457	1.875	1.455
0.45	1.895	1.500	1.895	1.497	1.896	1.495	1.896	1.493	1.896	1.491	1.896	1.489	1.896	1.488	1.897	1.486
0.48	1.916	1.531	1.917	1.529	1.917	1.526	1.918	1.524	1.918	1.522	1.918	1.520	1.918	1.518	1.918	1.517
0.50	1.931	1.552	1.931	1.549	1.932	1.547	1.932	1.545	1.932	1.543	1.933	1.541	1.933	1.539	1.933	1.537
0.52	1.945	1.573	1.946	1.570	1.946	1.568	1.947	1.565	1.947	1.563	1.947	1.562	1.947	1.560	1.947	1.558
0.55	1.967	1.604	1.968	1.601	1.968	1.599	1.968	1.596	1.969	1.594	1.969	1.593	1.969	1.591	1.969	1.589
0.58	1.989	1.635	1.989	1.632	1.990	1.630	1.990	1.627	1.990	1.625	1.991	1.624	1.991	1.621	1.991	1.620
0.60	2.003	1.656	2.004	1.653	2.004	1.650	2.005	1.648	2.005	1.646	2.005	1.645	2.005	1.642	2.005	1.641

$z(z_v)$	26~30	31~69	70~200	26	28	30	40	50	60	70	80	90	100	150	200
$x(x_n)$	$\bar{s}$ ($\bar{s}_n$)	$\bar{s}$ ($\bar{s}_n$)	$\bar{s}$ ($\bar{s}_n$)	$\bar{h}_a$ ($\bar{h}_{an}$)	$\bar{h}_a$ ($\bar{h}_{an}$)	$\bar{h}_a$ ($\bar{h}_{an}$)	$\bar{h}_a$ ($\bar{h}_{an}$)	$\bar{h}_a$ ($\bar{h}_{an}$)	$\bar{h}_a$ ($\bar{h}_{an}$)	$\bar{h}_a$ ($\bar{h}_{an}$)	$\bar{h}_a$ ($\bar{h}_{an}$)	$\bar{h}_a$ ($\bar{h}_{an}$)	$\bar{h}_a$ ($\bar{h}_{an}$)	$\bar{h}_a$ ($\bar{h}_{an}$)	$\bar{h}_a$ ($\bar{h}_{an}$)
-0.60	1.134	1.134	1.134	0.413	0.412	0.411	0.408	0.406	0.405	0.405	0.404	0.404	0.403	0.403	0.402
-0.58	1.148	1.149	1.149	0.433	0.432	0.431	0.428	0.427	0.426	0.425	0.424	0.424	0.423	0.423	0.422
-0.55	1.170	1.170	1.170	0.463	0.462	0.461	0.459	0.457	0.456	0.455	0.454	0.454	0.454	0.453	0.452
-0.52	1.192	1.192	1.192	0.494	0.493	0.492	0.489	0.487	0.486	0.485	0.485	0.484	0.484	0.483	0.482
-0.50	1.206	1.207	1.207	0.514	0.513	0.512	0.509	0.507	0.506	0.505	0.505	0.504	0.504	0.503	0.502
-0.48	1.221	1.221	1.221	0.534	0.533	0.532	0.529	0.528	0.526	0.525	0.525	0.524	0.524	0.523	0.522
-0.45	1.243	1.243	1.243	0.565	0.564	0.563	0.560	0.558	0.557	0.556	0.555	0.554	0.554	0.553	0.552
-0.42	1.265	1.265	1.266	0.595	0.594	0.593	0.590	0.588	0.587	0.586	0.585	0.584	0.584	0.583	0.582
-0.40	1.279	1.280	1.280	0.616	0.615	0.614	0.610	0.608	0.607	0.606	0.605	0.605	0.604	0.603	0.602
-0.38	1.294	1.294	1.294	0.636	0.635	0.634	0.630	0.628	0.627	0.626	0.625	0.625	0.624	0.623	0.622
-0.35	1.316	1.316	1.316	0.667	0.665	0.664	0.661	0.659	0.657	0.656	0.655	0.655	0.654	0.653	0.652
-0.32	1.337	1.338	1.338	0.697	0.696	0.695	0.691	0.689	0.687	0.686	0.686	0.685	0.685	0.683	0.682
-0.30	1.352	1.352	1.352	0.718	0.716	0.715	0.711	0.709	0.708	0.707	0.706	0.705	0.705	0.703	0.702
-0.28	1.366	1.367	1.367	0.738	0.737	0.736	0.732	0.729	0.728	0.727	0.726	0.725	0.725	0.723	0.722
-0.25	1.388	1.389	1.389	0.769	0.767	0.766	0.762	0.760	0.758	0.757	0.756	0.755	0.755	0.753	0.752
-0.22	1.410	1.411	1.411	0.799	0.798	0.797	0.792	0.790	0.788	0.787	0.786	0.786	0.785	0.784	0.783
-0.20	1.425	1.425	1.425	0.819	0.818	0.817	0.813	0.810	0.809	0.807	0.806	0.806	0.805	0.804	0.803
-0.18	1.439	1.440	1.440	0.840	0.838	0.837	0.833	0.830	0.829	0.827	0.826	0.826	0.825	0.824	0.823
-0.15	1.461	1.462	1.462	0.871	0.869	0.868	0.863	0.861	0.859	0.858	0.857	0.856	0.855	0.854	0.853
-0.12	1.483	1.483	1.483	0.901	0.899	0.898	0.894	0.891	0.889	0.888	0.887	0.886	0.886	0.884	0.883
-0.10	1.497	1.497	1.498	0.922	0.920	0.919	0.914	0.911	0.909	0.908	0.907	0.906	0.906	0.904	0.903
-0.08	1.512	1.512	1.513	0.942	0.940	0.939	0.934	0.931	0.929	0.928	0.927	0.926	0.926	0.924	0.923
-0.05	1.534	1.534	1.534	0.973	0.971	0.970	0.965	0.962	0.960	0.959	0.957	0.957	0.956	0.954	0.953
-0.02	1.555	1.555	1.556	1.003	1.001	1.000	0.995	0.992	0.990	0.989	0.988	0.987	0.986	0.984	0.983
0.00	1.570	1.571	1.571	1.024	1.022	1.021	1.015	1.012	1.010	1.009	1.008	1.007	1.006	1.004	1.003
0.02	1.585	1.585	1.585	1.044	1.042	1.041	1.036	1.033	1.031	1.029	1.028	1.027	1.026	1.025	1.023
0.05	1.606	1.607	1.607	1.075	1.073	1.072	1.066	1.063	1.061	1.059	1.058	1.057	1.057	1.055	1.053
0.08	1.628	1.629	1.629	1.106	1.104	1.102	1.097	1.093	1.091	1.089	1.088	1.088	1.087	1.085	1.083
0.10	1.643	1.643	1.644	1.126	1.124	1.122	1.117	1.114	1.111	1.110	1.108	1.108	1.107	1.105	1.103
0.12	1.657	1.658	1.658	1.147	1.145	1.143	1.137	1.134	1.132	1.130	1.129	1.128	1.127	1.125	1.124
0.15	1.679	1.679	1.680	1.177	1.175	1.173	1.168	1.164	1.162	1.160	1.159	1.158	1.157	1.155	1.154
0.18	1.701	1.702	1.702	1.208	1.206	1.204	1.198	1.195	1.192	1.190	1.189	1.188	1.187	1.186	1.184
0.20	1.715	1.716	1.716	1.228	1.226	1.224	1.218	1.215	1.212	1.210	1.209	1.208	1.207	1.206	1.204
0.22	1.730	1.731	1.731	1.249	1.247	1.245	1.239	1.235	1.233	1.231	1.229	1.228	1.228	1.226	1.224
0.25	1.752	1.753	1.753	1.280	1.278	1.276	1.269	1.265	1.263	1.261	1.260	1.259	1.258	1.256	1.254
0.28	1.774	1.774	1.775	1.310	1.308	1.306	1.300	1.296	1.293	1.291	1.290	1.289	1.288	1.286	1.284
0.30	1.788	1.789	1.789	1.331	1.329	1.327	1.320	1.316	1.313	1.311	1.310	1.309	1.308	1.306	1.304
0.32	1.803	1.804	1.804	1.351	1.349	1.347	1.340	1.336	1.334	1.332	1.330	1.329	1.328	1.326	1.324
0.35	1.824	1.825	1.826	1.382	1.380	1.378	1.371	1.367	1.364	1.362	1.360	1.359	1.358	1.356	1.354
0.38	1.846	1.847	1.847	1.413	1.410	1.408	1.401	1.397	1.394	1.392	1.391	1.389	1.389	1.386	1.384
0.40	1.861	1.862	1.862	1.433	1.431	1.429	1.422	1.417	1.414	1.412	1.411	1.410	1.409	1.407	1.404

（续）

$z(z_v)$	26～30	31～69	70～200	26	28	30	40	50	60	70	80	90	100	150	200
$x(x_n)$	$\bar{s}$ $(\bar{s}_n)$	$\bar{s}$ $(\bar{s}_n)$	$\bar{s}$ $(\bar{s}_n)$	$\bar{h}_a$ $(\bar{h}_{an})$	$\bar{h}_a$ $(\bar{h}_{an})$	$\bar{h}_a$ $(\bar{h}_{an})$	$\bar{h}_a$ $(\bar{h}_{an})$	$\bar{h}_a$ $(\bar{h}_{an})$	$\bar{h}_a$ $(\bar{h}_{an})$	$\bar{h}_a$ $(\bar{h}_{an})$	$\bar{h}_a$ $(\bar{h}_{an})$	$\bar{h}_a$ $(\bar{h}_{an})$	$\bar{h}_a$ $(\bar{h}_{an})$	$\bar{h}_a$ $(\bar{h}_{an})$	$\bar{h}_a$ $(\bar{h}_{an})$
0.42	1.875	1.876	1.877	1.454	1.451	1.449	1.442	1.438	1.435	1.433	1.431	1.430	1.429	1.427	1.424
0.45	1.897	1.898	1.898	1.485	1.482	1.480	1.473	1.468	1.465	1.463	1.461	1.460	1.459	1.457	1.455
0.48	1.919	1.920	1.920	1.516	1.513	1.511	1.503	1.498	1.495	1.493	1.492	1.490	1.489	1.487	1.485
0.50	1.933	1.934	1.935	1.536	1.533	1.531	1.523	1.519	1.516	1.513	1.512	1.510	1.509	1.507	1.505
0.52	1.948	1.949	1.949	1.557	1.554	1.552	1.544	1.539	1.536	1.534	1.532	1.531	1.530	1.527	1.525
0.55	1.970	1.970	1.971	1.587	1.585	1.582	1.574	1.569	1.566	1.564	1.562	1.561	1.560	1.557	1.555
0.58	1.992	1.993	1.993	1.618	1.615	1.613	1.605	1.600	1.597	1.594	1.592	1.591	1.590	1.587	1.585
0.60	2.006	2.007	2.008	1.639	1.636	1.634	1.625	1.620	1.617	1.614	1.613	1.611	1.610	1.608	1.605

注：1. 本表可直接用于高变位齿轮（$h_a=m$ 或 $h_{an}=m_n$），对于角变位齿轮，应将表中查出的 $\bar{h}_a(\bar{h}_{an})$ 减去齿顶高变动系数 $\Delta y(\Delta y_n)$。

2. 当模数 m（或 m_n）$\neq$1mm 时，应将查得的 $\bar{s}(\bar{s}_n)$ 和 $\bar{h}_a(\bar{h}_{an})$ 乘以 $m(m_n)$。

3. 对于斜齿轮，用 z_v 查表，z_v 有小数时，按插入法计算。

3.4 固定弦齿厚

3.4.1 固定弦齿厚计算公式（见表 8.2-31）

表 8.2-31 固定弦齿厚计算公式

<table>
<tr><th colspan="3">项 目</th><th>直齿轮（内啮合、外啮合）</th><th>斜齿轮（内啮合、外啮合）</th></tr>
<tr><td rowspan="4">外齿轮</td><td rowspan="2">标准齿轮</td><td>固定弦齿厚 $\bar{s}_c$ $(\bar{s}_{cn})$</td><td>$\bar{s}_c=\dfrac{\pi m}{2}\cos^2\alpha$
当 $\alpha=20°$时，可查表 8.2-32</td><td>$\bar{s}_{cn}=\dfrac{\pi m_n}{2}\cos^2\alpha_n$
当 $\alpha_n=20°$时，可查表 8.2-32</td></tr>
<tr><td>固定弦齿高 $\bar{h}_c$ $(\bar{h}_{cn})$</td><td>$\bar{h}_c=m\left(1-\dfrac{\pi}{8}\sin2\alpha\right)$
当 $\alpha=20°$时，可查表 8.2-32</td><td>$\bar{h}_{cn}=m_n\left(1-\dfrac{\pi}{8}\sin2\alpha_n\right)$
当 $\alpha_n=20°$时，可查表 8.2-32</td></tr>
<tr><td rowspan="2">变位齿轮</td><td>固定弦齿厚 $\bar{s}_c$ $(\bar{s}_{cn})$</td><td>$\bar{s}_c=m\cos^2\alpha\left(\dfrac{\pi}{2}+2x\tan\alpha\right)$
当 $\alpha=20°$时，可查表 8.2-33</td><td>$\bar{s}_{cn}=m_n\cos^2\alpha_n\left(\dfrac{\pi}{2}+2x_n\tan\alpha_n\right)$
当 $\alpha_n=20°$时，可查表 8.2-33</td></tr>
<tr><td>固定弦齿高 $\bar{h}_c$ $(\bar{h}_{cn})$</td><td>$\bar{h}_c=h_a-0.182\bar{s}_c$
当 $\alpha_n=20°$时，可查表 8.2-33</td><td>$\bar{h}_{cn}=h_a-0.182\bar{s}_{cn}$
当 $\alpha_n=20°$时，可查表 8.2-33</td></tr>
<tr><td rowspan="2">内齿轮</td><td colspan="2">固定弦齿厚 $\bar{s}_c$</td><td>$\bar{s}_{c2}=m\cos^2\alpha\left(\dfrac{\pi}{2}-2x_2\tan\alpha\right)$
当 $\alpha=20°$时，$\bar{s}_{c2}=(1.3870-0.6428x_2)m$</td><td>$\bar{s}_{cn2}=m_n\cos^2\alpha_n\left(\dfrac{\pi}{2}-2x_{n2}\tan\alpha_n\right)$
当 $\alpha_n=20°$时，$\bar{s}_{cn2}=(1.3870-0.6428x_{n2})m_n$</td></tr>
<tr><td colspan="2">固定弦齿高 $\bar{h}_c$</td><td>$\bar{h}_{c2}=h_{a2}-0.182\bar{s}_{c2}+\Delta h$
$\Delta h=\dfrac{d_{a2}}{2}(1-\cos\delta_a)$
$\delta_a=\dfrac{\pi}{2z_2}-\mathrm{inv}\alpha-\dfrac{2x_2}{z_2}\tan\alpha+\mathrm{inv}\alpha_{a2}$</td><td>$\bar{h}_{cn2}=h_{a2}-0.182\bar{s}_{cn2}+\Delta h$
$\Delta h=\dfrac{d_{a2}}{2}(1-\cos\delta_a)$
$\delta_a=\dfrac{\pi}{2z_{v2}}-\mathrm{inv}\alpha_t-\dfrac{2x_{n2}}{z_{v2}}\tan\alpha_t+\mathrm{inv}\alpha_{at2}$</td></tr>
</table>

3.4.2　固定弦齿厚数值表（见表 8.2-32、表 8.2-33）

表 8.2-32　外啮合标准齿轮固定弦齿厚 $\bar{s}_c$（$\bar{s}_{cn}$）和固定弦齿高 $\bar{h}_c$（$\bar{h}_{cn}$）

（$\alpha_n=\alpha=20°$，$h_{an}^*=h_a^*=1.0$）　（mm）

$m(m_n)$	$\bar{s}_c(\bar{s}_{cn})$	$\bar{h}_c(\bar{h}_{cn})$	$m(m_n)$	$\bar{s}_c(\bar{s}_{cn})$	$\bar{h}_c(\bar{h}_{cn})$	$m(m_n)$	$\bar{s}_c(\bar{s}_{cn})$	$\bar{h}_c(\bar{h}_{cn})$	$m(m_n)$	$\bar{s}_c(\bar{s}_{cn})$	$\bar{h}_c(\bar{h}_{cn})$
1	1.387	0.748	3.5	4.855	2.617	12	16.645	8.971	30	41.612	22.427
1.25	1.734	0.934	4	5.548	2.990	14	19.419	10.466	33	45.773	24.670
1.5	2.081	1.121	5	6.935	3.738	16	22.193	11.961	36	49.934	26.913
1.75	2.427	1.308	6	8.322	4.485	18	24.967	13.456	40	55.482	29.903
2	2.774	1.495	7	9.709	5.233	20	27.741	14.952	45	62.417	33.641
2.25	3.121	1.682	8	11.096	5.981	22	30.515	16.447	50	69.353	37.379
2.5	3.468	1.869	9	12.483	6.728	25	34.676	18.690			
3	4.161	2.243	10	13.871	7.476	28	38.837	20.932			

注：$\bar{s}_c=1.3870m$，$\bar{s}_{cn}=1.3870m_n$；$\bar{h}_c=0.7476m$，$\bar{h}_{cn}=0.7476m_n$。

表 8.2-33　外啮合变位齿轮固定弦齿厚 $\bar{s}_c$（$\bar{s}_{cn}$）和固定弦齿高 $\bar{h}_c$（$\bar{h}_{cn}$）

（$m_n=m=1\text{mm}$，$\alpha_n=\alpha=20°$，$h_{an}^*=h_a^*=1.0$）　（mm）

$x(x_n)$	$\bar{s}_c$（$\bar{s}_{cn}$）	$\bar{h}_c$（$\bar{h}_{cn}$）	$x(x_n)$	$\bar{s}_c$（$\bar{s}_{cn}$）	$\bar{h}_c$（$\bar{h}_{cn}$）	$x(x_n)$	$\bar{s}_c$（$\bar{s}_{cn}$）	$\bar{h}_c$（$\bar{h}_{cn}$）	$x(x_n)$	$\bar{s}_c$（$\bar{s}_{cn}$）	$\bar{h}_c$（$\bar{h}_{cn}$）
-0.40	1.1299	0.3944	-0.11	1.3163	0.6504	0.18	1.5027	0.9065	0.47	1.6892	1.1626
-0.39	1.1364	0.4032	-0.10	1.3228	0.6593	0.19	1.5092	0.9154	0.48	1.6956	1.1714
-0.38	1.1428	0.4120	-0.09	1.3292	0.6681	0.20	1.5156	0.9242	0.49	1.7020	1.1803
-0.37	1.1492	0.4209	-0.08	1.3356	0.6769	0.21	1.5220	0.9330	0.50	1.7084	1.1891
-0.36	1.1556	0.4297	-0.07	1.3421	0.6858	0.22	1.5285	0.9418	0.51	1.7149	1.1979
-0.35	1.1621	0.4385	-0.06	1.3485	0.6946	0.23	1.5349	0.9507	0.52	1.7213	1.2068
-0.34	1.1685	0.4474	-0.05	1.3549	0.7034	0.24	1.5413	0.9595	0.53	1.7277	1.2156
-0.33	1.1749	0.4562	-0.04	1.3613	0.7123	0.25	1.5477	0.9683	0.54	1.7342	1.2244
-0.32	1.1814	0.4650	-0.03	1.3678	0.7211	0.26	1.5542	0.9772	0.55	1.7406	1.2332
-0.31	1.1878	0.4738	-0.02	1.3742	0.7299	0.27	1.5606	0.9860	0.56	1.7470	1.2421
-0.30	1.1942	0.4827	-0.01	1.3806	0.7387	0.28	1.5670	0.9948	0.57	1.7534	1.2509
-0.29	1.2006	0.4915	0.00	1.3870	0.7476	0.29	1.5735	1.0037	0.58	1.7599	1.2597
-0.28	1.2071	0.5003	0.01	1.3935	0.7564	0.30	1.5799	1.0125	0.59	1.7663	1.2686
-0.27	1.2135	0.5092	0.02	1.3999	0.7652	0.31	1.5863	1.0213	0.60	1.7727	1.2774
-0.26	1.2199	0.5180	0.03	1.4063	0.7741	0.32	1.5927	1.0301	0.61	1.7791	1.2862
-0.25	1.2263	0.5268	0.04	1.4128	0.7829	0.33	1.5992	1.0390	0.62	1.7856	1.2951
-0.24	1.2328	0.5357	0.05	1.4192	0.7917	0.34	1.6056	1.0478	0.63	1.7920	1.3039
-0.23	1.2392	0.5445	0.06	1.4256	0.8006	0.35	1.6120	1.0566	0.64	1.7984	1.3127
-0.22	1.2456	0.5533	0.07	1.4320	0.8094	0.36	1.6185	1.0655	0.65	1.8049	1.3215
-0.21	1.2521	0.5621	0.08	1.4385	0.8182	0.37	1.6249	1.0743	0.66	1.8113	1.3304
-0.20	1.2585	0.5710	0.09	1.4449	0.8271	0.38	1.6313	1.0831	0.67	1.8177	1.3392
-0.19	1.2649	0.5798	0.10	1.4513	0.8359	0.39	1.6377	1.0920	0.68	1.8241	1.3480
-0.18	1.2713	0.5886	0.11	1.4578	0.8447	0.40	1.6442	1.1008	0.69	1.8306	1.3569
-0.17	1.2778	0.5975	0.12	1.4642	0.8535	0.41	1.6506	1.1096	0.70	1.8370	1.3657
-0.16	1.2842	0.6063	0.13	1.4706	0.8624	0.42	1.6570	1.1184	0.71	1.8434	1.3745
-0.15	1.2906	0.6151	0.14	1.4770	0.8712	0.43	1.6634	1.1273	0.72	1.8499	1.3834
-0.14	1.2971	0.6240	0.15	1.4835	0.8800	0.44	1.6699	1.1361	0.73	1.8563	1.3922
-0.13	1.3035	0.6328	0.16	1.4899	0.8889	0.45	1.6763	1.1449	0.74	1.8627	1.4010
-0.12	1.3099	0.6416	0.17	1.4963	0.8977	0.46	1.6827	1.1538	0.75	1.8691	1.4098

注：1. 模数 $m\neq1\text{mm}$（$m_n\neq1\text{mm}$）时的 $\bar{s}_c$（$\bar{s}_{cn}$）和 $\bar{h}_c$（$\bar{h}_{cn}$），应将表中数值乘以模数 m（m_n）。

2. 对角变位齿轮，表中的 $\bar{h}_c$（$\bar{h}_{cn}$）数值应减去 Δy（Δy_n）。Δy（Δy_n）为齿高变动系数。

3.5　量柱（球）测量跨距

3.5.1　量柱（球）测量跨距计算公式（见表8.2-34）

表8.2-34　量柱（球）测量跨距计算公式

名称			直齿轮（外啮合、内啮合）	斜齿轮（外啮合、内啮合）
标准齿轮	量柱（球）直径 d_p	外齿轮	对 α（或 α_n）= 20°的齿轮，按 z（斜齿轮用 z_v）和 $x_n=0$ 查图8.2-10	
		内齿轮	$d_p=1.68m$ 或 $d_p=1.44m$	$d_p=1.68m_n$ 或 $d_p=1.44m_n$
	量柱（球）中心所在圆的压力角 α_M		$\mathrm{inv}\alpha_M=\mathrm{inv}\alpha\pm\dfrac{d_p}{mz\cos\alpha}\mp\dfrac{\pi}{2z}$	$\mathrm{inv}\alpha_{Mt}=\mathrm{inv}\alpha_t\pm\dfrac{d_p}{m_n z\cos\alpha_n}\mp\dfrac{\pi}{2z}$
	量柱（球）测量跨距 M	偶数齿	$M=\dfrac{mz\cos\alpha}{\cos\alpha_M}\pm d_p$	$M=\dfrac{m_t z\cos\alpha_t}{\cos\alpha_{Mt}}\pm d_p$
		奇数齿	$M=\dfrac{mz\cos\alpha}{\cos\alpha_M}\cos\dfrac{90°}{z}\pm d_p$	$M=\dfrac{m_t z\cos\alpha_t}{\cos\alpha_{Mt}}\cos\dfrac{90°}{z}\pm d_p$
变位齿轮	量柱（球）直径 d_p	外齿轮	对 α（或 α_n）= 20°的齿轮，按 z（斜齿轮用 z_v）和 x_n 查图8.2-10	
		内齿轮	$d_p=1.68m$ 或 $d_p=1.44m$	$d_p=1.68m_n$ 或 $d_p=1.44m_n$
	量柱（球）中心所在圆的压力角 α_M		$\mathrm{inv}\alpha_M=\mathrm{inv}\alpha\pm\dfrac{d_p}{mz\cos\alpha}\mp\dfrac{\pi}{2z}+\dfrac{2x\tan\alpha}{z}$	$\mathrm{inv}\alpha_{Mt}=\mathrm{inv}\alpha_t\pm\dfrac{d_p}{m_n z\cos\alpha_n}\mp\dfrac{\pi}{2z}+\dfrac{2x_n\tan\alpha_n}{z}$
	量柱（球）测量跨距 M	偶数齿	$M=\dfrac{mz\cos\alpha}{\cos\alpha_M}\pm d_p$	$M=\dfrac{m_t z\cos\alpha_t}{\cos\alpha_{Mt}}\pm d_p$
		奇数齿	$M=\dfrac{mz\cos\alpha}{\cos\alpha_M}\cos\dfrac{90°}{z}\pm d_p$	$M=\dfrac{m_t z\cos\alpha_t}{\cos\alpha_{Mt}}\cos\dfrac{90°}{z}\pm d_p$

注：1. 有“±”或“∓”号处，上面的符号用于外齿轮，下面的符号用于内齿轮。

2. 量柱（球）直径 d_p 按本表的方法确定后，推荐圆整成接近的标准钢球的直径（以使用标准钢球测量）。

3. 直齿轮可以使用量柱或量球，斜齿轮使用量球。

4. 标准直齿内齿圆柱齿轮的 M 可查表8.2-35。

3.5.2　量柱（球）测量跨距数值表（见表8.2-35）

表8.2-35　标准直齿内齿圆柱齿轮量柱直径 d_p 及测量跨距 M　　（mm）

模数 m	量柱直径 $d_p=1.44m$	测量跨距 M（$\alpha=20°$，$m=1\text{mm}$，$d_p=1.44m$）	齿数 奇数	齿数 偶数			齿数 奇数	齿数 偶数	
1	1.44	13.5801	15	14	12.6627	67.6469	69	68	66.6649
1.25	1.80	15.5902	17	16	14.6630	69.6475	71	70	68.6649
1.5	2.16	17.5981	19	18	16.6633	71.6480	73	72	70.6649
1.75	2.52	19.6045	21	20	18.6635	73.6484	75	74	72.6649
2	2.88	21.6099	23	22	20.6636	75.6489	77	76	74.6649
2.25	3.24	23.6143	25	24	22.6638	77.6493	79	78	76.6649
2.5	3.60	25.6181	27	26	24.6639	79.6497	81	80	78.6649
3	4.32	27.6214	29	28	26.6640	81.6501	83	82	80.6649
3.5	5.04	29.6242	31	30	28.6641	83.6505	85	84	82.6649
4	5.76	31.6267	33	32	30.6642	85.6508	87	86	84.6650
4.5	6.48	33.6289	35	34	32.6642	87.6511	89	88	86.6650
5	7.20	35.6310	37	36	34.6643	89.6514	91	90	88.6650
5.5	7.92	37.6327	39	38	36.6643	91.6517	93	92	90.6650
6	8.64	39.6343	41	40	38.6644	93.6520	95	94	92.6650
7	10.08	41.6357	43	42	40.6644	95.6523	97	96	94.6650
8	11.52	43.6371	45	44	42.6645	97.6526	99	98	96.6650

（续）

模数 m	量柱直径	测量跨距 M （$\alpha=20°, m=1\text{mm}, d_p=1.44m$）							
	$d_p=1.44m$	M	齿数 奇数	齿数 偶数	M	M	齿数 奇数	齿数 偶数	M
9	12.96	45.6383	47	46	44.6645	99.6528	101	100	98.6650
10	14.40	47.6394	49	48	46.6646	101.6531	103	102	100.6650
12	17.28	49.6404	51	50	48.6646	103.6533	105	104	102.6650
14	20.16	51.6414	53	52	50.6646	105.6535	107	106	104.6650
16	23.04	53.6422	55	54	52.6647	107.6537	109	108	106.6650
18	25.92	55.6431	57	56	54.6647	109.6539	111	110	108.6651
20	28.80	57.6438	59	58	56.6648	111.6541	113	112	110.6651
22	31.68	59.6445	61	60	58.6648	113.6543	115	114	112.6651
25	36.00	61.6452	63	62	60.6648	115.6545	117	116	114.6651
28	40.32	63.6458	65	64	62.6648	117.6547	119	118	116.6651
30	43.20	65.6464	67	66	64.6649	119.6548	121	120	118.6651

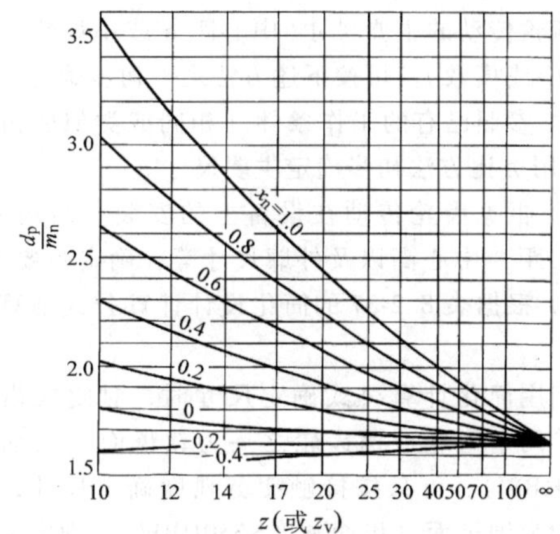

图 8.2-10 测量外齿轮用的量柱（球）直径 d_p（$\alpha_n=\alpha=20°$）

4 渐开线圆柱齿轮传动的设计计算

4.1 圆柱齿轮传动的作用力计算（见表 8.2-36）

4.2 主要参数的选择

1）齿数比 u。齿数比 $u=\frac{z_2}{z_1}$。对于一般减速传动，取 $u\leqslant 6\sim 8$。对于开式传动或手动传动，有时 u 可达8～12。

2）齿数 z。当中心距一定时，齿数取多，则重合度 ε_α 增大，改善了传动的平稳性；同时，齿数多则模数小、齿顶圆直径小，可使滑动比减小，因此磨损小、胶合的危险性也小，并且又能减少金属切削量，节省材料，降低加工成本。但是齿数增多则模数减小，轮齿的弯曲疲劳强度降低，因此在满足弯曲疲劳强度的条件下，宜取较多的齿数。

通常取 $z_1\geqslant 18\sim 30$。对于闭式传动，硬度小于 350HBW，过载不大，宜取较大值；硬度大于 350HBW，过载大，宜取较小值；对于开式传动宜取较小值。对于载荷平稳、不重要的手动机构，甚至可取到 $z_1=10\sim 12$。而对高速胶合危险性大的传动，推荐用 $z_1\geqslant 25\sim 27$。在一般减速器中，常取 $z_1+z_2=100\sim 200$。

表 8.2-36 圆柱齿轮传动的作用力计算

作用力	计算公式	
	直齿轮	斜齿(人字齿)轮
分度圆上的圆周力 F_t/N	$F_t=\frac{2000T}{d}$	
节圆上的圆周力 F_t'/N	$F_t'=\frac{2000T}{d_w}$	
径向力 F_r'/N	$F_r'=F_t'\tan\alpha_w$	$F_r'=F_t'\frac{\tan\alpha_{wn}}{\cos\beta}$
轴向力 F_x'/N	—	$F_x'=F_t'\tan\beta$（人字齿轮 $F_x'=0$）
转矩 T /N·m	$T=\frac{1000P}{\omega}=\frac{9549P}{n}$	
说明	P—齿轮传递的功率(kW) ω—齿轮的角速度(rad/s)，$\omega=\frac{\pi n}{30}$ n—齿轮的转速(r/min)	

注：1. 表中 d、d_w 分别为齿轮的分度圆直径和节圆直径（mm）。
2. 计算齿轮的强度时应使用 F_t；计算轴和轴承时应使用 F_t'、F_r'、F_x'。

当齿轮的齿数 z>100 时，为了便于加工，尽量不使齿数 z 为质数。在满足传动要求的前提下，尽量使 z_1、z_2 互为质数，以便分散和消除齿轮制造误差对传动的影响。

3）模数 m。模数由强度计算或结构设计确定，要求圆整为标准值。传递动力的齿轮传动 $m \geqslant 2\text{mm}$。

初步确定模数时，一般对于软齿面齿轮（齿面硬度≤350HBW）外啮合传动 $m=(0.007\sim0.02)a$；对于硬齿面齿轮（齿面硬度>350HBW）外啮合传动 $m=(0.016\sim0.0315)a$；载荷平稳，中心距大时取小值，反之取大值。开式齿轮传动 $m=0.02a$ 左右。

4）螺旋角 β。β 角太小，将失去斜齿轮的优点；但太大将会引起很大的轴向力。一般取 $\beta=8°\sim15°$，常取 $8°\sim12°$；对人字齿轮一般取 $\beta=25°\sim40°$，常取稍大于 30°。

5）齿宽系数 ϕ。齿宽系数取大些，可使中心距及直径 d 减小；但是齿宽越大，载荷沿齿宽分布不均的现象越严重。

齿宽系数常表示为：$\phi_a=\dfrac{b}{a}$、$\phi_d=\dfrac{b}{d_1}$、$\phi_m=\dfrac{b}{m}$。

一般 $\phi_a=0.1\sim1.2$。闭式传动常用 $\phi_a=0.3\sim0.6$，通用减速器常取 $\phi_a=0.4$，变速箱中换档齿轮常用 $\phi_a=0.12\sim0.15$。开式传动常用 $\phi_a=0.1\sim0.3$。在设计标准减速器时，ϕ_a 要符合标准中规定的数值，其值为：0.2，0.25，0.3，0.4，0.5，0.6，0.8，1.0，1.2。

$\phi_d=0.5(i\pm1)\phi_a$，一般 $\phi_d=0.2\sim2.4$。对于闭式传动：当齿面硬度小于 350HBW、齿轮对称轴承布置并靠近轴承时，$\phi_d=0.8\sim1.4$；齿轮不对称轴承或悬臂布置、结构刚度较大时，取 $\phi_d=0.6\sim1.2$；结构刚度较小时，$\phi_d=0.4\sim0.9$；当齿面硬度大于 350HBW 时，ϕ_d 的数值应降低一半。对开式齿轮传动：$\phi_d=0.3\sim0.5$。

$\phi_m=0.5(i\pm1)\phi_a z_1=\phi_d z_1$。一般 $\phi_m=8\sim25$。当加工和安装精度高时，可取大些；对于开式齿轮传动可取 $\phi_m=8\sim15$；对重载低速齿轮传动，可取 $\phi_m=20\sim25$。

4.3　主要尺寸的初步确定

一般设计齿轮传动时，已知的条件是：传递的功率 P(kW)或转矩 T(N·m)；转速 n(r/min)；传动比 i；预定的寿命(h)；原动机及工作机的载荷特性；结构要求及外形尺寸限制等。

设计开始时，往往不知道齿轮的尺寸和参数，无法准确定出某些系数的数值，因而不能进行精确的计算。所以通常需要先初步选择某些参数，按简化计算方法初步确定出主要尺寸，然后再进行精确的校核计算。当主要参数和几何尺寸都已经合适之后，再进行齿轮的结构设计，并绘制零件工作图。

齿轮传动的主要尺寸（中心距 a 或小齿轮分度圆直径 d_1 或模数 m）可按下述方法之一初步确定。

1）参照已有的工作条件（相同或类似的齿轮传动），用类比方法初步确定主要尺寸。

2）根据齿轮传动在设备上的安装、结构要求，如中心距、中心高以及外廓尺寸等，确定主要尺寸。

3）根据表 8.2-37 的简化设计计算公式估算主要尺寸。

利用简化计算公式确定尺寸时，对闭式齿轮传动，若两个齿轮或两齿轮之一为软齿面（齿面硬度≤350HBW），可只按接触疲劳强度确定尺寸；若两齿轮均为硬齿面（齿面硬度>350HBW），则应同时按接触疲劳强度及弯曲疲劳强度确定尺寸，并取其中大值。对开式齿轮传动，可只按弯曲疲劳强度确定模数 m，并应将求得的 m 值加大 10%~20%，以考虑磨损的影响。

表 8.2-37　圆柱齿轮传动简化设计计算公式（摘自 GB/T 10063—1988）

齿轮类型	a、d_1（按接触疲劳强度计算）	m（按弯曲疲劳强度计算）
直齿轮	$a\geqslant483(u\pm1)\sqrt[3]{\dfrac{KT_1}{\phi_a\sigma_{HP}^2u}}$ $d_1\geqslant766\sqrt[3]{\dfrac{KT_1}{\phi_d\sigma_{HP}^2}\dfrac{u\pm1}{u}}$	$m\geqslant12.6\sqrt[3]{\dfrac{KT_1}{\phi_m z_1}\dfrac{Y_{FS}}{\sigma_{FP}}}$
斜齿轮	$a\geqslant476(u\pm1)\sqrt[3]{\dfrac{KT_1}{\phi_a\sigma_{HP}^2u}}$ $d_1\geqslant756\sqrt[3]{\dfrac{KT_1}{\phi_d\sigma_{HP}^2}\dfrac{u\pm1}{u}}$	$m_n\geqslant12.4\sqrt[3]{\dfrac{KT_1}{\phi_m z_1}\dfrac{Y_{FS}}{\sigma_{FP}}}$

（续）

齿轮类型	a、d_1（按接触疲劳强度计算）	m（按弯曲疲劳强度计算）
人字齿轮	$a \geqslant 447(u \pm 1)\sqrt[3]{\dfrac{KT_1}{\phi_a \sigma_{HP}^2 u}}$ $d_1 \geqslant 709\sqrt[3]{\dfrac{KT_1}{\phi_d \sigma_{HP}^2} \dfrac{u \pm 1}{u}}$	$m_n \geqslant 11.5\sqrt[3]{\dfrac{KT_1}{\phi_m z_1} \dfrac{Y_{FS}}{\sigma_{FP}}}$

各式中的符号

a—中心距（mm）

d_1—小齿轮的分度圆直径（mm）

m、m_n—端面模数及法向模数（mm）

z_1—小齿轮的齿数

ϕ_a、ϕ_d、ϕ_m—齿宽系数，见本章 4.2 节

u—齿数比，$u=z_2/z_1$

Y_{FS}—复合齿形系数，按图 8.2-27 及图 8.2-28 确定

σ_{HP}—许用接触应力（MPa），简化计算中近似取 $\sigma_{HP} \approx \sigma_{Hlim}/S_{Hmin}$。$\sigma_{Hlim}$ 为试验齿轮的接触疲劳极限应力（MPa），按图 8.2-15 查取。S_{Hmin} 为接触疲劳强度计算的最小安全系数，可取 $S_{Hmin} \geqslant 1.1$

σ_{FP}—许用弯曲应力（MPa），简化计算中可近似取 $\sigma_{FP} \approx \sigma_{FE}/S_{Fmin}$，$\sigma_{FE}$ 为齿轮材料的弯曲疲劳极限基本值，按图 8.2-32 查取。S_{Fmin} 为弯曲疲劳强度计算的最小安全系数，可取 $S_{Fmin} \geqslant 1.4$

T_1—小齿轮传递的额定转矩（N·m）

K—载荷系数。若原动机采用电动机或汽轮机、燃气轮机时，一般可取 $K=1.2\sim2$。当载荷平稳、精度较高（6 级以上）、速度较低及齿轮对称于轴承布置时，应取较小值；对直齿轮应取较大值。若采用单缸内燃机，应将 K 值加大 1.2 倍左右

注：1. 各式（$u \pm 1$）项中，"+"号用于外啮合传动，"-"号用于内啮合传动。

2. 接触疲劳强度计算公式中的 σ_{HP} 应代入 σ_{HP1} 及 σ_{HP2} 中的小值；弯曲疲劳强度计算公式中的 $\dfrac{Y_{FS}}{\sigma_{FP}}$ 应代入 $\dfrac{Y_{FS1}}{\sigma_{FP1}}$ 及 $\dfrac{Y_{FS2}}{\sigma_{FP2}}$ 中的大值。

3. 按表中的接触疲劳强度计算公式求得的 a、d_1 适用于钢制齿轮；对于钢对铸铁，铸铁对铸铁齿轮传动，应将求得的 a 或 d_1 分别乘以表 8.2-38 中的修正系数。

表 8.2-38　修正系数

小齿轮	钢			铸　钢			球墨铸铁		灰铸铁
大齿轮	铸钢	球墨铸铁	灰铸铁	铸钢	球墨铸铁	灰铸铁	球墨铸铁	灰铸铁	灰铸铁
修正系数	0.997	0.970	0.906	0.994	0.967	0.898	0.943	0.880	0.836

根据简化计算定出主要尺寸之后，对重要的传动还应进行校核计算，并根据校核计算的结果重新调整初定尺寸。对低速不重要的传动，可不必进行强度校核计算。

4.4　齿面接触疲劳强度与齿根弯曲疲劳强度校核计算

本节内容主要依据 GB/T 3480—1997《渐开线圆柱齿轮承载能力计算方法》、GB/T 3480.5—2008《直齿轮和斜齿轮承载能力计算 第 5 部分：材料的强度和质量》和 GB/T 19406—2003《渐开线直齿和斜齿圆柱齿轮轮承载能力计算方法 工业齿轮应用》和 GB/T 3480—2013 报批稿《直齿轮和斜齿轮承载能力计算方法》（包括第一部分：基本原理、概述和通用影响系数 GB/T 3480.1；第二部分：齿面接触疲劳（点蚀）强度计算 GB/T 3480.2；第三部分：齿轮弯曲疲劳强度计算 GB/T 3480.3；第六部分：变载荷下的使用寿命计算 GB/T 3480.6）及 ISO 6336—2006 编写。为了方便读者使用，本节提供两个层次的强度校核计算方法：一般计算方法和简化计算方法，见表 8.2-39。一般计算方法适用于对计算精度要求较高的齿轮传动；简化计算方法是对一些比较烦琐的系数采用了简化计算，或做了适当简化，适用于一般要求的齿轮传动。当计算结果有争议时，以一般计算方法为准。

国家标准把赫兹应力作为齿面接触应力计算的基础，用来评价接触疲劳强度。本节中的公式适用于端面重合度 $\varepsilon_\alpha<2.5$ 的齿轮副。

国家标准把载荷作用侧齿廓根部最大拉应力作为名义弯曲应力，经相应系数修正后作为计算弯曲应

力。本节的公式适用于具有一定轮缘厚度（外齿轮 $S_R>0.5h_1$ 和内齿轮 $S_R>1.75m_n$）的渐开线圆柱内、外齿轮和斜齿轮。

使用简化计算方法校核齿轮强度时，表 8.2-39 公式中的参数由本章 4.5 节中的简化计算方法确定；用一般计算方法校核齿轮强度时，表 8.2-39 公式中的参数由本章 4.5 节中的一般计算方法确定。表8.2-40 中给出了表 8.2-39 公式中参数的意义和确定方法。

表 8.2-39 齿面接触疲劳强度与齿根弯曲疲劳强度校核计算方法

		简化计算方法	一般计算方法	
齿面接触疲劳强度	强度条件	$\sigma_H \leqslant \sigma_{HP}$ 或 $S_H \geqslant S_{Hmin}$		
	计算应力	$\sigma_H = Z_H Z_E Z_{\varepsilon\beta}\sqrt{\frac{F_t}{bd_1}\frac{u\pm1}{u}K_A K_v K_{H\beta}K_{H\alpha}}$	小轮	$\sigma_{H1} = Z_B Z_H Z_E Z_\varepsilon Z_\beta\sqrt{\frac{F_t}{bd_1}\frac{u\pm1}{u}K_A K_v K_{H\beta}K_{H\alpha}}$
			大轮	$\sigma_{H2} = Z_D Z_H Z_E Z_\varepsilon Z_\beta\sqrt{\frac{F_t}{bd_1}\frac{u\pm1}{u}K_A K_v K_{H\beta}K_{H\alpha}}$
	许用应力	$\sigma_{HP} = \frac{\sigma_{Hlim}Z_{NT}Z_L Z_v Z_R Z_W Z_X}{S_{Hmin}}$		
	安全系数	$S_H = \frac{\sigma_{Hlim}Z_{NT}Z_L Z_v Z_R Z_W Z_X}{\sigma_H}$		
齿根弯曲疲劳强度	强度条件	$\sigma_F \leqslant \sigma_{FP}$ 或 $S_F \geqslant S_{Fmin}$		
	计算应力	$\sigma_F = \frac{F_t}{bm_n}K_A K_v K_{F\beta}K_{F\alpha}Y_{FS}Y_{\varepsilon\beta}$	$\sigma_F = \frac{F_t}{bm_n}K_A K_v K_{F\beta}K_{F\alpha}Y_F Y_S Y_\beta Y_B Y_{DT}$	
	许用应力	$\sigma_{FP} = \frac{\sigma_{FE}Y_{NT}Y_{\delta relT}Y_{RrelT}Y_X}{S_{Fmin}}$		
	安全系数	$S_F = \frac{\sigma_{FE}Y_{NT}Y_{\delta relT}Y_{RrelT}Y_X}{\sigma_F}$		

表 8.2-40 表 8.2-39 公式中参数的意义和确定方法

代号	代号意义	确定方法	
		简化计算方法公式中	一般计算方法公式中
K_A	使用系数	表 8.2-41	
K_v	动载系数	表 8.2-49	表 8.2-42
$K_{H\beta}$	接触疲劳强度计算的齿向载荷分布系数	表 8.2-58 和表 8.2-59	表 8.2-50
$K_{F\beta}$	弯曲疲劳强度计算的齿向载荷分布系数	式 8.2-2	式 8.2-1
$K_{H\alpha}$	接触疲劳强度计算的齿间载荷分配系数	表 8.2-62	表 8.2-60
$K_{F\alpha}$	弯曲疲劳强度计算的齿间载荷分配系数		
Z_H	节点区域系数	式 8.2-3 或图 8.2-12	
Z_E	弹性系数	式 8.2-4 或表 8.2-64	
Z_ε	接触疲劳强度计算的重合度系数		式 8.2-5
Z_β	接触疲劳强度计算的螺旋角系数		式 8.2-6
$Z_{\varepsilon\beta}$	接触疲劳强度计算的重合度与螺旋角系数	式 8.2-5 和式 8.2-6 或图 8.2-13	
Z_B	小齿轮单对齿啮合系数		表 8.2-65
Z_D	大齿轮单对齿啮合系数		
σ_{Hlim}	试验齿轮的接触疲劳极限	图 8.2-15	
Z_{NT}	接触疲劳强度计算的寿命系数	图 8.2-18 或表 8.2-66	
Z_L、Z_v、Z_R	润滑油膜影响系数	表 8.2-68	表 8.2-67 或图 8.2-19~图 8.2-21

（续）

代　号	代号意义	确定方法	
		简化计算方法公式中	一般计算方法公式中
Z_W	齿面工作硬化系数	式 8.2-8 或图 8.2-22	
Z_X	接触疲劳强度计算的尺寸系数	表 8.2-70 或图 8.2-23	
S_{Hmin}、S_{Fmin}	最小安全系数	表 8.2-71	
Y_F	齿形系数		表 8.2-72 和表 8.2-73
Y_S	应力修正系数		式 8.2-9
Y_{FS}	复合齿形系数	图 8.2-27 和图 8.2-28	
Y_ε	弯曲疲劳强度计算的重合度系数		式 8.2-11
Y_β	弯曲疲劳强度计算的螺旋角系数		式 8.2-12
$Y_{\varepsilon\beta}$	弯曲疲劳强度计算的重合度与螺旋角系数	式 8.2-11 和式 8.2-12 或图 8.2-29	
Y_B	弯曲疲劳强度计算的轮缘厚度系数		表 8.2-74 或图 8.2-30
Y_{DT}	弯曲疲劳强度计算的深齿系数		表 8.2-75 或图 8.2-31
σ_{FE}	齿轮材料的弯曲疲劳强度基本值	图 8.2-32	
Y_{NT}	弯曲疲劳强度计算的寿命系数	表 8.2-76 或图 8.2-33	
Y_X	弯曲疲劳强度计算的尺寸系数	表 8.2-77 或图 8.2-34	
$Y_{\delta relT}$	相对齿根圆角敏感系数	式 8.2-18	式 8.2-15 或图 8.2-35 和式 8.2-17
Y_{RrelT}	相对齿根表面状况系数	表 8.2-81	表 8.2-80 或图 8.2-36

4.5 齿轮传动设计与强度校核计算中各参数的确定

4.5.1 分度圆上的圆周力 F_t

可根据齿轮传递的额定转矩或额定功率按表 8.2-36中的公式计算。当变动载荷时，如果已经确定了齿轮传动的载荷图谱，则应按当量转矩计算分度圆上的切向力，见本章 4.7 节。

4.5.2 使用系数 K_A

K_A 是考虑由于原动机和工作机械的载荷变动、冲击、过载等对齿轮产生的外部附加动载荷的系数。K_A 与原动机和工作机械的特性、质量比、联轴器的类型以及运行状态等有关。如有可能，K_A 应通过精确测量或对系统进行分析来确定。当按额定载荷计算齿轮时，一般可参考表 8.2-41 选取 K_A 值；当已知载荷图谱，按当量载荷计算齿轮时，则应取 $K_A=1$。

表 8.2-41　使用系数 K_A

	工作机工作特性及其示例			
	均匀平稳	轻微冲击	中等冲击	严重冲击
原动机工作特性及其示例	载荷平稳的发电机，载荷平稳的带式或板式输送机，螺杆输送机，轻型升降机，包装机械，机床进给机械，通风机，轻型离心机，离心泵；用于轻质液体或均匀密度物料的搅拌机、混料机，剪切机，压力机，冲压机[①]；立式传动装置和往复移动齿轮装置[②]	载荷非均匀平稳的带式或板式输送机，机床主传动装置，重型升降机，起重机回转齿轮装置，工业或矿山用风机，重型离心机，离心泵；黏性介质或非均匀密度物料的搅拌机、混料机，多缸活塞泵，给水泵，通用挤压机，压延机，同转窑，轧机，连续的锌带、铅带轧机，线材和棒材轧机[③]	橡胶挤压机，连续工作的橡胶和塑料混料机，轻型球磨机，木工机械（锯片和车床），钢坯轧机[③④]，提升装置，单缸活塞泵	挖掘机（斗轮驱动、斗链驱动、筛分驱动），挖土机，重型球磨机，橡胶压轧机，破碎机（石料、矿石），铸造机械，重型给水泵，钻机，压砖机，卸载机，落砂机，带材冷压机[③⑤]，压坯机，轧碎机

（续）

载荷类型	工作机械	使用系数 K_A			
均匀平稳	电动机（如直流电动机）、平稳运行的蒸汽轮机或燃气轮机（起动转矩很小，起动不频繁）	1.00	1.25	1.50	1.75
轻微冲击	蒸汽轮机，燃气轮机、液压马达或电动机（具有大的、频繁的起动转矩）	1.10	1.35	1.60	1.85
中等冲击	多缸内燃机	1.25	1.50	1.75	2.00
严重冲击	单缸内燃机	1.50	1.75	2.00	2.25 或更大

① 额定载荷为最大转矩。
② 额定载荷为最大起动转矩。
③ 额定载荷为最大轧制转矩。
④ 转矩受限流器限制。
⑤ 带钢的频繁开裂会导致 K_A 上升到 2.0。

4.5.3 动载系数 K_v

K_v 是考虑齿轮传动在啮合过程中，大、小齿轮啮合振动所产生的内部附加动载荷影响的系数。影响 K_v 的主要因素有基节偏差、齿形误差、圆周速度、大小齿轮的质量、轮齿的啮合刚度，以及在啮合过程中的变化、载荷、轴及轴承的刚度、齿轮系统的阻尼特性等。

（1）K_v 的一般计算方法（见表 8.2-42）

表 8.2-42 K_v 的一般计算方法

运行转速区间	临界转速比 N	对运行的齿轮装置的要求	K_v 计算公式	说明
亚临界区	$N \leqslant N_s$	多数通用齿轮在此区工作	$K_v = NK+1 = N(C_{v1}B_p+C_{v2}B_f+C_{v3}B_k)+1$ (1)	在 $N=1/2$ 或 $2/3$ 时可能出现共振现象，K_v 大大超过计算值，直齿轮尤甚，此时应修改设计。在 $N=1/4$ 或 $1/5$ 时共振影响很小
主共振区	$N_s < N \leqslant 1.15$	一般精度不高的齿轮（尤其是未修缘的直齿轮）不宜在此区运行。$\varepsilon_\gamma > 2$ 的高精度斜齿轮可在此区工作	$K_v = C_{v1}B_p+C_{v2}B_f+C_{v4}B_k+1$ (2)	在此区内 K_v 受阻尼影响极大，实际动载与按式（2）计算所得值相差可达 40%，尤其是对未修缘的直齿轮
过渡区	$1.15 < N < 1.5$		$K_v = K_{v(N=1.5)} + \dfrac{K_{v(N=1.15)} - K_{v(N=1.5)}}{0.35} \times (1.5-N)$ (3)	$K_{v(N=1.5)}$ 按式（4）计算 $K_{v(N=1.15)}$ 按式（2）计算
超临界区	$N \geqslant 1.5$	绝大多数透平齿轮及其他高速齿轮在此区工作	$K_v = C_{v5}B_p+C_{v6}B_f+C_{v7}$ (4)	1）可能在 $N=2$ 或 3 时出现共振，但影响不大 2）当轴齿轮系统的横向振动固有频率与运行的啮合频率接近或相等时，实际动载与按式（4）计算所得值可相差 100%，应避免此情况

注：1. 表中各公式均将每一齿轮副按单级传动处理，略去多级传动的其他各级的影响。非刚性连接的同轴齿轮，可以这样简化，否则应按表 8.2-45 中第 2 种结构型式情况处理。

2. 当 $(F_tK_A)/b < 100\text{N/mm}$ 时，$N_s = 0.5+0.35\sqrt{\dfrac{F_tK_A}{100b}}$；其他情况时，$N_s = 0.85$。

3. 表内各公式中，N 为临界转速比，见表 8.2-43。
$C_{v1} \sim C_{v7}$ 数值见表 8.2-46。
系数 B_p、B_f、B_k 的计算公式见表 8.2-47。

表 8.2-43　临界转速比 N

项目	单位	计算公式或图示	说　明
临界转速比 N		$N=\frac{n_1}{n_{E1}}$	m_{red}—齿轮副的诱导质量，即每个齿轮的单位齿宽质量的诱导质量，与其基圆半径或啮合线有关；对行星齿轮和其他较特殊的齿轮 m_{red} 见表 8.2-44、表 8.2-45 n_1—小轮转速(r/min) z_1—小轮齿数 c_γ—轮齿啮合刚度[MPa/(mm · μm)]，见本章 4.5.6 节 ρ_1,ρ_2—小轮、大轮的材料密度(kg/mm^3)
临界转速 n_{E1}	r/min	$n_{E1}=\frac{30\times10^3}{\pi z_1}\sqrt{\frac{c_\gamma}{m_{red}}}$	
齿轮副诱导质量 m_{red}	kg/mm	$m_{red}=\frac{J_1^* J_2^*}{J_1^* r_{b2}^2+J_2^* r_{b1}^2}$	
小、大齿轮的单位齿宽的转动惯量 $J_{1,2}^*$	$kg\cdot mm^2$/mm	$J_1^*=\frac{\pi}{32}\rho_1(1-q_1^4)d_{m1}^4$ $J_2^*=\frac{\pi}{32}\rho_2(1-q_2^4)d_{m2}^4$	
轮缘内腔直径比 q		$q_1=d_{i1}/d_{m1}$ $q_2=d_{i2}/d_{m2}$	
小、大轮齿高中部直径 d_{m1}, d_{m2}	mm	$d_{m1}=(d_{a1}+d_{f1})/2$ $d_{m2}=(d_{a2}+d_{f2})/2$	
齿轮结构参数	mm	(图：d_a、d_f、d_i、基圆半径 r_b)	r_{b1},r_{b2}—小轮、大轮的基圆半径(mm) d_{i1},d_{i2}—小轮、大轮的内腔直径(mm) d_{a1},d_{a2}—小轮、大轮的齿顶圆直径(mm) d_{f1},d_{f2}—小轮、大轮的齿根圆直径(mm)

表 8.2-44　行星传动齿轮的诱导质量 m_{red}

齿轮组合	m_{red} 计算公式或提示	说　明
太阳轮和行星轮	$m_{red}=\frac{J_{pla}^* J_{sun}^*}{(pJ_{pla}^* r_{bsun}^2)+(J_{sun}^* r_{bpla}^2)}$	J_{sun}^*,J_{pla}^*—太阳轮、一个行星轮单位齿宽的转动惯量($kg\cdot mm^2/mm$)；可按表 8.2-43 计算 p—计算轮系中行星轮的个数 r_{bsun},r_{bpla}—太阳轮、行星轮基圆半径(mm)
行星轮和固定内齿圈	$m_{red}=\frac{J_{pla}^*}{r_{bpla}}$	
行星轮和转动内齿圈	内齿圈的当量质量按外齿轮即表 8.2-43 处理；行星轮的诱导质量可按式 $m_{red}=\frac{J_{pla}^*}{r_{bpla}}$ 计算；有若干个行星轮时可按单个行星轮分别计算	

表 8.2-45　较特殊结构型式的齿轮的诱导质量 m_{red}

齿轮结构型式		计算公式或提示	说　明
1	小轮的平均直径与轴颈相近	采用表 8.2-43 一般外啮合的计算公式 因为结构引起的小轮当量质量增大和扭转刚度增大(使实际啮合刚度 c_γ 增大)对计算临界转速 n_{E1} 的影响大体上相互抵消	

（续）

<table>
<tr><th colspan="2">齿轮结构型式</th><th>计算公式或提示</th><th>说　　明</th></tr>
<tr><td>2</td><td>两刚性连接的同轴齿轮</td><td>较大的齿轮质量必须计入，而较小的齿轮质量可以略去</td><td>若两个齿轮直径无显著差别时，一起计入</td></tr>
<tr><td>3</td><td>两个小轮驱动一个大轮</td><td>可分别按小轮 1-大轮和小轮 2-大轮两个独立齿轮副分别计算</td><td>此时的大轮质量总是比小轮质量大得多</td></tr>
<tr><td>4</td><td>中间轮</td><td>$m_{red}=\dfrac{2}{\dfrac{r_{b1}^2}{J_1^*}+\dfrac{2r_{b2}^2}{J_2^*}+\dfrac{r_{b3}^2}{J_3^*}}$
等效刚度
$c_\gamma=\dfrac{1}{2}(c_{\gamma1-2}+c_{\gamma2-3})$</td><td>$J_1^*$，$J_2^*$，$J_3^*$—主动轮、中间轮、从动轮单位齿宽的转动惯量
$c_{\gamma1-2}$—主动轮、中间轮啮合刚度，见 4.5.6 节
$c_{\gamma2-3}$—中间轮、从动轮啮合刚度，见 4.5.6 节</td></tr>
</table>

表 8.2-46　$C_{v1}\sim C_{v7}$ 数值

<table>
<tr><th>代号</th><th>代号意义</th><th colspan="2">$1<\varepsilon_\gamma\leqslant2$</th><th colspan="2">$\varepsilon_\gamma>2$</th></tr>
<tr><td>C_{v1}</td><td>考虑齿距偏差的影响系数</td><td colspan="4">0.32</td></tr>
<tr><td>C_{v2}</td><td>考虑齿廓偏差的影响系数</td><td colspan="2">0.34</td><td colspan="2">$\dfrac{0.57}{\varepsilon_\gamma-0.3}$</td></tr>
<tr><td>C_{v3}</td><td>考虑啮合刚度周期变化的影响系数</td><td colspan="2">0.23</td><td colspan="2">$\dfrac{0.096}{\varepsilon_\gamma-1.56}$</td></tr>
<tr><td>C_{v4}</td><td>考虑啮合刚度周期变化引起齿轮副扭转共振的影响系数</td><td colspan="2">0.90</td><td colspan="2">$\dfrac{0.57-0.05\varepsilon_\gamma}{\varepsilon_\gamma-1.44}$</td></tr>
<tr><td>C_{v5}</td><td>在超临界区内考虑齿距偏差的影响系数</td><td colspan="4">0.47</td></tr>
<tr><td>C_{v6}</td><td>在超临界区内考虑齿廓偏差的影响系数</td><td colspan="2">0.47</td><td colspan="2">$\dfrac{0.12}{\varepsilon_\gamma-1.74}$</td></tr>
<tr><td rowspan="2">C_{v7}</td><td rowspan="2">考虑因啮合刚度的变动，在恒速运行时与齿轮弯曲变形产生的分力有关的系数</td><td>$1<\varepsilon_\gamma\leqslant1.5$</td><td colspan="2">$1.5<\varepsilon_\gamma\leqslant2.5$</td><td>$\varepsilon_\gamma>2.5$</td></tr>
<tr><td>0.75</td><td colspan="2">$0.125\sin[\pi(\varepsilon_\gamma-2)]+0.875$</td><td>1.0</td></tr>
</table>

表 8.2-47　系数 B_p、B_f、B_k 的计算公式

<table>
<tr><th>项　　目</th><th colspan="2">计算公式</th><th>说　　明</th></tr>
<tr><td>B_p</td><td colspan="2">$B_p=\dfrac{c'f_{pbeff}}{(F_tK_A)/b}$</td><td>考虑齿距偏差的影响</td></tr>
<tr><td>B_f</td><td colspan="2">$B_f=\dfrac{c'f_{feff}}{(F_tK_A)/b}$</td><td>考虑齿形偏差的影响</td></tr>
<tr><td>B_k</td><td colspan="2">$B_k=\left|1-\dfrac{c'C_a}{(F_tK_A)/b}\right|$</td><td>考虑齿轮修缘的影响
齿轮精度低于 5 级时，$B_k=1$</td></tr>
<tr><td rowspan="4">c'—单对齿轮刚度，见 4.5.6 节
C_a—沿齿廓法线方向计量的修缘量（μm），无修缘时，用由跑合产生的齿顶磨合量 C_{ay}（μm）值代替
f_{pbeff}，f_{feff}—有效基节偏差和有效齿廓公差（μm），与相应的磨合量 y_p、y_f 有关</td><td rowspan="2">C_{ay}</td><td>当大、小轮材料相同时
$C_{ay}=\dfrac{1}{18}\left(\dfrac{\sigma_{Hlim}}{97}-18.45\right)^2+1.5$</td><td></td></tr>
<tr><td>当大、小轮材料不同时
$C_{ay}=0.5(C_{ay1}+C_{ay2})$</td><td>$C_{ay1}$、$C_{ay2}$ 分别按上式计算</td></tr>
<tr><td>f_{pbeff}</td><td>$f_{pbeff}=f_{pb}-y_p$</td><td rowspan="2">如无 y_p、y_f 的可靠数据，可近似取 $y_p=y_f=y_\alpha$
y_α 见表 8.2-48
f_{pb}，f_f 通常按大齿轮查取</td></tr>
<tr><td>f_{feff}</td><td>$f_{feff}=f_f-y_f$</td></tr>
</table>

表 8.2-48 齿廓磨合量 y_α

齿轮材料	齿廓磨合量 $y_\alpha/\mu m$	限制条件
结构钢、调质钢、珠光体和贝氏体球墨铸铁	$y_\alpha=\dfrac{160}{\sigma_{Hlim}}f_{pb}$	$v>10m/s$ 时，$y_\alpha\leqslant\dfrac{6400}{\sigma_{Hlim}}\mu m$，$f_{pb}\leqslant40\mu m$ $5<v\leqslant10m/s$ 时，$y_\alpha\leqslant\dfrac{12800}{\sigma_{Hlim}}\mu m$，$f_{pb}\leqslant80\mu m$ $v\leqslant5m/s$ 时，y_α 无限制
铸铁、铁素体球墨铸铁	$y_\alpha=0.275f_{pb}$	$v>10m/s$ 时，$y_\alpha\leqslant11\mu m$，$f_{pb}\leqslant40\mu m$ $5<v\leqslant10m/s$ 时，$y_\alpha\leqslant22\mu m$，$f_{pb}\leqslant80\mu m$ $v\leqslant5m/s$ 时，y_α 无限制
渗碳淬火钢或渗氮钢、氮碳共渗钢	$y_\alpha=0.075f_{pb}$	$y_\alpha\leqslant3\mu m$

注：1. f_{pb}—齿轮基节极限偏差（μm）；σ_{Hlim}—齿轮接触疲劳极限（MPa）。

2. 当大、小齿轮的材料和热处理不同时，其齿廓磨合量可取为相应两种材料齿轮副磨合量的算术平均值。

（2）K_v 的简化计算方法（见表 8.2-49）

表 8.2-49 K_v的简化计算方法

项目		计算公式	说明
传动精度系数 C		$C=-0.5048\ln(z)-1.144\ln(m_n)+2.852\ln(f_{pt})+3.32$	先用 z_1、f_{pt1} 代入计算，再用 z_2、f_{pt2} 代入计算，取其中较大值，C 应圆整成整数
K_v 值	$C\leqslant5$ 的高精度齿轮	$K_v=1.0\sim1.1$	齿轮具有良好的安装和对中精度以及合适的润滑条件
	$C\geqslant6$ 的一般精度齿轮①	$K_v=\left[\dfrac{A}{A+\sqrt{200v}}\right]^{-B}$ $A=50+56(1.0-B)$ $B=0.25(C-5.0)^{0.667}$ 适用的条件： 1）法向模数 $m_n=1.25\sim50mm$ 2）齿数 $z=6\sim1200$ 当 $m_n>8.33mm$ 时，$z=6\sim\dfrac{10000}{m_n}$ 3）传动精度系数 $C=6\sim12$ 4）齿轮节圆线速度 $v\leqslant\dfrac{[A+(14-C)]^2}{200}$	按齿轮副节圆线速度 v(m/s)和传动精度系数 C 查图确定 K_v

① K_v 值可按表中公式计算，也可按右边图查取。

.5.4 齿向载荷分布系数 $K_{H\beta}$、$K_{F\beta}$

齿向载荷分布系数是考虑沿齿向载荷分布不均匀的影响系数。在接触强度计算中记为 $K_{H\beta}$，在弯曲强度计算中记为 $K_{F\beta}$。影响 $K_{H\beta}$、$K_{F\beta}$的主要因素有：轮齿、轴系及箱体的刚度，齿宽系数、齿向误差、轴线平行度、载荷、磨合情况及齿向修形等。齿向载荷分布系数是影响齿轮承载能力的重要因素，应通过改善结构、改进工艺等措施使载荷沿齿向分布均匀，以降低它的影响。如果通过测量和检查能够确切掌握轮齿的接触情况，并做相应的修形（如螺旋角修形、鼓形修形等），可取 $K_{H\beta}=K_{F\beta}=1$。如果对齿轮的结构做特殊处理或经过仔细磨合，能使载荷沿齿向均匀分布，也可取 $K_{H\beta}=K_{F\beta}=1$。

（1）$K_{H\beta}$的一般计算方法

$K_{H\beta}$的计算公式见表8.2-50，当$K_{H\beta}>1.5$时，通常应采取措施降低$K_{H\beta}$值。

基本假定和适用范围：

1）沿齿宽将轮齿视为具有啮合刚度c_γ的弹性体，载荷和变形都呈线性分布。

2）轴齿轮的扭转变形按载荷沿齿宽均布计算，弯曲变形按载荷集中作用于齿宽中点计算，没有其他额外的附加载荷。

3）箱体、轴承、大齿轮及其轴的刚度足够大，其变形可忽略。

4）等直径轴或阶梯轴，d_{sh}为与实际轴产生同样弯曲变形量的当量轴径。

5）轴和小齿轮的材料都为钢；小齿轮轴可以是实心轴或空心轴（其内径应<$0.5d_{sh}$），齿轮的结构支承形式见表8.2-54。

（2）典型结构齿轮的$K_{H\beta}$

适用条件：符合本章4.5.4节（1）中1）、2）、3），并且小齿轮直径和轴径相近，轴齿轮为实心或空心轴（内孔径应小于$0.5d_{sh}$），对称布置在两轴承之间（$s/l\approx0$）；当非对称布置时，应把估算出的附加弯曲变形量加到f_{ma}上。

符合上述条件的单对齿轮、轧机齿轮和简单行星传动齿轮$K_{H\beta}$的计算公式见表8.2-55～表8.2-57。

表8.2-50　$K_{H\beta}$的计算公式

项　　目		公　　式
$K_{H\beta}$	$\sqrt{\dfrac{2F_tK_AK_v/b}{F_{\beta y}c_\gamma}}\leqslant1$时	$K_{H\beta}=\sqrt{\dfrac{2F_{\beta y}c_\gamma}{F_tK_AK_v/b}}$
	$\sqrt{\dfrac{2F_tK_AK_v/b}{F_{\beta y}c_\gamma}}>1$时	$K_{H\beta}=1+0.5\dfrac{F_{\beta y}c_\gamma}{F_tK_AK_v/b}$
磨合后啮合螺旋线偏差$F_{\beta y}/\mu m$		$F_{\beta y}=F_{\beta x}-y_\beta=F_{\beta x}x_\beta$
初始啮合螺旋线偏差$F_{\beta x}/\mu m$	受载时接触不良	$F_{\beta x}=1.33f_{sh}+f_{ma}$；$F_{\beta x}\geqslant F_{\beta xmin}$
	受载时接触良好	$F_{\beta x}=\mid1.33f_{sh}-f_{\beta6}\mid$；$F_{\beta x}\geqslant F_{\beta xmin}$
	受载时接触理想	$F_{\beta x}=F_{\beta xmin}$
	$F_{\beta xmin}$	$\max\{0.005F_tK_AK_v/b,0.5F_\beta\}$
综合变形产生的啮合螺旋线偏差分量$f_{sh}/\mu m$		$f_{sh}=\dfrac{F_tK_AK_v}{b}f_{sh0}$
单位载荷作用下的啮合螺旋线偏差$f_{sh0}/(\mu m\cdot mm\cdot N^{-1})$	一般齿轮	0.023γ
	齿端修薄的齿轮	0.016γ
	修形或鼓形修整的齿轮	0.012γ

注：1. y_β、x_β分别为螺旋线磨合量和螺旋线磨合系数其计算公式见表8.2-51。
2. f_{ma}为制造、安装误差产生的啮合螺旋线偏差分量，其计算公式见表8.2-52。
3. $f_{\beta6}$为GB/T 10095.1或ISO 1328-1：1995规定的6级精度的螺旋线总偏差的允许值F_β。
4. γ为小齿轮结构尺寸系数，见表8.2-53。
5. c_γ为轮齿啮合刚度，见本章4.5.6节。

表8.2-51　y_β、x_β的计算公式

齿轮材料	螺旋线磨合量$y_\beta(\mu m)$，磨合系数x_β	适用范围及限制条件
结构钢、调质钢、珠光体和贝氏体球墨铸铁	$y_\beta=\dfrac{320}{\sigma_{Hlim}}F_{\beta x}$ $x_\beta=1-\dfrac{320}{\sigma_{Hlim}}$	$v>10m/s$时，$y_\beta\leqslant12800/\sigma_{Hlim}$，$F_{\beta x}\leqslant40\mu m$ $5<v\leqslant10m/s$时，$y_\beta\leqslant25600/\sigma_{Hlim}$，$F_{\beta x}\leqslant80\mu m$ $v\leqslant5m/s$时，y_β无限制
灰铸铁、铁素体球墨铸铁	$y_\beta=0.55F_{\beta x}$ $x_\beta=0.45$	$v>10m/s$时，$y_\beta\leqslant22\mu m$，$F_{\beta x}\leqslant40\mu m$ $5<v\leqslant10m/s$时，$y_\beta\leqslant45\mu m$，$F_{\beta x}\leqslant80\mu m$ $v\leqslant5m/s$时，y_β无限制
渗碳淬火钢、表面硬化钢、渗氮钢、氮碳共渗钢、表面硬化球墨铸铁	$y_\beta=0.15F_{\beta x}$ $x_\beta=0.85$	$y_\beta\leqslant6\mu m$，$F_{\beta x}\leqslant40\mu m$

注：1. σ_{Hlim}—齿轮接触疲劳极限值（MPa），见本章4.5.11节。
2. 当大小齿轮材料不同时，$y_\beta=(y_{\beta1}+y_{\beta2})/2$，$x_\beta=(x_{\beta1}+x_{\beta2})/2$，式中下标1，2分别表示小、大齿轮。

表8.2-52　f_{ma}的计算公式　（μm）

类　　别		确定方法或公式
粗略数值	某些高精度的高速齿轮	$f_{ma}=0$
	一般工业齿轮	$f_{ma}=15$
给定精度等级	装配时无检验调整	$f_{ma}=1.0F_\beta$
	装配时进行检验调整（对研、轻载磨合、调整轴承、螺旋线修形、鼓形齿等）	$f_{ma}=0.5F_\beta$
	齿端修薄	$f_{ma}=0.7F_\beta$

（续）

类　别	确定方法或公式
给定空载下接触斑点长度 b_{c0}	$$f_{ma}=\frac{b}{b_{c0}}S_c$$ 式中　S_c—涂色层厚度，一般为 2～20μm，计算时可取 $S_c=6\mu m$ 如按最小接触斑点长度 b_{c0min} 计算 $$f_{ma}=\frac{2}{3}\times\frac{b}{b_{c0min}}S_c$$ 如测得最长和最短的接触斑点长度 $$f_{ma}=\frac{1}{2}\left(\frac{b}{b_{c0min}}+\frac{b}{b_{c0max}}\right)S_c$$

表 8.2-53　小齿轮结构尺寸系数 γ

齿轮形式	γ 的计算公式	B^*	
		功率不分流	功率分流，通过该对齿轮 k% 的功率
直齿轮及单斜齿轮	$\left[\left\lvert B^*+K'\frac{ls}{d_1^2}\left(\frac{d_1}{d_{sh}}\right)^4-0.3\right\rvert+0.3\right]\left(\frac{b}{d_1}\right)^2$	$B^*=1$	$B^*=1+2(100-k)/k$
人字齿轮或双斜齿轮	$2\left[\left\lvert B^*+K'\frac{ls}{d_1^2}\left(\frac{d_1}{d_{sh}}\right)^4-0.3\right\rvert+0.3\right]\left(\frac{b_B}{d_1}\right)^2$	$B^*=1.5$	$B^*=0.5+(200-k)/k$

注：l—轴承跨距（mm）；s—小轮齿宽中点至轴承跨距中点的距离（mm）；d_1—小轮分度圆直径（mm）；d_{sh}—小轮轴弯曲变形当量直径（mm）；K'—结构系数，见表 8.2-54；b_B—单斜齿轮宽度（mm）。

表 8.2-54　小齿轮的结构支承形式及结构系数 K′

结构支承形式		条件	K'		说　明
			刚性	非刚性	
a	T, s, l/2, l/2	$s/l<0.3$	0.48	0.8	对人字齿轮或双斜齿轮，实线、虚线各代表半边斜齿轮中点的位置，s 按用实线表示的变形大的半边斜齿轮的位置计算 $d_1/d_{sh}\geqslant1.15$ 为刚性轴，$d_1/d_{sh}<1.15$ 为非刚性轴，通常采用的键连接的套装齿轮属非刚性轴 齿轮位于轴承跨距中心时（$s\approx0$），$K_{H\beta}$ 最好按表 8.2-55～表 8.2-57 中的公式计算
b	s, T, l/2, l/2	$s/l<0.3$	-0.48	-0.8	
c	l, s	$s/l<0.5$	1.33	1.33	
d	l/2, s	$s/l<0.3$	-0.36	-0.6	
e	s, l/2	$s/l<0.3$	-0.6	-1.0	

表 8.2-55 单对齿轮 $K_{H\beta}$ 的计算公式

齿轮类型	修形情况	$K_{H\beta}$ 计算公式	
直齿轮、斜齿轮	不修形	$K_{H\beta}=1+\frac{4000}{3\pi}x_\beta\frac{c_\gamma}{E}\left(\frac{b}{d_1}\right)^2\left[5.12+\left(\frac{b}{d_1}\right)^2\left(\frac{l}{b}-\frac{7}{12}\right)\right]+\frac{x_\beta c_\gamma f_{ma}}{2F_m/b}$	(1)
	部分修形	$K_{H\beta}=1+\frac{4000}{3\pi}x_\beta\frac{c_\gamma}{E}\left(\frac{b}{d_1}\right)^4\left(\frac{l}{b}-\frac{7}{12}\right)+\frac{x_\beta c_\gamma f_{ma}}{2F_m/b}$	(2)
	完全修形	$K_{H\beta}=1+\frac{x_\beta c_\gamma f_{ma}}{2F_m/b}$，且 $K_{H\beta}\geqslant1.05$	(3)
人字齿轮或双斜齿轮	不修形	$K_{H\beta}=1+\frac{4000}{3\pi}x_\beta\frac{c_\gamma}{E}\left[3.2\left(\frac{2b_B}{d_1}\right)^2+\left(\frac{B}{d_1}\right)^4\left(\frac{l}{B}-\frac{7}{12}\right)\right]+\frac{x_\beta c_\gamma f_{ma}}{F_m/b_B}$	(4)
	完全修形	$K_{H\beta}=1+\frac{x_\beta c_\gamma f_{ma}}{F_m/b_B}$，且 $K_{H\beta}\geqslant1.05$	(5)

注：1. 本表各公式适用于全部转矩从轴的一端输入的情况，如同时从轴的两端输入或双斜齿轮从两半边斜齿轮的中间输入，则应做更详细的分析。

2. 部分修形指只补偿扭转变形的螺旋线修形；完全修形指同时可补偿弯曲、扭转变形的螺旋线修形。

3. B—包括空刀槽在内的双斜齿全齿宽（mm）；b_B—单斜齿轮宽度（mm），对因结构要求而采用超过一般工艺需要的大齿槽宽度的双斜齿轮，应采用一般方法计算；F_m—分度圆上平均切向力（N）。

表 8.2-56 轧机齿轮 $K_{H\beta}$ 的计算公式

是否修形	齿轮类型	$K_{H\beta}$ 计算公式
不修形	直齿轮、斜齿轮	$1+\frac{4000}{3\pi}x_\beta\frac{c_\gamma}{E}\left[\left(\frac{b}{d_1}\right)^2\left(5.12+7.68\frac{100-k}{k}\right)+\left(\frac{b}{d_1}\right)^2\left(\frac{l}{b}-\frac{7}{12}\right)\right]+\frac{x_\beta c_\gamma f_{ma}}{2F_m/b}$
	双斜齿轮或人字齿轮	$1+\frac{4000}{3\pi}x_\beta\frac{c_\gamma}{E}\left[\left(\frac{2b_B}{d_1}\right)^2\left(1.28+1.92\frac{100-k/2}{k/2}\right)+\left(\frac{B}{d_1}\right)^4\left(\frac{l}{B}-\frac{7}{12}\right)\right]+\frac{x_\beta c_\gamma f_{ma}}{F_m/b_B}$
完全修形	直齿轮、斜齿轮	按表 8.2-55 式(3)
	人字齿轮或双斜齿轮	按表 8.2-55 式(5)

注：1. 如不修形按双斜齿或人字齿轮公式计算的 $K_{H\beta}>2$，应检查设计，最好用更精确的方法重新计算。

2. B 为包括空刀槽在内的双斜齿全齿宽（mm）；b_B 为单斜齿轮宽度（mm）。

3. k 表示当采用一对轴齿轮，$u=1$，功率分流，被动齿轮传递 $k\%$ 的转矩，$(100-k)\%$ 的转矩由主动齿轮的轴端输出，两齿轮皆对称布置在两端轴承之间。

表 8.2-57 简单行星传动齿轮 $K_{H\beta}$ 的计算公式

	齿轮副	轴承形式	修形情况	$K_{H\beta}$ 计算公式
直齿轮、单斜齿轮	太阳轮(S)|行星轮(P)	Ⅰ	不修形	$1+\frac{4000}{3\pi}n_P x_\beta\frac{c_\gamma}{E}\times5.12\left(\frac{b}{d_S}\right)^2+\frac{x_\beta c_\gamma f_{ma}}{2F_m/b}$
			修形（仅补偿扭转变形）	按表 8.2-55 式(3)
		Ⅱ	不修形	$1+\frac{4000}{3\pi}x_\beta\frac{c_\gamma}{E}\left[5.12n_P\left(\frac{b}{d_S}\right)^2+2\left(\frac{b}{d_P}\right)^4\left(\frac{l_P}{b}-\frac{7}{12}\right)\right]+\frac{x_\beta c_\gamma f_{ma}}{2F_m/b}$
			完全修形（弯曲和扭转变形完全补偿）	按表 8.2-55 式(3)
	内齿轮(H)|行星轮(P)	Ⅰ	修形或不修形	按表 8.2-55 式(3)
		Ⅱ	不修形	$1+\frac{8000}{3\pi}x_\beta\frac{c_\gamma}{E}\left(\frac{b}{d_P}\right)^4\left(\frac{l_P}{b}-\frac{7}{12}\right)+\frac{x_\beta c_\gamma f_{ma}}{2F_m/b}$
			修形（仅补偿弯曲变形）	按表 8.2-55 式(3)

（续）

	齿轮副	轴承形式	修形情况	$K_{H\beta}$计算公式
人字齿轮或双斜齿轮	太阳轮（S）|行星轮（P）	Ⅰ	不修形	$1+\frac{4000}{3\pi}n_Px_\beta\frac{c_\gamma}{E}\times3.2\left(\frac{2b_B}{d_S}\right)^2+\frac{x_\beta c_\gamma f_{ma}}{F_m/b_B}$
			修形（仅补偿扭转变形）	按表 8.2-55 式（5）
		Ⅱ	不修形	$1+\frac{4000}{3\pi}x_\beta\frac{c_\gamma}{E}\left[3.2n_P\left(\frac{2b_B}{d_S}\right)^2+2\left(\frac{B}{d_P}\right)^4\left(\frac{l_P}{B}-\frac{7}{12}\right)\right]+\frac{x_\beta c_\gamma f_{ma}}{F_m/b_B}$
			完全修形（弯曲和扭转变形完全补偿）	按表 8.2-55 式（5）
	内齿轮（H）|行星轮（P）	Ⅰ	修形或不修形	按表 8.2-55 式（5）
		Ⅱ	不修形	$1+\frac{8000}{3\pi}x_\beta\frac{c_\gamma}{E}\left(\frac{B}{d_P}\right)^4\left(\frac{l_P}{B}-\frac{7}{12}\right)+\frac{x_\beta c_\gamma f_{ma}}{F_m/b_B}$
			修形（仅补偿弯曲变形）	按表 8.2-55 式（5）

注：1. Ⅰ、Ⅱ表示行星轮及其轴承在行星架上的安装形式；Ⅰ—轴承装在行星轮上，转轴刚性固定在行星架上；Ⅱ—行星轮两端带轴颈的轴齿轮，轴承装在转架上。

2. d_S—太阳轮分度圆直径（mm）；d_P—行星轮分度圆直径（mm）；l_P—行星轮轴承跨距（mm）；B—包括空刀槽在内的双斜齿全齿宽（mm）；b_B—单斜齿轮宽度（mm）。

3. $F_m=F_tK_AK_vK_r/n_P$

K_r—行星传动不均载系数；

n_P—行星轮个数。

（3）$K_{H\beta}$的简化计算方法

适用范围如下：

1）中等或较重载荷工况。对调质齿轮，单位齿宽载荷 F_m/b 为 400～1000N/mm；对硬齿面齿轮，F_m/b 为 800～1500N/mm。

2）刚性结构和刚性支承，受载时两轴承变形较小可忽略；齿宽偏置度 s/l（见表 8.2-54）较小，符合表 8.2-58、表 8.2-59 限定范围。

3）齿宽 b 为 50～400mm，齿宽与齿高比 b/h 为 3～12，小齿轮宽径比 b/d_1 对调质处理的应小于 2.0，对硬齿面的应小于 1.5。

4）轮齿啮合刚度 c_γ 为 15～25N/（mm · μm）。

5）齿轮制造精度对调质齿轮为 5～8 级，对硬齿面齿轮为 5～6 级；满载时齿宽全长或接近全长接触（一般情况下未经螺旋线修形）。

6）矿物油润滑。

符合上述范围齿轮的 $K_{H\beta}$ 值可按表 8.2-58 和表 8.2-59 中的公式计算。

表 8.2-58　软齿面齿轮 $K_{H\beta}$、$K_{F\beta}$的计算公式

是否调整	精度等级	结构布局及限制条件			
		对称支承		非对称支承	悬臂支承
装配时不做检验调整	5	$1.14+0.18\phi_d^2+2.3\times10^{-4}b$	（a）	式（a）$+0.108\phi_d^4$	式（a）$+1.206\phi_d^4$
	6	$1.15+0.18\phi_d^2+3\times10^{-4}b$	（b）	式（b）$+0.108\phi_d^4$	式（b）$+1.206\phi_d^4$
	7	$1.17+0.18\phi_d^2+4.7\times10^{-4}b$	（c）	式（c）$+0.108\phi_d^4$	式（c）$+1.206\phi_d^4$
	8	$1.23+0.18\phi_d^2+6.1\times10^{-4}b$	（d）	式（d）$+0.108\phi_d^4$	式（d）$+1.206\phi_d^4$
装配时检验调整或对研跑合	5	$1.10+0.18\phi_d^2+1.2\times10^{-4}b$	（e）	式（e）$+0.108\phi_d^4$	式（e）$+1.206\phi_d^4$
	6	$1.11+0.18\phi_d^2+1.5\times10^{-4}b$	（f）	式（f）$+0.108\phi_d^4$	式（f）$+1.206\phi_d^4$
	7	$1.12+0.18\phi_d^2+2.3\times10^{-4}b$	（g）	式（g）$+0.108\phi_d^4$	式（g）$+1.206\phi_d^4$
	8	$1.15+0.18\phi_d^2+3.1\times10^{-4}b$	（h）	式（h）$+0.108\phi_d^4$	式（h）$+1.206\phi_d^4$

注：经过齿向修形的齿轮，可取 $K_{H\beta}=1.2\sim1.3$。

表 8.2-59 硬齿面齿轮 $K_{H\beta}$、$K_{F\beta}$的简化计算公式

是否调整	精度等级	限制条件	结构布局及限制条件			
			对称支承		非对称支承	悬臂支承
装配时不做检验调整	5	$K_{H\beta}\leqslant1.34$	$1.09+0.26\phi_d^2+2\times10^{-4}b$	(a)	式(a)$+0.156\phi_d^4$	式(a)$+1.742\phi_d^4$
		$K_{H\beta}>1.34$	$1.05+0.31\phi_d^2+2.3\times10^{-4}b$	(b)	式(b)$+0.186\phi_d^4$	式(b)$+2.077\phi_d^4$
	6	$K_{H\beta}\leqslant1.34$	$1.09+0.26\phi_d^2+3.3\times10^{-4}b$	(c)	式(c)$+0.156\phi_d^4$	式(c)$+1.742\phi_d^4$
		$K_{H\beta}>1.34$	$1.05+0.31\phi_d^2+3.8\times10^{-4}b$	(d)	式(d)$+0.186\phi_d^4$	式(d)$+2.077\phi_d^4$
装配时检验调整或对研跑合	5	$K_{H\beta}\leqslant1.34$	$1.05+0.26\phi_d^2+1.0\times10^{-4}b$	(e)	式(e)$+0.156\phi_d^4$	式(e)$+1.742\phi_d^4$
		$K_{H\beta}>1.34$	$0.99+0.31\phi_d^2+1.2\times10^{-4}b$	(f)	式(f)$+0.186\phi_d^4$	式(f)$+2.077\phi_d^4$
	6	$K_{H\beta}\leqslant1.34$	$1.05+0.26\phi_d^2+1.6\times10^{-4}b$	(g)	式(g)$+0.156\phi_d^4$	式(g)$+1.742\phi_d^2$
		$K_{H\beta}>1.34$	$1.0+0.31\phi_d^2+1.9\times10^{-4}b$	(h)	式(h)$+0.186\phi_d^4$	式(h)$+2.077\phi_d^4$

注：1. 经过齿向修形的齿轮，可取 $K_{H\beta}=1.2\sim1.3$。
2. 装配时不做检验调整；首先用 $K_{H\beta}\leqslant1.34$ 计算。
3. 装配时检验调整或磨合；首先用 $K_{H\beta}\leqslant1.34$ 计算。

（4）$K_{F\beta}$的一般计算方法

对于所有的实际应用范围，$K_{F\beta}$可按式（8.2-1）计算：

$$K_{F\beta}=(K_{H\beta})^N \tag{8.2-1}$$

$$N=\frac{(b/h)^2}{1+(b/h)+(b/h)^2}$$

式中 $K_{H\beta}$——接触疲劳强度计算的齿向载荷分布系数；
N——幂指数；
b——齿宽（mm），对人字齿或双斜齿齿轮，用单个斜齿轮的齿宽；
h——齿高（mm）。

b/h 应取大小齿轮中的小值。

（5）$K_{F\beta}$的简化计算方法

在简化计算方法中，可按式(8.2-2)确定，这样取值偏于安全。

$$K_{F\beta}=K_{H\beta} \tag{8.2-2}$$

4.5.5 齿间载荷分配系数 $K_{H\alpha}$、$K_{F\alpha}$

齿间载荷分配系数是考虑同时啮合的各对轮齿间载荷分配不均匀影响的系数。在齿面接触疲劳强度计算中记为 $K_{H\alpha}$，在轮齿弯曲强度计算中记为 $K_{F\alpha}$。影响 $K_{H\alpha}$和 $K_{F\alpha}$的主要因素有：轮齿啮合刚度、基节偏差、重合度、载荷及磨合情况等。

（1）$K_{H\alpha}$和 $K_{F\alpha}$的一般计算方法(表 8.2-60)

表 8.2-60 $K_{H\alpha}$和 $K_{F\alpha}$的一般计算方法

项　目		计 算 公 式	说　明
计算 $K_{H\alpha}$时的切向力 F_{tH}/N		$F_{tH}=F_tK_AK_vK_{H\beta}$	对于斜齿轮，如计算的 $K_{H\alpha}$值过大，应调整设计参数，使得 $K_{H\alpha}$及 $K_{F\alpha}$不大于 ε_α(端面重合度) ε_γ—总重合度 c_γ—啮合刚度，见本章 4.5.6 节 f_{Pb}—基节极限偏差(μm)，通常以大齿轮的基节极限偏差计算。当有适宜的修缘时，按此值的一半计算 y_α—齿廓磨合量(μm)，见表 8.2-61。 Z_ε—接触疲劳强度计算的重合度系数，见本章 4.5.9 节 Y_ε—弯曲疲劳强度计算的重合度系数，见本章 4.5.20 节
齿间载荷分配系数 $K_{H\alpha}$ $K_{F\alpha}$	$\varepsilon_\gamma\leqslant2$	$K_{H\alpha}=\frac{\varepsilon_\gamma}{2}\left[0.9+0.4\frac{c_\gamma(f_{Pb}-y_\alpha)}{F_{tH}/b}\right]=K_{F\alpha}$	
	$\varepsilon_\gamma>2$	$K_{H\alpha}=0.9+0.4\sqrt{\frac{2(\varepsilon_\gamma-1)}{\varepsilon_\gamma}\frac{c_\gamma(f_{Pb}-y_\alpha)}{F_{tH}/b}}=K_{F\alpha}$	
限制条件		若 $K_{H\alpha}>\frac{\varepsilon_\gamma}{\varepsilon_\alpha Z_\varepsilon^2}$，则取 $K_{H\alpha}=\frac{\varepsilon_\gamma}{\varepsilon_\alpha Z_\varepsilon^2}$ 若 $K_{F\alpha}>\frac{\varepsilon_\gamma}{\varepsilon_\alpha Y_\varepsilon}$，则取 $K_{F\alpha}=\frac{\varepsilon_\gamma}{\varepsilon_\alpha Y_\varepsilon}$ 若 $K_{H\alpha}<1.0$，则取 $K_{H\alpha}=1.0$ 若 $K_{F\alpha}<1.0$，则取 $K_{F\alpha}=1.0$	

表 8.2-61 齿廓磨合量 y_α

齿轮材料	齿廓磨合量 y_α	限制条件	说　明
结构钢、调质钢、珠光体和贝氏体球墨铸铁	$y_\alpha=\frac{160}{\sigma_{Hlim}}f_{Pb}$	$v>10$m/s 时：$y_\alpha\leqslant\frac{6400}{\sigma_{Hlim}}$μm，$f_{Pb}\leqslant40$μm 5m/s$<v\leqslant10$m/s 时：$y_\alpha\leqslant\frac{12800}{\sigma_{Hlim}}$μm，$f_{Pb}\leqslant80$μm $v\leqslant5$m/s 时，y_α 无限制	当大、小齿轮的材料和热处理不同时，其齿廓磨合量可取为两种材料齿轮副磨合量的平均值 f_{Pb}—基节极限偏差(μm) σ_{Hlim}—接触疲劳极限(MPa)，见本章 4.5.11 节
铸铁、铁素体球墨铸铁	$y_\alpha=0.275f_{Pb}$	$v>10$m/s 时：$y_\alpha\leqslant11$μm，$f_{Pb}\leqslant40$μm 5m/s$<v\leqslant10$m/s 时：$y_\alpha\leqslant22$μm，$f_{Pb}\leqslant80$μm $v\leqslant5$m/s 时，y_α 无限制	
渗碳淬火钢或渗氮钢、氮碳共渗钢	$y_\alpha=0.075f_{Pb}$	$y_\alpha\leqslant3$μm	

（2）$K_{H\alpha}$和 $K_{F\alpha}$的简化计算方法

简化计算方法适用于满足下列条件的工业齿轮传动和类似的齿轮传动：钢制的基本齿廓符合 GB/T 1356 的外啮合和内啮合齿轮；直齿轮和$\beta \leqslant 30°$的斜齿轮；单位齿宽载荷 $K_{tH}/b \geqslant 350N/mm$（当 $F_{tH}/b \geqslant 350N/mm$ 时，计算结果偏于安全；当 $F_{tH}/b < 350N/mm$ 时，因 $K_{H\alpha}$、$K_{F\alpha}$的实际值较表中值大，计算结果偏于不安全）。

$K_{H\alpha}$和 $K_{F\alpha}$可按表 8.2-62 查取。

4.5.6　轮齿刚度 c'、c_γ

轮齿刚度定义为使一对或几对同时啮合的精确轮齿在 1mm 齿宽上产生 1μm 挠度所需的啮合线上的载荷。轮齿刚度分为单对齿刚度 c'和啮合刚度 c_γ。

单对齿刚度 c'是指一对轮齿在法向内的最大刚度。经计算可知，对标准齿轮传动，约在节点处的刚度最大。因此，c'通常指一对齿在节点啮合时的刚度。

啮合刚度 c_γ 是指啮合区中啮合轮齿在端截面内总刚度的平均值。

（1）c_γ 和 c'的一般计算方法

对于基本齿廓符合 GB/T 1356、单位齿宽载荷 $K_A F_t/b \geqslant 100N/mm$、轴-毂处圆周方向传力均匀（小齿轮为轴齿轮形式、大轮过盈连接或花键连接）、钢质直齿轮和螺旋角 $\beta \leqslant 45°$的外啮合齿轮，c'和 c_γ 可按表 8.2-63 给出的公式计算。对于不满足上述条件的齿轮，如内啮合、非钢质材料的组合，以及其他形式的轴-毂连接、单位齿宽载荷 $K_A F_t/b < 100N/mm$ 的齿轮，也可近似应用。

表 8.2-62　齿间载荷分配系数 $K_{H\alpha}$和 $K_{F\alpha}$

<table>
<tr><td colspan="2">$K_A F_t/b$</td><td colspan="7">≥100N/mm</td><td><100N/mm</td></tr>
<tr><td colspan="2">公差等级</td><td>5</td><td>6</td><td>7</td><td>8</td><td>9</td><td>10</td><td>11~12</td><td>5 级及更低</td></tr>
<tr><td rowspan="2">硬齿面直齿轮</td><td>$K_{H\alpha}$</td><td colspan="2" rowspan="2">1.0</td><td rowspan="2">1.1</td><td rowspan="2">1.2</td><td colspan="4">$1/Z_\varepsilon^2 \geqslant 1.2$</td></tr>
<tr><td>$K_{F\alpha}$</td><td colspan="4">$1/Y_\varepsilon \geqslant 1.2$</td></tr>
<tr><td rowspan="2">硬齿面斜齿轮</td><td>$K_{H\alpha}$</td><td rowspan="2">1.0</td><td rowspan="2">1.1</td><td rowspan="2">1.2</td><td rowspan="2">1.4</td><td colspan="4" rowspan="2">$\varepsilon_\alpha/\cos^2\beta_b \geqslant 1.4$</td></tr>
<tr><td>$K_{F\alpha}$</td></tr>
<tr><td rowspan="2">非硬齿面直齿轮</td><td>$K_{H\alpha}$</td><td colspan="3" rowspan="2">1.0</td><td rowspan="2">1.1</td><td rowspan="2">1.2</td><td colspan="3">$1/Z_\varepsilon^2 \geqslant 1.2$</td></tr>
<tr><td>$K_{F\alpha}$</td><td colspan="3">$1/Y_\varepsilon \geqslant 1.2$</td></tr>
<tr><td rowspan="2">非硬齿面斜齿轮</td><td>$K_{H\alpha}$</td><td colspan="2" rowspan="2">1.0</td><td rowspan="2">1.1</td><td rowspan="2">1.2</td><td rowspan="2">1.4</td><td colspan="3" rowspan="2">$\varepsilon_\alpha/\cos^2\beta_b \geqslant 1.4$</td></tr>
<tr><td>$K_{F\alpha}$</td></tr>
</table>

注：1. 经修形的 6 级公差、硬齿面斜齿轮，取 $K_{H\alpha} = K_{F\alpha} = 1$。
2. 表右部第 5、8 行若计算 $K_{F\alpha} > \dfrac{\varepsilon_\gamma}{\varepsilon_\alpha Y_\varepsilon}$，则取 $K_{F\alpha} = \dfrac{\varepsilon_\gamma}{\varepsilon_\alpha Y_\varepsilon}$。
3. Z_ε 见 4.5.9 节，Y_ε 见本章 4.5.20 节。
4. 硬齿面和软齿面相啮合的齿轮副，齿间载荷分配系数取平均值。
5. 小齿轮和大齿轮公差等级不同时，则按公差等级较低的取值。
6. 本表也可以用于灰铸铁和球墨铸铁齿轮的计算。

表 8.2-63　c'、c_γ 计算公式

<table>
<tr><td colspan="2">项　目</td><td colspan="2">计 算 公 式</td></tr>
<tr><td rowspan="5">钢对钢齿轮</td><td rowspan="2">单对齿刚度
$c'/N \cdot mm^{-1} \cdot \mu m^{-1}$</td><td>$\dfrac{K_A F_t}{b} \geqslant 100N/mm$</td><td>$c' = 0.8c'_{th} C_R C_B \cos\beta$①</td></tr>
<tr><td>$\dfrac{K_A F_t}{b} < 100N/mm$</td><td>$c' = 0.8c'_{th} C_R C_B \cos\beta \left[\dfrac{F_t K_A}{100b}\right]^{0.25}$</td></tr>
<tr><td>单对齿刚度的理论值
$c'_{th}/N \cdot mm^{-1} \cdot \mu m^{-1}$</td><td colspan="2">$$c'_{th} = \frac{1}{q}$$
$$q = 0.04723 + \frac{0.15551}{z_{v1}} + \frac{0.25791}{z_{v2}} - 0.00635x_{n1} - 0.11654\frac{x_{n1}}{z_{v1}}$$
$$\mp 0.00193x_{n2} \mp 0.24188\frac{x_{n2}}{z_{v2}} + 0.0529x_{n1}^2 + 0.00182x_{n2}^2$$
式中　对于“∓”，“-”用于外啮合齿轮，“+”用于内啮合齿轮
x_{n1}、x_{n2}—小轮及大轮的法向变位系数
z_{v1}、z_{v2}—小轮及大轮的当量齿数，内齿轮，近似取 $z_v = \infty$</td></tr>
<tr><td>轮坯结构系数 C_R</td><td colspan="2">对于实心齿轮，可取 $C_R = 1$
对于非实心齿轮 $C_R = 1 + \dfrac{\ln(b_s/b)}{5e^{(S_R/5m_n)}}$或由图 8.2-11，查取
式中　b_s—腹板厚度（mm）
S_R—轮缘厚度（mm）
b—齿宽（mm）
若 $b_s/b<0.2$，取 $b_s/b = 0.2$；若 $b_s/b>1.2$，取 $b_s/b = 1.2$；若 $S_R/m_n<1$，取 $S_R/m_n = 1$</td></tr>
</table>

（续）

项目		计算公式	
钢对钢齿轮	基本齿廓系数 C_B	$C_B=[1+0.5(1.2-h_{fp}/m_n)]\times[1-0.02(20°-\alpha_n)]$ 对基本齿廓符合 $\alpha=20°$、$h_{ap}=m_n$、$h_{fp}=1.2m_n$、$\rho_{fp}=0.2$ 的齿轮，$C_B=1$ 若小轮和大轮的齿根高不一致，$C_B=0.5(C_{B1}+C_{B2})$。C_{B1}、C_{B2} 分别为小、大齿轮基本齿廓系数，按上式计算	
	啮合刚度 c_γ/$\mathrm{N\cdot mm^{-1}\cdot \mu m^{-1}}$	$c_\gamma=(0.75\varepsilon_\alpha+0.25)c'$ 上式适用于直齿圆柱齿轮和 $\beta\leqslant30°$ 的斜齿圆柱齿轮；端面重合度 $\varepsilon_\alpha<1.2$ 的直齿圆柱齿轮将计算值减少 10%	
其他材料齿轮	单对齿刚度 c'/$\mathrm{N\cdot mm^{-1}\cdot \mu m^{-1}}$	$c'=c'_{st}\xi$	$\xi=\dfrac{E}{E_{st}}$ $E=\dfrac{2E_1E_2}{E_1+E_2}$ 式中 E_1、E_2—小齿轮和大齿轮材料的弹性模量 带有下标 st 的参数为钢的参数 钢对铸铁，取 $\xi=0.74$；铸铁对铸铁，取 $\xi=0.59$
	啮合刚度 c_γ/$\mathrm{N\cdot mm^{-1}\cdot \mu m^{-1}}$	$c_\gamma=c_{\gamma st}\xi$	

① 一对齿轮副中，若一个齿轮为平键连接，配对齿轮为过盈或花键连接，由公式计算的 c' 增大 5%；若两个齿轮都为平键连接，由公式计算的 c' 增大 10%。

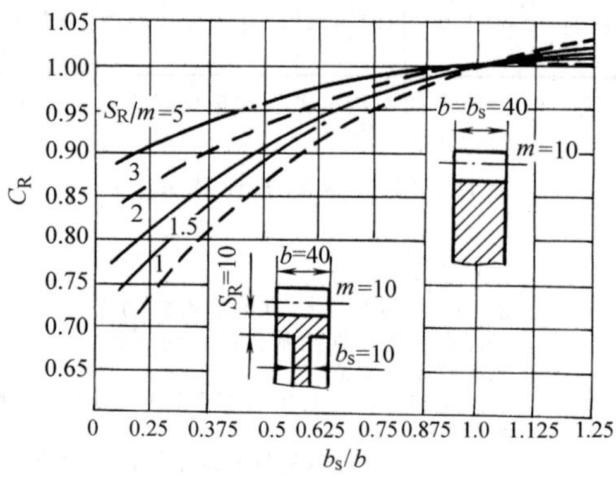

图 8.2-11 非实心齿轮轮坯结构系数 C_R

（2）c_γ 和 c' 的简化计算方法

对基本齿廓符合 GB/T 1356 的钢制刚性盘状齿轮，当 $\beta\leqslant30°$、$1.2<\varepsilon_\alpha<1.9$ 且 $K_AF_t/b\geqslant100\mathrm{N/mm}$ 时，取 $c'=14\mathrm{N/(mm\cdot\mu m)}$、$c_\gamma=20\mathrm{N/(mm\cdot\mu m)}$。非实心齿轮的 c'、c_γ 用轮坯结构系数 C_R 折算；其他基本齿廓的齿轮的 c'、c_γ 可用表 8.2-63 中基本齿廓系数 C_B 折算；非钢对钢配对的齿轮的 c'、c_γ 可用表 8.2-63 中 c'、c_γ 计算式折算。

4.5.7 节点区域系数 Z_H

Z_H 是考虑节点啮合处法向曲率与端面曲率的关系，并把节圆上的圆周力换算为分度圆上的圆周力，把法向圆周力换算为端面圆周力的系数，其计算公式为

$$Z_H=\sqrt{\frac{2\cos\beta_b}{\cos^2\alpha_t\tan\alpha'_t}} \tag{8.2-3}$$

式中 α_t——分度圆端面压力角；

α'_t——节圆端面啮合角；

β_b——基圆柱螺旋角。

对于 $\alpha=20°$ 的外啮合和内啮合齿轮，其 Z_H 值可根据 $\dfrac{x_2\pm x_1}{z_2\pm z_1}$ 及 β 由图 8.2-12 查得。其中“+”号用于外啮合；“-”号用于内啮合。

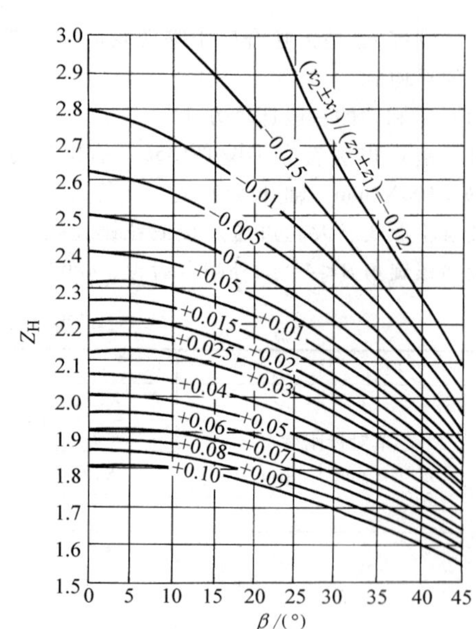

图 8.2-12 节点区域系数 Z_H（$\alpha=20°$）

4.5.8 弹性系数 Z_E

Z_E 是考虑配对齿轮的材料弹性模量 E 和泊松比 ν 对接触应力影响的系数。其计算公式为

$$Z_E=\sqrt{\frac{1}{\pi\left(\frac{1-\nu_1^2}{E_1}+\frac{1-\nu_2^2}{E_2}\right)}} \tag{8.2-4}$$

式中 E_1、E_2——小、大齿轮的弹性模量(MPa)；

ν_1、ν_2——小、大齿轮材料的泊松比。

某些材料配对时的 Z_E 值，见表 8.2-64。

表 8.2-64　弹性系数 Z_E

齿轮 1			齿轮 2			Z_E
材料	弹性模量 E_1/MPa	泊松比 ν_1	材料	弹性模量 E_2/MPa	泊松比 ν_2	$\sqrt{\text{MPa}}$
钢	206000	0.3	钢	206000	0.3	189.8
			铸钢	202000		188.9
			球墨铸铁	173000		181.4
			灰铸铁	118000~126000		162.0~165.4
			锡青铜	113000		159.8
			铸锡青铜	103000		155.0
			织物层压塑料	7850	0.5	56.4
铸钢	202000		铸钢	202000	0.3	188.0
			球墨铸铁	173000		180.5
			灰铸铁	118000		161.4
球墨铸铁	173000		球墨铸铁	173000		173.9
			灰铸铁	118000		156.6
灰铸铁	118000~126000		灰铸铁	118000		143.7~146.0

4.5.9　接触疲劳强度计算的重合度系数 Z_ε、螺旋角系数 Z_β 及重合度与螺旋角系数 $Z_{\varepsilon\beta}$

（1）接触疲劳强度计算的重合度系数 Z_ε

Z_ε 是考虑端面重合度 ε_α、纵向重合度 ε_β 对齿面接触应力影响的系数，其计算公式为

$$Z_\varepsilon=\sqrt{\frac{4-\varepsilon_\alpha}{3}(1-\varepsilon_\beta)+\frac{\varepsilon_\beta}{\varepsilon_\alpha}} \qquad (8.2\text{-}5)$$

当 $\varepsilon_\beta>1$ 时，按 $\varepsilon_\beta=1$ 代入式(8.2-5)计算。

（2）接触疲劳强度计算的螺旋角系数 Z_β

Z_β 是考虑螺旋角 β 对齿面接触应力影响的系数，其计算公式为

$$Z_\beta=\sqrt{\cos\beta} \qquad (8.2\text{-}6)$$

（3）接触疲劳强度计算的重合度与螺旋角系数 $Z_{\varepsilon\beta}$

在接触疲劳强度校核计算的简化计算方法中，重合度与螺旋角系数 $Z_{\varepsilon\beta}=Z_\varepsilon Z_\beta$。

$Z_{\varepsilon\beta}$ 可按式（8.2-5）和式（8.2-6）计算或由图 8.2-13查取。

4.5.10　小齿轮及大齿轮单对齿啮合系数 Z_B、Z_D

$\varepsilon_\alpha\leqslant2$ 时的单对齿啮合系数 Z_B 是把小齿轮节点 C 处的接触应力转化到小轮单对齿啮合区内界点 B 处的接触应力的系数；Z_D 是把大齿轮节点 C 处的接触应力转化到大轮单对齿啮合区内界点 D 处的接触应力的系数，见图 8.2-14。

单对齿的 Z_B 和 Z_D 由表 8.2-65 中的公式计算与判定。

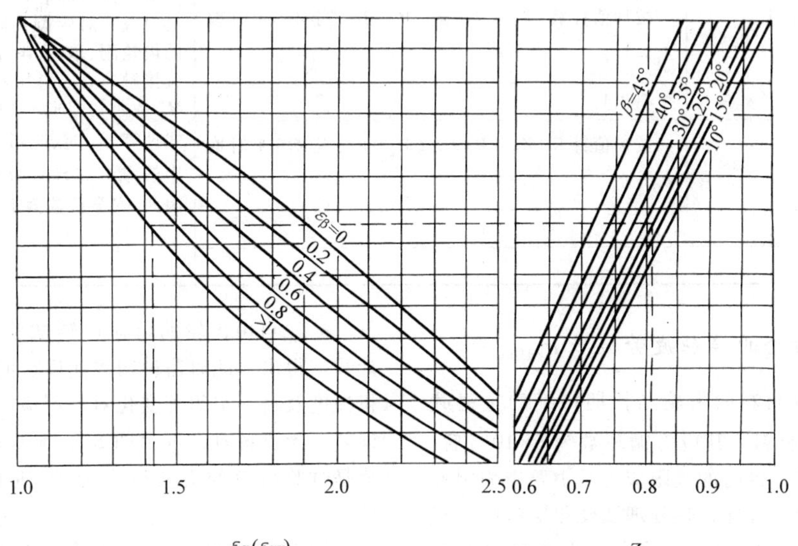

图 8.2-13　接触疲劳强度计算的重合度与螺旋角系数 $Z_{\varepsilon\beta}$

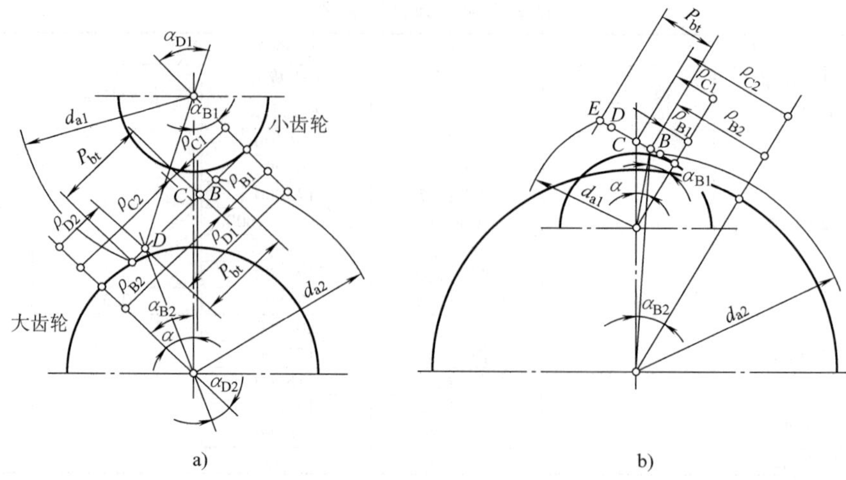

图 8.2-14 节点 C 及单对齿啮合区 B、D 处的曲率半径

a）外啮合 b）内啮合

表 8.2-65 单对齿 Z_B 和 Z_D 的计算公式

<table>
<tr><th colspan="2">项 目</th><th colspan="4">计 算 公 式</th></tr>
<tr><td colspan="2">直齿轮参数 M_1</td><td colspan="4">$M_1=\dfrac{\tan\alpha'_t}{\sqrt{\left(\sqrt{\dfrac{d_{a1}^2}{d_{b1}^2}-1}-\dfrac{2\pi}{z_1}\right)\left(\sqrt{\dfrac{d_{a2}^2}{d_{b2}^2}-1}-(\varepsilon_\alpha-1)\dfrac{2\pi}{z_2}\right)}}$</td></tr>
<tr><td colspan="2">直齿轮参数 M_2</td><td colspan="4">$M_2=\dfrac{\tan\alpha'_t}{\sqrt{\left(\sqrt{\dfrac{d_{a2}^2}{d_{b2}^2}-1}-\dfrac{2\pi}{z_2}\right)\left(\sqrt{\dfrac{d_{a1}^2}{d_{b1}^2}-1}-(\varepsilon_\alpha-1)\dfrac{2\pi}{z_1}\right)}}$</td></tr>
<tr><td rowspan="7">外啮合齿轮</td><td></td><td colspan="3">端面重合度 $\varepsilon_\alpha<2$</td><td>$\varepsilon_\alpha>2$ 时</td></tr>
<tr><td rowspan="2">直齿轮</td><td>Z_B</td><td colspan="2">当 $M_1>1$ 时，$Z_B=M_1$；当 $M_1\leqslant1$ 时，$Z_B=1$</td><td rowspan="8">对于 $2<\varepsilon_\alpha\leqslant3$ 的高精度齿轮副，任何端截面内的总切向力由连续啮合的两对或三对轮齿共同承担。对于这样的齿轮副，取两对齿啮合外界点计算其接触应力。可用本表中的公式计算 M_1 和 M_2，但此时用表 8.2-39 中的公式计算 σ_H 时，应用总切向力来代替式中的 F_t。这样计算的接触应力偏大，因此，安全系数偏于保守</td></tr>
<tr><td>Z_D</td><td colspan="2">当 $M_2>1$ 时，$Z_D=M_2$；当 $M_2\leqslant1$ 时，$Z_D=1$</td></tr>
<tr><td rowspan="4">斜齿轮</td><td rowspan="2">Z_B</td><td>$\varepsilon_\beta\geqslant1$</td><td>$Z_B=1$</td></tr>
<tr><td>$\varepsilon_\beta<1$</td><td>按插值计算：$Z_B=M_1-\varepsilon_\beta(M_1-1)$，当 $Z_B<1$ 时取 $Z_B=1$</td></tr>
<tr><td rowspan="2">Z_D</td><td>$\varepsilon_\beta\geqslant1$</td><td>$Z_D=1$</td></tr>
<tr><td>$\varepsilon_\beta<1$</td><td>按插值计算：$Z_D=M_2-\varepsilon_\beta(M_2-1)$，当 $Z_D<1$ 时取 $Z_D=1$</td></tr>
<tr><td colspan="2" rowspan="2">内啮合齿轮</td><td>Z_B</td><td colspan="2">1</td></tr>
<tr><td>Z_D</td><td colspan="2">1</td></tr>
</table>

4.5.11 试验齿轮的接触疲劳极限 σ_{Hlim}

σ_{Hlim}是指某种材料的齿轮经长期持续的重复载荷作用（对大多数材料，其应力循环数为 5×10^7）后，齿面不出现进展性点蚀时的极限应力。主要影响因素有：材料成分，力学性能，热处理及硬化层深度、硬度梯度，结构（锻、轧、铸），残余应力及材料的纯度和缺陷等。

σ_{Hlim}可由齿轮的负荷运转试验或使用经验的统计数据得出，此时需说明线速度、润滑油黏度、表面粗糙度及材料组织等变化对许用应力的影响所引起的误差。无资料时，可由图 8.2-15 查取。图中的 σ_{Hlim}值是试验齿轮的失效概率为 1%时的轮齿接触疲劳极限。

图 8.2-15 中 ML 线表示齿轮材料质量和热处理质量达到最低要求时的疲劳极限取值线；MQ 线

表示齿轮材料质量和热处理质量达到中等要求时的疲劳极限取值线，此中等要求是有经验的工业齿轮制造者以合理的生产成本能达到的；ME 线表示齿轮材料质量和热处理质量达到很高要求时的疲劳极限取值线，这种要求只有在具备高水平的制造过程可控能力时才能达到。

工业齿轮通常按 MQ 级质量要求选取 σ_{Hlim} 值。注意标准中的疲劳极限图不允许外延。

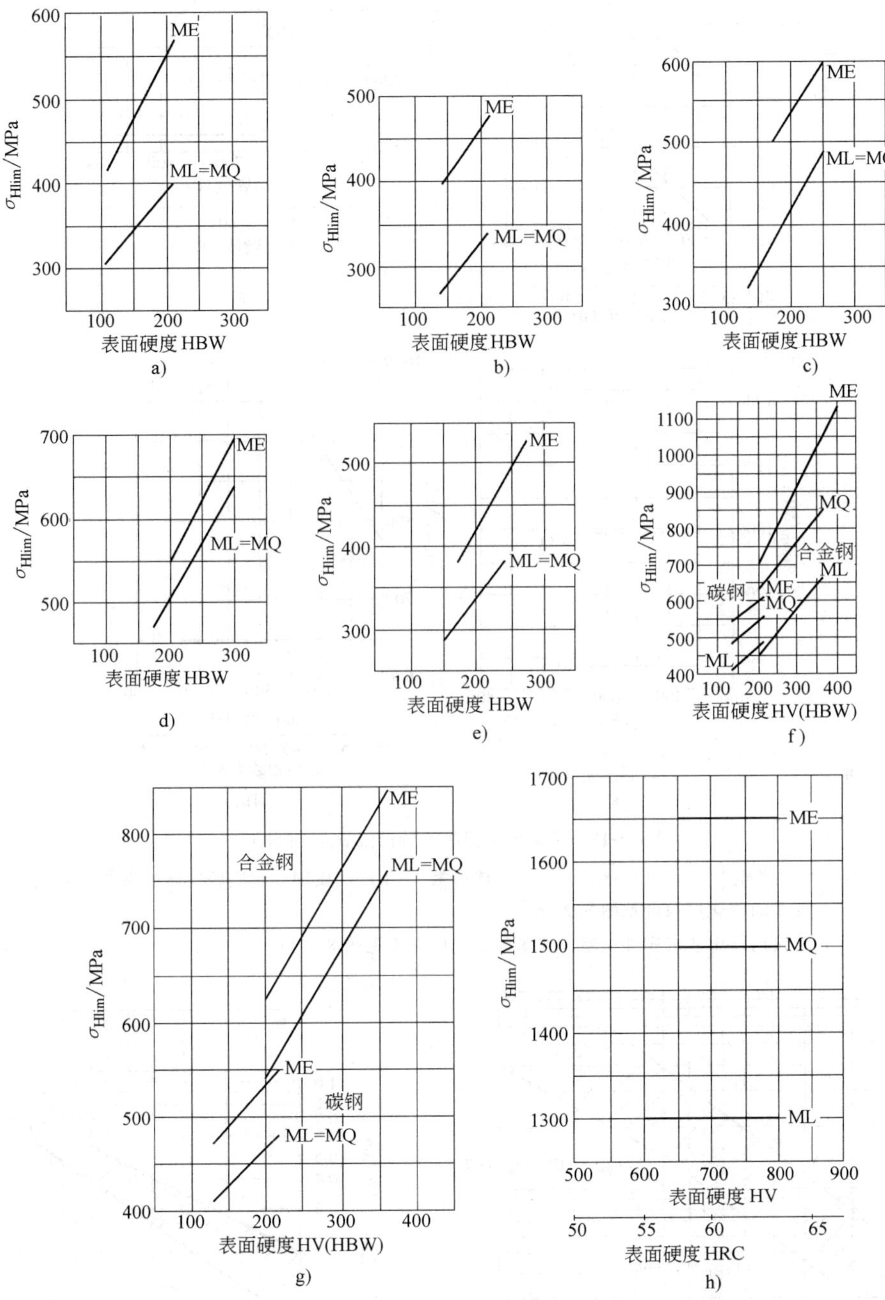

图 8.2-15　试验齿轮接触疲劳极限 σ_{Hlim}

a）正火低碳锻钢　b）铸钢　c）可锻铸铁①　d）球墨铸铁①　e）灰铸铁①
f）调质锻钢②　g）调质铸钢　h）渗碳锻钢③

① 当 HBW<180 时，组织中存在较多的铁素体，不推荐作为齿轮材料。

② 名义含碳量≥0.20%。

③ 图中疲劳极限是基于有效硬化层深度为 $0.15m_n \sim 0.2m_n$ 的精加工齿轮。

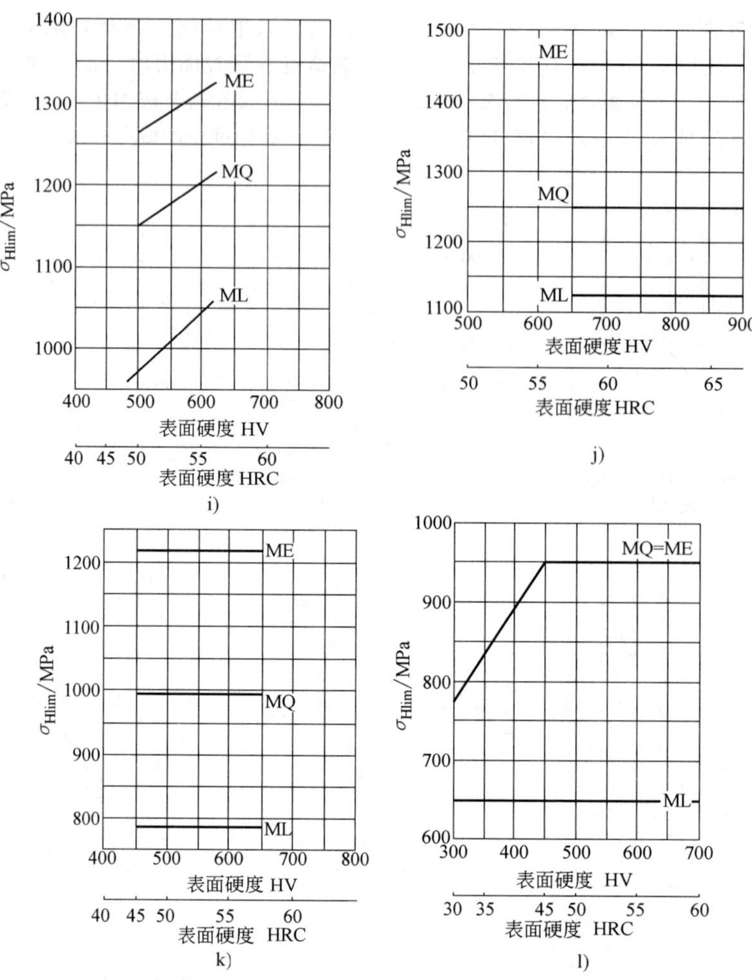

图 8.2-15 试验齿轮接触疲劳极限 σ_{Hlim}（续）

i）火焰或感应淬火铸、锻钢④ j）氮化钢：调质后气体渗氮⑤ k）调质钢：调质后气体渗氮⑤ l）氮碳共渗钢⑤

④ 要求的硬化层深度见图 8.2-16。

⑤ 建议进行工艺可靠性试验，要求的氮化层深度见图 8.2-17。

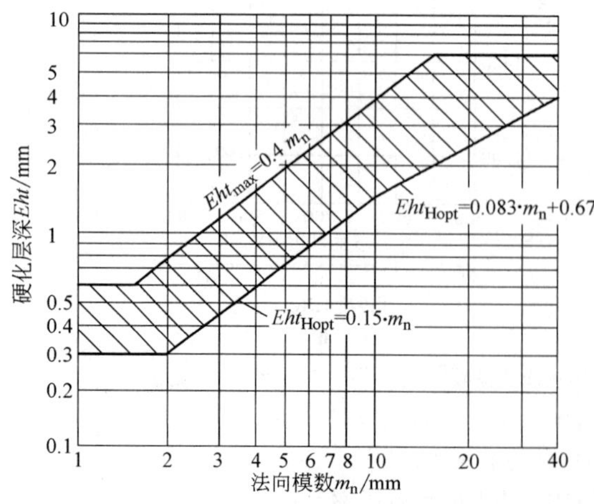

图 8.2-16 接触疲劳强度的最佳硬化层深度推荐值 Eht_{Hopt} 和综合考虑弯曲疲劳强度和接触疲劳强度的最大硬化层深度 Eht_{max}

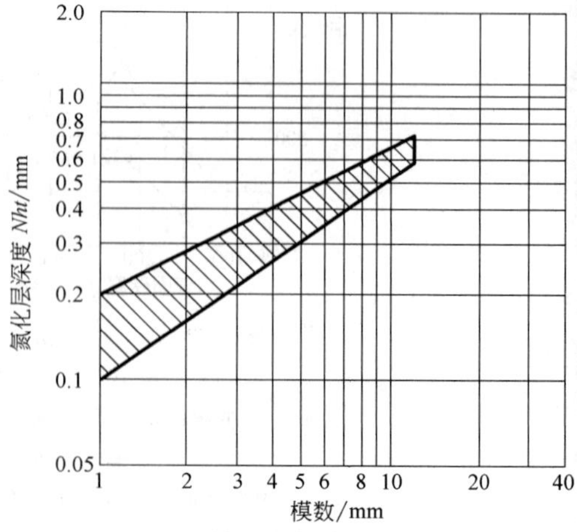

图 8.2-17 氮化层深度推荐值 Nht

4.5.12　接触疲劳强度计算的寿命系数 Z_{NT}

Z_{NT}是考虑齿轮只要求有限寿命时，齿轮的齿面接触疲劳强度可以提高的系数。Z_{NT}可根据齿面接触应力的循环次数 N_L 按图 8.2-18 查取，或按表 8.2-66 中的公式计算。齿面接触应力的循环次数按式 (8.2-7) 计算

$$N_L = 60nkh \tag{8.2-7}$$

式中　n——齿轮的转速(r/min)；

k——齿轮转一周，同侧齿面的接触次数；

h——齿轮的工作寿命(h)。

当齿轮在变载荷工况下工作并有载荷图谱可用时，应按本章 4.7 节的方法核算其强度安全系数；对于缺乏工作载荷图谱的非恒定载荷齿轮，可近似地按名义载荷乘以使用系数 K_A 来核算其强度。

4.5.13　润滑油膜影响系数 Z_L、Z_v、Z_R

齿面间的润滑油膜影响齿面承载能力。润滑区的油黏度、相啮面间的相对速度、齿面表面粗糙度对齿面间润滑油膜状况的影响分别以润滑剂系数 Z_L、速度系数 Z_v 和表面粗糙度系数 Z_R 来考虑。齿面载荷和齿面相对曲率半径对齿面间润滑油膜状况也有影响。

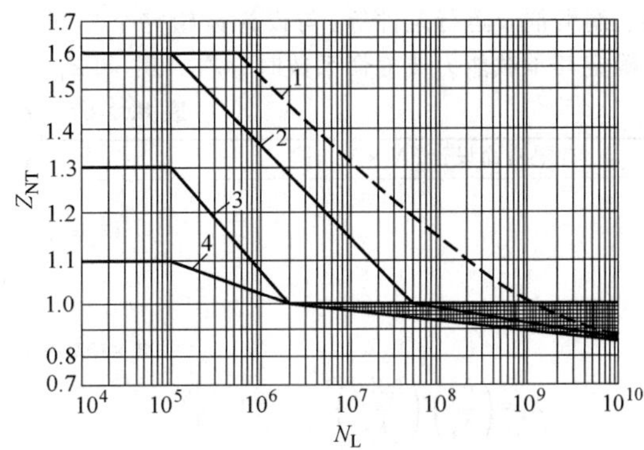

图 8.2-18　接触疲劳强度计算的寿命系数 Z_{NT}

1—允许有一定点蚀的正火低碳锻钢和铸钢、调质锻钢和铸钢、球墨铸铁（珠光体、贝氏体）、可锻铸铁（珠光体）、渗碳钢、火焰及感应淬火锻钢和铸钢。

2—不允许出现点蚀的正火低碳锻钢和铸钢、调质锻钢和铸钢、球墨铸铁（珠光体、贝氏体）、可锻铸铁（珠光体）、渗碳钢、火焰及感应淬火锻钢和铸钢。

3—灰铸铁、球墨铸铁（铁素体）、氮化钢和调质氮化钢。

4—碳氮共渗调质钢。

表 8.2-66　接触疲劳强度计算的寿命系数 Z_{NT}

<table>
<tr><th colspan="2">材料及热处理</th><th>静强度最大循环次数 N_0</th><th>持久寿命条件循环次数 N_c</th><th>应力循环次数 N_L</th><th>Z_{NT}计算公式</th></tr>
<tr><td rowspan="7">调质锻钢和铸钢、正火低碳锻钢和铸钢、球墨铸铁(珠光体、贝氏体)、可锻铸铁(珠光体)、渗碳钢、火焰及感应淬火锻钢和铸钢</td><td rowspan="4">允许有一定点蚀</td><td rowspan="4">$N_0=6\times10^5$</td><td rowspan="4">$N_c=10^9$</td><td>$N_L\leqslant6\times10^5$</td><td>$Z_{NT}=1.6$</td></tr>
<tr><td>$6\times10^5<N_L\leqslant10^7$</td><td>$Z_{NT}=1.3\left(\frac{10^7}{N_L}\right)^{0.0738}$</td></tr>
<tr><td>$10^7<N_L\leqslant10^9$</td><td>$Z_{NT}=\left(\frac{10^9}{N_L}\right)^{0.057}$</td></tr>
<tr><td>$10^9<N_L\leqslant10^{10}$</td><td>$Z_{NT}=\left(\frac{10^9}{N_L}\right)^{0.0706}$①</td></tr>
<tr><td rowspan="3">不允许点蚀</td><td rowspan="3">$N_0=10^5$</td><td rowspan="3">$N_c=5\times10^7$</td><td>$N_L\leqslant10^5$</td><td>$Z_{NT}=1.6$</td></tr>
<tr><td>$10^5<N_L\leqslant5\times10^7$</td><td>$Z_{NT}=\left(\frac{5\times10^7}{N_L}\right)^{0.0756}$</td></tr>
<tr><td>$5\times10^7<N_L\leqslant10^{10}$</td><td>$Z_{NT}=\left(\frac{5\times10^7}{N_L}\right)^{0.0306}$①</td></tr>
<tr><td colspan="2" rowspan="3">灰铸铁、球墨铸铁(铁素体)、氮化钢和调质氮化钢</td><td rowspan="6">$N_0=10^5$</td><td rowspan="6">$N_c=2\times10^6$</td><td>$N_L\leqslant10^5$</td><td>$Z_{NT}=1.3$</td></tr>
<tr><td>$10^5<N_L\leqslant2\times10^6$</td><td>$Z_{NT}=\left(\frac{2\times10^6}{N_L}\right)^{0.0875}$</td></tr>
<tr><td>$2\times10^6<N_L\leqslant10^{10}$</td><td>$Z_{NT}=\left(\frac{2\times10^6}{N_L}\right)^{0.0191}$①</td></tr>
<tr><td colspan="2" rowspan="3">碳氮共渗调质钢</td><td>$N_L\leqslant10^5$</td><td>$Z_{NT}=1.1$</td></tr>
<tr><td>$10^5<N_L\leqslant2\times10^6$</td><td>$Z_{NT}=\left(\frac{2\times10^6}{N_L}\right)^{0.0318}$</td></tr>
<tr><td>$2\times10^6<N_L\leqslant10^{10}$</td><td>$Z_{NT}=\left(\frac{2\times10^6}{N_L}\right)^{0.0191}$①</td></tr>
</table>

① 当优选材料、制造工艺和润滑剂，并经生产实践验证时，这几个式子可取 $Z_{NT}=1.0$。

确定润滑油膜影响系数的理想方法是总结现场使用经验或用类比试验。当所有试验条件（尺寸、材料、润滑剂及运行条件等）与设计齿轮完全相同并由此确定其承载能力或寿命系数时，Z_L、Z_v 和 Z_R 的值均等于 1.0。当无资料时，可按下述方法之一确定。

(1) Z_L、Z_v、Z_R 的一般计算方法

计算公式见表 8.2-67，也可查图 8.2-19、图 8.2-20和图 8.2-21。

表 8.2-67 Z_L、Z_v、Z_R 的计算公式

<table>
<tr><th>有限寿命设计($N_L<N_c$ 时)</th><th>持久强度设计($N_L\geqslant N_c$ 时)</th><th>静强度($N_L\leqslant N_0$)时</th></tr>
<tr><td rowspan="3">$Z_L=\left(\frac{N_0}{N_L}\right)\left(\frac{\lg Z_{LC}}{K_n}\right)$
$Z_v=\left(\frac{N_0}{N_L}\right)\left(\frac{\lg Z_{vC}}{K_n}\right)$
$Z_R=\left(\frac{N_0}{N_L}\right)\left(\frac{\lg Z_{RC}}{K_n}\right)$
$K_n=\lg(N_0/N_c)$
对于结构钢、调质钢、球墨铸铁（珠光体、贝氏体）、珠光体可锻铸铁、渗碳淬火钢、感应加热淬火或火焰淬火的钢和球墨铸铁
$K_n=-3.222$（允许一定点蚀）
$K_n=-2.699$（不允许点蚀）
对于可锻铸铁，球墨铸铁（铁素体），渗氮处理的渗氮钢、调质钢、渗碳钢，氮碳共渗的调质钢、渗碳钢
$K_n=-1.301$
式中，Z_{LC}、Z_{vC}、Z_{RC} 为 $N_L=N_c$ 时得到的持久强度的值（即表中按 $N_L=N_c$ 算得的 Z_L、Z_v、Z_R）
N_0、N_c 值见表 8.2-66</td>
<td>$Z_L=C_{ZL}+\frac{4(1.0-C_{ZL})}{\left(1.2+\frac{80}{\nu_{50}^{①}}\right)^2}=C_{ZL}+\frac{4(1.0-C_{ZL})}{\left(1.2+\frac{134}{\nu_{40}^{①}}\right)^2}$
当 $850\text{MPa}\leqslant\sigma_{H\lim}\leqslant1200\text{MPa}$ 时
$C_{ZL}=\frac{\sigma_{H\lim}}{4375}+0.6357$②
当 $\sigma_{H\lim}<850\text{MPa}$ 时，取 $C_{ZL}=0.83$
当 $\sigma_{H\lim}>1200\text{MPa}$ 时，取 $C_{ZL}=0.91$</td>
<td rowspan="3">$Z_L=Z_v=Z_R=1$</td></tr>
<tr><td>$Z_v=C_{Zv}+\frac{2(1.0-C_{Zv})}{\sqrt{0.8+\frac{32}{v}}}$
当 $850\text{MPa}\leqslant\sigma_{H\lim}\leqslant1200\text{MPa}$ 时
$C_{Zv}=0.85+\frac{\sigma_{H\lim}-850}{350}\times0.08$
当 $\sigma_{H\lim}<850\text{MPa}$ 时，以 850MPa 代入计算
当 $\sigma_{H\lim}>1200\text{MPa}$ 时，以 1200MPa 代入计算
v—节点线速度(m/s)</td></tr>
<tr><td>$Z_R=\left(\frac{3}{Rz10}\right)^{C_{ZR}}$（极限条件为：$Z_R\leqslant1.15$）③
当 $850\text{MPa}\leqslant\sigma_{H\lim}\leqslant1200\text{MPa}$ 时
$C_{ZR}=0.32-0.0002\sigma_{H\lim}$
当 $\sigma_{H\lim}<850\text{MPa}$ 时，$C_{ZR}=0.15$
当 $\sigma_{H\lim}>1200\text{MPa}$ 时，$C_{ZR}=0.08$
Z_L、Z_v、Z_R 也可由图 8.2-19～图 8.2-21 查取②</td></tr>
</table>

① ν_{50}—在 50℃时润滑油的名义运动黏度[mm^2/s (cSt)]；

ν_{40}—在 40℃时润滑油的名义运动黏度[mm^2/s (cSt)]。

② 表中公式及图 8.2-19 适用于矿物油（加或不加添加剂）。当应用某些具有较小摩擦因数的合成油时，对于渗碳钢齿轮 Z_L 应乘以系数 1.1，对于调质钢齿轮应乘以系数 1.4。

③ $Rz10$—相对(峰-谷)平均表面粗糙度

$$Rz10=\frac{Rz_1+Rz_2}{2}\sqrt[3]{\frac{10}{\rho_{red}}}$$

Rz_1，Rz_2—小齿轮及大齿轮的齿面微观不平度 10 点高度(μm)。如经事先磨合，则 Rz_1、Rz_2 应为磨合后的数值；若表面粗糙度以 Ra 值（Ra=CLA 值=AA 值）给出，则可近似取 $Rz\approx6Ra$。

ρ_{red}—节点处诱导曲率半径(mm)；$\rho_{red}=\rho_1\rho_2/(\rho_1\pm\rho_2)$。式中“+”用于外啮合，“-”用于内啮合，$\rho_1$，$\rho_2$ 分别为小轮及大轮节点处曲率半径；对于小齿轮-齿条啮合，$\rho_{red}=\rho_1$；$\rho_{1,2}=0.5d_{b1,2}\tan\alpha'_t$，式中 d_b 为基圆半径。

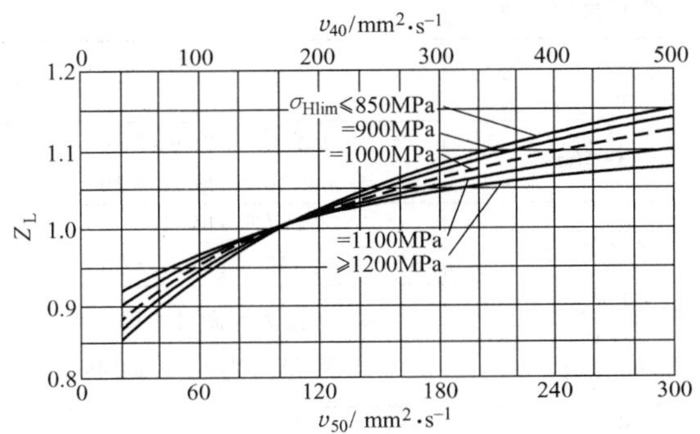

图 8.2-19　润滑剂系数 Z_L

注：见表 8.2-67 注②。

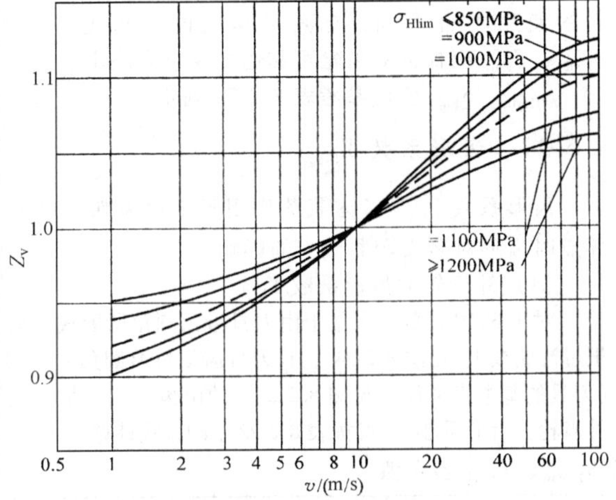

图 8.2-20　速度系数 Z_v

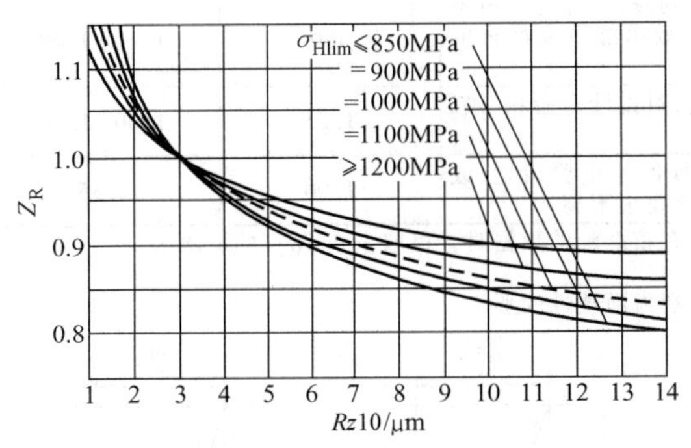

图 8.2-21　表面粗糙度系数 Z_R

（2）Z_L、Z_v、Z_R 的简化计算方法

Z_L、Z_v、Z_R 的乘积在持久强度和静强度设计时由表 8.2-68 查得。对于应力循环次数 N_L 小于持久寿命条件循环次数 N_c 的有限寿命设计，$Z_LZ_vZ_R$ 值由其持久强度 $N_L \geqslant N_c$ 和静强度 $N_L \leqslant N_0$ 时的值，参照表 8.2-67 的公式插值确定。

表 8.2-68　$Z_LZ_vZ_R$ 的值

计算类型	加工工艺及齿面表面粗糙度 Rz10	$Z_LZ_vZ_R$
持久强度（$N_L \geqslant N_c$）	研磨、磨削或剃齿轮齿（Rz10＞4μm）	0.92
	滚削、插削或刨削的齿轮与 Rz10≤4μm 磨削或剃削加工的轮齿啮合	0.92
	Rz10＜4μm 的磨削或剃削齿轮传动	1.0
	不符合以上三种情况或经滚削、插削或刨削的齿轮	0.85
静强度（$N_L \leqslant N_0$）	各种加工方法	1.0

注：Rz10 与 Ra 的对比参见表 8.2-69。

表 8.2-69　Ra 与 Rz10 对比（参照）

Ra/μm	0.01	0.02	0.04	0.08	0.16	0.32	0.63	1.25	2.5
Rz10/μm	0.05	0.1	0.2	0.4	0.8	1.6	3.2	6.3	10

4.5.14　齿面工作硬化系数 Z_W

Z_W 是考虑经光整加工的硬齿面小齿轮在运转过程中对调质钢大齿轮齿面产生冷作硬化，从而使大齿轮的齿面接触疲劳强度提高的系数。

对硬度范围为 130～470HBW 的调质钢或结构钢的大齿轮与齿面光滑（$Ra \leqslant 1\mu m$ 或 $Rz \leqslant 6\mu m$）的硬化小齿轮相啮合时，Z_W 按式（8.2-8）计算或按图 8.2-22查取

$$Z_W = 1.2 - \frac{\text{HBW}-130}{1700} \tag{8.2-8}$$

HBW 是大齿轮齿面布氏硬度值。HBW＜130 时，$Z_W = 1.2$；HBW>470 时，$Z_W = 1.0$。

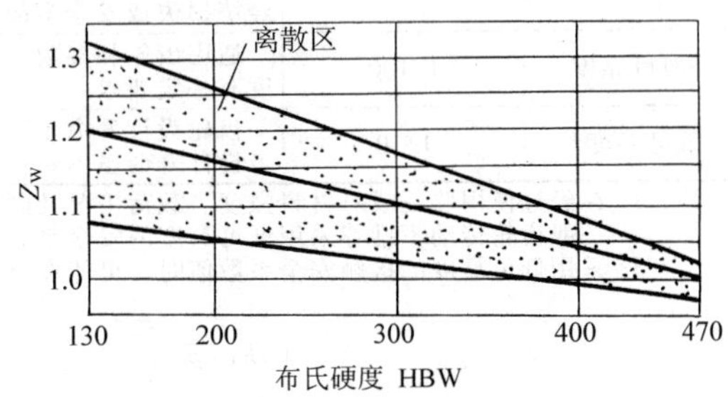

图 8.2-22　工作硬化系数 Z_W

4.5.15　接触疲劳强度计算的尺寸系数 Z_X

Z_X 是考虑计算齿轮的模数大于试验齿轮的模数时，由于尺寸效应使齿轮的齿面接触疲劳强度降低的系数。Z_X 可按图 8.2-23 查取，或按表 8.2-70 中公式计算。在强度的简化计算方法中，Z_X 可按持久寿命取值。

表 8.2-70 接触疲劳强度计算的尺寸系数 Z_X

	材 料	Z_X	说 明
持久寿命 $N_L \geqslant N_c$	调质钢、结构钢	$Z_X=1.0$	
	短时间液体渗氮钢、气体渗氮钢	$Z_X=1.067-0.0056m_n$	$m_n<12$ 时，取 $m_n=12$ $m_n>30$ 时，取 $m_n=30$
	渗碳淬火钢、感应或火焰淬火表面硬化钢	$Z_X=1.076-0.0109m_n$	$m_n<7$ 时，取 $m_n=7$ $m_n>30$ 时，取 $m_n=30$
有限寿命 $N_0<N_L<N_c$		$Z_X=\left(\dfrac{N_0}{N_L}\right)^{\frac{\lg Z_{Xc}}{\lg\left(\frac{N_0}{N_c}\right)}}$	Z_{Xc}—持久寿命时的尺寸系数 N_0、N_L、N_c 见表 8.2-66
静强度 $N_L \leqslant N_0$		$Z_X=1.0$	

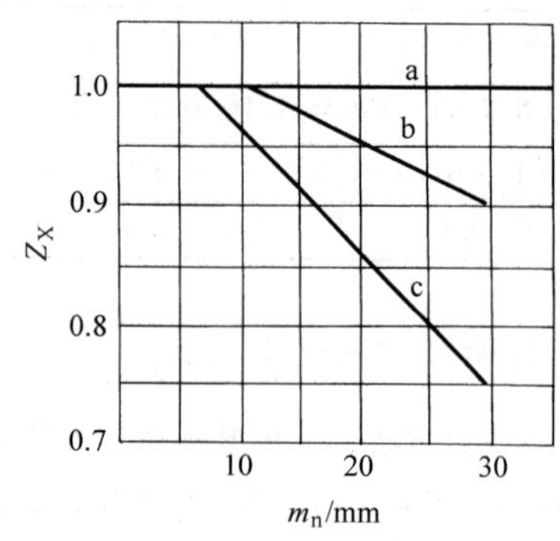

图 8.2-23 接触疲劳强度计算的尺寸系数 Z_X（$N_L \geqslant N_c$）

a—调质钢、正火钢疲劳强度；静强度所有材料

b—短时间液体或气体渗氮、长时间气体渗氮钢

c—渗碳淬火、感应或火焰淬火表面硬化钢

4.5.16 最小安全系数 S_{Hmin}、S_{Fmin}

S_{Hmin}、S_{Fmin}是考虑齿轮工作可靠性的系数。齿轮的使用场合不同，对其可靠性的要求也不同，S_{Hmin}、S_{Fmin}应根据对齿轮可靠性的要求来决定。

S_{Hmin}、S_{Fmin}值可参考表 8.2-71 确定。

4.5.17 齿形系数 Y_F

齿形系数 Y_F 是考虑载荷作用于单对齿啮合区外界点时齿形对名义弯曲应力的影响。

（1）外齿轮的齿形系数 Y_F

对于 30°切线的切点位于由刀具齿顶圆角所展成的齿根过渡曲线上（见图 8.2-24），且刀具齿根过渡圆角 $\rho_{fP}\neq 0$（刀具的基本齿廓尺寸见图 8.2-25）的由齿条刀具加工的外齿轮，齿形系数 Y_F 可按表 8.2-72 中的公式计算。

表 8.2-71 最小安全系数 S_{Hmin}、S_{Fmin} 参考值

使用要求	失效概率	使用场合	S_{Fmin}	S_{Hmin}
高可靠度	1/10000	特殊工作条件下要求可靠度很高的齿轮	2.00	1.50~1.60
较高可靠度	1/1000	长期连续运转和较长的维修间隔；设计寿命虽不长，但可靠性要求较高，一旦失效可能造成严重的经济损失或安全事故	1.6	1.25~1.30
一般可靠度	1/100	通用齿轮和多数工业用齿轮，对设计寿命和可靠度有一定要求	1.25	1.00~1.10
低可靠度	1/10	齿轮设计寿命不长，易于更换的不重要齿轮；或者设计寿命虽不短，但对可靠度要求不高	1.00	0.85

注：1. 在经过使用验证或对材料强度、载荷工况及制造精度拥有较准确的数据时，可取表中 S_{Hmin} 的下限值。
2. 一般齿轮传动不推荐采用低可靠度的安全系数值。
3. 采用低可靠度的接触安全系数值时，可能在点蚀前先出现齿面塑性变形。

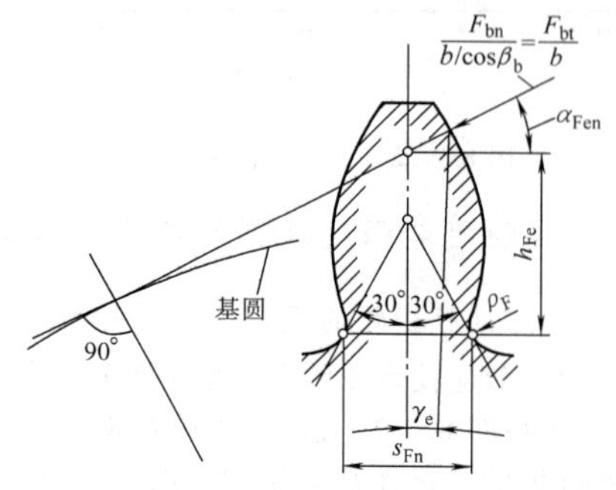

图 8.2-24 影响外齿轮齿形系数 Y_F 的各参数

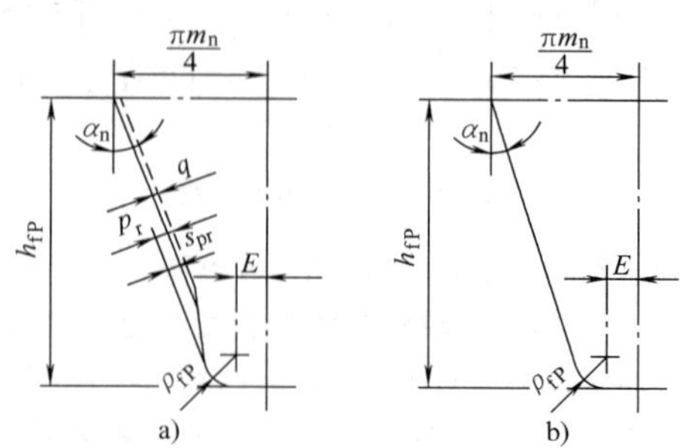

图 8.2-25 刀具基本齿廓尺寸

a）挖根型 b）普通型

表 8.2-72　外齿轮齿形系数 Y_F 的计算公式

序号	名称	代号	计算公式	说明
1	刀尖圆心与刀齿对称线的距离	E	$\frac{\pi m_n}{4}-h_{fP}\tan\alpha_n+\frac{s_{pr}}{\cos\alpha_n}-(1-\sin\alpha_n)\frac{\rho_{fP}}{\cos\alpha_n}$	h_{fP}—刀具基本齿廓齿根高 $s_{pr}=p_r-q$，见图 8.2-25 ρ_{fP}—基本齿条的齿根过渡圆角半径 x—径向变位系数
2	辅助值	G	$\frac{\rho_{fP}}{m_n}-\frac{h_{fP}}{m_n}+x$	
3	基圆螺旋角	β_b	$\arccos\left[\sqrt{1-(\sin\beta\cos\alpha_n)^2}\right]$	
4	当量齿数	z_v	$\frac{z}{\cos^2\beta_b\cos\beta}\approx\frac{z}{\cos^3\beta}$	
5	辅助值	H	$\frac{2}{z_v}\left(\frac{\pi}{2}-\frac{E}{m_n}\right)-\frac{\pi}{3}$	
6	辅助角	θ	$(2G/z_v)\tan\theta-H$	用牛顿法解时可取初始值 $\theta=-H/(1-2G/z_v)$
7	危险截面齿厚与模数之比	$\frac{s_{Fn}}{m_n}$	$z_v\sin\left(\frac{\pi}{3}-\theta\right)+\sqrt{3}\left(\frac{G}{\cos\theta}-\frac{\rho_{fP}}{m_n}\right)$	
8	30°切点处曲率半径与模数之比	$\frac{\rho_F}{m_n}$	$\frac{\rho_{fP}}{m_n}+\frac{2G^2}{\cos\theta(z_v\cos^2\theta-2G)}$	
9	当量直齿轮端面重合度	$\varepsilon_{\alpha v}$	$\frac{\varepsilon_\alpha}{\cos^2\beta_b}$	
10	当量直齿轮分度圆直径	d_v	$\frac{d}{\cos^2\beta_b}=m_n z_v$	
11	当量直齿轮基圆直径	d_{bv}	$d_v\cos\alpha_n$	
12	当量直齿轮齿顶圆直径	d_{av}	d_v+d_a-d	d_a—齿顶圆直径 d—分度圆直径
13	当量直齿轮单对齿啮合区外界点直径	d_{ev}	$2\sqrt{\left[\sqrt{\left(\frac{d_{av}}{2}\right)^2-\left(\frac{d_{bv}}{2}\right)^2}\mp\pi m_n\cos\alpha_n(\varepsilon_{\alpha v}-1)\right]^2+\left(\frac{d_{bv}}{2}\right)^2}$ 注：式中“∓”处对外啮合取“-”，对内啮合取“+”	
14	当量齿轮单齿啮合外界点压力角	α_{ev}	$\arccos\left(\frac{d_{bv}}{d_{ev}}\right)$	
15	外界点处的齿厚半角	γ_e	$\frac{1}{z_v}\left(\frac{\pi}{2}+2x\tan\alpha_n\right)+\mathrm{inv}\alpha_n-\mathrm{inv}\alpha_{ev}$	
16	当量齿轮单齿啮合外界点载荷作用角	α_{Fev}	$\alpha_{ev}-\gamma_e$	
17	弯曲力臂与模数比	$\frac{h_{Fe}}{m_n}$	$\frac{1}{2}\left[(\cos\gamma_e-\sin\gamma_e\tan\alpha_{Fev})\frac{d_{ev}}{m_n}-z_v\cos\left(\frac{\pi}{3}-\theta\right)-\frac{G}{\cos\theta}+\frac{\rho_{fP}}{m_n}\right]$	
18	齿形系数	Y_F	$\frac{6\left(\frac{h_{Fe}}{m_n}\right)\cos\alpha_{Fev}}{\left(\frac{s_{Fn}}{m_n}\right)^2\cos\alpha_n}$	

注：表中长度单位为 mm；角度单位为 rad。

（2）内齿轮的齿形系数 Y_F

内齿轮的齿形系数不仅与齿数和变位系数有关，且与插齿刀的参数有关。为了简化计算，可近似地按替代齿条计算（见图 8.2-26）。替代齿条的法向齿廓与基本齿条相似，齿高与内齿轮相同，法向载荷作用角 α_{Fen} 等于 α_n，并以下角标 2 表示内齿轮，Y_F 可按表 8.2-73 中的公式计算。

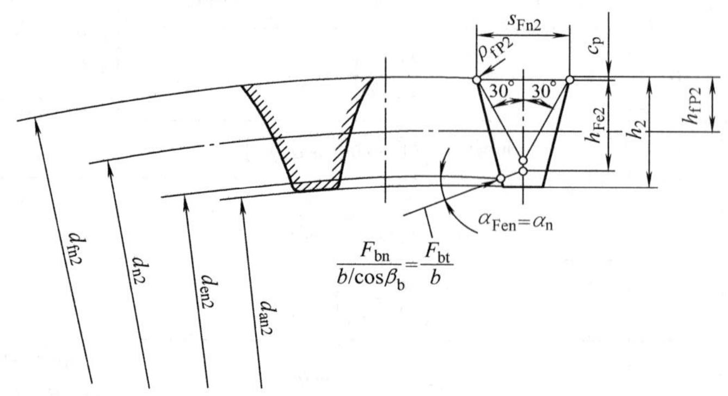

图 8.2-26　影响内齿轮齿形系数 Y_F 的各参数

表 8.2-73　内齿轮齿形系数 Y_F 的计算公式

序号	名称	代号	计算公式	说明
1	当量内齿轮分度圆直径	d_{v2}	$\frac{d_2}{\cos^2\beta_b}=m_n z_v$	d_2—内齿轮分度圆直径
2	当量内齿轮齿根圆直径	d_{fv2}	$d_{v2}+d_{f2}-d_2$	d_{f2}—内齿轮齿根圆直径
3	当量齿轮单齿啮合区外界点直径	d_{ev2}	同表 8.2-72	式中"±"、"∓"符号应采用内啮合的
4	当量内齿轮齿根高	h_{fP2}	$\frac{d_{fv2}-d_{v2}}{2}$	
5	内齿轮齿根过渡圆半径	ρ_{F2}	当 ρ_{F2} 已知时取已知值； 当 ρ_{F2} 未知时取为 $0.15m_n$	
6	刀具圆角半径	ρ_{fP2}	当齿轮型插齿刀顶端 ρ_{fP2} 已知时取已知值；当 ρ_{fP2} 未知时，取 $\rho_{fP2}\approx\rho_{F2}$	
7	危险截面齿厚与模数之比	$\frac{s_{Fn2}}{m_n}$	$2\left(\frac{\pi}{4}+\frac{h_{fP2}-\rho_{fP2}}{m_n}\tan\alpha_n+\frac{\rho_{fP2}-s_{pr}}{m_n\cos\alpha_n}-\frac{\rho_{fP2}}{m_n}\cos\frac{\pi}{6}\right)$	$s_{pr}=p_r-q$ 见图 8.2-25
8	弯曲力臂与模数之比	$\frac{h_{Fe2}}{m_n}$	$\frac{d_{fv2}-d_{ev2}}{2m_n}-\left[\frac{\pi}{4}-\left(\frac{d_{fv2}-d_{ev2}}{2m_n}-\frac{h_{fP2}}{m_n}\right)\tan\alpha_n\right]\tan\alpha_n-\frac{\rho_{fP2}}{m_n}\left(1-\sin\frac{\pi}{6}\right)$	
9	齿形系数	Y_F	$\left(\frac{6h_{Fe2}}{m_n}\right)\Big/\left(\frac{s_{Fn2}}{m_n}\right)^2$	

注：1. 表中长度单位为 mm；角度单位为 rad。

2. 表中公式适用于 $z_2>70$ 的内齿轮。

4.5.18　应力修正系数 Y_S

应力修正系数 Y_S 是将名义弯曲应力换算成齿根局部应力的系数。它考虑了齿根过渡曲线处的应力集中效应，以及弯曲应力以外的其他应力对齿根应力的影响。

应力修正系数 Y_S 用于载荷作用于单对齿啮合区外界点的计算方法。对于齿形角为 20°、$1\leqslant q_s<8$ 的齿轮，Y_S 可按式（8.2-9）计算；对其他压力角的齿轮，也可按此式近似计算。

$$Y_S=(1.2+0.13L)q_s^{\left(\frac{1}{1.21+2.3/L}\right)}\tag{8.2-9}$$

式中　L——齿根危险截面处齿厚与弯曲力臂的比值：

$$L=\frac{s_{\mathrm{Fn}}}{h_{\mathrm{Fe}}}$$

s_{Fn}——齿根危险截面齿厚，外齿轮按表 8.2-72 中序号 7 的公式计算，内齿轮按表 8.2-73 中序号 7 的公式计算；

h_{Fe}——弯曲力臂，外齿轮按表 8.2-72 中序号 17 的公式计算，内齿轮按表 8.2-73 中序号 8 的公式计算；

q_{s}——齿根圆角参数：

$$q_{\mathrm{s}}=\frac{s_{\mathrm{Fn}}}{2\rho_{\mathrm{F}}} \tag{8.2-10}$$

ρ_{F}——30°切线切点处的曲率半径，外齿轮按表 8.2-72 中序号 8 的公式计算，内齿轮按表 8.2-73 中序号 5 的公式计算。

4.5.19　复合齿形系数 Y_{FS}

$Y_{\mathrm{FS}}=Y_{\mathrm{Fa}}Y_{\mathrm{Sa}}$，其中 Y_{Fa} 为力作用于齿顶时的齿形系数，它是考虑齿形对齿根弯曲应力影响的系数；Y_{Sa}为力作用于齿顶时的应力修正系数，它是考虑齿根过渡曲线处的应力集中效应以及弯曲应力以外的其他应力对齿根应力影响的系数。

Y_{FS}可根据齿数 $z(z_{\mathrm{v}})$、径向变位系数 x 由图 8.2-27及图 8.2-28 查取。

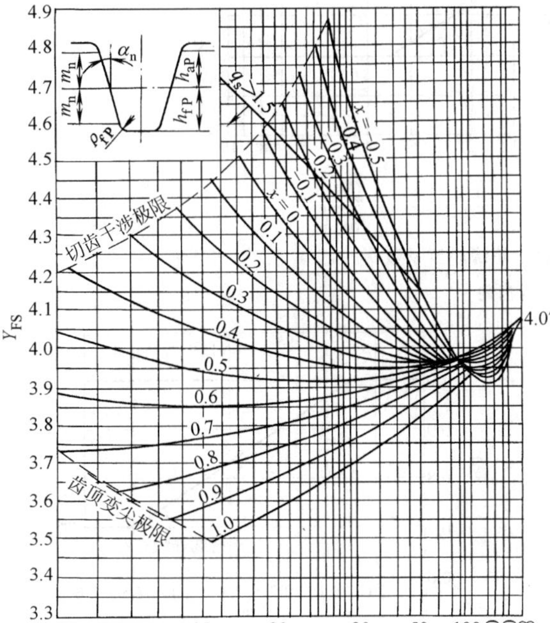

图 8.2-27　外齿轮的复合齿形系数 Y_{FS}

$\alpha_{\mathrm{n}}=20°$，$h_{\mathrm{aP}}/m_{\mathrm{n}}=1.0$，$h_{\mathrm{fP}}/m_{\mathrm{n}}=1.25$，$\rho_{\mathrm{fP}}/m_{\mathrm{n}}=0.38$。对内齿轮，当 $\rho_{\mathrm{fP}}/m_{\mathrm{n}}=0.15$，$h_{\mathrm{aP}}/m_{\mathrm{n}}=1.0$，$h_{\mathrm{fP}}/m_{\mathrm{n}}=1.25$ 时，$Y_{\mathrm{FS}}=5.44$。

内齿轮的齿形系数 Y_{FS}用替代齿条（$z=\infty$）来确定，见图 8.2-26 的图注。

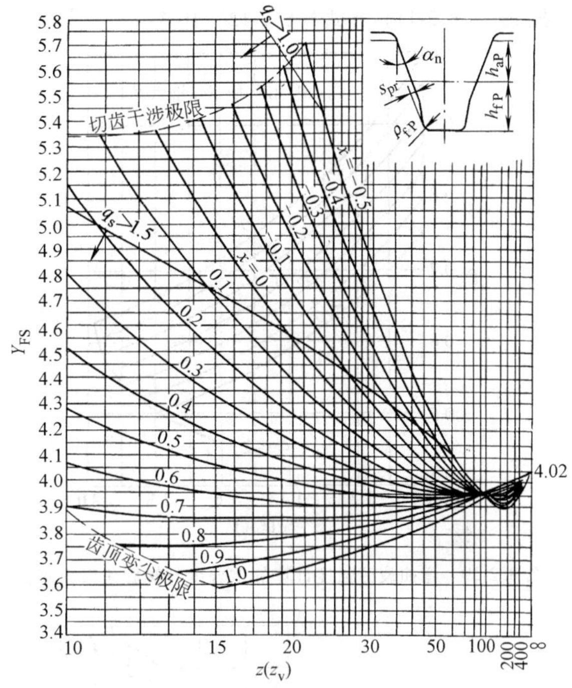

图 8.2-28　外齿轮的复合齿形系数 Y_{FS}

$\alpha_{\mathrm{n}}=20°$，$h_{\mathrm{aP}}/m_{\mathrm{n}}=1.0$，$h_{\mathrm{fP}}/m_{\mathrm{n}}=1.4$，$\rho_{\mathrm{fP}}/m_{\mathrm{n}}=0.4$，$s_{\mathrm{pr}}=0.02m$。

4.5.20　弯曲疲劳强度计算的重合度系数 Y_{ε}、螺旋角系数 Y_{β} 及重合度与螺旋角系数 $Y_{\varepsilon\beta}$

（1）弯曲疲劳强度计算的重合度系数 Y_{ε}

重合度系数 Y_{ε} 是将载荷由齿顶转换到单对齿啮合区外界点的系数。

Y_{ε} 可用下式计算

$$Y_{\varepsilon}=0.25+\frac{0.75}{\varepsilon_{\alpha\mathrm{v}}} \tag{8.2-11}$$

式中　$\varepsilon_{\alpha\mathrm{v}}$——当量齿轮的端面重合度

$$\varepsilon_{\alpha\mathrm{v}}=\frac{\varepsilon_{\alpha}}{\cos^2\beta_{\mathrm{b}}}$$

（2）弯曲疲劳强度计算的螺旋角系数 Y_{β}

螺旋角系数 Y_{β} 是考虑螺旋角造成的接触线倾斜对齿根应力产生影响的系数。其数值可由下式计算

$$Y_{\beta}=1-\varepsilon_{\beta}\frac{\beta}{120°}\geqslant Y_{\beta\min} \tag{8.2-12}$$

$$Y_{\beta\min}=1-0.25\varepsilon_{\beta}\geqslant 0.75 \tag{8.2-13}$$

上面式中：当 $\varepsilon_{\beta}>1$ 时，按 $\varepsilon_{\beta}=1$ 计算；当 $Y_{\beta}<0.75$ 时，取 $Y_{\beta}=0.75$；当 $\beta>30°$时，按 $\beta=30°$计值。

（3）弯曲疲劳强度计算的重合度与螺旋角系数 $Y_{\varepsilon\beta}$

在弯曲疲劳强度校核的简化计算方法中，重合度与螺旋角系数 $Y_{\varepsilon\beta}=Y_{\varepsilon}Y_{\beta}$，$Y_{\varepsilon\beta}$ 可按图 8.2-29 查取，或按式（8.2-11）和式（8.2-12）计算。

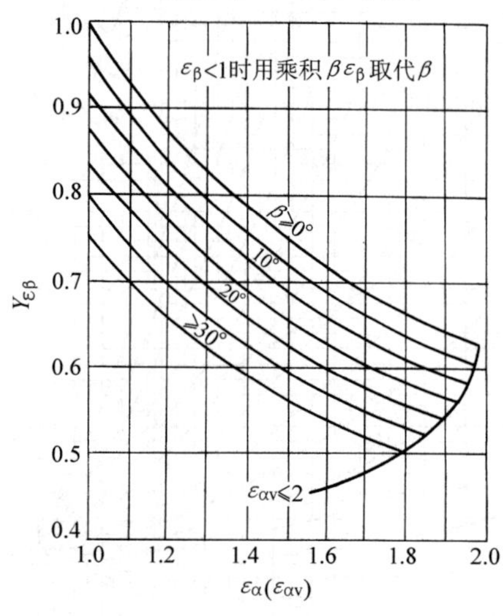

图 8.2-29　弯曲疲劳强度计算的重合度与螺旋角系数 $Y_{\varepsilon\beta}$

4.5.21　弯曲疲劳强度计算的轮缘厚度系数 Y_B

当轮缘厚度对齿根不能充分提供全部支承时，弯曲疲劳失效就会出现在齿轮的轮缘而不在齿根圆角处。Y_B 是修正薄轮缘齿轮计算齿根应力的系数。需要注意的是，对于外齿轮，应避免 $S_R\leqslant 0.5h_t$，对于内齿轮，应避免 $S_R\leqslant 1.75m_n$。Y_B 可按表 8.2-74 中公式计算或查图 8.2-30。

表 8.2-74　Y_B 的计算公式

齿轮	$\dfrac{S_R}{h_t}$	Y_B
外齿轮	$\dfrac{S_R}{h_t}\geqslant 1.2$	$Y_B=1.0$
	$\dfrac{S_R}{h_t}>0.5$ 和 $\dfrac{S_R}{h_t}<1.2$	$Y_B=1.6\ln\left(2.242\dfrac{h_t}{S_R}\right)$
内齿轮	$\dfrac{S_R}{m_n}\geqslant 3.5$	$Y_B=1.0$
	$\dfrac{S_R}{m_n}>1.75$ 和 $\dfrac{S_R}{m_n}<3.5$	$Y_B=1.15\ln\left(8.324\dfrac{m_n}{S_R}\right)$

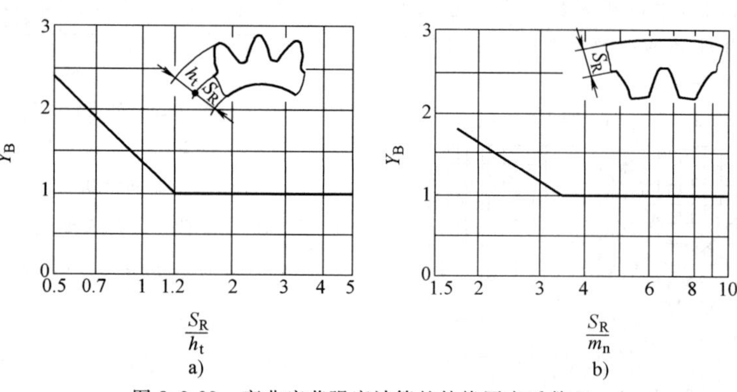

图 8.2-30　弯曲疲劳强度计算的轮缘厚度系数 Y_B

a）外齿轮　b）内齿轮

4.5.22　弯曲疲劳强度计算的深齿系数 Y_{DT}

对于 $2\leqslant\varepsilon_{\alpha n}\leqslant 2.5$ 和进行实际齿廓修形达到沿啮合线梯形载荷分布的高精密齿轮（精度等级≤4），可以用深齿系数 Y_{DT} 对名义齿根应力修正。Y_{DT} 可按表 8.2-75 中公式计算或查图 8.2-31。

表 8.2-75　Y_{DT} 的计算公式

$\varepsilon_{\alpha n}$和精度等级	Y_{DT}
$\varepsilon_{\alpha n}\leqslant 2.05$ 或 $\varepsilon_{\alpha n}>2.05$ 和精度等级>4	$Y_{DT}=1.0$
$2.05<\varepsilon_{\alpha n}\leqslant 2.5$ 和精度等级≤4	$Y_{DT}=-0.666\varepsilon_{\alpha n}+2.366$
$\varepsilon_{\alpha n}>2.5$ 和精度等级≤4	$Y_{DT}=0.7$

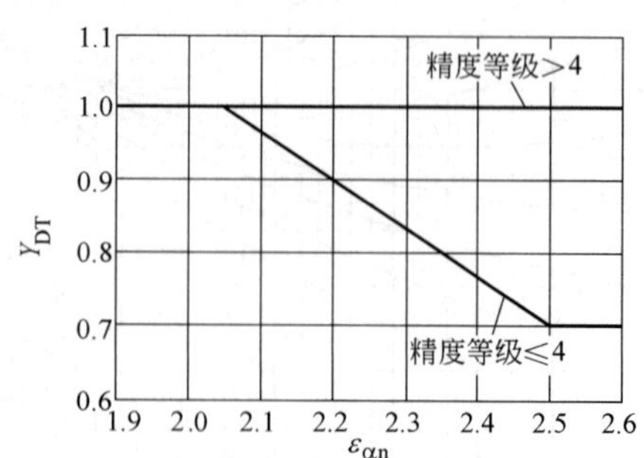

图 8.2-31　弯曲疲劳强度计算的深齿系数 Y_{DT}

4.5.23　齿轮材料的弯曲疲劳强度基本值 σ_{FE}

σ_{FE}是用齿轮材料制成的无缺口试件，在完全弹性范围内经受脉动载荷作用时的名义弯曲疲劳强度。

$$\sigma_{FE}=\sigma_{Flim}Y_{ST} \tag{8.2-14}$$

式中　σ_{Flim}——试验齿根的弯曲疲劳极限，它是指某种材料的齿轮经长期持续的重复载荷作用后(对大多数齿轮材料不少于 3×10^6)，齿根保持不破坏时的极限应力；

Y_{ST}——试验齿轮的应力修正系数，$Y_{ST}=2.0$。

σ_{FE} 及 σ_{Flim} 值可从图 8.2-32 中查取。图中的 ML、MQ、ME 和 MX 的意义与图 8.2-15 中的意义相同。对工业齿轮，通常按 MQ 级质量要求选取 σ_{FE} 及 $\sigma_{F_{lim}}$ 值。

对于在对称循环载荷下工作的齿轮(如行星齿轮、中间齿轮)，应将从图中查出的 σ_{FE} 及 σ_{Flim} 值乘以系数 0.7。对于双向运转工作的齿轮，其 σ_{FE} 及 σ_{Flim} 值所乘系数可以稍大于 0.7。

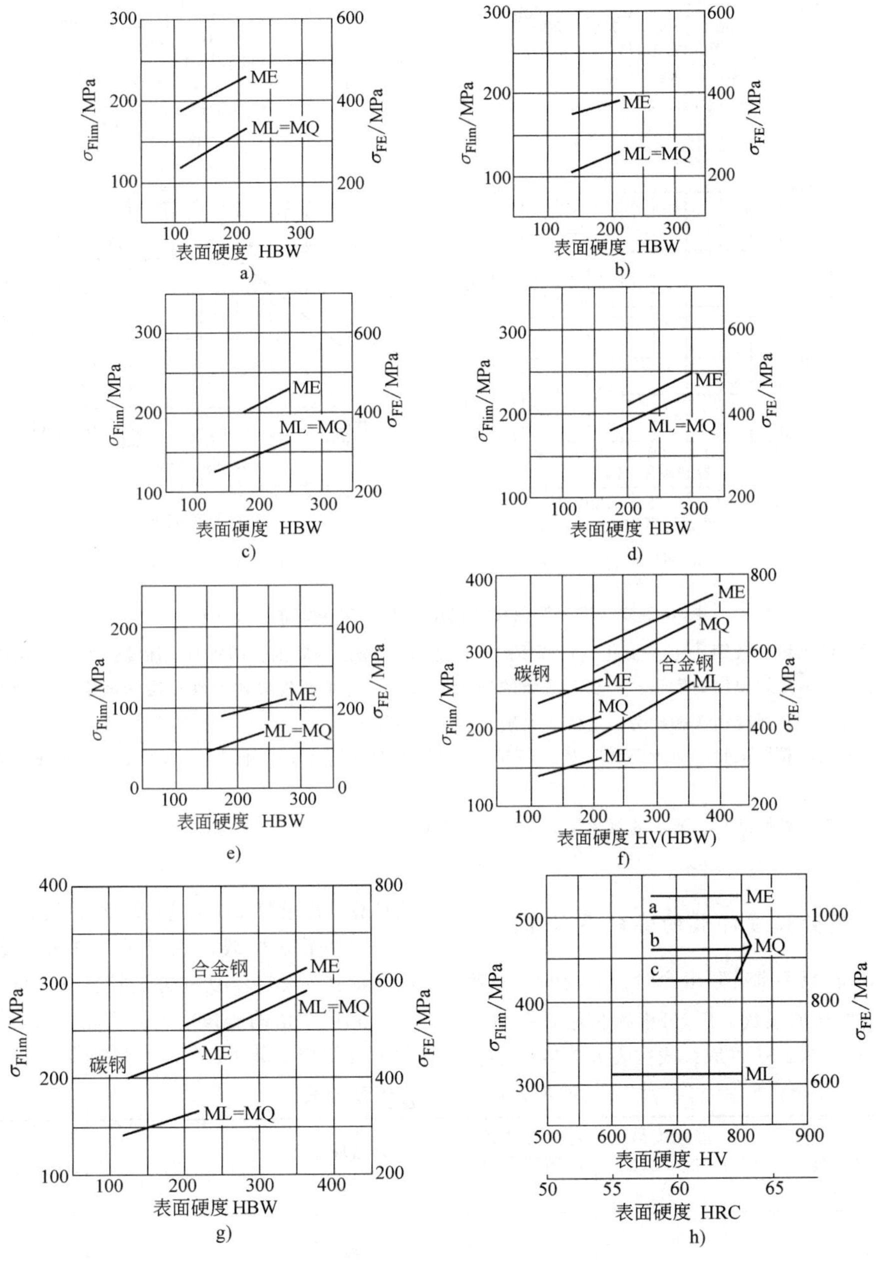

图 8.2-32　齿根弯曲疲劳极限 σ_{Flim} 及其基本值 σ_{FE}

a）正火低碳锻钢　b）铸钢　c）可锻铸铁①　d）球墨铸铁①　e）灰铸铁①　f）调质锻钢　g）调质铸钢　h）渗碳锻钢②⑥

① 当 HBW<180 时，组织中存在较多的铁素体，不推荐作为齿轮材料。

② 图中疲劳极限是基于有效硬化层深度为 $0.15m_n \sim 0.2m_n$ 的精加工齿轮。

⑥ a. 心部硬度≥30HRC，b. 心部硬度≥25HRC，J=12mm 处≥28HRC；c. 心部硬度≥25HRC，J=12mm 处<28HRC。

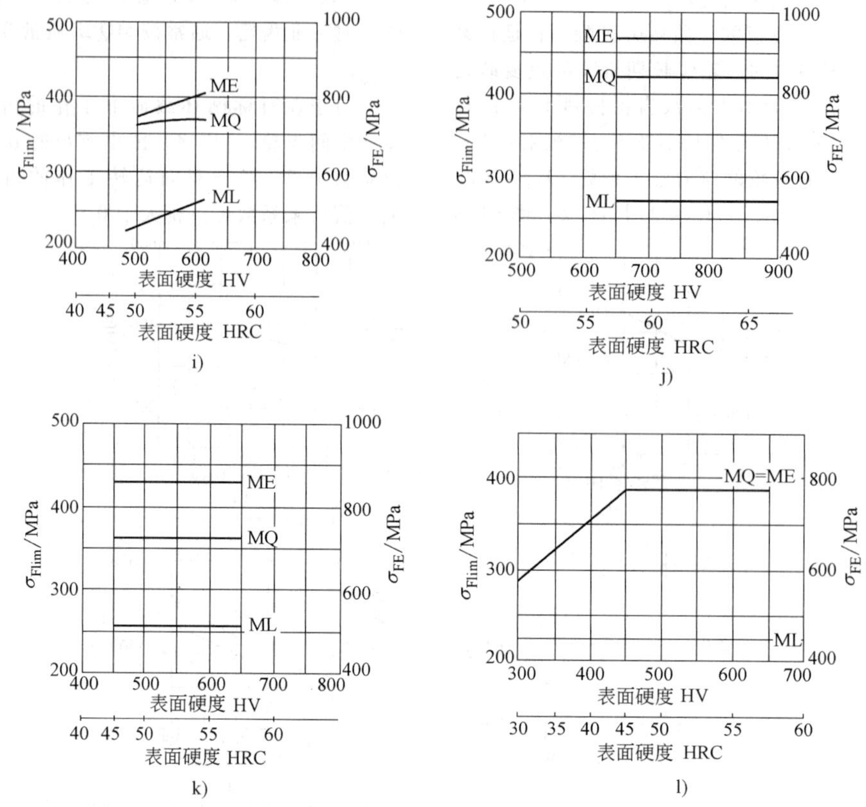

图 8.2-32 齿根弯曲疲劳极限 σ_{Flim} 及其基本值 σ_{FE}（续）

i）火焰或感应淬火铸、锻钢③ j）氮化钢：调质后气体渗氮④ k）调质钢、调质后气体渗氮⑤ l）氮碳共渗钢⑤

③ 仅适用于齿根圆角处硬化的齿轮。要求有适当的硬化层深度，防止断齿失效的硬化层深度推荐值为 $0.1m_n \sim 0.2m_n$。综合考虑弯曲疲劳强度和接触疲劳强度的最大硬化层深度见图 8.2-16。

④ 建议进行工艺可靠性试验。对齿面硬度 HV1>750，白亮层厚度超过 10μm 时，由于脆性 σ_{FE} 会减低，要求的氮化层深度见图 8.2-17。

⑤ 建议进行工艺可靠性试验，要求的氮化层深度见图 8.2-17。

4.5.24 弯曲疲劳强度计算的寿命系数 Y_{NT}

Y_{NT}是考虑齿轮只要求有限寿命时，齿轮的齿根弯曲疲劳强度可以提高的系数。Y_{NT}可根据齿根弯曲应力的循环次数 N_L 按图 8.2-33 查取，或按表 8.2-76 中的公式计算。齿根弯曲应力的循环次数按式（8.2-7）计算。

当齿轮在变载荷工况下工作并有载荷图谱可用时，应按本章 4.7 所述方法核算其强度安全系数，对于无载荷图谱的非恒定载荷齿轮，可近似地按名义载荷乘以使用系数 K_A 来核算其强度。

表 8.2-76 Y_{NT}的计算公式

材料及热处理	静强度最大循环次数 N_0	持久寿命条件循环次数 N_c	应力循环次数 N_L	Y_{NT}计算公式
调质锻钢和铸钢、球墨铸铁（珠光体、贝氏体）、可锻铸铁（珠光体）	$N_0=10^4$	$N_c=3\times10^6$	$N_L\leqslant10^4$	$Y_{NT}=2.5$
			$10^4<N_L\leqslant3\times10^6$	$Y_{NT}=\left(\dfrac{3\times10^6}{N_L}\right)^{0.16}$
			$3\times10^6<N_L\leqslant10^{10}$	$Y_{NT}=\left(\dfrac{3\times10^6}{N_L}\right)^{0.02}$①

（续）

材料及热处理	静强度最大循环次数 N_0	持久寿命条件循环次数 N_c	应力循环次数 N_L	Y_{NT} 计算公式
渗碳钢、火焰及感应淬火锻钢和铸钢	$N_0=10^3$	$N_c=3\times10^6$	$N_L\leqslant10^3$ $10^3<N_L\leqslant3\times10^6$ $3\times10^6<N_L\leqslant10^{10}$	$Y_{NT}=2.5$ $Y_{NT}=\left(\frac{3\times10^6}{N_L}\right)^{0.115}$ $Y_{NT}=\left(\frac{3\times10^6}{N_L}\right)^{0.02}$①
正火低碳锻钢和铸钢、氮化钢、调质氮化钢、灰铸铁、球墨铸铁（铁素体）			$N_L\leqslant10^3$ $10^3<N_L\leqslant3\times10^6$ $3\times10^6<N_L\leqslant10^{10}$	$Y_{NT}=1.6$ $Y_{NT}=\left(\frac{3\times10^6}{N_L}\right)^{0.05}$ $Y_{NT}=\left(\frac{3\times10^6}{N_L}\right)^{0.02}$①
碳氮共渗调质钢			$N_L\leqslant10^3$ $10^3<N_L\leqslant3\times10^6$ $3\times10^6<N_L\leqslant10^{10}$	$Y_{NT}=1.1$ $Y_{NT}=\left(\frac{3\times10^6}{N_L}\right)^{0.012}$ $Y_{NT}=\left(\frac{3\times10^6}{N_L}\right)^{0.02}$①

① 当优选材料、制造工艺和润滑剂，并经生产实践验证时，这些计算式可取 $Y_{NT}=1.0$。

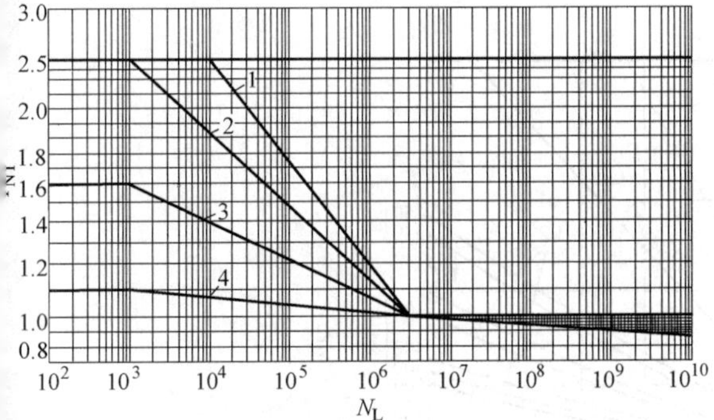

图 8.2-33　弯曲疲劳强度计算的寿命系数 Y_{NT}

1—调质锻钢和铸钢、球墨铸铁（珠光体、贝氏体）、可锻铸铁（珠光体）

2—渗碳钢、火焰及感应淬火锻钢和铸钢

3—正火低碳锻钢和铸钢、氮化钢、调质氮化钢、灰铸铁，球墨铸铁（铁素体）

4—碳氮共渗调质钢

4.5.25　弯曲疲劳强度计算的尺寸系数 Y_X

Y_X 是考虑计算齿轮的模数大于试验齿轮的模数，由于尺寸效应使齿轮的弯曲疲劳强度降低的系数。Y_X 可按图 8.2-34 查取，或按表 8.2-77 中公式计算。在强度计算的简化方法中，Y_X 可按持久寿命取值。

4.5.26　相对齿根圆角敏感系数 $Y_{\delta relT}$

相对齿根圆角敏感系数 $Y_{\delta relT}$ 是考虑所计算齿轮的材料、几何尺寸等对齿根应力的敏感度与试验齿轮不同而引进的系数。定义为所计算齿轮的齿根圆角敏感系数与试验齿轮的齿根圆角敏感系数的比值。

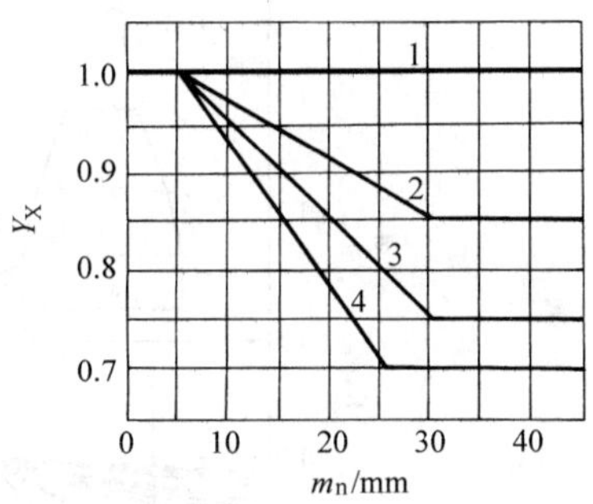

图 8.2-34　弯曲疲劳强度计算的尺寸系数 $Y_X(N_L\geqslant N_c)$

1—静强度计算时的所有材料

2—结构钢、调质钢、球墨铸铁（珠光体、贝氏体）、珠光体可锻铸铁

3—渗碳淬火钢和全齿廓感应或火焰淬火钢，渗氮或氮碳共渗钢

4—灰铸铁、球墨铸铁（铁素体）

（1）$Y_{\delta relT}$ 的一般计算方法

1）持久寿命时的相对齿根圆角敏感系数 $Y_{\delta relTc}$。持久寿命时的相对齿根圆角敏感系数 $Y_{\delta relTc}$ 可按式（8.2-15）计算得出，也可由图 8.2-35 查得（当齿根圆角参数在 $1.5<q_s<4$ 的范围内时，$Y_{\delta relTc}$ 可近似地取为 1，其误差不超过 5%）。

$$Y_{\delta relTc}=\frac{1+\sqrt{\rho' X^*}}{1+\sqrt{\rho' X_T^*}} \tag{8.2-15}$$

式中 ρ'——材料滑移层厚度（mm），可由表8.2-78按材料查取；

X^*——齿根危险截面处的应力梯度与最大应力的比值，其值

$$X^* \approx \frac{1}{5}(1+2q_s) \qquad (8.2\text{-}16)$$

q_s——齿根圆角参数，见式（8.2-10）；

X_T^*——试验齿轮齿根危险截面处的应力梯度与最大应力的比值，仍可用式(8.2-16)计算，式中 q_s 取为 $q_{sT}=2.5$。此式适用于 $m=5$mm，其尺寸的影响用 Y_x 来考虑。

表 8.2-77 Y_X 计算公式

	材 料	Y_X	说 明
持久寿命 $N_L \geqslant N_c$	结构钢、调质钢、球墨铸铁（珠光体、贝氏体）、珠光体可锻铸铁	$1.03 \sim 0.006m_n$	当 $m_n<5$ 时，取 $m_n=5$ 当 $m_n>30$ 时，取 $m_n=30$
	渗碳淬火钢和全齿廓感应或火焰淬火钢和球墨铸铁、渗氮钢或氮碳共渗钢	$1.05 \sim 0.01m_n$	当 $m_n<5$ 时，取 $m_n=5$ 当 $m_n>25$ 时，取 $m_n=25$
	灰铸铁、球墨铸铁（珠光体、贝氏体）	$1.075 \sim 0.015m_n$	当 $m_n<5$ 时，取 $m_n=5$ 当 $m_n>25$ 时，取 $m_n=25$
有限寿命 $N_0<N_L<N_c$		$Y_X=\left(\frac{N_0}{N_L}\right)^{\frac{\lg Y_{Xc}}{\lg\left(\frac{N_0}{N_c}\right)}}$	Y_{Xc}—持久寿命时的尺寸系数 N_0、N_L、N_c 见表8.2-76
静强度 $N_L \leqslant N_0$		$Y_X=1.0$	

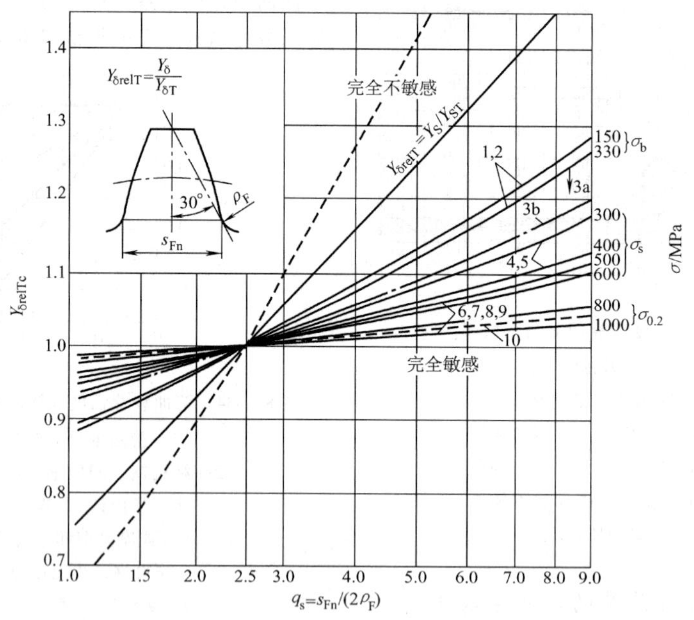

图 8.2-35 持久寿命时的相对齿根圆角敏感系数 $Y_{\delta relTc}$

注：图中材料数字代号见表8.2-78中的序号。

表 8.2-78 不同材料的滑移层厚度 ρ'

序号	材 料		滑移层厚度 ρ'/mm
1	灰铸铁	$\sigma_b=150$MPa	0.3124
2	灰铸铁、球墨铸铁（铁素体）	$\sigma_b=300$MPa	0.3095
3a	球墨铸铁（珠光体）		0.1005
3b	渗氮处理的渗氮钢、调质钢		

（续）

序号	材　料		滑移层厚度 ρ'/mm
4	结构钢	$\sigma_s=300\text{MPa}$	0.0833
5	结构钢	$\sigma_s=400\text{MPa}$	0.0445
6	调质钢，球墨铸铁（珠光体、贝氏体）	$\sigma_s=500\text{MPa}$	0.0281
7	调质钢，球墨铸铁（珠光体、贝氏体）	$\sigma_{0.2}=600\text{MPa}$	0.0194
8	调质钢，球墨铸铁（珠光体、贝氏体）	$\sigma_{0.2}=800\text{MPa}$	0.0064
9	调质钢，球墨铸铁（珠光体、贝氏体）	$\sigma_{0.2}=1000\text{MPa}$	0.0014
10	渗碳淬火钢，火焰淬火或全齿廓感应加热淬火的钢和球墨铸铁		0.0030

2）静强度的相对齿根圆角敏感系数 $Y_{\delta relT0}$。静强度的 $Y_{\delta relT0}$ 值可按表 8.2-79 中的相应公式计算得出（当应力修正系数在 $1.5<Y_S<3$ 的范围内时，静强度的相对敏感系数 $Y_{\delta relT0}$ 近似地可取为 Y_S/Y_{ST}；但此近似数不能用于渗氮的调质钢与灰铸铁）。

表 8.2-79　$Y_{\delta relT0}$ 的计算公式

计算公式	说　明
结构钢 $$Y_{\delta relT0}=\frac{1+0.93(Y_S-1)\sqrt[4]{\dfrac{200}{\sigma_s}}}{1+0.93\sqrt[4]{\dfrac{200}{\sigma_s}}}$$	Y_S—应力修正系数，见本章 4.5.18 节 σ_s—屈服强度
调质钢、铸铁和球墨铸铁（珠光体、贝氏体） $$Y_{\delta relT0}=\frac{1+0.82(Y_S-1)\sqrt[4]{\dfrac{300}{\sigma_{0.2}}}}{1+0.82\sqrt[4]{\dfrac{300}{\sigma_{0.2}}}}$$	$\sigma_{0.2}$—发生残余变形 0.2%时的条件屈服强度
渗碳淬火钢、火焰淬火和全齿廓感应加热淬火的钢、球墨铸铁 $$Y_{\delta relT0}=0.44Y_S+0.12$$	表层发生裂纹的应力极限
渗氮处理的渗氮钢、调质钢 $$Y_{\delta relT0}=0.20Y_S+0.60$$	表层发生裂纹的应力极限
灰铸铁和球墨铸铁（铁素体） $$Y_{\delta relT0}=1.0$$	断裂极限

3）有限寿命的齿根圆角敏感系数 $Y_{\delta relT}$。有限寿命的 $Y_{\delta relT}$ 可用线性插入法从持久寿命的 $Y_{\delta relTc}$ 和静强度的 $Y_{\delta relT0}$ 之间得到，见式（8.2-17）。

$$Y_{\delta relT}=Y_{\delta relTc}+\frac{\lg\left(\dfrac{N_L}{N_c}\right)}{\lg\left(\dfrac{N_0}{N_c}\right)}\times(Y_{\delta relT0}-Y_{\delta relTc})\tag{8.2-17}$$

式中　$Y_{\delta relTc}$、$Y_{\delta relT0}$——分别为持久寿命和静强度的相对齿根圆角敏感系数。

（2）$Y_{\delta relT}$ 的简化计算方法

在简化计算中，可取

$$Y_{\delta relT}=1.0\tag{8.2-18}$$

4.5.27　相对齿根表面状况系数 Y_{RrelT}

相对齿根表面状况系数 Y_{RrelT} 为所计算齿轮的齿根表面状况系数与试验齿轮的齿根表面状况系数的比值。

（1）Y_{RrelT}的一般计算方法

相对齿根表面状况系数 Y_{RrelT} 可按表 8.2-80 中的相应公式计算，持久寿命时的相对齿根表面状况系数 Y_{RrelTc}也可由图 8.2-36 查出。

表 8.2-80 Y_{RrelT}的计算公式

	计算公式或取值		
	材料	$Rz<1\mu m$	$1\mu m \leqslant Rz<40\mu m$
持久寿命 $N_L \geqslant N_c$	调质钢，球墨铸铁（珠光体、贝氏体），渗碳淬火钢，火焰和全齿廓感应加热淬火的钢和球墨铸铁	$Y_{RrelTc}=1.120$	$Y_{RrelTc}=1.674-0.529(Rz+1)^{0.1}$
	结构钢	$Y_{RrelTc}=1.070$	$Y_{RrelTc}=5.306-4.203(Rz+1)^{0.01}$
	灰铸铁，球墨铸铁（铁素体），渗氮的渗氮钢、调质钢	$Y_{RrelTc}=1.025$	$Y_{RrelTc}=4.299-3.259(Rz+1)^{0.005}$
有限寿命 $N_0<N_L<N_c$	$Y_{RrelT}=Y_{RrelTc}+\dfrac{\lg\left(\dfrac{N_L}{N_c}\right)}{\lg\left(\dfrac{N_0}{N_c}\right)}\times(1-Y_{RrelTc})$ Y_{RrelTc}为持久寿命的相对齿根表面状况系数		
静强度 $N_L \leqslant N_0$	$Y_{RrelT0}=1.0$		

注：1. Rz 为齿根表面微观不平度 10 点高度，$Rz\approx 6Ra$。

2. N_0、N_c 见表 8.2-76。

3. 对经过强化处理（如喷丸）的齿轮，其 Y_{RrelT} 值要稍大于表中方法所确定的数值。

4. 对有表面氧化或化学腐蚀的齿轮，其 Y_{RrelT} 值要稍小于表中方法所确定的数值。

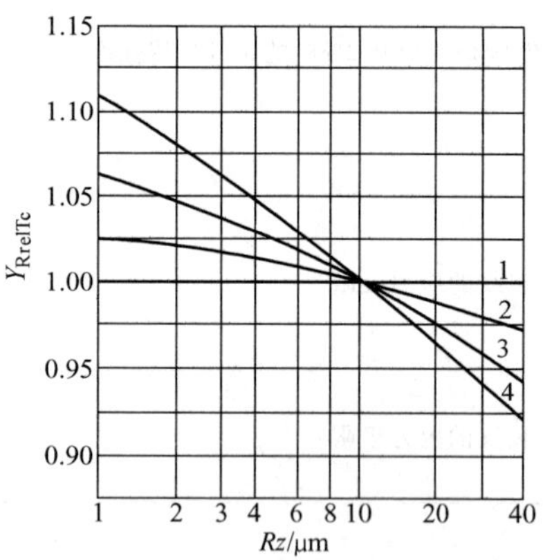

图 8.2-36 持久寿命的相对齿根表面状况系数 Y_{RrelTc}
1—静强度计算时的所有材料 2—灰铸铁，铁素体球墨铸铁，渗氮处理的渗氮钢、调质钢 3—结构钢 4—调质钢，球墨铸铁（珠光体、铁素体），渗碳淬火钢，全齿廓感应加热或火焰淬火钢

（2）Y_{RrelT}的简化计算方法

在简化计算方法中，可按表 8.2-81 查取 Y_{RrelT}。

表 8.2-81 简化计算方法中 Y_{RrelT}的取值

齿根表面粗糙度	Y_{RrelT}值	
	疲劳强度计算	静强度计算
$Rz\leqslant 16\mu m$ 或 $Ra\leqslant 2.6\mu m$	1.0	1.0
$Rz>16\mu m$ 或 $Ra>2.6\mu m$	0.9	

4.6 齿轮静强度校核计算（摘自 GB/T 3480—1997）

当齿轮工作可能出现短时间、少次数的（不大于表 8.2-66 和表 8.2-76 中规定的 N_0 值）超过额定工况的大载荷，如使用大起动转矩电动机、在运行中出现异常的重载荷或有重复性的中等甚至严重冲击时，应进行静强度校核计算。作用次数超过上述表中规定的载荷作用次数时，应纳入疲劳强度计算。

齿轮静强度校核的计算公式见表 8.2-82。

表 8.2-82 齿轮静强度核算的计算公式

条件	计算公式	说明
强度条件	齿面静强度 $\sigma_{Hst}\leqslant\sigma_{HPst}$ 当大、小齿轮材料 σ_{HPst}不同时，应取小者进行核算	σ_{Hst}—静强度最大齿面应力(MPa) σ_{HPst}—静强度许用齿面应力(MPa)

（续）

条件	计算公式		说　明
强度条件	弯曲静强度 $\sigma_{Fst} \leqslant \sigma_{FPst}$		σ_{Fst}—静强度最大齿根弯曲应力(MPa) σ_{FPst}—静强度许用齿根弯曲应力(MPa)
静强度最大的齿面应力 σ_{Hst}	$\sigma_{Hst}=\sqrt{K_v K_{H\beta} K_{H\alpha}} Z_H Z_E Z_\varepsilon Z_\beta \sqrt{\frac{F_{cal}}{d_1 b}\frac{u\pm1}{u}}$		K_v—动载系数，对在起动或堵转时产生的最大载荷或低速工况，$K_v=1$；其余情况同本章 4.5.3 节 $K_{H\beta}$、$K_{F\beta}$—齿向载荷分布系数，见本章 4.5.4 节 $K_{H\alpha}$、$K_{F\alpha}$—齿间载荷分配系数，见本章 4.5.5 节 Z_H—节点区域系数，见本章 4.5.7 节 Z_E—弹性系数，见本章 4.5.8 节 Z_ε、Z_β—接触疲劳强度计算的重合度系数和螺旋角系数，见本章 4.5.9 节 Y_F—齿形系数，见本章 4.5.17 节 Y_S—应力修正系数，见本章 4.5.18 节 Y_{FS}—复合齿形系数，见本章 4.5.19 节 Y_β—弯曲疲劳强度计算的螺旋角系数，见本章 4.5.20 节 $Y_{\varepsilon\beta}$—弯曲疲劳强度计算的重合度与螺旋角系数，见本章 4.5.20 节
静强度最大的齿根弯曲应力 σ_{Fst}	简化计算方法	$\sigma_{Fst}=K_v K_{F\beta} K_{F\alpha}\frac{F_{cal}}{bm_n}Y_{FS}Y_{\varepsilon\beta}$	
	一般计算方法	$\sigma_{Fst}=K_v K_{F\beta} K_{F\alpha}\frac{F_{cal}}{bm_n}Y_F Y_S Y_\beta$	
静强度许用齿面接触应力 σ_{HPst}	$\sigma_{HPst}=\frac{\sigma_{Hlim}Z_{NT}}{S_{Hmin}}Z_W$		σ_{Hlim}—接触疲劳极限(MPa)见本章 4.5.11 节 Z_{NT}—静强度接触寿命系数，此时取 $N_L=N_0$，见表 8.2-66 Z_W—齿面工作硬化系数，见本章 4.5.14 节 S_{Hmin}—接触强度最小安全系数见本章 4.5.16 节
静强度许用齿根弯曲应力 σ_{FPst}	$\sigma_{FPst}=\frac{\sigma_{Flim}Y_{ST}Y_{NT}}{S_{Fmin}}Y_{\delta relT}$		σ_{Flim}—弯曲疲劳极限(MPa)，见本章 4.5.23 节 Y_{ST}—试验齿轮的应力修正系数，$Y_{ST}=2.0$ Y_{NT}—抗弯强度寿命系数，此时取 $N_L=N_0$，见表 8.2-76 $Y_{\delta relT}$—相对齿根圆角敏感系数，见本章 4.5.26 节 S_{Fmin}—弯曲疲劳强度最小安全系数，见本章 4.5.16 节
计算切向力	$F_{cal}=\frac{2000T_{max}}{d}$		F_{cal}—计算切向载荷(N) d—齿轮分度圆直径(mm) T_{max}—最大转矩(N·m)

注：1. 因已按最大载荷计算，取使用系数 $K_A=1$。

2. 应取载荷谱中或实测的最大载荷确定计算切向力。无上述数据时，可取预期的最大载荷 T_{max}（如起动转矩、堵转转矩、短路或其他最大过载转矩）为静强度计算载荷。

4.7　变动载荷作用下的齿轮强度校核计算

在变动载荷下工作的齿轮，应通过测定和分析计算确定其整个寿命的载荷图谱，按疲劳累积假说（Miner 法则）确定当量转矩 T_{eq}，并以当量转矩 T_{eq}代替名义转矩 T，按表 8.2-36 求出切向力 F_t，再应用表 8.2-39 中的公式分别进行齿面接触疲劳强度核算和轮齿弯曲疲劳强度核算，此时取 $K_A=1$。

当量载荷（当量转矩 T_{eq}）可按如下方法确定。

图 8.2-37 是以对数为坐标的某齿轮的承载能力曲线与其整个工作寿命的载荷图谱，图中 T_1、T_2、T_3…为经整理后的实测的各级载荷，N_1、N_2、N_3…为与 T_1、T_2、T_3…相对应的应力循环次数。小于名义载荷 T 的 50%的载荷（如图中 T_5），认为对齿轮的疲劳损伤不起作用，故略去不计，则当量循环次数 N_{Leq}为

$$N_{Leq}=N_1+N_2+N_3+N_4 \tag{8.2-19}$$

$$N_i=60n_i kh_i \tag{8.2-20}$$

式中 N_i——第 i 级载荷应力循环次数；

n_i——第 i 级载荷作用下齿轮的转速；

k——齿轮每转一周同侧齿面的接触次数；

h_i——在 i 级载荷作用下齿轮的工作小时数。

根据 Miner 法则（疲劳累积假说），此时的当量载荷为

$$T_{eq}=\left(\frac{N_1T_1^p+N_2T_2^p+N_3T_3^p+N_4T_4^p}{N_{Leq}}\right)^{1/p} \quad (8.2\text{-}21)$$

式中 p——齿轮材料的试验指数。

常用齿轮材料的特性数 N_0 及 p 值见表 8.2-83。

表 8.2-83 常用的齿轮材料的特性数 N_0 及 p 值

计算方法	齿轮材料及热处理方法	N_0	工作循环次数 N_L	p
接触疲劳强度（疲劳点蚀）	结构钢，调质钢，珠光体、贝氏体球墨铸铁，珠光体可锻铸铁，调质钢、渗碳钢经表面淬火（允许有一定量点蚀）	6×10^5	$6\times10^5<N_L\leqslant10^7$	6.77
			$10^7<N_L\leqslant10^9$	8.78
			$10^9<N_L\leqslant10^{10}$	7.08
	结构钢，调质钢，珠光体、贝氏体球墨铸铁，珠光体可锻铸铁，调质钢、渗碳钢经表面淬火	10^5	$10^5<N_L\leqslant5\times10^7$	6.61
			$5\times10^7<N_L\leqslant10^{10}$	16.30
	调质钢、渗氮钢经渗氮，灰铸铁，铁素体球墨铸铁		$10^5<N_L\leqslant2\times10^6$	5.71
			$2\times10^6<N_L\leqslant10^{10}$	26.20
	调质钢、渗碳钢经碳氮共渗		$10^5<N_L\leqslant2\times10^6$	15.72
			$2\times10^6<N_L\leqslant10^{10}$	26.20
弯曲疲劳强度	调质钢，珠光体、贝氏体球墨铸铁，珠光体可锻铸铁	10^4	$10^4<N_L\leqslant3\times10^6$	6.23
			$3\times10^6<N_L\leqslant10^{10}$	49.91
	调质钢、渗碳钢经表面淬火	10^3	$10^3<N_L\leqslant3\times10^6$	8.74
			$3\times10^6<N_L\leqslant10^{10}$	49.91
	调质钢、渗氮钢经渗氮，结构钢，灰铸铁，铁素体球墨铸铁		$10^3<N_L\leqslant3\times10^6$	17.03
			$3\times10^6<N_L\leqslant10^{10}$	49.91
	调质钢、渗碳钢经碳氮共渗		$10^3<N_L\leqslant3\times10^6$	84.00
			$3\times10^6<N_L\leqslant10^{10}$	49.91

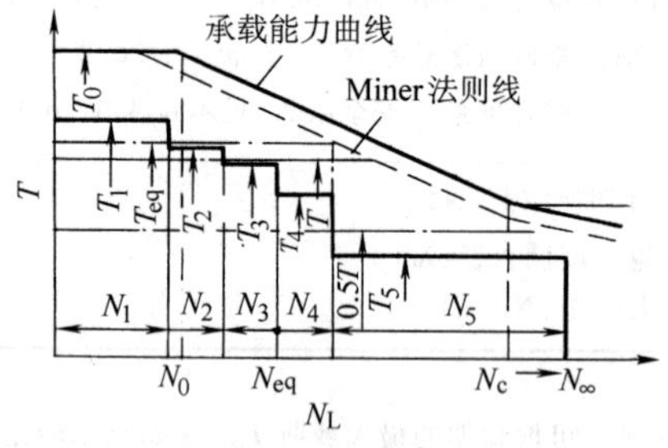

图 8.2-37 承载能力曲线与载荷图谱

当计算 T_{eq} 时，若 $N_{eq}<N_0$（材料疲劳破坏最少应力循环次数），取 $N_{eq}=N_0$；当 $N_{eq}>N_c$ 时，取 $N_{eq}=N_c$。

在变动载荷下工作的齿轮缺乏载荷图谱可用时，可近似地用常规的方法即用名义载荷乘以使用系数 K_A 来确定计算载荷。当无合适的数值可用时，使用系数 K_A 可参考表 8.2-41 确定。这样，就将变动载荷工况转化为非变动载荷工况来处理，并按表 8.2-39 有关公式核算齿轮强度。

4.8 齿面胶合承载能力校核计算（摘自 GB/Z 6413.2—2003）

齿轮齿面胶合承载能力计算方法，我国有两个标准，即 GB/Z 6413.1—2003《圆柱齿轮、锥齿轮和双曲面齿轮 胶合承载能力计算方法 第 1 部分：闪温法》（ISO/TR 13989.1：2000）和 GB/Z 6413.2—2003《圆柱齿轮、锥齿轮和双曲面齿轮 胶合承载能力计算方法 第 2 部分：积分温度法》（ISO/TR 13989.2：2000）。这两个计算方法标准，都可用来防止齿轮传动由于齿面载荷和滑动速度引起的高温导致润滑油膜破裂所造成的胶合（热胶合）。本节采用的是积分温度法。

4.8.1 计算公式（见表 8.2-84）

4.8.2 计算中的有关数据及系数的确定

（1）胶合承载能力计算的安全系数 S_{intS}

胶合承载能力计算的安全系数与温度有关，用它

乘以齿轮的转矩，并不能使积分温度 Θ_{int} 与胶合积分温度 Θ_{intS} 达到相同的数值。

$$S_{intS}=\frac{\Theta_{intS}}{\Theta_{int}}\geqslant S_{Smin} \tag{8.2-22}$$

最小安全系数 S_{Smin} 可查表 8.2-85 确定。

表 8.2-84　胶合承载能力校核计算公式

项　目	计 算 公 式
计算准则	$\frac{\Theta_{intS}}{\Theta_{int}}\geqslant S_{Smin}$ 或 $S_{intS}=\frac{\Theta_{intS}}{\Theta_{int}}\geqslant S_{Smin}$
积分温度	$\Theta_{int}=\Theta_M+C_2\Theta_{flaint}$
胶合积分温度	$\Theta_{intS}=\Theta_{MT}+X_{WrelT}C_2\Theta_{flaintT}$

公式中符号意义如下。

Θ_{intS}—胶合积分温度(容许积分温度)(℃)；

Θ_{int}—积分温度(℃)；

S_{Smin}—胶合承载能力计算的最小安全系数，由表 8.2-85 确定；

S_{intS}—胶合承载能力计算的安全系数，由式(8.2-22)计算；

Θ_M—本体温度(℃)，由式(8.2-26)计算；

C_2—由试验得出的加权系数，对于直齿轮与斜齿轮，$C_2=1.5$；

Θ_{flaint}—平均闪温(℃)，由式(8.2-24)计算；

Θ_{MT}—试验本体温度(℃)，由式(8.2-50)计算；

X_{WrelT}—相对焊合系数，由式(8.2-49)计算；

$\Theta_{flaintT}$—试验齿轮平均闪温(℃)，由式(8.2-51)计算。

表 8.2-85　最小安全系数 S_{Smin}

类　别	S_{Smin}
高胶合危险	$S_{Smin}<1$
中等胶合危险	$1\leqslant S_{Smin}\leqslant 2$
低胶合危险	$S_{Smin}>2$

（2）积分温度 Θ_{int}

齿面本体温度与加权后的各啮合点瞬间温升的积分平均值之和作为计算齿面温度，即积分温度。积分温度可用下式计算，即

$$\Theta_{int}=\Theta_M+C_2\Theta_{flaint} \tag{8.2-23}$$

$$\Theta_{flaint}=\Theta_{flaE}X_{\varepsilon} \tag{8.2-24}$$

式中　Θ_{flaint}——平均闪温，是指齿面各啮合点瞬时温升沿啮合线的积分平均值；

Θ_{flaE}——假定载荷全部作用在小齿轮齿顶 E 点时该点的瞬时闪温（℃），由式（8.2-25）确定；

X_{ε}——重合度系数，由表 8.2-91 中的公式计算。

（3）小轮齿顶的闪温 Θ_{flaE}

$$\Theta_{flaE}=\mu_{mc}X_MX_{BE}X_{\alpha\beta}\frac{(K_{B\gamma}w_{Bt})^{0.75}v^{0.5}}{|a|^{0.25}}\frac{X_E}{X_QX_{Ca}} \tag{8.2-25}$$

式中　μ_{mc}——平均摩擦因数，由式（8.2-28）计算；

X_M——热闪系数，由式（8.2-35）计算；

X_{BE}——小轮齿顶 E 点几何系数，由式（8.2-42）计算；

$X_{\alpha\beta}$——压力角系数，由式（8.2-40）计算；

$K_{B\gamma}$——胶合承载能力计算的螺旋线系数，$K_{B\gamma}$ 的值可按图 8.2-38 查取，也可按表 8.2-86 中的公式计算；

w_{Bt}——单位齿宽载荷（N/mm），由式（8.2-31）计算；

v——分度圆线速度（m/s）；

a——中心距（mm）；

X_E——跑合系数，由式（8.2-34）计算；

X_Q——啮入冲击系数，由表 8.2-89 中的公式计算；

X_{ca}——齿顶修缘系数，可从图 8.2-40 查取，也可由式（8.2-47）计算。

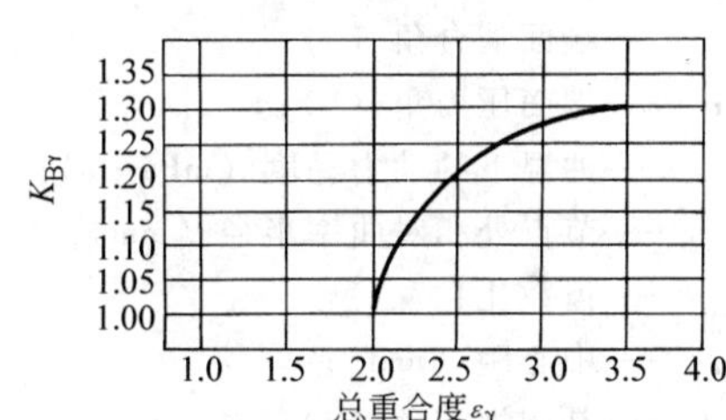

图 8.2-38　螺旋线载荷系数 $K_{B\gamma}$

表 8.2-86　螺旋线载荷系数 $K_{B\gamma}$

ε_γ	$K_{B\gamma}$
$\varepsilon_\gamma\leqslant 2$	$K_{B\gamma}=1$
$2<\varepsilon_\gamma<3.5$	$K_{B\gamma}=1+0.2\sqrt{(\varepsilon_\gamma-2)(5-\varepsilon_\gamma)}$
$\varepsilon_\gamma\geqslant 3.5$	$K_{B\gamma}=1.3$

（4）本体温度 Θ_M

本体温度 Θ_M 是指即将进入啮合时的齿面温度。当本体温度的近似值是由油温加上沿啮合线上闪温的平均值的一部分确定时，Θ_M 用 $\Theta_{M\text{-}C}$ 表示。

$$\Theta_{M\text{-}C}=\Theta_{oil}+C_1X_{mp}\Theta_{flaint}X_S \tag{8.2-26}$$

$$X_{mp}=\frac{1+n_p}{2} \tag{8.2-27}$$

式中　Θ_{oil}——工作油温（℃）；

C_1——加权系数，根据试验结果，取 $C_1=0.7$；

X_{mp}——啮合系数；

n_p——同时啮合的齿轮的数量；

X_S——润滑系数，用来考虑润滑方式对传热的影响，由试验得出：喷油润滑，$X_S=1.2$；油浴润滑，$X_S=1.0$；将齿轮浸没油中，$X_S=0.2$。

（5）平均摩擦因数 μ_{mc}

平均摩擦因数 μ_{mc} 是指齿廓各啮合点处的摩擦因数的平均值，可由测量得到或由式（8.2-28）估算出，即

$$\mu_{mc}=0.045\left(\frac{w_{Bt}K_{B\gamma}}{v_{\Sigma C}\rho_{redC}}\right)^{0.2}\eta_{oil}^{-0.05}X_R X_L \tag{8.2-28}$$

$$v_{\Sigma C}=2v\tan\alpha_{wt}\cos\alpha_t \tag{8.2-29}$$

$$\rho_{redC}=\frac{u}{(1+u)^2}a\frac{\sin\alpha_{wt}}{\cos\beta_b} \tag{8.2-30}$$

$$w_{Bt}=K_A K_v K_{B\beta}K_{B\alpha}\frac{F_t}{b} \tag{8.2-31}$$

$$X_R=2.2(Ra/\rho_{redC})^{0.25} \tag{8.2-32}$$

$$Ra=0.5(Ra_1+Ra_2) \tag{8.2-33}$$

式中　$v_{\Sigma C}$——节点切线速度的和（m/s）；

α_{wt}——端面啮合角（°）；

α_t——端面压力角（°）；

η_{oil}——油温下的动力黏度（mPa·s）；

ρ_{redC}——节点处相对曲率半径（mm）；

u——齿数比；

a——中心距（mm）；

β_b——基圆螺旋角（°）；

w_{Bt}——单位齿宽载荷（N/mm），是考虑了工况、齿轮加工和安装误差等引起的动载、齿向载荷分布和齿间载荷分配影响后的单位齿宽的圆周力；

K_A——使用系数；

K_v——动载系数；

$K_{B\beta}$——胶合承载能力计算的齿向载荷系数，$K_{B\beta}=K_{H\beta}$；

$K_{B\alpha}$——胶合承载能力计算的齿间载荷系数，$K_{B\alpha}=K_{H\alpha}$；

F_t——分度圆上名义切向载荷（N）；

b——齿宽，取小轮或大轮的较小值（mm）；

X_R——粗糙度系数；

Ra——算术平均粗糙度（μm）；

Ra_1，Ra_2——小轮与大轮在加工过的新齿面上测量的齿面粗糙度值（μm）；

X_L——润滑剂系数，由表 8.2-87 查出。

表 8.2-87　润滑剂系数 X_L

润滑剂	X_L
矿物油	$X_L=1.0$
聚 α 烯族烃	$X_L=0.8$
非水溶性聚（乙）二醇	$X_L=0.7$
水溶性聚（乙）二醇	$X_L=0.6$
牵引液体	$X_L=1.5$
磷酸酯体	$X_L=1.3$

（6）跑合系数 X_E

现有的计算方法是假定齿轮已经过了较好的跑合。实际上，胶合损伤经常发生在运转开始时的几个小时内。研究表明，与适当跑合好的齿面相比，新加工的齿面的承载能力为 1/4～1/3，这要用一个跑合系数 X_E 加以考虑，即

$$X_E=1+(1-\phi_E)\frac{30Ra}{\rho_{redC}} \tag{8.2-34}$$

式中，$\phi_E=1$，充分跑合（对于渗碳淬火与磨削过的齿轮，如果 $Ra_{run\text{-}in}=0.6Ra_{new}$ 则可认为已充分跑合）；$\phi_E=0$，新加工的。

（7）热闪系数 X_M

热闪系数 X_M 是考虑小轮与大轮的材料特性对闪温的影响。

啮合线上任意点（符号 y）的热闪系数 X_M 由式（8.2-35）计算。

$$X_M=\left[\frac{1}{\dfrac{1-\nu_1^2}{E_1}+\dfrac{1-\nu_2^2}{E_2}}\right]^{-0.25}\frac{\sqrt{1+\Gamma_y}+\sqrt{1-\dfrac{\Gamma_y}{u}}}{B_{M1}\sqrt{1+\Gamma_y}+B_{M2}\sqrt{1-\dfrac{\Gamma_y}{u}}} \tag{8.2-35}$$

$$\Gamma_y=\frac{\tan\alpha_y}{\tan\alpha_{wt}}-1 \tag{8.2-36}$$

当大、小齿轮的弹性模量、泊松比、热接触系数相同时，可用以下简化公式计算，即

$$X_M=\frac{E^{0.25}}{(1-\nu^2)^{0.25}B_M} \tag{8.2-37}$$

式（8.2-35）～式（8.2-37）中

ν_1、ν_2——小轮、大轮材料的泊松比；

E_1、E_2——小轮、大轮材料的弹性模量；

Γ_y——啮合线上的参数，见图 8.2-39；

α_y——啮合线上任意点 y 处的压力角（°）；

B_{M1}、B_{M2}——小轮、大轮的热啮系数，由式（8.2-38）计算。

$$B_M=\sqrt{\lambda_M C_v} \qquad (8.2\text{-}38)$$

对于表面硬化钢，热导率 $\lambda_M=50\text{N}/(\text{s}\cdot\text{K})$，单位体积的比热容 $C_v=3.8\text{N}/(\text{mm}^2\cdot\text{K})$，弹性模量 $E=206000\text{N/mm}^2$，泊松比 $\nu=0.3$，其热闪系数可取为

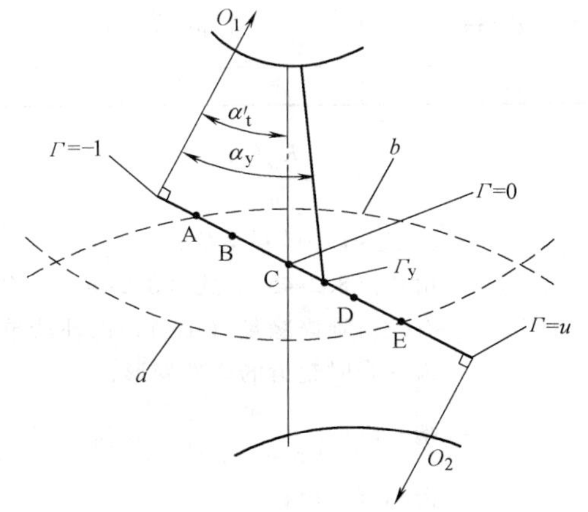

图 8.2-39　啮合线上的参数 Γ

$$X_{Ms}=50.0\text{K}\cdot\text{N}^{0.75}\cdot\text{s}^{0.5}\text{m}^{-0.5}\cdot\text{mm} \qquad (8.2\text{-}39)$$

（8）压力角系数 $X_{\alpha\beta}$

压力角系数 $X_{\alpha\beta}$ 是用以考虑将分度圆上的载荷与切线速度转换到节圆上的系数。

方法 A：系数 $X_{\alpha\beta\text{-}A}$

$$X_{\alpha\beta\text{-}A}=1.22\frac{\sin^{0.25}\alpha_{wt}\cos^{0.25}\alpha_n\cos^{0.25}\beta}{\cos^{0.5}\alpha_{wt}\cos^{0.5}\alpha_t} \qquad (8.2\text{-}40)$$

方法 B：表 8.2-88 列出了具有压力角为 $\alpha_n=20°$ 的标准齿条的压力角系数 $X_{\alpha\beta\text{-}B}$ 值，标准啮合角 α_{wt} 与螺旋角 β 的常用范围。

表 8.2-88　方法 B（系数 $X_{\alpha\beta\text{-}B}$）

α_{wt}	$\beta=0°$	$\beta=10°$	$\beta=20°$	$\beta=30°$
19°	0.963	0.960	0.951	0.938
20°	0.978	0.975	0.966	0.952
21°	0.992	0.989	0.981	0.966
22°	1.007	1.004	0.995	0.981
23°	1.021	1.018	1.009	0.995
24°	1.035	1.032	1.023	1.008
25°	1.049	1.046	1.037	1.012

对于法向压力角为 20°的齿轮，作为近似考虑，其压力角系数可近似取为

$$X_{\alpha\beta\text{-}B}=1 \qquad (8.2\text{-}41)$$

（9）小轮齿顶几何系数 X_{BE}

小轮齿顶几何系数 X_{BE} 是考虑小齿轮齿顶 E 点处的几何参数对赫兹应力和滑动速度影响的系数，它是齿数比 u 与小轮齿顶 E 点处曲率半径 ρ_E 的函数。

$$X_{BE}=0.51\sqrt{\frac{|z_2|}{z_2}(u+1)}\times\frac{\sqrt{\rho_{E1}}-\sqrt{\frac{\rho_{E2}}{u}}}{(\rho_{E1}|\rho_{E2}|)^{0.25}} \qquad (8.2\text{-}42)$$

$$\rho_{E1}=0.5\sqrt{d_{a1}^2-d_{b1}^2} \qquad (8.2\text{-}43)$$

$$\rho_{E2}=a\sin\alpha_{wt}-\rho_{E1} \qquad (8.2\text{-}44)$$

式中　d_{a1}——小齿轮顶圆直径（mm）；

d_{b1}——小齿轮基圆直径（mm）。

对于内啮合齿轮，齿数 z_2、齿数比 u、中心距 a 以及所有的直径必须用负值代入。

（10）啮入系数 X_Q

啮入系数 X_Q 是考虑滑动速度较大的从动轮齿顶啮入冲击载荷的影响的系数，可用啮入重合度 ε_f 与啮出重合度 ε_a 之比的函数来表示。

首先利用式（8.2-45）和式（8.2-46）求得小齿轮齿顶重合度 ε_1 和大齿轮齿顶重合度 ε_2，然后再从表 8.2-89 中查得 X_Q 值。

$$\varepsilon_1=\frac{z_1}{2\pi}\left[\sqrt{\left(\frac{d_{a1}}{d_{b1}}\right)^2-1}-\tan\alpha_{wt}\right] \qquad (8.2\text{-}45)$$

$$\varepsilon_2=\frac{z_2}{2\pi}\left[\sqrt{\left(\frac{d_{a2}}{d_{b2}}\right)^2-1}-\tan\alpha_{wt}\right] \qquad (8.2\text{-}46)$$

式中　d_{a1}、d_{a2}——小齿轮、大齿轮顶圆直径（mm）；

d_{b1}、d_{b2}——小齿轮、大齿轮基圆直径（mm）。

当齿顶被倒棱或倒圆时，齿顶圆直径 d_a 必须用啮出开始点的有效顶圆直径 d_{Na} 来代替。

表 8.2-89　啮入系数 X_Q

驱动方式	啮出、啮入重合度	啮出、啮入重合度的比较	X_Q
小齿轮驱动大齿轮	$\varepsilon_f=\varepsilon_2, \varepsilon_a=\varepsilon_1$	$\varepsilon_f \leqslant 1.5\varepsilon_a$	1.00
		$1.5\varepsilon_a<\varepsilon_f<3\varepsilon_a$	$1.40-\dfrac{4}{15}\times\dfrac{\varepsilon_f}{\varepsilon_a}$
大齿轮驱动小齿轮	$\varepsilon_f=\varepsilon_1, \varepsilon_a=\varepsilon_2$		
		$\varepsilon_f \geqslant 3\varepsilon_a$	0.60

(11) 齿顶修缘系数 X_{Ca}

受载轮齿的弹性变形在滑动较大的齿顶处会产生高的冲击载荷。齿顶修缘系数 X_{Ca} 考虑了齿廓修形对这种载荷的影响。X_{Ca} 是一个相对的齿顶修缘系数，它取决于相对于因弹性变形引起的有效齿顶修缘量 C_{eff} 的齿顶名义修缘量 C_a。

X_{Ca} 值可根据齿顶重合度 ε_1 和 ε_2 中的最大值 ε_{max} 和名义齿顶修缘量 C_a 从图 8.2-40 中查取。名义齿顶修缘量 C_a 由表 8.2-90 查取。

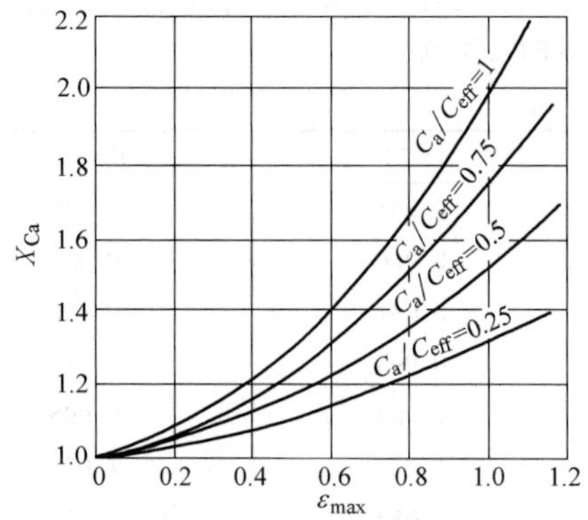

图 8.2-40　由试验数据得出的齿顶修缘系数 X_{Ca}

表 8.2-90　名义齿顶修缘量 C_a

驱动方式	齿顶重合度 ε	条件	C_a
小轮驱动大轮	$\varepsilon_1>1.5\varepsilon_2$	$C_{a1}\leqslant C_{eff}$	$C_a=C_{a1}$
		$C_{a1}>C_{eff}$	$C_a=C_{eff}$
	$\varepsilon_1\leqslant 1.5\varepsilon_2$	$C_{a2}\leqslant C_{eff}$	$C_a=C_{a2}$
		$C_{a2}>C_{eff}$	$C_a=C_{eff}$
大轮驱动小轮	$\varepsilon_1>(2/3)\varepsilon_2$	$C_{a1}\leqslant C_{eff}$	$C_a=C_{a1}$
		$C_{a1}>C_{eff}$	$C_a=C_{eff}$
	$\varepsilon_1\leqslant(2/3)\varepsilon_2$	$C_{a2}\leqslant C_{eff}$	$C_a=C_{a2}$
		$C_{a2}>C_{eff}$	$C_a=C_{eff}$

注：1. ε_1，ε_2—小轮、大轮的齿顶重合度。
2. C_{a1}、C_{a2}—小轮、大轮的名义齿顶修缘量（法向值）（μm）；当相啮合的轮齿有修根时，应取修缘量与修根量之和。
3. C_{eff}—有效齿顶修缘量，用以补偿单对齿啮合时轮齿的弹性变形。

X_{Ca} 也可按下式近似计算，即

$$X_{Ca}=1+\left[0.06+0.18\left(\frac{C_a}{C_{eff}}\right)\right]\varepsilon_{max}+\left[0.02+0.69\left(\frac{C_a}{C_{eff}}\right)\right]\varepsilon_{max}^2 \quad (8.2\text{-}47)$$

$$C_{eff}=\frac{K_A F_t}{bc_\gamma} \quad (8.2\text{-}48)$$

式中　ε_{max}——ε_1 或 ε_2 中的最大值；

ε_1、ε_2——由式（8.2-45）、式（8.2-46）计算；

C_{eff}——有效齿顶修缘量（μm），以补偿单对齿啮合时轮齿的弹性变形；

c_γ——啮合刚度$\left(\dfrac{N}{mm\cdot\mu m}\right)$；直齿轮用单对齿刚度 c' 代替 c_γ。

上述确定 X_{Ca} 的方法适用于 GB/T 10095.1 中 6 级或更好的齿轮。对于低精度齿轮，规定 X_{Ca} 等于 1，也可参见 GB/T 3480。

(12) 重合度系数 X_ε

重合度系数 X_ε 是将假定载荷全部作用于小齿轮齿顶时的局部瞬时闪温 Θ_{flaE} 折算成沿啮合线的平均闪温 Θ_{flaint} 的系数。

X_ε 的值按表 8.2-91 中的公式计算。

表 8.2-91　重合度系数 X_ε 的计算公式

条件	计算公式
$\varepsilon_\alpha<1, \varepsilon_1<1, \varepsilon_2<1$	$X_\varepsilon=\dfrac{1}{2\varepsilon_\alpha\varepsilon_1}\times(\varepsilon_1^2+\varepsilon_2^2)$
$1\leqslant\varepsilon_\alpha<2, \varepsilon_1<1, \varepsilon_2<1$	$X_\varepsilon=\dfrac{1}{2\varepsilon_\alpha\varepsilon_1}\times[0.70(\varepsilon_1^2+\varepsilon_2^2)-0.22\varepsilon_\alpha+0.52-0.60\varepsilon_1\varepsilon_2]$
$1\leqslant\varepsilon_\alpha<2$ $\varepsilon_1\geqslant1, \varepsilon_2<1$	$X_\varepsilon=\dfrac{1}{2\varepsilon_\alpha\varepsilon_1}\times(0.18\varepsilon_1^2+0.70\varepsilon_2^2+0.82\varepsilon_1-0.52\varepsilon_2-0.30\varepsilon_1\varepsilon_2)$
$1\leqslant\varepsilon_\alpha<2$ $\varepsilon_1<1, \varepsilon_2\geqslant1$	$X_\varepsilon=\dfrac{1}{2\varepsilon_\alpha\varepsilon_1}(0.70\varepsilon_1^2+0.18\varepsilon_2^2-0.52\varepsilon_1+0.82\varepsilon_2-0.30\varepsilon_1\varepsilon_2)$
$2\leqslant\varepsilon_\alpha<3$ $\varepsilon_1\geqslant\varepsilon_2$	$X_\varepsilon=\dfrac{1}{2\varepsilon_\alpha\varepsilon_1}(0.44\varepsilon_1^2+0.59\varepsilon_2^2+0.30\varepsilon_1-0.30\varepsilon_2-0.15\varepsilon_1\varepsilon_2)$
$2\leqslant\varepsilon_\alpha<3$ $\varepsilon_1<\varepsilon_2$	$X_\varepsilon=\dfrac{1}{2\varepsilon_\alpha\varepsilon_1}(0.59\varepsilon_1^2+0.44\varepsilon_2^2-0.30\varepsilon_1+0.30\varepsilon_2-0.15\varepsilon_1\varepsilon_2)$

注：ε_1、ε_2 见式（8.2-45）和式（8.2-46），$\varepsilon_\alpha=\varepsilon_1+\varepsilon_2$。

表 8.2-91 中的公式假定沿啮合线的闪温呈线性分布，这是一种近似处理。这种方法的可能误差不会超过 5%，且偏于安全。

(13) 相对焊合系数 X_{WrelT}

相对焊合系数 X_{WrelT} 是考虑热处理或表面处理对胶合积分温度影响的一个经验性系数。它是一个相对比值，由不同材料及表面处理的试验齿轮与标准试验齿轮进行对比试验得出，其值可由下式计算：

$$X_{\mathrm{WrelT}}=\frac{X_{\mathrm{W}}}{X_{\mathrm{WT}}} \tag{8.2-49}$$

式中，对于 FZG 齿轮试验、Ryder 齿轮试验以及 FZG L-42 试验，$X_{\mathrm{WT}}=1$；X_{W} 为实际齿轮材料的焊合系数，见表 8.2-92。

表 8.2-92　实际齿轮材料的焊合系数 X_{W}

齿轮材料及表面处理		X_{W}
调质硬化钢		1.00
磷化钢		1.25
镀铜钢		1.50
液体与气体渗氮钢		1.50
表面渗碳钢	平均奥氏体含量少于 10%	1.15
	平均奥氏体含量 10%~20%	1.00
	平均奥氏体含量>20%~30%	0.85
奥氏体钢(不锈钢)		0.45

(14) 试验齿轮的本体温度 Θ_{MT} 和试验齿轮的平均闪温 $\Theta_{\mathrm{flaintT}}$

试验齿轮的本体温度 Θ_{MT} 和试验齿轮的平均闪温 $\Theta_{\mathrm{flaintT}}$ 可根据齿轮试验的数据，用本体温度 $\Theta_{\mathrm{M\text{-}C}}$ 公式 (8.2-26) 和平均闪温 Θ_{flaint} 公式 (8.2-24) 计算得到。

当油品的承载能力是按照 NB/SH/T 0306—2013《润滑油承载能力的评定　FZG 目测法》试验时，则 Θ_{MT} 和 $\Theta_{\mathrm{flaintT}}$ 与载荷的关系曲线如图 8.2-41 所示。此时，Θ_{MT} 和 $\Theta_{\mathrm{flaintT}}$ 的值可根据设计齿轮所选用的润滑油的黏度 ν_{40} 和 FZG 胶合承载级从图 8.2-41 中查取，或由式 (8.2-50) 和式 (8.2-51) 计算。

$$\Theta_{\mathrm{MT}}=80+0.23T_{\mathrm{1T}}X_{\mathrm{L}} \tag{8.2-50}$$

$$\Theta_{\mathrm{flaintT}}=0.2T_{\mathrm{1T}}\left(\frac{100}{\nu_{40}}\right)^{0.02}X_{\mathrm{L}} \tag{8.2-51}$$

$$T_{\mathrm{1T}}=3.726(\text{FZG 载荷级})^2 \tag{8.2-52}$$

式中　T_{1T}——FZG 胶合载荷级相应的试验齿轮的小齿轮转矩 (N·m)；见图 8.2-41；

ν_{40}——润滑油在 40℃ 时的名义运动黏度 ($\mathrm{mm^2/s}$)。

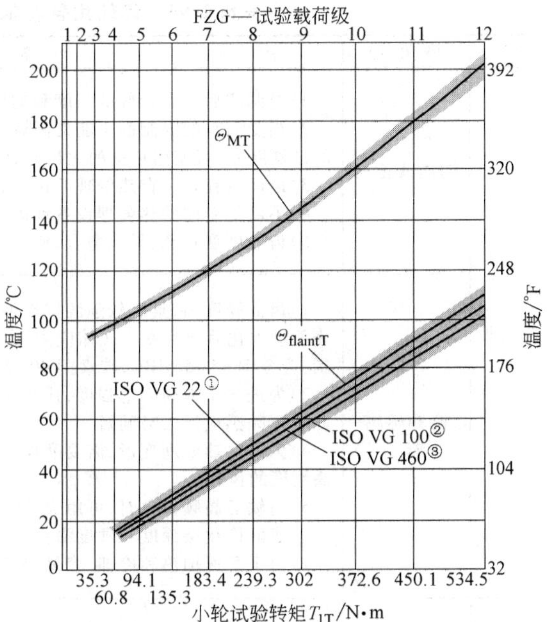

图 8.2-41　Θ_{MT} 和 $\Theta_{\mathrm{flaintT}}$ 与载荷的关系曲线

①$\nu_{40}=19.8\sim24.2\mathrm{mm^2/s}$；②$\nu_{40}=90.0\sim110\mathrm{mm^2/s}$；③$\nu_{40}=414\sim506\mathrm{mm^2/s}$。

常用油品的 FZG 胶合载荷级见表 8.2-93。

表 8.2-93　常用油品的 FZG 胶合载荷级

油类		机械油、液压油	汽轮机油	工业用齿轮油	轧钢机油	气缸油	柴油机油	航空用齿轮油	准双曲面齿轮油
FZG 胶合载荷级	矿物油	2~4	3~5	5~7	6~8	6~8	6~8	5~8	
	加极压抗磨添加剂矿物油	5~8	6~9	中极压>9 全极压>9					>12
	高性能合成油	9~11	10~12	>12				8~11	

注：油品的胶合载荷级随原油产地、生产厂家的不同而有所不同，应以油品生产厂家提供的指标为准，重要场合应经专门试验确定。

4.9　开式齿轮传动的计算特点

开式齿轮传动的主要破坏形式是磨损，关于齿轮的磨损计算，目前尚没有成熟的计算方法。一般可在计入磨损的影响后，借用闭式齿轮传动强度计算的公式进行条件性计算。

通常，开式齿轮只需计算齿根弯曲疲劳强度，计算时可根据齿厚磨损量的指标，由表 8.2-94 查得磨损系数 K_{m}，并将计算弯曲应力 σ_{F} 乘以 K_{m}。

对低速重载的开式齿轮传动，除按上述方法计算齿根弯曲疲劳强度外，建议还进行齿面接触疲劳强度计算，不过这时齿面接触许用应力应取为 $\sigma_{\mathrm{HP}}=$

$(1.05\sim1.1)\sigma_{Hlimmin}$。当速度较低及润滑剂较净时，可取较大值。$\sigma_{Hlimmin}$是两轮$\sigma_{Hlim}$值中的较小值。

表 8.2-94 磨损系数 K_m

允许齿厚的磨损量占原齿厚的百分数(%)	K_m	说 明
10	1.25	这个百分数是开式齿轮传动磨损报废的主要指标,可按有关机器设备维修规程的要求确定
15	1.40	
20	1.60	
25	1.80	
30	2.00	

5 齿轮的材料

齿轮用各类钢材和热处理的特点及适用条件见表8.2-95，调质及表面淬火齿轮用钢的选择见表8.2-96，渗碳齿轮用钢的选择见表8.2-97，渗氮齿轮用钢的选择见表8.2-98，渗碳深度的选择见表8.2-99，齿轮常用钢材的力学性能见表8.2-100，齿轮工作齿面硬度及其组合应用示例见表8.2-101。

表 8.2-95 齿轮用各类钢材和热处理的特点及适用条件

材料	热处理	特 点	适用条件
调质钢	调质或正火	1)经调质后具有较好的强度和韧性,常在220~300HBW的范围内使用 2)当受刀具的限制而不能提高调质小齿轮的硬度时,为保持大小齿轮之间的硬度差,可使用正火的大齿轮,但强度较调质者差 3)齿面的精切可在热处理后进行,以消除热处理变形,保持轮齿精度 4)不需要专门的热处理设备和齿面精加工设备,制造成本低 5)齿面硬度较低,易于磨合,但是不能充分发挥材料的承载能力	广泛用于对强度和精度要求不太高的一般中低速齿轮传动,以及热处理和齿面精加工比较困难的大型齿轮
	高频感应淬火	1)齿面硬度高,具有较强的抗点蚀和耐磨损性能;心部具有较好的韧性,表面经硬化后产生残余压缩应力,大大提高了齿根强度;通常的齿面硬度范围:合金钢45~55HRC,碳素钢40~50HRC 2)为进一步提高心部强度,往往在高频感应淬火前先调质 3)高频感应淬火时间短 4)为消除热处理变形,需要磨齿,增加了加工时间和成本,但是可以获得高精度的齿轮 5)当缺乏高频设备时,可用火焰淬火来代替,但淬火质量不易保证 6)表面硬化层深度和硬度沿齿面不等 7)由于急速加热和冷却,容易淬裂	广泛用于要求承载能力高、体积小的齿轮
渗碳钢	渗碳淬火	1)齿面硬度很高,具有很强的抗点蚀和耐磨损性能;心部具有很好的韧性,表面经硬化后产生残余压缩应力,大大提高了齿根强度;一般齿面硬度范围是56~62HRC 2)加工性能较好 3)热处理变形较大,热处理后应磨齿,增加了加工时间和成本,但是可以获得高精度的齿轮 4)渗碳深度可参考表8.2-99选择	广泛用于要求承载能力高、耐冲击性能好、精度高、体积小的中型以下的齿轮
渗氮钢	渗氮	1)可以获得很高的齿面硬度,具有较强的抗点蚀和耐磨损性能;心部具有较好的韧性,为提高心部强度,对中碳钢往往先调质 2)由于加热温度低,所以变形很小,渗氮后不需要磨齿 3)硬化层很薄,因此承载能力不及渗碳淬火齿轮,不宜用于有冲击载荷的场合 4)成本较高	适用于较大且较平稳的载荷下工作的齿轮,以及没有齿面精加工设备而又需要硬齿面的场合
铸钢	正火或调质,以及高频感应淬火	1)可以制造复杂形状的大型齿轮 2)其强度低于同种牌号和热处理的调质钢 3)容易产生铸造缺陷	用于不能锻造的大型齿轮
铸铁		1)价钱便宜 2)耐磨性好 3)可以制造复杂形状的大型齿轮 4)有较好的铸造和可加工性 5)承载能力低	灰铸铁和可锻铸铁用于低速、轻载、无冲击的齿轮;球墨铸铁可用于载荷和冲击较大的齿轮

表 8.2-96　调质及表面淬火齿轮用钢的选择

齿轮种类			钢号选择	说　明
汽车、拖拉机及机床中的不重要齿轮			45	调　质
中速、中载车床变速箱、钻床变速箱次要齿轮及高速、中载磨床砂轮齿轮				调质+高频感应淬火
中速、中载较大截面机床齿轮			40Cr、42SiMn、35SiMn、45MnB	调　质
中速、中载并带一定冲击的机床变速箱齿轮及高速、重载并要求齿面硬度高的机床齿轮				调质+高频感应淬火
起重机械、运输机械、建筑机械、水泥机械、冶金机械、矿山机械、工程机械、石油机械等设备中的低速重载大齿轮	一般载荷不大、截面尺寸也不大，要求不太高的齿轮	Ⅰ	35、45、55	1）少数直径大、载荷小、转速不高的末级传动大齿轮可采用 SiMn 钢正火 2）根据齿轮截面尺寸大小及重要程度，分别选用各类钢材（从Ⅰ到Ⅴ，淬透性逐渐提高） 3）根据设计，要求表面硬度大于 40HRC 者应采用调质+表面淬火
		Ⅱ	40Mn、50Mn2、40Cr、35SiMn、42SiMn	
	截面尺寸较大，承受较大载荷，要求比较高的齿轮	Ⅲ	35CrMo、42CrMo、40CrMnMo、35CrMnSi、40CrNi、40CrNiMo、45CrNiMoV	
	截面尺寸很大、承受载荷大、并要求有足够韧性的重要齿轮	Ⅳ	35CrNi2Mo、40CrNi2Mo	
		Ⅴ	30CrNi3、34CrNi3Mo、37SiMn2MoV	

表 8.2-97　渗碳齿轮用钢的选择

齿　轮　种　类	选择钢号
汽车变速器、分动箱、起动机及驱动桥的各类齿轮	20Cr、20CrMnTi、20CrMnMo、25MnTiB、20MnVB、20CrMo
拖拉机动力传动装置中的各类齿轮	
机床变速箱、龙门铣电动机及立车等机械中的高速、重载、受冲击的齿轮	
起重、运输、矿山、通用、化工、机车等机械的变速箱中的小齿轮	
化工、冶金、电站、铁路、宇航、海运等设备中的汽轮发电机、工业汽轮机、燃气轮机、高速鼓风机、涡轮压缩机等的高速齿轮，要求长周期、安全可靠地运行的齿轮	12Cr2Ni4、20Cr2Ni4、20CrNi3、18Cr2Ni4W、20CrNi2Mo、20Cr2Mn2Mo、17CrNiMo6
大型轧钢机减速器齿轮、人字机座轴齿轮，大型带式运输机传动轴齿轮、锥齿轮、大型挖掘机传动箱主动齿轮，井下采煤机传动齿轮，坦克齿轮等低速重载、并受冲击载荷的传动齿轮	

注：其中一部分可进行碳氮共渗。

表 8.2-98　渗氮齿轮用钢的选择

齿轮种类	性能要求	选择钢号
一般齿轮	表面耐磨	20Cr、20CrMnTi、40Cr
在冲击载荷下工作的齿轮	表面耐磨、心部韧性高	18CrNiWA、18Cr2Ni4WA、30CrNi3、35CrMo
在重载荷下工作的齿轮	表面耐磨、心部强度高	30CrMnSi、35CrMoV、25Cr2MoV、42CrMo
在重载荷及冲击载荷下工作的齿轮	表面耐磨、心部强度高、韧性高	30CrNiMoA、40CrNiMoA、30CrNi2Mo
精密耐磨齿轮	表面高硬度、变形小	38CrMoAlA、30CrMoAl

表 8.2-99　渗碳深度的选择　（mm）

模　数	>1~1.5	>1.5~2	>2~2.75	>2.75~4	>4~6	>6~9	>9~12
渗碳深度	0.2~0.5	0.4~0.7	0.6~1.0	0.8~1.2	1.0~1.4	1.2~1.7	1.3~2.0

注：1. 本表是气体渗碳的概略值，固体渗碳和液体渗碳略小于此值。
2. 近来，对模数较大的齿轮，渗碳深度有大于表中数值的倾向。

表 8.2-100　齿轮常用钢材的力学性能

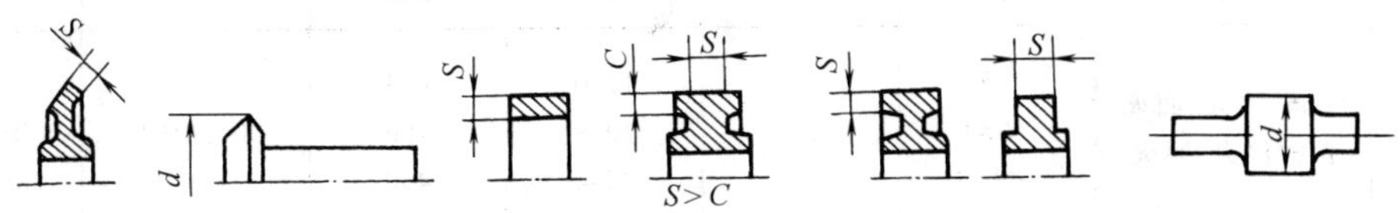

(续)

材料	热处理种类	截面尺寸/mm		力学性能		硬度	
		直径 d	壁厚 S	R_m /MPa	R_{eL} /MPa	HBW	表面淬火(HRC)(渗氮 HV)
调质钢							
45	正火	≤100 101~300 301~500 501~800	≤50 51~150 151~250 251~400	588 569 549 530	294 284 275 265	169~217 162~217 162~217 156~217	40~50
45	调质	≤100 101~300 301~500	≤50 51~150 151~250	647 628 608	373 343 314	229~286 217~255 197~255	40~50
34CrNi3Mo	调质	≤200 201~600	≤100 101~300	900 855	785 735	269~341	
S34CrNiMo	调质	≤200 201~320 321~500	≤100 101~160 161~250	1000~1200 900~1100 800~950	800 700 600	248	52~58
40CrNiMo	调质		25	980	833	心部>255 表层 293~330	
42CrMo4V	调质		10~40 41~100 101~160 161~250 251~500	1000~1200 900~1100 800~950 750~900 690~810	750 650 550 500 460	255~286	48~56
42CrMo	调质		25	1079	931	255~286	48~56
37SiMn2MoV	调质	≤200 201~400 401~600	≤100 101~200 201~300	863 814 765	686 637 588	269~302 241~286 241~269	50~55
40Cr	调质	≤100 101~300 301~500 501~800	≤50 51~150 151~250 251~400	735 686 637 588	539 490 441 343	241~286 241~286 229~269 217~255	48~55
35CrMo	调质	≤100 101~300 301~500 501~800	≤50 51~150 151~250 251~400	735 686 637 588	539 490 441 392	241~286 241~286 229~269 217~255	45~55
渗碳钢、渗氮钢							
20Cr	渗碳、淬火、回火	≤60		637	392		渗碳 56~62
20CrMnTi	渗碳、淬火、回火	15		1079	834		渗碳 56~62
20CrMnMo	渗碳、淬火、回火 两次淬火、回火	15 ≤30 ≤100		1170 1079 834	883 786 490	28~33HRC	渗碳 56~62

（续）

材 料	热处理种类	截面尺寸/mm		力学性能		硬 度	
		直径 d	壁厚 S	R_{m} /MPa	R_{eL} /MPa	HBW	表面淬火(HRC)(渗氮 HV)
渗碳钢、渗氮钢							
16MnCr5	渗碳、淬火、回火		≤11 >11~30 >30~63	880~1180 780~1080 640~930	640 590 440		渗碳 54~62 心部 30~42
17CrNiMo6	渗碳、淬火、回火		≤11 >11~30 >30~63	1180~1420 1080~1320 980~1270	835 785 685		
20CrNi3	渗碳、淬火、回火		≤11	931	735		
S16MnCr	渗碳、淬火、回火		≤30 31~63	780~1080 640~930	590 440	207	56~62
S17Cr2Ni2Mo	渗碳、淬火、回火		≤30 31~63	1080~1320 980~1270	780 685	229	56~62
38CrMoAlA	调 质	30		98	834	229	渗氮>850HV
30CrMoSiA	调 质	100		1079	883	210~280	渗氮 47~51
铸 钢							
ZG310-570	正火			570	310	163~197	
ZG340-640	正火			640	340	179~207	
ZG35SiMn	正火、回火 调 质			569 637	343 412	163~217 197~248	45~53
ZG42SiMn	正火、回火 调 质			588 637	373 441	163~217 197~248	45~53
ZG35CrMo	正火、回火 调 质			588 686	392 539	179~241 179~241	
ZG35CrMnSi	正火、回火 调 质			686 785	343 588	163~217 197~269	
铸 铁							
HT250			>4.0~10 >10~20 >20~30 >30~50	270 240 220 200		175~263 164~247 157~236 150~225	
HT300			>10~20 >20~30 >30~50	290 250 230		182~273 169~255 160~241	
HT350			>10~20 >20~30 >30~50	340 290 260		197~298 182~273 171~257	
QT500-7				500	320	170~230	
QT600-3				600	370	190~270	
QT700-2				700	420	225~305	
QT800-2				800	480	245~335	
QT900-2				900	600	280~360	

注：1. 表中合金钢的调质硬度可提高到 320~340HBW。

2. 钢号前加“S”为采用德国西马克公司(SMS)的钢号。

表 8.2-101 齿轮工作齿面硬度及其组合应用示例

齿面类型	齿轮种类	热处理		两轮工作齿面硬度差	工作齿面硬度示例		说 明
		小齿轮	大齿轮		小齿轮	大齿轮	
软齿面（≤350HBW）	直齿	调质	正火 调质 调质 调质	$0<(HBW_1)_{min}-(HBW_2)_{max}\leqslant 20\sim25$	240～270HBW 260～290HBW 280～310HBW 300～330HBW	180～220HBW 220～240HBW 240～260HBW 260～280HBW	用于重载中低速固定式传动装置
	斜齿及人字齿	调质	正火 正火 调质 调质	$(HBW_1)_{min}-(HBW_2)_{max}\geqslant 40\sim50$	240～270HBW 260～290HBW 270～300HBW 300～330HBW	160～190HBW 180～210HBW 200～230HBW 230～260HBW	
软硬组合齿面（$>350HBW_1$，$\leqslant350HBW_2$）	斜齿及人字齿	表面淬火	调质	齿面硬度差很大	45～50HRC	200～230HBW 230～260HBW 270～300HBW 300～330HBW	用于冲击载荷及过载都不大的重载中低速固定式传动装置
		渗碳	调质		56～62HRC		
硬齿面（>350HBW）	直齿、斜齿及人字齿	表面淬火	表面淬火	齿面硬度大致相同	45～50HRC		用在传动尺寸受结构条件限制的情形和运输机器上的传动装置
		渗碳	渗碳		56～62HRC		

注：1. 重要齿轮的表面淬火，应采用高频或中频感应淬火；模数较大时，应沿齿沟加热和淬火。
2. 通常渗碳后的齿轮要进行磨齿。
3. 为了提高抗胶合性能，建议小轮和大轮采用不同牌号的钢来制造。

6 圆柱齿轮的结构（见表 8.2-102）

表 8.2-102 圆柱齿轮的结构

序号	齿坯	结 构 图	结构尺寸
1	齿轮轴	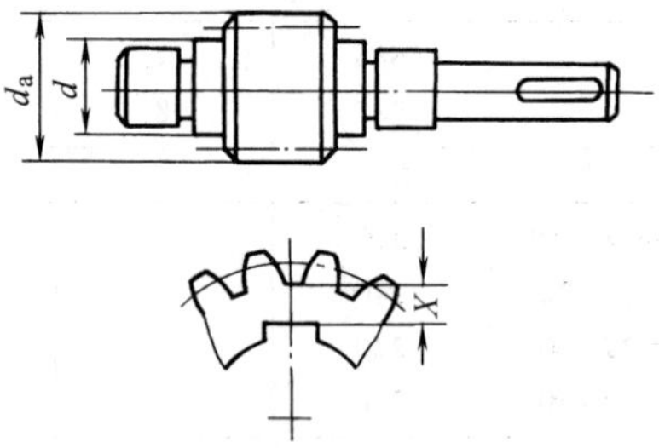	当 $d_a<2d$ 或 $X\leqslant2.5m_t$ 时，应将齿轮做成齿轮轴
2	锻造齿轮	$d_a\leqslant200$mm 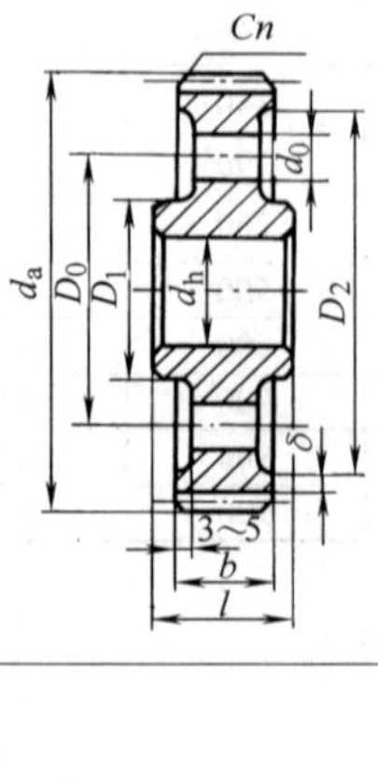	$D_1=1.6d_h$ $l=(1.2\sim1.5)d_h,l\geqslant b$ $\delta=2.5m_n$，但不小于 8～10mm $n=0.5m_n$ $D_0=0.5(D_1+D_2)$ $d_0=10\sim29$mm，当 d_a 较小时不钻孔

（续）

序号	齿坯	结　构　图	结构尺寸
3	锻造齿轮	$d_a \leqslant 500$mm 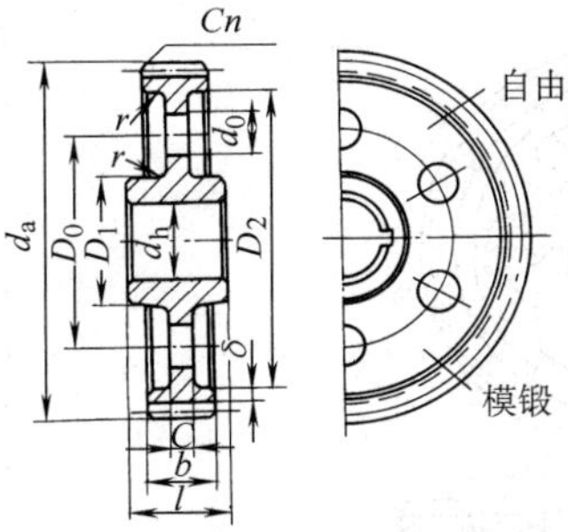	$D_1=1.6d_h$ $l=(1.2\sim1.5)d_h$，$l\geqslant b$ $\delta=(2.5\sim4)m_n$，但不小于 8～10mm $n=0.5m_n$ $r\approx0.5C$ $D_0=0.5(D_1+D_2)$ $d_0=15\sim25$mm $C=(0.2\sim0.3)b$，模锻；$0.3b$ 自由锻
4	铸造齿轮	平辐板 $d_a \leqslant 500$mm 斜辐板 $d_a \leqslant 600$mm 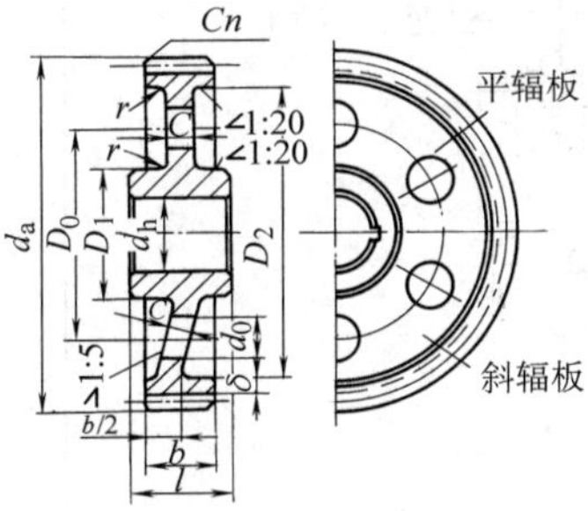	$D_1=1.6d_h$（铸钢） $D_1=1.8d_h$（铸铁） $l=(1.2\sim1.5)d_h$，$l\geqslant b$ $\delta=(2.5\sim4)m_n$，但不小于 8～10mm $n=0.5m_n$ $r\approx0.5C$ $D_0=0.5(D_1+D_2)$ $d_0=0.25(D_2-D_1)$ $C=0.2b$，但不小于 10mm
5	铸造齿轮	$d_a=400\sim1000$mm　$b\leqslant200$mm 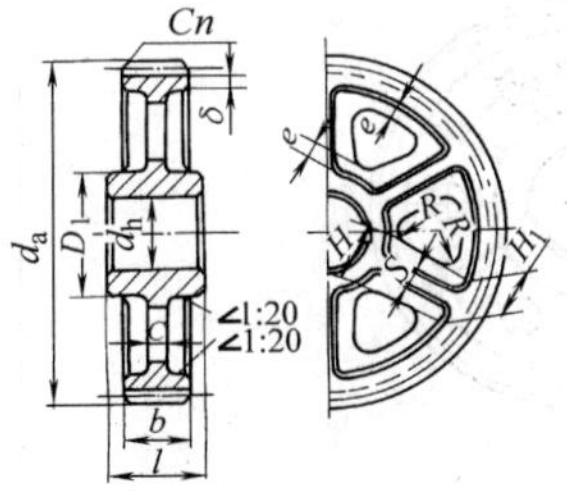	$D_1=1.6d_h$（铸钢） $D_1=1.8d_h$（铸铁） $l=(1.2\sim1.5)d_h$，$l>b$ $\delta=(2.5\sim4)m_n$，但不小于 8mm $n=0.5m_n$ $r\approx0.5C$ $C=H/5$ $S=H/6$，但不小于 10mm $e=0.8\delta$ $H=0.8d_h$；$H_1=0.8H$ $t=0.8e$
6		$d_a>1000$，$b=200\sim450$mm（上半部）　$b>450$mm（下半部） 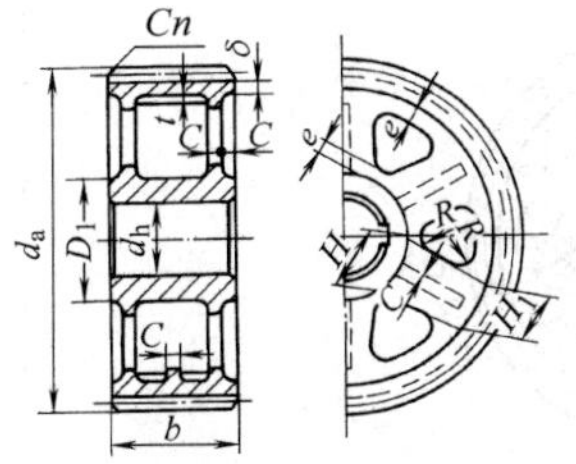	

（续）

序号	齿坯	结构图	结构尺寸
7	镶套齿轮	$d_a>600$mm	$D_1=1.6d_h$（铸钢） $D_1=1.8d_h$（铸铁） $l=(1.2\sim1.5)d_h$，$l\geqslant b$ $\delta=4m_n$，但不小于15mm $n=0.5m_n$ $C=0.15b$ $e=0.8\delta$ $H_1=0.8H$，$H=0.8d_h$ $d_1=(0.05\sim0.1)d_h$ $l_2=3d_1$
8	铸造轮辐剖面	a)　b)　c)　d)　e)	图 a 椭圆形，用于轻载荷齿轮，$a=(0.4\sim0.5)H$ 图 b T 字形，用于中等载荷齿轮 $C=H/5$，$S=H/6$ 图 c 十字形，用于中等载荷齿轮 $C=H/5$，$S=H/6$ 图 d、e 工字形，用于重载荷齿轮，$C=S=H/5$
9	焊接齿轮	$d_a<1000$mm　$b<240$mm	$D_1=1.6d_h$ $l=(1.2\sim1.5)d_h$，$l\geqslant b$ $\delta=2.5m_n$，但不小于8mm $n=0.5m_n$， $C=(0.1\sim0.15)b$，但不小于8mm $S=0.8C$ $D_0=0.5(D_1+D_2)$ $d_0=0.2(D_2-D_1)$
10	焊接齿轮	$d_a>1000$mm　$b>240$mm	$d_1=1.6d_h$ $l=(1.2\sim1.5)d_h$，$l\geqslant b$ $\delta=2.5m_n$，但不小于8mm $C=(0.1\sim0.15)b$，但不小于8mm $S=0.8C$ $n=0.5m_n$ $H=0.8d_h$ $e=0.2d$

（续）

序号	齿坯	结构图	结构尺寸
11	焊接齿轮	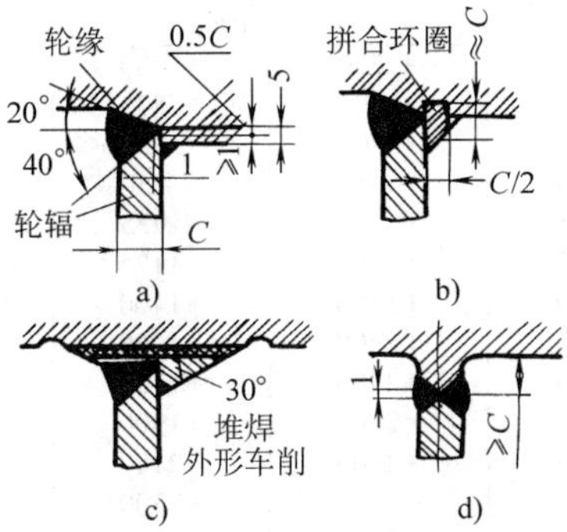 轮缘　0.5C　拼合环圈　≈C　20°　40°　5　1　≥1　轮辐　C　C/2 a)　b) 30°　堆焊　外形车削　1　≥C c)　d)	图 a、b 用于焊接性良好的轮缘材料，低载荷及损伤危险性不严重场合。图 b 轮缘厚度可减小约 5mm 图 c 用于焊接含碳量较高，高合金成分及高强度的轮缘材料（如 45、34CrMo4、42CrMo4 等），采用中介材料堆焊 图 d 应力集中小，较图 a、b、c 贵，但焊接性及可检验性好
12	剖分式齿轮	d_a>1000mm　b>200mm d_a　在齿间部分　H_3　b　Cn　δ　S_1　c　H_2　e　S　d_h　D_1　H_1　l 在两轮辐之间剖分的结构 A　在齿间剖分　A—A　A 不正确的连接示例　不正确的连接示例 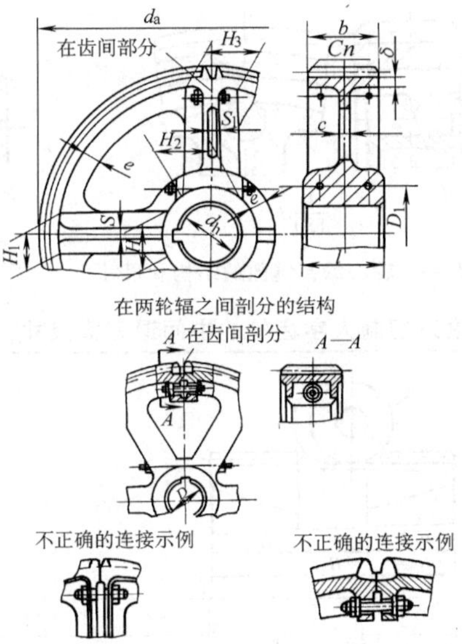	1. 轮辐数和齿数应取偶数 2. 剖分轮辐的尺寸 $D_1=1.8d$　　$1.5d_h>l\geqslant b$ $\delta=(4\sim5)m_t$　　$H=0.8d_h$ $H_1=0.8H$ $H_2=(1.4\sim1.5)H$ $H_3=0.8H_2$　　$c=0.2b$ $S=0.8c$　　$S_1=0.75S$ $e=1.5\delta$　　$n=0.5m_n$ 3. 连接螺栓直径 d_2 按下值选取 轮缘处：根据计算确定 轮毂处 单排螺栓（b<100mm） $d_2=0.15d_h+(8\sim15)$mm 双排螺栓（b>100mm） $d_2=0.12d_h+(8\sim15)$mm 4. 连接螺栓应尽量靠近轮缘或轴线；在轮缘处用双头螺柱；在轮毂处若螺栓为单排、轮辐数大于 4，应采用双头螺柱；若螺栓为双排，可采用螺栓

注：1. 对工字形轮辐，若两肋板之间距离超过 400mm 时，需在中间增加第三根补强肋，见图 8.2-42。

2. 当 d_h>100mm，轮毂长度 $l\geqslant d_h$ 时，则轮毂孔内中部要制出一个凹沟，其直径 $d'_h\approx d_h+16$mm，长度 $E=\frac{1}{2}-12$mm，轮毂长度 $l=(1.5\sim2)d_h$，但不应小于齿宽 b。

3. 对于 $b\leqslant250$mm 和直径小于 1800mm 的镶套式齿轮，其轮心可采用单辐板式，辐板厚度由 δ 到 2δ（齿宽越大取较大值）。当 v>10m/s 时，采用单辐板式结构尤为有利。

4. 镶套式结构齿圈与铸铁轮心的配合推荐采用 H7/s6（或 H7/u7），也可按表 8.2-103 确定。

5. 对于采用镶套式结构的大型重要齿轮，建议在轮心的缘部开出缝隙（见图 8.2-43），缝隙的数目一般为轮辐数的 1/2，这时应在两侧加定位螺钉 6～12 个。

6. 用滚刀切制人字齿轮时，中间退刀槽尺寸见表 8.2-104。焊接齿轮仅限于用在承载不大的不重要的传动。通常齿圈用 35 钢或 45 钢；轮毂、辐板和肋板用 Q235；电焊条为 T42。

7. 表中尺寸 δ 与模数的关系式，适用于 $m=(0.01\sim0.02)a$ 时，当模数小于以上范围时，δ 值应相应增大。

表 8.2-103 镶套式结构齿圈与铸铁轮心配合的推荐配合公差

名义直径 D		孔的偏差		轴的偏差		配合公差	
大于	到	下极限偏差	上极限偏差	上极限偏差	下极限偏差	最大值	最小值
mm		μm					
500	600	0	+80	+560	+480	560	400
600	700	0	+125	+700	+575	700	450
700	800	0	+150	+800	+650	800	500
800	1000	0	+200	+950	+750	950	550
1000	1200	0	+275	+1200	+925	1200	650
1200	1500	0	+375	+1500	+1125	1500	750
1500	1800	0	+500	+1900	+1400	1900	900
1800	2000	0	+600	+2200	+1600	2200	1000
2000	2200	0	+650	+2400	+1750	2400	1100
2200	2500	0	+700	+2600	+1900	2600	1200
2500	2800	0	+800	+2900	+2100	2900	1300
2800	3000	0	+900	+3200	+2300	3200	1400
3000	3200	0	+950	+3450	+2500	3450	1550
3200	3500	0	+1000	+3600	+2600	3600	1600
3500	3800	0	+1100	+4000	+2900	4000	1800
3800	4000	0	+1200	+4300	+3100	4300	1900

注：对于用两个齿圈镶套的人字齿轮(见图 8.2-44)应该用于转矩方向固定的场合，并在选择轮齿倾斜方向时应注意使轴向力方向朝齿圈中部。

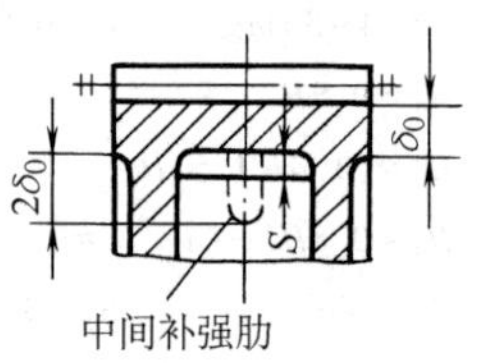

图 8.2-42 带有中间补强肋的齿轮结构

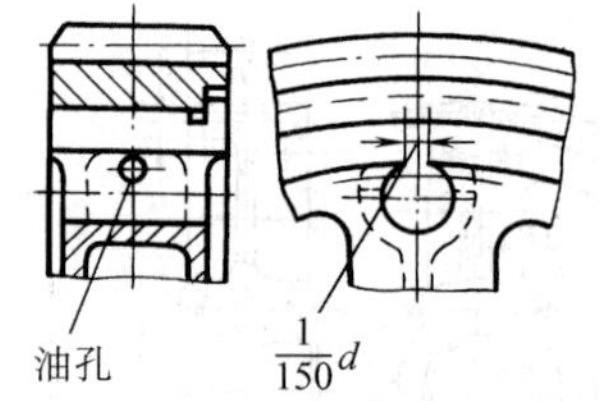

图 8.2-43 轮心缘部缝隙的结构和尺寸

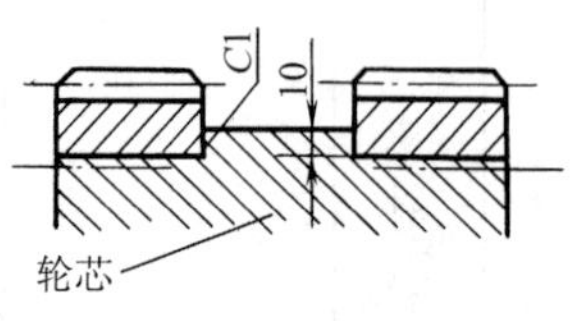

图 8.2-44 双齿圈人字齿轮

表 8.2-104 标准滚刀切制人字齿轮的中间退刀槽尺寸 (mm)

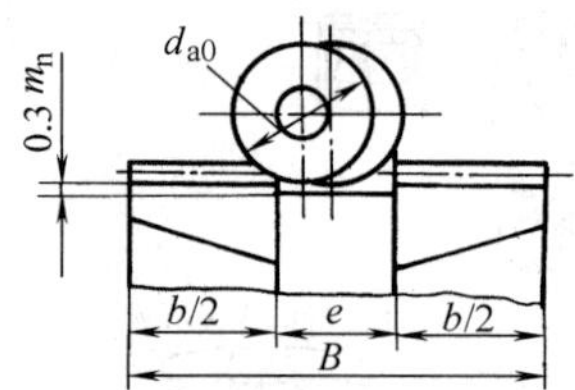

m_n	中间退刀槽宽 e			m_n	中间退刀槽宽 e		
	$\beta=15°\sim25°$	$\beta>25°\sim35°$	$\beta>35°\sim45°$		$\beta=15°\sim25°$	$\beta>25°\sim35°$	$\beta>35°\sim45°$
2	28	30	34	9	95	105	110
2.5	34	36	40	10	100	110	115
3	38	40	45	12	115	125	135
3.5	45	50	55	14	135	145	155
4	50	55	60	16	150	165	175
4.5	55	60	65	18	170	185	195
5	60	65	70	20	190	205	220
6	70	75	80	22	215	230	250
7	75	80	85	28	290	310	325
8	85	90	95				

注：用非标准滚刀切制人字齿轮的中间退刀槽宽 e 可按下式计算：

$$e=2\sqrt{h(d_{a0}-h)\left[1-\left(\frac{m_n}{d_0}\right)^2\right]}+\frac{m_n}{d_0}\left[l_0+\frac{(h_{a0}^*-x)m_n+c}{\tan\alpha_n}\right]$$

式中，l_0 为滚刀长度，其他代号意义同前。

7　渐开线圆柱齿轮精度

设计齿轮时，必须按照使用要求确定其精度等级。国家颁布了 GB/T 10095.1—2008 与 GB/T 10095.2—2008 两项渐开线圆柱齿轮精度标准和相应的 4 项有关检验实施规范的指导技术文件，形成了成套标准和技术文件体系，见表 8.2-105。GB/Z 18620《圆柱齿轮　检验实施规范》是关于齿轮检验方法的描述和意见，它包括四部分：第 1 部分：轮齿同侧齿面的检验（GB/Z 18620.1—2008，等同采用 ISO/TR 10064-1：1992），第 2 部分：径向综合偏差、径向跳动、齿厚和侧隙的检验（GB/Z 18620.2—2008 等同采用 ISO/TR 10064-2：1996），第 3 部分：齿轮坯、轴中心距和轴线平行度的检验（GB/Z 18620.3—2008，等同采用 ISO/TR 10064-3：1996），第 4 部分：表面结构和轮齿接触斑点的检验（GB/Z 18620.4—2008，等同采用 ISO/TR 10064-4：1998）。指导性技术文件所提供的数值不作为严格的精度判据，而作为共同协议的关于钢或铁制齿轮的指南来使用。GB/T 10095.1—2008 和 GB/T 10095.2—2008 适用的齿轮规格参数见表 8.2-106。

表 8.2-105　齿轮精度标准体系的构成

序号	项目	名称	采用 ISO 标准程度及文件号
1	GB/T 10095.1—2008	圆柱齿轮　精度制　第 1 部分：轮齿同侧齿面偏差的定义和允许值	等同采用 ISO 1328-1:1995
2	GB/T 10095.2—2008	圆柱齿轮　精度制　第 2 部分：径向综合偏差与径向跳动的定义和允许值	等同采用 ISO 1328-2:1997
3	GB/Z 18620.1—2008	圆柱齿轮　检验实施规范　第 1 部分：轮齿同侧齿面的检验	等同采用 ISO/TR 10064-1:1992
4	GB/Z 18620.2—2008	圆柱齿轮　检验实施规范　第 2 部分：径向综合偏差、径向跳动、齿厚和侧隙的检验	等同采用 ISO/TR 10064-2:1996
5	GB/Z 18620.3—2008	圆柱齿轮　检验实施规范　第 3 部分：齿轮坯、轴中心距和轴线平行度的检验	等同采用 ISO/TR 10064-3:1996
6	GB/Z 18620.4—2008	圆柱齿轮　检验实施规范　第 4 部分：表面结构和轮齿接触斑点的检验	等同采用 ISO/TR 10064-4:1998

表 8.2-106　适用范围　（mm）

标准	法向模数 m_n	分度圆直径 d	齿宽 b
GB/T 10095.1—2008	≥0.5~70	≥5~10000	≥4~1000
GB/T 10095.2—2008	≥0.2~10	≥5~1000	—

GB/T 10095.1—2008 规定了单个渐开线圆柱齿轮轮齿同侧齿面的精度制、轮齿各项精度术语的定义、齿轮精度制的结构以及齿距偏差、齿廓偏差、螺旋线偏差和切向综合偏差的允许值，只适用于单个齿轮的每一要素，不包括齿轮副。

GB/T 10095.2—2008 规定了单个渐开线圆柱齿轮径向综合偏差和径向跳动的精度制，齿轮精度术语的定义、齿轮精度制的结构和所述偏差的允许值。径向综合偏差的公差仅适用于产品齿轮与测量齿轮的啮合检验，而不适用于两个产品齿轮的啮合检验。

使用 GB/T 10095.1 的各方，应十分熟悉 GB/Z 18620.1 所述方法和步骤，不采用上述方法和技术而采用 GB/T 10095.1 规定的允许值是不适宜的。

7.1　齿轮偏差的定义和代号（见表 8.2-107）

表 8.2-107　齿轮偏差的定义和代号

名称		定　义	说　明
齿距偏差	单个齿距偏差 f_{pt}	在端平面上，在接近齿高中部的一个与齿轮轴线同心的圆上，实际齿距与理论齿距的代数差（见图 8.2-45）	1）属于 GB/T 10095.1—2008 2）在接近齿高和齿宽中部测量。如果齿宽大于 250mm，应在距齿宽每侧约 15%的齿宽处增加两个测量部位 3）f_{pt}需对每个轮齿的两侧都进行测量 4）除非另有规定，F_{pk}值被限定在不大于 1/8 的圆周上评定。因此，F_{pk}的允许值适用于齿距数 k 为 2 到小于 $z/8$ 的弧段内。通常，F_{pk}取 $k=z/8$ 就足够了，但对于特殊的应用（如高速齿轮），还需要检验较小弧段，并规定相应的 k 值
	齿距累积偏差 F_{pk}	任意 k 个齿距的实际弧长与理论弧长的代数差。理论上它等于这 k 个齿距的各单个齿距偏差的代数和（见图 8.2-45）	
	齿距累积总偏差 F_p	齿轮同侧齿面任意弧段（$k=1$ 至 $k=z$）内的最大齿距累积偏差。它表现为齿距累积偏差曲线的总幅值（见图 8.2-45）	

（续）

名称		定　　义	说　　明
齿廓偏差	齿廓总偏差 F_α	在计值范围 L_α 内，包容实际齿廓迹线的两条设计齿廓迹线间的距离（见图 8.2-46a）	1）属于 GB/T 10095.1—2008 2）齿廓偏差是实际齿廓偏离设计齿廓的量，该量在端面内且垂直于渐开线齿廓的方向计算 3）设计齿廓指符合设计规定的齿廓，无其他限定时，指端面齿廓 4）平均齿廓是指设计齿廓迹线的纵坐标减去一条斜直线的相应纵坐标后得到的一条迹线。使得在计值范围内，实际齿廓迹线与平均齿廓迹线偏差的平方和最小 5）在齿宽中部测量。如果齿宽大于 250mm，应在距齿宽每侧约 15%的齿宽处增加两个测量部位。应至少测量沿齿轮圆周均布的三个齿的两侧齿面 6）齿廓形状偏差和齿廓倾斜偏差不是强制性的单项检验项目
	齿廓形状偏差 $f_{f\alpha}$	在计值范围 L_α 内，包容实际齿廓迹线的与平均齿廓迹线完全相同的两条迹线间的距离，且两条曲线与平均齿廓的距离为常数（见图 8.2-46b）	
	齿廓倾斜偏差 $f_{H\alpha}$	在计值范围 L_α 内，两端与平均齿廓迹线相交的两条设计齿廓迹线间的距离（见图 8.2-46c）	
螺旋线偏差	螺旋线总偏差 F_β	在计值范围 L_β 内，包容实际螺旋线迹线的两条设计螺旋线迹线间的距离（见图 8.2-47a）	1）属于 GB/T 10095.1—2008 2）螺旋线偏差是在齿轮端面基圆切线方向测得的实际螺旋线偏离设计螺旋线的量，且应在沿齿轮圆周均布的至少三个齿的两侧齿面的齿高中部测量 3）设计螺旋线是指符合设计规定的螺旋线 4）平均螺旋线是指从设计螺旋线迹线的纵坐标减去一条斜直线的相应纵坐标后得到的一条迹线。使得在计值范围内，实际螺旋线迹线与平均螺旋线迹线偏差的平方和最小 5）螺旋线形状偏差和螺旋线倾斜偏差不是强制性的单项检验项目
	螺旋线形状偏差 $f_{f\beta}$	在计值范围 L_β 内，包容实际螺旋线迹线的与平均螺旋线迹线完全相同的、两条曲线间的距离，且两条曲线与平均螺旋线的距离为常数（见图 8.2-47b）	
	螺旋线倾斜偏差 $f_{H\beta}$	在计值范围 L_β 的两端与平均螺旋线迹线相交的、两条设计螺旋线迹线间的距离（见图 8.2-47c）	
切向综合偏差	切向综合总偏差 F_i'	被测齿轮与测量齿轮单面啮合检验时，被测齿轮一转内，齿轮分度圆上实际圆周位移与理论圆周位移的最大差值（图 8.2-48）	1）属于 GB/T 10095.1—2008 2）在检测过程，齿轮的同侧齿面处于单面啮合状态 3）切向综合偏差不是强制性检验项目。经供需双方同意时，这种方法最好与轮齿接触的检验同时进行，有时可以用来替代其他检测方法
	一齿切向综合偏差 f_i'	在一个齿距内的切向综合偏差值（见图 8.2-48）	
径向综合偏差	径向综合总偏差 F_i''	在径向（双面）综合检验时，产品齿轮的左右齿面同时与测量齿轮接触，并转过一整圈时出现的中心距最大值和最小值之差（见图 8.2-49）	1）属于 GB/T 10095.2—2008 2）产品齿轮是指正在被测量或被评定的齿轮 3）产品齿轮所有轮齿的 f_i'' 的最大值不应超过规定的允许值
	一齿径向综合偏差 f_i''	当产品齿轮啮合一整圈时，对应一个齿距（360°/z）的径向综合偏差（见图 8.2-49）	
径向跳动 F_r		适当的测头（球形、砧形、圆柱形）在齿轮旋转时逐齿地置于每个齿槽内，相对于齿轮基准轴线的最大和最小径向距离之差（见图 8.2-50）	1）属于 GB/T 10095.2—2008 2）检测中，测头在近似齿高中部与左右齿面接触。图 8.2-51 中所示的偏心量是径向跳动的一部分 3）当齿轮径向综合偏差被测量时，就不必再测量径向跳动

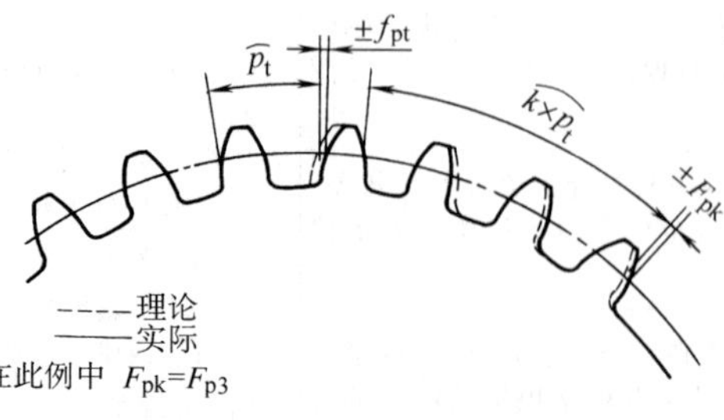

图 8.2-45　齿距偏差与齿距累积偏差

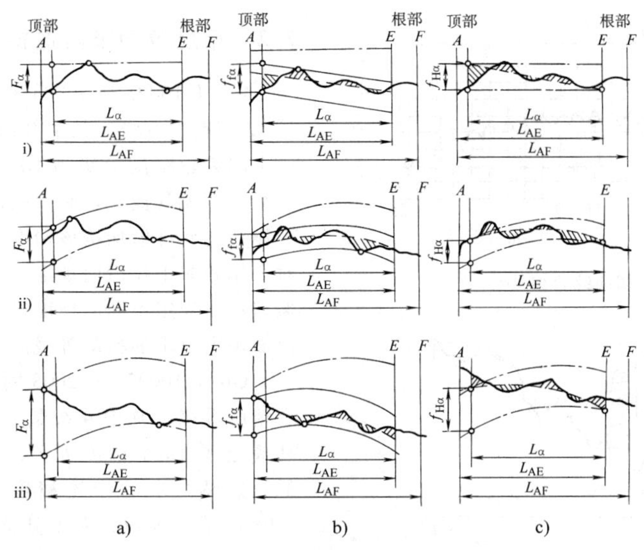

图 8.2-46　齿廓偏差

a）总偏差　b）形状偏差　c）倾斜偏差

注：1. 图中，— · — 设计齿廓；〰 实际齿廓；--- 平均齿廓。

i）设计齿廓：未修形的渐开线；实际齿廓：在减薄区偏向体内。

ii）设计齿廓：修形的渐开线（举例）；实际齿廓：在减薄区偏向体内。

iii）设计齿廓：修形的渐开线（举例）；实际齿廓：在减薄区偏向体外。

2. L_{AF}—可用长度等于两条端面基圆切线长之差。其中一条从基圆延伸到可用齿廓的外界限点，另一条从基圆延伸到可用齿廓的内界限点。依据设计，可用长度被齿顶、齿顶倒棱或齿顶倒圆的起始点（A 点）限定，对于齿根，可用长度被齿根圆角或挖根的起始点（F 点）限定。

3. L_{AE}—有效长度，可用长度对应有效齿廓的部分。对于齿顶，与可用长度有同样的限定（点 A）。对于齿根，有效长度延伸到与之配对齿轮有效啮合的终止点 E（即有效齿廓起始点）。如不知道配对齿轮，则 E 点为与基本齿条相啮合的有效齿廓的起始点。

4. L_α—齿廓计值范围，可用长度中的一部分，在 L_α 范围内应遵照规定精度等级的公差。除另有规定外，其长度等于从点 E 开始的有效长度 L_{AE} 的 92%。

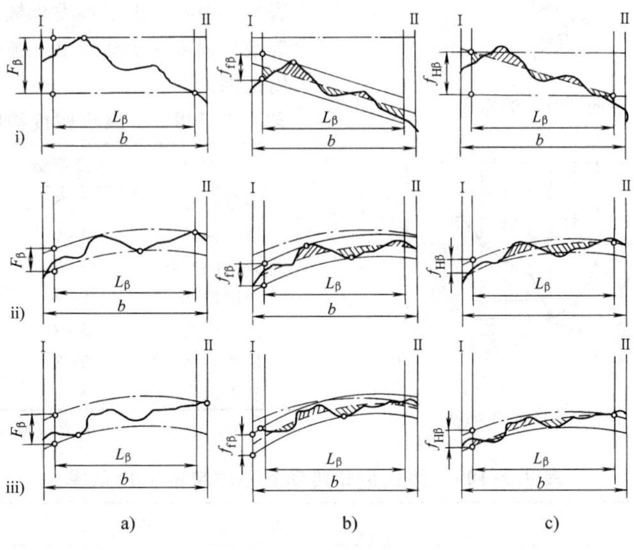

图 8.2-47　螺旋线偏差

a）总偏差　b）形状偏差　c）倾斜偏差

注：1. 图中，— · — 设计螺旋线；〰 实际螺旋线；--- 平均螺旋线。

i）设计螺旋线：未修形的螺旋线；实际螺旋线：在减薄区偏向体内。

ii）设计螺旋线：修形的螺旋线（举例）；实际螺旋线：在减薄区偏向体内。

iii）设计螺旋线：修形的螺旋线（举例）；实际螺旋线：在减薄区偏向体外。

2. L_β—螺旋线计值范围。除另有规定外，L_β 等于在轮齿两端各减去 5% 的齿宽或一个模数的长度后的数值较大者。

3. b—齿宽。

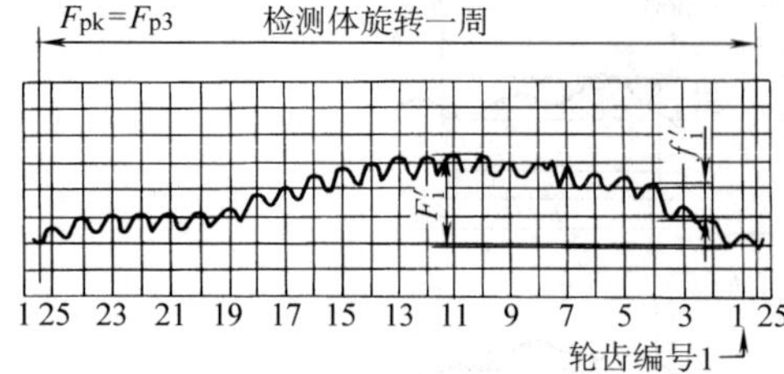

图 8.2-48 切向综合偏差

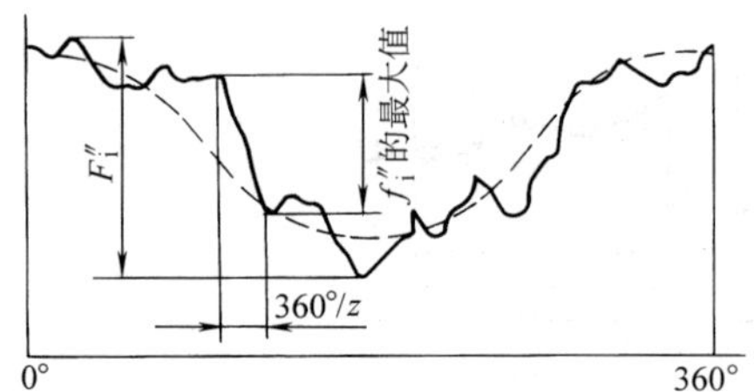

图 8.2-49 径向综合偏差

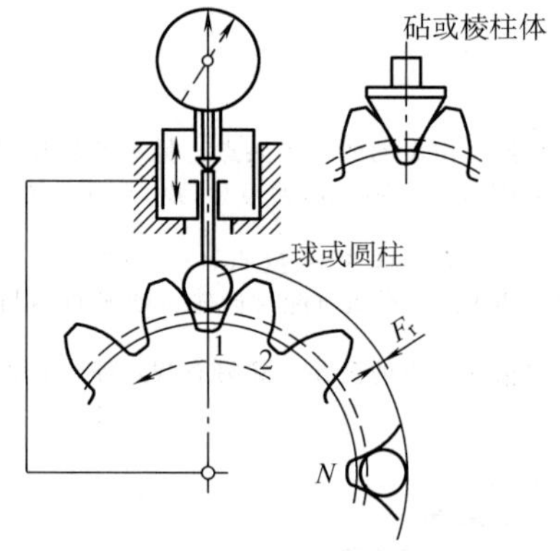

图 8.2-50 测量径向圆跳动的原理

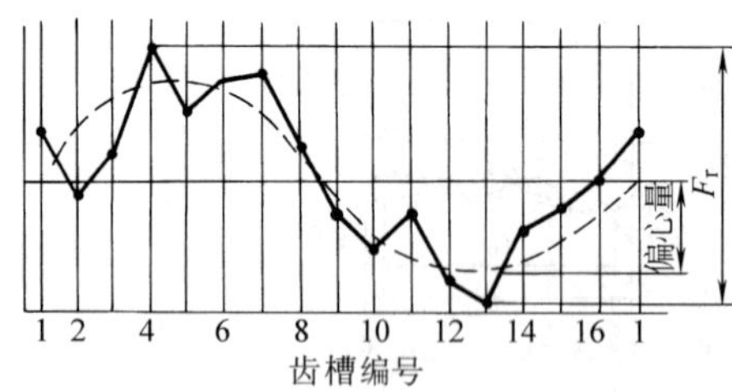

图 8.2-51 16 个齿的齿轮径向圆跳动

7.2 精度等级及其选择

GB/T 10095.1—2008 对轮齿同侧齿面偏差规定了 13 个精度等级，其中 0 级最高，12 级最低。如果要求的齿轮精度等级为 GB/T 10095.1—2008 的某一等级，而无其他规定时，则齿距、齿廓、螺旋线等各项偏差的允许值均按该精度等级确定。也可以按协议对工作和非工作齿面规定不同的精度等级，或对不同偏差项目规定不同的精度等级。另外，也可仅对工作齿面规定要求的精度等级。

GB/T 10095.2—2008 对径向综合偏差规定了 9 个精度等级，其中 4 级最高，12 级最低；对径向跳动规定了 13 个精度等级，其中 0 级最高，12 级最低。如果要求的齿轮精度等级为 GB/T 10095.2—2008 的某一等级，而无其他规定时，则径向综合与径向跳动的各项偏差的允许值均按该精度等级确定。也可根据协议，供需双方共同对任意质量要求规定不同的公差。

径向综合偏差的精度等级不一定与 GB/T 10095.1—2008 中的要素偏差（如齿距、齿廓、螺旋线等）选用相同的等级。当文件需要描述齿轮精度要求时，应注明 GB/T 10095.1—2008 或 GB/T 10095.2—2008。

齿轮的精度等级应根据传动的用途、使用条件、传递功率和圆周速度及其他经济、技术条件来确定。表 8.2-108 列出了各类机械传动中所应用的齿轮精度等级，表 8.2-109 列出了圆柱齿轮传动各级精度的应用范围。

表 8.2-108 各类机械传动中所应用的齿轮精度等级

产品类型	精度等级	产品类型	精度等级
测量齿轮	2~5	航空发动机	4~8
透平齿轮	3~6	拖拉机	6~9
金属切削机床	3~8	通用减速器	6~9
内燃机车	6~7	轧钢机	6~10
汽车底盘	5~8	矿用绞车	8~10
轻型汽车	5~8	起重机械	7~10
载重汽车	6~9	农业机械	8~11

注：本表不属于国家标准内容，仅供参考。

表 8.2-109 圆柱齿轮传动各级精度的应用范围

要素	精度等级					
	4	5	6	7	8	9
切齿方法	在周期误差很小的精密机床上用展成法加工	在周期误差小的精密机床上用展成法加工	在精密机床上用展成法加工	在较精密机床上用展成法加工	在展成法机床上加工	在展成法机床上或分度法精细加工

（续）

<table>
<tr><th colspan="2" rowspan="2">要　素</th><th colspan="12">精　度　等　级</th></tr>
<tr><th colspan="2">4</th><th colspan="2">5</th><th colspan="2">6</th><th colspan="2">7</th><th colspan="2">8</th><th colspan="2">9</th></tr>
<tr><td colspan="2">齿面最后加工</td><td colspan="4">精密磨齿；对软或中硬齿面的大齿轮，精密滚齿后研齿或剃齿</td><td colspan="2">磨齿、精密滚齿或剃齿</td><td colspan="2">高精度滚齿、插齿和剃齿，对渗碳淬火齿轮必须做最后加工（磨齿、精刮齿、有修正能力的珩齿等）</td><td colspan="2">滚齿、插齿，必要时剃齿或刮齿或珩齿</td><td colspan="2">一般滚、插齿工艺</td></tr>
<tr><td rowspan="3">齿面表面粗糙度</td><td>齿面</td><td>硬化</td><td>调质</td><td>硬化</td><td>调质</td><td>硬化</td><td>调质</td><td>硬化</td><td>调质</td><td>硬化</td><td>调质</td><td>硬化</td><td>调质</td></tr>
<tr><td>$Ra/\mu m$</td><td>≤0.4</td><td colspan="2">≤0.8</td><td>≤1.6</td><td>≤0.8</td><td colspan="2">≤1.6</td><td colspan="2">≤3.2</td><td>≤6.3</td><td>≤3.2</td><td>≤6.3</td></tr>
<tr><td>相当▽</td><td>8~9</td><td colspan="2">7~8</td><td>6~7</td><td>7~8</td><td colspan="2">6~7</td><td colspan="2">5~6</td><td>4~5</td><td>5~6</td><td>4~5</td></tr>
<tr><td rowspan="4">工作条件及应用范围</td><td>动力传动</td><td colspan="2">用于很高速度的透平传动齿轮
圆周速度 $v>70m/s$ 的斜齿轮</td><td colspan="2">用于高速的透平传动齿轮，重型机械进给机构和高速重载齿轮
圆周速度 $v>30m/s$ 的斜齿轮</td><td colspan="2">用于高速传动的齿轮，工业机器有高可靠性要求的齿轮，重型机械的大功率传动齿轮，作业率很高的起重运输机械齿轮
圆周速度 $v<30m/s$ 的斜齿轮</td><td colspan="2">用于高速和适度功率或大功率和适度速度条件下的齿轮、冶金、矿山、石油、林业、轻工、工程机械和小型工业齿轮箱（普通减速器）有可靠性要求的齿轮
圆周速度 $v<25m/s$ 的斜齿轮
圆周速度 $v<15m/s$ 的直齿轮</td><td colspan="2">用于中等速度较平稳传动的齿轮，冶金、矿山、石油、林业、轻工、工程机械，起重运输机械和小型工业齿轮箱（普通减速器）的齿轮
圆周速度 $v<15m/s$ 的斜齿轮
圆周速度 $v<10m/s$ 的直齿轮</td><td colspan="2">用于一般性工作和噪声要求不高的齿轮，受载低于计算载荷的传动齿轮，速度大于 1m/s 的开式齿轮传动和转盘的齿轮
圆周速度 $v\leq4m/s$ 的直齿轮
圆周速度 $v\leq6m/s$ 的斜齿轮</td></tr>
<tr><td>航空、船舶和车辆</td><td colspan="2">需要很高的平稳性、低噪声的船用和航空齿轮
圆周速度 $v>35m/s$ 的直齿轮
圆周速度 $v>70m/s$ 的斜齿轮</td><td colspan="2">需要高的平稳性、低噪声的船用和航空齿轮
圆周速度 $v>20m/s$ 的直齿轮
圆周速度 $v>35m/s$ 的斜齿轮</td><td colspan="2">用于高速传动有平稳性低噪声要求的机车、航空、船舶和轿车的齿轮
圆周速度 $v\leq20m/s$ 的直齿轮
圆周速度 $v\leq35m/s$ 的斜齿轮</td><td colspan="2">用于有平稳性和噪声要求的航空、船舶和轿车的齿轮
圆周速度 $v\leq15m/s$ 的直齿轮
圆周速度 $v\leq25m/s$ 的斜齿轮</td><td colspan="2">用于中等速度较平稳传动的载货汽车和拖拉机的齿轮
圆周速度 $v\leq10m/s$ 的直齿轮
圆周速度 $v\leq15m/s$ 的斜齿轮</td><td colspan="2">用于较低速和噪声要求不高的载货汽车第一档与倒档，拖拉机和联合收割机齿轮
圆周速度 $v\leq4m/s$ 的直齿轮
圆周速度 $v\leq6m/s$ 的斜齿轮</td></tr>
<tr><td>机床</td><td colspan="2">高精度和精密的分度链末端齿轮
圆周速度 $v>30m/s$ 的直齿轮
圆周速度 $v>50m/s$ 的斜齿轮</td><td colspan="2">一般精度的分度链末端齿轮
高精度和精密的分度链的中间齿轮
圆周速度 $v>15\sim30m/s$ 的直齿轮
圆周速度 $v>30\sim50m/s$ 的斜齿轮</td><td colspan="2">Ⅴ级机床主传动的重要齿轮
一般精度的分度链的中间齿轮
Ⅲ级和Ⅲ级以上精度等级机床的进给齿轮
油泵齿轮
圆周速度 $v>10\sim15m/s$ 的直齿轮
圆周速度 $v>15\sim30m/s$ 的斜齿轮</td><td colspan="2">Ⅵ级和Ⅵ级以上精度等级机床的进给齿轮
圆周速度 $v>6\sim10m/s$ 的直齿轮
圆周速度 $v>8\sim15m/s$ 的斜齿轮</td><td colspan="2">一般精度的机床齿轮
圆周速度 $v<6m/s$ 的直齿轮
圆周速度 $v<8m/s$ 的斜齿轮</td><td colspan="2">没有传动精度要求的手动齿轮</td></tr>
<tr><td>其他</td><td colspan="2">检验 7 级精度齿轮的测量齿轮</td><td colspan="2">检验 8~9 级精度齿轮的测量齿轮、印刷机印刷辊子用的齿轮</td><td colspan="2">读数装置中特别精密传动的齿轮</td><td colspan="2">读数装置的传动及具有非直齿的速度传动齿轮、印刷机传动齿轮</td><td colspan="2">普通印刷机传动齿轮</td><td colspan="2"></td></tr>
<tr><td colspan="2">单级传动效率</td><td colspan="6">不低于 0.99（包括轴承不低于 0.985）</td><td colspan="2">不低于 0.98（包括轴承不低于 0.975）</td><td colspan="2">不低于 0.97（包括轴承不低于 0.965）</td><td colspan="2">不低于 0.96（包括轴承不低于 0.95）</td></tr>
</table>

注：本表不属国家标准内容，仅供参考。

7.3 齿轮偏差计算公式和数值表

7.3.1 5级精度的齿轮偏差计算公式（见表 8.2-110）

表 8.2-110 5级精度的齿轮偏差计算公式及使用说明

<table>
<tr><th>名 称</th><th>5级精度的齿轮偏差计算公式</th><th>使 用 说 明</th></tr>
<tr><td>单个齿距偏差 f_{pt}</td><td>$f_{pt}=0.3(m_n+0.4\sqrt{d})+4$</td><td rowspan="11">1）5级精度的未圆整的偏差计算值乘以$2^{0.5(Q-5)}$即可得到任意精度等级的待求值，Q 为待求值的精度等级数
2）应用公式编制偏差或公差表时，参数 m_n、d 和 b 应取其分段界限值的几何平均值代入。例如：如果实际模数是 7mm，分段界限值为 m_n = 6mm 和 m_n = 10mm，计算表值用 $m_n=\sqrt{6\times10}=7.746$mm。如果计算值大于 10μm，圆整到最接近的整数；如果计算值小于 10μm，圆整到最接近的尾数为 0.5μm 的小数或整数；如果计算值小于 5μm，圆整到最接近的尾数为 0.1μm 的小数或整数
3）将实测的齿轮偏差值与偏差表（表 8.2-111～表 8.2-121）中的值比较，以评定齿轮的精度等级
4）当齿轮参数不在给定的范围内，或供需双方同意时，可以在公式中代入实际的齿轮参数</td></tr>
<tr><td>齿距累积偏差 F_{pk}</td><td>$F_{pk}=f_{pt}+1.6\sqrt{(k-1)m_n}$</td></tr>
<tr><td>齿距累积总偏差 F_p</td><td>$F_p=0.3m_n+1.25\sqrt{d}+7$</td></tr>
<tr><td>齿廓总偏差 F_α</td><td>$F_\alpha=3.2\sqrt{m_n}+0.22\sqrt{d}+0.7$</td></tr>
<tr><td>螺旋线总偏差 F_β</td><td>$F_\beta=0.1\sqrt{d}+0.63\sqrt{b}+4.2$</td></tr>
<tr><td>一齿切向综合偏差 f'_i</td><td>$f'_i=K(4.3+f_{pt}+F_\alpha)=K(9+0.3m_n+3.2\sqrt{m_n}+0.34\sqrt{d})$
式中：当 $\varepsilon_\gamma<4$ 时，$K=0.2\left(\frac{\varepsilon_\gamma+4}{\varepsilon_\gamma}\right)$
当 $\varepsilon_\gamma\geqslant4$ 时，$K=0.4$
如果被测齿轮与测量齿轮齿宽不同，按较小的齿宽计算 ε_γ
如果对齿轮的齿廓和螺旋线进行了较大的修形，检测时 ε_γ 和 K 将受到较大影响，因而在评定测量结果时必须考虑这些因素。在这种情况下，对检测条件和记录曲线的评定应另定专门协议</td></tr>
<tr><td>切向综合总偏差 F'_i</td><td>$F'_i=F_p+f'_i$</td></tr>
<tr><td>齿廓形状偏差 $f_{f\alpha}$</td><td>$f_{f\alpha}=2.5\sqrt{m_n}+0.17\sqrt{d}+0.5$</td></tr>
<tr><td>齿廓倾斜偏差 $f_{H\alpha}$</td><td>$f_{H\alpha}=2\sqrt{m_n}+0.14\sqrt{d}+0.5$</td></tr>
<tr><td>螺旋线形状偏差 $f_{f\beta}$</td><td rowspan="2">$f_{f\beta}=f_{H\beta}=0.07\sqrt{d}+0.45\sqrt{b}+3$</td></tr>
<tr><td>螺旋线倾斜偏差 $f_{H\beta}$</td></tr>
<tr><td>径向综合总偏差 F''_i</td><td>$F''_i=F_r+f''_i=3.2m_n+1.01\sqrt{d}+6.4$</td><td rowspan="3">1）5级精度的未圆整的偏差计算值乘以$2^{0.5(Q-5)}$即可得到任意精度等级的待求值，Q 为待求值的精度等级数
2）应用公式编制偏差或公差表时，参数 m_n 和 d 应取其分段界限值的几何平均值代入。如果计算值大于 10μm，圆整到最接近的整数；如果计算值小于 10μm，圆整到最接近的尾数为 0.5μm 的小数或整数
3）采用偏差或公差表评定齿轮精度，仅用于供需双方有协议时。无协议时，用模数 m_n 和直径 d 的实际值代入公式计算公差值，评定齿轮精度
4）当齿轮参数不在给定的范围内时，使用公式时供需双方协商一致</td></tr>
<tr><td>一齿径向综合偏差 f''_i</td><td>$f''_i=2.96m_n+0.01\sqrt{d}+0.8$</td></tr>
<tr><td>径向圆跳动公差 F_r</td><td>$F_r=0.8F_p=0.24m_n+1.0\sqrt{d}+5.6$</td></tr>
</table>

7.3.2　齿轮偏差数值表（见表 8.2-111～表 8.2-121）

表 8.2-111　单个齿距偏差 $\pm f_{pt}$

分度圆直径 d/mm	模数 m/mm	精度等级								
		4	5	6	7	8	9	10	11	12
		$\pm f_{pt}$/μm								
$5\leqslant d\leqslant 20$	$0.5\leqslant m\leqslant 2$	3.3	4.7	6.5	9.5	13.0	19.0	26.0	37.0	53.0
	$2<m\leqslant 3.5$	3.7	5.0	7.5	10.0	15.0	21.0	29.0	41.0	59.0
$20<d\leqslant 50$	$0.5\leqslant m\leqslant 2$	3.5	5.0	7.0	10.0	14.0	20.0	28.0	40.0	56.0
	$2<m\leqslant 3.5$	3.9	5.5	7.5	11.0	15.0	22.0	31.0	44.0	62.0
	$3.5<m\leqslant 6$	4.3	6.0	8.5	12.0	17.0	24.0	34.0	48.0	68.0
	$6<m\leqslant 10$	4.9	7.0	10.0	14.0	20.0	28.0	40.0	56.0	79.0
$50<d\leqslant 125$	$0.5\leqslant m\leqslant 2$	3.8	5.5	7.5	11.0	15.0	21.0	30.0	43.0	61.0
	$2<m\leqslant 3.5$	4.1	6.0	8.5	12.0	17.0	23.0	33.0	47.0	66.0
	$3.5<m\leqslant 6$	4.6	6.5	9.0	13.0	18.0	26.0	36.0	52.0	73.0
	$6<m\leqslant 10$	5.0	7.5	10.0	15.0	21.0	30.0	42.0	59.0	84.0
	$10<m\leqslant 16$	6.5	9.0	13.0	18.0	25.0	35.0	50.0	71.0	100.0
	$16<m\leqslant 25$	8.0	11.0	16.0	22.0	31.0	44.0	63.0	89.0	125.0
$125<d\leqslant 280$	$0.5\leqslant m\leqslant 2$	4.2	6.0	8.5	12.0	17.0	24.0	34.0	48.0	67.0
	$2<m\leqslant 3.5$	4.6	6.5	9.0	13.0	18.0	26.0	36.0	51.0	73.0
	$3.5<m\leqslant 6$	5.0	7.0	10.0	14.0	20.0	28.0	40.0	56.0	79.0
	$6<m\leqslant 10$	5.5	8.0	11.0	16.0	23.0	32.0	45.0	64.0	90.0
	$10<m\leqslant 16$	6.5	9.5	13.0	19.0	27.0	38.0	53.0	75.0	107.0
	$16<m\leqslant 25$	8.0	12.0	16.0	23.0	33.0	47.0	66.0	93.0	132.0
	$25<m\leqslant 40$	11.0	15.0	21.0	30.0	43.0	61.0	86.0	121.0	171.0
$280<d\leqslant 560$	$0.5\leqslant m\leqslant 2$	4.7	6.5	9.5	13.0	19.0	27.0	38.0	54.0	76.0
	$2<m\leqslant 3.5$	5.0	7.0	10.0	14.0	20.0	29.0	41.0	57.0	81.0
	$3.5<m\leqslant 6$	5.5	8.0	11.0	16.0	22.0	31.0	44.0	62.0	88.0
	$6<m\leqslant 10$	6.0	8.5	12.0	17.0	25.0	35.0	49.0	70.0	99.0
	$10<m\leqslant 16$	7.0	10.0	14.0	20.0	29.0	41.0	58.0	81.0	115.0
	$16<m\leqslant 25$	9.0	12.0	18.0	25.0	35.0	50.0	70.0	99.0	140.0
	$25<m\leqslant 40$	11.0	16.0	22.0	32.0	45.0	63.0	90.0	127.0	180.0
	$40<m\leqslant 70$	16.0	22.0	31.0	45.0	63.0	89.0	126.0	178.0	252.0
$560<d\leqslant 1000$	$0.5\leqslant m\leqslant 2$	5.5	7.5	11.0	15.0	21.0	30.0	43.0	61.0	86.0
	$2<m\leqslant 3.5$	5.5	8.0	11.0	16.0	23.0	32.0	46.0	65.0	91.0
	$3.5<m\leqslant 6$	6.0	8.5	12.0	17.0	24.0	35.0	49.0	69.0	98.0
	$6<m\leqslant 10$	7.0	9.5	14.0	19.0	27.0	38.0	54.0	77.0	109.0
	$10<m\leqslant 16$	8.0	11.0	16.0	22.0	31.0	44.0	63.0	89.0	125.0
	$16<m\leqslant 25$	9.5	13.0	19.0	27.0	38.0	53.0	75.0	106.0	150.0
	$25<m\leqslant 40$	12.0	17.0	24.0	34.0	47.0	67.0	95.0	134.0	190.0
	$40<m\leqslant 70$	16.0	23.0	33.0	46.0	65.0	93.0	131.0	185.0	262.0

（续）

分度圆直径 d/mm	模数 m/mm	精度等级								
		4	5	6	7	8	9	10	11	12
		$\pm f_{pt}$/μm								
1000<d≤1600	2≤m≤3.5	6.5	9.0	13.0	18.0	26.0	36.0	51.0	72.0	103.0
	3.5<m≤6	7.0	9.5	14.0	19.0	27.0	39.0	55.0	77.0	109.0
	6<m≤10	7.5	11.0	15.0	21.0	30.0	42.0	60.0	85.0	120.0
	10<m≤16	8.5	12.0	17.0	24.0	34.0	48.0	68.0	97.0	136.0
	16<m≤25	10.0	14.0	20.0	29.0	40.0	57.0	81.0	114.0	161.0
	25<m≤40	13.0	18.0	25.0	36.0	50.0	71.0	100.0	142.0	201.0
	40<m≤70	17.0	24.0	34.0	48.0	68.0	97.0	137.0	193.0	273.0
1600<d≤2500	3.5≤m≤6	7.5	11.0	15.0	21.0	30.0	43.0	61.0	86.0	122.0
	6<m≤10	8.5	12.0	17.0	23.0	33.0	47.0	66.0	94.0	132.0
	10<m≤16	9.5	13.0	19.0	26.0	37.0	53.0	74.0	105.0	149.0
	16<m≤25	11.0	15.0	22.0	31.0	43.0	61.0	87.0	123.0	174.0
	25<m≤40	13.0	19.0	27.0	38.0	53.0	75.0	107.0	151.0	213.0
	40<m≤70	18.0	25.0	36.0	50.0	71.0	101.0	143.0	202.0	286.0
2500<d≤4000	6≤m≤10	9.0	13.0	18.0	26.0	37.0	52.0	74.0	105.0	148.0
	10<m≤16	10.0	15.0	21.0	29.0	41.0	58.0	82.0	116.0	165.0
	16<m≤25	12.0	17.0	24.0	33.0	47.0	67.0	95.0	134.0	189.0
	25<m≤40	14.0	20.0	29.0	40.0	57.0	81.0	114.0	162.0	229.0
	40<m≤70	19.0	27.0	38.0	53.0	75.0	106.0	151.0	213.0	301.0
4000<d≤6000	6≤m≤10	10.0	15.0	21.0	29.0	42.0	59.0	83.0	118.0	167.0
	10<m≤16	11.0	16.0	23.0	32.0	46.0	65.0	92.0	130.0	183.0
	16<m≤25	13.0	18.0	26.0	37.0	52.0	74.0	104.0	147.0	208.0
	25<m≤40	15.0	22.0	31.0	44.0	62.0	88.0	124.0	175.0	248.0
	40<m≤70	20.0	28.0	40.0	57.0	80.0	113.0	160.0	226.0	320.0
6000<d≤8000	10<m≤16	13.0	18.0	25.0	36.0	50.0	71.0	101.0	142.0	201.0
	16<m≤25	14.0	20.0	28.0	40.0	57.0	80.0	113.0	160.0	226.0
	25<m≤40	17.0	23.0	33.0	47.0	66.0	94.0	133.0	188.0	266.0
	40<m≤70	21.0	30.0	42.0	60.0	84.0	119.0	169.0	239.0	338.0
8000<d≤10000	10<m≤16	14.0	19.0	27.0	38.0	54.0	77.0	108.0	153.0	217.0
	16<m≤25	15.0	21.0	30.0	43.0	60.0	85.0	121.0	171.0	242.0
	25<m≤40	18.0	25.0	35.0	50.0	70.0	99.0	140.0	199.0	281.0
	40<m≤70	22.0	31.0	44.0	62.0	88.0	125.0	177.0	250.0	353.0

注：表中 m 为法向模数。

表 8.2-112　齿距累积总偏差 F_p

分度圆直径 d/mm	模数 m/mm	精度等级 4	5	6	7	8	9	10	11	12
		F_p/μm								
$5\leqslant d\leqslant 20$	$0.5\leqslant m\leqslant 2$	8.0	11.0	16.0	23.0	32.0	45.0	64.0	90.0	127.0
	$2<m\leqslant 3.5$	8.5	12.0	17.0	23.0	33.0	47.0	66.0	94.0	133.0
$20<d\leqslant 50$	$0.5\leqslant m\leqslant 2$	10.0	14.0	20.0	29.0	41.0	57.0	81.0	115.0	162.0
	$2<m\leqslant 3.5$	10.0	15.0	21.0	30.0	42.0	59.0	84.0	119.0	168.0
	$3.5<m\leqslant 6$	11.0	15.0	22.0	31.0	44.0	62.0	87.0	123.0	174.0
	$6<m\leqslant 10$	12.0	16.0	23.0	33.0	46.0	65.0	93.0	131.0	185.0
$50<d\leqslant 125$	$0.5\leqslant m\leqslant 2$	13.0	18.0	26.0	37.0	52.0	74.0	104.0	147.0	208.0
	$2<m\leqslant 3.5$	13.0	19.0	27.0	38.0	53.0	76.0	107.0	151.0	214.0
	$3.5<m\leqslant 6$	14.0	19.0	28.0	39.0	55.0	78.0	110.0	156.0	220.0
	$6<m\leqslant 10$	14.0	20.0	29.0	41.0	58.0	82.0	116.0	164.0	231.0
	$10<m\leqslant 16$	15.0	22.0	31.0	44.0	62.0	88.0	124.0	175.0	248.0
	$16<m\leqslant 25$	17.0	24.0	34.0	48.0	68.0	96.0	136.0	193.0	273.0
$125<d\leqslant 280$	$0.5\leqslant m\leqslant 2$	17.0	24.0	35.0	49.0	69.0	98.0	138.0	195.0	276.0
	$2<m\leqslant 3.5$	18.0	25.0	35.0	50.0	70.0	100.0	141.0	199.0	282.0
	$3.5<m\leqslant 6$	18.0	25.0	36.0	51.0	72.0	102.0	144.0	204.0	238.0
	$6<m\leqslant 10$	19.0	26.0	37.0	53.0	75.0	106.0	149.0	211.0	299.0
	$10<m\leqslant 16$	20.0	28.0	39.0	56.0	79.0	112.0	158.0	223.0	316.0
	$16<m\leqslant 25$	21.0	30.0	43.0	60.0	85.0	120.0	170.0	241.0	341.0
	$25<m\leqslant 40$	24.0	34.0	47.0	67.0	95.0	134.0	190.0	269.0	380.0
$280<d\leqslant 560$	$0.5\leqslant m\leqslant 2$	23.0	32.0	46.0	64.0	91.0	129.0	182.0	257.0	364.0
	$2<m\leqslant 3.5$	23.0	33.0	46.0	65.0	92.0	131.0	185.0	261.0	370.0
	$3.5<m\leqslant 6$	24.0	33.0	47.0	66.0	94.0	133.0	188.0	266.0	376.0
	$6<m\leqslant 10$	24.0	34.0	48.0	68.0	97.0	137.0	193.0	274.0	387.0
	$10<m\leqslant 16$	25.0	36.0	50.0	71.0	101.0	143.0	202.0	285.0	404.0
	$16<m\leqslant 25$	27.0	38.0	54.0	76.0	107.0	151.0	214.0	303.0	428.0
	$25<m\leqslant 40$	29.0	41.0	58.0	83.0	117.0	165.0	234.0	331.0	468.0
	$40<m\leqslant 70$	34.0	48.0	68.0	95.0	135.0	191.0	270.0	382.0	540.0
$560<d\leqslant 1000$	$0.5\leqslant m\leqslant 2$	29.0	41.0	59.0	83.0	117.0	166.0	235.0	332.0	469.0
	$2<m\leqslant 3.5$	30.0	42.0	59.0	84.0	119.0	168.0	238.0	336.0	475.0
	$3.5<m\leqslant 6$	30.0	43.0	60.0	85.0	120.0	170.0	241.0	341.0	482.0
	$6<m\leqslant 10$	31.0	44.0	62.0	87.0	123.0	174.0	246.0	348.0	492.0
	$10<m\leqslant 16$	32.0	45.0	64.0	90.0	127.0	180.0	254.0	360.0	509.0
	$16<m\leqslant 25$	33.0	47.0	67.0	94.0	133.0	189.0	267.0	378.0	534.0
	$25<m\leqslant 40$	36.0	51.0	72.0	101.0	143.0	203.0	287.0	405.0	573.0
	$40<m\leqslant 70$	40.0	57.0	81.0	114.0	161.0	228.0	323.0	457.0	646.0

（续）

分度圆直径 d/mm	模数 m/mm	精度等级								
		4	5	6	7	8	9	10	11	12
		F_p/μm								
1000<d≤1600	2≤m≤3.5	37.0	52.0	74.0	105.0	148.0	209.0	296.0	418.0	591.0
	3.5<m≤6	37.0	53.0	75.0	106.0	149.0	211.0	299.0	423.0	598.0
	6<m≤10	38.0	54.0	76.0	108.0	152.0	215.0	304.0	430.0	608.0
	10<m≤16	39.0	55.0	78.0	111.0	156.0	221.0	313.0	442.0	625.0
	16<m≤25	41.0	57.0	81.0	115.0	163.0	230.0	325.0	460.0	650.0
	25<m≤40	43.0	61.0	86.0	122.0	172.0	244.0	345.0	488.0	690.0
	40<m≤70	48.0	67.0	95.0	135.0	190.0	269.0	381.0	539.0	762.0
1600<d≤2500	3.5≤m≤6	45.0	64.0	91.0	129.0	182.0	257.0	364.0	514.0	727.0
	6<m≤10	46.0	65.0	92.0	130.0	184.0	261.0	369.0	522.0	738.0
	10<m≤16	47.0	67.0	94.0	133.0	189.0	267.0	377.0	534.0	755.0
	16<m≤25	49.0	69.0	97.0	138.0	195.0	276.0	390.0	551.0	780.0
	25<m≤40	51.0	72.0	102.0	145.0	205.0	290.0	409.0	579.0	819.0
	40<m≤70	56.0	79.0	111.0	158.0	223.0	315.0	446.0	603.0	891.0
2500<d≤4000	6≤m≤10	56.0	80.0	113.0	159.0	225.0	318.0	450.0	637.0	901.0
	10<m≤16	57.0	81.0	115.0	162.0	229.0	324.0	459.0	649.0	917.0
	16<m≤25	59.0	83.0	118.0	167.0	236.0	333.0	471.0	666.0	942.0
	25<m≤40	61.0	87.0	123.0	174.0	245.0	347.0	491.0	694.0	982.0
	40<m≤70	66.0	93.0	132.0	186.0	264.0	373.0	525.0	745.0	1054.0
4000<d≤6000	6≤m≤10	68.0	97.0	137.0	194.0	274.0	387.0	548.0	775.0	1095.0
	10<m≤16	69.0	98.0	139.0	197.0	278.0	393.0	556.0	786.0	1112.0
	16<m≤25	71.0	100.0	142.0	201.0	284.0	402.0	568.0	804.0	1137.0
	25<m≤40	74.0	104.0	147.0	208.0	294.0	416.0	588.0	832.0	1176.0
	40<m≤70	78.0	110.0	156.0	221.0	312.0	441.0	624.0	883.0	1249.0
6000<d≤8000	10≤m≤16	81.0	115.0	162.0	230.0	325.0	459.0	650.0	919.0	1299.0
	16<m≤25	83.0	117.0	166.0	234.0	331.0	468.0	662.0	936.0	1324.0
	25<m≤40	85.0	121.0	170.0	241.0	341.0	482.0	682.0	964.0	1364.0
	40<m≤70	90.0	127.0	179.0	254.0	359.0	508.0	718.0	1015.0	1436.0
8000<d≤10000	10≤m≤16	91.0	129.0	182.0	258.0	365.0	516.0	730.0	1032.0	1460.0
	16<m≤25	93.0	131.0	186.0	262.0	371.0	525.0	742.0	1050.0	1485.0
	25<m≤40	95.0	135.0	191.0	269.0	381.0	539.0	762.0	1078.0	1524.0
	40<m≤70	100.0	141.0	200.0	282.0	399.0	564.0	798.0	1129.0	1596.0

注：表中 m 为法向模数。

表 8.2-113　齿廓总偏差 F_α

分度圆直径 d/mm	模数 m/mm	精度等级 4	5	6	7	8	9	10	11	12
		F_α/μm								
$5 \leqslant d \leqslant 20$	$0.5 \leqslant m \leqslant 2$	3.2	4.6	6.5	9.0	13.0	18.0	26.0	37.0	52.0
	$2 < m \leqslant 3.5$	4.7	6.5	9.5	13.0	19.0	26.0	37.0	53.0	75.0
$20 < d \leqslant 50$	$0.5 \leqslant m \leqslant 2$	3.6	5.0	7.5	10.0	15.0	21.0	29.0	41.0	58.0
	$2 < m \leqslant 3.5$	5.0	7.0	10.0	14.0	20.0	29.0	40.0	57.0	81.0
	$3.5 < m \leqslant 6$	6.0	9.0	12.0	18.0	25.0	35.0	50.0	70.0	99.0
	$6 < m \leqslant 10$	7.5	11.0	15.0	22.0	31.0	43.0	61.0	87.0	123.0
$50 < d \leqslant 125$	$0.5 \leqslant m \leqslant 2$	4.1	6.0	8.5	12.0	17.0	23.0	33.0	47.0	66.0
	$2 < m \leqslant 3.5$	5.5	8.0	11.0	16.0	22.0	31.0	44.0	63.0	89.0
	$3.5 < m \leqslant 6$	6.5	9.5	13.0	19.0	27.0	38.0	54.0	76.0	108.0
	$6 < m \leqslant 10$	8.0	12.0	16.0	23.0	33.0	46.0	65.0	92.0	131.0
	$10 < m \leqslant 16$	10.0	14.0	20.0	28.0	40.0	56.0	79.0	112.0	159.0
	$16 < m \leqslant 25$	12.0	17.0	24.0	34.0	48.0	68.0	96.0	136.0	192.0
$125 < d \leqslant 280$	$0.5 \leqslant m \leqslant 2$	4.9	7.0	10.0	14.0	20.0	28.0	39.0	55.0	78.0
	$2 < m \leqslant 3.5$	6.5	9.0	13.0	18.0	25.0	36.0	50.0	71.0	101.0
	$3.5 < m \leqslant 6$	7.5	11.0	15.0	21.0	30.0	42.0	60.0	84.0	119.0
	$6 < m \leqslant 10$	9.0	13.0	18.0	25.0	36.0	50.0	71.0	101.0	143.0
	$10 < m \leqslant 16$	11.0	15.0	21.0	30.0	43.0	60.0	85.0	121.0	171.0
	$16 < m \leqslant 25$	13.0	18.0	25.0	36.0	51.0	72.0	102.0	144.0	204.0
	$25 < m \leqslant 40$	15.0	22.0	31.0	43.0	61.0	87.0	123.0	174.0	246.0
$280 < d \leqslant 560$	$0.5 \leqslant m \leqslant 2$	6.0	8.5	12.0	17.0	23.0	33.0	47.0	66.0	94.0
	$2 < m \leqslant 3.5$	7.5	10.0	15.0	21.0	29.0	41.0	58.0	82.0	116.0
	$3.5 < m \leqslant 6$	8.5	12.0	17.0	24.0	34.0	48.0	67.0	95.0	135.0
	$6 < m \leqslant 10$	10.0	14.0	20.0	28.0	40.0	56.0	79.0	112.0	158.0
	$10 < m \leqslant 16$	12.0	16.0	23.0	33.0	47.0	66.0	93.0	132.0	186.0
	$16 < m \leqslant 25$	14.0	19.0	27.0	39.0	55.0	78.0	110.0	155.0	219.0
	$25 < m \leqslant 40$	16.0	23.0	33.0	46.0	65.0	92.0	131.0	185.0	261.0
	$40 < m \leqslant 70$	20.0	28.0	40.0	57.0	80.0	113.0	160.0	227.0	321.0
$560 < d \leqslant 1000$	$0.5 \leqslant m \leqslant 2$	7.0	10.0	14.0	20.0	28.0	40.0	56.0	79.0	112.0
	$2 < m \leqslant 3.5$	8.5	12.0	17.0	24.0	34.0	48.0	67.0	95.0	135.0
	$3.5 < m \leqslant 6$	9.5	14.0	19.0	27.0	38.0	54.0	77.0	109.0	154.0
	$6 < m \leqslant 10$	11.0	16.0	22.0	31.0	44.0	62.0	88.0	125.0	177.0
	$10 < m \leqslant 16$	13.0	18.0	26.0	36.0	51.0	72.0	102.0	145.0	205.0

（续）

分度圆直径 d/mm	模数 m/mm	精度等级								
		4	5	6	7	8	9	10	11	12
		$F_\alpha/\mu m$								
$560<d\leqslant1000$	$16<m\leqslant25$	15.0	21.0	30.0	42.0	59.0	84.0	119.0	168.0	238.0
	$25<m\leqslant40$	17.0	25.0	35.0	49.0	70.0	99.0	140.0	198.0	280.0
	$40<m\leqslant70$	21.0	30.0	42.0	60.0	85.0	120.0	170.0	240.0	339.0
$1000<d\leqslant1600$	$2\leqslant m\leqslant3.5$	9.5	14.0	19.0	27.0	39.0	55.0	78.0	110.0	155.0
	$3.5<m\leqslant6$	11.0	15.0	22.0	31.0	43.0	61.0	87.0	123.0	174.0
	$6<m\leqslant10$	12.0	17.0	25.0	35.0	49.0	70.0	99.0	139.0	197.0
	$10<m\leqslant16$	14.0	20.0	28.0	40.0	56.0	80.0	113.0	159.0	255.0
	$16<m\leqslant25$	16.0	23.0	32.0	46.0	65.0	91.0	129.0	183.0	258.0
	$25<m\leqslant40$	19.0	27.0	38.0	53.0	75.0	106.0	150.0	212.0	300.0
	$40<m\leqslant70$	22.0	32.0	45.0	64.0	90.0	127.0	180.0	254.0	360.0
$1600<d\leqslant2500$	$3.5\leqslant m\leqslant6$	12.0	17.0	25.0	35.0	49.0	70.0	98.0	139.0	197.0
	$6<m\leqslant10$	14.0	19.0	27.0	39.0	55.0	78.0	110.0	156.0	220.0
	$10<m\leqslant16$	15.0	22.0	31.0	44.0	62.0	88.0	124.0	175.0	248.0
	$16<m\leqslant25$	18.0	25.0	35.0	50.0	70.0	99.0	141.0	199.0	281.0
	$25<m\leqslant40$	20.0	29.0	40.0	57.0	81.0	114.0	161.0	228.0	323.0
	$40<m\leqslant70$	24.0	34.0	48.0	68.0	96.0	135.0	191.0	271.0	383.0
$2500<d\leqslant4000$	$6\leqslant m\leqslant10$	16.0	22.0	31.0	44.0	62.0	88.0	124.0	176.0	249.0
	$10<m\leqslant16$	17.0	24.0	35.0	49.0	69.0	98.0	138.0	196.0	277.0
	$16<m\leqslant25$	19.0	27.0	39.0	55.0	77.0	110.0	155.0	219.0	310.0
	$25<m\leqslant40$	22.0	31.0	44.0	62.0	88.0	124.0	176.0	249.0	351.0
	$40<m\leqslant70$	26.0	36.0	51.0	73.0	103.0	145.0	206.0	291.0	411.0
$4000<d\leqslant6000$	$6\leqslant m\leqslant10$	18.0	25.0	35.0	50.0	71.0	100.0	141.0	200.0	283.0
	$10<m\leqslant16$	19.0	27.0	39.0	55.0	78.0	110.0	155.0	220.0	311.0
	$16<m\leqslant25$	22.0	30.0	43.0	61.0	86.0	122.0	172.0	243.0	344.0
	$25<m\leqslant40$	24.0	34.0	48.0	68.0	96.0	136.0	193.0	273.0	386.0
	$40<m\leqslant70$	28.0	39.0	56.0	79.0	111.0	158.0	223.0	315.0	445.0
$6000<d\leqslant8000$	$10\leqslant m\leqslant16$	21.0	30.0	43.0	61.0	86.0	122.0	172.0	243.0	344.0
	$16<m\leqslant25$	24.0	33.0	47.0	67.0	94.0	113.0	189.0	267.0	377.0
	$25<m\leqslant40$	26.0	37.0	52.0	74.0	105.0	148.0	209.0	296.0	419.0
	$40<m\leqslant70$	30.0	42.0	60.0	85.0	120.0	169.0	239.0	338.0	478.0
$8000<d\leqslant10000$	$10\leqslant m\leqslant16$	23.0	33.0	47.0	66.0	93.0	132.0	186.0	263.0	372.0
	$16<m\leqslant25$	25.0	36.0	51.0	72.0	101.0	143.0	203.0	287.0	405.0
	$25<m\leqslant40$	28.0	40.0	56.0	79.0	112.0	158.0	223.0	316.0	447.0
	$40<m\leqslant70$	32.0	45.0	63.0	90.0	127.0	179.0	253.0	358.0	507.0

注：表中 m 为法向模数。

表 8. 2-114　齿廓形状偏差 $f_{f\alpha}$

分度圆直径 d/mm	模数 m/mm	精度等级 4	5	6	7	8	9	10	11	12
		$f_{f\alpha}$/μm								
5≤d≤20	0. 5≤m≤2	2. 5	3. 5	5. 0	7. 0	10. 0	14. 0	20. 0	28. 0	40. 0
	2<m≤3. 5	3. 6	5. 0	7. 0	10. 0	14. 0	20. 0	29. 0	41. 0	58. 0
20<d≤50	0. 5≤m≤2	2. 8	4. 0	5. 5	8. 0	11. 0	16. 0	22. 0	32. 0	45. 0
	2<m≤3. 5	3. 9	5. 5	8. 0	11. 0	16. 0	22. 0	31. 0	44. 0	62. 0
	3. 5<m≤6	4. 8	7. 0	9. 5	14. 0	19. 0	27. 0	39. 0	54. 0	77. 0
	6<m≤10	6. 0	8. 5	12. 0	17. 0	24. 0	34. 0	48. 0	67. 0	95. 0
50<d≤125	0. 5≤m≤2	3. 2	4. 5	6. 5	9. 0	13. 0	18. 0	26. 0	36. 0	51. 0
	2<m≤3. 5	4. 3	6. 0	8. 5	12. 0	17. 0	24. 0	34. 0	49. 0	69. 0
	3. 5<m≤6	5. 0	7. 5	10. 0	15. 0	21. 0	29. 0	42. 0	59. 0	83. 0
	6<m≤10	6. 5	9. 0	13. 0	18. 0	25. 0	36. 0	51. 0	72. 0	101. 0
	10<m≤16	7. 5	11. 0	15. 0	22. 0	31. 0	44. 0	62. 0	87. 0	123. 0
	16<m≤25	9. 5	13. 0	19. 0	26. 0	37. 0	53. 0	75. 0	106. 0	149. 0
125<d≤280	0. 5≤m≤2	3. 8	5. 5	7. 5	11. 0	15. 0	21. 0	30. 0	43. 0	60. 0
	2<m≤3. 5	4. 9	7. 0	9. 5	14. 0	19. 0	28. 0	39. 0	55. 0	78. 0
	3. 5<m≤6	6. 0	8. 0	12. 0	16. 0	23. 0	33. 0	46. 0	65. 0	93. 0
	6<m≤10	7. 0	10. 0	14. 0	20. 0	28. 0	39. 0	55. 0	78. 0	111. 0
	10<m≤16	8. 5	12. 0	17. 0	23. 0	33. 0	47. 0	66. 0	94. 0	133. 0
	16<m≤25	10. 0	14. 0	20. 0	28. 0	40. 0	56. 0	79. 0	112. 0	158. 0
	25<m≤40	12. 0	17. 0	24. 0	34. 0	48. 0	68. 0	96. 0	135. 0	191. 0
280<d≤560	0. 5≤m≤2	4. 5	6. 5	9. 0	13. 0	18. 0	26. 0	36. 0	51. 0	72. 0
	2<m≤3. 5	5. 5	8. 0	11. 0	16. 0	22. 0	32. 0	45. 0	64. 0	90. 0
	3. 5<m≤6	6. 5	9. 0	13. 0	18. 0	26. 0	37. 0	52. 0	74. 0	104. 0
	6<m≤10	7. 5	11. 0	15. 0	22. 0	31. 0	43. 0	61. 0	87. 0	123. 0
	10<m≤16	9. 0	13. 0	18. 0	26. 0	36. 0	51. 0	72. 0	102. 0	145. 0
	16<m≤25	11. 0	15. 0	21. 0	30. 0	43. 0	60. 0	85. 0	121. 0	170. 0
	25<m≤40	13. 0	18. 0	25. 0	36. 0	51. 0	72. 0	101. 0	144. 0	203. 0
	40<m≤70	16. 0	22. 0	31. 0	44. 0	62. 0	88. 0	125. 0	177. 0	250. 0
560<d≤1000	0. 5≤m≤2	5. 5	7. 5	11. 0	15. 0	22. 0	31. 0	43. 0	61. 0	87. 0
	2<m≤3. 5	6. 5	9. 0	13. 0	18. 0	26. 0	37. 0	52. 0	74. 0	104. 0
	3. 5<m≤6	7. 5	11. 0	15. 0	21. 0	30. 0	42. 0	59. 0	84. 0	119. 0
	6<m≤10	8. 5	12. 0	17. 0	24. 0	34. 0	48. 0	68. 0	97. 0	137. 0
	10<m≤16	10. 0	14. 0	20. 0	28. 0	46. 0	56. 0	79. 0	112. 0	159. 0

（续）

分度圆直径 d/mm	模数 m/mm	精度等级								
		4	5	6	7	8	9	10	11	12
		$f_{f\alpha}$/μm								
560<d≤1000	16<m≤25	12.0	16.0	23.0	33.0	46.0	65.0	92.0	131.0	185.0
	25<m≤40	14.0	19.0	27.0	38.0	54.0	77.0	109.0	154.0	217.0
	40<m≤70	17.0	23.0	33.0	47.0	65.0	93.0	132.0	187.0	264.0
1000<d≤1600	2≤m≤3.5	7.5	11.0	15.0	21.0	30.0	42.0	60.0	85.0	120.0
	3.5≤m≤6	8.5	12.0	17.0	24.0	34.0	48.0	67.0	95.0	135.0
	6<m≤10	9.5	14.0	19.0	27.0	38.0	54.0	76.0	108.0	153.0
	10<m≤16	11.0	15.0	22.0	31.0	44.0	62.0	87.0	124.0	175.0
	16<m≤25	13.0	18.0	25.0	35.0	50.0	71.0	100.0	142.0	201.0
	25<m≤40	15.0	21.0	29.0	41.0	58.0	82.0	117.0	165.0	233.0
	40<m≤70	17.0	25.0	35.0	49.0	70.0	99.0	140.0	198.0	280.0
1600<d≤2500	3.5≤m≤6	9.5	13.0	19.0	27.0	38.0	54.0	76.0	108.0	152.0
	6<m≤10	11.0	15.0	21.0	30.0	43.0	60.0	85.0	120.0	170.0
	10<m≤16	12.0	17.0	24.0	34.0	48.0	68.0	96.0	136.0	192.0
	16<m≤25	14.0	19.0	27.0	39.0	55.0	77.0	109.0	154.0	218.0
	25<m≤40	16.0	22.0	31.0	44.0	63.0	89.0	125.0	177.0	251.0
	40<m≤70	19.0	26.0	37.0	53.0	74.0	105.0	149.0	210.0	297.0
2500<d≤4000	6≤m≤10	12.0	17.0	24.0	34.0	48.0	68.0	96.0	136.0	193.0
	10<m≤16	13.0	19.0	27.0	38.0	54.0	76.0	107.0	152.0	214.0
	16<m≤25	15.0	21.0	30.0	42.0	60.0	85.0	120.0	170.0	240.0
	25<m≤40	17.0	24.0	34.0	48.0	68.0	96.0	136.0	193.0	273.0
	40<m≤70	20.0	28.0	40.0	56.0	80.0	113.0	160.0	226.0	320.0
4000<d≤6000	6≤m≤10	14.0	19.0	27.0	39.0	55.0	77.0	109.0	155.0	219.0
	10<m≤16	15.0	21.0	30.0	43.0	60.0	85.0	120.0	170.0	241.0
	16<m≤25	17.0	24.0	33.0	47.0	67.0	94.0	133.0	189.0	267.0
	25<m≤40	19.0	26.0	37.0	53.0	75.0	106.0	150.0	212.0	299.0
	40<m≤70	22.0	31.0	43.0	61.0	87.0	122.0	173.0	245.0	346.0
6000<d≤8000	10≤m≤16	17.0	24.0	33.0	47.0	67.0	94.0	133.0	188.0	266.0
	16<m≤25	18.0	26.0	37.0	52.0	73.0	103.0	146.0	207.0	292.0
	25<m≤40	20.0	29.0	41.0	57.0	81.0	115.0	162.0	230.0	325.0
	40<m≤70	23.0	33.0	46.0	66.0	93.0	131.0	186.0	263.0	371.0
8000<d≤10000	10≤m≤16	18.0	25.0	36.0	51.0	72.0	102.0	144.0	204.0	288.0
	16<m≤25	20.0	28.0	39.0	56.0	79.0	111.0	157.0	222.0	314.0
	25<m≤40	22.0	31.0	43.0	61.0	87.0	123.0	173.0	245.0	347.0
	40<m≤70	25.0	35.0	49.0	70.0	98.0	139.0	197.0	278.0	393.0

注：表中 m 为法向模数。

表 8.2-115　齿廓倾斜偏差 $\pm f_{H\alpha}$

分度圆直径 d/mm	模数 m/mm	精度等级								
		4	5	6	7	8	9	10	11	12
		$\pm f_{H\alpha}$/μm								
$5 \leqslant d \leqslant 20$	$0.5 \leqslant m \leqslant 2$	2.1	2.9	4.2	6.0	8.5	12.0	17.0	24.0	33.0
	$2 < m \leqslant 3.5$	3.0	4.2	6.0	8.5	12.0	17.0	24.0	34.0	47.0
$20 < d \leqslant 50$	$0.5 \leqslant m \leqslant 2$	2.3	3.3	4.6	6.5	9.5	13.0	19.0	26.0	37.0
	$2 < m \leqslant 3.5$	3.2	4.5	6.5	9.0	13.0	18.0	26.0	36.0	51.0
	$3.5 < m \leqslant 6$	3.9	5.5	8.0	11.0	16.0	22.0	32.0	45.0	63.0
	$6 < m \leqslant 10$	4.8	7.0	9.5	14.0	19.0	27.0	39.0	55.0	78.0
$50 < d \leqslant 125$	$0.5 \leqslant m \leqslant 2$	2.6	3.7	5.5	7.5	11.0	15.0	21.0	30.0	42.0
	$2 < m \leqslant 3.5$	3.5	5.0	7.0	10.0	14.0	20.0	28.0	40.0	57.0
	$3.5 < m \leqslant 6$	4.3	6.0	8.5	12.0	17.0	24.0	34.0	48.0	68.0
	$6 < m \leqslant 10$	5.0	7.5	10.0	15.0	21.0	29.0	41.0	58.0	83.0
	$10 < m \leqslant 16$	6.5	9.0	13.0	18.0	25.0	35.0	50.0	71.0	100.0
	$16 < m \leqslant 25$	7.5	11.0	15.0	21.0	30.0	43.0	60.0	86.0	121.0
$125 < d \leqslant 280$	$0.5 \leqslant m \leqslant 2$	3.1	4.4	6.0	9.0	12.0	18.0	25.0	35.0	50.0
	$2 < m \leqslant 3.5$	4.0	5.5	8.0	11.0	16.0	23.0	32.0	45.0	64.0
	$3.5 < m \leqslant 6$	4.7	6.5	9.5	13.0	19.0	27.0	38.0	54.0	76.0
	$6 < m \leqslant 10$	5.5	8.0	11.0	16.0	23.0	32.0	45.0	64.0	90.0
	$10 < m \leqslant 16$	6.5	9.5	13.0	19.0	27.0	38.0	54.0	76.0	108.0
	$16 < m \leqslant 25$	8.0	11.0	16.0	23.0	32.0	45.0	64.0	91.0	129.0
	$25 < m \leqslant 40$	9.5	14.0	19.0	27.0	39.0	55.0	77.0	109.0	155.0
$280 < d \leqslant 560$	$0.5 \leqslant m \leqslant 2$	3.7	5.5	7.5	11.0	15.0	21.0	30.0	42.0	60.0
	$2 < m \leqslant 3.5$	4.6	6.5	9.0	13.0	18.0	26.0	37.0	52.0	74.0
	$3.5 < m \leqslant 6$	5.5	7.5	11.0	15.0	21.0	30.0	43.0	61.0	86.0
	$6 < m \leqslant 10$	6.5	9.0	13.0	18.0	25.0	35.0	50.0	71.0	100.0
	$10 < m \leqslant 16$	7.5	10.0	15.0	21.0	29.0	42.0	59.0	83.0	118.0
	$16 < m \leqslant 25$	8.5	12.0	17.0	24.0	35.0	49.0	69.0	98.0	138.0
	$25 < m \leqslant 40$	10.0	15.0	21.0	29.0	41.0	58.0	80.0	116.0	164.0
	$40 < m \leqslant 70$	13.0	18.0	25.0	36.0	50.0	71.0	101.0	143.0	202.0
$560 < d \leqslant 1000$	$0.5 \leqslant m \leqslant 2$	4.5	6.5	9.0	13.0	18.0	25.0	36.0	51.0	72.0
	$2 < m \leqslant 3.5$	5.5	7.5	11.0	15.0	21.0	30.0	43.0	61.0	86.0
	$3.5 < m \leqslant 6$	6.0	8.5	12.0	17.0	24.0	34.0	49.0	69.0	97.0
	$6 < m \leqslant 10$	7.0	10.0	14.0	20.0	28.0	40.0	56.0	79.0	112.0
	$10 < m \leqslant 16$	8.0	11.0	16.0	23.0	32.0	46.0	65.0	92.0	129.0

（续）

分度圆直径 d/mm	模数 m/mm	精度等级								
		4	5	6	7	8	9	10	11	12
		$\pm f_{H\alpha}$/μm								
$560<d\leqslant1000$	$16<m\leqslant25$	9.5	13.0	19.0	27.0	38.0	53.0	75.0	106.0	150.0
	$25<m\leqslant40$	11.0	16.0	22.0	31.0	44.0	62.0	88.0	125.0	176.0
	$40<m\leqslant70$	13.0	19.0	27.0	38.0	53.0	76.0	107.0	151.0	214.0
$1000<d\leqslant1600$	$2\leqslant m\leqslant3.5$	6.0	8.5	12.0	17.0	25.0	35.0	49.0	70.0	99.0
	$3.5\leqslant m\leqslant6$	7.0	10.0	14.0	20.0	28.0	39.0	55.0	78.0	110.0
	$6<m\leqslant10$	8.0	11.0	16.0	22.0	31.0	44.0	62.0	88.0	125.0
	$10<m\leqslant16$	9.0	13.0	18.0	25.0	36.0	50.0	71.0	101.0	142.0
	$16<m\leqslant25$	10.0	14.0	20.0	29.0	41.0	58.0	82.0	115.0	163.0
	$25<m\leqslant40$	12.0	17.0	24.0	33.0	47.0	67.0	95.0	134.0	189.0
	$40<m\leqslant70$	14.0	20.0	28.0	40.0	57.0	80.0	113.0	160.0	227.0
$1600<d\leqslant2500$	$3.5\leqslant m\leqslant6$	8.0	11.0	16.0	22.0	31.0	44.0	62.0	88.0	125.0
	$6<m\leqslant10$	8.5	12.0	17.0	25.0	35.0	49.0	70.0	99.0	139.0
	$10<m\leqslant16$	10.0	14.0	20.0	28.0	39.0	55.0	78.0	111.0	157.0
	$16<m\leqslant25$	11.0	16.0	22.0	31.0	44.0	63.0	89.0	126.0	178.0
	$25<m\leqslant40$	13.0	18.0	25.0	36.0	51.0	72.0	102.0	144.0	204.0
	$40<m\leqslant70$	15.0	21.0	30.0	43.0	60.0	85.0	121.0	170.0	241.0
$2500<d\leqslant4000$	$6\leqslant m\leqslant10$	10.0	14.0	20.0	28.0	39.0	56.0	79.0	112.0	158.0
	$10<m\leqslant16$	11.0	15.0	22.0	31.0	44.0	62.0	88.0	124.0	175.0
	$16<m\leqslant25$	12.0	17.0	24.0	35.0	49.0	69.0	98.0	139.0	196.0
	$25<m\leqslant40$	14.0	20.0	28.0	39.0	55.0	78.0	111.0	157.0	222.0
	$40<m\leqslant70$	16.0	23.0	32.0	46.0	65.0	92.0	130.0	183.0	259.0
$4000<d\leqslant6000$	$6\leqslant m\leqslant10$	11.0	16.0	22.0	32.0	45.0	63.0	90.0	127.0	179.0
	$10<m\leqslant16$	12.0	17.0	25.0	35.0	49.0	70.0	98.0	139.0	197.0
	$16<m\leqslant25$	14.0	19.0	27.0	38.0	54.0	77.0	109.0	154.0	218.0
	$25<m\leqslant40$	15.0	22.0	30.0	43.0	61.0	86.0	122.0	172.0	244.0
	$40<m\leqslant70$	18.0	25.0	35.0	50.0	70.0	99.0	141.0	199.0	281.0
$6000<d\leqslant8000$	$10\leqslant m\leqslant16$	14.0	19.0	27.0	39.0	54.0	77.0	109.0	154.0	218.0
	$16<m\leqslant25$	15.0	21.0	30.0	42.0	60.0	84.0	119.0	169.0	239.0
	$25<m\leqslant40$	17.0	23.0	33.0	47.0	66.0	94.0	132.0	187.0	265.0
	$40<m\leqslant70$	19.0	27.0	38.0	53.0	76.0	107.0	151.0	214.0	302.0
$8000<d\leqslant10000$	$10\leqslant m\leqslant16$	15.0	21.0	29.0	42.0	59.0	83.0	118.0	167.0	236.0
	$16<m\leqslant25$	16.0	23.0	32.0	45.0	64.0	91.0	128.0	181.0	257.0
	$25<m\leqslant40$	18.0	25.0	35.0	50.0	71.0	100.0	141.0	200.0	283.0
	$40<m\leqslant70$	20.0	28.0	40.0	57.0	80.0	113.0	160.0	226.0	320.0

注：表中 m 为法向模数。

表 8.2-116　螺旋线总偏差 F_β

分度圆直径 d/mm	齿宽 b/mm	精度等级								
		4	5	6	7	8	9	10	11	12
		F_β/μm								
$5 \leqslant d \leqslant 20$	$4 \leqslant b \leqslant 10$	4.3	6.0	8.5	12.0	17.0	24.0	35.0	49.0	69.0
	$10 < b \leqslant 20$	4.9	7.0	9.5	14.0	19.0	28.0	39.0	55.0	78.0
	$20 < b \leqslant 40$	5.5	8.0	11.0	16.0	22.0	31.0	45.0	63.0	89.0
	$40 < b \leqslant 80$	6.5	9.5	13.0	19.0	26.0	37.0	52.0	74.0	105.0
$20 < d \leqslant 50$	$4 \leqslant b \leqslant 10$	4.5	6.5	9.0	13.0	18.0	25.0	36.0	51.0	72.0
	$10 < b \leqslant 20$	5.0	7.0	10.0	14.0	20.0	29.0	40.0	57.0	81.0
	$20 < b \leqslant 40$	5.5	8.0	11.0	16.0	23.0	32.0	46.0	65.0	92.0
	$40 < b \leqslant 80$	6.5	9.5	13.0	19.0	27.0	38.0	54.0	76.0	107.0
	$80 < b \leqslant 160$	8.0	11.0	16.0	23.0	32.0	46.0	65.0	92.0	130.0
$50 < d \leqslant 125$	$4 \leqslant b \leqslant 10$	4.7	6.5	9.5	13.0	19.0	27.0	38.0	53.0	76.0
	$10 < b \leqslant 20$	5.5	7.5	11.0	15.0	21.0	30.0	42.0	60.0	84.0
	$20 < b \leqslant 40$	6.0	8.5	12.0	17.0	24.0	34.0	48.0	68.0	95.0
	$40 < b \leqslant 80$	7.0	10.0	14.0	20.0	28.0	39.0	56.0	79.0	111.0
	$80 < b \leqslant 160$	8.5	12.0	17.0	24.0	33.0	47.0	67.0	94.0	133.0
	$160 < b \leqslant 250$	10.0	14.0	20.0	28.0	40.0	56.0	79.0	112.0	158.0
	$250 < b \leqslant 400$	12.0	16.0	23.0	33.0	46.0	65.0	92.0	130.0	184.0
$125 < d \leqslant 280$	$4 \leqslant b \leqslant 10$	5.0	7.0	10.0	14.0	20.0	29.0	40.0	57.0	81.0
	$10 < b \leqslant 20$	5.5	8.0	11.0	16.0	22.0	32.0	45.0	63.0	90.0
	$20 < b \leqslant 40$	6.5	9.0	13.0	18.0	25.0	36.0	50.0	71.0	101.0
	$40 < b \leqslant 80$	7.5	10.0	15.0	21.0	29.0	41.0	58.0	82.0	117.0
	$80 < b \leqslant 160$	8.5	12.0	17.0	25.0	35.0	49.0	69.0	98.0	139.0
	$160 < b \leqslant 250$	10.0	14.0	20.0	29.0	41.0	58.0	82.0	116.0	164.0
	$250 < b \leqslant 400$	12.0	17.0	24.0	34.0	47.0	67.0	95.0	134.0	190.0
	$400 < b \leqslant 650$	14.0	20.0	28.0	40.0	56.0	79.0	112.0	158.0	224.0
$280 < d \leqslant 560$	$10 \leqslant b \leqslant 20$	6.0	8.5	12.0	17.0	24.0	34.0	48.0	68.0	97.0
	$20 < b \leqslant 40$	6.5	9.5	13.0	19.0	27.0	38.0	54.0	76.0	108.0
	$40 < b \leqslant 80$	7.5	11.0	15.0	22.0	31.0	44.0	62.0	87.0	124.0
	$80 < b \leqslant 160$	9.0	13.0	18.0	26.0	36.0	52.0	73.0	103.0	146.0
	$160 < b \leqslant 250$	11.0	15.0	21.0	30.0	43.0	60.0	85.0	121.0	171.0
	$250 < b \leqslant 400$	12.0	17.0	25.0	35.0	49.0	70.0	98.0	139.0	197.0
	$400 < b \leqslant 650$	14.0	20.0	29.0	41.0	58.0	82.0	111.0	163.0	231.0
	$650 < b \leqslant 1000$	17.0	24.0	34.0	48.0	68.0	96.0	136.0	193.0	272.0
$560 < d \leqslant 1000$	$10 \leqslant b \leqslant 20$	6.5	9.5	13.0	19.0	26.0	37.0	53.0	74.0	105.0
	$20 < b \leqslant 40$	7.5	10.0	15.0	21.0	29.0	41.0	58.0	82.0	116.0
	$40 < b \leqslant 80$	8.5	12.0	17.0	23.0	33.0	47.0	66.0	93.0	132.0
	$80 < b \leqslant 160$	9.5	14.0	19.0	27.0	39.0	55.0	77.0	109.0	154.0
	$160 < b \leqslant 250$	11.0	16.0	22.0	32.0	45.0	63.0	90.0	127.0	179.0
	$250 < b \leqslant 400$	13.0	18.0	26.0	36.0	51.0	73.0	103.0	145.0	205.0
	$400 < b \leqslant 650$	15.0	21.0	30.0	42.0	60.0	85.0	120.0	169.0	239.0
	$650 < b \leqslant 1000$	18.0	25.0	35.0	50.0	70.0	99.0	140.0	199.0	281.0
$1000 < d \leqslant 1600$	$20 \leqslant b \leqslant 40$	8.0	11.0	16.0	22.0	31.0	44.0	63.0	89.0	126.0
	$40 < b \leqslant 80$	9.0	12.0	18.0	25.0	35.0	50.0	71.0	100.0	141.0
	$80 < b \leqslant 160$	10.0	14.0	20.0	29.0	41.0	58.0	82.0	116.0	164.0
	$160 < b \leqslant 250$	12.0	17.0	24.0	33.0	47.0	67.0	94.0	133.0	189.0
	$250 < b \leqslant 400$	13.0	19.0	27.0	38.0	54.0	76.0	107.0	152.0	215.0
	$400 < b \leqslant 650$	16.0	22.0	31.0	44.0	62.0	88.0	124.0	176.0	249.0
	$650 < b \leqslant 1000$	18.0	26.0	36.0	51.0	73.0	103.0	145.0	205.0	290.0

（续）

分度圆直径 d/mm	齿宽 b/mm	精度等级 4	5	6	7	8	9	10	11	12
		F_β/μm								
1600<d≤2500	20≤b≤40	8.5	12.0	17.0	24.0	34.0	48.0	68.0	96.0	136.0
	40<b≤80	9.5	13.0	19.0	27.0	38.0	54.0	76.0	107.0	152.0
	80<b≤160	11.0	15.0	22.0	31.0	43.0	61.0	87.0	123.0	174.0
	160<b≤250	12.0	18.0	25.0	35.0	50.0	70.0	99.0	141.0	199.0
	250<b≤400	14.0	20.0	28.0	40.0	56.0	80.0	112.0	159.0	225.0
	400<b≤650	16.0	23.0	32.0	46.0	65.0	92.0	130.0	183.0	259.0
	650<b≤1000	19.0	27.0	38.0	53.0	75.0	106.0	150.0	212.0	300.0
2500<d≤4000	40≤b≤80	10.0	15.0	21.0	29.0	41.0	58.0	82.0	116.0	165.0
	80<b≤160	12.0	17.0	23.0	33.0	47.0	66.0	93.0	132.0	187.0
	160<b≤250	13.0	19.0	26.0	37.0	53.0	75.0	106.0	150.0	212.0
	250<b≤400	15.0	21.0	30.0	42.0	59.0	84.0	119.0	168.0	238.0
	400<b≤650	17.0	24.0	34.0	48.0	68.0	96.0	136.0	192.0	272.0
	650<b≤1000	20.0	28.0	39.0	55.0	78.0	111.0	157.0	222.0	314.0
4000<d≤6000	80≤b≤160	13.0	18.0	25.0	36.0	51.0	72.0	101.0	143.0	203.0
	160<b≤250	14.0	20.0	28.0	40.0	57.0	80.0	114.0	161.0	228.0
	250<b≤400	16.0	22.0	32.0	45.0	63.0	90.0	127.0	179.0	253.0
	400<b≤650	18.0	25.0	36.0	51.0	72.0	102.0	144.0	203.0	288.0
	650<b≤1000	21.0	29.0	41.0	58.0	82.0	116.0	165.0	233.0	329.0
6000<d≤8000	80≤b≤160	14.0	19.0	27.0	38.0	54.0	77.0	109.0	154.0	218.0
	160<b≤250	15.0	21.0	30.0	43.0	61.0	86.0	121.0	171.0	242.0
	250<b≤400	17.0	24.0	34.0	47.0	67.0	95.0	134.0	190.0	268.0
	400<b≤650	19.0	27.0	38.0	53.0	76.0	107.0	151.0	214.0	303.0
	650<b≤1000	22.0	30.0	43.0	61.0	86.0	122.0	172.0	243.0	344.0
8000<d≤10000	80≤b≤160	14.0	20.0	29.0	41.0	58.0	81.0	115.0	163.0	230.0
	160<b≤250	16.0	23.0	32.0	45.0	64.0	90.0	128.0	181.0	255.0
	250<b≤400	18.0	25.0	35.0	50.0	70.0	99.0	141.0	199.0	281.0
	400<b≤650	20.0	28.0	39.0	56.0	79.0	112.0	158.0	223.0	315.0
	650<b≤1000	22.0	32.0	45.0	63.0	89.0	126.0	178.0	252.0	357.0

表 8.2-117　螺旋线形状偏差 $f_{f\beta}$ 和螺旋线倾斜偏差 $\pm f_{H\beta}$

分度圆直径 d/mm	齿宽 b/mm	精度等级 4	5	6	7	8	9	10	11	12
		$f_{f\beta}$ 和 $\pm f_{H\beta}$/μm								
5≤d≤20	4≤b≤10	3.1	4.4	6.0	8.5	12.0	17.0	25.0	35.0	49.0
	10<b≤20	3.5	4.9	7.0	10.0	14.0	20.0	28.0	39.0	56.0
	20<b≤40	4.0	5.5	8.0	11.0	16.0	22.0	32.0	45.0	64.0
	40<b≤80	4.7	6.5	9.5	13.0	19.0	26.0	37.0	53.0	75.0
20<d≤50	4≤b≤10	3.2	4.5	6.5	9.0	13.0	18.0	26.0	36.0	51.0
	10<b≤20	3.6	5.0	7.0	10.0	14.0	20.0	29.0	41.0	58.0
	20<b≤40	4.1	6.0	8.0	12.0	16.0	23.0	33.0	46.0	65.0
	40<b≤80	4.8	7.0	9.5	14.0	19.0	27.0	38.0	54.0	77.0
	80<b≤160	6.0	8.0	12.0	16.0	23.0	33.0	46.0	65.0	93.0
50<d≤125	4≤b≤10	3.4	4.8	6.5	9.5	13.0	19.0	27.0	38.0	54.0
	10<b≤20	3.8	5.5	7.5	11.0	15.0	21.0	30.0	43.0	60.0
	20<b≤40	4.3	6.0	8.5	12.0	17.0	24.0	34.0	48.0	68.0
	40<b≤80	5.0	7.0	10.0	14.0	20.0	28.0	40.0	56.0	79.0
	80<b≤160	6.0	8.5	12.0	17.0	24.0	34.0	48.0	67.0	95.0
	160<b≤250	7.0	10.0	14.0	20.0	28.0	40.0	56.0	80.0	113.0
	250<b≤400	8.0	12.0	16.0	23.0	33.0	46.0	66.0	93.0	132.0

（续）

分度圆直径 d/mm	齿宽 b/mm	精度等级								
		4	5	6	7	8	9	10	11	12
		$f_{f\beta}$和$\pm f_{H\beta}$/μm								
125<d≤280	4≤b≤10	3.6	5.0	7.0	10.0	14.0	20.0	29.0	41.0	58.0
	10<b≤20	4.0	5.5	8.0	11.0	16.0	23.0	32.0	45.0	64.0
	20<b≤40	4.5	6.5	9.0	13.0	18.0	25.0	36.0	51.0	72.0
	40<b≤80	5.0	7.5	10.0	15.0	21.0	29.0	42.0	59.0	83.0
	80<b≤160	6.0	8.5	12.0	17.0	25.0	35.0	49.0	70.0	99.0
	160<b≤250	7.5	10.0	15.0	21.0	29.0	41.0	58.0	83.0	117.0
	250<b≤400	8.5	12.0	17.0	24.0	34.0	48.0	68.0	96.0	135.0
	400<b≤650	10.0	14.0	20.0	28.0	40.0	56.0	80.0	113.0	160.0
280<d≤560	10≤b≤20	4.3	6.0	8.5	12.0	17.0	24.0	34.0	49.0	69.0
	20<b≤40	4.8	7.0	9.5	14.0	19.0	27.0	38.0	54.0	77.0
	40<b≤80	5.5	8.0	11.0	16.0	22.0	31.0	44.0	62.0	88.0
	80<b≤160	6.5	9.0	13.0	18.0	26.0	37.0	52.0	73.0	104.0
	160<b≤250	7.5	11.0	15.0	22.0	30.0	43.0	61.0	86.0	122.0
	250<b≤400	9.0	12.0	18.0	25.0	35.0	50.0	70.0	99.0	140.0
	400<b≤650	10.0	15.0	21.0	29.0	41.0	58.0	82.0	116.0	165.0
	650<b≤1000	12.0	17.0	24.0	34.0	49.0	69.0	97.0	137.0	194.0
560<d≤1000	10≤b≤20	4.7	6.5	9.5	13.0	19.0	26.0	37.0	53.0	75.0
	20<b≤40	5.0	7.5	10.0	15.0	21.0	29.0	41.0	58.0	83.0
	40<b≤80	6.0	8.5	12.0	17.0	23.0	33.0	47.0	66.0	94.0
	80<b≤160	7.0	9.5	14.0	19.0	27.0	39.0	55.0	78.0	110.0
	160<b≤250	8.0	11.0	16.0	23.0	32.0	45.0	64.0	90.0	128.0
	250<b≤400	9.0	13.0	18.0	26.0	37.0	52.0	73.0	103.0	146.0
	400<b≤650	11.0	15.0	21.0	30.0	43.0	60.0	85.0	121.0	171.0
	650<b≤1000	13.0	18.0	25.0	35.0	50.0	71.0	100.0	142.0	200.0
1000<d≤1600	20≤b≤40	5.5	8.0	11.0	16.0	22.0	32.0	45.0	63.0	89.0
	40<b≤80	6.5	9.0	13.0	18.0	25.0	35.0	50.0	71.0	100.0
	80<b≤160	7.5	10.0	15.0	21.0	29.0	41.0	58.0	82.0	116.0
	160<b≤250	8.5	12.0	17.0	24.0	34.0	47.0	67.0	95.0	134.0
	250<b≤400	9.5	13.0	19.0	27.0	38.0	54.0	76.0	108.0	153.0
	400<b≤650	11.0	16.0	22.0	31.0	44.0	63.0	89.0	125.0	177.0
	650<b≤1000	13.0	18.0	26.0	37.0	52.0	73.0	103.0	146.0	207.0
1600<d≤2500	20≤b≤40	6.0	8.5	12.0	17.0	24.0	34.0	48.0	68.0	96.0
	40<b≤80	6.5	9.5	13.0	19.0	27.0	38.0	54.0	76.0	108.0
	80<b≤160	7.5	11.0	15.0	22.0	31.0	44.0	62.0	87.0	124.0
	160<b≤250	9.0	12.0	18.0	25.0	35.0	50.0	71.0	100.0	141.0
	250<b≤400	10.0	14.0	20.0	28.0	40.0	57.0	80.0	113.0	160.0
	400<b≤650	12.0	16.0	23.0	33.0	46.0	65.0	92.0	130.0	184.0
	650<b≤1000	13.0	19.0	27.0	38.0	53.0	76.0	107.0	151.0	214.0
2500<d≤4000	40≤b≤80	7.5	10.0	15.0	21.0	29.0	41.0	58.0	83.0	117.0
	80<b≤160	8.5	12.0	17.0	23.0	33.0	47.0	66.0	94.0	133.0
	160<b≤250	9.5	13.0	19.0	27.0	38.0	53.0	75.0	106.0	150.0
	250<b≤400	11.0	15.0	21.0	30.0	42.0	60.0	85.0	120.0	169.0
	400<b≤650	12.0	17.0	24.0	34.0	48.0	68.0	97.0	137.0	193.0
	650<b≤1000	14.0	20.0	28.0	39.0	56.0	79.0	112.0	158.0	223.0
4000<d≤6000	80≤b≤160	9.0	13.0	18.0	25.0	36.0	51.0	72.0	101.0	144.0
	160<b≤250	10.0	14.0	20.0	29.0	40.0	57.0	81.0	114.0	161.0
	250<b≤400	11.0	16.0	22.0	32.0	45.0	64.0	90.0	127.0	180.0

（续）

分度圆直径 d/mm	齿宽 b/mm	精度等级								
		4	5	6	7	8	9	10	11	12
		$f_{f\beta}$和$\pm f_{H\beta}$/μm								
4000<d≤6000	400<b≤650	13.0	18.0	26.0	36.0	51.0	72.0	102.0	144.0	204.0
	650<b≤1000	15.0	21.0	29.0	41.0	58.0	83.0	117.0	165.0	234.0
6000<d≤8000	80≤b≤160	9.5	14.0	19.0	27.0	39.0	54.0	77.0	109.0	154.0
	160<b≤250	11.0	15.0	21.0	30.0	43.0	61.0	86.0	122.0	172.0
	250<b≤400	12.0	17.0	24.0	34.0	48.0	67.0	95.0	135.0	190.0
	400<b≤650	13.0	19.0	27.0	38.0	54.0	76.0	107.0	152.0	215.0
	650<b≤1000	15.0	22.0	31.0	43.0	61.0	86.0	122.0	173.0	244.0
8000<d≤10000	80≤b≤160	10.0	14.0	20.0	29.0	41.0	58.0	81.0	115.0	163.0
	160<b≤250	11.0	16.0	23.0	32.0	45.0	64.0	90.0	128.0	181.0
	250<b≤400	12.0	18.0	25.0	35.0	50.0	70.0	100.0	141.0	199.0
	400<b≤650	14.0	20.0	28.0	40.0	56.0	79.0	112.0	158.0	224.0
	650<b≤1000	16.0	22.0	32.0	45.0	63.0	90.0	127.0	179.0	253.0

表 8.2-118 f_i'/K 的比值

分度圆直径 d/mm	模数 m/mm	精度等级								
		4	5	6	7	8	9	10	11	12
		(f_i'/K)/μm								
5≤d≤20	0.5≤m≤2	9.5	14.0	19.0	27.0	38.0	54.0	77.0	109.0	154.0
	2<m≤3.5	11.0	16.0	23.0	32.0	45.0	64.0	91.0	129.0	182.0
20<d≤50	0.5≤m≤2	10.0	14.0	20.0	29.0	41.0	58.0	82.0	115.0	163.0
	2<m≤3.5	12.0	17.0	24.0	34.0	48.0	68.0	96.0	135.0	191.0
	3.5<m≤6	14.0	19.0	27.0	38.0	54.0	77.0	108.0	153.0	217.0
	6<m≤10	16.0	22.0	31.0	44.0	63.0	89.0	125.0	177.0	251.0
50<d≤125	0.5≤m≤2	11.0	16.0	22.0	31.0	44.0	62.0	88.0	124.0	176.0
	2<m≤3.5	13.0	18.0	25.0	36.0	51.0	72.0	102.0	144.0	204.0
	3.5<m≤6	14.0	20.0	29.0	40.0	57.0	81.0	115.0	162.0	229.0
	6<m≤10	16.0	23.0	33.0	47.0	66.0	93.0	132.0	186.0	263.0
	10<m≤16	19.0	27.0	38.0	54.0	77.0	109.0	154.0	218.0	308.0
	16<m≤25	23.0	32.0	46.0	65.0	91.0	129.0	183.0	259.0	366.0
125<d≤280	0.5≤m≤2	12.0	17.0	24.0	34.0	49.0	69.0	97.0	137.0	194.0
	2<m≤3.5	14.0	20.0	28.0	39.0	56.0	79.0	111.0	157.0	222.0
	3.5<m≤6	15.0	22.0	31.0	44.0	62.0	88.0	124.0	175.0	247.0
	6<m≤10	18.0	25.0	35.0	50.0	70.0	100.0	141.0	199.0	281.0
	10<m≤16	20.0	29.0	41.0	58.0	82.0	115.0	163.0	231.0	326.0
	16<m≤25	24.0	34.0	48.0	68.0	96.0	136.0	192.0	272.0	384.0
	25<m≤40	29.0	41.0	58.0	82.0	116.0	165.0	233.0	329.0	465.0
280<d≤560	0.5≤m≤2	14.0	19.0	27.0	39.0	54.0	77.0	109.0	154.0	218.0
	2<m≤3.5	15.0	22.0	31.0	44.0	62.0	87.0	123.0	174.0	246.0
	3.5<m≤6	17.0	24.0	34.0	48.0	68.0	96.0	136.0	192.0	271.0
	6<m≤10	19.0	27.0	38.0	54.0	76.0	108.0	153.0	216.0	305.0
	10<m≤16	22.0	31.0	44.0	62.0	88.0	124.0	175.0	248.0	350.0
	16<m≤25	26.0	36.0	51.0	72.0	102.0	144.0	204.0	289.0	408.0
	25<m≤40	31.0	43.0	61.0	86.0	122.0	173.0	245.0	346.0	489.0
	40<m≤70	39.0	55.0	78.0	110.0	155.0	220.0	311.0	439.0	621.0
560<d≤1000	0.5≤m≤2	15.0	22.0	31.0	44.0	62.0	87.0	123.0	174.0	247.0
	2<m≤3.5	17.0	24.0	34.0	49.0	69.0	97.0	137.0	194.0	275.0
	3.5<m≤6	19.0	27.0	38.0	53.0	75.0	106.0	150.0	212.0	300.0
	6<m≤10	21.0	30.0	42.0	59.0	84.0	118.0	167.0	236.0	334.0

（续）

分度圆直径 d/mm	模数 m/mm	精度等级								
		4	5	6	7	8	9	10	11	12
		$(f_i'/K)/\mu m$								
560<d≤1000	10<m≤16	24.0	33.0	47.0	67.0	95.0	134.0	189.0	268.0	379.0
	16<m≤25	27.0	39.0	55.0	77.0	109.0	154.0	218.0	309.0	437.0
	25<m≤40	32.0	46.0	65.0	92.0	129.0	183.0	259.0	366.0	518.0
	40<m≤70	41.0	57.0	81.0	115.0	163.0	230.0	325.0	460.0	650.0
1000<d≤1600	2≤m≤3.5	19.0	27.0	38.0	54.0	77.0	108.0	153.0	217.0	307.0
	3.5<m≤6	21.0	29.0	41.0	59.0	83.0	117.0	166.0	235.0	332.0
	6<m≤10	23.0	32.0	46.0	65.0	91.0	129.0	183.0	259.0	366.0
	10<m≤16	26.0	36.0	51.0	73.0	103.0	145.0	205.0	290.0	410.0
	16<m≤25	29.0	41.0	59.0	83.0	117.0	166.0	234.0	331.0	468.0
	25<m≤40	34.0	49.0	69.0	97.0	137.0	194.0	275.0	389.0	550.0
	40<m≤70	43.0	60.0	85.0	120.0	170.0	241.0	341.0	482.0	682.0
1600<d≤2500	3.5≤m≤6	23.0	32.0	46.0	65.0	92.0	130.0	183.0	259.0	367.0
	6<m≤10	25.0	35.0	50.0	71.0	100.0	142.0	200.0	283.0	401.0
	10<m≤16	28.0	39.0	56.0	79.0	111.0	158.0	223.0	315.0	446.0
	16<m≤25	31.0	45.0	63.0	89.0	126.0	178.0	252.0	356.0	504.0
	25<m≤40	37.0	52.0	73.0	103.0	146.0	207.0	292.0	413.0	585.0
	40<m≤70	45.0	63.0	90.0	127.0	179.0	253.0	358.0	507.0	717.0
2500<d≤4000	6≤m≤10	28.0	39.0	56.0	79.0	111.0	157.0	223.0	315.0	445.0
	10<m≤16	31.0	43.0	61.0	87.0	122.0	173.0	245.0	346.0	490.0
	16<m≤25	34.0	48.0	68.0	97.0	137.0	194.0	274.0	387.0	548.0
	25<m≤40	39.0	56.0	79.0	111.0	157.0	222.0	315.0	445.0	629.0
	40<m≤70	48.0	67.0	95.0	135.0	190.0	269.0	381.0	538.0	761.0
4000<d≤6000	6≤m≤10	31.0	44.0	62.0	88.0	125.0	176.0	249.0	352.0	498.0
	10<m≤16	34.0	48.0	68.0	96.0	136.0	192.0	271.0	384.0	543.0
	16<m≤25	38.0	53.0	75.0	106.0	150.0	212.0	300.0	425.0	601.0
	25<m≤40	43.0	60.0	85.0	121.0	170.0	241.0	341.0	482.0	682.0
	40<m≤70	51.0	72.0	102.0	144.0	204.0	288.0	407.0	576.0	814.0
6000<d≤8000	10≤m≤16	37.0	52.0	74.0	105.0	148.0	210.0	297.0	420.0	594.0
	16<m≤25	41.0	58.0	81.0	115.0	163.0	230.0	326.0	461.0	652.0
	25<m≤40	46.0	65.0	92.0	130.0	183.0	259.0	366.0	518.0	733.0
	40<m≤70	54.0	76.0	108.0	153.0	216.0	306.0	432.0	612.0	865.0
8000<d≤10000	10≤m≤16	40.0	56.0	80.0	113.0	159.0	225.0	319.0	451.0	637.0
	16<m≤25	43.0	61.0	87.0	123.0	174.0	246.0	348.0	492.0	695.0
	25<m≤40	49.0	69.0	97.0	137.0	194.0	275.0	388.0	549.0	777.0
	40<m≤70	57.0	80.0	114.0	161.0	227.0	321.0	454.0	642.0	909.0

注：1. f_i'的偏差值，由表中值乘以 K 计算得出。K 值见表 8.2-110。

2. 表中 m 为法向模数。

表 8.2-119　径向综合偏差 F_i''

分度圆直径 d/mm	法向模数 m_n/mm	精度等级								
		4	5	6	7	8	9	10	11	12
		$F_i''/\mu m$								
5≤d≤20	$0.2\le m_n\le0.5$	7.5	11	15	21	30	42	60	85	120
	$0.5<m_n\le0.8$	8.0	12	16	23	33	46	66	93	131
	$0.8<m_n\le1.0$	9.0	12	18	25	35	50	70	100	141
	$1.0<m_n\le1.5$	10	14	19	27	38	54	76	108	153
	$1.5<m_n\le2.5$	11	16	22	32	45	63	89	126	179
	$2.5<m_n\le4.0$	14	20	28	39	56	79	112	158	223

（续）

分度圆直径 d/mm	法向模数 m_n/mm	精度等级 4	5	6	7	8	9	10	11	12
		$F_i''/\mu m$								
$20<d\leqslant50$	$0.2\leqslant m_n\leqslant0.5$	9.0	13	19	26	37	52	74	105	148
	$0.5<m_n\leqslant0.8$	10	14	20	28	40	56	80	113	160
	$0.8<m_n\leqslant1.0$	11	15	21	30	42	60	85	120	169
	$1.0<m_n\leqslant1.5$	11	16	23	32	45	64	91	128	181
	$1.5<m_n\leqslant2.5$	13	18	26	37	52	73	103	146	207
	$2.5<m_n\leqslant4.0$	16	22	31	44	63	89	126	178	251
	$4.0<m_n\leqslant6.0$	20	28	39	56	79	111	157	222	314
	$6.0<m_n\leqslant10$	26	37	52	74	104	147	209	295	417
$50<d\leqslant125$	$0.2\leqslant m_n\leqslant0.5$	12	16	23	33	46	66	93	131	185
	$0.5<m_n\leqslant0.8$	12	17	25	35	49	70	98	139	197
	$0.8<m_n\leqslant1.0$	13	18	26	36	52	73	103	146	206
	$1.0<m_n\leqslant1.5$	14	19	27	39	55	77	109	154	218
	$1.5<m_n\leqslant2.5$	15	22	31	43	61	86	122	173	244
	$2.5<m_n\leqslant4.0$	18	25	36	51	72	102	144	204	288
	$4.0<m_n\leqslant6.0$	22	31	44	62	88	124	176	248	351
	$6.0<m_n\leqslant10$	28	40	57	80	114	161	227	321	454
$125<d\leqslant280$	$0.2\leqslant m_n\leqslant0.5$	15	21	30	42	60	85	120	170	240
	$0.5<m_n\leqslant0.8$	16	22	31	44	63	89	126	178	252
	$0.8<m_n\leqslant1.0$	16	23	33	46	65	92	131	185	261
	$1.0<m_n\leqslant1.5$	17	24	34	48	68	97	137	193	273
	$1.5<m_n\leqslant2.5$	19	26	37	53	75	106	149	211	299
	$2.5<m_n\leqslant4.0$	21	30	43	61	86	121	172	243	343
	$4.0<m_n\leqslant6.0$	25	36	51	72	102	144	203	287	406
	$6.0<m_n\leqslant10$	32	45	64	90	127	180	255	360	509
$280<d\leqslant560$	$0.2\leqslant m_n\leqslant0.5$	19	28	39	55	78	110	156	220	311
	$0.5<m_n\leqslant0.8$	20	29	40	57	81	114	161	228	323
	$0.8<m_n\leqslant1.0$	21	29	42	59	83	117	166	235	332
	$1.0<m_n\leqslant1.5$	22	30	43	61	86	122	172	243	344
	$1.5<m_n\leqslant2.5$	23	33	46	65	92	131	185	262	370
	$2.5<m_n\leqslant4.0$	26	37	52	73	104	146	207	293	414
	$4.0<m_n\leqslant6.0$	30	42	60	84	119	169	239	337	477
	$6.0<m_n\leqslant10$	36	51	73	103	145	205	290	410	580
$560<d\leqslant1000$	$0.2\leqslant m_n\leqslant0.5$	25	35	50	70	99	140	198	280	396
	$0.5<m_n\leqslant0.8$	25	36	51	72	102	144	204	288	408
	$0.8<m_n\leqslant1.0$	26	37	52	74	104	148	209	295	417
	$1.0<m_n\leqslant1.5$	27	38	54	76	107	152	215	304	429
	$1.5<m_n\leqslant2.5$	28	40	57	80	114	161	228	322	455
	$2.5<m_n\leqslant4.0$	31	44	62	88	125	177	250	353	499
	$4.0<m_n\leqslant6.0$	35	50	70	99	141	199	281	398	562
	$6.0<m_n\leqslant10$	42	59	83	118	166	235	333	471	665

表 8.2-120　齿轮一齿径向综合偏差 f_i''

分度圆直径 d/mm	法向模数 m_n/mm	精度等级								
		4	5	6	7	8	9	10	11	12
		f_i''/μm								
$5 \leqslant d \leqslant 20$	$0.2 \leqslant m_n \leqslant 0.5$	1.0	2.0	2.5	3.5	5.0	7.0	10	14	20
	$0.5 < m_n \leqslant 0.8$	2.0	2.5	4.0	5.5	7.5	11	15	22	31
	$0.8 < m_n \leqslant 1.0$	2.5	3.5	5.0	7.0	10	14	20	28	39
	$1.0 < m_n \leqslant 1.5$	3.0	4.5	6.5	9.0	13	18	25	36	50
	$1.5 < m_n \leqslant 2.5$	4.5	6.5	9.5	13	19	26	37	53	74
	$2.5 < m_n \leqslant 4.0$	7.0	10	14	20	29	41	58	82	115
$20 < d \leqslant 50$	$0.2 \leqslant m_n \leqslant 0.5$	1.5	2.0	2.5	3.5	5.0	7.0	10	14	20
	$0.5 < m_n \leqslant 0.8$	2.0	2.5	4.0	5.5	7.5	11	15	22	31
	$0.8 < m_n \leqslant 1.0$	2.5	3.5	5.0	7.0	10	14	20	28	40
	$1.0 < m_n \leqslant 1.5$	3.0	4.5	6.5	9.0	13	18	25	36	51
	$1.5 < m_n \leqslant 2.5$	4.5	6.5	9.5	13	19	26	37	53	75
	$2.5 < m_n \leqslant 4.0$	7.0	10	14	20	29	41	58	82	116
	$4.0 < m_n \leqslant 6.0$	11	15	22	31	43	61	87	123	174
	$6.0 < m_n \leqslant 10$	17	24	34	48	67	95	135	190	269
$50 < d \leqslant 125$	$0.2 \leqslant m_n \leqslant 0.5$	1.5	2.0	2.5	3.5	5.0	7.5	10	15	21
	$0.5 < m_n \leqslant 0.8$	2.0	3.0	4.0	5.5	8.0	11	16	22	31
	$0.8 < m_n \leqslant 1.0$	2.5	3.5	5.0	7.0	10	14	20	28	40
	$1.0 < m_n \leqslant 1.5$	3.0	4.5	6.5	9.0	13	18	26	36	51
	$1.5 < m_n \leqslant 2.5$	4.5	6.5	9.5	13	19	26	37	53	75
	$2.5 < m_n \leqslant 4.0$	7.0	10	14	20	29	41	58	82	116
	$4.0 < m_n \leqslant 6.0$	11	15	22	31	44	62	87	123	174
	$6.0 < m_n \leqslant 10$	17	24	34	48	67	95	135	191	269
$125 < d \leqslant 280$	$0.2 \leqslant m_n \leqslant 0.5$	1.5	2.0	2.5	3.5	5.5	7.5	11	15	21
	$0.5 < m_n \leqslant 0.8$	2.0	3.0	4.0	5.5	8.0	11	16	22	32
	$0.8 < m_n \leqslant 1.0$	2.5	3.5	5.0	7.0	10	14	20	29	41
	$1.0 < m_n \leqslant 1.5$	3.0	4.5	6.5	9.0	13	18	26	36	52
	$1.5 < m_n \leqslant 2.5$	4.5	6.5	9.5	13	19	27	38	53	75
	$2.5 < m_n \leqslant 4.0$	7.5	10	15	21	29	41	58	82	116
	$4.0 < m_n \leqslant 6.0$	11	15	22	31	44	62	87	124	175
	$6.0 < m_n \leqslant 10$	17	24	34	48	67	95	135	191	270
$280 < d \leqslant 560$	$0.2 \leqslant m_n \leqslant 0.5$	1.5	2.0	2.5	4.0	5.5	7.5	11	15	22
	$0.5 < m_n \leqslant 0.8$	2.0	3.0	4.0	5.5	8.0	11	16	23	32
	$0.8 < m_n \leqslant 1.0$	2.5	3.5	5.0	7.5	10	15	21	29	41
	$1.0 < m_n \leqslant 1.5$	3.5	4.5	6.5	9.0	13	18	26	37	52
	$1.5 < m_n \leqslant 2.5$	5.0	6.5	9.5	13	19	27	38	54	76
	$2.5 < m_n \leqslant 4.0$	7.5	10	15	21	29	41	59	83	117
	$4.0 < m_n \leqslant 6.0$	11	15	22	31	44	62	88	124	175
	$6.0 < m_n \leqslant 10$	17	24	34	48	68	96	135	191	271
$560 < d \leqslant 1000$	$0.2 \leqslant m_n \leqslant 0.5$	1.5	2.0	3.0	4.0	5.5	8.0	11	16	23
	$0.5 < m_n \leqslant 0.8$	2.0	3.0	4.0	6.0	8.5	12	17	24	33
	$0.8 < m_n \leqslant 1.0$	2.5	3.5	5.5	7.5	11	15	21	30	42
	$1.0 < m_n \leqslant 1.5$	3.5	4.5	6.5	9.5	13	19	27	38	53
	$1.5 < m_n \leqslant 2.5$	5.0	7.0	9.5	14	19	27	38	54	77
	$2.5 < m_n \leqslant 4.0$	7.5	10	15	21	30	42	59	83	118
	$4.0 < m_n \leqslant 6.0$	11	16	22	31	44	62	88	125	176
	$6.0 < m_n \leqslant 10$	17	24	34	48	68	96	136	192	272

表 8.2-121　径向跳动公差 F_r

分度圆直径 d/mm	模数 m_n/mm	精度等级								
		4	5	6	7	8	9	10	11	12
		F_r/μm								
$5 \leqslant d \leqslant 20$	$0.5 \leqslant m_n \leqslant 2.0$	6.5	9.0	13	18	25	36	51	72	102
	$2.0 < m_n \leqslant 3.5$	6.5	9.5	13	19	27	38	53	75	106
$20 < d \leqslant 50$	$0.5 \leqslant m_n \leqslant 2.0$	8.0	11	16	23	32	46	65	92	130
	$2.0 < m_n \leqslant 3.5$	8.5	12	17	24	34	47	67	95	134
	$3.5 < m_n \leqslant 6.0$	8.5	12	17	25	35	49	70	99	139
	$6.0 < m_n \leqslant 10$	9.5	13	19	26	37	52	74	105	148
$50 < d \leqslant 125$	$0.5 \leqslant m_n \leqslant 2.0$	10	15	21	29	42	59	83	118	167
	$2.0 < m_n \leqslant 3.5$	11	15	21	30	43	61	86	121	171
	$3.5 < m_n \leqslant 6.0$	11	16	22	31	44	62	88	125	176
	$6.0 < m_n \leqslant 10$	12	16	23	33	46	65	92	131	185
	$10 < m_n \leqslant 16$	12	18	25	35	50	70	99	140	198
	$16 < m_n \leqslant 25$	14	19	27	39	55	77	109	154	218
$125 < d \leqslant 280$	$0.5 \leqslant m_n \leqslant 2.0$	14	20	28	39	55	78	110	156	221
	$2.0 < m_n \leqslant 3.5$	14	20	28	40	56	80	113	159	225
	$3.5 < m_n \leqslant 6.0$	14	20	29	41	58	82	115	163	231
	$6.0 < m_n \leqslant 10$	15	21	30	42	60	85	120	169	239
	$10 < m_n \leqslant 16$	16	22	32	45	63	89	126	179	252
	$16 < m_n \leqslant 25$	17	24	34	48	68	96	136	193	272
	$25 < m_n \leqslant 40$	19	27	38	54	76	107	152	215	304
$280 < d \leqslant 560$	$0.5 \leqslant m_n \leqslant 2.0$	18	26	36	51	73	103	146	206	291
	$2.0 < m_n \leqslant 3.5$	18	26	37	52	74	105	148	209	269
	$3.5 < m_n \leqslant 6.0$	19	27	38	53	75	106	150	213	301
	$6.0 < m_n \leqslant 10$	19	27	39	55	77	109	155	219	310
	$10 < m_n \leqslant 16$	20	29	40	57	81	114	161	228	323
	$16 < m_n \leqslant 25$	21	30	43	61	86	121	171	242	343
	$25 < m_n \leqslant 40$	23	33	47	66	94	132	187	265	374
	$40 < m_n \leqslant 70$	27	38	54	76	108	153	216	306	432
$560 < d \leqslant 1000$	$0.5 \leqslant m_n \leqslant 2.0$	23	33	47	66	94	133	188	266	376
	$2.0 < m_n \leqslant 3.5$	24	34	48	67	95	134	190	269	380
	$3.5 < m_n \leqslant 6.0$	24	34	48	68	96	136	193	272	385
	$6.0 < m_n \leqslant 10$	25	35	49	70	98	139	197	279	394
	$10 < m_n \leqslant 16$	25	36	51	72	102	144	204	288	407
	$16 < m_n \leqslant 25$	27	38	53	76	107	151	214	302	427
	$25 < m_n \leqslant 40$	29	41	57	81	115	162	229	324	459
	$40 < m_n \leqslant 70$	32	46	65	91	129	183	258	365	517
$1000 < d \leqslant 1600$	$2.0 \leqslant m_n \leqslant 3.5$	30	42	59	84	118	167	236	334	473
	$3.5 < m_n \leqslant 6.0$	30	42	60	85	120	169	239	338	478
	$6.0 < m_n \leqslant 10$	30	43	61	86	122	172	243	344	487
	$10 < m_n \leqslant 16$	31	44	63	88	125	177	250	354	500
	$16 < m_n \leqslant 25$	33	46	65	92	130	184	260	368	520
	$25 < m_n \leqslant 40$	34	49	69	98	138	195	276	390	552
	$40 < m_n \leqslant 70$	38	54	76	108	152	215	305	431	609
$1600 < d \leqslant 2500$	$3.5 \leqslant m_n \leqslant 6.0$	36	51	73	103	145	206	291	411	582
	$6.0 < m_n \leqslant 10$	37	52	74	104	148	209	295	417	590
	$10 < m_n \leqslant 16$	38	53	75	107	151	213	302	427	604
	$16 < m_n \leqslant 25$	39	55	78	110	156	220	312	441	624
	$25 < m_n \leqslant 40$	41	58	82	116	164	232	328	463	655
	$40 < m_n \leqslant 70$	45	63	89	126	178	252	357	504	713

（续）

分度圆直径 d/mm	模数 m_n/mm	精度等级								
		4	5	6	7	8	9	10	11	12
		F_r/μm								
2500<d≤4000	6.0≤m_n≤10	45	64	90	127	180	255	360	510	721
	10<m_n≤16	46	65	92	130	183	259	367	519	734
	16<m_n≤25	47	67	94	133	188	267	377	533	754
	25<m_n≤40	49	69	98	139	196	278	393	555	785
	40<m_n≤70	53	75	105	149	211	298	422	596	843
4000<d≤6000	6.0≤m_n≤10	55	77	110	155	219	310	438	620	876
	10<m_n≤16	56	79	111	157	222	315	445	629	890
	16<m_n≤25	57	80	114	161	227	322	455	643	910
	25<m_n≤40	59	83	118	166	235	333	471	665	941
	40<m_n≤70	62	88	125	177	250	353	499	706	999
6000<d≤8000	6.0≤m_n≤10	64	91	128	181	257	363	513	726	1026
	10≤m_n≤16	65	92	130	184	260	367	520	735	1039
	16<m_n≤25	66	94	132	187	265	375	530	749	1059
	25<m_n≤40	68	96	136	193	273	386	545	771	1091
	40<m_n≤70	72	102	144	203	287	406	574	812	1149
8000<d≤10000	6.0≤m_n≤10	72	102	144	204	289	408	577	816	1154
	10<m_n≤16	73	103	146	206	292	413	584	826	1168
	16<m_n≤25	74	105	148	210	297	420	594	840	1188
	25<m_n≤40	76	108	152	216	305	431	610	862	1219
	40<m_n≤70	80	113	160	226	319	451	639	903	1277

7.4 齿厚与侧隙

7.4.1 齿厚

在分度圆柱上法向平面的公称齿厚是指齿厚理论值，具有理论齿厚的齿轮与具有理论齿厚的相配齿轮在理论中心距下无侧隙啮合。公称齿厚 s_n 的计算公式为

外齿轮　$$s_n = m_n\left(\frac{\pi}{2} + 2\tan\alpha_n x\right) \tag{8.2-53}$$

内齿轮　$$s_n = m_n\left(\frac{\pi}{2} - 2\tan\alpha_n x\right) \tag{8.2-54}$$

式中　m_n——法向模数（mm）；

α_n——法向压力角（°）；

x——径向变位系数。

对于斜齿轮，s_n 值在法向测量。

为保证一对齿轮在规定的侧隙下运行，控制相配齿轮的齿厚是十分重要的。在有些情况下，由于齿顶高的变位，要在分度圆直径 d 处测量齿厚不太容易，因而在表 8.2-122 中给出任意直径 d_y 处齿厚（见图 8.2-52）的计算式。

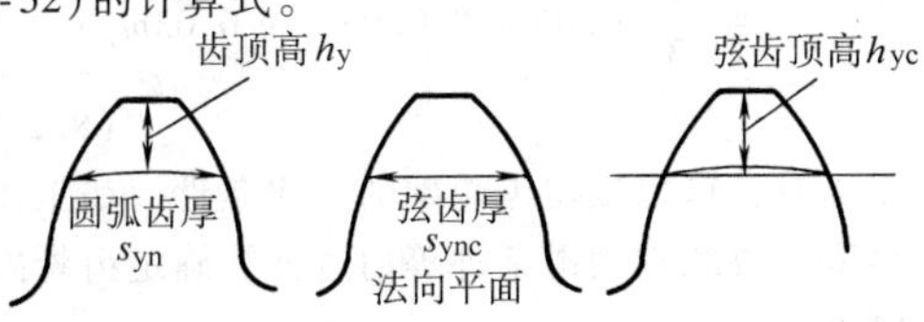

图 8.2-52　弦齿顶高和弦齿厚

表 8.2-122　任意直径 d_y 处齿厚计算式

测量位置 d_y	$d_y = d + 2m_n x$
弦齿厚 s_{ync}	$s_{ync} = d_{yn}\sin\left(\frac{s_{yn}}{d_{yn}}\frac{180}{\pi}\right)$ 式中　$d_{yn} = d_y - d + \frac{d}{\cos^2\beta_b}$ $s_{yn} = s_{yt}\cos\beta_y$ $s_{yt} = d_y\left(\frac{s_n}{d\cos\beta} + \mathrm{inv}\alpha_t - \mathrm{inv}\alpha_{yt}\right)$ $\cos\alpha_{yt} = \frac{d\cos\alpha_t}{d_y}$ $\tan\beta_y = \frac{d_y\tan\beta}{d}$ $\sin\beta_b = \sin\beta\cos\alpha_n$
弦齿顶高 h_{yc}	$h_{yc} = h_y + \frac{d_{yn}}{2}\left[1 - \cos\left(\frac{s_{yn}}{d_{yn}}\frac{180}{\pi}\right)\right]$ 式中　$h_y = \frac{d_a - d_y}{2}$

注：1. 标准推荐在 $d_y = d + 2m_n x$ 处测量齿厚。

2. 本表中公式适用于用齿厚游标卡尺测量外齿轮的齿厚。

7.4.2　侧隙的术语和定义（见表8.2-123）

表8.2-123　侧隙的术语和定义

术语	定　义	说　明
侧隙	两相啮合齿轮工作齿面接触时,在两非工作齿面间形成的间隙,它是节圆上齿槽宽度超过相啮合的轮齿齿厚的量	1)属于GB/Z 18620.2—2008 2)最紧中心距,对于外齿轮是指最小的工作中心距,对于内齿轮是指最大的工作中心距 3)法向侧隙与圆周侧隙的关系(见图8.2-53) $j_{bn}=j_{wt}\cos\alpha_t\cos\beta_b$ β_b—基圆螺旋角 4)径向侧隙与圆周侧隙的关系 $j_r=\dfrac{j_{wt}}{2\tan\alpha_t}$ 5)齿厚上极限偏差与最小法向侧隙j_{bnmin}的关系 $j_{bnmin}=\lvert(E_{sns1}+E_{sns2})\rvert\cos\alpha_n$
圆周侧隙j_{wt}	两相啮合齿轮中的一个齿轮固定时,另一个齿轮能转过的节圆弧长的最大值	
最小侧隙j_{wtmin}	节圆上的最小圆周侧隙,即具有最大允许实效齿厚的轮齿与也具有最大允许实效齿厚的配对轮齿相啮合时,在静态条件下,在最紧允许中心距时的圆周侧隙	
最大侧隙j_{wtmax}	节圆上的最大圆周侧隙,即具有最小允许实效齿厚的轮齿与也具有最小允许实效齿厚的配对轮齿相啮合时,在静态条件下,在最大允许中心距时的圆周侧隙	
法向侧隙j_{bn}	两相啮合齿轮工作齿面接触时,其两非工作齿面间的最短距离(见图8.2-54)	
径向侧隙j_r	将两相啮合齿轮的中心距缩小,直到其左右两齿面都相接触时,这个缩小量即为径向侧隙	

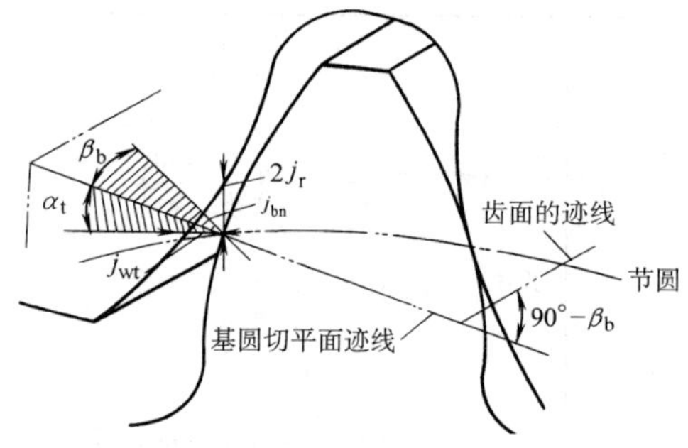

图8.2-53　圆周侧隙j_{wt}、法向侧隙j_{bn}与径向侧隙j_r之间的关系

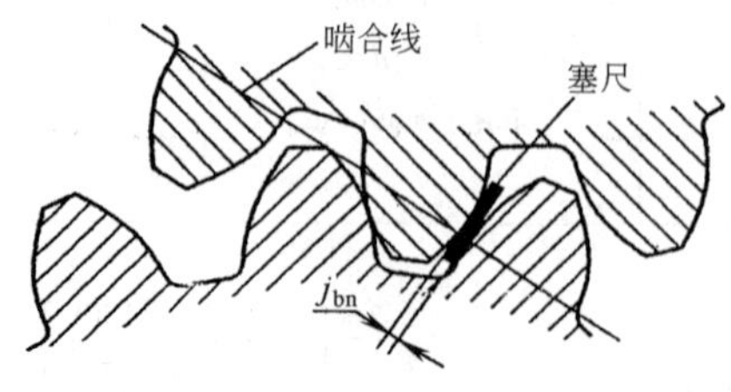

图8.2-54　用塞尺测量法向侧隙

7.4.3　最小法向侧隙

侧隙受一对齿轮运行时的中心距以及每个齿轮的实际齿厚所控制。运行时还因速度、温度和载荷等的变化而变化。在静态可测量的条件下，必须要有足够的侧隙，以保证在带载荷运行最不利的工作条件下仍有足够的侧隙。

表8.2-124列出了对于中、大模数齿轮推荐的最小法向侧隙。这些传动装置是用黑色金属齿轮和箱体制造的，工作时节圆线速度小于15m/s，其箱体、轴和轴承都采用常用商业制造公差。

表8.2-124　对于中、大模数齿轮推荐的最小法向侧隙j_{bnmin}　(mm)

m_n	最小中心距a_i					
	50	100	200	400	800	1600
1.5	0.09	0.11	—	—	—	—
2	0.10	0.12	0.15	—	—	—
3	0.12	0.14	0.17	0.24	—	—
5	—	0.18	0.21	0.28	—	—
8	—	0.24	0.27	0.34	0.47	—
12	—	—	0.35	0.42	0.55	—
18	—	—	—	0.54	0.67	0.94

表8.2-124中的数值是按式（8.2-55）计算的。

$$j_{bnmin}=\frac{2}{3}(0.06+0.0005a_i+0.03m_n)\tag{8.2-55}$$

需要时，可以根据齿轮副的工作条件，如工作速度、温度、负载和润滑条件等通过计算确定齿轮副的最小侧隙j_{bnmin}。

$$j_{bnmin} = j_{bnmin1} + j_{bnmin2} \quad (8.2\text{-}56)$$

其中，j_{bnmin1}（μm）为补偿温度变化引起的齿轮及箱体热变形所必需的最小侧隙。

$$j_{bnmin1} = 1000a(\alpha_1\Delta t_1 - \alpha_2\Delta t_2)2\sin\alpha_n \quad (8.2\text{-}57)$$

式中　a——齿轮副中心距（mm）；

α_1、α_2——箱体、齿轮材料的线胀系数；

Δt_1、Δt_2——齿轮温度 t_1、箱体温度 t_2 与标准温度之差（°C）；

$\Delta t_1 = t_1 - 20℃$，$\Delta t_2 = t_2 - 20℃$；

α_n——法向压力角。

j_{bnmin2} 为保证正常润滑条件所必需的最小侧隙，可根据润滑方式和圆周速度查表 8.2-125。

表 8.2-125　最小侧隙 j_{bnmin2}　（μm）

润滑方式	齿轮圆周速度/m·s^{-1}			
	≤10	>10~25	>25~60	>60
喷油润滑	$10m_n$	$20m_n$	$30m_n$	$(30\sim50)m_n$
油池润滑	$(5\sim10)m_n$			

7.4.4　齿厚的公差与偏差

齿厚公差的选择，基本上与轮齿的精度无关。在很多应用场合，允许用较宽的齿厚公差或工作侧隙。这样做不会影响齿轮的性能和承载能力，却可以获得较经济的制造成本。除非十分必要，不应选择很紧的齿厚公差。如果出于工作运行的原因必须控制最大侧隙时，则必须对各影响因素仔细研究，对有关齿轮的精度等级、中心距公差和测量方法予以仔细地规定。

当设计者在无经验的情况下，可参考表 8.2-126 来计算齿厚公差。

齿厚偏差是指实际齿厚与公称齿厚之差（对于斜齿轮系指法向齿厚）。为了获得齿轮副最小侧隙，必须对齿厚削薄。其最小削薄量即齿厚上偏差除了取决于最小侧隙外，还要考虑齿轮和齿轮副的加工和安装误差的影响。例如，中心距的下极限偏差（$-f_a$），轴线平行度（$f_{\Sigma\beta}$、$f_{\Sigma\delta}$）、基节偏差（$-f_{pb}$）、螺旋线总偏差（F_β）等，可参考表 8.2-127 确定齿厚偏差。

表 8.2-126　齿厚公差 T_{sn}

齿厚公差/μm	$T_{sn} = 2\tan\alpha_n\sqrt{F_r^2 + b_r^2}$ F_r—径向跳动公差（μm），见表 8.2-121 α_n—法向压力角 b_r—切齿径向进刀公差（μm）							
齿轮精度等级	3	4	5	6	7	8	9	10
b_r	IT7	1.26IT7	IT8	1.26IT8	IT9	1.26IT9	IT10	1.26IT10

注：IT 为标准公差单位，按齿轮分度圆直径查取数值。

表 8.2-127　齿厚偏差　（μm）

大、小齿轮齿厚上极限偏差之和	$E_{sns1} + E_{sns2} = -2f_a\tan\alpha_n - \dfrac{j_{bnmin} + j_n}{\cos\alpha_n}$
f_a	中心距偏差，见表 8.2-139
j_{bnmin}	最小法向侧隙
j_n	齿轮和齿轮副的加工和安装误差对侧隙减少的补偿量 $j_n = \sqrt{(f_{pt1}\cos\alpha_t)^2 + (f_{pt2}\cos\alpha_t)^2 + (F_{\beta1}\cos\alpha_n)^2 + (F_{\beta2}\cos\alpha_n)^2 + (f_{\Sigma\delta}\sin\alpha_n)^2 + (f_{\Sigma\beta}\cos\alpha_n)^2}$ f_{pt1}、f_{pt2}—小齿轮与大齿轮的基圆齿距偏差（μm），见表 8.2-111 $F_{\beta1}$、$F_{\beta2}$—小齿轮与大齿轮的螺旋线总偏差（μm），见表 8.2-116 α_t、α_n—端面和法向压力角 $f_{\Sigma\delta}$、$f_{\Sigma\beta}$—齿轮副轴线的平行度偏差（μm） $f_{\Sigma\beta} = 0.5\left(\dfrac{L}{b}\right)F_\beta$ ①，$f_{\Sigma\delta} = 2f_{\Sigma\beta}$ 式中　L—轴承跨距（mm） b—齿宽（mm）
齿厚上极限偏差	将大、小齿轮齿厚上极限偏差之和分配给小齿轮和大齿轮，有两种方法： 方法一：等值分配，大、小齿轮齿厚上极限偏差相等，　$E_{sns1} = E_{sns2}$； 方法二：不等值分配，大齿轮齿厚的减薄量大于小齿轮齿厚的减薄量， $\lvert E_{sns1}\rvert < \lvert E_{sns2}\rvert$
齿厚下极限偏差	$E_{sni1} = E_{sns1} - T_{sn}$ $E_{sni2} = E_{sns2} - T_{sn}$

① 两齿轮分别计算，取小值。

7.4.5 公法线长度偏差

当齿厚有减薄量时，公法线长度也变小，因此齿厚偏差也可用公法线长度偏差 E_{bn} 代替。GB/Z 18620.2—2008 给出了齿厚偏差与公法线长度偏差的关系式。

公法线长度上极限偏差

$$E_{bns} = E_{sns}\cos\alpha_n \tag{8.2-58}$$

公法线长度下极限偏差

$$E_{bni} = E_{sni}\cos\alpha_n \tag{8.2-59}$$

公法线测量对内齿轮是不适用的。另外对斜齿轮而言，公法线测量受齿轮齿宽的限制，只有满足下式条件时才可能。

$$b>1.015w_k\sin\beta_b \tag{8.2-60}$$

7.4.6 量柱（球）测量跨距偏差

对于内齿轮或齿宽较窄的斜齿轮，可以采用间接检验齿厚的方法，即把两个量柱(球)置于尽可能在直径上相对的齿槽内(见图 8.2-55)，然后测量跨球(圆柱)尺寸。GB/Z 18620.2—2008 给出了齿厚偏差与跨球(圆柱)尺寸偏差的关系式。

测量偶数齿齿轮时

量柱(球)测量跨距上极限偏差

$$E_{yns} = E_{sns}\frac{\cos\alpha_t}{\sin\alpha_{Mt}\cos\beta_b} \tag{8.2-61}$$

量柱(球)测量跨距下极限偏差

$$E_{yni} = E_{sni}\frac{\cos\alpha_t}{\sin\alpha_{Mt}\cos\beta_b} \tag{8.2-62}$$

测量奇数齿齿轮时

量柱(球)测量跨距上极限偏差

$$E_{yns} = E_{sns}\frac{\cos\alpha_t}{\sin\alpha_{Mt}\cos\beta_b}\cos\frac{90°}{z} \tag{8.2-63}$$

量柱(球)测量跨距下极限偏差

$$E_{yni} = E_{sni}\frac{\cos\alpha_t}{\sin\alpha_{Mt}\cos\beta_b}\cos\frac{90°}{z} \tag{8.2-64}$$

式(8.2-61)~式(8.2-64)中

$$\mathrm{inv}\alpha_{Mt} = \mathrm{inv}\alpha_t \pm \frac{D_M}{m_n z\cos\alpha_n} \pm \frac{2\tan\alpha_n x}{z} \mp \frac{\pi}{2z} \tag{8.2-65}$$

式(8.2-65)中

"±"或"∓"——上面符号用于外齿轮，下面符号用于内齿轮；

D_M——量柱(球)的直径(mm)。

鉴于 GB/T 10095—2008 和 GB/Z 18620—2008 中未提供齿厚偏差和公差的数值表，设计时可按上述公式计算。

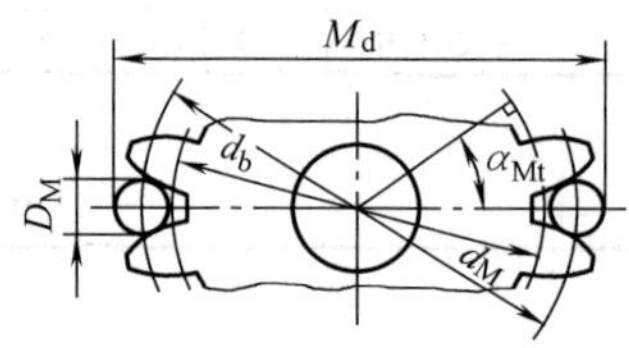

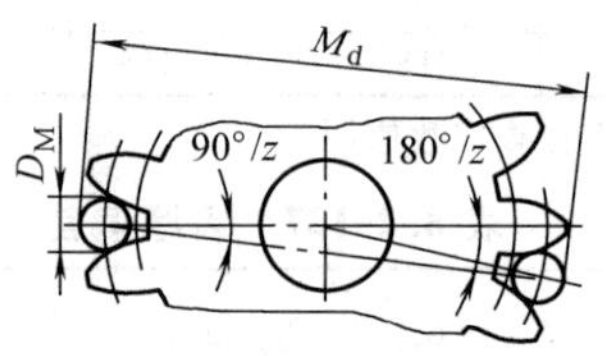

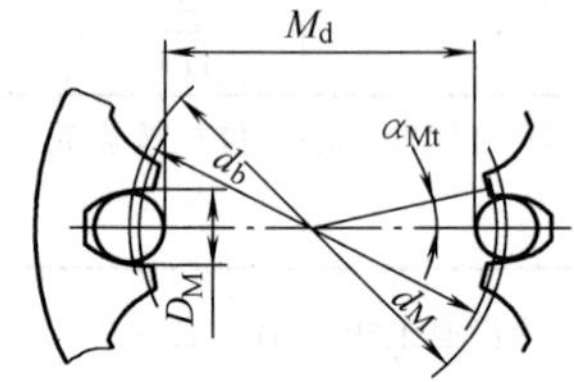

图 8.2-55 直齿轮的跨球（圆柱）尺寸 M_d

7.5 齿轮坯的精度

齿轮坯是指在轮齿加工前供制造齿轮用的工件。有关齿轮坯的术语和定义见表 8.2-128。

表 8.2-128 齿轮坯的术语和定义

术 语	定 义
工作安装面	用来安装齿轮的面
工作轴线	齿轮工作时绕其旋转的轴线，由工作安装面的中心确定。工作轴线只有考虑整个齿轮组件时才有意义
基准面	用来确定基准轴线的面
基准轴线	由基准面的中心确定，齿轮依此轴线来确定齿轮的细节，特别是确定齿距、齿廓和螺旋线的公差
制造安装面	齿轮制造或检验时用来安装齿轮的面

齿轮坯精度涉及对基准轴线与相关的安装面的选择及其制造公差。测量时，齿轮的旋转轴线（基准轴线）若有改变，则齿廓偏差、相邻齿距偏差的测量数值也将会改变。因此，在齿轮图样上必须把规定公差的基准轴线明确表示出来，并标明对齿轮坯的技术要求。

齿轮坯的尺寸偏差和齿轮箱体尺寸偏差，对于齿轮副的接触条件和运行状况有极大的影响，由于在加工齿轮坯和箱体时保持较紧的公差，比加工高精度的轮齿要经济得多，因此，应首先根据拥有的制造设备的条件，尽量使齿轮坯和箱体的制造公差保持最小值。这种办法，可使加工的齿轮有较松的公差，从而获得更为经济的整体设计。

在齿轮坯上，影响轮齿加工和齿轮传动质量的有三个表面上的误差，见表 8.2-129。

(1) 基准轴线及其确定方法

有关齿轮轮齿精度（齿廓偏差、相邻齿距偏差等）参数的数值，只有明确其特定的旋转轴线时才有意义。因此在齿轮的图样上必须把规定轮齿公差的基准轴线明确表示出来。

确定基准轴线最常用的方法是使其与工作轴线重合，即将安装面作为基准面。通常先确定一条基准轴线，再将其他所有轴线（包括工作轴线及可能的一些制造轴线）用适当的公差与之相联系，并考虑公差链中所增加的链环影响。表 8.2-130 列出了确定基准轴线的方法。

(2) 齿轮坯的公差及应用示例

1) 齿轮坯的公差。齿轮坯的公差要求见表 8.2-131。

表 8.2-129　齿轮坯上影响轮齿加工和传动质量的误差

误　差	说　明	图　示
带孔齿轮的孔（或轴齿轮的轴颈）的直径偏差和形状误差	孔是齿轮加工、检验、安装的基准面，孔（或轴颈）的轴线是整个齿轮回转的基准轴线。孔径（或轴径）误差过大，将会产生齿圈径向跳动，进而影响齿轮传动质量	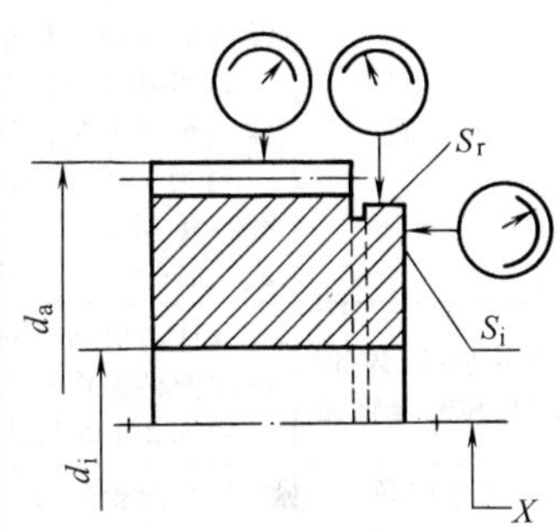 S_r S_i d_a d_i X
齿轮轴轴向基准面 S_i 的端面跳动	齿轮轴向基准面 S_i 在加工中常用作定位面，则其端面跳动常影响齿轮齿向精度 齿轮的轴向定位基准面紧靠配合轴的轴肩时，其对基准轴线的跳动会使齿轮安装歪斜，造成齿轮回转轴线与基准轴线的交叉，齿轮回转时产生摇摆进而影响承载能力	
径向基准面 S_r 或齿顶圆柱面的直径偏差和径向跳动	径向基准面 S_r 和齿顶圆柱面在齿轮加工或检验时，常作为齿轮坯的安装基准或齿厚检验的测量基准，它们的直径偏差和对基准轴线的径向跳动会造成加工误差和测量误差	

表 8.2-130　基准轴线的确定方法（摘自 GB/Z 18620.3—2008）

方法	内　容	图形表示
1	用两个"短的"圆柱或圆锥形基准面上设定的两个圆的圆心来确定轴线上的两个点	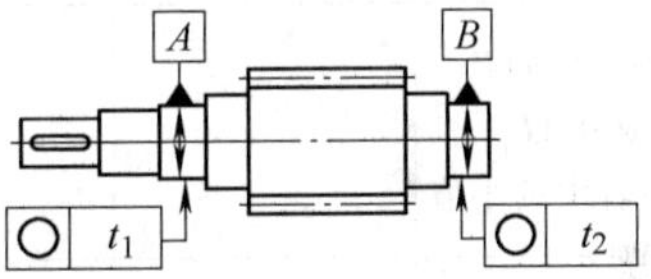 A B ○ t_1 ○ t_2
2	用一个"长的"圆柱或圆锥形的面来同时确定轴线的位置和方向。孔的轴线可以用与之相匹配正确地装配的工作心轴的轴线来代表	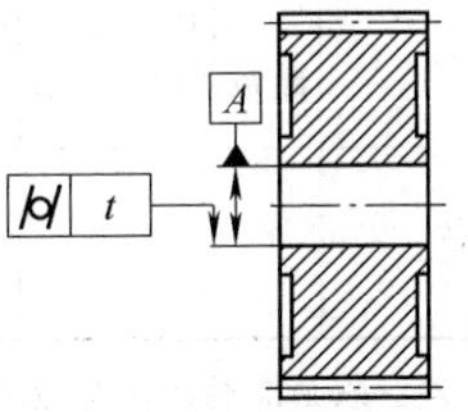 A ⌭ t
3	基准轴线的位置是用一个"短的"圆柱形基准面上的一个圆的圆心来确定，而其方向则由垂直于此轴线的一个基准端面来确定。在该方法中，基准端面的直径越大越好	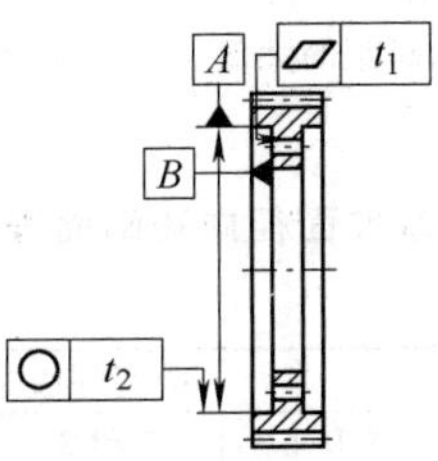 A ▱ t_1 B ○ t_2
4	在制造、检验一个齿轮轴时，常将其安置在两端的顶尖上，这样两个顶尖孔就确定了其基准轴线。必须注意中心孔 60°接触角范围内应对准成一条直线	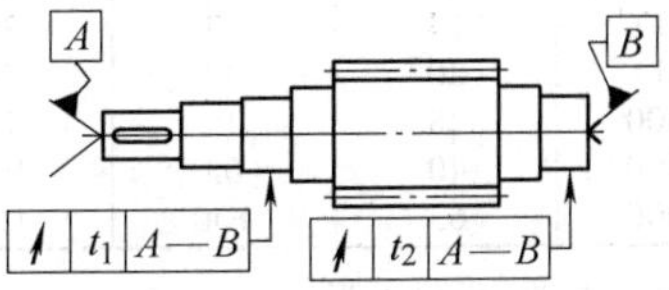 A B ↗ t_1 A—B ↗ t_2 A—B

表 8.2-131　齿轮坯的公差要求

部　　位	要　　求
基准面	1)基准面的要求精度的极限值应大于单个轮齿的极限值 2)基准面的相对位置跨距占齿轮分度圆直径的比例越大,给定的公差可以越大 3)基准面的形状公差不应大于表 8.2-132 中所规定的数值,且应使公差值减至能经济制造的最小值 4)齿轮坯基准面径向和端面圆跳动公差参见表 8.2-133 5)轴向和径向基准面应加工得与齿轮坯的实际轴孔、轴颈和肩部完全同轴(见图 8.2-56),当在机床上精加工时,或安装在检测仪上,以及最后在使用中安装时,用它们可以进行找正 6)对高精度齿轮,必须设置专用的基准面(见图 8.2-57);对特高精度的齿轮,加工前需先装在轴上,此时,轴颈可用作基准面
安装面	1)如果工作安装面被选择为基准面,其形状公差不应大于表 8.2-132 中所规定的数值,且公差应减至能经济地制造的最小值 2)当基准轴线与工作轴线并不重合时,则工作安装面相对于基准轴线的圆跳动公差必须在齿轮零件图样上予以控制,圆跳动公差不应大于表 8.2-134 中规定的数值 3)为了保证切齿和测量的精度,选择安装面时实际旋转轴线与图样规定的基准轴线越接近越好,如图 8.2-58 所示,并尽量将加工内孔、切齿的安装面和齿顶面上用来校核径向跳动的那部分在一次装夹中完成,如图 8.2-59 所示
齿轮顶圆、齿轮内孔和配合轴径	设计者应适当选择齿顶圆直径的公差,以保证最小限度的设计重合度,同时又具有足够的顶隙。如果把齿顶圆柱面作基准面,其形状公差不应大于表 8.2-132 中的适当数值 表 8.2-135 提供的齿顶圆、内孔和配合轴径的公差供参考
其他齿轮的安装面	与小齿轮做成一体的轴上常有一段安装大齿轮,安装面的公差值必须选择得与大齿轮的质量要求相适应

表 8.2-132　基准面与安装面的形状公差

确定轴线的基准面	公差项目		
	圆度	圆柱度	平面度
两个"短的"圆柱或圆锥形基准面	$0.04(L/b)F_{\beta}$ 或 $0.1F_{p}$ 取两者中的小值		
一个"长的"圆柱或圆锥形基准面		$0.04(L/b)F_{\beta}$ 或 $0.1F_{p}$ 取两者中的小值	
一个短的圆柱面和一个端面	$0.06F_{p}$		$0.06(D_{d}/b)F_{\beta}$

注：1. 齿轮坯的公差应减至能经济地制造的最小值。

2. D_{d}—基准面直径。

3. L—两轴轴承跨距的大值。

4. b—齿宽。

表 8.2-133　齿轮坯基准面径向和端面圆跳动公差

(μm)

分度圆直径/mm		精度等级		
大于	到	5 和 6	7 和 8	9 和 10
—	125	11	18	28
125	400	14	22	36
400	800	20	32	50
800	1600	28	45	71
1600	2500	40	63	100
2500	4000	63	100	160

注:本表不属国家标准,仅供参考。

表 8.2-134　安装面的圆跳动公差

确定轴线的基准面	跳动量(总的指示幅度)	
	径向	轴向
仅圆柱或圆锥形基准面	$0.15(L/b)F_{\beta}$ 或 $0.3F_{p}$ 取两者中之大值	
一圆柱基准面和一端面基准面	$0.3F_{p}$	$0.2(D_{d}/b)F_{\beta}$

注：见表 8.2-132 注。

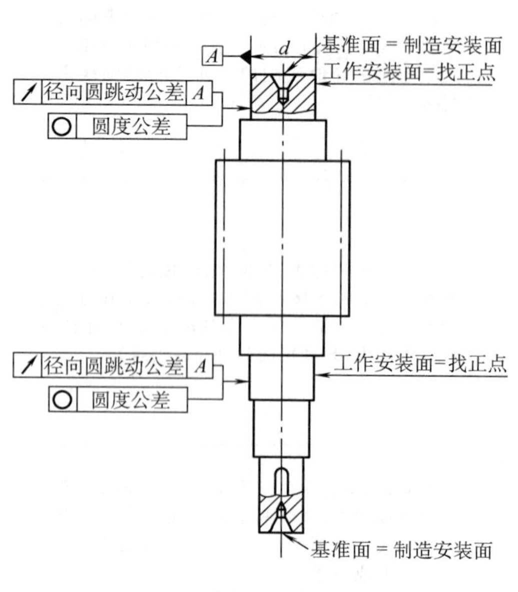

图 8.2-56　切削齿时轴齿轮的安装示例

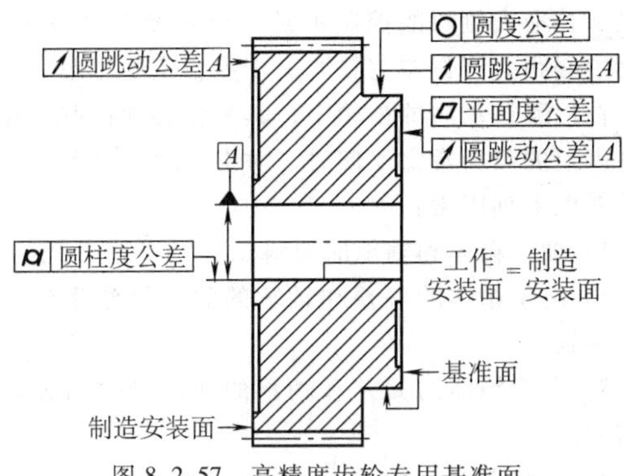

图 8.2-57　高精度齿轮专用基准面

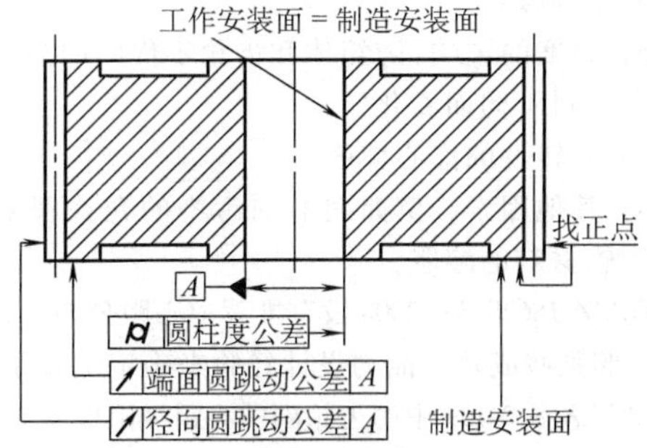

图 8.2-58　切削齿时齿轮安装的示例

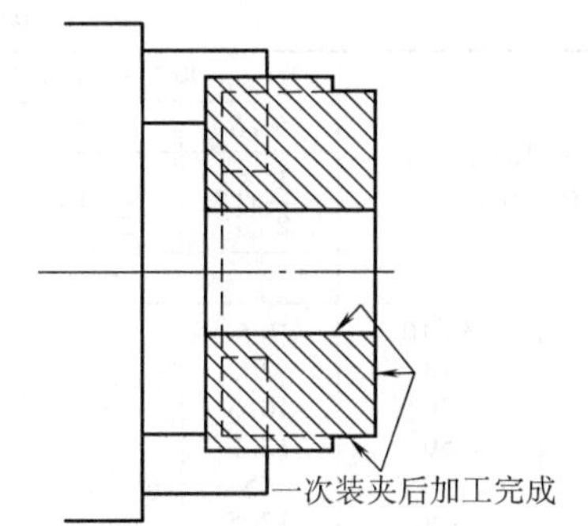

图 8.2.59　在一次装夹后加工的几个面

表 8.2-135　齿坯公差

齿轮精度等级①		5	6	7	8	9	10
孔	尺寸公差	IT5	IT6	IT7		IT8	
轴	尺寸公差	IT5		IT6		IT7	
齿顶圆直径②		IT7	IT8			IT9	
基准面的径向跳动③ 基准面的端面跳动		见表 8.2-133					

注：1. 表中 IT 为标准公差单位。
2. 本表不属国家标准内容，仅供参考。
① 当齿轮各项精度等级不同时，按最高的精度等级确定公差值。
② 当齿顶圆不作测量齿厚的基准时，尺寸公差按 IT11 给定，但不大于 $0.1m_n$。
③ 当以齿顶圆作基准面时，本栏就指齿顶圆的径向跳动。

2）齿坯公差应用示例（见图 8.2-60）。

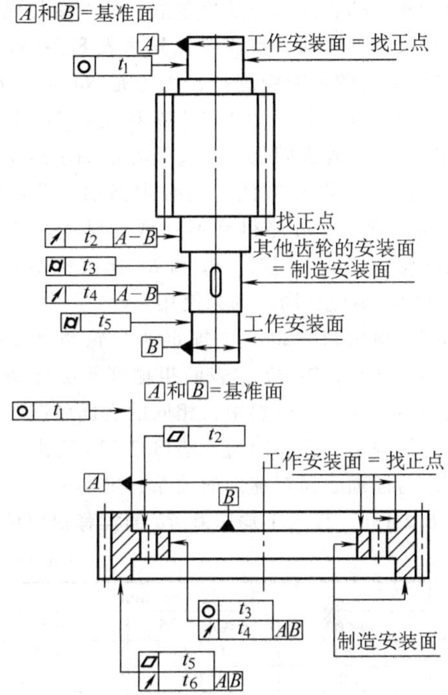

图 8.2-60　齿坯公差应用示例

7.6　齿面表面粗糙度

圆柱齿轮经过试验研究和使用经验表明，齿面表面粗糙度对齿轮抗点蚀能力、抗胶合能力和抗弯强度有影响，也影响齿轮的传动精度（噪声和振动）。因此设计者应在齿轮零件图样上标注出成品状态齿面表面粗糙度的数值，如图 8.2-61 和图 8.2-62 所示。

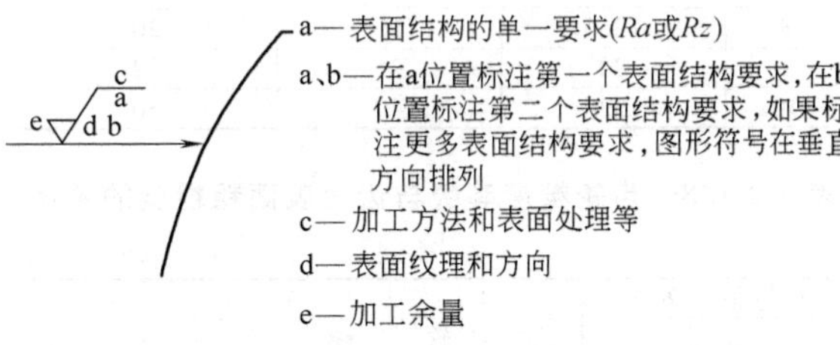

图 8.2-61　表面结构的符号

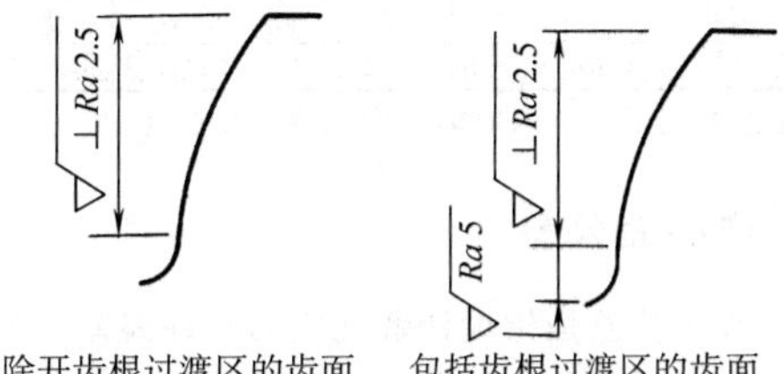

图 8.2-62　表面粗糙度和表面加工纹理方向的符号

直接测得的表面粗糙度参数值，可直接与规定的允许值比较。规定的参数值应优先从表8.2-136和表8.2-137中给出的范围中选择，无论是 *Ra* 还是 *Rz* 均可作为一种判断依据。表8.2-136和表8.2-137列出了 *Ra* 和 *Rz* 的推荐极限值，主要是考虑加工后轮齿表面结构及测量仪器和方法。但必须指出，若同时按 *Ra*、*Rz* 进行评定，可能得到不一致的结论，主要是由于表面轮廓特征不同时，*Rz* 和 *Ra* 比值也不同。所以，*Rz* 和 *Ra* 不应在同一部分使用。

GB/T 10095.1—2008中规定的齿轮精度等级与表8.2-136和表8.2-137中表面粗糙度等级之间没有直接的关系。在上述两表中，相同的表面状况等级并不与特定的制造工艺相对应。表8.2-138给出了齿轮精度等级与齿面表面粗糙度的关系，供参考。

表8.2-136 算术平均偏差 *Ra* 的推荐极限值

(μm)

等级	模数 m/mm		
	$m<6$	$6\leqslant m\leqslant 25$	$m>25$
5	0.50	0.63	0.80
6	0.8	1.00	1.25
7	1.25	1.6	2.0
8	2.0	2.5	3.2
9	3.2	4.0	5.0
10	5.0	6.3	8.0

表8.2-137 微观不平度十点高度 *Rz* 的推荐极限值

(μm)

等级	模数 m/mm		
	$m<6$	$6\leqslant m\leqslant 25$	$m>25$
5	3.2	4.0	5.0
6	5.0	6.3	8.0
7	8.0	10.0	12.5
8	12.5	16	20
9	20	25	32
10	32	40	50

表8.2-138 齿轮精度等级与齿面表面粗糙度的关系

(μm)

齿轮精度等级	4		5		6	
齿面	硬	软	硬	软	硬	软
齿面表面粗糙度 *Ra*	≤0.4	≤0.8		≤1.6	≤0.8	<1.6
齿轮精度等级	7		8		9	
齿面	硬	软	硬	软	硬	软
齿面表面粗糙度 *Ra*	≤1.6	≤3.2		≤6.3	≤3.2	≤6.3

注：本表不属于国家标准中内容，供参考。

7.7 中心距公差

中心距公差是指设计者规定的允许偏差，公称中心距是在考虑了最小侧隙及两齿轮的齿顶和其相啮的非渐开线齿廓齿根部分的干涉后确定的。

在齿轮只是单方向带载荷运转而不很经常反转的情况下，最大侧隙的控制不是一个重要的考虑因素，此时中心距允许偏差主要取决于重合度的考虑。

在控制运动用的齿轮中，其侧隙必须控制；还有当轮齿上的载荷常常反向时，对中心距的公差必须仔细地考虑下列因素：

1）轴、箱体和轴承的偏斜。

2）由于箱体的偏差和轴承的间隙导致齿轮轴线的不一致。

3）由于箱体的偏差和轴承的间隙导致齿轮轴线的错斜。

4）安装误差。

5）轴承跳动。

6）温度的影响（随箱体和齿轮零件间的温差、中心距和材料不同而变化）。

7）旋转件的离心伸胀。

8）其他因素，例如润滑剂污染的允许程度及非金属齿轮材料的溶胀。

GB/Z 18620.3—2008没有推荐中心距公差，设计者可以借鉴某些成熟产品的设计经验来确定中心距公差，也可参照表8.2-139中的齿轮副中心距极限偏差数值。

表8.2-139 中心距极限偏差 $\pm f_a$ 值

(μm)

齿轮副的中心距 a/mm		齿轮精度等级		
		5~6	7~8	9~10
		$\frac{1}{2}$IT7	$\frac{1}{2}$IT8	$\frac{1}{2}$IT9
		$\pm f_a$		
大于 6	到 10	7.5	11	18
10	18	9	13.5	21.5
18	30	10.5	16.5	26
30	50	12.5	19.5	31
50	80	15	23	37
80	120	17.5	27	43.5
120	180	20	31.5	50
180	250	23	36	57.5
250	315	26	40.5	65
315	400	28.5	44.5	70
400	500	31.5	48.5	77.5
500	630	35	55	87
630	800	40	62	100
800	1000	45	70	115
1000	1250	52	82	130
1250	1600	62	97	155
1600	2000	75	115	185
2000	2500	87	140	220
2500	3150	105	165	270

注：本表不属国家标准内容，仅供参考。

7.8 轴线平行度偏差

由于轴线平行度偏差与其向量的方向有关，所以分别规定了"轴线平面内的偏差"$f_{\Sigma\delta}$和"垂直平面上的偏差"$f_{\Sigma\beta}$（见表8.2-140）。

表 8.2-140　轴线平行度偏差 f_{Σ}（摘自 GB/Z 18620.3—2008）

项　　目	内　　容	最大推荐值
1	"轴线平面内的偏差"$f_{\Sigma\delta}$是在两轴线的公共平面上测量的，公共平面是由两轴承跨距中较长的一个 L 和另一根轴上的一个轴承来确定的，如果两个轴承的跨距相同，则用小齿轮轴和大齿轮轴的一个轴承	$f_{\Sigma\delta}=2f_{\Sigma\beta}$
2	"垂直平面上的偏差"$f_{\Sigma\beta}$是在与轴线公共平面相垂直的"交错轴平面"上测量的	$f_{\Sigma\beta}=0.5\left(\frac{L}{b}\right)F_{\beta}$
图形说明	垂直平面　中心距公差　1　2　$f_{\Sigma\beta}$　L　轴线平面　$f_{\Sigma\delta}$	

注：b—齿宽。

7.9　接触斑点

接触斑点是指在箱体或实验台上装配好的齿轮副，在轻微制动力下运转后齿面的接触痕迹。检验产品齿轮副在其箱体内啮合所产生接触斑点，可评估轮齿的载荷分布；产品齿轮和测量齿轮的接触斑点，可用于评估装配后齿轮螺旋线和齿廓精度。图 8.2-63 所示为产品齿轮和测量齿轮对滚产生的典型的接触斑点示意图。

接触斑点可以用沿齿高方向和齿长方向的百分数表示。

表 8.2-141 列出了齿轮装配后（空载）检测时，预计的齿轮精度等级和接触斑点分布之间关系。对此不能理解为是证明齿轮精度等级的替代方法。实际的接触斑点不一定与表 8.2-141 中的图一致。

表 8.2-141 对于齿廓或螺旋线修形的齿面不适用。对于重要的齿轮副或对齿廓或螺旋线修形的齿轮，可以在图样中规定所需的接触斑点的位置、形状和大小。

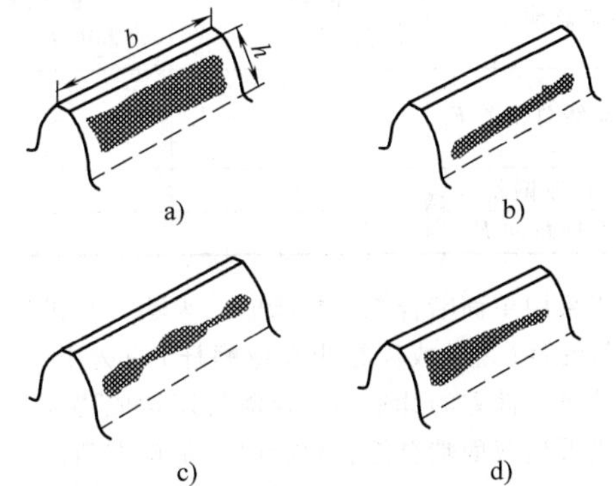

图 8.2-63　产品齿轮和测量齿轮对滚产生的典型的接触斑点示意图
a）典型的规范，接触近似为齿宽 b 的 80%、有效齿面高度 h 的 70%，齿端修薄
b）齿长方向配合正确，有齿廓偏差
c）波纹度　d）有螺旋线偏差，齿廓正确，有齿端修薄

表 8.2-141　齿轮精度等级和接触斑点（摘自 GB/Z 18620.4—2008）

精度等级按 ISO 1328	斜齿轮装配后的接触斑点				直齿轮装配后的接触斑点				接触斑点分布的示意
	b_{c1} (%) 齿宽方向	h_{c1} (%) 齿高方向	b_{c2} (%) 齿宽方向	h_{c2} (%) 齿高方向	b_{c1} (%) 齿宽方向	h_{c1} (%) 齿高方向	b_{c2} (%) 齿宽方向	h_{c2} (%) 齿高方向	
4 级及更高	50	50	40	30	50	70	40	50	h_{c1}　b_{c1}　b_{c2}　h_{c2}　有效齿面高度
5 级和 6 级	45	40	35	20	45	50	35	30	
7 级和 8 级	35	40	35	20	35	50	35	30	
9 级至 12 级	25	40	25	20	25	50	25	30	
检测条件	产品齿轮和测量齿轮在轻载下的接触斑点，可以从安装在机架上的两相啮合的齿轮得到，但两轴线的平行度在产品齿轮齿宽上要小于 0.005mm，并且测量齿轮的齿宽不小于产品齿轮的齿宽 用于检测用的印痕涂料有装配工用的蓝色印痕涂料和其他专用涂料。涂层厚度为 0.006~0.012mm 通常用勾画草图、照片、录像等形式记录接触斑点，或用透明胶带覆盖其上，然后撕下贴在白纸上保存备查								

注：1. 本表对齿廓和螺旋线修形的齿面不适用。
2. 本表试图描述那些通过直接测量，证明符合表列精度的齿轮副中获得的最好接触斑点，不能作为证明齿轮精度等级的可替代方法。

7.10 推荐检验项目

根据 GB/T 10095.1—2008 和 GB/T 10095.2—2008 两项标准，齿轮的检验可分为单项检验和综合检验，综合检验又分为单面啮合综合检验和双面啮合综合检验，见表 8.2-142。两种检验形式不能同时使用。

表 8.2-142 齿轮的检验项目

单项检验项目	综合检验项目	
	单面啮合综合检验	双面啮合综合检验
齿距偏差 f_{pt}、F_{pk}、F_p	切向综合总偏差 F_i'	径向综合总偏差 F_i''
齿廓总偏差 F_α	一齿切向综合偏差 f_i'	一齿径向综合偏差 f_i''
螺旋线总偏差 F_β	—	—
齿厚偏差	—	—
径向跳动 F_r	—	—

当采用单面啮合综合检验时，采购方与供货方应就测量元件(齿轮或齿轮测头或蜗杆)的选用、设计、精度等级、偏差的读取以及检测费用达成协议。

当采用双面啮合综合检验时，采购方与供货方应就测量齿轮设计、齿宽、精度等级和公差的确定达成协议。

标准没有规定齿轮的公差组和检验组，能明确评定齿轮精度等级的是单个齿距偏差 f_{pt}、齿距累积总偏差 F_p、齿廓总偏差 F_α、螺旋线总偏差 F_β 的允许值。一般节圆线速度大于 15m/s 的高速齿轮，加检齿距累积偏差 F_{pk}。建议供货方根据齿轮的使用要求、生产批量，在下述建议的检验组中选取一个检验组，评定齿轮质量。

1) f_{pt}、F_p、F_α、F_β、F_r。

2) F_{pk}、f_{pt}、F_p、F_α、F_β、F_r。

3) F_i''、f_i''。

4) f_{pt}、F_r(10~12 级)。

5) F_i'、f_i'(有协议要求时)。

7.11 图样标注

(1) 需要在齿轮图样上标注的尺寸数据

1) 顶圆直径及其公差。

2) 分度圆直径。

3) 齿宽。

4) 孔或轴径及其公差。

5) 定位面及其要求(径向和端面跳动公差应标注在分度圆附近)。

6) 齿轮表面粗糙度(标在齿高中部或另行图示表示)。

(2) 需要在参数表中列出的数据

1) 法向模数。

2) 齿数。

3) 齿廓类型(基本齿廓符合《通用机械和重型机械用圆柱齿轮 标准基本齿条齿廓》时，仅注明齿形角，不符合时应以图样详细描述其特性)。

4) 齿顶高系数。

5) 螺旋角。

6) 螺旋方向。

7) 径向变位系数。

8) 齿厚公称值及其上、下偏差[法向齿厚公称值及其上、下偏差，或公法线长度及其上、下偏差，或跨球(圆柱)尺寸及其上、下偏差]。

9) 精度等级(若齿轮的检验项目同为 7 级精度时，应注明：7 GB/T 10095.1 或 7 GB/T 10095.2；若齿轮的各检验项目精度等级不同，例如，齿廓总偏差 F_α 为6 级，齿距累积总偏差 F_p 和螺旋线总偏差 F_β 均为 7 级时，应注明 6(F_α)(GB/T 10095.1)、7(F_p、F_β)GB/T 10095.1)。

10) 齿轮副中心距及其偏差。

11) 配对齿轮的图号及其齿数。

12) 检验项目代号及其公差(或极限偏差)值。

参数表一般放在图样的右上角。参数表中列出的参数项目可以根据需要增减。

(3) 需要标注的其他数据

1) 根据齿轮的具体形状及其技术要求，还应给出在加工和测量时所必需的数据。如对于做成齿轮轴的小齿轮，以及轴或孔不做定心基准的大齿轮，在切齿前做定心检查用的表面应规定其最大径向跳动量。

2) 为检查齿轮的加工精度，对某些齿轮还需指出其他一些技术参数(如基圆直径、接触线长度等)，或其他检验用的尺寸参数的几何公差(如齿顶圆柱面)。

3) 当采用设计齿廓、设计螺旋线时应用图样详述其参数。

4) 图样中的技术要求一般放在图样的右下角。

8 齿轮修形和修缘

由于齿轮的制造安装误差、轴承间隙、支承变形、齿轮的弹性变形和热变形等的存在，齿轮在啮合过程中不可避免地产生啮入冲击、偏载等，导致齿轮传动性能和承载能力的下降，缩短了使用寿命。生产实践和理论研究都表明，仅靠提高齿轮的制造和安装精度是远远不够的，而且将大大增加齿轮传动的制造成本。采用轮齿修形技术对齿轮的齿廓和齿向进行适当修形或修缘，可以减少由于齿轮受载变形、制造安装误差、轴承间隙等引起的啮合冲击，获得较均匀的载荷分布，是改善齿轮传动性能、提高承载能力、延长使用寿命既经济又有效的方法。

8.1　齿轮的弹性变形修形

8.1.1　齿廓弹性变形修形原理

图 8.2-64a 所示为一对齿轮的啮合过程。齿轮在 *A* 点进入啮合，*D* 点退出啮合，啮合线 *ABCD* 为齿轮啮合的一个周期，其中 *AB* 段和 *CD* 段是双对齿啮合区，*BC* 段是单对齿啮合区，实际载荷分布为 *AMNHIOPD*（见图 8.2-64b）。整个啮合过程轮齿承担载荷的比例大致为，*A* 点 40%，在双对齿啮合区和单对齿啮合区的过渡点 *B* 为 60%，然后急剧转入单对齿啮合区的 *BC* 段，载荷达到 100%，在 *C* 点急剧降为 60%，最后 *D* 点为 40%。显然在啮合过程中，轮齿的载荷分布有明显的突变现象，相应地轮齿弹性变形也随之变化。因此，标准的渐开线齿廓在进入啮合时产生啮合干涉，影响传动平稳性。

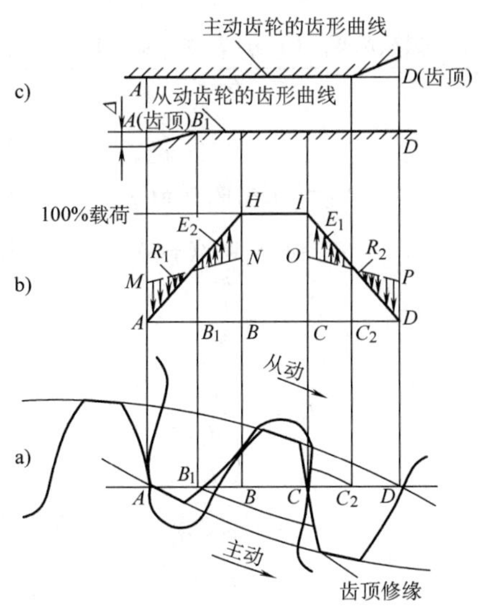

图 8.2-64　轮齿啮合过程中载荷分布和齿廓修形

齿廓修形就是将一对相啮合轮齿上发生干涉的部位削去一部分如图 8.2-64c 所示。修形后，轮齿的载荷分布为 *AHID*（见图 8.2-64b）。这样，两轮齿在进入啮合点时正好相接触，载荷在 *AB* 段逐渐增加到 100%，在 *CD* 段载荷由 100%逐渐降到零。

8.1.2　齿向弹性变形修形原理

在高精度的斜齿轮加工中，常采用配磨工艺来补偿制造和安装误差产生的螺旋线误差，以保证在空载状态下轮齿沿齿宽均匀接触，但齿轮传递载荷时将产生弹性变形，包括轮体的弯曲变形、扭转变形、剪切变形、齿面接触变形等，使螺旋线产生畸变，造成轮齿偏一端接触（见图 8.2-65），出现偏载现象。

齿轮的齿向修形就是根据轮齿受力后产生的变形，将齿面螺旋线按预计变形规律进行修形，以获得较均匀的齿向载荷分布。

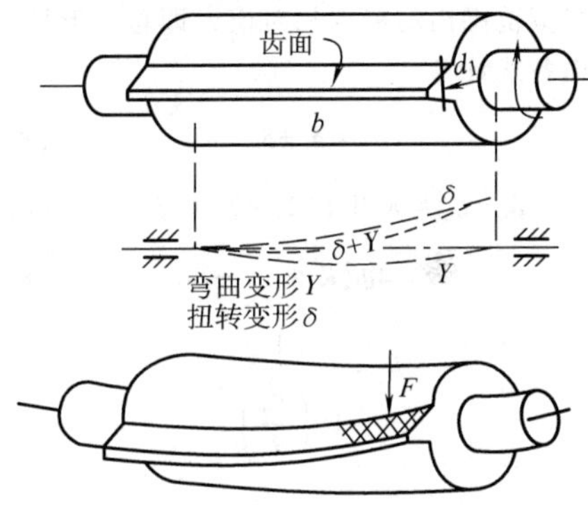

图 8.2-65　齿轮受力后的接触情况

8.1.3　齿廓弹性变形计算

齿廓弹性变形量与所受载荷及轮齿啮合刚度等因素有关，可按式（8.2-66）近似计算

$$\delta_a = \frac{W_t}{c_\gamma} \qquad (8.2\text{-}66)$$

式中　δ_a——齿廓弹性变形（μm）；

W_t——单位齿宽载荷（N/mm），$W_t = F_t / b$；

F_t——齿轮圆周力（N）；

b——齿轮齿宽（mm）；

c_γ——齿轮啮合刚度[N/(mm · μm)]，对于基本齿廓符合 GB/T 1356—2001，齿圈和轮辐刚度较大的外啮合钢制齿轮，可近似取 $c_\gamma = 20\text{N/(mm} \cdot \mu\text{m)}$，详细内容参见 4.5.6 节。

式（8.2-66）计算的变形量是齿廓修形量的一部分，在具体确定修形量时，还要考虑基节偏差、齿廓误差等的影响。

8.1.4　齿向弹性变形计算

齿向弹性变形计算是在假定载荷沿齿宽均匀分布

的条件下，计算齿轮受载后引起的齿轮轴在齿宽范围内的最大相对变形。齿轮在载荷作用下，将产生弯曲变形、扭转变形和剪切变形等，可以用有限元、边界元等数值方法较精确地计算变形量，也可按本节介绍的材料力学方法计算。

一对相啮合的齿轮，相对而言，小齿轮的弹性变形较大，而大齿轮的弹性变形较小，可以忽略。因此，本节齿向弹性变形的计算仅对小齿轮而言。

（1）单斜齿轮的齿向弹性变形

如图 8.2-66 所示，斜齿轮的齿向弹性变形是指弯曲变形和扭转变形合成的综合变形(因剪切变形影响很小，被忽略)。确定齿向修形量就是要求出综合变形在齿宽范围内的最大相对值，即总变形量，其值可按下面各式计算

$$\delta=\delta_b+\delta_t \tag{8.2-67}$$

$$\delta_b=\phi_d^4K_iK_rW_t(12\eta-7)/(6\pi E) \tag{8.2-68}$$

$$\delta_t=4\phi_d^2K_iW_t/(\pi G) \tag{8.2-69}$$

$$K_i=\frac{1}{1-\left(\dfrac{d_i}{d_1}\right)^4}$$

$$K_r=1/\cos^2\alpha_t$$

$$W_t=F_t/b$$

$$\eta=L/b$$

式中　δ——总变形量（mm）；

δ_b——弯曲变形量（mm）；

δ_t——扭转变形量（mm）；

ϕ_d——宽径比，$\phi_d=b/d_1$；

d_1——齿轮分度圆直径（mm）；

b——齿轮的有效齿宽（mm）；

K_i——齿轮内孔影响系数；

d_i——齿轮内孔直径（mm）；

K_r——齿轮径向力影响系数；

α_t——齿轮端面压力角（°）；

W_t——单位齿宽载荷（N/mm）；

η——轴承跨距与齿宽的比值；

L——轴承跨距（mm）；

E——齿轮材料的弹性模量（MPa），对于钢制齿轮 $E=2.06\times10^5$MPa；

G——齿轮材料的切变模量（MPa），对于钢制齿轮 $G=7.95\times10^4$MPa。

（2）人字齿轮齿向弹性变形

对于人字齿轮要分别计算扭矩输入端和自由端两半人字齿轮齿宽范围内的综合变形，其最大值即为总

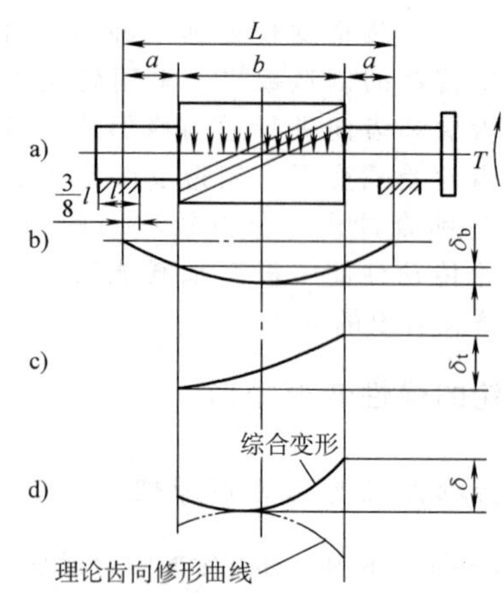

图 8.2-66　单斜齿轮的齿向弹性变形曲线

a）结构简图及载荷分布

b）弯曲变形　c）扭转变形

d）综合变形及理论修形曲线

变形量(见图 8.2-67)。

扭矩输入端总变形量为

$$\delta=\delta_b+\delta_{t1} \tag{8.2-70}$$

自由端总变形量为

$$\delta=\delta_b-\delta_{t2} \tag{8.2-71}$$

其中

$$\delta_b=\frac{\phi_d^4K_iK_rW_t[(12\eta+2\bar{c})-24\bar{c}(1+\bar{c})-7]}{6\pi E} \tag{8.2-72}$$

$$\delta_{t1}=3\phi_d^2K_iW_t/(\pi G) \tag{8.2-73}$$

$$\delta_{t2}=\phi_d^2K_iW_t/(\pi G) \tag{8.2-74}$$

$$\bar{c}=\frac{c}{b}$$

$$K_i=\frac{1}{1-\left(\dfrac{d_i}{d_1}\right)^4}$$

$$K_r=1/\cos^2\alpha_t$$

$$W_t=F_t/b$$

$$\eta=L/b$$

式中　δ——总变形量(mm)；

δ_b——弯曲变形量(mm)；

δ_{t1}——扭矩输入端半人字齿轮齿宽范围内最大相对扭转变形量(mm)；

δ_{t2}——自由端半人字齿轮齿宽范围内最大相对

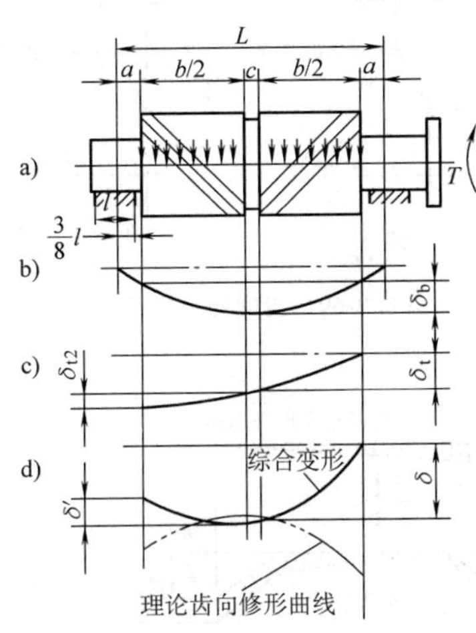

图 8.2-67　人字齿轮的齿向弹性变形曲线
a）结构简图及载荷分布　b）弯曲变形
c）扭转变形　d）综合变形及理论修形曲线

扭转变形量(mm)；

$\bar{c}$——退刀槽宽与齿宽的比；

c——退刀槽宽(mm)；

ϕ_d——宽径比，$\phi_d=b/d_1$；

d_1——齿轮分度圆直径(mm)；

b——齿轮的有效齿宽(mm)；

K_i——齿轮内孔影响系数；

d_i——齿轮内孔直径(mm)；

K_r——齿轮径向力影响系数；

α_t——齿轮端面压力角(°)；

W_t——单位齿宽载荷(N/mm)；

η——轴承跨距与齿宽的比值；

L——轴承跨距(mm)；

E——齿轮材料的弹性模量（MPa），对于钢制齿轮，$E=2.06\times10^5$MPa；

G——齿轮材料的切变模量（MPa），对于钢制齿轮，$G=7.95\times10^4$MPa。

一般两半人字齿轮的齿向修形量都取转矩输入端的总变形量作为实际齿向修形量。

8.1.5　齿廓弹性变形修形量的确定

齿廓弹性变形修形量主要取决于轮齿受载产生的变形和制造误差，还要考虑实践经验、工艺条件和实现方便等因素。对于 GB/T 10095—2008 的 4~6 级、齿轮副齿面静态接触良好的渗碳淬火磨齿的渐开线圆柱齿轮，一般推荐如下三种修形方式，见表 8.2-143。

表 8.2-143　齿廓弹性变形修形方式和修形量　(mm)

	修形量				说明
方式一	m_n	1.5~2	2~5	5~10	1)适用于载荷和线速度较低的齿轮传动 2)小齿轮齿顶修形,大齿轮齿顶倒圆(见图 8.2-68)
	Δ	0.010~0.015	0.015~0.025	0.025~0.040	
	R	0.25	0.50	0.75	
	h	$0.04m_n$			
方式二	Δ_1	$(a+0.04W_t)\times10^{-3}$	$a=5\sim13$,一般取中间值 $b=0\sim8$,一般取中间值 Δ_1、Δ_2 也可以按式(8.2-65)计算,并考虑基节偏差、齿廓误差等的影响		1)适用于载荷和线速度较高的齿轮传动 2)大、小齿轮齿顶部修形(见图 8.2-69)
	Δ_2	$(b+0.04W_t)\times10^{-3}$			
	h	$0.04m_n$			
方式三		直齿轮	斜齿轮		1)适用于任何条件 2)小齿轮齿顶、齿根部修形,大齿轮不修形,但控制其齿形公差带(见图 8.2-70)
	Δ_{1u}	$(7.5+0.05W_t)\times10^{-3}$	$(5+0.04W_t)\times10^{-3}$		
	Δ_{1o}	$(15+0.05W_t)\times10^{-3}$	$(13+0.04W_t)\times10^{-3}$		
	Δ_{2u}	$0.05W_t\times10^{-3}$	$0.04W_t\times10^{-3}$		
	Δ_{2o}	$(7.5+0.05W_t)\times10^{-3}$	$(7.5+0.04W_t)\times10^{-3}$		
	g_a	$p_{bt}\varepsilon_\alpha$			
	g_{aR}	$0.5p_{bt}(1-\varepsilon_\alpha)$			

注：$W_t=\dfrac{F_t}{b}$，单位齿宽载荷。

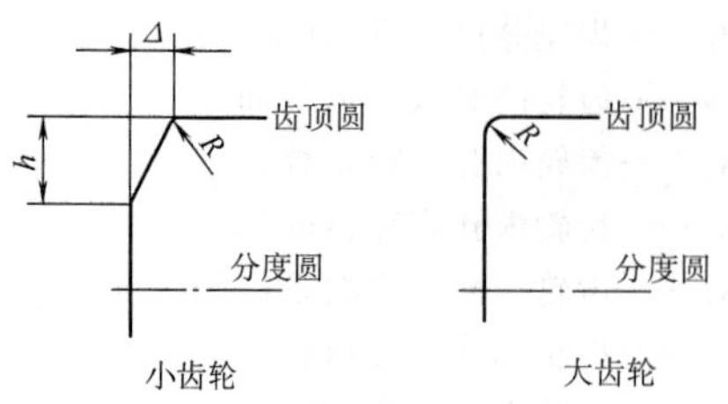

图 8.2-68 齿廓修形方式之一

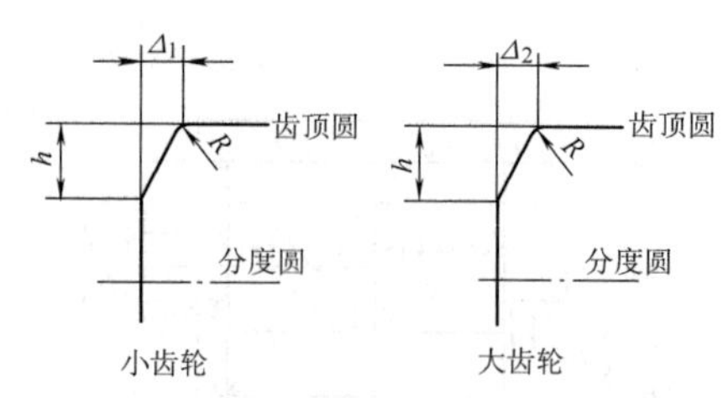

图 8.2-69 齿廓修形方式之二

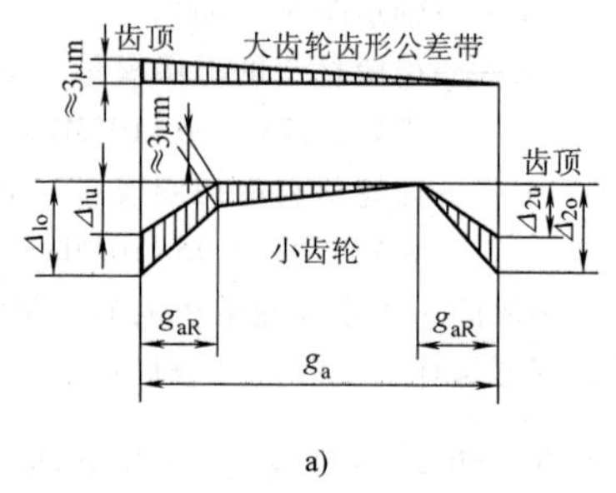

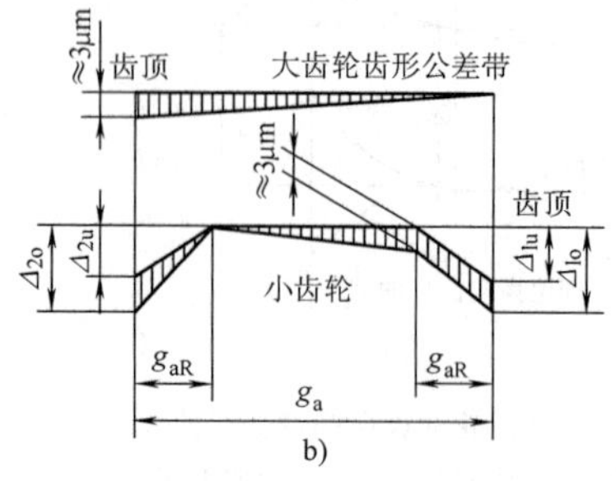

图 8.2-70 齿廓修形方式之三

a) 减速传动 b) 增速传动

$g_a(=p_{bt}\varepsilon_\alpha)$—啮合线长度 p_{bt}—端面基节 ε_α—端面重合度 g_{aR}—修形长度

8.1.6 齿向弹性变形修形量的确定

齿向弹性变形修形方式和修形量见表 8.2-144。

表 8.2-144 齿向弹性变形修形方式和修形量 (mm)

<table>
<tr><th>修形方式</th><th colspan="2">修 形 量</th><th>说 明</th></tr>
<tr><td rowspan="3">齿端倒坡
(见图 8.2-71)</td><td colspan="2">$l=0.25b$</td><td rowspan="6">适用于采用了配磨工艺的高精度齿轮副，制造误差产生的齿向误差已得到补偿，齿向弹性变形修形主要考虑齿轮轮体的弹性变形</td></tr>
<tr><td colspan="2">$l_1=0.15b$</td></tr>
<tr><td colspan="2">$l_2=0.10b$</td></tr>
<tr><td rowspan="3">鼓形齿修形
(见图 8.2-72)</td><td>$\Delta=\delta$</td><td>δ按式(8.2-67)或式(8.2-70)和式(8.2-71)计算
$\delta<0.013$mm 时，取 $\Delta=0.013$mm，此时 $l_2\leqslant 32$mm
$\delta>0.035$mm 时，重新设计</td></tr>
<tr><td colspan="2">$\Delta_1=\Delta$</td></tr>
<tr><td colspan="2">$\Delta_2=0.00004b$</td></tr>
<tr><td rowspan="2">齿端修形</td><td>齿端修形量</td><td>$\Delta=2F_\beta$
式中 F_β—螺旋线总偏差，按 5 级精度取值</td><td rowspan="2">适用于低速重载齿轮</td></tr>
<tr><td>齿端修形长度</td><td>$l\leqslant 0.1b+5$mm
式中 b—齿宽</td></tr>
</table>

8.2 齿轮的热变形修形

8.2.1 齿轮的热变形机理

渐开线圆柱齿轮啮合传动时，啮合齿面间和轴承中都会由于摩擦而产生热，引起齿轮的热变形。一般对于节圆线速度小于 100m/s 的齿轮，齿轮的热变形很小，对齿轮的运行影响不大，可以不考虑。但对于节圆线速度大于 100m/s 的高速齿轮传动，特别是单斜齿轮的高速传动，由于啮合作用，喷入齿轮齿槽中的压力油与箱体里的空气组成油气混合体，从啮入端被挤向啮出端，形成沿齿轮轴向高速流动的油气流。油气流与齿面摩擦，产生大量的摩擦热，使轮齿的温度从啮入端到啮出端逐渐升高。郑州机械研究所的高速齿轮测温试验表明，对于不同工况，齿向温度分布特征相同（见图 8.2-73）；随着齿轮节圆线速度的提高，轮齿的温度增加，轮齿温度分布的不均程度增加（见图 8.2-74）。

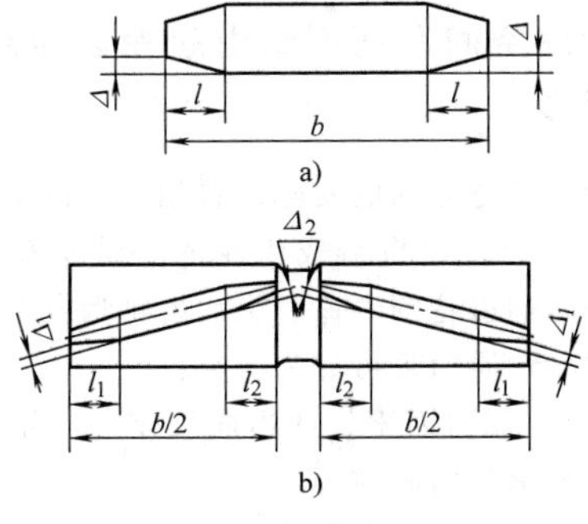

图 8.2-71　齿端倒坡

a）直齿、单斜齿　b）人字齿

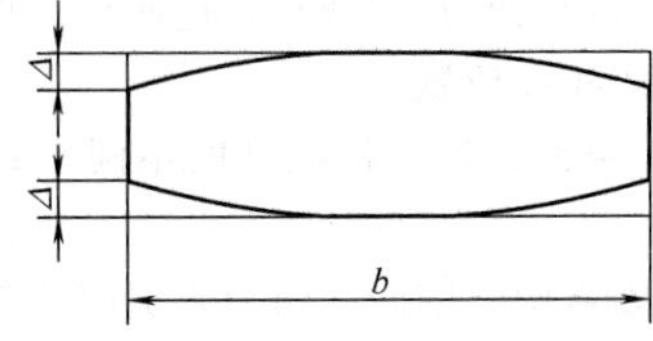

图 8.2-72　鼓形齿修形

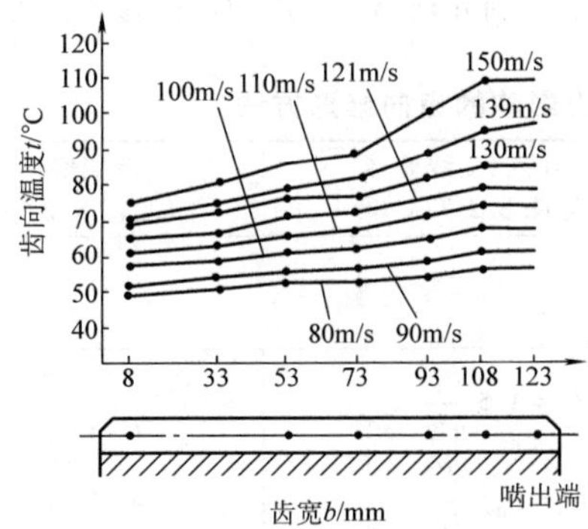

图 8.2-73　齿轮齿向温度分布

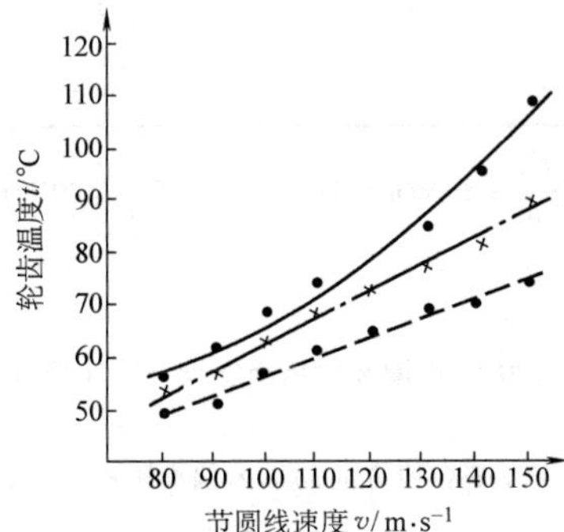

图 8.2-74　轮齿温度与节圆线速度的关系

——啮出端温度　—·—轮齿中部温度　---啮入端温度

热变形主要对齿轮的齿向产生影响，对齿廓影响很小，所以热变形修形主要是对齿向修形。

8.2.2　齿向的热变形修形量的确定

结合测温试验对齿轮的温度场作如下假设：把高速旋转的齿轮看成是处于稳定温度场中的均质圆柱体，沿齿轮外圆柱面有一个均匀分布的热源，齿轮的热导率是常数；将齿轮沿轴向垂直于轴线切成许多个薄圆盘，对于每个薄圆盘，温度沿轴向不发生变化，即温度场仅与齿轮半径有关。在这样的假设下，齿轮的热应力和热变形是相对于轴线对称的。因此，齿轮的温度分布 t 和径向热变形量 u 可分别表示为

$$t=t_c+(t_s-t_c)r^2/r_a^2 \tag{8.2-75}$$

$$u=(1+\nu)\frac{\xi}{r}\int_0^r tr\mathrm{d}r+(1-\nu)\xi\frac{\xi}{r_a^2}\int_0^{r_a} tr\mathrm{d}r \tag{8.2-76}$$

由此得到齿轮的热变形修形量的计算公式为

$$\Delta\delta=0.5\xi\lambda r_1(t_{sh}+t_{ch}-t_{s1}-t_{c1})\sin\alpha_t \tag{8.2-77}$$

式中　$\Delta\delta$——齿向热变形修形量(mm)；

ξ——材料的线胀系数(K^{-1})；

λ——热变形修正系数，通常取 0.75；

t_{sh}——齿向温度最高点处的外表面温度（℃）；

t_{ch}——齿向温度最高点处的轴心温度(℃)；

t_{s1}——齿向温度最低点处的外表面温度（℃）；

t_{c1}——齿向温度最低点处的轴心温度(℃)；

α_t——端面压力角(°)；

r——齿轮任意一点的半径(mm)；

t——齿轮半径 r 处的温度(℃)；

t_c——齿轮轴心处的温度(℃)；

t_s——齿轮顶圆处的温度(℃)；

ν——齿轮材料的泊松比；

u——齿轮半径 r 处径向热变形(mm)；

r_a——齿轮顶圆半径(mm)；

r_1——齿轮分度圆半径(mm)。

表 8.2-145 中的数据是用式（8.2-77）计算出的热变形修形量。

齿向热变形修形通常采用图 8.2-75 的方式，其中，$\Delta_2=\Delta\delta$，主要考虑热变形的影响，$\Delta\delta$ 按式(8.2-77)计算。由于式(8.2-77)中的参数计算起来很困难，也可参考表 8.2-145 中的数据确定；$\Delta_1=\delta$，主要考虑弹性变形的影响，按式(8.2-67)计算，当 $\delta<0.013$mm 时，取 $\Delta_1=0.013$mm；若 $\delta>0.035$mm，重新设计。

表 8.2-145 高速齿轮齿向热变形修形量 $\Delta\delta$

线速度 /(m/s)	热变形修形量 $\Delta\delta$/mm				
	小齿轮直径/mm				
	100	150	200	250	300
100	0.002	0.003	0.005	0.006	0.007
110	0.003	0.005	0.007	0.008	0.010
120	0.004	0.006	0.008	0.010	0.013
130	0.005	0.007	0.009	0.012	0.015
140	0.006	0.008	0.011	0.014	0.017
150	0.007	0.010	0.013	0.017	0.020

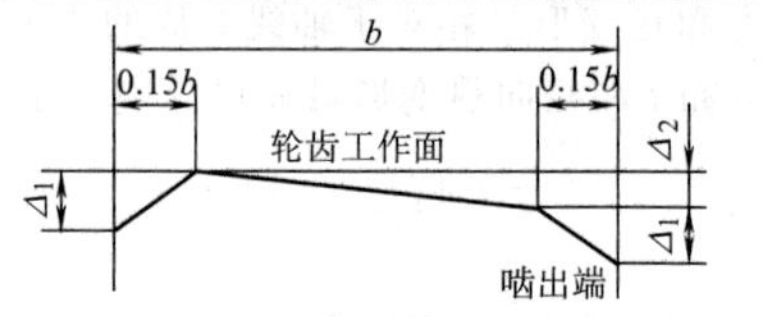

图 8.2-75 高速齿轮齿向热变形修形曲线

8.2.3 齿廓的热变形修形量的确定

由于热变形主要对齿轮的齿向产生影响，对齿廓影响很小，齿廓修形仍按弹性变形修形处理，采用弹性变形修形方式三（见表 8.2-143）。

8.3 考虑空间几何因素引起轮齿啮合歪斜的修形

齿轮在齿宽方向的实际位置相对理论位置的偏离引起啮合歪斜，这将造成齿轮的一端接触，导致偏载，严重影响齿轮的寿命。影响齿轮啮合歪斜的因素很多，就其性质而言可分为三类：

1）空间几何因素，如齿向误差、齿轮轴孔的偏斜误差、轴承径向间隙等。

2）弹性变形。因零部件都不是绝对刚体，在载荷作用下要产生弹性变形，如齿轮的弯曲、扭转和接触变形，轴的弯曲和扭转变形，这些变形将影响齿形在齿宽方向的实际位置。

3）工作条件，如工作温度的不同引起的热变形不均匀等。

上述各因素中，空间几何因素引起的啮合歪斜比其他因素的影响大得多。表 8.2-146 列出了综合考虑弹性变形和空间几何因素影响的齿向修形方法。

表 8.2-146 综合考虑弹性变形和空间几何因素影响的齿向修形方法

	等半径鼓形齿修形（见图 8.2-76）	带鼓形的螺旋线修形（见图 8.2-77）	齿端修形（见图 8.2-78）
鼓形半径 R_c /mm	$R_c=\dfrac{b_c^2}{2C_c}$		
修形量 C_c、C_h /μm	当$\dfrac{b_{cal}}{b}\leqslant1$时，$C_c=\sqrt{\dfrac{2F_nF_{\beta y}}{bc_\gamma}}$ 当$\dfrac{b_{cal}}{b}>1$时，$C_c=0.5F_{\beta y}+\dfrac{F_n}{bc_\gamma}$	$C_c=1.5\dfrac{F_n}{bc_\gamma}$ $C_h=F_{\beta y}-\dfrac{F_n}{bc_\gamma}$	$C_c=A\dfrac{F_n}{bc_\gamma}$ $A=1\sim1.5$
修形中心 b_c /mm	当$\dfrac{b_{cal}}{b}\leqslant1$时，$b_c=\sqrt{\dfrac{8F_nb}{c_\gamma F_{\beta y}}}$ 当$\dfrac{b_{cal}}{b}>1$时，$b_c\approx b$	一般取 $b_c=\dfrac{b}{2}$	$b_c=0.1b$

注：1. b_{cal}—有效接触齿宽，$b_{cal}=\sqrt{\dfrac{n+1}{n}\dfrac{F_nb}{F_{\beta y}c_\gamma}}$（mm）（见图 8.2-79），当$\dfrac{F_n}{b}\geqslant80$N/mm 时，$n=2$；当$\dfrac{F_t}{b}<80$N/mm 时，若$\dfrac{F_{\beta y}}{b}\geqslant1\mu$m/mm，取 $n=2$；若$\dfrac{F_{\beta y}}{b}<1\mu$m/mm，取 $n=1$。

2. c_γ—齿轮啮合刚度（N/mm·μm），对于基本齿廓符合 GB/T 1356—2001，齿圈和轮辐刚度较大的外啮合齿钢制轮，可近似取 $c_\gamma=20$N/(mm·μm)，详细内容参见本章 4.5.6 节。

3. $F_{\beta y}$—由空间几何因素和弹性变形等引起的，在全齿宽范围内两轮齿在啮合线方向的最大偏离距离（μm）。

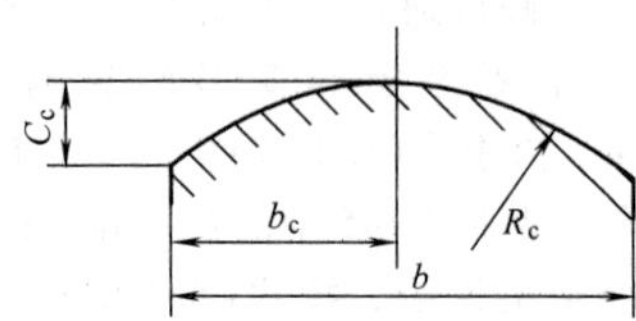

图 8.2-76 等半径鼓形齿修形

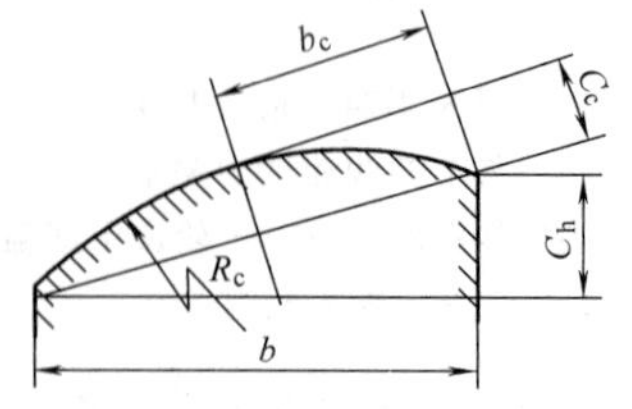

图 8.2-77 带鼓形的螺旋线修形

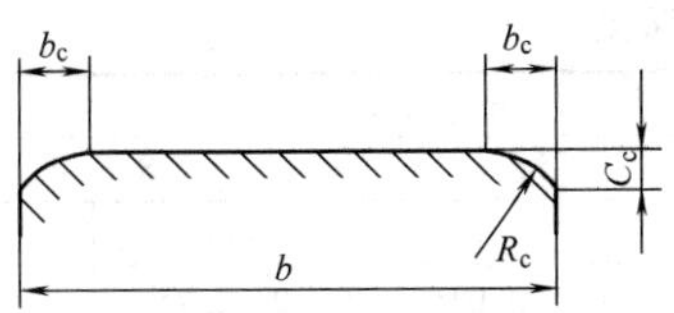

图 8.2-78　齿端修形

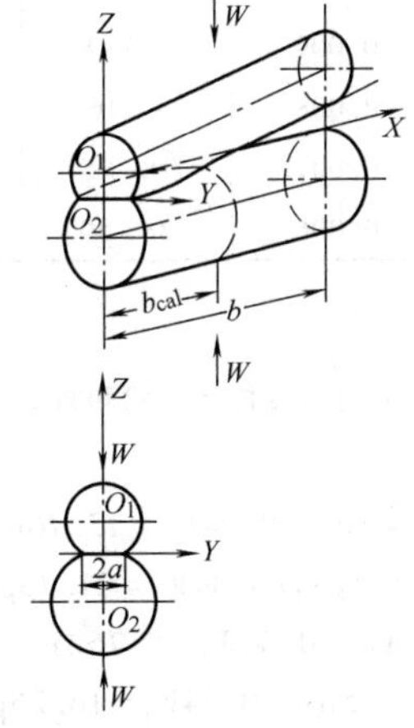

图 8.2-79　有效接触齿宽

在什么情况下采用等半径鼓形齿修形、带鼓形的螺旋线修形或齿端修形，要视具体情况而定。这里提供设计的参考依据：当按鼓形齿修形方式求出的鼓形量近似等于两倍的啮合接触变形时，可直接采用等半径鼓形齿修形；若按鼓形齿修形方式求出的鼓形量比两倍的啮合接触变形大很多时，应选用带鼓形的螺旋线修形，这种修形方式主要解决载荷较小，啮合歪斜较大可能引起的载荷高度集中；若按鼓形齿修形方式求出的鼓形量比两倍的啮合接触变形小很多时，应选用齿端修形。

啮合接触变形可按赫兹公式求出。

将相啮合的一对轮齿看成是以节点的齿廓曲率半径为半径的两个圆柱体（见图 8.2-79），载荷作用下的半接触区宽 a 为

$$a = \sqrt{\frac{4W}{\pi}\frac{r_1 r_2}{r_1 + r_2}\left(\frac{1 - v_1^2}{E_1} + \frac{1 - v_2^2}{E_2}\right)} \tag{8.2-78}$$

对于一对钢制齿轮，$E_1 = E_2 = E$，$v_1 = v_2 = 0.3$

$$a = 1.52\sqrt{\frac{W}{E}\frac{r_1 r_2}{r_1 + r_2}} \tag{8.2-79}$$

啮合接触变形的最大值 δ_c

$$\delta_c = z_1 + z_2 = \left(\frac{1}{2r_1} + \frac{1}{2r_2}\right)a^2 = 1.155\frac{W}{E} \tag{8.2-80}$$

式中　W——实际单位齿宽载荷（N/mm）；

$\frac{b_{cal}}{b} \leqslant 1$ 时，$W = \frac{F_n}{b_{cal}}\frac{n}{n+1}$。

$\frac{b_{cal}}{b} > 1$ 时，$W = \frac{F_n}{b}\frac{n+1}{n} - \frac{W_{min}}{n} \approx \frac{F_n}{b_{cal}}\frac{n}{n+1}$（见图 8.2-80）。

当 $\frac{F_n}{b} \geqslant 80\text{N/mm}$ 时，$n = 2$。

当 $\frac{F_t}{b} < 80\text{N/mm}$ 时，若 $\frac{F_{\beta y}}{b} \geqslant 1\mu\text{m/mm}$，取 $n = 2$；若 $\frac{F_{\beta y}}{b} < 1\mu\text{m/mm}$，取 $n = 1$。

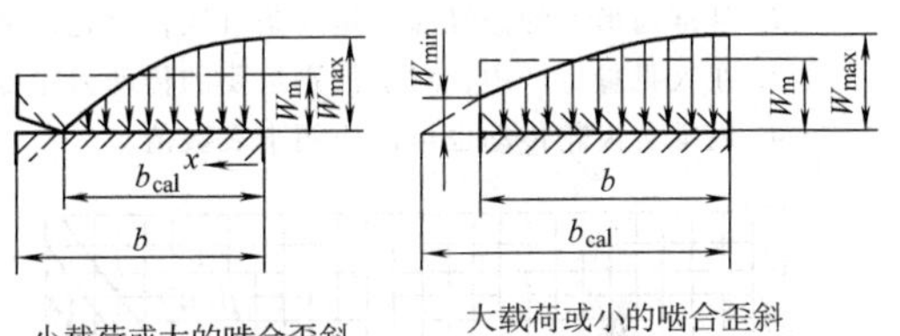

图 8.2-80　偏斜受载变形

8.4　齿轮的齿顶修缘

对于圆周速度较大的齿轮传动，为减少齿轮的啮入、啮出冲击，降低振动噪声，增加传动平稳性，提高抗胶合能力，可通过齿顶修缘来实现。

对于 6~8 级的圆柱齿轮传动，当圆周速度大于表 8.2-147 中数值需要修缘时，推荐使用表 8.2-148 中的数值。

表 8.2-147　外啮合圆柱齿轮的许用圆周速度

齿轮类型	精度等级		
	6 级	7 级	8 级
	圆周速度/$m \cdot s^{-1}$		
直齿圆柱齿轮	10	6	4
斜齿圆柱齿轮	16	10	6

以下情况不进行齿顶修缘：

1）因修缘的结果，在直齿轮传动中使重合度 $\varepsilon < 1.089$，在斜齿轮传动中使端面重合度 $\varepsilon_\alpha < 1$。

2）当斜齿轮的螺旋角 $\beta > 17°45'$ 时。

对外啮合高变位齿轮传动（$x_1 + x_2 = 0$），齿顶修缘后使重合度（或端面重合度）达到 1.089（直齿）或 1.0（斜齿）的条件，可按图 8.2-81 求得，即此时齿轮的变位系数 x 不得大于按图 8.2-81 求得的数值。

例 8.2-3　一对外啮合高变位直齿圆柱齿轮，$z_1 = 20$。由图可知，当 $x_1 = 0.62$ 时，端面重合度 $\varepsilon_\alpha = 1.089$；如果 $x_1 > 0.62$，则 $\varepsilon_\alpha < 1.089$。

表 8.2-148　齿顶修缘高度和深度　(mm)

图形	精度等级					
	6 级		7 级		8 级	
	m	e	m	e	m	e
	2~2.75	0.01	2~2.5	0.015	2~2.75	0.02
	3~4.5	0.008	2.75~3.5	0.012	3~3.5	0.0175
	5~10	0.006	3.75~5	0.010	3.75~5	0.015
	11~16	0.005	5.5~7	0.009	5.5~8	0.012
			8~11	0.008	9~16	0.010
			12~20	0.007	18~25	0.009
			22~30	0.006	28~50	0.008

注：1. 表中的数值是指在基准齿形上的修缘数值。

2. 基准齿形上的修缘部分是一条直线，也允许采用均匀的凸形曲线。

3. 在大批量生产中，对于特别重要的传动齿轮以及受工艺要求所限制时，允许改变修缘形状和数值。

4. 内啮合齿轮传动也可以应用本表数值。

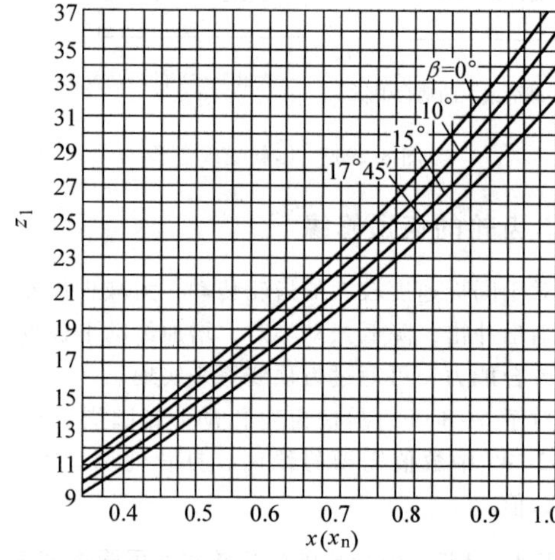

图 8.2-81　高变位齿轮传动在端面重合度 $\varepsilon_\alpha=1.089$（直齿）和 1.0（斜齿）时，齿数 z_1 与螺旋角 β 及变位系数 x（x_n）的关系

8.5　齿轮修形示例

例 8.2-4　一对增速传动的齿轮副，最大传递功率 $P=8400\text{kW}$，齿数 $z_1=40$，$z_2=107$，模数 $m_n=6\text{mm}$，螺旋角 $\beta=11°28'40''$，小齿轮分度圆直径 $d_1=244.9\text{mm}$，齿宽 $b=280\text{mm}$，齿轮轴孔直径 $d_i=80\text{mm}$，单位齿宽载荷 $W_t=219\text{N/mm}$，节圆线速度 $v=136.7\text{m/s}$，轴承支撑跨距 $L=640\text{mm}$，试确定齿轮的修形方式和修形量。

解：

1）因节圆线速度大于 100m/s，应考虑热变形的影响。齿廓修形采用表 8.2-143 中的方式三，齿向修形采用图 8.2-75 的方式。

2）齿廓修形量确定。

$$\Delta_{1u}=5\mu\text{m}+0.04W_t=13.76\mu\text{m}$$

$$\Delta_{1o}=13\mu\text{m}+0.04W_t=21.76\mu\text{m}$$

$$\Delta_{2u}=0.04W_t=8.76\mu\text{m}$$

$$\Delta_{2o}=7.5\mu\text{m}+0.04W_t=16.26\mu\text{m}$$

$$\alpha_t=\arctan(\tan\alpha_n/\cos\beta)=\arctan(\tan20°/\cos11°28'40'')=20°22'30''$$

$$d_2=d_1\times\frac{z_2}{z_1}=244.9\text{mm}\times\frac{107}{40}\text{mm}=655.03\text{mm}$$

$$d_{b1}=d_1\cos\alpha_t=244.9\text{mm}\times\cos20°22'30''=229.58\text{mm}$$

$$d_{b2}=d_2\cos\alpha_t=655.03\text{mm}\times\cos20°22'30''=614.05\text{mm}$$

$$d_{a1}=d_1+2h_a=244.9\text{mm}+2\times6\times1\text{mm}=256.9\text{mm}$$

$$d_{a2}=d_2+2h_a=655.03\text{mm}+2\times6\times1\text{mm}=667.03\text{mm}$$

$$\alpha_{at1}=\arccos\frac{d_{b1}}{d_{a1}}=\arccos\frac{229.58}{256.9}=26°39'49''$$

$$\alpha_{at2}=\arccos\frac{d_{b2}}{d_{a2}}=\arccos\frac{614.05}{667.03}=22°59'20''$$

$$\varepsilon_\alpha=\frac{1}{2\pi}[z_1(\tan\alpha_{at1}-\tan\alpha_t)+z_2(\tan\alpha_{at2}-\tan\alpha_t)]$$

$$=\frac{1}{2\pi}[40(\tan26°39'49''-\tan20°22'30'')+107(\tan22°59'20''-\tan20°22'30'')]=1.7336$$

$$p_{bt}=\pi m_n\cos\alpha_t/\cos\beta=\pi\times6\text{mm}\times\cos20°22'20''/\cos11°28'40''=18.03\text{mm}$$

$$g_a=p_{bt}\varepsilon_a=18.03\text{mm}\times1.7336=31.25\text{mm}$$

$$g_{aR}=\frac{1}{2}p_{bt}(1-\varepsilon_\alpha)$$

$$=\frac{1}{2}\times18.03\text{mm}\times(1-1.7336)$$

$$=6.6\text{mm}$$

齿廓修形曲线如图 8.2-82 所示。

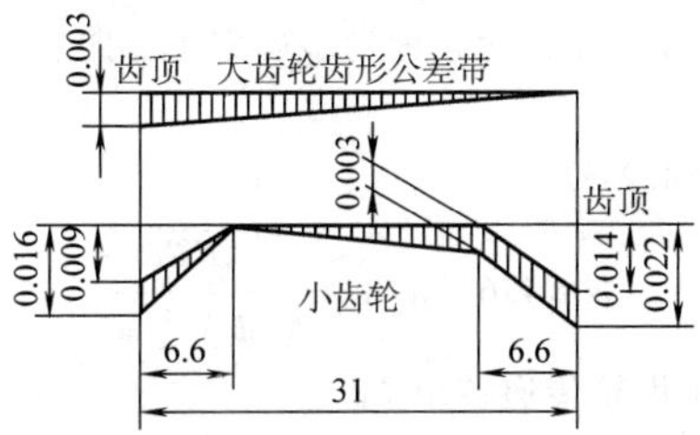

图 8.2-82　齿廓修形曲线

3）齿向修形量确定。

$$\phi_d=b/d_1=\frac{280}{244.9}=1.143$$

$$K_i=\frac{1}{1-\left(\frac{d_i}{d_1}\right)^4}=\frac{1}{1-\left(\frac{80}{244.9}\right)^4}=1.0115$$

$$K_r=1/\cos^2\alpha_t=1/\cos^2 20°22'30''=1.138$$

$$\eta=L/b=\frac{640}{280}=2.286$$

$$\delta_b=\phi_d^4K_iK_rW_t(12\eta-7)/(6\pi E)$$

$$=\frac{1.143^4\times1.0115\times1.138\times219\times(12\times2.286-7)}{6\pi\times2.06\times10^5}\text{mm}$$

$$=0.00226\text{mm}$$

$$\delta_t=4\phi_d^2K_iW_t/(\pi G)=\frac{4\times1.143^2\times1.0115\times219}{\pi\times7.95\times10^4}\text{mm}$$

$$=0.0046\text{mm}$$

$$\delta=\delta_b+\delta_t=0.00226\text{mm}+0.0046\text{mm}=0.00686\text{mm}$$

因为 $\delta<0.013$mm，取 $\Delta_1=0.013$mm。

根据小齿轮直径和节圆线速度查表 8.2-145，确定 $\Delta_2=0.013$mm。

齿向修形曲线如图 8.2-83 所示。

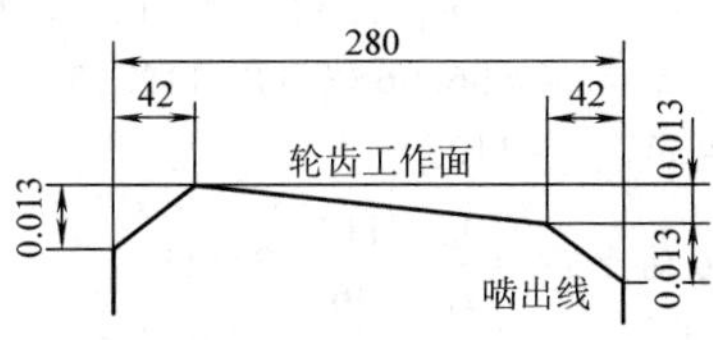

图 8.2-83　齿向修形曲线

例 8.2-5　一对内啮合齿轮副（见图 8.2-84），传递功率 $P_1=9.93$kW，转速 $n_1=8920$r/min，齿数 $z_1=15$，$z_2=54$，模数 $m_n=2$mm，小齿轮分度圆直径 $d_1=30$mm，齿宽 $b=9$mm，轴承支撑跨距 $L_1=46$mm，$L_2=22$mm，轴承径向热间隙 0.056mm，实测有效接触齿宽 $b_{cal}=4$mm，试确定齿轮的修形方式和修形量。

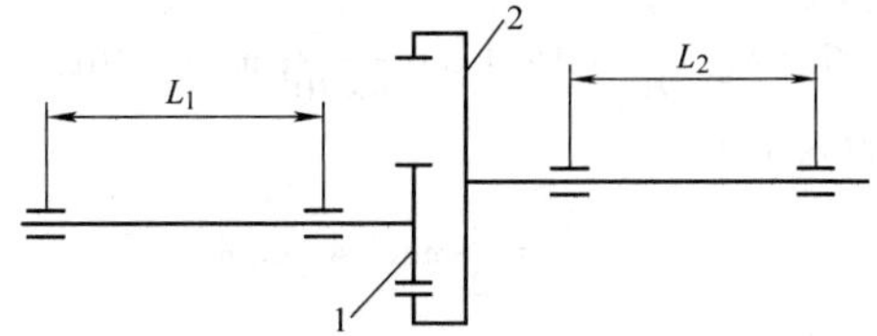

图 8.2-84　内啮合齿轮副
1—小齿轮　2—大齿轮

解：

轴承径向间隙引起的啮合歪斜

$$F_{\beta y1}=\left(\frac{0.056}{46}\times9\times\sin20°+\frac{0.056}{46}\times9\times\cos20°\right)\text{mm}$$

$$=0.014\text{mm}$$

$$F_{\beta y2}=\left(\frac{0.056}{22}\times9\times\sin20°+\frac{0.056}{22}\times9\times\cos20°\right)\text{mm}$$

$$=0.0294\text{mm}$$

$$F_{\beta y}=F_{\beta y2}-F_{\beta y1}=0.0294\text{mm}-0.014\text{mm}$$

$$=0.0154\text{mm}=15.4\mu\text{m}$$

小齿轮传递的转矩

$$T_1=9.55\times10^6\times\frac{P_1}{n_1}$$

$$=9.55\times10^6\times\frac{9.93}{8920}\text{N}\cdot\text{mm}$$

$$=10631\text{N}\cdot\text{mm}$$

轮齿间的法向力

$$F_n=\frac{2T_1}{d_1\cos\alpha}=\frac{2\times10631}{30\times\cos20°}\text{N}=754\text{N}$$

单位齿宽最大载荷

$$\frac{F_n}{b}=\frac{754}{9}\text{N/mm}=83.7\text{N/mm}>80\text{N/mm}，取\ n=2$$

$$W=\frac{F_n}{b_{cal}}\times\frac{n}{n+1}=\frac{754}{4}\times\frac{2}{2+1}\text{N/mm}=125.7\text{N/mm}$$

啮合接触变形最大值 δ_c

$$\delta_c=1.155\frac{W}{E}=1.155\times\frac{125.7}{2.06\times10^5}\text{mm}=0.0007\text{mm}$$

$$=0.7\mu\text{m}$$

因为

$$\frac{b_{cal}}{b}\leqslant1\ 鼓形量$$

$$C_c=\sqrt{\frac{2F_nF_{\beta y}}{bc_\gamma}}=\sqrt{\frac{2\times754\times15.4}{9\times20}}\mu\text{m}=11.36\mu\text{m}$$

因鼓形量比两倍的啮合接触变形大很多，应采用带鼓形的螺旋线修形（见图 8.2-85）

鼓形量

$$C_c=1.5\frac{F_n}{bc_\gamma}=1.5\times\frac{754}{9\times20}\mu\text{m}=6.28\mu\text{m}$$

螺旋线修形量

$$C_{h}=F_{\beta y}-\frac{F_{n}}{bc_{\gamma}}=15.4\mu m-\frac{754}{9\times 20}\mu m=4.19\mu m$$

修形中心

$$b_{c}=\frac{b}{2}=\frac{9}{2}mm=4.5mm$$

鼓形半径

$$R_{c}=\frac{b_{c}^{2}}{2C_{c}}=\frac{\left(\frac{9}{2}\right)^{2}}{2\times 0.00628}mm=1612mm$$

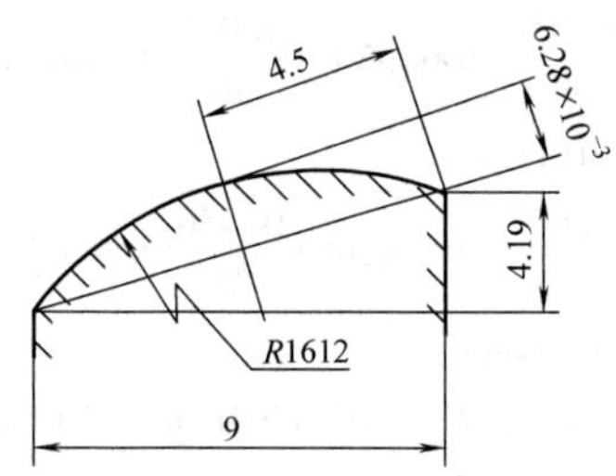

图 8.2-85　带鼓形的螺旋线修形

9　渐开线圆柱齿轮传动设计计算示例及零件工作图例

9.1　设计示例

例 8.2-6　设计图 8.2-86 所示的球磨机的单级圆柱齿轮减速器的斜齿圆柱齿轮传动。已知小齿轮传递的额定功率 $P=80kW$，小齿轮转速 $n_1=730r/min$，齿轮比 $u=3.11$，单向运转，满载工作时间 35000h。

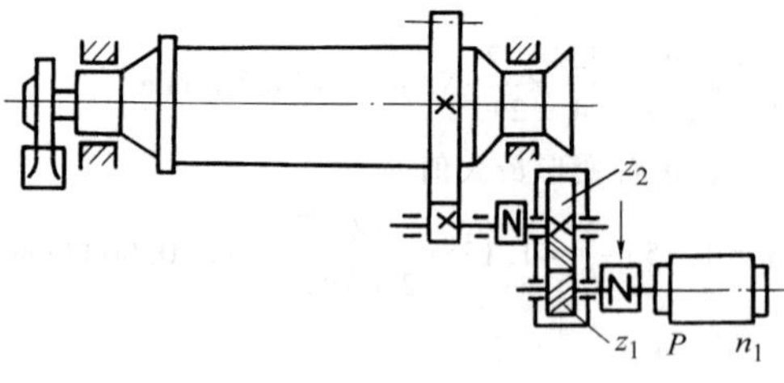

图 8.2-86　球磨机传动简图

解：

（1）选择齿轮材料，确定试验齿轮的疲劳极限应力

参考表 8.2-95、表 8.2-96、表 8.2-100、表 8.2-101，选择齿轮的材料为

小齿轮：38SiMnMo，调质处理，表面硬度 320~340HBW

大齿轮：35SiMn，调质处理，表面硬度 280~300HBW

由图 8.2-15 和图 8.2-32，按 MQ 级质量要求取值，查得

$\sigma_{Hlim1}=800MPa$，$\sigma_{Hlim2}=760MPa$

$\sigma_{FE1}=640MPa$，$\sigma_{FE2}=600MPa$

（2）按齿面接触强度初步确定中心距，并初选主要参数

按表 8.2-37

$$\alpha\geqslant 476\ (u+1)\sqrt[3]{\frac{KT_{1}}{\phi_{a}\sigma_{HP}^{2}u}}$$

1）小齿轮传递转矩 T_1。

$$T_{1}=9549\times\frac{P}{n_{1}}=9549\times\frac{80}{730}N\cdot m=1046N\cdot m$$

2）载荷系数 K。考虑齿轮对称轴承布置，速度较低，冲击负荷较大，取 $K=1.6$。

3）齿宽系数 ϕ_a。取 $\phi_a=0.4$。

4）齿数比 u。暂取 $u=i=3.11$。

5）许用接触应力 σ_{HP}。按表 8.2-37，$\sigma_{HP}=\frac{\sigma_{Hlim}}{S_{Hmin}}$，取最小安全系数 $S_{Hmin}=1.1$，按大齿轮计算

$$\sigma_{HP2}=\frac{\sigma_{Hlim2}}{S_{Hmin}}=\frac{760}{1.1}MPa=691MPa。$$

6）将以上数据代入计算中心距的公式。

$$a\geqslant 476\times(3.11+1)\sqrt[3]{\frac{1.6\times 1046}{0.4\times 691^{2}\times 3.11}}mm=276.67mm$$

圆整为标准中心距 $a=300mm$。

7）确定模数。按经验公式

$$m_{n}=(0.007\sim0.02),\ a=(0.007\sim0.02)\times 300mm=2.1\sim6mm$$

取标准模数 $m_n=4mm$。

8）初取螺旋角 $\beta=9°$，$\cos\beta=\cos 9°=0.98800$。

9）确定齿数。$z_{1}=\frac{2a\cos\beta}{m_{n}\ (u+1)}=\frac{2\times 300\times 0.988}{4\times\ (3.11+1)}=36.06$

$$z_{2}=z_{1}u=36.06\times 3.11=112.15$$

取 $z_1=36$，$z_2=112$

实际传动比 $i_{实}=\frac{z_{2}}{z_{1}}=\frac{112}{36}=3.111$。

10）精求螺旋角 β。

$$\cos\beta=\frac{m_{n}(z_{1}+z_{2})}{2a}=\frac{4\times(36+112)}{2\times 300}=0.98667$$

所以 $\beta=9°22'$。

11）计算分度圆直径。

$$d_{1}=\frac{m_{n}z_{1}}{\cos\beta}=\frac{4\times 36}{0.98667}mm=145.946mm$$

$$d_2=\frac{m_n z_2}{\cos\beta}=\frac{4\times112}{0.98667}\text{mm}=454.053\text{mm}$$

12）确定齿宽。$b=\phi_a\times a=0.4\times300\text{mm}=120\text{mm}$

13）计算齿轮圆周速度。

$$v=\frac{\pi d_1 n_1}{60\times1000}=\frac{\pi\times145.946\times730}{60\times100}\text{m/s}=5.58\text{m/s}$$

根据齿轮圆周速度，参考表 8.2-108 和表 8.2-109，选择齿轮精度等级为 7 级。

（3）校核齿面接触疲劳强度

根据表 8.2-39

$$\sigma_H=Z_H Z_E Z_{\varepsilon\beta}\sqrt{\frac{F_t}{bd_1}\frac{u+1}{u}K_A\times K_v\times K_{H\beta}\times K_{H\alpha}}$$

1）分度圆上圆周力 F_t。

$$F_t=\frac{2T_1}{d_1}=\frac{2\times1046\times10^3}{145.946}\text{N}=14334\text{N}$$

2）使用系数 K_A。参考表 8.2-41，$K_A=1.5$。

3）动载荷系数 K_v。

根据表 8.2-49 计算传动精度系数 C

$$C_1=-0.5048\ln(z_1)-1.144\ln(m_n)+2.852\times\ln(f_{pt1})+3.32$$
$$=-0.5048\ln(36)-1.144\ln(4)+2.852\times\ln(14)+3.32=7.45$$

$$C_2=-0.5048\ln(z_2)-1.144\ln(m_n)+2.852\times\ln(f_{pt2})+3.32$$
$$=-0.5048\ln(112)-1.144\ln(4)+2.852\times\ln(16)+3.32=7.26$$

$$C=\text{int}(\max\{C_1,C_2\})=8$$

$$B=0.25(C-5)^{0.667}=0.520$$

$$A=50+56(1.0-B)=76.88$$

$$K_v=\left(\frac{A}{A+\sqrt{200v}}\right)^{-B}=1.206$$

4）接触疲劳强度计算的齿向载荷分布系数 $K_{H\beta}$。

根据表 8.2-58，装配时检验调整

$$K_{H\beta}=1.12+0.18\times\left(\frac{b}{d_1}\right)^2+2.3\times10^{-4}\times b$$
$$=1.12+0.18\times\left(\frac{120}{145.946}\right)^2+2.3\times10^{-4}\times120=1.269$$

5）齿间载荷分配系数 $K_{H\alpha}$。

查表 8.2-62，因为 $\frac{K_A F_t}{b}=\frac{1.5\times14334}{120}\text{N/mm}=179.175\text{N/mm}$，$K_{H\alpha}=1.1$

6）节点区域系数 Z_H。

查图 8.2-12，$Z_H=2.47$

7）弹性系数 Z_E。

查表 8.2-64，$Z_E=189.8\sqrt{\text{MPa}}$

8）接触疲劳强度计算的重合度与螺旋角系数 $Z_{\varepsilon\beta}$。

当量齿数 $z_{v1}=\frac{z_1}{\cos^3\beta}=\frac{36}{0.98667^3}=37.5$

$$z_{v2}=\frac{z_2}{\cos^3\beta}=\frac{112}{0.98667^3}=116.6$$

当量齿轮的端面重合度 $\varepsilon_{\alpha v}$：$\varepsilon_{\alpha v}=\varepsilon_{\alpha \text{I}}+\varepsilon_{\alpha \text{II}}$

查图 8.2-7，分别得到 $\varepsilon_{\alpha \text{I}}=0.83$，$\varepsilon_{\alpha \text{II}}=0.91$，$\varepsilon_{\alpha v}=0.83+0.91=1.74$

查图 8.2-9，$\varepsilon_\beta=1.55$

查图 8.2-13，$Z_{\varepsilon\beta}=0.76$

9）将以上数据代入公式计算接触应力。

$$\sigma_H=2.47\times189.8\times0.76\times\left(\frac{14334}{120\times145.946}\frac{3.11+1}{3.11}\right)^{\frac{1}{2}}\times(1.5\times1.206\times1.269\times1.1)^{\frac{1}{2}}\text{MPa}$$
$$=588.79\text{MPa}$$

10）计算安全系数 S_H。

根据表 8.2-39，有

$$S_H=\frac{\sigma_{H\lim}Z_{NT}Z_L Z_v Z_R Z_W Z_X}{\sigma_H}$$

寿命系数 Z_{NT}：按式（8.2-7），

$$N_1=60n_1 kh=60\times730\times1\times35000=1.533\times10^9$$

$$N_2=\frac{N_1}{u}=\frac{1.533\times10^9}{3.11}=4.93\times10^8$$

对调质钢（允许有一定的点蚀），查图 8.2-18，$Z_{NT1}=0.98$，$Z_{NT2}=1.04$

滑油膜影响系数 Z_L、Z_v、Z_R：查表 8.2-68，因为 $N_1>N_c$（表 8.2-66），齿轮经滚齿加工，$Rz10>0.4\mu\text{m}$，滑油膜影响系数 Z_L、Z_v、Z_R 之积（$Z_L Z_v Z_R$）= 0.85。

工作硬化系数 Z_W：因小齿轮未硬化处理，齿面未光整，故 $Z_W=1$。

尺寸系数 Z_X：查图 8.2-23，$Z_{X1}=Z_{X2}=1.0$

将各参数代入公式计算安全系数 S_H

$$S_{H1}=\frac{\sigma_{H\lim1}Z_{NT1}Z_L Z_v Z_R Z_{X1}}{\sigma_H}$$
$$=\frac{800\times0.98\times0.85\times1}{588.79}=1.13$$

$$S_{H2}=\frac{\sigma_{Hlim2}Z_{NT2}Z_LZ_vZ_RZ_WZ_{X2}}{\sigma_H}$$

$$=\frac{760\times1.04\times0.85\times1\times1}{588.79}=1.14$$

根据表 8.2-71，一般可靠度 $S_{Hmin}=1.00\sim1.10$，$S_H>S_{Hmin}$，故安全。

(4) 校核齿根弯曲疲劳强度

根据表 8.2-39，有

$$\sigma_F=\frac{F_t}{bm_n}K_AK_vK_{F\beta}K_{F\alpha}Y_{FS}Y_{\varepsilon\beta}$$

1) 弯曲疲劳强度计算的齿向载荷分布系数 $K_{F\beta}$。

根据式 (8.2-2) 取 $K_{F\beta}=K_{H\beta}=1.269$

2) 弯曲疲劳强度计算的齿间载荷分配系数 $K_{F\alpha}$。

查表 8.2-62，$K_{F\alpha}=1.1$

3) 复合齿形系数 Y_{FS}。

查图 8.2-27，$Y_{FS1}=4.03$，$Y_{FS2}=3.96$

4) 弯曲疲劳强度计算的重合度与螺旋角系数 $Y_{\varepsilon\beta}$。

查图 8.2-29，$Y_{\varepsilon\beta}=0.63$

5) 将以上数据代入公式计算弯曲应力。

$$\sigma_{F1}=\frac{14334}{120\times4}\times1.5\times1.206\times1.269\times1.1\times4.03\times0.63\text{MPa}=191.45\text{MPa}$$

$$\sigma_{F2}=\frac{14334}{120\times4}\times1.5\times1.206\times1.269\times1.1\times3.96\times0.63\text{MPa}=188.13\text{ MPa}$$

6) 计算安全系数 S_F。

根据表 8.2-39，$S_F=\dfrac{\sigma_{FE}Y_{NT}Y_{\delta relT}Y_{RrelT}Y_X}{\sigma_F}$

寿命系数 Y_{NT}：对调质钢，查图 8.2-33，$Y_{NT1}=0.89$，$Y_{NT2}=0.9$。

相对齿根圆角敏感系数 $Y_{\delta relT}$：根据式(8.2-18)，$Y\delta_{relT1}=Y\delta_{relT2}=1.0$。

相对齿根表面状况系数 Y_{RrelT}：查表 8.2-81，根据齿面粗糙度 $Ra_1=Ra_2=1.6$，$Y_{RrelT1}=Y_{RrelT2}=1.0$。

弯曲疲劳强度计算的尺寸系数 Y_X：查图 8.2-34，$Y_{X1}=Y_{X2}=1$。

将各参数代入公式计算安全系数 S_F

$$S_{F1}=\frac{\sigma_{FE1}Y_{NT1}Y_{\delta relT1}Y_{RrelT1}Y_{X1}}{\sigma_{F1}}=\frac{640\times0.89\times1\times1\times1}{191.45}=2.97$$

$$S_{F2}=\frac{\sigma_{FE2}Y_{NT2}Y_{\delta relT2}Y_{RrelT2}Y_{X2}}{\sigma_{F2}}=\frac{600\times0.9\times1\times1\times1}{188.13}=2.87$$

根据表 8.2-71，高可靠度 $S_{Hmin}=2.0$，$S_H>S_{Hmin}$，故安全。

(5) 齿轮主要几何尺寸

$m_n=4\text{mm}$，$\beta=9°22'$

$z_1=36$，$z_2=112$

$$d_1=\frac{m_nz_1}{\cos\beta}=\frac{4\times36}{0.98667}\text{mm}=145.946\text{ mm}$$

$$d_2=\frac{m_nz_2}{\cos\beta}=\frac{4\times112}{0.98667}\text{mm}=454.053\text{mm}$$

$$d_{a1}=d_1+2h_a=145.946\text{mm}+2\times4\text{mm}=153.946\text{mm}$$

$$d_{a2}=d_2+2h_a=454.053\text{mm}+2\times4\text{mm}=462.053\text{mm}$$

$b_2=b=\phi_a\times a=0.4\times300\text{mm}=120\text{mm}$

$b_1=125\text{mm}$

(6) 齿轮的结构和零件工作图(略)

9.2　渐开线圆柱齿轮零件工作图例（见图 8.2-87、图 8.2-88）

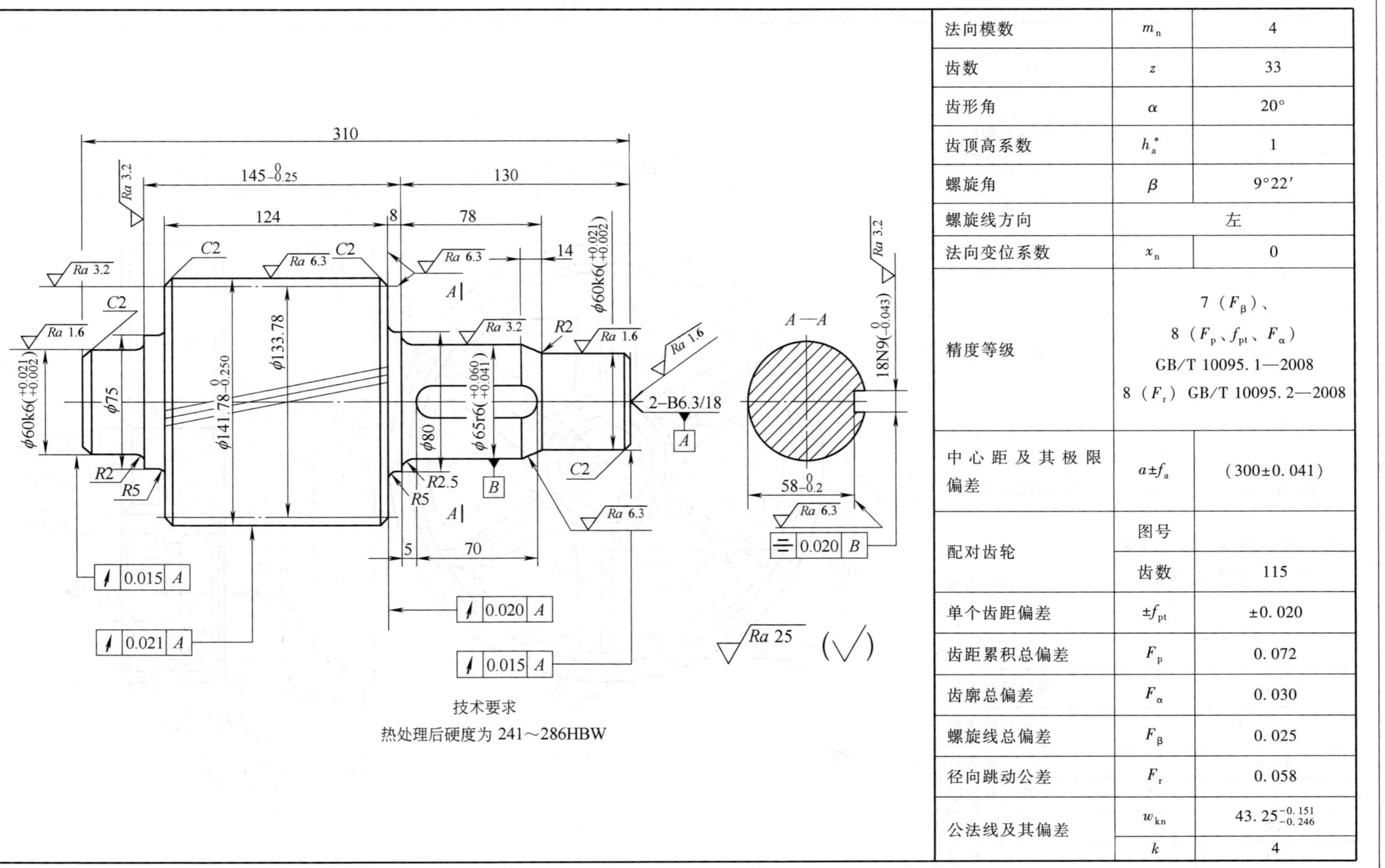

法向模数	m_n	4
齿数	z	33
齿形角	α	20°
齿顶高系数	h_a^*	1
螺旋角	β	9°22′
螺旋线方向	左	
法向变位系数	x_n	0
精度等级	7（F_β）、8（F_p、f_{pt}、F_α）GB/T 10095.1—2008 8（F_r）GB/T 10095.2—2008	
中心距及其极限偏差	$a \pm f_a$	（300±0.041）
配对齿轮	图号	
	齿数	115
单个齿距偏差	$\pm f_{pt}$	±0.020
齿距累积总偏差	F_p	0.072
齿廓总偏差	F_α	0.030
螺旋线总偏差	F_β	0.025
径向跳动公差	F_r	0.058
公法线及其偏差	w_{kn}	$43.25_{-0.246}^{-0.151}$
	k	4

图 8.2-87　圆柱齿轮工作图之一

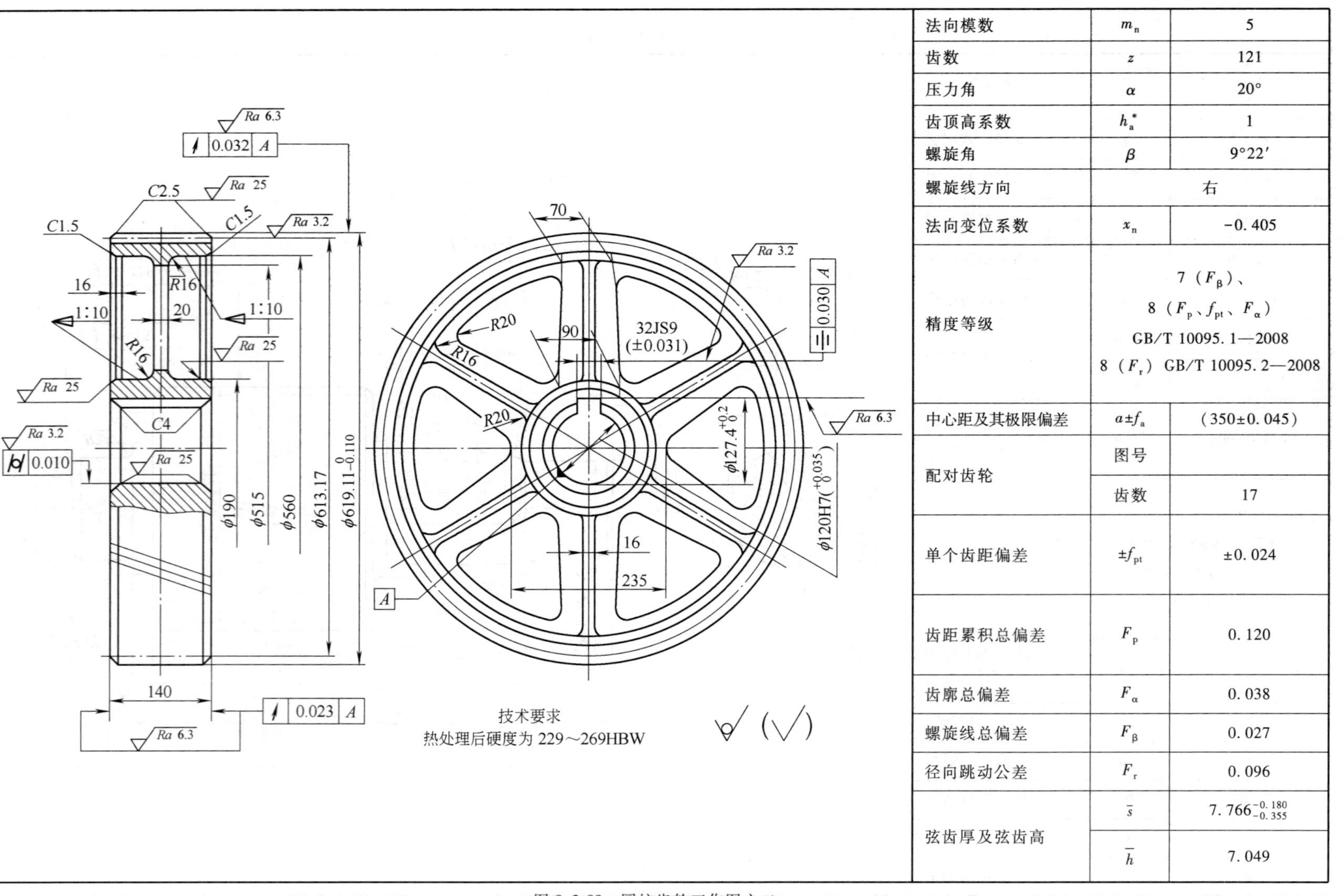

法向模数	m_n	5
齿数	z	121
压力角	α	20°
齿顶高系数	h_a^*	1
螺旋角	β	9°22′
螺旋线方向	右	
法向变位系数	x_n	-0.405
精度等级	7（F_β）、8（F_p、f_{pt}、F_α）GB/T 10095.1—2008 8（F_r）GB/T 10095.2—2008	
中心距及其极限偏差	$a \pm f_a$	（350±0.045）
配对齿轮	图号	
	齿数	17
单个齿距偏差	$\pm f_{pt}$	±0.024
齿距累积总偏差	F_p	0.120
齿廓总偏差	F_α	0.038
螺旋线总偏差	F_β	0.027
径向跳动公差	F_r	0.096
弦齿厚及弦齿高	$\bar{s}$	$7.766_{-0.355}^{-0.180}$
	$\bar{h}$	7.049

图 8.2-88 圆柱齿轮工作图之二

第3章　圆弧齿轮传动

1　圆弧齿轮传动的类型、特点和应用

圆弧齿轮即圆弧圆柱齿轮，国际上称为Wildhaber-Novikov齿轮，简称W-N齿轮。与渐开线齿轮相比，圆弧齿轮具有承载能力强、工艺简单、制造成本低和使用寿命长等优点。除不能用于变速机构的滑移齿轮外，大部分设备均可采用。我国自1958年开始圆弧齿轮的研究、实验和推广工作，现在圆弧齿轮已广泛应用于冶金轧钢、矿山运输、采油炼油、化工化纤、发电设备、轻工榨糖、建材水泥和交通航运等行业的高低速齿轮传动。目前，低速应用的最大模数为30mm，高速应用的最大功率为7700kW，最大圆周速度为117m/s。

圆弧齿轮传动在我国以中硬齿面和软齿面传动为主，随着渗碳淬火硬齿面双圆弧齿轮滚刮制造技术的研究成功和应用，必将促进圆弧齿轮成型磨齿工艺的研究和发展，进一步提高圆弧齿轮的承载能力和使用寿命。

图8.3-1所示为圆弧齿轮传动的外形图，它是一种以圆弧做齿廓的斜齿（或人字齿）轮。为加工方便，一般法向齿廓做成圆弧，而端面齿廓只是近似的圆弧。

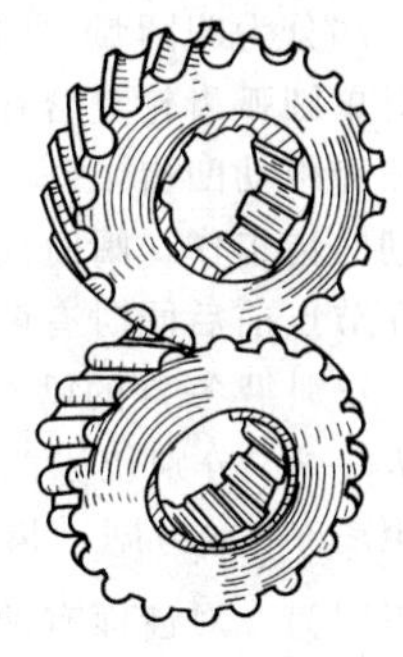

图8.3-1　圆弧齿轮传动的外形图

按照圆弧齿轮的齿廓组成，圆弧齿轮可分为单圆弧齿轮传动和双圆弧齿轮传动两种形式。单圆弧齿轮传动如图8.3-2所示，通常小齿轮的轮齿做成凸圆弧形，大齿轮的轮齿做成凹圆弧形。双圆弧齿轮传动如图8.3-3所示，其大、小齿轮均采用同一种齿廓：其齿顶部分的齿廓为凸圆弧，齿根部分的齿廓为凹圆弧，整个齿廓由凸凹圆弧组成。

1.1　单圆弧齿轮传动

图8.3-4所示为一对单圆弧齿轮的啮合简图，其中小齿轮采用凸齿，大齿轮采用凹齿。凸齿齿廓的圆心C位于节圆上，凹齿齿廓的圆心M位于节圆外，

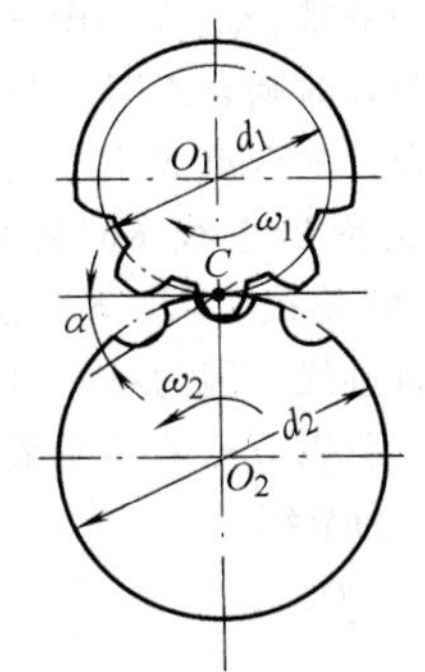

图8.3-2　单圆弧齿轮传动

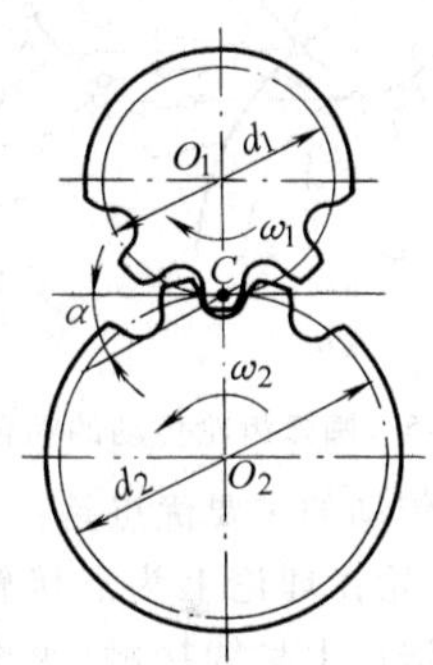

图8.3-3　双圆弧齿轮传动

并且凹齿齿廓的圆弧半径ρ_2比凸齿齿廓的圆弧半径ρ_1稍大些，因此理论上两齿廓是点接触，故圆弧齿轮又称圆弧点啮合齿轮。

图8.3-4所示为单圆弧齿轮两端面齿廓在K点啮合的情况，此时啮合点K处的公法线通过节点C。当小齿轮转过角度$\Delta\varphi_1$，同时大齿轮以一定的传动比转

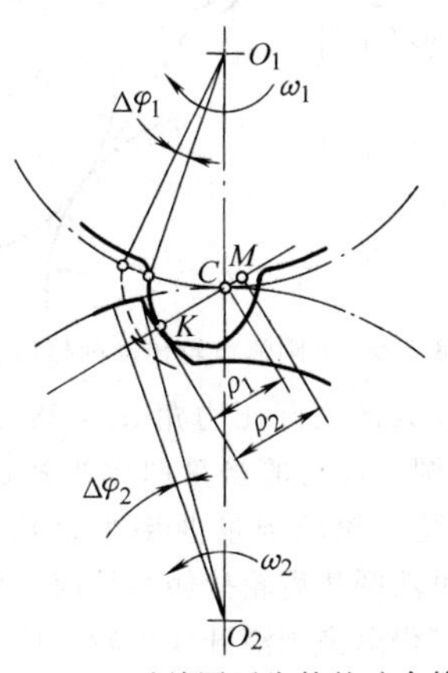

图8.3-4　一对单圆弧齿轮的啮合简图

过 $\Delta\varphi_2$之后（如图中虚线所示），两齿廓之间就一定会出现间隙而脱离接触。显然，若将圆弧齿轮做成直齿轮（$\beta=0°$），则端面重合度 ε_α 为零，是不能实现连续传动的。因此，为了保证连续传动，必须制成斜齿轮，并使纵向重合度 ε_β 大于 1。

圆弧齿轮传动的啮合过程如图 8.3-5 所示。当前一对端面齿廓离开瞬时啮合点时，与其相邻的一对端面齿廓将进入啮合，啮合点 K 沿平行于轴线的 KK' 线移动，即两螺旋齿面沿直线 KK' 做相对滚动。直线 KK' 称为啮合线。螺旋线 KK_1、KK_2 是齿面上接触点的轨迹，称为接触迹线。因为各瞬时啮合点的齿廓公法线均通过节点，所以节点 C 将沿着直线 CC' 做轴向移动，直线 CC' 称为节线。

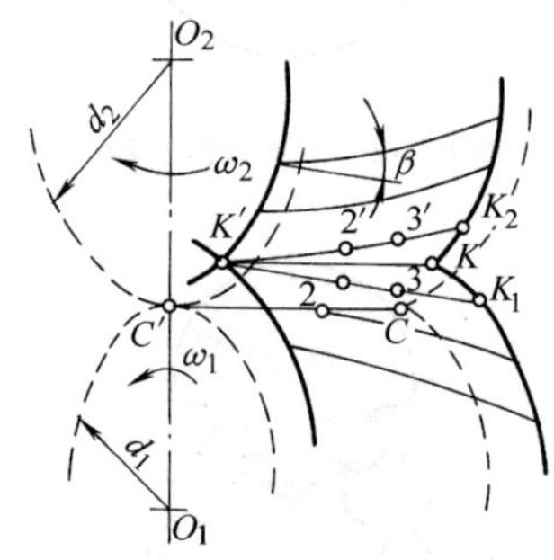

图 8.3-5　圆弧齿轮传动的啮合过程

单圆弧齿轮传动的主要优点是：

1）单圆弧齿轮在理论上为点接触，但实际上经磨合后，在齿廓法面上呈线接触（见图 8.3-6）。在垂直于瞬时接触线 L_n 的截面（n — n）中，当量曲率半径按下式计算

$$\rho_e=\frac{\rho_{\beta1}\rho_{\beta2}}{\rho_{\beta1}+\rho_{\beta2}}=\frac{id_1}{2\ (i+1)\ \sin^2\beta\sin\alpha_n}\tag{8.3-1}$$

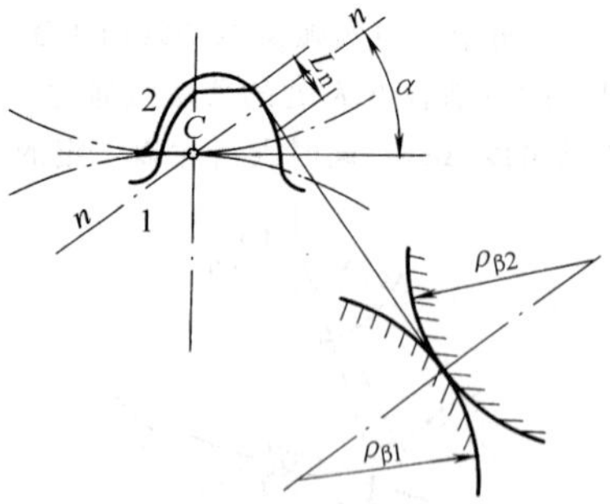

图 8.3-6　单圆弧齿轮传动的接触情况

当接触点处的实际压力角 $\alpha_n=28°$，在 $\beta=10°\sim30°$范围内，圆弧齿轮的当量曲率半径比参数与尺寸相同的渐开线齿轮的当量曲率半径约增大 20～200 倍。因此，虽然圆弧齿轮接触线长度很短，但其齿面接触疲劳强度仍远高于渐开线齿轮。单圆弧齿轮传动的接触疲劳强度承载能力一般比渐开线齿轮高 1～1.5 倍。

2）在齿面上，两接触线沿齿长方向的滚动速度很大，有利于油膜形成，因此摩擦损失小，效率高（可达 0.99～0.995），齿面磨损小。

3）齿面间沿齿高方向各点的相对滑动速度相等，因此齿面磨损均匀，齿面容易磨合，具有良好的磨合性能。

4）圆弧齿轮无根切现象，所以小齿轮齿数可以小（$z_{1\min}=6\sim8$），其最小齿数主要是受轴的强度及刚度限制。

单圆弧齿轮传动的主要缺点是：

1）圆弧齿轮传动中心距及切齿深的偏差，引起齿高方向接触位置变化，这对于传动承载能力影响较大，因此对中心距及切齿深度的精度要求高。此外，圆弧齿轮对螺旋角 β 的精度要求也高，因为螺旋角误差（齿向偏差）将影响传动的平稳性及齿宽方向的接触情况。

2）一对单圆弧齿轮需用两把滚刀切制凸齿和凹齿，而切制一对渐开线齿轮只需要一把滚刀。

3）轮齿抗弯强度较小。

1.2　双圆弧齿轮传动

如图 8.3-7 所示，双圆弧齿轮传动的大、小齿轮均采用同一种齿廓，其齿廓由两段圆弧组成，齿顶部分为凸圆弧，齿根部分为凹圆弧。因此，双圆弧齿轮传动就相当于两对单圆弧齿轮复合在一起工作。传动过程中，一对是凸齿带动凹齿工作，瞬时接触点 K_T；另一对是凹齿带动凸齿工作，瞬时接触点 K_A。因此，在传动过程中，在节点前后同时有两条啮合线，且瞬时接触点 K_T、K_A 分别沿各自的啮合线做轴向移动。两个瞬时接触点 K_T、K_A 分别位于两个不同的端截面内，其沿轴向的距离 q_{TA} 称为同一齿上两个同时接触点的轴向距离。正因为一对齿面有两点在两条啮合线上同时接触，故又称这种传动为双啮合线传动。

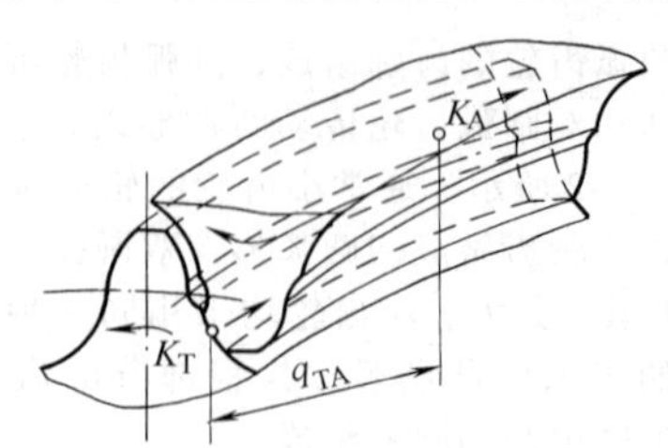

图 8.3-7　双圆弧齿轮传动啮合示意图

按基本齿廓的形式，目前在生产中应用的双圆弧齿轮有公切线式和分阶式两种。图 8.3-8a 是公切线式双圆弧齿轮的基本齿廓，其齿顶部分的凸圆弧和齿根部分的凹圆弧是由一小段公切线连接起来。用这种

基本齿廓的滚刀滚切出来的齿轮在节线附近的过渡齿廓为渐开线。实践证明，经过磨合以后，这段过渡齿廓也参与了啮合，并很容易产生点蚀。此外，这种双圆弧齿轮传动，虽然接触疲劳强度和弯曲疲劳强度较单圆弧齿轮传动为高，但在提高齿根弯曲疲劳强度方面还没有充分发挥双圆弧齿轮的优越性。

图 8.3-8b 为分阶式双圆弧齿轮的基本齿廓。与公切线式双圆弧齿轮相比，其齿顶(凸齿)部分的齿厚减小了，而齿根(凹齿)部分的齿厚增大了。因此，凸凹齿形间的非工作齿面形成了一个台阶，此处的过渡曲线是一小段圆弧。这种齿轮在啮合时，非工作齿面间形成了一个较大的空隙，避免了非工作齿面接触的缺陷。此外，由于齿根厚度加大了，因此齿根抗弯强度较公切线式圆弧齿轮提高了。而且若节圆齿厚比$\frac{s_2}{s_1}$选择适当，可使齿腰和齿根的抗弯强度大致相等，从而获得最大的承载能力。分阶式双圆弧齿轮的承载能力大概比单圆弧齿轮高 40%~60%。由于分阶式双圆弧齿轮传动具有一系列优点而受到各国齿轮界的普遍重视。

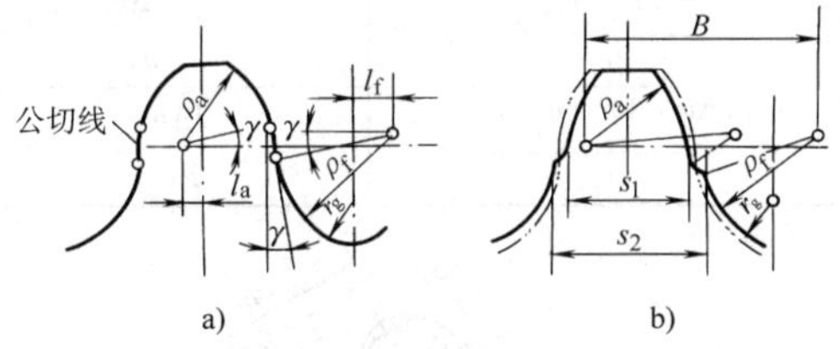

图 8.3-8 双圆弧齿轮的基本齿廓

a) 公切线式 b) 分阶式

和单圆弧齿轮传动比较，双圆弧齿轮传动具有下列特点：

1) 弯曲疲劳强度高。在几何参数相同的条件下，同时参加工作的接触点数量增加一倍，相应地每个接触点所分担的载荷在理论上将只有一半，因此双圆弧齿轮的强度比较高。齿形设计恰当时，其弯曲疲劳强度承载能力较渐开线齿轮可提高 30%。

2) 接触疲劳强度高。除接触点增多外，磨合后所形成的两条瞬时接触线的总长也比单圆弧齿轮长，并且压力角一般比单圆弧齿轮取得小，因此双圆弧齿轮的接触疲劳强度比单圆弧齿轮有显著提高。

3) 双圆弧齿轮传动的两个齿轮均采用齿顶为凸齿、齿根为凹齿的凸-凹齿形，因此一对齿轮可用同一把滚刀加工。

4) 双圆弧齿轮传动较平稳，振动、噪声都比单圆弧齿轮小。

和单圆弧齿轮一样，双圆弧齿轮对于中心距偏差、切齿深度偏差以及滚刀齿形压力角偏差的敏感性较大。在设计、制造和装配时，同样应予充分注意。

2 圆弧齿轮传动的啮合特性

齿轮传动的啮合特性是检查齿轮传动平稳性的重要质量指标。为保证齿轮连续平稳地传动，不仅要求一对轮齿齿面能够实现定传动比传动，而且要求传动时各对轮齿的“衔接”也要平稳，这就要由重合度来保证。合理地选择重合度不仅能保证传动的平稳性，而且能提高传动的承载能力，这在双圆弧齿轮传动中尤为突出。

2.1 单圆弧齿轮传动的啮合特性

单圆弧齿轮传动，经磨合后在端面内为瞬时接触，传动的连续性和平稳性是靠纵向重合度 ε_β 保证的，ε_β 值可由式(8.3-2)计算

$$\varepsilon_\gamma=\varepsilon_\beta=\frac{b}{p_x}=\frac{b\sin\beta}{p_n}=\frac{b\sin\beta}{\pi m_n}>1 \qquad (8.3\text{-}2)$$

式中 b——齿宽；

p_x——轴向齿距；

p_n——法向齿距；

β——螺旋角。

各尺寸及 β 角见图 8.3-9。

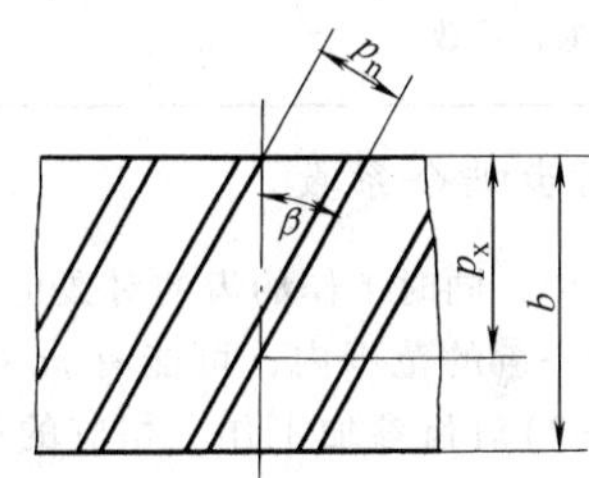

图 8.3-9 单圆弧齿轮分度圆柱展开图

由上式可知，只要选择较大的螺旋角 β，即使齿宽 b 一定，也能获得足够大的重合度 ε_γ。但 β 的选取还应考虑轮齿强度、轴承寿命、传动效率等因素。

2.2 双圆弧齿轮传动的啮合特性

讨论双圆弧齿轮传动的啮合特性问题，要比讨论单圆弧齿轮复杂，因为双圆弧齿轮传动的啮合特性必须用两个指标才能表达全面，这两个指标是多点啮合系数和多对齿啮合系数。在分析这两个系数之前，应该先求得同一工作齿面上两个同时接触点间的轴向距离 q_{TA}。

2.2.1 同一工作齿面上两个同时接触点间的轴向距离 q_{TA}

根据两齿面在接触点处的公法线必须与节线相交，可以由图 8.3-10 近似地求得工作齿面上同时接

触的两点 K_T、K_A 在轴向的距离 q_{TA} 为

$$q_{TA}=\frac{0.5\pi m_n+2l_a-0.5j_n+2x_a\cot\alpha_n}{\sin\beta}-2\left(\rho_a+\frac{x_\alpha}{\sin\alpha_n}\right)\cos\alpha_n\sin\beta \tag{8.3-3}$$

式中 j_n——法向侧隙。

q_{TA} 与轴向齿距 p_x 的比值称为双点距离系数 λ

$$\lambda=\frac{q_{TA}}{p_x} \tag{8.3-4}$$

λ 不仅由齿形参数决定，而且随螺旋角 β 的改变而变化。

2.2.2 多点啮合系数

在齿轮传动的过程中，轮齿同时接触的点数将周期地改变。若齿轮的工作齿宽 $b=mp_x+\Delta b$（m 为整数，Δb 为尾数），则在转过一齿的范围内，可能有 $2m$ 点、$2m+1$ 点、$2m+2$ 点接触。相应接触点数工作时，所转过的节圆弧长与齿距之比称为多点啮合系数，分别记作 ε_{2md}、$\varepsilon_{(2m+1)d}$、$\varepsilon_{(2m+2)d}$。根据 Δb 与 q_{TA} 的大小，多点啮合系数分为三种情况，按表 8.3-1 进行计算。

例如，对于图 8.3-10 所示情况，$\Delta b<(p_x-q_{TA})$，因此，$\varepsilon_{2d}=1-\dfrac{2\Delta b}{p_x}$，$\varepsilon_{3d}=2\dfrac{\Delta b}{p_x}$。

表 8.3-1 多点啮合系数计算公式

啮合系数名称	代号	情况Ⅰ	情况Ⅱ	情况Ⅲ
		当 $\Delta b\leqslant(p_x-q_{TA})$ 时	当 $(p_x-q_{TA})<\Delta b<q_{TA}$ 时	当 $\Delta b\geqslant q_{TA}$ 时
$2m$ 点啮合系数	ε_{2md}	$1-\dfrac{2\Delta b}{p_x}$	$\dfrac{q_{TA}-\Delta b}{p_x}$	—
$(2m+1)$ 点啮合系数	$\varepsilon_{(2m+1)d}$	$\dfrac{2\Delta b}{p_x}$	$\dfrac{2(p_x-q_{TA})}{p_x}$	$2-\dfrac{2\Delta b}{p_x}$
$(2m+2)$ 点啮合系数	$\varepsilon_{(2m+2)d}$	—	$\dfrac{\Delta b-(p_x-q_{TA})}{p_x}$	$\dfrac{2\Delta b}{p_x}-1$

2.2.3 多对齿啮合系数

传动工作中，同时工作的齿的对数也是周期地改变的。在转过一齿的范围内，可能有 m 对齿、$(m+1)$ 对齿、$(m+2)$ 对齿参加工作。相应的齿对数工作时，所转过的节圆弧长与周节之比称为多对齿啮合系数，记作 ε_{mz}、$\varepsilon_{(m+1)z}$、$\varepsilon_{(m+2)z}$。按照 Δb 的大小，多对齿啮合系数可分为两种情况，按表 8.3-2 计算。

表 8.3-2 多对齿啮合系数计算公式

啮合系数名称	代号	情况Ⅰ	情况Ⅱ
		当 $\Delta b\leqslant(p_x-q_{TA})$ 时	当 $\Delta b>(p_x-q_{TA})$ 时
m 对齿啮合系数	ε_{mz}	$1-\dfrac{q_{TA}+\Delta b}{p_x}$	—
$(m+1)$ 对齿啮合系数	$\varepsilon_{(m+1)z}$	$\dfrac{q_{TA}+\Delta b}{p_x}$	$2-\dfrac{q_{TA}+\Delta b}{p_x}$
$(m+2)$ 对齿啮合系数	$\varepsilon_{(m+2)z}$	—	$\dfrac{q_{TA}+\Delta b}{p_x}-1$

图 8.3-10 所示情况，$\Delta b\leqslant(p_x-q_{TA})$，所以 $\varepsilon_{1z}=1-\dfrac{q_{TA}+\Delta b}{p_x}$，$\varepsilon_{2z}=\dfrac{q_{TA}+\Delta b}{p_x}$。其最少工作的齿对数为一对，因此在进行强度计算时，应按一对齿、两点啮合情况考虑。

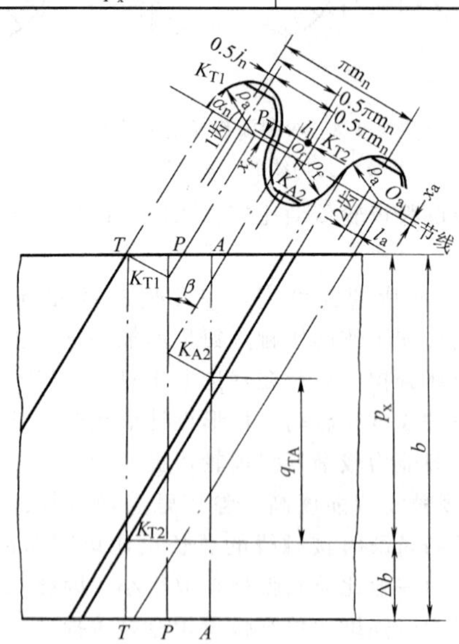

图 8.3-10 双圆弧齿轮接触点轴向距离

2.2.4 齿宽 b 的确定

双圆弧齿轮传动，存在多对齿啮合和多点啮合，情况比较复杂。因此，当要求有不同的啮合齿对数和不同的接触点数时，其最小齿宽 b_{min} 也不同。双圆弧齿轮最小齿宽 b_{min} 按表 8.3-3 计算。

表 8.3-3　最小齿宽计算表

设计要求	计算公式
至少 m 对齿，$2m$ 个接触点同时工作	$b_{min}=mp_x$
至少 m 对齿，$2m-1$ 个接触点同时工作	$b_{min}=(m+\lambda-1)p_x$
至少 m 对齿，$2m-2$ 个接触点同时工作	$b_{min}=(m-\lambda)p_x$

例如，至少两对齿两点接触，其最小齿宽

$$b_{min}=(m-\lambda)p_x=(2-\lambda)p_x$$

至少两对齿三点接触，其最小齿宽

$$b_{min}=(m+\lambda-1)p_x=(1+\lambda)p_x$$

齿宽 b 按下式确定：

$$b=b_{min}+\Delta b \tag{8.3-5}$$

推荐最小齿宽按下式选择：

$$b_{min}=(m-\lambda)p_x \tag{8.3-6}$$

Δb 按下式选择：

$$\Delta b=(0.25\sim0.35)p_x \tag{8.3-7}$$

3　圆弧齿轮的基本齿廓及模数系列

圆弧齿轮的基本齿廓是指基齿条的法向齿廓。如以基齿条的齿为槽，或以基齿条的槽为齿所得到的齿廓，即为滚刀的法向齿廓。

3.1　单圆弧齿轮的基本齿廓

“67 型”单圆弧齿轮滚刀的法向齿廓及其参数见表 8.3-4。

表 8.3-4　“67 型”单圆弧齿轮滚刀的法向齿廓及其参数

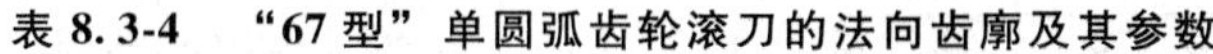

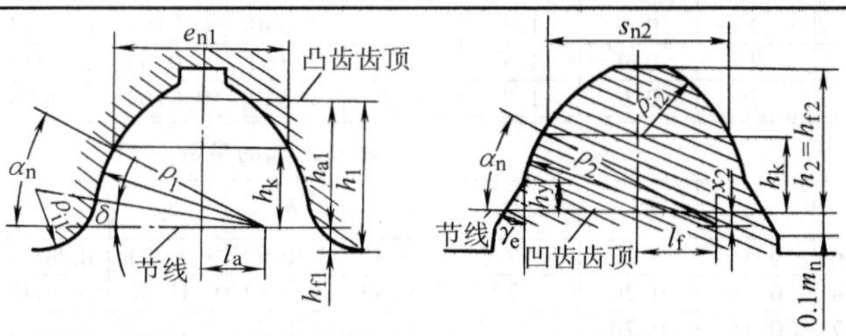

原始齿廓参数名称	代号	凸齿	凹齿	
		$m_n=2\sim32$mm	$m_n=2\sim6$mm	$m_n=7\sim32$mm
法向压力角	α_n	30°	30°	30°
接触点离节线高度	h_k	$0.75m_n$	$0.75m_n$	$0.75m_n$
齿廓半径	ρ_1、ρ_2	$1.5m_n$	$1.65m_n$	$1.55m_n+0.6$
凹凸齿廓半径差	$\Delta\rho$	—	$0.15m_n$	$0.05m_n+0.6$
齿顶高	h_{a1}	$1.2m_n$	0	0
齿根高	h_{f1}、h_{f2}	$0.3m_n$	$1.36m_n$	$1.36m_n$
全齿高（切深）	h_1、h_2	$1.5m_n$	$1.36m_n$	$1.36m_n$
齿廓圆心偏移量	l_a、l_f	$0.5290m_n$	$0.6289m_n$	$0.5523m_n+0.5196$
齿廓圆心移距量	x_2	0	$0.075m_n$	$0.025m_n+0.3$
接触点处槽宽	e_{n1}	$1.54m_n$	$1.5416m_n$	$1.5616m_n$
接触点处齿厚	s_{n2}	$1.6016m_n$	$1.60m_n$	$1.58m_n$
接触点处侧隙	c_y	—	$0.06m_n$	$0.04m_n$
齿顶倒角高度	h_y	—	$0.26m_n$	$0.26m_n$
齿顶倒角	γ_e	—	30°	30°
工艺角	δ	8°47′34″	—	—
齿根圆角半径	ρ_{i1}、ρ_{i2}	$0.6248m_n$	$0.6227m_n$	$\dfrac{\rho_2+h_2+x_2}{2}-\dfrac{l_f^2}{2(\rho_2-h_2-x_2)}$

3.2　双圆弧齿轮的基本齿廓（摘自 GB 12759—1991）

双圆弧圆柱齿轮基本齿廓的国家标准（GB 12759—1991）适用于法向模数 $m_n=1.5\sim50$mm 的双圆弧圆柱齿轮及其传动，其基本齿廓及其参数见表 8.3-5。

表 8.3-5 双圆弧圆柱齿轮的基本齿廓及其参数（摘自 GB 12759—1991）

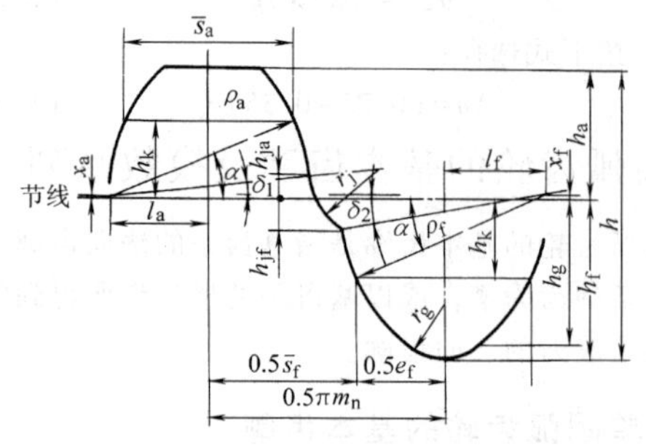

代号：α—压力角；h—全齿高；h_a—齿顶高；h_f—齿根高；ρ_a—凸齿齿廓圆弧半径；ρ_f—凹齿齿廓圆弧半径；x_a—凸齿齿廓圆心移距量；x_f—凹齿齿廓圆心移距量；$\bar{s}_a$—凸齿接触点处弦齿厚；h_k—接触点到节线的距离；l_a—凸齿齿廓圆心偏移量；l_f—凹齿齿廓圆心偏移量；h_{ja}—过渡圆弧和凸齿圆弧的切点到节线的距离；h_{jf}—过渡圆弧和凹齿圆弧的交点到节线的距离；e_f—凹齿接触点处槽宽；$\bar{s}_f$—凹齿接触点处弦齿厚；δ_1—凸齿工艺角；δ_2—凹齿工艺角；r_j—过渡圆弧半径；r_g—齿根圆弧半径；h_g—齿根圆弧和凹齿圆弧的切点到节线的距离；j—侧向间隙

法向模数 m_n/mm	基本齿廓的参数										
	α	h^*	h_a^*	h_f^*	ρ_a^*	ρ_f^*	x_a^*	x_f^*	$\bar{s}_a^*$	h_k^*	l_a^*
1.5~3	24°	2	0.9	1.1	1.3	1.420	0.0163	0.0325	1.1173	0.5450	0.6289
>3~6	24°	2	0.9	1.1	1.3	1.410	0.0163	0.0285	1.1173	0.5450	0.6289
>6~10	24°	2	0.9	1.1	1.3	1.395	0.0163	0.0224	1.1173	0.5450	0.6289
>10~16	24°	2	0.9	1.1	1.3	1.380	0.0163	0.0163	1.1173	0.5450	0.6289
>16~32	24°	2	0.9	1.1	1.3	1.360	0.0163	0.0081	1.1173	0.5450	0.6289
>32~50	24°	2	0.9	1.1	1.3	1.340	0.0163	0.0000	1.1173	0.5450	0.6289

法向模数 m_n/mm	基本齿廓的参数										
	l_f^*	h_{ja}^*	h_{jf}^*	e_f^*	$\bar{s}_f^*$	δ_1	δ_2	r_j^*	r_g^*	h_g^*	j^*
1.5~3	0.7086	0.16	0.20	1.1773	1.9643	6°20′52″	9°25′31″	0.5049	0.4030	0.9861	0.06
>3~6	0.6994	0.16	0.20	1.1773	1.9643	6°20′52″	9°19′30″	0.5043	0.4004	0.9883	0.06
>6~10	0.6957	0.16	0.20	1.1573	1.9843	6°20′52″	9°10′21″	0.4884	0.3710	1.0012	0.04
>10~16	0.6820	0.16	0.20	1.1573	1.9843	6°20′52″	9°0′59″	0.4877	0.3663	1.0047	0.04
>16~32	0.6638	0.16	0.20	1.1573	1.9843	6°20′52″	8°48′11″	0.4868	0.3595	1.0095	0.04
>32~50	0.6455	0.16	0.20	1.1573	1.9843	6°20′52″	8°35′01″	0.4858	0.3520	1.0145	0.04

注：表中带 * 号的尺寸参数是该尺寸与法向模数 m_n 的比值，用这些比值乘以法向模数 m_n 即得该尺寸值，例如，$h^* m_n = h$，$\rho_a^* m_n = \rho_a$ 等。

3.3 圆弧齿轮的法向模数系列

圆弧齿轮的法向模数 m_n 系列见表 8.3-6。

表 8.3-6 圆弧齿轮的法向模数 m_n 系列（摘自 GB/T 1840—1989） (mm)

第一系列	1.5	2	2.5	3	4	5	6	8	10	12	16	20	25	32	40	50
第二系列		2.25	2.75	3.5	4.5	5.5	7	9		14	18	22	28	36	45	

4 圆弧齿轮传动的几何尺寸计算

单圆弧齿轮传动及双圆弧齿轮传动的几何尺寸计算见表 8.3-7。

表 8.3-7 圆弧齿轮传动的几何尺寸计算

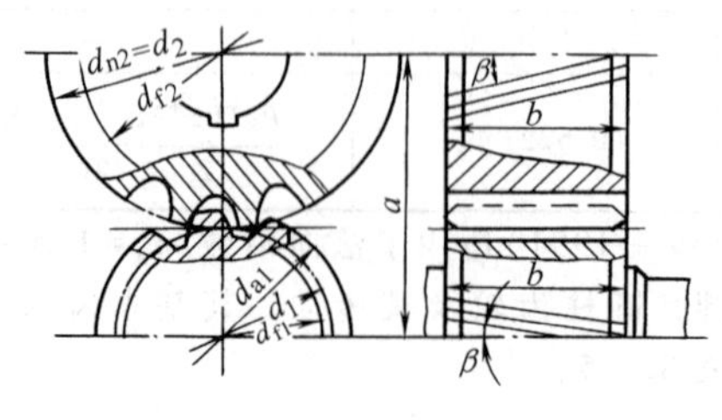

单圆弧齿轮

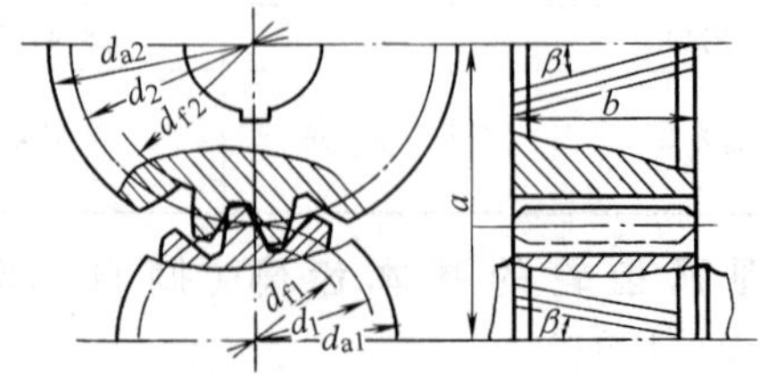

双圆弧齿轮

（续）

<table>
<tr><th rowspan="2">名　　称</th><th rowspan="2">代　号</th><th colspan="2">计 算 公 式</th></tr>
<tr><th>单圆弧齿轮</th><th>双圆弧齿轮</th></tr>
<tr><td>中心距</td><td>a</td><td colspan="2">$a=\frac{1}{2}(d_1+d_2)=\frac{m_n(z_1+z_2)}{2\cos\beta}$
由强度计算或结构设计确定,减速器 a 取标准值</td></tr>
<tr><td>法向模数</td><td>m_n</td><td colspan="2">由轮齿弯曲疲劳强度计算或结构设计确定,取标准值(见表 8.3-6)</td></tr>
<tr><td>齿数和</td><td>z_Σ</td><td colspan="2">$z_\Sigma=z_1+z_2=\frac{2a\cos\beta}{m_n}$
初选螺旋角,斜齿轮 $\beta=10°\sim20°$;人字齿轮 $\beta=25°\sim35°$</td></tr>
<tr><td>齿数</td><td>z</td><td colspan="2">$z_1=\frac{z_\Sigma}{1+i}=\frac{2a\cos\beta}{(1+i)m_n}$;$z_2=iz_1$
式中　i—给定的传动比;齿数取整数</td></tr>
<tr><td>螺旋角</td><td>β</td><td colspan="2">$\cos\beta=\frac{m_n(z_1+z_2)}{2a}$准确到秒</td></tr>
<tr><td>轴向齿距</td><td>p_x</td><td colspan="2">$p_x=\frac{\pi m_n}{\sin\beta}$</td></tr>
<tr><td rowspan="2">齿宽</td><td rowspan="2">b</td><td colspan="2">$b=\phi_a a$</td></tr>
<tr><td>或按要求的轴向重合度确定
$b=\frac{\pi m_n\varepsilon_\beta}{\sin\beta}$</td><td>或按要求的接触点数确定
$b=b_{min}+(0.25\sim0.35)p_x$
b_{min}见表 8.3-3</td></tr>
<tr><td>纵向重合度</td><td>ε_β</td><td colspan="2">$\varepsilon_\beta=\frac{b}{p_x}=\frac{b\sin\beta}{\pi m_n}$</td></tr>
<tr><td>接触点距离系数</td><td>λ</td><td></td><td>$\lambda=\frac{q_{TA}}{p_x}$;$q_{AT}$由式 8.3-3 计算</td></tr>
<tr><td>总重合度</td><td>ε_γ</td><td>$\varepsilon_\gamma=\varepsilon_\beta$</td><td>$\varepsilon_\gamma=\varepsilon_\beta+\lambda$</td></tr>
<tr><td>分度圆直径</td><td>d</td><td colspan="2">$d=m_t z=\frac{m_n z}{\cos\beta}$</td></tr>
<tr><td>齿顶高</td><td>h_a</td><td>凸齿　$h_{a1}=1.2m_n$
凹齿　$h_{a2}=0$</td><td>$h_a=0.9m_n$</td></tr>
<tr><td>齿根高</td><td>h_f</td><td>凸齿　$h_{f1}=0.3m_n$
凹齿　$h_{f2}=1.36m_n$</td><td>$h_f=1.1m_n$</td></tr>
<tr><td>全齿高</td><td>h</td><td>凸齿　$h_1=h_{a1}+h_{f1}=1.5\ m_n$
凹齿　$h_2=h_{a2}+h_{f2}=1.36\ m_n$</td><td>$h=h_a+h_f=2\ m_n$</td></tr>
<tr><td>齿顶圆直径</td><td>d_a</td><td>凸齿　$d_{a1}=d_1+2h_{a1}=d_1+2.4m_n$
凹齿　$d_{a2}=d_2$</td><td>$d_a=d+2h_a=d+1.8m_n$</td></tr>
<tr><td>齿根圆直径</td><td>d_f</td><td>凸齿　$d_{f1}=d_1-2h_{f1}=d_1-0.6m_n$
凹齿　$d_{a2}=d_2-h_{f2}=d_2-2.72m_n$</td><td>$d_f=d-2h_f=d-2.2m_n$</td></tr>
<tr><td>齿端修薄量
修薄宽度
(见附图 a)</td><td>Δs
b_{end}</td><td colspan="2">$\Delta s=(0.01\sim0.02)m_n$　　$b_{end}=(0.1\sim0.2)p_x$
$\varepsilon_\beta\geqslant3$ 时,小齿轮齿端必须修薄,修薄量和修薄宽度啮入端稍大;螺旋角大时取较大系数。不修薄齿轮的有效齿宽应保证总重合度稍大于某一整数</td></tr>
<tr><td>接触点处弦齿厚
(见附图 b)</td><td>$\bar{s}_k$</td><td colspan="2">凸齿　$\bar{s}_{ak}=2\rho_a\cos(\alpha+\delta_{ak})-(z_v m_n+2x_a)\sin\delta_{ak}$
凹齿　$\bar{s}_{fk}=z_v m_n\sin\left(\frac{\pi}{z_v}+\delta_{fk}\right)-2\left(\rho_f-\frac{x_f}{\sin\alpha}\right)\cos\left(\alpha-\frac{\pi}{z_v}-\delta_{fk}\right)$
式中　$\delta_{ak}=\frac{2l_a}{z_v m_n+2x_a}$　　$\delta_{fk}=\frac{2(l_f-x_f\cot\alpha)}{z_v m_n}$
以上公式对于单、双圆弧齿轮均适用</td></tr>
</table>

（续）

<table>
<tr><th rowspan="2">名　称</th><th rowspan="2">代　号</th><th colspan="2">计 算 公 式</th></tr>
<tr><th>单圆弧齿轮</th><th>双圆弧齿轮</th></tr>
<tr><td rowspan="4">接触点处弦齿高
（见附图 b）</td><td rowspan="4">$\bar{h}_k$</td><td colspan="2">凸齿　$\bar{h}_{ak}=h_a-h_k+\dfrac{(0.5\bar{s}_{ak})^2}{z_v m_n+2h_k}$</td></tr>
<tr><td>$h_k=\left(0.75+\dfrac{1.688}{z_v+1.5}\right)m_n$</td><td>$h_k=\left(0.545+\dfrac{1.498}{z_v+1.09}\right)m_n$</td></tr>
<tr><td colspan="2">凹齿　$\bar{h}_{fk}=h_a+h_k+\dfrac{(0.5\bar{s}_{fk})^2}{z_v m_n-2h_k}$</td></tr>
<tr><td>$h_k=\left(0.75-\dfrac{1.688}{z_v-1.5}\right)m_n$</td><td>$h_k=\left(0.545-\dfrac{1.498}{z_v-1.09}\right)m_n$</td></tr>
<tr><td>弦齿深（法面）
（见附图 c、d）</td><td>$\bar{h}$</td><td colspan="2">$\bar{h}=h-h_g+\dfrac{1}{2}(d_a{}'-d_a)$
式中，h 为全齿高；d_a、$d_a{}'$为齿顶圆直径及其实测值；h_g 为弓高
对于单圆弧齿轮凸齿和双圆弧齿轮　$h_g=\dfrac{1}{4}(z_v m_n+2h_a)\left(\dfrac{\pi}{z_v}-\dfrac{s_a}{z_v m_n+2h_a}\right)^2$
式中，s_a 为齿顶厚。随齿数减少而变窄，可拟合如下：
单圆弧齿轮凸齿　$s_a=\left(0.742-\dfrac{0.43}{z_v}\right)m_n$，双圆弧齿轮　$s_a=\left(0.6491-\dfrac{0.61}{z_v}\right)m_n$
式中，h_a 为凸齿齿顶高；z_v 为当量齿数
对于单圆弧齿轮凹齿　$h_{g2}=\left[\sqrt{\rho_f^2-(h_y+x_f)^2}+h_y\tan\gamma_e-l_f\right]^2\dfrac{1}{z_v m_n}$
当 $m_n=2\sim6\text{mm}$ 时　$h_{g2}=\dfrac{1.285m_n\cos^3\beta}{z_2}$
当 $m_n=7\sim32\text{mm}$ 时　$h_{g2}=\dfrac{(1.25m_n+0.08)\cos^3\beta}{z_1}$</td></tr>
<tr><td>公法线跨齿数</td><td>k</td><td colspan="2">凸齿　$k_a=\dfrac{z}{\pi}\left(\alpha_t+\dfrac{1}{2}\tan^2\beta\sin2\alpha_t\right)+\dfrac{2}{\pi}\left(\dfrac{l_a}{m_n}+\dfrac{x_a\cot\alpha}{m_n}\right)+1$　取整数
凹齿　$k_f=\dfrac{z}{\pi}\left(\alpha_t+\dfrac{1}{2}\tan^2\beta\sin2\alpha_t\right)-\dfrac{2}{\pi}\left(\dfrac{l_f}{m_n}-\dfrac{x_f\cot\alpha}{m_n}\right)$　取整数
式中，α_t 为理论接触点处的端面压力角，$\tan\alpha_t=\dfrac{\tan\alpha}{\cos\beta}$，$\alpha$ 为基本齿廓压力角</td></tr>
<tr><td>公法线长度
（见附图 e）</td><td>w_k</td><td colspan="2">凸齿　$w_{ka}=\dfrac{d\sin^2\alpha_{ta}+2x_a}{\sin\alpha_n}+2\rho_a$
凹齿　$w_{kf}=\dfrac{d\sin^2\alpha_{tf}+2x_f}{\sin\alpha_n}-2\rho_f$
式中　α_n—测点法向压力角，$\tan\alpha_n=\tan\alpha_t\cos\beta$
α_t—测点端面压力角，求解超越方程（α_{ta}、α_{tf}单位为 rad）
凸齿　$\alpha_{ta}=M_a-B\sin2\alpha_{ta}-Q_a\cot\alpha_{ta}$
凹齿　$\alpha_{tf}=M_f-B\sin2\alpha_{tf}-Q_f\cot\alpha_{tf}$
式中　$M_a=\dfrac{1}{z}\left[(k_a-1)\pi-\dfrac{2l_a}{m_n}\right]$，$M_f=\dfrac{1}{z}\left(k_f\pi+\dfrac{2l_f}{m_n}\right)$
$B=\dfrac{1}{2}\tan^2\beta$，$Q_a=\dfrac{2x_a}{zm_n\cos\beta}$，$Q_f=\dfrac{2x_f}{zm_n\cos\beta}$
用迭代法解上述超越方程时，可取公式右边的 α_t 的初值为 α_{t0}。计算出公式左边的 α_t，再取作公式右边 α_t 的值，重复计算，直到误差在 1″以内为止，计算精度应为小数第五位
公法线长度测量时，工作齿宽 b 应大于 b_{min}
$b_{min}=\dfrac{1}{2}d\sin2\alpha_t\tan\beta+5$</td></tr>
<tr><td>齿根圆斜径
（见附图 f）</td><td>L_f</td><td colspan="2">当齿数为偶数时，推荐测量齿根圆直径 d_f，当齿数为奇数时，可测量齿根斜径 L_f
$L_f=d_f\cos\dfrac{90°}{z}$</td></tr>
</table>

（续）

名　　称	代　号	计算公式	
		单圆弧齿轮	双圆弧齿轮
螺旋线波度的波长（见附图 g）	l	沿螺旋线测量螺旋线波度时，按下式计算波长 l $l=\dfrac{\pi d}{z_k\sin\beta}=\dfrac{2\pi m_n z}{z_k\sin 2\beta}$ 式中，z_k 为滚齿机分度蜗轮齿数；d 为工件分度圆直径	

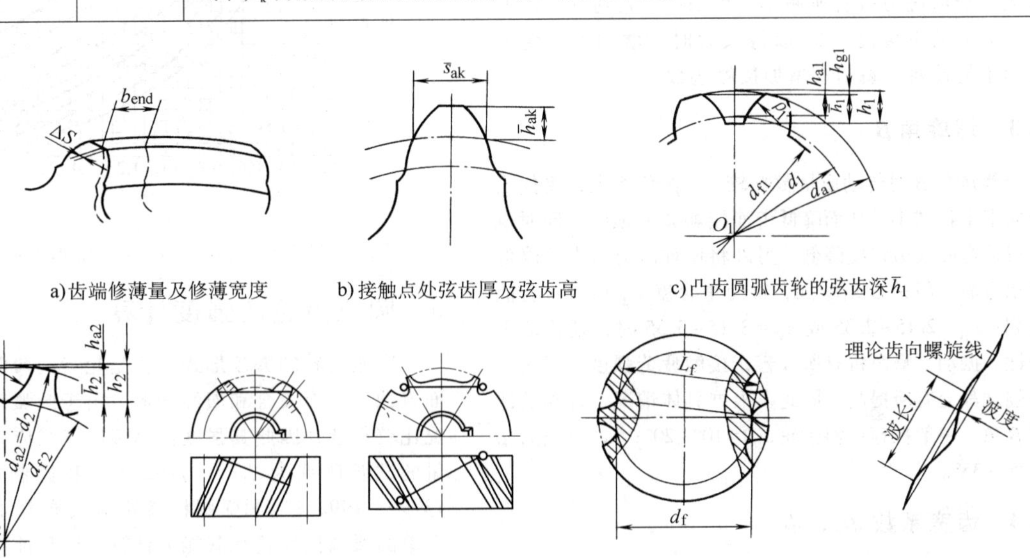

a) 齿端修薄量及修薄宽度　b) 接触点处弦齿厚及弦齿高　c) 凸齿圆弧齿轮的弦齿深 $\bar{h}_1$

d) 凹齿圆弧齿轮的弦齿深 $\bar{h}_2$　e) 公法线长度　f) 齿根圆斜径 L_f　g) 螺旋线波度的波长 l

5　圆弧齿轮传动基本参数的选择

圆弧齿轮传动的基本参数 m_n、z、β、ε_β、ϕ_d 和 ϕ_a 等，对传动的承载能力和工作质量有很大的影响，各参数之间有密切联系，互相制约，选择时应注意它们之间的基本关系：

$$d_1=z_1 m_n/\cos\beta \tag{8.3-8}$$

$$\varepsilon_\beta=b/p_x=b\sin\beta/(\pi m_n) \tag{8.3-9}$$

$$\phi_d=b/d_1=\pi\varepsilon_\beta/(z_1\tan\beta)=0.5\phi_a(1+u) \tag{8.3-10}$$

$$\phi_a=b/a=2\phi_d/(1+u)=2\pi\varepsilon_\beta/[(z_1+z_2)\tan\beta] \tag{8.3-11}$$

设计时，应根据具体情况予以综合考虑。

5.1　齿数 z 和模数 m_n

当齿轮的中心距和齿宽一定时，取较多的齿数并相应减小模数，不仅可以增大重合度、提高传动的平稳性，而且可以减小相对滑动速度，提高传动效率，防止胶合。但模数太小，轮齿弯曲疲劳强度将不够。因此，在满足轮齿弯曲疲劳强度的条件下，宜选用较小的模数。

一般取 $m_n=(0.01\sim0.02)a$（a 为中心距）。对大中心距、载荷平稳、工作连续的传动，选取较小的数值；对小中心距、载荷不平稳、工作间断的传动，选取较大的数值。在通用减速器中，常取 $m_n=(0.0133\sim0.016)a$。在特殊情况，如对轧钢机人字齿轮机座等有显著尖峰载荷的场合，可取 $m_n=(0.025\sim0.04)a$。在高速齿轮传动中，为使工作平稳应取较小的法向模数。

另外，在设计中，也可以先取定齿数，后定模数。通常取 $z_1\geqslant18\sim30$。齿面硬度小于 350HBW、过载不大，宜取较大值；齿面硬度大于 350HBW、过载大，宜取较小值；齿轮的速度高宜取较大值。圆弧齿轮不存在根切现象，最少齿数不受根切限制；但齿数太少、模数过大，不易保证重合度的数值。

5.2　重合度 ε_β

选取较大的重合度，可以提高传动的平稳性，降低噪声，提高承载能力。对中低速传动，常取 $\varepsilon_\beta>2$；对高速齿轮传动，推荐取 $\varepsilon_\beta>3$，或更大值。采用大重合度时，必须严格限制齿距误差、齿向误差、轴线平行度误差和轴系变形量，否则不能保证几个接触迹均匀地承担载荷，不能达到传动平稳和应有的承载能力。

重合度由整数部分 μ_ε 和尾数 $\Delta\varepsilon$ 组成，即 $\varepsilon_\beta=\mu_\varepsilon+\Delta\varepsilon$。重合度的尾数 $\Delta\varepsilon$ 的取值大小对传动的承载能力和平稳性有很大影响。通常尾数 $\Delta\varepsilon$ 的取值范围为：0.15～0.35。

$\Delta\varepsilon$ 取得太小时，则当接触迹进入或脱开齿面时，容易引起齿端崩角，且不利于平稳传动。随着 $\Delta\varepsilon$ 的增大，端部应力将有所减小，但 $\Delta\varepsilon$ 增大到 0.4 以上时，应力减少缓慢；$\Delta\varepsilon$ 取得太大时，增加了齿轮宽度而不能使每一瞬间都增加接触迹数目。

5.3　螺旋角 β

螺旋角 β 对传动质量影响较大。β 角增大，将使当量曲率半径减小，从而降低齿面接触疲劳强度，同时也使齿根弯曲疲劳强度降低，另外将使轴向力增大而降低轴承寿命。但是 β 角增加，将使重合度 ε_β 增大，若能得到：$\varepsilon_\beta=2.15\sim2.35$ 或 $\varepsilon_\beta=3.15\sim3.35$ 时，则传动平稳性、振动、噪声将有所改善，接触疲劳强度、弯曲疲劳强度都会有所提高。因此要根据具体情况，合理的选择 β 角。一般推荐：斜齿轮，$\beta=10°\sim20°$；人字齿轮，$\beta=25°\sim35°$。

5.4　齿宽系数 ϕ_d、ϕ_a

齿宽系数 $\phi_d=\dfrac{b}{d_1}$、$\phi_a=\dfrac{b}{a}$，可参照本篇第 2 章渐开线圆柱齿轮传动选取。

ϕ_d 和 ϕ_a 的换算关系见式（8.3-10）和式（8.3-11）。当确定了 z_1、β 和 ε_β 后，可按式（8.3-10）和式（8.3-11）校核 ϕ_d 或 ϕ_a，也可以先定齿宽系数，然后用这些公式来调整 z_1、β 和 ε_β 的数值。

当 ε_β 值为 1.25、2.25、3.25 时，可利用图 8.3-11 来选一组合适的 ϕ_d、z_1 和 β 值。

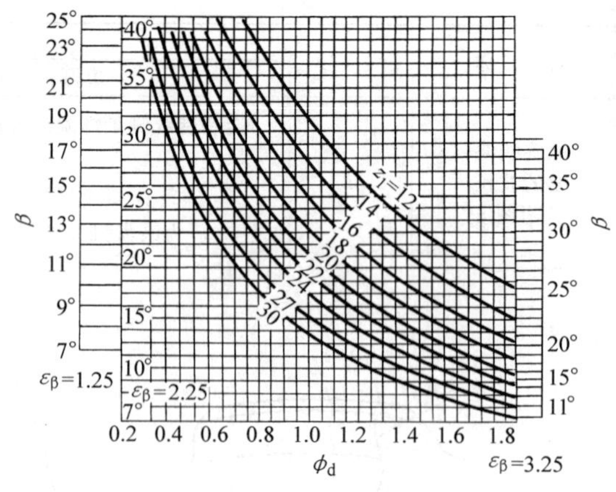

图 8.3-11　ϕ_d 与 z_1、β、ε_β 的关系

6　圆弧齿轮的强度计算

圆弧齿轮的失效形式主要是轮齿的弯曲折断、齿面点蚀、齿面胶合和塑性变形。由于圆弧齿轮受力情况比较复杂，因此其强度计算多以三维应力分析和大量的试验研究为基础。1992 年，我国制定了 GB/T 13799—1992《双圆弧圆柱齿轮承载能力计算方法》；而单圆弧圆柱齿轮承载能力计算方法目前尚未制订标准。本手册编入的圆弧齿轮的弯曲疲劳强度计算和接触疲劳强度计算方法，双圆弧齿轮是以 GB/T 13799—1992 为依据；对单圆弧齿轮主要是介绍哈尔滨工业大学的计算方法。

6.1　圆弧齿轮传动的强度计算公式

双圆弧齿轮传动和单圆弧齿轮传动的齿根弯曲疲劳强度和齿面接触疲劳强度的计算公式见表 8.3-8 和表 8.3-9。

表 8.3-8　双圆弧齿轮传动的疲劳强度计算公式

项　目	齿根弯曲疲劳强度计算	齿面接触疲劳强度计算
计算应力 /MPa	$\sigma_F=\left(\dfrac{T_1K_AK_vK_1K_{F2}}{2\mu_\varepsilon+K_{\Delta\varepsilon}}\right)^{0.86}\dfrac{Y_EY_uY_\beta Y_FY_{end}}{z_1m_n^{2.58}}$	$\sigma_H=\left(\dfrac{T_1K_AK_vK_1K_{H2}}{2\mu_\varepsilon+K_{\Delta\varepsilon}}\right)^{0.73}\dfrac{Z_EZ_uZ_\beta Z_a}{z_1m_n^{2.19}}$
法向模数 /mm	$m_n\geqslant\left(\dfrac{T_1K_AK_vK_1K_{F2}}{2\mu_\varepsilon+K_{\Delta\varepsilon}}\right)^{1/3}\left(\dfrac{Y_EY_uY_\beta Y_FY_{end}}{z_1\sigma_{FP}}\right)^{1/2.58}$	$m_n\geqslant\left(\dfrac{T_1K_AK_vK_1K_{H2}}{2\mu_\varepsilon+K_{\Delta\varepsilon}}\right)^{1/3}\left(\dfrac{Z_EZ_uZ_\beta Z_a}{z_1\sigma_{HP}}\right)^{1/2.19}$
小齿轮转矩 /N·mm	$T_1=\dfrac{2\mu_\varepsilon+K_{\Delta\varepsilon}}{K_AK_vK_1K_{F2}}m_n^3\left(\dfrac{z_1\sigma_{FP}}{Y_EY_uY_\beta Y_FY_{end}}\right)^{1/0.86}$	$T_1=\dfrac{2\mu_\varepsilon+K_{\Delta\varepsilon}}{K_AK_vK_1K_{H2}}m_n^3\left(\dfrac{z_1\sigma_{HP}}{Z_EZ_uZ_\beta Z_a}\right)^{1/0.73}$
许用应力 /MPa	$\sigma_{FP}=\sigma_{Flim}Y_NY_X/S_{Fmin}\geqslant\sigma_F$	$\sigma_{HP}=\sigma_{Hlim}Z_NZ_LZ_v/S_{Hmin}\geqslant\sigma_H$
安全系数	$S_F=\sigma_{Flim}Y_NY_X/\sigma_F\geqslant S_{Fmin}$	$S_H=\sigma_{Hlim}Z_NZ_LZ_v/\sigma_H\geqslant S_{Hmin}$

注：对人字齿轮传动，转矩按 $0.5T_1$ 计算，$(2\mu_\varepsilon+K_{\Delta\varepsilon})$ 按一半齿宽计算。

表 8.3-9　单圆弧齿轮传动的疲劳强度计算公式

项　　目	齿根弯曲疲劳强度计算	齿面接触疲劳强度计算
计算应力 /MPa	凸齿 $\sigma_{F1}=\left(\dfrac{T_1K_AK_vK_1K_{F2}}{\mu_\varepsilon+K_{\Delta\varepsilon}}\right)^{0.79}\dfrac{Y_{E1}Y_{u1}Y_{\beta1}Y_{F1}Y_{end1}}{z_1m_n^{2.37}}$	$\sigma_H=\left(\dfrac{T_1K_AK_vK_1K_{H2}}{\mu_\varepsilon+K_{\Delta\varepsilon}}\right)^{0.7}\dfrac{Z_EZ_uZ_\beta Z_a}{z_1m_n^{2.1}}$
	凹齿 $\sigma_{F2}=\left(\dfrac{T_1K_AK_vK_1K_{F2}}{\mu_\varepsilon+K_{\Delta\varepsilon}}\right)^{0.73}\dfrac{Y_{E2}Y_{u2}Y_{\beta2}Y_{F2}Y_{end2}}{z_1m_n^{2.19}}$	
法向模数 /mm	凸齿 $m_n\geqslant\left(\dfrac{T_1K_AK_vK_1K_{F2}}{\mu_\varepsilon+K_{\Delta\varepsilon}}\right)^{1/3}\left(\dfrac{Y_{E1}Y_{u1}Y_{\beta1}Y_{F1}Y_{end1}}{z_1\sigma_{FP1}}\right)^{1/2.37}$	$m_n\geqslant\left(\dfrac{T_1K_AK_vK_1K_{H2}}{\mu_\varepsilon+K_{\Delta\varepsilon}}\right)^{1/3}\left(\dfrac{Z_EZ_uZ_\beta Z_a}{z_1\sigma_{HP}}\right)^{1/2.1}$
	凹齿 $m_n\geqslant\left(\dfrac{T_1K_AK_vK_1K_{F2}}{\mu_\varepsilon+K_{\Delta\varepsilon}}\right)^{1/3}\left(\dfrac{Y_{E2}Y_{u2}Y_{\beta2}Y_{F2}Y_{end2}}{z_1\sigma_{FP2}}\right)^{1/2.19}$	
小齿轮（凸齿）转矩 /N·m	凸齿 $T_1=\dfrac{\mu_\varepsilon+K_{\Delta\varepsilon}}{K_AK_vK_1K_{F2}}m_n^3\left(\dfrac{z_1\sigma_{FP1}}{Y_{E1}Y_{u1}Y_{\beta1}Y_{F1}Y_{end1}}\right)^{1/0.79}$	$T_1=\dfrac{\mu_\varepsilon+K_{\Delta\varepsilon}}{K_AK_vK_1K_{H2}}m_n^3\left(\dfrac{z_1\sigma_{HP}}{Z_EZ_uZ_\beta Z_a}\right)^{1/0.7}$
	凹齿 $T_1=\dfrac{\mu_\varepsilon+K_{\Delta\varepsilon}}{K_AK_vK_1K_{F2}}m_n^3\left(\dfrac{z_1\sigma_{FP2}}{Y_{E2}Y_{u2}Y_{\beta2}Y_{F2}Y_{end2}}\right)^{1/0.73}$	
许用应力 /MPa	$\sigma_{FP}=\sigma_{Flim}Y_NY_X/S_{Fmin}\geqslant\sigma_F$	$\sigma_{HP}=\sigma_{Hlim}Z_NZ_LZ_v/S_{Hmin}\geqslant\sigma_H$
安全系数	$S_F=\sigma_{Flim}Y_NY_X/\sigma_F\geqslant S_{Fmin}$	$S_H=\sigma_{Hlim}Z_NZ_LZ_v/\sigma_H\geqslant S_{Hmin}$

注：对人字齿轮传动，转矩按 $0.5T_1$ 计算，$\mu_\varepsilon+K_{\Delta\varepsilon}$ 按一半齿宽计算。

表 8.3-8 和表 8.3-9 公式中参数的意义和确定方法见表 8.3-10。

表 8.3-10　表 8.3-8 和表 8.3-9 公式中参数的意义和确定方法

代　　号	意　　义	确 定 方 法
K_A	使用系数	表 8.2-41
K_v	动载系数	图 8.3-12
K_1	接触迹间载荷分配系数	图 8.3-13
K_{F2}	弯曲疲劳强度计算的接触迹内载荷分布系数	表 8.3-11
K_{H2}	接触疲劳强度计算的接触迹内载荷分布系数	
$K_{\Delta\varepsilon}$	接触迹系数	图 8.3-14
Z_E	接触疲劳强度计算的材料弹性系数	表 8.3-12
Y_E	弯曲疲劳强度计算的材料弹性系数	
Z_u	接触疲劳强度计算的齿数比系数	图 8.3-15
Y_u	弯曲疲劳强度计算的齿数比系数	
Z_β	接触疲劳强度计算的螺旋角系数	图 8.3-16
Y_β	弯曲疲劳强度计算的螺旋角系数	
Y_F	齿形系数	图 8.3-17
Y_{end}	齿端系数	图 8.3-18
Z_a	接触弧长系数	图 8.3-19
σ_{Flim}	试验齿轮的弯曲疲劳极限	图 8.3-20
σ_{Hlim}	试验齿轮的接触疲劳极限	图 8.3-21
Z_N	接触疲劳强度计算的寿命系数	图 8.3-22
Y_N	弯曲疲劳强度计算的寿命系数	
Y_X	弯曲疲劳强度计算的尺寸系数	图 8.3-23
Z_L	接触疲劳强度计算的润滑剂系数	图 8.3-24
Z_v	接触疲劳强度计算的速度系数	图 8.3-25
μ_ε	重合度的整数部分	见本章 5.2
S_{Hmin}、S_{Fmin}	最小安全系数	表 8.3-13

6.2　各参数符号的意义及各系数的确定

1）小齿轮齿数 z_1，选取见本章 5.1 节。

2）重合度的整数部分 μ_ε，见本章 5.2 节。

3）使用系数 K_A，见表 8.2-41。对高速齿轮传动，在使用表值时，根据经验建议：当 $v=40\sim70\text{m/s}$ 时，取表值的 1.02～1.15 倍；当 $v=70\sim100\text{m/s}$ 时，取表值的 1.15～1.3 倍；当 $v>100\text{m/s}$ 时，取表值的 1.3 倍以上。

4）动载系数 K_v，如图 8.3-12 所示。

5）接触迹间载荷分配系数 K_1，如图 8.3-13 所示。

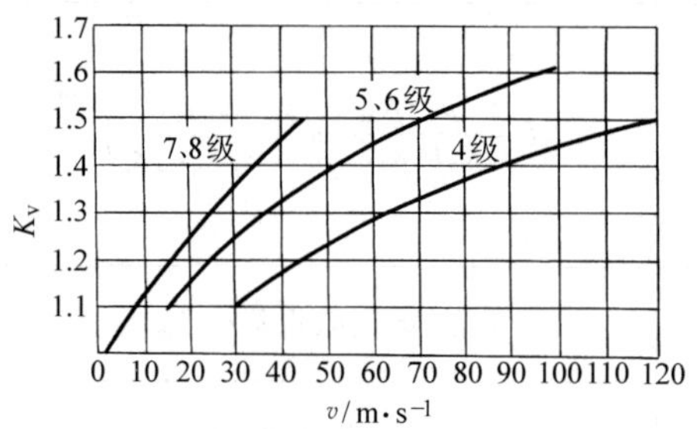

图 8.3-12　动载系数 K_v

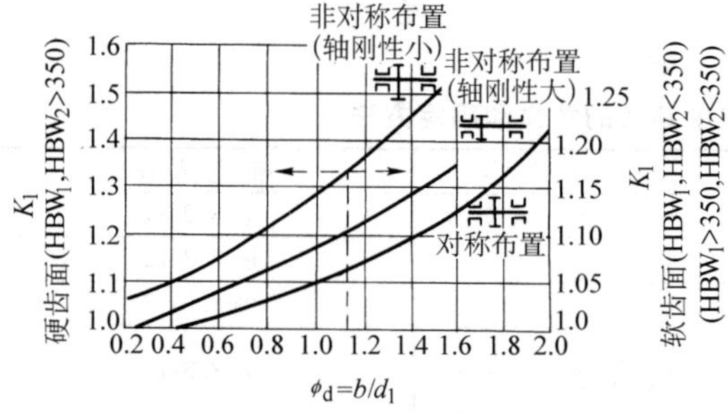

图 8.3-13　接触迹间载荷分配系数

注：人字齿轮 b 用半齿宽。

6）接触迹内载荷分布系数 K_{F2}、K_{H2}，它是考虑由于齿面接触迹线位置沿齿高的偏移而引起接触迹内应力分布不均影响的系数，K_{F2}、K_{H2} 见表 8.3-11。

7）接触迹系数 $K_{\Delta\varepsilon}$，它是考虑由于重合度尾数 $\Delta\varepsilon$ 的增大而使每个接触迹上的正压力减小的系数。圆弧齿轮传动的接触迹系数如图 8.3-14 所示。

表 8.3-11　接触迹内载荷分布系数

Ⅲ 组精度等级		5	6	7	8
K_{F2}		1.08		1.10	
K_{H2}	双圆弧齿轮	1.15	1.23	1.39	1.49
	单圆弧齿轮	1.16	1.24	1.41	1.52

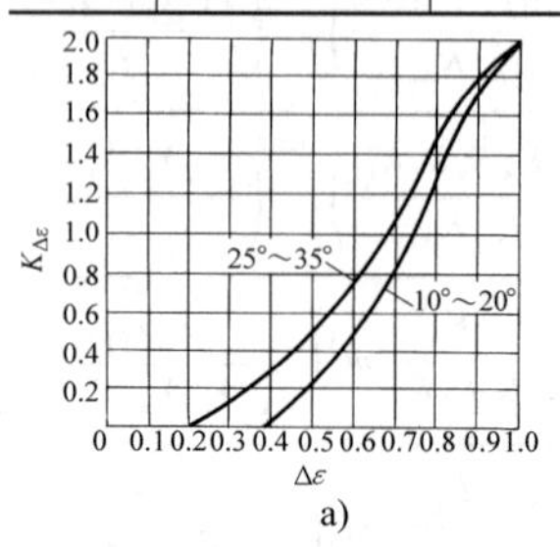

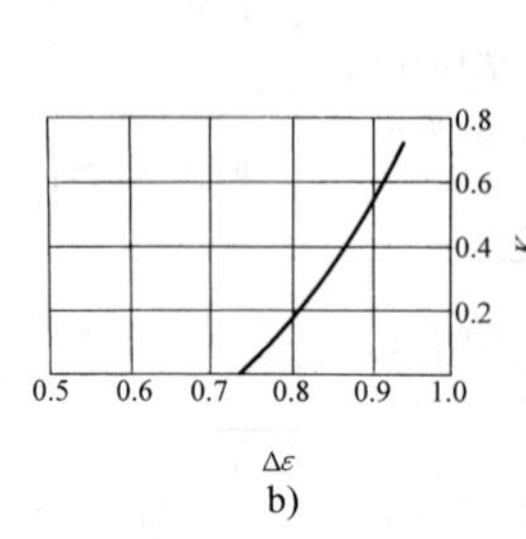

图 8.3-14　圆弧齿轮传动的接触迹系数 $K_{\Delta\varepsilon}$

a）双圆弧齿轮　b）单圆弧齿轮

8）弹性系数 Y_E、Z_E，它是考虑材料的弹性模量 E 及泊松比 ν 对轮齿应力影响的系数。弹性系数 Y_E、Z_E 见表 8.3-12。

9）齿数比系数 Y_u、Z_u，如图 8.3-15 所示。

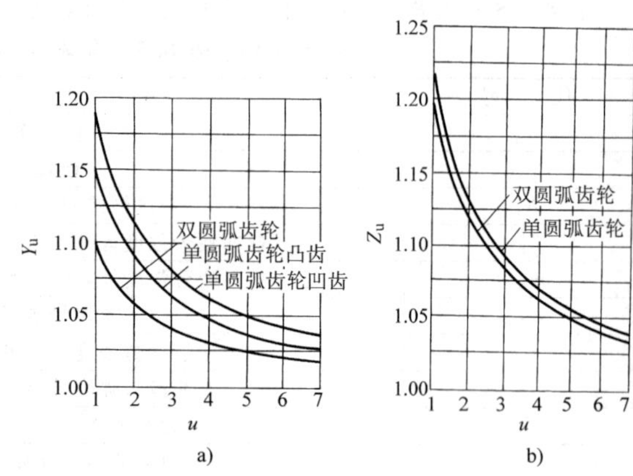

图 8.3-15　齿数比系数 Y_u、Z_u

a）Y_u　b）Z_u

表 8.3-12　弹性系数 Y_E、Z_E

项　　目		单　　位	锻钢-锻钢	锻钢-铸钢	锻钢-球墨铸铁	其他材料
双圆弧齿轮	Y_E	$\text{MPa}^{0.14}$	2.079	2.076	2.053	$0.370E^{0.14}$
	Z_E	$\text{MPa}^{0.27}$	31.346	31.263	30.584	$1.123E^{0.27}$
单圆弧齿轮	Y_{E1}	$\text{MPa}^{0.21}$	6.580	6.567	6.456	$0.494E^{0.21}$
	Y_{E2}	$\text{MPa}^{0.27}$	16.748	16.703	16.341	$0.600E^{0.27}$
	Z_E	$\text{MPa}^{0.3}$	31.436	31.343	30.589	$0.778E^{0.3}$
诱导弹性模量	E	MPa	$E=\dfrac{2}{\dfrac{1-\nu_1^2}{E_1}+\dfrac{1-\nu_2^2}{E_2}}$			

注：E_1、E_2 和 ν_1、ν_2 分别为小齿轮和大齿轮材料的弹性模量和泊松比。

10）螺旋角系数 Y_β、Z_β，如图 8.3-16 所示。

11）齿形系数 Y_F，如图 8.3-17 所示。

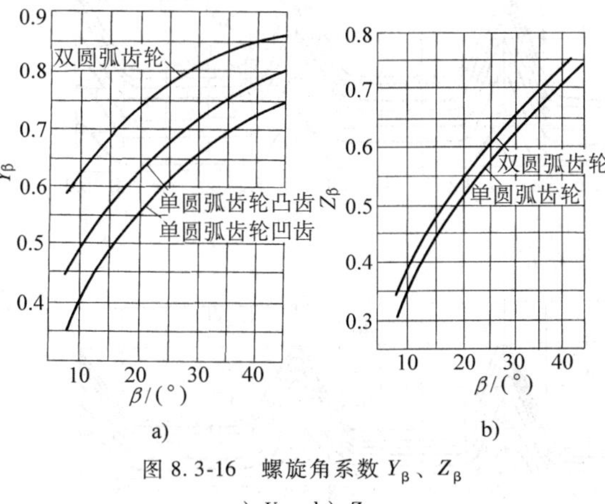

图 8.3-16　螺旋角系数 Y_β、Z_β

a）Y_β　b）Z_β

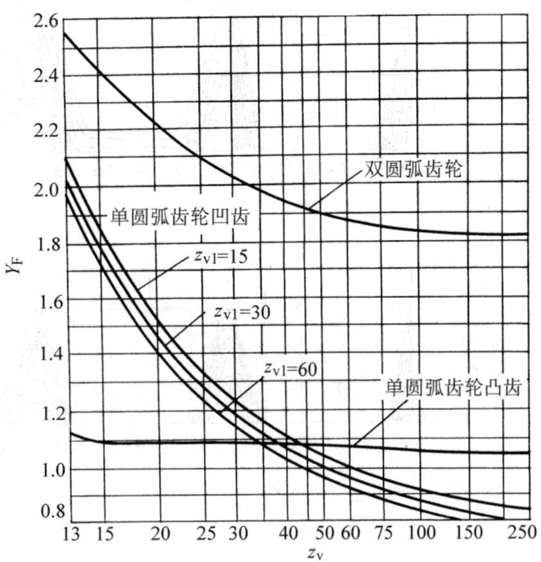

图 8.3-17　齿形系数 Y_F

12）齿端系数 Y_{end}，它是考虑当瞬时接触迹在齿端时，端部齿根应力增大的系数。其值为端部齿根最大应力与齿宽中部齿根最大应力的比值，圆弧齿轮的齿端系数如图 8.3-18 所示。对于经过齿端修薄的齿轮，取 $Y_{end}=1$。

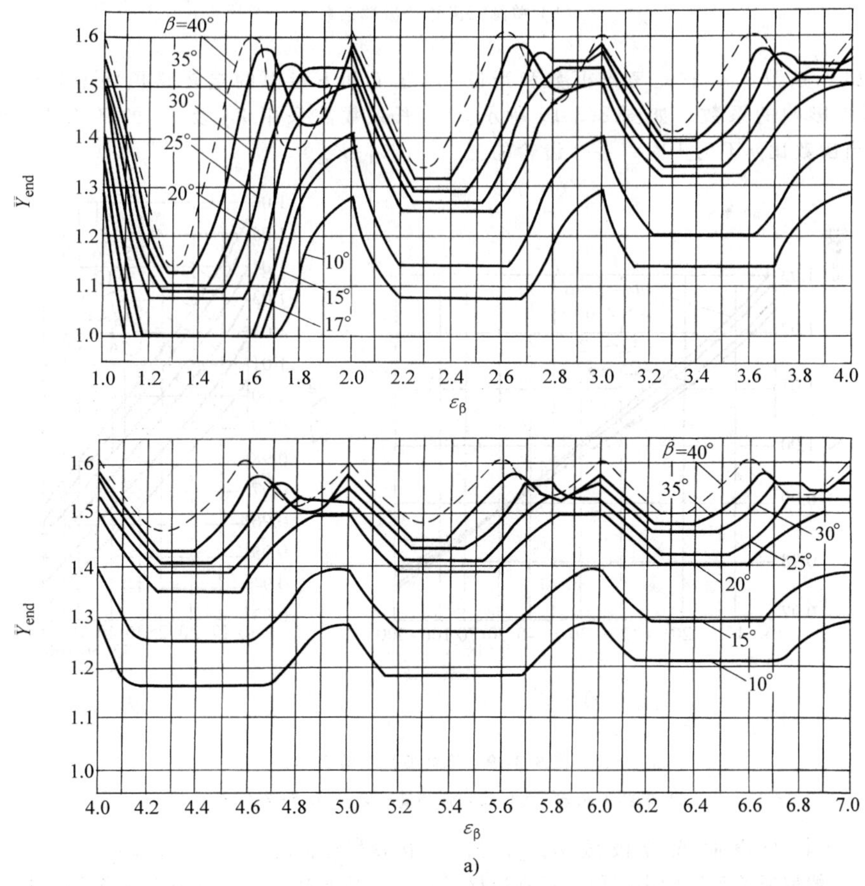

图 8.3-18　圆弧齿轮的齿端系数 Y_{end}

a）双圆弧齿轮的齿端系数

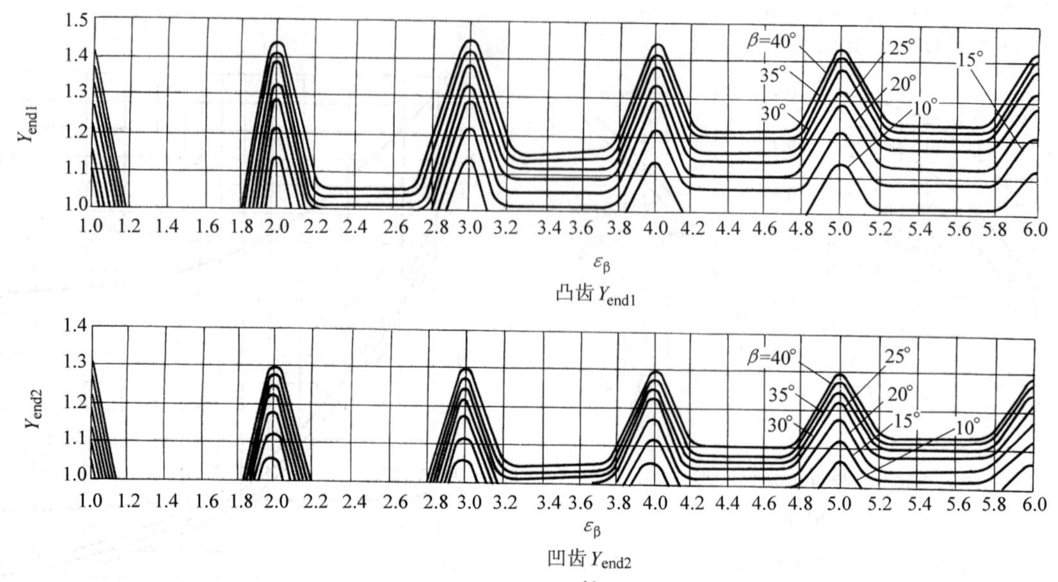

图 8.3-18　圆弧齿轮的齿端系数 Y_{end}（续）

b）单圆弧齿轮的齿端系数

13）接触弧长系数 Z_a，它是考虑模数和当量齿数对接触弧长影响的系数，如图 8.3-19 所示。双圆弧齿轮，当齿数比 u 不为 1 时，一个齿轮的上齿面和下齿面的接触弧长并不相同，故其接触弧长系数需采用 Z_{a1} 及 Z_{a2} 的平均值，即 $Z_{am}=0.5\times(Z_{a1}+Z_{a2})$。

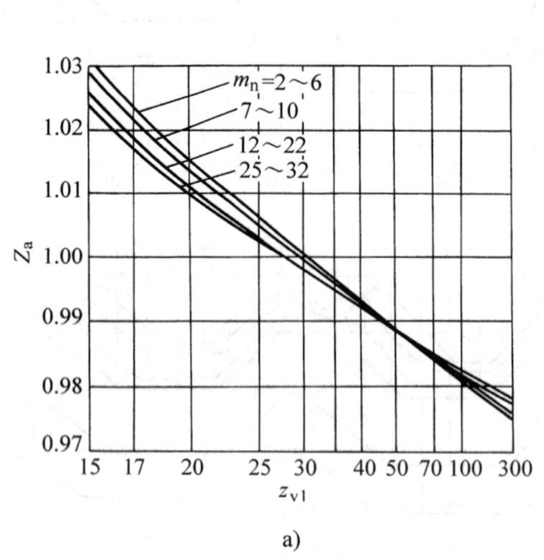

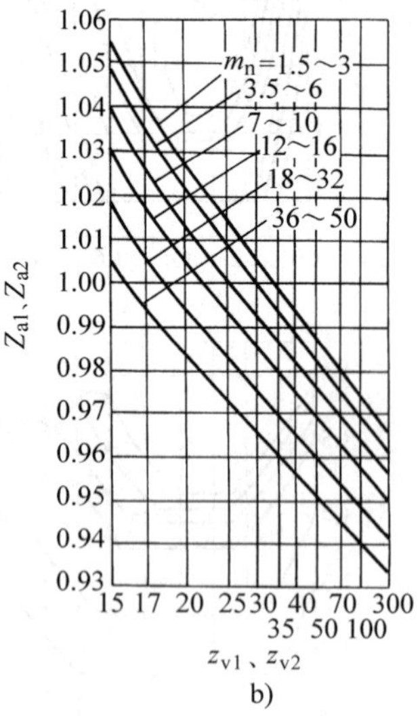

图 8.3-19　接触弧长系数 Z_a

a）单圆弧齿轮　b）双圆弧齿轮，$Z_{am}=0.5(Z_{a1}+Z_{a2})$

14）试验齿轮的弯曲疲劳极限 σ_{Flim}，如图 8.3-20所示。一般取所给范围的中间值。只有当材料和热处理质量能够保证良好，而且有适合于热处理的良好结构时，方可取上半部。

对于对称循环应力下工作的齿轮，其 σ_{Flim} 值应将从图中选取的数值乘以 0.7。

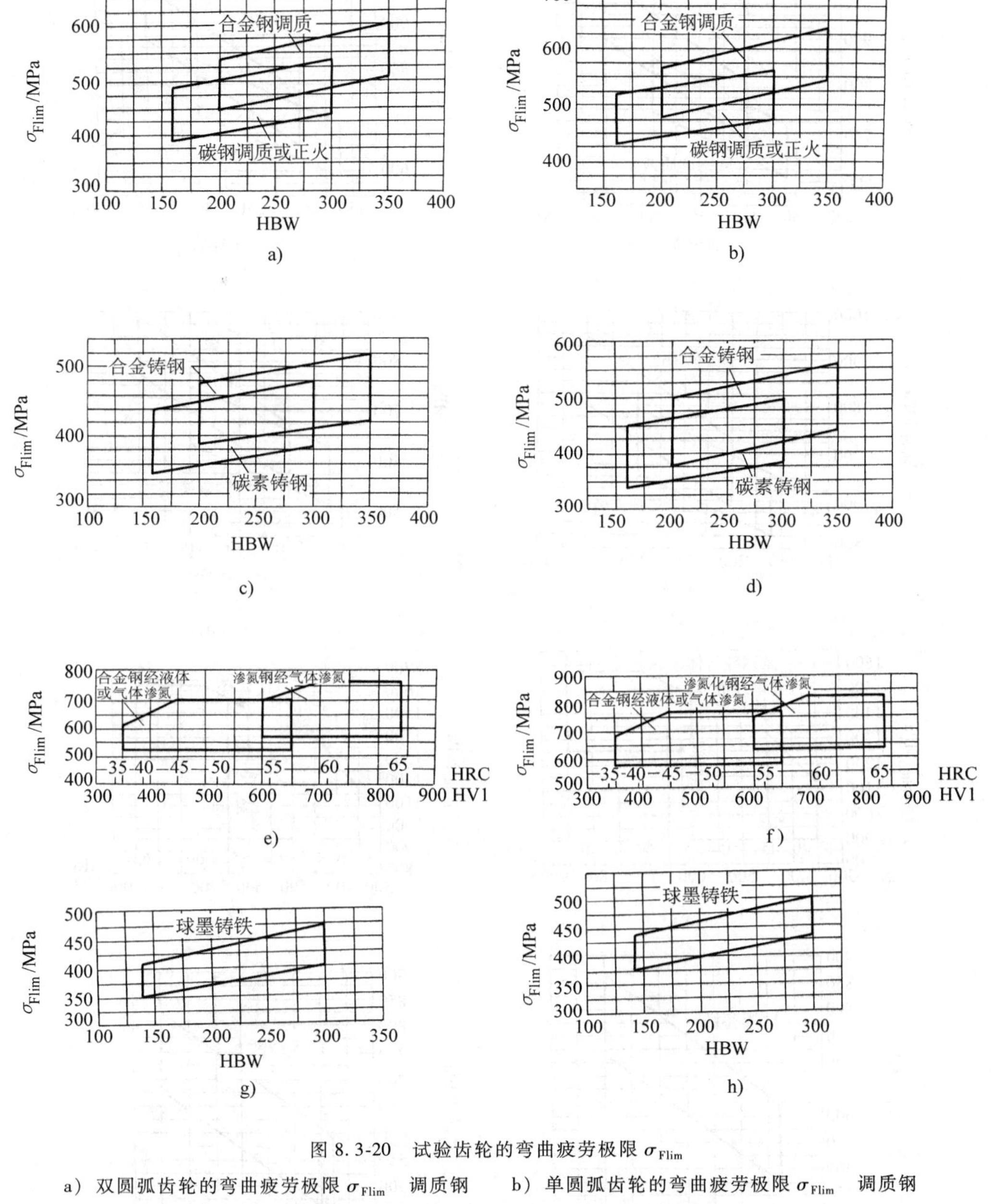

图 8.3-20　试验齿轮的弯曲疲劳极限 σ_{Flim}

a）双圆弧齿轮的弯曲疲劳极限 σ_{Flim}　调质钢　b）单圆弧齿轮的弯曲疲劳极限 σ_{Flim}　调质钢
c）双圆弧齿轮的弯曲疲劳极限 σ_{Flim}　铸钢　d）单圆弧齿轮的弯曲疲劳极限 σ_{Flim}　铸钢
e）双圆弧齿轮的弯曲疲劳极限 σ_{Flim}　渗氮钢　f）单圆弧齿轮的弯曲疲劳极限 σ_{Flim}　渗氮钢
g）双圆弧齿轮的弯曲疲劳极限 σ_{Flim}　球墨铸铁　h）单圆弧齿轮的弯曲疲劳极限 σ_{Flim}　球墨铸铁

15）试验齿轮接触疲劳极限 σ_{Hlim}，如图 8.3-21 所示。一般取所给范围的中间值。只有当材料和热处理质量能够保证良好，而且有适合于热处理的良好结构时，方可取上半部。

16）寿命系数 Y_N、Z_N，如图 8.3-22 所示。

17）尺寸系数 Y_X，如图 8.3-23 所示。

18）润滑剂系数 Z_L，如图 8.3-24 所示。

19）速度系数 Z_v，如图 8.3-25 所示。

20）最小安全系数 S_{Fmin}、S_{Hmin}，见表 8.3-13。

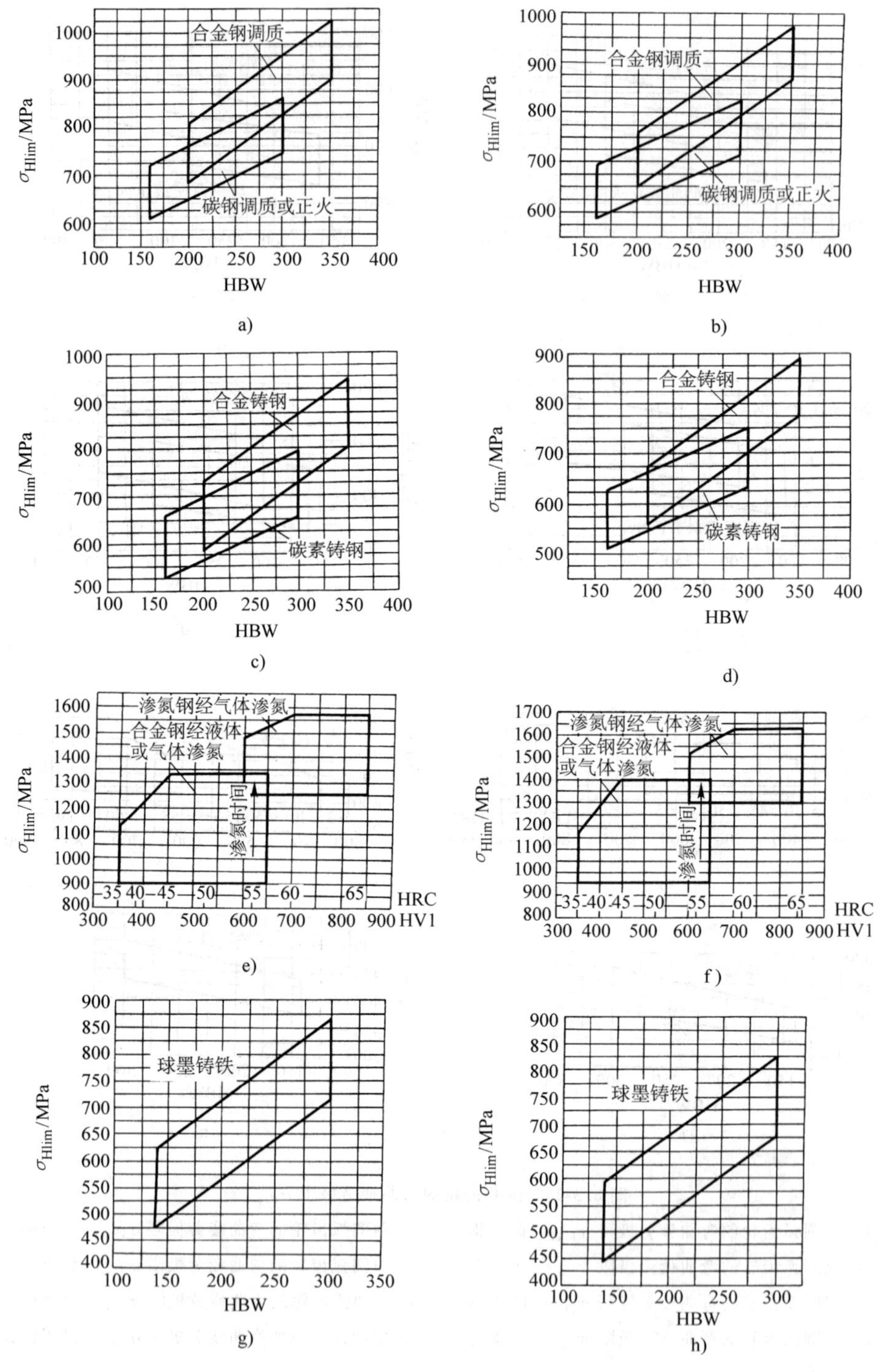

图 8.3-21 试验齿轮的接触疲劳极限 σ_{Hlim}

a) 双圆弧齿轮的接触疲劳极限 σ_{Hlim} 调质钢　b) 单圆弧齿轮的接触疲劳极限 σ_{Hlim} 调质钢

c) 双圆弧齿轮的接触疲劳极限 σ_{Hlim} 铸钢　d) 单圆弧齿轮的接触疲劳极限 σ_{Hlim} 铸钢

e) 双圆弧齿轮的接触疲劳极限 σ_{Hlim} 渗氮钢　f) 单圆弧齿轮的接触疲劳极限 σ_{Hlim} 渗氮钢

g) 双圆弧齿轮的接触疲劳极限 σ_{Hlim} 球墨铸铁　h) 单圆弧齿轮的接触疲劳极限 σ_{Hlim} 球墨铸铁

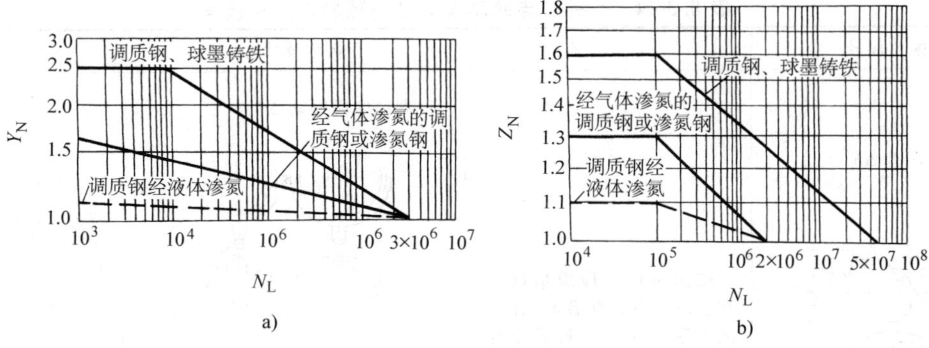

图 8.3-22　寿命系数 Y_N、Z_N

a）弯曲疲劳强度计算的寿命系数 Y_N　b）接触疲劳强度计算的寿命系数 Z_N

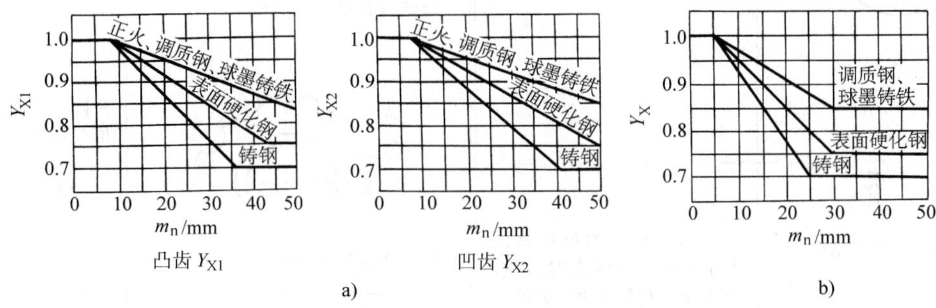

图 8.3-23　尺寸系数 Y_X

a）单圆弧齿轮的 Y_X　b）双圆弧齿轮的 Y_X

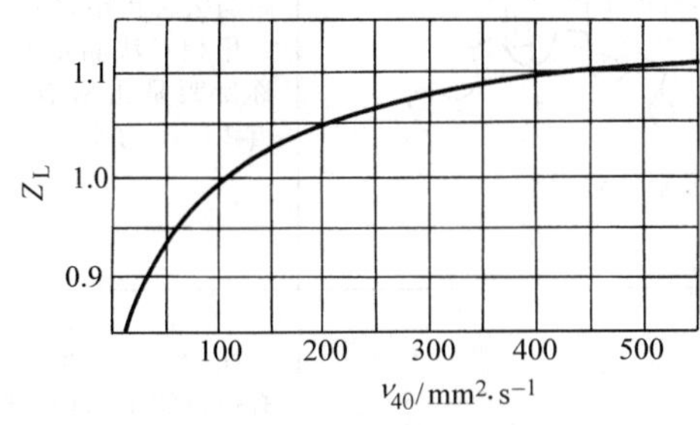

图 8.3-24　润滑剂系数 Z_L

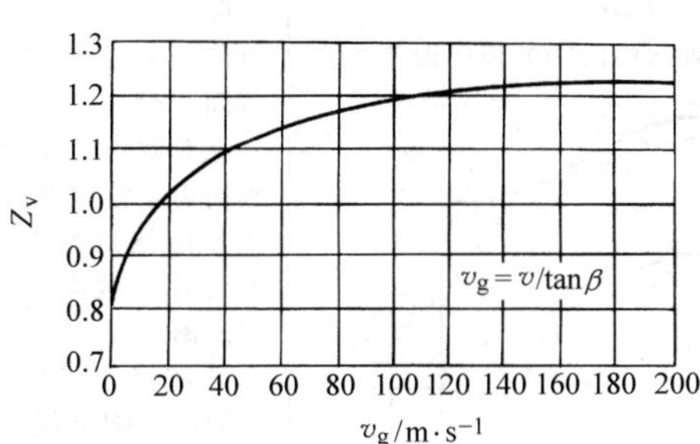

图 8.3-25　速度系数 Z_v

表 8.3-13　最小安全系数的参考值

S_{Fmin}	>1.6
S_{Hmin}	>1.3

7　圆弧圆柱齿轮的精度（摘自 GB/T 15753—1995）

本节摘要介绍（GB/T 15753—1995）《圆弧圆柱齿轮精度》，它适用于法向模数 m_n = 1.5～40mm、分度圆直径小于 4000mm、有效齿宽小于 630mm 的圆弧圆柱齿轮及其齿轮副。其基本齿廓执行 GB/T 12759—1991《双圆弧圆柱齿轮　基本齿廓》的规定。

当齿轮规格超出表列范围时，可按本章 7.7 节规定处理。

7.1　误差的定义和代号（见表 8.3-14）

7.2　精度等级及其选择

圆弧齿轮和齿轮副共分五个精度等级，按精度高低依次定为 4、5、6、7、8 级。齿轮副中两个齿轮的精度等级一般为相同，也允许不相同。

按照误差的特性及它们对传动性能的主要影响，将齿轮的各项公差分成三个组，见表 8.3-15。

表 8.3-14 齿轮、齿轮副误差及侧隙的定义和代号

名称及代号	定 义
切向综合误差 $\Delta F_i'$ $\Delta F_i'$ $\Delta f_i'$ 切向综合公差 F_i'	被测齿轮与理想精确的测量齿轮单面啮合时，在被测齿轮一转内，实际转角与公称转角之差的总幅度值，以分度圆弧长计值
一齿切向综合误差 $\Delta f_i'$ 一齿切向综合公差 f_i'	被测齿轮与理想精确的测量齿轮单面啮合时，在被测齿轮一齿距角内，实际转角与公称转角之差的最大幅度值，以分度圆弧长计
齿距累积误差 ΔF_p 实际弧长 实际齿形 公称齿形 检查圆	在检查圆[①]上，任意两个同侧齿面间实际弧长与公称弧长之差的最大差值
k 个齿距累积误差 ΔF_{pk} 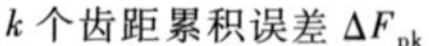 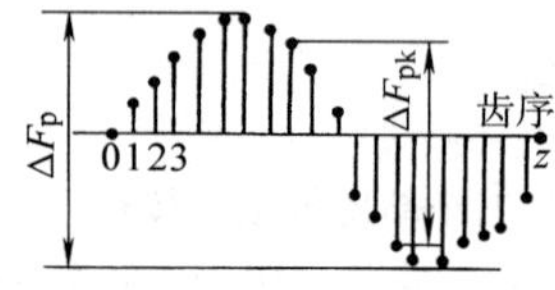 齿距累积公差 F_p k 个齿距累积公差 F_{pk}	在检查圆上，k 个齿距间的实际弧长与公称弧长之差的最大差值。k 为 2 到小于 $z/2$ 的整数
齿圈径向圆跳动 ΔF_r 齿圈径向圆跳动公差 F_r	在齿轮一转范围内，测头在齿槽内，于凸齿或凹齿中部双面接触，测头相对于齿轮轴线的最大变动量
公法线长度变动 ΔF_w w_{max} w_{min} 公法线长度变动公差 F_w	在齿轮一周范围内，实际公法线长度最大值与最小值之差 $\Delta F_w = w_{max} - w_{min}$
齿距偏差 Δf_{pt} 实际齿距 公称齿距 Δf_{pt} 齿距极限偏差 $\pm f_{pt}$	在检查圆上实际齿距与公称齿距之差 用相对法测量时，公称齿距是指所有实际齿距的平均值
齿向误差 ΔF_β 一个轴向齿距内的齿向误差 Δf_β 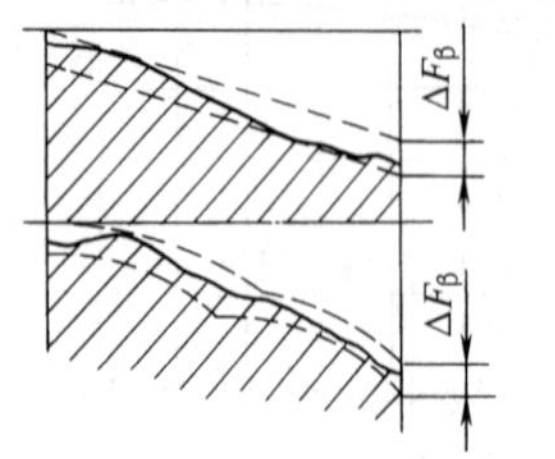 齿向公差 F_β 一个轴向齿距内的齿向公差 f_β	在检查圆柱面上，在有效齿宽范围内（端部倒角部分除外），包容实际齿向线的两条最近的设计齿线之间的端面距离 在有效齿宽中，任一轴向齿距范围内，包容实际齿线的两条最近的设计齿线之间的端面距离 设计齿线可以是修正的圆柱螺旋线，包括齿端修薄及其他修形曲线 齿宽两端的齿向误差只允许逐渐偏向齿体内

（续）

名称及代号	定　　义
轴向齿距偏差 ΔF_{px} 一个轴向齿距偏差 Δf_{px} Δf_{px} 实际齿距 公称齿距 轴向齿距极限偏差 $\pm F_{px}$ 一个轴向齿距极限偏差 $\pm f_{px}$	在有效齿宽范围内，与齿轮基准轴线平行而大约通过凸齿或凹齿中部的一条直线上，任意两个同侧齿面间的实际距离与公称距离之差。沿齿面法线方向计值 在有效齿宽范围内，与齿轮基准轴线平行而大约通过凸齿或凹齿中部的一条直线上，任一轴向齿距内，两个同侧齿面间的实际距离与公称距离之差。沿齿面法线方向计值
螺旋线波度误差 $\Delta f_{f\beta}$ $f_{f\beta}$ 螺旋线波度公差 $f_{f\beta}$	在有效齿宽范围内，凸齿或凹齿中部实际齿线波纹的最大波幅。沿齿面法线方向计值
弦齿深偏差 ΔE_h 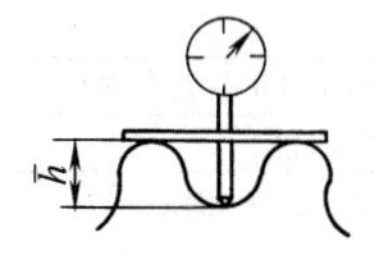 弦齿深极限偏差 $\pm E_h$	在齿轮一周内，实际弦齿深减去实际外圆直径偏差后与公称弦齿深之差 在法向测量
齿根圆直径偏差 ΔE_{df} 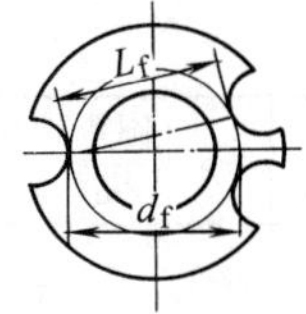 齿根圆直径极限偏差 $\pm E_{df}$	齿根圆直径实际尺寸和公称尺寸之差 对于奇数齿可用齿根圆斜径代替。斜径公称尺寸 L_f 为 $L_f = d_f \cos \dfrac{90°}{z}$

名称及代号	定　　义
齿厚偏差 ΔE_s E_{si} E_{ss} 公称齿厚 接触点 齿厚极限偏差 上极限偏差 E_{ss} 下极限偏差 E_{si}	接触点所在圆柱面上，法向齿厚实际值与公称值之差
公法线长度偏差 ΔE_w 公法线长度极限偏差 上极限偏差 E_{ws} 下极限偏差 E_{wi}	在齿轮一周内，公法线实际长度值与公称值之差
齿轮副的切向综合误差 $\Delta F'_{ic}$ 齿轮副的切向综合公差 F'_{ic}	在设计中心距下安装好的齿轮副，在啮合转动足够多的转数内，一个齿轮相对于另一个齿轮的实际转角与公称转角之差的总幅度值。以分度圆弧长计值
齿轮副的一齿切向综合误差 $\Delta f'_{ic}$ 齿轮副的一齿切向综合公差 f'_{ic}	安装好的齿轮副，在啮合转动足够多的转数内，一个齿轮相对于另一个齿轮，一个齿距的实际转角与公称转角之差的最大幅度值。以分度圆弧长计值
齿轮副的接触迹线 接触迹线位置偏差 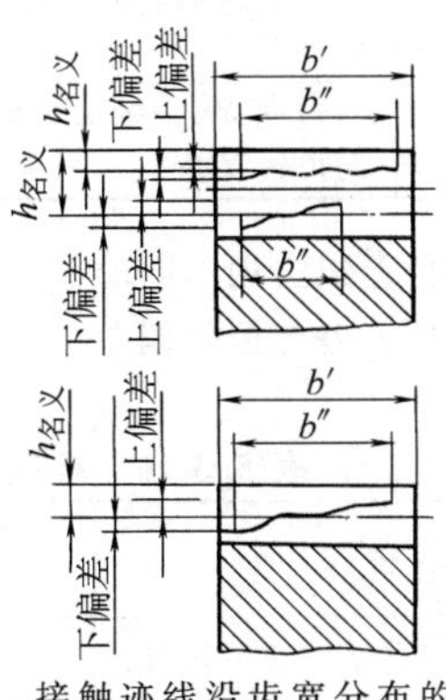 接触迹线沿齿宽分布的长度	凸凹齿面瞬时接触时，由于齿面接触弹性变形而形成的挤压痕迹 装配好的齿轮副，磨合之前，着色检验，在轻微制动下，齿面实际接触迹线偏离名义接触迹线的高度 对于双圆弧齿轮 凸齿：$h_{名义}=\left(0.355-\dfrac{1.498}{z_v+1.09}\right)m_n$ 凹齿：$h_{名义}=\left(1.445-\dfrac{1.498}{z_v-1.09}\right)m_n$ 对于单圆弧齿轮 凸齿：$h_{名义}=\left(0.45-\dfrac{1.688}{z_v+1.5}\right)m_n$ 凹齿：$h_{名义}=\left(0.75-\dfrac{1.688}{z_v-1.5}\right)m_n$ z_v——当量齿数　$z_v=\dfrac{z}{\cos^3\beta}$ 沿齿长方向，接触迹线的长度 b'' 与工作长度 b' 之比即 $\dfrac{b''}{b'}\times 100\%$

（续）

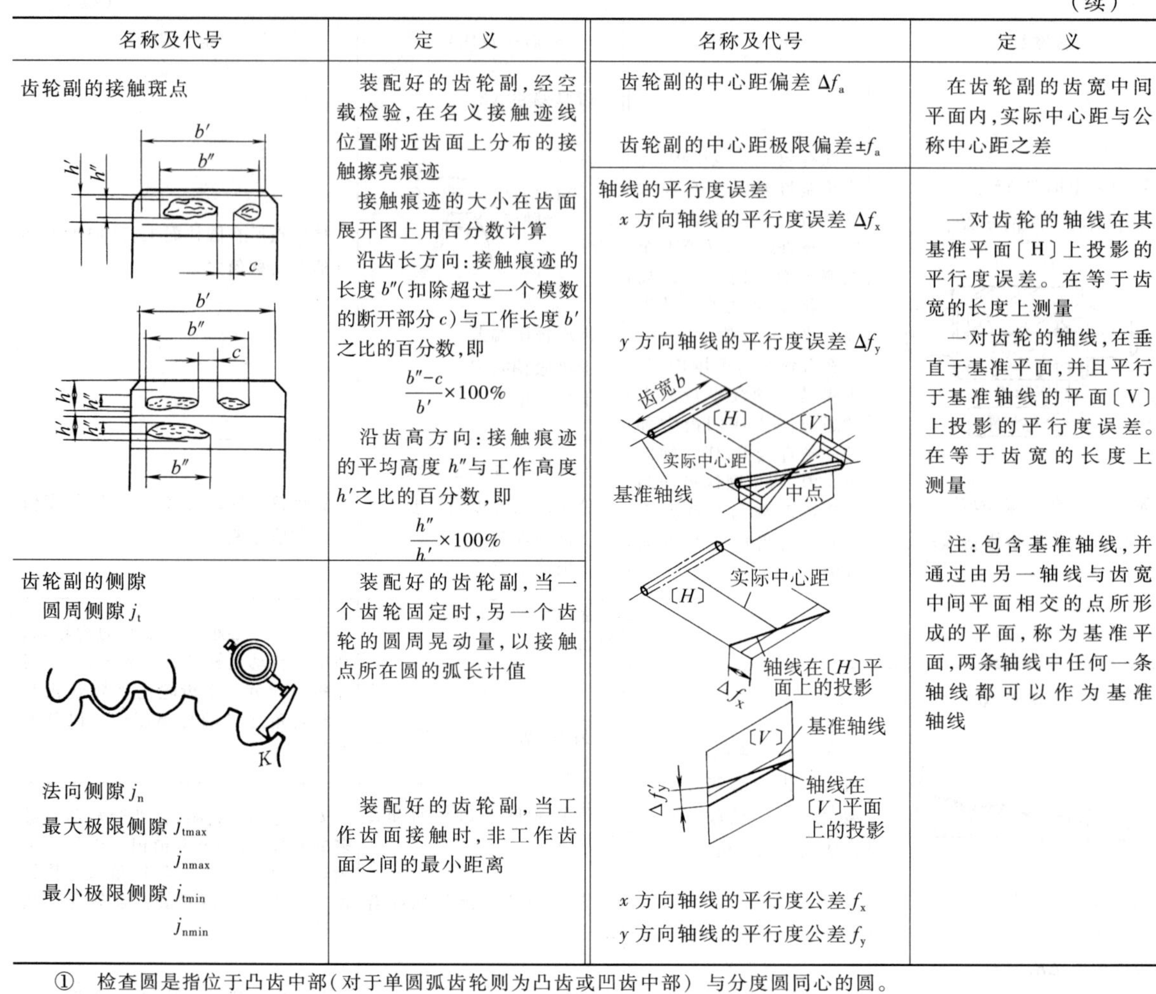

名称及代号	定　义	名称及代号	定　义
齿轮副的接触斑点	装配好的齿轮副，经空载检验，在名义接触迹线位置附近齿面上分布的接触擦亮痕迹 接触痕迹的大小在齿面展开图上用百分数计算 沿齿长方向：接触痕迹的长度 b″（扣除超过一个模数的断开部分 c）与工作长度 b′ 之比的百分数，即 $\frac{b''-c}{b'}\times100\%$ 沿齿高方向：接触痕迹的平均高度 h″ 与工作高度 h′ 之比的百分数，即 $\frac{h''}{h'}\times100\%$	齿轮副的中心距偏差 Δf_a 齿轮副的中心距极限偏差 $\pm f_a$	在齿轮副的齿宽中间平面内，实际中心距与公称中心距之差
齿轮副的侧隙 圆周侧隙 j_t 法向侧隙 j_n 最大极限侧隙 j_{tmax} j_{nmax} 最小极限侧隙 j_{tmin} j_{nmin}	装配好的齿轮副，当一个齿轮固定时，另一个齿轮的圆周晃动量，以接触点所在圆的弧长计值 装配好的齿轮副，当工作齿面接触时，非工作齿面之间的最小距离	轴线的平行度误差 x 方向轴线的平行度误差 Δf_x y 方向轴线的平行度误差 Δf_y x 方向轴线的平行度公差 f_x y 方向轴线的平行度公差 f_y	一对齿轮的轴线在其基准平面〔H〕上投影的平行度误差。在等于齿宽的长度上测量 一对齿轮的轴线，在垂直于基准平面，并且平行于基准轴线的平面〔V〕上投影的平行度误差。在等于齿宽的长度上测量 注：包含基准轴线，并通过由另一轴线与齿宽中间平面相交的点所形成的平面，称为基准平面，两条轴线中任何一条轴线都可以作为基准轴线

① 检查圆是指位于凸齿中部（对于单圆弧齿轮则为凸齿或凹齿中部）与分度圆同心的圆。

表 8.3-15　圆弧齿轮各项公差的分组

公差组	公差与极限偏差项目	误 差 特 性	对传动性能的主要影响
Ⅰ	$F'_i, F_p, F_{pk}, F_r, F_w$	以齿轮一转为周期的误差	传递运动的准确性
Ⅱ	$f'_i, f_{pt}, f_\beta, f_{f\beta}, f_{px}$	在齿轮一周内，多次周期地重复出现的误差	传动的平稳性、噪声、振动
Ⅲ	$F_\beta, F_{px}, E_{df}, E_h$	齿向误差，轴向齿距偏差，齿形的径向位置误差	载荷沿齿宽分布的均匀性，齿高方向的接触部位和承载能力

根据使用要求的不同，允许各公差组选用不同的精度等级；但在同一公差组内，各项公差与极限偏差应保持相同的精度等级。

齿轮的精度应根据传动的用途、使用条件、传递功率、圆周速度以及其他经济、技术要求决定。精度等级的选择可参考表 8.3-16。

表 8.3-16　精度等级的选择

精 度 等 级	加 工 方 法	工 作 情 况	圆周速度 /m·s^{-1}
5 级（高精度级）	在高精度滚齿机上用高精度滚刀切齿，淬硬齿轮必须磨齿	要求工作平稳，振动、噪声小，速度高及载荷较大的齿轮，例如，透平齿轮	>75
6 级（精密级）	在精密滚齿机上，用精密滚刀切齿，淬硬齿轮必须磨齿，渗氮处理齿轮允许研齿	对于工作平稳性有一定要求，转速高或载荷较大的齿轮，如中小型汽轮机用齿轮	≤75

（续）

精度等级	加工方法	工作情况	圆周速度 /m·s^{-1}
7 级（中等精度级）	在较精密滚齿机上，用较精密滚刀切齿，表面硬化处理齿轮，应作适当研齿	速度较高的中等载荷齿轮，例如轧钢机齿轮	≤25
8 级（低精度级）	在普通滚齿机上，用普通级滚刀切齿	普通机器制造业中精度要求一般的齿轮，例如，标准减速器，矿山、冶金设备用齿轮	≤10

注：本表不属于 GB/T 15753—1995 的内容，仅供参考。

7.3　侧隙

圆弧齿轮传动的侧隙基本上由基本齿廓决定。按 GB/T 12759—1991 规定，当 $m_n=1.5\sim6$mm 时，法面侧隙为 $0.06m_n$；当 $m_n=7\sim50$mm 时，法面侧隙为 $0.04m_n$。切齿深度偏差、中心距偏差会引起侧隙改变，实际侧隙不得小于上述数值的 2/3。

由于侧隙基本上由基本齿廓决定，故不能依靠加工时刀具的径向变位和改变中心距的偏差来获得各种侧隙的配合。如对侧隙有特殊要求，可用标准刀具借切向移距来增加所需的侧隙，也可以提出设计要求，采用具有特殊侧隙的刀具加工齿轮来获得要求的侧隙。

7.4　推荐的检验项目

GB/T 15753—1995 中规定了齿轮和齿轮副的检验要求，标准把各公差组的项目分为若干检验组，根据工作要求和生产规模，对每个齿轮须在三个公差组中各选一个检验组来检定和验收；另外再选择第四个检验组来检定齿轮副的精度。对于一般 4～8 级精度的齿轮传动，本手册推荐的检验项目见表 8.3-17。

表 8.3-17　推荐的检验项目

Ⅰ组精度		$\Delta F'_i$；ΔF_p（ΔF_{pk}）①；ΔF_r 与 ΔF_w ②
Ⅱ组精度		$\Delta f'_i$；Δf_{pt}、Δf_β（或 Δf_{px}）；Δf_{pt}，对于 6 级及高于 6 级精度的斜齿轮或人字齿轮，检验 f_{pt} 时，推荐加检 $\Delta f_{f\beta}$
Ⅲ组精度		ΔF_β 与 ΔE_{df}（或 ΔE_h）③；ΔF_{px} 与 ΔE_{df}（或 ΔE_h）③
齿轮箱		检验 Δf_a、Δf_x、Δf_y 三项
装配检验	Ⅲ组精度	接触迹线长度及位置偏差；接触斑点
	传动侧隙	用百分表测量圆周侧隙 j_t，法向侧隙 $j_n=j_t\cos\beta$

① ΔF_{pk} 仅在必要时加检。

② 当其中有一项超差时，应按 ΔF_p 检定和验收齿轮精度。

③ 对不便于测量齿根圆直径的大直径齿轮，可检查 ΔE_h。

7.5　图样标注

在齿轮工作图上应标注齿轮的精度等级和侧隙系数。

标注示例：

1）齿轮的三个公差组精度同为 7 级，采用标准齿形的滚刀加工时，可不标注侧隙系数。

7　GB/T 15753—1995

第Ⅰ、Ⅱ、Ⅲ公差组的精度等级

2）齿轮第Ⅰ公差组精度为 7 级，第Ⅱ公差组精度为 6 级，第Ⅲ公差组精度为 6 级，采用标准齿廓的滚刀加工时，可不标注侧隙系数。

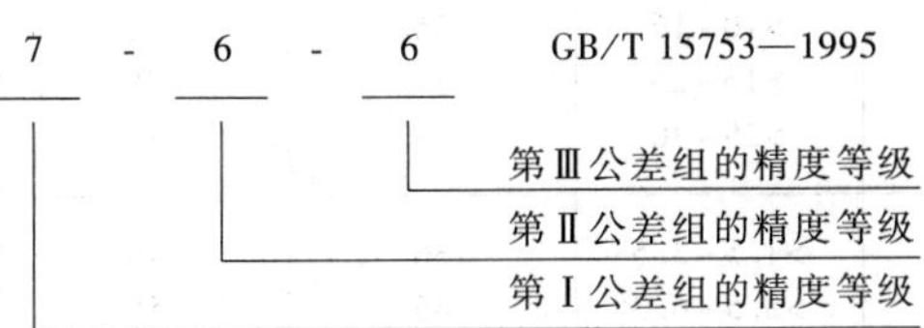

3）齿轮的三个公差组精度同为 4 级，侧隙有特殊要求 $j_n=0.10\ m_n$。

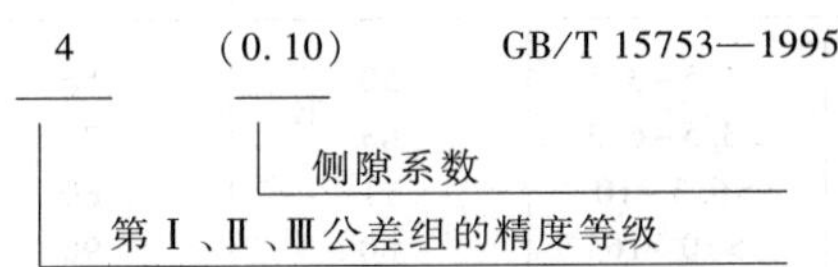

7.6　圆弧齿轮精度数值表（见表 8.3-18～表 8.3-30）

表 8.3-18 齿距累积公差 F_p 及 k 个齿距累积公差 F_{pk} (μm)

精度等级	L/mm												
	~32	>32 ~50	>50 ~80	>80 ~160	>160 ~315	>315 ~630	>630 ~1000	>1000 ~1600	>1600 ~2500	>2500 ~3150	>3150 ~4000	>4000 ~5000	>5000 ~7200
4	8	9	10	12	18	25	32	40	45	56	63	71	80
5	12	14	16	20	28	40	50	63	71	90	100	112	125
6	20	22	25	32	45	63	80	100	112	140	160	180	200
7	28	32	36	45	63	90	112	140	160	200	224	250	280
8	40	45	50	63	90	125	160	200	224	280	315	355	400

注：1. F_p 和 F_{pk} 按分度圆弧长 L 查表：

查 F_p 时，取 $L=\frac{1}{2}\pi d=\frac{\pi m_n z}{2\cos\beta}$；查 F_{pk} 时，取 $L=\frac{k\pi m_n}{\cos\beta}$（$k$ 为 2 到小于 $z/2$ 的整数）。

式中，d 为分度圆直径；m_n 为法向模数；z 为齿数；β 为分度圆螺旋角。

2. 除特殊情况外，对于 F_{pk}，k 值规定取为小于 $z/6$ 或 $z/8$ 的最大整数。

表 8.3-19 齿圈径向圆跳动公差 F_r (μm)

精度等级	法向模数/mm	分度圆直径/mm					
		≤125	>125~400	>400~800	>800~1600	>1600~2500	>2500~4000
4	>1.5~3.5	9	10	11	—	—	—
	>3.5~6.3	11	13	13	14	—	—
	>6.3~10	13	14	14	16	18	—
	>10~16	—	16	18	18	20	22
	>16~25	—	20	22	22	25	25
	>25~40	—	—	28	28	32	32
5	>1.5~3.5	14	16	18	—	—	—
	>3.5~6.3	16	18	20	22	—	—
	>6.3~10	20	22	22	25	28	—
	>10~16	22	25	28	28	32	36
	>16~25	—	32	36	36	40	40
	>25~40	—	—	45	45	50	50
6	>1.5~3.5	22	25	28	—	—	—
	>3.5~6.3	28	32	32	36	—	—
	>6.3~10	32	36	36	40	45	—
	>10~16	36	40	45	45	50	56
	>16~25	—	50	56	56	63	63
	>25~40	—	—	71	71	80	80
7	>1.5~3.5	36	40	45	—	—	—
	>3.5~6.3	45	50	50	56	—	—
	>6.3~10	50	56	56	63	71	—
	>10~16	56	63	71	71	80	90
	>16~25	—	80	90	90	100	100
	>25~40	—	—	112	112	125	125
8	>1.5~3.5	50	56	63	—	—	—
	>3.5~6.3	63	71	71	80	—	—
	>6.3~10	71	80	80	90	100	—
	>10~16	80	90	100	100	112	125
	>16~25	—	112	125	125	140	140
	>25~40	—		160	160	180	180

表 8.3-20　齿距极限偏差 $\pm f_{pt}$　　(μm)

精度等级	法向模数 /mm	分度圆直径/mm					
		≤125	>125~400	>400~800	>800~1600	>1600~2500	>2500~4000
4	>1.5~3.5	4	4.5	5	—	—	—
	>3.5~6.3	5	5.5	5.5	6	—	—
	>6.3~10	5.5	6	7	7	8	—
	>10~16	—	7	9	8	9	10
	>16~25	—	9	10	10	11	11
	>25~40	—	—	13	13	14	14
5	>1.5~3.5	6	7	8	—	—	—
	>3.5~6.3	8	9	9	10	—	—
	>6.3~10	9	10	10	11	13	—
	>10~16	10	11	11	13	14	16
	>16~25	—	14	13	16	18	18
	>25~40	—	—	16	20	22	22
6	>1.5~3.5	10	11	13	—	—	—
	>3.5~6.3	13	14	14	16	—	—
	>6.3~10	14	16	18	18	20	—
	>10~16	16	18	20	20	22	25
	>16~25	—	22	25	25	28	28
	>25~40	—		32	32	36	36
7	>1.5~3.5	14	16	18	—	—	—
	>3.5~6.3	18	20	20	22	—	—
	>6.3~10	20	22	25	25	28	—
	>10~16	22	25	28	28	32	36
	>16~25	—	32	36	36	40	40
	>25~40	—	—	45	45	50	50
8	>1.5~3.5	20	22	25	—	—	—
	>3.5~6.3	25	28	28	32	—	—
	>6.3~10	28	32	36	36	40	—
	>10~16	32	36	40	40	45	50
	>16~25	—	45	50	50	56	56
	>25~40	—	—	63	63	71	71

表 8.3-21　齿向公差 F_{β}

（一个轴向齿距内齿向公差 f_{β}）　　(μm)

精度等级	齿轮宽度(轴向齿距)/mm					
	≤40	>40~100	>100~160	>160~250	>250~400	>400~630
4	5.5	8	10	12	14	17
5	7	10	12	16	18	22
6	9	12	16	19	24	28
7	11	16	20	24	28	34
8	18	25	32	38	45	55

注：一个轴向齿距内齿向公差按轴向齿距查表。

表 8.3-22　公法线长度变动公差 F_w

(μm)

精度等级	分度圆直径/mm					
	≤125	>125~400	>400~800	>800~1600	>1600~2500	>2500~4000
4	8	10	12	16	18	25
5	12	16	20	25	28	40
6	20	25	32	40	45	63
7	28	36	45	56	71	90
8	40	50	63	80	100	125

表 8.3-23　轴线平行度公差

x 方向轴线平行度公差 $f_x = F_{\beta}$	F_{β} 见表 8.3-21
y 方向轴线平行度公差 $f_y = \frac{1}{2}F_{\beta}$	

表 8.3-24　中心距极限偏差 $\pm f_a$　　(μm)

精度等级	中心距/mm													
	≤120	>120~180	>180~250	>250~315	>315~400	>400~500	>500~630	>630~800	>800~1000	>1000~1250	>1250~1600	>1600~2000	>2000~2500	>2500~3150
4	11	12.5	14.5	16	18	20	22	25	28	33	39	46	55	67.5
5、6	17.5	20	23	26	28.5	31.5	35	40	45	52	62	75	87	105
7、8	27	31.5	36	40.5	44.5	48.5	55	62	70	82	97	115	140	165

表 8.3-25　弦齿深极限偏差 $\pm E_h$　　(μm)

精度等级	法向模数/mm	分度圆直径/mm										
		≤50	>50~80	>80~120	>120~200	>200~320	>320~500	>500~800	>800~1250	>1250~2000	>2000~3150	>3150~4000
4	1.5~3.5	10	11	12	13	15	17	18	—	—	—	—
	>3.5~6.3	12	13	14	15	17	18	27	23	25	27	30
	>6.3~10	—	15	17	18	20	21	23	25	27	30	36
	>10~16	—	—	—	—	—	—	—	—	—	—	—
5、6	1.5~3.5	12	14	15	16	18	21	23	—	—	—	—
	>3.5~6.3	15	16	18	19	21	23	26	28	31	34	38
	>6.3~10	—	19	21	23	24	26	28	31	34	38	45
7、8	1.5~3.5	15	17	18	21	23	24	—	—	—	—	—
	>3.5~6.3	19	20	21	23	26	27	30	34	38	—	—
	>6.3~10	—	24	26	27	30	32	34	38	42	45	49
	>10~16	—	—	32	34	36	38	42	45	49	53	57
	>16~32	—	—	—	49	53	57	57	60	68	68	75

注：对于单圆弧齿轮，弦齿深极限偏差取 $\pm E_h/0.75$。

表 8.3-26　齿根圆直径极限偏差 $\pm E_{df}$　　(μm)

精度等级	法向模数/mm	分度圆直径/mm										
		≤50	>50~80	>80~120	>120~200	>200~320	>320~500	>500~800	>800~1250	>1250~2000	>2000~3150	>3150~4000
4	1.5~3.5	15	17	19	22	24	27	32	41	48	60	—
	>3.5~6.3	19	21	23	26	29	32	36	46	—	—	—
	>6.3~10	—	27	29	32	34	38	41	—	—	—	—
5、6	1.5~3.5	19	21	24	27	30	34	39	—	—	—	—
	>3.5~6.3	24	26	28	32	36	39	45	51	—	—	—
	>6.3~10	—	34	36	39	42	48	51	57	60	75	—
7、8	1.5~3.5	23	26	29	33	38	42	—	—	—	—	—
	>3.5~6.3	30	33	36	38	42	50	53	60	—	—	—
	>6.3~10	—	42	45	49	53	57	60	68	75	—	—
	>10~16	—	—	57	60	64	68	75	83	90	105	120
	>16~32	—	—	—	90	94	98	105	113	120	135	150

注：对于单圆弧齿轮，齿根圆直径极限偏差取 $\pm E_h/0.75$。

表 8.3-27　接触迹线长度和位置偏差

精度等级	单圆弧齿轮		双圆弧齿轮		
	接触迹线位置偏差	按齿长不少于工作齿长(%)	接触迹线位置偏差	按齿长不少于工作齿长(%)	
				第一条	第二条
4	$\pm 0.15m_n$	95	$\pm 0.11m_n$	95	75
5	$\pm 0.20m_n$	90	$\pm 0.15m_n$	90	70
6				90	60
7	$\pm 0.25m_n$	85	$\pm 0.18m_n$	85	50
8				80	40

表 8.3-28　接触斑点　(%)

精度等级	单圆弧齿轮		双圆弧齿轮		
	按齿高不少于工作齿高	按齿长不少于工作齿长	按齿高不少于工作齿高	按齿长不少于工作齿长	
				第一条	第二条
4	60	95	60	95	90
5	55	95	55	95	85
6	50	90	50	90	80
7	45	85	45	85	70
8	40	80	40	80	60

注：对于齿面硬度≥300HBW 的齿轮副，其接触斑点沿齿高方向应为$\geq 0.3m_n$。

表 8.3-29　齿坯公差

齿轮精度等级[①]		4	5	6	7	8
孔	尺寸公差 形状公差	IT4	IT5	IT6	IT7	
轴	尺寸公差 形状公差	IT4	IT5		IT6	
顶圆直径[②]		IT6	IT7			

注：IT—标准公差单位，数值见标准公差数值表。

① 当三个公差组的精度等级不同时，按最高的精度等级确定公差值。

② 当顶圆不作测量齿深和齿厚的基准时，尺寸公差按 IT11 给定，但不大于 $0.1m_n$。

7.7　极限偏差及公差与齿轮几何参数的关系式

1）切向综合公差 F_i'、一齿切向综合公差 f_i'、螺旋线波度公差 $f_{f\beta}$、轴向齿距极限偏差 F_{px}、一个轴向齿距极限偏差 f_{px} 及中心距极限偏差 f_a 分别按下列计算式计算

$$F_i' = F_p + f_\beta$$

表 8.3-30　齿轮基准面径向和端面圆跳动公差

(μm)

分度圆直径/mm		精度等级		
大于	到	4	5 和 6	7 和 8
—	125	7/2.8	11/7	18/11
125	400	9/3.6	14/9	22/14
400	800	12/5	20/12	32/20
800	1600	18/7	28/18	45/28
1600	2500	25/10	40/25	63/40
2500	4000	40/16	63/40	100/63

注：分子是径向圆跳动公差，分母是端面圆跳动公差。

$$f_i' = 0.6(f_{pt} + f_\beta)$$

$$f_{f\beta} = f_i' \cos\beta$$

$$F_{px} = F_\beta$$

$$f_{px} = f_\beta$$

$$f_a = 0.5(\text{IT6, IT7, IT8})$$

式中　β——分度圆螺旋角。

2）公法线长度极限偏差 E_w、齿厚极限偏差 E_s 分别按下式计算

$$E_{ws} = -2\sin\alpha(-E_h)$$

$$E_{wi} = -2\sin\alpha(+E_h)$$

$$T_w = E_{ws} - E_{wi}$$

$$E_{ss} = -2\tan\alpha(-E_h)$$

$$E_{si} = -2\tan\alpha(+E_h)$$

$$T_{ss} = E_{ss} - E_{si}$$

式中　α——齿形角。

3）齿轮副的切向综合公差 F_{ic}' 等于两齿轮的切向综合公差 F_i' 之和。当两齿轮的齿数比为不大于 3 的整数，且采用选配时，F_i' 可比计算值压缩 25% 或更多。

齿轮副的一齿切向综合公差 f_{ic}' 等于两齿轮的一齿切向综合公差 f_i' 之和。

4）极限偏差、公差与齿轮几何参数的关系式见表 8.3-31。

表 8.3-31　极限偏差、公差与齿轮几何参数的关系式

<table>
<tr><td rowspan="3">精度等级</td><td colspan="2">F_p</td><td colspan="2">F_r</td><td colspan="2">F_W</td><td colspan="2">f_{pt}</td><td colspan="2">F_β</td><td colspan="3">E_h</td><td colspan="2">E_{df}</td></tr>
<tr><td colspan="2">$A\sqrt{L}+C$</td><td colspan="2">$Am_n+B\sqrt{d}$
$+C$
$B=0.25A$</td><td colspan="2">$B\sqrt{d}+C$</td><td colspan="2">$Am_n+B\sqrt{d}$
$+C$
$B=0.25A$</td><td colspan="2">$A\sqrt{b}+C$</td><td colspan="3">$Am_n+B\sqrt[3]{d}$
$+C$</td><td colspan="2">$Am_n+B\sqrt[3]{d}$</td></tr>
<tr><td>A</td><td>C</td><td>A</td><td>C</td><td>B</td><td>C</td><td>A</td><td>C</td><td>A</td><td>C</td><td>A</td><td>B</td><td>C</td><td>A</td><td>B</td></tr>
<tr><td>4</td><td>1.0</td><td>2.5</td><td>0.56</td><td>7.1</td><td>0.34</td><td>5.4</td><td>0.25</td><td>3.15</td><td>0.63</td><td>3.15</td><td>0.72</td><td>1.44</td><td>2.16</td><td>1.44</td><td>2.88</td></tr>
<tr><td>5</td><td>1.6</td><td>4</td><td>0.90</td><td>11.2</td><td>0.54</td><td>8.7</td><td>0.40</td><td>5</td><td>0.80</td><td>4</td><td rowspan="2">0.9</td><td rowspan="2">1.8</td><td rowspan="2">2.7</td><td rowspan="2">1.8</td><td rowspan="2">3.6</td></tr>
<tr><td>6</td><td>2.5</td><td>6.3</td><td>1.40</td><td>18</td><td>0.87</td><td>14</td><td>0.63</td><td>8</td><td>1</td><td>5</td></tr>
<tr><td>7</td><td>3.55</td><td>9</td><td>2.24</td><td>28</td><td>1.22</td><td>19.4</td><td>0.90</td><td>11.2</td><td>1.25</td><td>6.3</td><td rowspan="2">1.125</td><td rowspan="2">2.25</td><td rowspan="2">3.375</td><td rowspan="2">2.25</td><td rowspan="2">4.5</td></tr>
<tr><td>8</td><td>5</td><td>12.5</td><td>3.15</td><td>40</td><td>1.7</td><td>27</td><td>1.25</td><td>16</td><td>2</td><td>10</td></tr>
<tr><td>说明</td><td colspan="15">d—齿轮分度圆直径；b—轮齿宽度；L—分度圆弧长</td></tr>
</table>

8　圆弧圆柱齿轮设计计算示例及零件工作图例

8.1　设计计算示例

例 8.3-1　设计中型轧钢机用单级圆柱齿轮减速器的人字齿双圆弧齿轮传动。已知小齿轮传递的功率 $P=2000\text{kW}$，小齿轮转速 $n_1=495\text{r/min}$，传动比 $i=4.81$。单向运转，满载工作 70000h。齿轮精度 8—8—7GB/T 15753—1995。要求齿根弯曲疲劳强度的最小安全系数 $S_{\text{Fmin}}=2.2$。

解：

（1）选择齿轮材料及参数

小齿轮材料：42CrMo，调质硬度 255～286HBW。

大齿轮材料：35CrMo，调质硬度 217～241HBW。

查图 8.3-20 及图 8.3-21，取框图中间值：

$\sigma_{\text{Flim1}}=530\text{MPa}$，$\sigma_{\text{Hlim1}}=830\text{MPa}$。

$\sigma_{\text{Flim2}}=490\text{MPa}$，$\sigma_{\text{Hlim2}}=760\text{MPa}$。

暂取齿数比 $u\approx i=4.81$。

取齿数 $z_1=25$，则 $z_2=uz_1=4.81\times25=120.25$，取 $z_2=120$，故齿数比 $u=z_2/z_1=120/25=4.8$。

采用人字齿，暂取 $\beta=30°$。暂取 $\phi_a=0.5$。

$$\varepsilon_\beta=\phi_a(z_1+z_2)\tan\beta/2\pi=0.5\times(25+120)\times\tan30°/(2\times3.1416)=2\times3.33$$

取 $\mu_\varepsilon=2\times3$，$\Delta\varepsilon=2\times0.3$。

（2）按齿根弯曲疲劳强度初定模数

由表 8.3-8 知，

$$m_n\geqslant\left(\frac{T_1K_AK_vK_1K_{F2}}{2\mu_\varepsilon+K_{\Delta\varepsilon}}\right)^{1/3}\left(\frac{Y_EY_uY_\beta Y_FY_{\text{end}}}{z_1\sigma_{FP}}\right)^{1/2.58}$$

小齿轮转矩：

$$T_1=9549\times10^3\frac{P}{n_1}=9549\times10^3\times\frac{2000}{495}\text{N}\cdot\text{mm}=38582\times10^3\ \text{N}\cdot\text{mm}。$$

暂取载荷系数 $K=K_AK_vK_1K_{F2}=2$。

查图 8.3-14a，当 $\Delta\varepsilon=0.3$，$\beta=30°$时，$K_{\Delta\varepsilon}=0.15$。

查表 8.3-12，$Y_E=2.079\ (\text{MPa})^{0.14}$。

查图 8.3-15a，当 $u=4.8$ 时，$Y_u=1.025$。

查图 8.3-16a，当 $\beta=30°$时，$Y_\beta=0.81$。

查图 8.3-17，当 $z_{v1}=z_1/\cos^3\beta=25/\cos^3 30°=38.49$ 时，$Y_{F1}=1.95$；当 $z_{v2}=z_2/\cos^3\beta=z_2/\cos^3 30°=184.75$ 时，$Y_{F2}=1.82$。

齿端修薄，取 $Y_{\text{end}}=1$。

由表 8.3-8 知，许用应力为

$$\sigma_{FP}=\frac{\sigma_{\text{Flim}}Y_NY_X}{S_{\text{Fmin}}}$$

暂取 $Y_{N1}=Y_{N2}=1$；$Y_{X1}=Y_{X2}=1$。

考虑到轧钢机齿轮轮齿弯曲折断的严重性，参考表 8.3-13，根据设计要求取 $S_{\text{Fmin}}=2.2$。

$$\sigma_{FP1}=\frac{530\times1\times1}{2.2}\text{MPa}=241\text{MPa}$$

$$\sigma_{FP2}=\frac{490\times1\times1}{2.2}\text{MPa}=223\text{MPa}$$

因 $Y_{F1}/\sigma_{FP1}=1.95/241=0.0081<Y_{F2}/\sigma_{FP2}=1.82/223=0.0082$，故按大齿轮计算。

$$m_n\geqslant\left(\frac{38582\times10^3\times2}{2\times(2\times3+0.15)}\right)^{1/3}\times\left(\frac{2.079\times1.025\times0.81\times1.82\times1}{25\times223}\right)^{1/2.58}\text{mm}=10.15\text{mm}$$

取 $m_n=12\text{mm}$

（3）初定齿轮传动参数

$$a=\frac{m_n\ (z_1+z_2)}{2\cos\beta}=\frac{12\times\ (25+120)}{2\cos30°}\text{mm}=1004.5899\text{mm}$$

取 $a=1000\text{mm}$

$$\cos\beta=\frac{m_n(z_1+z_2)}{2a}=\frac{12\times(25+120)}{2\times1000}=0.87000$$

$$\beta=29°32'29''$$

$$d_1=\frac{m_nz_1}{\cos\beta}=\frac{12\times25}{\cos29°32'29''}\text{mm}=344.828\text{mm}$$

$$b=\frac{\varepsilon_\beta \pi m_n}{\sin\beta}=\frac{2\times3.3\times3.1416\times12}{\sin29°32'29''}\text{mm}=504.640\text{mm}$$

$b_h=b/2=504.64/2\text{mm}=252.32\text{mm}$，取 $b_h=250\text{mm}$，$b=2b_h=2\times250\text{mm}$。

（4）校核齿根弯曲疲劳强度

由表 8.3-8 知，齿根弯曲应力按下式计算：

$$\sigma_F=\left(\frac{T_1K_AK_vK_1K_{F2}}{2\mu_\varepsilon+K_{\Delta\varepsilon}}\right)^{0.86}\times\frac{Y_EY_uY_\beta Y_FY_{end}}{z_1m_n^{2.58}}$$

查表 8.2-41 知，因载荷有严重冲击，取 $K_A=1.85$。

查图 8.3-12 知，当 $v=\pi d_1n_1/60\times10^3=[3.1416\times344.828\times495/(60\times10^3)]\text{ m/s}=8.94\text{m/s}$，齿轮Ⅱ组精度为 8 级时，$K_v=1.11$。

查图 8.3-13 知，当 $\phi_d=b_h/d_1=250/344.828=0.725$ 时，按对称布置，$K_1=1.05$。

查表 8.3-11，$K_{F2}=1.1$。

查图 8.3-16a，当 $\beta=29°32'29''$时，$Y_\beta=0.81$。

查图 8.3-17，当 $z_{v1}=z_1/\cos^3\beta=25/\cos^3 29°32'29''=37.96$ 时，$Y_{F1}=1.95$；当 $z_{v2}=z_2/\cos^3\beta=120/\cos^3 29°32'29''=182.23$ 时，$Y_{F2}=1.82$。

$$\sigma_{F1}=\left(\frac{38582\times10^3\times1.85\times1.11\times1.05\times1.1}{2\times(2\times3+0.15)}\right)^{0.86}\times\frac{2.079\times1.025\times0.81\times1.95\times1}{25\times12^{2.58}}\text{MPa}=180\text{MPa}$$

$$\sigma_{F2}=\sigma_{F1}\frac{Y_{F2}}{Y_{F1}}=180\times\frac{1.82}{1.95}\text{MPa}=168\text{MPa}$$

由表 8.3-8 知，安全系数为

$$S_F=\frac{\sigma_{Flim}Y_NY_x}{\sigma_F}$$

小齿轮应力循环次数：

$N_1=60kn_1h=60\times1\times495\times70000=2.08\times10^9$

大齿轮应力循环次数：

$N_2=N_1/u=2.08\times10^9/4.8=4.33\times10^8$

查图 8.3-22a，$N_\infty=3\times10^6$。因为 $N_1>N_\infty$、$N_2>N_\infty$，故 $Y_{N1}=Y_{N2}=1$。

查图 8.3-23a，当 $m_n=12\text{mm}$ 时，$Y_{x1}=0.96$，$Y_{x2}=0.96$。所以

$$S_{F1}=\frac{530\times1\times0.96}{180}=2.83>S_{Fmin}=2.2$$

$$S_{F2}=\frac{490\times1\times0.96}{168}=2.80>S_{Fmin}=2.2$$

安全。

（5）校核齿面接触疲劳强度

由表 8.3-8 知，齿面接触应力按下式计算：

$$\sigma_H=\left(\frac{T_1K_AK_vK_1K_{H2}}{2\mu_\varepsilon+K_{\Delta\varepsilon}}\right)^{0.73}\frac{Z_EZ_uZ_\beta Z_a}{z_1m_n^{2.19}}$$

查表 8.3-11，当齿轮Ⅲ组精度为 7 级时，$K_{H2}=1.39$。

查表 8.3-12，$Z_E=31.346(\text{MPa})^{0.27}$。

查图 8.3-15b，当 $u=4.8$ 时，$Z_u=1.05$。

查图 8.3-16b，当 $\beta=29°32'29''$时，$Z_\beta=0.67$

查图 8.3-19，当 $m_n=12\text{mm}$、$z_{v1}=37.976$ 时，$Z_{a1}=0.976$；当 $z_{v2}=182.23$ 时，$Z_{a2}=0.952$；故 $Z_a=0.5\times(Z_{a1}+Z_{a2})=0.5\times(0.976+0.952)=0.964$。

$$\sigma_H=\left(\frac{38582\times10^3\times1.85\times1.11\times1.05\times1.39}{2\times(2\times3+0.15)}\right)^{0.73}\times\frac{31.346\times1.051\times0.67\times0.964}{25\times12^{2.19}}\text{MPa}=454\text{MPa}$$

由表 8.3-8 知，安全系数为

$$S_H=\frac{\sigma_{Hlim}Z_NZ_LZ_v}{\sigma_H}$$

查图 8.3-22，$N_\infty=5\times10^7$，因为 N_1、N_2 均大于 5×10^7，故 $Z_{N1}=Z_{N2}=1$。

查图 8.3-24，当采用 320 号中极压工业齿轮油润滑，$\nu_{40}=320\text{mm}^2/\text{s}$ 时，$Z_L=1.07$。

按 $v_g=v/\tan\beta=8.94/\tan29°32'29''=15.775\text{m/s}$，查图 8.3-25，$Z_v=1.0$。

查表 8.3-13，$S_{Hmin}=1.3$。所以

$$S_{H1}=\frac{830\times1\times1.07\times1}{454}=1.96>S_{Hmin}=1.3$$

$$S_{H2}=\frac{760\times1\times1.07\times1}{454}=1.79>S_{Hmin}=1.3$$

安全。

（6）主要参数与几何尺寸计算

$m_n=12\text{mm}$，$m_t=13.793103\text{mm}$，$z_1=25$，$z_2=120$，$\beta=29°32'29''$

$$d_1=\frac{m_nz_1}{\cos\beta}=\frac{12\times25}{\cos29°32'29''}\text{mm}=344.828\text{mm}$$

$$d_2=\frac{m_nz_2}{\cos\beta}=\frac{12\times120}{\cos29°32'29''}\text{mm}=1655.172\text{mm}$$

$$d_{a1}=d_1+2h_a^*m_n=344.828+2\times0.9\times12\text{mm}=366.428\text{mm}$$

$$d_{a2}=d_2+2h_a^*m_n=1655.172+2\times0.9\times12\text{mm}=1676.772\text{mm}$$

$$d_{f1}=d_1-2h_f^*m_n=344.828-2\times1.1\times12\text{mm}=318.428\text{mm}$$

$$d_{f2}=d_2-2h_f^*m_n=1655.172-2\times1.1\times12\text{mm}=1628.772\text{mm}$$

$$a=\frac{1}{2}(d_1+d_2)=\frac{1}{2}(334.828+1655.172)\text{mm}=1000\text{mm}$$

$b_1=b_2=2b_h=2\times250\text{mm}$

$e=120\text{mm}$

8.2 圆弧圆柱齿轮零件工作图例(见图8.3-26~图8.3-29)

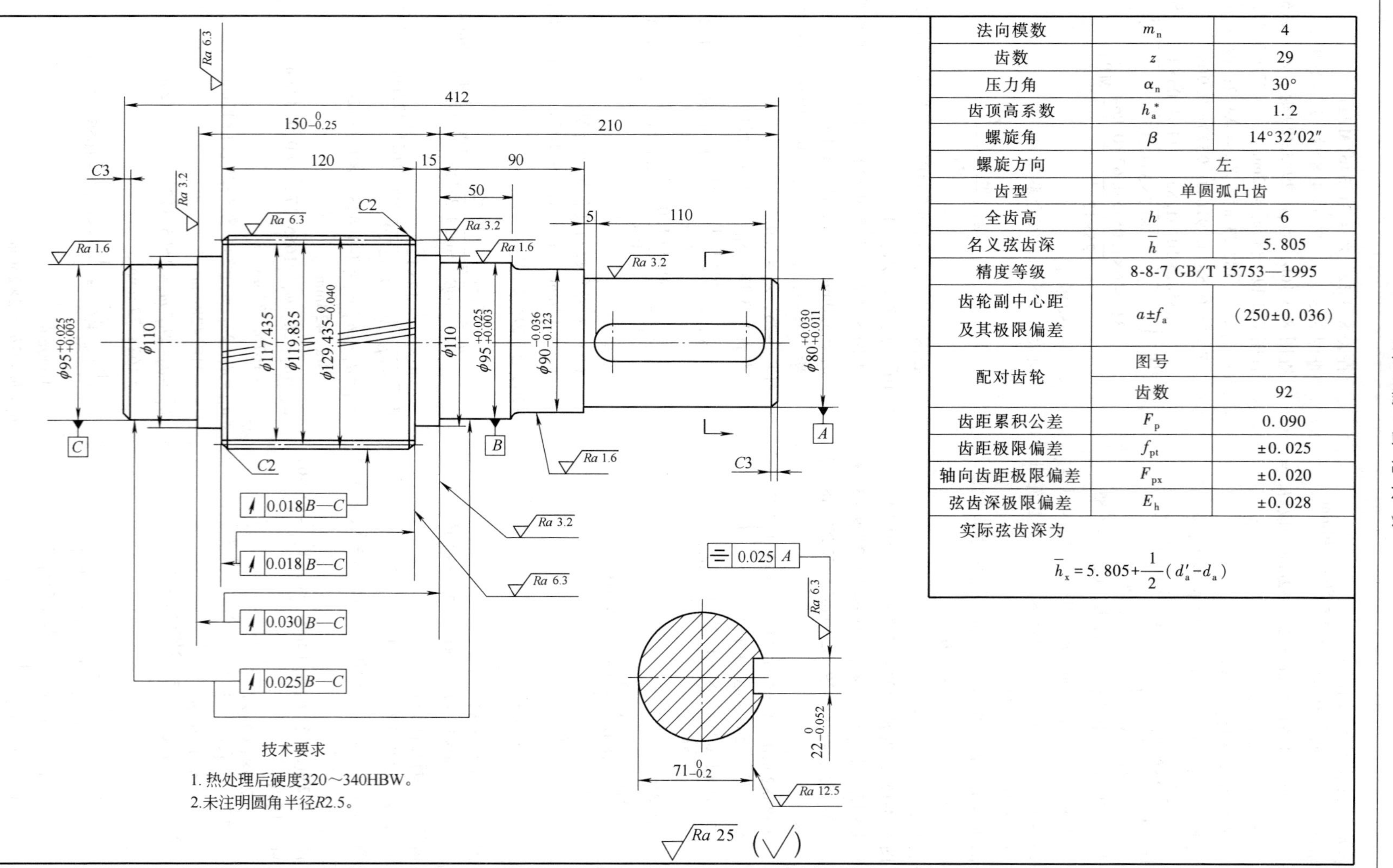

法向模数	m_n	4
齿数	z	29
压力角	α_n	30°
齿顶高系数	h_a^*	1.2
螺旋角	β	14°32′02″
螺旋方向	左	
齿型	单圆弧凸齿	
全齿高	h	6
名义弦齿深	$\bar{h}$	5.805
精度等级	8-8-7 GB/T 15753—1995	
齿轮副中心距及其极限偏差	$a \pm f_a$	(250±0.036)
配对齿轮	图号	
	齿数	92
齿距累积公差	F_p	0.090
齿距极限偏差	f_{pt}	±0.025
轴向齿距极限偏差	F_{px}	±0.020
弦齿深极限偏差	E_h	±0.028

实际弦齿深为

$$\bar{h}_x = 5.805 + \frac{1}{2}(d'_a - d_a)$$

图8.3-26 单圆弧齿轮(凸齿)零件工作图

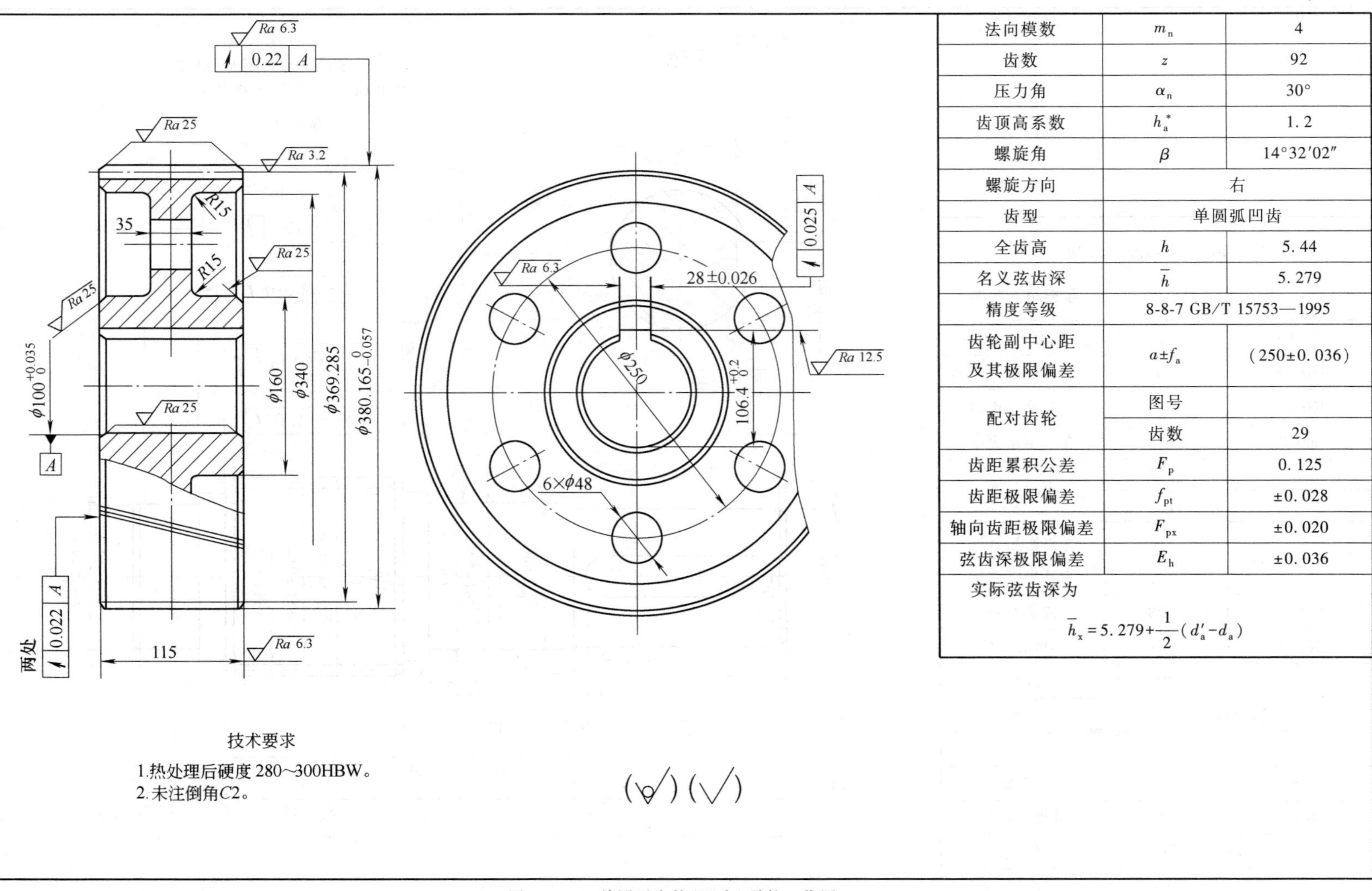

法向模数	m_n	4
齿数	z	92
压力角	α_n	30°
齿顶高系数	h_a^*	1.2
螺旋角	β	14°32′02″
螺旋方向	右	
齿型	单圆弧凹齿	
全齿高	h	5.44
名义弦齿深	$\bar{h}$	5.279
精度等级	8-8-7 GB/T 15753—1995	
齿轮副中心距及其极限偏差	$a\pm f_a$	(250±0.036)
配对齿轮	图号	
	齿数	29
齿距累积公差	F_p	0.125
齿距极限偏差	f_{pt}	±0.028
轴向齿距极限偏差	F_{px}	±0.020
弦齿深极限偏差	E_h	±0.036
实际弦齿深为 $\bar{h}_x=5.279+\frac{1}{2}(d'_a-d_a)$		

图 8.3-27　单圆弧齿轮（凹齿）零件工作图

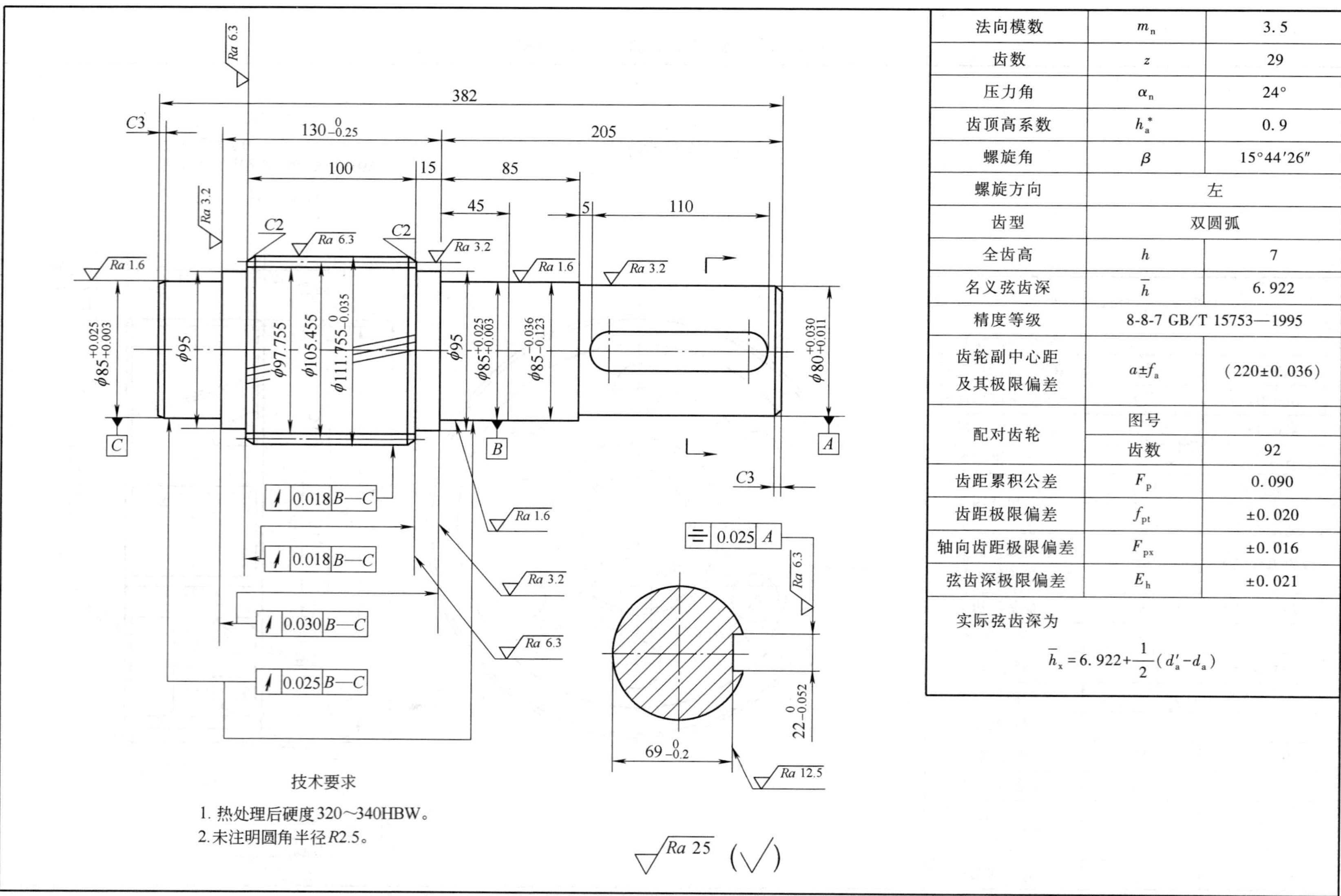

法向模数	m_n	3.5
齿数	z	29
压力角	α_n	24°
齿顶高系数	h_a^*	0.9
螺旋角	β	15°44′26″
螺旋方向	左	
齿型	双圆弧	
全齿高	h	7
名义弦齿深	$\overline{h}$	6.922
精度等级	8-8-7 GB/T 15753—1995	
齿轮副中心距及其极限偏差	$a \pm f_a$	(220±0.036)
配对齿轮	图号	
	齿数	92
齿距累积公差	F_p	0.090
齿距极限偏差	f_{pt}	±0.020
轴向齿距极限偏差	F_{px}	±0.016
弦齿深极限偏差	E_h	±0.021

实际弦齿深为

$$\overline{h}_x = 6.922 + \frac{1}{2}(d'_a - d_a)$$

图 8.3-28 双圆弧齿轮(主动轮)零件工作图

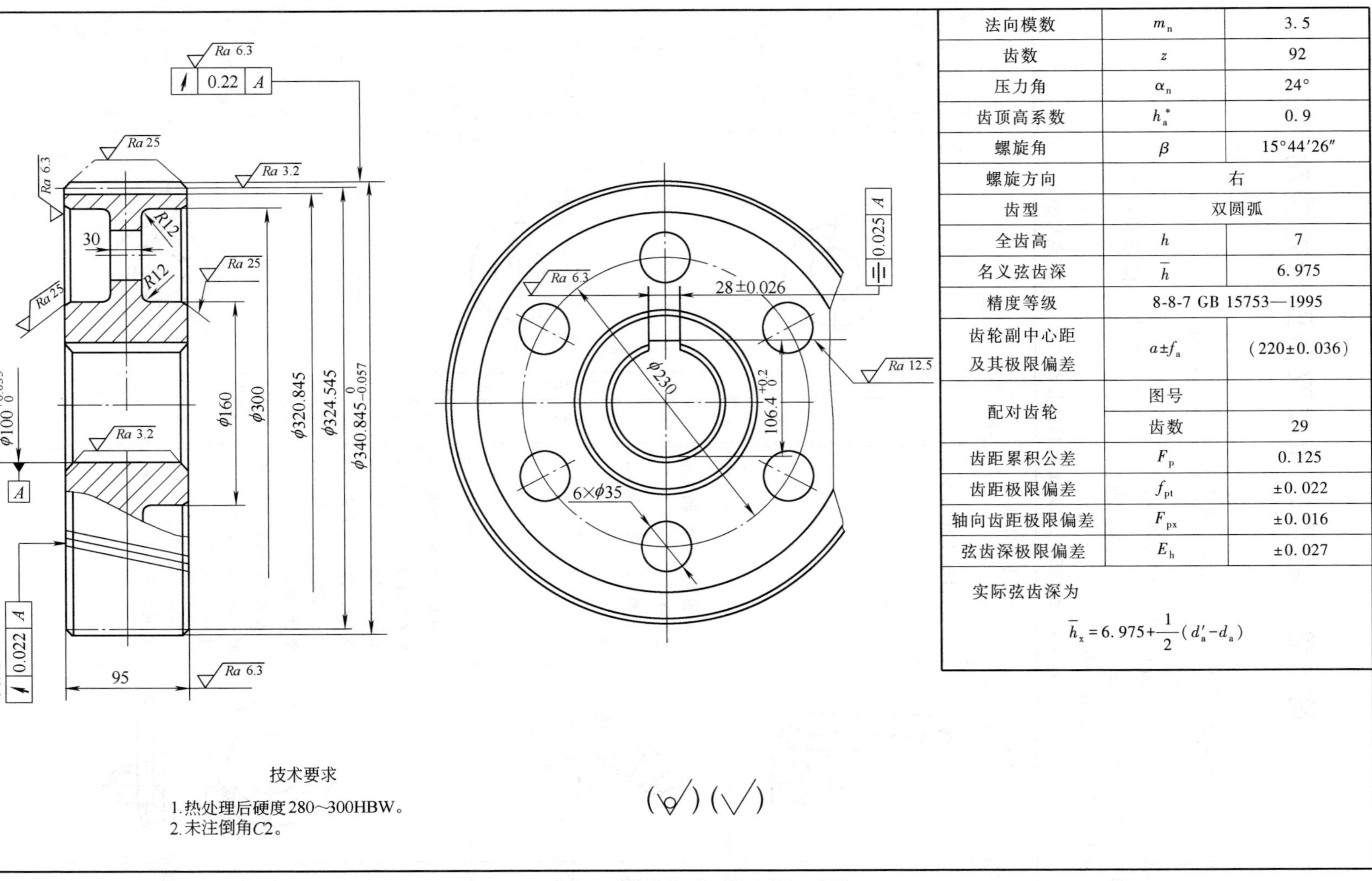

法向模数	m_n	3.5
齿数	z	92
压力角	α_n	24°
齿顶高系数	h_a^*	0.9
螺旋角	β	15°44′26″
螺旋方向	右	
齿型	双圆弧	
全齿高	h	7
名义弦齿深	$\bar{h}$	6.975
精度等级	8-8-7 GB 15753—1995	
齿轮副中心距及其极限偏差	$a \pm f_a$	(220±0.036)
配对齿轮	图号	
	齿数	29
齿距累积公差	F_p	0.125
齿距极限偏差	f_{pt}	±0.022
轴向齿距极限偏差	F_{px}	±0.016
弦齿深极限偏差	E_h	±0.027

实际弦齿深为

$$\bar{h}_x = 6.975 + \frac{1}{2}(d'_a - d_a)$$

图 8.3-29　双圆弧齿轮（从动轮）零件工作图

第 4 章　锥齿轮和准双曲面齿轮传动

锥齿轮用于轴线相交的传动，轴线间交角 Σ 可为任意角度，但常用的 $\Sigma=90°$。

准双曲面齿轮外形与锥齿轮相同，但传动的两轴线不相交，而是互相交错。这两种齿轮在设计及制造上有许多相同之处，故合在一章。

1　概述

1.1　分类、特点和应用（见表 8.4-1）

表 8.4-1　锥齿轮、准双曲面齿轮传动的分类、特点和应用

分类方法	类型	示意图	特点和应用
按轴线位置	正交	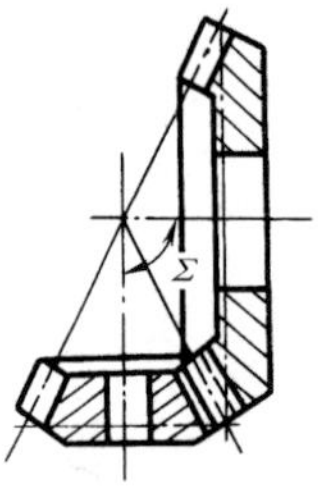 Σ	两轮轴线共面，轴交角 $\Sigma=90°$ 最常用
	斜交	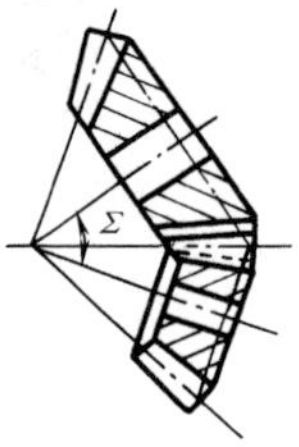 Σ	两轮轴线共面，轴交角 $\Sigma\neq90°$ 特殊需要时才用，可用于 $10°\leqslant\Sigma\leqslant170°$
	轴线偏置	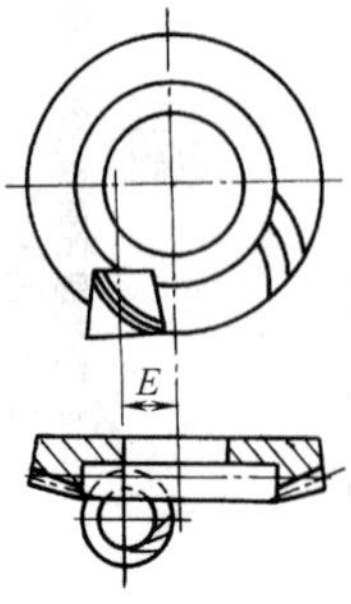 E	利用准双曲面齿轮，小轮轴线偏置一个距离 E，利用偏置距离，增大小轮的直径，因而可以增大小轮的刚度，并实现两端支承，传动平稳 可满足特殊要求，如越野车通过性高，轿车舒适性好。节圆平均速度 $v_m\leqslant30$m/s，传动比 $i=1\sim10$，传递功率 $P\leqslant750$kW
按齿线形状	直齿锥齿轮	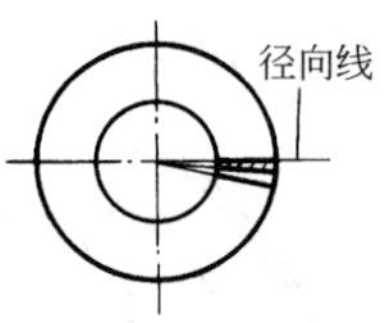 径向线	制造容易，成本低；对安装误差和变形很敏感，为减小载荷集中可制成鼓形齿；承载能力低；噪声大 多用于低速、轻载而稳定的传动，一般速度 $v_m\leqslant5$m/s；对大型锥齿轮，当用仿形加工时，$v_m\leqslant2$m/s；磨削加工的锥齿轮可用于 $v_m\leqslant75$m/s 的传动
	斜齿锥齿轮	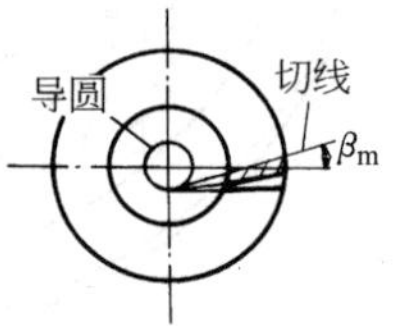 导圆　切线　β_m	产形冠轮上的齿线是与导圆相切而不通过锥顶的直线；制造较容易，承载能力较强，噪声较小；轴向力大，且随转向变化 多用于 $m>15$mm 的大型齿轮；在 $v_m<12$m/s、重载或有冲击传动中，用弧齿锥齿轮在制造上有困难时，可用这种齿轮代替
	弧齿锥齿轮	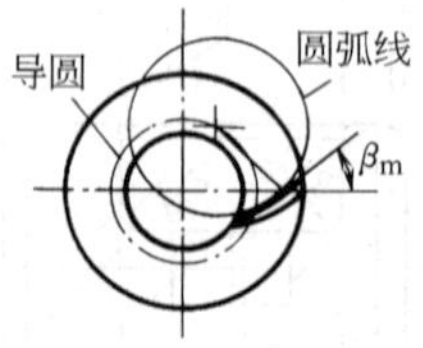 导圆　圆弧线　β_m	产形冠轮上的齿线是圆弧；承载能力强，运转平稳，噪声小；对安装误差和变形不敏感；轴向力大，且随转向变化 用于 $v_m\geqslant5$m/s 或转速 $n>1000$r/min 及重载的传动；适于成批生产；磨齿后可用于高速（$v_m=40\sim100$ m/s）传动

（续）

分类方法	类型	示意图	特点和应用
按齿线形状	零度锥齿轮	导圆 圆弧线	齿线是一段圆弧，齿宽中点螺旋角 $\beta_m=0°$；载荷能力略高于直齿，轴向力与转向无关；运转平稳性好 可用以代替直齿锥齿轮；适用 $v_m \leqslant 5m/s$，$n \leqslant 1000r/min$ 的传动；经磨削的齿轮可用于 $v_m \leqslant 50m/s$ 的传动
	摆线齿锥齿轮	长幅外摆线 滚动圆 β_m 导圆	齿线是长幅外摆线；加工时机床调整方便，计算简单；不能磨齿 应用情况与弧齿锥齿轮相同，虽不能磨齿，但采用刮削，在硬齿面的条件下所得到的精度和表面粗糙度不亚于磨齿；尤其适于单件或小批生产
按齿高形式	不等顶隙收缩齿	顶锥　分锥 根锥 O	顶锥、根锥和分锥的顶点相重合；齿轮副的顶隙由大端到小端逐渐减小；齿根圆角较小，齿根强度较弱；小端齿顶薄弱 以往广泛地应用于直齿锥齿轮中，因缺点较严重，近来有被等顶隙收缩齿代替的趋势
	等顶隙收缩齿	顶锥　分锥 根锥 O　O'	齿轮副的顶隙沿齿长保持与大端相等（即一齿轮的顶锥母线与配对齿轮的根锥母线相平行），顶锥的顶点不与分锥和根锥的顶点重合；齿根的圆角半径增大，减小应力集中，提高齿根强度；同时可增大刀具刀尖圆角，提高了刀具寿命；增加小端齿顶厚度；减少因齿轮错位而造成小端"咬死"的可能性 直齿锥齿轮推荐使用这种类型 弧齿锥齿轮 $m>2.5mm$ 的零度锥齿轮，大多采用等顶隙收缩齿
	双重收缩齿	顶锥　分锥 根锥 O'' O O'	顶锥、分锥和根锥的顶点不重合、分别与轴线交于三点。顶隙沿齿长保持相等，齿高收缩显著。特点与等顶隙收缩齿相同 格利森零度锥齿轮和 $m<2.5mm$ 的弧齿锥齿轮一般都采用双重收缩齿
	等高齿	顶锥　分锥 根锥 O' O O''	大端与小端的齿高相等，即齿轮的顶锥角、分锥角和根锥角都相等；加工时机床调整方便，计算简单；小端易产生根切和齿顶过薄 摆线齿锥齿轮都采用等高齿；弧齿锥齿轮也可采用 齿宽系数 $\phi_R \leqslant 0.28$ 小轮齿数 $z_1 \geqslant 9$ 假想平面齿轮齿数 $z_c \geqslant 25$

1.2　基本齿制

渐开线锥齿轮的齿制较多，表 8.4-2 列出了我国常用的几种齿制的基本齿廓。

1.3　模数

锥齿轮的模数是一个变量，由大端向小端逐渐缩小。直齿和斜齿锥齿轮以大端端面模数 m_{et} 为准，并取为标准轮系列值（见表 8.4-3）。对曲线齿（弧齿、零度、摆线齿）锥齿轮，可用大端端面模数 m_{et} 或齿宽中点法向模数 m_{mn} 为准，其数值不一定是整数，更不一定要符合标准系列，主要取决于计算。

表 8.4-2　渐开线锥齿轮常用齿制的基本齿廓

齿线种类	齿　制	基准齿制参数 α_n	基准齿制参数 h_a^*	基准齿制参数 c^*	基准齿制参数 β_m	变位方式	齿高种类
直齿斜齿	GB/T 12369—1990	20°	1	0.2	直齿为0°,斜齿由计算确定	径向+切向变位	等顶隙收缩齿
	格利森(Gleason)	20°,14.5° 25°	1	$0.188+\frac{0.05}{m_{et}}$			推荐用等顶隙收缩齿,也可用不等顶隙收缩齿
	埃尼姆斯(ЗНИМС)	20°	1	0.2			
弧齿	格利森(Gleason)	20°	0.85	0.188	35°		等顶隙收缩齿
	埃尼姆斯(ЗНИМС)	20°	0.82	0.2	>35°		
零度	格利森(Gleason)(ЗНИМС)	20° 对于重载可用225°或25°	1	$0.188+\frac{0.05}{m_{et}}$	0°		一般用等顶隙收缩齿:当 $m_{et} \leqslant 2.5$ 时,用双重收缩齿
摆线齿	奥利康(Oerlikon)	20°,17.5°	1	0.15	β_P、β_m =30°~45°		等高齿
	克林根贝尔格(Klingelnberg)	20°	1	0.25			

注：1. GB/T 12369—1990 基本齿廓的齿根圆角半径 $\rho_f=0.3m_n$，在啮合条件允许下，可取 $\rho_f=0.35m_n$；齿廓可修缘，齿顶最大修缘量：齿高方向 $0.6m_n$，齿厚方向 $0.02m_n$；压力角也可采用 α_n 为 14.5°及 25°。与齿高有关的各参数为大端法向值。

2. 在一般传动中，格利森和埃尼姆斯齿制可以互相代用。

3. 对格利森齿，当 $m_{mn}>2.5$mm 时，全齿高在粗切时，应加深 0.13mm，以免在精切时发生刀齿顶部切削。

表 8.4-3　锥齿轮大端端面模数 m_{et}（摘自 GB/T 12368—1990）　　（mm）

0.1	0.35	0.9	1.75	3.25	5.5	10	20	36
0.12	0.4	1	2	3.5	6	11	22	40
0.15	0.5	1.125	2.25	3.75	6.5	12	25	45
0.2	0.6	1.25	2.5	4	7	14	28	50
0.25	0.7	1.375	2.75	4.5	8	16	30	
0.3	0.8	1.5	3	5	9	18	32	

注：表中值适用于直齿、斜齿及曲线齿锥齿轮。

1.4　锥齿轮的变位

锥齿轮的变位可分为切向变位（齿厚变位）和径向变位（齿高变位）。

1.4.1　切向变位

用展成法加工锥齿时，当加工轮齿的两侧刀刃在其所构成的产形齿轮的分度面上的距离为$\frac{\pi m}{2}$时，加工出来的齿轮为标准齿轮；若改变两刀刃之间的距离，则加工出来的齿轮为切向变位。变位量用 $x_t m$ 表示，x_t 为切向变位系数（或称齿厚变位系数），如图 8.4-1 所示。变位使齿厚增加时 x_t 为正值；使齿厚减薄时 x_t 为负值。为了均衡大小齿轮的齿根抗弯强度，常采用 $x_{t1}=-x_{t2}$。这种变位，除齿厚有所变化外，其他参数不改变，可提高小轮的齿根抗弯强度。

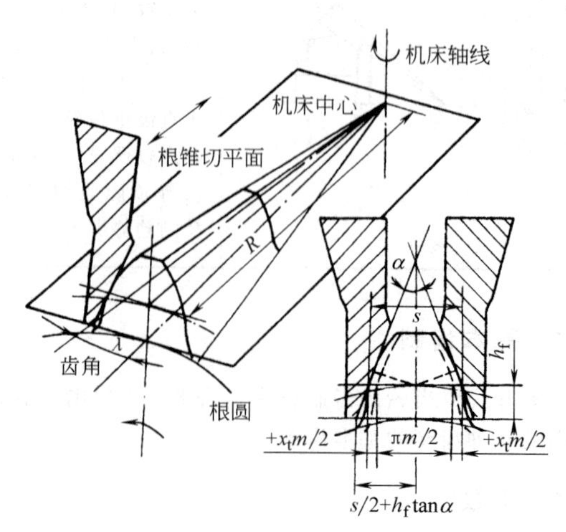

图 8.4-1　锥齿轮的切向变位

1.4.2　径向变位（高变位）

用展成法加工锥齿轮时，若刀具所构成的产形齿轮的齿条中线与被加工锥齿轮的当量圆柱齿轮的分度圆相切，加工出来的齿轮为标准齿轮；当齿条中线沿当量圆柱齿轮的径向移开一段距离 xm 时，加工出来的齿轮为径向变位齿轮，如图 8.4-2 所示。xm 为变位量，x 为变位系数。刀具远离当量圆柱齿轮轴线时，x 为正值；刀具靠近当量圆柱齿轮轴线时，x 为负值。在齿轮副中，若 $x_1=-x_2$，称为高变位传动；若 $x_1 \neq -x_2$，则称为角变位传动。径向变位可以避免根切，提高齿轮的承载能力和改善传动的性能。高变位传动锥齿轮几何计算简单，应用较广。角变位传动锥齿轮几何计算复杂，应用较少，本手册不做详细介绍。

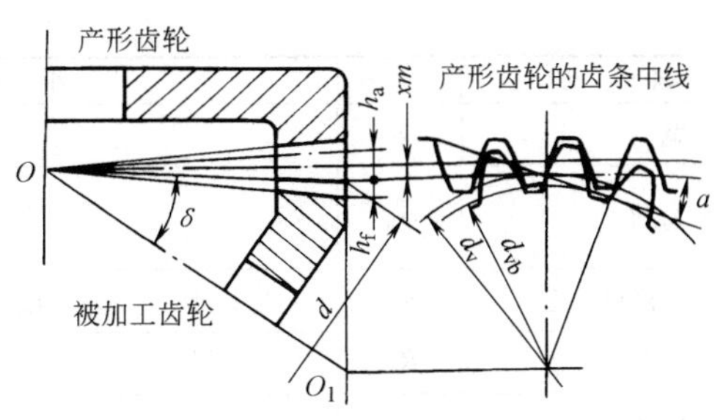

图 8.4-2　锥齿轮的径向变位（高变位）

2　锥齿轮传动的几何尺寸计算

2.1　直齿锥齿轮传动的几何尺寸计算（见表 8.4-4）

表 8.4-4　标准和高变位直齿锥齿轮传动的几何尺寸计算

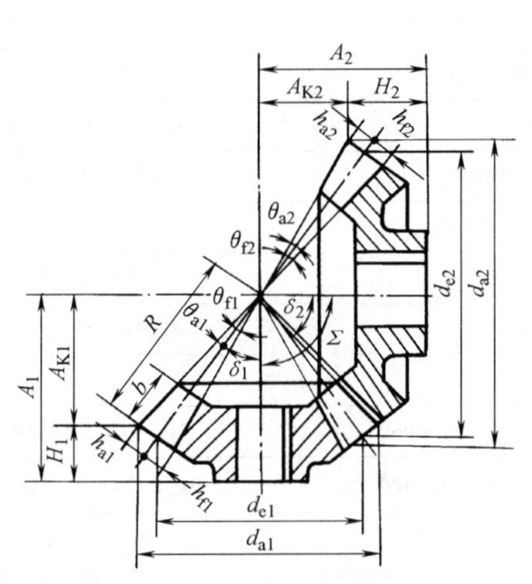

不等顶隙收缩齿

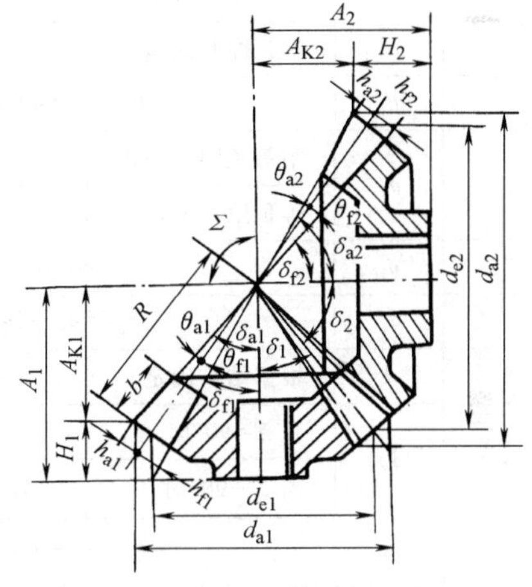

等顶隙收缩齿

名　称	代　号	小　齿　轮	大　齿　轮
齿数比	u	$u=z_2/z_1$，按传动要求确定，通常 $u=1\sim10$	
大端分度圆直径	d_e	d_{e1} 根据强度计算初定，或按结构确定	
齿数	z	一般 $z_1=16\sim30$；当 d_{e1} 已确定，可按图 8.4-3 选取 z_1；最少的 z_1 推荐按表 8.4-5 选取	$z_2=uz_1$
大端端面模数	m_{et}	$m_e=d_{e1}/z_1$，按表 8.4-3 取成标准系列值后，再确定 $d_{e1}=z_1m_{et}$	$d_{e2}=z_2m_{et}$
分锥角	δ	当 $\Sigma=90°$ 时 $\delta_1=\arctan\dfrac{z_1}{z_2}$ 当 $\Sigma<90°$ 时，$\delta_1=\arctan\dfrac{\sin\Sigma}{u+\cos\Sigma}$ 当 $\Sigma>90°$ 时，$\delta_1=\arctan\dfrac{\sin(180°-\Sigma)}{u-\cos(180°-\Sigma)}$	$\delta_2=\Sigma-\delta_1$
外锥距	R_e	$R_e=d_{e1}/2\sin\delta_1$	

（续）

名称	代号	小齿轮		大齿轮
齿宽	b	$b=\phi_R R_e$		
齿宽系数	ϕ_R	$\phi_R=\frac{b}{R_e}$ 一般 $\phi_R=\frac{1}{4}\sim\frac{1}{3}$,常用0.3		
平均分度圆直径	d_m	$d_{m1}=d_{e1}(1-0.5\phi_R)$		$d_{m2}=d_{e2}(1-0.5\phi_R)$
中点锥距	R_m	$R_m=R_e(1-0.5\phi_R)$		
中点模数	m_m	$m_m=m_{et}(1-0.5\phi_R)$		
切向变位系数	x_t	x_{t1}荐用值见图8.4-4		$x_{t2}=-x_{t1}$
径向变位系数	x	当$z_1\geqslant13$时,$x_1=0.46\left(1-\frac{\cos\delta_2}{u\cos\delta_1}\right)$ 也可按表8.4-6选取		$x_2=-x_1$
齿顶高	h_a	$h_{a1}=m_{et}(1+x_1)$		$h_{a2}=(1+x_2)m_{et}$
齿根高	h_f	$h_{f1}=m_{et}(1+c^*-x_1)$,c^*见表8.4-2		$h_{f2}=(1+c^*-x_2)m_{et}$
顶隙	c	$c=c^*m$		
齿顶角	θ_a	不等顶隙收缩齿	$\theta_{a1}=\arctan(h_{a1}/R_e)$	$\theta_{a2}=\arctan(h_{a2}/R_e)$
		等顶隙收缩齿	$\theta_{a1}=\theta_{f2}$	$\theta_{a2}=\theta_{f1}$
齿根角	θ_f	$\theta_{f1}=\arctan(h_{f1}/R_e)$		$\theta_{f2}=\arctan(h_{f2}/R_e)$
顶锥角	δ_a	不等顶隙收缩齿	$\delta_{a1}=\delta_1+\theta_{a1}$	$\delta_{a2}=\delta_2+\theta_{a2}$
		等顶隙收缩齿	$\delta_{a1}=\delta_1+\theta_{f2}$	$\delta_{a2}=\delta_2+\theta_{f1}$
根锥角	δ_f	$\delta_{f1}=\delta_1-\theta_{f1}$		$\delta_{f2}=\delta_2-\theta_{f2}$
齿顶圆直径	d_a	$d_{a1}=d_{e1}+2h_{a1}\cos\delta_1$		$d_{a2}=d_{e2}+2h_{a2}\cos\delta_2$
安装距	A	根据结构确定		
冠顶距	A_K	当$\Sigma=90°$时	$A_{K1}=d_{e2}/2-h_{a1}\sin\delta_1$	$A_{K2}=d_{e1}/2-h_{a2}\sin\delta_2$
		当$\Sigma\neq90°$时	$A_{K1}=R_e\cos\delta_1-h_{a1}\sin\delta_1$	$A_{K2}=R_e\cos\delta_2-h_{a2}\sin\delta_2$
轮冠距	H	$H_1=A_1-A_{K1}$		$H_2=A_2-A_{K2}$
大端分度圆齿厚	s	$s_1=m_{et}\left(\frac{\pi}{2}+2x_1\tan\alpha+x_{t1}\right)$		$s_2=\pi m_{et}-s_1$
大端分度圆弦齿厚	$\bar{s}$	$\bar{s}_1=s_1\left(1-\frac{s_1^2}{6d_{e1}^2}\right)$		$\bar{s}_2=s_2\left(1-\frac{s_2^2}{6d_{e2}^2}\right)$
大端分度圆弦齿高	$\bar{h}_a$	$\bar{h}_{a1}=h_{a1}+\frac{s_1^2\cos\delta_1}{4d_{e1}}$		$\bar{h}_{a2}=h_{a2}+\frac{s_2^2\cos\delta_2}{4d_{e2}}$
端面当量齿数	z_v	$z_{v1}=\frac{z_1}{\cos\delta_1}$		$z_{v2}=\frac{z_2}{\cos\delta_2}$
端面重合度	$\varepsilon_{v\alpha}$	$\varepsilon_{v\alpha}=\frac{1}{2\pi}[z_{v1}(\tan\alpha_{va1}-\tan\alpha)+z_{v2}(\tan\alpha_{va2}-\tan\alpha)]$ 式中,$\alpha_{va1}=\arccos\frac{z_{v1}\cos\alpha}{z_{v1}+2h_a^*+2x_1}$, $\alpha_{va2}=\arccos\frac{z_{v2}\cos\alpha}{z_{v2}+2h_a^*+2x_2}$		

注：当齿数很少（$z<13$）时，应按下述公式计算最少齿数z_{min}和最小变位系数x_{min}。用刀尖无圆角的刀具加工时，$z_{min}\approx\frac{2.4\cos\delta}{\sin^2\alpha}$，$x_{min}\approx1.2-\frac{z\sin^2\alpha}{2\cos\delta}$；用刀尖有$0.2m_{et}$的圆角的刀具加工时，$z_{min}\approx\frac{2\cos\delta}{\sin^2\alpha}$，$x_{min}\approx1-\frac{z\sin^2\alpha}{2\cos\delta}$。

表 8.4-5　锥齿轮的最少齿数 $z_{\min}$

α_n	直齿锥齿轮		弧齿锥齿轮		零度锥齿轮	
	小轮	大轮	小轮	大轮	小轮	大轮
20°	16	16	17	17	17	17
	15	17	16	18	16	20
	14	20	15	19	15	25
	13	31	14	20		
			13	22		
			12	26		
14.5°			28	28		
			27	29		
			26	30		
			25	32		
			24	33		
			23	36		
			22	40		
			21	42		
			20	50		
			19	70		
22.5°	13	13	14	14	14	14
					13	15
25°	12	12	12	12	13	13

注：1. 本表是根据无根切和两轮齿顶厚大致相同及其等强度而制订的。

2. 考虑了格利森齿制的变位方式。

3. 对于汽车齿轮常采用比本表更少的齿数。

4. 斜齿锥齿轮可近似按弧齿锥齿轮选取最少齿数。

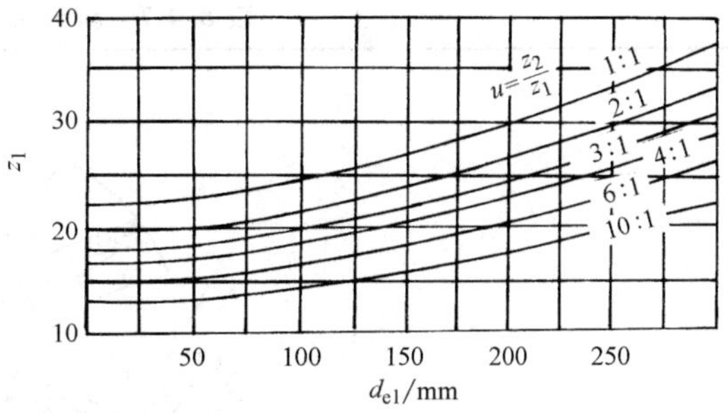

图 8.4-3　渗碳淬火的直齿或零度锥齿轮的小轮齿数
调质的齿轮，z_1 可比由图求得的大 20%左右

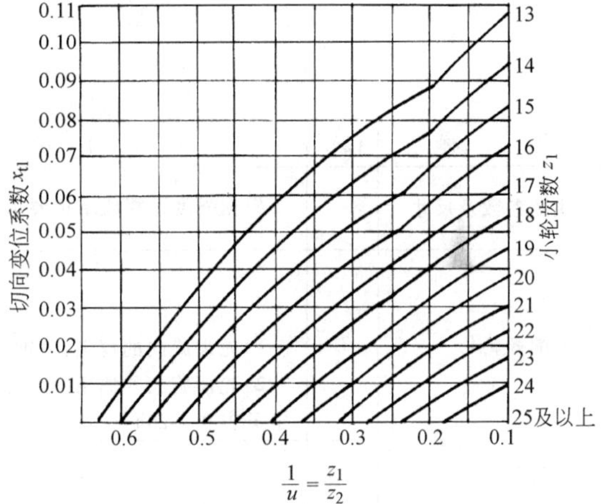

图 8.4-4　直齿及零度锥齿轮的
切向变位系数 x_{t1}（压力角为 20°）

表 8.4-6　直齿及零度弧齿锥齿轮径向变位系数 x_1（格利森齿制）

u	x_1	u	x_1	u	x_1	u	x_1
<1.00	0.00	1.15~1.17	0.12	1.42~1.45	0.24	2.06~2.16	0.36
1.00~1.02	0.01	1.17~1.19	0.13	1.45~1.48	0.25	2.16~2.27	0.37
1.02~1.03	0.02	1.19~1.21	0.14	1.48~1.52	0.26	2.27~2.41	0.38
1.03~1.04	0.03	1.21~1.23	0.15	1.52~1.56	0.27	2.41~2.58	0.39
1.04~1.05	0.04	1.23~1.25	0.16	1.56~1.60	0.28	2.58~2.78	0.40
1.05~1.06	0.05	1.25~1.27	0.17	1.60~1.65	0.29	2.78~3.05	0.41
1.06~1.08	0.06	1.27~1.29	0.18	1.65~1.70	0.30	3.05~3.41	0.42
1.08~1.09	0.07	1.29~1.31	0.19	1.70~1.76	0.31	3.41~3.94	0.43
1.09~1.11	0.08	1.31~1.33	0.20	1.76~1.82	0.32	3.94~4.82	0.44
1.11~1.12	0.09	1.33~1.36	0.21	1.82~1.89	0.33	4.82~6.81	0.45
1.12~1.14	0.10	1.36~1.39	0.22	1.89~1.97	0.34	>6.81	0.46
1.14~1.15	0.11	1.39~1.42	0.23	1.97~2.06	0.35		

2.2　斜齿锥齿轮传动的几何尺寸计算（见表 8.4-7）

2.3　弧齿锥齿轮传动和零度弧齿锥齿轮传动的几何尺寸计算

弧齿锥齿轮通常用收缩齿，也用等高齿。零度弧齿锥齿轮是弧齿锥齿轮的一种特殊形式，这种锥齿轮中点螺旋角按 $\beta_m=0°$ 计算。本节给出的弧齿锥齿轮和零度弧齿锥齿轮采用格利森制。弧齿锥齿轮传动和零度弧齿锥齿轮传动的几何尺寸计算分别见表 8.4-8~表 8.4-12。

表 8.4-7 斜齿锥齿轮传动的几何尺寸计算

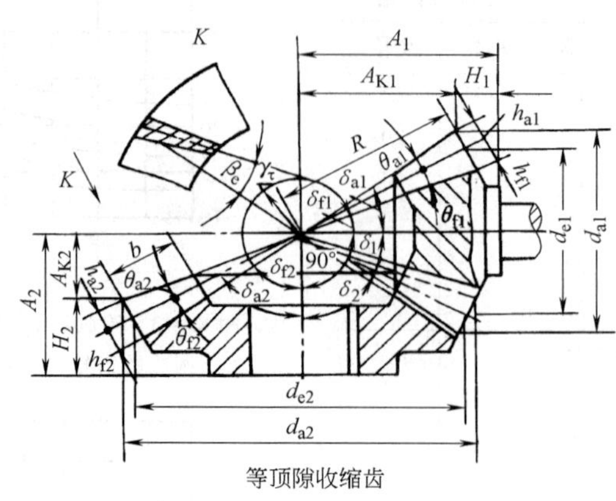

等顶隙收缩齿

名　　称	代号	小　齿　轮	大　齿　轮
主要参数及尺寸		根据强度计算或结构要求初定 d_{e1}，然后按表 8.4-4 方法确定 $z, m_{et}, d_e, \delta, R_e, b, R_m$ 等	
大端螺旋角	β_e	$\tan\beta_e \geqslant \dfrac{\pi(R_e-b)m_{et}}{R_e b}$ 1）轮齿旋向的规定：由锥顶看齿轮齿线从小端到大端顺时针为右旋；反之为左旋 2）轮齿旋向的选用：大小齿轮轮齿旋向相反；应使小轮上的轴向分力指向大端（轴向力的确定见表 8.4-25）	
齿根角	θ_f	$\theta_{f1}=\arctan\dfrac{h_{f1}}{R_e\cos^2\beta_e}$	$\theta_{f2}=\arctan\dfrac{h_{f2}}{R_e\cos^2\beta_e}$
导圆半径	r_τ	$r_\tau=R_e\sin\beta_e$	
大端分度圆齿厚	s	$s_1=\left(\dfrac{\pi}{2}+\dfrac{2x_1\tan\alpha_n}{\cos\beta_e}+x_{t1}\right)m_{et}$	$s_2=\pi m_{et}-s_1$
大端分度圆法向弦齿厚	$\bar{s}_n$	$\bar{s}_{n1}=\left(1-\dfrac{s_1\sin2\beta_e}{4R_e}\right)\left(s_1-\dfrac{s_1^3\cos^2\delta_1}{6d_{e1}^2}\right)\cos\beta_e$	$\bar{s}_{n2}=\left(1-\dfrac{s_2\sin2\beta_e}{4R_e}\right)\left(s_2-\dfrac{s_2^3\cos^2\delta_2}{6d_{e2}^2}\right)\cos\beta_e$
弦　齿　高	$\bar{h}_n$	$\bar{h}_{n1}=\left(1-\dfrac{s_1\sin2\beta_e}{4R_e}\right)\left(\bar{h}_{a1}+\dfrac{s_1^2}{4d_1}\cos\delta_1\right)$	$\bar{h}_{n2}=\left(1-\dfrac{s_2\sin2\beta_e}{4R_e}\right)\left(\bar{h}_{a2}+\dfrac{s_2^2}{4d_2}\cos\delta_2\right)$
法向当量齿数	z_{vn}	$z_{vn1}=\dfrac{z_1}{\cos\delta_1\cos^3\beta_m}$	$z_{vn2}=\dfrac{z_2}{\cos\delta_2\cos^3\beta_m}$
齿宽中点的螺旋角	β_m	$\beta_m=\arcsin\dfrac{R_e\sin\beta_e}{R_m}$	
端面重合度	$\varepsilon_{v\alpha}$	$\varepsilon_{v\alpha}=\dfrac{1}{2\pi}\left[\dfrac{z_1}{\cos\delta_1}(\tan\alpha_{v\alpha t1}-\tan\alpha_t)+\dfrac{z_2}{\cos\delta_2}(\tan\alpha_{v\alpha t2}-\tan\alpha_t)\right]$ 式中，$\alpha_t=\arctan\left(\dfrac{\tan\alpha_n}{\cos\beta_e}\right)$，$\alpha_{v\alpha t1}=\arccos\dfrac{z_1\cos\alpha_t}{z_1+2(h_a^*+x_1)\cos\delta_1}$，$\alpha_{v\alpha t2}=\arccos\dfrac{z_2\cos\alpha_t}{z_2+2(h_a^*+x_2)\cos\delta_2}$	
纵向重合度	$\varepsilon_{v\beta}$	$\varepsilon_{v\beta}=\dfrac{b\sin\beta_m}{\pi m_{mn}}$	
法向重合度	$\varepsilon_{v\alpha n}$	$\varepsilon_{v\alpha n}=\varepsilon_{v\alpha}/\cos\beta_{vb}$ $\beta_{vb}=\arcsin(\sin\beta_m\cos\alpha_n)$	
总重合度	$\varepsilon_{v\gamma}$	$\varepsilon_{v\gamma}=\sqrt{\varepsilon_{v\alpha}^2+\varepsilon_{v\beta}^2}$	

表 8.4-8　弧齿锥齿轮几何尺寸计算（$\Sigma=90°$）

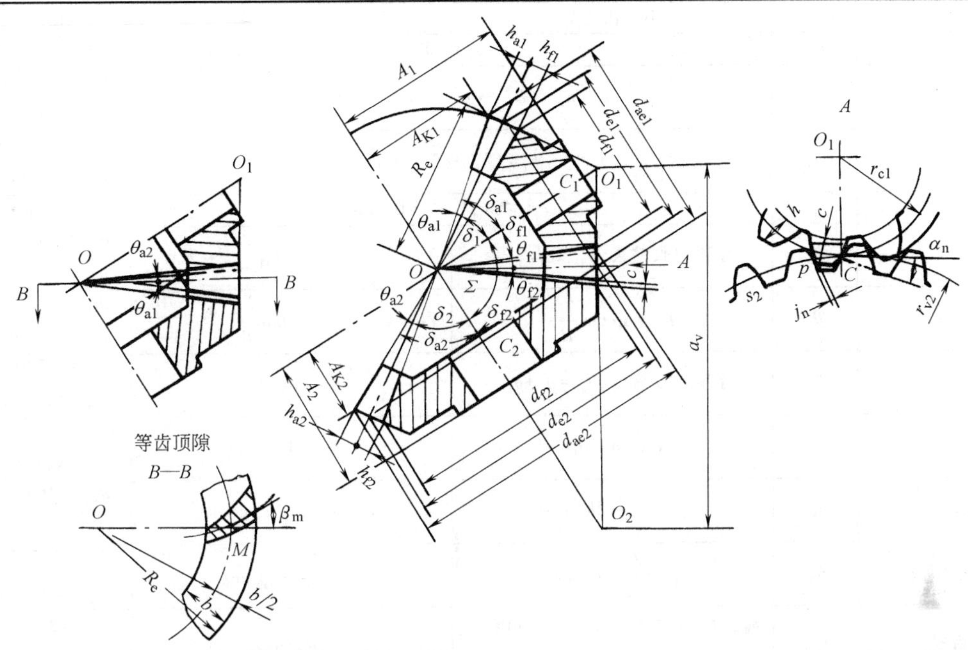

名　　称	代　号	小　齿　轮	大　齿　轮	示　　例
齿数比	u	$u=\frac{z_2}{z_1}$按传动要求确定,通常 $u=1\sim10$		3
大端分度圆直径	d_e	d_{e1}根据强度计算(按表 8.4-26)或结构初定	$d_{e2}=z_2m_{et}$	按 $T_1=600\text{N}\cdot\text{m}$　$K=1.5$, $\sigma_{HP}=1350\text{MPa}$,得 $d_{e1}\approx90\text{mm}$, $d_{e2}=276\text{mm}$
齿数	z	z_1 按图 8.4-5 选取	$z_2=z_1u$,尽可能使 z_1、z_2 互为质数	$z_1=15$,$z_2=46$
大端模数	m_{et}	$\frac{d_{e1}}{z_1}$　可适当圆整		6mm
分锥角	δ	$\delta_1=\arctan\frac{z_1}{z_2}$	$\delta_2=90°-\delta_1$	$\delta_1=18°03'37''$ $\delta_2=71°56'23''$
外锥距	R_e	$R_e=d_{e1}/2\sin\delta_1$		145.153mm
齿宽系数	ϕ_R	$\phi_R=\frac{1}{4}\sim\frac{1}{3}$,常取 0.3		0.30313
齿宽	b	$b=\phi_RR_e$　适当圆整		44mm
中点模数	m_m	$m_m=m_e(1-0.5\phi_R)$		5.0906mm
中点法向模数	m_{mn}	$m_{mn}=m_m\cos\beta_m$		4.17mm
切向变位系数	x_t	x_{t1}按表 8.4-9 选取	$x_{t2}=-x_{t1}$	$x_{t1}=0.085$ $x_{t2}=-0.085$
径向变位系数	x	$x_1=0.39(1-1/u^2)$或查表 8.4-10 选取	$x_2=-x_1$	$x_1=0.35$ $x_2=-0.35$
齿宽中点螺旋角	β_m	等顶隙收缩齿的标准螺旋角 $\beta_m=35°$,一般 $\beta_m=10°\sim35°$,两轮的螺旋角相等,旋向相反。决定 β_m 大小时,至少使 $\varepsilon_{v\beta}\geqslant1.25$,如果条件允许,应当 $\varepsilon_{v\beta}=1.5\sim2.0$,$\beta_m$ 与 $\varepsilon_{v\beta}$之关系可由图 8.4-7 确定;β_m 的旋向,应使小轮上的轴向力指向大端(参见表 8.4-25)		35°

（续）

名　　称	代　号	小　齿　轮	大　齿　轮	示　　例
压力角	α_n	$\alpha_n=20°$		20°
齿顶高	h_a	$h_a=(h_a^*+x)m_{et}$　$h_a^*=0.85$		$h_{a1}=7.2$mm $h_{a2}=3$mm
齿根高	h_f	$h_f=(h_a^*+c^*-x)m_{et}$		$h_{f1}=4.128$mm $h_{f2}=8.328$mm
顶隙	c	$c=c^*m_{et}$　$c^*=0.188$		1.128mm
齿顶角	θ_a	等顶隙收缩齿，$\theta_{a1}=\theta_{f2}$	$\theta_{a2}=\theta_{f1}$	$\theta_{a1}=3°17'01''$ $\theta_{a2}=1°37'44''$
齿根角	θ_f	$\theta_{f1}=\arctan\dfrac{h_{f1}}{R_e}$	$\theta_{f2}=\arctan\dfrac{h_{f2}}{R_e}$	$\theta_{f1}=1°37'44''$ $\theta_{f2}=3°17'01''$
顶锥角	δ_a	等顶隙收缩齿，$\delta_{a1}=\delta_1+\theta_{f2}$	$\delta_{a2}=\delta_2+\theta_{f1}$	$\delta_{a1}=21°20'38''$ $\delta_{a2}=73°34'07''$
根锥角	δ_f	$\delta_{f1}=\delta_1-\theta_{f1}$	$\delta_{f2}=\delta_2-\theta_{f2}$	$\delta_{f1}=16°25'53''$ $\delta_{f2}=68°39'22''$
齿顶圆直径	d_{ae}	$d_{ae1}=d_{e1}+2h_{a1}\cos\delta_1$	$d_{ae2}=d_{e2}+2h_{a2}\cos\delta_2$	$d_{ae1}=103.69$mm $d_{ae2}=277.86$mm
锥顶到轮冠距离	A_K	$A_{K1}=\dfrac{d_{e2}}{2}-h_{a1}\sin\delta_1$	$A_{K2}=\dfrac{d_{e1}}{2}-h_{a2}\sin\delta_2$	$A_{K1}=135.77$mm $A_{K2}=42.15$mm
中点法向齿厚	s_{mn}	$s_{mn1}=(0.5\pi\cos\beta_m+2x_1\tan\alpha_n+x_{t1})m_m$	$s_{mn2}=\pi m_m\cos\beta_m-s_{mn1}$	$s_{mn1}=8.28$mm $s_{mn2}=4.82$mm
中点法向齿厚半角	ψ_{mn}	$\psi_{mn}=\dfrac{s_{mn}\cos\delta}{m_m z}\cos^2\beta_m$		$\psi_{mn1}=0.0692$ $\psi_{mn2}=0.01313$
中点齿厚角系数	$K_{\psi mn}$	$K_{\psi mn}=1-\dfrac{\psi_{mn}^2}{6}$		$K_{\psi mn1}=0.9992$ $K_{\psi mn2}=0.99997$
中点分度圆弦齿厚	$\bar{s}_{mn}$	$\bar{s}_{mn}=s_{mn}K_{\psi mn}$		$\bar{s}_{mn1}=2.2734$mm $\bar{s}_{mn2}=4.82$mm
中点分度圆弦齿高	h_{am}	$h_{am1}=h_{a1}-0.5b\tan\theta_{f1}+0.25s_{mn1}\psi_{nm1}$ $h_{am2}=h_{a2}-0.5b\tan\theta_{f2}+0.25s_{mn2}\psi_{nm2}$		$\bar{h}_{am1}=6.08$mm $\bar{h}_{am2}=2.3$mm
切齿刀盘直径	D_0	由表8.4-11查取		$D_0=210$mm
当量齿数	z_{vn}	$z_{vn}=\dfrac{z}{\cos\delta\cos^3\beta_m}$		$z_{vn1}=28.7$ $z_{vn2}=270$
端面重合度	$\varepsilon_{v\alpha}$	当$\alpha_n=20°$时，$\varepsilon_{v\alpha}$查图8.4-6		1.8
纵向重合度	$\varepsilon_{v\beta}$	$\varepsilon_{v\beta}\approx\dfrac{b\sin\beta_m}{\pi m_{mn}}$，当$\phi_R=0.3$时，可查图8.4-7		1.9
总重合度	$\varepsilon_{v\gamma}$	$\varepsilon_{v\gamma}=\sqrt{\varepsilon_{v\alpha}^2+\varepsilon_{v\beta}^2}$		2.62
任意点螺旋角	β_x	$\sin\beta_x=\dfrac{1}{D_0}\left[R_x+\dfrac{R_m(D_0\sin\beta_m-R_m)}{R_x}\right]$ 式中　R_x—任意点的锥距，大端的为R_e，中点的为R_m		
刀号	N_o	$N_o=\dfrac{\theta_{f1}+\theta_{f2}}{20}\sin\beta_m$ 式中　θ_{f1}、θ_{f2}—小、大齿轮的根锥角，以分为单位 刀号标准为3½,4½,5½,6½,…,20½，共18种 单刀号单面切削法，一般采用7½刀号，此时，中点螺旋角应重新计算 $\sin\beta_m=\dfrac{20N_{标}}{\theta_{f1}+\theta_{f2}}$　（$N_{o标}=7½$）		$N_o=\dfrac{197+97.7}{20}\times\sin35°=8.45$ 选最接近的刀号为$N_o=8\dfrac{1}{2}$

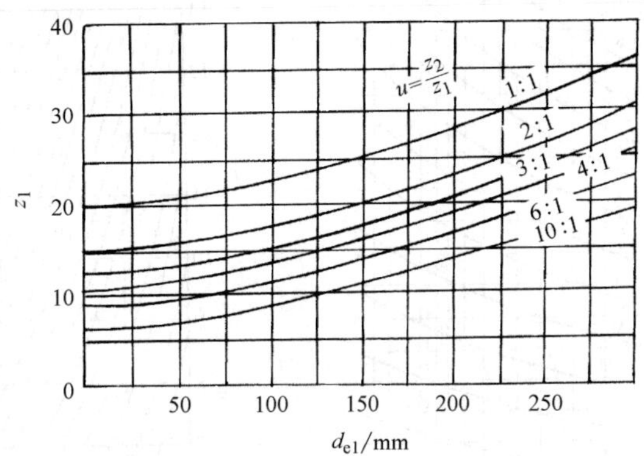

图 8.4-5　弧齿锥齿轮的小轮齿数

表 8.4-9　弧齿锥齿轮切向变位系数 x_{t1}

小齿轮齿数	齿数比														
	1.00~1.25	1.25~1.50	1.50~1.75	1.75~2.00	2.00~2.25	2.25~2.50	2.50~2.75	2.75~3.00	3.00~3.25	3.25~3.50	3.50~3.75	3.75~4.00	4.00~4.50	4.50~5.00	≥5.00
5	0.020	0.040	0.075	0.110	0.135	0.155	0.170	0.185	0.200	0.215	0.230	0.240	0.255	0.270	0.285
6	0.010	0.035	0.060	0.085	0.105	0.130	0.150	0.165	0.180	0.195	0.210	0.220	0.235	0.250	0.265
7	0.000	0.025	0.050	0.075	0.095	0.115	0.135	0.155	0.170	0.185	0.195	0.205	0.220	0.235	0.250
8	0.000	0.010	0.030	0.045	0.065	0.080	0.095	0.110	0.125	0.135	0.145	0.155	0.170	0.180	0.195
9	0.000	0.010	0.025	0.040	0.055	0.070	0.085	0.095	0.105	0.115	0.125	0.135	0.150	0.165	0.185
10	0.020	0.055	0.085	0.105	0.125	0.125	0.110	0.120	0.130	0.140	0.150	0.155	0.160	0.170	0.180
11	0.030	0.075	0.105	0.075	0.085	0.095	0.105	0.115	0.125	0.135	0.140	0.145	0.150	0.155	0.160
12	0.005	0.015	0.025	0.035	0.045	0.055	0.065	0.075	0.085	0.095	0.105	0.115	0.125	0.135	0.135
13	0.005	0.015	0.025	0.035	0.045	0.055	0.065	0.075	0.085	0.095	0.105	0.115	0.125	0.135	0.135
14~16	0.000	0.005	0.015	0.025	0.035	0.050	0.060	0.075	0.085	0.095	0.100	0.105	0.105	0.105	0.105
17~19	0.000	0.000	0.005	0.015	0.025	0.035	0.050	0.065	0.075	0.085	0.090	0.090	0.090	0.090	0.090
>19	0.000	0.000	0.000	0.015	0.025	0.040	0.050	0.055	0.060	0.060	0.060	0.060	0.060	0.060	0.060

表 8.4-10　弧齿锥齿轮径向变位系数 x_1（格利森齿制）

u	x_1	u	x_1	u	x_1	u	x_1
<1.00	0.00	1.15~1.17	0.10	1.41~1.44	0.20	1.99~2.10	0.30
1.00~1.02	0.01	1.17~1.19	0.11	1.44~1.48	0.21	2.10~2.23	0.31
1.02~1.03	0.02	1.19~1.21	0.12	1.48~1.52	0.22	2.23~2.38	0.32
1.03~1.05	0.03	1.21~1.23	0.13	1.52~1.57	0.23	2.38~2.58	0.33
1.05~1.06	0.04	1.23~1.26	0.14	1.57~1.63	0.24	2.58~2.82	0.34
1.06~1.08	0.05	1.26~1.28	0.15	1.63~1.68	0.25	2.82~3.17	0.35
1.08~1.09	0.06	1.28~1.31	0.16	1.68~1.75	0.26	3.17~3.67	0.36
1.09~1.11	0.07	1.31~1.34	0.17	1.75~1.82	0.27	3.67~4.56	0.37
1.11~1.13	0.08	1.34~1.37	0.18	1.82~1.90	0.28	4.56~7.00	0.38
1.13~1.15	0.09	1.37~1.41	0.19	1.90~1.99	0.29	>7.00	0.39

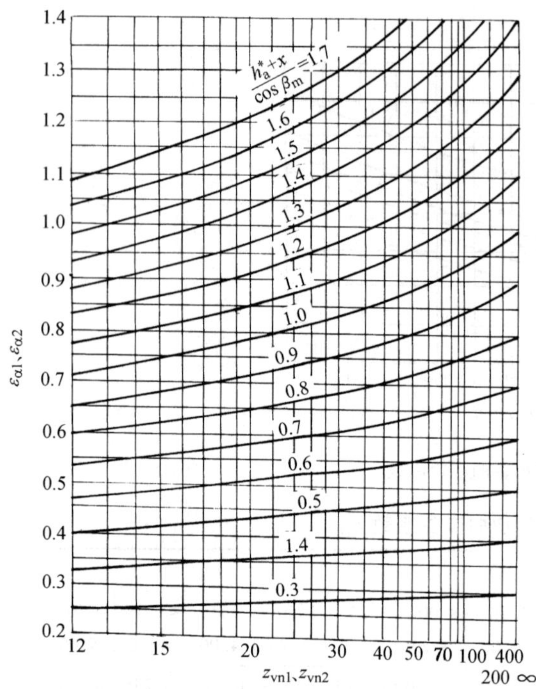

图 8.4-6　锥齿轮传动的端面重合度 ε_α（$\alpha=20°$）

注：对直齿轮，按 z_{vn1} 和 z_{vn2} 查出 $\varepsilon_{\alpha1}$ 和 $\varepsilon_{\alpha2}$，$\varepsilon_\alpha=\varepsilon_{\alpha1}+\varepsilon_{\alpha2}$；对曲线齿，按 z_{vn1} 和 z_{vn2} 查出 $\varepsilon_{\alpha1}$ 和 $\varepsilon_{\alpha2}$，$\varepsilon_\alpha=K(\varepsilon_{\alpha1}+\varepsilon_{\alpha2})$，$K$ 值如下：

β_m	15°	20°	25°	30°	35°
K	0.941	0.897	0.842	0.779	0.709

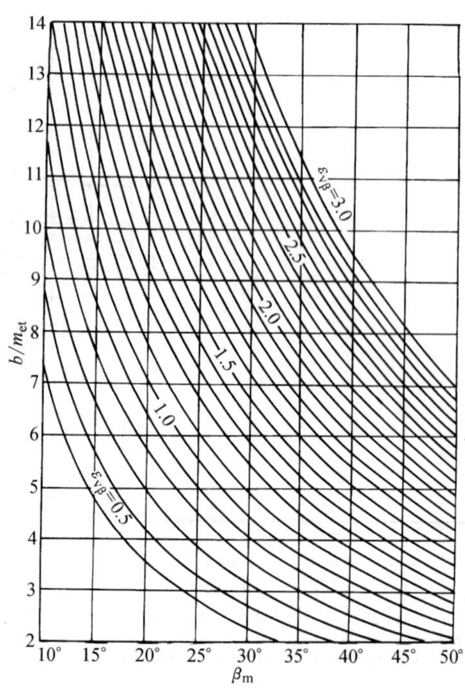

图 8.4-7　弧齿锥齿轮传动纵向重合度 $\varepsilon_{v\beta}$

表 8.4-11　弧齿锥齿轮铣刀盘名义直径的选择

公称直径 D_0		螺旋角	外锥距	最大齿高	最大齿宽	最大模数
in	mm	β_m/(°)	R_e/mm	h/mm	b/mm	m_{et}/mm
1/2	12.7	>20	6.35~12.7	3.2	3.97	1.69
1¹/10	27.94	>20	12.7~19.05	3.2	6.35	1.69
1½	38.1	>20	19.05~25.4	4.7	7.9	2.54
2	50.8	>20	25.4~38.1	4.7	9.5	2.54
3½~6	88.9~152.4	0~15 >15	20~40 35~65	8.7	20	3.5
6~7½	152.4~190.5	0~15 >15	30~70 60~100	10	30	4.5 5.0
7½~9	190.5~228.6	0~15 15~25 >25	60~120 90~160 90~160	15	50	6.5 7.5 8.0
9~12	228.6~304.8	0~15 15~25 >25	90~180 140~210 140~210	20	65	9.0 10 11
12~18	304.8~457.2	0~15 15~25 25~30 30~40	160~240 190~320 190~320 320~420	28	100	12 14 15 15

表 8.4-12　零度锥齿轮几何尺寸计算（$\Sigma=90°$）

名　称	代号	小　齿　轮	大　齿　轮
齿数	z	当 d_{e1} 已知，z_1 可按图 8.4-3 选取	$z_2=uz_1$
齿宽	b	$b=\phi_R R_e\leqslant 10m_e$　　$\phi_R\leqslant 0.25$	
切向变位系数	x_t	x_{t1} 按图 8.4-4 选取	$x_{t2}=-x_{t1}$
径向变位系数	x	x_1 按表 8.4-6 选取	$x_2=-x_1$
中点螺旋角	β_m	$\beta_m=0°$ 配对齿轮的螺旋角方向相反	
齿顶高	h_a	$h_a=(h_a^*+x)m_{et}$	$h_a^*=1$
顶隙	c	$c=c^*m_{et}$　　$c^*=0.188+\dfrac{0.05}{m_{et}}$	
齿根角	θ_f	等顶隙收缩齿：$\theta_f=\arctan\dfrac{h_f}{R_e}$，双重收缩齿：$\theta_f=\arctan\dfrac{h_f}{R_e}+\Delta\theta_f$	
齿根角修正量	$\Delta\theta_f$	采用双重收缩齿时： $\alpha_n=20°:\Delta\theta_f=\dfrac{6668}{\sqrt{z_1^2+z_2^2}}-\dfrac{1512\sqrt{d_{e1}\sin\delta_2}}{\sqrt{z_1^2+z_2^2}\,b}-\dfrac{355.6}{\sqrt{z_1^2+z_2^2}\,m_e}$ $\alpha_n=22°30':\Delta\theta_f=\dfrac{4868}{\sqrt{z_1^2+z_2^2}}-\dfrac{1512\sqrt{d_{e1}\sin\delta_2}}{\sqrt{z_1^2+z_2^2}\,b}-\dfrac{355.6}{\sqrt{z_1^2+z_2^2}\,m_e}$ $\alpha_n=25°:\Delta\theta_f=\dfrac{3412}{\sqrt{z_1^2+z_2^2}}-\dfrac{1512\sqrt{d_{e1}\sin\delta_2}}{\sqrt{z_1^2+z_2^2}\,b}-\dfrac{355.6}{\sqrt{z_1^2+z_2^2}\,m_e}$	

注：除表中所列各项外、其余用弧齿锥齿轮几何尺寸公式计算，见表 8.4-8。

2.4　奥利康锥齿轮传动的几何尺寸计算（见表 8.4-13）

表 8.4-13　奥利康锥齿轮传动的几何尺寸计算（$\Sigma=90°$）

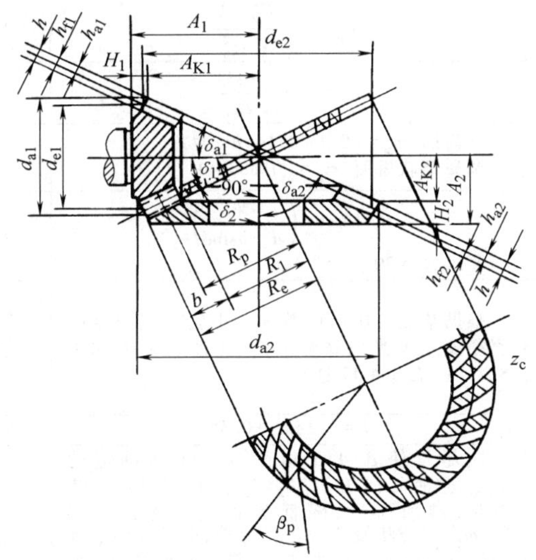

名　　称	代号	计算公式及说明	示　　例
压力角	α_n	EN 刀盘：$\alpha_n=20°$，TC 刀盘：$\alpha_n=17°30'$ FS、FSS 刀盘：α_n 可调，最大 $\alpha_n=25°$	选用 EN 刀盘 $\alpha_n=20°$
齿数比	u	$u=z_2/z_1$，按传动要求确定，通常 $u=1\sim10$	1.35
估算小轮大端分度圆直径	d'_{e1}	d'_{e1} 根据强度计算（按表 8.4-26）或按结构确定	145.62mm

（续）

名　　称		代号	计算公式及说明	示　　例
齿数		z	z_1 和 z_2 尽可能互质，与刀片组数 z_0 也尽可能互质 $z_2=uz_1$，$z_1\geqslant 5$	$z_1=23$ $z_2=31$ 实际齿数比 $u=1.3479$
大端端面模数		m_{et}	$m_{et}=d'_{e1}/z_1$	$m_{et}=6.331\text{mm}$，取 $m_{et}=6.35\text{mm}$
分锥角		δ	$\delta_1=\arctan(z_1/z_2)$　　$\delta_2=90°-\delta_1$	$\delta_1=36.573°=36°34'22''$ $\delta_2=53.427°=53°25'38''$
大端分度圆直径		d_e	$d_{e1}=z_1m_{et}$；$d_{e2}=z_2m_{et}$	$d_{e1}=146.05\text{mm}$ $d_{e2}=196.85\text{mm}$
外锥距		R_e	$R_e=\dfrac{d_e}{2\sin\delta}$	122.56mm
齿宽系数		ϕ_R	$\phi_R=b/R_e=\dfrac{1}{4}\sim\dfrac{1}{3}$	$\phi_R=0.26$
齿宽		b	$b=\phi_R R_e$，圆整	32mm
中点分度圆直径		d_m	$d_m=d_e(1-0.5\phi_R)$	$d_{m1}=126.983\text{mm}$ $d_{m2}=171.152\text{mm}$
冠轮齿数		z_c	$z_c=z/\sin\delta$	38.6
小端锥距		R_i	$R_i=R_e-b$	90.56mm
EN刀盘或TC刀盘	基准点锥距	R_p	$R_p=R_e-0.415b$	109.28mm
	中点螺旋角	β_m	$\beta_m=30°\sim45°$，一般 $\beta_m=35°$	初选 $\beta_m=35°$ 小轮右旋，大轮左旋
	初定基准点螺旋角	β'_p	$\beta'_p=0.914(\beta_m+6°)$	37.474°
	选择铣刀盘半径	r_0	根据 R_p 和 β'_p 按图 8.4-8 决定刀盘的半径 r_0，并按选用的 r_0 求出相应的螺旋角 β''_p，然后由表 8.4-14 确定刀盘号和刀片组数 z_0	由图 8.4-8 确定 $r_0=70\text{mm}$，$\beta''_p=39.5°$，由表 8.4-14 选刀盘号为 EN5-70，$z_0=5$
	选择刀片型号		根据 z_c 及 β''_p 按图 8.4-9 及表 8.4-14 确定刀片号，并查出刀片平均节点半径 r_w 的平方值 r_w^2	由图 8.4-9 查出 A 点，它介于 2 号与 3 号刀片之间，由表 8.4-14 选 3 号刀片，$r_w^2=5039.24\text{mm}^2$
	基准点法向模数	m_p	$m_p=2\sqrt{\dfrac{R_p^2-r_w^2}{z_c^2-z_0^2}}$	4.3414mm
	基准点实际螺旋角	β_p	$\beta_p=\arccos\dfrac{m_pz_c}{2R_p}$	$39.938°=39°56'$
FS刀盘或FSS刀盘	基准点法向模数	m_p	硬齿面：$m_p=(0.1\sim0.14)b$ 调质钢软齿面：$m_p=(0.083\sim0.1)b$	4.2mm
	基准点螺旋角	β_p	$\beta_p=\arccos\left(\dfrac{z_cm_p}{d_e-b\sin\delta}\right)$ 要求 $\beta_p=30°\sim45°$	40.4712°
	铣刀盘名义半径	r_0	根据基准点法向模数 m_p、小轮中点分度圆直径 d_{m1}、基准点螺旋角 β_p，由图 8.4-10 和表 8.4-15～表 8.4-17 选择	$r_0=88\text{mm}$，$z_0=13$ $h_{w0}=119\text{mm}$， 刀盘 FS13-88R1 1.5-4.5 FS13-88L2 1.5-4.5
	刀齿组数	z_0		
	刀齿节点高度	h_{w0}		
	刀号			
齿高		h	$h=2.15m_p+0.35$	9.68mm
铣刀轴倾角		$\Delta\alpha$	应尽量使 δ_2 小于由图 8.4-11 所确定的 δ_{2max}，这时 $\Delta\alpha=0$。若 $\delta_2>\delta_{2max}$，应通过加大螺旋角、增加齿数、降低齿顶高（最低可到 $0.9m_p$）等方法使 $\delta_2<\delta_{2max}$；另外，也可以通过倾斜铣刀轴的方法加大 δ_{2max}，铣刀轴倾角 $\Delta\alpha$ 可为 $1°30'$ 或 $3°$，其相应的 δ_{2max} 见图 8.4-12 和图 8.4-13	由 $\dfrac{r_0}{h}=\dfrac{70}{9.684}=7.2284$ 及 $\beta_p=39°56'$，查图 8.4-11 得 $\delta_{2max}=79°48''>\delta_2$ 故 $\Delta\alpha=0$
径向变位系数		x	$z_1\geqslant16$ 时　$x_1=0$ $z_1<16$ 时　$x_1\geqslant1-\dfrac{R_i\dfrac{z_1}{z_2}f-0.35}{m_p}$ $f=\dfrac{\sin^2(\alpha_n-\Delta\alpha)}{\cos^2\beta_i}$ 式中　β_i—小端螺旋角，查图 8.4-14。$x_2=-x_1$	因 $z_1=23>16$，$x_1=x_2=0$

（续）

名　　称	代号	计算公式及说明	示　　例
齿顶高	h_a	$h_a=(1+x)m_p$	$h_{a1}=4.34$mm $h_{a2}=4.34$mm
齿根高	h_f	$h_f=h-h_a$	$h_{f1}=5.34=h_{f2}$mm
切向变位系数	x_t	$x_{t1}=\dfrac{u-1}{50}$，当 $u<2$ 时，$x_{t1}=0$ $x_{t2}=-x_{t1}$	$x_{t1}=x_{t2}=0$
大端齿顶圆直径	d_{ae}	$d_{ae}=d_e+2h_a\cos\delta$	$d_{ae1}=153.02$mm $d_{ae2}=202.02$mm
锥顶到轮冠距离	A_K	$A_{K1}=\dfrac{d_{e2}}{2}+h_{a1}\sin\delta_1$ $A_{K2}=\dfrac{d_{e1}}{2}+h_{a2}\sin\delta_2$	$A_{K1}=95.84$mm $A_{K2}=69.54$mm
安装距	A	按结构确定	$A_1=134$mm，$A_2=145$mm
大端螺旋角	β_e	参考图 8.4-15	由 $\beta_p=39°56'$ 及 $\dfrac{R_e}{R_p}=1.12$ 查得 $\beta_e=47°54'$
大端分度圆齿厚	s_e	$s_{e1}=m_{et}\left(\dfrac{\pi}{2}+2x_1\dfrac{\tan\alpha_n}{\cos\beta_e}+x_{t1}\right)$ $s_{e2}=\pi m_{et}-s_{e1}$	$s_{e1}=9.975$mm $s_{e2}=9.975$mm

注：1. 用 EN 型、TC 型刀盘加工时，奥利康锥齿轮的基准点在分度圆锥母线距大端 0.415b（b 为齿宽）处。齿宽中点分度圆螺旋角 β_m 由 $\dfrac{R_m}{R_p}$ 和 β_p 查图 8.4-14 或图 8.4-15 确定。齿宽中点端面模数 $m_m=m_{et}(1-0.5\phi_R)$，齿宽中点法向模数 $m_{mn}=m_m/\cos\beta_m$。

2. 用 FS 型、FSS 型刀盘加工时，基准点在分度圆锥母线齿宽中点处。齿宽中点分度圆螺旋角 $\beta_m=\beta_p$，齿宽中点法面模数 $m_{mn}=m_p$，齿宽中点端面模数 $m_m=m_{mn}/\cos\beta_m$。

3. 表中算例以 EN 型刀盘计算。FS、FSS 刀盘栏中数据作为样例。

4. 对于 EN 型、TC 型刀盘，EN 型刀盘工作转速高，铣齿效率高，改善齿面表面粗糙度，利于去毛刺。

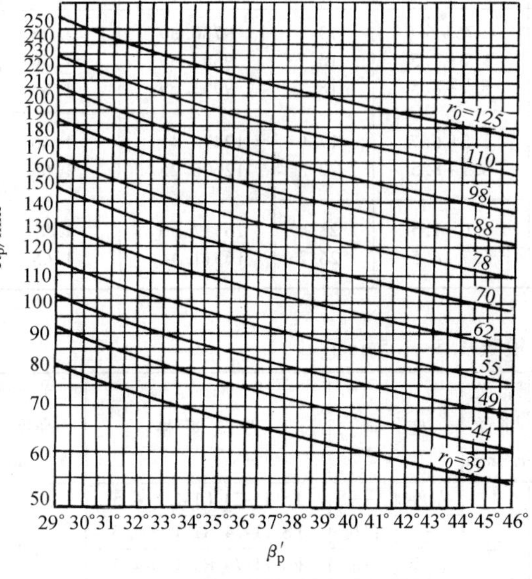

图 8.4-8　选择奥利康锥齿铣刀盘用的线图（EN、TC 刀盘）

例　当 $R_p=110$mm、$\beta_p'=37.5°$时，查得 r_0 在 62 和 70 之间（靠近 70），选取标准刀盘半径 $r_0=70$mm，则对应的螺旋角 $\beta_p''=39.5°$。

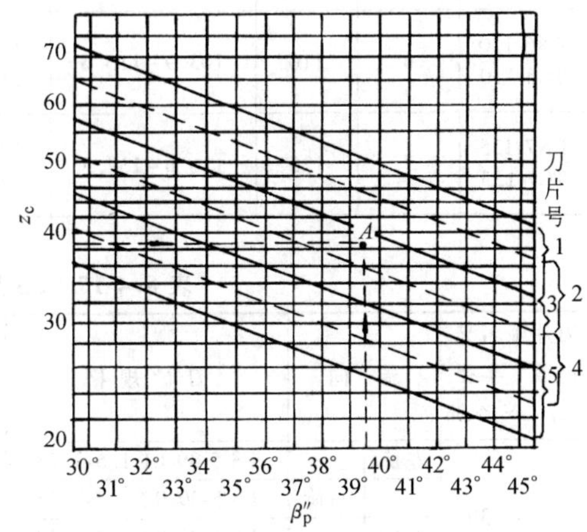

图 8.4-9　选择奥利康锥齿轮刀片型号用的线图（EN、TC 刀盘）

例　选用 EN5-70 刀盘时，$z_c=38.6$，$\beta_p''=39.5°$，其交点 A 介于 3 号及 2 号刀片之间，由表 8.4-14 选为 3 号刀片，即刀片号为 70/3。

表 8.4-14 EN 型及 TC 型刀盘及刀片参数 (mm)

刀盘号	刀片组数 z_0	刀盘半径 r_0		刀片号	基准点法向模数 m_p		滚动圆半径 E_{bw}	刀片平均节点半径的平方 r_w^2/mm^2	EN 型刀尖圆角半径 r_{hw}
		公称值	使用范围		公称值	使用范围			
EN3-39 TC3-39	3	39	36.7~41.3	39/2 39/3 39/5	2.35 2.65 3.35	2.1~2.65 2.35~3.00 3.0~3.75	3.5 4 5	1533.25 1537 1546	0.70 0.75 0.90
EN4-44 TC4-44	4	44	41.3~46.6	44/1 44/3 44/5	2.35 3.00 3.75	2.1~2.65 2.65~3.35 3.35~4.25	4.7 6 7.5	1958.09 1972 1992.25	0.70 0.80 0.95
EN4-49 TC4-49	4	49	46.6~51.9	49/1 49/3 49/5	2.65 3.35 4.25	2.35~3.00 3.0~3.75 3.75~4.75	5.3 6.7 8.4	2429.09 2445.89 2471.56	0.75 0.90 1.05
EN4-55 TC4-55	4	55	51.9~58.3	55/1 55/3 55/5	3.00 3.75 4.75	2.65~3.35 3.35~4.25 4.25~5.3	6 7.5 9.5	3061 3081.25 3115.25	0.80 0.95 1.15
EN5-62 TC5-62	5	62	58.3~65.7	62/1 62/3 62/5	3.35 4.25 5.3	3.0~3.75 3.75~4.75 4.75~6.0	8.4 10.5 13.3	3914.56 3954.25 4020.89	0.90 1.05 1.25
EN5-70 TC5-70	5	70	65.7~74.2	70/1 70/3 70/5	3.75 4.75 6.0	3.35~4.25 4.25~5.3 5.3~6.7	9.4 11.8 14.9	4988.36 5039.24 5122.01	0.95 1.15 1.40
EN5-78 TC5-78	5	78	74.2~82.7	78/1 78/3 78/5	4.25 5.3 6.7	3.74~4.75 4.75~6.0 6.0~7.5	10.5 13.3 16.7	6194.25 6260.89 6362.89	1.05 1.25 1.50
EN5-88 TC5-88	5	88	82.7~93.2	88/1 88/3 88/5	4.75 6.0 7.5	4.25~5.3 5.3~6.7 6.7~8.5	11.8 14.9 18.7	7883.24 7966.01 8093.69	1.15 1.40 1.65
EN5-98 TC5-98	5	98	93.2~103.9	98/1 98/3 98/5	5.3 6.7 7.5	4.75~6.0 6.0~7.5 6.7~8.5	13.3 16.7 18.7	9780.89 9882.89 9953.69	1.25 1.50 1.65
EN6-110 TC6-110	6	110	103.9~116.6	110/1 110/3	6.0 7.5	5.3~6.7 6.7~8.5	17.9 22.5	12420.41 12606.25	1.40 1.65
EN7-125 TC7-125	7	125	116.6~132.5	125/1 125/2	6.7 7.5	6.0~7.5 6.7~8.5	23.4 26.2	16172.56 16311.44	1.50 1.65

表 8.4-15 FS 型刀盘参数（模数 1.5~4.5mm）

刀片组数 z_0	名义半径 r_0/mm	旋向		刀盘规格	节点高度 h_{w0}/mm	刀片组数 z_0	名义半径 r_0/mm	旋向		刀盘规格	节点高度 h_{w0}/mm
5	39	左旋	—	FS 5-39 L1 1.5-3.75	119	11	74	左旋	—	FS 11-74 L1 1.5-4.5	119
		—	右旋	FS 5-39 R2 1.5-3.75				—	右旋	FS 11-74 R2 1.5-4.5	
		右旋	—	FS 5-39 R1 1.5-3.75				右旋	—	FS 11-74 R1 1.5-4.5	
		—	左旋	FS 5-39 L2 1.5-3.75				—	左旋	FS 11-74 L2 1.5-4.5	
7	49	左旋	—	FS 7-49 L1 1.5-4.5	119	13	88	左旋	—	FS 13-88 L1 1.5-4.5	119
		—	右旋	FS 7-49 R2 1.5-4.5				—	右旋	FS 13-88 R2 1.5-4.5	
		右旋	—	FS 7-49 R1 1.5-4.5				右旋	—	FS 13-88 R1 1.5-4.5	
		—	左旋	FS 7-49 L2 1.5-4.5				—	左旋	FS 13-88 L2 1.5-4.5	

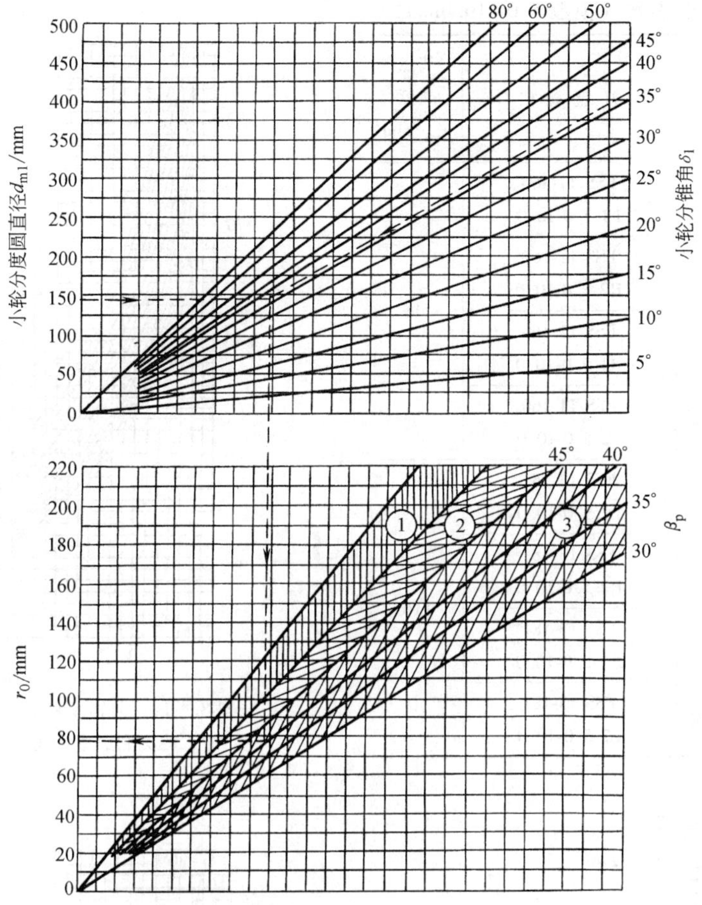

图 8.4-10　选择奥利康刀盘半径 r_0 用的线图（FS、FSS 刀盘）

① 区优先考虑低噪声运行（准双曲面齿轮大轮偏置角 η>25°）。

② 区优先考虑低噪声运行（准双曲面齿轮大轮偏置角 η<25°）。

③ 区优先考虑承载能力较强。

表 8.4-16　FS 型刀盘参数（模数 4.5~8.5mm）

刀片组数 z_0	名义半径 r_0/mm	旋向		刀盘规格	节点高度 h_{w0}/mm
5	62	左旋	—	FS 5-62 L1 4.5-7.5	124
		—	右旋	FS 5-62 R2 4.5-7.5	
		右旋	—	FS 5-62 R1 4.5-7.5	
		—	左旋	FS 5-62 L2 4.5-7.5	
7	88	左旋	—	FS 7-88 L1 4.5-8.5	124
		—	右旋	FS 7-88 R2 4.5-8.5	
		右旋	—	FS 7-88 R1 4.5-8.5	
		—	左旋	FS 7-88 L2 4.5-8.5	
11	140	左旋	—	FS 11-140 L1 4.5-8.5	109
		—	右旋	FS 11-140 R2 4.5-8.5	
		右旋	—	FS 11-140 R1 4.5-8.5	
		—	左旋	FS 11-140 L2 4.5-8.5	

刀片组数 z_0	名义半径 r_0/mm	旋向		刀盘规格	节点高度 h_{w0}/mm
13	160	左旋	—	FS 13-160 L1 4.5-8.5	109
		—	右旋	FS 13-160 R2 4.5-8.5	
		右旋	—	FS 13-160 R1 4.5-8.5	
		—	左旋	FS 13-160 L2 4.5-8.5	
	181	左旋	—	FS 13-180 L1 4.5-8.5	109
		—	右旋	FS 13-180 R2 4.5-8.5	
		右旋	—	FS 13-180 R1 4.5-8.5	
		—	左旋	FS 13-180 L2 4.5-8.5	

表 8.4-17 FSS 型刀盘参数（模数 5.0~10.0mm）

刀片组数 z_0	名义半径 r_0/mm	旋向		刀盘规格	节点高度 h_{w0}/mm
11	160	左旋	—	FSS 11-160 L1 5.0-10.0	116
		—	右旋	FSS 11-160 R2 5.0-10.0	
		右旋	—	FSS 11-160 R1 5.0-10.0	
		—	左旋	FSS 11-160 L2 5.0-10.0	
13	181	左旋	—	FSS 13-181 L1 5.0-10.0	116
		—	右旋	FSS 13-181 R2 5.0-10.0	
		右旋	—	FSS 13-181 R1 5.0-10.0	
		—	左旋	FSS 13-181 L2 5.0-10.0	

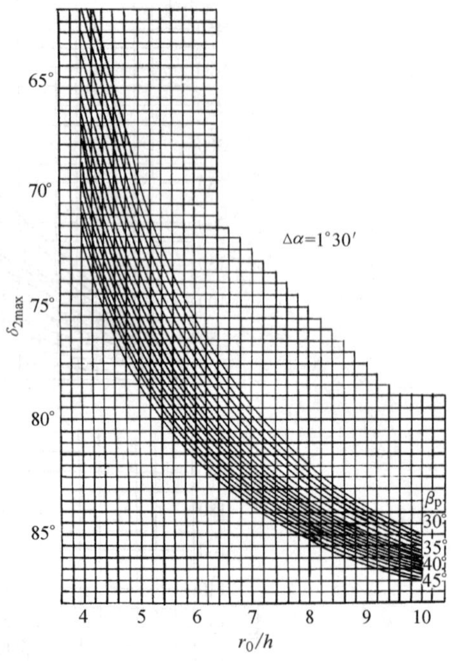

图 8.4-12 刀轴倾斜角 $\Delta\alpha=1°30'$时所能加工的奥利康锥齿轮最大分锥角 δ_{2max}

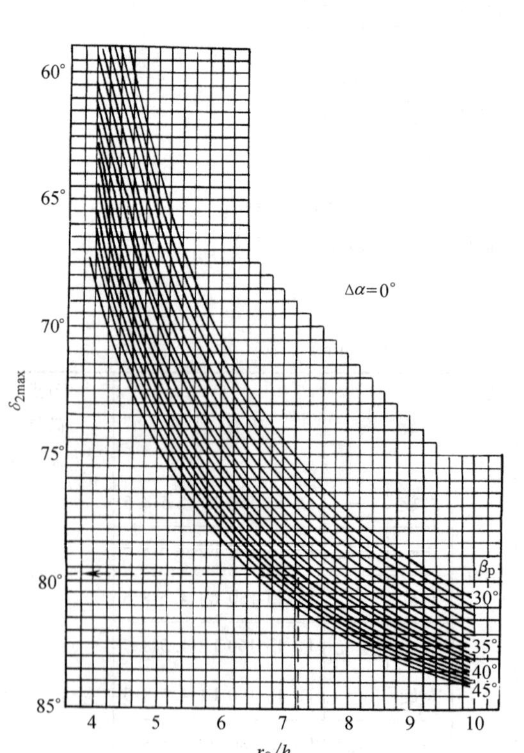

图 8.4-11 刀轴不倾斜时（$\Delta\alpha=0°$）所能加工的奥利康锥齿轮最大分锥角 δ_{2max}

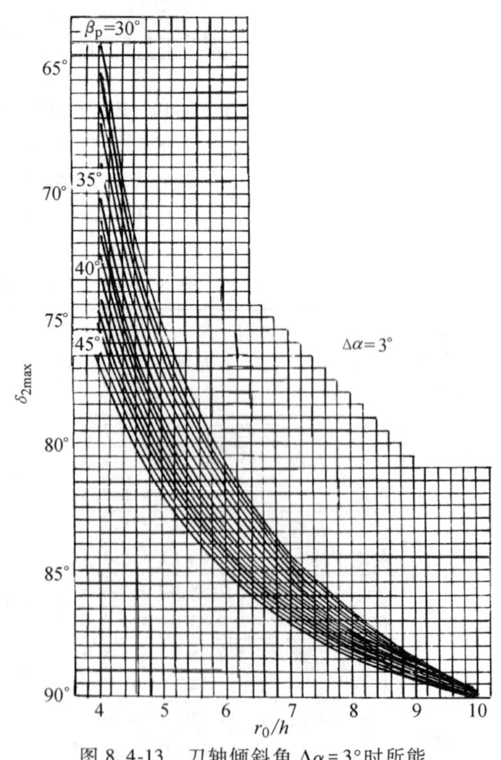

图 8.4-13 刀轴倾斜角 $\Delta\alpha=3°$时所能加工的奥利康锥齿轮最大分锥角 δ_{2max}

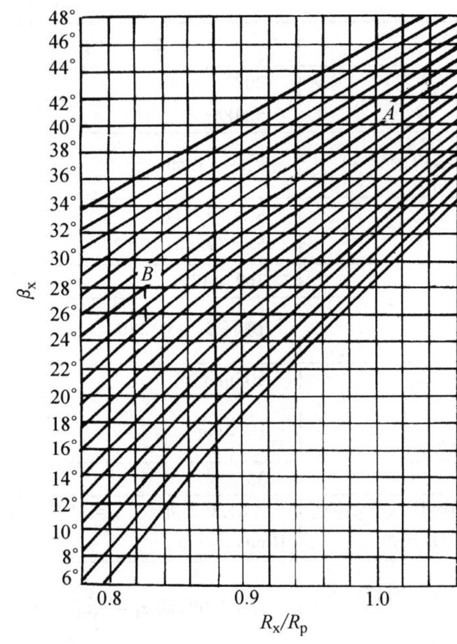

图 8.4-14　奥利康锥齿轮靠近小端任意点螺旋角 β_x 例

已知 $\beta_p=39°56'$，求 $\frac{R_x}{R_p}=0.829$ 处的 β_x。先由 $\frac{R_x}{R_p}=1$ 和 $\beta_p=39°56'$ 确定 A 点，由 A 点沿图中曲线方向去和横坐标 $\frac{R_x}{R_p}=0.829$ 的垂线相交，其交点 B 的纵坐标即为 $\beta_x=27.8°$。

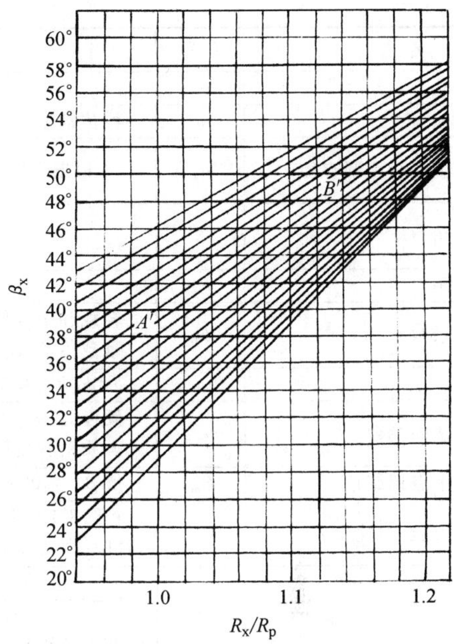

图 8.4-15　奥利康锥齿轮靠大端任意点的螺旋角 β_x 例

已知 $\beta_p=39°56'$，求 $\frac{R_x}{R_p}=1.12$ 处的 β_x。由 $\frac{R_x}{R_p}=1$ 和 $\beta_p=39°56'$ 确定 A' 点，由 A' 点沿图中曲线方向去和横坐标 $\frac{R_x}{R_p}=1.12$ 的垂线相交，其交点 B' 的纵坐标即为 $\beta_x=47.9°$。

2.5　克林根贝尔格锥齿轮传动的几何尺寸计算（见表 8.4-18）

表 8.4-18　克林根贝尔格锥齿轮传动几何尺寸计算（$\Sigma=90°$）

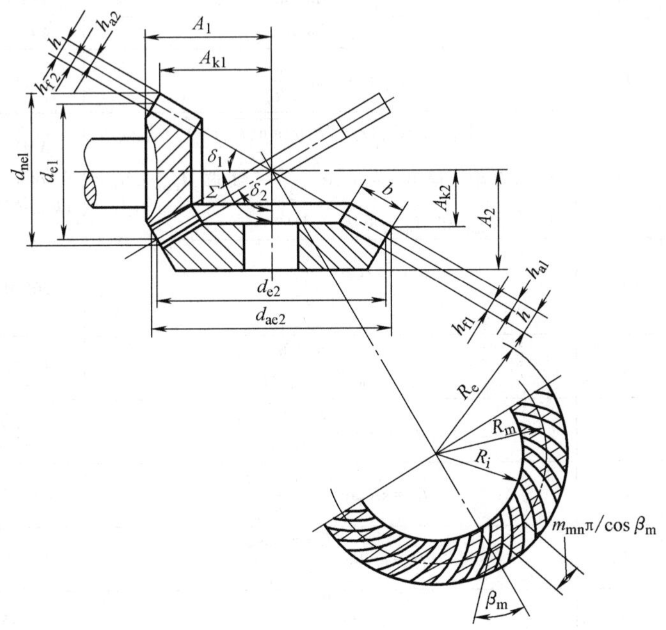

（续）

名　　称	代号	计算公式及说明	算　　例
压力角	α_n	$\alpha_n=20°$	20°
齿数比	u	按传动要求确定，通常 $u=1\sim10$	5.486
估算大端分度圆直径	d_e	d_{e1} 根据强度计算（见表 8.4-26）或结构确定	$d_{e1}=130$mm
分锥角	δ	$\delta_1=\arctan(1/u)$ $\delta_2=90°-\delta_1$	$\delta_1=10.3311°$ $\delta_2=79.6689°$
外锥距	R_e	$R_e=d_e/2\sin\delta$	362.447mm
齿宽系数	ϕ_R	轻载和中载传动：$\phi_R=0.2\sim0.286$ 重载传动：$\phi_R=0.286\sim0.333$	初取 $\phi_R=0.286$
齿宽	b	$b=\phi_R R_e$，圆整	105mm
中点法向模数	m_{mn}	硬齿面：$m_{mn}=(0.1\sim0.14)b$ 调质钢软齿面：$m_{mn}=(0.083\sim0.1)b$	10.5mm
初定中点螺旋角	β_m	一般 $\beta_m=30°\sim45°$，常用 $\beta_m=35°$	35°
选择刀盘、刀片参数		由图 8.4-16 和图 8.4-17 根据中点法向模数 m_{mn} 选择铣齿机型号、刀盘半径 r_0、刀片模数 m_0 和刀片组数 z_0	AMK852 机床，$r_0=210$mm，$m_0=10$mm，$z_0=5$
齿数	z	$z_1=\dfrac{(d_{e1}-b\sin\delta_1)\cos\beta_m}{m_{mn}}$，圆整。$z_2=uz_1$，圆整。$z_1$、$z_2$ 和刀片组数 z_0 三者尽可能互质	$z_1=8.68$，取 $z_1=9$，$z_2=49$
实际齿数比	u	$u=z_2/z_1$	5.4444
实际分锥角	δ	$\delta_1=\arctan\dfrac{1}{u}$，$\delta_2=90°-\delta_1$	$\delta_1=10.40771=10°24'28''$ $\delta_2=79.59230=79°35'32''$
实际外锥距	R_e	$R_e=d_{e1}/2\sin\delta_1$	359.8088
实际齿宽系数	ϕ_R	$\phi_R=b/R_e$	0.29182
大轮大端分度圆直径	d_{e2}	$d_{e2}=ud_{e1}$	707.7778mm
刀盘平面倾角	θ_k	当齿轮分锥角大和小端有轴伸时（见图 8.4-18），应检查加工时刀盘是否与轴伸相干涉。若相干涉，应把刀盘板一倾角 θ_k。$\theta_k\leqslant\lvert\pm4°\rvert$	$\theta_k=0°$
中点锥距	R_m	$R_m=R_e-0.5b\cos\theta_k$	307.3088mm
内锥距	R_i	$R_i=R_e-b\cos\theta_k$	254.8088mm
假想平面齿轮齿数	z_c	$z_c=z/\sin\delta$	49.81968
实际中点螺旋角	β_m	$\beta_m=\arccos\dfrac{m_{mn}z_c}{2R_m}$	31.6675°=31°40′3″
机床距（见图 8.4-19）检验	M_d	$M_d=\sqrt{R_m^2+r_0^2-2R_m r_0\sin(\beta_m-\gamma)}$ 式中，刀盘导程角 $\gamma=\arcsin\dfrac{m_{mn}z_0}{2r_0}$；要求 $M_{dmin}<M_d<M_{dmax}$，M_{dmin} 和 M_{dmax} 见表 8.4-19	AMK852 机床 $M_{dmin}=0$，$M_{dmax}=440$mm。$M_d=291.62<440$mm，可以在 AMK852 型铣齿机上加工
基圆半径	r_b	$r_b=\dfrac{M_d}{1+\dfrac{z_0}{z_c}}$	265.0208mm
R_e 处辅助角	φ_e	$\varphi_e=\arccos\dfrac{R_e^2+M_d^2-r_0^2}{2R_eM_d}$	35.70706°=35°42′25″
R_i 处辅助角	φ_i	$\varphi_i=\arccos\dfrac{R_i^2+M_d^2-r_0^2}{2R_eM_d}$	44.57146°=44°34′17″
大端螺旋角	β_e	$\beta_e=\arctan\dfrac{R_e-r_b\cos\varphi_e}{r_b\sin\varphi_e}$	43.07324°=43°4′24″
小端螺旋角	β_i	$\beta_i=\arctan\dfrac{R_i-r_b\cos\varphi_i}{r_b\sin\varphi_i}$	19.54145°=19°32′29″
大端法向模数	m_{en}	$m_{en}=\dfrac{2R_e\cos\beta_e}{z_c}$	10.5514mm

（续）

名　　称	代号	计算公式及说明	算　例
小端法向模数	m_{in}	$m_{in}=2R_i\cos\beta_i/z_c$	9.64mm
模数检验		若满足 m_{en} 大于 m_{mn} 和 m_{in}，轮齿厚比例正常，否则应重新设计	$m_{ne}=10.5514>m_{nm}=10.5$ $m_{ne}=10.5514>m_{ni}=9.64$，通过
法向齿槽最大处的锥距	R_y	$R_y=\sqrt{\left(\dfrac{z_c-z_0}{z_c+z_0}\right)^2 M_d^2+r_0^2}$	337.0884mm
齿高系数	h_a^*	$h_a^*=1.0$	1.0
刀具齿顶高	h_{a0}	$h_{a0}=1.25h_a^*m_{mn}$	13.125mm
切向变位系数	x_t	为平衡两轮齿根抗弯强度，一般取 $x_{t1}=0.05$，当小轮齿根抗弯强度足够时取 $x_{t1}=0$。$x_{t2}=-x_{t1}$	$x_{t1}=0.05$ $x_{t2}=-0.05$
辅助值	H_w	$H_w=2(x_{t1}m_{mn}+h_{a0}\mathrm{tg}\alpha_n)$	10.604mm
法向最大齿槽宽 （见图 8.4-20）	E_{nmax}	当 $R_i<R_y<R_e$，$E_{nmax}=\max[E_{ny1},E_{ny2}]$；当 $R_y>R_e$，$E_{nmax}=\max[E_{ne1},E_{ne2}]$ 这里：$E_{ny1}=\dfrac{\pi r_b}{z_c}-H_w$；$E_{ny2}=E_{ny1}+4x_{t1}m_{mn}$ $E_{ne1}=\dfrac{\pi m_{en}}{2}-H_w$；$E_{ne2}=E_{ne1}+4x_{t1}m_{mn}$	8.2078mm
法向最小齿槽宽	E_{nmin}	$E_{nmin}=\max[E_{ni1},E_{ni2}]$ 这里：$E_{ni1}=\dfrac{\pi m_{in}}{2}-H_w$；$E_{ni2}=E_{ni1}+4x_{t1}m_{mn}$	4.538mm
大端槽底检验		若 $E_{nmax}<k_eE_{nmin}$，槽底不留脊。否则槽底切削不完全，应重新设计。$z_0=3$，$k_e=3$；$z_0=5$，$k_e=3.8$	$E_{nmax}=8.2078\text{mm}<k_eE_{nmin}=17.246\text{mm}$，$k_e=3.8$，通过
小端二次切削检验		若 $E_{nmin}>0.2m_{mn}$，不发生二次切削。否则，小端二次切削、降低强度，应重新设计	$E_{nmin}=4.538\text{mm}>0.2m_{mn}=2.1\text{mm}$，通过
不产生根切的径向变位系数	x_g	$x_g=1.1h_a^*-\dfrac{m_{in}z_{vi1}\sin^2\alpha_n+b\sin\theta_k}{2m_{mn}}$ 式中　$z_{vi1}=z_1/\cos\delta_1\cos^3\beta_i$	$z_{vi1}=10.93306$ $x_g=0.5129103$
径向变位系数	x	x_1 求法如下 $f(x_1)=\dfrac{u^2}{\sqrt{[1+k(h_a^*-x_1)]^2-\cos^2\alpha_{tm}}}-\dfrac{1}{\sqrt{[1+u^2k(h_a^*+x_1)]^2-\cos^2\alpha_{tm}}}-\dfrac{u^2-1}{\sin\alpha_{tm}}$ $f'(x_1)=\dfrac{u^2k[1+k(h_a^*-x_1)]}{\left(\sqrt{[1+k(h_a^*-x_1)]^2-\cos^2\alpha_{tm}}\right)^3}+\dfrac{u^2k[1+u^2k(h_a^*+x_1)]}{\left(\sqrt{[1+u^2k(h_a^*+x_1)]^2-\cos^2\alpha_{tm}}\right)^3}$ $(x_1)_{n+1}=(x_1)_n-\dfrac{f(x_1)_n}{f'(x_1)_n}$ 由 $n=1$ 开始迭代计算，初值 $(x_1)_1=x_g$，计算精度为 $\|(x_1)_{n+1}-(x_1)_n\|\leqslant 0.01$。取 $x_1\geqslant\max[(x_g,x_1)_n]$	
		式中　$k=\dfrac{2\cos\beta_m}{z_2\sqrt{u^2+1}}$ $\alpha_{tm}=\arctan\dfrac{\tan\alpha_n}{\cos\beta_m}$ $x_2=-x_1$	$k=0.00628$　　$\alpha_{tm}=23.1536°$ $\|(x_1)_2-(x_1)_1\|=\|0.5138922-0.5129103\|=0.000982<0.01$ 取 $x_1=0.515$ $x_2=-0.515$
齿顶高	h_a	$h_{a1}=(h_a^*+x_1)m_{mn}$ $h_{a2}=(h_a^*+x_2)m_{mn}$	$h_{a1}=15.9075\text{mm}$ $h_{a2}=5.0925\text{mm}$
全齿高	h	$h=h_{a0}+h_a^*m_{mn}=2.25h_a^*m_{mn}$	23.625mm
当量齿轮齿数	z_{vn}	$z_{vn}=z/\cos\delta_n\cos^3\beta_m$	$z_{vn1}=14.842$ $z_{vn2}=439.946$
工艺分锥角	δ_E	$\delta_{E1}=\delta_1-\theta_k$，$\delta_{E2}=\delta_2+\theta_k$	$\delta_{E1}=10.40771°=10°24'28''$ $\delta_{E2}=79.5923°=79°35'32''$

（续）

名　　称	代号	计算公式及说明	算　　例
刀盘干涉检验（见图8.4-21）		若满足 $M_A<r_0+h_{a0}\tan\alpha_n$ 和 $M_B<r_0+h_{a0}\tan\alpha_n$，则不发生刀盘干涉。否则发生刀盘干涉；应选用较大的刀盘半径 r_0 式中　$M_A=\sqrt{(X_A-X_M)^2+(Y_A-Y_M)^2}$ $M_B=\sqrt{(X_B-X_M)^2+(Y_B-Y_M)^2}$ $X_M=M_d\sin(\varphi_e-\lambda)$ $Y_M=M_d\cos(\varphi_e-\lambda)$ $\lambda=\dfrac{(h_{a0}+x_1m_{mn}-0.5b\sin\theta_k)\cot\alpha_n+h_{a0}\tan\alpha_n}{R_e}$ $X_A=\sqrt{2h(R_e+\tan\delta_{E2}+h_{a2}-\Delta h)-(h/\cos\delta_{E2})^2}$ $Y_A=R_e-h\tan\delta_{E2}$ $X_B=\sqrt{2h(R_i\tan\delta_{E2}+h_{a2}-\Delta h)-(h/\cos\delta_{E2})^2}$ $Y_B=R_i-h\tan\delta_{E2}$ $\Delta h=R_m\tan\theta_k\cos\delta_{E2}$	$\Delta h=0$ $\lambda=8.8688°$ $X_M=131.6582\text{mm}$ $Y_M=260.207\text{mm}$ $X_A=275.134\text{mm}$ $Y_A=231.1838\text{mm}$ $X_B=220.653\text{mm}$ $Y_B=126.184\text{mm}$ $M_A=146.382\text{mm}$ $M_B=160.880\text{mm}$ $r_0+h_{a0}\tan\alpha_n=214.777\text{mm}$ M_A 和 M_B 均小于 $r_0+h_{a0}\tan\alpha_n$，通过，刀盘不干涉
小轮轮坯修正检验		若满足未修正的小轮小端齿顶弧齿厚 $s_{ani}\geqslant 0.3m_{mn}$，不修正，否则齿顶太薄，应作修正 式中　$s_{ani}=\psi_{ani}d_{ani}$ $d_{ani}=m_{in}z_{vi1}+2(h_{ap}^*+x_1)m_{mn}$ $\psi_{ani}=\psi_{ni}+\text{inv}\alpha_n-\text{inv}\alpha_{ani}$ $\psi_{ni}=\dfrac{\pi m_{in}+4m_{mn}(x_{t1}+x_1\tan\alpha_n)}{2m_{in}z_{vi1}}$ $\alpha_{ani}=\arccos\left(\dfrac{m_{in}z_{vi1}\cos\alpha_n}{d_{ani}}\right)$	$d_{ani}=137.2101\text{mm}$ $\psi_{ani}=0.011438\text{rad}$ $\psi_{ni}=0.190985\text{rad}$ $\alpha_{ani}=0.76439\text{rad}$ $s_{ani}=1.569\leqslant 0.3m_{mn}=3.15$ 小轮轮坯应做修正
小轮轮坯修正计算齿高修正量、齿长修正量（见图8.4-22）	k_cm_{mn} b_{kc}	k_c 求法如下： $d_{anic}=d_{ani}=2k_cm_{mn}$ $\alpha_{anic}=\arccos\left(\dfrac{m_{in}z_{vi1}\cos\alpha_n}{d_{anic}}\right)$ $\psi_{nic}=\dfrac{\pi m_{in}+4m_{mn}(x_{t1}+x_1\tan\alpha_n)}{2m_{in}z_{vi1}}$ $\psi_{anic}=\psi_{nic}+\text{inv}\alpha_n-\text{inv}\alpha_{anic}$ $\Delta k_c=\dfrac{0.3-s_{anic}/m_{mn}}{2\tan(\alpha_{anic}-\psi_{anic})}$ 从 $n=1$、初值 $(k_c)_1=\dfrac{0.3-s_{ani}/m_{mn}}{2\tan(\alpha_{ani}-\psi_{ani})}$ 开始迭代计算，以后的 k_c 用 $(k_c)_{n+1}=(k_c)_n+(\Delta k)_n$，直到 $(s_{anic})_n\geqslant 0.3m_{mn}$ 为止。$k_c=(k_c)_n$。齿高修正量为 k_cm_{mn} b_{kc} 求法如下： $b_{kc}=\dfrac{b_k'}{\cos(\delta_{ak1}-\delta_{E1})}$ $\delta_{ak1}=\delta_{E1}+\arctan\left(\dfrac{k_cm_{mn}}{b_k'}\right)$ $b_k'=\dfrac{b(0.3m_{mn}-s_{ani})}{2(s_{amn}-s_{ani})}$ $s_{amn}=\psi_{amn}d_{amn}$ $d_{amn}=m_{mn}z_{v1}+2(h_a^*+x_1)m_{mn}$ $\psi_{amn}=\psi_{mn}+\text{inv}\alpha_n-\text{inv}\alpha_{amn}$ $\psi_{mn}=\dfrac{\pi+4(x_{t1}+x_1\tan\alpha_n)}{2z_{v1}}$ $\alpha_{amn}=\arccos\left(\dfrac{m_{mn}z_{vn1}\cos\alpha_n}{d_{amn}}\right)$	$(s_{anic})_2=3.15029>0.3m_{mn}=3.15\text{mm}$ $k_c=0.08103$ $k_cm_{mn}=0.851\text{mm}$ $\alpha_{amn}=0.67553\text{rad}$ $\psi_{mn}=0.13783\text{rad}$ $\psi_{amn}=0.02697\text{rad}$ $s_{amn}=5.0616\text{mm}$ $b_k'=23.7614\text{mm}$ $\delta_{ak1}=12.4584°$ $b_{kc}=23.777\text{mm}$
中点分度圆直径	d_m	$d_m=d_e-b\cos\theta_k\sin\delta_E$	$d_{m1}=111.0316\text{mm}$ $d_{m2}=604.505\text{mm}$
大端齿顶圆直径	d_{ae}	$d_{ae1}=d_{e1}+2h_{a1}\cos\delta_{E1}-b\sin\theta_k\cos\delta_{E1}$ $d_{ae2}=d_{e2}+2h_{a2}\cos\delta_{E2}+b\sin\theta_k\cos\delta_{E2}$	$d_{ae1}=161.2916\text{mm}$ $d_{ae2}=709.6178\text{mm}$
小端齿顶圆直径	d_{ai}	$d_{ai}=d_{ae}-2b\cos\theta_k\sin\delta_E$	$d_{ai1}=123.3547\text{mm}$ $d_{ai2}=503.0729\text{mm}$

（续）

名　　称	代号	计算公式及说明	算　　例
小轮轮坯修正后小端齿顶圆直径	d_{aic1}	$d_{aic1}=d_{ai1}-2k_c m_{mn}\cos\delta_{E1}$	121.6811mm
轮冠到轴相交点的距离	A_k	$A_{k1}=\dfrac{d_{e2}}{2}-h_{a1}\sin\delta_{E1}+\dfrac{b}{2}\sin\theta_k\sin\delta_{E1}$ $A_{k2}=\dfrac{d_{e1}}{2}-h_{a2}\sin\delta_{E2}-\dfrac{b}{2}\sin\theta_k\sin\delta_{E2}$	$A_{k1}=351.0152\text{mm}$ $A_{k2}=59.9913\text{mm}$
实际齿宽	$\bar{b}$	$\bar{b}=b\cos\theta_k$	$\bar{b}=105\text{mm}$
安装距	A	按结构确定	$A_1=400\text{mm}$；$A_2=180\text{mm}$
中点分度圆处的法向弦齿厚	$\bar{s}_n$	$\bar{s}_n=m_{mn}z_{vn}\sin\psi_{mn}$ 式中　$\psi_{mn}=\dfrac{180°}{z_v\pi}\left(\dfrac{\pi}{2}+2x_t+2x\tan\alpha_n+\dfrac{j_t}{2m_{mn}}\cos\beta_m+\dfrac{2j_s}{m_{mn}}\right)$ j_t—中点齿侧间隙，$j_t=0.14\sim0.45\text{mm}$ j_s—精加工时单面留量，$j_s=0.2\sim0.3\text{mm}$	取 $j_t=0.3\text{mm}$，$j_s=0.2\text{mm}$ $\psi_{mn1}=8.091141°$ $\psi_{mn2}=0.149269°$ $\bar{s}_{n1}=21.9343\text{mm}$ $\bar{s}_{n2}=12.0347\text{mm}$
中点分度圆处的法向弦齿高	$\bar{h}_n$	$\bar{h}_n=h_a+\dfrac{m_{mn}z_{vn}(1-\cos\psi_{mn})}{2}$	$\bar{h}_{n1}=16.6832\text{mm}$ $\bar{h}_{n2}=5.1002\text{mm}$

表 8.4-19　克林根贝尔格锥齿轮铣齿机机床距许用范围　（mm）

机床型号	FK41B	AMK250	AMK400	AMK630/650	KNC40/60	AMK850/852	AMK855	AMK1602
M_{dmin}	0							250
M_{dmax}	70	150	250	280	290	400	460	900

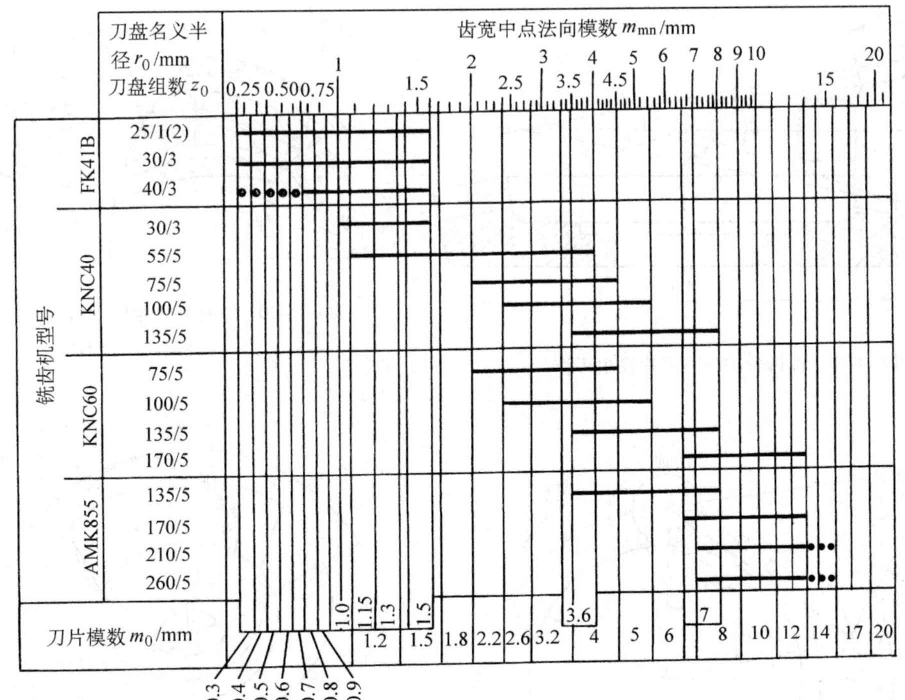

图 8.4-16　克林根贝尔格锥齿轮铣齿机刀盘参数选择用图（一）

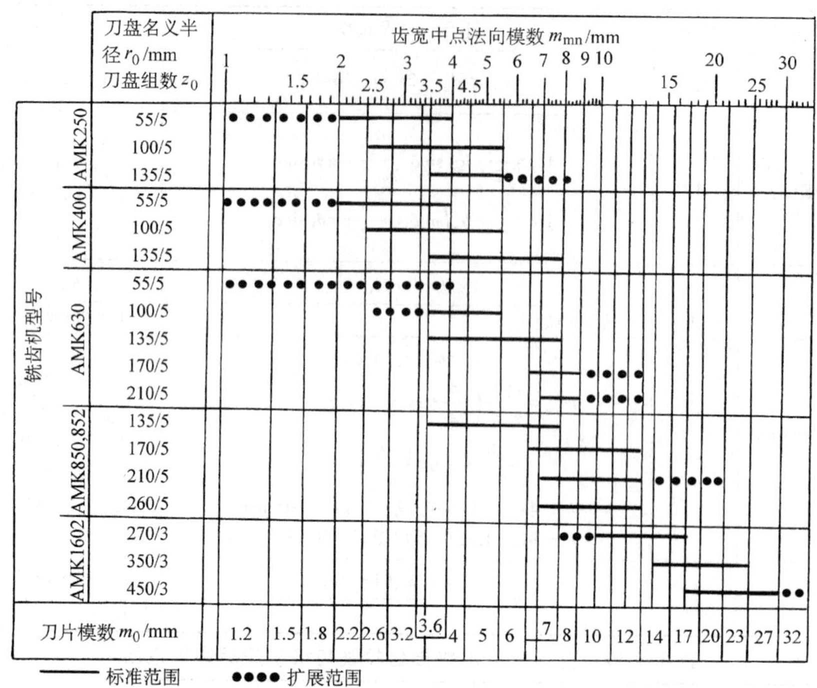

图 8.4-17 克林根贝尔格锥齿轮铣齿机刀盘参数选择用图（二）

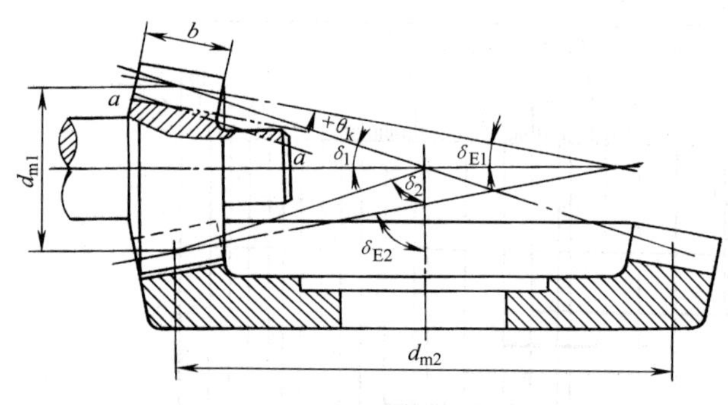

图 8.4-18 锥齿轮轴伸与刀片发生干涉

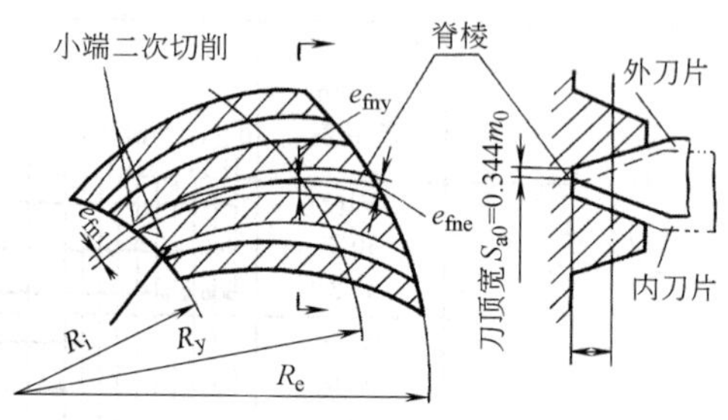

图 8.4-20 克林根贝尔格锥齿轮大端槽底和小端二次切削

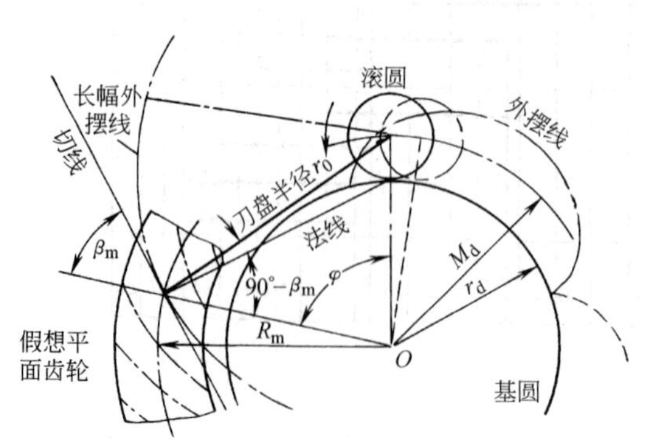

图 8.4-19 摆线—准渐开线锥齿轮原理

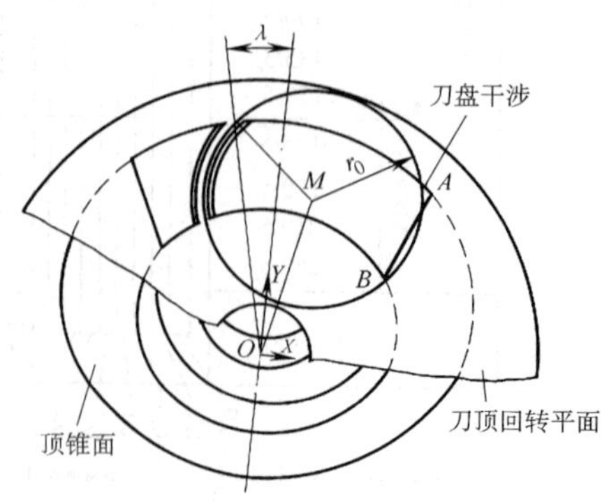

图 8.4-21 克林根贝尔格锥齿轮刀盘干涉

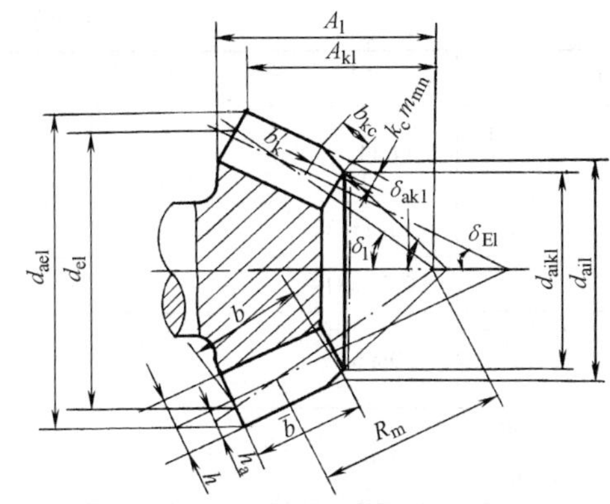

图 8.4-22　克林根贝尔格锥齿轮小轮轮坯修正

2.6　准双曲面齿轮传动的几何尺寸计算

轴线相交错的齿轮传动的相对运动是螺旋运动，其螺旋轴线绕两齿轮的轴线旋转形成一对单叶双曲面。因双曲面形状复杂，不易制作，取其一段用简单的回转曲面——圆锥面来近似作为节曲面。因此，把这种齿轮称为准双曲面齿轮传动。

准双曲面齿轮的基本几何关系如图 8.4-23 所示。小轮轴线Ⅰ和大轮轴线Ⅱ相交错，其公垂线为 A_1A_2，轴交角为 Σ，偏置距 $E=A_1A_2$。在 A_1A_2 线之外取 P 点作为基准点，过 P 点可做唯一直线 K_1K_2（分度线）与Ⅰ、Ⅱ轴线相交。过 P 点并垂直于直线 K_1K_2 的平面 T 与Ⅰ、Ⅱ轴线分别交于 O_1、O_2 点。平面 T 称为分度平面。PO_1 和 PO_2 为两轮的节锥面的生成母线，节锥角 $\delta'_1=\angle PO_1K_1$，$\delta'_2=\angle PO_2K_2$。准双曲面齿轮的偏置角 $\varphi=\angle O_1PO_2$，小轮偏置角 $\varepsilon=\angle A_1K_1A_2$，大轮偏置角 $\eta=\angle A_2K_2A_1$。K_1K_2 在Ⅱ轴上的投影称为截距 Q。

格利森制准双曲面齿轮把基准点 P 设在齿宽中点的生成母线上，即齿宽中点节点。B_1、B_2 点分别为 P 点在Ⅰ、Ⅱ轴线上的垂足，中点节圆半径 $r_{m1}=PB_1$，$r_{m2}=PB_2$，中点锥距 $R_{m1}=PO_1$，$R_{m2}=PO_2$，中点螺旋角为 β_{m1}、β_{m2}。为增大小轮的直径，$\beta_{m1}>\beta_{m2}$，取 $\beta_{m1}=\beta_{m2}+\varphi$；为使传动中大、小轮具有互相推开的轴向力，小轮偏置有两种形式（见图 8.4-24）；为提高传动啮合效率使两轮轮齿螺旋方向相反。格利森制准双曲面齿轮传动的几何尺寸计算见表 8.4-20。

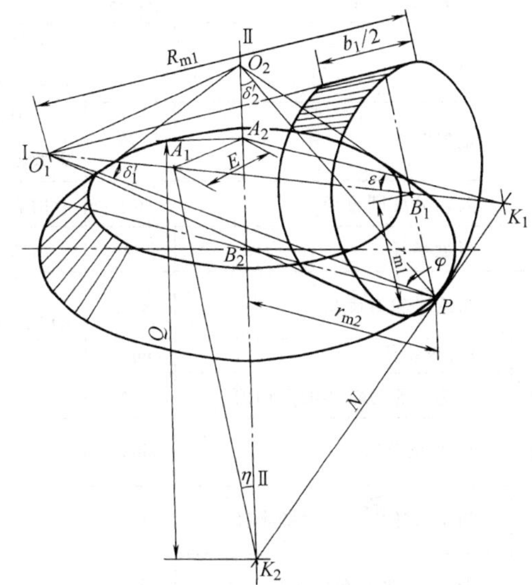

图 8.4-23　准双曲面齿轮的基本几何关系

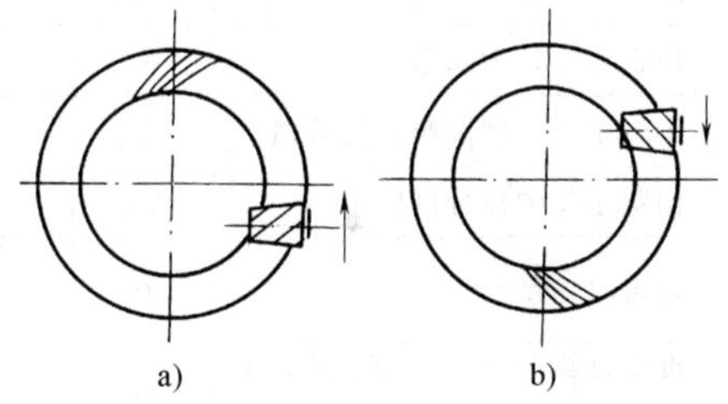

图 8.4-24　准双曲面齿轮的小轮偏置形式
a）小轮左旋下偏置　b）小轮右旋上偏置

表 8.4-20　格利森制准双曲面齿轮传动的几何尺寸计算（$\Sigma=90°$）

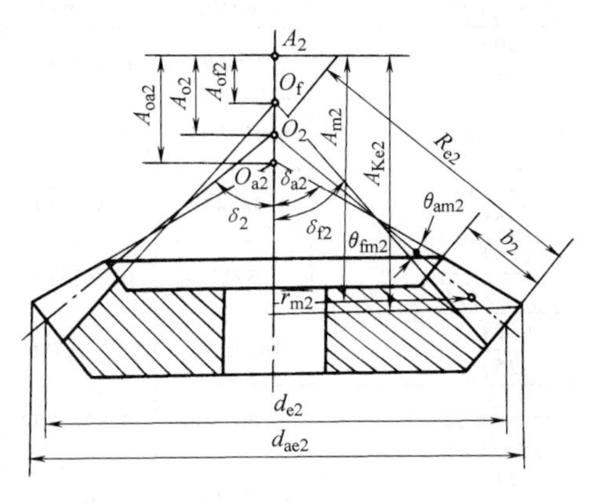

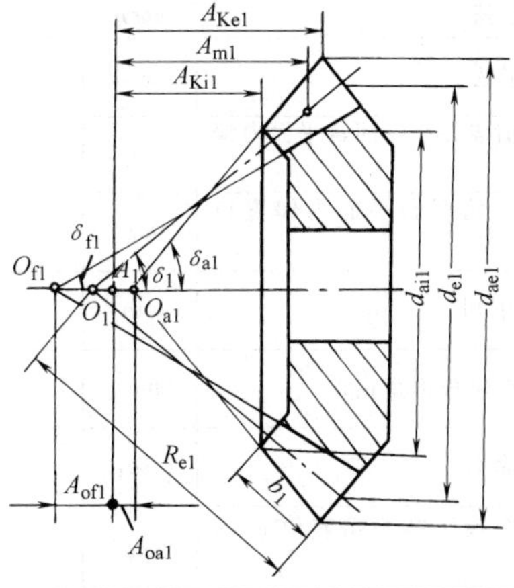

（续）

序号	名称	代号	计算说明[1]	举例		
1	小轮齿数	z_1	$z_1 \geqslant 6$，并使 $z_1+z_2 \geqslant 40$，一般推荐按表8.4-21	取11		
2	大轮齿数	z_2	$z_2=iz_1$，z_1 与 z_2 互质	43($i \approx 3.9$)		
3	齿数比的倒数	z_1/z_2	(1)/(2)	0.255814		
4	齿宽	b_2	$0.155d_2$ 圆整，且满足 $0.3R_e \geqslant b_2 \leqslant 10m_e$	30mm		
5	偏置距	E	一般工业，轻型汽车 $E \leqslant 0.5R_m$；重型载货汽车拖拉机 $E \leqslant 0.2R_e$	34mm		
6	大轮分度圆直径	d_{e2}	由表8.4-26按强度确定	205mm		
7	刀盘半径	r_0	由表8.4-22确定	95.05mm		
8	初选小轮螺旋角	β_{m1c}	一般 $\beta_{m1}=50°$；当 $u<3.3$ 且 $z_1<14$ 时取 $\beta_{m1}=45°$	50°		
9	β_{m1} 正切值	$\tan\beta_{m1c}$	$\tan\beta_{m1c}$	1.191754		
10	初选大轮分锥角的余切值	$\cot\delta_{2c}$	1.2(3)	0.3069768		
11	δ_{2c} 的正弦值	$\sin\delta_{2c}$	$\sin\left[\arctan\dfrac{1}{(10)}\right]$	0.9559711		
12	初定大轮中点分度圆半径	r_{m2c}	$\dfrac{(6)-(4)(11)}{2}$	88.16043		
13	大、小轮螺旋角差角正弦值	$\sin\varphi_c$	$\dfrac{(5)(11)}{(12)}$	0.3686803		
14	φ_c 的余弦值	$\cos\varphi_c$	$\sqrt{1-(13)^2}$	0.9295562		
15	初定小轮扩大系数	K_c	(14)+(9)(13)	1.368932		
16	小轮中点分度圆半径换算值	r_{m1H}	(3)(12)	22.55267		
17	初定小轮中点分度圆半径	r_{m1c}	(15)(16)	30.87308		
18	轮齿收缩系数	H	当 $z_1<12$ 时，0.02(1)+1.06；$z_1 \geqslant 12$ 时，1.30	1.28		
19	近似计算公法线 K_1K_2 在大轮轴线上的投影	Q	$\dfrac{(12)}{(10)}+(17)$	318.0624		
				第一次试算	第二次试算	第三次试算
20	大轮轴线在小轮回转平面内偏置角	$\tan\eta$	$\dfrac{(5)}{(19)}$	0.1068973	0.117587	0.111794
21	η 角余弦	$\cos\eta$	$\sqrt{1+(20)^2}$	1.005697	1.00689	1.00623
22	η 角正弦	$\sin\eta$	$\dfrac{(20)}{(21)}$	0.1062917	0.1167824	0.1111019
23	大轮轴线在小轮回转平面内偏置角	η	arctan(20)	6.101593°	6.706444°	6.378837°
24	初算大轮回转平面内偏置角正弦	$\sin\varepsilon_c$	$\dfrac{(5)-(17)(22)}{(12)}$	0.3484381	0.3447643	0.3467536
25	ε_c 角正切	$\tan\varepsilon_c$	$\dfrac{(24)}{\sqrt{1-(24)^2}}$	0.371734	0.3672827	0.3696905
26	初算小轮分锥角正切	$\tan\delta_{1c}$	$\dfrac{(22)}{(25)}$	16.38286	18.21796	17.21891
27	δ_{1c} 角余弦	$\cos\delta_{1c}$	$\dfrac{1}{\sqrt{1+(26)^2}}$	0.961468	0.9529859	0.9576874
28	第一次校正螺旋角差值 φ' 的正弦	$\sin\varphi'$	$\dfrac{(24)}{(27)}$	0.3624022	0.3617727	0.3620739

（续）

序号	名　称	代　号	计　算　说　明①	举　例		
				第一次试算	第二次试算	第三次试算
29	φ'角余弦	$\cos\varphi'$	$\sqrt{1-(28)^2}$	0.9320219	0.9322664	0.9321494
30	第一次校正小轮螺旋角正切	$\tan\beta'_{m1}$	$\dfrac{(15)-(29)}{(28)}$	1.205596	1.207018	1.206337
31	扩大系数的修正量	ΔK	$(28)[(9)-(30)]$	−0.00501645	−0.00552207	−0.00528016
32	大轮扩大系数修正量的换算值	ΔK_H	$(3)(31)$	−0.00128328	−0.00141262	−0.00135074
33	校正后大轮偏置角的正弦值	$\sin\varepsilon$	$(24)-(22)(32)$	0.3485745	0.3449293	0.3469036
34	ε 角正切	$\tan\varepsilon$	$\dfrac{(33)}{\sqrt{1-(33)^2}}$	0.3718996	0.3674821	0.3698724
35	校正后小轮分锥角正切	$\tan\delta_1$	$\dfrac{(22)}{(34)}$	0.2858076	0.3177908	0.3003789
36	δ_1 角	δ_1	$\arctan(35)$	15.95034°	17.62978°	16.71916°
37	δ_1 角的余弦	$\cos\delta_1$	$\cos(36)$	0.9615003	0.9530334	0.9577264
38	第二次校正后的螺旋角差值的正弦	$\sin\varphi$	$\dfrac{(33)}{(37)}$	0.3625319	0.3619278	0.3622158
39	φ 值	φ	$\arctan\dfrac{(38)}{\sqrt{1-(38)^2}}$	21.25577°	21.21863°	21.23634°
40	φ 角余弦	$\cos\varphi$	$\cos(39)$	0.9319714	0.9322062	0.9320942
41	第二次校正后小轮螺旋角的正切值	$\tan\beta_{m1}$	$\dfrac{(15)+(31)-(40)}{(38)}$	1.191467	1.191409	1.191439
42	β_{m1}值	β_{m1}	$\arctan(41)$	49.99321°	49.99185°	49.99255°
43	β_{m1}余弦	$\cos\beta_{m1}$	$\cos(42)$	0.6428785	0.6428966	0.6428873
44	确定大轮螺旋角	β_{m2}	$(42)-(39)$	28.73745°	28.77321°	28.7562°
45	β_{m2}余弦	$\cos\beta_{m2}$	$\cos(44)$	0.8768322	0.8765319	0.8766746
46	β_{m2}正切	$\tan\beta_{m2}$	$\tan(44)$	0.5483337	0.5491459	0.5487596
47	大轮分锥角余切	$\cot\delta'_2$	$\dfrac{(20)}{(33)}$	0.3066699	0.3409018	0.3222624
48	δ'_2值	δ'_2	$\arctan\dfrac{1}{(47)}$	72.95081°	71.17567°	72.13783°
49	δ'_2正弦	$\sin\delta'_2$	$\sin(48)$	0.9560534	0.9465123	0.9517971
50	δ'_2余弦	$\cos\delta'_2$	$\cos(48)$	0.2931927	0.3226677	0.3067284
51	—	B_{1c}	$\dfrac{(17)+(12)(32)}{(37)}$	31.99161	32.26387	32.11147
52	—	B_{2c}	$\dfrac{(12)}{(50)}$	300.6911	273.2236	287.4218
53	两背锥之和	B_{12}	$(51)+(52)$	332.6827	305.4875	319.5333
54	大轮锥距在螺旋线中点切线方向投影	T_2	$\dfrac{(12)(45)}{(49)}$	80.85522	81.64228	81.2022
55	小轮锥距在螺旋线中点切线方向投影	T_1	$\dfrac{(43)(51)}{(35)}$	71.96003	65.2704	68.7267
56	极限齿形角正切负值	$-\tan\alpha_0$	$\dfrac{(41)(55)-(46)(54)}{(53)}$	0.1244499	0.1077957	0.1168052
57	极限齿形角负值	$-\alpha_0$	$\arctan(56)$	7.09398°	6.15248°	6.662256°
58	$\Delta\alpha_0$ 的余弦	$\cos\Delta\alpha_0$	$\cos(57)$	0.9923449	0.9942402	0.9932474
59	—	B_{59}	$\dfrac{(41)(56)}{(51)}$	0.00463490	0.00398058	0.00433385
60	—	B_{60}	$\dfrac{(46)(56)}{(52)}$	0.00022694	0.00021665	0.00022301

（续）

序号	名　　称	代　号	计 算 说 明[1]	举　　例		
				第一次试算	第二次试算	第三次试算
61	—	B_{61}	$\frac{(54)}{(55)}$	5818.344	5328.824	5580.759
62	—	B_{62}	$\frac{(54)-(55)}{(61)}$	0.00152882	0.00307233	0.00223545
63	—	B_{63}	(59)+(60)+(62)	0.00639066	0.00726956	0.00679231
64	—	B_{64}	$\frac{(41)-(46)}{(63)}$	100.6364	88.34972	94.61864
65	齿线中点曲率半径	r_0'	$\frac{(64)}{(58)}$	101.4127	88.86154	95.26191
66	比较 r_0' 与 r_0 比值[2]	V	$\frac{(7)}{(65)}$	0.9392317	1.071892	0.9998749
67	—	A_{67}	(3)(50)	0.07846541		
		A_7	1-(3)	0.7441861		
68	—	A_{68}	$\frac{(5)}{(34)}-(17)(35)$	82.64997		
		A_8	(35)(37)	0.2876808		
69	—	A_{69}	(39)+(40)(67)	1.030864		
70	r_{m2} 圆心至轴线交叉点距离	A_{m2}	(49)(51)	30.5636		
71	大轮分锥顶点至轴线交叉点距离	A_{02}	(12)(47)-(70)	-2.132551		
72	大轮分锥上中点锥距	R_{m2}	$\frac{(12)}{(49)}$	92.69102		
73	大轮分锥上外锥距	R_2	$\frac{(6)}{2(49)}$	107.691		
74	大轮分锥上齿宽之半	$0.5b_m$	(73)-(72)	15		
75	大轮在平均锥距上工作齿高[3]	h_m'	$\frac{K(12)(45)}{(2)}$	7.374556		
76	—	A_{76}	$\frac{(12)(46)}{(7)}$	0.5082756		
77	—	A_{77}	$\frac{(49)}{(45)}-(76)$	0.5774147		
78	两侧压力角总和[4]	α_c	轿车取 38°	38°		
79	α_c 角正弦值	$\sin\alpha_c$	sin(78)	0.6156615		
80	平均压力角	α	$\frac{(78)}{2}$	19°		
81	α 角余弦	$\cos\alpha$	cos(80)	0.9455186		
82	α 角正切	$\tan\alpha$	tan(80)	0.3443276		
83	—	A_{83}	$\frac{(77)}{(82)}$	1.676934		
84	齿顶角与齿根角总和[5]	θ_Σ	$\frac{176(83)}{(2)}$	6.86373°		
85	大轮齿顶高系数	h_{a2}^*	表 8.4-24	0.17		
86	大轮齿根高系数	h_{f2}^*	1.15-(85)	0.9799999		
87	大轮中点齿顶高	h_{am2}	(75)(85)	1.253675		

（续）

序号	名　称	代　号	计　算　说　明①	举　　例
88	大轮中点齿根高	h_{fm2}	(75)(86)+0.05	7.277065
89	大轮齿顶角⑥	θ_{a2}	(84)(85)	1.166834°
90	θ_{a2}正弦	$\sin\theta_{a2}$	sin(89)	2.036369×10^{-2}
91	大轮齿根角⑦	θ_{f2}	(84)-(89)	5.696895°
92	θ_{f2}角正弦	$\sin\theta_{f2}$	sin(91)	9.926583×10^{-2}
93	大轮大端齿顶高	h_{ae2}	(87)+(74)(90)	1.55913
94	大端齿根高	h_{fe2}	(88)+(74)(92)	8.766052
95	径向间隙	c	0.15(75)+0.05	1.156183
96	大端齿高	h_{e2}	(93)+(94)	10.32518
97	大轮大端工作齿高	h'_{e2}	(96)-(95)	9.168999
98	大轮顶锥角	δ_{a2}	(48)+(89)	73.30466°
99	δ_{a2}角正弦	$\sin\delta_{a2}$	sin(98)	0.9578458
100	δ_{a2}角余弦	$\cos\delta_{a2}$	cos(98)	0.2872827
101	大轮根锥角	δ_{f2}	(48)-(91)	64.44093°
102	δ_{f2}角正弦	$\sin\delta_{f2}$	sin(101)	0.9166484
103	δ_{f2}角余弦	$\cos\delta_{f2}$	cos(101)	0.3996944
104	δ_{f2}角余切	$\cot\delta_{f2}$	cot(101)	0.436039
105	大轮大端齿顶圆直径	d_{ae2}	$\frac{(93)(50)}{0.5}+6$	205.9565
106	大端分度圆中心至轴线交叉点距离	A_{Km2}	(70)+(74)(50)	35.16445
107	大轮轮冠至轴线交叉点距离	A_{Ke2}	(106)-(93)(49)	33.68047
108	大端顶圆齿顶与分度圆处齿高之差	Δh_{am}	$\frac{(72)(90)-(87)}{(99)}$	0.6617522
109	大端分度圆处与根圆处在齿高方向上高度差	Δh_{mf}	$\frac{(72)(92)-(88)}{(102)}$	2.098936
110	大轮顶锥锥顶到轴线交叉点距离⑧	A_{oa2}	(71)-(108)	-2.794304
111	大轮根锥顶点到轴线交叉点的距离⑨	A_{of2}	(71)+(109)	-0.0336151
112	—	A_{112}	(12)+(70)(104)	101.5499
113	修正后小轮轴线在大轮回转平面内的偏置角正弦	$\sin\varepsilon$	$\frac{(5)}{(112)}$	0.3348107
114	ε角余弦	$\cos\varepsilon$	$\sqrt{1-(113)^2}$	0.9422854
115	ε角正切	$\tan\varepsilon$	$\frac{(113)}{(114)}$	0.3553177
116	小轮顶锥角正弦	$\sin\delta_{a1}$	(103)(114)	0.3766262
117	小轮顶锥角δ_{a1}	δ_{a1}	$\arctan\frac{(116)}{\sqrt{1-(116)^2}}$	22.12486°
118	δ_{a1}角余弦	$\cos\delta_{a1}$	cos(117)	0.9263654
119	δ_{a1}角正切	$\tan\delta_{a1}$	tan(117)	0.4065634

（续）

序号	名　　称	代　号	计算说明①	举　　例
120	—	A_{120}	$\frac{(102)(111)+(95)}{(103)}$	2.815576
121	小轮顶锥顶点到轴线交叉点的距离⑩	A_{oa1}	$\frac{(5)(113)-(120)}{(114)}$	9.092771
122	—	A_{122}	$\frac{(38)A_{(67)}}{(69)}$	0.0275705
123	—	A_{123}	arctan(122)	0.0275635
		A_3	$\frac{1}{\sqrt{1+(122)^2}}$	0.9996201
124	—	A_{124}	$(39)-A_{123}$	0.3430806
		A_4	$\cos[(39)-A_{123}]$	0.9417229
125	—	A_{125}	(117)-(36)	0.0943473
		A_5	$\cos[(117)-(36)]$	0.9955527
126	—	A_{126}	$(113)A_7-A_8$	-0.0385194
		A_6	$-(113)A_7-A_8$	-0.5368423
127	—	A_{127}	$\frac{A_3}{A_4}$	1.06148
128	—	A_{128}	$A_{68}+(87)A_8$	83.01063
129	—	A_{129}	$\frac{(118)}{A_5}$	0.9305036
130	—	A_{130}	(74)(127)	15.9222
131	小轮轮冠到轴线交叉点的距离	A_{Ke1}	$(128)+(129)(130)+(75)A_{126}$	97.54223
132	—	A_{132}	(4)(127)-(130)	31.8444
133	小轮前轮冠到轴线交叉点的距离	A_{Ki1}	$(128)-(129)(130)+(75)A_6$	64.236
134	—	A_{134}	(121)+(131)	106.635
135	小轮大端齿顶圆直径	d_{ae1}	2(119)(134)	86.70777
136	—	A_{136}	$\frac{(70)(100)}{(99)}+(12)$	97.38983
137	在大轮回转平面内偏置角正弦	$\sin\varepsilon$	$\frac{(5)}{(136)}$	0.3491124
138	大轮回转平面内偏置角	ε	$\arctan\frac{(137)}{\sqrt{1-(137)^2}}$	20.43304°
139	ε 角余弦	$\cos\varepsilon$	cos(138)	0.9370809
140	—	A_{140}	$\frac{(99)(110)+(95)}{(100)}$	-5.292099
141	从小轮根锥顶点到轴线交叉点距离⑪	A_{of1}	$\frac{(5)(137)-(140)}{(139)}$	18.31424
142	—	A_{142}	(100)(139)	0.2692071
143	小轮根锥角	δ_{f1}	$\arctan\frac{(142)}{\sqrt{1-(142)^2}}$	15.61709°
144	—	$\cos\delta_{f1}$	cos(143)	0.9630823
145	—	$\tan\delta_{f1}$	tan(143)	0.2795266
146	允许的最小侧隙	j_{nmin}	见⑫	0.1016

（续）

序号	名　称	代　号	计　算　说　明①	举　例
147	允许的最大侧隙	j_{nmax}	见⑫	0.1524
148	—	—	(90)+(92)	0.1196295
149	—	—	(96)-(4)(148)	6.736297
150	大轮内锥距	—	(73)-(4)	77.69102

① 本表计算公式中括号内的数字指表中的项目（序号）。

② 当第一次试算结果 $0.99<V_1<1.01$，说明齿线中点曲率半径与所选刀盘半径误差小于 1%，可继续按表中顺序往下计算。否则需要重新试算。若 $V_1>1.01$，则取 $(20)_2=1.1\ (20)_1$ 重新试算；若 $V_1<0.99$，则取 $(20)_2=0.9\ (20)_1$。第二次试算结果若仍不能满足精度要求，应按插值法进行第三次试算：

$$(20)_3=\frac{(20)_2-(20)_1}{V_2-V_1}(1-V_1)+(20)_1$$

下标 1、2、3 分别指试算的次数。因 η 值较小时，$\tan\eta$ 一般近似线性变化，按插值法确定的 $(20)_3$ 值，一般都能使 V_3 满足精度要求。

③ 大轮平均工作齿高 h'_m 计算公式中的齿高系数 K 按表 8.4-23 选取。一般按普通型选取，在第（38）项中压力角总和为 38°时，或小轮齿凹面的压力角为 12°或更大些时以及大轮齿顶高系数按第（85）项选取时，按轿车型选取 K 值。

④ 工业传动中，当 $z_1\geqslant 8$ 时，取 $\alpha_c=42°30'$，否则取 45°。对于载重汽车和拖拉机，使用 45°，对于轿车，取 $\alpha_c=38°$。

⑤（84）项公式，仅适用于双重收缩齿。标准收缩齿 θ_Σ 的计算见（89）项注解。

⑥（89）项公式，只适用于双重收缩齿。当采用倾斜根线收缩齿时，$\theta_{a2}=\dfrac{57.3(85)(18)[(87)+(88)]}{(72)}$。判别条件是：

$$(84)<\frac{57.3(18)[(87)+(88)]}{(72)}$$

时，采用双重收缩齿；反之采用倾斜根线收缩齿。

⑦（91）项公式，只适用于双重收缩齿。当采用倾斜根线收缩齿时，θ_{a2} 按倾斜根线收缩齿计算，

$$\theta_{f2}=[1-(85)(18)]\theta_{a2}$$

⑧ $A_{oa2}>0$，表示大轮顶锥顶点位于轴线交叉点之外；反之，锥顶位于轴线交叉点之内。

⑨ $A_{of2}>0$，表示大轮根锥顶点位于轴线交叉点之外；反之，锥顶位于轴线交叉点之内。

⑩ $A_{oa1}>0$，表示小轮顶锥顶点位于轴线交叉点之外；反之，表示锥顶位于交叉点之内。

⑪ $A_{of1}>0$，表示小轮根锥顶点位于轴线交叉点之外；反之，表示锥顶位于交叉点之内。

⑫ 按 $m_m=\dfrac{2r_{m2c}}{z_2}$ 查下表确定 j_{nmin} 及 j_{nmax}。

（mm）

m_m	≤1.25	1.25~2.5	2.5~4.5	4.5~6.5	6.5~9	9~12	12~25
j_{nmin}	0.0254	0.0508	0.1016	0.1524	0.2032	0.3048	0.508
j_{nmax}	0.762	0.1016	0.1524	0.2032	0.2794	0.4064	0.762

表 8.4-21　汽车弧齿锥齿轮及准双曲面齿轮最少齿数

传动比	小齿轮齿数	允许范围	传动比	小齿轮齿数	允许范围	传动比	小齿轮齿数	允许范围
1.50~1.75	14	12~16	3.0~3.5	10	9~11	5.0~6.0	7	6~8
1.75~2.0	13	11~15	3.5~4.0	10	9~11	6.0~7.5	6	5~7
2.0~2.5	11	10~13	4.0~4.5	9	8~10	7.5~10.0	5	5~6
2.5~3.0	10	9~11	4.5~5.0	8	7~9			

表 8.4-22　准双曲面齿轮刀盘半径的选择

大轮节圆直径 d_{e2}/mm	刀盘半径 r_0	大轮节圆直径 d_{e2}/mm	刀盘半径 r_0
17~135	44.45mm（1.75in）	165~285	95.25mm（3.75in）
100~170	57.15mm（2.25in）	195~345	114.3mm（4.5in）
110~190	63.5mm（2.5in）	260~455	152.4mm（6in）
130~230	76.2mm（3in）	350~610	203.2mm（8in）
135~240	79.375mm（3.125in）	455~800	266.7mm（10.5in）

表 8.4-23 齿高系数 K

小轮齿数 z_1	齿高系数 K		小轮齿数 z_1	齿高系数 K	
	轿车型	普通型		轿车型	普通型
6	—	3.5	10	4.0	3.9
7	—	3.6	11	4.1	4.0
8	3.8	3.7	12 及更大	4.2	4.1
9	3.9	3.8			

表 8.4-24 大轮齿顶高系数 h_{a2}^*

适用于	$\frac{z_2}{z_1}$	h_{a2}^*	适用于	$\frac{z_2}{z_1}$	h_{a2}^*
$z_1 \geqslant 21$	1	0.500	$z_1<21$ 及传动比 $i>2$	6	0.110
	1.1	0.450		7	0.130
	1.25	0.425		8	0.150
	1.43	0.400		9~20	0.170
	1.67	0.375			
	2	0.350			
	2.5	0.325			
	3.3	0.300			

3 锥齿轮传动的设计计算

3.1 轮齿受力分析（见表 8.4-25）

表 8.4-25 轮齿受力分析计算公式

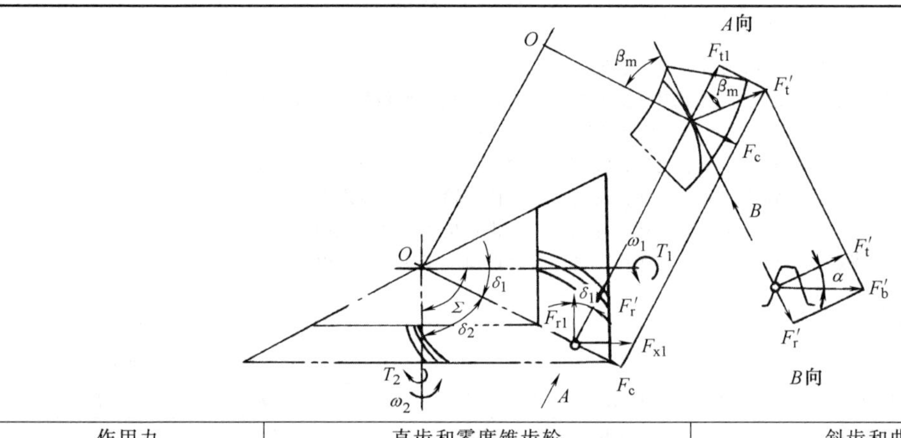

作用力	直齿和零度锥齿轮	斜齿和曲线齿锥齿轮	
中点分度圆的切向力/N	$F_t=\frac{2000T}{d_m}$ 式中 T—转矩(N·mm) d_m—中点分度圆直径(mm)		
径向力/N	$F_r=F_t\tan\alpha\cos\delta$	F_r ① $=\frac{F_t}{\cos\beta_m}(\tan\alpha_n\cos\delta\mp\sin\beta_m\sin\delta)$	
轴向力/N	$F_x=F_t\tan\alpha\sin\delta$	F_x ① $=\frac{F_t}{\cos\beta_m}(\tan\alpha_n\sin\delta\mp\sin\beta_m\cos\delta)$	
外加转矩 T 的旋向②	齿旋向③	求 F_r	求 F_x
顺时针	右旋	−	+
	左旋	+	−
逆时针	右旋	+	−
	左旋	−	+

① F_r 指向轮心的方向为正，F_x 指向大端为正。公式中的“∓”号按表中规定确定。

② 外加转矩的旋向是由锥顶向大端方向观察来判定顺或逆时针旋向。

③ 从齿顶看齿轮，齿线从小端到大端顺时针旋转为右旋，反之为左旋。

3.2　主要尺寸的初步确定

锥齿轮传动的主要尺寸可按传动的结构要求和类比法初步确定，也可用表 8.4-26 中所列的计算公式估算，必要时做校核验算。闭式传动可按齿面接触疲劳强度估算；开式传动按齿根弯曲疲劳强度估算，并将计算载荷乘以磨损系数 K_m（见本篇第 2 章，表 8.2-90）。

表 8.4-26　锥齿轮传动简化设计计算公式　（mm）

锥齿轮种类	齿面接触疲劳强度[①]	齿根弯曲疲劳强度
直齿和零度齿	$d_{e1} \geqslant 1172\sqrt[3]{\dfrac{KT_1}{(1-0.5\phi_R)^2\phi_R u\sigma'^2_{HP}}} \approx 1951\sqrt[3]{\dfrac{KT_1}{u\sigma'^2_{HP}}}$	$m_e \geqslant 19.2\sqrt[3]{\dfrac{KT_1Y_{FS}}{z_1^2(1-0.5\phi_R)^2\phi_R\sqrt{u^2+1}\,\sigma'_{FP}}} \approx 32\sqrt[3]{\dfrac{KT_1Y_{FS}}{z_1^2\sqrt{u^2+1}\,\sigma'_{FP}}}$
$\beta=8°\sim15°$ 的斜齿和曲线齿	$d_{e1} \geqslant 1096\sqrt[3]{\dfrac{KT_1}{(1-0.5\phi_R)^2\phi_R u\sigma'^2_{HP}}} \approx 1825\sqrt[3]{\dfrac{KT_1}{u\sigma'^2_{HP}}}$	$m_e \geqslant 18.7\sqrt[3]{\dfrac{KT_1Y_{FS}}{z_1^2(1-0.5\phi_R)^2\phi_R\sqrt{u^2+1}\,\sigma'_{FP}}} \approx 31.1\sqrt[3]{\dfrac{KT_1Y_{FS}}{z_1^2\sqrt{u^2+1}\,\sigma'_{FP}}}$
$\beta\approx35°$ 的斜齿和曲线齿[②]	$d_{e1} \geqslant 983\sqrt[3]{\dfrac{KT_1}{(1-0.5\phi_R)^2\phi_R u\sigma'^2_{HP}}} \approx 1636\sqrt[3]{\dfrac{KT_1}{u\sigma'^2_{HP}}}$	$m_e \geqslant 15.8\sqrt[3]{\dfrac{KT_1Y_{FS}}{z_1^2(1-0.5\phi_R)^2\phi_R\sqrt{u^2+1}\,\sigma'_{FP}}} \approx 26.3\sqrt[3]{\dfrac{KT_1Y_{FS}}{z_1^2\sqrt{u^2+1}\,\sigma'_{FP}}}$
说明	K—载荷系数，当原动机为电动机、汽轮机时，一般可取 $K=1.2\sim1.8$。当载荷平稳、传动精度较高、速度较低、斜齿、曲线齿以及大、小齿轮皆两侧布置轴承时 K 取较小值。如采用多缸内燃机驱动时，K 值应增大 1.2 倍左右。σ'_{HP}—设计齿轮的许用接触应力，$\sigma'_{HP}=\dfrac{\sigma_{Hlim}}{S'_H}$，试验齿轮接触疲劳极限 σ_{Hlim} 查图 8.2-15。估算时接触疲劳强度的安全系数 $S'_H=1\sim1.2$，当齿轮精度较高，计算载荷精确，设备不甚重要时，可取低值。σ'_{FP}—设计齿轮的许用弯曲应力，$\sigma'_{FP}=\dfrac{\sigma_{FE}}{S'_F}$；材料弯曲疲劳强度基本值 σ_{FE} 查图 8.2-32。估算时弯曲疲劳强度的安全系数 $S'_F=1.4\sim2$，对模数较小，精度较高，设备不甚重要及计算载荷较准时，取小值。Y_{FS}—复合齿形系数，查图 8.4-25～图 8.4-27。	

① 齿面接触疲劳强度计算公式仅适用于钢配对齿轮，非钢配对齿轮要将按表中公式求得的 d_{e1} 乘以下表的系数：

齿　轮　1	齿　轮　2	系　　数	齿　轮　1	齿　轮　2	系　　数
钢	球墨铸铁	0.97	球墨铸铁	球墨铸铁	0.94
				灰 铸 铁	0.88
	灰 铸 铁	0.91	灰 铸 铁	灰 铸 铁	0.84

② 钢制硬齿面正交克林根贝尔格锥齿轮可按下式估算：

$$d_{e2}=11.788n_1^{\frac{1}{14}}\left(\frac{T_1u^3}{1+u^2}\right)^{\frac{1}{2.8}}$$

式中　n_1—小轮转速（r/min）；

　　　T_1—小轮转矩（N・mm）。

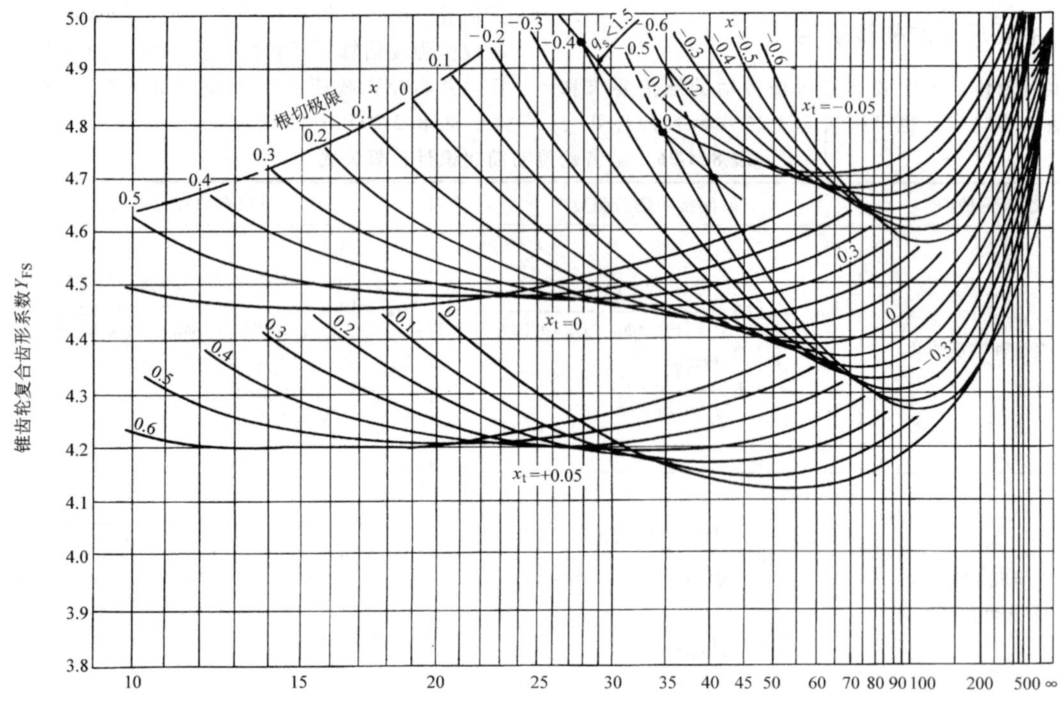

图 8.4-25 基本齿条为 $\alpha_n=20°$，$h_a/m_{mn}=1$，$h_f/m_{mn}=1.25$

$\rho_f/m_{mn}=0.2$ 的展成锥齿轮的复合齿形系数 Y_{FS}

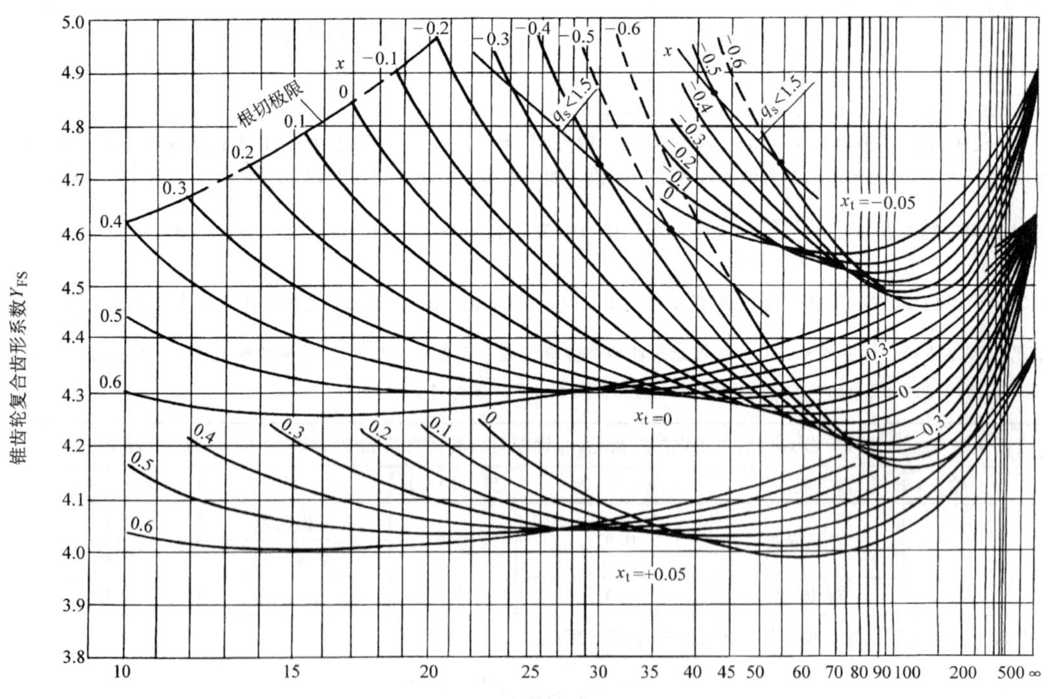

图 8.4-26 基本齿条为 $\alpha_n=20°$，$h_a/m_{mn}=1$，$h_f/m_{mn}=1.25$

$\rho_f/m_{mn}=0.25$ 的展成锥齿轮的复合齿形系数 Y_{FS}

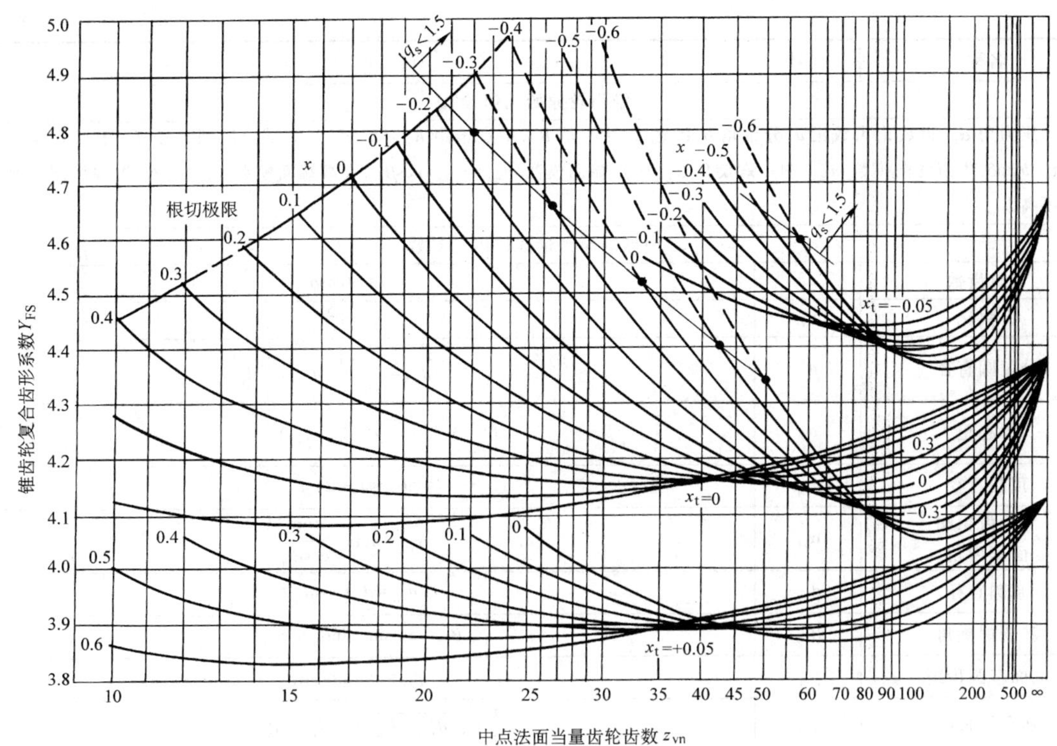

图 8.4-27　基本齿条为 $\alpha_n=20°$，$h_a/m_{mn}=1$，$h_f/m_{mn}=1.25$
$\rho_f/m_{mn}=0.3$ 的展成锥齿轮的复合齿形系数 Y_{FS}

3.3　锥齿轮传动的疲劳强度校核计算

锥齿轮传动的强度校核按（GB/T 10062.1～3—2003）《锥齿轮承载能力计算方法》进行。该标准以锥齿轮齿宽中点的齿轮尺寸为基准，以中点当量圆柱齿轮为计算点。

3.3.1　锥齿轮传动的当量齿轮参数计算（见表 8.4-27）

表 8.4-27　锥齿轮传动的当量齿轮参数计算（$\Sigma=90°$）

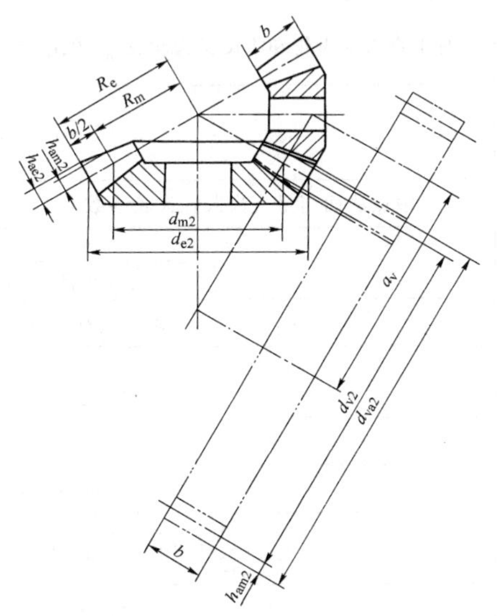

（续）

名称	代号	计 算 公 式
锥齿轮原始几何参数		
法向压力角 α_n，齿数 z，齿数比 u，分锥角 δ，齿宽 b，外锥距 R_e，中点锥距 $R_m=R_e-b/2$，大端分度圆直径 d_e，中点分度圆直径 $d_m=d_e-b\sin\delta$，中点法向模数 m_{mn}，中点螺旋角 β_m，中点端面模数 $m_{mt}=m_{mn}/\cos\beta_m$，大端端面模数 $m_{et}=d_e/z$，大端齿顶高 h_{ae}，中点齿顶高 h_{am}		
中点端面当量圆柱齿轮参数		
当量齿数	z_v	$z_v=z/\cos\delta$
齿数比	u_v	$u_v=u^2$
分度圆直径	d_v	$d_{v1}=d_{m1}\dfrac{\sqrt{u^2+1}}{u}, d_{v2}=u^2d_{v1}$
中心距	a_v	$a_v=\dfrac{1}{2}(d_{v1}+d_{v2})$
顶圆直径	d_{va}	$d_{va}=d_v+2h_{am}$
当量齿轮端面压力角	α_{vt}	$\alpha_{vt}=\arctan\dfrac{\tan\alpha_n}{\cos\beta_m}$
基圆直径	d_{vb}	$d_{vb}=d_v+\cos\alpha_{vt}$
基圆螺旋角	β_{vb}	$\beta_{vb}=\arcsin(\sin\beta_m\cos\alpha_n)$
端面基圆齿距	p_{et}	$p_{et}=\pi m_{mt}\cos\alpha_{vt}$
啮合线长度	$g_{v\alpha}$	$g_{v\alpha}=\dfrac{1}{2}(\sqrt{d_{va1}^2-d_{vb1}^2}+\sqrt{d_{va2}^2-d_{vb2}^2})-a_v\sin\alpha_{vt}$
端面重合度	$\varepsilon_{v\alpha}$	$\varepsilon_{v\alpha}=\dfrac{g_{v\alpha}}{p_{et}}=\dfrac{g_{v\alpha}\cos\beta_m}{\pi m_{mn}\cos\alpha_{vt}}$
纵向重合度	$\varepsilon_{v\beta}$	$\varepsilon_{v\beta}=\dfrac{b\sin\beta_m}{\pi m_{mn}}$
总重合度	$\varepsilon_{v\gamma}$	$\varepsilon_{v\gamma}=\sqrt{\varepsilon_{v\alpha}^2+\varepsilon_{v\beta}^2}$
齿中部接触线长度	l_{bm}	对于 $\varepsilon_{v\beta}<1, l_{bm}=\dfrac{b\varepsilon_{v\alpha}}{\cos\beta_{vb}}\dfrac{\sqrt{\varepsilon_{v\gamma}^2-[(2-\varepsilon_{v\gamma})(1-\varepsilon_{v\beta})]^2}}{\varepsilon_{v\gamma}^2}$ 对于 $\varepsilon_{v\beta}\geqslant1, l_{bm}=\dfrac{b\varepsilon_{v\alpha}}{\varepsilon_{v\gamma}\cos\beta_{vb}}$ 对于直齿锥齿轮和零度锥齿轮，$\varepsilon_{v\beta}=0$；$l_{bm}=\dfrac{2b\sqrt{\varepsilon_{v\alpha}-1}}{\varepsilon_{v\alpha}}$
齿中部接触线的投影长度	l'_{bm}	$l'_{bm}=l_{bm}\cos\beta_{vb}$
中点法面当量直齿圆柱齿轮参数		
齿数	z_{vn}	$z_{vn}=\dfrac{z}{\cos^2\beta_{vb}\cos\beta_m\cos\delta}\approx\dfrac{z}{\cos^3\beta_m\cos\delta}$
分度圆直径	d_{vn}	$d_{vn}=d_v/\cos^2\beta_{vb}=z_{vn}m_{mn}$
中心距	a_{vn}	$a_{vn}=\dfrac{1}{2}(d_{vn1}+d_{vn2})$
顶圆直径	d_{van}	$d_{van}=d_{vn}+2h_{am}$
基圆直径	d_{vbn}	$d_{vbn}=d_{vn}\cos\alpha_n=z_{vn}m_{mn}\cos\alpha_n$
啮合线长度	$g_{v\alpha n}$	$g_{v\alpha n}=\dfrac{1}{2}(\sqrt{d_{van1}^2-d_{vbn1}^2}+\sqrt{d_{van2}^2-d_{vbn2}^2})-a_{vn}\sin\alpha_n$
法面端面重合度	$\varepsilon_{v\alpha n}$	$\varepsilon_{v\alpha n}=\varepsilon_{v\alpha}/\cos^2\beta_{vb}$

4.3.2　锥齿轮传动齿面接触疲劳强度和齿根弯曲疲劳强度的校核计算公式（见表 8.4-28）

表 8.4-28　锥齿轮传动齿面接触疲劳强度和齿根弯曲疲劳强度的校核计算公式

计算公式		
齿面接触疲劳强度	强度条件	$\sigma_H \leqslant \sigma_{HP}$　(1)
	齿面接触应力	$\sigma_H = Z_M Z_H Z_E Z_{LS} Z_\beta Z_K \sqrt{\dfrac{K_A K_v K_{H\beta} K_{H\alpha} F_t}{d_{m1} l_{bm}} \times \dfrac{\sqrt{u^2+1}}{u}}$　(2)
	许用应力	$\sigma_{HP} = \dfrac{\sigma_{Hlim} Z_{NT} Z_L Z_v Z_R Z_W Z_x}{S_{Hmin}}$　(3) 大、小轮分别计算，以较小的为准
齿根弯曲疲劳强度	强度条件	$\sigma_F \leqslant \sigma_{FP}$　(4) 大、小轮分别计算
	齿根弯曲应力	$\sigma_F = \sigma_{F0} K_A K_v K_{F\beta} K_{F\alpha}$　(5)
	齿根弯曲应力基本值	$\sigma_{F0} = \dfrac{F_t}{bm_{mn}} Y_{Fa} Y_{Sa} Y_\varepsilon Y_K Y_{LS}$　(6) $\sigma_{F0} = \dfrac{F_t}{b} \dfrac{m_m}{m_{et}^2} \dfrac{Y_A}{Y_J}$　(7) 式(6)通用于各类锥齿轮，式(7)用于渗碳和表面硬化的锥齿轮（格利森制锥齿轮推荐采用）
	许用应力	$\sigma_{FP} = \dfrac{\sigma_{FE} Y_{NT} Y_{\delta relT} Y_{RrelT} Y_x}{S_{Fmin}}$　(8)

计算参数的意义及确定方法

参　数	符　号	确　定　方　法
使用系数	K_A	本篇第 2 章表 8.2-41
动载系数	K_v	一般计算方法见表 8.4-29；简化计算方法见图 8.4-28
齿向载荷分配系数	$K_{H\beta}$、$K_{F\beta}$	$K_{H\beta}$ 见式(8.4-1)、式(8.4-2)；$K_{F\beta}$ 见式(8.4-3)、式(8.4-4)
齿间载荷系数	$K_{H\alpha}$、$K_{F\alpha}$	一般计算方法见表 8.4-31；简化计算方法见图 8.4-32
节点区域系数	Z_H	式(8.4-5)、图 8.4-29
中点区域系数	Z_M	式(8.4-6)
弹性系数	Z_E	见本篇第 2 章表 8.2-64
计算齿面接触疲劳强度螺旋角系数	Z_β	式(8.4-7)
计算齿面接触疲劳强度的锥齿轮系数	Z_K	式(8.4-8)
计算齿面接触疲劳强度载荷分配系数	Z_{LS}	式(8.4-9)、式(8.4-10)
试验齿轮的接触疲劳极限	σ_{Hlim}	见本篇第 2 章图 8.2-15
计算齿面接触强度的寿命系数	Z_{NT}	见本篇第 2 章表 8.2-66 或图 8.2-18
润滑油膜影响系数	Z_L、Z_v、Z_R	一般计算方法见本篇第 2 章 4.5.13 节；简化计算方法见表 8.4-34
齿面工作硬化系数	Z_W	见本篇第 2 章 4.5.14 节，图 8.2-22
计算齿面接触疲劳强度的尺寸系数	Z_X	见本篇第 2 章 4.5.15 节，图 8.2-23
最小安全系数	S_{Hmin}、S_{Fmin}	见本篇第 2 章 4.5.16 节，表 8.2-71
齿形系数	Y_{Fa}	式(8.4-12)、式(8.4-16)
齿根应力修正系数	Y_{Sa}	式(8.4-17)、图 8.4-30
计算齿根弯曲疲劳强度的重合度系数	Y_ε	式(8.4-18)～式(8.4-20)
计算齿根弯曲疲劳强度的锥齿轮系数	Y_K	式(8.4-21)
计算齿根弯曲疲劳强度的载荷分配系数	Y_{LS}	式(8.4-22)
计算齿根弯曲疲劳强度的校正系数	Y_A	式(8.4-23)
计算齿根弯曲疲劳强度的几何系数	Y_J	见图 8.4-31～图 8.4-39
齿根材料的弯曲疲劳强度基本值	σ_{FE}	见本篇第 2 章 4.5.23 节，图 8.2-32
相对齿根圆角敏感系数	$Y_{\delta relT}$	见本篇第 2 章 4.5.26 节，图 8.2-35
相对齿根表面状况系数	Y_{RrelT}	见本篇第 2 章 4.5.27 节，表 8.2-80、表 8.2-81
计算齿根弯曲疲劳强度的尺寸系数	Y_X	见本篇第 2 章，表 8.2-77 或图 8.2-34

3.3.3 疲劳强度校核计算中参数的确定

3.3.3.1 通用系数

(1) 使用系数 K_A

见本篇第 2 章表 8.2-41。

(2) 动载系数 K_v

锥齿轮动载系数 K_v 的一般计算方法（GB-B 法）计算见表 8.4-29，简化计算方法见图 8.4-28。

(3) 齿向分配系数 $K_{H\beta}$、$K_{F\beta}$

表 8.4-29 锥齿轮动载系数 K_v 一般计算方法

参数计算		
参　　数	符　　号	计　算　公　式
啮合刚度平均值	c_γ /[N/(mm · μm)]	$c_\gamma = c_{\gamma 0} C_F C_b$ (1) 式中，$c_{\gamma 0}$为轮齿刚度平均值，一般 $c_{\gamma 0}=20\text{N/(mm · μm)}$ 修正系数 C_F： 当 $F_t K_A / b_e \geqslant 100\text{N/mm}$ 时，$C_F = 1$； 当 $F_t K_A / b_e < 100\text{N/mm}$ 时，$C_F = \dfrac{F_t K_A}{100 b_e}$ 修正系数 C_b： 当 $b_e/b \geqslant 0.85$ 时，$C_b = 1$ 当 $b_e/b < 0.85$ 时，$C_b = \dfrac{b_e}{0.85b}$ b_e 为有效齿宽，取接触斑点的实际长度，保守取 $b_e = 0.85b$
诱导质量	m_{red} /(kg/mm)	$m_{red} = \dfrac{m_1^* m_2^*}{m_1^* + m_2^*}$ (2) $m^* = \dfrac{1}{8}\pi\rho \dfrac{d_{red}}{\cos^2\alpha_n} \dfrac{u^2}{1+u^2}$ 式中，ρ 为齿轮材料的质量密度，d_{red}为锥齿轮诱导直径，近似取齿宽中点平均半径 $d_{red} = d_m$
量纲为 1 的基准速度	N	$N = \dfrac{n_1}{n_{E1}}$ (3) 式中，n_1 为小齿轮转速，n_{E1}为共振转速 钢制齿轮 $\rho = 7.86\times10^{-6}\text{MPa}$，$c_\gamma = 20\text{N/(mm · μm)}$ $N = 0.084 \dfrac{z_1 v_m}{100}\sqrt{\dfrac{u^2}{1+u^2}}$ (4)
共振转速	n_{E1} /(r/min)	$n_{E1} = \dfrac{30000}{\pi z_1}\sqrt{\dfrac{c_\gamma}{m_{red}}}$ (5)
锥齿轮的单齿刚度	c' /[N/(mm · μm)]	$c' = c'_0 C_F C_b$ (6) 一般 $c'_0 = 14\text{N/(mm · μm)}$
有效齿距偏差	f_{peff} /μm	$f_{peff} = f_{pt} - y_\alpha$ (7) 式中，f_{pt}为齿距偏差(μm)；y_α 为齿距偏差磨合量(μm)

K_v 的计算			
运行区间	N	计算公式	备注
亚共振区	$N \leqslant 0.75$	$K_v = N\left[\dfrac{b f_{peff} c'}{F_t K_A}(c_{v1}+c_{v2}) + c_{v3}\right] + 1$ (8)	
主共振区	$0.75 < N < 1.25$	$K_v = \dfrac{b f_{peff} c'}{F_t K_A}(c_{v1}+c_{v2}) + c_{v4}$ (9)	应避免在该区段运行
过渡区	$1.25 < N < 1.5$	$K_v = (4N-3) K_v\|_{N=1.5} + 4(1-N) K_v\|_{N=1.25}$ (10)	由式(8)和式(9)线性插值计算
超临界区	$N \geqslant 1.5$	$K_v = \dfrac{b f_{peff} c'}{F_t K_A}(c_{v5}+c_{v6}) + c_{v7}$ (11)	

注：1. 齿距偏差磨合量 y_α 见本篇第 2 章表 8.2-48，用 v_m 代替表中的 v。

2. 式(8)、式 (9)中的参数 $c_{v1} \sim c_{v7}$见本篇第 2 章表 8.2-46。计算时用锥齿轮的 $\varepsilon_{v\gamma}$代替表中的 ε_γ。

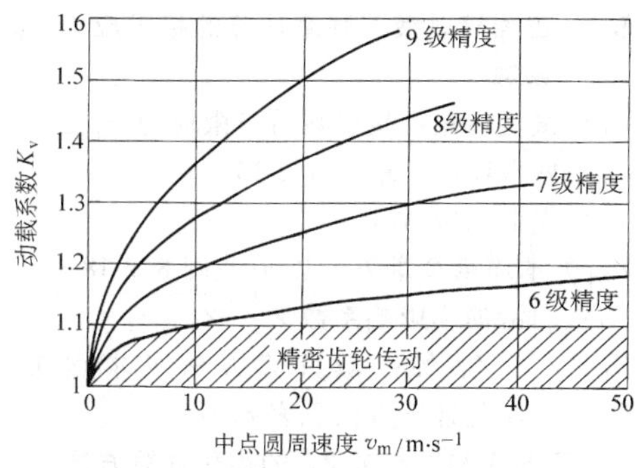

图 8.4-28　锥齿轮的动载系数 K_v

1）$K_{H\beta}$。当有效工作齿宽 $b_e>0.85b$ 时，

$$K_{H\beta} = 1.5K_{H\beta e} \tag{8.4-1}$$

当有效工作齿宽 $b_e\leqslant 0.85b$ 时，

$$K_{H\beta} = 1.275K_{H\beta e}\frac{b}{b_e} \tag{8.4-2}$$

式中，锥齿轮装配系数 $K_{H\beta e}$ 见表 8.4-30。

表 8.4-30　锥齿轮装配系数 $K_{H\beta e}$

接触区检验条件	大、小轮的装配条件		
	两轮均跨装支承	一轮均跨装支承	两轮均悬臂支承
满载下装机全部检验	1.00	1.00	1.00
轻载下全部检验	1.05	1.10	1.25
满载下抽样检验	1.20	1.32	1.50

2）$K_{F\beta}$ 按式（8.4-3）计算。

$$K_{F\beta} = \frac{K_{H\beta}}{K_{F0}} \tag{8.4-3}$$

式中，K_{F0} 为齿长曲率系数。对于直齿锥齿轮和零度锥齿轮，$K_{F0}=1$；对于弧齿锥齿轮，K_{F0} 为

$$K_{F0} = 0.211 + \left(\frac{r_{c0}}{R_m}\right)^q + 0.789 \tag{8.4-4}$$

式中，r_{c0} 为刀盘半径，指数 $q=\dfrac{0.279}{\ln(\sin\beta_m)}$。

（4）端面载荷系数 $K_{H\alpha}$ 和 $K_{F\alpha}$

端面载荷系数 $K_{H\alpha}$ 和 $K_{F\alpha}$ 的一般计算方法（GB-B 法）见表 8.4-31，简化计算方法见表 8.4-32。

表 8.4-31　端面载荷系数 $K_{H\alpha}$ 和 $K_{F\alpha}$ 的一般计算方法

项　目		计算公式	备　注
计算用载荷 F_{tH}/N		$F_{tH}=K_AK_vK_{H\beta}F_t$	
端面载荷系数 $K_{H\alpha}$、$K_{F\alpha}$	$\varepsilon_{v\gamma}\leqslant 2$	$K_{H\alpha}=K_{F\alpha}=\dfrac{\varepsilon_{v\gamma}}{2}\left[0.9+0.4\dfrac{c_\gamma f_{peff}}{F_{tH}/b}\right]$	$\varepsilon_{v\gamma}$、$\varepsilon_{v\alpha}$ 见表 8.4-27 c_γ 见表 8.4-29 式(1) f_{peff} 见表 8.4-29 式(7) Z_{LS} 见式(8.4-9)、式(8.4-10) Y_ε 见式(8.4-18)~式(8.4-20)
	$\varepsilon_{v\gamma}>2$	$K_{H\alpha}=K_{F\alpha}=0.9+0.4\sqrt{\dfrac{2(\varepsilon_{v\gamma}-1)}{\varepsilon_{v\gamma}}}\dfrac{c_\gamma f_{peff}}{F_{tH}/b}$	
限制条件		若 $K_{H\alpha}$ 计算值小于 1，取 $K_{H\alpha}=1$ 若计算值 $K_{H\alpha}>\dfrac{\varepsilon_{v\gamma}}{\varepsilon_{v\alpha}Z_{LS}^2}$，取 $K_{H\alpha}=\dfrac{\varepsilon_{v\gamma}}{\varepsilon_{v\alpha}Z_{LS}^2}$ 若 $K_{F\alpha}$ 计算值小于 1，取 $K_{F\alpha}=1$ 若计算值 $K_{F\alpha}>\dfrac{\varepsilon_{v\gamma}}{\varepsilon_{v\alpha}Y_\varepsilon}$，取 $K_{F\alpha}=\dfrac{\varepsilon_{v\gamma}}{\varepsilon_{v\alpha}Y_\varepsilon}$	

表 8.4-32　锥齿轮端面载荷系数 $K_{H\alpha}$ 和 $K_{F\alpha}$ 的简化计算方法

单位齿宽载荷 F_t/b_e			≥100N/mm							<100N/mm
精度等级			6 级及其以上	7	8	9	10	11	12	
硬齿面	直齿	$K_{H\alpha}$	1.0		1.1	1.2	max[$1/Z_{LS}^2$,1.2]			
		$K_{F\alpha}$					max[$1/Y_\varepsilon^2$,1.2]			
	斜齿、曲线齿	$K_{H\alpha}$	1.0	1.1	1.2	1.4	max[$\varepsilon_{v\alpha n}$,1.4]			
		$K_{F\alpha}$								
软齿面	直齿	$K_{H\alpha}$	1.0			1.1	1.2	max[$1/Z_{LS}^2$,1.2]		
		$K_{F\alpha}$						max[$1/Y_\varepsilon^2$,1.2]		
	斜齿、曲线齿	$K_{H\alpha}$	1.0		1.1	1.2	1.4	max[$\varepsilon_{v\alpha n}$,1.4]		
		$K_{F\alpha}$								

注：Z_{LS} 按式(8.4-9)、式(8.4-10)计算；Y_ε 按式(8.4-18)~式(8.4-20)计算，$\varepsilon_{v\alpha n}$ 见表 8.4-27。

3.3.3.2　齿面接触应力 σ_H 的修正系数

（1）节点区域系数 Z_H

对于零高度变位和未高度变位的锥齿轮，Z_H 为

$$Z_H = 2\sqrt{\cos\beta_{vb}/\sin\alpha_{vt}} \tag{8.4-5}$$

也可查图 8.4-29。

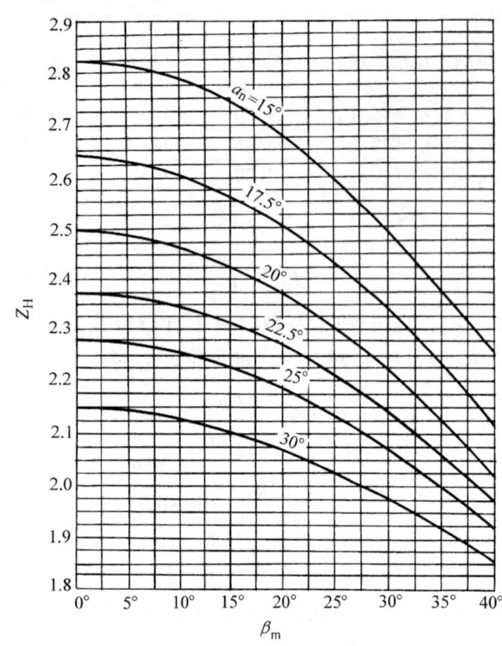

图 8.4-29　零高度变位和未高度变位的锥齿轮的节点区域系数 Z_H

(2) 中点区域系数 Z_M

$$Z_M=\frac{\tan\alpha_{vt}}{\sqrt{\left[\sqrt{\left(\frac{d_{va1}}{d_{vb1}}\right)^2-1}-\frac{\pi F_1}{z_{v1}}\right]\left[\sqrt{\left(\frac{d_{va2}}{d_{vb2}}\right)^2-1}-\frac{\pi F_2}{z_{v2}}\right]}} \tag{8.4-6}$$

式中，参数 F_1 和 F_2 按表 8.4-33 计算。

表 8.4-33　计算 Z_M 用的参数 F_1 和 F_2

纵向重合度 $\varepsilon_{v\beta}$	F_1	F_2
0	2	$2(\varepsilon_{v\alpha}-1)$
$0<\varepsilon_{v\beta}<1$	$2+(\varepsilon_{v\alpha}-2)\varepsilon_{v\beta}$	$2(\varepsilon_{v\alpha}-1)+(\varepsilon_{v\alpha}-2)\varepsilon_{v\beta}$
$\varepsilon_{v\beta}>1$	$\varepsilon_{v\alpha}$	

(3) 弹性系数 Z_E

弹性系数 Z_E 见本篇第 2 章表 8.2-64。

(4) 计算齿面接触强度的螺旋角系数 Z_β

$$Z_\beta=\sqrt{\cos\beta_m} \tag{8.4-7}$$

(5) 计算齿面接触强度的锥齿轮系数 Z_K

$$Z_K=0.8 \tag{8.4-8}$$

(6) 计算齿面接触强度的载荷分配系数 Z_{LS}

当 $\varepsilon_{v\gamma}\leqslant 2$ 时，

$$Z_{LS}=1 \tag{8.4-9}$$

当 $\varepsilon_{v\gamma}>2$ 和 $\varepsilon_{v\beta}>1$ 时，

$$Z_{LS}=\left\{1+2\left[1-\left(\frac{2}{\varepsilon_{v\gamma}}\right)^{1.5}\right]\sqrt{1-\frac{4}{\varepsilon_{v\gamma}^2}}\right\}^{-0.5} \tag{8.4-10}$$

3.3.3.3　齿面接触疲劳强度计算的极限应力 σ_{Hlim} 和系数

(1) 试验齿轮的接触疲劳极限应力 σ_{Hlim}

σ_{Hlim} 见本篇第 2 章图 8.2-15。

(2) 寿命系数 Z_{NT}

Z_{NT} 见本篇第 2 章表 8.2-66 或图 8.2-18。

(3) 润滑油膜影响系数 Z_L、Z_v、Z_R

Z_L、Z_v、Z_R 的一般计算方法见本篇第 2 章 4.5.13 节。简化计算方法见表 8.4-34。

表 8.4-34　$Z_LZ_vZ_R$ 的简化计算方法

加工工艺及齿面表面粗糙度 $Rz10$		$Z_LZ_vZ_R$ 积
调质钢径铣切的锥齿轮副		0.85
铣切后研磨的锥齿轮副		0.92
硬化后磨削或用硬刮的锥齿轮副	$Rz10\leqslant 4\mu m$	1.0
	$Rz10>4\mu m$	0.92

(4) 齿面工作硬化系数 Z_W

Z_W 见本篇第 2 章 4.5.14 节及图 8.2-22。

(5) 尺寸系数 Z_X

Z_X 见本篇第 2 章 4.5.15 节及图 8.2-23。

(6) 齿面接触疲劳强度的安全系数

S_{Hmin} 见本篇第 2 章 4.5.16 节及表 8.2-71。

3.3.3.4　齿根弯曲应力 σ_F 的修正系数

(1) 齿形系数 Y_{Fa}、齿根应力修正系数 Y_{Sa} 和复合齿形系数 Y_{FS}

$$Y_{FS}=Y_{Fa}Y_{Sa} \tag{8.4-11}$$

对于展成法加工的锥齿轮，当符合条件时，Y_{FS} 按法面当量齿轮齿数 z_{vn} 查图 8.4-25~图 8.4-27。对于不符合条件的，分别计算 Y_{Fa} 和 Y_{Sa}。

1) 展成法加工齿轮的齿形系数 Y_{Fa} 为

$$Y_{Fa}=\frac{6\frac{h_{Fa}}{m_{mn}}\cos\alpha_{Fan}}{\left(\frac{S_{Fn}}{m_{nm}}\right)^2\cos\alpha_n} \tag{8.4-12}$$

式中　S_{Fn}——齿根危险截面弦齿厚；

$$\frac{S_{Fn}}{m_{mn}}=z_{vn}\sin\left(\frac{\pi}{3}-\theta\right)+\sqrt{3}\left(\frac{G}{\cos\theta}-\frac{\rho_{a0}}{m_{mn}}\right) \tag{8.4-13}$$

h_{Fa}——弯曲力臂；

$$\frac{h_{Fa}}{m_{mn}}=\frac{1}{2}\left[(\cos\gamma_a-\sin\gamma_a\tan\alpha_{Fan})\frac{d_{van}}{m_{mn}}-z_{vn}\cos\left(\frac{\pi}{3}-\theta\right)-\frac{G}{\cos\theta}+\frac{\rho_{a0}}{m_{mn}}\right] \tag{8.4-14}$$

$$\alpha_{Fan}=\arccos\left(\frac{d_{vbn}}{d_{van}}\right)$$

$$\gamma_a=\frac{1}{z_{vn}}\left[\frac{\pi}{2}+2(x+\tan\alpha_n+x_t)\right]$$

$$\alpha_{Fa} = \alpha_{an} - \gamma_a$$

做上述计算用到的辅助参数为

$$E=\left(\frac{\pi}{4}-x_t\right)m_{mn}-h_{a0}\tan\alpha_n-\frac{\rho_{a0}(1-\sin\alpha_n)-S_{pr}}{\cos\alpha_n}$$

$$G=\frac{\rho_{a0}}{m_{mn}}-\frac{h_{a0}}{m_{mn}}+x$$

$$H=\frac{2}{z_{vn}}\left(\frac{\pi}{2}-\frac{E}{m_{mn}}\right)-\frac{\pi}{3}$$

$$\theta=\frac{2G}{z_{vn}}\tan\theta-H \qquad (8.4\text{-}15)$$

式(8.4-15)为非线性的超越方程，以 $\theta=\frac{\pi}{6}$ 为初始值，可做迭代计算。式中，ρ_{a0} 为刀尖圆角半径，S_{pr} 为刀具凸台量。

2）成形法加工齿轮的齿形系数 Y_{Fa} 为

$$Y_{Fa}=\frac{\dfrac{6h_{Fa}}{m_{mn}}}{\left(\dfrac{S_{Fn}}{m_{mn}}\right)^2} \qquad (8.4\text{-}16)$$

式中　$h_{Fa}=h_{a0}-\dfrac{\rho_{a0}}{2}+m_{mn}-\left(\dfrac{\pi}{4}+x_t-\tan\alpha_n\right)m_{mn}\tan\alpha_n$

$S_{Fn}=\pi m_{mn}-2E-2\rho_{a0}\cos 30°$

E、ρ_{a0} 和 h_{a0} 含义同前。

用于半展成锥齿轮副中的成形法加工的大齿轮。

3）齿根应力修正系数 Y_{Sa} 为

$$Y_{Sa}=(1.2+0.13L_a)q_s\left(\frac{1}{1.21+2.3/L_a}\right) \qquad (8.4\text{-}17)$$

式中，$L_a=\dfrac{S_{Fn}}{S_{Fa}}$，$q_s=\dfrac{S_{Fn}}{2\rho_{a0}}$。式（8.4-17）中的参数 q_s 的有效范围是 $1\leqslant q_s\leqslant 8$。刀具基本齿廓为 $\alpha_n=20°$、$h_{a0}/m_{mn}=1.25$、$\rho_{a0}/m_{mn}=0.25$ 和 $x_t=0$ 的锥齿轮，Y_{Sa} 可查图 8.4-30。

（2）计算齿根弯曲疲劳强度的重合度系数 Y_ε

Y_ε 计算如下：

当 $\varepsilon_{v\beta}=0$ 时，

$$Y_\varepsilon=0.25+0.75/\varepsilon_{v\alpha}\geqslant 0.625 \qquad (8.4\text{-}18)$$

当 $0<\varepsilon_{v\beta}\leqslant 1$ 时，

$$Y_\varepsilon=0.25+0.75/\varepsilon_{v\alpha}-0.75\varepsilon_{v\beta}/\varepsilon_{v\alpha}\geqslant 0.625 \qquad (8.4\text{-}19)$$

当 $\varepsilon_{v\beta}>1$ 时，

$$Y_\varepsilon=0.625 \qquad (8.4\text{-}20)$$

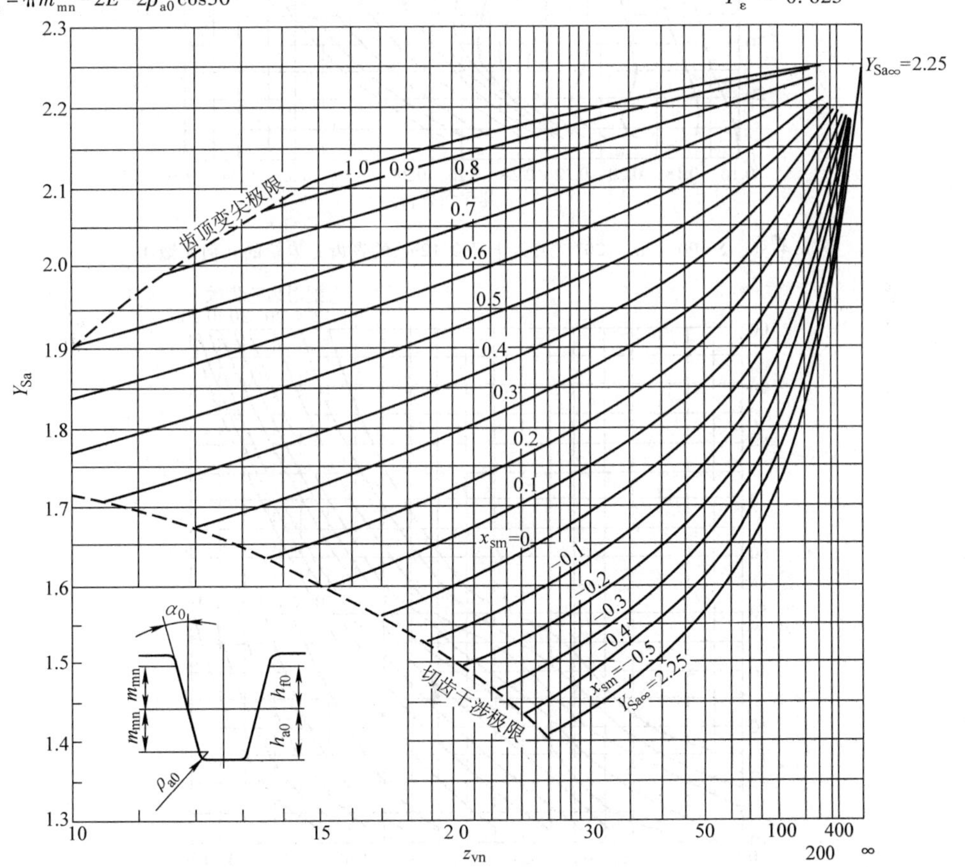

图 8.4-30　齿根应力修正系数 Y_{Sa}

（3）计算齿根弯曲疲劳强度的锥齿轮系数 Y_K

$$Y_K = \frac{1}{4}\left(1 + \frac{l'_{bm}}{b}\right)^2 \frac{b}{l'_{bm}} \quad (8.4\text{-}21)$$

（4）计算齿根弯曲疲劳强度的载荷分配系数 Y_{LS}

$$Y_{LS} = Z_{LS}^2 \quad (8.4\text{-}22)$$

（5）校正系数 Y_A

对于 $m_{mn}=5\text{mm}$、$\alpha_n=20°$、$\beta_m=35°$的渗碳锥齿轮，$Y_A=1.2$。其他参数的锥齿轮按式（8.4-23）计算。

$$Y_A = \frac{Y_f}{2.3\left(1 - \frac{S_{Fn}}{3h_{Fa}}\tan\alpha_n\right)} \quad (8.4\text{-}23)$$

式中，$Y_f=\sqrt{Y_{Sa}/2.3}$。

（6）几何系数 Y_J

当锥齿轮的齿形尺寸、齿厚、齿宽与刀刃半径、压力角、螺旋角等参数相符合时，几何系数 Y_J 按图8.4-31～图8.4-39查取。

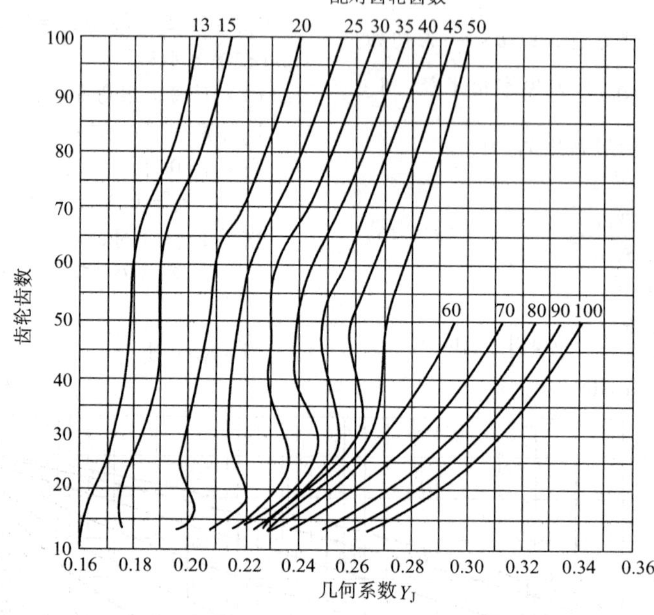

图8.4-31　$\Sigma=90°$、$\alpha_n=20°$、刀刃半径$0.12m_{et}$的直齿锥齿轮的几何系数 Y_J

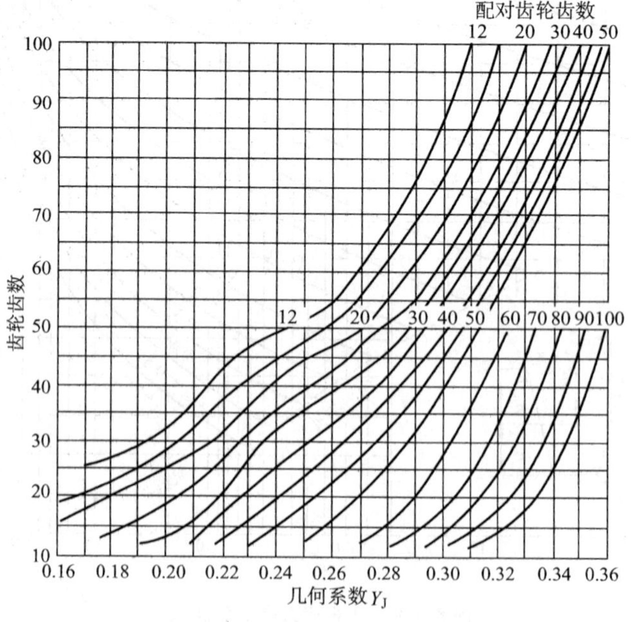

图8.4-32　$\Sigma=90°$、$\alpha_n=20°$、$\beta_m=35°$、刀刃半径$0.12m_{et}$的弧齿锥齿轮的几何系数 Y_J

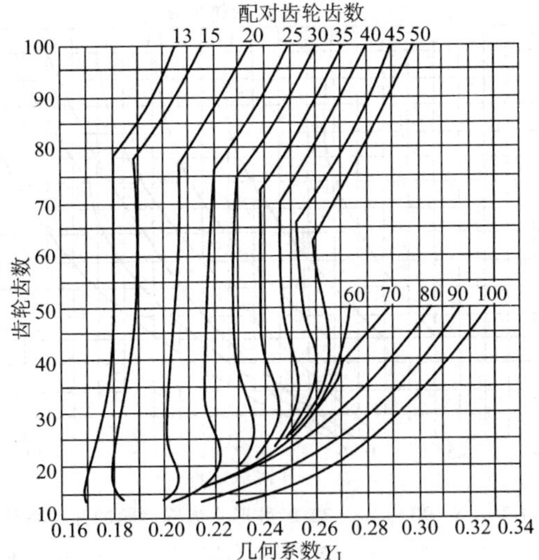

图 8.4-33　$\Sigma=90°$、$\alpha_n=20°$、刀刃半径 $0.12m_{et}$的大模数零度齿锥齿轮的几何系数 Y_J

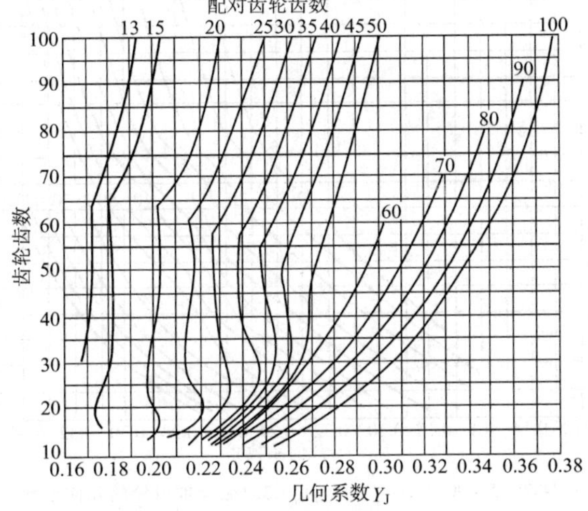

图 8.4-34　$\Sigma=90°$、$\alpha_n=20°$鼓形直齿锥齿轮的几何系数 Y_J

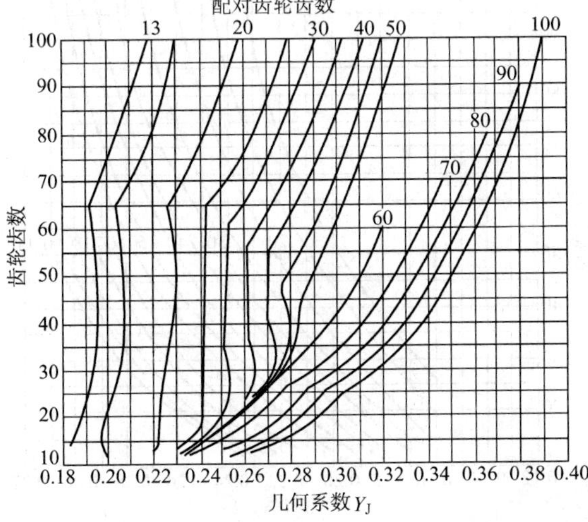

图 8.4-35　$\Sigma=90°$、$\alpha_n=25°$鼓形直齿锥齿轮的几何系数 Y_J

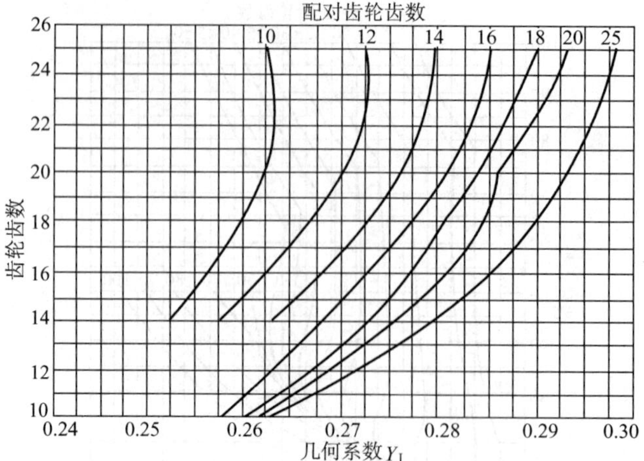

图 8.4-36　$\Sigma=90°$、$\alpha_n=22.5°$鼓形直齿锥齿轮的几何系数 Y_J

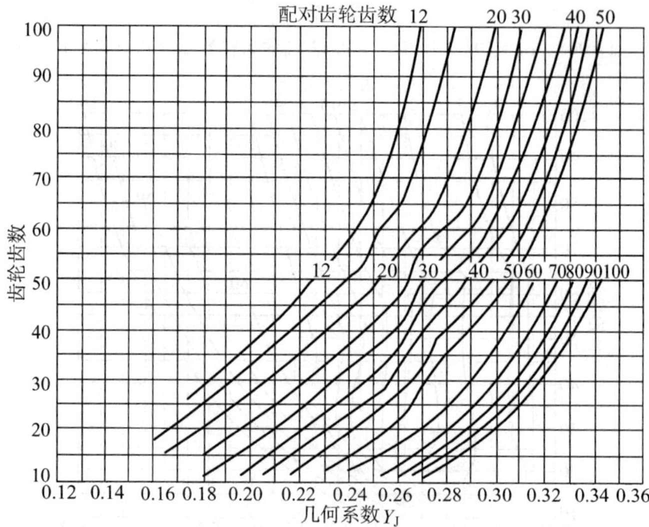

图 8.4-37　$\Sigma=90°$、$\alpha_n=20°$、$\beta_m=35°$弧齿锥齿轮的几何系数 Y_J

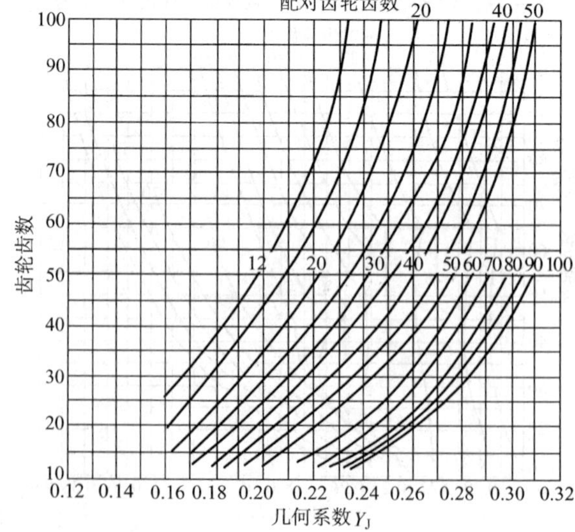

图 8.4-38　$\Sigma=90°$、$\alpha_n=20°$、$\beta_m=15°$弧齿锥齿轮的几何系数 Y_J

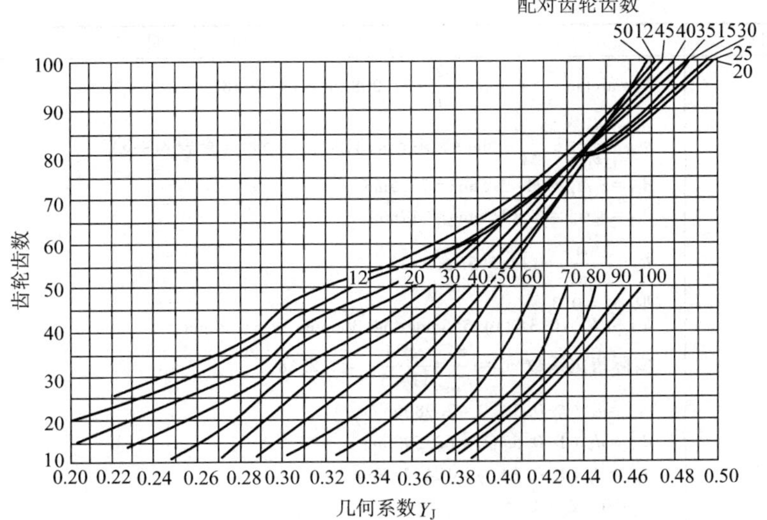

图 8.4-39　$\Sigma=90°$、$\alpha_n=25°$、$\beta_m=35°$弧齿锥齿轮的几何系数 Y_J

3.3.3.5　齿根弯曲疲劳强度计算的强度基本值 σ_{FE} 和系数

（1）齿轮材料的弯曲疲劳强度基本值 σ_{FE}

σ_{FE}见本篇第 2 章 4.5.23 节及图 8.2-32。

（2）寿命系数 Y_{NT}

Y_{NT}见本篇第 2 章 4.5.24 节及图 8.2-33。

（3）相对齿根圆角敏感系数 $Y_{\delta relT}$

$Y_{\delta relT}$见本篇第 2 章 4.5.26 节及图 8.2-35。

（4）相对齿根表面状况系数 Y_{RrelT}

Y_{RrelT}见本篇第 2 章 4.5.27 节及图 8.2-36、表 8.2-80、表 8.2-81。

（5）尺寸系数 Y_X

Y_X按中点法面模数 m_{mn} 查本篇第 2 章表 8.2-77 或图 8.2-34。

（6）齿根弯曲疲劳强度的最小安全系数 S_{Fmin}

S_{Fmin}见本篇第 2 章 4.5.16 节及表 8.2-71。

3.3.4　开式锥齿轮传动的强度计算

开式锥齿轮传动只进行齿根弯曲疲劳强度计算。计算出的 σ_F 乘以磨损系数 K_m 后做校核。磨损系数 K_m 见本篇第 2 章 4.9 节及表 8.2-90。

3.4　锥齿轮传动设计示例

例 8.4-1　设计某机床主传动用 6 级直齿锥齿轮传动。已知：小轮传动的转矩 $T_1=140\text{N}\cdot\text{m}$，小轮转速 $n_1=960\text{r/min}$；大轮转速 $n_2=325\text{r/min}$。两轮轴线相交成 90°，小轮悬臂支承，大轮两端支承。大、小轮均采用 20Cr 渗碳、淬火，齿面硬度 58～63HRC。齿面粗糙度 $Rz_1=Rz_2=3.2\mu\text{m}$。采用 100 号中极压齿轮润滑油，齿轮长期工作。

解：

计　算　项　目	计　算　和　说　明
1. 初步设计	
设计公式	$d'_{e1}\geqslant 1951\sqrt[3]{\dfrac{KT_1}{u\sigma'^2_{HP}}}$（查表 8.4-26，闭式直齿锥齿轮）
载荷系数	$K=1.5$
齿数比	$u=i=\dfrac{n_1}{n_2}=\dfrac{960}{325}=2.954$
估算时的齿轮许用接触应力	$\sigma'_{HP}=\dfrac{\sigma_{Hlim}}{S'_H}=\dfrac{1300}{1.1}\text{MPa}=1182\text{MPa}$ 式中，试验齿轮的接触疲劳强度极限 $\sigma_{Hlim}=1300\text{MPa}$（查图 8.2-15h），估算时的安全系数 $S'_H=1.1$
估算结果	$d'_{e1}\geqslant 1951\sqrt[3]{\dfrac{1.5\times140}{2.954\times1182^2}}\text{mm}=72.296\text{mm}$
2. 几何计算	
齿数	取 $z_1=21$，$z_2=uz_1=2.954\times21=62$，实际齿数比 $u=\dfrac{z_2}{z_1}=62/21=2.9524$
分锥角	$\delta_1=\arctan\dfrac{z_1}{z_2}=\arctan\dfrac{21}{62}=18.71174°=18°42'42''$

（续）

计算项目	计算和说明
	$\delta_2=\arctan\dfrac{z_1}{z_2}=\arctan\dfrac{62}{21}=71.28826°=71°17'18''$
大端模数	$m_{et}=\dfrac{d'_{e1}}{z_1}=\dfrac{72.296}{21}mm=3.44$mm，取 $m_{et}=3.5$mm（查表8.4-3）
大端分度圆直径	$d_{e1}=z_1m_{et}=21\times3.5mm=73.5$mm $d_{e2}=z_2m_{et}=62\times3.5mm=217$mm
外锥距	$R_e=\dfrac{d_{e1}}{2\sin\delta_1}=114.555$mm
齿宽系数 齿宽	取 $\phi_R=0.3$ $b=\phi_RR_e=0.3\times114.555mm=34.366$mm，取 $b=34$mm 实际齿宽系数 $\phi_R=\dfrac{b}{R_e}=\dfrac{34}{114.555}=0.2968$
中点模数	$m_m=m_{et}(1-0.5\phi_R)=2.9806$mm
中点分度圆直径	$d_{m1}=d_{e1}(1-0.5\phi_R)=62.593$mm $d_{m2}=d_{e2}(1-0.5\phi_R)=184.797$mm
切向变位系数	$x_{t1}=0\quad x_{t2}=0$
高变位系数	$x_1=0\quad x_2=0$
顶隙	$c=c^*m_{et}=0.2\times3.5$mm$=0.875$mm（GB/T 12369—1990 齿制 $c^*=0.2$）
大端齿顶高	$h_{a1}=(1+x_1)m_{et}=(1+0)\times3.5mm=3.5$mm，$h_{a2}=3.5$mm
大端齿根高	$h_{f1}=(1+c^*-x_1)m_{et}=(1+0.2-0)\times3.5mm=4.2$mm $h_{f2}=(1+c^*-x_2)m_{et}=(1+0.2-0)\times3.5mm=4.2$mm
全齿高	$h=(2+c^*)m_{et}=(2+0.2)\times3.5mm=7.7$mm
齿根角	$\theta_{f1}=\arctan\dfrac{h_{f1}}{R_e}=\arctan\dfrac{4.2}{114.555}=2.09973°=2°05'59''$ $\theta_{f2}=\arctan\dfrac{h_{f2}}{R_e}=2°05'59''$
齿顶角	$\theta_{a1}=\theta_{f2}=2°05'59''$，$\theta_{a2}=\theta_{f1}=2°05'59''$（采用等顶隙收缩齿）
顶锥角	$\delta_{a1}=\delta_1+\theta_{a1}=18°42'42''+2°05'59''=20°48'41''$ $\delta_{a2}=\delta_2+\theta_{a2}=71°17'18''+2°05'59''=73°23'17''$
根锥角	$\delta_{f1}=\delta_1-\theta_{f1}=18°42'42''-2°05'59''=16°36'43''$ $\delta_{f2}=\delta_2-\theta_{f2}=71°17'18''-2°05'59''=69°11'19''$
大端齿顶圆直径	$d_{ae1}=d_{e1}+2h_{a1}\cos\delta_1=(73.5+2\times3.5\cos18°7117°)mm=80.130$mm $d_{ae2}=d_{e2}+2h_{a2}\cos\delta_2=(217+2\times3.5\cos71.2883°)mm=219.246$mm
安装距	$A_1=120.179$mm　　$A_2=105$mm
冠顶距	$A_{k1}=\dfrac{d_{e2}}{2}-h_{a1}\sin\delta_1=\left(\dfrac{217}{2}-3.5\sin18.7117°\right)mm=107.377$mm $A_{k2}=\dfrac{d_{e1}}{2}-h_{a2}\sin\delta_2=\left(\dfrac{73.5}{2}-3.5\sin71.2883°\right)mm=33.435$mm
大端分度圆弧齿厚	$s_1=m_{et}\left(\dfrac{\pi}{2}+2x_1\tan\alpha+x_{t1}\right)=\left[3.5\times\left(\dfrac{\pi}{2}-2\times0\times\tan20°+0\right)\right]mm=5.4978$mm（标准压力角 $\alpha=20°$） $s_2=\pi m_{et}-s_1=5.4978$mm
大端分度圆弦齿厚	$\bar{s}_1=s_1\left(1-\dfrac{s_1^2}{6d_{e1}^2}\right)=\left[5.4978\times\left(1-\dfrac{5.4978^2}{6\times73.5^2}\right)\right]mm=5.4927$mm $\bar{s}_2=s_2\left(1-\dfrac{s_2^2}{6d_{e2}^2}\right)=\left[5.4978\times\left(1-\dfrac{5.4978^2}{6\times217^2}\right)\right]mm=5.4972$mm
大端分度圆弦齿高	$\bar{h}_1=h_{a1}+\dfrac{s_1^2\cos\delta_1}{4d_{e1}}=\left[3.5+\dfrac{5.4927^2\cos18.7117°}{4\times73.5}\right]mm=3.5972$mm $\bar{h}_2=h_{a2}+\dfrac{s_2^2\cos\delta_2}{4d_{e2}}=\left[3.5+\dfrac{5.4978^2\cos71.28826°}{4\times217}\right]mm=3.5112$mm
当量齿数	$z_{v1}=\dfrac{z_1}{\cos\delta_1}=\dfrac{21}{\cos18.7117°}=22.172$，$z_{v2}=\dfrac{z_2}{\cos\delta_2}=\dfrac{62}{\cos71.2883°}=193.263$

（续）

计 算 项 目	计 算 和 说 明
当量齿轮分度圆直径	$d_{v1}=d_{m1}\frac{\sqrt{u^2+1}}{u}=\left(62.593\times\frac{\sqrt{2.9524^2+1}}{2.5924}\right)\text{mm}=66.086\text{mm}$ $d_{v2}=u^2d_{v1}=(2.5924^2\times62.593)\text{mm}=576.042\text{mm}$
当量齿轮顶圆直径	$d_{va1}=d_{v1}+2h_a=(66.086+2\times1\times2.9608)\text{mm}=72.047\text{mm}$ $d_{va2}=d_{v2}+2h_a=(576.042+2\times1\times2.9608)\text{mm}=582.003\text{mm}$
当量齿轮根圆直径	$d_{vb1}=d_{v1}\cos\alpha=(66.086\times\cos20°)\text{mm}=62.100\text{mm}$ $d_{vb2}=d_{v2}\cos\alpha=(576.042\times\cos20°)\text{mm}=541.302\text{mm}$
当量齿轮传动中心距	$a_v=\frac{1}{2}(d_{v1}+d_{v2})=\left[\frac{1}{2}\times(66.086+576.042)\right]\text{mm}=321.064\text{mm}$
当量齿轮基圆齿距	$p_{vb}=\pi m_m\cos\alpha=(3.14\times2.9608\times\cos20°)\text{mm}=8.7991\text{mm}$
啮合线长度	$g_{v\alpha}=\frac{1}{2}\left(\sqrt{d_{va1}^2-d_{vb1}^2}+\sqrt{d_{va2}^2-d_{vb2}^2}\right)-a_v\sin\alpha_{vt}$ $=\left[\frac{1}{2}(\sqrt{72.047^2-62.1^2}+\sqrt{582.003^2-542.302^2})-321.064\times\sin20°\right]\text{mm}=15.365\text{mm}$
端面重合度	$\varepsilon_{v\alpha}=\frac{g_{v\alpha}}{p_{vb}}=\frac{15.365}{8.799}=1.746$
齿中部接触线长度	$l_{bm}=\frac{2b\sqrt{\varepsilon_{va}-1}}{\varepsilon_{va}}=\frac{2\times34\times\sqrt{1.746-1}}{1.746}\text{mm}=33.63\text{mm}$
齿中部接触线的投影长度	$l'_{bm}=l_{bm}=33.63\text{mm}$
3. 齿面接触疲劳强度校核	由表 8.4-28 强度条件 $\sigma_H\leqslant\sigma_{HP}$
计算公式	齿面接触应力 $\sigma_H=Z_MZ_HZ_EZ_{LS}Z_\beta Z_K\sqrt{\frac{K_AK_vK_{H\beta}K_{H\alpha}F_t}{d_{m1}l_{bm}}\times\frac{\sqrt{u^2+1}}{u}}$ 许用接触应力 $\sigma_{HP}=\frac{\sigma_{Hlim}Z_{NT}Z_LZ_vZ_RZ_WZ_X}{S_{Hmin}}$
中点分度圆上的切向力	$F_t=\frac{2000T_1}{d_{m1}}=\frac{2000\times140}{62.593}\text{N}=4473\text{N}$
使用系数	$K_A=1.25$（表 8.2-41）
动载系数	由 6 级精度和中点节线速度 $v_m=\frac{\pi d_{m1}n_1}{60\times1000}=\frac{\pi\times62.593\times960}{60\times1000}=3.145\text{m/s}$，查图 8.4-28，$K_v=1.045$
齿向载荷分布系数	由表 8.4-30 取 $K_{H\beta e}=1.1$，有效工作齿宽 $b_e>0.85b$，按式(8.4-1)，$K_{H\beta}=1.5K_{H\beta e}=1.5\times1.1=1.65$
端面载荷系数	$F_t/b_e\approx F_t/b=(4473/34)\ \text{N/mm}=131.5\text{N/mm}>100\text{N/mm}$，查表 8.4-32，$K_{H\alpha}=1.0$
节点区域系数	查图 8.4-29，$Z_H=2.5$
中点区域系数	由式(8.4-6)计算 $Z_M=\frac{\tan\alpha_{vt}}{\sqrt{\left[\sqrt{\left(\frac{d_{va1}}{d_{vb1}}\right)^2-1}-\frac{\pi F_1}{z_{v1}}\right]\times\left[\sqrt{\left(\frac{d_{va2}}{d_{vb2}}\right)^2-1}-\frac{\pi F_2}{z_{v2}}\right]}}$ $=\frac{\tan20°}{\sqrt{\left[\sqrt{\left(\frac{72.047}{62.1}\right)^2-1}-\frac{\pi\times2}{22.172}\right]\times\left[\sqrt{\left(\frac{582.003}{541.302}\right)^2-1}-\frac{\pi\times1.492}{193.263}\right]}}$ $=1.082$ 参数 F_1 和 F_2 按表 8.4-33 计算 $F_1=2;F_2=2(\varepsilon_{v\alpha}-1)=2\times(1.746-1)=1.492$
弹性系数	$Z_E=189.8\sqrt{\text{MPa}}$（见表 8.2-64）
螺旋角系数	直齿轮，$Z_\beta=1$
锥齿轮系数	由式(8.4-8)，$Z_K=0.8$
载荷分配系数	由式(8.4-9)，$Z_{LS}=1$

（续）

计 算 项 目	计 算 和 说 明
计算接触应力	$\sigma_H=\left(\sqrt{\dfrac{1.25\times1.045\times1.65\times1.0\times4473}{62.593\times33.63}\times\dfrac{\sqrt{2.9524^2+1}}{2.9524}}\times1.083\times2.5\times189.8\times1\times1\times0.8\right)$ MPa = 904MPa
试验齿轮的接触疲劳极限	$\sigma_{Hlim}=1300$MPa（见图 8.2-15h）
寿命系数	$Z_N=1$，长期工作，取为无限寿命设计
润滑油影响系数	$Z_LZ_vZ_R=0.92$（见表 8.4-34）
工作硬化系数	$Z_W=1$
尺寸系数	$Z_X=1$
最小安全系数	$S_{Hmin}=1.1$
许用接触应力值	$\sigma_{HP}=\left(\dfrac{1300}{1.1}\times1\times0.92\times1\times1\right)$ MPa = 1087.3MPa
齿面接触疲劳强度校核结果	$\sigma_H=904\text{MPa}<\sigma_{HP}=1087.3\text{MPa}$，通过
4. 齿根弯曲疲劳强度校核	
计算公式	由表 8.4-28，强度条件 $\sigma_F\leqslant\sigma_{FP}$ 齿面接触应力 $\sigma_F=\sigma_{F0}K_AK_vK_{F\beta}K_{F\alpha}$ 齿根弯曲应力基本值 $\sigma_{F0}=\dfrac{F_t}{bm_{mn}}Y_{Fa}Y_{Sa}Y_\varepsilon Y_KY_{LS}$ 许用弯曲应力 $\sigma_{FP}=\dfrac{\sigma_{FE}Y_{NT}Y_{\delta relT}Y_{RrelT}Y_X}{S_{Fmin}}$
通用系数	$K_A=1.25$；$K_v=1.045$；$K_{F\beta}=K_{H\beta}=1.65$；$K_{F\alpha}=K_{H\alpha}=1.0$；$F_t=4473$N。同前
复合齿形系数	$Y_{FS1}=Y_{Fa1}Y_{Sa1}=4.72$，$Y_{FS2}=Y_{Fa2}Y_{Sa2}=4.2$。 按当量齿轮齿数 $z_{v1}=22.172$、$z_{v2}=193.263$（见图 8.4-25）
重合度系数	$Y_\varepsilon=0.25+0.75/\varepsilon_{v\alpha}=0.25+0.75/1.746=0.68$［式(8.4-18)］
锥齿轮系数	按式(8.4-21)计算 $Y_K=\dfrac{1}{4}\left(1+\dfrac{l'_{bm}}{b}\right)^2\dfrac{b}{l'_{bm}}=\dfrac{1}{4}\left(1+\dfrac{33.63}{34}\right)^2\times\dfrac{34}{33.63}=1$
载荷分配系数	$Y_{LS}=Z_{LS}^2=1$，式(8.4-22)
齿根弯曲应力计算值	$\sigma_{F1}=\left(\dfrac{1.25\times1.045\times1.65\times1.0\times4473}{34\times2.9806}\times4.72\times0.68\times1\times1\right)$ MPa = 305.3MPa $\sigma_{F2}=\sigma_{F1}\dfrac{Y_{FS2}}{Y_{FS1}}=305.3\times\dfrac{4.2}{4.72}=271.7$MPa
齿根弯曲疲劳强度基本值	$\sigma_{FE}=630$MPa（见图 8.2-32h）
寿命系数	$Y_{NT}=1$，长期工作，取为无限寿命设计
相对齿根圆角敏感系数	$Y_{\delta relT}=1$
相对齿根表面状况系数	$Y_{RrelT}=1$
尺寸系数	$Y_{X1}=Y_{X2}=1$（见图 8.2-34）
最小安全系数	$S_{Fmin}=1.4$
许用弯曲应力值	$\sigma_{FP1}=\sigma_{FP2}=\left(\dfrac{630}{1.4}\times1\times1\times1\right)$ MPa = 450MPa
齿根弯曲强度校核结果	$\sigma_{F1}=305.3\text{MPa}<\sigma_{FP1}=450\text{MPa}$ $\sigma_{F2}=271.7\text{MPa}<\sigma_{FP2}=450\text{MPa}$，通过
5. 结构和工作图	小轮结构为齿轮轴，工作图见图 8.4-41；大齿轮为锻造孔板式，工作图略

例 8.4-2 设计某运输机用 6 级精度克林根贝尔格锥齿轮传动。已知：小齿轮传动的转矩 T_1 = 750N·m，转速 n_1 = 960r/min；大轮转速 n_2 = 175r/min。轴交角 90°，小轮悬臂支承，大轮跨支承。小轮用 20CrMnMo 经渗碳淬火，齿面硬度 56～62HRC。大轮用 42CrMo 调质，齿面硬度 270～330HBW。齿面表面粗糙度 $Rz_1=Rz_2=3.2\mu$m。采用 100 号中极压齿轮润滑油，齿轮长期工作。

解：

计　算　项　目	计　算　和　说　明
1. 初步设计	
设计公式	$d_{e1} \geqslant 1636\sqrt[3]{\dfrac{KT_1}{u\sigma'^2_{HP}}}$ 闭式曲线锥齿轮，$\beta_m \approx 35°$（见表 8.4-26）
载荷系数	初取 $K=1.7$
齿数比	$u=i=\dfrac{n_1}{n_2}=\dfrac{960}{175}=5.486$
估算时的许用接触应力	$\sigma'_{HP}=\dfrac{\sigma_{Hlim}}{S'_H}=\dfrac{770}{1.1}MPa=700MPa$ 式中，试验齿轮的接触疲劳极限 $\sigma_{Hlim1}=1300MPa$，查图 8.2-15h；$\sigma_{Hlim2}=770MPa$，查图 8.2-15f；安全系数 $S'_H=1.1$
计算结果	$d_{e1} \geqslant 1636\sqrt[3]{\dfrac{1.7\times750}{5.486\times700^2}}mm=127.6mm$，取 $d_{e1}=130mm$
2. 几何计算	下列参数见表 8.4-18 算例栏： 齿数 $z_1=9, z_2=49$ 实际齿数比 $u=5.4444$ 齿宽 $b=105mm$ 中点分度圆直径 $d_{m1}=111.032mm, d_{m2}=604.505mm$ 分锥角 $\delta_1=10.40771°, \delta_2=79.59230°$ 中点法向模数 $m_{mn}=10.5mm$ 中点螺旋角 $\beta_m=31.6675°=31°40'03''$
当量齿轮分度圆直径	$d_{v1}=d_{m1}\dfrac{\sqrt{u^2+1}}{u}=111.032\times\dfrac{\sqrt{5.4444^2+1}}{5.4444}mm=112.889mm$ $d_{v2}=u^2d_{v1}=5.4444^2\times112.889mm=3346.263mm$
当量齿轮顶圆直径	$d_{va1}=d_{v1}+2h_a=d_{v1}+2h_a^* m_{nm}=(111.032+2\times1\times10.5)mm=132.032mm$ $d_{va2}=d_{v2}+2h_a=(3346.2636+2\times1\times10.5)mm=3367.263mm$
当量齿轮基圆直径	$d_{vb1}=d_{v1}\cos\alpha_{vt}=(112.889\times\cos23.1536°)mm=103.796mm$ $d_{vb2}=d_{v2}\cos\alpha_{vt}=(3346.263\times\cos23.1536°)mm=3076.735mm$ 当量齿轮端面压力角 $\alpha_{vt}=\arctan\dfrac{\tan\alpha_n}{\cos\beta_m}=\arctan\dfrac{\tan20°}{\cos31.6675°}=23.1536°$
当量齿轮传动中心距	$a_v=\dfrac{1}{2}(d_{v1}+d_{v2})=\dfrac{1}{2}\times(112.889+3346.263)mm=1729.576mm$
当量齿轮基圆螺旋角	$\beta_{vb}=\arcsin(\sin\beta_m\cos\alpha_n)=\arcsin(\sin31.6675°\times\cos20°)=29.5596°$
当量圆柱齿轮齿数	$z_{v1}=\dfrac{z_1}{\cos\delta_1}=\dfrac{9}{\cos10.40771°}=9.15, z_{v2}=\dfrac{z_2}{\cos\delta_1}=\dfrac{49}{\cos79.59230°}=271.2$
当量法面圆柱齿轮齿数	$z_{vn1}=\dfrac{z_1}{\cos^2\beta_{vb}\cos\beta_m\cos\delta_1}=\dfrac{9}{\cos^2 29.5596°\cos31.6675°\cos10.40771°}=14.2$ $z_{vn2}=\dfrac{z_2}{\cos^2\beta_{vb}\cos\beta_m\cos\delta_2}=\dfrac{49}{\cos^2 29.5596°\cos31.6675°\cos79.59230°}=421.2$
当量齿轮基圆端面齿距	$p_{vb}=\pi m_m\cos\alpha_{vt}=(\pi\times10.5\times\cos23.1536°)mm=30.330mm$
啮合线长度	$g_{v\alpha}=\dfrac{1}{2}(\sqrt{d_{va1}^2-d_{vb1}^2}+\sqrt{d_{va2}^2-d_{vb2}^2})-a_v\sin\alpha_{vt}$ $=\left[\dfrac{1}{2}(\sqrt{132.032^2-103.796^2}+\sqrt{3367.263^2-3076.735^2})-1729.576\times\sin23.1536°\right]mm$ $=44.72mm$
端面重合度	$\varepsilon_{v\alpha}=\dfrac{g_{v\alpha}}{p_{vb}}=\dfrac{44.72}{30.33}=1.474$

（续）

计算项目	计算和说明
纵向重合度	$\varepsilon_{v\beta}=\dfrac{b\sin\beta_m}{\pi m_{mn}}=\dfrac{105\times\sin31.6675^\circ}{\pi\times10.5}=1.671$
总重合度	$\varepsilon_{v\gamma}=\sqrt{\varepsilon_{v\alpha}^2+\varepsilon_{v\beta}^2}=\sqrt{1.474^2+1.671^2}=2.228$
齿中部接触线长度	由 $\varepsilon_{v\beta}=2.228\geqslant1$，$l_{bm}=\dfrac{b\varepsilon_{v\alpha}}{\varepsilon_{v\gamma}\cos\beta_{vb}}=\dfrac{105\times1.474}{2.228\times\cos29.5596^\circ}\text{mm}=79.86\text{mm}$
齿中部接触线的投影长度	$l'_{bm}=l_{bm}\cos\beta_{vb}=(79.86\times\cos29.5596^\circ)\text{mm}=69.5\text{mm}$
3. 齿面接触疲劳强度校核	
	由表8.4-28 强度条件 $\sigma_H\leqslant\sigma_{HP}$
计算公式	齿面接触应力 $\sigma_H=Z_MZ_HZ_EZ_{LS}Z_\beta Z_K\sqrt{\dfrac{K_AK_vK_{H\beta}K_{H\alpha}F_t}{d_{m1}l_{bm}}\times\dfrac{\sqrt{u^2+1}}{u}}$ 许用接触应力 $\sigma_{HP}=\dfrac{\sigma_{Hlim}Z_{NT}Z_LZ_vZ_RZ_WZ_X}{S_{Hmin}}$
中点分度圆切向力	$F_t=\dfrac{2000T_1}{d_{m1}}=\dfrac{2000\times750}{111.032}\text{N}=13510\text{N}$
使用系数	$K_A=1.25$，表8.2-41
动载系数	由6级精度和中点节线速度 $v_m=\dfrac{\pi d_{m1}n_1}{60\times1000}=\dfrac{\pi\times111.032\times960}{60\times1000}\text{m/s}=5.58\text{m/s}$，查图8.4-28 $K_v=1.08$
齿向载荷分布系数	由表8.4-30取 $K_{H\beta e}=1.1$，有效工作齿宽 $b_e>0.85b$，按式(8.4-1) $H_{H\beta}=1.5K_{H\beta e}=1.5\times1.1=1.65$
端面载荷系数	$\dfrac{F_t}{b_e}\approx\dfrac{F_t}{b}=(13510/105)\text{N/mm}=128.7\text{N/mm}>100\text{N/mm}$，由表8.4-32，$K_{H\alpha}=1.0$
节点区域系数	由式(8.4-5)，$Z_H=2\sqrt{\cos\beta_{vb}/\sin(2\alpha_{vt})}=2\sqrt{\cos29.5596^\circ/\sin(2\times23.1536^\circ)}=2.194$
中点区域系数	由式(8.4-6)计算： $Z_M=\dfrac{\tan\alpha_{vt}}{\sqrt{\left[\sqrt{\left(\dfrac{d_{va1}}{d_{vb1}}\right)^2-1}-\dfrac{\pi F_1}{z_{v1}}\right]\left[\sqrt{\left(\dfrac{d_{va2}}{d_{vb2}}\right)^2-1}-\dfrac{\pi F_2}{z_{v2}}\right]}}$ $=\dfrac{\tan23.1536^\circ}{\sqrt{\left[\sqrt{\left(\dfrac{132.032}{103.796}\right)^2-1}-\dfrac{\pi\times1.474}{9.15}\right]\left[\sqrt{\left(\dfrac{3367.263}{3076.735}\right)^2-1}-\dfrac{\pi\times1.474}{271.2}\right]}}$ $=1.236$ 参数 F_1 和 F_2 按表8.4-33计算：$F_1=F_2=\varepsilon_{v\alpha}=1.474$
弹性系数	$Z_E=189.8\sqrt{\text{MPa}}$（见表8.2-64）
螺旋角系数	由式(8.4-7)计算：$Z_\beta=\sqrt{\cos\beta_m}=\sqrt{\cos31.6675^\circ}=0.922$
锥齿轮系数	由式(8.4-8)，$Z_K=0.8$
载荷分配系数	由式(8.4-10)计算 $Z_{LS}=\left\{1+2\left[1-\left(\dfrac{2}{\varepsilon_{v\gamma}}\right)^{1.5}\right]\sqrt{1-\dfrac{4}{\varepsilon_{v\gamma}^2}}\right\}^{-0.5}$ $=\left\{1+2\left[1-\left(\dfrac{2}{2.228}\right)^{1.5}\right]\sqrt{1-\dfrac{4}{2.228^2}}\right\}^{-0.5}=0.94$
计算接触应力	$\sigma_H=\sqrt{\dfrac{1.25\times1.08\times1.65\times1.0\times13510}{111.032\times79.86}\times\dfrac{\sqrt{5.444^2+1}}{5.444}}$ $\times1.236\times2.194\times189.8\times0.94\times0.922\times0.8\text{MPa}=662\text{MPa}$
许用接触应力	$\sigma_{HP}=\dfrac{\sigma_{Hlim}}{S_{Hmin}}Z_{NT}Z_LZ_vZ_RZ_XZ_W$
试验齿轮的接触疲劳极限	$\sigma_{Hlim1}=1300\text{MPa}$，$\sigma_{Hlim2}=770\text{MPa}$

（续）

计　算　项　目	计　算　和　说　明
寿命系数	$Z_{NT1}=Z_{NT2}=1$，长期工作，取为无限寿命设计
润滑油膜影响系数	按中点节线速度 $V_m=5.58\text{m/s}$、$\sigma_{Hlim1}=1300\text{MPa}$、$\sigma_{Hlim2}=770\text{MPa}$，润滑油黏度（40℃）$\nu=90\sim100\text{mm}^2/\text{s}$，查图 8.2-19～图 8.2-21，$Z_{L1}=0.96$，$Z_{L2}=0.94$，$Z_{v1}=0.96$，$Z_{v2}=0.98$，$Z_{R1}=Z_{R2}=1.0$
工作硬化系数	$Z_{W1}=1$，$Z_{W2}=1.12$（见图 8.2-22）
尺寸系数	$Z_{X1}=0.95$，$Z_{X2}=1$（见图 8.2-23）
最小安全系数	$S_{Hmin}=1.1$
许用接触应力值	$\sigma_{HP1}=\dfrac{1300}{1.1}\times1\times0.96\times0.96\times1\times1\times0.95\text{MPa}=1035\text{MPa}$ $\sigma_{HP2}=\dfrac{770}{1.1}\times1\times0.94\times0.98\times1\times1.12\times1\text{MPa}=722\text{MPa}$ $\sigma_{HP}=\min(\sigma_{Hlim1},\sigma_{Hlim2})=\min(1035\text{MPa},722\text{MPa})=722\text{MPa}$
齿面接触强度校核结果	$\sigma_H=662\text{N/mm}^2<\sigma_{HP}=722\text{MPa}$，通过
4. 齿根弯曲疲劳强度校核	
计算公式	由表 8.4-28 有 强度条件 $\sigma_F\leqslant\sigma_{FP}$ 齿面接触应力 $\sigma_F=\sigma_{F0}K_AK_vK_{F\beta}K_{F\alpha}$ 齿根弯曲应力基本值 $\sigma_{F0}=\dfrac{F_t}{bm_{nm}}Y_{Fa}Y_{Sa}Y_\varepsilon Y_KY_{LS}$ 许用弯曲应力 $\sigma_{FP}=\dfrac{\sigma_{FE}Y_{NT}Y_{\delta relT}Y_{RrelT}Y_x}{S_{Fmin}}$
通用系数	$K_A=1.25$，$K_v=1.08$，$K_{F\beta}=K_{HP}=1.65$，$K_{F\alpha}=K_{H\alpha}=1.0$，$F_t=13510\text{N}$
复合齿形系数	按当量齿轮齿数 $z_{vn1}=14.2$、$z_{vn2}=421.1$，查图 8.4-25 $Y_{FS1}=Y_{Fa1}Y_{Sa1}=3.9$，$Y_{FS2}=Y_{Fa2}Y_{Sa2}=4.08$
重合度系数	按式（8.4-20），$Y_\varepsilon=0.625$
锥齿轮系数	按式（8.4-21）计算 $Y_K=\dfrac{1}{4}\left(1+\dfrac{l'_{bm}}{b}\right)^2\dfrac{b}{l'_{bm}}=\dfrac{1}{4}\left(1+\dfrac{69.5}{105}\right)^2\times\dfrac{105}{69.5}=1.043$
载荷分配系数	由式（8.4-22）计算，$Y_{LS}=Z_{LS}^2=0.94^2=0.884$
齿根弯曲应力计算值	$\sigma_{F1}=\dfrac{1.25\times1.08\times1.65\times1.0\times13510}{105\times10.5}\times3.9\times0.625\times0.884\times1.043\text{MPa}=61.3\text{MPa}$ $\sigma_{F2}=\sigma_{F1}\dfrac{Y_{FS2}}{Y_{FS1}}=61.3\times\dfrac{4.08}{3.9}\text{MPa}=64.2\text{MPa}$
齿根弯曲疲劳强度基本值	$\sigma_{FE1}=620\text{MPa}$，图 8.2-32h；$\sigma_{FE2}=450\text{MPa}$，图 8.2-32f
寿命系数	$Y_{NT}=1$，长期工作，取为无限寿命设计
相对齿根圆角敏感系数	$Y_{\delta relT}=1$，（见图 8.2-35）
相对齿根表面状况系数	$Y_{RrelT}=1$（见图 8.2-36）
尺寸系数	$Y_{X1}=0.95$，$Y_{X2}=0.96$（见图 8.2-34）
最小安全系数	$S_{Fmin}=1.4$
许用弯曲应力值	$\sigma_{FP1}=\dfrac{620}{1.4}\times1\times1\times1\times0.95\text{MPa}=420\text{MPa}$ $\sigma_{FP1}=\dfrac{450}{1.4}\times1\times1\times1\times0.96\text{MPa}=308.6\text{MPa}$
齿根弯曲强度校核结果	$\sigma_{F1}=61.3\text{MPa}<\sigma_{FP1}=420\text{MPa}$； $\sigma_{F2}=64.2\text{MPa}<\sigma_{FP2}=308.6\text{MPa}$，通过
5. 结构和工作图	小轮结构为齿轮轴，工作图略；大齿轮为锻造孔板式，工作图见图 8.4-43

4　锥齿轮的结构（见表 8.4-35）

表 8.4-35　锥齿轮的结构

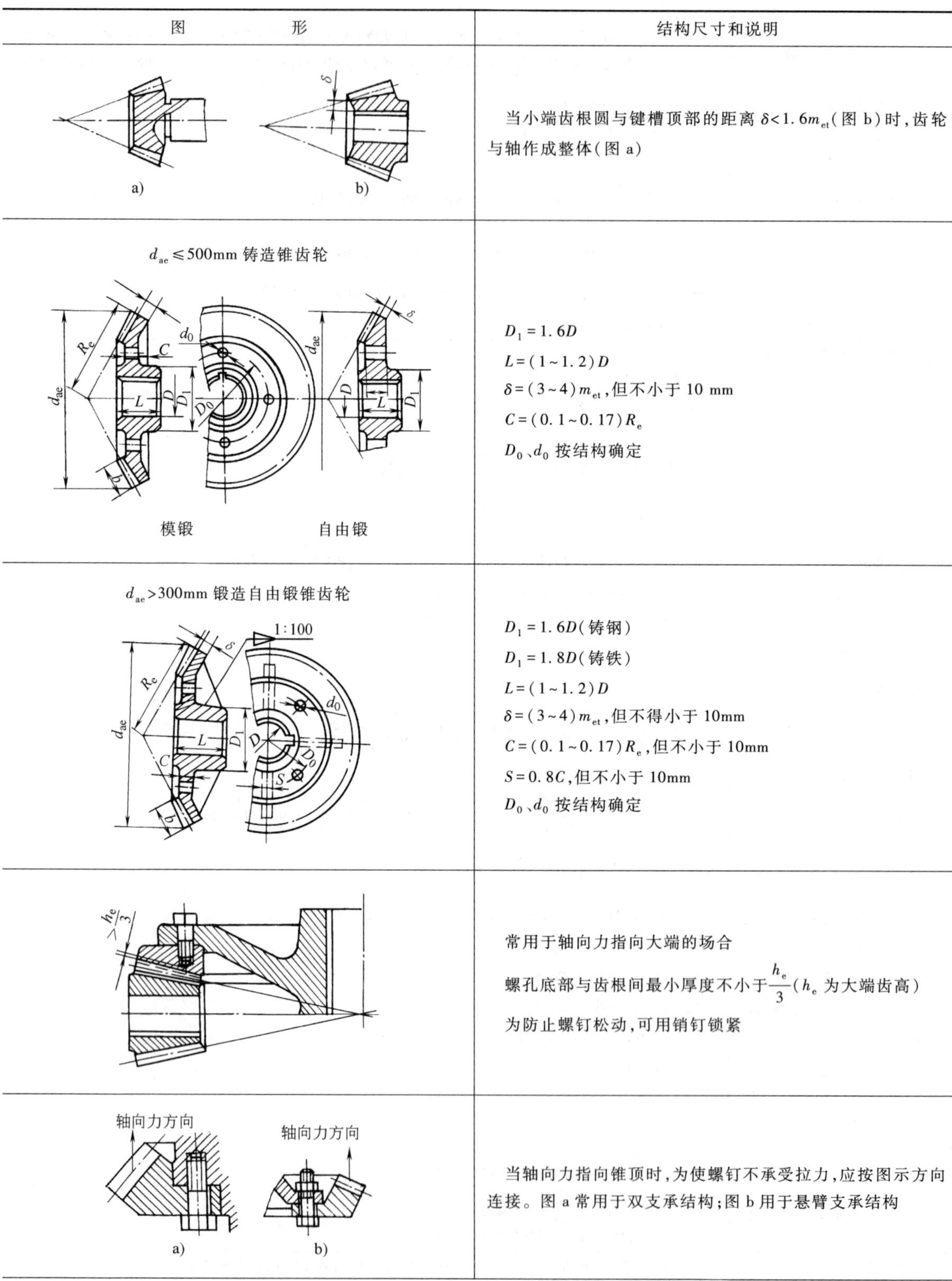

图　　形	结构尺寸和说明
a)　b)	当小端齿根圆与键槽顶部的距离 $\delta<1.6m_{et}$（图 b）时，齿轮与轴作成整体（图 a）
d_{ae}≤500mm 铸造锥齿轮 模锻　自由锻	$D_1=1.6D$ $L=(1\sim1.2)D$ $\delta=(3\sim4)m_{et}$，但不小于 10 mm $C=(0.1\sim0.17)R_e$ D_0、d_0 按结构确定
d_{ae}>300mm 锻造自由锻锥齿轮	$D_1=1.6D$（铸钢） $D_1=1.8D$（铸铁） $L=(1\sim1.2)D$ $\delta=(3\sim4)m_{et}$，但不得小于 10mm $C=(0.1\sim0.17)R_e$，但不小于 10mm $S=0.8C$，但不小于 10mm D_0、d_0 按结构确定
	常用于轴向力指向大端的场合 螺孔底部与齿根间最小厚度不小于$\frac{h_e}{3}$（h_e 为大端齿高） 为防止螺钉松动，可用销钉锁紧
a)　b)	当轴向力指向锥顶时，为使螺钉不承受拉力，应按图示方向连接。图 a 常用于双支承结构；图 b 用于悬臂支承结构

（续）

图　　形	结构尺寸和说明
作用力方向	常用于分锥角近于 45°的场合 轴向与径向力的合力方向和辐板方向一致，以减小变形
h_e H	轴向力指向大端 螺栓连接 $H=(3\sim4)m_{et}>h_e$

5　锥齿轮的精度（摘自 GB/T 11365—1989）

本节采用的锥齿轮精度来自 GB/T 11365—1989，适用于中点法向模数 $m_{mn}>1$mm 的直齿、斜齿和曲线齿及准双曲面齿轮（以下简称锥齿轮或齿轮）。

5.1　术语和定义（见表 8.4-36）

表 8.4-36　锥齿轮、齿轮副误差与侧隙的术语和定义

术　语	定　义	术　语	定　义
切向综合误差 $\Delta F_i'$ $\Delta F_i'$　$\Delta f_i'$ 切向综合公差 F_i'	被测齿轮与理想精确的测量齿轮按规定的安装位置单面啮合时，被测齿轮一转内，实际转角与理论转角之差的总幅度值。以齿宽中点分度圆弧长计	一齿轴交角综合误差 $\Delta f_{i\Sigma}''$ 一齿轴交角综合公差 $f_{i\Sigma}''$	被测齿轮与理想精确的测量齿轮在分锥顶点重合的条件下双面啮合时，被测齿轮一齿距角内，齿轮副轴交角的最大变动量。以齿宽中点处线值计
一齿切向综合误差 $\Delta f_i'$ 一齿切向综合公差 f_i'	被测齿轮与理想精确的测量齿轮按规定的安装位置单面啮合时，被测齿轮一齿距角内，实际转角与理论转角之差的最大幅度值。以齿宽中点分度圆弧长计	周期误差 $\Delta f_{zk}'$ $\Delta f_{zk}'$ 周期误差的公差 f_{zk}'	被测齿轮与理想精确的测量齿轮按规定的安装位置单面啮合时，被测齿轮一转内，二次（包括二次）以上各次谐波的总幅度值
轴交角综合误差 $\Delta F_{i\Sigma}''$ $\Delta F_{i\Sigma}''$　$\Delta f_{i\Sigma}''$ 轴交角综合公差 $F_{i\Sigma}''$	被测齿轮与理想精确的测量齿轮在分锥顶点重合的条件下双面啮合时，被测齿轮一转内，齿轮副轴交角的最大变动量。以齿宽中点处线值计	齿距累积误差 ΔF_p ΔF_p　ΔF_{pk} 齿距累积公差 F_p	在中点分度圆[①]上，任意两个同侧齿面间的实际弧长与公称弧长之差的最大绝对值

（续）

术 语	定 义
k 个齿距累积误差 ΔF_{pk} k 个齿距累积公差 F_{pk}	在中点分度圆[①]上，k 个齿距的实际弧长与公称弧长之差的最大绝对值。k 为 2 到小于 $z/2$ 的整数
齿圈跳动 ΔF_r 齿圈跳动公差 F_r	齿轮在一转范围内，测头在齿槽内与齿面中部双面接触时，沿分锥法向相对齿轮轴线的最大变动量
齿距偏差 Δf_{Pt} 实际齿距 公称齿距 Δf_{Pt} 齿距极限偏差 上极限偏差 $+f_{Pt}$ 下极限偏差 $-f_{Pt}$	在中点分度圆[①]上，实际齿距与公称齿距之差
齿形相对误差 Δf_c 齿形相对误差的公差 f_c	齿轮绕工艺轴线旋转时，各轮齿实际齿面相对于基准实际齿面传递运动的转角之差。以齿宽中点处线值计
齿厚偏差 $\Delta E_{\bar{s}}$ 齿厚极限偏差 上极限偏差 $E_{\bar{s}s}$ 下极限偏差 $E_{\bar{s}i}$ 公差 $T_{\bar{s}}$	齿轮中点法向弦齿厚的实际值与公称值之差
齿轮副切向综合误差 $\Delta F'_{ic}$ 齿轮副切向综合公差 F'_{ic}	齿轮副按规定的安装位置单面啮合时，在转动的整周期[②]内，一个齿轮相对另一个齿轮的实际转角与理论转角之差的总幅度值。以齿宽中点分度圆弧长计

术 语	定 义
齿轮副一齿切向综合误差 $\Delta f'_{ic}$ 齿轮副一齿切向综合公差 f'_{ic}	齿轮副按规定的安装位置单面啮合时，在一齿距角内，一个齿轮相对于另一个齿轮的实际转角与理论转角之差的最大值。在整周期[②]内取值，以齿宽中点分度圆弧长计
齿轮副轴交角综合误差 $\Delta F''_{i\Sigma c}$ 齿轮副轴交角综合公差 $F''_{i\Sigma c}$	齿轮副在分锥顶点重合条件下双面啮合时，在转动的整周期内，轴交角的最大变动量。以齿宽中点处线值计
齿轮副一齿轴交角综合误差 $\Delta f''_{i\Sigma c}$ 齿轮副一齿轴交角综合公差 $f''_{i\Sigma c}$	齿轮副在分锥顶点重合条件下双面啮合时，在一齿距角内，轴交角的最大变动量。在整周期内取值，以齿宽中点处线值计
齿轮副周期误差 $\Delta f'_{zkc}$ 齿轮副周期误差的公差 f'_{zkc}	齿轮副按规定的安装位置单面啮合时，在大轮一转范围内，二次（包括二次）以上各次谐波的总幅度值
齿轮副齿频周期误差 $\Delta f'_{zzc}$ 齿轮副齿频周期误差的公差 f'_{zzc}	齿轮副按规定的安装位置单面啮合时，以齿数为频率的谐波的总幅度值
接触斑点 b' b'' h'' h'	安装好的齿轮副（或被测齿轮与测量齿轮）在轻微力的制动下运转后，在齿轮工作齿面上得到的接触痕迹 接触斑点包括形状、位置和大小三方面的要求 接触痕迹的大小按百分率确定 沿齿长方向，接触痕迹长度 b'' 与工作长度 b' 之比，即 $\frac{b''}{b}\times 100\%$ 沿齿高方向，接触痕迹高度 h'' 与接触痕迹中部的工作齿高 h' 之比，即 $\frac{h''}{h'}\times 100\%$

（续）

术　语	定　义
齿轮副侧隙 j_t 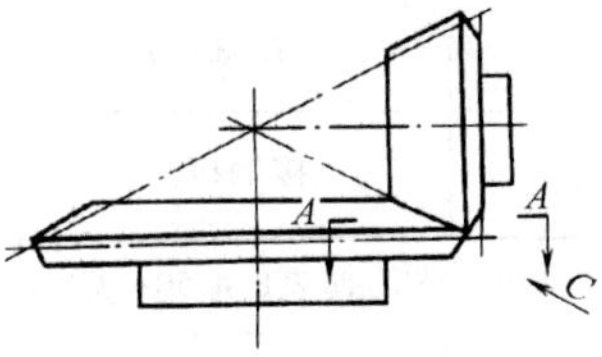 圆周侧隙 j_t 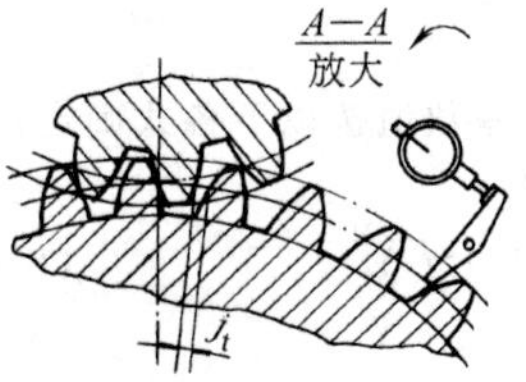 最小圆周侧隙 j_{tmin} 最大圆周侧隙 j_{tmax}	齿轮副按规定的位置安装后，其中一个齿轮固定时，另一个齿轮从工作齿面接触到非工作齿面接触所转过的齿宽中点分度圆弧长
法向侧隙 j_n 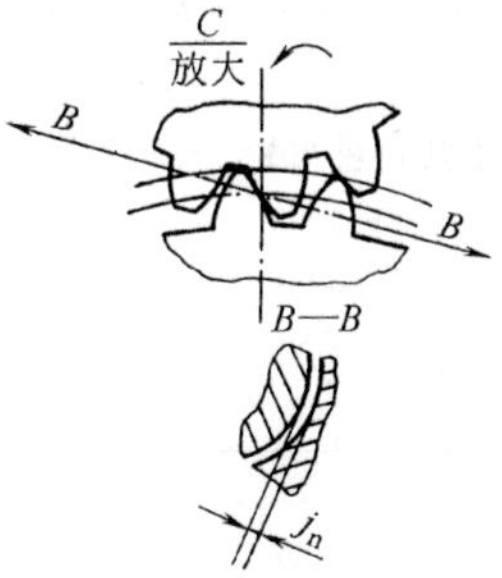 最小法向侧隙 j_{nmin} 最大法向侧隙 j_{nmax}	齿轮副按规定的位置安装后，工作齿面接触时，非工作齿面间的最短距离。以齿宽中点处计 $j_n=j_t\cos\beta\cos\alpha$
齿轮副侧隙变动量 ΔF_{vj} 齿轮副侧隙变动公差 F_{vj}	齿轮副按规定的位置安装后，在转动的整周期内，法向侧隙的最大值与最小值之差

术　语	定　义
齿圈轴向位移 Δf_{AM} 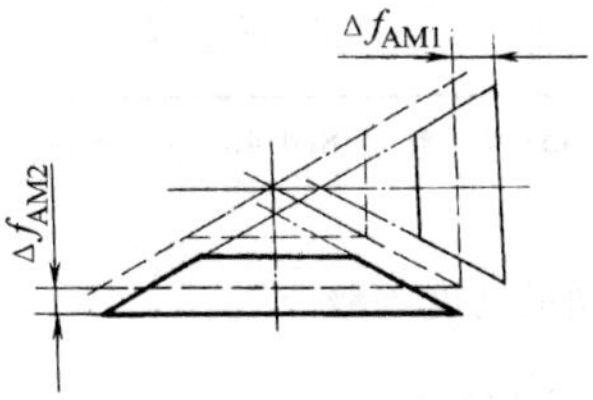 齿圈轴向位移极限偏差 上极限偏差 $+f_{AM}$ 下极限偏差 $-f_{AM}$	齿轮装配后，齿圈相对于滚动检查机上确定的最佳啮合位置的轴向位移量
齿轮副轴间距偏差 Δf_a 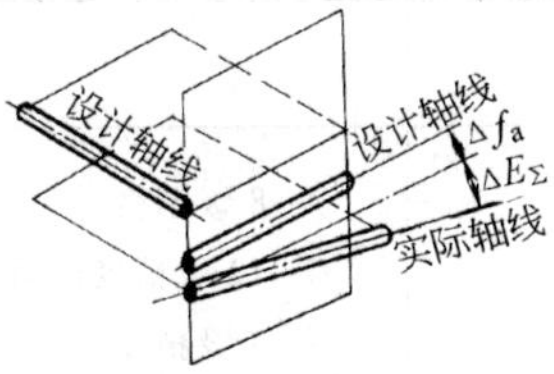 齿轮副轴间距极限偏差 上极限偏差 $+f_a$ 下极限偏差 $-f_a$	齿轮副实际轴间距与公称轴间距之差
齿轮副轴交角偏差 ΔE_Σ 齿轮副轴交角极限偏差 上极限偏差 $+E_\Sigma$ 下极限偏差 $-E_\Sigma$	齿轮副实际轴交角与公称轴交角之差。以齿宽中点处线值计

① 允许在齿面中部测量。

② 齿轮副转动整周期按下式计算：$n_2=\frac{z_1}{\omega}$，其中 n_2 为大轮转数，z_1 为小轮齿数，ω 为大、小轮齿数的最大公约数。

5.2 精度等级

国家标准对齿轮和齿轮副规定了 12 个精度等级，第 1 级的精度最高，第 12 级的精度最低。

按照公差的特性对传动性能的不同影响，将公差项目分成三个公差组，见表 8.4-37。

根据使用要求，允许各公差组选用不同精度等级。但对齿轮副中大、小轮的同一公差组，应规定同一精度等级。

除 $F''_{i\Sigma}$、$F''_{i\Sigma c}$、$f''_{i\Sigma}$、$f''_{i\Sigma c}$、F_r 和 F_{vj}外，允许工作齿

表 8.4-37 锥齿轮精度的公差组和检查项目

公差组	Ⅰ	Ⅱ	Ⅲ
齿轮	F'_i、$F''_{i\Sigma}$、F_p、F_{pk}、F_r	f'_i、$f''_{i\Sigma}$、f'_{zk}、f_{Pt}、f_c	接触斑点
齿轮副	F'_{ic}、$F''_{i\Sigma c}$、F_{vj}	f'_{ic}、$f''_{i\Sigma c}$、f'_{zkc}、f'_{zzc}、f_{AM}	接触斑点 f_a

注：F_p 和 F_{pk} 查表 8.4-45；F_r 查表 8.4-46；f'_{zk} 查表 8.4-47；f_{Pt} 查表 8.4-48；f_c 查表 8.4-49；$F''_{i\Sigma c}$ 查表8.4-50；$f''_{i\Sigma c}$ 查表 8.4-52。

面和非工作齿面选用不同的精度等级。

5.3 锥齿轮的检验组和公差

根据齿轮的工作要求和生产规模，在以下各公差组中任选一个检验组评定和验收齿轮的精度等级。

5.3.1 锥齿轮的检验组（见表 8.4-38）

5.3.2 锥齿轮的公差

齿轮各检验项的公差数值按以下各式确定：

$$F'_i = F_P + 1.15f_c \tag{8.4-24}$$

$$f'_i = 0.8\ (f_{Pt} + 1.15f_c) \tag{8.4-25}$$

$$F''_{i\Sigma} = 0.7F''_{i\Sigma c} \tag{8.4-26}$$

$$f''_{i\Sigma} = 0.7f''_{i\Sigma c} \tag{8.4-27}$$

表 8.4-38 锥齿轮的检验组

公差组	检验组	适用于
Ⅰ	$\Delta F'_i$	4~8 级精度
	$\Delta F''_{i\Sigma}$	7~12 级精度的直齿锥齿轮；9~12 级精度的斜齿、曲线齿锥齿轮
	ΔF_p	7~8 级精度
	ΔF_p 与 ΔF_{pk}	4~6 级精度
	ΔF_r	7~12 级精度，其中 7、8 级用于 d_m>1600mm 的锥齿轮
Ⅱ	$\Delta f'_i$	4~8 级精度
	$\Delta f''_{i\Sigma}$	7~12 级精度的直齿锥齿轮；9~12 级精度的斜齿、曲线齿锥齿轮
	$\Delta f'_{zk}$	4~8 级精度、轴向重合度 $\varepsilon_{v\beta}$ 大于表 8.4-39 中界限值的齿轮
	Δf_{Pt} 和 Δf_c	4~6 级精度
	Δf_{Pt}	4~12 级精度
Ⅲ	接触斑点	4~12 级精度

表 8.4-39 纵向重合度 $\varepsilon_{v\beta}$ 的界限值

接触精度等级	4，5	6，7	8
纵向重合度 $\varepsilon_{v\beta}$ 的界限值	1.35	1.55	2.0

接触斑点的形状、位置和大小，由设计者根据齿轮的用途、载荷和轮齿刚度及齿线形状特点等条件自行规定。对齿面修形的齿轮，在大端、小端和齿顶边缘的齿面上不允许出现接触斑点。表 8.4-53 中所列出的接触斑点的大小与精度等级的关系仅供参考。

5.4 锥齿轮副的检验和公差

5.4.1 齿轮副的检验项目

齿轮副检验内容包括Ⅰ、Ⅱ、Ⅲ公差组和侧隙。齿轮副安装在实际装置上后，应检验安装误差项目 Δf_{AM}、Δf_a 和 ΔE_Σ，其极限偏差值见表 8.4-59~表 8.4-61。

5.4.2 齿轮副的检验组

根据齿轮副的工作要求和生产规模，在表 8-4-40 所列各公差组中，任选一个检验组评定和验收齿轮副的精度。

表 8.4-40 锥齿轮副的检验组

公差组	检验组	适用于
Ⅰ	$\Delta F'_{ic}$	4~8 级精度
	$\Delta F''_{i\Sigma c}$	7~12 级精度的直齿；9~12 级精度的斜齿、曲线齿
	ΔF_{vj}	9~12 级精度
Ⅱ	$\Delta f'_{ic}$	4~8 级精度
	$\Delta f''_{i\Sigma c}$	7~12 级精度的直齿；9~12 级精度的斜齿、曲线齿
	$\Delta f'_{zkc}$	4~8 级精度，$\varepsilon_{v\beta}$ 大于等于表 8.4-39 中的齿轮
	Δf_{zzc}	4~8 级精度，$\varepsilon_{v\beta}$ 大于等于表 8.4-39 中的齿轮
Ⅲ	接触精度	4~12 级精度

5.4.3 齿轮副的公差

各精度等级的齿轮副各项公差数值，确定如下：

$$F'_{ic}=F'_{i1}+F'_{i2} \tag{8.4-28}$$

当齿轮副的齿数比为 1、2、3 且采用选配时，可将按式（8.4-28）求得的 F'_{ic} 值减小 25%或更多。

$$f'_{ic}=f'_{i1}+f'_{i2} \tag{8.4-29}$$

F'_i、f'_i 的求法，按式（8.4-24）、式（8.4-25）。

f'_{zkc} 的值见表 8.4-47；$F''_{i\Sigma c}$、F_{vj}、$f''_{i\Sigma c}$ 的值见表 8.4-50~表 8.4-52；f'_{zzc} 的值见表 8.4-54。

5.5 锥齿轮副的侧隙

齿轮副的最小法向侧隙分为 6 种：a、b、c、d、e 和 h，最小法向侧隙值 a 为最大，依次递减，h 为零（见图8.4-40）。最小法向侧隙种类与精度等级无关。

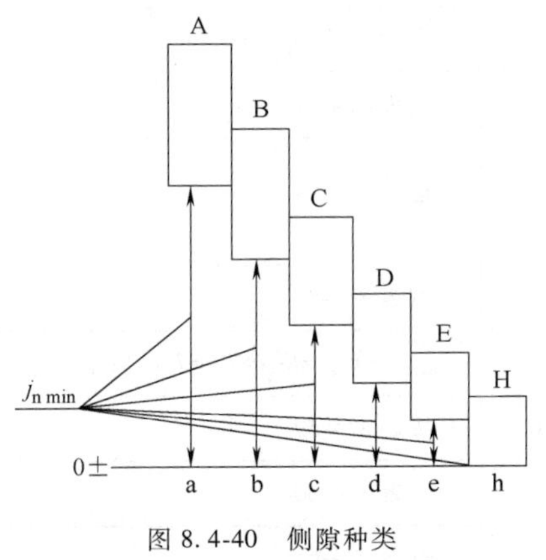

图 8.4-40 侧隙种类

最小法向侧隙种类确定后，按表 8.4-56 确定 $E_{\bar{s}s}$，按表 8.4-61 查取 $\pm E_\Sigma$。最小法向侧隙 $j_{n\min}$ 值查表 8.4-55。有特殊要求时，$j_{n\min}$ 可不按表 8.4-55 中值确定。此时，用线性插值法由表 8.4-56 和表 8.4-61 计算 $E_{\bar{s}s}$ 和 $\pm E_\Sigma$。

最大法向侧隙 $j_{n\max}$ 为

$$j_{n\max}=(\mid E_{\bar{s}s1}+E_{\bar{s}s2}\mid+T_{\bar{s}1}+T_{\bar{s}2}+E_{\bar{s}\Delta1}+E_{\bar{s}\Delta2})\cos\alpha_n \tag{8.4-30}$$

式中 $E_{\bar{s}\Delta}$——制造误差的补偿部分，由表 8.4-58 查取。

齿轮副的法向侧隙公差有 5 种：A、B、C、D 和 H。推荐法向侧隙公差种类与最小侧隙种类的对应关系如图 8.4-40 所示。

齿厚公差 $T_{\bar{s}}$ 值见表 8.4-57。

5.6 图样标注

在齿轮工作图上应标注齿轮的精度等级和最小法向侧隙种类及法向侧隙公差种类的数字、代号。

标注示例如下：

1）齿轮的三个公差组精度同为 7 级，最小法向侧隙种类为 b，法向侧隙公差种类为 B：

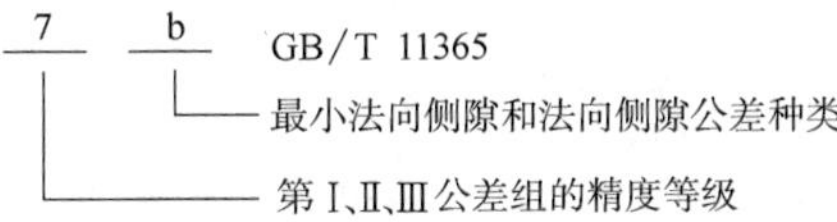

2）齿轮的三个公差组精度同为 7 级，最小法向侧隙为 400μm，法向侧隙公差种类为 B：

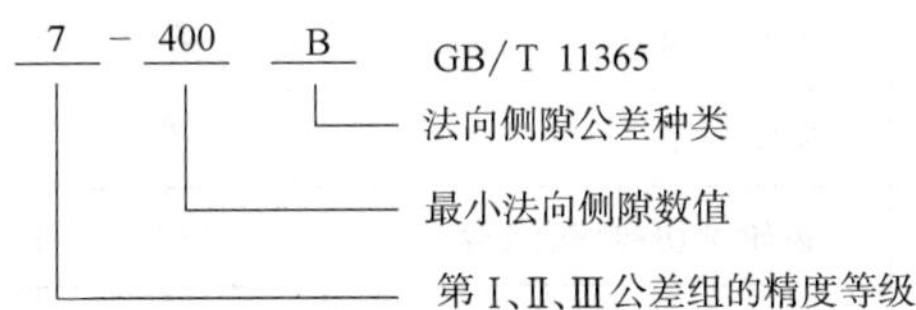

3）齿轮的第Ⅰ公差组精度为 8 级，第Ⅱ、Ⅲ公差组精度为 7 级，最小法向侧隙种类为 c、法向侧隙公差种类为 B：

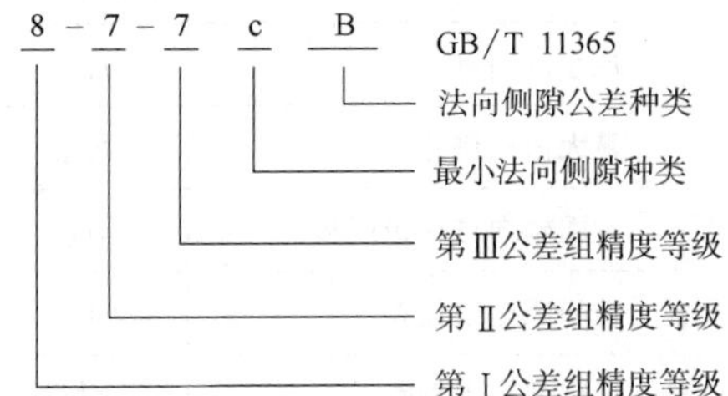

5.7　应用示例

已知正交弧齿锥齿轮副：齿数 $z_1=30$；齿数 $z_2=28$；中点法向模数 $m_{mn}=2.7376\text{mm}$；中点法向压力角 $\alpha_n=20°$；中点螺旋角 $\beta_m=35°$；齿宽 $b=27\text{mm}$；精度等级 6-7-6cGB/T 11365。该齿轮副的各项公差或极限偏差见表 8.4-41。

5.8　齿坯的要求

齿轮的加工、检验和安装的定位基准面应尽量一致，并在齿轮零件图上予以标注。齿坯各项公差和偏差见表 8.4-42～表 8.4-44。

表 8.4-41　正交弧齿锥齿轮副的公差或极限偏差　（μm）

<table>
<tr><th rowspan="2">检验对象</th><th rowspan="2">项　目　名　称</th><th rowspan="2">代　号</th><th colspan="2">公差或极限偏差</th><th rowspan="2" colspan="3">说　　明</th></tr>
<tr><th>大轮</th><th>小轮</th></tr>
<tr><td rowspan="17">齿
轮</td><td>切向综合公差</td><td>F'_i</td><td colspan="2">41</td><td colspan="3">$F'_i=F_P+1.15f_c$</td></tr>
<tr><td>齿距累积公差</td><td>F_P</td><td colspan="2">32</td><td colspan="3">按表 8.4-45</td></tr>
<tr><td>k 个齿距累积公差</td><td>F_{Pk}</td><td colspan="2">25</td><td colspan="3">按表 8.4-45</td></tr>
<tr><td>一齿切向综合公差</td><td>f'_i</td><td colspan="2">19</td><td colspan="3">$f'_i=0.8(f_{Pt}+1.15f_c)$</td></tr>
<tr><td rowspan="9">周期误差的公差</td><td rowspan="9">f'_{zk}</td><td colspan="2">17</td><td>≥2～4</td><td rowspan="9">周期数 k</td><td rowspan="9">纵向重合度 $\varepsilon_{v\beta}$ 大于表 8.4-39 界限值，f'_{zk} 按表 8.4-47</td></tr>
<tr><td colspan="2">13</td><td>>4～8</td></tr>
<tr><td colspan="2">10</td><td>>8～16</td></tr>
<tr><td colspan="2">8</td><td>>16～32</td></tr>
<tr><td colspan="2">6</td><td>>32～63</td></tr>
<tr><td colspan="2">5.3</td><td>>63～125</td></tr>
<tr><td colspan="2">4.5</td><td>>125～250</td></tr>
<tr><td colspan="2">4.5</td><td>>250～500</td></tr>
<tr><td colspan="2">4</td><td>>500</td></tr>
<tr><td>齿距极限偏差</td><td>$\pm f_{Pt}$</td><td colspan="2">±14</td><td colspan="3">按表 8.4-48</td></tr>
<tr><td>齿形相对误差的公差</td><td>f_c</td><td colspan="2">8</td><td colspan="3">按表 8.4-49</td></tr>
<tr><td>齿厚上偏差</td><td>$E_{\bar{s}s}$</td><td>-59</td><td>-54</td><td colspan="3">按表 8.4-56</td></tr>
<tr><td>齿厚公差</td><td>$T_{\bar{s}}$</td><td colspan="2">52</td><td colspan="3">按表 8.4-57</td></tr>
<tr><td rowspan="7">齿
轮
副</td><td>齿轮副切向综合公差</td><td>F'_{ic}</td><td colspan="2">82</td><td colspan="3">$F'_{ic}=F'_{i1}+F'_{i2}$</td></tr>
<tr><td>齿轮副切向相邻齿综合公差</td><td>f'_{ic}</td><td colspan="2">38</td><td colspan="3">$f'_{ic}=f'_{i1}+f'_{i2}$</td></tr>
<tr><td>齿轮副周期误差的公差</td><td>f'_{zkc}</td><td colspan="2">同 f'_{zk}</td><td colspan="3">按表 8.4-47</td></tr>
<tr><td rowspan="2">接触斑点</td><td>沿齿长</td><td colspan="2">50%～70%</td><td rowspan="2" colspan="3">按表 8.4-53</td></tr>
<tr><td>沿齿高</td><td colspan="2">55%～75%</td></tr>
<tr><td>最小法向侧隙</td><td>j_{nmin}</td><td colspan="2">74</td><td colspan="3">按表 8.4-55</td></tr>
<tr><td>最大法向侧隙</td><td>j_{nmax}</td><td colspan="2">240</td><td colspan="3">$j_{nmax}=E_{\bar{s}s1}+E_{\bar{s}s2}+T_{\bar{s}1}+T_{\bar{s}2}+E_{\bar{s}\Delta1}+E_{\bar{s}\Delta2}$</td></tr>
<tr><td rowspan="3">安装精度</td><td>齿圈轴向位移极限偏差</td><td>$\pm f_{AM}$</td><td>±24</td><td>±56</td><td colspan="3">按表 8.4-59</td></tr>
<tr><td>轴间距极限偏差</td><td>$\pm f_a$</td><td colspan="2">±20</td><td colspan="3">按表 8.4-60</td></tr>
<tr><td>轴交角极限偏差</td><td>$\pm E_{\Sigma}$</td><td colspan="2">±32</td><td colspan="3">按表 8.4-61</td></tr>
</table>

5.9　锥齿轮精度数值表（见表 8.4-42~表 8.4-61）

表 8.4-42　齿坯尺寸公差

精度等级	4	5	6	7	8	9	10	11	12
轴径尺寸公差	IT4	IT5		IT6		IT7			
孔径尺寸公差	IT5	IT6		IT7		IT8			
外径尺寸极限偏差	0 -IT7	0 -IT8				0 -IT9			

注：1. IT 为标准公差，按 GB/T 1800.1—2009 确定。

2. 当三个公差精度等级不同时，公差值按最高的精度等级查取。

表 8.4-43　齿坯顶锥母线圆跳动和基准端面圆跳动公差　（μm）

		大于	到	精度等级[1] 4	5~6	7~8	9~12
顶锥母线圆跳动公差	外径/mm	—	30	10	15	25	50
		30	50	12	20	30	60
		50	120	15	25	40	80
		120	250	20	30	50	100
		250	500	25	40	60	120
		500	800	30	50	80	150
		800	1250	40	60	100	200
		1250	2000	50	80	120	250
		2000	3150	60	100	150	300
		3150	5000	80	120	200	400
基准端面圆跳动公差	基准端面直径/mm	—	30	4	6	10	15
		30	50	5	8	12	20
		50	120	6	10	15	25
		120	250	8	12	20	30
		250	500	10	15	25	40
		500	800	12	20	30	50
		800	1250	15	25	40	60
		1250	2000	20	30	50	80
		2000	3150	25	40	60	100
		3150	5000	30	50	80	120

① 当三个公差组精度等级不同时，按最高的精度等级确定公差值。

表 8.4-44　齿坯轮冠距和顶锥角极限偏差

中点法向模数/mm	轮冠距极限偏差/μm	顶锥角极限偏差/(′)
≤1.2	0 -50	+15 0
>1.2~10	0 -75	+8 0
>10	0 -100	+8 0

表 8.4-45　齿距累积公差 F_p 和 k 个齿距累积公差 F_{pk} 值　（μm）

L/mm	精度等级 4	5	6	7	8	9	10	11	12
≤11.2	4.5	7	11	16	22	32	45	63	90
>11.2~20	6	10	16	22	32	45	63	90	125
>20~32	8	12	20	28	40	56	80	112	160
>32~50	9	14	22	32	45	63	90	125	180
>50~80	10	16	25	36	50	71	100	140	200
>80~160	12	20	32	45	63	90	125	180	250
>160~315	18	28	45	63	90	125	180	250	355
>315~630	25	40	63	90	125	180	250	355	500
>630~1000	32	50	80	112	160	224	315	450	630
>1000~1600	40	63	100	140	200	280	400	560	800
>1600~2500	45	71	112	160	224	315	450	630	900
>2500~3150	56	90	140	200	280	400	560	800	1120
>3150~4000	63	100	160	224	315	450	630	900	1250
>4000~5000	71	112	180	250	355	500	710	1000	1400
>5000~6300	80	125	200	280	400	560	800	1120	1600

注：F_p 和 F_{pk} 按中点分度圆弧长 L 查表：

查 F_p 时，取 $L=\frac{1}{2}\pi d_m=\frac{\pi m_{mn}z}{2\cos\beta_m}$；

查 F_{pk} 时，取 $L=\frac{k\pi m_{mn}}{\cos\beta_m}$（没有特殊要求时，$k$ 值取 $z/6$ 或最接近的整齿数）。

表 8.4-46　齿圈圆跳动公差 F_r 值　　(μm)

中点分度圆直径/mm	中点法向模数/mm	精度等级								
		4	5	6	7	8	9	10	11	12
≤125	≥1~3.5	10	16	25	36	45	56	71	90	112
	>3.5~6.3	11	18	28	40	50	63	80	100	125
	>6.3~10	13	20	32	45	56	71	90	112	140
	>10~16	—	22	36	50	63	80	100	120	150
>125~400	≥1~3.5	15	22	36	50	63	80	100	125	160
	>3.5~6.3	16	25	40	56	71	90	112	140	180
	>6.3~10	18	28	45	63	80	100	125	160	200
	>10~16	—	32	50	71	90	112	140	180	224
	>16~25	—	—	—	80	100	125	160	200	250
>400~800	≥1~3.5	18	28	45	63	80	100	125	160	200
	>3.5~6.3	20	32	50	71	90	112	140	180	224
	>6.3~10	20	36	56	80	100	125	160	200	250
	>10~16	—	40	63	90	112	140	180	224	280
	>16~25	—	—	—	100	125	160	200	250	315
	>25~40	—	—	—	—	140	180	224	280	360
>800~1600	≥1~3.5	—	—	—	—	—	—	—	—	—
	>3.5~6.3	22	36	56	80	100	125	160	200	250
	>6.3~10	25	40	63	90	112	140	180	224	280
	>10~16	—	45	71	100	125	160	200	250	315
	>16~25	—	—	—	112	140	180	224	280	360
	>25~40	—	—	—	—	160	200	260	315	420
>1600~2500	≥1~3.5	—	—	—	—	—	—	—	—	—
	>3.5~6.3	—	—	—	—	—	—	—	—	—
	>6.3~10	28	45	71	100	125	160	200	250	315
	>10~16	—	50	80	112	140	180	224	280	355
	>16~25	—	—	—	125	160	200	250	315	400
	>25~40	—	—	—	—	190	240	300	380	480
	>40~55	—	—	—	—	220	280	340	450	560
>2500~4000	≥1~3.5	—	—	—	—	—	—	—	—	—
	>3.5~6.3	—	—	—	—	—	—	—	—	—
	>6.3~10	—	—	—	—	—	—	—	—	—
	>10~16	—	56	90	125	160	200	250	315	400
	>16~25	—	—	—	140	180	224	280	355	450
	>25~40	—	—	—	—	224	280	355	450	560
	>40~55	—	—	—	—	240	320	400	530	630

注：GB/T 11365 中没有 4、5、6 精度等级的数值。

表 8.4-47　周期误差的公差 f'_{zk} 值（齿轮副周期误差的公差 f'_{zkc} 值）　（μm）

中点分度圆直径/mm	中点法向模数/mm	精度等级																				
		4									5									6		
		齿轮在一转（齿轮副在大轮一转）内的周期数																				
		≥2~4	>4~8	>8~16	>16~32	>32~63	>63~125	>125~250	>250~500	>500	2~4	>4~8	>8~16	>16~32	>32~63	>63~125	>125~250	>250~500	>500	2~4	>4~8	>8~16
≤125	≥1~6.3	4.5	3.2	2.4	1.9	1.5	1.3	1.2	1.1	1	7.1	5	3.8	3	2.5	2.1	1.9	1.7	1.6	11	8	6
	>6.3~10	5.3	3.8	2.8	2.2	1.8	1.5	1.4	1.2	1.1	8.5	6	4.5	3.6	2.8	2.5	2.1	1.9	1.8	13	9.5	7.1
>125~400	≥1~6.3	6.3	4.5	3.4	2.8	2.2	1.9	1.8	1.5	1.4	10	7.1	5.6	4.5	3.4	3	2.8	2.4	2.2	16	11	8.5
	>6.3~10	7.1	5	4	3	2.5	2.1	1.9	1.7	1.6	11	8	6.5	4.8	4	3.2	3	2.6	2.5	18	13	10
>400~800	≥1~6.3	8.5	6	4.5	3.6	2.8	2.5	2.2	2	1.9	13	9.5	7.1	5.6	4.5	4	3.4	3	2.8	21	15	11
	>6.3~10	9	6.7	5	3.8	3	2.6	2.2	2.1	2	14	10.5	8	6	5	4.2	3.6	3.2	3	22	17	12
>800~1600	≥1~6.3	9	6.7	5	4	3.2	2.6	2.4	2.2	2	14	10.5	8	6.3	5	4.2	3.8	3.4	3.2	24	17	15
	>6.3~10	11	8	6	4.8	3.8	3.2	2.5	2.6	2.5	16	15	10	7.5	6.3	5.3	4.8	4.2	4	27	20	15
>1600~2500	≥1~6.3	10.5	7.5	5.6	4.5	3.6	3	2.6	2.5	2.2	16	11	8.5	7.1	5.6	4.8	4.2	4	3.6	26	19	14
	>6.3~10	12	8.5	6.5	5	4	3.6	3	2.8	2.6	19	14	10.5	8	6.7	5.6	5	4.5	4.2	30	21	16
>2500~4000	≥1~6.3	11	8	6.3	4.8	4	3.4	3	2.8	2.6	18	13	10	7.5	6.3	5.3	4.8	4.2	4	28	21	16
	>6.3~10	13	9.5	7.1	5.6	4.5	3.8	3.4	3	2.8	21	15	11	9	7.1	6	5.3	5	4.5	32	22	17

中点分度圆直径/mm	中点法向模数/mm	精度等级																						
		6						7									8							
		齿轮在一转（齿轮副在大轮一转）内的周期数																						
		>16~32	>32~63	>63~125	>125~250	>250~500	>500	2~4	>4~8	>8~16	>16~32	>32~63	>63~125	>125~250	>250~500	>500	2~4	>4~8	>8~16	>16~32	>32~63	>63~125	>125~250	>250~500	>500
≤125	≥1~6.3	4.8	3.8	3.2	3	2.6	2.5	17	13	10	8	6	5.3	4.5	4.2	4	25	18	13	10	8.5	7.5	6.7	6	5.6
	>6.3~10	5.6	4.5	3.8	3.4	3	2.8	21	15	11	9	7.1	6	5.3	5	4.5	28	21	16	12	10	8.5	7.5	7	6.7
>125~400	≥1~6.3	6.7	5.6	4.8	4.2	3.8	3.6	25	18	13	10	9	7.5	6.7	6	5.6	36	26	19	15	12	10	9	8.5	8
	>6.3~10	7.5	6	5.3	4.5	4.2	4	28	20	16	12	10	8	7.5	6.7	6.3	40	30	22	17	14	12	10.5	10	8.5
>400~800	≥1~6.3	9	7.1	6	5.3	5	4.8	32	24	18	14	11	10	8.5	8	7.5	45	32	25	19	16	13	12	11	10
	>6.3~10	9.5	7.5	6.7	6	5.3	5	36	26	19	15	12	10	9.5	8.5	8	50	36	28	21	17	15	13	12	11
>800~1600	≥1~6.3	10	8	7.5	7	6.3	6	36	26	20	16	13	11	10	8.5	8	53	38	28	22	18	15	14	12	11
	>6.3~10	12	9.5	8	7.1	6.7	6.3	42	30	22	18	15	12	11	10	9.5	63	44	32	26	22	18	16	14	13
>1600~2500	≥1~6.3	11	9	7.5	6.7	6.3	5.6	40	30	22	17	14	22	11	9.5	9	56	42	30	24	20	17	15	14	13
	>6.3~10	12	10	8	7.5	7.1	6.7	45	34	26	20	16	14	12	11	10	67	50	36	28	22	19	17	16	15
>2500~4000	≥1~6.3	12	10	8	7.5	6.7	6.3	45	32	25	19	16	13	12	11	10	63	45	34	28	22	19	17	15	14
	>6.3~10	14	11	9.5	8.5	7.5	7.1	53	38	28	22	18	15	14	12	11	71	53	40	30	25	22	19	18	16

表 8.4-48　齿距极限偏差 $\pm f_{pt}$ 值　　（μm）

中点分度圆直径/mm	中点法向模数/mm	精度等级								
		4	5	6	7	8	9	10	11	12
≤125	≥1～3.5	4	6	10	14	20	28	40	56	80
	>3.5～6.3	5	8	13	18	25	36	50	71	100
	>6.3～10	5.5	9	14	20	28	40	56	80	112
	>10～16	—	11	17	24	34	48	67	100	130
>125～400	≥1～3.5	4.5	7	11	16	22	32	45	63	90
	>3.5～6.3	5.5	9	14	20	28	40	56	80	112
	>6.3～10	6	10	16	22	32	45	63	90	125
	>10～16	—	11	18	25	36	50	71	100	140
	>16～25	—	—	—	32	45	63	90	125	180
>400～800	≥1～3.5	5	8	13	18	25	36	50	71	100
	>3.5～6.3	5.5	9	14	20	28	40	56	80	112
	>6.3～10	7	11	18	25	36	50	71	100	140
	>10～16	—	12	20	28	40	56	80	112	160
	>16～25	—	—	—	36	50	71	100	140	200
	>25～40	—	—	—	—	63	90	125	180	250
>800～1600	≥1～3.5	—	—	—	—	—	—	—	—	—
	>3.5～6.3	—	10	16	22	32	45	63	90	125
	>6.3～10	7	11	18	25	36	50	71	100	140
	>10～16	—	13	20	28	40	56	80	112	160
	>16～25	—	—	—	36	50	71	100	140	200
	>25～40	—	—	—	—	63	90	125	180	250
>1600～2500	≥1～3.5	—	—	—	—	—	—	—	—	—
	>3.5～6.3	—	—	—	—	—	—	—	—	—
	>6.3～10	8	13	20	28	40	56	80	112	160
	>10～16	—	14	22	32	45	63	90	125	180
	>16～25	—	—	—	40	56	80	112	160	224
	>25～40	—	—	—	—	71	100	140	200	280
	>40～55	—	—	—	—	90	125	180	250	355
>2500～4000	≥1～3.5	—	—	—	—	—	—	—	—	—
	>3.5～6.3	—	—	—	—	—	—	—	—	—
	>6.3～10	—	—	—	32	—	—	—	—	—
	>10～16	—	16	25	36	50	71	100	140	200
	>16～25	—	—	—	40	56	80	112	160	224
	>25～40	—	—	—	—	71	100	140	200	280
	>40～55	—	—	—	—	95	140	180	280	400

表 8.4-49　齿形相对误差的公差 f_c 值　　(μm)

中点分度圆直径/mm	中点法向模数/mm	精度等级				
		4	5	6	7	8
≤125	≥1~3.5	3	4	5	8	10
	>3.5~6.3	4	5	6	9	13
	>6.3~10	4	6	8	11	17
	>10~16	—	7	10	15	22
>125~400	≥1~3.5	4	5	7	9	13
	>3.5~6.3	4	6	8	11	15
	>6.3~10	5	7	9	13	19
	>10~16	—	8	11	17	25
	>16~25	—	—	—	22	34
>400~800	≥1~3.5	5	6	9	12	18
	>3.5~6.3	5	7	10	14	20
	>6.3~10	6	8	11	16	24
	>10~16	—	9	13	20	30
	>16~25	—	—	—	25	38
	>25~40	—	—	—	—	53
>800~1600	≥1~3.5	—	—	—	—	—
	>3.5~6.3	6	9	13	19	28
	>6.3~10	7	10	14	21	32
	>10~16	—	11	16	25	38
	>16~25	—	—	—	30	48
	>25~40	—	—	—	—	60
>1600~2500	≥1~3.5	—	—	—	—	—
	>3.5~6.3	—	—	—	—	—
	>6.3~10	9	13	19	28	45
	>10~16	—	14	21	32	50
	>16~25	—	—	—	38	56
	>25~40	—	—	—	—	71
	>40~55	—	—	—	—	90
>2500~4000	≥1~3.5	—	—	—	—	—
	>3.5~6.3	—	—	—	—	—
	>6.3~10	—	—	—	—	—
	>10~16	—	18	28	42	61
	>16~25	—	—	—	48	75
	>25~40	—	—	—	—	90
	>40~55	—	—	—	—	105

注：表中数值用于测量齿轮加工机床滚切传动链误差的方法，当采用选择基准齿面的方法时，表中数值乘以 1.1。

表 8.4-50　齿轮副轴交角综合公差 $F''_{i\Sigma c}$ 值　　(μm)

中点分度圆直径/mm	中点法向模数/mm	精度等级					
		7	8	9	10	11	12
≤125	≥1~3.5	67	85	110	130	170	200
	>3.5~6.3	75	95	120	150	190	240
	>6.3~10	85	105	130	170	220	260
	>10~16	100	120	150	190	240	300
>125~400	≥1~3.5	100	125	160	190	250	300
	>3.5~6.3	105	130	170	200	260	340
	>6.3~10	120	150	180	220	280	360
	>10~16	130	160	200	250	320	400
	>16~25	150	190	220	280	375	450
>400~800	≥1~3.5	130	160	200	260	320	400
	>3.5~6.3	140	170	220	280	340	420
	>6.3~10	150	190	240	300	360	450
	>10~16	160	200	260	320	400	500
	>16~25	180	240	280	360	450	560
	>25~40	—	280	340	420	530	670
>800~1600	≥1~3.5	150	180	240	280	360	450
	>3.5~6.3	160	200	250	320	400	500
	>6.3~10	180	220	280	360	450	560
	>10~16	200	250	320	400	500	600
	>16~25	—	280	340	450	560	670
	>25~40	—	320	400	500	630	800
>1600~2500	≥1~3.5	—	—	—	—	—	—
	>3.5~6.3	—	—	—	—	—	—
	>6.3~10	—	—	—	—	—	—
	>10~16	—	—	—	—	—	—
	>16~25	—	—	—	—	—	—
	>25~40	—	—	—	—	—	—
	>40~55	—	—	—	—	—	—
>2500~4000	≥1~3.5	—	—	—	—	—	—
	>3.5~6.3	—	—	—	—	—	—
	>6.3~10	—	—	—	—	—	—
	>10~16	—	—	—	—	—	—
	>16~25	—	—	—	—	—	—
	>25~40	—	—	—	—	—	—
	>40~55	—	—	—	—	—	—

表 8.4-51　侧隙变动公差 F_{vj} 值　　(μm)

直径/mm	中点法向模数/mm	精度等级 9	10	11	12
≤125	≥1~3.5	75	90	120	150
	>3.5~6.3	80	100	130	160
	>6.3~10	90	120	150	180
	>10~16	105	130	170	200
>125~400	≥1~3.5	110	140	170	200
	>3.5~6.3	120	150	180	220
	>6.3~10	130	160	200	250
	>10~16	140	170	220	280
	>16~25	160	200	250	320
>400~800	≥1~3.5	140	180	220	280
	>3.5~6.3	150	190	240	300
	>6.3~10	160	200	260	320
	>10~16	180	220	280	340
	>16~25	200	250	300	380
	>25~40	240	300	380	450
>800~1600	≥1~3.5	—	—	—	—
	>3.5~6.3	170	220	280	360
	>6.3~10	200	250	320	400
	>10~16	220	270	340	440
	>16~25	240	300	380	480
	>25~40	280	340	450	530
>1600~2500	≥1~3.5	—	—	—	—
	>3.5~6.3	—	—	—	—
	>6.3~10	220	280	340	450
	>10~16	250	300	400	500
	>16~25	280	360	450	560
	>25~40	320	400	500	630
	>40~55	360	450	560	710
>2500~4000	≥1~3.5	—	—	—	—
	>3.5~6.3	—	—	—	—
	>6.3~10	—	—	—	—
	>10~16	280	340	420	530
	>16~25	320	400	500	630
	>25~40	375	450	560	710
	>40~55	420	530	670	800

注：1. 取大小轮中点分度圆直径之和的一半作为查表直径。

2. 对于齿数比为整数且不大于3（1、2、3）的齿轮副，当采用选配时，可将侧隙变动公差 F_{vj} 值减小25%或更多些。

表 8.4-52　齿轮副一齿轴交角综合公差 $f''_{i\Sigma c}$ 值　　(μm)

中点分度圆直径/mm	中点法向模数/mm	精度等级 7	8	9	10	11	12
≤125	≥1~3.5	28	40	53	67	85	100
	>3.5~6.3	36	50	60	75	95	120
	>6.3~10	40	56	71	90	110	140
	>10~16	48	67	85	105	140	170
>125~400	≥1~3.5	32	45	60	75	95	120
	>3.5~6.3	40	56	67	80	105	130
	>6.3~10	45	63	80	100	125	150
	>10~16	50	71	90	120	150	190
>400~800	≥1~3.5	36	50	67	80	105	130
	>3.5~6.3	40	56	75	90	120	150
	>6.3~10	50	71	85	105	140	170
	>10~16	56	80	100	130	160	200
>800~1600	≥1~3.5	—	—	—	—	—	—
	>3.5~6.3	45	63	80	105	130	160
	>6.3~10	50	71	90	120	150	180
	>10~16	56	80	110	140	170	210
>1600~2500	≥1~3.5	—	—	—	—	—	—
	>3.5~6.3	—	—	—	—	—	—
	>6.3~10	56	80	100	130	160	200
	>10~16	63	110	120	150	180	240
>2500~4000	≥1~3.5	—	—	—	—	—	—
	>3.5~6.3	—	—	—	—	—	—
	>6.3~10	—	—	—	—	—	—
	>10~16	71	100	125	160	200	250

表 8.4-53　接触斑点大小与精度等级的关系

精度等级	4~5	6~7	8~9	10~12
沿齿长方向（%）	60~80	50~70	35~65	25~55
沿齿高方向（%）	65~85	55~75	40~70	30~60

注：表中数值范围用于齿面修形的齿轮。对齿面不做修形的齿轮，其接触斑点大小不小于其平均值。

表 8.4-54　齿轮副齿频周期误差的公差 f'_{zzc} 值　（μm）

齿数	中点法向模数 /mm	精度等级 4	5	6	7	8
≤16	≥1~3.5	4.5	6.7	10	15	22
	>3.5~6.3	5.6	8	12	18	28
	>6.3~10	6.7	10	14	22	32
>16~32	≥1~3.5	5	7.1	10	16	24
	>3.5~6.3	5.6	8.5	13	19	28
	>6.3~10	7.1	11	16	24	34
	>10~16	—	13	19	28	42
>32~63	≥1~3.5	5	7.5	11	17	24
	>3.5~6.3	6	9	14	20	30
	>6.3~10	7.1	11	17	24	36
	>10~16	—	14	20	30	45
>63~125	≥1~3.5	5.3	8	12	18	25
	>3.5~6.3	6.7	10	15	22	32
	>6.3~10	8	12	18	26	38
>63~125	>10~16	—	15	22	34	48
>125~250	≥1~3.5	5.6	8.5	13	19	28
	>3.5~6.3	7.1	11	16	24	34
	>6.3~10	8.5	13	19	30	42
	>10~16	—	16	24	36	53
>250~500	≥1~3.5	6.3	9.5	14	21	30
	>3.5~6.3	8	12	18	28	40
	>6.3~10	9	15	22	34	48
	>10~16	—	18	28	42	60
>500	≥1~3.5	7.1	11	16	24	34
	>3.5~6.3	9	14	21	30	45
	>6.3~10	11	14	25	38	56
	>10~16	—	21	32	48	71

注：1. 表中齿数为齿轮副中大轮的齿数。

2. 表中数值用于纵向有效重合度 $\varepsilon_{\beta e}\leqslant 0.45$ 的齿轮副。对 $\varepsilon_{\beta e}>0.45$ 的齿轮副，表中的 f'_{zzc} 值按以下规定减小：$\varepsilon_{\beta e}>0.45\sim0.58$，表中值乘以 0.6；$\varepsilon_{\beta e}>0.58\sim0.67$，乘以 0.4；$\varepsilon_{\beta e}>0.67$，乘以 0.3。

3. 纵向有效重合度 $\varepsilon_{\beta e}$ 等于名义纵向重合度 $\varepsilon_{v\beta}$ 乘以齿长方向接触斑点大小百分率的平均值。

表 8.4-55　最小法向侧隙 j_{nmin} 值　（μm）

中点锥距 /mm	小轮分锥角 /(°)	最小法向侧隙种类 h	e	d	c	b	a
≤50	≤15	0	15	22	36	58	90
	>15~25	0	21	33	52	84	130
	>25	0	25	39	62	100	160
>50~100	≤15	0	21	33	52	84	130
	>15~25	0	25	39	62	100	160
	>25	0	30	46	74	120	190
>100~200	≤15	0	25	39	62	100	160
	>15~25	0	35	54	87	140	220
	>25	0	40	63	100	160	250
>200~400	≤15	0	30	46	74	120	190
	>15~25	0	46	72	115	185	290
>200~400	>25	0	52	81	130	210	320
>400~800	≤15	0	40	63	100	160	250
	>15~25	0	57	89	140	230	360
	>25	0	70	110	175	280	440
>800~1600	≤15	0	52	81	130	210	320
	>15~25	0	80	125	200	320	500
	>25	0	105	165	260	420	660
>1600	≤15	0	70	110	175	280	440
	>15~25	0	125	195	310	500	780
	>25	0	175	280	440	710	1100

注：1. 正交齿轮副按中点锥距 R_m 查表；非正交齿轮副按下式算出的 R' 查表：

$$R'=\frac{R_m}{2}(\sin2\delta_1-\sin2\delta_2)$$

式中，δ_1 和 δ_2 分别为大、小轮分锥角。

2. 准双曲面齿轮副按大轮中点锥距查表。

表 8.4-56　齿厚上偏差 $E_{\bar{s}s}$ 值的求法　　(μm)

	中点法向模数/mm	中点分度圆直径/mm											
		125			>125~400			>400~800			>800~1600		
		分锥角/(°)											
		≤20	>20~45	>45	≤20	>20~45	>45	≤20	>20~45	>45	≤20	>20~45	>45
基本值	≥1~3.5	-20	-20	-22	-28	-32	-30	-36	-50	-45	—	—	—
	>3.5~6.3	-22	-22	-25	-32	-32	-30	-38	-55	-45	-75	-85	-80
	>6.3~10	-25	-25	-28	-36	-36	-34	-40	-55	-50	-80	-90	-85
	>10~16	-28	-28	-30	-36	-38	-36	-48	-60	-55	-80	-100	-85
	>16~25	—	—	—	-40	-40	-40	-50	-65	-60	-80	-100	-90

	最小法向侧隙种类	第Ⅱ公差组精度等级								最小法向侧隙种类	第Ⅱ公差组精度等级						
		4~6	7	8	9	10	11	12			4~6	7	8	9	10	11	12
系　数	h	0.9	1.0	—	—	—	—	—	系　数	c	2.4	2.7	3.0	3.2	—	—	—
	e	1.45	1.6	—	—	—	—	—		b	3.4	3.8	4.2	4.6	4.9	—	—
	d	1.8	2.0	2.2	—	—	—	—		a	5.0	5.5	6.0	6.6	7.0	7.8	9.0

注：1. 各最小法向侧隙种类和各精度等级齿轮的 $E_{\bar{s}s}$ 值由基本值栏查出的数值乘以系数得出。

2. 当轴交角公差带相对零线不对称时，$E_{\bar{s}s}$ 值应做修正；当增大轴交角上偏差时，$E_{\bar{s}s}$ 加上 $(E_{\Sigma s}-|E_{\Sigma}|)\tan\alpha$；当减小轴交角上偏差时，$E_{\bar{s}s}$ 减去 $(|E_{\Sigma i}|-|E_{\Sigma}|)\tan\alpha$。$E_{\Sigma s}$、$E_{\Sigma i}$ 分别为修改后的轴交角上、下偏差；E_{Σ} 见表 8.4-61。

3. 允许把大、小轮齿厚上极限偏差（$E_{\bar{s}s1}$、$E_{\bar{s}s2}$）之和重新分配在两个齿轮上。

表 8.4-57　齿厚公差 $T_{\bar{s}}$ 值　　(μm)

齿圈圆跳动公差	法向侧隙公差种类				
	H	D	C	B	A
≤8	21	25	30	40	52
>8~10	22	28	34	45	55
>10~12	24	30	36	48	60
>12~16	26	32	40	52	65
>16~20	28	36	45	58	75
>20~25	32	42	52	65	85
>25~32	38	48	60	75	95
>32~40	42	55	70	85	110
>40~50	50	65	80	100	130
>50~60	60	75	95	120	150
>60~80	70	90	110	130	180
>80~100	90	110	140	170	220
>100~125	110	130	170	200	260
>125~160	130	160	200	250	320
>160~200	160	200	260	320	400
>200~250	200	250	320	380	500
>250~320	240	300	400	480	630
>320~400	300	380	500	600	750
>400~500	380	480	600	750	950
>500~630	450	500	750	950	1180

表 8.4-58　最大法向侧隙（j_{nmax}）的制造误差补偿部分 $E_{\bar{s}\Delta}$ 值　（μm）

第Ⅱ公差组精度等级	中点法向模数/mm	中点分度圆直径/mm											
		≤125			>125～400			>400～800			>800～1600		
		分锥角/(°)											
		≤20	>20～45	>45	≤20	>20～45	>45	≤20	>20～45	>45	≤20	>20～45	>45
4～6	≥1～3.5	18	18	20	25	28	28	32	45	40	—	—	—
	>3.5～6.3	20	20	22	28	28	28	34	50	40	67	75	72
	>6.3～10	22	22	25	32	32	30	36	50	45	72	80	75
	>10～16	25	25	28	32	34	32	45	55	50	72	90	75
	>16～25	—	—	—	36	36	36	45	56	55	72	90	85
7	≥1～3.5	20	20	22	28	32	30	36	50	45	—	—	—
	>3.5～6.3	22	22	25	32	32	30	38	55	45	75	85	80
	>6.3～10	25	25	28	36	36	34	40	55	50	80	90	85
	>10～16	28	28	30	36	38	36	48	60	55	80	100	85
	>16～25	—	—	—	40	40	40	50	65	60	80	100	95
8	≥1～3.5	22	22	24	30	36	32	40	55	50	—	—	—
	>3.5～6.3	24	24	28	36	36	32	42	60	50	80	90	85
	>6.3～10	28	28	30	40	40	38	45	60	55	85	100	95
	>10～16	30	30	32	40	42	40	55	65	60	85	110	95
	>16～25	—	—	—	45	45	45	55	72	65	85	110	105
9	≥1～3.5	24	24	25	32	38	36	45	65	55	—	—	—
	>3.5～6.3	25	25	30	38	38	36	45	65	55	90	100	95
	>6.3～10	30	30	32	45	45	40	48	65	60	95	110	100
	>10～16	32	32	36	45	45	45	48	70	65	95	120	100
	>16～25	—	—	—	48	48	48	60	75	70	95	120	115
10	≥1～3.5	25	25	28	36	42	40	48	65	60	—	—	—
	>3.5～6.3	28	28	32	42	42	40	50	70	60	95	110	105
	>6.3～10	32	32	36	48	48	45	50	70	65	105	115	110
	>10～16	36	36	40	48	50	48	60	80	70	105	130	110
	>16～25	—	—	—	50	50	50	65	85	80	105	130	125
11	≥1～3.5	30	30	32	40	45	45	50	70	65	—	—	—
	>3.5～6.3	32	32	36	45	45	45	55	80	65	110	125	115
	>6.3～10	36	36	40	50	50	50	60	80	70	115	130	125
	>10～16	40	40	45	50	55	50	70	85	80	115	145	125
	>16～25	—	—	—	60	60	60	70	95	85	115	145	140
12	≥1～3.5	32	32	35	45	50	48	60	80	70	—	—	—
	>3.5～6.3	35	35	40	50	50	48	60	90	70	120	135	130
	>6.3～10	40	40	45	60	60	55	65	90	80	130	145	135
	>10～16	45	45	48	60	60	60	75	95	90	130	160	135
	>16～25	—	—	—	65	65	65	80	105	95	130	160	150

表 8.4-59 齿圈轴向位移极限偏差 $\pm f_{AM}$ 值

(μm)

中点锥距 /mm	分锥角 /(°)	精度等级 4			5				6				7					8						
		中点法向模数/mm ≥1~3.5	>3.5~6.3	>6.3~10	≥1~3.5	>3.5~6.3	>6.3~10	>10~16	≥1~3.5	>3.5~6.3	>6.3~10	>10~16	≥1~3.5	>3.5~6.3	>6.3~10	>10~16	>16~25	≥1~3.5	>3.5~6.3	>6.3~10	>10~16	>16~25	>25~40	>40~55
≤50	≤20	5.6	3.2	—	9	5	—	—	14	8	—	—	20	11	—	—	—	28	16	—	—	—	—	—
	>20~45	4.8	2.6	—	7.5	4.2	—	—	12	6.7	—	—	17	9.5	—	—	—	24	13	—	—	—	—	—
	>45	2	1.1	—	3	1.7	—	—	5	2.8	—	—	7	4	—	—	—	10	5.6	—	—	—	—	—
>50~100	≤20	19	10.5	6.7	30	16	11	8	48	26	17	13	67	38	24	18	—	95	53	34	26	—	—	—
	>20~45	16	9	5.6	25	14	9	7.1	40	22	15	11	56	32	21	16	—	80	45	30	22	—	—	—
	>45	6.5	3.6	2.4	10.5	6	3.8	3	17	9.5	6	4.5	24	13	8.5	6.7	—	34	17	12	9	—	—	—
>100~200	≤20	42	22	15	60	36	24	16	105	60	38	28	150	80	53	40	30	200	120	75	56	45	36	—
	>20~45	36	19	13	50	50	20	14	90	50	32	24	130	71	45	34	26	180	100	63	48	38	30	—
	>45	15	8	5	21	13	8.5	5.6	38	21	13	10	53	30	19	14	11	75	40	26	20	15	13	—
>200~400	≤20	95	50	32	130	80	53	36	240	130	85	60	340	180	120	85	67	480	250	170	120	95	75	67
	>20~45	80	42	28	110	67	45	30	200	105	71	50	280	150	100	71	56	400	210	140	100	80	63	56
	>45	34	18	12	48	28	18	12	85	45	30	21	120	63	40	30	22	170	90	60	42	32	26	22
>400~800	≤20	210	110	71	300	170	110	75	530	280	180	130	750	400	250	180	140	1050	560	360	260	200	160	140
	>20~45	180	95	60	250	160	95	63	450	240	150	110	630	340	210	160	120	900	480	300	220	170	130	120
	>45	75	40	25	105	63	40	26	190	100	63	45	270	140	90	67	50	380	200	125	90	70	56	48
>800~1600	≤20	—	—	160	—	—	750	160	—	—	380	280	—	—	560	400	300	—	—	750	560	420	340	280
	>20~45	—	—	—	—	—	—	140	—	—	—	240	—	—	—	340	250	—	—	—	480	360	280	240
	>45	—	—	—	—	—	—	60	—	—	—	100	—	—	—	140	105	—	—	—	200	150	120	100
>1600	≤20	—	—	—	—	—	—	—	—	—	—	—	—	—	—	—	630	—	—	—	—	900	710	600
	>20~45	—	—	—	—	—	—	—	—	—	—	—	—	—	—	—	530	—	—	—	—	760	600	500
	>45	—	—	—	—	—	—	—	—	—	—	—	—	—	—	—	220	—	—	—	—	320	260	210

（续）

中点锥距/mm	分锥角/(°)	精度等级																											
		9							10							11							12						
		中点法向模数/mm																											
		≥1~3.5	>3.5~6.3	>6.3~10	>10~16	>16~25	>25~40	>40~55	≥1~3.5	>3.5~6.3	>6.3~10	>10~16	>16~25	>25~40	>40~55	≥1~3.5	>3.5~6.3	>6.3~10	>10~16	>16~25	>25~40	>40~55	≥1~3.5	>3.5~6.3	>6.3~10	>10~16	>16~25	>25~40	>40~55
≤50	≤20	40	22	—	—	—	—	—	56	32	—	—	—	—	—	80	45	—	—	—	—	—	110	63	—	—	—	—	—
	>20~45	34	19	—	—	—	—	—	48	26	—	—	—	—	—	67	38	—	—	—	—	—	95	53	—	—	—	—	—
	>45	14	8	—	—	—	—	—	20	11	—	—	—	—	—	28	16	—	—	—	—	—	40	22	—	—	—	—	—
>50~100	≤20	140	75	50	38	—	—	—	190	105	71	50	—	—	—	280	150	100	75	—	—	—	380	210	140	105	—	—	—
	>20~45	120	63	42	30	—	—	—	160	90	60	45	—	—	—	220	130	85	63	—	—	—	320	180	120	90	—	—	—
	>45	48	26	17	13	—	—	—	67	38	24	18	—	—	—	95	53	34	26	—	—	—	130	75	48	36	—	—	—
>100~200	≤20	300	160	105	80	63	50	—	420	240	150	110	85	71	—	600	320	210	160	120	100	—	850	450	300	220	170	140	—
	>20~45	260	140	90	67	53	42	—	360	190	130	95	75	60	—	500	280	180	130	105	85	—	710	380	250	190	150	120	—
	>45	105	60	38	28	22	18	—	150	80	53	40	30	25	—	210	120	75	56	45	36	—	300	160	105	80	60	50	—
>200~400	≤20	670	360	240	170	130	105	95	950	500	320	240	190	150	130	1300	750	480	340	260	210	190	1900	1000	670	480	380	300	260
	>20~45	560	300	200	150	110	90	80	800	420	280	200	160	130	110	1100	600	400	280	220	180	160	1600	850	560	400	300	250	220
	>45	240	130	85	60	48	38	32	340	180	120	85	67	53	45	500	260	160	120	95	75	67	670	360	240	170	130	105	90
>400~800	≤20	1500	800	500	380	280	220	190	2100	1100	710	500	400	320	280	3000	1600	1000	750	560	450	380	4200	2200	1400	1000	800	630	560
	>20~45	1300	670	440	300	240	190	170	1700	950	600	440	340	260	240	2500	1400	850	630	480	380	320	3600	1900	1200	850	670	390	450
	>45	530	280	180	130	100	80	71	750	400	250	180	140	110	100	1050	560	360	260	200	160	140	1500	800	600	360	280	220	190
>800~1600	≤20	—	—	1100	800	600	480	400	—	—	1500	1100	420	670	560	—	—	2200	1600	1200	950	800	—	—	3000	2200	1700	1300	1100
	>20~45	—	—	—	670	500	400	340	—	—	—	950	360	560	480	—	—	—	1300	1000	780	670	—	—	—	1900	1400	1100	950
	>45	—	—	—	280	210	170	140	—	—	—	400	150	240	200	—	—	—	560	420	340	280	—	—	—	800	600	450	400
>1600	≤20	—	—	—	—	1200	1000	850	—	—	—	—	1700	1400	1200	—	—	—	—	2500	2000	1700	—	—	—	—	3600	2800	2400
	>20~45	—	—	—	—	1050	850	710	—	—	—	—	1500	1200	1000	—	—	—	—	2100	1700	1400	—	—	—	—	3000	2400	2000
	>45	—	—	—	—	450	360	300	—	—	—	—	630	500	420	—	—	—	—	900	700	600	—	—	—	—	1300	1000	850

注：1. 表中数值用于非修形齿轮。对修形齿轮允许采用低 1 级的 $\pm f_{AM}$ 值。

2. 表中数值用于 $\alpha=20°$ 的齿轮。对 $\alpha\neq20°$ 的齿轮，将表中数值乘以 $\sin20°/\sin\alpha$。

表 8.4-60　轴间距极限偏差 $\pm f_a$ 值　(μm)

中点锥距/mm	精度等级								
	4	5	6	7	8	9	10	11	12
≤50	10	10	12	18	28	36	67	105	180
>50~100	12	12	15	20	30	45	75	120	200
>100~200	13	15	18	25	36	55	90	150	240
>200~400	15	18	25	30	45	75	120	190	300
>400~800	18	25	30	36	60	90	150	250	360
>800~1600	25	36	40	50	85	130	200	300	450
>1600	32	45	56	67	100	160	280	420	630

注：1. 表中数值用于无纵向修形的齿轮副。对纵向修形的齿轮副，允许采用低1级的 $\pm f_a$ 值。

2. 对准双曲面齿轮副，按大轮中点锥距查表。

表 8.4-61　轴交角极限偏差 $\pm E_{\Sigma}$ 值　(μm)

中点锥距/mm	小轮分锥角/(°)	最小法向侧隙种类				
		h e	d	c	b	a
≤50	≤15	7.5	11	18	30	45
	>15~25	10	16	26	42	63
	>25	12	19	30	50	80
>50~100	≤15	10	16	26	42	63
	>15~25	12	19	30	50	80
	>25	15	22	32	60	95
>100~200	≤15	12	19	30	50	80
	>15~25	17	26	45	71	110
	>25	20	32	50	80	125
>200~400	≤15	15	22	32	60	95
	>15~25	24	36	56	90	140
>200~400	>25	26	40	63	100	160
>400~800	≤15	20	32	50	80	125
	>15~25	28	45	71	110	180
	>25	34	56	85	140	220
>800~1600	≤15	26	40	63	100	160
	>15~25	40	63	100	160	250
	>25	53	85	130	210	320
>1600	≤15	34	66	85	140	222
	>15~25	63	95	160	250	380
	>25	85	140	220	340	530

注：1. $\pm E_{\Sigma}$ 的公差带位置相对于零线可以不对称或取在一侧。

2. 准双曲面齿轮副按大轮中点锥距查表。

3. 表中数值用于正交齿轮副。非正交齿轮副的 $\pm E_{\Sigma}$ 值为 $\pm j_{nmin}/2$。

4. 表中数值用于 $\alpha=20°$ 的齿轮副。对 $\alpha \neq 20°$ 的齿轮副，将表中数值乘以 $\sin 20°/\sin\alpha$。

5.10　锥齿轮极限偏差及公差与齿轮几何参数的关系式（见表 8.4-62）

表 8.4-62　锥齿轮极限偏差及公差与齿轮几何参数的关系式

精度等级	F_P		F_r				f_{Pt}		f_c		f'_{zzc}			f_a	
	$F_P=B\sqrt{d_m}+C$ $F_{Pk}=0.8B\sqrt{L}+C$		1 $Am_{mn}+B\sqrt{d_m}+C$ $B=0.25A$		2 $Am_{mn}+B\sqrt{d_m}+C$ $B=1.4A$		$Am_{mn}+B\sqrt{d_m}+C$ $B=0.25A$		$0.84(Am_{mn}+Bd_m+C)$ $B=0.0125A$		$Am_{mn}B+zC$			$A\sqrt{0.3R_m}+C$	
	B	C	A	C	A	C	A	C	A	C	A	B	C	A	C
4	1.25	2.5	0.9	11.2	0.4	4.8	0.25	3.15	0.21	3.4	2.5	0.315	0.115	0.94	4.7
5	2	4	1.4	18	0.63	7.5	0.4	5	0.34	4.2	3.46	0.349	0.123	1.2	6
6	3.15	6	2.24	28	1	12	0.63	8	0.53	5.3	5.15	0.344	0.126	1.5	7.5
7	4.45	9	3.15	40	1.4	17	0.9	11.2	0.84	6.7	7.69	0.348	0.125	1.87	9.45
8	6.3	12.5	4	50	1.75	21	1.25	16	1.34	8.4	9.27	0.185	0.072	3	15
9	9	18	5	63	2.2	26.5	1.8	22.4	2.1	13.4	—	—	—	4.75	24
10	12.5	25	6.3	80	2.75	33	2.5	31.5	3.35	21	—	—	—	7.5	37.5
11	17.5	35.5	8	100	3.44	41.5	3.55	45	5.3	34	—	—	—	12	60
12	25	50	10	125	4.3	51.5	5	63	8.4	53	—	—	—	19	94.5
$F_{vj}=1.36F_r$，$f'_{zk}=f'_{zkc}=(k^{-0.6}+0.13)F_r$（按高1级精度的 F_r 值计算）；$\pm f_{AM}=\dfrac{R_m\cos\delta}{8m_{mn}}$；$F''_{i\Sigma c}=1.96F_r$；$f''_{i\Sigma c}=1.96f_{Pt}$															
说　明	d_m—中点分度圆直径；m_{mn}—中点法向模数；z—齿数；L—中点分度圆弧长；R_m—中点锥距；δ—分锥角；k—齿轮在一转（齿轮副在大轮一转）内的周期数														

注：F_r 值取表中关系式1和关系式2计算所得的较小值。

锥齿轮工作图例（见图 8.4-41～图 8.4-43）

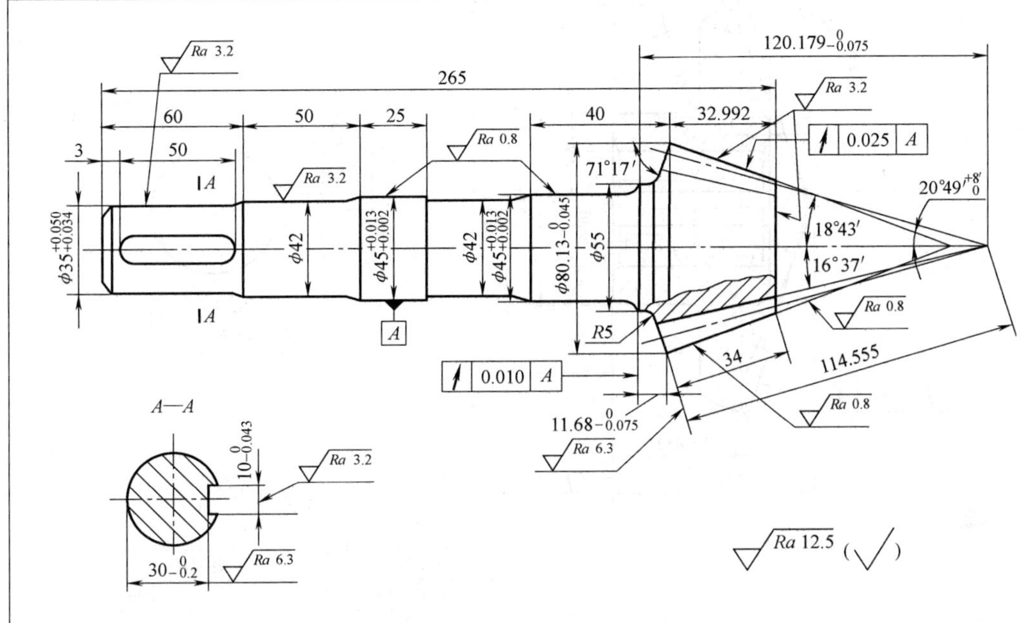

技术要求

1.渗碳淬火后齿面硬度58～63HRC；
2.未注明倒角为C2；
3.未注明圆角半径为R2；
4.两轴端中心孔为A5/10.6 GB/T 145—2001。

齿制	直齿 GB/T 12369—1990	
大端端面模数	m_{et}	3.5
齿数	z	21
中点螺旋角	β_m	0°
螺旋方向		
压力角	α	20°
齿顶高系数	h_a^*	1
切向变位系数	x_t	0
径向变位系数	x	0
大端齿高	h	7.7
配对齿轮	图号	
	齿数	59
精度等级	6 c B GB/T 11365—1989	
大端分度圆弦齿厚	$\bar{s}$	$5.452_{-0.113}^{-0.048}$
大端分度圆弦齿高	$\bar{h}_{ac}$	3.608
公差组	检验项目	数值
Ⅰ	F_i'	0.038
Ⅱ	f_i'	0.013
Ⅲ	沿齿长接触率＞60%	
	沿齿高接触率＞65%	

图 8.4-41　直齿锥齿轮工作图

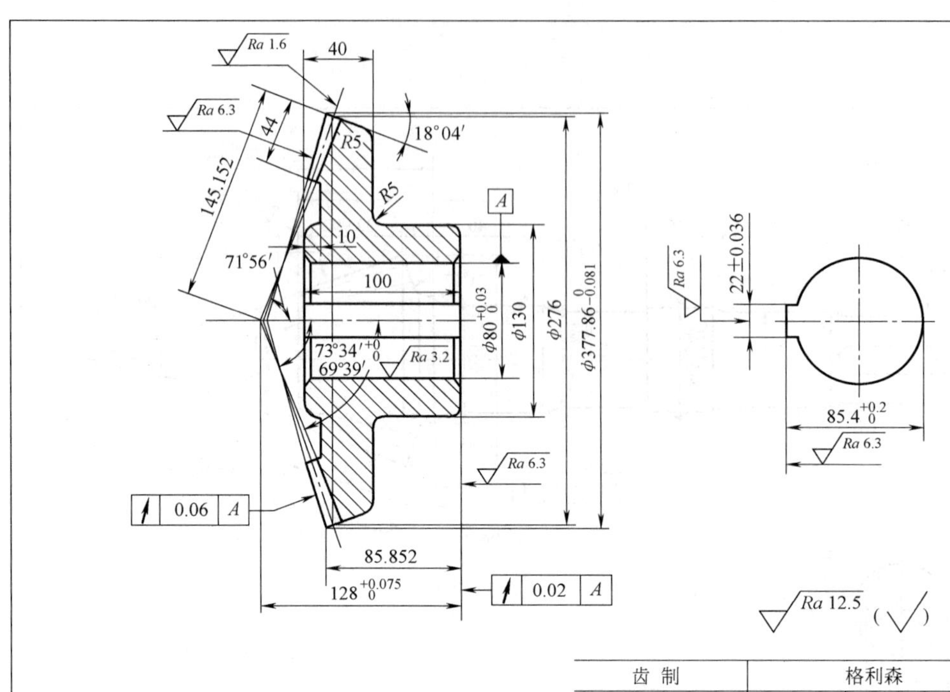

齿制	格利森	
齿宽中点模数	m_{mn}	5.096
齿数	z	46
齿宽中点螺旋角	β_m	35°
螺旋方向		右旋
压力角	α_n	20°
齿顶高系数	h_a^*	0.85
切向变位系数	x_t	−0.085
径向变位系数	x	−0.35
齿高	h	11.328
配对齿轮	图号	
	齿数	15
精度等级		7 d GB/T 11365—1989
中点分度圆弦齿厚	$\bar{s}_m$	$4.82_{-0.135}^{-0.060}$
中点分度圆弦齿高	$\bar{h}_{am}$	2.39
最小法向侧隙	j_{nmin}	0.054
刀盘直径	D_0	210
刀号	N_o	$8\frac{1}{2}$
公差组	检验项目	数值
Ⅰ	F_P	0.09
Ⅱ	$\pm f_{Pt}$	±0.02
Ⅲ	沿齿长接触率＞50%	
	沿齿高接触率＞55%	

技术要求

1. 材料20MnVB，渗碳淬火，齿面56～62HRC，心部280～320HBW，渗碳层深度1～1.4mm；
2. 全部倒角$C2.5$；
3. 未注圆角$R3$。

图 8.4-42 格利森锥齿轮工作图

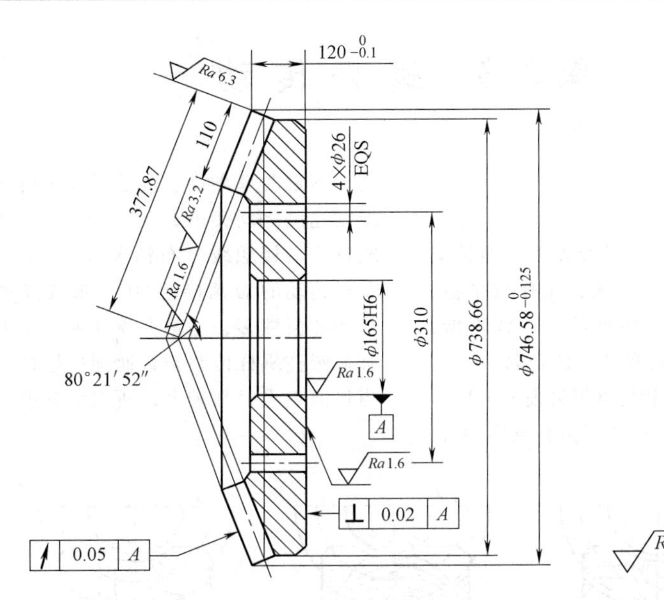

齿 制	克林根贝尔格	
齿宽中点模数	m_{mn}	10.5
齿 数	z	53
齿宽中点螺旋角	β_m	29°11′23″
螺旋方向		左
压力角	α_n	20°
齿顶高系数	h_a^*	1
切向变位系数	x_t	−0.05
径向变位系数	x	−0.552
齿高	h	23.625
齿顶高	h_a	4.704
配对齿轮	图 号	
	齿 数	9
精度等级		6 b GB/T 11365—1989
齿宽中点法向齿厚	$\bar{s}_n$	$11.51^{-0.12}_{-0.25}$
齿宽中点法向齿高	$\bar{h}$	4.711
刀盘半径	r_0	210
刀片组数	z_0	5
公差组	检验项目	数值
Ⅰ	F_i'	0.115
Ⅱ	f_i'	0.028
Ⅲ	沿齿长接触率＞60%	
	沿齿高接触率＞60%	

技术要求

1.渗碳淬火后齿面硬度58～62HRC。

2.未注明倒角为C3。

图 8. 4-43　克林根贝尔格锥齿轮工作图

第5章　蜗 杆 传 动

1　概述

蜗杆传动用于交错轴间传递运动及动力。通常交错角$\Sigma=90°$。其主要优点：传动比大，工作较平稳，噪声低，结构紧凑，可以自锁。主要缺点：效率低，易发热，蜗轮制造需要贵重的减摩性有色金属。

常用蜗杆的种类、加工原理和特点等见表8.5-1。

影响蜗杆传动承载能力的主要因素：接触线长度、当量曲率半径、接触线分布情况、接触线与相对滑动速度之间夹角Ω的大小等。图8.5-1所示为三种蜗杆传动接触线分布情况及Ω角的大小。直廓环面蜗杆传动的Ω角接近90°，形成油膜的条件好，同时接触的齿数多，当量曲率半径大，所以承载能力高。圆弧圆柱蜗杆传动与普通圆柱蜗杆传动相比，Ω角和当量曲率半径都较大，所以承载能力亦较高。

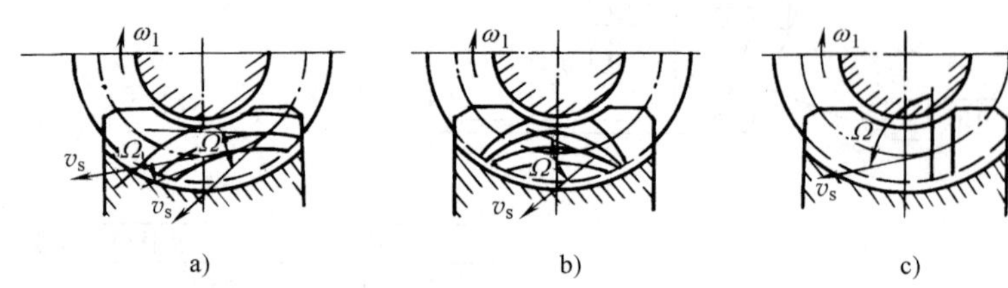

图8.5-1　三种蜗杆传动接触线分布情况及Ω角的大小
a）阿基米德蜗杆传动　b）圆弧圆柱蜗杆传动　c）直廓环面蜗杆传动

表8.5-1　常用蜗杆的种类、加工原理和特点

种类			蜗杆加工情况	特点和应用	效率
圆柱蜗杆传动	普通圆柱蜗杆传动	阿基米德圆柱蜗杆（ZA型）	N—N　A—A　2α　阿基米德螺旋线　A　A　γ $\gamma\leqslant3°$时的单刀切削 A　A　γ　A—A　2α　阿基米德螺旋线 $\gamma>3°$时的双刀切削	车制，车刀刀刃平面通过蜗杆轴线，这种蜗杆在轴向剖面A—A上具有直线齿廓，法向剖面N—N上齿廓为外凸曲线；而端面上的齿廓曲线为阿基米德螺旋线。磨削时砂轮需经修正，才能磨出正确的齿廓 这种蜗杆加工方便，应用广泛，但导程角大时加工困难，齿面磨损较快。因此，一般用于头数较少，载荷较小、低速或不太重要的传动	0.5~0.8（自锁时蜗杆传动0.4~0.45）
		渐开线圆柱蜗杆（ZI型）	γ　A　C　B　B　C　A　d_b C—C　B—B　A—A　渐开线 凸起的　直线的　凸起的	一般车制，车刀刀刃平面与基圆d_b相切，被切出的蜗杆齿面是渐开线螺旋面，端面齿廓为渐开线 这种蜗杆可以磨削，加工精度容易保证，传动效率高。一般用于蜗杆头数较多（3头以上），转速较高和要求较精密的传动，如滚齿机、磨齿机上的精密蜗杆副等，推荐用这种传动	可达0.9

（续）

种类			蜗杆加工情况	特点和应用	效率
圆柱蜗杆传动	普通圆柱蜗杆传动	法向直廓蜗杆（ZN 型）	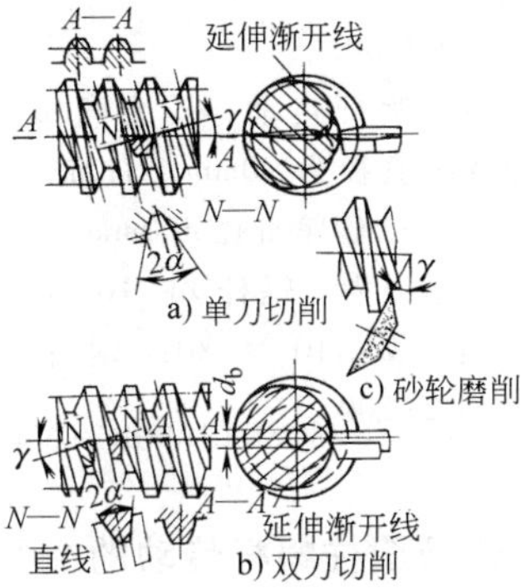 a) 单刀切削 b) 双刀切削 c) 砂轮磨削	亦称延伸渐开线蜗杆，车制时刀刃平面放在螺旋线的法面上，蜗杆在剖面 $N—N$ 上具有直线齿廓，在端面上为延伸渐开线齿廓。用单刀切制的蜗杆，齿槽在法向剖面上具有对称的直线齿廓（图 a）；用双刀切出的螺牙在法向剖面上具有对称的直线齿廓（图 b）。这种蜗杆可用砂轮磨齿（图 c），加工较简单 常用作机床的多头精密蜗杆副	可达 0.9
		锥面包络圆柱蜗杆（ZK 型）	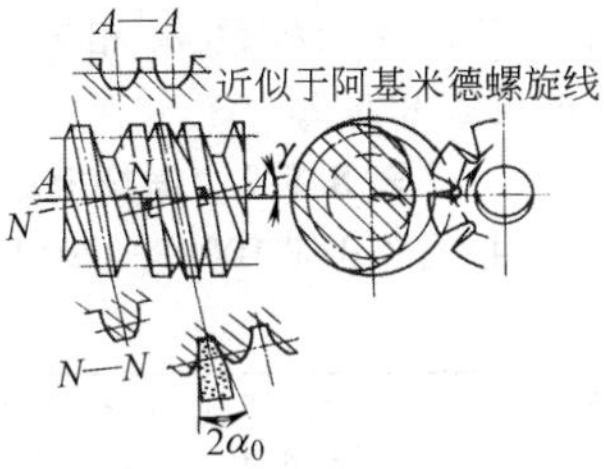	蜗杆螺旋面由锥面盘状铣刀或砂轮包络而成。包络形成的螺旋面是非线性的。齿廓在各个截面均呈曲线状。由于锥形盘状铣刀的成形线是直线，刀具易于制造、刃磨、修整及检验，也使蜗杆的磨削及相应蜗轮滚刀的磨削较容易	可达 0.9
		圆弧圆柱蜗杆（ZC 型）	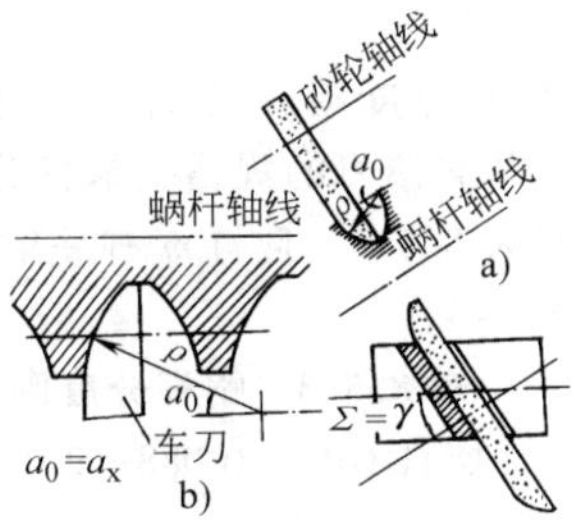	蜗杆齿面一般为凹面的圆柱蜗杆，是用凸圆弧刃的工具加工而成，称为齿形 C 若是用圆环面砂轮作工具，与蜗杆做螺旋运动，砂轮轴线与蜗杆轴线的交角 Σ 等于蜗杆的导程角 γ，这种蜗杆的齿形称为齿形 C_1（图 a）；若 $\Sigma \neq \gamma$，其齿形称为齿形 C_2，如果蜗杆齿面是由蜗杆轴平面上圆弧形车刀车出来的，这种齿形称为齿形 C_3（图 b） 这种传动具有承载能力大、效率高的优点	可达 0.96
环面蜗杆传动		直廓环面蜗杆（TSL 型）	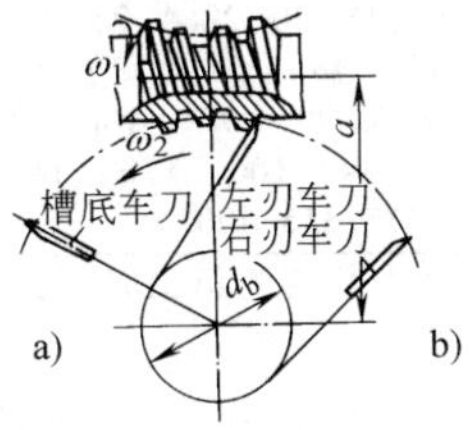	蜗杆的螺旋面可以用一把直刃车刀（图 a），在专用的机床上，同时切制齿槽的两侧齿面；也可以用两把车刀（图 b）分别切制齿的两侧齿面。蜗杆的齿面为不可展的直纹曲面，难以精确磨削。其承载能力为普通圆柱蜗杆传动的 4 倍，应用较广泛。缺点：工艺复杂，蜗杆齿修形技术难掌握	可达 0.92
		平面包络环面蜗杆（TOP 型）	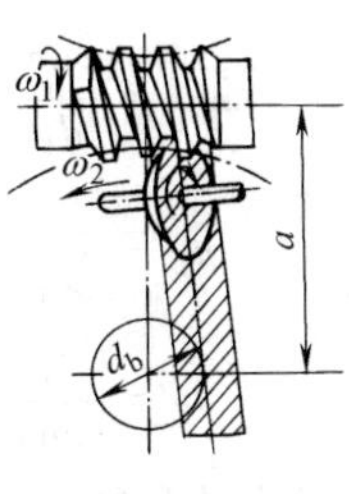	用平面盘状铣刀或平面砂轮在专用的机床上按包络原理加工蜗杆的螺旋面，用此蜗杆与平面齿蜗轮组成的传动，称为平面一次包络环面蜗杆传动。若以上述蜗杆的螺旋面为母面，按包络原理加工出蜗轮齿面，用此蜗轮与上述蜗杆组成的传动称为平面二次包络环面蜗杆传动（TOP 型） 这种蜗杆齿面可淬硬磨削，加工精度高，效率较高，承载能力与 TSL 型相当，应用日益广泛	可达 0.97

2　普通圆柱蜗杆传动

2.1　普通圆柱蜗杆传动的基本齿廓和标记（摘自 GB/T 10087—2013 报批稿）

2.1.1　基本齿廓（见图 8.5-2）

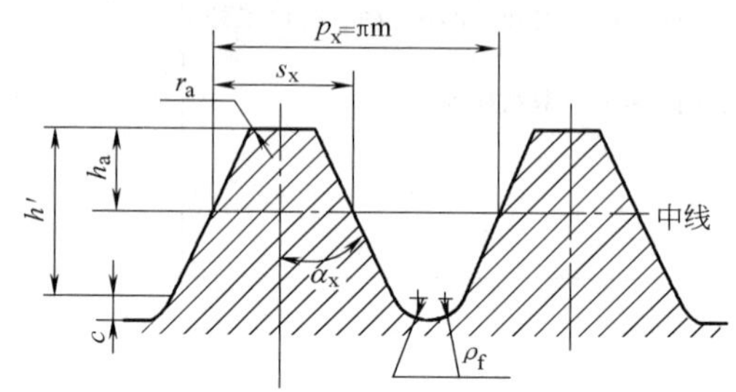

图 8.5-2　蜗杆的基本齿廓

1）模数 m。

2）轴向齿距 p_x，$p_x=\pi m$。

3）齿顶高 h_a。$h_a=m$，短齿 $h_a=0.8m$。

4）齿顶间隙 c。$c=0.2m$，允许减小到 $0.15m$，增大到 $0.35m$。

5）轴向齿厚 s_x。$s_x=0.5p_x=0.5\pi m$。

6）齿根圆角半径 ρ_f。$\rho_f=0.3m$，允许减小到 $0.2m$，增大到 $0.4m$，也允许成单圆弧。

7）齿顶倒圆半径 r_a，$r_a\leqslant 0.2m$。

8）压力角或产形角。

阿基米德蜗杆（ZA 蜗杆）的轴向压力角 $\alpha_x=20°$；法向直廓蜗杆（ZN 蜗杆）的法向压力角 $\alpha_n=20°$；渐开线蜗杆（ZI 蜗杆）的法向压力角 $\alpha_n=20°$；锥面包络圆柱蜗杆（ZK 蜗杆）的锥形刀具产形角$\alpha_0=20°$。在动力传动中，允许增大压力角，推荐采用 25°，在分度传动中，允许减小压力角，推荐采用 15°或 12°。

2.1.2　圆柱蜗杆传动的标记

蜗杆的标记：蜗杆类型（ZA、ZN、ZI、ZK、ZC），模数 m，分度圆直径 d_1，螺旋方向（右旋：R、左旋：L），头数 z_1。

蜗轮的标记：相配蜗杆类型（ZA、ZN、ZI、ZK、ZC），模数 m，齿数 z_2。

蜗杆传动的标记：用分式表示，分子为蜗杆标记，分母为蜗轮齿数 z_2。

标记示例：

1）ZN 蜗杆传动，法向压力角 20°，模数为 10mm，蜗杆分度圆直径为 90mm，右旋，头数为 2，蜗轮齿数为 80。

蜗杆标记为：蜗杆 $ZN_1 10\times 90R2$；蜗轮标记为：蜗轮 $ZN_2 10\times 80$；蜗杆传动标记为：$\dfrac{ZN10\times 90R2}{80}$或 $ZN_1 10\times 90R2/80$。

2）ZK 蜗杆传动，压力角 20°，模数为 10mm，蜗杆分度圆直径为 90mm，右旋，头数为 2，蜗轮齿数为 80，磨削砂轮直径 500mm。

蜗杆标记为：蜗杆 $ZK_2 10\times 90R2\text{-}500$；蜗轮标记为：蜗轮 $ZK_2 10\times 80$；蜗杆传动标记为：$\dfrac{ZK10\times 90R2\text{-}500}{80}$或 ZK10×90R2-500/80。

2.2　普通圆柱蜗杆传动的主要参数

1）模数 m。对于 $\Sigma=90°$的传动，蜗杆的轴向模数 m_x 和蜗轮的端面模数 m_t 相等，均以 m 表示。蜗杆模数 m 见表 8.5-2。

表 8.5-2　蜗杆模数 m

（摘自 GB/T 10088—2013 报批稿）

（mm）

1、1.25、(1.5)、1.6、2、2.5、(3)、3.15、(3.5)、4、(4.5)、5、(5.5)、(6)、6.3、(7)、8、10、(12)、12.5、(14)、16、20、25、31.5、40

注：括号中数字为第二系列，尽量不用；其余为第一系列。

2）蜗杆分度圆直径 d_1。当用滚刀切制蜗轮时，为了减少蜗轮滚刀的规格，蜗杆分度圆直径 d_1 也标准化，见表 8.5-3，且与 m 有一定的匹配，其匹配组合见表 8.5-4。

表 8.5-3　蜗杆分度圆直径 d_1

（摘自 GB/T 10088—2013 报批稿）

（mm）

4、4.5、5、5.6、6.3、7.1、(7.5)、8、(8.5)、9、10、11.2、12.5、14、(15)、16、18、20、22.4、25、28、(30)、31.5、(35.5)、(38)、40、45、(48)、50、(53)、56、(60)、63、(67)、71、(75)、80、(85)、90、(95)、100、(106)、112、(118)、125、(132)、140、(144)、160、(170)、180、(190)、200、224、250、280、(300)、315、355、400

注：括号中数字为第二系列，尽量不用；其余为第一系列。

3）蜗杆导程角 γ。γ 与 m 及 d_1 有下列关系：

$$\tan\gamma=\frac{z_1 m}{d_1} \tag{8.5-1}$$

或

$$d_1=\frac{z_1}{\tan\gamma}m=qm$$

$$q=\frac{z_1}{\tan\gamma}=\frac{d_1}{m} \tag{8.5-2}$$

式中，q 为蜗杆直径系数。

在动力传动中，为提高传动的效率，应力求取大的 γ 值，即应选用多头数、小分度圆直径 d_1 的蜗杆传动。对于要求具有自锁性能的传动，则应采用 $\gamma<3°30'$的蜗杆传动。

表 8.5-4　蜗杆传动的 m 与 d_1 的匹配（摘自 GB 10085—2013 报批稿）

m/mm	1	1.25		1.6		2				2.5				3.15			
d_1/mm	18	20	22.4	20	28	(18)	22.4	(28)	35.5	(22.4)	28	(35.5)	45	(28)	35.5	(45)	56
m^2d_1/mm^3	18	31.3	35	51.2	71.7	72	89.6	112	142	140	175	222	281	278	352	447	556

m/mm	4				5				6.3				8				10	
d_1/mm	(31.5)	40	(50)	71	(40)	50	(63)	90	(50)	63	(80)	112	(63)	80	(100)	140	(71)	90
m^2d_1/mm^3	504	640	800	1136	1000	1250	1575	2250	1985	2500	3175	4445	4032	5376	6400	8960	7100	9000

m /mm	10		12.5				16				20				25			
d_1/mm	(112)	160	(90)	112	(140)	200	(112)	140	(180)	250	(140)	160	(224)	315	(180)	200	(280)	400
m^2d_1/mm^3	11200	16000	14062	17500	21875	31250	28672	35940	46080	64000	56000	64000	89600	126000	112500	125000	175000	250000

注：1. m^2d_1 值非标准内容，系编者所加。
2. 括号中的数字尽可能不采用。

4）蜗杆头数 z_1 和蜗轮齿数 z_2。蜗杆头数一般为 $z_1=1\sim10$，常用为 1，2，4，6。z_1 过多时，制造较高精度的蜗杆和蜗轮滚刀有困难。传动比大及要求自锁的蜗杆传动取 $z_1=1$。

蜗轮齿数一般取 $z_2=27\sim80$。z_2 增多虽然可增加同时接触的齿数、运转平稳性也得到改善，但 $z_2>80$ 后，会导致模数过小而削弱轮齿的齿根强度或使蜗杆轴刚度降低。$z_2<27$ 时蜗轮齿将产生根切与干涉。z_1 和 z_2 荐用值见表 8.5-5。

表 8.5-5　各种传动比时推荐的 z_1、z_2 值

i	5~6	7~8	9~13	14~24	25~27	28~40	>40
z_1	6	4	3~4	2~3	2~3	1~2	1
z_2	29~36	28~32	27~52	28~72	50~81	28~80	>40

5）中心距 a。普通圆柱蜗杆传动的中心距尾数应取为 0 或 5mm；减速器的中心距应取为标准系列值，见表 8.5-6。中心距大于 500mm 的可按优先数系 R20 选用。

6）传动比 i。普通圆柱蜗杆减速器的传动比 i 的标准系列公称值见表 8.5-6，其中带①者为基本传动比，应优先采用。

7）蜗轮的变位系数 x_2。普通圆柱蜗杆传动变位的主要目的是配凑中心距，此外还可以提高传动的承载能力和效率，消除蜗轮的根切。

蜗轮的变位系数 x_2 取得过大会产生蜗轮齿顶变尖；过小又会产生蜗轮轮齿根切。一般取 $x_2=-1\sim+1$，常用 $x_2=-0.7\sim+0.7$。

2.3　普通圆柱蜗杆传动的几何尺寸计算（见表 8.5-7、表 8.5-8）

2.4　普通圆柱蜗杆传动的承载能力计算

蜗杆与蜗轮齿面间滑动速度较大，蜗杆传动的失效形式主要是蜗轮齿面的点蚀、磨损和胶合，有时也出现蜗轮轮齿齿根折断，因此对闭式传动，一般按齿面接触疲劳强度设计，按条件考虑蜗轮齿面胶合和点蚀强度；只是当 $z_2>80\sim100$ 或蜗轮负变位时，才进行蜗轮轮齿齿根强度验算；另外，蜗杆传动热损耗较大，应进行散热计算。对开式传动，按蜗轮轮齿齿根强度设计，用降低许用应力或增大模数的办法加大齿厚，来考虑轮齿磨损的储备量。对蜗杆，需按轴的计算方法校核其强度和刚度。

2.4.1　齿上受力分析和滑动速度计算（见表 8.5-9）

2.4.2　普通圆柱蜗杆传动的强度和刚度计算（见表 8.5-10）

表 8.5-10 中符号的意义和求法如下：

T_2——作用于蜗轮轴上的名义转矩（N · m）；

K——载荷系数，一般 $K=1\sim1.4$，当载荷平稳、蜗轮的圆周速度 $v_2\leqslant3\text{m}\cdot\text{s}^{-1}$ 和 7 级精度以上时，取较小值，否则取较大值；

K_A——使用系数，查表 8.5-11；

K_v——动载系数，当 $v_2\leqslant3\text{m}\cdot\text{s}^{-1}$时，$K_v=1\sim1.1$；当 $v_2>3\text{m}\cdot\text{s}^{-1}$时，$K_v=1.1\sim1.2$；

K_β——载荷分布系数，载荷平稳时，$K_\beta=1$；载荷变化时，$K_\beta=1.1\sim1.3$；

σ_{HP}——许用接触应力（MPa），与蜗轮轮缘的材料有关：对无锡青铜、黄铜和铸铁的轮缘，σ_{HP} 取决于胶合，其值见表 8.5-15；对锡青铜的轮缘，σ_{HP} 取决于疲劳点蚀，$\sigma_{HP}=\sigma'_{HP}Z_{vs}Z_N$（MPa）；

σ'_{HP}——$N_L=10^7$ 时的轮缘材料的许用接触应力（MPa），其值见表 8.5-14；

σ_{FP}——蜗轮齿根许用弯曲应力，$\sigma_{FP}=\sigma'_{FP}Y_N$（MPa）；

表 8.5-6　普通圆柱蜗杆传动的基本参数及其匹配（摘自 GB 10085—2013 报批稿）

a /mm	i	m /mm	d_1 /mm	z_1	z_2	x_2	γ
40	4.83	2	22.4	6	29	−0.100	28°10′43″
	7.25	2	22.4	4	29	−0.100	19°39′14″
	9.5①	1.6	20	4	38	−0.250	17°44′41″
	—	—	—	—	—	—	—
	14.5	2	22.4	2	29	−0.100	10°07′29″
	19①	1.6	20	2	38	−0.250	9°05′25″
	29	2	22.4	1	29	−0.100	5°06′08″
	38①	1.6	20	1	38	−0.250	4°34′26″
	49	1.25	20	1	49	−0.500	3°34′35″
	62	1	18	1	62	0.000	3°10′47″
50	4.83	2.5	28	6	29	−0.100	28°10′43″
	7.25	2.5	28	4	29	−0.100	19°39′14″
	9.75①	2	22.4	4	39	−0.100	19°39′14″
	12.75	1.6	20	4	51	−0.500	17°44′41″
	14.5	2.5	28	2	29	−0.100	10°07′29″
	19.5①	2	22.4	2	39	−0.100	10°07′29″
	25.5	1.6	20	2	51	−0.500	9°05′25″
	29	2.5	28	1	29	−0.100	5°06′08″
	39①	2	22.4	1	39	−0.100	5°06′08″
	51	1.6	20	1	51	−0.500	4°34′26″
	62	1.25	22.4	1	62	+0.040	3°11′38″
	—	—	—	—	—	—	—
	82①	1	18	1	82	0.000	3°10′47″
63	4.83	3.15	35.5	6	29	−0.1349	28°01′50″
	7.25	3.15	35.5	4	29	−0.1349	19°32′29″
	9.75①	2.5	28	4	39	+0.100	19°39′14″
	12.75	2	22.4	4	51	+0.400	19°39′14″
	14.5	3.15	35.5	2	29	−0.1349	10°03′48″
	19.5①	2.5	28	2	39	+0.100	10°07′29″
	25.5	2	22.4	2	51	+0.400	10°07′29″
	29	3.15	35.5	1	29	−0.1349	5°04′15″
	39①	2.5	28	1	39	+0.100	5°06′08″
	51	2	22.4	1	51	+0.400	5°06′08″
	61	1.6	28	1	61	+0.125	3°16′14″
	67	1.6	20	1	67	−0.375	4°34′26″
	82①	1.25	22.4	1	82	+0.440	3°11′38″
80	5.17	4	40	6	31	−0.500	30°57′50″
	7.75	4	40	4	31	−0.500	21°48′05″
	9.75①	3.15	35.5	4	39	+0.2619	19°32′29″
	13.25	2.5	28	4	53	−0.100	19°39′14″
	15.5	34	40	2	31	−0.500	11°18′36″
	19.5①	3.15	35.5	2	39	+0.2619	10°03′48″
	26.5	2.5	28	2	53	−0.100	10°07′29″
	31	4	40	1	31	−0.500	5°42′38″
	39①	3.15	35.5	1	39	+0.2619	5°04′15″
	53	2.5	28	1	53	−0.100	5°06′08″
	62	2	35.5	1	62	+0.125	3°13′28″
	69	2	22.4	1	69	−0.100	5°06′08″
	82①	1.6	28	1	82	+0.250	3°16′14″
100	5.17	5	50	6	31	−0.500	30°57′50″
	7.75	5	50	4	31	−0.500	21°48′05″
	10.25①	4	40	4	41	−0.500	21°48′05″
	13.25	3.15	35.5	4	53	−0.3889	19°32′29″
	15.5	5	50	2	31	−0.500	11°18′36″
	20.5①	4	40	2	41	−0.500	11°18′36″
	26.5	3.15	35.5	2	53	−0.3889	10°03′48″
	31	5	50	1	31	−0.500	5°42′38″
	41①	4	40	1	41	−0.500	5°42′38″
	53	3.15	35.5	1	53	−0.3889	5°04′15″
	62	2.5	45	1	62	0.000	3°10′47″
	70	2.5	28	1	70	−0.600	5°06′08″
	82①	2	35.5	1	82	+0.125	3°13′28″
125	5.17	6.3	63	6	31	−0.6587	30°57′50″
	7.75	6.3	63	4	31	−0.6587	21°48′05″
	10.25①	5	50	4	41	−0.500	21°48′05″
	12.75	4	40	4	51	+0.750	21°48′05″
	15.5	6.3	63	2	31	−0.6587	11°18′36″
	20.5①	5	50	2	41	−0.500	11°18′36″
	25.5	4	40	2	51	+0.750	11°18′36″
	31	6.3	63	1	31	−0.6587	5°42′38″
	41①	5	50	1	41	−0.500	5°42′38″
	51	4	40	1	51	+0.750	5°42′38″
	62	3.15	56	1	62	−0.2063	3°13′10″
	69	3.15	35.5	1	09	−0.4524	5°04′15″
	82①	2.5	45	1	82	0.000	3°10′47″
160	5.17	8	80	6	31	−0.500	30°57′50″
	7.75	8	80	4	31	−0.500	21°48′05″
	10.25①	6.3	63	4	41	−0.1032	21°48′05″
	13.25	5	50	4	53	+0.500	21°48′05″
	15.5	8	80	2	31	−0.500	11°18′36″
	20.5①	6.3	63	2	41	−0.1032	11°18′36″
	26.5	5	50	2	53	+0.500	11°18′36″
	31	8	80	1	31	−0.500	5°42′38″
	41①	6.3	63	1	41	−0.1032	5°42′38″
	53	5	50	1	53	+0.500	5°42′38″
	62	4	71	1	62	+0.125	3°13′28″
	70	4	40	1	70	0.000	5°42′38″
	83①	3.15	56	1	83	+0.4048	3°13′10″
180	—	—	—	—	—	—	—
	7.25	10	(71)	4	29	−0.050	29°23′46″
	9.5①	8	(63)	4	38	−0.4375	26°53′40″

（续）

a /mm	i	m /mm	d_1 /mm	z_1	z_2	x_2	γ
180	12	6.3	63	4	48	−0.4286	21°48′05″
	15.25	5	50	4	61	+0.500	21°48′05″
	19①	8	(63)	2	38	−0.4375	14°15′00″
	24	6.3	63	2	48	−0.4286	11°18′36″
	30.5	5	50	2	61	+0.500	11°18′36″
	38①	8	63	1	38	−0.4375	7°14′13″
	48	6.3	63	1	48	−0.4286	5°42′38″
	61	5	50	1	61	+0.500	5°42′38″
	71	4	71	1	71	+0.625	3°13′28″
	80①	4	40	1	80	0.000	5°42′38″
200	5.17	10	90	6	31	0.000	33°41′24″
	7.75	10	90	4	31	0.000	23°57′45″
	10.25①	8	80	4	41	−0.500	21°48′05″
	13.25	69.3	63	4	53	+0.246	21°48′05″
	15.5	10	90	2	31	0.000	12°31′44″
	20.5①	8	80	2	41	−0.500	11°18′36″
	26.5	6.3	63	2	53	+0.246	11°18′36″
	31	10	90	1	31	0.000	6°20′25″
	41①	8	80	1	41	−0.500	5°42′38″
	53	6.3	63	1	53	+0.246	5°42′38″
	62	5	90	1	62	0.000	3°10′47″
	70	5	50	1	70	0.000	5°42′38″
	82①	4	71	1	82	+0.125	3°13′28″
225	7.25	12.5	(90)	4	29	−0.100	29°03′17″
	9.5①	10	(71)	4	38	−0.050	29°23′46″
	11.75	8	80	4	47	−0.375	21°48′05″
	15.25	6.3	63	4	61	+0.2143	21°48′05″
	19.5①	10	(71)	2	38	−0.050	15°43′55″
	23.5	8	80	2	47	−0.375	11°18′36″
	30.5	6.3	63	2	61	+0.2143	11°18′36″
	38①	10	(71)	1	38	−0.050	8°01′02″
	47	8	80	1	47	−0.375	5°42′38″
	61	6.3	63	1	61	+0.2143	5°42′38″
	71	5	90	1	71	+0.500	3°10′47″
	80①	5	50	1	80	0.000	5°42′38″
250	7.75	12.5	112	4	31	+0.020	24°03′26″
	10.25①	10	90	4	41	0.000	23°57′45″
	13	8	80	4	52	+0.250	21°48′05″
	15.5	12.5	112	2	31	+0.020	12°34′59″
	20.5①	10	90	2	41	0.000	12°31′44″
	26	8	80	2	52	+0.250	11°18′36″
	31	12.5	112	1	31	+0.020	6°22′06″
	41①	10	90	1	41	0.000	6°20′25″
	52	8	80	1	52	+0.250	5°42′38″
	61	6.3	112	1	61	+0.2937	3°13′10″
250	70	6.3	63	1	70	−0.3175	5°42′38″
	81①	5	90	1	81	+0.500	3°10′47″
280	7.25	16	(112)	4	29	−0.500	29°44′42″
	9.5①	12.5	(90)	4	38	−0.200	29°03′17″
	12	10	90	4	48	−0.500	23°57′45″
	15.25	8	80	4	61	−0.500	21°48′05″
	19①	12.5	(90)	2	38	−0.200	15°31′27″
	24	10	90	2	48	−0.500	12°31′44″
	30.5	8	80	2	61	−0.500	11°18′36″
	38①	12.5	(90)	1	38	−0.200	7°50′26″
	48	10	90	1	48	−0.500	6°20′25″
	61	8	80	1	61	−0.500	5°42′38″
	71	6.3	112	1	71	+0.0556	3°13′10″
	80①	6.3	63	1	80	−0.5556	5°42′38″
315	7.75	16	140	4	31	−0.1875	24°34′02″
	10.25①	12.5	112	4	41	+0.220	24°03′26″
	13.25	10	90	4	53	+0.500	23°57′45″
	15.5	16	140	2	31	−0.1875	12°52′30″
	20.5①	12.5	112	2	41	+0.220	12°34′59″
	26.5	10	90	2	53	+0.500	12°31′44″
	31	16	140	1	31	+0.1875	6°31′11″
	41①	12.5	112	1	41	+0.220	6°22′06″
	53	10	90	1	53	+0.500	6°20′25″
	61	8	140	1	61	+0.125	3°16′14″
	69	8	80	1	69	−0.125	5°42′38″
	82①	6.3	112	1	82	+0.1111	3°13′10″
355	7.25	20	(140)	4	29	−0.250	29°44′42″
	9.5①	16	(112)	4	38	−0.3125	29°44′42″
	12.25	12.5	112	4	49	−0.580	24°03′26″
	15.25	10	90	4	61	+0.500	23°57′45″
	19①	16	(112)	2	38	−0.3125	15°56′43″
	24.5	12.5	112	2	49	−0.580	12°34′59″
	30.5	10	90	2	61	+0.500	12°31′44″
	38①	16	(112)	1	38	−0.3125	8°07′48″
	49	12.5	112	1	49	−0.580	6°22′06″
	61	10	90	1	61	+0.500	6°20′25″
	71	8	140	1	71	+0.125	3°16′14″
	79①	8	80	1	79	−0.125	5°42′38″
400	7.75	20	160	4	31	+0.500	26°33′54″
	10.25①	16	140	4	41	+0.125	24°34′02″
	13.5	12.5	112	4	54	+0.520	24°03′26″
	15.5	20	160	2	31	+0.500	14°02′10″
	20.5①	16	140	2	41	+0.125	12°52′30″
	27	12.5	112	2	54	+0.520	12°34′59″
	31	20	160	1	31	+0.050	7°07′30″

（续）

a /mm	i	m /mm	d_1 /mm	z_1	z_2	x_2	γ	a /mm	i	m /mm	d_1 /mm	z_1	z_2	x_2	γ
400	41①	16	140	1	41	+0.125	6°31′11″	450	73	10	160	1	73	+0.500	3°50′26″
	54	12.5	112	1	54	+0.520	6°22′06″		81①	10	90	1	81	0.000	6°20′25″
	63	10	160	1	63	+0.500	3°34′35″	500	7.75	25	200	4	31	+0.500	26°33′54″
	71	10	90	1	71	0.000	6°20′25″		10.25①	20	160	4	41	+0.500	26°33′54″
	82①	8	140	1	82	+0.250	3°16′14″		13.25	16	140	4	53	+0.375	24°34′02″
450	7.25	25	(180)	4	29	−0.100	27°03′17″		15.5	25	200	2	31	+0.500	14°02′10″
	9.75①	20	(140)	4	39	−0.500	29°44′42″		20.5①	20	160	2	41	+0.500	14°02′10″
	12.25	16	(112)	4	49	+0.125	29°44′42″		26.5	16	140	2	53	+0.375	12°52′30″
	15.75	12.5	112	4	63	+0.020	24°03′26″		31	25	200	1	31	+0.500	7°07′30″
	19.5①	20	(140)	2	39	−0.500	15°56′43″		41①	20	160	1	41	+0.500	7°07′30″
	24.5	16	(112)	2	49	+0.125	15°56′43″		53	16	140	1	53	+0.375	6°31′11″
	31.5	12.5	112	2	63	+0.020	12°34′59″		63	12.5	200	1	63	+0.500	3°34′35″
	39①	20	(140)	1	39	−0.500	8°07′48″		71	12.5	112	1	71	+0.020	6°22′06″
	49	16	(112)	1	49	+0.125	8°07′48″		83①	10	160	1	83	+0.500	3°34′35″
	63	12.5	112	1	63	+0.020	6°22′06″								

注：$\gamma<3°17'$者有自锁能力。

① 为基本传动比。

表 8.5-7 普通圆柱蜗杆传动几何尺寸计算（摘自 GB/T 10085—2013 报批稿）

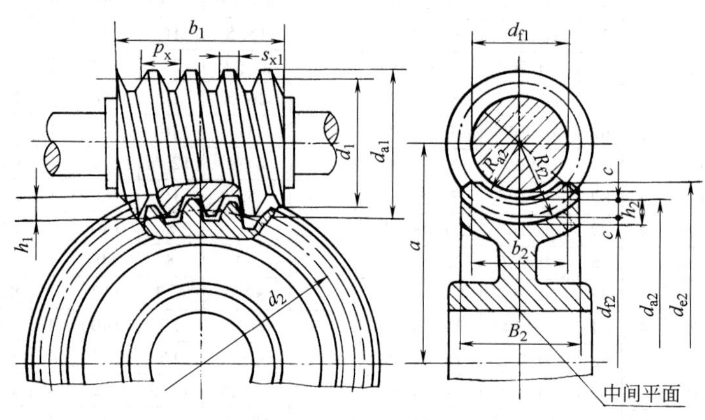

名称	代 号	公 式 及 说 明	
中心距	a	$a=(d_1+d_2+2x_2m)/2$，要满足强度要求，可按表 8.5-6 选取	
蜗杆头数	z_1	常用 $z_1=1,2,4,6$	按表 8.5-5 选取
蜗轮齿数	z_2	$z_2=iz_1$，传动比 $i=\dfrac{n_1}{n_2}$	
压力角	α	ZA 型 $\alpha_x=20°$，其余 $\alpha_n=20°$，$\tan\alpha_n=\tan\alpha_x\cos\gamma$	
模数	m	$m=m_x=m_n/\cos\gamma$　按表 8.5-2 或表 8.5-6 选取	
蜗轮变位系数	x_2	$x_2=\dfrac{a}{m}-\dfrac{d_1+d_2}{2m}$	
蜗杆轴向齿距	p_x	$p_x=\pi m$	
蜗杆分度圆直径	d_1	$d_1=mz_1/\tan\gamma$　按表 8.5-3 或表 8.5-6 选取，与 m 匹配	
蜗杆齿顶圆直径	d_{a1}	$d_{a1}=d_1+2h_{a1}=d_1+2h_a^*m$	
蜗杆齿根圆直径	d_{f1}	$d_{f1}=d_1-2h_{f1}=d_1-2m(h_a^*+c^*)$	

（续）

名　称	代　号	公式及说明
蜗杆齿顶高	h_{a1}	$h_{a1}=h_a^* m$，齿顶高系数，一般 $h_a^*=1$，短齿 $h_a^*=0.8$
顶隙	c	$c=c^* m$，一般顶隙系数 $c^*=0.2$
蜗杆齿根高	h_{f1}	$h_{f1}=(h_a^*+c^*)m=\frac{1}{2}(d_1-d_{f1})$
蜗杆齿高	h_1	$h_1=h_{a1}+h_{f1}=\frac{1}{2}(d_{a1}-d_{f1})$
渐开线蜗杆基圆直径	d_{b1}	$d_{b1}=d_1\tan\gamma/\tan\gamma_b=z_1 m/\tan\gamma_b$
渐开线蜗杆基圆导程角	γ_b	$\cos\gamma_b=\cos\gamma\cos\alpha_n$
蜗杆齿宽	b_1	见表 8.5-8
蜗轮分度圆直径	d_2	$d_2=mz_2=2a-d_1-2x_2 m$
蜗轮喉圆直径	d_{a2}	$d_{a2}=d_2+2h_{a2}$
蜗轮齿根圆直径	d_{f2}	$d_{f2}=d_2-2h_{f2}$
蜗轮齿顶高	h_{a2}	$h_{a2}=(d_{a2}-d_2)/2=m(h_a^*+x_2)$
蜗轮齿根高	h_{f2}	$h_{f2}=\frac{1}{2}(d_2-d_{f2})=m(h_a^*-x_2+c^*)$
蜗轮齿高	h_2	$h_2=h_{a2}+h_{f2}=\frac{1}{2}(d_{a2}-d_{f2})$
蜗轮顶圆直径	d_{e2}	当 $z_1=1$ 时，$d_{e2}\leqslant d_{a2}+2m$；$z_1=2\sim3$ 时，$d_{e2}\leqslant d_{a2}+1.5m$；$z_1=4\sim6$ 时，$d_{e2}=d_{a2}+m$ 或按结构设计
蜗轮齿宽	b_2	当 $z_1\leqslant3$ 时，$b_2\leqslant0.75d_{a1}$；$z_1=4\sim6$ 时，$b_2\leqslant0.67d_{a1}$
蜗轮齿顶圆弧半径	R_{a2}	$R_{a2}=\frac{d_1}{2}-m$
蜗轮齿根圆弧半径	R_{f2}	$R_{f2}=\frac{d_{a1}}{2}+c^* m$
蜗杆轴向齿厚	s_{x1}	$s_{x1}=\frac{1}{2}p_x=\frac{1}{2}m\pi$
蜗杆法向齿厚	s_{n1}	$s_{n1}=s_{x1}\cos\gamma$
蜗轮分度圆齿厚	s_2	$s_2=(0.5\pi+2x_2\tan\alpha_x)m$
蜗杆齿厚测量高度	$\bar{h}_{a1}$	$\bar{h}_{a1}=m$；短齿 $\bar{h}_{a1}=0.8m$
蜗杆节圆直径	d_{w1}	$d_{w1}=d_1+2x_2 m$
蜗轮节圆直径	d_{w2}	$d_{w2}=d_2$

表 8.5-8　普通圆柱蜗杆传动的蜗杆齿宽 b_1

x_2	z_1		
	1~2	3~4	5~6
-1	$b_1\geqslant(10.5+z_1)m$	$b_1\geqslant(10.5+z_1)m$	按结构设计
-0.5	$b_1\geqslant(8+0.06z_2)m$	$b_1\geqslant(9.5+0.09z_2)m$	
0	$b_1\geqslant(11+0.06z_2)m$	$b_1\geqslant(12.5+0.09z_2)m$	
0.5	$b_1\geqslant(11+0.1z_2)m$	$b_1\geqslant(12.5+0.1z_2)m$	
1	$b_1\geqslant(12+0.1z_2)m$	$b_1\geqslant(13+0.1z_2)m$	

注：1. 当蜗轮变位系数 x_2 为中间值时，b_1 按相邻两值中的较大者确定。

2. 对磨削的蜗杆，应将求得的 b_1 值增大。当 $m<10$mm 时，增大 15~25mm；当 $m=10\sim14$mm 时，增大 35mm；当 $m\geqslant16$mm 时，增大 50mm。

表 8.5-9　齿上受力分析和滑动速度计算

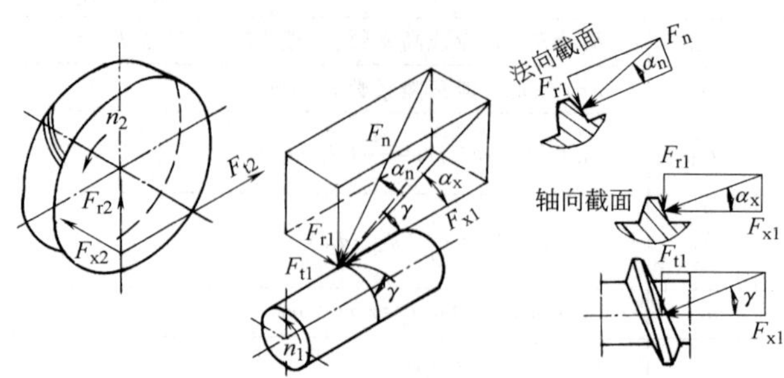

名　称	代　号	公式及说明
蜗杆圆周力/N（蜗轮轴向力）	F_{t1}	$F_{t1}=-F_{x2}=\dfrac{2000T_1}{d_1}$，$F_{t1}$产生的转矩与外加转矩 T_1 方向相反
蜗杆轴向力/N（蜗轮圆周力）	F_{x1}	$F_{x1}=-F_{t2}=\dfrac{2000T_2}{d_2+2x_2m}$，$F_{t2}$产生的转矩与外加转矩 T_2 方向相反
蜗杆径向力/N（蜗轮径向力）	F_{r1}	$F_{r1}=-F_{r2}\approx -F_{t2}\tan\alpha_x$，从啮合点向各自的中心
法向力/N	F_n	$F_n=\dfrac{F_{x1}}{\cos\gamma\cos\alpha_n}\approx\dfrac{-F_{t2}}{\cos\gamma\cos\alpha_x}=\dfrac{-2000T_2}{d_2\cos\gamma\cos\alpha_x}$，垂直于接触齿面
蜗轮轴工作转矩/N · m	T_2	$T_2=iT_1\eta\approx 9550\dfrac{P_1}{n_1}i\eta$
蜗杆传动效率	η①	估计值：$z_1=1$ 时，$\eta=0.7\sim0.75$；$z_1=2$ 时，$\eta=0.75\sim0.82$；$z_1=3$ 时，$\eta=0.82\sim0.87$；$z_1=4$ 时，$\eta=0.87\sim0.92$。η 的计算见式（8.5-3）
滑动速度/m · s^{-1}	v_s	$v_s=\dfrac{v_1}{\cos\gamma}=\dfrac{d_1n_1}{19100\cos\gamma}$，$v_s$ 的估计值可查图 8.5-3
蜗杆圆周速度/m · s^{-1}	v_1	$v_1=\dfrac{\pi d_1n_1}{60\times1000}=\dfrac{d_1n_1}{19100}$，当 $v_1>4\text{m}\cdot\text{s}^{-1}$时，为减小搅油损耗，宜采用蜗杆上置式

注：T_1—蜗杆外加转矩（N · m）；d_1—蜗杆分度圆直径（mm）；d_2—蜗轮分度圆直径（mm）；m—模数（mm）；P_1—蜗杆传递功率（kW）。

① 圆弧圆柱蜗杆传动的 η 可提高 3%～9%。

σ'_{FP}——$N_L=10^6$ 时的轮缘材料许用弯曲应力（MPa），其值见表 8.5-14；

Z_{vs}——滑动速度影响系数，查图 8.5-4；

Z_E——弹性系数（$\sqrt{\text{MPa}}$），见表 8.5-12；

Y_{FS}——蜗轮的复合齿形系数，按 $z_{v2}=\dfrac{z_2}{\cos^3\gamma}$及变位系数 x_2，由本篇第 2 章图 8.2-27 近似查取；

Y_β——导程角系数，$Y_\beta=1-\dfrac{\gamma}{120°}$；

Z_N、Y_N——齿面接触疲劳强度和齿根弯曲疲劳强度的寿命系数。按应力循环次数 N_L 查图 8.5-5。

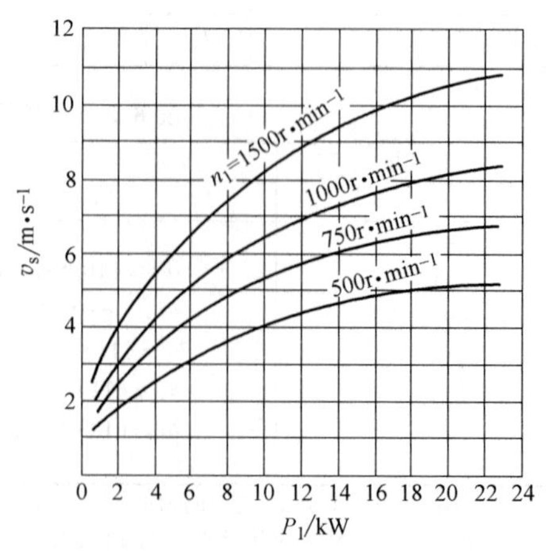

图 8.5-3　v_s 的估计值

表 8.5-10　普通圆柱蜗杆传动的强度和刚度计算

公 式 用 途	齿面接触疲劳强度	齿根弯曲疲劳强度
传动设计	$m^2 d_1 \geqslant \left(\dfrac{15000}{\sigma_{HP} z_2}\right)^2 KT_2$ 查表 8.5-4 确定 m、d_1	$m^2 d_1 \geqslant \dfrac{6000KT_2 Y_{FS}}{z_2 \sigma_{FP}}$ 查表 8.5-4 确定 m、d_1
传动验算	$\sigma_H = Z_E \sqrt{\dfrac{9400T_2}{d_1 d_2^2} K_A K_v K_\beta} \leqslant \sigma_{HP}$	$\sigma_F = \dfrac{666T_2 K_A K_v K_\beta}{d_1 d_2 m} Y_{FS} Y_\beta \leqslant \sigma_{FP}$
蜗杆轴刚度验算	$y_1 = \dfrac{\sqrt{F_{t1}^2 + F_{r1}^2}}{48EI} L^3 \leqslant y_P$，$y_P = (0.001 \sim 0.0025) d_1$	

不同转速和载荷情况下，

核算齿面接触疲劳强度时，$N_L = 60 \sum n_i t_i \left(\dfrac{T_{2i}}{T_{2max}}\right)^4$

核算齿根弯曲疲劳强度时，$N_L = 60 \sum n_i t_i \left(\dfrac{T_{2i}}{T_{2max}}\right)^8$

其中，n_i、t_i、T_{2i} 为不同载荷下的转速（$r \cdot min^{-1}$）、工作时间（h）和转矩（N·m）；T_{2max} 为最大转矩（N·m）；

y_1——蜗杆中央部分的挠度（mm）；

I——蜗杆齿根截面二次矩（mm^4），$I = \dfrac{\pi d_{f1}^4}{64}$；

E——蜗杆材料的弹性模量，$E = 207000MPa$；

L——蜗杆的跨度（mm）。

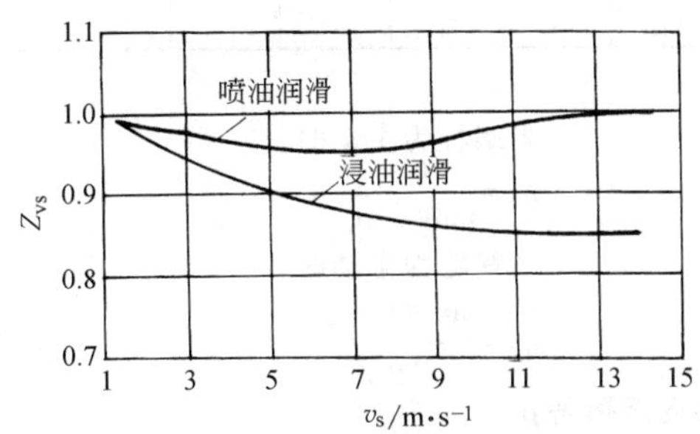

图 8.5-4　滑动速度影响系数 Z_{vs}

表 8.5-11　使用系数 K_A

原 动 机	工作特点		
	平稳	中等冲击	严重冲击
电动机、汽轮机	0.8~1.25	0.9~1.5	1~1.75
多缸内燃机	0.9~1.5	1~1.75	1.25~2
单缸内燃机	1~1.75	1.25~2	1.5~2.5

注：表中小值用于间歇工作，大值用于连续工作。

表 8.5-12　弹性系数 Z_E（$\sqrt{MPa}$）

蜗杆材料	蜗轮材料			
	铸锡青铜	铸铝青铜	灰铸铁	球墨铸铁
钢	155	156	162	181.4

2.4.3　蜗杆、蜗轮的材料和许用应力

由于蜗杆副中滑动速度较大，要求其材料应具备良好的减摩性和抗胶合性能，所以通常蜗轮采用青铜或铸铁做轮缘，蜗杆尽量采用淬硬的钢制造。常用的材料牌号、热处理要求、表面粗糙度、适用的场合和许用应力见表 8.5-13~表 8.5-15。

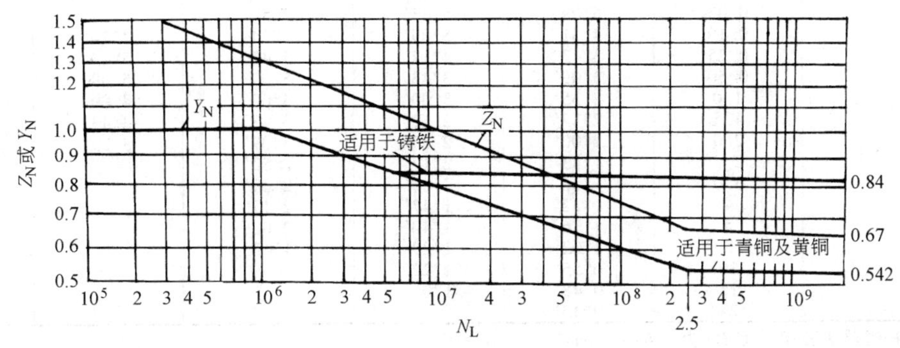

图 8.5-5　寿命系数 Z_N、Y_N

表 8.5-13 蜗杆常用的材料及技术要求

材料	热处理	硬度	齿面粗糙度 $Ra/\mu m$
45,42SiMn,37SiMn2MoV,40Cr,35CrMo,38SiMnMo,42CrMo,40CrNi	表面淬火	45~55HRC	1.6~0.8
15CrMn,20CrMn,20Cr,20CrNi,20CrMnTi,18Cr2Ni4W	渗碳淬火	58~63HRC	1.6~0.8
45(用于不重要的传动)	调质	<270HBW	6.3

表 8.5-14 蜗轮材料及 $N_L=10^7$ 时的许用接触应力 σ'_{HP}、$N_L=10^6$ 时的许用弯曲应力 σ'_{FP} (MPa)

蜗轮材料	铸造方法	适用的滑动速度 v_s/m·s^{-1}	力学性能		σ'_{HP}		σ'_{FP}	
					蜗杆齿面硬度			
			$\sigma_{0.2}$	R_m	≤350HBW	>45HRC	一侧受载	两侧受载
ZCuSn10P1	砂型 金属型	≤12 ≤25	130 170	220 310	180 200	200 220	51 70	32 40
ZCuSn5Pb5Zn5	砂型 金属型	≤10 ≤12	90 100	200 250	110 135	125 150	33 40	24 29
ZCuAl10Fe3	砂型 金属型	≤10	180 200	490 540	见表 8.5-15		82 90	64 80
ZCuAl10Fe3Mn2	砂型 金属型	≤10	—	490 540			— 100	— 90
ZCuZn38Mn2Pb2	砂型 金属型	≤10	—	245 345			62 —	56 —
HT150	砂型	≤2	—	150			40	25
HT200	砂型	≤2~5	—	200			48	30
HT250	砂型	≤2~5	—	250			56	35

表 8.5-15 无锡青铜、黄铜及铸铁的许用接触应力 σ_{HP} (MPa)

蜗轮材料	蜗杆材料	滑动速度 v_s/m·s^{-1}							
		0.25	0.5	1	2	3	4	6	8
ZCuAl9Fe3,ZCuAl10Fe3Mn2	钢经淬火①	—	250	230	210	180	160	120	90
ZCuZn38Mn2Pb2	钢经淬火①	—	215	200	180	150	135	95	75
HT200,HT150(120~150HBW)	渗碳钢	160	130	115	90	—	—	—	—
HT150(120~150HBW)	调质或淬火钢	140	110	90	70	—	—	—	—

① 蜗杆如未经淬火，表中 σ_{HP} 值需降低 20%。

2.4.4 蜗杆传动的效率和散热计算

(1) 蜗杆传动效率的计算

蜗杆传动效率为

$$\eta = \eta_1\eta_2\eta_3 \tag{8.5-3}$$

式中 η_1——蜗杆传动的啮合效率

当蜗杆为主动时，

$$\eta_1=\frac{\tan\gamma}{\tan(\gamma+\rho_v)} \tag{8.5-4}$$

当蜗轮为主动时，

$$\eta_1=\frac{\tan(\gamma-\rho_v)}{\tan\gamma} \tag{8.5-5}$$

表 8.5-16 蜗杆传动的当量摩擦角 ρ_v

蜗轮材料		锡青铜		无锡青铜	灰铸铁	
钢蜗杆齿面硬度		≥45HRC	其他情况	≥45HRC	≥45HRC	其他情况
滑动速度/m·s^{-1}	0.01	6°17′	6°51′	10°12′	10°12′	10°45′
	0.05	5°09′	5°43′	7°58′	7°58′	9°05′
	0.10	4°31′	5°09′	7°24′	7°24′	7°58′
	0.25	3°43′	4°17′	5°43′	5°43′	6°51′
	0.50	3°09′	3°43′	5°09′	5°09′	5°43′
	1.0	2°35′	3°09′	4°00′	4°00′	5°09′
	1.5	2°17′	2°52′	3°43′	3°43′	4°34′
	2.0	2°00′	2°35′	3°09′	3°09′	4°00′
	2.5	1°43′	2°17′	2°52′		
	3.0	1°36′	2°00′	2°35′		
	4	1°22′	1°47′	2°17′		
	5	1°16′	1°40′	2°00′		
	8	1°02′	1°29′	1°43′		
	10	0°55′	1°22′			
	15	0°48′	1°09′			
	24	0°45′				

注：1. 蜗杆螺旋表面粗糙度 Ra 为 1.6~0.4μm。

2. 对圆弧圆柱蜗杆传动 ρ_v 可减小 10%~20%。

ρ_v——当量摩擦角 ρ_v，其值见表 8.5-16；

η_2——考虑搅油损耗的效率，一般 η_2 = 0.94～0.99；

η_3——轴承效率。滚动轴承，η_3 = 0.98～0.99；滑动轴承，η_3 = 0.97～0.99。

（2）散热计算

对于连续工作的闭式传动，有时因传动温升过高破坏了润滑，引起传动的损坏。

传动工作中损耗的功率为

$$P_s = P_1(1-\eta) \tag{8.5-6}$$

式中 P_1——输入功率（W）。

此损耗功率变为热量，使传动装置温度升高，同时传动因温差而散热。设计要求：传动装置在允许的温升范围内它所能散出的功率 P_e 要大于或等于损耗的功率 P_s，即 $P_e \geqslant P_s$。各种散热方式的 P_e 计算公式见表 8.5-17。

表 8.5-17 各种散热方式的 P_e 计算公式

<table>
<tr><td>自然通风</td><td colspan="3">箱体表面散出的热量折合为功率
$P_e = kA(t_1 - t_2)$
式中 k—传热系数，一般可在下列范围内选取：k = 8.7～17.5W/(m²·℃)
A—传动装置散热的计算面积 $A = A_1 + 0.5A_2$
A_1—内面被油浸溅着而外面又被自然循环的空气所冷却的箱壳表面积(m²)
A_2—A_1 计算表面的补强肋和凸座的表面以及装在金属底座或机械框架上的箱壳底面积(m²)
t_1—润滑油的温度(℃)，对齿轮传动允许到70℃，对蜗杆传动允许到95℃
t_2—周围空气的温度(℃)，一般可取 t_2 = 20℃
传动装置箱体周围空气循环及油池中油的循环条件良好时(如有较好的自然通风，外壳上无灰尘杂物，箱体内边无肋板阻碍油的循环，油的运动速度快，及油的运动黏度小等)可取较大值，反之则取较小值。在自然通风良好的地方 k = 14～17.5；在没有循环空气流动的地方 k = 8.7～10.5</td></tr>
<tr><td>强迫冷却方式</td><td>风扇
油
风扇吹风冷却</td><td>冷却水
油
蛇形水管冷却</td><td>冷却器
油泵
过滤器
油
循环润滑</td></tr>
<tr><td>强迫冷却时传动装置散出的功率 P_e 的计算</td>
<td>$P_e = (kA'' + k'A')(t_1 - t_2)$
式中 k'—风吹表面传热系数：
$k' = 16.05\sqrt{v_f}$
风速 v_f(m·s⁻¹)的概略值如下：
<table>
<tr><td>蜗杆的转速 /r·min⁻¹</td><td>v_f/m·s⁻¹</td></tr>
<tr><td>750</td><td>3.75</td></tr>
<tr><td>1000</td><td>5</td></tr>
<tr><td>1500</td><td>7.5</td></tr>
</table>
A'—箱壳被风吹的表面积(m²)
A''—箱壳不被风吹的表面积(m²)
k、t_1、t_2 见“自然通风”一项</td>
<td>$P_e = kA(t_1 - t_2) + k''A_g \times [t_1 - 0.5(t_{1s} + t_{2s})]$
式中 k''—蛇形管冷却的传热系数，纯铜管或黄铜管的 k''[W/(m²·℃)]，如下：
<table>
<tr><td>齿轮或蜗杆的圆周速度 /m·s⁻¹</td><td colspan="3">冷却水的流速 /m·s⁻¹</td></tr>
<tr><td></td><td>0.1</td><td>0.2</td><td>≥0.4</td></tr>
<tr><td>≤4</td><td>146</td><td>157</td><td>165</td></tr>
<tr><td>4～6</td><td>153</td><td>163</td><td>174</td></tr>
<tr><td>6～8</td><td>162</td><td>174</td><td>186</td></tr>
<tr><td>8～10</td><td>168</td><td>180</td><td>195</td></tr>
<tr><td>12</td><td>174</td><td>186</td><td>203</td></tr>
</table>
对壁厚 1～3mm 的钢管，表中的值应降低 5%～15%
A_g—蛇形管冷却的外表面积(m²)
t_{1s}—蛇形管出水温度(℃)
t_{2s}—蛇形管进水温度(℃)
$t_{1s} \approx t_{2s} + (5 \sim 10)$℃
k、A、t_1、t_2 见“自然通风”一项</td>
<td>$P_e = kA(t_1 - t_2) + Q_y\rho_y c_y(t_{1y} - t_{2y})\eta_y$
式中 Q_y—循环润滑油量(m³·s⁻¹)
c_y—润滑油比热容，$c_y = 1.675 \times 10^3$J·kg⁻¹·℃⁻¹
ρ_y—润滑油的密度，$\rho_y \approx 900$kg·m⁻³
t_{1y}—循环油排出的温度(℃)
t_{2y}—循环油进入的温度(℃)
$t_{1y} = t_{2y} + (5 \sim 8)$℃
η_y—循环油的利用系数，取 η_y = 0.5～0.8
k、A、t_1、t_2 见“自然通风”一项</td></tr>
</table>

2.5　提高圆柱蜗杆传动承载能力的方法

通过实现合理的啮合部位、扩大实际接触面积和制造人工油涵等方法，可有效地降低接触应力和摩擦因数，从而提高蜗杆传动的承载能力和传动效率。

（1）调整蜗轮的位置

采用啮出侧接触（见图8.5-6）使啮入侧自然形成人工油涵，并充分利用啮出侧接触线与滑动速度的夹角 Ω 大的特点。一般使啮出侧接触面积占全齿面的30%～40%。

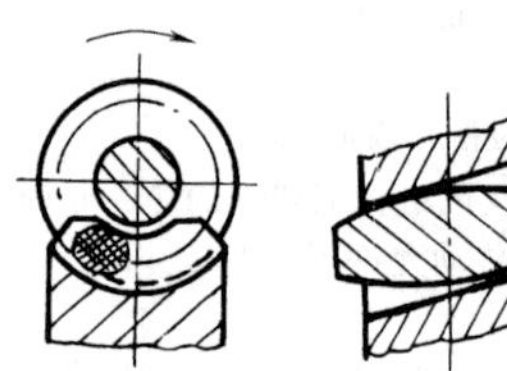

图8.5-6　啮出侧的接触部位

（2）消除不利的啮合部位

对普通圆柱蜗杆传动，在轮齿中间偏齿根一带是不利于动压油膜形成的区域，往往在此区域内发生早期破坏。可采用缺口整形蜗轮（见图8.5-7）或挖窝蜗轮（见图8.5-8）将啮合不利的区域切除，以实现合理啮合。挖窝的蜗轮不仅轮齿的弯曲强度较缺口的高，而且窝内可贮油以利润滑。通常用立铣刀挖窝，窝要略偏入口处。铣刀的外径 d_x 可取为

$$d_x=\pi m\left(0.9-\frac{2.4}{z_2}\right) \tag{8.5-7}$$

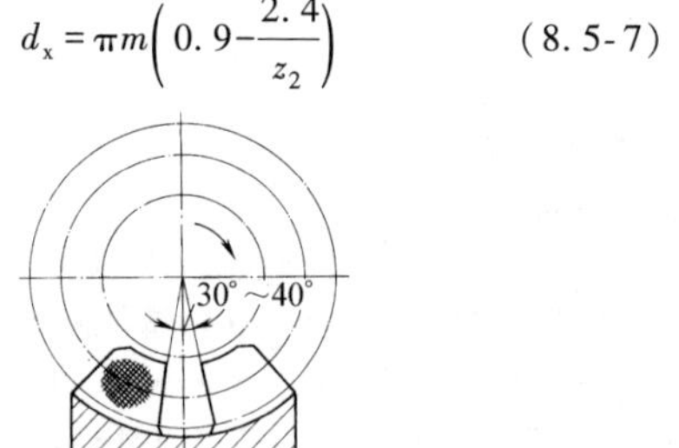

图8.5-7　缺口整形蜗轮

图8.5-8　挖窝蜗轮

（3）制造人工油涵

1）利用比蜗杆直径大的滚刀切削蜗轮（见图8.5-9）。图中 R_a 为滚刀半径，O_2 为滚刀轴心，O_1 为蜗杆轴心。$\overline{O_1O_2}=(1.1\sim1.25)m$。加工蜗轮时的中心距为 $a_0=a+\overline{O_1O_2}$（a 为传动的中心距）。蜗轮齿顶圆弧半径也应相应增大，以免干涉。

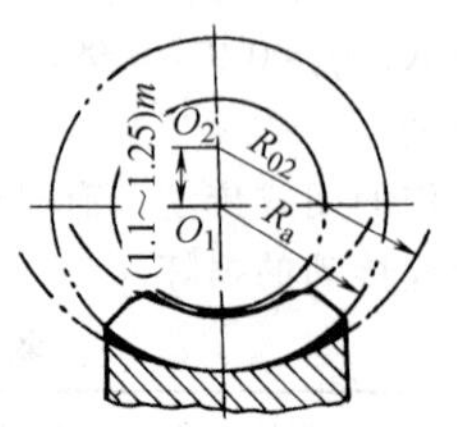

图8.5-9　用大滚刀切人工油涵

2）偏移滚刀位置制造人工油涵（见图8.5-10）。按通常加工蜗轮方法，进刀达到齿深后将刀退出；然后将刀偏移（0.3～0.6）m，再进行加工，进刀到齿深切出入口油涵；最后向反向移动刀架切出出口油涵。刀具偏移量一般取（0.2～0.4）m。

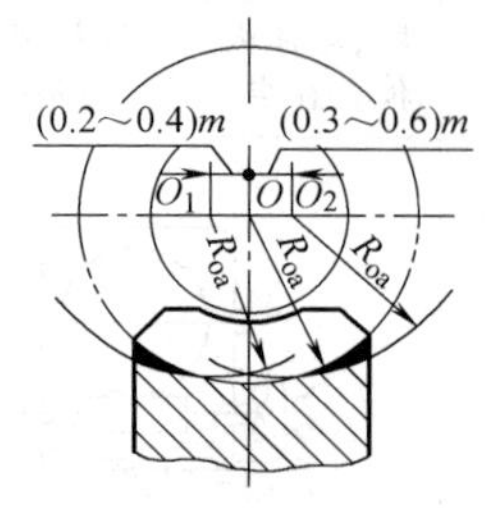

图8.5-10　移动滚刀位置制造人工油涵

3）扳刀架角度加工蜗轮，切出人工油涵（见图8.5-11）。加工入口油涵时扳1°30′；加工出口油涵时扳30′（按蜗轮螺旋角增加方向）。

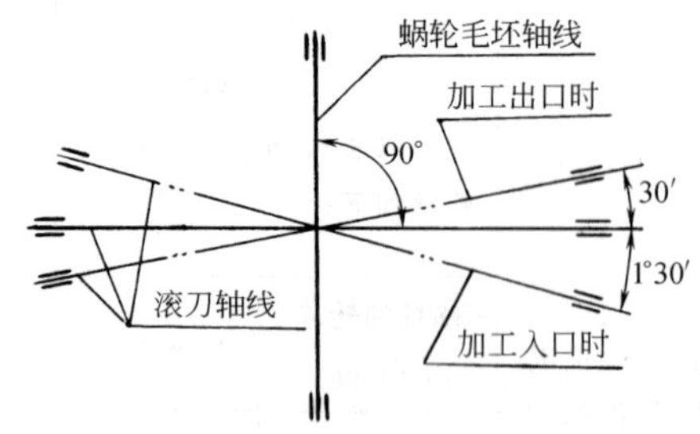

图8.5-11　扳刀架角度切人工油涵

2.6　蜗杆、蜗轮的结构

蜗杆一般与轴做成一体（见图8.5-12），只在个别情况下$\left(\dfrac{d_{f1}}{d}\geqslant1.7\text{时}\right)$才采用蜗杆齿圈装配于轴上的形式。车制的蜗杆，轴径 $d=d_{f1}-(2\sim4)$ mm（见图8.5-12a）；铣制的蜗杆，轴径 d 可大于 d_{f1}（见图8.5-12b）。

蜗轮的典型结构见表8.5-18。

表 8.5-18　蜗轮的典型结构

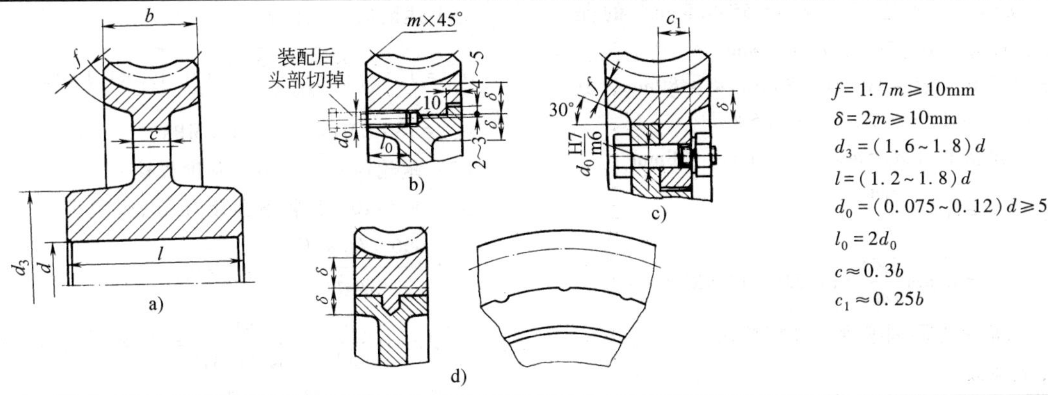

结　构　型　式	特　　点
a）整体式	当直径小于 100mm 时，可用青铜铸成整体；当滑动速度 $v_s \leqslant 2\mathrm{m \cdot s^{-1}}$时，可用铸铁铸成整体
b）轮箍式	青铜轮缘与铸铁轮心通常采用$\frac{H7}{s6}$配合，并加台肩和螺钉固定。螺钉数 6~12 个
c）螺栓连接式	以光制螺栓连接，螺栓孔要同时铰制，其配合为$\frac{H7}{m6}$。螺栓数按剪切计算确定，并以轮缘受挤压，校核轮缘材料。许用挤压应力 $\sigma_{jp}=0.3\sigma_s$，σ_s—轮缘材料屈服极限
d）镶铸式	青铜轮缘镶铸在铸铁轮心上，并在轮心上预制出榫槽，以防滑动（适用大批生产）

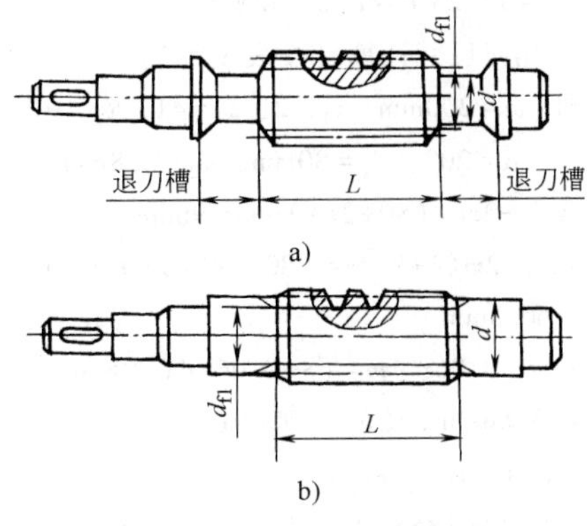

图 8.5-12　蜗杆轴的典型结构
a）车制蜗杆　b）铣制蜗杆

2.7　普通圆柱蜗杆传动的设计示例

例 8.5-1　设计驱动链运输机的蜗杆传动。已知：蜗杆输入功率 $P=10\mathrm{kW}$，转速 $n_1=1460\mathrm{r \cdot min^{-1}}$，蜗轮转速 $n_2=73\mathrm{r \cdot min^{-1}}$，要求使用寿命 4 年，每年工作 300 天，每天工作 8h，JC=40%，环境温度 30℃，批量生产。

解：

（1）选择传动的类型，精度等级和材料

考虑到传递的功率不大，转速较低，选用 ZA 蜗杆传动，精度 8 级。

蜗杆用 35CrMo，表面淬火，硬度为45~50HRC；表面粗糙度 $Ra \leqslant 1.6\mu\mathrm{m}$。蜗轮轮缘选用ZCuSn10Pb1金属模铸造。

（2）选择蜗杆、蜗轮的齿数

$$\text{传动比}\quad i=\frac{n_1}{n_2}=\frac{1460}{73}=20$$

参考表 8.5-5，取 $z_1=2$，$z_2=iz_1=20\times2=40$

（3）确定许用应力

$$\sigma_{HP}=\sigma'_{HP}Z_{vs}Z_N$$

由表 8.5-14 查得 $\sigma'_{HP}=220\mathrm{MPa}$，$\sigma'_{FP}=70\mathrm{MPa}$。按图 8.5-3 查得 $v_s\approx8\mathrm{m \cdot s^{-1}}$，再查图 8.5-4，采用浸油润滑，得 $Z_{vs}=0.87$。

轮齿应力循环次数

$$\begin{aligned}N_L&=60n_2jL_h\\&=60\times73\times1\times300\times4\times8\times0.4\\&=1.7\times10^7\end{aligned}$$

查图 8.5-5 得　$Z_N=0.94$，　$Y_N=0.74$

$$\sigma_{HP}=220\times0.87\times0.94\mathrm{MPa}=180\mathrm{MPa}$$

$$\sigma_{FP}=\sigma'_{FP}Y_N=70\times0.74\mathrm{MPa}=52\mathrm{MPa}$$

（4）接触疲劳强度设计

$$m^2d_1\geqslant\left(\frac{15000}{\sigma_{HP}z_2}\right)^2KT_2$$

载荷系数取 $K=1.2$

蜗轮轴的转矩

$$T_2=9550\frac{P_1\eta}{n_2}=9550\frac{10\times0.82}{73}\mathrm{N \cdot m}=1073\mathrm{N \cdot m}$$

（式中暂取 $\eta=0.82$）。代入上式

$$m^2d_1\geqslant\left(\frac{15000}{180\times40}\right)^2 1.2\times1073\mathrm{mm^3}$$

$=5588.5\text{mm}^3$

查表 8.5-4，接近于 $m^2d_1=5588.5\text{mm}^3$ 的是 5376mm^3，相应的 $m=8\text{mm}$，$d_1=80\text{mm}$。

查表 8.5-6，按 $i=20$，$m=8\text{mm}$，$d_1=80\text{mm}$，其 $a=200\text{mm}$，$z_2=41$，$z_1=2$，$x_2=-0.500$。

蜗轮分度圆直径 $d_2=mz_2=8\times41\text{mm}=328\text{mm}$

导程角 $\gamma=\arctan\dfrac{z_1m}{d_1}$

$=\arctan\dfrac{2\times8}{80}=11.31°=11°18'36''$

（5）求蜗轮的圆周速度，并校核效率

实际传动比

$$i=\frac{z_2}{z_1}=\frac{41}{2}=20.5$$

$$n_2=\frac{1460}{20.5}\text{r}\cdot\text{min}^{-1}=71.22\text{r}\cdot\text{min}^{-1}$$

蜗轮的圆周速度

$$v_2=\frac{\pi d_2n_2}{60000}=\left(\frac{\pi\times328\times71.22}{60000}\right)\text{m}\cdot\text{s}^{-1}=1.223\text{m}\cdot\text{s}^{-1}$$

滑动速度

$$v_s=\frac{\pi d_1n_1}{60000\cos\gamma}=\left(\frac{\pi\times80\times1460}{60000\cos11.31°}\right)\text{m}\cdot\text{s}^{-1}$$

$$=6.24\text{m}\cdot\text{s}^{-1}$$

求传动的效率，按式（8.5-3）$\eta=\eta_1\eta_2\eta_3$

式中，$\eta_1=\dfrac{\tan\gamma}{\tan(\gamma+\rho_v)}$

$$=\frac{\tan11.31°}{\tan(11.31°+1.167°)}=0.904$$

ρ_v 由表 8.5-16 查得 $\rho_v=1°10'=1.167°$；取 $\eta_2=0.96$；取 $\eta_3=0.98$。则

$$\eta=0.904\times0.96\times0.98=0.85$$

与暂取值 0.82 接近。

（6）校核蜗轮齿面的接触疲劳强度

按表 8.5-10，齿面接触疲劳强度验算公式为

$$\sigma_H=Z_E\sqrt{\frac{9400T_2}{d_1d_2^2}K_AK_vK_\beta}\leqslant\sigma_{HP}\text{MPa}$$

式中，按表 8.5-11 取 $K_A=0.9$（间歇工作）；取 $K_\beta=1.1$；取 $K_v=1.1$；查表 8.5-12 得 $Z_E=155\sqrt{\text{MPa}}$。

蜗轮传递的实际转矩

$$T_2=9550\times\frac{10\times0.85}{71.22}\text{N}\cdot\text{m}=1139.8\text{N}\cdot\text{m}。$$

当 $v_s=6.24\text{m}\cdot\text{s}^{-1}$ 时，查图 8.5-5 得 $Z_{vs}=0.88$，得

$$\sigma_{HP}=\sigma'_{HP}Z_{vs}Z_N$$

$$=220\times0.88\times0.94\text{MPa}=182\text{MPa}$$

将上述诸值代入公式

$$\sigma_H=155\sqrt{\frac{9400\times1139.8}{80\times328}0.9\times1.1\times1.1}\text{MPa}$$

$$=180.5\text{MPa}<\sigma_{HP}=182\text{MPa}$$

（7）蜗轮齿根弯曲疲劳强度校核

按表 8.5-10，齿根弯曲疲劳强度验算公式

$$\sigma_F=\frac{666T_2K_AK_vK_\beta}{d_1d_2m}Y_{FS}Y_\beta\leqslant\sigma_{FP}$$

式中，按 $z_{v2}=\dfrac{z_2}{\cos^3\gamma}=\dfrac{41}{\cos^3 11.31°}=43.48$ 及 $x_2=-0.5$，

查图 8.2-27 得 $Y_{FS}=4.26$

$$Y_\beta=1-\frac{\gamma}{120°}=1-\frac{11.31°}{120°}=0.906$$

$\sigma_{FP}=52\text{MPa}$

将上述诸值代入公式

$$\sigma_F=\frac{666\times1139.8\times0.9\times1.1\times1.1}{80\times328\times8}\times4.26$$

$$\times0.906\text{MPa}$$

$$=15.2\text{MPa}<\sigma_{FP}=52\text{MPa}$$

（8）几何尺寸计算（按表 8.5-7）

已知：$a=200\text{mm}$，$z_1=2$，$z_2=41$，$x_2=-0.5$，$\alpha=20°$，$d_1=80\text{mm}$，$d_2=328\text{mm}$。

$d_{a1}=d_1+2m=(80+2\times8)\text{mm}=96\text{mm}$

$d_{f1}=d_1-2m(1+0.2)=[80-2\times8(1+0.2)]\text{mm}$

$=60.8\text{mm}$

$b_1\geqslant(8+0.06z_2)m=(8+0.06\times41)\times8\text{mm}$

$=83.68\text{mm}$，取 $b_1=100\text{mm}$

$d_{a2}=d_2+2m(h_a^*+x_2)$

$=[328+2\times8\times(1-0.5)]\text{mm}=336\text{mm}$

$d_{e2}\leqslant d_{a2}+1.5m=(336+1.5\times8)\text{mm}=348\text{mm}$

$b_2\leqslant0.75d_{a1}=0.75\times96\text{mm}=72\text{mm}$

$$R_{a2}=\frac{d_1}{2}-m=\left(\frac{80}{8}-8\right)\text{mm}=32\text{mm}$$

$$R_{f2}=\frac{d_{a1}}{2}+0.2m=\left(\frac{96}{2}+0.2\times8\right)\text{mm}^2=49.6\text{mm}$$

$$s_{x1}=\frac{1}{2}m\pi=\frac{1}{2}8\times\pi\text{mm}=12.57\text{mm}$$

$s_{n1}=s_{x1}\cos\gamma=12.57\times\cos11.31°\text{mm}=12.33\text{mm}$

$s_2=(0.5\pi+2x_2\tan\alpha)m=(0.5\times\pi-$

$2\times0.5\times\tan20°)\times8\text{mm}=9.65\text{mm}$

$\bar{h}_{a1}=m=8\text{mm}$

（9）蜗杆、蜗轮工作图（见图 8.5-13、图 8.5-14）。

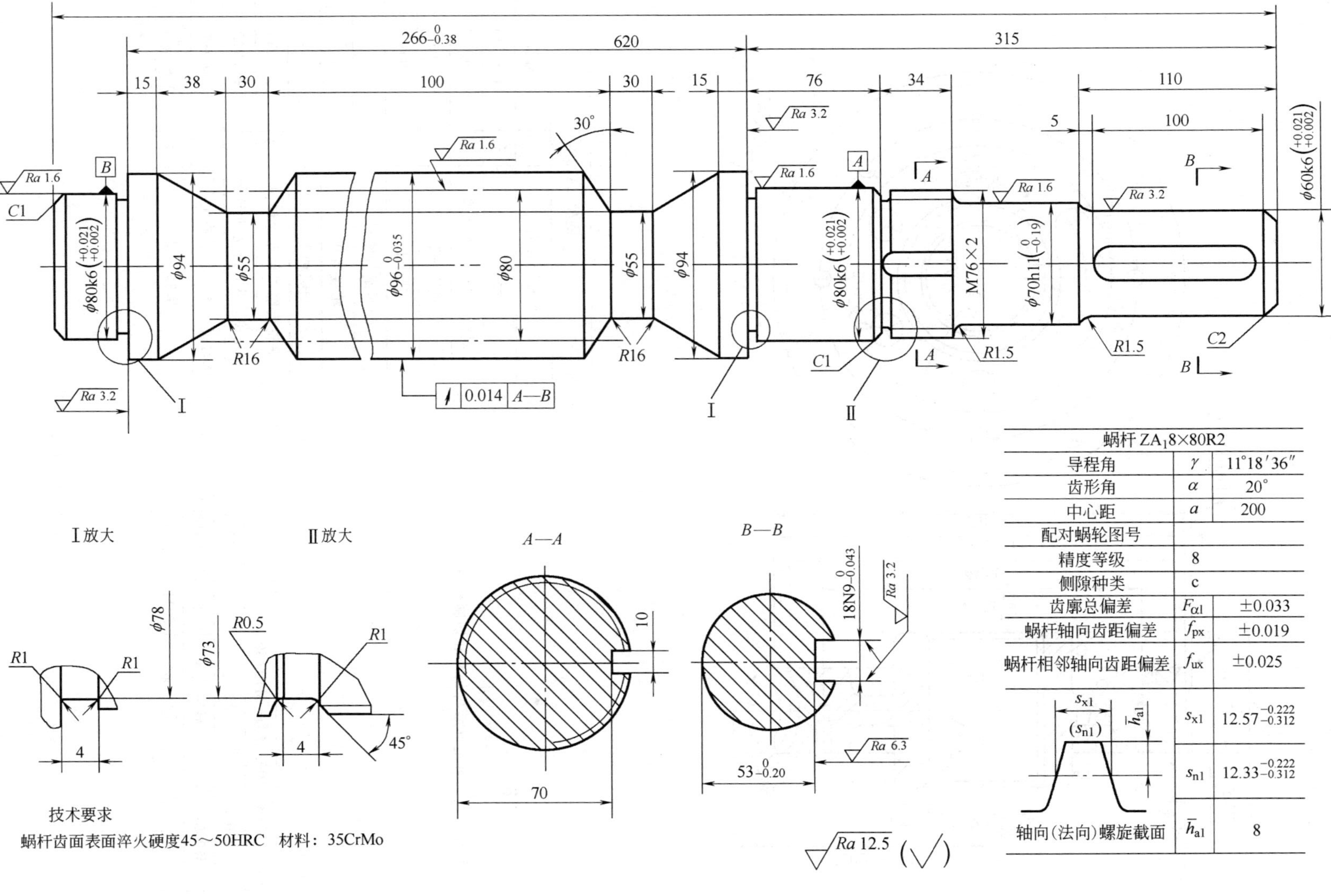

蜗杆 $ZA_1 8\times80R2$		
导程角	γ	11°18′36″
齿形角	α	20°
中心距	a	200
配对蜗轮图号		
精度等级		8
侧隙种类		c
齿廓总偏差	$F_{\alpha 1}$	±0.033
蜗杆轴向齿距偏差	f_{px}	±0.019
蜗杆相邻轴向齿距偏差	f_{ux}	±0.025
s_{x1} (s_{n1}) $\bar{h}_{a1}$	s_{x1}	$12.57_{-0.312}^{-0.222}$
	s_{n1}	$12.33_{-0.312}^{-0.222}$
轴向(法向)螺旋截面	$\bar{h}_{a1}$	8

图 8.5-13　蜗杆工作图

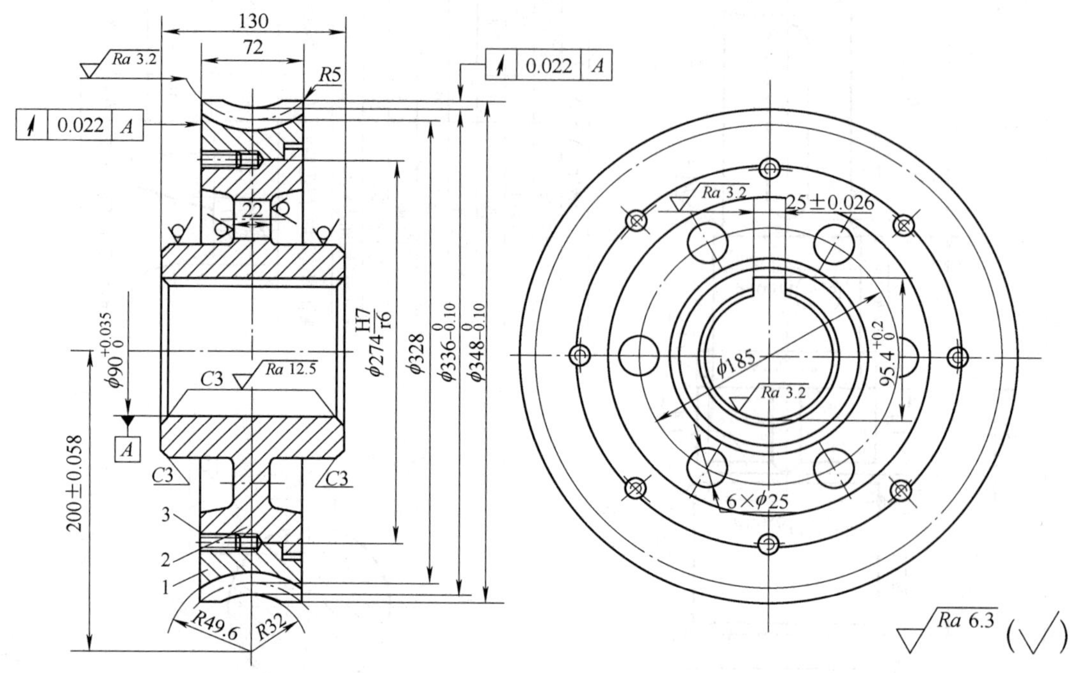

技术要求

轮缘和轮心装配好后再精车和切制轮齿。

3	GB/T 5783—2000	螺栓 M10×30	6	
2	W200-12-02	轮　心	1	HT200
1	W200-12-01	蜗轮轮缘	1	ZCuSn10P1
件号	代　号	名　称	数量	备注

蜗轮 $ZA_2 8×41$		
螺旋线方向		右旋
导程角	γ	11°18′36″
蜗杆轴剖面内齿形角	α	20°
变位系数	x_2	-0.5
中心距	a	200
配对蜗杆图号		
精度等级		8
侧隙种类		c
蜗轮齿廓总偏差允许值	$F_{\alpha 2}$	±0.033
蜗轮单个齿距偏差允许值	f_{p2}	±0.022
蜗轮齿距累积总偏差允许值	F_{p2}	±0.088
蜗轮齿厚	s_2	$9.65_{-0.16}^{0}$

图 8.5-14　蜗轮工作图

2.8　圆柱蜗杆、蜗轮精度

圆柱蜗杆、蜗轮精度是根据 GB/T 10089—2013（报批稿）并参考 DIN 3974—1995 及 DIN 3975—2002 编写的，适用轴交角 $\Sigma=90°$，模数 $m>0.5$mm，最大模数 $m=40$mm 和蜗轮最大分度圆直径 $d_2=2500$mm。参考用于蜗轮最大分度圆直径 $d_2>2500$mm 的情况。考虑到新旧标准的过渡，对新标准中没有且在设计和检验中有时还需要的项目，仍采用了 GB/T 10089—1988 的内容。

2.8.1　术语和定义（见表 8.5-19）

表 8.5-19　圆柱蜗杆、蜗轮精度的术语、定义和代号

术语及代号	定义	术语及代号	定义
蜗杆齿廓总偏差 $F_{\alpha1}$ 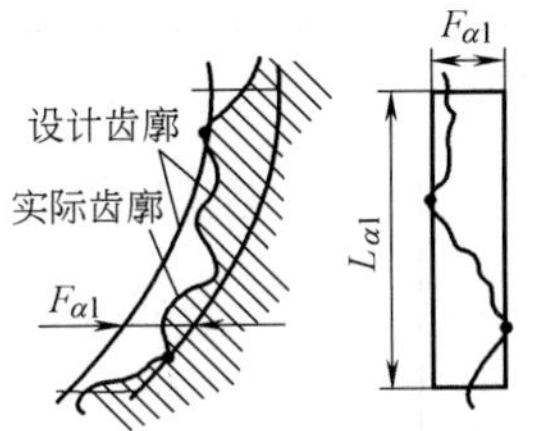 设计齿廓　实际齿廓　$F_{\alpha1}$　$L_{\alpha1}$ a)　b) 蜗杆齿廓总偏差允许值 $\pm F_{\alpha1}$	在轴向截面的计值范围 $L_{\alpha1}$（齿廓的工作范围）内，包容实际齿廓迹线的两条设计齿廓迹线间的距离（图 a） 在齿廓检验图 b 中，设计齿廓和蜗杆的齿面形状用直线标出，实际齿廓包含在画出的范围内。$F_{\alpha1}$ 为两个设计齿廓迹线之间的距离（垂直于设计齿廓迹线测量）	蜗轮单个齿距偏差 f_{p2} 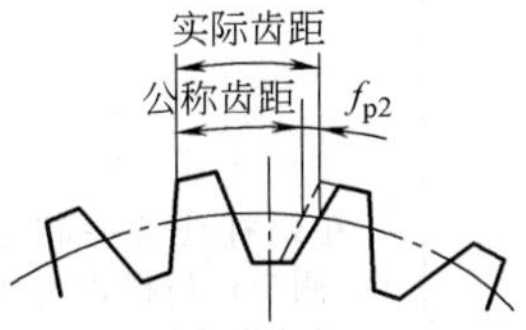 实际齿距　公称齿距　f_{p2} 蜗轮单个齿距偏差允许值 $\pm f_{p2}$	在蜗轮分度圆上，实际齿距与公称齿距之差 用相对法测量时，公称齿距是指所有实际齿距的平均值 当实际齿距大于平均值时为正偏差；当实际齿距小于平均值时为负偏差
蜗杆轴向齿距偏差 f_{px} 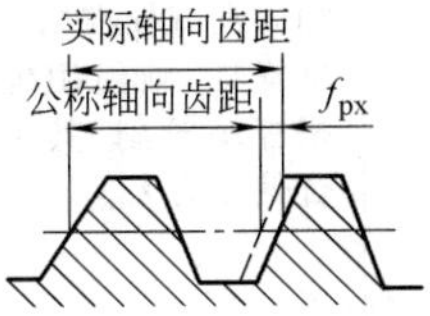 实际轴向齿距　公称轴向齿距　f_{px} 蜗杆轴向齿距偏差允许值 $\pm f_{px}$	在蜗杆轴向截面内实际齿距和公称齿距之差	蜗轮齿廓总偏差 $F_{\alpha2}$ 蜗轮齿廓总偏差允许值 $\pm F_{\alpha2}$	实际齿廓迹线的两条设计齿廓迹线间的距离

（续）

<table>
<tr><th>术语及代号</th><th>定义</th><th>术语及代号</th><th>定义</th></tr>
<tr>
<td>蜗杆相邻轴向齿距偏差 f_{ux}
实际轴向距离
公称轴向距离
蜗杆相邻轴向齿距偏差允许值 $\pm f_{ux}$</td>
<td>在蜗杆轴向截面内两相邻齿距之差</td>
<td>蜗轮径向跳动偏差 F_{r2}
测头
蜗轮径向跳动偏差允许值 $\pm F_{r2}$</td>
<td>在蜗轮一转范围内，测头在靠近中间平面的齿槽内与齿高中部的齿面双面接触，其测头相对于蜗轮轴线径向距离的最大变动量
径向跳动偏差是由轮齿偏心以及由于右齿面和左齿面的齿距偏差而产生的齿槽宽的不均匀性和轮齿轴线相对于主导轴线的偏移量（偏心量）造成的</td>
</tr>
<tr>
<td>蜗杆径向跳动偏差 F_{r1}
r
r
F_{r1}
蜗杆径向跳动偏差允许值 $\pm F_{r1}$</td>
<td>在蜗杆任意一转范围内，测头在齿槽内与齿高中部的齿面双面接触，其测头相对于蜗杆主导轴线的径向最大变动量
径向跳动偏差是由蜗杆轮齿中点圆柱面的轴线和蜗杆轴承位置决定的蜗杆主导轴线之间的距离和交叉角度造成的</td>
<td rowspan="2">蜗杆副单面啮合偏差 F'_i、F'_{i1}、F'_{i2}、F'_{i12}
$\Delta f'_i$
$\Delta F'_i$
2π
单面啮合偏差允许值 $\pm F'_i$、$\pm F'_{i1}$、$\pm F'_{i2}$、$\pm F'_{i12}$</td>
<td rowspan="2">单面啮合偏差 F'_i是指蜗轮实际旋转位置和理论旋转位置的波动，理论旋转位置是由蜗杆的旋转确定的。当旋转方向确定时（左侧齿面啮合或右侧齿面啮合），单面啮合偏差等于蜗轮旋转一周范围内相对于起始位置的最大偏差之和
单面啮合偏差 F'_{i1}和F'_{i2}是用标准蜗轮或者标准蜗杆测量得到的。如果没有标准蜗轮和标准蜗杆，则使用配对的蜗杆蜗轮副，其单面啮合偏差为 F'_{i12}</td>
</tr>
<tr>
<td>蜗杆导程偏差 F_{pz}
蜗杆导程偏差允许值 $\pm F_{pz}$</td>
<td>蜗杆导程的实际尺寸和公称尺寸之差</td>
</tr>
</table>

（续）

术语及代号	定义	术语及代号	定义
蜗杆副单面一齿啮合偏差 f'_i、f'_{i1}、f'_{i2}、f'_{i12} 蜗轮单面一齿啮合偏差允许值 $\pm f'_i$、$\pm f'_{i1}$、$\pm f'_{i2}$、$\pm f'_{i12}$	单面一齿啮合偏差f'_i是指一个齿啮合过程中旋转位置的偏差(图c) 单面一齿啮合偏差$\Delta f'_{i1}$和$\Delta f'_{i2}$是用标准蜗轮或者标准蜗杆测量得到的。如果没有标准蜗轮和标准蜗杆，则使用配对的蜗杆蜗轮副，其单面一齿啮合偏差为$\Delta f'_{12}$	蜗杆副的中间平面偏移 Δf_x① 蜗杆副的中间平面极限偏差 $\pm f_x$	在安装好的蜗杆副中，蜗轮中间平面与传动中间平面之间的距离
蜗杆副的接触斑点 蜗轮齿面接触斑点 b' b'' h'' h'	安装好的蜗杆副中，在轻微力的制动下，蜗杆与蜗轮啮合运转后，在蜗轮齿面上分布的接触痕迹。接触斑点以接触面积大小、形状和分布位置表示 接触面积大小按接触痕迹的百分比计算确定： 沿齿长方向——接触痕迹的长度b''与工作长度b'之比的百分数。即$b''/b'\times100\%$(在确定接触痕迹长度b''时，应扣除超过模数值的断开部分) 沿齿高方向——接触痕迹的平均高度h''与工作高度h'之比的百分数。即$h''/h'\times100\%$ 接触形状以齿面接触痕迹总的几何形状的状态确定 接触位置以接触痕迹离齿面啮入、啮出端或齿顶、齿根的位置确定	蜗杆齿厚偏差 ΔE_{s1}① 公称齿厚 E_{ss1} E_{si1} T_{s1} 蜗杆齿厚极限偏差 上极限偏差 E_{ss1} 下极限偏差 E_{si1} 蜗杆齿厚公差 T_{s1}	在蜗杆分度圆柱上，法向齿厚的实际值与公称值之差
		蜗轮齿厚偏差 ΔE_{s2}① 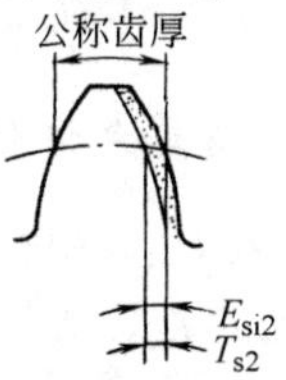 公称齿厚 E_{si2} T_{s2} 蜗轮齿厚极限偏差 上极限偏差 E_{ss2} 下极限偏差 E_{si2} 蜗轮杆齿厚公差 T_{s2}	在蜗轮中间平面上，分度圆齿厚的实际值与公称值之差
蜗杆副的中心距偏差 Δf_a① 公称中心距 实际中心距 Δf_a 蜗杆副的中心距极限偏差 $\pm f_a$	在安装好的蜗杆副中间平面内，实际中心距与公称中心距之差	蜗杆副的侧隙① 圆周侧隙 j_t： 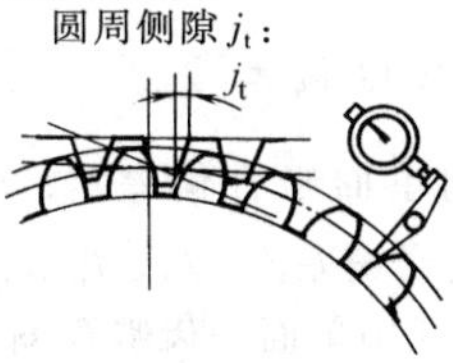 j_t 法向侧隙 j_n： N N $N—N$ j_n 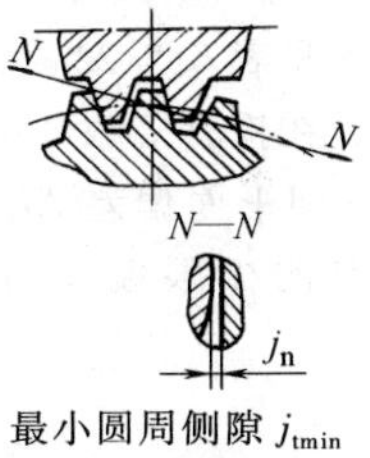 最小圆周侧隙 j_{tmin} 最大圆周侧隙 j_{tmax} 最小法向侧隙 j_{nmin} 最大法向侧隙 j_{nmax}	圆周侧隙 j_t：在安装好的蜗杆副中，蜗杆固定不动时，蜗轮从工作齿面接触到非工作齿面接触所转过的分度圆弧长 法向侧隙 j_n：在安装好的蜗杆副中，蜗杆和蜗轮的工作齿面接触时，两非工作齿面间的最小距离
蜗杆副的轴交角偏差 Δf_Σ① 实际轴交角 公称轴交角 Δf_Σ 蜗杆副的轴交角极限偏差 $\pm f_\Sigma$	在安装好的蜗杆副中，实际轴交角与公称轴交角之差 偏差值按蜗轮齿宽确定，以其线形值计		

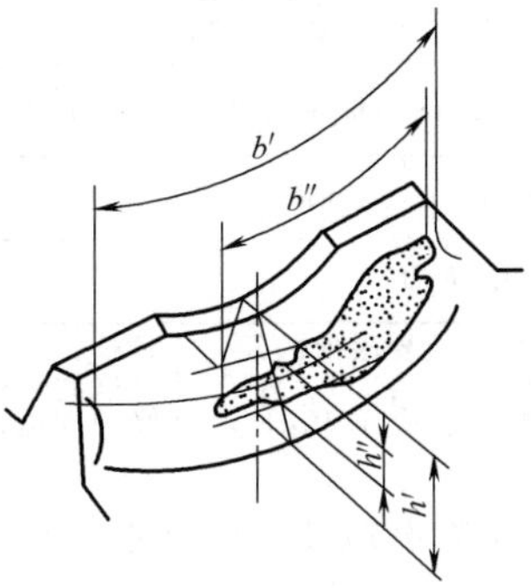

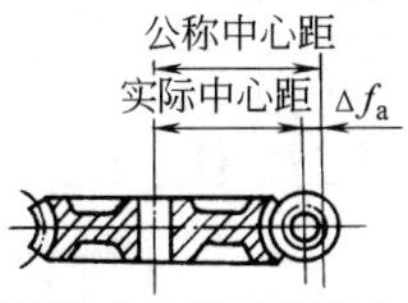

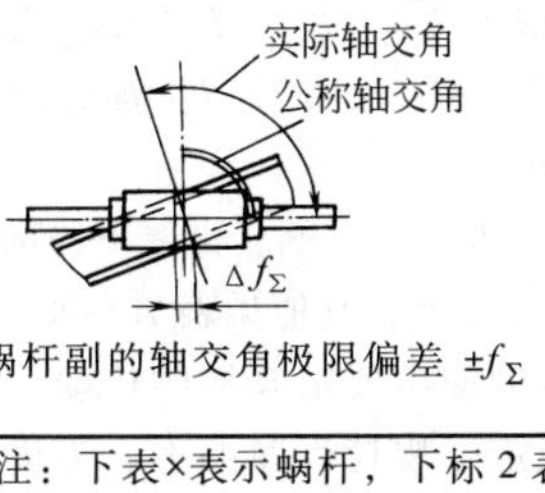

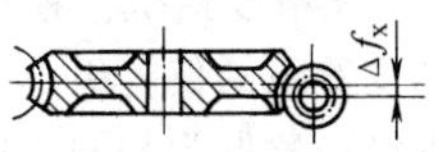

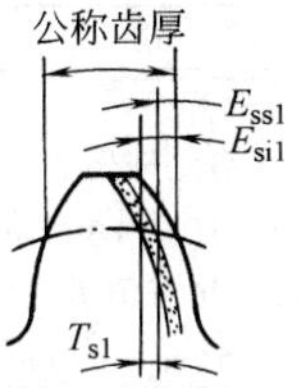

注：下表×表示蜗杆，下标2表示蜗轮；蜗杆、蜗轮同时有的，无下标。
① 为GB/T 10089—1988中的项目。

2.8.2　精度等级

国标对蜗杆、蜗轮和蜗杆传动规定了12个精度等级，第1级精度最高，第12级精度最低。根据使用要求不同，允许选用不同精度等级的偏差组合。

蜗杆和配对蜗轮的精度等级一般取为相同，也允许取成不相同。在硬度高的钢制蜗杆和材质较软的蜗轮组成的传动中，可选择比蜗轮精度等级高的蜗杆，在磨合期可使蜗轮的精度提高。

各级精度的极限偏差以第5级精度的偏差允许值经公比计算得出的。表8.5-20列出了5级精度的偏差允许值的计算公式。1~9级精度相邻精度级的偏差允许值的公比 $\varphi=1.4$，10~12级精度相邻精度级的偏差允许值的公比为 $\varphi=1.6$。例如，计算7级精度的偏差允许值时，5级精度的未修约的偏差计算值乘以 1.4^2，然后再按照规定的规则修约（修约规则见表8.5-20中注）。

表8.5-20　第5级精度的偏差允许值计算公式

偏差	计算公式	偏差	计算公式
齿廓总偏差允许值 F_α	$F_\alpha=\sqrt{(f_{H\alpha})^2+(f_{F\alpha})^2}$ 式中，齿廓倾斜偏差允许值 $f_{H\alpha}$ 为 $f_{H\alpha}=2.5+0.25(m_x+3\sqrt{m_x})$ 齿廓形状偏差允许值 $f_{f\alpha}$ 为 $f_{f\alpha}=1.5+0.25(m_x+9\sqrt{m_x})$	导程偏差允许值 F_{pz}	$F_{pz}=4+0.5z_1+5(\lg m_x)^2\sqrt[3]{z_1}$
		齿距累积总偏差允许值 F_{p2}	$F_{p2}=7.25\sqrt[5]{d_2}\sqrt[7]{m_x}$
		径向跳动偏差允许值 F_r	$F_r=1.68+2.18\sqrt{m_x}+(2.3+1.2\lg m_x)\sqrt[4]{d}$
单个齿距偏差允许值 f_p	$f_p=4+0.315(m_x+0.25\sqrt{d})$	单面啮合偏差允许值 F_i'	$F_i'=5.8\sqrt[5]{d}\sqrt[7]{m_x}+0.8F_\alpha$
相邻齿距偏差允许值 f_u	$f_u=5+0.4(m_x+0.25\sqrt{d})$	单面一齿啮合偏差允许值 f_i'	$f_i'=0.7(f_p+F_\alpha)$

注：表中各式中参数模数 m_x(mm)、分度圆直径 d（mm）和蜗杆头数 z_1 的取值为各参数分段界限值的几何平均值，偏差允许值单位为μm；蜗杆头数 $z_1>6$ 时取平均数 $z_1=8.5$ 计算；计算 F_α、F_i' 和 f_i' 时取 $f_{H\alpha}$、$f_{f\alpha}$、F_α 和 f_p 计算修约后的数值。当偏差的计算值小于10μm时，修约到最接近的相差小于0.5μm的小数或整数；大于10μm时，修约到最接近的整数。

2.8.3　蜗杆、蜗轮的检验和偏差允许值

蜗杆的检验：蜗杆齿廓总偏差 $F_{\alpha1}$，蜗杆轴向齿距偏差 f_{px}、蜗杆相邻轴向齿距偏差 f_{ux}、蜗杆径向跳动偏差 F_{r1}、蜗杆导程偏差 F_{pz}。

蜗轮的检验：蜗轮齿廓总偏差 $F_{\alpha2}$、蜗轮单个齿距偏差 f_{p2}、蜗轮齿距累积总偏差 F_{p2}、蜗轮相邻齿距偏差 f_{u2}、蜗轮径向跳动偏差 F_{r2}。

上述蜗杆、蜗轮检验的各项偏差允许值见表8.5-21。

2.8.4　蜗杆副的检验和极限偏差

蜗杆副的检验：蜗杆副单面啮合偏差 F_i'、F_{i1}'、F_{i2}'、F_{i12}'，蜗杆副单面一齿啮合偏差 f_i'、f_{i1}'、f_{i2}'、f_{i12}'。蜗杆副单面啮合偏差 F_i' 和蜗杆副单面一齿啮合偏差 f_i' 的偏差允许值见表8.5-21。

蜗杆副的接触斑点检验要求见表8.5-22。

对不可调中心距的蜗杆副，在检验接触斑点的同时，还检验中心距偏差 Δf_a、中间平面偏差 Δf_x 和轴交角偏差 Δf_Σ。上述3项偏差的极限偏差值见表8.5-23、表8.5-24。

2.8.5　蜗杆副的侧隙

GB/T 10089—2013报批稿中对蜗杆副的侧隙及检验未做规定，现引用GB/T 10089—1988中的蜗杆副的侧隙规定。GB/T 10089—1988规定蜗杆副的侧隙共分8种：a、b、c、d、e、f、g、h。最小法向侧隙值以a为最大，其他依次减小，h为零，见图8.5-15。侧隙种类与精度等级无关。

根据工作条件和使用要求选择蜗杆副的侧隙种类。各种侧隙的最小法向侧隙 j_{nmin} 值见表8.5-25。

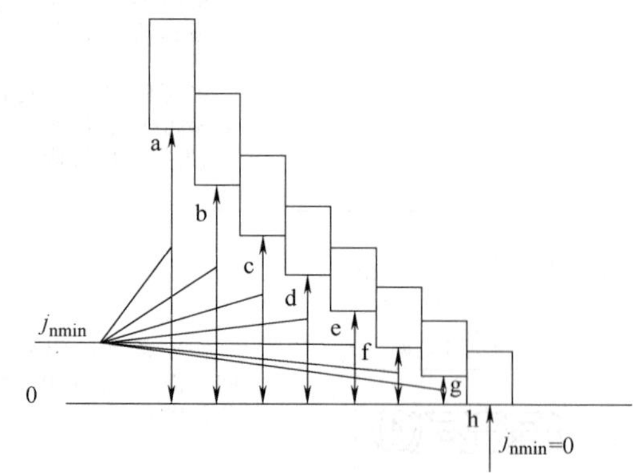

图8.5-15　蜗杆副的法向侧隙

传动的最小法向侧隙由蜗杆齿厚的减薄量来保证，即取蜗杆齿厚上极限偏差 $E_{ss1}=-(j_{nmin}/\cos\alpha_n+E_{s\Delta})$，蜗杆齿厚下极限偏差 $E_{si1}=E_{ss1}-T_{s1}$，$E_{s\Delta}$ 为制造误差的补偿部分，其值见表8.5-27，T_{s1} 为蜗杆齿厚公差，其值见表8.5-26。

蜗轮齿厚上极限偏差 $E_{ss2}=0$，蜗轮齿厚下极限偏差 $E_{si2}=-T_{s2}$，T_{s2} 为蜗轮齿厚公差，其值见表8.5-28。

对于可调中心距传动或不要求互换的传动，其蜗轮的齿厚公差可不做规定，蜗杆齿厚的上、下极限偏差由设计确定。

表 8.5-21　蜗杆、蜗轮及蜗杆副的各级精度偏差允许值　(μm)

精度等级	模数 $m_x(m_t)$ /mm	偏差允许值	分度圆直径 d/mm						
			≥10~50	>50~125	>125~280	>280~560	>560~1000	>1000~1600	>1600~2500
1	≥0.5~2.0	$\pm F_\alpha$	2.0						
		$\pm f_u$	1.5	1.5	2.0	2.0	2.0	2.5	2.5
		$\pm f_p$	1.0	1.5	1.5	1.5	1.5	2.0	2.0
		$\pm F_{p2}$	3.5	4.5	5.5	6.0	7.0	8.0	8.5
		$\pm F_r$	2.5	3.0	3.0	3.5	4.0	4.5	5.0
		$\pm F_i'$	4.0	4.5	5.5	6.0	7.0	7.5	8.0
		$\pm f_i'$	2.0	2.0	2.0	2.0	2.0	2.5	2.5
	>2.0~3.55	$\pm F_\alpha$	2.0						
		$\pm f_u$	1.5	2.0	2.0	2.0	2.5	2.5	3.0
		$\pm f_p$	1.5	1.5	1.5	1.5	2.0	2.0	2.0
		$\pm F_{p2}$	4.0	5.0	6.0	7.5	8.0	9.0	10.0
		$\pm F_r$	3.0	3.5	4.0	4.5	5.0	5.5	6.0
		$\pm F_i'$	4.5	5.5	6.5	7.5	8.0	9.0	9.5
		$\pm f_i'$	2.5	2.5	2.5	2.5	2.5	3.0	3.0
	>3.55~6.0	$\pm F_\alpha$	2.5						
		$\pm f_u$	2.0	2.0	2.0	2.5	2.5	2.5	3.0
		$\pm f_p$	1.5	1.5	1.5	2.0	2.0	2.0	2.5
		$\pm F_{p2}$	4.5	5.5	7.0	8.0	9.0	10.0	11.0
		$\pm F_r$	3.5	4.0	4.5	5.0	6.0	6.5	7.0
		$\pm F_i'$	5.5	6.5	7.5	8.0	9.0	10.0	11.0
		$\pm f_i'$	3.0	3.0	3.0	3.0	3.0	3.5	3.5
	>6.0~10	$\pm F_\alpha$	3.0						
		$\pm f_u$	2.0	2.5	2.5	2.5	3.0	3.0	3.5
		$\pm f_p$	2.0	2.0	2.0	2.0	2.0	2.5	2.5
		$\pm F_{p2}$	4.5	6.0	7.5	8.5	9.5	11.0	11.0
		$\pm F_r$	4.0	4.5	5.0	6.0	6.5	7.5	8.0
		$\pm F_i'$	6.0	7.5	8.5	9.0	10.0	11.0	12.0
		$\pm f_i'$	3.5	3.5	3.5	3.5	3.5	4.0	4.0
	>10~16	$\pm F_\alpha$	4.0						
		$\pm f_u$	3.0	3.0	3.0	3.0	3.5	3.5	4.0
		$\pm f_p$	2.0	2.0	2.5	2.5	2.5	3.0	3.0
		$\pm F_{p2}$	5.0	6.5	8.0	9.0	10.0	11.0	12.0
		$\pm F_r$	4.5	5.0	6.0	7.0	7.5	8.0	9.0
		$\pm F_i'$	7.5	8.5	9.5	10.0	11.0	12.0	13.0
		$\pm f_i'$	4.5	4.5	4.5	4.5	4.5	5.0	5.0
	>16~25	$\pm F_\alpha$	5.0						
		$\pm f_u$	3.5	3.5	3.5	4.0	4.0	4.5	4.5
		$\pm f_p$	3.0	3.0	3.0	3.0	3.0	3.5	3.5
		$\pm F_{p2}$	5.5	7.0	8.5	9.5	11.0	12.0	13.0
		$\pm F_r$	5.0	6.0	7.0	7.5	8.5	9.0	9.5
		$\pm F_i'$	8.5	9.5	11.0	12.0	13.0	14.0	15.0
		$\pm f_i'$	5.5	5.5	5.5	5.5	5.5	6.0	6.0
	>25~40	$\pm F_\alpha$	7.0						
		$\pm f_u$	4.5	5.0	5.0	5.0	5.0	5.5	6.0
		$\pm f_p$	3.5	4.0	4.0	4.0	4.0	4.5	4.5
		$\pm F_{p2}$	5.5	7.5	9.0	10.0	12.0	13.0	14.0
		$\pm F_r$	6.0	7.0	7.5	8.5	9.0	10.0	11.0
		$\pm F_i'$	10.0	11.0	13.0	14.0	15.0	16.0	17.0
		$\pm f_i'$	7.5	7.5	7.5	8.0	8.0	8.0	8.0

偏差允许值 $\pm F_{pz}$								
测量长度/mm		15	25	45	75	125	200	300
蜗杆轴向模数 m_x/mm		≥0.5~2	>2~3.55	>3.55~6	>6~10	>10~16	>16~25	>25~40
蜗杆头数 z_1	1	1.0	1.5	1.5	2.0	3.0	3.5	4.0
	2	1.5	1.5	2.0	2.5	3.5	4.0	5.0
	3、4	1.5	2.0	2.5	3.0	4.0	5.0	6.0
	5、6	1.5	2.0	3.0	3.5	4.5	5.5	7.0
	>6	2.0	2.5	3.5	4.0	5.5	7.0	8.0

（续）

精度等级	模数 $m_x(m_t)$ /mm	偏差允许值	分度圆直径 d/mm						
			≥10~50	>50~125	>125~280	>280~560	>560~1000	>1000~1600	>1600~2500
2	≥0.5~2.0	$\pm F_\alpha$	2.0						
		$\pm f_u$	2.0	2.5	2.5	2.5	3.0	3.5	3.5
		$\pm f_p$	1.5	2.0	2.0	2.0	2.5	2.5	3.0
		$\pm F_{p2}$	4.5	6.0	7.5	8.5	10.0	11.0	12.0
		$\pm F_r$	3.5	4.0	4.5	5.0	6.0	6.5	7.0
		$\pm F'_i$	5.5	6.5	7.5	8.5	9.5	11.0	11.0
		$\pm f'_i$	2.5	2.5	2.5	3.0	3.0	3.5	3.5
	>2.0~3.55	$\pm F_\alpha$	2.5						
		$\pm f_u$	2.5	2.5	2.5	3.0	3.5	3.5	4.0
		$\pm f_p$	2.0	2.0	2.0	2.5	2.5	2.5	3.0
		$\pm F_{p2}$	6.0	7.5	8.5	10.0	11.0	13.0	14.0
		$\pm F_r$	4.0	5.0	6.0	6.5	7.5	8.0	8.5
		$\pm F'_i$	6.5	8.0	9.0	10.0	11.0	12.0	13.0
		$\pm f'_i$	3.5	3.5	3.5	3.5	3.5	4.0	4.0
	>3.55~6.0	$\pm F_\alpha$	3.5						
		$\pm f_u$	2.5	2.5	3.0	3.5	3.5	3.5	4.0
		$\pm f_p$	2.0	2.0	2.5	2.5	2.5	3.0	3.5
		$\pm F_{p2}$	6.0	8.0	9.5	11.0	12.0	14.0	15.0
		$\pm F_r$	4.5	6.0	6.5	7.5	8.5	9.0	10.0
		$\pm F'_i$	7.5	9.0	10.0	11.0	3.0	14.0	15.0
		$\pm f'_i$	4.0	4.0	4.0	4.5	4.5	4.5	4.5
	>6.0~10	$\pm F_\alpha$	4.5						
		$\pm f_u$	3.0	3.5	3.5	3.5	4.0	4.5	4.5
		$\pm f_p$	2.5	2.5	2.5	3.0	3.0	3.5	3.5
		$\pm F_{p2}$	6.5	8.5	10.0	12.0	3.0	15.0	16.0
		$\pm F_r$	5.5	6.5	7.5	8.5	9.0	10.0	11.0
		$\pm F'_i$	8.5	10.0	12.0	13.0	14.0	15.0	16.0
		$\pm f'_i$	4.5	4.5	5.0	5.0	5.0	5.5	5.5
	>10~16	$\pm F_\alpha$	6.0						
		$\pm f_u$	4.0	4.0	4.0	4.5	4.5	5.0	5.5
		$\pm f_p$	3.0	3.0	3.5	3.5	3.5	4.0	4.5
		$\pm F_{p2}$	7.0	9.0	11.0	12.0	14.0	16.0	17.0
		$\pm F_r$	6.0	7.5	8.5	9.5	10.0	11.0	12.0
		$\pm F'_i$	10.0	12.0	13.0	15.0	16.0	17.0	19.0
		$\pm f'_i$	6.0	6.0	6.5	6.5	6.5	7.0	7.5
	>16~25	$\pm F_\alpha$	7.5						
		$\pm f_u$	4.5	5.0	5.0	5.5	6.0	6.0	6.0
		$\pm f_p$	4.0	4.0	4.0	4.5	4.5	4.5	5.0
		$\pm F_{p2}$	7.5	10.0	12.0	13.0	15.0	17.0	19.0
		$\pm F_r$	7.5	8.5	9.5	11.0	12.0	12.0	13.0
		$\pm F'_i$	12.0	13.0	15.0	16.0	18.0	19.0	21.0
		$\pm f'_i$	8.0	8.0	8.0	8.0	8.0	8.5	8.5
	>25~40	$\pm F_\alpha$	10.0						
		$\pm f_u$	6.5	7.0	7.0	7.5	7.5	7.5	8.0
		$\pm f_p$	5.0	5.5	5.5	6.0	6.0	6.0	6.0
		$\pm F_{p2}$	8.0	10.0	12.0	14.0	16.0	18.0	20.0
		$\pm F_r$	8.5	9.5	11.0	12.0	13.0	14.0	15.0
		$\pm F'_i$	14.0	16.0	18.0	19.0	21.0	22.0	24.0
		$\pm f'_i$	11.0	11.0	11.0	11.0	11.0	11.0	11.0
	偏差允许值 $\pm F_{pz}$								
	测量长度/mm		15	25	45	75	125	200	300
	蜗杆轴向模数 m_x/mm		≥0.5~2	>2~3.55	>3.55~6	>6~10	>10~16	>16~25	>25~40
	蜗杆头数 z_1	1	1.5	2.0	2.5	3.0	4.0	4.5	6.0
		2	2.0	2.0	3.0	3.5	4.5	6.0	7.0
		3、4	2.0	2.5	3.5	4.5	5.5	7.0	8.5
		5、6	2.5	3.0	4.0	5.0	6.0	8.0	10.0
		>6	3.0	3.5	4.5	6.0	7.5	9.5	11.0

（续）

精度等级	模数 $m_x(m_t)$ /mm	偏差允许值	≥10~50	>50~125	>125~280	>280~560	>560~1000	>1000~1600	>1600~2500
			分度圆直径 d/mm						
3	≥0.5~2.0	$\pm F_\alpha$	3.0						
		$\pm f_u$	3.0	3.5	3.5	4.0	4.0	4.5	5.0
		$\pm f_p$	2.5	2.5	3.0	3.0	3.5	3.5	4.0
		$\pm F_{p2}$	6.5	8.5	11.0	12.0	14.0	15.0	17.0
		$\pm F_r$	4.5	5.5	6.0	7.0	8.0	9.0	9.5
		$\pm F_i'$	7.5	9.0	11.0	12.0	13.0	15.0	16.0
		$\pm f_i'$	3.5	4.0	4.0	4.0	4.5	4.5	5.0
	>2.0~3.55	$\pm F_\alpha$	4.0						
		$\pm f_u$	3.5	3.5	4.0	4.0	4.5	5.0	5.5
		$\pm f_p$	2.5	3.0	3.0	3.5	3.5	4.0	4.5
		$\pm F_{p2}$	8.0	10.0	12.0	14.0	16.0	18.0	19.0
		$\pm F_r$	5.5	7.0	8.0	9.0	10.0	11.0	12.0
		$\pm F_i'$	9.0	11.0	13.0	14.0	16.0	17.0	19.0
		$\pm f_i'$	4.5	4.5	5.0	5.0	5.0	5.5	5.5
	>3.55~6.0	$\pm F_\alpha$	5.0						
		$\pm f_u$	4.0	4.0	4.0	4.5	5.0	5.0	5.5
		$\pm f_p$	3.0	3.0	3.5	3.5	4.0	4.5	4.5
		$\pm F_{p2}$	8.5	11.0	13.0	15.0	17.0	19.0	21.0
		$\pm F_r$	6.5	8.0	9.0	10.0	12.0	13.0	14.0
		$\pm F_i'$	11.0	13.0	14.0	16.0	18.0	19.0	21.0
		$\pm f_i'$	5.5	5.5	5.5	6.0	6.0	6.5	6.5
	>6.0~10	$\pm F_\alpha$	6.0						
		$\pm f_u$	4.5	4.5	5.0	5.0	5.5	6.0	6.5
		$\pm f_p$	3.5	3.5	4.0	4.0	4.5	4.5	5.0
		$\pm F_{p2}$	9.0	12.0	14.0	16.0	18.0	21.0	22.0
		$\pm F_r$	7.5	9.0	10.0	12.0	13.0	14.0	15.0
		$\pm F_i'$	12.0	14.0	16.0	18.0	20.0	21.0	23.0
		$\pm f_i'$	6.5	6.5	7.0	7.0	7.0	7.5	7.5
	>10~16	$\pm F_\alpha$	8.0						
		$\pm f_u$	5.5	5.5	5.5	6.0	6.5	7.0	7.5
		$\pm f_p$	4.5	4.5	4.5	5.0	5.0	5.5	6.0
		$\pm F_{p2}$	9.5	13.0	15.0	17.0	20.0	22.0	24.0
		$\pm F_r$	8.5	10.0	12.0	13.0	14.0	16.0	17.0
		$\pm F_i'$	14.0	17.0	19.0	20.0	22.0	24.0	26.0
		$\pm f_i'$	8.5	8.5	9.0	9.0	9.0	9.5	10.0
	>16~25	$\pm F_\alpha$	10.0						
		$\pm f_u$	6.5	7.0	7.0	7.5	8.0	8.5	8.5
		$\pm f_p$	5.5	5.5	5.5	6.0	6.0	6.5	7.0
		$\pm F_{p2}$	11.0	14.0	16.0	19.0	21.0	23.0	26.0
		$\pm F_r$	10.0	12.0	13.0	15.0	16.0	17.0	19.0
		$\pm F_i'$	17.0	19.0	21.0	23.0	25.0	27.0	29.0
		$\pm f_i'$	11.0	11.0	11.0	11.0	11.0	12.0	12.0
	>25~40	$\pm F_\alpha$	14.0						
		$\pm f_u$	9.0	9.5	9.5	10.0	10.0	11.0	11.0
		$\pm f_p$	7.0	7.5	7.5	8.0	8.0	8.5	8.5
		$\pm F_{p2}$	11.0	14.0	17.0	20.0	23.0	26.0	28.0
		$\pm F_r$	12.0	13.0	15.0	16.0	18.0	19.0	21.0
		$\pm F_i'$	20.0	22.0	25.0	27.0	29.0	31.0	33.0
		$\pm f_i'$	15.0	15.0	15.0	15.0	15.0	16.0	16.0
	偏差允许值 $\pm F_{pz}$								
	测量长度/mm		15	25	45	75	125	200	300
	蜗杆轴向模数 m_x/mm		≥0.5~2	>2~3.55	>3.55~6	>6~10	>10~16	>16~25	>25~40
	蜗杆头数 z_1	1	2.5	3.0	3.5	4.5	5.5	6.5	8.0
		2	2.5	3.0	4.0	5.0	6.5	8.0	9.5
		3、4	3.0	3.5	4.5	6.0	7.5	9.5	12.0
		5、6	3.5	4.5	5.5	7.0	8.5	11.0	14.0
		>6	4.5	5.0	6.5	8.0	11.0	13.0	16.0

（续）

精度等级	模数 $m_x(m_t)$ /mm	偏差允许值	分度圆直径 d/mm						
			≥10~50	>50~125	>125~280	>280~560	>560~1000	>1000~1600	>1600~2500
4	≥0.5~2.0	$\pm F_\alpha$	4.0						
		$\pm f_u$	4.5	4.5	5.0	5.5	5.5	6.5	7.0
		$\pm f_p$	3.0	3.5	4.0	4.5	4.5	5.0	5.5
		$\pm F_{p2}$	9.5	12.0	15.0	17.0	19.0	21.0	24.0
		$\pm F_r$	6.5	8.0	8.5	10.0	11.0	13.0	14.0
		$\pm F_i'$	11.0	13.0	15.0	17.0	19.0	21.0	22.0
		$\pm f_i'$	5.0	5.5	5.5	5.5	6.0	6.5	7.0
	>2.0~3.55	$\pm F_\alpha$	5.5						
		$\pm f_u$	4.5	5.0	5.5	5.5	6.5	7.0	8.0
		$\pm f_p$	3.5	4.0	4.5	4.5	5.0	5.5	6.0
		$\pm F_{p2}$	11.0	14.0	17.0	20.0	22.0	25.0	27.0
		$\pm F_r$	8.0	10.0	11.0	13.0	14.0	16.0	17.0
		$\pm F_i'$	13.0	16.0	18.0	20.0	22.0	24.0	26.0
		$\pm f_i'$	6.5	6.5	7.0	7.0	7.0	8.0	8.0
	>3.55~6.0	$\pm F_\alpha$	7.0						
		$\pm f_u$	5.5	5.5	5.5	6.5	7.0	7.0	8.0
		$\pm f_p$	4.5	4.5	4.5	5.0	5.5	6.0	6.5
		$\pm F_{p2}$	12.0	16.0	19.0	21.0	24.0	27.0	29.0
		$\pm F_r$	9.5	11.0	13.0	14.0	16.0	18.0	19.0
		$\pm F_i'$	15.0	18.0	20.0	22.0	25.0	27.0	29.0
		$\pm f_i'$	8.0	8.0	8.0	8.5	8.5	9.5	9.5
	>6.0~10	$\pm F_\alpha$	8.5						
		$\pm f_u$	6.0	6.5	7.0	7.0	8.0	8.5	9.5
		$\pm f_p$	5.0	5.0	5.5	5.5	6.0	6.5	7.0
		$\pm F_{p2}$	13.0	16.0	20.0	23.0	26.0	29.0	31.0
		$\pm F_r$	11.0	13.0	14.0	16.0	18.0	20.0	21.0
		$\pm F_i'$	17.0	20.0	23.0	25.0	28.0	30.0	32.0
		$\pm f_i'$	9.5	9.5	10.0	10.0	10.0	11.0	11.0
	>10~16	$\pm F_\alpha$	11.0						
		$\pm f_u$	8.0	8.0	8.0	8.5	9.5	10.0	11.0
		$\pm f_p$	6.0	6.0	6.5	7.0	7.0	8.0	8.5
		$\pm F_{p2}$	14.0	18.0	21.0	24.0	28.0	31.0	34.0
		$\pm F_r$	12.0	14.0	16.0	19.0	20.0	22.0	24.0
		$\pm F_i'$	20.0	24.0	26.0	29.0	31.0	34.0	36.0
		$\pm f_i'$	12.0	12.0	13.0	13.0	13.0	14.0	14.0
	>16~25	$\pm F_\alpha$	14.0						
		$\pm f_u$	9.5	10.0	10.0	11.0	11.0	12.0	12.0
		$\pm f_p$	8.0	8.0	8.0	8.5	8.5	9.5	10.0
		$\pm F_{p2}$	15.0	19.0	23.0	26.0	30.0	33.0	36.0
		$\pm F_r$	14.0	16.0	19.0	21.0	23.0	24.0	26.0
		$\pm F_i'$	24.0	26.0	29.0	32.0	35.0	38.0	41.0
		$\pm f_i'$	16.0	16.0	16.0	16.0	16.0	16.0	17.0
	>25~40	$\pm F_\alpha$	19.0						
		$\pm f_u$	13.0	14.0	14.0	14.0	14.0	15.0	16.0
		$\pm f_p$	10.0	11.0	11.0	11.0	11.0	12.0	12.0
		$\pm F_{p2}$	16.0	20.0	24.0	28.0	32.0	36.0	39.0
		$\pm F_r$	16.0	19.0	21.0	23.0	25.0	27.0	29.0
		$\pm F_i'$	28.0	31.0	35.0	38.0	41.0	44.0	46.0
		$\pm f_i'$	21.0	21.0	21.0	21.0	21.0	22.0	22.0
	偏差允许值 $\pm F_{pz}$								
	测量长度/mm		15	25	45	75	125	200	300
	蜗杆轴向模数 m_x/mm		≥0.5~2	>2~3.55	>3.55~6	>6~10	>10~16	>16~25	>25~40
	蜗杆头数 z_1	1	3.0	4.0	4.5	6.0	8.0	9.5	11.0
		2	3.5	4.5	5.5	7.0	9.5	11.0	14.0
		3、4	4.0	5.0	6.5	8.5	11.0	14.0	16.0
		5、6	4.5	6.0	8.0	10.0	12.0	16.0	19.0
		>6	6.0	7.0	9.5	11.0	15.0	19.0	22.0

（续）

精度等级	模数 $m_x(m_t)$ /mm	偏差允许值	分度圆直径 d/mm						
			≥10～50	>50～125	>125～280	>280～560	>560～1000	>1000～1600	>1600～2500
5	≥0.5～2.0	$\pm F_{\alpha}$	5.5						
		$\pm f_u$	6.0	6.5	7.0	7.5	8.0	9.0	10.0
		$\pm f_p$	4.5	5.0	5.5	6.0	6.5	7.0	8.0
		$\pm F_{p2}$	13.0	17.0	21.0	24.0	27.0	30.0	33.0
		$\pm F_r$	9.0	11.0	12.0	14.0	16.0	18.0	19.0
		$\pm F'_i$	15.0	18.0	21.0	24.0	26.0	29.0	31.0
		$\pm f'_i$	7.0	7.5	7.5	8.0	8.5	9.0	9.5
	>2.0～3.55	$\pm F_{\alpha}$	7.5						
		$\pm f_u$	6.5	7.0	7.5	8.0	9.0	9.5	11.0
		$\pm f_p$	5.0	5.5	6.0	6.5	7.0	7.5	8.5
		$\pm F_{p2}$	16.0	20.0	24.0	28.0	31.0	35.0	38.0
		$\pm F_r$	11.0	14.0	16.0	18.0	20.0	22.0	24.0
		$\pm F'_i$	18.0	22.0	25.0	28.0	31.0	34.0	37.0
		$\pm f'_i$	9.0	9.0	9.5	10.0	10.0	11.0	11.0
	>3.55～6.0	$\pm F_{\alpha}$	9.5						
		$\pm f_u$	7.5	7.5	8.0	9.0	9.5	10.0	11.0
		$\pm f_p$	6.0	6.0	6.5	7.0	7.5	8.5	9.0
		$\pm F_{p2}$	17.0	22.0	26.0	30.0	34.0	38.0	41.0
		$\pm F_r$	13.0	16.0	18.0	20.0	23.0	25.0	27.0
		$\pm F'_i$	21.0	25.0	28.0	31.0	35.0	38.0	41.0
		$\pm f'_i$	11.0	11.0	11.0	12.0	12.0	13.0	13.0
	>6.0～10	$\pm F_{\alpha}$	12.0						
		$\pm f_u$	8.5	9.0	9.5	10.0	11.0	12.0	13.0
		$\pm f_p$	7.0	7.0	7.5	8.0	8.5	9.0	10.0
		$\pm F_{p2}$	18.0	23.0	28.0	32.0	36.0	41.0	44.0
		$\pm F_r$	15.0	18.0	20.0	23.0	25.0	28.0	30.0
		$\pm F'_i$	24.0	28.0	32.0	35.0	39.0	42.0	45.0
		$\pm f'_i$	13.0	13.0	14.0	14.0	14.0	15.0	15.0
	>10～16	$\pm F_{\alpha}$	16.0						
		$\pm f_u$	11.0	11.0	11.0	12.0	13.0	14.0	15.0
		$\pm f_p$	8.5	8.5	9.0−	9.5	10.0	11.0	12.0
		$\pm F_{p2}$	19.0	25.0	30.0	34.0	39.0	43.0	48.0
		$\pm F_r$	17.0	20.0	23.0	26.0	28.0	31.0	34.0
		$\pm F'_i$	28.0	33.0	37.0	40.0	44.0	48.0	51.0
		$\pm f'_i$	17.0	17.0	18.0	8.0	18.0	19.0	20.0
	>16～25	$\pm F_{\alpha}$	20.0						
		$\pm f_u$	13.0	14.0	14.0	5.0	16.0	17.0	17.0
		$\pm f_p$	11.0	11.0	11.0	2.0	12.0	13.0	14.0
		$\pm F_{p2}$	21.0	27.0	32.0	37.0	42.0	46.0	51.0
		$\pm F_r$	20.0	23.0	26.0	29.0	32.0	34.0	37.0
		$\pm F'_i$	33.0	37.0	41.0	45.0	49.0	53.0	57.0
		$\pm f'_i$	22.0	22.0	22.0	22.0	22.0	23.0	24.0
	>25～40	$\pm F_{\alpha}$	27.0						
		$\pm f_u$	18.0	19.0	19.0	20.0	20.0	21.0	22.0
		$\pm f_p$	14.0	15.0	15.0	16.0	16.0	17.0	17.0
		$\pm F_{p2}$	22.0	28.0	34.0	39.0	45.0	50.0	54.0
		$\pm F_r$	23.0	26.0	29.0	32.0	35.0	38.0	41.0
		$\pm F'_i$	39.0	44.0	49.0	53.0	57.0	61.0	65.0
		$\pm f'_i$	29.0	29.0	29.0	30.0	30.0	31.0	31.0

偏差允许值 $\pm F_{pz}$								
测量长度/mm		15	25	45	75	125	200	300
蜗杆轴向模数 m_x/mm		≥0.5～2	>2～3.55	>3.55～6	>6～10	>10～16	>16～25	>25～40
蜗杆头数 z_1	1	4.5	5.5	6.5	8.5	11.0	13.0	16.0
	2	5.0	6.0	8.0	10.0	13.0	16.0	19.0
	3、4	5.5	7.0	9.0	12.0	15.0	19.0	23.0
	5、6	6.5	8.5	11.0	14.0	17.0	22.0	27.0
	>6	8.5	10.0	13.0	6.0	21.0	26.0	31.0

（续）

精度等级	模数 $m_x(m_t)$ /mm	偏差允许值	分度圆直径 d/mm						
			≥10~50	>50~125	>125~280	>280~560	>560~1000	>1000~1600	>1600~2500
6	≥0.5~2.0	$\pm F_\alpha$	7.5						
		$\pm f_u$	8.5	9.0	10.0	11.0	11.0	13.0	14.0
		$\pm f_p$	6.5	7.0	7.5	8.5	9.0	10.0	11.0
		$\pm F_{p2}$	18.0	24.0	29.0	34.0	38.0	42.0	46.0
		$\pm F_r$	13.0	15.0	17.0	20.0	22.0	25.0	27.0
		$\pm F_i'$	21.0	25.0	29.0	34.0	36.0	41.0	43.0
		$\pm f_i'$	10.0	11.0	11.0	11.0	12.0	13.0	13.0
	>2.0~3.55	$\pm F_\alpha$	11.0						
		$\pm f_u$	9.0	10.0	11.0	11.0	13.0	13.0	15.0
		$\pm f_p$	7.0	7.5	8.5	9.0	10.0	11.0	12.0
		$\pm F_{p2}$	22.0	28.0	34.0	39.0	43.0	49.0	53.0
		$\pm F_r$	15.0	20.0	22.0	25.0	28.0	31.0	34.0
		$\pm F_i'$	25.0	31.0	35.0	39.0	43.0	48.0	52.0
		$\pm f_i'$	13.0	13.0	13.0	14.0	14.0	15.0	15.0
	>3.55~6.0	$\pm F_\alpha$	13.0						
		$\pm f_u$	11.0	11.0	11.0	13.0	13.0	14.0	15.0
		$\pm f_p$	8.5	8.5	9.0	10.0	11.0	12.0	13.0
		$\pm F_{p2}$	24.0	31.0	36.0	42.0	48.0	53.0	57.0
		$\pm F_r$	18.0	22.0	25.0	28.0	32.0	35.0	38.0
		$\pm F_i'$	29.0	35.0	39.0	43.0	49.0	53.0	57.0
		$\pm f_i'$	15.0	15.0	15.0	17.0	17.0	18.0	18.0
	>6.0~10	$\pm F_\alpha$	17.0						
		$\pm f_u$	12.0	13.0	3.0	14.0	15.0	17.0	18.0
		$\pm f_p$	10.0	10.0	11.0	11.0	12.0	13.0	14.0
		$\pm F_{p2}$	25.0	32.0	39.0	45.0	50.0	57.0	62.0
		$\pm F_r$	21.0	25.0	28.0	32.0	35.0	39.0	42.0
		$\pm F_i'$	34.0	39.0	45.0	49.0	55.0	59.0	63.0
		$\pm f_i'$	18.0	18.0	20.0	20.0	20.0	21.0	21.0
	>10~16	$\pm F_\alpha$	22.0						
		$\pm f_u$	15.0	15.0	15.0	17.0	18.0	20.0	21.0
		$\pm f_p$	12.0	12.0	13.0	13.0	14.0	15.0	17.0
		$\pm F_{p2}$	27.0	35.0	42.0	48.0	55.0	60.0	67.0
		$\pm F_r$	24.0	28.0	32.0	36.0	39.0	43.0	48.0
		$\pm F_i'$	39.0	46.0	52.0	56.0	62.0	67.0	71.0
		$\pm f_i'$	24.0	24.0	25.0	25.0	25.0	27.0	28.0
	>16~25	$\pm F_\alpha$	28.0						
		$\pm f_u$	18.0	20.0	20.0	21.0	22.0	24.0	24.0
		$\pm f_p$	15.0	15.0	15.0	17.0	17.0	18.0	20.0
		$\pm F_{p2}$	29.0	38.0	45.0	52.0	59.0	64.0	71.0
		$\pm F_r$	28.0	32.0	36.0	41.0	45.0	48.0	52.0
		$\pm F_i'$	46.0	52.0	57.0	63.0	69.0	74.0	80.0
		$\pm f_i'$	31.0	31.0	31.0	31.0	31.0	32.0	34.0
	>25~40	$\pm F_\alpha$	38.0						
		$\pm f_u$	25.0	27.0	27.0	28.0	28.0	29.0	31.0
		$\pm f_p$	20.0	21.0	21.0	22.0	22.0	24.0	24.0
		$\pm F_{p2}$	31.0	39.0	48.0	55.0	63.0	70.0	76.0
		$\pm F_r$	32.0	36.0	41.0	45.0	49.0	53.0	57.0
		$\pm F_i'$	55.0	62.0	69.0	74.0	80.0	85.0	91.0
		$\pm f_i'$	41.0	41.0	41.0	42.0	42.0	43.0	43.0

偏差允许值 $\pm F_{pz}$								
测量长度/mm		15	25	45	75	125	200	300
蜗杆轴向模数 m_x/mm		≥0.5~2	>2~3.55	>3.55~6	>6~10	>10~16	>16~25	>25~40
蜗杆头数 z_1	1	6.5	7.5	9.0	12.0	15.0	18.0	22.0
	2	7.0	8.5	11.0	14.0	18.0	22.0	27.0
	3、4	7.5	10.0	13.0	17.0	21.0	27.0	32.0
	5、6	9.0	12.0	15.0	20.0	24.0	31.0	38.0
	>6	12.0	14.0	18.0	22.0	29.0	36.0	43.0

（续）

精度等级	模数 $m_x(m_t)$ /mm	偏差允许值	分度圆直径 d/mm						
			≥10～50	>50～125	>125～280	>280～560	>560～1000	>1000～1600	>1600～2500
7	≥0.5～2.0	$\pm F_\alpha$	11.0						
		$\pm f_u$	12.0	13.0	14.0	15.0	16.0	18.0	20.0
		$\pm f_p$	9.0	10.0	11.0	12.0	13.0	14.0	16.0
		$\pm F_{p2}$	25.0	33.0	41.0	47.0	53.0	59.0	65.0
		$\pm F_r$	18.0	22.0	24.0	27.0	31.0	35.0	37.0
		$\pm F_i'$	29.0	35.0	41.0	47.0	51.0	57.0	61.0
		$\pm f_i'$	14.0	15.0	15.0	16.0	17.0	18.0	19.0
	>2.0～3.55	$\pm F_\alpha$	15.0						
		$\pm f_u$	13.0	14.0	15.0	16.0	18.0	19.0	22.0
		$\pm f_p$	10.0	11.0	12.0	13.0	14.0	15.0	17.0
		$\pm F_{p2}$	31.0	39.0	47.0	55.0	61.0	69.0	74.0
		$\pm F_r$	22.0	27.0	31.0	35.0	39.0	43.0	47.0
		$\pm F_i'$	35.0	43.0	49.0	55.0	61.0	67.0	73.0
		$\pm f_i'$	18.0	18.0	19.0	20.0	20.0	22.0	22.0
	>3.55～6.0	$\pm F_\alpha$	19.0						
		$\pm f_u$	15.0	15.0	16.0	18.0	19.0	20.0	22.0
		$\pm f_p$	12.0	12.0	13.0	14.0	15.0	17.0	18.0
		$\pm F_{p2}$	33.0	43.0	51.0	59.0	67.0	74.0	80.0
		$\pm F_r$	25.0	31.0	35.0	39.0	45.0	49.0	53.0
		$\pm F_i'$	41.0	49.0	55.0	61.0	69.0	74.0	80.0
		$\pm f_i'$	22.0	22.0	22.0	24.0	24.0	25.0	25.0
	>6.0～10	$\pm F_\alpha$	24.0						
		$\pm f_u$	17.0	18.0	19.0	20.0	22.0	24.0	25.0
		$\pm f_p$	14.0	14.0	15.0	16.0	17.0	18.0	20.0
		$\pm F_{p2}$	35.0	45.0	55.0	63.0	71.0	80.0	86.0
		$\pm F_r$	29.0	35.0	39.0	45.0	49.0	55.0	59.0
		$\pm F_i'$	47.0	55.0	63.0	69.0	76.0	82.0	88.0
		$\pm f_i'$	25.0	25.0	27.0	27.0	27.0	29.0	29.0
	>10～16	$\pm F_\alpha$	31.0						
		$\pm f_u$	22.0	22.0	22.0	24.0	25.0	27.0	29.0
		$\pm f_p$	17.0	17.0	18.0	19.0	20.0	22.0	24.0
		$\pm F_{p2}$	37.0	49.0	59.0	67.0	76.0	84.0	94.0
		$\pm F_r$	33.0	39.0	45.0	51.0	55.0	61.0	67.0
		$\pm F_i'$	55.0	65.0	73.0	78.0	86.0	94.0	100.0
		$\pm f_i'$	33.0	33.0	35.0	35.0	35.0	37.0	39.0
	>16～25	$\pm F_\alpha$	39.0						
		$\pm f_u$	25.0	27.0	27.0	29.0	31.0	33.0	33.0
		$\pm f_p$	22.0	22.0	22.0	24.0	24.0	25.0	27.0
		$\pm F_{p2}$	41.0	53.0	63.0	73.0	82.0	90.0	100.0
		$\pm F_r$	39.0	45.0	51.0	57.0	63.0	67.0	73.0
		$\pm F_i'$	65.0	73.0	80.0	88.0	96.0	104.0	112.0
		$\pm f_i'$	43.0	43.0	43.0	43.0	43.0	45.0	47.0
	>25～40	$\pm F_\alpha$	53.0						
		$\pm f_u$	35.0	37.0	37.0	39.0	39.0	41.0	43.0
		$\pm f_p$	27.0	29.0	29.0	31.0	31.0	33.0	33.0
		$\pm F_{p2}$	43.0	55.0	67.0	76.0	88.0	98.0	106.0
		$\pm F_r$	45.0	51.0	57.0	63.0	69.0	74.0	80.0
		$\pm F_i'$	76.0	86.0	96.0	104.0	112.0	120.0	127.0
		$\pm f_i'$	57.0	57.0	57.0	59.0	59.0	61.0	61.0
	偏差允许值 $\pm F_{pz}$								
	测量长度/mm		15	25	45	75	125	200	300
	蜗杆轴向模数 m_x/mm		≥0.5～2	>2～3.55	>3.55～6	>6～10	>10～16	>16～25	>25～40
	蜗杆头数 z_1	1	9.0	11.0	13.0	17.0	22.0	25.0	31.0
		2	10.0	12.0	16.0	20.0	25.0	31.0	37.0
		3、4	11.0	14.0	18.0	24.0	29.0	37.0	45.0
		5、6	13.0	17.0	22.0	27.0	33.0	43.0	53.0
		>6	17.0	20.0	25.0	31.0	41.0	51.0	61.0

（续）

精度等级	模数 $m_x(m_t)$ /mm	偏差允许值	分度圆直径 d/mm						
			≥10~50	>50~125	>125~280	>280~560	>560~1000	>1000~1600	>1600~2500
8	≥0.5~2.0	±F_α	15.0						
		±f_u	16.0	18.0	19.0	21.0	22.0	25.0	27.0
		±f_p	12.0	14.0	15.0	16.0	18.0	19.0	22.0
		±F_{p2}	36.0	47.0	58.0	66.0	74.0	82.0	91.0
		±F_r	25.0	30.0	33.0	38.0	44.0	49.0	52.0
		±F_i'	41.0	49.0	58.0	66.0	71.0	80.0	85.0
		±f_i'	19.0	21.0	21.0	22.0	23.0	25.0	26.0
	>2.0~3.55	±F_α	21.0						
		±f_u	18.0	19.0	21.0	22.0	25.0	26.0	30.0
		±f_p	14.0	15.0	16.0	18.0	19.0	21.0	23.0
		±F_{p2}	44.0	55.0	66.0	77.0	85.0	96.0	104.0
		±F_r	30.0	38.0	44.0	49.0	55.0	60.0	66.0
		±F_i'	49.0	60.0	69.0	77.0	85.0	93.0	102.0
		±f_i'	25.0	25.0	26.0	27.0	27.0	30.0	30.0
	>3.55~6.0	±F_α	26.0						
		±f_u	21.0	21.0	22.0	25.0	26.0	27.0	30.0
		±f_p	16.0	16.0	18.0	19.0	21.0	23.0	25.0
		±F_{p2}	47.0	60.0	71.0	82.0	93.0	104.0	113.0
		±F_r	36.0	44.0	49.0	55.0	63.0	69.0	74.0
		±F_i'	58.0	69.0	77.0	85.0	96.0	104.0	113.0
		±f_i'	30.0	30.0	30.0	33.0	33.0	36.0	36.0
	>6.0~10	±F_α	33.0						
		±f_u	23.0	25.0	26.0	27.0	30.0	33.0	36.0
		±f_p	19.0	19.0	21.0	22.0	23.0	25.0	27.0
		±F_{p2}	49.0	63.0	77.0	88.0	99.0	113.0	121.0
		±F_r	41.0	49.0	55.0	63.0	69.0	77.0	82.0
		±F_i'	66.0	77.0	88.0	96.0	107.0	115.0	123.0
		±f_i'	36.0	36.0	38.0	38.0	38.0	41.0	41.0
	>10~16	±F_α	44.0						
		±f_u	30.0	30.0	30.0	33.0	36.0	38.0	41.0
		±f_p	23.0	23.0	25.0	26.0	27.0	30.0	33.0
		±F_{p2}	52.0	69.0	82.0	93.0	107.0	118.0	132.0
		±F_r	47.0	55.0	63.0	71.0	77.0	85.0	93.0
		±F_i'	77.0	91.0	102.0	110.0	121.0	132.0	140.0
		±f_i'	47.0	47.0	49.0	49.0	49.0	52.0	55.0
	>16~25	±F_α	55.0						
		±f_u	36.0	38.0	38.0	41.0	44.0	47.0	47.0
		±f_p	30.0	30.0	30.0	33.0	33.0	36.0	38.0
		±F_{p2}	58.0	74.0	88.0	102.0	115.0	126.0	140.0
		±F_r	55.0	63.0	71.0	80.0	88.0	93.0	102.0
		±F_i'	91.0	102.0	113.0	123.0	134.0	145.0	156.0
		±f_i'	60.0	60.0	60.0	60.0	60.0	63.0	66.0
	>25~40	±F_α	74.0						
		±f_u	49.0	52.0	52.0	55.0	55.0	58.0	60.0
		±f_p	38.0	41.0	41.0	44.0	44.0	47.0	47.0
		±F_{p2}	60.0	77.0	93.0	107.0	123.0	137.0	148.0
		±F_r	63.0	71.0	80.0	88.0	96.0	104.0	113.0
		±F_i'	107.0	121.0	134.0	145.0	156.0	167.0	178.0
		±f_i'	80.0	80.0	80.0	82.0	82.0	85.0	85.0
	偏差允许值±F_{pz}								
	测量长度/mm		15	25	45	75	125	200	300
	蜗杆轴向模数 m_x/mm		≥0.5~2	>2~3.55	>3.55~6	>6~10	>10~16	>16~25	>25~40
	蜗杆头数 z_1	1	12.0	15.0	18.0	23.0	30.0	36.0	44.0
		2	14.0	16.0	22.0	27.0	36.0	44.0	52.0
		3、4	15.0	19.0	25.0	33.0	41.0	52.0	63.0
		5、6	18.0	23.0	30.0	38.0	47.0	60.0	74.0
		>6	23.0	27.0	36.0	44.0	58.0	71.0	85.0

（续）

精度等级	模数 $m_x(m_t)$ /mm	偏差允许值	分度圆直径 d/mm						
			≥10～50	>50～125	>125～280	>280～560	>560～1000	>1000～1600	>1600～2500
9	≥0.5～2.0	$\pm F_\alpha$	21.0						
		$\pm f_u$	23.0	25.0	27.0	29.0	31.0	35.0	38.0
		$\pm f_p$	17.0	19.0	21.0	23.0	25.0	27.0	31.0
		$\pm F_{p2}$	50.0	65.0	81.0	92.0	104.0	115.0	127.0
		$\pm F_r$	35.0	42.0	46.0	54.0	61.0	69.0	73.0
		$\pm F_i'$	58.0	69.0	81.0	92.0	100.0	111.0	119.0
		$\pm f_i'$	27.0	29.0	29.0	31.0	33.0	35.0	36.0
	>2.0～3.55	$\pm F_\alpha$	29.0						
		$\pm f_u$	25.0	27.0	29.0	31.0	35.0	36.0	42.0
		$\pm f_p$	19.0	21.0	23.0	25.0	27.0	29.0	33.0
		$\pm F_{p2}$	61.0	77.0	92.0	108.0	119.0	134.0	146.0
		$\pm F_r$	42.0	54.0	61.0	69.0	77.0	85.0	92.0
		$\pm F_i'$	69.0	85.0	96.0	108.0	119.0	131.0	142.0
		$\pm f_i'$	35.0	35.0	36.0	38.0	38.0	42.0	42.0
	>3.55～6.0	$\pm F_\alpha$	36.0						
		$\pm f_u$	29.0	29.0	31.0	35.0	36.0	38.0	42.0
		$\pm f_p$	23.0	23.0	25.0	27.0	29.0	33.0	35.0
		$\pm F_{p2}$	65.0	85.0	100.0	115.0	131.0	146.0	158.0
		$\pm F_r$	50.0	61.0	69.0	77.0	88.0	96.0	104.0
		$\pm F_i'$	81.0	96.0	108.0	119.0	134.0	146.0	158.0
		$\pm f_i'$	42.0	42.0	42.0	46.0	46.0	50.0	50.0
	>6.0～10	$\pm F_\alpha$	46.0						
		$\pm f_u$	33.0	35.0	36.0	38.0	42.0	46.0	50.0
		$\pm f_p$	27.0	27.0	29.0	31.0	33.0	35.0	38.0
		$\pm F_{p2}$	69.0	88.0	108.0	123.0	138.0	158.0	169.0
		$\pm F_r$	58.0	69.0	77.0	88.0	96.0	108.0	115.0
		$\pm F_i'$	92.0	108.0	123.0	134.0	150.0	161.0	173.0
		$\pm f_i'$	50.0	50.0	54.0	54.0	54.0	58.0	58.0
	>10～16	$\pm F_\alpha$	61.0						
		$\pm f_u$	42.0	42.0	42.0	46.0	50.0	54.0	58.0
		$\pm f_p$	33.0	33.0	35.0	36.0	38.0	42.0	46.0
		$\pm F_{p2}$	73.0	96.0	115.0	131.0	150.0	165.0	184.0
		$\pm F_r$	65.0	77.0	88.0	100.0	108.0	119.0	131.0
		$\pm F_i'$	108.0	127.0	142.0	154.0	169.0	184.0	196.0
		$\pm f_i'$	65.0	65.0	69.0	69.0	69.0	73.0	77.0
	>16～25	$\pm F_\alpha$	77.0						
		$\pm f_u$	50.0	54.0	54.0	58.0	61.0	65.0	65.0
		$\pm f_p$	42.0	42.0	42.0	46.0	46.0	50.0	54.0
		$\pm F_{p2}$	81.0	104.0	123.0	142.0	161.0	177.0	196.0
		$\pm F_r$	77.0	88.0	100.0	111.0	123.0	131.0	142.0
		$\pm F_i'$	127.0	142.0	158.0	173.0	188.0	204.0	219.0
		$\pm f_i'$	85.0	85.0	85.0	85.0	85.0	88.0	92.0
	>25～40	$\pm F_\alpha$	104.0						
		$\pm f_u$	69.0	73.0	73.0	77.0	77.0	81.0	85.0
		$\pm f_p$	54.0	58.0	58.0	61.0	61.0	65.0	65.0
		$\pm F_{p2}$	85.0	108.0	131.0	150.0	173.0	192.0	207.0
		$\pm F_r$	88.0	100.0	100.0	123.0	134.0	146.0	158.0
		$\pm F_i'$	150.0	169.0	188.0	204.0	219.0	234.0	250.0
		$\pm f_i'$	111.0	111.0	111.0	115.0	115.0	119.0	119.0
	偏差允许值 $\pm F_{pz}$								
	测量长度/mm		15	25	45	75	125	200	300
	蜗杆轴向模数 m_x/mm		≥0.5～2	>2～3.55	>3.55～6	>6～10	>10～16	>16～25	>25～40
	蜗杆头数 z_1	1	17.0	21.0	25.0	33.0	42.0	50.0	61.0
		2	19.0	23.0	31.0	38.0	50.0	61.0	73.0
		3、4	21.0	27.0	35.0	46.0	58.0	73.0	88.0
		5、6	25.0	33.0	42.0	54.0	65.0	85.0	104.0
		>6	33.0	38.0	50.0	61.0	81.0	100.0	119.0

注：1. F_i'、f_i' 以蜗杆分度圆直径 d_1 查取。
2. 下标×表示蜗杆，下标 2 表示蜗轮；蜗杆、蜗轮同时有的，无下标。

对各种侧隙表列数值系蜗杆传动在20℃时的情况，未计入传动发热和传动弹性变形的影响。

2.8.6　齿坯的要求

蜗杆、蜗轮的加工、检验和安装的径向、轴向基准面应尽可能一致，并应在相应的零件工作图上予以标注。蜗杆、蜗轮的齿坯公差，包括轴、孔的尺寸、形状、位置公差以及基准面的圆跳动公差见表8.5-29、表8.5-30。

2.8.7　极限偏差和公差数值表（见表8.5-21～表8.5-30）

表 8.5-22　蜗杆副接触斑点检验要求

精度等级	接触面积的百分比(%)		接触形状	接触位置
	沿齿高不小于	沿齿长不小于		
1、2	75	70	接触斑点在齿高方向无断缺，不允许成带状条纹	接触斑点痕迹的分布位置趋近齿面中部，允许略偏于啮入端。在齿顶和啮入、啮出端的棱边处不允许接触
3、4	70	65		
5、6	65	60		
7、8	55	50	不作要求	接触斑点痕迹应偏于啮出端，但不允许在齿顶和啮入、啮出端的棱边接触
9	45	40		

注：采用修形齿面的蜗杆传动，接触斑点的接触形状要求可不受表中规定的限制。

表 8.5-23　蜗杆副的中心距极限偏差($\pm f_a$)的 f_a 和蜗杆副的中间平面极限偏差($\pm f_x$)的 f_x 值　(μm)

传动中心距 a/mm	中心距极限偏差($\pm f_a$)的 f_a			中间平面极限偏差($\pm f_x$)的 f_x			
	精度等级						
	5 6	7 8	9	4	5 6	7 8	9
≤30	17	26	42	9	14	21	34
>30～50	20	31	50	10.5	16	25	40
>50～80	23	37	60	12	18.5	30	48
>80～120	27	44	70	14.5	22	36	56
>120～180	32	50	80	16	27	40	64
>180～250	36	58	92	18.5	29	47	74
>250～315	40	65	105	21	32	52	85
>315～400	45	70	115	23	36	56	92
>400～500	50	78	125	26	40	63	100
>500～630	55	87	140	28	44	70	112
>630～800	62	100	160	32	50	80	130
>800～1000	70	115	180	36	56	92	145
>1000～1250	82	130	210	42	66	105	170
>1250～1600	97	155	250	50	78	125	200

注：本表为 GB/T 10089—1988 内容，仅对中心距不可调的蜗杆传动检验 f_a 及 f_x。

表 8.5-24　蜗杆副的轴交角极限偏差($\pm f_\Sigma$)的 f_Σ 值　(μm)

蜗轮齿宽 b_2 /mm	精度等级					
	4	5	6	7	8	9
≤30	6	8	10	12	17	24
>30～50	7.1	9	11	14	19	28
>50～80	8	10	13	16	22	32
>80～120	9	12	15	19	24	36
>120～180	11	14	17	22	28	42
>180～250	13	16	20	25	32	48
>250	—	—	22	28	36	53

注：本表为 GB/T 10089—1988 内容，仅对中心距不可调的蜗杆传动检验 f_Σ。

表 8.5-25　蜗杆副的最小法向侧隙 j_{nmin} 值　(μm)

传动中心距 a/mm	侧隙种类							
	h	g	f	e	d	c	b	a
≤30	0	9	13	21	33	52	84	130
>30～50	0	11	16	25	39	62	100	160
>50～80	0	13	19	30	46	74	120	190
>80～120	0	15	22	35	54	87	140	220
>120～180	0	18	25	40	63	100	160	250
>180～250	0	20	29	46	72	115	185	290
>250～315	0	23	32	52	81	130	210	320
>315～400	0	25	36	57	89	140	230	360
>400～500	0	27	40	63	97	155	250	400
>500～630	0	30	44	70	110	175	280	440
>630～800	0	35	50	80	125	200	320	500
>800～1000	0	40	56	90	140	230	360	560
>1000～1250	0	46	66	105	165	260	420	660
>1250～1600	0	54	78	125	195	310	500	780

注：本表为 GB/T 10089—1988 内容，传动的最小圆周侧隙 $j_{tmin} \approx (j_{nmin}/\cos\gamma_w)\cos\alpha_n$。$\gamma_w$ 为蜗杆节圆柱导程角；α_n 为蜗杆法向压力角。

表 8.5-26　蜗杆齿厚公差 T_{s1} 值　（μm）

模　数 m /mm	精度等级 4	5	6	7	8	9
≥1~3.5	25	30	36	45	53	67
>3.5~6.3	32	38	45	56	71	90
>6.3~10	40	48	60	71	90	110
>10~16	50	60	80	95	120	150
>16~25	—	85	110	130	160	200

注：1. 本表为 GB/T 10089—1988 内容。

2. 对传动最大法向侧隙 j_{nmax} 无要求时，允许蜗杆齿厚公差 T_{s1} 增大，最大不超过两倍。

表 8.5-27　蜗杆齿厚上极限偏差（E_{ss1}）中的误差补偿部分 $E_{s\Delta}$　（μm）

精度等级	模数 m /mm	传动中心距 a /mm ≤30	>30~50	>50~80	>80~120	>120~180	>180~250	>250~315	>315~400	>400~500	>500~630	>630~800	>800~1000	>1000~1250	>1250~1600
4	≥1~3.5	15	16	18	20	22	25	28	30	32	36	40	46	53	63
	>3.5~6.3	16	18	19	22	24	26	30	32	36	38	42	48	56	63
	>6.3~10	19	20	22	24	25	28	30	32	36	38	45	50	56	65
	>10~16	—	—	—	28	30	32	32	36	38	40	45	50	56	65
5	≥1~3.5	25	25	28	32	36	40	45	48	51	56	63	71	85	100
	>3.5~6.3	28	28	30	36	38	40	45	50	53	58	65	75	85	100
	>6.3~10	—	—	—	38	40	45	48	50	56	60	68	75	85	100
	>10~16	—	—	—	—	45	48	50	56	60	65	71	80	90	105
6	>1~3.5	30	30	32	36	40	45	48	50	56	60	65	75	85	100
	>3.5~6.3	32	36	38	40	45	48	50	56	60	63	70	75	90	100
	>6.3~10	42	45	45	48	50	52	56	60	63	68	75	80	90	105
	>10~16	—	—	—	58	60	63	65	68	71	75	80	85	95	110
	>16~25	—	—	—	—	75	78	80	85	85	90	95	100	110	120
7	≥1~3.5	45	48	50	56	60	71	75	80	85	95	105	120	135	160
	>3.5~6.3	50	56	58	63	68	75	80	85	90	100	110	125	140	160
	>6.3~10	60	63	65	71	75	80	85	90	95	105	115	130	140	165
	>10~16	—	—	—	80	85	90	95	100	105	110	125	135	150	170
	>16~25	—	—	—	—	115	120	120	125	130	135	145	155	165	185
8	≥1~3.5	50	56	58	63	68	75	80	85	90	100	110	125	140	160
	>3.5~6.3	68	71	75	78	80	85	90	95	100	110	120	130	145	170
	>6.3~10	80	85	90	90	95	100	100	105	110	120	130	140	150	175
	>10~16	—	—	—	110	115	115	120	125	130	135	140	155	165	185
	>16~25	—	—	—	—	150	155	155	160	160	170	175	180	190	210
9	≥1~3.5	75	80	90	95	100	110	120	130	140	155	170	190	220	260
	>3.5~6.3	90	95	100	105	110	120	130	140	150	160	180	200	225	260
	>6.3~10	110	115	120	125	130	140	145	155	160	170	190	210	235	270
	>10~16	—	—	—	160	165	170	180	185	190	200	220	230	255	290
	>16~25	—	—	—	—	215	220	225	230	235	245	255	270	290	320

注：本表为 GB/T 10089—1988 内容。

表 8.5-28　蜗轮齿厚公差 T_{s2} 值　　(μm)

分度圆直径 d_2/mm	模　数 m /mm	精度等级					
		4	5	6	7	8	9
≤125	≥1～3.5	45	56	71	90	110	130
	>3.5～6.3	48	63	85	110	130	160
	>6.3～10	50	67	90	120	140	170
>125～400	≥1～3.5	48	60	80	100	120	140
	>3.5～6.3	50	67	90	120	140	170
	>6.3～10	56	71	100	130	160	190
	>10～16	—	80	110	140	170	210
	>16～25	—	—	130	170	210	260
>400～800	≥1～3.5	48	63	85	110	130	160
	>3.5～6.3	50	67	90	120	140	170
	>6.3～10	56	71	100	130	160	190
	>10～16	—	85	120	160	190	230
	>16～25	—	—	140	190	230	290
>800～1600	≥1～3.5	50	67	90	120	140	170
	>3.5～6.3	56	71	100	130	160	190
	>6.3～10	60	80	110	140	170	210
	>10～16	—	85	120	160	190	230
	>16～25	—	—	140	190	230	290
>1600～2500	≥1～3.5	56	71	100	130	160	190
	>3.5～6.3	60	80	110	140	170	210
	>6.3～10	63	85	120	160	190	230
	>10～16	—	90	130	170	210	260
	>16～25	—	—	160	210	260	320

注：1. 本表为 GB/T 10089—1988 内容。
2. 在最小法向侧隙能保证的条件下，T_{s2} 公差带允许采用对称分布。

表 8.5-29　蜗杆、蜗轮齿坯尺寸和形状公差

精　度　等　级		4	5	6	7	8	9
孔	尺寸公差	IT4	IT5	IT6	IT7		IT8
	形状公差	IT3	IT4	IT5	IT6		IT7
轴	尺寸公差	IT4	IT5		IT6		IT7
	形状公差	IT3	IT4		IT5		IT6
齿顶圆直径公差		IT7		IT8			IT9

注：1. 当齿顶圆不作测量齿厚基准时，尺寸公差按 IT11 确定，但不得大于 0.1mm。
2. IT 为标准公差，按 GB/T 1800.1—2009《产品几何技术规范（GPS） 极限与配合　第 1 部分：公差、偏差和配合的基础》的规定确定。

表 8.5-30　蜗杆、蜗轮齿坯基准面径向和端面圆跳动公差　　(μm)

基准面直径 d /mm	精度等级			
	4	5、6	7、8	9
≤31.5	2.8	4	7	10
>31.5～63	4	6	10	16
>63～125	5.5	8.5	14	22
>125～400	7	11	18	28
>400～800	9	14	22	36
>800～1600	12	20	32	50
>1600～2500	18	28	45	71
>2500～4000	25	40	63	100

注：当以齿顶圆作为测量基准时，也即为蜗杆、蜗轮的齿坯基准面。

3　圆弧圆柱蜗杆传动

3.1　轴向圆弧齿圆柱蜗杆(ZC_3)传动

3.1.1　基本齿廓（见图 8.5-16）

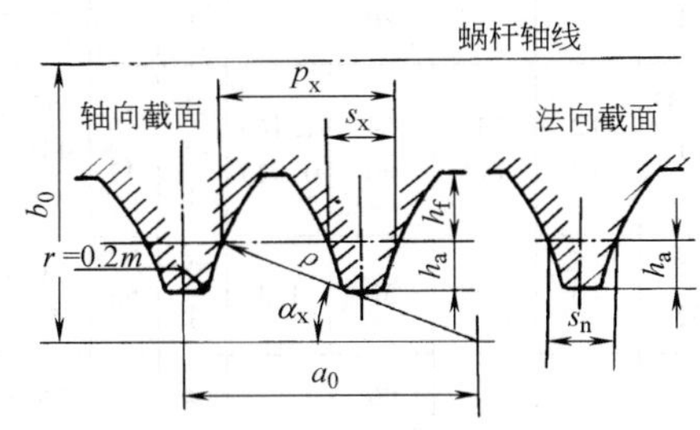

图 8.5-16　ZC_3 蜗杆基本齿廓

1）齿廓曲率半径 ρ。ρ 值影响当量曲率半径的大小、接触线形状、啮合区大小以及齿形等，推荐为

$$\rho=(5\sim5.5)m$$

当 $z_1=1.2$ 时，$\rho=5m$；$z_1=3$ 时，$\rho=5.3m$；$z_1=4$ 时，$\rho=5.5m$。

2）轴向压力角 α_x，$\alpha_x=23°$。

3）齿顶高 h_a，$h_a=m$。

4）顶隙 c，$c=0.2m$。

5）轴向齿厚 s_x，$s_x=0.4\pi m$。

6）圆弧中心坐标。$a_0=\rho\cos\alpha_x+\frac{1}{2}s_x$，

$$b_0=\rho\sin\alpha_x+\frac{1}{2}d_1$$

7）齿顶倒圆圆角半径 r，$r=0.2m$。

3.1.2　ZC_3 蜗杆传动的参数及其匹配

轴向圆弧齿圆柱蜗杆传动的参数意义与普通圆柱蜗杆传动相同。m 与 d_1 的匹配及 m^2d_1 值见表 8.5-31，传动参数的匹配见表 8.5-32。需要说明的是，这种传动为了消除蜗轮轮齿的根切和改善接触线分布情况，一般取 $x_2=0.5\sim1.5$，当 $x_2>1.5$ 可能发生蜗轮齿顶变尖。通常 $z_1\leqslant2$ 时，$x_2=1\sim1.5$；$z_1>2$ 时，$x_2=0.7\sim1.2$。

表 8.5-31　m 与 d_1 的匹配及 m^2d_1 值

m/mm	2.5	3	3.5	4	4.5	5	5.5	6		7	8	9	10
d_1/mm	32	38	44	44	52	55	62	63	74	76	80	90	98
m^2d_1/mm³	200	342	539	707	1053	1375	1875	2268	2664	3724	5120	7290	9800
m/mm	11	12		14		16		18		20		22	25
d_1/mm	112	114	132	126	144	128	144	144	168	156	180	170	190
m^2d_1/mm³	13552	16416	19008	24696	28224	32768	36864	46656	54432	62400	72000	82280	118750

表 8.5-32　轴向圆弧齿圆柱蜗杆(ZC_3)传动参数匹配

a/mm	i	m/mm	d_1/mm	ρ/mm	x_2	z_1	z_2	γ	a/mm	i	m/mm	d_1/mm	ρ/mm	x_2	z_1	z_2	γ
80	7.75 10.33 15.5 31	3.5	44	20 19 18 18	1.071	4 3 2 1	31	17°39′ 13°25′18″ 9°02′22″ 4°32′52″	100	7.75 10.33 15.5 31	4.5	52	25 24 23 23	0.944	4 3 2 1	31	19°09′34″ 14°33′12″ 9°49′09″ 4°56′45″
	13 19.5 39	3	38	16 15 15	0.833	3 2 1	39	13°19′28″ 8°58′21″ 4°30′50″		12.67 19 38	4	44	21 20 20	0.5	3 2 1	38	15°15′18″ 10°18′17″ 5°11′39″
	25 50	2.5	32	13	0.60	2 1	50	8°52′50″ 4°28′01″		26 52	3	38	15	1	2 1	52	9°58′21″ 4°30′50″

（续）

a /mm	i	m /mm	d_1 /mm	ρ /mm	x_2	z_1	z_2	γ
125	8.25	5.5	62	30	0.591	4	33	19°32′11″
	10	6	63	32	0.583	3	30	16°58′16″
	16.5 33	5.5	62	28	0.591	2 1	33	10°10′19″ 5°04′09″
	12.67	5	55	26	0.5	3	38	15°15′18″
	21 42	4.5	52	23	1	2 1	42	9°49′09″ 4°56′45″
	25 50	4	44	20	0.75	2 1	50	10°18′17″ 5°11′39″
160	8.25	7	76	39	0.929	4	33	20°13′29″
	9.67	8	80	42	0.5	3	29	16°41′57″
	16.5 33	7	76	35	0.929	2 1	33	10°26′14″ 5°15′44″
	13 20.5 41	6 6	74 63	32 30	1 0.917	3 2 1	39 41	13°40′16″ 10°47′03″ 5°26′25″
	25.5 51	5	55	25	1	2 1	51	10°18′17″ 5°11′39″
200	8.25	9	90	50	0.722	4	33	21°48′05″
	9.67	10	98	53	0.6	3	29	17°01′14″
	16.5 33	9	90	45	0.722	2 1	33	11°18′35″ 5°42′38″
	13 19.5 39	8	80	42 40 40	0.5	3 2 1	39	16°41′57″ 11°18′35″ 5°42′38″
	26 52	6	74	30	1.167	2 1	52	9°12′39″ 4°38′07″
250	7.75 10.33 15.5 31	12	114	66 64 60 60	0.583	4 3 2 1	31	22°50′01″ 17°31′32″ 11°53′19″ 6°00′32″
	13 19.5 39	10	98	53 50 50	0.6	3 2 1	39	17°01′14″ 11°32′04″ 5°49′34″
	25.5 51	8	80	40	0.76	2 1	51	11°18′36″ 5°42′38″
280	7.1 10 15 30	14	126	77 74 70 70	0.5	4 3 2 1	30	23°57′45″ 18°26′06″ 12°31′44″ 6°20′24″
	13 19.5 39	11	112	58 55 55	0.864	3 2 1	39	16°25′02″ 11°06′47″ 5°36′33″
	25.5 51	9	90	45	0.611	2 1	51	11°18′36″ 5°42′38″

a /mm	i	m /mm	d_1 /mm	ρ /mm	x_2	z_1	z_2	γ
320	7.75 10.33 15.5 31	16	128	88 85 80 80	0.5	4 3 2 1	31	26°33′54″ 20°33′22″ 14°02′10″ 7°07′30″
	13.33 21 42	12 12	132 114	64 60	1.167 0.917	3 2 1	40 42	5°11′40″ 11°53′19″ 6°00′32″
	26 52	10	98	50	1.1	2 1	52	11°32′05″ 5°49′35″
360	7.75 10.33 15.5 31	18	144	99 95 90 90	0.5	4 3 2 1	31	26°33′54″ 20°33′22″ 14°02′10″ 7°07′30″
	13 20.5 41	14	144 126	74 70	1.071 0.714	3 2 1	39 41	16°15′37″ 12°31′43″ 6°20′25″
	24.5 49	12	114	60	0.75	2 1	49	11°53′19″ 6°00′32″
400	7.75 10.33 15.5 31	20	156	110 106 100 100	0.6	4 3 2 1	31	27°08′58″ 21°02′15″ 14°22′53″ 7°18′21″
	13 19.5 39	16	144	85 80 80	1	3 2 1	39	18°26′06″ 12°31′44″ 6°20′24″
	23.5 47	14	126	70	0.571	2 1	47	12°31′44″ 6°20′24″
450	7.75 10.33 15.5 31	22	170	121 117 110 110	1.091	4 3 2 1	31	27°22′06″ 21°13′05″ 14°30′40″ 7°22′25″
	13 20.5 41	18	168	95 90 90	0.833 0.5 0.5	3 2 1	39 41 41	17°49′08″ 14°02′10″ 7°07′30″
	26 52	14	144	70	1	2 1	52	11°00′13″ 5°33′11″
500	7.75 10.33 15.5 31	25	190	138 133 125 125	0.7	4 3 2 1	31	27°45′31″ 21°32′27″ 14°44′37″ 7°29′45″
	13 20.5 41	20	180 156 156	106 100 100	1 0.6 0.6	3 2 1	39 41 41	18°26′06″ 14°22′53″ 7°18′20″
	26 52	16	144	80	0.75	2 1	26 52	12°31′44″ 6°20′25″

3.1.3　ZC_3 蜗杆传动的几何尺寸计算（见表 8.5-33）

表 8.5-33　轴向圆弧圆柱蜗杆（ZC_3）传动的几何尺寸计算

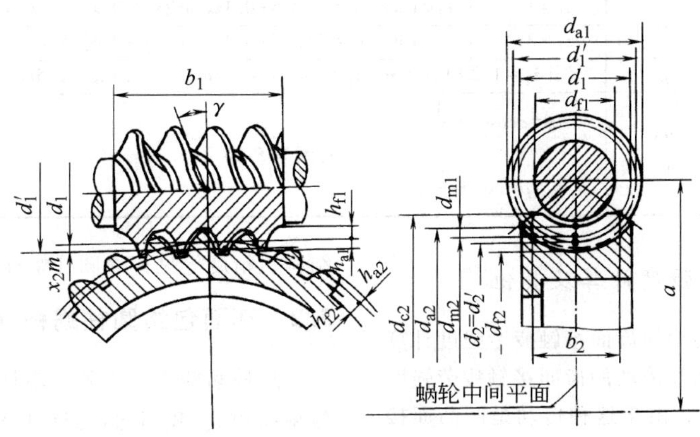

名称	代　号	公式及说明
中心距	a	$a=(d_1+d_2+2x_2m)/2$，要满足强度要求，可按表 8.5-32 选取
传动比	i	$i=\dfrac{z_2}{z_1}$，参考表 8.5-32 选取
蜗杆头数	z_1	$z_1=1\sim4$，主要与传动比有关，参见表 8.5-32
蜗轮齿数	z_2	$z_2=iz_1$，参见表 8.5-32
轴向压力角	α_x	推荐 $\alpha_x=23°$
模数	m	$m=\dfrac{d_2}{z_2}$，按表 8.5-31 或表 8.5-32 选取
蜗轮变位系数	x_2	$x_2=\dfrac{a}{m}-\dfrac{d_1+d_2}{2m}$
蜗杆分度圆直径	d_1	$d_1=mz_1/\tan\gamma=mq$，按表 8.5-31 或表 8.5-32 选取
蜗杆齿顶高	h_{a1}	$h_{a1}=m$
蜗杆齿根高	h_{f1}	$h_{f1}=1.2m$
顶隙	c	$c=0.2m$
蜗杆齿顶圆直径	d_{a1}	$d_{a1}=d_1+2m$
蜗杆齿根圆直径	d_{f1}	$d_{f1}=d_1-2h_{f1}=d_1-2.4m$
导程角	γ	$\gamma=\arctan\dfrac{mz_1}{d_1}$，见表 8.5-32
蜗杆轴向齿厚	s_x	$s_x=0.4\pi m$
蜗杆法向齿厚	s_n	$s_n=s_x\cos\gamma$
蜗轮分度圆直径	d_2	$d_2=mz_2$
蜗轮齿顶高	h_{a2}	$h_{a2}=m(1+x_2)$
蜗轮齿根高	h_{f2}	$h_{f2}=m(1.2-x_2)$
蜗轮喉圆直径	d_{a2}	$d_{a2}=d_2+2m(1+x_2)$
蜗轮齿根圆直径	d_{f2}	$d_{f2}=d_2-2m(1.2-x_2)$
蜗轮顶圆直径	d_{e2}	$d_{e2}\leqslant d_{a2}+(0.8\sim1)m$，取整

（续）

名称	代　号	公式及说明	
蜗轮齿宽	b_2	$b_2=(0.67\sim0.7)d_{a1}$，取整	
蜗杆齿宽	b_1	$z_1=1,2$	$x_2<1$ 时，$b_1\geqslant(12.5+0.1z_2)m$；$x_2\geqslant1$ 时，$b_1\geqslant(13+0.1z_2)m$
		$z_1=3,4$	$x_2<1$ 时，$b_1\geqslant(13.5+0.1z_2)m$；$x_2\geqslant1$ 时，$b_1\geqslant(14+0.1z_2)m$
齿廓曲率半径	ρ	当 $z_1=1,2$ 时，$\rho=5m$；$z_1=3$ 时，$\rho=5.3m$；$z_1=4$ 时，$\rho=5.5m$	
圆弧中心坐标	a_0 b_0	$a_0=\rho\cos\alpha_x+\dfrac{1}{2}s_x$ $b_0=\rho\sin\alpha_x+\dfrac{1}{2}d_1$　　参看图 8.5-16	

3.1.4　ZC_3 蜗杆传动强度计算及其他

轴向圆弧圆柱蜗杆传动的齿面接触疲劳强度计算可近似地采用普通圆柱蜗杆传动的齿面接触疲劳强度计算方法（见表 8.5-10），由于这种传动是凹凸面接触，当量曲率半径大，接触线方向有利于润滑，因此可视为接触应力较小。用表 8.5-10 的公式可将 σ_H 降低 10%，或把 $[\sigma_{HP}]$ 增大 11%。

由于这种传动的蜗轮齿根较厚，一般不产生齿根折断，因此不必计算齿根的弯曲强度。

有关这种传动的材料、散热计算、蜗杆和蜗轮的结构、精度等见普通圆柱蜗杆传动。

3.2　环面包络圆柱蜗杆（ZC_1）传动

这种蜗杆传动比 ZC_3 蜗杆传动承载能力高 30%，效率高 4%。我国圆弧圆柱蜗杆减速器（JB/T 7935—2015）就是采用这种蜗杆。

3.2.1　基本齿廓

蜗杆法截面齿廓为基本齿廓，圆环面砂轮包络成形，在法截面和轴截面内的参数要符合下列规定（见图 8.5-17）：

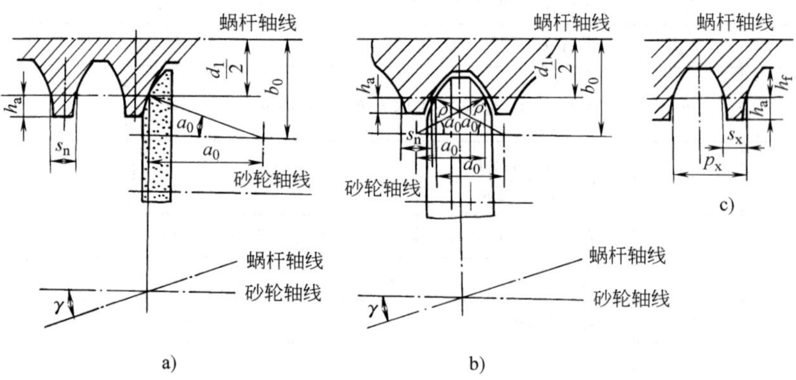

图 8.5-17　基本齿廓

a）单面砂轮单面磨削　b）双面砂轮两面依次磨削　c）轴截面齿廓

1）砂轮轴线与蜗杆轴线的公垂线。对于单面砂轮单面磨削通过分圆点（图 8.5-17a），对双面砂轮两面依次磨削，通过砂轮对称中间平面（图8.5-17b）。

2）砂轮轴线与蜗杆轴线的交角 Σ 等于蜗杆的导程角 γ。

3）砂轮轴截面圆弧半径 ρ。当 $m\leqslant10$mm 时，$\rho=(5.5\sim6)m$；当 $m>10$mm 时，$\rho=(5\sim5.5)m$。

4）砂轮轴截面产形角 $\alpha_0=23°\pm0.5°$。

5）齿顶高 h_a。当 $z_1\leqslant3$ 时，$h_a=m$；$z_1>3$ 时，$h_a=(0.85\sim0.95)m$。

6）顶隙 $c\approx0.16m$。

7）轴向齿距 $p_x=\pi m$。

8）轴向齿厚 $s_{x1}=0.4\pi m$。

9）法向齿厚 $s_{n1}=0.4\pi m\cos\gamma$。

10）砂轮圆弧中心坐标。

$$a_0=\rho\cos\alpha_0,\quad b_0=\frac{d_1}{2}+\rho\sin\alpha_0$$

11）齿顶倒圆、圆角半径不大于 0.2m。

3.2.2　ZC_1 蜗杆传动的参数及其匹配（见表 8.5-34）

蜗轮的径向变位系数 x_2 荐用范围 $0<x_2\leqslant1$，常用 $x_2=0.7\sim1$。

表 8.5-34　环面包络圆柱蜗杆（ZC_1）传动的参数及其匹配

a /mm	i	m /mm	d_1 /mm	z_1	z_2	x_2	γ
63	4.8	3.6	35.4	5	24	0.583	26°57′08″
	6.25	3.6	35.4	4	25	0.083	22°08′08″
	7.75	3	30.4	4	31	0.433	21°32′28″
	10.33	3	32	3	31	0.167	15°42′31″
	12.67	2.5	30	3	38	0.2	14°02′11″
	15.5	3	32	2	31	0.167	10°37′11″
	19.5	2.5	26	2	39	0.5	10°53′08″
	24.5	2	26	2	49	0.5	8°44′46″
	31	3	32	1	31	0.167	5°21′21″
	39	2.5	26	1	39	0.5	5°29′32″
	49	2	26	1	49	0.5	4°23′55″
80	4.8	4.5	43.6	5	24	0.933	27°17′45″
	6.25	4.5	43.6	4	25	0.433	22°25′58″
	8.25	3.6	35.4	4	33	0.806	22°08′08″
	10.33	3.8	38.4	3	31	0.5	16°32′05″
	12.33	3.2	36.6	3	37	0.781	14°41′50″
	15.5	3.8	38.4	2	31	0.5	11°11′43″
	20.5	3	32	2	41	0.833	10°37′11″
	25.5	2.5	30	2	51	0.5	9°27′44″
	31	3.8	38.4	1	31	0.5	5°39′06″
	41	3	32	1	41	0.833	5°21′21″
	51	2.5	30	1	51	0.5	4°45′49″
	59	2.25	26.5	1	59	0.167	4°51′11″
100	4.8	5.8	49.4	5	24	0.983	30°24′53″
	6.25	5.8	49.4	4	25	0.483	25°09′23″
	8.25	4.5	43.6	4	33	0.878	22°25′58″
	10.33	4.8	46.4	3	31	0.5	17°14′29″
	12.33	4	44	3	37	1	15°15′18″
	15.5	4.8	46.4	2	31	0.5	11°41′22″
	20.5	3.8	38.4	2	41	0.763	11°11′43″
	24.5	3.2	36.6	2	49	1.031	9°55′07″
	31	4.8	46.4	1	31	0.5	5°54′21″
	41	3.8	38.4	1	41	0.763	5°39′06″
	50	3.2	36.6	1	50	0.531	4°59′48″
	60	2.75	32.5	1	60	0.455	4°50′12″
125	4.8	7.3	61.8	5	24	0.890	30°34′00″
	6.25	7.3	61.8	4	25	0.390	25°17′25″
	8.25	5.8	49.4	4	33	0.793	25°09′23″
	10.33	6.2	57.6	3	31	0.016	17°53′46″
	12.33	5.2	54.6	3	37	0.288	15°56′43″
	15.5	6.2	57.6	2	31	0.016	12°08′57″
	20.5	4.8	46.4	2	41	0.708	11°41′22″
	25.5	4	44	2	51	0.250	10°18′17″
	30	6.2	57.6	1	30	0.516	6°08′37″
	41	4.8	46.4	1	41	0.708	5°54′21″
125	50	4	44	1	50	0.750	5°11′40″
	59	3.5	39	1	59	0.643	5°07′41″
140	5.8	7.3	61.8	5	29	0.445	30°34′00″
	7.25	7.3	61.8	4	29	0.445	25°17′25″
	10.33	6.5	67	3	31	0.885	16°13′38″
	11.67	6.2	57.6	3	35	0.435	17°53′46″
	15.5	6.5	67	2	31	0.885	10°58′50″
	19.5	5.6	58.8	2	39	0.250	10°47′03″
	25.5	4.4	47.2	2	51	0.955	10°33′40″
	31	6.5	67	1	31	0.885	5°32′28″
	39	5.6	58.8	1	39	0.250	5°26′25″
	51	4.4	47.2	1	51	0.955	5°19′33″
	58	4	44	1	58	0.5	5°11′40″
160	4.8	9.5	73	5	24	1	33°03′05″
	6.25	9.5	73	4	25	0.5	27°29′57″
	8.5	7.3	61.8	4	34	0.685	25°17′25″
	10.33	7.8	69.4	3	31	0.564	18°37′58″
	12.33	6.5	67	3	37	0.962	16°13′38″
	15.5	7.8	69.4	2	31	0.564	12°40′07″
	20.5	6.2	57.6	2	41	0.661	12°08′57″
	24.5	5.2	54.6	2	49	1.019	10°47′04″
	31	7.8	69.4	1	31	0.564	6°24′46″
	41	6.2	57.6	1	41	0.661	6°08′37″
	50	5.2	54.6	1	50	0.519	5°26′25″
	61	4.4	47.2	1	61	0.5	5°19′33″
180	5.8	9.5	73	5	29	0.605	33°03′05″
	7.25	9.5	73	4	29	0.605	27°29′57″
	9.67	9.2	80.6	3	29	0.685	18°54′10″
	12	7.8	69.4	3	36	0.628	18°37′58″
	16.5	8.2	78.6	2	33	0.659	11°47′09″
	19.5	7.1	70.8	2	39	0.866	11°20′28″
	26	5.6	58.8	2	52	0.893	10°47′03″
	33	8.2	78.6	1	33	0.659	5°57′21″
	40	7.1	70.8	1	40	0.366	5°43′36″
	52	5.6	58.8	1	52	0.893	5°26′25″
	60	5	55	1	60	0.5	5°11′40″
200	4.8	11.8	93.5	5	24	0.987	32°15′09″
	6.25	11.8	93.5	4	25	0.487	26°47′06″
	8.25	9.5	73	4	33	0.711	27°29′57″
	10.33	10	82	3	31	0.4	20°05′43″
	12.67	8.2	78.6	3	38	0.598	17°22′44″
	15.5	10	82	2	31	0.4	13°42′25″
	20.5	7.8	69.4	2	41	0.692	12°40′07″
	25.5	6.5	67	2	51	0.115	10°58′50″
	31	10	82	1	31	0.4	6°57′11″

（续）

a /mm	i	m /mm	d_1 /mm	z_1	z_2	x_2	γ
200	41	7.8	69.4	1	41	0.692	6°24′46″
	50	6.5	67	1	50	0.615	5°32′28″
	60	5.6	58.8	1	60	0.464	5°26′25″
225	5.8	11.8	93.5	5	29	0.606	32°15′09″
	7.25	11.8	93.5	4	29	0.606	26°47′06″
	10.67	10.5	99	3	32	0.714	17°39′00″
	12	10	82	3	36	0.4	20°05′43″
	16	10.5	99	2	32	0.714	11°58′34″
	19.5	9	84	2	39	0.833	12°05′41″
	26	7.1	70.8	2	52	0.704	11°20′28″
	32	10.5	99	1	32	0.714	6°03′15″
	40	9	84	1	40	0.333	6°06′56″
	52	7.1	70.8	1	52	0.704	5°43′36″
	58	6.5	67	1	58	0.462	5°32′28″
250	4.8	1.5	111	5	24	0.967	34°02′45″
	6.25	15	111	4	25	0.467	28°23′35″
	8.25	11.8	93.5	4	33	0.724	26°47′06″
	10.33	12.5	105	3	31	0.3	19°39′14″
	12.33	10.5	99	3	37	0.595	17°39′00″
	15.5	12.5	105	2	31	0.3	13°23′33″
	20.5	10	82	2	41	0.4	13°42′25″
	25.5	8.2	78.6	2	51	0.195	11°47′09″
	31	12.5	105	1	31	0.3	6°47′20″
	41	10	82	1	41	0.4	6°57′11″
	50	8.2	78.6	1	50	0.695	5°57′21″
	59	7.1	70.8	1	59	0.725	5°43′36″
280	5.8	15	111	5	29	0.467	34°02′45″
	7.25	15	111	4	29	0.467	28°23′35″
	10.67	13	119	3	32	0.962	18°08′44″
	12	12.5	105	3	36	0.2	19°39′14″
	16	13	119	2	32	0.962	12°19′29″
	19.5	11.5	107	2	39	0.196	12°07′53″
	25.5	9	84	2	51	0.944	12°05′41″
	32	13	119	1	32	0.962	6°14′04″
	39	11.5	107	1	39	0.196	6°08′04″
	51	9	84	1	51	0.944	6°06′56″
	59	7.9	82.2	1	59	0.741	5°29′23″
315	4.8	19	141	5	24	0.868	33°58′14″
	6.25	19	141	4	25	0.368	28°19′30″
	8.25	15	111	4	33	0.8	28°23′35″
	10.33	16	124	3	31	0.3125	21°09′41″
	12.67	13	119	3	38	0.654	18°08′44″
	15.5	16	124	2	31	0.3125	14°28′13″
	20.5	12.5	105	2	41	0.5	13°23′33″
	24.5	10.5	99	2	49	0.786	11°58′34″

a /mm	i	m /mm	d_1 /mm	z_1	z_2	x_2	γ
315	31	16	124	1	31	0.3125	7°21′09″
	41	12.5	105	1	41	0.5	6°47′20″
	50	10.5	99	1	50	0.286	6°03′15″
	59	9.1	91.8	1	59	0.071	6°39′40″
355	5.8	19	141	5	29	0.474	33°58′14″
	7.25	19	141	4	29	0.474	28°19′30″
	10.33	18	136	3	31	0.444	21°39′22″
	11.67	16	124	3	35	0.8125	21°09′41″
	15.5	18	136	2	31	0.444	14°49′35″
	19.5	14.5	127	2	39	0.603	12°51′46″
	25.5	11.5	107	2	51	0.717	12°07′53″
	31	18	136	1	31	0.444	7°32′22″
	39	14.5	127	1	39	0.603	6°30′48″
	51	11.5	107	1	51	0.717	6°08′04″
	58	10.5	99	1	58	0.095	6°03′15″
400	5.17	20	165	6	31	0.375	36°01′39″
	6.6	19	141	5	33	0.842	33°58′14″
	8.25	19	141	4	33	0.842	28°19′30″
	10.33	20	148	3	31	0.8	22°04′04″
	11.67	18	136	3	35	0.944	21°39′22″
	15.5	20	148	2	31	0.8	15°07′26″
	20.5	16	124	2	41	0.625	14°28′13″
	25.5	13	119	2	51	0.692	12°19′29″
	31	20	148	1	31	0.8	7°41′46″
	41	16	124	1	41	0.625	7°21′09″
	51	13	119	1	51	0.692	6°14′04″
	59	11.5	107	1	59	0.631	6°08′04″
450	7.8	19	141	5	39	0.474	33°58′14″
	9.75	19	141	4	39	0.474	28°19′30″
	12.33	20	148	3	37	0.3	22°04′04″
	15.67	16	124	3	47	0.75	21°09′41″
	20.5	18	136	2	41	0.722	14°49′35″
	26	14.5	127	2	52	0.655	12°51′46″
	32	22	160	1	32	0.818	7°49′44″
	41	18	136	1	41	0.722	7°32′22″
	52	14.5	127	1	52	0.655	6°30′48″
	59	13	119	1	59	0.538	6°14′04″
500	6.83	20	165	6	41	0.375	36°01′39″
	10.25	20	165	4	41	0.375	25°51′59″
	12.33	22	160	3	37	0.591	22°24′58″
	15.67	18	136	3	47	0.5	21°39′22″
	20.5	20	148	2	41	0.8	15°07′26″
	25.5	16	165	2	51	0.594	10°58′32″
	33	24	172	1	33	0.75	7°56′36″
	41	20	148	1	41	0.8	7°41′46″
	51	16	165	1	51	0.594	5°32′19″
	59	14.5	127	1	59	0.604	6°30′48″

注：用于非标设计。

3.2.3　ZC_1 蜗杆传动的几何尺寸计算

ZC_1 蜗杆传动除表 8.5-35 所列几点外，其他与 ZC_3 蜗杆传动的几何尺寸计算一样，可按表 8.5-33 所列公式计算，但需将表中所指表 8.5-32 改为表 8.5-34。

表 8.5-35　ZC_1 蜗杆传动的几何尺寸计算

名　称	代　号	计算公式及说明
蜗杆头数	z_1	$z_1=1\sim6$，见表 8.5-34
蜗杆法向压力角	α_{n1}	$\alpha_{n1}=\alpha_0=23°\pm0.5°$，$\tan\alpha_{n1}=\tan\alpha_{x1}\cos\gamma$
蜗杆齿顶高	h_{a1}	$z_1\leqslant3$ 时，$h_{a1}=m$；$z_1>3$ 时，$h_{a1}=(0.85\sim0.95)m$
顶隙	c	$c=0.16m$
蜗杆齿根高	h_{f1}	$h_{f1}=h_{a1}+c$
蜗杆齿顶圆直径	d_{a1}	$d_{a1}=d_1+2h_{a1}$
蜗杆齿根圆直径	d_{f1}	$d_{f1}=d_1-2h_{f1}$
蜗杆齿宽	b_1	$b_1\approx2.5m\sqrt{z_2+2+2x_2}$
砂轮轴截面圆弧半径	ρ	$m\leqslant10$mm 时，$\rho=(5.5\sim6)m$；$m>10$mm 时，$\rho=(5\sim5.5)m$
砂轮圆弧中心坐标	a_0,b_0	$a_0=\rho\cos\alpha_0$，$b_0=\dfrac{d_1}{2}+\rho\sin\alpha_0$
蜗轮齿顶高	h_{a2}	$z_1\leqslant3$ 时，$h_{a2}=m+x_2m$；$z_1>3$ 时，$h_{a2}=(0.85\sim0.95)m+x_2m$
蜗轮齿根高	h_{f2}	$h_{f2}=h_{a2}+c-x_2m$
蜗轮喉圆直径	d_{a2}	$d_{a2}=d_2+2h_{a2}$
蜗轮齿根圆直径	d_{f2}	$d_{f2}=d_2-2h_{f2}$
蜗轮顶圆直径	d_{e2}	$d_{e2}=d_{a2}+(0.6\sim1.0)m$
蜗轮平均宽度	b_{m2}	$b_{m2}=0.45(d_1+6m)$
蜗轮宽度	b_2	$b_2\approx b_{m2}$（用于锡青铜蜗轮）；$b_2\approx b_{m2}+1.8m$（用于铝青铜蜗轮）
蜗轮端面齿厚	s_2	$s_2=0.6\pi m+2x_2\tan\alpha_{x1}$
蜗轮齿顶圆弧半径	R_{a2}	$R_{a2}=\dfrac{d_{f1}}{2}+c$
蜗轮齿根圆弧半径	R_{f2}	$R_{f2}=\dfrac{d_{a1}}{2}+c$

3.2.4　ZC_1 蜗杆传动承载能力计算

有关传动的齿上受力分析、滑动速度见表 8.5-9。

（1）ZC_1 蜗杆传动的设计

已知条件：输入功率 P_1、输入轴的转速 n_1、传动比 i（或输出轴转速 n_2）以及载荷变化情况等。

根据 P_1、n_1 和 i 按图 8.5-18 确定减速器的中心距 a，查表 8.5-34 确定蜗杆传动的主要参数，再按 3.2.3 节计算传动的几何尺寸。

若传动连续工作，减速器的尺寸往往取决于热平衡的功率 P_{T1} 的计算。此时，应按图 8.5-19 初定减速器的中心距 a，然后再按上述的方法确定蜗杆传动的主要参数和几何尺寸。

（2）齿面接触疲劳强度的安全系数校核

安全系数校核公式为

$$S_H=\frac{\sigma_{Hlim}}{\sigma_H}\geqslant S_{Hmin} \tag{8.5-8}$$

式中　σ_H——齿面接触应力（MPa），见式（8.5-9）；

σ_{Hlim}——蜗轮材料的接触疲劳极限（MPa），见式（8.5-12）；

S_{Hmin}——最小安全系数，见表 8.5-40。

齿面接触应力

$$\sigma_H=\frac{F_{t2}}{Z_mZ_zb_{m2}(d_2+2x_2m)} \tag{8.5-9}$$

式中　F_{t2}——蜗轮平均圆的切向力；

$$F_{t2}=\frac{2000T_2}{d_2+2x_2m} \tag{8.5-10}$$

Z_m——系数；

$$Z_m=\sqrt{\frac{10m}{d_1}} \tag{8.5-11}$$

Z_z——齿形系数，查表 8.5-36；

b_{m2}——蜗轮平均宽度（mm）。

蜗轮材料的接触疲劳极限为

$$\sigma_{Hlim}=\sigma'_{Hlim}f_hf_nf_w\leqslant\sigma'_{Hlim} \tag{8.5-12}$$

式中　σ'_{Hlim}——蜗轮材料的接触疲劳极限的基本值，见表 8.5-37；

f_h——寿命系数，见表 8.5-38；

f_n——速度系数，当转速不变时，f_n 值见表 8.5-39；当转速变化时，f_n 值用式(8.5-13)计算；式中设时间为 h'，转速为 n'；时间为 h''，转速为 n''；… 按表 8.5-39 查得相应的速度系数为 f'_n，f''_n，…，则平均转速系数 f_n 为

$$f_n=\frac{f'_nh'+f''_nh''+\cdots}{h'+h''+\cdots} \tag{8.5-13}$$

f_w——载荷系数，当载荷平稳时 $f_w=1$；当载荷变化时，设整个工作时间为 h，名义载荷为 T，其中 h_1 时间对应的载荷为 f_1T；h_2 时间对应的载荷为 f_2T，…；则载荷系数为

$$f_w=\sqrt[3]{\frac{h+h_1+h_2+\cdots}{h+f_1^3h_1+f_2^3h_2+\cdots}} \tag{8.5-14}$$

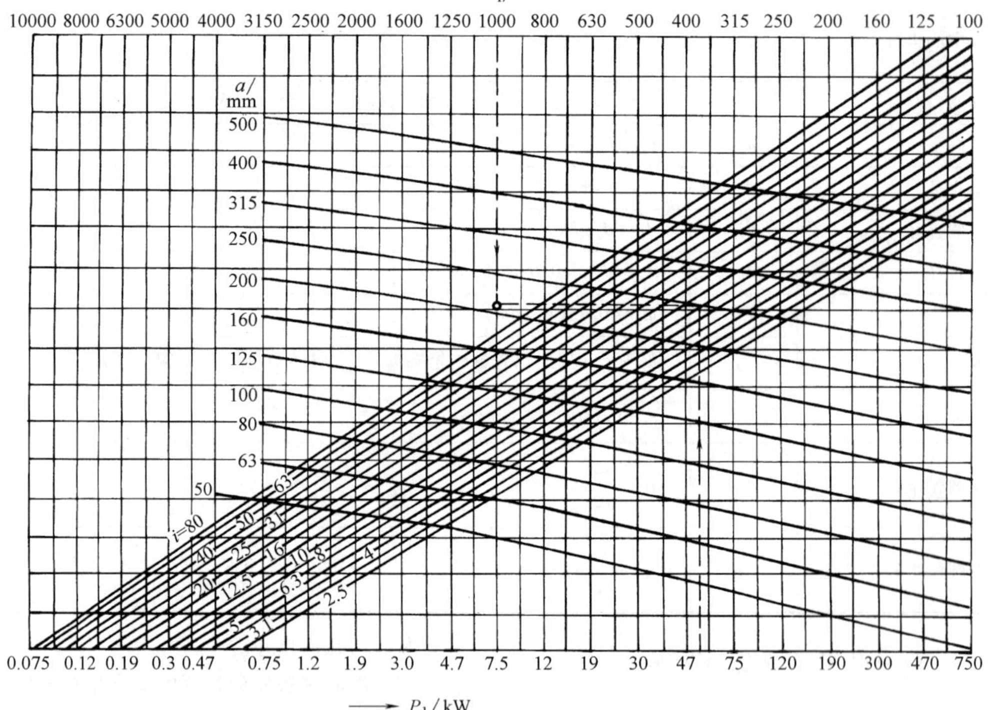

图 8.5-18　齿面疲劳强度估算线图

注：本线图是按经磨削加工淬硬的钢质蜗杆与锡青铜蜗轮制定的。在其他条件时，可传递的功率 P_1 随 σ_{Hlim} 增减而增减。例如，$P_1=53$kW，$n_1=1000$r·min^{-1}，$i=10$，沿图中虚线查得 $a=210$mm。

表 8.5-36　齿形系数 Z_z

$\tan\gamma$	0	0.1	0.2	0.3	0.4	0.5	0.6	0.7	0.8	0.9	1.0
Z_z	0.695	0.666	0.638	0.618	0.600	0.590	0.583	0.580	0.576	0.575	0.570

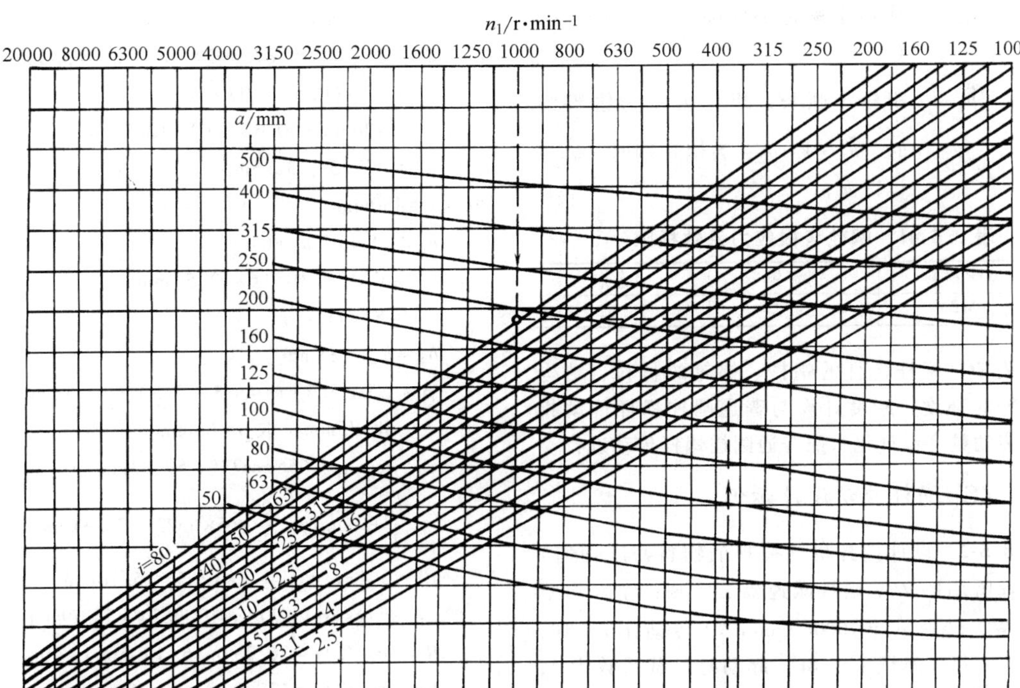

图 8.5-19　热平衡功率的估算线图

注：本线图是按蜗杆上装有风扇制订的。例如，$P_1=53\text{kW}$，$n_1=1000\text{r}\cdot\text{min}^{-1}$，$i=10$，沿图中虚线查得$a=235\text{mm}$。

表 8.5-37　蜗轮材料接触疲劳极限的基本值 σ'_{Hlim}

蜗杆材料、工艺情况	蜗轮齿圈材料	σ'_{Hlim}/MPa	蜗杆材料、工艺情况	蜗轮齿圈材料	σ'_{Hlim}/MPa
钢、经淬火、磨齿	锡青铜	7.84	钢、调质、不磨齿	锡青铜	4.61
	铝青铜	3.77		铝青铜	2.45
	珠光体铸铁	11.76		黄铜	1.67

表 8.5-38　寿命系数 f_h

$\dfrac{\text{工作小时数}}{1000}$	0.75	1.5	3	6	12	24	48	96	190
f_h	2.5	2	1.6	1.26	1	0.8	0.63	0.5	0.4

表 8.5-39　速度系数 f_n

滑动速度 v_s/m·s^{-1}	0.1	0.4	1	2	4	8	12	16	24	32	46	64
f_n	0.935	0.815	0.666	0.526	0.380	0.260	0.194	0.159	0.108	0.095	0.071	0.065

表 8.5-40　推荐最小的安全系数（用于动力传动）

蜗轮圆周速度/m·s^{-1}	>10	≤10	≤7.5	≤5
精度等级（JB/T 7935—2015）	5	6	7	8
最小安全系数　S_{Hmin}	1.2	1.6	1.8	2.0

（3）蜗轮齿根强度的安全系数校核

齿根强度的安全系数为

$$S_F=\frac{C_{\text{Flim}}}{C_{\text{Fmax}}}\geqslant 1 \tag{8.5-15}$$

式中　C_{Flim}——蜗轮齿根应力系数极限，见表8.5-41；

C_{Fmax}——蜗轮齿根最大应力系数（MPa），按式（8.5-16）计算

$$C_{\text{Fmax}}=\frac{F_{\text{t2max}}}{m_n\pi\hat{b}_2} \tag{8.5-16}$$

式中 F_{t2max}——作用于蜗轮平均圆上最大切向力（N）；

$\hat{b}_2$——蜗轮齿弧长，蜗轮齿圈为锡青铜时，$\hat{b}_2 \approx 1.1b_2$；为铝青铜时，$\hat{b}_2 \approx 1.17\ b_2$。

表 8.5-41 蜗轮齿根应力系数极限

蜗轮齿圈材料	锡青铜	铝青铜
C_{Flim}/MPa	39.2	18.62

有关 ZC_1 蜗杆传杆的蜗杆、蜗轮的材料、结构及蜗杆轴的强度、刚度计算与普通圆柱蜗杆传动相同。其传动精度设计也参照普通圆柱蜗杆传动进行。

3.2.5 ZC_1 蜗杆传动设计示例

例 8.5-2 设计搅拌机（搅拌的物料密度均匀）传动装置所用的 ZC_1 蜗杆减速器。已知：输入功率 $P_1=60kW$，转速 $n_1=1000r\cdot min^{-1}$，传动比 $i\approx10$，载荷平稳，每天连续工作 8h，起动时过载系数为 2，要求工作寿命为 5 年，每年工作 300 天。

解：

（1）初步估算传动的中心距

蜗杆材料为 35CrMo，表面淬火，经磨齿。蜗轮齿圈材料为 ZCuSn10Pb1。

按齿面接触强度的要求，查图 8.5-18 得中心距 $a=225mm$。

按热平衡条件，在蜗杆轴上装风扇，查图 8.5-19 得中心距 $a=250mm$。应按此中心距设计减速器。

（2）确定传动主要的几何尺寸

按表 8.5-34，当 $a=250mm$，$i=10.33$，得 $m=12.5mm$，$d_1=105mm$，$z_1=3$，$z_2=31$，$x_2=0.3$，$\gamma=19°39'14''$。

按表 8.5-38 及表 8.5-35 求其他几何尺寸。

$x_{n1}=23°$；$h_{a1}=m=12.5mm$；$h_{f1}=h_{a1}+c=12.5mm+0.16\times12.5mm=14.5mm$；$d_{a1}=d_1+2h_a=105mm+2\times12.5mm=130mm$

$$d_{f1}=d_1-2h_{f1}=105mm-2\times14.5mm=76mm$$

$$b_1\approx2.5m\sqrt{z_2+2+2x_2}=2.5\times12.5\sqrt{31+2+2\times0.3}mm=181.14mm$$

取 $b_1=182mm$

$$h_{a2}=m+x_2m=12.5mm+0.3\times12.5mm=16.25mm$$

$$h_{f2}=h_{a1}+0.16m-x_2m=12.5mm+0.16\times12.5-0.3\times12.5mm=10.75mm$$

$$d_2=mz_2=12.5\times31mm=387.5mm$$

$$d_{a2}=d_2+2h_{a2}=387.5+2\times16.25mm=420mm$$

$$d_{f2}=d_2-2h_{f2}=387.5-2\times10.75mm=366mm$$

$$d_{e2}=d_{a2}+(0.6\sim1.0)m=420mm+(0.6\sim1.0)\times12.5mm=427.5\sim432.5mm$$

取 $d_{e2}=430mm$

$$b_{m2}=0.45\ (d_1+6m)=0.45\times(105+6\times12.5)mm=81mm$$

$$b_2\approx b_{m2}=81mm$$

$\rho=(5\sim5.5)m=(5\sim5.5)\times12.5mm=62.5\sim68.75mm$，取 $\rho=65mm$

$$a_0=\rho\cos\alpha_0=65\times\cos23°=59.83mm$$

$$b_0=\frac{d_1}{2}+\rho\ \sin\alpha_0=\frac{105}{2}+65\times\sin23°=77.90mm$$

$$s_{x1}=0.4\pi m=0.4\times\pi\times12.5=15.70mm$$

$$s_{n1}=s_{x1}\cos\gamma=15.70\times\cos19°39'14''=14.79mm$$

$$R_{a2}=d_{f1}/2+c=76/2+0.16\times12.5mm=40mm$$

$$R_{f2}=d_{a1}/2+c=130/2+2mm=152mm$$

（3）齿面接触疲劳强度校核

1）计算传动效率 η。

$$\eta=\eta_1\eta_2\eta_3=0.947\times0.96\times0.98=0.89$$

式中，$\eta_1=\dfrac{\tan\gamma}{\tan\ (\gamma+\rho_v)}=\dfrac{\tan19°39'14''}{\tan\ (19°39'14''+1°)}=0.947$，取 $\eta_2=0.96$，$\eta_3=0.98$。

2）计算作用在齿上的切向力 F_{t2}。

$$T_2=9550\frac{P_1\ \eta}{n_2}=9550\times\frac{60\times0.89}{96.8}N\cdot m=5268N\cdot m$$

$$F_{t2}=\frac{2000T_2}{d_2+2x_2m}=\frac{2000\times5268}{387.5+2\times0.3\times12.5}N=26675N$$

3）计算齿面上的接触应力。按式(8.5-9)

$$\sigma_H=\frac{F_{t2}}{Z_mZ_zb_{m2}\ (d_2+2x_2m)}=\frac{26675}{1.09\times0.61\times81\times(387.5+2\times0.3\times12.5)}MPa=1.25MPa$$

式中，$Z_m=\sqrt{\dfrac{10m}{d_1}}=\sqrt{\dfrac{10\times12.5}{105}}=1.09$；查表 8.5-36 得 $Z_z=0.61$。

4）计算接触疲劳极限。按式（8.5-12）

$$\sigma_{Hlim}=\sigma'_{Hlim}f_n f_h f_w$$

查表 8.5-37，$\sigma'_{Hlim}=7.84MPa$；查表 8.5-38，按$\dfrac{工作小时数}{1000}=\dfrac{5\times300\times8}{1000}=12$，得 $f_h=1$；查表 8.5-

39，按 $v_s=\dfrac{d_1n_1}{19100\cos\gamma}=\dfrac{105\times1000}{19100\times\cos19.65^\circ}\text{m}\cdot\text{s}^{-1}=5.837\text{m}\cdot\text{s}^{-1}$，得 $f_n=0.325$；$f_w=1$。

$\sigma_{Hlim}=7.84\times1\times0.325\times1\text{MPa}=2.55\text{MPa}$

5）安全系数校核。按式（8.5-8）

$$S_H=\frac{\sigma_{Hlim}}{\sigma_H}=\frac{2.55}{1.25}=2.04>S_{Hmin}=2.0$$

（由 $v_2=\dfrac{d_2n_2}{19100}=\dfrac{387.5\times96.8}{19100}\text{m}\cdot\text{s}^{-1}=1.96\text{m}\cdot\text{s}^{-1}$，查表8.5-40，可选用8级精度，$S_{Hmin}=2.0$）

（4）齿根强度校核

按式(8.5-15)

$$S_F=\frac{C_{Flim}}{C_{Fmax}}\geqslant1$$

查表8.5-41得 $C_{Flim}=39.2\text{MPa}$

按式(8.5-16)

$$C_{Fmax}=\frac{F_{t2max}}{m_n\pi\hat{b}_2}=\frac{2F_{t2}}{\pi m\cos\gamma\times1.1b_2}=\frac{2\times26675}{\pi\times12.5\times\cos19.65^\circ\times1.1\times81}\text{MPa}=16.19\text{N/mm}^2$$

代入式(8.5-15)

$$S_F=\frac{C_{Flim}}{C_{Fmax}}=\frac{39.2}{16.19}=2.42>1$$

（5）工作图

ZC_1 蜗杆传动的蜗轮工作图与ZA型的蜗轮工作图类同，蜗杆工作图见图8.5-20。

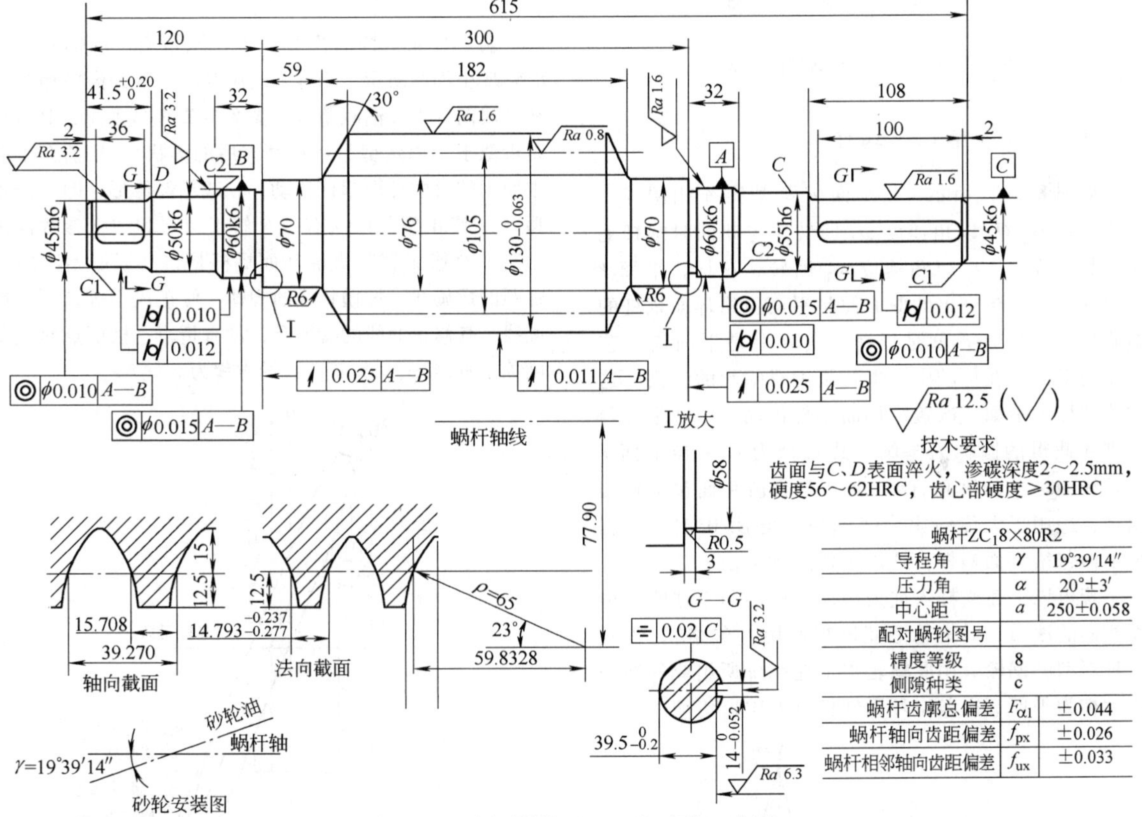

蜗杆$ZC_1$8×80R2		
导程角	γ	19°39′14″
压力角	α	20°±3′
中心距	a	250±0.058
配对蜗轮图号		
精度等级		8
侧隙种类		c
蜗杆齿廓总偏差	$F_{\alpha1}$	±0.044
蜗杆轴向齿距偏差	f_{px}	±0.026
蜗杆相邻轴向齿距偏差	f_{ux}	±0.033

图8.5-20　圆弧圆柱（ZC_1型）蜗杆工作图

4　环面蜗杆传动

环面蜗杆传动，其蜗杆是凹圆弧为母线的回转体。根据蜗杆螺旋面形成的母线或母面（平面、渐开面、锥面等），可分为直廓环面蜗杆、平面包络环面蜗杆、渐开面包络环面蜗杆和锥面包络环面蜗杆等。

4.1　环面蜗杆的形成原理

4.1.1　直廓环面蜗杆（TSL型）

如图8.5-21所示，蜗杆毛坯轴线 O_1-O_1 与刀座回转轴心 O_2 的垂距等于蜗杆传动的中心距 a，毛坯以 ω_1 角速度回转，刀座以 ω_2 角速度回转，$\dfrac{\omega_1}{\omega_2}$等于蜗杆传动的传动比，刀刃（即母线）为直线，这样切制出的螺旋面是“原始型”的直廓环面蜗杆的螺旋面。其轴向齿廓为直线。

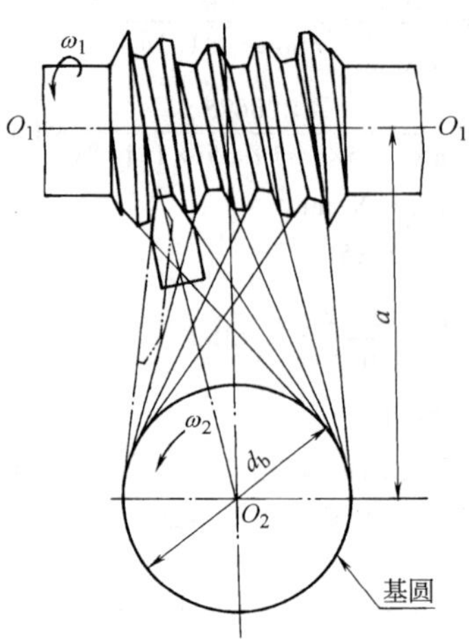

图8.5-21 直廓环面蜗杆的形成

4.1.2 平面包络环面蜗杆

如图8.5-22所示，设平面 F 与基锥 A 相切并一起绕轴线 O_2-O_2 以角速度 ω_2 回转。与此同时蜗杆毛坯绕其轴线 O_1-O_1 以角速度 ω_1 回转，这样，平面 F 在蜗杆毛坯上包络出的曲面便是平面包络环面蜗杆的螺旋齿面。平面 F 就是母面，实际上是平面齿工艺齿轮的齿面，在传动中，也就是配对蜗轮的齿面。这种传动称为平面一次包络环面蜗杆传动。中间平面与基锥 A 截得的圆称为基圆，其直径为 d_b。当平面 F 与轴线 O_2-O_2 的夹角 $\beta=0°$ 时，是直齿平面包络环面蜗杆，适用于大传动比分度机构；当 $\beta>0°$ 时，是斜齿平面包络环面蜗杆，适用于传递动力。

若再以上述蜗杆齿面为母面，即用与上述蜗杆齿面相同的滚刀，对蜗轮毛坯进行滚切（包络），得到一种新型的蜗轮。用此蜗轮与上述蜗杆所组成的新型传动称为平面二次包络环面蜗杆（TOP）传动。

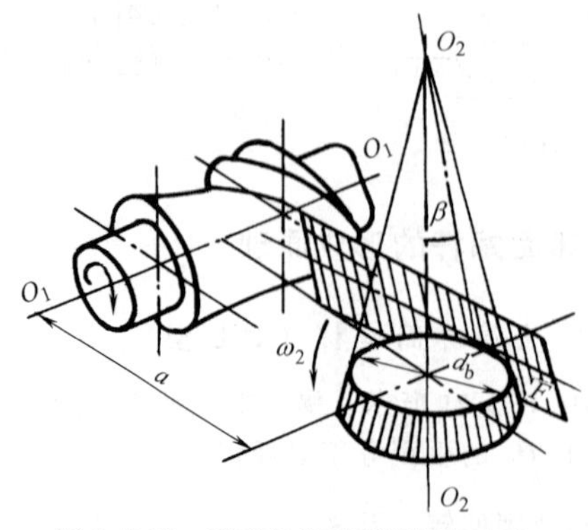

图8.5-22 平面包络环面蜗杆的形成

直廓环面蜗杆传动和平面二次包络环面蜗杆传动，都是多齿啮合和双接触线接触，形成油膜的条件好，当量曲率半径大，因而传动效率较高，承载能力大。平面一次包络环面蜗杆传动，虽然是单线接触，但仍是多齿啮合，故承载能力也比圆柱蜗杆传动大得多。

平面包络环面蜗杆，容易磨削，故可制作淬火磨削的蜗杆，可保证传动的精度和提高传动的性能。

4.2 环面蜗杆的修形

环面蜗杆的修形是为了提高传动的承载能力和效率。在蜗杆啮入口修缘是为了使蜗杆螺旋面能平稳地进入或退出啮合。

4.2.1 直廓环面蜗杆的修形

直廓环面蜗杆的修形是将“原始型”的螺旋（图8.5-23中细线所示，为螺旋的展开图，各处齿厚相等），从中段向两端逐渐减薄（如图8.5-23实线所示，其特点是近似于“原始型”蜗杆磨损后的形状）。目前在工业中使用的直廓环面蜗杆传动，一般均经修形，即“修正型”。“修正型”中又有“全修正型”和“变参数修正型”。“全修正型”直廓环面蜗杆是将“原始型”的等螺距的螺旋线，按抛物线的规律，修正成不等螺距的螺旋线。其修正曲线的特征是：没有折点；极值点对应角度等于$+0.43\phi_w$。修正曲线的方程为

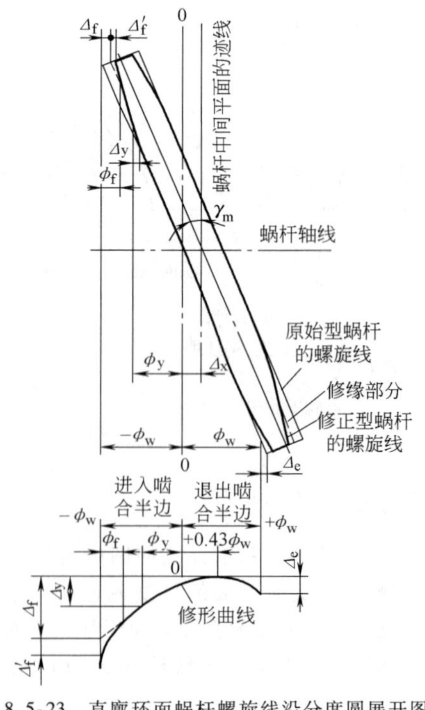

图8.5-23 直廓环面蜗杆螺旋线沿分度圆展开图

$$\Delta_y=\Delta_f\left(0.3-0.7\frac{\phi_y}{\phi_w}\right)^2 \qquad (8.5\text{-}17)$$

式中　ϕ_y——用来确定修形量 Δ_y 的角度值；

ϕ_w——蜗杆工作包角之半，按表 8.5-45 计算；

Δ_f——蜗杆啮入口修形量，按表 8.5-45 计算。

制造“全修正型”直廓蜗杆，需要结构复杂的精密专用机床，不便推广。目前应用较广的是“变参数修形”，它是一种近似的“全修正型”，是在改变参数中心距 a_0、传动比 i_0 和基圆直径 d_{b0} 的情况下，按“原始型”的办法加工蜗杆和蜗轮滚刀；再用这样的滚刀，在传动的参数 a、i、d_b 情况下加工蜗轮。用这样加工出的蜗杆、蜗轮组成传动，就能达到接近抛物线修形的传动特性。“变参数修形”的计算见表 8.5-42。

表 8.5-42　直廓环面蜗杆变参数修形计算

名　　称	代　号	公式及说明
蜗杆螺旋面啮入口修形量	Δ_f	$\Delta_f=(0.0003+0.000034i)a$
变参数修形传动	i_0	$i_0=\dfrac{i\ d_2}{d_2-65\Delta_f}=\dfrac{z_{20}}{z_1}$ 式中，z_{20}是 z_1 除不尽的整数，以此来选取 i_0
传动比增量系数	K_i	$K_i=\dfrac{i_0-i}{i_0}$
变参数修形中心距	a_0	$a_0=a+\dfrac{K_i d_2}{1.9-2K_i}$ 式中，a 圆整到小数一位
变参数修形基圆直径	d_{b0}	用滚刀加工蜗轮，$d_{b0}=d_b$ 用飞刀加工蜗轮，$d_{b0}=d_b+2(a_0-\alpha)\sin\alpha$
蜗杆螺旋面啮入口修缘量	Δ_f'	$\Delta'_f=0.6\Delta_f$
修缘长度对应角度值	ϕ_f	$\phi_f=0.6\tau$ 式中，τ 为齿距角，见表 8.5-45
啮入口修缘时中心距再增加量	Δ'_a	$\Delta'_a=\dfrac{\Delta'_f}{\tan(\phi_f+\alpha-\phi_w)-\tan(\alpha-\phi_w)}$ 式中，ϕ_w 为蜗杆工作包角之半，见表 8.5-45
啮入口修缘时蜗杆轴向偏移量	Δ_x	$\Delta_x=\Delta'_f\tan(\phi_f+\alpha-\phi_w)$
蜗杆螺旋面啮入口修缘量	Δ_e	$\Delta_e=0.16\Delta_f$

4.2.2　平面二次包络环面蜗杆的修形

平面一次包络环面蜗杆传动通常不修形。

平面二次包络环面蜗杆的修形是靠增加工艺齿轮的齿数 z_0 来实现的。图 8.5-24a 所示为典型传动，平面齿工艺齿轮的齿数 z_0 与传动的蜗轮齿数 z_2 相等，用此法加工出的蜗杆没有修形［实际中还是 $z_0=z_2+(0.1\sim1)$，以使蜗杆有微量的修形］。图 8.5-24b 所示为一般传动，其 $z_0=z_2+(1.1\sim5)$，这种传动有利于装配，推荐采用。

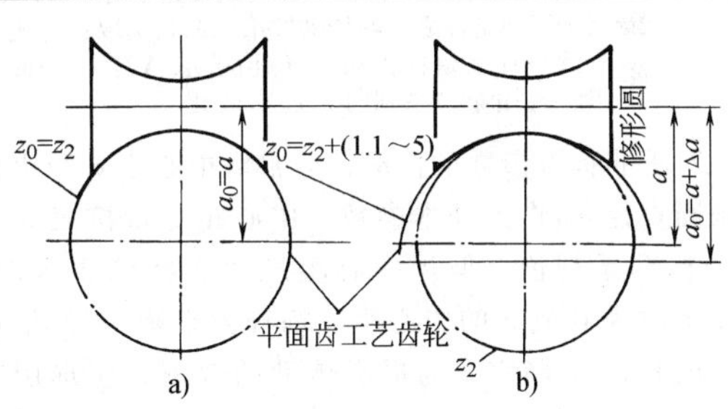

图 8.5-24　平面二次包络蜗杆的修形方法
a）典型传动　b）一般传动
z_0—平面齿工艺齿轮的齿数
a_0—加工蜗杆的工艺中心距

4.3　环面蜗杆传动的基本参数选择和几何尺寸计算

环面蜗杆传动的设计分标准参数和非标准参数设计。对标准参数的传动，其标准参数是中心距和传动比，见表 8.5-43、表 8.5-44。

为了使蜗轮毛坯、刀具和量具通用化，还规定了下列参数的推荐值（对照表 8.5-45 图中的符号）：蜗轮喉圆直径 d_{a2}、蜗轮宽度 b_2、蜗轮齿圈内孔直径 d_{i2}、蜗轮最大外径 d_{e2}、蜗轮顶部圆弧半径 R_{a2}。

形成圆或主基圆是加工蜗杆副时工具安装和检验的基准，为了使检验仪器、工量具通用化，根据中心距规定了主基圆（或形成圆）直径 d_b 的系列值。

表 8.5-43 环面蜗杆传动基本参数及蜗轮齿圈尺寸 (mm)

中心距 a	第一系列								第二系列								成形圆(或主基圆)直径 d_b	
	蜗轮喉圆直径 d_{a2}	蜗轮宽度 b_2	蜗轮齿顶圆弧半径 R_{a2}	蜗轮顶圆直径 d_{e2}	蜗轮齿圈内孔直径 d_{i2} 蜗轮齿数 z_2				蜗轮喉圆直径 d_{a2}	蜗轮宽度 b_2	蜗轮齿顶圆弧半径 R_{a2}	蜗轮顶圆直径 d_{e2}	蜗轮齿圈内孔直径 d_{i2} 蜗轮齿数 z_2					
					35~45	46~72	50~63	64~94					35~45	46~72	50~63	64~94	A组	B组
80	133	21	20	135	105	105	—	—	124	30	25	130	95	95	—	—	50	56
100	170	24	25	172	135	135	—	—	160	34	30	105	125	130	—	—	63	70
125	215	28	30	217	170	170	—	—	205	38	35	210	160	165	—	—	80	90
(140)	242	31	30	245	190	195	—	—	230	42	40	235	180	185	—	—	90	100
160	278	34	35	280	215	220	—	—	265	45	40	270	210	215	—	—	100	112
(180)	312	38	40	315	245	250	—	—	300	50	45	306	235	245	—	—	112	125
200	348	42	45	350	270	280	—	—	335	55	50	342	265	275	—	—	125	140
(225)	392	47	50	395	310	320	—	—	378	60	55	385	295	310	—	—	140	160
250	435	55	55	440	340	350	—	—	420	68	60	430	330	340	—	—	160	180
(280)	490	60	60	495	390	405	—	—	475	75	70	478	370	380	—	—	180	200
320	560	65	70	565	445	460	—	—	540	85	80	550	430	440	—	—	200	225
(360)	630	75	75	635	520	530	—	—	505	95	90	615	490	510	—	—	225	250
400	700	85	85	705	570	590	—	—	670	110	100	685	540	560	—	—	250	280
(450)	790	95	95	798	650	670	—	—	760	120	110	775	620	650	—	—	280	320
500	880	105	105	890	720	740	—	—	840	140	125	855	680	700	—	—	320	360
(560)	980	120	120	990	800	820	—	—	940	150	140	955	760	790	—	—	360	400
630	1100	135	135	1110	900	930	—	—	1060	170	160	1080	860	890	—	—	400	450
(710)	1240	150	150	1255	—	—	1050	1070	1200	190	175	1230	—	—	1000	1030	450	500
800	1400	170	170	1420	—	—	1180	1200	1360	210	190	1390	—	—	1140	1170	500	560
(900)	1580	190	190	1600	—	—	1330	1360	1520	240	220	1560	—	—	1280	1300	560	630
1000	1750	210	215	1770	—	—	1480	1500	1690	260	250	1730	—	—	1420	1450	630	710
(1120)	1970	230	235	2040	—	—	1670	1700	1910	280	260	1950	—	—	1610	1640	710	800
1250	2210	250	255	2240	—	—	1860	1900	2150	300	290	2190	—	—	1800	1840	800	900
(1400)	2480	280	280	2510	—	—	2100	2140	2400	340	325	2450	—	—	2000	2060	900	1000
1600	2850	300	310	2880	—	—	2400	2460	2770	380	360	2830	—	—	2320	2400	1000	1120

注：1. 一般条件传动的基本参数优先按第一系列选取。

2. 属于下列条件之一的传动按第二系列选取：低速重载；$i<12.5$；工作中经常过载及 $L/a>2.5$（L 为蜗杆的跨度）。

3. 直线型环面蜗杆传动的 d_b 值选取 A 组；平面包络弧面蜗杆传动的 d_b 值，当基本参数选用第一系列时，选取 B 组；选用第二系列时，选取 A 组。

对于非标准参数的传动，通常取中心距 a 和蜗杆齿根圆直径 d_{f1} 作为基本参数，中心距尽量按表 8.5-43 取标准系列值，但当中心距尺寸有特殊要求时，可取尾数为 0 或 5 的中心距。蜗杆齿根圆直径 d_{f1} 推荐按图 8.5-25 确定。为提高传动的效率，应选用图中 1 和 2 线之间较小的 d_{f1} 值。对于低速重载、经常过载或 $L/a>2.5$ 的传动，可选用较大的 d_{f1} 值（L 为蜗杆的跨度）。蜗杆的头数 z_1 和蜗轮的齿数 z_2 要根据传动比 i 和中心距 a 按表 8.5-44 选择，但是，为了容易磨合，最好选用 z_2/z_1 为整数。

蜗轮端面模数 m 通常不取标准值，只是在几何计算中应用。

直廓环面蜗杆传动的几何尺寸计算见表 8.5-45。

平面包络环面蜗杆传动的几何尺寸计算见表 8.5-46。

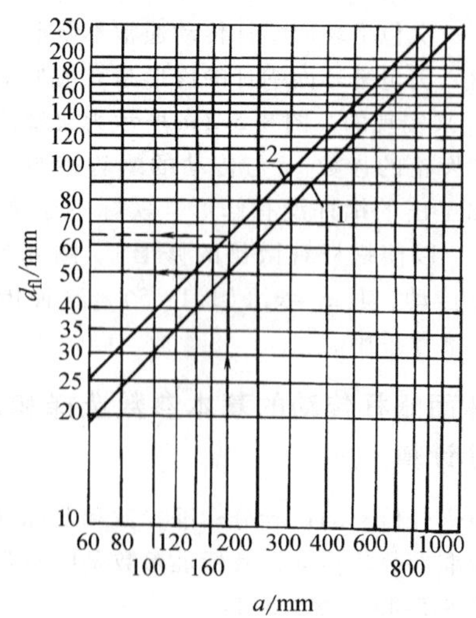

图 8.5-25 非标准设计环面蜗杆齿根圆直径 d_{f2} 的确定

表 8.5-44　中心距 a、传动比 i、蜗轮齿数 z_2 和蜗杆头数 z_1 的推荐值

中心距 a /mm		公称传动比 i																	
		12.5	(14)	16	(18)	20	(22.5)	25	(28)	31.5	(16.5)	40	(45)	50	(56)	63	(71)	80	(90)
		z_2/z_1																	
80～320	A 组	38/3 或 49/4	41/3	49/3	37/2 或 56/3	41/2	45/2	49/2	55/2	63/2	36/1	40/1	45/1	50/1	56/1	63/1	—	—	—
	B 组	36/3 或 48/4	42/3	48/3	36/2 或 54/3	40/2	46/2	50/2	56/2	64/2	36/1	40/1	45/1	50/1	56/1	63/1	—	—	—
>320～630	A 组	49/4	55/4	49/3	56/3	41/2 或 61/3	45/2 或 67/3	49/2	55/2	63/2	36/1 或 71/2	40/1	45/1	50/1	56/1	63/1	71/1	—	—
	B 组	48/4	56/4	48/3	54/3	40/2 或 60/3	46/2 或 66/3	50/2	56/2	64/2	36/1 或 72/2	40/1	45/1	50/1	56/1	63/1	71/1	—	—
>630～1000	A 组	63/5	71/5	63/4	71/4	61/3	67/3	74/3	83/3	63/2	71/2	79/2	91/2	(50/1)	(56/1)	63/1	71/1	79/1	91/1
	B 组	65/5	70/5	64/4	72/4	60/3	66/3	75/3	84/3	64/2	72/2	80/2	90/2	(50/1)	(56/1)	63/1	71/1	80/1	91/1
>1000～1600	A 组	74/6	71/5	79/5	71/4	79/4	91/4	74/3	83/3	91/3	71/2	79/2	91/2	(50/1)	(56/1)	(63/1)	71/1	79/1	91/1
	B 组	72/6	70/5	80/5	72/4	80/4	92/4	75/3	84/3	93/3	72/2	80/2	90/2	(50/1)	(56/1)	(63/1)	71/1	80/1	91/1

注：1. 括号内的传动比 i 和 z_2/z_1 值尽可能不用。

2. 表中 B 组 z_2/z_1 值以整数倍给出，适用于蜗轮采用滚刀加工的环面蜗杆传动。

3. 对传动比 i<12.5 的传动，暂未给出，应按优先数系选取公称传动比［如 i=8;(9);10;(11.2)］。蜗轮齿数 z_2 应在表内相应中心距 a 的数值范围内选取。

表 8.5-45　直廓环面蜗杆传动几何尺寸计算

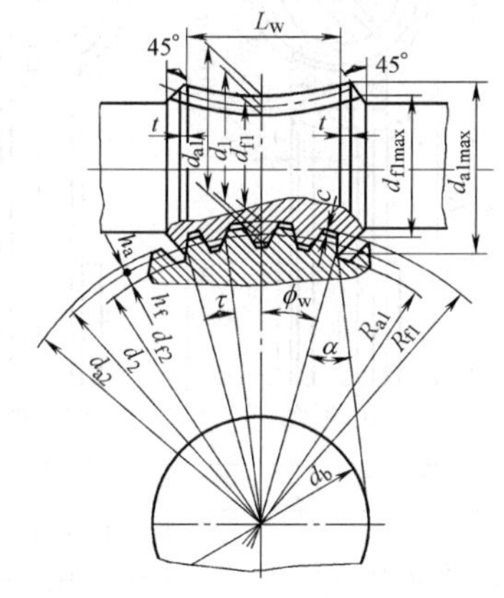

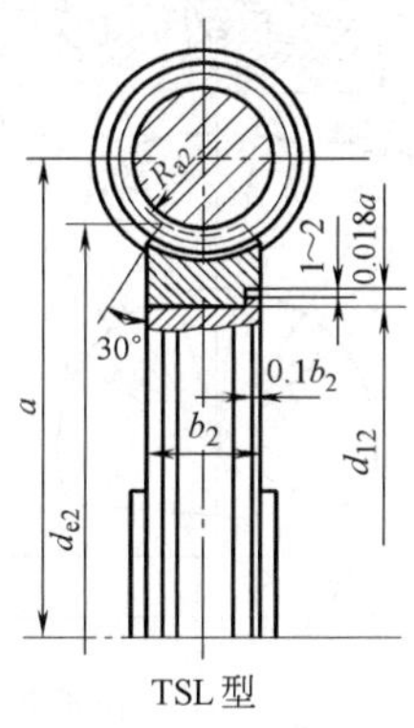

TSL 型

名　称	代号	公式及说明
中心距	a	由承载能力决定，见式(8.5-18)
传动比	i	$i=\dfrac{z_2}{z_1}$ 由传动要求决定，参照表 8.5-44 选用推荐值
蜗轮齿数	z_2	
蜗杆头数	z_1	
蜗轮喉圆直径	d_{a2}	按表 8.5-43 选取，对非标准中心距：d_{a2} 按插入法求得并圆整；b_2 和 d_b 按系列的靠近值选取
蜗轮宽度	b_2	
主基圆直径	d_b	查表 8.5-43

名　称	代号	公式及说明
蜗轮端面模数	m	$m=\dfrac{d_{a2}}{z_2+1.5}$
径向间隙和根部圆角半径	$c=r$	$c=r=0.2m$
齿顶高	h_a	$h_a=0.75m$
齿根高	h_f	$h_f=h_a+c$
蜗轮分度圆直径	d_2	$d_2=d_{a2}-2h_a$
蜗轮齿根圆直径	d_{f2}	$d_{f2}=d_2-2h_f$
蜗杆分度圆直径	d_1	$d_1=2a-d_2$

（续）

名　　称	代号	公 式 及 说 明	名　　称	代号	公 式 及 说 明
蜗杆喉部齿顶圆直径	d_{a1}	$d_{a1}=d_1+2h_a$	蜗杆喉部螺旋导程角	γ_m	$\gamma_m=\arctan\dfrac{d_2}{id_1}$
蜗杆喉部齿根圆直径	d_{f1}	$d_{f1}=d_1-2h_f$，对非标准设计，按图 8.5-25 校核	分度圆压力角	α	$\alpha=\arcsin d_b/d_2$
蜗杆齿顶圆弧半径	R_{a1}	$R_{a1}=a$① $-0.5d_{a1}$	蜗轮法面弦齿厚	$\bar{s}_{n2}$	$\bar{s}_{n2}=d_2\sin(0.275\tau)\cos\gamma_m$
蜗杆齿根圆弧半径	R_{f1}	$R_{f1}=a$① $-0.5d_{f1}$	蜗轮弦齿高	$\bar{h}_{a2}$	$\bar{h}_{a2}=h_a+0.5d_2[1-\cos(0.275\tau)]$
齿距角	τ	$\tau=\dfrac{360°}{z_2}$	蜗杆喉部法面弦齿厚	$\bar{s}_{n1}$	$\bar{s}_{n1}=d_2\sin(0.225\tau)\cos\gamma_m-2\Delta_f\left(0.3-\dfrac{50.4°}{z_2\phi_w}\right)^2\cos\gamma_m$
蜗杆包容蜗轮齿数	z'	$z'=\dfrac{z_2}{10}$，$z_2\leqslant 60$ 按四舍五入圆整，$z_2>60$ 取其中整数部分	蜗杆螺旋面啮入口修形量	Δ_f	$\Delta_f=(0.0003+0.000034i)a$
蜗杆工作包角之半	ϕ_w	$\phi_w=0.5(z'-0.45)\tau$	蜗杆螺旋面啮出口修形量	Δ_e	$\Delta_e=0.16\Delta_f$
蜗杆工作部分长度	L_w	$L_w=d_2\sin\phi_w$	蜗杆螺旋面啮入口修缘量	Δ_f'	$\Delta'_f=0.6\Delta_f$
蜗杆最大根径	$d_{f1\max}$	$d_{f1\max}=2[a-\sqrt{R_{f1}^2-(0.5L_w)^2}]$	蜗杆弦齿高	$\bar{h}_{a1}$	$\bar{h}_{a1}=h_a-0.5d_2(1-\cos 0.225\tau)$
蜗杆最大外径	$d_{a1\max}$	$d_{a1\max}=2[a-R_{a1}\cos(\phi_w-1°)]$	肩带宽度	t	$t=\pi d_2/5.5z_2$
蜗轮最大外径	d_{e2}	按表 8.5-43 选取，对非标准传动按结构确定			
蜗轮齿顶圆弧半径	R_{a2}				

① 如采用“变参数修形”时，式中 a 改为 a_0，a_0 见表 8.5-42。

表 8.5-46　平面包络环面蜗杆传动几何尺寸计算

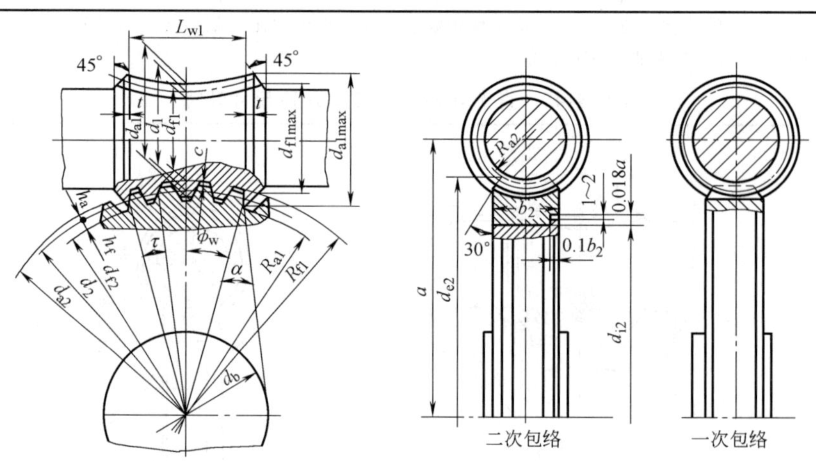

项　　目	代　号	计 算 公 式 及 说 明	例　　题
中心距	a	由承载能力决定，按式(8.5-18) 标准参数传动，按表 8.5-43 选取	$P_1=15\text{kW}$，$n_1=952\text{r}\cdot\text{min}^{-1}$，$i=40$ 蜗轮材料 ZCuSn10P1，8 级精度。间断工作。查图 8.5-22 得 $a=220\text{mm}$（二次包络）
传动比	i	$i=\dfrac{n_1}{n_2}=\dfrac{z_2}{z_1}$	$i=40$
蜗杆头数	z_1	标准参数传动按表 8.5-44 选取，非标准参数传动参考表 8.5-44 选取	$z_1=1$
蜗轮齿数	z_2		$z_2=40$
蜗杆齿根圆直径	d_{f1}	查图 8.5-25	$d_{f1}=53\text{mm}$
蜗轮端面模数	m	$m=\dfrac{2a-d_{f1}}{z_2+1.8}$（二次包络） $m=\dfrac{2a-d_{f1}}{z_2+1.9}$（一次包络）	$m=9.258\text{mm}$

（续）

项　目	代　号	计 算 公 式 及 说 明	例　题
蜗杆包容蜗轮的齿数	z'	$z'=\frac{z_2}{10}$，$z_2\leqslant60$ 时，按 4 舍 5 入圆整；$z_2>60$ 时，取其整数部分	$z'=4$
蜗杆主基圆直径	d_b	标准参数传动，d_b 按表 8.5-43 取，非标准者，按靠近的标准中心距选取	$d_b=140\text{mm}$
齿顶高	h_a	二次包络 $h_a=0.7m$；一次包络 $h_a=0.75m$	$h_a=6.48\text{ mm}$
齿根高	h_f	二次包络 $h_f=0.9m$；一次包络 $h_f=0.95m$	$h_f=8.333\text{mm}$
齿顶隙	c	$c=0.2m$	$c=1.85\text{mm}$
蜗轮分度圆直径	d_2	$d_2=z_2m$	$d_2=370.335\text{mm}$
蜗轮喉圆直径	d_{a2}	$d_{a2}=d_2+2h_a$，标准参数传动查表 8.5-43	$d_{a2}=383.295\text{mm}$
蜗轮齿顶圆弧半径	R_{a2}	标准传动按表 8.5-43 选取，非标准传动 $R_{a2}=0.53d_{f1\max}$	取 $R_{a2}=50\text{mm}$
蜗轮齿根圆直径	d_{f2}	$d_{f2}=d_2-2h_f$	$d_{f2}=353.67\text{mm}$
分度圆的压力角	α	$\alpha=\arcsin\frac{d_b}{d_2}$，推荐 $\alpha=22°\sim25°$	$\alpha=22°12'43''$
蜗轮齿距角	τ	$\tau=\frac{360°}{z_2}$	$\tau=9°$
工作包角之半	ϕ_w	$\phi_w=0.5(z'-0.45)$	$\phi_w=15°58'30''$
蜗杆分度圆直径	d_1	$d_1=d_{f1}+2h_f$	$d_1=69.666\text{mm}$
蜗杆喉部齿顶圆直径	d_{a1}	$d_{a1}=d_1+2h_a$	$d_{a1}=82.626\text{mm}$
蜗杆喉部螺旋导程角	γ_m	$\gamma_m=\arctan\frac{d_2}{id_1}$	$\gamma_m=7°34'12''$
螺杆工作部分长度	L_{w1}	$L_{w1}=d_2\sin\phi_w$	$L_{w1}=101.92\text{mm}$
工艺齿轮的齿数	z_0	$z_0=z_2+\Delta z$，一般传动 $\Delta z=1.1\sim5$，典型传动 $\Delta z=0.1\sim1$	$z_0=42$
工艺中心距	a_0	$a_0=a+\Delta a$，$\Delta a=\frac{m}{2}\Delta z$	$a_0=229.258\text{mm}$
蜗杆齿顶圆弧半径	R_{a1}	$R_{a1}=a_0-0.5d_{a1}$	$R_{a1}=187.945\text{mm}$
蜗杆齿顶圆最大直径	$d_{a1\max}$	$d_{a1\max}=2[a_0-R_{a1}\cos(\phi_w-1°)]$	$d_{a1\max}=95.392\text{mm}$
蜗杆齿根圆最大直径	$d_{f1\max}$	$d_{f1\max}=2[a_0-\sqrt{R_{f1}{}^2-(0.5L_{w1})^2}]$	$d_{f1\max}=66.01\text{mm}$
蜗轮顶圆直径	d_{e2}	d_{e2}标准参数传动查表 8.5-43，非标准者按蜗轮结构绘图确定	$d_{e2}=392\text{mm}$
蜗轮宽度	b_2	标准参数传动的 b_2 查表 8.5-43。非标准者，$b_2=(0.8\sim1)d_{f1}$	$b_2=55.73\text{mm}$ 取 $b_2=55\text{mm}$
蜗轮分度圆齿距	p	$p=\pi m$	$p=29.085\text{mm}$
蜗轮法面弦齿厚	$\bar{s}_{n_2}$	$\bar{s}_{n_2}=d_2\sin(0.275\tau)\times\cos\gamma_m$	$\bar{s}_{n2}=15.853\text{mm}$
蜗轮弦齿高	$\bar{h}_{a2}$	$\bar{h}_{a2}=h_a+0.5d_2[1-\cos(0.275\tau)]$	$\bar{h}_{a2}=6.653\text{mm}$
齿侧间隙	j	j 查表 8.5-53	选用标准侧隙 $j=0.38\text{mm}$
蜗杆喉部法面弦齿厚	$\bar{s}_{n1}$	$\bar{s}_{n1}=d_2\sin(0.225\tau)\cos\gamma_m-j_n$	$\bar{s}_{n1}=12.77\text{mm}$
蜗杆弦齿高	$\bar{h}_{a1}$	$\bar{h}_{a1}=h_a-0.5d_2[1-\cos(0.225\tau)]$	$\bar{h}_{a1}=6.364\text{mm}$
母平面倾斜角	β	二次包络： $\beta=\arctan\left(\frac{\cos(\alpha+\Delta)\frac{d_2}{2a}\cos\alpha}{\cos(\alpha+\Delta)-\frac{d_2}{2a}\cos\alpha}\times\frac{1}{i}\right)$ 式中 Δ 值为：$\frac{i}{\Delta}$ | $\frac{\leqslant10}{4°}$ | $\frac{10\sim30}{6°}$ | $\frac{>30}{8°}$ 一次包络：$\beta=\arctan(K_1\tan\gamma_m\cos\alpha)$ 当 $i\leqslant20$ 时，$K_1=1.4\sim0.02i$ 当 $i>20$ 时，$K_1=1$	$\beta=11°12'28''$ 蜗杆、蜗轮的工作图见图 8.5-29、图 8.5-30

4.4　环面蜗杆传动承载能力计算

目前我国(JB/T 7936—2010)、美国(AGMA441.04)和俄罗斯制定了直廓环面蜗杆减速器的标准，我国制定了平面二次包络蜗杆减速器标准（GB/T 16444—2008)，尚无ISO标准。

我国机械行业标准JB/T 7936—2010和国家标准GB/T 16444—2008分别给出了这两种环面蜗杆减速器的额定功率和额定输出转矩参数系列。对符合标准所列条件的可按标准选用相应的蜗杆传动副。

环面蜗杆传动的承载能力主要由蜗轮齿面接触强度决定。通常根据蜗杆传动的名义功率和额定功率的对比来校核和确定蜗杆传动的尺寸。

校核计算按式（8.5-18）进行。

$$P_1 \leqslant P_{1P} \tag{8.5-18}$$

（1）蜗杆传动的名义功率 P_1

$$P_1 = \frac{T_1 n_1}{9549} = \frac{T_2 n_2}{9549\eta} \tag{8.5-19}$$

式中　T_1、T_2——蜗杆轴和蜗轮轴的转矩(N·m)；

n_1、n_2——蜗杆和蜗轮的转速($r \cdot min^{-1}$)；

η——传动效率，查图8.5-26。

（2）许用功率 P_{1P}

$$P_{1P} = K_1 K_2 K_3 K_4 P'_{1P} \tag{8.5-20}$$

式中，K_1、K_2、K_3、K_4 为传动类型系数、工作类型系数、制造质量系数和材料系数，见表8.5-47。

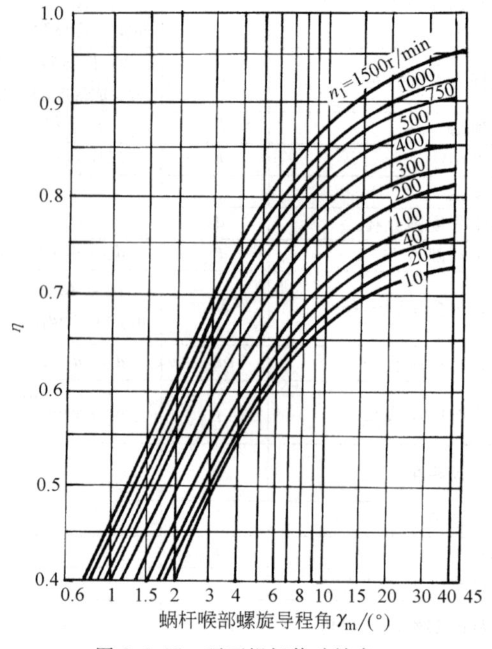

图8.5-26　环面蜗杆传动效率 η

表8.5-47　环面蜗杆传动系数 K_1、K_2、K_3、K_4 值

传动类型系数	K_1	精度等级		K_3
直廓环面蜗杆传动,二次包络蜗杆传动	1.0	7		1.0
一次包络环面蜗杆传动	0.9	8		0.8
工作类型系数	K_2	材　　料	适用滑动速度 $v_s/m \cdot s^{-1}$	K_4
昼夜连续平稳工作	1.0	ZCuSn10Pb1	≤10	1.0
每天连续工作8h,有冲击载荷	0.8	ZCuAl10Fe3Mn2	≤4	0.8
昼夜连续工作有冲击载荷	0.7	ZCuAl9Fe4Ni4Mn2	≤4	0.8
间断工作(如每2h工作15min)	1.3			
间断工作,有冲击载荷	1.06	HT150	≤2	0.5

P'_{1P} 为蜗杆传动的额定功率，按中心距 a、蜗杆转速 n_1 和传动比 i，查图8.5-27。该图为蜗杆传动的额定功率线图，其制作条件是：直廓环面蜗杆传动（平面包络蜗杆传动作近似参考)，昼夜连续平稳工作，7级精度，蜗轮材料为青铜，蜗杆齿面经硬化处理或调质处理286~321HBW，蜗杆齿面经精整加工，$Ra \leqslant 1.6\mu m$。

设计计算按 $P'_{1P} \geqslant \dfrac{P_1}{K_1 K_2 K_3 K_4}$、蜗杆转速 n_1 和传动比 i，查图8.5-27确定传动中心距 a。

4.5　环面蜗杆传动设计算例

例8.5-3　设计电梯曳引机用直廓环面蜗杆传动。**已知**：蜗杆传递功率 P_1 = 18kW，转速 n_1 = 1470 $r \cdot min^{-1}$，传动比 i = 31.5。蜗轮齿圈材料ZCuSn10Pb1，蜗杆材料42CrMo，调质硬度241~280HBW。传动选用8级精度，标准侧隙。

解：

（1）求传动的中心距

按式（8.5-20）

$$P'_{1P} = \frac{P_1}{K_1 K_2 K_3 K_4} = \frac{18}{1 \times 1.06 \times 0.8 \times 1} \text{ kW} = 21.23\text{kW}$$

式中，K_1、K_2、K_3、K_4 查表8.5-47得 K_1 = 1.0，K_2 = 1.06，K_3 = 0.8，K_4 = 1.0。

查图8.5-27得 a = 195mm，取标准值 a = 200mm。

（2）主要几何尺寸

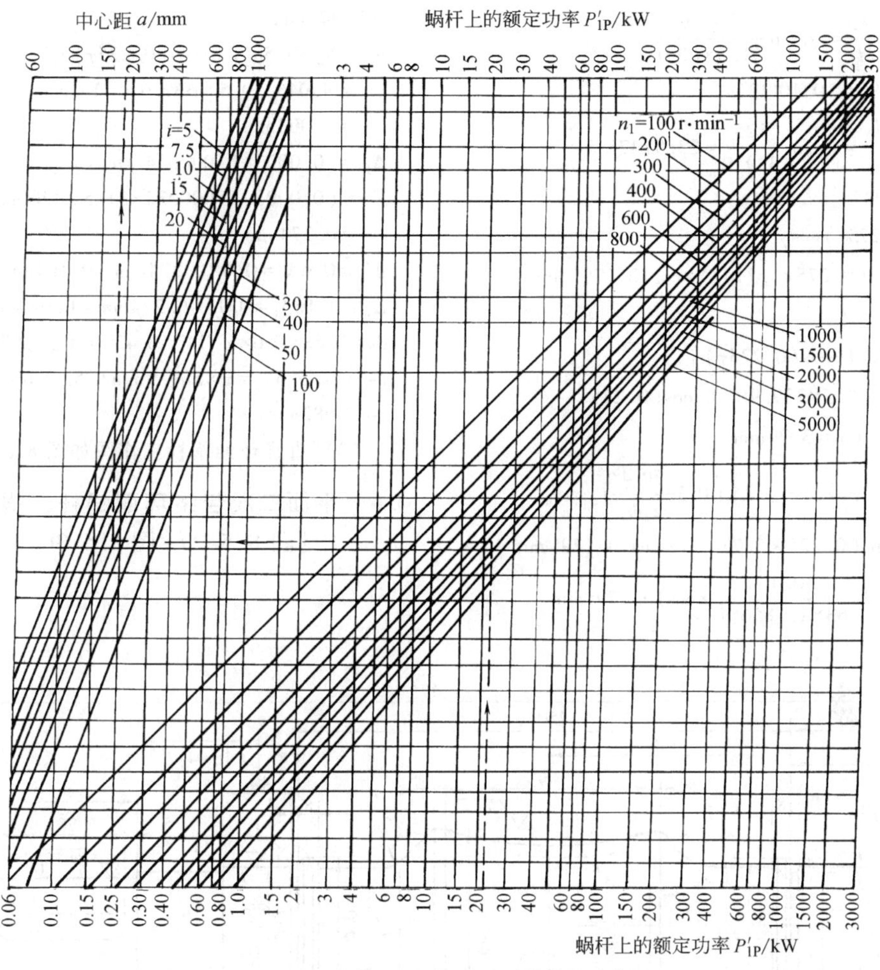

图 8.5-27　直廓环面蜗杆传动承载能力计算图

按表 8.5-44 取 A 组，$\frac{z_2}{z_1}=\frac{63}{2}$

按表 8.5-43，采用第一系列，查得 $d_{a2}=348\text{mm}$，$b_2=42\text{mm}$，$d_{e2}=350\text{mm}$，$d_{i2}=280\text{mm}$，$R_{a2}=45\text{mm}$，$d_b=125\text{mm}$

其余项目按表 8.5-45 中公式计算：

$$m=\frac{d_{a2}}{z_2+1.5}=\frac{348}{63+1.5}\text{mm}=5.395\text{mm}$$

$$c=r=0.2m=0.2\times5.395\text{mm}=1.078\text{mm}\approx1\text{mm}$$

$$h_a=0.75m=0.75\times5.395\text{mm}=4.046\text{mm}$$

$$h_f=h_a+c=4.046\text{mm}+1.078\text{mm}=5.124\text{mm}$$

$$d_2=d_{a2}-2h_a=348\text{mm}-2\times4.046\text{mm}=339.9\text{mm}$$

$$d_{f2}=d_2-2h_f=339.9\text{mm}-2\times5.124\text{mm}=329.652\text{mm}$$

$$d_1=2a-d_2=2\times200\text{mm}-339.9\text{mm}=60.1\text{mm}$$

$$d_{f1}=d_1-2h_f=60.1\text{mm}-2\times5.124\text{mm}=49.852\text{mm}$$

接近于图 8.5-25 查得的 $d_{f1}=50\text{mm}$，可行。

$$d_{a1}=d_1+2h_a=60.1\text{mm}+2\times4.046\text{mm}=68.192\text{mm}$$

$$R_{a1}=a-0.5d_{a1}=200\text{mm}-0.5\times68.192\text{mm}=165.904\text{mm}$$

$$R_{f1}=a-0.5d_{f1}=200\text{mm}-0.5\times49.852\text{mm}=175.074\text{mm}$$

$$\tau=\frac{360°}{63}=5.714°$$

$$z'=\frac{z_2}{10}=\frac{63}{10}=6.3\text{，取 } z'=6$$

$$\phi_w=0.5(z'-0.45)\tau=0.5(6-0.45)5.714°=15.856°=15°51'22''$$

$$L_w=d_2\sin\phi_w=339.9\sin15.856°=92.868\text{mm}$$

$$d_{f1\max}=2\times\left[a-\sqrt{R_{f1}^2-(0.5L_w)^2}\right]=2\times\left[200-\sqrt{175.074^2-(0.5\times92.868)^2}\right]\text{mm}=62.392\text{mm}$$

$$d_{a1\max}=2\times\left[a-R_{a1}\cos(\phi_w-1°)\right]=2\times\left[200-165.904\times\cos(6°-1°)\right]=69.455\text{mm}$$

$$\gamma_m = \arctan\frac{d_2}{id_1} = \arctan\frac{339.9}{31.5\times60.1}$$

$$= 10.179° = 10°10'42''$$

$$\alpha = \arctan\frac{d_b}{d_2} = \arcsin\frac{125}{339.9} = 23.9747°$$

$$= 23°58'29''$$

$$\bar{s}_{n2} = d_2\sin(0.275\tau)\cos\gamma_m$$

$$= 339.9\times\sin(0.275\times5.714°)\times\cos10.179°\text{mm}$$

$$= 8.253\text{mm}$$

$$\bar{h}_{a2} = h_a + 0.5d_2[1-\cos(0.275\tau)]$$

$$= 4.046\text{mm} + 0.5\times339.9\times[1-\cos(0.275\times5.714°)]\text{mm} = 3.71\text{mm}$$

$$\bar{s}_{n1} = d_2\sin(0.225\tau)\times\cos\gamma_m - 2\Delta_f\left(0.3-\frac{50.4°}{z_2\phi_w}\right)\cos\gamma_m$$

$$= 339.9\times\sin(0.225\times5.714°)\times\cos10.179°\text{mm} - 2\times0.274\left(0.3-\frac{50.4°}{63\times15.856°}\right)\times\cos10.179°\text{mm}$$

$$= 7.372\text{mm}$$

$$\bar{h}_{a1} = h_a - 0.5d_2[1-\cos(0.225\tau)]$$

$$= 4.046 - 0.5\times339.9\times[1-\cos(0.225\times5.714)]$$

$$= 4.003\text{mm}$$

$$\Delta_f = (0.0003+0.000034i)a$$

$$= (0.0003+0.000034\times31.5)\times200\text{mm}$$

$$= 0.274\text{mm}$$

$$\Delta'_f = 0.6\Delta_f = 0.6\times0.274\text{mm} = 0.164\text{mm}$$

$$\Delta_e = 0.16\Delta_f = 0.16\times0.274\text{mm} = 0.044\text{mm}$$

$\phi_f = 0.6\tau = 0.6\times5.714° = 3.428°$（本式见表 8.5-42）

$$t = \pi d_2/5.5z_2 = \pi\times339.9\text{mm}/(5.5\times63)$$

$$= 3.082\text{mm}$$

（3）直廓环面蜗杆工作图如图 8.5-28 所示。

4.6 平面二次包络环面蜗杆、蜗轮工作图例（见图 8.5-29～图 8.5-30）

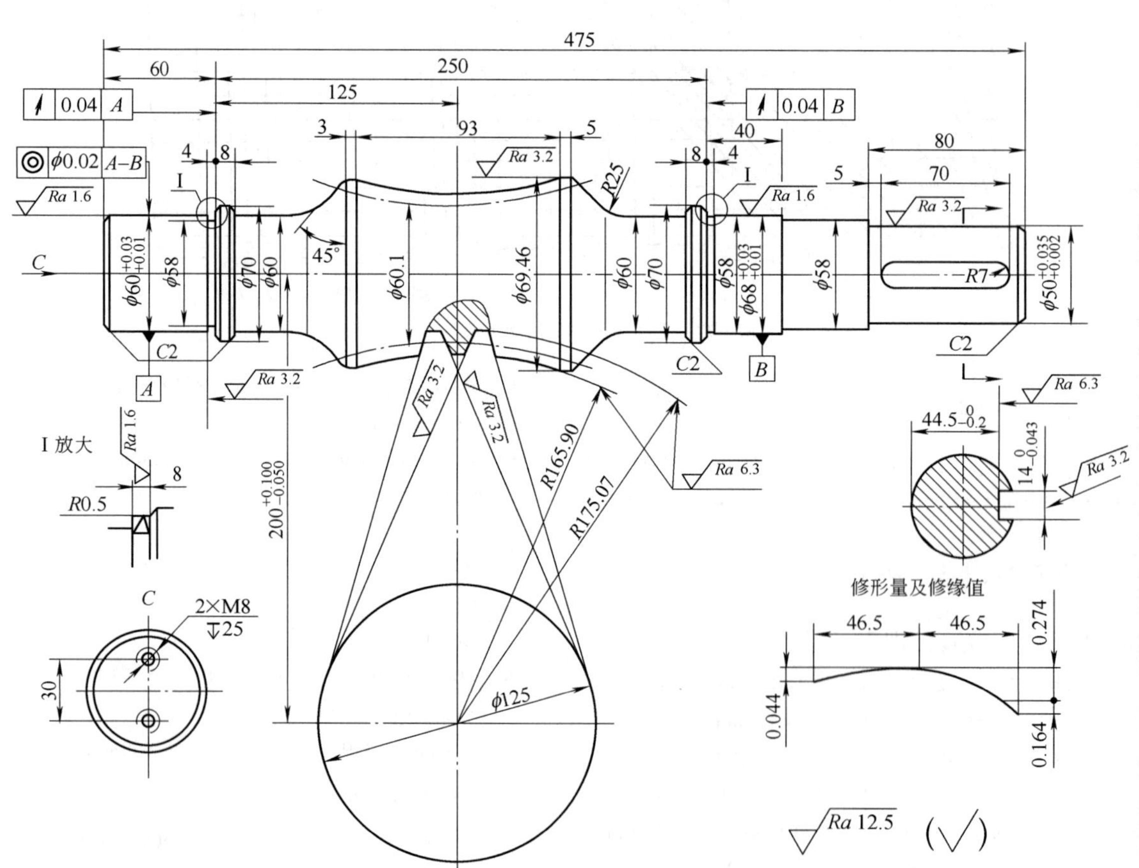

图 8.5-28 直廓环面蜗杆工作图

技术要求

1. 调质硬度为 241～280HBW。
2. 未注切削圆角 $R=2.5$mm。
3. 啮入口修缘角 $\varphi_f=3°25'40''$。

传动类型	TSL 蜗杆副	
蜗杆头数	z_1	2
蜗轮齿数	z_2	63
蜗杆包围蜗轮齿数	z'	6
模数	m	5. 395
蜗杆喉部螺旋导程角	γ_m	10°10′42″
轴向剖面的压力角	α	23°58′29″
蜗杆工作包角之半	ϕ_w	15°51′2″
蜗杆螺旋方向		右旋
精度等级		8
配对蜗轮图号		
蜗杆圆周齿距极限偏差	$\pm f_{px}$	±0. 025
蜗杆圆周齿距累积公差	f_{pxL}	0. 050
蜗杆齿形公差	f_{f1}	0. 040
蜗杆喉部法面弦齿厚	$\bar{s}_{n1}$	$7.37_{-0.68}^{-0.52}$
蜗杆喉部法面弦齿高	$\bar{h}_{a1}$	4. 003

图 8. 5-28　直廓环面蜗杆工作图（续）

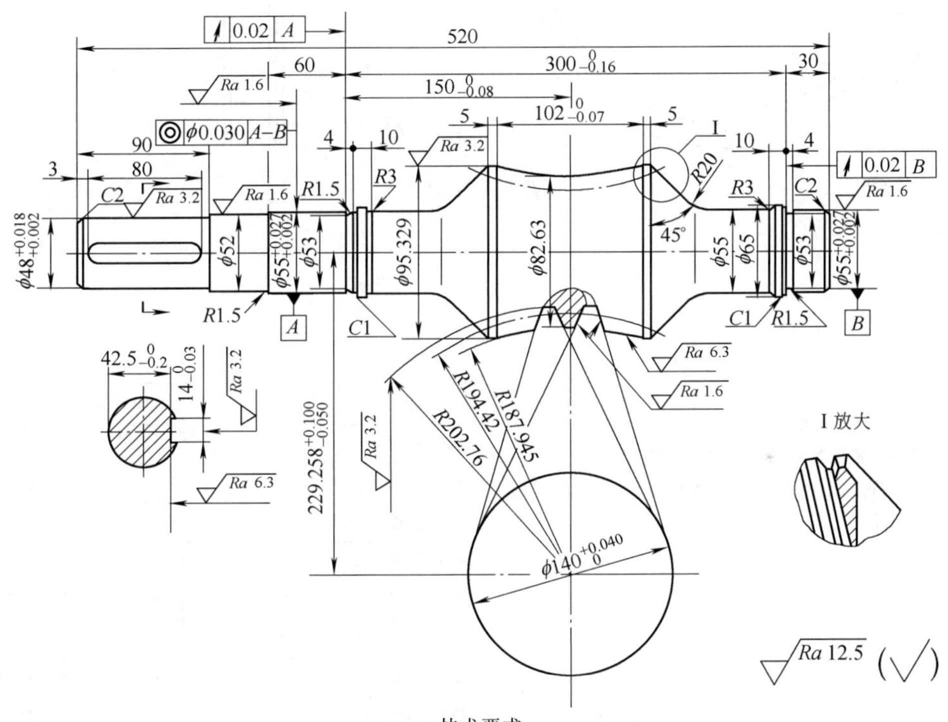

技术要求

1. 保留 4 个完整齿，多余的齿按放大图 I 所示铣去并将尖角倒圆。
2. 整体调质硬度为 230～260HBW，齿面淬火硬度为 40～45HRC。

传动类型	TOP 型蜗轮副		传动中心距	a	220
蜗杆头数	z_1	1	配对蜗轮图号		
蜗轮齿数	z_2	40	精度等级		8
蜗杆包围蜗轮齿数	z'	4	工艺齿轮的齿数	z_0	42
模数	m	9. 258	工艺中心距	a_0	229. 258
蜗杆喉部螺旋导程角	γ_m	7°34′12″	蜗杆圆周齿距累积公差	F_{p1}	0. 050
轴向剖面的压力角	α	22°12′43″	蜗杆圆周齿距极限偏差	$\pm f_{p1}$	±0. 025
蜗杆工作半角	ϕ_w	15°58′30″	蜗杆喉部法面弦齿厚	$\bar{s}_{n1}$	$12.77_{-0.59}^{-0.41}$
母平面倾斜角	β	11°12′28″	蜗杆喉部弦齿高	$\bar{h}_{a1}$	6. 364
蜗杆螺旋方向		右旋			

图 8. 5-29　平面二次包络环面蜗杆工作图

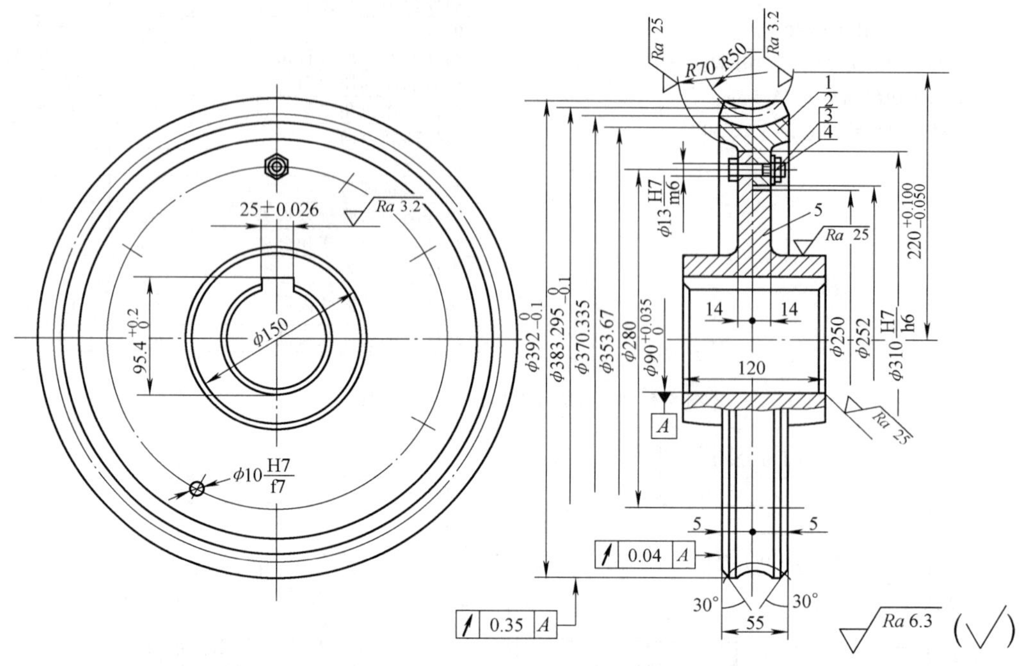

技术要求

1. 轮缘和轮心装配好后再精车和切制轮齿。
2. $\phi10$ 锥销孔配铰，表面粗糙度 $Ra \leqslant 3.2\mu m$。

传动类型	TOP 型蜗杆副	
蜗杆头数	z_1	1
蜗轮齿数	z_2	40
蜗杆包围蜗轮齿数	z'	4
蜗轮端面模数	m	9.258
蜗杆喉部螺旋导程角	γ_m	7°34′12″
蜗杆轴剖面的压力角	α	22°12′43″
蜗杆工作半角	ϕ_w	15°58′30″
母平面倾斜角	β	11°12′28″
蜗杆螺旋方向		右旋
配对蜗杆图号		
精度等级		8
蜗轮齿距累积公差	F_{p2}	0.045
蜗轮齿圈径向跳动公差	F_{r2}	0.040
蜗轮法面弦齿厚	$\bar{s}_{n2}$	15.853
蜗轮弦齿高	$\bar{h}_{a2}$	6.653

5	轮　　心	1	
4	垫圈 GB/T 861.1—1987　12	6	
3	螺栓 GB/T 27—2013　M12×40	6	
2	螺母 GB/T 6170—2015　M12	6	
1	轮　　缘	1	
序号	名　　称	数量	备注

图 8.5-30　平面二次包络蜗轮工作图

4.7　环面蜗杆、蜗轮的精度

4.7.1　直廓环面蜗杆、蜗轮精度（摘自 GB/T 16848—1997）

本精度适用于轴交角为 90°，中心距为 80～1250mm 的动力直廓环面蜗杆传动。

1）术语定义及代号。直廓环面蜗杆、蜗轮及蜗杆副的误差，以及传动的侧隙的术语、定义和代号见表 8.5-48。与圆柱蜗杆、蜗轮精度相同者略去。

表 8.5-48　误差、侧隙的定义和代号

术语、代号	定　义	术语、代号	定　义
蜗杆螺旋线误差 Δf_{hL} （图：实际螺旋线、Δf_{h2}、Δf_{hL}、Δf_{h1}、公称螺旋线、蜗杆齿宽、第一转、第二转、蜗杆转数） 蜗杆螺旋线公差 f_{hL}	在蜗杆的工作齿宽范围内，分度圆环面上，包容实际螺旋线的与公称螺旋线保持恒定间距的最近两条螺旋线间的法向距离 多头蜗杆的螺旋线误差分别由每条螺纹线测得	蜗杆齿形误差 Δf_{f1}  （图：Δf_{f1}、蜗杆的工作齿形部分、实际齿形、设计齿形） 蜗杆齿形公差 f_{f1}	在蜗杆的轴向剖面上，工作齿宽范围内，齿形工作部分，包容实际齿形线的最近两条设计齿形线间的法向距离
蜗杆一转螺旋线误差 Δf_h 蜗杆一转螺旋线公差 f_h	一转范围内的蜗杆螺旋线误差	蜗杆齿槽的径向圆跳动 Δf_r （图：Δf_r） 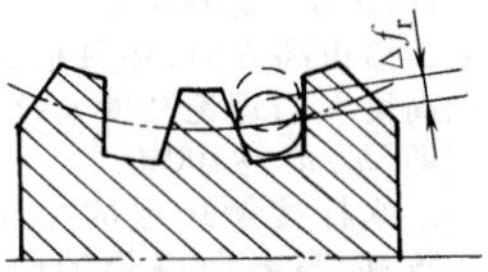 蜗杆齿槽径向圆跳动公差 f_r	在蜗杆的轴向剖面上，一转范围内，测头在齿槽内与齿高中部齿面双面接触，其测头相对于配对蜗轮中心沿径向距离的最大变动量
蜗杆分度误差 Δf_{zL} 蜗杆分度公差 f_{zL}	多头蜗杆每条螺纹的等分性误差 在蜗杆喉部的分度圆环面上测得		
蜗杆圆周齿距偏差 Δf_{px} （图：实际圆周齿距、公称圆周齿距、Δf_{px}） 蜗杆圆周齿距极限偏差 上极限偏差 $+f_{px}$ 下极限偏差 $-f_{px}$	在轴向剖面内，蜗杆分度圆环面上，两相邻同侧齿面间的实际弧长和公称弧长之差	蜗杆法向弦齿厚偏差 ΔE_{s1} （图：公称法向弦齿厚、E_{si1}、T_{s1}） 蜗杆法向弦齿厚极限偏差 上极限偏差 E_{ss1} 下极限偏差 E_{si1} 蜗杆法向弦齿厚公差 T_{s1}	在蜗杆喉部的法向弦齿高处，法向弦齿厚的实际值与公称值之差 以弦长计
蜗杆圆周齿距累积误差 Δf_{pxL} （图：公称弧长、实际弧长） 蜗杆圆周齿距累积公差 f_{pxL}	在轴向剖面内，蜗杆分度圆环面上，任意两个同侧齿面间（不包括修缘部分），实际弧长与公称弧长之差的最大绝对值	蜗轮法向弦齿厚偏差 ΔE_{s2} （图：公称法向弦齿厚、E_{si2}、T_{s2}） 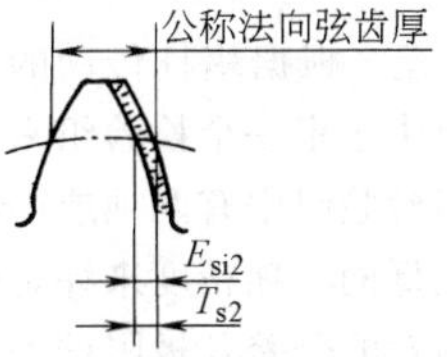 蜗轮法向弦齿厚极限偏差 上极限偏差 E_{ss2} 下极限偏差 E_{si2} 蜗轮法向弦齿厚公差 T_{s2}	在蜗轮喉部的法向弦齿高处，法向弦齿厚的实际值与公称值之差 以弦长计

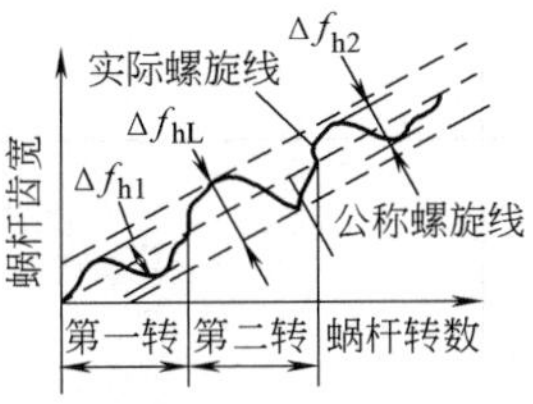

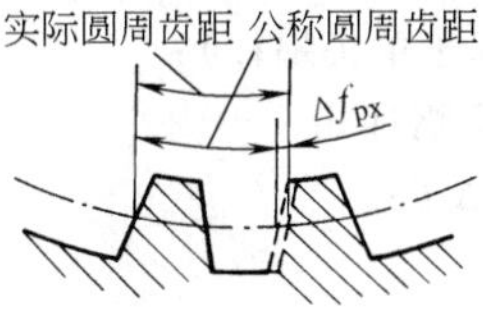

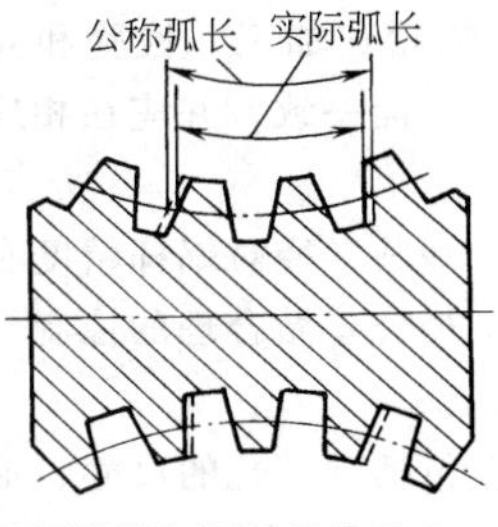

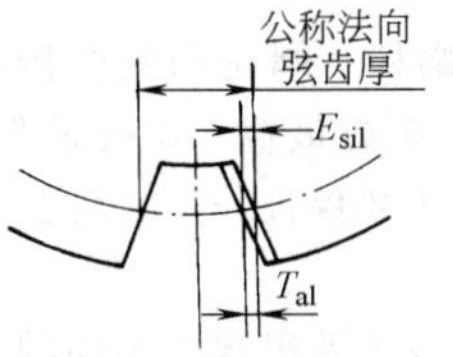

（续）

术语、代号	定　义	术语、代号	定　义
蜗杆副的蜗轮中间平面偏移 Δf_{x2} 蜗杆副的蜗轮中间平面偏移极限偏差 上极限偏差 $+f_{x2}$ 下极限偏差 $-f_{x2}$	在安装好的蜗杆副中，蜗轮中间平面的实际位置和公称位置之差	蜗杆副的蜗杆喉平面偏移 Δf_{x1} 蜗杆副的蜗杆喉平面偏移极限偏差 上极限偏差 $+f_{x1}$ 下极限偏差 $-f_{x1}$	在安装好的蜗杆副中，蜗杆喉平面的实际位置和公称位置之差
蜗杆副的接触斑点	安装好的蜗杆副，在轻微制动下，转动后，蜗杆、蜗轮齿面上出现的接触痕迹 以接触面积大小、形状和分布位置表示，接触面积大小按接触痕迹的百分比计算确定： 沿齿长方向，接触痕迹的长度 b'' 与理论长度 b' 之比，即 $(b''/b')\times100\%$ 沿齿高方向，接触痕迹的高度 h'' 与理论高度 h' 之比，即 $(h''/h')\times100\%$ 蜗杆接触斑点的分布位置：齿高方向应趋于中间，齿长方向趋于入口处，齿顶和两端部棱边处不允许接触	主基圆半径误差 Δf_{rb} 主基圆半径公差 f_{rb}	加工蜗杆时，刀具的主基圆半径的实际值与公称值之差

2）精度等级。直廓环面蜗杆、蜗轮和蜗杆传动共分6、7、8三个精度等级，6级最高，8级最低；按照公差的特性对传动性能的主要保证作用，将公差分为三个公差组。

根据使用要求不同，允许各公差组选用不同的公差等级组合，但在同一公差组中，各项公差与极限偏差应保持相同的精度等级。

蜗杆和配对蜗轮的精度等级一般取成相同，也允许取成不相同。对有特殊要求的蜗杆传动，除 F_r、f_r 项目外，其蜗杆、蜗轮左右齿面的精度等级也可取成不相同。

3）蜗杆、蜗轮的检验与公差。根据蜗杆传动的工作要求和生产规模，在各公差组中选定一个检验组来评定和验收蜗杆、蜗轮的精度。当检验组中有两项或两项以上的误差时，应以检验组中最低的一项精度来评定蜗杆、蜗轮的精度等级。蜗杆、蜗轮的公差及极限偏差见表8.5-49。蜗杆副的公差及极限偏差见表8.5-50。

第Ⅰ公差组的检验组：

蜗杆：—。

蜗轮：ΔF_p，ΔF_r。

第Ⅱ公差组的检验组：

蜗杆：Δf_h，Δf_{hL}（用于单头蜗杆）；

Δf_{zL}（用于多头蜗杆）；

Δf_{px}，Δf_{pxL}，Δf_r；

Δf_{px}，Δf_{pxL}。

蜗轮：Δf_{pt}。

第Ⅲ公差组的检验组：

蜗杆：Δf_{f1}。

蜗轮：Δf_{f2}。

当蜗杆副的接触斑点有要求时，蜗轮的齿形误差 Δf_{f2} 可不进行检验。

4）齿坯要求。蜗杆、蜗轮在加工、检验和安装时的径向、轴向基准面应尽可能一致，并应在相应的零件工作图上予以标注。

加工蜗杆时，刀具的主基圆半径对蜗杆精度有较大影响，因此应对主基圆半径公差做合理的控制。主基圆半径公差值见表8.5-51。

蜗杆、蜗轮的齿坯公差包括轴、孔的尺寸、形状和位置公差，以及基准面的跳动。各项公差值见表8.5-51。

表 8.5-49　蜗杆和蜗轮的公差及极限偏差　（μm）

名称		代号	中心距/mm											
			80～160			>160～315			>315～630			>630～1250		
			精度等级											
			6	7	8	6	7	8	6	7	8	6	7	8
蜗杆螺旋线公差		f_{hL}	34	51	68	51	68	85	68	102	119	127	153	187
蜗杆一转螺旋线公差		f_h	15	22	30	21	30	37	30	45	53	45	60	68
蜗杆分度误差	$z_2/z_1\neq$整数	f_{z1}	20	30	40	28	40	50	40	60	70	60	80	90
	$z_2/z_1=$整数		25	37	50	35	50	62	50	75	87	75	100	112
蜗杆圆周齿距极限偏差		f_{px}	±10	±15	±20	±14	±20	±25	±20	±30	±35	±30	±40	±45
蜗杆圆周齿距累积公差		f_{pxL}	20	30	40	30	40	50	40	60	70	75	90	110
蜗杆齿形公差		f_{f1}	14	22	32	19	28	40	25	36	53	36	53	75
蜗杆径向圆跳动公差		f_r	10	15	25	15	20	30	20	25	35	25	35	50
蜗杆法向弦齿厚上极限偏差		E_{ss1}	0	0	0	0	0	0	0	0	0	0	0	0
蜗杆法向弦齿厚下极限偏差	双向回转	E_{si1}	35	50	75	60	100	150	90	140	200	140	200	250
	单向回转		70	100	150	120	200	300	180	200	400	280	350	450
蜗轮齿距累积公差		F_p	67	90	125	90	135	202	135	180	247	180	270	360
蜗轮齿圈径向圆跳动公差		F_r	40	56	71	50	71	90	63	90	112	80	112	140
蜗轮齿距极限偏差		$\pm f_{pt}$	15	24	25	20	30	45	30	40	55	40	60	80
蜗轮齿形公差		f_{f2}	14	22	32	19	28	40	25	36	53	36	53	75
蜗轮法向弦齿厚上极限偏差		E_{ss2}	0	0	0	0	0	0	0	0	0	0	0	0
蜗轮法向弦齿厚下极限偏差		E_{si2}	75	100	150	100	150	200	150	200	280	220	300	400

表 8.5-50　蜗杆副的公差及极限偏差　（μm）

名称	代号	中心距/mm											
		80～160			>160～315			>315～630			>630～1250		
		精度等级											
		6	7	8	6	7	8	6	7	8	6	7	8
蜗杆副的切向综合误差	F'_{ic}	63	90	125	10	112	160	100	140	200	140	200	280
蜗杆副的一齿切向综合误差	f'_{ic}	18	27	35	27	35	45	35	55	63	67	80	100
蜗杆副的中心距极限偏移	f_a	+20 −10	+25 −15	+60 −30	+30 −20	+50 −30	+100 −50	+45 −25	+75 −45	+120 −75	+65 −35	+100 −60	+150 −100
蜗杆副的蜗杆中间平面偏移	f_{x1}	±15	±20	±25	±25	±40	±50	±40	±60	±80	±65	±90	±120
蜗杆副的蜗轮中间平面偏移	f_{x2}	±30	±50	±75	±60	±100	±150	±100	±150	±220	±150	±200	±300
蜗杆副的轴交角极限偏差	f_Σ	±15	±20	±30	±20	±30	±45	±30	±45	±65	±40	±60	±80
蜗杆副的圆周侧隙	j_t	250			380			530			750		
蜗杆副的最小圆周侧隙	j_{tmin}	95			130			190			250		
蜗轮齿面接触斑点（%）		在理论接触区上　按高度　不小于 85（6 级）、80（7 级）、70（8 级） 按宽度　不小于80（6 级）、70（7 级）、60（8 级）											
蜗杆齿面接触斑点（%）		在工作长度上不小于　80（6 级）、70（7 级）、60（8 级） 工作面入口可接触较重，两端修缘部分不应接触											

表 8.5-51　蜗杆、蜗轮齿坯和主基圆半径公差　（μm）

名称	中心距/mm											
	80～160			>160～315			>315～630			>630～1250		
	精度等级											
	6	7	8	6	7	8	6	7	8	6	7	8
蜗杆、蜗轮喉部直径公差	h7	h8	h9	h7	h8	h9	h7	h8	h9	h7	h8	h9
蜗杆基准轴颈径向圆跳动公差	12	15	30	15	20	35	20	27	48	25	35	55
蜗杆两定位端面圆跳动公差	12	15	20	17	24	25	22	25	30	27	30	35
蜗杆喉部径向圆跳动公差	15	20	25	20	25	27	27	35	45	35	45	60

（续）

名称	中心距 /mm											
	80～160			>160～315			>315～630			>630～1250		
	精度等级											
	6	7	8	6	7	8	6	7	8	6	7	8
蜗杆基准端面圆跳动公差	15	20	30	20	30	40	30	45	60	40	60	80
蜗轮齿坯外径与轴孔的同心度公差	15	20	30	20	35	50	25	40	60	40	60	80
主基圆半径公差	20	30	45	25	40	60	35	55	80	50	80	120

4.7.2　平面二次包络环面蜗杆、蜗轮精度（摘自GB/T 16445—1996）

该标准规定了平面二次包络环面蜗杆、蜗轮及其蜗杆副的误差定义、代号、精度等级、齿坯要求、检验与公差和图样标注。

1）定义及代号。平面二次包络环面蜗杆副适用的轴交角 $\Sigma=90°$，中心距为 0～1250mm。

蜗杆、蜗轮误差的术语、代号及定义见表8.5-52。

表8.5-52　平面二次包络环面蜗杆、蜗轮误差的术语、代号及定义

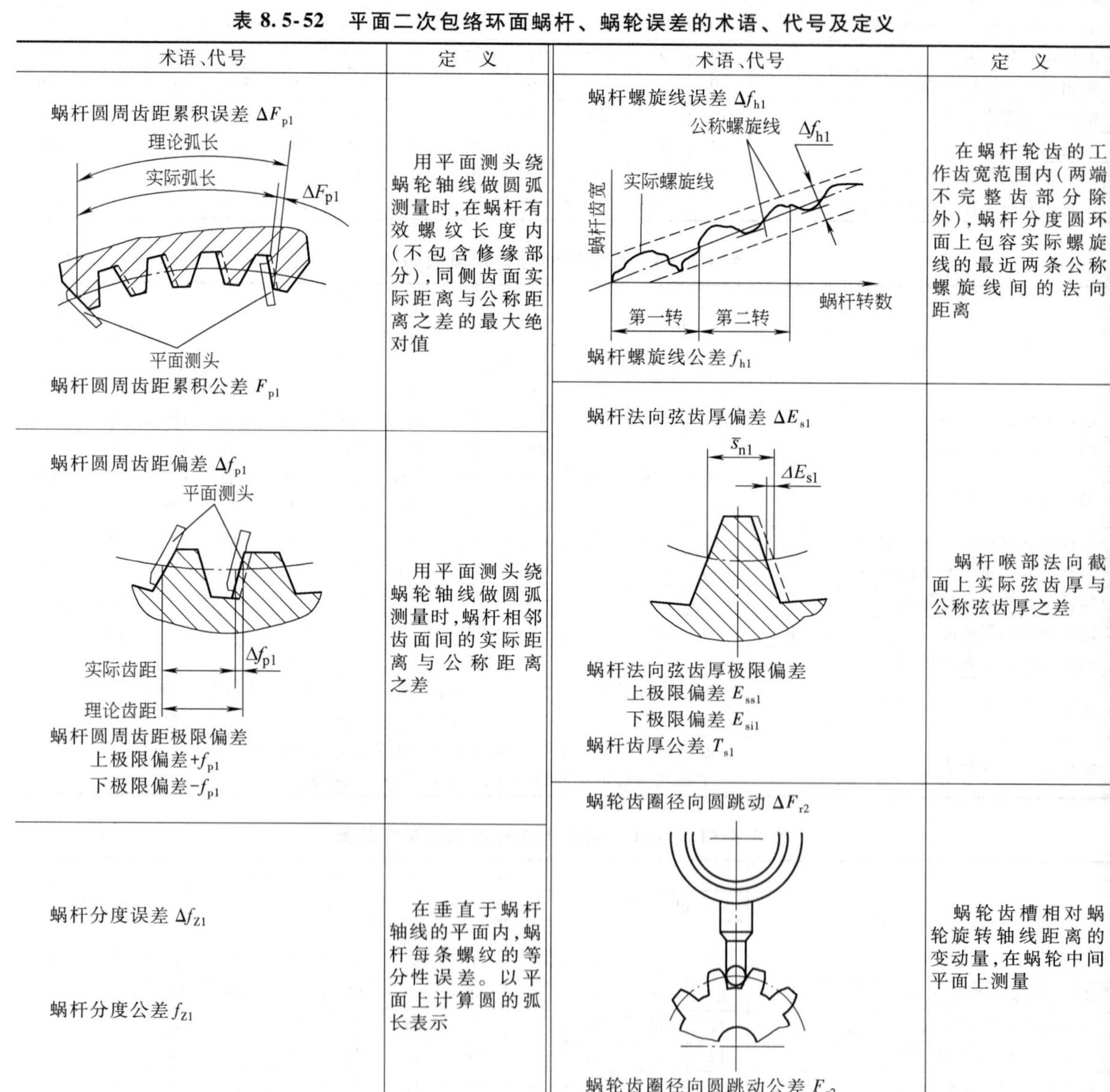

术语、代号	定义	术语、代号	定义
蜗杆圆周齿距累积误差 ΔF_{p1} 蜗杆圆周齿距累积公差 F_{p1}	用平面测头绕蜗轮轴线做圆弧测量时，在蜗杆有效螺纹长度内（不包含修缘部分），同侧齿面实际距离与公称距离之差的最大绝对值	蜗杆螺旋线误差 Δf_{h1} 蜗杆螺旋线公差 f_{h1}	在蜗杆轮齿的工作齿宽范围内（两端不完整齿部分除外），蜗杆分度圆环面上包容实际螺旋线的最近两条公称螺旋线间的法向距离
蜗杆圆周齿距偏差 Δf_{p1} 蜗杆圆周齿距极限偏差 上极限偏差 $+f_{p1}$ 下极限偏差 $-f_{p1}$	用平面测头绕蜗轮轴线做圆弧测量时，蜗杆相邻齿面间的实际距离与公称距离之差	蜗杆法向弦齿厚偏差 ΔE_{s1} 蜗杆法向弦齿厚极限偏差 上极限偏差 E_{ss1} 下极限偏差 E_{si1} 蜗杆齿厚公差 T_{s1}	蜗杆喉部法向截面上实际弦齿厚与公称弦齿厚之差
蜗杆分度误差 Δf_{Z1} 蜗杆分度公差 f_{Z1}	在垂直于蜗杆轴线的平面内，蜗杆每条螺纹的等分性误差。以平面上计算圆的弧长表示	蜗轮齿圈径向圆跳动 ΔF_{r2} 蜗轮齿圈径向圆跳动公差 F_{r2}	蜗轮齿槽相对蜗轮旋转轴线距离的变动量，在蜗轮中间平面上测量

（续）

术语、代号	定　义	术语、代号	定　义
蜗轮被包围齿数内齿距累积误差 ΔF_{p2} 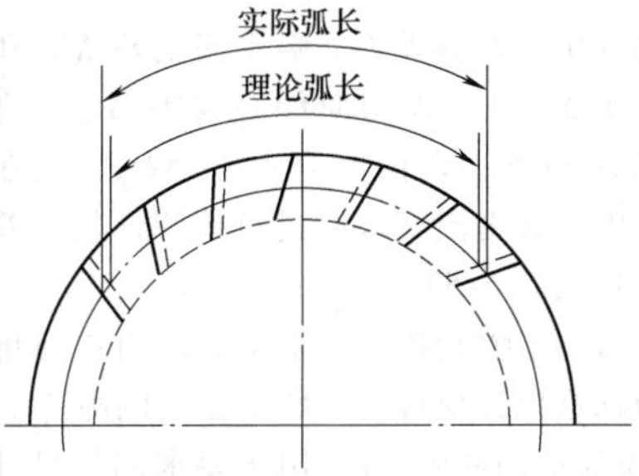 实际弧长 理论弧长 蜗轮齿距累积公差 F_{p2}	在蜗轮计算圆上，被蜗杆包围齿数内，任意两个同名齿侧面实际弧长与公称弧长之差的最大绝对值	蜗杆副的中心距偏差 Δf_a 中心距极限偏差 上极限偏差 $+f_a$ 下极限偏差 $-f_a$	装配好的蜗杆副的实际中心距与公称中心距之差
		蜗杆和蜗轮的喉平面偏差 Δf_X 蜗杆喉平面极限偏差 上极限偏差 $+f_{X1}$ 下极限偏差 $-f_{X1}$ 蜗轮喉平面极限偏差 上极限偏差 $+f_{X2}$ 下极限偏差 $-f_{X2}$	在装配好的蜗杆副中，蜗杆和蜗轮的喉平面的实际位置与各自公称位置间的偏移量
蜗轮齿距偏差 Δf_{p2} 实际齿距 Δf_{p2} 公称齿距 蜗轮齿距极限偏差 上极限偏差 $+f_{p2}$ 下极限偏差 $-f_{p2}$	在蜗轮计算圆上，实际齿距与公称齿距之差 用相对法测量时，公称齿距是指所有实际齿距的平均值	传动中蜗杆轴心线的歪斜度 Δf_Y 轴心线歪斜公差 f_Y	在装配好的蜗杆副中，蜗杆和蜗轮的轴心线相交角度之差。在蜗杆齿宽长度一半上以长度单位测量
蜗轮法向弦齿厚偏差 ΔE_{s2} s_{n2} E_{si2} T_{s2} 蜗轮法向弦齿厚极限偏差 上极限偏差 E_{ss2} 下极限偏差 E_{si2} 蜗轮齿厚公差 T_{s2}	蜗轮喉部法向截面上实际弦齿厚与公称弦齿厚之差	接触斑点 蜗杆齿面接触斑点 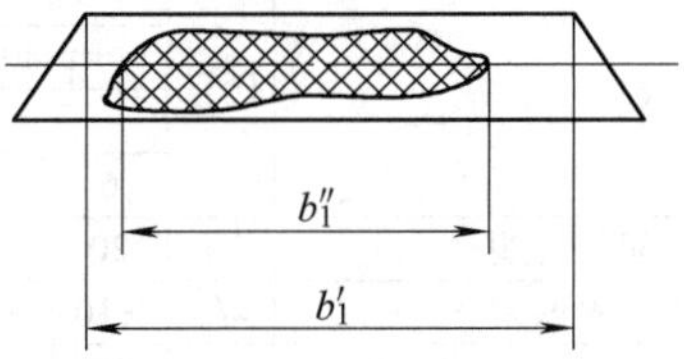 b_1'' b_1' 蜗轮齿面接触斑点 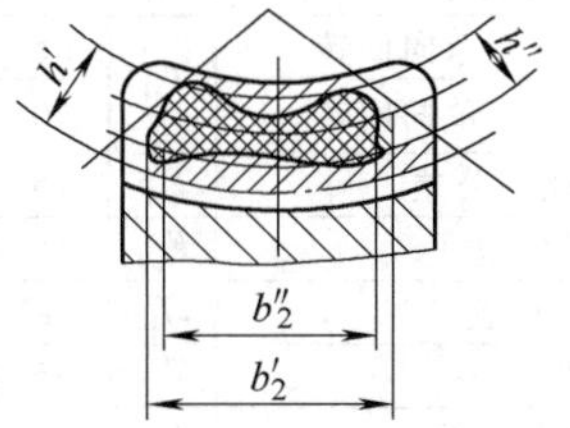 h'　h'' b_2'' b_2'	装配好的蜗杆副并经加载运转后，在蜗杆齿面与蜗轮齿面上分布的接触痕迹 接触斑点的大小按接触痕迹的百分比计算确定： 沿齿长方向，接触痕迹的长度与齿面理论长度之比的百分率。即 蜗杆： $b_1''/b_1'\times100\%$ 蜗轮： $b_2''/b_2'\times100\%$ 沿齿高方向，蜗轮接触痕迹的平均高度 h'' 与工作高度 h' 之比的百分率。即 $h''/h'\times100\%$
蜗杆副的切向综合误差 ΔF_{ic} Δf_{ic}　ΔF_{ic} 蜗杆副的切向综合公差 F_{ic}	一对蜗杆副，在其标准位置正确啮合时，蜗轮旋转一周范围内，实际转角与理论转角之差的总幅度值，以蜗轮计算圆弧长计	螺杆副的侧隙 圆周侧隙 j_t	在安装好的蜗杆副中，蜗杆固定不动时，蜗轮从工作齿面接触到非工作齿面接触所转过的计算圆弧长
蜗轮副的一齿切向综合误差 Δf_{ic} 蜗轮副的一齿切向综合公差 f_{ic}	安装好的蜗杆副啮合转动时，在蜗轮一转范围内多次重复出现的周期性转角误差的最大幅度值，以蜗轮计算圆弧长计	法向侧隙 j_n	在安装好的蜗杆副中，蜗杆和蜗轮的工作齿面接触时，两非工作齿面间的最小距离

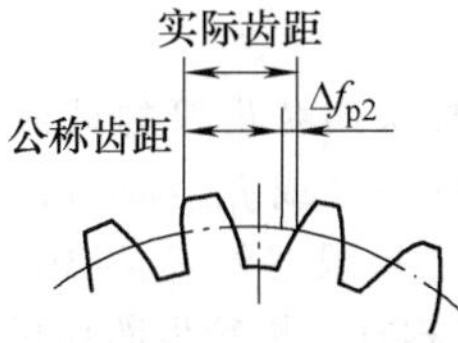

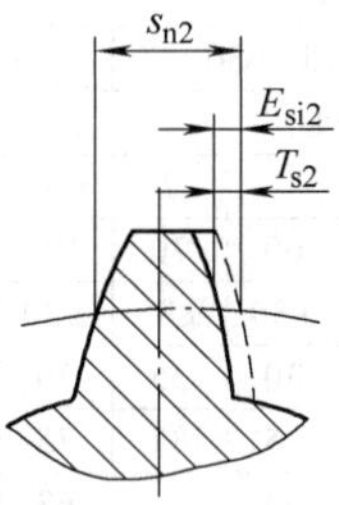

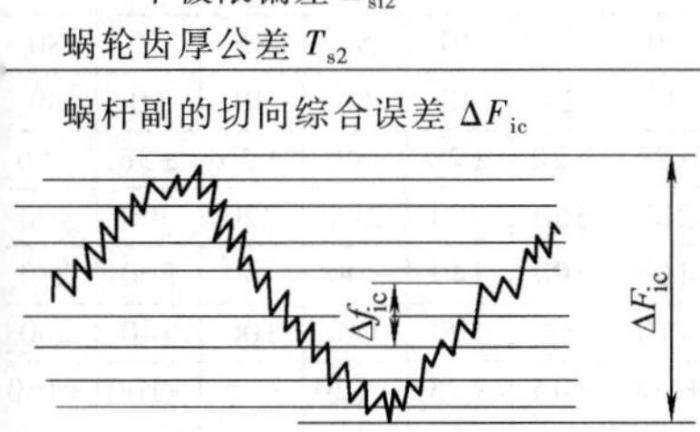

注：在计算蜗杆螺旋面理论长度 b_1' 时，应将不完整部分的出口和入口及入口处的修缘长度减去。

2）精度等级。标准根据使用要求，对蜗杆、蜗轮及蜗杆副规定了6、7及8三个精度等级。按公差特性对传动性能的主要保证作用，将蜗杆、蜗轮和蜗杆副的公差（或极限偏差）分成三个公差组。

第Ⅰ公差组　蜗　杆：F_{p1}。
　　　　　　蜗　轮：F_{r2}，F_{p2}。
　　　　　　蜗杆副：F_{i}。
第Ⅱ公差组　蜗　杆：f_{p1}，f_{z1}，f_{h1}。
　　　　　　蜗　轮：f_{p2}。
　　　　　　蜗杆副：f_{i}。
第Ⅲ公差组　蜗　杆：—。
　　　　　　蜗　轮：—。
　　　　　　蜗杆副：接触斑点，f_a，f_{X1}，f_{X2}，f_Y。

3）蜗杆、蜗轮及蜗杆副的检验。

蜗杆的检验：T_{s1}、t_1、ΔF_{p1}、f_{z1}（用于多头蜗杆）Δf_{h1}。

蜗轮的检验：T_{s2}、t_7、ΔF_{p2}、Δf_{p2}、ΔF_r（根据用户要求）。

蜗杆副的检验：对蜗杆副的接触斑点和齿侧的检验：当减速器整机出厂时，每台必须检测。若蜗杆副为成品出厂时，允许按10%～30%的比率进行抽检。但至少有一副进行对研检查（应使用CT_1、CT_2专用涂料）。

对于蜗杆副的中心距偏差f_a、喉平面偏差Δf_{X1}和Δf_{X2}、轴线歪斜度Δf_Y、一齿切向综合误差Δf_{ic}，当用户有特殊要求时检测；切向综合误差ΔF_{ic}，只在精度为6级，当用户又提出要求时进行检测，其公差值和极限偏差值见表8.5-53。

4）蜗杆传动的侧隙规定。该标准根据用户使用要求将侧隙分为标准保证侧隙j和最小保证侧隙j_{min}。j为一般传动中应保证的侧隙。j_{min}用于要求侧隙尽可能小，而又不致卡死的场合。对特殊要求，允许在设计中具体确定。j与j_{min}与精度无关。具体数值见表8.5-53。

蜗杆副的侧隙由蜗杆法向弦齿厚的减薄量来保证，即上偏差为$E_{ss1}=j\cos\alpha$（或$j_{min}\cos\alpha$），公差为T_{s1}；蜗轮法向弦齿厚的上极限偏差$E_{ss2}=0$，下极限偏差即为公差$E_{si2}=T_{s2}$。蜗杆、蜗轮齿圈坯尺寸和形状公差见表8.5-54。

表8.5-53　蜗杆、蜗轮及蜗杆副的公差和极限偏差　（μm）

名称		代号	中心距/mm											
			≥80～160			160～315			315～630			630～1250		
			精度等级											
			6	7	8	6	7	8	6	7	8	6	7	8
蜗杆圆周齿距累积公差		F_{p1}	20	30	40	30	40	50	40	60	70	75	90	110
蜗杆圆周齿距极限偏差		$\pm f_{p1}$	±10	±15	±20	±14	±20	±25	±20	±30	±35	±30	±40	±45
蜗杆分度公差	$z_2/z_1\neq$整数	f_{z1}	10	15	20	14	20	25	20	30	35	30	40	45
	$z_2/z_1=$整数		25	37	50	35	50	62	50	75	87	75	100	112
蜗杆螺旋线误差的公差		f_{h1}	28	40	—	36	50	—	45	63	—	63	90	—
蜗杆法向弦齿厚公差	双向回转	T_{s1}	35	50	75	60	100	150	90	140	200	140	200	250
	单向回转		70	100	150	120	200	300	180	280	400	280	350	450
蜗轮齿圈径向圆跳动公差		F_{r2}	15	20	30	20	30	40	25	40	60	35	55	80
蜗轮齿距累积公差		F_{p2}	15	20	25	20	30	45	25	40	60	40	60	80
蜗轮齿距极限偏差		$\pm f_{p2}$	±13	±18	±25	±18	±25	±36	±20	±28	±40	±26	±36	±50
蜗轮法向弦齿厚公差		T_{s2}	75	100	150	100	150	200	150	200	280	220	300	400
蜗杆副的切向综合公差		F_{iz}	63	90	125	80	112	160	100	140	200	140	200	280
蜗杆副的一齿切向综合公差		f_{iz}	40	63	80	60	75	110	70	100	140	100	140	200
中心距极限偏差		$\pm f_a$	+20	+25	+60	+30	+50	+100	+45	+75	+120	+65	+100	+150
			−10	−15	−30	−20	−30	−50	−25	−45	−75	−35	−60	−100
蜗杆喉平面极限偏差		$+f_{X1}$	±15	±20	±25	±25	±40	±50	±40	±50	±80	±65	±90	±120
蜗轮喉平面极限偏差		$\pm f_{X2}$	±30	±50	±75	±60	±100	±150	±100	±150	±220	±150	±200	±300
轴心线歪斜度公差		f_Y	15	20	30	20	30	45	25	45	65	40	60	80
蜗杆齿面接触斑点(%)			在工作齿面上不小于85(6级)、80(7级)、70(8级) 工作面入口可接触较重，两端修缘部分不应接触											
蜗轮齿面接触斑点(%)			在理论接触区上按高度不小于85(6级)、80(7级)、70(8级)；按宽度不小于80(6级)、70(7级)、60(8级)											
圆周侧隙	最小保证侧隙	j_{min}	95			130			190			250		
	标准保证侧隙	j	250			380			530			750		

表 8.5-54　蜗杆、蜗轮齿圈坯尺寸和形状公差　(μm)

名　　称	代号	中心距/mm											
		≥80~160			≥160~315			≥315~630			≥630~1250		
		精度等级											
		6	7	8	6	7	8	6	7	8	6	7	8
蜗杆喉部外圆直径公差	t_1	h7	h8	h9	h7	h8	h9	h7	h8	h9	h7	h8	h9
蜗杆喉部径向圆跳动公差	t_2	12	15	20	15	20	35	20	27	40	25	35	50
蜗杆两基准端面圆跳动公差	t_3	12	15	20	17	20	25	22	25	30	27	30	35
蜗杆喉平面至基准面的圆跳动公差	t_4	±50	±75	±100	±75	±100	±130	±100	±130	±180	±130	±180	±200
蜗轮基准端面圆跳动公差	t_5	30	20	30	20	30	40	30	45	60	40	60	80
蜗轮齿坯外圆径与轴孔的同轴度公差	t_6	15	20	30	20	35	50	25	40	60	40	60	80
蜗轮喉部直径公差	t_7	h7	h8	h9	h7	h8	h9	h7	h8	h9	h7	h8	h9

参考文献

[1] 机械工程手册电机工程手册编辑委员会. 机械工程手册: 机械传动卷［M］. 2版: 北京: 机械工业出版社, 1997.

[2] 闻邦椿. 机械设计手册: 第2卷［M］. 5版. 北京: 机械工业出版社, 2010.

[3] 闻邦椿. 现代机械设计师手册: 上册［M］. 北京: 机械工业出版社, 2012.

[4] 闻邦椿. 现代机械设计实用手册［M］. 北京: 机械工业出版社, 2015.

[5] 机械设计手册编辑委员会. 机械设计手册: 第3卷［M］. 新版. 北京: 机械工业出版社, 2004.

[6] 成大先. 机械设计手册: 第3卷［M］. 6版. 北京: 化学工业出版社, 2016.

[7] 齿轮手册编委会. 齿轮手册［M］. 2版. 北京: 机械工业出版社, 2001.

[8] 朱孝录, 鄂中凯, 等. 齿轮承载能力分析［M］. 北京: 机械工业出版社, 1992.

[9] 朱孝录, 等. 齿轮传动设计手册［M］. 2版. 北京: 化学工业出版社, 2010.

[10] 程乃士, 等. 减速器和变速器设计与选用手册［M］. 北京: 机械工业出版社, 2007.

[11] 张民安, 等. 圆柱齿轮精度［M］. 北京: 中国标准出版社, 2002.

[12] 宋乐民, 等. 齿形与齿轮强度［M］. 北京: 国防工业出版社, 1987.

[13] 陈谌闻, 等. 圆弧圆柱齿轮传动［M］. 北京: 高等教育出版社, 1985.

[14] 邵家辉, 等. 圆弧齿轮［M］. 2版. 北京: 机械工业出版社, 1994.

[15] 董学洙. 摆线锥齿轮及准双曲面齿轮设计和制造［M］. 北京: 机械工业出版社, 2003.

[16] 王树人. 圆弧圆柱蜗杆传动［M］. 天津: 天津大学出版社, 1991.

[17] 王树人, 等. 圆柱蜗杆传动的啮合原理［M］. 天津: 天津科技出版社, 1982.

[18] 齐毓麟, 等. 蜗杆传动设计［M］. 北京: 机械工业出版社, 1987.

[19] 王树人. ZC1蜗杆传动全新技术理论［M］. 天津: 天津科技出版社, 1992.

第9篇　轮　　系

主　编　李力行
编写人　李力行　叶庆泰
何卫东　李　欣
审稿人　张少名

第 5 版

轮　　系

主　编　李力行

编写人　李力行　叶庆泰　何卫东　李　欣

审稿人　张少名

第1章　轮 系 概 论

1　轮系的分类及应用

用一系列互相啮合的齿轮将主动轴的运动传到从动轴，这种多齿轮的传动装置称为轮系。轮系分为两大类：

定轴线轮系（简称定轴轮系）——在传动时，轮系中的全部齿轮轴线位置固定。

动轴线轮系（也称周转轮系）——在传动时，轮系中有一个或一个以上的齿轮轴线绕位置固定的几何轴线回转。其中，只有一个自由度的轮系称为行星轮系，有两个自由度的轮系称为差动轮系。在图 9.1-1 中如将 a 轮（或 b 轮）固定（见图 9.1-1a 或 b），当 b 轮（或 a 轮）转动时，c 轮除绕 O_H 轴自转外，其轴线 O_H 还绕 O 轴公转的轮系称行星轮系。若 a、b 轮及构件 H 皆不固定（可以旋转）的是差动轮系（见图 9.1-1c）。差动轮系可用于速度的合成（如滚齿机的差动机构）或速度的分解（如汽车的差动机构）。如将差动轮系两个起始构件用附加的齿轮连接起来成为一个起始构件，这个轮系称为封闭式差动轮系。图 9.1-2 所示为由一个差动轮系 1、2、3、H 和一个定轴轮系 1′、4、4′、3′组成的封闭式差动轮系，其只有一个自由度。

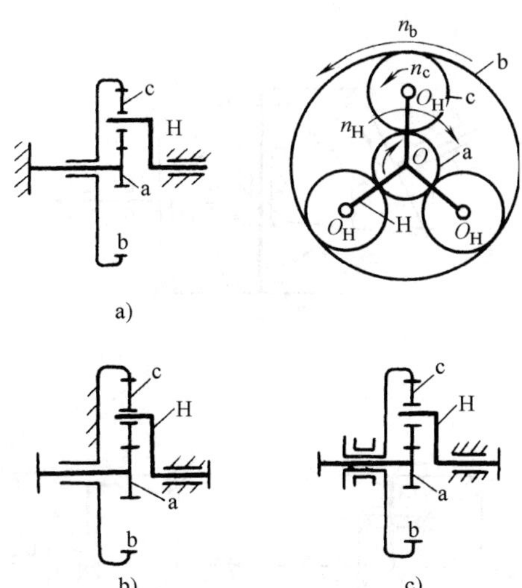

图 9.1-1　轮系的分类

a)、b）行星轮系　c）差动轮系

a—太阳轮　b—内齿轮　c—行星轮　H—行星架

行星轮系与差动轮系统称行星传动。行星传动可根据采用的基本构件不同分类。基本构件是指可围绕定轴线转动或固定，在工作时承受外力矩的构件。这些构件的转动轴线称为主轴线。根据基本构件的组成，行星传动分为：2K-H、3K 和 K-H-V3 种（见表 9.1-1）。如图 9.1-1 所示的基本构件是齿轮 a、b 和转臂 H，故它属于 2K-H 传动。

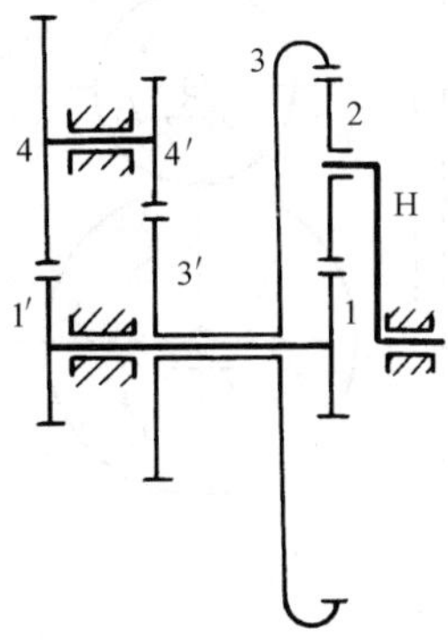

图 9.1-2　封闭式差动轮系

基本构件的代号：K——中心轮；H——转臂；V——输出轴。

行星传动还可按齿轮啮合方式划分为 NGW 型、NW 型、NN 型、WW 型、NGWN 型、N 型和 ZUWGW 型等。

代表类型的字母含义为：N——内啮合、W——外啮合、G——公用的行星轮、ZU——锥齿轮。

图 9.1-1b 所示为 NGW 型行星传动，是最常见的一种。我国已制定了 NGW 型行星齿轮减速器标准（JB/T 6502—2015），并已成批生产。这种减速器比普通定轴轮系圆柱齿轮减整器，体积减小 1/4~1/2，效率可达 98%~99%。

行星传动与定轴轮系相比，具有体积小、重量轻、传动比范围大、效率高（需形式选用得当）和工作平稳等优点，同时差动轮系还可以用于速度的合成与分解或用于变速传动，所以行星传动的应用日益广泛。但缺点是其结构较复杂、制造精度要求较高、制造安装较困难。在实际应用上，有的轮系既包含定轴轮系，又包含行星传动，则形成了混合轮系。

2　定轴轮系的传动比

在一轮系中，其第一主动轮的角速度与最末从动轮的角速度之比称为这个轮系的传动比。

如图 9.1-3a 所示，在一对外啮合的齿轮中，其两轮的回转方向相反，其传动比为负，即

$$i_{12}=\frac{n_1}{n_2}=-\frac{z_2}{z_1} \tag{9.1-1}$$

式中　n_1、n_2——齿轮 1 和齿轮 2 的转速；

z_1、z_2——齿轮 1 和齿轮 2 的齿数。

反之，如图 9.1-3b 所示，在一对内啮合的齿轮中，其两轮的回转方向相同，其传动比为正，即

$$i_{12}=\frac{n_1}{n_2}=\frac{z_2}{z_1} \tag{9.1-2}$$

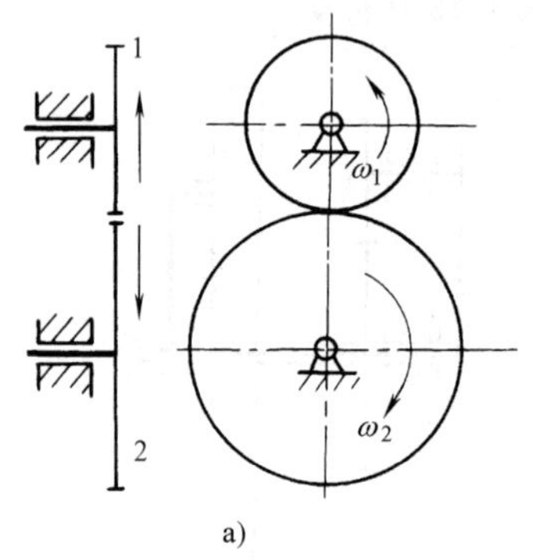

a)

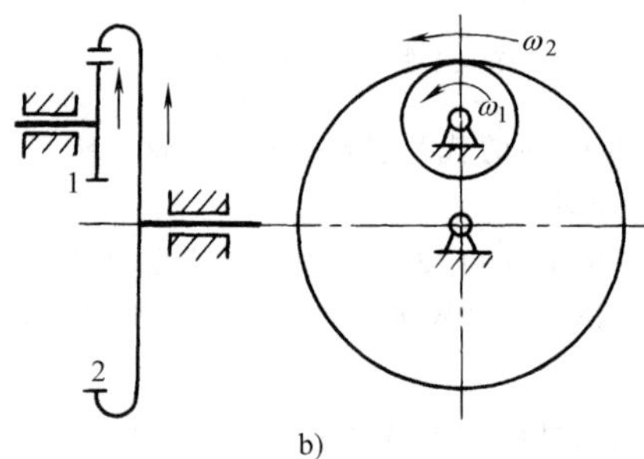

b)

图 9.1-3　一对齿轮啮合
a）外啮合　b）内啮合

传动比的正负也可用箭头表示，若两轮箭头的方向相反，如图 9.1-3a 所示，则传动比为负；若两轮箭头的方向相同，如图 9.1-3b 所示，则传动比为正。

同样，一个轮系中，如其第一主动轮和最末从动轮的回转方向相同，其传动比为正；反之为负。

定轴轮系如图 9.1-4 所示，齿轮 1（I 轴）和齿轮 K（K 轴）之间的总传动比 i_{1K}，应等于各级传动比之乘积，即

$$i_{1K}=i_{12}i_{2'3}\cdots i_{(K-1)'K}$$

如令 n_1、n_K 分别为齿轮 1 和齿轮 K 的转速，则有 $i_{1K}=\frac{n_1}{n_K}=(-1)^m\frac{z_2z_3\cdots z_K}{z_1z_2'\cdots z_{(K-1)}'}=$

$$(-1)^m\times\frac{\text{在 1，K 间各从动轮齿数的连乘积}}{\text{在 1，K 间各主动轮齿数的连乘积}} \tag{9.1-3}$$

式中　m——该轮系中外啮合齿轮的对数。

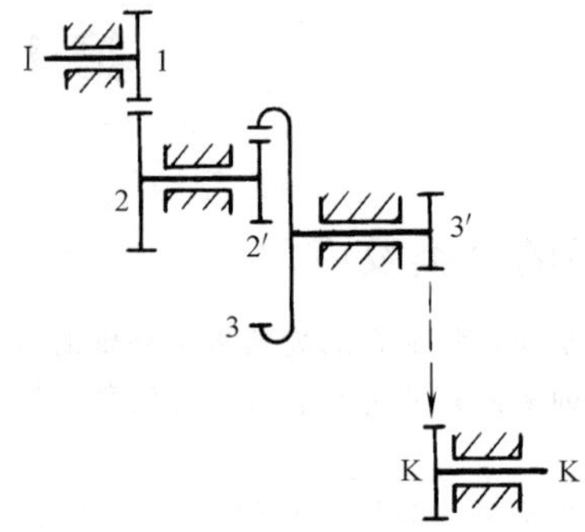

图 9.1-4　定轴轮系

定轴轮系可由圆柱齿轮、锥齿轮及其他各种齿轮组成，包括平行轴间及不平行轴间传动的齿轮。图 9.1-5 所示为圆锥齿轮所组成的定轴轮系。这种轮系的总传动比也可用其各对齿轮传动比的乘积表示。但应注意由锥齿轮所组成的定轴轮系，其最末轴的回转方向必须用画箭头的方法而不能用 $(-1)^m$ 来决定，否则会发生错误。如图 9.1-5b 与图 9.1-5c 所示的轮系，其齿轮的数目和外啮合的数目相同；但由于两图齿轮排列的不同，使两图的轮 1 沿同一方向回转时，轮 3 的回转方向却不同。如果锥齿轮所组成的定轴轮系，其第一轮的轴和最末轮的轴不平行，如图 9.1-5a 所示，则其传动比的符号没有意义；反之，如第一轮的轴和最末轮的轴平行，箭头指向相同者，其传动比为正；否则为负。

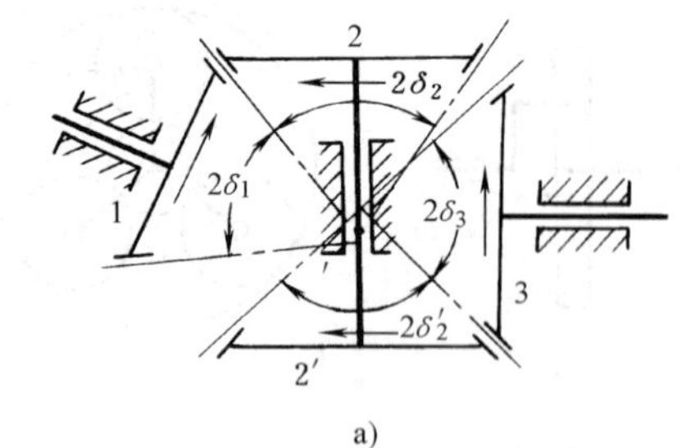

a)

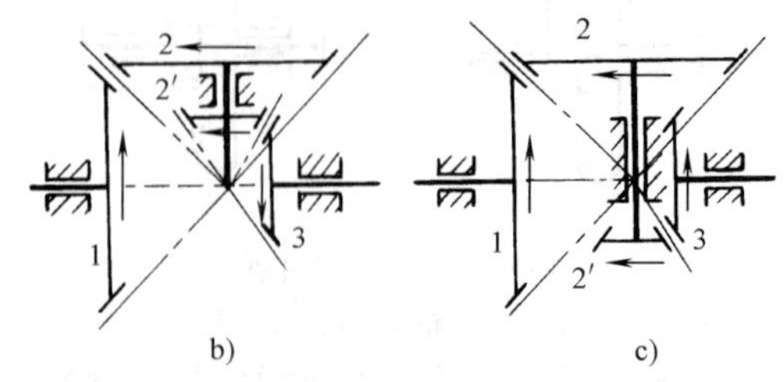

b)　　c)

图 9.1-5　圆锥齿轮定轴轮系

3　常用行星齿轮传动的传动形式与特点（见表 9.1-1）

表 9.1-1　常用行星齿轮传动的传动形式与特点

序号	传动形式		简图	概略值				特点
	按基本构件分类	按啮合方式分类		传动比 范围	传动比 推荐值	效率	最大功率/kW	
1	2K-H（负号机构）	NGW	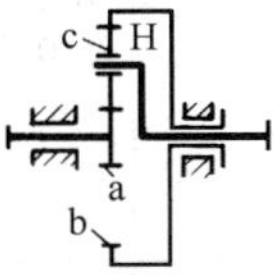	1.13～13.7	$i_{aH}^{b}=$ 2.7～9	0.97～0.99	不限	效率高，体积小，重量轻，结构简单，制造方便，传递功率范围大，轴向尺寸小，可用于各种工作条件，在机械传动中应用最广。但单级传动比范围较小
2	2K-H（负号机构）	NW	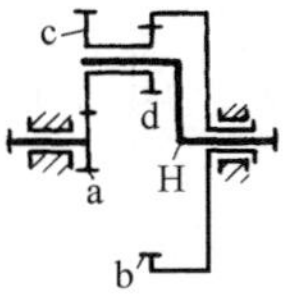	1～50	$i_{aH}^{b}=$ 7～21			效率高，外形尺寸比 NGW 型小，传动比范围较 NGW 型大，可用于各种工作条件。但双联齿轮制造、安装都很复杂，故 $\lvert i_{aH}^{b}\rvert\leqslant 7$ 时不宜采用
3	2K-H（正号机构）	WW	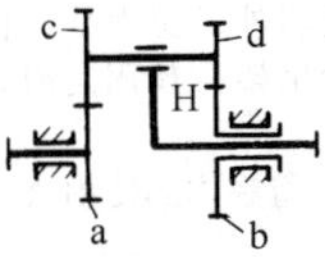	从 1.2～几千		随 $\lvert i\rvert$ 增加而下降	≤15	传动比范围大，但外形尺寸及重量较大，效率很低，制造困难，一般不用于动力传动。当行星架从动时，$\lvert i\rvert$ 从某一数值起会发生自锁
4	3K	NGWN	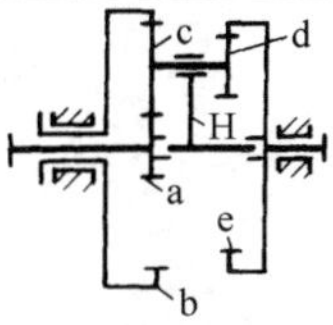	≤500	$i_{ae}^{b}=20$～100	随 i_{ae}^{b} 增加而下降	≤96	结构紧凑，体积小，传动比范围大，但效率低于 NGW 型，工艺性差，适用于中小功率或短期工作处
5	K-H-V	N	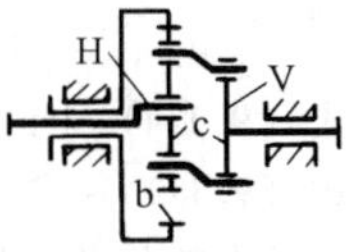	7～100		0.8～0.94	≤75	传动比范围较大，结构紧凑，体积及重量小，但效率比 NGW 型低，且内啮合变位后径向力较大，使轴承径向载荷加大，适用于小功率或短期工作的情况
6	2K-H（正号机构）	NN	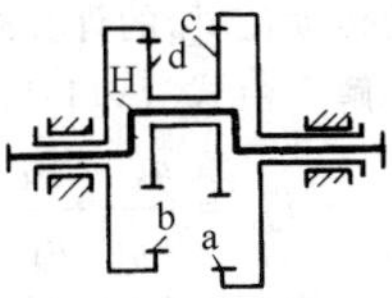	≤1700	一个行星轮时：$i_{Ha}^{b}=30$～100 三个行星轮时：$i_{Ha}^{b}<30$	随传动比增加而下降	≤30	传动比范围大，效率比 WW 型高，但仍然较低，适用于短期工作。当行星架从动时，传动比从某一数值起会发生自锁
7	2K-H（锥齿轮负号机构）	ZU-WGW	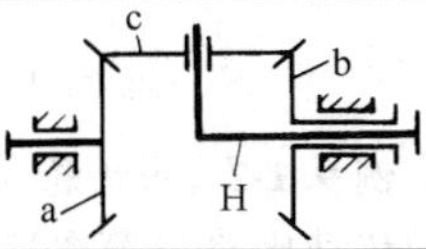	$i_{aH}^{b}=1$～2		0.950～0.930	≤60	一般用作差速器
8	双级 2K-H	双级 NGW	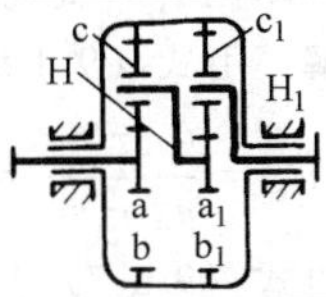	≤160	$i_{aH1}^{b}=10$～60	0.94～0.97	达 2400	由 NGW 型串联。传动比范围大，并具有 NGW 型特点

（续）

序号	传动形式		简　图	概略值				特　点
	按基本构件分类	按啮合方式分类		传动比		效率	最大功率/kW	
				范　围	推荐值			
9	2K-V			50～300		0.75～0.95	≤45	由于输入级设有一个外啮合行星传动，故其传动比较N型更大
10	K-H			10～100		0.92～0.96	大、中、小功率皆适用	是各类少齿差传动中效率最高、传动转矩最大的一种

注：1. 为了表示方便起见，简图中未画出固定件，概略值栏内除注明外，应为某一构件固定时的数值。
2. 传动形式栏内的“正号”“负号”机构，系指转臂（也称行星架）H固定时，主动和从动齿轮旋转方向相同时为正号机构，反之为负号机构。
3. 表中所列效率是包括啮合效率、轴承效率和润滑油搅动飞溅效率等在内的传动效率，啮合效率的计算方法见表9.1-2。
4. 传动比代号的说明见下节。

4　行星齿轮传动的传动比

行星齿轮传动的传动比代号含意如下：

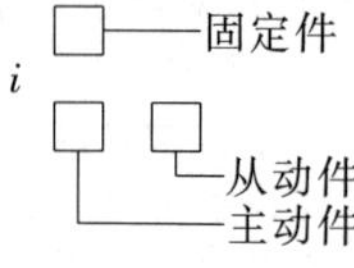

例如，i_{aH}^{b}表示当b件固定时主动件a对从动件H的传动比。

行星传动的传动比计算多采用转化机构法。所谓转化机构就是给整个行星齿轮传动机构加上一个$-n_H$转速（n_H——行星架转速），使整个机构相当于行星架不动的定轴轮系。这样用计算定轴轮系的传动比公式计算转化机构的传动比，然后再计算行星齿轮传动的传动比。

转化机构的传动比计算公式

$$i_{ab}^{H}=\frac{n_a-n_H}{n_b-n_H}=(-1)^m\times\frac{\text{转化机构在 a、b 间各从动轮齿数的连乘积}}{\text{转化机构在 a、b 间各主动轮齿数的连乘积}} \tag{9.1-4}$$

同理，如果给予整个传动机构（参看表9.1-1中序号为4的简图）以某构件（a或e）大小相等方向相反的转速时，可将式（9.1-4）扩大为

$$i_{be}^{a}=\frac{n_b-n_a}{n_e-n_a} \tag{9.1-5}$$

或

$$i_{ba}^{e}=\frac{n_b-n_e}{n_a-n_e} \tag{9.1-6}$$

式（9.1-5）、式（9.1-6）相加便导出普遍计算式

$$i_{be}^{a}=1-i_{ba}^{e} \tag{9.1-7}$$

式（9.1-4）中的m表示a、b间外啮合齿轮的对数。式（9.1-4）~式（9.1-6）中的n_a、n_b、n_e分别代表行星齿轮传动中的构件a、b、e的转速。

例9.1-1　求齿轮b固定时NGW型行星齿轮传动的传动比i_{aH}^{b}的计算式（简图见表9.1-1）。

解　由式（9.1-4）得

$$i_{ab}^{H}=\frac{n_a-n_H}{n_b-n_H}=(-1)^1\frac{z_bz_c}{z_cz_a}=-\frac{z_b}{z_a}$$

由式（9.1-7）得

$$i_{aH}^{b}=1-i_{ab}^{H}=1+\frac{z_b}{z_a}$$

例9.1-2　求齿轮b固定时NGWN型行星齿轮传动的传动比i_{ae}^{b}（简图见表9.1-1）。

解　由式（9.1-5）得

$$i_{ae}^{b}=\frac{n_a-n_b}{n_e-n_b}=\frac{n_a-n_b}{n_H-n_b}\frac{n_H-n_b}{n_e-n_b}=i_{aH}^{b}i_{He}^{b}$$

由式（9.1-7）及式（9.1-4）得

$$i_{ae}^{b}=\frac{i_{aH}^{b}}{i_{eH}^{b}}=\frac{1-i_{ab}^{H}}{1-i_{eb}^{H}}=\frac{1+\dfrac{z_b}{z_a}}{1-\dfrac{z_d z_b}{z_c z_e}}$$

在进行齿轮强度计算和行星轮轴承寿命计算时，需用行星轮相对行星架的转速，其相对转速通过转化机构求得。例如，NGW 型行星齿轮传动，行星轮相对于行星架的转速 n_c-n_H 由下式求得：

$$i_{ac}^{H}=\frac{n_a-n_H}{n_c-n_H}=-\frac{z_c}{z_a}$$

常用行星齿轮传动的传动比计算公式见表 9.1-2。

行星齿轮传动作差动机构时，式（9.1-4）~式（9.1-7）仍是计算传动比的基础。例如，NGW 型差动齿轮传动，当 a 轮及 b 轮分别以 n_a 及 n_b 转速转动时，行星架转速 n_H 可用下述方法求得：

由式（9.1-5）求得 $i_{Ha}^{b}=\dfrac{n_H-n_b}{n_a-n_b}$

整理得　$n_H=n_a i_{Ha}^{b}+n_b(1-i_{Ha}^{b})$

$$=n_a i_{Ha}^{b}+n_b i_{Hb}^{a} \tag{9.1-8}$$

5　行星齿轮传动的效率

行星齿轮传动效率代号含义如下：

行星齿轮传动效率主要由啮合效率、轴承效率和润滑油搅动飞溅效率组成。只考虑啮合损失时，NGW、NW、WW、NGWN、N、NN、ZUWGW、双级 NGW 型行星传动的效率计算公式见表 9.1-2。NGW 及 NW 型的效率曲线见图 9.1-6。WW 型的效率曲线见图 9.1-7。NN 型及 NGWN 型行星齿轮减速器的效率曲线分别见图 9.1-8、图 9.1-9。

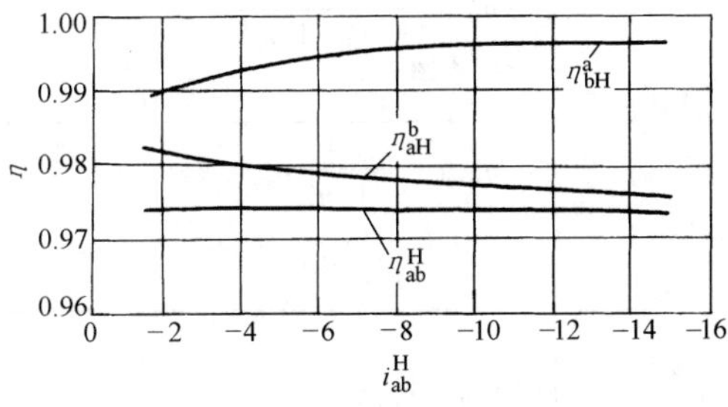

图 9.1-6　NGW 及 NW 型效率曲线

（$\varphi^H=0.025$ 作出）

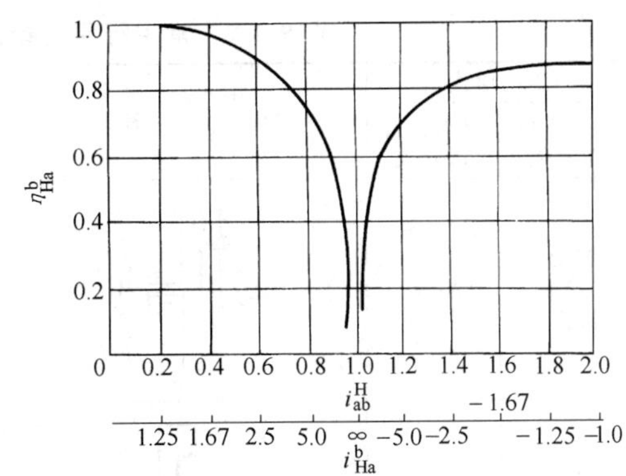

图 9.1-7　WW 型效率曲线（$\varphi^H=0.06$ 作出）

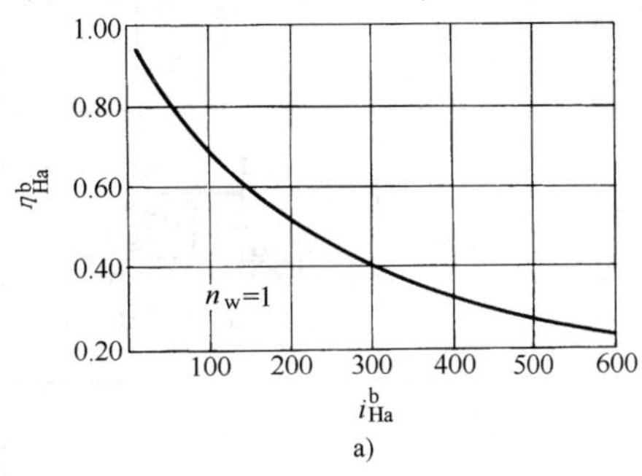

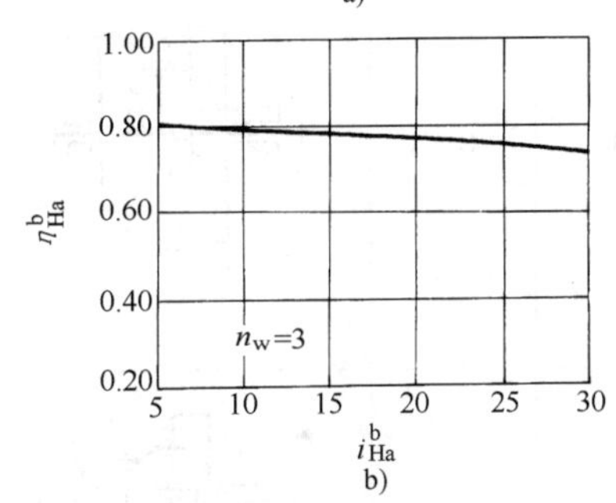

图 9.1-8　NN 型效率曲线

（$f=0.12$ 并考虑行星轮轴承摩擦因数 $\mu=0.006$ 作出）

a）行星轮数目 $n_w=1$　　b）行星轮数目 $n_w=3$

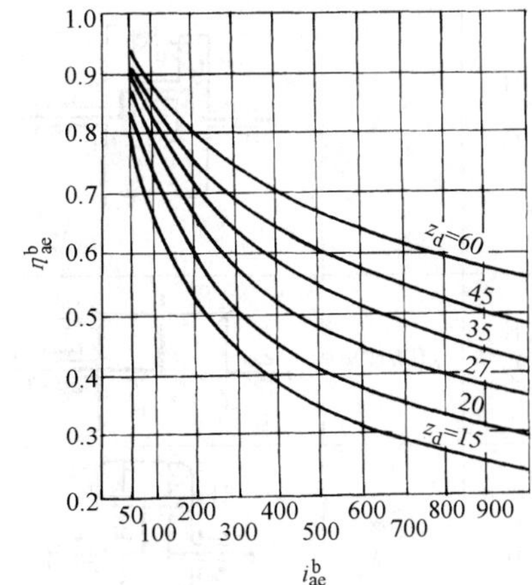

图 9.1-9　NGWN 型效率曲线（$f=0.12\mu=0.006$ 作出）

表 9.1-2 常用行星齿轮传动的传动比和啮合效率计算公式

序号	传动形式		简图	传动比计算公式	啮合效率计算公式
	按基本构件分类	按啮合方式分类			
1	2K-H（负号机构）	NGW	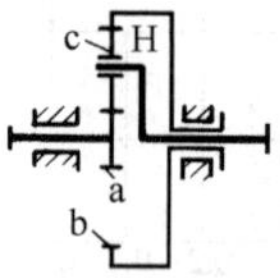	$i_{aH}^{b}=1+\frac{z_b}{z_a}$ $i_{bH}^{a}=1+\frac{z_a}{z_b}$ $i_{ab}^{H}=-\frac{z_b}{z_a}$	$\eta_{aH}^{b}=\eta_{Ha}^{b}=1-\frac{\varphi^{H}}{1+\lvert i_{ba}^{H}\rvert}$ $\eta_{bH}^{a}=\eta_{Hb}^{a}=1-\frac{\varphi^{H}}{1+\lvert i_{ab}^{H}\rvert}$ $\eta_{ab}^{H}=\eta_{ba}^{H}=1-\varphi^{H}$ 可查图 9.1-6
2	2K-H（负号机构）	NW	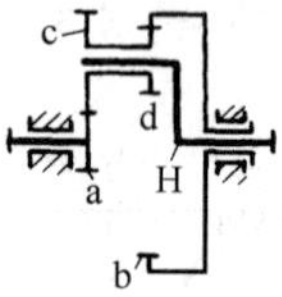	$i_{aH}^{b}=1+\frac{z_bz_c}{z_az_d}$ $i_{bH}^{a}=1+\frac{z_az_d}{z_cz_b}$ $i_{ab}^{H}=-\frac{z_bz_c}{z_dz_a}$	
3	2K-H（正号机构）	WW	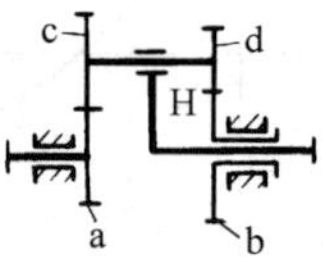	$i_{Ha}^{b}=\frac{z_az_d}{z_az_d-z_bz_c}$ $i_{Hb}^{a}=\frac{z_bz_c}{z_bz_c-z_az_d}$ $i_{ab}^{H}=\frac{z_bz_c}{z_az_d}$	当 $i_{ab}^{H}>1$　$\eta_{Ha}^{b}=\frac{1-\varphi^{H}}{1+\lvert i_{Ha}^{b}\rvert\varphi^{H}}$ 当 $0<i_{ab}^{H}<1$ $\eta_{Ha}^{b}=\frac{1}{1+\lvert i_{Ha}^{b}-1\rvert\varphi^{H}}$ 可查图 9.1-7
4	3K	NGWN	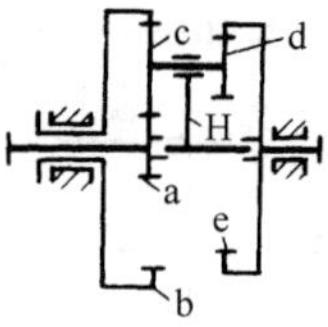	$i_{ae}^{b}=\frac{1+\frac{z_b}{z_a}}{1-\frac{z_bz_d}{z_cz_e}}$ $i_{ab}^{H}=-\frac{z_b}{z_a}$ $i_{eb}^{H}=\frac{z_bz_d}{z_cz_e}$	当 $d_b>d_e$ $\eta_{ae}^{b}=\frac{0.98}{1+\left\lvert\frac{i_{ae}^{b}}{1-i_{ab}^{H}}-1\right\rvert\varphi_{eb}^{H}}$ 当 $d_b<d_e$ $\eta_{ae}^{b}=\frac{0.98}{1+\left\lvert\frac{i_{ae}^{b}}{1-i_{ab}^{H}}\right\rvert\varphi_{be}^{H}}$ 可查图 9.1-9
5	K-H-V	N	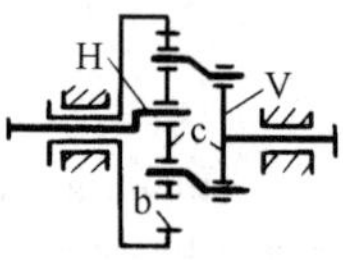	$i_{HV}^{b}=-\frac{z_c}{z_b-z_c}$ $i_{Hb}^{V}=\frac{z_b}{z_b-z_c}$ $i_{cb}^{H}=\frac{z_b}{z_c}$	$\eta_{HV}^{b}=\frac{1-\varphi^{H}}{1+\lvert i_{HV}^{b}\rvert\varphi^{H}}$
6	2K-H（正号机构）	NN	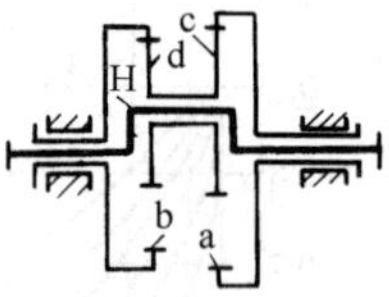	$i_{Ha}^{b}=\frac{1}{1-\frac{z_cz_b}{z_az_d}}$ $i_{Hb}^{a}=\frac{1}{1-\frac{z_az_d}{z_bz_c}}$ $i_{ab}^{H}=\frac{z_bz_c}{z_dz_a}$	当 $i_{ab}^{H}>1$ $\eta_{Ha}^{b}=\frac{1-\varphi^{H}}{1+\lvert i_{Ha}^{b}\rvert\varphi^{H}}$ 当 $0<i_{ab}^{H}<1$ $\eta_{Ha}^{b}=\frac{1}{1+\lvert i_{Ha}^{b}-1\rvert\varphi^{H}}$ 可查图 9.1-8
7	2K-H（锥齿轮负号机构）	ZUWGW	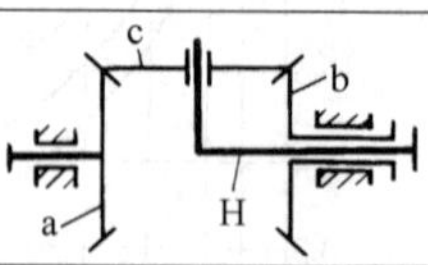	$i_{ab}=\frac{2n_H-n_b}{n_b}$	$\eta_{H-ab}=1-\frac{1}{1+\eta_{ab}^{H}}\times\frac{1-i_{ab}}{1+i_{ab}}\varphi_{ab}^{H}$
8	双级 2K-H	双级 NGW	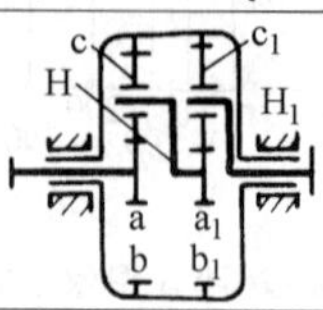	$i_{aH_1}^{b}=\left(1+\frac{z_b}{z_a}\right)\times\left(1+\frac{z_{b1}}{z_{a1}}\right)$	$\eta_{aH_1}^{b}=\eta_{aH}^{b}\eta_{a_1H_1}^{b1}$ η_{aH}^{b}、$\eta_{a_1H_1}^{b1}$ 按 NGW 型求之

（续）

序号	传动形式		简　　图	传动比计算公式	啮合效率计算公式
	按基本构件分类	按啮合方式分类			
9	2K-V		b, d, c, a, V	$i_{av}^{b}=\dfrac{z_d z_b}{z_a(z_b-z_c)}+1$	见本篇第 3 章第 11 节
10	K-H		3(b), 3′, 2(c), 1, 4, 5(H), 6, 7, 8, 9	$i_{HC}=-\dfrac{z_c}{z_b-z_c}$	见本篇第 3 章第 12 节

表 9.1-2 中 φ^{H} 为转化机构中各对齿轮啮合损失系数的总和，$\varphi^{H}=\Sigma\varphi_i$

$$\varphi_i = f\left(\frac{1}{z_1} \pm \frac{1}{z_2}\right)\frac{\pi}{2}K_\varepsilon$$

式中　f——齿面间滑动摩擦因数，NGW、NW 型取 $f=0.05\sim0.1$，齿面跑合好的传动取小值；WW、NGWN 型取 $f=0.1\sim0.12$；

z_1、z_2——齿轮副的齿数，内啮合时 z_2 表示内齿轮齿数，“+”用于外啮合，“−”用于内啮合；

K_ε——与重合度 $\varepsilon=\varepsilon_1+\varepsilon_2=l_1/t_j+l_2/t_j$（此处 l_1 与 l_2 分别表示接近与远离节点啮合段在啮合线上所占的长度，t_j 表示基节）及 ε_1、ε_2 大小有关的系数。

为便于实用，通常按下式计算

$$\varphi_i = 0.01f\Delta$$

式中，Δ 为与啮合参数有关的系数，对于 $\alpha_0=20°$ 不变位和高度变位的直齿圆柱齿轮传动，查图 9.1-10 确定，对于啮合角 $\alpha'\neq20°$ 的角变位传动，要把由图中查的值再乘以 $\dfrac{0.643}{\sin2\alpha'}$；对于内啮合传动要乘以 $\dfrac{u-1}{u+1}$，u 是计算的一对齿轮的齿数比 $u=\dfrac{z_2}{z_1}$；对于斜齿轮传动要乘以 $0.8\cos\beta$；对于锥齿轮传动，要按当量齿数查图 9.1-10，在 NGWN 型中的 $\varphi_{be}^{H}=\varphi_{bc}^{H}+\varphi_{de}^{H}$。

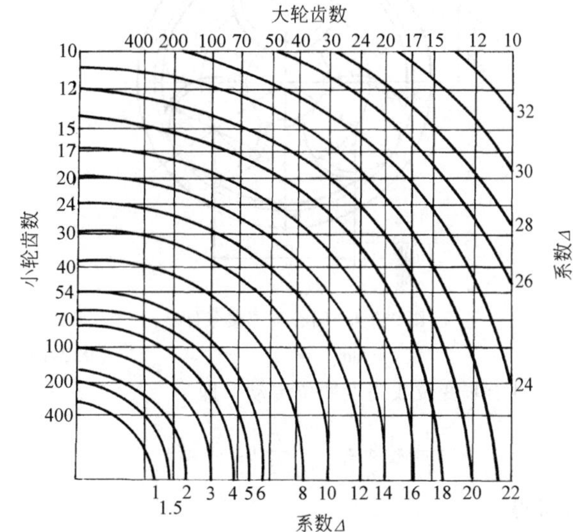

图 9.1-10　$\alpha'=20°$ 直齿圆柱齿轮传动与啮合参数有关的系数 Δ

第2章　渐开线齿轮行星传动

1　齿数及行星轮数的确定

1.1　齿数及行星轮数应满足的条件

行星传动中，齿轮的齿数及行星轮数应满足下述条件：

1）传动比条件。保证实现给定的传动比，其计算公式见表 9.1-2。

2）同心条件。保证中心轮和行星架轴线重合条件下的正确啮合，为此各对啮合齿轮间的中心距必须相等。例如，图 9.2-1 中，当中心轮和行星架轴线重合，为保证行星轮 c 与两个中心轮 a、b 同时正确啮合，就要求外啮合齿轮 a—c 的中心距等于内啮合齿轮 b—c 的中心距，即此时同心条件如下：

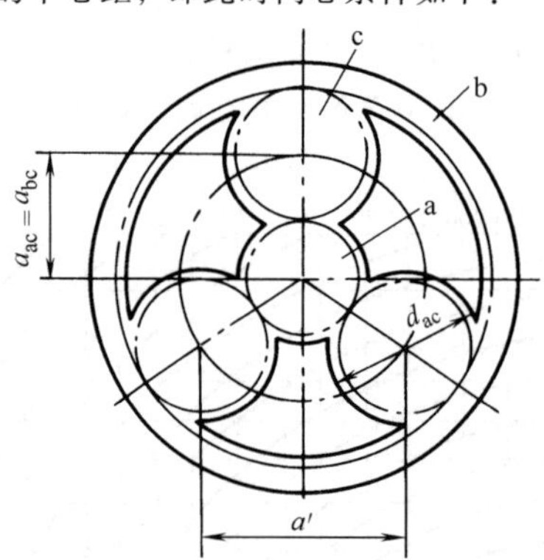

图 9.2-1　同心与邻接条件

$$a_{ac} = a_{bc} \tag{9.2-1}$$

对于非变位或高度变位传动，即

$$\frac{m}{2}(z_a + z_c) = \frac{m}{2}(z_b - z_c)$$

由此得

$$z_b = (z_a + 2z_c) \text{ 或 } z_c = \frac{z_b - z_a}{2} \tag{9.2-2}$$

式（9.2-2）表明，为保证同心条件，两中心轮的齿数 z_a 和 z_b 必须同时为偶数或奇数，否则行星轮齿数 z_c 不可能为整数。

对于角度变位传动，应为

$$\frac{z_a + z_c}{\cos\alpha'_{tac}} = \frac{z_b - z_c}{\cos\alpha'_{tbc}} \tag{9.2-3}$$

式中　α'_{tac}——中心轮 a 与行星轮 c 的啮合角；

α'_{tbc}——中心轮 b 与行星轮 c 的啮合角。

设计时，外啮合宜用大啮合角，通常取啮合角 $\alpha'_{tac}=24°\sim27°$；内啮合由于接触齿面当量曲率半径较大，且内齿轮齿根弯曲强度较高，故啮合角可降低些。通常取啮合角 $\alpha'_{tbc}=17°30'\sim21°$。

3）装配条件。保证各行星轮能均布地安装于两中心齿轮之间。为此，各轮齿数与行星轮个数 n_w 必须满足装配条件，否则，当第一个行星轮装入啮合位置后，其他几个行星轮装不进去。为建立装配条件，以图 9.2-2 所示的单排行星轮（$n_w=3$）为例介绍装配过程：相邻两个行星轮所夹中心角等于 $\frac{2\pi}{n_w}$，设行星轮的齿数为偶数，当两中心轮的轮齿中线同时位于 *A*—*A* 线上时，行星轮便可装入。然后，固定中心轮 b 将行星架 H 由位置Ⅰ转到位置Ⅱ，转角 $\varphi_H=\frac{2\pi}{n_w}$，而中心轮 a 相应转过 φ_a 角，其某一轮齿中线应正好转到 *A*—*A* 线上，仍与中心轮 b 的轮齿相对，这时第二个行星轮才能装入啮合位置。为此，φ_a 角必须等于中心轮 *a* 转过 *C* 个（整数）齿所对的中心角，即

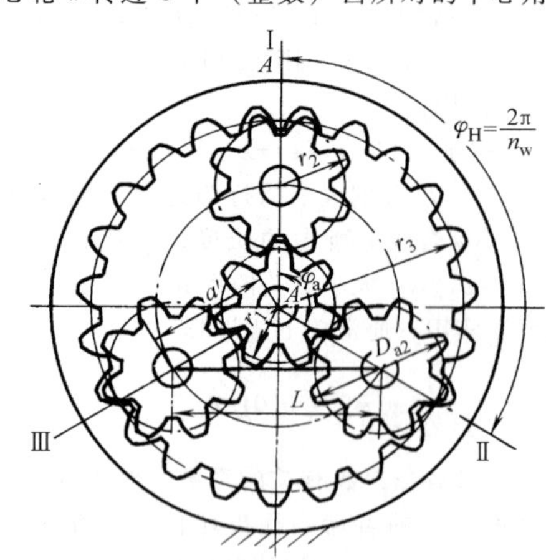

图 9.2-2　单排 2K-H 行星传动的配齿计算

$$\varphi_a = C\frac{2\pi}{z_a}$$

式中　$\frac{2\pi}{z_a}$——中心轮 a 转过一个齿（周节）所对的中心角。

显然，当中心轮 a 与行星架 H 由位置Ⅰ转到位置Ⅱ时，该轮系的传动比 i_{aH} 为

$$i_{aH}=\frac{n_a}{n_H}=\frac{\varphi_a}{\varphi_H}=1+\frac{z_b}{z_a}$$

将 φ_a 和 φ_H 代入上式，得

$$\frac{\frac{2\pi C}{z_a}}{\frac{2\pi}{n_w}}=1+\frac{z_b}{z_a}$$

经整理后得

$$\frac{z_a+z_b}{n_w}=C(\text{整数}) \qquad (9.2\text{-}4)$$

因此，单排 2K-H 行星传动的装配条件是：两中心轮的齿数之和应为行星轮数目的整数倍。

因为 $i_{aH}^b=1+\frac{z_b}{z_a}$ 即 $z_b=(i_{aH}^b-1)z_a$，代入式（9.2-4）得

$$\frac{i_{aH}^b z_a}{n_w}=C \qquad (9.2\text{-}5)$$

对行星轮的齿数为奇数时，证明方法和结论相同。

4）邻接条件。保证相邻两行星轮的齿顶不相碰，如图 9.2-1 所示，即

$$2a'\sin\frac{180°}{n_w}>d_{ac} \qquad (9.2\text{-}6)$$

式中　d_{ac}——行星轮的齿顶圆直径。

行星轮齿顶间的最小间隙取决于制造精度，一般可取 0.5m，m 为模数。当计算结果不满足邻接条件时，可减少行星轮数目 n_w 或增加中心轮齿数 z_a。常用行星齿轮传动的行星轮数目与其传动比范围见表 9.2-1。

表 9.2-1　行星轮数目与传动比范围的关系

行星轮数目 n_w	传动比范围			
	NGW（i_{aH}^b）	NGWN	NW（i_{aH}^b）	WW（i_{aH}^b）
3	2.1～13.7	$\frac{z_c}{z_d}\frac{m_c}{m_d}<1$ 时	1.55～21	−7.35～0.88
4	2.1～6.5		1.55～9.9	−3.40～0.77
5	2.1～4.7	$i_{ae}^b=-\infty\sim2.2$	1.55～7.1	−2.40～0.70
6	2.1～3.9	$\frac{z_c}{z_d}>1$ 时	1.55～5.9	−1.98～0.66
8	2.1～3.2		1.55～4.8	−1.61～0.61
10	2.1～2.8	$i_{ae}^b=4.7\sim+\infty$	1.55～4.3	−1.44～0.59
12	2.1～2.6	（与行星轮数目无关）	1.55～4.0	−1.34～0.57

注：表中数值为在良好设计条件下，单级传动比可能达到的范围。在一般设计中，传动比若接近极限值时，通常需要进行邻接条件的验算。

例 9.2-1　ϕ3.5m 卷扬机减速用双级直齿 2K-H（NGW 型）行星传动（见表 9.1-1 序号 8 图），给定第一级传动比 $i_1=5.53$，第二级传动比 $i_2=4$，选择第一级 $z_{a1}=32$，$z_{c1}=56$，$z_{b1}=145$，$m=6$，$x_{a1}=0.31$，$x_{c1}=0.21$，$x_{b1}=0.21$，$\Delta y_1=0.02$，第二级 $z_{a2}=30$，$z_{c2}=30$，$z_{b2}=90$，$m=10$，$x_{a2}=0$，$x_{c2}=0$，$x_{b2}=0$，$\Delta y_2=0$，试验算配齿条件。

解

1. 传动比条件

由表 9.1-2

第一级　$i_{a_1H_1}^{b_1}=1+\frac{z_{b1}}{z_{a1}}=1+\frac{145}{32}=5.53$

第二级　$i_{a_2H_2}^{b_2}=1+\frac{z_{b2}}{z_{a2}}=1+\frac{90}{30}=4$

2. 同心条件

由式（9.2-3）

$$\frac{z_a+z_c}{\cos\alpha'_{tac}}=\frac{z_b-z_c}{\cos\alpha'_{tbc}}$$

第一级

$$\begin{aligned}y_1&=x_{a1}+x_{c1}-\Delta y_1\\&=0.31+0.21-0.02=0.5\end{aligned}$$

$$\begin{aligned}\cos\alpha'_{tac}&=\frac{a}{a'}\cos20°\\&=\frac{0.5m(z_{a1}+z_{c1})}{0.5m(z_{a1}+z_{c1})+y_1m}\times\cos20°\\&=\frac{0.5\times6\times(32+56)}{0.5\times6\times(32+56)+0.5\times6}\times0.93969\\&=0.92913\end{aligned}$$

$$\cos\alpha'_{tbc}=\cos20°=0.93969$$

因而，有

$$\frac{z_{a1}+z_{c1}}{\cos\alpha'_{tac}}=\frac{32+56}{0.92913}=94.712$$

$$\frac{z_{b1}-z_{c1}}{\cos\alpha'_{tbc}}=\frac{145-56}{0.93969}=94.712$$

所以 $\frac{z_{a1}+z_{c1}}{\cos\alpha'_{tac}}=\frac{z_{b1}-z_{c1}}{\cos\alpha'_{tbc}}$ 即满足同心条件。

第二级　$x_{a2}=x_{c2}=x_{b2}=0$　系标准齿轮

因　$z_{c2}=30$

$$\frac{z_{b2}-z_{a2}}{2}=\frac{90-30}{2}=30$$

所以 $z_{c2}=\frac{z_{b2}-z_{a2}}{2}$ 即满足同心条件。

3. 装配条件

由式（9.2-4）

第一级　$\dfrac{z_{a1}+z_{b1}}{n_w}=\dfrac{32+145}{3}=\dfrac{177}{3}=59$(整数)

第二级　$\dfrac{z_{a2}+z_{b2}}{n_w}=\dfrac{30+90}{3}=\dfrac{120}{3}=40$(整数)

所以满足装配条件。

4. 邻接条件

由式（9.2-6）

第一级 $d_{ac1}=m_1(z_{c1}+2h_a^*+2x_{c1}-2\Delta y_1)$
$=6\times(56+2\times1.0+2\times0.21-2\times0.02)\text{ mm}=350.28\text{ mm}$

$$2a'_1\sin\frac{180°}{n_w}=2\times[0.5m_1(z_{a1}+z_{c1})+y_1m_1]\times\sin\frac{180°}{n_w}$$
$$=2\times[0.5\times6\times(32+56)+0.5\times6]\times\sin\frac{180°}{3}\text{mm}$$
$=462.46\text{mm}>d_{ac}$，即满足邻接条件。

第二级 $d_{ac2}=m_2(z_{c2}+2h_a^*)$
$=10\times(30+2\times1.0)\text{ mm}$
$=320\text{ mm}$

$$2a'_2\sin\frac{180°}{n_w}=2\times0.5m_2(z_{a2}+z_{c2})\times\sin\frac{180°}{n_w}$$
$$=2\times0.5\times10\times(30+30)\sin\frac{180°}{3}\text{mm}$$
$=519.62\text{mm}>d_{ac2}$，即满足邻接条件。

即所选齿数均能满足配齿条件。

对于双排 2K-H（NW、WW、NN 型）及 3K（NGWN 型）行星传动，传动比条件见表 9.1-1，同心条件见表 9.2-2，装配条件和邻接条件见表 9.2-3。

表 9.2-2　双排 2K-H 和 3K 行星传动的同心条件

序号	传动形式		同心条件		附注
	按基本构件分类	按啮合方式分类	非变位或高度变位传动 $\alpha'_{tac}=\alpha'_{tbc}$ $\alpha'_{tbc}=\alpha'_{ted}$ 或 $\alpha'_{tac}=\alpha'_{tbc}=\alpha'_{ted}$	角度变位传动 $\alpha'_{tac}\neq\alpha'_{tbc}$ 或 $\alpha'_{tbc}\neq\alpha'_{ted}$ 或 $\alpha'_{tac}\neq\alpha'_{tbc}\neq\alpha'_{ted}$	
1	2K-H	NGW	$z_a+2z_c=z_b$	$\dfrac{z_a+z_c}{\cos\alpha'_{tac}}=\dfrac{z_b-z_c}{\cos\alpha'_{tbc}}$	—
2	2K-H	NW	$z_a+z_c=z_b-z_d$	$\dfrac{z_a+z_c}{\cos\alpha'_{tac}}=\dfrac{z_b-z_d}{\cos\alpha'_{tbd}}$	当 $\beta=0$ 和 $m_{t(a)}=m_{t(b)}$ 时
			$(z_a+z_c)m_{t(a)}=(z_b-z_d)m_{t(b)}$	$m_{t(a)}\dfrac{z_a+z_c}{\cos\alpha'_{tac}}=m_{t(b)}\dfrac{z_b-z_d}{\cos\alpha'_{tbd}}$	当 $\beta=0$ 和 $m_{t(a)}\neq m_{t(b)}$ 时
			$(z_a+z_c)m_{t(a)}=(z_b-z_d)m_{t(b)}$	$m_{t(a)}(z_a+z_c)\dfrac{\cos\alpha_{tac}}{\cos\alpha'_{tac}}=m_{t(b)}(z_b-z_d)\dfrac{\cos\alpha_{tbd}}{\cos\alpha'_{tbd}}$	当 $\beta_a\neq0$ 和 $\beta_b=0$ 时
3	2K-H	NN	$z_b-z_d=z_a-z_c$	$\dfrac{z_b-z_d}{\cos\alpha'_{tbd}}=\dfrac{z_a-z_c}{\cos\alpha'_{tac}}$	当 $\beta=0$ 和 $m_{t(b)}=m_{t(a)}$ 时
			$(z_b-z_d)m_{t(b)}=(z_a-z_c)m_{t(a)}$	$m_{t(b)}\dfrac{z_b-z_d}{\cos\alpha'_{tbd}}=m_{t(a)}\dfrac{z_a-z_c}{\cos\alpha'_{tac}}$	当 $\beta=0$ 和 $m_{t(b)}\neq m_{t(a)}$ 时
4	3K	NGWN	$z_a+2z_c=z_b$ $z_b-z_c=z_e-z_d$	$\dfrac{z_a+z_c}{\cos\alpha'_{tac}}=\dfrac{z_b-z_c}{\cos\alpha'_{tbc}}=\dfrac{z_e-z_d}{\cos\alpha'_{ted}}$	当 $\beta=0$ 和 $m_{t(a)}=m_{t(e)}$ 时
			$z_a+2z_c=z_b$ $(z_b-z_c)m_{t(a)}=(z_e-z_d)m_{t(e)}$	$\dfrac{(z_a+z_c)m_{t(a)}}{\cos\alpha'_{tac}}=\dfrac{(z_b-z_c)m_{t(a)}}{\cos\alpha'_{tbc}}=\dfrac{(z_e-z_d)m_{t(e)}}{\cos\alpha'_{ted}}$	当 $\beta=0$ 和 $m_{t(e)}\neq m_{t(e)}$ 时
说明	α'_{tac}：a—c 啮合的端面啮合角；α'_{tbd}：b—d 啮合的端面啮合角； α'_{tbc}：b—c 啮合的端面啮合角；α'_{ted}：e—d 啮合的端面啮合角； $m_{t(a)}$、$m_{t(b)}$、$m_{t(e)}$：a—c、b—c(或 b—d)和 e—d 啮合的端面模数				

表 9.2-3　行星齿轮传动齿轮齿数确定的装配条件和邻接条件

<table>
<tr><td rowspan="2">条件</td><td colspan="4">传动形式</td></tr>
<tr><td>NGW</td><td>NGWN</td><td>WW</td><td>NW</td></tr>
<tr><td rowspan="3">装配条件</td><td colspan="4">保证各行星轮能均布地安装于两中心齿轮之间，并且与两个中心轮啮合良好没有错位现象</td></tr>
<tr><td>为了简化计算和装配，应使太阳轮与内齿轮的齿数和等于行星轮数目的整数倍，即
$\frac{z_a+z_b}{n_w}$=整数
或$\frac{i_{aH}^{b}z_a}{n_w}$=整数</td><td>1) 通常取中心轮齿数 z_a、z_b 和 z_e 或(z_a+z_b)及 z_e 均为行星轮数目 n_w 的整数倍
此时双联行星齿轮的两个齿轮的相对位置应这样确定：c 轮和 d 轮各有一个齿槽的对称线须位于同一个轴平面(θ 平面)内，两齿槽的对称线可在行星轮轴线的同侧(图 b)或两侧(图 a)。装配情况见图 d
2) 亦可按右栏内 NW 型传动的公式计算。此时 z_b 应以 z_e 代</td><td colspan="2">若双联行星齿轮的两个齿轮的相对位置是在安装时确定的(安装时可以调整)，则行星传动的齿轮齿数不受本条件限制，满足其他条件即可
若双联行星齿轮的两个齿轮的相对位置是在制造时确定的(如同一坯料切出)，则必须满足以下条件
1) 当中心轮 z_a、z_b 为 n_w 的整数倍时(此时计算和装配最简单)，双联行星齿轮的两个齿轮的相对位置应该使 c 轮和 d 轮各有一个齿槽的对称线位于同一个轴平面(θ 平面)内。对 NW 型传动，应位于行星轮轴线的两侧(图 a)，装配情况见图 c。对 WW 型传动，应位于行星轮轴线的同侧(图 b)
2) 当一个或两个中心轮的齿数非 n_w 的整数倍时
WW 传动：$\frac{z_a+z_b}{n_w}+\left(1+\frac{z_d}{z_c}\right)\left(E_A\pm n-\frac{z_a}{n_w}\right)$=整数
NW 传动：$\frac{z_a+z_b}{n_w}+\left(1-\frac{z_d}{z_c}\right)\left(E_A\pm n-\frac{z_a}{n_w}\right)$=整数
式中　E_A、n—整数
当$\frac{z_a}{n_w}$=整数时，$E_A=\frac{z_a}{n_w}$，n 从 1、2、3、…中选取
当$\frac{z_a}{n_w}\neq$整数时，E_A 为稍大于$\frac{z_a}{n_w}$的整数，n 从 1、2、3、…中选取</td></tr>
<tr><td colspan="4"> 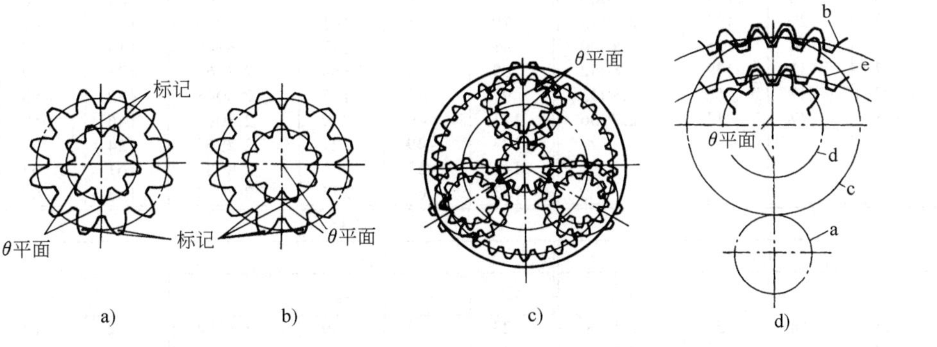a)　b)　c)　d)</td></tr>
<tr><td>邻接条件</td><td colspan="4">必须保证相邻两行星轮互不相碰，并留有大于 0.5mm 的间隙，即行星轮齿顶圆半径之和小于其中心距
$$2r_{ac}<L \text{ 或 } d_{ac}<2a'\sin\frac{\pi}{n_w}$$
式中　r_{ac}、d_{ac}—行星轮齿顶圆半径和直径。当行星轮为双联齿轮时，应取其中之大值 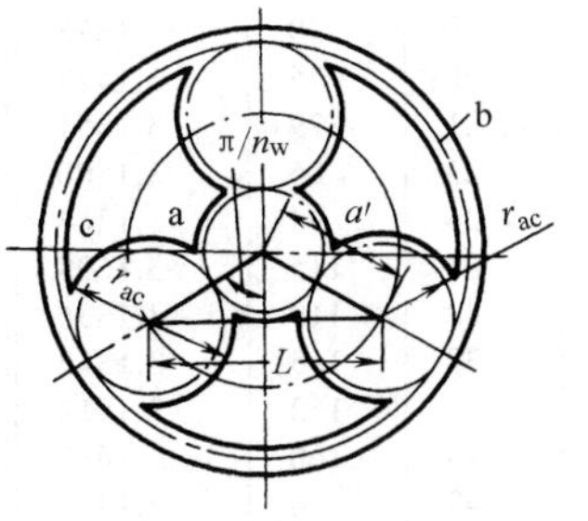</td></tr>
</table>

注：对直齿轮，可将表中代号的下角 t 去掉。

1.2　配齿方法

设计行星传动时，齿数及行星轮数的确定除满足上述四个条件外，还需满足其他一些附加条件。例如，高速重载的行星传动，为了工作平稳，各啮合齿轮的齿数之间，应没有公约数。大于100的质数齿（如101，103，…）的齿轮尽量少用，因加工时切齿机床调整较难。用插齿刀或剃齿刀加工齿轮时，任一齿轮的齿数不应是插齿刀或剃齿刀齿数的整倍数。此外，如齿轮的齿面硬度小于350HBW，承载能力主要由轮齿的接触强度所决定，其中心轮尽可能选择较多的齿数；对低速、硬齿面的可逆传动，承载能力取决于轮齿弯曲强度时，则应选择较少的齿数。

（1）NGW型传动的配齿方法

1）计算法配齿步骤。

① 根据表9.2-1选取适合传动比要求的行星轮数目 n_w。

② 确定 z_a。

对于非变位或高度变位传动：$\dfrac{i_{aH}^{b} z_a}{n_w}=C$，根据 i_{aH}^{b} 并适当调整，使 C 等于整数，求出 z_a。

等角变位：$\dfrac{i_{aH}^{b} z_a}{n_w}=C$，根据 i_{aH}^{b} 并适当调整，使 C 等于整数，求出 z_a。

③ $z_b=Cn_w-z_a$。

④ $z_c=\dfrac{1}{2}(z_b-z_a)$。

当采用不等角变位（$\alpha'_{tac}>\alpha'_{tbc}$）时，应将算出的 z_c 减去0~2齿，以适应变位的需要。此时计算所得的 z_c 可以不是整数，而在减少齿数时去掉该小数。

⑤ 必要时验算邻接条件。

2）查表法（由表9.2-4查取）。

表9.2-4　NGW型行星齿轮传动的齿数组合

$i=2.8$											
$n_w=3$				$n_w=4$				$n_w=5$			
z_a	z_c	z_b	i_{aH}^{b}	z_a	z_c	z_b	i_{aH}^{b}	z_a	z_c	z_b	i_{aH}^{b}
32	13	58	2.8125	33	13	59	2.7879	32	13	58	2.8125
41	16	73	2.7805	37	15	67	2.8108	39	16	71	2.8205
43	17	77	2.7907	43	17	77	2.7907	43	17	77	2.7907
47	19	85	2.8085	46	19	85	2.8085	45	19	84	2.8261
49	20	89	2.8763	53	21	95	2.7925	64	26	116	2.8125
58	23	104	2.7931	59	23	105	2.7797	71	29	129	2.8169
62	25	112	2.8065	67	27	121	2.8060	79	31	141	2.7848
65	26	117	2.8000	71	29	129	2.8169	89	36	161	2.8090
73	29	131	2.7945	79	31	141	2.7848	104	41	186	2.7885
75	30	135	2.8000	81	33	147	2.8148	118	47	212	2.7966
77	31	139	2.8052	89	35	159	2.7865	121	49	219	2.8099
92	37	166	2.8043	97	39	175	2.8041	132	53	238	2.8030
118	47	212	2.7966	121	49	219	2.8099	146	59	264	2.8082
				123	49	221	2.7967	154	61	276	2.7922
				141	57	255	2.8085	161	64	289	2.7950
				153	61	275	2.7974	168	67	302	2.7976
$i=3.15$											
$n_w=3$				$n_w=4$				$n_w=5$			
z_a	z_c	z_b	i_{aH}^{b}	z_a	z_c	z_b	i_{aH}^{b}	z_a	z_c	z_b	i_{aH}^{b}
25	14	53	3.1200	23	13	49	3.1304	22	13	48	3.1818
29	16	61	3.1034	29	17	63	3.1724	29	16	61	3.1034
31	18	67	3.1613	33	19	71	3.1515	31	18	67	3.1613
32	19	70	3.1875	37	21	79	3.1351	37	21	79	3.1351
35	20	75	3.1429	41	23	87	3.1220	41	24	89	3.1707
37	21	79	3.1351	43	25	93	3.1628	35	20	75	3.1429
40	23	86	3.1500	53	31	115	3.1698	54	31	116	3.1481
44	25	94	3.1364	67	39	145	3.1642	55	32	119	3.1636
53	31	115	3.1698	71	41	153	3.1549	67	38	143	3.1343
55	32	119	3.1636	75	43	161	3.1467	79	46	171	3.1646
67	38	143	3.1343	79	45	169	3.1392	86	49	184	3.1395
70	41	152	3.1714	81	47	175	3.1605	89	51	191	3.6461
74	43	160	3.1622	85	49	183	3.1529	92	53	198	3.1522
82	47	176	3.1463	97	55	207	3.1340	98	57	212	3.1633
86	49	184	3.1395	121	69	259	3.1405	121	69	259	3.1405
97	56	209	3.1546	123	71	265	3.1545	83	47	177	3.1325

（续）

$i=3.55$											
$n_w=3$				$n_w=4$				$n_w=5$			
z_a	z_c	z_b	i_{aH}^b	z_a	z_c	z_b	i_{aH}^b	z_a	z_c	z_b	i_{aH}^b
22	17	56	3.5455	23	17	57	3.4783	23	17	57	3.4783
25	19	63	3.5200	25	19	63	3.5200	24	19	62	3.5833
29	22	73	3.5172	29	23	75	3.5862	26	20	66	3.5385
32	25	82	3.5625	33	25	83	3.5152	27	21	69	3.5556
37	29	95	3.5675	37	29	95	3.5676	29	22	73	3.5172
41	32	105	3.5609	45	35	115	3.5556	31	24	79	3.5484
46	35	116	3.5217	47	37	121	3.5745	36	28	92	3.5556
47	37	121	3.5745	53	41	135	3.5472	37	28	93	3.5135
48	37	122	3.5417	55	43	141	3.5636	43	33	109	2.5349
49	38	125	3.5510	61	47	155	3.5410	46	35	116	3.5217
52	41	134	3.5769	69	53	175	3.5362	48	37	122	3.5417
56	43	142	3.5357	73	57	187	3.5616	54	41	136	3.5185
61	47	155	3.5410	77	59	195	3.5325	73	57	187	3.5616
73	56	185	3.5342	79	61	201	3.5443	76	59	194	3.5526
76	59	194	3.5526	83	65	213	3.5663	79	61	201	3.5443
86	67	220	3.5581	87	67	221	3.5402	82	63	208	3.5366

$i=4$											
$n_w=3$				$n_w=4$				$n_w=5$			
z_a	z_c	z_b	i_{aH}^b	z_a	z_c	z_b	i_{aH}^b	z_a	z_c	z_b	i_{aH}^b
20	19	58	3.9000	23	22	67	3.9130	18	17	52	3.8889
22	23	68	4.0909	25	27	79	4.1600	22	23	68	4.0909
23	22	67	3.9130	27	29	85	4.1481	23	22	67	3.9130
26	25	76	3.9231	29	31	91	4.1379	24	25	74	4.0833
28	27	82	3.9286	31	33	97	4.1290	26	25	76	3.9231
29	28	85	3.9310	33	32	97	3.9394	28	27	82	3.9286
32	31	94	3.9375	37	39	115	4.1081	29	31	91	4.1379
38	37	112	3.9474	39	41	121	4.1026	31	33	97	4.1290
44	43	130	3.9545	43	45	133	4.0930	33	32	97	3.9394
47	49	145	4.0851	45	46	137	4.0444	38	37	112	3.9474
50	49	148	3.9600	47	49	145	4.0851	39	41	121	4.1026
56	55	166	3.9643	49	50	149	4.0408	48	47	142	3.9583
59	58	175	3.9661	55	57	169	4.0727	41	40	121	3.9512
62	61	184	3.9677	57	59	175	4.0702	58	57	172	3.9655
68	67	202	3.9706	61	63	187	4.0656	63	62	187	3.9683
74	73	220	3.9730	67	69	205	4.0597	68	67	202	3.9706

$i=4.5$								$i=5$			
$n_w=3$				$n_w=4$				$n_w=3$			
z_a	z_c	z_b	i_{aH}^b	z_a	z_c	z_b	i_{aH}^b	z_a	z_c	z_b	i_{aH}^b
17	22	61	4.5882	17	21	59	4.4706	16	23	62	4.8750
19	23	65	4.4211	19	23	65	4.4211	17	25	67	4.9412
23	28	79	4.4348	21	26	73	4.4762	19	29	77	5.0526
25	32	89	4.5600	23	29	81	4.5217	20	31	82	5.1000
26	33	92	4.5385	25	31	87	4.4800	23	34	91	4.9565
28	35	98	4.500	27	34	95	4.5184	28	41	110	4.9286
31	39	109	4.5161	33	41	115	4.4848	31	47	125	5.0323
35	43	121	4.4571	35	43	121	4.4571	40	59	158	4.9500
37	45	127	4.4324	41	51	143	4.4878	44	67	178	5.0455
41	52	145	4.5366	47	59	165	4.5106	47	70	187	4.9787
52	65	182	4.5000	49	61	171	4.4898	52	77	206	4.9615
53	67	187	4.5283	50	62	174	4.4800	55	83	221	5.0182
59	73	205	4.4746	53	67	187	4.5283	56	85	226	5.0357
61	77	215	4.5246	59	73	205	4.4746	59	88	235	4.9831
68	85	238	4.5000	61	77	215	4.5246	64	95	254	4.9688
71	88	247	4.4789	71	89	249	4.5070	65	97	259	4.9846

（续）

$i=5$			
$n_w=4$			
z_a	z_c	z_b	i_{aH}^{b}
17	25	67	4.9412
19	29	77	5.0526
21	31	83	4.9574
23	35	93	5.0435
25	37	99	4.9600
29	43	115	4.9655
31	47	125	5.0323
35	53	141	5.0786
37	55	147	4.9730
47	71	189	5.0713
49	73	195	4.9796
51	77	205	5.0196
55	83	221	5.0182
59	89	237	5.0160
63	95	253	5.0159
65	97	259	4.9846

$i=5.6$			
$n_w=3$			
z_a	z_c	z_b	i_{aH}^{b}
13	23	59	5.5385
14	25	64	5.5714
16	29	74	5.6250
17	31	79	5.6471
19	35	89	5.6842
20	37	94	5.7000
22	41	104	5.7273
29	52	133	5.5862
31	56	143	5.6129
40	71	182	5.5500
41	73	187	5.5610
44	79	202	5.5909
46	83	212	5.6087
47	85	217	5.6170
50	91	232	5.6400
52	95	242	5.6538

$i=6.3$			
$n_w=3$			
z_a	z_c	z_b	i_{aH}^{b}
13	29	71	6.4615
14	31	76	6.4286
16	35	86	6.3750
17	37	91	6.3529
19	41	101	6.3158
20	43	106	6.3000
22	47	116	6.2727
23	49	121	6.2609
25	54	133	6.3200
26	55	136	6.2308
28	39	146	6.2143
31	66	163	6.2581
35	76	187	6.3429
37	80	197	6.3243
41	88	217	6.2927
47	100	247	6.2553

$i=7.1$			
$n_w=3$			
z_a	z_c	z_b	i_{aH}^{b}
13	32	77	6.9231
14	37	88	7.2857
16	41	98	7.1250
17	43	103	7.0588
19	50	119	7.2632
20	51	122	7.1000
22	56	134	·7.0909
23	58	139	7.0435
26	67	160	7.1538
28	71	170	7.0714
29	73	175	7.0345
35	91	217	7.2000
38	97	232	7.1053
41	106	253	7.1707
46	119	284	7.1739
47	121	289	7.1489

$i=8$			
$n_w=3$			
z_a	z_c	z_b	i_{aH}^{b}
13	38	89	7.8462
14	43	100	8.1429
16	47	110	7.8750
17	49	115	7.7647
17	52	121	8.1176
20	61	142	8.1000
22	65	152	7.9091
26	79	184	8.0769
28	83	194	7.9286
29	88	205	8.0690
31	92	215	7.9355
32	97	226	8.0625
34	101	236	7.9412
35	106	247	8.0571
40	119	278	7.9500
41	124	289	8.0488

$i=9$			
$n_w=3$			
z_a	z_c	z_b	i_{aH}^{b}
14	49	112	9.0000
16	56	128	·9.0000
17	58	133	8.8236
19	68	155	9.1579
20	70	160	·9.0000
22	77	176	9.0000
23	82	187	9.1304
25	89	203	9.1200
26	91	208	9.0000
88	98	224	·9.0000
29	102	233	9.0345
31	108	247	8.9677
32	112	256	·9.0000
34	119	272	9.0000
35	121	277	8.9143
37	128	293	8.9189

$i=10$			
$n_w=3$			
z_a	z_c	z_b	i_{aH}^{b}
13	53	119	10.1538
14	58	130	10.2857
16	65	146	10.1250
17	67	151	9.8824
19	77	173	10.1053
20	79	178	9.9000
22	89	200	10.0909
23	91	205	9.9130
25	98	221	9.8400
26	103	232	9.9231
28	113	254	10.0714
29	115	259	9.9310
29	118	265	10.1379
31	122	275	9.8710
32	130	292	·10.1250
34	144	302	·9.8824

$i=11.2$			
$n_w=3$			
z_a	z_c	z_b	i_{aH}^{b}
14	61	136	10.7143
16	71	158	10.8750
16	74	164	·11.2500
17	76	169	10.9412
17	79	175	11.2941
19	86	191	11.0526
20	91	202	11.1000
22	101	224	11.1818
23	106	235	11.2174
26	121	268	11.3077
28	125	278	10.9286
28	128	284	·11.1429
29	130	289	10.9655
29	133	295	11.1724
31	143	317	11.2258

$i=12.5$			
$n_w=3$			
z_a	z_c	z_b	i_{aH}^{b}
13	71	155	12.9231
14	73	160	12.4286
16	83	182	12.3750
16	86	188	·12.7500
17	88	193	12.3529
19	98	215	12.3158
20	106	232	·12.6000
22	116	254	·12.5455
23	118	259	12.2609
23	121	265	12.5217
25	131	287	12.4800
26	135	298	12.4615
26	139	304	12.6923
28	147	322	·12.5000
29	153	335	12.5517
31	163	257	12.5161

注：1. 表中齿数满足装配条件、同心条件和邻接条件，且$\frac{z_a}{z_c}$、$\frac{z_b}{z_c}$、$\frac{z_a}{n_w}$及$\frac{z_b}{n_w}$无公因数(带"·"者除外)，以利提高传动平稳性。

2. 本表可直接用于非变位、高度变位和等角变位（$\alpha'_{tac}=\alpha'_{tcb}$）。当采用不等角的角变位（$\alpha'_{tac}>\alpha'_{tcb}$）时，应将表中的$z_c$值适当减少 1~2 齿，以适应变位需要。

3. 当齿数少于 17 且不允许根切时，应进行变位。

4. 表中 i 为名义传动比，其所对应的不同齿数组合应根据齿轮强度条件选择。

5. i_{aH}^{b}为实际传动比。

（2）NGWN 型传动的配齿方法

对于 NGWN 型传动，由于配齿较 NGW 难，通常取 z_a、z_b、z_c 为行星轮数目的整数倍，而且各齿轮的模数均相等。在 NGWN 传动中，除要求输入轴和输出轴的回转方向相反而采用 $z_b<z_c$ 外，一般推荐用 $z_b>z_c$。因同样条件下，后者比前者承载能力大，且 $i_{ae}^{b}\leqslant 100$ 时，齿轮圆周速度和行星架转速皆略有降低。

在最大齿数相同的条件下，当 $z_c=z_d$ 时，能获得较大的传动比，且制造方便，减少装配误差，使各行星轮之间载荷分配均匀。另外，相啮合的齿轮齿数间没有公因数的可能性会比 $z_c\neq z_d$ 小，因而提高了传动平稳性。但存在着变位困难（尤其是 n_w 较大时）的缺点，计算所得的齿数好用否，常需在变位计算后才能定。

1）计算法。按上述情况确定齿数之间的关系后，按表 9.2-7 计算。

例 9.2-2　已知 $i_{ae}^{b}=88$，$z_c\neq z_d$，$z_b>z_e$，试分配 NGWN 型行星传动的齿数。

解

① 选取 $n_w=3$。

② 按 i_{ae}^{b} 查表 9.2-5，选取 $A=7$、$K=50$。

③ 计算齿数：

$$B=\frac{1}{2}(A+1+K)=\frac{1}{2}(7+1+50)=29$$

$$z_a=An_w=7\times3=21$$

$$z_b=Bn_w=29\times3=87$$

$$z_c=\frac{1}{2}(z_b-z_a)=\frac{1}{2}(87-21)=33$$

$$z_d=z_c-n_w=33-3=30$$

$$z_e=z_b-n_w=87-3=84$$

④ 校核邻接条件：

$$d_{ac}=m(z_c+2)=m(33+2)=35m$$

$$2a\sin\frac{\pi}{n_w}=2\times\frac{m}{2}(21+33)\sin\frac{\pi}{3}=46.8m$$

$$d_{ac}<2a\sin\frac{\pi}{n_w}$$

所选齿数可用。

表 9.2-5　A、K 值（$K=\sqrt{(A-1)^2+4Ai_{ae}^{b}}$）

A	$i_{ae}^{b}<30$	$30\leqslant i_{ae}^{b}<50$	$50\leqslant i_{ae}^{b}<70$	$70\leqslant i_{ae}^{b}<90$
	$\frac{i_{ae}^{b}}{K}$			
3	$\frac{\cdot 12}{16}$；$\frac{26.6666}{18}$	$\frac{\cdot 33}{20}$；$\frac{40}{22}$	$\frac{56}{26}$	$\frac{74.6666}{30}$；$\frac{\cdot 85}{32}$
4	$\frac{22}{19}$；$\frac{\cdot 27}{21}$	$\frac{32.5}{23}$；$\frac{45}{27}$	$\frac{\cdot 52}{29}$；$\frac{59.5}{31}$	$\frac{76}{35}$；$\frac{\cdot 85}{37}$
5	$\frac{19.2}{20}$；$\frac{28}{24}$	$\frac{38.4}{28}$	$\frac{50.4}{32}$；$\frac{\cdot 57}{34}$；$\frac{64}{36}$	$\frac{79.2}{40}$
6	$\frac{17.3333}{21}$；$\frac{25}{25}$	$\frac{34}{29}$；$\frac{43.3333}{33}$	$\frac{56}{37}$；$\frac{49}{41}$	$\frac{\cdot 76}{43}$；$\frac{83.3333}{45}$
7	$\frac{22.857}{26}$	$\frac{30.857}{30}$；$\frac{40}{34}$；$\frac{\cdot 45}{36}$	$\frac{50.2857}{38}$；$\frac{61.7143}{42}$	$\frac{74.2857}{46}$；$\frac{\cdot 81}{48}$；$\frac{88}{50}$
8	$\frac{21.25}{37}$；$\frac{28.5}{31}$	$\frac{17.75}{35}$；$\frac{46}{39}$	$\frac{56.25}{43}$；$\frac{67.5}{47}$	$\frac{79.75}{51}$
9	$\frac{20}{28}$；$\frac{26.6666}{32}$	$\frac{34.2222}{36}$；$\frac{42.6666}{40}$	$\frac{52}{44}$；$\frac{\cdot 57}{46}$；$\frac{62.2222}{48}$	$\frac{73.3333}{52}$；$\frac{85.3333}{56}$
10	$\frac{19}{29}$；$\frac{25.2}{33}$	$\frac{32.2}{37}$；$\frac{40}{41}$；$\frac{48.6}{45}$	$\frac{58}{49}$；$\frac{\cdot 63}{51}$；$\frac{68.2}{53}$	$\frac{79.2}{57}$；$\frac{\cdot 85}{59}$
11	$\frac{\cdot 21}{32}$；$\frac{24}{34}$	$\frac{30.5454}{38}$；$\frac{37.8182}{42}$；$\frac{45.8182}{46}$	$\frac{54.5455}{50}$；$\frac{64}{54}$；$\frac{\cdot 69}{56}$	$\frac{74.1818}{58}$；$\frac{85.0909}{62}$
12	$\frac{23}{35}$；$\frac{\cdot 26}{37}$；$\frac{29.1666}{39}$	$\frac{36}{43}$；$\frac{43.5}{47}$	$\frac{51.6666}{51}$；$\frac{\cdot 56}{53}$；$\frac{60.5}{55}$	$\frac{70}{59}$；$\frac{80.1666}{63}$
13	$\frac{22.1538}{36}$；$\frac{\cdot 25}{38}$；$\frac{28}{40}$	$\frac{34.4613}{44}$；$\frac{41.5385}{48}$；$\frac{49.2308}{52}$	$\frac{57.5384}{56}$；$\frac{66.4615}{60}$	$\frac{76}{64}$；$\frac{86.1538}{68}$
14	$\frac{21.4285}{37}$；$\frac{27}{41}$	$\frac{\cdot 30}{43}$；$\frac{33.1429}{45}$；$\frac{39.8571}{49}$；$\frac{47.1428}{53}$	$\frac{55}{57}$；$\frac{63.4286}{61}$	$\frac{72.4285}{65}$；$\frac{82}{69}$；$\frac{\cdot 87}{71}$
15	$\frac{20.8}{38}$；$\frac{26.1333}{42}$；$\frac{\cdot 29}{44}$	$\frac{32}{46}$；$\frac{38.4}{50}$；$\frac{45.3333}{54}$	$\frac{52.8}{58}$；$\frac{60.8}{62}$；$\frac{69.3333}{66}$	$\frac{78.4}{70}$；$\frac{88}{74}$

（续）

A	$i_{ae}^{b}<30$	$30\leqslant i_{ae}^{b}<50$	$50\leqslant i_{ae}^{b}<70$	$70\leqslant i_{ae}^{b}<90$
	$\frac{i_{ae}^{b}}{K}$			
16	$\frac{20.25}{39};\frac{25.375}{43}$	$\frac{31}{47};\frac{^{\cdot}34}{49};\frac{37.125}{51};\frac{43.75}{55}$	$\frac{50.875}{59};\frac{58.5}{63};\frac{66.625}{67}$	$\frac{57.25}{71};\frac{84.375}{75}$
17	$\frac{19.7647}{40};\frac{24.7058}{44}$	$\frac{30.1176}{48};\frac{36}{52};\frac{42.3529}{56};\frac{49.1765}{60}$	$\frac{56.4706}{64};\frac{64.2353}{68}$	$\frac{72.4706}{72};\frac{81.1765}{76}$
18	$\frac{19.333}{41};\frac{24.111}{45};\frac{129.3333}{49}$	$\frac{35}{53};\frac{^{\cdot}38}{55};\frac{41.1111}{57};\frac{47.6666}{61}$	$\frac{54.6666}{62};\frac{62.1111}{69};\frac{^{\cdot}66}{71}$	$\frac{70}{73};\frac{78.3333}{77};\frac{87.1111}{81}$
19	$\frac{23.5789}{46};\frac{28.6316}{50}$	$\frac{34.1053}{54};\frac{^{\cdot}37}{56};\frac{40}{58};\frac{46.3158}{62}$	$\frac{53.0526}{66};\frac{60.2105}{70};\frac{67.7895}{74}$	$\frac{75.7895}{78};\frac{84.2105}{82}$
20	$\frac{23.1}{47};\frac{28}{51}$	$\frac{33.3}{55};\frac{39}{59};\frac{^{\cdot}42}{61};\frac{45.1}{63}$	$\frac{51.6}{67};\frac{^{\cdot}55}{69};\frac{58.5}{71};\frac{65.8}{75}$	$\frac{73.5}{79};\frac{81.6}{83}$

A	$90\leqslant i_{ae}^{b}<110$	$110\leqslant i_{ae}^{b}<130$	$130\leqslant i_{ae}^{b}<150$	$150\leqslant i_{ae}^{b}<170$	$i_{ae}^{b}\geqslant 170$
	$\frac{i_{ae}^{b}}{K}$				
3	$\frac{96}{34}$	$\frac{120}{38}$	$\frac{146.6666}{42}$		$\frac{176}{46};\frac{208}{50}$
4	$\frac{94.5}{39}$	$\frac{115}{43}$	$\frac{137.5}{47}$	$\frac{162}{51}$	$\frac{188.5}{55}$
5	$\frac{96}{44};\frac{^{\cdot}105}{46}$	$\frac{114.4}{48}$	$\frac{134.4}{52}$	$\frac{156}{56}$	$\frac{179.2}{60};\frac{204}{64}$
6	$\frac{^{\cdot}91}{47};\frac{99}{49}$	$\frac{116}{53};\frac{134.3}{57}$		$\frac{154}{61}$	$\frac{175}{65};\frac{197.3333}{69}$
7	$\frac{102.857}{54}$	$\frac{118.857}{58}$	$\frac{136}{62};\frac{^{\cdot}145}{64}$	$\frac{154.2857}{66}$	$\frac{173.714}{70};\frac{194.2857}{74}$
8	$\frac{93}{35};\frac{^{\cdot}100}{57};\frac{107.25}{59}$	$\frac{122.5}{63}$	$\frac{138.75}{67}$	$\frac{156}{71};\frac{^{\cdot}168}{73}$	$\frac{174.25}{75};\frac{193.5}{79}$
9	$\frac{98.2222}{60};\frac{^{\cdot}105}{62}$	$\frac{112}{64};\frac{126.6666}{68}$	$\frac{142.2222}{72}$	$\frac{158.6666}{76}$	$\frac{176}{80};\frac{^{\cdot}185}{82};\frac{194.2}{84}$
10	$\frac{91}{61};\frac{103.6}{65}$	$\frac{117}{69}$	$\frac{131.2}{73};\frac{146.2}{77}$	$\frac{162}{81}$	$\frac{178.6}{85};\frac{196}{89}$
11	$\frac{96.7272}{66};\frac{109.0909}{70}$	$\frac{122.1818}{74};\frac{^{\cdot}129}{76}$	$\frac{136}{78}$	$\frac{150.545}{82};\frac{165.8181}{86}$	$\frac{181.8181}{90};\frac{198.545}{94}$
12	$\frac{91}{67};\frac{102.5}{71}$	$\frac{114.6666}{75};\frac{127.5}{79}$	$\frac{141}{83};\frac{^{\cdot}148}{85}$	$\frac{155.16}{87}$	$\frac{170}{90};\frac{185}{95};\frac{201.666}{99}$
13	$\frac{96.9231}{72};\frac{108.3077}{76}$	$\frac{120.3077}{80}$	$\frac{132.923}{84};\frac{146.1538}{88}$	$\frac{160}{92}$	$\frac{174.4615}{96};\frac{189.538}{100}$
14	$\frac{92.1428}{73};\frac{102.857}{77}$	$\frac{114.1429}{81};\frac{126}{85}$	$\frac{138.4285}{89}$	$\frac{151.4285}{93};\frac{165}{97}$	$\frac{179.1429}{101};\frac{193.857}{105}$
15	$\frac{^{\cdot}93}{76};\frac{98.1333}{78};\frac{108.8}{82}$	$\frac{120}{86}$	$\frac{131.7333}{90};\frac{144}{94}$	$\frac{156.8}{98}$	$\frac{170.1338}{102};\frac{^{\cdot}177}{104};\frac{184}{106};\frac{198.4}{110}$
16	$\frac{94}{79};\frac{^{\cdot}99}{81};\frac{104.125}{83}$	$\frac{114.75}{87};\frac{125.875}{91}$	$\frac{137.5}{95};\frac{146.625}{99}$	$\frac{162.25}{103}$	$\frac{175.375}{107};\frac{189}{111};\frac{^{\cdot}196}{113}$
17	$\frac{90.3529}{80};\frac{100}{84};\frac{^{\cdot}105}{86}$	$\frac{110.1176}{88};\frac{120.7054}{92}$	$\frac{131.7647}{96};\frac{143.2941}{100}$	$\frac{155.2941}{104};\frac{167.7647}{108}$	$\frac{180.7058}{112};\frac{194.1176}{116}$
18	$\frac{96.333}{85};\frac{106}{89}$	$\frac{^{\cdot}111}{91};\frac{116.1111}{93};\frac{126.6666}{97}$	$\frac{137.6666}{101};\frac{149.1111}{105}$	$\frac{^{\cdot}155}{107};\frac{161}{109}$	$\frac{173.3333}{113};\frac{186.1111}{117};\frac{199.3333}{121}$
19	$\frac{93.0526}{86};\frac{102.3152}{90}$	$\frac{112}{94};\frac{122.1053}{98};\frac{^{\cdot}117}{96}$	$\frac{132.6316}{102};\frac{143.5789}{106}$	$\frac{154.9473}{110};\frac{166.7368}{114}$	$\frac{178.9473}{118};\frac{191.5789}{122};\frac{204.6316}{126}$
20	$\frac{90.1}{87};\frac{99}{91};\frac{108.3}{95}$	$\frac{118}{99};\frac{^{\cdot}123}{101};\frac{128.1}{103}$	$\frac{138.6}{107};\frac{^{\cdot}144}{109};\frac{149.5}{111}$	$\frac{160.8}{115}$	$\frac{172.5}{119};\frac{184.6}{123};\frac{197.1}{127}$

注：1. 表中不带“˙”者或带有“˙”且 n_w 为偶数时，其 A、K 值可用于变位或不变位传动。当采用角变位时，须使 z_c、z_d 分别增加或减少 1 个齿，可避免相啮合齿轮齿数间具有公因数，但传动比将有变化。

2. 表中带有“˙”且 n_w 为奇数时，其 A、K 值仅用于角变位传动，以取消齿数尾数为 0.5 部分。

2）查表法。当 $n_w=3$ 时，各齿轮齿数可查表 9.2-9。

3）NW 型传动的配齿方法。NW 型传动通常取 z_a、z_b 为行星轮数目的整数倍。最常见的传动方式是 b 轮固定，a 轮主动，行星架输出。为了获得较大的传动比和较小的外形尺寸，应选择 z_a、z_d 皆小于 z_c。但从强度观点看，z_c 与 z_d 相差越小越接近等强度。综合考虑上述情况，一般取 $z_d=z_c-(3\sim8)$。按表 9.1-2 及表 9.2-2、表 9.2-3 试凑各齿轮齿数，以满足传动比、同心、装配和邻接条件。为了减少计算麻烦，亦可直接由表 9.2-10 选取。

在 NW 型传动中，若所有齿轮的模数及齿形角相同，且 $z_a+z_c=z_b-z_d$ 时，由同心条件知 $\alpha'_{tac}=\alpha'_{tbd}$。为了提高齿轮承载能力，可使两啮合角稍大于 20°，以便使 a 及 d 两齿轮正变位。选择齿数时使 $z_a+z_c<z_b-z_d$，增大 α'_{tac} 和 α'_{tbd}，有利于提高传动的承载能力。

表 9.2-6　A、K′值（$K'=\sqrt{(A+1)^2+4Ai_{ae}^{b}}$）

A	$i_{ae}^{b}<30$	$30\leqslant i_{ae}^{b}<50$	$50\leqslant i_{ae}^{b}<70$	$70\leqslant i_{ae}^{b}<90$
	$\frac{i_{ae}^{b}}{K'}$			
3	$\frac{20}{16}$;$\frac{\cdot 25.67}{18}$	$\frac{32}{20}$;$\frac{\cdot 39}{22}$;$\frac{46.6666}{24}$	$\frac{\cdot 55}{26}$;$\frac{64}{28}$	$\frac{84}{32}$
4	$\frac{\cdot 21}{19}$;$\frac{26}{21}$	$\frac{37.5}{25}$;$\frac{\cdot 44}{27}$	$\frac{51}{29}$;$\frac{66.5}{33}$	$\frac{\cdot 75}{35}$;$\frac{84}{37}$
5	$\frac{22.4}{22}$;$\frac{\cdot 27}{24}$	$\frac{32}{26}$;$\frac{43.2}{30}$	$\frac{56}{34}$	$\frac{70.4}{38}$;$\frac{86.4}{42}$
6	$\frac{20}{23}$;$\frac{28.3333}{27}$	$\frac{\cdot 33}{29}$;$\frac{38}{31}$;$\frac{49}{35}$	$\frac{61.3333}{39}$	$\frac{75}{43}$
7	$\frac{25.714}{28}$	$\frac{34.286}{32}$;$\frac{\cdot 39}{34}$;$\frac{44}{36}$	$\frac{54.857}{40}$;$\frac{66.857}{44}$	$\frac{80}{48}$;$\frac{\cdot 87}{50}$
8	$\frac{23.75}{29}$	$\frac{31.5}{33}$;$\frac{40.25}{37}$;$\frac{\cdot 45}{39}$	$\frac{50}{41}$;$\frac{60.75}{45}$	$\frac{72.5}{49}$;$\frac{85.25}{53}$
9	$\frac{22.2222}{30}$;$\frac{29.3333}{34}$	$\frac{37.3333}{38}$;$\frac{46.2222}{42}$	$\frac{\cdot 51}{44}$;$\frac{56}{46}$;$\frac{66.6666}{50}$	$\frac{78.2222}{54}$
10	$\frac{21}{31}$;$\frac{27.6}{35}$	$\frac{35}{39}$;$\frac{43.2}{43}$	$\frac{52.2}{47}$;$\frac{62}{51}$	$\frac{72.6}{55}$;$\frac{84}{59}$
11	$\frac{20}{32}$;$\frac{26.182}{36}$	$\frac{33.091}{40}$;$\frac{40.727}{44}$;$\frac{49.091}{48}$	$\frac{58.182}{52}$;$\frac{68}{56}$	$\frac{78.545}{60}$;$\frac{89.818}{64}$
12	$\frac{25}{37}$	$\frac{31}{41}$;$\frac{\cdot 35}{43}$;$\frac{38.6666}{45}$;$\frac{46.5}{49}$	$\frac{55}{53}$;$\frac{64.1666}{57}$;$\frac{\cdot 69}{59}$	$\frac{74}{61}$;$\frac{89.5}{65}$
13	$\frac{24}{38}$;$\frac{\cdot 27}{40}$	$\frac{30.1538}{42}$;$\frac{9.923}{46}$;$\frac{44.3077}{50}$	$\frac{52.3077}{54}$;$\frac{60.923}{58}$	$\frac{70.154}{62}$;$\frac{80}{66}$
14	$\frac{23.143}{34}$;$\frac{\cdot 26}{41}$;$\frac{29}{43}$	$\frac{16.4285}{47}$;$\frac{42.429}{51}$	$\frac{50}{55}$;$\frac{\cdot 54}{57}$;$\frac{58.143}{59}$;$\frac{66.857}{63}$	$\frac{76.143}{67}$;$\frac{\cdot 81}{69}$;$\frac{86}{71}$
15	$\frac{22.4}{40}$;$\frac{28}{44}$	$\frac{34.1333}{48}$;$\frac{\cdot 31}{46}$;$\frac{40.8}{52}$;$\frac{48}{56}$	$\frac{55.7333}{60}$;$\frac{64}{64}$	$\frac{72.8}{68}$;$\frac{82.1333}{72}$;$\frac{\cdot 87}{74}$
16	$\frac{21.75}{41}$;$\frac{27.125}{45}$	$\frac{\cdot 30}{47}$;$\frac{33}{49}$;$\frac{39.375}{53}$;$\frac{46.25}{57}$	$\frac{53.625}{61}$;$\frac{61.5}{65}$;$\frac{69.875}{69}$	$\frac{78.75}{73}$;$\frac{88.125}{77}$
17	$\frac{21.176}{42}$;$\frac{26.353}{46}$	$\frac{32}{50}$;$\frac{38.114}{54}$;$\frac{44.706}{58}$	$\frac{51.765}{62}$;$\frac{29.294}{66}$;$\frac{67.294}{70}$	$\frac{75.765}{74}$;$\frac{84.706}{78}$
18	$\frac{20.6666}{43}$;$\frac{25.6666}{47}$	$\frac{31.1111}{51}$;$\frac{\cdot 34}{53}$;$\frac{37}{55}$;$\frac{43.3333}{59}$	$\frac{50.1111}{63}$;$\frac{57.3333}{67}$;$\frac{65}{71}$;$\frac{\cdot 69}{73}$	$\frac{73.1111}{75}$;$\frac{81.6666}{79}$
19	$\frac{20.2105}{44}$;$\frac{25.0526}{52}$	$\frac{36}{56}$;$\frac{\cdot 39}{58}$;$\frac{42.1053}{60}$;$\frac{48.6316}{64}$	$\frac{55.5789}{68}$;$\frac{62.9474}{74}$	$\frac{70.7368}{76}$;$\frac{78.9474}{80}$;$\frac{87.5789}{84}$
20	$\frac{24.5}{49}$;$\frac{\cdot 27}{51}$;$\frac{29.6}{53}$	$\frac{16.1}{57}$;$\frac{\cdot 38}{59}$;$\frac{41}{61}$;$\frac{47.3}{65}$	$\frac{54}{69}$;$\frac{61.1}{73}$;$\frac{68.6}{77}$	$\frac{76.5}{81}$;$\frac{84.8}{85}$

A	$90\leqslant i_{ae}^{b}<110$	$110\leqslant i_{ae}^{b}<130$	$130\leqslant i_{ae}^{b}<150$	$150\leqslant i_{ae}^{b}<170$	$i_{ae}^{b}\geqslant 170$
	$\frac{i_{ae}^{b}}{K'}$				
3	$\frac{106.6666}{36}$		$\frac{132}{40}$	$\frac{160}{44}$	$\frac{190.667}{48}$
4	$\frac{130.5}{41}$	$\frac{125}{45}$	$\frac{148.5}{49}$		$\frac{174}{53}$;$\frac{201.5}{57}$
5	$\frac{104}{46}$	$\frac{123.2}{50}$	$\frac{144}{54}$	$\frac{166.4}{58}$	$\frac{190.4}{62}$
6	$\frac{90}{47}$;$\frac{\cdot 98}{49}$;$\frac{106.3333}{51}$	$\frac{\cdot 115}{53}$;$\frac{124}{55}$	$\frac{143}{59}$	$\frac{163.3333}{63}$	$\frac{185}{67}$

（续）

A	$90\leqslant i_{ae}^{b}<110$	$110\leqslant i_{ae}^{b}<130$	$130\leqslant i_{ae}^{b}<150$	$150\leqslant i_{ae}^{b}<170$	$i_{ae}^{b}\geqslant170$
	$\frac{i_{ae}^{b}}{K'}$				
7	$\frac{94.286}{52}$；$\frac{109.714}{56}$	$\frac{126.286}{60}$	$\dot{}\frac{135}{62}$；$\frac{144}{64}$	$\frac{162.857}{68}$	$\frac{182.857}{72}$
8	$\dot{}\frac{92}{55}$；$\frac{99}{57}$	$\frac{113.75}{61}$；$\frac{129.5}{65}$	$\frac{146.25}{69}$	$\dot{}\frac{155}{71}$；$\frac{164}{73}$	$\frac{182.75}{77}$
9	$\frac{90.6666}{58}$；$\frac{104}{62}$	$\dot{}\frac{114}{64}$；$\frac{118.2222}{66}$	$\frac{133.333}{70}$；$\frac{149.3333}{74}$	$\frac{166.222}{78}$	$\dot{}\frac{175}{80}$；$\frac{184}{82}$
10	$\dot{}\frac{90}{61}$；$\frac{96.2}{63}$；$\frac{109.2}{67}$	$\dot{}\frac{116}{69}$；$\frac{123}{71}$	$\frac{137.6}{75}$	$\frac{153}{79}$；$\dot{}\frac{161}{81}$；$\frac{169.2}{83}$	$\frac{186.2}{87}$
11	$\frac{101.818}{68}$	$\frac{114.545}{72}$；$\frac{128}{76}$	$\dot{}\frac{135}{78}$；$\frac{142.18}{80}$	$\frac{157.091}{84}$	$\frac{172.727}{88}$；$\frac{189.09}{92}$
12	$\frac{95.6666}{69}$；$\frac{107.5}{73}$	$\frac{120}{77}$	$\frac{133.1666}{81}$；$\frac{147}{85}$	$\frac{161.5}{89}$；$\dot{}\frac{169}{91}$	$\frac{176.6666}{93}$；$\frac{192}{97}$
13	$\frac{90.4615}{70}$；$\frac{101.538}{74}$	$\frac{113.231}{78}$；$\frac{125.538}{82}$	$\frac{138.462}{86}$	$\frac{152}{90}$；$\frac{166.154}{94}$	$\frac{188.538}{100}$
14	$\frac{96.4285}{75}$；$\frac{107.4285}{79}$	$\frac{122.571}{83}$	$\frac{131.143}{87}$；$\frac{143.857}{91}$	$\frac{157.143}{95}$	$\frac{171}{99}$；$\frac{185.429}{103}$
15	$\frac{92}{76}$；$\frac{102.4}{80}$	$\frac{113.3333}{84}$；$\dot{}\frac{119}{86}$；$\frac{124.8}{88}$	$\frac{117.8}{92}$；$\frac{149.3333}{96}$	$\frac{162.4}{100}$	$\frac{176}{104}$；$\frac{190.133}{108}$
16	$\dot{}\frac{93}{79}$；$\frac{98}{81}$；$\frac{108.375}{85}$	$\frac{119.25}{89}$	$\frac{130.625}{93}$；$\frac{142.5}{97}$	$\frac{154.875}{101}$；$\frac{167.75}{105}$	$\frac{118.125}{109}$；$\frac{195}{113}$
17	$\frac{94.118}{82}$；$\frac{104}{86}$	$\frac{114.353}{90}$；$\frac{125.176}{94}$	$\frac{117.471}{98}$；$\frac{148.235}{102}$	$\frac{160.471}{106}$	$\frac{173.176}{110}$；$\frac{186.353}{114}$；$\frac{200}{118}$
18	$\frac{90.6666}{83}$；$\frac{100.1111}{87}$；$\dot{}\frac{105}{89}$	$\frac{110}{91}$；$\frac{120.3333}{95}$	$\frac{131.1111}{99}$；$\frac{142.3333}{103}$	$\frac{154}{107}$；$\frac{166.1111}{111}$	$\frac{178.6666}{115}$；$\frac{191.6666}{119}$
19	$\frac{96.6316}{88}$；$\frac{106.105}{92}$	$\dot{}\frac{111}{94}$；$\frac{116}{96}$；$\frac{126.316}{100}$	$\frac{137.053}{104}$；$\frac{148.211}{108}$	$\frac{159.789}{112}$	$\frac{171.789}{116}$；$\frac{184.211}{120}$；$\frac{197.053}{124}$
20	$\frac{93.5}{89}$；$\dot{}\frac{98}{91}$；$\frac{102.6}{93}$	$\frac{112.1}{97}$；$\dot{}\frac{117}{99}$；$\frac{122}{101}$	$\frac{132.3}{105}$；$\frac{143}{109}$	$\frac{154.1}{113}$；$\frac{165.6}{117}$	$\frac{177.5}{121}$；$\frac{189.8}{125}$

注：1. 表中不带“˙”者或带有“˙”且 n_w 为偶数时，其 A、K' 值可用于变位或不变位传动。当采用角变位时，须使 z_c、z_d 分别增加或减少 1 个齿，可避免相啮合齿轮齿数间具有公因数，但传动比将有变化。

2. 表中带有“˙”且 n_w 为奇数时，其 A、K' 值仅用于角变位传动，以取消齿数为 0.5 部分。

表 9.2-7 NGWN 型传动齿数的计算

	$z_c\neq z_d$		$z_c=z_d$	
初选	$z_b>z_e$	$z_b<z_e$	$z_b>z_e$	$z_b<z_e$
计算	$B=\frac{1}{2}(A+1+K)$ 式中 A、K 查表 9.2-5	$B=\frac{1}{2}(A+1+K')$ 式中 A、K' 查表 9.2-6	$B=\frac{1}{2}(1-A+K')$ 式中 A、K' 查表 9.2-6	$B=\frac{1}{2}(1-A+K)$ 式中 A、K 查表 9.2-5
	$z_a=An_w$ $z_b=Bn_w$ $z_c=\frac{1}{2}(z_b-z_a)$		$z_a=An_w$ $z_b=Bn_w$ $z_c=\frac{1}{2}(z_b-z_a)-C'$ C'按表 9.2-8 选取	
	$z_d=z_c-n_w$ $z_e=z_b-n_w$	$z_d=z_c+n_w$ $z_e=z_b+n_w$	$z_e=z_b-n_w$	$z_e=z_b+n_w$
说明	1）各齿轮的端面模数应相同 2）必要时验算邻接条件		1）各齿轮的端面模数应相同 2）验算邻接条件 3）必须采用角变位传动以满足同心条件，为使变位系数不致过大，行星轮数不宜过多，最好不超过 4	

表 9.2-8 C'值

n_w	2	3	4
$z_b>z_e$	0.5～1.5	0.5～2.5	1～3
$z_b<z_e$	−1～0.5	−1～1	−2～1

表 9.2-9　$n_w=3$ 的 NGWN 型行星传动的齿数组合

i_{ae}^{b}	齿数					i_{ae}^{b}	齿数				
	z_a	z_b	z_e	z_c	z_d		z_a	z_b	z_e	z_c	z_d
11.78	21	72	60	25	13	21.86	21	90	78	35	23
12.51	21	72	60	26	14	21.90	12	69	57	28	16
13.22*	18	60	51	21	12	21.92	21	102	87	40	25
13.45	21	84	69	31	16	22.00*	18	84	72	33	21
13.48*	21	75	63	27	15	22.14*	21	111	93	45	27
14.52	21	78	66	28	16	22.15	18	93	78	38	23
15.00*	18	72	60	27	15	22.23	15	66	57	26	17
15.00	18	81	66	31	16	22.57	18	75	66	28	19
15.08*	21	87	72	33	18	22.67*	12	60	51	24	15
15.27	18	63	54	23	14	22.83	21	102	87	41	26
15.79	15	66	54	26	14	22.86*	21	81	72	30	21
15.80	18	81	66	32	17	22.91	18	105	87	43	25
16.40	15	60	51	22	13	22.94	18	63	57	22	16
16.43*	21	81	69	30	18	23.04*	15	87	72	36	21
16.49	21	72	63	25	16	23.10*	12	78	63	33	18
16.82	21	90	75	35	20	23.14*	21	93	81	36	24
16.87*	18	84	69	33	18	23.19	21	114	96	46	28
16.89*	18	66	57	24	15	23.24	12	69	57	29	17
17.10*	15	69	57	27	15	23.38	12	51	45	19	13
17.10	18	75	63	29	17	23.39	18	87	75	34	22
17.17	15	78	63	31	16	23.40*	18	96	81	39	24
17.47	12	63	51	25	13	23.72	15	78	66	32	20
17.50*	12	54	45	21	12	23.80*	15	57	51	21	15
17.52	21	72	63	26	17	23.82	18	105	87	44	26
17.55	21	84	72	31	19	23.89	18	75	66	29	20
17.61	15	60	51	23	14	24.00*	15	69	60	27	18
17.83*	21	93	78	36	21	24.00*	21	105	90	42	27
17.96	18	87	72	34	19	24.05	21	114	96	47	29
18.00*	15	51	45	18	12	24.43	15	90	75	37	22
18.11	15	78	63	32	17	24.46	21	96	84	37	25
18.31	18	69	60	25	16	24.54	18	87	75	35	25
18.33*	18	78	66	30	18	24.67	12	63	54	25	16
18.45	15	72	60	28	16	24.67	12	81	66	34	19
18.46	21	84	72	32	20	24.67	18	99	84	40	25
18.85	18	87	72	35	20	25.00*	12	72	60	30	18
18.86*	21	75	66	27	18	25.00*	18	108	90	45	27
18.87	21	96	81	37	22	25.14*	21	117	99	48	30
19.19	15	72	60	29	17	25.19	21	108	93	43	28
19.20*	15	63	54	24	15	25.29*	15	81	69	33	21
19.28	12	57	48	22	13	25.40	12	51	45	20	14
19.33*	21	105	87	42	24	25.55	21	96	84	38	26
19.36*	15	81	66	33	18	25.56*	18	78	69	30	21
19.48	18	69	60	26	17	25.58	15	90	75	38	23
19.61	18	81	69	31	19	25.64	21	84	75	32	23
19.64*	21	87	75	33	21	25.73	18	99	84	41	26
19.71	21	96	81	38	23	25.91	21	72	66	25	19
19.98	15	54	48	19	13	25.94	12	81	66	35	20
20.00*	18	90	75	36	21	26.00*	18	90	78	36	24
20.24	21	78	89	28	19	26.05	15	60	54	22	16
20.25*	12	66	54	27	15	26.18	21	108	93	44	29
20.32	21	108	90	43	25	26.26	21	120	102	49	31
20.65	18	81	69	32	20	26.67*	18	66	60	24	18
20.74	12	57	48	23	14	26.82	12	75	63	31	19
20.80*	21	99	84	39	24	26.90*	21	99	87	39	27
20.85	15	66	57	25	16	26.93	15	84	72	34	22
20.86	21	90	78	34	22	27.04*	15	93	78	39	24
21.00*	12	48	42	18	12	27.07*	18	102	87	42	27
21.00*	15	75	63	30	18	27.18	21	120	102	50	32
21.00*	18	60	54	21	15	27.19	18	111	93	47	29
21.00*	18	72	63	27	18	27.24*	21	87	78	33	24
21.12	21	108	90	44	26	27.28	18	81	72	31	22
21.19	18	93	78	37	22	27.38	15	72	63	29	20
21.68	15	84	69	35	20	27.43*	21	111	96	45	30

（续）

i_{ae}^{b}	齿数					i_{ae}^{b}	齿数				
	z_a	z_b	z_e	z_c	z_d		z_a	z_b	z_e	z_c	z_d
27.50	18	93	81	37	25	36.00*	12	84	72	36	24
27.53	21	72	66	26	20	36.00*	12	60	54	24	18
27.60*	12	84	69	36	21	36.75	18	117	102	49	34
27.97	15	60	54	23	17	36.96	21	114	102	46	34
27.99*	12	54	48	21	15	37.14*	21	99	90	39	30
28.32	12	75	63	32	20	37.40	15	84	75	34	25
28.34	21	102	90	40	28	37.46	18	75	69	29	23
28.43	18	105	90	43	28	37.80*	15	69	63	27	21
28.44*	18	114	96	48	30	38.03	18	93	84	37	28
28.54	15	96	81	40	25	38.06	18	117	102	50	35
28.59*	12	66	57	27	18	38.33	21	114	102	47	35
28.70	21	114	99	46	31	38.40*	15	51	48	18	15
28.73	18	81	72	32	23	38.72	21	102	93	40	31
28.83	18	69	63	25	19	39.56	12	75	66	32	23
29.33*	15	75	66	30	21	39.67*	18	120	105	51	36
29.52	21	102	90	41	29	39.76	18	93	84	38	29
29.57	18	105	90	44	29	40.00*	18	78	72	30	24
29.57*	21	75	69	27	21	40.00*	18	108	96	45	33
29.72*	18	117	99	49	31	40.00	21	84	78	32	26
29.76	21	114	99	47	32	40.00*	21	117	105	48	36
30.00*	15	87	75	36	24	40.60	15	72	66	28	22
30.25*	12	78	66	33	21	40.60*	15	99	87	42	30
30.27	21	90	81	35	26	40.68	21	102	93	41	32
30.40*	15	63	57	24	18	41.60*	15	87	78	36	27
30.44*	18	96	84	39	27	41.70	21	120	108	49	37
30.55*	18	84	75	33	24	41.72	12	63	57	26	20
30.89	18	69	63	26	20	41.84	18	111	99	46	34
30.72	12	57	51	22	16	41.89*	18	96	87	39	30
30.73	12	69	60	28	19	42.17*	12	78	69	33	24
31.00*	18	108	93	45	30	42.43*	21	87	81	33	27
31.00*	21	105	93	42	30	42.45	15	54	51	19	16
31.35	15	78	69	31	22	42.62	18	81	75	31	25
31.36*	15	99	84	42	27	42.63	15	102	90	43	31
31.50	15	48	45	16	13	42.67*	21	105	96	42	33
31.61	21	117	102	48	33	43.16	21	120	108	50	38
31.68	21	78	72	28	22	43.98	15	90	81	37	28
31.95	18	99	87	40	28	44.33*	18	60	57	21	18
32.00*	21	93	84	36	27	44.38	15	102	90	44	32
32.11*	18	120	102	51	33	44.90	18	81	75	32	26
32.24	12	81	69	34	22	45.00*	12	48	45	18	15
32.44	21	120	105	49	34	45.00*	12	66	60	27	21
32.51	21	108	96	43	31	45.07	21	90	84	34	28
32.53	18	111	96	46	31	45.33*	18	114	102	48	36
32.97	15	102	87	43	28	45.95	18	99	90	41	32
33.00*	18	72	66	27	21	46.00	15	54	51	20	17
33.06	12	57	51	23	17	46.00*	15	75	69	30	24
33.07	15	78	69	32	23	46.04	15	90	81	38	29
33.25	15	90	78	38	26	47.17	12	81	72	35	26
33.31	18	99	87	41	29	47.67*	18	84	78	33	27
33.57	21	120	105	50	35	48.22*	18	102	93	42	33
33.77	21	96	87	37	28	48.29	18	63	60	22	19
33.91	12	81	69	35	23	48.40	12	69	63	28	22
35.00*	12	72	63	30	21	48.53*	15	93	84	39	30
35.00*	18	102	90	42	30	48.57*	21	111	102	45	36
35.10	15	66	60	26	20	49.71*	21	93	87	36	30
35.10*	15	93	81	39	27	50.00*	12	84	75	36	27
35.20*	15	81	72	33	24	50.40*	15	57	54	21	18
35.20*	18	114	99	48	33	50.52	18	87	81	34	28
35.28	21	96	87	38	29	50.55	18	105	96	43	34
35.36*	21	111	99	45	33	51.00*	18	120	108	51	39
35.40	18	75	69	28	22	51.09	15	96	87	40	31
35.71*	21	81	75	30	24	51.75	18	63	60	23	20
35.92*	18	90	81	36	27	52.57	18	105	96	44	35

（续）

i_{ae}^{b}	齿　　数				
	z_a	z_b	z_e	z_c	z_d
52.61	21	114	105	47	38
54.20	12	51	48	20	17
54.86*	21	117	108	48	39
55.00*	12	72	66	30	24
55.00	15	60	57	22	19
55.00*	15	81	75	33	27
55.00*	18	108	99	45	36
56.00*	15	99	90	42	33
56.00*	18	66	63	24	21
56.00*	18	90	84	36	30
57.57	21	72	69	26	23
57.57*	21	99	93	39	33
58.74	12	75	69	31	25
59.08	18	93	87	37	31
59.15	21	120	111	50	41
59.50*	12	54	51	21	18
59.65	18	111	102	47	38
60.46	21	102	96	40	34
61.28	15	84	78	35	29
61.71*	21	75	72	27	24
61.78	18	93	87	38	32
62.22*	18	114	105	48	39
64.00*	15	63	60	24	21
64.29	18	69	66	26	23
64.80*	15	87	81	36	30
64.85	18	117	108	49	40
65.00*	18	96	90	39	33
65.06	12	57	54	22	19
66.00*	12	78	72	33	27
66.00	21	78	75	28	25
66.00*	21	105	99	42	36
68.41	15	90	84	37	31
69.00*	18	72	69	27	24
69.09	21	108	102	43	37
69.75	21	78	75	29	26
69.89*	18	120	111	51	42
70.08	12	81	75	34	28
71.22	18	99	93	41	35
71.79	21	108	102	44	38
73.71	15	66	63	26	23
73.87	18	75	72	28	25
74.28*	21	81	78	30	27
74.67*	18	102	96	42	36
75.00*	21	111	105	45	39
75.40*	15	93	87	39	33
76.00*	12	60	57	24	21
78.00*	12	84	78	36	30
78.17	18	75	72	29	26
78.28	21	114	108	46	40
79.17	15	96	90	40	34
79.20*	15	69	66	27	24
81.33	18	105	99	44	38
82.24	12	63	60	25	22
83.33*	18	78	75	30	27
84.57*	21	117	111	48	42
84.89	15	72	69	28	25
86.80*	15	99	93	42	36
88.00*	21	87	84	33	30
88.04	21	120	114	49	43
88.76	18	111	105	46	40
94.50*	12	66	63	27	24
94.67	15	102	96	44	38
96.00*	15	75	72	30	27
96.00*	18	114	108	48	42
99.00*	18	84	81	33	30
101.41	12	69	66	28	25
102.23	15	78	75	31	28
102.86*	21	93	90	36	33
103.54	18	117	111	50	44
104.78	18	87	84	34	31
107.66	12	69	66	29	26
107.67*	18	120	114	51	45
107.82	15	78	75	32	29
108.31	21	96	93	37	34
109.93	18	87	84	35	32
113.16	21	96	93	38	35
114.40*	15	81	78	33	30
115.00*	12	72	69	30	27
116.00*	18	90	87	36	33
118.86*	21	99	96	39	36
121.17	15	84	81	34	31
122.23	18	93	90	37	34
122.59	12	75	72	31	28
124.70	21	102	99	40	37
127.28	15	84	81	35	32
127.82	18	93	90	38	35
129.49	12	75	72	82	29
129.91	21	102	99	41	38
134.33*	18	96	93	39	36
134.40*	15	97	84	36	33
19.00*	21	105	102	42	39
137.50*	12	78	75	33	30
141.02	18	99	96	40	37
141.71	15	90	87	37	34
142.23	21	108	105	43	40
145.76	12	81	78	34	31
147.03	18	99	96	41	38
147.81	21	108	105	44	41
148.34	15	90	87	38	35
153.31	12	81	78	35	32
154.00*	18	102	99	42	39
154.28*	21	111	108	45	42
156.00*	15	93	90	39	36
160.90	21	114	111	46	43
161.13	18	105	102	43	40
162.00*	12	84	81	36	33
163.86	15	96	93	40	37
166.85	21	114	111	47	44
167.58	18	105	102	44	41
171.01	15	96	93	41	38
173.71	21	117	114	48	45
175.00*	18	108	105	45	42
179.20*	15	99	96	42	39
180.72	21	120	117	49	46
182.58	18	111	108	46	43
187.04	21	120	117	50	47
187.60	15	102	99	43	40
189.47	18	111	108	47	44
195.27	15	102	99	44	41
197.33*	18	114	111	48	45
205.37	18	117	114	49	46
212.27	18	117	114	50	47
221.00*	18	120	117	51	48

注：1. 本表适用于各齿轮端面模数相等且 $n_w=3$ 的行星齿轮传动。表中个别组的 z_a、z_b 及 z_e 也同时是 2 的倍数，这些齿数组合可适用于 $n_w=2$ 的行星传动。

2. 表中有“*”者适用于变位传动和非变位传动；无“*”者仅适用于角变位传动。

3. 本表全部采用 $z_c>z_d$、$z_b>z_e$ 及 $z_c>z_a$，$z_b-z_c=z_e-z_d$。

4. 当齿数少于 17 且不允许根切时，应进行变位。

5. 表中同一个 i_{ae}^{b} 而对应有 n 个齿数组合时，则应根据齿轮强度选择。

表 9.2-10　$n_w=3$ 的 NW 型行星传动的齿数组合

i_{aH}^{b}	z_a	z_b	z_c	z_d	i_{aH}^{b}	z_a	z_b	z_c	z_d	i_{aH}^{b}	z_a	z_b	z_c	z_d	i_{aH}^{b}	z_a	z_b	z_c	z_d
7.000	21	63	28	14	7.384	21	102	46	35	·7.936	21	96	44	29	8.438	21	102	49	32
7.000	12	54	24	18	7.404	18	81	37	26	7.943	18	93	43	32	8.485	18	114	52	44
7.000	18	60	27	15	·7.413	12	69	29	26	7.957	21	84	40	23	8.488	18	111	51	42
7.000	18	81	36	27	7.429	15	54	25	14	7.971	18	78	37	23	8.500	12	63	30	21
7.041	21	111	48	42	7.429	21	99	45	33	·7.982	12	51	23	14	8.519	18	87	42	27
7.045	21	114	49	44	7.475	15	84	37	32	8.000	21	105	49	35	·8.520	18	111	50	41
7.053	21	105	46	38	·7.482	21	99	44	32	·8.000	15	78	35	26	8.522	18	105	49	38
·7.055	21	87	38	26	·7.500	21	78	35	20	·8.000	15	63	30	18	8.543	21	99	48	30
·7.058	18	81	35	26	7.500	15	90	39	36	8.000	18	90	42	30	8.556	18	102	48	36
·7.059	21	111	47	41	7.500	21	84	39	24	8.028	18	69	33	18	8.600	15	57	28	14
7.071	21	102	45	36	7.500	18	78	36	24	·8.057	15	57	26	14	·8.609	15	75	35	23
·7.088	12	54	23	17	·7.514	15	90	38	35	8.065	21	102	48	33	·8.610	18	102	47	35
7.097	15	78	34	29	7.538	15	75	34	26	·8.069	18	90	41	29	·8.613	12	63	29	20
·7.106	21	102	44	35	7.552	18	96	43	35	8.088	21	90	43	26	8.617	15	93	43	35
7.109	15	84	36	33	7.563	12	45	21	12	8.125	12	57	27	18	·8.622	18	87	41	26
7.111	15	75	33	27	7.567	21	93	43	29	·8.134	21	102	47	32	8.636	15	90	42	33
7.111	18	66	30	18	7.576	18	93	42	33	8.143	18	75	36	21	·8.640	21	99	47	29
·7.118	15	60	26	17	7.578	18	111	42	45	·8.165	15	63	29	17	8.659	15	63	31	17
·7.125	15	84	35	32	·7.587	18	111	47	44	8.171	18	108	49	41	8.667	18	69	34	17
7.143	21	96	43	32	·7.594	18	78	35	23	8.178	18	114	51	45	·8.688	15	90	41	32
·7.154	15	75	32	26	·7.609	21	84	38	23	8.179	18	105	48	39	8.708	18	75	37	20
7.159	18	75	34	23	·7.620	18	93	41	32	·8.215	18	105	47	38	8.724	15	84	40	29
·7.190	18	60	26	14	7.632	21	108	40	38	·8.216	18	69	32	17	8.750	18	93	45	30
7.200	15	69	31	23	7.667	18	60	28	14	8.229	15	69	33	21	8.800	15	81	39	27
7.200	21	93	42	30	7.667	18	87	40	29	8.233	15	93	42	36	8.800	12	78	36	30
7.205	21	81	37	23	7.686	18	66	31	17	8.242	15	96	43	38	8.805	12	81	37	32
7.222	18	96	42	36	·7.714	21	105	47	35	8.251	21	96	46	29	8.821	18	111	52	41
7.224	18	99	43	38	·7.758	21	90	41	26	·8.263	15	93	41	35	8.824	12	57	28	17
·7.248	18	96	41	35	7.769	12	45	20	13	·8.265	12	57	26	17	8.826	18	81	40	23
7.250	18	90	40	32	7.777	21	99	46	32	8.273	18	96	45	33	8.835	21	93	46	26
7.250	18	105	45	42	7.800	18	72	34	20	8.280	15	84	39	30	·8.839	18	93	44	29
·7.255	18	66	29	17	7.800	12	51	24	15	·8.292	18	75	35	20	·8.845	12	78	35	29
·7.260	18	105	44	41	7.820	15	60	31	20	8.313	18	81	39	24	8.846	12	72	34	26
·7.261	21	93	41	29	7.856	12	69	31	26	8.328	12	75	34	29	8.846	18	108	51	39
7.283	18	87	39	30	7.857	15	90	40	35	·8.333	18	96	44	32	·8.892	15	81	38	26
7.286	18	72	33	21	7.857	18	108	48	42	8.333	12	72	33	27	·8.895	18	108	50	38
7.286	21	72	33	18	7.867	18	111	49	44	·8.338	15	84	38	29	8.906	12	69	33	24
7.286	15	66	30	21	7.871	21	78	37	20	·8.360	15	69	32	20	8.933	18	102	49	35
7.317	21	111	49	41	·7.878	18	108	47	41	8.364	12	81	36	33	8.965	21	99	49	29
7.330	21	108	48	39	·7.888	15	87	38	32	·8.383	12	81	35	32	8.994	18	87	43	26
·7.361	21	108	47	38	7.890	15	81	37	29	8.400	15	78	37	26	·9.000	12	69	32	23
7.367	21	78	36	21	·7.897	12	75	32	29	8.413	12	66	31	23	9.000	18	99	48	33
7.374	21	87	40	26	7.905	15	96	41	38	8.414	18	90	43	29	9.063	15	90	43	32
·7.380	15	66	29	20	7.915	18	117	50	47	·8.435	18	81	38	23	9.067	15	66	33	18

（续）

i_{aH}^{b}	z_a	z_b	z_c	z_d	i_{aH}^{b}	z_a	z_b	z_c	z_d	i_{aH}^{b}	z_a	z_b	z_c	z_d	i_{aH}^{b}	z_a	z_b	z_c	z_d
9.100	12	54	27	15	·9.854	18	102	50	32	12.529	15	105	56	34	15.467	18	105	62	25
9.120	15	87	42	30	·9.880	15	72	37	20	·12.610	12	81	43	25	15.723	15	99	58	26
9.138	12	63	31	20	·9.894	12	75	37	26	12.667	18	105	58	29	15.724	15	105	61	29
9.195	18	93	46	29	10.000	12	54	28	14	12.688	15	102	55	32	15.800	15	111	64	32
·9.200	15	87	41	29	10.043	15	78	40	23	·12.786	21	99	55	22	15.849	12	111	61	38
9.211	18	108	52	38	10.118	12	60	31	17	12.867	12	93	49	32	16.029	18	102	61	23
9.229	15	72	36	21	10.310	12	81	40	29	12.880	12	81	44	25	·16.250	15	105	61	28
9.264	18	105	51	36	·10.512	15	99	49	34	·13.115	12	84	45	26	·16.250	12	111	61	37
·9.282	15	66	32	17	10.625	12	63	33	18	13.248	21	102	58	23	·16.277	15	111	64	31
9.293	12	78	37	29	10.706	15	99	50	34	13.284	15	102	56	31	·16.312	15	99	58	25
9.308	15	81	40	26	·10.838	15	105	52	37	13.292	18	105	59	28	16.500	15	105	62	28
9.323	18	90	45	27	10.857	12	69	36	21	·13.460	21	102	59	23	16.500	12	111	62	37
9.330	12	60	30	18	·10.882	12	63	32	17	13.517	15	99	55	29	16.516	15	111	65	31
·9.333	18	105	50	35	10.884	12	81	41	28	13.641	18	102	58	26	16.712	18	102	61	22
9.333	12	75	36	27	11.000	12	78	40	26	·13.650	15	102	55	31	16.954	15	102	61	26
·9.357	12	54	26	14	11.027	15	105	53	37	13.672	12	90	49	29	17.232	18	105	64	23
·9.400	15	72	35	20	11.103	15	102	52	35	13.688	15	105	58	32	·17.457	15	108	64	28
·9.413	12	75	35	26	·11.349	18	105	55	31	·13.805	21	102	58	22	·17.592	15	102	61	25
9.422	18	99	49	32	11.400	15	102	52	34	13.880	12	84	46	25	17.714	15	108	65	28
9.450	15	78	39	24	11.500	12	63	34	17	13.897	15	111	61	35	17.864	15	102	62	25
·9.462	18	90	44	26	11.538	18	105	56	31	14.000	12	96	52	32	17.914	12	111	64	35
9.500	12	69	34	23	·11.552	18	102	54	29	·14.097	15	105	58	31	18.097	15	111	67	29
·9.529	12	60	29	17	11.600	15	102	53	34	·14.147	18	102	58	25	·18.179	12	111	65	35
9.533	18	96	48	30	11.638	12	69	37	20	14.200	15	99	56	28	18.231	15	105	64	26
·9.591	15	78	38	23	11.725	15	99	52	32	·14.276	15	111	61	34	·18.333	15	108	65	27
9.600	15	87	43	29	11.747	18	102	55	29	14.323	15	105	59	31	·18.412	12	111	64	34
9.643	12	66	33	21	11.880	21	102	56	25	14.373	18	102	59	25	·18.707	15	111	67	28
9.644	18	96	47	29	·12.071	15	99	52	31	14.494	15	111	62	34	18.879	12	102	61	29
9.667	18	105	52	35	·12.131	18	102	55	28	14.500	12	99	54	33	·19.518	12	102	61	28
9.711	15	84	42	27	12.163	12	81	43	26	14.600	15	102	58	29	19.821	12	102	62	28
9.758	18	102	51	33	12.273	21	99	55	23	·14.630	18	99	57	23	20.367	12	111	67	32
9.800	15	66	34	17	12.284	15	99	53	31	14.663	12	87	49	26	·20.992	12	111	67	31
·9.800	12	66	32	20	12.333	18	102	56	28	14.686	18	105	61	26	21.290	12	111	68	31
·9.831	15	84	41	26	12.371	12	90	47	31	·15.086	15	102	58	28	21.923	12	102	64	26
9.846	18	90	46	26	12.500	12	87	46	29	15.329	15	102	59	28					

注：1. 本表中 z_a 及 z_b 都是 3 的倍数，适用于 $n_w=3$ 的行星传动。个别组的 z_a、z_b 也同时是 2 的倍数，也可适用于 $n_w=2$ 的行星传动。

2. 带“·”记号者 $z_a+z_c \neq z_b-z_d$，用于角变位传动；不带“·”者 $z_a+z_c=z_b-z_d$，可用于变位或非变位传动。

3. 当齿数小于 17 且不允许根切时，应进行变位。

4. 表中同一个 i_{aH}^{b} 而对应有几个齿数组合时，则应根据齿轮强度选择。

5. 表中齿数系按模数 $m_{ta}=m_{tb}$ 条件列出。

1.3 行星传动中的齿轮变位

在渐开线齿轮行星传动中，合理采用变位齿轮可提高啮合传动质量和承载能力；在传动比得到保证的条件下获得正确的中心距；在保证装配及同心等条件下，使齿数的选择具有较多的自由。常用圆柱齿轮行星传动的变位齿轮与变位系数的选择见表 9.2-11。

表 9.2-11 变位齿轮与变位系数的选择

传动形式	高度变位 （主要用于消除根切和平衡大小齿轮强度）	角变位 （主要用于更灵活选择齿轮齿数、提高承载能力及改善啮合特性）
NGW （2K-H）	1）$i_{aH}^{b}<4$ 太阳轮负变位，行星轮和内齿轮正变位，即 $-x_{na}=x_{nc}=x_{nb}$ x_{na}和x_{nc}按8篇第2章的方法选择 2）$i_{aH}^{b}\geqslant 4$ 太阳轮正变位，行星轮和内齿轮负变位，即 $x_{na}=-x_{nc}=-x_{nb}$ x_{na}和x_{nc}按8篇第2章的方法选择	1）不等角变位 应用较广。通常使啮合角在下列范围 外啮合：$\alpha'_{tac}=24°\sim27°$（个别甚至达29°50′） 内啮合：$\alpha'_{tcb}=17°\sim21°$ 这样可以显著提高外啮合的承载能力。根据初选齿数，利用图9.2-3预计啮合角大小（初定啮合角于上述范围内）；然后计算出$x_{\Sigma ac}$、$x_{\Sigma cb}$，最后按8篇第2章的方法分配变位系数 2）等角变位 各齿轮齿数关系不变，即：$z_a+z_c=z_b-z_c$。变位系数之间的关系为：$x_{nb}=2x_{nc}+x_{na}$。变位系数大小以齿轮不产生根切为准。总变位系数不能过大，否则影响内齿轮抗弯强度。通常取啮合角$\alpha'_{tac}=\alpha'_{tcb}=22°$
NGWN （3K）	1）内齿轮e及行星轮d采用正变位，即：$x_{nd}=x_{ne}$ 2）当$z_a<z_c$时，如果$z_a<17$，太阳轮a采用正变位，行星轮c与内齿轮b采用负变位，即：$x_{na}=-x_{nc}=-x_{nb}$；如果$z_a>17$，太阳轮无根切危险时，因行星轮受力较大，行星轮不宜采用负变位，故不宜采用高度变位传动 3）当$z_a>z_c$时，太阳轮a负变位，行星轮c及内齿轮b正变位，即：$-x_{na}=x_{nc}=x_{nb}$ 4）x_{na}和x_{nc}按8篇第2章的方法选择	1）$z_a+z_c=z_b-z_c=z_e-z_d$ 由于未变位时的中心距$a_{dac}=a_{dcb}=a_{dde}$；啮合角$\alpha'_{tac}=\alpha'_{tcb}=\alpha'_{tde}$。因此可采用非变位传动，亦可采用等角变位 2）$z_a+z_c<z_b-z_c=z_e-z_d$ 由于未变位时的中心距$a_{dac}<a_{dcb}=a_{dde}$；则当$z_b>z_c$时，建议取中心距$a=a_{dcb}=a_{dde}$。于是，$a_{dac}<a$，则a—c传动即可实现$x_{\Sigma ac}>0$的变位。根据初选齿数，利用图9.2-3预计啮合角大小，然后计算出各对啮合副变位系数和。最后按8篇第2章的方法分配变位系数 当$z_a<z_c$时，c—b传动和d—e传动都不必变位 3）$z_a+z_c>z_b-z_c=z_e-z_d$ 由于未变位时的中心距$a_{dac}>a_{dcb}=a_{dde}$，此时不可避免要使内齿轮正变位，而降低内齿轮抗弯强度（在NGWN传动中，由于内啮合副承担比外啮合副大得多的圆周力，故不宜使内齿轮正变位，仅在必要时，可取较小的变位系数），因此一般较少用于重载传动。建议中心距$a=a_{dac}-(0.3\sim0.5)(a_{dac}-a_{dcb})$。同样用图9.2-3预计啮合角大小，并确定各啮合副变位系数和，再按8篇第2章的方法分配变位系数
NW	1）内齿轮b及行星轮d采用正变位，即：$x_{nd}=x_{nb}$ 2）$z_a<z_c$时，太阳轮a正变位，行星轮c负变位，即$x_{na}=-x_{nc}$ 3）$z_a>z_c$时，太阳轮a负变位，行星轮c正变位，即$-x_{na}=x_{nc}$ 4）x_{na}和x_{nc}按8篇第2章的方法选择	一般情况下，$x_{\Sigma ac}>0$，取$\alpha'_{tac}=22°\sim27°$ 当$z_c<z_d$时，则$x_{\Sigma db}\leqslant0$，取$\alpha'_{tdb}=17°\sim20°$ 当$z_c>z_d$时，则$x_{\Sigma db}\approx0$，取$\alpha'_{tdb}=20°$ 用图9.2-3预计啮合角大小，确定各齿轮啮合副变位系数和，然后按8篇第2章的方法分配变位系数

注：1. 表中数值均指各传动形式中齿轮模数相同。
2. 对直齿轮，可将表中代号的下角n或t去掉。

例 9.2-3　求 $j=1.043$ 的 NGW 型行星齿轮传动的啮合角 α'_{tac}、α'_{tcb}。

解　见图 9.2-3，在横坐标上取 $j=1.043$ 之①点，由①点向上引垂线，可在此垂线上取无数点作为 α'_{tac} 与 α'_{tcb} 的组合，如 1 点（$\alpha'_{tac}=23°30'$、$\alpha'_{tcb}=17°$），…，6 点（$\alpha'_{tac}=26°30'$、$\alpha'_{tcb}=21°$），从中选取比较适用的啮合角组合，如 2～5 之间各点。

例 9.2-4　求 $j=1.043$、$j'=1.052$ 的 NGWN 型行星齿轮传动的各啮合角组合。

解　见图 9.2-3，先按 j 值及 j' 值由①点和②点分别做垂线，①点的垂线上，1，2，…，6 的对应点为②点垂线上的 1′，2′，…，6′。从而得啮合角组合，如 1-1′（$\alpha'_{tac}=23°30'$、$\alpha'_{tcb}=17°$、$\alpha'_{tde}=15°20'$），…，6-6′（$\alpha'_{tac}=26°30'$、$\alpha'_{tcb}=21°$、$\alpha'_{tde}=19°45'$）等无数个啮合角组合，从中选取比较合适的啮合角组合，如可选 $\alpha'_{tac}=26°$、$\alpha'_{tcb}=20°25'$、$\alpha'_{tde}=19°$ 的啮合角组合。

例 9.2-5　求 $j_{NW}=1.031$ 的 NW 型行星齿轮传动的啮合角组合。

解　见图 9.2-3，按 j_{NW} 值在横坐标上找到③点，由③点向上做垂线，从垂线上无数点中选取比较合适的啮合角组合，如（$\alpha'_{tac}=24°15'$、$\alpha'_{tde}=20°$）的一点。

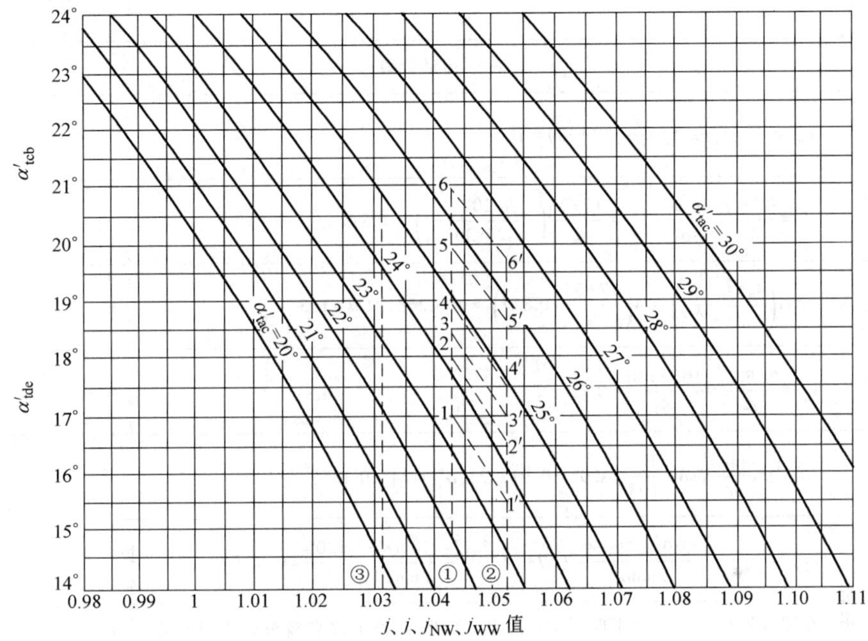

图 9.2-3　变位传动的端面啮合角

注：1. $j=\dfrac{z_b-z_c}{z_a+z_c}$（用于 NGW 型）；$j'=\dfrac{z_e-z_d}{z_a+z_c}$（连同 j 用于 NGWN 型）；$j_{NW}=\dfrac{z_b-z_d}{z_a+z_c}$（用于 NW 型）；$j_{WW}=\dfrac{z_b+z_d}{z_a+z_c}$（用于 WW 型）。

2. 对直齿轮可将代号中的下角 t 去掉。

1.4　确定齿数和变位系数的计算例题

例 9.2-6　已知 NGW 型行星齿轮传动 $i^b_{aH}=6$，行星轮数 $n_w=3$，直齿圆柱齿轮模数 $m=4$mm，试计算各齿轮齿数及啮合角 $\alpha'_{ac}>\alpha'_{cb}$ 时行星传动的中心距、各齿轮副的中心距变动系数、啮合角和各齿轮的变位系数。

解

计算项目	计算方法和结果（长度单位为 mm）	说　明
	确 定 齿 数	
计算和选取 z_a	$\dfrac{i^b_{aH}z_a}{n_w}=C$，即$\dfrac{6z_a}{3}=C$，取 $z_a=17$（此时 $C=34$）	尽可能取质数，并使$\dfrac{z_a}{n_w}\neq$整数

（续）

计算项目	计算方法和结果(长度单位为 mm)	说　明
	确定齿数	
计算 z_b	$z_b=Cn_w-z_a=z_a(i_{aH}^b-1)=17\times(6-1)=85$	尽可能使$\frac{z_b}{n_w}\neq$整数
计算并初选 z_c	$z_c=\frac{1}{2}(z_b-z_a)=\frac{1}{2}(85-17)=34$,为适应变位需要,初选 $z_c=33$	尽可能使$\frac{z_b}{z_c}$及$\frac{z_a}{z_c}$无公约数
预计啮合角 α'_{ac}及 α'_{cb}	由图 9.2-3 按 $j=\frac{z_b-z_c}{z_a+z_c}=\frac{85-33}{17+33}=1.04$,预计 $\alpha'_{ac}\approx24°30'$,$\alpha'_{cb}\approx19°$	使 $\alpha'_{ac}=24°\sim26°$,$\alpha'_{cb}=18°\sim20°$
	a—c 传动计算	
计算未变位时的中心距 a_{dac}	$a_{dac}=\frac{m}{2}(z_a+z_c)=\frac{4}{2}(17+33)=100$	
初算中心距变动系数 y'_{ac}	$y'_{ac}=\frac{z_a+z_c}{2}\left(\frac{\cos\alpha}{\cos\alpha'_{ac}}-1\right)=\frac{17+33}{2}\left(\frac{\cos20°}{\cos24°30'}-1\right)=0.817$	
计算中心距并取圆整值	$a=m\left(\frac{z_a+z_c}{2}+y'_{ac}\right)=4\left(\frac{17+33}{2}+0.817\right)=103.268$,取 $a=103$	
实际中心距变动系数 y_{ac}	$y_{ac}=\frac{a-a_{dac}}{m}=\frac{103-100}{4}=0.75$	
计算啮合角 α'_{ac}	$\cos\alpha'_{ac}=\frac{a_{dac}}{a}\cos\alpha=\frac{100}{103}\cos20°=0.912323$,$\alpha'_{ac}=24°10'18''$	
计算总变位系数 $x_{\Sigma ac}$	$x_{\Sigma ac}=(z_a+z_c)\frac{\text{inv}\alpha'_{ac}-\text{inv}\alpha}{2\tan\alpha}=(17+33)\frac{\text{inv}24°10'18''-\text{inv}20°}{2\tan20°}=0.827$	
校核 $x_{\Sigma ac}$	在图 8.2-3 中,$x_{\Sigma ac}$介于曲线 $P7$ 及 $P8$ 之间,有利于提高接触强度及抗弯强度,可用	
分配变位系数	按图 8.2-4 分配得 $x_a=0.437$,$x_c=0.39$	
	c—b 传动计算	
计算未变位时的中心距 a_{dcb}	$a_{dcb}=\frac{m}{2}(z_b-z_c)=\frac{4}{2}(85-33)=104$	
计算中心距变动系数 y_{cb}	$y_{cb}=\frac{a-a_{dbc}}{m}=\frac{103-104}{4}=-0.25$	
计算啮合角 α'_{cb}	$\cos\alpha'_{cb}=\frac{a_{dbc}}{a}\cos a=\frac{104}{103}\cos20°=0.9488°$,$\alpha'_{cb}=18°24'39''$	
计算总变位系数 $x_{\Sigma cb}$	$x_{\Sigma cb}=(z_b-z_c)\frac{\text{inv}\alpha'_{cb}-\text{inv}\alpha}{2\tan\alpha}=(85-33)\frac{\text{inv}18°24'39''-\text{inv}20°}{2\tan20°}=-0.241$	
计算 x_b	$x_b=x_{\Sigma cb}+x_c=-0.241+0.39=0.149$	

例 9.2-7　已知用于轻载传动的 NGWN 型直齿圆柱齿轮行星传动 $i_{ae}^{b}=28.83$，行星轮数 $n_w=3$，齿轮模数为 $m=2$mm，试确定各齿轮齿数及计算角变位传动的中心距、中心距变动系数、啮合角和变位系数。

解

计算项目	计算方法和结果(长度单位为 mm)	说　明
确定齿数	由表 9.2-9 查出 $i_{ae}^{b}=28.83$ 的各齿轮齿数：$z_a=18, z_b=69, z_e=63, z_c=25, z_d=19$	
预计啮合角	由图 9.2-3 按 $j=\frac{z_b-z_c}{z_a+z_c}=\frac{69-25}{18+25}=1.023, j'=\frac{z_e-z_d}{z_a+z_c}=\frac{63-19}{18+25}=1.023$，从可能的啮合角组合中选取 $\alpha'_{ac}\approx 23°15', \alpha'_{cb}=\alpha'_{de}\approx 20°$	
a—c 传动计算		
计算未变位时的中心距 a_{dac}	$a_{dac}=\frac{m}{2}(z_a+z_c)=\frac{2}{2}(18+25)=43$	
计算并圆整中心距 a	$a=\frac{m}{2}(z_a+z_c)\frac{\cos\alpha}{\cos\alpha'_{ac}}=\frac{2}{2}(18+25)\frac{\cos20°}{\cos23°15'}=43.978$，取 $a=44$	
计算中心距变动系数 y_{ac}	$y_{ac}=\frac{a-a_{dac}}{m}=\frac{44-43}{2}=0.5$	
计算啮合角 α'_{ac}	$\cos\alpha'_{ac}=\frac{a_{dac}}{a}\cos\alpha=\frac{43}{44}\cos20°=0.91834, \alpha'_{ac}=23°18'58''$	
计算总变位系数 $x_{\Sigma ac}$	$x_{\Sigma ac}=(z_a+z_c)\frac{\mathrm{inv}\alpha'_{ac}-\mathrm{inv}\alpha}{2\tan\alpha}=(18+25)\frac{\mathrm{inv}23°18'58''-\mathrm{inv}20°}{2\tan20°}=0.54$	
校核 $x_{\Sigma ac}$	在图 8.2-3 中，$x_{\Sigma ac}$ 介于 $P4$ 与 $P5$ 线之间，综合性能好，可用	如传动性能不好，应重选啮合角
分配变位系数	按图 8.2-4 分配得 $x_a=0.29, x_c=0.25$	
c—b 传动计算		
计算未变位时的中心距 a_{dcb}	$a_{dcb}=\frac{m}{2}(z_b-z_c)=\frac{2}{2}(69-25)=44$	
计算中心距变动系数 y_{cb}	$y_{cb}=\frac{a-a_{dcb}}{m}=\frac{44-44}{2}=0$	
计算啮合角 α'_{cb}	$\alpha'_{cb}=20°$	
计算变位系数	$x_{\Sigma cb}=0, x_b=x_{\Sigma cb}+x_c=0.25$	
d—e 传动计算		
计算未变位时的中心距 a_{dde}	$a_{dde}=\frac{m}{2}(z_e-z_d)=\frac{2}{2}(63-19)=44$	
计算中心距分离系数 y_{de}	$y_{de}=\frac{a-a_{dde}}{m}=\frac{44-44}{2}=0$	
计算啮合角 α'_{de}	$\alpha'_{de}=20°$	
计算变位系数	$x_{\Sigma de}=0$，取 $x_d=x_e=0$	

例 9.2-8　已知 NW 型行星齿轮传动的直齿圆柱齿轮 $m=4$mm，$z_a=18$，$z_b=99$，$z_c=47$，$z_d=32$，$n_w=3$，试计算传动的中心距、中心距变动系数、啮合角及各齿轮的变位系数。

解

计算项目	计算方法和结果(长度单位为 mm)	说明
预计啮合角	由图 9.2-3 按 $j=\frac{z_b-z_d}{z_a+z_c}=\frac{99-32}{18+47}=1.031$，选取 $\alpha'_{db}=20°$，$\alpha'_{ac}\approx 24°15'$	
	a—c 传动计算	
计算未变位时的中心距 a_{dac}	$a_{dac}=\frac{m}{2}(z_a+z_c)=\frac{4}{2}(18+47)=130$	
计算中心距 a	因为 $\alpha'_{db}=20°$ 所以 $a=a_{ddb}=\frac{m}{2}(z_b-z_d)=\frac{4}{2}(99-32)=134$	
计算中心距变动系数 y_{ac}	$y_{ac}=\frac{a-a_{dac}}{m}=\frac{134-130}{4}=1$	
计算啮合角 α'_{ac}	$\cos\alpha'_{ac}=\frac{a_{dac}}{a}\cos\alpha=\frac{130}{134}\cos20°=0.91164$，$\alpha'_{ac}=24°16'$	
计算总变位系数 $x_{\Sigma ac}$	$x_{\Sigma ac}=(z_a+z_c)\frac{\mathrm{inv}\alpha'_{ac}-\mathrm{inv}\alpha}{2\tan\alpha}=(18+47)\frac{\mathrm{inv}24°16'-\mathrm{inv}20°}{2\tan20°}=1.105$	
校核 $x_{\Sigma ac}$	在图 8.2-3 中，$x_{\Sigma ac}$ 介于 $P8$ 及 $P9$ 之间可用	
分配变位系数	按图 8.2-4 分配得 $x_a=0.525$，$x_c=0.58$	
	d—b 传动计算	
计算变位系数	因为 $\alpha'_{db}=20°$，所以 $x_{\Sigma db}=0$ 选取 $x_b=x_d=0.3$	为了使 x_b 不太大，故应使 x_d 不太大

1.5 多级行星齿轮传动的传动比分配

多级行星齿轮传动的传动比分配原则是各级传动之间等强度，并希望获得最小的外廓尺寸。对于两级 NGW 型行星齿轮传动，欲使径向尺寸最小，可使低速级内齿轮分度圆直径 $d_{b\,\mathrm{II}}$ 与高速级内齿轮分度圆直径 $d_{b\,\mathrm{I}}$ 之比接近于 1，通常令 $d_{b\,\mathrm{II}}/d_{b\,\mathrm{I}}=1\sim1.2$。

两级 NGW 型行星齿轮传动的传动比分配可利用图 9.2-4，图中 i_I 和 i 分别为高速级及总的传动比，E 可按式（9.2-7）计算：

$$E = AB^3 \tag{9.2-7}$$

其中 $B=\dfrac{d_{b\,\mathrm{II}}}{d_{b\,\mathrm{I}}}$

$$A=\frac{n_{w\,\mathrm{II}}\,\varphi_{d\,\mathrm{II}}\,K_{c\,\mathrm{I}}\,K_{v\,\mathrm{I}}\,K_{H\beta\,\mathrm{I}}\,Z^2_{N\,\mathrm{II}}\,Z^2_{W\,\mathrm{II}}\,\sigma^2_{H\lim\,\mathrm{II}}}{n_{w\,\mathrm{I}}\,\varphi_{d\,\mathrm{I}}\,K_{c\,\mathrm{II}}\,K_{v\,\mathrm{II}}\,K_{H\beta\,\mathrm{II}}\,Z^2_{N\,\mathrm{I}}\,Z^2_{W\,\mathrm{I}}\,\sigma^2_{H\lim\,\mathrm{I}}}$$

式中 n_w——行星轮数目；

φ_d——齿宽系数；

K_c——载荷不均匀系数见表 9.2-16；

$K_{H\beta}$——接触强度的齿向载荷分布系数；

K_v——动载系数；

Z_N——接触强度的寿命系数；

Z_W——工作硬化系数；

$\sigma_{H\lim}$——计算齿轮的接触疲劳极限，取值查第 8 篇第 2 章。

下角标Ⅰ和Ⅱ分别表示高速级和低速级。

K_v、$K_{H\beta}$、Z^2_N 的比值，可用类比法进行试凑或取三项比值的乘积 $\left(\dfrac{K_{v\,\mathrm{I}}\,K_{H\beta\,\mathrm{I}}\,Z^2_{N\,\mathrm{II}}}{K_{v\,\mathrm{II}}\,K_{H\beta\,\mathrm{II}}\,Z^2_{N\,\mathrm{I}}}\right)$ 等于 1.8～2。如全部齿轮硬度>350HBW，可取 $\dfrac{Z^2_{W\,\mathrm{II}}}{Z^2_{W\,\mathrm{I}}}=1$。

如算得 E 值大于 6，取 $E=6$。

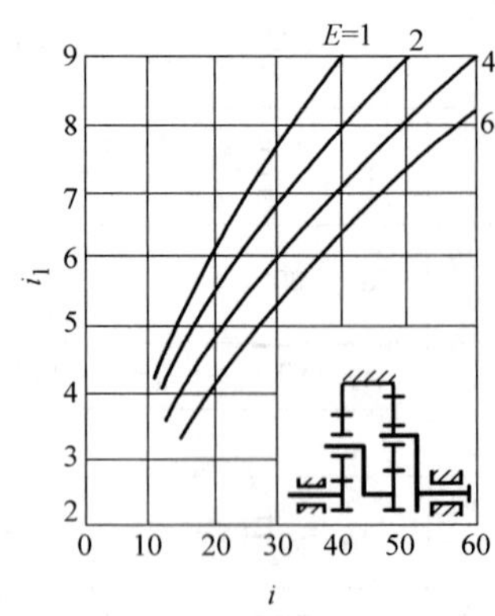

图 9.2-4 两级 NGW 型传动比分配

2 行星齿轮传动的受力分析

行星齿轮传动的主要受力构件有中心轮、行星轮、行星架、轴及轴承等。为进行齿轮和轴的强度计算以及轴承的寿命计算，需对行星传动各构件进行受力分析。当行星轮数目为 n_w，假定各套行星轮载荷均匀，只需分析其中任一套行星轮与中心轮的组合即可，通常略去摩擦力和重量的影响。各构件在输入转矩作用下传力时都平衡，构件间的作用力等于反作用力。NGW、NGWN、NW 型直齿或人字齿轮行星传动的受力分析列于表 9.2-12～表 9.2-14。

表 9.2-12　NGW 型行星齿轮传动受力分析

项　　目	太阳轮 a	行星轮 c	行星架 H	内齿轮 b
圆周力	$F_{tca}=\dfrac{1000T_a}{n_w r_a}$	$F_{tac}=F_{tca}\approx F_{tbc}$	$F_{tH}=R_{x'C}\approx 2F_{tac}$	$F_{tcb}=F_{tbc}\approx F_{tca}$
径向力	$F_{rca}=F_{tca}\dfrac{\tan\alpha_n}{\cos\beta}$	$F_{rac}=F_{tac}\dfrac{\tan\alpha_n}{\cos\beta}\approx F_{rbc}$	$R_{y'H}\approx 0$	$F_{rcb}=F_{rbc}$
单个行星轮，作用在轴上或行星轮轴上的力	$R_{Ha}=F_{tca}$ $R_{ya}=F_{rca}$	$R_{x'c}\approx 2F_{tac}$ $R_{y'c}\approx 0$	$R_{xH}=F_{tH}\approx 2F_{tac}$ $R_{yH}\approx 0$	$R_{xb}=F_{tcb}$ $R_{yb}=F_{rcb}$
各行星轮作用在轴上的总力及转矩	$\Sigma R_{xa}=0$ $\Sigma R_{ya}=0$ $T_a=\dfrac{F_{tca}r_a n_w}{1000}$	$\Sigma R_{xc}=0$ $\Sigma R_{yc}=0$ 对行星轮轴（O'轴）的转矩 $T_{o'}=0$	$\Sigma R_{xH}=0$ $\Sigma R_{yH}=0$ $T_H=-T_a i_{aH}^b$	$\Sigma R_{xb}=0$ $\Sigma R_{yb}=0$ $T_b=T_a\dfrac{z_b}{z_a}$

注：1. 表中公式适用于行星轮数目 $n_w\geqslant 2$ 的直齿或人字齿轮行星传动。对 $n_w=1$ 的传动，则 $\Sigma R_{xa}=R_{xa}$，$\Sigma R_{ya}=R_{ya}$，$\Sigma R_{xc}=R_{xe}$，$\Sigma R_{xH}=R_{xH}$，$\Sigma R_{xb}=R_{xb}$，$\Sigma R_{yb}=R_{yb}$。

2. 式中 α_n 为法向压力角，β 为分度圆上的螺旋角，r_a 为太阳轮分度圆半径。

3. 转矩单位：N · m；长度单位：mm；力的单位：N。

表 9.2-13　NGWN 型行星齿轮传动受力分析

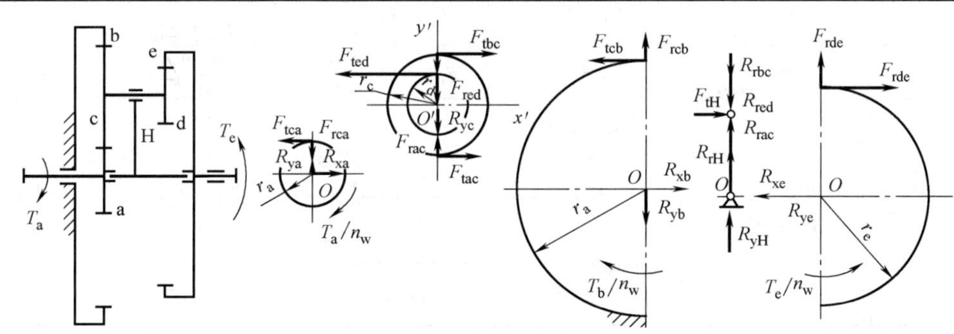

项　　目	太阳轮 a	行星轮 c 轮	行星轮 d 轮	内齿轮 b	内齿轮 e	行星架 H
圆周力	$F_{tca}=\dfrac{1000T_a}{r_a n_w}$	$F_{tac}=F_{tca}$ $F_{tbc}=F_{ted}\mp F_{tac}$ $=F_{tde}\mp F_{tca}$	$F_{ted}=F_{tbc}\pm F_{tac}$	$F_{tcb}=F_{tbc}$	$F_{tde}=\dfrac{1000T_a i_{ae}^b}{r_e n_w}$	$F_{tH}=0$
径向力	$F_{rca}=F_{tca}\dfrac{\tan\alpha_n}{\cos\beta}$	$F_{rac}=F_{rca}$ $F_{rbc}=F_{tbc}\dfrac{\tan\alpha_n}{\cos\beta}$	$F_{red}=F_{ted}\dfrac{\tan\alpha_n}{\cos\beta}$	$F_{rcb}=F_{tcb}\dfrac{\tan\alpha_n}{\cos\beta}$	$F_{rde}=F_{tde}\dfrac{\tan\alpha_n}{\cos\beta}$	$F_{rH}=F_{rbc}+$ $F_{red}-F_{rac}$

（续）

项目	太阳轮 a	行星轮 c 轮	行星轮 d 轮	内齿轮 b	内齿轮 e	行星架 H
单个行星轮，作用在轴上或行星轮轴上的力	$R_{xA}=F_{tcA}$ $R_{yA}=F_{rcA}$	对行星轮轴： x′ 轴向 A，B：$F_{tbc}\pm F_{tac}$，$R_{x'B}$，$R_{x'A}$，F_{ted} y′ 轴向 A，B：$R_{y'A}$，$R_{y'B}$，$F_{rbc}-F_{rac}$，F_{red}		$R_{xb}=F_{tcb}$ $R_{yb}=F_{rcb}$	$R_{xe}=F_{tde}$ $R_{ye}=F_{rde}$	$R_{xH}=0$ $R_{yH}=F_{rH}$
各行星轮作用在轴上的总力及转矩	$\Sigma R_{xA}=0$ $\Sigma R_{yA}=0$ $T_a=\dfrac{F_{tca}r_a n_w}{1000}$	$\Sigma R_{xcd}=0$ $\Sigma R_{ycd}=0$ 对行星轮轴（O'轴）转矩 $T_{o'}=0$		$\Sigma R_{xb}=0$ $\Sigma R_{yb}=0$ $T_b=T_a(i_{ae}^b-1)$	$\Sigma R_{xe}=0$ $\Sigma R_{ye}=0$ $T_e=-T_a i_{ae}^b$	$\Sigma R_{xH}=0$ $\Sigma R_{yH}=0$ $T_H=0$

注：1. 表中公式适用于 a 轮输入、b 轮固定、e 轮输出、行星轮数目 $n_w\geqslant 2$ 的直齿或人字齿轮行星传动。

2. 式中 α_n 为法向压力角，β 为分度圆上的螺旋角，各公式未计入效率的影响。

3. i_{ae}^b 应带正负号。当 $i_{ae}^b<0$ 时，n_a 与 n_e 转向相反，F_{ted}、F_{tbc}、F_{tcb}、F_{tde} 方向与图示方向相反，式中“±”“∓”符号，上面用于 $i_{ae}^b>0$，下面用于 $i_{ae}^b<0$。

4. 转矩单位：N·m；长度单位：mm；力的单位：N。

表 9.2-14 NW 型行星齿轮传动受力分析

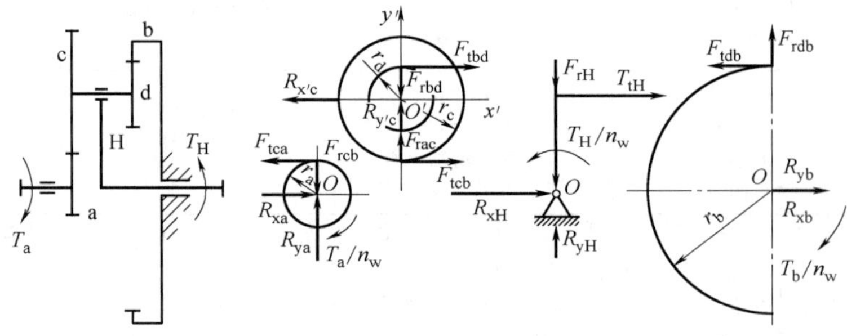

项目	太阳轮 a	行星轮 c	行星轮 d	行星架 H	内齿轮 b
圆周力	$F_{tcA}=\dfrac{1000T_a}{n_w r_a}$	$F_{tac}=F_{tca}$	$F_{tbd}=F_{tcA}\dfrac{z_c}{z_d}$	$F_{tH}=R_{x'c}$ $=F_{tac}+F_{tbd}$	$F_{tdb}=F_{tbd}$
径向力	$F_{rca}=F_{tca}\dfrac{\tan\alpha_n}{\cos\beta}$	$F_{rac}=F_{rca}$	$F_{rbd}=F_{tbd}\dfrac{\tan\alpha_n}{\cos\beta}$	$F_{rH}=R_{y'c}$ $=F_{rbd}-F_{rac}$	$F_{rdb}=F_{rbd}$
单个行星轮作用在轴上或行星轮轴上的力	$R_{xA}=F_{tcA}$ $R_{yA}=F_{rcA}$	对行星轮轴： x′ 轴向 A，B：$R_{x'A}$，F_{tac}，F_{tbd}，$R_{x'B}$ y′ 轴向 A，B：F_{rac}，$R_{y'B}$，$R_{y'A}$，F_{rbd}		$R_{xH}=F_{tH}$ $R_{yH}=F_{rH}$	$R_{xb}=F_{tdb}$ $R_{yb}=F_{rdb}$
各行星轮作用在轴上的总力及转矩	$\Sigma R_x=0$ $\Sigma R_y=0$ $T_a=\dfrac{F_{tca}r_a n_w}{1000}$	$\Sigma R_{xcd}=0$ $\Sigma R_{ycd}=0$ 对 O' 轴转矩，$T_{o'}=0$		$\Sigma R_{xH}=0$ $\Sigma R_{yH}=0$ $T_H=-T_a i_{aH}^b$	$\Sigma R_{xb}=0$ $\Sigma R_{yb}=0$ $T_b=T_a(i_{aH}^b-1)$

注：1. 表中公式适用于行星轮数目 $n_w\geqslant 2$ 的直齿或人字齿轮行星传动。

2. 式中 α_n 为法向压力角，β 为分度圆上的螺旋角，r_a 为太阳轮分度圆半径。

3. 转矩单位：N·m；长度单位：mm；力的单位：N。

在计算行星轮轴承受载时，在中低速条件下可按表中公式计算。在高速时，要考虑行星轮在公转时产生的离心力，它作为径向力作用在轴承上。

$$F_{re} = Ga\left(\frac{\pi n_H}{30}\right)^2 \qquad (9.2\text{-}8)$$

式中　G——行星轮重量（kg）；

n_H——行星架转速（r/min）；

a——齿轮传动的中心距（m）。

3　行星传动齿轮强度计算要点

各种形式的行星传动皆可分解为相互啮合的几对齿轮副，其齿轮强度计算可引用定轴线齿轮传动的计算公式，但必须考虑行星传动的结构特点（多行星轮）和运动特点（行星轮既自转又公转等）。在一般条件下，NGW 型行星齿轮传动，其承载能力主要取决于外啮合，因而首先计算外啮合的齿轮强度。NGWN 型传动中各级齿轮常取相同的模数，故承载能力一般取决于低速级齿轮。行星齿轮传动通常要求有较大的传动比和较小的径向尺寸，所以要选择齿数较多，模数较小的齿轮。在这种情况下，应先进行抗弯强度计算。由于行星传动的特点，在计算中，对以下几方面应予以考虑。

3.1　小齿轮转矩 T_1 及圆周力 F_t（见表 9.2-15）

表 9.2-15　小齿轮转矩 T_1 及圆周力 F_t 的计算公式

传动形式	转矩 T_1						圆周力 F_t
	a—c 传动		c—b 传动	d—b 传动		d—e 传动	
	$z_a \leqslant z_c$	$z_a > z_c$		$z_d \leqslant z_b$	$z_d > z_b$		
NGW NW WW	$\frac{T_a}{n_w}K_c$	$\frac{T_a}{n_w}K_c\frac{z_c}{z_a}$			$\frac{T_a}{n_w}K_c\frac{z_c z_b}{z_a z_d}$	—	$F_t=\frac{2000T_1}{d_1}$
NGWN	$\frac{T_a}{n_w}K_c$	$\frac{T_a}{n_w}K_c\frac{z_c}{z_a}$	$\frac{T_a(i_{ae}^b\eta_{ae}^b-1)}{n_w}K_c\frac{z_c}{z_b}$	—		$\frac{T_a i_{ae}^b\eta_{ae}^b}{n_w}K_c\frac{z_d}{z_e}$	

注：1. T_1 是各传动中小齿轮所传递的转矩（N·m），d_1 是各传动中小齿轮的分度圆直径（mm），T_a 是 a 轮的转矩（N·m），效率 η_{ae}^b 见表 9.1-2，载荷不均匀系数 K_c 见表 9.2-16 或表 9.2-17。

2. 表中各传动形式的传动简图见表 9.1-1。

表 9.2-16　NGW、NW、WW 型行星齿轮传动载荷不均匀系数 K_c

传动情况	Ⅰ			Ⅱ		Ⅲ		
	传动中无浮动构件			传动中有一个或两个基本构件浮动		杠杆连动均载机构		
	普通齿轮	内齿轮制成柔性结构，且不压装在箱体内	一年内轮齿减薄超过 30μm	齿轮精度为六级或高于六级或齿轮转速低于 300 r/min	齿轮精度低于六级或齿轮转速超过 300 r/min	两行星轮连动机构	三行星轮连动机构	四行星轮连动机构
K_{cH}	图 9.2-5 a、c	$1+(K'_{cH}-1)0.5$	1	1	1.1	1.05～1.1	1.1～1.15	1.1～1.15
K_{cF}	图 9.2-5 b、d	$1+(K'_{cF}-1)0.7$	1	1	1.15	1.05～1.1	1.1～1.15	1.1～1.15

注：1. 传动情况Ⅰ及Ⅱ适用于行星轮数 $n_w=3$ 的传动；传动情况Ⅰ也适用于 $n_w=2$ 的传动。

2. K_{cH} 用于接触强度计算，K_{cF} 用于抗弯强度计算。

3. K'_{cH} 及 K'_{cF} 由图 9.2-5 中查得。

4. 所有查得的 K_c 值大于 2 时，取 $K_c=2$。

表 9.2-17 $n_w=3$ 的 NGWN 型行星齿轮传动载荷不均匀系数 K_c

传动情况	两个基本构件浮动	e 轮浮动		b 轮浮动	
		$d_a>d_c$	$d_a<d_c$	$d_d>d_c$	$d_d<d_c$
K_{cHa}	1	$1+(K_{cFa}-1)\dfrac{2}{3}$			
K_{cFa}	1	2~2.5(齿轮为6级精度时取低值,8级精度时取高值,7级精度时取平均值)			
K_{cHb}	1	$1+0.5(K_{cHa}-1)\times\dfrac{z_b}{z_a\mid i_{ab}^{e}\mid}$	$1+(K_{cHa}-1)\times\dfrac{z_b}{z_a\mid i_{ab}^{e}\mid}$	1	
K_{cFb}		$1+0.5(K_{cFa}-1)\times\dfrac{z_b}{z_a\mid i_{ab}^{e}\mid}$	$1+(K_{cFa}-1)\times\dfrac{z_b}{z_a\mid i_{ab}^{e}\mid}$		
K_{cHe}	1	1		$1+(K_{cHa}-1)\times\dfrac{z_e z_c}{z_a z_d\mid i_{ae}^{b}\mid}$	$1+0.5(K_{cHa}-1)\times\dfrac{z_e z_c}{z_a z_d\mid i_{ae}^{b}\mid}$
K_{cFe}				$1+(K_{cFa}-1)\times\dfrac{z_e z_c}{z_a z_d\mid i_{ae}^{b}\mid}$	$1+0.5(K_{cFa}-1)\times\dfrac{z_e z_c}{z_a z_d\mid i_{ae}^{b}\mid}$

注：1. 除 K_{cFa}外，若求得 K_c 值大于2，则取 $K_c=2$。

2. K_{cH}用于接触强度计算，K_{cF}用于抗弯强度计算。

3. 下标 a、b、e 分别代表 a、b、e 轮。

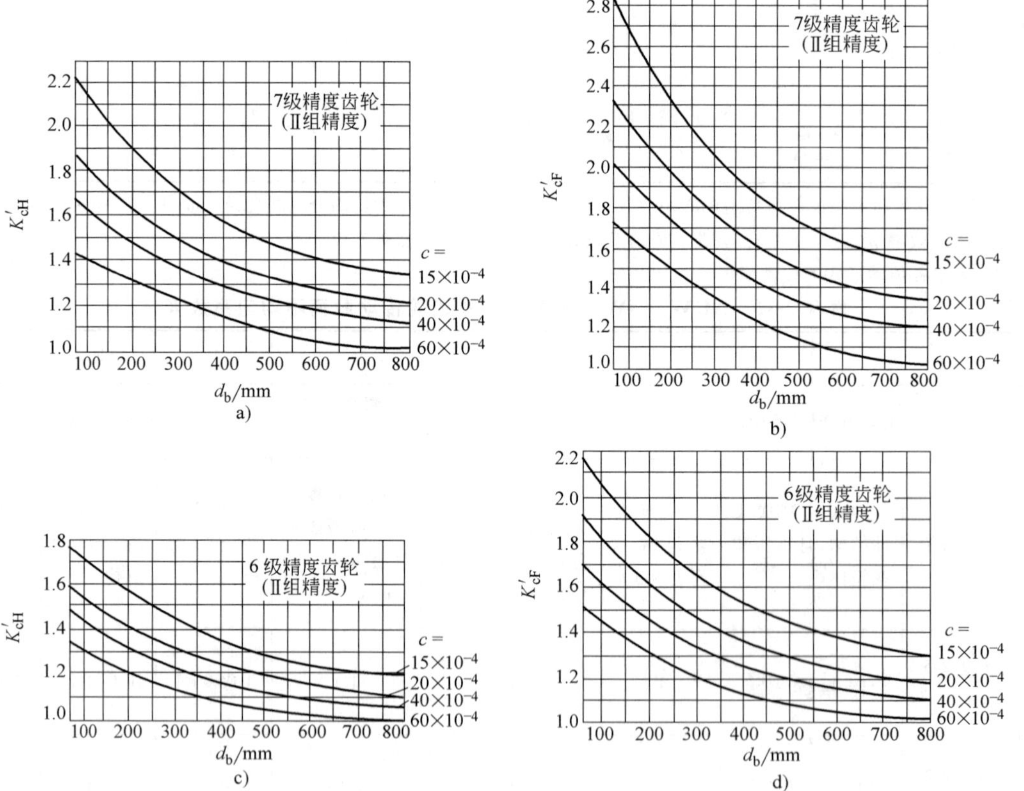

图 9.2-5 NGW、NW、WW 传动中无浮动构件用普通齿轮时的载荷不均匀系数 $c=\dfrac{2T_a}{\varphi d_a^3}\left(1+\dfrac{z_a}{z_c}\right)$

d_b—内齿轮分度圆直径（mm） d_a—太阳轮分度圆直径（mm）

3.2 应力循环次数

行星齿轮传动的应力循环次数应根据齿轮相对于行星架的转速确定。当载荷恒定时，应力循环次数 N 见表 9.2-18。

表 9.2-18　应力循环次数 N

项目	计算公式	说　明
太阳轮 a	$N_a=60(n_a-n_H)n_wt$	n_a、n_b、n_e—太阳轮 a、b、e 的转速(r/min) n_c、n_d—行星轮 c、d 的转速(r/min) n_H—行星架 H 的转速(r/min) n_w—行星轮数目 t—齿轮同侧齿面总工作时间(h)
太阳轮 b	$N_b=60(n_b-n_H)n_wt$	
太阳轮 e	$N_e=60(n_e-n_H)n_wt$	
行星轮 c	$N_c=60(n_c-n_H)t$	
行星轮 d	$N_d=60(n_d-n_H)t$	

注：1. 单向或双向回转的 NGW 及 NGWN 型传动，齿面接触强度计算时，$N_c=30(n_c-n_H)\times\left[1+\left(\dfrac{z_a}{z_b}\right)^3\right]t$。

2. 对于承受交变载荷的行星传动，应将 N_a、N_b、N_c 及 N_e 各式中的 t 用 $0.5t$ 代替（但 NGW 型及 NGWN 型的 N_c 计算式中的 t 不变）。

3.3　动载系数 K_v 和速度系数 Z_v

动载系数 K_v 和速度系数 Z_v 应按齿轮相对于行星架 H 的圆周速度（m/s）$v^H=\dfrac{\pi d'(n-n_H)}{60\times1000}$ 查第 8 篇第 2 章中的有关图表。

中心轮 a、b、e 和行星轮 c、d 相对于行星架 H 的圆周速度 v^H（m/s）分别为

$$v_a^H=\frac{\pi d'_a(n_a-n_H)}{60\times1000}\tag{9.2-9}$$

$$v_b^H=\frac{\pi d'_b(n_b-n_H)}{60\times1000}\tag{9.2-10}$$

$$v_e^H=\frac{\pi d'_e(n_e-n_H)}{60\times1000}\tag{9.2-11}$$

$$\left.\begin{aligned}v_c^H&=\frac{\pi d'_c(n_c-n_H)}{60\times1000}\\v_d^H&=\frac{\pi d'_d(n_d-n_H)}{60\times1000}\end{aligned}\right\}\tag{9.2-12}$$

式中，d'_a、d'_b、d'_e、d'_c、d'_d为太阳轮 a、b、e 和行星轮 c、d 的节圆直径（mm）。

3.4　齿向载荷分布系数 K_β

对于不重要的行星齿轮传动，齿轮强度计算中的齿向载荷分布系数 K_β 可用第 8 篇第 2 章的方法确定；对于重要的行星齿轮传动，应考虑行星传动的特点，用下述方法确定

计算接触强度时：$K_{H\beta}=1+(\theta_b-1)\mu_H$　(9.2-13)

计算弯曲强度时：$K_{F\beta}=1+(\theta_b-1)\mu_F$　(9.2-14)

式中　μ_H 及 μ_F——齿轮相对于行星架的圆周速度 v^H 及大齿轮齿面硬度（HBW）对 $K_{H\beta}$ 及 $K_{F\beta}$的影响系数（见图 9.2-6）；

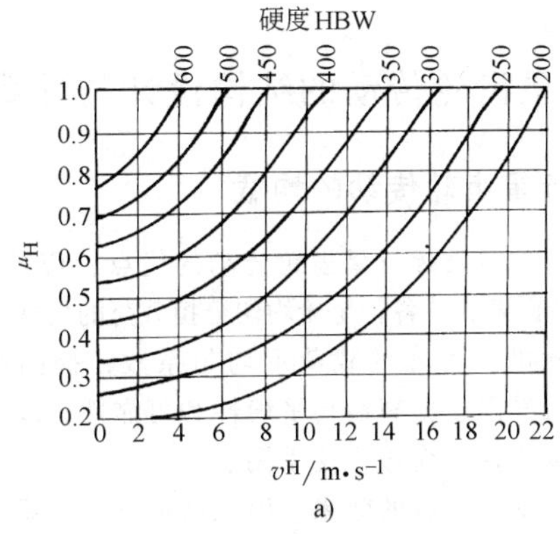

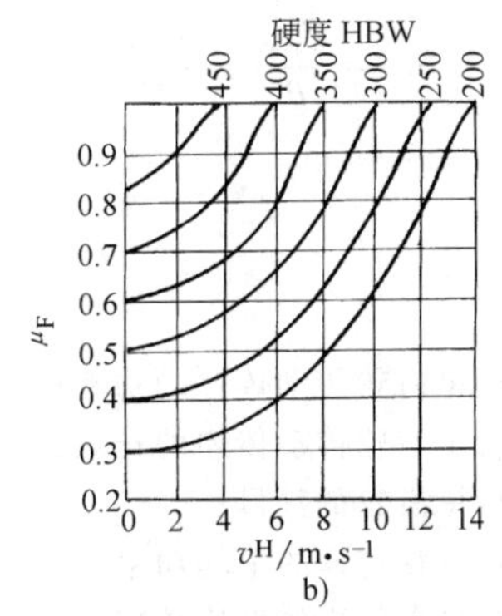

图 9.2-6　确定 μ_H 及 μ_F 的线图

θ_b——齿宽和行星轮数目对 $K_{H\beta}$和 $K_{F\beta}$的影响系数。对于圆柱直齿或人字齿轮行星传动，如果行星架刚性好，行星轮对称布置或者行星轮采用调位轴承，使太阳轮和行星轮的轴线偏斜可以忽略不计时，θ_b 值由图 9.2-7 查取。

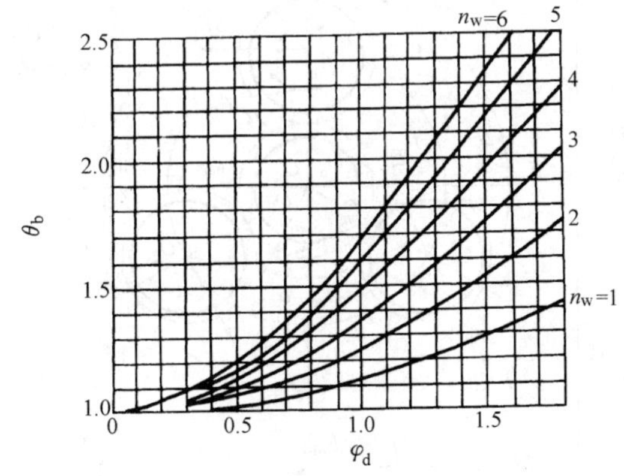

图 9.2-7　确定 θ_b 的线图

如果 NGW 型和 NW 型行星齿轮传动的内齿轮宽度与行星轮分度圆直径的比值小于或等于 1 时，可取

$K_{H\beta}=K_{F\beta}=1$。

4　行星齿轮传动的结构设计与计算

4.1　行星齿轮传动的均载

为了充分发挥行星齿轮传动的优点，应采用能够补偿制造误差，使各行星轮均匀分担载荷的均载机构。

均载机构可降低载荷不均匀系数，提高承载能力，降低噪声，提高运转平稳性和可靠性，降低齿轮制造精度等优点而被广泛采用。

为了衡量均载的效果，引入载荷不均匀系数 K_c。

$$K_c=\frac{P_{max}}{P'}=\frac{T_{max}}{T'}$$

式中　$P'=\dfrac{P}{n_w}$

$T'=\dfrac{T}{n_w}$

P——行星齿轮传动传递的功率；

T——行星齿轮传动传递的转矩；

n_w——行星齿轮的数目；

P'——行星轮传递的平均功率；

T'——行星轮传递的平均转矩；

P_{max}——某行星轮传递的最大功率；

T_{max}——某行星轮传递的最大转矩。

K_c 值越小，均载效果越好。

4.1.1　均载方法的分类

使行星轮间载荷分配均匀的方法有多种，主要靠机械方法实现均载。其结构类型可分为静定系统和静不定系统两种。

（1）静定系统

静定系统通过系统中附加的自由度实现均载。构件调位均载法即属于均载的静定系统，当行星轮间出现不均载时，构件根据受力的不同在附加自由度的范围内相应地调节位置（调位）实现均载。

在静定系统中，由于基本构件浮动的均载机构具有结构简单、均载效果好等优点，这种机构已成为均载机构的主要和常用形式。

（2）静不定系统

1）完全刚性的系统——完全依靠构件的高精度来保持均载，这种方法很不经济，很少采用。但在制造精度较高的情况下，合理地利用各受力零件的柔性和轴承间隙，从而简化结构，使高精度的制造费用得到补偿。

2）采用弹性结构的均载方法——主要是利用弹性构件的弹性变形使各行星轮均匀分担载荷。

均载机构的形式很多，常用均载机构的形式与特点，见表 9.2-19。

表 9.2-19　均载机构的形式与特点

形式		简　图	载荷不均匀系数 K_c	特　点
基本构件浮动的均载机构	原理	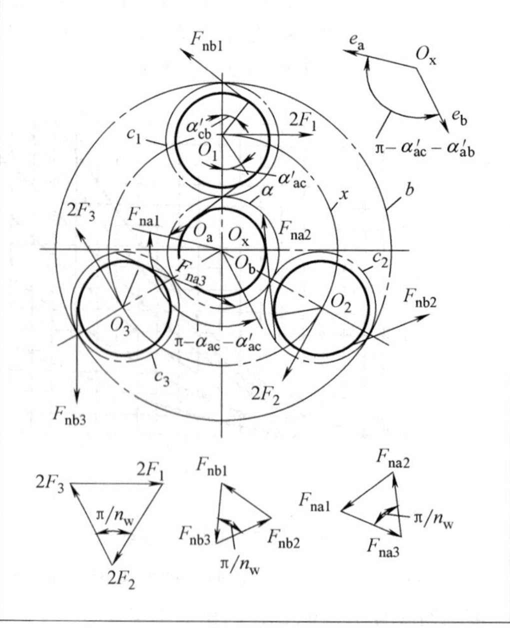		主要适用于3个行星轮的行星齿轮传动。它是靠基本构件（太阳轮、内齿轮或行星架）没有固定的径向支承，在受力不平衡的条件下能够作径向游动（又称浮动），以使各行星轮均匀分担载荷，均载机构工作原理如图所示。由于基本构件的浮动，使3个基本构件上所承受的3种力 $2F$、F_{na}、F_{nb} 各自形成力的封闭等边三角形（即形成三角形的各力相等），而达到均载的目的。由于制造误差，实际上，不是等边三角形而是近似等边三角形的封闭图，为此引入了考虑实际情况的载荷不均匀系数 K_c。基本构件浮动的最常用方法是采用双联齿轮联轴器。一般有一个基本构件浮动，即可起到均载作用，采用两个基本构件浮动时，效果更好

（续）

形式		简　图	载荷不均匀系数 K_c	特　点
基本构件浮动的均载机构	太阳轮浮动	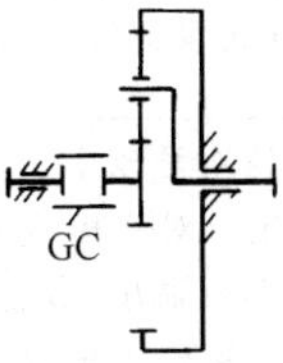 GC—齿轮联轴器	1.1～1.15	太阳轮通过双联齿轮联轴器与高速轴连接。太阳轮重量小，惯性小，浮动灵敏，机构简单，容易制造，通用性强，广泛用于中低速工作情况。其结构见图 9.2-12、图 9.2-13
	内齿轮浮动	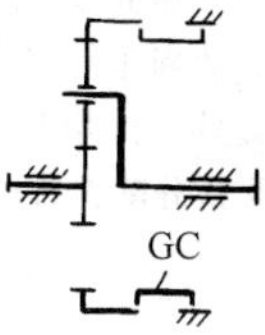	1.1～1.2	内齿轮通过双联齿轮联轴器与机体相连接。轴向尺寸较小，但由于浮动件尺寸大，重量大，加工不方便，浮动灵敏性差。由于结构关系 NGWN 行星齿轮传动常用之。其结构见图 9.2-16
	行星架浮动	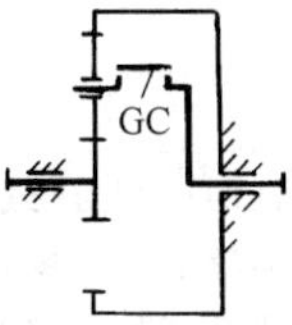	1.15～1.2	行星架通过双联齿轮联轴器与低速轴相连接，从而行星架可浮动。NGW 型传动中，由于行星架受力较大（二倍圆周力），有利于浮动。行星架浮动不要支承，可简化结构，尤其利于多级行星齿轮传动（见图 9.2-13），但由于行星架自重大，速度高时会产生较大离心力，影响浮动效果，所以用于速度不高处
	太阳轮与行星架同时浮动	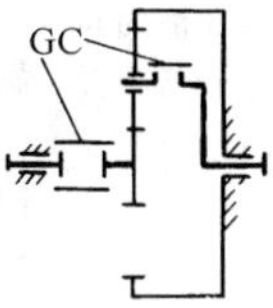	1.05～1.2	是太阳轮浮动与行星架浮动的组合。浮动效果比单独浮动效果好，常用于多级行星齿轮传动。常为三级减速器的中间级的浮动机构
	太阳轮和内齿轮同时浮动	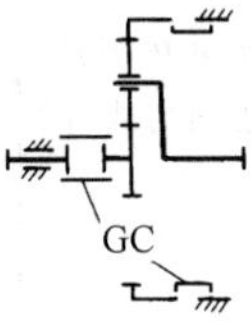	1.05～1.15	是太阳轮与内齿轮浮动的组合。浮动效果好，噪声小，工作可靠，常用于高速重载行星齿轮传动。其结构见图 9.2-15
	无多余约束浮动	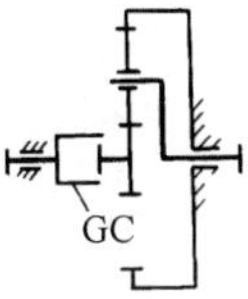	1.05～1.1	太阳轮利用单联齿轮联轴器进行浮动，而在行星轮中设置一个球面调心轴承，使机构中无多余约束。浮动效果好，结构简单，a—c 传动沿齿向载荷分布比较均匀。但由于行星轮内只能装设一个轴承，所以行星轮直径较小时，轴承尺寸较小，寿命较短。其结构见图 9.2-14

（续）

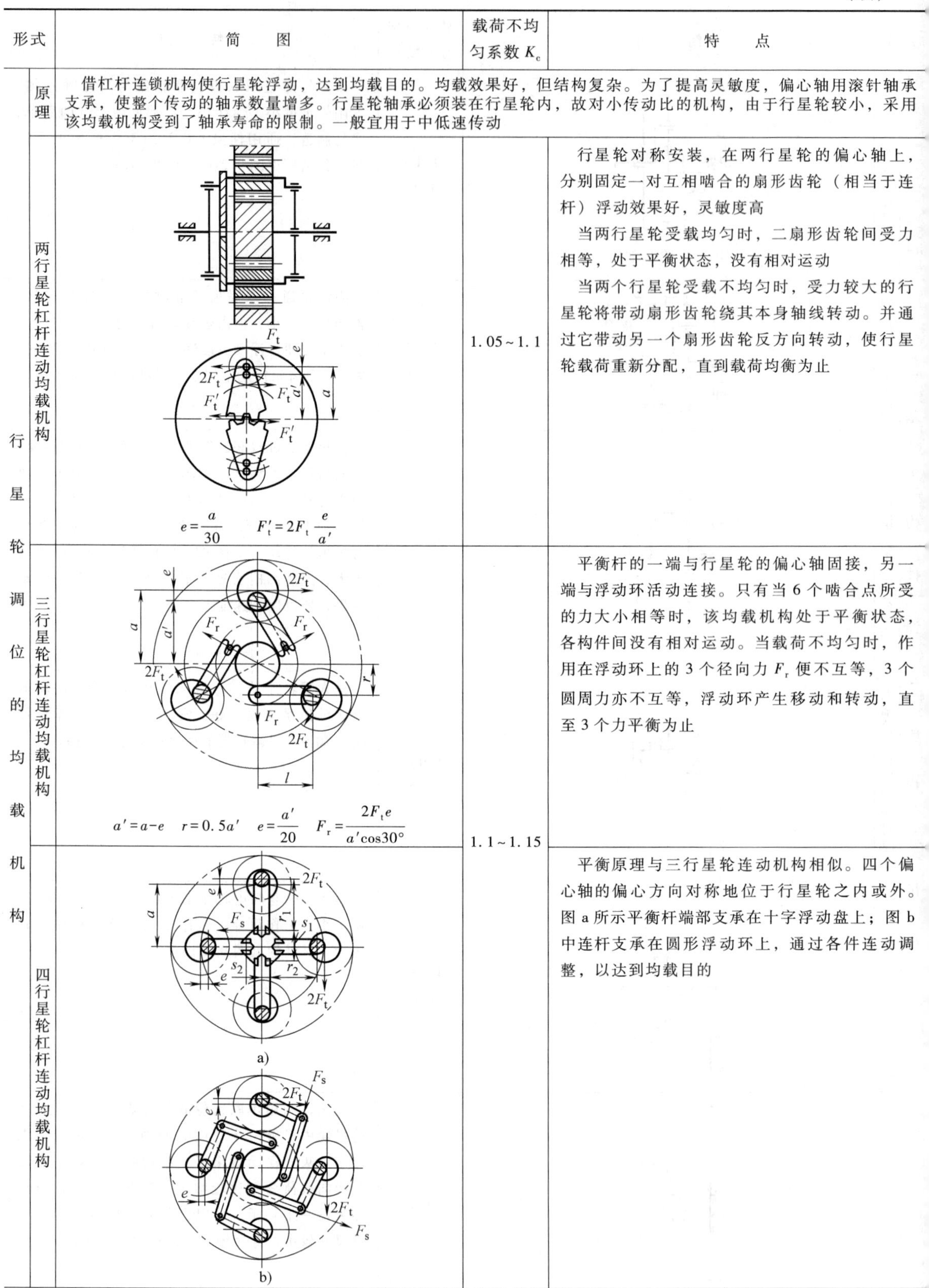

<table>
<tr><th colspan="2">形式</th><th>简　图</th><th>载荷不均匀系数 K_c</th><th>特　点</th></tr>
<tr><td rowspan="4">行星轮调位的均载机构</td><td>原理</td><td colspan="3">借杠杆连锁机构使行星轮浮动，达到均载目的。均载效果好，但结构复杂。为了提高灵敏度，偏心轴用滚针轴承支承，使整个传动的轴承数量增多。行星轮轴承必须装在行星轮内，故对小传动比的机构，由于行星轮较小，采用该均载机构受到了轴承寿命的限制。一般宜用于中低速传动</td></tr>
<tr><td>两行星轮杠杆连动均载机构</td><td>$e=\dfrac{a}{30}$　　$F_t'=2F_t\dfrac{e}{a'}$</td><td>1.05~1.1</td><td>行星轮对称安装，在两行星轮的偏心轴上，分别固定一对互相啮合的扇形齿轮（相当于连杆）浮动效果好，灵敏度高
当两行星轮受载均匀时，二扇形齿轮间受力相等，处于平衡状态，没有相对运动
当两个行星轮受载不均匀时，受力较大的行星轮将带动扇形齿轮绕其本身轴线转动。并通过它带动另一个扇形齿轮反方向转动，使行星轮载荷重新分配，直到载荷均衡为止</td></tr>
<tr><td>三行星轮杠杆连动均载机构</td><td>$a'=a-e$　　$r=0.5a'$　　$e=\dfrac{a'}{20}$　　$F_r=\dfrac{2F_te}{a'\cos30°}$</td><td rowspan="2">1.1~1.15</td><td>平衡杆的一端与行星轮的偏心轴固接，另一端与浮动环活动连接。只有当 6 个啮合点所受的力大小相等时，该均载机构处于平衡状态，各构件间没有相对运动。当载荷不均匀时，作用在浮动环上的 3 个径向力 F_r 便不互等，3 个圆周力亦不互等，浮动环产生移动和转动，直至 3 个力平衡为止</td></tr>
<tr><td>四行星轮杠杆连动均载机构</td><td>a)
b)</td><td>平衡原理与三行星轮连动机构相似。四个偏心轴的偏心方向对称地位于行星轮之内或外。图 a 所示平衡杆端部支承在十字浮动盘上；图 b 中连杆支承在圆形浮动环上，通过各件连动调整，以达到均载目的</td></tr>
</table>

（续）

形式		简　图	载荷不均匀系数 K_e	特　点
行星轮周立的均载孔构	油膜弹性浮动法	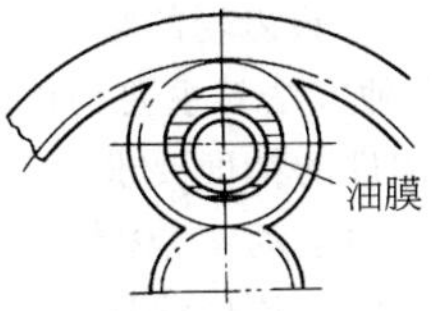 油膜	1.05~1.1（齿轮精度为 5~6 级） 1.3~1.5（齿轮精度为 8 级）	在行星轮与行星轴承之间装置一浮动的中间轮，中间轮与行星轮孔之间留有径向间隙，并向其中注入油液。传动装置工作时，行星轮与中间轮以同向同速转动，而且承受方向相同的载荷。两轮在转动时，在它们的径向间隙中形成厚油膜，油膜厚度比普通滑动轴承的油膜厚度大得多。借助厚油膜的弹性使各行星轮均载。这种浮动均载方法对行星轮数目无限制，均载效果好，结构十分简单紧凑，重量轻，效率高，安装方便，成本低，减振性能好，工作平稳，往往可以不用弹性接手
弹性件的均载机构	原理	通过弹性元件的弹性变形补偿制造、安装误差，使各行星轮均匀分担载荷。但各弹性件变形程度不同，从而影响载荷分配均匀。载荷不均匀系数与弹性元件的刚度、制造误差成正比		
	齿轮本身的弹性变形	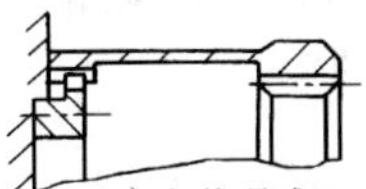 a) 安装型式 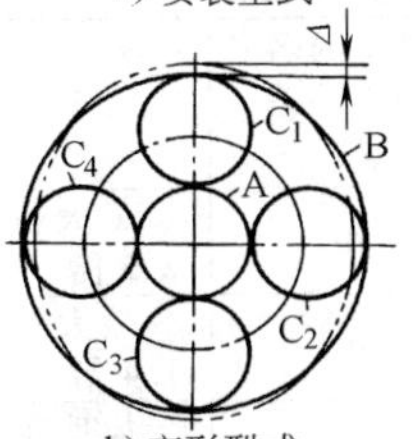 b) 变形型式		采用薄壁内齿轮，靠齿轮薄壁的弹性变形以达到均载的目的。减振性能好，行星轮数目可大于 3，零件数量少，但制造精度要求高，悬臂的长度、壁厚和柔性要设计合理，否则影响均载效果，使齿向载荷集中。图 9.2-17 采用了薄壁内齿轮、细长柔性轴的太阳轮和中空轴支承的行星轮结构，以尽可能地增加各基本构件的弹性
	弹性销法	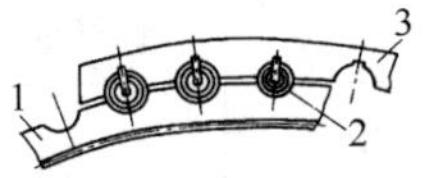 1—内齿轮　2—弹性销　3—机体		内齿轮通过弹性销与机体固定，弹性销由多层弹簧圈组成，沿齿宽方向可连装几段弹性销。这种结构径向尺寸小，有较好的缓冲减振性能。其结构见图 9.2-18
	弹性件支承行星轮	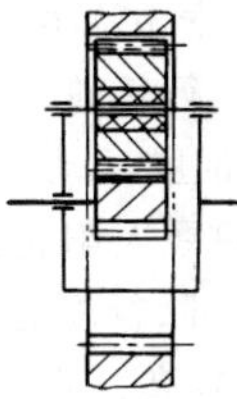 a) 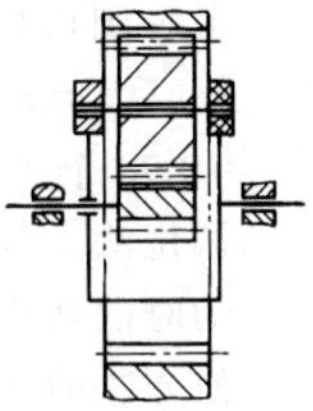　b)		在行星轮孔与行星轴之间（图 a）或行星轮轴与行星架之间（图 b）安装非金属（如尼龙类）的弹性衬套。结构简单，缓冲性能好，行星轮数可大于 3。但非金属弹性衬套有老化和热膨胀等缺点，不能承受较大离心力
	柔性轴支承行星轮	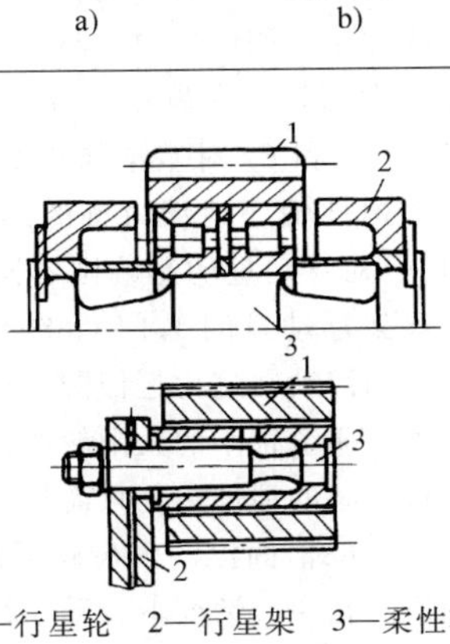 1—行星轮　2—行星架　3—柔性轴		利用行星轮轴较大的变形来调节各行星轮之间的载荷分布，克服了用非金属材料制成的弹性元件的缺点，扩大了使用范围

4.1.2 均载方法的评价与选择

（1）评价与选择的基本原则

1）良好的均载性能，浮动构件的重量要轻、受力要大（例如，NGW型传动中行星轮受力最大，为2倍圆周力），受力大则浮动灵敏。此外，浮动构件应能以较小的位移量即可补偿制造误差（例如，NGW型传动中，行星轮和行星架在均载时移动量较小）。

2）良好的运动学和动力学性能，即均载机构的效率要高，并具有缓冲和减振性能等。

3）良好的工艺性和经济性，即结构尺寸小，重量轻，机构简单，对各构件的精度无过高要求，使用可靠而费用低。

4）适应传动的总体布局。

（2）载荷不均匀系数 K_c

用 K_c 作为衡量均载效果的指标已得到公认，K 的定义是：某行星轮传递的最大载荷（功率或转矩与均布载荷时行星轮理论载荷（功率或转矩）之比各种均载方法的 K_c 的概略值见表 9.2-19。表中的 K 值多以 NGW 型传动的实验数据（个别的为类比推算数据）列入。实验齿轮的精度为7级或8级。

（3）各种方法对主要构件的精度要求

对主要构件的精度要求是评价各种调位均载方法的重要指标。由运动学分析得知，各种误差要求不同构件具有不同的调位位移量。为了便于比较，调位构件位移量大于误差值者可以认为在该构件调位时要求该误差值要小。如果前者小于后者，则认为该误差值可大些。两者接近相等，则认为要求中等。各种调位方法对主要构件的精度要求（用对误差值的要求表示）见表 9.2-20。

表 9.2-20 各种调位方法对主要构件精度的要求

调位方法	偏心距 e	太阳轮名义偏心误差 E_1	行星轮名义偏心误差 E_2	内齿轮的名义偏心误差 E_3	行星架的名义偏心误差 E_4	备注
中心轮浮动调位	小	中	小	中	小	最大位移量不超过误差值的2.5倍
行星架浮动调位	大	大	小	大	中	最大位移量不超过误差值的1.4倍
行星轮连动摆动调位	大	大	大	大	中	齿爪连动法最小位移约为误差值的一半
行星轮的轴向调位	小	小	小	小	小	位移量为误差值的2.3~11倍
行星轮油膜浮动调位	大	大	大	大	中	

注：除轴向调位法用于NW型传动外，其他各法按NGW型传动确定对误差值的要求。

各种误差值常代表一系列误差，在分析误差和确定各构件公差时应注意。例如，固定在机架上的内齿轮的名义偏心误差 E_3，它有内齿轮本身偏心误差，也包含内齿轮座孔偏心误差等；再如行星轮名义偏心误差 E_2，除本身误差外也包含行星轴和行星轴承的偏心误差；又如固定轴线的太阳轮名义偏心误差 E_1，除本身误差外，又包含太阳轮支承系统的偏心误差。

（4）各种调位均载法的动力学性能

作为评价调位均载法的重要指标的动力学性能应包括下列内容：

1）调位力的大小。

2）调位构件及其连动构件在调位时产生的惯性力大小。

3）调位的机械效率（显然调位件的连动构件越多机械效率越低）。以NGW型传动为例，显然行星轮轴心的调位力 $F_c=2F$（是齿轮啮合圆周力 F 的两倍）大于中心轮的调位力 F_z（是各齿轮副的啮合力的向量合成力），所以从调位力的大小看，用行星轮调位较好。考虑到机械效率 η、实际的调位力 F_s 应当是 $F_s=F_c\eta$ 或 $F_s=F_z\eta$。行星轮杠杆连动摆动调位均载法的 $\eta=0.98$；行星轮油膜浮动调位法 $\eta>0.99$；基本构件浮动调位法 $\eta>0.99$（太阳轮浮动时的效率大于行星架浮动时的效率）。除行星轮轴向调位法的 η 较低外，其他方法的 η 皆较高，故对调位影响较小。

基本构件浮动调位法中，浮动构件的质量由小到大的顺序为太阳轮、内齿轮、行星架。构件误差 Δ、e、E_1、E_2、E_3 和 E_4 对基本构件的浮动频率影响相同，对浮动构件轴心运动轨迹的影响基本相同（见表 9.2-21），对浮动量的影响则不同，中心轮的浮动量约为行星架浮动量的1.4~1.88倍。由实验知，基本构件中心的浮动轨迹为近似圆，故可按圆周运动计算其惯性力。质量很小的太阳轮的惯性力最小；至于内齿轮、行星架的惯性力，只需将浮动行星架系统的质量和1.4~1.88倍的浮动内齿轮系统的质量相比较，就可以知道。在一般情况下，浮动行星架的惯性力较大。行星轮连动摆动调位法中，由于行星轮的质量小，位移量不大，故惯性力较小，但还应当考虑连动装置的综合惯性力，因此，可以认为这种方法的惯性力大于太阳轮浮动调位时的惯性力，但小于行星架浮动调位时的惯性力。行星轮油膜浮动调位法的惯性力是最小的。

表 9.2-21　NGW 型传动浮动基本构件轴线的运动轨迹与频率

构件误差符号	轴线运动轨迹与频率		
	浮动太阳轮	浮动内齿轮	浮动行星架
行星架上，行星轴孔中心的径向（中心距）误差 Δa	轨迹为半径等于浮动量的圆，频率等于行星架转速		
行星架上行星轴孔中心的切向位移 e			
太阳轮偏心误差 E_1	轨迹为半径等于浮动量的圆，频率等于太阳轮转速		
行星轮偏心误差 E_2	轨迹为长度等于 2 倍浮动量的直线（相对于行星架），频率等于行星架转速		轨迹为长度等于 2 倍浮动量的直线，频率等于行星架转速
内齿轮偏心误差 E_3	轨迹为半径等于浮动量的圆，频率等于行星架转速		
行星架偏心误差 E_4			

4.1.3　行星轮油膜浮动均载理论

油膜浮动调位均载方法是行星轮调位均载方法中的最佳方法。它更具有结构简单紧凑、重量轻、效率高（双级效率超过 0.96）、成本低、安装方便、减振性能好、工作平稳和均载效果好等优点。

1）行星轴载荷与行星轮啮合齿面的浮动值的关系。由于行星架上行星轴孔分度误差的切向分量和行星轮的偏心误差严重影响均载，故首先研究上述误差与行星轴载荷之间的关系。

设静载荷作用下的无限宽滑动轴承基本方程式适用于本情况，则按雷诺方程式可得

$$W = \frac{6\mu v L e}{(2+e^2)(1-e^2)}\sqrt{4e^2+\pi^2(1-e^2)}\left(\frac{r}{c}\right)^2 \tag{9.2-15}$$

$$F_m = 6\pi\mu n\left(\frac{r}{c}\right)^2\frac{e\sqrt{4e^2+\pi^2(1-e^2)}}{(2+e^2)(1-e^2)} \tag{9.2-16}$$

$$\tan\varphi = \frac{\pi\sqrt{1-e^2}}{e} \tag{9.2-17}$$

式中　W——轴承载荷（N）；

F_m——单位面积的轴承载荷（N/cm^2）；

r——轴颈半径（cm）；

c——轴承游隙（cm）；

L——轴承宽度（cm）；

μ——油的黏度系数（$N\cdot s/cm^2$）；

e——偏心率；

φ——偏心角（rad）；

v——轴颈圆周速度（cm/s）；

n——行星轮转速（r/min）。

由式（9.2-15）~式（9.2-17）和图 9.2-8 可以看出，当轴承载荷 F_m 增加时，最小油膜厚度点 Q 逐渐接近 Q'点，此时行星轮中心 O'便近似地沿以 c 为直径的半圆周轨迹移动（见图 9.2-9）。即行星轮中心 O'随着齿面啮合力的增加向着与 F_m 方向相反的 O''移动，浮动量在 F_m 方向上的投影为$\overline{P'P''}$。

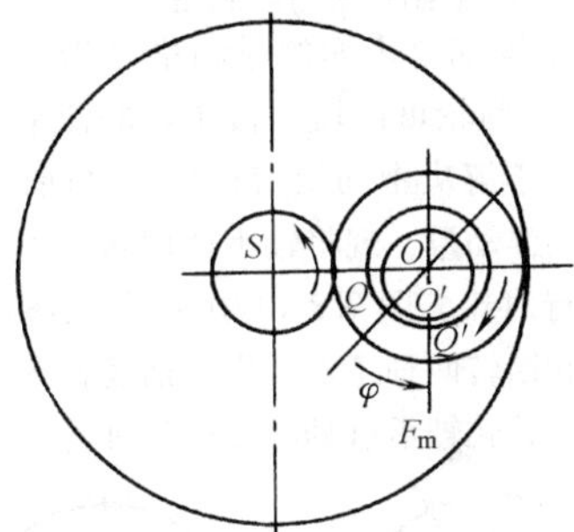

图 9.2-8　最小油膜厚度点 Q

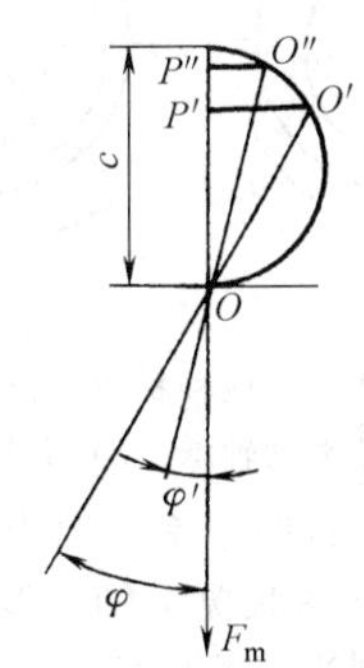

图 9.2-9　行星轮中心移动轨迹

设与行星轮啮合的内齿轮不动，则行星轮中心 O'移动$\overline{P'P''}$距离时，它与太阳轮的啮合齿面便移动 2$\overline{P'P''}$距离。

由下列公式可以看出$\overline{OP'}$是 e 的函数，即

$$\overline{OP'} = \overline{OO'}\cos\varphi = ce\cos\varphi = \frac{2ce^2}{\sqrt{4e^2-\pi^2e^2+\pi^2}} \tag{9.2-18}$$

由式（9.2-16）看出 F_m 也是 e 的函数，于是可求行星轮中心的浮动量（值）E，即

$$E = \frac{\partial\,\overline{OP'}}{\partial F_m} = \frac{\partial\,\overline{OP'}}{\partial e}\Big/\frac{\partial F_m}{\partial e}$$

由式（9.2-18）可得

$$\frac{\partial\ \overline{OP'}}{\partial\ e} = 2ce\frac{4e^2 - \pi^2e^2 + 2\pi^2}{(4e^2 - \pi^2e^2 + \pi^2)^{3/2}} \quad (9.2\text{-}19)$$

由式（9.2-16）得

$$\frac{\partial F_m}{\partial e} = 6\pi\mu n\left(\frac{r}{c}\right)^2 \times \frac{2(4-\pi^2)e^6+3\pi^2e^4+(16-3\pi^2)e^2+2\pi^2}{\sqrt{(4-\pi^2)e^2+\pi^2(-e^4-e^2+2)^2}} \quad (9.2\text{-}20)$$

因此 $$E=\frac{\partial\overline{OP'}}{\partial e}\Big/\frac{\partial F_m}{\partial e}=\frac{c}{3\pi\mu n}\left(\frac{c}{r}\right)^2\times \frac{e[(4-\pi^2)e^2+2\pi^2]\times}{[(4-\pi^2)e^2+\pi^2][2(4-\pi^2)e^6+} \frac{(-e^4-e^2+2)^2}{3\pi^2e^4+(16-3\pi^2)e^2+2\pi^2]} \quad (9.2\text{-}21)$$

行星轮节圆啮合齿面的浮动量为 $2E$。

2）安装中间轮可以增加行星轮的浮动量。将滑动轴承的理论用于解决中间轮与行星轮之间的相对运动，分析行星轮的浮动量，现将轴承体回转与不回转的两种工作状态进行对比，图9.2-10中a、b两图所示分别为轴承体不转和回转两种工作状态，前者称为一般滑动轴承，后者称为共转轴承（即将中间轮理解为轴承）。

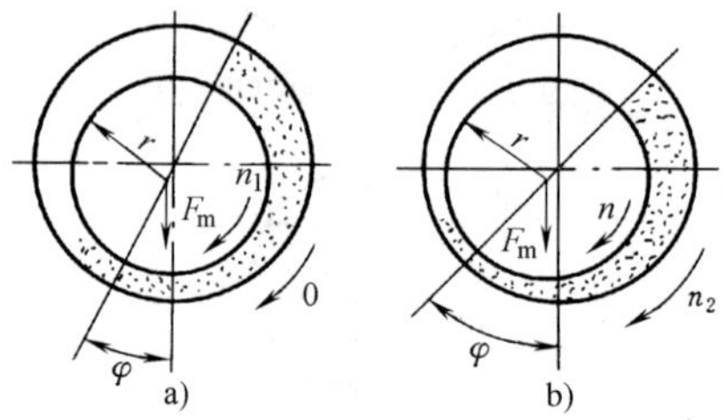

图9.2-10　两种轴承工作状态
a）一般滑动轴承　b）共转轴承

设两种状态下的偏心率、轴承径向间隙分别为 e_a、e_b 和 c_a、c_b，b图状况下轴颈及轴承的圆周速度分别为 v_1 和 v_2，则当a图状况下的 F_m、$\tan\varphi$ 可用式（9.2-16）和式（9.2-17）计算时，b图状况就可用下式表达：

$$W = \frac{6\mu(v_1 + v_2)Le_b}{(2 + e_b^2)(1 - e_b^2)}\left(\frac{r}{e_b}\right)^2\sqrt{4e_b^2 + \pi^2(1 - e_b^2)} \quad (9.2\text{-}22)$$

故

$$F_m = 6\pi\mu(n_1 + n_2)\left(\frac{r}{c_b}\right)^2\frac{e_b\sqrt{4e_b^2 + \pi^2(1 - e_b^2)}}{(2 + e_b^2)(1 - e_b^2)} \quad (9.2\text{-}23)$$

当轴和轴承同向同速回转时，即 $v_1 = v_2$ 时，上式变为

$$F_m = 12\pi\mu n_1\left(\frac{r}{c_b}\right)^2\frac{e_b\sqrt{4e_b^2 + \pi^2(1 - e_b^2)}}{(2 + e_b^2)(1 - e_b^2)} \quad (9.2\text{-}24)$$

而轴的浮动量 E_b 为

$$E_b = \frac{c_b}{6\pi\mu n_1}\left(\frac{c_b}{r}\right)^2 \times \frac{e_b[(4 - \pi^2)e_b^2 + 2\pi^2]\times}{[(4 - \pi^2)e_b^2 + \pi^2]\times[2(4 - \pi^2)e_b^6 +} \frac{(-e_b^4 - e_b^2 + 2)^2}{3\pi^2e_b^4 + (16 - 3\pi^2)e_b^2 + 2\pi^2]} \quad (9.2\text{-}25)$$

当图9.2-10a、图9.2-10b两图中轴承的载荷容量相等时，两轴承的特性系数也相等，同时与两者特性系数最大值相对应的 e 值也相等，如式（9.2-21）和式（9.2-25）所示。

故两种情况的特性系数 S_a 与 S_b 相等且等于最大值 S_{cr} 时，$e_a = e_b = e$，即

$$\frac{\mu n_1}{F_m}\left(\frac{r}{c_a}\right)^2 = \frac{\mu(n_1 + n_2)}{F_m}\left(\frac{r}{c_b}\right)^2$$

因此 $$c_b = \sqrt{\frac{n_1+n_2}{n_1}}c_a \quad (9.2\text{-}26)$$

上式说明在载荷容量相同时，轴颈与轴承一起回转可以给定更大的径向游隙。

为了求浮动量，令

$$f(e) = \frac{e[(4 - \pi^2)e^2 + 2\pi^2]\times}{[(4 - \pi^2)e^2 + \pi^2]\times[2(4 - \pi^2)e^6 +} \frac{(-e^4 - e^2 + 2)^2}{3\pi^2e^4 + (16 - 3\pi^2)e^2 + 2\pi^2]}$$

由式（9.2-21）可得

$$E_a = \frac{c_a}{3\pi\mu n_1}\left(\frac{c_a}{r}\right)^2 f(e) \quad (9.2\text{-}27a)$$

$$E_b = \frac{c_b}{3\pi\mu\ (n_1+n_2)}\left(\frac{c_b}{r}\right)^2 f\ (e) \quad (9.2\text{-}27b)$$

将式（9.2-26）代入式（9.2-27b）得

$$E_b = \frac{c_a}{3\pi\mu n_1}\left(\frac{c_a}{r}\right)^2\sqrt{\frac{n_1 + n_2}{n_1}}f(e) = \sqrt{\frac{n_1 + n_2}{n_1}}E_a \quad (9.2\text{-}28)$$

由式（9.2-28）可知，轴颈与轴承一起回转可使浮动量增加，其值为轴承不回转时浮动量的 $\sqrt{\frac{n_1+n_2}{n_1}}$ 倍。当 $n_1 = n_2$，即两者等速同向回转时，其值为轴承不回转时浮动量的 $\sqrt{2}$ 倍。

4.1.4　行星齿轮传动的浮动量计算

分析和计算浮动量的目的在于验证所选择的均载机构是否能满足浮动量要求，设计及结构是否合理，或根据已知的浮动量确定各零件尺寸极限偏差。零件尺寸偏差引起浮动件的位移，位移量就是要求浮动件应该达到的浮动量。

NGW 型行星齿轮传动各零件尺寸极限偏差对浮动量的要求见表 9.2-22，其他形式的行星齿轮传动亦可参考该表。如 NGWN 型传动中，a、c、b 轮和行星架 H 相当于 NGW 型传动，可直接使用表中公式，但需另外考虑 d、e 轮的制造误差对浮动量的要求。

从表 9.2-22 中可知，行星轮偏心误差在最不利的情况下对浮动量影响极大，故在成批生产中应选取重量及偏心误差相近的行星轮进行分组，并做出标记，在装配时使各行星轮的偏心方向与各自的中心线（行星架中心与行星轮轴孔中心的连线）成相同的角度，使行星轮偏心误差的影响基本抵消。此时表中值可改为 $E_{zc}=\frac{4}{3}e_c\cos\alpha'$，$E_{Hc}=\frac{2}{3}e_c$。若将一组行星轮一块在滚齿机上加工，并做出标记，完成以后工序时，不必测量偏心即可均衡地装在行星架上。此时 $E_{zc}=0$，$E_{Hc}=0$。

表 9.2-22　NGW 型行星齿轮传动对浮动量的要求

名　称	项　目	太阳轮或内齿轮浮动	行星架浮动
零件尺寸极限偏差对浮动量的要求	行星架上行星轮轴孔中心的切向位移 e_T	$E_{zT}=\frac{4}{3}e_T\cos\alpha'$	$E_{xT}=\frac{2}{3}e_T$
	太阳轮偏心误差 e_a	$E_{za}=e_a$	$E_{Ha}=\frac{e_a}{2\cos\alpha'}$
	行星轮偏心误差 e_c	$E_{zc}=\frac{8}{3}e_c\cos\alpha'$	$E_{Hc}=\frac{4}{3}e_c$
	内齿轮偏心误差 e_b	$E_{zb}=e_b$	$E_{Hb}=\frac{e_b}{2\cos\alpha'}$
	行星架偏心误差 e_H	$E_{zH}=2e_H\cos\alpha'$	$E_{HH}=e_H$
装配时对浮动量的要求	最大浮动量	$E_{zmax}=E_{zT}+E_{za}+E_{zc}+E_{zb}+E_{zH}$	$E_{Hmax}=E_{HT}+E_{Ha}+E_{Hc}+E_{Hb}+E_{HH}$
	平方和浮动量	$E_z=E_{zT}^2+E_{za}^2+E_{zc}^2+E_{zb}^2+E_{zH}^2$	$E_H=E_{HT}^2+E_{Ha}^2+E_{Hc}^2+E_{Hb}^2+E_{HH}^2$

注：1. “最大浮动量”系指各项误差均处于最不利的情况下所要求的浮动量，它可以通过增加浮动齿套的长度予以满足，但由于增大了轴向尺寸，很不经济。故在大量生产中，考虑到各项误差均处于最不利的情况的概率并不大，因此应当按平方和浮动量计算。

2. e 值可根据表 9.2-30 中行星架中心距极限偏差 f_a 和各行星轮轴孔的相邻孔距公差 f_1 利用几何关系求得。

4.1.5　齿轮联轴器的设计与计算

在行星齿轮传动中，广泛使用齿轮联轴器来保证浮动机构中的浮动件，在受力不平衡时产生位移，以使各行星轮之间载荷分布均匀。齿轮联轴器可分为单联和双联齿轮联轴器两种，见表 9.2-23。

（1）齿轮联轴器的几何计算

齿轮联轴器的齿形为渐开线，有直齿和鼓形齿两种。鼓形齿允许有较大的轴线歪斜角，并具有载荷分配均匀和承载能力高等优点，因此，应用日趋广泛。有关几何计算见表 9.2-24。

图 9.2-11 所示为联轴器齿数和分度圆直径及所选模数之间关系的概略值。

轮齿间的侧隙，取决于连接零件许可的位移和轴线的倾斜度及制造、安装精度。对刚性零件上加工的联轴器，侧隙的概值约取 $0.05m$（m 为模数），对薄壁柔性零件上加工的联轴器，约取 $0.08m$。

（2）齿轮联轴器的强度计算

表 9.2-23　齿轮联轴器的类型

名　称	简　图	特　点
单联齿轮联轴器	b　1　2　ω　L 1—浮动齿轮　2—内齿轮	内齿套固定不动，浮动齿轮只能偏转一个角度，因而会引起载荷沿齿宽方向分布不均匀，为改善这种状况，需有较大的轴向尺寸，推荐 $L/b>4$ 为了减小轴向尺寸常用于无多余约束浮动机构中
双联齿轮联轴器	1　2　E　a)　E　b) 1—浮动齿轮　2—内齿轮	内齿套浮动，因此浮动齿轮可以平行位移，保证了啮合齿轮的载荷沿齿宽均匀分布。如果太阳轮直径较大，可以制成如图 b 所示的结构，这样既可减小轴向尺寸，又可减小浮动件的重量

注：为便于外齿轮在内齿套中转动，外齿轮齿顶常沿齿向做成圆弧形，或采用鼓形齿轮。

表 9.2-24　齿轮联轴器的几何计算

项　　目	代号	计算公式及说明
齿形角	α	$\alpha=20°$
齿顶高系数	h_a^*	外齿轮　$h_a^*=1.0$ 内齿轮　$h_a^*=0.8$
齿顶圆直径	d_a	外齿轮　$d_{a1}=d+2h_a^*m=(z+2)m$ 内齿轮　$d_{a2}=d-2h_a^*m=(z-1.6)m$
齿根圆直径	d_f	外齿轮　$d_{f1}=d-2.5m$ 内齿轮　$d_{f2}=d+2m$
齿宽系数	φ_d	内齿轮浮动用齿轮联轴器：$\varphi_d=\dfrac{b}{d}=0.02\sim0.03$ 太阳轮浮动用齿轮联轴器：$\varphi_d=\dfrac{b}{d}=0.2\sim0.3$
齿套长度	L	$L\geqslant\dfrac{E}{\sin\omega}$ 式中　E—行星齿轮传动需要的浮动量(mm) ω—联轴器允许的最大歪斜角，一般直齿 $\omega=30'$；鼓形齿 $\omega=1°30'\sim2°$，最大达 3°
齿向圆弧半径	r_1	当 $b<0.2d$ 时，$r_1\approx0.17d$；当 $b>0.2d$ 时，r_1 可适当增大
鼓形量	A	$A=\dfrac{be}{2}$ 式中　e—单位长度的径向位移量，$e=\dfrac{E}{L}$
鼓形圆弧半径	r_2	$r_2=\dfrac{b^2}{8A}$

注：多数齿轮联轴器是以外径定心，即外齿轮的齿顶圆直径等于内齿轮根径。配合为$\dfrac{F9}{h8}$。在高速行星传动中，所有浮动构件的联轴器与标准的不同。齿形角可在 $\alpha=20°\sim30°$ 范围内变化，而齿顶高系数 $h_a^*=1\sim0.5$。以外齿顶圆 d_a 定心，当与刚性齿形连接时，按$\dfrac{H7}{g6}$配合，与薄壁零件（内啮合齿轮轮缘，连接套）连接时，按$\dfrac{H7}{f7}$配合。

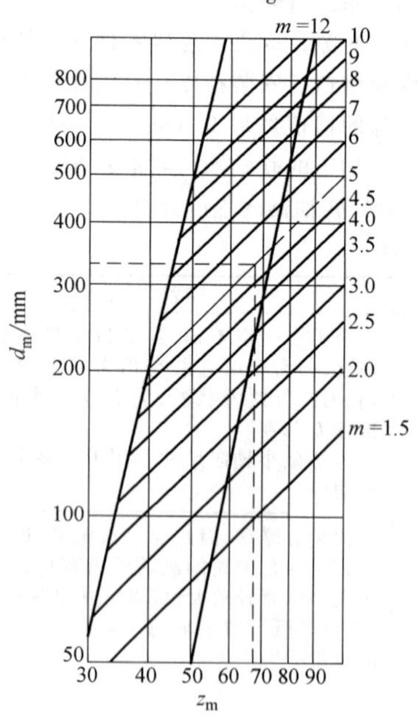

图 9.2-11　选择模数 m、直径 d_m、齿数 z_m 的概略值图
注：推荐的 m、d_m、z_m 组合位于虚线划出的范围内。

1）轮齿切应力。假设轮齿是在节圆线上发生剪切，则切应力为

$$\tau=\frac{2000TK_cK_AK_m}{dzb\bar{s}_cK_N}\leqslant\tau_P \tag{9.2-29}$$

式中　K_c——载荷不均匀系数，一般 $K_c=2$，当制造精度不高时，$K_c=3$；

K_A——工况系数；

K_m——轮齿载荷分布系数，见表 9.2-27；

d——节圆直径（mm）；

z——齿数；

b——齿宽（mm）；

$\bar{s}_c$——节圆上弦齿厚（mm），$\bar{s}_c\approx\dfrac{\pi d}{2z}$；

K_N——寿命系数见表 9.2-26，根据加载循环次数而定。通常每开动和停止一次，才标为一个加载循环；

τ_P——许用切应力（MPa），见表 9.2-25。

2）轮齿挤压应力。作用在直齿齿侧的挤压应力为

$$\sigma_c=\frac{2000TK_AK_m}{dzbhK_W}\leqslant\sigma_{cP} \tag{9.2-30}$$

式中　h——轮齿接触径向高度（mm）；

σ_{cP}——许用挤压应力（MPa），见表 9.2-25；

K_W——轮齿磨损寿命系数，见表 9.2-26，根据齿轮转速而定。

其他代号意义同前。

表 9.2-25　许用应力 τ_P、σ_{cP}和 σ_{HP}

材　料	硬　度		许用切应力 τ_P/MPa	许用挤压应力	
	HBW	HRC		直齿 σ_{cP}/MPa	鼓形齿 σ_{HP}/MPa
钢	160~200		140	10.5	42
钢	230~260		210	14	56
钢	302~351	33~38	230	21	84
表面淬火钢		48~53	280	23	84
渗碳淬火钢		58~63	350	35	140
整体淬火钢		42~46	315		

表 9.2-26　寿命系数 K_N、K_W

循环次数	疲劳寿命系数 K_N		磨损寿命系数 K_W
	单向传动	双向传动	
1×10^3	1.8	1.8	
1×10^4	1.0	1.0	4
1×10^5	0.5	0.4	2.8
1×10^6	0.4	0.3	2.0
1×10^7	0.3	0.2	1.4
1×10^8			1.0
1×10^9			0.7
1×10^{10}			0.5

当齿轮联轴器为鼓形齿且具有足够的鼓形量时，能保持一定的接触宽度，此时不能用式（9.2-30）计算，须用赫兹公式计算，即

$$\sigma_H = 1900\frac{K_A}{K_W}\sqrt{\frac{2000T}{dzhr_2}} \leqslant \sigma_{HP} \quad (9.2\text{-}31)$$

式中　r_2——鼓形圆弧半径（mm）；

σ_{HP}——许用接触应力（MPa），见表 9.2-25。

其他代号意义同前。

3）内齿套的环向应力（破断应力）。通常内齿套的厚度 $\delta \geqslant 3m$（m 为模数）时可不进行验算。

表 9.2-27　轮齿载荷分布系数 K_m

单位长度径向位移量 mm/mm	齿　宽　/mm			
	120	250	500	1000
0.001	1	1	1	1.5
0.002	1	1	1.5	2
0.004	1	1.3	2	2.5
0.008	1.5	2	2.5	3

4.2　行星轮的结构

行星轮的结构根据传动形式、传动比大小、轴承类型及轴承的安装形式而定。行星轮的轴承在行星传动中，是属于受载最重的支承。在一般用途的中低速传动中，行星轮轴承多用滚动轴承。在长期运行的大功率固定式装置行星传动及船舶行星传动中，常采用滑动轴承，此外在径向尺寸受到限制或速度很高，从而滚动轴承的寿命不足时，也常采用滑动轴承。常用行星轮结构列于表 9.2-28。

表 9.2-28　行星轮结构

应保证行星轮轮缘厚度 $\delta>3m$，否则须进行强度或刚度校核 在一般情况下，行星轮齿宽与直径的比为：$\varphi_d=0.5\sim0.7$，硬齿面取较小值，即 $\varphi_d=0.5$ 为使行星轮内孔配合直径加工方便，切齿简单，制造精度易保证，应采用行星轮内孔无台肩结构	整体双联齿轮断面急剧变化处会引起应力集中，须使 $\delta\geqslant(3\sim4)m$；必要时应进行强度校核 整体双联齿轮的小齿圈不能磨齿 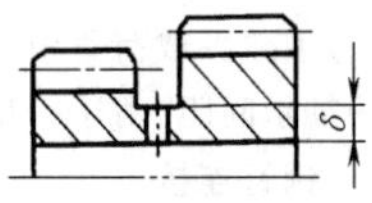
如果双联行星轮需要磨齿时，须设计成装配式。两行星轮的精确位置用定位销定位或从工艺上来保证。大齿轮磨齿前，应牢固地固定在已加工完的小齿轮上，再进行磨齿 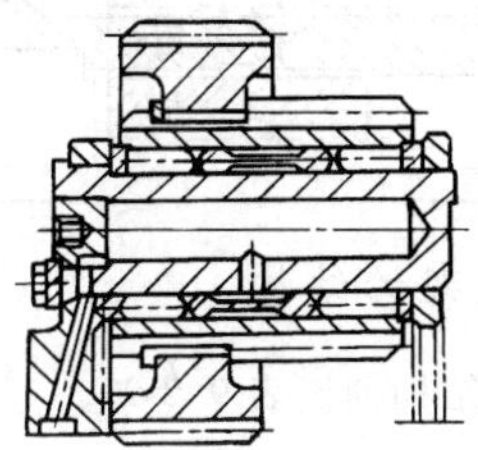	采用无多余约束浮动机构时，行星轮内设置一个球面调心轴承，可使 a—c 传动的载荷沿齿宽均匀分布 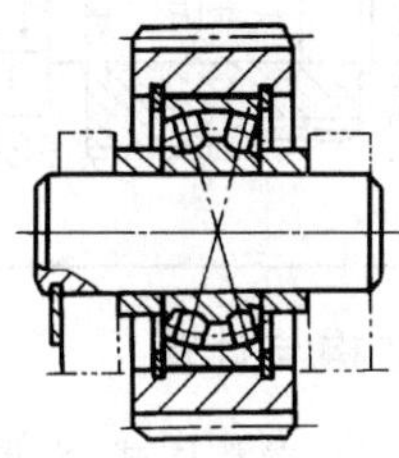

（续）

为使结构紧凑、简单和便于安装，轴承装入行星轮内，弹簧挡圈装在轴承外侧。由于轴承距离较近，当两个轴承原始径向间隙不同时，会引起较大的轴承倾斜，使齿轮载荷集中 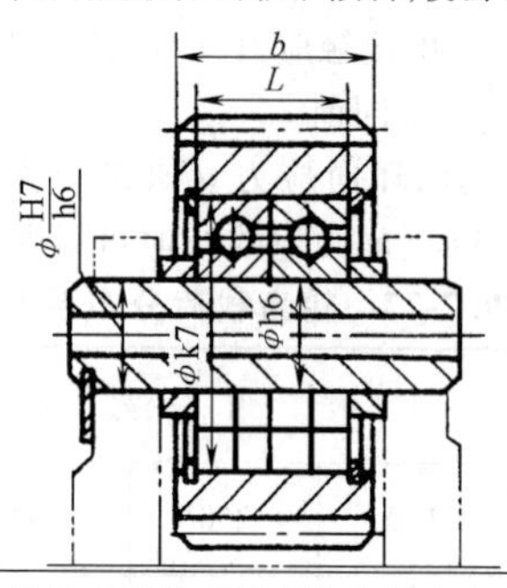 	轴承装在行星轮内，弹簧挡圈装在轴承内侧，因而增大了轴承间距，减小了行星轮倾斜。但拆卸轴承比较复杂 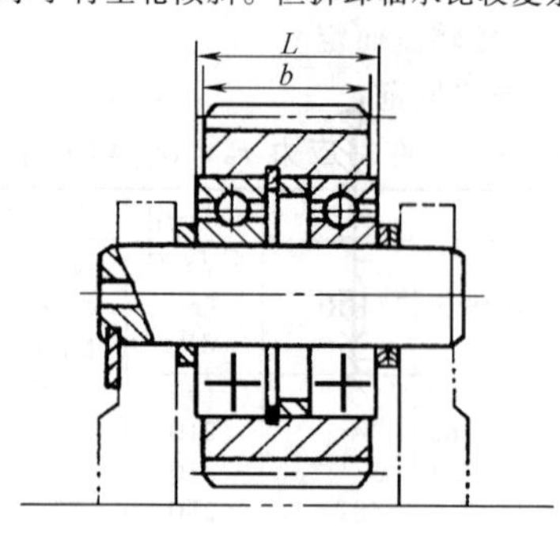
向心推力滚柱轴承可提高行星轮支承寿命，轴承轴向间隙用垫片调节，在两轴承间装有间隔环，易于拆卸 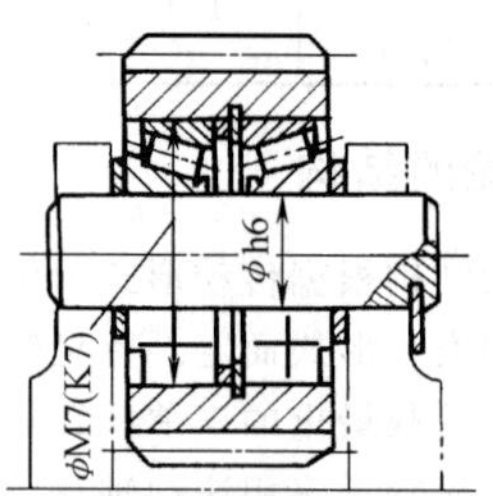 	行星轮的径向尺寸受限制时，可采用滚针轴承。行星轮的轴向固定用单列向心球轴承，该轴承不承受径向载荷 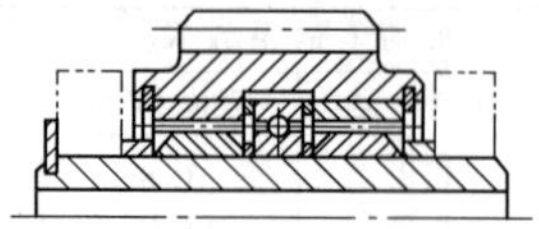
当载荷较大时，可采用滚柱轴承 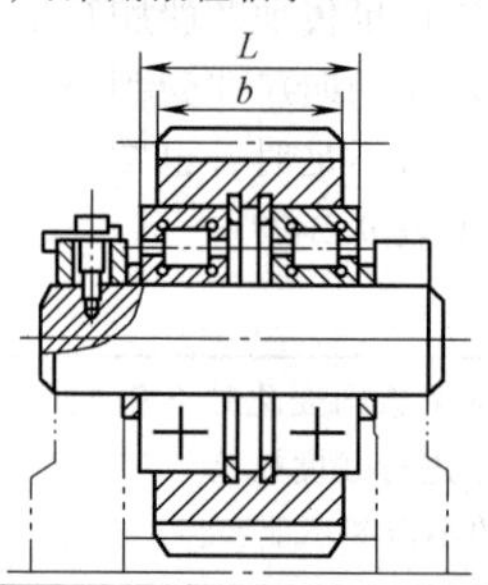 	当载荷较大，用单列向心球轴承承载能力不足时，可采用双列向心球面滚子轴承 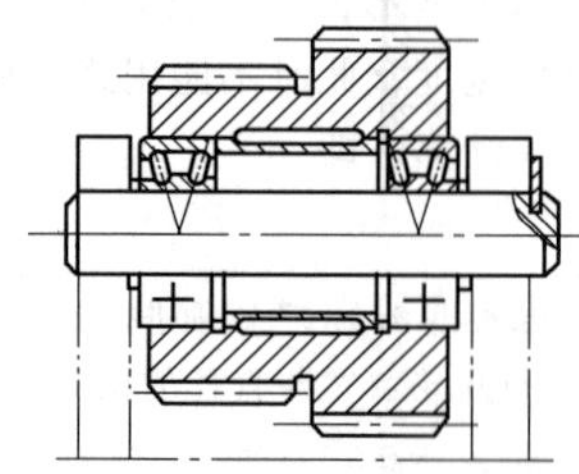
由于双联行星轮结构会产生较大力矩，故使行星轮轴线偏斜而产生载荷集中。为了减少载荷集中，可将轴承安装在行星架上，以得到最大的轴承间距，由于行星轮轴不承受转矩，故齿轮和轴可用短键或销钉连接 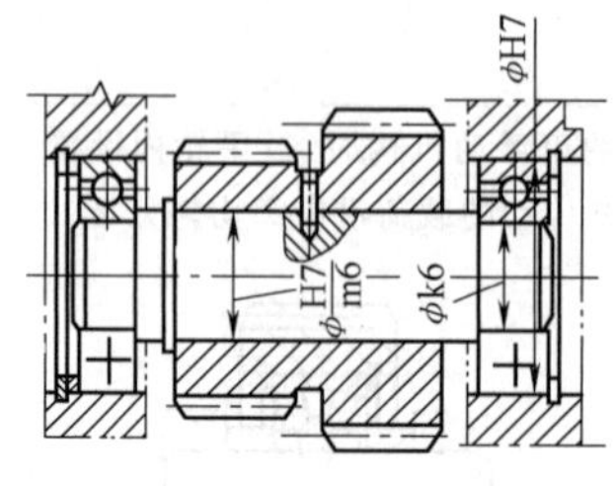 	在高速重载行星齿轮传动中，常因滚动轴承极限转速和承载能力的限制而采用滑动轴承，并用压力油润滑。为使行星轮有可靠的基准孔和减磨材料层的应力不变，通常将减磨材料浇在行星轮轴表面上。当 $l/d>1$ 时，可以做成双轴承式以提高承载能力并使载荷均匀分布。高速传动用双联齿轮结构的轴承推荐用轴瓦并安装在行星架上 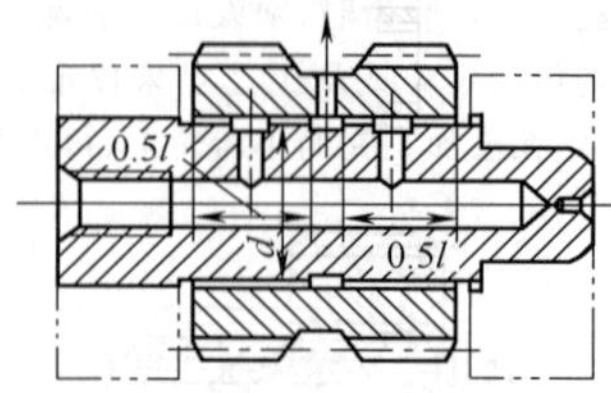

4.3　行星架的结构与计算

行星架的类型有双壁整体式、双壁分开式和单壁式3种。可采用铸造、锻造和焊接等方法制造行星架。

4.3.1　行星架的结构

行星架的结构列于表9.2-29。

表 9.2-29　行星架结构

名称	简　图	特　点
双壁整体式	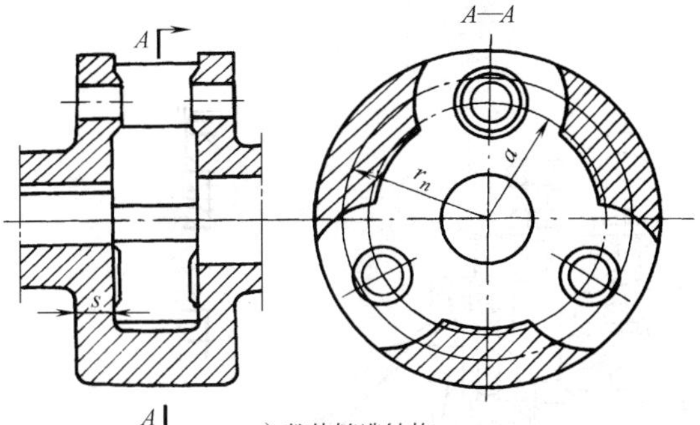 a) 整体铸造结构 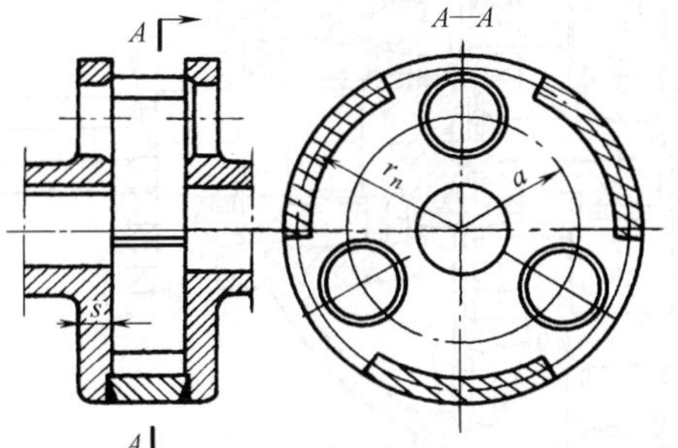b) 焊接结构 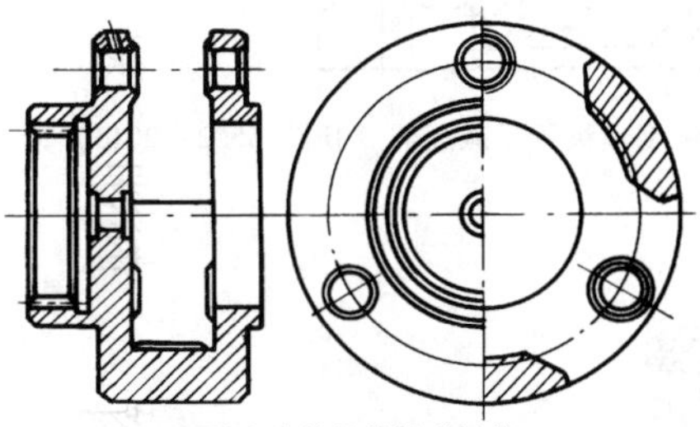c) 带齿套的整体铸造结构	如果行星轮较大，其中可以安装轴承时，应采用这种结构 这种行星架的主要特点是受载后的变形较小，即刚性较好。这一特点有利于行星轮上载荷沿齿宽方向的均匀分布，减小振动和噪声。为了保证刚度，通常取壁厚 $s=(0.16\sim0.28)a$ NGW、NW、WW 型传动的行星架传递转矩，通常选用铸钢材料，如 ZG310-570、ZG340-640 NGWN 型传动的行星架不传递转矩，通常选用铸铁，如 HT200、QT600。铸造后均需热处理，消除内应力
双壁分开式	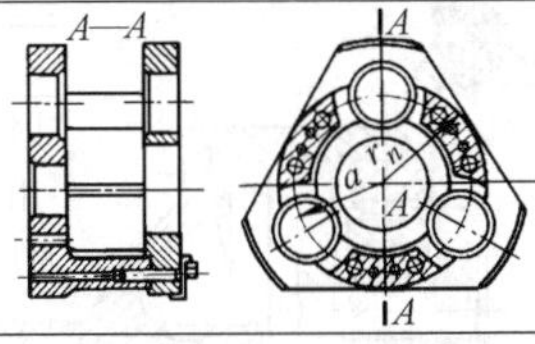	当行星轮轴承安装在行星架上时，为了满足装配需要，常采用这种结构。一般为锻制或铸造。结构较复杂，刚性较差
单壁式	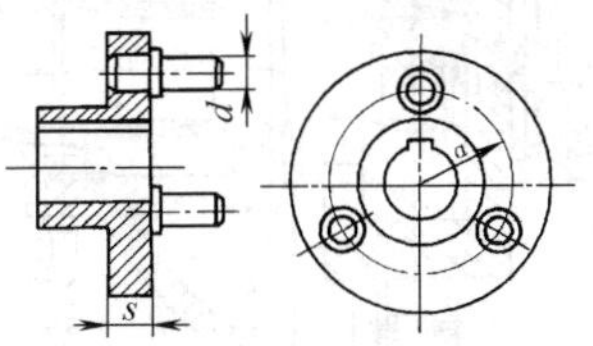	结构简单，装配方便，轴向尺寸小。但由于行星轮轴呈悬臂状态，受力情况不好，刚性差，并需校验行星轮轴与行星架孔配合长度及过盈量。另外，轴承必须装在行星轮内，当行星轮较小时，比较困难。一般用于中小功率传动。推荐壁厚 $s=\left(\frac{1}{4}\sim\frac{1}{3}\right)a$

4.3.2　行星架的变形计算

行星架是行星传动中较复杂的零件，要精确考虑各种结构特点对行星架变形的影响，可用有限元法进行计算，工作量较大。按最一般的行星架简化计算模型，进行变形计算的方法，可参看文献［4］。

4.4　柔性轮缘的强度校核计算

在行星齿轮传动中，浮动中心轮和行星轮有时可做成柔性轮缘的结构。这种柔性轮缘如设计合理，则有利于行星轮间载荷均匀分配，而且能降低啮合时的动载荷。

柔性轮缘的强度计算参看文献［4］。

4.5 行星齿轮减速器整体结构（见图9.2-12～图9.2-18）

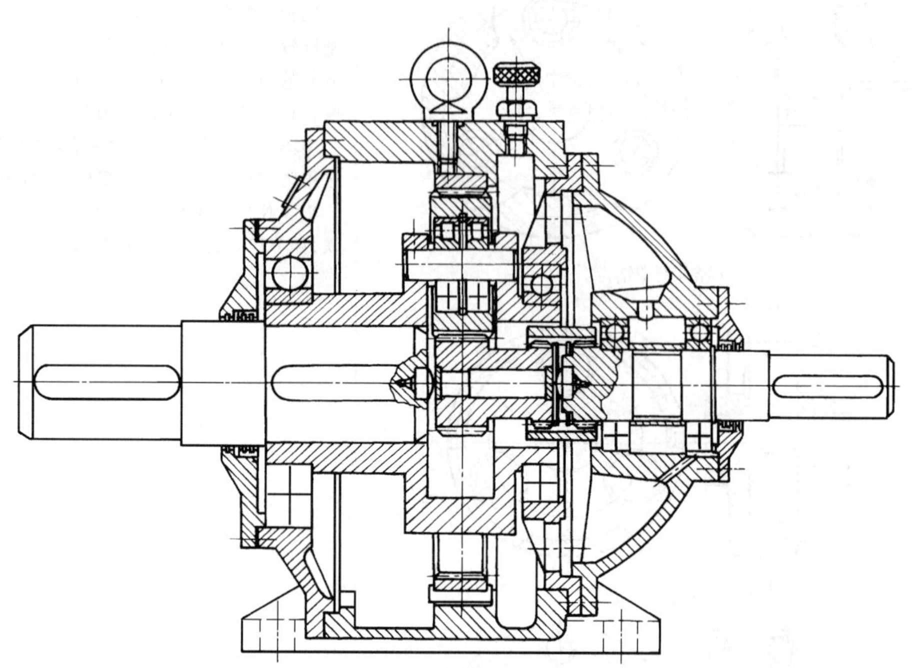

图 9.2-12 太阳轮浮动的 $i \geqslant 5$ 的 NGW 型单级行星减速器（JB/T 6502—2015）

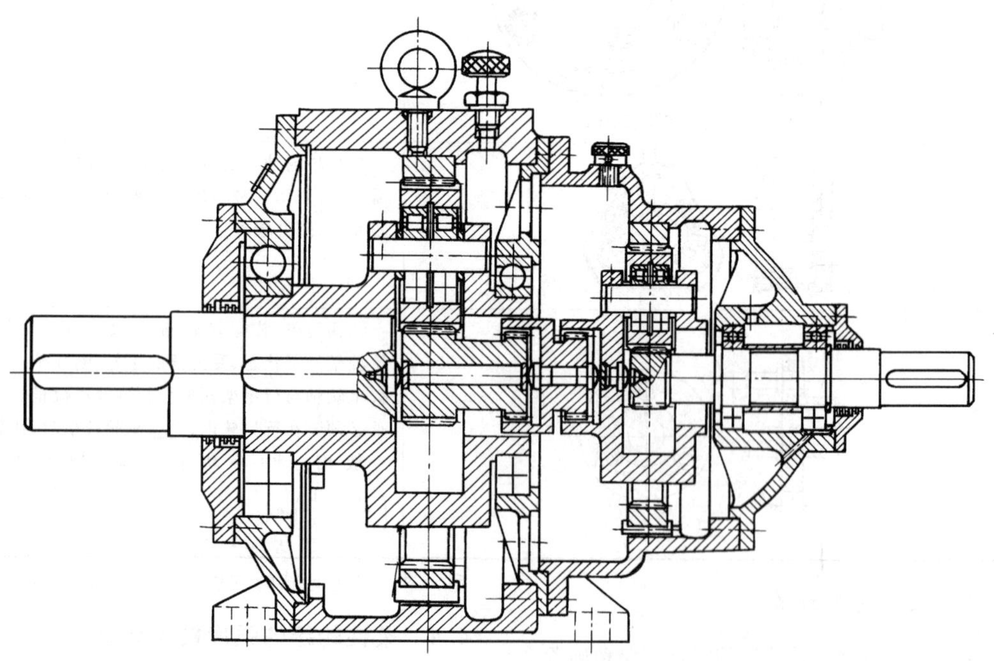

图 9.2-13 $i \geqslant 25$ 的双级 NGW 型减速器（JB/T 6502—2015），高速行星架浮动（高速级传动比 $i_1 \geqslant 5$），低速太阳轮浮动

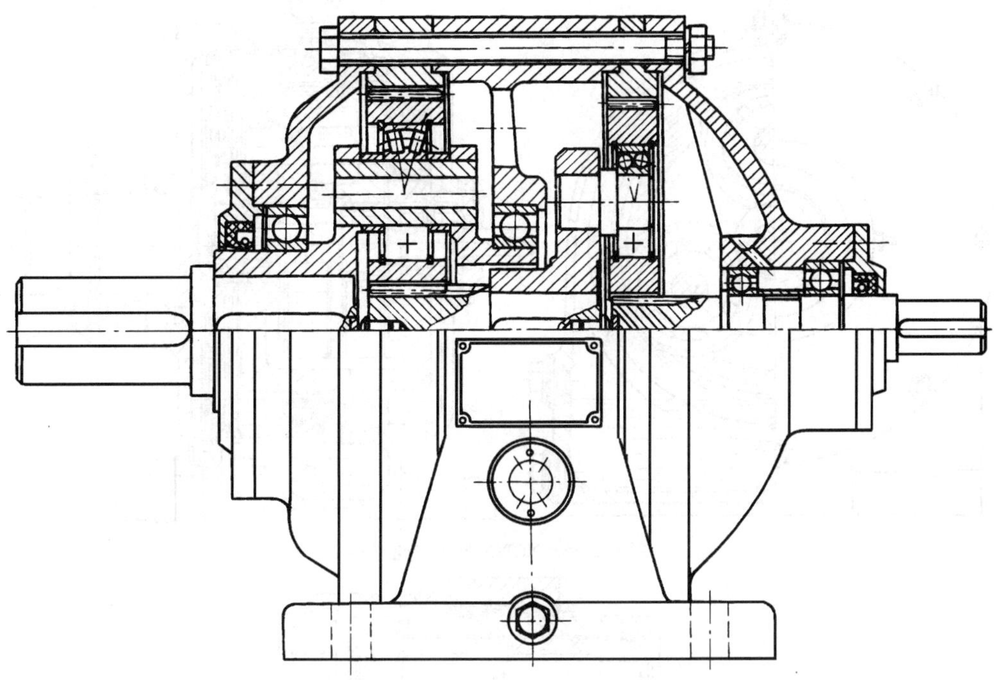

图 9.2-14　无多余约束浮动的双级减速器

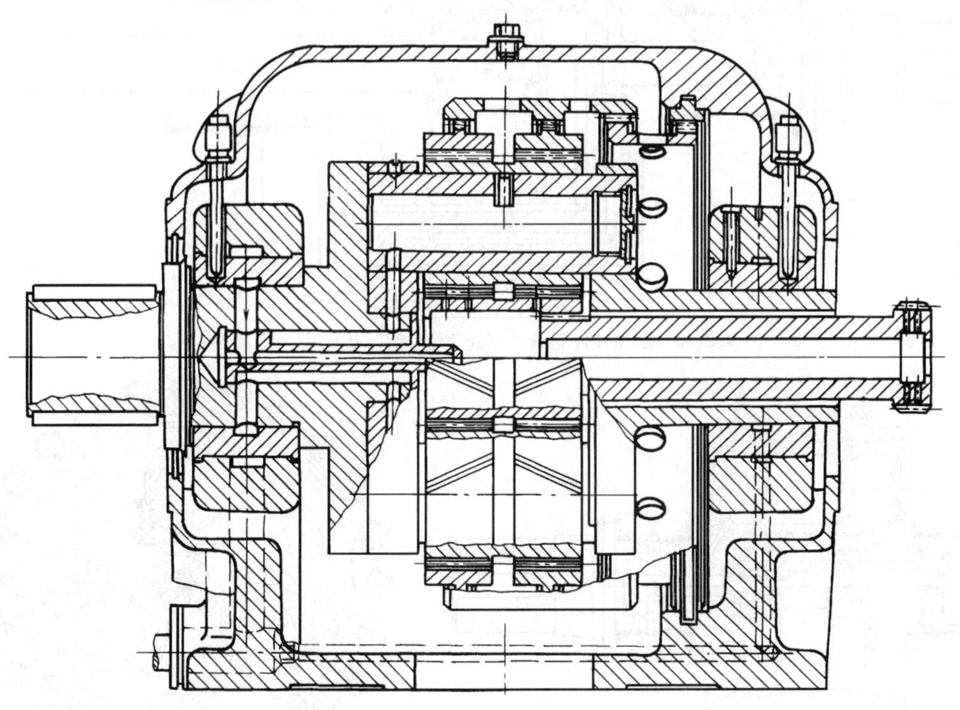

图 9.2-15　太阳轮和内齿轮浮动的高速行星传动 $n_w = 4$

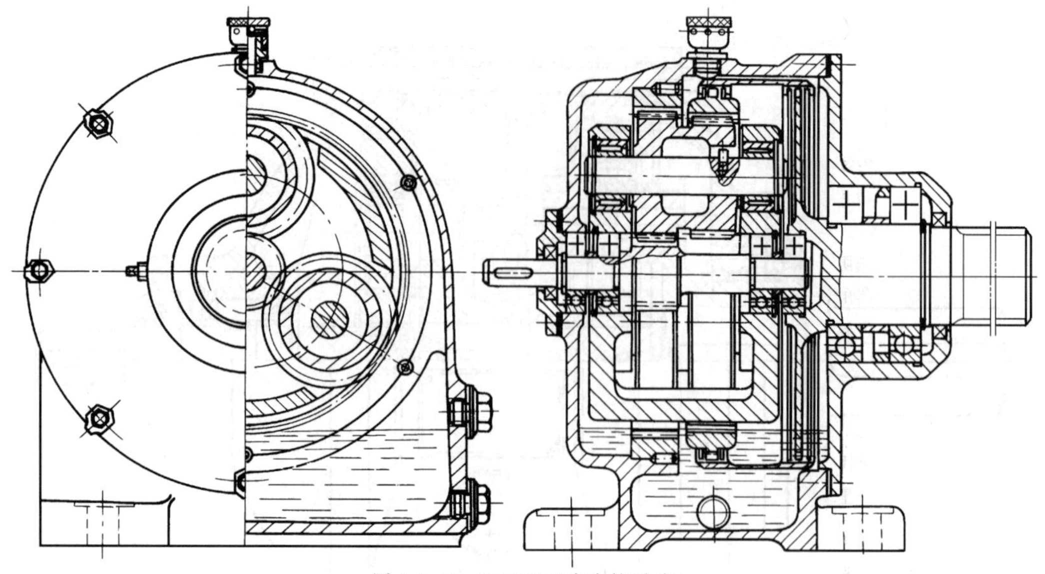

图 9.2-16 NGWN 型内齿轮浮动

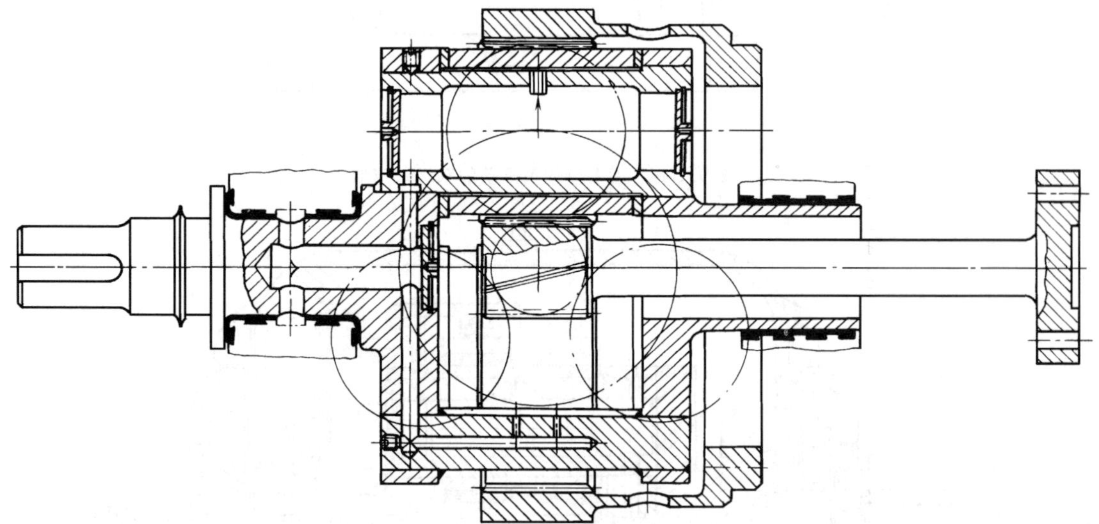

图 9.2-17 靠弹性件均载的高速 NGW 型行星机构（斜齿轮）

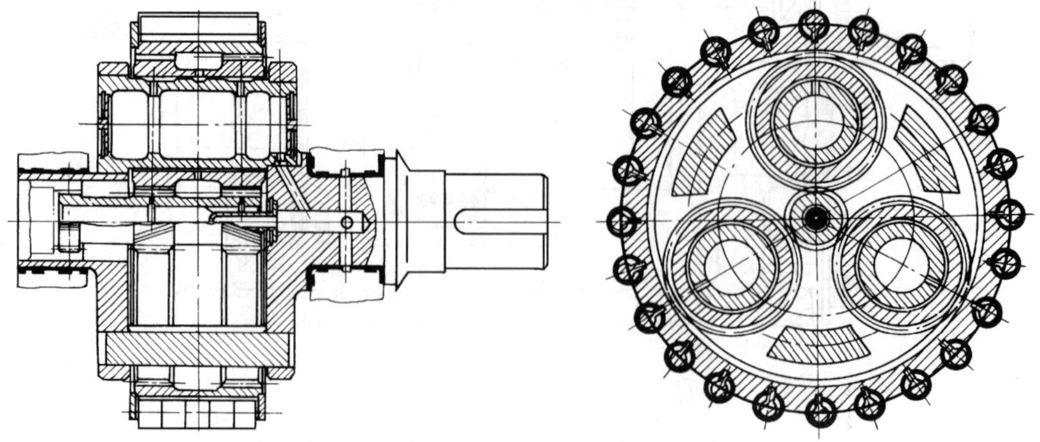

图 9.2-18 内齿轮用弹性销固定的高速行星传动

4.6　主要技术要求（见表 9.2-30）

表 9.2-30　渐开线行星传动的主要技术要求

<table>
<tr><th>项　目</th><th>内　　容</th></tr>
<tr><td>齿
轮</td><td>1)行星齿轮传动中，若有合理的均载机构，齿轮精度一般根据齿轮相对于行星架的圆周速度确定。通常与普通定轴传动的齿轮精度相当或稍高。在一般条件下，齿轮精度应不低于 7 级(GB/T 10095.1—2008)、8 级(GB/T 10095.2—2008)。高速传动的太阳轮和行星轮精度不低于 5 级，内齿轮精度不低于 6 级
2)齿轮啮合侧隙应比一般定轴传动稍大
3)齿轮联轴器的齿轮精度为 8 级，侧隙应稍大于一般的定轴齿轮传动
4)双联行星齿轮必须使两个齿轮中的一个齿槽互相对准，使齿槽的对称线在同一轴平面内，并按装配条件的要求，在图样上注明装配标记
5)齿轮材料和热处理：行星传动中太阳轮同时与几个行星轮啮合，载荷循环次数最多。因此，在一般情况下，应选用承载能力较高的合金钢，采用表面淬火、渗碳淬火和渗氮等热处理方法，以增加表面硬度。在 NGW 和 NGWN 传动中，行星轮 c 同时与太阳轮和内齿轮啮合，齿轮受双向弯曲载荷，所以常选用与太阳轮相同的材料和热处理。内齿轮强度一般裕量较大，可采用稍差一些的材料。齿面硬度也可低些，通常只调质处理，也可表面淬火和渗氮</td></tr>
<tr><td>行
星
架</td><td>1)中心距偏差 f_a
中心距偏差会影响齿轮啮合侧隙，还会由于各中心距偏差的数值和方向不同，而导致影响行星轮轴孔距相对误差和行星架的偏心，从而影响浮动件的浮动量。中心距偏差可按下式计算或由下表选取：
$$f_a \leqslant \pm \frac{8\sqrt[3]{a}}{1000}$$
<table>
<tr><th rowspan="2">偏差代号</th><th colspan="5">中心距 a/mm</th></tr>
<tr><th>>50~80</th><th>>80~120</th><th>>120~200</th><th>>200~320</th><th>>320~500</th></tr>
<tr><td>f_a/μm</td><td>±35</td><td>±40</td><td>±45</td><td>±55</td><td>±65</td></tr>
<tr><td>f_1/μm</td><td>35</td><td>45</td><td>55</td><td>75</td><td>100</td></tr>
</table>
2)各行星轮轴孔的相邻孔距差的公差 f_1
f_1 是对行星轮间载荷分配均匀性影响较大的因素。可按下式计算或按上表选取：
$$f_1 \leqslant 4.5\frac{\sqrt{a}}{1000}$$
当行星轮数 $n_w>3$ 时，任意二孔的累积公差按下式计算：
$$\Sigma f_1 \leqslant 1.7 f_1$$
3)各行星轮轴孔轴线平行度公差，按齿轮相应的精度等级确定
4)行星架偏心公差不大于行星轮轴孔的相邻孔距公差之半
5)整体式行星架加工后应进行静平衡试验，不平衡力矩不大于下表规定：
<table>
<tr><td>行星架外圆直径/mm</td><td><200</td><td>200~350</td><td>350~500</td></tr>
<tr><td>允许不平衡力矩/N·m</td><td>0.15</td><td>0.25</td><td>0.5</td></tr>
</table></td></tr>
<tr><td>机体、
机壳</td><td>1)机体各轴孔的同轴度公差不低于 GB/T 1184—1996 几何公差标准中第 8 级精度
2)机体各轴孔相对于基准外圆的径向圆跳动和轴承孔挡肩的端面圆跳动公差不低于 GB/T 1184—1996 几何公差中第 6~7 级精度</td></tr>
</table>

注：本表适用于高速轴转数 $n<1500$r/min，齿轮圆周速度 $v<10$m/s 的 NGW、NGWN 和 NW 型行星齿轮传动。

4.7　行星齿轮传动设计计算例题

例 9.2-9　为一卷筒直径为 3.5m 的卷扬机设计渐开线齿轮行星减速器，减速器使用直齿圆柱齿轮，高速轴通过弹性联轴器与电动机直接连接。已知电动机功率 $P=800$kW，转速 $n_{入}=950$r/min，减速器输出轴转速 $n_{出}=43$r/min，最大输出转矩（尖峰载荷）为 $T_{max}=395\times10^3$N·m，预期寿命 10 年。

解

（1）传动形式选择

按功率 $P=800$kW，总传动比 $i=\frac{n_{入}}{n_{出}}=\frac{950}{43}=22.09$，参考表 9.1-1，选用效率较高的两级 NGW 型行星齿轮减速器。设计方案如图 9.2-19 所示，高速级采用中心轮 a_1 和行星架 H_1 浮动而内齿轮 b_1 固定的结构。低速级采用仅中心轮 a_2 浮动的结构。

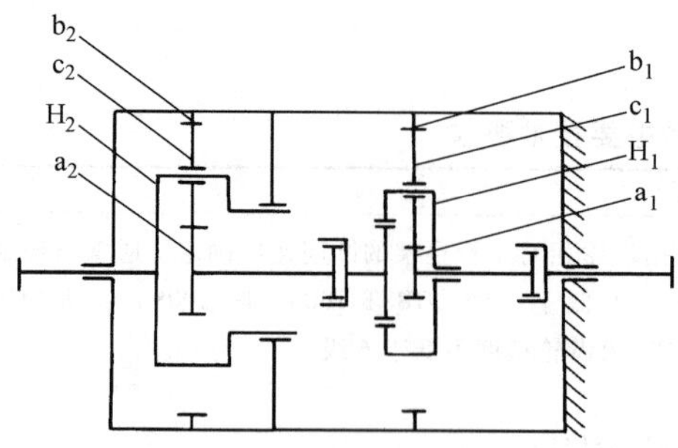

图 9.2-19　双级 NGW 型传动方案

（2）传动比分配

用角标 Ⅰ 表示高速级参数，Ⅱ 表示低速级参数。设高速级与低速级外啮合齿轮材料、齿面硬度相同，则 $\sigma_{\text{H1im I}}=\sigma_{\text{H1im II}}$

取 $n_{\text{w I}}=n_{\text{w II}}, z_{\text{w I}}=z_{\text{w II}}, B=\dfrac{d_{\text{b II}}}{d_{\text{b I}}}=1.03$，

$$K_{\text{c I}}=K_{\text{c II}},\ \frac{\varphi_{\text{d II}}}{\varphi_{\text{d I}}}=1.86,\ \frac{K_{\text{V I}}K_{\text{H}\beta\text{ I}}z_{\text{N II}}^2}{K_{\text{V II}}K_{\text{H}\beta\text{ II}}z_{\text{N I}}^2}=1.3$$

故　$$A=\frac{n_{\text{w II}}\varphi_{\text{d II}}K_{\text{c I}}K_{\text{V I}}K_{\text{H}\beta\text{ I}}z_{\text{N II}}^2z_{\text{W II}}^2}{n_{\text{w I}}\varphi_{\text{d I}}K_{\text{c II}}K_{\text{V II}}K_{\text{H}\beta\text{ II}}z_{\text{N I}}^2z_{\text{W I}}^2}=2.418$$

$E=AB^3=2.418\times1.03^3=2.64$

查图 9.2-4 得 $i_{\text{I}}=5.5$

$$i_{\text{II}}=\frac{i}{i_{\text{I}}}=\frac{22.09}{5.5}=4$$

（3）高速级计算

1）配齿计算。查表 9.2-1 选择行星轮数目，取 $n_{\text{w}}=3$

确定各轮齿数，按 1.2 所述配齿方法进行计算

$\dfrac{i_{\text{a1H1}}^{\text{b1}}z_{\text{a1}}}{n_{\text{w1}}}=C$，适当调整 $i_{\text{a1H1}}^{\text{b1}}=5.53125$ 使 C 为整数

$$\frac{5.53125\times z_{\text{a1}}}{3}=59$$

故　$z_{\text{a1}}=32$

$z_{\text{b1}}=Cn_{\text{w1}}-z_{\text{a1}}=59\times3-32=145$

$z'_{\text{c1}}=\dfrac{1}{2}(z_{\text{b1}}-z_{\text{a1}})=\dfrac{1}{2}\times(145-32)=56.5$

采用不等角变位，取 $z_{\text{c1}}=56$，则

$j=\dfrac{z_{\text{b1}}-z_{\text{c1}}}{z_{\text{a1}}+z_{\text{c1}}}=\dfrac{145-56}{32+56}=1.01136$

由图 9.2-3 可查出适用的预计啮合角在 $\alpha'_{\text{ac}}=20°$、$\alpha'_{\text{cb}}=18°20'$ 到 $\alpha'_{\text{ac}}=23°$、$\alpha'_{\text{cb}}=21°30'$ 的范围内，预取 $\alpha'_{\text{ac}}=21°30'$

2）按接触强度初算 a—c 传动的中心距和模数。

输入转矩 $T_{\text{II}}=9550\dfrac{P}{n}$

$$=9550\times\frac{800}{950}\text{N}\cdot\text{m}=8042\text{N}\cdot\text{m}$$

设载荷不均匀系数 $K_{\text{c}}=1.15$（太阳轮与行星架同时浮动，查表 9.2-16，取 $K_{\text{c}}=1.15$）

在一对 a—c 传动中，小轮（太阳轮）传递的转矩　$T_{\text{a}}=\dfrac{T_{\text{I}}}{n_{\text{w I}}}K_{\text{c}}=\dfrac{8042}{3}\times1.15\text{N}\cdot\text{m}=3083\text{N}\cdot\text{m}$

按表 9.2-31 查得接触强度使用的综合系数 $K=3$

表 9.2-31　综合系数 K

载荷特性	综合系数 K		说　明
	接触强度	抗弯强度	
平　稳	2.0～2.4	1.8～2.3	精度高、布置对称、硬齿面（>350HBW，对接触强度），采取有利于提高强度的变位时取低值，反之取高值
中等冲击	2.5～3.0	2.3～2.9	
较大冲击	3.5～4.2	3.2～4.0	

齿数比 $u=\dfrac{z_{\text{c1}}}{z_{\text{a1}}}=\dfrac{56}{32}=1.75$

太阳轮和行星轮的材料用 20CrMnTi 渗碳淬火，齿面硬度 56～60HRC，查图 8.2-15，选取 $\sigma_{\text{Hlim}}=1300\text{MPa}$

取齿宽系数 $\varphi_{\text{a}}=\dfrac{b}{a}=0.5$

按表 8.2-20 中的公式计算中心距

$$a\geqslant483(u+1)\sqrt[3]{\frac{KT_{\text{a}}}{\varphi_{\text{a}}u\sigma_{\text{Hlim}}^2}}$$

$$=483\times(1.75+1)\sqrt[3]{\frac{3\times3083}{0.5\times1.75\times1300^2}}\text{mm}$$

$=244.7\text{mm}$

模数 $m=\dfrac{2a}{z_{\text{a}}+z_{\text{c}}}=\dfrac{2\times244.7}{32+56}\text{mm}=5.56\text{mm}$

取 $m=6\text{mm}$

未变位时

$$a_{\text{a1c1}}=\frac{1}{2}m(z_{\text{a1}}+z_{\text{c1}})=\frac{1}{2}\times6\times(32+56)\text{mm}$$

$=264\text{mm}$

按预取啮合角 $\alpha''_{\text{ac}}=21°30'$，可得 a—c 传动中心距变动系数

$$y_{\text{a1c1}}=\frac{1}{2}(z_{\text{a1}}+z_{\text{c1}})\left(\frac{\cos\alpha}{\cos\alpha''_{\text{ac}}}-1\right)$$

$$=\frac{1}{2}\times(32+56)\times\left(\frac{\cos20°}{\cos21°30'}-1\right)=0.438625$$

则中心距

$a'_{\text{a1c1}}=a_{\text{a1c1}}+y_{\text{a1c1}}m=264\text{mm}+0.438625\times6\text{mm}$

$=266.63175\text{mm}$

取 $a'_{\text{a1c1}}=267\text{mm}$

3）计算 a—c 传动的实际中心距变动系数 y_{a1c1} 和啮合角 α'_{ac}。

$$y_{a1c1}=\frac{a'_{a1c1}-a_{a1c1}}{m}=\frac{267-264}{6}=0.5$$

$$\cos\alpha'_{a1c1}=\frac{a_{a1c1}}{a'_{a1c1}}\cos\alpha=\frac{264}{267}\times\cos20°=0.9291342$$

$$\alpha'_{a1c1}=21°42'$$

4）计算 a—c 传动的变位系数。

$$x_{\Sigma a1c1}=(z_{a1}+z_{c1})\frac{\text{inv}\alpha'_{a1c1}-\text{inv}\alpha}{2\tan\alpha}$$

$$=(32+56)\times\frac{\text{inv}21°42'-\text{inv}20°}{2\tan20°}=0.52079$$

用图 8.2-3 校核，$x_{\Sigma a1c1}$ 在 $P5$ 与 $P6$ 线之间，为综合性能较好区，可用。

用图 8.2-4 分配变位系数，得 $x_{a1}=0.31$

而 $x_{c1}=x_{\Sigma a1c1}-x_{a1}=0.52079-0.31=0.21079$

5）计算 c—b 传动的中心距变动系数 y_{c1b1} 和啮合角 α'_{c1b1}。

c_1—b_1 传动未变位时的中心距

$$a_{c1b1}=\frac{m}{2}(z_{b1}-z_{c1})=\frac{6}{2}\times(145-56)\text{mm}=267\text{mm}$$

则 $$y_{c1b1}=\frac{a'_{c1b1}-a_{c1b1}}{m}=\frac{267-267}{6}=0$$

$$\alpha'_{c1b1}=20°$$

6）计算 c_1—b_1 传动的变位系数。

$\alpha'_{c1b1}=20°$　　$x_{\Sigma c1b1}=0$

故 $x_{b1}=x_{\Sigma c1b1}+x_{c1}=0+0.21079=0.21079\approx0.21$

7）几何尺寸计算。

按表 8.2-6 中的公式分别计算 a_1、c_1、b_1 轮的分度圆直径、齿顶圆直径（略）。

8）验算 a_1—c_1 传动的接触强度和弯曲强度。

强度计算所用公式同定轴线齿轮传动。

用相对于行星架的圆周速度确定 k_v 和 Z_v 所用的圆周速度

$$v^H=\frac{\pi d_{a1}n\left(1-\frac{1}{i_I}\right)}{1000\times60}=\frac{\pi\times192\times950\times\left(1-\frac{1}{5.53}\right)}{1000\times60}\text{m/s}=7.82\text{m/s}$$

式中　d_{a1}——a_1 轮分度圆直径，$d_{a1}=m_I z_{a1}=6\times32\text{mm}=192\text{mm}$。

其他系数、参数的确定和强度计算过程同定轴线齿轮传动。

9）根据接触强度计算来确定内齿轮材料。

根据相关公式计算得 $\sigma_{Hlim}\geqslant480\text{MPa}$。

内齿轮材料选用 42CrMo 调质，要求表面硬度 ≥260HBW。

10）c—b 传动的弯曲强度验算（略）。

（4）低速级计算

低速级输入转矩

$T_{II}=T_I i_I\eta=8042\times5.53\times0.98\text{N}\cdot\text{m}=43583\text{N}\cdot\text{m}$

传动比 $i_{II}=4$

计算过程同高速级（略）。

设计计算结果：齿轮材料、热处理及齿面硬度同高速级；主要参数为 $z_{a2}=30$、$z_{c2}=30$、$z_{b2}=90$、$a_2=300\text{mm}$、$m=10\text{mm}$、$x_{a2}=x_{c2}=x_{b2}=0$、$\alpha'_{a2c2}=\alpha'_{c2b2}=20°$。

5　少齿差行星齿轮传动

5.1　工作原理

渐开线内啮合圆柱齿轮副，当内齿轮和外齿轮齿数差很少时，按 N 型或 NN 型（见表 9.2-1）组成的行星齿轮机构，称为少齿差行星齿轮传动（简称为少齿差传动）。这种传动的特点是传动比大，体积较小，重量轻，运转平稳，齿形容易加工，装拆方便。合理地设计、制造及润滑，可使其传动效率达 0.85~0.91。实践证明，少齿差传动最适合于大传动比、小功率场合，在我国已被用到很多机械或齿轮装置上。

作减速用 N 型结构中，偏心轴（转臂）是输入轴，由于它的转动和内齿轮的限制，行星轮做平面运动，即行星轮既绕内齿轮位置固定的轴线作圆周平移运动，还绕自身轴线做回转运动。由于输出轴的轴线位置是固定不动的，因此必须通过输出机构才能把行星轮的回转运动传给输出轴。输出机构的形式很多，现以销孔输出机构（见图 9.2-20）为例说明其工作原理。在行星轮上，沿直径为 D_w 的等分孔中心圆周

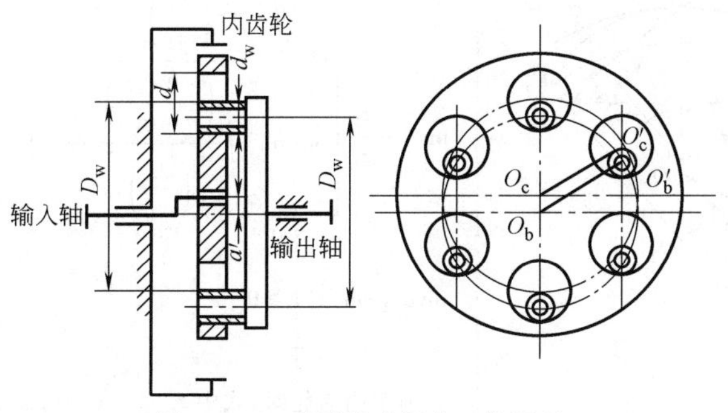

图 9.2-20　销孔输出机构工作原理

上制有 n 个中心间距相等的、直径为 d 的孔，通常称为等分孔；而在固定于输出轴的圆盘上，沿直径为 D_w 的柱销中心圆，均匀地装有 n 个直径为 d'_w 的柱销，每个柱销上套有可转动的外径为 d_w 的柱销套。这些带套的柱销分别插在行星轮上对应的等分孔内，使 $\frac{d}{2}-\frac{d_w}{2}=a'$，由图 9.2-20 可知，这种传动，可以始终保持 $\overline{O'_cO'_b}$ 总是平行并等于 $\overline{O_cO_b}$。这个输出机构和平行四杆机构的运动情况完全相同，从而保证了行星轮和输出轴之间的传动比等于 1。这种输出机构，可靠性高，摩擦损失小，使行星传动便于安装两个行星轮，使得 K-H-V 传动紧凑，满足静平衡要求。

NN 型传动形式的工作原理与 N 型传动相似，但不需要另加输出机构，由外齿轮或内齿轮直接输出。如果使 NN 型结构的两对内齿轮啮合副中的一对啮合副齿数差为零，则该啮合副称为零齿差等速偏心齿轮传动（简称零齿差）。零齿差结构宜于和齿数差为 1 和 2 的少齿差行星齿轮传动配合作为后者的输出机构。此时，这种传动形式亦可视为输出机构为零齿差式的 N 型传动。

5.2 少齿差变位原理及几何计算

5.2.1 少齿差变位传动的原理与特点

少齿差传动是齿数差很少的内啮合传动。内啮合圆柱齿轮的变位原理与外啮合圆柱齿轮是类似的，但是，由于内啮合和内齿轮加工中，相啮合双方的位置关系、几何关系与外啮合不同，在设计内啮合变位齿轮传动时，齿数的搭配和变位系数的选择受到如表 9.2-32 所列各种干涉条件的限制。为避免这些干涉必须按照规范选取变位系数，或进行必要的验算。

为避免加工内齿轮时产生径向进刀顶切，插齿刀的齿数不应小于表 9.2-34 中的规定值。

为避免表 9.2-32 中所列各种干涉，一般情况下，常采用齿顶高系数较小（见表 9.2-33）、变位系数差较大、啮合角较大和齿数差适当的内啮合传动。

为了加工内齿轮时不产生径向进刀顶切，被加工内齿轮的齿数、变位系数，应符合表 9.2-34 的规定。

表 9.2-32 内啮合齿轮的干涉现象

名称	简 图	验算公式	说 明
渐开线干涉	啮合线 内齿轮齿顶圆 K P N_1 (N_0) N_2 α' (α_{02}') r_{a2} α_{a2} O_1 (O_0) a' (a'_{02}) O_2	$\frac{z_1}{z_2}\geqslant 1-\frac{\tan\alpha_{a2}}{\tan\alpha'}$ 对于非变位齿轮 $z_2\geqslant\frac{z_1^2\sin^2\alpha-4(h_{a2}/m)^2}{2z_1\sin^2\alpha-4(h_{a2}/m)}$ 加工内齿轮时 $\frac{z_0}{z_2}\geqslant 1-\frac{\tan\alpha_{a2}}{\tan\alpha'_{02}}$	若内齿轮的顶圆超过 $N_1(N_0)$ 时，将产生这种干涉。加工内齿轮时这种干涉引起展成顶切。内齿轮正变位，或按表 9.2-33 选择插齿刀齿数，可避免展成顶切
径向装入干涉	b a P 径向装入(进刀)干涉部分 (r_{a0}) r_{a1} r_{a2} θ α' θ/u N_1 (N_0) N_2 O_1 (O_0) O_2 $\mathrm{inv}\alpha_{a1}-\mathrm{inv}\alpha'$ $\mathrm{inv}\alpha'-\mathrm{inv}\alpha_{a2}$	$(a-b)_{\min}\geqslant 0$ 即 $\arcsin\sqrt{\frac{1-\left(\frac{\cos\alpha_{a1}}{\cos\alpha_{a2}}\right)^2}{1-\left(\frac{z_1}{z_2}\right)^2}}+\mathrm{inv}\alpha_{a1}-\mathrm{inv}\alpha'-\frac{z_2}{z_1}\left[\arcsin\sqrt{\frac{\left(\frac{\cos\alpha_{a2}}{\cos\alpha_{a1}}\right)^2-1}{\left(\frac{z_2}{z_1}\right)^2-1}}+\mathrm{inv}\alpha_{a2}-\mathrm{inv}\alpha'\right]\geqslant 0$ 加工内齿轮时，式中 $z_1=z_0$，$\alpha_{a1}=\alpha_{a0}$，$\alpha'=\alpha'_{02}$	若 $a<b$ 将产生这种干涉。加工内齿轮时，这种干涉引起径向进刀顶切。增大齿形角、减小齿顶高、增大齿数差可避免径向进刀顶切。表 9.2-34 给出了不同插齿刀加工内齿轮时，不产生径向进刀顶切的内齿轮最小齿数 $z_{2\min}$

（续）

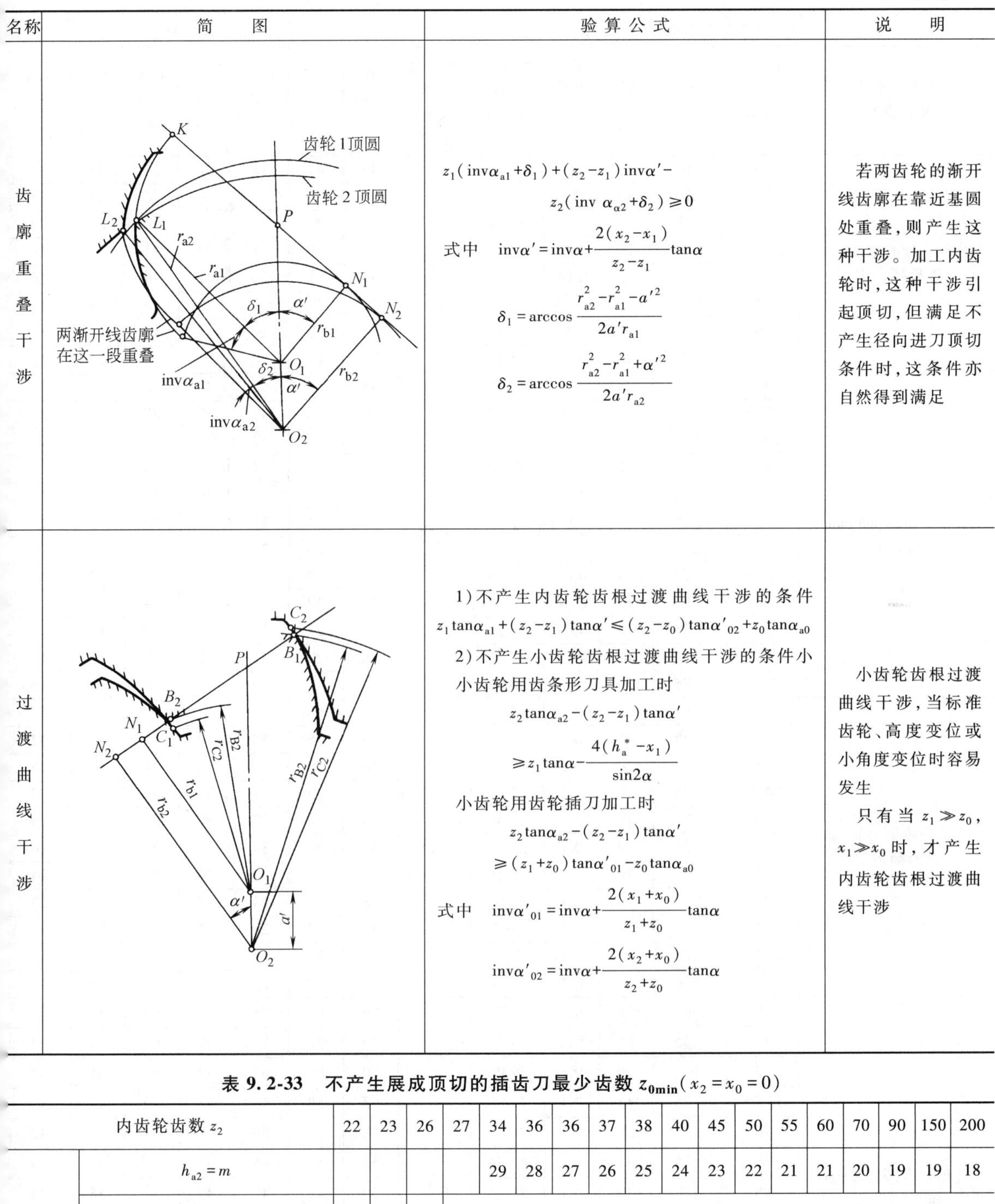

名称	简图	验算公式	说明
齿廓重叠干涉		$z_1(\text{inv}\alpha_{a1}+\delta_1)+(z_2-z_1)\text{inv}\alpha'-z_2(\text{inv }\alpha_{a2}+\delta_2)\geqslant 0$ 式中 $\text{inv}\alpha'=\text{inv}\alpha+\dfrac{2(x_2-x_1)}{z_2-z_1}\tan\alpha$ $\delta_1=\arccos\dfrac{r_{a2}^2-r_{a1}^2-a'^2}{2a'r_{a1}}$ $\delta_2=\arccos\dfrac{r_{a2}^2-r_{a1}^2+a'^2}{2a'r_{a2}}$	若两齿轮的渐开线齿廓在靠近基圆处重叠，则产生这种干涉。加工内齿轮时，这种干涉引起顶切，但满足不产生径向进刀顶切条件时，这条件亦自然得到满足
过渡曲线干涉		1)不产生内齿轮齿根过渡曲线干涉的条件 $z_1\tan\alpha_{a1}+(z_2-z_1)\tan\alpha'\leqslant(z_2-z_0)\tan\alpha'_{02}+z_0\tan\alpha_{a0}$ 2)不产生小齿轮齿根过渡曲线干涉的条件小 小齿轮用齿条形刀具加工时 $z_2\tan\alpha_{a2}-(z_2-z_1)\tan\alpha'\geqslant z_1\tan\alpha-\dfrac{4(h_a^*-x_1)}{\sin2\alpha}$ 小齿轮用齿轮插刀加工时 $z_2\tan\alpha_{a2}-(z_2-z_1)\tan\alpha'\geqslant(z_1+z_0)\tan\alpha'_{01}-z_0\tan\alpha_{a0}$ 式中 $\text{inv}\alpha'_{01}=\text{inv}\alpha+\dfrac{2(x_1+x_0)}{z_1+z_0}\tan\alpha$ $\text{inv}\alpha'_{02}=\text{inv}\alpha+\dfrac{2(x_2+x_0)}{z_2+z_0}\tan\alpha$	小齿轮齿根过渡曲线干涉，当标准齿轮、高度变位或小角度变位时容易发生 只有当 $z_1\gg z_0$，$x_1\gg x_0$ 时，才产生内齿轮齿根过渡曲线干涉

表 9.2-33 不产生展成顶切的插齿刀最少齿数 $z_{0\min}(x_2=x_0=0)$

内齿轮齿数 z_2		22	23	26	27	34	36	36	37	38	40	45	50	55	60	70	90	150	200
$z_{0\min}$	$h_{a2}=m$					29	28	27	26	25	24	23	22	21	21	20	19	19	18
	$h_{a2}=\left(1-\dfrac{7.55}{z_2}\right)m$	20	19	19	18														
	$h_{a2}=0.8m$				24	19	18	18	18	18	18	17	17	16	16	16	15	15	15
	$h_{a2}=0.75m$			21	20	17	17	17	17	16	16	16	15	15	15	15	14	14	14

表 9.2-34　直齿插齿刀（GB/T6081—2001）的基本参数和插制内齿轮时齿轮的最少齿数 Z_{2min}

插齿刀的基本参数							内齿轮变位系数 x_2						
插齿刀形式及标准号	分度圆直径 d_0/mm	模数 m/mm	齿数 z_0	变位系数 x_0	齿顶圆直径 d_{a0}/mm	齿顶高系数 h_{a0}^*	0	0.2	0.4	0.6	0.8	1.0	1.2
							内齿轮最少齿数						
公称分度圆 ϕ26mm 锥柄插齿刀	26	1	26	0.1	28.72	1.25	46	41	38	35	33	31	30
	25	1.25	20	0.1	28.38		40	35	32	29	26	25	24
	27	1.5	18	0.1	31.04		38	33	29	27	24	23	22
	26.25	1.75	15	0.08	30.89		35	30	26	23	21	19	18
	26	2	13	0.06	31.24		34	28	24	21	19	17	16
	27	2.25	12	0.06	32.90		34	27	23	20	18	16	15
	25	2.5	10	0	31.26		34	27	20	17	15	14	13
	27.5	2.75	10	0.02	34.48		34	27	20	17	15	14	13
公称分度圆 ϕ38mm 锥柄插齿刀	38	1	38	0.1	40.72	1.25	58	54	50	47	45	43	42
	37.5	1.25	30	0.1	40.88		50	46	42	39	37	35	34
	37.5	1.5	25	0.1	41.54		45	40	37	34	32	30	29
	38.5	1.75	22	0.1	43.24		42	37	34	31	28	27	26
	38	2	19	0.1	43.40		39	34	31	28	25	24	23
	36	2.25	16	0.08	41.98		36	31	27	24	22	21	19
	37.5	2.5	15	0.1	44.26		35	30	26	23	21	20	18
	38.5	2.75	14	0.09	45.88		34	29	25	22	20	19	17
	36	3	12	0.04	43.74		34	27	23	20	18	16	15
	39	3.25	12	0.07	47.58		34	27	23	20	18	16	15
	38.5	3.5	11	0.04	47.52		34	27	22	19	17	15	14
	37.5	3.75	10	0	46.88		34	27	20	17	15	14	13
公称分度圆 ϕ50mm 碗形插齿刀	50	1	50	0.1	52.72	1.25	70	66	62	59	57	55	54
	50	1.25	40	0.1	53.38		60	56	52	49	47	45	44
	51	1.5	34	0.1	55.04		54	50	46	43	41	39	38
	50.75	1.75	29	0.1	55.49		49	45	41	38	36	34	33
	50	2	25	0.1	55.4		45	40	37	34	32	30	29
	49.5	2.25	22	0.1	55.56		42	37	34	31	28	27	26
	50	2.5	20	0.1	56.76		40	35	32	29	26	25	24
	43.5	2.75	18	0.1	56.92		38	33	29	27	24	23	22
	51	3	17	0.1	59.1		37	32	28	25	23	22	20
	48.75	3.25	15	0.1	57.53		35	30	26	23	21	20	18
	49	3.5	14	0.1	58.44		34	29	25	22	20	19	17
公称分度圆 ϕ75mm 碗形插齿刀	76	1	76	0.1	78.72	1.25	96	92	88	85	83	81	80
	75	1.25	60	0.1	78.38		80	76	72	69	67	65	64
	75	1.5	50	0.1	79.04		70	66	62	59	57	55	54
	75.25	1.75	43	0.1	79.99		63	59	55	52	50	48	47
	76	2	38	0.1	81.4		58	54	50	47	45	43	42
	76.5	2.25	34	0.1	82.56		54	50	46	43	41	39	38
	75	2.5	30	0.1	81.76		50	46	42	39	37	35	34
	77	2.75	28	0.1	84.42		48	43	40	37	35	33	32
	75	3	25	0.1	83.1		45	40	37	34	32	30	39
	78	3.25	24	0.1	86.78		44	39	36	33	30	29	28
	77	3.5	22	0.1	86.44		42	37	34	31	28	27	26
	75	3.75	20	0.1	85.14		40	35	32	29	26	25	24
	76	4	19	0.1	86.80		39	34	31	28	25	24	23

（续）

插齿刀形式及标准号	插齿刀的基本参数						内齿轮变位系数 x_2						
	分度圆直径 d_0/mm	模数 m/mm	齿数 z_0	变位系数 x_0	齿顶圆直径 d_{a0}/mm	齿顶高系数 h_{a0}^*	0	0.2	0.4	0.6	0.8	1.0	1.2
							内齿轮最少齿数						
公称分度圆 ϕ75mm 盘形插齿刀	76	1	76	0	78.5	1.25	94	90	87	84	82	81	79
	75	1.25	60	0.18	78.56		82	77	73	70	68	66	64
	75	1.5	50	0.27	79.56		74	69	65	61	59	56	55
	75.25	1.75	43	0.31	80.71		68	63	58	55	52	50	48
	76	2	38	0.31	82.24		63	58	53	50	47	45	43
	76.5	2.25	34	0.30	83.48		59	53	49	45	43	40	39
	75	2.5	30	0.22	82.34		53	48	44	40	38	36	34
	77	2.75	28	0.19	84.92		50	45	41	38	35	34	32
	75	3	25	0.14	83.34		46	41	37	34	32	30	29
	78	3.25	24	0.13	86.96		45	40	36	33	31	29	28
	77	3.5	22	0.1	86.44		42	37	34	31	28	27	26
	75	3.75	20	0.07	84.90		40	35	31	28	26	25	23
	76	4	19	0.04	86.32		38	33	30	27	25	23	22
公称分度圆 ϕ100mm 插齿刀	100	1	100	0.06	102.62	1.25	119	115	112	109	107	105	104
	100	1.25	80	0.33	103.94		106	101	96	93	90	87	85
	102	1.5	68	0.46	107.14		97	92	87	82	79	76	74
	101.5	1.75	58	0.5	107.62		88	82	77	73	70	67	65
	100	2	50	0.5	107.00		80	74	69	65	61	59	57
	101.25	2.25	45	0.49	109.09		75	69	64	60	56	54	51
	100	2.5	40	0.42	108.36		68	62	57	53	50	48	46
	99	2.75	36	0.36	107.86		62	57	52	48	45	43	41
	102	3	34	0.34	111.54		60	54	50	46	43	41	39
	100.75	3.25	31	0.28	110.71		55	50	46	42	39	37	36
	101.5	3.5	29	0.26	112.08		53	47	43	40	37	35	34
	101.25	3.75	27	0.23	112.35		50	45	41	37	35	33	31
	100	4	25	0.18	111.46		47	42	38	35	32	30	29
	99	4.5	22	0.12	111.78	1.3	43	38	34	31	29	27	26
	100	5	20	0.09	113.90		40	35	32	29	27	25	24
	104.5	5.5	19	0.08	119.68		39	34	31	28	25	24	23
	108	6	18	0.08	124.56		38	33	29	27	24	23	22
公称分度圆 ϕ125mm 插齿刀	124	4	31	0.3	136.8		56	50	46	42	40	37	36
	126	4.5	28	0.27	140.14		52	47	43	39	36	34	33
	125	5	25	0.22	140.20		48	43	39	35	33	31	29
	126.5	5.5	23	0.2	143.00		45	40	36	33	31	29	27
	126	6	21	0.16	143.52		43	38	34	31	28	26	25
	123.5	6.5	19	0.12	141.96		40	35	31	28	26	24	23
	126	7	18	0.11	145.74		39	34	30	27	25	23	22
	128	8	16	0.07	149.92		36	31	27	24	22	21	20

注：1. 表列 $z_{2\min}$ 适用于 $h_a^*=1$ 和 $\alpha=20°$ 的情况。若 $h_a^*<1$，则 $z_{2\min}$ 也小于表列数值。

2. 当插齿刀前面刃磨，即 x_0 小于表列数值时，$z_{2\min}$ 也小于表列数值。

3. 对于表中没有列出的其他直径的插齿刀，可参照与表中的 z_0 与 x_0 相同的数值来确定 $z_{2\min}$。

为了简化齿顶高及其他项目的计算，这里对少齿差内啮合采用下述齿顶高计算式：

外齿轮齿顶高　$h_{ac}=m(h_a^*+x_c)$　　(9.2-32)

内齿轮齿顶高　$h_{ab}=m(h_a^*-x_b)$　　(9.2-33)

相应的齿顶圆直径 d_{ac} 及 d_{ab} 由以下两式计算：

外齿轮 $d_{ac}=d_c+2(h_a^*+x_c)m$　　(9.2-34)

内齿轮 $d_{ab}=d_b-2(h_a^*-x_b)m$ (9.2-35)

少齿差所用的齿顶高系数 h_a^* 没有统一的规定。可在0.5~0.8的范围内由设计者选定。研究表明，齿顶高系数合适，啮合角就随着降低，对提高啮合效率和行星轮轴承寿命有利。

啮合角 α'的数值要视齿数差而定。齿数差越小，啮合角越大。表9.2-35中所列是用牛顿法求得的啮合角选用值，可供设计时参考。表中，齿数差 $z_D=z_b-z_c$。

表9.2-35 啮合角选用值

齿数差	齿顶高系数			重合度	齿廓重叠干涉验算值
	0.6	0.7	0.8		
z_D	啮 合 角			ε_α	G_s
1	49°	51.5°	53.5°	1.050	≥0.05
2	35.5°	37.5°	39°	1.100	
3	28.5°	29.5°	30.5°	1.125	
4	24°	25°	25.5°	1.150	
5	21°	21.5°	22°	1.175	

注：本表只适用于 $\alpha=20°$。

5.2.2 传动质量指标

(1) 重合度 ε_α

目前在少齿差传动中只用直齿，所以用端面重合度 ε_α 评价理论上的运转连续性。参看表8.2-19中计算重合度的公式，可得

$$\varepsilon_\alpha=\frac{1}{2\pi}[z_c(\tan\alpha_{ac}-\tan\alpha')-z_b(\tan\alpha_{ab}-\tan\alpha')] \tag{9.2-36}$$

为保持运转中没有瞬间的中断，理论上重合度应大于1。在少齿差内齿轮副中，由于相邻的若干对轮齿之间的齿廓间距十分靠近，在运转时，因弹性变形而成为多齿接触。由动态实测研究可知，负载增大或齿数增多，则接触齿数也就相应地增加。

(2) 滑动系数 η

滑动系数的大小均以绝对值衡量。它是啮合点位置的函数。内啮合滑动系数的变化规律，当节点在啮合区时，如图9.2-21a所示；当啮合区在节点一侧时，常见的一种情况如图9.2-21b所示。在这两幅图中，B_2 点在外齿轮齿根部附近和内齿轮的齿顶，B_1 点在内齿轮齿根部附近和外齿轮的齿顶，$\overline{B_2B_1}$ 是啮合点轨迹，纵坐标表示滑动系数的绝对值。内、外齿轮的滑动系数最大值都在 B_2 点的位置，即外齿轮根部（齿廓工作段端点）及内齿轮齿顶的滑动系数最大。

若少齿差传动方式是内齿轮固定，则在 B_2 点，外、内齿轮的滑动系数分别为

外齿轮

$$\eta_{cB2}=\frac{(z_b-z_c)(\tan\alpha'-\tan\alpha_{ab})}{z_b\tan\alpha_{ab}-(z_b-z_c)\tan\alpha'} \tag{9.2-37}$$

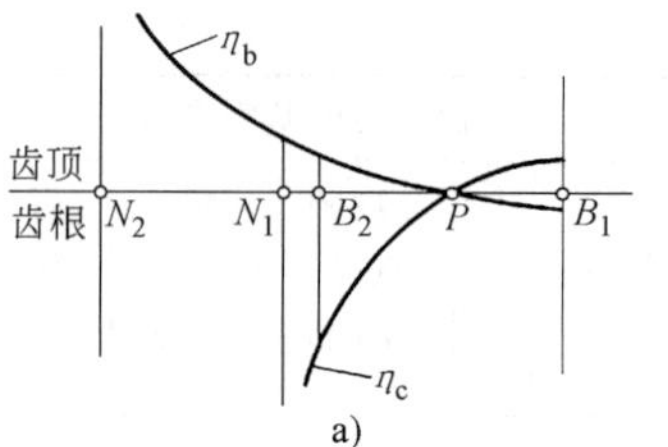

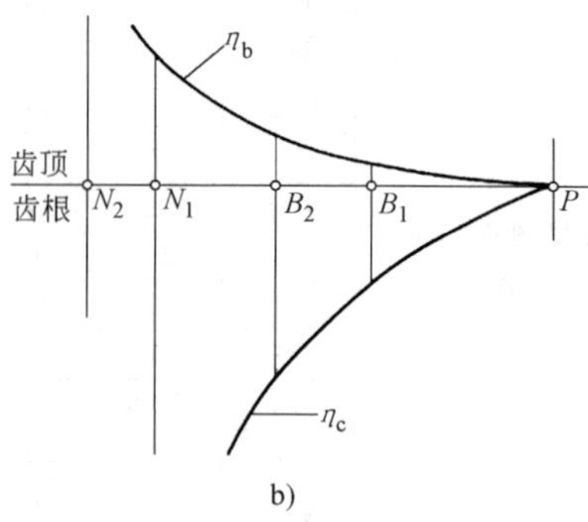

图9.2-21 滑动系数 η 曲线

a) 节点在啮合区时 b) 啮合区在节点一侧时

内齿轮 $$\eta_{bB2}=\frac{(z_b-z_c)(\tan\alpha_{ab}-\tan\alpha')}{z_b\tan\alpha_{ab}} \tag{9.2-38}$$

上述内齿轮固定的少齿差传动，行星轮做平面运动，其内、外齿轮的滑动系数值与定轴传动的滑动系数相同。

少齿差传动用于卷扬、滚筒或电动卡盘时，常由内齿轮输出，这时行星轮做平移运动，滑动系数的变化规律仍然与图9.2-21相同。

在 B_2 位置时，外、内齿轮的滑动系数为

外齿轮 $$\eta_{cB2}=\frac{\tan\alpha_{ab}}{\tan\alpha'}-1 \tag{9.2-39}$$

内齿轮 $$\eta_{bB2}=\left[\frac{\tan\alpha'}{\tan\alpha_{ab}}-1\right]\frac{z_c}{z_b} \tag{9.2-40}$$

滑动系数许用值决定于齿轮节圆线速度，列于表9.2-36。

表9.2-36 滑动系数许用值

节圆线速度 /m·s⁻¹	0~1.5	1~3	2~10	8~25	>20
滑动系数许用值	8	6	4	3	1.5

(3) 轴向装入条件

对于齿数差较大或很大的渐开线内啮合齿轮副，把外齿轮从轴向装入内齿轮并不成问题，而对齿数差很小的内齿轮副则成为主要矛盾。此时，只有当间隙角 $\theta>0$ 时，才能把外齿轮从轴向装入内齿轮（见图9.2-22）。无法从轴向装入的现象称为齿廓重叠干涉。

不产生齿廓重叠干涉的条件为

$$G_s = z_c(\delta_1+\text{inv}\alpha_{ac}) - z_b(\delta_2+\text{inv}\alpha_{ab}) + (z_b - z_c)\text{inv}\alpha' > 0 \quad (9.2\text{-}41)$$

式中 $$\delta_1 = \arccos\frac{r_{ab}^2 - r_{ac}^2 - a'^2}{2a'r_{ac}} \quad (9.2\text{-}42)$$

$$\delta_2 = \arccos\frac{r_{ab}^2 - r_{ac}^2 + a'^2}{2a'r_{ab}} \quad (9.2\text{-}43)$$

（4）变位系数的选定

1）啮合方程。内啮合的啮合方程：

$$\text{inv}\alpha' = \text{inv}\alpha + 2\tan\alpha\frac{x_b - x_c}{z_b - z_c} \quad (9.2\text{-}44)$$

从式（9.2-44）可知，当齿轮的齿数 z_c 和 z_b 及齿形角 α 为固定不变的数值时，啮合角 α' 是 x_c 及 x_b 的函数。

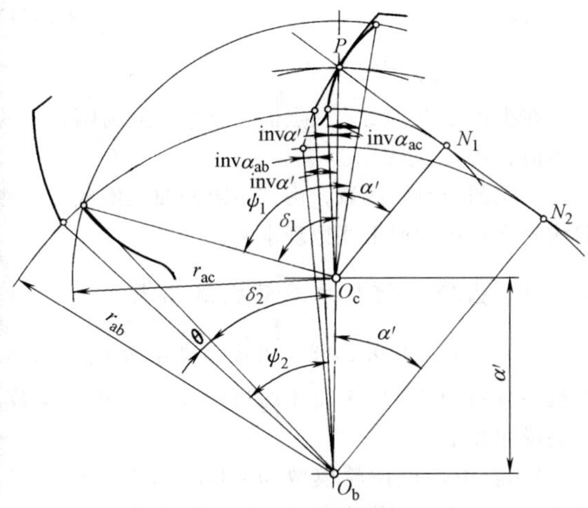

图 9.2-22　轴向装入条件

当 α' 为常量时，如图 9.2-23 所示，可用一条倾斜角度为 45°的直线表示啮合方程。对于某一个设计来说，其啮合角 α' 是一个确定的值，在图 9.2-23 中与此 α' 角对应的只有一条直线。

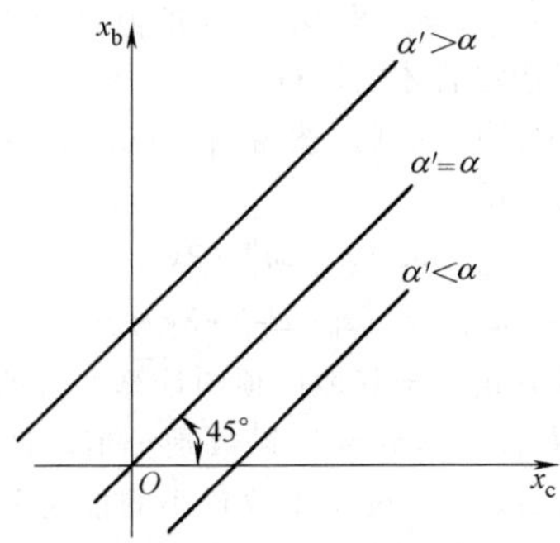

图 9.2-23　啮合方程直线

2）限制条件方程。每一个限制条件，在封闭图中即表达为一条曲线（个别的是直线），称为限制曲线。在少齿差内啮合时，主要限制条件是重合度 ε_α 及齿廓重叠干涉验算值 G_s。图 9.2-24 所示为这两条限制曲线示意图。

3）按重合度的预期要求确定变位系数。重合度由式（9.2-36）计算。当 z_b、z_c、α 及 h_a^* 为定值时，式中 α_{ac}、α_{ab}、α' 是 x_c、x_b 的函数。

按照使用要求，一般情况下 ε_α 应大于 1。取 $[\varepsilon_\alpha]$ 为 ε_a 的预期值，则式（9.2-36）可写成

$$\varepsilon_\alpha = [\varepsilon_\alpha]$$

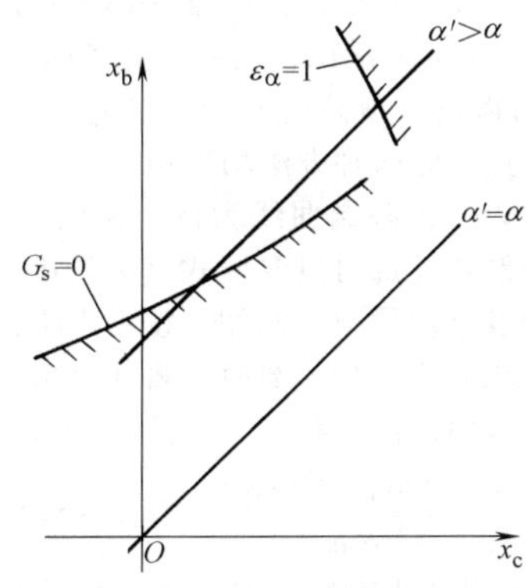

图 9.2-24　两条主要限制条件曲线

当 ε_α 为预期值 $[\varepsilon_\alpha]$ 时，如 $\varepsilon_\alpha = [\varepsilon_a] = 1.0$，在图 9.2-25 中，$a$、$b$、$c$ 各点表示此限制曲线与斜线的交点，若 $\varepsilon_\alpha = [\varepsilon_\alpha] = 1.1$，则各交点分别为 a'、b'、c'。关键是用计算方法找出这些交点。

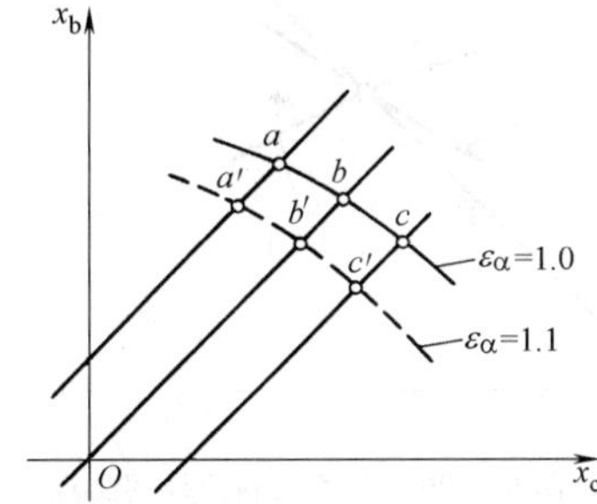

图 9.2-25　限制曲线与啮合方程直线的交点

用牛顿法求两线的交点，迭代程序如下：

$$x_c^{(n+1)} = x_c^{(n)} - \frac{\varepsilon_\alpha(x_c^{(n)}, x_b^{(n)}) - [\varepsilon_\alpha]}{\dfrac{d\varepsilon_\alpha}{dx_c}(x_c^{(n)}, x_b^{(n)})}$$

$$(n=0,\ 1,\ 2,\ \cdots) \quad (9.2\text{-}45)$$

式（9.2-45）中 $$\frac{d\varepsilon_\alpha}{dx_c} = \frac{1}{\pi\cos\alpha}\left(\frac{1}{\sin\alpha_{ac}} - \frac{1}{\sin\alpha_{ab}}\right) \quad (9.2\text{-}46)$$

在求解时，第一次取一个 α'，然后求出这个 α' 时的交点的 x_c。先假定一个 x_c 的初始值 $x_c^{(0)}$，相应的 $x_b^{(0)}$ 由啮合方程求得。初始值 $x_c^{(0)}$ 可取 0 试算。第二次按新的 α'进行计算，以此类推，求得一条限制曲线。若计算出现 $\cos\delta_1$ 或 $\cos\delta_2$ 大于 1 时，是由于 $x_c^{(0)}$ 取得不妥，应改取 $x_c^{(0)}$ 重算。

若改变限制条件的预期值，就可得到相应的曲线。

上述方法能够用于各条限制曲线的求解，也可用于不绘封闭图来确定适合的变位系数。

齿顶圆有各种不同的计算方法，有关的导数也不尽相同。其中以德国工业标准 DIN 的方法及苏联 В. Н. Кудрявцев 方法比较简单。前者即式（9.2-32~35），后者内齿轮齿顶高由 $h_{ab}=m\ (h_a^*-x_c-y)$ 计算。式（9.2-46）对此两种方法均适用。

以上仅以一条限制曲线为例，说明了基本方法，其他各个限制条件都可以参照式（9.2-45）写出相应的迭代程序及推求导数。例如，按不产生齿廓重叠干涉的预期要求确定变位系数时，将式（9.2-45）中的 ε_α 改为 G_s，经推导可得

$$\frac{dG_s}{dx_c}\approx\frac{2\ (\sin\alpha_{ac}-\sin\alpha_{ab})}{\cos\alpha}-2\ (\delta_1-\delta_2) \quad (9.2\text{-}47)$$

4）两条限制曲线的交点。要满足重合度及齿廓重叠干涉两个要求。为求得同时满足这两项要求的变位系数，只需要求解上述两条限制曲线的交点。

以 $G_s=[G_s]$ 及 $\varepsilon_\alpha=[\varepsilon_\alpha]$ 两条限制曲线为例，研究两条超越曲线交点的求法。交点位置如图 9.2-26 所示。

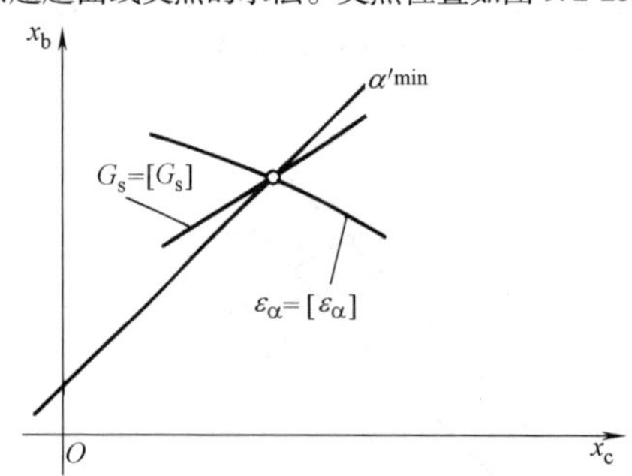

图 9.2-26 两条限制曲线的交点

x_c 及 x_b 取为独立变量，α'取为中间变量，限制条件方程组如下：

$$\varepsilon_\alpha-[\varepsilon_\alpha]=\frac{1}{2\pi}[z_c\tan\alpha_{ac}-z_b\tan\alpha_{ab}+z_D\tan\alpha']-[\varepsilon_\alpha]=0 \quad (9.2\text{-}48)$$

$$G_s-[G_s]=z_c\ (\mathrm{inv}\alpha_{ac}+\delta_1)-z_b\ (\mathrm{inv}\alpha_{ab}+\delta_2)+z_D\mathrm{inv}\alpha'-[G_s]=0 \quad (9.2\text{-}49)$$

求交点 x_c 及 x_b，用牛顿法进行迭代，逐步逼近到交点。其迭代程序为

$$x_c^{(n+1)}=x_c^{(n)}-\frac{\Delta_1(x_c^{(n)},x_b^{(n)})}{J(x_c^{(n)},x_b^{(n)})},$$

$$(n=0,1,2,\cdots) \quad (9.2\text{-}50)$$

$$x_b^{(n+1)}=x_b^{(n)}-\frac{\Delta_2(x_c^{(n)},x_b^{(n)})}{J(x_c^{(n)},x_b^{(n)})},$$

$$(n=0,1,2,\cdots) \quad (9.2\text{-}51)$$

$$J(x_c,x_b)=\begin{vmatrix}\dfrac{\partial\varepsilon_\alpha}{\partial x_c}, & \dfrac{\partial\varepsilon_\alpha}{\partial x_b}\\ \dfrac{\partial G_s}{\partial x_c}, & \dfrac{\partial G_s}{\partial x_b}\end{vmatrix} \quad (9.2\text{-}52)$$

$$\Delta_1(x_c,x_b)=\begin{vmatrix}\varepsilon_\alpha(x_c,x_b)-[\varepsilon_\alpha], & \dfrac{\partial\varepsilon_\alpha}{\partial x_b}\\ G_s(x_c,x_b)-[G_s], & \dfrac{\partial G_s}{\partial x_b}\end{vmatrix} \quad (9.2\text{-}53)$$

$$\Delta_2(x_c,x_b)=\begin{vmatrix}\dfrac{\partial\varepsilon_a}{\partial x_c}, & \varepsilon_a(x_c,x_b)-[\varepsilon_a]\\ \dfrac{\partial G_s}{\partial x_c}, & G_s(x_c,x_b)-[G_s]\end{vmatrix} \quad (9.2\text{-}54)$$

在少齿差中，上述交点的啮合角一般为啮合角的最小值，用 $\alpha'_{\min}$表示。

封闭图的封闭区域，由许多限制曲线围成，这些曲线的交点可参照上述原理求解。

5.2.3 齿轮几何尺寸及参数选用表

表 9.2-37~表 9.2-40 是当齿顶高系数 $h_a^*=0.6$，齿数差分别为 1、2、3 和 4 的齿轮几何尺寸及参数，有关说明如下：

1）表中均以齿轮模数 $m=1$mm 计算。设计时，表中的 d_a、W_k、a'均应乘以实际采用的模数。

2）保证了下列限制条件的预期值。

z_D	1	2	3	4
ε_a	1.050	1.100	1.125	1.150
G_s	0.050			
s_a	>0.4m （m—模数）			

3）s_{a1}、s_{a2}、ε_α 及 G_s 以外的其他项目的验算，须待插齿刀选定后才能进行。

4）表中的齿顶圆是按德国工业标准 DIN 的简单方法计算的。即

$$d_{ac}=m\ (z_c+2h_a^*+2x_c)$$

$$d_{ab}=m\ (z_b-2h_a^*+2x_b)$$

但可以折算成相应于其他齿顶圆计算方法的 h_a^*。

5）表中有一部分变位系数是负值。插内齿时应尽量选用齿数较多、变位系数较小的插齿刀，以避免切削负啮合。验算式为

$$\mathrm{inv}\alpha'_{02}=\mathrm{inv}\alpha+2\tan\alpha\ \frac{x_2-x_0}{z_2-z_0}>0$$

表 9.2-37　一齿差几何尺寸及参数（$h_a^* = 0.6$，$\alpha = 20°$，$m = 1mm$）

外齿轮					内齿轮					内啮合	
齿数	径向变位系数	齿顶圆直径	跨越齿数	公法线长度	齿数	径向变位系数	齿顶圆直径	跨越槽数	公法线长度	中心距	啮合角
z_1	x_1	d_{a1}	k_1	W_{k1}	z_2	x_2	d_{a2}	k_2	W_{k2}	a'	α'
35	-0.3963	35.407	4	10.552	36	-0.0208	34.758	4	10.822	0.712	48.697°
37	-0.4139	37.372	4	10.568	38	-0.0382	36.724	5	13.791	0.712	48.703°
39	-0.4312	39.338	4	10.584	40	-0.0554	38.689	5	13.807	0.712	48.707°
41	-0.4482	41.304	4	10.600	42	-0.0723	40.655	5	13.823	0.712	48.711°
43	-0.4651	43.270	4	10.617	44	-0.0890	42.622	5	13.840	0.712	48.715°
45	-0.4817	45.237	5	13.585	46	-0.1056	44.589	5	13.857	0.712	48.718°
47	-0.4982	47.204	5	13.602	48	-0.1220	46.556	6	16.826	0.712	48.721°
49	-0.5145	49.171	5	13.619	50	-0.1382	48.524	6	16.842	0.712	48.723°
51	-0.5307	51.139	5	13.636	52	-0.1544	50.491	6	16.859	0.712	48.725°
53	-0.5468	53.106	5	13.653	54	-0.1704	52.459	6	16.876	0.712	48.727°
55	-0.5628	55.074	6	16.622	56	-0.1864	54.427	6	16.894	0.712	48.729°
57	-0.5787	57.043	6	16.639	58	-0.2022	56.396	7	19.863	0.712	48.730°
59	-0.5945	59.011	6	16.656	60	-0.2180	58.364	7	19.880	0.712	48.732°
61	-0.6103	60.979	6	16.674	62	-0.2337	60.333	7	19.897	0.712	48.733°
63	-0.6260	62.948	6	16.691	64	-0.2493	62.301	7	19.915	0.712	48.734°
65	-0.6416	64.917	6	16.708	66	-0.2649	64.270	7	19.932	0.712	48.735°
67	-0.6572	66.886	7	19.678	68	-0.2805	66.239	8	22.902	0.712	48.736°
69	-0.6727	68.855	7	19.695	70	-0.2960	68.208	8	22.919	0.712	48.737°
71	-0.6882	70.824	7	19.713	72	-0.3114	70.177	8	22.936	0.712	48.737°
73	-0.7036	72.793	7	19.730	74	-0.3268	72.146	8	22.954	0.712	48.738°
75	-0.7190	74.762	7	19.747	76	-0.3422	74.116	8	22.971	0.712	48.739°
77	-0.7343	76.731	8	22.717	78	-0.3576	76.085	9	25.941	0.712	48.739°
79	-0.7497	78.701	8	22.735	80	-0.3729	78.054	9	25.959	0.712	48.740°
81	-0.7650	80.670	8	22.752	82	-0.3881	80.024	9	25.976	0.712	48.740°
83	-0.7802	82.640	8	22.770	84	-0.4034	81.993	9	25.994	0.712	48.741°
85	-0.7955	84.609	8	22.787	86	-0.4186	83.963	9	26.011	0.712	48.741°
87	-0.8107	86.579	9	25.757	88	-0.4338	85.932	9	26.029	0.712	48.742°
89	-0.8259	88.548	9	25.775	90	-0.4490	87.902	10	28.999	0.712	48.742°
91	-0.8411	90.518	9	25.792	92	-0.4642	89.872	10	29.016	0.712	48.743°
93	-0.8562	92.488	9	25.810	94	-0.4793	91.841	10	29.034	0.712	48.743°
95	-0.8713	94.457	9	25.828	96	-0.4944	93.811	10	29.052	0.712	48.743°
97	-0.8865	96.427	10	28.797	98	-0.5095	95.781	10	29.069	0.713	48.743°
99	-0.9016	98.397	10	28.815	100	-0.5246	97.751	11	32.039	0.713	48.744°
101	-0.9166	100.367	10	28.833	102	-0.5397	99.721	11	32.057	0.713	48.744°
103	-0.9317	102.337	10	28.850	104	-0.5548	101.690	11	32.074	0.713	48.744°

注：表中所有长度单位均为 mm。

表 9.2-38　二齿差几何尺寸及参数（$h_a^* = 0.6$，$\alpha = 20°$，$m = 1mm$）

外齿轮					内齿轮					内啮合	
齿数	径向变位系数	齿顶圆直径	跨越齿数	公法线长度	齿数	径向变位系数	齿顶圆直径	跨越槽数	公法线长度	中心距	啮合角
z_1	x_1	d_{a1}	k_1	W_{k1}	z_2	x_2	d_{a2}	k_2	W_{k2}	a'	α'
28	-0.0587	29.083	4	10.684	30	0.1504	29.101	4	10.856	1.150	35.194°
30	-0.0648	31.070	4	10.708	32	0.1446	31.089	4	10.880	1.150	35.207°
32	-0.0703	33.059	4	10.733	34	0.1393	33.079	5	13.856	1.150	35.218°
34	-0.0754	35.049	4	10.757	36	0.1345	35.069	5	13.881	1.150	35.227°
36	-0.0801	37.040	4	10.782	38	0.1300	37.060	5	13.906	1.150	35.235°
38	-0.0845	39.031	5	13.759	40	0.1258	39.052	5	13.931	1.151	35.242°
40	-0.0886	41.023	5	13.784	42	0.1218	41.044	5	13.956	1.151	35.247°
42	-0.0924	43.015	5	13.810	44	0.1181	43.036	6	16.934	1.151	35.252°
44	-0.0960	45.008	5	13.835	46	0.1146	45.029	6	16.959	1.151	35.256°
46	-0.0995	47.001	5	13.861	48	0.1112	47.022	6	16.985	1.151	35.260°
48	-0.1028	48.994	6	13.839	50	0.1080	49.016	6	9.011	1.151	35.263°

（续）

外齿轮					内齿轮					内啮合	
齿数	径向变位系数	齿顶圆直径	跨越齿数	公法线长度	齿数	径向变位系数	齿顶圆直径	跨越槽数	公法线长度	中心距	啮合角
z_1	x_1	d_{a1}	k_1	W_{k1}	z_2	x_2	d_{a2}	k_2	W_{k2}	a'	α'
50	-0.1060	50.988	6	16.865	52	0.1019	51.010	6	17.037	1.151	35.266°
52	-0.1090	52.982	6	16.890	54	0.1049	53.004	7	20.015	1.151	35.269°
54	-0.119	54.976	6	16.916	56	0.0990	54.998	7	20.041	1.151	35.271°
56	-0.1148	56.970	7	19.895	58	0.0962	56.992	7	20.067	1.151	35.273°
58	-0.1175	58.965	7	19.921	60	0.0936	58.987	7	20.093	1.151	35.275°
60	-0.1202	60.960	7	19.947	62	0.0909	60.982	8	23.072	1.151	35.277°
62	-0.1228	62.954	7	19.973	64	0.0884	62.977	8	23.038	1.151	35.278°
64	-0.1253	64.949	7	20.000	66	0.0859	64.972	8	23.124	1.151	35.279°
66	-0.1277	66.945	8	22.978	68	0.0834	66.967	8	23.150	1.151	35.281°
68	-0.1302	68.940	8	23.004	70	0.0811	68.962	8	23.177	1.151	35.282°
70	-0.1325	70.935	8	23.031	72	0.0787	70.957	9	26.155	1.151	35.283°
72	-0.1348	72.930	8	23.057	74	0.0764	72.953	9	26.182	1.151	35.284°
74	-0.1371	74.926	8	23.084	76	0.0742	74.948	9	26.208	1.151	35.285°
76	-0.1394	76.921	9	26.062	78	0.0719	76.944	9	26.235	1.151	35.286°
78	-0.1416	78.917	9	26.089	80	0.0698	78.940	10	29.213	1.151	35.286°
80	-0.1437	80.913	9	26.115	82	0.0676	80.935	10	29.240	1.151	35.287°
82	-0.1459	82.908	9	26.142	84	0.0655	82.931	10	29.267	1.151	35.288°
84	-0.1480	84.904	10	29.120	86	0.0634	84.927	10	29.293	1.151	35.288°
86	-0.1501	86.900	10	29.147	88	0.0613	86.923	10	29.320	1.151	35.289°
88	-0.1521	88.896	10	29.174	90	0.0593	88.919	11	32.298	1.151	35.289°
90	-0.1542	90.892	10	29.200	92	0.0572	90.914	11	32.325	1.151	35.290°
92	-0.1562	92.888	10	29.227	94	0.0552	92.910	11	32.352	1.151	35.290°
94	-0.1582	94.884	11	32.206	96	0.0533	94.907	11	32.378	1.151	35.291°
96	-0.1602	96.880	11	32.232	98	0.0513	96.903	11	32.405	1.151	35.291°
98	-0.1621	98.876	11	32.259	100	0.0493	98.899	12	35.384	1.151	35.292°
100	-0.1641	100.872	11	32.286	102	0.0474	100.895	12	35.411	1.151	35.292°
102	-0.1660	102.868	12	35.265	104	0.0455	102.891	12	35.437	1.151	35.292°

注：表中所有长度单位均为 mm。

表 9.2-39 三齿差几何尺寸及参数（$h_a^*=0.6$，$\alpha=20°$，$m=1\text{mm}$）

外齿轮					内齿轮					内啮合	
齿数	径向变位系数	齿顶圆直径	跨越齿数	公法线长度	齿数	径向变位系数	齿顶圆直径	跨越槽数	公法线长度	中心距	啮合角
z_1	x_1	d_{a1}	k_1	W_{k1}	z_2	x_2	d_{a2}	k_2	W_{k2}	a'	α'
35	0.0629	36.326	4	10.866	38	0.1795	37.159	5	13.940	1.597	28.041°
37	0.0635	38.327	5	13.846	40	0.1803	39.161	5	13.968	1.597	28.048°
39	0.0644	40.329	5	13.875	42	0.1813	41.163	5	13.997	1.597	28.054°
41	0.0655	42.331	5	13.904	44	0.1826	43.165	6	16.978	1.597	28.059°
43	0.0669	44.334	5	13.933	46	0.1841	45.168	6	17.007	1.597	28.064°
45	0.0685	46.337	6	16.914	48	0.1857	47.171	6	17.036	1.597	28.068°
47	0.0702	48.340	6	16.943	50	0.1875	49.175	6	17.065	1.597	28.071°
49	0.0721	50.344	6	16.972	52	0.1895	51.179	7	20.047	1.598	28.074°
51	0.0741	52.348	6	17.002	54	0.1916	53.183	7	20.076	1.598	28.077°
53	0.0763	54.353	7	19.983	56	0.1937	55.187	7	20.106	1.598	28.079°
55	0.0785	56.357	7	20.013	58	0.1960	57.192	7	20.135	1.598	28.081°
57	0.0808	58.362	7	20.042	60	0.1984	59.197	8	23.117	1.598	28.083°
59	0.0833	60.367	7	20.072	62	0.2008	61.202	8	23.147	1.598	28.085°
61	0.0857	62.371	7	20.102	64	0.2034	63.207	8	23.176	1.598	28.087°
63	0.0883	64.377	8	23.084	66	0.2060	65.212	8	23.206	1.598	28.088°
65	0.0909	66.382	8	23.114	68	0.2086	67.217	8	23.236	1.598	28.089°
67	0.0936	68.387	8	23.143	70	0.2113	69.223	9	26.218	1.598	28.091°
69	0.0963	70.393	8	23.173	72	0.2140	71.228	9	26.248	1.598	28.092°
71	0.0991	72.398	9	26.155	74	0.2168	73.234	9	26.278	1.598	28.093°
73	0.1019	74.404	9	26.185	76	0.2197	75.239	9	26.308	1.598	28.094°
75	0.1048	76.410	9	26.215	78	0.2226	77.245	10	29.290	1.598	28.095°
77	0.1077	78.415	9	26.245	80	0.2255	79.251	10	29.320	1.598	28.095°
79	0.1106	80.421	9	26.275	82	0.2284	81.257	10	29.350	1.598	28.096°
81	0.1136	82.427	10	29.257	84	0.2314	83.263	10	29.380	1.598	28.097°
83	0.1165	84.433	10	29.287	86	0.2344	85.269	10	29.410	1.598	28.097°

（续）

外齿轮					内齿轮					内啮合	
齿数	径向变位系数	齿顶圆直径	跨越齿数	公法线长度	齿数	径向变位系数	齿顶圆直径	跨越槽数	公法线长度	中心距	啮合角
z_1	x_1	d_{a1}	k_1	W_{k1}	z_2	x_2	d_{a2}	k_2	W_{k2}	a'	α'
85	0.1196	86.439	10	29.318	88	0.2374	87.275	11	32.392	1.598	28.098°
87	0.1226	88.445	10	29.348	90	0.2405	89.281	11	32.422	1.598	28.099°
89	0.1257	90.451	11	32.330	92	0.2436	91.287	11	32.452	1.598	28.099°
91	0.1288	92.458	11	32.360	94	0.2467	93.293	11	32.483	1.598	28.100°
93	0.1319	94.464	11	32.390	96	0.2498	95.300	12	35.465	1.598	28.100°
95	0.1350	96.470	11	32.420	98	0.2529	97.306	12	35.495	1.598	28.100°
97	0.1382	98.476	12	35.403	100	0.2561	99.312	12	35.525	1.598	28.101°
99	0.1413	100.483	12	35.433	102	0.2593	101.319	12	35.555	1.598	28.101°
101	0.1445	102.489	12	35.463	104	0.2624	103.325	13	38.538	1.598	28.102°

注：表中所有长度单位均为 mm。

表 9.2-40　四齿差几何尺寸及参数（$h_a^*=0.6$，$\alpha=20°$，$m=1\text{mm}$）

外齿轮					内齿轮					内啮合	
齿数	径向变位系数	齿顶圆直径	跨越齿数	公法线长度	齿数	径向变位系数	齿顶圆直径	跨越槽数	公法线长度	中心距	啮合角
z_1	x_1	d_{a1}	k_1	W_{k1}	z_2	x_2	d_{a2}	k_2	W_{k2}	a'	α'
30	0.0975	31.395	4	10.819	34	0.1519	33.104	5	13.865	2.050	23.547°
32	0.0971	33.394	4	10.847	36	0.1518	35.104	5	13.893	2.050	23.558°
34	0.0972	35.394	4	10.875	38	0.1520	37.104	5	13.921	2.050	23.567°
36	0.0976	37.395	5	13.856	40	0.1526	39.105	5	13.949	2.051	23.574°
38	0.0984	39.397	5	13.884	42	0.1535	41.107	5	13.978	2.051	23.581°
40	0.0995	41.399	5	13.913	44	0.1546	43.109	6	16.959	2.051	23.586°
42	0.1007	43.401	5	13.942	46	0.1560	45.112	6	16.988	2.051	23.591°
44	0.1022	45.404	6	16.923	48	0.1576	47.115	6	17.017	2.051	23.595°
46	0.1039	47.408	6	16.952	50	0.1593	49.119	6	17.046	2.051	23.598°
48	0.1058	49.412	6	16.981	52	0.1612	51.122	7	20.027	2.051	23.602°
50	0.1077	51.415	6	17.011	54	0.1632	53.126	7	20.057	2.051	23.604°
52	0.1098	53.420	6	17.040	56	0.1654	55.131	7	20.086	2.051	23.607°
54	0.1120	55.424	7	20.022	58	0.1676	57.135	7	20.116	2.051	23.609°
56	0.1143	57.429	7	20.051	60	0.1700	59.140	7	20.145	2.051	23.611°
58	0.1167	59.433	7	20.081	62	0.1724	61.145	8	23.127	2.051	23.613°
60	0.1192	61.438	7	20.111	64	0.1749	63.150	8	23.157	2.051	23.615°
62	0.1218	63.444	8	23.093	66	0.1775	65.155	8	23.187	2.051	23.616°
64	0.1244	65.449	8	23.122	68	0.1801	67.160	8	23.217	2.051	23.617°
66	0.1271	67.454	8	23.152	70	0.1828	69.166	9	26.199	2.051	23.619°
68	0.1298	69.460	8	23.182	72	0.1856	71.171	9	26.228	2.051	23.620°
70	0.1326	71.465	9	26.164	74	0.1884	73.177	9	26.258	2.051	23.621°
72	0.1354	73.471	9	26.194	76	0.1912	75.182	9	26.288	2.051	23.622°
74	0.1383	75.477	9	26.224	78	0.1941	77.188	9	26.318	2.051	23.623°
76	0.1412	77.482	9	26.254	80	0.1971	79.194	10	29.300	2.051	23.624°
78	0.1441	79.488	9	26.284	82	0.2000	81.200	10	29.331	2.051	23.624°
80	0.1471	81.494	10	29.266	84	0.2030	83.206	10	29.361	2.051	23.625°
82	0.1501	83.500	10	29.296	86	0.2060	85.212	10	29.391	2.051	23.626°
84	0.1532	85.506	10	29.327	88	0.2091	87.218	11	32.373	2.051	23.626°
86	0.1563	87.519	10	29.357	90	0.2122	89.224	11	32.403	2.051	23.627°
88	0.1594	89.519	11	32.339	92	0.2153	91.231	11	32.433	2.051	23.627°
90	0.1625	91.525	11	32.369	94	0.2184	93.237	11	32.463	2.051	23.628°
92	0.1656	93.531	11	32.399	96	0.2216	95.243	12	35.446	2.051	23.628°
94	0.1688	95.538	11	32.429	98	0.2247	97.249	12	35.476	2.051	23.629°
96	0.1720	97.544	11	32.460	100	0.2279	99.256	12	35.506	2.051	23.629°
98	0.1752	99.550	12	35.442	102	0.2311	101.262	12	35.536	2.051	23.630°
100	0.1784	101.557	12	35.472	104	0.2344	103.269	12	35.566	2.051	23.630°

注：表中所有长度单位均为 mm。

5.3　零齿差变位内啮合的原理及有关计算

齿数相同但具有较大齿侧间隙的内啮合，因齿数差 $z_2-z_1=0$，故简称零齿差。这种内啮合可作为不同中心平行轴传动的联轴器，是少齿差行星齿轮传动输出机构的形式之一。

零齿差内啮合的主要计算及验算项目如下。

5.3.1　啮合方程

零齿差内啮合如图 9.2-27 所示，轮齿只在一侧啮合。当按图示方向回转时，B_2 为开始啮合点，B_1 为终了啮合点，线段 $\overline{B_1B_2}$ 是啮合点轨迹。

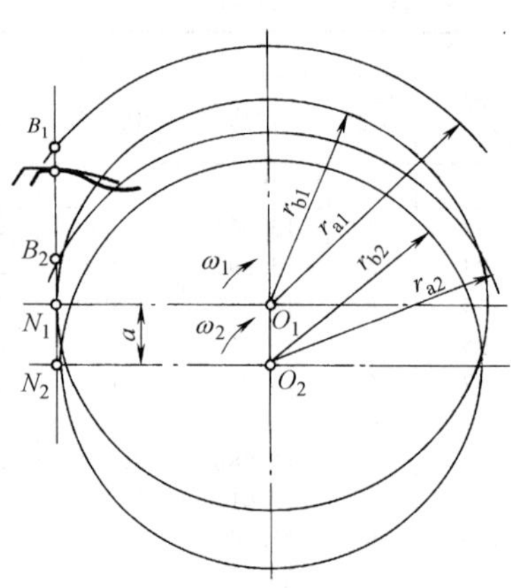

图 9.2-27　零齿差内啮合几何关系

这种啮合与普通的内啮合不同，其啮合线与中心线平行，啮合方程也不一样。

为形成所需中心距，除保持径向变位系数有一定的差值（x_2-x_1）外，还需对内、外齿轮进行切向变位，以减薄齿厚。切向变位系数以 x_{t2} 和 x_{t2} 表示，并规定当齿厚增加时，切向变位系数为正值，反之为负值。

内齿轮径向变位时，公法线增量为 $2x_2m\sin\alpha$，切向变位时，公法线增量为 $x_{t2}m\cos\alpha$。

因此中心距

$$a = m\left[(x_2-x_1)\sin\alpha - \frac{1}{2}(x_{t2}+x_{t1})\cos\alpha\right] \tag{9.2-55}$$

式（9.2-55）即零齿差内啮合的啮合方程，齿轮的有关参数必须满足此式。

5.3.2　齿顶高

零齿差内啮合的内、外齿轮，其齿顶高的计算采用最简单式，即用式（9.2-32）、式（9.2-33）进行计算：

外齿轮　$h_{a1}=m(h_a^*+x_1)$

内齿轮　$h_{a2}=m(h_a^*-x_2)$

式中　h_a^*——齿顶高系数，推荐取 $h_a^*=0.8$。

5.3.3　顶隙

内、外齿轮的齿数相同，在安装时又必须有中心距，因此是否存在合适的间隙，验算很必要。顶隙系数的验算公式如下：

（1）外齿轮齿根与内齿轮齿顶之间

外齿轮采用滚齿法加工时

$$c_1^*=x_2-x_1+1.25-h_a^*-\frac{a}{m}>0 \tag{9.2-56}$$

1.25 是滚刀的齿顶高系数。

外齿轮采用插齿法加工时

$$c_1^*=h_{a0}^*-h_a^*-\frac{z_1+z_0}{2}\left(\frac{\cos\alpha}{\cos\alpha'_{01}}-1\right)+x_0+x_2-\frac{a}{m}>0 \tag{9.2-57}$$

式中　h_{a0}^*——插齿刀的齿顶高系数；

z_0——插齿刀的齿数；

α'_{01}——插齿刀与外齿轮的啮合角；

x_0——插齿刀的变位系数。

（2）内齿轮齿根与外齿轮齿顶之间

$$c_2^* = h_{a0}^* - h_a^* + \frac{z_2-z_0}{2}\left(\frac{\cos\alpha}{\cos\alpha'_{02}}-1\right) + x_0 - x_1 - \frac{a}{m} > 0 \tag{9.2-58}$$

式中　α'_{02}——插齿刀与内齿轮的啮合角。

若验算时出现无顶隙，则应减小齿顶高系数，重新计算。

5.3.4　重合度

零齿差内啮合目前只用直齿传动，故其重合度即以 ε_α 表示。通常在设计时至少使 $\varepsilon_\alpha=1.1\sim1.2$。

重合度由下式计算：

$$\varepsilon_\alpha = \frac{1}{2\pi}\left[z(\tan\alpha_{a1}-\tan\alpha_{a2})+\frac{2a}{m\cos\alpha}\right] \tag{9.2-59}$$

式中　$z=z_1=z_2$

在其他参数不变时，增大 x_1 则 ε_α 也增大。

5.3.5　齿顶厚

径向变位系数越大，齿顶厚度就越小。另外，对于零齿差内啮合，切向变位系数取负值，也使齿顶厚减小。为了保证齿顶的强度，设计时应使齿顶厚 $s_a \geqslant 0.4m$。因此，零齿差适合配用于中心距较小的少齿差传动，作为输出机构。若中心距太大则齿顶将变得很尖而不能使用。

齿顶厚的计算公式如下：

外齿轮齿顶厚

$$s_{a1} = \frac{m\cos\alpha}{\cos\alpha_{a1}}\left[\frac{\pi}{2} + x_{t1} + 2x_1\tan\alpha - z_1(\mathrm{inv}\alpha_{a1} - \mathrm{inv}\alpha)\right] \quad (9.2\text{-}60)$$

内齿轮齿顶厚

$$s_{a2} = \frac{m\cos\alpha}{\cos\alpha_{a2}}\left[\frac{\pi}{2} + x_{t2} - 2x_2\tan\alpha + z_2(\mathrm{inv}\alpha_{a2} - \mathrm{inv}\alpha)\right] \quad (9.2\text{-}61)$$

5.3.6　变位系数的确定

变位系数应使其既满足啮合方程，又满足有关的限制条件。

从零齿差内啮合的啮合方程可知，在给定中心距及齿形角之后，待求的参数是径向变位系数 x_1、x_2，以及切向变位系数 x_{t1} 和 x_{t2}。确定这些变位系数的方法不止一种，下面只介绍其中一种。

零齿差的模数总比少齿差的模数大一些（一般大 0.5~1 倍），所以零齿差的齿数有时比较少，这应特别注意内齿轮在插齿时不产生径向进刀顶切，验算时可按照表 9.2-32 中的有关公式及说明。设计时根据插齿刀的参数及内齿轮的齿数由表 9.2-34 可以查出内齿轮的变位系数 x_2。当 x_2 越大时，对于避免这种干涉越有利，所以只要齿顶厚足够，x_2 也可选取比表 9.2-34 中所列数据再大一点的数值。

其次再根据重合度的要求确定外齿轮的变位系数 x_1。由重合度的计算式可知，切向变位系数与重合度无关，只要 α、a 及 x_2 为不变的常量，便可按重合度的预期值用逐步逼近法求得相应的 x_1。其迭代程序如下

$$x_1^{(n+1)} = x_1^{(n)} - \frac{\varepsilon_\alpha(x_1^{(n)}) - [\varepsilon_\alpha]}{\dfrac{d\varepsilon_\alpha}{dx_1}(x_1^{(n)})} \quad (n = 0,1,2,\cdots)$$

式中　$[\varepsilon_\alpha]$——重合度的预期值

$$\frac{d\varepsilon_\alpha}{dx_1} = \frac{mz}{\pi r_{a1}\sin2\alpha_{a1}} \quad (9.2\text{-}62)$$

例 9.2-10　已知 $a=0.84$mm，$m=2$mm，$\alpha=20°$，$h_a^*=0.8$，$z=22$，$z_0=13$，$x_0=0.085$，$[\varepsilon_\alpha]=1.2$，试按重合度的预期值选定变位系数。

解　按不产生径向进刀顶切的要求，取 $x_2=0.6$，取初始值 $x_1^{(0)}=0$

由计算得

$$\varepsilon_\alpha(x_1^{(0)}) = 1.009$$

$$\frac{d\varepsilon_\alpha}{dx_1}(x_1^{(0)}) = 0.702$$

$$x_1^{(1)} = 0 - \frac{1.009-1.2}{0.702} = 0.27$$

$$\varepsilon_\alpha(x_1^{(1)}) = 1.191$$

$$\frac{d\varepsilon_\alpha}{dx_1}(x_1^{(1)}) = 0.656$$

$$x_1^{(2)} = 0.28$$

$$\varepsilon_\alpha(x_1^{(2)}) = 1.197 \approx [\varepsilon_\alpha] = 1.2$$

因此取 $x_1=0.28$ 已有足够的准确度。

用上述方法确定 x_2 及 x_1 之后，便可由啮合方程求切向变位系数之和，计算式如下：

$$x_{t1} + x_{t2} = 2\left(x_2 - x_1 - \frac{a}{m\sin\alpha}\right)\tan\alpha \quad (9.2\text{-}63)$$

为了避免两个齿轮的齿顶厚相差悬殊，可在满足上述（$x_{t1}+x_{t2}$）的前提下，适当选取和调整两个齿轮的切向变位系数 x_{t1} 和 x_{t2}，直到 $s_{a1} \approx s_{a2}$ 时便可把这两个切向变位系数同时确定下来。若齿顶厚太小，则这对齿轮不能使用。

由上述方法确定变位系数之后，主要验算项目是顶隙，它必须在切齿刀具的参数确定以后才能进行验算。

5.3.7　零齿差几何尺寸及参数表

配用于一齿差传动的零齿差几何尺寸及参数列于表 9.2-41。

5.4　少齿差行星传动的结构

少齿差行星齿轮传动按传动形式可分为 NN 型和 N 型。

5.4.1　NN 型少齿差行星传动

NN 型传动一般是由齿数差及模数均相同而齿数不同的两对内齿轮副组成。行星轮是双联齿轮，其第 2 对齿轮中一个齿轮的轴就是低速轴，如图 9.2-28、图 9.2-29 所示。

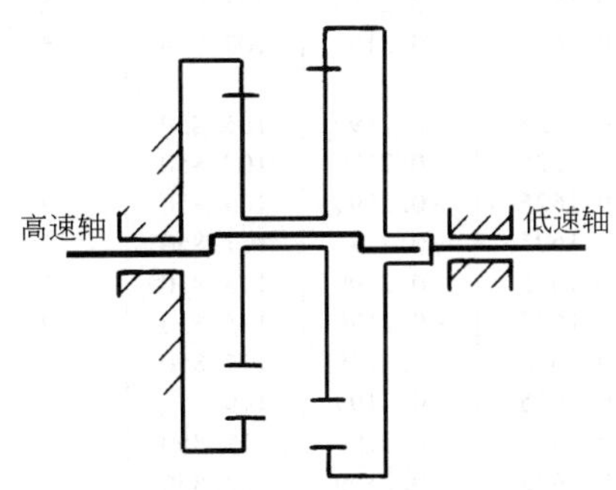

图 9.2-28　NN 型内齿轮输出

表 9.2-41 配用于一齿差传动的

共同参数	少齿差		
	齿数差	模 数	中心距
	z_b-z_c	m	a'
	1	1	0.84

齿数	外 齿 轮									
	径向变位系数	切向变位系数	齿顶圆直径	第一次测量		第二次测量		径向变位系数	切向变位系数	齿顶圆直径
				跨越齿数	公法线	跨越齿数	公法线			
z	x_1	x_{t1}	d_{a1}	k'_1	$W_{k'1}$	k_1	W_{k1}	x_2	x_{t2}	d_{a2}
20	0.3250	−0.2134	44.500	3	15.766	3	15.364		−0.4075	39.600
21	0.3063	−0.2088	46.425	3	15.768	3	15.376		−0.3985	41.600
22	0.2906	−0.2142	48.363	3	15.774	3	15.372		−0.3813	43.600
23	0.2813	−0.2117	50.325	4	21.694	4	21.296		−0.3774	45.600
24	−0.2813	−0.2209	52.325	4	21.722	4	21.307		−0.3682	47.600
25	0.2625	−0.2158	54.250	4	21.724	4	21.319		−0.3596	49.600
26	0.2625	−0.2158	56.250	4	21.752	4	21.347		−0.3596	51.600
27	0.2625	−0.2158	58.250	4	21.780	4	21.375		−0.3596	53.600
28	−0.2625	−0.2248	60.250	4	21.808	4	21.386		−0.3507	55.600
29	0.2438	−0.2194	62.175	4	21.811	4	21.398		−0.3423	57.600
30	0.2438	−0.2194	64.175	4	21.839	4	21.426		−0.3423	59.600
31	0.2250	−0.2227	66.100	4	21.841	4	21.423		−0.3255	61.600
32	0.2250	−0.2227	68.100	4	24.869	4	21.451		−0.3255	63.600
33	0.2250	−0.2227	70.100	5	27.801	5	27.383	0.7	−0.3255	65.600
34	0.2250	−0.2227	72.100	5	27.829	5	27.411		−0.3255	67.600
35	0.2250	−0.2227	74.100	6	27.857	5	27.439		−0.3288	69.600
36	0.2250	−0.2227	76.100	5	27.885	5	27.467		−0.3225	71.600
37	0.2063	−0.2171	78.025	5	27.888	5	27.480		−0.3174	73.600
38	0.2063	−0.2255	80.025	5	27.916	5	27.492		−0.3090	75.600
39	0.2063	−0.2255	82.025	5	27.944	5	27.520		−0.3090	77.600
40	0.1906	−0.2207	83.963	5	27.950	5	27.536		−0.3024	79.600
41	0.1906	−0.2207	85.963	5	27.978	5	27.564		−0.3024	81.600
42	0.1813	−0.2178	87.925	5	27.994	6	33.489		−0.2985	83.600
43	0.1813	−0.2178	89.925	6	33.926	6	33.517		−0.2985	85.600
44	0.1813	−0.2259	91.925	6	33.954	6	33.529		−0.2904	87.600
45	0.1813	−0.2259	93.925	6	33.982	6	33.557		−0.2904	89.600
46	0.1813	−0.2259	95.925	6	34.010	6	33.585		−0.2904	91.600
47	0.1813	−0.2259	97.925	6	34.038	6	33.613		−0.2904	93.600
48	0.1813	−0.2259	99.925	6	34.066	6	33.641		−0.2904	95.600
49	0.1813	−0.2259	101.925	6	34.094	6	33.669		−0.2904	97.600
50	0.1625	−0.2199	103.850	6	34.096	6	33.683		−0.2827	99.600
51	0.1625	−0.2199	105.850	6	34.124	7	39.615		−0.2827	101.600
52	0.1625	−0.2199	107.850	7	40.057	7	39.643		−0.2827	103.600
53	0.1625	−0.2199	109.850	7	40.085	7	39.671		−0.2827	105.600
54	0.1625	−0.2199	111.850	7	40.113	7	39.699		−0.287	107.600
55	0.1625	−0.2199	113.850	7	40.141	7	39.727		−0.2827	109.600
56	0.1625	−0.2199	115.850	7	40.169	7	39.755		−0.2827	111.600
57	0.1625	−0.2199	117.850	7	40.197	7	39.783		−0.2827	113.600
58	0.1625	−0.2199	119.850	7	40.225	7	39.811		−0.2827	115.600
59	0.1625	−0.2199	121.850	7	40.253	7	39.839		−0.2827	117.600
60	0.1625	−0.2199	123.850	7	40.281	8	45.772		−0.2827	119.600

注：表中所有长度单位均为 mm。

零齿差几何尺寸及参数表

零齿差			
模　数	齿形角	齿顶高系数	中心距
m	α	h_a^*	a'
2	20°	0.8	0.84

内齿轮										重合度	齿顶厚系数	
第一次测量					第二次测量						外齿轮	内齿轮
量棒直径	跨棒距		跨越槽数	公法线	量棒直径	跨棒距		跨越槽数	公法线			
d'_{M2}	M'_2	$\sin\alpha'_{M2}$	k'_2	W'_{K2}	d_{M2}	M_2	$\sin\alpha_{M2}$	k_2	W_{k2}	ε_α	$\frac{s_{\alpha1}}{m}$	$\frac{s_{\alpha2}}{m}$
3.5	37.594	0.404	4	22.183	4.4	36.356	0.387	4	22.949	1.104	0.57	0.58
3.5	39.478	0.402	4	22.211	4.4	38.194	0.382	4	22.960	1.099	0.59	0.59
3.5	41.602	0.400	4	22.239	4.3	40.593	0.390	4	22.966	1.095	0.60	0.60
3.5	43.495	0.397	4	22.267	4.3	42.465	0.387	4	22.976	1.095	0.61	0.61
3.5	45.608	0.395	4	22.295	4.3	44.531	0.383	4	22.987	1.100	0.61	0.62
3.5	47.511	0.394	4	22.323	4.3	46.390	0.380	4	22.999	1.093	0.62	0.63
3.5	49.614	0.392	4	22.351	4.3	48.492	0.379	4	23.027	1.098	0.63	0.63
3.5	51.523	0.390	5	28.283	4.3	50.401	0.377	4	23.055	1.103	0.63	0.63
3.5	53.619	0.389	5	28.311	4.2	52.813	0.385	5	28.970	1.107	0.63	0.64
3.5	55.535	0.388	5	28.339	4.2	54.688	0.382	5	28.983	1.098	0.64	0.64
3.5	57.623	0.386	5	28.367	4.2	56.776	0.381	5	29.011	1.102	0.65	0.64
3.4	59.901	0.394	5	28.395	4.2	58.613	0.377	5	29.007	1.092	0.65	0.66
3.4	61.985	0.392	5	28.423	4.2	60.695	0.376	5	29.035	1.096	0.66	0.66
3.4	63.912	0.391	5	28.451	4.2	62.620	0.375	5	29.063	1.099	0.66	0.66
3.4	65.990	0.390	5	28.479	4.2	64.697	0.374	5	29.091	1.102	0.66	0.66
3.4	67.921	0.389	5	28.507	4.2	66.627	0.373	5	29.119	1.105	0.66	0.66
3.4	69.995	0.388	6	34.440	4.2	68.699	0.372	5	29.147	1.108	0.67	0.66
3.4	71.929	0.387	6	34.368	4.1	70.959	0.378	6	35.064	1.097	0.68	0.67
3.4	73.999	0.386	6	34.496	4.1	72.986	0.376	6	35.076	1.100	0.67	0.68
3.4	75.937	0.385	6	34.524	4.1	74.923	0.376	6	35.104	1.102	0.67	0.68
3.4	78.003	0.384	6	34.552	4.1	76.956	0.374	6	25.120	1.093	0.68	0.68
3.4	79.944	0.383	6	34.580	4.1	78.895	0.373	6	35.148	1.095	0.69	0.68
3.4	82.006	0.382	6	24.608	4.1	80.938	0.372	6	35.169	1.090	0.69	0.69
3.4	83.950	0.381	6	34.636	4.1	82.880	0.371	6	35.197	1.092	0.69	0.69
3.4	86.010	0.380	6	34.664	4.1	84.899	0.370	6	35.209	1.094	0.69	0.70
3.4	87.955	0.380	7	40.596	4.1	86.844	0.369	7	41.142	1.096	0.69	0.70
3.4	90.013	0.379	7	40.624	4.1	88.900	0.369	7	41.170	1.098	0.69	0.70
3.4	91.961	0.378	7	40.652	4.1	90.848	0.368	7	41.198	1.100	0.69	0.70
3.4	94.016	0.377	7	40.680	4.1	92.901	0.368	7	41.226	1.102	0.69	0.70
3.4	95.966	0.377	7	40.708	4.1	94.851	0.367	7	41.254	1.104	0.69	0.70
3.4	98.018	0.376	7	40.736	4	97.235	0.372	7	41.267	1.090	0.70	0.70
3.4	99.970	0.376	7	40.764	4	99.187	0.371	7	41.295	1.092	0.71	0.70
3.4	102.021	0.375	7	40.792	4	101.237	0.371	7	41.323	1.094	0.71	0.70
3.4	103.974	0.374	7	40.820	4	103.190	0.370	7	41.351	1.095	0.71	0.70
3.4	106.023	0.374	8	46.752	4	105.238	0.370	8	47.284	1.096	0.71	0.70
3.4	107.978	0.373	8	46.780	4	107.194	0.370	8	47.312	1.098	0.71	0.70
3.4	110.025	0.373	8	46.808	4	109.240	0.369	8	47.340	1.099	0.71	0.70
3.4	111.982	0.372	8	46.836	4	111.197	0.369	8	47.368	1.101	0.71	0.70
3.4	114.027	0.372	8	46.864	4	113.241	0.368	8	47.396	1.102	0.71	0.70
3.4	115.986	0.371	8	46.892	4	115.200	0.368	8	47.424	1.103	0.71	0.70
3.4	118.029	0.371	8	46.920	4	117.243	0.367	8	47.452	1.104	0.71	0.70

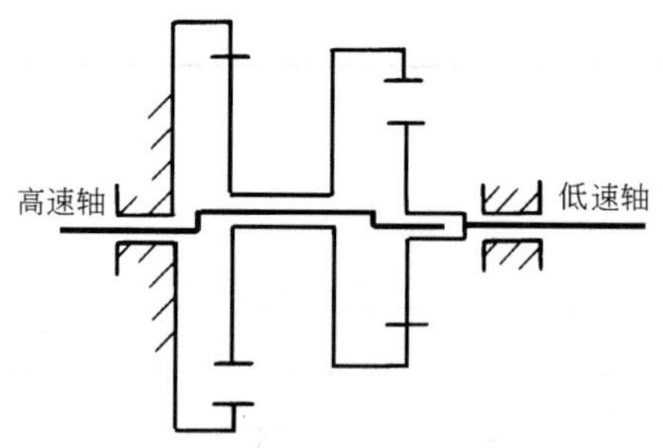

图 9.2-29　NN 型外齿轮输出

NN 型传动装置不需要另外的输出机构，故结构简单。由于行星轮偏于一方，在高速轴（即转臂）回转时将产生离心力，所以必须在转轴上相对于偏心轴的反方向装设平衡重，平衡重一般是左右各一块，以减小不平衡的力偶，如图 9.2-30 所示。

NN 型传动在理论上的传动比范围较广。但实用中当传动比很大时，传动效率很低。所以在需要考虑传动效率时，其传动比不宜过大。目前这种传动多用于小功率传动。通常，当传动比 $i \leqslant 28$ 时，宜用 NN 型外齿轮输出，$i>28$ 时，用 NN 型内齿轮输出。

5.4.2　N 型少齿差行星传动

图 9.2-31 所示为 N 型传动简图。这种形式的传动，通常均是采用输出机构把行星轮的回转运动传给低速轴。

N 型传动的转臂有单偏心与双偏心两种。双偏心的转臂，两个偏心相差 180°，装在其上的两个行星轮也相差 180°，这样由偏心而产生的离心力相互抵消（但这两个离心力大小相等方向相反，且不在同

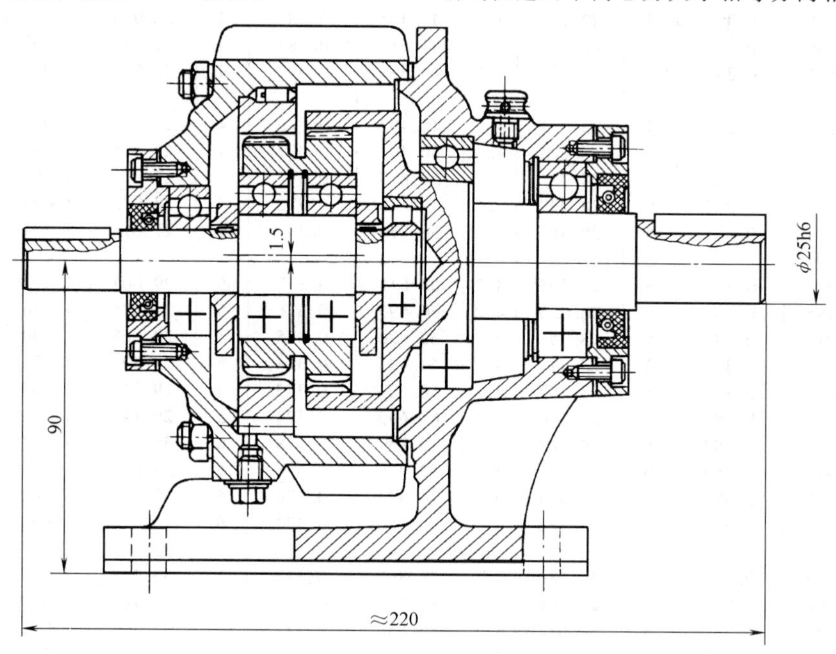

图 9.2-30　NN 型少齿差减速器

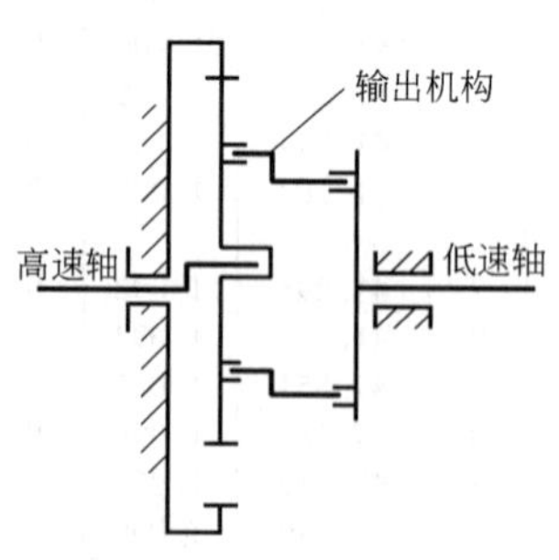

图 9.2-31　N 型传动

一直线上，所以不平衡力偶仍然存在）。单偏心的转臂只有一个方向的偏心，其中装一个行星轮，必须在偏心的相反方向加上平衡重才能使离心力得到平衡。

N 型常用的输出机构有五种类型，即销孔式、浮动盘式、滑块式、零齿差式和双曲柄式。其中以销孔式应用最多。

1）销孔输出机构。目前输出功率已达 45kW。图 9.2-32 所示的少齿差减速器就是采用的这种输出机构。

输出轴上柱销及行星轮上等分孔的数目，通常为 6~12 个，其参考值见表 9.2-42。

这些等分孔的孔距公差，在制造时必须严格控制。孔距公差的参考值列于表 9.2-43。

销孔的尺寸公差不应低于 7 级精度。

销孔的公称尺寸，理论上是销套外径加上两个中心距。

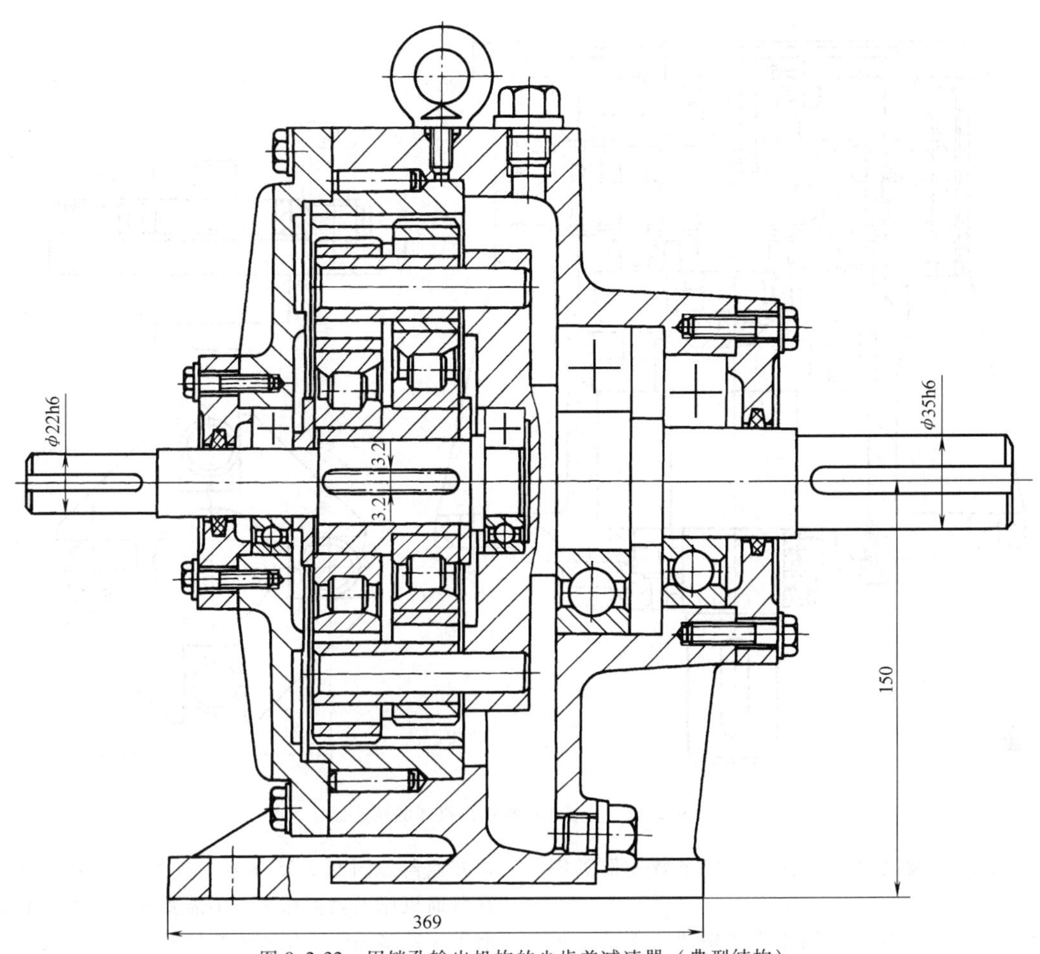

图 9.2-32　用销孔输出机构的少齿差减速器（典型结构）

表 9.2-42　销孔数目参考值

行星轮分度圆直径 /mm	<100	>100~200	>200~300	>300~400	>400
销孔数目	6	8	10	12	≥12

表 9.2-43　销孔孔距公差参考值

行星轮分度圆直径 /mm	<200	>200~300	>300~500	>500~800	>800
相邻销孔孔距公差 /μm	<30	<40	<50	<60	<70
销孔累积孔距公差 /μm	<60	<80	<100	<120	<140

但考虑到销孔、销轴以及销套的加工和装配误差，对销孔的公称直径再加适量的补偿尺寸 Δ。Δ 太小时，将要求提高零件的加工精度，并给装配造成一定困难，Δ 太大时，则承受载荷的销轴数目将减小，影响承载能力。一般取 $\Delta=0.15\sim0.25$mm，行星轮尺寸小时，Δ 取较小值，反之取较大值。

2）浮动盘输出机构。见图 9.2-33，其行星轮上的等分孔只有两个且互成 180°，故制造工艺比销孔输出机构简单，容易获得所需要的精度。

应用浮动盘输出机构的减速器如图 9.2-33 所示。其传递功率，国内最大为 10kW，国外已达 37kW。

这种输出机构的浮动盘、圆柱销和柱销套一般都用轴承钢制造。

3）滑块输出机构。滑块输出机构相当于一个十字滑块联轴器，比上述两种更为简单，接触面间是滑动摩擦，功率损失比较大，适用于非连续性运转或功率较小的场合。

为减少摩擦及磨损，滑块应选择耐磨性能高且摩擦因数小的材料。目前多采用青铜。滑块的摩擦表面上开出油沟，以利于润滑油的储存，达到较好的润滑效果。

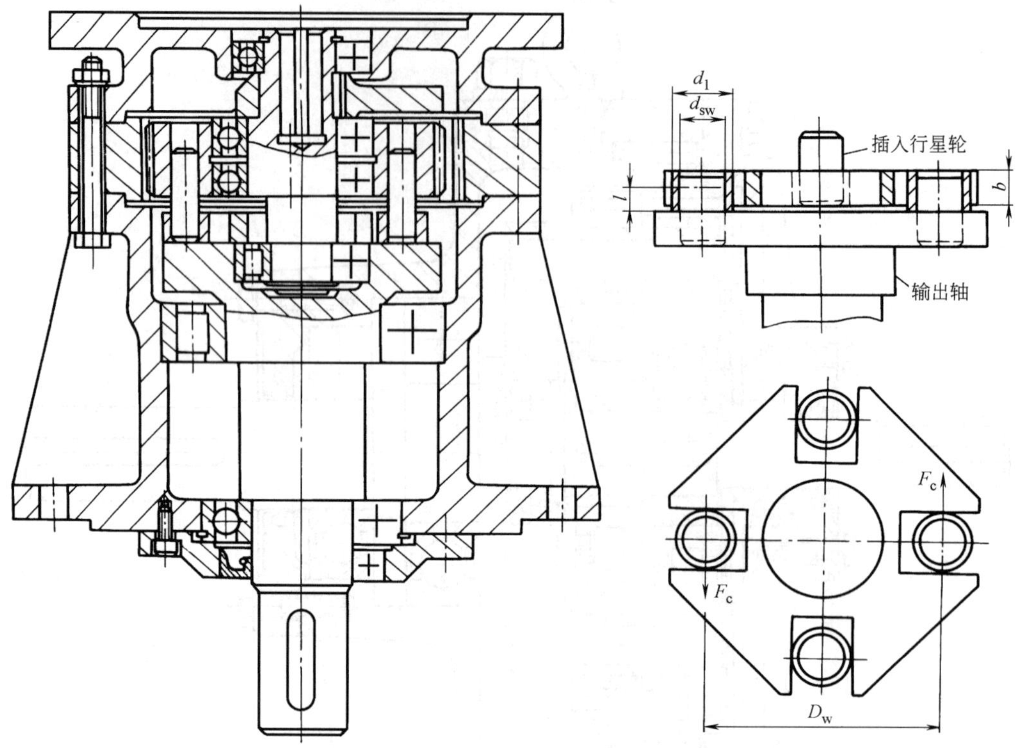

图 9.2-33　采用浮动盘输出机构的减速器

用十字滑块输出机构的少齿差行星减速器如图9.2-34所示。

4）零齿差输出机构。用零齿差输出机构的少齿差减速器如图9.2-35所示。主要特点是用标准刀具在普通机床上就可加工，不需要专门的工艺装备。目前零齿差多用于小型减速装置的单件或小批生产中。

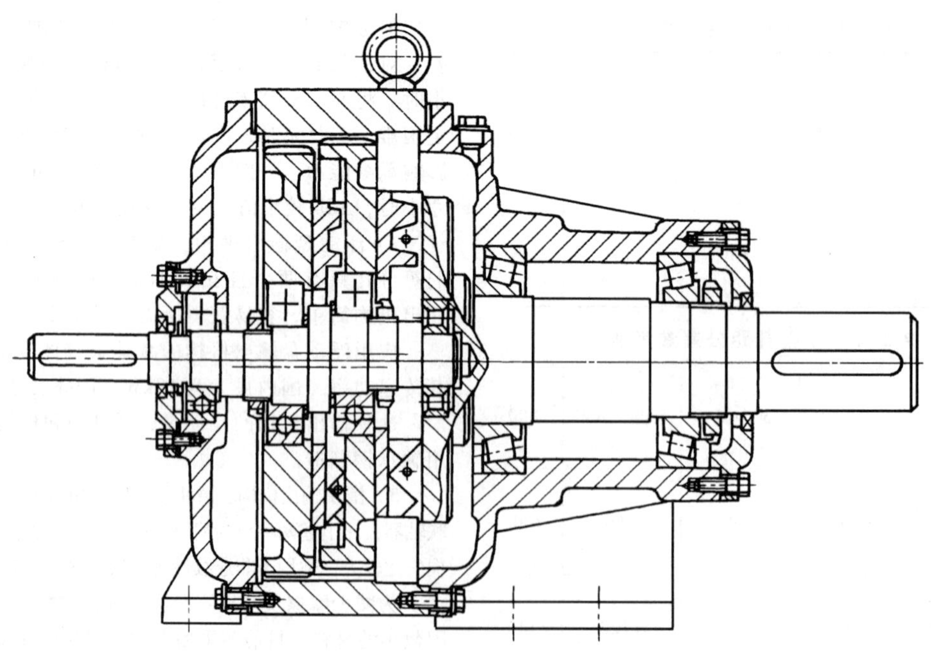

图 9.2-34　用十字滑块输出机构的减速器

这种机构实际上与 NN 型（见图 9.2-30）相似。零齿差输出机构可内齿轮输出，也可外齿轮输出。它与 NN 型的区别在于两对齿轮中只有一对是少齿差，起着减速作用，另一对则是作为平行轴间联轴器的零齿差内啮合。转臂是单偏心，必须装设平衡重。

在设计时，考虑到零齿差需要切向变位，往往把零齿差的模数选得比少齿差的模数大一些。但还要考虑到插齿刀的选择，因为当内齿轮的齿数太少时，可能选不到适用的标准插齿刀。这样，在径向尺寸不增大的条件下，零齿差的模数又不宜比少齿差大得太多。通常以相差一倍为宜。

5）双曲柄式输出机构。这种输出机构如图 9.2-36所示。由于原动轴经过外齿轮减速后再传给偏心轴，故动载荷小，运转更为平稳。

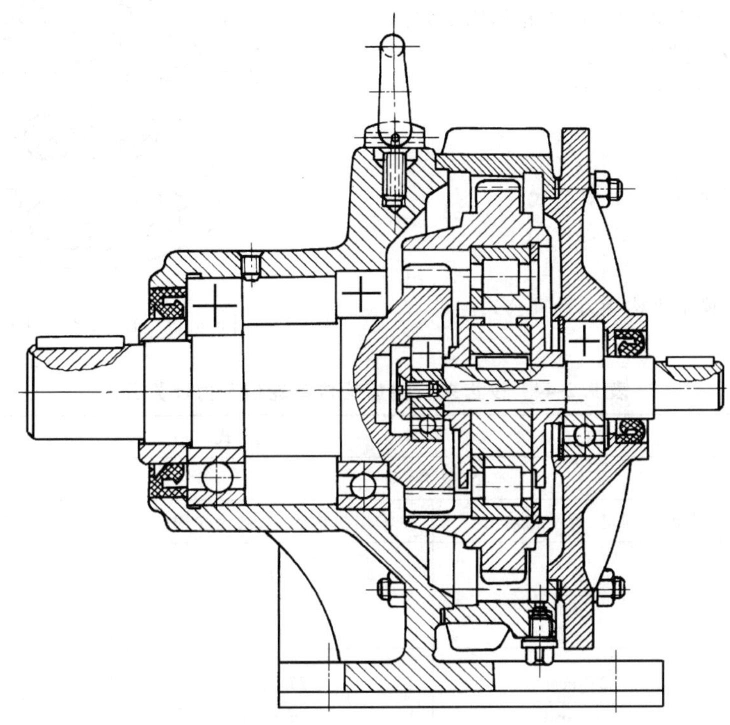

图 9.2-35　用零齿差式输出机构的减速器

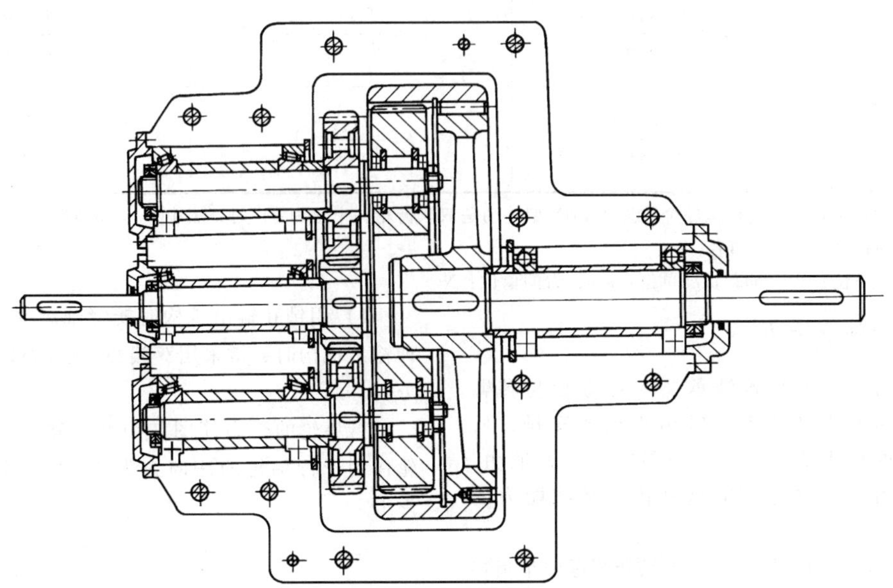

图 9.2-36　用双曲柄式输出机构的少齿差减速器

5.5 少齿差行星齿轮传动受力分析

少齿差行星齿轮传动主要受力构件有内齿轮、行星轮、输出机构和转臂轴承等。现以销孔输出机构为例，分析各构件受力情况。行星轮承受内齿轮、输出机构和转臂轴承的作用力（不计摩擦力），其反作用力是行星轮对上述构件的作用力。参看图 9.2-37，当行星轮逆时针以 n_c 转速回转时，内齿轮作用给它的总法向力为 F，输出机构作用给它的合力为

$$Q_\Sigma = Q_1 + Q_2 + Q_3$$

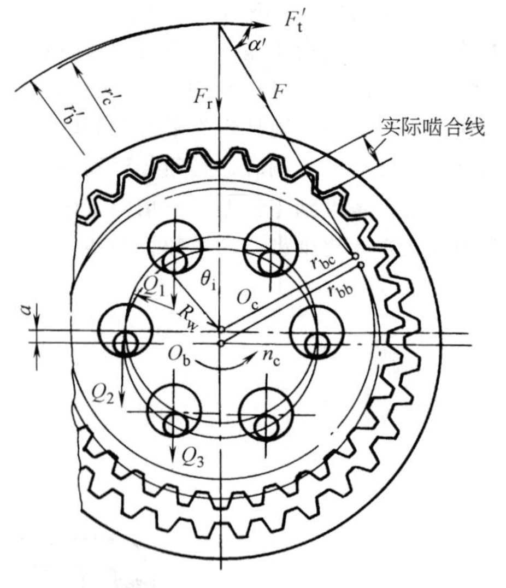

图 9.2-37　少齿差行星齿轮传动受力分析

5.5.1 轮齿受力

表 9.2-44 列出了轮齿受力计算公式。

5.5.2 输出机构受力

表 9.2-45 列出了输出机构受力计算公式。

表 9.2-44　少齿差行星齿轮传动轮齿受力计算公式

名称	项　目		代号	计算公式		
				N 型传动		NN 型传动
				内齿轮固定，行星轮输出	输出机构固定，内齿轮输出	内齿轮 b 固定，内齿轮 a 输出
轮齿	圆周力	分度圆上	F_t	$F_t=\dfrac{2T_2}{d_c}$	$F_t=\dfrac{2T_2}{d_c}\times\dfrac{z_c}{z_b}$	$F_t=\dfrac{2T_2}{d_c}\times\dfrac{z_c}{z_a}$
		节圆上	F'_t	$F'_t=\dfrac{2T_2\cos\alpha'}{d_c\cos\alpha}$	$F'_t=\dfrac{2T_2\cos\alpha'}{d_c\cos\alpha}\times\dfrac{z_c}{z_b}$	$F'_t=\dfrac{2T_2\cos\alpha'}{d_c\cos\alpha}\times\dfrac{z_c}{z_a}$
	径向力		F_r	$F_r=\dfrac{2T_2\sin\alpha'}{d_c\cos\alpha}$	$F_r=\dfrac{2T_2\sin\alpha'}{d_c\cos\alpha}\times\dfrac{z_c}{z_b}$	$F_r=\dfrac{2T_2\sin\alpha'}{d_c\cos\alpha}\times\dfrac{z_c}{z_a}$
	法向力		F	$F=\dfrac{2T_2}{d_c\cos\alpha}$	$F=\dfrac{2T_2}{d_c\cos\alpha}\times\dfrac{z_c}{z_b}$	$F=\dfrac{2T_2}{d_c\cos\alpha}\times\dfrac{z_c}{z_a}$

注：1. T_2 为输出转矩，当行星轮个数为 2（NN 型传动是双联齿轮，个数为 2）时，表中 T_2 以 $0.6T_2$ 代。

2. d_c 为行星轮分度圆直径。

3. 转矩单位：N · mm；长度单位：mm；力的单位：N。

5.5.3 转臂轴承受力

少齿差内啮合的转臂轴承装入行星轮与转臂之间，在行星轮上还要考虑输出机构的安排，所以转臂轴承的尺寸受到了一定的限制。实践证明，转臂轴承的寿命往往是影响这种传动承载能力的关键。

输出机构转臂轴承的受力情况只介绍考虑单齿接触受力的分析方法。

1）用销孔输出机构时转臂轴承受力。目前用这种输出机构时，常采用双偏心，故以双偏心为例进行分析。

行星轮的受力简图如图 9.2-38 所示。图中内齿轮作用于行星轮的法向力为 F，由于是双偏心，理论上

$$F = \frac{1}{2} \times \frac{T_2}{r_{bc}}$$

表 9.2-45　输出机构受力计算公式

<table>
<tr><td colspan="2" rowspan="3">名称</td><td rowspan="3">项　目</td><td rowspan="3">代号</td><td colspan="3">计 算 公 式</td></tr>
<tr><td colspan="2">N 型 传 动</td><td rowspan="2">NN 型传动</td></tr>
<tr><td>内齿轮固定,行星轮输出</td><td>输出机构固定,内齿轮输出</td></tr>
<tr><td rowspan="5">输出机构</td><td rowspan="4">销轴式</td><td rowspan="2">各销轴作用于行星轮上的合力</td><td rowspan="2">Q_Σ</td><td colspan="2">由于一侧销轴处于脱离状态,对行星轮没有作用力;而另一侧销轴的作用力对行星轮中心的力矩之和与行星轮的转矩大小相等,方向相反</td><td rowspan="2">不需要输出机构</td></tr>
<tr><td>$Q_\Sigma \approx \dfrac{4T_2}{R_W \pi}$</td><td>$Q_\Sigma \approx \dfrac{4T_2}{R_W \pi} \times \dfrac{z_c}{z_b}$</td></tr>
<tr><td rowspan="2">行星轮对销轴的最大作用力</td><td rowspan="2">Q_{max}</td><td colspan="2">行星轮对销轴的作用力随销轴的位置不同而变化,当 $\theta_i = \dfrac{\pi}{2}$ 时,Q 为最大值,即为 Q_{max}</td><td rowspan="3">不需要输出机构</td></tr>
<tr><td>$Q_{max} = \dfrac{4T_2}{R_W Z_W}$</td><td>$Q_{max} = \dfrac{4T_2}{R_W Z_W} \times \dfrac{z_c}{z_b}$</td></tr>
<tr><td>滑块式浮动盘式</td><td>传递输出转矩</td><td></td><td>$T' = T_2$</td><td>$T' = T_2 \dfrac{z_c}{z_b}$</td></tr>
</table>

注：1. T_2 为输出转矩，当行星轮个数为 2 时，表中 T_2 以 $0.6T_2$ 代。

2. R_W 为销轴中心圆半径，Z_W 为销轴数。

3. 转矩单位：N · mm；长度单位：mm；力的单位：N。

4. 参看表 9.1-2 中附图。

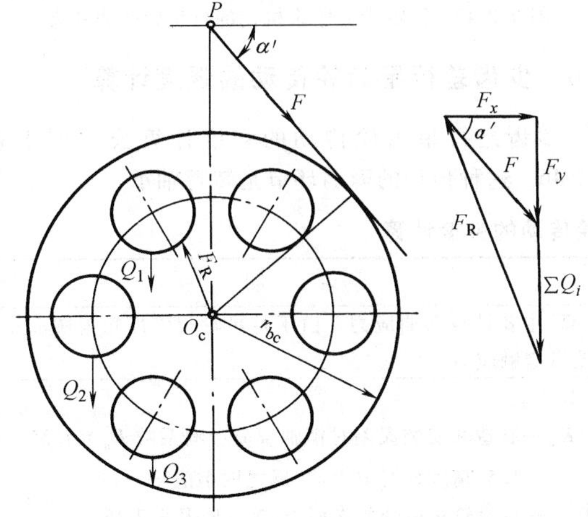

图 9.2-38　用销孔输出机构的行星轮受力状态

考虑到受力不均匀，在计算时取

$$F = \frac{0.6T_2}{r_{bc}}$$

式中　T_2——输出转矩（N · mm）；

r_{bc}——行星轮基圆半径（mm）。

F 可分解为 F_x 和 F_y

$$F_x = \frac{0.6T_2 \cos\alpha'}{r_{bc}} \tag{9.2-64}$$

$$F_y = F_x \tan\alpha' \tag{9.2-65}$$

如图 9.2-38 所示，只有左边的销轴与行星轮之间有作用力。根据分析，左边各销轴对于行星轮作用力之和的最大值为

$$(\Sigma Q_i)_{max} = \frac{2.4T_2}{R_W Z_W \sin\dfrac{\pi}{Z_W}} \tag{9.2-66}$$

式中　R_W——销孔分布圆半径（mm）；

Z_W——销孔数目。

由力多边形可知，转臂轴承作用于行星轮的力 F_R 为

$$F_R = \sqrt{F_x^2 + [(\Sigma Q_i)_{max} + F_y]^2} \tag{9.2-67}$$

2）浮动盘或滑块输出机构的转臂轴承受力。行星轮受力简图如图 9.2-39 所示。转臂轴承作用于行星轮的力 F_R 与 F 相等，方向与 F 相反，因此转臂轴承受力计算如下：

单偏心时

$$F_R = \frac{T_2}{r_{bc}} \tag{9.2-68}$$

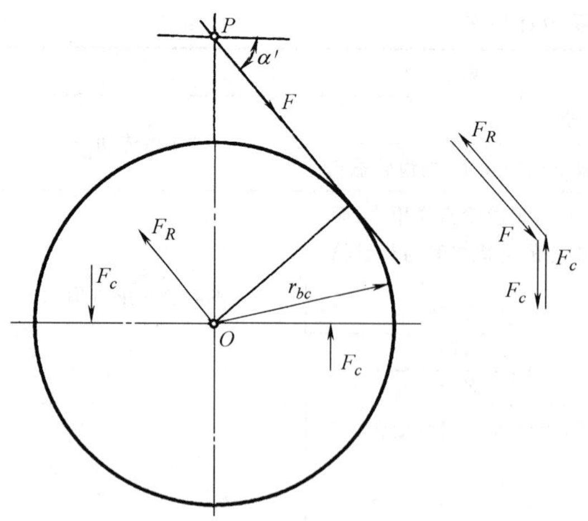

图 9.2-39 用浮动盘或滑块输出机构的行星轮受力状态

双偏心时

$$F_{\mathrm{R}}=\frac{0.6T_2}{r_{\mathrm{bc}}} \tag{9.2-69}$$

当啮合角改变时，只改变 F 的方向，并不改变其大小，所以这两种形式的输出机构，其转臂轴承受力与啮合角无关。

3）用零齿差输出机构时的转臂轴承受力。内齿轮输出时行星轮的受力简图如图 9.2-40 所示。少齿差的内齿轮作用给行星轮的力 F 为

$$F=\frac{T_2}{r_{\mathrm{bc}}} \tag{9.2-70}$$

F 可分解为 F_x 及 F_y

$$F_x=\frac{T_2\cos\alpha'}{r_{\mathrm{bc}}} \tag{9.2-71}$$

$$F_y=F_x\tan\alpha' \tag{9.2-72}$$

零齿差轮齿之间的作用力为 F_0，其方向与中心线平行

$$F_0=\frac{Fr_{\mathrm{bc}}}{r_{\mathrm{b}}}=\frac{T_2}{r_{\mathrm{b}}} \tag{9.2-73}$$

式中 r_{bc}——少齿差的行星轮基圆半径（mm）；

r_{b}——零齿差齿轮的基圆半径（mm）。

因此转臂轴承作用于行星轮的力 F_{R} 为

$$F_{\mathrm{R}}=\sqrt{F_x^2+(F_0+F_y)^2} \tag{9.2-74}$$

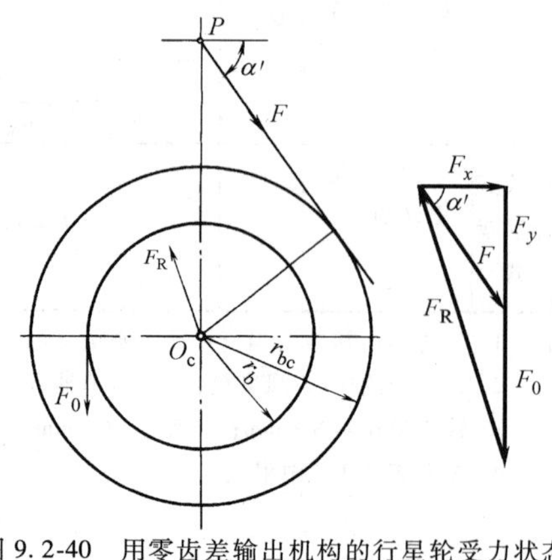

图 9.2-40 用零齿差输出机构的行星轮受力状态

5.6 少齿差行星齿轮传动的强度计算

少齿差行星齿轮传动的强度计算公式列于表 9.2-46，这种传动的薄弱环节是转臂轴承。

表 9.2-46 少齿差行星齿轮传动的强度计算

名称		项目	计算公式	说明
齿轮		按第 8 篇中圆柱齿轮承载能力计算的有关章节进行强度计算，主要计算弯曲应力。由于行星轮与内齿轮齿廓曲率半径很接近，轮齿接触面积较大，接触应力小，因此常不计算轮齿接触应力		
输出机构	销孔式	销轴抗弯强度	悬臂式　简支梁式 1）悬臂式销轴 $\sigma_{\mathrm{F}}=\frac{K_{\mathrm{m}}Q_{\max}L}{0.1d_{\mathrm{sw}}^3}\leqslant\sigma_{\mathrm{FP}}$ 2）简支梁式销轴 $\sigma_{\mathrm{F}}=\frac{K_{\mathrm{m}}Q_{\max}}{0.1d_{\mathrm{sw}}^3}[L-(0.5b+l)]\frac{0.5b+l}{L}\leqslant\sigma_{\mathrm{FP}}$	K_{m}—制造和安装误差对销轴载荷影响系数 $K_{\mathrm{m}}=1.35\sim1.5$，精度低时取大值，反之取小值 $Q_{\max}$—行星轮对销轴的作用力（N），见表 9.2-45 d_{sw}—销轴直径（mm） σ_{FP}—许用弯曲应力按下表选取：

钢号	表面硬度 HRC	σ_{FP}/MPa	钢号	表面硬度 HRC	σ_{FP}/MPa
20CrMnTi	56~62	150~200	GCr15	60~64	150~200
45Cr	45~55	120~150	20CrMnMo	56~62	150~200

（续）

<table>
<tr><th colspan="2">名称</th><th>项目</th><th>计　算　公　式</th><th>说　明</th></tr>
<tr><td rowspan="3">输出机构</td><td rowspan="2">浮动盘式</td><td>销轴套与滑槽平面的接触强度</td><td>$\sigma_{H}=190\sqrt{\dfrac{T_2}{D_{w}L_{H}r_{rw}}}\leqslant\sigma_{HP}$</td><td>$T_2$—输出转矩（N·mm）
D_w—销轴中心圆直径（mm）
r_{rw}—销轴套外圆半径（mm）
L_H—销轴套与滑槽接触长度（mm）
σ_{HP}—许用接触应力（MPa）；当硬度<300HBW，取 σ_{HP} =（2.5~3.0）硬度值，当硬度值>30HRC，取 σ_{HP} =（25~30）硬度值</td></tr>
<tr><td>销轴抗弯强度</td><td>$\sigma_{F}=\dfrac{10L_{H}T_2}{D_{W}d_{sw}^{3}}\leqslant\sigma_{FP}$</td><td>$d_{sw}$—销轴直径（mm）
其他代号同上</td></tr>
<tr><td>滑块式</td><td>承压面上最大压强</td><td>$p_{max}\approx\dfrac{8T_2}{hD^2}\leqslant p_{P}$</td><td>$h$—滑块与滑槽接触宽度（mm）
D—滑块外圆直径（mm）
p_P—许用压强（MPa），见下表：
<table>
<tr><th>工作条件</th><th>青　铜</th><th>铸　铁</th><th>备　注</th></tr>
<tr><td>工作条件差、双向冲击润滑不良</td><td>1.5~5</td><td>3~10</td><td rowspan="3">1）较小值用于长时间工作，载荷变化频繁的场合
2）工作条件良好，选取淬火钢时 $p_P\leqslant$ 25MPa，夹布胶木 p_P $\leqslant$10MPa</td></tr>
<tr><td>工作条件中等</td><td>2.5~7.5</td><td>5~15</td></tr>
<tr><td>工作条件良好</td><td>5~10</td><td>10~20</td></tr>
</table></td></tr>
<tr><td colspan="2">转臂轴承</td><td>选择计算</td><td colspan="2">转臂轴承仅承受径向载荷，不受轴向载荷，通常选用向心滚子轴承。当量载荷取实际径向载荷；轴承转速取行星轮相对于转臂的转速。选择轴承时，根据行星轮结构尽可能增大轴承尺寸，以提高寿命。一般轴承宽度等于齿轮宽度；轴承外径约为行星轮分度圆直径的一半。轴承选择计算的详细内容见第 14 篇</td></tr>
</table>

5.7　少齿差行星齿轮传动主要零件的常用材料（见表 9.2-47）

表 9.2-47　少齿差行星齿轮传动主要零件的常用材料

零件名称	材　料	热处理	硬　度	说　明
行星轮与内齿轮（包括零齿差传动的内外齿轮）	45，40Cr，40MnB，35CrMoSi	调质	<300HBW	内齿轮亦可用球墨铸铁如 QT600-3
	45，40Cr	表面淬火	35~50HRC	
	20Cr，20CrMnTi	渗碳淬火	58~63HRC	
销轴销轴套浮动盘	GCr15	淬火	销轴套：56~62HRC	20CrMnMoVBA 主要用于销轴受力不均及冲击载荷的场合
	20CrMnMoVBA	渗碳淬火	销轴、浮动盘 60~64HRC	
滑块	40Cr	淬火	48~55HRC	
	青铜、球墨铸铁、酚醛夹布胶木			
输入轴 输出轴	45、40Cr、40MnB	调质	≤300HBW	
壳体	HT200 QT400-18			铸后消除内应力

注：表中材料仅供参考，设计者可根据使用条件选择其他合适的材料。

5.8　少齿差行星齿轮传动主要零件的技术要求

1）高速轴和低速轴的直径、轴承孔、等分孔、机座的轴承孔、定位孔、定位止口、浮动盘的槽、柱销的孔、销轴直径以及销套内、外直径的尺寸公差均按 7 级精度。

2）中心距公差自定。

3）行星轮与内齿轮精度为 GB/T 10095.1—

2008、GB/T 10095.2—2008 的 7 级或 8 级。

4）各主要零件间的公差配合参照表 9.2-48。

表 9.2-48　少齿差行星齿轮传动主要零件间的公差配合

项　目	公差配合代号
与主轴承配合的偏心轴或输出轴轴径	m6、k6、js6、h6
行星轮销轴孔	H7、F7
与轴承配合的行星轮中心孔	N6、M6、J6、Js6、M7
销轴套内径与销轴外径	$\frac{F8}{h6}$、$\frac{G7}{h6}$、$\frac{H7}{f5}$、$\frac{H7}{f6}$
销轴套外径	h5、h6
销轴与输出轴销孔	$\frac{R7}{h6}$、$\frac{R8}{h6}$、$\frac{H7}{r5}$
与轴承外圈配合的壳体轴孔	H7

5.9　渐开线少齿差行星传动效率计算

渐开线少齿差行星齿轮传动的效率，主要决定于行星机构的啮合效率、输出机构效率以及转臂轴承效率。若以内齿轮固定为例，总效率为

$$\eta = \eta_{HV}^{b}\eta_{WHV}^{b}\eta_{B} \tag{9.2-75}$$

式中　η——传动的总效率；

η_{HV}^{b}——行星机构的啮合效率；

η_{WHV}^{b}——行星机构的输出机构效率；

η_{B}——转臂轴承效率。

由于搅油损失及其他损失未计算在内，故上述计算值稍高于实测效率。

1）行星机构的啮合效率。行星机构的啮合效率由下式计算：

内齿轮固定时

$$\eta_{HV}^{b} = \frac{\eta_{N}^{H}(1-i_{cb}^{H})}{\eta_{N}^{H}-i_{cb}^{H}} = \frac{(z_b-z_c)\,\eta_{N}^{H}}{z_b-z_c\eta_{N}^{H}} \tag{9.2-76}$$

内齿轮输出时

$$\eta_{Hb}^{F} = \frac{i_{cb}^{H}-1}{i_{cb}^{H}-\eta_{N}^{H}} = \frac{z_b-z_c}{z_b-z_c\eta_{N}^{H}} \tag{9.2-77}$$

以上两式中，η_{N}^{H} 为一对内啮合齿轮的效率。由于啮合区的不同，啮合效率也有所不同。由以下方法计算：

$$\eta_{N}^{H} = 1-\pi\mu_{E}\left(\frac{1}{z_c}-\frac{1}{z_b}\right)(E_c+E_b) \tag{9.2-78}$$

当　$0\leqslant\varepsilon_{ac}\leqslant 1$ 时　　$E_c=0.5-\varepsilon_{ac}+\varepsilon_{ac}^2$

当　$0\leqslant\varepsilon_{ab}\leqslant 1$ 时　　$E_b=0.5-\varepsilon_{ab}+\varepsilon_{ab}^2$

当　$\varepsilon_{ac}>1$ 时　　$E_c=\varepsilon_{ac}-0.5$

当　$\varepsilon_{ab}>1$ 时　　$E_b=\varepsilon_{ab}-0.5$

当　$\varepsilon_{ac}<0$ 时　　$E_c=0.5-\varepsilon_{ac}$

当　$\varepsilon_{ab}<0$ 时　　$E_b=0.5-\varepsilon_{ab}$

$$\varepsilon_{ac} = \frac{z_c}{2\pi}(\tan\alpha_{ac}-\tan\alpha') \tag{9.2-79}$$

$$\varepsilon_{ab} = \frac{z_b}{2\pi}(\tan\alpha'-\tan\alpha_{ab}) \tag{9.2-80}$$

式中　μ_E——齿廓摩擦因数。内齿轮插齿，外齿轮磨齿或剃齿时取 $\mu_E=0.07\sim0.08$；内齿轮插齿，外齿轮滚齿或插齿时取 $\mu_E=0.09\sim0.1$。

2）输出机构的效率。输出机构的效率由下式计算：

内齿轮固定时

$$\eta_{WHV}^{b} = \frac{\eta_{W}^{H}(1-i_{cb}^{H})}{\eta_{W}^{H}-i_{cb}^{H}} = \frac{(z_b-z_c)\,\eta_{W}^{H}}{z_b-z_c\eta_{W}^{H}} \tag{9.2-81}$$

内齿轮输出时

$$\eta_{WHb}^{F} = \frac{i_{cb}^{H}-1}{i_{cb}^{H}-\eta_{W}^{H}} = \frac{z_b-z_c}{z_b-z_c\eta_{W}^{H}} \tag{9.2-82}$$

式中　η_{W}^{H}——转化机构中输出机构的效率。

销孔输出机构

$$\eta_{W}^{H} = \frac{1}{1+\dfrac{\mu_W S}{2\pi R_w}} \tag{9.2-83}$$

式中

$$S = \frac{4a'}{1+\dfrac{a'}{r_{rw}}}\left[1-\cos\left(1+\frac{a'}{r_{rw}}\right)\pi\right]$$

μ_W——销套处摩擦因数。销套不转时取 $\mu_W=0.07\sim0.1$，销套回转时取 $\mu_W=0.008\sim0.01$；

a'——实际中心距（mm）；

r_{rw}——销套外圆半径（mm）；

R_w——柱销中心圆半径（mm）。

浮动盘输出机构

$$\eta_{W}^{H} = \frac{1}{1+\dfrac{2\mu_W a'}{\pi R_w}} \tag{9.2-84}$$

式中　μ_W——用滚动轴承时取 $\mu_W=0.002$。其他符号同上。

3）转臂轴承的效率。转臂轴承的效率计算，随输出机构的不同而异。

用销孔输出机构时，转臂轴承的效率

$$\eta_B = 1-\frac{\mu_B d_n}{m z_d\cos\alpha}\sqrt{\left(\frac{r_{bc}}{r'_w}\right)^2+\frac{2r_{bc}}{r'_w}\sin\alpha'+1} \tag{9.2-85}$$

式中　μ_B——滚动轴承摩擦因数，单列向心球轴承取 $\mu_B=0.002$；

d_n——滚动轴承内径（mm）；

z_d——齿数差，$z_d=z_b-z_c$。

$$r'_w = \frac{\pi}{4}R_w$$

用浮动盘输出机构时，转臂轴承效率

$$\eta_B = 1 - \frac{\mu_B d_n}{m z_d \cos\alpha} \qquad (9.2\text{-}86)$$

5.10　渐开线少齿差行星齿轮传动设计例题

某机器需设计卧式少齿差行星齿轮减速器，要求内齿轮分度圆直径不大于 250mm。传动比 $i_{HC}^{b}=81$，输入轴转速 $n_1=1500\text{r/min}$，额定输出转矩 $T_2=800$ N·m，工作平稳。

（1）类型选择及齿轮齿数确定

1）选用 K-H-V 类正号机构 N 型，一齿差，即 $z_D=1$，$z_c=81$，$z_b=82$。

2）用一个行星轮，即转臂是单偏心。

3）输出机构用浮动盘。

（2）主要零件的材质和齿轮精度

1）行星轮：40Cr 淬火后磨齿，47~52HRC，精度按 GB/T 10095.1—2008、GB/T 10095.2—2008 的 7 级。

2）内齿轮：45 钢调质，235~250HBW，精度按 GB/T 10095.1—2008、GB/T 10095.2—2008 的 7 级。

3）柱销：GCr15 淬火，58~64HRC。

4）浮动盘：GCr15 淬火，55~60HRC。

5）高速轴：45 钢调质，260~300HBW。

6）低速轴：45 钢调质，250~280HBW。

（3）啮合角及变位系数确定

1）要求达到 $[\varepsilon_a]=1.050$，$[G_s]=0.050$。

2）确定 α'、x_c 及 x_b。

① 按表 9.2-35 初步选取 $\alpha'=49°$，$h_a^*=0.6$，$\alpha=20°$。

② 取 x_c 的初始值 $x_c^{(0)}=0$，计算几何尺寸及参数。按结构要求取模数 $m=2.75$mm

$$(d)_c=mz_c=2.75\times81\text{mm}=222.75\text{mm}$$

$$(d)_b=mz_b=2.75\times82\text{mm}=225.5\text{mm}$$

$$(d_b)_c=d_c\cos\alpha=222.75\text{mm}\times\cos20°=209.317\text{mm}$$

$$(d_b)_b=d_b\cos\alpha=225.5\text{mm}\times\cos20°=211.901\text{mm}$$

$$\begin{aligned}(d_a)_c &= m(z_c+2h_a^*+2x_c^{(0)})\\ &= 2.75\times(81+2\times0.6+2\times0)\ \text{mm}\\ &= 226.05\ \text{mm}\end{aligned}$$

$$\begin{aligned}x_b^{(0)} &= (z_b-z_c)(\text{inv}\alpha'-\text{inv}\alpha)/(2\tan\alpha)+x_c^{(0)}\\ &= (82-81)\times(\text{inv}49°-\text{inv}20°)/(2\times\tan20°)+0\\ &= 0.3850\end{aligned}$$

$$\begin{aligned}(d_a)_b &= m(z_b-2h_a^*+2x_b^{(0)})\\ &= 2.75\times(82-2\times0.6+2\times0.3850)\text{mm}\\ &= 224.318\text{mm}\end{aligned}$$

$$\begin{aligned}(\alpha_a)_c &= \arccos[(d_b)_c/(d_a)_c]\\ &= \arccos(209.317/226.05)\\ &= 22.184°\end{aligned}$$

$$\begin{aligned}(\alpha_a)_b &= \arccos[(d_b)_b/(d_a)_b]\\ &= \arccos(211.901/224.318)\\ &= 19.153°\end{aligned}$$

$$a = m(z_b-z_c)/2 = 2.75\times(82-81)\text{mm}/2 = 1.375\text{mm}$$

$$\begin{aligned}a' &= a\cos\alpha/\cos\alpha'\\ &= 1.375\text{mm}\times\cos20°/\cos49° = 1.969\text{mm}\end{aligned}$$

$$\begin{aligned}\varepsilon_\alpha &= \{z_c[\tan(\alpha_a)_c-\tan\alpha']-z_b[\tan(\alpha_a)_b-\tan\alpha']\}/2\pi\\ &= [81\times(\tan22.184°-\tan49°)-82\times(\tan19.153°-\tan49°)]/2\pi\\ &= 0.9071\end{aligned}$$

$$\begin{aligned}\delta_1 &= \arccos\frac{(r_a)_b^2-(r_a)_c^2-a'^2}{2(r_a)_c a'}\\ &= \arccos\frac{112.159^2-113.025^2-1.969^2}{2\times113.025\times1.969}\\ &= 116.54° = 2.034\text{rad}\end{aligned}$$

$$\begin{aligned}\delta_2 &= \arccos\frac{(r_a)_b^2-(r_a)_c^2+a'^2}{2(r_a)_b a'}\\ &= \arccos\frac{112.159^2-113.025^2+1.969^2}{2\times112.519\times1.969}\\ &= 115.64° = 2.0183\ \text{rad}\end{aligned}$$

$$\begin{aligned}G_s &= z_c[\text{inv}(\alpha_a)_c+\delta_1]+(z_b-z_c)\text{inv}\alpha'-z_b\times[\text{inv}(\alpha_a)_b+\delta_2]\\ &= 81\times[\text{inv}22.184°+2.034]+(82-81)\times\text{inv}49°-82\times[\text{inv}19.153°+2.0183]\\ &= 0.147\end{aligned}$$

③ 计算 4 个偏导数。

$$\begin{aligned}\frac{\partial\varepsilon_\alpha}{\partial x_c} &= \frac{1}{\pi\cos\alpha\sin(\alpha_a)_c}-\frac{\tan\alpha}{\pi\sin^2\alpha'}\\ &= \frac{1}{\pi\cos20°\sin22.184°}-\frac{\tan20°}{\pi\sin^2 49°}\\ &= 0.69373\end{aligned}$$

$$\begin{aligned}\frac{\partial\varepsilon_\alpha}{\partial x_b} &= -\frac{1}{\pi\cos\alpha\sin(\alpha_a)_b}+\frac{\tan\alpha}{\pi\sin^2\alpha'}\\ &= -\frac{1}{\pi\cos20°\sin19.153°}+\frac{\tan20°}{\pi\sin^2 49°}\\ &= -0.82906\end{aligned}$$

$$\frac{\partial G_s}{\partial x_c} = \frac{2\sin(\alpha_a)_c}{\cos\alpha}+\frac{m}{a'(r_a)_c(r_a)_b\sin\delta_1\sin\delta_2}[z_c(r_a)_b^2\sin\delta_2\cos(\delta_1-\delta_2)-z_b(r_a)_c^2\sin\delta_1]-\frac{m\sin\alpha}{a'(r_a)_c(r_a)_b\sin\delta_1\sin\delta_2\sin\alpha'}[z_c(r_a)_b^2\sin\delta_2\cos\delta_2-z_b(r_a)_c^2\sin\delta_1\cos\delta_1]-2\tan\alpha$$

$$= \frac{2\sin 22.184°}{\cos 20°} + \frac{2.75}{1.969 \times 113.025 \times 112.159 \times \sin 116.54° \times \sin 115.64°} \times [81 \times 112.159^2 \times$$

$$\sin 115.64° \times \cos(116.54° - 115.64°) - 82 \times 113.025^2 \times \sin 116.54°] -$$

$$\frac{2.75 \times \sin 20°}{1.969 \times 113.025 \times 112.159 \times \sin 116.54° \times \sin 115.64° \times \sin 49°} \times [81 \times 112.159^2 \times$$

$$\sin 115.64° \times \cos 115.64° - 82 \times 113.025^2 \times \sin 116.54° \times \cos 116.54°] - 2 \times \tan 20°$$

$$= -3.78497$$

$$\frac{\partial G_s}{\partial x_b} = -\frac{2\sin(\alpha_a)_b}{\cos\alpha} + \frac{m}{a'(r_a)_c(r_a)_b\sin\delta_1\sin\delta_2}[z_b(r_a)_c^2\sin\delta_1\cos(\delta_1 - \delta_2) - z_c(r_a)_b^2\sin\delta_2] +$$

$$\frac{m\sin\alpha}{\alpha'(r_a)_c(r_a)_b\sin\delta_1\sin\delta_2\sin\alpha'}[z_c(r_a)_b^2\sin\delta_2\cos\delta_2 - z_b(r_a)_c^2\sin\delta_1\cos\delta_1] + 2\tan\alpha$$

$$= -\frac{2 \times \sin 19.153°}{\cos 20°} + \frac{2.75}{1.969 \times 113.025 \times 112.159 \times \sin 116.54° \times \sin 115.64°} \times [82 \times 113.025^2 \times$$

$$\sin 116.54° \times \cos(116.54° - 115.64°) - 81 \times 112.159^2 \times \sin 115.64°] +$$

$$\frac{2.75 \times \sin 20°}{1.969 \times 113.025 \times 112.159 \times \sin 116.54° \times \sin 115.64° \times \sin 49°} \times [81 \times 112.159^2 \times$$

$$\sin 115.64° \times \cos 115.64° - 82 \times 113.025^2 \times \sin 116.54° \times \cos 116.54°] + 2 \times \tan 20°$$

$$= 3.85917$$

④ 计算 $x_c^{(1)}$、$x_b^{(1)}$ 及相应的 α'。

$$J(x_c, x_b) = \begin{vmatrix} \frac{\partial \varepsilon_\alpha}{\partial x_c} & \frac{\partial \varepsilon_\alpha}{\partial x_b} \\ \frac{\partial G_s}{\partial x_c} & \frac{\partial G_s}{\partial x_b} \end{vmatrix}$$

$$= \begin{vmatrix} 0.69373 & -0.82906 \\ -3.78497 & 3.85917 \end{vmatrix} = -0.46075$$

$$\Delta_1(x_c, x_b) = \begin{vmatrix} \varepsilon_\alpha(x_c, x_b) - [\varepsilon_\alpha] & \frac{\partial \varepsilon_a}{\partial x_b} \\ G_s(x_c, x_b) - [G_s] & \frac{\partial G_s}{\partial x_b} \end{vmatrix}$$

$$= \begin{vmatrix} 0.9071 - 1.050 & -0.82906 \\ 0.147 - 0.050 & 3.85917 \end{vmatrix}$$

$$= -0.47106$$

$$\Delta_2(x_c, x_b) = \begin{vmatrix} \frac{\partial \varepsilon_\alpha}{\partial x_c} & \varepsilon_\alpha(x_c, x_b) - [\varepsilon_a] \\ \frac{\partial G_s}{\partial x_c} & G_s(x_c, x_b) - [G_s] \end{vmatrix}$$

$$= \begin{vmatrix} 0.69373 & 0.9071 - 1.050 \\ -3.78497 & 0.147 - 0.050 \end{vmatrix}$$

$$= -0.47358$$

$$x_c^{(1)} = x_c^{(0)} - \frac{\Delta_1(x_c^{(0)}, x_b^{(0)})}{J(x_c^{(0)}, x_b^{(0)})}$$

$$= 0 - \frac{-0.47106}{-0.46075} = -1.0224$$

$$x_b^{(1)} = x_b^{(0)} - \frac{\Delta_2(x_c^{(0)}, x_b^{(0)})}{J(x_c^{(0)}, x_b^{(0)})} = 0.3850 -$$

$$\frac{-0.47358}{-0.46075} = -0.64285$$

$$因此\ \alpha' = \operatorname{arcinv}\left(\operatorname{inv}\alpha + 2\tan\alpha\frac{x_b - x_c}{z_b - z_c}\right)$$

$$= \operatorname{arcinv}\left[\operatorname{inv}20° + 2 \times \tan 20° \times \frac{-0.64285 - (-1.0224)}{82 - 81}\right]$$

$$= \operatorname{arcinv}0.291194 = 48.8452°$$

代入式（9.2-36）、式（9.2-41）分别算出 ε_α = 1.1147，G_s = 0.0373。

重复上述计算，每迭代一次便得到相应的参数，其计算结果如下表：

迭代次数	x_c	x_b	α'	ε_α	G_s
1	-0.79274	-0.41568	48.7477°	1.0563	0.0465
2	-0.76733	-0.39003	48.7555°	1.05003	0.05136
3	-0.7655	-0.3886	48.7429°	1.05002	0.05107

显然第三次数据已满足要求，以下按此进行设计计算。

上述为计算方法及步骤，在实际工作中，只要按表 9.2-37 ~ 表 9.2-40 查取即可。另外在 h_a^* 不等于 0.6必须计算时，可按表 9.2-35 取定 α'，然后由式（9.2-46）计算导数，并用式（9.2-45）计算和迭代，这样也能得到满意的结果。

（4）几何尺寸计算及主要限制条件检查

齿顶圆

$$(d_a)_c = m(z_c + 2h_a^* + 2x_c) = 2.75 \times (81 + 2 \times 0.6 - 2 \times 0.7655)\text{mm} = 221.840\text{ mm}$$

$$(d_a)_b = m(z_b - 2h_a^* + 2x_b) = 2.75 \times (82 - 2 \times 0.6 - 2 \times 0.3886)\text{mm} = 220.063\text{mm}$$

1）切削内齿轮插齿刀的选择。按表 9.2-34 选用 $z_0 = 28$（GB/T6081—2001），插齿刀的参数为 $z_0 = 28$，$x_0 = 0.19$，$(h_a^*)_0 = 1.25$，$(d_a)_0 = 84.92\text{mm}$。

① 径向切齿干涉。本例 x_b 为负值，故用计算式验算。

被加工内齿轮的参数为 $z_b = 82$，$x_b = -0.3886$，$h_a^* = 0.6$，$(d_a)_b = 220.06\text{mm}$。

$$\cos(\alpha_a)_b = mz_b\cos\alpha/(d_a)_b = 2.75 \times 82 \times \cos20°/220.06 = 0.96292$$

$$(\alpha_a)_b = 15.651°$$

$$\text{inv}(\alpha_a)_b = 0.00700\text{rad}$$

$$\cos(\alpha_a)_0 = mz_0\cos\alpha/(d_a)_0 = 2.75 \times 28 \times \cos20°/84.92 = 0.852053$$

$$(\alpha_a)_0 = 31.5643°$$

$$\text{inv}(\alpha_a)_0 = 0.0634446\text{rad}$$

$$\text{inv}\alpha'_{0b} = \text{inv}\alpha + 2\tan\alpha(x_b - x_0)/(z_b - z_0) = \text{inv}20° + 2 \times \tan20° \times (-0.3886 - 0.19)/(82 - 28) = 0.0071046\text{rad}$$

$$\alpha'_{0b} = 15.7245°$$

$$\gamma_0 = \arcsin\{[1 - (\cos(\alpha_a)_0/\cos(\alpha_a)_b)^2]/[1 - (z_0/z_b)^2]\}^{\frac{1}{2}} = \arcsin\{[1 - (\cos31.5643°/\cos15.651°)^2]/[1 - (28/82)^2]\}^{\frac{1}{2}} = 29.7123° = 0.5186\text{rad}$$

$$\gamma_b = \arcsin\{[(\cos(\alpha_a)_b/\cos(\alpha_a)_0)^2 - 1]/[(z_b/z_0)^2 - 1]\}^{\frac{1}{2}} = \arcsin\{[(\cos15.651°/\cos31.5643°)^2 - 1]/[(82/28)^2 - 1]\}^{\frac{1}{2}} = 11.0267° = 0.19245\text{rad}$$

按下式校核径向切齿干涉：

$$\gamma_0 + \text{inv}(\alpha_a)_0 - \text{inv}\alpha'_{0b} - (z_b/z_0)[\gamma_b + \text{inv}(\alpha_a)_b - \text{inv}\alpha'_{0b}]$$

$$= 0.5186 + 0.0634446 - 0.0071046 - (82/28) \times [0.19245 + 0.00700 - 0.0071046] = 0.01164 > 0$$

所以不会发生径向切齿干涉。

② 插齿啮合角 α'_{0b}。插齿刀加工内齿轮不应出现插齿啮合角 α'_{0b} 成为负值的情况。本例中 $x_b<0$，在选择插齿刀时已考虑此因素，选择 $z_0 = 28$，因 $\text{inv}\alpha'_{0b} = 0.0071046\text{rad}>0$，满足要求。

2）切削内齿轮的其他限制条件检查。

① 展成顶切干涉。当 z_0 太小或 x_0 太小时可能出现展成顶切干涉，所以应满足下式：

$$z_0 - z_b[1 - \tan(\alpha_a)_b/\tan\alpha'_{0b}] \geqslant 0$$

即

$$28 - 82 \times (1 - \tan15.65°/\tan15.7245°) = 27.59 > 0$$

所以不会发生展成顶切干涉。

② 齿顶必须是渐开线。因 $(d_b)_b = 211.901\text{mm} < (d_a)_b = 220.063\text{mm}$，内齿轮全齿廓为渐开线。

3）切削外齿轮的限制条件检查。外齿轮用滚切法加工，只需检查有无根切。

$$h_a^*\frac{(z_{\min} - z_c)}{z_{\min}} = \frac{0.6 \times (17 - 81)}{17} = -2.261 < x_c = -0.7655$$

所以不会产生根切。

4）内啮合其他限制条件检查。

① 渐开线干涉。按表 9.2-32 中的公式检查

$$z_c - z_b\left(1 - \frac{\tan(\alpha_a)_b}{\tan\alpha'}\right) \geqslant 0$$

即

$$81 - 82 \times (1 - \tan15.65°/\tan48.74°) = 19.2 > 0$$

② 外齿轮齿顶与内齿轮齿根过渡曲线干涉。按表 9.2-32 中的公式检查

$$z_c[\tan(\alpha_a)_c - \tan\alpha'] + z_b[\tan\alpha' - \tan\alpha'_{0b}] + z_0[\tan\alpha'_{0b} - \tan(\alpha_a)_0] \leqslant 0$$

式中外齿轮的齿顶压力角为

$$(\alpha_a)_c = \arccos[mz_c\cos\alpha/(d_a)_c] = \arccos(2.75 \times 81 \times \cos20°/221.84) = 19.344°$$

即

$$81 \times (\tan19.344° - \tan48.74°) + 82 \times (\tan48.74° - \tan15.7245°) + 28 \times (\tan15.7245° - \tan31.5643°) = -2.83 < 0$$

所以无此种干涉。

③ 内齿轮齿顶与外齿轮齿根过渡曲线干涉。按表 9.2-32 中的公式检查

$$z_c(\tan\alpha - \tan\alpha') + z_b[\tan\alpha' - \tan(\alpha_a)_b] - \frac{4(h_a^* - x_c)}{\sin2\alpha} \leqslant 0$$

即　$81\times(\tan20^\circ-\tan48.74^\circ)+82\times(\tan48.74^\circ-\tan15.65^\circ)-\dfrac{4\times(0.6+0.7655)}{\sin40^\circ}$

$=-0.85<0$

所以无此种干涉。

④ 顶隙检查。外齿轮齿根与内齿轮齿顶之间

$$c_1=(r_a)_b-a'-r_{fc}$$

式中 $(r_a)_b=(d_a)_b/2=220.063\text{mm}/2=110.0315\text{mm}$

$a'=a\cos\alpha/\cos\alpha'=1.375\text{mm}\times\cos20^\circ/\cos48.74^\circ=1.96\text{mm}$

$r_{fc}=d_c/2-m(h_{a0}^*-x_c)$

$=[222.75/2-2.75\times(1.25+0.7655)]\text{mm}$

$=105.83\text{mm}$

所以 $c_1=(110.0315-1.96-105.83)\text{mm}=2.241\text{ mm}$

内齿轮齿根与外齿轮齿顶之间

$$c_2=r_{fb}-(r_a)_c-a'$$

因为 $a'_{0b}=a_{0b}\cos\alpha/\cos\alpha'_{0b}$

$=m(z_b-z_0)\cos\alpha/(2\cos\alpha'_{0b})$

$=2.75\text{mm}\times(82-28)\times\cos20^\circ/(2\times\cos15.7245^\circ)$

$=72.485\text{mm}$

所以　$r_{fb}=a'_{0b}+(r_a)_0=(72.485+84.92/2)\text{mm}$

$=114.945\text{mm}$

又　$(r_a)_c=(d_a)_c/2=221.84\text{mm}/2=110.92\text{mm}$

所以　$c_2=(114.945-110.92-1.96)\text{ mm}=2.065\text{mm}$

（5）强度计算

1）转臂轴承寿命计算。轴承额定寿命

$$L_h=500f_h^{\varepsilon}$$

式中　f_h——寿命系数，$f_h=\dfrac{Cf_n}{Pf_p}=\dfrac{72600\times0.28}{7644\times1.21}=2.1978$

P——动负荷（N），$P=F_R=T_2/(r_b)_c=2\times800\times1000\text{N}/209.317=7644\text{N}$；

C——额定动负荷（N），选用单列向心球轴承313，$C=72600\text{N}$；

ε——寿命指数，对球轴承 $\varepsilon=3$；

f_p——工作情况系数，$f_p=f_{p1}f_{p2}f_{p3}=1\times1.1\times1.1=1.21$；

f_{p1}——负荷性质系数，选取 $f_{p1}=1$；

f_{p2}——齿轮系数，当齿轮周节极限偏差小于0.02时，取 $f_{p2}=1.05\sim1.10$；当齿轮周节极限偏差为0.02~1时，取 $f_{p2}=1.10\sim1.30$；此处取 $f_{p2}=1.10$；

f_{p3}——安装部位系数，非调心轴承装于行星轮体内，$f_{p3}=1.1\sim1.2$，故取 $f_{p3}=1.1$；

f_n——速度系数，$f_n=\left(\dfrac{33\frac{1}{3}}{n}\right)^{\frac{1}{3}}=\left(\dfrac{33\frac{1}{3}}{1518.5}\right)^{\frac{1}{3}}=0.28$；

n——轴承转速（r/min），$n=n_H-n_c=n_H\times\left(1-\dfrac{z_c-z_b}{z_c}\right)=1500\times\left(1-\dfrac{81-82}{81}\right)\text{r/min}=1518.5\ \text{r/min}$

则寿命

$$L_h=500f_h^{\varepsilon}=500\times2.1978^3\text{h}=5308\text{h}$$

2）销轴受力。参看图9.2-33

$$F_c=T_2/D_W=(800\times1000/175)\text{N}=4571\text{ N}$$

3）销轴的弯曲应力。销轴材料为GCr15，硬度为58~64HRC

$\sigma_F=F_cL/(0.1d_{sW}^3)=[4571\times8/(0.1\times15^3)]\text{MPa}$

$=108\text{MPa}<\sigma_{FP}=150\sim200\text{MPa}$

4）销套与浮动盘平面的接触应力。

$\sigma_H=190\sqrt{\dfrac{F_c}{br_1}}=190\times\sqrt{\dfrac{4571}{9\times21}}\text{MPa}$

$=934\text{MPa}<\sigma_{HP}=1000\sim1200\text{MPa}$

（6）效率计算

1）啮合效率。

① 一对内啮合齿轮的效率，由式（9.2-79）得

$\varepsilon_{ac}=\dfrac{z_c}{2\pi}(\tan\alpha_{ac}-\tan\alpha')=\dfrac{81}{2\pi}\times(\tan19.344^\circ-\tan48.74^\circ)=-10.17$

所以　$E_c=0.5-\varepsilon_{ac}=0.5-(-10.17)=10.67$

又由式（9.2-80）得

$\varepsilon_{ab}=\dfrac{z_b}{2\pi}(\tan\alpha'-\tan\alpha_{ab})=\dfrac{82}{2\pi}\times(\tan48.74^\circ-\tan15.65^\circ)=11.22$

所以　$E_b=\varepsilon_{ab}-0.5=11.22-0.5=10.72$

按内齿轮插齿，外齿轮磨齿时齿廓摩擦因数 $\mu_E=0.07\sim0.08$，取 $\mu_E=0.08$。

由式（9.2-78）得

$\eta_N^H=1-\pi\mu_E\left(\dfrac{1}{z_c}-\dfrac{1}{z_b}\right)(E_c+E_b)$

$=1-\pi\times0.08\times\left(\dfrac{1}{81}-\dfrac{1}{82}\right)\times(10.67+10.72)=0.9992$

② 行星机构的啮合效率，本例 $z_b-z_c=1$，由式（9.2-76）得

$\eta_{HV}^b=\dfrac{(z_b-z_c)\eta_N^H}{z_b-z_c\eta_N^H}=\dfrac{(82-81)\times0.9992}{82-81\times0.9992}$

$=0.9384$

2）输出机构的效率。

① 用浮动盘输出机构，由式（9.2-84）得

$$\eta_{W}^{H}=\frac{1}{1+\frac{2\mu_{W}a'}{\pi R_{w}}}$$

取摩擦因数 $\mu_W=0.002$，中心距 $a'=1.96\text{mm}$，销轴中心圆半径 $R_w=\frac{175}{2}\text{mm}=87.5\text{mm}$，则

$$\eta_{W}^{H}=\frac{1}{1+\frac{2\times0.002\times1.96}{\pi\times87.5}}=0.99997$$

② 行星机构，由式（9.2-81）得

$$\eta_{WHV}^{b}=\frac{(z_b-z_c)\eta_{W}^{H}}{z_b-z_c\eta_{W}^{H}}=\frac{(82-81)\times0.99997}{82-81\times0.99997}=0.9975$$

3）转臂轴承效率。由式（9.2-86）得

$$\eta_B=1-\frac{\mu_B d_n}{mz_d\cos\alpha}$$

滚动轴承摩擦因数 $\mu_B=0.002$，d_n 为轴承内径，313 轴承 $d_n=65\text{mm}$，模数 $m=2.75\text{mm}$，$z_d=1$，$\alpha=20°$。则

$$\eta_B=1-\frac{0.002\times65}{2.75\times1\times\cos20°}=0.9497$$

4）总效率。

由式（9.2-75）得

$$\eta=\eta_{HV}^{b}\eta_{WHV}^{b}\eta_B=0.9384\times0.9975\times0.9497=0.889$$

这台减速器的实测效率为 0.87，与计算值较接近。

第 3 章　摆线针轮行星传动

1　概述

摆线针轮行星传动和渐开线少齿差行星齿轮传动，同属 K-H-V 行星齿轮传动，其工作原理和结构基本相同。所不同的是，摆线针轮行星传动的行星齿轮的齿廓曲线不是渐开线，而是采用变幅外摆线的内侧等距曲线（其中用短幅外摆线的等距曲线较普遍）；太阳轮齿廓与上述曲线共轭的是圆。组成这种传动的主要零部件的形状见图 9.3-1。

1.1　摆线针轮行星减速器的结构

图 9.3-2 所示为摆线针轮行星减速器的典型结构，它主要由 4 部分组成：

1）行星架 H。由输入轴 1 和双偏心套 2 组成，偏心套上的两个偏心方向互成 180°。

2）行星轮 c。即图中之摆线轮 6，其齿形通常为

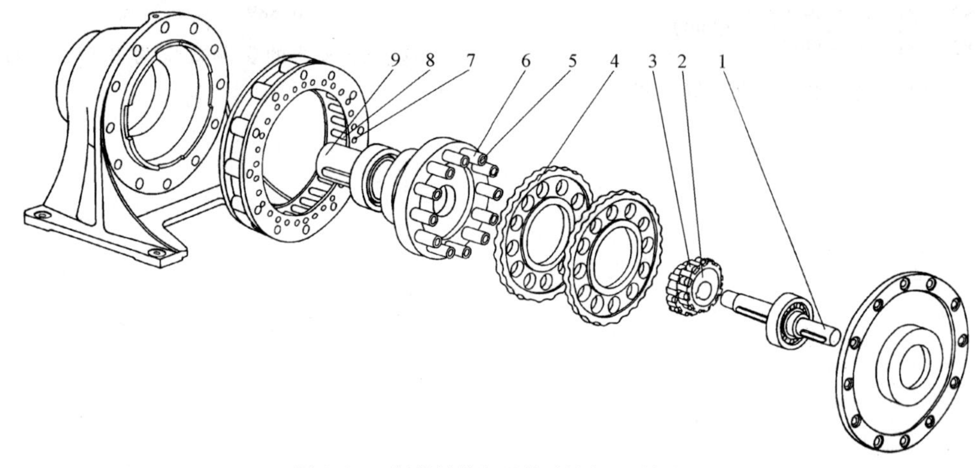

图 9.3-1　摆线针轮行星传动的主要零部件

1—输入轴　2—双偏心套　3—转臂轴承　4—摆线轮　5—柱销　6—柱销套　7—针齿销　8—针齿套　9—输出轴

短幅外摆线的内侧等距曲线。按运动要求，一个行星轮就可传动，但为使输入轴达到静平衡和提高承载能力，对于一齿差针摆传动，常采用两个完全相同的奇数齿的行星轮（二齿差针摆传动不受此限），装在双偏心套上，两轮位置正好相差 180°。行星轮（摆线轮）6 和偏心套 2 之间装有用以减少摩擦的滚子轴承（称为转臂轴承），为节约径向空间，滚动轴承通常均采用不要外座圈的滚子轴承，而以摆线轮的内孔表面直接作为滚道。

3）太阳轮 b。又称针轮，针齿壳 5 上装有一组针齿销 3，通常针齿销 3 上还装有针齿套 4，称为针齿。

4）输出机构 W。这种减速器常采用图 9.2-20 所示的销轴式输出机构。

1.2　摆线针轮行星传动的特点

1）传动比范围大。单级传动比为 6～119，两级传动比为 121～7569；三级传动比可达 658503。

2）体积小、重量轻。用它代替两级普通圆柱齿轮减速器，体积可减小 1/2～2/3；重量约减轻 1/3～1/2。

3）效率高。一般单级效率为 0.9～0.95。

4）运转平稳，噪声低。

5）工作可靠，寿命长。

由于有上述优点，这种减速器在很多情况下已代替两级、三级普通圆柱齿轮减速器及圆柱蜗杆减速器。在冶金、矿山、石油、化工、船舶、轻工、食品、纺织、印染、起重运输以及军工等很多部门得到日益广泛的应用。但是这种传动制造精度要求高，需要专门的加工设备。

摆线针轮行星传动的薄弱环节是转臂轴承，因转臂轴承在受力大，转速也较高的工况下工作（其内、外圈的相对转速等于输入轴与输出轴二者转速绝对值之和），所以在新系列中为保证转臂轴承的寿命，往往须采用加强型的滚子轴承。

目前，摆线针轮行星传动多用于高速轴转速 $n_H \leqslant 1500 \sim 1800$ r/min，传递功率 $P \leqslant 132$kW 的场合。在国外传递功率可达 $P = 200$kW。

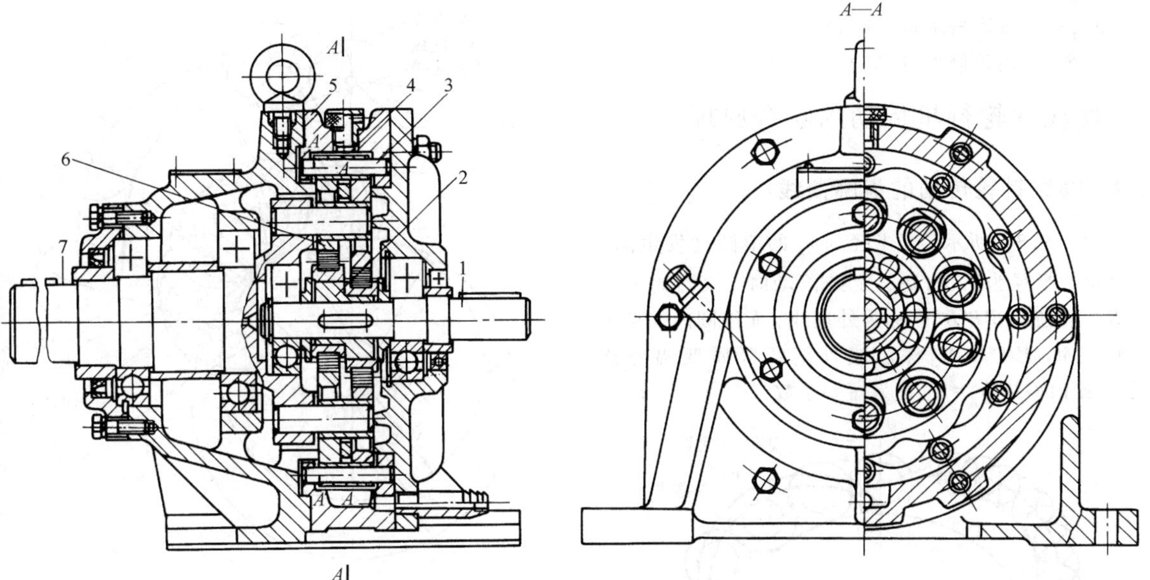

图 9.3-2　摆线针轮行星传动卧式减速器结构

1—输入轴　2—偏心套　3—针齿销　4—针齿套　5—针齿壳　6—摆线轮　7—输出轴

1.3　摆线针轮行星传动几何要素代号

a——中心距（偏心距）(mm)

b_c——摆线轮齿宽（mm）

b_p——针轮有效齿宽（mm）

d_{ac}——摆线轮顶圆直径（mm）

d_c——摆线轮分布圆直径（mm）

d_{bc}——摆线轮基圆直径（mm）

d_c'——摆线轮节圆直径（mm）

d_{fc}——摆线轮根圆直径（mm）

d_g——发生圆直径（滚圆直径）(mm)

d_p——针齿中心圆直径（针轮分布圆直径）(mm)

d_p'——针轮节圆直径（mm）

d_{rp}——针齿套外径（mm）

d_{rw}——柱销套外径（mm）

d_{sp}——针齿销直径（mm）

d_{sw}——柱销直径（mm）

d_w——柱销孔直径（mm）

h——摆线轮齿高（mm）

i——传动比

j——啮合侧隙

n——转速（r/min）

p_{bc}——摆线轮基圆齿距（mm）

p_c——摆线轮分布圆齿距（mm）

r_{ac}——摆线轮顶圆半径（mm）

r_{bc}——摆线轮基圆半径（mm）

r_c——摆线轮分布圆半径（mm）

r_c'——摆线轮节圆半径（mm）

r_{fc}——摆线轮根圆半径（mm）

r_g——发生圆半径（滚圆半径）(mm)

r_p——针齿中心圆半径（mm）

r_p'——针轮节圆半径（mm）

r_{rp}——针齿套外圆半径（mm）

r_{rw}——柱销套外圆半径（mm）

r_{sp}——针齿销半径（mm）

r_{sw}——柱销半径（mm）

r_w——柱销孔半径（mm）

D_w——输出机构柱销孔中心圆直径（mm）

K_1——变幅（短幅或长幅）系数

K_2——针径系数

R_w——输出机构柱销孔中心圆半径（mm）

W_{af}——摆线轮顶根距（mm）

W_K——跨 K 齿测量的公法线长度（mm）

z_c——摆线轮齿数

z_p——针轮齿数

z_w——输出机构柱销孔数

α——啮合角（°）

ρ——摆线轮齿廓曲线的曲率半径（mm）

φ_d——齿宽系数

φ_{Hp}——啮合相位角（°）

ω——角速度

Δr_p——移距修形量（mm）

Δr_{rp}——等距修形量（mm）

δ——转角修形量（°）

2　摆线针轮行星传动的啮合原理

2.1　摆线针轮传动的齿廓曲线

如图 9.3-3 所示，当半径为 r_g 的滚圆（发生圆）在固定的半径为 r_{bc} 的基圆上纯滚动时，滚圆周上一点 B 的轨迹 $B_1B'B''B'''B_2$ 称为外摆线，而滚圆内一点 M 的轨迹 $M_1M'M''M'''M_2$ 称短幅外摆线（属变幅外摆线）。比值 $O'M/r_g=K_1$ 称为短幅系数。

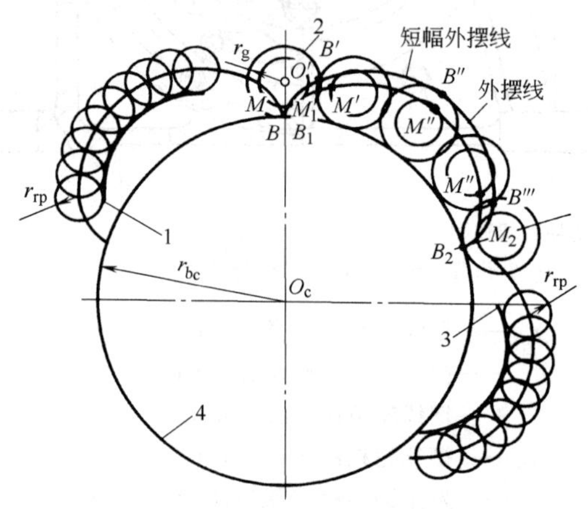

图 9.3-3　短幅外摆线形成原理
1—外摆线的等距曲线　2—滚圆
3—短幅外摆线的等距曲线　4—基圆

以外摆线、短幅外摆线上连续的无数点为圆心，以 r_{rp} 为半径画出无数圆，这一系列圆的内、外包络线称为这两条曲线的等距曲线（图上只画出内侧的等距曲线）。

若 $O'M>r_g$，此时 $K_1>1$，则 M 点的轨迹为长幅外摆线。

摆线针轮行星传动中摆线轮的齿廓大多采用短幅外摆线的内侧等距曲线，但在特定情况，也可用长幅外摆线的等距曲线。

除上述滚圆在基圆外侧作外切的纯滚动形成外摆线、变幅外摆线及其等距曲线的方法外，还有第二种形成方法，见图 9.3-4。半径为 r'_p 的滚圆套在半径为 r'_c 的基圆上，二者中心距 $a=r'_p-r'_c$，当滚圆沿基圆的外侧作内切的纯滚动时，滚圆上一点 B 的轨迹 $BB'B''B'''B_1$ 为外摆线；在滚圆外与滚圆相固连的一点 M 的轨迹 $MM'M''M'''M_1$ 为短幅外摆线。

内啮合的摆线针轮传动就是以短幅外摆线 $MM'M''M'''M_1$ 作为摆线轮的理论齿廓，而 M 点就是针轮针齿的理论齿廓。实际上，传力的针齿是以 M 为中心，以 r_{rp} 为半径所画的圆作为齿廓，而用短幅外摆线的内侧等距曲线（即以短幅外摆线 $MM'M''M'''M_1$ 上连续的一系列点为圆心，以 r_{rp} 为半径画出的一系列圆的内包络线）作为摆线轮的实际齿廓。用这种方法形成的针轮齿廓与摆线轮齿廓必然互为共轭曲线。用来传动，基圆 r'_c 就是摆线轮的节圆，而滚圆 r'_p 是针轮的节圆，摆线轮与针轮的啮合传动相当于这两个节圆做纯滚动，当然必满足传动比 i 等于常数的基本要求。两节圆的接触点 P 称为节点。针齿与摆线轮齿廓接触的公法线通过节点 P。

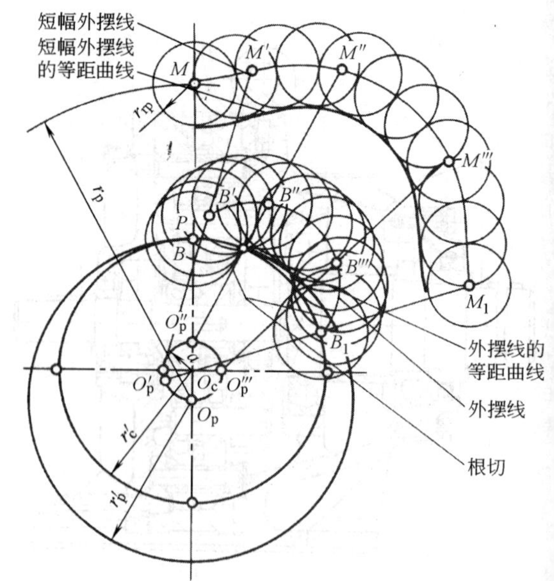

图 9.3-4　形成外摆线与短幅外摆线的第二种方法

从图 9.3-4 看出，当滚圆 r'_p 绕基圆 r'_c 顺时针方向作纯滚动时，每滚过滚圆的圆周长 $2\pi r'_p$ 时，滚圆上的一点 B 在基圆上就形成一整条外摆线 $BB'B''B'''B_1$。滚圆的圆周长 $2\pi r'_p$ 比基圆的圆周长 $2\pi r'_c$ 长 $2\pi r'_p-2\pi r'_c=2\pi(r'_p-r'_c)=2\pi a$，当 r'_p 圆上的 B 点在滚圆滚过圆周长 $2\pi r'_p$ 再次与 r'_c 圆接触时，应是在 r'_c 圆上的 B_1 点，而 $\widehat{BB_1}=2\pi a$，这也就是摆线轮基圆 r'_c（在传动中，此基圆即摆线轮的节圆）上的一个齿距 p，即

$$p=2\pi(r'_p-r'_c)=2\pi a \tag{9.3-1}$$

由此可得摆线轮的齿数

$$z_c=\frac{2\pi r'_c}{p}=\frac{2\pi r'_c}{2\pi a}=\frac{r'_c}{a} \tag{9.3-2}$$

针轮齿数

$$z_p=\frac{2\pi r'_p}{p}=\frac{2\pi r'_p}{2\pi a}=\frac{r'_p}{a}=\frac{r'_c+a}{a}=z_c+1 \tag{9.3-3}$$

无论用外摆线还是用短幅外摆线的等距曲线做齿

廓，一整条循环曲线所对应的基圆上的弧长都是同一个周节 p，故式（9.3-1）~式（9.3-3）对二者都适用。

把一整条的短幅外摆线的等距曲线都用作摆线轮的齿廓，使摆线轮的全部齿廓是由 z_c 支整条的循环曲线组成的连续曲线，要求基圆半径 r'_c 与滚圆半径 r'_p 之比，即摆线轮的节圆半径与针轮节圆半径之比，满足下面的条件：

$$\frac{r'_c}{r'_p}=\frac{z_c}{z_p}=\frac{z_c}{z_c+1} \tag{9.3-4}$$

如图 9.3-4 所示，与短幅外摆线等距曲线为齿廓的摆线轮相啮合的针轮，它的针齿中心圆半径为 r_p。针轮的节圆半径 r'_p 与 r_p 的比值，即短幅系数 K_1 为

$$K_1=\frac{r'_p}{r_p} \tag{9.3-5}$$

当 $K_1=1$ 时，即 $r_p=r'_p$ 外摆线的等距曲线与针齿相啮合；当 $K_1<1$ 时，短幅外摆线的等距曲线与针齿相啮合。

在 r_p 圆上，针齿间的齿距

$$\widehat{MM_1}=\frac{2\pi r_p}{z_p}=\frac{2\pi r'_p}{z_p K_1}=\frac{p}{K_1} \tag{9.3-6}$$

形成短幅外摆线及其等距曲线的两种方法，实际上就是用展成法切削与精磨摆线轮齿廓的理论基础。用沿基圆的外侧作外切或内切的纯滚动法形成同一短幅外摆线的条件（见图 9.3-5）是

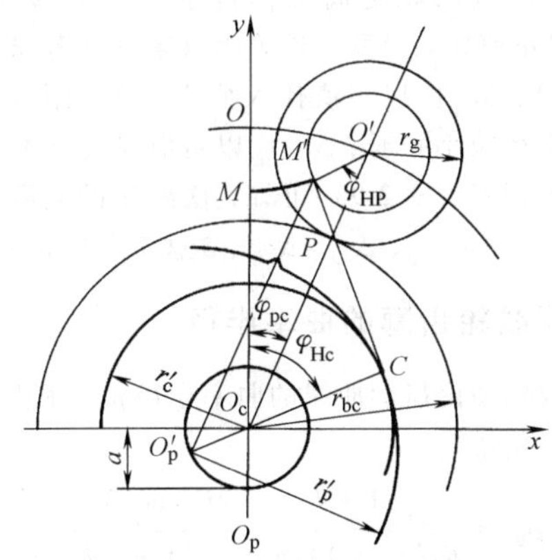

图 9.3-5　两种方法等效形成同一短幅外摆线的原理

1）$O'M'=r'_p-r'_c=a$

2）$r_{bc}+r_g=O_cO'=O_pM=r_p$

3）$\dfrac{r_{bc}}{r_g}=\dfrac{r'_c}{a}=z_c$

用以上三式联立，有下述关系：

$$\frac{a}{r_g}=\frac{r'_c}{r_{bc}}=\frac{r'_p}{r_p}=K_1 \tag{9.3-7}$$

2.2　摆线轮齿廓曲线的方程

2.2.1　摆线轮的标准齿形方程式

和标准针轮相啮合，与针齿共轭且无啮合间隙的摆线轮齿形称为标准齿形。选择摆线轮的几何中心作为原点，通过原点并与摆线轮齿槽的对称轴重合的轴线作为 x_c 轴，见图 9.3-6，则摆线轮的标准齿形方程式为

$$\begin{cases} x_c=[r_p-r_{rp}\phi^{-1}(K_1,\varphi)]\cos(1-i^H)\varphi- \\ \qquad [a-K_1r_{rp}\phi^{-1}(K_1,\varphi)]\cos i^H\varphi \\ y_c=[r_p-r_{rp}\phi^{-1}(K_1,\varphi)]\sin(1-i^H)\varphi+ \\ \qquad [a-K_1r_{rp}\phi^{-1}(K_1,\varphi)]\sin i^H\varphi \end{cases} \tag{9.3-8}$$

式中　i^H——摆线轮和针轮的相对传动比，$i^H=z_p/z_c$；

φ——转臂相对于某一针齿中心矢径的转角（°），即啮合相位角 φ_{HP} 之简写；

$$\phi^{-1}(K_1,\varphi)=(1+K_1^2-2K_1\cos\varphi)^{-\frac{1}{2}};$$

$$K_1=az_p/r_p。$$

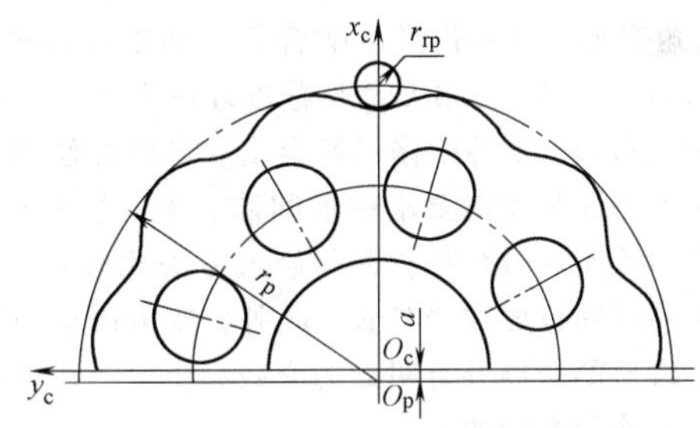

图 9.3-6　摆线轮齿廓曲线

2.2.2　通用的摆线轮齿形方程式

实际应用摆线针轮行星传动时，为补偿制造误差，便于装拆和保证润滑，摆线轮齿与针轮齿之间必须有啮合间隙。因此，实际的摆线轮不能采用标准齿形，都必须修形。

根据摆线针轮行星传动的啮合与展成法加工原理以及目前所看到的国内外资料与样机，摆线轮的齿廓修形方式有以下 3 种：

1）移距修形法。加工摆线轮时，偏心距、磨轮（切齿刀具）齿形半径 r_{rp}（相当于针齿套外圆半径）、传动比等均同加工标准齿形一样。不同的是将磨轮向轮坯中心移动一个距离 Δr_p（称负移距），使针齿中心圆半径由标准的 r_p 缩小为 $r_p-\Delta r_p$。因此，磨出的轮齿小于标准齿形，与标准针轮啮合，自然会产生啮合间隙。磨轮远离工作台中心方向移动时，称为正移距。

2）等距修形法。加工摆线轮时，机床运动的调

整和参数选择同加工标准齿形基本相同，不同的是将磨轮圆弧半径由标准的 r_{rp} 加大至 $r_{rp}+\Delta r_{rp}$。虽然磨出的摆线轮齿形短幅系数 K_1 没有改变，但它与标准齿形是同一短幅外摆线等距值不相同的两条等距曲线。这样磨出的轮齿小于标准齿形的轮齿，与标准针轮啮合时会产生啮合间隙。

3）转角修形法。加工摆线轮时，机床的调整完全和加工标准齿形一样。只是在第一次磨出标准齿形以后，将分齿机构与偏心机构的联系脱开，然后拨动分齿机构齿轮，使摆线轮坯绕其中心转一微小角度 δ，改变摆线轮在磨削时的初始位置，并按原来方法进行第二次磨削，这会使摆线轮的整个齿的厚度稍薄，齿槽稍有增大。从理论上说，将转角修形磨出的摆线轮装于标准针轮内，仍属共轭齿形啮合。此时同时受力齿数多、传动平稳、侧隙均匀，但齿顶和齿根部分将存在无间隙接触，从而不能补偿径向尺寸链的制造误差和满足润滑要求，故不能单独使用。这样就必须附加其他方法对齿顶和齿根部分修形，以保证适量的径向间隙。

转角加等距修形的摆线轮齿形曲线如图 9.3-7 所示，转角修形部分的齿形是啮合传力的工作齿廓，而等距修形部分是不工作的，与标准理论齿形（虚线所示）相比较可知，等距修形就会出现可以补偿径向尺寸链误差与满足润滑要求的顶间隙。从工艺上看，采用转角加等距或转角加移距的修形方法比较麻烦，精磨轮齿的时间也要成倍延长。此外，转角修形与等距或移距修形的交界处有明显的交线，使得摆线轮齿面不是一个连续光滑曲面。

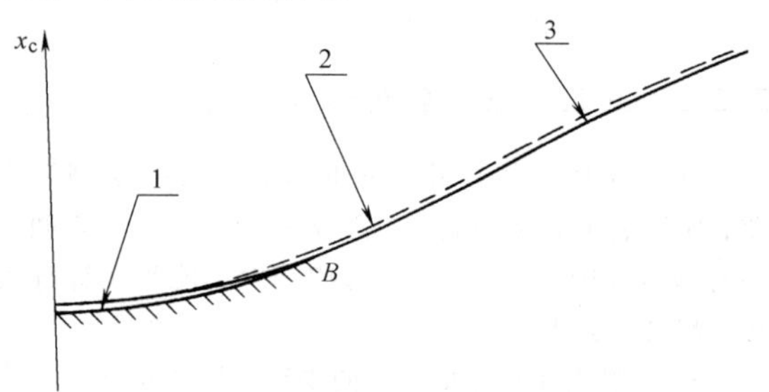

图 9.3-7　转角加等距修形的摆线轮齿形
1—等距修形齿形　2—标准理论齿形
3—转角修形齿形

以上 3 种齿形修形方法，除转角修形法不能单独使用外，其他两种方法既可与其他方法联合使用，也可单独使用。关于最佳修形方法的选用，将在以后讨论。

建立概括上述 3 种修形的摆线轮齿形方程式，只需将摆线轮标准齿形方程式（9.3-8）中的 r_p 以（$r_p+\Delta r_p$）代替；K_1 以 $K_1'=\dfrac{az_p}{r_p+\Delta r_p}$ 代替；r_{rp} 以（$r_{rp}+\Delta r_{rp}$）代替；$i^H\varphi$ 以（$i^H\varphi+\delta$）代替即可。

选择摆线轮的几何中心 O_c 为原点，选通过原点并与摆线轮齿槽的对称轴重合的轴线作为 x_c 轴，见图 9.3-6，则概括多种修形方式的通用的摆线轮齿形方程式为

$$
\begin{aligned}
x_c &= [r_p + \Delta r_p - (r_{rp} + \Delta r_{rp})\phi^{-1}(K_1', \varphi)] \times \\
&\quad \cos[(1 - i^H)\varphi - \delta] - \frac{a}{r_p + \Delta r_p}[r_p + \\
&\quad \Delta r_p - z_p(r_{rp} + \Delta r_{rp})\phi^{-1}(K_1', \varphi)] \times \\
&\quad \cos(i^H\varphi + \delta) \\
y_c &= [r_p + \Delta r_p - (r_{rp} + \Delta r_{rp})\phi^{-1}(K_1', \varphi)] \times \\
&\quad \sin[(1 - i^H)\varphi - \delta] + \frac{a}{r_p + \Delta r_p}[r_p + \\
&\quad \Delta r_p - z_p(r_{rp} + \Delta r_{rp})\phi^{-1}(K_1', \varphi)] \times \\
&\quad \sin(i^H\varphi + \delta)
\end{aligned}
\tag{9.3-9}
$$

式中　K_1'——有移距修形时齿形的短幅系数

$$K_1' = \frac{az_p}{r_p + \Delta r_p} \tag{9.3-10}$$

$$\phi^{-1}(K_1', \varphi) = (1 + K_1'^2 - 2K_1'\cos\varphi)^{-\frac{1}{2}}$$

其余符号含义与单位同前。

应当注意的是，Δr_p 与 Δr_{rp} 的值有正负，负移距（磨轮向工作台中心移动）时，Δr_p 应以负值代入公式，正移距（磨轮远离工作台中心方向移动）时，Δr_p 应以正值代入公式。正等距（磨轮工作圆弧半径加大）时，Δr_{rp} 应以正值代入公式，负等距（磨轮工作圆弧半径减小）时，Δr_{rp} 应以负值代入公式。

由方程式（9.3-9）可知，摆线轮的实际齿形决定于 r_p、r_{rp}、a、z_p、Δr_p、Δr_{rp}、δ 这 7 个独立参数。

2.3　摆线轮齿廓的曲率半径

摆线轮理论齿廓曲线的曲率半径 ρ_0，根据微积分的公式可求得

$$\rho_0 = \frac{r_p(1 + K_1^2 - 2K_1\cos\varphi)^{3/2}}{K_1(z_p + 1)\cos\varphi - (1 + z_pK_1^2)} \tag{9.3-11}$$

ρ_0 值为正，曲线向内凹，ρ_0 为负值，曲线外凸（见图 9.3-8a）。

摆线轮实际齿廓曲线的曲率半径（见图 9.3-8）为

$$
\begin{aligned}
\rho &= \rho_0 + r_{rp} \\
&= \frac{r_p(1 + K_1^2 - 2K_1\cos\varphi)^{3/2}}{K_1(z_p + 1)\cos\varphi - (1 + z_pK_1^2)} + r_{rp}
\end{aligned}
\tag{9.3-12}
$$

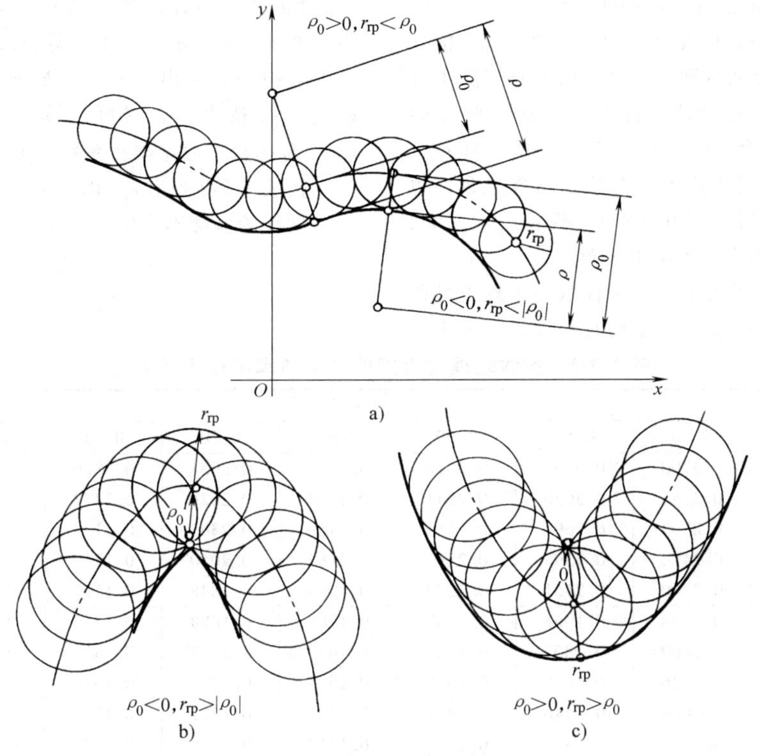

图 9.3-8　摆线轮的实际齿廓和顶切

表 9.3-1　最小曲率半径 $|\rho_0|_{\min}$ 的计算公式

齿根内凹	K_1 值范围	$1>K_1>\dfrac{1}{z_p}$	
	最小曲率半径处所对应的 φ	0°	
	最小曲率半径 $\|\rho_0\|_{\min}$ 的计算公式	$\|\rho_0\|_{\min}=\dfrac{(1-K_1)^2}{z_pK_1-1}r_p$　(9.3-13)	
齿顶外凸	K_1 值范围	Ⅰ　$1>K_1>\dfrac{z_p-2}{2z_p-1}$	Ⅱ　$\dfrac{z_p-2}{2z_p-1}\geqslant K_1$
	最小曲率半径处所对应的 φ	$\arccos\dfrac{K_1^2(2z_p-1)-(z_p-2)}{K_1(z_p+1)}$　(9.3-14)	180°
	最小曲率半径 $\|\rho_0\|_{\min}$ 的计算公式	$\|\rho_0\|_{\min}=r_p\sqrt{\dfrac{27(1-K_1^2)(z_p-1)}{(z_p+1)^3}}$　(9.3-15)	$\|\rho_0\|_{\min}=\dfrac{(1+K_1)^2}{z_pK_1+1}r_p$　(9.3-16)
曲率半径系数 $e=\dfrac{\rho_0}{r_p}$ 随啮合相位角 φ 变化而变化的情况 $\dfrac{\rho_0}{r_p}$—φ 曲线 图中 φ 为啮合相位角 φ_{HP} 的简写		$e=\dfrac{\rho_0}{r_p}$, O, $\varphi_{\|\rho_0\|\min}$, 180°, φ, $-e_{\min}$, e_π	$e=\dfrac{\rho_0}{r_p}$, O, 180°, φ, e_π

对于外凸的理论齿廓（$\rho_0<0$），当 $r_{rp}>|\rho_0|$ 时（图 9.3-8b），则理论齿廓在该处的等距曲线就不能实现，即等距曲线成交叉齿廓，以致在加工时切除了部分有效的齿廓曲线，这种情况称为“切齿干涉”，会破坏连续平稳的啮合，这当然是不允许的。当 $r_{rp}=|\rho_0|$ 时，$\rho=0$，即摆线轮齿廓在该处出现尖角，也应防止。若 ρ_0 为正值（图 9.3-8c），不论 r_{rp} 取多大，摆线轮实际齿廓都不会发生类似现象。

摆线轮齿廓是否发生顶切，不仅取决于理论外凸齿廓的最小曲率半径 $|\rho_0|_{min}$，而且与针齿齿形半径（带针齿套时即针齿套半径）有关。根据理论推导，最小曲率半径 $|\rho_0|_{min}$ 的计算公式列于表 9.3-1。

表中同时给出 $|\rho_0|_{min}$ 处所对应的啮合相位角 $\varphi_{|\rho_0|_{min}}$。按表中公式可以算出比值 $|\rho_0|_{min}/r_p=e_{min}$，称为最小曲率半径系数，列于表 9.3-2。

按表 9.3-2 查出 e_{min} 即可算出 $|\rho_0|_{min}=e_{min}r_p$。

摆线轮齿廓不产生顶切或尖角的条件可表示为

$$r_{rp}<|\rho_0|_{min}=e_{min}r_p \tag{9.3-17}$$

或

$$\frac{r_{rp}}{r_p}<e_{min}$$

表 9.3-2　摆线轮理论齿廓的最小曲率半径系数 e_{min}

z_1	短幅系数 K_1								
	0.45	0.50	0.55	0.60	0.65	0.70	0.75	0.80	0.85
9	0.3815	0.3700	0.3568	0.3418	0.3246	0.3051	0.2826	0.2563	0.2250
11	0.3223	0.3183	0.3070	0.2941	0.2794	0.2626	0.2432	0.2206	0.1936
13	0.2880	0.2793	0.2694	0.2580	0.2450	0.2303	0.2133	0.1935	0.1699
15	0.2561	0.2486	0.2398	0.2297	0.2182	0.2050	0.1899	0.1722	0.1512
17	0.2310	0.2240	0.2161	0.2089	0.1966	0.1848	0.1711	0.1552	0.1363
19	0.2102	0.2038	0.1966	0.1882	0.1788	0.1680	0.1557	0.1412	0.1240
21	0.1928	0.1869	0.1803	0.1727	0.1640	0.1541	0.1428	0.1295	0.1137
23	0.1780	0.1726	0.1665	0.1595	0.1515	0.1423	0.1318	0.1196	0.1050
25	0.1653	0.1604	0.1546	0.1481	0.1407	0.1322	0.1225	0.1111	0.09755
27		0.1497	0.1443	0.1383	0.1313	0.1235	0.1143	0.1037	0.09107
29		0.1404	0.1354	0.1297	0.1232	0.1158	0.1072	0.09727	0.08540
31		0.1321	0.1275	0.1221	0.1160	0.1089	0.1009	0.09156	0.08039
33		0.1248	0.1204	0.1153	0.1095	0.1029	0.09335	0.08650	0.07593
35		0.1183	0.1140	0.1093	0.1037	0.09752	0.09034	0.08195	0.07195
37		0.1123	0.1084	0.1037	0.09852	0.09267	0.08583	0.07786	0.06836
39		0.1070	0.1032	0.09888	0.09393	0.08827	0.08175	0.07416	0.06511
41		0.1022	0.09855	0.09439	0.08967	0.08126	0.07805	0.07079	0.06215
43		0.09775	0.09426	0.09030	0.08577	0.08060	0.07466	0.06772	0.05945
45		0.09368	0.09034	0.08654	0.08221	0.07725	0.07154	0.06490	0.05698
47		0.08994	0.08674	0.08309	0.07893	0.07417	0.06870	0.06231	0.05471
49		0.08649	0.08341	0.07989	0.07589	0.07131	0.06605	0.05992	0.05261
51		0.08320	0.03032	0.07694	0.07309	0.06868	0.06361	0.05771	0.05066
53		0.08031	0.07746	0.07419	0.07048	0.06623	0.06134	0.05564	0.04885
55		0.07754	0.07472	0.07163	0.06084	0.06394	0.05923	0.05373	0.04717
57		0.07497	0.07229	0.06925	0.06578	0.06182	0.05725	0.05194	0.04560
59		0.07255	0.06997	0.06702	0.06366	0.05983	0.05541	0.05026	0.04413
61		0.07029	0.06778	0.06492	0.06166	0.05796	0.05368	0.04869	0.04274
63		0.06816	0.06573	0.06296	0.05980	0.05619	0.05205	0.04721	0.04145
65		0.06616	0.06380	0.06110	0.05805	0.05455	0.05052	0.04583	0.04023
67		0.06427	0.06197	0.05936	0.05639	0.05299	0.04908	0.04452	0.03909
69		0.06203	0.05982	0.05730	0.05413	0.05115	0.04737	0.04297	0.03772
71		0.06079	0.05863	0.05615	0.05334	0.05013	0.04642	0.04212	0.03698
73		0.05919	0.05708	0.05468	0.05195	0.04881	0.04521	0.04100	0.03600
75		0.05767	0.05562	0.05327	0.05061	0.04756	0.04105	0.03995	0.03507
77		0.05623	0.05423	0.05195	0.04935	0.04637	0.04295	0.03896	0.03421
79		0.05486	0.05291	0.05068	0.04813	0.04524	0.04189	0.03301	0.03337
81		0.05355	0.05165	0.04947	0.04698	0.04416	0.04091	0.03710	0.03257
83		0.05231	0.05045	0.04832	0.04591	0.04314	0.03995	0.03623	0.03182
85		0.05112	0.04930	0.04722	0.04485	0.04215	0.03904	0.03542	0.03116
87		0.04999	0.04821	0.04617	0.04387	0.04122	0.03818	0.03463	0.03041

2.4 复合齿形

对于大传动比摆线针轮行星传动，要保证摆线轮齿形不产生切齿干涉，所允许的针齿半径 r_{rp} 较小，往往只能采用不带针齿套的针齿进行传动，此时摆线轮与针齿间为滑动摩擦，这使温升增加，传动效率大大降低。例如，传动比 $i=87$ 时，传动效率仅为 75%左右。为提高传动的效率，减少齿面磨损和防止胶合，有效措施之一是让针齿也能装上针齿套，使摆线轮与针齿之间的滑动摩擦变为滚动摩擦。但加针齿套后，当针齿套半径 $r_{rp}>|\rho_0|_{min}$ 时，就会产生前述顶切现象，在齿廓上出现尖点。为使齿廓曲线光滑，必须设计另一条合乎不干涉条件的曲线，既能去掉原齿廓上的尖点，又能最大限度地保存原齿廓的可工作齿形并与之光滑相连，这就产生了复合齿形的设计。复合齿形的设计要点如下所述。

2.4.1 齿形干涉区的界限点（起止点）

摆线轮齿廓的内凹部分不会产生干涉，只需研究理论齿廓外凸部分的干涉情况。常见的情况有两种：

1）当短幅系数 K_1 满足不等式 $1>K_1>\dfrac{z_p-2}{2z_p-1}$ 时，摆线针轮减速机常用 K_1 大多属此范围。参看表 9.3-1 中第Ⅰ类参数范围的 $e=\dfrac{\rho_0}{r_p}$—φ 曲线的特征，可以看出，干涉有两种形式：

① 当 $e_{min}<\dfrac{r_{rp}}{r_p}<|e_\pi|$，即 $|\rho_0|_{min}<r_{rp}<|\rho_{0\pi}|$ 时，在啮合相位角 $\varphi=0°\sim180°$ 范围内，干涉区有起、止点，见图 9.3-9，即从某一 φ_2 开始产生干涉现象，到另一 φ_3 值干涉现象消失。因而在 $\varphi=0°\sim360°$ 之间，即一个完整摆线轮齿范围有两处干涉区（此时齿形干涉的情况见图 9.3-11）。

② 当 $\dfrac{r_{rp}}{r_p}\geqslant|e_\pi|=\dfrac{(1+K_1)^2}{z_pK_1+1}$，即 $r_{rp}\geqslant|\rho_{0\pi}|$ 时，见图 9.3-9，干涉区从某一 φ_1 开始直到 180°始终存在，因而在 $\varphi=0°\sim360°$ 之间，即一个完整摆线轮齿范围只有一处干涉区。此时齿形干涉的情况见图 9.3-10。

$$|\rho_0|_{min}=r_p\sqrt{\frac{27(1-K_1^2)(z_p-1)}{(z_p+1)^3}}$$

$$|\rho_{0\pi}|=\frac{(1+K_1)^2}{z_pK_1+1}r_p$$

2）当短幅系数 K_1 满足不等式 $\dfrac{z_p-2}{2z_p-1}\geqslant K_1$ 时，参

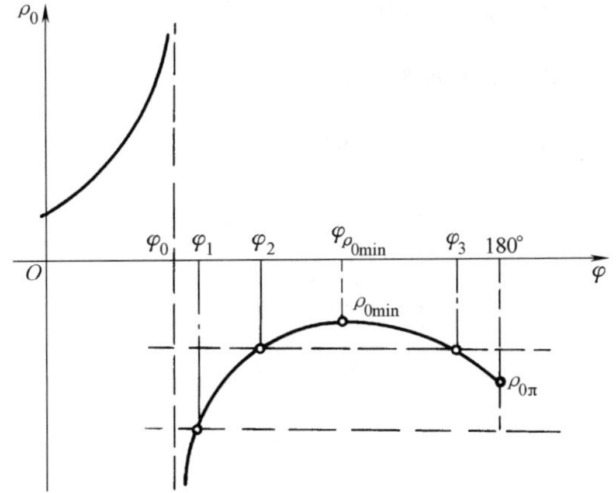

图 9.3-9　摆线轮理论齿廓（短幅外摆线）的曲率半径

看表 9.3-1 中第Ⅱ类参数范围的 $e=\dfrac{\rho_0}{r_p}$—φ 曲线的特征，可以看出，当 $\dfrac{r_{rp}}{r_p}\geqslant|e_\pi|$，亦即 $r_{rp}\geqslant|\rho_{0\pi}|$ 时，干涉区从某一 φ 开始直到 180°始终存在，因此在一个完整的摆线轮齿范围内只有一处干涉区。

齿形干涉区的界限点（起止点）所对应的啮合相位角可按下式求出：

令　$\rho_0=-r_{rp}$（理论齿形外凸处 ρ_0 为负）

即
$$r_{rp}=\frac{-r_p(1+K_1^2-2K_1\cos\varphi)^{3/2}}{(z_p+1)K_1\cos\varphi-(1+z_pK_1^2)}\tag{9.3-18}$$

从式（9.3-18）解出的 φ 即为干涉区界限点所对应的啮合相位角。

式（9.3-18）可以转化成三次代数方程求解，也可以应用微分几何中求曲线奇异点的方法求解，用计算机解超越方程的办法来解更为方便。

利用计算机解式（9.3-18），首先要判断干涉的类型。如为单干涉区，则在 $\varphi=0°\sim180°$ 之间得到一解即为起始干涉点，干涉终点为起始点的对称点。如果是双干涉区，则需在 $\varphi=0°\sim\varphi$ 和 $\varphi\sim180°$ 之间各求得一解，分别为干涉区的起点和终点，一个摆线轮齿的另一侧干涉区为前一干涉区的对称位置。

当求得干涉区界限点所对应的啮合相位角 φ 时，即可代入式（9.3-9）求得界限点的坐标。

2.4.2 干涉后的摆线轮齿顶圆半径

设计复合齿形必须知道原齿廓顶切后的齿顶圆半径，现讨论其求法：

1）当 $r_{rp}\geqslant|\rho_{0\pi}|$ 时，见图 9.3-10，此时顶切后干涉区形成的尖点 E 即摆线轮的齿顶，r_E 即为齿顶圆半径，其求法如下：

由对称关系可知 $\lambda=\frac{2\pi}{2z_c}=\frac{\pi}{z_c}$

设 E 点坐标为 (x_E, y_E)

则 $\tan\lambda=\frac{x_E}{y_E}$

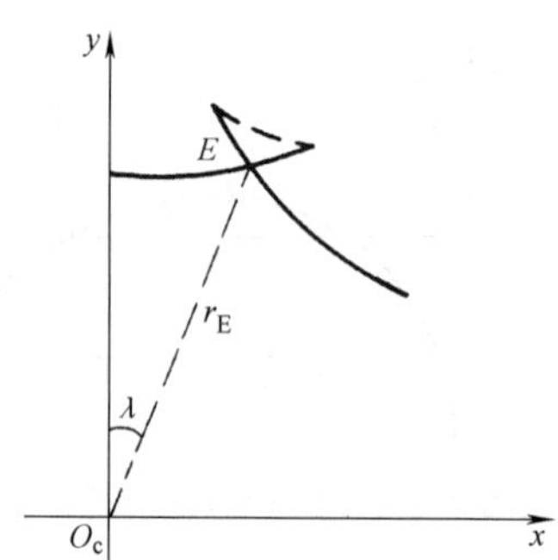

图 9.3-10 单干涉区

由通用的摆线轮齿形方程式，并考虑到图 9.3-10 坐标轴的取法与图 9.3-6 的区别，可得

$$x_E=[r_p+\Delta r_p-(r_{rp}+\Delta r_{rp})\phi^{-1}(K_1', \varphi_E)]\times \sin(1-i^H)\varphi_E+\frac{a}{r_p+\Delta r_p}[r_p+\Delta r_p-z_p(r_{rp}+\Delta r_{rp})\phi^{-1}(K_1', \varphi_E)]\times \sin(i^H\varphi_E)$$

$$y_E=[r_p+\Delta r_p-(r_{rp}+\Delta r_{rp})\phi^{-1}(K_1', \varphi_E)]\times \cos(1-i^H)\varphi_E-\frac{a}{r_p+\Delta r_p}[r_p+\Delta r_p-z_p(r_{rp}+\Delta r_{rp})\varphi^{-1}(K_1', \varphi_E)]\times \cos(i^H\varphi_E)$$

式中 $\phi^{-1}(K_1', \varphi_E)=(1+K_1'^2-2K_1'\cos\varphi_E)^{-\frac{1}{2}}$

其余符号同前。

已知 r_p、Δr_p、r_{rp}、Δr_{rp}、z_p、i^H、a、$K_1'=az_p/(r_p+\Delta r_p)$，通过上面各式联立，在计算机上求解，可求得 x_E、y_E 及 φ_E，然后根据图 9.3-10 可求得 $r_E=\sqrt{x_E^2+y_E^2}$。

2）当 $|\rho_0|_{min}<r_{rp}<|\rho_{0\pi}|$ 时，见图 9.3-11，此时在一齿范围内有两处干涉区，形成两个尖点（短幅外摆线的等距曲线的自交点）E 与 E'。为把干涉区修掉，暂取 E 点处的矢径长 r_E 为摆线轮的齿顶圆半径，即把 r_E 以外的部分修整掉。

摆线轮齿顶圆半径为

$$r_E=\sqrt{x_E^2+y_E^2}$$

下面介绍一种用微机计算求 x_E 与 y_E 的方法：

如图 9.3-11 所示，首先求出干涉界限点 A 和 B 的坐标和啮合相位角 φ_A、φ_B，然后在 $\varphi=\varphi_B\sim180°$之间找出与 A 点同一 x 坐标下的点 C 及其啮合相位角 φ_C，同理在 $\varphi=0\sim\varphi_A$ 之间求出与 B 点同一 x 坐标下的点 D 及其啮合相位角 φ_D。最后，在 $\varphi=\varphi_D\sim\varphi_A$ 和 $\varphi=\varphi_B\sim\varphi_C$ 两个区间内找出具有同一 x、y 坐标值的点，此点的坐标值就是交点 E 的坐标值 x_E、y_E。求 r_E 的程序框图见图 9.3-12。

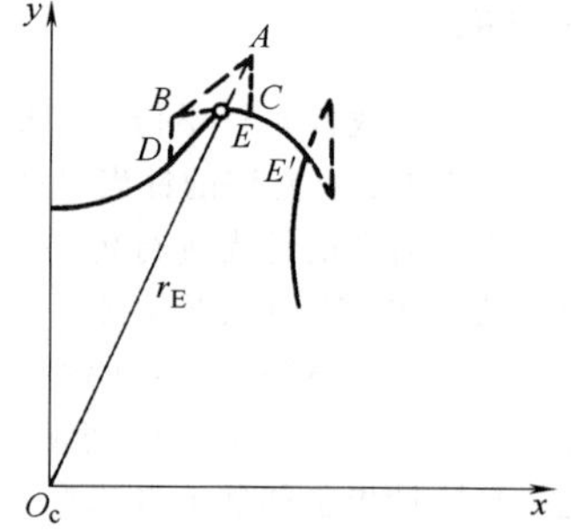

图 9.3-11 双干涉区

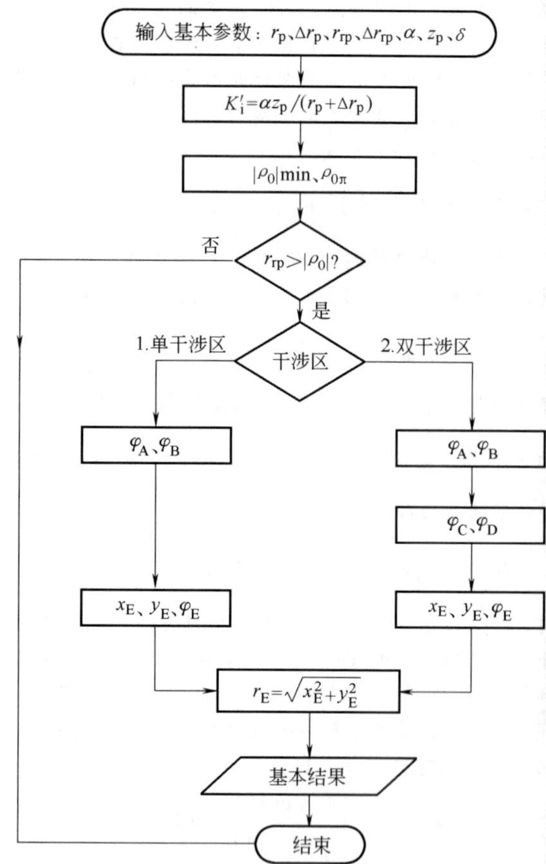

图 9.3-12 求 r_E 的程序框图

例 9.3-1 已知 $r_p=165$mm，$r_{rp}=6$mm，$a=1.5$mm，$z_p=88$，$\Delta r_{rp}=0.44$mm，$\Delta r_p=0.29$mm，$\delta=0$，

求 r_E。

解　求 r_E 的程序框图见图 9.3-12，用计算机求得本例属双干涉区，E 点的矢径长 $r_E=160.28\text{mm}$。

2.4.3　复合齿形设计

一个摆线轮，其端面上的齿廓由一条短幅外摆线内侧的等距曲线与另一条曲线复合而成时，称为复合齿形。

在展成法摆线磨齿机上能够精磨的复合齿形，通常是用优化方法选出另一条满足不干涉条件的短幅外摆线的等距曲线作为顶部齿形与原摆线轮齿形不干涉部分相连而组成。要求前者既能修去原摆线轮齿因顶切而出现的尖点 E（见图 9.3-10、图 9.3-11），同时又能在最大限度保留原摆线轮不干涉部分齿形的前提下，与之较光滑地相连，如图 9.3-13、图 9.3-14 所示。应当指出，用此法形成的复合齿形，在绝大多数情况下，这两条短幅外摆线的等距曲线只能相交，不能相切，但通过优化计算，可以使得这两条曲线交点的两条切线间的夹角比较小。

这种复合齿形的设计要点如下：

1）算出有顶切的原摆线轮齿形（短幅外摆线的等距曲线）自交点 E 的坐标（x_E，y_E）及齿顶圆半径 $r_E=\sqrt{x_E^2+y_E^2}$（见 2.4.1 及 2.4.2 所述）。优选的齿顶曲线的顶圆半径 r_{ac2} 必须满足条件 $r_{ac2}<r_E$。

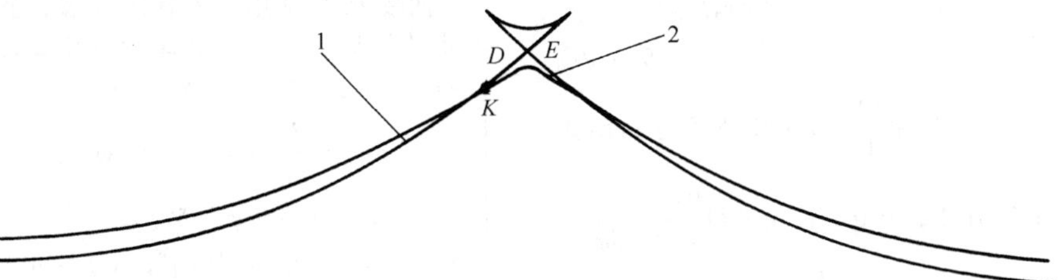

图 9.3-13　削去单干涉区的复合齿形

1—有顶切的工作齿形 L_1，其参数：$r_p=131\text{mm}$，$\Delta r_p=0.34\text{mm}$，$r_{rp}=6\text{mm}$，$\Delta r_{rp}=0.46\text{mm}$，$a=1\text{mm}$，$r_E=125.88\text{mm}$，$z_p=88$

2—顶部齿形 L_2，其参数：$r_p=131.32\text{mm}$，$r_{ac}=125.57\text{mm}$，$r_{rp}=6.5\text{mm}$，$a=0.75\text{mm}$，$z_p=88$

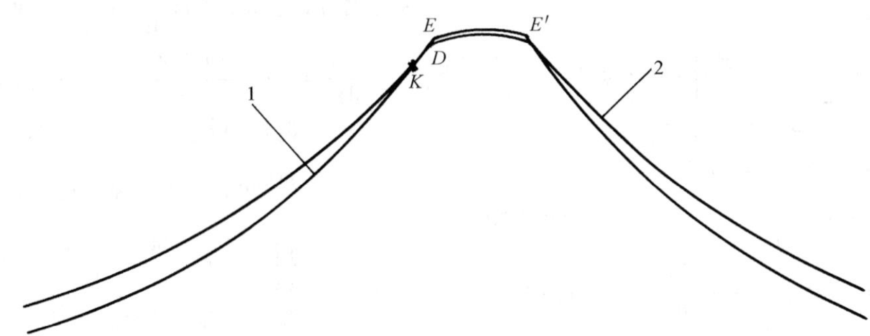

图 9.3-14　削去双干涉区的复合齿形

1—有顶切的工作齿形 L_1，其参数：$r_p=275\text{mm}$，$r_{ac}=267.3\text{mm}$，$r_{rp}=10\text{mm}$，$a=2.5\text{mm}$，$z_c=87$，$z_p=88$，$\Delta r_{rp}=0.537\text{mm}$，$\Delta r_p=0.337\text{mm}$

2—顶部齿形 L_2，其参数：$r_p=275.9\text{mm}$，$r_{ac}=267.25\text{mm}$，$r_{rp}=10.9\text{mm}$，$a=2.25\text{mm}$，$z_c=87$，$z_p=88$

2）算出在 r_E 以内，可能并需要保留的第 i 齿啮合点 K 的坐标（x_K，y_K）及 K 点的矢径 $r_K=\sqrt{x_K^2+y_K^2}$，优选的齿顶曲线 L_2 与工作齿形曲线 L_1 交点 D 的矢径 r_D 应满足条件 $r_D>r_K$。

3）为使顶部齿形 L_2 与工作齿形 L_1 在交点处连接较光滑，很显然就要求这两条曲线在交点 D 的斜率差尽量小，即

$$\left|\left(\frac{\mathrm{d}y_1}{\mathrm{d}x_1}\right)_D-\left(\frac{\mathrm{d}y_2}{\mathrm{d}x_2}\right)_D\right|\to\min$$

式中 $\left(\frac{dy_1}{dx_1}\right)_D$、$\left(\frac{dy_2}{dx_2}\right)_D$——曲线 L_1 与曲线 L_2 在交点 D 处的斜率。

为更直观，也可用两曲线 L_1 与 L_2 在交点 D 处切线的夹角最小作为追求目标，要使 L_1 与 L_2 这两条曲线连接较光滑的问题就可归结为以 L_1 与 L_2 两曲线在交点 D 的两切线夹角为目标函数，以前面所述的几点要求（$r_{ac2}<r_E$，$r_D>r_K$ 及 L_2 曲线本身不干涉要求 $r_{rp2}-|\rho_{02}|_{min}<0$）作为约束条件，来求设计变量 r_{p2}、r_{rp2}、a_2、z_{p2}（曲线 L_2 的诸参数）的最优化求解问题。

上述目标函数可表示为

$$F=\left|\arctan\left(\frac{dy_1}{dx_1}\right)_D-\arctan\left(\frac{dy_2}{dx_2}\right)_D\right| \tag{9.3-19}$$

曲线 L_1 上任意点斜率 $\frac{dy_1}{dx_1}$ 的计算公式可利用式（9.3-9）将 x、y 分别对 φ 求导，首先求得 $\frac{dx_1}{d\varphi}$ 与 $\frac{dy_1}{d\varphi}$：

$$\begin{aligned}\frac{dx_1}{d\varphi}=&\left\{-(r_{rp}+\Delta r_{rp})\frac{d\phi^{-1}(K_1',\ \varphi)}{d\varphi}\cos[(1-i^H)\varphi-\delta]\right\}-[r_p+\Delta r_p-(r_{rp}+\Delta r_{rp})\phi^{-1}(K_1',\ \varphi)](1-i^H)\sin[(1-i^H)\varphi-\delta]-\\&\frac{a}{r_p+\Delta r_p}\left\{\left[-z_p(r_{rp}+\Delta r_{rp})\frac{d\phi^{-1}(K_1',\ \varphi)}{d\varphi}\right]\cos(i^H\varphi+\delta)-[r_p+\Delta r_p-z_p(r_{rp}+\Delta r_{rp})\phi^{-1}(K_1',\ \varphi)]i^H\times\sin(i^H\varphi+\delta)\right\}\end{aligned} \tag{9.3-20a}$$

$$\begin{aligned}\frac{dy_1}{d\varphi}=&\left\{-(r_{rp}+\Delta r_{rp})\frac{d\phi^{-1}(K_1',\ \varphi)}{d\varphi}\sin[(1-i^H)\varphi-\delta]\right\}+[r_p+\Delta r_p-(r_{rp}+\Delta r_{rp})\phi^{-1}(K_1',\ \varphi)](1-i^H)\cos[(1-i^H)\varphi-\delta]+\\&\frac{a}{r_p+\Delta r_p}\left\{\left[-z_p(r_{rp}+\Delta r_{rp})\frac{d\phi^{-1}(K_1',\ \varphi)}{d\phi}\right]\sin(i^H\varphi+\delta)+[r_p+\Delta r_p-z_p(r_{rp}+\Delta r_{rp})\phi^{-1}(K_1',\ \varphi)]i^H\cos(i^H\varphi+\delta)\right\}\end{aligned} \tag{9.3-20b}$$

式中，r_p、r_{rp}、a、z_p、Δr_p、Δr_{rp}、δ 均为 L_1 曲线的参数。

$$\phi^{-1}(K_1',\ \varphi)=(1+K_1'^2-2K_1'\cos\varphi)^{-\frac{1}{2}}$$

$$\frac{d\phi^{-1}(K_1',\ \varphi)}{d\varphi}=-(K_1'\sin\varphi)[\phi^{-1}(K_1',\ \varphi)]^3$$

$$K_1'=\frac{az_p}{r_p+\Delta r_p}$$

从而

$$\frac{dy_1}{dx_1}=\frac{dy_1}{d\varphi}\bigg/\frac{dx_1}{d\varphi} \tag{9.3-21}$$

将式（9.3-20a）、式（9.3-20b）代入式（9.3-21）即得 L_1 曲线上任意点斜率 $\frac{dy_1}{dx_1}$ 的具体计算公式。

曲线 L_2 通常用不着移距和等距修形，故其方程式可利用式（9.3-9）令 $\Delta r_p=0$ 和 $\Delta r_{rp}=0$ 而获得：

$$\left\{\begin{aligned}x_2=&[r_{p2}-r_{rp2}\phi^{-1}(K_1'',\ \varphi)]\cos[(1-i^H)\varphi-\delta_2]-\frac{a_2}{r_{p2}}[r_{p2}-z_{p2}r_{rp2}\phi^{-1}(K_1'',\ \varphi)]\cos(i^H\varphi+\delta_2)\\y_2=&[r_{p2}-r_{rp2}\phi^{-1}(K_1'',\ \varphi)]\sin[(1-i^H)\varphi-\delta_2]+\frac{a_2}{r_{p2}}[r_{p2}-z_{p2}r_{rp2}\phi^{-1}(K_1'',\ \varphi)]\sin(i^H\varphi+\delta_2)\end{aligned}\right. \tag{9.3-22}$$

其上任意点斜率 $\frac{dy_2}{dx_2}$ 的计算公式可将上式中的 x、y 分别对 φ 求导，求得 $\frac{dx_2}{d\varphi}$ 与 $\frac{dy_2}{d\varphi}$ 后，再求 $\frac{dy_2}{dx_2}$：

$$\begin{aligned}\frac{dx_2}{d\varphi}=&-r_{rp2}\frac{d\phi^{-1}(K_1'',\ \varphi)}{d\varphi}\cos[(1-i^H)\varphi-\delta_2]-[r_{p2}-r_{rp2}\phi^{-1}(K_1'',\ \varphi)](1-i^H)\sin[(1-i^H)\varphi-\delta_2]-\frac{a_2}{r_{p2}}\times\\&\left\{\left[-z_{p2}r_{rp2}\frac{d\phi^{-1}(K_1'',\ \varphi)}{d\varphi}\right]\cos(i^H\varphi+\delta_2)-[r_{p2}-z_{p2}r_{rp2}\phi^{-1}(K_1'',\ \varphi)]i^H\times\sin(i^H\varphi+\delta_2)\right\}\end{aligned} \tag{9.3-23a}$$

$$\begin{aligned}\frac{dy_2}{d\varphi}=&-r_{rp2}\frac{d\phi^{-1}(K_1'',\ \varphi)}{d\varphi}\sin[(1-i^H)\varphi-\delta_2]+[r_{p2}-r_{rp2}\phi^{-1}(K_1'',\ \varphi)](1-i^H)\cos[(1-i^H)\varphi-\delta_2]+\frac{a_2}{r_{p2}}\times\\&\left\{\left[-z_{p2}r_{rp_2}\frac{d\phi^{-1}(K_1'',\ \varphi)}{d\varphi}\right]\sin(i^H\varphi+\delta_2)+[r_{p2}-z_{p2}r_{rp2}\phi^{-1}(K_1'',\ \varphi)]i^H\times\cos(i^H\varphi+\delta_2)\right\}\end{aligned} \tag{9.3-23b}$$

式中　r_{p2}、r_{rp2}、a_2、z_{p2}、δ_2——L_2 曲线的参数；

$$\phi^{-1}(K_1'', \ \varphi) = (1 + K_1''^2 - 2K_1''\cos\varphi)^{-\frac{1}{2}}$$

$$\frac{\mathrm{d}\phi^{-1}(K_1'', \ \varphi)}{\mathrm{d}\phi} = -K_1''\sin\varphi[\phi^{-1}(K_1'', \ \varphi)]^3$$

$$K_1'' = \frac{a_2 z_{p2}}{r_{p2}}$$

从而

$$\frac{\mathrm{d}y_2}{\mathrm{d}x_2} = \frac{\mathrm{d}y_2}{\mathrm{d}\varphi} \Big/ \frac{\mathrm{d}x_2}{\mathrm{d}\varphi} \qquad (9.3\text{-}24)$$

将式（9.3-23a）与式（9.3-23b）代入式（9.3-24）即得 L_2 上任意点斜率的具体计算公式。

最后，将式（9.3-21）和式（9.3-24）代入式（9.3-19）就可得到目标函数的具体数学模型。

4）在优选顶部齿形曲线 L_2 的参数 r_{p2}、r_{rp2}、a_2 与 z_{p2} 时，齿数 $z_{e2}=z_{p2}-1$ 必须为工作齿形 L_1 齿数 $z_c=z_p-1$ 的整数倍，即 $z_{c2}=Nz_c$，N 应为正整数，通常 N 只能取为 1 或 2。应当注意：当 $N=1$ 时，两曲线的相位角相同（见图 9.3-14），因此，式（9.3-22）中的 $\delta_2=\delta$，而当 $N=2$ 时，曲线 L_2 的相位角与工作齿形曲线 L_1 的相位角相差 π/z_{c2}（见图 9.3-15），故此时各式中的 $\delta_2=\delta+\pi/z_{c2}$。

5）顶部齿形曲线参数 a_2 的确定，应符合摆线磨床的标准偏心距规范，为使曲线 L_1 与曲线 L_2 在交点处切线的夹角最小，通常取 $a_2=a/N$ 或 $a_2=\dfrac{a}{N}-0.25$。

6）大传动比摆线针轮行星传动，针齿数多因结构限制装不下时，通常要隔一齿抽掉一齿，在此情况下，采用复合齿形虽可增大 r_{rp} 从而采用针齿套以提高传动效率，但往往因工作齿形的齿顶削去过多而使同时啮合齿数显著减少。因此，复合齿形设计时，一定要使同时啮合传力齿数不少于 3~4 齿。

7）顶部摆线 L_2 不得产生干涉，其齿顶圆不得大于工作摆线 L_1 的齿顶圆，而齿根圆不得小于工作摆线 L_1 的齿根圆。

8）顶部摆线 L_2 与工作摆线 L_1 在优选交点 D 之前不得相交，即保证不出现图 9.3-16 所示的现象，写为约束条件的形式为

$$y_1(x) - y_2(x) < 0 \quad \{x \mid 0 < x < x_D\}$$

式中　$y_1(x)$、$y_2(x)$——对应相同 x 坐标的工作摆线 L_1 与顶部摆线 L_2 的 y 坐标，其值可采用数值计算方法求得。

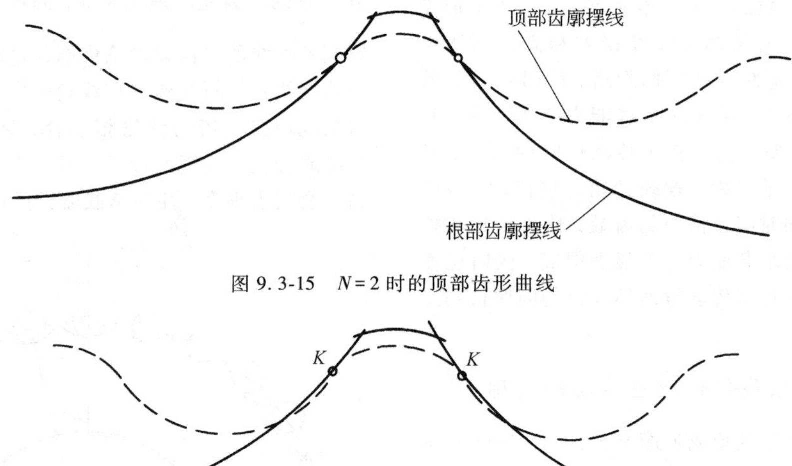

图 9.3-15　$N=2$ 时的顶部齿形曲线

图 9.3-16　顶部摆线与工作齿形两次相交

根据上述设计要点，设计复合齿形的实例见图 9.3-13、图 9.3-14。图 9.3-13 所示为削去单干涉区的复合齿形，有顶切的工作摆线齿形为 L_1；削去前者干涉区的顶部齿形为 L_2。图 9.3-14 所示为削去双干涉区的复合齿形，有顶切的工作摆线齿形为 L_1；优化计算得到的削去前者干涉区的顶部齿形为 L_2。在这两个实例中都能保证同时有四对齿啮合传力。

复合齿形用展成法磨齿时，需先磨一次有顶切的工作齿形，再磨一次能削去干涉尖点的顶部齿形，且前后两次磨削时的偏心距不同（$a_2 \neq a$），砂轮齿形半径也不同（$r_{rp2} \neq r_{rp}+\Delta r_{rp}$），因此磨削工艺复杂，调整、检测精度要求也较高。在某些情况下，可以只用一条完整的短幅外摆线的等距曲线来取代复合齿形，如图 9.3-17 所示，用它可以取代图 9.3-13 的复合齿形，但在此实例中只有三对齿同时啮合传力。

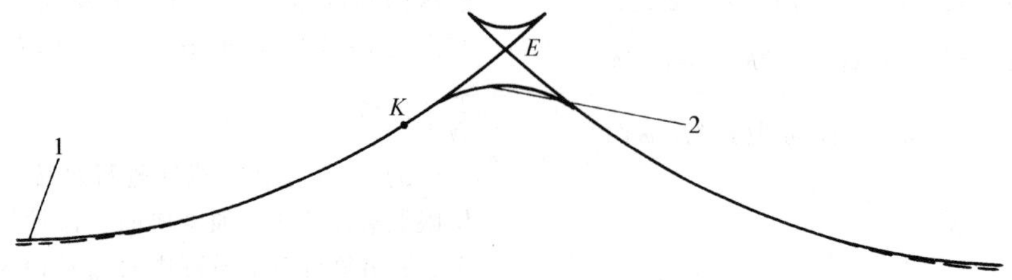

图 9.3-17　用单一齿形取代复合齿形

1—有顶切的工作摆线齿形 L_1，其参数为 $r_p=131\text{mm}$，$r_{rp}=6\text{mm}$，$a=1\text{mm}$，$z_p=88$，$\Delta r_p=0.34\text{mm}$，$\Delta r_{rp}=0.46\text{mm}$，$r_E=125.88\text{mm}$

2—用优化方法，选取的在工作部分与 L_1 齿形逼近，但无顶切的新齿形 L_2，其参数为 $r_{p2}=130.1\text{mm}$，$r_{rp2}=5.5\text{mm}$，$a_2=0.75\text{mm}$，$z_{p2}=88$，$r_{ac2}=125.35\text{mm}$

在大传动比（$i>43$）的小型摆线针轮行星减速机中，由于采用复合齿形的磨削工艺复杂，为了降低制造成本，也可改用不带针齿套的微变幅（$K_1\approx1$）摆线针轮行星传动以提高传动效率。

2.5　二齿差摆线针轮行星传动

传动比 $i\leqslant17$，特别是 $i\leqslant11$ 的摆线针轮行星传动采用传统的“一齿差”齿形时，理论上同时啮合传力齿数（约为针轮齿数的一半）本来就不多，为了形成必要的啮合间隙以补偿制造安装误差和满足润滑要求，摆线轮齿经过等距或移距修形后，同时啮合有效传力的齿数就会更少，从而使承载能力降低，并容易产生胶合。为了克服一齿差在小传动比时的弱点，日本和我国相继开发了二齿差摆线针轮行星传动。该传动能有效地增加同时啮合传力的齿数，使小传动比摆线针轮行星传动的承载能力得到显著提高，同时也使小传动比摆线针轮行星传动齿面易胶合的问题得到了解决。

2.5.1　二齿差摆线针轮行星传动的齿廓

二齿差传动齿廓的形成见图 9.3-18。在滚圆 r_p' 圆周上 $\widehat{CC_1}$、$\widehat{C_1C_2}$、…之间增置 C'、C'_1、C'_2、C'_3、…，

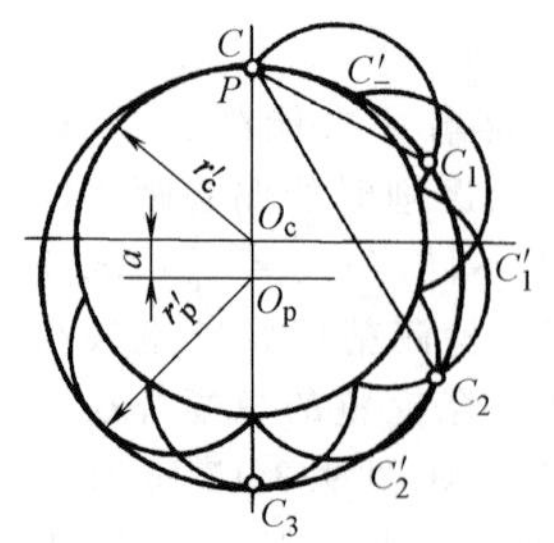

图 9.3-18　二齿差传动齿廓形成

并使这些点位于各段圆弧的中点，即 $\widehat{CC'}=\widehat{C'C_1}=\widehat{C_1C'_1}=\cdots=\dfrac{p}{2}$。当 r_p' 沿基圆 r_c' 滚动时，C、C'、C_1、C_1'、…便构成两组相交的整支外摆线，其相位差为 $\dfrac{360°}{2z_c}$（此处 z_c 为“一齿差”传动时摆线轮的齿数），以齿顶相互削去后的非整支外摆线来看，就形成了周节为 $\dfrac{p}{2}$ 的二齿差的理论齿廓，同理也可得到非整支的短幅外摆线的二齿差理论齿廓，后者的等距曲线即二齿差摆线针轮行星传动摆线轮的实际齿廓，它可与针齿数也增加一倍的针轮相啮合，见图 9.3-19。当然，按此原理也可实现三齿差，但三齿差虽齿数增多，齿高也会削去很多，往往承载能力反而不如二齿差。

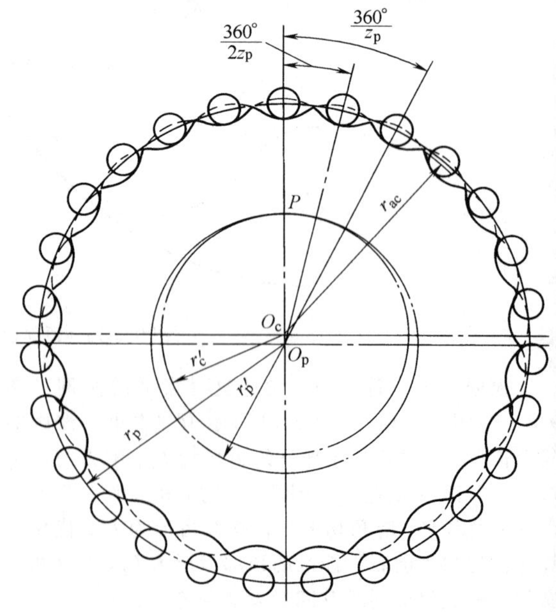

图 9.3-19　二齿差摆线针轮行星传动

.5.2　二齿差传动摆线轮齿廓的修顶

如图 9.3-19 所示，由于“二齿差”传动中摆线轮的齿形是由两条相位相差半个周节的“一齿差”摆线轮齿形相交而形成，故其齿顶为一尖点。由于尖点使齿廓顶部强度不足，还会在传动中引起噪声，因此需要优选一条与齿形工作部分圆滑相连的修顶曲线修去齿顶尖点。

（1）未修顶时齿顶圆半径的计算

如图 9.3-20 所示，两条短幅外摆线的等距曲线的交点 A 就构成了二齿差摆线轮的齿顶。

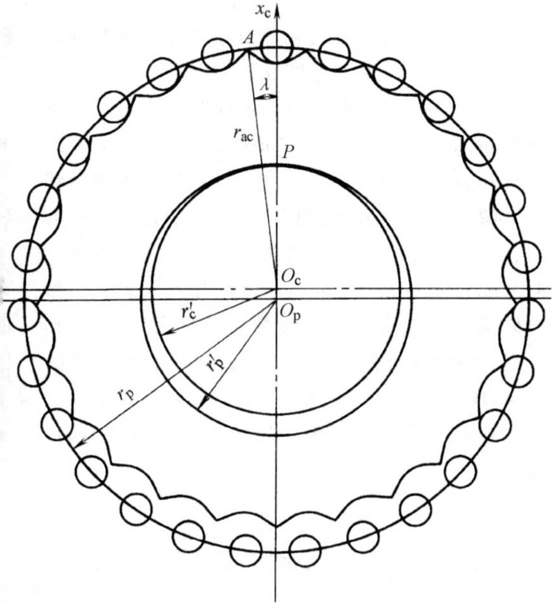

图 9.3-20　二齿差传动齿顶圆计算

由图 9.3-20 知

$$\lambda = \frac{180°}{2z_c} \qquad (9.3\text{-}25)$$

显然，设 A 点坐标为（x_A，y_A）

则

$$\tan\lambda = \frac{y_A}{x_A} \qquad (9.3\text{-}26)$$

又由通用的摆线轮齿形方程式（9.3-9）可得：

$$x_A = [r_p + \Delta r_p - (r_{rp} + \Delta r_{rp})\phi^{-1}(K_1',\ \varphi_A)]\cos[(1 - i^H)\varphi_A - \delta] - \frac{a}{r_p + \Delta r_p}[r_p + \Delta r_p - z_p(r_{rp} + \Delta r_{rp})\phi^{-1}(K_1',\ \varphi_A)]\cos(i^H\varphi_A + \delta) \qquad (9.3\text{-}27a)$$

$$y_A = [r_p + \Delta r_p - (r_{rp} + \Delta r_{rp})\phi^{-1}(K_1',\ \varphi_A)]\sin[(1 - i^H)\varphi_A - \delta] + \frac{a}{r_p + \Delta r_p}[r_p + \Delta r_p - z_p(r_{rp} + \Delta r_{rp})\phi^{-1}(K_1',\ \varphi_A)]\sin(i^H\varphi_A + \delta) \qquad (9.3\text{-}27b)$$

已知 r_p、r_{rp}、a、$z_p = z_p'/2$（z_p' 为二齿差传动针轮的实际齿数）、Δr_p、Δr_{rp}、δ，由式（9.3-25）算得 λ 值，将式（9.3-26）、式（9.3-27a）、式（9.3-27b）三式联立，用计算机求解，就可求出 φ_A、x_A、y_A 的数值。从而可得到未修顶时齿顶圆的半径为

$$r_{ac} = \sqrt{x_A^2 + y_A^2} \qquad (9.3\text{-}28)$$

（2）修顶曲线参数的选择

比较实用的修顶方法是优选另一条短幅外摆线的等距曲线作为“二齿差”传动摆线轮的修顶曲线，如图 9.3-21 所示，曲线 MAN 是二齿差传动摆线轮修顶前的齿廓，曲线 $EKK'F$ 是优选出来的另一条短幅外摆线的等距曲线，它与前一曲线 MAN 相交于 K、K' 两点，两条曲线在交点切线的夹角很小。显然，若用短幅外摆线的等距曲线 $EKK'F$ 的 KK' 段修去原二齿差传动摆线轮的齿尖，而作为摆线轮的顶部曲线，则在展成法摆线磨齿机上是很容易实现的理想修顶曲线。

优选修顶用的短幅外摆线的等距曲线 $EKK'F$ 参数的方法与前面 2.4 节所述优选复合齿形顶部曲线参数的方法基本相同。应注意的要点如下：

1）为使修顶曲线与原二齿差工作齿廓相连处（图 9.3-21 中的 K 与 K' 点处）较光滑地过渡，在优选修顶曲线时，可采用复合齿形优选顶部曲线相同的方法，把两条短幅外摆线的等距曲线交点 K 处的切线夹角作为目标函数 F，使其极小化。通常要求在交点的两切线夹角不大于 6°。

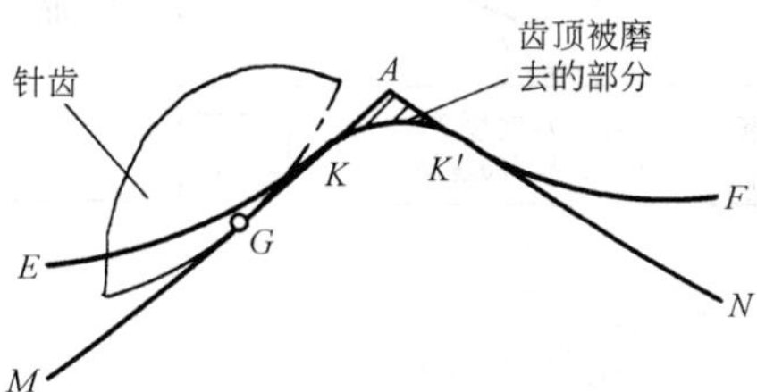

图 9.3-21　二齿差传动摆线轮的修顶曲线

2）为在展成法摆线磨齿机上一次修完所有齿顶，修顶短幅外摆线的等距曲线参数摆线齿数 z_{c2} 通常应选为二齿差摆线轮实际齿数 z'_c 的 2 倍或 3 倍。

3）修顶曲线的偏心距 a_2 应符合摆线磨齿机的偏心距系列（单位为 mm），通常可在 0.75、1.0、1.25、1.5 及 1.75 这几个数值中按 a 值大小选取$\left(\frac{a_2}{a} \approx \frac{1}{8} \sim \frac{1}{5}\right)$。

4）为使磨齿砂轮有合理寿命，修顶曲线参数中

的针齿半径 r_{rp2}不应过小，通常可取

$$3 \sim 2.5\text{mm} < r_{rp2} < \frac{r_{rp}}{2}$$

5）修顶曲线不得产生顶切，其约束条件为

$$g_1(x) = r_{rp2} - |\rho_0|_{min} < 0$$

式中 $|\rho_0|_{min}$——修顶短幅外摆线的等距曲线的理论齿廓的最小曲率半径，其计算见式（9.3-17）及表 9.3-1 中的式（9.3-15）与式（9.3-16）。

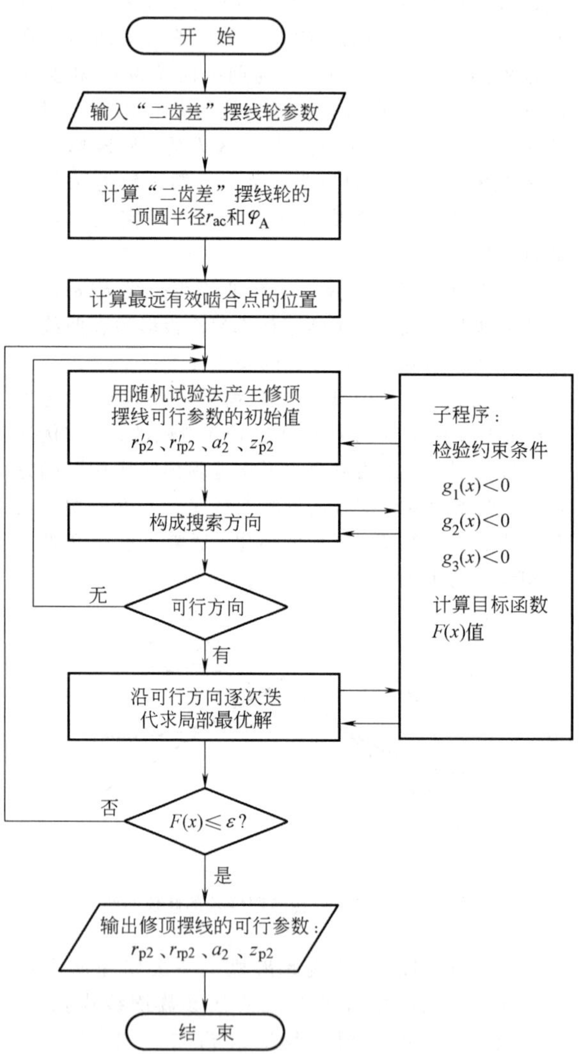

图 9.3-22 求修顶曲线参数的计算机程序框图

6）修顶曲线的起始点 K 应在有效传力轮齿的最远啮合点（图 9.3-21 中的 G 点）之外，以保证有足够的同时啮合传力的齿数，通常设计时，应争取有 4、5 个齿同时啮合传力。设对应于啮合点最远的针齿相对于转臂的转角（啮合相位角）为 φ_G，而摆线轮工作齿廓与修顶曲线交点 K 处的啮合相位角为 φ_K，则上述要求可写为如下的约束条件：

$$g_2(x) = \varphi_G - \varphi_K < 0$$

7）在修顶起始点 K（见图 9.3-21）以前，二齿差传动摆线轮的工作齿廓 MK 不得与修顶曲线相交，以保证工作齿廓 MK 的正确齿形。此点可写为约束条件：

$$g_3(x) = x(y) - x_2(y) < 0$$

式中 $x(y)$、$x_2(y)$——对应相同 y 坐标的工作齿廓的 x 坐标和修顶曲线的 x 坐标。

根据上述目标函数和约束条件搜寻修顶曲线参数的优化设计程序框图见图 9.3-22。

例 9.3-2 二齿差传动的摆线轮参数为 r_p = 109mm，a = 5mm，r_{rp} = 8.5mm，z_p = 12，z'_p = 24，Δr_p = 0.569mm，Δr_{rp} = 0.719mm，δ = 0°，设计修顶曲线。

解 用上述方法，按图 9.3-22 的优化设计程序框图，优选出修顶曲线的诸参数为：r_{p2} = 105mm，r_{rp2} = 4.35mm，a_2 = 0.75mm，z_{p2} = 67。用此参数，工作齿廓与修顶曲线在交点 K 切线的夹角只有 2.26°，连接很光滑，同时啮合传力齿数为 4。修顶前的齿顶圆半径 r_{ac} = 101.787mm，修顶后的齿顶圆半径为 r_{ac2} = 101.4mm，二曲线交点 K 处矢径长 r_K = 101.021mm，见图 9.3-23。

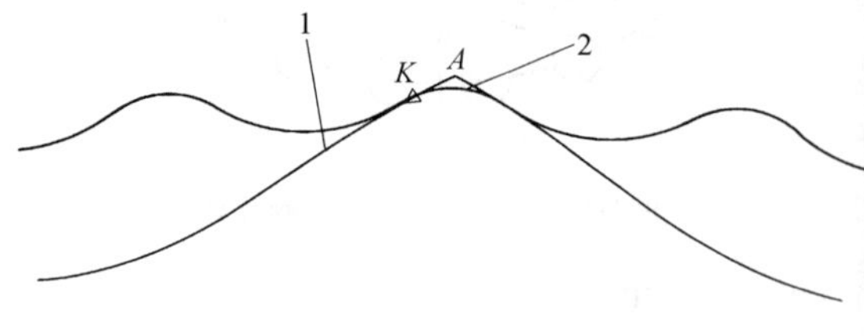

图 9.3-23 二齿差传动摆线轮修顶实例图
1—工作齿形部分，其参数：r_p = 109mm，a = 5mm，r_{rp} = 8.5mm，z_p = 12，Δr_{rp} = 0.719mm，Δr_p = 0.569mm 2—修顶曲线，其参数：r_{p2} = 105mm，r_{rp2} = 4.35mm，a_2 = 0.75mm，z_{p2} = 67

3 摆线针轮行星传动的基本参数和几何尺寸计算

3.1 摆线针轮行星传动的基本参数

摆线针轮行星传动是以 r_p、b_c、z_p 作为基本参数，将其他各参数尽可能化为 r_p、b_c 及 z_p 的函数，这

详可有利于分析设计参数对性能指标的影响。为此，须引用以下两个系数：

(1) 短幅系数 K_1

在本章第 2 节讨论摆线针轮行星传动的啮合原理时，已经引出了短幅系数 K_1

$$K_1=\frac{O'M}{r_g}=\frac{a}{r_g}=\frac{r'_c}{r_{bc}}=\frac{r'_p}{r_p}=\frac{az_p}{r_p}$$

K_1 的取值不同，摆线轮的齿形就不同，会影响传动的性能指标，所以是一个很重要的系数。K_1 取值既不宜过大也不能过小。

1) K_1 不能过大的原因。由式 (9.3-11) 及作为实例的图 9.3-24 可知，K_1 过大（如 $K_1 \geqslant 0.9$）时不仅摆线轮齿廓外凸部分远大于内凹部分，而且外凸部分的 $\left|\dfrac{\rho_0}{r_p}\right|$ 又较小，要想在整个接触区满足 $r_{rp}<|\rho_0|_{min}$，则 r_{rp} 就只能选用得较小，这就使当量曲率半径小而导致工作时接触应力增大。此外，K_1 过大，则偏心距 $a=K_1r_p/z_p$ 在传动比较小从而 z_p 较小时就会过大，这会为设计合理的 W 机构造成困难。如图 9.3-25a 所示，当传动比较小（$i=11$），而 $K_1=0.9$ 时，虽然柱销孔半径 r_w 尽可能取大，柱销套半径 $r_{rw}=r_w-a$ 仍会很小，而柱销半径 r_{sw} 更小，用这样细的柱销传动，会严重影响整机传递转矩的能力。

2) K_1 不能过小的原因。K_1 过小，则摆线轮的节圆半径 $r'_c=az_c=\dfrac{K_1r_p}{z_p}z_c$ 和针轮的节圆半径 $r'_p=K_1r_p$ 都随之显著缩小，因而节点 P 与摆线轮中心 O_c 的距离也显著缩小。在传递转矩一定的条件下，各针齿和摆线轮的啮合作用力（均通过节点 P）就会因力臂减小而增大。例如，在 $z_c=11$、$z_p=12$、$r_{rp}=0.1r_p$ 的传动中，当 $K_1=0.28$，其能传递的转矩仅为 $K_1=0.5333$ 时的 60%。

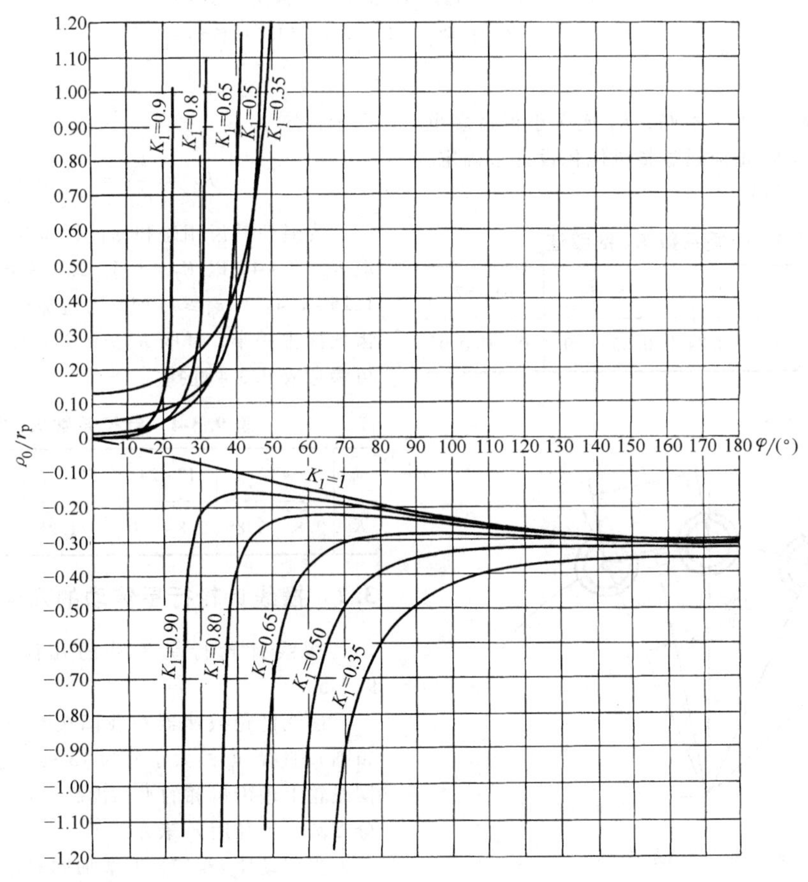

图 9.3-24　$z_c=11$ 和 $z_p=12$ 各种 K_1 值时 $\dfrac{\rho_0}{r_p}$ 与 φ 之间的关系

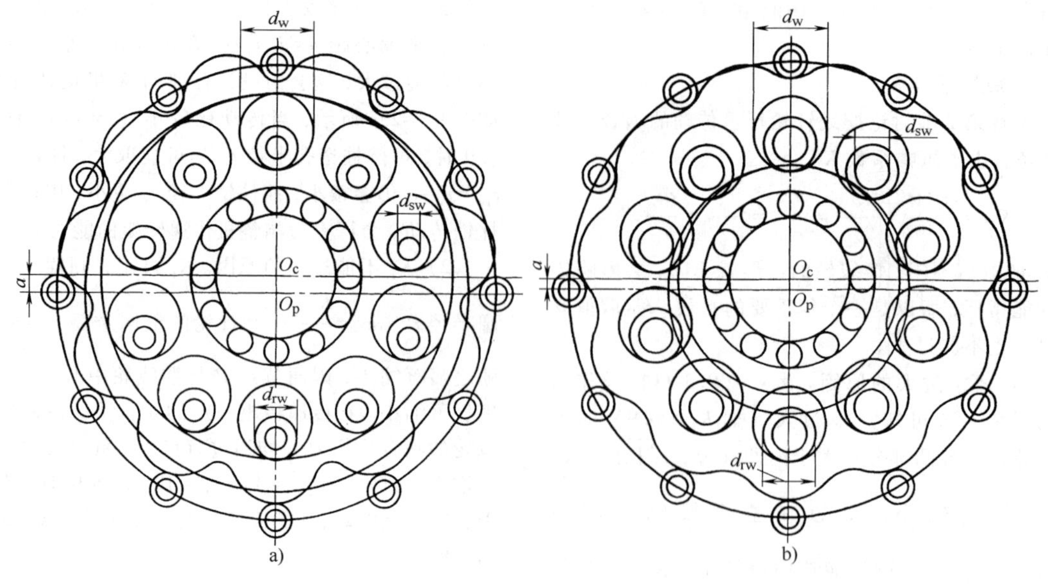

图 9.3-25　$z_p=12$ 选择 K_1 值对 W 机构设计的影响
a）$K_1=0.9$ 的传动　　b）$K_1=0.5333$ 的传动

由上可知，K_1 接近 1 不好，K_1 比 1 小得过多也不好。比较合理的 K_1 值应通过整机优化设计来确定，其推荐值列于表 9.3-3。

表 9.3-3　短幅系数 K_1 推荐值

z_c	≤11	13~23	25~59	61~87
K_1	0.42~0.55	0.48~0.74	0.65~0.9	0.75~0.9

（2）针径系数 K_2

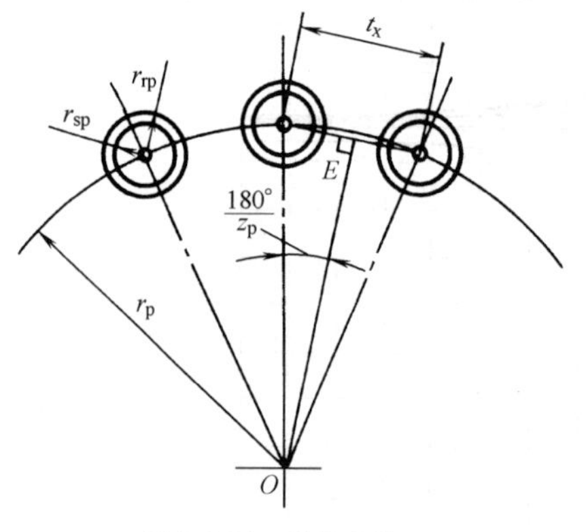

图 9.3-26　针径系数 K_2

针轮上相邻两针齿中心之间的距离与针齿套直径的比值称为针径系数，用 K_2 表示。针径系数 K_2 的大小表明针齿在针轮上的分布密集程度，如图 9.3-26 所示，有

$$K_2 = \frac{t_x}{d_{rp}} = \frac{r_p}{r_{rp}}\sin\frac{180°}{z_p} \tag{9.3-29}$$

为避免针齿相碰和保证针齿与针齿壳的强度，可取 $K_2=1\sim4$，以 $K_2=1.5\sim2.0$ 为最佳，一般不小于 1.25~1.4。当 $z_p \geqslant 44$ 时，为避免针齿相碰，若将针轮齿数抽去一半，可取 $K_2 \geqslant 0.99\sim1.0$。设计时，$K_2$ 值可参考表 9.3-4 选择。

表 9.3-4　针径系数 K_2 推荐值

z_p	<12	12~24	24~36	36~60	60~88
K_2	3.85~2.85	2.8~2.0	2~1.25	1.6~1.0	1.5~0.99

3.2　摆线针轮行星传动的几何尺寸

摆线针轮行星传动的几何尺寸计算列于表 9.3-5。

摆线针轮减速器在我国按针齿中心圆（针轮分布圆）直径 d_p 的大小分为 13 种机型，列于表 9.3-6。摆线轮上理论齿廓的平均齿高所在的圆称为摆线轮的分布圆，半径用 r_c 表示。

当传动比 $i \leqslant 17$，为增加同时啮合受力齿数要采用二齿差摆线针轮行星传动时，参数 a 与 d_{rp} 应通过优化设计重新选取，表 9.3-7 所列为通过优化设计而推荐的二齿差摆线针轮行星传动的参数。

表 9. 3-5　摆线针轮行星传动几何尺寸计算

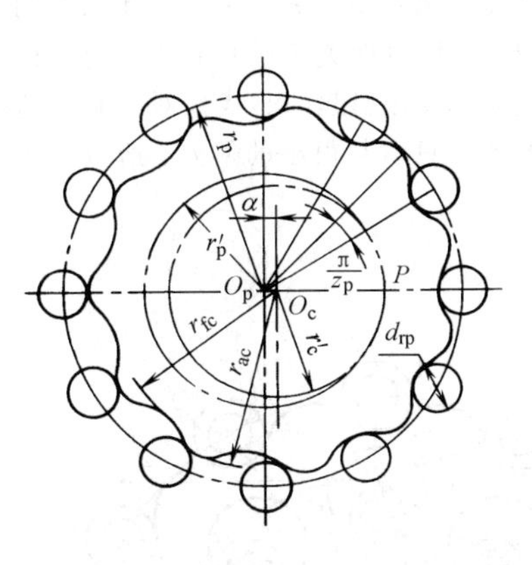

名　　称	符号	计　算　公　式
短幅系数	K_1	$K_1=\dfrac{r_p'}{r_p}=\dfrac{az_p}{r_p}$
节圆齿距	p	$p=2\pi a$
针轮节圆半径	r_p'	$r_p'=K_1r_p=az_p$
摆线轮节圆半径	r_c'	$r_c'=K_1r_p\dfrac{z_c}{z_p}=az_c$
中心距	a	$a=r_p'-r_c'=\dfrac{r_p'}{z_p}=\dfrac{K_1r_p}{z_p}$
摆线轮齿顶圆半径	r_{ac}	$r_{ac}=r_p+a-r_{rp}-\Delta r_{rp}+\Delta r_p$
摆线轮齿根圆半径	r_{fc}	$r_{fc}=r_p-a-r_{rp}-\Delta r_{rp}+\Delta r_p$
摆线轮分布圆半径	r_c	$r_c=r_p-r_{rp}$
针径系数	K_2	$K_2=\dfrac{r_p}{r_{rp}}\sin\dfrac{\pi}{z_p}$（见图 9. 3-26）

注：1. 根据现有磨齿机的要求，a（mm）可采用：0. 65，0. 75，1，1. 25，1. 5，2，2. 5，3，3. 5，4，4. 5，5，5. 5，6，6. 5，7，8，9，10，11，12，13，14。

2. 对于二齿差传动，表中的 $z_p=z_p'/2$（z_p'为二齿差传动针轮的实际齿数）；$z_c=z_c'/2$（z_c'为二齿差传动摆线轮的实际齿数）。

3. 表中摆线轮齿顶圆半径 r_{ac}的计算公式仅适用于一齿差。对于二齿差传动，齿顶圆半径在修顶前接式（9. 3-28）计算；在修顶后即为修顶摆线的齿顶圆半径 $r_{ac2}=r_{p2}+a_2-r_{rp2}$（式中 r_{p2}、a_2、r_{rp2}均为修顶摆线的参数）。

表 9. 3-6　各种机型号对应的针齿中心圆直径范围

机型号	0	1	2	3	4	5	6	7	8	9	10	11	12
d_p/mm	75~94	95~105	106~120	140~155	165~185	210~230	250~275	280~300	315~335	380~400	440~460	535~555	645~690

表 9. 3-7　二齿差摆线针轮行星传动参数

d_p/mm	参　数	$z_p'=2z_p$	
		2×12=24	2×18=36
150	a/mm	4	3
	K_1	0. 64	0. 72
	d_{rp}/mm	14	14
180	a/mm	5	4
	K_1	0. 6667	0. 80
	d_{rp}/mm	14	14
220	a/mm	5	4
	K_1	0. 5455	0. 6545
	d_{rp}/mm	17	17
270	a/mm	7	6
	K_1	0. 6222	0. 80
	d_{rp}/mm	17	17
330	a/mm	8	6. 5
	K_1	0. 5818	0. 7091
	d_{rp}/mm	22	22
390	a/mm	8	8
	K_1	0. 4923	0. 7385
	d_{rp}/mm	27	27
450	a/mm	8. 5	8. 5
	K_1	0. 4533	0. 6800
	d_{rp}/mm	30	30
550	a/mm	11	8. 5
	K_1	0. 4800	0. 5664
	d_{rp}/mm	35	35

3. 3　W 机构的有关参数与几何尺寸

1）W 机构柱销的数目 z_w。柱销的数目 z_w 受摆线轮尺寸的限制，当摆线轮尺寸较小时，柱销数目过多将削弱摆线轮的幅板强度。设计时，z_w 可根据针齿中心圆直径 d_p 按表 9. 3-8 选择。

表 9. 3-8　W 机构柱销数目参考值

d_p/mm	≤100	>100~200	>200~300	>300~400	>400
z_w	6	8	10	12	≥12

2）柱销中心圆半径 R_w。合理的 R_w 值按下式计算：

$$R_w=\frac{r_{fc}+R_n}{2}\tag{9. 3-30}$$

式中　r_{fc}——摆线轮的齿根圆半径（mm），按表 9. 3-5 公式计算；

R_n——摆线轮的中心孔半径（mm），根据结构要求及滚动轴承标准确定，初算时可取 $R_n=(0. 4\sim0. 5)r_p$。

3）W 机构的柱销直径 d_{sw}和柱销套直径 d_{rw}。柱销直径 d_{sw}由柱销的抗弯强度条件决定，销套直径

$$d_{rw}=(1. 3\sim1. 5)d_{sw}$$

也可按表 9.3-9 选用。

4）摆线轮上的销孔直径

表 9.3-9　W 机构柱销和柱销套直径参考值　（mm）

d_{sw}	12	14	17	22	26	32	35	45	55
d_{rw}	17	20	26	32	38	45	50	60	75

$$d_w = d_{rw} + 2a + \Delta \tag{9.3-31}$$

式中　Δ——柱销孔与柱销套之间的间隙（mm），$d_p \leqslant 550$mm 时，$\Delta = 0.15$mm，$d_p > 550$mm 时 $\Delta = 0.20 \sim 0.30$mm。

算出 d_w 以后，需验算摆线轮上的销孔壁厚 Δ_1 和 Δ_2（见图 9.3-27），并保证最小壁厚不小于 $[\Delta] = 0.03d_p$，由图 9.3-27 得

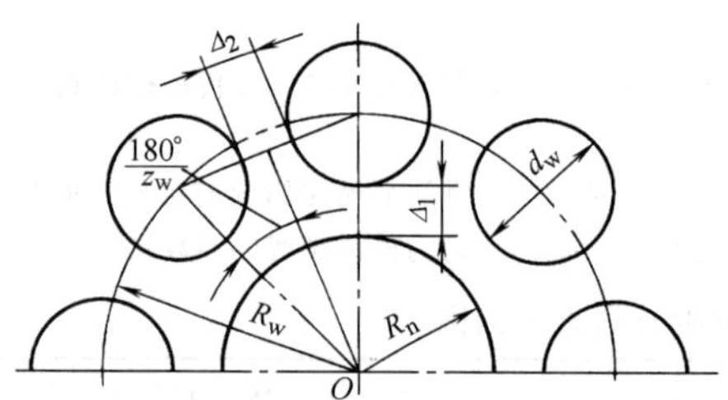

图 9.3-27　摆线轮销孔壁厚 Δ_1 和 Δ_2

$$\begin{cases} \Delta_1 = R_w - R_n - \dfrac{d_w}{2} \\ \Delta_2 = 2R_w \sin\dfrac{180°}{z_w} - d_w \end{cases} \tag{9.3-32}$$

4　摆线针轮行星传动的受力分析

摆线轮在工作中主要受 3 种力：针齿与摆线轮齿啮合的作用力；输出机构柱销对摆线轮的作用力；转臂轴承对摆线轮的作用力（作用力中一般不计摩擦力）。

4.1　针齿与摆线轮齿啮合的作用力

4.1.1　在理想标准齿形无隙啮合时，针齿与摆线轮齿啮合的作用力

如假设针轮固定不动，对摆线轮（行星轮）加一转矩 T_c，在 T_c 的作用下，由于传力零件的弹性变形，摆线轮转过一个 β 角。如果摆线轮体、针齿套和转臂的变形忽略不计，求得针齿销的弯曲和轮齿接触挤压的总变形，对针齿 2、3、4、…（见图 9.3-28）分别为

$$\delta_2 = l_2\beta;\quad \delta_3 = l_3\beta;\quad \sigma_4 = l_4\beta \cdots$$

摆线轮齿廓与针齿齿廓在接触处的公法线（即接触处的受力 F_i 的作用线）与节点的圆周速度方向所夹的锐角（α_i）称为啮合角，可见，摆线轮齿和针轮齿在不同啮合位置啮合时，其啮合角不相等，见图 9.3-28。

假定针齿承受的载荷 F_2、F_3、F_4、…和相应的变形 $l_2\beta$、$l_3\beta$、$l_4\beta$、…呈线性关系。由于和不同的针齿啮合时，因当量曲率变化引起的非线性对于我们所取的 δ 和 l 之间的关系只引起很小的偏差，所以上述假设是允许的。

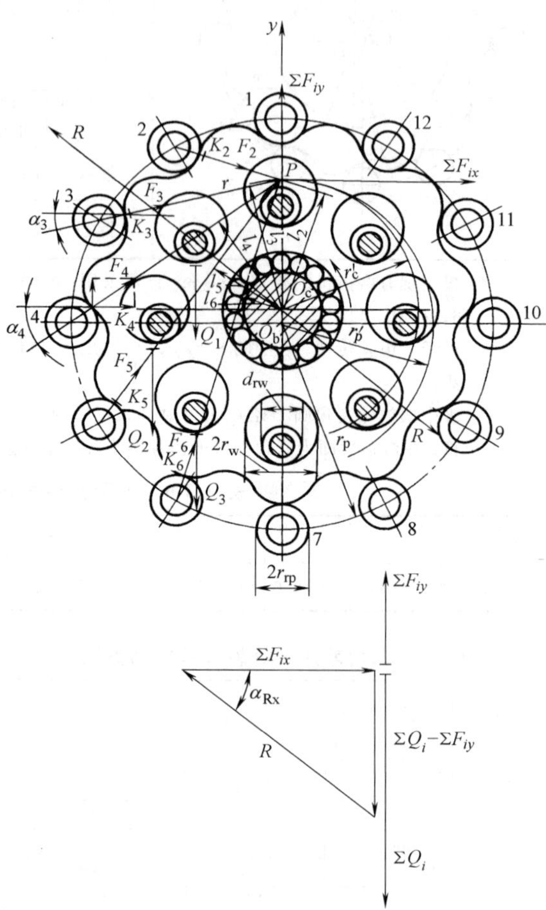

图 9.3-28　摆线轮受力分析图

最大载荷 F_{max} 在最大力臂 $l_{max} = r_c'$ 的针齿处（见图 9.3-29）。作用在第 i 个针齿上的力用下式确定：

$$F_i = F_{max}\frac{l_i}{r_c'} \tag{9.3-33}$$

由摆线轮传递的转矩 T_c 为

$$T_c = \sum_{(i)} F_i l_i = \frac{F_{max}}{r_c'}\sum_{(i)} l_i^2 = F_{max} r_c' z_p\left[\frac{\sum_{(i)} l_i^2}{r_c'^2 z_p}\right]$$

式中方括号中的值为常数，等于 0.25，故得

$$T_c = \frac{1}{4}F_{max} r_c' z_p \tag{9.3-34}$$

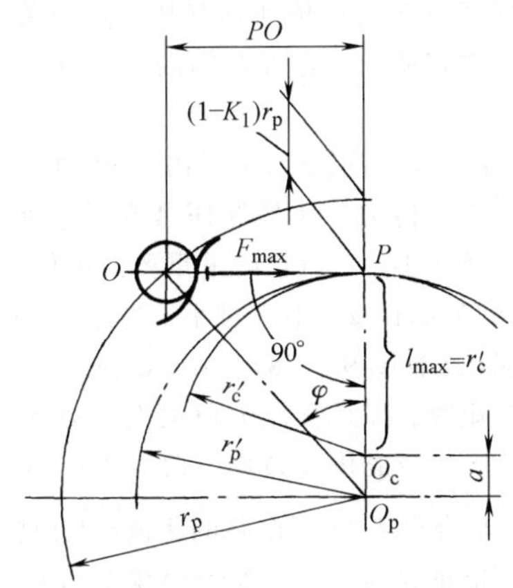

图 9.3-29　承受最大载荷 F_{max} 的针齿位置

或写为
$$F_{max}=\frac{4T_c}{r_c'z_p}$$

将 $r_c'z_p=r_p'z_c=K_1r_pz_c$ 代入上式得
$$F_{max}=\frac{4T_c}{K_1z_cr_p}$$

由于制造误差，传给两个摆线轮的转矩是不相等的，即其中之一的 T_c 值略超过 $0.5T$（T 为输出轴传递的总转矩）。故在力分析与强度计算时，建议取 $T_c=0.55T$，代入上式得
$$F_{max}=\frac{4\times0.55T}{K_1z_cr_p}=\frac{2.2T}{K_1z_cr_p}\tag{9.3-35}$$

4.1.2　修形齿有隙啮合时，针轮齿与摆线轮齿啮合的作用力

前述标准齿形无隙啮合时，针齿与摆线轮齿啮合的作用力分析，由于未考虑摆线轮齿形修形的影响及轮齿接触变形与针齿销弯曲变形的影响，在实际工程计算中带来极大的误差（与实测 F_{max} 比较，有时误差达 60%，甚至 90%以上），因为经过齿形修形，无论是移距修形或等距修形，都会引起初始啮合间隙，使同时啮合有效传力的齿数减少，达不到针轮齿数的一半。

下面介绍考虑了摆线轮齿形修形及轮齿弹性变形影响，符合工程实际条件的较准确的力分析方法。

(1) 初始法向啮合侧隙

标准的摆线轮以及只经过转角修形的摆线轮与标准的针轮啮合，在理论上都可达到同时啮合的齿数约为针轮齿数的一半，但摆线轮齿形只要经过等距、移距或等距加移距修形，如果不考虑零件弹性变形的补偿作用，则多齿同时啮合的条件便不再存在，而变为当某一个摆线轮齿和针轮齿接触时，其余的摆线轮齿与针轮齿之间都存在着大小各不相同的初始法向侧隙。参看图 9.3-30，第 i 对轮齿沿待啮合点（待啮合点是指齿形未修形前本应啮合，但由于齿形修形产生初始间隙而未啮合的点）法线方向的初始法向侧隙$\Delta(\varphi)_i$ 可按下式计算：
$$\Delta(\varphi)_i=\Delta r_{rp}\left(1-\frac{\sin\varphi_i}{\sqrt{1+K_1^2-2K_1\cos\varphi_i}}\right)-\frac{\Delta r_p(1-K_1\cos\varphi_i-\sqrt{1-K_1^2}\sin\varphi_i)}{\sqrt{1+K_1^2-2K_1\cos\varphi_i}}\tag{9.3-36}$$

式中　φ_i——第 i 个针齿相对于转臂 $\overline{O_pO_c}$ 的转角（°）；

K_1——短幅系数，$K_1=az_p/r_p$；

其余符号同前。

令　$\Delta(\varphi)_i=0$，由上式可解得
$$\cos\varphi_i=K_1\tag{a}$$
即
$$\varphi_i=\varphi_0=\arccos K_1\tag{b}$$

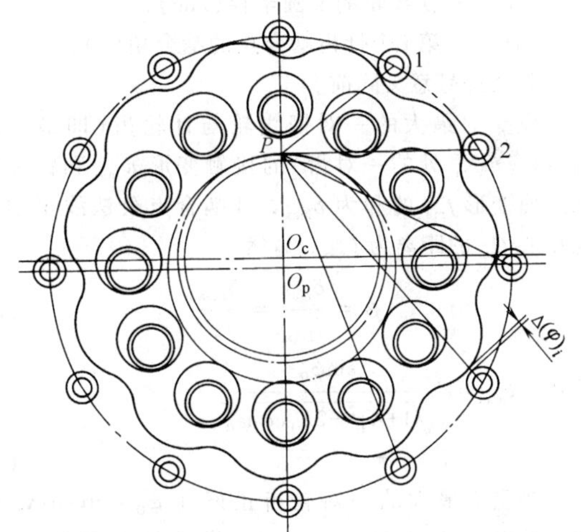

图 9.3-30　因摆线轮修形引起的初始啮合侧隙

这个解是使初始间隙为零的角度，空载时，只有在(或最靠近)$\varphi_0=\arccos K_1$ 处的一对齿啮合。从 $\varphi_i=0$ 到 $\varphi_i=180°$的初始间隙分布曲线见图 9.3-31 中的实线。

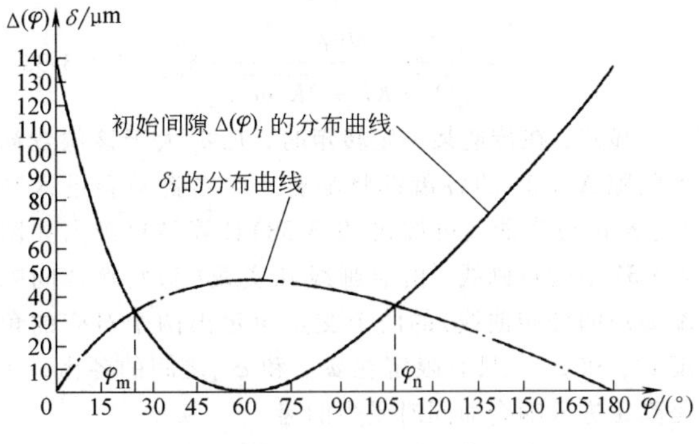

图 9.3-31　$\Delta(\varphi)_i$ 与 δ_i 的分布曲线

（2）判定摆线轮与针轮同时啮合齿数的基本原理

如图9.3-28所示，设传递载荷时，对摆线轮所加转矩为T_c。在T_c的作用下，由于摆线轮与针轮齿的接触变形W及针齿销的弯曲变形f，摆线轮转过一个β角，若摆线轮体、安装针齿销的针齿壳和转臂的变形影响较小可忽略不计，则在摆线轮各啮合点公法线方向的总变形$W+f$或在待啮合点法线方向的位移应为

$$\delta_i = l_i\beta(i = 1,\ 2,\ \cdots,\ z_p/2) \tag{c}$$

式中　β——加载后，由于传力零件的变形所引起的摆线轮的转角(rad)；

l_i——第i个针齿啮合点的公法线或待啮合点的法线至摆线轮中心O_c的距离(mm)。

$$l_i = r_c{}'\cos\alpha_i = r_c'\frac{\sin\varphi_i}{\sqrt{1 + K_1{}^2 - 2K_1\cos\varphi_i}} \tag{9.3-37}$$

式中　r_c'——摆线轮的节圆半径(mm)；

α_i——第i个针齿啮合点的啮合角(°)；

其余符号意义同前。

设受力最大的一对摆线轮与针轮齿（即最靠近$\phi_0=\arccos K_1$处的一对齿）的接触变形w_{max}和针齿销的弯曲变形f_{max}的和为δ_{max}，其啮合点公法线至摆线轮中心O_c的距离为l_{max}，显然

$$\beta = \frac{\delta_{max}}{l_{max}} = \frac{\delta_{max}}{r_c{}'} \tag{d}$$

式中　$l_{max}=r_c'\dfrac{\sin\varphi_0}{\sqrt{1+K_1{}^2-2K_1\cos\varphi_0}}$

$$\approx r_c{}' \tag{e}$$

当受力最大的一对轮齿正好在$\varphi_0=\arccos K_1$处时，无疑式(e)中$l_{max}=r_c{}'$；若只是很接近$\varphi_0=\arccos K_1$处，则为$l_{max}\approx r_c{}'$。

联立式(9.3-37)及式(c)~式(e)，并考虑到$\varphi_0=\arccos K_1$，可得

$$\delta_i = l_i\beta = l_i\frac{\delta_{max}}{l_{max}} = \frac{l_i}{r_c{}'}\delta_{max}$$

$$= \frac{\sin\varphi_i}{\sqrt{1 + K_1^2 - 2K_1\cos\varphi_i}}\delta_{max} \tag{9.3-38}$$

显然，在传递某一定转矩时，凡δ_i大于该位置初始间隙$\Delta(\varphi)_i$的各齿都将啮合，反之就不会进入啮合。δ_i的分布曲线可按式(9.3-38)计算结果画出如图9.3-31中的点画线。由点画线和实线（初始啮合间隙$\Delta(\varphi)_i$的分布曲线）的两个交点决定出两个对应的角度φ_m和φ_n，只有限定在φ_m和φ_n之间的各齿，才是真正进入啮合而同时受力的齿。

（3）确定摆线轮与针轮同时啮合传力齿数的原则

保证摆线针轮行星传动具有其优点的关键，在于保证合理的多齿啮合。合理范围的多齿啮合，其主要根据为以下两点：

1）应保证在区间$[\varphi_m,\varphi_n]$内，摆线轮至少有3~4个齿同时啮合传力，这是保证具有足够承载能力、传动平稳、噪声小、寿命长的最重要的条件。

2）区间的始位φ_m不宜过小，终位φ_n不宜过大。其主要原因（参看图9.3-28）是：①φ过小或过大处的轮齿传递转矩时，都是在压力角很大而力臂很小情况下传力，必然会造成传动效率下降；②φ_i角越大处的齿啮合时，啮合点K与瞬心P的距离$\overline{KP}$也越大，从而在啮合处可能的滑动速度（等于摆线轮与针轮的相对角速度ω乘以啮合点K至瞬心P的距离）$v=\omega\overline{KP}$也越大，因此φ_i过大处的齿参加啮合，不论相对滑动速度是产生在针齿与摆线轮之间，还是产生在针齿套与针齿销之间，都会导致摩擦功率增大而传动效率降低；③φ_i角过大处的轮齿啮合，其当量曲率半径较小，即使受力小，接触应力σ_H并不小，当啮合处σ_H不小，而v却很大时，还可能导致胶合。通过对国内外一些摆线针轮行星减速器参数和性能的分析比较，推荐φ_m与φ_n的取值范围为：$\varphi_m>25°$；$\varphi_n<100°$。从保证基本承载能力又有较高传动效率的观点出发，同时啮合传力的齿数，既不能小于3~4个齿，也不宜过多。通常根据针轮齿数z_p的多少，在传递额定转矩时，将同时啮合有效传力的齿数控制在4~7个齿左右。

（4）修形齿形摆线轮与针轮啮合时的受力分析方法

1）确定摆线轮与针轮同时啮合的齿数z_T。对已设计好的摆线针轮行星减速器，可以按本节(2)中所述基本原理，根据传递的转矩、针齿结构尺寸及摆线轮的齿形修形量等已知条件进行计算，求得该减速器在传递给定转矩时同时啮合的齿数z_T。

对自行设计的摆线针轮行星传动，可按本节(3)中所述的原则，选定在传递额定转矩时啮合传力的齿数z_T，然后再按此设计针齿结构、尺寸和选定合理的摆线轮齿形修形量。

2）求同时啮合传力诸齿中受力最大齿所受之力F_{max}。修形齿摆线轮与针轮进行有隙啮合时，其主要特点有两方面：一方面是摆线轮同时啮合传力的齿数不是约等于其齿数之半，而往往是$z_T=3\sim7$，若设计不合理或摆线轮齿形修形量选定不合理，可能出现$z_T=1\sim2$的非正常状态；另一方面是由于经过移距或等距修形的摆线轮在（或最接近）$\varphi=\arccos K_1$处有一齿空载接触时，其余各齿与针轮齿，沿待啮合点的法线方向，均存在初始间隙$\Delta(\varphi)_i$（见图9.3-30），且大小各不相同，特别是在修形量较大时差别极大。这时

就不能再假定诸齿受力遵循 F_i 和 $\delta_i=l_i\beta$ 呈线性正比关系，只能假定 F_i 和 $\delta_i-\Delta(\varphi)_i$ 呈线性正比关系。由于这一假定，科学地考虑了能起主要作用的初始间隙 $\Delta(\varphi)_i$ 及受力零件弹性变形的影响，因而用于工程上进行力分析是足够准确的。

按此假定，在同时啮合传力的 z_T 个齿中的第 i 齿受力 F_i 可用下式表示：

$$F_i=\frac{\delta_i-\Delta(\varphi)_i}{\delta_{max}}F_{max} \tag{9.3-39}$$

式中　F_{max}——在（或接近于）$\varphi_i=\varphi_0=\arccos K_1$ 处（亦即在或接近于 $l_i=l_{max}=r'_c$ 的针齿处）的齿最先接触受力，显然在同时受力的诸对齿中，这对齿受力最大。故以 F_{max} 表示该对齿的受力（N）。

其余各符号含义同前。

设摆线轮上的转矩 T_c 由 $i=m$ 至 $i=n$ 的 z_T 个齿传递，由力矩平衡条件可得

$$T_c=\sum_{i=m}^{i=n}F_il_i \tag{f}$$

将式（9.3-39）代入式（f），同时考虑到 $\delta_{max}=r'_c\beta$ 及 $\delta_i=l_i\beta$，可得

$$T_c=F_{max}\sum_{i=m}^{i=n}\left(\frac{l_i}{r'_c}-\frac{\Delta(\varphi)_i}{\delta_{max}}\right)l_i \tag{g}$$

由式（g）即可得到同时传力诸齿中受力最大齿所受力 F_{max} 为

$$F_{max}=\frac{T_c}{\sum\limits_{i=m}^{i=n}\left(\frac{l_i}{r'_c}-\frac{\Delta(\varphi)_i}{\delta_{max}}\right)l_i}=\frac{0.55T}{\sum\limits_{i=m}^{i=n}\left(\frac{l_i}{r'_c}-\frac{\Delta(\varphi)_i}{\delta_{max}}\right)l_i} \tag{9.3-40}$$

式中　T——输出轴上作用的转矩（N·mm）；

l_i——第 i 齿接触点的公法线到摆线轮中心 O_c 的距离（mm），可按式（9.3-37）计算；

r'_c——摆线轮的节圆半径（mm），$r'_c=az_c$；

$\Delta(\varphi)_i$——第 i 齿处的初始间隙（mm），可按式（9.3-36）计算；

δ_{max}——在 $\varphi=\arccos K_1$ 处，受力最大的一对齿（摆线轮齿与针轮齿）在 F_{max} 作用下，在接触点公法线方向的总的接触变形 w_{max} 与针齿销弯曲变形 f_{max} 的总和（mm），即

$$\delta_{max}=w_{max}+f_{max} \tag{9.3-41}$$

$$w_{max}=\frac{2(1-\mu^2)}{E}\frac{F_{max}}{\pi b}\left(\frac{2}{3}+\ln\frac{16r_{rp}\,|\rho|}{c^2}\right) \tag{9.3-42}$$

$$c=4.99\times10^{-3}\sqrt{\frac{2(1-\mu^2)}{E}\frac{F_{max}}{b}\times\frac{2\,|\rho|\,r_{rp}}{|\rho|+r_{rp}}} \tag{9.3-43}$$

式中　μ——摆线轮与针轮齿材料的泊松比，二者材料相同均为 GCr15，$\mu=0.3$；

E——摆线轮与针轮齿材料的弹性模量（MPa），二者材料均为 GCr15，$E=2.06\times10^5$ MPa；

ρ——摆线轮在 $\varphi=\varphi_0=\arccos K_1$ 处的齿廓曲率半径（mm），由式（9.3-12）可得

$$\rho=\rho_{\varphi_0}=\frac{r_p(1+K_1^2-2K_1\cos\varphi_0)^{3/2}}{K_1(z_p+1)\cos\varphi_0-(1+z_pK_1^2)}+r_{rp} \tag{9.3-44}$$

此处 $\rho=\rho_{\varphi_0}$ 为正时表示该处齿廓内凹，ρ_{φ_0} 为负时表示该处外凸。由于 $\varphi_0=\arccos K_1$ 值恒大于摆线轮齿廓曲线拐点处的 $\varphi=\arccos\frac{1+z_pK_1^2}{K_1(z_p+1)}$ 值，也就是说在 $\varphi=\varphi_0$ 处，齿廓恒为外凸，因而计算出的 ρ_{φ_0} 值应恒为负值；

f_{max}——针齿销在 F_{max} 作用下，在力作用点处的弯曲变形（mm），精确计算须用有限单元法，简化计算可按图 9.3-32 所示的针齿销受力简图进行计算。

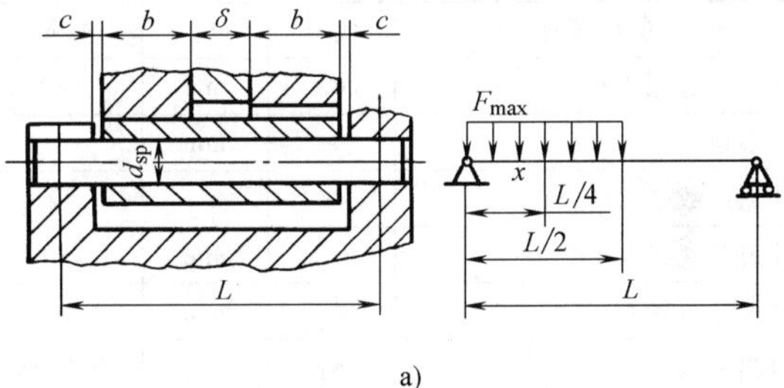

a)

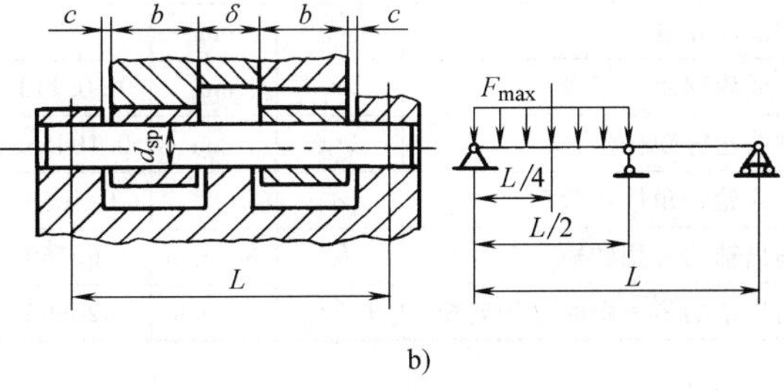

b)

图 9.3-32　针齿销受力简图
a）两支点的针齿　b）三支点的针齿

当针齿销为两支点（见图 9.3-32a）时

$$f_{max} = \frac{F_{max}L^3}{48EJ} \times \frac{31}{64} \qquad (9.3\text{-}45)$$

当针齿销为三支点（见图 9.3-32b）时

$$f_{max} = \frac{F_{max}L^3}{48EJ} \times \frac{7}{128} \qquad (9.3\text{-}46)$$

$$J = \frac{\pi d_{sp}^4}{64}$$

用式(9.3-40)计算 F_{max}时，需要知道 δ_{max}及起始啮合齿号 m、终了啮合齿号 n，而用式(9.3-41)~式(9.3-46)求 δ_{max}时又需知 F_{max}。实际计算时要先给出一个 F_{max}的初始值 F_{max0}代入式(9.3-41)~式(9.3-46)求出 δ_{max}的初始值 δ_{max0}，再按本节(2)中所述判定摆线轮与针轮同时啮合齿数的基本原理，判断起始啮合齿号和终了啮合齿号，再将 δ_{max0}反过来代入式(9.3-40)求出第一次迭代的结果 F_{max1}。比较 F_{max1}与 F_{max0}，若 F_{max1}与 F_{max0}之差的绝对值大于 0.1%F_{max1}，就将 F_{max1}代入式(9.3-41)~式(9.3-46)求 δ_{max1}，将后者再代入式(9.3-40)求出第二次迭代的结果 F_{max2}。按此方式多次反复迭代，直到第 k 次迭代所得到的 F_{maxk}满足 $|F_{maxk}-F_{max(k-1)}|<0.1\% F_{maxk}$，然后取 $F_{max}=\frac{1}{2}(F_{maxk}+F_{max(k-1)})$即为准确的 F_{max}值。

例 9.3-3 已知 BW180 摆线针轮行星减速器有关参数见表 9.3-10。

表 9.3-10 BW180 摆线针轮行星减速器参数

参数名称	代号	单位	数据
针齿中心圆直径	d_p	mm	180
偏心距	a	mm	4
针轮齿数	z_p		12
针齿销直径	d_{sp}	mm	8
针齿套直径	d_{rp}	mm	14
短幅系数	K_1		0.5333
摆线轮齿项圆直径	d_{ac}	mm	174
摆线轮宽度	b_c	mm	12
摆线轮移距修形量	Δr_p	mm	0.03113
摆线轮等距修形量	Δr_{rp}	mm	0.104585
摆线轮转角修形量	δ	(°)	0.1653
输出轴的许用转矩	T_p	N·mm	266760
输出轴的最大瞬时许用转矩	$1.6T_p$	N·mm	426800

求此减速器中修形齿摆线轮与标准针轮啮合，传递输出轴的最大瞬时许用转矩时，同时啮合传力的齿数，以及作用在受力最大齿上的最大作用力 F_{max}。

解

（1）计算初始啮合间隙

当摆线轮齿兼有等距修形与移距修形时，各对轮齿沿待啮合点法线方向的初始间隙，可按式（9.3-36）计算，结果列于表 9.3-11，初始间隙的分布曲线如图 9.3-31 所示，以实线表示。

（2）判定摆线轮与针轮同时啮合的齿数

由表 9.3-10 知，输出轴的最大瞬时许用转矩为

$$T = 1.6T_p = 1.6 \times 266760\ \text{N} \cdot \text{mm} = 426800\ \text{N} \cdot \text{mm}$$

在标准齿形摆线轮与针轮处于理论上的无隙啮合时，同时啮合的齿数约为针轮齿数的一半，如图 9.3-28 所示，共有 5 个。其中受力最大的齿为 2 号齿（该齿处于 $\varphi_i=60°$，最接近于 $\varphi_0=\arccos K_1=57°46'$）。所受力 F'_{max}可按式（9.3-35）算出为

$$F'_{max}=\frac{4T_c}{K_1 z_c r_p}=\frac{2.2T}{K_1 z_c r_p}=\frac{2.2\times 426800}{0.5333\times 11\times 90}\ \text{N}=1778\ \text{N}$$

若摆线轮齿形经过修正，与针轮处于有隙啮合状态，并且在 $\varphi_0\approx \arccos K_1$ 处只一对齿啮合时，则作用力可按下式计算：

$$F''_{max} = \frac{T_c}{r'_c} = \frac{0.55T}{r'_c} = \frac{0.55 \times 426800}{44}\ \text{N} = 5335\ \text{N}$$

在本例中，$F''_{max}:F'_{max}=3:1$。

利用式（9.3-41）~式（9.3-46），分别求出 F'_{max}与 F''_{max}作用时，受力最大的这对齿在接触点公法线方向的总的接触变形 w_{max}与针齿销在受力点的弯曲变形 f_{max}的总和各为

$$\delta'_{max} = w'_{max} + f'_{max} = (0.00533 + 0.022)\text{mm} = 0.02733\ \text{mm}$$

$$\delta''_{max} = w''_{max} + f''_{max} = (0.01462 + 0.066)\text{mm} = 0.08052\ \text{mm}$$

按式（9.3-38），分别算出由 δ'_{max}与 δ''_{max}引起的摆线轮其他各齿沿接触点公法线或待啮合点法线方向位移 δ'_i 与 δ''_i 列于表 9.3-12。

表 9.3-11 初始啮合间隙计算结果

齿号	φ	当 $K_1=0.5333$，$\Delta r_{rp}=0.104585$mm，$\Delta r_p=0.031113$mm 时，按式（9.3-36）算出的初始啮合间隙（mm）
	0°	0.1357
	15°	0.0673
1	30°	0.0235
	45°	0.0041
	57°46′	0
2	60°	0.0001
	75°	0.0054
3	90°	0.0165
	105°	0.0317
4	120°	0.0497
	135°	0.0698
5	150°	0.0911
	165°	0.1133
	180°	0.1357

表 9.3-12　δ'_i 与 δ''_i 的计算

齿号	φ 角	$\Delta(\varphi)_i$/mm	δ'_i/mm	δ''_i/mm	δ'_i、δ''_i 与 $\Delta(\varphi)_i$ 比较
1 号	30°	0.0235	0.02276	0.06707	$\delta'_1<\Delta(\varphi)_1<\delta''_2$
2 号	60°	0	0.02733	0.08052	$\Delta(\varphi)_2<\delta'_2<\delta''_2$
3 号	90°	0.0165	0.02412	0.07110	$\Delta(\varphi)_3<\delta'_3$、$\delta''_3$
4 号	120°	0.0497	0.01766	0.05175	$\delta'_4<\Delta(\varphi)_4<\delta''_4$
5 号	150°	0.0911	0.00920	0.02712	$\delta'_5<\delta''_5<\Delta(\varphi)_5$

由表 9.3-12 可知，当 $\delta'_{max}=0.02733$mm 时，只有 2 号与 3 号齿满足 $\Delta(\varphi)_i<\delta'_i$ 条件，这说明按 5 对齿同时啮合来计算 F'_{max}不符实际。

由表 9.3-12 还可知，当 $\delta''_{max}=0.08052$mm 时，有 1 号、2 号、3 号和 4 号共 4 齿满足 $\Delta(\varphi)_i<\delta''_i$ 条件，这说明按摆线轮只一齿啮合传力来算 F''_{max}也不符合实际。

由表 9.3-12 还可看出，由于初始间隙 $\Delta(\varphi)_4=0.0497$mm 比较大，假定摆线轮有 4 齿同时啮合传力，则 F_{max}必将远小于只一齿传力时的 F''_{max}，这要满足 $\delta_4>\Delta(\varphi)_4$ 显然不可能。

综合上述，可以判定在本例中，摆线轮是 3 个齿同时啮合传力。

（3）修形齿形摆线轮与针轮啮合时的受力分析

由于实际的 F_{max}必在 F'_{max}与 F''_{max}之间，故取二者之平均值，作为用迭代逐次逼近法，求 F_{max}时的初始值 $F_{max\,0}$，即

$$F_{max\,0}=\frac{1}{2}(F'_{max}+F''_{max})$$

$$=\frac{1}{2}(1778+5335)\ \text{N}=3557\ \text{N}$$

以之代入式（9.3-41）~式（9.3-46），求得

$$\delta_{max0}=0.0543\ \text{mm}$$

再以 δ_{max0}之值代入式（9.3-40）求出

$$F_{max1}=2902\ \text{N}$$

因 $|F_{max1}-F_{max0}|=655\ \text{N}>0.1\%F_{max1}$。应继续进行迭代逼近计算。迭代计算的中间及最后结果列于表 9.3-13。由该表可知，只经过 8 次迭代计算，即得到准确的结果 $F_{max}=\frac{1}{2}(F_{max8}+F_{max7})=\frac{1}{2}(3066+3067)\ \text{N}\approx3067\ \text{N}$。

通常，上述用反复迭代方法求 F_{max}的工作均采用排好的程序在计算机上进行计算。其程序框图见图 9.3-33。

以上计算实例是按针齿中心圆直径正好为公称尺寸 $d_p=180$mm 进行计算的，若实际针齿中心圆直径为 $d_p+\Delta d_p$，实际增大的 Δd_p 部分对初始啮合间隙 $\Delta(\varphi)_i$ 的影响将相当于移距修形量 Δr_p 减少了$\frac{1}{2}\Delta d_p$。因此，这时在上例中计算 $\Delta(\varphi)_i$ 公式中的 Δr_p 值就应当以 $\Delta r_p-\frac{1}{2}\Delta d_p$ 值代入。同样，若实际针齿直径为 $d_{rp}+\Delta d_{rp}$，实际增大的部分 Δd_{rp}对初始啮合间隙 $\Delta(\varphi)_i$ 的影响相当于等距修形量 Δr_{rp}减小了$\frac{\Delta d_{rp}}{2}$。因此，计算 $\Delta(\varphi)_i$公式中的 Δr_{rp}值应以 $\Delta r_{rp}-\frac{\Delta d_{rp}}{2}$值代入。

表 9.3-13　迭代法计算 F_{max}之结果

k	F_{max} /N	δ_{maxk} /mm	$\|F_{maxk}-F_{maxk-1}\|$ /N	$1‰F_{maxk}$ /N
1	2902	0.0442	661	2.9
2	3141	0.0478	239	3.1
3	3037	0.0462	104	3.0
4	3079	0.0469	42	3.1
5	3061	0.0466	18	3.1
6	3069	0.0467	8	3.1
7	3066	0.04675	3	3.1
8	3067	0.04675	1	3.1

4.2　输出机构的柱销（套）作用于摆线轮上的力

若柱销孔与柱销套之间没有间隙，计算公式参看表 9.2-45，摆线轮即 N 型传动中的行星轮，则各柱销对摆线轮作用力总和为

$$\Sigma Q_i=\frac{4T_c}{\pi R_w}\qquad(9.3\text{-}47)$$

式中　T_c——一片摆线轮所传递的转矩（N·mm）；

R_w——柱销中心圆的半径（mm）。

摆线轮对销轴的最大作用力为

$$Q_{max}=\frac{4T_c}{R_w z_w}\qquad(9.3\text{-}48)$$

式中　z_w——输出机构柱销数。

实际上，柱销孔与柱销套之间存在间隙 Δ（mm），且

$$\Delta=2(r'_w-r_w)$$

式中　r_w——摆线轮上理论柱销孔半径（mm）；

r'_w——摆线轮上实际柱销孔半径（mm）。

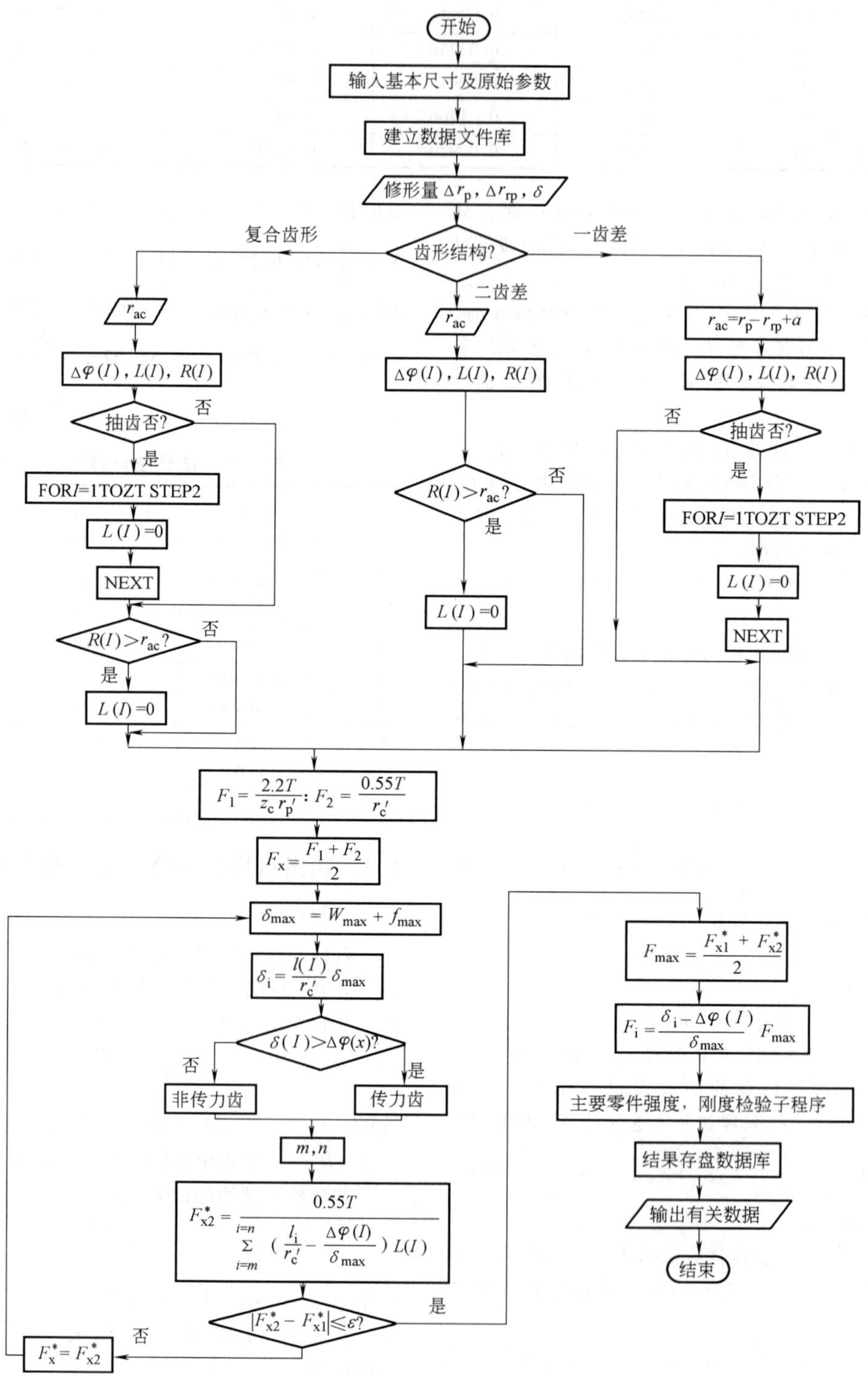

图 9.3-33　摆线轮齿受力分析程序框图

如图 9.3-34 所示，由于 Δ 的存在，当柱销套位于理论上应啮合的位置时，销套外圆与实际销孔之间存在$\frac{1}{2}\Delta$ 的间隙。

空载时，由于存在间隙$\frac{1}{2}\Delta$，销套与销孔需相对转过一个角度 β_w 才能接触，其中 $\alpha_i=90°$处的销套相对于回转中心力臂最大（$l_{max}=R_w$），所以此处柱销套与摆线轮上的销孔最先接触，其他柱销则在跟随转过一个角度后，柱销套与销孔之间仍存在一定间隙，沿理论公法线方向，两者间的距离 ΔW_i 称为初始间隙。

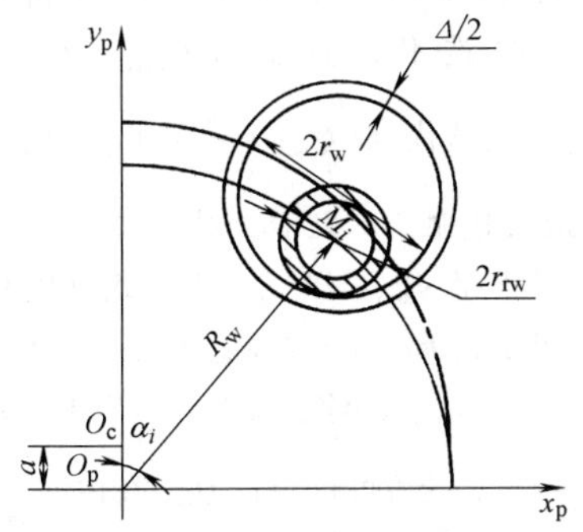

图 9.3-34　柱销孔实际直径比理论直径增大了 Δ

如图 9.3-35 所示，公共转角为

$$\beta_w = \frac{\frac{1}{2}\Delta}{R_w} = \frac{\Delta}{2R_w} \tag{9.3-49}$$

对于任意位置的柱销，其角参量为 α_i，该处的初始间隙 ΔW_i 为

$$\Delta W_i = \frac{\Delta}{2}[1-\sin(\alpha_i)] \tag{9.3-50}$$

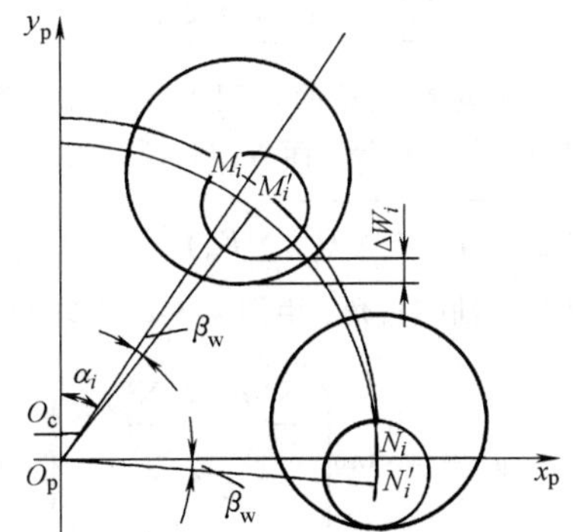

图 9.3-35　初始间隙 ΔW_i

式（9.3-50）即为初始间隙计算公式，其分布有下述特点：

1）在 $\alpha_i=0°$和 180°时，$\Delta W_i=\Delta W_{max}=\frac{1}{2}\Delta$。

2）在 $\alpha_i=90°$时，$\Delta W_i=0$，表明此处为最先接触位置。

3）ΔW_i 相对于 $\alpha_i=90°$处左右对称。

4.2.1　判断同时传递转矩之柱销数

考虑到受力分配不均匀，设每片摆线轮传递的转矩为

$$T_c=0.55T$$

式中　T——摆线针轮减速器输出转矩。

传递转矩时，$\alpha_i=90°$处力臂 $l_{max}=R_w$ 最大，必最先接触，受力最大，弹性变形 ε_{max} 也最大。设处于某任意位置的柱销受力后的弹性变形为 ε_i，则因变形与力臂 l_i 成正比，可得下述关系

$$\frac{\varepsilon_i}{l_i} = \frac{\varepsilon_{max}}{R_w} \tag{9.3-51}$$

又因
$$l_i = R_w\sin\alpha_i \tag{9.3-52}$$

故
$$\varepsilon_i = \varepsilon_{max}\sin\alpha_i \tag{9.3-53}$$

如图 9.3-36 所示，柱销是否传递转矩，应按下述原则判断：

1）如果 $\varepsilon_i\leqslant\Delta W_i$，则此处柱销不可能传递转矩。

2）如果 $\varepsilon_i>\Delta W_i$，则此处柱销必传递转矩。

如图 9.3-36 所示，设最初传力角为 α_m'，由于当 $\alpha_i=\alpha_m'$时，$\varepsilon_i=\Delta W_i$，将式（9.3-51）与式（9.3-53）

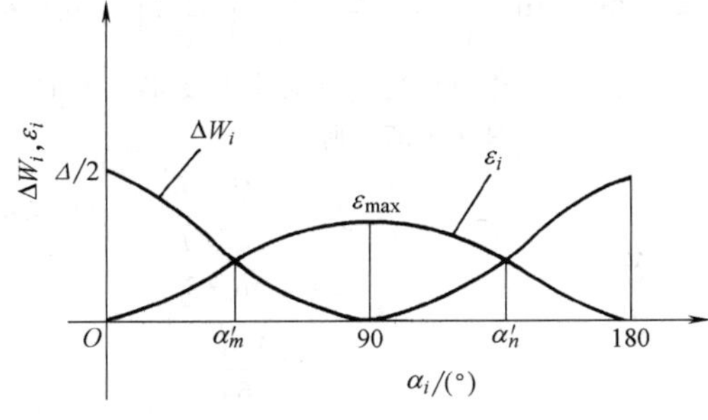

图 9.3-36　判断传递转矩之柱销

代入，可求得

$$\alpha_m' = \arcsin\left(\frac{\Delta}{\Delta+2\varepsilon_{max}}\right) \tag{9.3-54}$$

设最终传力角为 α_n'，由于 ε_i 与 ΔW_i 均相对于 $\alpha_i=90°$左右对称，所以

$$\alpha_n' = 180° - \alpha_m' \tag{9.3-55}$$

最初受力柱销顺序号 m'，可按下式算出：

$$m' = \mathrm{int}\left(\frac{\alpha_m'}{360°}z_w + 1\right) \tag{9.3-56}$$

最终受力柱销顺序号 n'，可按下式算出：

$$n' = \mathrm{int}\left(\frac{\alpha_n'}{360°}z_w\right) \tag{9.3-57}$$

对每片摆线轮，同时传递转矩的柱销总数为

$$N_u = n' - m' + 1 \quad (9.3\text{-}58)$$

由上可知，只要求出最大变形 ε_{max}，不仅可解出在整个旋转一周过程中，每个柱销传递转矩的角度区间，而且可以判断出同时传递转矩的柱销总数。

4.2.2 输出机构的柱销（套）作用于摆线轮上的力

由于柱销（套）要参与传力，必须先消除初始间隙；因此柱销（套）与摆线轮柱销孔之间的作用力 Q_i 大小应与 $\varepsilon_i-\Delta W_i$ 成正比。

设最大受力为 Q_{max}，按上述原则可得

$$\frac{Q_i}{\varepsilon_i - \Delta W_i} = \frac{Q_{max}}{\varepsilon_{max}}$$

即

$$Q_i = \frac{\varepsilon_i - \Delta W_i}{\varepsilon_{max}} Q_{max} \quad (9.3\text{-}59)$$

$$\varepsilon_{max} = W_{wmax} + f_{wmax} \quad (9.3\text{-}60)$$

式中 W_{wmax}——柱销套与摆线轮上柱销孔沿接触点公法线方向上的接触变形（mm），即

$$W_{wmax} = \frac{2(1-\mu^2)}{E}\frac{Q_{max}}{\pi b_c}\left[\frac{2}{3} + \ln\left(\frac{16 r_{rw} r_w}{c^2}\right)\right] \quad (9.3\text{-}61)$$

$$c = 9.98 \times 10^{-3}\sqrt{\frac{(1-\mu^2)}{E}\frac{Q_{max}}{b_c}\left(\frac{r_{rw} r_w}{a}\right)} \quad (9.3\text{-}62)$$

f_{wmax}——柱销在受力点的弯曲变形（mm），见图9.3-37，则

$$f_{wmax} = \frac{Q_{max} L^3}{3EJ} \quad (9.3\text{-}63)$$

$$L = 1.5b_c + \delta_c$$

$$J = \frac{\pi d_{sw}^4}{64}$$

式中 μ——泊松比，柱销套与摆线轮材料均为GCr15时，$\mu=0.3$；

E——弹性模量（MPa），受力零件材料均为GCr15时，$E=2.06\times10^5$ MPa；

b_c——摆线轮的宽度（mm）；

δ_c——间隔环厚度（mm）；

d_{sw}——柱销直径（mm）。

由力矩平衡条件

$$T_c = \sum_{i=m'}^{i=n'} Q_i l_i$$

将式（9.3-52）和式（9.3-59）代入上式，整理得

$$Q_{max} = \frac{0.55T}{R_w \sum_{i=m'}^{i=n'}\left(\sin\alpha_i - \frac{\Delta W_i}{\varepsilon_{max}}\right)\sin\alpha_i} \quad (9.3\text{-}64)$$

在上述各式中，求 ε_{max} 时需知道 Q_{max}，而求 Q_{max} 时，又需先知道 ε_{max}，所以实际计算时要采用迭代法。

先设最大接触力 Q_{max} 的初始值 Q_{max0}，可按式（9.3-48），取 $Q_{max0}=\frac{4T_c}{R_w z_w}$，代入式（9.3-60）~式（9.3-63）求得 ε_{max0}，再以 ε_{max0} 代入式（9.3-52）~式（9.3-58）求得 m'、n'，以 ε_{max0}、m'、n' 代入式（9.3-64）求得 Q_{max1}。如果 $|Q_{max1}-Q_{max0}| \leqslant 0.001Q_{max1}$，停止迭代，取 $Q_{max}=\frac{1}{2}(Q_{max1}+Q_{max0})$。否则，以 Q_{max1} 代入式（9.3-60）~式（9.3-63）求得 ε_{max1}，再进行下一次迭代，直到 $|Q_{maxk}-Q_{max(k-1)}| \leqslant 0.001Q_{maxk}$ 停止迭代，取 $Q_{max}=\frac{1}{2}(Q_{maxk}+Q_{max(k-1)})$，即准确的最大接触力。以 Q_{max} 代入式（9.3-60）~式（9.3-63）可求得 ε_{max}；以 ε_{max} 代入式（9.3-52）~式（9.3-58）可求得 m'、n'；以 ε_{max} 代入式（9.3-53）可求得 ε_i；以 ε_i、ε_{max}、ΔW_i 代入式（9.3-59）可求得 Q_i（$i=m'\sim n'$），最后可得包括 Q_{max} 在内的 $\sum_{i=m'}^{i=n'} Q_i$。

4.3 转臂轴承的作用力

转臂轴承对摆线轮的作用力，必与啮合的作用力及输出机构柱销对摆线轮的作用力平衡。参看图9.3-28，将各啮合中的作用力沿作用线移到节点 P，则可得

x 轴方向的分力总和为

$$\sum_{i=m}^{i=n} F_{ix} = \frac{T_c}{r_c'} = \frac{T_c z_p}{K_1 r_p z_c} \quad (9.3\text{-}65)$$

y 轴方向的分力总和为

$$\sum_{i=m}^{i=n} F_{iy} = \sum_{i=m}^{i=n} F_i \sin\alpha_i \quad (9.3\text{-}66)$$

转臂轴承对摆线轮的作用力（它和摆线轮作用于轴承的力，大小相等，而方向相反）为

$$R = \sqrt{\left(\sum_{i=m}^{i=n} F_{ix}\right)^2 + \left(\sum_{i=m'}^{i=n'} Q_i - \sum_{i=m}^{i=n} F_{iy}\right)^2} \quad (9.3\text{-}67)$$

力 R 与 x 轴间夹角，由图9.3-28可求得

$$\alpha_{Rx} = \arctan\left(\frac{\sum_{i=m'}^{i=n'} Q_i - \sum_{i=m}^{i=n} F_{iy}}{\sum_{i=m}^{i=n} F_{ix}}\right) \quad (9.3\text{-}68)$$

5 主要传动件的强度计算

为了减小传动件的尺寸，摆线轮常用轴承钢GCr15、GCr15SiMn，针齿销、针齿套、柱销及柱销套采用GCr15，表面硬度为58~62HRC。

5.1　齿面接触强度计算

实践表明，摆线轮和针齿齿面的失效形式是疲劳点蚀和胶合（针齿销和套先由胶合引起失效）。啮合齿面的接触应力、滑动速度、润滑情况以及零件的制造精度，都是影响齿面产生疲劳点蚀和胶合的因素。

为防止产生点蚀和减少产生胶合的可能性，应进行摆线轮齿与针齿间的接触强度计算。

根据赫兹公式，齿面接触应力按下式计算：

$$\sigma_H = 0.418\sqrt{\frac{E_e F_i}{b_c \rho_{ei}}} \leqslant \sigma_{HP} \qquad (9.3\text{-}69)$$

式中　F_i——针齿与摆线轮齿在某一位置啮合中的作用力（N），由式（9.3-39）~式（9.3-46）计算；

E_e——当量弹性模量（MPa），$E_e = \dfrac{2E_1E_2}{E_1+E_2}$，因摆线轮的弹性模量 E_1 与针齿的弹性模量 E_2 均为钢的弹性模量，故 $E_e = E_1 = E_2 = E = 2.06 \times 10^5$ MPa；

b_c——摆线轮的宽度（mm），通常 $b_c = (0.1 \sim 0.15)\ r_p$；

ρ_{ei}——当量曲率半径（mm），$\rho_{ei} = \left|\dfrac{\rho_i r_{rp}}{\rho_i - r_{rp}}\right|$；

ρ_i——摆线轮在某啮合点的曲率半径（mm），ρ_i 可按式（9.3-12）计算。

因摆线轮齿在不同点啮合时，F_i 与 ρ_{ei} 的值也不同，故用式（9.3-69）进行强度验算时，应取 $\dfrac{F_i}{\rho_{ei}}$（$i = m \cdots n$）中之最大值 $\left(\dfrac{F_i}{\rho_{ei}}\right)_{max}$ 代入，即用下式验算：

$$\sigma_{Hmax} = 0.418\sqrt{\frac{E_e}{b_c}\left(\frac{F_i}{\rho_{ei}}\right)_{max}} \leqslant \sigma_{HP} \qquad (9.3\text{-}70)$$

式中　σ_{HP}——许用接触应力（MPa），用 GCr15 或 GCr15SiMn 制成针齿和摆线轮，硬度为58~62HRC时，一般取 $\sigma_{HP} = 1000 \sim 1200$MPa，对于双级减速机的低速级，或单级低速传动，因为速度低，动载荷小，$\sigma_{HP} = 1300 \sim 1500$MPa。

5.2　针齿销的弯曲强度和刚度计算

针齿销承受摆线轮齿的压力后，产生弯曲变形，弯曲变形过大，使针齿销与针齿套接触不好，转动不灵活，甚至转不动，引起针齿销与针齿套之间发生胶合，并导致摆线轮与针齿胶合。因此，要进行针齿销的刚度计算，即校核其转角 θ 值。另外，还必须满足强度的要求。

针齿中心圆直径 d_p<390mm 时，通常采用二支点的针齿（见图 9.3-32a）；$d_p \geqslant 390$mm 时，为提高针齿销的抗弯强度及刚度，改善销、套之间的润滑，必须采用三支点的针齿（见图 9.3-32b）。

二支点的针齿计算简图如图 9.3-32a 所示，假定在针齿销跨度的一半受均布载荷，则针齿销的弯曲应力 σ_F 和支点处的转角 θ 为

$$\sigma_F = \frac{1.41F_{max}L}{d_{sp}^3} \leqslant \sigma_{FP} \qquad (9.3\text{-}71)$$

$$\theta = \frac{4.44 \times 10^{-6}F_{max}L^2}{d_{sp}^4} \leqslant \theta_p \qquad (9.3\text{-}72)$$

三支点的针齿计算简图见图 9.3-32b，针齿销的弯曲应力和支点处的转角为

$$\sigma_F = \frac{0.48F_{max}L}{d_{sp}^3} \leqslant \sigma_{FP} \qquad (9.3\text{-}73)$$

$$\theta = \frac{0.74 \times 10^{-6}F_{max}L^2}{d_{sp}^4} \leqslant \theta_P \qquad (9.3\text{-}74)$$

式中　F_{max}——针齿上作用的最大压力（N），按式（9.3-40）~式（9.3-60）计算；

L——针齿销的跨度（mm），通常二支点 $L \approx 3.5b_c$；三支点 $L \approx 4b_c$。若实际结构已定，应按实际之 L 值代入上式；

d_{sp}——针齿销的直径（mm）；

σ_{FP}——针齿销的许用弯曲应力（MPa），针齿销材料为 GCr15 时，$\sigma_{FP} = 150 \sim 200$ MPa；

θ_P——许用转角（rad），可取 $\theta_P = 0.001 \sim 0.003$rad。

5.3　转臂轴承的选择

转臂轴承通常用滚动轴承。因为摆线轮作用于转臂轴承上的力 R 较大，转臂轴承内外座圈相对转速要高于 λ 轴转速，所以它是摆线针轮行星传动的薄弱环节。d_p<650mm 时，通常选用无外座圈的单列向心圆柱滚子轴承；$d_p \geqslant 650$mm 时，可选用带外座圈的单列向心圆柱滚子轴承。轴承外径 $D_n = (0.4 \sim 0.5)d_p$，轴承宽度 b 应大于摆线轮的宽度 b_c。有关轴承的计算参看第 14 篇。

5.4　输出机构圆柱销的强度计算

如图 9.3-37 所示，输出机构圆柱销的受力情况相当一悬臂梁，在柱销最大受力 Q_{max} 作用下，圆柱销的弯曲应力为

$$\sigma_w=\frac{K_w Q_{max} L}{\frac{\pi}{32}d_{sw}^3}\approx\frac{K_w Q_{max}(1.5b_c+\delta_c)}{0.1d_{sw}^3}$$

设计时，此式可化为

$$d_{sw}\geqslant\sqrt[3]{\frac{K_w Q_{max}(1.5b_c+\delta_c)}{0.1\sigma_{BP}}}\qquad(9.3\text{-}75)$$

式中　δ_c——间隔环的厚度（mm），针齿为二支点时 $\delta_c\approx b-b_c$；三支点时 $\delta_c\approx b_c$；若实际结构已定，应按实际结构之 δ_c 值代入上式；

b——转臂轴承的宽度（mm）；

K_w——制造和安装误差对销轴载荷影响系数，$K_w=1.35\sim1.5$，精度低时取大值，一般情况下取 1.35；

σ_{BP}——许用弯曲应力（MPa），当圆柱销采用 GCr15 时，$\sigma_{BP}=150\sim200$MPa。

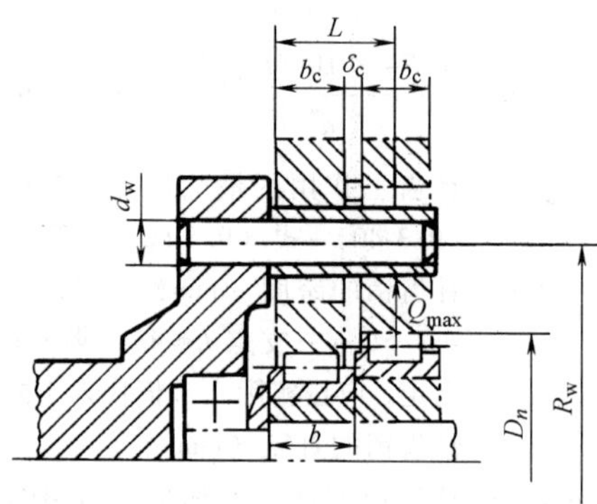

图 9.3-37　柱销受力分析

6　摆线针轮传动的优化设计

6.1　参数优化设计（优选 a 与 r_{rp}）

摆线针轮行星传动的针齿中心圆直径 d_p 及外廓安装尺寸均已标准化，在这种情况下，能有效地影响传动承载能力的主要参数是偏心距 a、针齿半径 r_{rp}，参数优化就是根据给定的 d_p、z_p、z_c，以减速器能承受的额定输出转矩 T 最大为目标函数，来优选 a 与 r_{rp}，即

设计变量：$X=(x_1, x_2)^T=(a, r_{rp})^T$

目标函数：$T(a^*, r_{rp}^*)=\max T(a, r_{rp})$

1）参数优化的约束条件的确定。

① 偏心距 a 约束条件：偏心距 a 应确保其短幅系数 K_1 在合理的取值范围内，即

$$K_1=\frac{az_p}{r_p}$$

$$K_{1x}\leqslant K_1\leqslant K_{1y}$$

如第 3 节所述，K_1 的取值不同，摆线轮的齿形就不同，会影响摆线针轮传动的性能，是一个很重要的参数，其值既不能过大也不能过小。K_1 比较合理的范围值可由表 9.3-3 来确定。

② 针径系数的约束条件：针齿半径 r_{rp} 的取值应满足避免针齿相碰及保证针齿和针齿壳强度两项要求，即 r_{rp} 应确保其针径系数 K_2 在合理的取值范围内

$$K_2=\frac{r_p}{r_{rp}}\sin\frac{180°}{z_p}$$

$$K_{2x}\leqslant K_2\leqslant K_{2y}$$

K_2 值的范围由表 9.3-4 来确定。

③ 针齿半径 r_{rp} 的约束条件：针齿半径 r_{rp} 的取值应满足摆线轮不产生顶切、尖点的要求，也就是 r_{rp} 应小于摆线轮齿凸齿形部分的理论齿形最小曲率半径 $|\rho_0|_{min}$。由 2.4.1 节内容可知：

$$r_{rp}<|\rho_0|_{min}$$

$$=\begin{cases}(1+K_1)^2 r_p/(z_pK_1+1) \\ \qquad 当(z_p-2)/(2z_p-1)\geqslant K_1 \\ r_p\sqrt{27(1-K_1^2)(z_p-1)/(z_p+1)^3} \\ \qquad 当 1>K_1>(z_p-2)/(2z_p-1)\end{cases}$$

④ 偏心距 a 的取值范围应符合摆线磨齿机的规范，即可选用的 a（mm）值为 0.65，0.75，1，1.25，1.5，2，2.5，3，3.5，4，4.5，5，5.5，6，6.5，7，8，9，10，11，12，13，14。

⑤ 针齿直径应取为整数，以便于系列化。

⑥ 摆线轮与针齿接触强度的约束条件如下：

摆线轮齿与针轮齿的最大接触应力根据式（9.3-70）为

$$\sigma_{Hmax}=0.418\sqrt{\frac{E_e}{b_c}\left(\frac{F_i}{\rho_{ei}}\right)_{max}}\leqslant\sigma_{HP}$$

式中各项符号的意义见 5.1 节。

⑦ 转臂轴承的寿命 L_h 不小于许用值 L_p

$$L_h=\frac{10^6}{60n}\left(\frac{C}{P}\right)^{\varepsilon}>L_p$$

式中各项符号的意义见第 8 节。

综上所述，得以下约束函数

$$g_1(a, r_{rp})=K_{1x}-\frac{az_p}{r_p}\leqslant0$$

$$g_2(a, r_{rp})=\frac{az_p}{r_p}-K_{1y}\leqslant0$$

$$g_3(a, r_{rp})=r_{rp}-r_p\sin\left(\frac{180°}{z_p}\right)/K_{2x}\leqslant0$$

$$g_4(a, r_{rp})=r_p\sin\left(\frac{180°}{z_p}\right)/K_{2y}-r_{rp}\leqslant0$$

$$g_5(a, r_{rp})=r_{rp}-|\rho_0|_{min}$$

$$=\begin{cases} r_{rp}-r_p\sqrt{\dfrac{27\ (1-K_1^2)\ (z_p-1)}{(z_p+1)^3}}<0 \\ 当\quad 1>K_1>\dfrac{(z_p-2)}{(2z_p-1)} \\ r_{rp}-\ (1+K_1)^2\ \dfrac{r_p}{z_pK_1+1}<0 \\ 当\quad \dfrac{(z_p-2)}{(2z_p-1)}\geqslant K_1 \end{cases}$$

$g_6\ (a,\ r_{rp})\ =a\ (a\in D,\ D=\ \{0.65,\ 0.75,\ 1,\ 1.25,\ 1.5,\ 2,\ 2.5,\ 3,\ 3.5,\ 4,\ 4.5,\ 5,\ 5.5,\ 6,\ 6.5,\ 7,\ 8,\ 9,\ 10,\ 11,\ 12,\ 13,\ 14\}\ )$

$g_7\ (a,\ r_{rp})\ =\ 2r_{rp}\ (2r_{rp}\in R$，$R$ 为全体正整数的集合）

$$g_8\ (a,\ r_{rp})\ =0.418\sqrt{(E_e/b_c)\ (F_i/\rho_{ei})_{max}}-\sigma_{HP}\leqslant 0$$

其中 $(F_i/\rho_{ei})_{max}$ 是 $x\ (a,\ r_{rp})$ 的函数；

$$g_9(a,\ r_{rp})=L_p-[10^6/(60n)](C/P)^{\varepsilon}\leqslant 0$$

其中 P 是 $x\ (a,\ r_{rp})$ 的函数。

2）参数优化过程。对摆线减速器的一般计算过程是：由减速器传递的额定转矩 T 确定各部分参数后，再计算针齿受力齿数及受力分布情况及轴承受力情况，得出强度、轴承寿命等项指标，再与许用值进行比较，检验是否合格。

但是参数优化中作为目标函数的 T 与设计变量 a、r_{rp} 之间的函数关系较为复杂，无法用一个或多个简单明了的解析式来表达，因此可用下述方法处理：

① 给目标函数 T 一个初始值 T_{00}，对满足前 5 项约束条件（即前 7 个约束函数）的点 $x\ (a,\ r_{rp})$，计算当输出转矩为 T_{00} 时的强度和转臂轴承寿命。设约束条件中的第 6 项计算值为 J_1，许用值为 A_1，二者的比值为 JA_1，第 7 项的计算值为 J_2，许用值为 A_2，二者的比值为 JA_2。若在转矩为 T_{00} 时，满足 $0.995\leqslant (JA_i)_{max}\leqslant 1\ (i=1,\ 2)$，则 T_{00} 即为该点的目标函数值；若 $(JA_i)_{max}<0.995$，则进行第 2 步；若 $(JA_i)_{max}>1$ 则进行第 3 步。

② 令 $T_0=T_{00}$，取 $T=T_0+h\times T_0$［（式（a），$h>0$ 为步长］计算 JA_i，若 $(JA_i)_{max}$ 仍小于 0.995，则加大步长运用式（a）计算 T，直到找出 $(JA_i)_{max}\geqslant 0.995$ 时的 T 值，若 $0.995\leqslant (JA_i)_{max}\leqslant 1$，则该 T 值即为此点的目标函数值；若 $(JA_i)_{max}>1$，则令 $T_1=T$，再进行第 4 步。

③ 令 $T_1=T_{00}$，取 $T=T_1-h\times T_1$［式（b），$h>0$ 为步长］计算 JA_i，若 $(JA_i)_{max}$ 仍大于 1，则加大步长运用式（b）计算 T，直到找出 $(JA_i)_{max}\leqslant 1$ 时的 T 值，若 $0.995\leqslant (JA_i)_{max}\leqslant 1$，则该 T 值即为此点的目标函数值；若 $(JA_i)_{max}<0.995$，则令 $T_0=T$，再进行第 4 步。

④ 此时 $T_0<T$，$T_1>T$（T 为该点的实际目标函数值）。运用等分法，取 $T=\dfrac{T_0+T_1}{2}$［式（c）］，计算 $(JA_i)_{max}$，当 $(JA_i)_{max}<0.995$ 时，取 $T_0=T$，再运用式（c）；当 $(JA_i)_{max}>1$ 时，取 $T_1=T$，再运用式（c），直至达到 $0.995\leqslant (JA_i)_{max}\leqslant 1$，此时的 T 即为该点的目标函数值。

程序框图见图 9.3-38a。

计算目标函数 T 的子程序框图见图 9.3-38b。

框图中力分析子程序的内容是，计算针齿受力齿数及受力分布情况，得出强度和轴承寿命等项指标，参考第 4 节。

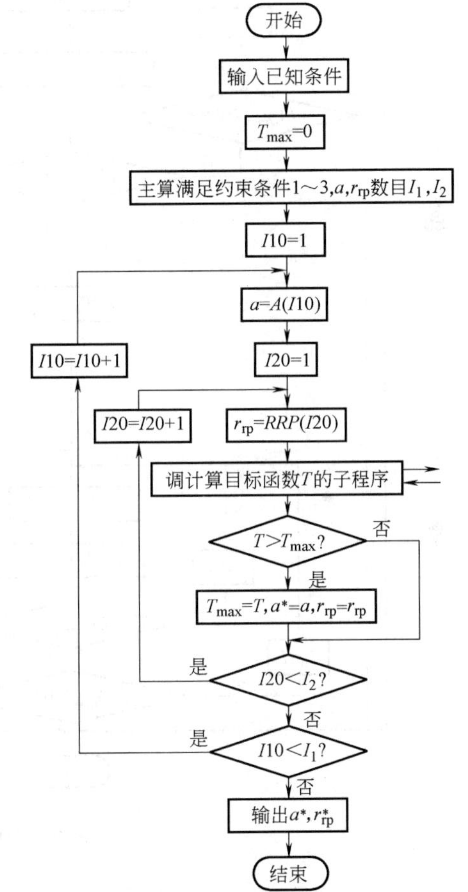

图 9.3-38a　参数优化程序框图

6.2　摆线轮齿形的优化设计

合理的摆线轮齿形的修形应满足以下要求：

1）能形成合理的啮合间隙，既能补偿实际的制造安装误差，又能保证足够的同时啮合齿数。

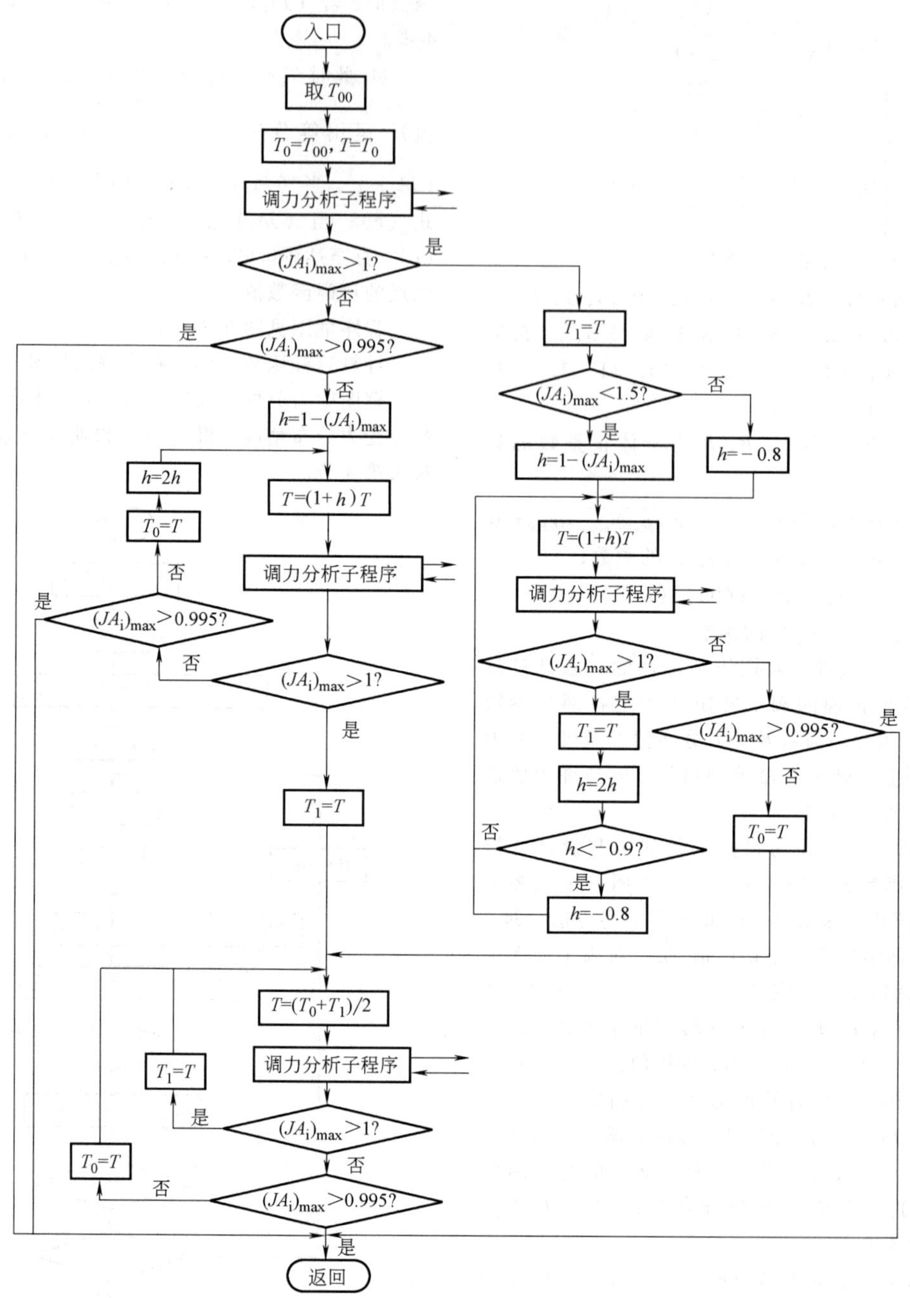

图 9.3-38b　计算 T 子程序框图

2）齿形的工作部分应最大限度逼近共轭齿形使传动平稳。

3）磨削工艺简单。

理论与实践均已证明，采用正等距与数值稍小一点的正移距优化组合的修形方法，可得到上述理想齿形。

正等距修形磨削摆线轮时，是将磨轮的圆弧半径（相当于针齿齿形半径）由标准的 r_{rp} 加大为 $r_{rp}+\Delta r_{rp}$。

正移距修形与通常的负移距修形磨削摆线轮的情况相反，是将磨轮背离工作台中心移动一个微小距离 Δr_p。这就是说，在磨削时相当于针齿中心圆半径 r_p 增大为 $r_p+\Delta r_p$。

正等距与正移距优化组合的摆线轮齿形修形方

法，是用正的等距修形与数值稍小一点的正的移距修形优化组合，使齿形的工作部分与转角修形齿形，最大限度地逼近，从而具有共轭齿形传动平稳，且同时啮合齿数多的优点，并可得到所需的侧隙和径向间隙，能够补偿制造安装误差和满足润滑要求。这种理想的摆线轮齿形的优化设计方法如下：

1）根据给定的主要参数 r_p、z_p、z_e，以整机承载能力最大为目标，优选 a 与 r_{rp}。

2）按制造及使用条件，确定补偿制造误差，保证润滑条件、所需的侧隙 Δ_c 与径向间隙 Δ_j。

3）取 $\Delta r_{rp}-\Delta r_p=\Delta_j$（式中 $\Delta r_{rp}>0$，$\Delta r_p>0$）。

4）摆线轮齿形工作部分所需与之吻合的转角修形齿形的转角修形量 δ_c 的取值范围，按 Δ_c 的取值范围确定。

5）按已定的 r_p、r_{rp}、a、z_p，并令 $\delta=\delta_c$，用式（9.3-76）求转角修形摆线轮齿形坐标：

$$\left.\begin{aligned}x_c &= [r_p - r_{rp}\phi^{-1}(K_1,\ \varphi)]\cos[(1-i^H)\varphi - \delta] - \frac{a}{r_p}[r_p - z_p r_{rp}\phi^{-1}(K_1,\ \varphi)] \times \cos(i^H\varphi+\delta)\\ y_c &= [r_p - r_{rp}\phi^{-1}(K_1,\ \varphi)]\sin[(1-i^H)\varphi - \delta] + \frac{a}{r_p}[r_p - z_p r_{rp}\phi^{-1}(K_1,\ \varphi)] \times \sin(i^H\varphi+\delta)\end{aligned}\right\} \tag{9.3-76}$$

式中　z_p——针轮齿数，对于二齿差则应代以 $z_p/2$；

i^H——摆线轮和针轮的相对传动比 $i^H=z_p/z_c$；

δ——转角修形量（°）；

$\phi^{-1}(K_1,\varphi)=(1+K_1^2-2K_1\cos\varphi)^{-\frac{1}{2}}$

其余符号同前。

6）等距修形与移距修形组合的摆线轮齿形的坐标按式（9.3-77）计算

$$\left.\begin{aligned}x'_c &= [r_p+\Delta r_p-(r_{rp}+\Delta r_{rp})\phi^{-1}(K'_1,\ \varphi)]\cos(1-i^H)\varphi - \frac{a}{r_p+\Delta r_p}[r_p+\Delta r_p - z_p(r_{rp}+\Delta r_{rp})\phi^{-1}(K'_1,\ \varphi)]\cos i^H\varphi\\ y'_c &= [r_p+\Delta r_p-(r_{rp}+\Delta r_{rp})\phi^{-1}(K'_1,\ \varphi)]\sin(1-i^H)\varphi + \frac{a}{r_p+\Delta r_p}[r_p+\Delta r_p - z_p(r_{rp}+\Delta r_{rp})\phi^{-1}(K'_1,\ \varphi)]\sin i^H\varphi\end{aligned}\right\} \tag{9.3-77}$$

式中　K'_1——有移距修形时齿形的短幅系数 $K'_1=az_p/(r_p+\Delta r_p)$；

Δr_{rp}——等距修形量（mm），要求 $\Delta r_{rp}>0$；

Δr_p——移距修形量（mm），要求 $\Delta r_p>0$，且 $\Delta r_{rp}-\Delta r_p=\Delta_j$。

其余符号同前。

7）按同时啮合传力齿数 $z>4$ 的要求，初定与 $\delta=\delta_c$ 的转角修形齿形吻合的摆线轮齿形工作部分的两界限点 B 与 C 处（见图 9.3-39）的 φ_B 与 φ_C 值，并在此区间按 φ 值分为 $m-1$ 等份，得 $\varphi_1=\varphi_B$、φ_2、…、φ_{m-1}、$\varphi_m=\varphi_C$，将此 m 个 φ_i（$i=1$、…、m）值代入式（9.3-76），可得 $\delta=\delta_c$ 转角修形齿形曲线上 m 个点的坐标（x_{ci}，y_{ci}）（$i=1$、…、m）。

8）正等距修形与正移距修形组合的摆线轮齿形坐标由式（9.3-77）知，决定于 r_p、r_{rp}、a、z_p，Δr_{rp}、Δr_p 共 6 个参数，当 r_p、r_{rp}、a、z_p 给定，则齿形坐标只决定于 Δr_{rp} 与 Δr_p。转角修形的摆线轮齿形坐标由式（9.3-76）可知，取决于 r_p、r_{rp}、a、z_p、δ。当 r_p、r_{rp}、a、z_p 给定，则齿形坐标只决定于 δ。很明显，随便给定一组 Δr_{rp}、Δr_p（$\Delta r_{rp}>0$，$\Delta r_p>0$，$\Delta r_{rp}-\Delta r_p=\Delta_j$），由式（9.3-77）所确定的曲线 L' 不会与 $\delta=\delta_c$ 的转角修形齿形曲线 L 的 BC 段吻合，而当令 $y'_{ci}=y_{ci}$（$i=1$、…、m），则 x'_{ci} 与 x_{ci}（$i=1$、…、m）均有差距 $x'_{ci}-x_{ci}\neq 0$（$i=1$、…、m），曲线 L' 与曲线 L 上 BC 段偏离的指标可以用 m 个点偏差绝对值的平均值来衡量，记为

$$F(\Delta r_{rp},\ \Delta r_p) = \frac{1}{m}\sum_{i=1}^{m} |x'_{ci} - x_{ci}| \tag{9.3-78}$$

如果适当地选择 Δr_{rp}^* 与 Δr_p^* 使得

$$F(\Delta r_{rp}^*,\ \Delta r_p^*) = \min F(\Delta r_{rp},\ \Delta r_p)$$
$$\Delta r_{rp} > 0 \qquad \Delta r_p > 0$$
$$\Delta r_{rp} - \Delta r_p = \Delta_j$$

求得的 Δr_{rp}^* 与 Δr_p^* 就是使等距加移距修形的齿形曲线 L'，与转角修正的齿形曲线 BC 段，能最大限度相吻合的等距修形量、移距修形量数值。这实质上是以 $F=F(\Delta r_{rp},\Delta r_p)$ 为目标函数求极小值，以 $\Delta r_{rp}>0$，$\Delta r_p>0$，$\Delta r_{rp}-\Delta r_p=\Delta_j$ 为约束条件来搜寻设计变量 Δr_{rp} 与 Δr_p 的最优化求解问题。

9）用计算机绘图检验齿形曲线 L' 与齿形曲线 L 的 BC 段吻合的情况，绘图时可将尺寸放大检验。

图 9.3-39 是按上述方法，通过计算机辅助设计，

获得的用正的等距修形与正的移距修形合理组合，磨出的理想修形齿形的实例。它用于一台二齿差摆线针轮行星减速器（r_p = 275mm，r_{rp} = 18mm，a = 11mm，z_p = 27，i = 12.5)，由图 9.3-39 明显看出修形齿形十分理想，具有三项重要优点：

① 连续光滑齿面上的 BC 段与有均匀侧隙的转角修正量 δ= 0.1400°的转角修正齿形基本吻合，用这一段齿面工作时，接近理论共轭齿面的啮合，可保证传动比恒定、运转平稳。摆线轮有四对齿同时啮合传力保证接近理论上的多齿啮合条件。

② 齿面上的 AB 段由 B 点开始，逐渐离开转角修正齿形，这一段与虚线所示的标准理论齿形有较均匀的间隙，而且在 A 点的径向间隙大小 $\Delta j = \Delta r_{rp} - \Delta r_p$ = (1.26-1.06) mm = 0.2mm。可用选定 $\Delta r_{rp} - \Delta r_p$ 数值控制，利用这一点，就可按实际需要来补偿制造中径向尺寸链的误差，满足润滑对顶隙的要求。

③ 只需用正的等距修形 Δr_{rp} = 1.26mm、正的移距修形 Δr_p = 1.06mm 组合，即可获得上述理想齿形。磨削工艺比转角加等距修形或转角加移距修形简单得多。

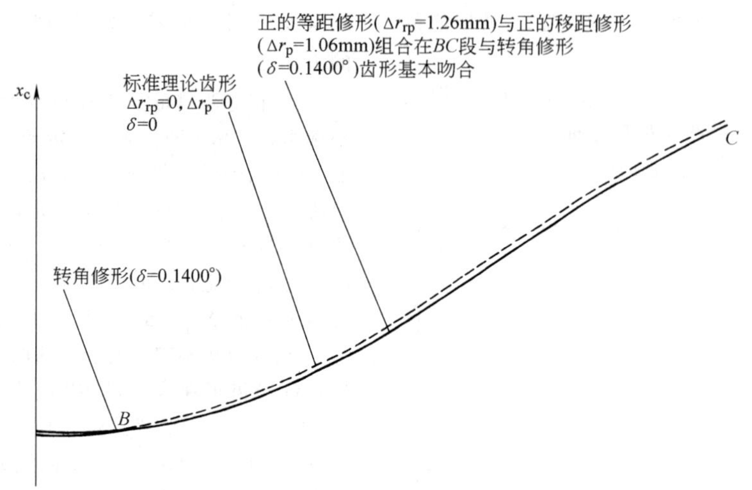

图 9.3-39　正的等距修形与正的移距修形组合所获得的摆线轮修形齿形

7　摆线针轮行星传动的技术要求

7.1　对零件的要求

（1）关键零件材质和热处理要求

1）摆线轮。材料为高碳铬轴承钢 GCr15 或 GCr15SiMn，经热处理后硬度为 58~62HRC。允许采用力学性能与其相当的其他材料。

2）输出轴。材料为 45 钢，经热处理后硬度不低于 170HBW。允许采用力学性能与其相当的其他材料。

3）针齿壳。材料为 HT200 灰铸铁，应进行时效处理，硬度为 170~217HBW，抗拉强度 $R_m \geqslant$ 200MPa（单铸试棒）。

（2）对零件的技术要求（见表 9.3-14）

摆线齿轮和针轮精度分为 5 级、6 级、7 级、8 级、9 级，其中 5 级最高，9 级最低。

7.2　装配的要求

1）各零件装配后其配合关系应符合表 9.3-15 的规定。

2）销轴装入输出轴销孔，可采用温差法。装配后应符合：销轴与输出轴轴线的平行度公差，在水平方向 $\delta_x \leqslant$ 0.04/100，在垂直方向 $\delta_y \leqslant$ 0.04/100。

3）为保证连接强度，紧固环和输出轴的配合，应用温差法装配，不允许直接敲装。

4）机座、端盖和针齿壳等零件，不加工的外表面，应涂底漆并涂以浅灰色油漆（或按主机要求配色）。上述零件不加工的内表面，应涂以耐油油漆。工厂标牌安装时，与机座应有漆层隔开。

5）各连接件、紧固件不得有松动现象。

6）各结合面密封处不得渗漏油。

7）运转平稳，不得有冲击、振动和不正常声响。

8）液压泵工作正常，油路畅通。

表 9.3-14　对摆线针轮行星传动零件的技术要求　(mm)

零件名称	材料	热处理等	尺寸偏差与形位公差							
			项　目			数　值				
机座	HT200	应进行时效处理，不应有裂痕、气孔和夹杂等缺陷	轴承孔			J7（采用非调心轴承） H7（采用调心轴承）				
			与针齿壳配合的止口			H8				
			卧式机座中心高偏差			$d_p \leqslant 450$ 时为 $_{-0.5}^{+0}$；$d_p > 450$ 时为 $_{-1}^{+0}$				
			轴承孔以及与针齿壳配合止口的圆度和圆柱度			不低于 8 级				
			与针齿壳配合止口的轴线对两轴承孔轴线的同轴度			不低于 8 级				
			与针齿壳配合端面对两轴承孔轴线的垂直度			不低于 6 级				
针齿壳		应进行时效处理，不应有裂痕、气孔和夹杂等缺陷				针轮精度等级				
						5 级	6 级	7 级	8 级	9 级
			与法兰端盖配合的孔直径偏差			H6		H7		H8
			与法兰端盖配合的孔的圆度			6 级		7 级		
			与基座配合的止口直径偏差			h5		h6		h7
			与基座配合的止口圆度			6 级		7 级		
			与基座配合的止口轴线对与法兰盘配合的孔轴线的同轴度			7 级		8 级		
			与法兰盘配合端面对与法兰配合孔轴线的垂直度			4 级		5 级		6 级
			两端面平行度			6 级		7 级		
			针齿销孔	直径偏差		H6		H7		
				圆度、圆柱度		7 级		8 级		
				中心圆直径的极限偏差		4 级		5 级		6 级
				中心圆对法兰端盖配合孔轴线的径向圆跳动		6 级		7 级		
				轴线对与法兰端盖配合端面的垂直度		5 级		6 级		
				轴线对法兰盘端盖配合孔轴线的径向圆跳动		5 级		6 级		7 级
						偏差或公差/μm				
				单个孔距极限偏差（针轮单个齿距极限偏差）$\pm f'_{pt}$	$d_p \leqslant 120$	±9	±12	±17	±24	±34
					$120 \leqslant d_p \leqslant 185$	±10	±13	±18	±25	±36
					$185 < d_p \leqslant 300$	±13	±18	±25	±35	±50
					$300 < d_p \leqslant 460$	±14	±19	±27	±38	±54
					$460 < d_p$	±18	±25	±35	±49	±70
				K 个孔距累积偏差（针轮 K 个齿距累积偏差）F'_{pk}		$\pm\sqrt{K}f'_{pt}$				
				孔距累积公差（针轮齿距累积公差）F'_p	$d_p \leqslant 120$	48	67	95	134	190
					$120 < d_p \leqslant 185$	58	81	115	163	230
					$185 < d_p \leqslant 300$	70	99	140	198	280
					$300 < d_p \leqslant 460$	90	127	180	255	360
					$460 < d_p$	110	156	220	311	440
			针齿和针轮的尺寸偏差	针齿直径偏差 f'_d		h6				
				针齿直径变动量 f'_{dd}		IT6/2（GB/T1800.1—2009）				
				针齿圆柱度 f'_{dz}		不低于 7 级				
				针齿套径向圆跳动 f'_r		不低于 7 级				
				针轮中心圆直径偏差 F'_d		IT7/2（GB/T1800.1—2009）				
				针轮齿廓偏差 F'_α		用 f'_d、f'_{dd}、f'_{dz}、f'_r 代替				
				针轮径向圆跳动 F'_r						
			针轮精度的检验项目							
			精度等级	5 级、6 级、7 级、8 级、9 级		f'_{pt}、F'_{pk}、F'_p、F'_α、F'_β、F'_d、F'_r				

（续）

零件名称	材料	热处理等	项目			摆线齿轮精度等级 5级	6级	7级	8级	9级
摆线轮	GCr15	经热处理后要求硬度为58~62HRC，金相组织为隐晶马氏体+结晶马氏体+细小均匀渗碳体（马氏体≤3级）	两端平行度			5级		6级		7级
			轴承配合孔径及几何公差	直径偏差	$d_c<650$	H5		H6		H7
					$d_c\geqslant650$	J6		J7		J8
				圆度、圆柱度		6级		7级		8级
				轴线对基准端面垂直度		5级		6级		7级
			销孔直径及几何公差	直径偏差		H6		H7		H8
				销孔中心圆直径偏差		Js6		Js7		Js8
				销孔中心圆对轴承配合孔轴线的径向圆跳动		6级		7级		8级
				轴线对基准端面的垂直度		5级		6级		7级
						偏差或公差/μm				
				单个孔距极限偏差 $\pm\delta t$	$d_c\leqslant120$	17		24		
					$120<d_c\leqslant185$	21		30	36	
					$185<d_c\leqslant300$	25		35	42	
					$300<d_c\leqslant460$	30		42	50	
					$460<d_c$	35		50	60	
				孔距累积公差 δt_{Σ}	$d_c\leqslant120$	58		80	96	
					$120<d_c\leqslant185$	70		100	120	
					$185<d_c\leqslant300$	80		110	132	
					$300<d_c\leqslant460$	100		140	168	
					$460<d_c$	130		180	216	
			轮齿的各项几何公差或极限偏差	单个齿距极限偏差 $\pm f_{pt}$	$d_c\leqslant120$	±9	±13	±18	±25	±36
					$120<d_c\leqslant185$	±10	±14	±19	±27	±38
					$185<d_c\leqslant300$	±11	±15	±20	±28	±40
					$300<d_c\leqslant460$	±12	±16	±23	±33	±46
					$460<d_c$	±13	±18	±25	±35	±50
				K 个齿距累积偏差 F_{pk}	$\pm\sqrt{K}f_{pt}$					
				齿距累积公差 F_p	$d_c\leqslant120$	30	42	60	85	120
					$120<d_c\leqslant185$	38	53	75	106	150
					$185<d_c\leqslant300$	45	64	90	127	180
					$300<d_c\leqslant460$	55	78	110	156	220
					$460<d_c$	70	99	140	198	280
				齿廓公差 F_α 和一齿截面综合公差 f_n	$d_c\leqslant120$	14	19	27	38	54
					$120<d_c\leqslant185$	15	21	29	41	58
					$185<d_c\leqslant300$	16	22	30	42	60
					$300<d_c\leqslant460$	18	25	35	49	70
					$460<d_c$	20	27	38	54	76
				齿圈径向圆跳动 F_r	$d_c\leqslant120$	17	24	34	48	68
					$120<d_c\leqslant185$	19	27	38	54	76
					$185<d_c\leqslant300$	23	32	45	64	90
					$300<d_c\leqslant460$	25	35	50	71	100
					$460<d_c$	29	41	58	82	116
				截面综合公差 F_n	$d_c\leqslant120$	44	62	87	123	174
					$120<d_c\leqslant185$	52	74	104	147	208
					$185<d_c\leqslant300$	60	85	120	170	240
					$300<d_c\leqslant460$	73	103	145	205	290
					$460<d_c$	90	126	178	252	356

（续）

零件名称	材料	热处理等	项目			摆线齿轮精度等级					
						5、6 级		7 级		8、9 级	
						上极限偏差	下极限偏差	上极限偏差	下极限偏差	上极限偏差	下极限偏差
摆线轮	GCr15	经热处理后要求硬度为 58~62HRC，金相组织为隐晶马氏体+结晶马氏体+细小均匀渗碳体（马氏体 ≤ 3 级）	轮齿的各项几何公差或极限偏差	顶根距极限偏差 M	$d_c \leqslant 90$	-0.17	-0.23	-0.19	-0.27	-0.21	-0.32
					$90<d_c \leqslant 120$	-0.18	-0.24	-0.20	-0.28	-0.22	-0.33
					$120<d_c \leqslant 150$	-0.20	-0.26	-0.22	-0.30	-0.24	-0.36
					$150<d_c \leqslant 180$	-0.22	-0.27	-0.24	-0.32	-0.26	-0.38
					$180<d_c \leqslant 220$	-0.24	-0.30	-0.26	-0.34	-0.29	-0.42
					$220<d_c \leqslant 270$	-0.26	-0.33	-0.28	-0.38	-0.31	-0.44
					$270<d_c \leqslant 330$	-0.29	-0.36	-0.32	-0.42	-0.35	-0.48
					$330<d_c \leqslant 390$	-0.33	-0.40	-0.36	-0.46	-0.40	-0.54
					$390<d_c \leqslant 450$	-0.35	-0.44	-0.38	-0.50	-0.42	-0.56
					$450<d_c \leqslant 550$	-0.38	-0.47	-0.42	-0.54	-0.46	-0.60
					$550<d_c \leqslant 650$	-0.42	-0.52	-0.46	-0.60	-0.50	-0.66
					$650<d_c$	-0.46	-0.56	-0.50	-0.64	-0.55	-0.72

零件名称	材料	热处理等	项目	分布圆直径	齿宽 b/mm	5 级	6 级	7 级	8 级	9 级
						齿向公差 F_β、F'_β/μm				
摆线轮	GCr15	（同上）	轮齿的各项几何公差或极限偏差	d_c、$d_p \leqslant 120$	$10 \leqslant b \leqslant 20$	8	11	15	21	30
					$20<b \leqslant 40$	9	12	17	24	34
					$40<b$	10	14	20	28	40
				$120<d_c$ $d_p \leqslant 300$	$10 \leqslant b \leqslant 20$	8	11	16	23	32
					$20<b \leqslant 40$	9	13	18	25	36
					$40<b$	11	15	21	30	42
				$300<d_c$ $d_p \leqslant 560$	$10 \leqslant b \leqslant 20$	9	12	17	24	34
					$20<b \leqslant 40$	10	13	19	27	38
					$40<b$	11	16	22	31	44
				$560<d_c d_p$	$10 \leqslant b \leqslant 20$	10	13	19	27	38
					$20<b \leqslant 40$	11	15	21	30	42
					$40<b$	12	16	23	33	46

摆线轮精度的检验项目			
摆线轮精度	5 级、6 级、7 级	F_n、f_n、F_β、M	F_p、F_{pk}、f_{pt}、F_α、F_β、M
	8 级、9 级	F_r、F_β、M（检测条件不具备时，允许 7 级暂用）	

零件名称	材料	热处理等	项目	要求
输出轴	45	调质处理，硬度为 187 ~ 229HBW	与轴承配合的两轴颈	$d_p \leqslant 450$ 时，k6；$d_p>450$ 时，js6
			轴承孔	H11
			销孔	r6
			销孔中心圆	j7
			输出轴的销孔相邻孔距差的公差 δ_t 和孔距累积误差的公差 δt_Σ	与摆线轮相同
			各配合轴颈的圆度和圆柱度	不低于 7 级
			销孔的圆度和圆柱度	不低于 8 级
			销孔中心圆对与轴承配合的两轴颈轴线的径向圆跳动	不低于 7 级
			轴承孔的轴线对与轴承配合的两轴颈轴线的同轴度	不低于 8 级
			输出轴销孔的轴线对与轴承配合的两轴颈轴线的平行度	水平方向 $\delta_x \leqslant 0.04/100$ 垂直方向 $\delta_y \leqslant 0.04/100$
偏心套	45	调质处理，硬度不低于 187~229HBW	两外圆	Js6
			内孔	H7
			偏心距的极限偏差	不超过±0.02
			两外圆的圆度和圆柱度	不低于 7 级
			内孔的圆度和圆柱度	不低于 8 级
			两偏心轴线与孔轴线的平行度	不低于 7 级

注：1. 直径偏差按 GB/T 1800.2—2009 的规定。

2. 圆度、同轴度、垂直度、圆柱度、径向圆跳动按 GB/T 1184—1996 规定。

3. F_β 为摆线轮齿向公差，F'_β 为针轮齿向公差。

表 9.3-15　摆线针轮行星传动有关零件配合的规定

配合零件	配合关系	配合零件	配合关系
针齿销和针齿壳	H7/h6	输出轴上销孔和销轴	R7/h6
针齿销和针齿套	D8/h6	输出轴上销轴和销套	D8/h6
针齿壳和法兰端盖	H7/h6	输出轴和紧固环	H7/r6
偏心套和输入轴	H7/h6		

8　设计计算公式与示例（见表 9.3-16）

表 9.3-16　设计计算公式与示例

项　目	代号	单位	公式或数据	示　例	说　明
功率 输入转速 传动比	P n_H i	kW r/min		30 1500 25 在平稳载荷下工作选用 GCr15，硬度 60HRC	为使两摆线轮齿廓和销轴孔能正好重叠加工，以提高精度和生产率，齿数 z_c 尽量取奇数，亦即 i 尽可能取奇数
输出转矩	T	N·mm	$T=9550000\dfrac{P}{n_H}i\eta$	$T=9550000\dfrac{30}{1500}\times25\times0.92=4393000$	一般效率取 $\eta=0.9\sim0.95$
短幅系数(初选)	K_1		$K_1=0.65\sim0.9$	取 $K_1=0.8$	表 9.3-3 选择 K_1
针径系数(初选)	K_2		$K_2=1.25\sim2.0$	取 $K_2=1.7$	表 9.3-4 选择 K_2
针齿中心圆半径	r_p	mm	$r_p=(0.85\sim1.3)\sqrt[3]{T}$ 经验公式	$r_p=1.18\sqrt[3]{4393000}=193.26$ 取 $r_p=195$	1）材料为轴承钢、硬度为 58~62HRC 时，$\sigma_{HP}=1000\sim1200$MPa 2）抽齿一半时，式中应乘以$\sqrt[3]{2}$
齿宽	b_c	mm	$b_c=(0.1\sim0.2)r_p$	$b_c=0.12\times195=23.4$ 取 $b_c=23$	
中心距	a	mm	$a=\dfrac{K_1r_p}{z_p}$	$a=\dfrac{0.8\times195}{26}=6$ 取 $a=6$	1）$z_p=z_c+1$ 2）a 的标准值查表 9.3-5
短幅系数	K_1		$K_1=\dfrac{az_p}{r_p}$	$K_1=\dfrac{6\times26}{195}=0.8$	
针齿套半径	r_{rp}	mm	$r_{rp}=\dfrac{r_p}{K_2}\sin\dfrac{180°}{z_p}$	$r_{rp}=\dfrac{195}{1.7}\sin\dfrac{180°}{26}=13.8$ 取 $r_{rp}=13.5$	按式(9.3-17)检验是否产生切齿干涉
针齿销半径	r_{sp}	mm		取 $r_{sp}=8.5$	
针径系数	K_2		$K_2=\dfrac{r_p}{r_{rp}}\sin\dfrac{180°}{z_p}$	$K_2=\dfrac{195}{13.5}\sin\dfrac{180°}{26}=1.741$	若 $K_2<1.3$，考虑抽齿一半，则以上各项应重新计算
齿形修正　移距修形量	Δr_p	mm		$\Delta r_p=0.225$	用本章第 6 节所推荐的摆线轮合理齿形修形方法，用计算机算出
齿形修正　等距修形量	Δr_{rp}	mm		$\Delta r_{rp}=0.375$	
求齿面最大接触压力	F_{max}	N	$F_{max}=\dfrac{0.55T}{\sum\limits_{i=m}^{i=n}\left(\dfrac{l_i}{r'_c}-\dfrac{\Delta(\varphi)_i}{\delta_{max}}\right)l_i}$	求得 $F_{max}=4765$	参看本章计算实例 3，根据式(9.3-41)~式(9.3-47)及式(9.3-37)，用计算机求解 F_{max}
传力齿号　初接触齿号	m			$m=2$	参看本章计算实例 3 用计算机计算判定
传力齿号　终接触齿号	n			$n=5$	
摆线轮齿与针齿的最大接触应力	σ_H	MPa	$\sigma_{Hi}=0.418\sqrt{\dfrac{F_iE_c}{b_c\rho_{ei}}}$	$\sigma_H=1136.7$	i—第 i 个接触齿号 F_i—第 i 齿号齿的接触压力 σ_H—为 $i=m\sim n$ 中 σ_{Hi} 的最大值
转臂轴承径向载荷	R	N	$R=\sqrt{\left(\sum\limits_{i=m}^{i=n}F_{xi}\right)^2+\left(\sum\limits_{i=m}^{i=n}F_{yi}-\sum\limits_{i=m'}^{i=n'}Q_i\right)^2}$	求得 $R=24767$	F_{xi}—第 i 号接触齿受力的水平分力 F_{yi}—第 i 号接触齿受力的垂直分力 ΣQ_i—W 机构柱销作用力之合力

（续）

项　　目	代号	单位	公式或数据	示　　例	说　　明
转壁轴承当量动载荷	P	N	$P=xR$	$P=1.1\times24767=27243$	平稳载荷下，$d_p<390$mm，$x=1.05$；$d_p\geqslant390$mm，$x=1.1$
转臂轴承内外圈的相对转速	n	r/min	$n=\|n_H\|+\|n_V\|$	$n=1500+\dfrac{1500}{25}=1560$	
选择圆柱滚子轴承		mm	$D_1=(0.4\sim0.5)\ d_p$	$D_1=(0.4\sim0.5)\times390$ $=156\sim195$ 选用 502222，$D_1=178.5$ $b_1=38$，$c=214000$	1）$d_p<650$mm，一般采用无外圈轴承；$d_p>650$mm，采用带外圈轴承 2）应取 $b_1>b_c$
转臂轴承寿命	L_h	h	$L_h=\dfrac{10^6}{60n}\left(\dfrac{C}{P}\right)^{\varepsilon}$	$L_h=\dfrac{10^6}{60\times1560}\left(\dfrac{214000}{27243}\right)^{10/3}$ $=10294$	ε—寿命指数 球轴承：$\varepsilon=3$ 滚子轴承：$\varepsilon=10/3$
针齿销支点的跨距	L	mm		画设计图，按实际结构尺寸 $L=73.5$	1）$d_p<390$mm，一般采用二支点 2）$d_p\geqslant390$mm，采用三支点 3）若结构已定，L 按实际尺寸计算
针齿销弯曲应力	σ_F	MPa	二支点 $\sigma_F=\dfrac{1.41F_{max}L}{d_{sp}^3}$ 三支点 $\sigma_F=\dfrac{0.48F_{max}L}{d_{sp}^3}$	$\sigma_F=\dfrac{0.48\times4765\times73.5}{17^3}$ $=34.22<\sigma_{FP}$	1）选用三支点 2）材料为轴承钢时，$\sigma_{FP}=150\sim200$MPa
针齿销的转角	θ	rad	二支点 $\theta=\dfrac{4.44\times10^{-6}F_{max}L^2}{d_{sp}^4}$ 三支点 $\theta=\dfrac{0.74\times10^{-6}F_{max}L^2}{d_{sp}^4}$	$\theta=$ $\dfrac{0.74\times10^{-6}\times4765\times73.5^2}{17^4}$ $=0.00023<\theta_p$	材料为轴承钢时，$\theta_p=0.001\sim0.003$rad
摆线轮齿根圆直径	d_{fc}	mm	$d_{fc}=d_p-2\alpha-d_{rp}-2\times(\Delta r_{rp}-\Delta r_p)$	$d_{fc}=390-2\times6-27-$ $2\times0.15=350.7$	
柱销中心圆直径	D_w	mm	$D_w\approx\dfrac{1}{2}\ (d_{fc}+D_1)$	$D_w=\dfrac{1}{2}\ (350.7+178.5)$ $=264.6$ 取 $D_w=272$	应考虑同一机型输出机构的通用性
间隔环厚度	δ	mm		按结构取 $\delta=8$	若结构尺寸已定，δ 按实际尺寸计
柱销直径	d_{sw}	mm	$d_{sw}\geqslant\sqrt[3]{\dfrac{k_wQ_{max}\ (1.5b_c+\delta_c)}{0.1\sigma_{FP}}}$	$d_{sw}=$ $\sqrt[3]{\dfrac{1.35\times8520\times(1.5\times23+8)}{0.1\times160}}$ $=31.26$ 取 $d_{sw}=32$	z_w 按表 9.3-8 取，d_{sw} 计算式见式（9.3-75），$R_w=D_w/2=136$mm
柱销套直径	d_{rw}	mm		$d_{rw}=45$	见表 9.3-9
摆线轮顶圆直径	$d_{\alpha c}$	mm	$d_{\alpha c}=d_p+2\alpha-d_{rp}-2\times(\Delta r_{rp}-\Delta r_p)$	$d_{\alpha c}=390+2\times6-27-$ 2×0.15 $=374.7$	
摆线轮柱销孔直径	d_w	mm	$d_w=d_{rw}+2\alpha+\Delta$	$d_w=45+2\times6+0.15$ $=57.15$	为使柱销孔与柱销套间留有适当间隙，d_w 值应增加 Δ 值： 1）$d_p\leqslant550$mm 时，$\Delta=0.15$mm 2）$d_p>550$mm 时，$\Delta=0.2\sim0.3$mm

9　主要零件的工作图（见图 9.3-40～图 9.3-45）

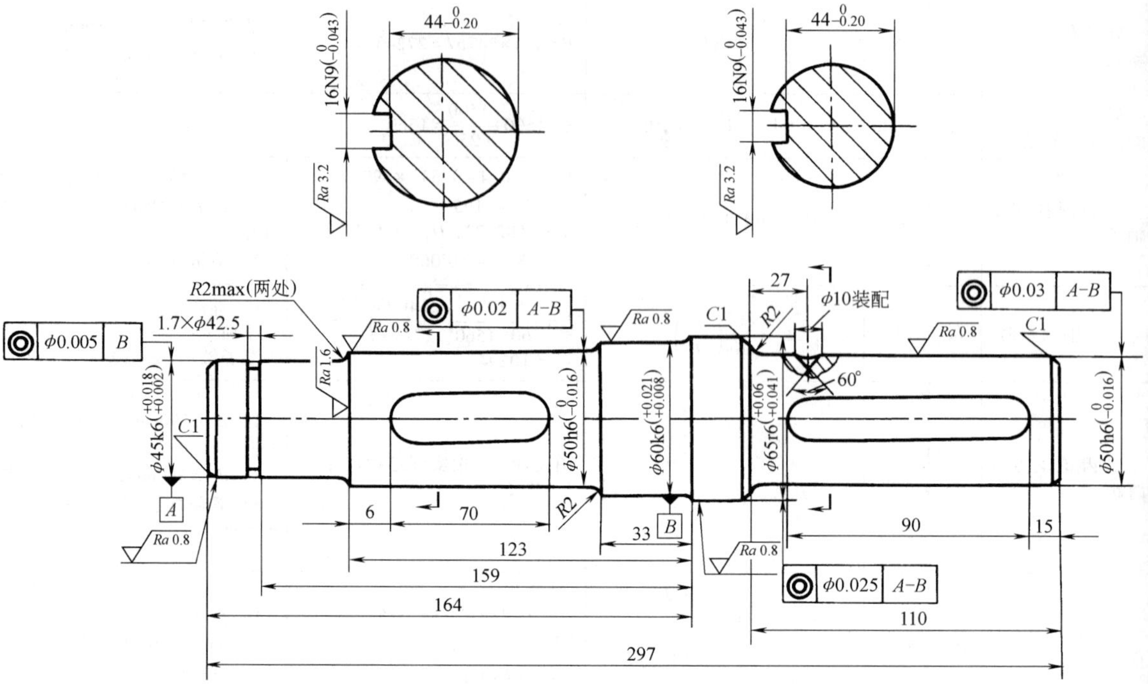

技术要求

1.热处理：调质，硬度187～229HBW。

2.未注明的过渡圆角为$R0.5\sim R1$。

3.倒角$C1$。

$\sqrt{Ra\ 6.3}\ (\sqrt{\ })$

图 9.3-40　输入轴工作图示例

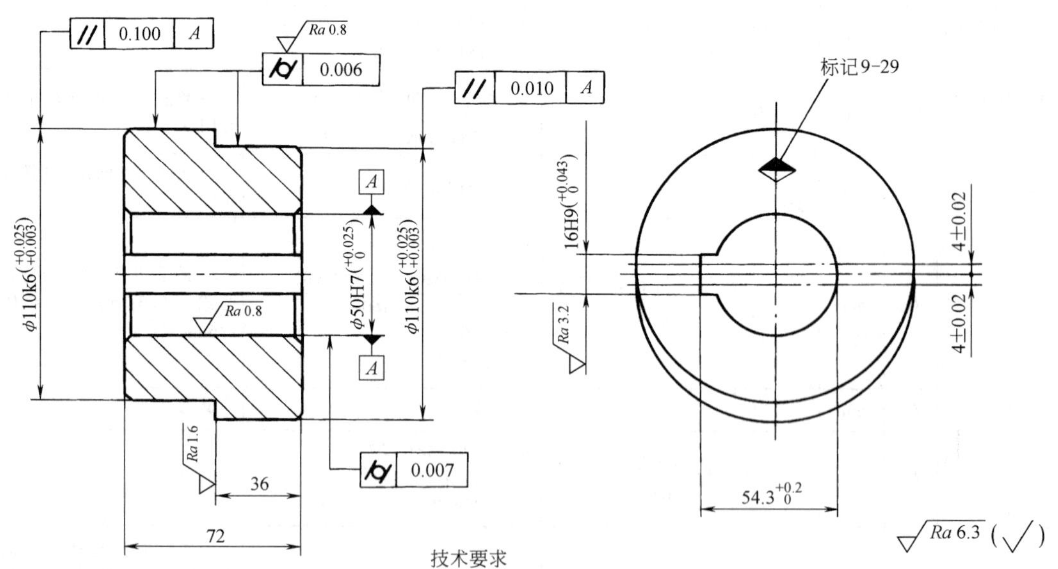

技术要求

1.热处理：调质，硬度187～229HBW。

2. 标记处打:速比。

3.ϕ110k6圆中心连线相对于ϕ50H7圆中心的位移公差0.03mm。

4.全部倒角$C1$。

图 9.3-41　偏心套工作图示例

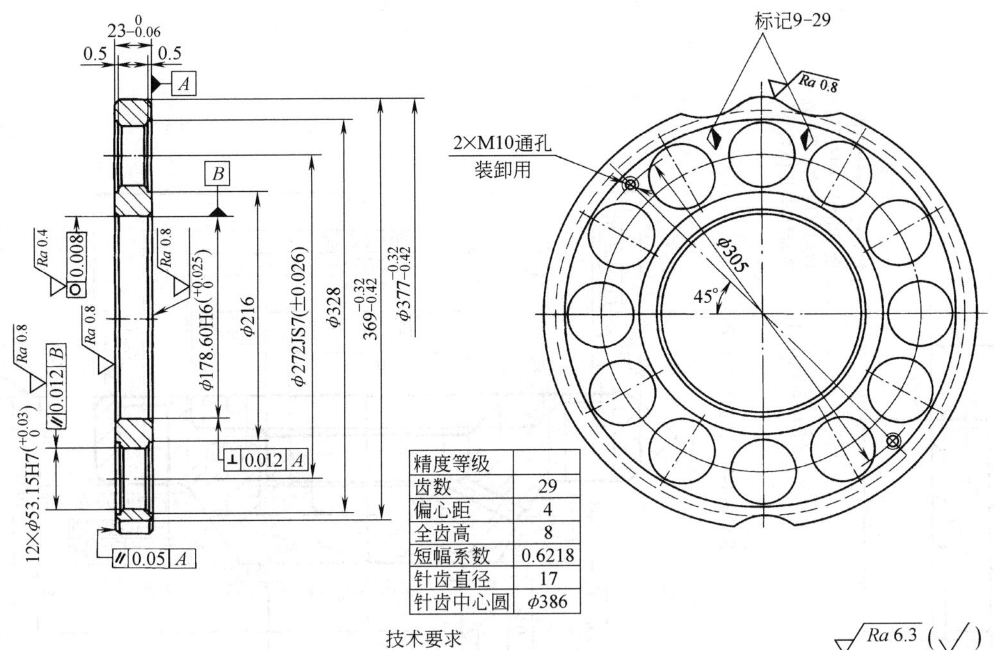

精度等级	
齿数	29
偏心距	4
全齿高	8
短幅系数	0.6218
针齿直径	17
针齿中心圆	ϕ386

1.齿廓周节公差0.024mm，周节累积公差0.11mm，齿圈径向圆跳动公差0.05mm。
2.热处理：淬火58～62HRC，金相组织：隐晶马氏体+结晶马氏体+细小均匀渗碳体(马氏体≤3级)。
3.12×ϕ53.15H7孔圆周分度相邻孔距公差0.06mm，累积公差0.14mm。
4.以ϕ178.58H6孔为基准，ϕ272mm中心圆径向圆跳动0.06mm。
5.每台两件标记打在同一位置，且同时加工两件，齿部相对，销孔位置应一致。
6.倒角$C1$。

图 9.3-42　摆线轮工作图示例

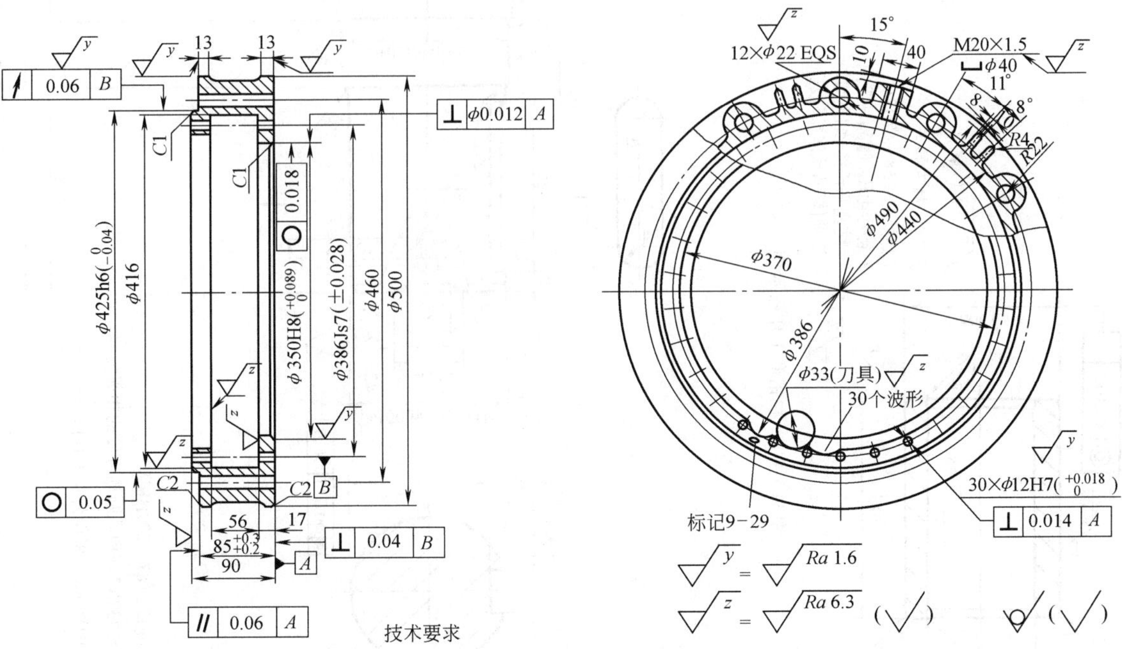

1.铸件应充分时效处理，铸件不应有气孔、夹砂等缺陷。
2.30×ϕ12H7孔均匀分布，孔距相邻公差0.04mm，累计公差0.18mm。
3.以ϕ350H8和A面为基准，ϕ386Js7中心圆径向圆跳动公差0.06mm。
4. 铸造圆角$R3$～$R8$。

图 9.3-43　针齿壳工作图示例

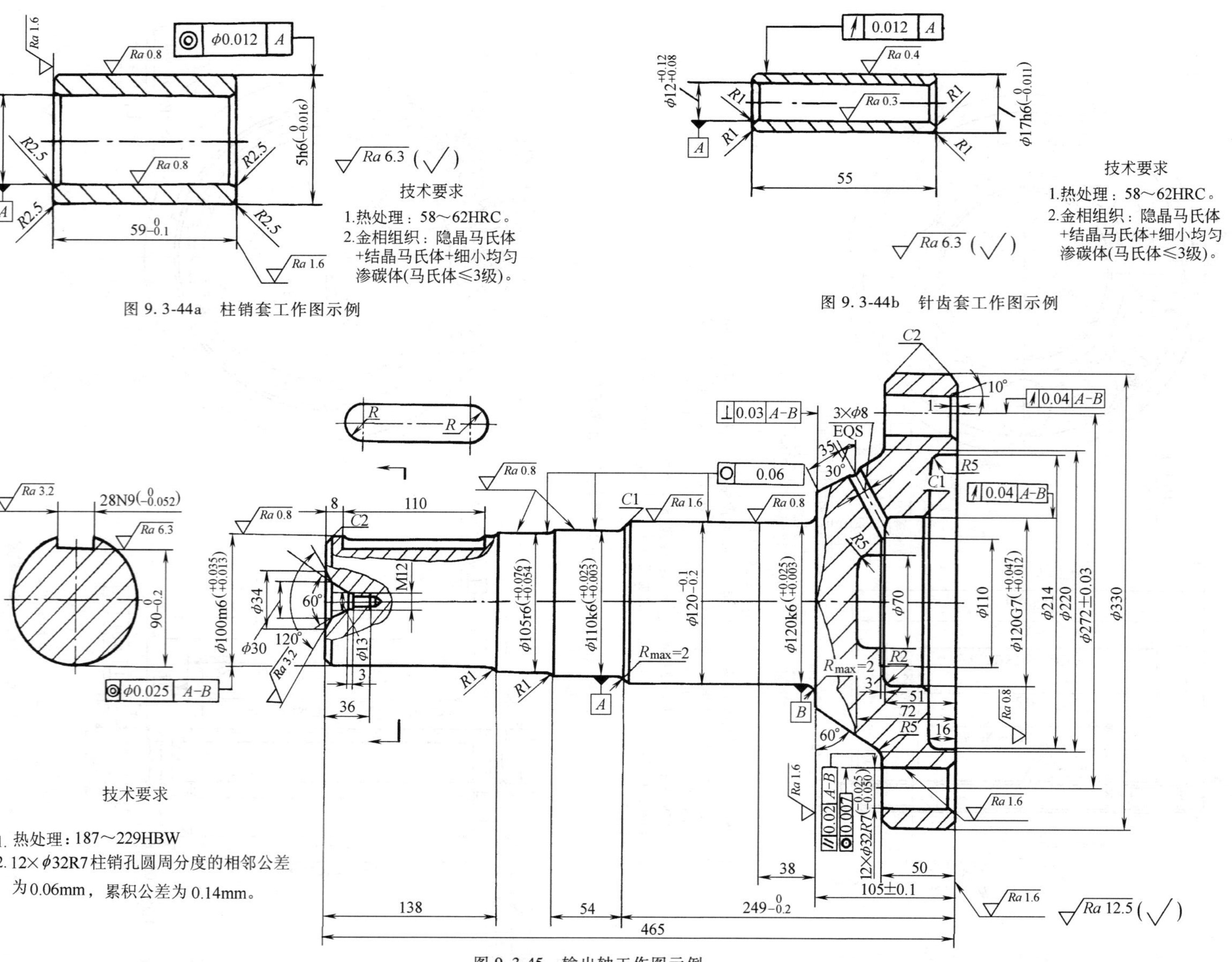

技术要求

1.热处理：58～62HRC。

2.金相组织：隐晶马氏体+结晶马氏体+细小均匀渗碳体(马氏体≤3级)。

图 9.3-44a 柱销套工作图示例

技术要求

1.热处理：58～62HRC。

2.金相组织：隐晶马氏体+结晶马氏体+细小均匀渗碳体(马氏体≤3级)。

图 9.3-44b 针齿套工作图示例

技术要求

1. 热处理：187～229HBW

2. 12×ϕ32R7柱销孔圆周分度的相邻公差为0.06mm，累积公差为0.14mm。

图 9.3-45 输出轴工作图示例

0　大型摆线针轮行星传动的结构简介

大型摆线针轮行星传动的结构见图 9.3-46，这种结构具有以下特点：

1）针齿不用针齿套，两端不是固装在针齿壳上，而是用滚子轴承支于针齿壳上，在很一般的润滑条件下，也完全可以保证摆线轮与针齿啮合时，只相对滚动而不相对滑动，从根本上防止了大型摆线针轮行星传动出现齿面胶合的危险，并且还可以提高传动效率。

2）由于采用了 4 片摆线轮，其在输入轴上偏心的布置见图 9.3-46，这种结构有如下优点：

① 使输入轴上的回转质量满足静平衡、动平衡要求。这给发展大型摆线针轮行星传动，创造了极为有利的条件，它可以避免输入轴受到附加的不平衡动载荷，使传动更加平稳，而且还允许在需要时提高输入轴的转速。

② 在同样的径向尺寸下，只要增加略大于两个转臂轴承宽度的轴向尺寸，即可使传递的功率与转矩提高一倍。

③ 输入轴上的回转质量满足了动平衡要求，各片摆线轮中心平面间的轴向间距，不再有严格限制，即对转臂轴承的宽度没有严格限制，这就给按寿命要求选择转臂轴承的型号创造了优越的条件。

3）为在径向尺寸不增大的条件下，也能提高输出机构传递转矩的能力，结构做了如下改进：将输出机构中各柱销的悬臂端，用附加的均载圆环连接起来，均载环不传递功率，但能使各柱销始终保持正确间隔，起到均载作用。

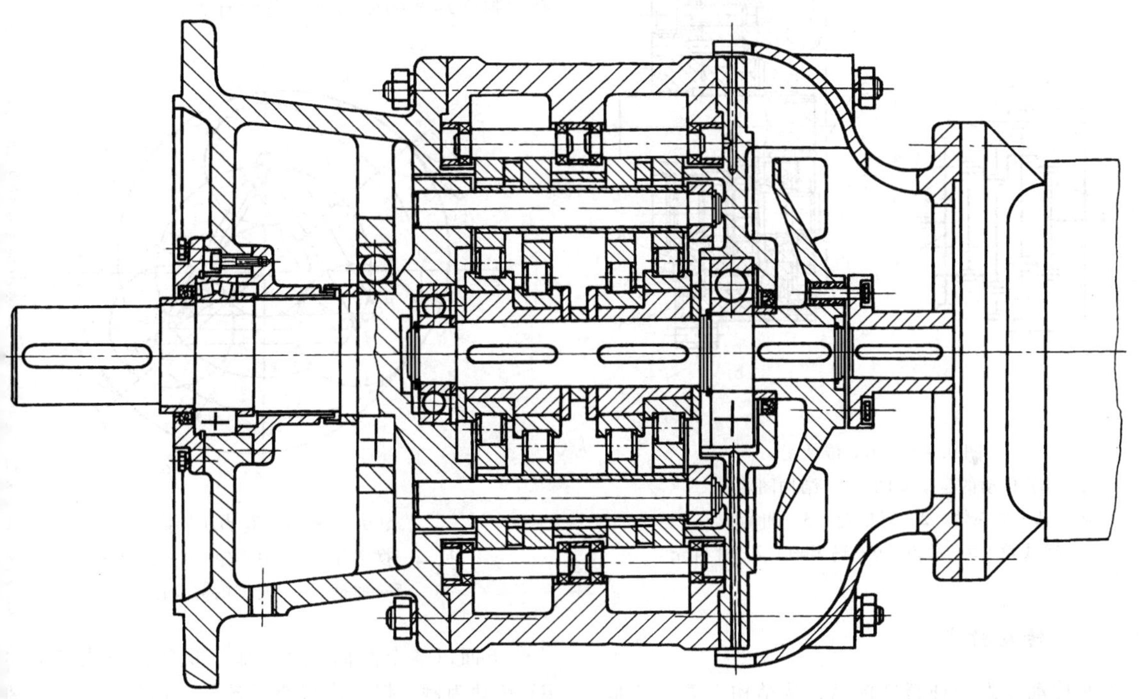

图 9.3-46　大型摆线针轮行星传动的结构

1　RV 减速器

RV 传动（属曲柄式封闭差动轮系）是在摆线针轮传动基础上发展起来的一种新型传动，它具有体积小、重量轻、传动比范围大和传动效率高等一系列优点，比单纯的摆线针轮行星传动具有更小的体积和更大的过载能力，且输出轴刚度大，在日本机器人的传动机构中，已在很大程度上逐渐取代单纯的摆线针轮行星传动和谐波传动。

11.1　RV 传动原理与特点

11.1.1　传动原理

图 9.3-47 所示为 RV 传动简图。它由渐开线圆柱齿轮行星减速机构和摆线针轮行星减速机构二部分组成。渐开线行星齿轮 2 与曲柄轴 3 连成一体，作为摆线针轮传动部分的输入。如果渐开线中心齿轮 1 顺时针方向旋转，那么渐开线行星齿轮在公转的同时还有

逆时针方向自转，并通过曲柄轴带动摆线轮做偏心运动，此时，摆线轮在其轴线公转的同时，还将反向自转，即顺时针转动。同时还通过曲柄轴推动钢架结构的输出机构顺时针方向转动。

按照封闭差动轮系求解传动比基本方法，可以计算出 RV 传动的传动比计算公式，即

$$i_{16} = 1 + \frac{z_2}{z_1} z_5 \tag{9.3-79}$$

式中　z_1——渐开线中心轮齿数；

z_2——渐开线行星轮齿数；

z_5——针轮齿数，$z_5 = z_4 + 1$；

z_4——摆线轮齿数。

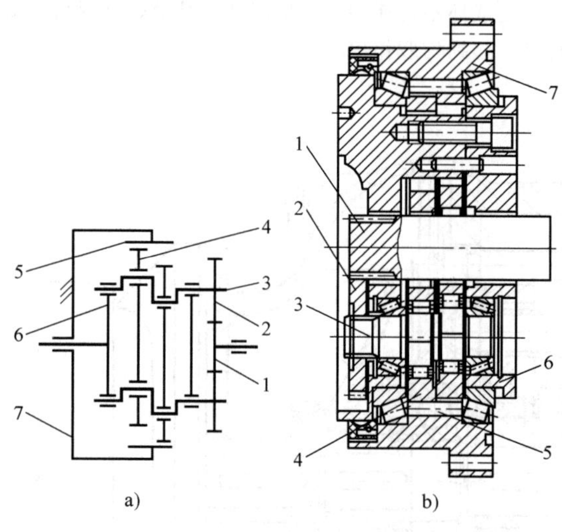

图 9.3-47　RV 传动图

a）传动的运动简图　b）结构图示例

1—中心轮　2—行星轮　3—曲柄轴

4—摆线轮　5—针齿　6—输出轴　7—针齿壳

11.1.2　传动特点

RV 传动作为一种新型传动，从结构上看，其基本特点可概括如下：

1）传动机构可以置于行星架的支承主轴承内，那么这种传动的轴向尺寸可大大缩小，见图 9.3-47b。

2）采用二级减速机构，处于低速级的摆线针轮行星传动更加平稳，同时，由于转臂轴承个数增多且内外环相对转速下降，其寿命也可大大提高。

3）只要设计合理，就可以获得很高的运动精度和很小的回差。

4）RV 传动的输出机构是采用两端支承的尽可能大的刚性圆盘输出结构，比一般摆线减速器的输出机构（悬臂梁结构）具有更大的刚度，且抗冲击性能也有很大提高。

5）传动比范围大。因为即使摆线轮齿数不变，只改变渐开线齿轮齿数 Z_1 和 Z_2，就可以得到很多的速比。其传动比 $i = 31 \sim 171$。

6）传动效率高，其传动效率 $\eta = 0.85 \sim 0.92$。

11.2　RV 传动受力分析

RV 传动的传力机构是由平行四边形机构组成的单自由度并联机构。摆线轮 1 和 2 各通过 3 个平行四边形机构（*GABH*、*HBCI*、*ICAG* 和 *GDEH*、*HEFI*、*IFDG*）分别与输出盘相连，如图 9.3-48 所示。这 3 个平行四边形机构中有 2 个是运动学上的独立回路。这种单自由度并联机构，在运动学上说是具有虚约束的机构，在静力学上说是静不定系统。这种静不定系统的力分析除了要满足静力平衡条件外，还与机构中有关弹性环节的变形协调条件有关。

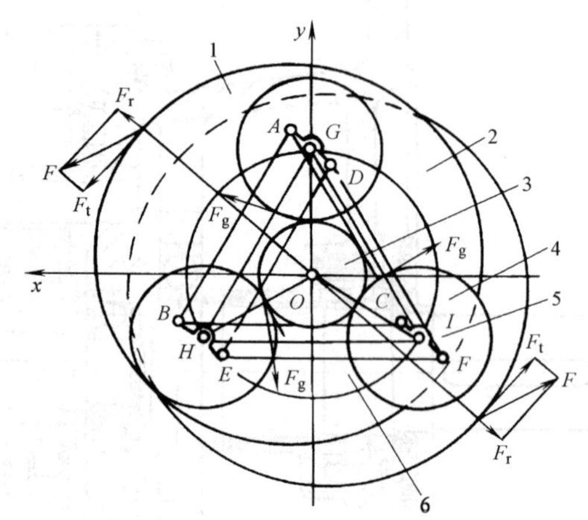

图 9.3-48　RV 传力机构图

1、2—摆线轮　3—中心轮　4—行星轮

5—曲柄　6—输出机构圆盘

下面以 3 个曲柄轴（互成 120°轴对称布置）的 RV 传动为例，把组成减速器各传力构件拆开，分别取各构件为分离体，进行力分析。

渐开线行星齿轮传动的中心距用 a_0 表示，摆线针轮行星传动的偏心距用 a 表示。

1）取摆线轮 1 为分离体，受力简图如图 9.3-49a 所示。

由于摆线轮刚度很大，可认为传力过程中，在摆线轮上安装曲柄轴承的 3 个孔间距离是基本不变的，而曲柄轴承相对摆线轮来说，可看成是弹性的。在 3 个曲柄的尺寸完全相等（没有尺寸偏差），滚动轴承没有初始径向间隙（或间隙完全相等）的理想状态下，可认为 3 个曲柄销上沿针齿对摆线轮的力 F 方向

上的弹性位移量相等。由于曲柄结构与尺寸完全相同，其刚度条件相同，所以认为摆线轮与 3 个曲柄轴承处，在此方向的分力相等，均为 $F/3$。同样，在转矩 T_c 作用下，3 个曲柄销轴承处沿摆线轮半径垂直方向（切向）的弹性位移量相等，从而认为这 3 个方向上的分力（切向力）也相等，大小为 $T_c/(3a_0)$。上述分析可以看出，3 个曲柄轴承处的上述 2 个分力大小分别相等，但其合力与曲柄轴的位置及曲柄转角 θ 有关。

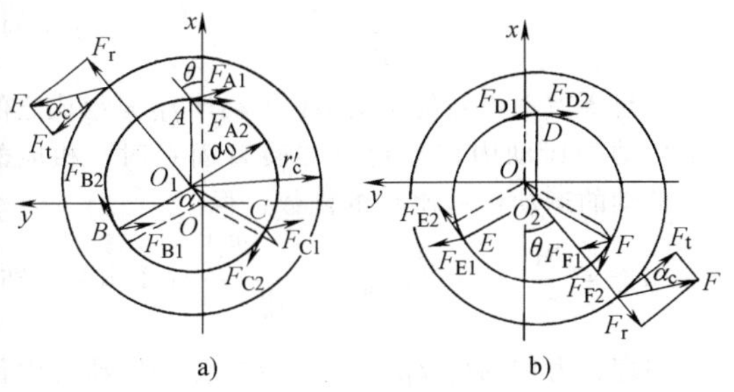

图 9.3-49　摆线轮受力简图

a）摆线轮 1　b）摆线轮 2

F—针齿作用在摆线轮上的总合力，可分解为切向分力 F_t 和径向分力 F_r，F 的求法见 11.4 节　F_{ij}—表示 i 点的作用力，j=1 表示由 F 引起沿 F 方向的作用力，j=2 表示由力矩 $T_c=F_t r'_c$ 引起的作用力　r'_c—摆线轮节圆半径　θ—曲柄转角

当曲柄转角为 θ 时，针齿作用摆线轮的力 $\boldsymbol{F}$ 可用矢量矩阵表示为

$$\boldsymbol{F} = F\begin{Bmatrix}\sin(\alpha_c-\theta)\\ \cos(\alpha_c-\theta)\end{Bmatrix} \tag{9.3-80}$$

则 3 个曲柄作用在摆线轮上的力分别为

$$\begin{aligned}
\boldsymbol{F}_A &= \boldsymbol{F}_{A1}+\boldsymbol{F}_{A2} = \frac{\boldsymbol{F}}{3}+\frac{F_t r'_c}{3a_o}\begin{Bmatrix}\sin 0^\circ\\ -\cos 0^\circ\end{Bmatrix}\\
\boldsymbol{F}_B &= \boldsymbol{F}_{B1}+\boldsymbol{F}_{B2} = \frac{\boldsymbol{F}}{3}+\frac{F_t r'_c}{3a_o}\begin{Bmatrix}\sin 120^\circ\\ -\cos 120^\circ\end{Bmatrix}\\
\boldsymbol{F}_C &= \boldsymbol{F}_{C1}+\boldsymbol{F}_{C2} = \frac{\boldsymbol{F}}{3}+\frac{F_t r'_c}{3a_o}\begin{Bmatrix}\sin 240^\circ\\ -\cos 240^\circ\end{Bmatrix}
\end{aligned} \tag{9.3-81}$$

2）取摆线轮 2 为分离体，如图 9.3-49b 所示。因 2 片摆线轮互成 180°，且结构与尺寸完全对称，在机构名义尺寸（无制造偏差）理想状态下，它们所传递的功率应相等，可得出针齿作用给 2 片摆线轮的力大小相等，方向相反。因而，3 个曲柄销（D、E、F）上的作用力 F_{D1}、F_{E1}、F_{F1} 与摆线轮 1 上的 3 个曲柄销（A、B、C）上的作用力 F_{A1}、F_{B1}、F_{C1} 分别大小相等方向相反。

3）取任一曲柄轴及与其相固联的行星轮为分离体，如图 9.3-50 所示。

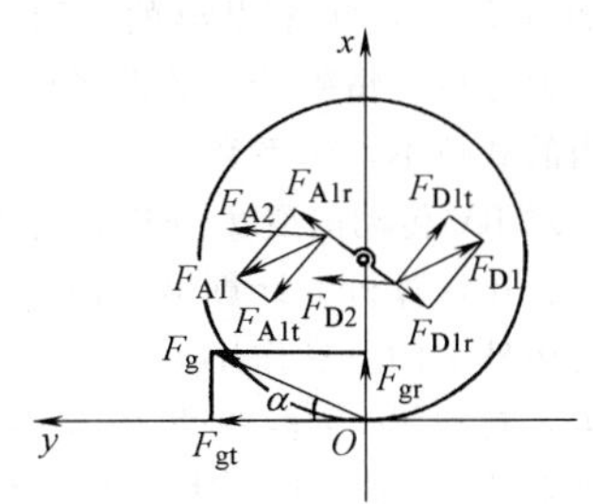

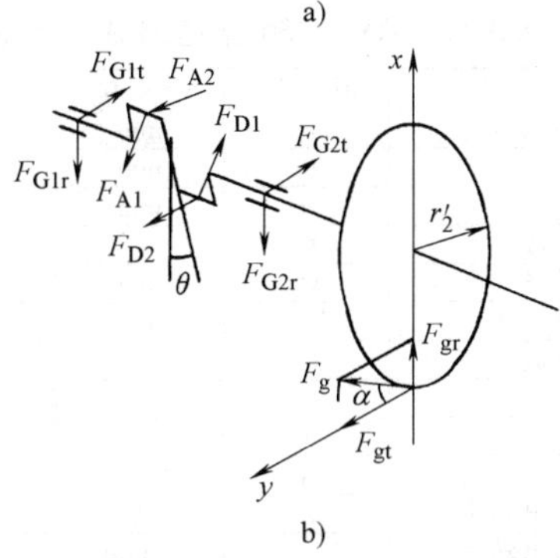

图 9.3-50　曲柄轴及行星轮受力简图

由图 9.3-50a，可以根据力矩平衡方程得出

$$F_{gt} = \frac{(F_{A1t}+F_{D1t})a}{r_2{}'} = \frac{2F_t a}{3r_2{}'} \tag{9.3-82}$$

式中　F_{gt}——行星轮所受的切向力；

F_{A1t}——F_{A1} 的切向分力，见图 9.3-50a；

F_{D1t}——F_{D1} 的切向分力，见图 9.3-50a；

$r_2{}'$——行星轮节圆半径。

由式（9.3-82）可知，行星轮所受的啮合力是与曲柄转角 θ 和曲柄位置无关的，3 个行星轮所受的啮合力大小相等。因此，渐开线中心轮的输入转矩 T_1 为

$$T_1 = 3F_{gt}r_1{}' = \frac{2F_t a r_1{}'}{r_2{}'} \tag{9.3-83}$$

式中　$r_1{}'$——中心轮节圆半径。

由图 9.3-50b 可知，作用力 F_A、F_D 和 F_{gt} 已知，而未知力只有曲柄轴两端支反力，由水平和垂直平面内的力和力矩平衡方程，即可解出支反力 F_{G1} 和 F_{G2}。

4）对于两端支承的整个输出机构，同样可由水平和垂直面内的力和力矩平衡方程，求出输出机构支承轴承处的支反力。

以上根据 RV 传动的具体结构，提出基本上符合实际的变形协调条件，使复杂的静不定系统的力分析得以简化，并成为在工程上实用的力分析方法。应该

指出，这一变形协调条件是针对机构尺寸没有误差与轴承中没有初始径向间隙（或各轴承初始间隙完全相等）的理想（名义）状态提出的，因此，做出的力分析是名义力分析。精确计算还需考虑实际制造偏差，引入适当的载荷不均匀系数。

根据以上对 RV 传动的受力分析，可编制出相应的力分析程序，在计算机上计算出曲柄转角 θ 为任意位置的各传力构件上的所有作用力。

例 9.3-4　对针齿中心圆直径 d_p = 229mm 的 RV—250 减速器进行力分析，其基本参数见表 9.3-17，力分析结果见图 9.3-51。

表 9.3-17　RV—250 减速器基本参数

参数名称	代　号	单　位	数　　据
针齿中心圆直径	d_p	mm	229
针齿直径	d_{rp}	mm	10
偏心距	a	mm	2.2
摆线轮齿数	z_c		39
移距修形量	Δr_p	mm	-0.03
等距修形量	Δr_{rp}	mm	-0.026
中心轮齿数	z_1		21
行星轮齿数	z_2		42
模数	m	mm	2
压力角	α	(°)	20
电动机输出功率	P	kW	5.13
电动机输出转速	n	r/min	1500

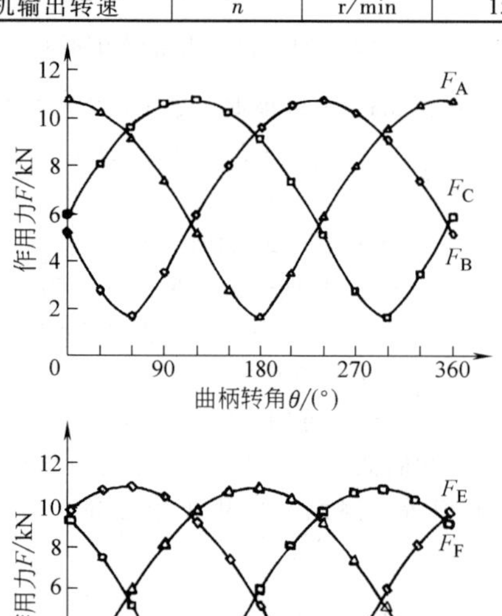

图 9.3-51　力分析结果

11.3　RV 传动效率分析

（1）RV 传动的啮合效率分析

以转化机构法为基础，假设行星齿轮传动的摩擦损失功率等于它的转化机构的摩擦损失功率。该假定是建立在以下基础上：

1）啮合摩擦损失是功率损失的主要部分，其大小取决于齿廓间的摩擦因数、作用力和相对滑动速度，而转化机构中构件间的相对速度、齿廓间的作用力和摩擦因数并没有改变。

2）忽略行星齿轮传动中由于行星轮的离心力作用而增加的轴承摩擦损失。在上述假定条件下，应用传动比方法可推导出传动效率的计算公式。

由式（9.3-79），如果 $i_1^H=-z_2/z_1$，$i_6^H=z_5/z_4$，且 $z_5=z_4+1$，则

$$i_{16}=\frac{-i_1^H i_6^H}{i_6^H-1}+1 \qquad (9.3\text{-}84)$$

因封闭差动齿轮传动的 RV 传动比 i_{16} 是组成它的各个传动的运动内传动比（当转臂固定时，相应的各个传动的运动传动比）的函数，得

$$i_{16}=\frac{n_1}{n_6}=f(i_1^H,\ i_6^H)=\frac{-i_1^H i_6^H}{i_6^H-1}+1 \qquad (9.3\text{-}85)$$

同理，力传动比 $\tilde{i}_{16}$ 也是相应的各个传动力内传动比 $\tilde{i}_1^H$、$\tilde{i}_6^H$ 的函数，得

$$\tilde{i}_{16}=\frac{\widetilde{T}_6}{T_1}=f(\tilde{i}_1^H,\ \tilde{i}_6^H)=\frac{-\tilde{i}_1^H\ \tilde{i}_6^H}{\tilde{i}_6^H-1}+1 \qquad (9.3\text{-}86)$$

式中　$\widetilde{T}_6$——考虑摩擦损失时输出转矩；

$\tilde{i}_{16}$——考虑摩擦损失时，输出转矩与输入转矩的比值，称为力传动比。

因此，封闭差动齿轮传动的效率为

$$\eta_{16}=\frac{P_6}{P_1}=\frac{\widetilde{T}_6\omega_6}{T_1\omega_1}$$

因 $i_{16}=\omega_1/\omega_6$，故

$$\eta_{16}=\frac{\tilde{i}_{16}}{i_{16}}=\frac{f(\tilde{i}_1^H,\ \tilde{i}_6^H)}{f(i_1^H,\ i_6^H)} \qquad (9.3\text{-}87)$$

式中　P_6——输出功率；

P_1——输入功率；

ω_6——输出轴角速度；

ω_1——输入轴角速度；

$\tilde{i}_1^H=i_1^H\ (\eta_1^H)^{x_1}$，$x_1=\pm1$；

$\tilde{i}_6^H=i_6^H\ (\eta_6^H)^{x_6}$，$x_6=\pm1$；

η_1^H——渐开线行星齿轮传动转化机构啮合效率；

η_6^H——摆线针轮行星传动转化机构啮合效率。

指数 x_1、x_6 的取值表示："+1"表示运动传动比与功率流的方向相同，"-1"表示运动传动比与功率流的方向相反。

$$x_1=\operatorname{sign}\frac{i_1^H}{i_{16}}\frac{\partial i_{16}}{\partial i_1^H}$$

当$\frac{i_1^H}{i_{16}}\frac{\partial i_{16}}{\partial i_1^H}<0$时，$x=-1$；反之，则 $x=+1$。

由式（9.3-85）对 i_1^H 取偏导，并乘以 i_1^H/i_{16}，得

$$\frac{i_1^H}{i_{16}}\frac{\partial i_{16}}{\partial i_1^H}=\frac{i_1^H}{i_{16}}\frac{-i_6^H}{i_6^H-1}=\frac{-i_1^H i_6^H}{i_{16}(i_6^H-1)}$$

因 $i_1^H<0$，$i_6^H>0$，代入上式可知

$$\frac{i_1^H}{i_{16}}\frac{\partial i_{16}}{\partial i_1^H}>0 \quad 则\ x_1=+1$$

同理，式（9.3-85）对 i_6^H 取偏导，并乘以 i_6^H/i_{16}，得

$$\frac{i_6^H}{i_{16}}\frac{\partial i_{16}}{\partial i_6^H}<0 \quad 则\ x_6=-1$$

将以上关系式代入式（9.3-86），可以得到

$$\tilde{i}_{16}=-\frac{i_1^H(\eta_1^H)^{+1}i_6^H(\eta_6^H)^{-1}}{i_6^H(\eta_6^H)^{-1}-1}+1=\frac{-i_1^H i_6^H\eta_1^H}{i_6^H-\eta_6^H}+1 \tag{9.3-88}$$

代入效率式（9.3-87），可以得到

$$\eta_{16}=\frac{\tilde{i}_{16}}{i_{16}}=\frac{(i_6^H-1)(i_6^H-\eta_6^H-i_1^H i_6^H\eta_1^H)}{(i_6^H-\eta_6^H)(i_6^H-1-i_1^H i_6^H)} \tag{9.3-89}$$

（2）RV 传动的效率计算

RV 传动中，主要的功率损失有啮合摩擦损失与滚动轴承的摩擦损失，因此 RV 传动的传动效率为

$$\eta=\eta_{16}\eta_B$$

式中　η_B——轴承总效率且 $\eta_B=\eta_{B1}\eta_{B2}\eta_{B3}$；

η_{B1}——转臂轴承效率；

η_{B2}——曲柄支承轴承效率；

η_{B3}——行星架支承轴承效率。

以 RV—250AⅡ81 减速器为例，已知参数为：$z_1=12$，$z_2=42$，$z_4=39$，$z_5=40$。

η_1^H 为渐开线齿轮传动啮合效率，一般可取为 0.992；η_6^H 为摆线针轮传动啮合效率，一般可取为 0.998；轴承效率取为 $\eta_{B1}=0.99$，$\eta_{B2}=0.99$，$\eta_{B3}=0.99$。得该减速器效率 $\eta=\eta_{16}\eta_B=0.928\times0.9703=0.90$。

11.4　机器人用 RV 传动的设计要点

机器人用 RV 传动的主要特点是：3 大（传动比大、承载能力大、刚度大）、2 高（运动精度高、传动效率高）、1 小（回差小）。因此，设计机器人用 RV 传动有很多特殊的要求，其设计要点如下：

11.4.1　摆线轮的优化修形

机器人用高精度 RV 传动，有两项极严格的技术指标：一为运动精度（传动链精度）误差不能超过 1′；另一为间隙回差（Backlash），根据 RV 减速器的大小不同，规定不能超过 1′~1.5′。此外，在负载运动情况下，包括弹性变形引起的回差在内的总回差不能超过 6′。这就对摆线轮齿形优化修形方法和修形量提出相当严格的要求。

1）满足多齿共轭啮合，而且有一定的径向间隙。如选用的等距与移距修形组合方法产生的齿形有一段与转角修形曲线吻合，即可达到多齿共轭啮合的要求，同时具有承载能力大、瞬时传动比恒定和运动精度高的特点。

2）应补偿（或减小）由于针齿销孔配合间隙等因素引起的较大侧隙，使总的综合回差相应减小。为此修形齿形曲线的工作段应拟合出一段负的转角修形曲线。

为达到上述要求，只有 $\Delta r_{rp}<0$ 和 $\Delta r_p<0$，即只有采用负等距与负移距修形组合加工摆线轮，才能使摆线轮修形产生负转角，同时具有一定的径向间隙。而采用正等距与正移距修形组合加工摆线轮，会使摆线轮的转角>0，也就不能补偿（或减小）由于针齿销孔配合间隙等因素引起的较大侧隙。因此，在机器人用 RV 传动中，为了满足小回差的要求，应当采用负等距与绝对值稍大一点的负移距修形组合加工摆线轮。

摆线轮齿形优化设计的数学模型和优化设计的方法步骤参照本章第 6 节（摆线轮齿形的优化设计），在式（9.3-78）中

$$f(\Delta r_{rp}^*,\ \Delta r_p^*)=\min F(\Delta r_{rp},\ \Delta r_p)=\min\left(\frac{1}{m}\sum_{i=1}^{m}|x'_{ci}-x_{ci}|\right)$$

所不同的是，其约束条件为

$$\Delta r_{rp}<0$$
$$\Delta r_p<0$$
$$\Delta r_{rp}-\Delta r_p=\Delta_j$$

按上面所述数学模型，通过计算机辅助设计，针对机器人用 RV—250 减速器，采用负等距与负移距优化修形组合优化设计出很理想的摆线轮的修形齿形曲线，如图 9.3-52 所示。由图 9.3-52 可以很明显地看出，此负等距与负移距修形组合所获得的摆线轮修形齿形之所以十分理想，在于它有如下重要特点：

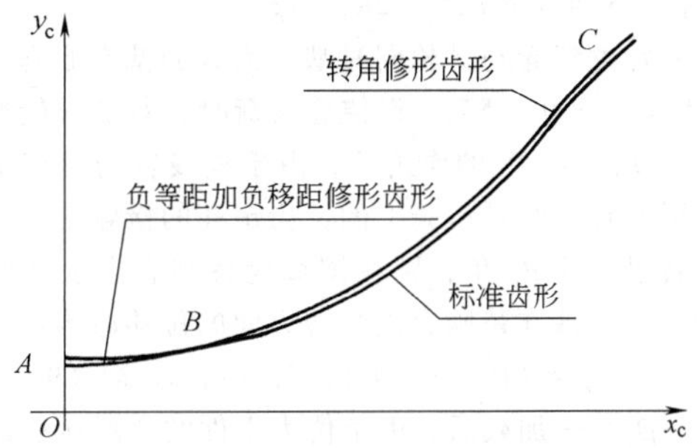

图 9.3-52　负等距加负移距优化齿形

1）连续光滑齿面上的 BC 段与转角修形量 $\delta=-\delta_c$ 的转角修形齿形基本吻合，因此用这一段齿面工作时，接近理论共轭齿形啮合，既可以保证瞬时传动比恒定，又可保证接近理论上的同时多齿啮合条件，增大扭转刚度与承载能力。

2）通过负移距与负等距组合所得修形齿形在 BC 段与负的转角修形相吻合，它可以补偿（或减小）由于针齿销孔配合间隙等因素引起的较大回差，使总综合回差相应减小，这也是优化数学模型中的负等距与负移距修形组合的约束条件所起的作用。

3）齿面上的 AB 段由 B 点显著地离开转角修形齿形，逐渐下凹至 A 点，这一段与图示的标准理论齿形有较均匀的间隙，且在 A 点的径向间隙大小 $\Delta_j=\Delta r_{rp}-\Delta r_p$，是可以用选定 $\Delta r_{rp}-\Delta r_p$ 的数值来控制的，利用这一可控制的间隙，既可以补偿制造中径向尺寸链的误差，也可满足润滑对径向间隙的要求。

11.4.2　摆线轮与针齿啮合力的分析

在普通摆线针轮传动中，针齿是两支点或三支点结构，针齿的弹性变形主要是其弯曲变形，接触变形相对于弯曲变形来说较小，所以针齿与摆线轮齿的啮合力与其弹性变形可以近似看成线性关系。而机器人用 RV 传动在其第二级摆线针轮传动中，由于要求运动精度高、刚度大、弹性变形小，针齿是半埋在针齿壳的针齿销孔内，基本上没有弯曲变形，其弹性变形主要是接触变形，针齿给摆线轮的作用力与弹性变形是非线性问题，因此，前面4.1.2节的内容（修形齿有隙啮合时，针轮齿与摆线轮齿啮合的作用力）不能完全适用。

经过齿形修形，无论是移距修形或等距修形，都会引起初始啮合侧隙，使同时啮合的有效传力的齿数减少，达不到针轮齿数的一半。初始法向啮合侧隙 $\Delta(\varphi_i)$ 的计算公式，见式(9.3-36)：

$$\Delta(\varphi_i)=\Delta r_{rp}(1-S^{-\frac{1}{2}}\sin\varphi_i)-\Delta r_p(1-K_1\cos\varphi_i-\sqrt{1-K_1^2}\sin\varphi_i)S^{-\frac{1}{2}}$$

式中　$S=1+K_1{}^2-2K_1\cos\varphi_i$

判定摆线轮与针轮同时啮合齿数的基本原理见图9.3-53a与图9.3-53b，设传递载荷时，对摆线轮所加力矩为 T_c。在 T_c 的作用下，由于摆线轮与针齿的接触变形及针齿与针齿壳上的针齿销孔的接触变形，摆线轮转过一个 β_c 角，则在摆线轮各啮合点公法线方向的总变形或在待啮合点法线方向的位移应为

$$\delta_i=l_i\beta_c\quad(i=1,2,\cdots,z_p/2)\tag{9.3-90}$$

式中　β_c——加载后，由于传力零件的变形所引起的摆线轮的转角(rad)；

l_i——第 i 个针齿啮合点的公法线或待啮合点的法线至摆线轮中心 O_c 的距离

$$l_i=r'_c\sin\beta_i=r'_cS^{-\frac{1}{2}}\sin\varphi_i\tag{9.3-91}$$

式中　β_i——第 i 个针齿啮合点的公法线或待啮合点的法线与转臂之间的夹角。

显然，在传递某一定转矩时，凡 δ_i 大于该位置的初始法向侧隙 $\Delta(\varphi_i)$ 的各齿都将啮合，反之就不会进入啮合。δ_i 的分布曲线如图9.3-53b中虚线所示。而初始法向侧隙 $\Delta(\varphi_i)$ 的分布曲线如图9.3-53b中实线所示。由虚线与实线的两个交点决定出两个对应的角度 φ_{m1} 和 φ_{m2}，只有限定在 φ_{m1} 和 φ_{m2} 之间的各齿，才是真正进入啮合而同时受力的齿。

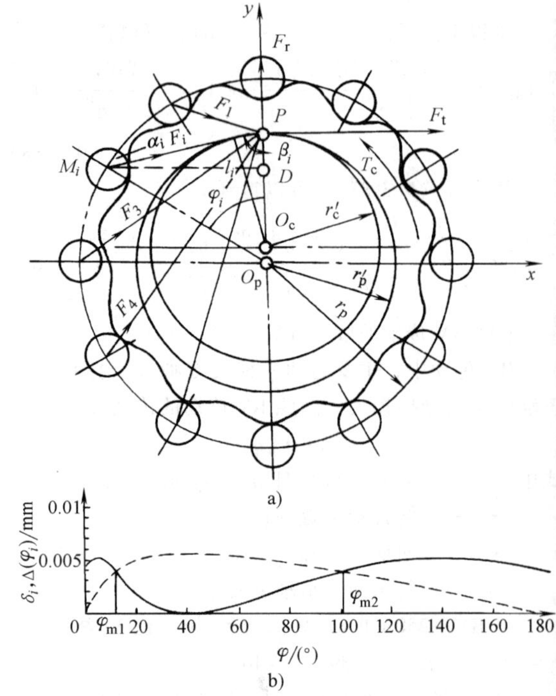

图9.3-53　判定啮合齿数的原理

a）摆线针轮啮合力分析　b）$\Delta(\varphi_i)$ 与 δ_i 的分布曲线

1）接触变形量的计算。接触变形分两部分：一是摆线轮齿与针齿啮合时的接触变形 w_1；二是针齿与针齿壳之间的接触变形 w_2。根据RV传动装置的特点，可知两者是在相同的啮合力作用下同时产生的共同影响摆线轮的啮合力大小。

根据赫兹公式，长度为 L（$L=b_c$）的圆柱与圆柱接触时，其接触变形为

$$w=\frac{2F}{\pi L}\left[\frac{1-\mu_1^2}{E_1}\left(\frac{1}{3}+\ln\frac{4R_1}{b}\right)+\frac{1-\mu_2^2}{E_2}\left(\frac{1}{3}+\ln\frac{4R_2}{b}\right)\right]\tag{9.3-92}$$

式中　F——两圆柱承受的作用力（N）；

E_1、E_2——分别为两圆柱的弹性模量（MPa）；

R_1、R_2——分别为两圆柱的半径（mm）。

$$b = 1.60\sqrt{\frac{F}{L}K_D\left(\frac{1-\mu_1^2}{E_1}+\frac{1-\mu_2^2}{E_2}\right)}$$

当圆柱与圆柱凸面接触时，当量曲率半径 $K_D = \dfrac{2R_1R_2}{R_1+R_2}$。

当圆柱与圆柱孔凸凹接触时，当量曲率半径 $K_D = \dfrac{2R_1R_2}{R_2-R_1}$。

将式（9.3-12）中的 r_p 以（$r_p+\Delta r_p$）代替，r_{rp} 以（$r_{rp}+\Delta r_{rp}$）代替，K_1 以 $K'_1=\dfrac{az_p}{r_p+\Delta r_p}$ 代替，计算时，K'_1 可近似取为 K_1，修形后的摆线轮实际齿廓曲线的曲率半径为

$$\rho_0 = \frac{(r_p+\Delta r_p)(1+K'^2_1-2K'_1\cos\varphi_i)^{3/2}}{K'_1(z_p+1)\cos\varphi_i-(1+z_pK'^2_1)} + (r_{rp}+\Delta r_{rp}) \tag{9.3-93}$$

当 $\rho_0<0$ 时，表示齿廓外凸，$K_D=\dfrac{2|\rho_0|r_{rp}}{|\rho_0|+r_{rp}}$。

当 $\rho_0>0$ 时，表示齿廓内凹，$K_D=2\rho_0 r_{rp}/(\rho_0-r_{rp})$

得摆线轮齿与针齿啮合时的接触变形：$w_{1i}=f_1(F_i)$。

针齿与针齿壳之间为柱与孔凸凹接触，因此

$$K_D = 2r'_{rp}r_{rp}/(r'_{rp}-r_{rp})$$

式中　r'_{rp}——针齿壳的针齿销孔内径（mm）。

由此可得针齿与针齿壳之间的接触变形，$w_{2i}=f_2(F_i)$，则各针齿啮合处的接触变形 w_i 与啮合作用力 F_i 的函数关系式

$$w_i = f_1(F_i)+f_2(F_i) = f(F_i) \tag{9.3-94}$$

2）函数曲线拟合出作用力与变形的关系。由式（9.3-94）得到变形量 w_i 与受力 F_i 关系的函数表达式。但此关系式 $f(F_i)$ 无法通过简明的数学变换得到作用力 F_i 与变形 w_i 的函数表达式

$$F_i = g(w_i)$$

现用曲线拟合的方法来处理：先由 $w_i=f(F_i)$ 得到一系列第 i 个针齿受力与变形的离散对应值，再用 $F_i=C_iw_i^{P_i}$ 来逼近 $w_i=f(F_i)$，按照最小二乘法取偏差平方和最小，即

$$F(C_i,\ P_i) = \sum_{j=1}^{n}[(\ln C_i+P_i\ln F_j)-\ln w_j]^2 \rightarrow \min$$

由 $\dfrac{\partial F}{\partial C_i}=0$ 及 $\dfrac{\partial F}{\partial P_i}=0$ 可以推导出

$$P_i = \frac{\sum_{j=1}^{n}[\ln w_j\ln F_j]-\left[\sum_{j=1}^{n}(\ln w_j)\sum_{j=1}^{n}(\ln F_j)/n\right]}{\sum_{j=1}^{n}(\ln w_j)^2-\left[\left(\sum_{j=1}^{n}\ln w_j\right)^2/n\right]}$$

$$C_i = e^{\left[\left(\sum_{j=1}^{n}\ln F_j-P_i\sum_{j=1}^{n}\ln w_j\right)/n\right]}$$

式中　n——离散值数。n 值可取 3000、6000 等。

从而得到考虑摆线轮修形产生的初始间隙情况下，摆线轮与第 i 个针齿的受力与变形的拟合函数表达式

$$F_i = C_iw_i^{P_i} = C_i[\delta_i-\Delta(\varphi_i)]^{P_i} \tag{9.3-95}$$

3）摆线轮与针齿啮合力计算。式（9.3-95）为第 i 对轮齿间啮合作用力 F_i 与该啮合点处轮齿之实际弹性变形 $\delta_i-\Delta(\varphi_i)$ 的关系式，由于此关系式考虑了初始间隙 $\Delta(\varphi_i)$ 及受力零件的弹性变形的影响，因此有足够的准确性。

设摆线轮上的转矩 T_c 由 $i=m_1\sim m_2$ 个齿传递，它应与针轮齿上诸针齿给摆线轮作用力所产生的力矩平衡，由此可得

$$T_C = \sum_{i=m_1}^{m_2}F_il_i = \sum_{i=m_1}^{m_2}C_iw^{P_i}l_i$$

$$= \sum_{i=m_1}^{m_2}C_i[\delta_i-\Delta(\varphi_i)]^{P_i}l_i \tag{9.3-96}$$

通过计算机搜寻可求解出在转矩 T_C 作用下的同时啮合的齿数 $m_1\sim m_2$，以及各接触齿上的作用力 F_i，图 9.3-54 所示为摆线针轮受力分析程序框图。从而可以计算出 RV 传动中单片摆线轮上的啮合力合力 F 及它与切向力 F_t 之间的夹角 α_c，即

$$\begin{cases} F = \sqrt{F_t^2+F_r^2} \\ \alpha_c = \arctan\dfrac{F_r}{F_t} \end{cases}$$

式中　F_t——合力 F 的切向分力（N），

$F_t = \sum_{i=m_1}^{m_2}F_i\sin\beta_i$；

F_r——合力 F 的径向分力（N），

$F_r = \sum_{i=m_1}^{m_2}F_i\cos\beta_i$。

11.4.3　RV 传动的回差分析

回差是指输入轴反向转动时，输出轴在运动上滞后于输入轴的现象。回差可以根据其产生的原因而分为三大类：一是单纯由于传动件几何尺寸、形状方面的原因所产生的回差；二是由于温度变形所产生的回差；三是

传动件在工作时由于在负载的作用下存在弹性变形而产生的回差。这三类回差可以简单地称为：几何回差、温度回差和弹性回差。本章仅分析几何回差。

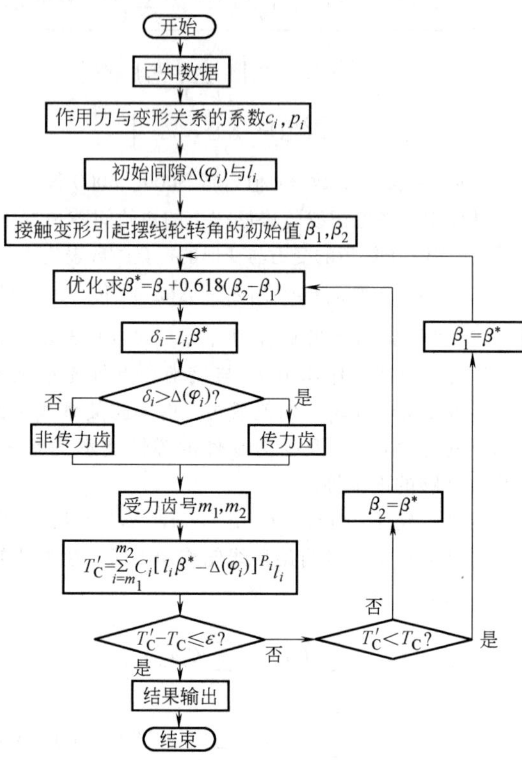

图 9.3-54　摆线针轮受力分析程序框图

RV 传动是由渐开线齿轮行星传动和摆线针轮行星传动组成的封闭差动轮系，因此，RV 传动总的回差是由渐开线行星传动引起的回差和摆线针轮行星传动部分引起的回差两部分合成。摆线针轮传动部分的回差是直接反映到输出轴上的回差，影响程度最大，而渐开线齿轮传动对整机回差的影响还要考虑一个传动比，它对整机的影响要缩小相当于其传动比那么多倍，因而影响相对要小得多。

1）渐开线传动部分的回差分析。在渐开线圆柱齿轮传动部分中，影响该部分回差的主要因素有：

a）保证补偿制造误差和润滑的啮合间隙。

b）公法线平均长度偏差引起的齿轮侧隙。

c）中心距误差引起的齿轮侧隙。

d）齿轮径向综合误差引起的齿轮侧隙。

此外，还有轴线平行度误差，滚动轴承偏心，齿轮与轴的配合间隙等也不同程度影响回差，但它们的影响通常比较小。

① 公法线长度平均偏差引起的齿轮侧隙。E_{Ws}、E_{Wi}分别为公法线平均长度的上极限偏差和下极限偏差，则公法线长度平均偏差 ΔE_{W} 的均值为

$$M(\Delta E_{\mathrm{W}}) = \frac{E_{\mathrm{Ws}}+E_{\mathrm{Wi}}}{2}$$

公法线长度平均偏差引起的圆周侧隙的均值 $j_{\mathrm{E}1}$ 和方差 $D(j_{\mathrm{E}1})$ 为

$$\begin{cases} j_{\mathrm{E}1} = -\dfrac{E_{\mathrm{Ws}}+E_{\mathrm{Wi}}}{2\cos\alpha} \\ D(j_{\mathrm{E}1}) = \left(\dfrac{E_{\mathrm{Ws}}-E_{\mathrm{Wi}}}{6\cos\alpha}\right)^2 \end{cases} \quad (9.3\text{-}97)$$

式中　α——渐开线齿轮传动的压力角（°）。

② 中心距误差 ΔF_α 引起的侧隙。中心距误差引起的齿轮侧隙为常值的随机齿隙，假定中心距误差符合正态分布，则中心距误差引起的圆周齿隙的均值 $j_{\mathrm{E}2}$和方差 $D(j_{\mathrm{E}2})$ 为

$$\begin{cases} j_{\mathrm{E}2} = 0 \\ D(j_{\mathrm{E}2}) = \left(\dfrac{\Delta F_\alpha K_\alpha \tan\alpha}{3}\right)^2 \end{cases} \quad (9.3\text{-}98)$$

式中　K_α——换算系数，$K_\alpha=\dfrac{\sin\alpha'}{\sin\alpha}$，$\alpha'$为渐开线齿轮传动的啮合角（°）。

③ 齿轮齿圈径向误差 ΔF_r 引起的齿轮侧隙。齿轮齿圈径向圆跳动的存在使得齿轮几何中心偏离回转中心，当量偏心距为 $e=\dfrac{\Delta F_r}{2}$，偏心距的径向分量对回差的影响与中心距误差的影响相类似，假定 ΔF_r 符合正态分布，则齿轮齿圈径向圆跳动引起齿轮的圆周侧隙的均值 $j_{\mathrm{E}3}$和方差 $D(j_{\mathrm{E}3})$ 为

$$\begin{cases} j_{\mathrm{E}3} = 0 \\ D(j_{\mathrm{E}3}) = \left(\dfrac{\Delta F_r K_\alpha \tan\alpha}{3}\right)^2 \end{cases} \quad (9.3\text{-}99)$$

④ 渐开线齿轮传动部分回差的综合。渐开线齿轮传动几何回差的均值 $\Delta\overline{\varphi}_{12}$和公差 $T\Delta\varphi_{12}$为

$$\begin{cases} \Delta\overline{\varphi}_{12} = \dfrac{180\times60}{i_{16}^5\pi r_1}\sum_{i=1}^{3}j_{\mathrm{E}i} \\ T\Delta\varphi_{12} = \dfrac{180\times60T(j_{\mathrm{E}})}{\pi r_1 i_{16}^5} \end{cases} \quad (9.3\text{-}100)$$

式中　$T(j_{\mathrm{E}})$——渐开线齿轮传动侧隙公差，

$$T(j_{\mathrm{E}}) = 6\sqrt{\sum_{i=1}^{3}D(j_{\mathrm{E}i})}$$

i_{16}^5——RV 传动的传动比，$i_{16}^5=i_{16}$。

由此可得出渐开线齿轮传动部分引起 RV 减速器输出轴的回差 $\Delta\varphi_{12}$为

$$\Delta\varphi_{12} = \Delta\overline{\varphi_{12}} \pm \frac{T\Delta\varphi_{12}}{2} \quad (9.3\text{-}101)$$

2）摆线针轮传动部分的回差分析。理论上标准摆线轮与标准的针轮相啮合时，同时达到啮合的齿数约为针轮齿数的一半，且无啮合间隙。实际应用摆线针轮行星传动时，为补偿制造误差，便于装拆和保证润滑，摆线轮齿和针齿之间必须有一定的啮合间隙。啮合间隙的存在正是几何回差存在的内因。啮合间隙主要由摆线轮的修形、传动零件的制造误差和装配间隙引起。因此，在 RV 减速器中，影响该部分回差的主要因素有：

a）为补偿制造误差和便于润滑所需的正常啮合间隙，实际加工中，通常采用对摆线轮齿形进行移距和等距修形来保证。

b）针齿中心圆半径误差引起的侧隙。

c）偏心距误差引起的侧隙。

d）摆线轮齿圈径向圆跳动误差引起的侧隙。

e）针齿半径误差以及针齿销、孔的配合间隙引起的侧隙。

f）针齿销孔圆周位置度误差和摆线轮的周节累积误差引起的间隙。

g）摆线轮的修形误差造成的间隙。

h）转臂轴承间隙。

此外，偏心轴轴线与旋转轴轴线的平行度误差等也引起啮合侧隙的变化，因其影响程度较小，故不作讨论。

① 摆线轮修形对回差的影响。在实际的摆线针轮传动中，为了补偿制造误差，便于装拆和保证良好的润滑，摆线轮齿与针轮齿之间是不允许没有间隙的，因此，实际的摆线轮不能采用标准齿形，而是都必须修形。

由于摆线轮修形在产生合理啮合间隙的同时，必会造成 RV 传动的回差，因此确定合理的啮合间隙和选择合理的修形方法，对保证整机只产生尽可能小的回差具有重要的意义。

若同时进行等距修形与移距修形，则摆线轮修形所引起的侧隙需摆线轮转过一转角，考虑摆线轮正反方向各存在一转角，所以，由等距修形与移距修形引起的回差 $\Delta\varphi_1$ 为

$$\Delta\varphi_1=\frac{2\Delta r_{\mathrm{rp}}}{az_{\mathrm{c}}}-\frac{2\Delta r_{\mathrm{p}}}{az_{\mathrm{c}}}\sqrt{1-K_1^2} \qquad (9.3\text{-}102)$$

② 针齿中心圆半径误差引起的回差。针齿中心圆半径误差的存在必然产生摆线轮与针轮之间的啮合间隙，从而引起回差，它对回差的影响和移距修形对回差的影响相同，因而针齿中心圆半径误差引起的回差 $\Delta\varphi_2$ 为

$$\Delta\varphi_2=\frac{2\delta r_{\mathrm{p}}\sqrt{1-K_1^2}}{az_{\mathrm{c}}} \qquad (9.3\text{-}103)$$

式中 δr_{p}——针齿中心圆半径误差（mm）。

③ 针齿销半径误差引起的回差。针齿销半径误差对回差的影响与等距修形类似，因而针齿销半径误差引起的回差 $\Delta\varphi_3$ 为

$$\Delta\varphi_3=-\frac{2}{az_{\mathrm{c}}}\delta r_{\mathrm{rp}} \qquad (9.3\text{-}104)$$

式中 δr_{rp}——针齿销半径误差（mm）。

④ 针齿销与针齿销孔的配合间隙对回差的影响。针齿销与针齿销孔的配合间隙对回差的影响与等距修形类似，因而引起的回差 $\Delta\varphi_4$ 为

$$\Delta\varphi_4=\frac{\delta j}{az_{\mathrm{c}}} \qquad (9.3\text{-}105)$$

式中 δj——针齿销与针齿销孔的配合间隙（mm）。

⑤ 摆线轮齿圈径向圆跳动误差引起的回差。摆线轮的齿圈径向圆跳动误差引起的最大回差为

$$\Delta\varphi_5=\frac{\Delta F_{\mathrm{r1}}}{2az_{\mathrm{c}}} \qquad (9.3\text{-}106)$$

式中 ΔF_{r1}——摆线轮齿圈径向圆跳动误差（mm）。

⑥ 针齿销孔圆周位置度误差引起的回差。由于加工误差的存在，使针齿圈上安装针齿销的孔产生圆周位置度误差，针齿销孔圆周位置度误差引起的回差为

$$\Delta\varphi_6=\frac{2K_1\delta t_{\Sigma}}{az_{\mathrm{c}}} \qquad (9.3\text{-}107)$$

式中 δt_{Σ}——针齿销孔圆周位置度误差（mm）。

⑦ 摆线轮周节累积误差引起的回差。摆线轮周节累积误差为 ΔF_{p} 时，消除该误差产生的啮合侧隙所引起的摆线轮的转角，即引起的回差为

$$\Delta\varphi_7=-\frac{K_1\Delta F_{\mathrm{p}}}{az_{\mathrm{c}}} \qquad (9.3\text{-}108)$$

式中 ΔF_{p}——摆线轮周节累积误差（mm）。

⑧ 修形误差和偏心距误差引起的回差。摆线轮的齿形修形量是在设计时给出的，在实际加工中，由于机床调整和装夹误差，使实际的修形量偏离设计修形量，从而产生修形误差影响侧隙。对式（9.3-102）按泰勒级数在（Δr_{rp}，Δr_{p}，a）处展开，并略去误差的二次方以上项得

$$\gamma_7=\frac{2}{az_{\mathrm{c}}}\delta\Delta r_{\mathrm{rp}}-\frac{2\sqrt{1-K_1^2}}{az_{\mathrm{c}}}\delta\Delta r_{\mathrm{p}}-\left[\frac{2\Delta r_{\mathrm{rp}}}{a^2z_{\mathrm{c}}}-\left(\frac{2z_{\mathrm{c}}}{ar_{\mathrm{p}}^2\sqrt{1-K_1^2}}+\frac{2\sqrt{1-K_1^2}}{a^2z_{\mathrm{c}}}\right)\Delta r_{\mathrm{p}}\right]\delta a \qquad (9.3\text{-}109)$$

式中 δa——偏心距误差（mm）；

$\delta\Delta r_{\mathrm{rp}}$——等距修形误差（mm）；

$\delta\Delta r_{\mathrm{p}}$——移距修形误差（mm）。

令 $k_n=\dfrac{\Delta r_{\mathrm{rp}}}{a^2z_{\mathrm{c}}}-\left(\dfrac{z_{\mathrm{c}}}{ar_{\mathrm{p}}^2\sqrt{1-K_1^2}}+\dfrac{\sqrt{1-K_1^2}}{a^2z_{\mathrm{c}}}\right)\Delta r_{\mathrm{p}}$，则等距修形误差、移距修形误差和偏心距误差引起的回差

$$\Delta\varphi_8 = \frac{2}{az_c}\delta\Delta r_{rp} - \frac{2\sqrt{1-K_1^2}}{az_c}\delta\Delta r_p - 2k_n\delta a \tag{9.3-110}$$

⑨ 摆线针轮传动部分回差综合。根据以上各因素对回差影响的数学模型，按均值和公差来计算摆线针轮传动部分引起的回差均值 $\Delta\overline{\varphi_{45}}$ 和公差 $T_{\Delta\varphi_{45}}$。

$$\begin{cases}\Delta\overline{\varphi_{45}} = \dfrac{180\times60}{\pi}\sum\limits_{j=1}^{8}\Delta\varphi_j \\ T_{\Delta\varphi_{45}} = \dfrac{180\times60}{\pi}\sqrt{\sum\limits_{j=1}^{8}(T_{\Delta\varphi_j})^2}\end{cases} \tag{9.3-111}$$

式中 $T_{\Delta\varphi_j}$——各误差因素引起回差的公差（rad）（$j=1\sim8$）。

$$\sum_{j=1}^{8}(T_{\Delta\varphi_j})^2 = \frac{1}{a^2z_c^2}\{(2T_{\delta r_{rp}})^2+(T_{\delta j})^2+(K_1T_{\Delta F_p})^2+(2K_1T_{\delta t_\Sigma})^2+(2\sqrt{1-K_1^2}T_{\delta r_p})^2+(2T_{\delta\Delta r_{rp}})^2+(\frac{1}{2}T_{\Delta F_{r1}})^2+(2\sqrt{1-K_1^2}T_{\delta\Delta r_p})^2\}+(2k_nT_{\delta a})^2$$

则摆线针轮传动部分引起 RV 传动输出轴的回差为

$$\Delta\varphi_{45} = \Delta\overline{\varphi_{45}} \pm \frac{T_{\Delta\varphi_{45}}}{2} \tag{9.3-112}$$

3）轴承间隙对回差的影响。RV 减速器的转臂轴承存在一定的游隙，必然会对回差产生影响。当存在轴承游隙时，摆线轮啮合转动后，必须先消除轴承游隙的影响才能够引起输出，则消除游隙所需的摆线轮空转角，即所引起的回差均值 $\Delta\overline{\varphi_u}$ 及公差 $T_{\Delta\varphi_u}$

$$\begin{cases}\Delta\overline{\varphi_u} = \dfrac{180\times60\Delta\overline{u}}{\pi a_0} \\ T_{\Delta\varphi_u} = \dfrac{180\times60T_{\Delta u}}{\pi a_0}\end{cases} \tag{9.3-113}$$

式中 $\Delta\overline{u}$——转臂轴承的游隙均值（mm）；

$T_{\Delta u}$——转臂轴承的游隙公差（mm）。

则轴承游隙引起 RV 传动输出轴的回差为

$$\Delta\varphi_u = \Delta\overline{\varphi_u} \pm \frac{T_{\Delta\varphi_u}}{2} \tag{9.3-114}$$

4）传动系统总的几何回差的数学模型。对于二级传动的 RV 减速器，依次将各级传动的回差，通过传动比的缩放关系，综合出输出轴上传动系统的几何回差的均值 $\Delta\overline{\varphi_\Sigma}$ 和公差 $T_{\Delta\varphi_\Sigma}$ 为

$$\begin{cases}\Delta\overline{\varphi_\Sigma} = \Delta\overline{\varphi_{12}} + \Delta\overline{\varphi_{45}} + \Delta\overline{\varphi_u} \\ T_{\Delta\varphi_\Sigma} = \sqrt{(T_{\Delta\varphi_{12}})^2+(T_{\Delta\varphi_{45}})^2+(T_{\Delta\varphi_u})^2}\end{cases} \tag{9.3-115}$$

式中 $\Delta\overline{\varphi_\Sigma}$——RV 减速器总几何回差均值（′）；

$T_{\Delta\varphi_\Sigma}$——RV 减速器总几何回差公差（′）。

因此，各因素对 RV 传动的总回差为

$$\Delta\varphi_\Sigma = \Delta\overline{\varphi_\Sigma} \pm \frac{T_{\Delta\varphi_\Sigma}}{2} \tag{9.3-116}$$

以机器人用 RV—250AⅡ减速器为例，根据所优化设计的 RV 减速器图样，得到影响回差的各参数误差见表 9.3-18。

将表 9.3-18 中各误差值代入回差数学模形式（9.3-116），计算出 RV 传动的回差均值 $\Delta\overline{\varphi_\Sigma}$ 和公差 $T\Delta\varphi_\Sigma$ 为

$$\Delta\overline{\varphi_\Sigma} = 0.145' + 0.63' + 0.136' = 0.91'$$

$$T_{\Delta\varphi_\Sigma} = (\sqrt{0.0253^2+0.76^2+0.164^2})' = 0.78'$$

则所优化设计的机器人用 RV—250AⅡ减速器样机的回差 $\Delta\varphi_\Sigma$ 计算值为

$$\Delta\overline{\varphi_\Sigma} \pm \frac{T_{\Delta\varphi_\Sigma}}{2} = 0.91' \pm 0.39' = 0.52' \sim 1.3'$$

表 9.3-18 参数误差表 （mm）

项 目	数 值
渐开线中心轮分度圆半径	21
公法线长度上极限偏差	−0.049
公法线长度下极限偏差	−0.086
针齿中心圆半径	114.495±0.0025
针齿销半径	$5^{-0.0075}_{-0.0087}$
偏心矩	$2.2^{+0.002}_{-0.002}$
等距修形量	−0.026
等距修形误差	±0.001
曲柄轴承游隙	0.001～0.004
RV 减速器传动比	81
中心距误差	±0.01
齿圈径向圆跳动误差	0.014
摆线轮周节累积误差	0.015
摆线轮周节的配合间隙	0.015～0.0325
针齿销孔周位置度	$0^{+0.005}_{-0.005}$
移距修形量	−0.030
移距修形误差	±0.012
摆线轮齿圈径向圆跳动	0.006±0.006

5）回差的敏感性分析。由于影响回差的因素很多，为了找出影响回差的主要因素，在设计中选择制造精度时能分清主次，故必须进行回差的敏感性分析。

① 敏感性分析原理。对于函数

$$Y = Y(x_1, x_2, \cdots, x_n)$$

当 x_i 存在误差 Δx_i，并在较小的情况下按泰勒级数展开，略去高于线性的各项，这样就可得到熟悉的误差计算方程

$$Y(x_1+\Delta x_1, x_2+\Delta x_2, \cdots, x_n+\Delta x_n) = Y(x_1, x_2, \cdots, x_n) + \left(\frac{\partial Y}{\partial x_1}\Delta x_1 + \frac{\partial Y}{\partial x_2}\Delta x_2 + \cdots + \frac{\partial Y}{\partial x_n} + \Delta x_n\right)$$

其中函数 $Y=Y(x_1, x_2, \cdots, x_n)$ 的误差为

$$\Delta Y=\frac{\partial Y}{\partial x_1}\Delta x_1+\frac{\partial Y}{\partial x_2}\Delta x_2+\cdots+\frac{\partial Y}{\partial x_n}\Delta x_n \tag{9.3-117}$$

一般，敏感性指数定义为

$$S_i=\frac{\partial Y/\partial x_i}{\partial Y/\partial x_0}$$

上式中的 $\partial Y/\partial x_0$ 是作为参照的一个输入误差参数。通过敏感性指数，可以比较相应的参数误差 Δx_i 对函数误差 ΔY 的影响程度，确定引起最大函数误差的参数。当 x_i 的值确定时，偏导数 $\partial Y/\partial x_i$ 为常数，因而式（9.3-117）可写成

$$\Delta Y=g_1\Delta x_1+g_2\Delta x_2+\cdots+g_n\Delta x_n$$

同样，敏感性指数也可表示为

$$S_i=\frac{g_i}{g_0} \tag{9.3-118}$$

② 摆线针轮传动部分各影响因素的敏感性分析。由于摆线针轮传动部分对回差的影响是直接反映到输出轴上的回差，因此其影响程度最大。但摆线针轮传动部分中的各因素对回差的影响程度如何，就必须对摆线针轮传动部分进行回差的敏感性分析，从中找出对回差影响大的因素，使我们能在设计制造过程中加以控制。根据摆线针轮传动中各误差因素对回差影响的模型，按照回差敏感性分析原理，对摆线针轮传动中的各项影响因素进行敏感性分析，结果见表 9.3-19。

表 9.3-19　参数误差系数和敏感性指数

序号	误差参数	系	数	敏感性指数
1	针齿中心圆半径误差	$\sqrt{1-K_1^2}$	0.63	1
2	针齿销半径误差	-1	-1	-1.59
3	针齿销孔配合间隙	0.5	0.5	0.79
4	摆线轮齿圈径向圆跳动	0.25	0.25	0.395
5	针齿销孔周向位置度误差	K_1	0.76	1.2
6	等距修形误差	1	1	1.59
7	移距修形误差	$-\sqrt{1-K_1^2}$	-0.63	-1
8	摆线轮齿周节累积误差	$-K_1/2$	-0.38	-0.6
9	偏心距误差	k_n	0.0001	0.00014

从上表可以看出，针齿销半径误差、针齿销孔周向位置度误差及等距修形误差具有最大的敏感性指数，对回差的影响最大，而偏心距误差的敏感性指数最小，约为针齿中心圆半径误差敏感性指数的 0.01%，它对回差的影响很小，在误差值较小的情况下，可以不考虑。敏感性指数为负值，说明当该项因素具有正向误差时，它使回差减小。

③ 摆线轮修形方式对回差的影响。如前所述，对回差要求极严的机器人用 RV 传动，应当采用负等距和负移距修形组合，因为它不仅与正等距和正移距修形组合一样，可以通过优化设计确定合理的修形量，使修形后的摆线轮齿与针轮齿互为共轭齿形。既可保证瞬时传动比恒定，从而传动平稳，又可获得理论上的多齿啮合，保证提高承载能力，而且，在同样径向间隙条件下，它引起的回差可比正等距和正移距修形组合小得多，两种不同修形方式引起回差的对比计算结果见表 9.3-20。

表 9.3-20　不同修形方式对回差的影响

减速器型号		RV-250AⅡ-81	
基本参数：$r_p=114.5$mm，$r_{rp}=5$mm，$z_p=40$，$a=2.2$mm			
径向间隙 /mm	移距修形量 /mm	等距修形量 /mm	引起回差 /（′）
0.004	0.0088	0.0128	0.5745
0.004	-0.008	-0.004	0.0896

从表 9.3-20 可以看出，在同样径向间隙的条件下，采用负等距和负移距修形组合方法可以使摆线轮齿形与针轮齿啮合时所引起的回差只为采用正等距和正移距修形时引起的回差的 15.6%。后者的修形组合只适用于对回差要求不高的动力传动。

11.4.4　RV 传动的传动误差分析

作为机器人用的 RV 减速器，它必须具有高的运动和位置精度，这样才能使机器人的手爪精确地达到预定的位置。而在实际应用中，由于制造、安装误差，会使机器人的手爪不能很精确地达到预定的位置，所以设计上要解决的另一个关键问题是如何保证 RV 减速器具有高的运动精度。运动精度是衡量齿轮传动质量的一项重要的动态性能指标，通过传动误差来表示。

RV 减速器的传动误差是指输入轴转动到任意角时，输出轴的理论转角与实际转角的角度误差。由 RV 减速器的组成可知，从输入到输出，主要通过渐开线齿轮传动、摆线针轮传动和摆线轮与输出盘之间的行星架输出机构而实现的。理论上输入轴和输出轴之间的传动比应该是不变值，但实际上由于组成 RV 减速器传动链的传动零件，在制造精度和装配精度上的误差，使瞬时速比发生变化，从而引起转角误差。因此，影响 RV 减速器的运动精度有以下 3 个环节。

1）渐开线行星齿轮传动部分。

2）摆线针轮传动部分。

3）摆线轮与输出盘之间的行星架输出机构。

由于摆线针轮传动部分和行星架输出机构部分对 RV 减速器传动误差的影响直接反映到输出轴上，因此影响程度大，而渐开线齿轮传动部分对 RV 减速器传动误差的影响还要考虑一个传动比，它对整机的影

响要缩小相当于传动比那么多倍，因而影响相对要小得多。本节重点分析摆线针轮传动部分和行星架输出机构部分对 RV 减速器传动误差的影响。

（1）行星架输出机构的传动误差分析

RV 传动的摆线轮通过 3 个曲柄轴支承在输出盘上（见图 9.3-55），因此，输出机构是由 3 个双曲柄平行四边形机构（*ABCD*、*ABEF*、*DCEF*）组成的单自由度并联机构。理论上，输出盘的转角始终与摆线轮的相等，但实际上，各构件杆长的制造偏差和铰接副中的间隙，造成输出盘转角会有误差。由于这一机构是具有机构学中被称为虚约束的单自由度并联机构，这一误差还与各构件弹性条件有关。误差的精确分析必须考虑构件弹性条件在刚性误差分析的基础上进一步精确求解，这是一个高度非线性问题。本节主要着重讨论在刚体运动学范畴内机构的误差分析。

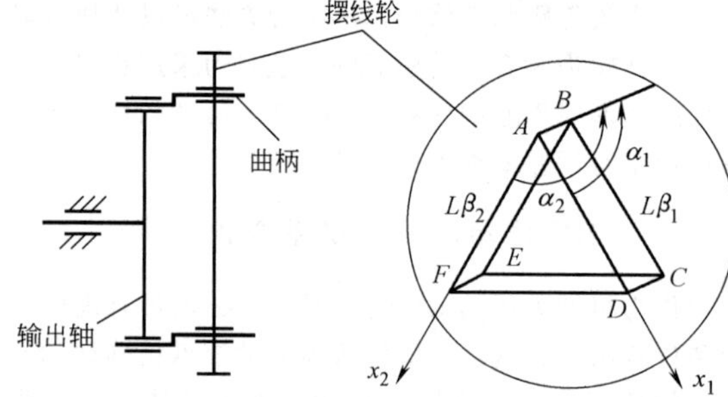

图 9.3-55 输出机构（3 个并联双曲柄平行四边形机构）

1）双曲柄平行四边形机构的误差分析。当各杆长存在偏差时，其实际尺寸分别为 $l'_i=l_i+\Delta l_i$，当铰接副中存在间隙时，在关节力的作用下，各铰接副中两半铰中心 P_i、P_j（即两相邻杆的端点）发生位移，如图 9.3-56 所示，其位移矢量可写为

$$\Delta_p = (\boldsymbol{P}_i\boldsymbol{P}_j) = \Delta_p \boldsymbol{f}_{ji} \qquad (9.3\text{-}119)$$

式中 Δ_p——铰接副的半径间隙（mm）；

$\boldsymbol{f}_{ji}$——铰链 p 中杆 j 作用于杆 i 的关节力方向上的单位矢量。

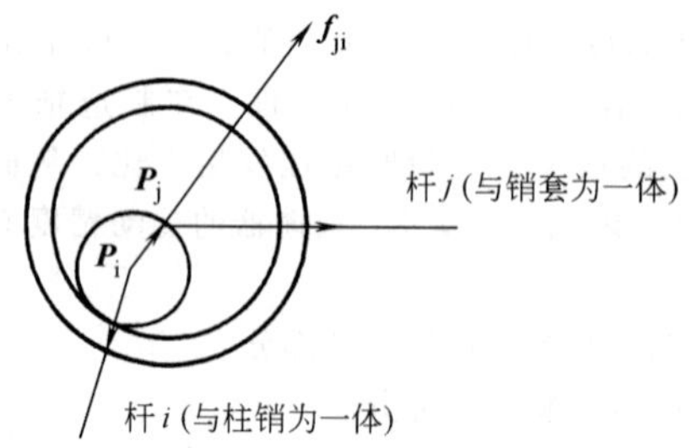

图 9.3-56 铰接副中的间隙矢量

这样，当各杆长存在偏差，各铰接副中存在间隙时，不再构成平行四边形，机构误差分析的坐标系统就可以表示为图 9.3-57 所示，根据图 9.3-57 所示定

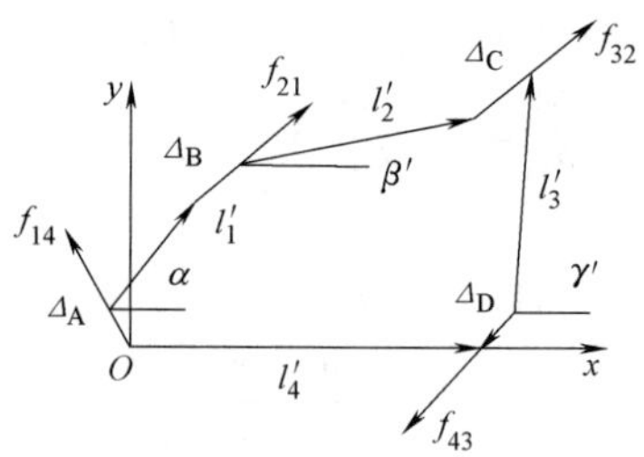

图 9.3-57 四杆机构误差分析的坐标系统

义可以写出矢量方程

$$\Delta_A + l'_1 + \Delta_B + l'_2 + \Delta_C + \Delta_D - l'_3 = l'_4 \qquad (9.3\text{-}120)$$

其投影方程可写为

$$\Sigma\Delta_x + l'_1\cos\alpha + l'_2\cos\beta' - l'_3\cos\gamma' = l'_4 \qquad (9.3\text{-}121)$$

$$\Sigma\Delta_y + l'_1\sin\alpha + l'_2\sin\beta' - l'_3\sin\gamma' = 0 \qquad (9.3\text{-}122)$$

式中 β'——杆 2 的实际位置角（°），为名义值与误差之和，$\beta'=\beta+\Delta\beta$，因杆 2 的名义位置角 $\beta=0$，所以 $\beta'=\Delta\beta$；

γ'——杆 3 的实际位置角（°），为名义值与误差之和，$\gamma'=\gamma+\Delta\gamma$；

$\Sigma\Delta_x$——4 个间隙矢量之和 $\Sigma\boldsymbol{\Delta}$ 沿 x 轴投影量（mm）；

$\Sigma\Delta_y$——4 个间隙矢量之和 $\Sigma\boldsymbol{\Delta}$ 沿 y 轴投影量（mm）。

由式(9.3-121)和式(9.3-122)，消去 γ' 后可得

$$\begin{aligned}&l'_1l'_4\cos\alpha + l'_2l'_4\cos\Delta\beta - l'_1l'_2\cos\alpha +\\&\Sigma\Delta_x l'_1\sin\alpha + \Sigma\Delta_x l'_2\cos\Delta\beta - \Sigma\Delta_x l'_4 +\\&\Sigma\Delta_y l'_1\sin\alpha + \Sigma\Delta_y l'_2\sin\Delta\beta +\\&[l'^2_3 - l'^2_1 - l'^2_2 - l'^2_4 - (\Sigma\Delta)^2]/2 = 0\end{aligned} \qquad (9.3\text{-}123)$$

误差分析就是计算在给定 α 角情况下的位置角误差 $\Delta\beta$，即连杆（摆线轮）相对于输出杆的角度误差 $\Delta\beta$。由于 $\Delta\beta$ 很小，可应用近似式 $\sin(\Delta\beta)\approx\Delta\beta$，$\cos(\Delta\beta)=1-\Delta\beta^2/2$，则由式（9.3-123）可得一关于 $\Delta\beta$ 的二次方程

$$a_1\Delta\beta^2 + b_1\Delta\beta + c_1 = 0 \qquad (9.3\text{-}124)$$

式中

$$a_1 = \frac{1}{2}(-l_2l_4 + l_1l_2\cos\alpha)$$

$$b_1 = -\sin\alpha(l_1l_2 + l_1\Delta l_2 + l_2\Delta l_1) - \Sigma\Delta y l_2$$

$$\begin{aligned}c_1 = &\frac{1}{2}[(l_3+\Delta l_3)^2 - (l_1+\Delta l_1)^2 -\\&(l_2+\Delta l_2)^2 - (l_4+\Delta l_4)^2 - (\Sigma\Delta_x^2 + \Sigma\Delta_y^2)] +\\&(l_1l_4 + l_1\Delta l_4 + \Delta l_1 l_4 + \Delta l_1\Delta l_4)\cos\alpha +\end{aligned}$$

$(l_2l_4+l_2\Delta l_4+\Delta l_2l_4+\Delta l_2\Delta l_4)-$

$(l_1l_2+l_1\Delta l_2+\Delta l_1l_2+\Delta l_1\Delta l_2)\cos\alpha-$

$\Sigma\Delta_x(l_1+\Delta l_1)\cos\alpha-\Sigma\Delta_x(l_2+\Delta l_2)-$

$\Sigma\Delta_y(l_1+\Delta l_1)\sin\alpha+\Sigma\Delta_x(l_4+\Delta l_4)$

方程式（9.3-123）对 $\Delta\beta$ 有两个解值，分别对应于四杆机构的两个分支的位置。但对于某一给定的名义位置 β 下，角度误差 $\Delta\beta$ 只能有一个解值，或不存在解值（由于杆长误差太大，致使四杆不能闭合）。但二次方程式（9.3-124）一般有两个解，其中它有一个是增根，增根产生的原因是采用近似公式 $\cos(\Delta\beta)=1-\Delta\beta^2/2$ 而引起的，可将方程所得的两个解代入原始式（9.3-123）进行验证后确定，但事实上，在两个增根中一个是微小量，即为所求的方程解的正确值。

2）双曲柄平行四边形机构中铰接副间隙的补偿作用。双曲柄平行四边形机构中的四杆共线位置是一个对四杆长关系有严格要求的位置。当各杆长存在随机性偏差时，四杆有可能不能同时达到共线位置，从而破坏了双曲柄共存的几何条件。当机构在惯性作用下强行通过这一位置时，必须依靠杆件或轴承内部的弹性补偿，这使得机构受力增大。在刚性假定的条件下，则必须依靠铰接副中的间隙来补偿。

设各铰接副中半径间隙分别为 Δ_A、Δ_B、Δ_C、Δ_D，对于曲柄 1 在左边的共线位置（见图 9.3-58a）来说：

① 当 $\Delta l_1+\Delta l_4<\Delta l_2+\Delta l_3$，则杆 1 与杆 4 必然拉伸铰接副 A，使它们的总长增加，而铰接副 C 受压，使杆 2 和 3 的总长缩短。当至少能达到图示的状态，四杆才能在共线位置上闭合，这时需满足条件

$$\Delta l_1+\Delta l_4+\Delta_A+\Delta_B\geqslant\Delta l_2+\Delta l_3-\Delta_C-\Delta_D$$

或写为 $\Sigma\Delta=\Delta_A+\Delta_B+\Delta_C+\Delta_D\geqslant(\Delta l_2-\Delta l_4)+(\Delta l_3-\Delta l_1)$

② 当 $\Delta l_1+\Delta l_4>\Delta l_2+\Delta l_3$（见图 9.3-58b），同理，应满足条件式

$$\Sigma\Delta=\Delta_A+\Delta_B+\Delta_C+\Delta_D\geqslant(\Delta l_4-\Delta l_2)+(\Delta l_1-\Delta l_3)$$

当曲柄 1 在右边的共线位置时，同样可以得出类似的条件式

$$\Sigma\Delta=\Delta_A+\Delta_B+\Delta_C+\Delta_D\geqslant(\Delta l_2-\Delta l_4)+(\Delta l_1-\Delta l_3)$$

$$\Sigma\Delta=\Delta_A+\Delta_B+\Delta_C+\Delta_D\geqslant(\Delta l_4-\Delta l_2)+(\Delta l_3-\Delta l_1)$$

综合上述 4 个条件式，应有

$$\Sigma\Delta\geqslant|\Delta l_2-\Delta l_4|+|\Delta l_3-\Delta l_1|\quad(9.3\text{-}125)$$

上式说明，为了补偿杆长的制造偏差，使双曲柄平行四边形机构能够通过四杆共线位置，各铰接副中半径间隙之和应大于或至少等于连杆与机架（行星架）以及两曲柄之间杆长偏差之差的绝对值之和。

如前所述，RV 传动的输出机构是由 3 个平行四边形组成的单自由度并联机构，其独立机构回路有两个，对于这样的机构，在刚性假设的前提下，也必须依靠铰接副中的间隙来补偿构件长度的偏差，才能保证可装配性条件。

可以证明，当平行四边形机构满足条件式（9.3-125）时，它不仅可以保证通过四杆共线位置，而且在曲柄任意位置下，总可以使得各对应杆保持在相互平行的位置。因此铰接副 C 必然可以闭合而把机构装配起来。由进一步推论不难知道，若并联机构中两个独立的平行四边形机构均能满足这一条件式（9.3-125），它们的相对边可维持相互平行的位置，这就保证了该并联机构的可装配性条件。

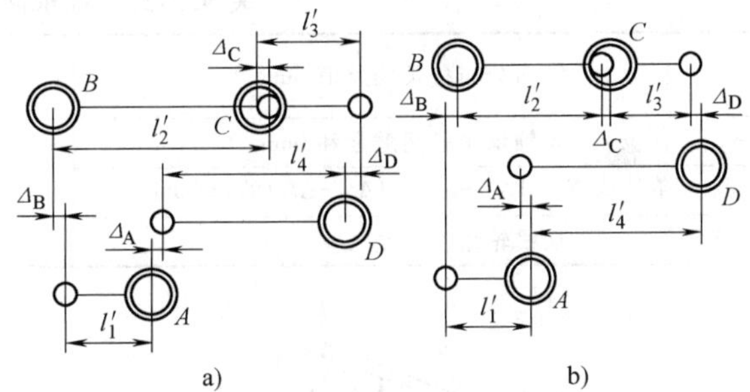

图 9.3-58　四杆共线位置上杆长偏差与铰链间隙之间的关系

3）RV 传动输出机构的刚性误差。RV 传动输出机构具有 3 个回路，其中只有两个是独立回路。分别考虑两个独立回路各杆杆长的偏差和铰接副中间隙，其连杆与名义位置之间会有偏差，而且一般地说这两个连杆的位置角误差 $\Delta\beta_1$ 和 $\Delta\beta_2$ 不会相等。然而由于这两个连杆实际上是同一个刚性构件（摆线轮），因此必须有 $\Delta\beta_1=\Delta\beta_2$。本节用两个独立回路中连杆在刚性假设下的误差来表示。设两个独立回路中的连杆在铰接副中的间隙范围内，左右的最大角度误差分别为 $\Delta\beta_1'$、$\Delta\beta_1''$ 和 $\Delta\beta_2'$、$\Delta\beta_2''$，若它们的数值关系又如图 9.3-59 所示，则并联机构的公共连杆摆线轮摆角误差范围为 $\Delta\beta_1'\leqslant\Delta\beta\leqslant\Delta\beta_2''$。

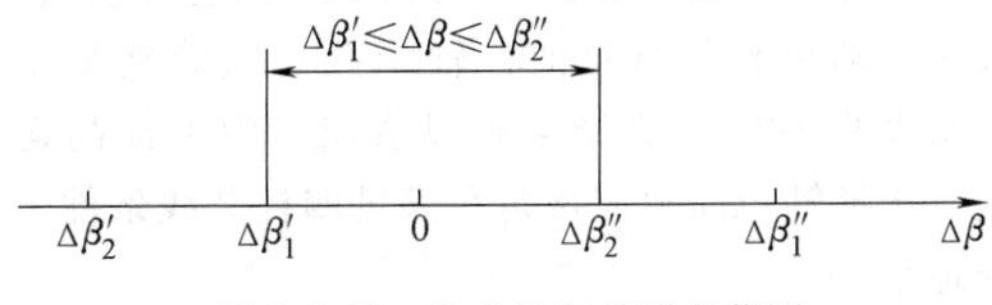

图 9.3-59　公共连杆的误差范围

以机器人用 RV—250AⅡ减速器的输出机构为例，进行传动误差分析。已知输出盘上曲柄轴孔间距离 l_4 和摆线轮上转臂轴承孔间距离 l_2 为 109.119mm，曲柄偏心长度（即偏心距）$l_1=l_3=2.2$mm，曲柄位置以 $\alpha_1=60°$，$\alpha_2=120°$（见图 9.3-60）为例，①考虑杆长偏差同向分布与异向分布两种情况进行对比计算，结果见表 9.3-21；②考虑铰链副（轴承）间隙的大小对角度传动误差的影响，结果见表 9.3-22 所示。

首先分别考虑两独立回路 *ABCD* 和 *ABEF* 中连杆各自可能的摆角范围。这里，可以假定各铰链中间隙矢量顺着曲柄的方向（见图 9.3-60），因为在这一状态下算得的摆角接近可能的最大值。①当连杆逆时针摆动，如图 9.3-60 所示的状态，可知 $\Sigma\Delta_x=-(\Sigma\Delta)\cos\alpha$，$\Sigma\Delta_y=-(\Sigma\Delta)\sin\alpha$；②当连杆顺时针摆动时的状态，则间隙矢量反向，$\Sigma\Delta_x$ 和 $\Sigma\Delta_y$ 均反号。先计算系数 a_1、b_1、c_1 之值，再解方程式（9.3-124）的两根，并鉴别取其中正确值（微小量），即为连杆角度误差 $\Delta\beta$。

表 9.3-21 杆长偏差对角度误差的影响

杆长偏差状态	同向分布	异向分布
各轴承半径间隙之和/mm	0.006	0.016
$\Sigma\Delta-\|\Delta l_2-\Delta l_4\|-\|\Delta l_3-\Delta l_1\|$（相同的状态）/mm	0.003	0.003
摆线轮角度误差 $\Delta\beta$/（″）	$-8.7\leqslant\Delta\beta\leqslant13.1$	$-31\leqslant\Delta\beta\leqslant9.5$

表 9.3-22 轴承间隙对角度误差的影响

同向分布杆长偏差值/mm	$\Delta l_1=-0.002$，$\Delta l_3=-0.001$，$\Delta l_2=-0.004$，$\Delta l_4=-0.006$		
各轴承半径间隙之和/mm	0.008	0.006	0.004
条件式 $\Sigma\Delta-\|\Delta l_2-\Delta l_4\|-\|\Delta l_3-\Delta l_1\|$ 的值/mm	0.005	0.003	0.001
摆线轮角度误差 $\Delta\beta$/（″）	$-13.1\leqslant\Delta\beta\leqslant9.5$	$-8.7\leqslant\Delta\beta\leqslant13.1$	$-4.3\leqslant\Delta\beta\leqslant8.7$

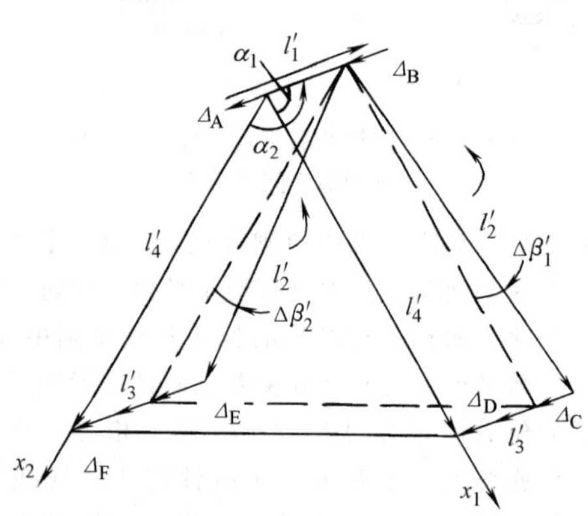

图 9.3-60 半铰中心沿曲柄方向偏移状态下连杆的摆角 $\Delta\beta'_1$ 和 $\Delta\beta'_2$

从表 9.3-21 计算结果可以看出，为了提高运动精度，机构中相对杆（1 与 3 和 2 与 4）的杆长偏差应该同向分布，故建议加工中应采取工艺措施，保证摆线轮三轴承孔与行星架三轴承孔一次装夹加工成形。从表 9.3-22 计算结果可以看出，为了提高运动精度，选择轴承间隙应该是在满足四杆共线条件下尽可能地小。

（2）摆线针轮传动部分的传动误差

1）小周期传动误差。小周期传动误差是当曲柄轴转一圈，即摆线轮转一个齿的过程中，引起输出轴的转角误差。摆线针轮传动部分影响小周期传动误差因素有：

① 针齿壳上针齿销孔圆周方向位置相邻误差 δt_1。参照式（9.3-107），针齿壳上针齿销孔圆周方向位置相邻误差 δt_1 引起小周期传动误差为

$$\Delta\varphi_{s1}=\frac{K_1\delta t_1}{az_c}\tag{9.3-126}$$

② 针齿壳上针齿销孔径向位置相邻误差 δt_2。参照式（9.3-106），针齿壳上针齿销孔径向位置相邻误差 δt_2 引起小周期传动误差为

$$\Delta\varphi_{s2}=\frac{\delta t_2}{2az_c}\tag{9.3-127}$$

③ 摆线轮周节误差 δf_{pt}。参照式（9.3-108），摆线轮周节误差 δf_{pt} 引起小周期传动误差为

$$\Delta\varphi_{s3}=\frac{K_1\delta f_{pt}}{az_c}\tag{9.3-128}$$

2）大周期传动误差。大周期传动误差是输出轴转一圈的过程中，输出轴的转角误差。影响 RV 传动大周期的误差因素有：

① 针齿壳上针齿销孔位置累积误差 δF_{p1}。参照

式（9.3-107），针齿壳上针齿销孔位置累积误差 δF_{p1} 引起大周期传动误差为

$$\Delta\varphi_{B1} = \frac{K_1 \delta F_{p1}}{a z_c} \tag{9.3-129}$$

② 摆线轮周节累积误差 δF_p。参照式（9.3-108），摆线轮周节累积误差 δF_p 引起大周期传动误差为

$$\Delta\varphi_{B2} = \frac{K_1 \delta F_p}{a z_c} \tag{9.3-130}$$

③ 摆线轮齿圈径向圆跳动误差 δF_{r1}。参照式（9.3-106），摆线轮齿圈径向圆跳动误差 δF_{r1} 引起大周期传动误差为

$$\Delta\varphi_{B3} = \frac{\delta F_{r1}}{2 a z_c} \tag{9.3-131}$$

④ 行星架组合件三孔相对于行星架支承大轴承安装基准位置误差 Δ_1。参照式（9.3-106），行星架组合件三孔相对于行星架支承大轴承安装基准位置误差 Δ_1 引起大周期传动误差为

$$\Delta\varphi_{B4} = \frac{\Delta_1}{2 a z_c} \tag{9.3-132}$$

⑤ 行星架支承大轴承径向圆跳动误差 Δ_2。参照式（9.3-106），行星架支承大轴承径向圆跳动误差 Δ_2 引起大周期传动误差为

$$\Delta\varphi_{B5} = \frac{\Delta_2}{2 a z_c} \tag{9.3-133}$$

（3）RV 减速器的传动误差综合

1）小周期传动误差综合。影响 RV 减速器小周期传动误差的因素有：摆线轮针轮传动部分和行星架输出机构部分。根据以上各因素对小周期传动误差影响的数学模型，按均值和公差来计算摆线轮针轮传动部分和行星架输出机构部分制造、安装误差及间隙所引起的小周期传动误差均值 $\Delta\overline{\varphi_s}(')$ 和公差 $T_{\Delta\varphi_s}(')$ 为

$$\begin{aligned} \Delta\overline{\varphi_s} &= \frac{180\times 60}{\pi}\sum_{j=1}^{4}\Delta\varphi_{sj} \\ T_{\Delta\varphi_s} &= \frac{180\times 60}{\pi}\sqrt{\sum_{j=1}^{4}(T_{\Delta\varphi_{sj}})^2} \end{aligned} \tag{9.3-134}$$

式中　$T_{\Delta\varphi_{sj}}$——各误差因素引起小周期传动误差的公差（rad）（$j=1\sim4$）。其中，$T_{\Delta\varphi_{s4}}$ 是（1）中 $\Delta\beta_1' \leqslant \Delta\beta \leqslant \Delta\beta_2''$ 引起的小周期传动误差的公差。

$$\sum_{j=1}^{4}(T_{\Delta\varphi_{sj}})^2 = \frac{1}{a^2 z_c^2}\{K_1^2[(T_{\delta t_1})^2 + (T_{\delta f_{pt}})^2] + \frac{1}{4}(T_{\delta t_2})^2\} + (T_{\Delta\varphi_{s4}})^2$$

2）大周期传动误差综合。根据以上各因素对大周期传动误差影响的数学模型，按均值和公差来计算引起的大周期传动误差均值 $\Delta\overline{\varphi_B}(')$ 和公差 $T_{\Delta\varphi_B}(')$ 为

$$\begin{cases} \Delta\overline{\varphi_B} = \dfrac{180\times 60}{\pi}\displaystyle\sum_{j=1}^{5}\Delta\varphi_{Bj} \\ T_{\Delta\varphi_B} = \dfrac{180\times 60}{\pi}\sqrt{\displaystyle\sum_{j=1}^{5}(T_{\Delta\varphi_{Bj}})^2} \end{cases} \tag{9.3-135}$$

式中　$T_{\Delta\varphi_{Bj}}$——各误差因素引起大周期传动误差的公差（rad）（$j=1\sim5$）。

$$\sum_{j=1}^{5}(T_{\Delta\varphi_{Bj}})^2 = \frac{1}{a^2 z_c^2}\{K_1^2[(T_{\delta F_{p1}})^2 + (T_{\delta F_p})^2] + \frac{1}{4}[(T_{\delta F_{r1}})^2 + (T_{\Delta_1})^2 + (T_{\Delta_2})^2]\}$$

3）传动误差综合。大小周期传动误差进行叠加，即可得 RV 减速器传动误差均值 $\Delta\overline{\varphi}(')$ 和公差 $T_{\Delta\varphi}(')$ 为

$$\begin{cases} \Delta\overline{\varphi} = \Delta\overline{\varphi_B} + \Delta\overline{\varphi_s} \\ T_{\Delta\varphi} = T_{\Delta\varphi_B} + T_{\Delta\varphi_s} \end{cases} \tag{9.3-136}$$

因此，各因素引起 RV 减速器传动误差为

$$\Delta\varphi = \Delta\overline{\varphi} \pm \frac{1}{2}T_{\Delta\varphi} \tag{9.3-137}$$

根据所优化设计的 RV—250AⅡ减速器样机的各有关数据，将引起传动误差因素的数值代入传动误差计算式（9.3-136），得传动误差的均值和公差为

$$\Delta\overline{\varphi} = 0.455' + 0.044' = 0.499'$$

$$\frac{1}{2}T_{\Delta\varphi} = 0.32' + 0.235' = 0.555'$$

将传动误差的均值和公差代入式（9.3-137），得 RV 减速器的传动误差为

$$\begin{aligned} \Delta\varphi &= 0.499' \pm 0.555' = -0.056' \sim 1.054' \\ &= -3.36'' \sim 63.24'' \end{aligned}$$

11.4.5　RV 传动的刚度分析

机器人用 RV 传动必须具有高的运动精度和小的回差外，还必须具有很高的刚度。这也是它与谐波传动相比，在机器人传动中最突出的优点之一。RV 传动的低速级是采用多齿啮合的摆线针轮传动，其接触刚度之高是众所周知的。高速级则采用有 3 个行星轮的渐开线行星齿轮传动，不仅提高了承载能力，同时也提高了刚度。除此之外，输出机构为刚架结构的行星架，也具有很高的刚度。机器人用 RV 传动对扭转刚度有严格的要求，通常在额定转矩下，由扭转弹性

变形引起的弹性回差不超过4′~5′。

（1）采用常规的力学方法对RV传动的每个组成部分进行刚度分析计算

1）摆线针轮传动部分的弹性变形。摆线针轮传动部分的变形主要由针齿与摆线轮齿的接触变形及针齿与针齿壳上针齿孔的接触变形两部分组成。

由（2）的受力分析理论，可以得出在额定转矩的作用下，针齿与摆线轮及针齿壳这两部分的总接触变形的最大数值 $w_{\max}$，由此，假定摆线轮固定时，由于此接触变形而引起针轮产生的转角为

$$\Delta\theta_{p} = \frac{w_{\max}}{r'_{p}} \tag{9.3-138}$$

式中　r'_{p}——针轮节圆半径。

将针轮弹性转角折算到输出轴上，可得当固定渐开线中心轮时，由于针齿与摆线轮齿的接触变形及针齿与针齿壳的接触变形所引起的输出轴的转角 $\Delta\theta_{c}$ 为

$$\Delta\theta_{c} = \Delta\theta_{p} i_{65}^{1} \tag{9.3-139}$$

式中　i_{65}^{1}——当渐开线中心轮固定时，输出轴相对于针轮的传动比。即

$$i_{65}^{1} = \frac{\omega_6 - \omega_1}{\omega_5 - \omega_1} = -\frac{i_{15}^{6}}{i_{16}^{5}} = -\frac{1 - i_{16}^{5}}{i_{16}^{5}}$$

2）渐开线传动部分的弹性变形。按照ISO刚度计算方法，首先计算单齿刚度，然后根据单齿刚度计算其啮合刚度。对于刚性啮合齿轮，在中等载荷作用下，其单对齿刚度按下式近似计算：

$$c' = \frac{1}{q} \tag{9.3-140}$$

式中　q——单位齿宽柔度（mm·μm/N）。

当 $x_1 \geqslant x_2$，$-0.5 \leqslant x_1 + x_2 \leqslant 2.0$ 时，q 按下式计算：

$$q = 0.04723 + \frac{0.15551}{z_{v1}} + \frac{0.25791}{z_{v2}} - 0.00635x_1 - 0.00193x_2 - 0.11654\frac{x_1}{z_{v1}} - 0.24188\frac{x_2}{z_{v2}} + 0.00529x_1^2 + 0.00182x_2^2 \tag{9.3-141}$$

式中　x_1——小齿轮的变位系数；

x_2——大齿轮的变位系数；

z_{v1}——小齿轮的当量齿数，对直齿轮 $z_{v1}=z_1$；

z_{v2}——大齿轮的当量齿数，对直齿轮 $z_{v2}=z_2$。

根据ISO啮合刚度计算B法，考虑齿轮啮合时的重合度的影响，齿轮的啮合刚度为

$$c_{r} = (0.75\varepsilon_{\alpha} + 0.25)c' \tag{9.3-142}$$

式中　ε_{α}——端面重合度；

c'——单对齿刚度［N/(mm·μm)］。

根据刚度的定义，啮合点的位移为

$$\Delta u = \frac{F_{gt}}{c_{r} b_{g} \cos\alpha'} \tag{9.3-143}$$

式中　F_{gt}——中心轮受的啮合力的切向分力（N）；

b_{g}——渐开线齿轮宽度（mm）；

α'——渐开线齿轮的啮合角（°）。

由啮合点位移使中心轮产生的转角为

$$\theta_1 = \frac{\Delta u \cos\alpha'}{1000r'_1} \tag{9.3-144}$$

式中　r'_1——渐开线中心轮的节圆半径（mm）。

当固定针齿壳及中心轮时，由于渐开线齿轮传动部分的弹性变形而引起输出轴的转角为

$$\Delta\theta_{g} = \frac{\theta_1}{i_{16}^{5}} \tag{9.3-145}$$

式中　i_{16}^{5}——当针轮固定时，输入轴相对于输出轴的传动比。

3）行星架的弹性变形。行星架是由两块侧板1、2和三个截面近似梯形的连接柱销3组成。行星架的弹性变形是指在转矩 T 的作用下两块侧板的相对转角，如图9.3-61所示，它也可以表示为在半径为 r_n 圆周方向上由切向力 F_{nt} 引起的位移 Δ 的大小，而切向力

$$F_{nt} = \frac{F_{G1t} a_0}{r_n} \tag{9.3-146}$$

式中　F_{G1t}——曲柄作用在侧板上的切向力（N）；

r_n——连接柱销形心到行星架中心的距离（mm）；

a_0——曲柄支撑轴承中心到输出轴中心的距离（mm），其数值等于渐开线行星齿轮传动中心距。

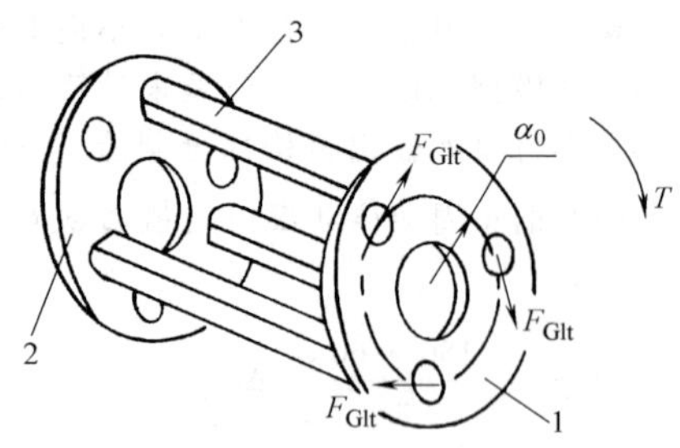

图9.3-61　行星架示意图

参照图9.3-62行星架展开图，由参考文献［44］，切向位移量 Δ 可表示为

$$\frac{\Delta}{F_{nt}} = \frac{1}{EL_n}\left\{2\left(\frac{L_n}{L_m}\right)^3 [k_0^2\alpha_{m1} + (k_0 - 1)^2\alpha_{m2}] + \alpha_n\right\} \tag{9.3-147}$$

式中　α_{m1}——切向力 F_{nt} 对侧板1的弯曲变形和剪切变形的影响系数；

α_{m2}——切向力 F_{nt} 对侧板2的弯曲变形和剪切变形的影响系数；

α_{n}——切向力 F_{nt} 对连接柱销弯曲变形和剪切

变形的影响系数；

k_0——两块侧板的刚度比较系数；

L_m——侧板 1/3 段的弧长（mm），$L_m=\dfrac{2\pi r_n}{3}$；

L_n——两块侧板中心平面间的距离（mm）；

E——弹性模量（MPa）。

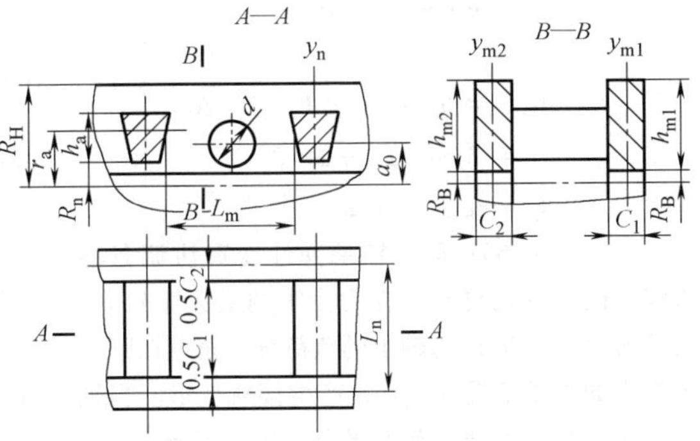

图 9.3-62　行星架截面展开图

且

$$\alpha_{m1}=\left[\frac{l_{m1}^3}{24I_{m1}}+\frac{k_{m1}(1+\mu)l_{m1}}{S_{m1}}\right]\beta_{m1}L_m \tag{9.3-148}$$

$$\alpha_{m2}=\left[\frac{l_{m2}^3}{24I_{m2}}+\frac{k_{m2}(1+\mu)l_{m2}}{S_{m2}}\right]\beta_{m2}L_m \tag{9.3-149}$$

$$\alpha_n=\left[\frac{l_n^3}{3I_n}+\frac{2k_n(1+\mu)l_n}{S_n}\right]\beta_nL_n \tag{9.3-150}$$

$$k_0=\frac{1}{1+\dfrac{\alpha_{m1}+L_m^2L_n/(4I_n)}{\alpha_{m2}+L_m^2L_n/(4I_n)}} \tag{9.3-151}$$

式中　β_{mi}——两圆盘形侧板的形状系数（$i=1$，2）；

β_n——凸四边形连接柱销的形状系数；

k_{mi}——两侧板的横截面形状系数（$i=1$，2）；

k_n——连接柱销的横截面形状系数；

I_{mi}——两侧板相对于 y_{mi} 轴的截面惯性矩（$i=1$，2）（mm^4）；

I_n——连接柱销对于 y_n 轴的截面惯性矩（mm^4）；

S_{mi}——两侧板的横截面积（$i=1$，2）（mm^2）；

S_n——连接柱销截面积（mm^2）；

l_{mi}——相当悬臂变形的两侧板有效长度（$i=1$，2）（mm）；

l_n——相当悬臂变形的连接柱销件的有效长度（mm）；

μ——泊松比，$\mu=0.3$。

式中系数由文献［44］中的有关图表确定，惯性矩和面积是按照图 9.3-62 行星架展开图尺寸计算的。由此，可按式（9.3-147）计算出行星架两侧板相对位移 Δ 值，因此，由行星架弹性变形引起输出轴转角为

$$\Delta\theta_H=\frac{\Delta}{r_n} \tag{9.3-152}$$

4）曲柄轴的弹性变形。曲柄轴的周向弹性变形由曲柄轴的周向弯曲变形和扭转变形两部分组成，下面分别进行计算。

① 曲柄轴的周向弯曲变形。由 11.2 节关于传动曲柄及行星轮的受力分析，曲柄轴受两摆线轮在轴承孔分布圆周切向力的作用（参见图 9.3-49），引起曲柄有此方向上的弯曲变形，从而导致输出轴产生一定的转角。根据材料力学梁的挠度计算方法，对于变截面的曲柄轴，为了提高计算精度，采用有限插分法计算挠度。在突变截面附近选择一些点增加差分点数，如图 9.3-63 所示，截面 3 和截面 4 处的位移即为所求挠度。

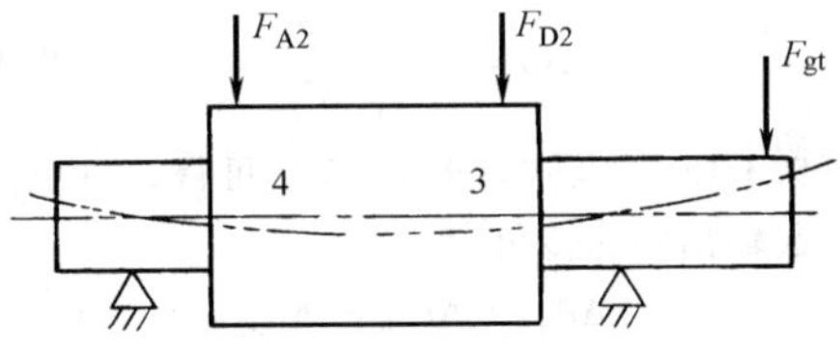

图 9.3-63　曲柄受力变形图

这里，摆线轮给曲柄轴的圆周方向的作用力为

$$F_{A2}=F_{D2}=\frac{T_c}{3a_0} \tag{9.3-153}$$

式中　T_c——一片摆线轮承受的转矩（N·mm）。

曲柄轴上的行星轮受到的切向力

$$F_{gt}=\frac{T_1}{3r_1{}'}$$

式中　T_1——输入的转矩（N·mm）。

由于曲柄在截面 3 和截面 4 处的位移不同，在计算曲柄变形引起输出轴转角时，应以它们的平均值 f_m 来计算：

$$f_m=\frac{f_3+f_4}{2} \tag{9.3-154}$$

式中　f_3——截面 3 处的位移（mm）；

f_4——截面 4 处的位移（mm）。

因此，由曲柄轴的周向弯曲变形引起输出轴的转角为

$$\Delta\theta_{S1}=\frac{f_m}{a_0} \tag{9.3-155}$$

② 曲柄的扭转变形。如图 9.3-64 所示，曲柄受转矩作用时，截面 0 与截面 3 之间将产生一定的相对转角 $\Delta\varphi_S$

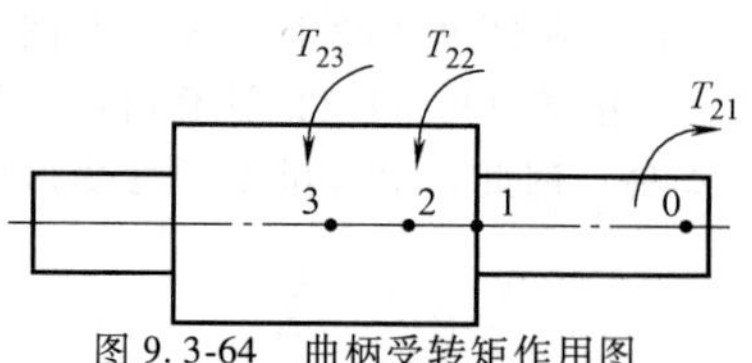

图 9.3-64 曲柄受转矩作用图

$$\Delta\varphi_S = \sum_{i=1}^{3} \frac{T_{2i} l_{zi}}{G J_{pi}} \qquad (9.3\text{-}156)$$

式中 G——切变模量（MPa），$G = 8 \times 10^4$ MPa；

T_{2i}——曲柄轴各段转矩（N · mm），$T_{23} = T_{22}$，

$$T_{23} = \frac{1}{2} T_{21} \text{而} \ T_{21} = \frac{T}{3 i_{16}^5} \frac{z_2}{z_1};$$

T——输出轴转矩（N · m）；

J_{pi}——极惯性矩（mm^4），$J_{pi} = \frac{\pi d_i^4}{32}$；

d_i——曲柄轴各段轴直径（mm）；

l_{zi}——曲柄各段轴长（mm）。

因此，由于曲柄的扭转变形产生的输出轴的转角为

$$\Delta\theta_{S2} = \frac{z_2}{z_1} \frac{\Delta\varphi_S}{i_{16}^5} \qquad (9.3\text{-}157)$$

由式（9.3-155）及式（9.3-157）可得，由于曲柄的变形引起输出轴的转角为

$$\Delta\theta_S = \Delta\theta_{S1} + \Delta\theta_{S2} \qquad (9.3\text{-}158)$$

5）轴承的弹性变形。

① 轴承的变形与外载荷的关系。轴承内外圈与滚子接触处的总接触变形为

$$\delta_z = k_z Q^{0.9} \qquad (9.3\text{-}159)$$

式中 Q——滚子所受压力（N）；

k_z——刚度系数，$k_z = 7.66 \times 10^{-5} / L^{0.8}$；

L——滚子有效长度（mm）。

图 9.3-65 所示为轴承受径向力作用时的变形情况。在径向力 F_{zr}作用下，轴承内外圈相对位移为 δ_r，

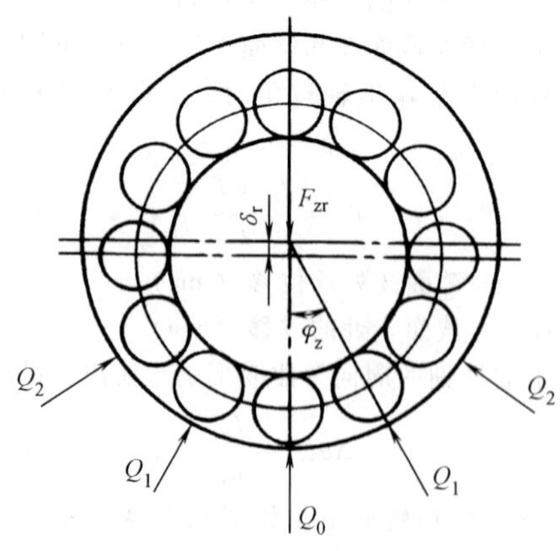

图 9.3-65 轴承受力分析图

为计算方便将最下方的滚子的序号记作 0，依次向上编为 1，2，…，n，相邻滚子所对圆心角为 φ_z。在 F_{zr}作用下，各个滚子的受力大小及变形量各不相同，序号为 j 的滚子受力为 Q_j，与内外圈接触变形量的和为 δ_j，设轴承游隙为 Δr，则根据几何关系，有

$$\left.\begin{aligned}
\delta_0 &= \delta_r - \Delta r/2 \\
\delta_1 &= \delta_r \cos\varphi_z - \Delta r/2 \\
&\cdots \\
\delta_{n-1} &= \delta_r \cos(n-1)\varphi_z - \Delta r/2 \\
\delta_n &= \delta_r \cos n\varphi_z - \Delta r/2 \\
\delta_r \cos n\varphi_z &- \Delta r/2 > 0
\end{aligned}\right\} \qquad (9.3\text{-}160)$$

式（9.3-160）称为轴承弹性变形协调条件，由方程组中的不等式可确定受力滚子的最大序号 n，n 又称为分布系数，$2n\varphi_z$ 为轴承的负荷分布角。在圆心角 $2n\varphi_z$ 范围内的滚子承受载荷，并产生接触变形。当轴承有预紧量时，Δr 为负值，轴承的分布角大于 π。除了预紧或游隙影响轴承的负荷分布外，外载荷也影响负荷的分布。在有游隙时，外载的增大会引起分布角的增加。相反，在有预紧量时，外载的增加引起负荷分布角的减小。将式（9.3-159）代入式（9.3-160）得

$$\left.\begin{aligned}
Q_0 &= [(\delta_r - \Delta r/2)/k_z]^{\frac{1}{0.9}} \\
Q_1 &= [(\delta_r \cos\varphi_z - \Delta r/2)/k_z]^{\frac{1}{0.9}} \\
&\cdots \\
Q_{n-1} &= [(\delta_r \cos(n-1)\varphi_z - \Delta r/2)/k_z]^{\frac{1}{0.9}} \\
Q_n &= [(\delta_r \cos n\varphi_z - \Delta r/2)/k_z]^{\frac{1}{0.9}} \\
\delta_r \cos n\varphi_z &- \Delta r/2 > 0
\end{aligned}\right\} \qquad (9.3\text{-}161)$$

轴承不受外力作用时，各滚子受力一样，与内外圈作用的合力为 0。当轴承受外力作用时，各滚子的受力情况发生变化，滚子与内圈作用的合力与外载达到新的平衡状态，其平衡条件为

$$\left.\begin{aligned}
F_{zr} &= Q_0 + 2\sum_{j=1}^{n} Q_j \cos(j\varphi_z) & n\varphi_z < \pi \\
F_{zr} &= Q_0 + 2\sum_{j=1}^{n} Q_j \cos(j\varphi_z) - Q_n & n\varphi_z = \pi
\end{aligned}\right\} \qquad (9.3\text{-}162)$$

为了找出轴承内外圈的相对位移量与外载荷的关系，而位移量直接与内力大小有关，内力的大小又与外载、轴承结构、滚子及滚道的变形有关。因此，这种关系的计算不能直接套用公式，必须利用迭代的方式逐步逼近其真实解。

对于滚子轴承，先给出最大负载的初值

$$Q_0 = 4.6 F_{zr} / z \qquad (9.3\text{-}163)$$

式中 F_{zr}——实际外载荷（N）；

z——滚子数量。

由式（9.3-159）计算出受载最大的滚子的变形量 δ_0，由 δ_0 和游隙或预紧 Δr 根据变形协调条件求出相对位移量 δ_r 及各滚子的变形量 δ_j 和分布系数 n。根据变形量 δ_j 和滚子负载 Q_j 的关系，可以求出每一个滚子的负载 Q_j，再由平衡条件求出在假设滚子最大负荷 Q_0 的情况下的外载荷 F'_{zr}。由于在求初值 Q_0 时没有考虑实际游隙或预紧量，由此求出的载荷 F'_{zr} 与实际载荷 F_{zr} 不同，其误差用下式表示

$$|F'_{zr} - F_{zr}|/F_{zr} < \varepsilon \tag{9.3-164}$$

式中　ε——收敛精度。

若精度不符合要求，需要进行下一轮迭代，按 $|F'_{zr}-F_{zr}|$ 的大小修正 Q_0 的初值

$$Q_0^* = Q_0 \pm |F'_{zr} - F_{zr}|/2 \tag{9.3-165}$$

式中，当 $F'_{zr}>F_{zr}$ 时取负号，反之 $F'_{zr}<F_{zr}$ 时取正号。Q_0^* 为新一轮迭代的初值。

曲柄支撑轴承为圆锥滚子轴承，目前尚缺乏有效的简易算法进行计算。我们仍利用分析圆柱滚子轴承的方法，对其变形及受力进行合理的变换。β_z 为圆锥滚子轴线与轴承轴线之间的夹角，由于轴承轴向固定，所以在径向力 F_{zr} 作用下，其径向位移 δ_j 分为滚子轴向滑动位移 δ_{jt} 和法向位移 δ_{jn}，其中的法向位移 $\delta_{jn}=\delta_i/\cos\beta_z$ 是法向力 Q_j 产生的接触变形，由此外载在计算程序中应进行如下的相应变化：

$$F_{zr} = \cos\beta_z\left[Q_0 + 2\sum_{j=1}^{n} Q_j\cos(j\varphi_z)\right]$$
$$n\varphi_z < \pi$$
$$F_{zr} = \cos\beta_z\left[Q_0 + 2\sum_{j=1}^{n} Q_j\cos(j\varphi_z) - Q_n\right]$$
$$n\varphi_z = \pi \tag{9.3-166}$$

② 轴承变形引起输出轴的转角。根据轴承受力变形计算程序，可以算出曲柄支撑轴承及转臂轴承的内外圈相对位移量，从而求出轴承接触变形引起输出轴的转角。

曲柄支撑轴承周向变形引起输出轴的转角 $\Delta\theta_{b1}$ 计算如下：

固定摆线轮，在输出轴上加转矩 T，则曲柄支撑轴承受到的圆周方向作用力为

$$F_{G1t} = \frac{1}{2}\frac{T}{3a_0} \tag{9.3-167}$$

式中　a_0——曲柄支撑轴承中心到输出轴中心的距离，其数值等于渐开线行星齿轮传动中心距。

采用上述计算程序，可计算出支撑轴承有转矩 T 的作用下内外圈产生的相对位移量 δ_{r1}，则在轴承孔中心圆的周向上产生的转角为

$$\Delta\theta_{b1} = \frac{\delta_{r1}}{a_0} \tag{9.3-168}$$

转臂轴承周向变形引起输出轴的转角 $\Delta\theta_{b2}$ 计算如下：

由摆线轮承受的转矩 T_C 作用在转臂轴承上的周向力 F_{A2} 可以计算出，当固定输入轴、输出轴时，由转臂轴承变形引起摆线轮在半径为 a_0 的圆周上切向位移量 δ_{r2}，则引起摆线轮的转角为

$$\Delta\theta_4 = \frac{\delta_{r2}}{a_0} \tag{9.3-169}$$

随摆线轮的转动，针轮产生相应的转角 $\Delta\theta_5$ 为

$$\Delta\theta_5 = \frac{\Delta\theta_4}{i_{45}^{H'}} \tag{9.3-170}$$

式中　$i_{45}^{H'}$——当输出轴、输入轴固定时，摆线轮相对于针轮的传动比 $i_{45}^{H'}=\frac{z_p}{z_c}$。

由此可得，当针轮固定时，由转臂轴承的变形引起输出轴的转角为

$$\Delta\theta_{b2} = \Delta\theta_4\frac{z_c}{z_p}i_{65}^{1} \tag{9.3-171}$$

式中　i_{65}^{1}——当输入轴固定时，输出轴相对于针轮的传动比。

根据以上分析，曲柄支撑轴承与转臂轴承的变形引起输出轴的转角为

$$\Delta\theta_b = \Delta\theta_{b1} + \Delta\theta_{b2} \tag{9.3-172}$$

以机器人用 RV—60AⅡ减速器为例，以上五种弹性变形引起的输出轴转角如表 9.3-23 所示。

表 9.3-23　弹性变形引起输出轴的转角

影响刚度的因素	引起输出轴的转角/(″)
摆线针轮传动部分的弹性变形	17.97
渐开线齿轮轮齿的弹性变形	0.243
行星架的弹性变形	24.76
曲柄轴的弹性变形	11.4
轴承的弹性变形	192.1
各部分的弹性变形总和 $\Delta\Sigma\theta$	246.47

然后可得 RV—60AⅡ减速器的刚度 k 为

$$k = \frac{T}{\Delta\Sigma\theta} = 214.7\text{N}\cdot\text{m}/(')$$

从计算结果看出，在额定转矩作用下，轴承的变形最大，刚度最小，正是基于这一实际情况，所以在 11.2 节中对 RV 传动整体受力分析时，以此为基础，假定摆线轮与曲柄轴刚度很大，而轴承可看成弹性体。从而总结出将 RV 传动受力的静不定问题简化成

静定问题求解的力分析方法及公式。

由于轴承的刚度很小，难于提高，而机器人传动对RV减速器整体的抗扭刚度又有很高的要求，所以必须尽可能增大其他零件的刚度，以弥补轴承刚度的不足。主要措施是：①摆线轮齿形采用负移距与负等距组合修形，可以保证多齿啮合的共轭齿形，增大了摆线轮与针轮齿啮合的刚度；②针齿不用两支点而是用半埋齿以消除其弯曲变形；③输出轴采用刚性尽可能大的大直径圆盘输出。

（2）整体刚度的有限元分析

RV传动系统是由渐开线行星传动与摆线针轮行星传动组成的一个完整的封闭式差动机构体系，如果只把某个零件从机构中单独取出来进行有限元计算，那么，机构体系中几个重要计算对象之间的相互影响就很难准确地反映到计算模型中去，计算结果也将失去一些精度。为避免上述缺陷，在计算模型中应将摆线轮、行星架、偏心轴、针轮等同时纳入一块参与计算，这样才能使计算结果更加准确可靠。图9.3-66所示为RV传动结构系统的整体有限元计算模型。

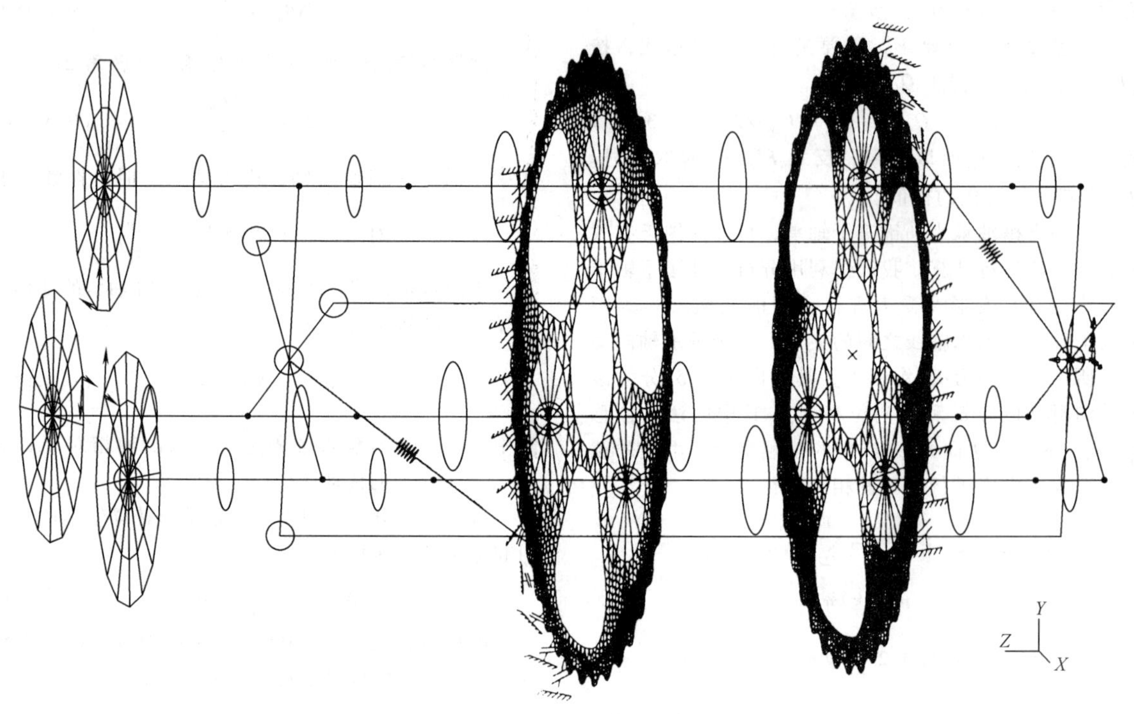

图9.3-66 RV传动系统的有限元计算模型

传动中的摆线轮以自己的回转轴做平面圆周运动，这个回转运动是通过摆线轮内的偏心轴承实现的。轴承外环即为摆线轮内孔，它的网格划分沿环向是均匀的，在每一个接触点对上用“点对点”的接触单元模拟它们的弹性接触。对轴承滚柱以及内环，则将其凝聚到曲柄点上，用I-DEAS的刚性元及自由度释放技术，可以模拟轴承的“铰接”作用，从而实现了摆线轮与曲柄之间的铰接。

考虑到两片摆线轮是主要传递载荷零件，摆线轮齿部分网格划分密一些，可以真实地反映局部的应力与变形情况，两片摆线轮均采用三角形板单元。摆线轮与各针轮齿啮合情况，采用“点对地”的接触单元模拟它们的弹性接触。单元方向为摆线轮与各针轮齿啮合作用力的方向，即通过摆线轮与针轮啮合节点P。图9.3-67所示为摆线轮与针轮的有限元计算模型。

曲柄轴的偏心简化为刚性元以模拟轴的曲柄，这些空间刚性元的尺寸取决于曲柄轴的偏心距的数值。所以，将曲柄轴简化为空间梁元后，在曲柄轴与摆线轮的偏心轴处分别安放了若干个上述偏心值为其长度的刚性元。图9.3-68所示为行星架与曲柄轴的有限元计算模型。

选用美国SDRC公司的I-DEAS软件系统，按此模型计算的渐开线齿轮传动、曲柄轴及行星架总体结构扭转刚度与前几节提出的计算模型所得结果进行对比列于表9.3-24中（以机器人用RV—60AⅡ减速器为例）。

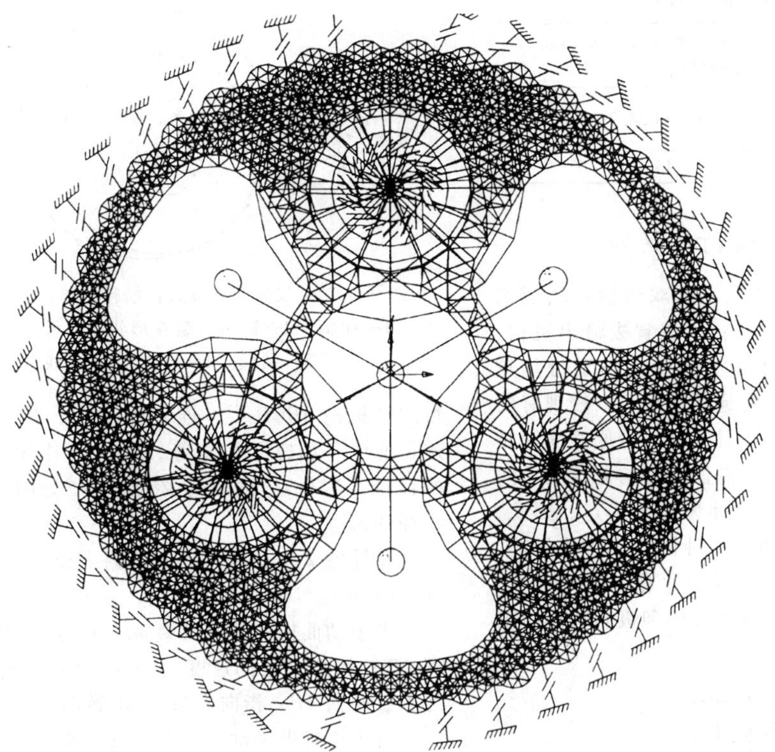

图 9.3-67　摆线轮与针轮的有限元计算模型

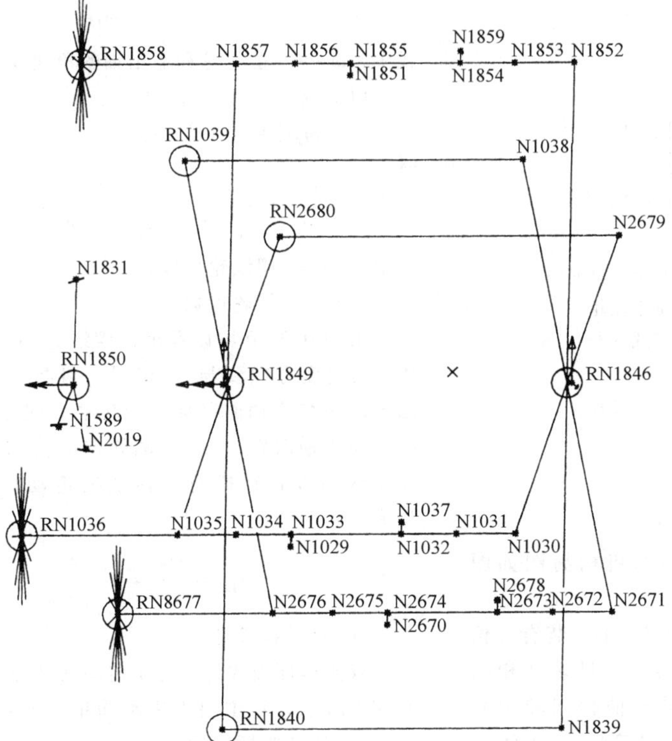

图 9.3-68　行星架及曲柄轴的有限元计算模型

表 9.3-24　扭转变形计算结果

渐开线齿轮传动的弹生变形、曲柄轴的弹性变形及行星架的弹性变形之和引起输出轴的转角/(″)	
②～④节计算模型计算结果	0.243+11.4+24.76=36.403
有限元模型计算结果	43.928

12　双曲柄环板式针摆行星传动

图 9.3-69 所示为同步带联动的双曲柄双环板式针摆行星传动简图，其特点是：不仅省去输出机构、输出轴，刚性好，转臂轴承由行星轮内移至行星轮外，尺寸不再受限制，从而传递的转矩可以较现有的摆线针轮行星减速器更大，而且又保留着原摆线针轮行星减速器同时啮合齿数多，总法向力与总圆周力间夹角小，摆线轮与针轮齿均为硬齿面等优点。因此，双曲柄环板式针摆行星传动是一种体积小、重量轻、传动比范围大、传动效率高、传动平稳、结构简单、输出轴刚度大、传动转矩范围更大的和极有实用价值的新型摆线针轮行星传动。

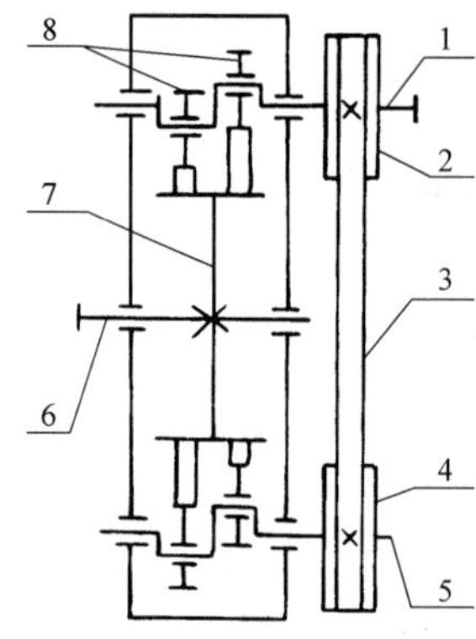

图 9.3-69　双曲柄环板式针摆行星传动简图
1—输入轴　2—齿形带主动轮
3—齿形带　4—齿形带从动轮
5—从动曲柄轴　6—输出轴
7—摆线轮　8—带针轮的环板

12.1　传动原理与特点

（1）传动原理

双曲柄环板式针摆行星传动的机构简图如图 9.3-70所示。

在平行四杆机构 $ABCD$ 的连杆 BC 上，装有针轮 2，其中心 O_p 位于连杆 BC 的中点。与针轮 2 相啮合的摆线轮 5 中心 O_c 位于主、从动曲柄回转中心 A、D 连线 AD 的中点，针轮与摆线轮中心距 O_pO_c（a）的大小等于主、从动曲柄的长度 e。由于在平行四杆机构 $ABCD$ 中，连杆做平动，其上各点的轨迹、速度、加速度均相等，所以固连于连杆 BC 上的针轮 2 轮心 O_p 的轨迹必是以 O_c 为圆心，以 e 为半径的圆。

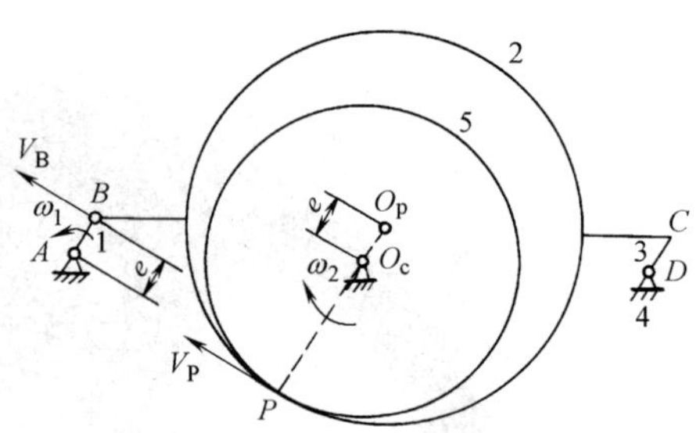

图 9.3-70　双曲柄环板式针摆行星传动的机构简图
1—曲柄　2—针轮（装在形状如环板的连杆上）
3—曲柄　4—机座　5—摆线轮

设针轮 2 与摆线轮 5 的节圆半径分别为 r'_p 与 r'_c，则 $r'_p-r'_c=e$。

设主动曲柄的角速度为 ω_1，则连杆 BC 与主动曲柄 AB 铰接点 B 处的速度 v_B 大小为 $v_B=\omega_1 e$，其方向为垂直曲柄 AB，指向应与 ω_1 的转向一致。

由于连杆做平动，其上各点的速度大小与方向均相同，所以固连于连杆 BC 上的针轮 2 在与摆线轮 5 啮合点 P 处的速度 $v_P=v_B$，由此可得

$$\omega_2 r'_c = \omega_1 e$$

式中　ω_2——摆线轮和输出轴的角速度。

以 $e=r'_p-r'_c$ 代入式，得

$$\omega_2 r'_c = \omega_1(r'_p - r'_c)$$

故

$$\frac{\omega_1}{\omega_2} = \frac{r'_c}{r'_p - r'_c} = \frac{z_c e}{z_p e - z_c e} = \frac{z_c}{z_p - z_c}$$

式中　z_c——摆线轮齿数；

z_p——针轮齿数。

由图 9.3-70 可以看出，摆线轮和针轮在啮合处 P 点的速度方向要与 v_B 相同，则摆线轮绕 O_c 的转动方向必与主动曲柄绕 A 的转动方向相反。即若 ω_1 的转向为逆时针，则 ω_2 的转向必为顺时针。为此，双曲柄环板式针摆行星传动的传动比计算公式应写为

$$i_{12} = \frac{\omega_1}{\omega_2} = -\frac{z_c}{z_p - z_c} \qquad (9.3\text{-}173)$$

（2）结构设计

双曲柄环板式针摆行星传动的结构设计之一如图 9.3-71 所示。它主要由主动曲柄、连杆（带针轮的环板）、从动曲柄、摆线轮、输出轴、箱壳和同步带等部分组成。

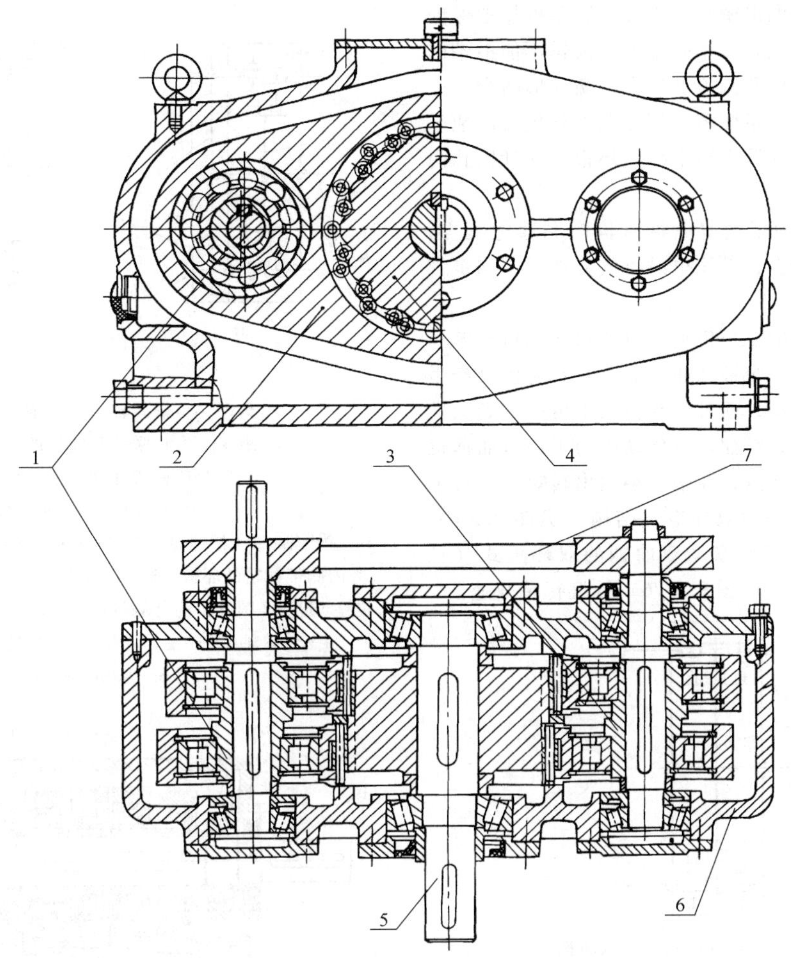

图 9.3-71　双曲柄环板式针摆行星减速器结构

1—主动曲柄　2—连杆（带针轮的环板）　3—从动曲柄　4—摆线轮　5—输出轴　6—箱壳　7—同步带

1）主动曲柄。输入轴为直轴，通过两个滚动轴承以两支点支承在减速器箱体上，在该直轴上装有相位差 180°的双偏心套，构成两个相位差 180°的主动曲柄，它们各装有一个转臂轴承并分别与两个相位差 180°的连杆连接。

2）连杆（带针轮的环板）。两个相位差 180°的连杆的另一端通过转臂轴承与从动曲柄相连，从动曲柄和主动曲柄长度相同，并同样用轴承支承于减速器箱体上，主、从动曲柄支点间距离和连杆长度相同，所以图中两个相位差 180°的连杆均系平行四杆机构中只会做平动的连杆。在本传动机构中，连杆中部带有针轮，形如环板，故在具体结构中，连杆也就是带有针轮的环板。

3）从动曲柄。其结构和主动曲柄基本上相同，由于在平行四杆机构通过死点位置时，从动曲柄可以与主动曲柄同向回转，也可以反向回转，是一不稳定位置，所以为保证从动曲柄能稳定可靠地与主动曲柄同向回转，必须另加约束。最简单实用的方法是如图 9.3-71所示，在主动与从动曲柄轴上均装一同步齿形带轮，用同步齿形带传动，保证从动曲柄只能与主动曲柄同向转动。

4）摆线轮。一个较宽的摆线轮，用键固定在输出轴上，它同时与分别装于两个相位差 180°的连杆中部的针轮相啮合。摆线轮的齿形采用我们经过优化修形的新齿形，可以与针轮达到理想的共轭多齿同时啮合，不仅传递的转矩大，而且传动平稳。

5）输出轴。固装摆线轮的输出轴，为两支点简支在减速器箱体上。与必须采用特定输出机构的通用摆线针轮行星减速器的悬臂输出轴相比，不仅结构简单，而且刚性要好得多。

6）箱壳。由箱体和侧端盖两部分组成。其设计除了要考虑可靠地支承主、从动曲柄及输出轴，便于制造和安装拆卸，润滑密封可靠外，还要可靠地保证装于每个环板上一圈针齿销孔中的针齿销不能沿轴向脱出。为此，在箱体和侧盖上均有一圈环形凸台，它们与环板间只留有少量侧隙，即能允许环板自由地平动，而又能可靠保证针齿销不会从环板上的针销孔内沿轴向脱出。

7）同步带。为了使双曲柄机构顺利通过死点，可以采用的措施很多，最简单易行的方法是用同步带联动双曲柄。

渐开线为齿形的三环传动，可使双曲柄机构顺利通过死点，但在任一个被动曲柄通过死点时仍会产生明显的瞬时冲击振动，而且三环传动不可能达到动平衡。在双曲柄环板式针摆行星传动中为了使双曲柄机械省力平衡地通过死点，在中、小输出转矩时，可采用同步带联动双曲柄的双环板式结构（见图9.3-69、图9.3-71）或3个齿轮联动双曲柄的双环板式（见图9.3-73a、图9.3-74a、图9.3-76）针摆行星减速器；

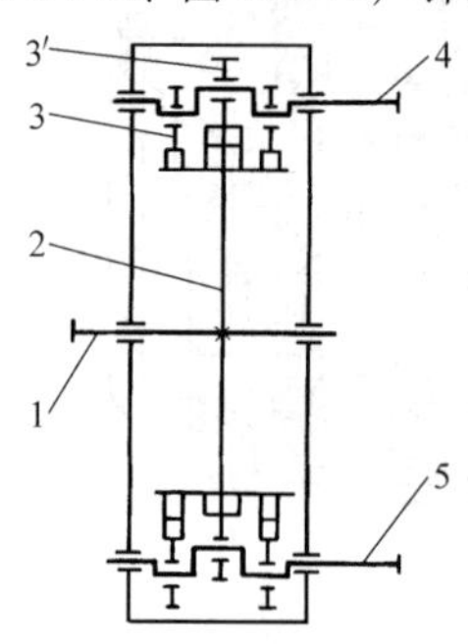

图9.3-72　双电动机驱动双曲柄四环板式针摆行星传动简图

1—输出轴　2—摆线轮　3—外侧带针轮的环板　3′—内侧带针轮的环板（与3相位差180°）　4—输入轴（主动曲柄轴）　5—输入轴（主动曲柄轴）

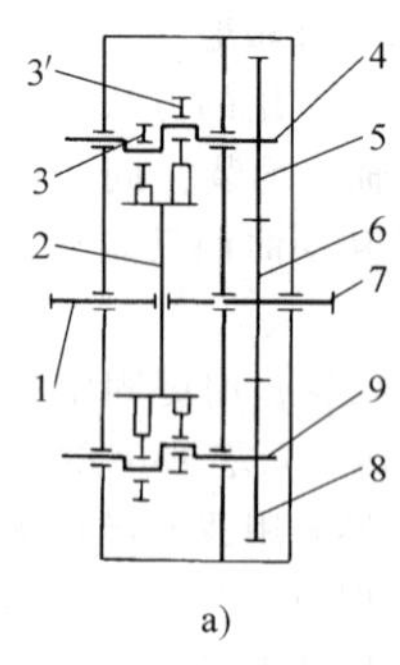

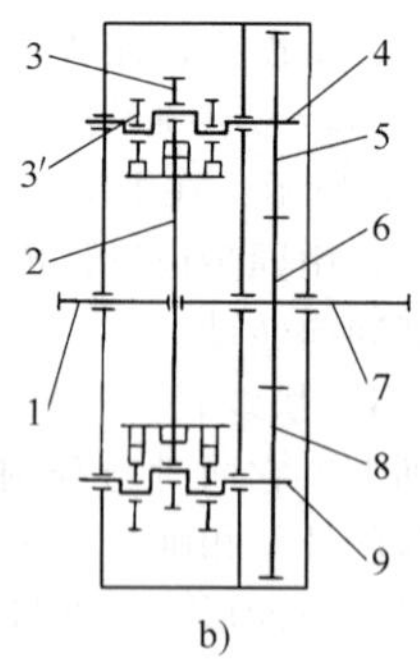

图9.3-73　输入轴与输出轴同轴线的用3个齿轮联动双曲柄的双环板式与四环板式针摆行星传动简图

a）双环板　b）四环板

1—输出轴　2—摆线轮　3—图a中为带针轮的环板，图b中为内侧带针轮的环板　3′—图a中为带针轮的环板（与3相位差180°），图b中为外侧带针轮的环板（与3相位差180°）　4—曲柄轴　5、8—从动齿轮　6—主动齿轮　7—输入轴　9—曲柄轴

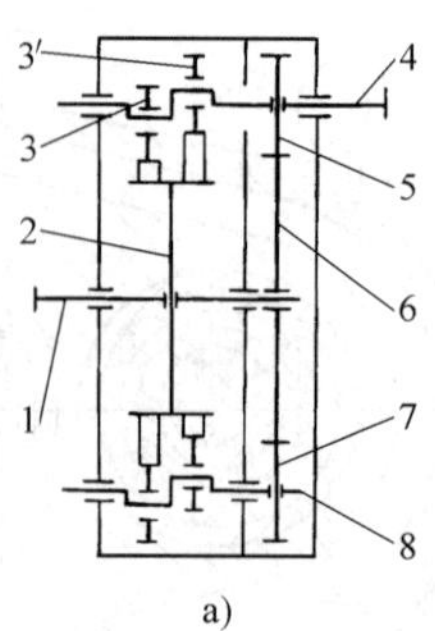

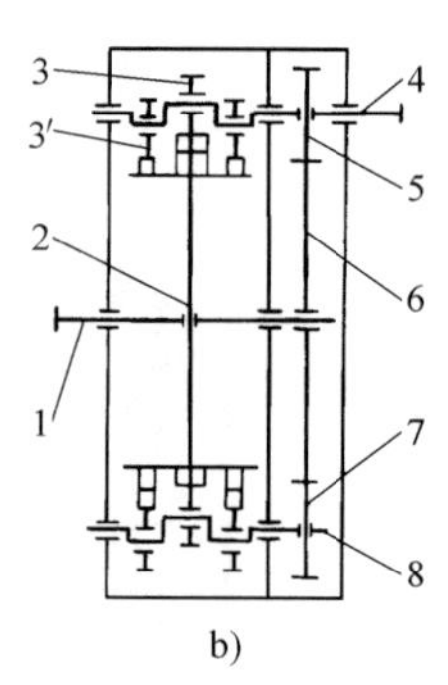

图9.3-74　输入轴与输出轴不同轴线的用3个齿轮联动双曲柄的双环板式与四环板式针摆行星传动简图

a）双环板　b）四环板

1—输出轴　2—摆线轮　3—图a中为带针轮的环板，图b中为内侧带针轮的环板　3′—图a中为带针轮的环板（与3相位差180°），图b中为外侧带针轮的环板（与3相位差180°）　4—输入轴　5—主动齿轮　6—惰轮　7—从动齿轮　8—从动曲柄轴

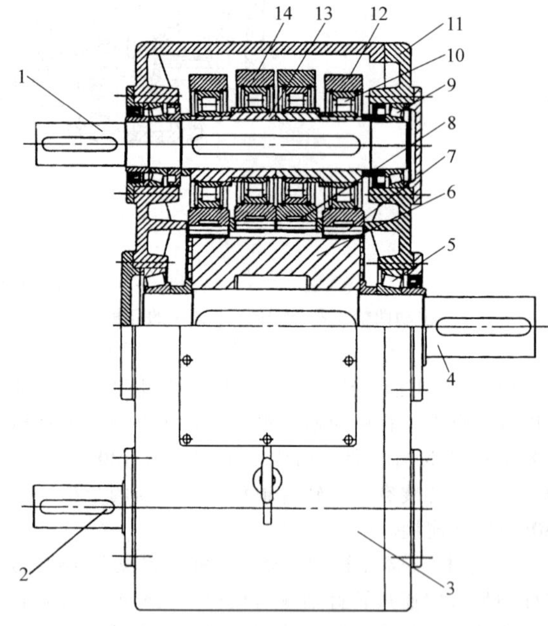

图9.3-75　双电动机驱动双曲柄四环板式针摆行星减速器

1、2—输入轴（主动曲柄轴）　3—减速器机座　4—输出轴　5—支承输出轴的向心推力滚子轴承　6—摆线轮　7—针齿销　8—针齿套　9—支承输入轴（主动曲柄轴）的向心推力滚子轴承　10—转臂轴承　11—减速器侧盖　12—外侧带针轮的环板（环板）　13—双偏心套　14—内侧带针轮环（连杆）

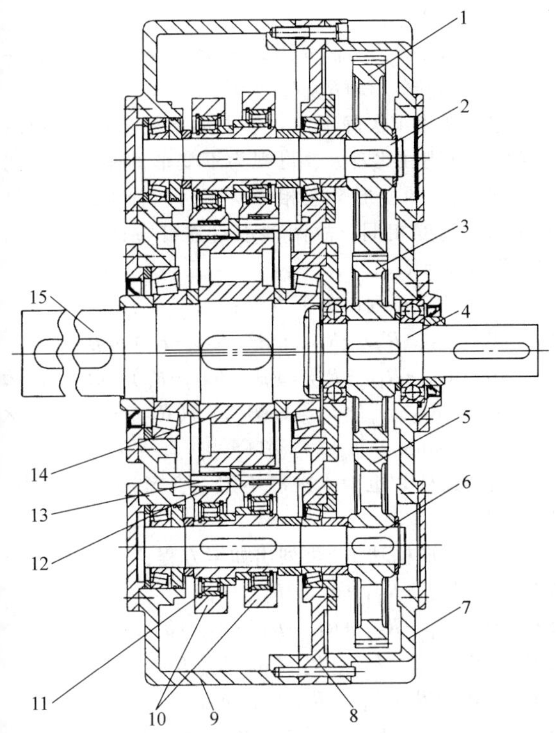

图 9.3-76　输入轴与输出轴共线的 3 个齿轮联动双曲柄的双环板式针摆行星减速器
1、5—从动齿轮　2、6—曲柄轴　3—主动齿轮　4—主动轴　7—左壳体　8—中间壳体　9—右壳体　10—带针轮的环板（连杆）　11—转臂轴承　12—针齿套　13—针齿销　14—摆线轮　15—输出轴

在大的输出转矩时，可采用双电动机驱动双曲柄的四环板式针摆行星减速器（见图 9.3-72、图 9.3-75）。它可以在动平衡状态下平稳运转，这时两个曲柄用机械性能相同的两个电动机驱动，依靠电动机的转差特性——载荷大时转速下降，载荷小时转速上升规律，使通过连杆上的针轮带动同一摆线轮的两台电动机自动保持转矩与功率的均载。此外，还有用 3 个齿轮联动双曲柄的四环板式针摆行星减速器（见图9.3-73b、图 9.3-74b）。上述传动方式，都不存在主动曲柄通过连杆推动被动曲柄过死点因而产生瞬时冲击的问题，而且双曲柄四环板式针摆行星减速器可以实现在动平衡状态下运转，传动特别平稳。

（3）双曲柄环板式针摆行星传动的优点

1）它保留着传统摆线针轮行星传动的 4 项优点：

① 同时啮合承载的齿数多。摆线轮齿形采用了优化齿形后，可以可靠地保证同时有 4 个以上的齿与针轮齿共轭啮合，不仅承载能力大，而且传动平稳。

② 总法向力与总圆周力间夹角小。传动中为多齿啮合，在不同位置啮合的齿，其压力角也不同，且有传力越大的齿压力角越小的优点，在优化设计中是通过控制同时啮合齿数，不让压力角大位置的齿进入啮合，完全可以做到在节点处总圆周力和总法向力间的夹角 α' 不大于 25°，所以传动效率高，转臂轴承寿命长。

③ 传动比范围大。单级传动的传动比范围 $i=6\sim119$，在动力传动中常用 $i=11\sim87$，故其传动比范围大，适用面广。

④ 轮齿均为硬齿面，单位重量的承载能力高。摆线轮与针轮齿均用 GCr15 轴承钢经渗碳淬火热处理的硬齿面，故承载能力高。

2）和传统的摆线针轮行星传动比较，还有两项优点：

① 省去了制造精度要求很高的输出机构。众所周知，在传统的摆线针轮行星传动中，摆线轮是行星轮，把它绕自己轴线的回转运动传到一绕定轴线回转的输出轴上去，必须用一特殊的输出机构，例如，图 9.2-21 所示的销孔输出机构，这不仅使结构复杂，而且输出轴处于悬臂状态，刚性不好。在本传动中，摆线轮不再是行星轮，而是装于两边对称支承的定轴线输出轴上，不仅结构简单，而且刚性好。

② 转臂轴承尺寸不受限制。在传统的摆线针轮行星传动中，转臂轴承是在摆线轮中心孔内，其轴向尺寸受到摆线轮宽度的限制；其径向尺寸则不仅受到摆线轮齿根圆直径的限制，更要受到摆线轮上输出机构柱销孔的限制，从而成为该减速器中最薄弱的环节，限制了整个减速器的承载能力。在本传动中，转臂轴承不再置于摆线轮中心孔内，其尺寸可以不受限制地根据实际需要选定，所以这种传动可以传递更大的功率与转矩。

12.2　三齿轮联动双曲柄双环板式针摆行星传动的受力分析

摆线轮与针轮间作用力的准确计算是按已知条件根据第 4 节的理论和方法进行的，可算出同时啮合受力的齿数、各啮合齿受力值、它们的合力 R 以及合力 R 的切向分力 R_t 和径向分力 R_r。本节是在 R_t、R_r 已经算出的基础上，求解所有轴承的受力。下面以三齿轮联动双曲柄双环板式针摆行星传动为例，分别取各传力构件为分离体，进行力的分析和求解。

1）各构件的受力简图。设构件 i 对构件 j 作用的运动副反力为 R_{ij}，以平行于连杆上铰接点 B、C 连线方向为 x 轴，与其垂直方向为 y 轴，单个环板的自重和摆线轮的自重分别为 m_pg 和 m_cg，F_g 为惯性力。图9.3-77～图 9.3-81 所示分别为连杆 2、连杆 2′、主动曲柄 1、主动曲柄 2 以及输出轴的受力图。

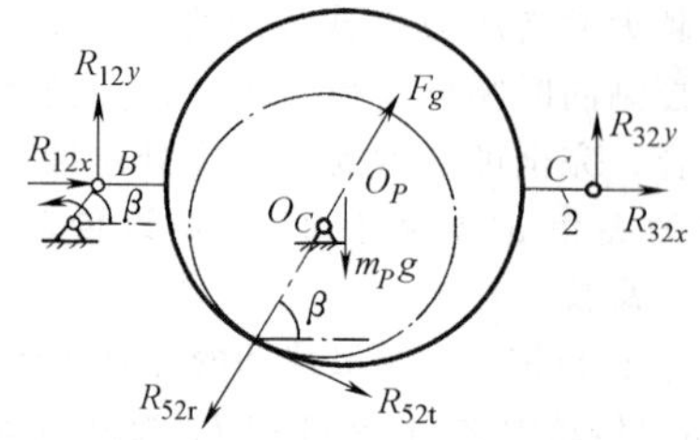

图 9.3-77　连杆 2 的受力图

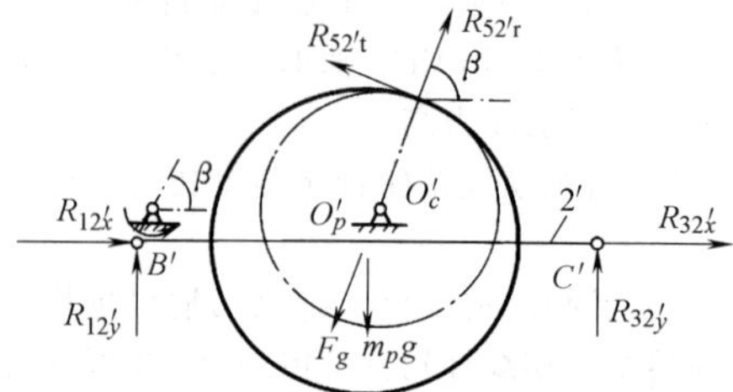

图 9.3-78　连杆 2′的受力图

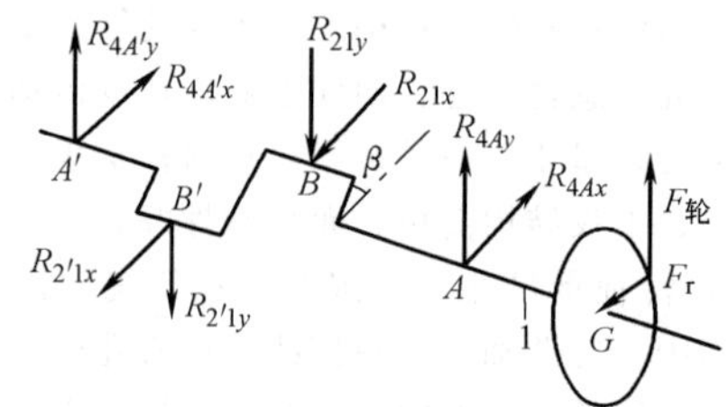

图 9.3-79　主动曲柄 1 受力图

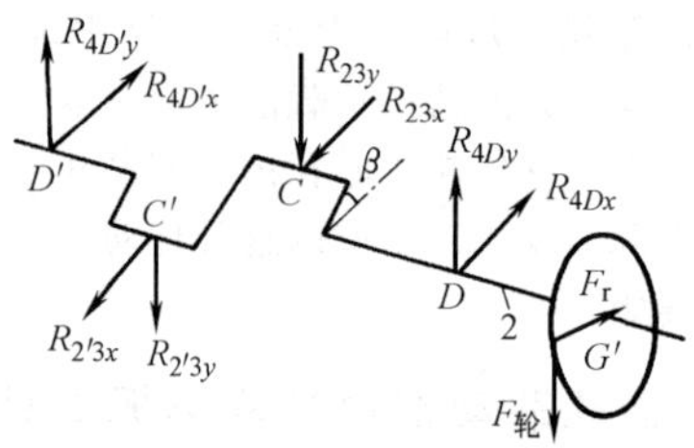

图 9.3-80　主动曲柄 2 受力图

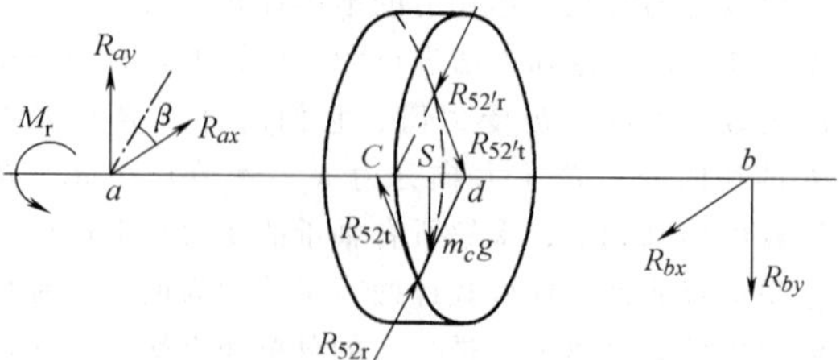

图 9.3-81　输出轴的受力图

2）各构件的力平衡方程。对连杆 2 可列出如下方程：

$\Sigma F_x=0\quad R_{32x}+R_{12x}+R_{52t}\sin\beta-(R_{52r}-F_g)\cos\beta=0$

$\Sigma F_y=0\quad R_{32y}+R_{12y}-R_{52t}\cos\beta-(R_{52r}-F_g)\sin\beta-m_pg=0$

$\Sigma M_B=0\quad R_{52t}(r_p'-L_{BC}\cos\beta/2)-(R_{52r}-F_g)L_{BC}\sin\beta/2-m_pgL_{BC}/2+R_{32y}L_{BC}=0$

连杆 2 为 1 次静不定，故加如下变形协调条件：因 BC 连杆刚性比较大，可视为不变形的刚体，因此 B、C 两轴承的变形量应相等，又因两轴承结构、尺寸相同，刚度相同，故两轴承沿连杆方向的受力相同，即 $R_{12x}=R_{32x}$。

对连杆 2′可列出如下方程：

$\Sigma F_x=0\quad R_{32'x}+R_{12'x}-R_{52't}\sin\beta+(R_{52'r}-F_g)\cos\beta=0$

$\Sigma F_y=0\quad R_{32'y}+R_{12'y}+R_{52't}\cos\beta+(R_{52'r}-F_g)\sin\beta-m_pg=0$

$\Sigma M_{B'}=0\quad R_{52't}(r_p'+L_{B'C'}\cos\beta/2)+(R_{52'r}-F_g)L_{B'C'}\times\sin\beta/2-m_pgL_{B'C'}/2+R_{32'y}L_{B'C'}=0$

同理连杆 2′也为 1 次静不定，变形协调条件为：$R_{12'x}=R_{32'x}$。

对主动曲柄轴 1，可列出如下方程：

$\Sigma F_x=0\quad R_{4A'x}-R_{2'1x}+R_{4Ax}-R_{21x}-F_r=0$

$\Sigma F_y=0\quad R_{4A'y}-R_{2'1y}+R_{4Ay}-R_{21y}+F_轮=0$

$\Sigma M_{A'y}=0\quad -R_{2'1x}L_{A'B'}-R_{21x}L_{A'B}+R_{4Ax}L_{A'A}-F_rL_{A'G}=0$

$\Sigma M_{A'x}=0\quad -R_{2'1y}L_{A'B'}-R_{21y}L_{A'B}+R_{4Ay}L_{A'A}+F_轮 L_{A'G}=0$

$\Sigma T=0\quad (-R_{21x}+R_{2'1x})e\sin\beta+(R_{21y}-R_{2'1y})e\cos\beta-F_轮 r_轮=0$

对主动曲柄轴 2，可列出如下方程：

$\Sigma F_x=0\quad R_{4D'x}-R_{2'3x}+R_{4Dx}-R_{23x}+F_r=0$

$\Sigma F_y=0\quad R_{4D'y}-R_{2'3y}+R_{4Dy}-R_{23y}-F_轮=0$

$\Sigma M_{D'y}=0\quad -R_{2'3x}L_{D'C'}-R_{23x}L_{D'C}+R_{4Dx}L_{D'D}+F_rL_{D'G'}=0$

$\Sigma M_{D'x}=0\quad -R_{2'3y}L_{D'C'}-R_{23y}L_{D'C}+R_{4Dy}L_{D'D}-F_轮 L_{D'G'}=0$

$\Sigma T=0\quad (-R_{23x}+R_{2'3x})e\sin\beta+(R_{23y}-R_{2'3y})e\cos\beta-F_轮 r_轮=0$

对输出轴，可列出如下方程：

$\Sigma F_x=0\quad R_{ax}-R_{bx}-(R_{52t}-R_{52't})\sin\beta+(R_{52r}-R_{52'r})\times\cos\beta=0$

$\Sigma F_y=0\quad R_{ay}-R_{by}-m_cg+(R_{52t}-R_{52't})\cos\beta+(R_{52r}-R_{52'r})\sin\beta=0$

$\Sigma M_{ay}=0\quad -R_{bx}L_{ab}-R_{52t}\sin\beta L_{ad}+R_{52't}\sin\beta L_{ac}+R_{52r}\times\cos\beta L_{ad}-R_{52'r}\cos\beta L_{ac}=0$

$\Sigma M_{ax}=0\quad -R_{by}L_{ab}+R_{52t}\cos\beta L_{ad}-R_{52't}\cos\beta L_{ac}+R_{52r}\times\sin\beta L_{ad}-R_{52'r}\sin\beta L_{ac}-m_cgL_{as}=0$

式中　β——主动曲柄与 x 轴的夹角；

L_{BC}——机架长，$L_{BC}=L_{B'C'}$。

在以上方程中 $R_{52t}=R_{52't}$，$R_{52r}=R_{52'r}$，$R_{12x}=R_{21x}$，$R_{12y}=R_{21y}$，$R_{12'x}=R_{2'1x}$，$R_{12'y}=R_{2'1y}$，$R_{32x}=R_{23x}$，$R_{32y}=R_{23y}$，$R_{32'x}=R_{2'3x}$，$R_{32'y}=R_{2'3y}$，$L_{D'D}=L_{A'A}$，$L_{D'C}=L_{A'B}$，$L_{D'C'}=L_{A'B'}$。解方程可得全部未知力：R_{12x}，R_{12y}，R_{32x}，R_{32y}，$R_{12'x}$，$R_{12'y}$，$R_{32'x}$，$R_{32'y}$，$R_{4A'x}$，$R_{4A'y}$，R_{4Ax}，R_{4Ay}，$R_{4D'x}$，$R_{4D'y}$，R_{4Dx}，

R_{4Dy}，$F_轮$，R_{ax}，R_{ay}，R_{bx}，R_{by}。

3）轴承的作用力。

主动曲柄上 B 点转臂轴承所受的力：

$$F_{转B}=\sqrt{R_{12x}^2+R_{12y}^2}$$

主动曲柄上 C 点转臂轴承所受的力：

$$F_{转C}=\sqrt{R_{32x}^2+R_{32y}^2}$$

主动曲柄上 B′点转臂轴承所受的力：

$$F_{转B'}=\sqrt{R_{12'x}^2+R_{12'y}^2}$$

主动曲柄上 C′点转臂轴承所受的力：

$$F_{转C'}=\sqrt{R_{32'x}^2+R_{32'y}^2}$$

主动曲柄上支撑轴承 A 所受的力：

$$F_{支A}=\sqrt{R_{4Ax}^2+R_{4Ay}^2}$$

主动曲柄上支撑轴承 A′所受的力：

$$F_{支A'}=\sqrt{R_{4A'x}^2+R_{4A'y}^2}$$

主动曲柄上支撑轴承 D 所受的力：

$$F_{支D}=\sqrt{R_{4Dx}^2+R_{4Dy}^2}$$

主动曲柄上支撑轴承 D′所受的力：

$$F_{支D'}=\sqrt{R_{4D'x}^2+R_{4D'y}^2}$$

输出轴上支撑轴承 a 所受的力：

$$F_{支a}=\sqrt{R_{ax}^2+R_{ay}^2}$$

输出轴上支撑轴承 b 所受的力：

$$F_{支b}=\sqrt{R_{bx}^2+R_{by}^2}$$

12.3　主要件的强度计算和轴承的寿命计算

1）齿面接触强度计算。用第 5 节的式（9.3-70），即

$$\sigma_{\mathrm{Hmax}}=0.418\sqrt{\frac{E_e}{b}\left(\frac{F_i}{\rho_{ei}}\right)_{\max}}\leqslant\sigma_{\mathrm{HP}}$$

2）针齿销的抗弯强度和刚度计算。针齿销两端支承在环板的孔座上，两支点间距离为 L，摆线轮通过针齿套使针齿销受均布载荷，针齿套的长度一般为 $\frac{2}{3}L$，$F_{\max}$ 为单片针轮齿受到的最大压力，针齿销受力简图如图 9.3-82 所示。

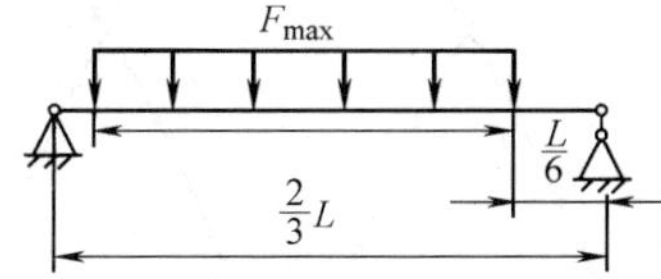

图 9.3-82　针齿销受力简图

针齿销的最大弯曲应力与支点处针齿销的转角为

$$\sigma_F=\frac{1.698F_{\max}L}{d_{sp}^3}\leqslant\sigma_{FP}$$

$$\theta=\frac{5.27F_{\max}L^2\times10^{-6}}{d_{sp}^4}\leqslant\theta_p$$

d_{sp} 为针齿销直径。σ_{FP} 与 θ_p 的取值参照第 5.2 节。

3）转臂轴承的选择及寿命计算。传统摆线针轮行星传动中，由于作用在转臂轴承上的力较大，且其内外座圈的相对转速较高，转臂轴承通常采用无外座圈的窄系列短圆柱滚子轴承，有时用带外座圈的普通短圆柱滚子轴承代替，但使用时需拆去外座圈。本传动的转臂轴承由于结构特点，由摆线轮内移至摆线轮外，可采用带外座圈的普通短圆柱滚子轴承。

转臂轴承的寿命

$$L_h=\frac{10^6}{60n}\left(\frac{C}{P}\right)^{10/3}$$

式中　L_h——轴承寿命（h），一般要求 $L_h\geqslant5000$h；

n——轴承转速（r/min），等于曲柄轴转速；

P——当量动载荷（N）；

C——轴承的额定动载荷（N）。

转臂轴承的当量动载荷 $P=f_FR$，R 为轴承的名义径向载荷，f_F 为动载荷系数，通常取 1.2~1.4。

4）曲柄轴和输出轴支撑轴承的选择及其寿命计算。支撑曲柄轴和支撑输出轴的滚动轴承通常采用单列圆锥滚子轴承。支撑轴承的寿命为

$$L_{h1}=\frac{10^6}{60n}\left(\frac{C_1}{P_1}\right)^{10/3}$$

式中　L_{h1}——轴承寿命（h），一般要求 $L_{h1}\geqslant5000$h；

n——轴承转速（r/min），曲柄轴的支撑轴承转速等于曲柄轴转速；输出轴的支撑轴承转速等于输出轴的转速；

P_1——当量动载荷（N）：$P_1=f_FR$，f_F 为动载荷系数，对中等冲击力取 $f_F=1.2\sim1.8$；$R=XF_r+YF_a$，F_r 为径向外载荷，轴向的工作外载荷为零，故 F_a 仅与径向载荷引起的内部轴向力有关，系数 X 和 Y 查轴承手册；

C_1——轴承的额定动载荷（N）。

12.4　实例计算

已知三齿轮联动双曲柄双环板式针摆减速器，额定功率 11kW，电动机转速 1500r/min，针齿中心圆直径 218mm，减速比 34，偏心距 2mm 针齿套半径 7mm，针齿销半径 5mm。试进行摆线轮与针轮齿啮合力计算、轴承受力计算以及零件的强度和轴承寿命校核。

1）计算机力分析的程序框图，如图 9.3-83 所示。

2）结果与分析。

① 摆线轮各齿受力情况见表 9.3-25。

由表 9.3-25 可知，摆线轮上同时有 9 个齿受力，

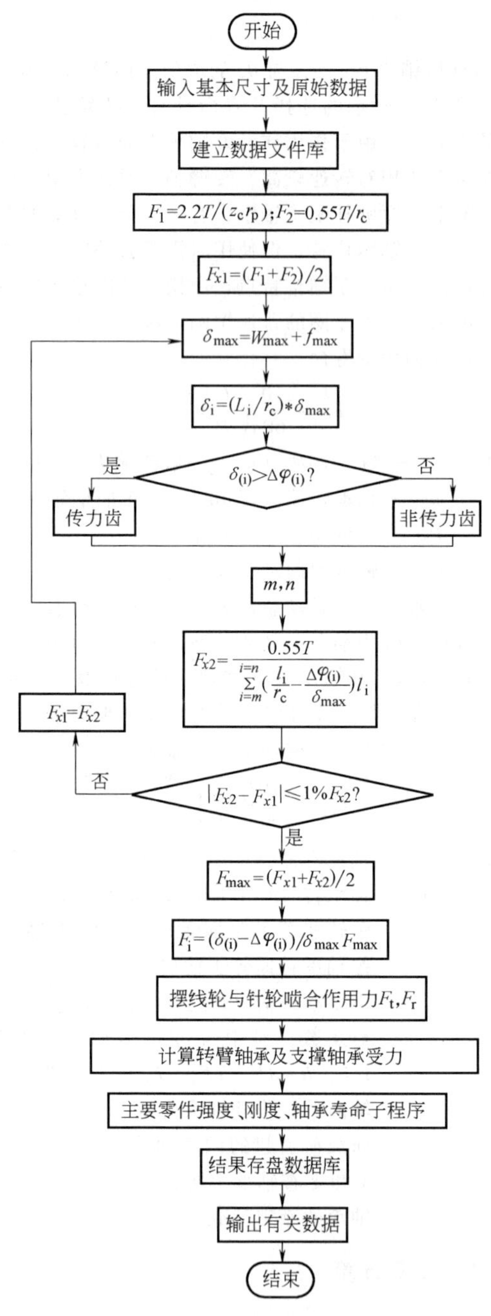

图 9.3-83 力分析的程序框图

最大受力齿受力为 2909.45N，摆线轮所承受的总的啮合力的切向分力为 17751.71N，总啮合力的径向分力为 1411.56N，总的啮合力为 17807.74N，合力方向角为 4.55°。

② 曲柄轴上转臂轴承及曲柄轴支撑轴承的受力情况见图 9.3-84 和图 9.3-85。

若与同样针齿中心圆直径的传统摆线针轮行星减

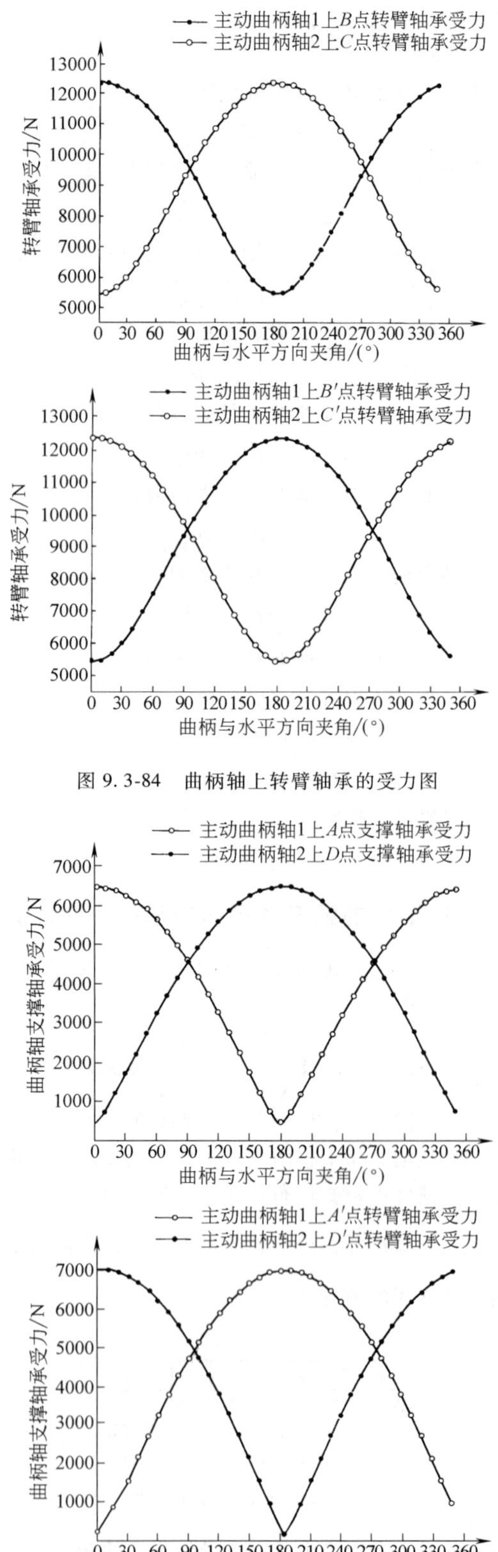

图 9.3-84 曲柄轴上转臂轴承的受力图

图 9.3-85 曲柄轴支撑轴承的受力图

速器相比，在传递传统摆线针轮行星减速器两倍转矩的条件下，两者的转臂轴承的受力相当，见表9.3-26。由此得知，在同样针齿中心圆直径并传递同样功率的条件下，与传统摆线针轮行星传动相比，该传动中的转臂轴承受力减小了约一半，而且轴承内外圈相对转速也减小了，因而即使采用同样型号的轴承，也可使转臂轴承寿命提高一倍。另外，由于转臂轴承移至行星轮外，其尺寸不受限制，可以根据实际需要选择。因此，转臂轴承的寿命还可以更大幅度地提高，从而使整机承载能力充分发挥。

③ 零件强度和轴承寿命校核情况见表 9.3-27。

表 9.3-25　摆线轮各齿的受力

针齿号	啮合力/N	初始间隙/mm	变形量/mm
0	0000.00	0.150000	0.000000
1	0000.00	0.049571	0.010292
2	0836.34	0.010658	0.017045
3	2508.73	0.001321	0.020479
4	2864.17	0.000043	0.021916
5	2909.45	0.000000	0.022219
6	2849.30	0.000070	0.021830
7	2656.69	0.000687	0.020975
8	2256.52	0.002545	0.019778
9	1577.29	0.006267	0.018312
10	0563.08	0.012327	0.016627
11	0000.00	0.021064	0.014759
12	0000.00	0.032697	0.012739
13	0000.00	0.047347	0.010592
14	0000.00	0.065052	0.008343
15	0000.00	0.085776	0.006016
16	0000.00	0.109419	0.003632
17	0000.00	0.135825	0.001214
啮合切向力 $F_t=17751.71$N，啮合径向力 $F_r=1411.56$N，啮合合力 $F=17807.74$N，合力方向 $\theta=4.55°$			

表 9.3-26　转臂轴承受力比较

对比项目	针齿中心圆直径/mm	减速比	电动机转速 /r·min^{-1}	传递功率 /kW	转臂轴承受力 /N
传统针摆行星减速器	218	35	1500	5.5	12816
双曲柄环板式针摆行星减速器	218	34	1500	11	12337

表 9.3-27　零件强度和轴承寿命校核

摆线轮接触应力计算值/MPa	1225.24	<	许用接触应力	1300
针齿销弯曲应力计算值/MPa	138.49	<	许用弯曲应力	200
针齿销转角计算值/rad	0.0015	<	许用转角	0.002
转臂轴承寿命计算值/h	8352	>	许用寿命值	5000
支撑轴承寿命计算值/h	8800	>	许用寿命值	5000
输出轴支撑轴承寿命计算值/h	89783	>	许用寿命值	5000

12.5　双曲柄环板式针摆行星传动的效率分析

1）行星轮系啮合效率分析的一般公式。几乎所有类型的行星传动，均可简化为图 9.3-86 所示的 3 个基本构件 a、b、c（a、b、c 为 3 个外伸轴，b 为行星轮系固定件，c 为转化机构固定件）组成的基本行星传动机构。这里由于几乎所有的行星传动都具有 3 个基本构件，所以此行星机构的效率计算具有普遍意义。

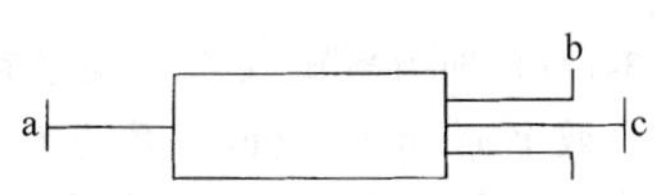

图 9.3-86　具有 3 个基本构件的机构

a）当 b 固定时

若 a 主动，轮系的效率为：$\eta_{ac}^{b}=-\dfrac{P_c^b}{P_a^b}$

若 a 从动，轮系的效率为：$\eta_{ca}^{b}=-\dfrac{P_a^b}{P_c^b}$

式中　P_a^b、P_c^b——a 轴和 c 轴在 b 轴固定时传递的功率。

上面两式可以统一写成

$$(\eta^b)^p=-\frac{P_c^b}{P_a^b}=-\frac{M_c}{M_a}\frac{n_c^b}{n_a^b}=-\frac{M_c}{M_a}i_{ca}^b \tag{9.3-174}$$

式中　M_a、M_c——a、c 轴传递的转矩；

n_a^b、n_c^b——b 轴固定时 a、c 的转速；

i_{ca}^b——b 轴固定时，c、a 间的传动比。

当 a 主动时，$p=+1$；当 a 从动时，$p=-1$。

b）当 c 固定时

若 a 主动，轮系的效率为：$\eta_{ab}^{c}=-\dfrac{P_b^c}{P_a^c}$

若 a 从动，轮系的效率为：$\eta_{ba}^{c}=-\dfrac{P_a^c}{P_b^c}$

式中　P_a^c、P_b^c——a 轴和 b 轴在 c 轴固定时传递的功率。

上面两式可以统一写成

$$(\eta^c)^q=-\frac{P_b^c}{P_a^c}=-\frac{M_b}{M_a}\frac{n_b^c}{n_a^c}=-\frac{M_b}{M_a}i_{ba}^c \tag{9.3-175}$$

式中　M_a、M_b——a、b 轴传递的转矩；

n_a^c、n_b^c——c 轴固定时 a、b 的转速；

i_{ba}^c——c 轴固定时 b、a 间的传动比。

当 a 主动时，$q=+1$；当 a 从动时，$q=-1$。

此外，a、b、c 三轴间还必须满足

$$M_a+M_b+M_c=0 \tag{9.3-176}$$

联立式（9.3-174）、式（9.3-175）、式（9.3-176）可解得

$$(\eta^b)^p=1-i_{cb}^a[1-(\eta^c)^q]$$

又因为 $p=\pm1$，可得 $p=\dfrac{1}{p}$，因此得

$$\eta^b=\{1-i_{cb}^a[1-(\eta^c)^q]\}^p \tag{9.3-177}$$

式（9.3-177）即为当 b、c 分别固定时得到的两个轮系的啮合效率 η^b 和 η^c 之间关系的普遍公式。

必须指出，一个轮系当改变固定件由 b 到 c 时，原来的主动件是从动还是主动，其确定方法如下：

令 $i_{cb}^a=\dfrac{n_c^a}{n_b^a}=\dfrac{M_a n_a^c}{M_a n_a^b}=\dfrac{P_a^c}{P_a^b}$

若 $i_{cb}^a>0$，则 P_a^c 与 P_a^b 符号相同，说明改变固定件由 b 到 c 时，a 不改变主从关系；若 $i_{cb}^a<0$，则 P_a^c 与 P_a^b 符号相反，说明改变固定件由 b 到 c 时，a 改变了主从关系。

根据 i_{cb}^a 的正负，即可以判断出 q 的正负，共有 4 种可能：

① b 固定，a 主动而 $i_{cb}^a>0$，则 c 固定时 a 仍主动，此时：$p=+1$，$q=+1$；

② b 固定，a 主动而 $i_{cb}^a<0$，则 c 固定时 a 变从动，此时：$p=+1$，$q=-1$；

③ b 固定，a 从动而 $i_{cb}^a>0$，则 c 固定时 a 仍从动，此时：$p=-1$，$q=-1$；

④ b 固定，a 从动而 $i_{cb}^a<0$，则 c 固定时 a 变主动，此时：$p=-1$，$q=+1$。

2）双曲柄环板式针摆行星减速器的啮合效率分析。双曲柄环板式针摆行星减速器属于 V 固定的 K-H-V 型行星传动，如图 9.3-87 所示。

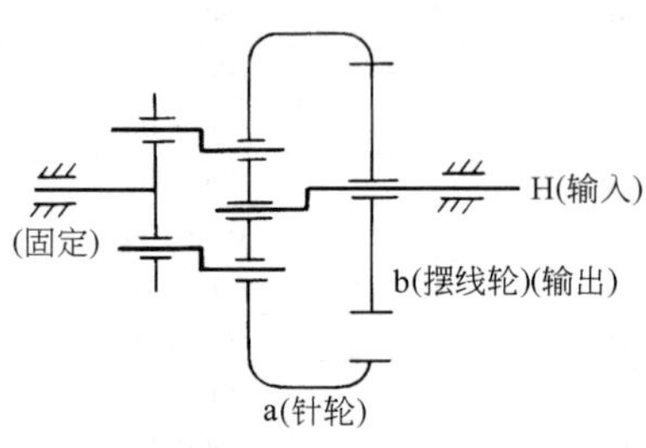

图 9.3-87　双曲柄环板式针摆行星传动机构简图

应用普遍公式（9.3-177），将其中的 a 替换成 b，b 替换成 V，c 替换成 H，则有

$$\eta_{Hb}^{V}=\{1-i_{HV}^{b}[1-(\eta_{Vb}^{H})^q]\}^p$$

式中　η_{Vb}^{H}——一对内啮合摆线针轮啮合效率。

又因 $i_{HV}^{b}=1-\dfrac{z_b}{z_b-z_a}=\dfrac{-z_a}{z_b-z_a}>0$

式中　z_a，z_b——分别为针轮齿数和摆线轮齿数。所以，当 b 从动时，$p=-1$，$q=-1$，可得环板针摆机构啮合效率 η_{Hb}^{V} 为

$$\eta_{Hb}^{V}=\{1-i_{HV}^{b}[1-(\eta_{Vb}^{H})^{-1}]\}^{-1} \tag{9.3-178}$$

考虑到其他功率损失，所以双曲柄环板式针摆传动的总效率为

$$\eta=\eta_{Hb}^{V}\eta_1\eta_2\eta_3 \tag{9.3-179}$$

式中　η_1——轴承效率；

η_2——搅油损失的效率；

η_3——同步齿形带或齿轮传动的效率。

3）实例的计算效率与实测效率。以同步带联动双曲柄环板式针摆减速器为实例，基本参数为：针齿中心圆直径 150mm，偏心距 3.5mm，针齿套半径 7mm，针齿销半径 5.5mm，减速比 14，额定功率 6kW，额定转矩 720N·m。

① 效率的计算值。

$$i_{HV}^{b} = \frac{-z_a}{z_b - z_a} = \frac{-15}{14-15} = 15$$

η_{Vb}^{H}为一对内啮合摆线针轮传动的啮合效率一般取 η_{Vb}^{H}为 0.997~0.998，现取 0.997。

根据式（9.3-178）求得

$$\begin{aligned}\eta_{Hb}^{V} &= \{1-i_{HV}^{b}\ [1-(\eta_{Vb}^{H})^{-1}]\ \}^{-1}\\ &= [1-15\ (1-0.997^{-1})\ ]^{-1}\\ &=0.957\end{aligned}$$

轴承（为滚动轴承）效率 $\eta_1=0.985$；由于采用油脂润滑，搅油效率 $\eta_2=1$；同步带传动，由于同步带弹性很大，且只是在过死点时，即四杆机构不传递扭矩时才起作用，所以功率损失很小，取 $\eta_3=0.993$。

由此得总效率为

$$\begin{aligned}\eta &= \eta_{Hb}^{V}\eta_1\eta_2\eta_3\\ &=0.957\times0.985\times1\times0.993\\ &=0.936\end{aligned}$$

② 效率的实测。

减速器试验装置采用开式结构，见图 9.3-88。

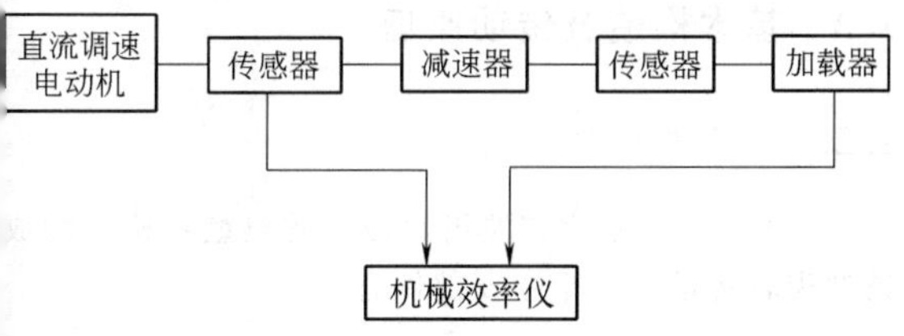

图 9.3-88　减速器试验装置

减速器的输入轴和轴出轴分别装有一台转矩转速传感器，并与机械效率仪连接。输入轴与直流调速电动机相连，输出轴与磁粉加载器相连。进行加载试验时，采用分级加载，载荷级分别为同样针齿中心圆直径的高性能通用摆线针轮行星减速器额定载荷 360N·m 的 25%，50%，75%，100%，125%，150%，175%，200%。每级载荷分别加载 1h，并每隔 30min 记录一次转速、转矩、效率、噪声和振动等数据，每级载荷测一次温升，试验结果见表 9.3-28。

图 9.3-89 所示为减速器的传动效率与输出转矩的关系曲线。从图 9.3-89 可以看出，该减速器的传动效率随着转矩的增大而增大，开始时增加较快，随着转矩的不断增大而趋向平缓。

表 9.3-28　双曲柄环板式针摆行星减速试验结果

载荷级	入轴转速 /r·min^{-1}	入轴转矩 /N·m	出轴转矩 /N·m	传动效率 (%)
25%	1280	7.5	90	85.71
50%	1269	14.0	181	92.35
75%	1262	20.7	271	93.51
100%	1265	27.4	360	93.85
125%	1266	34.3	451	93.92
150%	1260	41.1	540	93.85
175%	1265	47.9	630	93.95
200%	1267	54.8	720	93.85

为了证明该新型双曲柄环板式针摆行星减速器的额定功率与转矩确能较同样针齿中心圆直径的通用高性能摆线针轮行星减速器提高一倍，又让该新型环板式针摆行星减速器在最大载荷（功率为 6kW，转矩为 720N·m）下，连续运转 4h，其传动效率稳定在 93%~94%之间，且齿面热平衡温度仅为 75℃。

试验结果表明：研制的双曲柄环板式针摆行星减速器传递的转矩可比同样针齿中心圆直径的高性能通用摆线针轮行星减速器的额定转矩提高一倍。同时，其传动效率可达到 94%，其各项技术性能指标均超过同样尺寸的以渐开线为齿形的环板式减速器。

综上所述，双曲柄环板式针摆行星传动由于输出轴结构简单、刚性好，转臂轴承尺寸不受限制，它不仅具有传统摆线针轮行星减速器传动比范围大、结构紧凑、体积小、重量轻、传动效率高和传动平稳等一系列优点，还可把针摆行星传动传递转矩 T 的范围，由输出轴转矩最大值 $T_{max}=50\ kN\cdot m$ 至少扩大到 $T_{max}=100\ kN\cdot m$，特别适用于低速重载传动。

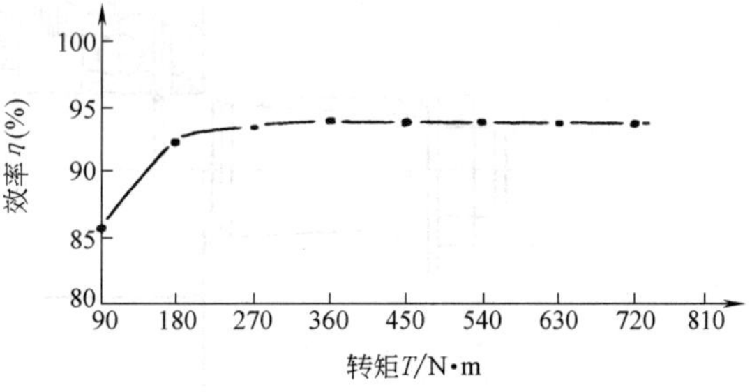

图 9.3-89　传动效率与转矩的关系

第 4 章　谐波齿轮传动

谐波齿轮传动是一种依靠弹性变形运动来实现传动的新型传动，它突破了机械传动采用刚性构件机构的模式，使用了一个柔性构件机构来实现机械传动，从而获得了一系列其他传动所难以达到的特殊性能，已广泛应用于空间技术、能源和机器人等方面。但也带来了设计中必须解决的特殊问题。本章主要介绍常规谐波齿轮传动的设计问题。

1　谐波齿轮传动的主要特点及其基本原理

1.1　主要特点

1）传动比大。单级传动比为 70~320。

2）侧隙小。由于其啮合原理不同于一般齿轮传动，侧隙很小，甚至可实现无侧隙传动。

3）精度高。同时啮合齿数可达到总齿数的 20% 左右，在相隔 180°的 2 个对称方向上同时啮合，因此误差被均匀化，从而达到高运动精度。

4）零件数少、安装方便。仅有 3 个基本部件，且输入轴与输出轴为同轴线，因此结构简单，安装方便。

5）体积小、重量轻。与一般减速器比较，输出力矩相同时，通常其体积可减小 2/3，重量可减小 1/2。

6）承载能力大。因同时啮合齿数多，柔轮又采用了高疲劳强度的特殊钢材，从而获得了高的承载能力。

7）效率高。在齿的啮合部分滑移量极小，摩擦损失少。即使在高速比情况下，还能维持高的效率。

8）运转平稳。周向速度低，又实现了力的平衡，故噪声低、振动小。

9）可向密闭空间传递运动。利用其柔性的特点，可向密闭空间传递运动。这一特点是其他任何机械传动无法实现的。

1.2　基本构造及传动原理

1.2.1　基本构造

图 9.4-1 所示为谐波齿轮传动的典型结构。构成谐波齿轮传动的 3 个主要部件有：

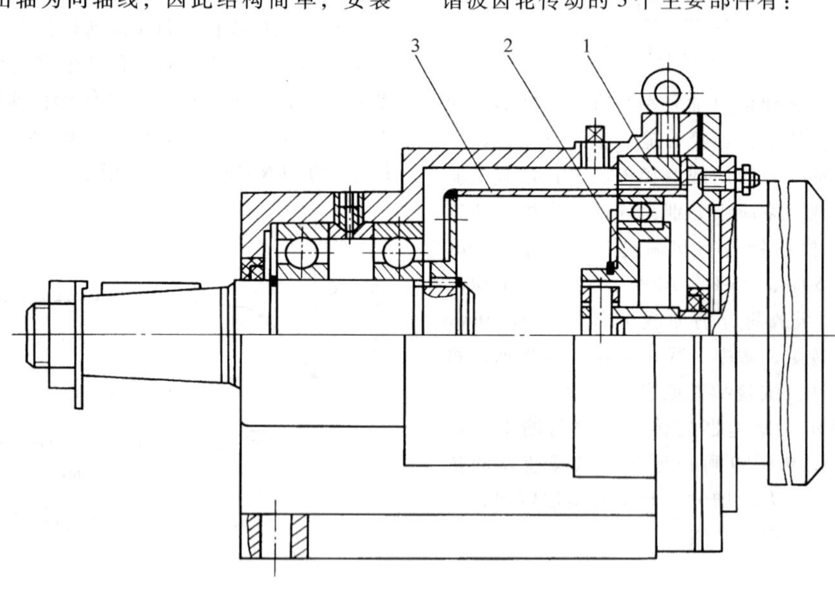

图 9.4-1　谐波齿轮传动典型结构
1—刚轮　2—波发生器　3—柔轮

1）波发生器。具有长短轴，通过它的转动迫使柔轮按一定的变形规律产生弹性变形。

2）柔轮。它是一个孔径略小于波发生器长轴的薄壁柔性齿轮，在波发生器的作用下，可产生弹性变形。

3）刚轮。带有轮齿的刚性齿环，通常与柔轮相差 2 齿。

.2.2　传动原理

当波发生器装入柔轮后（见图 9.4-2），迫使柔轮在长轴处产生径向变形成椭圆状。椭圆的长轴两端，柔轮外齿与刚轮内齿沿全齿高相啮合，短轴两端则处于完全脱开状态，其他各点处于啮合与脱开的过渡阶段。设刚轮固定，波发生器进行逆时针转动，当其长轴转到图示啮入状态处时，a 点必移至 b 点，即柔轮进行了顺时针旋转。当长轴不断旋转时，柔轮齿相继由啮合转向啮出，由啮出转向脱开，由脱开转向啮入，由啮入转向啮合，从而迫使柔轮进行连续旋转。

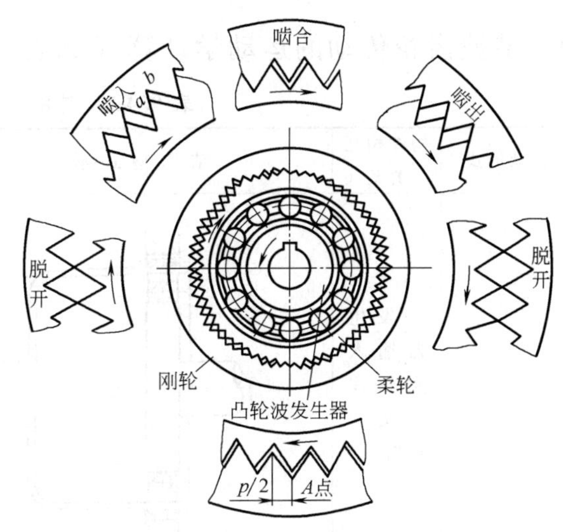

图 9.4-2　谐波齿轮传动工作原理图

2　谐波齿轮传动的分类

- 按使用要求分
  - 精密谐波传动
  - 动力谐波传动
  - 密闭谐波传动
- 按组合形式分
  - 复波式
  - 行星式
  - 径向多级
  - 轴向多级
- 按主要部件分
  - 波发生器
    - 按凸轮轮廓曲线分
      - 圆弧
      - 椭圆
      - 弹性曲线
      - 卵形
      - 其他
    - 按与柔轮构件相互作用的特点分
      - 滚动体式
        - 滚球
        - 滚柱
      - 滑动式（强制供油润滑）
      - 中间体式
    - 按调整形式分
      - 可调的
      - 固定的
    - 按对柔轮变形控制的功能分
      - 积极式
      - 非积极式
    - 按作用形式分
      - 连续作用的
        - 触头式
          - 双触头
          - 四触头
        - 偏心圆盘式
          - 双偏心
          - 三偏心
          - 牙嵌式
        - 各种凸轮曲线形式的薄壁轴承
      - 脉动作用的
        - 液动波发生器
        - 气动波发生器
        - 电磁波发生器
  - 柔轮
    - 端面
    - 径向
      - 筒形
        - 短筒
        - 长筒
          - 整体输出
          - 螺栓连接输出
      - 环形
        - 齿啮式
          - 外齿啮合
          - 内齿啮合
        - 复波
      - 钟形
      - 密闭形
  - 刚轮
    - 端面
    - 径向
      - 外齿啮合
      - 内齿啮合

3　谐波齿轮传动的运动学计算（见表9.4-1）

表9.4-1　常用运动简图及传动比计算表

传动形式	构件相互关系	结构型式示意图	传动比计算公式	传动比范围
单级减速	发生器输入刚轮固定柔轮输出	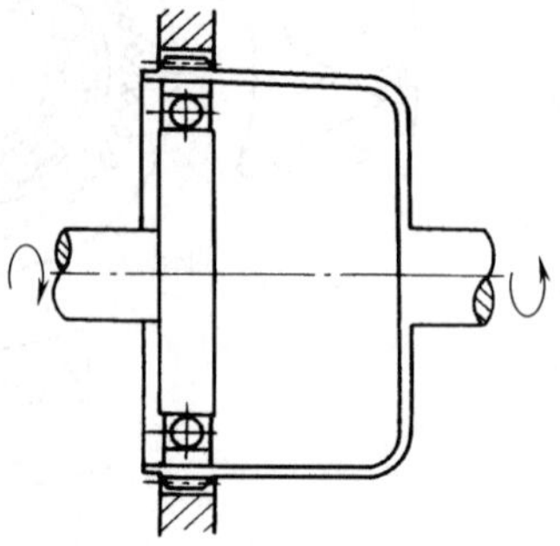	$i=-\dfrac{z_R}{z_G-z_R}$ 式中　z_R—柔轮齿数 z_G—刚轮齿数	70~320
	发生器输入柔轮固定刚轮输出	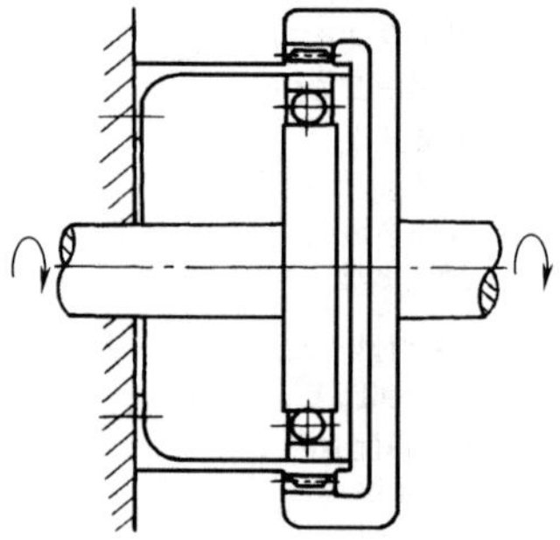	$i=\dfrac{z_G}{z_G-z_R}$	70~320
	柔轮输入发生器固定刚轮输出	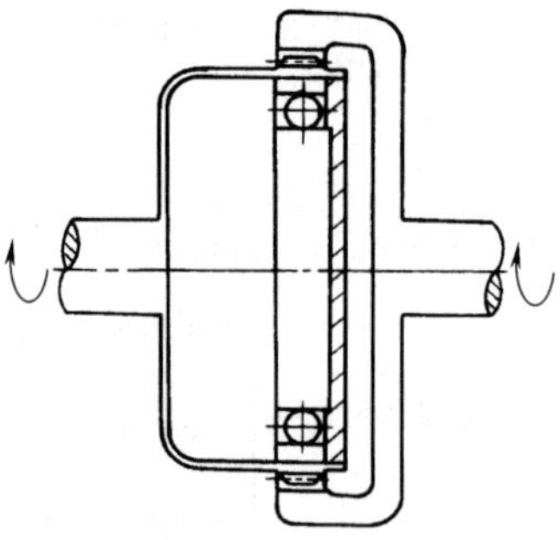	$i=\dfrac{z_G}{z_R}$	1.002~1.02
行星波发生器单级减速	发生器输入刚轮固定柔轮输出	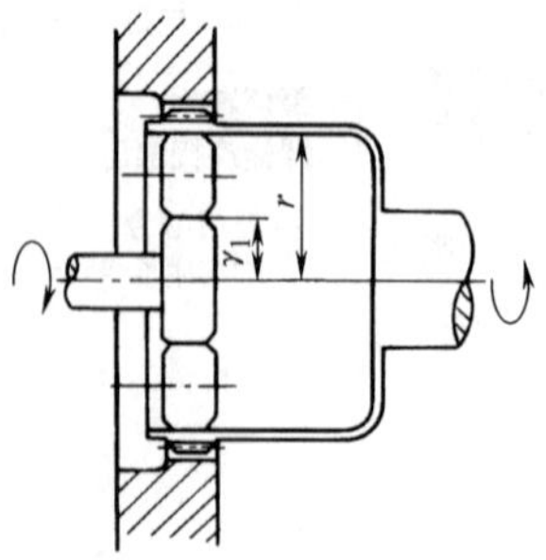	$i_x=i_p i$ $i_p=\dfrac{\gamma_1+r}{\gamma_1}$ $i=-\dfrac{z_R}{z_G-z_R}$	$1.5\times10^2\sim4\times10^3$

（续）

传动形式	构件相互关系	结构型式示意图	传动比计算公式	传动比范围
径向式配置双级减速	第一级发生器输入　二级柔轮均固定　第二级刚轮输出	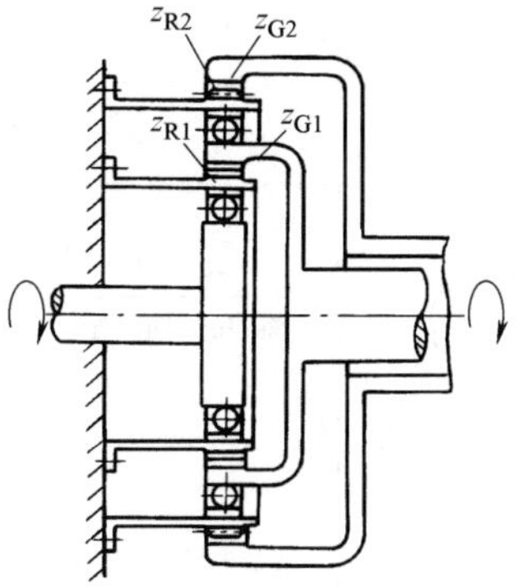 z_{R2} z_{G2} z_{R1} z_{G1}	$i=i_1i_2$ $i_1=\frac{z_{G1}}{z_{G1}-z_{R1}}$ $i_2=\frac{z_{G2}}{z_{G2}-z_{R2}}$	$5\times10^3\sim10^5$
	第一级发生器输入　第一级柔轮与第二级刚轮固定　第二级柔轮输出	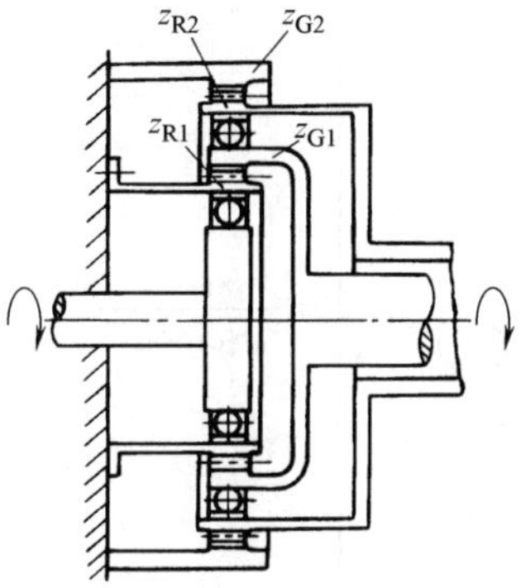 z_{R2} z_{G2} z_{R1} z_{G1}	$i=i_1i_2$ $i_1=\frac{z_{G1}}{z_{G1}-z_{R1}}$ $i_2=-\frac{z_{R2}}{z_{G2}-z_{R2}}$	$5\times10^3\sim10^5$
轴向式配置双级减速	第一级发生器输入　二级刚轮均固定　第二级柔轮输出	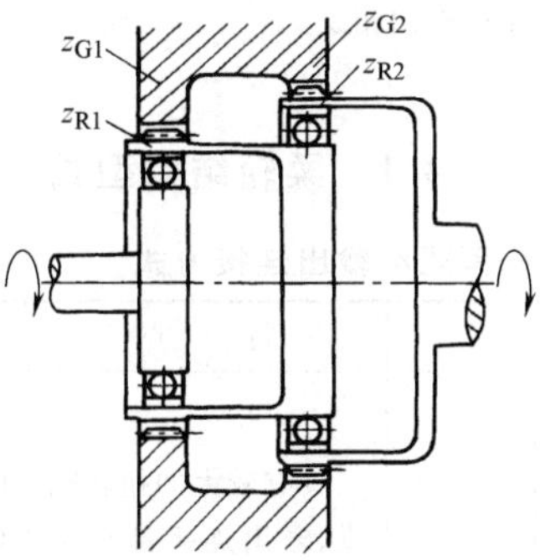 z_{G2} z_{G1} z_{R2} z_{R1}	$i=i_1i_2$ $i_1=-\frac{z_{R1}}{z_{G1}-z_{R1}}$ $i_2=-\frac{z_{R2}}{z_{G2}-z_{R2}}$	$5\times10^3\sim10^5$
	第一级发生器输入　第一级刚轮与第二级柔轮固定　第二级刚轮输出	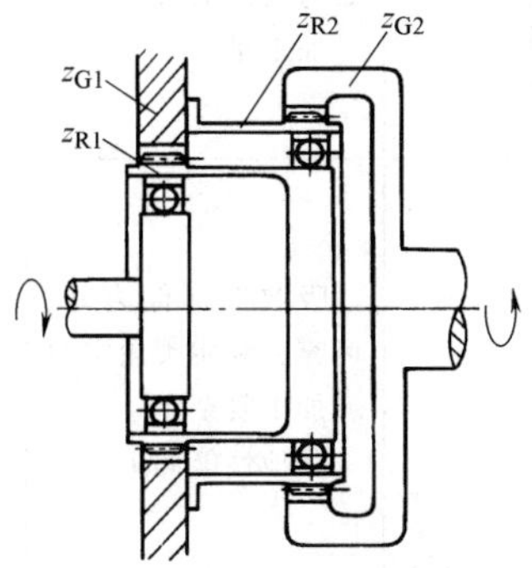 z_{R2} z_{G2} z_{G1} z_{R1}	$i=i_1i_2$ $i_1=-\frac{z_{R1}}{z_{G1}-z_{R1}}$ $i_2=\frac{z_{G2}}{z_{G2}-z_{R2}}$	$5\times10^3\sim10^5$

（续）

传动形式	构件相互关系	结构型式示意图	传动比计算公式	传动比范围
外啮复波	第一级发生器输入 第一级刚轮固定 第二级刚轮输出	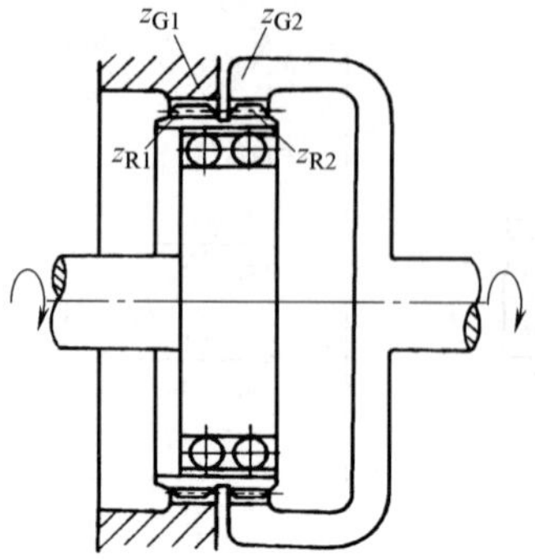 z_{G1} z_{G2} z_{R1} z_{R2}	$i=\frac{z_{R1}z_{G2}}{z_{R1}z_{G2}-z_{R2}z_{G1}}$	最大可达 2×10^6
内啮复波	第一级发生器输入 第一级刚轮固定 第二级刚轮输出	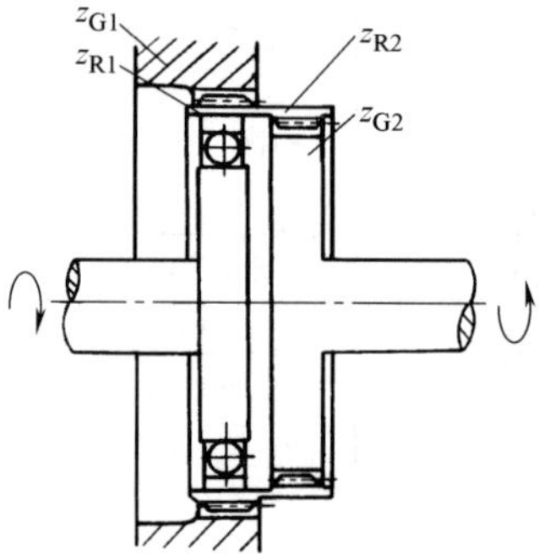 z_{G1} z_{R1} z_{R2} z_{G2}	$i=\frac{z_{R1}z_{G2}}{z_{R1}z_{G2}-z_{R2}z_{G1}}$	25～200

注：1. 计算出的传动比如为“-”号，则表示输入和输出的转向相反。

2. i_p 为行星波发生器部分的传动比。

4　谐波齿轮传动主要构件的结构型式

4.1　柔轮结构型式（见表9.4-2）

表9.4-2　柔轮结构型式和输出连接方式

名　称	结构型式	特　点	备　注
整体式筒形结构（Ⅰ）	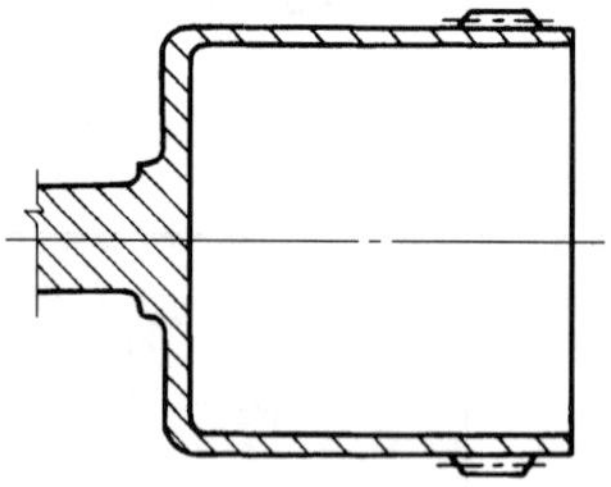	具有较大的扭转刚度，输出连接部分无空程，具有足够的寿命与较高的效率 加工量大	为改善柔轮应力及柔轮齿与刚轮的啮合状况可适当延长筒体长度或在输出端连接处设计一个刚度较小的过渡区 可采用模锻、旋压及将筒体与输出轴用焊接方法连接来改善工艺条件
整体式筒形结构（Ⅱ）	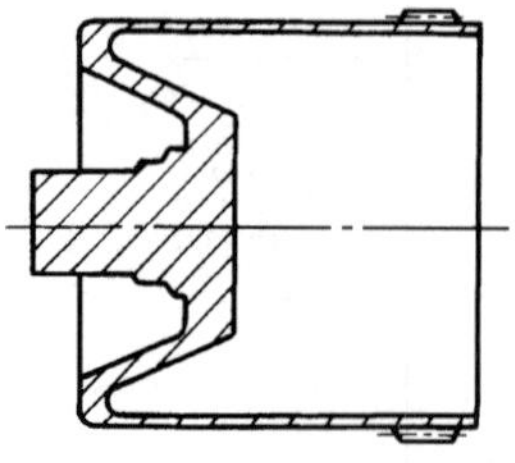	吸收变形能力好、可充分利用柔轮空间 加工复杂 其他性能同上	适宜于塑料柔轮

（续）

名　称	结构型式	特　点	备　注
筒形带底端面连接结构	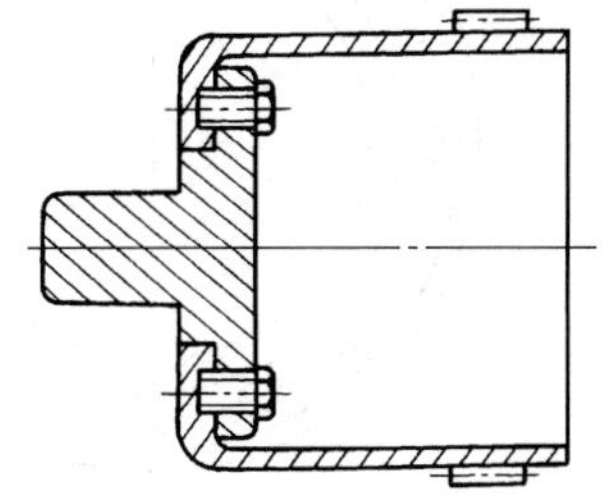	基本性能同整体式筒形结构（Ⅰ），制造较其简单	用铰制螺钉连接
波动连接输出结构	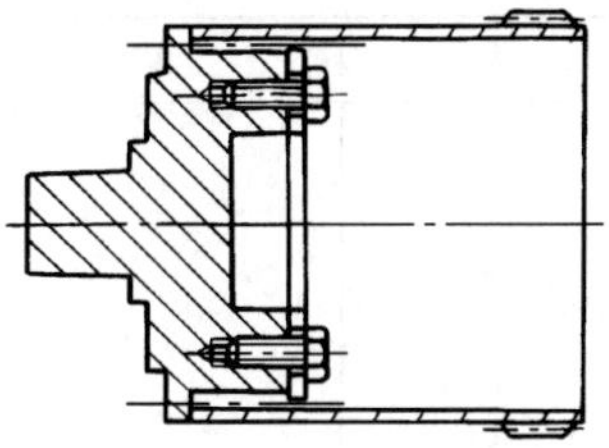	结构简单便于加工，轴向尺寸小，扭转刚度大。传动精度与效率略低于整体式筒形结构 柔轮有轴向位移的可能，应加以限制	由于输出连接处于活动状态故减少了对柔轮变形的约束，达到减小轴向尺寸的目的 连接输出用的轮齿可在柔轮的内表面或外表面，其齿数与输出轴上的齿数相同
复波结构	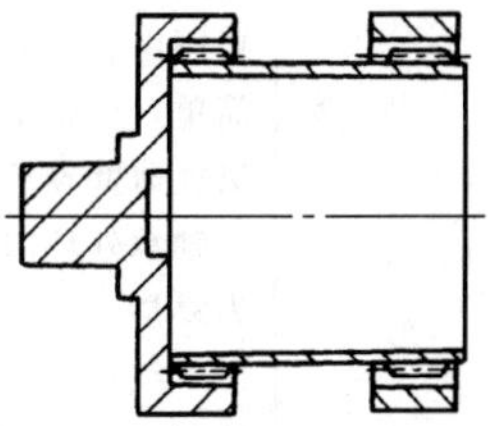	基本性能同上 其传动比极大，传动效率低	
钟形结构	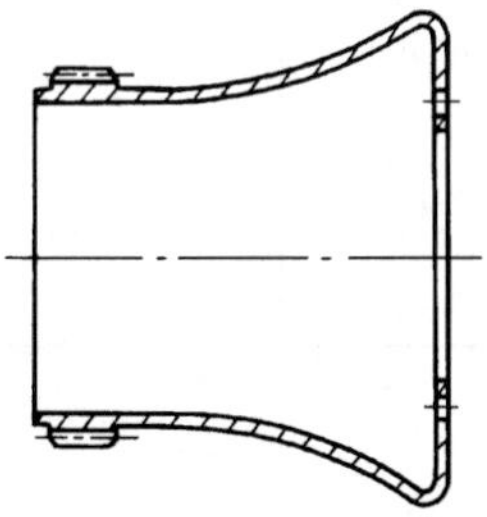	具有较高的扭转刚度及寿命，通常用于较小传动比（$50<i<100$）、负载大的传动装置中 结构较复杂，加工要求高	在较小的长度尺寸下，能保证柔轮齿沿径向方向作平行移动而使载荷沿齿轮长度方向均匀分布 可采用液压仿形及无切削旋压压力加工等方法进行加工
密闭形结构	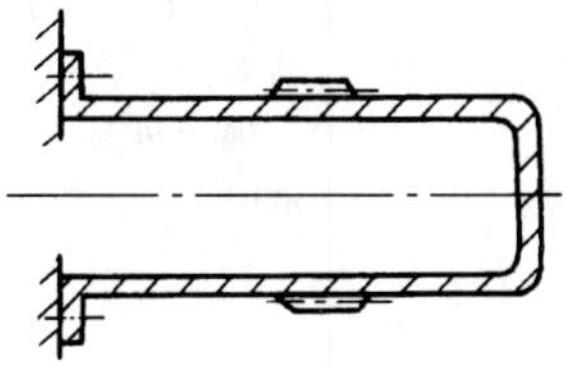	可实现向密闭空间传递运动	

4.2 刚轮结构型式

刚轮结构型式见图 9.4-3。刚轮也可与外壳做成一体,以节省材料及减小装置的径向尺寸,但加工工艺较为复杂。在大型装置中必须考虑插齿机的行程范围。在输出转矩较大时,必须考虑到刚轮的刚度,不然会影响轮齿的正常啮合。

4.3 发生器结构型式

发生器的性能直接影响到齿轮的啮合、装置的效率、承载能力以及柔轮中应力分布,因此应根据不同情况,合理地选用发生器结构型式(见表 9.4-3)。

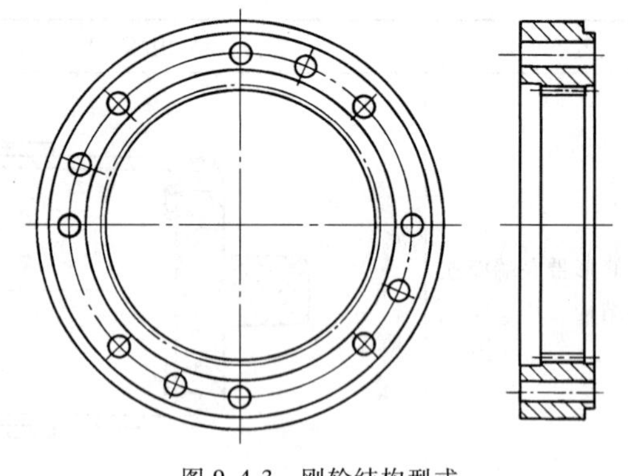

图 9.4-3 刚轮结构型式

表 9.4-3 发生器结构型式

名称		结构型式	特点	备注
凸轮薄壁轴承式	薄壁深沟球轴承		效率高、精度高、承载能力大。轴承外环的轴向位置可由自身定位,故结构简单。柔轮中应力分布较滚柱薄壁轴承合理 轴承外环内滚道加工较为复杂 单级传动时,在一定的外载荷作用下,可实现增速,增速性能优于滚柱薄壁轴承	此种结构由椭圆状凸轮(或其他形状凸轮)与套在其上的可变形的薄壁轴承所组成。使柔轮基本上按预想的要求进行变形,从而达到较好的啮合状态与合理的应力分布 由于薄壁球轴承可允许柔轮有一定的轴向自定位能力,故柔轮中应力分布较滚柱薄壁轴承的应力分布合理 在滚柱薄壁轴承外环上应制成圆弧形或进行倒角,可改善柔轮中的应力分布
	滚柱薄壁轴承		承载能力、加工性能优于滚球薄壁轴承 增速性能次于滚球薄壁轴承 轴承外环应进行轴向定位	

（续）

名称		结构型式	特点	备注
圆盘式波发生器	双偏心圆盘发生器	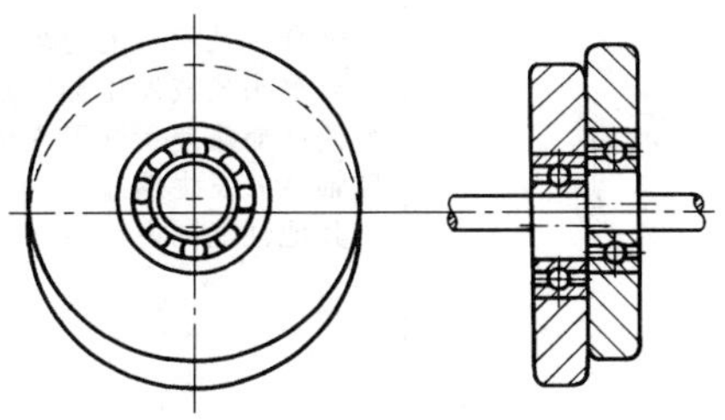	加工简单，可使用标准轴承，啮合区大，承载能力大，效率略高于薄壁轴承式波发生器，输入轴惯量小，允许高速旋转 对偏心距及其对称性要求较高、各圆盘重量应一致	此种结构由偏心轴及套在其上的轴承与圆盘组成，为避免轴向位移，圆盘与轴承都应加以定位 因其啮合区大，又去掉了薄壁轴承这一薄弱环节，故可应用于输出大转矩的谐波减速器之中，如牙嵌式圆盘发生器已成功地应用于30000N·m 的谐波减速器 为保证柔轮受载的对称性，嵌套圆盘的齿数应为奇数
	三偏心圆盘发生器	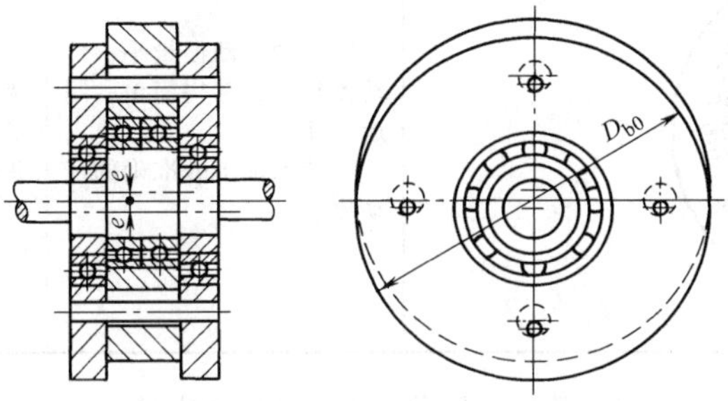	承载能力高于双偏心圆盘发生器、降低了附加不平衡力矩 其他性能同上	
	牙嵌式圆盘发生器	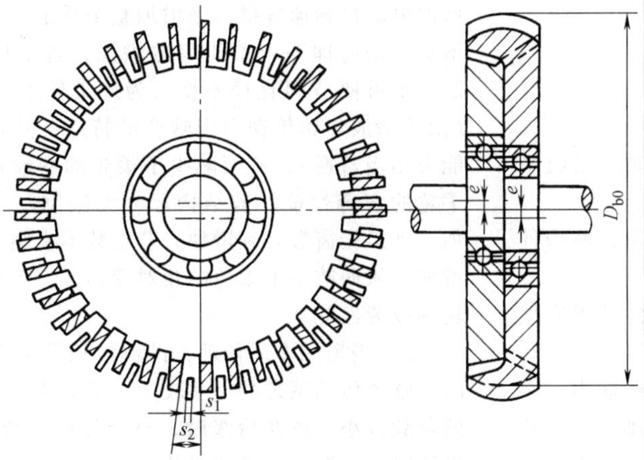	消除了不平衡力所产生的力偶效应，有利于柔轮的应力分布 其他性能同上	
触头式波发生器	双触头波发生器	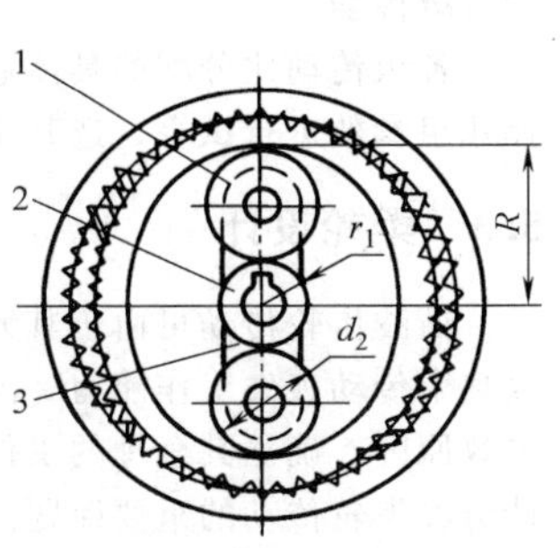	结构简单，加工方便，适用于输入转速不高，载荷平稳，输出转矩较小的场合 随工作载荷的增加，柔轮的畸变亦随之增加	采用此种结构时建议增设抗弯环，以便提高柔轮的寿命 不同的触头结构（滚球的、滚柱的，圆弧触头与平触头）对增速性能及柔轮中的应力分布有不同

（续）

名称		结构型式	特点	备注
触头式波发生器	四触头波发生器	β β d_r D_{fr}	啮合区及承载能力均大于双触头式波发生器，其增速性能略差于薄壁深沟球轴承波发生器 其他性能同上	的影响，建议将滚轮做成圆弧面或将其棱边倒角
行星式波发生器		D_{fr} 3 d_r 1 2	输入轴转动惯量小，传动比较大，结构简单，制造方便 不能保证十分准确的传动比	有行星钢球式及行星圆柱式波发生器，也有可调式行星钢球波发生器

5 谐波齿轮传动的设计计算与基本参数的确定

5.1 设计要点

1）必须建立系统设计的思想。

2）采用对称原则，保证元件承载均匀、系统平衡和传动装置零件的结构工艺性。

3）避免超静定结构，以降低精度要求，使构件受力更为合理。

4）力求避免外界的周期作用力与零件的固有振荡频率相同，避免引起大幅度的振动。

5）为进一步提高谐波齿轮传动的承载能力，必须注意可能产生的局部有害变形，可适当增加抗弯环厚度、波发生器对柔轮的支承刚度及刚轮的刚度。

5.2 谐波齿轮传动比的确定

谐波齿轮传动的单级传动比，一般取为70~320。若传动比太小，柔轮表面的弯曲应力就要增大。若传动比太大，传动装置的体积就要增大，造成加工及热处理时的困难。当要求传动比小于70时，建议采用其他传动形式。而要求传动比大于320时，可采用多级传动形式。如多级谐波齿轮传动或其他传动与谐波齿轮传动的组合。

由于谐波齿轮传动中柔轮的应力随负载的增加而增大，因此在确定其传动比时，还需考虑下列问题。

1）当整个传动系统的输出转矩确定后，可采用增加电动机转速等措施来增加整个系统的传动比。若增加传动比即要求柔轮齿数增加，若结构尺寸受限制，则可使节圆直径不变，为此柔轮的模数将减小（由于谐波齿轮传动多齿啮合的特点，其轮齿的承载能力相当富裕），从而减少了柔轮的变形量，改善了柔轮的疲劳性能。若结构尺寸无限制，因传动比增加，则柔轮齿数必须增加，若模数不变则柔轮直径就增加，从而减小了柔轮的相对变形量，也就改善了柔轮的疲劳性能。

2）当采用多级传动，谐波减速器又为前级传动时，整个传动系统的尺寸较大，但谐波减速器所承受的负载减小。放在后级时，整个传动系统尺寸较小。设计时，只要谐波减速器的承载能力允许，应尽量作为后级传动。

各级传动比分配的具体数值，可根据工作情况选择几组参数进行试算，选其中最佳者。

5.3 柔轮设计

谐波齿轮传动可由于其元件的任何一种失效而导致整个传动丧失工作能力。因此分析谐波齿轮传动的失效原因，确立其合理的工作能力准则，是研究和设计谐波齿轮传动的重要课题。通过柔轮破损断口的分析与柔轮应力测试，柔轮破损应属于以拉-弯为主的低应力高循环疲劳性质。因此柔轮的强度计算、结构设计与工艺安排，均应以此为出发点。

5.3.1　柔轮分度圆直径与波高的确定

在初步设计时，可根据图 9.4-4 来选择柔轮的分度圆直径与波高。

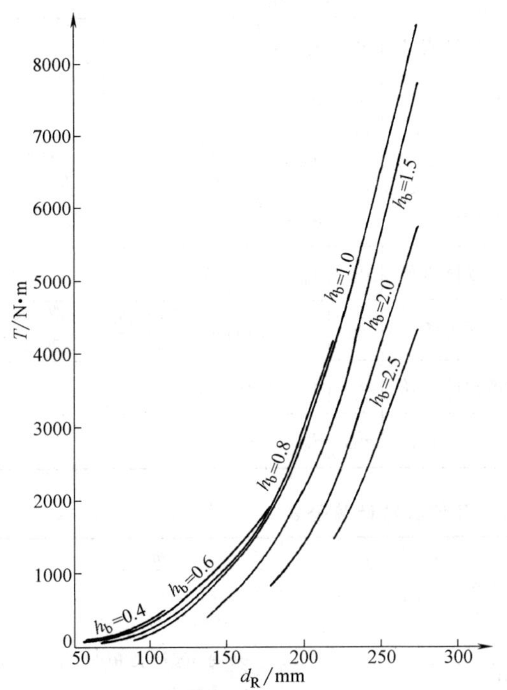

图 9.4-4　谐波齿轮传动承载能力图
T—谐波减速器输出转矩
d_R—柔轮分度圆直径　h_b—波高

若工作负载情况有变化，应对承载能力图进行修正，即将转矩除以系数，而系数值根据工作条件不同而变化。

1）无冲击负荷，一天工作 8~10h，系数 = 1.0。

2）有间断冲击负荷，一天工作 8~10h，系数 = 1.1。

3）有间断冲击负荷，一天工作 24h，系数 = 1.3。

4）间断工作，不经常使用时，负载可高于图内数值，也可用图中转矩值而减小减速器尺寸，即系数小于 1.0。

选择的具体步骤如下：

1）在图的纵轴上找到所需的输出转矩，过此点作一水平线，交图上曲线于若干点。

2）由交点作水平轴的垂线，求得若干分度圆直径。这是在某个波高的情况下，柔轮能够承受输出转矩时的最小分度圆直径。

3）用公式 $i=d_R/h_b$ 来圆整传动比。

4）当算出的传动比较所需的传动比小时，可增大分度圆直径来凑所需的传动比。从而得到满足输出转矩及传动比时的波高与分度圆直径。

例 9.4-1　求取满足传动比 $i=100$，输出转矩 $T=500$N · m 时的柔轮分度圆直径及波高。

解

1）由图 9.4-4 的纵坐标上查到 500N · m，作水平线与 $h_b=0.4$mm、0.6mm、0.8mm、1.0mm、1.5mm 各曲线相交。

2）由交点作水平轴的垂线，得 $d_R=109.5$mm、112mm、118mm、123mm 及 142mm。

3）由公式 $i=\dfrac{d_R}{h_b}$求得 $i_{0.4}=\dfrac{109.5}{0.4}=273.8>100$、$i_{0.6}=\dfrac{112.0}{0.6}=186.7>100$、$i_{0.8}=\dfrac{118}{0.8}=147.5>100$、$i_{1.0}=\dfrac{123}{1.0}=123>100$、$i_{1.5}=\dfrac{142}{1.5}=94.7<100$。

4）将 d_R 增至 150mm 时，此时 $i=\dfrac{150}{1.5}=100$，符合设计要求。因此选择波高 $h_b=1.5$mm 及柔轮分度圆直径 $d_R=150$mm 可满足设计要求。

5.3.2　齿形几何关系的确定

1）用谐波齿轮刀具加工时的齿形参数（见图 9.4-5和表 9.4-4）。目前已有几种规格的双波滚刀、插刀定型生产，其波高（mm）为 0.4、0.6、1.0、1.5、2.0 等。

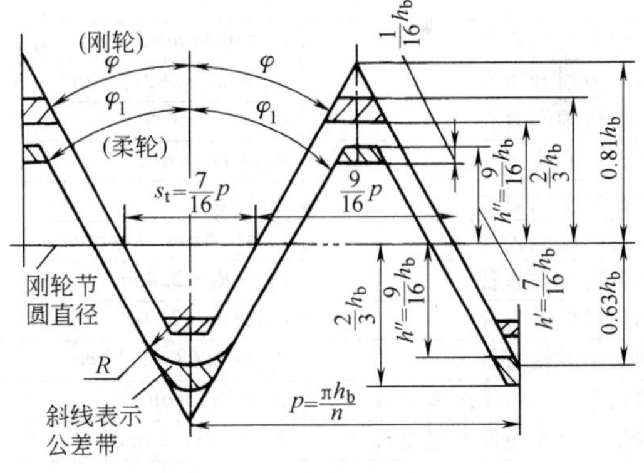

图 9.4-5　谐波齿轮齿形几何参数

2）采用 20°或 30°标准小模数刀具，用移距变位方法加工时的齿形参数（见表 9.4-5）。

3）S 齿形简介。近年来又提出了一种新型的 S 齿形。其优点如下：①它比以往齿形的同时啮合齿数多，可达到总齿数的 20%以上。②由于轮齿具有挠性，降低了齿根的弯曲应力。③由于轮齿承受的载荷减少而降低了齿部的应力。④与以往机种相比，其强度能提高200%，刚度提高200%，瞬间最大允许转矩可提高150%以上。此种齿形的谐波减速器已成功地应用于工业机器人的某些关节的驱动部分、机床的进给与分度机构、必须实现高精度定位及高回转精度的精密机械等。

表 9.4-4　谐波齿轮齿形几何参数计算公式

名　称	代号	计算公式	备　注	名　称	代号	计算公式	备　注
波数	n		双波时 $n=2$	分度圆齿厚	s_t	$s_t=\frac{7}{16}p=0.4375p$	
波高	h_b		h_b 值参照5.3.1节求得	刚轮分度圆直径	d_G	$d_G=\frac{z_G h_b}{n}$	
模数	m	$m=h_b/2$		刚轮齿顶圆直径	d_{Ga}	$d_{Ga}=d_G-\frac{7}{8}h_b$	
齿距	p	$p=\pi m$		刚轮齿压力角	ϕ	$\phi=\arctan\frac{1.09}{n}$	双波时 $\phi=28.6°$
柔轮齿数	z_R	刚轮固定：$z_R=2i$ 柔轮固定：$z_R=z_G-2$	传动比 i 参照 5.3.1 节求取	柔轮分度圆直径	d_R	$d_R=\frac{z_R h_b}{n}$	
刚轮齿数	z_G	刚轮固定：$z_G=z_R+2$ 柔轮固定：$z_G=2i$		柔轮齿顶圆直径	d_{Ra}	$d_{Ra}=d_R+\frac{7}{8}h_b$	
齿顶高	h_a	$h_a=\frac{7}{16}h_b=0.4375h_b$		柔轮齿压力角	ϕ_1	$\phi_1=\phi+\arctan\frac{0.458h_b n}{r}$	双波时 $\phi_1=29.2°$
齿根高	h_f	$h_f=\frac{9}{16}h_b=0.5625h_b$		刚轮齿根圆直径	d_{Gf}	$d_{Gf}=d_G+\frac{9}{8}h_b$	
顶隙	s	$s=\frac{1}{8}h_b=0.125h_b$		柔轮齿根圆直径	d_{Rf}	$d_{Rf}=d_R-\frac{9}{8}h_b$	

表 9.4-5　$\alpha_0=20°$或30°时的齿形几何参数计算公式

名　称	$\alpha_0=20°$	$\alpha_0=30°$	备　注
齿顶高系数	$h_a^*=1.0$	$h_a^*=0.8$	采用30°压力角时，柔轮中应力有所减小
顶隙系数	$c^*=0.25$	$c^*=0.2$	
柔轮变位系数	$x_R=2.15+0.009z_R$	$x_R=0.15$	
刚轮变位系数	$x_G=x_R-0.15$	$x_G=0$	
柔轮基圆直径	$d_{bR}=mz_R\cos\alpha_0$		
柔轮分度圆直径	$d_R=mz_K=\frac{z_K h_b}{n}$		
柔轮分度圆齿厚	$s_R=0.5\pi m+2x_R m\tan\alpha_0$		
柔轮齿根圆直径	$d_{Rf}=m(z_R+2x_R-2h_a^*-2c^*)$		
柔轮齿顶圆直径	$d_{Ra}=d_R+3.5m$		
刚轮基圆直径	$d_{bG}=mz_G\cos\alpha_0$		
刚轮分度圆直径	$d_G=mz_G$		
刚轮分度圆齿厚	$s_G=0.5\pi m-2x_G m\tan\alpha_0$		
刚轮齿顶圆直径	$d_{Ga}=d_R-2.45m$	$d_{Ga}=d_R-2.18m$	
刚轮齿根圆直径	$d_{Gf}\geqslant d_R+2.3m$	$d_{Gf}\geqslant d_R+2.05m$	
测量用圆柱直径	$d_p=(1.68\sim2.1)m$		
柔轮分度圆齿厚改变系数	$\Delta_R=2x_R\tan\alpha_0$		
刚轮分度圆齿厚改变系数	$\Delta_G=-2x_G\tan\alpha_0$		
测量柔轮时量柱中心所在圆上渐开线压力角	$\text{inv}\alpha_{MR}=\text{inv}\alpha_0+\frac{\Delta_R}{z_R}+\frac{d_p}{d_{bR}}-\frac{\pi}{2z_R}$		inv20°=0.014904 inv30°=0.053751
测量刚轮时量柱中心所在圆上渐开线压力角	$\text{inv}\alpha_{MG}=\text{inv}\alpha_0-\frac{\Delta_G}{z_G}-\frac{d_p}{d_{bG}}+\frac{\pi}{2z_G}$		
测量柔轮时用的量柱测量距	$M_R=mz_R\frac{\cos\alpha_0}{\cos\alpha_{MR}}+d_p$（偶数齿） $M_R=mz_R\frac{\cos\alpha_0}{\cos\alpha_{MR}}\cos\frac{90°}{z_R}+d_p$（奇数齿）		M 值的公差，对 M_R 应取h6，而对 M_G 应取H7

（续）

名　称	$\alpha_0=20°$	$\alpha_0=30°$	备　注
测量刚轮时用的量柱测量距	$M_G=mz_G\dfrac{\cos\alpha_0}{\cos\alpha_{MG}}-d_p$（偶数齿） $M_G=mz_G\dfrac{\cos\alpha_0}{\cos\alpha_{MG}}\cos\dfrac{90°}{z_G}-d_p$（奇数齿）		

5.3.3　柔轮结构尺寸的确定（见表 9.4-6）

表 9.4-6　柔轮结构尺寸

名　称	简　图	参数计算	备　注
筒形带底端面连接结构	R_2　h_1　h_2　R_3　h_4　h_3　d_{Ra}　d_{Rf}　d_{Rd}　d_2　d_3　R_4　R_1　c　b　L	$L=(0.8\sim1.1)d_R$ $b=(0.2\sim0.25)d_R$ $c=(0.2\sim0.3)b$ $h_1=(0.01\sim0.015)d_R$ $h_2\approx h_4\approx(0.5\sim0.7)h_1$ $h_3\approx h_1$ $d_{Rd}=d_{Rf}-2h_1$ $d_2\leqslant(0.5\sim0.6)d_{Rd}$ $d_3=0.5d_2$ $R_1\approx R_2\approx(0.6\sim1.0)m$ $R_3\approx R_4\approx(4\sim10)h_1$	波高、柔轮分度圆直径及齿形几何尺寸见 5.3.1 节、5.3.2 节 轻载时 h_b 值可适当减小，重载时可适当增大 塑料柔轮壁厚为钢制柔轮的 2~3 倍 筒形整体式结构尺寸可参照此结构设计
波动连接输出结构	c　b　b_1　h_2　h_1　R_2　R_1　R_1	$L\geqslant0.6d_R$ $b_1=0.5b$ $c_1=0.5c$ 其他结构尺寸同上	花键连接处径向变形量 $\Delta_1\approx0.85h_b$ 可通过移距变位的方法达到花键连接的目的 外啮复波可参考此结构设计，前后两齿间间隔由滚刀半径确定

5.3.4　柔轮的应力分析

柔轮计算模型的建立比较复杂。因为同时啮合的实际齿数及齿间的载荷分布规律、柔轮与发生器的有矩理论包角等都未知，且随载荷变化而变化。为简化问题的分析，以光滑圆柱壳体的计算模型来进行应力分析，然后再根据试验结果进行适当的修正。其计算应力公式如下：

$$\sigma_z = K_M K_d C_\sigma \frac{\nu w_0 Eh}{r_m^2} \tag{9.4-1}$$

$$\sigma_\varphi = K_M K_d C_\sigma \frac{w_0 Eh}{r_m^2} \tag{9.4-2}$$

$$\tau_{z\varphi} = K_M K_d C_\tau \frac{w_0 Eh}{r_m L} \tag{9.4-3}$$

$$\tau_M = K_u K_d \frac{T_1}{2\pi r_m^2 h} \tag{9.4-4}$$

式中　σ_z——弯矩 M_z 引起的沿母线方向的正应力（MPa）；

σ_φ——弯矩 M_φ 引起的周向正应力（MPa）；

$\tau_{z\varphi}$——转矩 $T_{z\varphi}$ 引起的沿 z 和 φ 方向的切应力（MPa）；

τ_M——作用在柔轮上的转矩 T_1 所产生的切应力（MPa）；

w_0——径向位移之最大值（mm），可近似取为1/2波高；

E——弹性模量（MPa）；

ν——泊松比；

h——柔轮壁厚（mm）；

r_m——柔轮壳体中性层半径（mm）；

L——柔轮壳体长度（mm）；

C_σ——正应力系数，其值见表9.4-7；

C_τ——切应力系数，其值见表9.4-7；

K_M——受载时柔轮形状畸变引起的应力增长系数，其值见表9.4-8；

T_1——柔轮承受的实际负荷（N·m）；

K_u——切应力分布不均匀系数，$K_u=1.5\sim1.8$；

K_d——动载系数，一般取 $K_d=1.1\sim1.4$。当制造精度较低，波发生器转速较高时，取较大值；若波发生器的转速小于1000 r/min，齿轮制造精度为7级时，可取 $K_d=1.0$。

表9.4-7 C_σ 和 C_τ 之值

β	0°	5°	10°	15°	20°	25°	30°	35°	40°	45°
C_σ	2.278	2.036	1.808	1.652	1.547	1.510	1.592	1.986	3.852	12.971
C_τ	0	0.142	0.260	0.354	0.435	0.506	0.565	0.628	0.753	0
说 明	β—两触头相对于变形长轴的夹角，见表9.4-3中图									

表9.4-8 受载时柔轮形状畸变引起的应力增长系数 K_M

T_1/T	K_M	
	凸轮式和圆盘式波发生器	触头式波发生器
0.25	1.13	1.25
0.50	1.25	1.50
0.75	1.38	1.75
1.00	1.60	2.00
1.50	1.75	2.50
2.00	2.00	3.00

注：T 由图9.4-4查得。

设柔轮筒体的微元体处于平面应力状态，即受沿筒体母线方向和圆周方向的正应力及由变形和扭转产生的切应力。考虑到 σ_z 较小，引用系数 K_z 来计及影响。柔轮疲劳强度计算采用校验双向稳定变应力状态下的安全系数。

因谐波齿轮传动在工作时，柔轮筒体处于变应力状态，正应力基本上呈对称变化，而切应力呈脉动变化。若以 σ_α、σ_m、τ_α、τ_m 分别表示正应力和切应力的应力幅和平均应力，则

$$\begin{cases}\sigma_\alpha=\sigma_\varphi,\ \sigma_m=0\\ \tau_\alpha=\tau_m=0.5(\tau_M+\tau_{z\varphi})\end{cases}\tag{9.4-5}$$

因此安全系数可按下式计算：

$$S=\frac{S_\sigma S_\tau}{\sqrt{S_\sigma^2+K_zS_\tau^2}}\geqslant1.5\tag{9.4-6}$$

其中

$$\begin{cases}S_\sigma=\dfrac{\sigma_{-1}}{K_\sigma\sigma_\alpha}\\ S_\tau=\dfrac{\tau_{-1}}{K_\tau\tau_\alpha+0.2\tau_m}\end{cases}\tag{9.4-7}$$

式中 S_σ、S_τ——仅有正应力和仅有切应力作用时的安全系数；

σ_{-1}、τ_{-1}——材料在对称循环下的抗弯和抗剪强度（MPa）；

K_z——考虑 σ_z 影响的系数，当 $\sigma_z/\sigma_\varphi=0.3$ 时，$K_z=0.7$；

K_σ、K_τ——正应力与切应力的有效应力集中系数。$K_\sigma=2.2\sim2.5$，$K_\tau=(0.7\sim0.9)K_\sigma$。

5.3.5 柔轮强度计算举例

例9.4-2 设计一谐波齿轮传动，要求传动比 $i=100$，输出转矩 $T_1=500\text{N}\cdot\text{m}$；无冲击负荷，一天工作8~10h；输入电动机转速3000r/min。并校验其强度。

解

（1）求柔轮分度圆直径与波高

无冲击负荷，一天工作8~10h，由图9.4-4注可知，承载能力修正系数为1.0。并由此图求得柔轮分度圆直径及波高为

$$d_R=150\text{mm},\ h_f=1.5\text{mm}$$

（2）柔轮与刚轮齿数的确定

由传动比 $i=100$，并选定波发生器输入，刚轮固定，柔轮输出，波数 $n=2$ 时

$$z_R=200,\ z_G=202$$

（3）计算齿形几何参数

采用谐波齿轮刀具加工，则由表9.4-4求得齿形的各种几何参数为

$m=0.75\text{mm}$　　$p=2.3562\text{mm}$

$h_a=0.6563\text{mm}$　　$h_f=0.8438\text{mm}$

$s=0.1875\text{mm}$　　$s_t=1.0309\text{mm}$

$d_G=151.5\text{mm}$　　$d_R=150\text{mm}$

$d_{Ga}=150.1875\text{mm}$　　$d_{Rf}=148.3125\text{mm}$

$d_{Gf}=153.1875\text{mm}$　　$d_{Ra}=151.3125\text{mm}$

$\phi=28.6°$　　$\phi_1=29.2°$

（4）柔轮结构参数的确定

由表9.4-6可求得柔轮壁厚、柔轮壳体中性层半

径及柔轮长度为

$$h_1 = 1.7\text{mm},\quad r_m = 72.96\text{mm}$$

$$L = 145.92\text{mm}$$

(5) 选择波发生器形式

选用凸轮廓线为四力作用弹性曲线的薄壁轴承积极式波发生器。

(6) 确定系数 C_σ、C_τ、K_M、K_σ、K_τ、K_d、K_u、K_z

由表 9.4-7 查得 $C_\sigma=14.592$，$C_\tau=0.565$

由表 9.4-8 查得 $K_M=1.38$

由 5.3.4 节确定 $K_\sigma=2.2$，$K_\tau=1.76$，$K_u=1.6$，$K_z=0.7$，$K_d=1.25$（考虑制造精度为 7 级，输入轴转速为 3000r/min）。

(7) 计算柔轮应力

按式（9.4-1）~式（9.4-4）求得

$$\sigma_\varphi=1.38\times1.25\times1.592\times\frac{0.75\times2.1\times10^5\times1.7}{(72.96)^2}\text{MPa}=138.13\text{MPa}$$

$$\tau_{z\varphi}=1.38\times1.25\times0.565\times\frac{0.75\times2.1\times10^5\times1.7}{72.96\times145.92}\text{MPa}=24.51\text{MPa}$$

$$\tau_M=1.6\times1.25\times\frac{500\times1000}{2\pi\times(72.96)^2\times1.7}\text{MPa}=17.59\text{MPa}$$

又由式（9.4-5）

$\sigma_\alpha=\sigma_\phi=138.13\text{MPa}$，$\sigma_m=0$

$\tau_\alpha=\tau_m=0.5(17.59+24.51)\text{MPa}=21.05\text{MPa}$

(8) 选择材料与确定许用应力

选取柔轮材料为 40CrNiMoA，$\sigma_{-1}\approx500\text{MPa}$，$\tau_{-1}\approx250\text{MPa}$。

(9) 求安全系数 S

由式（9.4-6）、式（9.4-7）得

$$S_\sigma=\frac{500}{138.13\times2.2}=1.645$$

$$S_\tau=\frac{250}{1.76\times21.05+0.2\times21.05}=6.059$$

所以

$$S=\frac{1.645\times6.059}{\sqrt{1.645^2+0.7\times6.059^2}}=1.87>1.5$$

(10) 结论

柔轮疲劳强度满足要求。

5.3.6　柔轮材料

柔轮承受较大的交变应力，在起动时冲击负荷较大，为此对材料的选择提出了更高的要求。

疲劳断裂主要经过生核、扩展与断裂 3 个阶段，且裂纹一般都在表面形成，然后向内部扩展。选择的材料最好使其既不易生核又要使裂纹扩展速率最低，使裂纹扩展到更大范围时才进行最后断裂。这可通过选择强度和冲击韧度都高的材料来达到，一般而言，提高了强度，冲击韧度就降低了。另一途径是通过表面强化，减少表面缺陷和改善表面应力状态，阻碍疲劳裂纹在表面生核，此外还可使零件的中心具有强度和冲击韧度的良好配合，降低疲劳裂纹的扩张速率 $d\alpha/dN$。

选择材料时，应提高材料的纯度（要求原始坯料中存在的杂质、非金属夹杂物必须很少，偏析值也很小，且不得有白点存在）、减小晶粒度及适当提高材料的硬度。这对属于高循环疲劳的柔轮来讲是有益的。

一般推荐采用含碳量（质量分数）为 35%~40% 的铬钼系列钢种，见表 9.4-9、表 9.4-10。

表 9.4-9　主要零件的材料

名称	钢种牌号	硬度 HRC
柔轮	第Ⅰ组 20Cr2Ni4A,18Cr2Ni4WA 30CrMnSiNiA,30Cr2MnNi2 40CrNiMoA 等	32~36
	第Ⅱ组 50CrMn,55Si2,60Si2,40CrN 35CrMnSi,30CrMnSiA 等	32~36
	第Ⅲ组 50,60	32~36
刚轮	45,50,60,40Cr	28~32
抗弯环	55Si2,60Si2,50CrMn	55~60

表 9.4-10　谐波齿轮传动主要零件的材料、热处理规范和表面硬度

零件	钢种牌号	热处理(加热温度)及冷却介质	力学特性		
			屈服强度 R_{eH}/MPa	抗拉强度 σ_{-1}/MPa	硬度 HRC
柔轮	35CrMnSiA	淬火880℃,油冷,回火540℃,水或油冷	880	380	32~36
柔轮	35CrMnSiA	等温淬火880℃,在加热到温度 280~310℃ 的硝酸钾溶液中冷却,再空气冷却	1300	450	32~36

（续）

零件	钢种牌号	热处理(加热温度)及冷却介质	力学特性		
			屈服强度 R_{eH}/MPa	抗拉强度 σ_{-1}/MPa	硬度 HRC
柔轮	30CrMnSi	淬火830℃,油冷,回火540℃,油冷	850	380	32~36
	30CrMnSi	等温淬火880~890℃,在加热到温度370℃的硝酸钾溶液中冷却,再空气冷却	1090	450	32~36
		淬火870℃,油冷,回火460℃,空气冷却	1400	500	32~36
	40CrNiMoA	淬火850℃,油冷,回火600℃,空气冷却	950	530	32~36
抗弯环	60Si2	淬火860℃,油冷,回火 180 ℃,空气冷却	1400	500	55~60
		淬火880℃,油冷,回火180℃,空气冷却	1600	500	55
刚轮	45	淬火820℃,油冷或水冷,回火200℃,空气冷却	1030	338	30~36
	45Cr	淬火860℃,油冷,回火550℃,油冷或空气冷却	1000	380	28~32

5.3.7 柔轮的坯料加工及热处理

柔轮坯料通常进行锻造，锻造时应尽量使金属纤维方向成为环形，这有利于提高柔轮疲劳强度。

采用热模锻成形的方法，可使晶粒度达到 8 级，材料的强度与疲劳强度均得到提高，加工余量较少。

采用压模中冷挤压成形的方法，能提高成形精度，机加工量极少，材料利用率达 90%~95%，与热模锻相比可减少加工量 30%~40%。零件的尺寸精度在 2~3 级。表面粗糙度低。此外，采用这种冷挤压成形时，根据材料的塑性变形程度，材料的抗拉强度增加 0.5~1 倍，而屈服极限增加 1~1.5 倍，从而显著地提高了所加工零件的力学性能。

采用金属强力旋压技术加工。材料经强力旋压后，其组织结构与力学性能均发生变化，晶粒细化并形成具有连续纤维状的特性，强度可提高 60%~90%，硬度可提高 20%~30%，伸长率则有所降低，可在同一制品上获得多种不同的力学性能。旋压后产品的粗糙度得到很大改善，柔轮壁厚的均匀度可在 0.02mm 以下。与机加工相比可节省材料 20%~30%，有的材料利用率可达 90%。金属旋压有自检作用，在旋压过程中坯料的夹渣、裂纹等缺陷会自行暴露。从而提高了零件使用的可靠性。现已有各种规格的柔轮批量生产。

柔轮毛坯经旋压形变强化之后，再进行恰当的相变热处理，使两者有机地相结合，材料的综合力学性能在形变强化的基础上又进一步强化。

对于筒形柔轮可采用焊接方法来改善工艺。焊口位置应设计在靠近筒底的圆周上。推荐选用微束等离子弧焊及钨极氩弧焊。

柔轮可采用等温淬火的热处理工艺，等温淬火适合于处理第一类回火脆性较严重的钢材，如 30CrMnSiA、40CrMnMoA、30CrMnSi2 等钢种。等温淬火后，若柔轮的硬度高于规定时，不允许采用在较高温度下回火的方法来降低硬度，因为这样会使冲击韧度大大降低。这时可提高等温温度重新淬火。

裂纹通常在表面产生，并向内部扩展，可采用各种表面强化和表面处理工艺，以求得具有高强度及残余压应力的表面，提高疲劳寿命。采用气体氮碳共渗工艺时，工件变形量小，使疲劳强度得到提高（一般来说，抗拉强度提高的幅度：碳钢为 60%~80%，低碳合金钢为 30%~50%），而且耐磨（比淬火回火处理提高 3 倍），发热及抗擦伤胶合的性能也有较大的改善。渗氮引入残余压应力，还有抵制有害环境的保护作用。

冷滚压也可在表面引入残余压应力，既改善了表面缺陷的情况，又使零件的表面粗糙度得到降低。

当然还可采用低碳马氏体、形变热处理、离子渗氮及渗金属处理等新工艺。

5.4 刚轮设计

刚轮齿形几何参数已列于表 9.4-4 及表 9.4-5，其齿宽略大于柔轮齿宽。

刚轮材料一般用 45 或 40Cr 钢，其热处理硬度略低于柔轮。

在动力传动情况下，刚轮一般要求具有较高的刚度，以免因弹性变形而失去刚轮的功能。也有为降低动载荷和减少发生器及齿轮加工误差所造成的振动影响，而采用较小刚度的刚轮。

5.5 波发生器的设计计算

5.5.1 凸轮薄壁轴承式波发生器的设计

1）根据承载要求由图 9.4-6 查得薄壁轴承外径

尺寸 D_n。

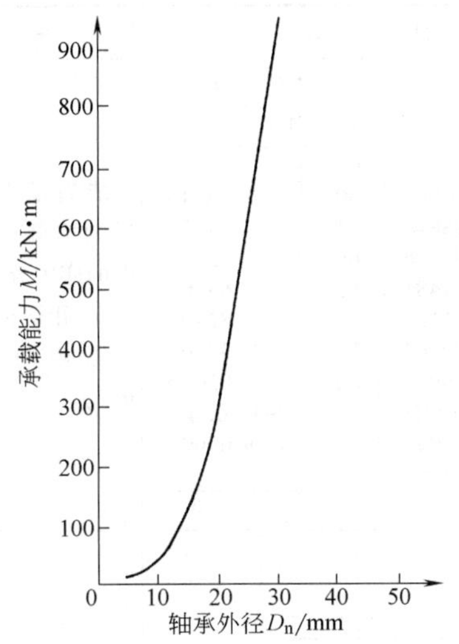

图 9.4-6　轴承外径与承载能力关系图

2）根据薄壁轴承外径由图 9.4-7 查得轴承中钢球直径 d_g。

3）由表 9.4-11 求取薄壁轴承中各结构参数。其型号、规格见表 9.4-12。

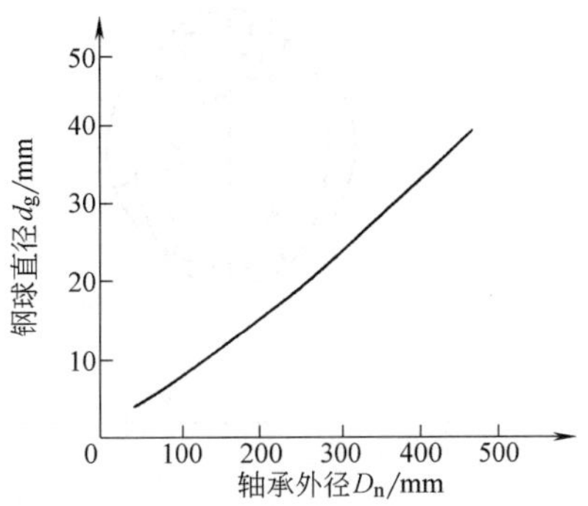

图 9.4-7　轴承外径与钢球直径关系图

表 9.4-11　薄壁轴承结构参数

名称	简　图	计　算　式	备　注
球薄壁轴承总结构	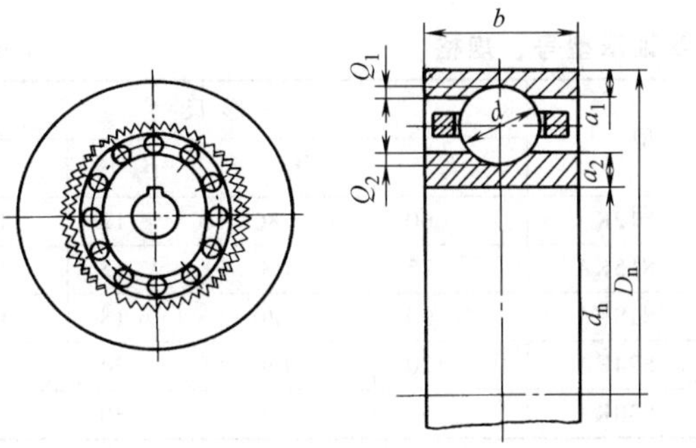	轴承外圈最大厚度　$a_1 \leqslant 1.6h_1$ 轴承内圈最大厚度　$a_2 \leqslant 1.8h_1$ 轴承宽度　$B_b \approx b$ 轴承外圈滚道深度　$Q_1 \approx 0.05d_g$ 轴承内圈滚道深度　$Q_2 \approx 0.1d_g$ 滚道曲率半径 $r_{rw} = (0.515 \sim 0.52)d_g$ 轴承内径 $d_n = D_n - 2[(a_1 - Q_1) + (a_2 - Q_2) + d_g]$	b—柔轮齿宽 轴承内外圈材料为 GCr15，内圈硬度 58~60HRC，外圈硬度 56~58HRC 在载荷较小和转速较低时，可取≥40HRC
隔离块式保持器	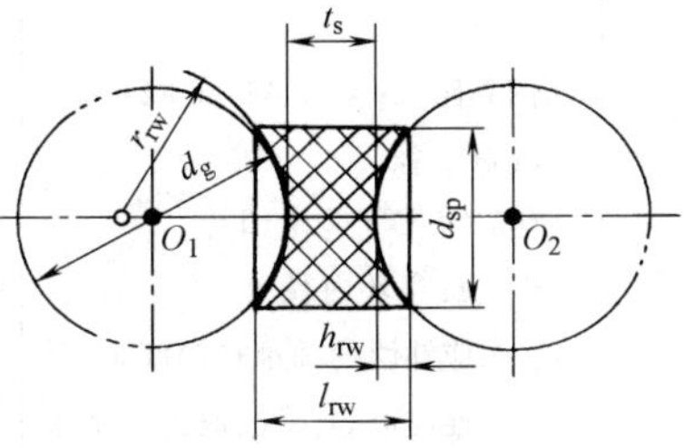	两钢球中心间距离 $l_c = (d_n + d_g)\sin\left(\dfrac{180°}{z_b}\right)$ 两钢球间隔距离　$t_s = l_c - d_g$ 隔离块球兜半径 $r_{rw} = (0.515 \sim 0.52)\ d_g$ 隔离块直径 d_{sp} 以其能从内外圈的间隔中装入为限 隔离块长度 l_{rw} 及兜深 h_{rw} 可由上述数据算得	采用此种隔离块的轴承摩擦阻力小，精度高，噪声小 在运动传动中可采用工程塑料，最后一块可利用材料的弹性嵌入，在动力传动中，可用青铜制作隔离块，最后一块须二半铆合而成 其他形式保持架可参考常规轴承设计

（续）

<table>
<tr><th>名称</th><th>简 图</th><th>计 算 式</th><th>备 注</th></tr>
<tr><td>四力作用弹性廓线凸轮</td><td></td><td>当 $\beta=30°$ 时 $\rho_H=0.5d_n+C_\rho w_0$
C_ρ 为 φ 之函数，其值为

φ_H	C_ρ	φ_H	C_ρ
0°	1.00000	50°	−0.15446
5°	0.98840	55°	−0.34373
10°	0.95346	60°	−0.52215
15°	0.89481	65°	−0.68400
20°	0.81181	70°	−0.82400
25°	0.70362	75°	−0.94000
30°	0.56914	80°	−1.02000
35°	0.40876	85°	−1.08000
40°	0.22932	90°	−1.09000
45°	0.03897		

</td><td>能满足柔轮弹性变形的需要，改善柔轮中的应力分布
可用靠模加工，是较常用的一种凸轮形式</td></tr>
<tr><td>标准椭圆凸轮</td><td></td><td>$\rho_H=\dfrac{a_Hb_H}{\sqrt{a_H^2\sin^2\varphi_H+b_H^2\cos^2\varphi_H}}$
a_H、b_H—分别为椭圆的长半轴和短半轴
$a_H=d_n/2+w_0$ $b_H=d_n/2-w_0$</td><td>b_H 为近似值，但其足够精确</td></tr>
</table>

表 9.4-12 国产薄壁轴承型号、规格 (mm)

型 号	外形尺寸				型 号	外形尺寸			
	d_n	D_n	B_b	r		d_n	D_n	B_b	r
904KA	18.8	25	4	0.1	812KA	60	80	12	0.3
905KA	24	32	5	0.1	815KA	75	100	15	0.3
906KA	30	40	6	0.15	818KA	90	120	18	0.5
907KA	37	50	8	0.3	824KA	120	160	24	0.7
809KA	45	60	9	0.3	830KA	150	200	30	0.7

5.5.2 圆盘式波发生器的设计（见表 9.4-13）

表 9.4-13 圆盘式波发生器的结构设计

名称	结构型式	计算公式	备 注
双圆盘波发生器		偏心距 $e=(3.45\sim3.82)w_0$ 圆盘直径 $D_{b0}=d_i-2e+2w_0+\delta_{rb}$ d_i—抗弯环内径 δ_{rb}—应补偿的轴承径向间隙、弹性变形等，一般取为一个滚动轴承的最大径向间隙，其值约为 0.02~0.045mm	偏心距公差取为±F8 圆盘硬度可取为 50~54HRC

（续）

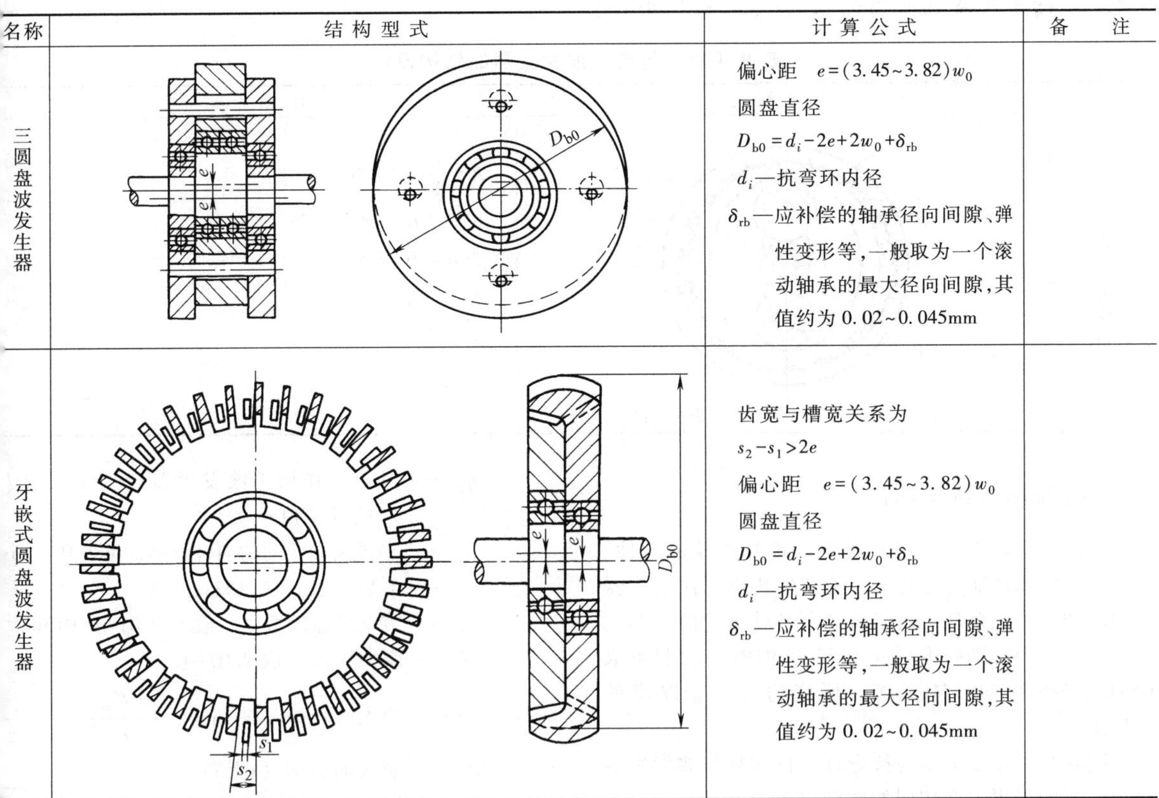

名称	结构型式	计算公式	备注
三圆盘波发生器		偏心距　$e=(3.45\sim3.82)w_0$ 圆盘直径 $D_{b0}=d_i-2e+2w_0+\delta_{rb}$ d_i—抗弯环内径 δ_{rb}—应补偿的轴承径向间隙、弹性变形等，一般取为一个滚动轴承的最大径向间隙，其值约为 0.02~0.045mm	
牙嵌式圆盘波发生器		齿宽与槽宽关系为 $s_2-s_1>2e$ 偏心距　$e=(3.45\sim3.82)w_0$ 圆盘直径 $D_{b0}=d_i-2e+2w_0+\delta_{rb}$ d_i—抗弯环内径 δ_{rb}—应补偿的轴承径向间隙、弹性变形等，一般取为一个滚动轴承的最大径向间隙，其值约为 0.02~0.045mm	

5.5.3　触头式波发生器的设计（见表 9.4-14）

表 9.4-14　触头式波发生器的结构设计

名称	结构型式	计算公式
双触头波发生器		滚轮中心所在圆直径 $D_{tr}=d_i-d_r+2w_0+\delta_{rb}$ d_r—滚轮外径，可由结构确定
四触头波发生器		当 $\beta=30°$ 时，滚轮中心所在圆直径 $D_{fr}=d_i-d_r+1.136w_0+\delta_{rb}$ d_r 可由结构确定，但一般取 $d_r\leqslant d_i/3$

5.5.4 行星式波发生器的设计（见表 9.4-15）

表 9.4-15 行星式波发生器的结构设计

名 称	结构形式	计算公式
行星式波发生器	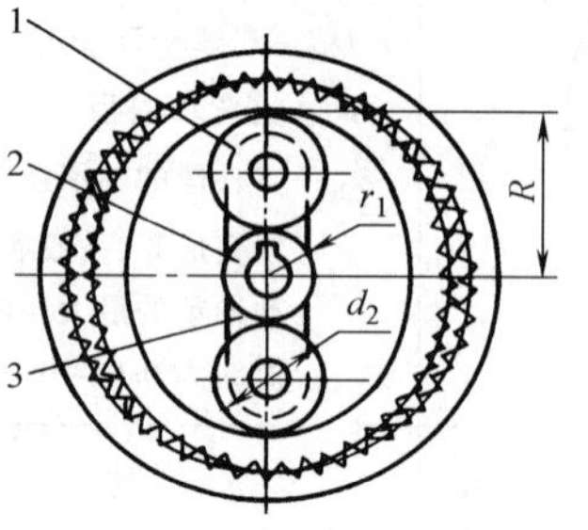 1—行星轮 2—中心轮 3—转臂	$R=\frac{1}{2}D_n+0.9mK$ 式中 D_n—柔轮内径 当 $\alpha=20°$，$K=1$ $\alpha=30°$，$K=0.89$ $d_2\geqslant\frac{1}{3}D_n$ $r_1=R-d_2$

5.6 抗弯环的材料选择

为改善柔轮内壁的磨损情况、增加柔轮的刚性、提高柔轮的承载能力及寿命，在柔轮内壁与波发生器之间增加一个抗弯环。由于抗弯环承受很大的弯曲应力和接触应力，则硬度可取为 55~60HRC，材料可取 GCr15、60Si2、30CrMnSi 等，厚度约为柔轮厚度的 1.5 倍。

刚轮与柔轮、柔轮与抗弯环、抗弯环与波发生器之间，不应采用硬度相同的同种材料。

6 谐波传动的效率、发热、润滑与增速

6.1 谐波传动的效率计算

谐波齿轮传动中，能量的损失主要是柔轮与刚轮轮齿啮合时的滑动摩擦损失、波发生器转动时薄壁轴承内的滚动摩擦损失、波发生器中薄壁轴承外圈与柔轮变形阻力引起的损耗、传动装置工作时搅拌润滑油和润滑油从齿间挤出时的功率损耗以及钢球对保持架的摩擦功率损耗。

（1）具有薄壁轴承的凸轮式波发生器的谐波传动的效率计算

$$\eta = \eta_{g1}\eta_{g2}\eta_e \tag{9.4-8}$$

$$\eta_{g1} = 1-\psi\zeta\frac{P_{r1}}{T} \tag{9.4-9}$$

$$\eta_{g2} = 1-\frac{2\psi\eta_e\eta_{g1}i_{H2}^{(1)}(\tan\alpha\ \pm f_s)/d_G}{1+2\psi\eta_e i_{H2}^{(1)}(\tan\alpha\ \pm f_s)/d_G} \tag{9.4-10}$$

$$\psi = \nu\left(\frac{r_m-0.5h_1-a_1+0.06d_g}{0.5d_g}-1\right) \tag{9.4-11}$$

式中 η_{g1}——考虑柔轮弹性变形引起功率损失时的效率值；

η_{g2}——啮合力作用下波发生器产生摩擦损失时的效率值；

η_e——谐波齿轮传动的啮合效率，见表 9.4-16；

ζ——系数，取 $\zeta=2.15$；

ν——滚动摩擦因数，一般取 0.01~0.015mm

f_s——摩擦因数，取 0.07~0.1；

T——输入端转矩（N·m），$T=\frac{P_m}{\omega_H}$；

P_m——输入端功率（kW）；

ω_H——输入端角速度（r/min）；

d_g——薄壁轴承钢球直径（mm）；

a_1——轴承外座圈最大厚度（mm）；

r_m——变形前柔轮中线半径（mm）；

h_1——柔轮壁厚（mm）；

α——齿形角；

F_{r1}——径向载荷

$$F_{r1}=F_{rf}+F_{rb} \tag{9.4-12}$$

式中 F_{rf}——柔轮变形力

$$F_{rf}=c_{r1}\frac{Ew_0lh_1^3}{12r_m^3} \tag{9.4-13}$$

c_{r1}——系数，取 6.5；

l——柔轮壳体长度（mm）；

F_{rb}——轴承外圈的变形力

$$F_{rb}=1.23\frac{Ew_0B_ba_1^3}{\left(r_m-\frac{h_1+a_1}{2}\right)^3} \tag{9.4-14}$$

式中 a_1——轴承外座圈最大厚度(mm)；

E——弹性模量(MPa)，$E=2.1\times10^5$MPa；

B_b——轴承宽度（mm）。

（2）具有四滚轮式或双圆盘式波发生器的谐波齿轮传动的效率计算

表 9.4-16　谐波齿轮传动的啮合效率

输入元件	输出元件	
	刚　轮	柔　轮
发生器	$\eta_e=\dfrac{1-i_{21}^{(H)}}{1-\eta_e^{(H)}i_{21}^{(H)}}$	$\eta_e=\dfrac{\eta_e^{(H)}(1-i_{12}^{(H)})}{\eta_e^{(H)}-i_{12}^{(H)}}$
说明	$\eta_e^{(H)}$—谐波齿轮传动转化机构的效率 $\eta_e^{(H)}=1-\dfrac{2.546f_S}{z_G\cos^2\alpha}$　(9.4-15) z_G—刚轮齿数	

四滚轮式波发生器：

$$\eta_g=\frac{1}{1+f_v\dfrac{F_rD_{fr}}{T}i}\tag{9.4-16}$$

双圆盘式波发生器：

$$\eta_g=\frac{1}{1+f_v\dfrac{2F_re}{T}i}\tag{9.4-17}$$

式中　F_r——作用在轴承上的径向载荷

$$F_r\approx0.52\frac{T}{D_R}$$

D_{fr}——滚轮中心所在圆的直径，按表 9.4-14 计算；

f_v——波发生器的当量摩擦因数。对四滚轮波发生器　$f_v=0.009\sim0.012$；对双圆盘波发生器　$f_v=0.15\sim0.25$；

e——圆盘波发生器的偏心距。

其啮合效率的计算方法与采用凸轮式波发生器的效率计算方法相同。

谐波传动功率的损耗取决于很多因素，很难计算准确。因此谐波传动最终的效率常由试验确定。

6.2　谐波齿轮传动的发热计算与润滑

由于谐波齿轮传动的体积小、重量轻，因此散热及热容量受到限制。在连续、重载的工作条件下，必须采取强迫冷却。

谐波减速器的发热与波发生器的转速 n_H、承载转矩 T、油池容积 V_B、传动元件的浸油深度等因素有关。温升 t 可由下式计算

$$t=C_{ht}n_H^K\left(\frac{T}{T_{Ly}}\right)^{\tau}\left(\frac{V_B}{V_0}\right)^{r}\tag{9.4-18}$$

式中　T_{Ly}——输出轴上的额定转矩（N·m）；

V_0——减速箱的内部容积（cm^3）；

C_{ht}、K、τ、r 系数和指数可由表 9.4-17 确定。

油池高度、油池容积、承载转矩与波发生器转速间的大致搭配关系可按表 9.4-18 选取。

按输入转速及使用条件决定润滑剂的型号。一般采用 L-CKC 全损耗系统用油。高速时采用黏度较低的高速全损耗系统用油，重载时采用黏度较高的润滑油或润滑脂。有时也可采用二硫化钼润滑油或二硫化钼润滑脂。此外，国内已有特殊配制的谐波齿轮油。

表 9.4-17　系数 C_{ht} 和指数 K、τ、r 的数值

工作范围		系数和指数值			
		C_{ht}	K	τ	r
$\ln(T/T_{Ly})\leqslant-0.28$	$\ln(V_B/V_0)\leqslant-2.58$	2.636	0.614	0.156	0.579
	$\ln(V_B/V_0)>-2.58$	0.402	0.614	0.156	-0.141
$\ln(T/T_{Ly})>-0.28$	$\ln(V_B/V_0)\leqslant-2.58$	1.739	0.614	0.591	0.387
	$\ln(V_B/V_0)>-2.58$	0.396	0.614	0.591	-0.195

表 9.4-18　油面高度与 V_B、T、n_H 间的搭配关系

承载转矩 T/N·m	0	200	400	600	800	1000
波发生器转速 n_H/r·min^{-1}	1000		1500		2000	
油池容积 V_B/cm^3	170		215	310		
油面高类别	Ⅰ		Ⅱ	Ⅲ		Ⅳ

注：油面高度：Ⅰ—柔轮齿圈浸入油池约一个齿高；Ⅱ—薄壁轴承的滚球接触到油池；Ⅲ—薄壁轴承下端的球心刚浸入油池；Ⅳ—薄壁轴承下端的整个球浸入油池。

6.3　谐波齿轮传动的增速问题

如图 9.4-8 所示，当波发生器装入柔轮后，受到一对方向通过椭圆的曲率中心和它的旋转中心的力的作用（见图 9.4-8a）。当输出轴上承受载荷后，柔轮产生变形，这时柔轮对波发生器的作用力方向仍通过椭圆的曲率中心，但不通过发生器的旋转中心（见图 9.4-8b），这就形成了使发生器

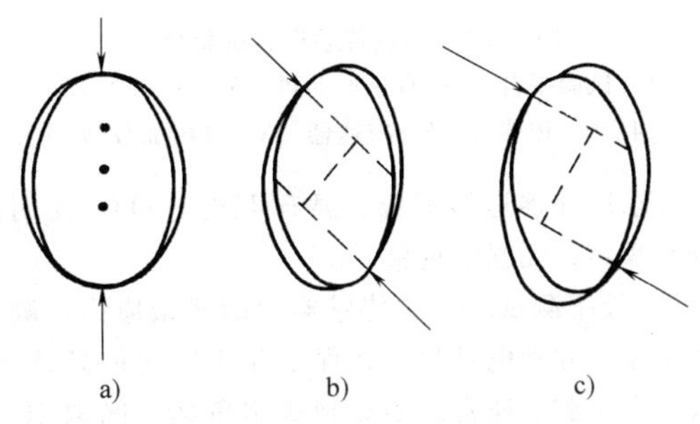

图 9.4-8　增速原理

旋转的旋转矩。当输出轴上载荷继续增加时，柔轮作用在发生器上的作用力和这时作用力之间的力臂也随之增加，则作用在发生器上的旋转矩也随之增加（见图9.4-8c）。当此旋转矩超过发生器的阻矩时，就产生了增速现象。一般而言，单级谐波减速器在输出轴上达到一定的转矩输入时，原则上都能实现增速。

从试验可知：增速的难易程度与柔轮的壁厚、发生器的结构型式及其具体参数均有关系。装置经跑合后，由于效率提高，就更易达到增速效果。

7　谐波齿轮传动的试验研究

由于谐波齿轮传动的性能与制造工艺及制造误差有较大的敏感性，因此对重要应用场合或批量生产之前，可选择对所需的使用功能进行试验测试。谐波齿轮传动常规测试项目有：运动精度、起动转矩、温升、空程、效率、寿命及频率特性等。

7.1　空载及负载跑合试验、效率、温升、超载、寿命试验

其试验装置见图9.4-9。

1）空载及负载跑合试验。空载跑合时，将直流电动机与传感器连接，再将传感器的另一端与谐波减速器输入端相连，起动电动机，在额定转速下正、反向空载跑合各2h。空载跑合结束后，将谐波减速器输出端与另一传感器相连，传感器另一端与磁粉加载器相连。释放传感器中的残余应力，测试仪器标零。在额定转速的情况下，加额定载荷的50%、75%、100%，均正反转各2h。

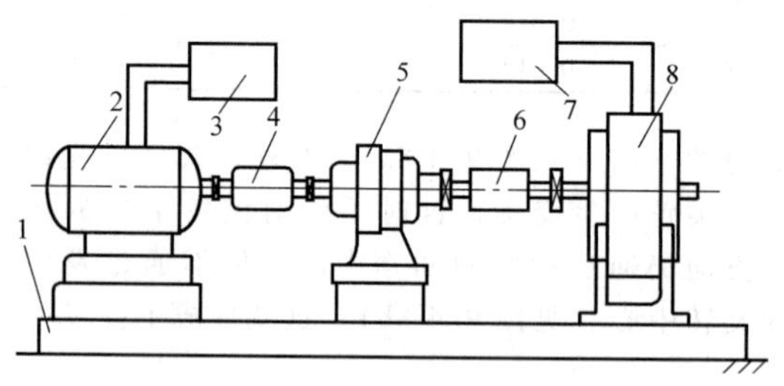

图9.4-9　谐波传动运转试验台

1—试验平台　2—直流电动机　3、7—控制台　4、6—传感器　5—减速器　8—磁粉加载器

要求减速器运转平稳、温升不超出30℃，无明显振动和噪声，无漏油现象。

2）效率测试。释放传感器中的残余应力，测试仪器标零。起动电动机，在保证额定转速的条件下，逐级提高负载。通常由零载到额定负载之间取10个左右测试点。在每一个测试点上记录谐波减速器输入轴与输出轴的转矩 T_1 及 T_2。重复3次进行测试。

效率值可由测得的转矩值算出

$$\eta = \frac{T_2}{T_{1i}}$$

最后绘制负载—效率曲线。

3）负载—温度关系的测试。试验方法同上，只是在每个测试点上要求温度平衡时再测其温度值，然后绘制负载—温度曲线。

4）转速—效率与转速—温度关系的测试。释放传感器中的残余应力，测试仪器标零。起动电动机，在保证额定负载的条件下，逐级提高转速。通常转速由零到额定转速之间取10个左右测试点。在每个测试点上记录谐波减速器输入轴与输出轴的转矩 T_1 和 T_2。重复三次进行测试。

最后绘制转速—效率曲线。

同样可求得转速—温度曲线。

5）超载试验。超载50%负荷正常运转30min。

6）寿命试验。在额定转速与额定负载条件下进行试验，要求柔轮疲劳次数达到10^8次不破坏。

7.2　刚度测试

其试验装置见图9.4-10。

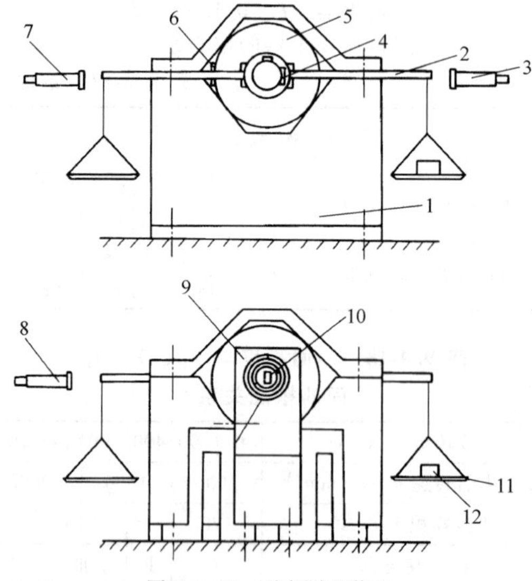

图9.4-10　刚度测试装置

1—减速器固定装置　2—横臂　3、7、8—自准平行光管　4、6、10—反射镜　5—谐波减速器　9—输入轴固定夹头　11—加载盘　12—加载块

将输入轴用夹头锁定在工件台上，用自准平行光管8和反射镜10来监视输入轴是否锁定。谐波传动装置用夹具固定在工件台上，用自准平行光管7和反射镜6来监视整个装置是否固定不动。用加载块12

对输出轴正向加载，由零逐次加至额定转矩，然后逐渐卸载至零。此后用同样方法反向加载。与此同时，用自准平行光管 3 和反射镜 4 测出输出轴相应的转角，得到一系列数据，由此绘出转角随转矩而变化的机械“磁滞”回线。

机械“磁滞”回线显示了在增加和减小载荷时，扭转柔度变化特性曲线不重合，且在加载初期和加载至额定转矩附近明显地为非线性。为此取同样转矩下的两个转角值的平均值作为该转矩作用下的转角值，以此转角随转矩的变化曲线代替在增加载荷和减小载荷时两条不重合曲线。通过回归分析，求出回归直线的斜率即为柔性系数，其倒数即为刚度系数。将回归直线外推，在顺时针转矩作用下的柔度特性回归直线与逆时针转矩作用下的柔度特性回归直线在纵坐标轴上不重合。两者在纵坐标轴上转角之差就是纯侧隙空程误差。刚度与空程测试图见图 9.4-11。

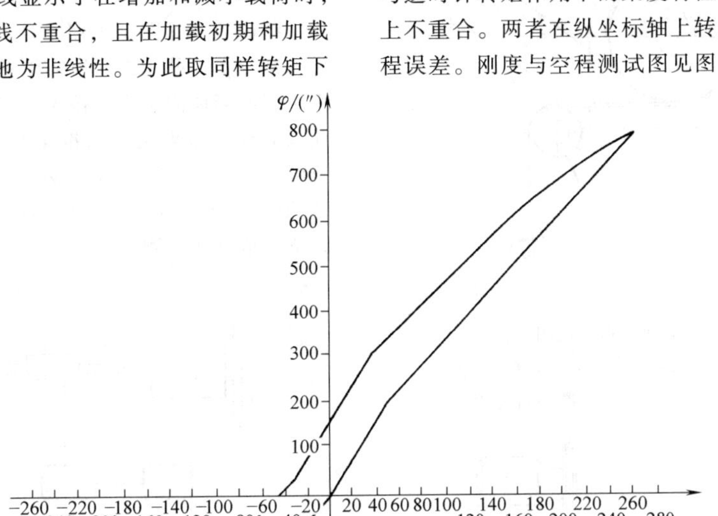

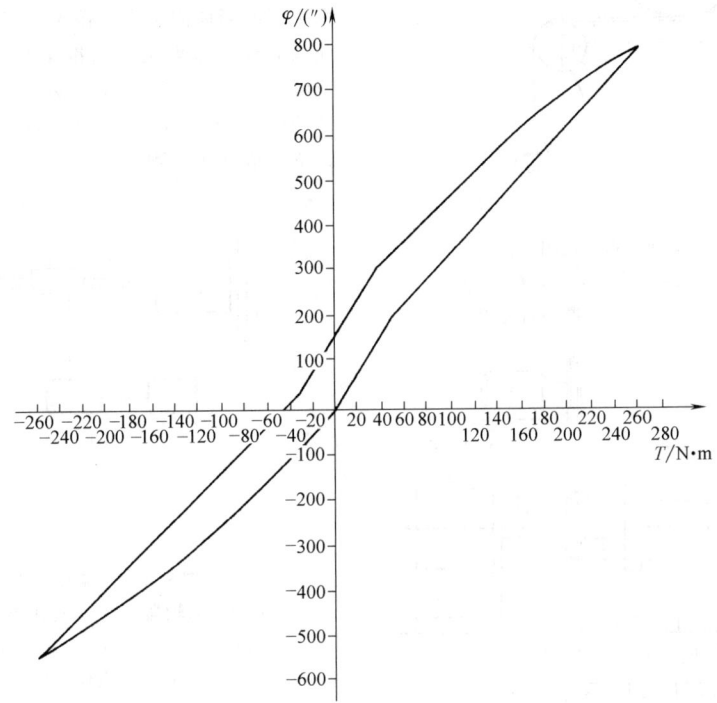

图 9.4-11　刚度与空程测试图

7.3　起动转矩测试

试验装置见图 9.4-12。

在两个加载盘上同时加入等量砝码，直至自准平行光管离开零位为止，并记录所加的砝码重量与圆盘的直径，两者乘积之半即是所测的起动转矩。

7.4　传动误差动态测试

测试装置见图 9.4-13。

测量时，驱动电动机通过带轮，带动减速器的输入轴。同时通过高精度弹性联轴器，带动高速档光栅角位移传感器。传感器将感受到的转角信号送入分频器，经分频后再送入相位计。另一低速档光栅角位移传感器，通过高精度联轴器与减速器的输出轴连接，感受到的输出轴的角位移信号，直接输入相位计。两路输入相位计的信号进行比较，相位差信号再输入笔式记录仪，并在纸带上记录传动误差曲线，读出最大误差值。

7.5　频率特性的测试

测试简图见图 9.4-14。

由振荡信号源以一定频率变化的信号供给永磁激磁直流电动机 2，电动机带动测速电动机 3，将机械振荡信号转换为电的信号（即输入信号），经滤波器 6 送到示波器 7A，记录其幅值和相位。直流电动机 2 转动的同时，通过谐波齿轮装置，带动其输出轴上的负载盘 4（用以模拟工作负载）和角速度传感器 5，由此转换成与谐波齿轮传动装置的输出角速度成正比的电信号，经滤波器 6 送到示波器 7A。输入与输出信号按顺序进入示波器 7A，测得其相应的幅值和相位。同时再把两信号一起送入示波器 7B，确定其相移。

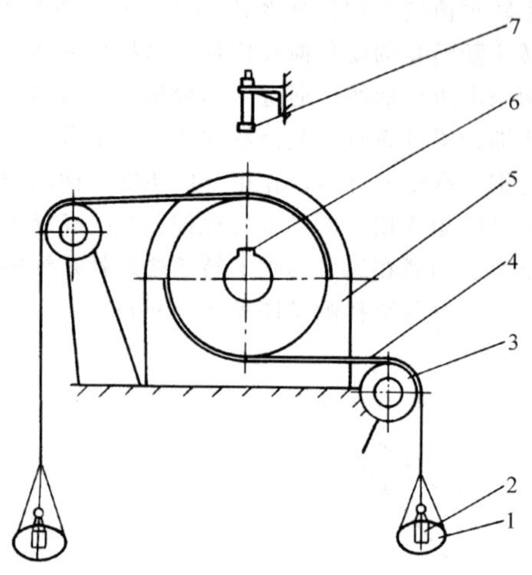

图 9.4-12 起动转矩测试图
1—加载盘 2—砝码 3—滑轮 4—绳子 5—谐波减速器 6—反射镜 7—自准平行光管

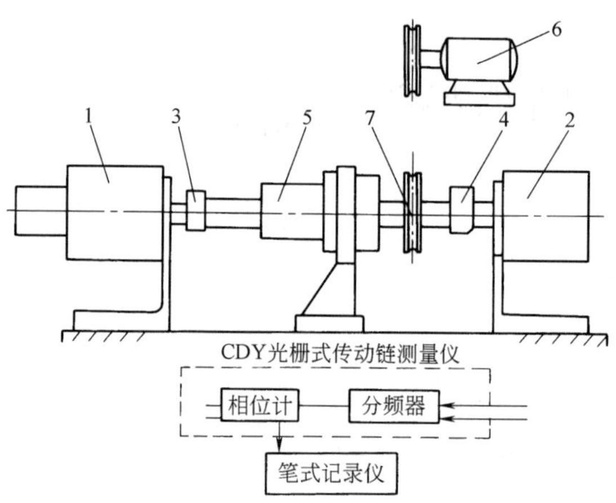

图 9.4-13 传动误差动态测试装置
1、2—传感器 3、4—弹性联轴器
5—谐波减速器 6—电动机 7—带轮

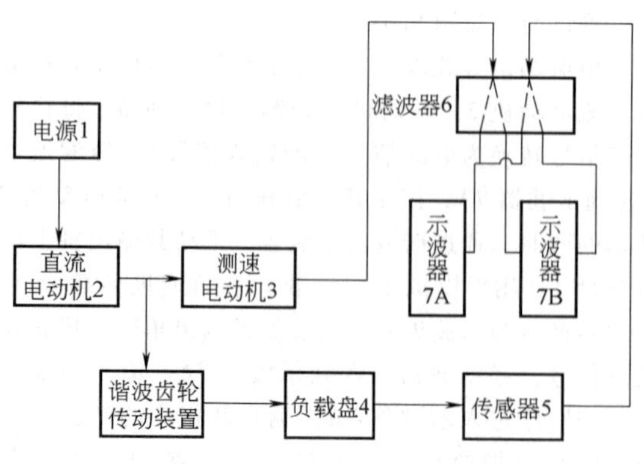

图 9.4-14 频率特性测试方块图

为了得到谐波齿轮传动装置的单独频率特性，必须从总的频率特性中扣除角速度传感器的频率特性。

幅值和相位是由放大器输出端预先规定的测量点实测值来标定。

7.6 柔轮应力测试

测试装置见图 9.4-15。

将应变片贴于柔轮所需测量应力的位置，连接导线从谐波箱体内引出，接于电阻应变仪。将发生器长轴（有标记可识别）对准柔轮上贴片位置（也有标记可辨认），仪器调零。保持空载，波发生器每转15°记录一次应变值，直至360°。然后反转一圈回到原位。重复3次测量。

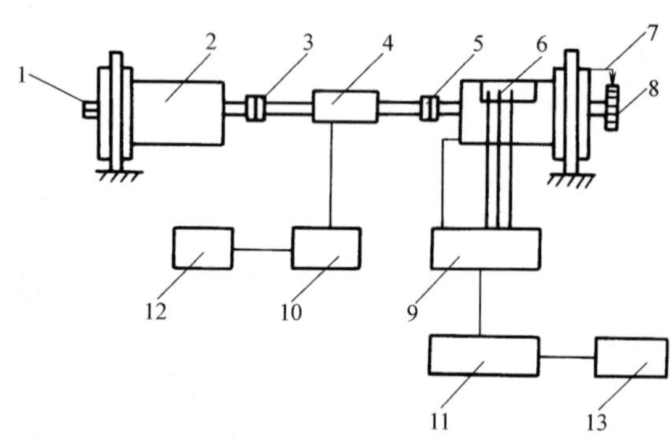

图 9.4-15 柔轮应力测试装置
1、3、5—联轴器 2—增速用谐波传动 4—传感器
6—被测柔轮 7—指针 8—刻度盘 9—平衡箱
10、11—应变仪 12、13—电源箱

加载测试柔轮应力的步骤如下：在所需测量点的刻度处，固定被测柔轮6的输入轴，然后转动增速用谐波减速器的输入轴进行加载。载荷靠传感器及与其相连的电阻应变仪控制。在各档载荷下，于各个分度处记下应变值，经换算后，即可绘成图表。

8 动力谐波传动工作过程中的跳齿问题

谐波传动的主要特征是弹性变形，且齿形较小，因此必须将变形量控制在设计要求的范围内，超出控制范围就会造成传动装置的失败。在动力传动中，弹性变形的控制更是至关重要，经常会出现跳齿现象，这也是众多谐波传动装置承载能力无法提高的关键因素。一旦跳齿现象产生，若不及时采取措施，传动装置很快就会损坏。

跳齿问题的实质是：刚轮、柔轮与发生器组成的系统中，在外载荷作用时，轮齿中产生径向啮合力。刚轮、柔轮与发生器三者互为支承，各自产生一定的变形量。当刚轮与柔轮之间的相对变形量超过轮齿高度后，在切向分力的作用下产生跳齿现象。当载荷较大时，剧烈的冲击将产生巨大的响声，并损坏轮齿。

控制变形的关键有 3 个：一个是控制载荷，不要因为谐波传动有较大的承载能力而无限制地超载；一个是加强支承；再一个是必须对有关结构进行刚度设计，避免过大的变形产生。由于问题的复杂性，要得到一些简单的、通用的计算公式是困难的，具体设计时可采用下面的一些方法与措施。

1）刚轮径向刚度不足是引起跳齿现象的关键因素，在大载荷条件下，径向刚度差的刚轮甚至会像柔轮一样发生变形，使承载能力大为下降。刚轮径向变形可参照弹性力中圆环的径向变形进行粗略估算。

2）发生器对柔轮的支承刚度也是影响跳齿现象的重要因素。试验证明：在使用双触头波发生器时，由于柔轮的支点仅两个，承载后柔轮变形很难控制，在较小负载时就产生跳齿现象。在使用四触头波发生器时，柔轮支承点为 4 个，且支承点与外载荷的作用点较为接近，因此承载能力有所提高。在使用薄壁轴承发生器时，对变形状态的控制有了进一步的提高，但由于轴承极限填充角的限制，承载能力也提高不多。有效的方法是采用特殊的工艺手段来增加轴承的滚球数，承载能力可得到较大的提高。在大载荷条件下，发生器形式可采用圆盘式波发生器，它对柔轮的变形有较好的控制，特别是加工方便，便于更改设计参数，使用的轴承也是标准轴承，因此工艺性较好。

3）在允许范围内增加波高也是解决跳齿现象的重要手段，当发生跳齿现象后，采用增加波高的方法，也是进行修复的重要手段，效果比较显著。

4）在设计、加工、安装过程中，还必须注意波发生器、柔轮及刚轮的同轴度，任何单边偏离都会引起跳齿现象。在采用圆盘式波发生器时，特别要注意偏心轴的对称性，不然会引起单边轮齿受载而发生跳齿。

5）在结构设计时，也可考虑适当增加抗弯环的厚度，以控制柔轮的变形量。此外，合理的齿侧间隙与齿顶修正在设计时也要加以控制。

9　通用谐波传动减速器的安装、连接及外形尺寸

XB1-通用谐波传动减速器的安装、连接及外形尺寸查表 9.4-19。

表 9.4-19　XB1-通用谐波传动减速器的安装、连接及外形尺寸

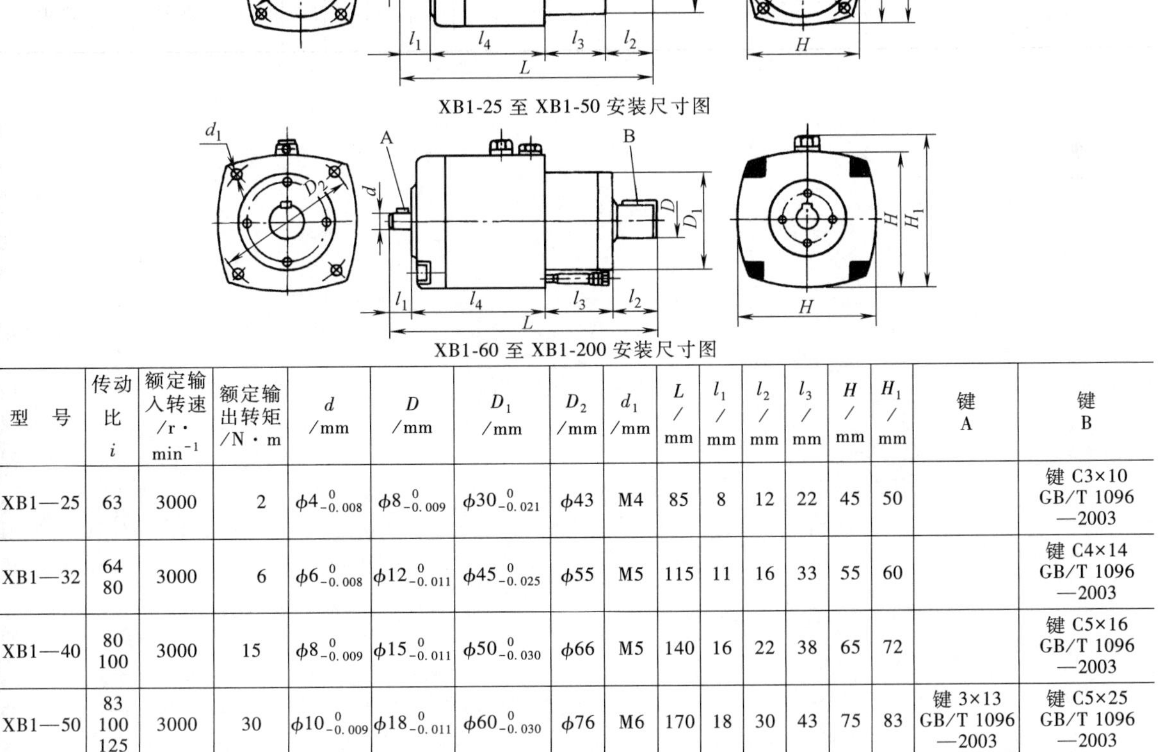

XB1-25 至 XB1-50 安装尺寸图

XB1-60 至 XB1-200 安装尺寸图

型　号	传动比 i	额定输入转速 /r·min^{-1}	额定输出转矩 /N·m	d /mm	D /mm	D_1 /mm	D_2 /mm	d_1 /mm	L /mm	l_1 /mm	l_2 /mm	l_3 /mm	H /mm	H_1 /mm	键 A	键 B
XB1—25	63	3000	2	$\phi4_{-0.008}^{0}$	$\phi8_{-0.009}^{0}$	$\phi30_{-0.021}^{0}$	$\phi43$	M4	85	8	12	22	45	50		键 C3×10 GB/T 1096—2003
XB1—32	64 80	3000	6	$\phi6_{-0.008}^{0}$	$\phi12_{-0.011}^{0}$	$\phi45_{-0.025}^{0}$	$\phi55$	M5	115	11	16	33	55	60		键 C4×14 GB/T 1096—2003
XB1—40	80 100	3000	15	$\phi8_{-0.009}^{0}$	$\phi15_{-0.011}^{0}$	$\phi50_{-0.030}^{0}$	$\phi66$	M5	140	16	22	38	65	72		键 C5×16 GB/T 1096—2003
XB1—50	83 100 125	3000	30	$\phi10_{-0.009}^{0}$	$\phi18_{-0.011}^{0}$	$\phi60_{-0.030}^{0}$	$\phi76$	M6	170	18	30	43	75	83	键 3×13 GB/T 1096—2003	键 C5×25 GB/T 1096—2003

（续）

型 号	传动比 i	额定输入转速 /r·min^{-1}	额定输出转矩 /N·m	d /mm	D /mm	D_1 /mm	D_2 /mm	d_1 /mm	L /mm	l_1 /mm	l_2 /mm	l_3 /mm	H /mm	H_1 /mm	键 A	键 B
XB1—60	100 120 150	3000	50	$\phi14_{-0.011}^{0}$	$\phi22_{-0.013}^{0}$	$\phi68_{-0.030}^{0}$	$\phi100$	M6	210	18	35	43	90	101	键 5×14 GB/T 1096—2003	键 C6×32 GB/T 1096—2003
XB1—80	80 100 135	3000	120	$\phi14_{-0.011}^{0}$	$\phi30_{-0.016}^{0}$	$\phi85_{-0.035}^{0}$	$\phi130$	M10	245	20	43	60	120	132	键 5×16 GB/T 1096—2003	键 C8×40 GB/T 1096—2003
XB1—100	83 100 125 165	3000	240	$\phi16_{-0.011}^{0}$	$\phi35_{-0.016}^{0}$	$\phi100_{-0.035}^{0}$	$\phi155$	M12	300	24	55	70	140	155	键 5×20 GB/T 1096—2003	键 C10×50 GB/T 1096—2003
XB1—120	100 120 200	3000	450	$\phi18_{-0.011}^{0}$	$\phi45_{-0.016}^{0}$	$\phi120_{-0.040}^{0}$	$\phi195$	M14	350	30	68	67	180	220	键 6×28 GB/T 1096—2003	键 C14×62 GB/T 1096—2003
XB1—160	80 100 160 200 320	1500	1000	$\phi24_{-0.013}^{0}$	$\phi60_{-0.019}^{0}$	$\phi140_{-0.040}^{0}$	$\phi245$	M20	440	38	88	77	230	265	键 8×32 GB/T 1096—2003	键 C18×80 GB/T 1096—2003
XB1—200	100 125 200 250	1500	2000	$\phi30_{-0.016}^{0}$	$\phi80_{-0.022}^{0}$	$\phi180_{-0.040}^{0}$	$\phi300$	M24	540	48	108	115	280	320	键 14×40 GB/T 1096—2003	键 C22×100 GB/T 1096—2003

第 5 章　多点啮合柔性传动装置

1　概述

1.1　特征和类型

根据冶金矿山等重型机械传动装置存在的问题，针对其低速重载大传动比等主要特点，逐步发展并采用了多点啮合柔性传动技术及其装置。其工作原理为：它的低速级大齿轮不是由一个而是由多个主动件同时驱动，即多点啮合；它的全部传动装置或部分低速级传动装置悬挂安装于主轴，即悬挂安装；它的低速级的壳体通过各种弹性减振件后再和地基固定，即柔性支承。所以，多点啮合柔性传动的特点就是：多点啮合、悬挂安装和柔性支承。它们又分别具有下列各种形式：

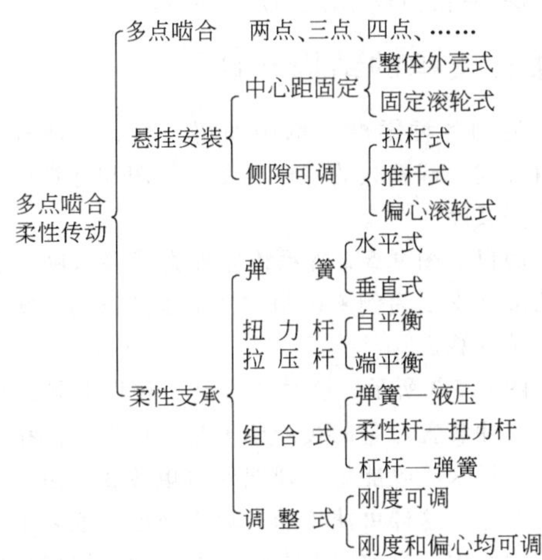

根据使用情况的差异选用不同的啮合点数、悬挂安装方式和柔性支承种类进行组合，可以构成许多种不同性能和结构的多点啮合柔性传动装置。其类型主要根据悬挂方式来划分，同一种形式可以有不同的啮合点数和各种柔性支承。主要形式有拉杆式（B.F.T. 型）、固定滚轮式（B.F. 型）、推杆式（B.F.P. 型）、偏心滚轮式（T.S.P. 型）和整体外壳式等。

1.2　优越性

1）传动性能好。多点柔性传动采用半悬挂式或全悬挂式结构，大小齿轮轴线始终保持平行。不论主轴如何变形或安装调整使主轴轴线发生倾斜，均能保证齿轮啮合良好。采用柔性支承，驱动时，反转矩同时作用到柔性缓冲装置上使柔性件产生变形，吸收动能，当等于驱动转矩的反转矩大于静阻力矩时，主轴才开始旋转。制动时，转矩也逐渐变化，因此减少了动载荷和冲击，使传动平稳。

2）结构尺寸小。多点啮合的点数一般为 2~4 点，最多可达 12 点以上，这样，充分发挥了大齿轮的作用，使单齿作用力减少到原来的$\frac{1}{12}$~$\frac{1}{2}$。以 8 点啮合为例，中心距可减少近一半，重量可减轻$\frac{3}{4}$，电动机功率也相应减少，有利于设备向大型发展。

3）运转安全可靠。因多点啮合柔性传动采用两套以上传动装置，故其中有一套损坏时，尚可维持操作，这样可保证设备的连续运转，这对不能中途停车的连续生产设备是很重要的。此外，柔性缓冲装置减少了对零部件的动载和冲击，减少了断轴和螺栓剪断等事故。如在柔性缓冲装置上设置各种机械或电器的过载保护措施或发出信号，可以保护主要零部件免受损坏。

4）制造和使用方便。由于设备尺寸减小，重量减轻，给制造和使用带来了方便。有些传动还可以用偏心或拉杆调整末级齿轮中心距，这样，可以降低齿轮所需的加工精度，消除因齿厚不合格而产生的废品，安装或使用时还可根据需要调整任意要求的侧隙。大部分多点啮合柔性传动可设计成整套的，损坏时可整套拆换。

5）基础简单、安装方便。由于采用悬挂安装，地基上仅有柔性支承的基础或高速级的传动装置，而没有大转矩的承力构件，基础不但受力小且很简单；此外，大部分部件是成套安装，并不需要定位找正操作，安装十分方便，且基建费用降低。

6）其他。易于实现通用化、系列化和标准化，可适用于旧设备改造提高传动转矩而要求主轴直径不变的场合；主轴无集中载荷后改善了主轴和其轴承的工作条件；对原要求主轴全力矩设计的，改为正负力矩设计仍能确保安全运行时，可成倍降低传动转矩从而达到节能目的。

1.3　应用范围

由于多点啮合柔性传动具有比普通传动明显的优

越性。目前多点啮合柔性传动装置用于大型烧结机、破碎机、矿井提升机、水泥磨机、氧气转炉 、回转窑、球磨机、棒磨机、斗轮挖掘机、混铁水车、搅拌机、港口起重机、雷达、制糖和造纸机等许多设备上。在水泥磨机上，电动机的功率已达到 10^4kW；在低速传动装置上，主轴传递的转矩可达 10^7N · m，速比可达 10^3。世界上运转的氧气转炉都已采用这种传动作为倾动装置。

2 主要结构型式与受力分析

常用的杆式（B. F. T.）、整体外壳式、固定滚轮式（B. F.）、推杆式（B. F. P.）和偏心滚轮式（T. S. P.）的结构、性能、特点及受力分析等可参看参考文献［40］~［42］。

当全部传动装置，包括原动机都是悬挂安装于主轴者，称为全悬挂系；若仅低速级和部分传动装置悬挂安装于主轴，而原动机或部分高速级传动装置仍安装于地基上者称为半悬挂系。

下面分别介绍在实际使用中较成功的偏心滚轮式和整体外壳式多点啮合柔性传动的结构。

图 9. 5-1 所示为偏心滚轮式（T. S. P.），它应用于大型氧气转炉倾动装置等，属于半悬挂的形式。4个电动机通过非悬挂的初级减速器和悬挂小车上的减速器，驱动主轴上的大齿轮。两个小车，通过连接销后，再通过直杆和扭力杆相连。

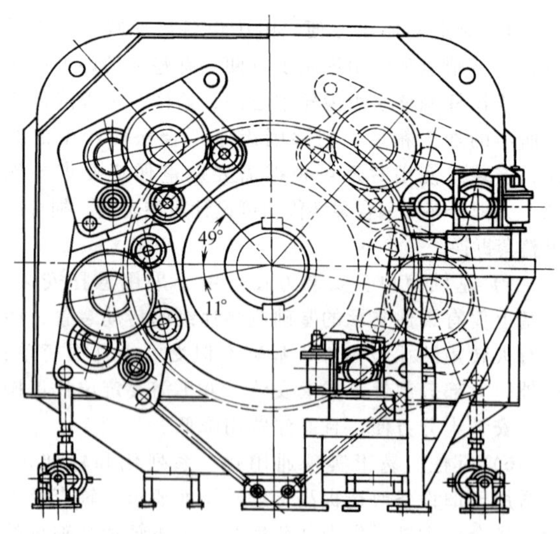

图 9. 5-1 我国设计的 8t 氧气转炉传动试验装置

小车的滚轮，在齿轮内缘滚道上滚动定位，用偏心调整限制传动最大侧隙，在低速级大小齿轮间也有凸缘用以保持传动的最小侧隙。

图 9. 5-2 所示为整体外壳式，它是我国宝钢 300t 大型转炉倾动机构简图。它属于全悬挂四点啮合的配置形式。悬挂减速器 1 悬挂在转炉耳轴外伸端上，与末级大齿轮同时啮合的 4 个小齿轮轴端的初级减速器 2、制动器 6 和直流电动机 7 连接。初级减速器 2 通过箱体上的法兰用螺钉固定在悬挂减速器箱体上。制动器和电动机则支承在悬箱体撑出的支架上。这样整套传动机构均通过悬挂减速器箱体悬挂在转炉的耳轴上。为了防止悬挂在耳轴上的传动机构绕耳轴旋转，悬挂减速器箱体通过与之铰接的两根立杆及曲柄与水平扭力杆柔性抗扭缓冲装置连接。当缓冲装置过载时，可将悬挂减速器箱体直接支承在地基或制动装置 3 上，这样可避免翻倒或逆转等事故，增加传动装置的安全可靠性。其 4 点的负荷均衡由电动机特性及电器控制系统解决。

这种结构的力分析比较简单，直杆对扭力杆的作用力为

$$F = \frac{T}{L} \tag{9.5-1}$$

式中 T——主轴输出总转矩（N · mm）；

L——扭力杆作用长度（mm）。

3 柔性支承的结构和计算

常见的各种柔性支承例如扭力杆、拉压杆、弹簧、组合式、调整式的结构、受力简图和计算公式可参阅有关文献。

下面仍以图 9. 5-2 所示整体外壳式多点啮合柔性传动的柔性支承为例来说明柔性支承的结构、缓冲原理与有关计算。

如图 9. 5-3 所示，这种装置是一种性能较好的柔性抗扭缓冲装置。它的缓冲原理是利用细长的扭转杆的弹性变形来吸收能量。即把外力矩转变为扭力杆的扭转内力矩。这样可使传动力矩逐渐增加或减少，从而起缓冲作用。目前很多大转炉的倾动机构均采用水平扭力杆的抗扭缓冲装置。悬挂减速器两侧分别与两根立杆铰接，立杆的另一端与曲柄铰接。而曲柄用键装在水平扭力杆上，扭力杆通过轴承支承在基础的支座上。倾动机构工作时，传动装置两侧的立杆一个向下压，一个向上拉，使水平扭力杆承受转矩。这种结构的显著优点是，通过水平扭力杆、两个立杆，加在倾动机构的悬挂减速器上的是个力偶矩来防止其转动，因而不会在耳轴上造成附加载荷。此外，立杆两端均用铰链连接，当耳轴产生挠曲变形时，悬挂减速器箱体，可作相应的空间位移，而不影响齿轮副的正确啮合。

这种扭力杆抗扭装置主要是靠扭力杆的扭转弹性起缓冲作用，故扭力杆断面尺寸，是一个关键性的设

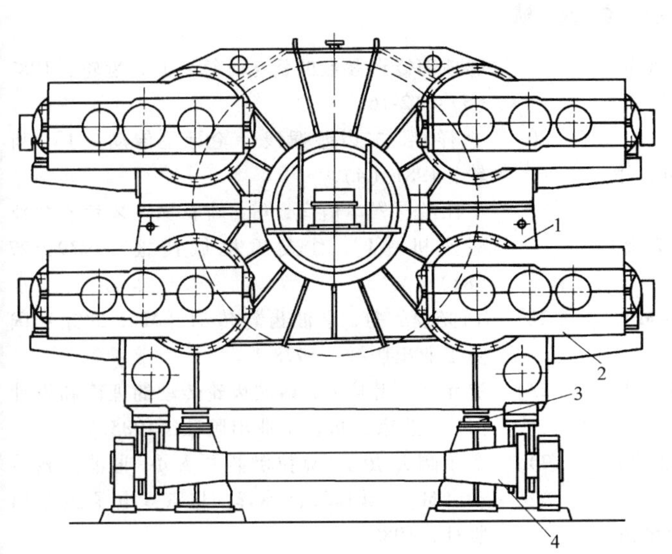

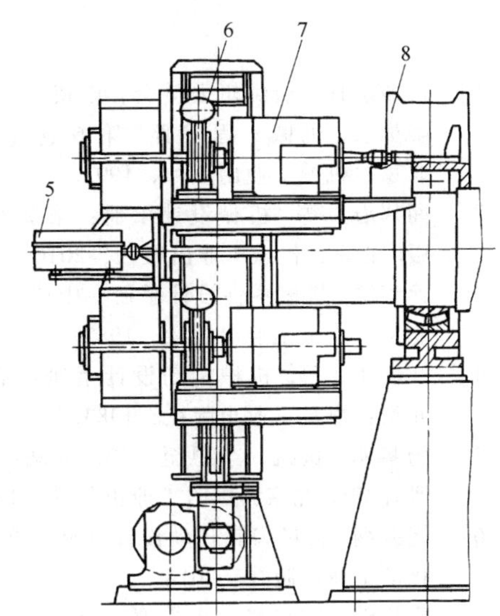

图 9.5-2　宝钢 300t 转炉倾动机构示意图

1—悬挂减速器　2—初级减速器　3—紧急制动器装置　4—扭力杆装置　5—极限开关　6—电磁制动器　7—直流电动机　8—耳轴轴承

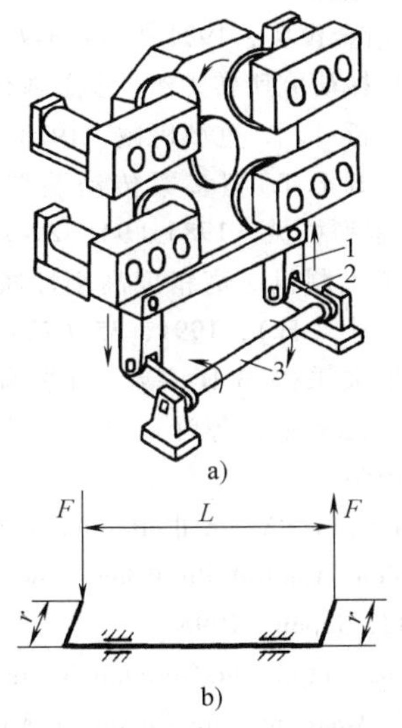

图 9.5-3　水平扭力杆抗扭缓冲装置示意图

a）装置示意图　b）受力简图

1—立杆　2—曲柄　3—水平扭力杆

计参数，如果设计得当，其工作情况较弹簧缓冲器好。

扭力杆的直径

$$d \geqslant \sqrt[3]{\frac{16Fr}{\pi[\tau]}} \qquad (9.5\text{-}2)$$

式中　F——作用于扭力杆的力（N），按式（9.5-1）计算；

r——扭力杆作用力的偏距（mm）；

$[\tau]$——扭力杆的许用切应力（MPa）。

4　多电动机驱动时的均载方法

1）原动机采用异步电动机时依靠电动机固有的转差特性——载荷大时转速下降，载荷小时转速上升的规律，使同一传动装置中的每台电动机自动保持功率的平等，宏观地维持各点的均载。

2）传动装置中采用直流电动机时，在电器控制系统的设计中，要求每台电动机的电流值维持在一定范围内，从而保证各点的均载。

3）大功率（100kW 以上）传动装置采用同步电机，有很高的技术经济效益。此时，在传动装置中，可设置液体黏滞型载荷分配离合器，用改变摩擦片间的夹紧力，来控制相对滑动，转速和电动机负载变化的反应时间 $<10^{-3}$s，各点载荷差可小于 3%。

参 考 文 献

[1] 机械工程手册编辑委员会，电机工程手册编辑委员会. 机械工程手册：第6卷［M］. 2版. 北京：机械工业出版社，1997.

[2] 闻邦春，等. 机械设计手册：第2卷［M］. 5版. 北京：机械工业出版社，2010.

[3] 蔡春源. 机械零件设计手册：中册［M］. 2版. 北京：冶金工业出版社，1982.

[4] 江耕华，等. 机械传动设计手册：下册［M］. 北京：煤炭工业出版社，1983.

[5] 杨黎明，黄凯，李恩至，等. 机械零件设计手册［M］. 北京：国防工业出版社，1986.

[6] 饶振纲. 行星齿轮传动设计［M］. 2版. 北京：化学工业出版社，2014.

[7] 马从谦，陈自修，张文照，等. 渐开线行星齿轮传动设计［M］. 北京：机械工业出版社，1987.

[8] 张少名. 行星传动［M］. 西安：陕西科学技术出版社，1988.

[9] 张少名. 行星传动中浮动均载机构的分析与计算［J］. 汽车与公路，1980（2）.

[10] 张少名. 构件调位法实现行星齿轮均载的研究［J］. 齿轮，1981（4）.

[11] 张文照. 确定少齿差内齿轮副变位系数的切法线［J］. 上海化工学院学报，1979（1，2）.

[12] 张文照，黄德成，王光华. 渐开线少齿差内齿轮副啮合角最小值的研究［J］. 华东化工学院学报，1982（2）：88-97.

[13] 郭克强. 渐开线变位齿轮传动［M］. 北京：高等教育出版社，1985.

[14] 王增华，李力行，匡振华，等. BW180摆线针轮行星减速器摆线轮轮齿受力的光弹性分析［J］. 东北工学院学报，1979（3）.

[15] 李力行，洪淳赫. 摆线针轮行星传动中，通用的摆线轮齿形方程式［J］. 齿轮，1980（2）：26-27.

[16] 李力行，薛嘉庆. 对摆线针轮行星减速器摆线轮齿形修正方式的分析方法［J］. 东北工学院学报，1981（1）.

[17] 李力行. 摆线针轮行星传动的齿形修正及受力分析［J］. 机械工程学报，1986（1）.

[18] 李力行，关天民，王子孚. 大型摆线针轮行星传动的合理结构和齿形［J］. 机械工程学报，1988（3）：28-34.

[19] 马英驹. 二齿差摆线针轮行星传动中摆线轮齿廓顶部修形参数的优化计算［J］. 齿轮，1987（5）：12-16.

[20] 魏祥稚. 二齿差摆线针轮行星传动［J］. 齿轮，1981（4）.

[21] 丰住滋、岩本信彦，等. 新シソーズサイケロ减速机［J］. 住友重机械技报，1979，27（81）.

[22] 司光晨，等. 谐波齿轮传动［M］. 北京：国防工业出版社，1978.

[23] 沈允文，叶庆泰. 谐波齿轮传动的理论和设计［M］. 北京：机械工业出版社，1985.

[24] 沃尔阔夫 Д п，克拉伊聂夫 A Φ. 谐波齿轮传动［M］. 项其权，等译. 北京：电子工业出版社，1985.

[25] 沢田幸夫. ハーモニシクトライワ减速机の机构と应用［J］. 东京：机械设计，1978（5）.

[26] 袁盛治、丁肇棣. 复波谐波齿轮传动效率的计算和验证［J］. 东北重型机械学院学报，1981.

[27] 方正. 冶金（矿山）机械传动的发展方向［J］. 冶金设备，1981（3）：5-9.

[28] 重型机械研究所转炉组. 多点啮合柔性传动静力学分析［J］. 重型机械，1978（3）.

[29] 方正. B. F. T. 型多柔传动装置的理论分析［J］. 重型机械，1985（9）：29-33.

[30] 日本帝人制机. 高精度高刚性减速机［J］. 机械设计（日），1991，35（7）：53.

[31] 库德里夫采夫 B H，等. 行星齿轮传动手册［M］. 陈启松，等译. 北京：冶金工业出版社，1986.

[32] Teijin Seiki. RV—AⅡ Reduction Gear for High Precision Control. Published by Teijin Seiki Co. Ltd，Japan，1996.

[33] Li lixing，et al. The Optimum Tooth Profile on the Cycloid Gear and the Computer Aided Design of Cycloid Drive［C］// NINTH WORLD CONGRESS ON THE THEORY OF MACHINES AND MECHANISMS，Milan，1995，1：355-359.

[34] 万朝燕，李力行. 摆线针轮行星传动的参数优化［J］. 大连铁道学院学报，1992（3）：42-47.

[35] 曾我悟. 减速装置の技术. 制品开发の动向と设计. 选定のポイソト［J］. 机械设计.

1988, 32 (7): 9-27.

[36] 松本和幸．ロボット用ロータベケタ（RV）減速机の开发［J］. 油压技术（日）, 1986.

[37] 徐卫良，张启先．用微小位移合成法作平面连杆机构运动误差分析［J］．机械设计，1987 (5): 38-46.

[38] 杨廷栋．渐开线齿轮行星传动［M］．成都：成都科技大学出版社，1986.

[39] 吴序堂．齿轮啮合原理［M］．北京：机械工业出版社，1982.

[40] 李特文 Φ Л. 齿轮啮合原理［M］. 上海：上海科学技术出版社，1984.

[41] 朱孝录，鄂中凯，等．齿轮承载能力分析［M］．北京：高等教育出版社，1992.

[42] 戴曙编．机床滚动轴承应用手册［M］．北京：机械工业出版社．1993.

[43] 张光辉．三环减速器内齿环板应力分析[J]．机械工程学报，1994, 30 (2): 58-63.

[44] Li Lixing, He Weidong, Li Xin. Study on double crank ring—plate—type cycloid drive［C］// TENTH WORLD CONGRESS ON THE THEORY OF MACHINES AND MECHANISMS, Finland, 1999 (6): 2380-2385.

[45] 何卫东，李欣，李力行. 机器人用高精度 RV 传动中摆线轮修形对回差影响的研究［J］. 机械传动，1999 (1): 24-25.

[46] 何卫东，李力行，李欣. 机器人用高精度 RV 减速器中摆线轮的优化新齿形［J］. 机械工程学报，2000, 36 (3): 51-55.

[47] 李力行，何卫东，王秀琦，等. 机器人用高精度 RV 传动的研究［J］. 大连铁道学院学报，1999, 10 (2): 1001-1002.

[48] 徐永贤，郝宁，李力行. RV 传动的弹性误差分析［J］. 大连铁道学院学报，1999 (2): 12-17.

[49] 吴永宽，郑剑云，陈天旗，等. 机器人用高精度 RV 减速器几何回差分析［J］. 大连铁道学院学报，1999 (2): 24-27.

[50] 何卫东，李力行，李军. 机器人用 RV 传动中摆线轮受力分析［J］. 大连铁道学院学报，1999 (2): 49-53.

[51] 何卫东，李力行，王秀琦，等. RV 减速器样机研制及试验研究［J］. 大连铁道学院学报，1999 (2): 59-64.

[52] 徐永贤，何卫东，王洪，等. RV 传动刚度计算方法［J］. 大连铁道学院学报，1999 (2): 18-23.

[53] 何卫东，李欣，李力行. 双曲柄环板式针摆行星传动的研究［J］. 机械工程学报，2000, 36 (5): 84-88.

[54] Li Xin, He Weidong, Li Lixing. Efficiency analysis of double crank ring-plate-type pin-cycloidal gear planetary drive［J］. Chinese Journl of Mechanical engineering, 2003, 16 (3): 252-255.

[55] 《现代机械传动手册》编辑委员会. 现代机械传动手册［M］. 2 版. 北京：机械工业出版社，2002.

[56] 中国机械工程学会，中国机械设计大典编委会. 中国机械设计大典：第 4 卷［M］. 南昌：江西科学技术出版社，2002.

[57] 齿轮手册编委会. 齿轮手册：上册［M］. 2 版. 北京：机械工业出版社，2007.

[58] 齿轮手册编委会. 齿轮手册：下册［M］. 2 版. 北京：机械工业出版社，2007.

[59] 机械设计手册联合编写组. 机械设计手册：中册［M］. 2 版. 北京：化学工业出版社，1982.

[60] 何卫东，李欣，李力行. 双曲柄环板式针摆行星传动的研究［J］. 机械工程学报，2000, 36 (5): 84-88.

[61] 何卫东，李欣，李力行. 高承载能力高传动效率双曲柄环板式针摆行星传动的研究［J］. 中国机械工程，2005, 16 (7): 565-569.

[62] Li Xin, He Weidong, Li Lixing, et al. A new cycloid drive with high capacity and high efficiency［J］. ASME Journal of Mechanical Design, 2004, 126 (3): 683-686.

[63] Li Xin, He Weidong, Linda C Schmidt, et al. Efficiency analysis of double crankring-plate-type Pin-cycloidal gear Planetary drive［J］. Chinese Journal of Mechanical Engineering, 2003, 16 (3): 252-255.

[64] Li Xin, Linda C Schmidt. Grammar-based designer assistance tool for epicyclic gear trains［J］. ASME Journal of Mechanical Design, 2004, 126 (3): 895-901.

[65] 黄文振. 三环减速器振动问题研究［J］, 机械工程学报，1994, 30 (2): 64-68.

[66] 刘伟强，张启先，雷天觉. SH 三环减速器载荷均衡的研究［J］. 机械工程学报，1995, 31 (4): 1-5.

[67] 刘伟强，张启先，雷天觉. SH 型三环减速器

采用固体润滑初探. 机械工程学报, 1995, 31 (3): 39-43.

[68] KAHRAMAN A. Planetary gear train dynamics [J]. ASME Journal of Mechanical Design, 1994, 116 (3): 713-720.

[69] He Weidong, Li Lixing, Li Xin. Test research on two motors driven double crank ring-plate-type Pin-cycloid-gear Planetary drive [C] //12th IFToMM World Congress, Besancon, 2007: 375-381.

[70] 蔡春源, 等. 机械零件设计手册: 上册 [M]. 3版. 北京: 冶金工业出版社, 1995.

[71] 渐开线齿轮行星传动的设计与制造编委会. 渐开线行星传动的设计与制造 [M]. 北京: 机械工业出版社, 2002.

[72] 张展. 渐开线少齿差行星齿轮传动装置 [M]. 北京: 机械工业出版社, 2013.

[73] 饶振纲. 微型行星齿轮传动设计 [M]. 北京: 国防工业出版社, 2013.

[74] 何卫东, 李欣, 李力行, 等. 双曲柄环板式针摆行星传动降低振动与噪声的优化设计与试验 [J]. 机械工程学报, 2010 (23): 53-60.

[75] 何卫东, 李欣, 李力行. 三齿轮联动双曲柄双环板式针摆行星传动受力分析 [J]. 大连铁道学院学报, 2005 (1): 20-25.

[76] 何卫东, 李欣, 李力行. 双电机驱动双曲柄四环板式针摆行星传动研究 [J]. 大连铁道学院学报, 2005, 26 (1): 5-10.

[77] 李力行, 何卫东, 王秀琦, 等. 双曲柄环板式针摆行星传动的试验研究 [J]. 大连铁道学院学报, 2005 (1): 1-4.

[78] 何卫东, 卢琦, 鲍君华. 1.5MW 风电机组变桨距用针摆行星减速器结构设计与传动效率研究 [J]. 机械传动, 2012 (7): 1-6.

[79] 何卫东, 吴鑫辉, 卢琦. 变桨距用减速器多体动力学仿真分析 [J]. 机械传动, 2014 (3): 120-124.

[80] 鲍君华, 何卫东. 三齿轮联动双曲柄四环板式针摆行星传动的动力学研究 [J]. 制造技术与机床, 2011 (10): 152-156.

[81] 何卫东, 郭洪亮, 李永华. 大功率风电机用变桨距减速器的故障树分析 [J]. 大连交通大学学报, 2011, 32 (6): 53-57.

[82] 单丽君, 何卫东, 关天民. 环板式针摆行星传动非线性动态啮合特性分析 [J]. 机械设计, 2008, 25 (3): 46-48.

第 10 篇　减速器和变速器

主　编　程乃士
编写人　程乃士　刘　温
　　　　石晓辉　程　越
审稿人　鄂中凯　巩云鹏

第 5 版
减速器和变速器

主　编　程乃士
编写人　程乃士　刘　温　石晓辉

第1章　一般减速器设计资料

1　常用减速器的形式和应用

减速器是原动机和工作机之间的、独立的闭式传动装置，用来降低转速和增大转矩，以满足工作需要。在某些场合也用来增速，称为增速器。

减速器的种类很多，按照传动类型可分为齿轮减速器、蜗杆减速器和行星减速器，以及它们互相组合而形成的减速器；按照传动的级数可分为一级和多级减速器；按照齿轮形状可分为圆柱齿轮减速器、圆锥齿轮减速器和圆锥-圆柱齿轮减速器；按照传动的布置形式又可分为展开式、分流式和同轴式减速器。常用的减速器的形式及其特点和应用见表10.1-1。

表10.1-1　常用减速器的形式及其特点和应用

名　称		运动简图	推荐传动比	特点和应用
一级圆柱齿轮减速器		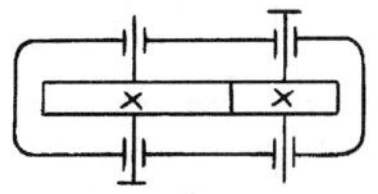	$i\leqslant 8\sim 10$	轮齿可做成直齿、斜齿和人字齿。直齿用于速度较低（$v\leqslant 8\text{m/s}$）、载荷较轻的传动，斜齿轮用于速度较高的传动，人字齿轮用于载荷较大的传动中。箱体通常用铸铁制成，一件或小批生产有时采用焊接结构。轴承一般采用滚动轴承，重载或特别高速时采用滑动轴承。其他形式的减速器与此类同
二级圆柱齿轮减速器	展开式	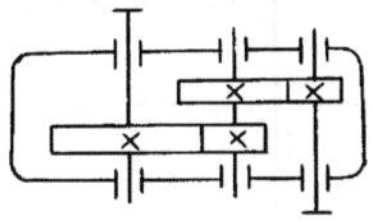	$i=i_1i_2$ $i=8\sim 60$	结构简单，但齿轮相对于轴承的位置不对称，因此要求轴有较大的刚度。高速级齿轮布置在远离转矩输入端，这样，轴在转矩作用下产生的扭转变形和轴在弯矩作用下产生的弯曲变形可部分地互相抵消，以减缓沿齿宽载荷分布不均匀的现象。用于载荷比较平稳的场合。高速级一般做成斜齿，低速级可做成直齿
	分流式	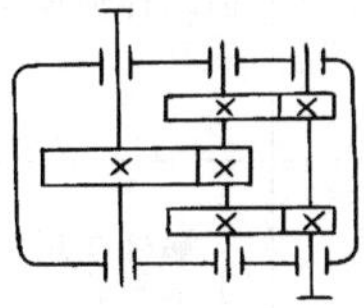	$i=i_1i_2$ $i=8\sim 60$	结构复杂，但由于齿轮相对于轴承对称布置，与展开式相比载荷沿齿宽分布均匀、轴承受载较均匀。中间轴危险截面上的转矩只相当于轴所传递转矩的一半。适用于变载荷的场合。高速级一般用斜齿，低速级可用直齿或人字齿
	同轴式	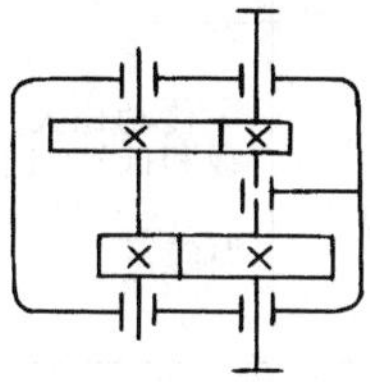	$i=i_1i_2$ $i=8\sim 60$	减速器横向尺寸较小，两对齿轮浸入油中深度大致相同。但轴向尺寸和质量较大，且中间轴较长、刚度差，使沿齿宽载荷分布不均匀。高速轴的承载能力难于充分利用
二级圆柱齿轮减速器	同轴分流式	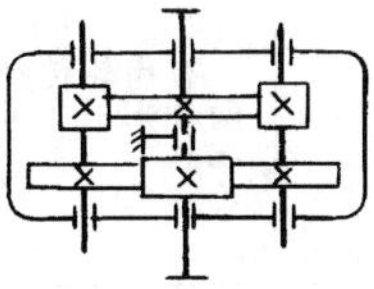	$i=i_1i_2$ $i=8\sim 60$	每对啮合齿轮仅传递全部载荷的一半，输入轴和输出轴只承受转矩，中间轴只受全部载荷的一半，故与传递同样功率的其他减速器相比，轴颈尺寸可以缩小
三级圆柱齿轮减速器	展开式	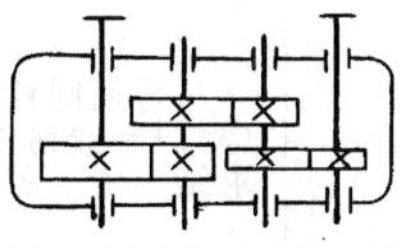	$i=i_1i_2i_3$ $i=40\sim 400$	同二级展开式
	分流式	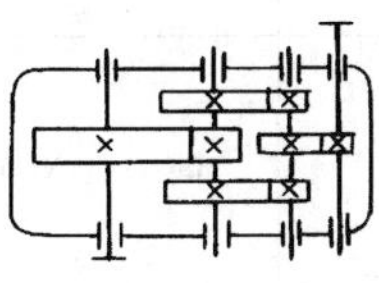	$i=i_1i_2i_3$ $i=40\sim 400$	同二级分流式

（续）

名　称		运动简图	推荐传动比	特点及应用
一级圆锥齿轮减速器		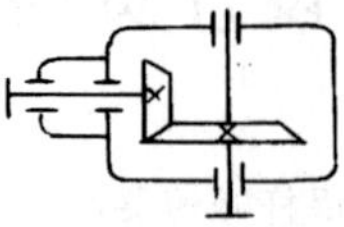	$i=8\sim10$	轮齿可做成直齿、斜齿或曲线齿。用于两轴垂直相交的传动中，也可用于两轴垂直相错的传动中。由于制造安装复杂、成本高，所以仅在传动布置需要时才采用
二级圆锥-圆柱齿轮减速器		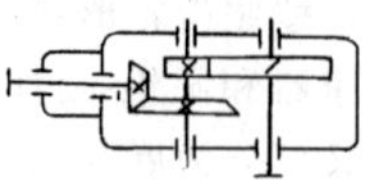	$i=i_1i_2$ 直齿圆锥齿轮 $i=8\sim22$ 斜齿或曲线齿锥齿轮 $i=8\sim40$	特点同一级圆锥齿轮减速器，圆锥齿轮应在高速级，以使圆锥齿轮尺寸不致太大，否则加工困难
三级圆锥-圆柱齿轮减速器		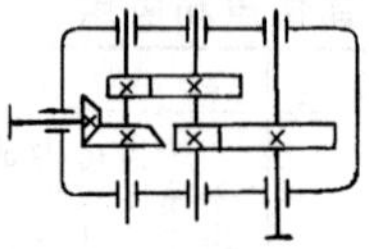	$i=i_1i_2i_3$ $i=25\sim75$	同二级圆锥-圆柱齿轮减速器
一级蜗杆减速器	蜗杆下置式	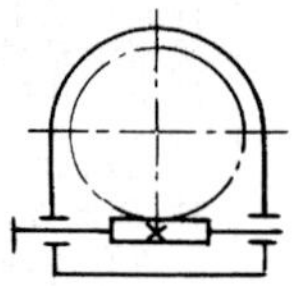	$i=10\sim80$	蜗杆在蜗轮下方啮合处的冷却和润滑都较好，蜗杆轴承润滑也方便，但当蜗杆圆周速度高时，搅油损失大，一般用于蜗杆圆周速度 $v<10\text{m/s}$ 的场合
	蜗杆上置式	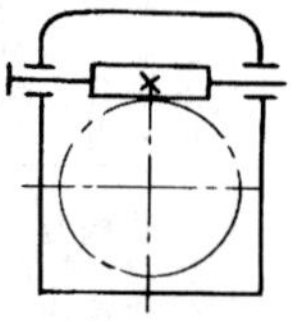	$i=10\sim80$	蜗杆在蜗轮上方，蜗杆的圆周速度可高些，但蜗杆轴承润滑不太方便
	蜗杆侧置式	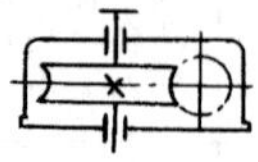	$i=10\sim80$	蜗杆在蜗轮侧面，蜗轮轴垂直布置，一般用于水平旋转机构的传动
二级蜗杆减速器		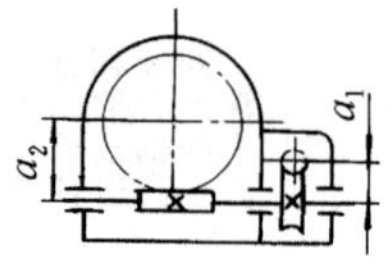	$i=i_1i_2$ $i=43\sim3600$	传动比大，结构紧凑，但效率低，为使高速级和低速级传动浸油深度大致相等，可取 $a_1\approx\frac{a_2}{2}$
二级齿轮-蜗杆减速器		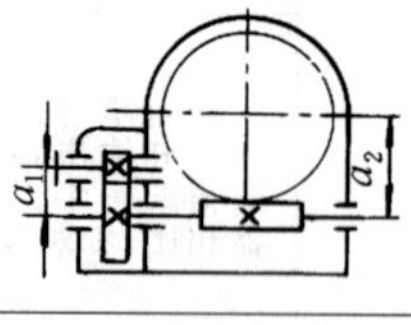	$i=i_1i_2$ $i=15\sim480$	有齿轮传动在高速级和蜗杆传动在高速级两种形式。前者结构紧凑，而后者传动效率高
行星齿轮减速器	一级 NGW	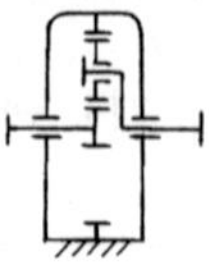	$i=2.8\sim12.5$	与普通圆柱齿轮减速器相比，尺寸小，重量轻，但制造精度要求较高，结构较复杂，在要求结构紧凑的动力传动中应用广泛
	二级 NGW	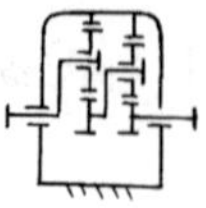	$i=i_1i_2$ $i=14\sim160$	同一级 NGW 型

（续）

名　称		运动简图	推荐传动比	特点及应用
摆线针轮减速器	一级		$i=11\sim87$	传动比大；传动效率较高；结构紧凑，相对体积小，重量轻；通用于中、小功率，适用性广，运转平稳，噪声低。结构复杂，制造精度要求较高，广泛用于动力传动中
	二级		$i=121\sim7569$	
谐波齿轮减速器	一级		$i=50\sim500$ 刚轮固定	传动比大，范围宽；在相同条件下可比一般齿轮减速器的元件少一半，体积和重量可减少 20%～50%；承载能力大；运动精度高；可采用调整波发生器达到无侧隙啮合；运转平稳；噪声低；可通过密封壁传递运动；传动效率高且传动比大时，效率并不显著下降。主要零件柔轮的制造工艺较复杂。主要用于小功率、大传动比或仪表及控制系统中
			$i=50\sim500$ 柔轮固定	
三环减速器	一级或组合多级		一级 $i=11\sim99$ 二级 $i_{max}=9801$	结构紧凑，体积小，重量轻；传动比大；效率高，一级为 92%～98%；噪声低，过载能力强。承载能力高，输出转矩高达 400kN・m。不用输出机构，轴承直径不受空间限制。使用寿命长。零件种类少，齿轮精度要求不高，无特殊材料，且不采用特殊加工方法就能制造，造价低，适应性广，派生系列多

2　减速器的基本构造

减速器主要由传动零件（齿轮或蜗杆）、轴、轴承、箱体及其附件组成。图 10.1-1 所示为一级圆柱齿轮减速器的基本结构，主要有三大部分：齿轮、轴和轴承组合，箱体，附件。

2.1　齿轮、轴和轴承组合

小齿轮与轴制成一体，称为齿轮轴，这种结构用于齿轮直径与轴的直径相差不大的情况下。如果轴的直径为 d，齿轮齿根圆的直径为 d_f，则当 $d_f-d\leqslant(6\sim7)m_n$ 时，应采用这种结构；而当 $d_f-d>(6\sim7)m_n$ 时，采用齿轮与轴分开为两个零件的结构，如低速轴与大齿轮。此时齿轮与轴的周向固定采用平键连接，轴上零件利用轴肩、轴套和轴承盖做轴向固定。两轴均采用了深沟球轴承。这种组合，用于承受径向载荷和轴向载荷不大的情况。当轴向载荷较大时，应采用角接触球轴承、圆锥滚子轴承或深沟球轴承与推力轴承的组合结构。在图 10.1-1 中，轴承是利用齿轮旋转时溅起的稀油进行润滑。箱座中油池的润滑油被旋转的齿轮溅起，飞溅到箱盖的内壁上，沿内壁流到分箱面坡口后，通过导油槽流入轴承。当浸油齿轮圆周速度 $v\leqslant2$m/s 时，应采用润滑脂润滑轴承；为避免可能溅起的稀油中掉润滑脂，可采用挡油环将其分开。为防止润滑油流失和外界灰尘进入箱体内，在轴承端盖和外伸轴之间装有密封元件。

2.2　箱体

箱体是减速器的重要组成部件，它是传动零件的基座，应具有足够的强度和刚度。

箱体通常用灰铸铁制造，对于重载或有冲击载荷的减速器也可以采用铸钢箱体。对单件生产的减速器，为了简化工艺、降低成本，可采用钢板焊接的箱体。

图 10.1-1 中的箱体是由灰铸铁制造的。灰铸铁具有很好的铸造性能和减振性能。为了便于轴系部件的安装和拆卸，箱体制成沿轴心线水平剖分式。箱盖与箱座用螺栓连接成一体。轴承座的连接螺栓应尽量靠近轴承座孔，而轴承座旁的凸台，应具有足够的承托面，以便放置连接螺栓，并保证旋紧螺栓时需要的扳手空间。为保证箱体具有足够的刚度，在轴承孔附近增加支撑肋。为保证减速器安置在基础上的稳定性，并尽可能减少箱体底座平面的机械加工面积，箱体底座一般不采用完整的平面。图 10.1-1 中减速器的箱座底面采用两纵向长条形加工基面。

2.3　附件

为了保证减速器的正常工作，除了对齿轮、轴和轴承组合，以及箱体的结构设计给予足够的重视外，还应考虑为减速器润滑油池注油、排油、检查油面高度、加工及拆装检修时，箱盖与箱座的精确定位、吊装等辅助零件，以及部件的合理选择和设计。

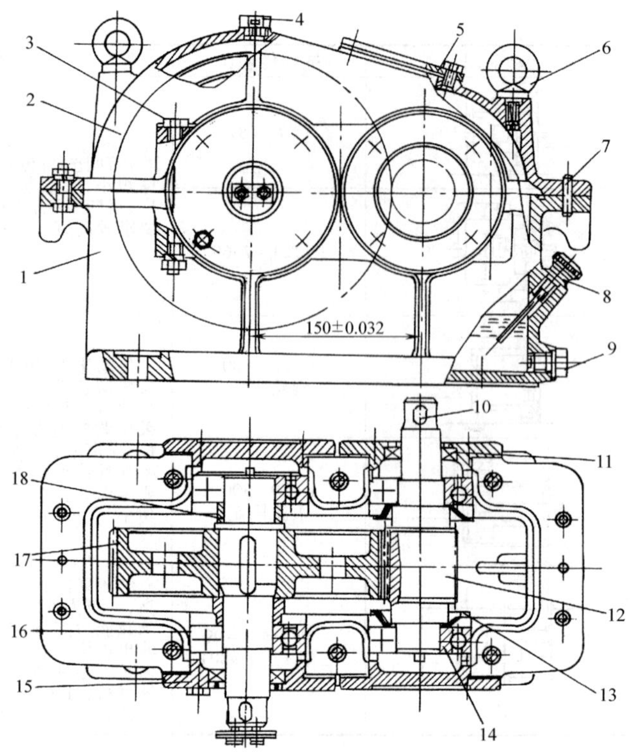

图10.1-1　一级圆柱齿轮减速器的基本结构

1—箱座　2—箱盖　3—上下箱连接螺栓　4—通气器　5—检查孔盖板　6—吊环螺钉　7—定位销　8—油标尺　9—放油螺塞　10—平键　11—油封　12—齿轮轴　13—挡油盘　14—轴承　15—轴承盖　16—轴　17—齿轮　18—轴套

1）检查孔。为检查传动零件的啮合情况，并向箱内注入润滑油，应在箱体的适当位置设置检查孔。图10.1-1的中检查孔设在箱盖顶部，能直接观察到齿轮啮合部位处。平时，检查孔的盖板用螺钉固定在箱盖上。

2）通气器。当减速器工作时，箱体内温度升高、气体膨胀、压力增大，为使箱体内热胀空气能自由排出，以保持箱体内外压力平衡，不致使润滑油沿分箱面或轴伸密封件等其他缝隙渗漏，通常在箱体顶部装设通气器。

3）轴承盖。为固定轴系部件的轴向位置并承受轴向载荷，轴承座孔两端用轴承盖封闭。轴承盖有凸缘式和嵌入式两种。图10.1-1中采用的是凸缘式轴承盖，利用六角螺栓固定在箱体上，外伸轴处的轴承盖是通孔，其中装有密封装置。凸缘式轴承盖的优点是拆装、调整轴承方便，但和嵌入式轴承盖相比，零件数目较多、尺寸较大、外观不平整。

4）定位销。为保证每次拆装箱盖时仍保持轴承座孔制造加工时的精度，应在精加工轴承孔前，在箱盖与箱座的连接凸缘上配装定位销。图10.1-1中采用的两个定位圆锥销，安置在箱体纵向两侧连接凸缘上，对称箱体应呈非对称布置，以免错装。

5）油面指示器。检查减速器内油池油面的高度，经常保持油池内有适量的油。一般在箱体便于观察、油面较稳定的部位装设油面指示器。图10.1-1中采用的油面指示器是油标尺。

6）放油螺塞。当换油时，排放污油和清洗剂应在箱座底部、油池的最低位置处开设放油孔，平时用螺塞将放油孔堵住。放油螺塞和箱体接合面间应加防漏用的垫圈。

7）启箱螺钉。为加强密封效果，通常在装配时于箱体剖分面上涂以水玻璃或密封胶，因而在拆卸时往往因胶结紧密难于开盖。为此，常在箱盖连接凸缘的适当位置加工出1~2个螺孔，旋入启箱用的圆柱端或平端的启箱螺钉。旋动启箱螺钉便可将箱盖顶起。小型减速器也可不设启箱螺钉，启盖时用螺钉旋具撬开箱盖。启箱螺钉的大小可同于凸缘连接螺栓。

8）起吊装置。当减速器质量超过25kg时，为了便于搬运，在箱体上设置起吊装置，如在箱体上铸出吊耳或吊钩等。图10.1-1中的箱盖装有两个吊环螺钉，箱座上铸出四个吊钩。

3　减速器的基本参数

3.1　圆柱齿轮减速器的基本参数

（1）中心距（见表 10.1-2～表 10.1-4）

表 10.1-2　一级减速器和二级同轴线式减速器的中心距 a　（mm）

系列 1	63	—	71	—	80	—	90	—	100	—	112	—	125	—
系列 2	—	67	—	75	—	85	—	95	—	106	—	118	—	132
系列 1	140	—	160	—	180	—	200	—	224	—	250	—	280	—
系列 2	—	150	—	170	—	190	—	212	—	236	—	265	—	300
系列 1	315	—	355	—	400	—	450	—	500	—	560	—	630	—
系列 2	—	335	—	375	—	425	—	475	—	530	—	600	—	670
系列 1	710	—	800	—	900	—	1000	—	1120	—	1250	—	1400	—
系列 2	—	750	—	850	—	950	—	1060	—	1180	—	1320	—	1500

注：1. 优先选用系列 1。

2. 当表中数值不够选用时，允许系列 1 按 R20、系列 2 按 R40/2 优先数系延伸。

表 10.1-3　二级减速器的总中心距 a 与高、低速级中心距 a_1、a_2　（mm）

系列1	a_2	100	112	125	140	160	180	200	224	250	280	315	355
	a_1	71	80	90	100	112	125	140	160	180	200	224	250
	a	171	192	215	240	272	305	340	384	430	480	539	605
系列2	a_2	106	118	132	150	170	190	212	236	265	300	335	375
	a_1	75	85	95	106	118	132	150	170	190	212	236	265
	a	181	203	227	256	288	322	362	406	455	512	571	640
系列1	a_2	400	450	500	560	630	710	800	900	1000	1120	1250	1400
	a_1	280	315	355	400	450	500	560	630	710	800	900	1000
	a	680	765	855	960	1080	1210	1360	1530	1710	1920	2150	2400
系列2	a_2	425	475	530	600	670	750	850	950	1060	1180	1320	
	a_1	300	353	375	425	475	530	600	670	750	850	950	
	a	725	810	905	1025	1145	1280	1450	1620	1810	2030	2270	

表 10.1-4　三级减速器的总中心距 a 与高、中、低速级中心距 a_1、a_2、a_3　（mm）

系列1	a_3	140	160	180	200	224	250	280	315	355	400	450
	a_2	100	112	125	140	160	180	200	224	250	280	315
	a_1	71	80	90	100	112	125	140	160	180	200	224
	a	311	352	395	440	496	555	620	699	785	880	989
系列2	a_3	150	170	190	212	236	265	300	335	275	425	475
	a_2	106	118	132	150	170	190	212	236	265	300	335
	a_1	75	85	95	106	118	132	150	170	190	212	236
	a	331	373	417	468	524	587	662	741	830	937	1046
系列1	a_3	500	560	630	710	800	900	1000	1120	1250	1400	
	a_2	355	400	450	500	560	630	710	800	900	1000	
	a_1	250	280	315	355	400	450	500	560	630	710	
	a	1105	1240	1395	1565	1760	1980	2210	2480	2780	3110	
系列2	a_3	530	600	670	750	850	950	1060	1180	1320		
	a_2	375	425	475	530	600	670	750	850	950		
	a_1	265	300	335	375	425	475	530	600	670		
	a	1170	1325	1480	1655	1875	2095	2340	2630	2940		

（2）传动比（见表 10.1-5～表 10.1-7）

表 10.1-5　一级减速器公称传动比 i

1.25	1.4	1.6	1.8	2	2.24	2.5	2.8
3.15	3.55	4	4.5	5	5.6	6.3	7.1

表 10.1-6　二级减速器的公称传动比 i

6.3	7.1	8	9	10	11.2	12.5	14	16	18
20	22.4	25	28	31.5	35.5	40	45	50	56

表 10.1-7　三级减速器的公称传动比 i

22.4	25	28	31.5	35.5	40	45	50	56	63	71	80
90	100	112	125	140	160	180	200	224	250	280	315

减速器的实际传动比与公称传动比的相对偏差 Δi 遵循以下规定：一级减速器 $|\Delta i| \leqslant 3\%$，两级减速器 $|\Delta i| \leqslant 4\%$，三级减速器 $|\Delta i| \leqslant 5\%$。

（3）齿宽系数（见表 10.1-8）

表 10.1-8　减速器的齿轮齿宽系数 ϕ_a

0.2	0.25	0.3	0.35	0.4	0.45	0.5	0.6

注：$\phi_a=\frac{b}{a}$；a—本齿轮副传动中心距；b—工作齿宽，对于人字齿轮（双斜齿轮）为一个斜齿轮的工作齿宽。

3.2 圆柱蜗杆减速器的基本参数

（1）中心距 a（见表 10.1-9）

（2）传动比 i（见表 10.1-10）

圆柱齿轮减速器和圆柱蜗杆减速器的输入和输出轴中心线高度应按 GB/T 12217—2005《机器 轴高》选取。

圆柱齿轮减速器和圆柱蜗杆减速器的输入和输出轴轴伸尺寸应符合 GB/T 1569—2005《圆柱形轴伸》与 GB/T 1570—2005《圆锥形轴伸》的规定。

表 10.1-9 中心距 a（摘自 GB/T 10085—1988）

(mm)

40	50	63	80	100	125	160	(180)	200
(225)	250	(260)	315	(355)	400	(450)	500	

注：1. 大于 500mm 的中心距可按优先数系 R20 的优先数选用。

2. 括号中的数字尽可能不采用。

表 10.1-10 传动比 i（摘自 GB/T 10085—1988）

5	7.5	10	12.5	15	20	25	30	40	50	60	70	80

注：10、20、40 和 80 为基本传动比，应优先采用。

4 减速器传动比的分配

在设计两级或多级减速器时，合理地将传动比分配到各级非常重要。因为它直接影响减速器的尺寸、质量、润滑方式和维护等。

分配传动比的基本原则是：

1）使各级传动的承载能力接近相等（一般指齿面接触强度）。

2）使各级传动的大齿轮浸入油中的深度大致相等，以使润滑简便。

3）使减速器获得最小的外形尺寸和重量。

（1）二级圆柱齿轮减速器

按齿面接触强度相等及较有利的润滑条件，可按下面关系分配传动比。高速级的传动比 i_1 为

$$i_1 = \frac{i - c\sqrt[3]{i}}{c\sqrt[3]{i} - 1} \tag{10.1-1}$$

$$c = \frac{a_2}{a_1}\sqrt[3]{\left(\frac{\sigma_{\mathrm{HP1}}}{\sigma_{\mathrm{HP2}}}\right)^2 \frac{\phi_{\mathrm{a2}}}{\phi_{\mathrm{a1}}}} \tag{10.1-2}$$

式中 i——总传动比；

a_1、a_2——高速级、低速级齿轮传动的中心距；

σ_{HP1}、σ_{HP2}——高速级、低速级齿轮的接触疲劳许用应力；

ϕ_{a1}、ϕ_{a2}——高速级、低速级齿轮的齿宽系数。

当高速级和低速级齿轮的材料和热处理条件相同时，传动比的分配可按图 10.1-2 进行。

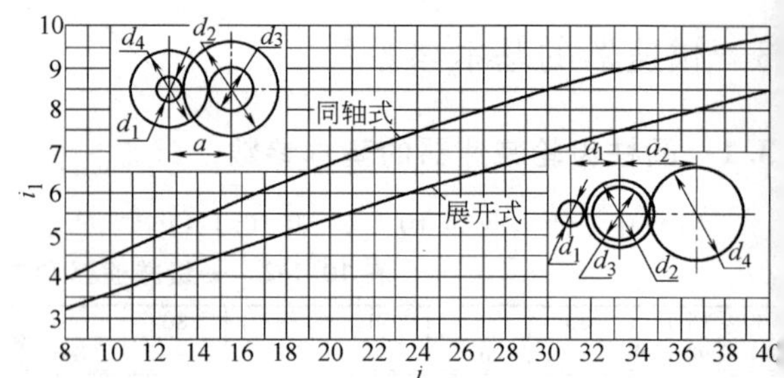

图 10.1-2 两级圆柱齿轮减速器传动比分配线图

对二级卧式圆柱齿轮减速器，按高速级和低速级的大齿轮浸入油中的深度大致相等的原则，传动比的分配，可按下述经验数据和经验公式进行：

对于展开式和分流式减速器，由于中心距 $a_2 > a_1$，所以常使 $i_1 > i_2$。

对于同轴式减速器，由于 $a_1 = a_2$，应使 $i_1 \approx i_2$，或按下式计算，使浸油深度相等。

$$i_1 = \sqrt{i} - (0.01 \sim 0.05)i$$

也可近似地按图 10.1-3 进行传动比分配。为达到等强度要求，应取 $\phi_{\mathrm{a2}} > \phi_{\mathrm{a1}}$。

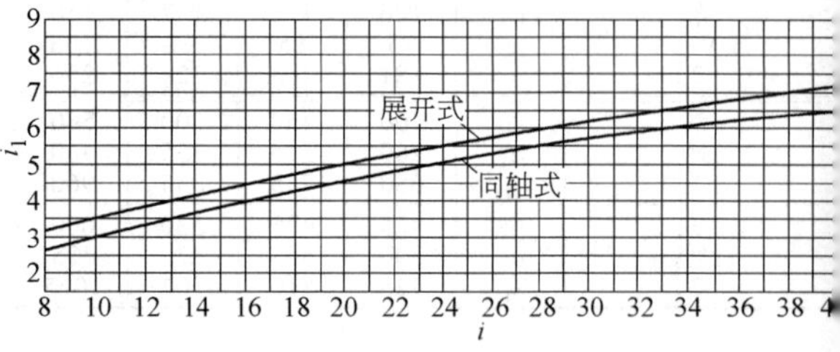

图 10.1-3 二级圆柱齿轮减速器按大轮浸油深度相近传动比分配线图

（2）二级圆锥-圆柱齿轮减速器

对这种减速器的传动比进行分配时，要尽量避免圆锥齿轮尺寸过大、制造困难，因而高速级圆锥齿轮的传动比 i_1 不宜太大，通常取 $i_1 \approx 0.25i$，最好使 $i_1 \leqslant 3$。当要求两级传动大齿轮的浸油深度大致相等时，也可取 $i_1 = 3.5 \sim 4$。

（3）三级圆柱和圆锥-圆柱齿轮减速器

按各级齿轮齿面接触强度相等，并能获得较小的外形尺寸和质量的原则，三级圆柱齿轮减速器的传动比分配可按图 10.1-4 进行，三级圆锥-圆柱齿轮减速器的传动比分配可按图 10.1-5 进行。

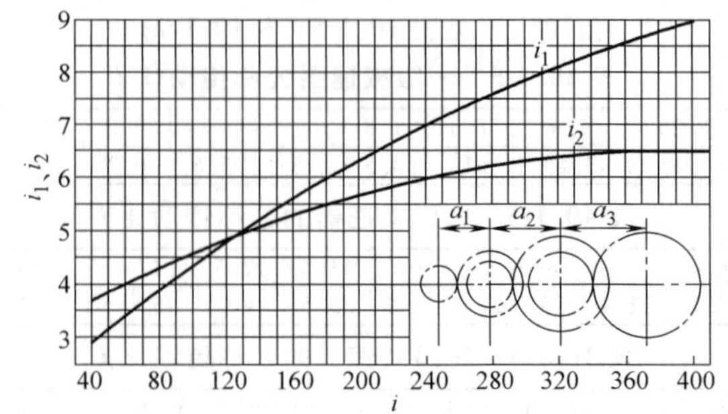

图 10.1-4 三级圆柱齿轮减速器传动比分配线图

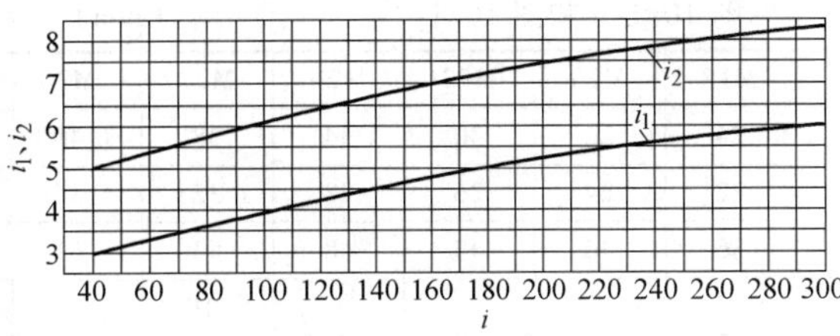

图 10.1-5　三级圆锥-圆柱齿轮减速器传动比分配线图

(4) 二级蜗杆减速器

对这类减速器，为满足 $a_1 \approx a_2/2$ 的要求，使高速级和低速级传动浸油深度大致相等，通常取 $i_1 = i_2 = \sqrt{i}$。

(5) 二级齿轮-蜗杆和蜗杆-齿轮减速器

对这类减速器，当齿轮传动布置在高速级时，为使箱体结构紧凑和便于润滑，通常取齿轮传动比 $i_1 \leqslant 2 \sim 2.5$。而当蜗杆布置在高速级时，可使传动有较高的效率，这时齿轮传动的传动比 $i_2 = (0.03 \sim 0.06)i$ 为宜。

5　齿轮、蜗杆减速器箱体结构尺寸（见表 10.1-11～表 10.1-13 和图 10.1-6～图 10.1-9）

5.1　铸铁箱体的结构和尺寸（见表 10.1-11）

表 10.1-11　铸铁减速器箱体主要结构尺寸（见图 10.1-6 和图 10.1-7）

名称	符号	减速器形式及尺寸关系/mm			
		齿轮减速器		锥齿轮减速器	蜗杆减速器
箱座壁厚	δ	一级	$0.025a+1 \geqslant 8$	$0.0125(d_{1m}+d_{2m})+1 \geqslant 8$ 或 $0.01(d_1+d_2)+1 \geqslant 8$ d_1、d_2—小、大锥齿轮的大端直径 d_{1m}、d_{2m}—小、大锥齿轮的平均直径	$0.04a+3 \geqslant 8$
		二级	$0.025a+3 \geqslant 8$		
		三级	$0.025a+5 \geqslant 8$		
箱盖壁厚	δ_1	一级	$0.02a+1 \geqslant 8$	$0.01(d_{1m}+d_{2m})+1 \geqslant 8$ 或 $0.0085(d_1+d_2)+1 \geqslant 8$	蜗杆在上：$\approx\delta$ 蜗杆在下：$=0.85\delta \geqslant 8$
		二级	$0.02a+3 \geqslant 8$		
		三级	$0.02a+5 \geqslant 8$		
箱盖凸缘厚度	b_1	$1.5\delta_1$			
箱座凸缘厚度	b	1.5δ			
箱座底凸缘厚度	b_2	2.5δ			
地脚螺钉直径	d_f	$0.036a+12$		$0.018(d_{1m}+d_{2m})+1 \geqslant 12$ 或 $0.015(d_1+d_2)+1 \geqslant 12$	$0.36a+12$
地脚螺钉数目	n	$a \leqslant 250$ 时，$n=4$ $a>250 \sim 500$ 时，$n=6$ $a>500$ 时，$n=8$		$n=\dfrac{\text{底凸缘周长之半}}{200 \sim 300} \geqslant 4$	4
轴承旁连接螺栓直径	d_1	$0.75d_f$			
盖与座连接螺栓直径	d_2	$(0.5 \sim 0.6)d_f$			
连接螺栓 d_2 的间距	l	150～200			
轴承端盖螺钉直径	d_3	$(0.4 \sim 0.5)d_f$			
视孔盖螺钉直径	d_4	$(0.3 \sim 0.4)d_f$			
定位销直径	d	$(0.7 \sim 0.8)d_2$			
凸台高度	h	根据低速级轴承座外径确定			
外箱壁与轴承座端面距离	l_1	$C_1+C_2+(5 \sim 10)$			
大齿轮顶圆（蜗轮外圆）与内箱壁距离	Δ_1	$>1.2\delta$			
齿轮（锥齿轮或蜗轮轮毂）端面与内箱壁距离	Δ_2	$>\delta$			
箱盖、箱座肋厚	m_1、m	$m_1 \approx 0.85\delta_1$；$m \approx 0.85\delta$			
轴承端盖外径	D_2	$D+(5 \sim 5.5)d_3$；D—轴承外径			
轴承旁连接螺栓距离	S	尽量靠近轴承，注意保证 Md_1 和 Md_3 互不干涉，一般取 $S \approx D_2$			

注：1. 多级传动时 a 取低速级中心距。对圆锥-圆柱齿轮减速器，按圆柱齿轮传动中心距取值。

2. 焊接箱体的箱壁厚度约为铸造箱体壁厚的 70%～80%。

3. C_1、C_2、D_0、R_0、r 见表 10.1-12。

4. 几种常见的二级齿轮减速箱结构见表 10.1-13。

表 10.1-12　凸台及凸缘的结构尺寸（见图 10.1-6 和图 10.1-7）　（mm）

<table>
<tr><th>螺栓直径</th><th>M6</th><th>M8</th><th>M10</th><th>M12</th><th>M14</th><th>M16</th><th>M18</th><th>M20</th><th>M22</th><th>M24</th><th>M27</th><th>M30</th></tr>
<tr><td>$C_1\geqslant$</td><td>12</td><td>14</td><td>16</td><td>18</td><td>20</td><td>22</td><td>24</td><td>26</td><td>30</td><td>34</td><td>38</td><td>40</td></tr>
<tr><td>$C_2\geqslant$</td><td>10</td><td>12</td><td>14</td><td>16</td><td>18</td><td>20</td><td>22</td><td>24</td><td>26</td><td>28</td><td>32</td><td>35</td></tr>
<tr><td>D_0</td><td>13</td><td>18</td><td>22</td><td>26</td><td>30</td><td>33</td><td>36</td><td>40</td><td>43</td><td>48</td><td>53</td><td>61</td></tr>
<tr><td>$R_0\leqslant$</td><td colspan="5">5</td><td colspan="4">8</td><td colspan="3">10</td></tr>
<tr><td>$r\leqslant$</td><td colspan="6">3</td><td colspan="3">5</td><td colspan="3">8</td></tr>
</table>

表 10.1-13　几种常见的二级齿轮减速箱结构

<table>
<tr><th colspan="2">结构特点</th><th>简图</th><th>特点</th><th colspan="2">结构特点</th><th>简图</th><th>特点</th></tr>
<tr><td rowspan="4">卧式减速箱</td><td>展开式，水平分箱面</td><td>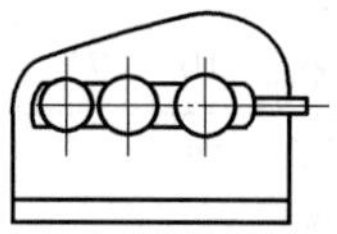</td><td>最常见的结构型式，加工、装配都比较方便，但当两个大齿轮直径相差较大时，难以兼顾浸油深度的要求</td><td rowspan="4">立式减速箱</td><td rowspan="2">水平分箱面</td><td rowspan="2">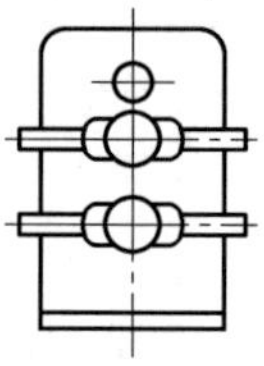</td><td rowspan="2">上面的齿轮润滑困难，不适于采用油浴润滑。只有当输入、输出轴位置有特殊要求（在同一垂直线上而高度不同），或占地面积要求受到严格限制时，才采用这种减速箱。有两个分箱面，结构复杂</td></tr>
<tr><td>展开式，水平分箱面，下体箱底凸缘抬高</td><td>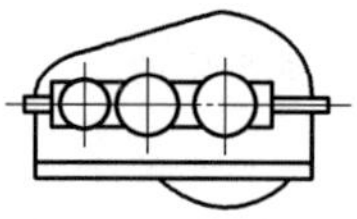</td><td>下箱体底凸缘抬高，可以降低减速箱中心高度，减小了油池容积，但下箱体加工时增加了一些困难</td></tr>
<tr><td>展开式，倾斜分箱面</td><td>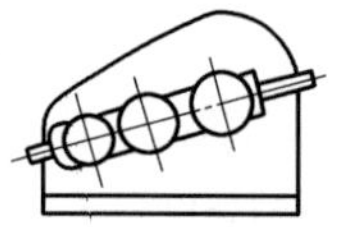</td><td>有利于解决两个大齿轮浸油深度相差过大的问题，但下箱体分箱加工较困难，输入轴与输出轴高度不一致</td><td>垂直分箱面</td><td>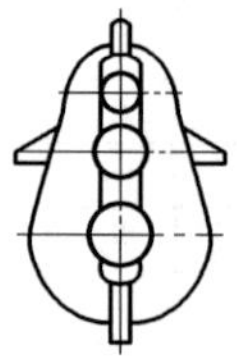</td><td>减速箱的各轴承位于同一个垂直的分箱面上，加工比较容易，支承点在中间，可以满足有特殊安装基面的要求，装配方便，但分箱面容易漏油</td></tr>
<tr><td>整体式箱体</td><td>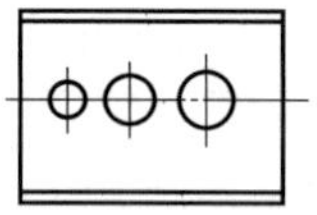</td><td>箱体结构简单，加工方便，但装配比较困难，轴和齿轮的配合、轴承和箱体孔的配合都比前面几种要松一些，对承受冲击载荷能力和传动精度有不利的影响</td><td>水平、垂直组合分箱面</td><td>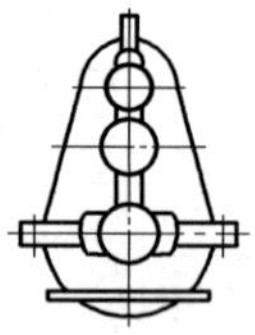</td><td>箱体由三块组合而成，既满足装配方便又不易漏油，但结构复杂，增加了加工的难度</td></tr>
</table>

5.2　焊接箱体的结构和尺寸

焊接箱体具有结构紧凑、质量小，强度和刚度大、生产周期短等优点，适于小批量生产。箱体一般用低碳钢板焊成，焊缝要密封，不得漏油。通常焊缝不必采用等强接头，角焊缝的焊脚可取壁板厚度的 1/3~1/2，加强肋和隔板角焊缝可更小或用间断焊。焊后一般需要进行消除内应力处理。箱体设计还要考虑散热能力和油的冷却。

整体式箱体常用于中、小型减速器上。剖分式箱体是减速器中最常用的结构型式。图 10.1-8 所示为剖分式焊接箱体结构。

为了提高箱壁的稳定性，改善受力状况，在轴承座处应适当加肋。图 10.1-9a 适用于轴承座受力较小的情况，图 10.1-9b、c 适用于承受重载荷的轴承座。

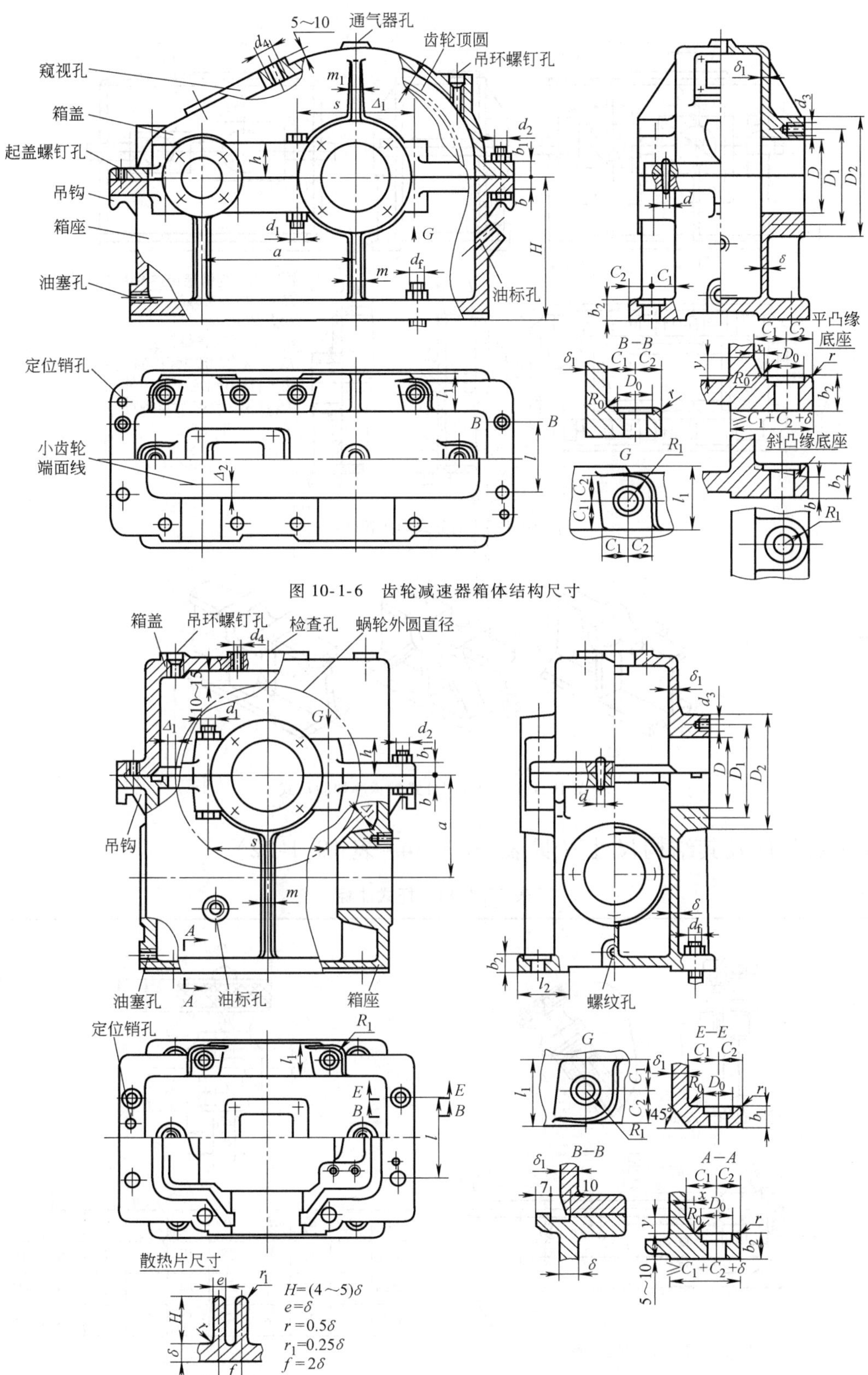

图 10-1-6　齿轮减速器箱体结构尺寸

图 10.1-7　蜗杆减速器箱体结构尺寸

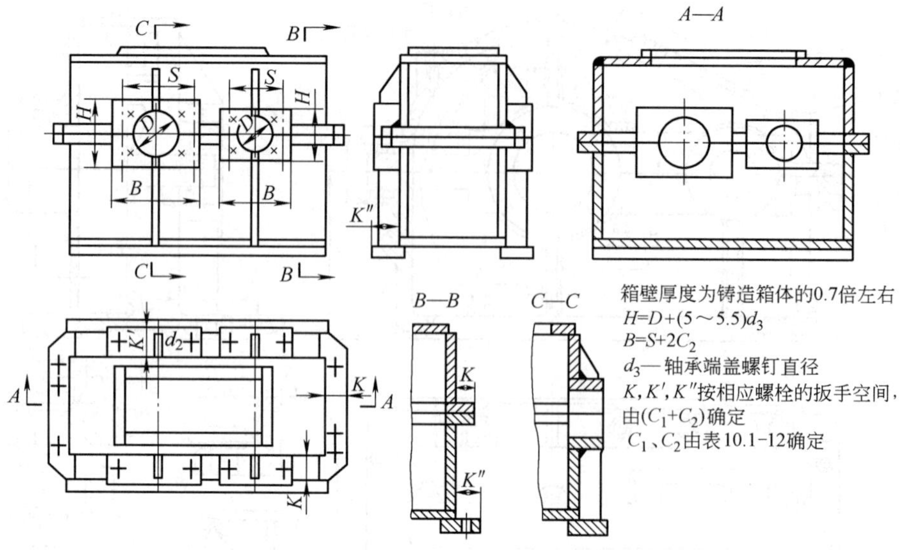

A—A
B—B
C—C
箱壁厚度为铸造箱体的0.7倍左右
$H=D+(5\sim5.5)d_3$
$B=S+2C_2$
d_3— 轴承端盖螺钉直径
K,K',K''按相应螺栓的扳手空间，
由(C_1+C_2)确定
C_1、C_2由表10.1-12确定

图 10.1-8 剖分式焊接箱体结构

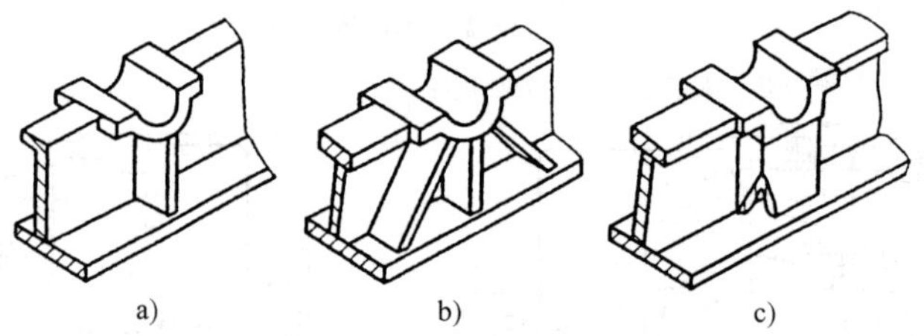

图 10.1-9 单壁剖分式轴承座加肋形式

6 减速器附件及其结构尺寸（见表 10.1-14～表 10.1-22）

表 10.1-14 杆式油标 (mm)

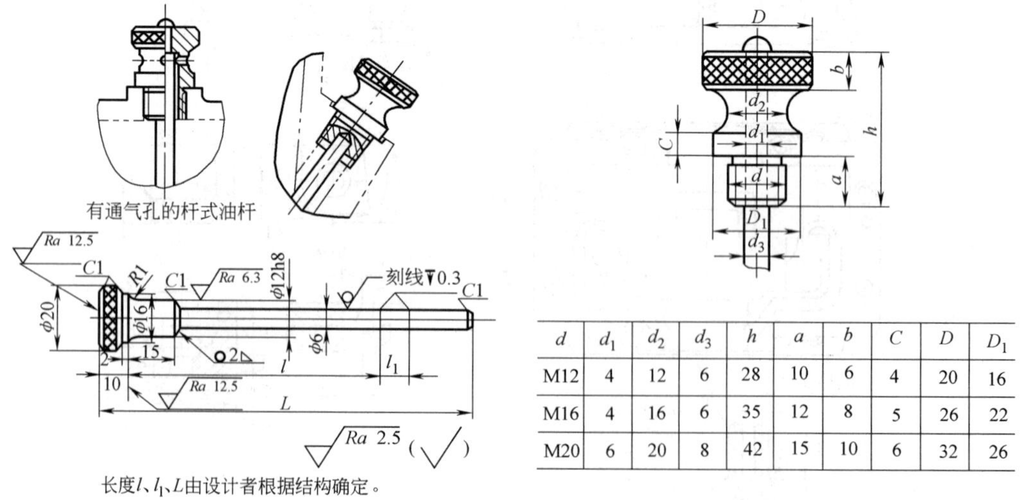

d	d_1	d_2	d_3	h	a	b	C	D	D_1
M12	4	12	6	28	10	6	4	20	16
M16	4	16	6	35	12	8	5	26	22
M20	6	20	8	42	15	10	6	32	26

注：杆式油标是一种结构简单的油面指示器，通过杆上两条刻线来检查油面的合适位置。

表 10.1-15　起重吊耳和吊钩

吊耳（在箱盖上铸出）

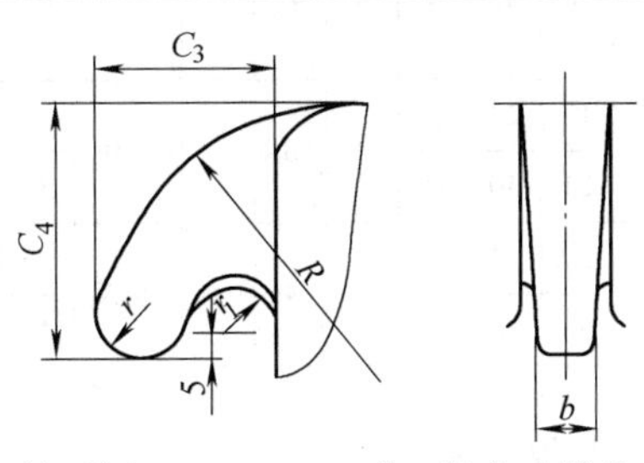

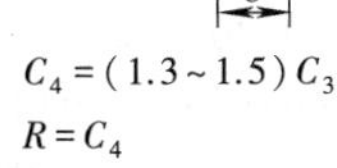

$C_3=(4\sim5)\delta_1$　　$C_4=(1.3\sim1.5)C_3$

$b=(1.8\sim2.5)\delta_1$　　$R=C_4$

$r_1\approx0.2C_3$　　$r\approx0.25C_3$

δ_1—箱盖壁厚

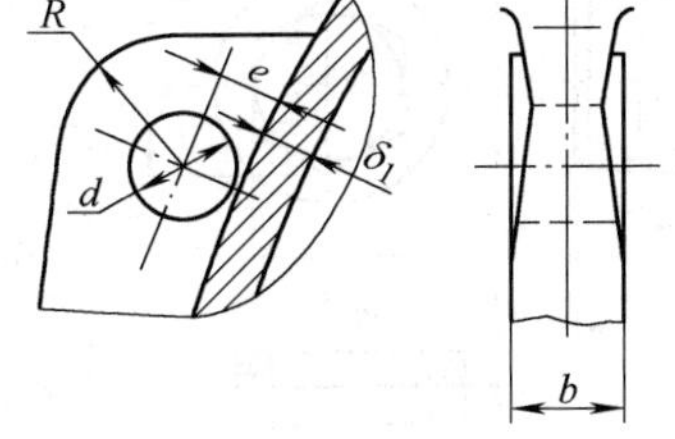

$d=b$　　$b\approx(1.8\sim2.5)\delta_1$

$R\approx(1\sim1.2)d$　　$e\approx(0.8\sim1)d$

吊钩（在箱座上铸出）

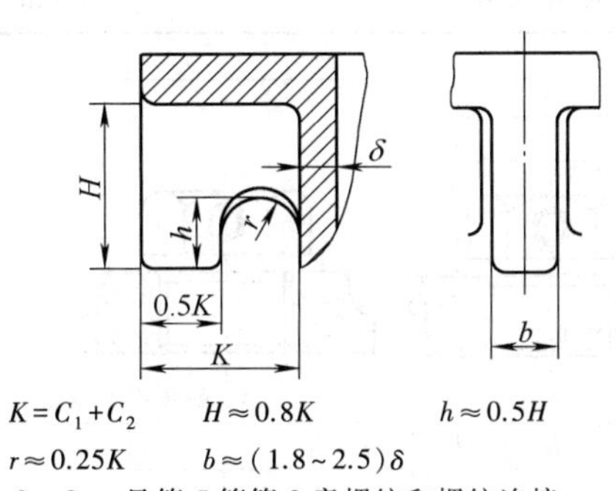

$K=C_1+C_2$　　$H\approx0.8K$　　$h\approx0.5H$

$r\approx0.25K$　　$b\approx(1.8\sim2.5)\delta$

C_1、C_2—见第 5 篇第 2 章螺纹和螺纹连接

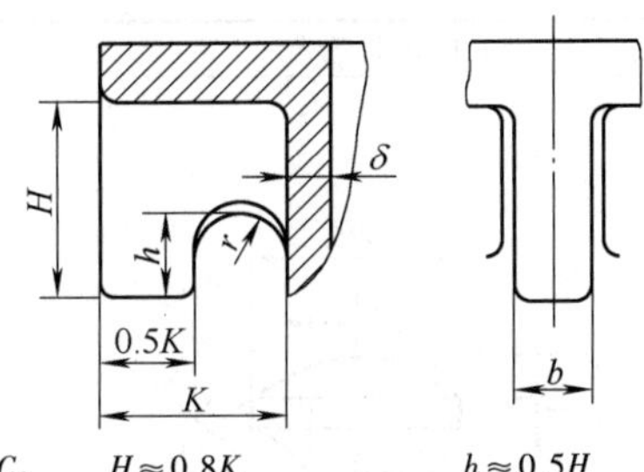

$K=C_1+C_2$　　$H\approx0.8K$　　$h\approx0.5H$

$r\approx K/6$　　$b\approx(1.8\sim2.5)\delta$　　H_1—按结构确定

C_1、C_2—见第 5 篇第 2 章螺纹和螺纹连接

表 10.1-16　视孔盖　　(mm)

减速器中心距 a、a_Σ			l_1	l_2	b_1	b_2	d 直径	d 孔数	δ	R
一级 $a\leqslant$	150		90	75	70	55	7	4	4	5
	250		120	105	90	75	7	4	4	5
	350		180	163	140	125	7	8	4	5
	450		200	180	180	160	11	8	4	10
	500		220	200	200	180	11	8	4	10
	700		270	240	220	190	11	8	6	15
二级 $a_\Sigma\leqslant$	250	三级 $a_\Sigma\leqslant$ 350	140	125	120	105	7	8	4	5
	425	500	180	165	140	125	7	8	4	5
	500	650	220	190	160	130	11	8	4	15
	650	825	270	240	180	150	11	8	6	15
	850	1100	350	320	220	190	11	8	10	15
	1100	1250	420	390	260	230	13	10	10	15

注：视孔和视孔盖用于检查传动件的啮合情况及向箱中注油之用。

表 10.1-17 外六角螺塞（摘自 JB/ZQ 4450—2006）、纸封油圈、皮封油圈 (mm)

<table>
<tr><th rowspan="2">d</th><th rowspan="2">d_1</th><th rowspan="2">D</th><th rowspan="2">e</th><th rowspan="2">s</th><th rowspan="2">L</th><th rowspan="2">h</th><th rowspan="2">b</th><th rowspan="2">b_1</th><th rowspan="2">R</th><th rowspan="2">c</th><th rowspan="2">D_0</th><th colspan="2">H</th></tr>
<tr><th>纸圈</th><th>皮圈</th></tr>
<tr><td>M12×1.25</td><td>10.2</td><td>22</td><td>15</td><td>13</td><td>24</td><td>12</td><td rowspan="2">3</td><td rowspan="2">3</td><td rowspan="4">1</td><td rowspan="2">1.0</td><td>22</td><td rowspan="2">2</td><td rowspan="3">2</td></tr>
<tr><td>M20×1.5</td><td>17.8</td><td>30</td><td>24.2</td><td>21</td><td>30</td><td>15</td><td>30</td></tr>
<tr><td>M24×2</td><td>21</td><td>34</td><td>31.2</td><td>27</td><td>32</td><td>16</td><td rowspan="2">4</td><td rowspan="2">4</td><td rowspan="2">1.5</td><td>35</td><td rowspan="2">3</td></tr>
<tr><td>M30×2</td><td>27</td><td>42</td><td>39.3</td><td>34</td><td>38</td><td>18</td><td>45</td><td>2.5</td></tr>
</table>

外六角螺塞　油圈

标记示例：螺塞　M20×1.5　JB/ZQ 4450—2006

油圈　30×20　（D_0 = 30、d = 20 的纸封油圈）

油圈　30×20　（D_0 = 30、d = 20 的皮封油圈）

材料：纸封油圈，石棉橡胶纸；皮封油圈，工业用革；螺塞，Q235

表 10.1-18 通气器的结构型式及其尺寸 (mm)

手提式通气器

通　气　塞

s—螺母扳手宽度

d	D	D_1	s	L	l	a	d_1
M12×1.25	18	16.5	14	19	10	2	4
M16×1.5	22	19.6	17	23	12	2	5
M20×1.5	30	25.4	22	28	15	4	6
M22×1.5	32	25.4	22	29	15	4	7
M27×1.5	38	31.2	27	34	18	4	8
M30×2	42	36.9	32	36	18	4	8
M33×2	45	36.9	32	38	20	4	8
M36×3	50	41.6	36	46	25	5	8

通　气　帽

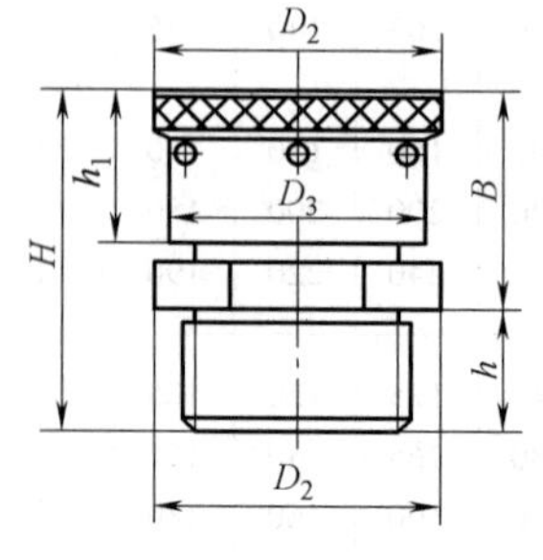

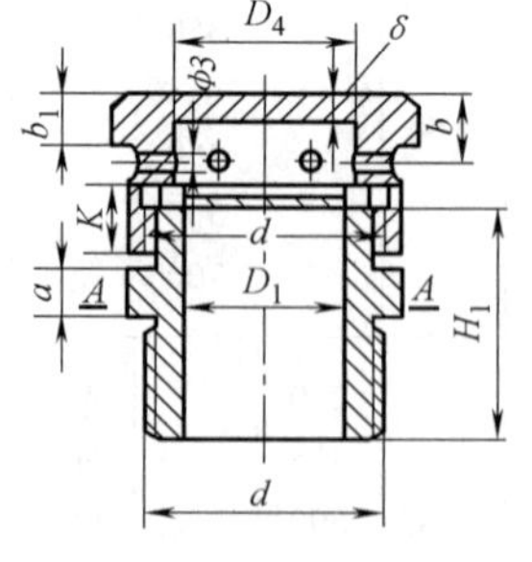

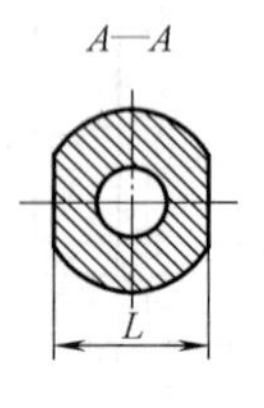

d	D_1	B	h	H	D_2	H_1	a	δ	K	b	h_1	b_1	D_3	D_4	L	孔数
M27×1.5	15	≈30	15	≈45	36	32	6	4	10	8	22	6	32	18	32	6
M36×2	20	≈40	20	≈60	48	42	8	4	12	11	29	8	42	24	41	6
M48×3	30	≈45	25	≈70	62	52	10	5	15	13	32	10	56	36	55	8

（续）

通　气　罩

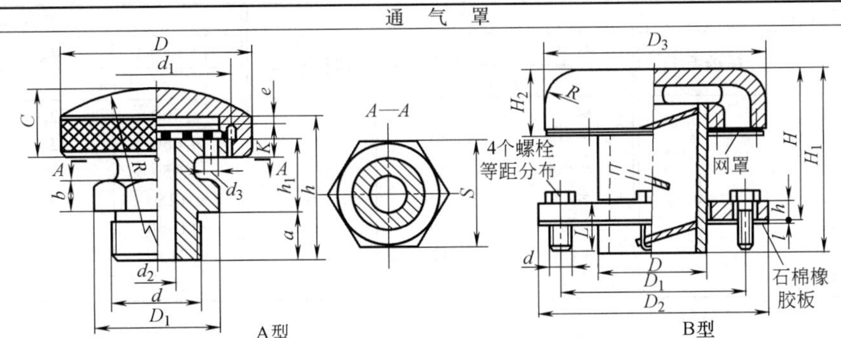

A 型通气罩

d	d_1	d_2	d_3	D	h	a	b	C	h_1	R	D_1	S	K	e
M18×1.5	M33×1.5	8	3	40	40	12	7	16	18	40	25.4	22	8	2
M27×1.5	M48×1.5	12	4.5	60	54	15	10	22	24	60	36.9	32	9	2
M36×1.5	M64×1.5	16	6	80	70	20	13	28	32	80	53.1	41	10	3

B 型通气罩

No	D	D_1	D_2	D_3	H	H_1	H_2	R	h	螺栓 $d×L$	质量/kg
1	60	100	125	125	77	95	35	20	6	M10×25	2.26
2	114	200	250	260	165	195	70	40	10	M20×50	14

注：通气器用于通气，使箱体内外压力一致，以避免运转时箱体内温度升高，内压增大，而引起箱体内润滑油的渗漏。通气塞一般适用于小型、环境比较清洁及发热较少的减速器。通气帽、通气罩一般用在较大或环境较差的减速器上。

表 10.1-19　螺栓连接式轴承盖

（mm）

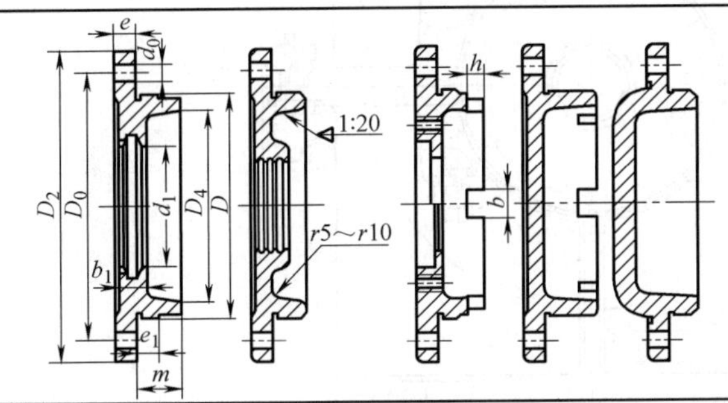

$d_0=d_3+1\text{mm}$，d_3 为端盖连接螺栓直径，尺寸见右表

$D_0=D+2.5d_3$

$D_2=D_0+2.5d_3$

$e=1.2d_3$

$e_1\geqslant e$

m 由结构确定

$D_4=D-(10\sim15)\text{mm}$

b_1、d_1 由密封尺寸确定

$b=5\sim10\text{mm}$

$h=(0.8\sim1)b$

轴承外径 D	螺栓直径 d_3	端盖上螺栓数目
45~65	8	4
70~100	10	4
110~140	12	6
150~230	16	6
230 以上	20	8

材料：HT150

表 10.1-20　嵌入式轴承盖

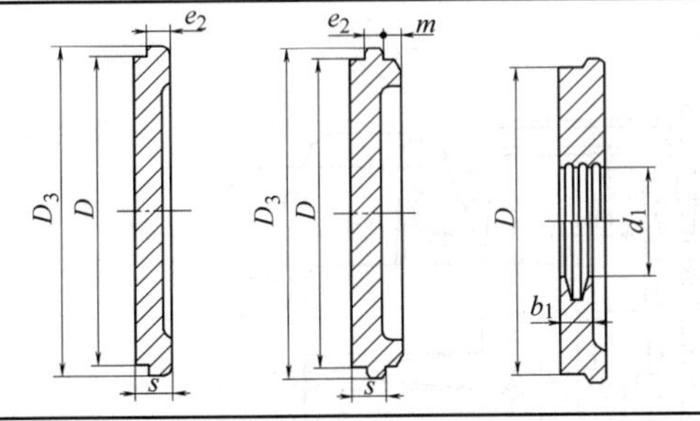

$e_2=5\sim10\text{mm}$

$s=10\sim15\text{mm}$

m 由结构确定

$D_3=D+e_3$，装有 O 形圈的，按 O 形圈外径取整

d_1、b_1 等由密封尺寸确定

$e_3=7\sim12\text{mm}$

材料：HT150

表 10.1-21　套杯

（mm）

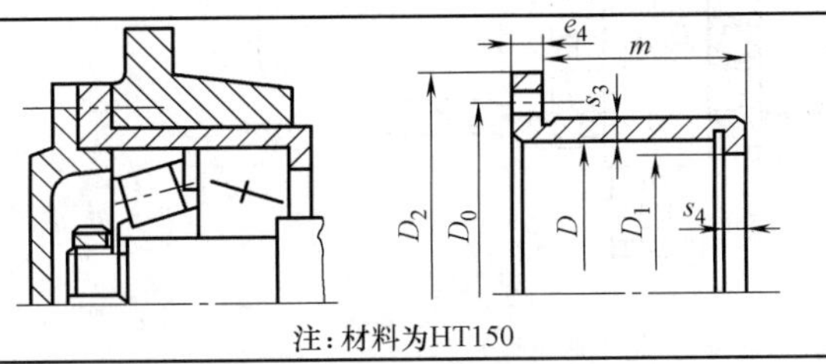

注：材料为HT150

s_3、s_4、$e_4=7\sim12$

$D_0=D+2s_3+2.5d_3$

D_1 由轴承安装尺寸确定

$D_2=D_0+2.5d_3$

m 由结构确定

d_3 见表 10.1-19

注：套杯是放置和固定轴承位置用的。

表 10.1-22　地脚螺栓直径 d_ϕ 与数目

一级减速器			二级减速器			三级减速器		
a	d_ϕ	螺栓数目	a_1+a_2	d_ϕ	螺栓数目	$a_1+a_2+a_3$	d_ϕ	螺栓数目
mm			mm			mm		
≤100	12	4	≤350	16	6	≤500	20	8
≤150	14		≤400	20		≤650	24	
≤200	16		≤600	24		≤950	30	
≤250	20		≤750	30		≤1250	36	
≤350	24		≤1000	36		≤1650	42	
≤450	30		≤1300	42		≤2150	48	
≤600	36							

7　典型减速器结构示例

7.1　装配图（见图 10.1-10～图 10.1-20）

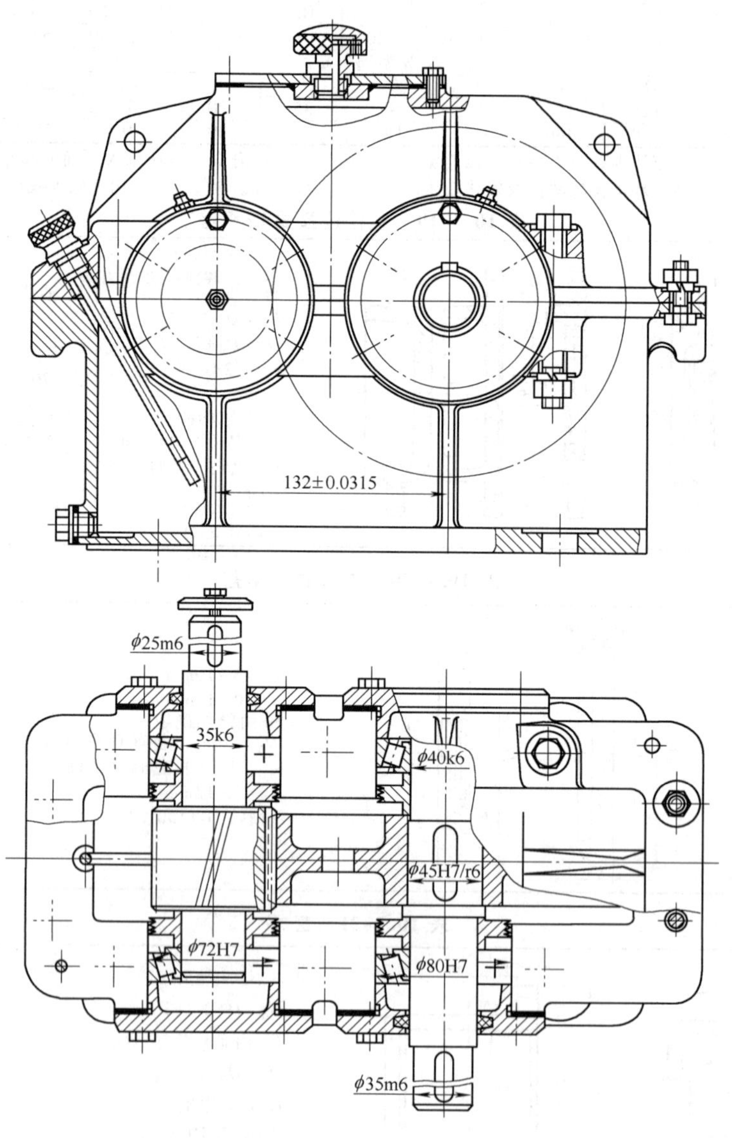

图 10.1-10　一级圆柱齿轮减速器（脂润滑）

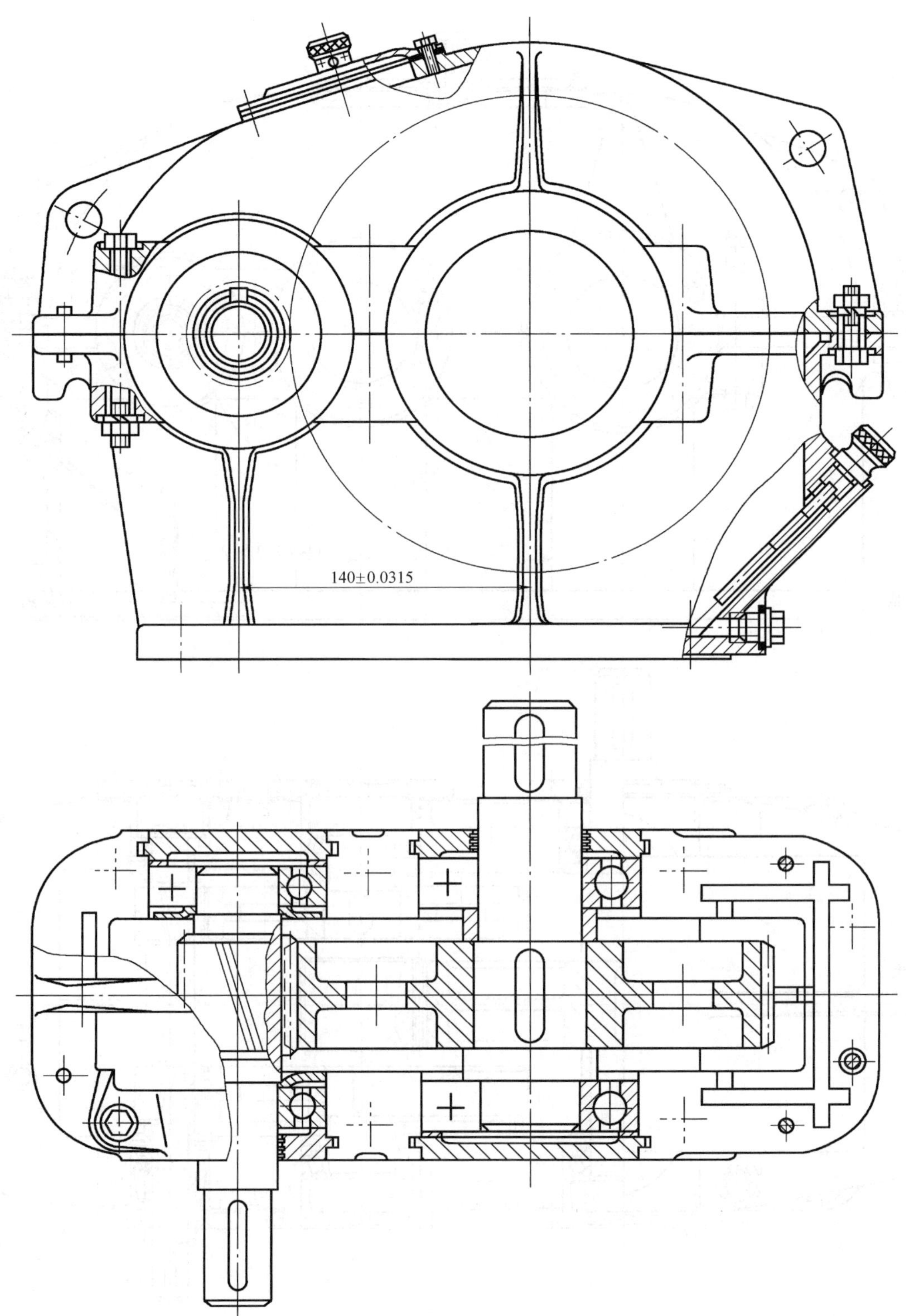

图 10.1-11　一级圆柱齿轮减速器（油润滑）

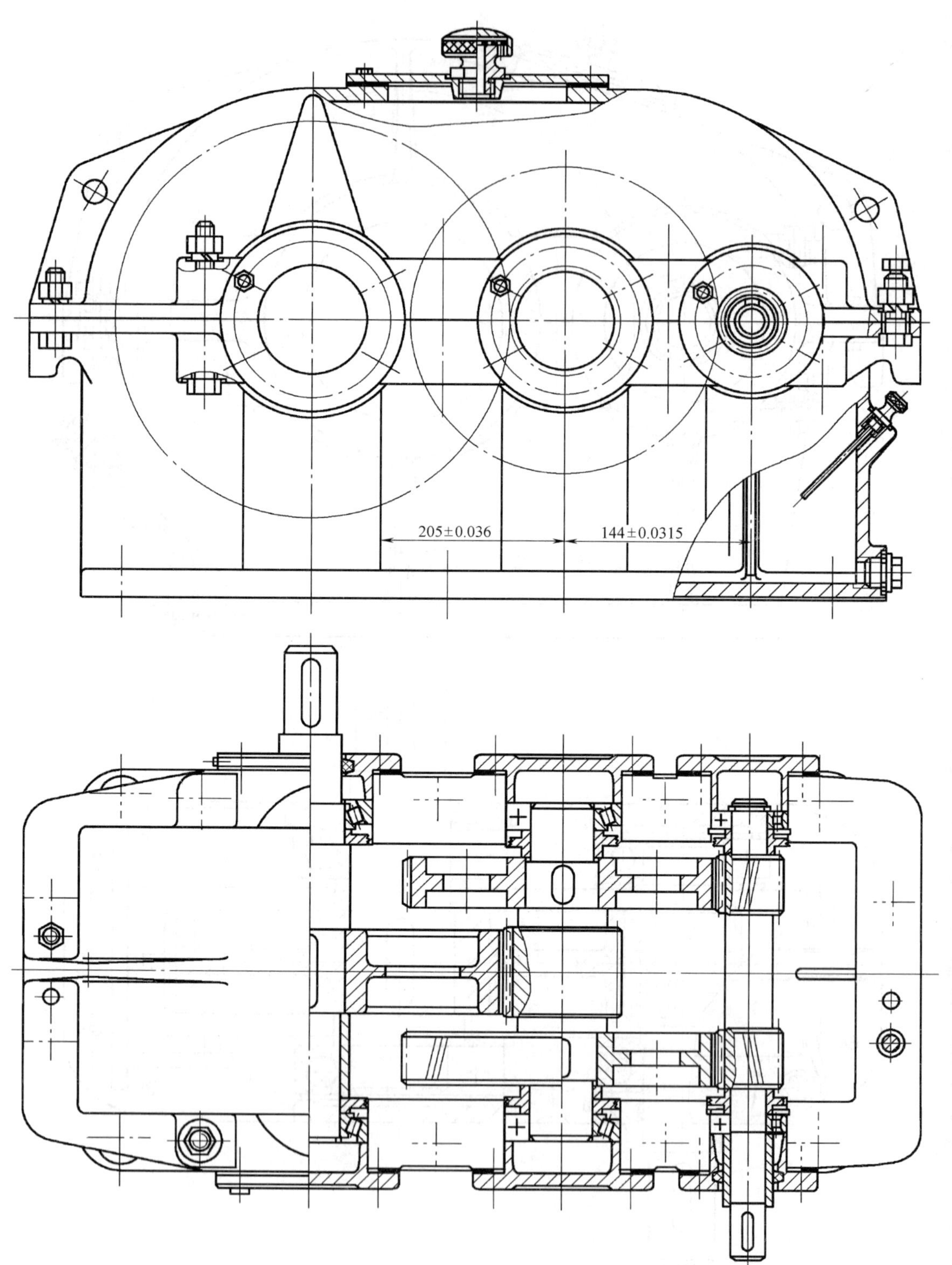

图 10.1-12 二级分流式圆柱齿轮减速器

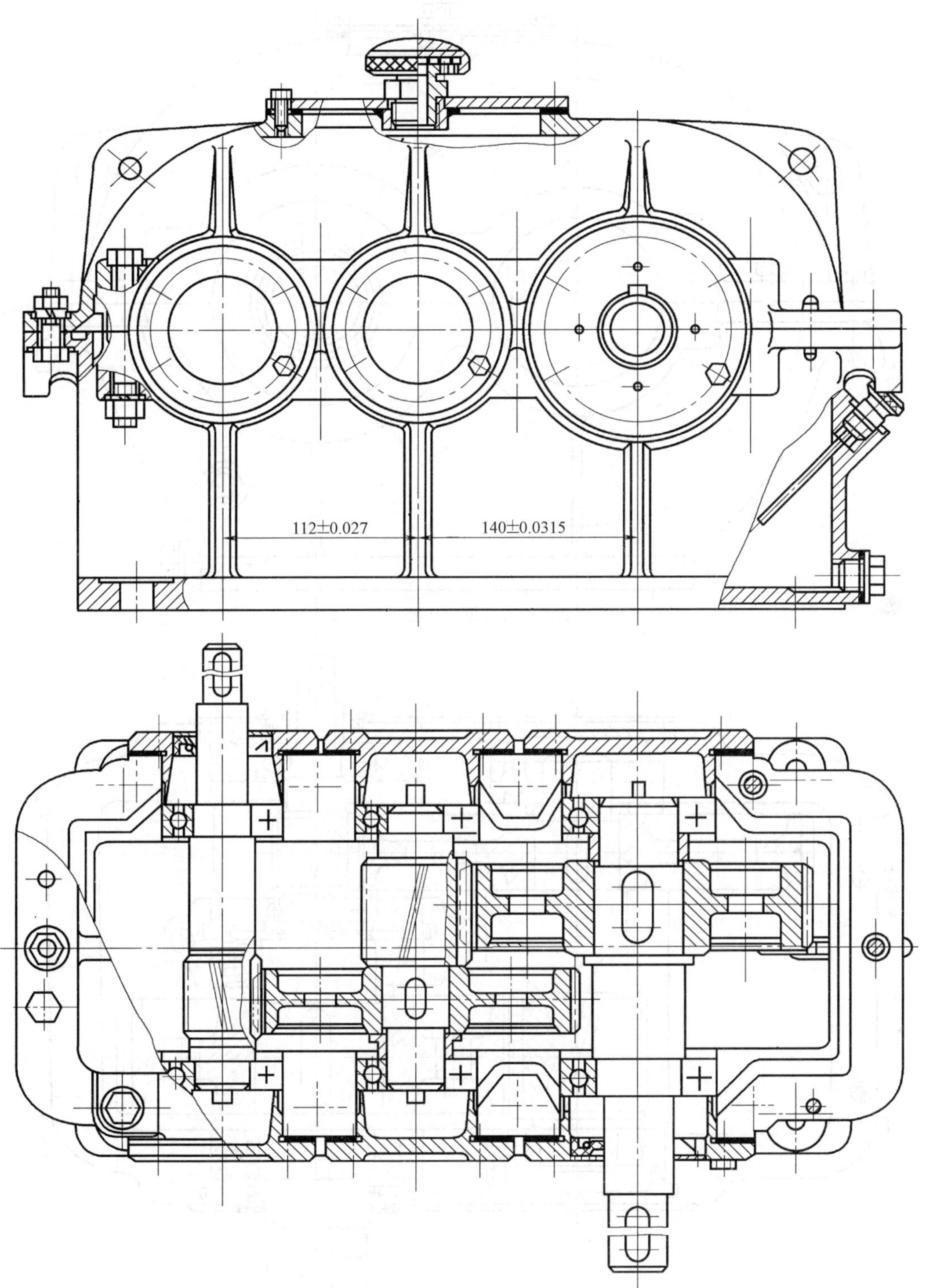

图 10. 1-13　二级展开式圆柱齿轮减速器

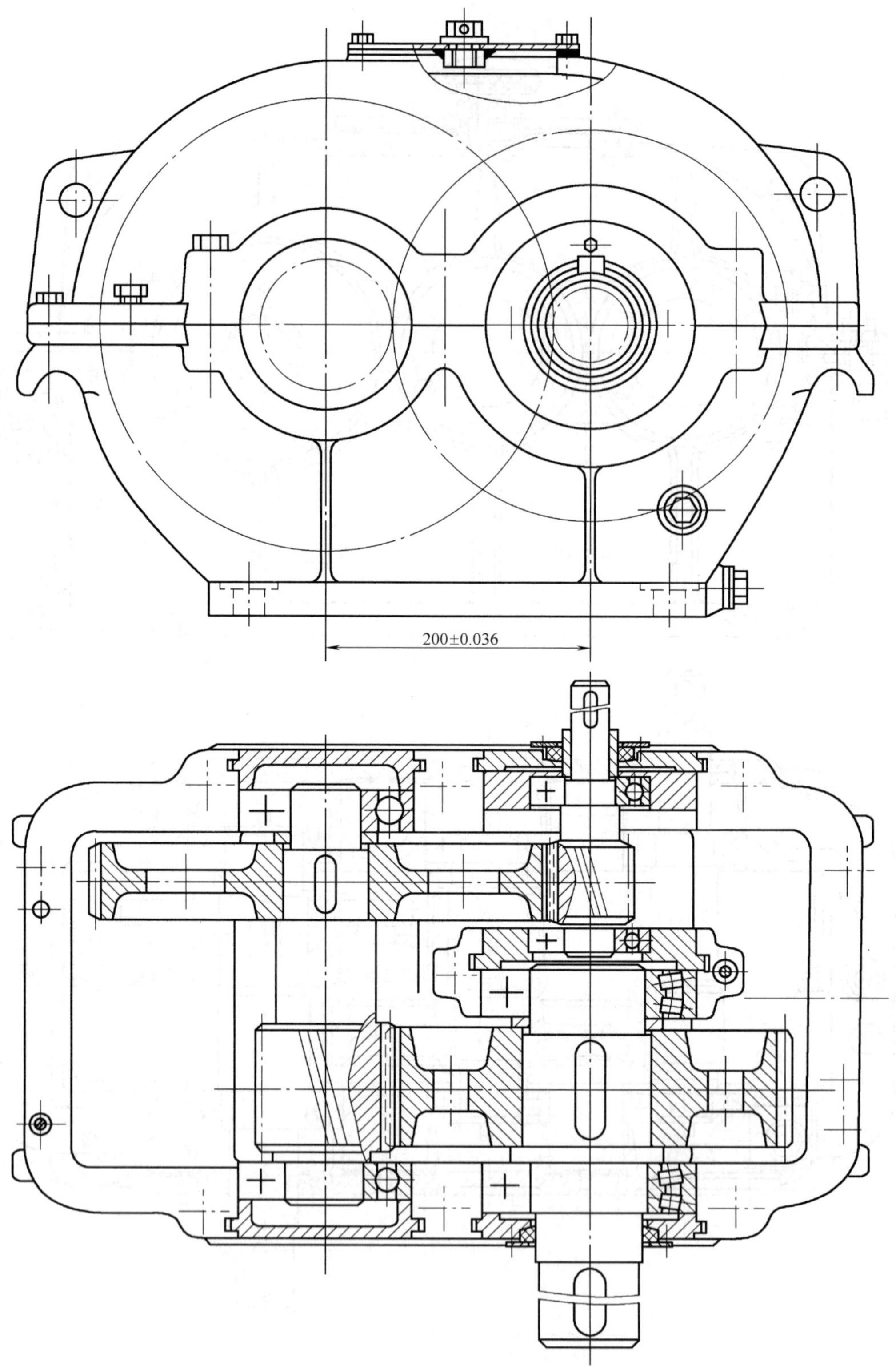

图 10.1-14 二级同轴式圆柱齿轮减速器

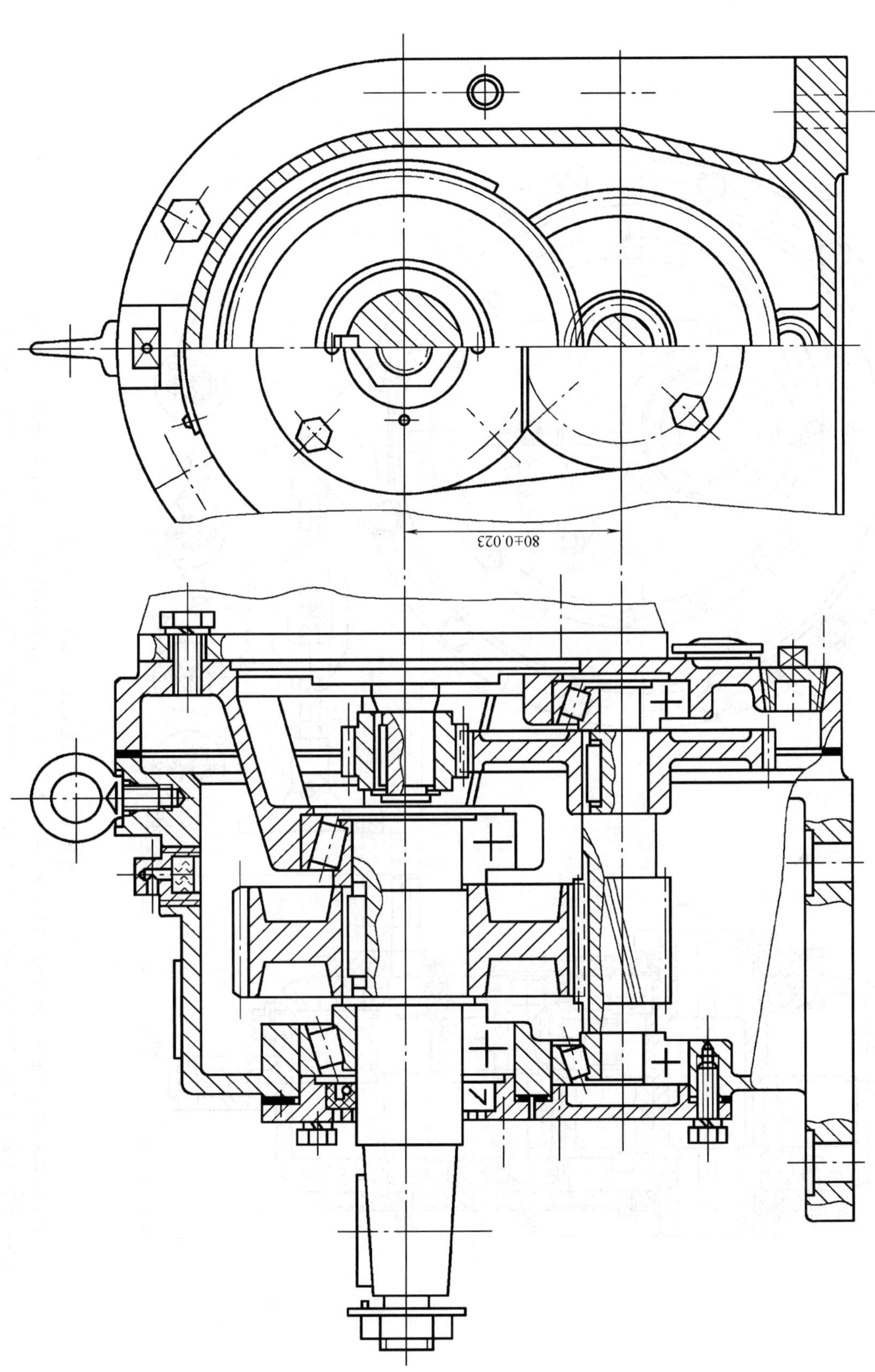

图 10.1-15　二级同轴式轴装圆柱齿轮减速器

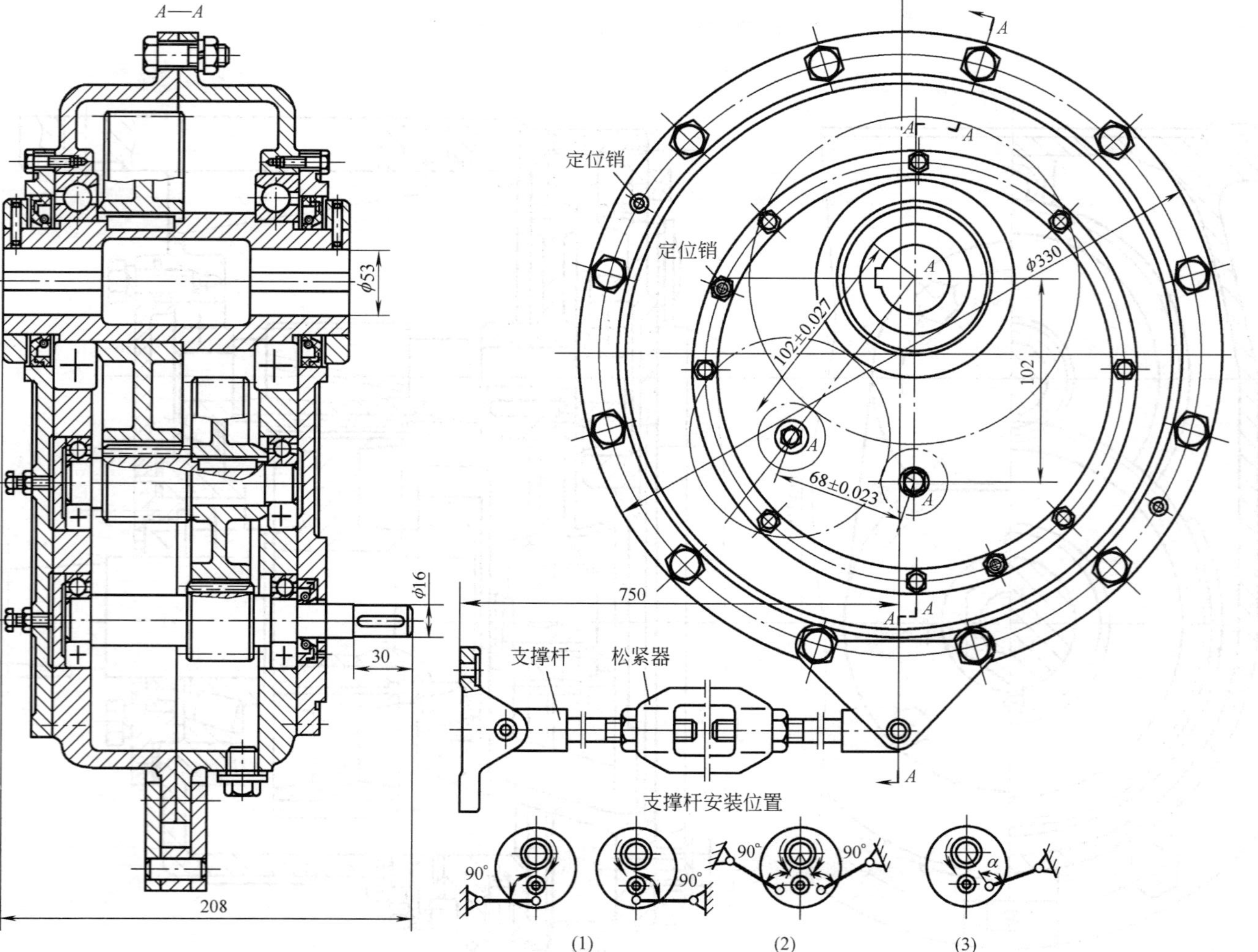

图 10.1-16 二级悬挂式轴装圆柱齿轮减速器

注：轴装式齿轮减速器不需底座，结构紧凑，装配方便，输出轴为空心轴，可直接套在被传动的轴上。为防止减速器绕空心轴回转，用支撑杆固定。支撑杆安装位置与空心轴转向有关，务使支撑杆受拉力。图（1）~图（3）为支撑杆的几种安装方式，安装角度 $\alpha=90°\sim150°$，一般常用 90°。

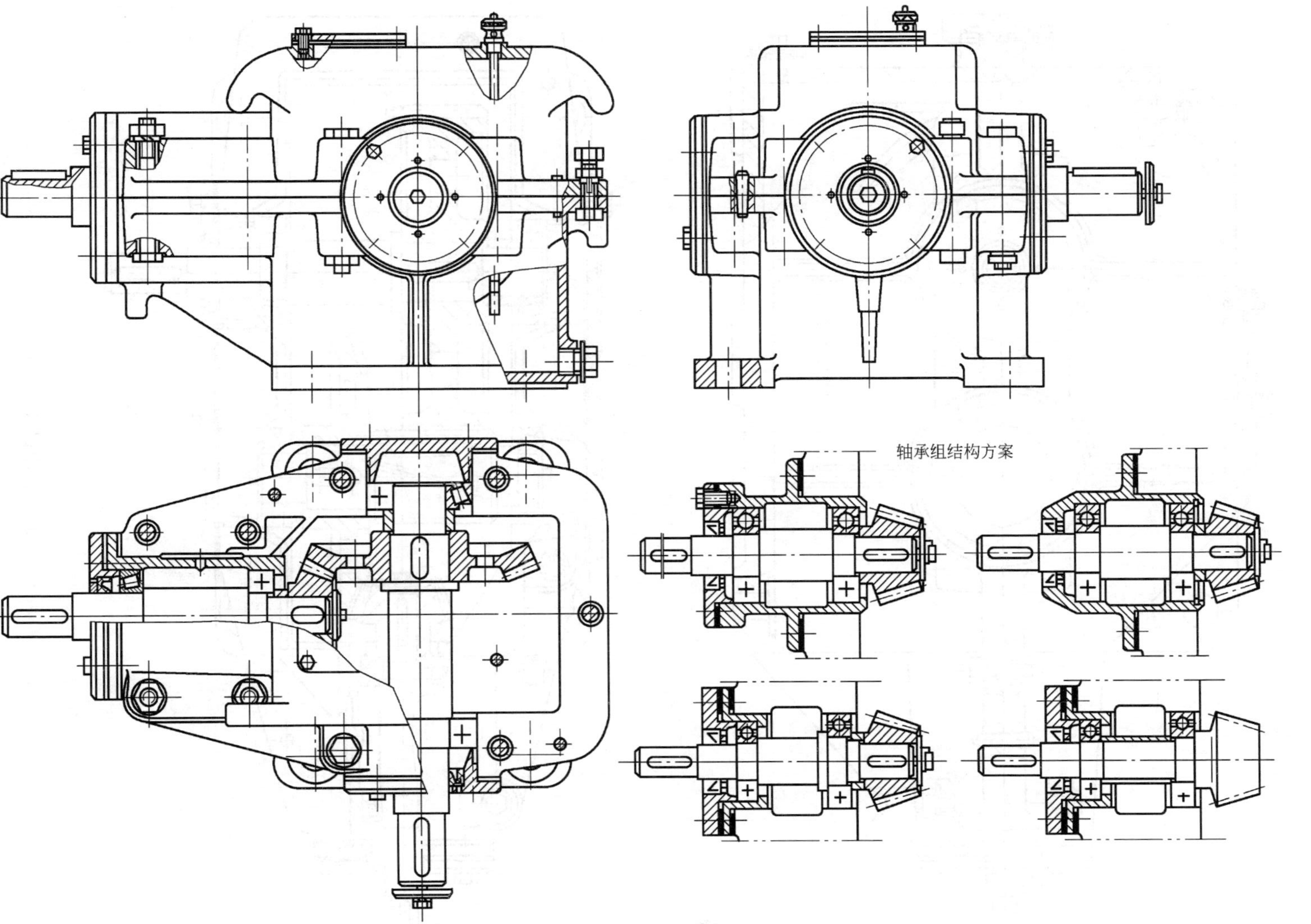

图 10.1-17　一级锥齿轮减速器

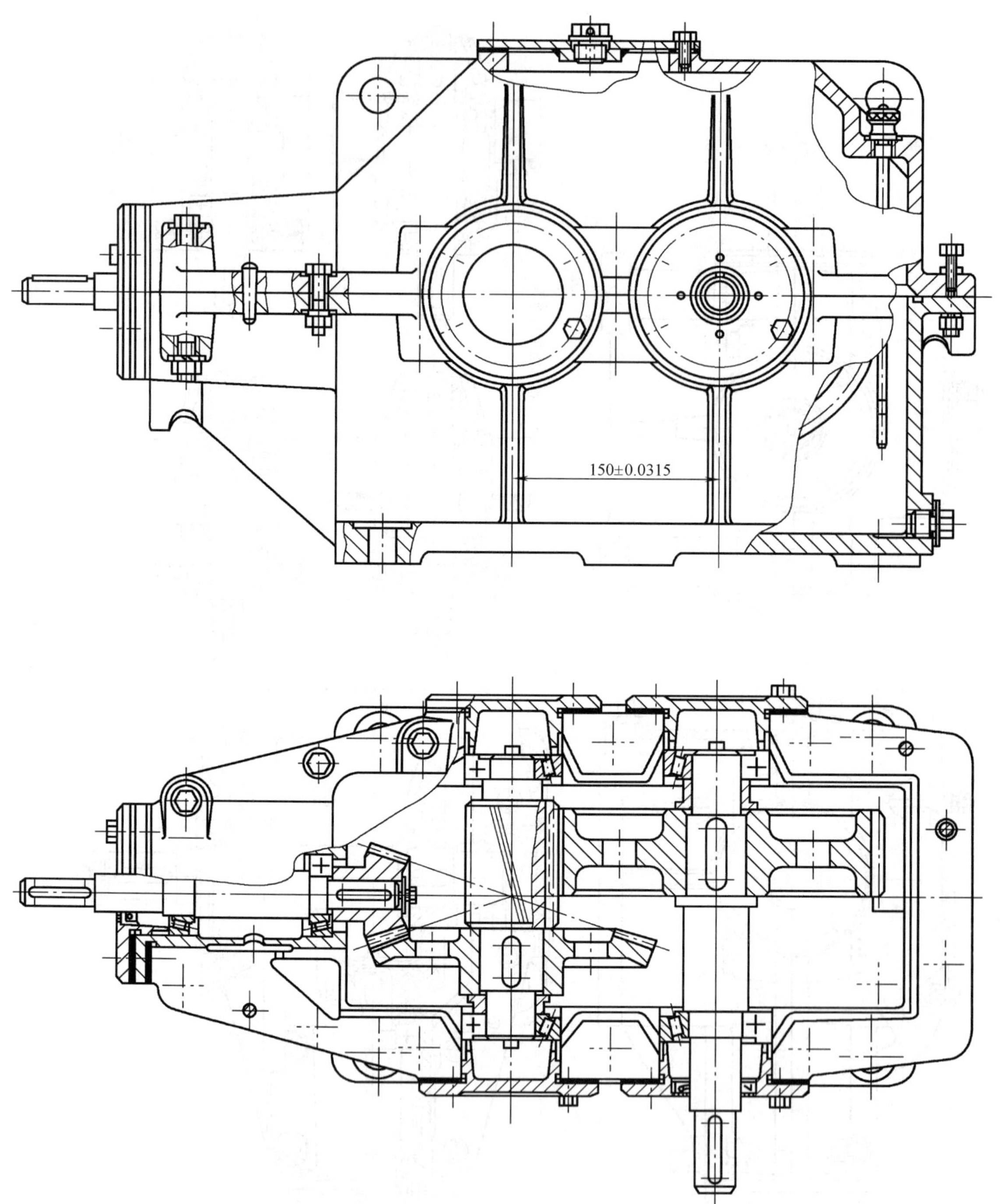

图 10.1-18 锥齿轮-圆柱齿轮减速器

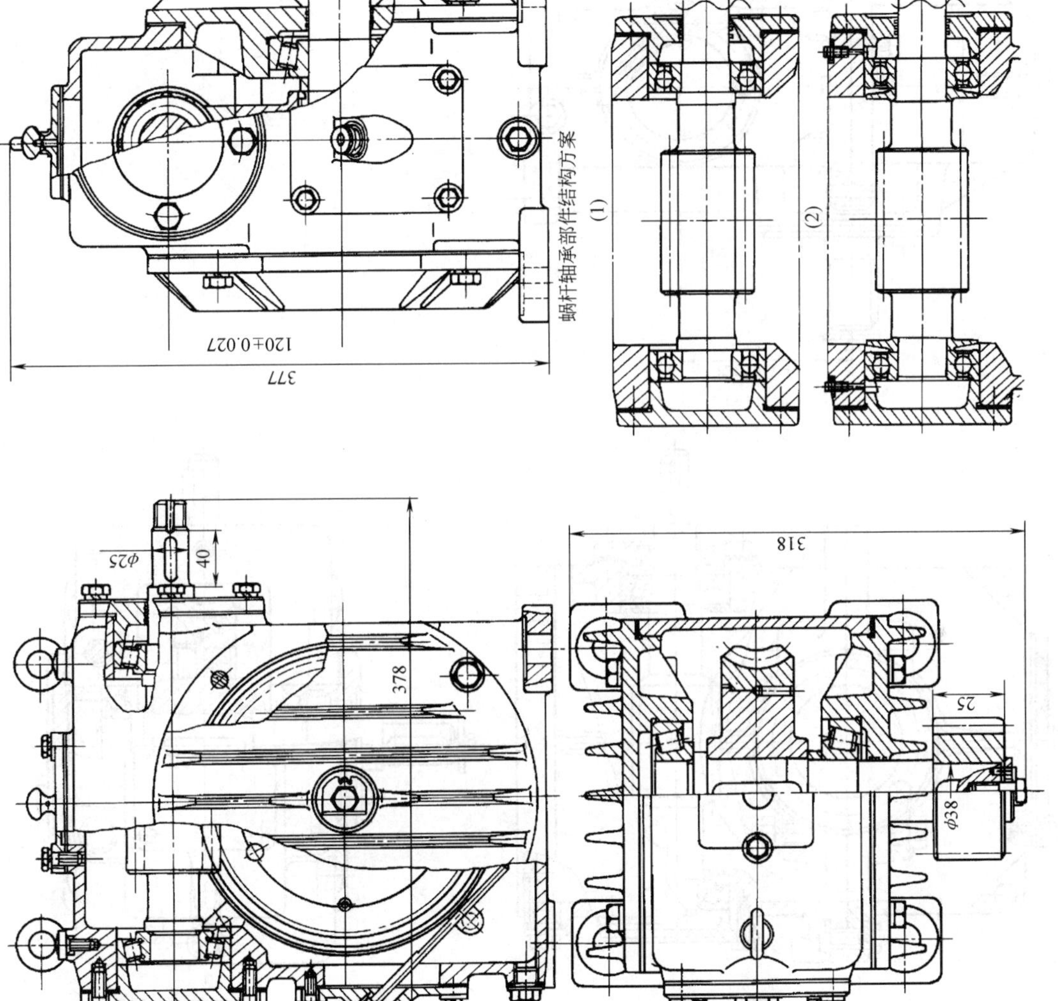

图 10.1-19　一级上置蜗杆减速器

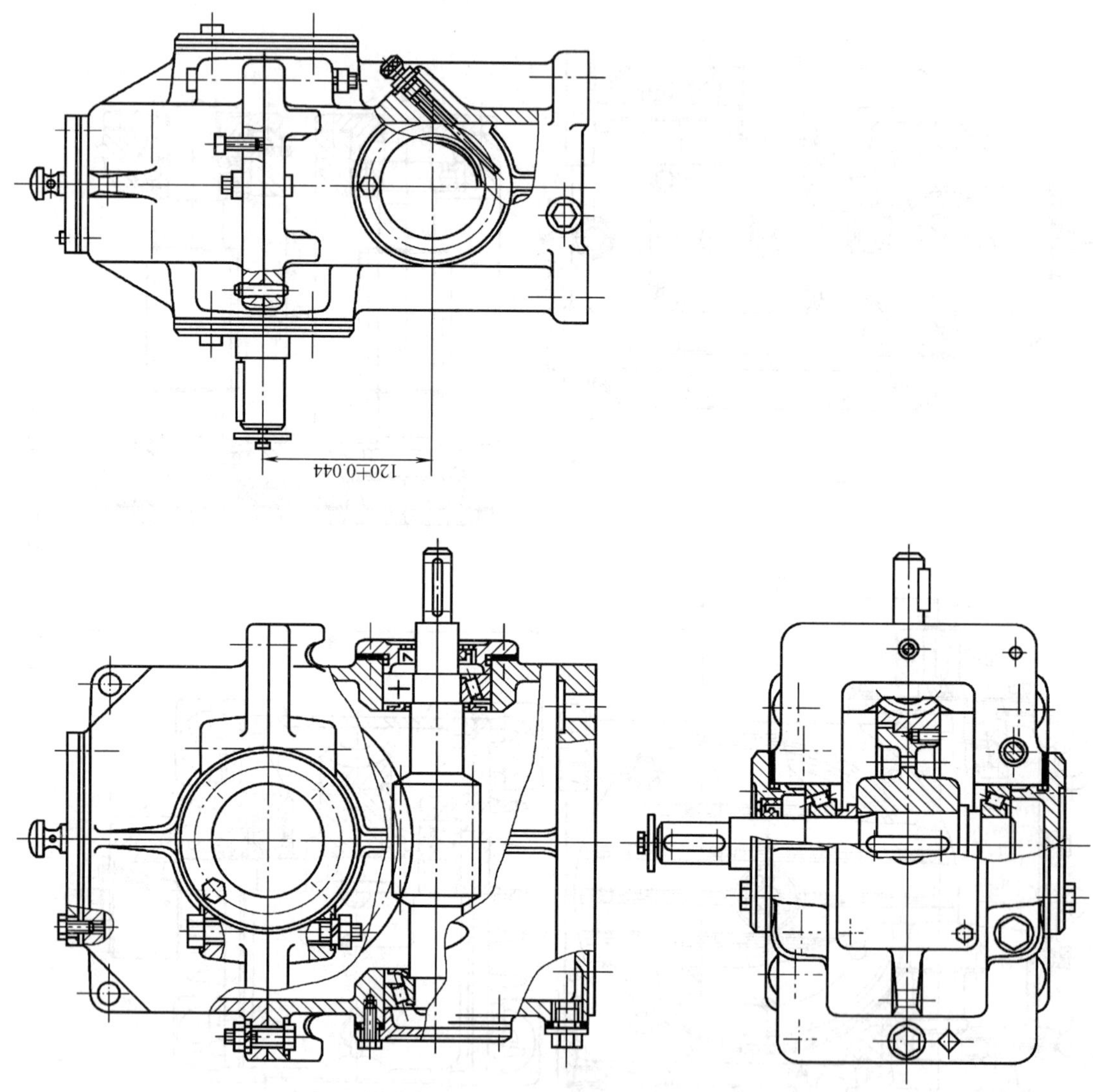

图 10.1-20 一级下置蜗杆减速器

7.2 箱体零件工作图（见图 10.1-21～图 10.1-28）

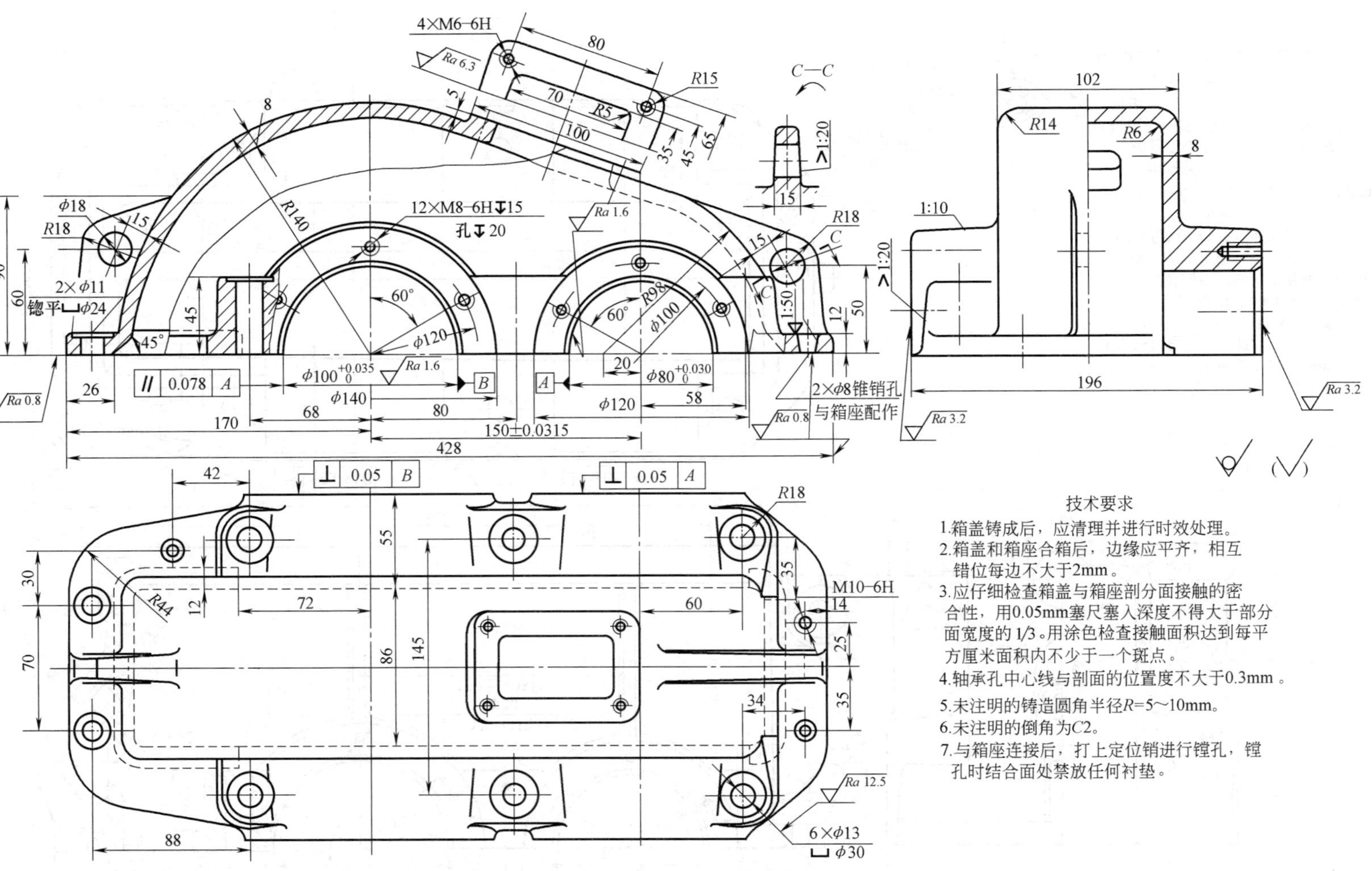

图 10.1-21　圆柱齿轮减速器箱盖

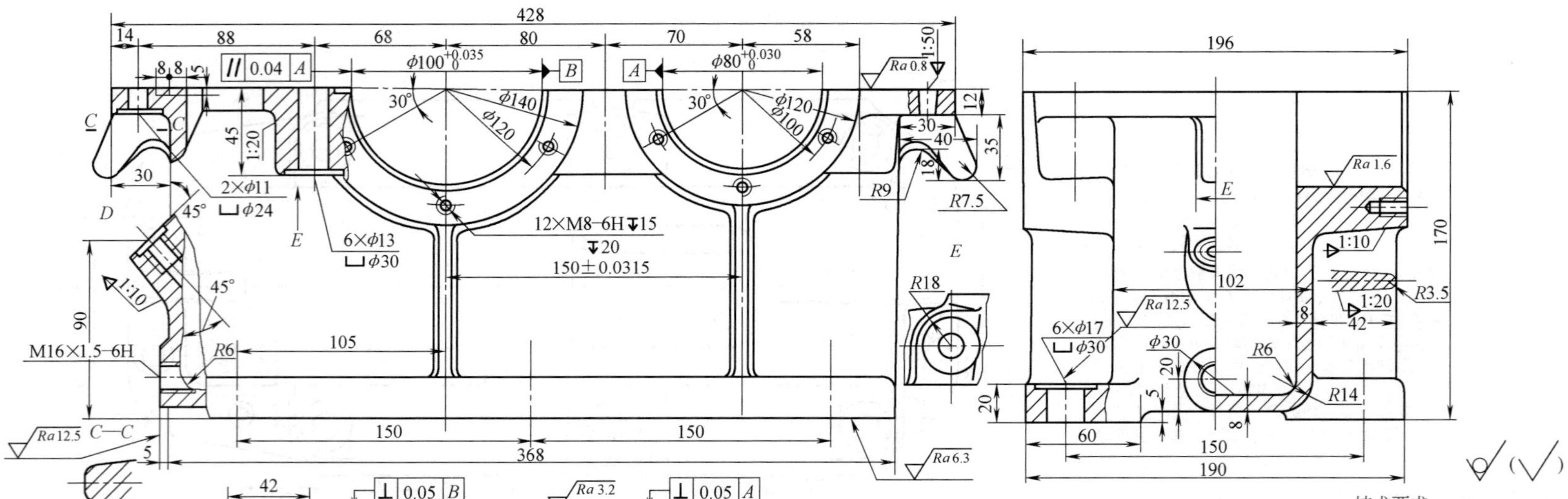

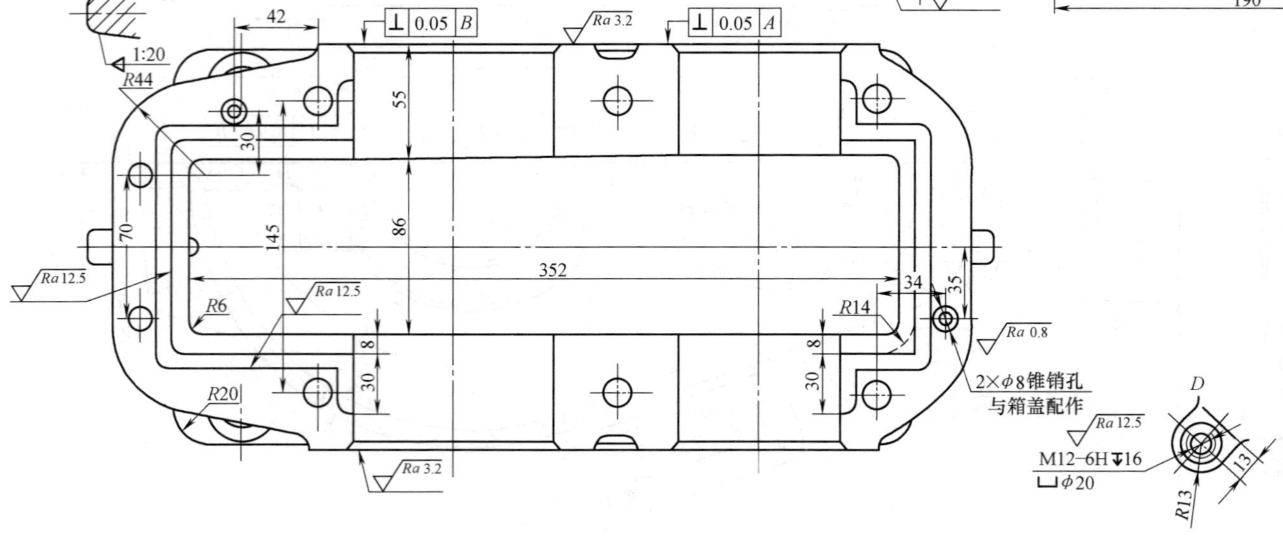

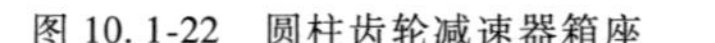

技术要求

1.箱座铸成后，应清理铸件，并进行时效处理。

2.箱盖和箱座合箱后，边缘应平齐，相互错位每边不大于2mm。

3.箱座与箱盖剖分面接触的密合性，用0.05mm塞尺塞入深度不得大于剖分面宽度的 1/3 。用涂色检色接触面积达到每平方厘米面积内不少于一个斑点。

4.轴承孔中心线与剖面的位置度不大于0.3mm。

5.未注明的铸造圆角半径R=5～10mm。

6.未注明的倒角为C2。

7.与箱盖连接后，打上定位销进行镗孔，镗孔时结合面处禁放任何衬垫。

8.箱座不准漏油。

9.油槽两侧面及底面MRRRa12.5。

图 10.1-22 圆柱齿轮减速器箱座

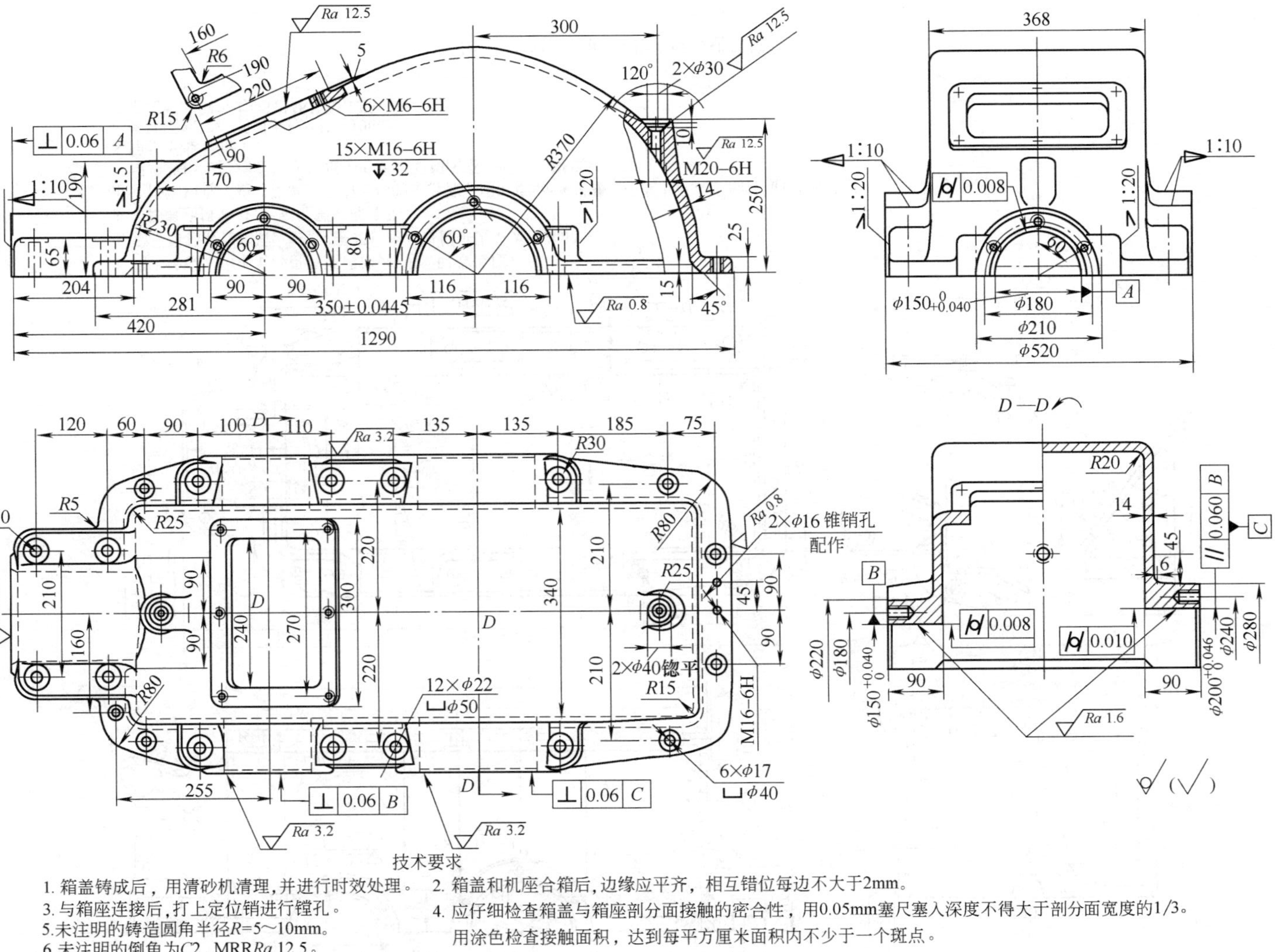

技术要求
1. 箱盖铸成后，用清砂机清理，并进行时效处理。
2. 箱盖和机座合箱后，边缘应平齐，相互错位每边不大于2mm。
3. 与箱座连接后，打上定位销进行镗孔。
4. 应仔细检查箱盖与箱座剖分面接触的密合性，用0.05mm塞尺塞入深度不得大于剖分面宽度的1/3。用涂色检查接触面积，达到每平方厘米面积内不少于一个斑点。
5. 未注明的铸造圆角半径R=5～10mm。
6. 未注明的倒角为C2，MRRRa 12.5。

图 10.1-23　锥齿轮-圆柱齿轮减速器箱盖

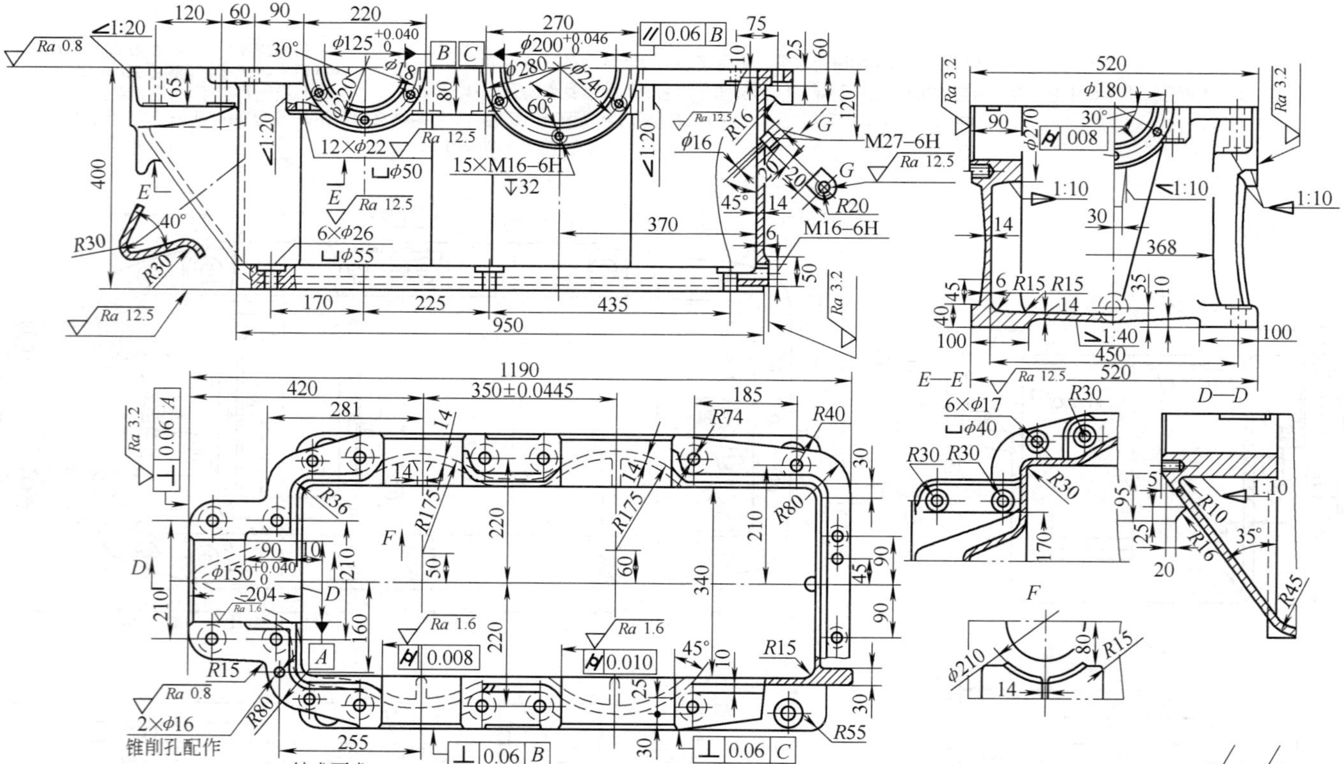

技术要求

1. 箱座铸成后，用清砂机清理铸件，并进行时效处理。
2. 箱座与箱盖合箱后，边缘应平齐，相互错位每边不大于2mm。
3. 与箱盖连接后，打上定位销进行镗孔。
4. 应仔细检查箱座与箱盖剖分面接触的密合性，用0.05mm塞尺塞入深度不得大于剖分面宽度的1/3。用涂色检查接触面积达到每平方厘米面积内不少于一个斑点。
5. 箱座不准漏油。
6. 未注明的铸造圆角半径R=5～10mm。
7. 未注明的倒角为$C3$，MRRRa 12.5。

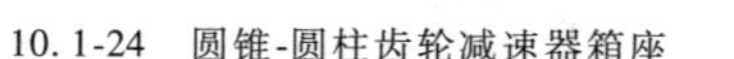

图 10.1-24 圆锥-圆柱齿轮减速器箱座

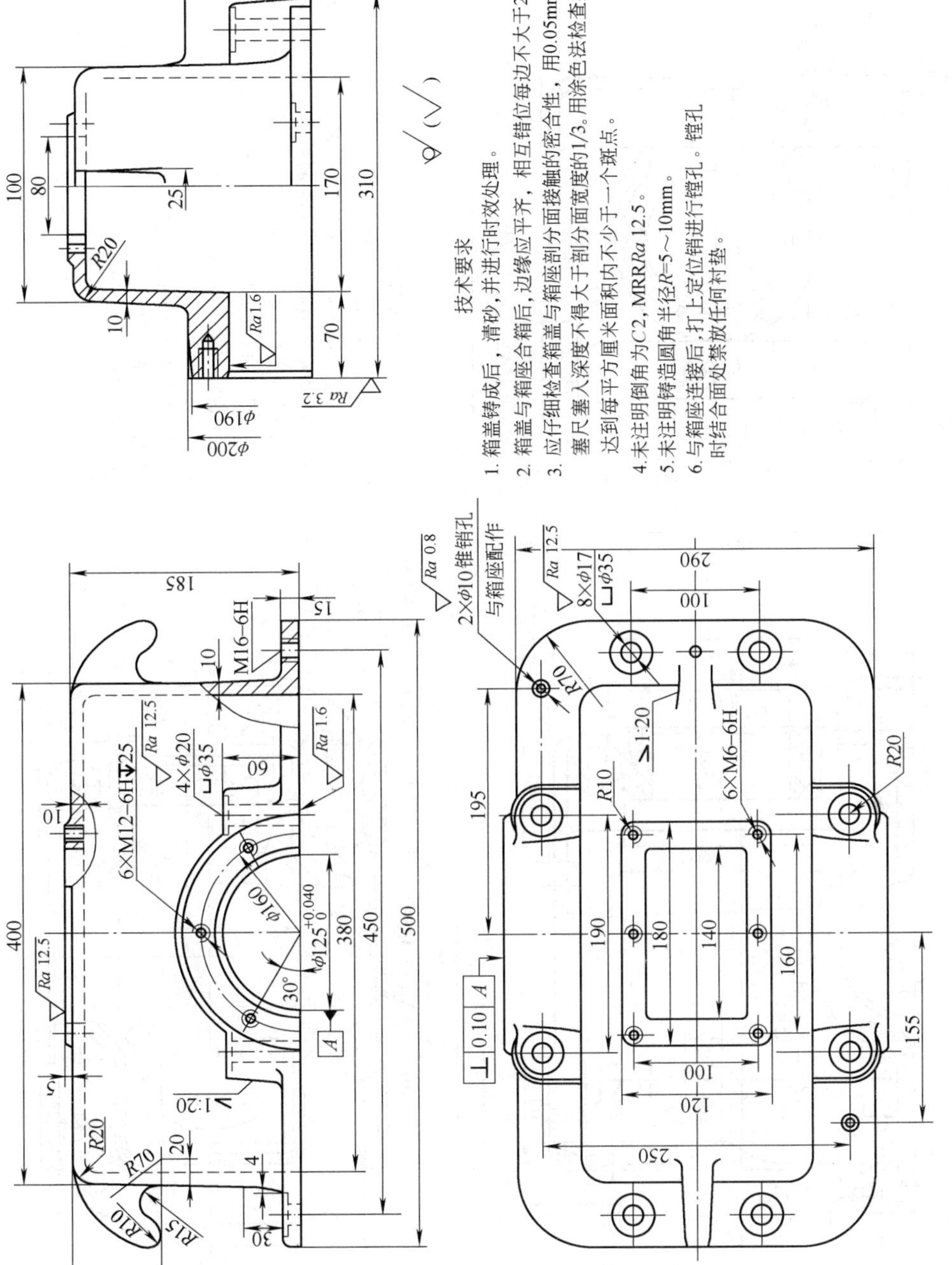
技术要求
1. 箱盖铸成后，清砂，并进行时效处理。
2. 箱盖与箱座合箱后，边缘应平齐，相互错位每边不大于2mm。
3. 应仔细检查箱盖与箱座剖分面接触的密合性，用0.05mm塞尺塞入深度不得大于剖分面宽度的1/3。用涂色法检查接触面达到每平方厘米面积内不少于一个斑点。
4.未注明倒角为C2，MRRRa 12.5。
5.未注明铸造圆角半径R=5～10mm。
6.与箱座连接后，打上定位销进行镗孔。镗孔时结合面处禁放任何衬垫。
2×ϕ10锥销孔
与箱座配作
8×ϕ17
⌴ϕ35
4×ϕ20
⌴ϕ35
6×M12-6H↧25
6×M6-6H
M16-6H
ϕ125 +0.040 0
ϕ160
ϕ190
ϕ200
1:20
Ra 3.2
Ra 1.6
Ra 12.5
Ra 0.8
0.10
A

图 10.1-25　蜗杆减速器箱盖

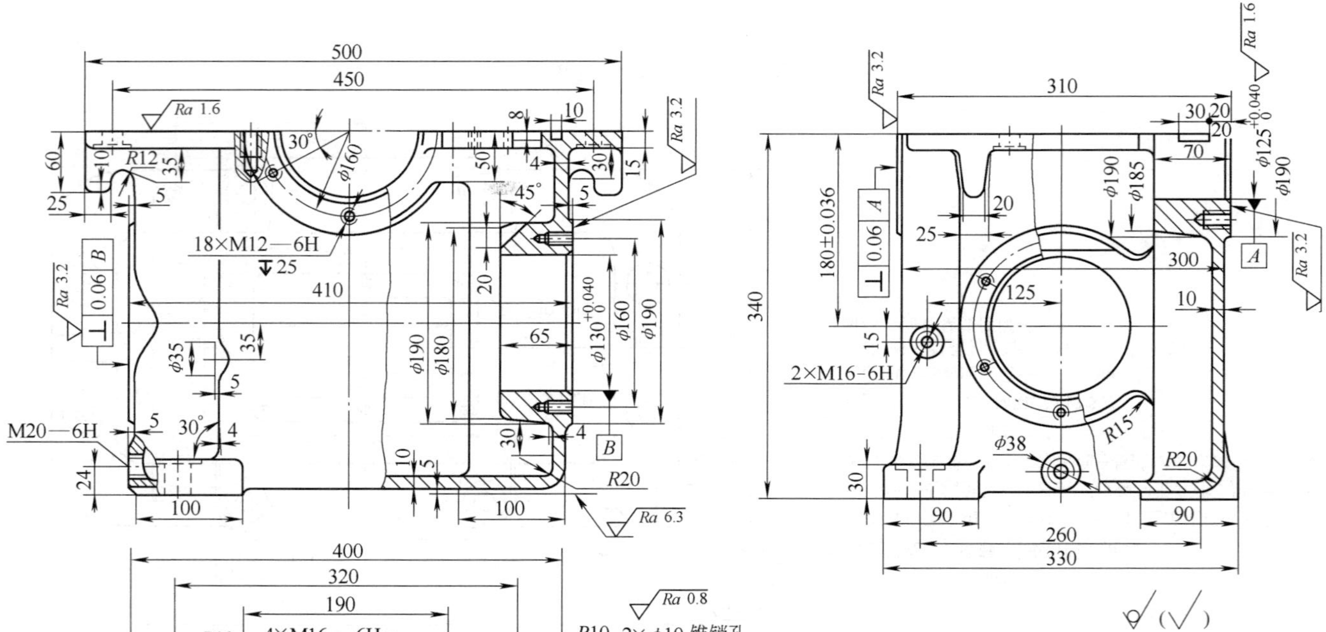

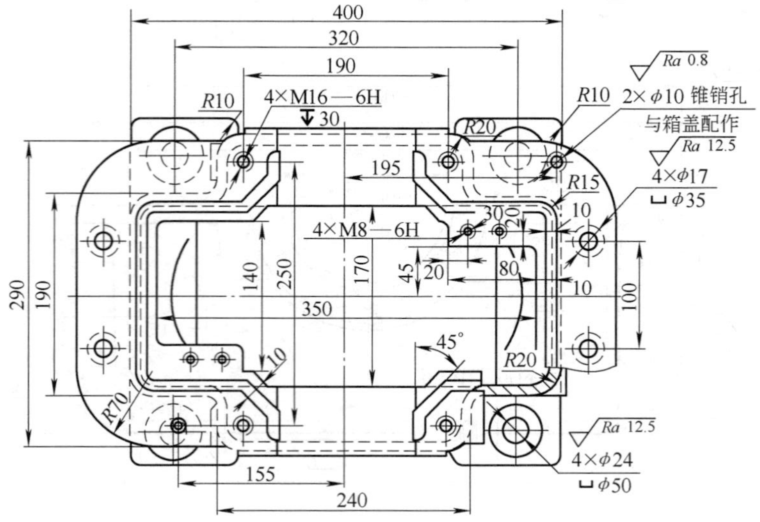

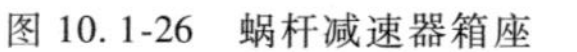

技术要求

1. 箱座铸成后，清砂，并进行时效处理。
2. 箱座与箱盖合箱后，边缘应平齐，相互错位每边不大于2mm。
3. 应仔细检查箱座与箱盖剖分面接触的密合性，用0.05mm塞尺塞入深度不得大于剖分面宽度的1/3。用涂色法检查接触面达到每平方厘米面积内不少于一个斑点。
4. 未注明倒角为$C2$，MRRRa 12.5。
5. 未注明铸造圆角半径R=5～10mm。
6. 与箱盖连接后，打上定位销进行镗孔。镗孔时结合面处禁放任何衬垫。
7. 机体不准漏油。

图 10.1-26　蜗杆减速器箱座

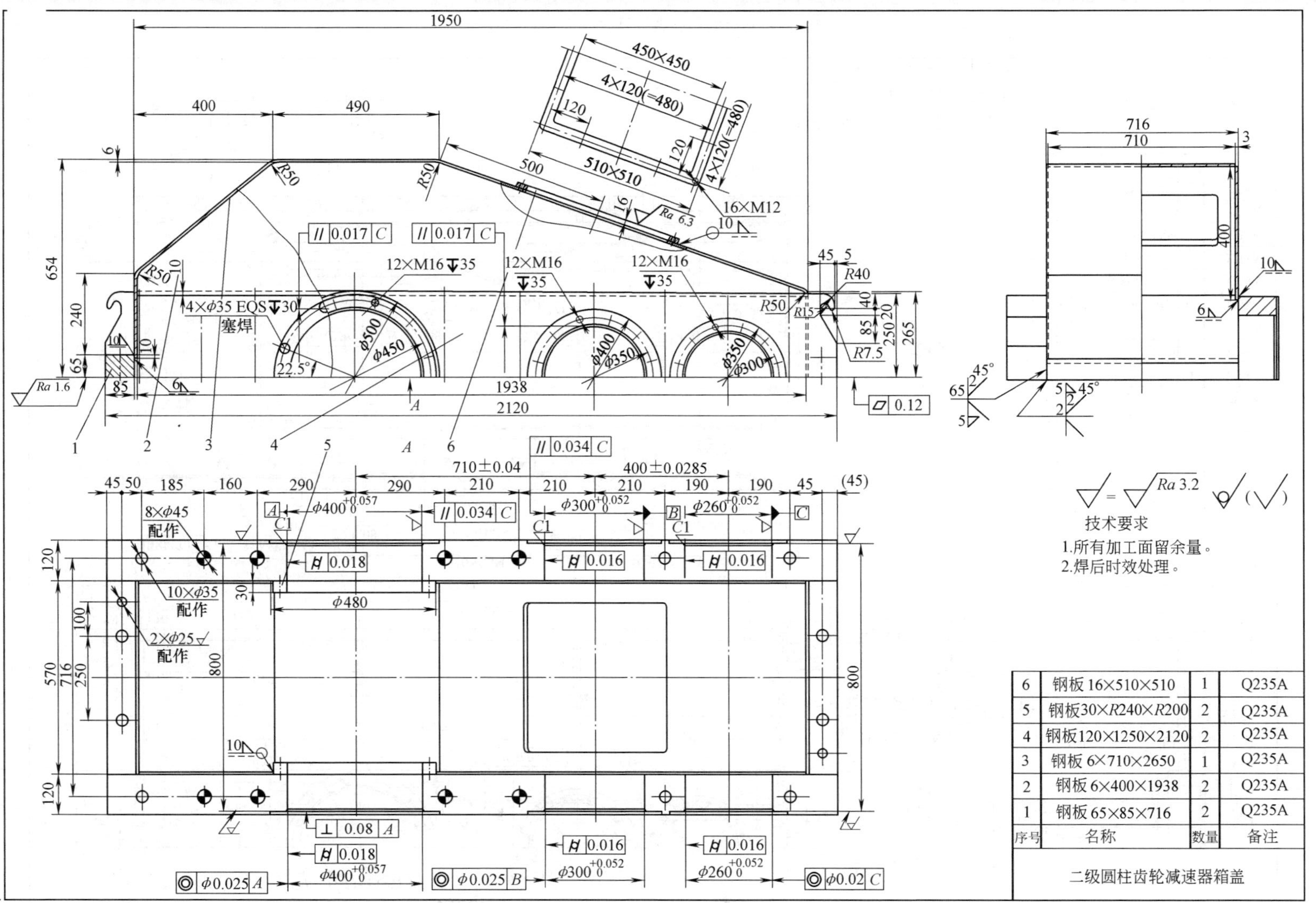

序号	名称	数量	备注
6	钢板 16×510×510	1	Q235A
5	钢板30×R240×R200	2	Q235A
4	钢板120×1250×2120	2	Q235A
3	钢板 6×710×2650	1	Q235A
2	钢板 6×400×1938	2	Q235A
1	钢板 65×85×716	2	Q235A
二级圆柱齿轮减速器箱盖			

图 10.1-27　二级圆柱齿轮减速器箱盖（焊接件）

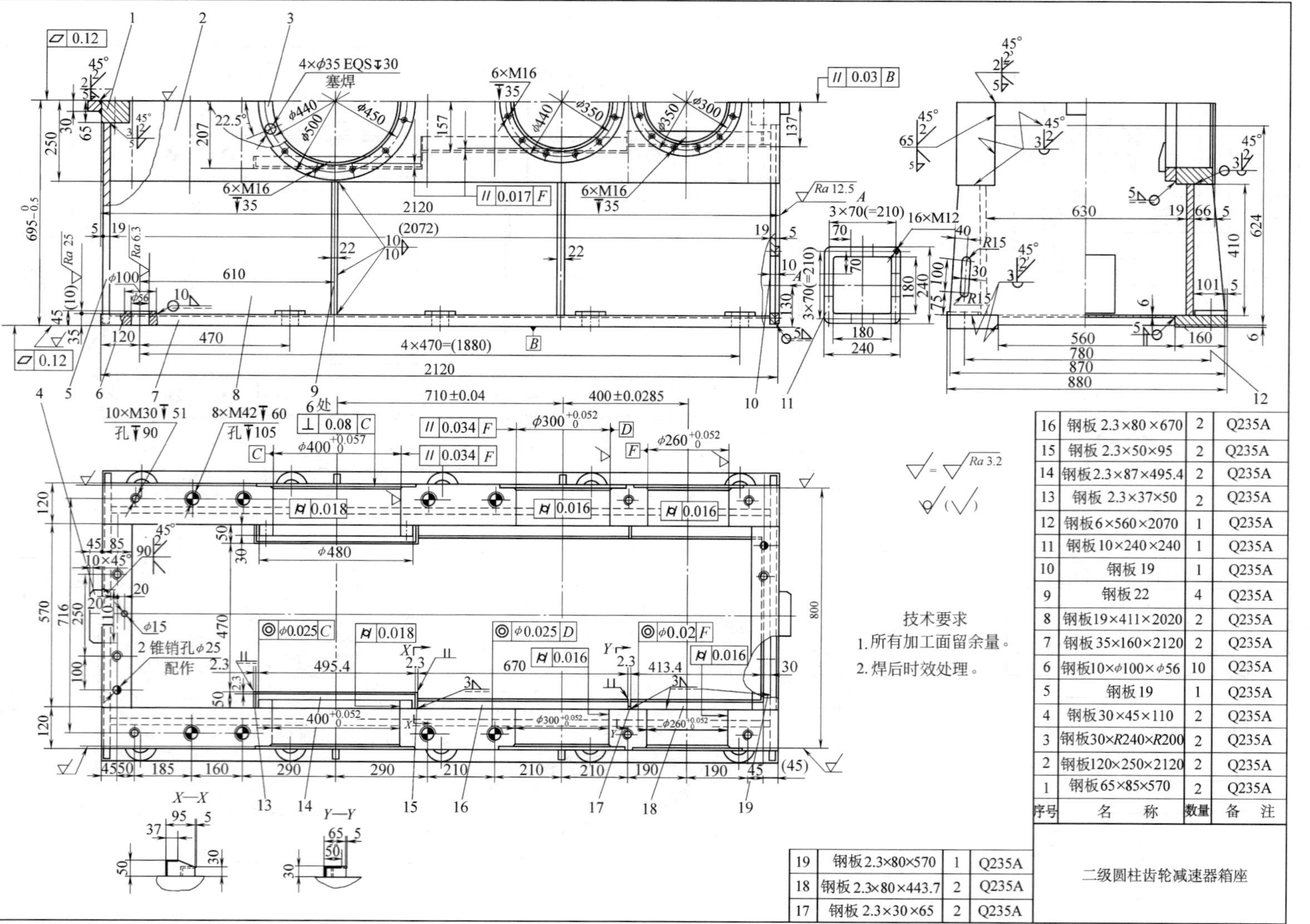

图 10.1-28　二级圆柱齿轮减速器箱座（焊接件）

第 2 章　标准减速器

1　锥齿轮圆柱齿轮减速器（摘自 JB/T 8853—2015）

1.1　型号和标记方法

本减速器适用的环境温度为-20～45℃，当工作环境温度低于 0℃时，起动前润滑油应加热至 0℃以上。

（1）型号

减速器型号用 H1、H2、H3、H4、R2、R3、R4 表示。

H1 表示单级圆柱齿轮减速器；

H2 表示两级圆柱齿轮减速器；

H3 表示三级圆柱齿轮减速器；

H4 表示四级圆柱齿轮减速器；

R2 表示一级锥齿轮一级圆柱齿轮减速器；

R3 表示一级锥齿轮二级圆柱齿轮减速器；

R4 表示一级锥齿轮三级圆柱齿轮减速器。

（2）标记方法

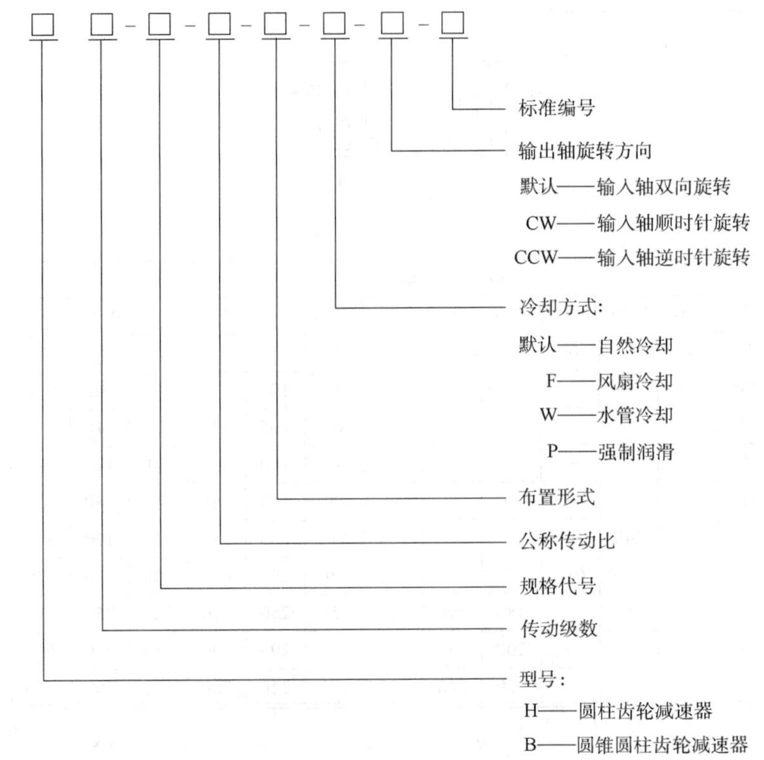

（3）标记示例

符合 JB/T 8853—2015 的规定、两级传动、10 号规格、公称传动比为 11.2、第Ⅰ种布置形式、风扇冷却、输入轴双向旋转的圆柱齿轮减速器，其标记为：

H2-10-11-11.2-Ⅰ-F-JB/T 8853—2015

1.2　外形尺寸及布置形式

H1 减速器的外形尺寸及布置形式见表 10.2-1。

H2 减速器的外形尺寸及布置形式见表 10.2-2。

H3 减速器的外形尺寸及布置形式见表 10.2-3。

H4 减速器的外形尺寸及布置形式见表 10.2-4。

R2 减速器的外形尺寸及布置形式见表 10.2-5。

R3 减速器的外形尺寸及布置形式见表 10.2-6。

R4 减速器的外形尺寸及布置形式见表 10.2-7。

表 10.2-1　H1 减速器的外形尺寸及布置形式　（mm）

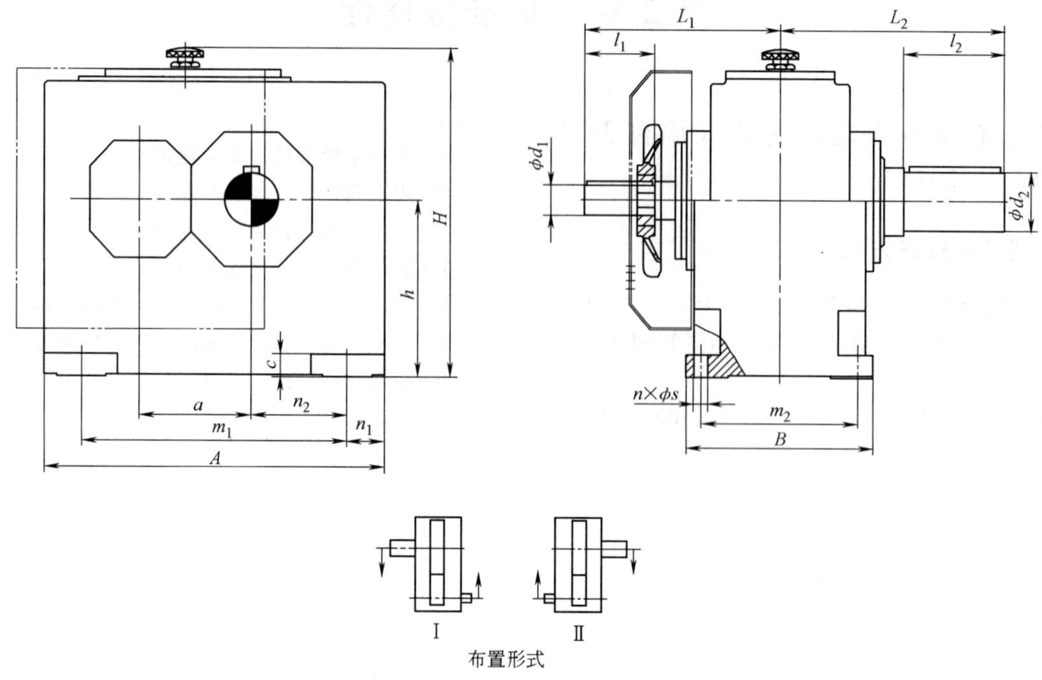

布置形式

规格	输入轴															输出轴		
	$i_N=1.25\sim2.8$			$i_N=1.6\sim2.8$			$i_N=2\sim2.8$			$i_N=3.15\sim4$			$i_N=4.5\sim5.6$					
	d_1	l_1	L_1	d_1	l_1	L_1	d_1	l_1	L_1	d_1	l_1	L_1	d_1	l_1	L_1	d_2	l_2	L_2
3	60	125	295	—	—	—	—	—	—	45	100	270	32	80	250	60	125	295
5	85	160	370	—	—	—	—	—	—	60	135	345	50	110	320	85	160	370
7	100	200	450	—	—	—	—	—	—	75	140	390	60	140	390	105	200	450
9	110	200	480	—	—	—	—	—	—	90	165	445	75	140	420	125	210	480
11	—	—	—	130	240	565	—	—	—	110	205	530	90	170	495	150	240	560
13	—	—	—	150	245	610	—	—	—	130	245	610	100	210	575	180	310	670
15	—	—	—	—	—	—	180	290	650	150	250	610	125	250	610	220	350	710
17	—	—	—	—	—	—	200	330	730	170	290	690	140	250	650	240	400	800
19	—	—	—	—	—	—	220	340	780	190	340	780	160	300	740	270	450	890

规格	A	B	c	a	h	H	m_1	m_2	n_1	n_2	$n\times\phi s$	润滑油量 /L	质量 /kg
3	420	200	28	130	200	375	310	160	55	110	$4\times\phi19$	≈7	≈128
5	580	285	35	185	290	525	440	240	70	160	$4\times\phi24$	≈22	≈302
7	690	375	45	225	350	625	540	315	75	195	$4\times\phi28$	≈42	≈547
9	805	425	50	265	420	735	625	350	90	225	$4\times\phi35$	≈68	≈862
11	960	515	60	320	500	875	770	440	95	280	$4\times\phi35$	≈120	≈1515
13	1100	580	70	370	580	1020	870	490	115	315	$4\times\phi42$	≈175	≈2395
15	1295	545	80	442	600	1115	1025	450	135	370	$4\times\phi48$	≈190	≈3200
17	1410	615	80	490	670	1235	1170	530	120	425	$4\times\phi42$	≈270	≈4250
19	1590	690	90	555	760	1385	1290	590	150	465	$4\times\phi48$	≈390	≈5800

表 10.2-2　H2 减速器的外形尺寸及布置形式　（mm）

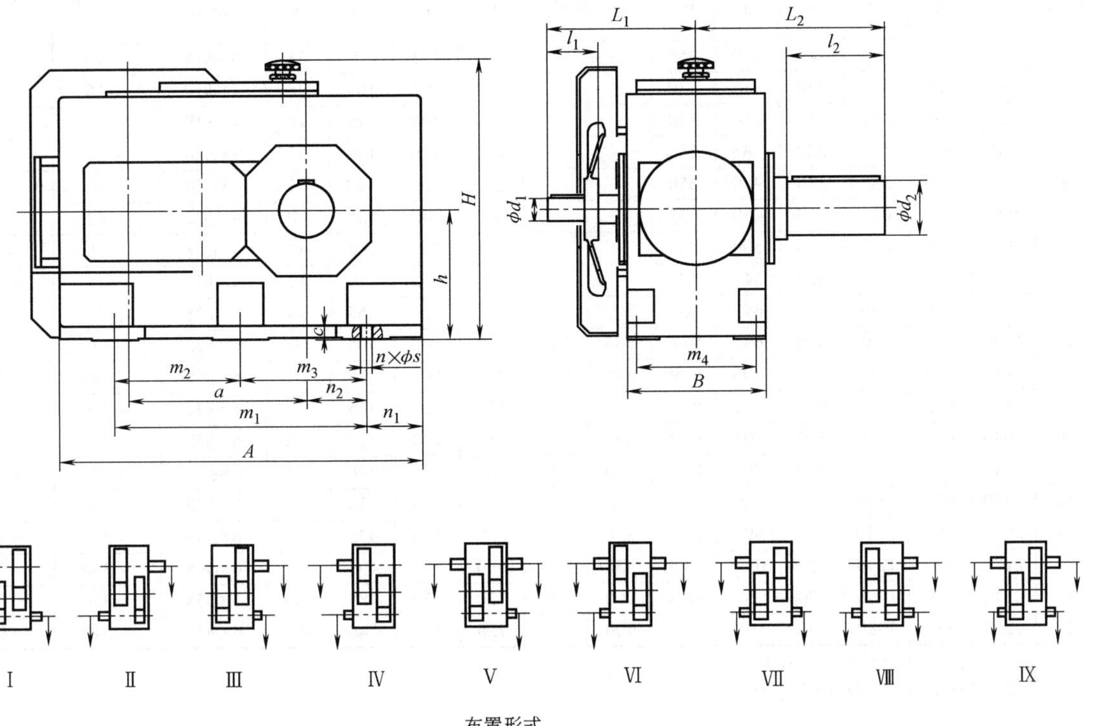

布置形式

规格	输入轴																								输出轴		
	$i_N=6.3\sim11.2$			$i_N=7.1\sim12.5$			$i_N=8\sim14$			$i_N=12.5\sim20$			$i_N=12.5\sim22.4$			$i_N=14\sim22.5$			$i_N=16\sim25$			$i_N=16\sim28$					
	d_1	l_1	L_1	d_1	l_1	L_1	d_1	l_1	L_1	d_1	l_1	L_1	d_1	l_1	L_1	d_1	l_1	L_1	d_1	l_1	L_1	d_1	l_1	L_1	d_2	l_2	L_2
4	45	100	270	—	—	—	—	—	—	—	—	—	32	80	250	—	—	—	—	—	—	—	—	—	80	170	310
5	50	100	295	—	—	—	—	—	—	—	—	—	38	80	275	—	—	—	—	—	—	—	—	—	100	210	375
6	—	—	—	—	—	—	50	100	295	—	—	—	—	—	—	—	—	—	—	—	—	38	80	275	110	210	375
7	60	135	345	—	—	—	—	—	—	—	—	—	50	110	320	—	—	—	—	—	—	—	—	—	120	210	405
8	—	—	—	—	—	—	60	135	345	—	—	—	—	—	—	—	—	—	—	—	—	50	110	320	130	250	445
9	75	140	380	—	—	—	—	—	—	—	—	—	60	140	380	—	—	—	—	—	—	—	—	—	140	250	485
10	—	—	—	—	—	—	75	140	380	—	—	—	—	—	—	—	—	—	—	—	—	60	140	380	160	300	535
11	90	165	440	—	—	—	—	—	—	—	—	—	70	140	415	—	—	—	—	—	—	—	—	—	170	300	570
12	—	—	—	—	—	—	90	165	440	—	—	—	—	—	—	—	—	—	—	—	—	70	140	415	180	300	570
13	100	205	535	—	—	—	—	—	—	85	170	500	—	—	—	—	—	—	—	—	—	—	—	—	200	350	550
14	—	—	—	—	—	—	100	205	535	—	—	—	—	—	—	—	—	—	85	170	500	—	—	—	210	350	560
15	120	210	575	—	—	—	—	—	—	100	210	575	—	—	—	—	—	—	—	—	—	—	—	—	230	410	640
16	—	—	—	120	210	575	—	—	—	—	—	—	—	—	—	100	210	575	—	—	—	—	—	—	240	410	650
17	125	245	665	—	—	—	—	—	—	110	210	630	—	—	—	—	—	—	—	—	—	—	—	—	250	410	660
18	—	—	—	125	245	665	—	—	—	—	—	—	—	—	—	110	210	630	—	—	—	—	—	—	270	470	740
19	150	245	720	—	—	—	—	—	—	120	210	685	—	—	—	—	—	—	—	—	—	—	—	—	290	470	760
20	—	—	—	150	245	720	—	—	—	—	—	—	—	—	—	120	210	685	—	—	—	—	—	—	300	500	800
21	170	290	785	—	—	—	—	—	—	140	250	745	—	—	—	—	—	—	—	—	—	—	—	—	320	500	820
22	—	—	—	170	290	785	—	—	—	—	—	—	—	—	—	140	250	745	—	—	—	—	—	—	340	550	890

（续）

规格	A	B	H	h	a	m_1	m_2	m_3	m_4	n_1	n_2	c	$n\times\phi s$	润滑油量/L	质量/kg
4	565	215	415	200	270	355	—	—	180	105	85	28	$4\times\phi19$	≈10	≈190
5	640	255	482	230	315	430	—	—	220	105	100	28	$4\times\phi19$	≈15	≈300
6	720	255	482	230	350	510	—	—	220	105	145	28	$4\times\phi19$	≈16	≈355
7	785	300	572	280	385	545	—	—	260	120	130	35	$4\times\phi24$	≈27	≈505
8	890	300	582	280	430	650	—	—	260	120	190	35	$4\times\phi24$	≈30	≈590
9	925	370	662	320	450	635	—	—	320	145	155	40	$4\times\phi28$	≈42	≈830
10	1025	370	662	320	500	735	—	—	320	145	205	40	$4\times\phi28$	≈45	≈960
11	1105	370	782	320	545	775	—	—	370	165	180	40	$4\times\phi28$	≈71	≈1335
12	1260	370	790	320	615	930	—	—	370	165	265	40	$4\times\phi28$	≈76	≈1615
13	1290	550	900	440	635	1090	545	545	475	100	305	60	$6\times\phi35$	≈135	≈2000
14	1430	550	900	440	705	1230	545	685	475	100	375	60	$6\times\phi35$	≈140	≈2570
15	1550	625	1000	500	762	1310	655	655	535	120	365	70	$6\times\phi42$	≈210	≈3430
16	1640	625	1000	500	808	1400	655	745	535	120	410	70	$6\times\phi42$	≈215	≈3655
17	1740	690	1110	550	860	1470	735	735	600	135	390	80	$6\times\phi42$	≈290	≈4650
18	1860	690	1110	550	920	1590	735	855	600	135	450	80	$6\times\phi42$	≈300	≈5125
19	2010	790	1240	620	997	1700	850	850	690	155	435	90	$6\times\phi48$	≈320	≈6600
20	2130	790	1240	620	1057	1820	850	970	690	155	495	90	$6\times\phi48$	≈340	≈7500
21	2140	830	1390	700	1067	1800	900	900	720	170	485	100	$6\times\phi56$	≈320	≈8900
22	2250	830	1390	700	1122	1910	900	1010	720	170	540	100	$6\times\phi56$	≈340	≈9600

注：1. 规格 13 和 15 仅用于 $i_N=6.3\sim18$。

2. 规格 17 和 19 仅用于 $i_N=6.3\sim16$。

表 10.2-3　H3 减速器的外形尺寸及布置形式　（mm）

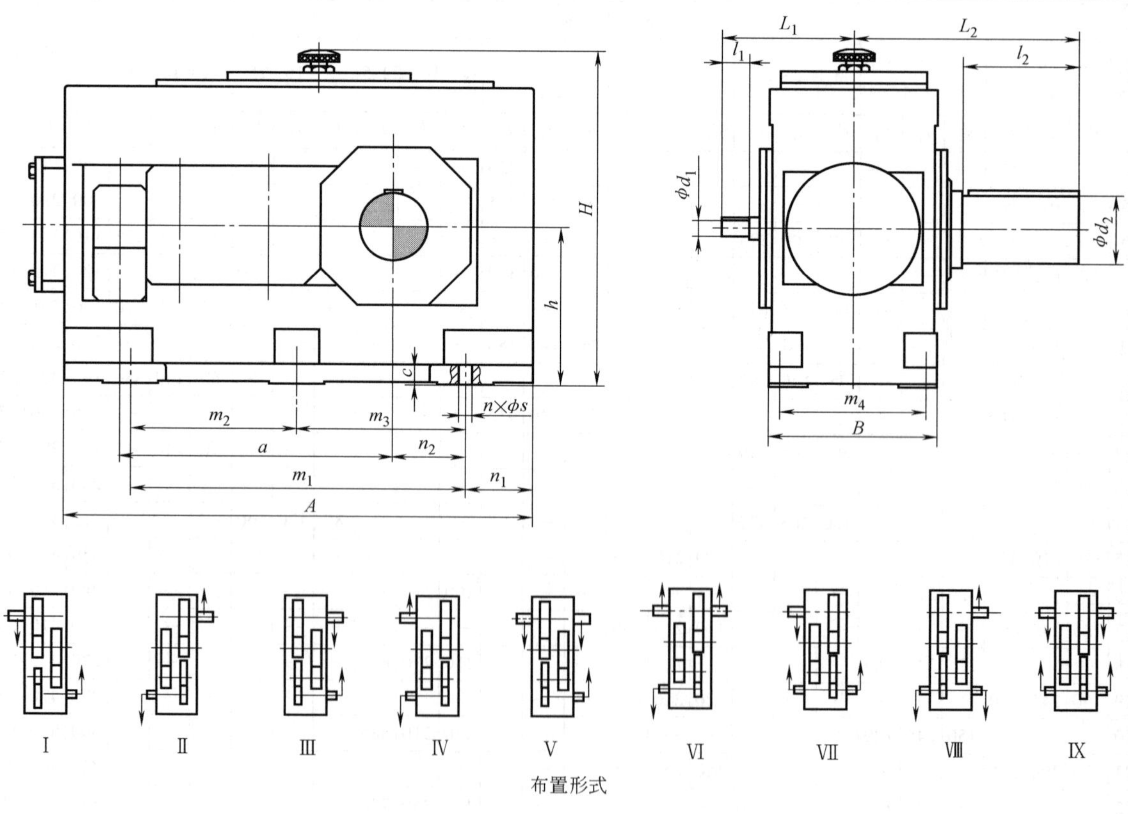

布置形式

（续）

规格	输入轴																													
	$i_N=22.4\sim45$			$i_N=25\sim45$			$i_N=25\sim50$			$i_N=28\sim56$			$i_N=31.5\sim56$			$i_N=50\sim63$			$i_N=56\sim71$			$i_N=63\sim80$			$i_N=71\sim90$			$i_N=80\sim100$		
	d_1	l_1	L_1	d_1	l_1	L_1	d_1	l_1	L_1	d_1	l_1	L_1	d_1	l_1	L_1	d_1	l_1	L_1	d_1	l_1	L_1	d_1	l_1	L_1	d_1	l_1	L_1	d_1	l_1	L_1
5	—	—	—	40	70	230	—	—	—	—	—	—	—	—	—	30	50	210	—	—	—	—	—	—	24	40	200	—	—	—
6	—	—	—	—	—	—	—	—	—	—	—	—	40	70	230	—	—	—	—	—	—	30	50	210	—	—	—	—	—	—
7	—	—	—	45	80	265	—	—	—	—	—	—	—	—	—	35	60	245	—	—	—	—	—	—	28	50	235	—	—	—
8	—	—	—	—	—	—	—	—	—	—	—	—	45	80	265	—	—	—	—	—	—	35	60	245	—	—	—	—	—	—
9	—	—	—	60	125	355	—	—	—	—	—	—	—	—	—	45	100	330	—	—	—	—	—	—	32	80	310	—	—	—
10	—	—	—	—	—	—	—	—	—	—	—	—	60	125	355	—	—	—	—	—	—	45	100	330	—	—	—	—	—	—
11	—	—	—	70	120	375	—	—	—	—	—	—	—	—	—	50	80	335	—	—	—	—	—	—	42	70	325	—	—	—
12	—	—	—	—	—	—	—	—	—	—	—	—	70	120	375	—	—	—	—	—	—	50	80	335	—	—	—	—	—	—
13	85	160	470	—	—	—	—	—	—	—	—	—	—	—	—	60	135	445	—	—	—	—	—	—	50	110	420	—	—	—
14	—	—	—	—	—	—	—	—	—	85	160	470	—	—	—	—	—	—	—	—	—	60	135	445	—	—	—	—	—	—
15	100	200	550	—	—	—	—	—	—	—	—	—	—	—	—	75	140	490	—	—	—	—	—	—	60	140	490	—	—	—
16	—	—	—	—	—	—	100	200	550	—	—	—	—	—	—	—	—	—	75	140	490	—	—	—	—	—	—	60	140	490
17	100	200	580	—	—	—	—	—	—	—	—	—	—	—	—	75	140	520	—	—	—	—	—	—	60	140	520	—	—	—
18	—	—	—	—	—	—	100	200	580	—	—	—	—	—	—	—	—	—	75	140	520	—	—	—	—	—	—	60	140	520
19	110	200	630	—	—	—	—	—	—	—	—	—	—	—	—	90	165	595	—	—	—	—	—	—	75	140	570	—	—	—
20	—	—	—	—	—	—	110	200	630	—	—	—	—	—	—	—	—	—	90	165	595	—	—	—	—	—	—	75	140	570
21	130	240	710	—	—	—	—	—	—	—	—	—	—	—	—	110	205	675	—	—	—	—	—	—	90	170	640	—	—	—
22	—	—	—	—	—	—	130	240	710	—	—	—	—	—	—	—	—	—	110	205	675	—	—	—	—	—	—	90	170	640

规格	输入轴 $i_N=90\sim112$			输出轴			A	B	H	h	a	m_1	m_2	m_3	m_4	n_1	n_2	c	$n\times\phi s$	润滑油量/L	质量/kg
	d_1	l_1	L_1	d_2	l_2	L_2															
5	—	—	—	100	210	375	690	255	482	230	405	480	—	—	220	105	100	28	4×ϕ19	≈16	≈320
6	24	40	200	110	210	375	770	255	482	230	440	560	—	—	220	105	145	28	4×ϕ19	≈18	≈365
7	—	—	—	120	210	405	845	300	572	280	495	605	—	—	260	120	130	35	4×ϕ24	≈29	≈540
8	28	50	235	130	250	445	950	300	582	280	540	710	—	—	260	120	190	35	4×ϕ24	≈32	≈625
9	—	—	—	140	250	485	1000	370	662	320	580	710	—	—	320	145	155	40	4×ϕ28	≈48	≈875
10	32	80	310	160	300	535	1100	370	662	320	630	810	—	—	320	145	205	40	4×ϕ28	≈49	≈1020
11	—	—	—	170	300	570	1200	430	782	380	705	870	—	—	370	165	180	50	4×ϕ35	≈85	≈1400
12	42	70	325	180	300	570	1355	430	790	380	775	1025	—	—	370	165	265	50	4×ϕ35	≈90	≈1675
13	—	—	—	200	350	685	1395	550	900	440	820	1195	597.5	597.5	475	100	305	60	6×ϕ35	≈160	≈2295
14	50	110	320	210	350	685	1535	550	900	440	890	1335	597.5	737.5	475	100	375	60	6×ϕ35	≈165	≈2625
15	—	—	—	230	410	790	1680	625	1000	500	987	1440	720	720	535	120	365	70	6×ϕ42	≈235	≈3475
16	—	—	—	240	410	790	1770	625	1000	500	1033	1530	720	810	535	120	410	70	6×ϕ42	≈245	≈3875
17	—	—	—	250	410	825	1770	690	1110	550	1035	1500	750	750	600	135	390	80	6×ϕ42	≈305	≈4560
18	—	—	—	270	470	885	1890	690	1110	550	1095	1620	750	870	600	135	450	80	6×ϕ42	≈315	≈5030
19	—	—	—	290	470	935	2030	790	1240	620	1190	1720	860	860	690	155	435	90	6×ϕ48	≈420	≈6700
20	—	—	—	300	500	965	2150	790	1240	620	1250	1840	860	980	690	155	495	90	6×ϕ48	≈450	≈8100
21	—	—	—	320	500	990	2340	830	1390	700	1387	2000	1000	1000	720	170	485	100	6×ϕ56	≈470	≈9100
22	—	—	—	340	550	1040	2450	830	1390	700	1442	2110	1000	1110	720	170	540	100	6×ϕ56	≈490	≈9800

表 10.2-4 H4 减速器的外形尺寸及布置形式 (mm)

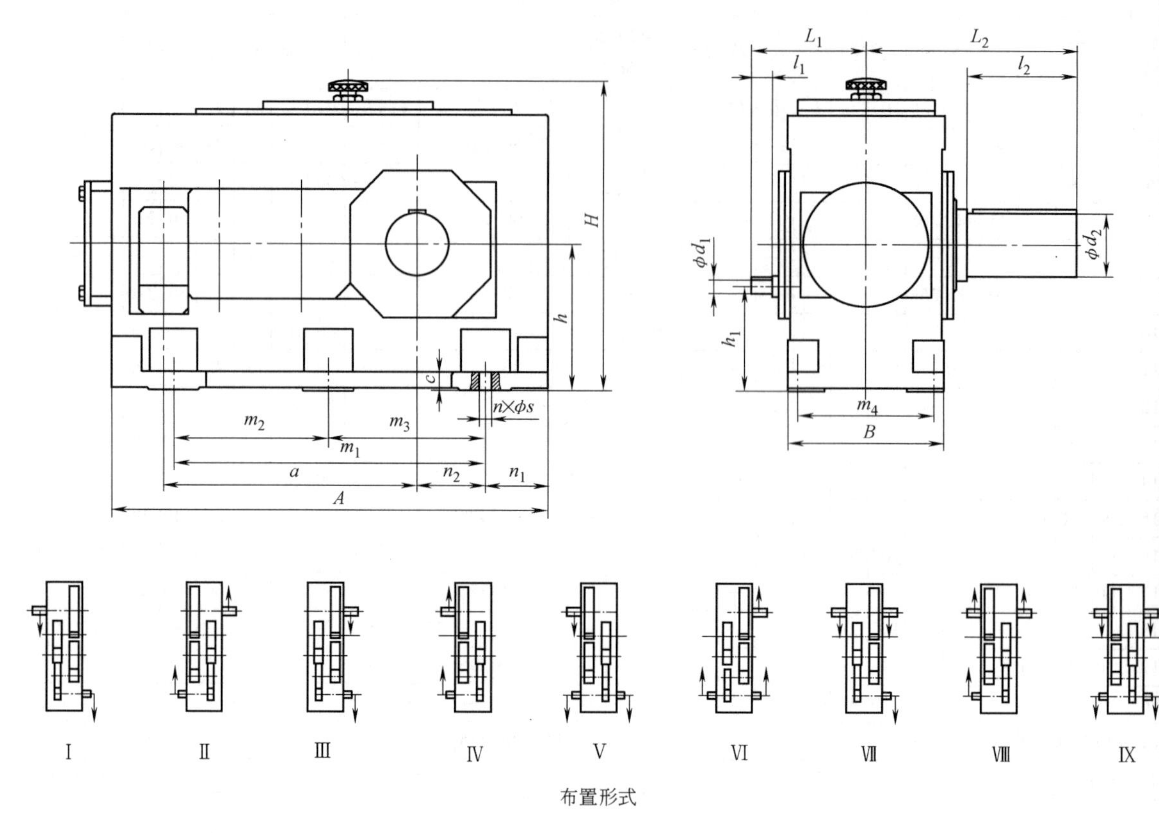

布置形式

规格	输入轴																														输出轴		
	i_N=80~108			i_N=200~355			i_N=125~224			i_N=250~450			i_N=100~180			i_N=200~355			i_N=112~200			i_N=224~400			i_N=125~224			i_N=250~450					
	d_1	l_1	L_1	d_1	l_1	L_1	d_1	l_1	L_1	d_1	l_1	L_1	d_1	l_1	L_1	d_1	l_1	L_1	d_1	l_1	L_1	d_1	l_1	L_1	d_1	l_1	L_1	d_1	l_1	L_1	d_2	l_2	L_2
7	30	50	230	24	40	220	—	—	—	—	—	—	—	—	—	—	—	—	—	—	—	—	—	—	—	—	—	—	—	—	120	210	405
8	—	—	—	—	—	—	30	50	230	24	40	220	—	—	—	—	—	—	—	—	—	—	—	—	—	—	—	—	—	—	130	250	445
9	35	60	275	28	50	265	—	—	—	—	—	—	—	—	—	—	—	—	—	—	—	—	—	—	—	—	—	—	—	—	140	250	485
10	—	—	—	—	—	—	35	60	275	28	50	265	—	—	—	—	—	—	—	—	—	—	—	—	—	—	—	—	—	—	160	300	535
11	45	100	350	32	80	330	—	—	—	—	—	—	—	—	—	—	—	—	—	—	—	—	—	—	—	—	—	—	—	—	170	300	570
12	—	—	—	—	—	—	45	100	350	32	80	330	—	—	—	—	—	—	—	—	—	—	—	—	—	—	—	—	—	—	180	300	570
13	—	—	—	—	—	—	—	—	—	—	—	—	50	100	405	38	80	385	—	—	—	—	—	—	—	—	—	—	—	—	200	350	685
14	—	—	—	—	—	—	—	—	—	—	—	—	—	—	—	—	—	—	—	—	—	—	—	—	50	100	405	38	80	385	210	350	685
15	—	—	—	—	—	—	—	—	—	—	—	—	60	135	480	50	110	455	—	—	—	—	—	—	—	—	—	—	—	—	230	410	790
16	—	—	—	—	—	—	—	—	—	—	—	—	—	—	—	—	—	—	60	135	480	50	110	455	—	—	—	—	—	—	240	410	790
17	—	—	—	—	—	—	—	—	—	—	—	—	60	105	485	50	80	460	—	—	—	—	—	—	—	—	—	—	—	—	250	410	825
18	—	—	—	—	—	—	—	—	—	—	—	—	—	—	—	—	—	—	60	105	485	50	80	460	—	—	—	—	—	—	270	470	885
19	—	—	—	—	—	—	—	—	—	—	—	—	75	105	545	60	105	545	—	—	—	—	—	—	—	—	—	—	—	—	290	470	935
20	—	—	—	—	—	—	—	—	—	—	—	—	—	—	—	—	—	—	75	105	545	60	105	545	—	—	—	—	—	—	300	500	965
21	—	—	—	—	—	—	—	—	—	—	—	—	90	165	625	70	140	600	—	—	—	—	—	—	—	—	—	—	—	—	320	500	990
22	—	—	—	—	—	—	—	—	—	—	—	—	—	—	—	—	—	—	90	165	625	70	140	600	—	—	—	—	—	—	340	550	1040

（续）

规格	A	B	H	h	h_1	a	m_1	m_2	m_3	m_4	n_1	n_2	c	$n\times\phi s$	润滑油量/L	质量/kg
7	845	300	572	280	200	495	605	—	—	260	120	130	35	4×ϕ24	≈25	≈550
8	950	300	582	280	200	540	710	—	—	260	120	190	35	4×ϕ24	≈27	≈645
9	1000	370	662	320	230	580	710	—	—	320	145	155	40	4×ϕ28	≈48	≈875
10	1100	370	662	320	230	630	810	—	—	320	145	205	40	4×ϕ28	≈50	≈1010
11	1200	430	782	380	270	705	870	—	—	370	165	180	50	4×ϕ35	≈80	≈1460
12	1355	430	790	380	270	775	1025	—	—	370	165	265	50	4×ϕ35	≈87	≈1725
13	1395	550	900	440	310	820	1195	597.5	597.5	475	100	305	60	6×ϕ35	≈130	≈2390
14	1535	550	900	440	310	890	1335	597.5	737.5	475	100	375	60	6×ϕ35	≈140	≈2730
15	1680	625	1000	500	340	987	1440	720	720	535	120	365	70	6×ϕ42	≈230	≈3635
16	1770	625	1000	500	340	1033	1530	720	810	535	120	410	70	6×ϕ42	≈235	≈3965
17	1770	690	1110	550	390	1035	1500	750	750	600	135	390	80	6×ϕ42	≈290	≈4680
18	1890	690	1110	550	390	1095	1620	750	870	600	135	450	80	6×ϕ42	≈305	≈5185
19	2030	790	1240	620	435	1190	1720	860	860	690	155	435	90	6×ϕ48	≈430	≈6800
20	2150	790	1240	620	435	1250	1840	860	980	690	155	495	90	6×ϕ48	≈380	≈8200
21	2340	830	1390	700	475	1387	2000	1000	1000	720	170	485	100	6×ϕ56	≈395	≈9200
22	2450	830	1390	700	475	1442	2110	1000	1100	720	170	540	100	6×ϕ56	≈420	≈9900

表 10.2-5　R2 减速器的外形尺寸及布置形式　（mm）

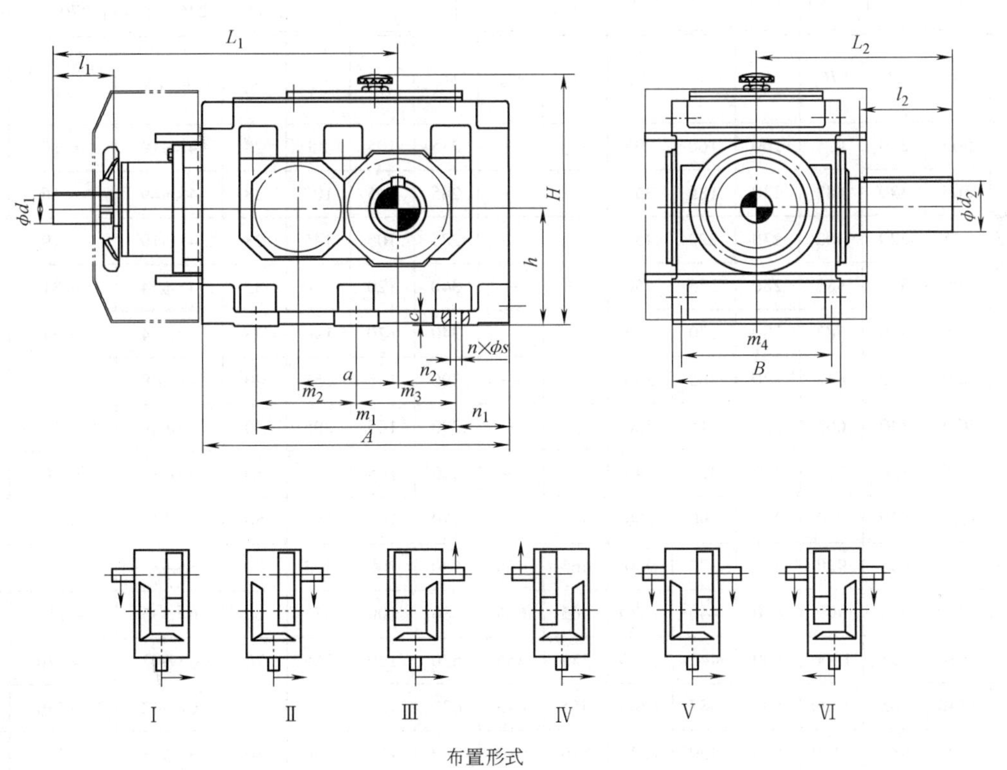

布置形式

（续）

规格	输入轴															输出轴		
	$i_N=5\sim11.2$			$i_N=5.6\sim11.2$			$i_N=5.6\sim12.5$			$i_N=6.3\sim14$			$i_N=7.1\sim12.5$					
	d_1	l_1	L_1	d_1	l_1	L_1	d_1	l_1	L_1	d_1	l_1	L_1	d_1	l_1	L_1	d_2	l_2	L_2
4	45	100	565	—	—	—	—	—	—	—	—	—	—	—	—	80	170	340
5	55	110	645	—	—	—	—	—	—	—	—	—	—	—	—	100	210	410
6	—	—	—	—	—	—	—	—	—	55	110	680	—	—	—	110	210	410
7	70	135	775	—	—	—	—	—	—	—	—	—	—	—	—	120	210	445
8	—	—	—	—	—	—	—	—	—	70	135	820	—	—	—	130	250	485
9	80	165	920	—	—	—	—	—	—	—	—	—	—	—	—	140	250	520
10	—	—	—	—	—	—	—	—	—	80	165	970	—	—	—	160	300	570
11	90	165	1090	—	—	—	—	—	—	—	—	—	—	—	—	170	300	620
12	—	—	—	—	—	—	—	—	—	90	165	1160	—	—	—	180	300	620
13	110	205	1275	—	—	—	—	—	—	—	—	—	—	—	—	200	350	740
14	—	—	—	—	—	—	—	—	—	110	205	1345	—	—	—	210	350	740
15	130	245	1522	—	—	—	—	—	—	—	—	—	—	—	—	230	410	870
16	—	—	—	—	—	—	130	245	1568	—	—	—	—	—	—	240	410	870
17	—	—	—	150	245	1680	—	—	—	—	—	—	—	—	—	250	410	950
18	—	—	—	—	—	—	—	—	—	—	—	—	150	245	1740	270	470	1010

规格	A	B	H	h	a	m_1	m_2	m_3	m_4	n_1	n_2	c	$n\times\phi s$	润滑油量/L	质量/kg
4	505	270	415	200	160	295	—	—	235	105	85	28	4×ϕ19	≈10	≈235
5	565	320	482	230	185	355	—	—	285	105	100	28	4×ϕ19	≈16	≈360
6	645	320	482	230	220	435	—	—	285	105	145	28	4×ϕ19	≈19	≈410
7	690	380	582	280	225	450	—	—	340	120	130	35	4×ϕ24	≈31	≈615
8	795	380	582	280	270	555	—	—	340	120	190	35	4×ϕ24	≈34	≈700
9	820	440	662	320	265	530	—	—	390	145	155	40	4×ϕ28	≈48	≈1000
10	920	440	662	320	315	630	—	—	390	145	205	40	4×ϕ28	≈50	≈1155
11	975	530	790	380	320	645	—	—	470	165	180	50	4×ϕ35	≈80	≈1640
12	1130	530	790	380	390	800	—	—	470	165	265	50	4×ϕ35	≈95	≈1910
13	1130	655	900	440	370	930	465	465	580	100	305	60	6×ϕ35	≈140	≈2450
14	1270	655	900	440	440	1070	465	605	580	100	375	60	6×ϕ35	≈155	≈2825
15	1350	765	1000	500	442	1110	555	555	670	120	365	70	6×ϕ42	≈220	≈3990
16	1440	765	1000	500	488	1200	555	645	670	120	410	70	6×ϕ42	≈230	≈4345
17	1490	885	1110	550	490	1220	610	610	780	135	390	80	6×ϕ48	≈320	≈5620
18	1610	885	1110	550	550	1340	610	730	780	135	450	80	6×ϕ48	≈335	≈6150

表 10.2-6　R3 减速器的外形尺寸及布置形式　（mm）

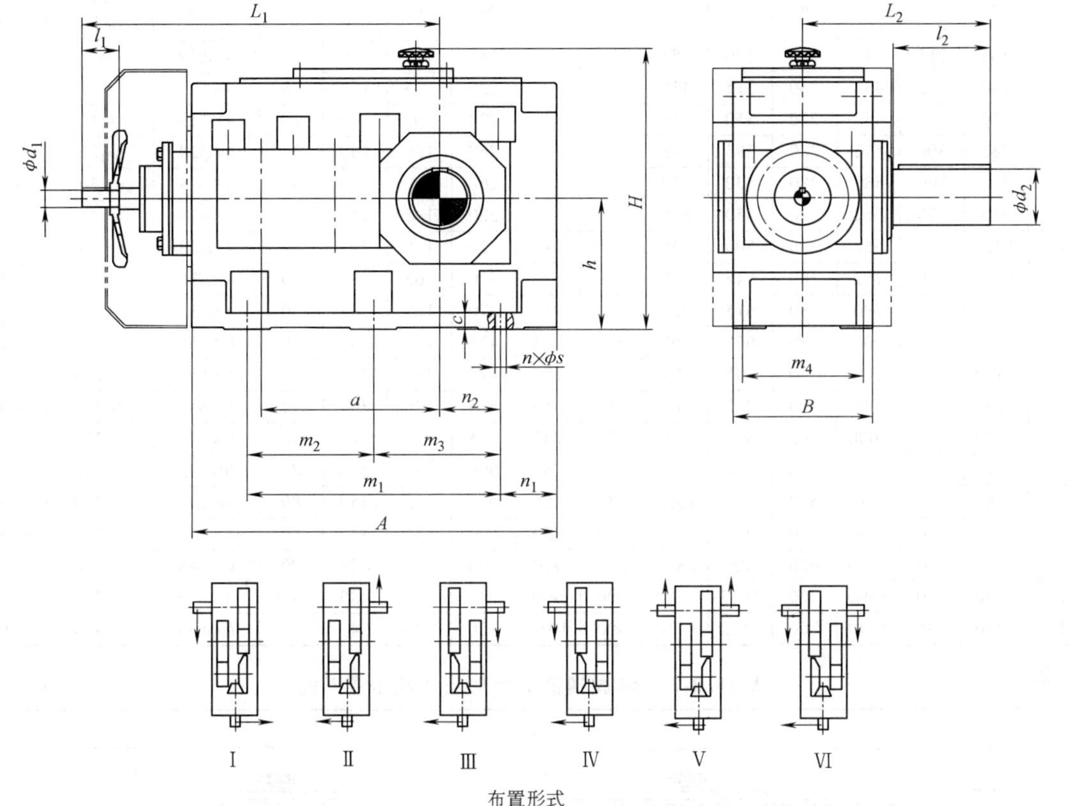

布置形式

规格	输入轴																		输出轴		
	$i_N=12.5\sim45$			$i_N=14\sim50$			$i_N=16\sim56$			$i_N=50\sim71$			$i_N=56\sim80$			$i_N=63\sim90$					
	d_1	l_1	L_1	d_1	l_1	L_1	d_1	l_1	L_1	d_1	l_1	L_1	d_1	l_1	L_1	d_1	l_1	L_1	d_2	l_2	L_2
4	30	70	570	—	—	—	—	—	—	25	60	560	—	—	—	—	—	—	80	170	310
5	35	80	655	—	—	—	—	—	—	28	60	635	—	—	—	—	—	—	100	210	375
6	—	—	—	—	—	—	35	80	690	—	—	—	—	—	—	28	60	670	110	210	375
7	45	100	790	—	—	—	—	—	—	35	80	770	—	—	—	—	—	—	120	210	405
8	—	—	—	—	—	—	45	100	835	—	—	—	—	—	—	35	80	815	130	250	445
9	55	110	910	—	—	—	—	—	—	40	100	900	—	—	—	—	—	—	140	250	485
10	—	—	—	—	—	—	55	110	960	—	—	—	—	—	—	40	100	950	160	300	535
11	70	135	1095	—	—	—	—	—	—	50	110	1070	—	—	—	—	—	—	170	300	570
12	—	—	—	—	—	—	70	135	1165	—	—	—	—	—	—	50	110	1140	180	300	570
13	80	165	1290	—	—	—	—	—	—	60	140	1265	—	—	—	—	—	—	200	350	685
14	—	—	—	—	—	—	80	165	1360	—	—	—	—	—	—	60	140	1335	210	350	685
15	90	165	1532	—	—	—	—	—	—	70	140	1507	—	—	—	—	—	—	230	410	790
16	—	—	—	70	140	1578	—	—	—	—	—	—	70	140	1553	—	—	—	240	410	790
17	110	205	1765	—	—	—	—	—	—	80	170	1730	—	—	—	—	—	—	250	410	825
18	—	—	—	80	170	1825	—	—	—	—	—	—	80	170	1790	—	—	—	270	470	885
19	130	245	2077	—	—	—	—	—	—	100	210	2042	—	—	—	—	—	—	290	470	935
20	—	—	—	100	210	2137	—	—	—	—	—	—	100	210	2102	—	—	—	300	500	965
21	130	245	2147	—	—	—	—	—	—	100	210	2112	—	—	—	—	—	—	320	500	990
22	—	—	—	100	210	2202	—	—	—	—	—	—	100	210	2167	—	—	—	340	550	1040

(续)

规格	A	B	H	h	a	m_1	m_2	m_3	m_4	n_1	n_2	c	$n\times\phi s$	润滑油量 /L	质量 /kg
4	565	215	415	200	270	355	—	—	180	105	85	28	4×φ19	≈9	≈210
5	640	255	482	230	315	430	—	—	220	105	100	28	4×φ19	≈15	≈325
6	720	255	482	230	350	510	—	—	220	105	145	28	4×φ19	≈16	≈380
7	785	300	572	280	385	545	—	—	260	120	130	35	4×φ24	≈27	≈550
8	890	300	582	280	430	650	—	—	260	120	190	35	4×φ24	≈30	≈635
9	925	370	662	320	450	635	—	—	320	145	155	40	4×φ28	≈42	≈890
10	1025	370	662	320	500	735	—	—	320	145	205	40	4×φ28	≈45	≈1020
11	1105	430	782	380	545	775	—	—	370	165	180	50	4×φ35	≈71	≈1455
12	1260	430	790	380	615	930	—	—	370	165	265	50	4×φ35	≈76	≈1730
13	1290	550	900	440	635	1090	545	545	475	100	305	60	6×φ35	≈130	≈2380
14	1430	550	900	440	705	1230	545	685	475	100	375	60	6×φ35	≈140	≈2750
15	1550	625	1000	500	762	1310	655	655	535	120	365	70	6×φ42	≈210	≈3730
16	1640	625	1000	500	808	1400	655	745	535	120	410	70	6×φ42	≈220	≈3955
17	1740	690	1110	550	860	1470	735	735	600	135	390	80	6×φ42	≈290	≈4990
18	1860	690	1110	550	920	1590	735	855	600	135	450	80	6×φ42	≈300	≈5495
19	2010	790	1240	620	997	1700	850	850	690	155	435	90	6×φ48	≈380	≈7000
20	2130	790	1240	620	1057	1820	850	970	690	155	495	90	6×φ48	≈440	≈8100
21	2140	830	1390	700	1067	1800	900	900	720	170	485	100	6×φ56	≈370	≈9200
22	2250	830	1390	700	1122	1910	900	1010	720	170	540	100	6×φ56	≈430	≈9900

表 10.2-7 R4 减速器的外形尺寸及布置形式 (mm)

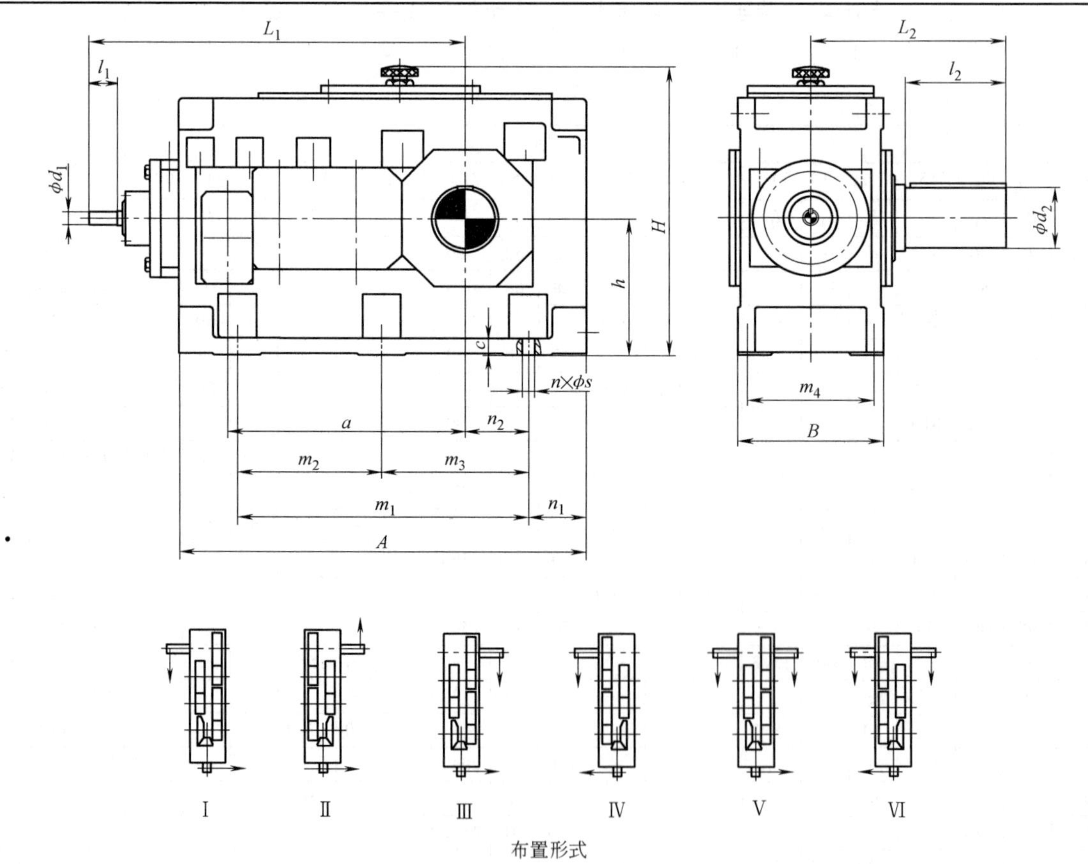

布置形式

（续）

规格	输　入　轴																		输出轴		
	$i_N=80\sim180$			$i_N=90\sim200$			$i_N=100\sim224$			$i_N=200\sim315$			$i_N=224\sim355$			$i_N=250\sim400$					
	d_1	l_1	L_1	d_1	l_1	L_1	d_1	l_1	L_1	d_1	l_1	L_1	d_1	l_1	L_1	d_1	l_1	L_1	d_2	l_2	L_2
5	28	55	670	—	—	—	—	—	—	20	50	665	—	—	—	—	—	—	100	210	375
6	—	—	—	—	—	—	28	55	705	—	—	—	—	—	—	20	50	700	110	210	375
7	30	70	795	—	—	—	—	—	—	25	60	785	—	—	—	—	—	—	120	210	405
8	—	—	—	—	—	—	30	70	840	—	—	—	—	—	—	25	60	830	130	250	445
9	35	80	920	—	—	—	—	—	—	28	60	900	—	—	—	—	—	—	140	250	485
10	—	—	—	—	—	—	35	80	970	—	—	—	—	—	—	28	60	950	160	300	535
11	45	100	1110	—	—	—	—	—	—	35	80	1090	—	—	—	—	—	—	170	300	570
12	—	—	—	—	—	—	45	100	1180	—	—	—	—	—	—	35	80	1160	180	300	570
13	55	110	1280	—	—	—	—	—	—	40	100	1270	—	—	—	—	—	—	200	350	685
14	—	—	—	—	—	—	55	110	1350	—	—	—	—	—	—	40	100	1340	210	350	685
15	70	135	1537	—	—	—	—	—	—	50	110	1512	—	—	—	—	—	—	230	410	790
16	—	—	—	70	135	1583	—	—	—	—	—	—	50	110	1558	—	—	—	240	410	790
17	70	135	1585	—	—	—	—	—	—	50	110	1560	—	—	—	—	—	—	250	410	825
18	—	—	—	70	135	1645	—	—	—	—	—	—	50	110	1620	—	—	—	270	470	885
19	80	165	1845	—	—	—	—	—	—	60	140	1820	—	—	—	—	—	—	290	470	935
20	—	—	—	80	165	1905	—	—	—	—	—	—	60	140	1880	—	—	—	300	500	965
21	90	165	2157	—	—	—	—	—	—	70	140	2132	—	—	—	—	—	—	320	500	990
22	—	—	—	90	165	2212	—	—	—	—	—	—	70	140	2187	—	—	—	340	550	1040

规格	A	B	H	h	a	m_1	m_2	m_3	m_4	n_1	n_2	c	$n\times\phi s$	润滑油量 /L	质量 /kg
5	690	255	482	230	405	480	—	—	220	105	100	28	$4\times\phi19$	≈16	≈335
6	770	255	482	230	440	560	—	—	220	105	145	28	$4\times\phi19$	≈18	≈385
7	845	300	572	280	495	605	—	—	260	120	130	35	$4\times\phi24$	≈30	≈555
8	950	300	582	280	540	710	—	—	260	120	190	35	$4\times\phi24$	≈33	≈655
9	1000	370	662	320	580	710	—	—	320	145	155	40	$4\times\phi28$	≈48	≈890
10	1100	370	662	320	630	810	—	—	320	145	205	40	$4\times\phi28$	≈50	≈1025
11	1200	430	782	380	705	870	—	—	370	165	180	50	$4\times\phi35$	≈80	≈1485
12	1355	430	790	380	775	1025	—	—	370	165	265	50	$4\times\phi35$	≈90	≈1750
13	1395	550	900	440	820	1195	597.5	597.5	475	100	305	60	$6\times\phi35$	≈145	≈2395
14	1535	550	900	440	890	1335	597.5	737.5	475	100	375	60	$6\times\phi35$	≈150	≈2735
15	1680	625	1000	500	987	1440	720	720	535	120	365	70	$6\times\phi42$	≈230	≈3630
16	1770	625	1000	500	1033	1530	720	810	535	120	410	70	$6\times\phi42$	≈235	≈3985
17	1770	690	1110	550	1035	1500	750	750	600	135	390	80	$6\times\phi42$	≈295	≈4695
18	1890	690	1110	550	1095	1620	750	870	600	135	450	80	$6\times\phi42$	≈305	≈5200
19	2030	790	1240	620	1190	1720	860	860	690	155	435	90	$6\times\phi48$	≈480	≈6800
20	2150	790	1240	620	1250	1840	860	980	690	155	495	90	$6\times\phi48$	≈550	≈8200
21	2340	830	1390	700	1387	2000	1000	1000	720	170	485	100	$6\times\phi56$	≈540	≈9200
22	2450	830	1390	700	1442	2110	1000	1110	720	170	540	100	$6\times\phi56$	≈620	≈9900

1.3　承载能力

减速器额定机械强度功率 P_N、额定热功率 P_{G1}、P_{G2}见表 10.2-8~表 10.2-21。表中的数据是按照每小时 100%的工作周期，在室内大空间安装，海拔为 1000m 计算的。

P_{G1}为无辅助冷却装置时的额定热功率（kW）；P_{G2}为带冷却风扇时的额定热功率（kW）。

表 10.2-8　H1 减速器额定机械强度功率 P_N　　（kW）

i_N	n_1 /r·min^{-1}	n_2 /r·min^{-1}	规格																
			3	4	5	6	7	8	9	10	11	12	13	14	15	16	17	18	19
1.25	1500	1200	327	—	880	—	1671	—	2702	—	—	—	—	—	—	—	—	—	—
	1000	800	218	—	586	—	1114	—	1801	—	—	—	—	—	—	—	—	—	—
	750	600	163	—	440	—	836	—	1351	—	—	—	—	—	—	—	—	—	
1.4	1500	1071	303	—	807	—	1559	—	2501	—	—	—	—	—	—	—	—	—	—
	1000	714	202	—	538	—	1039	—	1667	—	—	—	—	—	—	—	—	—	—
	750	536	152	—	404	—	780	—	1252	—	—	—	—	—	—	—	—	—	—
1.6	1500	938	285	—	737	—	1395	—	2318	—	3929	—	—	—	—	—	—	—	—
	1000	625	190	—	491	—	929	—	1545	—	2618	—	4213	—	—	—	—	—	—
	750	469	142	—	368	—	697	—	1159	—	1964	—	3094	—	—	—	—	—	—
1.8	1500	833	209	—	672	—	1326	—	2128	—	3611	—	—	—	—	—	—	—	—
	1000	556	140	—	448	—	885	—	1421	—	2410	—	3860	—	—	—	—	—	—
	750	417	105	—	336	—	664	—	1065	—	1808	—	2895	—	—	—	—	—	—
2	1500	750	196	—	644	—	1217	—	1963	—	3353	—	—	—	—	—	—	—	—
	1000	500	131	—	429	—	812	—	1309	—	2236	—	3571	—	—	—	—	—	—
	750	375	98	—	322	—	609	—	982	—	1677	—	2678	—	4751	—	—	—	—
2.24	1500	670	175	—	589	—	1087	—	1754	—	3087	—	—	—	—	—	—	—	—
	1000	446	117	—	392	—	724	—	1168	—	2055	—	3283	—	—	—	—	—	—
	750	335	88	—	295	—	544	—	877	—	1543	—	2466	—	4280	—	—	—	—
2.5	1500	600	163	—	528	—	974	—	1571	—	2764	—	—	—	—	—	—	—	—
	1000	400	109	—	352	—	649	—	1047	—	1843	—	3016	—	4607	—	—	—	—
	750	300	82	—	264	—	487	—	785	—	1382	—	2262	—	3455	—	—	—	—
2.8	1500	536	152	—	471	—	836	—	1330	—	2470	—	—	—	—	—	—	—	—
	1000	357	101	—	314	—	557	—	886	—	1645	—	2692	—	4224	—	—	—	—
	750	268	76	—	236	—	418	—	665	—	1235	—	2021	—	3171	—	4799	—	—
3.15	1500	476	135	—	419	—	758	—	1221	—	2088	—	3409	—	—	—	—	—	—
	1000	317	90	—	279	—	505	—	813	—	1391	—	2270	—	3850	—	—	—	—
	750	238	67	—	209	—	379	—	611	—	1044	—	1705	—	2891	—	4311	—	—
3.55	1500	423	124	—	368	—	687	—	1103	—	1936	—	3083	—	—	—	—	—	—
	1000	282	83	—	245	—	458	—	735	—	1290	—	2055	—	3484	—	—	—	—
	750	211	62	—	183	—	342	—	550	—	966	—	1538	—	2607	—	3822	—	—
4	1500	375	110	—	330	—	609	—	982	—	1728	—	2780	—	—	—	—	—	—
	1000	250	73	—	220	—	406	—	654	—	1152	—	1853	—	3194	—	4529	—	—
	750	188	55	—	165	—	305	—	492	—	866	—	1394	—	2402	—	3406	—	4823
4.5	1500	333	77	—	234	—	481	—	746	—	1395	—	2008	—	3557	—	—	—	—
	1000	222	51	—	156	—	321	—	497	—	930	—	1339	—	2371	—	3394	—	—
	750	167	38	—	117	—	241	—	374	—	699	—	1007	—	1784	—	2553	—	3777
5	1500	300	66	—	198	—	377	—	644	—	1059	—	1712	—	2790	—	—	—	—
	1000	200	44	—	132	—	251	—	429	—	706	—	1141	—	1860	—	2597	—	3644
	750	150	33	—	99	—	188	—	322	—	529	—	856	—	1395	—	1948	—	2733
5.6	1500	268	56	—	168	—	320	—	491	—	892	—	1454	—	2371	—	—	—	—
	1000	179	37	—	112	—	214	—	328	—	596	—	971	—	1584	—	2212	—	2812
	750	134	28	—	84	—	160	—	246	—	446	—	727	—	1186	—	1656	—	2105

表 10.2-9　H1 减速器额定热功率 P_{G1}、P_{G2}　　(kW)

i_N	$n_1=750$ $r\cdot min^{-1}$时	规格																
		3	4	5	6	7	8	9	10	11	12	13	14	15	16	17	18	19
1.25	P_{G1}	77.6	—	—	—	—	—	—	—	—	—	—	—	—	—	—	—	—
	P_{G2}	163	—	385	—	526	—	594	—	—	—	—	—	—	—	—	—	—
1.4	P_{G1}	78.3	—	—	—	—	—	—	—	—	—	—	—	—	—	—	—	—
	P_{G2}	161	—	386	—	532	—	622	—	—	—	—	—	—	—	—	—	—
1.6	P_{G1}	78.3	—	—	—	—	—	—	—	—	—	—	—	—	—	—	—	—
	P_{G2}	157	—	379	—	517	—	642	—	885	—	796	—	—	—	—	—	—
1.8	P_{G1}	88.1	—	—	—	—	—	—	—	—	—	—	—	—	—	—	—	—
	P_{G2}	174	—	368	—	523	—	641	—	924	—	915	—	—	—	—	—	—
2	P_{G1}	85.6	—	142	—	—	—	—	—	—	—	—	—	—	—	—	—	—
	P_{G2}	167	—	354	—	506	—	629	—	936	—	986	—	—	—	—	—	—
2.24	P_{G1}	83.3	—	140	—	—	—	—	—	—	—	—	—	—	—	—	—	—
	P_{G2}	159	—	337	—	472	—	608	—	931	—	1025	—	812	—	—	—	—
2.5	P_{G1}	77	—	134	—	—	—	—	—	249	—	—	—	—	—	—	—	—
	P_{G2}	147	—	317	—	444	—	579	—	907	—	1031	—	900	—	—	—	—
2.8	P_{G1}	72.8	—	127	—	180	—	—	—	—	—	—	—	—	—	—	—	—
	P_{G2}	137	—	296	—	455	—	598	—	870	—	1012	—	962	—	789	—	—
3.15	P_{G1}	72.9	—	137	—	213	—	263	—	—	—	—	—	—	—	—	—	—
	P_{G2}	133	—	293	—	514	—	636	—	928	—	1085	—	1203	—	1159	—	—
3.55	P_{G1}	67.2	—	135	—	199	—	249	—	—	—	—	—	—	—	—	—	—
	P_{G2}	121	—	286	—	471	—	590	—	858	—	1026	—	1176	—	1194	—	—
4	P_{G1}	61.2	—	124	—	182	—	217	—	318	—	—	—	—	—	—	—	—
	P_{G2}	110	—	259	—	421	—	502	—	794	—	953	—	1120	—	1181	—	1131
4.5	P_{G1}	67.9	—	131	—	191	—	257	—	318	—	414	—	—	—	—	—	—
	P_{G2}	118	—	262	—	421	—	563	—	756	—	989	—	1205	—	1260	—	1268
5	P_{G1}	61.7	—	125	—	186	—	238	—	324	—	414	—	—	—	—	—	—
	P_{G2}	107	—	248	—	404	—	508	—	740	—	947	—	1187	—	1419	—	1493
5.6	P_{G1}	55.2	—	111	—	168	—	228	—	309	—	378	—	—	—	—	—	—
	P_{G2}	95.2	—	219	—	361	—	485	—	701	—	852	—	1077	—	1304	—	1568

i_N	$n_1=1000$ $r\cdot min^{-1}$时	规格																
		3	4	5	6	7	8	9	10	11	12	13	14	15	16	17	18	19
1.25	P_{G1}	63.2	—	—	—	—	—	—	—	—	—	—	—	—	—	—	—	—
	P_{G2}	187	—	402	—	517	—	536	—	—	—	—	—	—	—	—	—	—
1.4	P_{G1}	65.4	—	—	—	—	—	—	—	—	—	—	—	—	—	—	—	—
	P_{G2}	186	—	409	—	534	—	578	—	—	—	—	—	—	—	—	—	—
1.6	P_{G1}	68.6	—	—	—	—	—	—	—	—	—	—	—	—	—	—	—	—
	P_{G2}	183	—	412	—	540	—	630	—	729	—	510	—	—	—	—	—	—
1.8	P_{G1}	79.9	—	—	—	—	—	—	—	—	—	—	—	—	—	—	—	—
	P_{G2}	205	—	410	—	561	—	655	—	821	—	674	—	—	—	—	—	—
2	P_{G1}	78.5	—	104	—	—	—	—	—	—	—	—	—	—	—	—	—	—
	P_{G2}	197	—	397	—	549	—	651	—	852	—	757	—	—	—	—	—	—
2.24	P_{G1}	78	—	109	—	—	—	—	—	—	—	—	—	—	—	—	—	—
	P_{G2}	189	—	382	—	520	—	645	—	887	—	851	—	523	—	—	—	—
2.5	P_{G1}	72.8	—	108	—	—	—	—	—	—	—	—	—	—	—	—	—	—
	P_{G2}	175	—	362	—	494	—	621	—	884	—	888	—	621	—	—	—	—
2.8	P_{G1}	69.6	—	105	—	133	—	—	—	—	—	—	—	—	—	—	—	—
	P_{G2}	164	—	340	—	511	—	649	—	865	—	902	—	707	—	500	—	—
3.15	P_{G1}	73	—	127	—	189	—	217	—	—	—	—	—	—	—	—	—	—
	P_{G2}	161	—	348	—	601	—	731	—	1019	—	1128	—	1146	—	1040	—	—

（续）

i_N	$n_1=1000$ r·min^{-1}时	规格																
		3	4	5	6	7	8	9	10	11	12	13	14	15	16	17	18	19
3.55	P_{G1}	67.6	—	127	—	178	—	209	—	—	—	—	—	—	—	—	—	—
	P_{G2}	147	—	340	—	553	—	682	—	949	—	1078	—	1140	—	1096	—	—
4	P_{G1}	61.9	—	118	—	167	—	189	—	235	—	—	—	—	—	—	—	—
	P_{G2}	134	—	309	—	498	—	585	—	891	—	1024	—	1124	—	1132	—	1032
4.5	P_{G1}	69.7	—	129	—	183	—	238	—	267	—	304	—	—	—	—	—	—
	P_{G2}	144	—	316	—	504	—	667	—	872	—	1107	—	1289	—	1307	—	1274
5	P_{G1}	63.9	—	125	—	184	—	228	—	290	—	340	—	—	—	—	—	—
	P_{G2}	131	—	301	—	488	—	608	—	869	—	1087	—	1317	—	1541	—	1585
5.6	P_{G1}	57.2	—	111	—	166	—	220	—	277	—	311	—	—	—	—	—	—
	P_{G2}	116	—	266	—	435	—	581	—	823	—	978	—	1195	—	1416	—	1665

i_N	$n_1=1500$ r·min^{-1}时	规格																
		3	4	5	6	7	8	9	10	11	12	13	14	15	16	17	18	19
1.25	P_{G1}	—	—	—	—	—	—	—	—	—	—	—	—	—	—	—	—	—
	P_{G2}	210	—	372	—	408	—	—	—	—	—	—	—	—	—	—	—	—
1.4	P_{G1}	—	—	—	—	—	—	—	—	—	—	—	—	—	—	—	—	—
	P_{G2}	212	—	392	—	447	—	375	—	—	—	—	—	—	—	—	—	—
1.6	P_{G1}	—	—	—	—	—	—	—	—	—	—	—	—	—	—	—	—	—
	P_{G2}	213	—	420	—	500	—	495	—	—	—	—	—	—	—	—	—	—
1.8	P_{G1}	—	—	—	—	—	—	—	—	—	—	—	—	—	—	—	—	—
	P_{G2}	241	—	435	—	554	—	575	—	—	—	—	—	—	—	—	—	—
2	P_{G1}	—	—	—	—	—	—	—	—	—	—	—	—	—	—	—	—	—
	P_{G2}	234	—	427	—	553	—	590	—	509	—	—	—	—	—	—	—	—
2.24	P_{G1}	—	—	—	—	—	—	—	—	—	—	—	—	—	—	—	—	—
	P_{G2}	227	—	422	—	544	—	620	—	631	—	—	—	—	—	—	—	—
2.5	P_{G1}	—	—	—	—	—	—	—	—	—	—	—	—	—	—	—	—	—
	P_{G2}	211	—	405	—	525	—	614	—	676	—	—	—	—	—	—	—	—
2.8	P_{G1}	50	—	—	—	—	—	—	—	—	—	—	—	—	—	—	—	—
	P_{G2}	199	—	384	—	553	—	658	—	705	—	—	—	—	—	—	—	—
3.15	P_{G1}	63.8	—	—	—	—	—	—	—	—	—	—	—	—	—	—	—	—
	P_{G2}	200	—	415	—	702	—	828	—	1055	—	1033	—	816	—	—	—	—
3.55	P_{G1}	59.8	—	—	—	—	—	—	—	—	—	—	—	—	—	—	—	—
	P_{G2}	183	—	407	—	649	—	778	—	998	—	1014	—	860	—	678	—	—
4	P_{G1}	56.2	—	85.1	—	—	—	—	—	—	—	—	—	—	—	—	—	—
	P_{G2}	166	—	374	—	591	—	677	—	964	—	1012	—	938	—	821	—	623
4.5	P_{G1}	66.4	—	106	—	135	—	—	—	—	—	—	—	—	—	—	—	—
	P_{G2}	180	—	389	—	611	—	795	—	994	—	1193	—	1261	—	1192	—	1069
5	P_{G1}	62.5	—	111	—	151	—	169	—	—	—	—	—	—	—	—	—	—
	P_{G2}	165	—	373	—	599	—	738	—	1020	—	1227	—	1395	—	1560	—	1526
5.6	P_{G1}	56	—	98.8	—	136	—	163	—	—	—	—	—	—	—	—	—	—
	P_{G2}	146	—	330	—	535	—	704	—	967	—	1104	—	1266	—	1433	—	1604

表 10.2-10　H2 减速器额定机械强度功率 P_N　　（kW）

i_N	n_1 /r·min^{-1}	n_2 /r·min^{-1}	规格																			
			3	4	5	6	7	8	9	10	11	12	13	14	15	16	17	18	19	20	21	22
6.3	1500	238	87	157	262	—	474	—	785	—	1383	—	2143	—	3564	—	4860	—	—	—	—	—
	1000	159	58	105	175	—	316	—	524	—	924	—	1432	—	2381	—	3247	—	4862	—	—	—
	750	119	44	79	131	—	237	—	393	—	692	—	1072	—	1782	—	2430	—	3639	—	—	—

（续）

i_N	n_1 /r·min^{-1}	n_2 /r·min^{-1}	规格																			
			3	4	5	6	7	8	9	10	11	12	13	14	15	16	17	18	19	20	21	22
7.1	1500	211	77	139	232	—	420	—	696	—	1226	—	1900	—	3159	3535	4308	—	—	—	—	—
	1000	141	52	93	155	—	281	—	465	—	819	—	1270	—	2111	2362	2879	3396	4311	4946	—	—
	750	106	39	70	117	—	211	—	350	—	616	—	955	—	1587	1776	2164	2553	3241	3718	4551	—
8	1500	188	69	124	207	266	374	472	620	778	1093	1358	1693	2106	2815	3150	3839	4528	—	—	—	—
	1000	125	46	82	137	177	249	314	412	517	726	903	1126	1401	1872	2094	2552	3010	3822	4385	—	—
	750	94	34	62	103	133	187	236	310	389	546	679	846	1053	1408	1575	1919	2264	2874	3297	4036	4508
9	1500	167	61	110	184	236	332	420	551	691	971	1207	1504	1871	2501	2798	3410	4022	—	—	—	—
	1000	111	41	73	122	157	221	279	366	459	645	802	1000	1244	1662	1860	2266	2673	3394	3894	4765	—
	750	83	30	55	91	117	165	209	274	343	482	600	747	930	1243	1391	1695	1999	2538	2912	3563	3981
10	1500	150	55	99	165	212	298	377	495	620	872	1084	1351	1681	2246	2513	3063	3613	—	—	—	—
	1000	100	37	66	110	141	199	251	330	414	581	723	901	1120	1497	1675	2042	2408	3058	3508	4293	4796
	750	75	27	49	82	106	149	188	247	310	436	542	675	840	1123	1257	1531	1806	2293	2631	3220	3597
11.2	1500	134	49	88	147	189	267	337	442	554	779	968	1207	1501	2006	2245	2736	3227	—	—	—	—
	1000	89	33	59	98	126	177	224	294	368	517	643	801	997	1333	1491	1817	2143	2721	3122	3821	4268
	750	67	25	44	74	95	133	168	221	277	389	484	603	751	1003	1123	1368	1614	2049	2350	2876	3213
12.5	1500	120	44	79	132	170	239	302	396	496	697	867	1081	1345	1797	2010	2450	2890	3669	—	—	—
	1000	80	29	53	88	113	159	201	364	331	465	578	720	896	1198	1340	1634	1927	2446	2806	3435	3837
	750	60	22	40	66	85	119	151	198	248	349	434	540	672	898	1005	1225	1445	1835	2105	2576	2877
14	1500	107	39	71	118	151	213	269	353	443	622	773	964	1199	1602	1793	2185	2577	3272	3752	—	—
	1000	71	26	47	78	100	141	178	234	294	413	513	639	795	1063	1190	1450	1710	2171	2491	3048	3405
	750	54	20	36	59	76	107	136	178	223	314	390	486	605	809	905	1103	1301	1651	1894	2318	2590
16	1500	94	34	62	103	133	187	236	310	389	546	679	846	1053	1408	1575	1919	2264	2874	3297	—	—
	1000	63	23	42	69	89	125	158	208	361	366	455	567	706	943	1055	1286	1517	1926	2210	2705	3021
	750	47	17	31	52	66	94	118	155	194	273	340	423	527	704	787	960	1132	1437	1649	2018	2254
18	1500	83	30	55	91	117	165	209	274	343	482	600	747	930	1243	1391	1695	1999	2538	2912	—	—
	1000	56	21	37	62	79	111	141	185	232	325	405	504	627	839	938	1143	1349	1712	1964	2404	2686
	750	42	15	28	46	59	84	106	139	174	244	303	378	471	629	704	858	1012	1284	1473	1803	2014
20	1500	75	27	49	82	106	149	188	247	310	436	542	675	840	1123	1257	1531	1806	2293	2631	—	—
	1000	50	18	33	55	71	99	126	165	207	291	361	450	560	749	838	1021	1204	1529	1754	2147	2398
	750	38	14	25	42	54	76	95	125	157	221	275	342	426	569	637	776	915	1162	1333	1631	1822
22.4	1500	67	25	43	72	95	130	168	217	277	382	484	—	751	—	1123	—	1614	—	2350	—	—
	1000	45	16	29	48	64	88	113	146	786	257	325	—	504	—	754	—	1084	—	1579	—	2158
	750	33	12	21	35	47	64	83	107	136	188	238	—	370	—	553	—	795	—	1158	—	1583
25	1500	60	—	—	—	85	—	151	—	248	—	434	—	672	—	—	—	—	—	—	—	—
	1000	40	—	—	—	57	—	101	—	165	—	289	—	448	—	—	—	—	—	—	—	—
	750	30	—	—	—	42	—	75	—	124	—	217	—	336	—	—	—	—	—	—	—	—
28	1500	54	—	—	—	74	—	133	—	220	—	383	—	—	—	—	—	—	—	—	—	—
	1000	36	—	—	—	49	—	89	—	147	—	256	—	—	—	—	—	—	—	—	—	—
	750	27	—	—	—	37	—	66	—	110	—	192	—	—	—	—	—	—	—	—	—	—

表 10.2-11　H2 减速器额定热功率 P_{G1}、P_{G2}　　（kW）

i_N	$n_1=750$ r·min^{-1}时	规格																		
		4	5	6	7	8	9	10	11	12	13	14	15	16	17	18	19	20	21	22
6.3	P_{G1}	53.1	68.9	—	97.9	—	134	—	186	—	—	—	—	—	—	—	—	—	—	—
	P_{G2}	86.4	116	—	178	—	234	—	354	—	445	—	416	—	449	—	—	—	—	—
7.1	P_{G1}	54.5	70.4	—	95.2	—	131	—	190	—	—	—	—	—	—	—	—	—	—	—
	P_{G2}	88.8	118	—	172	—	229	—	359	—	456	—	444	439	502	477	—	—	—	—

（续）

i_N	$n_1=750$ $r\cdot min^{-1}$时	规格																		
		4	5	6	7	8	9	10	11	12	13	14	15	16	17	18	19	20	21	22
8	P_{G1}	52.4	68.6	75.6	92.5	105	129	134	189	216	—	—	—	—	—	—	—	—	—	—
	P_{G2}	85.2	116	127	168	189	224	232	357	402	462	512	467	469	548	532	—	—	—	—
9	P_{G1}	50.8	66.7	77.3	89.8	102	125	132	184	220	252	281	—	—	—	—	—	—	—	—
	P_{G2}	82.7	113	129	164	184	220	228	349	414	471	531	494	506	603	601	—	—	—	—
10	P_{G1}	48.1	63.2	75.3	87.1	100	121	128	179	219	249	284	277	286	—	—	—	—	—	—
	P_{G2}	78.2	107	127	157	180	212	225	341	413	468	536	504	524	633	643	—	—	—	—
11.2	P_{G1}	46.1	60.7	73	88.1	97	115	125	183	211	256	283	276	290	315	321	—	—	—	—
	P_{G2}	75	102	123	159	174	202	219	347	398	482	532	501	529	642	664	—	—	—	—
12.5	P_{G1}	44.5	59.7	68.9	86.7	92.8	113	121	183	205	247	277	280	288	331	329	411	406	—	—
	P_{G2}	71.7	100	116	155	167	198	210	344	384	460	521	508	522	660	667	—	—	—	—
14	P_{G1}	42.2	56.5	66	79.8	93.7	110	116	175	208	238	283	272	291	327	344	412	428	—	—
	P_{G2}	67.8	95.1	111	143	169	192	201	327	391	442	532	492	528	649	684	—	—	—	—
16	P_{G1}	38.7	53	64.8	74.7	92.3	104	113	164	208	218	272	275	282	319	339	404	427	463	—
	P_{G2}	62	88.5	107	133	164.5	180	195	307	386	405	507	497	509	627	669	—	—	—	—
18	P_{G1}	37	50.7	61.3	71.5	84.6	97.9	109	152	198	220	261	261	286	317	330	406	418	462	473
	P_{G2}	59	84.7	102	128	150	170	189	287	366	411	485	471	514	619	647	—	—	—	—
20	P_{G1}	36.2	47.5	57.4	66.6	80	94.8	103	147	185	207	239	251	270	311	328	395	418	450	474
	P_{G2}	57.5	79.2	94.8	119	140	163	177	276	341	384	441	448	484	606	634	—	—	—	—
22.4	P_{G1}	33.4	44.1	54.8	64.2	76.1	87	97.1	137	171	—	240	—	258	—	322	—	405	—	454
	P_{G2}	53.2	73.2	90.8	114	135	151	166	256	317	—	442	—	458	—	616	—	—	—	—
25	P_{G1}	—	—	51.4	—	71.1	—	94	—	166	—	225	—	—	—	—	—	—	—	—
	P_{G2}	—	—	84.7	—	124	—	160	—	305	—	411	—	—	—	—	—	—	—	—
28	P_{G1}	—	—	47.7	—	68.4	—	87	—	154	—	—	—	—	—	—	—	—	—	—
	P_{G2}	—	—	78.4	—	120	—	149	—	283	—	—	—	—	—	—	—	—	—	—

i_N	$n_1=1000$ $r\cdot min^{-1}$时	规格																		
		4	5	6	7	8	9	10	11	12	13	14	15	16	17	18	19	20	21	22
6.3	P_{G1}	54.1	66.5	—	90.3	—	116	—	134	—	—	—	—	—	—	—	—	—	—	—
	P_{G2}	106	143	—	221	—	293	—	450	—	579	—	563	—	625	—	—	—	—	—
7.1	P_{G1}	56.1	69	—	89.8	—	117	—	145	—	—	—	—	—	—	—	—	—	—	—
	P_{G2}	109	146	—	214	—	286	—	454	—	588	—	591	589	683	659	—	—	—	—
8	P_{G1}	54.4	68.3	74.5	89.1	99	118	120	152	161	—	—	—	—	—	—	—	—	—	—
	P_{G2}	104	142	157	208	235	279	290	449	509	591	656	613	620	733	719	—	—	—	—
9	P_{G1}	53.4	67.9	78.1	89.3	100	120	124	160	182	195	212	—	—	—	—	—	—	—	—
	P_{G2}	101	139	159	202	228	272	283	437	520	594	672	635	655	786	789	—	—	—	—
10	P_{G1}	51.1	65.4	77.4	88.3	100	119	125	164	193	209	234	200	198	—	—	—	—	—	—
	P_{G2}	95.7	131	156	193	222	262	278	424	516	587	673	640	668	812	830	—	—	—	—
11.2	P_{G1}	49.3	63.4	76	90.7	99	116	124	173	195	226	247	218	222	229	223	—	—	—	—
	P_{G2}	91.7	126	151	196	214	249	270	430	495	601	665	632	669	815	847	—	—	—	—
12.5	P_{G1}	47.8	63	72.3	90.2	95.6	116	122	178	194	226	252	235	235	260	250	301	289	—	—
	P_{G2}	87.6	123	142	191	205	244	259	425	475	572	648	637	656	833	844	—	—	—	—
14	P_{G1}	45.5	60	69.8	83.8	97.7	114	119	173	202	225	266	240	252	274	281	328	333	—	—
	P_{G2}	82.9	116	135	175	207	236	247	403	483	547	659	614	659	814	860	—	—	—	—
16	P_{G1}	41.8	56.6	68.9	79	97	108	117	166	206	212	263	252	254	280	292	341	354	336	—
	P_{G2}	75.7	108	131	163	201	221	240	377	476	501	626	617	634	782	837	—	—	—	—
18	P_{G1}	40.1	54.4	65.7	76.1	89.7	103	114	156	200	219	259	248	268	292	299	362	368	367	352
	P_{G2}	72.1	103	124	157	184	208	231	352	450	506	598	583	638	768	805	—	—	—	—

（续）

i_N	$n_1=1000$ r·min^{-1}时	规格																		
		4	5	6	7	8	9	10	11	12	13	14	15	16	17	18	19	20	21	22
20	P_{G1}	39.3	51.1	61.7	71.3	585.2	100	109	152	189	208	239	242	258	293	304	361	378	373	372
	P_{G2}	70.2	96.8	115	145	172	200	217	339	419	473	543	554	599	751	787	—	—	—	—
22.4	P_{G1}	36.4	47.5	59	68.7	81.1	92.3	102	142	175	—	241	—	248	—	300	—	369	—	362
	P_{G2}	64.9	89.4	111	139	165	185	203	314	390	—	544	—	566	—	764	—	—	—	—
25	P_{G1}	—	—	55.3	—	75.8	—	99.4	—	170	—	227	—	—	—	—	—	—	—	—
	P_{G2}	—	—	103	—	152	—	196	—	374	—	506	—	—	—	—	—	—	—	—
28	P_{G1}	—	—	51.5	—	73.3	—	92.5	—	160	—	—	—	—	—	—	—	—	—	—
	P_{G2}	—	—	95.8	—	146	—	182	—	347	—	—	—	—	—	—	—	—	—	—

i_N	$n_1=1500$ r·min^{-1}时	规格																		
		4	5	6	7	8	9	10	11	12	13	14	15	16	17	18	19	20	21	22
6.3	P_{G1}	48.5	48.8	—	—	—	—	—	—	—	—	—	—	—	—	—	—	—	—	—
	P_{G2}	132	172	—	256	—	322	—	428	—	442	—	—	—	—	—	—	—	—	—
7.1	P_{G1}	51.6	53.9	—	—	—	—	—	—	—	—	—	—	—	—	—	—	—	—	—
	P_{G2}	137	177	—	252	—	323	—	453	—	493	—	338	—	—	—	—	—	—	—
8	P_{G1}	51.4	56.4	59.2	64.9	—	—	—	—	—	—	—	—	—	—	—	—	—	—	—
	P_{G2}	132	175	191	249	276	322	328	469	501	537	580	422	390	—	—	—	—	—	—
9	P_{G1}	52.4	60.5	67.8	73.2	77.2	86.3	—	—	—	—	—	—	—	—	—	—	—	—	—
	P_{G2}	129	174	198	248	275	324	333	484	553	600	666	541	530	584	542	—	—	—	—
10	P_{G1}	51.4	61.1	70.9	77.7	84.2	96	95.3	—	—	—	—	—	—	—	—	—	—	—	—
	P_{G2}	123	165	196	241	273	320	335	489	577	631	715	612	617	710	691	—	—	—	—
11.2	P_{G1}	50.4	61.2	72.2	83.4	88	99.9	103	119	—	—	—	—	—	—	—	—	—	—	—
	P_{G2}	118	160	191	246	267	309	331	509	572	674	738	648	669	784	787	—	—	—	—
12.5	P_{G1}	49.5	62.1	70.5	85.6	88.3	104	106	135	—	—	—	—	—	—	—	—	—	—	—
	P_{G2}	113	157	181	242	258	305	322	512	562	660	742	685	691	851	840	—	—	—	—
14	P_{G1}	47.6	60.4	69.5	81.7	93.2	106	108	142	153	—	—	—	—	—	—	—	—	—	—
	P_{G2}	108	150	174	224	263	298	310	494	583	647	774	686	726	875	906	—	—	—	—
16	P_{G1}	44.1	57.8	69.8	78.6	94.9	104	110	144	169	160	193	—	—	—	—	—	—	—	—
	P_{G2}	98.9	140	169	210	257	281	303	469	583	603	751	710	721	873	919	—	—	—	—
18	P_{G1}	42.7	56.4	67.6	77.3	89.8	101	111	143	175	181	209	170	—	—	—	—	—	—	—
	P_{G2}	94.4	134	162	202	237	266	296	443	560	621	731	690	748	888	919	—	—	—	—
20	P_{G1}	42	53.3	64	73.1	86.3	100	107	142	170	179	202	179	182	—	—	—	—	—	—
	P_{G2}	92.1	126	150	188	222	257	278	428	525	586	670	665	712	882	915	—	—	—	—
22.4	P_{G1}	38.9	49.7	61.3	70.7	82.4	92.6	101	133	159	—	206	—	179	—	—	—	—	—	—
	P_{G2}	85.2	116	144	181	213	239	261	397	489	—	673	—	676	—	893	—	—	—	—
25	P_{G1}	—	—	57.6	—	77.2	—	98.9	—	155	—	195	—	—	—	—	—	—	—	—
	P_{G2}	—	—	134	—	197	—	252	—	470	—	627	—	—	—	—	—	—	—	—
28	P_{G1}	—	—	54.1	—	75.5	—	93.4	—	150	—	—	—	—	—	—	—	—	—	—
	P_{G2}	—	—	125	—	190	—	235	—	439	—	—	—	—	—	—	—	—	—	—

表 10.2-12　H3 减速器额定机械强度功率 P_N　（kW）

i_N	n_1 /r·min^{-1}	n_2 /r·min^{-1}	规格																	
			5	6	7	8	9	10	11	12	13	14	15	16	17	18	19	20	21	22
22.4	1500	67	—	—	—	—	—	—	—	—	617	—	1073	—	1403	—	2105	—	2947	—
	1000	45	—	—	—	—	—	—	—	—	415	—	721	—	942	—	1414	—	1979	—
	750	33	—	—	—	—	—	—	—	—	304	—	529	—	691	—	1037	—	1451	—

（续）

i_N	n_1 /r · min^{-1}	n_2 /r · min^{-1}	规格																	
			5	6	7	8	9	10	11	12	13	14	15	16	17	18	19	20	21	22
25	1500	60	69	—	129	—	214	—	377	—	553	—	961	1087	1257	1508	1885	2168	2639	2953
	1000	40	46	—	86	—	142	—	251	—	369	—	641	725	838	1005	1257	1445	1759	1969
	750	30	35	—	64	—	107	—	188	—	276	—	481	543	628	754	942	1084	1319	1476
28	1500	54	62	—	116	—	192	—	339	—	498	616	865	978	1131	1357	1696	1951	2375	2658
	1000	36	41	—	77	—	128	—	226	—	332	411	577	652	754	905	1131	1301	1583	1772
	750	27	31	—	58	—	96	—	170	—	249	308	433	489	565	679	848	975	1187	1329
31.5	1500	48	55	73	103	128	171	216	302	377	442	548	769	870	1005	1206	1508	1734	2111	2362
	1000	32	37	49	69	85	114	144	201	251	295	365	513	580	670	804	1005	1156	1407	1575
	750	24	28	36	52	64	85	108	151	188	221	274	385	435	503	603	754	867	1055	1181
35.5	1500	42	48	64	90	112	150	189	264	330	387	479	673	761	880	1055	1319	1517	1847	2067
	1000	28	32	43	60	75	100	126	176	220	258	320	449	507	586	704	880	1012	1231	1378
	750	21	24	32	45	56	75	95	132	165	194	240	336	380	440	528	660	759	924	1034
40	1500	38	44	58	82	101	135	171	239	298	350	434	609	688	796	955	1194	1373	1671	1870
	1000	25	29	38	54	67	89	113	157	196	230	285	401	453	524	628	785	903	1099	1230
	750	18.8	22	29	40	50	67	85	118	148	173	215	301	341	394	472	591	679	827	925
45	1500	33	38	50	71	88	117	149	207	259	304	377	529	598	691	829	1037	1192	1451	1624
	1000	22	25	33	47	59	78	99	138	173	203	251	352	399	461	553	691	795	968	1083
	750	16.7	19	25	36	45	59	75	105	131	154	191	268	303	350	420	525	603	734	822
50	1500	30	35	46	64	80	107	135	188	236	276	342	481	543	628	754	942	1084	1319	1476
	1000	20	23	30	43	53	71	90	126	157	184	228	320	362	419	503	628	723	880	984
	750	15	17	23	32	40	53	68	94	118	138	171	240	272	314	377	471	542	660	738
56	1500	27	31	41	58	72	96	122	170	212	249	308	433	489	565	679	848	975	1187	1329
	1000	17.9	21	27	38	48	64	81	112	141	165	204	287	324	375	450	562	647	787	881
	750	13.4	15	20	29	36	48	60	84	105	123	153	215	243	281	337	421	484	589	659
63	1500	24	28	36	52	64	85	108	151	188	221	274	385	435	503	603	754	867	1055	1181
	1000	15.9	18	24	34	42	57	72	100	125	147	181	255	288	333	400	499	574	699	783
	750	11.9	14	18	26	32	42	54	75	93	110	136	191	216	249	299	374	430	523	586
71	1500	21	24	32	45	56	75	95	132	165	194	240	336	380	440	528	660	759	924	1034
	1000	14.1	16	21	30	38	50	63	89	111	130	161	226	255	295	354	443	509	620	694
	750	10.6	12	16	23	28	38	48	67	83	98	121	170	192	222	266	333	383	466	522
80	1500	18.8	22	29	40	50	67	85	118	148	173	215	301	341	394	472	591	679	827	925
	1000	12.5	14	19	27	33	45	56	79	98	115	143	200	226	262	314	393	452	550	615
	750	9.4	11	14	20	25	33	42	59	74	87	107	151	170	197	236	295	340	413	463
90	1500	16.7	19	25	35	45	59	75	105	131	154	191	268	303	350	420	507	603	717	822
	1000	11.1	13	17	23	30	39	50	70	87	102	127	178	201	232	279	337	401	477	546
	750	8.3	10	13	17	22	29	37	52	65	76	95	133	150	174	209	252	300	356	408
100	1500	15	—	23	—	40	—	68	—	118	—	171	—	272	—	355	—	526	—	730
	1000	10	—	15	—	27	—	45	—	79	—	114	—	181	—	237	—	351	—	487
	750	7.5	—	11	—	20	—	34	—	59	—	86	—	136	—	177	—	263	—	365
112	1500	13.4	—	20	—	35	—	59	—	105	—	153	—	—	—	—	—	—	—	—
	1000	8.9	—	13	—	23	—	39	—	70	—	102	—	—	—	—	—	—	—	—
	750	6.7	—	10	—	18	—	29	—	53	—	76	—	—	—	—	—	—	—	—

表 10.2-13　H3 减速器额定热功率 P_{G1}、P_{G2}　　（kW）

i_N	n_1=750 r · min^{-1}时	规格																	
		5	6	7	8	9	10	11	12	13	14	15	16	17	18	19	20	21	22
22.4	P_{G1}	—	—	—	—	—	—	—	—	193	—	265	—	285	—	353	—	419	—
	P_{G2}	—	—	—	—	—	—	—	—	269	—	393	—	406	—	—	—	—	—

（续）

i_N	$n_1=750$ r·min^{-1}时	规格																	
		5	6	7	8	9	10	11	12	13	14	15	16	17	18	19	20	21	22
25	P_{G1}	45.9	—	68.1	—	92.9	—	139	—	188	—	259	274	276	294	349	363	429	427
	P_{G2}	62.7	—	95	—	130	—	201	—	261	—	381	404	393	418	—	—	—	—
28	P_{G1}	44.1	—	68.5	—	92.1	—	134	—	181	208	256	268	272	285	343	359	432	438
	P_{G2}	60.2	—	95.9	—	129	—	193	—	252	289	375	392	387	404	—	—	—	—
31.5	P_{G1}	42.8	49.5	65.6	73	89.7	92.9	130	156	176	203	249	264	265	281	335	353	431	440
	P_{G2}	58.3	67	91.5	101	125	130	186	222	244	280	365	386	376	397	—	—	—	—
35.5	P_{G1}	41.2	47.5	63.6	73.3	86.5	92.2	125	150	171	196	238	258	252	273	326	345	426	437
	P_{G2}	56.2	64.3	88.9	101	121	127	179	212	236	271	348	376	357	386	—	—	—	—
40	P_{G1}	38.9	45.8	60.3	70.2	81.7	88.9	120	145	164	190	229	245	242	259	314	335	415	431
	P_{G2}	52.9	62.2	84.1	97	115	124	171	205	226	262	333	357	342	366	—	—	—	—
45	P_{G1}	37.2	44.4	58.1	68	78.6	86.5	119	139	157	183	227	236	239	249	311	323	403	421
	P_{G2}	50.5	60	80.7	94.3	109	120	170	197	216	252	330	342	338	351	—	—	—	—
50	P_{G1}	35.9	41.8	54.7	64.5	76.8	81.7	117	134	154	177	227	235	235	247	306	318	403	409
	P_{G2}	48.7	56.5	76	88.9	107	113	166	190	210	243	326	340	331	347	—	—	—	—
56	P_{G1}	34	40.1	52.1	62	73.1	78.5	108	133	148	169	215	233	224	242	292	313	385	408
	P_{G2}	46	54	72.1	85.4	101	108	154	188	203	231	310	335	316	340	—	—	—	—
63	P_{G1}	32	38.6	48.5	58.6	69	76.6	102	130	140	165	203	222	211	231	273	300	368	389
	P_{G2}	43.2	51.9	67	80.4	95.4	105	145	183	192	225	292	319	298	323	—	—	—	—
71	P_{G1}	31.7	36.6	47.1	55.7	67.5	72.9	100	121	136	159	198	210	203	218	269	279	348	372
	P_{G2}	42.7	49.1	64.8	76.4	93.6	100	140	169	186	216	283	301	285	305	—	—	—	—
80	P_{G1}	30.1	34.5	45.9	52	63.8	68.9	94.7	114	132	150	191	203	195	209	254	275	332	351
	P_{G2}	40.4	46	63.2	71.1	88	94.5	132	159	180	205	272	291	273	292	—	—	—	—
90	P_{G1}	29.7	34.1	43.4	50.3	60.6	67.2	91.4	111	123	145	179	196	184	200	241	260	322	335
	P_{G2}	39.9	45.6	59.7	68.5	83.4	91.8	128	155	168	197	255	279	257	280	—	—	—	—
100	P_{G1}	—	32.3	—	49.3	—	63.8	—	105	—	141	—	184	—	189	—	247	—	326
	P_{G2}	—	43.2	—	67.1	—	87.2	—	146	—	192	—	262	—	263	—	—	—	—
112	P_{G1}	—	31.9	—	46.6	—	60.6	—	102	—	132	—	—	—	—	—	—	—	—
	P_{G2}	—	42.7	—	63.4	—	82.9	—	141	—	180	—	—	—	—	—	—	—	—

i_N	$n_1=1000$ r·min^{-1}时	规格																	
		5	6	7	8	9	10	11	12	13	14	15	16	17	18	19	20	21	22
22.4	P_{G1}	—	—	—	—	—	—	—	—	196	—	258	—	270	—	325	—	350	—
	P_{G2}	—	—	—	—	—	—	—	—	303	—	432	—	440	—	—	—	—	—
25	P_{G1}	49.9	—	73.5	—	99.3	—	145	—	191	—	253	265	263	276	323	333	363	343
	P_{G2}	73.4	—	110	—	152	—	230	—	294	—	420	443	427	451	—	—	—	—
28	P_{G1}	48	—	74.2	—	99	—	142	—	186	214	254	264	265	274	326	338	380	370
	P_{G2}	70.7	—	112	—	150	—	222	—	286	327	417	434	425	441	—	—	—	—
31.5	P_{G1}	46.7	54	71.4	79.1	96.9	100	138	164	184	211	252	265	263	276	327	341	394	389
	P_{G2}	68.5	78.6	107	118	146	151	215	255	279	319	411	432	418	440	—	—	—	—
35.5	P_{G1}	45.2	51.9	69.4	79.7	93.9	99.8	134	159	180	206	244	264	255	274	325	342	404	404
	P_{G2}	66.2	75.6	104	119	142	149	208	246	271	311	395	425	401	433	—	—	—	—
40	P_{G1}	42.7	50.2	66	76.6	88.9	96.5	129	155	174	201	237	253	247	264	317	336	401	407
	P_{G2}	62.3	73.3	98.9	113	134	145	199	238	261	302	380	406	387	412	—	—	—	—
45	P_{G1}	40.8	48.7	63.6	74.3	85.6	94	128	149	167	194	237	245	246	254	316	326	393	402
	P_{G2}	59.6	70.7	95	110	128	141	199	229	250	291	378	390	383	397	—	—	—	—
50	P_{G1}	39.6	46.1	60.1	70.9	84.2	89.4	127	145	166	190	241	249	248	259	320	332	410	410
	P_{G2}	57.5	66.7	89.6	104	126	133	195	222	245	283	378	393	381	399	—	—	—	—
56	P_{G1}	37.6	44.3	57.5	68.4	80.4	86.2	118	145	161	183	232	250	240	258	311	332	401	421
	P_{G2}	54.5	63.9	85.2	100	120	128	181	221	238	271	361	390	367	394	—	—	—	—

（续）

i_N	$n_1=1000$ $r\cdot min^{-1}$时	规格																	
		5	6	7	8	9	10	11	12	13	14	15	16	17	18	19	20	21	22
63	P_{G1}	35.5	42.7	53.7	64.7	76.2	84.6	113	143	154	180	222	242	230	250	295	324	393	413
	P_{G2}	51.2	61.4	79.4	95.1	112	124	171	216	226	265	343	375	349	378	—	—	—	—
71	P_{G1}	35.1	40.5	52.1	61.6	74.6	80.5	110	133	150	174	216	229	221	237	292	303	373	397
	P_{G2}	50.6	58.1	76.7	90.4	110	119	166	200	219	255	333	353	334	357	—	—	—	—
80	P_{G1}	33.3	38.2	50.9	57.6	70.6	76.1	104	125	145	165	208	222	213	228	277	299	358	377
	P_{G2}	47.9	54.5	74.9	84.1	104	111	156	188	213	241	320	342	321	343	—	—	—	—
90	P_{G1}	32.9	37.8	48.1	55.7	67.1	74.3	100	123	136	160	196	215	201	219	263	283	349	361
	P_{G2}	47.3	54.1	70.7	81.1	98.8	108	151	183	199	233	301	328	302	329	—	—	—	—
100	P_{G1}	—	35.9	—	54.6	—	70.7	—	116	—	156	—	203	—	208	—	272	—	356
	P_{G2}	—	51.2	—	79.5	—	103	—	173	—	227	—	310	—	310	—	—	—	—
112	P_{G1}	—	35.5	—	51.7	—	67.2	—	112	—	146	—	—	—	—	—	—	—	—
	P_{G2}	—	50.7	—	75.2	—	98.3	—	168	—	213	—	—	—	—	—	—	—	—

i_N	$n_1=1500$ $r\cdot min^{-1}$时	规格																	
		5	6	7	8	9	10	11	12	13	14	15	16	17	18	19	20	21	22
22.4	P_{G1}	—	—	—	—	—	—	—	—	169	—	193	—	180	—	—	—	—	—
	P_{G2}	—	—	—	—	—	—	—	—	346	—	463	—	450	—	—	—	—	—
25	P_{G1}	52.5	—	76.1	—	100	—	138	—	167	—	192	193	180	—	—	—	—	—
	P_{G2}	92.4	—	138	—	187	—	275	—	338	—	453	470	442	455	—	—	—	—
28	P_{G1}	50.9	—	77.5	—	101	—	137	—	169	191	206	207	198	196	222	—	—	—
	P_{G2}	89.4	—	140	—	186	—	268	—	334	380	463	475	455	464	—	—	—	—
31.5	P_{G1}	49.9	57.4	75.3	82.8	100	102	137	159	173	196	217	222	212	216	246	249	—	—
	P_{G2}	86.9	99.6	135	148	183	188	263	308	332	377	468	487	463	480	—	—	—	—
35.5	P_{G1}	48.6	55.7	73.9	84.4	98.7	104	135	158	175	198	222	235	221	232	268	276	273	—
	P_{G2}	84.3	96.2	132	150	178	186	257	300	328	374	461	493	459	489	—	—	—	—
40	P_{G1}	46.1	54	70.6	81.4	93.9	101	132	156	172	197	221	232	221	231	272	283	293	269
	P_{G2}	79.5	93.4	125	144	170	182	248	293	318	366	449	476	449	474	—	—	—	—
45	P_{G1}	44.2	52.5	68.2	79.2	90.8	99.1	132	151	166	192	223	227	224	227	276	280	297	278
	P_{G2}	76.1	90.2	120	140	162	177	247	283	306	355	450	460	448	460	—	—	—	—
50	P_{G1}	43.2	50.1	65.2	76.6	90.6	95.9	134	151	171	195	240	246	242	250	304	313	360	344
	P_{G2}	73.8	85.5	114	133	160	169	246	278	306	352	462	479	462	480	—	—	—	—
56	P_{G1}	41.2	48.5	62.7	74.4	87.3	93.4	127	154	170	192	239	256	243	260	310	329	379	387
	P_{G2}	70.1	82.2	109	129	153	164	230	280	300	341	449	484	453	485	—	—	—	—
63	P_{G1}	39.1	47	59	71	83.5	92.5	122	154	166	194	235	255	241	262	307	336	397	411
	P_{G2}	66.1	79.2	102	122	145	160	219	276	288	338	434	473	439	474	—	—	—	—
71	P_{G1}	38.7	44.6	57.3	67.7	81.8	88.2	120	144	162	188	230	243	234	249	306	316	381	400
	P_{G2}	65.3	75	98.9	116	142	153	213	256	279	325	422	447	422	450	—	—	—	—
80	P_{G1}	36.8	42.1	56	63.3	77.6	83.5	113	136	158	178	223	237	227	241	292	315	369	384
	P_{G2}	61.9	70.3	96.6	108	134	143	201	241	272	308	406	434	406	433	—	—	—	—
90	P_{G1}	36.3	41.8	53.1	61.4	73.8	81.6	110	134	148	173	211	231	215	233	280	300	363	372
	P_{G2}	61.1	69.8	91.3	104	127	140	194	235	255	298	383	418	384	417	—	—	—	—
100	P_{G1}	—	39.7	—	60.4	—	78	—	128	—	171	—	221	—	226	—	294	—	379
	P_{G2}	—	66.2	—	102	—	133	—	223	—	293	—	397	—	397	—	—	—	—
112	P_{G1}	—	39.3	—	57.2	—	74.3	—	124	—	161	—	—	—	—	—	—	—	—
	P_{G2}	—	65.6	—	97.3	—	127	—	216	—	274	—	—	—	—	—	—	—	—

表 10.2-14　H4 减速器额定机械强度功率 P_N　(kW)

i_N	n_1 /r·min^{-1}	n_2 /r·min^{-1}	规格 7	8	9	10	11	12	13	14	15	16	17	18	19	20	21	22
100	1500	15	32	—	53	—	94	—	138	—	240	—	314	—	471	—	660	—
	1000	10	21	—	36	—	63	—	92	—	160	—	209	—	314	—	440	—
	750	7.5	16	—	27	—	47	—	69	—	120	—	157	—	236	—	330	—
112	1500	13.4	29	—	48	—	84	—	123	—	215	243	281	337	421	484	589	659
	1000	8.9	19	—	32	—	56	—	82	—	143	161	186	224	280	322	391	438
	750	6.7	14	—	24	—	42	—	62	—	107	121	140	168	210	242	295	330
125	1500	12	26	32	43	54	75	94	111	137	192	217	251	302	377	434	528	591
	1000	8	17	21	28	36	50	63	74	91	128	145	168	201	251	289	352	394
	750	6	13	16	21	27	38	47	55	68	96	109	126	151	188	217	264	295
140	1500	10.7	23	29	38	48	67	84	99	122	171	194	224	269	336	387	471	527
	1000	7.1	15	19	25	32	45	56	65	81	114	129	149	178	223	256	312	349
	750	5.4	12	14	19	24	34	42	50	62	87	98	113	136	170	195	237	266
160	1500	9.4	20	25	33	42	59	74	87	107	151	170	197	236	295	340	413	463
	1000	6.3	14	17	22	28	40	49	58	72	101	114	132	158	198	228	277	310
	750	4.7	10	13	17	21	30	37	43	54	75	85	98	118	148	170	207	231
180	1500	8.3	18	22	30	37	52	65	76	95	133	150	174	209	261	300	365	408
	1000	5.6	12	15	20	25	35	44	52	64	90	101	117	141	176	202	246	276
	750	4.2	9	11	15	19	26	33	39	48	67	76	88	106	132	152	185	207
200	1500	7.5	16	20	27	34	47	59	69	86	120	136	157	188	236	271	330	369
	1000	5	11	13	18	23	31	39	46	57	80	91	105	126	157	181	220	246
	750	3.8	8.2	10	14	17	24	30	35	43	61	69	80	95	119	137	167	187
224	1500	6.7	14	18	24	30	42	53	62	76	107	121	140	168	210	242	295	330
	1000	4.5	10	12	16	20	28	35	41	51	72	82	94	113	141	163	198	221
	750	3.3	7.1	8.8	12	15	21	26	30	38	53	60	69	83	104	119	145	162
250	1500	6	13	16	21	27	38	47	55	68	96	109	126	151	188	217	264	295
	1000	4	8.6	11	14	18	25	31	37	46	64	72	84	101	126	145	176	197
	750	3	6.4	8	11	14	19	24	28	34	48	54	63	75	94	108	132	148
280	1500	5.4	12	14	19	24	34	42	50	62	87	98	113	136	170	195	237	266
	1000	3.6	7.7	9.6	13	16	23	28	33	41	58	65	75	90	113	130	158	177
	750	2.7	5.8	7.2	10	12	17	21	25	31	43	49	57	68	85	98	119	133
315	1500	4.8	10.3	13	17	22	30	38	44	55	77	87	101	121	151	173	211	236
	1000	3.2	7	8.5	11	14	20	25	29	37	51	58	67	80	101	116	141	157
	750	2.4	5.2	6.4	8.5	11	15	19	22	27	38	43	50	60	75	87	106	118
355	1500	4.2	8.6	11	15	19	26	33	39	48	62	76	84	106	128	152	180	207
	1000	2.8	5.7	7.5	9.7	13	17	22	26	32	41	51	56	70	85	101	120	138
	750	2.1	4.3	5.6	7.3	9.5	13	16	19	24	31	38	42	53	64	76	90	103
400	1500	3.8	—	10.1	—	17	—	30	—	43	—	63	—	89	—	133	—	185
	1000	2.5	—	6.7	—	11	—	20	—	29	—	41	—	58	—	88	—	122
	750	1.9	—	5.1	—	8.6	—	15	—	22	—	31	—	44	—	67	—	93
450	1500	3.3	—	8.6	—	14	—	26	—	38	—	—	—	—	—	—	—	—
	1000	2.2	—	5.7	—	9.6	—	17	—	25	—	—	—	—	—	—	—	—
	750	1.7	—	4.4	—	7.4	—	13	—	19	—	—	—	—	—	—	—	—

表 10.2-15　H4 减速器额定热功率 P_{G1}、P_{G2}　(kW)

i_N	n_1=750 r·min^{-1}时	规格 7	8	9	10	11	12	13	14	15	16	17	18	19	20	21	22
100	P_{G1}	39.9	—	55.6	—	82.5	—	110	—	148	—	166	—	234	—	322	—
112	P_{G1}	38.4	—	53.2	—	81.9	—	107	—	141	152	159	170	224	239	314	325

（续）

i_N	$n_1=750$ r · min^{-1}时	规格															
		7	8	9	10	11	12	13	14	15	16	17	18	19	20	21	22
125	P_{G1}	37.2	42.8	51.5	55.8	78.5	91.3	104	117	136	146	153	163	216	229	304	317
140	P_{G1}	35.3	41	49.8	53.4	75.9	90.4	101	114	131	141	147	157	208	221	288	307
160	P_{G1}	34	39.8	47.1	51.7	72.2	87.1	95.4	111	126	136	141	151	200	213	276	291
180	P_{G1}	32.7	37.8	45.1	50.1	69.6	83.8	92.1	107	124	130	138	145	190	205	272	278
200	P_{G1}	31.4	36.4	43.6	47.3	65.7	80	89.6	102	121	127	133	142	184	195	256	274
224	P_{G1}	29.6	34.8	41.9	45.3	62.9	77	85.4	97.9	112	124	124	137	176	188	244	258
250	P_{G1}	28.3	33.7	40	43.9	59.8	72.7	81.3	95.4	107	115	118	128	167	180	231	246
280	P_{G1}	27.4	31.7	38.8	42.1	57.6	69.9	78.7	90.4	103	109	115	122	161	171	222	233
315	P_{G1}	26.8	30.3	37	40.2	56.1	66.3	75.5	87.1	98.7	106	110	118	157	165	213	224
355	P_{G1}	25.6	29.4	36.3	39	53.4	63.8	72	83.8	97.1	102	107	113	150	161	203	215
400	P_{G1}	—	28.8	—	37.2	—	62.3	—	80.5	—	99.6	—	111	—	153	—	205
450	P_{G1}	—	27.4	—	36.6	—	59.2	—	76.8	—	—	—	—	—	—	—	—

i_N	$n_1=1000$ r · min^{-1}时	规格															
		7	8	9	10	11	12	13	14	15	16	17	18	19	20	21	22
100	P_{G1}	43.6	—	60.8	—	90.1	—	120	—	161	—	180	—	253	—	346	—
112	P_{G1}	42	—	58.2	—	89.4	—	117	—	154	166	173	185	243	260	240	350
125	P_{G1}	40.8	46.8	56.4	61.1	85.8	99.7	114	128	149	160	167	177	235	249	330	344
140	P_{G1}	38.7	44.9	54.6	58.5	83	98.9	110	125	144	153	161	171	227	241	313	334
160	P_{G1}	37.2	43.6	51.6	56.7	79	95.3	104	121	138	148	154	165	218	232	301	317
180	P_{G1}	35.8	41.4	49.4	54.9	76.2	91.8	100	118	136	142	151	158	208	224	297	304
200	P_{G1}	34.4	39.9	47.8	51.8	72	87.6	98.2	111	132	139	146	156	201	214	280	300
224	P_{G1}	32.4	38.2	45.9	49.6	69	84.4	93.7	107	123	136	136	151	193	206	268	283
250	P_{G1}	31	37	43.8	48.2	65.6	79.7	89.1	104	117	126	130	141	183	198	253	270
280	P_{G1}	30.1	34.7	42.5	46.2	63.1	76.7	86.3	99.1	113	120	126	133	176	188	243	255
315	P_{G1}	29.4	33.3	40.5	44.1	61.6	72.7	82.8	95.5	108	116	121	130	172	181	233	245
355	P_{G1}	28.1	32.3	39.8	42.8	58.6	69.9	78.9	91.9	106	111	118	124	164	177	222	236
400	P_{G1}	—	31.6	—	40.8	—	68.3	—	88.3	—	109	—	121	—	168	—	225
450	P_{G1}	—	30.1	—	40.1	—	64.9	—	84.2	—	—	—	—	—	—	—	—

i_N	$n_1=1500$ r · min^{-1}时	规格															
		7	8	9	10	11	12	13	14	15	16	17	18	19	20	21	22
100	P_{G1}	48.7	—	67.6	—	99.1	—	130	—	172	—	190	—	264	—	348	—
112	P_{G1}	47.1	—	65.1	—	99.1	—	129	—	167	179	186	198	259	276	352	358
125	P_{G1}	45.8	52.5	63.1	68.3	95.5	110	126	142	163	174	181	192	254	268	348	359
140	P_{G1}	43.5	50.5	61.3	65.6	92.8	110	123	139	158	169	176	188	248	263	336	356
160	P_{G1}	41.9	49.1	58	63.7	88.5	106	116	135	153	164	171	182	240	255	327	342
180	P_{G1}	40.4	46.7	55.8	61.9	85.8	103	113	132	152	159	169	177	232	249	329	335
200	P_{G1}	38.9	45.1	54	58.5	81.3	98.9	110	126	149	157	164	175	226	240	314	335
224	P_{G1}	36.7	43.2	52	56.2	78.1	95.5	106	121	140	154	154	170	219	233	303	321
250	P_{G1}	35.1	41.9	49.6	54.5	74.2	90.2	100	118	132	143	147	159	208	224	287	305
280	P_{G1}	34	39.3	48.2	52.3	71.4	86.8	97.7	112	128	135	143	151	199	213	276	289
315	P_{G1}	33.3	37.6	45.9	49.9	69.7	82.2	93.7	108	122	131	136	147	195	204	264	278
355	P_{G1}	31.8	36.5	45.1	48.5	66.3	79.2	89.4	104	120	126	133	141	186	200	252	267
400	P_{G1}	—	35.8	—	46.2	—	77.3	—	100	—	123	—	138	—	190	—	255
450	P_{G1}	—	34	—	45.4	—	73.5	—	95.3	—	—	—	—	—	—	—	—

表 10.2-16　R2 减速器额定机械强度功率 P_N　(kW)

i_N	n_1 /r·min^{-1}	n_2 /r·min^{-1}	规格														
			4	5	6	7	8	9	10	11	12	13	14	15	16	17	18
5	1500	300	182	295	—	559	—	880	—	1351	—	2073	—	—	—	—	—
	1000	200	121	197	—	373	—	586	—	901	—	1382	—	2555	—	—	—
	750	150	91	148	—	280	—	440	—	675	—	1037	—	1916	—	—	—
5.6	1500	268	163	264	—	500	—	786	—	1263	—	1880	—	—	—	—	—
	1000	179	109	176	—	334	—	525	—	843	—	1256	—	2287	—	—	—
	750	134	81	132	—	250	—	393	—	631	—	940	—	1712	1894	2736	—
6.3	1500	238	145	234	299	444	556	698	887	1171	1371	1769	2044	—	—	—	—
	1000	159	97	157	200	296	371	466	593	783	916	1182	1365	2164	2348	—	—
	750	119	72	117	150	222	278	349	444	586	685	885	1022	1620	1757	2430	—
7.1	1500	211	128	208	265	393	493	619	787	1083	1259	1613	1856	—	—	—	—
	1000	141	86	139	177	263	329	413	526	723	842	1078	1240	1949	2141	2879	—
	750	106	64	104	133	198	248	311	395	544	633	810	932	1465	1609	2164	2553
8	1500	188	114	185	236	350	439	551	701	994	1161	1516	1732	2598	—	—	—
	1000	125	76	123	157	233	292	366	466	661	772	1008	1152	1728	1937	2552	—
	750	94	57	93	118	175	219	276	350	497	581	758	866	1299	1457	1919	2264
9	1500	167	101	164	210	311	390	490	623	883	1067	1364	1591	2309	2588	—	—
	1000	111	67	109	139	207	259	325	414	587	709	907	1058	1534	1720	2266	2673
	750	83	50	82	104	155	194	243	309	439	530	678	791	1147	1286	1695	1999
10	1500	150	91	148	188	280	350	440	559	793	974	1225	1492	2073	2325	—	—
	1000	100	61	98	126	186	234	293	373	529	649	817	995	1382	1550	2042	2408
	750	75	46	74	94	140	175	220	280	397	487	613	746	1037	1162	1531	1806
11.2	1500	134	81	132	168	250	313	393	500	709	870	1094	1368	1852	2077	—	—
	1000	89	54	88	112	166	208	261	332	471	578	727	909	1230	1379	1817	2143
	750	67	41	66	84	125	156	196	250	354	435	547	684	926	1038	1368	1614
12.5	1500	120	—	—	151	—	280	—	447	—	779	—	1225	—	1860	—	—
	1000	80	—	—	101	—	187	—	298	—	519	—	817	—	1240	—	1927
	750	60	—	—	75	—	140	—	224	—	390	—	613	—	930	—	1445
14	1500	107	—	—	134	—	250	—	399	—	695	—	1092	—	—	—	—
	1000	71	—	—	89	—	166	—	265	—	461	—	725	—	—	—	—
	750	54	—	—	68	—	126	—	201	—	351	—	551	—	—	—	—

表 10.2-17　R2 减速器额定热功率 P_{G1}、P_{G2}　(kW)

i_N	$n_1=750$ r·min^{-1}时	规格														
		4	5	6	7	8	9	10	11	12	13	14	15	16	17	18
5	P_{G1}	50	64.7	—	90	—	109	—	—	—	—	—	—	—	—	—
	P_{G2}	96.9	134	—	214	—	261	—	439	—	635	—	765	—	—	—
5.6	P_{G1}	48.6	63.9	—	87.1	—	106	—	167	—	—	—	—	—	—	—
	P_{G2}	93	131	—	200	—	245	—	428	—	626	—	757	—	827	—
6.3	P_{G1}	47.4	61.6	72.5	82.2	99.8	101	114	157	198	—	—	—	—	—	—
	P_{G2}	90	124	145	186	225	230	261	389	495	573	696	721	782	802	—
7.1	P_{G1}	44.8	58.7	71.5	78.2	95.2	97.1	110	159	200	204	244	—	—	—	—
	P_{G2}	84	117	142	174	212	216	245	381	480	565	683	686	744	771	832
8	P_{G1}	42.2	55.6	68.6	74.7	90.3	93.1	105	148	186	194	233	—	—	—	—
	P_{G2}	78.8	109	134	164	196	203	230	347	435	517	622	632	706	720	798
9	P_{G1}	40.2	52.9	65.1	71.6	85.4	89.7	100	143	186	190	235	230	248	—	—
	P_{G2}	74.4	103	126	155	184	193	216	331	426	494	612	607	650	694	742
10	P_{G1}	33.8	49.1	61.3	67.2	81	84.6	95.7	136	172	183	221	222	243	244	—
	P_{G2}	61.6	94.9	118	144	172	181	203	310	386	465	559	567	624	656	715

（续）

i_N	$n_1=750$ $\mathrm{r \cdot min^{-1}}$时	规格														
		4	5	6	7	8	9	10	11	12	13	14	15	16	17	18
11.2	P_{G1}	32.7	44.1	58.3	60.2	77.3	76.4	92.1	122	166	165	214	203	233	227	260
	P_{G2}	59.4	84.4	111	127	164	160	193	273	368	413	532	510	583	593	676
12.5	P_{G1}	—	—	54	—	72	—	87	—	157	—	205	—	214	—	241
	P_{G2}	—	—	101	—	152	—	181	—	344	—	501	—	524	—	610
14	P_{G1}	—	—	48	—	65	—	78	—	140	—	185	—	—	—	—
	P_{G2}	—	—	90.6	—	135	—	161	—	303	—	443	—	—	—	—

i_N	$n_1=1000$ $\mathrm{r \cdot min^{-1}}$时	规格														
		4	5	6	7	8	9	10	11	12	13	14	15	16	17	18
5	P_{G1}	48.3	58.6	—	77.4	—	87.1	—	—	—	—	—	—	—	—	—
	P_{G2}	113	155	—	246	—	297	—	487	—	684	—	788	—	—	—
5.6	P_{G1}	47.7	59.8	—	78.3	—	90.2	—	120	—	—	—	—	—	—	—
	P_{G2}	109	153	—	232	—	282	—	481	—	688	—	804	—	859	—
6.3	P_{G1}	47	58.7	68.3	75.8	89.9	89.4	98.3	122	142	—	—	—	—	—	—
	P_{G2}	105	145	170	216	261	265	300	441	556	637	771	779	838	850	—
7.1	P_{G1}	45	57.2	69	74.3	88.9	89.1	99.3	132	158	151	176	—	—	—	—
	P_{G2}	99	137	166	203	246	250	284	436	546	637	768	756	815	838	897
8	P_{G1}	42.8	54.8	67.2	72.1	86.1	87.4	97.7	129	155	154	181	—	—	—	—
	P_{G2}	92.9	128	157	192	229	237	267	400	498	588	705	705	784	793	874
9	P_{G1}	41	52.7	64.5	70.2	82.7	85.8	95.3	129	162	159	193	169	176	—	—
	P_{G2}	87.8	121	148	182	215	226	251	383	490	565	699	684	730	774	823
10	P_{G1}	34.6	49.3	61.1	66.4	79.2	81.9	91.7	125	153	157	188	172	182	175	—
	P_{G2}	72.8	111	138	169	202	212	237	359	447	535	642	643	704	737	799
11.2	P_{G1}	33.5	44.4	58.4	59.8	76.1	74.5	89	114	150	145	185	162	181	169	187
	P_{G2}	70.2	99.5	131	150	192	187	226	318	426	476	613	581	662	669	760
12.5	P_{G1}	—	—	54.5	—	72.2	—	85.1	—	145	—	183	—	175	—	186
	P_{G2}	—	—	119	—	179	—	212	—	400	—	579	—	598	—	691
14	P_{G1}	—	—	49	—	65.5	—	77	—	131	—	168	—	—	—	—
	P_{G2}	—	—	106	—	159	—	189	—	353	—	514	—	—	—	—

i_N	$n_1=1500$ $\mathrm{r \cdot min^{-1}}$时	规格														
		4	5	6	7	8	9	10	11	12	13	14	15	16	17	18
5	P_{G1}	35.3	—	—	—	—	—	—	—	—	—	—	—	—	—	—
	P_{G2}	139	184	—	283	—	328	—	478	—	574	—	486	—	—	—
5.6	P_{G1}	38.6	—	—	—	—	—	—	—	—	—	—	—	—	—	—
	P_{G2}	135	185	—	274	—	322	—	504	—	646	—	618	—	565	—
6.3	P_{G1}	40	—	—	—	—	—	—	—	—	—	—	—	—	—	—
	P_{G2}	132	178	206	259	308	310	345	479	581	633	753	664	684	646	—
7.1	P_{G1}	40.6	44	50.6	—	—	—	—	—	—	—	—	—	—	—	—
	P_{G2}	125	169	204	248	298	299	336	493	601	676	804	720	754	740	760
8	P_{G1}	39.6	45.1	53.4	53	—	—	—	—	—	—	—	—	—	—	—
	P_{G2}	117	160	195	236	280	287	321	463	564	646	768	713	775	756	808
9	P_{G1}	39.3	45.7	54.4	55.8	61.6	59.6	—	—	—	—	—	—	—	—	—
	P_{G2}	111	153	186	226	266	277	306	452	568	640	785	724	759	782	812
10	P_{G1}	33.7	44	53.3	55.1	62.3	60.8	63.9	—	—	—	—	—	—	—	—
	P_{G2}	92.8	140	174	211	251	261	291	429	525	616	734	698	753	770	818
11.2	P_{G1}	33	40.4	52.1	51	61.9	57.7	65.2	—	—	—	—	—	—	—	—
	P_{G2}	89.7	125	165	188	240	232	279	382	506	555	709	641	721	714	797

（续）

i_N	$n_1=1500$ r·min^{-1}时	规格														
		4	5	6	7	8	9	10	11	12	13	14	15	16	17	18
12.5	P_{G1}	—	—	50.1	—	61.7	—	66.9	—	—	—	—	—	—	—	—
	P_{G2}	—	—	151	—	224	—	264	—	481	—	681	—	669	—	749
14	P_{G1}	—	—	46	—	57.4	—	63.1	—	—	—	—	—	—	—	—
	P_{G2}	—	—	135	—	200	—	236	—	428	—	611	—	—	—	—

表 10.2-18　R3 减速机额定机械强度功率 P_N　（kW）

i_N	n_1 /r·min^{-1}	n_2 /r·min^{-1}	规格																		
			4	5	6	7	8	9	10	11	12	13	14	15	16	17	18	19	20	21	22
12.5	1500	120	69	118	—	214	—	352	—	635	—	980	—	1659	—	2450	—	—	—	—	—
	1000	80	46	79	—	142	—	235	—	423	—	653	—	1106	—	1634	—	2094	—	2848	—
	750	60	35	59	—	107	—	176	—	317	—	490	—	829	—	1225	—	1571	—	2136	—
14	1500	107	67	110	—	204	—	331	—	594	—	896	—	1535	1658	2185	2577	—	—	—	—
	1000	71	45	73	—	135	—	219	—	394	—	595	—	1019	1100	1450	1710	1948	2193	2676	—
	750	54	34	55	—	103	—	167	—	300	—	452	—	775	837	1103	1301	1481	1668	2036	2290
16	1500	94	61	100	118	188	212	305	350	551	610	817	960	1398	1516	1969	2264	—	—	—	—
	1000	63	41	67	79	126	142	205	235	369	409	548	643	937	1016	1319	1517	1814	2032	2507	2784
	750	47	31	50	59	94	106	153	175	276	305	408	480	699	758	984	1132	1353	1516	1870	2077
18	1500	83	56	92	110	172	201	282	326	504	565	739	869	1286	1391	1738	2086	—	—	—	—
	1000	56	38	62	74	116	135	191	220	340	381	498	586	868	938	1173	1407	1689	1876	2346	2568
	750	42	28	47	55	87	102	143	165	255	286	374	440	651	704	880	1055	1267	1407	1759	1926
20	1500	75	52	86	104	161	188	267	309	471	534	691	809	1202	1312	1571	1885	—	—	—	—
	1000	50	35	58	69	107	125	178	206	314	356	461	539	801	874	1047	1257	1571	1738	2199	2382
	750	38	26	44	53	82	95	135	156	239	271	350	410	609	665	796	955	1194	1321	1671	1810
22.4	1500	67	46	77	97	144	174	239	288	421	505	617	744	1073	1214	1403	1684	2105	2420	—	—
	1000	45	31	52	65	97	117	160	193	283	339	415	499	721	815	942	1131	1414	1626	1979	2215
	750	33	23	38	48	71	86	117	142	207	249	304	366	529	598	691	829	1037	1192	1451	1624
25	1500	60	41	69	91	129	160	214	270	377	471	553	685	961	1087	1257	1508	1885	2168	—	—
	1000	40	28	46	61	86	107	142	180	251	314	369	457	641	725	838	1005	1257	1445	1759	1969
	750	30	21	35	46	64	80	107	135	188	236	276	342	481	543	628	754	942	1084	1319	1476
28	1500	54	37	62	82	116	144	192	243	339	424	498	616	865	978	1131	1357	1696	1950	2375	—
	1000	36	25	41	55	77	96	128	162	226	283	332	411	577	652	754	905	1131	1301	1583	1772
	750	27	19	31	41	58	72	96	122	170	212	249	308	433	489	565	679	848	975	1187	1329
31.5	1500	48	33	55	73	103	128	171	216	302	277	442	548	769	870	1005	1206	1508	1734	2111	—
	1000	32	22	37	49	69	85	114	144	201	251	295	365	513	580	670	804	1005	1156	1407	1575
	750	24	17	28	36	52	64	85	108	151	188	221	274	385	435	503	603	754	867	1055	1181
35.5	1500	42	29	48	64	90	112	150	189	264	330	387	479	673	761	880	1055	1319	1517	1847	2067
	1000	28	19	32	43	60	75	100	126	176	220	258	320	449	507	586	704	880	1012	1231	1378
	750	21	15	24	32	45	56	75	95	132	165	194	240	336	380	440	528	660	759	924	1034
40	1500	38	26	44	58	82	101	135	171	239	298	350	434	609	688	796	955	1194	1373	1671	1870
	1000	25	17	29	38	54	67	89	113	157	196	230	285	401	453	524	628	785	903	1099	1230
	750	18.8	13	22	29	40	50	67	85	118	148	173	215	301	341	394	472	591	679	827	925

（续）

i_N	n_1 /r · min^{-1}	n_2 /r · min^{-1}	规格																		
			4	5	6	7	8	9	10	11	12	13	14	15	16	17	18	19	20	21	22
45	1500	33	23	38	50	71	88	117	149	207	259	304	377	529	598	691	829	1037	1192	1451	1624
	1000	22	15	25	33	47	59	78	99	138	173	203	251	352	399	461	553	691	795	968	1083
	750	16.7	12	19	25	36	45	59	75	105	131	154	191	268	303	350	420	525	603	734	822
50	1500	30	21	35	46	64	80	107	135	188	236	276	342	481	543	628	754	942	1083	1319	1476
	1000	20	14	23	30	43	53	71	90	126	157	184	228	320	362	419	503	628	723	880	984
	750	15	10.4	17	23	32	40	53	68	94	118	138	171	240	272	314	377	471	542	660	738
56	1500	27	19	31	41	58	72	96	122	170	212	249	308	433	489	565	679	848	975	1187	1329
	1000	17.9	12	21	27	38	48	64	81	112	141	165	204	287	324	375	450	562	647	787	881
	750	13.4	9.3	15	20	29	36	48	60	84	105	123	153	215	243	281	337	421	484	589	659
63	1500	24	17	28	36	50	64	85	108	151	188	221	274	385	435	503	603	754	867	1055	1181
	1000	15.9	11	18	24	33	42	57	72	100	125	147	181	255	288	333	400	499	574	699	783
	750	11.9	8.2	14	18	25	32	42	54	75	93	110	136	191	216	249	299	374	430	523	586
71	1500	21	14.5	24	32	44	56	75	95	132	165	194	240	336	380	440	528	660	759	924	1034
	1000	14.1	9.7	16	21	30	38	50	63	89	111	130	161	226	255	295	354	443	509	620	694
	750	10.6	7.3	12	16	22	28	38	48	67	83	98	121	170	192	222	366	333	383	466	522
80	1500	18.8	—	—	28	—	50	—	85	—	148	—	215	—	341	—	472	—	679	—	925
	1000	12.5	—	—	18	—	33	—	56	—	98	—	143	—	226	—	314	—	452	—	615
	750	9.4	—	—	14	—	25	—	42	—	74	—	107	—	170	—	236	—	340	—	463
90	1500	16.7	—	—	24	—	44	—	75	—	131	—	191	—	—	—	—	—	—	—	—
	1000	11.1	—	—	16	—	29	—	50	—	87	—	127	—	—	—	—	—	—	—	—
	750	8.3	—	—	12	—	22	—	37	—	65	—	95	—	—	—	—	—	—	—	—

表 10.2-19　R3 减速机额定热功率 P_{G1}、P_{G2}　（kW）

i_N	$n_1=750$ r · min^{-1}时	规格																		
		4	5	6	7	8	9	10	11	12	13	14	15	16	17	18	19	20	21	22
12.5	P_{G1}	35.9	48.7	—	77.4	—	102	—	145	—	188	—	262	—	295	—	—	—	—	—
	P_{G2}	56.1	79.6	—	127	—	174	—	276	—	363	—	511	—	656	—	—	—	—	—
14	P_{G1}	34.9	47.2	—	74.8	—	99.5	—	142	—	190	—	253	274	285	322	—	—	—	—
	P_{G2}	54.5	77	—	122	—	168	—	270	—	366	—	491	529	630	704	—	—	—	—
16	P_{G1}	33.1	45.6	52.9	71.3	83.6	97.1	109	135	161	175	205	250	263	287	297	—	—	—	—
	P_{G2}	51.8	74.2	85	117	134	165	182	257	298	335	387	482	506	625	645	—	—	—	—
18	P_{G1}	32.1	44.2	51.3	68.9	80.5	94	100	133	161	176	206	241	261	276	314	—	—	—	—
	P_{G2}	50.3	71.9	82.3	113	130	159	168	251	298	337	390	462	500	600	670	—	—	—	—
20	P_{G1}	30.3	42.3	49.4	66	76.5	90	102	127	150	165	189	234	250	268	288	323	—	371	—
	P_{G2}	47.4	68.9	79.2	108	123	152	172	240	277	315	356	445	477	577	613	715	—	804	—
22.4	P_{G1}	29.6	41.6	47.8	63.8	74.3	87.6	94.8	121	150	159	192	228	241	266	279	322	339	370	383
	P_{G2}	46.1	67.7	76.8	104	120	148	158	227	277	300	359	432	458	562	589	696	731	785	815
25	P_{G1}	28.1	39.4	45.9	61.7	71.2	83.7	90.9	115	144	151	179	216	237	254	276	315	337	362	381
	P_{G2}	43.6	63.9	73.5	100	114	141	151	213	264	282	335	402	443	526	574	664	711	746	794
28	P_{G1}	27	38.1	45.1	58.6	68.8	79.8	88.5	109	137	144	172	211	224	252	264	307	328	351	371
	P_{G2}	41.7	61.4	72.2	94.8	110	133	147	202	251	266	318	389	412	513	536	632	677	710	754
31.5	P_{G1}	25.5	36.1	42.6	55.6	66.3	76.3	84.6	104	129	136	163	198	219	238	260	293	319	334	361
	P_{G2}	39.5	58	68.1	89.6	106	126	140	191	235	252	298	362	401	479	523	593	646	660	718

（续）

i_N	$n_1=750$ r · min^{-1}时	规格																		
		4	5	6	7	8	9	10	11	12	13	14	15	16	17	18	19	20	21	22
35.5	P_{G1}	24	34	41.1	52.8	63	72.5	80.6	100	123	132	155	191	205	231	247	286	303	323	342
	P_{G2}	36.9	54.3	65.4	84.8	100	120	132	182	222	241	283	348	372	460	488	572	604	633	667
40	P_{G1}	21	29.5	39	46.2	60.1	67.8	76.9	94.9	117	124	148	181	198	221	239	272	296	307	331
	P_{G2}	32.1	46.8	61.9	73.6	95.4	111	126	170	209	114	267	327	358	424	469	537	582	593	640
45	P_{G1}	20.5	28.7	36.6	44.9	57	62.3	73	87	112	207	141	168	187	205	228	255	282	284	313
	P_{G2}	31.3	45.6	57.8	71	90	101	119	156	200	116	256	300	336	401	444	498	547	546	599
50	P_{G1}	20.7	28.6	31.9	44.2	49.9	61.2	68.3	87	106	207	134	172	173	213	211	252	263	306	291
	P_{G2}	31.5	45	50.1	69.6	78.1	98.8	111	153	187	107	240	302	309	407	409	478	507	572	551
56	P_{G1}	19.1	26.3	31.1	41	48.4	56.5	63	79.1	97.4	189	123	157	177	197	220	243	259	290	312
	P_{G2}	28.9	41.5	48.7	64.7	75.6	91.4	101	139	171	103	218	275	310	372	414	458	485	537	576
63	P_{G1}	18.3	25.3	30.9	39.7	47.8	54.5	61.8	76.3	96.6	181	125	150	162	189	202	235	250	281	295
	P_{G2}	27.9	39.9	48.1	62.4	74.3	88.2	98.8	133	168	96	219	262	282	355	379	441	466	518	540
71	P_{G1}	17	24.1	28.5	37.8	44.3	51	57.3	70.6	88.6	169	115	143	155	178	194	222	242	265	286
	P_{G2}	25.9	37.9	44.3	59.5	68.9	82.5	91.7	123	152	—	199	247	269	333	361	413	449	484	522
80	P_{G1}	—	—	27.3	—	42.8	—	55.3	—	84.7	—	110	—	148	—	184	—	228	—	270
	P_{G2}	—	—	42.7	—	66.6	—	88.6	—	146	—	192	—	255	—	338	—	420	—	488
90	P_{G1}	—	—	26	—	40.7	—	51.8	—	78.8	—	103	—	—	—	—	—	—	—	—
	P_{G2}	—	—	40.6	—	63.3	—	83	—	136	—	179	—	—	—	—	—	—	—	—

i_N	$n_1=1000$ r · min^{-1}时	规格																		
		4	5	6	7	8	9	10	11	12	13	14	15	16	17	18	19	20	21	22
12.5	P_{G1}	38.1	50.8	—	79.7	—	103	—	140	—	172	—	221	—	235	—	—	—	—	—
	P_{G2}	66.3	93.9	—	150	—	204	—	321	—	419	—	583	—	742	—	—	—	—	—
14	P_{G1}	37.1	49.4	—	77.4	—	101	—	139	—	177	—	220	233	235	259	—	—	—	—
	P_{G2}	64.4	90.9	—	144	—	198	—	315	—	424	—	562	604	716	798	—	—	—	—
16	P_{G1}	35.2	47.9	55.4	74	86.2	99.4	110	133	155	165	191	221	227	241	245	—	—	—	—
	P_{G2}	61.3	87.5	100	137	158	193	214	300	347	388	448	553	579	713	732	—	—	—	—
18	P_{G1}	34.3	46.5	53.7	71.7	83.2	96.4	102	132	156	167	195	216	230	237	263	—	—	—	—
	P_{G2}	59.5	84.8	97.1	133	153	187	197	293	247	392	452	531	573	686	763	—	—	—	—
20	P_{G1}	32.4	44.6	51.9	68.9	79.4	92.8	105	126	147	159	180	212	223	234	246	271	—	270	—
	P_{G2}	56.1	81.3	93.5	127	145	179	203	280	323	367	413	513	548	662	700	814	—	899	—
22.4	P_{G1}	31.6	44	50.4	66.8	77.4	90.7	97.5	122	148	154	185	210	219	236	243	276	286	279	270
	P_{G2}	54.6	80	90.7	123	141	175	186	266	324	349	417	498	528	646	675	795	833	881	907
25	P_{G1}	30.1	41.8	48.6	65	74.7	83.7	94.3	117	144	149	176	204	222	234	250	281	297	292	291
	P_{G2}	51.7	75.5	86.9	119	134	166	178	250	309	329	390	466	513	607	661	763	816	846	893
28	P_{G1}	29	40.6	48	62.1	72.7	83.9	92.7	113	140	144	172	205	216	239	248	285	302	301	306
	P_{G2}	49.4	72.7	85.5	112	130	157	174	238	295	312	373	453	480	596	621	731	782	811	857
31.5	P_{G1}	27.5	38.6	45.5	59.2	70.3	80.6	89.1	108	133	139	165	196	215	232	250	279	302	299	312
	P_{G2}	46.8	68.7	80.6	106	125	149	165	225	276	296	350	423	468	557	608	688	749	759	821
35.5	P_{G1}	25.9	36.4	44	56.4	67	76.9	85.3	105	128	135	159	192	205	228	241	278	293	297	306
	P_{G2}	43.8	64.3	77.5	100	119	141	156	215	262	284	332	407	435	538	569	666	703	731	767
40	P_{G1}	22.6	31.7	41.8	49.4	64.1	72.1	81.6	99.6	122	128	152	183	199	220	236	267	289	287	302
	P_{G2}	38.1	55.5	73.3	87.1	112	131	149	201	246	267	315	383	419	508	548	627	679	686	738
45	P_{G1}	22.1	30.9	39.3	48	60.9	66.4	77.7	91.6	117	119	147	171	190	206	228	253	278	270	291
	P_{G2}	37.2	54	68.5	84.1	106	120	140	184	236	244	301	352	395	470	520	582	638	634	692
50	P_{G1}	22.4	30.8	34.4	47.6	53.6	65.5	73.1	92.4	112	122	141	178	179	219	216	256	267	302	283
	P_{G2}	37.4	53.3	59.4	82.5	92.5	117	131	181	221	244	283	256	363	478	481	561	595	668	641

（续）

i_N	$n_1=1000$ r·min^{-1}时	规格																		
		4	5	6	7	8	9	10	11	12	13	14	15	16	17	18	19	20	21	22
56	P_{G1}	20.7	28.5	33.6	44.3	52.1	60.7	67.7	84.5	103	113	131	165	186	205	228	251	268	294	312
	P_{G2}	34.4	49.3	57.8	76.7	89.6	108	120	164	203	223	258	325	365	438	488	540	571	630	675
63	P_{G1}	19.9	27.4	33.4	42.8	51.5	58.7	66.5	81.7	103	109	133	159	171	198	211	245	260	287	298
	P_{G2}	33.1	47.3	57.1	74.1	88.1	104	117	158	198	214	259	309	333	419	447	520	549	608	633
71	P_{G1}	18.4	26.1	30.8	40.8	47.8	55	61.7	75.7	94.8	103	122	151	164	187	204	232	252	272	291
	P_{G2}	30.7	44.9	52.6	70.5	81.7	97.8	108	146	180	201	236	292	318	393	426	487	529	569	612
80	P_{G1}	—	—	29.5	—	46.2	—	59.6	—	90.7	—	117	—	157	—	193	—	239	—	276
	P_{G2}	—	—	50.6	—	79	—	105	—	173	—	227	—	301	—	400	—	495	—	574
90	P_{G1}	—	—	28.2	—	44	—	55.9	—	84.5	—	110	—	—	—	—	—	—	—	—
	P_{G2}	—	—	48.1	—	75.1	—	98.4	—	161	—	212	—	—	—	—	—	—	—	—

i_N	$n_1=1500$ r·min^{-1}时	规格																		
		4	5	6	7	8	9	10	11	12	13	14	15	16	17	18	19	20	21	22
12.5	P_{G1}	39.4	50.4	—	76.7	—	95.4	—	112	—	—	—	—	—	—	—	—	—	—	—
	P_{G2}	84.8	118	—	186	—	250	—	377	—	468	—	602	—	728	—	—	—	—	—
14	P_{G1}	38.6	49.6	—	75.7	—	95.2	—	117	—	127	—	—	—	—	—	—	—	—	—
	P_{G2}	82.6	114	—	180	—	244	—	374	—	482	—	598	631	728	792	—	—	—	—
16	P_{G1}	36.8	48.3	55.4	72.9	83.3	94.3	103	114	125	122	138	—	—	—	—	—	—	—	—
	P_{G2}	78.6	110	126	172	196	239	262	358	407	445	511	597	615	737	741	—	—	—	—
18	P_{G1}	35.9	47.2	54.1	71.1	81.1	92.5	96.3	115	129	128	146	—	—	—	—	—	—	—	—
	P_{G2}	76.4	107	122	167	191	232	243	353	411	454	520	581	617	722	787	—	—	—	—
20	P_{G1}	34	45.6	52.6	68.8	78	89.8	100	112	124	126	140	—	—	—	—	—	—	—	—
	P_{G2}	72.1	103	118	161	182	223	251	339	385	428	480	568	599	708	736	839	—	813	—
22.4	P_{G1}	33.3	45.1	51.4	67.2	76.7	88.6	93.9	110	128	126	148	—	—	—	—	—	—	—	—
	P_{G2}	70.3	101	115	155	177	218	231	324	388	412	489	559	586	702	722	836	864	824	793
25	P_{G1}	31.9	43.3	50.1	66.2	75.2	86.9	92.8	109	130	128	150	153	160	—	—	—	—	—	—
	P_{G2}	66.7	96.6	110	151	170	209	223	307	375	395	466	537	585	681	732	833	881	841	844
28	P_{G1}	30.9	42.5	50	64.1	74.4	85	93.1	109	131	131	155	168	172	183	182	200	—	—	—
	P_{G2}	63.9	93.3	109	143	165	199	220	296	363	380	452	535	562	689	711	828	878	855	869
31.5	P_{G1}	29.4	40.7	47.8	61.7	72.7	82.7	90.7	106	129	131	154	170	183	190	199	216	227	—	—
	P_{G2}	60.7	88.5	103	136	160	190	210	282	344	365	430	508	558	658	712	799	863	831	871
35.5	P_{G1}	27.8	38.6	46.4	59.1	69.8	79.6	87.7	105	125	130	151	173	181	196	203	228	235	—	—
	P_{G2}	56.8	83	99.8	129	152	181	199	271	328	353	412	495	526	644	677	786	825	821	839
40	P_{G1}	24.3	33.7	44.3	52	67.1	75	84.4	100	121	125	147	168	180	194	204	226	240	208	—
	P_{G2}	49.4	71.6	94.6	112	144	168	191	255	310	334	392	469	510	614	657	747	805	783	822
45	P_{G1}	23.8	32.9	41.8	50.8	64	69.4	80.8	93.2	118	117	144	160	176	187	203	221	240	207	206
	P_{G2}	48.3	69.8	88.5	108	137	154	180	234	298	306	377	434	484	572	629	700	765	733	785
50	P_{G1}	24.2	33	36.8	50.7	56.9	69.3	77	95.8	115	124	142	174	174	210	204	240	247	260	232
	P_{G2}	48.7	69.2	76.9	106	119	151	169	232	281	310	358	445	453	593	594	690	730	799	757
56	P_{G1}	22.4	30.7	36.2	47.5	55.7	64.8	72	88.9	108	117	135	167	186	203	225	245	260	271	279
	P_{G2}	44.8	64	75.1	99.5	116	140	155	211	260	285	330	411	461	552	612	675	712	772	818
63	P_{G1}	21.6	29.5	36	46.1	55.2	62.8	71	86.3	108	114	138	162	173	199	211	243	256	272	275
	P_{G2}	43.2	61.6	74.2	96.2	114	135	151	203	255	275	332	393	422	529	563	654	689	752	776
71	P_{G1}	20	28.2	33.3	43.9	51.4	59	65.9	80.2	99.9	107	127	155	167	190	205	232	251	261	273
	P_{G2}	40	58.5	68.4	91.7	106	126	140	189	232	258	302	372	404	498	539	615	666	707	754
80	P_{G1}	—	—	31.9	—	49.7	—	63.8	—	95.8	—	123	—	161	—	196	—	240	—	262
	P_{G2}	—	—	65.9	—	102	—	136	—	224	—	291	—	384	—	507	—	626	—	710
90	P_{G1}	—	—	30.5	—	47.4	—	60	—	89.6	—	115	—	—	—	—	—	—	—	—
	P_{G2}	—	—	62.7	—	97.6	—	127	—	208	—	273	—	—	—	—	—	—	—	—

表 10.2-20　R4 减速机额定机械强度功率 P_N　　　　(kW)

i_N	n_1 /r·min^{-1}	n_2 /r·min^{-1}	规格																	
			5	6	7	8	9	10	11	12	13	14	15	16	17	18	19	20	21	22
80	1500	18.8	22	—	40	—	67	—	118	—	173	—	301	—	394	—	591	—	827	—
	1000	12.5	14	—	27	—	45	—	79	—	115	—	200	—	262	—	393	—	550	—
	750	9.4	11	—	20	—	33	—	59	—	87	—	151	—	197	—	295	—	413	
90	1500	16.7	19	—	36	—	59	—	105	—	154	—	268	303	350	420	525	603	734	822
	1000	11.1	13	—	24	—	40	—	70	—	102	—	178	201	232	279	349	401	488	546
	750	8.3	9.6	—	18	—	30	—	52	—	76	—	133	150	174	209	261	300	365	408
100	1500	15	17.3	23	32	40	53	68	94	118	138	171	240	272	314	377	471	542	660	738
	1000	10	12	15	21	27	36	45	63	79	92	114	160	181	209	251	314	361	440	492
	750	7.5	8.6	11.4	16	20	27	34	47	59	69	86	120	136	157	188	236	271	330	369
112	1500	13.4	15	20	29	36	48	60	84	105	123	153	215	243	281	337	421	484	589	659
	1000	8.9	10.3	13.5	19	24	32	40	56	70	82	102	143	161	186	224	280	322	391	438
	750	6.7	7.7	10	14	18	24	30	42	53	62	76	107	121	140	168	210	242	295	330
125	1500	12	14	18	26	32	43	54	75	94	111	137	192	217	251	302	377	434	528	591
	1000	8	9.2	12	17	21	28	36	50	63	74	91	128	145	168	201	251	289	352	394
	750	6	6.9	9.1	13	16	21	27	38	47	55	68	96	109	126	151	188	217	264	295
140	1500	10.7	12	16.2	23	29	38	48	67	84	99	122	171	194	224	269	336	387	471	527
	1000	7.1	8.2	11	15	19	25	32	45	56	65	81	114	129	149	179	223	256	312	349
	750	5.4	6.2	8.2	12	14.4	19	24	34	42	50	62	87	98	113	136	170	195	237	266
160	1500	9.4	11	14.3	20	25	33	42	59	74	87	107	151	170	197	236	295	340	413	463
	1000	6.3	7.3	9.6	14	17	22	28	40	49	58	72	101	114	132	158	198	228	277	310
	750	4.7	5.4	7.1	10	13	17	21	30	37	43	54	75	85	98	118	148	170	207	231
180	1500	8.3	9.6	13	18	22	30	37	52	65	76	95	133	150	174	209	261	300	365	408
	1000	5.6	6.5	8.5	12	15	20	25	35	44	52	64	90	101	117	141	176	202	246	276
	750	4.2	4.8	6.4	9	11.2	15	19	26	33	39	48	67	76	88	106	132	152	185	207
200	1500	7.5	8.6	11.4	16	20	27	34	47	59	69	86	120	136	157	188	236	271	330	369
	1000	5	5.8	7.6	11	13.4	18	28	31	39	46	57	80	91	105	126	157	181	220	246
	750	3.8	4.4	5.8	8.2	10	14	17	24	30	35	43	61	69	80	95	119	137	167	187
224	1500	6.7	7.7	10	14.4	18	24	30	42	53	62	76	107	121	140	168	210	242	295	330
	1000	4.5	5.2	6.8	9.7	12	16	20	23	35	41	51	72	82	94	113	141	163	198	221
	750	3.3	3.8	5	7.1	9	12	15	21	26	30	38	53	60	69	83	104	119	145	162
250	1500	6	6.9	9.1	13	16	21	27	38	47	55	68	96	109	126	151	188	217	264	295
	1000	4	4.6	6.1	8.6	11	14	18	25	31	37	46	64	72	84	101	126	145	176	197
	750	3	3.5	4.6	6.4	8	11	14	19	24	28	34	48	54	63	75	94	108	132	148
280	1500	5.4	6.2	8.2	12	14.4	19	24	34	42	50	62	87	98	113	136	170	195	237	266
	1000	3.6	4.1	5.5	7.7	9.6	13	16	23	28	33	41	58	65	75	90	113	130	158	177
	750	2.7	3.1	4.1	5.8	7.2	10	12	17	21	25	31	43	49	57	68	85	98	119	133
315	1500	4.8	5.5	7.3	10.3	13	17	22	30	38	44	55	77	87	101	121	151	173	211	236
	1000	3.2	3.7	4.9	6.9	8.5	11	14	20	25	29	37	51	58	67	80	101	116	141	157
	750	2.4	2.8	3.6	5.2	6.4	8.5	11	15.1	19	22	27	38	43	50	60	75	87	106	118
355	1500	4.2	—	6.4	—	11.2	—	19	—	33	—	48	—	76	—	106	—	152	—	207
	1000	2.8	—	4.3	—	7.5	—	13	—	22	—	32	—	51	—	70	—	101	—	138
	750	2.1	—	3.2	—	5.6	—	9.5	—	16	—	24	—	38	—	53	—	76	—	103
400	1500	3.8	—	5.8	—	10	—	17	—	30	—	43	—	—	—		—	—	—	—
	1000	2.5	—	3.8	—	6.7	—	11.3	—	20	—	29	—	—	—		—		—	—
	750	1.5	—	2.9	—	5.1	—	8.6	—	15	—	22	—	—	—	—	—		—	—

表 10.2-21　R4 减速机额定热功率 P_{G1}　　(kW)

i_N	n_1 = 750r · min^{-1}时	规格																	
		5	6	7	8	9	10	11	12	13	14	15	16	17	18	19	20	21	22
80	P_{G1}	26.6	—	39.5	—	55.9	—	84.4	—	113	—	151	—	170	—	233	—	327	—
90	P_{G1}	26	—	38.2	—	54.6	—	81.9	—	110	—	145	155	163	175	223	239	316	331
100	P_{G1}	24.8	28.5	36.2	42.2	51.8	56.3	78.7	94.3	104	121	136	149	153	168	211	229	297	320
112	P_{G1}	23.9	27.8	34.8	41	49.8	55	74.9	91	100	118	130	141	146	158	201	216	288	300
125	P_{G1}	22.8	26.6	33.2	38.7	47.5	52.2	71.7	86.9	95.9	111	123	134	139	150	191	206	271	291
140	P_{G1}	21.8	25.6	31.6	37.3	44.8	50.2	67.8	82.8	91	106	119	127	134	143	184	196	262	274
160	P_{G1}	20	24.5	28.8	35.6	41	47.8	61.9	79.3	86.1	102	113	123	127	138	174	189	247	264
180	P_{G1}	19.6	23.4	28.1	33.9	40	45.4	60.2	75.1	81.3	96.7	106	116	119	130	163	178	231	250
200	P_{G1}	19	21.5	27.8	30.9	39.1	41.5	58.9	68.6	79.4	91.8	104	109	118	123	162	167	223	234
224	P_{G1}	17.7	21.1	25.9	30.2	36.6	40.5	55.4	66.9	74.4	86.9	98.4	108	109	121	152	167	209	227
250	P_{G1}	17.3	20.3	25	29.9	35.3	39.6	53.6	65.3	72	84.45	95.1	100	106	113	147	156	202	212
280	P_{G1}	16.4	19	23.5	27.9	33.7	37.1	51.2	61.3	68	79.4	88.5	97.5	100	109	138	150	193	205
315	P_{G1}	15.4	18.5	22	26.8	31.6	35.8	47.8	59.3	64.9	76.8	83.6	91.8	94.3	103	131	142	180	195
355	P_{G1}	—	17.7	—	25.2	—	34.1	—	56.6	—	72.5	—	86.1	—	97.5	—	134	—	182
400	P_{G1}	—	16.5	—	23.6	—	32.2	—	52.8	—	69.1	—	—	—	—	—	—	—	—

i_N	n_1 = 1000r · min^{-1}时	规格																	
		5	6	7	8	9	10	11	12	13	14	15	16	17	18	19	20	21	22
80	P_{G1}	28.6	—	42.4	—	60	—	90.6	—	121	—	162	—	183	—	250	—	351	—
90	P_{G1}	27.9	—	41	—	58.6	—	87.9	—	118	—	155	167	175	188	240	256	339	355
100	P_{G1}	26.6	30.6	38.8	45.3	55.6	60.4	84.4	101	112	130	146	160	164	180	227	246	319	344
112	P_{G1}	25.6	29.9	37.4	44	53.5	59	80.4	97.6	107	126	139	151	157	169	216	232	309	322
125	P_{G1}	24.5	28.6	35.7	41.6	51	56	77	93.2	102	119	132	144	149	161	205	221	291	313
140	P_{G1}	23.4	27.5	33.9	40.1	48.1	53.9	72.8	88.8	97.6	114	128	137	144	154	198	211	281	294
160	P_{G1}	21.5	26.3	30.9	38.2	44	51.3	66.4	85.1	92.4	110	121	132	136	148	187	203	265	284
180	P_{G1}	21.1	25.1	30.1	36.4	42.9	48.7	64.6	80.6	87.2	103	114	124	128	139	175	191	248	269
200	P_{G1}	20.4	23.1	29.9	33.2	42	44.6	63.2	73.6	85.2	98.5	112	117	136	132	174	179	240	251
224	P_{G1}	19	22.7	27.8	32.4	39.3	43.4	59.4	71.8	79.9	93.2	105	116	117	130	163	179	224	243
250	P_{G1}	18.5	21.8	26.9	32.1	37.9	42.5	57.5	70.1	77.3	90.6	102	108	114	122	158	168	217	227
280	P_{G1}	17.6	20.4	25.2	30	36.1	39.8	55	65.8	73	85.2	95	104	107	117	148	161	207	220
315	P_{G1}	16.5	19.8	23.6	28.8	33.9	38.4	51.3	63.7	69.6	82.4	89.7	98.5	101	110	140	153	193	210
355	P_{G1}	—	19	—	27.1	—	36.6	—	60.8	—	77.8	—	92.4	—	104	—	144	—	196
400	P_{G1}	—	17.7	—	25.4	—	34.5	—	56.7	—	74.1	—		—		—		—	

i_N	n_1 = 1500r · min^{-1}时	规格																	
		5	6	7	8	9	10	11	12	13	14	15	16	17	18	19	20	21	22
80	P_{G1}	31.7	—	46.9	—	66.1	—	98.6	—	130	—	171	—	189	—	256	—	343	—
90	P_{G1}	31.1	—	45.5	—	64.7	—	95.9	—	128	—	164	175	183	195	248	264	337	345
100	P_{G1}	29.6	34	43.1	50.2	61.5	66.7	92.4	110	121	140	156	169	173	188	236	255	321	339
112	P_{G1}	28.6	33.3	41.5	48.8	59.2	65.3	88.3	106	116	137	149	161	167	179	227	243	315	323
125	P_{G1}	27.4	31.8	39.7	46.2	56.6	62.1	84.8	102	112	130	143	155	159	172	218	234	300	318
140	P_{G1}	26.1	30.7	37.8	44.6	53.5	59.9	80.4	97.8	107	125	139	148	155	165	211	225	294	304
160	P_{G1}	24.1	29.4	34.5	42.7	49	57.2	73.6	94.1	101	121	132	143	147	160	202	218	281	298
180	P_{G1}	23.6	28.1	33.7	40.7	47.9	54.3	71.8	89.3	96.5	114	125	136	140	152	190	208	266	286
200	P_{G1}	22.8	25.9	33.5	37.2	47	49.8	70.5	81.9	94.7	109	124	130	139	146	191	196	260	271
224	P_{G1}	21.3	25.4	31.2	36.4	44	48.6	66.5	80.2	89.1	104	117	128	130	144	181	198	246	266
250	P_{G1}	20.8	24.5	30.2	36	42.5	47.8	64.5	78.6	86.6	101	114	120	127	136	176	187	241	252
280	P_{G1}	19.8	22.9	28.4	33.7	40.6	44.8	61.8	74	82.1	95.9	106	117	120	132	167	182	233	247
315	P_{G1}	18.6	22.3	26.6	32.4	38.2	43.2	57.8	71.6	78.4	92.7	110	110	113	124	158	172	217	236
355	P_{G1}	—	21.3	—	30.4	—	41.2	—	68.4	—	87.6	—	103	—	117	—	162	—	220
400	P_{G1}	—	19.9	—	28.6	—	38.9	—	63.8	—	83.4	—	—	—	—	—	—	—	—

.4　选用方法

（1）选用系数

减速器的工作机系数 f_1 见表 10.2-22。减速器原动机系数 f_2 见表 10.2-23。减速器安全系数 f_3 见表 10.2-24。减速器起动系数 f_4 见表 10.2-25，减速器峰值转矩系数 f_5 见表 10.2-26，减速器环境温度系数 f_6 见表 10.2-27，减速器海拔系数 f_7 见表 10.2-28。

表 10.2-22　减速器的工作机系数 f_1

工作机		日工作小时数/h			工作机		日工作小时数/h		
		≤0.5	0.5~10	>10			≤0.5	0.5~10	>10
污水处理	浓缩器(中心传动)	—	—	1.2	金属加工设备	可逆式板坯轧机	—	2.5	2.5
	压滤器	1.0	1.3	1.5		可逆式线材轧机	—	1.8	1.8
	絮凝器	0.8	1.0	1.3		可逆式薄板轧机	—	2.0	2.0
	曝气机	—	1.8	2.0		可逆式中厚板轧机	—	1.8	1.8
	接集设备	1.0	1.2	1.3		辊缝调节驱动装置	0.9	1.0	—
	纵向、回转组合接集装置	1.0	13	1.5	输送机械	斗式输送机	—	1.2	1.5
	预浓缩器	—	1.1	1.3		绞车	1.4	1.6	1.6
	螺杆泵	—	1.3	1.5		卷扬机	—	1.5	1.8
	水轮机	—	—	2.0		皮带输送机(<150kW)	1.0	1.2	1.3
	离心泵	1.0	1.2	1.3		皮带输送机(≥150kW)	1.1	1.3	1.5
	1 个活塞容积式泵	1.3	1.4	1.8		货用电梯①	—	1.2	1.5
	>1 个活塞容积式泵	1.2	1.4	1.5		客用电梯①	—	1.5	1.8
挖泥机	斗式运输机	—	1.6	1.6		刮板式输送机	—	1.2	1.5
	倾卸装置	—	1.3	1.5		自动扶梯	—	1.2	1.4
	Carteypillar 行走机构	1.2	1.6	1.8		轨道行走机构	—	1.5	—
	斗轮式挖掘机(用于捡拾)	—	1.7	1.7	变频装置		—	1.8	2.0
	斗轮式挖掘机(用于粗料)	—	2.2	2.2	往复式压缩机		—	1.8	1.9
	切碎机	—	2.2	2.2	起重机械	回转机构①	1	1.4	1.8
	行走机构①	—	1.4	1.8		俯仰机构	1.2	1.25	1.5
弯板机①		—	1.0	1.0		行走机构	1.5	1.75	2
化学工业	挤压机	—	—	1.6		提升机构①	1	1.25	1.5
	调浆机	—	1.8	1.8		转臂式起重机①	1	1.25	1.6
	橡胶研光机	—	1.5	1.5	冷却塔	冷却塔风扇	—	—	2.0
	冷却圆筒	—	1.3	1.4		风机(轴流和离心式)	—	1.4	1.5
	混料机(用于均匀介质)	1.0	1.3	1.4	蔗糖生产	甘蔗切碎机①	—	—	1.7
	混料机(用于非均匀介质)	1.4	1.6	1.7		甘蔗碾磨机	—	—	1.7
	搅拌机(用于密度均匀介质)	1.0	1.3	1.5	甜菜糖生产	甜菜绞碎机	—	—	1.2
	搅拌机(用于非均匀介质)	1.2	1.4	1.6		榨取机,机械制冷机,蒸煮机	—	—	1.4
	搅拌机(用于不均匀气体吸收)	1.4	1.6	1.8		甜菜清洗机	—	—	1.5
	烘炉	1.0	1.3	1.5		甜菜切碎机	—	—	1.5
	离心机	1.0	1.2	1.3	造纸机械	各种类型②	—	1.8	2.0
金属加工设备	翻板机	1.0	1.0	1.2		碎浆机驱动装置	2.0	2.0	2.0
	推钢机	1.0	1.2	1.2	离心式压缩机		—	1.4	1.5
	绕线机	—	1.6	1.6	索道缆车	运货索道	—	1.3	1.4
	冷床横移架	—	1.5	1.5		往返系统空中索道	—	1.6	1.8
	辊式矫直机	—	1.6	1.6		T 形杆升降机	—	1.3	1.4
	辊道(连续式)	—	1.5	1.5		连续索道	—	1.4	1.6
	辊道(间歇式)	—	2.0	2.0	水泥工业	混凝土搅拌器	—	1.5	1.5
	可逆式轧管机	—	1.8	1.8		破碎机①	—	1.2	1.4
	剪切机(连续式)①	—	1.5	1.5		回转窑	—	—	2.0
	剪切机(曲柄式)①	1.0	1.0	1.0		管式磨机	—	—	2.0
	连铸机驱动装置	—	1.4	1.4		选扮机	—	1.6	1.6
	可逆式开坯机	—	2.5	2.5		辊压机	—	—	2.0

① 工作机额定功率 P_2 由最大转矩确定。

② 需要校核热功率。

表 10.2-23　减速器原动机系数 f_2

电动机、液压马达、汽轮机	4~6 缸活塞发动机	1~3 缸活塞发动机
1.00	1.25	1.50

表 10.2-24　减速器安全系数 f_3

重要性与安全要求	一般设备，减速器失效仅引起单机停产且易更换备件	重要设备，减速器失效引起机组、生产线或全厂停车	高度安全要求，减速器失效引起设备、人身事故
f_3	1.25~1.50	1.50~1.75	1.75~2.00

表 10.2-25　减速器起动系数 f_4

每小时起动次数	$f_1f_2f_3$			
	1	1.25~1.75	2~2.75	≥3
	f_4			
≤5	1.00	1.00	1.00	1.00
6~25	1.20	1.12	1.06	1.00
26~60	1.30	1.20	1.12	1.06
61~180	1.50	1.30	1.20	1.12
>180	1.70	1.50	1.30	1.20

表 10.2-26　减速器峰值转矩系数 f_5

载荷类型	每小时峰值载荷次数			
	1~5	6~30	31~100	>100
单向载荷	0.50	0.65	0.70	0.85
交变载荷	0.70	0.95	1.10	1.25

表 10.2-27　减速器环境温度系数 f_6

不带辅助冷却装置或仅带冷却风扇					
环境温度/℃	每小时工作周期百分比(%)				
	100	80	60	40	20
10	1.11	1.31	1.60	2.14	3.64
20	1.00	1.18	1.44	1.93	3.28
30	0.88	1.04	1.27	1.70	2.89
40	0.75	0.89	1.08	1.45	2.46
50	0.63	0.74	0.91	1.22	2.07

表 10.2-28　减速器海拔系数 f_7

不带辅助冷却装置或仅带冷却风扇					
系数	海拔/m				
	≤1000	≤2000	≤3000	≤4000	≤5000
f_7	1.00	0.95	0.90	0.85	0.80

（2）减速器的选用

减速器的承载能力受机械强度和热平衡许用功率两方面的限制，因此减速器的选用必须通过两个功率表来确定。

1）确定公称传动比及公称转速，见公式（10.2-1）。

$$i'=\frac{n'_1}{n_2} \qquad (10.2\text{-}1)$$

式中　i'——计算传动比；

n'_1——输入转速（r/min）；

n_2——输出转速（r/min）。

根据计算传动比 i'，查额定机械强度功率表，得到和 i'绝对值最接近的公称传动比 i。

将输入转速 n'_1与 1500r/min、1000r/min、750r/min 进行比较，取 1500r/min、1000r/min、750r/min 中最接近的值作为公称输入转速 n_1，以确定减速器的额定机械强度功率 P_N。

2）减速器的额定机械强度功率，应满足公式（10.2-2）。

$$P_N \leqslant P'_N = P_2\frac{n'_1}{n_1}f_1f_2f_3f_4 \qquad (10.2\text{-}2)$$

式中　P'_N——计算功率（kW）；

P_N——减速器额定机械强度功率（kW）；

P_2——载荷功率（即工作机所需功率）（kW）；

n_1——公称输入转速（r/min）；

n'_1——输入转速（r/min）；

f_1——工作机系数（见表 10.2-22）；

f_2——原动机系数（见表 10.2-23）；

f_3——安全系数（见表 10.2-24）；

f_4——起动系数（见表 10.2-25）。

3）校核输入轴上的最大转矩，如起动转矩、制动转矩和峰值工作转矩折算到输入轴上的转矩，应满足公式（10.2-3）。

$$P_N \geqslant \frac{T_A n'_1}{9550} f_5 \tag{10.2-3}$$

式中　T_A——输入轴最大转矩，如起动转矩、制动转矩和峰值工作转矩折算到输入轴上的转矩（N·m）；

f_5——峰值转矩系数（见表 10.2-26）。

4）校核热平衡功率。减速器不带辅助冷却装置时，应满足公式（10.2-4）。

$$P_2 \leqslant P_G = P_{G1} f_6 f_7 \tag{10.2-4}$$

式中　P_G——减速器额定热功率（kW）；

P_{G1}——无辅助冷却装置时的额定热功率（kW）；

f_6——环境温度系数（见表 10.2-27）；

f_7——海拔系数（见表 10.2-28）。

若　$P_2 > P_G$

则需要选用更大规格的减速器重复上述计算，也可以采用冷却盘管装置或进行强制润滑。当减速器带有冷却风扇时，应满足公式（10.2-5）。

$$P_2 \leqslant P_G = P_{G2} f_6 f_7 \tag{10.2-5}$$

式中　P_2——载荷功率（kW）；

P_{G2}——带有冷却风扇时的额定热功率（kW）。

2　同轴式圆柱齿轮减速器（摘自 JB/T 7000—2010）

本减速器适用于冶金、矿山、能源、建材和化工等行业。适用于水平卧式和立式安装，输入转速不大于 1500r/min。其工作环境温度为 -40～40℃，低于 -10℃时，起动前润滑油应预热至 0℃以上。

2.1　代号与标记方法

（1）TZL、TZS 型减速器的代号与标记方法

TZL：二级传动双出轴型同轴式圆柱齿轮减速器；

TZS：三级传动双出轴型同轴式圆柱齿轮减速器。

在减速器的代号中，包括减速器的机座号和实际传动比。

标记示例：

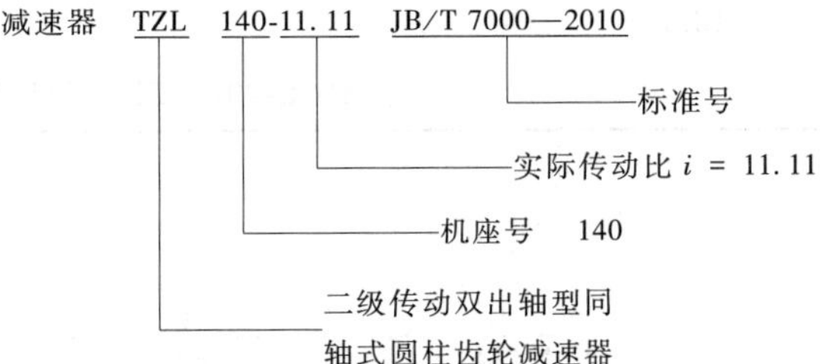

（2）TZLD、TZSD 及组合型减速器的代号与标记方法

TZLD：二级传动直联电动机型同轴式圆柱齿轮减速器。

TZSD：三级传动直联电动机型同轴式圆柱齿轮减速器。

TZLDF、TZSDF：分别为二、三级传动法兰安装直联电动机型同轴式圆柱齿轮减速器。

在减速器的代号中，包括减速器的机座号、安装形式、实际传动比及电动机功率。

标记示例：

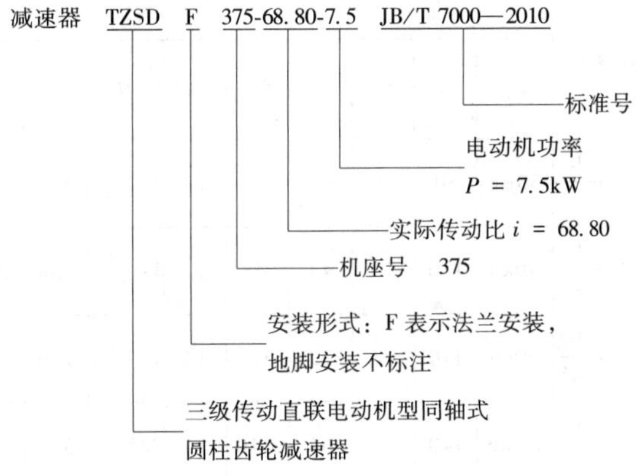

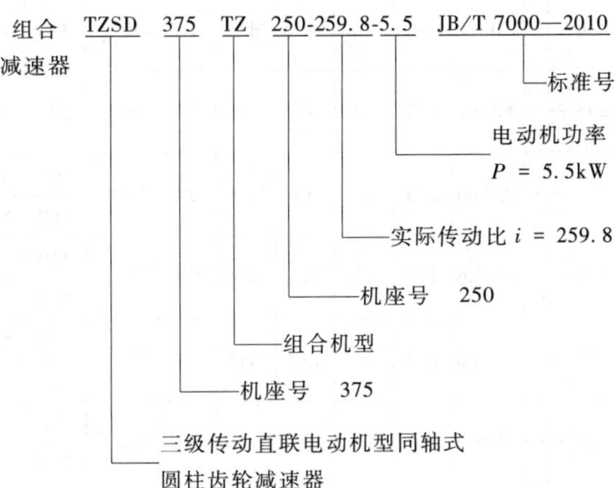

2.2　外形尺寸和安装尺寸

（1）TZL、TZS 型减速器的外形尺寸和安装尺寸（见表 10.2-29）

表 10.2-29　TZL、TZS 型减速器的外形尺寸和安装尺寸　（mm）

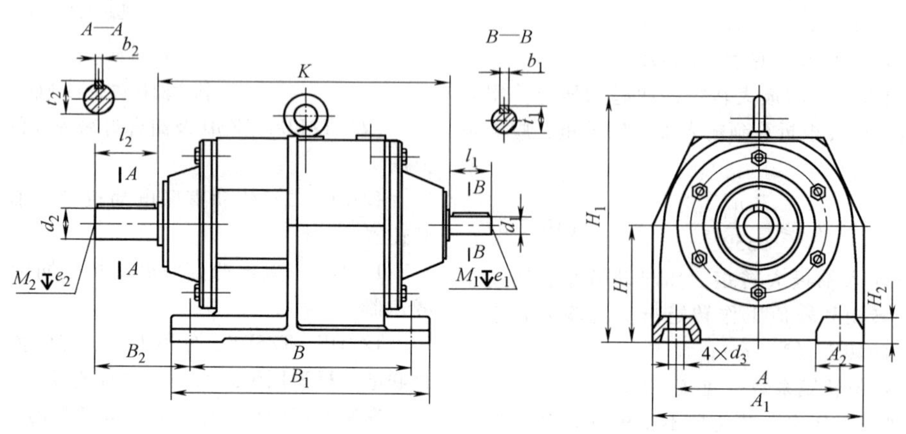

机座号		尺寸																	质量/kg ≈	润滑油量/L ≈
		d_2	l_2	b_2	t_2	M_2	e_2	H	B	B_1	B_2	H_1	K	A	A_1	A_2	H_2	d_3		
112	L	30js6	80	8	33	M8	12	$112_{-0.5}^{0}$	210	245	99	242	276	155	200	45	25	14.5	25	0.8
	S																		26	
140	L	40k6	110	12	43	M8	12	$140_{-0.5}^{0}$	230	270	144	290	314	170	230	60	30	18.5	41	1.1
	S																		42	
180	L	50k6	110	14	53.5	M8	12	$180_{-0.5}^{0}$	260	310	144	364	369	215	290	75	45	18.5	65	1.6
	S																		57	
225	L	60m6	140	18	64	M10	16	$225_{-0.5}^{0}$	310	365	182	468	433	250	340	90	50	24	123	2.9
	S																		127	
250	L	70m6	140	20	74.5	M12	18	$250_{-0.5}^{0}$	370	440	170	503	486	290	400	110	60	28	175	3.8
	S																		181	
265	L	85m6	170	22	90	M16	24	265_{-1}^{0}	390	470	208	543	554	340	450	110	60	35	202	4.7
	S																		211	
300	L	100m6	210	28	106	M16	24	300_{-1}^{0}	365	455	246	620	568	380	530	150	60	42	281	6.5
	S								460	550			612						302	7.2
355	L	110m6	210	28	116	M16	24	355_{-1}^{0}	410	500	250	742	600	440	600	160	80	42	357	9.1
	S								480	570			645						386	10
375	L	120m6	210	32	127	M16	24	375_{-1}^{0}	450	540	255	778	671	500	660	160	80	42	452	12
	S								520	610			718						491	13
425	L	130m6	250	32	137	M20	30	425_{-1}^{0}	480	580	296	827	708	500	670	170	90	48	626	15
	S								550	650			757						675	17

注：L 代表 TZL，S 代表 TZS。

（续）

机座号		实际传动比 i	d_1	l_1	b_1	t_1	M_1	e_1
TZL	112	≤12.71	19js6	40	6	21.5	M4	8
		14.29~20.33	16js6	40	5	18	M4	8
		≥22.97	11js6	23	4	12.5	M3	6
	140	≤12.41	24js6	50	8	27	M6	10
		13.96~18.08	19js6	40	6	21.5	M4	8
		≥19.21	16js6	40	5	18	M4	8
	180	≤12.40	28js6	60	8	31	M6	10
		13.61~17.58	24js6	50	8	27	M6	10
		≥19.72	19js6	40	6	21.5	M4	8
	225	≤12.53	38k6	80	10	41	M8	12
		13.85~18.29	28js6	60	8	31	M6	10
		≥20.65	24js6	50	8	27	M6	10
	250	≤12.89	42k6	110	12	45	M8	12
		14.11~20.16	32k6	80	10	35	M8	12
		≥22.71	24js6	50	8	27	M6	10
	265	≤12.08	50k6	110	14	53.5	M8	12
		14.40~17.51	32k6	80	10	35	M8	12
		≥19.52	28js6	60	8	31	M6	10
	300	≤12.73	55m6	110	16	59	M10	16
		13.92~17.80	42k6	110	12	45	M8	12
		≥20.29	38k6	80	10	41	M8	12
	355	≤12.65	55m6	110	16	59	M10	16
		14.51~20.13	50k6	110	14	53.5	M8	12
		≥22.24	42k6	110	12	45	M8	12
	375	≤12.56	70m6	140	20	74.5	M12	18
		14.08~20.16	55m6	110	16	59	M10	16
		≥22.10	50k6	110	14	53.5	M8	12
	425	≤12.58	70m6	140	20	74.5	M12	18
		13.97~19.32	55m6	110	16	59	M10	16
		≥22.44	50k6	110	14	53.5	M8	12
TZS	112	≤19.32	16js6	40	5	18	M4	8
		≥21.66	11js6	23	4	12.5	M3	6
	140	≤18.57	19js6	40	6	21.5	M4	8
		≥20.59	16js6	40	5	18	M4	8
	180	≤17.65	24js6	50	8	27	M6	10
		≥20.42	19js6	40	6	21.5	M4	8
	225	≤17.41	28js6	60	8	31	M6	10
		≥20.30	24js6	50	8	27	M6	10
	250	≤20.61	32k6	80	10	35	M8	12
		≥23.28	24js6	50	8	27	M6	10
	265	≤17.96	32k6	80	10	35	M8	12
		≥19.41	28js6	60	8	31	M6	10
	300	≤17.26	42k6	110	12	45	M8	12
		≥20.44	38k6	80	10	41	M8	12
	355	≤19.67	50k6	110	14	53.5	M8	12
		≥21.37	42k6	110	12	45	M8	12
	375	≤19.89	55m6	110	16	59	M10	16
		≥21.60	50k6	110	14	53.5	M8	12
	425	≤19.90	55m6	110	16	59	M10	16
		≥22.52	50k6	110	14	53.5	M8	12

（2）TZLD、TZSD 型减速器的外形尺寸和安装尺寸（见表 10.2-30）

表 10.2-30　TZLD、TZSD 型减速器的外形尺寸和安装尺寸　（mm）

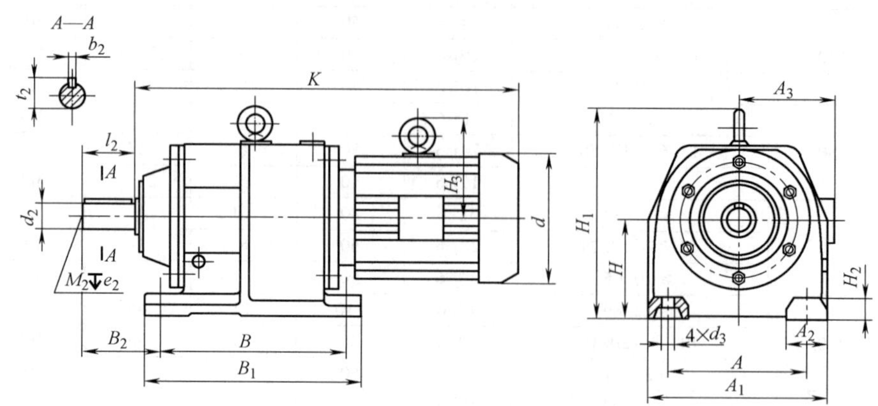

机座号		d_2	l_2	b_2	t_2	M_2	e_2	H	B	B_1	B_2	H_1	A	A_1	A_2	H_2	d_3	润滑油量 /L≈
112		30js6	80	8	33	M8	12	$112_{-0.5}^{0}$	210	245	99	242	155	200	45	25	14.5	0.8
140		40k6	110	12	43	M8	12	$140_{-0.5}^{0}$	230	270	144	290	170	230	60	30	18.5	1.1
180		50k6	110	14	53.5	M8	12	$180_{-0.5}^{0}$	260	310	144	364	215	290	75	45	18.5	1.6
225		60m6	140	18	64	M10	16	$225_{-0.5}^{0}$	310	365	182	468	250	340	90	50	24	2.9
250		70m6	140	20	74.5	M12	18	$250_{-0.5}^{0}$	370	440	170	503	290	400	110	60	28	3.8
265		85m6	170	22	90	M16	24	265_{-1}^{0}	390	470	208	543	340	450	110	60	35	4.7
300	L	100m6	210	28	106	M16	24	300_{-1}^{0}	365	455	246	620	380	530	150	60	42	6.5
	S								460	550								7.2
355	L	110m6	210	28	116	M16	24	355_{-1}^{0}	410	500	250	742	440	600	160	80	42	9.1
	S								480	570								10
375	L	120m6	210	32	127	M16	24	375_{-1}^{0}	450	540	255	778	500	660	160	80	42	12
	S								520	610								13
425	L	130m6	250	32	137	M20	30	425_{-1}^{0}	480	580	296	827	500	670	170	90	48	15
	S								550	650								17

注：L 代表 TZLD，S 代表 TZSD。

电动机功率 P_1 /kW	电动机机座号	d	A_3	H_3	机座号 TZLD 112	140	180	225	250	265	300	355	375	425
		mm			K / 质量/kg									
1.1	90S	175	155	—	453/44	—	—	—	—	—	—	—	—	—
1.5	90L			—	478/49	—	—	—	—	—	—	—	—	—
2.2	100L1	205	180	142.5	—	567/76	—	—	—	—	—	—	—	—
3	100L2				—	567/80	578/94	—	—	—	—	—	—	—

（续）

电动机功率 P_1 /kW	电动机机座号	d	A_3	H_3	机　座　号									
					TZLD									
					112	140	180	225	250	265	300	355	375	425
		mm			K/质量/kg									
4	112M	230	190	150	—	587/85	598/99	—	—	—	—	—	—	—
5.5	132S	270	210	180	—	—	670/133	—	—	—	—	—	—	—
7.5	132M				—	—	715/125	826/190	—	—	—	—	—	—
11	160M	325	255	222.5	—	—	—	838/245	841/279	—	—	—	—	—
15	160L				—	—	—	883/266	886/300	918/323	—	—	—	—
18.5	180M	360	285	250	—	—	—	908/304	911/338	943/361	933/458	—	—	—
22	180L				—	—	—	948/314	951/346	983/369	958/466	—	—	—
30	200L	400	310	280	—	—	—	—	1002/426	1048/449	1049/538	1054/606	—	—
37	225S	445	345	312.5	—	—	—	—	—	—	1082/567	1098/612	1128/687	—
45	225M				—	—	—	—	—	—	1107/603	1123/648	1153/723	1170/863
55	250M	500	385	320	—	—	—	—	—	—	—	1208/766	1238/841	1255/970
75	280S	560	410	360	—	—	—	—	—	—	—	1278/901	1308/1076	1325/1105
90	280M				—	—	—	—	—	—	—	1308/1006	1358/1081	1375/1210

电动机功率 P_1 /kW	电动机机座号	d	A_3	H_3	机　座　号									
					TZSD									
					112	140	180	225	250	265	300	355	375	425
		mm			K/mm/质量/kg									
0.55	80_1	165	150	—	438/40	472/53	493/78	545/130	557/179	—	—	—	—	—
0.75	80_2			—	438/41	472/54	493/79	545/131	557/180	—	—	—	—	—
1.1	90S	175	155	—	453/45	487/58	517/83	560/135	573/184	—	659/298	—	—	—
1.5	90L			—	478/50	512/63	542/88	585/140	598/189	—	684/298	—	—	—
2.2	100L1	205	180	142.5	—	567/77	578/92	631/142	638/196	677/222	722/310	736/402	786/487	805/642
3	100L2				—	567/81	578/96	631/146	638/200	672/226	722/314	736/406	786/491	805/646
4	112M	230	190	150	—	587/86	598/101	651/151	658/205	692/231	742/319	756/411	806/496	825/651
5.5	132S	270	210	180	—	—	670/135	781/181	727/225	754/256	809/344	822/436	872/521	891/676
7.5	132M				—	—	715/127	826/194	772/236	799/269	854/357	867/448	917/531	936/686

（续）

电动机功率 P_1 /kW	电动机机座号	d	A_3	H_3	机座号 TZSD 112	140	180	225	250	265	300	355	375	425
		mm			K/mm 质量/kg									
11	160M	325	255	222.5	—	—	—	838/249	841/285	873/311	932/399	935/488	985/573	1004/728
15	160L				—	—	—	883/270	886/306	918/332	977/420	979/509	1029/594	1048/749
18.5	180M	360	285	250	—	—	—	908/308	911/344	943/370	1002/458	994/547	1044/632	1063/787
22	180L				—	—	—	948/318	951/352	983/378	1042/466	1034/555	1084/640	1103/795
30	200L	400	310	280	—	—	—	—	1002/432	1048/458	1093/538	1099/635	1149/720	1168/862
37	225S	445	345	312.5	—	—	—	—	—	—	1126/567	1143/641	1175/726	1194/876
45	225M				—	—	—	—	—	—	1151/603	1168/677	1200/762	1219/912
55	250M	500	385	320	—	—	—	—	—	—	—	1253/795	1285/880	1304/1019
75	280S	560	410	360	—	—	—	—	—	—	—	1323/930	1355/1115	1374/1154
90	280M				—	—	—	—	—	—	—	1353/1035	1405/1120	1424/1259

注：表中以分式表示的数值中，分子为 K 值，分母为质量值，后同

（3）TZLDF、TZSDF 型减速器的外形尺寸和安装尺寸（见表 10.2-31）

表 10.2-31　TZLDF、TZSDF 型减速器的外形尺寸和安装尺寸　（mm）

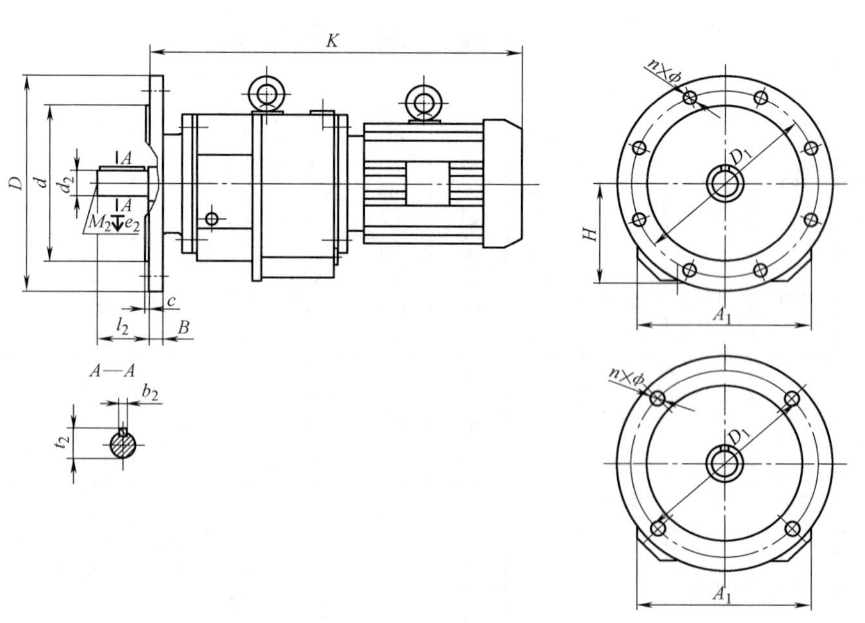

（续）

机座号		尺寸 d_2	l_2	b_2	t_2	M_2	e_2	H	D	D_1	d	B	c	A_1	n	ϕ	润滑油量 /L≈
112		30js6	80	8	33	M8	12	112	250	215	180h6	15	4	200	4	14	0.8
140		40k6	110	12	43	M8	12	140	300	265	230h6	16	4	230	4	14	1.1
180		50k6	110	14	53.5	M8	12	180	350	300	250h6	18	5	290	4	18	1.6
225		60m6	140	18	64	M10	16	225	450	400	350h6	20	5	340	8	18	2.9
250		70m6	140	20	74.5	M12	18	250	450	400	350h6	22	5	400	8	18	3.8
265		85m6	170	22	90	M16	24	265	550	500	450h6	25	5	450	8	18	4.7
300	L	100m6	210	28	106	M16	24	300	550	500	450h6	25	5	530	8	18	6.5
	S																7.2
355	L	110m6	210	28	116	M16	24	355	660	600	550h6	28	6	600	8	22	9.1
	S																10
375	L	120m6	210	32	127	M16	24	375	660	600	550h6	28	6	660	8	22	12
	S																13
425	L	130m6	250	32	137	M20	30	425	660	600	550h6	30	6	670	8	26	15
	S																17

注：L 代表 TZLDF，S 代表 TZSDF。

电动机功率 P_1 /kW	电动机机座号	d	A_3	H_3	机座号 TZLDF 112	140	180	225	250	265	300	355	375	425
		mm			K/质量/kg									
1.1	90S	175	155	—	453/47	—	—	—	—	—	—	—	—	—
1.5	90L			—	478/52	—	—	—	—	—	—	—	—	—
2.2	100L1	205	180	142.5	—	567/82	—	—	—	—	—	—	—	—
3	100L2				—	567/86	578/101	—	—	—	—	—	—	—
4	112M	230	190	150	—	587/91	598/106	—	—	—	—	—	—	—
5.5	132S	270	210	180	—	—	670/140	—	—	—	—	—	—	—
7.5	132M				—	—	715/132	826/205	—	—	—	—	—	—
11	160M	325	255	222.5	—	—	—	838/260	841/289	—	—	—	—	—
15	160L				—	—	—	883/281	886/310	918/348	—	—	—	—
18.5	180M	360	285	250	—	—	—	908/319	911/348	943/386	933/468	—	—	—
22	180L				—	—	—	948/329	951/356	983/394	958/476	—	—	—
30	200L	400	310	280	—	—	—	—	1002/436	1048/474	1049/548	1054/616	—	—

（续）

电动机功率 P_1 /kW	电动机机座号	d	A_3	H_3	机座号 TZLDF 112	140	180	225	250	265	300	355	375	425
		mm			$\frac{K}{质量/kg}$									
37	225S	445	345	312.5	—	—	—	—	—	—	1082/578	1098/622	1128/697	—
45	225M				—	—	—	—	—	—	1107/613	1123/658	1153/733	1170/872
55	250M	500	385	320	—		—		—		—	1208/776	1238/851	1255/979
75	280S	560	410	360	—	—	—	—	—	—	—	1278/911	1308/1086	1325/1114
90	280M				—	—	—	—	—	—	—	1308/1016	1358/1091	1375/1219

电动机功率 P_1 /kW	电动机机座号	d	A_3	H_3	机座号 TZSDF 112	140	180	225	250	265	300	355	375	425
		mm			$\frac{K/mm}{质量/kg}$									
0.55	80_1	165	150	—	438/43	472/59	493/85	545/145	557/189	—	—	—	—	—
0.75	80_2			—	438/44	472/60	493/86	545/146	557/190	—	—	—	—	—
1.1	90S	175	155	—	453/48	487/64	517/90	560/150	573/194	—	659/308	—	—	—
1.5	90L			—	478/53	512/69	542/95	585/155	598/199	—	684/308	—	—	—
2.2	100L1	205	180	142.5	—	567/83	578/99	631/157	638/206	672/247	722/320	736/412	786/497	805/651
3	100L2				—	567/87	578/103	631/161	638/210	672/251	722/324	736/416	786/501	805/655
4	112M	230	190	150	—	587/92	598/108	651/166	658/215	692/256	742/329	756/421	806/506	825/660
5.5	132S	270	210	180	—	—	670/142	781/196	727/235	754/281	809/354	822/446	872/531	891/685
7.5	132M				—	—	715/134	826/209	772/246	799/294	854/367	867/458	917/541	936/695
11	160M	325	255	222.5	—	—	—	838/264	841/295	873/336	932/409	935/498	985/583	1004/737
15	160L				—	—	—	883/285	886/316	918/357	977/430	979/519	1029/604	1048/758
18.5	180M	360	285	250	—	—	—	908/323	911/354	943/395	1002/468	994/557	1044/642	1063/796
22	180L				—	—	—	948/333	951/362	983/403	1042/476	1034/565	1084/650	1103/804
30	200L	400	310	280	—	—	—	—	1002/442	1048/483	1093/548	1099/645	1149/730	1168/871

（续）

电动机功率 P_1 /kW	电动机机座号	d	A_3	H_3	机座号 TZSDF									
					112	140	180	225	250	265	300	355	375	425
		mm			K/mm / 质量/kg									
37	225S	445	345	312.5	—	—	—	—	—	—	1126/577	1143/651	1175/736	1194/895
45	225M				—	—	—	—	—	—	1151/613	1168/687	1200/772	1219/921
55	250M	500	385	320	—	—	—	—	—	—	—	1253/805	1285/890	1304/1028
75	280S	560	410	360	—	—	—	—	—	—	—	1323/940	1355/1125	1374/1163
90	280M				—	—	—	—	—	—	—	1353/1045	1405/1130	1424/1268

（4）组合型减速器的外形尺寸和安装尺寸（见表 10.2-32）

表 10.2-32　组合型减速器的外形尺寸和安装尺寸　（mm）

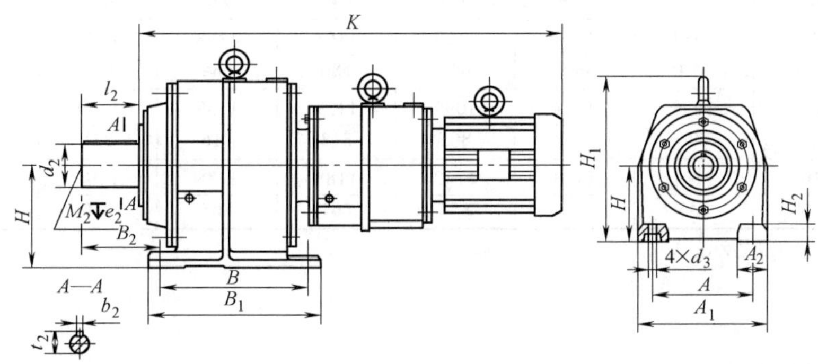

机座号	d_2	l_2	b_2	t_2	M_2	e_2	H	B	B_1	B_2	H_1	A	A_1	A_2	H_2	d_3
180-112	50k6	110	14	53.5	M8	12	$180_{-0.5}^{0}$	260	310	144	364	215	290	75	45	18.5
225-112	60m6	140	18	64	M10	16	$225_{-0.5}^{0}$	310	365	182	468	250	340	90	50	24
250-140	70m6	140	20	74.5	M12	18	$250_{-0.5}^{0}$	370	440	170	503	290	400	110	60	28
265-140	85m6	170	22	90	M16	24	265_{-1}^{0}	390	470	208	543	340	450	110	60	35
300L-180	100m6	210	28	106	M16	24	300_{-1}^{0}	365	455	246	620	380	530	150	60	42
300S-180								460	550							
355L-225	110m6	210	28	116	M16	24	355_{-1}^{0}	410	500	250	742	440	600	160	80	42
355S-225								480	570							
375L-250	120m6	210	32	127	M16	24	375_{-1}^{0}	450	540	255	778	500	660	160	80	42
375S-250								520	610							
425L-250	130m6	250	32	137	M20	30	425_{-1}^{0}	480	580	296	827	500	670	170	90	48
425S-250								550	650							

（续）

机座号	电动机功率/kW								
	0.55	0.75	1.1	1.5	2.2	3	4	5.5	7.5
	K/质量/kg								
180-112	718/106	718/107							
225-112	763/161	763/162	778/166	803/171					
250-140	857/224	857/225	872/229	897/234	952/248				
265-140	867/255	867/256	882/260	907/265	962/279	962/283			
300L-180	908/352	908/353	932/357	957/362	993/366	993/370	1013/375		
300S-180	953/373	953/374	977/378	1002/383	1038/387	1038/391	1058/396		
355L-225	985/472	985/473	1000/477	1025/482	1071/484	1071/488	1091/493	1221/523	
355S-225	1030/501	1030/502	1045/506	1070/511	1116/513	1116/517	1136/522	1266/552	
375L-250	1040/624	1040/625	1056/629	1081/634	1121/641	1121/645	1141/650	1210/670	1255/681
375S-250	1087/663	1087/664	1103/668	1128/673	1168/680	1168/684	1188/689	1257/709	1302/720
425L-250	1058/795	1058/796	1074/750	1099/805	1139/812	1139/816	1159/821	1228/841	1273/852
425S-250	1107/844	1107/845	1123/849	1148/854	1188/861	1188/865	1208/870	1277/890	1322/901

注：L 代表 TZL，S 代表 TZS。

2.3 承载能力

减速器的公称传动比见表 10.2-33。

表 10.2-33 减速器的公称传动比

5	5.6	6.3	7.1	8	9	10	11.2	12.5	14	16
18	20	22.4	25	28	31.5	35.5	40	45	50	56
63	71	80	90	100	112	125	140	160	180	200

减速器的实际传动比与公称传动比的相对误差：二级传动不大于 4%；三级传动不大于 5%。

TZL 型减速器的实际传动比 i 和按机械强度计算的公称输入功率 P_1 见表 10.2-34。

TZS 型减速器的实际传动比 i 和按机械强度计算的公称输入功率 P_1 见表 10.2-35。

组合式减速器的实际传动比 i 和按机械强度计算的公称输入功率 P_1 见表 10.2-36。

TZLD、TZSD 型减速器的实际传动比 i、电动机功率 P_1 和选用系数 K 见表 10.2-37。

组合式减速器的实际传动比 i、电动机功率 P_1 和选用系数 K 见表 10.2-38。

减速器按润滑油允许最高平衡温度计算的公称热功率 P_{G1} 见表 10.2-39，采用循环油润滑冷却时的公称热功率 P_{G2} 见表 10.2-39 的注。

表 10.2-34　TZL 型减速器的实际传动比 i 和按机械强度计算的公称输入功率 P_1

输入转速	机座号																			
n_1	112		140		180		225		250		265		300		355		375		425	
/r·min^{-1}	i	P_1/kW	i	P_1/kW	i	P_1/kW	i	P_1/kW	i	P_1/kW	i	P_1/kW	i	P_1/kW	i	P_1/kW	i	P_1/kW	i	P_1/kW
1500		5.63		10.24		20.81		38.36		65.49		69.69		91.20		154.6		177.9		248.5
1000	5.04	3.76	5.09	6.83	4.93	13.87	5.14	25.58	5.06	43.66	5.03	46.47	5.02	60.86	5.00	103.2	5.06	118.8	4.83	165.7
750		2.82		5.13		10.42		19.20		32.76		34.85		45.80		77.36		88.99		124.8
1500		5.15		9.28		19.06		34.97		57.97		63.21		87.57		134.7		155.4		217.6
1000	5.52	3.43	5.62	6.19	5.38	12.71	5.64	23.32	5.72	38.65	5.64	42.15	5.77	58.40	5.74	89.88	5.79	103.9	5.51	145.2
750		2.58		4.65		9.55		17.49		28.99		31.62		43.79		67.39		77.76		108.9
1500		4.51		9.49		17.14		31.26		51.22		53.46		93.58		139.0		152.7		220.1
1000	6.30	3.01	6.15	6.32	6.17	11.43	6.31	20.85	6.47	34.15	6.34	35.65	6.24	62.39	6.36	92.69	6.46	101.8	6.10	146.8
750		2.26		4.75		8.59		15.65		25.63		26.74		46.81		69.62		76.43		110.2
1500		4.49		8.26		14.89		28.52		48.32		52.29		92.44		131.7		173.5		210.8
1000	7.24	2.99	7.07	5.51	7.10	9.93	7.36	19.02	7.35	32.22	7.22	34.87	7.34	61.63	7.31	87.92	7.23	115.7	7.00	140.6
750		2.25		4.14		7.45		14.27		24.18		26.16		46.25		65.88		86.85		105.7
1500		4.56		8.52		16.33		30.49		49.05		57.29		99.05		135.6		176.8		206.8
1000	7.96	3.04	7.78	5.68	7.93	10.89	7.97	20.33	8.05	32.71	7.99	38.2	7.97	66.05	8.15	90.46	8.04	117.9	7.79	137.9
750		2.29		4.27		8.17		15.26		24.53		28.67		49.53		67.94		88.50		103.7
1500		3.93		7.88		16.56		32.54		45.49		58.67		88.83		129.8		154.2		195.1
1000	9.23	2.62	9.01	5.25	8.88	11.02	9.02	21.69	9.32	30.33	8.88	39.12	8.89	59.24	9.12	86.55	9.22	102.9	8.70	130.2
750		1.97		3.95		8.27		16.29		22.76		29.34		44.43		64.96		77.18		97.65
1500		3.55		7.12		15.77		29.25		44.47		52.04		76.27		115.4		158.4		193.9
1000	10.22	2.37	9.99	4.75	9.61	10.51	10.28	19.97	10.07	29.65	10.01	34.70	10.35	50.86	10.25	76.95	10.26	105.7	9.77	129.4
750		1.78		3.57		7.89		14.99		22.25		26.03		38.14		57.81		79.25		96.97
1500		3.19		6.39		13.93		27.34		40.33		49.62		77.41		113.5		141.5		171.5
1000	11.37	2.13	11.11	4.26	10.88	9.28	11.26	18.23	11.35	26.89	11.14	33.08	11.22	51.61	11.13	75.69	11.49	94.34	11.04	114.4
750		1.60		3.20		6.98		13.68		20.18		24.83		38.72		56.84		70.76		85.84
1500		2.86		5.72		12.22		24.57		36.73		48.34		69.44		99.83		144.6		169.4
1000	12.71	1.91	12.41	3.82	12.40	8.15	12.53	16.38	12.89	24.49	12.08	32.23	12.73	46.30	12.65	66.56	12.56	96.46	12.58	113.0
750		1.44		2.87		6.12		12.29		18.38		24.19		34.73		49.92		72.31		84.74
1500		2.45		5.09		11.14		22.23		33.58		40.58		63.50		87.02		128.9		152.5
1000	14.29	1.64	13.96	3.40	13.61	7.43	13.85	14.82	14.11	22.39	14.40	27.06	13.92	42.34	14.51	58.02	14.08	85.94	13.97	101.7
750		1.23		2.55		5.58		11.12		16.81		20.31		31.77		43.52		64.45		76.31

（续）

输入转速 n_1 /r·min^{-1}	机座号 112		140		180		225		250		265		300		355		375		425	
	i	P_1/kW	i	P_1/kW	i	P_1/kW	i	P_1/kW	i	P_1/kW	i	P_1/kW	i	P_1/kW	i	P_1/kW	i	P_1/kW	i	P_1/kW
1500		2.24		4.49		9.59		18.92		30.25		36.90		55.03		77.84		111.7		133.1
1000	16.19	1.49	15.81	3.00	15.79	6.40	16.27	12.62	15.66	20.17	15.83	24.62	16.07	36.69	16.23	51.90	16.25	74.47	16.01	88.74
750		1.13		2.25		4.81		9.47		15.14		18.46		27.52		38.92		55.86		66.56
1500		1.96		3.93		8.62		16.83		26.23		33.35		49.66		68.89		101.5		120.3
1000	18.51	1.31	18.08	2.62	17.58	5.75	18.29	11.22	18.06	17.49	17.51	22.24	17.80	33.11	18.33	45.93	17.88	67.68	17.54	80.23
750		0.99		1.97		4.32		8.42		13.13		16.68		24.84		34.45		50.76		60.16
1500		1.78		3.70		7.69		14.91		23.48		29.92		43.56		62.74		90.05		170.3
1000	20.33	1.19	19.21	2.47	19.72	5.13	20.65	9.94	20.16	15.66	19.52	19.95	20.29	29.05	20.13	41.83	20.16	60.04	19.32	73.55
750		0.90		1.86		3.85		7.46		11.75		14.97		21.79		31.38		45.03		55.16
1500		1.58		3.27		—		13.45		22.28		—		39.62		56.79		82.15		94.99
1000	22.97	1.06	21.71	2.18	—	—	22.89	8.97	22.71	14.87	—	—	22.31	26.42	22.24	37.87	22.10	54.77	22.44	63.33
750		0.81		1.64		—		6.74		11.15		—		19.81		28.40		41.08		47.51
1500		1.48		2.86		—		—		18.33		—		—		—		—		—
1000	24.50	0.99	24.53	1.91	—	—	—	—	25.85	12.22	—	—	—	—	—	—	—	—	—	—
750		0.75		1.44		—		—		9.17		—		—		—		—		—

表 10.2-35 TZS 型减速器的实际传动比 i 和按机械强度计算的公称输入功率 P_1

输入转速 n_1 /r·min^{-1}	机座号 112		140		180		225		250		265		300		355		375		425	
	i	P_1/kW	i	P_1/kW	i	P_1/kW	i	P_1/kW	i	P_1/kW	i	P_1/kW	i	P_1/kW	i	P_1/kW	i	P_1/kW	i	P_1/kW
1500		2.57		5.29		10.93		21.82		34.19		42.54		73.53		105.8		143.0		163.8
1000	14.11	1.75	14.04	3.53	14.44	7.29	14.11	14.55	13.85	22.80	14.47	28.37	13.74	49.04	13.65	70.54	8.80	95.40	13.98	109.2
750		1.29		2.65		5.47		10.92		17.10		21.28		36.78		52.91		71.56		81.95
1500		2.38		4.83		9.58		19.01		29.46		36.95		63.36		94.36		127.5		138.3
1000	15.26	1.59	15.35	3.22	16.48	6.39	16.19	12.68	16.08	19.65	16.67	24.64	15.95	42.25	15.31	62.91	15.47	85.20	16.55	92.25
750		1.19		2.42		4.80		9.51		14.74		18.49		31.69		47.19		63.90		69.19
1500		2.06		4.00		8.95		17.68		27.22		34.29		58.55		83.58		113.0		122.6
1000	17.67	1.38	18.57	2.67	17.65	5.97	17.41	11.79	17.40	18.15	17.96	22.87	17.26	39.04	17.28	55.73	17.47	75.34	18.68	81.74
750		1.04		2.01		4.48		8.85		13.62		17.16		29.29		41.80		56.51		61.31
1500		1.88		3.61		7.73		15.17		22.98		31.73		49.43		73.43		99.24		115.0
1000	19.32	1.26	20.59	2.41	20.42	5.15	20.30	10.12	20.61	15.34	19.41	21.16	20.44	32.96	19.67	48.96	19.89	66.17	19.90	76.68
750		0.95		1.81		3.87		7.59		11.51		15.88		24.73		36.73		49.63		57.52

（续）

输入转速 n_1 /r·min^{-1}	机座号 112		140		180		225		250		265		300		355		375		425	
	i	P_1/kW	i	P_1/kW	i	P_1/kW	i	P_1/kW	i	P_1/kW	i	P_1/kW	i	P_1/kW	i	P_1/kW	i	P_1/kW	i	P_1/kW
1500		1.67		3.36		7.16		13.98		20.34		26.85		45.11		67.61		91.37		101.6
1000	21.66	1.12	22.08	2.24	22.07	4.78	22.03	9.32	23.28	13.57	22.93	17.91	22.40	30.08	21.37	45.08	21.60	60.92	22.52	67.72
750		0.84		1.69		3.59		6.99		10.18		13.44		22.57		33.82		45.70		50.81
1500		1.46		3.09		6.07		12.82		18.72		24.96		39.26		58.45		78.99		89.77
1000	24.84	0.98	24.06	2.06	26.02	4.05	24.01	8.55	25.31	12.48	24.67	16.64	25.74	26.18	24.72	38.97	24.98	52.67	25.50	59.85
750		0.74		1.55		3.04		6.42		9.37		12.49		19.64		29.23		39.55		44.89
1500		1.32		2.56		5.68		10.67		17.13		21.83		36.28		52.71		71.24		78.46
1000	27.60	0.88	29.01	1.71	27.79	3.80	28.87	7.72	27.65	11.42	28.81	14.56	27.85	24.19	27.40	35.15	27.70	47.50	29.18	52.31
750		0.66		1.29		2.86		5.34		8.57		10.93		18.15		26.37		35.63		39.24
1500		1.20		2.34		4.94		9.83		15.16		19.46		30.84		45.92		62.19		72.99
1000	30.36	0.81	31.78	1.56	32.00	3.30	31.34	6.56	31.24	10.11	31.64	12.98	32.76	20.57	31.46	30.62	31.73	41.47	31.36	48.67
750		0.61		1.18		2.48		4.92		7.59		9.74		15.43		22.97		31.11		36.51
1500		1.05		2.03		4.52		8.96		13.40		17.30		28.42		41.47		55.73		63.93
1000	34.64	0.70	36.54	1.36	34.94	3.02	34.38	5.98	35.35	8.94	35.60	11.54	35.55	18.95	34.84	27.65	35.41	37.16	35.81	42.63
750		0.53		1.02		2.27		4.49		6.71		8.66		14.22		20.74		27.88		31.98
1500		0.91		1.85		3.95		8.01		11.80		15.19		25.49		36.06		49.79		57.83
1000	39.82	0.61	40.19	1.24	40.05	2.64	38.45	5.34	40.15	7.87	40.55	10.13	39.64	17.00	40.06	24.05	39.63	33.20	39.59	38.56
750		0.46		0.93		1.98		4.02		5.91		7.60		12.75		18.04		24.90		28.93
1500		0.83		1.59		3.43		6.87		10.78		13.73		21.88		32.36		44.83		50.39
1000	43.80	0.55	46.57	1.06	46.11	2.29	44.86	4.58	43.94	7.19	44.86	9.16	46.18	14.06	44.64	21.58	44.02	29.89	45.43	33.60
750		0.42		0.80		1.72		3.44		5.40		6.88		10.55		16.19		22.42		25.25
1500		0.71		1.44		3.07		6.34		9.31		12.36		20.19		28.92		39.09		45.28
1000	50.76	0.48	51.59	0.96	51.45	2.05	48.58	4.23	50.91	6.21	49.83	8.24	50.04	13.47	49.95	19.29	50.49	26.07	50.56	30.19
750		0.36		0.72		1.54		3.18		4.66		6.19		10.11		14.47		19.56		22.65
1500		0.65		1.29		2.74		5.60		8.62		10.96		17.79		25.72		35.09		40.52
1000	56.22	0.44	57.38	0.86	57.65	1.83	54.98	3.74	54.97	5.75	56.19	7.31	56.80	11.87	56.17	17.15	56.23	23.40	56.50	27.02
750		0.33		0.65		1.38		2.81		4.32		5.49		8.91		12.87		17.56		20.27
1500		0.58		1.16		2.53		4.92		7.64		9.85		16.27		23.70		31.34		36.07
1000	62.53	0.39	64.14	0.78	62.38	1.69	62.62	3.82	61.99	5.10	62.50	6.57	62.11	10.85	60.94	15.82	62.96	20.90	63.46	24.05
750		0.30		0.59		1.27		2.46		3.83		4.93		8.14		11.87		15.68		18.04

（续）

输入转速 n_1 /r·min^{-1}	机座号																			
	112		140		180		225		250		265		300		355		375		425	
	i	P_1/kW	i	P_1/kW	i	P_1/kW	i	P_1/kW	i	P_1/kW	i	P_1/kW	i	P_1/kW	i	P_1/kW	i	P_1/kW	i	P_1/kW
1500	69.90	0.52	72.12	1.03	70.58	2.24	68.59	4.49	70.42	6.73	67.81	9.08	71.68	14.10	69.30	20.85	68.80	28.68	71.72	31.92
1000		0.35		0.69		1.50		2.99		4.49		6.06		9.41		13.92		19.13		21.29
750		0.27		0.52		1.13		2.25		3.37		4.55		7.06		10.44		14.35		15.97
1500	78.60	0.46	81.70	0.91	80.48	1.96	76.33	4.03	77.03	6.15	80.80	7.62	79.44	12.72	79.51	18.17	77.16	25.58	81.69	28.02
1000		0.31		0.61		1.31		2.69		4.10		5.09		8.49		12.12		17.06		18.69
750		0.24		0.46		0.99		2.02		3.08		3.82		6.37		9.09		12.80		14.02
1500	89.04	0.41	93.41	0.80	88.30	1.79	88.87	3.46	85.52	5.54	88.85	6.93	90.54	11.16	88.88	16.25	89.04	22.17	90.75	25.22
1000		0.28		0.54		1.20		2.31		3.70		4.63		7.44		10.84		14.78		16.82
750		0.21		0.41		0.90		1.74		2.78		3.48		5.59		8.13		11.09		12.62
1500	101.8	0.35	99.23	0.75	102.5	1.54	99.13	3.11	98.61	4.81	98.30	6.26	99.55	10.15	100.4	14.38	97.94	20.15	104.0	22.01
1000		0.24		0.50		1.03		2.07		3.21		4.18		6.77		9.59		13.44		14.68
750		0.18		0.38		0.78		1.56		2.41		3.14		5.08		7.20		10.09		11.02
1500	111.8	0.33	112.2	0.66	114.1	1.39	111.4	2.76	110.1	4.30	117.0	5.27	117.4	7.46	110.3	13.10	110.5	17.86	113.9	20.10
1000		0.22		0.44		0.93		1.85		2.87		3.52		4.98		8.74		11.91		13.45
750		0.17		0.33		0.70		1.39		2.16		2.65		3.74		6.56		8.94		10.09
1500	126.3	0.29	126.8	0.58	128.0	1.23	125.8	2.45	124.1	3.82	126.4	4.87	128.1	6.72	129.4	11.16	121.1	16.30	125.5	18.25
1000		0.20		0.39		0.82		1.64		2.55		3.25		4.49		7.45		10.88		12.17
750		0.15		0.30		0.62		1.23		1.92		2.44		3.37		5.59		8.16		9.13
1500	144.2	0.25	136.4	0.45	140.5	1.12	139.4	2.21	141.2	3.36	142.0	3.73	142.2	5.61	140.7	9.65	144.5	12.68	145.7	15.71
1000		0.17		0.30		0.75		1.48		2.24		2.49		3.75		6.44		8.46		10.49
750		0.13		0.23		0.57		1.11		1.69		1.87		2.82		4.84		6.35		7.88
1500	158.8	0.20	161.7	0.30	152.5	0.84	162.1	1.98	154.7	3.06	154.1	3.28	163.6	4.01	163.5	6.57	157.8	9.61	163.0	13.56
1000		0.14		0.20		0.56		1.33		2.05		2.19		2.68		4.39		6.41		9.05
750		0.11		0.15		0.42		1.00		1.54		1.65		2.01		3.30		4.82		6.79
1500	—	—	—	—	—	—	176.0	1.57	173.3	2.47	173.3	2.49	—	—	—	—	171.0	7.48	180.3	10.51
1000		—		—		—		1.05		1.65		1.66		—		—		4.99		7.01
750		—		—		—		0.79		1.24		1.25		—		—		3.75		5.26
1500	—	—	—	—	—	—	206.9	1.20	205.1	1.47	—	—	—	—	—	—	—	—	201.3	8.24
1000		—		—		—		0.80		0.98		—		—		—		—		5.51
750		—		—		—		0.61		0.74		—		—		—		—		4.14

表 10.2-36　组合式减速器的实际传动比 i 和按机械强度计算的公称输入功率 P_1

输入转速 n_1 /r·min⁻¹	机座号															
	180-112		225-112		250-140		265-140		300-180		355-225		375-250		425-250	
	i	P_1/kW	i	P_1/kW	i	P_1/kW	i	P_1/kW	i	P_1/kW	i	P_1/kW	i	P_1/kW	i	P_1/kW
1500		0.88		1.69		—		—		—		—		—		—
1000	179.67	0.59	182.2	1.13	—	—	—	—	—	—	—	—	—	—	—	—
750		0.44		0.85		—		—		—		—		—		—
1500		0.79		1.46		—		3.23		5.18		7.2		9.72		10.95
1000	199.88	0.53	211.27	0.97	—	—	195	2.15	194.99	3.45	200.6	4.8	203.01	6.48	209.14	7.3
750		0.39		0.73		—		1.61		2.59		3.6		4.86		5.47
1500		0.71		1.32		2.09		2.9		4.58		6.32		8.62		10.13
1000	223.44	0.47	233.94	0.88	226.87	1.39	216.87	1.93	220.76	3.05	228.63	4.21	228.82	5.75	255.97	6.75
750		0.35		0.66		1.04		1.45		2.29		3.16		4.31		5.07
1500		0.63		1.18		1.88		2.6		4.02		5.77		7.59		8.99
1000	251.22	0.42	260.26	0.79	252.31	1.25	242.24	1.73	251.6	2.68	250.42	3.85	259.86	5.06	254.69	5.99
750		0.31		0.56		0.94		1.3		2.01		2.88		3.8		4.49
1500		0.55		1.06		1.68		2.31		3.66		5.18		6.94		7.92
1000	284.62	0.37	290.93	0.71	281.83	1.12	272.5	1.54	276.15	2.44	278.67	3.46	284.46	4.62	289.25	5.28
750		0.28		0.53		0.84		1.15		1.83		2.59		3.47		3.96
1500		0.49		0.94		1.49		2.04		3.15		4.69		6.25		7.23
1000	325.41	0.32	327.1	0.63	317.03	1	308.61	1.36	320.38	2.1	308.02	3.13	315.71	4.17	316.63	4.82
750		0.24		0.47		0.75		1.02		1.58		2.34		3.12		3.62
1500		0.44		0.83		1.32		1.78		2.83		3.99		5.42		6.51
1000	357.4	0.29	370.59	0.55	359.05	0.88	352.92	1.19	356.7	1.89	361.84	2.66	364.09	3.61	351.41	4.34
750		0.22		0.42		0.66		0.89		1.42		2		2.71		3.26
1500		0.39		0.73		1.15		1.56		2.53		3.55		4.85		5.65
1000	403.81	0.26	423.69	0.48	410.6	0.77	402.19	1.04	400.12	1.68	406.77	2.37	406.43	3.24	405.27	3.77
750		0.2		0.36		0.58		0.78		1.26		1.78		2.43		2.82

（续）

输入转速 n_1 /r·min^{-1}	机座号															
	180-112		225-112		250-140		265-140		300-180		355-225		375-250		425-250	
	i	P_1/kW	i	P_1/kW	i	P_1/kW	i	P_1/kW	i	P_1/kW	i	P_1/kW	i	P_1/kW	i	P_1/kW
1500		0.34		0.67		1.09		1.38		2.23		3.15		4.31		5.06
1000	459.77	0.23	458.47	0.45	436.26	0.72	455.49	0.92	452.51	1.49	459.26	2.1	457.83	2.87	452.39	3.37
750		0.17		0.34		0.54		0.69		1.12		1.57		2.15		2.53
1500		0.31		0.6		0.96		1.21		1.99		2.84		3.79		4.49
1000	502.71	0.21	510.06	0.4	493.03	0.64	520.88	0.8	507.59	1.33	509.07	1.89	521.14	2.52	509.61	3
750		0.16		0.3		0.48		0.6		1		1.42		1.89		2.25
1500		0.28		0.54		0.85		1.14		1.78		2.58		3.59		3.95
1000	563.59	0.19	570.17	0.36	557.08	0.57	553.44	0.76	568.08	1.19	559.34	1.72	548.88	2.4	580.07	2.63
750		0.14		0.27		0.43		0.57		0.89		1.29		1.8		1.97
1500		0.24		0.48		0.74		0.99		1.51		2.34		3.1		3.6
1000	646.34	0.16	641.05	0.32	643.23	0.49	636.12	0.66	669.75	1.01	618.26	1.56	637.25	2.06	636.61	2.4
750		0.12		0.24		0.37		0.49		0.75		1.17		1.55		1.8
1500		0.22		0.42		0.69		0.91		1.41		2		2.86		3.32
1000	718.15	0.15	726.28	0.28	689.78	0.46	693.17	0.6	715.31	0.94	722.72	1.33	689.56	1.91	688.87	2.22
750		0.11		0.21		0.34		0.45		0.71		1		1.43		1.66
1500		0.2		0.39		0.63		0.75		1.23		1.86		2.42		2.81
1000	789.97	0.13	792.68	0.26	751.63	0.42	835.78	0.5	823.68	0.82	777.18	1.24	816.77	1.61	815.95	1.87
750		0.1		0.19		0.32		0.38		0.61		0.93		1.21		1.4
1500				0.36		0.52		0.69		1.12		1.59		2.14		2.48
1000	—	—	866.7	0.24	906.27	0.35	915.58	0.46	899.36	0.75	906.19	1.06	922.59	1.43	921.66	1.66
750				0.18		0.26		0.34		0.56		0.8		1.07		1.24
1500				0.32		0.48		0.6		0.98		1.47		1.97		2.28
1000	—	—	971.67	0.21	992.81	0.32	1052.7	0.4	1030.9	0.65	983.42	0.98	1003	1.31	1002	1.52
750				0.16		0.24		0.3		0.49		0.73		0.98		1.14

1500	—	—	1114.3	0.28	1141.5	0.41	1157.9	0.54	1186.9	0.85	1071.8	1.35	1095.8	1.8	1094.7	2.09
1000		—		0.18		0.28		0.36		0.57		0.9		1.2		1.39
750		—		0.14		0.21		0.27		0.43		0.67		0.9		1.05
1500	—	—	1238.1	0. 25	1255.5	0.38	1341.7	0.47	1324.3	0.76	1288.8	1.12	1238	1.59	1236.8	1.85
1000		—		0.17		0.25		0.31		0.51		0.75		1.06		1.23
750		—		0.12		0.19		0. 23		0.38		0.56		0.8		0.93
1500	—	—	1362	0.23	1454.9	0.33	1486.3	0.42	1483.9	0.68	1399	1.03	1400.9	1.41	1399.5	1.64
1000		—		0.15		0.22		0.28		0.45		0.69		0.94		1.09
750		—		0.11		0.16		0.21		0.34		0.52		0.7		0.82
1500	—	—	1554	0.2	1611.7	0.29	1653.1	0.38	1605.7	0.63	1534.7	0.94	1591.1	1.24	1589.5	1.44
1000		—		0.136		0.2		0.25		0.42		0.63		0.83		0.96
750		—		0.1		0.15		0.19		0.31		0.47		0.62		0.72
1500	—	—	—	—	1792.6	0.26	1847.9	0.34	1816.7	0.56	1716.4	0.84	1741.3	1.13	1739.6	1.32
1000		—		—		0.18		0.23		0.37		0.56		0.76		0.88
750		—		—		0.13		0.17		0.28		0.42		0.57		0.66
1500	—	—	—	—	2003.7	0.24	2077.8	0.3	2071.6	0.49	2002.6	0.72	2017.6	0.98	2015.5	1.14
1000		—		—		0.16		0.2		0.33		0.48		0.65		0.76
750		—		—		0.12		0.15		0.24		0.36		0.49		0.57
1500	—	—	—	—	—	—	—	—	—	—	2168.6	0.67	2178.5	0.91	2176.3	1.05
1000		—		—		—		—		—		0.44		0.6		0.7
750		—		—		—		—		—		0.33		0.45		0.53
1500	—	—	—	—	—	—	—	—	—	—	—	—	2456.7	0.8	2454.2	0.93
1000		—		—		—		—		—		—		0.54		0.62
750		—		—		—		—		—		—		0.4		0.47

表 10. 2-37 TZLD、TZSD 型减速器的实际传动比 i、电动机功率 P_1 和选用系数 K

电动机功率 P_1 /kW	实际传动比 i	选用系数 K	机座号
0. 55	17. 67	3.59	TZSD112
	19. 32	3.29	
	21.66	2.93	
	24.84	2.56	
	27.60	2.30	
	30.36	2.09	
	34.64	1.83	
	39.82	1.60	
	43.80	1.45	
	50.76	1.25	
	56.22	1.13	
	62.54	1.02	
	36.54	3.55	TZSD140
	40.19	3.23	
	46.57	2.79	
	51.59	2.52	
	57.38	2.26	
	64.14	2.02	
	70.58	3.91	TZSD180
	80.48	3.43	
	88.30	3.12	
	102.5	2.69	
	205.1	2.56	TZSD250
0. 75	14.11	3.30	TZSD112
	15.26	3.05	
	17.67	2.64	
	19.32	2.41	
	21.66	2.15	
	24.84	1.87	
	27.60	1.69	
	30.36	1.53	
	34.64	1.34	
	39.82	1.17	
	43.80	1.06	
	50.76	0.92	
	56.22	0.83	
	24.06	3.95	TZSD140
	29.01	3.28	
	31.78	2.99	
	36.54	2.60	
	40.19	2.37	
	46.57	2.04	
	51.59	1.84	
	57.38	1.66	
	64.14	1.48	
	51.45	3.94	TZSD180
	57.65	3.51	
	62.38	3.24	
	70.58	2.87	
	80.48	2.52	
	88.30	2.29	
	102.5	1.98	
0. 75	99.13	3.98	TZSD225
	111.4	3.54	
	125.8	3.14	
	173.3	3.16	TZSD250
	205.1	1.88	
1.1	6.30	3.95	TZLD112
	7.24	3.81	
	7.96	3.99	
	14.11	2.25	TZSD112
	15.26	2.08	
	17.67	1.80	
	19.32	1.64	
	21.66	1.47	
	24.84	1.28	
	27.60	1.15	
	30.36	1.05	
	34.64	0.92	
	18.57	3.49	TZSD140
	20.59	3.15	
	22.08	2.94	
	24.06	2.70	
	29.01	2.24	
	31.78	2.04	
	36.54	1.78	
	40.19	1.61	
	46.57	1.39	
	51.59	1.26	
	34.94	3.95	TZSD180
	40.05	3.45	
	46.11	2.99	
	51.45	2.68	
	57.65	2.39	
	62.38	2.21	
	70.58	1.96	
	80.48	1.72	
	88.30	1.52	
	68.59	3.92	TZSD225
	76.33	3.53	
	88.87	3.03	
	99.13	2.72	
	163.6	3.50	TZSD300
1. 5	5.04	3.36	TZLD112
	5.52	3.30	
	6.30	2.89	
	7.24	2.80	
	7.96	2.92	
	14.11	1.65	TZSD112
	15.26	1.53	
	17.67	1.32	
	19.32	1.21	
	21.66	1.08	
	24.84	0.94	
	27.60	0.84	

（续）

电动机功率 P_1 /kW	实际传动比 i	选用系数 K	机座号
1.5	14.04	3.39	TZSD140
	15.35	3.10	
	18.57	2.56	
	20.59	2.31	
	22.08	2.15	
	24.06	1.98	
	29.01	1.64	
	31.78	1.50	
	36.54	1.30	
	40.19	1.18	
	46.57	1.02	
	51.59	0.92	
	26.02	3.89	TZSD180
	27.79	3.64	
	32.00	3.16	
	34.94	2.90	
	40.05	2.53	
	46.11	2.20	
	51.45	1.97	
	57.65	1.76	
	62.38	1.62	
	70.58	1.43	
	80.48	1.26	
	88.30	1.15	
	54.98	3.59	TZSD225
	62.62	3.15	
	68.59	2.88	
	76.33	2.59	
	88.87	2.22	
	99.13	1.99	
	77.03	3.94	
	85.82	3.55	
	98.61	3.08	
	142.2	3.59	TZSD300
	163.6	2.57	
2.2	7.07	3.61	TZLD140
	7.78	3.73	
	9.01	3.45	
	14.04	2.31	TZSD140
	15.35	2.11	
	18.57	1.75	
	20.59	1.58	
	22.08	1.47	
	24.06	1.35	
	29.01	1.12	
	31.78	1.02	
	36.54	0.89	
	40.19	0.81	
	17.65	3.91	TZSD180
	20.42	3.38	
	22.07	3.13	
	26.02	2.65	
	27.79	2.48	
2.2	32.00	2.16	TZSD180
	34.94	1.98	
	40.05	1.72	
	46.11	1.50	
	51.45	1.34	
	57.65	1.20	
	62.38	1.11	
	70.58	0.98	
	80.48	0.86	
	34.38	3.91	TZSD225
	38.45	3.50	
	44.86	3.00	
	48.58	2.77	
	54.98	2.45	
	62.62	2.15	
	68.59	1.96	
	76.33	1.76	
	88.87	1.51	
	54.97	3.77	TZSD250
	61.99	3.34	
	70.42	2.94	
	77.03	2.69	
	85.52	2.42	
	67.81	3.97	TZSD265
	80.80	3.33	
	88.85	3.03	
	117.4	3.26	TZSD300
	128.1	2.94	
	142.2	2.45	
	163.6	1.75	
	163.5	2.87	TZSD355
	171.0	3.27	TZSD375
	201.2	3.60	TZSD425
3	5.09	3.28	TZLD140
	5.62	2.97	
	6.15	3.04	
	7.07	2.65	
	7.78	2.73	
	9.01	2.53	
	14.04	1.69	TZSD140
	15.35	1.55	
	18.57	1.28	
	20.59	1.16	
	22.08	1.08	
	24.06	0.99	
	29.01	0.82	
	12.40	3.92	TZLD180
	14.44	3.50	TZSD180
	16.48	3.07	
	17.65	2.87	
	20.42	2.48	
	22.07	2.29	

（续）

电动机功率 P_1 /kW	实际传动比 i	选用系数 K	机座号
3	26.02	1.95	TZSD180
	27.79	1.82	
	32.00	1.58	
	34.94	1.45	
	40.05	1.26	
	46.11	1.10	
	51.45	0.98	
	57.65	0.88	
	62.38	0.81	
	28.87	3.42	TZSD225
	31.34	3.15	
	34.38	2.87	
	38.45	2.57	
	44.86	2.20	
	48.58	2.03	
	54.98	1.80	
	62.62	1.58	
	68.59	1.44	
	76.33	1.29	
	88.87	1.11	
	40.15	3.78	TZSD250
	43.94	3.45	
	50.91	2.98	
	54.97	2.76	
	61.99	2.45	
	70.42	2.16	
	77.03	1.97	
	85.52	1.18	
	49.83	3.96	TZSD265
	56.19	3.51	
	62.50	3.16	
	67.81	2.91	
	80.80	2.44	
	88.85	2.22	
	90.54	3.58	TZSD300
	99.55	3.25	
	117.4	2.39	
	128.1	2.15	
	142.2	1.80	
	163.6	1.28	
	129.4	3.58	TZSD355
	140.7	3.09	
	163.5	2.11	
	157.8	3.08	TZSD375
	171.0	2.40	
	180.3	3.37	TZSD425
	201.2	2.64	
4	5.09	2.46	TZLD140
	5.62	2.23	
	6.15	2.28	
	7.07	1.99	
	7.78	2.05	
	9.01	1.90	
4	14.04	1.27	TZSD140
	15.35	1.16	
	18.57	0.96	
	20.59	0.87	
	22.08	0.81	
	7.10	3.58	TZLD180
	7.93	3.93	
	8.88	3.97	
	9.61	3.79	
	10.88	3.35	
	12.40	2.94	
	14.44	2.63	TZSD180
	16.48	2.30	
	17.65	2.15	
	20.42	1.86	
	22.07	1.72	
	26.02	1.46	
	27.79	1.37	
	32.00	1.19	
	34.94	1.09	
	40.05	0.95	
	46.11	0.82	
	20.30	3.65	TZSD225
	22.03	3.36	
	24.01	3.08	
	28.87	2.56	
	31.34	2.36	
	34.38	2.15	
	38.45	1.92	
	44.86	1.65	
	48.58	1.52	
	54.98	1.35	
	62.62	1.18	
	68.59	1.08	
	76.33	0.97	
	88.87	0.83	
	31.24	3.65	TZSD250
	35.35	3.22	
	40.15	2.84	
	43.94	2.59	
	50.91	2.24	
	54.97	2.07	
	61.99	1.84	
	70.42	1.62	
	77.03	1.48	
	85.52	1.33	
	40.55	3.65	TZSD265
	44.86	3.30	
	49.83	2.97	
	56.19	2.63	
	62.50	2.37	
	67.81	2.18	
	80.80	1.83	
	88.85	1.67	

（续）

电动机功率 P_1 /kW	实际传动比 i	选用系数 K	机座号
4	62.11	3.91	TZSD300
	71.68	3.39	
	79.44	3.06	
	90.54	2.68	
	99.55	2.44	
	117.4	1.79	
	128.1	1.62	
	142.2	1.35	
	163.6	0.96	
	88.88	3.91	TZSD355
	100.4	3.46	
	110.3	3.15	
	129.4	2.68	
	140.7	2.32	
	153.5	1.58	
	121.1	3.92	TZSD375
	144.5	3.05	
	157.8	2.30	
	171.0	1.80	
	145.7	3.78	TZSD425
	163.0	3.26	
	180.3	2.53	
	201.2	1.98	
5.5	4.93	3.64	TZLD180
	5.38	3.33	
	6.17	3.00	
	7.10	2.60	
	7.93	2.86	
	8.88	2.89	
	14.44	1.91	TZSD180
	16.48	1.68	
	17.65	1.56	
	20.42	1.35	
	22.07	1.25	
	26.02	1.06	
	27.79	0.99	
	32.00	0.86	
	14.11	3.82	TZSD225
	16.19	3.32	
	17.41	3.09	
	20.30	2.65	
	22.03	2.44	
	24.01	2.24	
	28.87	1.86	
	31.34	1.72	
	34.38	1.57	
	38.45	1.40	
	44.86	1.20	
	48.58	1.11	
	54.98	0.98	
	62.62	0.86	

电动机功率 P_1 /kW	实际传动比 i	选用系数 K	机座号
5.5	23.28	3.56	TZSD250
	25.31	3.27	
	27.65	3.00	
	31.24	2.65	
	35.35	2.34	
	40.15	2.06	
	43.94	1.88	
	50.91	1.63	
	54.97	1.51	
	61.99	1.34	
	28.21	3.82	TZSD265
	31.64	3.40	
	35.60	3.02	
	40.55	2.66	
	44.86	2.40	
	49.83	2.16	
	56.19	1.92	
	62.50	1.72	
	67.81	1.59	
	46.18	3.83	TZSD300
	50.04	3.53	
	56.80	3.11	
	62.11	2.84	
	71.68	2.47	
	69.30	3.64	TZSD355
	79.51	3.18	
	88.88	2.84	
	100.4	2.52	
	110.3	2.29	
	89.04	3.88	TZSD375
	97.94	3.52	
	110.5	3.12	
	121.1	2.85	
	144.5	2.22	
	157.8	1.68	
	171.0	1.31	
	104.0	3.85	TZSD425
	113.9	3.51	
	125.5	3.19	
	145.7	2.75	
	163.0	2.37	
	180.3	1.84	
	201.2	1.44	
7.5	4.93	2.67	TZLD180
	5.38	2.44	
	6.17	2.20	
	7.93	2.09	
	8.88	2.12	
	14.44	1.40	TZSD180
	16.48	1.23	
	17.65	1.15	
	20.42	0.99	
	22.07	0.92	

（续）

电动机功率 P_1 /kW	实际传动比 i	选用系数 K	机座号
7.5	7.97	3.91	TZLD225
	10.28	3.84	
	11.26	3.51	
	14.11	2.80	TZSD225
	16.19	2.44	
	17.41	2.27	
	20.30	1.94	
	22.03	1.79	
	24.01	1.64	
	28.87	1.37	
	31.34	1.26	
	34.38	1.15	
	38.45	1.03	
	44.86	0.88	
	48.58	0.81	
	16.08	3.78	TZSD250
	17.40	3.49	
	20.61	2.95	
	23.28	2.61	
	25.31	2.40	
	27.65	2.20	
	31.24	1.94	
	35.35	1.72	
	40.15	1.51	
	43.94	1.38	
	50.91	1.19	
	54.97	1.11	
	61.99	0.98	
	22.93	3.44	TZSD265
	24.67	3.20	
	28.21	2.80	
	31.64	2.50	
	35.60	2.22	
	40.55	1.95	
	44.86	1.76	
	49.83	1.58	
	56.19	1.41	
	62.50	1.26	
	67.81	1.16	
	35.55	3.64	TZSD300
	39.64	3.27	
	46.18	2.81	
	50.04	2.59	
	56.80	2.28	
	62.11	2.09	
	71.68	1.81	
	49.95	3.71	TZSD355
	56.17	3.30	
	60.94	3.04	
	69.30	2.67	
	79.51	2.33	
	88.88	2.08	
	100.4	1.84	
	110.3	1.68	

电动机功率 P_1 /kW	实际传动比 i	选用系数 K	机座号
7.5	68.80	3.68	TZSD375
	77.16	3.28	
	89.04	2.84	
	97.94	2.58	
	110.5	2.29	
	121.1	2.09	
	144.5	1.63	
	157.8	1.23	
	171.0	0.96	
	81.69	3.59	TZSD425
	90.75	3.23	
	104.0	2.82	
	113.9	2.58	
	125.5	2.34	
	145.7	2.01	
	163.0	1.74	
	180.3	1.35	
	201.2	1.06	
11	5.14	3.35	TZLD225
	5.64	3.06	
	6.31	2.73	
	7.36	2.49	
	7.97	2.67	
	9.02	2.84	
	14.11	1.91	TZSD225
	16.19	1.66	
	17.41	1.55	
	20.30	1.33	
	22.03	1.22	
	24.01	1.12	
	28.87	0.93	
	31.34	0.86	
	9.32	3.99	TZSD250
	10.07	3.97	TZLD250
	11.35	3.53	
	13.85	2.99	TZSD250
	16.08	2.58	
	17.40	2.38	
	20.61	2.01	
	23.28	1.78	
	25.31	1.54	
	27.65	1.50	
	31.24	1.33	
	35.35	1.17	
	40.15	1.03	
	43.94	0.94	
	50.91	0.81	
	14.47	3.72	TZSD265
	16.67	3.23	
	17.96	3.00	
	19.41	2.77	
	22.93	2.35	
	24.67	2.18	

（续）

电动机功率 P_1 /kW	实际传动比 i	选用系数 K	机座号
11	28.21	1.91	TZSD265
	31.64	1.70	
	35.60	1.51	
	40.55	1.33	
	44.86	1.20	
	49.83	1.08	
	56.19	0.96	
	62.50	0.86	
	22.40	3.94	TZSD300
	25.74	3.43	
	27.85	3.17	
	32.76	2.70	
	35.55	2.48	
	39.64	2.23	
	46.18	1.91	
	50.04	1.77	
	56.80	1.56	
	62.11	1.42	
	34.84	3.63	TZSD355
	40.06	3.15	
	44.64	2.83	
	49.95	2.53	
	56.17	2.25	
	60.94	2.07	
	69.30	1.82	
	79.51	1.59	
	88.88	1.42	
	100.4	1.26	
	44.02	3.92	TZSD375
	50.49	3.42	
	56.23	3.07	
	62.96	2.74	
	68.80	2.51	
	77.16	2.24	
	89.04	1.94	
	97.94	1.76	
	110.5	1.56	
	50.56	3.96	TZSD425
	56.50	3.54	
	63.46	3.15	
	71.72	2.79	
	81.69	2.45	
	90.75	2.21	
	104.0	1.92	
	113.9	1.76	
	125.5	1.60	
15	5.14	2.46	TZLD225
	5.64	2.24	
	6.31	2.00	
	7.36	1.83	
	7.97	1.96	
	9.02	2.09	
15	14.11	1.40	TZSD225
	16.19	1.22	
	17.41	1.13	
	20.30	0.97	
	22.03	0.90	
	24.01	0.82	
	5.72	3.72	TZLD250
	6.47	3.28	
	7.35	3.10	
	8.05	3.14	
	9.32	2.93	
	10.07	2.92	
	11.35	2.59	
	13.85	2.19	TZSD250
	16.08	1.89	
	17.40	1.75	
	20.61	1.47	
	23.28	1.30	
	25.31	1.20	
	27.65	1.10	
	31.24	0.97	
	35.35	0.86	
	6.34	3.48	TZLD265
	7.22	3.36	
	7.99	3.67	
	8.88	3.76	
	10.01	3.34	
	11.14	3.18	
	14.47	2.73	TZSD265
	16.67	2.37	
	17.96	2.20	
	19.41	2.03	
	22.93	1.72	
	24.67	1.60	
	28.21	1.40	
	31.64	1.25	
	35.65	1.11	
	40.55	0.97	
	44.86	0.88	
	17.26	3.75	TZSD300
	20.44	3.17	
	22.40	2.89	
	25.74	2.52	
	27.85	2.33	
	32.76	1.98	
	35.55	1.82	
	39.64	1.63	
	46.18	1.40	
	50.04	1.29	
	56.80	1.14	
	62.11	1.04	

（续）

电动机功率 P_1 /kW	实际传动比 i	选用系数 K	机座号
15	24.72	3.75	TZSD355
	27.40	3.38	
	31.46	2.94	
	34.84	2.66	
	40.06	2.31	
	44.64	2.07	
	49.95	1.85	
	56.17	1.65	
	60.94	1.52	
	69.30	1.34	
	79.51	1.17	
	88.88	1.04	
	100.4	0.92	
	31.73	3.99	TZSD375
	35.41	3.57	
	39.63	3.19	
	44.02	2.87	
	50.49	2.51	
	56.23	2.25	
	62.96	2.01	
	68.80	1.84	
	77.16	1.64	
	89.04	1.42	
	97.94	1.29	
	110.5	1.15	
	39.59	3.71	TZSD425
	45.43	3.23	
	50.56	2.90	
	56.50	2.60	
	63.46	2.31	
	71.72	2.05	
	81.69	1.80	
	90.75	1.62	
	104.0	1.41	
	113.9	1.29	
	125.5	1.17	
18.5	5.14	1.99	TZLD225
	5.64	1.82	
	6.31	1.63	
	7.36	1.48	
	7.97	1.59	
	14.11	1.13	TZSD225
	16.19	0.99	
	17.41	0.92	
	5.06	3.40	TZSD250
	5.72	3.01	
	6.47	2.66	
	7.35	2.51	
	8.05	2.55	
	9.32	2.38	
	10.07	2.36	
18.5	13.85	1.78	TZSD250
	16.08	1.53	
	17.40	1.42	
	20.61	1.19	
	23.28	1.06	
	25.31	0.97	
	27.65	0.89	
	5.03	3.26	TZLD265
	5.64	3.23	
	6.34	2.83	
	7.22	2.73	
	7.99	2.98	
	8.88	3.05	
	10.01	2.71	
	14.47	2.21	TZSD265
	16.67	1.92	
	17.96	1.78	
	19.41	1.65	
	22.93	1.40	
	24.67	1.30	
	28.21	1.14	
	31.64	1.01	
	35.60	0.90	
	10.35	3.96	TZLD300
	12.73	3.61	
	13.74	3.82	TZSD300
	15.95	3.29	
	17.26	3.04	
	20.44	2.57	
	22.40	2.35	
	25.74	2.04	
	27.85	1.89	
	32.76	1.60	
	35.55	1.48	
	39.64	1.33	
	46.18	1.14	
	50.04	1.05	
	56.80	0.93	
	19.67	3.82	TZSD355
	21.37	3.51	
	24.72	3.04	
	27.40	2.74	
	31.46	2.39	
	34.84	2.16	
	40.06	1.87	
	44.54	1.68	
	49.95	1.50	
	56.17	1.34	
	60.94	1.23	
	69.30	1.08	
	79.51	0.94	
	88.88	0.85	

（续）

电动机功率 P_1 /kW	实际传动比 i	选用系数 K	机座号
18.5	27.70	3.70	TZSD375
	31.73	3.23	
	35.41	2.90	
	39.63	2.59	
	44.02	2.33	
	50.49	2.03	
	56.23	1.82	
	62.96	1.63	
	68.80	1.49	
	77.16	1.33	
	89.04	1.15	
	31.36	3.79	TZSD425
	35.81	3.32	
	39.59	3.01	
	45.43	2.62	
	50.56	2.35	
	56.50	2.11	
	63.46	1.88	
	71.72	1.66	
	81.69	1.46	
	90.75	1.31	
	104.0	1.14	
	113.9	1.05	
22	5.14	1.68	TZLD225
	5.64	1.53	
	6.31	1.37	
	7.36	1.25	
	7.97	1.33	
	14.11	0.95	TZSD225
	16.19	0.83	
	5.06	2.86	TZLD250
	5.72	2.53	
	6.47	2.24	
	7.35	2.11	
	8.05	2.14	
	9.32	2.00	
	10.07	1.99	
	13.85	1.49	TZSD250
	16.08	1.29	
	17.40	1.19	
	20.61	1.00	
	23.28	0.89	
	25.31	0.82	
	5.03	2.74	TZLD265
	5.64	2.72	
	6.34	2.38	
	7.22	2.29	
	7.99	2.50	
	8.88	2.56	
	10.01	2.28	
22	14.47	1.86	TZSD265
	16.67	1.62	
	17.96	1.50	
	19.41	1.39	
	22.93	1.17	
	24.67	1.09	
	28.21	0.95	
	31.64	0.85	
	5.02	3.99	TZLD300
	5.77	3.83	
	8.89	3.88	
	10.35	3.33	
	11.22	3.38	
	12.73	3.04	
	13.74	3.21	TZSD300
	15.95	2.77	
	17.26	2.56	
	20.44	2.16	
	22.40	1.97	
	25.74	1.72	
	27.85	1.59	
	32.76	1.35	
	35.55	1.24	
	39.64	1.11	
	46.18	0.96	
	50.04	0.88	
	17.28	3.65	TZSD355
	19.67	3.21	
	21.37	2.96	
	24.72	2.56	
	27.40	2.30	
	31.46	2.01	
	34.84	1.81	
	40.06	1.58	
	44.64	1.41	
	49.95	1.26	
	56.17	1.12	
	60.94	1.04	
	69.30	0.91	
	21.60	3.99	TZSD375
	24.98	3.45	
	27.70	3.11	
	31.73	2.72	
	35.41	2.44	
	39.63	2.18	
	44.02	1.96	
	50.49	1.71	
	56.23	1.53	
	62.96	1.37	
	68.80	1.25	
	77.16	1.12	
	89.04	0.97	

（续）

电动机功率 P_1 /kW	实际传动比 i	选用系数 K	机座号
22	25.50	3.92	TZSD425
	29.18	3.43	
	31.36	3.19	
	35.81	2.79	
	39.59	2.53	
	45.43	2.20	
	50.56	1.98	
	56.50	1.77	
	63.46	1.58	
	71.72	1.40	
	81.69	1.23	
	90.75	1.10	
	104.0	0.96	
	113.9	0.88	
30	5.06	2.10	TZLD250
	5.72	1.86	
	6.47	1.64	
	7.35	1.55	
	8.05	1.57	
	13.85	1.10	TZSD250
	16.08	0.94	
	17.40	0.87	
	5.03	2.15	TZLD265
	5.64	1.99	
	6.34	1.74	
	7.22	1.68	
	7.99	1.84	
	14.47	1.36	TZSD265
	16.67	1.18	
	17.96	1.10	
	19.41	1.02	
	22.93	0.86	
	5.02	2.92	TZLD300
	5.77	2.81	
	6.24	3.00	
	7.34	2.96	
	7.97	3.18	
	8.89	2.85	
	10.35	2.44	
	11.22	2.48	
	13.74	2.36	TZSD300
	15.95	2.03	
	17.26	1.88	
	20.44	1.58	
	22.40	1.45	
	25.74	1.26	
	27.85	1.16	
	32.76	0.99	
	35.55	0.91	
	39.64	0.82	
	10.25	3.70	TZLD355
	11.13	3.64	
	12.65	3.20	

电动机功率 P_1 /kW	实际传动比 i	选用系数 K	机座号
30	13.65	3.39	TZSD355
	15.31	3.02	
	17.28	2.68	
	19.67	2.35	
	21.37	2.17	
	24.72	1.87	
	27.40	1.69	
	31.46	1.47	
	34.84	1.33	
	40.06	1.16	
	44.64	1.04	
	49.95	0.93	
	56.17	0.82	
	17.47	3.62	TZSD375
	19.89	3.18	
	21.60	2.93	
	24.98	2.53	
	27.70	2.28	
	31.73	1.99	
	35.41	1.79	
	39.63	1.60	
	44.02	1.44	
	50.49	1.25	
	56.23	1.13	
	62.96	1.01	
	68.80	0.92	
	18.68	3.93	TZSD425
	19.90	3.69	
	22.52	3.26	
	25.50	2.88	
	29.18	2.52	
	31.36	2.34	
	35.81	2.05	
	39.59	1.85	
	45.43	1.62	
	50.56	1.45	
	56.50	1.30	
	63.46	1.16	
	71.72	1.02	
	81.69	0.90	
	90.75	0.81	
37	5.02	2.37	TZLD300
	5.77	2.28	
	6.24	2.43	
	7.34	2.40	
	7.97	2.57	
	8.89	2.31	
	13.74	1.91	TZSD300
	15.95	1.65	
	17.26	1.52	
	20.44	1.29	
	22.40	1.17	
	25.74	1.02	
	27.85	0.94	
	32.76	0.80	

（续）

电动机功率 P_1 /kW	实际传动比 i	选用系数 K	机座号
37	5.74	3.50	TZLD355
	6.36	3.61	
	7.31	3.42	
	8.15	3.52	
	9.12	3.38	
	10.25	3.00	
	11.13	2.95	
	12.65	2.60	
	13.65	2.75	TZSD355
	15.31	2.45	
	17.28	2.17	
	19.67	1.91	
	21.37	1.76	
	24.72	1.52	
	27.40	1.37	
	31.46	1.19	
	34.84	1.08	
	40.06	0.94	
	44.64	0.84	
	11.49	3.68	TZLD375
	12.56	3.76	
	13.80	3.72	TZSD375
	15.47	3.31	
	17.47	2.94	
	19.89	2.58	
	21.60	2.37	
	24.98	2.05	
	27.70	1.85	
	31.73	1.62	
	35.41	1.45	
	39.63	1.29	
	44.02	1.17	
	50.49	1.02	
	56.23	0.91	
	62.96	0.82	
	16.55	3.59	TZSD425
	18.68	3.19	
	19.90	2.99	
	22.52	2.64	
	25.56	2.33	
	29.18	2.04	
	31.36	1.90	
	35.81	1.66	
	39.59	1.50	
	45.43	1.31	
	50.56	1.18	
	56.50	1.05	
	63.46	0.94	
	71.72	0.83	

电动机功率 P_1 /kW	实际传动比 i	选用系数 K	机座号
45	5.02	1.95	TZLD300
	5.77	1.87	
	6.24	2.00	
	7.34	1.98	
	7.97	2.12	
	8.89	1.90	
	13.74	1.57	TZSD300
	15.95	1.35	
	17.26	1.25	
	20.44	1.06	
	22.40	0.96	
	25.74	0.84	
	5.00	3.30	TZLD355
	5.74	2.88	
	6.36	2.97	
	7.31	2.81	
	8.15	2.90	
	9.12	2.78	
	10.25	2.47	
	11.13	2.43	
	12.65	2.13	
	13.65	2.26	TZSD355
	15.31	2.02	
	17.28	1.79	
	19.67	1.57	
	21.37	1.45	
	24.72	1.25	
	27.40	1.13	
	31.46	0.98	
	34.84	0.89	
	5.06	3.80	TZLD375
	5.79	3.32	
	6.46	3.26	
	7.23	3.71	
	8.04	3.78	
	9.22	3.30	
	10.26	3.39	
	11.49	3.02	
	12.56	3.09	
	13.80	3.06	TZSD375
	15.47	2.73	
	17.47	2.41	
	19.89	2.12	
	21.60	1.95	
	24.98	1.69	
	27.70	1.52	
	31.73	1.33	
	35.41	1.19	
	39.63	1.06	
	44.02	0.96	
	50.49	0.84	

（续）

电动机功率 P_1 /kW	实际传动比 i	选用系数 K	机座号
45	8.70	3.96	TZLD425
	11.04	3.67	
	12.58	3.12	
	13.98	3.50	TZSD425
	16.55	2.96	
	18.68	2.62	
	19.90	2.46	
	22.52	2.46	
	25.50	1.92	
	29.18	1.68	
	31.36	1.56	
	35.81	1.37	
	39.59	1.24	
	45.43	1.08	
	40.56	0.97	
	56.50	0.87	
55	5.00	2.70	TZLD355
	5.74	2.36	
	6.36	2.43	
	8.15	2.37	
	9.12	2.27	
	10.25	2.02	
	11.13	1.99	
	13.65	1.85	TZSD355
	15.31	1.65	
	17.28	1.46	
	19.67	1.28	
	21.37	1.18	
	24.72	1.02	
	27.40	0.92	
	31.46	0.80	
	5.06	3.11	TZLD375
	5.79	2.72	
	6.46	2.67	
	7.23	3.03	
	8.04	3.09	
	9.22	2.70	
	10.26	2.77	
	11.49	2.47	
	12.56	2.53	
	13.80	2.50	TZSD375
	15.47	2.23	
	17.47	1.98	
	19.89	1.74	
	21.60	1.60	
	24.98	1.38	
	27.70	1.25	
	31.73	1.09	
	35.41	0.97	
	39.63	0.87	

电动机功率 P_1 /kW	实际传动比 i	选用系数 K	机座号
55	5.51	3.80	TZLD425
	6.10	3.85	
	7.00	3.51	
	7.79	3.62	
	8.70	3.24	
	9.77	3.39	
	11.04	3.00	
	12.58	2.96	
	13.98	2.86	TZSD425
	16.55	2.42	
	18.68	2.14	
	19.90	2.01	
	22.52	1.78	
	25.50	1.57	
	29.18	1.37	
	31.36	1.28	
	35.81	1.12	
	39.59	1.01	
	45.53	0.88	
75	5.00	1.98	TZLD355
	5.74	1.73	
	6.36	1.78	
	7.31	1.69	
	8.15	1.74	
	9.12	1.67	
	13.65	1.36	TZSD355
	15.31	1.21	
	17.28	1.07	
	19.67	0.94	
	21.37	0.87	
	5.06	2.28	TZLD375
	5.79	1.99	
	6.46	1.96	
	7.23	2.23	
	8.04	2.27	
	9.22	1.98	
	10.26	2.03	
	13.80	1.83	TZSD375
	15.47	1.64	
	17.47	1.45	
	19.89	1.27	
	21.60	1.17	
	24.98	1.01	
	27.70	0.91	
	4.83	3.19	TZLD425
	5.51	2.79	
	6.10	2.82	
	7.00	2.58	
	7.79	2.65	
	8.70	2.37	
	9.77	2.20	

（续）

电动机功率 P_1 /kW	实际传动比 i	选用系数 K	机座号
75	13.98	2.10	TZSD425
	16.55	1.77	
	18.68	1.57	
	19.90	1.48	
	22.52	1.30	
	25.50	1.15	
	29.18	1.01	
	31.36	0.94	
90	5.00	1.65	TZLD355
	5.74	1.44	
	6.36	1.41	
	8.15	1.45	
	9.12	1.39	
	13.65	1.13	TZSD355
	15.31	1.01	
	17.28	0.89	
	5.01	1.90	TZLD375
	5.79	1.66	
	6.46	1.63	
	7.23	1.85	
	8.04	1.89	
	9.22	1.65	
	10.26	1.69	
90	13.80	1.53	TZSD375
	15.47	1.36	
	17.47	1.21	
	19.89	1.06	
	21.60	0.98	
	24.98	0.84	
	4.83	2.66	TZLD425
	5.51	2.33	
	6.10	2.35	
	7.00	2.15	
	7.79	2.21	
	8.70	1.98	
	9.77	2.07	
	11.04	1.83	
	13.98	1.75	TZSD425
	16.55	1.48	
	18.68	1.31	
	19.90	1.23	
	22.52	1.09	
	25.50	0.96	
	29.18	0.84	

表 10.2-38　组合式减速器的实际传动比 i、电动机功率 P_1 和选用系数 K

电动机功率 P_1 /kW	实际传动比 i	选用系数 K	组合机座号
0.55	777.18	3.09	355-225
	906.19	2.65	
	983.42	2.45	
	1071.8	2.24	
	1288.8	1.87	
	1399.0	1.72	
	1534.7	1.57	
	1716.4	1.4	
	2002.6	1.2	
	568.08	2.96	300-180
	669.75	2.51	
	715.31	2.35	
	823.68	2.04	
	899.36	1.87	
	1030.9	1.63	
	1186.9	1.42	
	1324.3	1.27	
	1483.9	1.13	
	1605.7	1.05	
	1816.7	0.93	
0.55	308.61	3.37	265-140
	352.92	2.95	
	402.19	2.59	
	455.49	2.28	
	520.88	2	
	553.44	1.88	
	636.12	1.63	
	693.17	1.5	
	835.78	1.24	
	915.58	1.14	
	1052.7	0.99	
	1157.9	0.9	
	226.87	3.52	250-140
	252.31	3.17	
	281.83	2.83	
	317.03	2.52	
	359.05	2.23	
	410.60	1.95	
	436.26	1.83	
	493.03	1.62	
	557.08	1.43	
	643.23	1.24	
	689.78	1.16	
	751.63	1.06	
	906.27	0.88	

（续）

电动机功率 P_1 /kW	实际传动比 i	选用系数 K	组合机座号
0. 55	211.27	2.49	225-112
	233.94	2.25	
	260.26	2.02	
	290.93	1.81	
	327.10	1.61	
	370.59	1.42	
	423.69	1.24	
	458.47	1.15	
	510.06	1.03	
	570.17	0.92	
	179.67	1.52	180-112
	199.88	1.37	
	223.44	1.23	
	251.22	1.09	
	284.62	0.96	
0. 75	637.25	3.78	375S-250
	689.56	3.5	
	816.77	2.95	
	922.59	2.61	
	1003.0	2.4	
	1095.8	2.2	
	1238.0	1.95	
	1400.9	1.72	
	1591.1	1.51	
	1741.3	1.38	
	2017.6	1.19	
	2178.5	1.11	
	618.26	2.85	355-250
	722.72	2.44	
	777.18	2.27	
	906.19	1.95	
	983.42	1.79	
	1071.8	1.65	
	1288.8	1.37	
	1399.0	1.26	
	1534.7	1.15	
	1716.4	1.03	
	2002.6	0.88	
	452.51	2.72	300-180
	507.59	2.43	
	568.08	2. 17	
	669.75	1.84	
	715.31	1.72	
	823.68	1.5	
	899.36	1.37	
	1030.9	1.2	
	1186.9	1.04	
	1324.3	0.93	

电动机功率 P_1 /kW	实际传动比 i	选用系数 K	组合机座号
0. 75	272.5	2.8	265-140
	308.61	2.47	
	352.92	2.16	
	402.19	1.9	
	455.49	1.67	
	520.88	1.46	
	553.44	1.38	
	636.12	1.2	
	693.17	1.1	
	835.78	0.91	
	226.87	2.58	250-140
	252.31	2.32	
	281.83	2.08	
	359.05	1.63	
	410.60	1.43	
	436.26	1.34	
	493.03	1.19	
	557.08	1.05	
	643.23	0.91	
	182.20	2.12	225-112
	211.27	1.83	
	233.94	1.65	
	260.26	1.48	
	290.93	1.33	
	327.10	1.18	
	370.59	1.04	
	423.69	0.91	
	179.67	1.12	180-112
	199.88	1.0	
	223.44	0.9	
1. 1	521.14	3.15	375S-250
	548.88	2.99	
	637.25	2.58	
	689.56	2.38	
	816.77	2.01	
	922.59	1.78	
	1003.4	1.64	
	1095.8	1.5	
	1238.0	1.33	
	1400.9	1.17	
	1591.1	1.03	
	1741.3	0.94	
	308.02	3.9	355L-250
	361.84	3.32	
	406.77	2.96	
	459.26	2.62	
	509.07	2.36	

（续）

电动机功率 P_1 /kW	实际传动比 i	选用系数 K	组合机座号
1.1	559.34	2.15	355S-250
	618.26	1.95	
	722.72	1.66	
	777.18	1.55	
	906.19	1.33	
	983.42	1.22	
	1071.8	1.12	
	1288.8	0.93	
	251.60	3.34	300L-180
	276.15	3.04	
	320.38	2.62	
	356.70	2.36	
	400.12	2.1	
	452.51	1.86	300S-180
	507.59	1.66	
	568.08	1.48	
	669.75	1.25	
	715.31	1.17	
	823.68	1.02	
	899.36	0.93	
	1030.9	0.82	
	195.0	2.67	265-140
	216.87	2.40	
	242.24	2.15	
	272.50	1.91	
	308.61	1.68	
	352.92	1.47	
	402.19	1.29	
	455.49	1.14	
	520.88	1.0	
	553.44	0.94	
	226.87	1.76	250-140
	252.31	1.58	
	281.83	1.42	
	359.05	1.11	
	410.60	0.97	
	436.26	0.92	
	182.20	1.45	225-112
	211.27	1.25	
	233.94	1.13	
	260.26	1.01	
	290.93	0.91	
1.5	315.71	3.82	375L-250
	364.09	3.31	
	406.43	2.97	
	457.83	2.63	
	521.14	2.31	
1.5	548.88	2.2	375S-250
	637.25	1.89	
	689.56	1.75	
	816.77	1.48	
	922.59	1.31	
	1003.0	1.2	
	1095.8	1.1	
	1238.0	0.97	
	250.42	3.52	355L-250
	278.67	3.16	
	361.84	2.44	
	406.77	2.17	
	459.26	1.92	
	509.07	1.73	
	559.34	1.58	355S-250
	618.26	1.43	
	722.72	1.22	
	777.18	1.13	
	906.19	0.97	
	983.42	0.9	
	194.99	3.16	300L-180
	220.76	2.79	
	251.60	2.45	
	276.15	2.23	
	320.38	1.92	
	356.70	1.73	
	400.12	1.54	
	452.51	1.36	300S-180
	507.59	1.21	
	568.08	1.08	
	669.75	0.92	
	195.00	1.96	265-140
	216.87	1.76	
	242.24	1.57	
	272.50	1.40	
	308.61	1.24	
	352.92	1.08	
	402.19	0.95	
	226.87	1.29	250-140
	252.31	1.16	
	281.83	1.04	
	317.03	0.92	
	182.2	1.06	225-112
	211.27	0.91	

（续）

电动机功率 P_1 /kW	实际传动比 i	选用系数 K	组合机座号
2.2	203.01	4.11	375L-250
	228.82	3.64	
	259.86	3.21	
	284.46	2.93	
	315.71	2.64	
	364.09	2.29	
	406.43	2.05	
	457.83	1.82	
	521.14	1.60	
	548.88	1.52	375S-250
	637.25	1.31	
	689.56	1.21	
	816.77	1.02	
	922.59	0.9	
	200.60	3.04	355L-250
	228.63	2.67	
	250.42	2.44	
	278.67	2.19	
	361.84	1.69	
	406.77	1.50	355S-250
	459.26	1.33	
	509.07	1.20	
	559.34	1.09	
	618.26	0.99	
	194.99	2.19	300L-180
	220.76	1.93	
	251.60	1.69	
	276.15	1.54	
	320.38	1.33	
	356.70	1.20	
	400.12	1.07	
	452.51	0.94	300S-180
	195.0	1.35	265-140
	216.87	1.22	
	242.24	1.09	
	272.50	0.97	
	182.2	1.11	250-140
	211.27	0.96	
3	209.14	3.39	425L-250
	225.97	3.14	
	254.69	2.78	
	289.25	2.45	
	316.63	2.24	
	351.41	2.02	
	405.27	1.75	
	452.39	1.57	
	509.61	1.39	
	580.07	1.22	
	636.61	1.11	425S-250
	688.87	1.03	
	815.95	0.87	
	203.01	3.01	375L-250
	228.82	2.67	
	259.86	2.35	
	284.46	2.15	
	315.71	1.94	
	364.09	1.63	
	406.43	1.50	
	457.83	1.34	
	521.14	1.17	
	548.88	1.11	375S-250
	637.25	0.96	
	689.56	0.89	
	200.60	2.23	355L-250
	228.63	1.96	
	250.42	1.79	
	278.67	1.61	
	361.84	1.24	
	406.77	1.10	
	459.26	0.97	
	509.07	0.88	
	194.99	1.60	300L-180
	220.76	1.42	
	251.60	1.24	
	276.15	1.13	
	320.38	0.98	
4	209.14	2.60	425L-250
	225.97	2.40	
	254.69	2.13	
	289.25	1.88	
	316.63	1.72	
	351.41	1.55	
	405.27	1.34	
	452.39	1.20	
	509.61	1.07	
	580.07	0.94	
	203.01	2.31	375L-250
	228.82	2.01	
	259.86	1.80	
	284.46	1.65	
	315.71	1.48	
	364.09	1.29	
	406.43	1.15	
	457.83	1.02	
	521.14	0.90	

（续）

电动机功率 P_1 /kW	实际传动比 i	选用系数 K	组合机座号
4	200.60	1.71	355L-250
	228.63	1.50	
	250.42	1.37	
	278.67	1.23	
	361.84	0.95	
	194.99	1.23	300L-180
	220.76	1.08	
	251.60	0.95	
5.5	209.14	1.89	425L-250
	225.97	1.75	
	254.69	1.55	
	289.25	1.37	
	316.63	1.25	
	351.41	1.12	
	405.27	0.97	
	203.01	1.68	375L-250
	228.82	1.49	
	259.86	1.31	

电动机功率 P_1 /kW	实际传动比 i	选用系数 K	组合机座号
5.5	284.46	1.20	375L-250
	315.71	1.08	
	364.09	0.94	
	200.60	1.39	355L-250
	228.63	1.28	
	250.42	1.14	
	278.67	1.0	
7.5	209.14	1.39	425L-250
	225.97	1.28	
	254.69	1.14	
	289.25	1.0	
	316.63	0.92	
	203.01	1.23	375L-250
	228.82	1.09	
	259.86	0.96	

表 10.2-39　按润滑油允许最高平衡温度计算的公称热功率 P_{G1}

机　座　号		112	140	180	225	250	265	300	355	375	425
环境条件	环境气流速度 v /(m/s)	TZL、TZLD									
		P_{G1}/kW									
空间小，厂房小	≥0.5~1.4	7	10	15	23	27	33	42	55	64	71
较大的空间、厂房	>1.4~<3.7	10	14	21	32	38	46	59	77	90	99
在户外露天	≥3.7	13	19	29	44	51	63	80	105	122	135
机　座　号		112	140	180	225	250	265	300	355	375	425
环境条件	环境气流速度 v /(m/s)	TZS、TZSD									
		P_{G1}/kW									
空间小，厂房小	≥0.5~1.4	5	7	10	15	18	22	28	37	43	48
较大的空间、厂房	>1.4~<3.7	7	10	14	21	25	31	39	52	60	67
在户外露天	≥3.7	9.5	13	19	29	34	42	53	70	82	91

注：当采用循环油润滑冷却时，公称热功率 P_{G2} 为：

二级传动　$P_{G2}=P_{G1}+0.63\Delta tq_V$；

三级传动　$P_{G2}=P_{G1}+0.43\Delta tq_V$。

式中　Δt—进、出油温差，一般 $\Delta t\leqslant10$℃，进油温度≤25℃；

q_V—油流量，单位为 L/min。

减速器的工况系数 K_A 见表 10.2-40，安全系数 S_A 见表 10.2-41，环境温度系数 f_1 见表 10.2-42，载荷率系数 f_2 见表 10.2-43。公称功率利用系数 f_3 见表 10.2-44，减速器的载荷分类见表 10.2-45。

当径向力 Q 的作用点在轴伸中点时，减速器输出轴轴伸的许用径向载荷 Q 见表 10.2-46，TZL、TZS 型减速器输入轴轴伸的许用径向载荷 Q 分别见表 10.2-47 和表 10.2-48。

TZLD、TZSD 型减速器电动机功率与直联电动机机座号及转速对照见表 10.2-49。

表 10.2-40　减速器的工况系数 K_A

原动机	每日工作小时	轻微冲击(均匀载荷)U	中等冲击载荷 M	强冲击载荷 H
电动机 汽轮机 水轮机	≤3	0.8	1	1.5
	>3~10	1	1.25	1.75
	>10	1.25	1.5	2
4~6 缸的活塞发动机	≤3	1	1.25	1.75
	>3~10	1.25	1.5	2
	>10	1.5	1.75	2.25
1~3 缸的活塞发动机	≤3	1.25	1.5	2
	>3~10	1.5	1.75	2.25
	>10	1.75	2	2.5

注：表中载荷分类见表 10.2-45。

表 10.2-41　安全系数 S_A

重要性与安全要求	一般设备，减速器失效仅引起单机停产且易更换备件	重要设备，减速器失效引起机组、生产线或全厂停产	高度安全设备，减速器失效引起设备、人身事故
S_A	1.1~1.3	1.3~1.5	1.5~1.7

表 10.2-42　环境温度系数 f_1

环境温度 t/℃	10	20	30	40	50
冷却条件	f_1				
无冷却	0.88	1	1.15	1.35	1.65
循环油润滑冷却	0.9	1	1.1	1.2	1.3

表 10.2-43　载荷率系数 f_2

小时载荷率	100%	80%	60%	40%	20%
f_2	1	0.94	0.86	0.74	0.56

表 10.2-44　公称功率利用系数 f_3

功率利用率	0.4	0.5	0.6	0.7	0.8~1
f_3	1.25	1.15	1.1	1.05	1

注：1. 对 TZL、TZS 型及组合式减速器，功率利用率 $=P_2/P_1$；P_2 为载荷功率；P_1 为表 10.2-34~表 10.2-36 中的输入功率。

2. 对 TZLD、TZSD 型及组合式减速器，功率利用率 $=P_2/(KP_1)$；P_2 为载荷功率；P_1、K 为表 10.2-37、表 10.2-3 中的电动机功率和选用系数。

表 10.2-45　减速器的载荷分类

机械类型	负载符号
风机类	
风机(轴向和径向)	U
冷却塔风扇	M
引风机	M
螺旋活塞式风机	M
涡轮式风机	U
建筑机械类	
混凝土搅拌机	M
卷扬机	M
路面建筑机械	M
化工类	
搅拌机(液体)	U
搅拌机(半液体)	M

机械类型	负载符号
化工类	
离心机(重型)	M
离心机(轻型)	U
冷却滚筒①	M
干燥滚筒①	M
压缩机类	
活塞式压缩机	H
涡轮式压缩机	M
传送运输机类	
平板传送机	M
平衡块升降机	M
槽式传送机	M
带式传送机(大件)	M

（续）

机械类型	负载符号
传送运输机类	
带式传送机（碎料）	H
筒式面粉传送机	U
链式传送机	M
环式传送机	M
货物升降机	M
卷扬机①	H
倾斜卷扬机①	H
连杆式传送机	M
载人升降机	M
螺旋式传送机	M
钢带式传送机	M
链式槽型传送机	M
绞车运输	M
起重机类	
转臂式起重传动齿轮装置	M
卷扬机齿轮传动装置	U
吊杆起落齿轮传动装置	U
转向齿轮传动装置	M
行走齿轮传动装置	H
挖泥机类	
筒式传送机	H
筒式转向轮	H
挖泥头	H
机动绞车	M
泵	M
转向齿轮传动装置	M
行走齿轮传动装置（履带）	H
行走齿轮传动装置（铁轨）	M
食品工业机械类	
灌注及装箱机器	U
甘蔗压榨机①	M
甘蔗切断机①	M
甘蔗粉碎机	H
搅拌机	M
酱状物吊桶	M
包装机	U
糖甜菜切断机	M
糖甜菜清洗机	M
发动机及转换器	
频率转换器	H
发动机	H
焊接发动机	H
洗衣机类	
滚筒	M
洗衣机	M
金属滚轧机类	
钢坯剪断机①	H
链式输送机①	M
冷轧机①	H
连铸成套设备①	H
冷床①	M
剪料机头①	H
交叉转弯输送机①	M
除锈机①	H
重型和中型板轧机①	H
棒坯初轧机①	H
棒坯运转机械①	H

机械类型	负载符号
金属滚轧机类	
棒坯推料机①	H
推床①	H
剪板机①	H
板材摆动升降台①	M
轧辊调整装置	M
辊式校直机①	M
轧钢机辊道（重型）①	H
轧钢机辊道（轻型）①	M
薄板轧机①	H
修整剪切机①	M
焊管机	H
焊接机（带材和线材）	M
线材拉拔机	M
金属加工机床类	
动力轴	U
锻造机	H
锻锤①	H
机床及辅助装置	U
机床及主要传动装置	M
金属刨床	H
板材校直机床	H
冲床	H
冲压机床	H
剪床	M
薄板弯曲机床	M
石油工业机械类	
输油管油泵①	M
转子钻井设备	H
制纸机类	
压光机①	H
多层纸板机①	H
干燥滚筒①	H
上光滚筒①	H
搅浆机①	H
纸浆擦碎机①	H
吸水滚①	H
吸水滚压机①	H
潮纸滚压机①	H
威罗机	H
泵类	
离心泵（稀液体）	U
离心泵（半液体）	M
活塞泵	H
柱塞泵①	H
压力泵①	H
塑料工业类	
压光机①	M
挤压机①	M
螺旋压出机①	M
混合机①	M
橡胶机械类	
压光机①	M
挤压机①	H
混合搅拌机①	M
捏和机①	H
滚压机①	H
石料、瓷土料加工机械类	
球磨机①	H

（续）

机械类型	负载符号	机械类型	负载符号
石料、瓷土料加工机械类		纺织机械类	
挤压粉碎机①	H	精制桶	M
破碎机	H	威罗机	M
压砖机	H	水处理类	
锤粉碎机①	H	鼓风机①	M
转炉①	H	水处理类	
筒形磨机①	H	螺杆泵	M
纺织机械类		木材加工机床	
送料机	M	剥皮机	H
织布机	M	刨床	M
印染机械	M	锯床①	H
		木材加工机床	U

注：U—均匀载荷；M—中等冲击载荷；H—强冲击载荷。

① 仅用于24h工作制。

表10.2-46 减速器输出轴轴伸的许用径向载荷 Q

输出转速 n_2 /r·min^{-1}	机座号									
	112	140	180	225	250	265	300	355	375	425
	输出轴轴伸的许用径向载荷 Q/kN									
>160	0	0	0	0	4	10	15	19	24	29
>100~160	1.2	2.0	2.8	6.0	11	16	22	26	31	36
>40~100	2.6	4.8	5.9	7.6	13	20	27	31	35	40
>16~40	3.0	5.3	7.5	11	15	25	30	34	39	44
≤16	3.4	5.5	8.1	12	17	27	33	37	42	47

表10.2-47 TZL型减速器输入轴轴伸的许用径向载荷 Q

实际传动比 i	机座号									
	112	140	180	225	250	265	300	355	375	425
	TZL型减速器输入轴轴伸的许用径向载荷 Q/kN									
≤13	1.0	1.6	2.0	3.1	3.8	4.6	5.4	6.5	7.6	8.1
>13	0.4	0.7	1.1	1.4	1.3	2.0	2.9	3.5	4.1	4.4

表10.2-48 TZS型减速器输入轴轴伸的许用径向载荷 Q

机座号									
112	140	180	225	250	265	300	355	375	425
TZS型减速器输入轴轴伸的许用径向载荷 Q/kN									
0.4	0.7	1.1	1.4	1.3	2.0	2.9	3.5	4.1	4.4

当轴为双向旋转时，表10.2-46~表10.2-48中值除以1.5。

当外部载荷有较大冲击时，表10.2-46~表10.2-48中值除以1.4。

当 Q 的作用点在轴伸外端部或轴肩处时，Q 值为表10.2-46~表10.2-48中值的0.5和1.6倍。当 Q 作用在其他部位时，许用的 Q 值按插入法计算。

表10.2-49 TZLD、TZSD型减速器电动机功率与直联电动机座号及转速对照

电动机功率 P_1/kW	电动机机座号	电动机转速 n_1 /r·min^{-1}	电动机功率 P_1/kW	电动机机座号	电动机转速 n_1 /r·min^{-1}
0.55	Y80$_1$-4	1390	15	Y160L-4	1460
0.75	Y80$_2$-4	1390	18.5	Y180M-4	1470
1.1	Y90S-4	1400	22	Y180L-4	1470
1.5	Y90L-4	1400	30	Y200L-4	1470
2.2	Y100L1-4	1420	37	Y225S-4	1480
3	Y100L2-4	1420	45	T225M-4	1480
4	Y112M-4	1440	55	Y250M-4	1480
5.5	Y132S-4	1440	75	Y280S-4	1480
7.5	Y132M-4	1440	90	Y280M-4	1480
11	Y160M-4	1460			

2.4 选用方法

（1） TZL、TZS 型及组合式减速器的选用

1） 首先，按减速器机械强度许用公称输入功率 P_1 选用。

① 确定减速器的载荷功率 P_2。

② 确定工况系数 K_A、安全系数 S_A。

③ 求得计算功率 P_{2c}。

$$P_{2c}=P_2K_AS_A$$

④ 查表 10.2-34～表 10.2-36，使 $P_{2c} \leqslant P_1$。若减速器的实际输入转速与表 10.2-34～表 10.2-36 中的三档（1500r/min、1000r/min、750r/min）转速之某一转速相对误差不超过 4%，可按该档转速下的公称功率选用合适的减速器；如果转速相对误差超过 4%，则应按实际转速折算减速器的公称功率选用。

2） 其次，校核热功率能否通过。

① 确定系数 f_1、f_2、f_3。

② 求得计算热功率 $P_{2t}=P_2f_1f_2f_3$。

③ 查表 10.2-39，$P_{2t} \leqslant P_{G1}$，则热功率通过。

若 $P_{2t}>P_{G1}$，则有两种选择：

① 采用循环油润滑冷却，使 $P_{2t} \leqslant P_{G1}$，这时 f_1 应按表 10.2-42 重选；

② 另选用较大规格减速器，重复以上程序，使 $P_{2t} \leqslant P_{G1}$。

如果轴伸承受径向载荷，径向载荷不允许超过表 10.2-46～表 10.2-48 中的许用径向载荷。若轴伸承受的轴向载荷或径向载荷大于许用径向载荷，则应校核轴伸强度与轴承寿命。

减速器许用的瞬时尖峰载荷 $P_{2max} \leqslant 1.8P_1$。

例 10.2-1 输送大块物料的带式输送机要选用 TZL 型减速器，驱动机为电动机，其转速 $n_1=1350$r/min，要求实际传动比 $i \approx 8$，载荷功率 $P_2=52$kW，轴伸受纯转矩，每日连续工作 24h，最高环境温度 38℃。厂房较大，自然通风冷却，油池润滑。

解：1） 按减速器机械强度许用公称输入功率 P_1 选用。

载荷功率 $P_2=52$kW，根据表 10.2-45，带式输送机输送大块物料时载荷为中等冲击，减速器失效会引起生产线停产，查表 10.2-40、表 10.2-41 得：$K_A=1.5$，$S_A=1.4$，计算功率 P_{2c} 为

$$P_{2c}=P_2K_AS_A=109.2\text{kW}$$

查表 10.2-34：TZL355，$i=8.15$，$n_1=1500$r/min 时，$P_1=135.6$kW。当 $n_1=1350$r/min 时，折算公称功率为

$$P_1=\frac{1350}{1500}\times 135.6\text{kW}=122\text{kW}$$

$P_{2c}<P_1$，可以选用 TZL355 减速器。

2） 校核热功率能否通过。

查表 10.2-42～表 10.2-44 得：$f_1=1.31$，$f_2=1$，$f_3=1.23$。

计算热功率 P_{2t} 为

$$P_{2t}=P_2f_1f_2f_3=52\text{kW}\times 1.31\times 1\times 1.23=83.8\text{kW}$$

查表 10.2-39：TZL355，$P_{G1}=77$kW。

$P_{2t}>P_{G1}$，热功率未通过。

不采用循环油润滑冷却，另选较大规格的减速器，按以上述程序重新计算，TZL375 满足要求，因此选定的减速器为 TZL375-8.04。

此例未给出运转中的瞬时尖峰载荷，故不校核 P_{2max}。

（2） TZLD、TZSD 型减速器的选用

1） 按减速器的电动功率 P_1 选用。

① 确定减速器的载荷功率 P_2。

② 按载荷功率 P_2 大约为电动机全容量的 0.7～0.9，确定电动机的功率 P_1。

③ 确定工况系数 K_A、安全系数 S_A，并求得计算选用系数 K_C。

$$K_C=K_AS_AP_2/P_1$$

④ 查表 10.2-37，按所要求的 P_1、传动比，查找选用系数 K，使 $K \geqslant K_C$，则 K 所对应的机座号即为所选的减速器。

2） 校核热功率能否通过，方法同（1）。

轴伸的校核也同（1）。

减速器许用的瞬时尖峰载荷 $P_{2max} \leqslant 1.8KP_1$。

例 10.2-2 生产线上使用的螺旋输送机要选用 TZSD 型减速器，要求实际传动比 $i \approx 25$，实际载荷 $P_2=6.3$kW。轴伸受纯转矩，每日连续工作 8h，最高环境温度 $t=35$℃，户外露天工作，自然通风冷却，油池润滑。

解：1） 按减速器的电动机功率 P_1 选用。

载荷功率 $P_2=6.3$kW，按 $P_2 \approx (0.7 \sim 0.9)P_1$，取 $P_1=7.5$kW，查表 10.2-45，螺旋输送机载荷为中等冲击，减速器失效会引起生产线停产，查表 10.2-40、表 10.2-41 得：$K_A=1.25$，$S_A=1.4$，计算选用系数 K_C 为

$$K_C=K_AS_AP_2/P_1=1.25\times 1.4\times 6.3/7.5=1.47$$

查表 10.2-37：TZSD225，实际传动比 $i=24.01$，符合传动比要求；选用系数 $K=1.64$，$K>K_C$，可以选用 TZSD225 减速器。

2） 校核热功率能否通过：

查表 10.2-42～表 10.2-44 得：$f_1=1.25$，$f_2=1$，$f_3=1.15$。

计算热功率 P_{2t} 为

$$P_{2t}=P_2f_1f_2f_3=(6.3\times 1.25\times 1\times 1.15)\text{kW}=9.06\text{kW}$$

查表 10.2-39：TZL225，$P_{G1}=29$kW。

$P_{G1}>P_{2t}$，热功率通过。

所选定的减速器为 TZSD225-24.01-7.5。

此例未给出运转中的瞬时尖峰载荷，故不校核 P_{2max}。

3　起重机用三支点减速器（摘自 JB/T 8905.1—1999）

JB/T 8905.1—1999 中有 QJR、QJS 和 QJRS 三个系列的斜齿圆柱齿轮减速器，它适用于起重机的各种机构，也可用于运输、冶金、矿山、化工和轻工等各种机械设备的传动中。其工作条件为：齿轮圆周速度不大于 16m/s；高速轴转速不大于 1000r/min；工作环境温度为-40~45 °C；可正、反两向运转；允许输出轴瞬时最大转矩为 2.7 倍的额定转矩。减速器是三支点安装形式。

3.1　形式和标记方法

1）结构型式。QJ 型减速器分为 R 型（二级）、S 型（三级）和 RS 型（二、三级）结合三种，如图 10.2-1 所示。

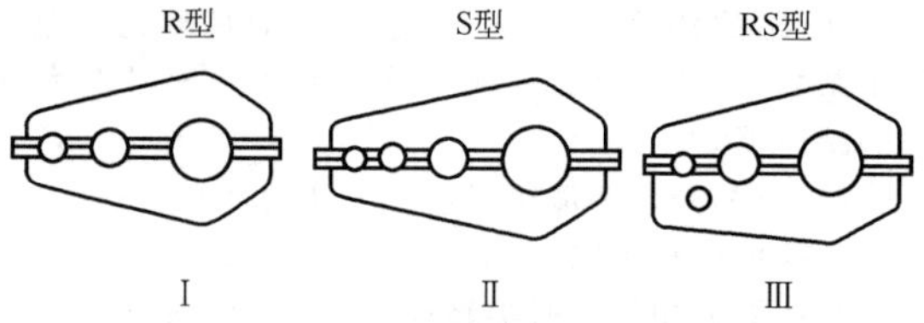

图 10.2-1　QJ 型减速器结构型式

2）装配形式共九种，如图 10.2-2 所示。

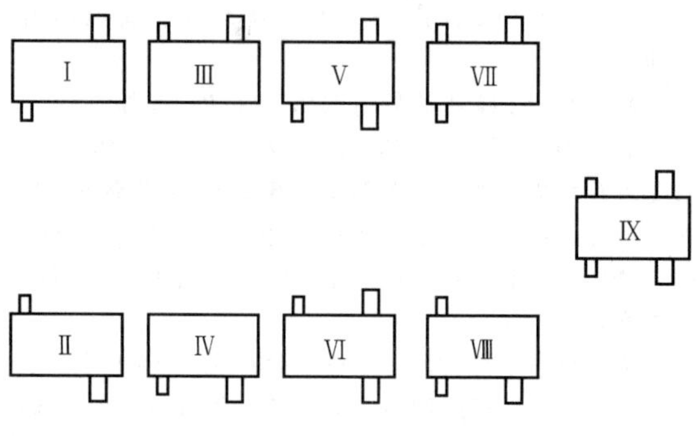

图 10.2-2　QJ 型减速器装配形式

3）安装形式。如图 10.2-3 所示，可卧式 W 或立式 L（V）安装。在±α 角范围内为卧式安装，在 L 角范围内为立式安装。α 角的大小与传动比有关，应保证中间级的大齿轮浸油 1~2 个齿高深度。

4）轴端形式。高速轴端采用圆柱形轴伸平键连接，输出轴端有三种，其形式和尺寸见表 10.2-50。

5）中心距。减速器以输出级中心距为名义中心距 a。

6）标记示例。起重机减速器三级传动，名义中心距为 560mm，公称传动比为 50，装配形式为第Ⅲ种，输出轴端为齿轮轴端，卧式安装。

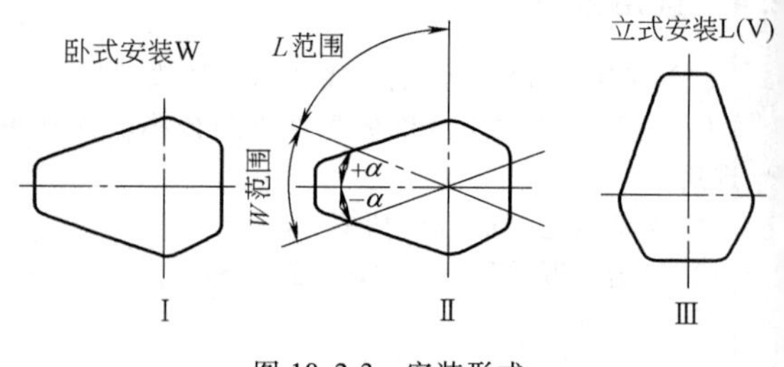

图 10.2-3　安装形式

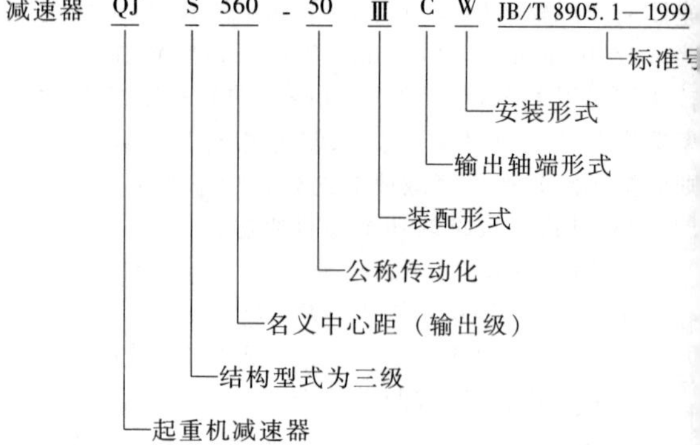

3.2　减速器外形尺寸（见表 10.2-51～表 10.2-53）

3.3　承载能力

QJR、QJS、QJRS 三个系列的减速器的承载能力见表 10.2-54～表 10.2-57。

3.4　选用方法

选择减速器时首先要满足传动比的要求，然后求名义功率，计算公式为

$$P_n = \frac{P_c}{K} \approx \frac{K_A P}{K} \leqslant P_p$$

式中　P_c——计算功率，应按专业机器的规定来确定，如无可靠数据，可按 $P_c = K_A P$ 近似求之；

K_A——工况系数，查表 10.2-84；

P——传递的功率（kW）；

K——系数，查表 10.2-58；

$P_p = P_1 \dfrac{n}{n_1}$，n 为要求的输入转速（r/min）；P_p 为对应于 n 时的许用输入功率（kW）；n_1 为承载能力表中靠近 n 的转速（r/min）；P_1 为选用 a 对应的许用功率（kW），见表 10.2-54～表 10.2-57。

表 10.2-50　减速器输出轴端的形式和尺寸　(mm)

P型 圆柱形轴伸

H型 花键轴伸

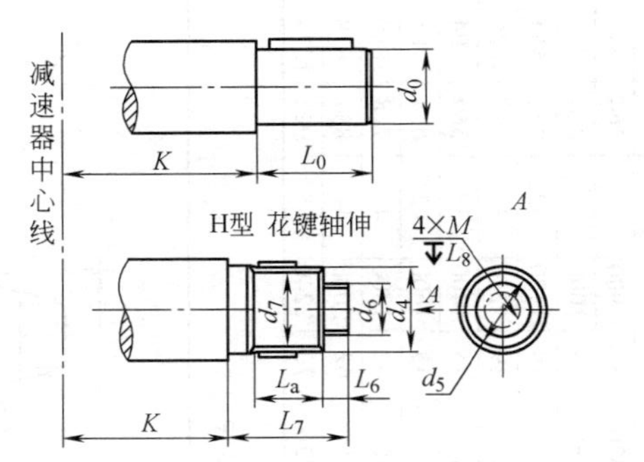

C型　齿轮轴伸

名　义 中心距 a_1	K	P　型		C　型											H　型									
		d_0	L_0	$m \times z$	D	D_1 (H7)	D_2	D_3	B_1	B_2	B	E	L_1	L_2	$m \times z$	d_4 (h11)	L_a	d_6 (k6)	L_6	d_7 (k6)	L_7	d_5	M	L_8
140	130	48	82	—	—	—	—	—	—	—	—	—	—	—	3×15	48	35	40	23	50	78	25	6	12
170	140	55	82	—	—	—	—	—	—	—	—	—	—	—	3×18	57	35	50	27	60	82	30	6	12
200	195	65	105	—	—	—	—	—	—	—	—	—	—	—	3×22	69	40	60	30	70	90	40	8	16
236	225	80	130	3×56	174	90	40	135	279.5	253	25	25	45	60	3×27	84	45	70	30	85	95	50	8	16
280	250	90	130	4×56	232	120	40	170	302.5	271	35	25	50	75	5×18	95	55	80	35	100	125	60	8	16
335	280	110	165	4×56	232	120	40	170	339.5	308	35	25	50	75	5×22	115	60	100	40	120	135	70	10	20
400	340	310 (140)	200	6×56	348	170	45	260	402	370	40	32	76	100	5×26	135	75	120	45	140	155	90	10	20
450	366	150	200	6×56	348	170	45	260	429	397	40	32	76	100	5×30	155	80	140	50	160	165	100	12	25
500	410	170 (180)	240	8×54	448	200	105	260	482	442	50	32	78	100	5×34	175	90	160	55	180	180	120	12	25
560	445	190 (200)	280	10×48	500	200	105	280	570	505	60	35	78	110	5×38	195	100	180	55	200	190	140	12	25
630	495	220	280	—	—	—	—	—	—	—	—	—	—	—	8×26	216	110	190	60	222	205	160	12	25
710	565	250 (260)	330	—	—	—	—	—	—	—	—	—	—	—	8×30	248	125	220	60	254	220	180	16	32
800	615	280	380	—	—	—	—	—	—	—	—	—	—	—	8×34	280	140	250	60	286	235	200	16	32
900	670	320	380	—	—	—	—	—	—	—	—	—	—	—	8×38	312	155	280	70	318	260	220	20	40
1000	740	360	450	—	—	—	—	—	—	—	—	—	—	—	8×44	360	175	320	75	366	285	250	20	40

表 10.2-51　QJR 减速器外形尺寸

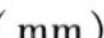
(mm)

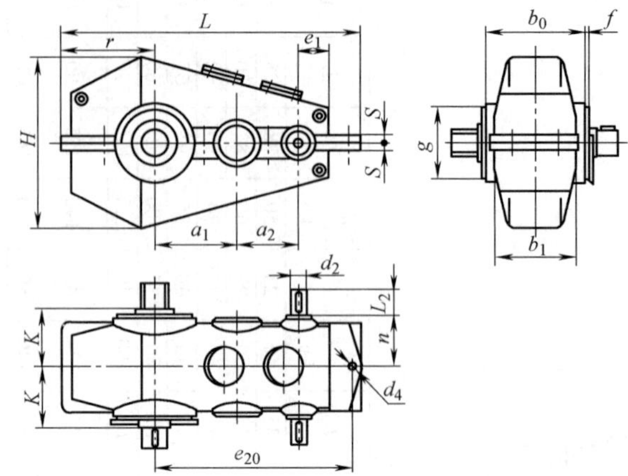

名义中心距 a_1	a_2	a_{02}	输入轴端		L	H	n	K	$b_{0\ -0.5}^{\ 0}$	$f_{\ 0}^{+0.1}$	g (h9)	d_4	e_{20}	S	b_1	r	e_1	质量 /kg
			d_2	L_2														
140	100	240	22	50	505	320	120	130	190	16	130	12	320	12	128	170	50	59
170	118	288	28	60	600	386	135	140	215	18	150	15	380	14	148	202	60	85
200	140	340	32	80	707	455	180	195	250	20	170	18	450	17	182	232	70	133
236	170	406	38	80	828	518	210	225	300	20	200	18	530	17	218	272	85	240
280	200	480	48	110	974	584	235	250	335	25	240	22	630	22	255	314	100	330
335	236	571	55	110	1156	735	255	280	400	25	270	26	750	27	300	375	120	590
400	280	680	65	140	1387	867	285	340	475	30	320	33	900	27	364	447	140	850
450	315	765	80	170	1547	990	310	365	530	30	360	33	1000	32	404	506	160	1300
500	355	855	90	170	1720	1130	350	410	600	40	400	39	1120	32	471	554	180	1760
560	400	960	100	210	1922	1270	385	445	670	40	430	39	1250	37	515	626	200	2600
630	450	1080	110	210	2156	1380	425	495	750	40	480	45	1400	37	569	704	225	3550
710	500	1210	120	210	2433	1540	450	565	850	50	530	45	1600	42	654	781	250	4900
800	560	1360	130	250	2739	1712	490	615	950	50	580	52	1800	42	728	880	280	6600
900	630	1530	150	250	3043	1910	540	670	1060	50	650	62	2000	47	837	978	320	9200
1000	710	1710	170	300	3384	2150	610	740	1180	60	720	70	2240	55	922	1074	360	12000

表 10.2-52　QJS 减速器外形尺寸　　(mm)

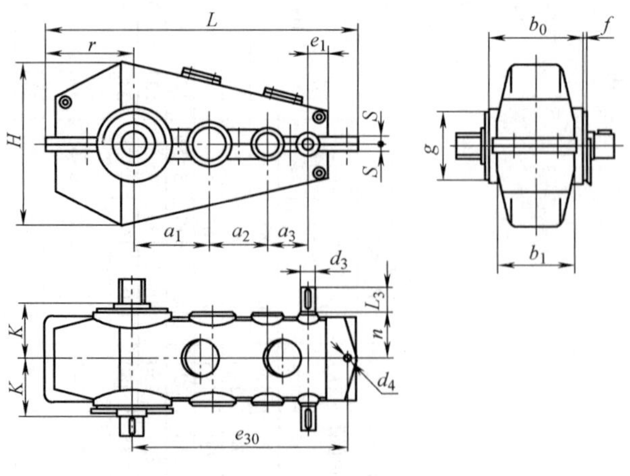

（续）

名义中心距 a_1	a_2	a_3	a_{03}	输入轴端		L	H	n	K	$b_{0\ -0.5}^{\ 0}$	$f_{\ 0}^{+0.1}$	g	d_4	e_{30}	S	b_1	r	e_1	质量/kg
				d_3	L_3														
140	100	71	311	18	40	567	320	120	130	190	16	130	12	380	12	128	170	40	64
170	118	85	373	22	50	673	386	135	140	215	18	150	15	450	14	148	202	48	95
200	140	100	440	28	60	793	455	180	195	250	20	170	18	530	17	182	232	56	170
236	170	118	524	32	80	928	518	210	225	300	20	200	18	630	17	218	272	67	256
280	200	140	620	38	80	1024	584	235	250	335	25	240	22	750	22	255	314	80	350
335	236	170	741	45	110	1301	735	255	280	400	25	270	26	900	27	300	375	95	654
400	280	200	880	50	110	1559	867	285	340	475	30	320	33	1060	27	364	447	112	940
450	315	224	989	55	110	1736	990	310	365	530	30	360	33	1180	32	404	506	125	1400
500	355	250	1105	60	140	1930	1130	350	410	600	40	400	39	1320	32	471	554	140	1850
560	400	280	1240	70	140	2162	1270	385	445	670	40	430	39	1500	37	515	626	160	2800
630	450	315	1395	80	170	2426	1380	425	495	750	40	480	45	1700	37	569	704	180	3500
710	500	355	1565	90	170	2738	1540	450	565	850	50	530	45	1900	42	654	781	200	4700
800	560	400	1760	100	210	3084	1712	490	615	950	50	580	52	2120	42	728	880	225	6400
900	630	450	1980	110	210	3423	1910	540	670	1060	50	650	62	2360	47	837	978	250	9000
1000	710	500	2210	130	250	3804	2150	610	740	1180	60	720	70	2650	55	922	1074	280	11700

表 10.2-53　QJRS 减速器外形尺寸　（mm）

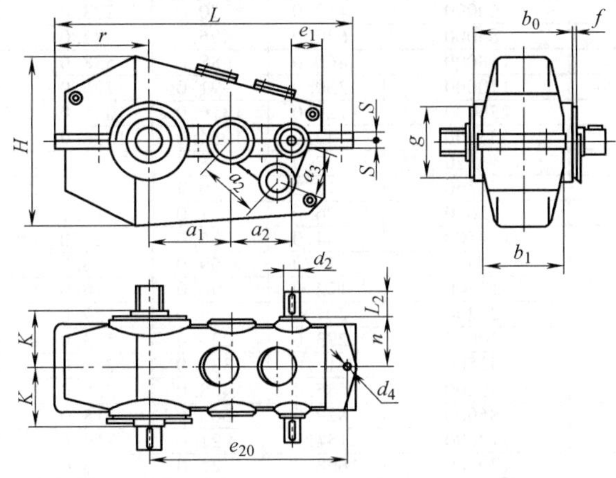

名义中心距 a_1	a_2	a_3	a_{03}	输入轴端		L	H	n	K	$b_{0\ -0.5}^{\ 0}$	$f_{\ 0}^{+0.1}$	g	d_4	e_{20}	S	b_1	r	e_1	质量/kg
				d_3	L_3														
140	100	71	311	18	40	505	298	120	130	190	16	130	12	320	12	128	170	50	64
170	118	85	373	22	50	600	375	135	140	215	18	150	15	380	14	148	202	60	94
200	140	100	440	28	60	707	440	180	195	250	20	170	18	450	17	182	232	70	185
236	170	118	524	32	80	828	500	210	225	300	20	200	18	530	17	218	272	85	284
280	200	140	620	38	80	974	562	235	250	335	25	240	22	630	22	255	314	100	380
335	236	170	741	45	110	1156	710	255	280	400	25	270	26	750	27	300	375	120	650
400	280	200	880	50	110	1387	836	285	340	475	30	320	33	900	27	364	447	140	930
450	315	224	989	55	110	1547	980	310	365	530	30	360	33	1000	32	404	506	160	1410
500	355	250	1105	60	140	1720	1060	350	410	600	40	400	39	1120	32	471	554	180	1820
560	400	280	1240	70	140	1922	1240	385	445	670	40	430	39	1250	37	515	626	200	2890
630	450	315	1395	80	170	2156	1370	425	495	750	40	480	45	1400	37	569	704	225	3550
710	500	355	1565	90	170	2433	1530	450	565	850	50	530	45	1600	42	654	781	250	4900
800	560	400	1760	100	210	2739	1691	490	615	950	50	580	52	1800	42	728	880	280	6600
900	630	450	1980	110	210	3043	1900	540	670	1060	50	650	62	2000	47	837	978	320	9200
1000	710	500	2210	130	250	3384	2070	610	740	1180	60	720	70	2240	55	922	1074	360	12000

表 10.2-54 QJR 减速器工作级别 M5① 时的承载能力

输入轴转速 /r·min⁻¹	名义中心距 a/mm	输出转矩 /N·m	公称传动比					
			10	12.5	16	20	25	31.5
			高速轴许用功率/kW					
600	140	820	5.3	4.3	3.4	2.7	2.1	1.6
	170	1360	9.0	7.2	5.7	4.5	3.5	2.8
	200	2650	15.5	12.4	9.7	7.8	6.2	4.9
	236	4500	26.0	21.0	16.5	13.3	10.5	8.4
	280	7500	44.0	35.0	27.0	22.0	17.6	13.9
	335	12500	73.0	59.0	46.0	37.0	29.0	23.0
	400	21200	124.0	99.0	78.0	62.0	50.0	39.0
	450	30000	176.0	141.0	110.0	88.0	70.0	56.0
	500	42500	249.0	199.0	155.0	124.0	100.0	79.0
	560	60000	351.0	281.0	220.0	176.0	141.0	112.0
	630	85000	497.0	398.0	311.0	249.0	199.0	159.0
	710	118000	691.0	552.0	432.0	345.0	276.0	219.0
	800	170000	995.0	796.0	622.0	497.0	398.0	316.0
	900	236000	1381.0	1105.0	863.0	691.0	552.0	438.0
	1000	335000	1961.0	1568.0	1225.0	980.0	784.0	622.0
750	140	820	6.4	5.2	4.1	3.3	2.6	2.0
	170	1360	10.7	8.8	7.0	5.7	4.5	3.4
	200	2650	19.3	15.5	12.1	9.7	7.7	6.1
	236	4500	33.0	26.0	21.0	16.4	13.1	10.4
	280	7500	55.0	44.0	34.0	27.0	22.0	17.4
	335	12500	91.0	73.0	57.0	46.0	36.0	29.0
	400	21200	155.0	124.0	97.0	77.0	62.0	49.0
	450	30000	219.0	175.0	137.0	109.0	88.0	69.0
	500	42500	310.0	248.0	194.0	155.0	124.0	98.0
	560	60000	437.0	350.0	273.0	219.0	175.0	139.0
	630	85000	620.0	496.0	387.0	310.0	248.0	197.0
	710	118000	860.0	688.0	538.0	430.0	344.0	273.0
	800	170000	1239.0	991.0	775.0	620.0	496.0	393.0
	900	236000	1720.0	1376.0	1025.0	860.0	688.0	546.0
	1000	335000	2442.0	1954.0	1526.0	1221.0	977.0	775.0
1000	140	820	7.9	6.5	5.2	4.2	3.3	2.6
	170	1360	13.2	10.9	8.7	7.1	5.7	4.4
	200	2650	26.0	21.0	16.2	12.9	10.3	8.2
	236	4500	44.0	35.0	27.0	22.0	17.6	13.9
	280	7500	73.0	59.0	46.0	37.0	29.0	23.0
	335	12500	122.0	98.0	76.0	61.0	49.0	39.0
	400	21200	207.0	165.0	129.0	103.0	83.0	66.0
	450	30000	293.0	234.0	183.0	146.0	117.0	93.0
	500	42500	415.0	332.0	259.0	207.0	166.0	132.0
	560	60000	585.0	468.0	366.0	293.0	234.0	186.0
	630	85000	829.0	663.0	518.0	415.0	332.0	263.0
	710	118000	1151.0	921.0	719.0	576.0	460.0	365.0
	800	170000	1668.0	1327.0	1036.0	829.0	663.0	526.0
	900	236000	2302.0	1842.0	1439.0	1151.0	921.0	731.0
	1000	335000	3268.0	2614.0	2042.0	1634.0	307.0	1037.0

① GB/T 3811—2008《起重机设计规范》将起重机各机构的工作级别分为 M1～M8 八种。

表 10.2-55 QJR 减速器连续工作① 时的承载能力

输入轴转速 /r·min⁻¹	名义中心距 a/mm	输出转矩 /N·m	公称传动比					
			10	12.5	16	20	25	31.5
			高速轴许用功率/kW					
600	140	410	2.7	2.2	1.7	1.4	1.1	0.8
	170	680	4.5	3.6	2.9	2.3	1.8	1.4
	200	1325	7.8	6.2	4.9	3.9	3.1	2.5
	236	2250	13.0	10.5	8.3	6.6	5.3	4.2
	280	3750	22.0	17.5	13.5	11.0	8.8	7.0
	335	6250	36.5	29.5	23.0	18.5	14.5	11.5
	400	10600	62.0	49.5	39.0	31.0	25.0	19.5
	450	15000	88.0	70.5	55.0	44.0	35.0	28.0
	500	21250	124.5	99.5	77.5	62.0	50.0	39.5
	560	30000	175.5	140.5	110.0	88.0	70.5	56.0
	630	42500	248.5	199.0	155.5	124.5	99.5	79.0
	710	59000	345.5	276.0	216.0	172.5	138.0	109.5

（续）

输入轴转速 /r·min^{-1}	名义中心距 a/mm	输出转矩 /N·m	公称传动比					
			10	12.5	16	20	25	31.5
			高速轴许用功率/kW					
600	800	85000	497.5	398.0	311.0	248.5	199.0	158.0
	900	118000	690.5	552.5	431.5	345.5	276.0	219.0
	1000	167500	980.5	784.0	612.5	490.0	392.0	311.0
750	140	410	3.2	2.6	2.1	1.7	1.3	1.0
	170	680	5.4	4.4	3.5	2.9	2.3	1.7
	200	1325	9.7	7.8	6.1	4.9	3.9	3.1
	236	2250	16.5	13.0	10.5	8.2	6.6	5.2
	280	3750	27.5	22.0	17.0	13.5	11.0	8.7
	335	6250	45.5	36.5	28.5	23.0	18.0	14.5
	400	10600	77.5	62.0	48.5	38.5	31.0	24.5
	450	15000	109.5	87.5	68.5	54.5	44.0	34.5
	500	21250	155.0	124.0	97.0	77.5	62.0	49.0
	560	30000	218.5	175.0	136.5	109.5	87.5	69.5
	630	42500	310.0	298.0	198.5	155.0	124.0	98.5
	710	59000	430.0	344.0	269.0	215.0	172.0	136.5
	800	85000	619.5	495.5	387.5	310.0	248.0	196.5
	900	118000	860.0	688.0	537.5	430.0	344.0	273.0
	1000	167500	1221.0	977.0	763.0	610.5	488.5	387.5
1000	140	410	3.9	3.2	2.6	2.1	1.6	1.3
	170	680	6.6	5.4	4.3	3.5	2.8	2.2
	200	1325	13.0	10.5	8.1	6.4	5.1	4.1
	236	2250	22.0	17.5	13.5	11.0	8.8	6.9
	280	3750	36.5	29.5	23.0	18.5	14.5	11.5
	335	6250	61.0	49.0	38.0	30.5	24.5	19.5
	400	10600	103.5	82.5	64.5	51.5	41.5	33.0
	450	15000	146.5	117.5	91.5	73.0	58.5	46.5
	500	21250	207.5	166.0	129.5	103.5	83.0	66.0
	560	30000	292.5	234.0	183.0	146.5	117.0	93.0
	630	42500	414.5	331.5	259.0	207.5	166.0	131.5
	710	59000	575.5	460.5	359.5	288.0	230.0	182.5
	800	85000	829.0	663.5	518.0	414.5	331.5	263.0
	900	118000	1151.0	921.0	719.5	575.5	460.5	365.5
	1000	167500	1634.0	1307.0	1021.0	817.0	653.5	518.5

① 连续工作类型减速器推荐用于除起重机以外的其他各种机械设备中。

表 10.2-56　QJS、QJRS 减速器工作级别 M5 时的承载能力

输入轴转速 /r·min^{-1}	名义中心距 a/mm	输出转矩 /N·m	公称传动比							
			40	50	63	80	100	125	160	200
			高速轴许用功率/kW							
600	140	820	1.5	1.4	1.5	0.8	0.6	0.5	0.4	0.3
	170	1360	2.5	2.1	1.6	1.3	1.0	0.8	0.6	0.5
	200	2650	3.9	3.1	2.5	1.9	1.6	1.2	1.0	0.8
	236	4500	6.6	5.3	4.2	3.3	2.6	2.1	1.7	1.3
	280	7500	11.0	8.8	7.0	5.5	4.4	3.5	2.7	2.2
	335	12500	18.3	14.6	11.6	9.1	7.3	5.9	4.6	3.7
	400	21200	31.0	25.0	19.7	15.5	12.4	9.9	7.8	6.2
	450	30000	44.0	35.0	28.0	22.0	17.6	14.1	11.0	8.8
	500	42500	62.0	50.0	40.0	31.0	25.0	19.9	15.6	12.4
	560	60000	88.0	70.0	56.0	44.0	35.0	28.0	22.0	17.6
	630	85000	124.0	100.0	79.0	62.0	50.0	40.0	31.0	25.0
	710	118000	173.0	138.0	110.0	86.0	69.0	55.0	43.0	35.0
	800	170000	249.0	199.0	158.0	124.0	100.0	80.0	62.0	50.0
	900	236000	345.0	276.0	219.0	173.0	138.0	111.0	86.0	69.0
	1000	335000	490.0	392.0	311.0	245.0	196.0	157.0	123.0	98.0
750	140	820	1.8	1.5	1.2	1.0	0.8	0.6	0.5	0.4
	170	1360	3.1	2.6	2.0	1.6	1.3	1.0	0.8	0.6
	200	2650	4.8	3.9	3.1	2.4	1.9	1.6	1.2	4.0
	236	4500	8.2	6.6	5.2	4.1	3.3	2.6	2.1	1.6
	280	7500	13.7	10.9	8.7	6.8	5.5	4.4	3.4	2.7
	335	12500	23.0	18.2	14.5	11.4	9.1	7.3	5.7	4.6
	400	21200	39.0	31.0	25.0	19.3	15.5	12.4	9.7	7.7
	450	30000	55.0	44.0	35.0	27.0	22.0	17.5	13.7	10.9
	500	42500	78.0	62.0	49.0	39.0	31.0	25.0	19.4	15.5

（续）

输入轴转速 /r · min^{-1}	名义中心距 a/mm	输出转矩 /N · m	公称传动比 40	50	63	80	100	125	160	200
			高速轴许用功率/kW							
750	560	60000	109.0	88.0	69.0	55.0	44.0	35.0	27.0	22.0
	630	85000	155.0	124.0	98.0	78.0	62.0	50.0	39.0	31.0
	710	118000	215.0	172.0	137.0	108.0	86.0	69.0	54.0	43.0
	800	170000	310.0	248.0	197.0	155.0	124.0	99.0	78.0	62.0
	900	236000	430.0	344.0	273.0	215.0	172.0	138.0	108.0	86.0
	1000	335000	611.0	488.0	388.0	305.0	244.0	195.0	153.0	122.0
1000	140	820	2.3	1.9	1.5	1.2	1.0	0.8	0.6	0.5
	170	1360	3.9	3.2	2.6	2.1	1.7	1.3	1.0	0.8
	200	2650	6.5	5.2	4.1	3.2	2.6	2.1	1.6	1.3
	236	4500	11.0	8.8	7.0	5.5	4.4	3.5	2.7	2.2
	280	7500	18.3	14.6	11.6	9.1	7.3	5.9	4.6	3.7
	335	12500	31.0	24.0	19.4	15.2	12.2	9.8	7.6	6.1
	400	21200	52.0	41.0	33.0	26.0	21.0	16.5	12.9	10.3
	450	30000	73.0	59.0	47.0	37.0	29.0	23.0	18.3	14.6
	500	42500	104.0	83.0	66.0	52.0	42.0	33.0	26.0	21.0
	560	60000	146.0	117.0	95.0	73.0	59.0	47.0	37.0	29.0
	630	85000	207.0	166.0	132.0	104.0	83.0	66.0	52.0	42.0
	710	118000	288.0	230.0	183.0	144.0	115.0	92.0	72.0	58.0
	800	170000	415.0	332.0	263.0	207.0	166.0	133.0	104.0	83.0
	900	236000	576.0	460.0	365.0	288.0	230.0	184.0	144.0	115.0
	1000	335000	817.0	654.0	519.0	408.0	327.0	261.0	204.0	163.0

表 10.2-57 QJS、QJRS 减速器连续工作时的承载能力

输入轴转速 /r · min^{-1}	名义中心距 a_1/mm	输出转矩 /N · m	公称传动比 40	50	63	80	100	125	160	200
			高速轴许用功率/kW							
600	140	410	0.8	0.7	0.5	0.4	0.3	0.3	0.2	0.1
	170	680	1.3	1.1	0.8	0.7	0.5	0.4	0.3	0.2
	200	1325	2.0	1.6	1.3	1.0	0.8	0.6	0.5	0.4
	236	2250	3.3	2.7	2.1	1.7	1.3	1.1	0.9	0.7
	280	3750	5.5	4.4	3.5	2.8	2.2	1.8	1.4	1.1
	335	6250	9.2	7.3	5.8	4.6	3.7	3.0	2.3	1.9
	400	10600	15.5	12.5	9.9	7.8	6.2	5.0	3.9	3.4
	450	15000	22.0	17.5	14.0	11.0	8.8	7.1	5.5	4.4
	500	21250	31.0	25.0	20.0	15.5	12.5	10.0	7.8	6.2
	560	30000	44.0	35.0	28.0	22.0	17.5	14.0	11.0	8.8
	630	42500	62.0	50.0	39.5	31.0	25.0	20.0	15.5	12.5
	710	59000	86.5	69.0	55.0	43.0	34.5	27.5	21.5	17.5
	800	85000	124.5	99.5	79.0	62.0	50.0	40.0	31.0	25.0
	900	118000	172.5	138.0	109.5	86.5	69.0	55.5	43.0	34.5
	1000	167500	245.0	196.0	155.5	122.5	98.0	78.5	61.5	49.0
750	140	410	0.9	0.8	0.6	0.5	0.4	0.3	0.2	0.1
	170	680	1.6	1.3	1.0	0.8	0.7	0.5	0.4	0.3
	200	1325	2.4	2.0	1.6	1.2	1.0	0.8	0.6	0.5
	236	2250	4.1	3.3	2.6	2.1	1.7	1.3	1.1	0.8
	280	3750	6.9	5.5	4.4	3.4	2.8	2.2	1.7	1.3
	335	6250	11.5	9.1	7.3	5.7	4.6	3.7	2.9	2.3
	400	10600	19.5	15.5	12.5	9.7	7.8	6.2	4.9	3.9
	450	15000	27.5	22.0	17.5	13.5	11.0	8.8	6.9	5.5
	500	21250	39.0	31.0	24.5	19.5	15.5	12.5	9.7	7.8
	560	30000	54.5	44.0	34.5	27.5	22.0	17.5	13.5	11.0
	630	42500	77.5	62.0	49.0	39.0	31.0	25.0	19.5	15.5
	710	59000	107.5	86.0	68.5	54.5	43.0	34.5	27.0	21.5
	800	85000	155.0	124.0	98.5	77.5	62.0	49.5	39.0	31.0
	900	118000	215.0	172.0	136.5	107.5	86.0	69.0	54.0	43.0
	1000	167500	305.5	244.0	194.0	152.5	122.0	97.5	76.5	61.0
1000	140	410	1.1	0.9	0.7	0.6	0.5	0.4	0.3	0.2
	170	680	1.9	1.6	1.3	1.0	0.8	0.6	0.5	0.4
	200	1325	3.2	2.6	2.0	1.6	1.3	1.0	0.8	0.6
	236	2250	5.5	4.4	3.5	2.7	2.2	1.7	1.3	1.1
	280	3750	9.1	7.3	5.8	4.5	3.6	2.9	2.3	1.8
	335	6250	15.5	12.0	9.7	7.6	6.1	4.9	3.8	3.0
	400	10600	26.0	20.5	16.5	13.0	10.5	8.2	6.4	5.1

（续）

输入轴转速 /r·min^{-1}	名义中心距 a_1/mm	输出转矩 /N·m	公称传动比							
			40	50	63	80	100	125	160	200
			高速轴许用功率/kW							
1000	450	15000	36.0	29.5	23.5	18.5	14.5	11.5	9.1	7.3
	500	21250	52.0	41.5	33.0	26.0	21.0	16.5	13.0	10.5
	560	30000	73.0	58.5	46.5	36.5	29.5	23.5	18.5	14.5
	630	42500	103.5	83.0	66.0	52.0	41.5	33.0	26.0	21.0
	710	59000	144.0	115.0	91.5	72.0	57.5	46.0	36.0	29.0
	800	85000	207.5	166.0	131.5	103.5	83.0	66.5	52.0	41.5
	900	118000	288.0	230.0	182.5	144.0	115.0	92.0	72.0	57.5
	1000	167500	408.5	327.0	259.5	204.0	163.5	130.5	102.0	81.5

表 10.2-58　系数 *K*

减速器平均每天运转时间/h	≤1	1~3	3~6	1~3	≤1	>6	3~6	1~3	>6	>3
平均载荷	轻	中	轻	中	额定	轻	中	额定	中	额定
起重机载荷状态	Q1		Q2			Q3			Q4	
系　数　*K*	1.25		1			0.80			0.63	

注：起重机载荷状态分类见表 10.2-59。

表 10.2-59　起重机载荷状态分类

起重设备名称	载荷状况	起重设备名称	载荷状况
电站用桥式起重机	Q1	砸铁起重机	Q2~Q3
金工车间装卸用起重机	Q1	脱锭起重机	Q3~Q4
仓库起重机	Q1~Q2	均热炉起重机	Q2~Q3
车间的吊钩起重机	Q2	平炉装料起重机	Q3~Q4
抓斗桥式起重机	Q1~Q3	锻造起重机	Q3~Q4
废料场起重机或电磁起重机	Q2~Q3	悬臂或伸缩臂起重机(根据用途)	
铸造起重机	Q4	堆料场用轨道式吊钩起重机	Q2~Q3
船坞抓斗起重机	Q2~Q3	轨道式抓斗起重机	Q2~Q4
特殊任务动臂起重机	Q1~Q4	车辆装卸用轨道式吊钩起重机	Q2~Q4
浮游装货起重机	Q1~Q2	装卸桥	Q2~Q4
浮游抓斗起重机	Q1~Q2	轨道式拆卸用起重机	Q1~Q2
建筑起重机	Q1~Q2	集装箱桥式起重机或动臂起重机	Q2~Q3
铁路急救起重机	Q1	装卸用动臂起重机	Q1~Q2
甲板起重机	Q2	吊钩动臂起重机	Q2~Q3
步行式起重机	Q2~Q3	抓斗动臂起重机	Q2~Q4
桅杆动臂起重机	Q1	造船动臂起重机	Q2
单轨起重机(根据用途)		船坞装货起重机	Q2~Q3

减速器输出轴端最大允许径向载荷（当 n_1 = 1000r/min 时）见表 10.2-60。

表 10.2-60　输出轴端最大允许径向载荷（当 n = 1000r/min 时）　　(N)

名义中心距 *a*/mm		140	170	20	236	280	335	400	450	500	560	630	710	800	900	1000
最大允许径向载荷	R 级	5000	7000	9000	15000	21000	28000	35000	55000	60000	75000	100000	107000	120000	150000	200000
	S 级 RS 级	5000	8000	10000	15000	30000	37000	55000	64000	93000	120000	150000	170000	200000	240000	270000

例 10.2-3　选择炼钢车间使用的铸造起重机的减速器，P_c = 80kW，n = 750r/min，i = 100。

解：由表 10.2-58 及表 10.2-59 查出载荷状态为 Q4，经常是额定载荷，所以 K = 0.63。

$$P_n = \frac{80}{0.63}\text{kW} = 127\text{kW}$$

查表 10.2-56 选用 $a=800\text{mm}$，$P_p=124\times\frac{750}{710}\text{kW}=131\text{kW}$，故合适。

4　起重机用底座式减速器（摘自 JB/T 8905.2—1999）

JB/T 8905.2—1999 中有 QJR-D、QJS-D 和 QJRS-D 三个系列起重机用底座式减速器，这种减速器除了外形尺寸及输出轴端的 K 值（见表 10.2-50）与 JB/T 8905.1—1999 不同外，其他如适用范围、结构型式、装配形式、轴端形式、中心距，以及承载能力和选择方法等都一样，因此除外形尺寸本节单列外（见表 10.2-61～表 10.2-63），其他都按本章第 3 节（JB/T 8905.1—1999）相应的表图查，本节省略。

标记示例：起重机带底座的二级减速器，名义中心距 $a=560\text{mm}$，公称传动比 $i=20$，第Ⅳ种装配形式，轴端形式为 P 型，标记为

减速器 QJR-D560-20ⅣP　JB/T 8905.2—1999

表 10.2-61　QJR-D 减速器的外形尺寸　（mm）

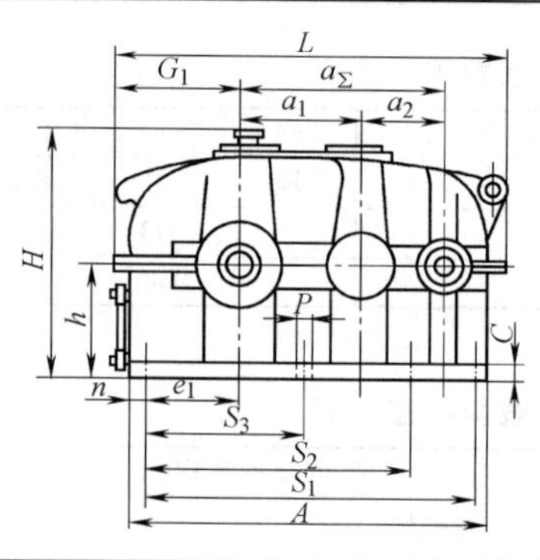

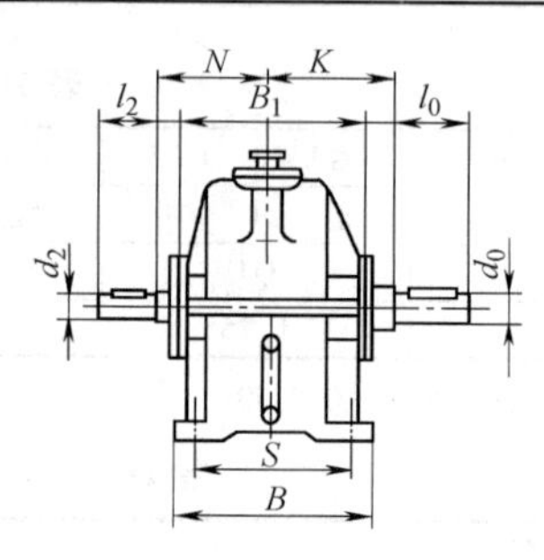

名义中心距 a_1	a_2	a_Σ	外形尺寸			中心高	输入轴端		
			L	H	B	h	N	d_2	l_2
140	100	240	494	305	220	140	120	22	50
170	118	288	577	365	250	170	135	28	60
200	140	340	664	425	270	200	180	32	80
236	170	406	796	497	330	236	210	38	80
280	200	480	925	585	360	280	235	48	110
335	236	571	1100	695	430	335	255	55	110
400	280	680	1380	830	510	400	285	65	140
450	315	765	1462	930	590	450	310	80	170
500	355	855	1622	1030	640	500	350	90	170
560	400	960	1822	1160	710	560	385	100	210
630	450	1080	2037	1300	770	630	425	110	210
710	500	1210	2278	1460	860	710	450	120	210
800	560	1360	2538	1640	980	800	490	130	250
900	630	1530	2860	1840	1100	900	540	150	250
1000	710	1710	3200	2040	1200	1000	610	170	300

名义中心距 a	地脚安装尺寸							A	B_1	n	G_1	e_1
	S	S_1	S_2	S_3	C	P	孔数/个					
140	175	380	—	190	22	18	6	430	190	25	172	117
170	205	460	—	230	25	18	6	513	215	27	197	138
200	230	550	—	275	25	18	6	600	250	25	222	165
236	280	660	—	330	28	23	6	716	300	30	265	195
280	310	780	—	390	30	23	6	845	340	33	303	230
335	370	940	—	450	35	27	6	1006	400	35	362	280
400	450	1140	—	550	40	27	6	1195	490	50	422	325
450	490	1240	1000	600	40	33	8	1350	550	55	481	370
500	540	1390	1120	670	45	33	8	1510	620	60	531	415
560	600	1550	1250	750	50	39	8	1600	690	70	596	460
630	650	1750	1410	850	55	39	8	1905	770	80	666	520
710	740	1960	1580	950	60	45	8	2130	868	85	744	585
800	830	2195	1770	1060	65	45	8	2390	980	100	824	650
900	950	2480	2000	1200	70	52	8	2700	1130	110	930	740
1000	1050	2750	2220	1320	75	52	8	3020	1220	135	1040	815

表 10.2-62　QJS-D 减速器的外形尺寸　　（mm）

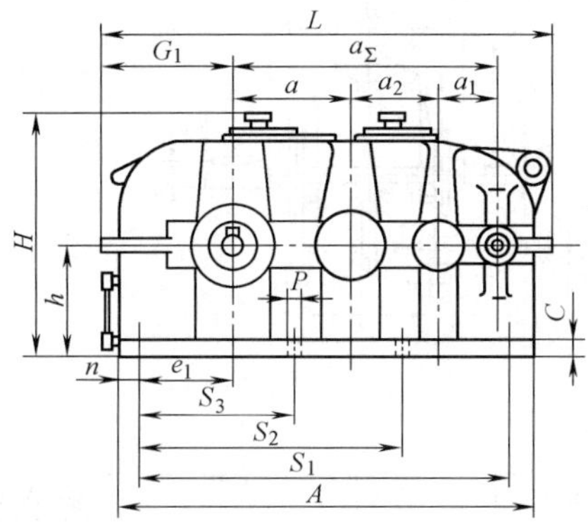

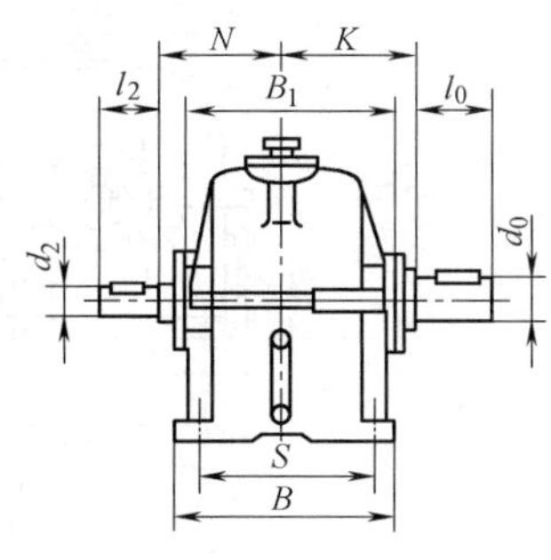

名义中心距 a	a_2	a_1	a_Σ	外形尺寸			中心高	输入轴端		
				L	H	B	h	N	d_2	l_2
140	100	71	311	560	305	220	140	120	18	40
170	118	85	373	652	365	250	170	135	22	50
200	140	100	440	750	425	275	200	180	28	60
236	170	118	524	896	497	330	236	210	32	80
280	200	140	620	1045	585	360	280	235	38	80
335	236	170	741	1245	695	430	335	255	45	110
400	280	200	880	1461	830	510	400	285	50	110
450	315	224	989	1651	930	590	450	310	55	110
500	355	250	1105	1832	1030	640	500	350	60	140
560	400	280	1240	2062	1160	710	560	385	70	140
630	450	315	1395	2307	1300	770	630	425	80	170
710	500	355	1565	2583	1460	860	710	450	90	170
800	560	400	1760	2883	1640	980	800	490	100	210
900	630	450	1980	3240	1840	1100	900	540	110	210
1000	710	500	2210	3620	2040	1200	1000	610	130	250

名义中心距 a	地脚安装尺寸							A	B_1	n	G_1	e_1
	S	S_1	S_2	S_3	C	P	孔数/个					
140	175	450	—	200	22	18	6	496	190	25	172	117
170	205	535	—	235	25	18	6	588	215	27	197	138
200	230	635	—	275	25	18	6	686	250	25	222	165
236	280	750	—	330	28	23	6	816	300	30	265	195
280	310	900	—	390	30	23	6	965	340	33	303	230
335	370	1050	750	450	35	27	6	1151	400	35	362	280
400	450	1270	900	550	40	27	6	1367	490	50	422	325
450	490	1425	1000	600	40	33	8	1539	550	55	481	370
500	540	1600	1120	670	45	33	8	1720	620	60	531	415
560	600	1780	1250	750	50	39	8	1930	690	70	596	460
630	650	2010	1410	850	55	39	8	2175	770	80	666	520
710	740	2265	1580	950	60	45	8	2435	868	85	744	585
800	830	2535	1770	1060	65	45	8	2735	980	100	824	650
900	950	2860	2000	1200	70	52	8	3080	1130	110	930	740
1000	1050	3170	2220	1320	75	52	8	3440	1220	135	1040	815

表 10.2-63　QJRS-D 减速器的外形尺寸　（mm）

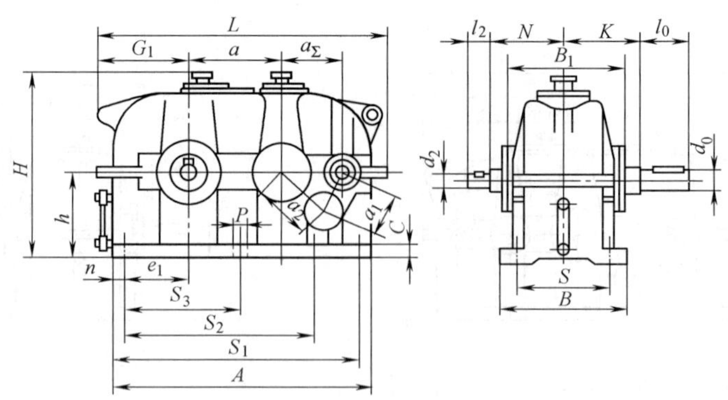

名义中心距 a	a_2	a_1	a_Σ	外形尺寸			中心高	输入轴端		
				L	H	B	h	N	d_2	l_2
140	100	71	311	494	305	220	140	120	18	40
170	118	85	374	577	365	250	170	135	22	50
200	140	100	440	664	425	275	200	180	28	60
236	170	118	524	796	497	330	236	210	32	80
280	200	140	620	925	585	360	280	235	38	80
335	236	170	741	1100	695	430	335	255	45	110
400	280	200	880	1289	830	510	400	285	50	110
450	315	224	989	1462	930	590	450	310	55	110
500	355	250	1105	1622	1030	640	500	350	60	140
560	400	280	1240	1872	1160	710	560	385	70	140
630	450	315	1395	2037	1300	770	630	425	80	170
710	500	355	1565	2278	1460	860	710	450	90	170
800	560	400	1760	2538	1640	980	800	490	100	210
900	630	450	1980	2860	1840	1100	900	540	110	210
1000	710	500	2210	3200	2040	1200	1000	610	130	250

名义中心距 a	地脚安装尺寸							A	B_1	n	G_1	e_1
	S	S_1	S_2	S_3	C	P	孔数/个					
140	175	380	—	190	22	18	6	430	190	25	172	115
170	205	460	—	230	25	18	6	513	215	27	197	138
200	230	550	—	275	25	18	6	600	250	25	222	165
236	280	660	—	330	28	23	6	716	300	30	265	195
280	310	780	—	390	30	23	6	845	340	33	303	230
335	370	940	—	450	35	27	6	1006	400	35	362	280
400	450	1100	—	550	40	27	6	1195	490	50	422	325
450	490	1240	1000	600	40	33	8	1350	550	55	481	370
500	540	1390	1120	670	45	33	8	1510	620	60	531	415
560	600	1550	1250	750	50	39	8	1690	690	70	596	460
630	650	1750	1410	850	55	39	8	1905	770	80	666	520
710	740	1960	1580	950	60	45	8	2130	868	85	744	585
800	830	2195	1770	1060	65	45	8	2390	980	100	824	650
900	950	2480	2000	1200	70	52	8	2700	1130	110	930	740
1000	1050	2750	2220	1320	75	52	8	3020	1220	135	1040	815

5　起重机用立式减速器（摘自 JB/T 8905.3—1999）

JB/T 8905.3—1999 中的 QJ-L 型立式斜齿圆柱齿轮减速器，主要用于起重机的运行机构，也可用于运输、冶金、矿山、化工及轻工等机械设备的传动中。其工作条件为：齿轮圆周速度不大于 16m/s；高速轴转速不大于 1500r/min；工作环境温度为 -40 ~ 45℃，可正反两向运转。

5.1　形式和标记方法

1）结构型式。QJ-L 型减速器为三级传动的立式底座式减速器。

2）装配形式。共有六种，如图 10.2-4 所示。

3）轴端形式。高速轴和低速轴均采用圆柱形轴伸，平键连接。

4）中心距。减速器以输出级中心距为名义中心距 a_1，其数值见表 10.2-64。

5）传动比。减速器的公称传动比与实际传动比应符合表 10.2-65 的规定，其极限偏差不大于±5%。

6）标记示例。起重机用立式减速器，名义中心距 $a_1=200$mm，公称传动比 $i=40$，装配形式为第Ⅲ种，标记为

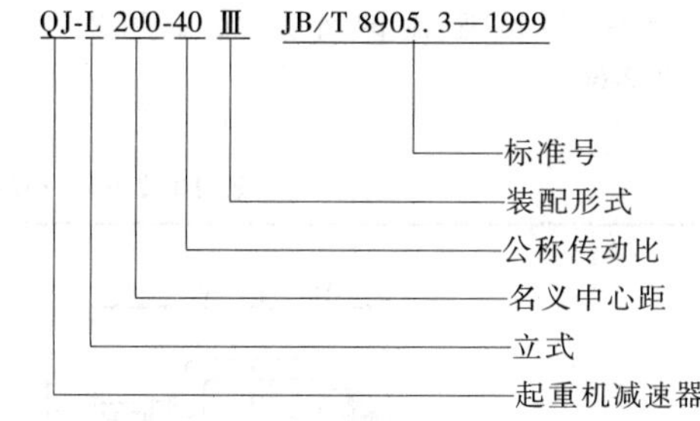

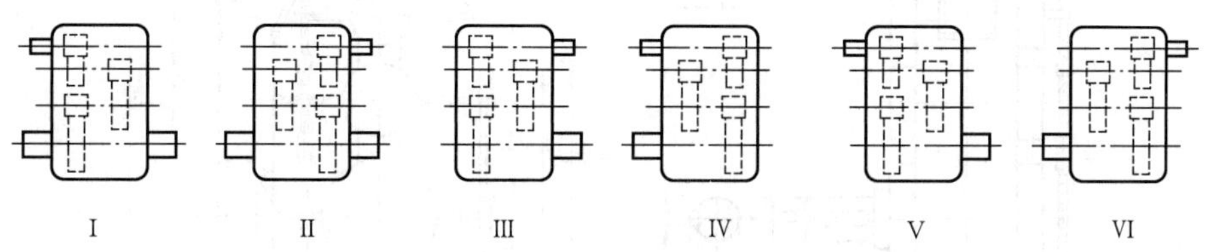

图 10.2-4　QJ-L 型减速器的装配形式

表 10.2-64　QJ-L 型减速器的中心距　(mm)

a_1(名义中心距)	140	170	200	236	280	335	400
a_2	100	118	140	170	200	236	280
a_3	71	85	100	118	140	170	200
a_{03}(总中心距)	311	373	440	524	620	741	880

表 10.2-65　公称传动比与实际传动比

a_1/mm	公称传动比							
	16	18	20	22.4	25	28	31.5	35.5
	实　际　传　动　比							
140	15.57	17.92	19.96	23.13	24.46	28.59	32.15	35.83
170	15.82	17.86	19.95	22.64	25.44	27.78	31.45	35.22
200	15.78	18.10	20.22	22.23	24.98	27.57	31.21	35.99
236	15.68	18.07	20.21	22.28	25.09	27.77	31.53	34.37
280	16.51	18.19	20.26	22.39	23.69	27.72	31.18	34.83
335	15.70	17.98	20.20	22.18	25.11	27.64	31.58	35.76
400	15.78	18.10	20.22	22.23	24.98	27.57	31.21	36.00

a_1/mm	公称传动比								
	40	45	50	56	63	71	80	90	100
	实　际　传　动　比								
140	40.30	45.72	49.26	55.20	63.09	68.25	78.00	90.88	103.87
170	39.87	43.34	49.21	56.39	64.04	72.06	81.82	89.29	101.39
200	40.75	44.03	49.95	55.73	63.22	68.12	77.28	86.10	97.67
236	41.13	43.95	50.21	53.36	64.92	71.00	81.11	85.83	98.05
280	39.15	44.41	50.76	53.69	61.36	71.84	82.11	90.04	102.91
335	40.00	45.70	48.76	58.43	62.35	72.82	83.19	93.75	100.04
400	40.75	44.03	49.95	55.73	63.22	68.12	77.28	86.10	97.67

5.2　外形尺寸和安装尺寸

QJ-L 型减速器的外形尺寸和安装尺寸见表10.2-66。

5.3　承载能力

机构工作级别为 M5 时的 QJ-L 型减速器的承载能力见表 10.2-67。

连续工作类型减速器的承载能力见表 10.2-68。

表 10.2-66　QJ-L 型减速器的外形尺寸和安装尺寸　　(mm)

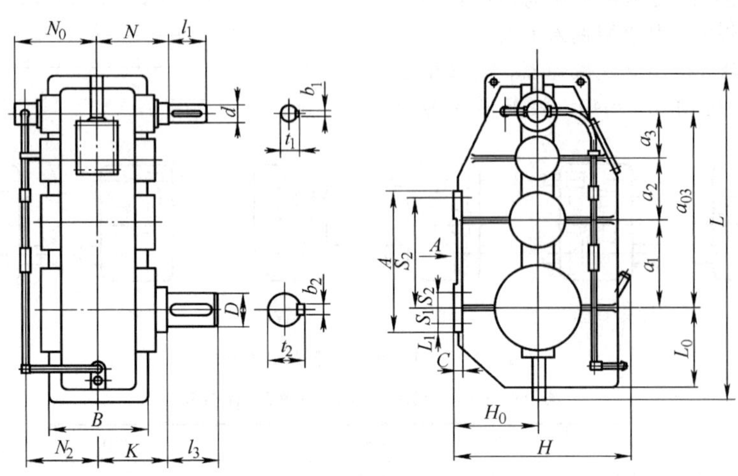

A

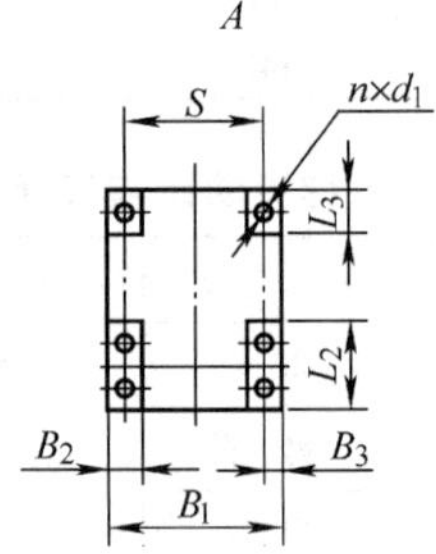

型号	中心距				主动轴					被动轴					外形尺寸					
	a_1	a_2	a_3	a_{03}	d	l_1	N	b_1	t_1	D	l_2	K	b_2	t_2	H	B	L	L_0	N_0	N_2
QJ-L140	140	100	71	311	20	50	120	6	22.5	48	82	130	14	51.5	300	190	558	167	103	107
QJ-L170	170	118	85	375	25	50	135	8	28	55	82	150	16	59	355	215	650	192	115	120
QJ-L200	200	140	100	440	28	60	180	8	31	65	105	175	18	69	405	250	747	217	133	137
QJ-L236	236	170	118	524	35	80	210	10	38	80	130	200	22	82	475	300	894	260	158	164
QJ-L280	280	200	140	620	40	110	235	12	43	90	130	220	25	95	557	340	1035	295	277	211
QJ-L335	335	236	170	741	45	110	255	14	48.5	110	165	260	28	116	654	400	1243	357	307	241
QJ-L400	400	280	200	880	55	110	285	16	59	130	200	310	32	137	778	490	1443	412	352	286

型号	安装尺寸														质量
	H_0	A	S	S_1	S_2	S_3	B_1	B_2	B_3	L_1	L_2	L_3	C	d_1	孔数 n/个	/kg
QJ-L140	138	260	185	30	0	170	245	60	30	30	80	80	20	21	4	77
QJ-L170	168	290	205	35	0	205	265	60	30	25	110	110	25	21	4	112
QJ-L200	193	340	235	40	0	240	295	60	30	30	120	120	25	21	4	165
QJ-L236	230	405	270	55	55	290	330	60	30	30	180	120	30	21	6	249
QJ-L280	265	480	320	60	60	340	400	80	40	40	195	120	30	25	6	364
QJ-L335	315	550	365	60	60	410	445	80	40	40	200	120	35	25	6	647
QJ-L400	380	680	430	70	70	510	520	90	45	50	240	140	40	31	6	1048

表 10.2-67　QJ-L 型减速器的承载能力（工作级别为 M5 时）

输入轴转速 /r·min⁻¹	名义中心距 a_1/mm	输出转速 /N·m	公称传动比 i																
			16.0	18.0	20.0	22.4	25.0	28.0	31.5	35.5	40.0	45.0	50.0	56.0	63.0	71.0	80.0	90.0	100.0
			高速轴许用功率/kW																
600	140	820	3.1	2.7	2.5	2.2	2.0	1.8	1.6	1.4	1.2	1.1	0.98	0.87	0.78	0.69	0.61	0.54	0.52
	170	1360	5.1	4.5	4.1	3.6	3.3	2.9	2.6	2.3	2.0	1.8	1.6	1.5	1.3	1.1	1.0	0.90	0.81
	200	2650	9.9	8.8	7.9	7.1	6.3	5.7	5.0	4.5	4.0	3.5	3.2	2.8	2.5	2.2	2.0	1.8	1.6
	236	4500	16.7	14.9	13.4	11.9	10.7	9.5	8.5	7.5	6.7	5.9	5.3	4.8	4.2	3.7	3.3	2.9	2.6
	280	7500	27.9	24.8	22.3	19.9	17.9	15.9	14.2	12.6	11.1	9.9	8.9	7.9	7.1	6.3	5.6	4.9	4.4
	335	12500	46.6	41.4	37.3	33.3	29.8	26.6	23.6	21.0	18.6	16.5	14.9	13.3	11.8	10.5	9.3	8.2	7.4
	400	21200	79.0	70.3	63.2	56.4	50.6	45.2	40.1	35.6	31.6	28.1	25.3	22.6	20.0	17.8	15.8	14.0	12.6
750	140	820	3.8	3.4	3.1	2.7	2.4	2.2	1.9	1.7	1.5	1.4	1.2	1.1	0.97	0.86	0.76	0.68	0.61
	170	1360	6.3	5.6	5.1	4.5	4.0	3.6	3.2	2.9	2.5	2.3	2.0	1.8	1.6	1.4	1.3	1.1	1.0
	200	2650	12.3	11.0	9.9	8.8	7.9	7.0	6.3	5.6	4.9	4.4	3.9	3.5	3.1	2.8	2.5	2.2	2.0
	236	4500	20.9	18.5	16.7	14.9	13.3	11.9	10.6	9.4	8.3	7.4	6.6	5.9	5.3	4.7	4.1	3.7	3.3
	280	7500	34.8	30.9	27.8	24.9	22.3	19.9	17.7	15.7	13.9	12.3	11.1	9.9	8.8	7.8	6.9	6.2	5.5
	335	12500	58.0	51.6	46.4	41.4	37.1	33.1	29.5	26.1	23.2	20.6	18.5	16.6	14.7	13.0	11.6	10.3	9.2
	400	21200	98.5	87.5	78.8	70.3	63.0	56.3	50.0	44.4	39.4	35.0	31.5	28.1	25.0	22.2	19.7	17.5	15.7
1000	140	820	5.1	4.5	4.1	3.6	3.3	2.9	2.6	2.3	2.0	1.8	1.6	1.5	1.3	1.2	1.0	0.91	0.82
	170	1360	8.5	7.5	6.8	6.0	5.4	4.8	4.3	3.8	3.4	3.0	2.7	2.4	2.2	1.9	1.7	1.5	1.4
	200	2650	16.5	14.7	13.2	11.8	10.6	9.4	8.4	7.4	6.6	5.9	5.3	4.7	4.2	3.7	3.3	2.9	2.6
	236	4500	28.0	24.8	22.3	19.9	17.9	15.9	14.2	12.6	11.1	9.9	8.9	7.9	7.1	6.3	5.6	4.9	4.4
	280	7500	46.6	41.4	37.3	33.3	29.8	26.6	23.6	21.0	18.6	16.5	14.9	13.3	11.8	10.5	9.3	8.2	7.4
	335	12500	77.7	69.0	62.1	55.5	49.7	44.4	39.4	35.0	31.0	27.6	24.8	22.2	19.7	17.5	15.5	13.8	12.4
	400	21200	131.8	117.1	105.4	94.1	84.3	75.3	66.9	59.4	52.7	46.8	42.1	37.6	33.4	29.7	26.3	23.4	21.0
1500	140	820	7.5	6.7	6.0	5.4	4.8	4.3	3.8	3.4	3.0	2.7	2.4	2.3	2.1	1.8	1.6	1.4	1.2
	170	1360	12.5	11.1	10.0	8.9	8.0	7.1	6.3	5.6	5.0	4.4	4.0	3.8	3.4	3.0	2.6	2.4	2.1
	200	2650	24.3	21.6	19.4	17.3	15.5	13.9	12.3	10.9	9.7	8.6	7.8	7.0	6.6	5.8	5.2	4.6	4.2
	236	4500	41.2	36.6	32.9	29.4	26.3	23.5	20.9	18.5	16.4	14.6	13.2	11.7	10.4	9.2	8.2	7.3	6.6
	280	7500	68.7	61.0	54.9	49.0	43.9	39.2	34.9	30.9	27.4	24.4	21.9	19.6	17.4	15.4	13.7	12.2	11.0
	335	12500	114.5	101.8	91.6	81.8	73.3	65.4	58.1	51.6	45.8	40.7	36.6	32.7	29.0	25.8	22.9	20.3	18.3
	400	21200	194.2	172.6	155.4	138.7	124.3	111.0	98.6	87.5	77.7	69.0	62.1	55.5	49.3	43.7	38.8	34.5	31.0

表 10.2-68　QJ-L 型减速器连续工作时的承载能力

输入轴转速 /r·min⁻¹	名义中心距 a_1/mm	输出转速 /N·m	公称传动比 i																
			16.0	18.0	20.0	22.4	25.0	28.0	31.5	35.5	40.0	45.0	50.0	56.0	63.0	71.0	80.0	90.0	100.0
			高速轴许用功率/kW																
600	140	410	1.5	1.3	1.2	1.0	0.98	0.87	0.78	0.69	0.61	0.54	0.49	0.44	0.39	0.34	0.31	0.27	0.24
	170	680	2.5	2.2	2.0	1.8	1.6	1.4	1.2	1.1	1.0	0.90	0.81	0.72	0.64	0.57	0.51	0.45	0.41
	200	1325	4.9	4.3	3.9	3.5	3.1	2.8	2.5	2.2	1.9	1.7	1.5	1.4	1.2	1.1	0.99	0.88	0.79
	236	2250	8.3	7.4	6.7	6.0	5.3	4.8	4.2	3.7	3.3	2.9	2.6	2.4	2.1	1.8	1.6	1.4	1.3
	280	3750	13.9	12.4	11.1	9.9	8.9	7.9	7.1	6.3	5.6	4.9	4.4	4.0	3.5	3.1	2.8	2.4	2.2
	335	6250	23.3	20.7	18.6	16.6	14.9	13.3	11.8	10.5	9.3	8.2	7.4	6.6	5.9	5.2	4.6	4.1	3.7
	400	10600	39.5	35.1	31.6	28.2	25.3	22.6	20.0	17.8	15.8	14.0	12.6	11.3	10.0	8.9	7.9	7.0	6.3
750	140	410	1.9	1.6	1.5	1.3	1.2	1.0	0.97	0.86	0.76	0.68	0.61	0.54	0.48	0.43	0.38	0.34	0.30
	170	680	3.1	2.8	2.5	2.2	2.0	1.8	1.6	1.4	1.2	1.1	1.0	0.90	0.80	0.71	0.63	0.56	0.51
	200	1325	6.1	5.4	4.9	4.4	3.9	3.5	3.1	2.7	2.4	2.1	1.9	1.7	1.5	1.3	1.2	1.0	0.99
	236	2250	10.4	9.2	8.3	7.4	6.6	5.9	5.3	4.7	4.1	3.7	3.3	2.9	2.6	2.3	2.0	1.8	1.6

（续）

输入轴转速 /r·min^{-1}	名义中心距 a_1/mm	输出转速 /N·m	公称传动比 i																
			16.0	18.0	20.0	22.4	25.0	28.0	31.5	35.5	40.0	45.0	50.0	56.0	63.0	71.0	80.0	90.0	100.0
			高速轴许用功率/kW																
750	280	3750	17.4	15.4	13.9	12.4	11.1	9.9	8.8	7.8	6.9	6.2	5.5	4.9	4.4	3.9	3.4	3.1	2.7
	335	6250	29.0	25.8	23.2	20.7	18.5	16.6	14.7	13.0	11.6	10.3	9.2	8.3	7.3	6.5	5.8	5.1	4.6
	400	10600	49.2	43.7	39.4	35.1	31.5	28.1	25.0	22.2	19.7	17.5	15.7	14.0	12.5	11.1	9.8	8.7	7.8
1000	140	410	2.5	2.2	2.0	1.8	1.6	1.4	1.2	1.1	1.0	0.91	0.82	0.73	0.65	0.57	0.51	0.45	0.41
	170	680	4.2	3.7	3.3	3.0	2.7	2.4	2.1	1.9	1.6	1.5	1.3	1.2	1.0	0.95	0.85	0.75	0.68
	200	1325	8.2	7.3	6.5	5.8	5.2	4.7	4.1	3.7	3.3	2.9	2.6	2.3	2.0	1.8	1.6	1.4	1.3
	236	2250	13.9	12.4	11.1	9.9	8.9	7.9	7.1	6.3	5.6	4.9	4.4	4.0	3.5	3.1	2.8	2.4	2.2
	280	3750	23.3	20.7	18.6	16.6	14.9	13.3	11.8	10.5	9.3	8.2	7.4	6.6	5.9	5.2	4.6	4.1	3.7
	335	6250	38.8	34.5	31.0	27.7	24.8	22.2	19.7	17.5	15.5	13.8	12.4	11.1	9.8	8.7	7.7	6.9	6.2
	400	10600	65.9	58.9	52.7	47.0	42.1	37.6	33.4	29.7	26.3	23.4	21.0	18.8	16.7	14.8	13.1	11.7	10.5
1500	140	410	3.7	3.3	3.0	2.6	2.4	2.1	1.9	1.6	1.5	1.3	1.2	1.0	0.95	0.85	0.75	0.67	0.60
	170	680	6.2	5.5	4.9	4.4	3.9	3.5	3.1	2.8	2.4	2.2	1.9	1.7	1.5	1.4	1.2	1.1	1.0
	200	1325	12.1	10.7	9.7	8.6	7.7	6.9	6.1	5.4	4.8	4.3	3.8	3.4	3.0	2.7	2.4	2.1	1.9
	236	2250	20.6	18.3	16.4	14.7	13.2	11.7	10.4	9.2	8.2	7.3	6.6	5.8	5.2	4.6	4.1	3.6	3.3
	280	3750	34.3	30.5	27.4	24.5	21.9	19.6	17.4	15.4	13.7	12.2	11.0	9.8	8.7	7.7	6.8	6.1	5.5
	335	6250	57.2	50.9	45.8	40.9	36.6	32.7	29.0	25.8	22.9	20.3	18.3	16.3	14.5	12.9	11.4	10.1	9.1
	400	10600	97.1	86.3	77.7	69.3	62.1	55.5	49.3	43.7	38.8	34.5	31.0	27.7	24.6	21.8	19.4	17.2	15.5

5.4　选用方法

1）QJ-L 型立式减速器主要用于起重机的运行机构。根据 GB/T 3811—2008《起重机设计规范》的规定，起重机各机构的工作级别分为 M1～M8 共八级。表 10.2-67 所列为工作级别为 M5 的功率值，若用在其他工作级别时，应按式（10.2-6）进行折算。

$$P_{Mi} = P_{M5} \times 1.12^{(5-i)} \qquad (10.2\text{-}6)$$

式中　P_{Mi}——相对 Mi 工作级别的功率值（kW）；

i——机构工作级别，i=1，2，…，8；

P_{M5}——表 10.2-67 所列许用功率值（kW）。

2）根据 GB/T 3811—2008，起重机运行机构疲劳计算基本载荷为

$$M_{max} = \varphi_8 M_n \qquad (10.2\text{-}7)$$

式中　M_n——电动机额定转矩（N·m）；

φ_8——刚性动载系数，φ_8=1.2～2.0。

刚性动载系数 φ_8 与电动机驱动特性和计算零件两侧的转动惯量的比值有关，详见 GB/T 3811—2008 附录 P。

3）根据疲劳计算基本载荷和转速确定减速器的计算功率 P_{Mij}。

$$P_{Mij} = M_{max} n/9549 \qquad (10.2\text{-}8)$$

式中　M_{max}——疲劳计算基本载荷（N·m）；

n——减速器输入转速（r/min）。

4）根据减速器的计算功率 P_{Mij}、输入转速 n 及公称传动比选择减速器的型号，使

$$P_{Mij} \leqslant P_{Mi}$$

式中　P_{Mi}——减速器的许用功率。

当机构工作级别为 M5 时，由表 10.2-67 直接查取；当机构工作级别不是 M5 时，先由表 10.2-67 查出 P_{M5}，然后按式（10.2-6）计算出相应的工作级别的许用功率值 P_{Mi}。

例 10.2-4　一台起重量为 50t 的桥式起重机，其小车运行机构的额定功率为 7.5kW，转速 n = 1000 r/min，机构工作级别为 M6，试选择立式减速器（传动比 40，第Ⅱ种装配形式）。

解：电动机的额定转矩为

$$M_n = 9549P/n = (9549 \times 7.5/1000)\text{N·m} = 71.6\text{N·m}$$

疲劳计算基本载荷为

$$M_{max} = \varphi_8 M_n$$

式中，φ_8=1.6，则

$$M_{max} = 1.6 \times 71.6\text{N·m} = 114.6\text{N·m}$$

相对于 M6 工作级别的计算功率为

$$P_{M6j} = M_{max} n/9549 = (114.6 \times 1000/9549)\text{kW} = 12\text{kW}$$

初选 QJ-L280-40Ⅱ，查表 10.2-67，P_{M5} = 18.6kW，按式（10.2-6）折算为 M6 的功率值为

$$P_{M6} = P_{M5} \times 1.12^{5-6} = 18.6 \times 1.12^{-1}\text{kW} = 16.6\text{kW}$$

因为 P_{M6j}<P_{M6}，所以选择减速器 QJ-L280-40Ⅱ满足要求。

6　KPTH 型圆柱齿轮减速器（摘自 JB/T 10243—2001）

JB/T 10243—2001 规定的 KPTH 型渐开线圆柱齿轮减速器主要用于矿井提升机，也可用于冶金、水泥、化工、建材、能源及轻工等机械设备的传动中。高速轴转速不大于 1000r/min。减速器工作环境温度为 -40～45℃，低于 8℃时需增设加热装置，高于35℃时需增设冷却装置。可正、反两向运转。减速器在安装使用之前或停机超过 4h 后必须进行空载荷运转，在确认噪声、振动和润滑正常后方可加载使用。

6.1　装配形式和标记方法（见图 10.2-5）

标记示例：

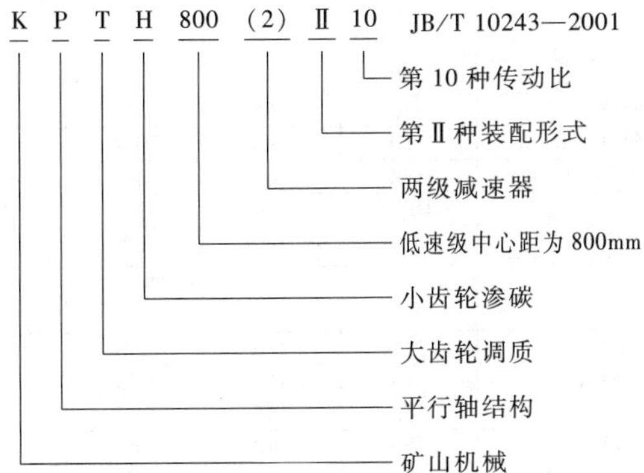

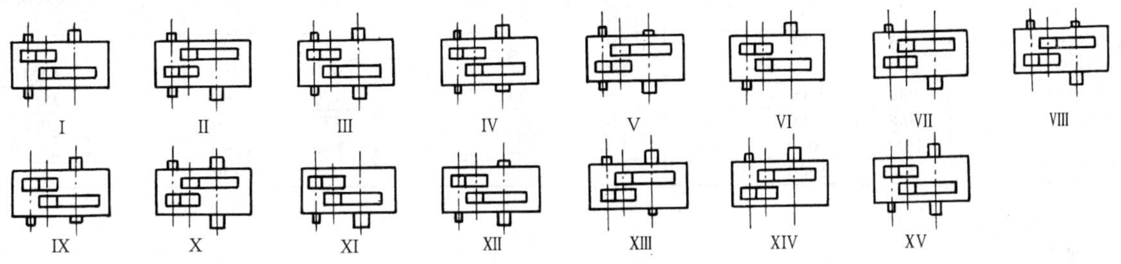

图 10.2-5　KPTH 型减速器的装配形式

6.2　中心距和公称传动比（见表 10.2-69、表 10.2-70）

表 10.2-69　减速器的中心距　（mm）

低速级 a_2	710	800	900	1000	1120	1250
高速级 a_1	500	560	630	710	800	900
总中心距 a	1210	1360	1530	1710	1920	2150

表 10.2-70　减速器的公称传动比

传动比代号	1	2	3	4	5	6	7	8
公称传动比 i	7.1	8	9	10	11.2	12.5	14	16
传动比代号	9	10	11	12	13	14	15	—
公称传动比 i	18	20	22.4	25	28	31.5	35.5	—

6.3　外形尺寸（见表 10.2-71）

表 10.2-71　KPTH 型减速器的外形尺寸　（mm）

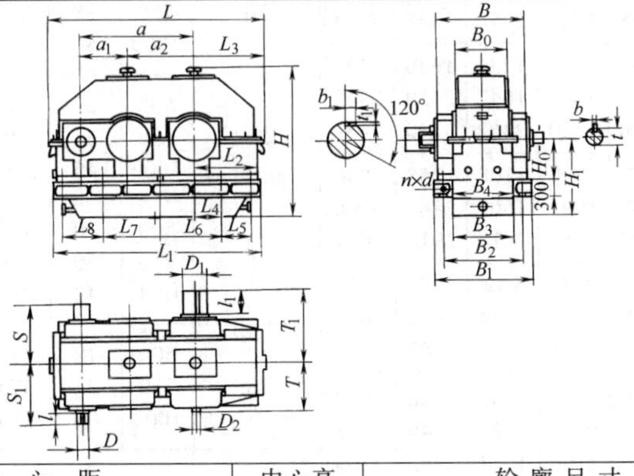

型号	中心距 a	中心距 a_1	中心距 a_2	中心高 H_0	轮廓尺寸 H	轮廓尺寸 L	轮廓尺寸 B	B_0	B_1
KPTH710（2）	1210	500	710	560	1770	2615	1190	580	1290
KPTH800（2）	1360	560	800	560	1955	2845	1260	640	1390
KPTH900（2）	1530	630	900	560	2190	3150	1420	780	1520
KPTH1000（2）	1710	710	1000	560	2400	3420	1420	790	1600
KPTH1120（2）	1920	800	1120	710	2600	3660	1580	900	1640
KPTH1250（2）	2150	900	1250	710	2770	4180	1810	990	1950

（续）

型号	B_3	B_4	L_1	L_2	L_3	H_1	地脚尺寸		
							d	n	B_2
KPTH710（2）	680	660	2545	780	915	895	M42	10	940
KPTH800（2）	690	665	2695	840	975	975	M48		1000
KPTH900（2）	810	780	2990	930	1070	1150			1150
KPTH1000（2）	1000	865	3370	965	1090	1240			1320
KPTH1120（2）	1040	990	3510	1060	1195	1335	M56		1440
KPTH1250（2）	1110	1060	4020	1240	1380	1415			1550

型号	地脚尺寸					高速轴			
	L_4	L_5	L_6	L_7	L_8	l	D	b	t
KPTH710（2）	280	280	780	500	400	140	110	28	116
KPTH800（2）	315	315	875	560	450	160	125	32	132
KPTH900（2）	355	355	985	630	505	165	140	36	148
KPTH1000（2）	350	480	1000	770	650	180	160	40	169
KPTH1120（2）	450	500	1020	975	675	200	190	45	200
KPTH1250（2）	500	500	1400	900	685	200	190	45	200

型号	S	S_1	低速轴				T	T_1	D_2	最大质量/kg
			l_1	D_1	b_1	t_1				
KPTH710（2）	845	820	240	240	72	24	650	930	75	9913
KPTH800（2）	895	870	260	280	84	28	690	990		13510
KPTH900（2）	980	955	280	300	90	30	770	1100		16600
KPTH1000（2）	1000	975	350	340	102	34	770	1190		20525
KPTH1120（2）	1055	1030	400	410	123	41	840	1290		24200
KPTH1250（2）	1235	1200	400	410	123	41	985	1420		34255

6.4 承载能力

KPTH 型减速器的承载能力见表 10.2-72。

表 10.2-72　KPTH 型减速器的承载能力

公称传动比 i	转速/r·min^{-1}		低速级中心距 a_2/mm					
			710	800	900	1000	1120	1250
	n_1	n_2	许用输入功率 P_1/kW					
7.1	500	70	525	801	1067	1623	2135	3245
	750	105	787	1202	1601	2434	3202	4407
	1000	140	1050	1603	2135	3246	4271	5876
8	500	63	444	684	911	1385	1822	2557
	750	94	666	1026	1367	2077	2734	3761
	1000	125	889	1368	1822	2770	3645	5014
9	500	56	395	608	810	1231	1620	2273
	750	83	592	912	1215	1847	2430	3343
	1000	110	790	1216	1620	2462	3240	4457
10	500	50	355	547	792	1108	1458	2046
	750	75	533	820	1093	1662	2187	3008
	1000	100	711	1094	1458	2216	2916	4011
11.2	500	45	317	488	650	989	1301	1827
	750	67	476	732	976	1484	1952	2686
	1000	89	635	977	1301	1978	2603	3582
12.5	500	40	284	437	583	886	1166	1637
	750	60	426	656	874	1329	1749	2407
	1000	80	569	875	1166	1773	2333	3209
14	500	36	244	364	500	761	1001	1377
	750	54	366	546	751	1141	1502	2066
	1000	71	488	729	1001	1522	2002	2755
16	500	31	213	318	438	665	876	1205
	750	47	320	478	657	998	1314	1808
	1000	63	427	637	876	1331	1752	2410

公称传动比 i	转速/r·min^{-1}		低速级中心距 a_2/mm					
			710	800	900	1000	1120	1250
	n_1	n_2	许用输入功率 P_1/kW					
18	500	28	189	283	389	591	778	1071
	750	42	284	425	584	887	1168	1607
	1000	56	379	567	778	1183	1557	2143
20	500	25	159	245	336	512	673	925
	750	38	246	368	504	768	1009	1388
	1000	50	328	490	673	1924	1346	1851
22.4	500	22	142	219	300	457	600	826
	750	33	219	328	450	686	901	1239
	1000	45	293	438	600	914	1201	1653
25	500	20	127	196	269	409	538	740
	750	30	196	294	403	614	807	1110
	1000	40	262	392	538	819	1076	1481
28	500	18	113	175	240	365	480	661
	750	27	175	262	360	548	721	991
	1000	36	234	350	480	731	961	1322
31.5	500	16	101	155	213	325	427	587
	750	24	156	233	320	487	640	881
	1000	32	208	311	427	650	854	1175
35.5	500	14	73	123	175	246	361	491
	750	21	115	195	273	373	547	752
	1000	28	154	260	364	497	729	1003

6.5 选用方法

当选用 KPTH 标准减速器时，应根据使用条件按下式计算

$$P_{2m} = P_2 K_B$$

式中 P_{2m}——减速器的计算功率（kW）；

P_2——要求传递的功率（kW）；

K_B——工况系数，$K_B = K_A K_1$；

K_A——使用系数，见表 10.2-73；

K_1——利用率系数，见表 10.2-74。

表 10.2-73　使用系数 K_A

从动机械负载类别	原动机			
	电动机		活塞式发动机	
	具有少量起动冲击①，每小时起动次数少于 5 次	具有较大起动冲击②，每小时起动次数大于 5 次	≥2 缸	<2 缸
	燃气轮机 汽轮机	液压马达	水轮机	—
1	1.00	1.25	1.50	1.60
2	1.12	1.50	1.60	
3	1.25	1.60	1.75	2.00
4	1.50	1.75		
5	1.60	2.00	2.25	2.50
6	1.75	2.25		

① 不大于额定转矩的 2 倍。
② 大于额定转矩的 2 倍。

根据计算出的 P_{2m} 和其他已知条件按表 10.2-72 选用，所选用减速器应满足 $P_{2m} \leqslant P$（$P = P_1 \dfrac{n}{n_1}$，其中 n 为电动机转速）。

如果减速器的实际输入转速与承载能力表中的三档（1000r/min、750r/min、500r/min）转速中某一档转速相对误差不超过 3%，可按该档转速下的许用功率选用减速器；如果转速相对误差超过 3%，则应按实用转速折算减速器的许用功率选用。

表 10.2-74　利用率系数 K_1

每日工作时间①/h	<1/2	1/2~3	>3~8	>8~16	>16~24
每年工作时间/h	≤200	>200 ~1000	>1000 ~3000	>3000 ~6000	>6000
利用率系数 K_1	按调查②	0.71	0.80	0.90	1.00

① 必须按较长停车时间计算，利用率系数 K_1 最好按年平均工作时间计算。
② 调查工作条件和负载类别情况。

例 10.2-5　提升机减速器，电动机驱动，电动机转速 $n = 720$ r/min，传动比 $i = 20$，每日工作 24 h，传递功率 $P_2 = 487$ kW，要求选用规格相当的第Ⅱ种装配形式标准减速器。

解：按表 10.2-75，提升机负载分类为 3。查表 10.2-73，由于电动机具有较大起动冲击，故 $K_A = 1.60$，查表 10.2-74，$K_1 = 1.00$，计算载荷功率 P_{2m} 为

$$P_{2m} = P_2 K_A K_1 = 487 \times 1.6 \times 1\ \text{kW} = 779.2\ \text{kW}$$

要求 $P_{2m} \leqslant P$

按 $n = 720$ r/min，$i = 20$ 查表 10.2-72：

KPTH1120（2）$i = 20$，$n_1 = 750$ r/min，$P_1 = 1009$ kW。当 $n = 720$ r/min 时，折算公称功率

$$P = (1009 \times 720/750)\text{kW} = 968.64\text{kW}$$

$$P_{2m} = 779.2\ \text{kW} < P$$

故该提升机减速器应选用 KPTH1120（2）Ⅱ.10 减速器。

从动机械的负载分类见表 10.2-75。

表 10.2-75　从动机械的负载分类

从动机械	类别	从动机械	类别
升降机类		采矿机械类	
载货升降机	3	掘进运输机	2
载人升降机	4	破碎装置	4
倾斜式提升机	2	团矿机	4
挖掘机类		提升机	3
链式挖掘机	4	磨煤机	4
运输式履带挖掘机	3	烧结回转窑	3
运输式轨道挖掘机	2	带式烧结机	3
索斗式挖掘机	3	筛子	2
铲斗式挖掘机	4	截煤机	4
抽吸泵式挖掘机	4	化工机械类	
切割头驱动装置	5	浓缩机	2
斗轮式挖掘机	3	压光机	4
建筑机械类		反应器驱动装置	3
混凝土搅拌机	3	液体搅拌器	2
砌块压制机	4	变性液体搅拌器	4
压砖机	4	拉丝模	2
水泥管压制机	4	干燥滚筒	3

（续）

从 动 机 械	类　别
离心机	3
雾化器	2
输送机械类	
橡胶带式输送机	2
斗式带式输送机	2
架空索道	2
螺旋输送机	2
链斗式运输机	2
板式运输机	3
辊道（非轨机）	1
鼓风机与通风机类	
回转活塞式鼓风机	3
轴流离心鼓风机	1
冷却塔通风机	2
排烟机	2
透平鼓风机	2
变换器与发动机类	
频率变换器	2
采暖发电机	3
电焊用发电机	3
橡胶、塑料机械类	
压光机	4
混合机	3
拌和机	3
炼胶机（碾压机）	3
破碎机	4
螺旋压出机	3
起重机类	
吊杆起落机构	2
行走机构	3
提升机构	2
回转机构	2
摆动机构	2
木材加工机械类	
剥皮机	3
刨床	2
一般木材加工机械	2
锯床	3
冶金机械类	
高炉鼓风机	1
装料机	2
转炉	3
喷氧管升降机	1
混料倾翻装置	2
浇注线推进辊道	2
钢包车驱动装置	2
气压机、压缩机类	
轴流式气压机	1
旋转活塞式压缩机	2
活塞式压缩机	
不均匀系数>1：100	3
<1：100	5
金属加工机械类	
弯曲和校正机	3
拉丝机	2
卷簧机	2
锤	4
模压机	3
压床（曲柄与偏心式）	4
剪床	4
锻压机	4
机床主传动	2
机床副传动	1
食品机械类	
灌装机	1
酿造机	2
捏和机	2
包装机	1
雾化机	2
甘蔗破碎机	5
甘蔗切割机	4
甘蔗压榨机	5
甜菜切割机	4
甜菜清洗机	3
造纸机械类	
挤浆机	4
平纸滚筒	4
纸浆研磨机	3
木材磨浆机	5
压光机	4
湿压机	4
吸浆压纸机	4
碾纸机	4
干燥机	3
打浆机	4
泵类	
排水泵	2
1 缸或 2 缸单作用活塞泵	4
1 缸双作用活塞泵	4
2 缸或多缸双作用活塞泵	3
柱塞泵	3
离心回转齿轮泵	
用于单一密度液体	1
用于非单一密度液体	3
泥浆泵	3
给水泵	2
配流泵	2
人员输送缆车类	
主传动	4
副传动和备用载货传动	1
建材机械类	
破碎机	5
转窑	
主传动	3
副传动	1
锤式碾机	4
球磨机和筒式磨机	
主传动	4
副传动	1
粒化机	3
冷却器传动	2
炉蓖传动	2
辊磨	5
纺织机械类	
一般	1
轧钢类	
主传动	
带钢轧机	1
开坯和板坯初轧机	6
线材轧机组终轧机	3
小型轧机	4
厚板轧机	6
冷轧机	3
钢坯轧机组	5

（续）

从动机械	类别	从动机械	类别
中型轧机	4	矫直机	3
皮尔格轧管机	6	剪切机	4
副传动(精整)		拉钢机	2
推钢机	5	冷床驱动装置	2
运锭设备	5	推钢装置	5
卷取机	2	轧辊调节装置	2
辊道	2	翻板机	3

7　运输机械用减速器

DBY、DCY 型和 DBZ、DCZ 型二级、三级圆锥圆柱齿轮减速器，主要用于运输机械，也可用于冶金、矿山、化工、煤炭、建材、轻工和石油等各种通用机械。输入轴转速不大于1500 r/min，齿轮圆周速度不大于 20 m/s，工作环境温度为 -40～45℃。当环境温度低于 0℃时，起动前润滑油应加热。

7.1　装配形式和标记方法

减速器按输出轴形式可分为Ⅰ、Ⅱ、Ⅲ、Ⅳ四种装配形式，按旋转方向可分为顺时针（S）和逆时针（N）两种方向，如图 10.2-6、图 10.2-7 所示。

标记示例：

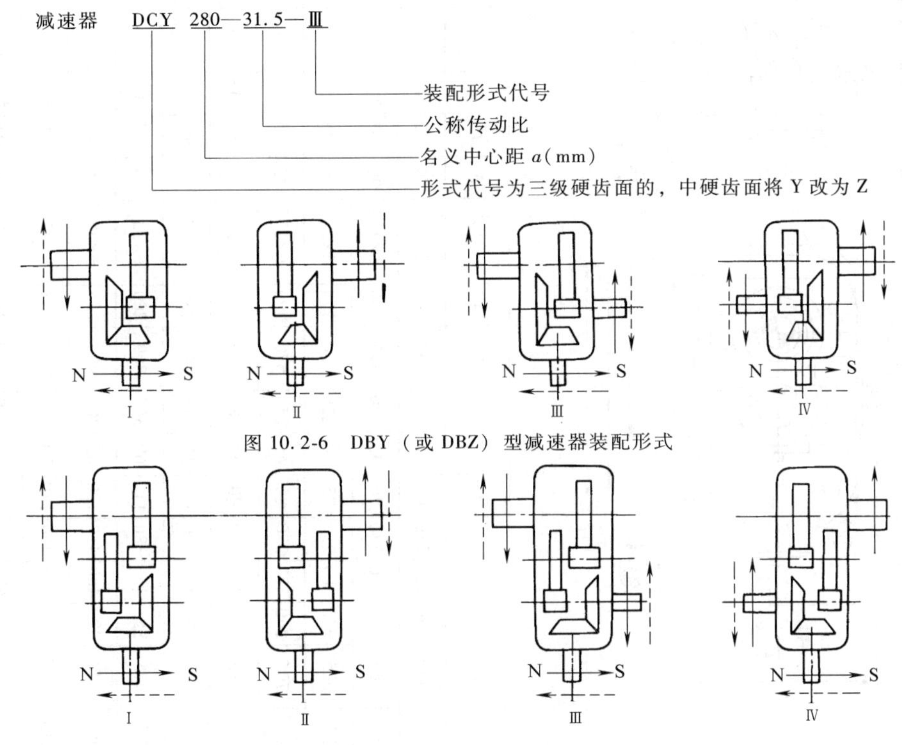

图 10.2-6　DBY（或 DBZ）型减速器装配形式

图 10.2-7　DCY（或 DCZ）型减速器装配形式

7.2　外形尺寸和安装尺寸

DBY 及 DBZ 型减速器的外形尺寸和安装尺寸见表 10.2-76。

DCY 及 DCZ 型减速器的外形尺寸和安装尺寸见表 10.2-77。

7.3　承载能力

DBY 型和 DBZ 型减速器的承载能力分别见表 10.2-78、表 10.2-79。

DCY 型和 DCZ 型减速器的承载能力分别见表 10.2-80、表 10.2-81。

DBY 型和 DCY 型减速器热功率分别见表 10.2-82、表 10.2-83。

工况系数 K_A 见表 10.2-84；环境温度系数 f_W、功率利用系数 f_A 见表 10.2-85；工作机械载荷分类见表 10.2-86。

表 10.2-76 DBY 及 DBZ 型减速器的外形尺寸和安装尺寸 (mm)

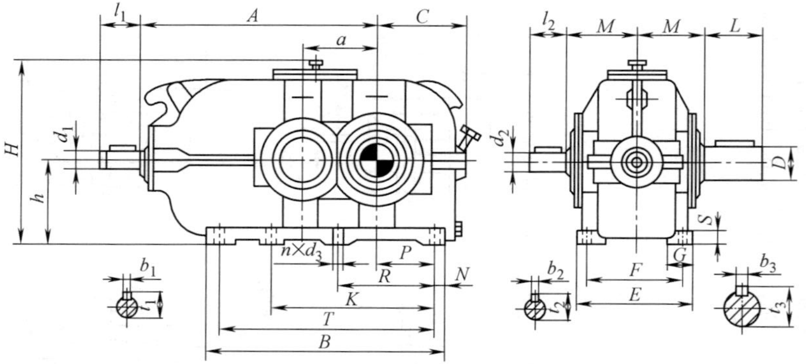

名义中心距 a	d_1	l_1	d_2	l_2	D	L	A	B	C	E	F	G	S	h	H	M	$n\times d_3$	N	P	R	K	T	b_1	t_1	b_2	t_2	b_3	t_3	质量 /kg	油量 /L
160	40	110	48	110	70	140	500	500	190	250	210	65	35	180	430	145	6×18	30	115	210	—	440	12	43	14	51.5	20	74.5	173	7
180	42	110	50	110	80	170	565	565	215	270	230	70	35	200	475	160	6×18	30	135	240	—	505	12	45	14	53.5	22	85	232	9
200	50	110	55	110	90	170	625	625	240	300	250	75	40	225	520	175	6×23	35	145	255	—	555	14	53.5	16	59	25	95	305	13
224	55	110	65	140	100	210	705	705	260	320	270	80	45	250	570	190	6×23	35	165	290	—	635	16	59	18	69	28	106	415	18
250	60	140	75	140	110	210	785	785	290	370	310	90	50	280	626	210	6×27	40	180	315	—	705	18	64	20	79.5	28	116	573	25
280	65	140	85	170	120	210	875	875	325	400	340	100	55	315	702	230	6×27	45	200	355	—	785	18	69	22	90	32	127	760	36
315	75	140	95	170	140	250	975	975	355	450	380	110	60	355	809	260	6×33	50	220	405	—	875	20	79.5	25	100	36	148	1020	51
355	90	170	100	210	160	300	1085	1085	390	480	410	120	65	400	900	285	6×33	55	245	450	—	975	25	95	28	106	40	169	1436	69
400	100	210	110	210	170	300	1215	1215	440	530	460	130	70	450	970	305	6×33	55	280	510	—	1105	28	106	28	116	40	179	1966	95
450	110	210	130	250	190	350	1365	1365	490	600	510	140	80	500	1071	345	8×39	60	315	575	940	1245	28	116	32	137	45	200	2532	130
500	120	210	150	250	220	350	1525	1525	570	650	560	150	90	560	1210	435	8×39	70	350	645	1050	1385	32	127	36	158	50	231	3633	185
560	130	250	160	300	250	410	1705	1705	610	750	640	160	100	630	1325	475	8×45	80	390	715	1165	1545	32	137	40	169	56	262	5020	260

表 10.2-77　DCY 及 DCZ 型减速器的外形尺寸和安装尺寸　(mm)

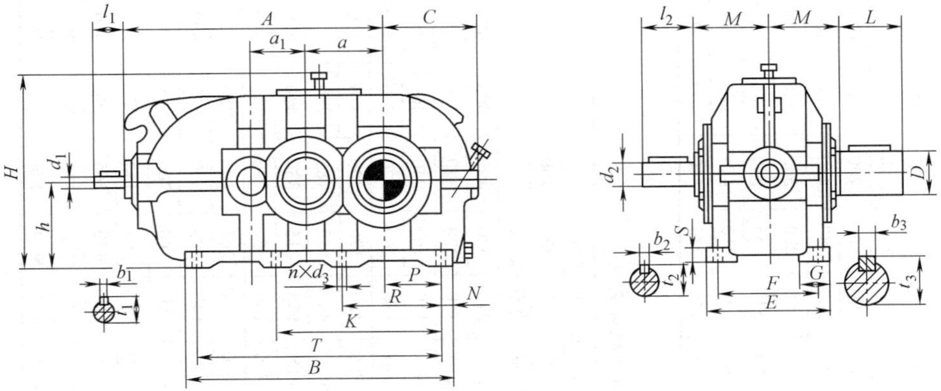

名义中心距 a	a_1	d_1	l_1	d_2	l_2	D	L	A	B	C	E	F	G	S	h	H	M	$n\times d_3$	N	P	R	K	T	b_1	t_1	b_2	t_2	b_3	t_3	质量/kg	油量/L
160	112	25	60	32	80	70	140	510	555	190	250	210	65	35	180	423	145	6×18	30	115	210	—	495	8	28	10	35	20	74.5	200	9
180	125	30	80	38	80	80	170	575	625	215	270	230	70	35	200	468	160	6×18	30	135	240	—	565	8	33	10	41	22	85	255	13
200	140	35	80	42	110	90	170	640	685	240	300	250	75	40	225	520	175	6×23	35	145	255	—	615	10	38	12	45	25	95	325	18
224	160	40	110	48	110	100	210	725	775	260	320	270	80	45	250	570	190	6×23	35	165	290	—	705	12	43	14	51.5	28	106	453	26
250	180	42	110	50	110	110	210	815	860	290	370	310	90	50	280	626	210	6×27	40	180	315	—	780	12	45	14	53.5	28	116	586	33
280	200	50	110	55	110	120	210	905	970	325	400	340	100	55	315	702	230	6×27	45	200	355	—	880	14	53.5	16	59	32	127	837	46
315	224	55	110	65	140	140	250	1020	1085	355	450	380	110	60	355	809	260	8×33	50	220	405	655	985	16	59	18	69	36	148	1100	65
355	250	60	140	75	140	160	300	1140	1220	390	480	410	120	65	400	900	285	8×33	55	245	450	740	1110	18	64	20	79.5	40	169	1550	90
400	280	65	140	85	170	170	300	1275	1355	440	530	460	130	70	450	970	305	8×33	55	280	510	840	1245	18	69	22	90	40	179	1967	125
450	315	75	140	95	170	190	350	1425	1520	490	600	510	140	80	500	1065	345	8×39	60	315	575	940	1400	20	79.5	25	100	45	200	2675	180
500	355	90	170	100	210	220	350	1585	1690	570	650	560	150	90	560	1208	435	8×39	70	350	645	1050	1550	25	95	28	106	50	231	4340	240
560	400	100	210	110	210	250	410	1675	1895	610	750	640	160	100	630	1325	475	8×45	80	390	715	1165	1735	28	106	28	116	56	262	5320	335
630	450	110	210	130	250	300	470	1995	2145	675	800	690	170	110	710	1460	525	8×45	80	445	800	1305	1985	28	116	32	137	70	314	7170	480
710	500	120	210	150	250	340	550	2235	2400	760	900	770	190	125	800	1665	570	8×45	90	500	900	1490	2220	32	127	36	158	80	355	9600	690
800	560	130	250	160	300	400	650	2505	2700	840	1000	870	200	140	900	1870	625	8×45	90	560	1100	1680	2520	32	137	40	169	90	417	13340	940

表 10. 2-78 DBY 型减速器的承载能力

公称传动比 i	公称转速/r·min^{-1}		名义中心距 a/mm											
			160	180	200	224	250	280	315	355	400	450	500	560
	输入 n_1	输出 n_2	许用输入功率 P_{P1}/kW											
8	1500	188	81	115	145	205	320	435	610	750	1080①	1680①	2100①	—
	1000	125	56	86	110	155	245	325	465	560	810	1260	1700	2200
	750	94	42	55	88	125	185	250	340	465	660	950	1400	1800
10	1500	150	67	92	130	165	255	345	480	610	910	1370	1900①	—
	1000	100	44	69	94	125	195	260	360	465	620	950	1270	1700
	750	75	34	46	73	105	155	210	295	380	510	710	950	1300
11. 2	1500	134	59	81	115	150	235	325	450	560	840	1200	1550	—
	1000	89	40	61	84	130	175	245	340	430	630	810	1030	1380
	750	67	31	41	65	98	140	185	240	350	470	610	780	1040
12. 5	1500	120	53	75	105	140	210	285	390	500	760	980	1260	1550①
	1000	80	36	56	74	105	145	215	265	380	480	660	850	1110
	750	60	27	36	56	76	110	150	190	270	365	500	640	840
14	1500	107	48	66	81	125	190	260	345	465	580	780	1000	1150
	1000	71	31	42	54	84	110	165	205	310	415	520	680	900
	750	53	23	31	38	60	80	115	145	235	310	400	510	690

① 需采用循环油润滑。

表 10. 2-79 DBZ 型减速器的承载能力

公称传动比 i	公称转速/r·min^{-1}		名义中心距 a/mm											
			160	180	200	224	250	280	315	355	400	450	500	560
	输入 n_1	输出 n_2	许用输入功率 P_{P1}/kW											
8	1500	188	29. 0	39. 0	55. 0	80. 0	120	170	215	320	490	600	930	—
	1000	125	18. 8	26. 0	36. 0	55. 0	78. 0	110	150	220	320	450	650	930
	750	94	14. 0	21. 0	28. 5	42. 0	59. 0	84. 0	110	165	240	365	485	690
10	1500	150	18. 0	32. 0	45. 0	65. 0	90. 0	130	180	260	370	550	760	—
	1000	100	12. 0	21. 0	29. 0	42. 0	62. 0	87. 0	120	175	250	370	510	680
	750	75	8. 5	16. 0	22. 0	32. 0	46. 0	66. 0	90. 0	130	185	280	370	480
11. 2	1500	134	17. 5	26. 0	36. 0	57. 0	75. 0	115	150	215	330	480	670	—
	1000	89	10. 5	17. 0	24. 0	38. 0	51. 0	74. 0	100	150	220	325	440	650
	750	67	8. 1	12. 5	18. 0	28. 0	38. 0	56. 0	71. 0	105	165	250	320	460
12. 5	1500	120	14. 0	24. 0	32. 0	52. 0	70. 0	105	140	205	300	430	600	800
	1000	80	9. 0	15. 0	22. 0	34. 0	49. 0	69. 0	95	140	200	295	400	550
	750	60	6. 5	12. 0	16. 5	25. 0	36. 0	52. 0	68. 0	100	145	220	290	380
14	1500	107	13. 5	20. 0	28. 0	45. 0	61. 0	91. 0	120	170	265	390	510	770
	1000	71	8. 8	12. 0	18. 0	30. 0	40. 0	60. 0	85	115	175	260	350	500
	750	53	6. 3	9. 5	14. 0	23. 0	30. 0	44. 0	60. 0	80. 0	130	200	250	360

表 10. 2-80 DCY 型减速器的承载能力

公称传动比 i	公称转速/r·min^{-1}		名义中心距 a/mm														
			160	180	200	224	250	280	315	355	400	450	500	560	630	710	800
	输入 n_1	输出 n_2	许用输入功率 P_{P1}/kW														
16	1500	94	45	61	80	120	160	230	305	440	600①	830①	1350①	1850①	—	—	—
	1000	63	30	43	60	85	115	170	230	330	440	630	1010	1420①	2200①	2500①	2850①
	750	47	24	35	45	70	85	140	185	270	360	510	830	1180	1600	2300①	2600
18	1500	83	42	58	75	110	150	210	290	440	560	780①	1350①	1850①	—	—	—
	1000	56	30	40	53	75	105	155	215	330	420	590	1000	1400①	1860①	2500①	2850①
	750	42	23	32	42	65	80	120	175	260	345	480	790	1120	1460	2180①	2500

（续）

公　称传动比 i	公称转速 $/\mathrm{r \cdot min^{-1}}$		名义中心距 a/mm														
			160	180	200	224	250	280	315	355	400	450	500	560	630	710	800
	输入 n_1	输出 n_2	许用输入功率 P_{P1}/kW														
20	1500	75	39	53	68	100	135	195	270	430	550	780①	1320①	1800①	—	—	—
	1000	50	27	36	48	70	95	140	200	315	380	550	880	1240①	1640①	2400	2850①
	750	38	20	28	38	55	75	110	160	245	310	445	700	1000	1290	1920①	2500①
22.4	1500	67	34	50	65	94	130	175	250	400	510	730	1170①	1540①	—	—	—
	1000	45	23	34	48	65	90	130	185	290	360	520	780	1100	1450①	2120①	2600①
	750	33	17	25	36	49	70	95	140	220	275	400	620	880	1140	1710	2460①
25	1500	60	30	44	62	83	115	160	225	350	450	650	1030	1460①	—	—	—
	1000	40	20	30	42	57	80	110	165	255	315	460	730	1040	1350①	2010①	2600①
	750	30	15	23	32	43	60	85	125	195	240	350	550	780	1010	1510	2180①
28	1500	54	22	37	48	75	92	140	215	320	405	590	910	1290①	—	—	—
	1000	36	15	25	34	52	66	94	150	225	285	420	640	910	1190	1770①	2500①
	750	27	12	19	26	39	50	71	115	170	215	315	490	690	890	1330	1920①
31.5	1500	48	20	33	44	69	85	120	195	290	385	550	820	1170	—	—	—
	1000	32	14	22	31	46	59	83	130	200	255	370	580	820	1070	1600①	2310①
	750	24	10	17	23	34	44	62	100	150	190	280	440	620	800	1200	1740①
35.5	1500	42	18	30	40	62	77	110	180	260	345	500	770	1100	1430①	2120①	—
	1000	28	12	20	28	42	53	75	120	180	230	340	510	720	950	1410	2030①
	750	21	9	15	21	31	40	56	90	135	175	250	385	540	710	1060	1540
40	1500	38	17	27	36	56	69	98	160	235	310	450	690	990	1290	1920①	—
	1000	25	11	18	25	41	47	67	120	160	225	330	465	660	860	1280①	1850①
	750	19	8.5	14	19	29	36	52	82	125	155	230	350	495	640	960	1390
45	1500	33.5	15	24	33	50	64	90	145	215	275	400	620	880	1150	1720①	2100①
	1000	22	10	16	22	33	42	60	95	145	180	265	455	640	840	1250	1810
	750	16.6	7.5	12	17	26	32	46	74	110	140	205	320	455	600	870	1260
50	1500	30	13	21	30	44	57	80	130	195	245	360	550	780	1030	1540①	2050①
	1000	20	9	14	20	31	38	54	87	130	165	240	365	520	680	1020	1480
	750	15	7	11	15	23	29	41	65	99	120	180	290	410	540	780	1130

① 需采用循环油润滑。

表 10.2-81　DCZ 型减速器的承载能力

公　称传动比 i	公称转速 $/\mathrm{r \cdot min^{-1}}$		名义中心距 a/mm														
			160	180	200	224	250	280	315	355	400	450	500	560	630	710	800
	输入 n_1	输出 n_2	许用输入功率 P_{P1}/kW														
16	1500	94	14.0	20.0	28.0	42.0	60.0	85.0	120	165	240	350	490	710	—	—	—
	1000	63	9.4	13.5	18.7	28.0	40.0	56.0	80.0	110	160	235	330	490	670	980	1450
	750	47	7.0	10.0	13.9	21.0	30.0	41.0	60.0	85.0	120	175	250	350	500	730	1050
18	1500	83	12.0	18.0	26.0	35.0	50.0	75.0	105	150	215	320	440	630	—	—	—
	1000	56	8.2	12.0	17.3	22.0	35.0	49.0	70.0	95.0							
	750	42	6.1	8.8	12.8	18.0	26.0	36.0	51.0	73.0	110	160	223	320	440	640	950
20	1500	75	9.4	15.7	23.0	29.0	48.0	65.0	85.0	130	190	280	395	540	—	—	—
	1000	50	6.0	10.2	15.1	18.0	31.0	43.0	57.0	90.0	130	185	270	370	515	760	1050
	750	38	4.4	7.2	11.1	13.5	23.0	32.0	41.0	65.0	95.0	135	200	260	390	600	760
22.4	1500	67	9.1	14.0	19.0	28.0	39.0	53.0	75.0	110	155	210	260	450	—	—	—
	1000	45	6.1	9.3	13.0	17.5	26.0	37.0	50.0	75.0	105	159	190	320	420	630	900
	750	33	4.5	6.9	9.0	13.0	20.0	27.0	40.0	55.0	80.0	117	145	240	315	480	670

（续）

公称传动比 i	公称转速 $/\mathrm{r\cdot min^{-1}}$		名义中心距 a/mm														
	输入 n_1	输出 n_2	160	180	200	224	250	280	315	355	400	450	500	560	630	710	800
			许用输入功率 P_{P1}/kW														
25	1500	60	8.0	10.7	16.0	26.5	35.0	50.0	68.0	105	140	200	250	430	—	—	—
	1000	40	5.5	6.9	11.0	17.5	23.0	33.0	45.0	70.0	93.0	145	175	290	395	580	795
	750	30	4.0	5.3	8.0	13.0	17.5	25.0	34.0	50.0	70.0	110	130	215	300	440	580
28	1500	54	7.0	10.5	15.0	22.5	32.0	45.0	63.0	90	130	190	245	380	—	—	—
	1000	36	4.8	7.3	10.4	14.0	21.0	29.0	41.0	62.0	87.0	135	165	255	365	540	750
	750	27	3.6	5.4	7.8	10.5	16.5	22.0	30.0	48.0	65.0	100	120	190	270	410	550
31.5	1500	48	6.3	8.9	12.5	21.0	28.0	40.0	56.0	82.0	115	180	220	350	—	—	—
	1000	32	4.2	5.7	8.8	14.0	19.0	27.0	38.0	54.0	80.0	125	145	235	330	490	665
	750	24	3.2	4.4	6.5	10.5	14.0	20.0	28.0	40.0	61.0	90.0	110	170	245	360	480
35.5	1500	42	5.6	8.3	12.0	18.0	26.0	35.0	48.0	70.0	100	160	190	300	420	650	—
	1000	28	3.9	5.5	8.0	11.5	17.0	23.0	33.0	48.0	70.0	105	125	195	275	435	525
	750	21	2.8	4.2	6.2	8.5	13.0	17.0	24.0	35.0	51.0	78.0	95.0	145	205	325	430
40	1500	38	5.1	6.9	10.5	17.0	23.0	32.0	43.0	65.0	91.0	145	170	270	390	590	—
	1000	25	3.4	4.6	7.2	11.5	15.5	21.0	29.0	42.0	61.0	97.0	115	175	250	400	520
	750	19	2.5	3.4	5.3	8.5	11.5	16.0	22.0	31.0	48.0	70.0	80	130	185	300	375
45	1500	33.5	4.5	6.7	9.0	13.7	19.0	27.0	39.0	55.0	80.0	121	150	240	330	530	685
	1000	22	2.9	4.3	6.2	9.0	13.0	18.0	25.0	36.0	55.0	85.0	98	155	225	345	450
	750	16.6	2.1	3.2	4.6	6.5	10.0	14.0	19.0	25.0	41.0	60.0	73	115	165	300	345
50	1500	30	3.8	5.1	7.8	13.0	18.0	25.0	34.0	51.0	71.0	112	130	215	310	465	610
	1000	20	2.6	3.3	5.2	8.7	12.0	17.0	23.0	33.0	48.0	76.0	87.0	140	200	300	405
	750	15	2.0	2.5	4.0	6.5	8.5	12.0	17.0	25.0	36.0	55.0	65.0	105	145	220	300

表 10.2-82　DBY 型减速器热功率

环境条件	空气流速 $/\mathrm{m\cdot s^{-1}}$	减速器不附加冷却装置的热功率 P_{G1}/kW											
		名义中心距 a/mm											
		160	180	200	224	250	280	315	355	400	450	500	560
狭小车间内	≥0.5	32	40	50	61	76	95	118	143	180	225	279	355
中大型车间内	≥1.4	45	57	71	85	106	133	165	201	252	316	391	497
室　外	≥3.7	62	77	96	116	144	181	224	272	342	429	531	675

表 10.2-83　DCY 型减速器热功率

环境条件	空气流速 $/\mathrm{m\cdot s^{-1}}$	减速器不附加冷却装置的热功率 P_{G1}/kW														
		名义中心距 a/mm														
		160	180	200	224	250	280	315	355	400	450	500	560	630	710	800
狭小车间内	≥0.5	22	27	34	41	52	65	81	99	124	156	192	245	299	384	482
中大型车间内	≥1.4	31	38	48	58	73	91	114	139	174	218	270	343	419	537	675
室　外	≥3.7	42	52	65	79	99	124	155	189	237	296	366	465	568	730	910

表 10.2-84　工况系数 K_A

原动机	每天工作时间/h	载荷种类		
		U	M	H
电动机、涡轮机	≤3	1.0	1.0	1.50
	>3~10	1.25	1.25	1.75
	>10~24	1.25	1.50	2.0
4~6 缸活塞发动机	≤3	1.0	1.25	1.75
	>3~10	1.25	1.50	2.0
	>10~24	1.50	1.75	2.25
1~3 缸活塞发动机	≤3	1.25	1.50	2.0
	>3~10	1.50	1.75	2.25
	>10~24	1.75	2.00	2.50

注：U—平稳载荷；M—中等冲击载荷；H—重型冲击载荷；工作机械的载荷分类见表 10.2-86。

表 10.2-85　环境温度系数 f_W、功率利用系数 f_A

<table>
<tr><td rowspan="2">系　数</td><td rowspan="2">冷却方式</td><td rowspan="2">环境温度/°C</td><td colspan="5">每小时运转率（%）</td></tr>
<tr><td>100</td><td>80</td><td>60</td><td>40</td><td>20</td></tr>
<tr><td rowspan="10">f_W</td><td rowspan="5">减速器不附加外冷却装置</td><td>10</td><td>1.12</td><td>1.18</td><td>1.30</td><td>1.51</td><td>1.93</td></tr>
<tr><td>20</td><td>1.0</td><td>1.06</td><td>1.16</td><td>1.35</td><td>1.78</td></tr>
<tr><td>30</td><td>0.89</td><td>0.93</td><td>1.02</td><td>1.33</td><td>1.52</td></tr>
<tr><td>40</td><td>0.75</td><td>0.87</td><td>0.9</td><td>1.01</td><td>1.34</td></tr>
<tr><td>50</td><td>0.63</td><td>0.67</td><td>0.73</td><td>0.85</td><td>1.12</td></tr>
<tr><td rowspan="5">减速器附加散热器</td><td>10</td><td>1.1</td><td>1.32</td><td>1.54</td><td>1.76</td><td>1.98</td></tr>
<tr><td>20</td><td>1.0</td><td>1.2</td><td>1.4</td><td>1.6</td><td>1.8</td></tr>
<tr><td>30</td><td>0.9</td><td>1.08</td><td>1.26</td><td>1.44</td><td>1.62</td></tr>
<tr><td>40</td><td>0.85</td><td>1.02</td><td>1.19</td><td>1.36</td><td>1.53</td></tr>
<tr><td>50</td><td>0.8</td><td>0.96</td><td>1.12</td><td>1.29</td><td>1.44</td></tr>
<tr><td rowspan="3">f_A</td><td rowspan="2">减速器形式</td><td colspan="6">功率利用率（P_1/P_{P1}）×100%</td></tr>
<tr><td colspan="2">100</td><td>80</td><td>60</td><td colspan="2">40</td></tr>
<tr><td>DBY　DCY</td><td colspan="2">1.0</td><td>0.96</td><td>0.89</td><td colspan="2">0.79</td></tr>
</table>

表 10.2-86　工作机械载荷分类

工作机械	载荷分类	工作机械	载荷分类	工作机械	载荷分类
挖掘机和堆料机		斗式提升机	H①	打光机	H①
链斗式挖掘机	H	带式输送机(件货,大块,散料)	H①	轮压机	M①
行走装置(履带式)	H	链式输送机	H	混合机	M①
行走装置(轨道式)	M	货物电梯	H	胶式压力机	H①
斗轮堆料机		板式输送机	H	湿性压榨机	H①
——堆废岩	H	振动输送机	H	吸入式压榨机	H①
——堆煤	H	螺旋输送机	H	钢铁工业机械	
——堆石灰石	H	吊斗提升机	H①	铸造起重机(提升齿轮)	H①
切割头	H	斜梯式输送机(扶梯)	M①	石渣车	U①
旋转机构	M	木材工业机械		烧结带	M①
钢缆操筒	M	滚式去皮机	H	破碎机	H①
卷扬机	M	刨削机	M	汽车倾卸机	H①
采矿、矿山工业用机械		磨机		金属加工机械	
混凝土搅拌机	M	锤式磨机	H①	卷压机	H
破碎机	H	球磨机	H①	弯板机	M①
转炉	H①	辊式磨机	H①	钢板矫直机	H①
分选机	M	轧钢机		偏心压力机	H
混合机	M	板材翻转机	M①	锻锤	H①
大型通风机(矿用)	M①	推锭机	H①	刨削机	H
输　送　机		拉管机	H①	曲柄压力机	H
平稳载荷和中等载荷		连铸机	H①	锻压机	H
斗式提升机	M	管材焊接机	H①	锻压机	H
锅炉用输送机	M	板材,钢坯剪切机	H①	橡胶与塑料机械	
螺旋输送机	U	起重机		挤压机	
装配线输送机	U	臂架摆动机	U	——橡胶	H①
板式输送机	M	运行机构	M	——塑料	M①
链式输送机	M	提升机构	M	轮压机	M①
中等载荷和重载荷机械		变幅机构	M	揉压机(橡胶)	M①
装配线输送机	M	卷扬机构	U	混合机	M①
带式输送机	M①	造纸机械		粉碎机(橡胶)	M①
载人电梯	M	叠层机	H①	辊式破碎机(橡胶)	H①

注：U—平稳载荷；M—中等冲击载荷；H—重型冲击载荷；

① 每天 24h 连续工作时，表 10.2-84 中 K_A 值要增大 10%。

7.4 选用方法

选择的减速器必须满足传动比的要求，然后按承载能力选择减速器的型号，再校核起动转矩和热功率。方法如下：

（1）选用型号

（2）计算功率

$$P_{c1} = K_A P_1 \leqslant P'_{P1} = P_{P1}\frac{n'_1}{n_1} \quad (10.2\text{-}9)$$

式中 P_1——传递的功率（kW）；

K_A——工况系数，见表 10.2-84、表 10.2-86；

n'_1——要求的输入转速（r/min）；

P'_{P1}——对应于 n'_1 时的许用输入功率（kW）；

n_1——承载能力表中靠近 n'_1 的转速（r/min）；

P_{P1}——n_1 时的许用输入功率（kW），由表 10.2-78～表 10.2-81 中查出。

（3）校核起动转矩

$$\frac{T_{max}n'_1}{P'_{P1}9550} \leqslant 2.5 \quad (10.2\text{-}10)$$

（4）校核热功率

当减速器不附加冷却装置时

$$P_1 \leqslant P_{G1} f_w f_A \quad (10.2\text{-}11)$$

式中 P_{G1}——减速器的热功率（kW），见表 10.2-82、表 10.2-83，对 DBZ 型 DCZ 型无须校核；

f_w——环境温度系数，见表 10.2-85；

f_A——功率利用系数，见表 10.2-85。

如果满足不了式（10.2-10）时，则必须增大减速器的型号或增设冷却装置。

例 10.2-6 带式输送机，运搬大块岩石，重型冲击。电动机功率 $P=75\text{kW}$，转速 $n_1=1500\text{r/min}$。起动转矩 $T_{max}=955\text{N}\cdot\text{m}$；所需输入功率 $P_1=62\text{kW}$，滚筒转速 $n_2=60\text{r/min}$，每天连续工作 24h，露天作业，环境温度 40℃。试选择运输机械用减速器。

解：

（1）需要的传动比

$$i=\frac{n_1}{n_2}=\frac{1500}{60}=25$$

选择 DCY 型减速器。

（2）选择型号

$$P_{c1}=K_A P_1$$

根据表 10.2-86 载荷类型为 H，按表 10.2-84 查得 $K_A=2.0$；每天连续工作 24h，K_A 应加大 10%，即 $K_A=2.2$。

$$P_{c1}=2.2\times62\text{kW}=136.4\text{kW}$$

查表 10.2-80 选用 DCY280 型，$P_{P1}=160\text{kW}$。

（3）校核起动转矩

$$\frac{T_{max}n_1}{P_{p1}\times9550}=\frac{955\times1500}{160\times9550}=0.94<2.5$$

（4）校核减速器的热功率。

$$P_1 \leqslant P_{G1} f_W f_A$$

查表 10.2-83 得 $P_{G1}=124\text{kW}$。

查表 10.2-85 得 $f_W=0.75$，由

$$\frac{P_1}{P_{P1}}\times100\%=\frac{62}{160}\times100\%=38.4\%\approx40\%$$

查表 10.2-85 得 $f_A=0.79$。

$P_{G1}f_W f_A=124\times0.75\times0.79\text{kW}=73.5\text{kW}>P_1=62\text{kW}$，符合要求。

8 少齿数渐开线圆柱齿轮减速器

ZDS 型少齿数渐开线圆柱齿轮减速器适用于冶金、矿山、起重运输、建材、化工、纺织和轻工等行业的机械传动。

减速器的高速轴（输入轴）转速不得大于 1500r/min；齿轮圆周速度不得大于 12.5m/s；工作环境温度为 -40～45℃，低于 0℃时，起动前润滑油应预热。

减速器的小齿轮的齿数 $z_1=2\sim11$。

8.1 装配形式和标记方法

减速器的装配形式如图 10.2-8 所示。

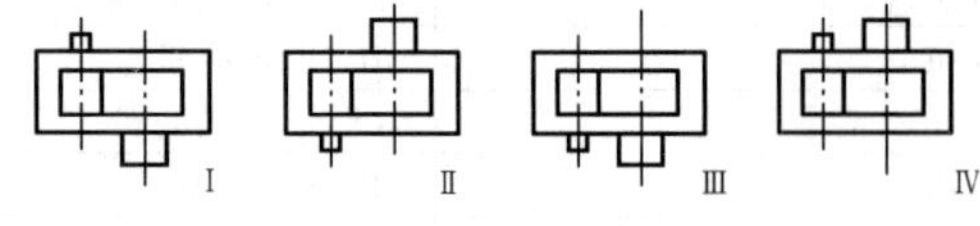

图 10.2-8 装配形式

标记示例：中心距 $a=160\text{mm}$，公称传动比 $i=20$ 第Ⅰ种装配的少齿渐开线圆柱齿轮减速器，其标记为：

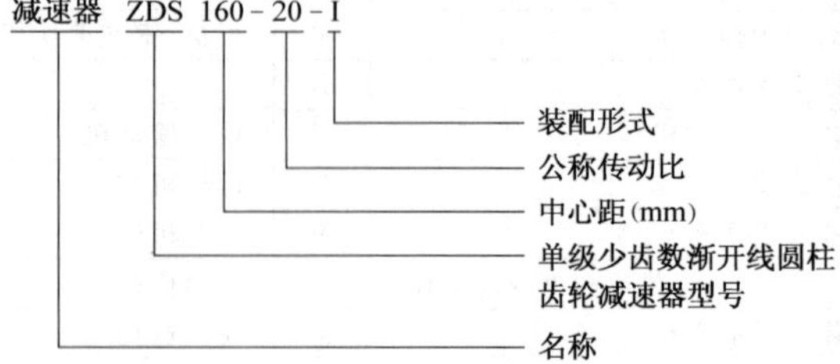

8.2 外形尺寸

减速器的外形尺寸见表 10.2-87。

表 10.2-87　ZDS 型少齿数渐开线圆柱齿轮减速器的外形尺寸　　（mm）

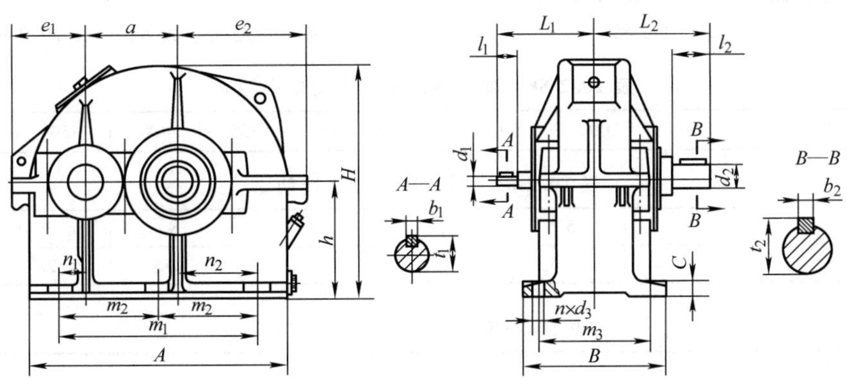

规格	A	B	H ≈	a	i=4~5.6					i=6.3~10					i=11.2~16					i=18~31.5				
					d_1 m6	b_1	t_1	l_1	L_1	d_1 m6	b_1	t_1	l_1	L_1	d_1 m6	b_1	t_1	l_1	L_1	d_1 m6	b_1	t_1	l_1	L_1
80	230	150	242	80	18	6	20.5	28	126	14	5	16	25	125	10	3	11.2	20	121	10	3	11.2	20	121
100	281	165	284	100	22	6	24.5	36	140	18	6	20.5	28	131	14	5	16	25	127	10	3	11.2	20	123
125	345	190	339	125	28	8	31	42	170	28	8	31	42	170	18	6	20.5	28	156	18	6	20.5	28	156
160	442	260	404	160	35	10	38	58	195	28	8	31	42	179	22	6	24.5	36	173	18	5	18	28	165
200	540	300	500	200	42	12	45	82	245	32	10	35	58	215	24	8	27	36	193	18	6	20.5	28	189
250	652	340	623	250	60	18	64	105	304	50	14	53.5	82	270	30	8	33	58	246	28	8	31	42	230
280	750	380	685	280	65	18	69	105	322	50	14	53.5	82	294	35	10	38	58	265	28	8	31	42	240
315	800	450	778	315	70	20	74.5	105	350	55	16	59	82	320	40	12	43	82	320	30	8	33	58	290
355	936	496	878	355	80	22	85	130	419	65	18	69	105	380	45	14	48.5	82	346	35	10	38	58	332
400	1028	530	984	400	90	25	95	130	426	70	20	74.5	105	392	50	14	53.5	82	362	40	12	43	82	356
450	1110	580	1080	450	100	28	106	165	490	80	22	85	130	450	55	16	59	82	400	45	14	48.5	82	390
500	1255	632	1195	500	110	28	116	165	506	90	25	95	130	475	60	18	64	105	445	50	14	53.5	82	415
560	1400	695	1345	560	140	36	148	180	548	110	28	116	165	503	80	22	85	130	463	65	18	69	105	448

规格	d_2 m6	b_2	t_2	l_2	L_2	C	m_1	m_2	m_3	n_1	n_2	e_1	e_2	h	地脚螺栓孔		质量 /kg
															d_3	n	
80	28	8	31	42	134	12	175	—	120	30	65	82	131	125	12		30
100	38	10	41	58	158	16	215	—	126	32	83	97	141	140	14.5		36.2
125	48	14	51.5	82	208	18	270	—	155	37	108	105	180	160	14.5	4	60.8
160	65	18	69	105	267	20	332	—	200	50	122	143	227	200	18.5		103
200	75	20	79.5	105	280	25	420	—	240	58	162	160	266	250	25		202
250	90	25	95	130	353	30	500	250	270	70	180	202	306	315	28		329
280	105	28	111	165	413	35	610	305	300	75	255	205	375	355	28		500
315	120	32	127	165	419	40	650	325	350	75	260	216	405	400	35		612
355	130	36	138	200	486	50	740	370	376	90	295	240	451	450	35		910
400	150	36	158	200	500	50	836	418	430	106	330	214	502	500	42	6	1150
450	170	40	179	240	565	55	890	460	480	106	350	290	570	560	42		1460
500	190	45	200	280	640	60	1030	515	490	112	418	290	590	630	42		1850
560	200	45	210	280	642	65	1140	570	530	130	450	335	695	710	42		2500

8.3 承载能力

减速器的齿轮传动中心距 a 见表 10.2-88。

减速器的公称传动比见表 10.2-89。

减速器的公称功率见表 10.2-90。

8.4 选用方法

减速器的工况系数 K_A 见表 10.2-91。

表 10.2-88 减速器的齿轮传动中心距 a (mm)

80	100	125	160	200	250	280	315	355	400	450	500	560

表 10.2-89 减速器的公称传动比

4	4.5	5	5.6	6.3	7.1	8	9	10
11.2	12.5	14	16	18	20	25	28	31.5

表 10.2-90 减速器的公称功率

公称传动比 i	公称转速 /r·min^{-1}		规格												
	输入 n_1	输出 n_2	80	100	125	160	200	250	280	315	355	400	450	500	560
			公称功率 P_1/kW												
4	1500	375	6.766	13.85	22.62	54.11	107.1	180.82	272.88	407.99	556	856.03	—	—	—
	1000	250	4.51	9.23	15.08	36.12	71.4	120.54	181.92	272	310.16	570.69	711.33	963.8	1684
	750	187	3.383	6.92	11.31	27.09	53.55	90.41	136.44	204	278	428.02	533.5	722.84	1263
4.5	1500	335	5.771	12	20.772	46.95	92.97	154.21	242.36	353.6	481.45	636.84	934.45	—	—
	1000	220	3.848	8	13.848	31.3	61.98	102.81	161.57	235.73	320.96	424.56	622.97	876.3	1334
	750	166	2.886	6	10.386	23.48	46.49	77.11	121.18	176.8	240.72	318.42	467.22	657.2	1000.5
5	1500	300	4.811	10.17	19.268	89.66	78.97	—	232.16	300.46	408.02	634.97	734.22	1231	—
	1000	200	3.207	6.78	12.846	26.44	52.65	—	154.77	200.3	272.01	420.65	489.48	820.7	1252.6
	750	150	2.405	5.08	9.643	19.83	39.49	—	116.08	150.23	204.01	315.48	367.11	615.49	939.48
5.6	1500	270	—	8.43	15.25	30.34	65.49	117.33	193.12	235.7	315.79	495.21	757.46	915.64	1552.4
	1000	180	—	5.62	10.17	20.22	43.66	78.22	128.74	157.14	210.63	330.14	504.97	610.43	1034.9
	750	134	—	4.22	7.63	15.17	32.75	58.66	96.56	117.85	157.9	247.6	378.73	457.82	776.18
6.3	1500	240	3.896	6.78	12.96	28.28	52.81	81.9	156.13	201.1	—	422.71	612.07	827.02	1252.6
	1000	160	2.597	4.52	8.64	18.86	35.21	54.6	104.08	134.07	—	281.81	408.05	551.35	835.08
	750	120	1.948	3.39	6.48	14.14	26.41	40.95	78.06	100.55	—	211.36	306.04	413.51	626.31
7.1	1500	210	—	—	10.11	—	—	80.87	—	—	272.47	—	—	498.48	—
	1000	140	—	—	6.74	—	—	53.92	—	—	181.65	—	—	332.32	—
	750	105	—	—	5.06	—	—	40.44	—	—	136.23	—	—	249.24	—
8	1500	185	—	5.28	—	16.96	35.55	—	101.65	130.72	211.63	274.94	391	—	977.28
	1000	125	—	3.52	—	11.31	23.7	—	67.76	87.15	141.09	183.29	260.67	—	651.52
	750	94	—	2.64	—	8.48	17.77	—	50.82	65.36	105.81	137.47	195.5	—	488.64
9	1500	166	2.275	—	5.82	—	—	58.82	68.57	—	—	—	356.4	452.35	719.21
	1000	110	1.516	—	3.88	—	—	39.21	45.72	—	—	—	237.6	301.57	479.47
	750	83	1.137	—	2.91	—	—	29.41	34.29	—	—	—	178.2	226.18	359.6
10	1500	150	1.354	3.93	—	15.12	24.11	—	—	87.84	157.46	245.5	—	—	—
	1000	100	0.903	2.62	—	10.08	16.08	—	—	58.56	104.97	163.66	—	—	—
	750	75	0.677	1.97	—	7.56	12.06	—	—	43.92	78.73	122.75	—	—	—
11.2	1500	134	1.221	—	4.15	—	—	42.51	—	—	—	—	—	339.45	—
	1000	88	0.814	—	2.76	—	—	28.34	—	—	—	—	—	226.3	—
	750	67	0.61	—	2.07	—	—	21.25	—	—	—	—	—	169.72	—
12.5	1500	120	—	2.01	—	7.96	17.21	—	63.86	62.05	110.29	172.41	185.42	—	512.86
	1000	80	—	1.34	—	5.31	11.47	—	42.57	41.37	73.53	114.94	123.61	—	341.91
	750	60	—	1.004	—	3.98	8.6	—	31.93	30.02	55.14	86.21	92.71	—	256.43

（续）

公称传动比 i	公称转速 /r·min^{-1}		规　格												
	输入 n_1	输出 n_2	80	100	125	160	200	250	280	315	355	400	450	500	560
			公称功率 P_1/kW												
16	1500	94	0.854	1.37	2.93	—	12.21	20.63	34.09	52.85	—	91.34	161.88	156.41	333.11
	1000	62	0.57	0.92	1.95	—	8.14	13.75	22.73	35.24	—	60.9	107.92	104.28	222.08
	750	47	0.427	0.69	1.47	—	6.11	10.31	17.04	26.43	—	45.67	80.94	78.21	166.56
18	1500	83	0.416	—	—	6.84	—	—	27.03	32.09	71.06	—	—	123.96	248.72
	1000	55	0.277	—	—	4.56	—	—	18.02	21.39	47.37	—	—	82.64	165.81
	750	42	0.208	—	—	3.42	—	—	13.51	16.04	35.53	—	—	61.98	124.36
20	1500	75	—	0.79	—	5.81	6.81	—	—	—	44.45	70.76	96.43	—	—
	1000	50	—	0.53	—	3.87	4.54	—	—	—	29.63	47.17	64.29	—	—
	750	38	—	0.39	—	2.91	3.41	—	—	—	22.22	35.38	48.22	—	—
25	1500	60	0.422	1.01	1.49	3.87	6.31	9.54	16.92	21.31	29.34	45.02	91.88	124.96	120.22
	1000	40	0.281	0.67	0.99	2.58	4.21	6.36	11.28	14.2	19.56	30.05	61.25	83.31	80.15
	750	30	0.211	0.504	0.74	1.94	3.16	4.77	8.46	10.65	14.67	22.54	45.94	62.48	60.11
28	1500	53	0.171	—	1.03	2.73	—	8.47	16.96	21.09	21.65	—	47.5	59.45	140.55
	1000	36	0.114	—	0.69	1.82	—	5.65	11.3	14.06	14.43	—	31.67	39.63	93.7
	750	27	0.086	—	0.52	1.36	—	4.24	8.48	10.54	10.82	—	23.75	29.72	70.27
31.5	1500	48	—	0.32	—	—	5.03	—	—	—	—	39.95	—	—	—
	1000	32	—	0.21	—	—	3.36	—	—	—	—	26.63	—	—	—
	750	24	—	0.16	—	—	2.52	—	—	—	—	19.97	—	—	—

表 10.2-91　减速器的工况系数 K_A

原动机	每日工作时间 /h	轻微冲击（均匀）载荷	中等冲击载荷	强冲击载荷
电动机 汽轮机 水力机	≤3	0.8	1	1.5
	>3~10	1	1.25	1.75
	>10	1.25	1.5	2
4~6 缸的活塞发动机	≤3	1	1.25	1.75
	>3~10	1.25	1.5	2
	>10	1.5	1.75	2
1~3 缸的活塞发动机	≤3	1.25	1.5	2
	>3~10	1.5	1.75	2.25
	>10	1.75	2	2.5

注：表中载荷分类见表 10.2-278。

在选用减速器时，如果减速器的实际输入转速与承载能力表中的三档（1500r/min、1000r/min、750r/min）转速中某一档转速相对误差不超过 4%，可按该档转速下的公称功率并考虑工况系数 K_A 或安全系数，选用相当规格的减速器。如果转速相对误差超过 4%，则应按实际输入转速折算减速器的公称功率并考虑工况系数 K_A 或安全系数选用。

例 10.2-7　输送大件物品的带式输送机减速器，电动机驱动，电动机转速 $n_1=1200$r/min，传动比 $i=4.5$，传动功率 $P_2=380$kW，每日工作 24h，油池润滑，要求选用规格相当的第 Ⅰ 种装配形式标准减速器。

解：按减速器的机械功率表选取。一般情况下要计入工况系数 K_A，特殊情况下还要考虑安全系数。

查表 10.2-278，带式输送机的载荷为中等冲击，查表 10.2-91 得：$K_A=1.5$，计算功率 P_m 为

$$P_m = P_2K_A = 380\times1.5\text{kW} = 570\text{kW}$$

要求 $P_m\leqslant P_1$

按 $i=4.5$ 及 $n_1=1200\text{r/min}$ 接近公称转速 1000r/min，查表 10.2-90，ZDS 450，$i=4.5$，$n_1=1000\text{r/min}$，$P_1=623\text{kW}$，当 $n_1=1200\text{r/min}$ 时，折算公称功率

$$P_1 = 623\times\frac{1200}{1000}\text{kW} = 747.6\text{kW}$$

$$P_m < P_1$$

故选用 ZDS 450 减速器。减速器型号为：

ZDS 450-4.5-Ⅰ

减速器许用瞬时尖峰载荷 $P_{mmax}\leqslant2P_1$。此例未给出运转中的瞬时尖峰载荷，故不校核。

9　NGW 行星齿轮减速器（摘自 JB/T 6502—2015）

NGW 行星齿轮减速器适用于机械设备的减速传动。减速器最高输入转速不超过 1500r/min。工作环境温度为 -40～40℃。当工作环境温度低于 0℃ 时，起动前润滑油必须加热到 0℃ 以上，或采用低凝固点的润滑油，如合成油。

9.1　代号和标记方法

（1）代号

减速器代号包括型号、级别、形式、规格、公称传动比和标准编号。

P——行星传动英文首字母；

2——两级行星齿轮传动；

3——三级行星齿轮传动；

F——法兰连接；

D——底座连接；

Z——定轴圆柱齿轮。

减速器标记方法 1：

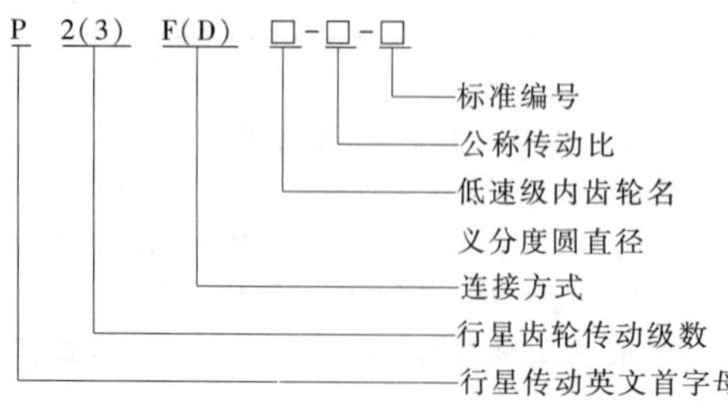

减速器标记方法 2：

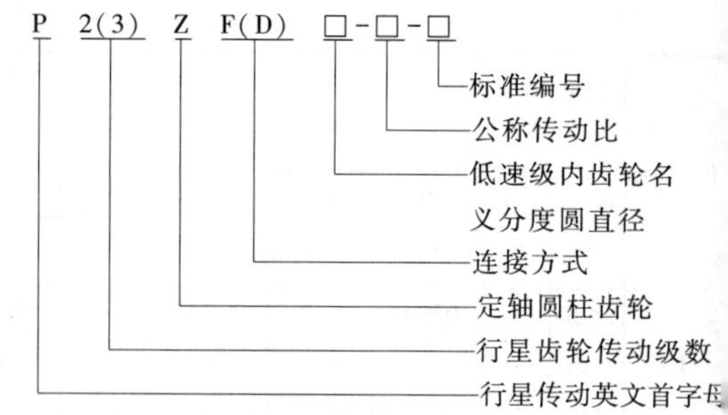

注：法兰连接方式为传动基本型。

（2）标记示例

示例 1：低速级内齿轮名义分度圆直径 $d=1000\text{mm}$，公称传动比 $i_0=25$，二级行星传动，法兰式连接行星减速器标记为

P2F1000-25 JB/T 6502—2015

示例 2：低速级内齿轮名义分度圆直径 $d=1000\text{mm}$，公称传动比 $i_0=25$，三级行星传动与一级定轴圆柱齿轮组合，底座式连接行星减速器标记为

P3ZD1000-25 JB/T 6502—2015

9.2　公称传动比（见表 10.2-92）

表 10.2-92　减速器的公称传动比

序号	1	2	3	4	5	6	7	8	9	10	11	12
传动比	20	22.4	25	28	31.5	35.5	40	45	50	56	63	71
序号	13	14	15	16	17	18	19	20	21	22	23	24
传动比	80	90	100	112	125	140	160	180	200	224	250	280
序号	25	26	27	28	29	30	31	32	33	34		
传动比	315	355	400	450	500	560	630	710	800	900		

9.3　结构型式和尺寸

P2F280～1400 系列减速器的结构型式和外形接口尺寸见表 10.2-93。

P2ZF280～1400 系列减速器的结构型式和外形接口尺寸见表 10.2-94。

P3F315～1400 系列减速器的结构型式和外形接口尺寸见表 10.2-95。

P3ZF315～1400 系列减速器的结构型式和外形接口尺寸见表 10.2-96。

输出空心轴轴伸尺寸见表 10.2-97。

输出内花键轴轴伸尺寸见表 10.2-98。

输出外花键轴轴伸尺寸见表 10.2-99。

连接底座尺寸见表 10.2-100。

表 10.2-93　P2F280～1400 系列减速器的结构型式和外形接口尺寸　（mm）

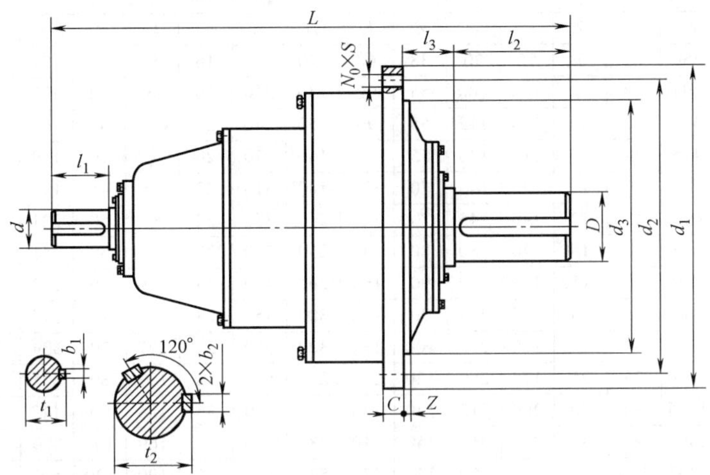

型号	外形尺寸							轴伸								法兰孔		质量	油量
	L	d_1	d_2	d_3	C	Z	l_3	d	l_1	D	l_2	b_1	t_1	b_2	t_2	S	N_0	/kg	/L
280	865	430	388	350	25	7	95	55	90	120	210	16	59	32	127	18	24	160	7
315	1050	472	436	394	28	8	110	55	90	130	210	16	59	32	137	18	28	220	9
355	1090	525	485	425	32	8	110	70	120	150	240	20	74.5	36	158	22	20	280	12
400	1214	605	555	495	34	9	110	70	120	160	270	20	74.5	40	169	26	20	450	16
450	1312	645	595	535	40	11	125	80	140	180	310	22	85	45	190	26	24	560	25
500	1480	720	665	610	42	12	140	80	140	210	350	22	85	50	221	26	32	900	36
560	1530	780	720	665	44	15	140	95	160	230	350	25	100	50	241	26	36	1230	45
630	1710	895	830	750	50	15	145	95	160	260	400	25	100	56	272	33	24	1830	58
710	1810	980	915	840	56	15	150	110	180	300	450	28	116	70	314	33	36	2500	75
800	1920	1115	1025	935	62	20	160	120	210	320	500	32	127	70	334	39	32	3550	95
900	2216	1320	1220	1110	75	25	175	130	210	360	590	32	137	80	375	39	36	4250	145
1000	2510	1460	1345	1215	80	30	200	150	240	430	690	36	158	90	447	45	36	6100	200
1120	2890	1665	1545	1400	95	35	230	160	270	480	790	40	169	100	499	52	36	9500	295
1250	3193	1755	1635	1495	100	35	250	180	310	570	950	45	190	120	592	62	36	13150	380
1400	3474	1945	1825	1685	112	40	270	190	310	640	1000	45	200	150	665	62	40	19800	550

表 10.2-94　P2ZF280～1400 系列减速器的结构型式和外形接口尺寸　（mm）

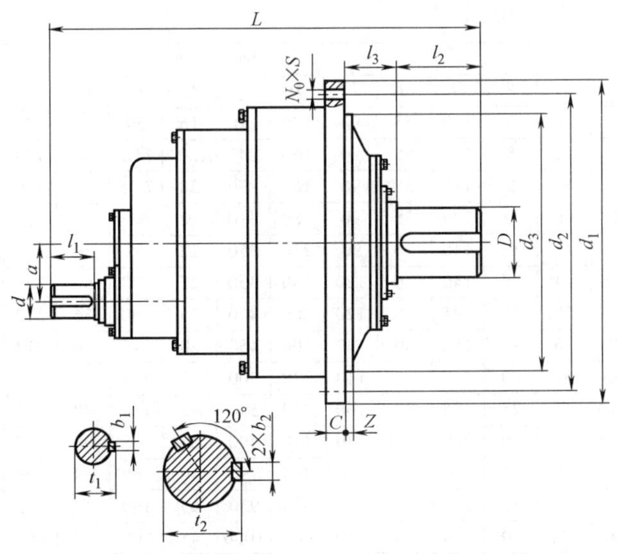

（续）

型号	外形尺寸								轴伸								法兰孔		质量	油量
	L	d_1	d_2	d_3	C	Z	l_3	a	d	l_1	D	l_2	b_1	t_1	b_2	t_2	S	N_0	/kg	/L
280	840	430	388	350	25	7	95	90	38	60	120	210	16	59	32	127	18	24	220	8
315	989	472	436	394	28	8	110	100	55	90	130	210	16	59	32	137	18	28	310	11
355	1033	525	485	425	32	8	110	112	55	90	150	240	20	74.5	36	158	22	20	450	15
400	1184	605	555	495	34	9	110	120	55	90	160	270	20	74.5	40	169	26	20	520	18
450	1290	645	595	535	40	11	125	145	70	120	180	310	22	85	45	190	26	24	700	25
500	1460	720	665	610	42	12	140	145	70	120	210	350	22	85	50	221	26	32	1150	40
560	1507	780	720	665	44	15	140	180	80	140	230	350	25	100	50	241	26	36	1500	55
630	1710	895	830	750	50	15	145	200	90	160	260	400	25	100	56	272	33	24	1950	65
710	1836	980	915	840	56	15	150	224	90	160	300	450	28	116	70	314	33	36	2800	100
800	2015	1115	1025	935	62	20	160	250	100	180	320	500	32	127	70	334	39	32	3850	135
900	2266	1320	1220	1110	75	25	175	280	120	210	360	590	32	137	80	375	39	36	4850	185
1000	2559	1460	1345	1215	80	30	200	315	140	240	430	690	36	158	90	447	45	36	6800	245
1120	2922	1665	1545	1400	95	35	230	365	150	240	480	790	40	169	100	499	52	36	10300	350
1250	3215	1755	1635	1495	100	35	250	400	170	270	570	950	45	190	120	592	62	36	13500	400
1400	3580	1945	1825	1685	112	40	270	450	180	310	640	1000	45	200	150	665	62	40	20000	550

表 10.2-95　P3F315～1400 系列减速器的结构型式和外形接口尺寸　（mm）

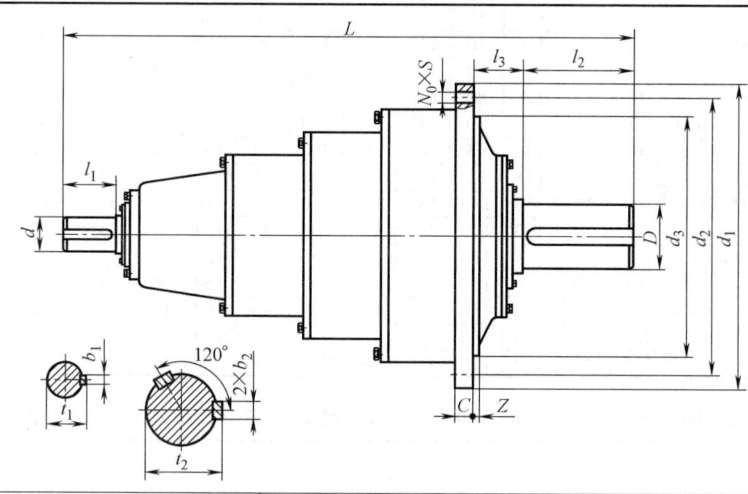

型号	外形尺寸							轴伸								法兰孔		质量	油量
	L	d_1	d_2	d_3	C	Z	l_3	d	l_1	D	l_2	b_1	t_1	b_2	t_2	S	N_0	/kg	/L
315	1026	472	436	394	28	8	110	55	90	130	210	16	59	32	137	18	28	285	12
355	1070	525	485	425	32	8	110	55	90	150	240	20	74.5	36	158	22	20	360	16
400	1158	605	555	495	34	9	110	55	90	160	270	20	74.5	40	169	26	20	535	23
450	1236	645	595	535	40	11	125	55	90	180	310	22	85	45	190	26	24	760	32
500	1433	720	665	610	42	12	140	55	90	210	350	22	85	50	221	26	32	1120	42
560	1489	780	720	665	44	15	140	70	120	230	350	25	100	50	241	26	36	1500	58
630	1678	895	830	750	50	15	145	70	120	260	400	25	100	56	272	33	24	2110	70
710	1833	980	915	840	56	15	150	80	140	300	450	28	116	70	314	33	36	2610	102
800	2022	1115	1025	935	62	20	160	80	140	320	500	32	127	70	334	39	32	3610	145
900	2210	1320	1220	1110	75	25	175	95	160	360	590	32	137	80	375	39	36	5210	180
1000	2540	1460	1345	1215	80	30	200	110	180	430	690	36	158	90	447	45	36	6500	235
1120	2785	1665	1545	1400	95	35	230	110	180	480	790	40	169	100	499	52	36	9600	340
1250	3120	1755	1635	1495	100	35	250	130	210	570	950	45	190	120	592	62	36	14000	450
1400	3500	1945	1825	1685	112	40	270	150	240	640	1000	45	200	150	665	62	40	19530	685

表 10.2-96　P3ZF315～1400 系列减速器的结构型式和外形接口尺寸　（mm）

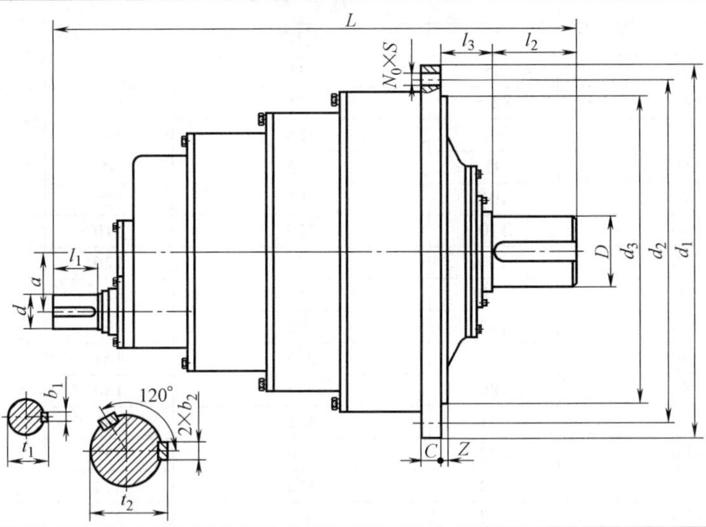

型号	外形尺寸								轴伸								法兰孔		质量	油量
	L	d_1	d_2	d_3	C	Z	l_3	a	d	l_1	D	l_2	b_1	t_1	b_2	t_2	S	N_0	/kg	/L
315	996	472	436	394	28	8	110	90	38	60	130	210	16	59	32	137	18	28	315	13
355	1040	525	485	425	32	8	110	90	38	60	150	240	20	74.5	36	158	22	20	450	15
400	1070	605	555	495	34	9	110	90	38	60	160	270	20	74.5	40	169	26	20	500	18
450	1183	645	595	535	40	11	125	90	38	60	180	310	22	85	45	190	26	24	610	25
500	1430	720	665	610	42	12	140	112	55	90	210	350	22	85	50	221	26	32	1100	42
560	1459	780	720	665	44	15	140	112	55	90	230	350	25	100	50	241	26	36	1600	60
630	1678	895	830	750	50	15	145	140	70	120	260	400	25	100	56	272	33	24	2060	75
710	1813	980	915	840	56	15	150	140	70	120	300	450	28	116	70	314	33	36	2880	115
800	1937	1115	1025	935	62	20	160	160	70	120	320	500	32	127	70	334	39	32	3700	156
900	2189	1320	1220	1110	75	25	175	180	80	140	360	590	32	137	80	375	39	36	5200	200
1000	2520	1460	1345	1215	80	30	200	200	90	160	430	690	36	158	90	447	45	36	6850	285
1120	2817	1665	1545	1400	95	35	230	250	100	180	480	790	40	169	100	499	52	36	11000	390
1250	2920	1755	1635	1495	100	35	250	280	120	210	570	950	45	190	120	592	62	36	14200	430
1400	3450	1945	1825	1685	112	40	270	315	140	240	640	1000	45	200	150	665	62	40	22000	585

表 10.2-97　输出空心轴轴伸尺寸　（mm）

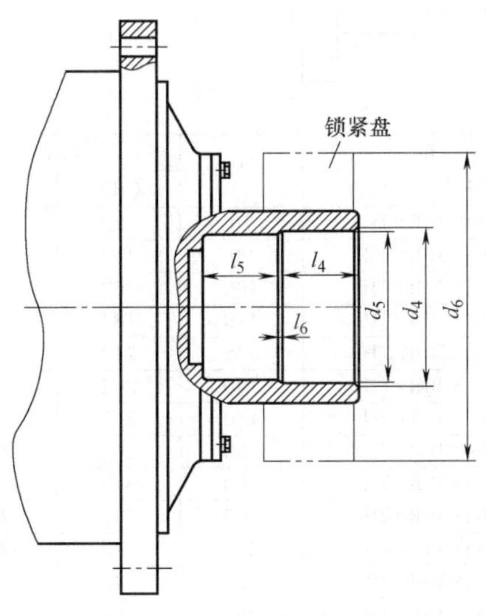

（续）

规格	外形尺寸					
	d_4H7	l_4	d_5H7	l_5	d_6	l_6
280	120	65	115	65	263	2.5
315	140	82.5	135	82.5	320	2.5
355	160	90	155	90	370	2.5
400	180	95	175	95	405	2.5
450	210	105	205	105	460	2.5
500	230	110	225	110	485	2.5
560	250	120	245	120	520	2.5
630	260	120	255	120	570	2. 5
710	310	152	305	152	650	2.5
800	350	164	345	164	720	2.5
900	380	180	375	180	800	2.5
1000	430	191	425	191	910	2.5
1120	480	232	470	232	960	5
1250	570	242	560	242	1140	5
1400	630	272	640	272	1230	5

表 10.2-98　输出内花键轴轴伸尺寸　　（mm）

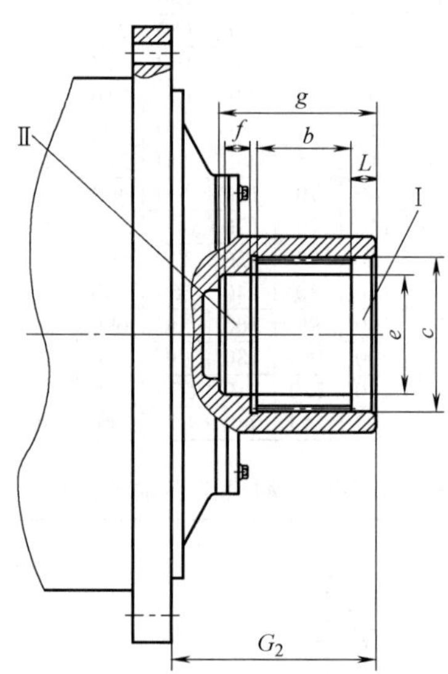

规格	G_2	内　花　键 （GB/T 3478. 1—2008）	b	中心孔 Ⅰ		中心孔 Ⅱ		g
				c（H7）	L	e（H7）	f	
280	165	INT 22z×5m×30R×7H	70	122	40	107	20	150
315	204	INT 26z×5m×30R×7H	90	142	45	125	25	180
355	223	INT 30z×5m×30R×7H	100	162	45	145	25	190
400	237	INT 34z×5m×30R×7H	110	182	45	165	25	200
450	264	INT 40z×5m×30R×7H	125	212	45	195	25	215
500	285	INT 28z×8m×30R×7H	140	242	50	220	25	235
560	290	INT 30z×8m×30R×7H	150	252	50	230	30	250
630	303	INT 31z×8m×30R×7H	160	262	50	240	30	260
710	354	INT 37z×8m×30R×7H	190	312	60	290	40	310
800	348	INT 41z×8m×30R×7H	200	342	60	320	40	320
900	372	INT 46z×8m×30R×7H	230	382	60	360	40	350
1000	423	INT 54z×8m×30R×7H	250	442	60	420	40	370
1120	448	INT 58z×8m×30R×7H	285	482	65	460	45	415

表 10.2-99　输出外花键轴轴伸尺寸　(mm)

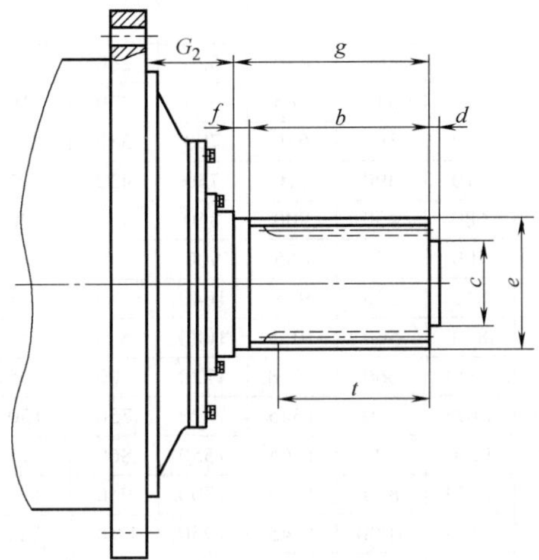

规格	外 花 键 (GB/T 3478.1—2008)	b	c(k6)	d	e(k6)	f	g	G_2	t
280	EXT 24z×5m×30R×7h	80	110	20	132	20	120	95	70
315	EXT 30z×5m×30R×7h	100	140	25	162	25	150	109	90
355	EXT 34z×5m×30R×7h	110	90	25	182	25	160	106	100
400	EXT 38z×5m×30R×7h	120	100	30	202	25	175	118	110
450	EXT 42z×5m×30R×7h	135	120	30	202	25	190	118	125
500	EXT 30z×8m×30R×7h	155	140	35	252	30	220	130	140
560	EXT 31z×5m×30R×7h	165	155	40	262	35	240	139	150
630	EXT 34z×5m×30R×7h	175	170	40	282	35	250	134	160
710	EXT 34z×5m×30R×7h	205	200	40	322	35	280	158	190
800	EXT 44z×5m×30R×7h	215	230	40	362	35	290	175	200
900	EXT 48z×5m×30R×7h	245	260	40	402	35	320	182	230
1000	EXT 54z×5m×30R×7h	265	310	40	442	35	340	196	250
1120	EXT 58z×5m×30R×7h	300	360	45	482	40	385	209	285

表 10.2-100　连接底座尺寸　(mm)

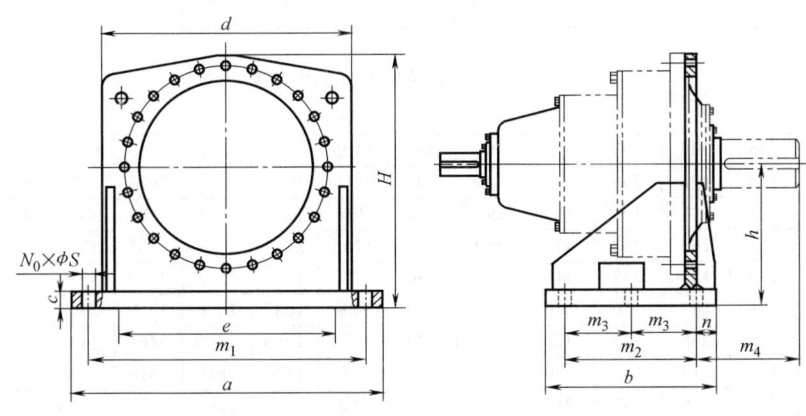

（续）

规格	a	b	c	d	e	h	H	m_1	m_2	m_3	m_4	n	地脚螺栓 $N_0\times\phi S$	质量/kg
280	580	330	20	450	380	260	480	520	260	130	240	35	6×ϕ26	56
315	680	400	30	550	480	315	585	620	330	110	274	35	8×ϕ26	125
355	760	450	30	630	560	360	670	700	380	95	292	35	10×ϕ26	157
400	820	490	35	680	610	390	720	750	420	105	334	35	10×ϕ26	213
450	920	560	35	760	680	430	800	840	480	120	380	40	10×ϕ33	270
500	980	580	40	820	700	470	865	900	500	125	374	40	10×ϕ33	350
560	1130	670	45	940	810	540	998	1040	580	145	405	45	10×ϕ39	520
630	1180	720	45	980	830	560	1035	1080	620	155	385	50	10×ϕ39	580
710	1440	840	55	1170	1020	660	1228	1320	700	175	513	70	10×ϕ52	950
800	1540	910	60	1270	1100	730	1345	1420	750	150	567	80	12×ϕ52	1280
900	1700	1000	65	1400	1240	795	1465	1550	860	215	574	70	10×ϕ62	1675
1000	1850	1100	70	1550	1370	870	1610	1700	950	190	664	75	12×ϕ62	2200
1120	2150	1300	75	1750	1570	1000	1845	1950	1100	220	773	100	12×ϕ70	3100
1250	2230	1350	85	1850	1630	1050	1940	2050	1150	230	933	100	12×ϕ78	3900
1400	2350	1420	90	1960	1700	1100	2050	2150	1200	240	985	110	12×ϕ86	4670

9.4　润滑和冷却

减速器采用喷油循环润滑。当无循环润滑条件时，允许采用油池润滑。当减速器采用油池润滑时，其工作平衡油温不得超过95℃，实际载荷功率不得超过热平衡功率 P_{G1}。油池润滑的油量应按图样规定的油标高度注入润滑油。

循环润滑的油量一般不少于0.5L/kW，或按热平衡、胶合强度计算的结果决定油站的容积和流量。

润滑油的牌号、黏度：当环境温度 $t>38$℃时，选用中载荷齿轮油 L-CKC320（或 VG320，Mobil632）；当环境温度 $t\leqslant 38$℃时，选用中载荷齿轮油 L-CKC220（或 VG220，Mobil630）。

9.5　承载能力

（1）减速器高速轴公称输入功率

P2F/P2D 减速器高速轴公称输入功率 P_1 见表10.2-101，油池润滑的许用热功率 P_{G1} 见表10.2-102；P2ZF/P2ZD 减速器高速轴公称输入功率 P_1 见表10.2-103，油池润滑的许用热功率 P_{G1} 见表10.2-104；P3F/P3D 减速器高速轴公称输入功率 P_1 见表10.2-105，油池润滑的许用热功率 P_{G1} 见表10.2-106；P3ZF/P3ZD 减速器高速轴公称输入功率 P_1 见表10.2-107，油池润滑的许用热功率 P_{G1} 见表10.2-108。

表10.2-101　P2F/P2D 减速器高速轴公称输入功率 P_1

规格		280	315	355	400	450	500	560	630	710	800	900	1000	1120	1250	1400
额定输出转矩/N·m		19000	30000	37500	50000	67000	98000	135000	180000	310000	400000	551500	764000	1120000	1680000	2400000
公称传动比 i	输入转速 n/r·min^{-1}	公称输入功率 P_1/kW														
20	1500	150	245	294	390	525	785	1060	1405	2437	3150	4350	6000	—	—	—
	1000	100	165	196	260	350	530	706	937	1625	2100	2900	3998	5855	8747	12565
	750	75	123	147	195	262	396	530	702	1218	1575	2180	3000	4390	6560	9445
22.4	1500	134	215	263	352	472	680	945	1255	2175	2812	3885	5355	—	—	—
	1000	89	145	175	235	315	456	630	837	1450	1875	2590	3570	5228	7810	11218
	750	68	108	131	176	236	342	470	628	1087	1406	1950	2677	3920	5857	8435
25	1500	120	195	235	315	420	615	847	1125	1950	2520	3465	4800	—	—	—
	1000	80	130	157	210	280	410	565	750	1300	1680	2310	3200	4685	7000	10052
	750	60	95	118	157	210	305	423	562	975	1260	1735	2400	3510	5263	7540

（续）

规格		280	315	355	400	450	500	560	630	710	800	900	1000	1120	1250	1400
额定输出转矩/N·m		19000	30000	37500	50000	67000	98000	135000	180000	310000	400000	551500	764000	1120000	1680000	2400000
公称传动比 i	输入转速 n/r·min^{-1}	公称输入功率 P_1/kW														
28	1500	107	172	210	280	375	548	756	1005	1740	2250	3075	4285	—	—	—
	1000	71	115	140	187	250	366	504	670	1160	1500	2050	2857	4122	6250	8975
	750	54	85	105	140	187	270	378	502	870	1125	1540	2142	3090	4687	6733
31.5	1500	76	120	147	190	270	392	547	885	1237	1807	2220	3000	4350	7050	9750
	1000	51	80	98	127	180	260	365	590	825	1205	1480	2000	2900	4700	6500
	750	39	61	74	95	135	200	273	442	618	905	1112	1500	2175	3525	4885
35.5	1500	66	108	130	170	232	347	480	787	1095	1603	1972	2655	3825	6255	8652
	1000	44	73	87	113	155	232	320	525	730	1069	1315	1770	2550	4170	5768
	750	33	53	65	85	116	173	240	394	547	800	988	1327	1910	3127	4326
40	1500	45	70	87	105	150	223	285	435	660	900	1320	1725	2551	3600	4950
	1000	30	48	59	70	100	150	190	290	440	600	880	1150	1702	2400	3300
	750	23	36	44	53	75	110	142	218	330	450	660	860	1275	1800	2475

表 10.2-102　P2F/P2D 减速器油池润滑的许用热功率 P_{G1}　　（kW）

规格	280	315	355	400	450	500	560	630	710	800	900	1000	1120	1250	1400
P_{G1}（小空间）	16	24	30	36	48	58	70	80	100	130	155	195	252	304	360
P_{G1}（大空间）	23	34	45	52	70	83	100	118	150	190	230	285	368	440	528
P_{G1}（户外露天）	31	47	60	72	95	110	135	156	210	265	315	395	502	605	720

表 10.2-103　P2ZF/P2ZD 减速器高速轴公称输入功率 P_1

规格		280	315	355	400	450	500	560	630	710	800	900	1000	1120	1250	1400
额定输出转矩/N·m		19000	30000	37500	50000	67000	98000	135000	180000	310000	400000	551500	764000	1120000	1680000	2400000
公称传动比 i	输入转速 n/r·min^{-1}	公称输入功率 P_1/kW														
45	1500	65	108	130	172	235	340	470	627	1087	1405	1920	2667	3910	5850	8400
	1000	44	72	87	115	157	225	315	418	725	937	1280	1775	2606	3900	5600
	750	32	54	66	86	118	170	236	310	543	702	962	1335	1952	2920	4200
50	1500	58	97	115	155	211	305	425	560	978	1264	1728	2400	3517	5265	7560
	1000	39	65	77	103	141	204	283	376	652	843	1150	1600	2345	3510	5040
	750	28	48	57	77	105	150	212	280	485	630	865	1200	1755	2632	3780
56	1500	50	87	102	135	187	270	376	502	870	1125	1540	2140	3130	4685	6725
	1000	34	58	68	90	125	180	251	335	580	750	1025	1428	2087	3123	4485
	750	21	43	51	67	93	136	188	251	435	560	771	1070	1565	2340	3360
63	1500	45	78	90	123	165	240	335	447	774	1000	1365	1905	2775	4170	5985
	1000	30	52	60	80	110	160	223	298	516	667	910	1270	1852	2780	3992
	750	22	38	44	60	82.5	120	167	220	387	500	680	950	1390	2085	2990
71	1500	33	55	62	83	117	170	238	318	547	710	968	1327	1972	2958	4245
	1000	22	37	42	56	78	112	160	212	365	475	645	885	1315	1972	2832
	750	16	28	30	40	58	85	120	158	271	356	480	660	985	1476	2120
80	1500	30	48	57	75	103	150	212	280	485	630	860	1180	1745	2625	3780
	1000	20	32	38	50	69	100	143	188	325	420	570	787	1165	1750	2520
	750	16	23	28	37	51	75	107	141	240	312	430	590	870	1310	1890

（续）

规格		280	315	355	400	450	500	560	630	710	800	900	1000	1120	1250	1400
额定输出转矩/N·m		19000	30000	37500	50000	67000	98000	135000	180000	310000	400000	551500	764000	1120000	1680000	2400000
公称传动比 i	输入转速 n/r·min^{-1}	公称输入功率 P_1/kW														
90	1500	25	43	49	67	90	132	190	247	433	560	765	1050	1550	2325	3360
	1000	17	29	33	45	61	89	127	165	289	375	510	700	1036	1550	2240
	750	13	22	25	33	45	67	95	123	215	281	382	525	775	1160	1680
100	1500	22	37	45	60	80	118	170	220	385	495	685	930	1395	2065	2980
	1000	15	25	30	40	55	80	113	147	257	332	460	623	930	1378	1989
	750	10	18	23	30	41	59	85	108	192	247	340	465	697	1033	1490
112	1500	19	32	37	52	70	105	148	196	345	442	610	830	1235	1835	2650
	1000	13	22	25	35	48	70	100	130	230	295	407	555	825	1225	1770
	750	9.5	16	19	26	36	53	75	97	172	220	305	415	618	918	1325
125	1500	13	22	27	33	48	70	97	130	223	292	410	555	825	1220	1770
	1000	9	15	18	22	32	47	66	87	150	195	275	370	550	815	1180
	750	6	12	13	15	23	35	49	66	112	145	206	275	410	611	882

表 10.2-104　P2ZF/P2ZD 减速器油池润滑的许用热功率 P_{G1}　　（kW）

规格	280	315	355	400	450	500	560	630	710	800	900	1000	1120	1250	1400
P_{G1}（小空间）	13	19	25	29	39	47	57	65	86	108	130	162	207	250	299
P_{G1}（大空间）	19	28	36	43	57	68	82	95	125	157	189	235	300	363	435
P_{G1}（户外露天）	26	38	49	59	78	93	114	130	172	216	260	325	414	500	600

表 10.2-105　P3F/P3D 减速器高速轴公称输入功率 P_1

规格		315	355	400	450	500	560	630	710	800	900	1000	1120	1250	1400
额定输出转矩/N·m		30000	37500	50000	67000	98000	135000	180000	310000	400000	551500	764000	1120000	1680000	2400000
公称传动比 i	输入转速 n/r·min^{-1}	公称输入功率 P_1/kW													
140（6.3×5.6×4）	1500	32	42	55	76	110	151	202	345	450	622	—	—	—	—
	1000	22	28	37	50	73	100	135	231	300	415	571	835	1233	1770
	750	16.5	20	28	37	56	76	100	173	225	310	428	625	925	1325
160（7.1×5.6×4）	1500	29	36.7	48	65	95	131	176	303	390	552	—	—	—	—
	1000	19.2	24.5	32	43.7	64	87.5	118	202	262	368	508	743	1093	1570
	750	14.5	18	23	33	48	66	87	150	196	276	381	557	821	1176
180（7.1×6.3×4）	1500	26	32	42	58	85	116	155	271	345	492	—	—	—	—
	1000	17	21.7	28	38.5	57	77.8	104	180	230	328	450	660	975	1400
	750	13	15	20	30	43	59	78	136	172	245	337	494	730	1052
200（8×6.3×4）	1500	22.5	29	38	51	76	102	135	243	310	435	—	—	—	—
	1000	15	19.5	25.5	34	50	68	91	162	207	290	402	588	877	1260
	750	11	15	20	26	39	50	68	120	155	217	300	442	655	945
224（8×7.1×4）	1500	19.5	26	34.2	46	67	90	121	216	275	388	535	781	1170	1680
	1000	13	17.3	22.8	31	45	61	81	144	184	260	358	520	780	1121
	750	10	12.6	17.5	22	33.6	46	62	108	138	193	268	390	585	842

（续）

规格		315	355	400	450	500	560	630	710	800	900	1000	1120	1250	1400
额定输出转矩/N·m		30000	37500	50000	67000	98000	135000	180000	310000	400000	551500	764000	1120000	1680000	2400000
公称传动比 i	输入转速 n/r·min^{-1}	公称输入功率 P_1/kW													
250（8×7.1×4.5）	1500	14	18	24	34	47	64	87	153	196	277	381	555	830	1205
	1000	9.5	12	16	22	32	43	58	102	131	185	254	370	555	802
	750	7	9.2	11.5	17.5	23	31	43	76	98	138	190	275	416	603
280（8×8×4.5）	1500	12.7	16.5	21.7	28	40	57	78	134	170	246	337	495	742	1070
	1000	8.5	11	14.5	19	28	38	52	90	115	164	225	330	495	715
	750	6	8	11	15	21	28	38	68	86	122	168	245	370	536

表 10.2-106　P3F/P3D 减速器油池润滑的许用热功率 P_{G1}　（kW）

规格	315	355	400	450	500	560	630	710	800	900	1000	1120	1250	1400
P_{G1}（小空间）	16	21	25	34	39	48	56	73	90	109	139	179	222	258
P_{G1}（大空间）	23	30	36	48	57	70	81	105	132	158	202	259	320	372
P_{G1}（户外露天）	32	42	49	65	79	96	110	145	182	222	277	356	441	512

表 10.2-107　P3ZF/P3ZD 减速器高速轴公称输入功率 P_1

规格		315	355	400	450	500	560	630	710	800	900	1000	1120	1250	1400
额定输出转矩/N·m		30000	37500	50000	67000	98000	135000	180000	310000	400000	551500	764000	1120000	1680000	2400000
公称传动比 i	输入转速 n/r·min^{-1}	公称输入功率 P_1/kW													
315（2×7.1×5.6×4）	1500	14	19.5	25.5	32	48	67.5	91	150	198	270	380	558	817	1177
	1000	9.5	13	17	22	32	45	60	102	132	182	253	372	545	785
	750	7	9.7	12.7	15.5	23	33	46	76	95	136	192	280	408	586
355（2.24×7.1×5.6×4）	1500	12.6	17	22.5	29	42	61	80	132	175	240	335	495	730	1052
	1000	8.4	11.5	15	19.5	28	40	53	90	117	160	224	330	486	700
	750	11	8	11.2	14.5	20	30	41	65	87	122	166	247	364	526
400（2.24×7.1×6.3×4）	1500	11	15	20	25	37.5	52	70	121	155	212	302	438	657	931
	1000	7.5	10	13.4	17	25	35	47	80	104	142	200	292	438	620
	750	6	7.6	10.5	13	18.7	25	36	60	77	105	153	218	328	465
450（2.5×7.1×6.3×4）	1500	10	13.5	17.5	8	32	47	63	100	138	190	265	392	585	820
	1000	6.7	9	11.8	15	22	32	42	71	92	126	178	260	390	550
	750	5	6.7	8.6	4	15	24	32	52	69	96	133	196	290	412
500（2.5×8×6.3×4）	1500	9	12	15	19.5	29	42	55	94	125	168	235	350	520	740
	1000	6	8	10	13	19.5	28	37	63	82	112	158	234	348	495
	750	4	6.3	7	10	14	20	28	47	63	85	118	176	261	371
560（2.5×8×7.1×4）	1500	8	10.8	12.7	18	26.5	37.5	50	85	110	152	210	310	462	660
	1000	5.3	7.2	8.5	12	17.7	25	33	57	73	100	140	208	308	443
	750	4	5.5	6	9	13	19	26	43	56	75	104	156	233	330
630（2.5×8×7.1×4.5）	1500	5.7	7.5	9	12.7	19	27	35	62	78	108	152	220	332	478
	1000	3.8	5	6	8.5	12.6	18	23.5	40	52	72	100	148	220	319
	750	2.8	3.7	4.5	6.3	9.5	14	17	30	40	55	78	112	165	238

（续）

规格		315	355	400	450	500	560	630	710	800	900	1000	1120	1250	1400
额定输出转矩/N·m		30000	37500	50000	67000	98000	135000	180000	310000	400000	551500	764000	1120000	1680000	2400000
公称传动比 i	输入转速 n/r·min^{-1}	公称输入功率 P_1/kW													
710 (2.8×8×7.1×4.5)	1500	5	6.7	8	11	16.5	24	30	54	70	94	130	195	292	425
	1000	3.3	4.5	5.4	7.5	11	16	21	36	46	63	88	130	195	283
	750	2.6	3.4	4.2	5.6	8	12.5	16	28	36	47	66	98	145	212
800 (3.15×8×7.1×4.5)	1500	4.6	6	7.2	9.7	15	21	28.5	48	61	83	117	170	260	380
	1000	3	4	4.8	6.5	10	14	19	32	41	56	78	115	173	252
	750	2.1	3	3.5	4.8	7.5	10	14	25	30	42	58	86	129	191
900 (3.15×8×8×4.5)	1500	3.8	5.4	6.3	9	13	19	25	42	54	76	103	155	228	113
	1000	2.6	3.6	4.2	6	8.7	12.6	16.6	28	36.5	50	69	103	152	225
	750	2	2.7	3.1	4.6	6.5	8	13	20	28	39	52	77	115	56

表 10.2-108　P3ZF/P3ZD 减速器油池润滑的许用热功率 P_{G1}　　(kW)

规格	315	355	400	450	500	560	630	710	800	900	1000	1120	1250	1400
P_{G1}(小空间)	14	18	21	30	35	42	49	64	80	96	123	158	193	223
P_{G1}(大空间)	20	26	31	42	50	61	72	92	116	139	179	229	280	325
P_{G1}(户外露天)	28	36	43	58	69	84	99	126	159	191	246	314	385	446

（2）减速器输出轴轴端径向许用载荷 F_r（见表 10.2-109）。

表 10.2-109　减速器输出轴轴端径向许用载荷 F_r　　(kN)

规格		280	315	355	400	450	500	560	630	710	800	900	1000
输出轴		10.55	13.14	17.21	20.83	21.22	28.69	38.83	37.17	41.02	42.20	52.73	67.04
二级输入轴转速 n /r·min^{-1}	n=1500	0.74	0.97	1.16	1.40	1.52	1.99	2.33	2.95	3.16	4.23	5.62	7.06
	n=1000	0.84	1.11	1.33	1.60	1.74	2.28	2.67	3.38	3.62	4.84	6.44	8.08
	n=750	0.93	1.22	1.47	1.77	1.92	2.51	2.93	3.72	3.98	5.33	7.09	8.89
三级输入轴转速 n /r·min^{-1}	n=1500	—	0.62	0.74	0.71	0.64	1.05	1.42	1.47	2.24	2.36	3.48	4.13
	n=1000	—	0.71	0.84	0.81	0.73	1.21	1.63	1.68	2.56	2.71	3.99	4.73
	n=750	—	0.78	0.93	0.89	0.81	1.33	1.79	1.85	2.82	2.98	4.39	5.21

注：1. F_r 是根据外力作用于输出轴轴端的中点确定的。
当外力作用点偏离中点 ΔL 时，其径向许可载荷应由公式（10.2-12）确定。

$$F_r'=F_r\frac{L}{L\pm2\Delta L} \tag{10.2-12}$$

式中的正负号分别对应于外力作用点由轴端中点向外侧及内侧偏移的情形。
2. 输入轴转速界于表列转速之间时，许用径向载荷用插值法求值。
3. 1000 以上规格另行计算。

9.6　选用方法

（1）减速器的选用系数

1）工况系数 K_A 见表 10.2-110。

表 10.2-110　工况系数 K_A

日运行时间/h	0.5h 间歇运行	<0.5~2	<2~10	<10~24
均匀载荷(U)	0.8	0.9	1	1.25
中等冲击载荷(M)	0.9	1	1.25	1.5
强冲击载荷(H)	1	1.2	1.75	2

注：U、M、H 见表 10.2-114。

2）起动频率系数 f_1 见表 10.2-111。

表 10.2-111　起动频率系数 f_1

每小时起动次数	≤10	<10~60	<60~240	<240~400
f_1	1	1.1	1.2	1.3

3）小时载荷率系数 f_2 见表 10.2-112。

表 10.2-112　小时载荷率系数 f_2

小时载荷率 J_c(%)	100	80	60	40	20
f_2	1	0.94	0.86	0.74	0.56

4）环境温度系数 f_3 见表 10.2-113。

表 10.2-113　环境温度系数 f_3

环境温度/℃	≤10~20	<20~30	<30~40	<40~50
f_3	1	1.14	1.33	1.6

（2）减速器的选用

减速器的承载能力受机械强度和热平衡功率两方面的限制，因此减速器的选用必须通过两个功率表来确定。

首先按减速器机械强度公称输入功率 P_1 选用，如果减速器的实际输入转速与承载能力表中的三档（1500r/min，1000r/min，750r/min）中的某一档转速相对误差不超过 4%，可按该档转速下的公称功率选用。如果转速相对误差超过 4%，那么应按实际转速折算减速器的公称功率选用。然后校核减速器的热平衡功率。

表 10.2-101 中的额定输入功率 P_1 适用于如下工作条件：减速器工作载荷平稳无冲击，每日工作 8~10h，每小时起动不超过 10 次，起动转矩不超过额定转矩的 2.5 倍，小时载荷率 $J_c=100\%$，环境温度为 20℃。当上述条件不能满足时，应依据表 10.2-110~表 10.2-113 的规定进行修正。

选用减速器应已知原动机、工作机的类型及参数、载荷性质及大小、每日运行时间、每小时起动次数、环境温度及轴端载荷等。

当已知条件与表 10.2-101 规定的工作条件相同时，可直接由表 10.2-101 选取所需减速器的规格。

当已知条件与表 10.2-101 规定的工作条件不同时，应由公式（10.2-13）和公式（10.2-14）进行修正计算，再由计算结果的较大值从表 10.2-101 选取与承载能力相符或偏大的减速器。

$$P_{1J}=P_{1B}K_Af_1 \tag{10.2-13}$$

$$P_{1R}=P_{1B}f_2f_3 \tag{10.2-14}$$

式中　P_{1J}——减速器计算输入机械功率（kW）；

P_{1R}——减速器计算输入热功率（kW）；

P_{1B}——减速器实际输入功率（kW）。

在初选好减速器的规格后，还应校核减速器的最大尖峰载荷不超过额定承载能力的 2.5 倍。

例 10.2-8　试为一重型输送机选择行星减速器。

已知电动机转速 $n_1=1500$r/min，传动比 $i=900$，电动机功率 $P=55$kW，工作环境温度为 40℃，减速器每日工作 24h，每小时起动次数为 5 次，受中等冲击载荷，采用油池润滑及底座连接，输入、输出轴端无径向载荷，安装在大厂房内。试选行星减速器的型号规格。

解：由于给定条件与表 10.2-107 规定的工作应用条件不一致，故应进行选型计算。

由表 10.2-110 查得 $K_A=1.5$，由表 10.2-111 查得 $f_1=1$，则

$$P_{1J}=P_{1B}K_Af_1=55\times1.5\times1\text{kW}=82.5\text{kW}$$

查表 10.2-107（P3ZD 1000）查得 $P_1=103$kW，大于 P_{1J}。

由于环境温度较高，应验算热平衡时临界功率 P_{G1}。

查表 10.2-112、表 10.2-113 得 $f_2=1$，$f_3=1.33$，则

$$P_{1R}=P_{1B}f_2f_3=55\times1\times1.33\text{kW}=73.15\text{kW}$$

查表 10.2-108 得 $P_{G1}=179$kW，大于 P_{1R}，即工作状态热功率小于减速器的热平衡功率，故无须增加冷却措施。

表 10.2-114　减速器的载荷分类及代码

工作机类型	载荷分类代号	工作机类型	载荷分类代号	工作机类型	载荷分类代号
建筑机械		斗式输送机	M	连铸成套设备	H
卷扬机	M	环式输送机	M	剪料机头	H
搅拌机	M	卷扬机	H	重型板轧机	H
铣刨机	H	倾斜卷扬机	H	棒坯粗轧机	H
化工机械		轻工机械		剪板机	H
搅拌器(液体)	U	灌装机	U	焊管机	H
搅拌器(半液体)	M	捣碎机	M	轧机辊道	H
挤压机	M	搅拌机	M	推床	H
离心机(轻型)	U	切片机	M	橡塑机械	
离心机(重型)	M	清洗机	M	硫化机	M
冷却滚筒	M	冶金机械		压光机	M
干燥滚筒	M	输送辊道(轻型)	M	挤压机	H
破碎机	M	鼓风机	M	捏合机	H
混合机	H	离心泵(稀液体)	U	混合搅拌机	M
运输机械		离心泵(半液体)	M	滚压机	H
刮板输送机	M	活塞泵	H	水处理类	
带式输送机(小件)	U	柱塞泵	H	鼓风机	M
带式输送机(大件)	M	压力泵	H	螺杆泵	M
带式输送机(碎料)	H	抽气泵	M	石料,瓷土加工机床类	
螺旋输送机	M	螺杆泵	M	球磨机	H
绞车运输	M	压缩机	H	挤压粉碎机	H
链板输送机	M	钢坯剪断机	H	锤粉碎机	H
客运电梯	M	冷轧机	H	筒型磨机	H

（续）

工作机类型	载荷分类代号	工作机类型	载荷分类代号	工作机类型	载荷分类代号
输送辊道(重型)	H	纺织机械		倒角机	M
矫直机	M	送料器	M	切坯机	M
摆动升降台	M	织布机	M	辊压机	H
滚筒	M	印染机	M	球磨机	H
剪板机	H	捏合机	M	立磨	H
推料机	H	包装机	U	回转窑	M
翻板机	H	卷绕机	M	提升机	M
焊管机	H	木工机械		风机	M
冷床	M	剥皮机	H	破碎机(重型)	H
金属加工机械		刨床	M	堆取料机	H
机床辅助装置	U	锯床	H	挤出机	M
机床主传动装置	M	木材加工机	U	喂料机	M
压力机	H	通用机械		压砖机	H
剪切机	M	通风机	M	搅拌机	M
弯板机	M	挤压机	M	石油机械类	
矫直机	H	混合机	M	输油管液压泵	M
拉拔机	M	捏合机	H	钻井设备	H
拉丝机	M	建材机械		挖泥机类	
锻造机	H	破碎机(轻型)	M	筒式传送机	H
挤压机	H	压片机	M	挖泥头	H
锻锤	H	输送辊道	M	泵	M
造纸机械		打包机	M	行走装置	H
所有造纸机械	H	打磨机	M	机动绞车	M

注：U—均匀载荷；M—中等冲击载荷；H—强冲击载荷。

10　矿井提升机用行星齿轮减速器（摘自 JB/T 9043—2016）

JB/T 9043—2016 规定的 ZKD 型、ZKP 型和 ZKL 型单级、单级派生和两级传动行星齿轮减速器主要用于矿井提升机械，也可用于矿山、冶金、水泥、建材、能源及化工等行业机械设备用减速器。高速轴转速不大于 1000r/min，可正、反两向运转；工作环境温度为-40~45℃，低于 8℃时需增设加热装置，高于 35℃时需增设冷却装置。在安装使用之前或停机超过 4h 后，必须进行空负荷运转，在确认噪声、振动和润滑正常情况下方可加载使用。负荷运转时，箱体内润滑油的温升不得高于 35℃，轴承温升不得高于 40℃。

10.1　标记方法

标记示例：

单级和两级行星齿轮减速器：

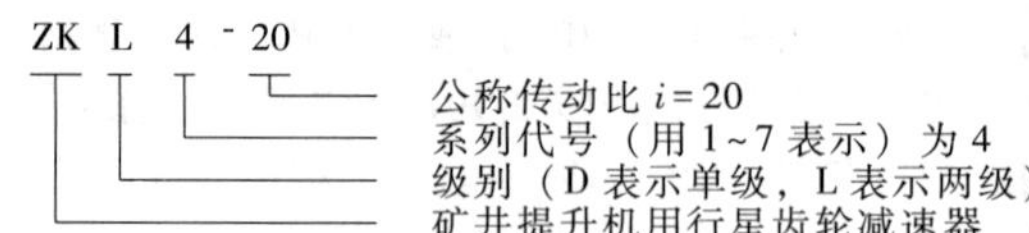

单级派生型行星齿轮减速器：

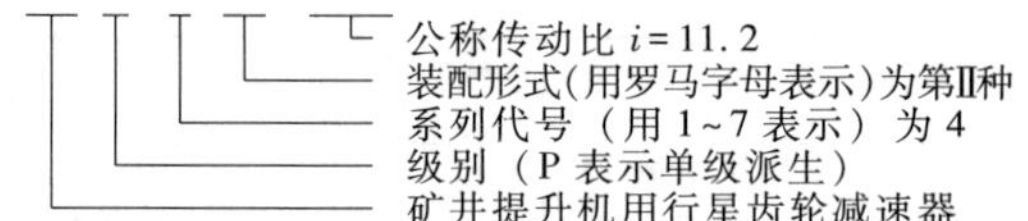

10.2　结构型式和外形尺寸

ZKD 型、ZKP 型和 ZKL 型减速器的结构型式和外形尺寸分别见表 10.2-115~表 10.2-117。

表 10.2-115　ZKD 型减速器的结构型式和外形尺寸　（mm）

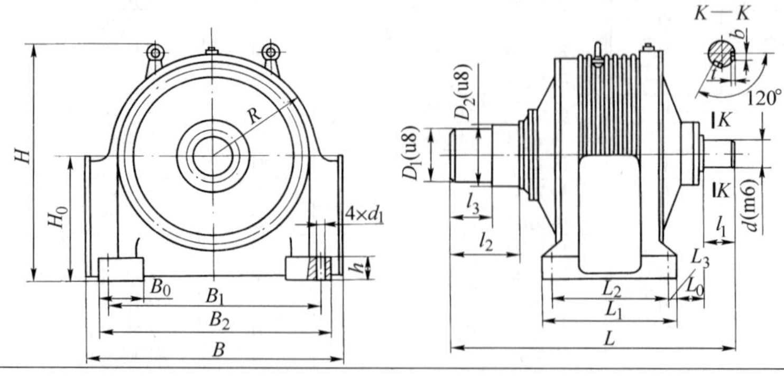

（续）

机座号码	型号	外形尺寸及中心高					轴伸尺寸				
		L	B	H	H_0	R	d	$b\times t$	l_1	D_1/D_2	l_3/l_2
1	ZKD1	1469	1206	1043	500	480	140	37.7×11	250	198/200	125/230
2	ZKD2	1670	1340	1167	560	535	160	42.1×12	300	238/240	150/280
3	ZKD3	1865	1586	1445	710	640	180	44.9×12	300	298/300	180/335
4	ZKD4	2015	1815	1610	800	735	220	57.1×18	350	338/340	200/375
5	ZKD5	2400	2060	1875	900	850	250	64.6×18	410	398/400	240/440
6	ZKD6	2700	2450	2170	1120	925	280	72.1×20	470	438/440	270/500
7	ZKD7	3105	2774	2445	1250	1040	320	81×22	470	478/480	300/560

机座号码	型号	地脚尺寸									质量/kg
		L_1	L_2	L_3	L_0	B_1	B_2	B_0	d_1	h	
1	ZKD1	580	460	60	202	1020	1140	220	56	70	2212～2244
2	ZKD2	720	590	65	247	1140	1270	240	56	80	2960～3010
3	ZKD3	850	700	75	268	1360	1515	290	66	90	4764～4871
4	ZKD4	900	740	80	273	1550	1740	330	66	100	6171～6532
5	ZKD5	1160	890	135	295	1760	2000	390	78	120	10300～10500
6	ZKD6	1350	1100	125	350	2100	2350	420	91	180	16842～17165
7	ZKD7	1465	1160	152.5	430	2300	2690	500	107	180	27168～27228

表 10.2-116　ZKP 型减速器的结构型式和外形尺寸　（mm）

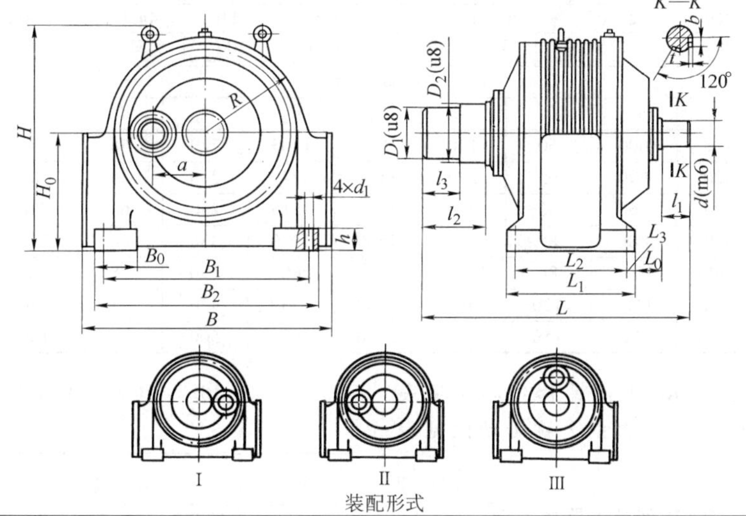

装配形式

机座号码	型号	外形尺寸及中心高						轴伸尺寸				
		L	B	H	H_0	R	a	d	$b\times t$	l_1	D_1/D_2	l_3/l_2
1	ZKP1	1435	1206	1043	500	480	250	110	30.1×9	165	198/200	125/230
2	ZKP2	1660	1340	1167	560	535	300	130	33×10.3	200	238/240	150/280
3	ZKP3	1900	1586	1445	710	640	355	160	42.1×12	240	298/300	180/335
4	ZKP4	2100	1815	1610	800	735	410	170	43.5×12	300	338/340	200/375
5	ZKP5	2400	2060	1875	900	850	474	180	44.9×12.4	300	398/400	240/440
6	ZKP6	2890	2450	2170	1120	925	532	220	57.1×16	350	438/440	270/500
7	ZKP7	3171	2774	2445	1250	1040	600	280	72.1×20	470	478/480	300/560

机座号码	型号	地脚尺寸									质量/kg
		L_1	L_2	L_3	L_0	B_1	B_2	B_0	d_1	h	
1	ZKP1	580	460	60	302	1020	1140	220	56	70	2475～2526
2	ZKP2	720	590	65	365	1140	1270	240	56	80	3390～3430
3	ZKP3	850	700	75	364	1360	1515	290	66	90	5382～5505
4	ZKP4	900	740	80	442	1550	1740	330	66	100	7112～7667
5	ZKP5	1160	890	135	445	1760	2000	390	78	120	11620～11700
6	ZKP6	1350	1100	125	620	2100	2350	420	91	180	19390～19634
7	ZKP7	1465	1160	152.5	655	2300	2690	500	107	180	28505～28625

表 10.2-117　ZKL 型减速器的结构型式和外形尺寸　(mm)

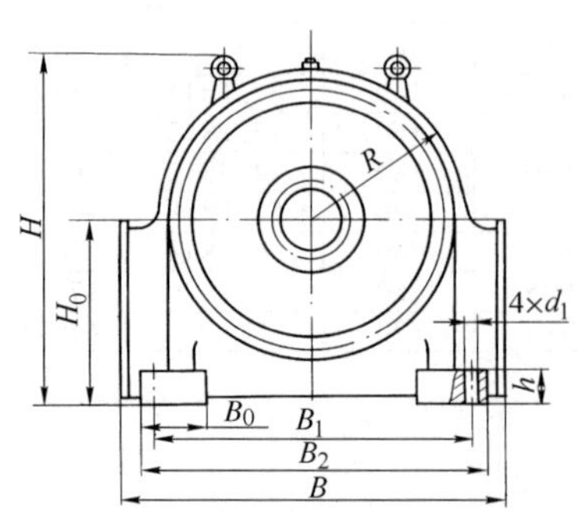

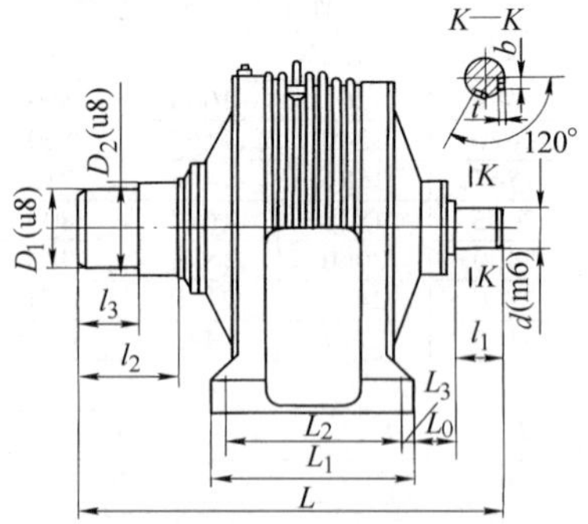

机座号码	型号	外形尺寸及中心高					轴伸尺寸				
		L	B	H	H_0	R	d	$b×t$	l_1	D_1/D_2	l_3/l_2
1	ZKL1	1443	1176	1038	500	460	90	25.6×8	130	198/200	125/230
2	ZKL2	1660	1340	1167	560	535	110	30.1×9	165	238/240	150/280
3	ZKL3	1860	1586	1445	710	640	120	33.2×10	210	298/300	180/335
4	ZKL4	2055	1812	1642	800	735	140	37.7×11	250	338/340	200/375
5	ZKL5	2370	2068	1875	900	850	160	42.1×12	300	398/400	240/440
6	ZKL6	2690	2450	2170	1120	925	180	44.9×12	300	438/440	270/500
7	ZKL7	2980	2715	2445	1250	1050	200	51×14	350	478/480	300/560

机座号码	型号	地脚尺寸									质量/kg
		L_1	L_2	L_3	L_0	B_1	B_2	B_0	d_1	h	
1	ZKL1	720	600	60	190	960	1105	220	56	70	2482~2521
2	ZKL2	820	690	65	220	1140	1270	240	56	80	3464~3515
3	ZKL3	920	760	80	246	1360	1515	290	66	90	4385~5519
4	ZKL4	1040	880	80	268	1550	1740	330	66	100	6742~7115
5	ZKL5	1300	1030	80	275.5	1760	2000	390	78	120	11290~11488
6	ZKL6	1440	1180	130	290	2100	2350	420	91	150	18952~19226
7	ZKL7	1720	1420	150	300	2300	2640	500	107	180	27198~27330

ZKD 型、ZKP 型、ZKL 型减速器中心距见表 10.2-118~表 10.2-120，减速器的公称传动比见表 10.2-121。

表 10.2-118　ZKD 型减速器中心距　(mm)

型号	中心距
ZKD 型	190,195,228,234,280,288,320,330,366,378,427,441,488,504

表 10.2-119　ZKP 型减速器中心距　(mm)

型号	中心距	
	高速级	低速级
ZKP 型	250, 300, 355, 410,474,532,600	190,195,228,234,280,288, 320, 330, 366, 378, 427,441,488,504

表 10.2-120　ZKL 型减速器中心距　(mm)

型号	中心距	
	高速级	低速级
ZKL 型	160, 165, 186, 192, 225,233,258,260,267, 270,285,300,312,338, 351,375,390	190,195,228,234, 280, 288, 300, 320, 330, 366, 378, 427, 441,488,504

表 10.2-121　减速器的公称传动比

型号	公称传动比								
ZKD	4	4.5	5	5.6	6.3				
ZKP	7.1	8	9	10	11.2	12.5	14		
ZKL	16	18	20	22.4	25	28	31.5	35.5	40

注：减速器的实际传动比与公称传动比的相对误差 ZKD 型减速器不大于 3%，ZKP 型、ZKL 型减速器不大于 4%。

10.3　承载能力

ZKD 型、ZKP 型和 ZKL 型减速器的许用输出转矩 T_P 见表 10.2-122~表 10.2-124，许用输入功率 P_P 见表 10.2-125~表 10.2-127。

表 10.2-122　ZKD 型减速器许用输出转矩 T_P

公称传动比 i	n_1/r · min^{-1}	单级行星齿轮减速器许用输出转矩 T_P/N · m						
		型　号						
		ZKD1	ZKD2	ZKD3	ZKD4	ZKD5	ZKD6	ZKD7
4	500	62670	107140	197920	296540	437640	682800	1000810
	600	61930	105600	194690	291480	429390	567760	975700
	750	60820	103310	189920	284010	417280	645920	939600
	1000	58990	99600	182250	272030	398030	611750	883900
4.5	500	73670	125820	233140	350430	520660	812910	1192390
	600	72740	124080	229500	344770	511360	795950	1164040
	750	71480	121480	224120	336400	497690	771260	1123170
	1000	69400	117270	215450	322950	475910	732500	1059830
5	500	67660	115940	210520	309960	456920	715310	1284120
	600	67020	114680	207700	305770	450120	702790	1258380
	750	66040	112550	204590	299490	440000	684360	1220810
	1000	64410	109200	196630	289270	423640	654940	1161580
5.6	500	75590	129590	236860	346640	510150	799520	1390330
	600	74910	128160	232900	342120	503260	786790	1374740
	750	73880	126020	228490	335370	492960	767960	1350830
	1000	72160	122490	221290	324340	746200	737700	1310830
6.3	500	73790	127260	234220	347620	517400	816740	1308490
	600	73520	126670	232970	345720	514270	810620	1296830
	750	73090	125710	230960	342660	509240	800970	1278620
	1000	72310	124010	227400	337220	500380	784230	1247490

表 10.2-123　ZKP 型减速器许用输出转矩 T_P

公称传动比 i	n_1/r · min^{-1}	单级派生行星齿轮减速器许用输出转矩 T_P/N · m						
		型　号						
		ZKP1	ZKP2	ZKP3	ZKP4	ZKP5	ZKP6	ZKP7
7.1	500	58970	100670	163260	245260	375330	526550	758440
	600	58180	98030	160660	240980	367990	515360	740040
	750	57000	96600	156790	234650	357200	499040	713450
	1000	55060	92700	150560	224510	346110	473360	672240
8	500	57950	99170	165810	247530	377900	528590	764180
	600	57310	97830	163530	243840	371660	519050	748320
	750	56350	95830	160120	238320	362220	504930	725110
	1000	54750	92570	154530	229350	347130	482350	688470
9	500	65190	111560	186530	278470	425140	594670	859700
	600	64470	110060	183970	274320	418050	583930	841860
	750	63390	107810	180130	268110	407500	568050	815750
	1000	61590	104140	173850	258020	390520	542640	774530
10	500	72430	123960	207260	308410	472380	660740	955220
	600	71640	122290	204410	304800	464490	648810	935400
	750	70430	119790	200150	297900	452780	631170	906390
	1000	68440	115710	193170	286690	433910	602640	860590
11.2	500	81120	138830	232130	346540	529070	740030	1069850
	600	80230	136970	228940	341380	520230	726670	1047650
	750	78890	134170	224160	333650	507110	706910	1015150
	1000	76650	129600	216350	321100	485980	675290	963860
12.5	500	75220	130070	239760	355880	530380	825930	1194030
	600	75150	129880	239350	355270	529350	811010	1169250
	750	75010	129540	238610	354170	527500	788960	1132980
	1000	74720	128860	237170	351990	523890	753670	1075740
14	500	75250	130160	129950	356150	530840	807610	1171750
	600	75200	130010	239620	355680	530030	795490	1151410
	750	75090	129730	239020	354780	528530	777320	1121200
	1000	74850	129170	237810	352960	525500	747710	1072620

表 10.2-124 ZKL 型减速器许用输出转矩 T_P

公称传动比 i	n_1/r·min^{-1}	两级行星齿轮减速器许用输出转矩 T_P/N·m							
		型号							
		ZKL1	ZKL2	ZKL3	ZKL3A	ZKL4	ZKL5	ZKL6	ZKL7
16	500	64350	112180	211260	298560	318850	478630	765780	1146130
	600	64680	112880	212520	298930	321860	488000	770970	1155100
	750	65150	113680	214330	299180	324770	487480	778550	1166980
	1000	65810	114920	216860	299020	323800	493890	789310	1183800
18	500	64150	111280	210460	298260	318590	477590	761820	1140680
	600	64470	112400	211710	298700	320580	480790	767240	1149230
	750	64900	113220	213380	299080	323250	485060	774470	1160580
	1000	65530	114390	215790	299160	327100	491180	784770	1176710
20	500	63950	111460	209780	297960	317490	475850	758870	1136030
	600	64280	112040	210980	298460	319400	478940	764060	1144210
	750	64690	112820	212570	298930	321960	483000	770970	1155100
	1000	65290	113940	214880	299200	325640	488860	790860	1170600
22.4	500	63800	111160	209090	297650	316330	474070	755850	1131260
	600	64090	111680	210220	298190	318200	476930	760790	1139050
	750	64490	112420	211740	298740	320530	480870	767380	1149440
	1000	65050	113480	213930	299160	324140	486470	776830	1164290
25	500	81050	134380	256810	344540	369640	562900	895190	1337330
	600	77630	134670	257410	345120	370540	564350	897660	1341240
	750	77830	135040	258200	345700	371740	566300	900970	1346460
	1000	78120	435590	259360	346140	373480	569100	905720	1353930
28	500	80860	134220	256470	344150	369620	562050	893750	1335050
	600	77530	134490	257030	344770	369970	563430	896100	1338770
	750	77720	134850	257790	345420	371110	565280	899250	1343740
	1000	78000	135470	258890	342200	372770	567960	903780	1350890
31.5	500	80670	134060	256130	343720	368610	561220	882840	1332810
	600	77440	134810	256660	344370	370410	562530	894550	1336340
	750	77620	134650	257380	345090	370490	564280	897550	1341060
	1000	77880	135150	258420	342200	372060	566320	901860	1347860
35.5	500	62070	107670	198880	—	285250	440720	701120	1047710
	600	62170	107870	199280		285880	441710	702810	1050460
	750	62320	108140	199810		236720	443050	705090	1054060
	1000	62520	108520	200580		287950	444880	708370	1059260
40	500	62010	107560	198640	—	294870	440110	700080	1046130
	600	62110	107740	199010		295460	441050	701690	1048670
	750	62240	107990	199520		296260	442310	703840	1052080
	1000	62430	108360	200260		297420	444150	706960	1057020

表 10.2-125 ZKD 型减速器许用输入功率 P_P

公称传动比 i	n_1/r·min^{-1}	单级行星齿轮减速器许用输入功率 P_P/kW						
		型号						
		ZKD1	ZKD2	ZKD3	ZKD4	ZKD5	ZKD6	ZKD7
4	500	837	1431	2644	3961	5846	9121	13368
	600	993	1693	3121	4672	6883	10704	15640
	750	1219	2070	3805	5691	8361	12942	18826
	1000	1576	2661	4869	7267	10633	16343	23613
4.5	500	874	1494	2768	4161	6182	9652	14158
	600	1036	1768	3270	4912	7286	11341	16585
	750	1273	2164	3992	5991	8864	13736	20004
	1000	1648	2785	5116	7669	11301	17394	25167
5	500	723	1239	2250	3312	4883	7644	13722
	600	859	1469	2663	3921	5777	9012	16136
	750	1059	1804	3262	4801	7053	10970	19568
	1000	1377	2334	4202	6182	9054	13997	24825
5.6	500	721	1236	2250	3307	4867	7628	13265
	600	858	1467	2667	3917	5762	9008	15740
	750	1057	1804	3270	4800	7055	10991	19333
	1000	1377	2337	4223	6189	9087	14077	25013

（续）

公称传动比 i	n_1/r·min^{-1}	单级行星齿轮减速器许用输入功率 P_P/kW						
		型　号						
		ZKD1	ZKD2	ZKD3	ZKD4	ZKD5	ZKD6	ZKD7
6.3	500	626	1079	1986	2948	4388	6927	11097
	600	748	1289	2371	3518	5234	8250	13198
	750	930	1599	2938	4359	6478	10190	16266
	1000	1227	2103	3857	5720	8487	13302	21160

表 10.2-126　ZKP 型减速器许用输入功率 P_P

公称传动比 i	n_1/r·min^{-1}	单级派生行星齿轮减速器许用输入功率 P_P/kW						
		型　号						
		ZKP1	ZKP2	ZKP3	ZKP4	ZKP5	ZKP6	ZKP7
7.1	500	453	773	1254	4884	2883	4045	5826
	600	536	913	1481	2221	3392	4751	6822
	750	657	1113	1807	2704	4116	5751	8221
	1000	846	1424	2313	3449	5226	7273	10328
8	500	395	676	1130	1688	2576	3604	5210
	600	469	800	1338	1995	3040	4247	6122
	750	576	980	1638	2437	3704	5164	7416
	1000	747	1262	2107	3127	4733	6577	9388
9	500	395	676	1130	1688	2577	3604	5210
	600	469	800	1338	1995	3040	4247	6122
	750	576	980	1637	2437	3704	5164	7416
	1000	747	1262	2107	3127	4733	6577	9388
10	500	395	676	1130	1688	2577	3604	5210
	600	469	800	1338	1995	3040	4247	6122
	750	576	980	1637	2437	3704	5164	7416
	1000	747	1262	2107	3127	4733	6577	9388
11.2	500	395	676	1130	1688	2577	3604	5210
	600	469	800	1338	1995	3040	4247	6122
	750	576	980	1637	2437	3704	5164	7416
	1000	747	1262	2107	3127	4733	6577	9388
12.5	500	328	568	1046	1553	2314	3604	5210
	600	393	680	1253	1860	2772	4247	6122
	750	491	848	1562	2318	3453	5164	7416
	1000	652	1125	2070	3072	4572	6577	9388
14	500	293	507	935	1388	2068	3146	4565
	600	352	608	1120	1663	2478	3719	5383
	750	439	758	1397	2073	3089	4543	6552
	1000	583	1006	1853	2750	4095	5826	8358

表 10.2-127　ZKL 型减速器许用输入功率 P_P

公称传动比 i	n_1/r·min^{-1}	两级行星齿轮减速器许用输入功率 P_P/kW							
		型　号							
		ZKL1	ZKL2	ZKL3	ZKL3A	ZKL4	ZKL5	ZKL6	ZKL7
16	500	219	382	720	1018	1090	1635	2609	3907
	600	265	462	870	1223	1317	1976	3154	4725
	750	333	581	1096	1530	1661	2493	3921	5967
	1000	449	784	1479	2039	2242	3367	5381	8071
18	500	194	339	638	904	965	1447	2308	3456
	600	234	409	770	1086	1166	1748	2790	4179
	750	295	515	970	1359	1469	2205	3520	5275
	1000	297	693	1308	1813	1982	2977	4756	7131
20	500	174	304	572	813	866	1298	2070	3095
	600	210	367	690	877	1045	1567	2500	3745
	750	265	462	870	1228	1317	1976	3154	4725
	1000	356	621	1172	1631	1776	2666	4314	6385

（续）

公称传动比 i	$n_1/\mathrm{r\cdot min^{-1}}$	两级行星齿轮减速器许用输入功率 P_P/kW							
		型 号							
		ZKL1	ZKL2	ZKL3	ZKL3A	ZKL4	ZKL5	ZKL6	ZKL7
22.4	500	155	271	509	734	770	1154	1840	2755
	600	187	326	614	882	930	1394	2223	3328
	750	236	411	773	1105	1171	1756	2803	4198
	1000	317	553	1042	1075	1579	2369	3788	5670
25	500	177	293	560	752	806	1228	1953	2918
	600	203	353	674	904	970	1478	2350	3511
	750	255	442	845	1131	1217	1853	2949	4106
	1000	341	592	1132	1496	1630	2483	3952	5968
28	500	152	252	482	670	694	1057	741	2511
	600	175	304	580	806	835	1272	2022	3024
	750	219	380	727	1009	1047	1595	2537	3791
	1000	293	509	974	1333	1402	2136	3400	5082
31.5	500	140	232	443	595	638	972	1545	2308
	600	161	279	533	716	768	1169	1859	2777
	750	202	350	668	893	962	1466	2331	2483
	1000	270	468	895	1085	1288	1963	3123	4668
35.5	500	95	165	306	—	454	677	1077	1610
	600	115	199	367		546	814	1296	1937
	750	144	249	460		684	1021	1625	2429
	1000	192	333	616		916	1367	2177	3255
40	500	85	147	271	—	402	600	955	1426
	600	102	176	326		483	722	1148	1716
	750	127	221	408		606	905	1440	2152
	1000	170	296	546		811	1211	1928	2883

10.4 选用方法

对ZK标准减速器，表10.2-122~表10.2-127所列许用输出转矩和许用输入功率的使用系数$K_A=1$。

选用ZK减速器时应根据使用条件按下式计算：

$$T_C = T_2K_1$$

式中 T_C——计算转矩（N·m）；

T_2——最大工作转矩（N·m）；

K_1——利用率系数见表10.2-128。

根据计算出的T_C和其他已知条件按表10.2-122~表10.2-124选用T_P，所选用减速器应满足$T_C \leqslant T_P$。

例10.2-9 2JK-3.5/20型单绳缠绕式提升机用减速器，电动机驱动，电动机转速$n_1=1000$ r/min，传动比i=20，每日工作20 h，最大工作转矩为325000N·m，要求选用规格相当的ZK标准行星齿轮减速器。

解：查表10.2-128，$K_1=1.00$。

计算转矩：$T_C=325000\times1\mathrm{N\cdot m}=325000\mathrm{N\cdot m}$。

按$n_1=1000$r/min，$i=20$，查表10.2-124，$T_P=325640\mathrm{N\cdot m}$。

$$T_C=325000\mathrm{N\cdot m}\leqslant T_P$$

可选用ZKL4行星齿轮减速器。

表10.2-128 利用率系数 K_1

每日工作时间①/h	<1/2	1/2~3	3~8	8~16	16~24
每年工作时间/h	≤200	>200~1000	>1000~3000	>3000~6000	>6000
利用率系数 K_1	按调查②	0.71	0.80	0.90	1.00

① 必须按较长停车时间计算，利用率系数K_1最好按年平均工作时间计算。

② 调查工作条件和负载组合情况。

11 矿用重载行星齿轮减速器（摘自JB/T 12808—2016）

JB/T 12808—2016中规定的ZZD型、ZZL型、ZZS型单级、两级、三级传动行星齿轮减速器以及ZZDP型、ZZLP型单级、两级派生传动行星齿轮减速器，可用作矿山、冶金、水泥、建材、能源及化工等设备用减速器。高速轴转速不大于1000r/min，可正反两向运转；工作环境温度为-40~45℃，低于8℃时需增设加热装置，高于35℃时需增设冷却装置。在安装使用之前或停机超过4h后，必须进行空负荷运转，在确认噪声、振动、润滑正常情况下方可加载使用。负荷运转时箱体内润滑油的温升不得高于 35℃，轴承温升不得高于 40℃。

11.1　标记方法

标记示例：

单级、两级和三级行星齿轮减速器：

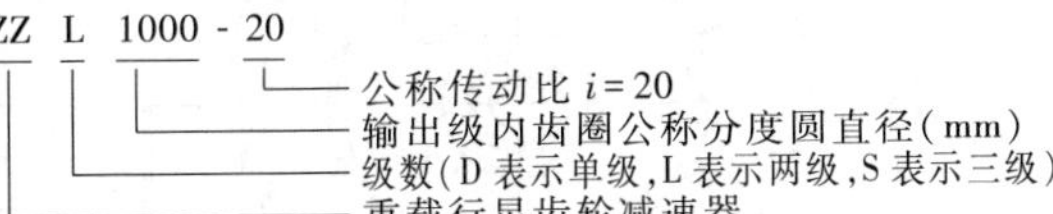

单级派生、双级派生行星齿轮减速器：

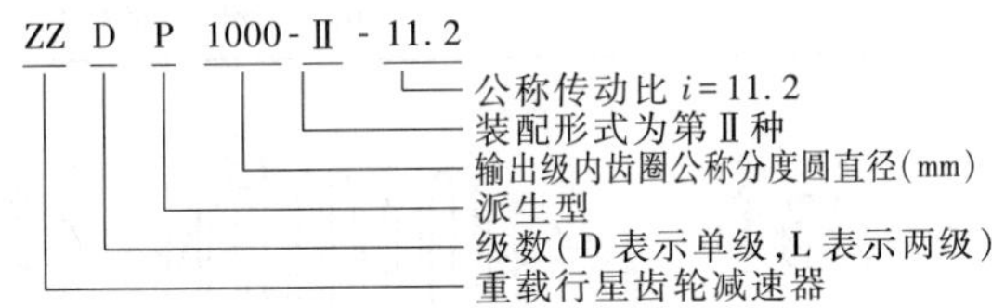

11.2　结构型式和外形尺寸

ZZD、ZZL、ZZS 型减速器的结构型式和外形尺寸见表10.2-129～表 10.2-131，ZZDP、ZZLP 型减速器的结构型式和外形尺寸见表 10.2-132、表 10.2-133。

表 10.2-129　ZZD 型减速器的结构型式和外形尺寸　　(mm)

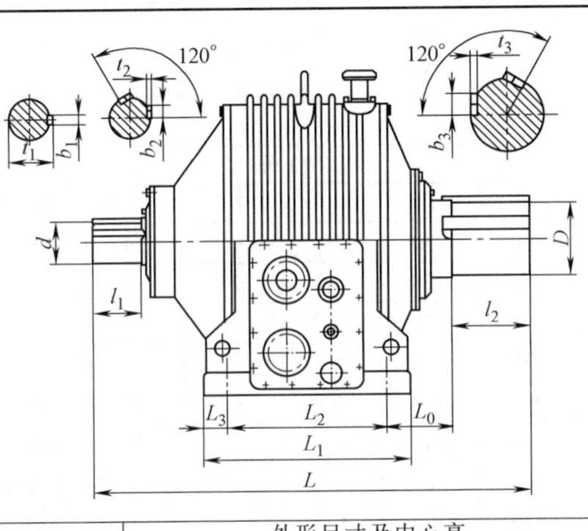

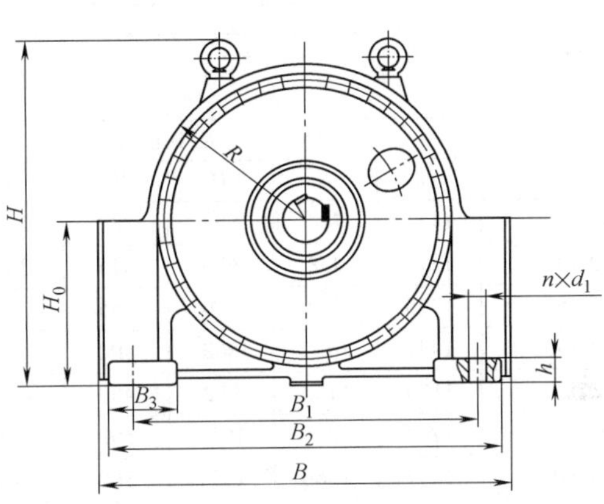

型号	外形尺寸及中心高					轴伸尺寸						
	L	B	H	H_0	R	d	D	t_1	t_2	t_3	l_1	l_2
ZZD355	974	748	594	280	280	85	140	90	—	14	115	165
ZZD400	1057	838	676	315	320	95	150	100	—	15	125	180
ZZD450	1122	912	746	355	350	100	170	106	—	17	140	180
ZZD500	1173	1042	868	400	405	120	200	127	—	20	160	200
ZZD560	1366	1122	992	450	450	130	220	—	13	22	165	240
ZZD630	1500	1268	1072	500	495	140	240	—	14	24	180	260
ZZD710	1622	1366	1177	560	545	160	260	—	16	26	180	280
ZZD800	1775	1580	1358	630	600	180	300	—	18	30	200	320
ZZD900	1953	1700	1470	710	665	190	340	—	19	34	240	350
ZZD1000	2184	1930	1644	800	755	220	360	—	22	36	260	400
ZZD1120	2387	2204	1869	900	850	240	400	—	24	40	260	400
ZZD1250	2618	2518	2060	1000	950	260	450	—	26	45	280	485
ZZD1400	3067	2706	2267	1100	1035	280	500	—	28	50	350	670
ZZD1600	3344	2946	2570	1250	1135	320	560	—	32	56	350	750
ZZD1800	3644	3324	2742	1360	1290	340	630	—	34	63	400	850

型号	轴伸尺寸			地脚尺寸										质量/kg
	b_1	b_2	b_3	L_0	L_1	L_2	L_3	B_1	B_2	B_3	d_1	h	n	
ZZD355	22	—	42	146	450	350	50	600	700	130	50	45	4	545
ZZD400	25	—	45	143	520	400	60	675	790	155	50	55	4	800
ZZD450	28	—	51	169	520	400	60	745	860	155	50	55	4	949
ZZD500	32	—	60	180	580	450	65	860	990	180	55	65	4	1476
ZZD560	—	39	66	225	580	480	50	940	1070	185	55	65	4	1851
ZZD630	—	42	72	228	680	530	75	1050	1200	210	65	75	4	2520
ZZD710	—	48	78	258	720	570	75	1150	1300	215	65	75	4	3412
ZZD800	—	54	90	263	840	650	95	1320	1510	265	75	90	4	4683
ZZD900	—	57	102	235	980	770	105	1420	1630	270	80	100	4	6582
ZZD1000	—	66	108	308	1050	810	120	1640	1860	310	95	110	4	8208
ZZD1120	—	72	120	322	1130	930	100	1870	2120	350	100	125	4	11453
ZZD1250	—	78	135	356	1330	1020	155	2120	2430	405	120	150	4	15795
ZZD1400	—	84	150	372	1430	1120	155	2300	2610	425	120	150	4	20743
ZZD1600	—	96	168	459	1500	1180	160	2540	2880	450	145	170	4	27313
ZZD1800	—	102	189	434	1720	1350	185	2850	3220	510	165	200	4	37667

表 10.2-130　ZZL 型减速器的结构型式和外形尺寸　　(mm)

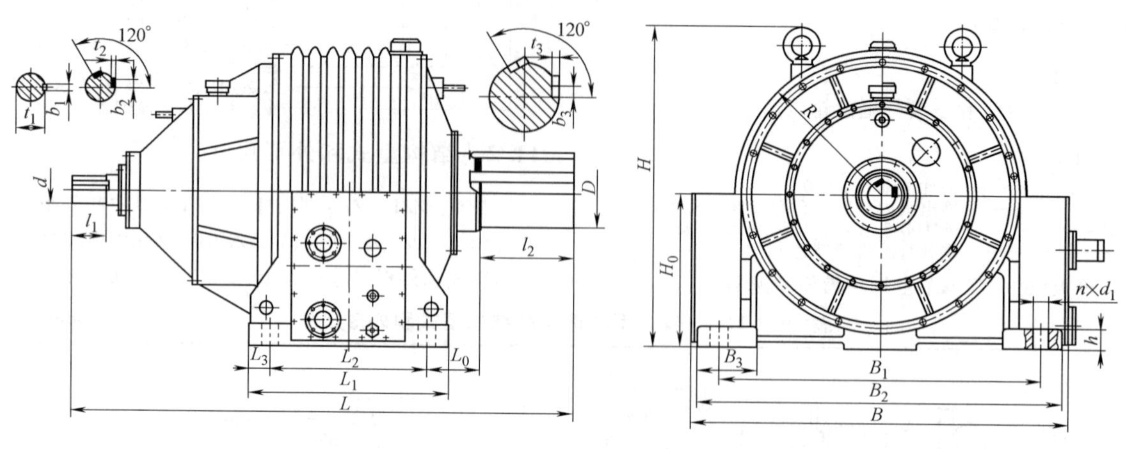

型　　号	外形尺寸及中心高					轴伸尺寸						
	L	B	H	H_0	R	d	D	t_1	t_2	t_3	l_1	l_2
ZZL355	1151	784	594	280	280	55	140	59	—	14	85	165
ZZL400	1213	838	676	315	320	60	150	64	—	15	85	180
ZZL450	1325	912	746	355	350	70	170	74.5	—	17	105	180
ZZL500	1441	1042	868	400	405	80	200	85	—	20	115	200
ZZL560	1599	1122	992	450	450	90	220	95	—	22	115	240
ZZL630	1767	1268	1072	500	495	100	240	106	—	24	125	260
ZZL710	1947	1366	1177	560	545	110	260	116	—	26	140	280
ZZL800	2099	1580	1358	630	600	120	300	127	—	30	140	280
ZZL900	2208	1700	1470	710	665	130	340	137	—	34	160	350
ZZL1000	2584	1930	1644	800	755	140	360	—	14	36	180	320
ZZL1120	2774	2204	1869	900	850	160	400	—	16	40	180	400
ZZL1250	3115	2518	2060	1000	950	170	450	—	17	45	200	485
ZZL1400	3586	2706	2267	1100	1035	200	500	—	20	50	240	670
ZZL1600	3952	2946	2570	1250	1135	220	560	—	22	56	240	750
ZZL1800	4314	3324	2742	1360	1290	240	630	—	24	63	260	850

型　　号	轴伸尺寸			地脚尺寸										质量/kg
	b_1	b_2	b_3	L_0	L_1	L_2	L_3	B_1	B_2	B_3	d_1	h	n	
ZZL355	16	—	42	146	450	350	50	600	700	130	50	45	4	633
ZZL400	18	—	45	143	520	400	60	675	790	155	50	55	4	883
ZZL450	20	—	51	169	520	400	60	745	860	155	50	55	4	1106
ZZL500	22	—	60	180	580	450	65	860	990	180	55	65	4	1631
ZZL560	25	—	66	225	580	480	50	940	1070	185	55	65	4	2137
ZZL630	28	—	72	228	680	530	75	1050	1200	210	65	75	4	2914
ZZL710	28	—	78	258	720	570	75	1150	1300	215	65	75	4	4037
ZZL800	32	—	90	263	840	650	95	1320	1510	265	75	90	4	5562
ZZL900	32	—	102	235	980	770	105	1420	1630	270	80	100	4	7339
ZZL1000	—	42	108	308	1050	810	120	1640	1860	310	95	110	4	9732
ZZL1120	—	48	120	322	1130	930	100	1870	2120	355	100	125	4	14166
ZZL1250	—	51	135	356	1330	1020	155	2120	2430	405	120	150	4	18862
ZZL1400	—	60	150	372	1430	1120	155	2300	2610	425	120	150	4	25122
ZZL1600	—	66	168	459	1500	1180	160	2540	2880	450	145	170	4	33488
ZZL1800	—	72	189	434	1720	1350	185	2850	3220	510	165	200	4	45051

表 10.2-131　ZZS 型减速器的结构型式和外形尺寸　(mm)

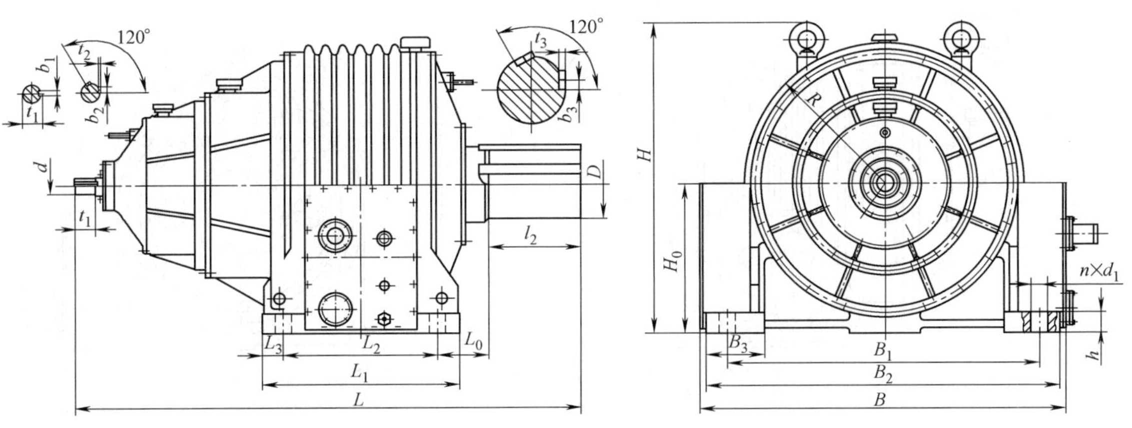

型号	外形尺寸及中心高					轴伸尺寸						
	L	B	H	H_0	R	d	D	t_1	t_2	t_3	l_1	l_2
ZZS355	1266	748	594	280	280	30	140	33	—	14	55	165
ZZS400	1344	838	676	315	320	35	150	38	—	15	55	180
ZZS450	1411	912	746	355	350	40	170	43	—	17	55	180
ZZS500	1619	1042	868	400	405	45	200	48.5	—	20	70	200
ZZS560	1773	1122	992	450	450	50	220	53.5	—	22	70	240
ZZS630	1969	1268	1072	500	495	55	240	59	—	24	85	260
ZZS710	2140	1358	1177	560	545	60	260	64	—	26	85	280
ZZS800	2317	1580	1358	630	600	65	300	69	—	30	105	280
ZZS900	2384	1700	1470	710	665	70	340	74.5	—	34	105	350
ZZS1000	2842	1930	1644	800	755	75	360	79.5	—	36	105	320
ZZS1120	3125	2204	1869	900	850	80	400	85	—	40	115	400
ZZS1250	3458	2518	2060	1000	950	90	450	95	—	45	115	485
ZZS1400	3926	2706	2267	1100	1035	100	500	106	—	50	125	670
ZZS1600	4335	2946	2570	1250	1135	110	560	116	—	56	140	750
ZZS1800	4742	3324	2742	1360	1290	120	630	127	—	63	140	850

型号	轴伸尺寸			地脚尺寸										质量/kg
	b_1	b_2	b_3	L_0	L_1	L_2	L_3	B_1	B_2	B_3	d_1	h	n	
ZZS355	8	—	42	146	450	350	50	600	700	130	50	45	4	648
ZZS400	10	—	45	143	520	400	60	675	790	155	50	55	4	915
ZZS450	12	—	51	169	520	400	60	745	860	155	50	55	4	1155
ZZS500	14	—	60	180	580	450	65	860	990	180	55	65	4	1674
ZZS560	14	—	66	225	580	480	50	940	1070	185	55	65	4	2237
ZZS630	16	—	72	228	680	530	75	1050	1200	210	65	75	4	3057
ZZS710	18	—	78	258	720	570	75	1150	1300	215	65	75	4	4234
ZZS800	18	—	90	263	840	650	95	1320	1510	265	75	90	4	5832
ZZS900	20	—	102	235	980	770	105	1420	1630	270	80	90	4	7323
ZZS1000	20	—	108	308	1050	810	120	1640	1860	310	95	110	4	10339
ZZS1120	22	—	120	322	1130	930	100	1870	2120	350	100	125	4	14570
ZZS1250	25	—	135	356	1330	1020	155	2120	2430	405	120	150	4	19935
ZZS1400	28	—	150	372	1430	1120	155	2300	2610	425	120	150	4	25014
ZZS1600	28	—	168	459	1500	1180	160	2540	2880	450	145	170	4	35577
ZZS1800	32	—	189	434	1720	1350	185	2850	3220	510	165	200	4	47850

表 10.2-132　ZZDP 型减速器的结构型式及外形尺寸　　(mm)

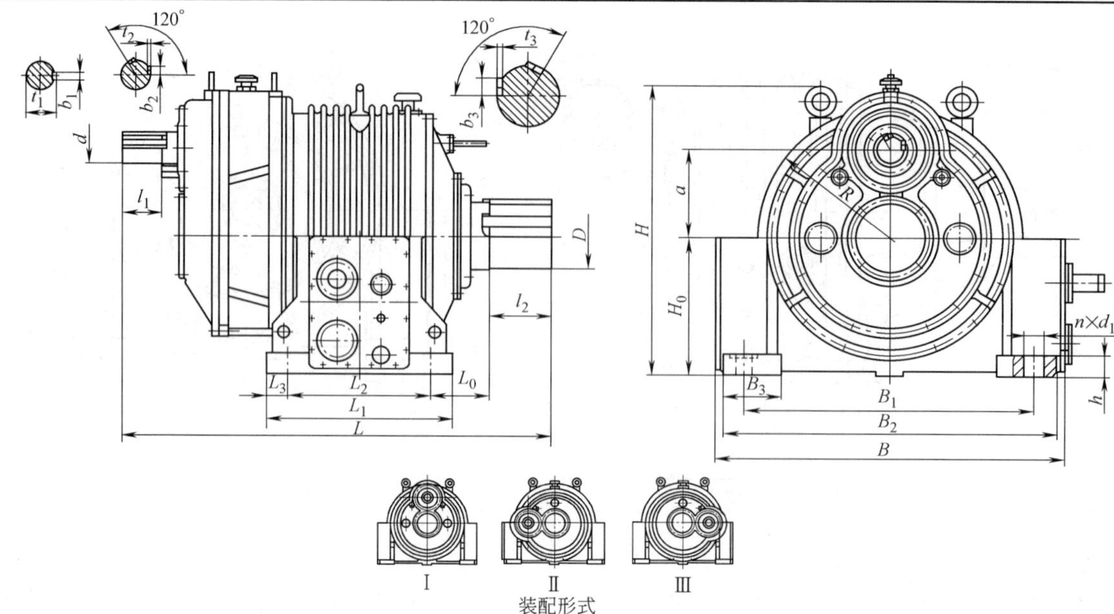

装配形式

型　号	外形尺寸及中心高						轴伸尺寸						
	L	B	H	H_0	R	a	d	D	t_1	t_2	t_3	l_1	l_2
ZZDP355	1015	748	594	280	280	180	60	140	64	—	14	85	165
ZZDP400	1118	838	676	315	320	200	70	150	74.5	—	15	105	180
ZZDP450	1166	912	746	355	350	224	75	170	79.5	—	17	105	180
ZZDP500	1298	1042	868	400	405	250	90	200	95	—	20	115	200
ZZDP560	1445	1122	992	450	450	280	95	220	100	—	22	125	240
ZZDP630	1603	1268	1072	500	495	315	110	240	116	—	24	140	260
ZZDP710	1743	1366	1177	560	545	355	120	260	127	—	26	140	280
ZZDP800	1940	1580	1358	630	600	400	140	300	—	14	30	180	280
ZZDP900	2080	1700	1470	710	665	450	150	340	—	15	34	180	350
ZZDP1000	2253	1930	1644	800	755	475	170	360	—	17	36	180	320
ZZDP1120	2534	2204	1869	900	850	530	200	400	—	20	40	200	400
ZZDP1250	2850	2518	2060	1000	950	600	230	450	—	23	45	240	485
ZZDP1400	3287	2706	2267	1100	1035	670	250	500	—	25	50	260	670
ZZDP1600	3488	2946	2570	1250	1135	750	270	560	—	27	56	280	750
ZZDP1800	3928	3324	2742	1360	1290	850	300	630	—	30	63	320	850

型　号	轴伸尺寸			地脚尺寸										质量/kg
	b_1	b_2	b_3	L_0	L_1	L_2	L_3	B_1	B_2	B_3	d_1	h	n	
ZZDP355	18	—	42	146	450	350	50	600	700	130	50	45	4	652.5
ZZDP400	20	—	45	143	520	400	60	675	790	155	50	55	4	919
ZZDP450	20	—	51	169	520	400	60	745	860	155	50	55	4	1139
ZZDP500	25	—	60	180	580	450	65	860	990	180	55	65	4	1710
ZZDP560	25	—	66	225	580	480	50	940	1070	185	55	65	4	2222
ZZDP630	28	—	72	228	680	530	75	1050	1200	210	65	75	4	3077
ZZDP710	32	—	78	258	720	570	75	1150	1300	215	65	75	4	4195
ZZDP800	—	42	90	263	840	650	95	1320	1510	265	75	90	4	5768
ZZDP900	—	45	102	235	980	770	105	1420	1630	270	80	100	4	7376
ZZDP1000	—	51	108	308	1050	810	120	1640	1860	310	95	110	4	10049
ZZDP1120	—	60	120	322	1130	930	100	1870	2120	350	100	125	4	14522
ZZDP1250	—	69	135	356	1330	1020	155	2120	2430	405	120	150	4	19902
ZZDP1400	—	75	150	372	1430	1120	155	2300	2610	425	120	150	4	26655
ZZDP1600	—	81	168	459	1500	1180	160	2540	2880	450	145	170	4	34562
ZZDP1800	—	90	189	434	1720	1350	185	2850	3220	510	165	200	4	47500

表 10.2-133　ZZLP 型减速器的结构型式及外形尺寸　（mm）

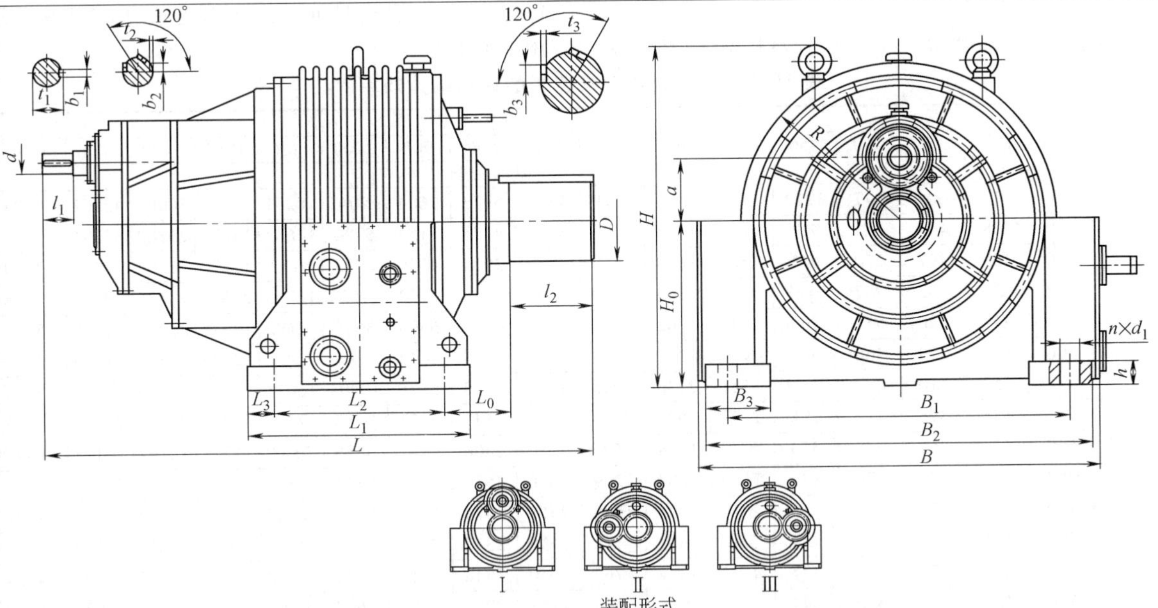

装配形式

型　　号	外形尺寸及中心高						轴 伸 尺 寸						
	L	B	H	H_0	R	a	d	D	t_1	t_2	t_3	l_1	l_2
ZZLP355	1165	748	594	280	280	100	35	140	38	—	14	55	165
ZZLP400	1243	838	676	315	320	112	40	150	43	—	15	55	180
ZZLP450	1323	912	746	355	350	125	45	170	48.5	—	17	70	180
ZZLP500	1447	1042	868	400	405	140	48	200	51.5	—	20	70	200
ZZLP560	1626	1122	992	450	450	160	50	220	54	—	22	85	240
ZZLP630	1762	1268	1072	500	495	180	60	240	64	—	24	85	260
ZZLP710	1953	1366	1177	560	545	200	70	260	74.5	—	26	105	280
ZZLP800	2083	1580	1358	630	600	224	75	300	79.5	—	30	105	320
ZZLP900	2217	1700	1470	710	665	236	80	340	85	—	34	115	350
ZZLP1000	2598	1930	1644	800	755	265	95	360	100	—	36	125	400
ZZLP1120	2869	2204	1869	900	850	300	100	400	106	—	40	140	400
ZZLP1250	3056	2518	2060	1000	950	335	120	450	127	—	45	140	485
ZZLP1400	3598	2706	2267	1100	1035	375	130	500	137	—	50	165	670
ZZLP1600	3963	2946	2570	1250	1135	400	140	560	—	14	56	180	750
ZZLP1800	4321	3324	2742	1360	1290	450	150	630	—	15	63	180	850

型　　号	轴 伸 尺 寸			地 脚 尺 寸										质量/kg
	b_1	b_2	b_3	L_0	L_1	L_2	L_3	B_1	B_2	B_3	d_1	h	n	
ZZLP355	10	—	42	146	450	350	50	600	700	130	50	45	4	626
ZZLP400	12	—	45	143	520	400	60	675	790	155	50	55	4	881
ZZLP450	14	—	51	169	520	400	60	745	860	155	50	55	4	1103
ZZLP500	14	—	60	180	580	450	65	860	990	180	55	65	4	1666.5
ZZLP560	16	—	66	225	580	480	50	940	1070	185	55	65	4	2185
ZZLP630	18	—	72	228	680	530	75	1050	1200	210	65	75	4	2983
ZZLP710	20	—	78	258	720	570	75	1150	1300	215	65	75	4	4107.5
ZZLP800	20	—	90	263	840	650	95	1320	1510	265	75	90	4	5660
ZZLP900	22	—	102	235	980	770	105	1420	1630	270	80	100	4	7183
ZZLP1000	25	—	108	308	1050	810	120	1640	1860	310	95	110	4	9981
ZZLP1120	28	—	120	322	1130	930	100	1870	2120	350	100	125	4	14082
ZZLP1250	32	—	135	356	1330	1020	155	2120	2430	405	120	150	4	18799
ZZLP1400	32	—	150	372	1430	1120	155	2300	2610	425	120	150	4	25657
ZZLP1600	—	42	168	459	1500	1180	160	2540	2880	450	145	170	4	34042
ZZLP1800	—	45	189	434	1720	1350	185	2850	3220	510	165	200	4	45978

11.3　承载能力

ZZD型、ZZDP型、ZZL型、ZZLP型、ZZS型减速器的许用输入功率 P_P 分别见表10.2-134～表10.2-138，其许用输出转矩 T_P 分别见表10.2-139～表10.2-143。

表10.2-134　ZZD型减速器的许用输入功率 P_P

公称传动比 i	转速 /r·min^{-1}		ZZD型行星减速器														
			355	400	450	500	560	630	710	800	900	1000	1120	1250	1400	1600	1800
	n_1	n_2	许用输入功率 P_P/kW														
3.15	1000	317	606	747	1222	1527	2375	2929	4785	5973	9604	12047	18251	23925	30005	42062	60304
	750	238	449	555	911	1143	1764	2191	3563	4378	7152	8984	13687	18071	23380	33201	47449
	500	159	297	270	641	762	1174	1459	2359	2901	4734	5973	9132	11877	15504	21972	33449
3.55	1000	282	563	747	1168	1307	2349	2909	4396	5888	8732	11653	16953	23631	28133	39548	58378
	750	211	420	553	869	970	1762	2168	3252	4364	6595	8695	12692	18378	22031	31055	45989
	500	141	279	366	581	647	1171	1453	2138	2865	4442	5766	8507	12725	15389	21755	32315
4	1000	250	510	678	1042	1561	2138	3042	4113	5478	8178	10904	16071	21857	25873	36471	53039
	750	188	396	517	794	1193	1603	2314	3165	4149	6173	8458	12053	16980	20298	28685	41877
	500	125	265	340	516	812	1064	1505	2170	2806	4142	5826	7898	11751	14192	20117	29477
4.5	1000	222	428	570	874	1140	1884	2209	3326	4550	6651	8374	13897	16438	21328	28099	43472
	750	167	326	431	654	864	1424	1669	2564	3474	5042	6469	10387	12560	16124	22042	32604
	500	111	220	289	434	580	962	1116	1698	2357	3385	4397	6960	8350	11215	15389	21736
5	1000	200	323	470	727	890	1342	1762	2950	3848	5517	7434	10983	14260	18667	25293	34954
	750	150	245	355	542	674	1015	1335	2181	2902	4187	5647	8340	10743	14619	19985	26782
	500	100	167	237	357	453	682	898	1443	1956	2823	3813	5630	7216	10000	13625	18232
5.6	1000	179	288	382	592	764	1166	1517	2247	3226	4581	5918	9518	11366	16673	22788	30417
	750	134	219	251	450	577	881	1147	1701	2420	3479	4467	7219	8681	12689	17458	23247
	500	89	148	195	304	387	591	770	1144	1632	2338	2987	4895	5846	8582	11835	15816
6.3	1000	159	241	271	441	526	848	1103	1668	2189	3444	4480	6753	8772	10961	12066	23755
	750	119	182	206	328	405	646	839	1248	1654	2583	3334	5027	6617	8272	9154	18198
	500	79	121	139	215	271	433	563	830	1120	1722	2206	3394	4471	5582	6173	12471
7.1	1000	141	181	211	361	420	668	918	1295	1658	2695	3549	5691	7016	9365	14517	18398
	750	106	137	160	269	316	497	687	969	1250	1987	2680	4291	5307	7091	11029	13889
	500	70	93	107	177	217	331	456	644	839	1317	1787	2861	3598	4788	7447	9320
8	1000	125	144	171	262	354	533	722	1042	1317	2205	2778	4396	5612	7096	10112	14357
	750	94	109	129	195	269	396	539	781	977	1634	2063	3307	4239	5399	7686	10883
	500	63	73	87	127	180	261	358	5185	644	1089	1359	2195	2846	3629	5166	7376
9	1000	111	107	137	211	271	439	523	855	1045	1687	2292	3397	4276	5820	8046	11718
	750	83	81	107	158	205	326	392	638	766	1247	1701	2583	3234	4365	6034	8880
	500	56	59	69	104	137	214	260	422	510	820	1128	1687	2185	2869	3957	5967

表10.2-135　ZZDP型减速器的许用输入功率 P_P

公称传动比 i	转速 /r·min^{-1}		ZZDP型行星减速器														
			355	400	450	500	560	630	710	800	900	1000	1120	1250	1400	1600	1800
	n_1	n_2	许用输入功率 P_P/kW														
10	1000	100	165	240	371	454	685	898	1504	1962	2814	3791	5600	7272	9519	12898	17824
	750	75	125	181	276	344	518	681	1112	1480	2135	2880	4253	5478	7455	10191	13657
	500	50	85	121	182	231	348	458	736	998	1440	1944	2871	3679	5099	6948	9297
11.2	1000	89	147	214	331	405	611	802	1343	1752	2512	3385	5000	6493	8499	11516	15915
	750	67	112	161	247	307	462	608	993	1321	1906	2571	3797	4891	6656	9099	12194
	500	45	76	108	163	206	311	409	657	891	1286	1736	2563	3285	4553	6204	8301
12.5	1000	80	132	192	297	363	548	719	1204	1570	2251	3033	4480	5817	7615	10318	14260
	750	60	100	145	221	275	414	545	890	1184	1708	2304	3402	4383	5964	8153	10926
	500	40	68	97	146	185	278	366	589	798	1152	1555	2297	2944	4079	5559	7438
14	1000	71	118	171	265	324	489	642	1075	1402	2010	2708	4000	5194	6799	9213	12732
	750	54	89	129	197	245	370	486	794	1057	1525	2057	3038	3913	5325	7279	9755
	500	36	61	86	130	165	248	327	526	713	1028	1389	2051	2628	3642	4963	6641

（续）

公称传动比 i	转速 /r·min⁻¹		ZZDP 型行星减速器														
			355	400	450	500	560	630	710	800	900	1000	1120	1250	1400	1600	1800
	n_1	n_2	许用输入功率 P_P/kW														
16	1000	63	105	152	235	288	435	570	955	1246	1786	2407	3556	4617	6044	8189	11317
	750	48	79	115	175	218	329	432	706	940	1355	1828	2700	3478	4733	6471	8671
	500	32	54	77	116	147	221	291	467	633	914	1234	1823	2336	3238	4412	5903
18	1000	56	93	135	209	256	386	506	848	1106	1585	2136	3155	4097	5363	7266	10042
	750	42	70	102	156	194	292	384	626	834	1203	1622	2396	3086	4200	5742	7694
	500	28	48	68	103	130	196	258	415	562	811	1095	1618	2073	2873	3914	5238

表 10.2-136　ZZL 型减速器的许用输入功率 P_P

公称传动比 i	转速 /r·min⁻¹		ZZL 型行星减速器														
			355	400	450	500	560	630	710	800	900	1000	1120	1250	1400	1600	1800
	n_1	n_2	许用输入功率 P_P/kW														
16	1000	63	105	152	236	288	435	571	956	1247	1788	2409	3559	4621	6049	8196	11327
	750	48	79	115	176	218	329	433	707	940	1357	1830	2702	3481	4737	6476	8679
	500	32	54	77	116	147	221	291	468	634	915	1236	1824	2338	3240	4415	5908
18	1000	56	93	135	209	256	386	507	848	1107	1586	2137	3158	4100	5367	7273	10051
	750	42	71	102	156	194	292	384	627	835	1204	1624	2398	3089	4204	5747	7701
	500	28	48	68	103	130	196	258	415	562	812	1096	1619	2075	2875	3918	5242
20	1000	50	82	120	185	227	343	450	753	982	1408	1897	2803	3639	4764	6454	8920
	750	38	63	90	138	172	259	341	556	741	1068	1441	2128	2742	3731	5100	6835
	500	25	43	61	91	116	174	229	368	499	721	973	1437	1841	2552	3477	4653
22.4	1000	44	73	107	165	202	305	400	669	873	1252	1686	2491	3235	4234	5737	7929
	750	33	56	80	123	153	230	303	495	658	950	1281	1892	2437	3316	4533	6075
	500	22	38	54	81	103	155	204	327	444	640	865	1277	1637	2268	3091	4136
25	1000	40	66	96	148	182	274	360	602	786	1126	1518	2242	2911	3811	5164	7136
	750	30	50	72	111	138	207	273	445	592	855	1153	1703	2193	2985	4080	5468
	500	20	34	48	73	92	139	183	295	399	576	778	1149	1473	2041	2782	3722
28	1000	36	59	86	132	162	245	321	538	701	1006	1355	2002	2599	3403	4610	6371
	750	27	45	65	99	123	185	243	397	529	763	1029	1520	1958	2665	3643	4882
	500	18	30	48	65	83	124	164	263	357	515	695	1026	1315	1823	2484	3323
31.5	1000	32	52	76	118	144	218	285	478	624	894	1204	1779	2310	3025	4098	5663
	750	24	40	57	68	109	164	216	353	470	678	915	1351	1741	2369	3238	4339
	500	16	27	88	58	73	110	146	234	317	457	618	912	1169	1620	2208	2954
35.5	1000	28	46	68	165	128	193	253	424	553	793	1069	1579	2050	2684	3636	5025
	750	21	35	51	78	97	146	192	314	417	602	812	1199	1545	2102	2873	3850
	500	14	24	34	51	65	98	129	207	281	406	548	809	1037	1438	1959	2621
40	1000	25	41	60	93	114	171	225	376	491	704	949	1401	1820	2382	3227	4460
	750	19	31	45	69	86	129	170	278	370	534	721	1064	1371	1865	2550	3417
	500	13	21	30	46	58	87	115	184	250	360	486	718	921	1276	1739	2326
45	1000	22	37	53	82	101	152	200	335	436	626	843	1246	1617	2117	2869	3964
	750	17	28	40	61	76	115	151	247	329	475	640	946	1218	1658	2267	3038
	500	11	19	27	40	61	77	102	164	222	320	432	639	818	1134	1545	2068

表 10.2-137　ZZLP 型减速器的许用输入功率 P_P

公称传动比 i	转速/r·min^{-1}		ZZLP 型行星减速器														
			355	400	450	500	560	630	710	800	900	1000	1120	1250	1400	1600	1800
	n_1	n_2	许用输入功率 P_P/kW														
50	1000	20	33	49	75	92	139	182	305	398	570	769	1136	1474	1930	2615	3614
	750	15	25	37	56	70	105	138	225	300	433	584	862	1111	1512	2066	2769
	500	10	17	25	37	47	71	93	149	202	292	394	582	746	1034	1409	1885
56	1000	18	30	43	67	82	123	162	271	354	507	683	1009	1311	1716	2324	3212
	750	13	23	33	50	62	93	123	200	267	385	519	766	987	1344	1837	2461
	500	9	15	22	33	42	63	83	133	180	259	350	517	663	919	1252	1676
63	1000	16	27	39	60	74	111	146	244	318	456	615	908	1180	1544	2092	2891
	750	12	20	29	45	56	84	110	180	240	346	467	690	889	1209	1653	2215
	500	8	14	20	30	37	56	74	119	162	234	315	466	597	827	1127	1508
71	1000	14	24	35	54	66	99	130	218	284	407	549	811	1053	1379	1868	2581
	750	11	18	26	40	50	75	99	161	214	309	417	616	793	1080	1476	1978
	500	7	12	18	26	33	50	66	107	144	209	282	416	533	738	1006	1346
80	1000	13	21	31	48	59	89	117	195	255	365	492	727	944	1235	1674	2313
	750	10	16	23	36	45	67	88	144	192	277	374	552	711	967	1322	1772
	500	6	11	16	24	30	45	59	95	129	187	252	373	477	662	902	1206
90	1000	11	19	28	43	53	79	104	174	227	326	439	649	843	1103	1494	2065
	750	9	14	21	32	40	60	79	129	171	247	334	493	635	864	1181	1582
	500	6	10	14	21	27	40	53	85	116	167	225	333	426	591	805	1077
100	1000	10	17	25	38	47	70	92	155	202	289	390	576	748	979	1326	1832
	750	8	13	19	28	35	53	70	114	152	219	296	437	563	766	1048	1404
	500	5	9	12	19	24	36	47	76	103	148	200	295	378	524	714	956
112	1000	9	15	22	34	41	62	82	137	179	257	346	511	663	869	1177	1626
	750	7	11	16	25	31	47	62	101	135	195	263	388	500	680	930	1246
	500	4	8	11	17	21	32	42	67	91	131	177	262	336	465	634	848
125	1000	8	13	19	30	37	56	73	122	159	228	307	454	590	772	1046	1446
	750	6	10	15	22	28	42	55	90	120	173	234	345	444	605	827	1108
	500	4	7	10	15	19	28	37	60	81	117	158	233	298	414	564	754

表 10.2-138　ZZS 型减速器的许用输入功率 P_P

公称传动比 i	转速/r·min^{-1}		ZZS 型行星减速器														
			355	400	450	500	560	630	710	800	900	1000	1120	1250	1400	1600	1800
	n_1	n_2	许用输入功率 P_P/kW														
140	1000	7	12	18	27	33	50	66	110	144	206	278	410	532	697	944	1305
	750	5	9	13	20	25	38	50	81	108	156	211	311	401	546	746	1000
	500	4	6	9	13	17	25	34	54	73	105	142	210	269	373	509	681
160	1000	6	11	16	24	30	45	59	98	128	184	248	366	475	622	843	1165
	750	5	8	12	18	22	34	45	73	97	140	188	278	358	487	666	893
	500	3	6	8	12	15	23	30	48	65	94	127	188	241	333	454	608
180	1000	6	10	14	22	26	40	52	87	114	163	220	325	423	553	749	1036
	750	4	7	11	16	20	30	40	65	86	124	167	247	318	433	592	794
	500	3	5	7	11	13	20	27	43	58	84	113	167	214	296	404	540
200	1000	5	9	12	19	23	35	46	78	101	145	196	289	376	492	666	921
	750	4	6	9	14	18	27	35	57	76	110	149	220	283	385	526	705
	500	3	4	6	9	12	18	24	38	52	74	100	148	190	263	359	480
224	1000	4	8	11	17	21	31	41	69	90	129	174	257	333	436	591	817
	750	3	6	8	13	16	24	31	51	68	98	132	195	251	342	467	626
	500	2	4	6	8	11	16	21	34	46	66	89	132	169	234	318	426
250	1000	4	7	10	15	18	28	37	61	80	114	154	228	296	387	525	725
	750	3	5	7	11	14	21	28	45	60	87	117	173	223	303	415	556
	500	2	3	5	7	9	14	19	30	41	59	79	117	150	207	283	378

（续）

公称传动比 i	转速 /r·min^{-1}		ZZS 型行星减速器														
			355	400	450	500	560	630	710	800	900	1000	1120	1250	1400	1600	1800
	n_1	n_2	许用输入功率 P_P/kW														
280	1000	4	6	9	13	16	25	32	54	71	102	137	202	263	344	466	644
	750	3	5	7	10	12	19	25	40	54	77	104	154	198	270	368	494
	500	2	3	4	7	8	13	17	27	36	52	70	104	133	184	251	336
315	1000	3	5	8	12	15	32	29	48	63	90	122	180	233	305	414	572
	750	2	4	6	9	11	17	22	36	47	68	92	136	176	239	327	438
	500	2	3	4	6	7	11	15	24	32	46	62	92	118	164	223	298
355	1000	3	5	7	11	13	19	26	43	56	80	108	159	207	271	367	508
	750	2	4	5	8	10	15	19	32	42	61	82	121	156	212	290	389
	500	1	2	3	5	7	10	13	21	28	41	55	82	105	145	198	265
400	1000	2	4	6	9	11	17	23	38	50	71	96	142	184	241	326	451
	750	2	3	5	7	9	13	17	28	37	54	73	108	139	189	258	346
	500	1	2	3	5	6	9	12	19	23	36	49	73	93	129	176	235

表 10.2-139　ZZD 型减速器的许用输出转矩 T_P

公称传动比 i	转速 /r·min^{-1}		ZZD 型行星减速器														
			355	400	450	500	560	630	710	800	900	1000	1120	1250	1400	1600	1800
	n_1	n_2	许用输出转矩 T_P/kN·m														
3.15	1000	317	18.62	22.96	37.51	46.99	73.13	98.50	147.1	183.6	294.8	371.2	563.1	739.2	922.1	1293	1851
	750	238	18.40	22.74	37.28	46.90	72.57	90.26	145.9	179.4	292.7	369.1	563.1	744.5	958.8	1368	1942
	500	159	18.25	22.74	39.35	46.90	72.45	90.16	145.8	178.3	290.6	368.1	563.5	733.9	952.9	1358	2053
3.55	1000	282	19.28	25.58	40.97	44.94	81.55	101.5	150.5	281.6	286.3	482.6	588.6	824.6	963.3	1354	2048
	750	211	19.17	25.25	40.64	44.75	81.56	100.9	148.5	199.2	388.5	400.5	587.5	855.8	1886	1418	2151
	500	141	19.11	25.06	40.76	44.50	81.31	101.4	146.4	196.2	311.6	398.4	690.7	888.8	1054	1489	2267
4	1000	258	19.72	26.21	39.98	60.84	81.89	117.5	159.0	211.8	313.7	428.6	615.6	844.2	1000	1410	2835
	750	188	20.41	26.65	40.62	62.00	81.87	119.2	163.2	213.9	315.7	443.3	615.6	874.5	1046	1479	2143
	500	125	28.49	26.29	39.75	63.30	81.51	116.3	167.8	216.5	317.8	458.8	685.6	907.8	1097	1556	2262
4.5	1000	222	18.77	25.28	38.77	50.00	81.61	94.71	145.8	201.8	295.0	371.4	594.9	711.8	935.2	1246	1928
	750	167	19.06	25.49	38.68	50.51	83.25	96.36	149.9	205.4	298.2	382.6	592.8	725.2	942.7	1384	1928
	500	111	19.29	25.64	38.50	50.86	84.36	96.65	148.9	209.1	300.3	398.1	595.8	723.1	983.5	1365	1928
5	1000	200	16.01	23.25	34.63	43.36	66.04	82.92	146.2	190.4	272.9	367.8	548.5	694.7	925.3	1251	1729
	750	150	16.19	23.42	34.43	43.78	66.46	86.72	144.1	191.4	276.2	372.5	555.3	697.9	966.2	1318	1766
	500	100	16.55	23.45	34.01	44.14	66.98	87.50	143.1	193.5	279.3	377.3	562.3	783.1	991.3	1348	1884
5.6	1000	179	15.63	20.47	33.10	41.87	62.24	84.46	121.9	172.9	256.2	317.2	518.5	632.8	905.1	1274	1630
	750	134	15.85	20.79	33.55	42.17	62.70	85.15	123.1	172.9	259.4	319.2	524.4	644.4	918.4	1302	1661
	500	89	16.87	20.90	34.08	42.42	63.09	85.74	124.2	174.9	261.5	328.2	533.3	651.8	931.7	1324	1695
6.3	1000	159	14.72	16.26	27.01	32.22	53.53	67.71	102.7	131.3	210.9	274.4	413.6	525.7	674.6	724.0	1455
	750	119	14.83	16.48	26.79	33.00	53.96	68.67	102.4	132.3	210.9	272.3	410.5	528.7	678.8	732.4	1486
	500	79	14.78	16.68	26.34	33.20	54.25	69.12	102.2	134.4	218.9	270.2	415.8	535.8	687.1	740.8	1528
7.1	1000	141	12.81	15.04	24.44	28.43	46.24	62.61	89.07	118.1	182.4	248.2	385.2	494.6	644.1	1034	1245
	750	106	12.93	15.20	24.28	28.52	45.88	62.48	88.87	118.8	179.8	241.9	387.3	498.8	650.3	1048	1254
	500	70	13.16	15.25	23.96	29.38	45.83	62.20	88.59	119.6	178.3	241.9	387.3	587.3	658.6	1061	1262
8	1000	125	11.39	13.00	19.82	26.78	41.24	55.40	81.22	100.1	166.8	210.2	332.6	448.4	553.1	768.5	1086
	750	94	11.49	13.07	19.67	27.14	48.85	55.15	81.17	99.01	164.8	208.1	332.6	451.6	561.1	778.9	1098
	500	63	11.55	13.22	19.22	27.24	40.39	54.94	80.46	97.89	164.8	285.6	332.2	454.8	565.8	785.2	1116
9	1000	111	9.592	12.01	18.09	23.24	38.50	45.86	76.90	91.64	144.7	196.5	291.3	366.1	523.5	705.6	1005
	750	83	9.682	12.51	18.86	23.43	38.12	45.84	76.51	89.57	142.6	194.5	295.3	369.1	523.5	785.5	1015
	500	56	10.58	12.10	17.83	23.49	37.53	45.60	75.91	89.45	140.6	193.4	289.3	374.1	561.1	694.0	1023

表 10.2-140　ZZDP 型减速器的许用输出转矩 T_P

公称传动比 i	转速 /r·min^{-1}		ZZDP 型行星减速器														
			355	400	450	500	560	630	710	800	900	1000	1120	1250	1400	1600	1800
	n_1	n_2	许用输出转矩 T_P/kN·m														
10	1000	100	16.69	24.23	36.83	45.16	68.68	87.61	155.4	198.1	278.5	375.6	559.8	753.7	983.8	1302	1768
	750	75	16.86	24.37	36.53	45.62	69.25	88.58	153.2	199.2	281.8	380.4	566.9	757.0	1027	1372	1806
	500	50	17.20	24.43	36.14	45.95	69.78	89.36	152.1	201.5	285.1	385.2	574.0	762.0	1054	1483	1845
11.2	1000	89	16.74	24.31	37.30	45.12	68.92	88.07	147.7	199.0	281.3	377.4	565.0	716.2	835.0	1382	1762
	750	67	17.01	24.38	37.12	45.60	69.48	89.02	145.7	200.1	284.6	382.2	572.1	719.4	976.3	1372	1888
	500	43	17.31	24.00	36.74	54.90	70.16	89.83	144.6	202.4	288.1	387.1	579.2	724.7	1002	1403	1838
12.5	100	80	17.88	24.67	35.76	45.53	69.93	89.40	150.9	201.8	307.0	382.8	576.2	730.2	954.4	1314	1778
	750	60	17.17	24.05	35.49	45.99	70.45	90.35	148.7	202.9	290.2	387.8	583.4	733.6	996.6	1384	1888
	500	40	17.52	25.45	35.17	46.41	70.96	91.01	147.6	205.1	293.6	392.6	590.8	739.1	1022	1416	1847
14	1000	71	16.21	23.44	36.61	46.05	66.54	91.00	154.6	192.2	274.1	389.8	550.7	747.6	977.9	1330	1783
	750	54	16.30	23.58	36.29	46.43	67.13	91.85	152.3	193.2	277.3	394.8	557.6	750.9	1021	1401	1822
	500	36	16.76	23.58	35.92	46.91	67.49	92.70	151.3	195.5	280.4	399.8	564.7	750.5	1048	1433	1860
16	1000	63	16.50	23.84	37.63	46.75	67.72	92.93	147.6	195.4	280.5	371.1	563.8	711.8	934.2	1350	1888
	750	47	16.55	24.05	37.37	47.18	68.29	93.90	145.5	197.4	283.8	375.8	570.8	715.8	975.5	1422	1839
	500	31	16.97	24.16	37.15	47.73	68.81	94.88	144.4	198.6	287.1	380.5	578.1	720.3	1001	1451	1878
18	1000	56	16.88	24.47	37.61	44.56	69.42	88.83	152.8	200.4	290.1	380.7	583.1	738.8	966.6	1284	1831
	750	42	16.94	24.65	37.43	45.03	70.02	89.89	150.4	201.5	293.6	385.5	590.4	742.0	1009	1353	1871
	500	28	17.43	24.65	37.07	45.26	70.50	90.59	149.6	203.7	296.9	390.4	598.1	747.7	1036	1384	1918

表 10.2-141　ZZL 型减速器的许用输出转矩 T_P

公称传动比 i	转速 /r·min^{-1}		ZZL 型行星减速器														
			355	400	450	500	560	630	710	800	900	1000	1120	1250	1400	1600	1800
	n_1	n_2	许用输出转矩 T_P/kN·m														
16	1000	63	16.77	24.31	36.39	45.18	76.71	89.45	152.7	199.4	286.3	383.6	572.1	723.9	968.1	1311	1814
	750	47	16.83	24.53	36.18	45.59	69.38	90.45	158.6	200.5	289.8	388.6	579.1	727.1	1011	1381	1853
	500	31	17.25	24.63	35.77	46.12	69.90	91.18	149.5	202.8	293.1	393.7	586.4	732.6	1037	1412	1892
18	1000	56	16.60	24.47	36.40	45.09	68.00	90.78	151.4	199.2	286.8	379.2	565.7	734.1	963.1	1309	1818
	750	42	16.90	24.47	36.23	45.21	68.58	91.67	149.3	200.3	290.3	384.2	572.8	737.4	1006	1410	1857
	500	28	17.14	24.47	35.88	45.44	69.05	92.39	148.2	202.3	293.7	389.0	500.1	743.0	1032	1410	1896
20	1000	50	16.60	25.81	35.66	44.80	68.24	88.13	152.4	195.0	281.9	380.0	566.8	712.7	972.4	1281	1786
	750	38	17.00	23.82	35.47	45.26	68.78	89.05	150.1	196.2	285.1	384.9	573.8	716.0	1015	1358	1825
	500	25	17.41	24.22	35.00	45.78	69.23	89.78	149.0	198.1	288.7	389.8	581.2	721.1	1042	1381	1863
22.4	1000	45	16.62	24.32	33.50	45.21	69.60	90.56	152.3	198.4	281.8	383.2	578.1	732.4	975.0	1273	1779
	750	33	17.00	24.24	35.45	47.15	70.00	91.46	150.3	199.4	284.2	388.2	585.4	735.6	1018	1341	1818
	500	22	17.80	24.55	35.12	46.10	70.74	92.37	148.9	201.8	287.2	393.2	592.7	741.2	1045	1371	1856
25	1000	40	16.69	24.44	35.98	46.04	69.74	87.53	127.8	200.1	284.2	390.0	580.3	734.9	850.7	1337	1801
	750	30	16.86	24.44	35.98	46.54	70.25	88.50	150.1	195.1	287.8	395.0	587.7	738.2	1023	1408	1841
	500	20	17.20	24.44	35.49	46.54	70.76	88.99	149.2	203.1	290.8	399.8	594.8	743.7	1049	1440	1879
28	1000	36	16.79	23.79	36.68	44.89	67.55	91.64	153.1	193.9	290.3	381.3	561.4	742.0	943.7	1301	1838
	750	27	17.07	23.97	36.68	45.45	68.01	92.49	150.6	203.5	293.8	386.1	568.3	745.3	988.9	1371	1878
	500	18	17.07	23.79	36.13	46.88	68.38	93.64	149.7	197.5	297.2	391.1	575.4	750.8	1015	1402	1918
31.5	1000	32	16.54	23.19	36.15	44.93	67.31	89.10	152.1	202.6	277.6	384.0	558.5	722.2	962.3	1301	1759
	750	24	16.97	23.19	35.95	45.34	67.51	90.84	149.7	203.5	280.7	389.1	565.5	725.7	1005	1370	1797
	500	16	17.18	23.19	32.47	45.55	71.63	91.15	148.9	205.8	283.8	394.2	572.6	730.9	1031	1402	1845
35.5	1000	28	16.17	28.81	35.74	46.24	70.76	87.42	149.0	198.4	280.3	381.1	588.7	708.4	943.5	1276	1836
	750	21	16.40	24.40	35.40	46.72	71.87	88.46	147.2	199.5	283.8	386.0	596.0	711.8	985.2	1344	1875
	500	14	1687	24.40	34.72	46.96	71.86	89.15	145.5	201.6	287.1	390.7	603.2	716.7	1011	1375	1915
40	1000	25	15.79	23.32	37.16	46.33	68.14	88.85	144.8	190.9	281.3	366.4	569.7	718.7	917.2	1280	1765
	750	19	15.92	23.32	36.76	46.60	68.54	89.51	148.7	191.9	284.5	371.2	576.9	721.9	957.5	1348	1817
	500	13	16.17	23.32	36.76	47.15	69.33	90.82	141.7	194.4	287.7	379.3	583.9	727.4	982.6	1379	1841
45	1000	22	15.92	23.02	37.87	45.87	64.60	88.27	144.2	189.4	281.4	368.9	540.5	713.7	910.9	1872	1778
	750	17	16.06	23.17	36.57	46.02	65.17	88.86	141.7	190.6	284.7	373.5	547.1	716.7	951.2	1340	1803
	500	11	16.35	23.46	35.97	46.33	65.45	90.03	141.1	192.9	287.7	378.1	554.4	722.0	975.9	1370	1855

表 10. 2-142　ZZLP 型减速器的许用输出转矩 T_P

公称传动比 i	转速 /r·min^{-1}		ZZLP 型行星减速器														
			355	400	450	500	560	630	710	800	900	1000	1120	1250	1400	1600	1800
	n_1	n_2	许用输出转矩 T_P/kN·m														
50	1000	20	17.15	24.92	37.85	46.90	70.12	92.98	159.8	212.1	290.1	388.7	565.1	756.3	972.8	1356	1779
	750	15	17.32	25.09	37.68	47.58	70.63	94.00	157.1	213.1	292.9	393.6	571.7	760.1	1016	1419	1817
	500	10	17.67	25.43	37.35	47.92	71.63	95.02	156.1	215.3	297.3	398.3	579.8	765.6	1042	1462	1856
56	1000	18	17.40	24.68	37.50	46.66	69.25	92.36	157.2	199.9	288.3	387.3	563.1	756.6	978.3	1345	1773
	750	13	17.79	25.17	37.40	47.04	69.81	93.50	154.7	201.1	291.9	392.4	570.0	759.5	1013	1418	1812
	500	9	17.40	25.17	37.03	47.79	70.94	94.64	154.3	203.3	294.5	396.9	577.1	765.2	1019	1458	1851
63	1000	16	17.54	25.20	37.55	47.16	69.99	93.23	158.5	202.4	290.6	392.7	570.6	769.2	983.0	1356	1797
	750	12	17.32	24.98	37.55	47.58	70.62	93.66	155.9	203.7	294.8	397.5	578.1	772.6	1026	1429	1836
	500	8	18.19	25.85	37.55	47.16	70.62	94.51	154.6	206.2	298.3	402.5	585.7	778.3	1053	1461	1875
71	1000	14	17.54	24.08	39.30	47.31	70.23	93.38	159.3	204.7	292.0	396.5	576.5	730.8	993.2	1362	1815
	750	11	17.54	23.85	38.82	47.79	70.94	94.82	156.9	205.6	295.6	401.6	583.9	733.8	1037	1435	1855
	500	7	17.54	22.02	37.85	47.31	70.94	94.82	156.4	207.6	299.9	407.4	591.5	739.8	1063	1468	1893
80	1000	13	17.36	24.29	36.29	47.85	71.42	95.08	161.2	209.4	296.5	404.5	588.2	746.3	1012	1381	1852
	750	9	17.64	24.03	37.87	48.66	71.69	95.35	158.7	210.2	300.0	410.0	595.5	494.4	1057	1455	1891
	500	6	18.19	25.88	37.87	48.66	72.23	95.90	157.1	211.8	303.8	414.4	603.4	754.2	1005	1489	1931
90	1000	11	16.75	25.18	38.44	48.97	72.23	97.29	153.4	213.9	301.9	413.9	602.3	764.9	1037	1485	1896
	750	8	16.46	25.18	38.14	49.28	73.14	97.52	151.6	214.8	305.0	419.9	610.1	768.2	1083	1480	1937
	500	6	17.63	24.99	37.55	49.89	73.14	98.14	149.9	218.6	309.3	424.3	618.1	773.1	1111	1514	1978
100	1000	10	16.57	26.03	39.95	47.06	71.11	94.11	151.0	210.3	297.4	410.8	592.2	750.2	1017	1378	1846
	750	8	16.89	26.38	39.25	46.73	70.43	95.48	148.1	211.0	300.5	415.8	599.0	752.9	1061	1452	1886
	500	5	17.54	24.99	39.95	46.06	73.14	96.16	148.1	214.5	304.6	421.4	606.5	758.2	1089	1484	1926
112	1000	9	16.72	24.63	38.17	46.97	72.05	89.88	152.7	200.4	283.3	391.9	605.3	770.5	978.2	1389	1888
	750	7	16.34	25.88	37.42	47.35	72.83	90.61	150.1	201.5	286.6	397.2	612.8	774.8	1012	1319	1929
	500	4	17.83	24.68	38.17	48.11	74.38	92.07	149.3	203.7	288.8	401.0	620.7	780.9	1038	1410	1969
125	1000	8	16.75	24.80	38.64	48.98	69.86	92.40	157.1	207.6	290.4	405.1	579.7	742.0	1085	1345	1818
	750	6	17.17	26.11	37.78	49.42	69.86	92.82	154.6	200.9	293.8	411.7	587.4	744.5	1050	1495	1849
	500	4	18.03	26.11	38.64	50.30	69.86	93.67	154.6	211.5	298.1	417.0	595.0	749.5	1077	1451	1887

表 10. 2-143　ZZS 型减速器的许用输出转矩 T_P

公称传动比 i	转速 /r·min^{-1}		ZZS 型行星减速器														
			355	400	450	500	560	630	710	800	900	1000	1120	1250	1400	1600	1800
	n_1	n_2	许用输出转矩 T_P/kN·m														
140	1000	7	17.44	24.87	38.89	46.70	70.96	96.21	162.7	206.6	296.7	399.3	591.8	775.5	1008	1382	1953
	750	5	17.44	23.95	38.41	41.17	71.90	97.18	159.7	206.5	299.6	404.1	598.6	779.4	1052	1456	1995
	500	4	17.44	24.87	37.45	48.11	70.96	99.13	159.7	209.4	302.5	407.9	606.2	784.3	1078	1490	2038
160	1000	6	17.99	24.87	37.47	47.76	72.59	98.29	158.7	198.9	311.2	400.8	574.1	791.3	985.1	1337	1970
	750	5	17.45	24.87	37.47	46.68	73.13	99.96	157.6	201.0	315.7	405.1	581.4	795.2	1028	1408	2013
	500	3	19.63	24.87	37.47	47.76	74.21	99.96	155.4	209.4	318.0	410.5	589.7	803.0	1055	1440	2057
180	1000	6	18.63	25.43	39.24	46.25	69.12	95.51	158.6	198.4	302.0	397.4	598.2	776.9	992.6	1330	1920
	750	4	17.39	26.64	38.06	47.43	69.12	97.96	158.0	199.5	306.3	402.2	606.2	778.7	1036	1402	1962
	500	3	18.63	25.43	39.24	46.25	69.12	99.18	156.8	201.9	311.3	408.2	614.8	786.1	1063	1435	2001
200	1000	5	18.73	24.42	37.37	46.05	67.70	92.52	158.9	206.2	296.1	401.4	595.7	756.3	1009	1329	1837
	750	4	16.65	24.42	36.71	48.05	69.63	93.86	154.9	206.9	299.5	406.9	604.6	759.0	1053	1488	1874
	500	3	16.65	24.42	35.40	48.05	69.63	96.55	154.9	212.4	302.2	409.6	610.1	764.3	1079	1433	1914
224	1000	4	18.32	24.74	39.01	46.48	69.44	91.63	162.8	218.2	291.2	393.8	585.3	744.2	999.7	1401	1800
	750	3	18.32	23.99	39.78	47.22	71.68	92.37	157.3	219.9	294.9	398.3	592.2	747.9	1046	1476	1839
	500	2	18.32	26.99	36.72	48.70	71.68	93.06	160.4	223.1	298.0	402.9	601.3	755.4	1073	1508	1877
250	1000	4	17.72	26.04	38.25	46.13	74.49	91.41	159.1	214.4	285.9	389.5	616.8	731.3	980.9	1375	1880
	750	3	16.88	24.30	37.40	47.84	74.49	92.23	156.5	214.4	290.9	394.6	624.0	734.6	1024	1450	1922
	500	2	15.19	26.04	35.70	46.13	74.49	93.88	156.5	219.7	296.0	400.0	633.0	741.2	1049	1483	1960
280	1000	4	16.63	25.39	37.28	46.13	72.28	90.34	154.2	206.1	289.2	375.9	598.1	742.5	954.7	1980	1889
	750	3	18.48	26.33	38.24	46.13	73.24	94.10	152.3	209.0	291.1	379.9	605.9	745.3	999.1	1453	1850
	500	2	16.63	22.57	40.15	46.13	75.17	95.98	154.2	209.0	294.9	383.6	613.8	750.9	1021	1487	1888
315	1000	3	15.40	25.22	38.02	40.33	71.09	92.09	153.2	195.1	285.2	373.7	593.7	739.9	959.6	1308	1795
	750	2	16.43	25.22	38.02	47.26	73.25	93.15	153.2	194.0	287.3	375.7	598.1	745.2	1003	1377	1833
	500	2	18.48	25.22	38.02	45.11	71.09	95.27	153.2	198.2	291.5	379.8	606.9	749.4	1032	1409	1871

（续）

公称传动比 i	转速 /r·min⁻¹		ZZS 型行星减速器														
			355	400	450	500	560	630	710	800	900	1000	1120	1250	1400	1600	1800
	n_1	n_2	许用输出转矩 T_P/kN·m														
355	1000	3	17.33	25.01	37.86	47.48	68.58	94.37	155.6	200.1	287.3	374.8	594.4	751.3	983.6	1338	1807
	750	2	18.48	23.82	36.71	48.69	73.24	91.95	154.3	200.1	292.1	379.4	603.1	755.0	1026	1409	1845
	500	1	18.86	21.44	34.42	51.13	73.24	94.37	151.9	200.1	294.5	381.7	613.1	762.2	1053	1443	1885
400	1000	3	15.49	23.96	34.85	44.90	66.42	93.29	153.6	199.7	286.8	377.6	566.2	746.4	977.6	1328	1818
	750	2	15.49	26.62	36.14	48.98	67.72	91.94	150.9	197.0	290.9	382.8	574.2	751.8	1022	1402	1860
	500	1	15.49	23.96	38.72	48.98	70.33	97.35	153.6	199.7	290.9	385.5	582.1	754.5	1047	1434	1895

11.4 选用方法

当选用矿用重载行星齿轮减速器时，应根据使用条件按下式计算：

$$P_{2m} = P_2 K_B / \eta$$

式中 P_{2m}——减速器的计算功率（kW）；

P_2——要求传递的功率（kW）；

K_B——工况系数；

η——齿轮减速器的效率。

$$K_B = K_A K_1$$

式中 K_A——使用系数，见表 10.2-73；

K_1——利用率系数，见表 10.2-128。

根据计算出的 P_{2m} 和其他已知条件按表 10.2-134～表 10.2-138 选用，所选用减速器应满足 $P_{2m} \leqslant P_P$。

如果减速器的实际输入转速与承载能力表中的三档（1000r/min，750r/min，500r/min）转速中的某一档转速相对误差不超过 3%，可按该档转速下的许用功率选用减速器。如果转速相对误差超过 3%，则应按实际转速折算减速器的许用功率选用。

例 10.2-10 JKM-2×4 型井塔多绳摩擦式提升机减速器，电动机驱动，电动机转速 n_1 = 1000r/min，传动比 i = 11.5，每日工作 16h，摩擦因数 0.25 时，提升静力矩 T_{2j} 为 9×10^4N·m，要求选用规格相当的第Ⅱ种装配形式标准行星齿轮减速器。

解：实际负载功率 P_2 为

$$P_2 = \frac{T_{2j} n_2}{9549} = \frac{T_{2j} n_1}{9549 i}$$

$$= \frac{9 \times 10^4 \times 1000}{9549 \times 11.5} \text{kW} = 819.6\text{kW}$$

查表 10.2-75，提升机负载分类为 3。查表 10.2-73，由于电动机具有较大的起动冲击，故 K_A = 1.6；查表 10.2-128，K_1 = 1.00，计算负载功率 P_{2m} 为

$$P_{2m} = P_2 K_A K_1 / \eta = \frac{819.6 \times 1.6 \times 1}{0.96} \text{kW} = 1366\text{kW}$$

要求 $P_{2m} \leqslant P_P$。

按 n_1 = 1000r/min，i = 11.5 接近公称传动比 i = 11.2，查表 10.2-135，型号 ZZDP800 行星减速器 i = 11.2，n_1 = 1000r/min，P_P = 1752kW，P_{2m} = 1366 ≤ P_P。可以选用 ZZDP800 行星齿轮减速器。

12 三环减速器（摘自 YB/T 079—1995）

三环减速器具有行星减速器和普通圆柱齿轮减速器的优点，充分运用了功率分流与多齿内啮合机理，在技术性能、产品制造、使用维护方面具有较明显的优势。

其承载、超载能力强；传动比大，分级密集；效率高，结构紧凑，体积较小。

工作环境温度为 -40～45℃，当低于 0℃ 时，起动前应对润滑油进行预热；高速轴转速 ≤1500r/min，瞬时超载转矩允许为额定转矩的 2.7 倍，可连续或断续工作，并可正、反两方向运转。

12.1 结构型式和标记方法

三环减速器的结构型式有 21 种之多，本手册仅选择基本型（SH 型）进行介绍。

标记示例：

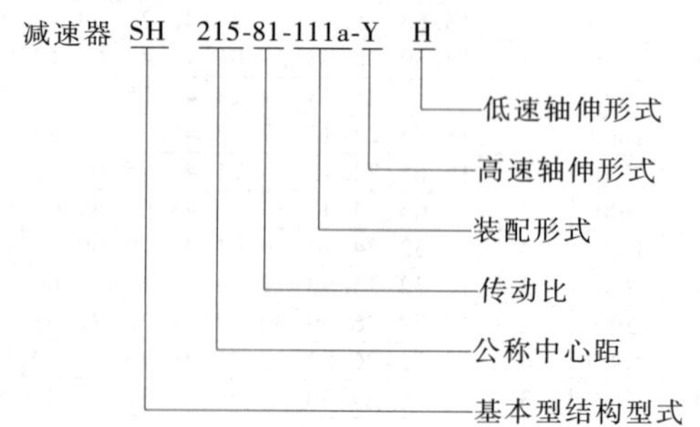

12.2 外形尺寸及承载能力

1）外形尺寸见表 10.2-144。

2）承载能力。额定功率、热功率及输出转矩见表 10.2-145。

表 10.2-144　SH 型减速器的外形尺寸　(mm)

规格	中心尺寸		轮廓尺寸				地脚螺栓									高速轴伸 $i\leqslant23$					高速轴伸 $i\geqslant25.5$					低速轴伸					质量 /kg
	a	H_0	H	L	L_1	L_5	d	n	k	L_2	L_3	L_4	L_6	L_7	L_8	D_1	l_1	S_1	c_1	b_1	D_1	l_1	S_1	c_1	b_1	D_2	t	T	c_2	b_2	
80	80	75	155	280	160	105	M8	4	10	67.5	30	—	85	30	—	9j6	20	70	10.2	3	9j6	20	70	10.2	3	24j6	36	85	27	8	17
90	90	85	176	315	180	120	M10	4	12	77.5	40	—	95	35	—	11j6	23	80	12.5	4	11j6	23	80	12.5	4	28j6	42	100	31	8	22
105	105	100	201	360	230	135	M12	4	14	80	60	—	105	40	—	14j6	25	90	16	5	14j6	25	90	16	5	32k6	58	125	35	10	30
125	125	115	258	410	270	140	M12	4	16	100	60	—	110	40	—	18j6	28	100	20.5	6	18j6	28	100	20.5	6	38k6	58	130	41	10	43
145	145	130	291	475	310	175	M16	4	18	115	70	—	130	50	—	22j6	36	115	25	8	22j6	36	115	25	8	48k6	82	160	51.1	14	73
175	175	165	367	585	370	200	M16	4	20	145	80	—	150	60	—	30j6	58	150	33	8	30j6	58	150	33	8	60m6	105	203	64	18	110
215	215	200	433	690	450	240	M20	4	25	190	100	—	185	65	—	35k6	58	165	38	10	35k6	58	165	38	10	75m6	105	215	79.5	20	170
255	255	230	493	810	530	260	M20	6	25	220	100	100	210	70	—	45k6	82	195	48.5	14	45k6	82	195	48.5	14	90m6	130	245	95	25	250
300	300	280	585	960	630	300	M24	6	30	255	120	120	235	80	—	50k6	82	215	53.5	14	50k6	82	215	53.5	14	110m6	165	315	116	28	440
350	350	325	678	1100	720	340	M24	6	35	310	120	160	270	90	—	55m6	82	240	59	16	55m6	82	240	59	16	130m6	200	365	137	32	590
400	400	355	740	1280	820	370	M24	8	40	150	120	120	310	100	210	65m6	105	290	69	18	65m6	105	290	69	18	150m6	200	395	158	36	850
450	450	400	825	1440	920	420	M30	8	45	160	120	120	340	100	240	75m6	105	310	79.5	20	70m6	105	310	74.5	20	170m6	240	460	179	40	1190
500	500	500	988	1610	1050	465	M36	8	50	185	150	120	390	100	250	80m6	130	350	85	22	70m6	105	325	74.5	20	180m6	240	470	190	45	1690
550	550	560	1110	1750	1130	510	M36	8	60	200	150	150	440	120	290	85m6	130	370	90	22	75m6	105	345	79.5	20	200m6	280	535	210	50	2220
600	600	630	1230	1920	1250	555	M42	8	60	220	180	150	480	120	300	90m6	130	390	95	25	80m6	130	390	85	22	220m6	280	540	231	50	2900
670	670	670	1330	2110	1370	600	M42	8	70	250	180	180	520	140	350	100m6	165	450	106	28	90m6	130	415	95	25	250m6	330	630	262	56	4100
750	750	750	1480	2350	1550	660	M48	8	80	250	210	210	560	150	420	110m6	165	485	116	28	100m6	165	485	106	28	280m6	380	705	292	63	5900
840	840	840	1626	2640	1730	750	M48	10	80	330	225	200	640	150	410	130m6	200	545	137	32	110m6	165	510	116	28	300m6	380	730	314	70	8450
950	950	950	1830	2940	1950	815	M56	10	90	360	235	200	685	200	480	150m6	200	575	158	36	130m6	200	575	137	32	340m6	450	830	355	80	12370
1070	1070	1060	2060	3230	2190	870	M56	10	90	440	240	240	735	200	540	170m6	240	640	179	40	150m6	200	600	158	36	380m6	450	860	395	80	18100

表 10.2-145 SH 型三环减速器额定功率 P_n、热功率 P_G 及输出转矩 T_{2N}

规格	输入转速 /r·min^{-1}	传动比 i																							输出转矩 T_{2N}/kN·m	热功率 P_G/kW
		99	93	87	81	75	69	63	57	51	45	40.5	37.5	34.5	31.5	28.5	25.5	23	21	19	17	15	13	11		
		额定功率 P_n/kW																								
80	1500	0.21	0.23	0.24	0.26	0.28	0.30	0.33	0.36	0.41	0.46	0.51	0.55	0.59	0.65	0.72	0.80	0.89	0.97	1.07	1.20	1.36	1.56	1.84	0.124	1.57
	1000	0.14	0.15	0.16	0.17	0.19	0.20	0.22	0.24	0.27	0.31	0.34	0.37	0.40	0.43	0.48	0.53	0.59	0.65	0.71	0.80	0.90	1.04	1.23		
	750	0.11	0.11	0.12	0.13	0.14	0.15	0.17	0.18	0.20	0.23	0.25	0.27	0.30	0.33	0.36	0.40	0.44	0.49	0.54	0.60	0.68	0.78	0.92		
90	1500	0.30	0.32	0.34	0.36	0.39	0.42	0.46	0.51	0.57	0.64	0.71	0.77	0.83	0.91	1.01	1.12	1.24	1.36	1.50	1.68	1.90	2.19	2.59	0.174	1.99
	1000	0.20	0.21	0.23	0.24	0.26	0.28	0.31	0.34	0.38	0.43	0.48	0.51	0.56	0.61	0.67	0.75	0.83	0.91	1.00	1.12	1.27	1.46	1.73		
	750	0.15	0.16	0.17	0.18	0.20	0.21	0.23	0.26	0.29	0.32	0.36	0.38	0.42	0.46	0.50	0.56	0.62	0.68	0.75	0.84	0.95	1.10	1.29		
105	1500	0.45	0.47	0.51	0.54	0.58	0.63	0.69	0.76	0.85	0.96	1.06	1.14	1.24	1.36	1.50	1.67	1.85	2.08	2.24	2.50	2.83	3.26	3.85	0.259	2.71
	1000	0.30	0.32	0.34	0.36	0.39	0.42	0.46	0.51	0.56	0.64	0.71	0.76	0.83	0.91	1.00	1.12	1.24	1.35	1.49	1.67	1.89	2.18	2.57		
	750	0.22	0.24	0.25	0.27	0.29	0.32	0.34	0.38	0.42	0.48	0.53	0.57	0.62	0.68	0.75	0.84	0.93	1.01	1.12	1.25	1.42	1.63	1.93		
125	1500	0.75	0.80	0.85	0.91	0.98	1.06	1.16	1.28	1.42	1.61	1.78	1.92	2.09	2.28	2.52	2.81	3.11	3.41	3.76	4.20	4.75	5.48	6.47	0.435	3.84
	1000	0.50	0.53	0.57	0.61	0.65	0.71	0.77	0.85	0.95	1.07	1.19	1.28	1.39	1.52	1.68	1.87	2.07	2.27	2.51	2.80	3.17	3.65	4.31		
	750	0.38	0.40	0.42	0.45	0.49	0.53	0.58	0.64	0.71	0.80	0.89	0.96	1.04	1.14	1.26	1.41	1.56	1.70	1.88	2.10	2.38	2.74	3.24		
145	1500	1.51	1.60	1.71	1.83	1.97	2.13	2.33	2.57	2.86	3.23	3.58	3.87	4.20	4.59	5.07	5.56	6.26	6.85	7.65	8.45	9.56	11.0	13.0	0.875	5.16
	1000	1.01	1.07	1.14	1.22	1.31	1.42	1.55	1.71	1.91	2.16	2.39	2.58	2.80	3.06	3.38	3.77	4.17	4.57	5.04	5.63	6.37	7.35	8.68		
	750	0.75	0.80	0.85	0.91	0.98	1.07	1.16	1.28	1.43	1.62	1.79	1.93	2.10	2.29	2.53	2.83	3.13	3.42	3.78	4.22	4.78	5.51	6.51		
175	1500	2.95	3.13	3.33	3.57	3.84	4.17	4.55	5.01	5.59	6.32	7.00	7.55	8.20	8.96	9.89	11.0	12.2	13.4	14.8	16.5	18.7	21.5	25.4	1.709	7.52
	1000	1.96	2.09	2.22	2.38	2.56	2.78	3.03	3.34	3.73	4.21	4.67	5.03	5.46	5.98	6.60	7.36	8.15	8.92	9.85	11.0	12.5	14.4	16.9		
	750	1.47	1.56	1.67	1.79	1.92	2.08	2.28	2.51	2.79	3.16	3.50	3.78	4.10	4.48	4.95	5.52	6.11	6.69	7.39	8.25	9.34	10.8	12.7		
215	1500	5.75	6.11	6.51	6.97	7.50	8.13	8.88	9.79	10.9	12.3	13.7	14.7	16.0	17.5	19.3	21.6	23.9	26.1	28.8	32.2	36.5	42.0	49.6	3.336	11.4
	1000	3.84	4.07	4.34	4.65	5.00	5.42	5.92	6.53	7.27	8.22	9.11	9.83	10.7	11.7	12.9	14.4	15.9	17.4	19.2	21.5	24.3	28.0	33.1		
	750	2.88	3.05	3.25	3.48	3.75	4.07	4.44	4.89	5.45	6.16	6.83	7.37	8.00	8.75	9.66	10.8	11.9	13.1	14.4	16.1	18.2	21.0	24.8		
255	1500	9.94	10.6	11.2	12.0	13.0	14.1	15.3	16.9	18.8	21.3	23.6	25.5	27.6	30.2	33.4	37.2	41.2	45.1	49.8	55.6	63.0	72.6	85.7	5.764	16.0
	1000	6.63	7.03	7.50	8.03	8.64	9.37	10.2	11.3	12.6	14.2	15.7	17.0	18.4	20.2	22.2	24.8	27.5	30.1	33.2	37.1	42.0	48.4	57.2		
	750	4.97	5.28	5.62	6.02	5.48	7.03	7.67	8.46	9.42	10.6	11.8	12.7	13.8	15.1	16.7	18.6	20.6	22.6	24.9	27.8	31.5	36.3	42.9		
300	1000	12.1	12.8	13.7	14.7	15.8	17.1	18.7	20.6	22.9	25.9	28.7	31.0	33.6	36.8	40.6	45.3	50.2	54.9	60.6	67.7	76.6	—	—	10.52	22.1
	750	9.07	9.63	10.3	11.0	11.8	12.8	14.0	15.4	17.2	19.4	21.6	23.2	25.2	27.6	30.4	34.4	37.6	41.2	45.5	50.8	57.5	—	—		
	600	7.26	7.70	8.21	8.79	9.47	10.3	11.2	12.3	13.8	15.5	17.2	18.6	20.2	22.1	24.4	27.2	30.1	32.9	36.4	40.5	46.0	—	—		
350	1000	18.2	19.3	20.5	22.0	23.7	25.7	28.0	30.9	34.4	38.9	43.1	46.5	50.5	55.2	60.9	68.0	75.3	82.4	91.0	102	115	133	—	15.790	30.0
	750	13.6	14.5	15.4	16.5	17.8	19.2	21.0	23.2	25.8	29.2	32.3	34.9	37.9	41.4	45.7	51.0	56.5	61.8	68.2	76.2	86.3	99.5	—		
	600	10.9	11.6	12.3	13.2	14.7	15.4	16.8	18.5	20.7	23.3	25.9	27.9	30.3	33.1	36.6	40.8	45.2	49.4	54.6	61.0	69.0	79.6	—		

（续）

规格	输入转速 /r·min^{-1}	传动比 i																							输出转矩 T_{2N}/kN·m	热功率 P_G/kW
		99	93	87	81	75	69	63	57	51	45	40.5	37.5	34.5	31.5	28.5	25.5	23	21	19	17	15	13	11		
		额定功率 P_n/kW																								
400	1000	28.4	30.1	32.1	34.4	37.0	40.1	43.8	48.3	53.8	60.8	67.4	72.7	78.9	86.3	95.2	106	118	129	142	159	180	207	245	24.670	39.9
	750	21.3	22.6	24.1	25.8	27.7	30.1	32.8	36.2	40.3	45.6	50.5	54.5	59.2	64.7	71.4	79.7	88.2	96.6	107	119	135	155	184		
	600	17.0	18.1	19.3	20.6	22.2	24.1	26.3	29.0	32.3	36.5	40.4	43.6	47.3	51.8	57.1	63.8	70.6	77.2	85.3	95.2	108	124	147		
450	1000	41.3	43.8	46.7	50.0	53.8	58.4	63.7	70.2	78.3	88.4	98.1	106	115	126	139	155	171	187	207	231	262	302	356	35.900	49.7
	750	31.0	32.9	35.0	37.5	40.4	43.8	47.8	52.7	58.7	66.3	73.5	79.3	86.1	94.1	104	116	128	141	155	173	196	226	267		
	600	24.8	26.3	28.0	30.0	32.3	35.0	38.2	42.1	47.0	53.1	58.8	61.4	68.9	75.3	83.1	92.8	103	112	124	139	157	181	214		
500	750	41.4	43.9	46.8	50.2	54.0	58.5	63.9	70.4	78.5	88.7	98.3	106	115	126	139	155	172	188	208	232	262	302	—	48.01	61.4
	600	33.1	35.1	37.5	40.1	43.2	46.8	51.1	56.4	62.8	71.0	78.7	84.9	92.1	101	111	124	137	150	166	185	210	242	—		
	500	27.6	29.3	31.2	33.4	36.0	39.0	42.6	47.0	52.3	59.1	65.6	70.7	76.7	83.9	92.6	103	115	125	138	155	175	202	—		
550	750	56.8	60.3	64.2	68.8	74.1	80.3	87.7	96.6	108	122	135	146	158	173	191	213	236	258	285	318	360	415	—	65.86	74.3
	600	45.4	48.2	51.4	55.0	59.3	64.2	70.1	77.3	86.1	97.3	108	116	126	138	153	170	189	206	228	254	288	332	—		
	500	37.9	40.2	42.8	45.9	49.4	53.5	58.5	64.4	71.8	81.1	89.9	97.0	105	115	127	142	157	172	190	212	240	277	—		
600	750	75.6	80.2	85.5	91.6	98.6	107	117	129	143	162	180	194	210	230	254	283	314	343	379	423	479	552	—	87.66	88.4
	600	60.5	64.2	68.4	73.3	78.9	85.5	93.4	103	115	130	144	155	168	184	203	227	251	275	303	338	383	442	—		
	500	50.4	53.5	57.0	61.0	65.7	71.2	77.8	85.7	95.6	108	120	129	140	153	169	189	209	229	253	282	319	368	—		
670	750	107	113	121	129	139	151	165	181	202	228	253	273	296	324	358	399	442	484	534	596	675	778	—	123.54	110
	600	85.2	90.4	96.4	103	111	121	132	145	162	183	203	218	237	259	286	319	354	387	427	477	540	623	—		
	500	71.0	75.4	80.3	86.0	92.6	100	110	121	135	152	169	182	198	216	238	266	295	322	356	398	450	519	—		
750	600	120	127	136	145	157	170	185	204	227	257	285	307	334	365	403	449	498	544	601	671	760	876	—	173. 87	138
	500	99.9	106	113	121	130	141	154	170	190	214	238	256	278	304	336	374	415	454	501	559	633	730	—		
	375	—	—	—	—	—	—	—	—	—	—	—	—	—	—	—	—	—	—	—	—	—	—	—		
840	600	147	155	167	178	192	208	227	251	279	316	350	377	410	448	494	552	611	668	738	824	933	1076	—	213.47	173
	500	120	130	139	149	160	174	190	209	233	263	292	314	341	373	412	460	509	557	615	687	778	896	—		
	375	—	—	—	—	—	—	—	—	—	—	—	—	—	—	—	—	—	—	—	—	—	—	—		
950	600	214	228	243	260	280	303	331	365	407	459	509	549	596	652	720	803	889	973	1074	1200	1358	—	—	310.75	222
	500	179	190	202	216	233	253	276	304	339	383	424	458	497	543	600	669	741	811	895	1000	1132	—	—		
	375	—	—	—	—	—	—	—	—	—	—	—	—	—	—	—	—	—	—	—	—	—	—	—		
1070	600	324	343	366	392	422	454	500	551	614	693	769	829	900	984	1086	1212	1342	1622	1811	2050	—	—	—	469.00	281
	500	270	286	305	327	352	381	416	459	511	578	641	691	750	820	905	1010	1118	1224	1351	1509	—	—	—		
	375	—	—	—	—	—	—	—	—	—	—	—	—	—	—	—	—	—	—	—	—	—	—	—		

12.3 选用方法

选用的减速器必须满足机械强度和热平衡许用功率两方面的要求。

1）所选用的减速器额定功率 P_N 或输出转矩 T_{2N} 按表 10.2-145 选取时必须满足下式：

$$P_c = P_2 K_A K_R \leqslant P_N$$

或
$$T_c = T_2 K_A K_R \leqslant T_{2N}$$

式中，P_c 或 T_c 为计算功率或计算转矩；P_2 或 T_2 为工作机功率或转矩；K_A 为使用系数，见表 10.2-146；K_R 为可靠度系数，见表 10.2-147。

表 10.2-146　使用系数 K_A

每天工作时间/h	工作机载荷性质分类		
	U 均匀	M 中等冲击	H 强冲击
≤3	0.8	1	1.5
3~10	1	1.25	1.75
>10	1.25	1.5	2

表 10.2-147　可靠度系数 K_R

失效概率低于	1/100	1/1000	1/10000
可靠度系数 K_R	1.00	1.25	1.50

2）所选用的减速器热功率 P_G 按表 10.2-145 选取时，必须满足下式：

$$P_{ct} = P_2 f_1 f_2 f_3 \leqslant P_G$$

式中，P_{ct}为计算热功率；f_1 为环境温度系数，$f_1 = 80/(100-\theta)$；θ 为环境温度（℃）；f_2 为载荷率系数，见表 10.2-148；f_3 为功率利用系数，见表 10.2-149。

表 10.2-148　载荷率系数 f_2

小时载荷率(%)	100	80	60	40	20
f_2	1	0.94	0.86	0.74	0.56

表 10.2-149　功率利用系数 f_3

(P_2/P_1)(%)	40	50	60	70	80~100
f_3	1.25	1.15	1.1	1.05	1

注：P_1—公称功率；P_2—工作机功率。

13　RH 二环减速器（摘自 JB/T 10299—2001）

JB/T 10299—2001 中规定的 RH、ZZRH 双曲柄二环少齿差行星减速器（以下简称 RH 二环减速器）可用于冶金、矿山、石油、运输、建材、轻工、能源和交通等机械。输入轴转速 $n \leqslant 1500$r/min，齿轮圆周速度 $v \leqslant 12$m/s；可正、反两向运转；工作环境温度为-40~45℃，当低于 0℃时，起动前应预热至 10℃以上。

13.1 标记方法

标记示例：

二环减速器：

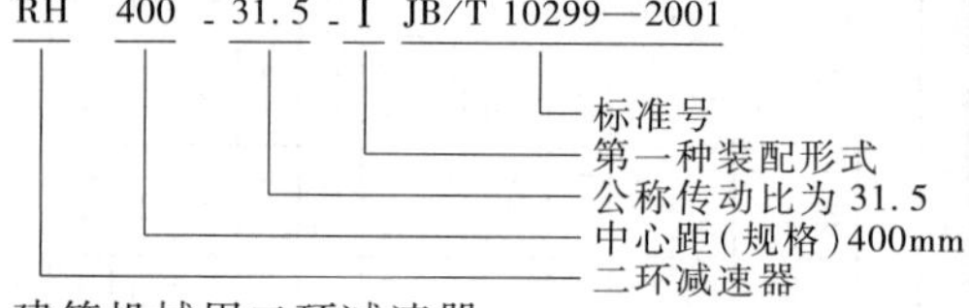

建筑机械用二环减速器：

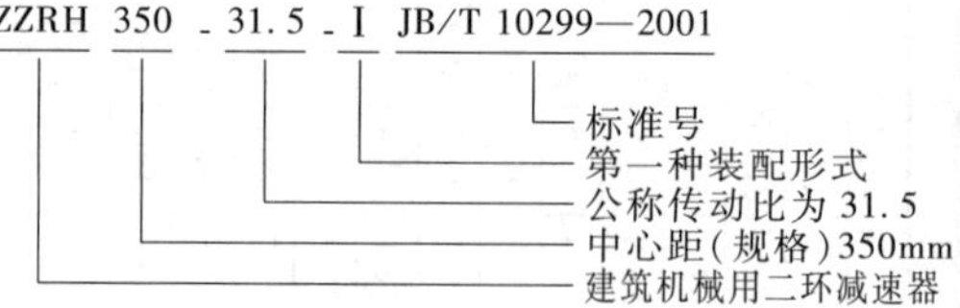

13.2 装配形式和外形尺寸

RH 二环减速器的装配形式和外形尺寸见表 10.2-150，建筑机械用 ZZRH 二环减速器的装配形式和外形尺寸见表 10.2-151。

表 10.2-150　RH 二环减速器的装配形式和外形尺寸　(mm)

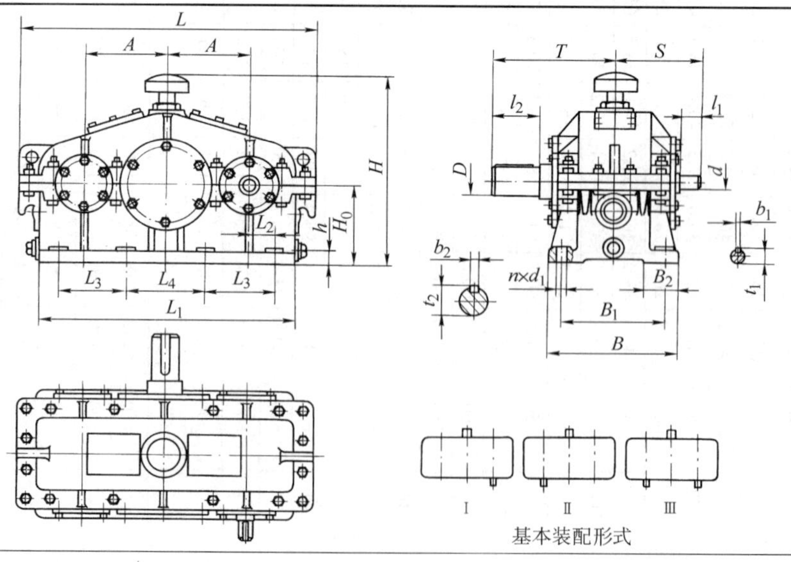

（续）

型号规格	外形及中心高								轴　伸								地 脚 尺 寸								质量/kg	油量/L
	L	B	H	L_1	S	T	A	H_0	d	D	l_1	l_2	t_1	b_1	t_2	b_2	h	B_1	B_2	L_2	L_3	L_4	d_1	n		
RH125	455	205	260	400	153	196	125	125	18J6	38k6	28	58	20.5	6	41	10	20	165	45	45	110	120	M12	8	75	2
RH145	520	225	290	450	165	212	145	140	22J6	48k6	36	82	24.5	6	51.5	14	22	180	60	45	120	140	M16	8	92	2.5
RH175	635	245	375	550	206	264	175	180	30J6	60n6	58	105	33	8	64	18	24	200	65	65	140	200	M16	8	145	5
RH215	770	300	470	675	230	285	215	225	35k6	75n6	58	105	38	10	79.5	20	28	250	75	80	180	230	M20	8	275	10
RH255	890	320	535	790	250	324	255	250	45k6	90n6	82	130	48.5	14	95	25	32	270	80	90	205	280	M20	8	430	14
RH300	1010	370	620	910	284	379	300	300	50m6	110n6	82	165	53.5	14	116	28	38	320	90	100	220	360	M24	8	589	19
RH350	1150	400	650	1050	310	432	350	315	55m6	130n6	82	200	59	16	137	32	42	340	100	120	255	430	M24	8	820	27
RH400	1330	490	760	1210	320	470	400	375	65m6	150n6	105	200	69	18	158	36	45	380	110	140	300	480	M24	8	1045	42
RH450	1470	500	850	1350	373	523	450	400	75m6	170n6	105	240	79.5	20	179	40	50	420	120	160	330	560	M30	8	1830	60
RH500	1620	600	980	1500	413	583	500	450	85m6	200n6	130	280	90	22	210	45	65	490	150	190	390	600	M36	8	2000	84

表 10.2-151　ZZRH 二环减速器的装配形式和外形尺寸　（mm）

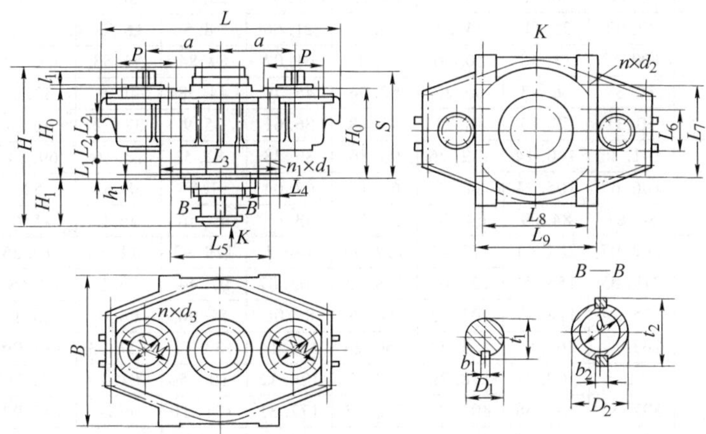

型号规格	中心尺寸		轮廓尺寸			地 脚 螺 栓											
	a	H_0	L	H	B	$n_1 \times d_1$	h_1	L_1	L_2	L_3	L_4	L_5	L_6	L_7	L_8	L_9	$n \times d_2$
350	350	405	1220	773	780	12×M20	20	60	115	550	90	450	140	400	450	550	8×22
430	430	485	1310	910	810	12×M24	25	70	120	600	120	500	150	450	500	600	8×26
450	450	550	1570	1054	832	12×M30	28	70	160	670	120	560	180	540	560	670	8×32
480	480	580	1700	1180	870	16×M30	30	80	120	780	130	680	230	690	680	780	8×32

型号规格	法兰连接尺寸				高 速 轴 伸					低 速 轴 伸					质量/kg
	P	M	N	$n \times d_3$	D_1	l_1	h_1	t_1	S	D_2	d	b_2	t_2	H_1	
350	380	340	300H8	8×M16	60	55	18	64	480	149	70	36	165	238	1200
430	450	400	350H8	8×M20	70	55	20	74.5	565	190	135	45	210	295	1650
450	450	400	350H8	8×M20	75	65	20	79.5	650	190	135	45	210	385	1950
480	450	400	350H8	8×M20	75	75	20	79.5	700	190	135	45	210	442	2400

13.3　承载能力

RH 二环减速器的承载能力受机械强度和热平衡功率两方面的限制，因此减速器的选用必须同时满足公称输入功率和热平衡功率的要求。

RH 二环减速器的公称输入功率 P_1 见表 10.2-152，ZZRH 二环减速器的公称输入功率 P_1 见表 10.2-153。RH 二环减速器的热平衡功率 P_{G1}、P_{G2} 见表 10.2-154。

表 10.2-152　RH 二环减速器的公称输入功率 P_1

型号规格	n_1 /r · min^{-1}	公称传动比 i									
		11.2	12.5	14	16	18	20	22.4	25	28	31.5
		公称输入功率 P_1/kW									
RH125	1500	6.64	6.26	4.31	4.35	4.22	3.85	3.75	3.36	3.01	2.72
	1000	4.43	4.26	3.27	2.96	2.87	2.62	2.55	2.29	2.05	1.85
	750	3.32	3.19	2.46	2.24	2.15	1.97	1.91	2.72	1.54	1.38
RH145	1500	15.73	13.3	9.25	8.52	8.10	7.83	6.88	6.08	5.87	5.63
	1000	10.7	9.05	6.29	5.79	5.51	5.35	4.68	4.14	3.99	3.83
	750	8.03	6.79	4.72	4.35	4.13	4.02	3.51	3.1	2.99	2.87
RH175	1500	30.74	25.16	22	16.71	14.95	13.71	12.39	11.14	10.87	8.50
	1000	20.91	17.12	14.97	11.37	10.17	9.33	8.43	7.58	7.4	6.78
	750	15.68	12.84	11.23	8.52	7.62	6.99	6.32	5.68	5.62	5.09
RH215	1500	51.3	48.41	38.51	33.91	32.82	29.5	26.43	25.43	24.37	21.36
	1000	34.9	34.68	26.2	23.073	22.33	20.2	17.98	17.3	16.53	14.58
	750	26.17	26.01	19.55	17.8	16.74	15.15	13.49	12.97	12.43	10.93
RH255	1000	56.54	49.31	41.01	39.55	36.1	31	27.85	26.39	24.77	22.06
	750	42.4	36.98	30.75	29.65	27.05	23.25	20.89	19.79	18.83	16.54
	600	33.92	29.58	24.51	23.73	21.66	18.5	16.71	15.83	14.85	13.24
RH300	1000	100.52	88.58	80.36	70.08	61.02	59.84	54.53	44.27	41.95	39.58
	750	75.39	66.43	60.27	52.56	45.76	44.38	40.9	33.2	31.45	29.69
	600	60.31	53.15	48.21	42.08	36.61	35.9	32.72	26.56	25.17	23.75
RH350	1000	141.36	140.14	112.96	90.86	89.38	82.5	78.16	69.34	51.4	49.48
	750	106.62	105.11	84.72	68.15	67.04	51.95	58.62	52	46.05	37.11
	600	84.81	84.09	64.78	54.52	53.63	49.56	46.9	41.6	36.84	29.69
RH400	1000	292.07	207.61	171.56	157.94	140.1	129.93	111.33	110.25	38.43	85.49
	750	219.05	155.71	128.67	118.45	105.07	97.44	83.5	82.68	66.35	64.12
	600	175.24	124.57	102.93	94.76	84.06	77.96	66.8	66.1	53.09	51.3
RH450	750	263.87	261.59	185.33	160.26	155.14	133.12	127.23	114.09	100.52	94.32
	600	211.1	209.27	148.26	128.2	124.12	106.5	101.79	91.28	80.49	75.46
RH500	750	397.55	308.68	304.99	215.53	177.31	171.21	160.4	147.92	139.58	117.62
	600	318.04	264.94	243.99	172.43	141.85	136.97	128.31	118.34	111.75	94.09

型号规格	n_1 /r · min^{-1}	公称传动比 i										公称输出转矩 T_2 /kN · m
		35.5	40	45	50	56	63	71	80	90	100	
		公称输入功率 P_1/kW										
RH125	1500	2.63	2.22	1.83	1.71	1.54	1.35	1.01	0.89	0.71	0.69	0.38 ~ 0.54
	1000	1.79	1.51	1.24	1.16	1.05	0.92	0.68	0.61	0.48	0.47	
	750	1.34	1.13	0.93	0.87	0.79	0.59	0.51	0.45	0.36	0.35	
RH145	1500	4.81	4.38	3.48	3.07	2.88	2.55	2.37	1.69	1.58	1.49	0.74 ~ 0.99
	1000	3.27	2.98	2.37	2.09	1.96	1.8	1.61	1.15	1.08	1.02	
	750	2.45	2.23	1.77	1.57	1.47	1.35	1.21	0.86	0.81	0.76	
RH175	1500	7.36	7.14	6.26	5.42	5.08	4.75	4.61	3.73	3.57	3.03	1.43 ~ 2.1
	1000	5.01	4.88	4.26	3.69	3.46	3.23	3.14	2.54	2.43	2.06	
	750	3.76	3.66	3.2	2.76	2.59	2.42	2.36	1.9	1.83	1.54	
RH215	1500	19.8	17.78	13.36	12.13	10.86	9.4	8.44	7.63	5.78	5.67	2.81 ~ 4.51
	1000	13.47	12.1	9.09	8.25	7.39	6.4	5.74	5.19	3.93	3.86	
	750	10.1	9.08	6.82	6.18	5.54	4.8	4.29	3.89	2.94	2.9	
RH255	1500	18.15	16.57	13.92	13.33	12.91	12.6	8.24	8.03	7.86	6.71	4.8 ~ 7.23
	1000	13.62	12.43	10.44	9.99	9.69	9.45	6.18	6.02	5.89	5.03	
	750	10.78	9.94	8.35	7.99	7.75	7.56	4.94	4.81	4.71	4.02	

（续）

型号规格	n_1 /r·min^{-1}	公称传动比 i										公称输出转矩 T_2 /kN·m
		35.5	40	45	50	56	63	71	80	90	100	
		公称输入功率 P_1/kW										
RH300	1500	35.96	32.69	27.56	23.47	19.77	19.22	18.38	14.16	13.79	13.32	8.79 ~ 12.9
	1000	26.97	23.77	20.67	17.6	14.83	14.41	13.76	10.62	10.34	9.99	
	750	21.58	19.1	16.53	14.08	11.86	11.53	11.01	8.49	8.27	7.99	
RH350	1500	44.95	42.98	38.45	35.04	31.58	25.28	23.43	20.71	19.83	16.65	13.57 ~ 19.97
	1000	33.71	32.23	28.84	26.28	23.69	18.96	17.57	15.53	14.87	12.49	
	750	26.97	25.97	23.07	21.03	18.95	15.17	14.06	12.42	11.9	9.99	
RH400	1500	70.45	62.07	56.26	53.23	48.7	45.15	43.95	36.85	33.26	31.23	20.72 ~ 29.51
	1000	52.84	46.55	42.2	39.92	36.52	33.86	32.96	27.63	24.95	23.42	
	750	42.27	37.24	33.76	31.94	29.22	27.09	26.37	22.11	19.96	18.74	
RH450	1500	85.52	79.81	64.3	53.83	50.85	46.02	38.45	38.12	34.56	27.33	30 ~ 41.13
	1000	68.42	63.85	51.44	43.06	40.68	36.81	30.76	30.09	27.65	21.86	
RH500	750	110.08	92.21	80.99	74.76	68.4	62.45	59.81	45.92	44.64	41.36	40 ~ 52.89
	1500	88.07	72.97	64.79	59.8	54.72	49.96	47.85	36.74	35.71	33.09	

表 10.2-153　ZZRH 二环减速器的公称输入功率 P_1

型号规格	n_1 /r·min^{-1}	公称传动比 i									
		11.2	12.5	14	16	18	20	22.4	25	28	31.5
		公称输入功率 P_1/kW									
ZZRH350	1000	141.35	140.14	112.96	90.86	89.38	82.6	78.16	69.34	61.4	49.48
	750	106.62	105.11	84.72	68.15	67.04	61.95	58.62	52	46.05	37.11
	500	84.81	84.09	64.78	54.52	53.63	49.56	46.9	41.6	36.84	29.69
ZZRH430	1000	318.35	226.29	187	172.15	152.17	141.62	121.35	120.17	96.44	93.18
	750	238.75	169.72	140.25	129.12	114.53	106.21	91.01	90.13	72.33	69.88
	500	191.01	135.78	112.19	103.29	91.62	84.97	72.81	72.10	57.86	55.91
ZZRH450	750	263.87	261.59	185.33	160.26	155.14	133.12	127.23	114.09	100.62	94.32
	500	211.1	209.27	148.26	128.2	124.12	106.5	102.79	91.23	80.49	75.46
ZZRH480	750	287.362	285.13	202.10	104.68	169.10	145.10	138.68	124.35	109.67	102.81
	500	230.09	228.10	161.61	139.75	135.28	116.08	110.94	99.43	87.74	82.24

型号规格	n_1 /r·min^{-1}	公称传动比 i										公称输出转矩 T_2 /kN·m
		35.5	40	45	50	56	63	71	80	90	100	
		公称输入功率 P_1/kW										
ZZRH350	1000	44.95	42.98	38.45	35.04	31.58	25.28	23.43	20.71	19.83	16.65	13.57 ~ 19.97
	750	33.71	32.23	28.84	26.28	23.69	18.96	17.57	15.53	14.87	12.49	
	500	26.97	25.97	23.07	21.03	18.95	15.17	14.06	12.42	11.9	9.99	
ZZRH430	1000	76.76	67.65	61.29	58.02	53.08	49.21	47.9	40.16	36.25	34.04	22 ~ 29
	750	57.59	50.74	45.96	43.51	39.81	36.91	35.93	30.12	27.19	25.53	
	500	46.07	40.59	36.77	34.81	31.85	29.53	28.74	24.09	21.75	20.42	
ZZRH450	750	85.52	79.81	54.3	53.83	50.85	46.02	38.45	38.12	34.56	27.33	30 ~ 41.13
	500	68.42	63.85	51.44	43.06	40.68	36.81	30.76	30.09	27.65	21.85	
ZZRH480	750	93.21	86.99	70.08	58.67	55.42	50.16	41.91	41.50	37.67	29.73	40 ~ 50
	500	74.57	69.59	56.07	46.94	44.34	40.13	33.53	33.24	30.13	23.83	

表 10.2-154　RH 减速器的热平衡功率 P_{G1}、P_{G2}

散热冷却条件		规　格									
没有冷却措施	环境条件	125	145	175	215	255	300	350	400	450	500
		P_{G1}/kW									
	小空间、小厂房	3.05	4.05	5.85	8.34	11.9	16.5	22.4	30.1	36.2	45
	较大空间或厂房	3.98	5.29	7.64	10.9	15.6	21.5	29.2	39.3	47.2	58.8
	户外露天	4.99	6.53	9.42	13.4	19.2	26.5	36	48.4	58.3	72.5
稀油站循环润滑		P_{G2}/kW									
		按工况条件、润滑油、润滑油入出口温差决定									

13.4　选用方法

首先，按减速器机械强度公称输入功率 P_1 选用，如果减速器的实际输入转速与承载能力表中的四档（1500r/min、1000r/min、750r/min、600r/min）转速中的某一档转速相对误差不超过4%，可按该档转速下的公称输入功率选用相应规格的减速器。如果转速相对误差超过4%，则应按实际转速折算的减速器的公称输入功率选用；然后，校核减速器的热平衡功率，如果输出轴承受轴向载荷（除转矩外），应校核轴伸安全系数。

1）按减速器机械强度限制的承载能力 P_1 选定。减速器公称输入功率 P_1 是在减速器由电动机驱动、每日10h平稳连续工况下，每小时起动次数不超过10次计算决定的。在不同原动机驱动、不同载荷（减速器传递功率 P_2）性质的情况下，应考虑工况系数 K_A 和安全系数 S_A。按机械强度计算功率应满足下式：

$$P_{2m}=P_2K_AS_A\leqslant P_1$$

式中　K_A——减速器的工况系数（见表10.2-155）；

S_A——减速器的安全系数（见表10.2-156）。

表10.2-155　减速器的工况系数 K_A

原动机	每日工作时间/h	K_A		
		轻微冲击（均匀）载荷 U	中等冲击载荷 M	强冲击载荷 H
电动机 汽轮机	≤3	0.8	1	1.5
	>3~10	1	1.25	1.75
水力机、液压马达	>10	1.25	1.5	2

2）按减速器在给定条件下（油池润滑，环境温度为20℃，最高油温为90℃，每小时载荷持续率为100%）热平衡时的临界功率（即热平衡功率）P_{G1} 选定，见表10.2-154。同时应考虑环境温度系数 f_1（见表10.2-157）、每小时载荷持续率系数 f_2（见表10.2-158）和公称功率利用率系数 f_3（见表10.2-159），并满足下列计算公式：

热平衡计算功率：　$P_{2t}=P_2f_1f_2f_3\leqslant P_{G1}$

3）当 $P_{2t}>P_{G1}$ 时，应采用油冷却器或稀油站集中循环润滑。采用油冷却器通常是把减速器本体容积作为注油油箱，通过冷却器冷却的油在保证入、出口油温温差的条件下，达到油温平衡。在这两种冷却方法下，油温平衡时的热功率称为 P_{G2}，其值应大于 P_{2t}。

4）本系列减速器的最大许用尖峰载荷（短时过载或起动状态）为许用额定载荷能力的2倍。当按上述方法所选减速器，其实际尖峰载荷超过许用值时，可按1/2的实际尖峰载荷（即 $P_1/2$ 或 $T_1/2$）另行选择。

5）选用示例。

表10.2-156　减速器的安全系数 S_A

可靠性与安全要求	一般设备，减速器失效仅引起单机停产且易更换备件	重要设备，减速器失效引起机组、生产线或全厂停车	高可靠性要求，减速器失效引起设备、人身事故
S_A	1	1.25	1.5

表10.2-157　环境温度系数 f_1

冷却条件	环境温度 t/℃				
	10	20	30	40	50
	f_1				
无冷却	0.9	1	1.15	1.35	1.65
冷却管冷却	0.9	1	1.1	1.2	1.3

表10.2-158　载荷率系数 f_2

小时载荷率(%)	100	80	60	40	20
载荷率系数 f_2	1	0.94	0.86	0.74	0.56

表10.2-159　公称功率利用率系数 f_3

$(P_2/P_1)\times100\%$	≤40%	50%	60%	70%	80%~100%
f_3	1.25	1.15	1.1	1.05	1

注：P_1—公称功率；P_2—传递功率。

例10.2-11　需要一台RH二环减速器，驱动建筑用卷扬机，减速器为系列第Ⅰ种装配形式，油池润滑。

电动机 $P_2=9.5\text{kW}$，$n_1=725\text{r/min}$。

公称传动比：$i=20$。

输出转矩：$T_2=2500\text{N}\cdot\text{m}$。

起动转矩：$T_{2max}=5000\text{N}\cdot\text{m}$。

每日工作时间：8h。

每小时起动次数：10次（载荷始终作用）。

每次运转时间：3min。

环境温度：30℃，露天使用。

输出轴端无附加载荷。

解：选用减速器

1）按机械强度计算选用：由表10.2-278查知建筑用卷扬机为均匀载荷，每日工作8h，$K_A=1$，查表10.2-156得 $S_A=1.5$。

则　$P_{2m}=P_2K_AS_A=9.5\times1\times1.5\text{kW}=14.25\text{kW}$

当 $i=20$，$n_1=725\text{r/min}$，按750r/min查表10.2-152知：RH255，$P_1=23.25\text{kW}>14.25\text{kW}$。

2）由于环境温度较高，应验算热平衡功率，使 $P_{G1}>P_{2t}$。

按已知条件查表10.2-157~表10.2-159得：$f_1=1.15$　$f_2=0.8$　$(10\times3/60=0.5=50\%)$，$f_3=1.15$　$(P_2/P_1=9.5/23.25=0.4086=40.86\%)$，则　$P_{2t}=9.5\times1.15\times0.8\times1.15\text{kW}=10.051\text{kW}$。

由表10.2-154查得 $P_{G1}=19.2\text{kW}>10.051\text{kW}$，即工作状态的热功率小于减速器热平衡功率，因此无须增加冷却措施。

结论：选 RH255，$i=20$ 是合适的，输出轴端无附加载荷，轴伸安全系数不必校核，起动转矩满足要求。

14　摆线针轮减速器（摘自 JB/T 2982—2016）

本减速器的工作环境温度不高于 40℃，直连型减速器配套电动机应符合 GB/T 755 的有关规定。

14.1　型号和标记方法

型号由系列代号、安装形式代号，电动机功率、机型号和传动比等组成。

系列代号用汉语拼音字母“X”或“B”表示，安装形式代号见表 10.2-160。

表 10.2-160　安装形式代号

安装形式	传动级数		
	一级	二级	三级
双轴型卧式	W	WE	WS
直连型卧式	WD	WED	WSD
双轴型立式	L	LE	LS
直连型立式	LD	LED	LSD

机型号由数字组成，按以下规则表示：

1）X 系列一级减速器用阿拉伯数字 0、1、2、3、4、5、6、7、8、9、10、11、12 表示。

2）B 系列一级减速器用阿拉伯数字 12、15、18、22、27、33、39、45、55、65 表示。

3）X 系列二级减速器用两个一级减速器机型号的组合，如 20、42、128 表示。

4）B 系列二级减速器用两个一级减速器机型号的组合，如 1815、2215、6533 表示。

5）X 系列三级减速器用三个一级减速器机型号的组合，如 420、742、1285 表示。

标记示例：

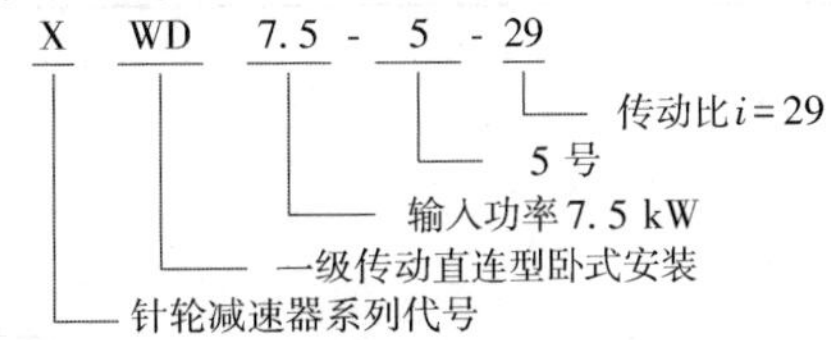

一级摆线针轮减速器针齿中心圆直径 d_p 与机型号的关系见表 10.2-161。

本手册仅列出一级减速器。

表 10.2-161　一级减速器的针齿中心圆直径 d_p 与机型号的关系　（mm）

X 系列机型号	0	1	2	3	4	5	6	7	8	9	10	11	12
B 系列机型号	—	—	12	15	18	22	27	—	33	39	45	55	65
d_p	75～94	95～105	160～120	140～155	165～185	210～230	250～275	280～300	315～335	380～400	440～460	535～555	645～690

注：1. 二级减速器的针齿中心圆直径由两个一级减速器的针齿中心圆直径确定。
2. 三级减速器的针齿中心圆直径由三个一级减速器的针齿中心圆直径确定。

14.2　外形尺寸（见表 10.2-162、表 10.2-163）

表 10.2-162　X（B）W、X（B）WD 型减速器的外形及尺寸　（mm）

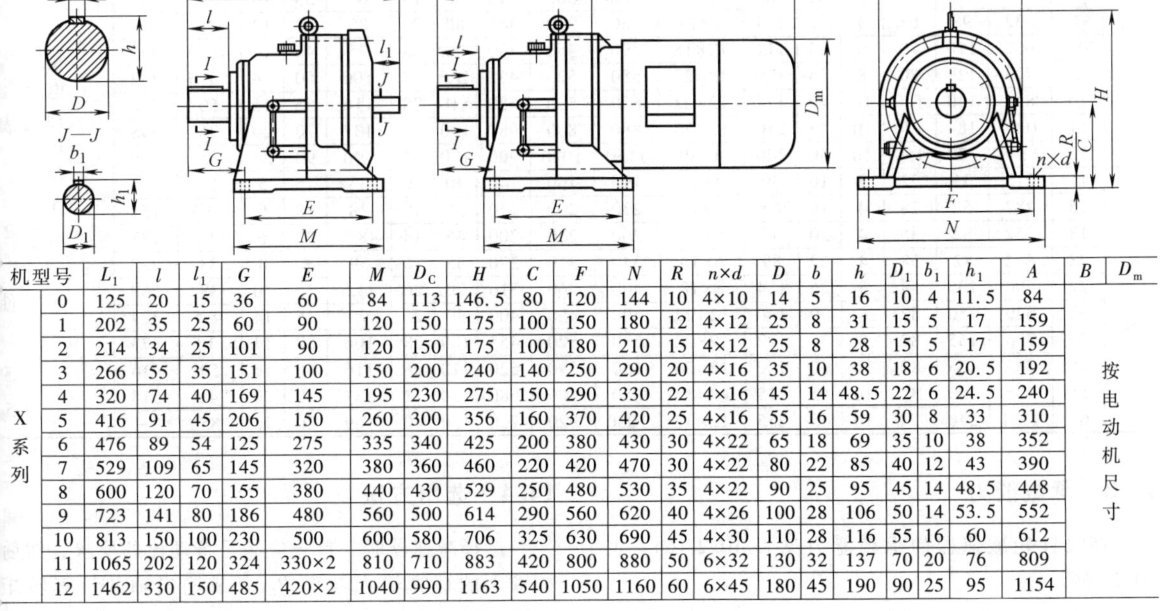

机型号		L_1	l	l_1	G	E	M	D_C	H	C	F	N	R	$n\times d$	D	b	h	D_1	b_1	h_1	A	B	D_m
X系列	0	125	20	15	36	60	84	113	146.5	80	120	144	10	4×10	14	5	16	10	4	11.5	84	按电动机尺寸	
	1	202	35	25	60	90	120	150	175	100	150	180	12	4×12	25	8	31	15	5	17	159		
	2	214	34	25	101	90	120	150	175	100	180	210	15	4×12	25	8	28	15	5	17	159		
	3	266	55	35	151	100	150	200	240	140	250	290	20	4×16	35	10	38	18	6	20.5	192		
	4	320	74	40	169	145	195	230	275	150	290	330	22	4×16	45	14	48.5	22	6	24.5	240		
	5	416	91	45	206	150	260	300	356	160	370	420	25	4×16	55	16	59	30	8	33	310		
	6	476	89	54	125	275	335	340	425	200	380	430	30	4×22	65	18	69	35	10	38	352		
	7	529	109	65	145	320	380	360	460	220	420	470	30	4×22	80	22	85	40	12	43	390		
	8	600	120	70	155	380	440	430	529	250	480	530	35	4×22	90	25	95	45	14	48.5	448		
	9	723	141	80	186	480	560	500	614	290	560	620	40	4×26	100	28	106	50	14	53.5	552		
	10	813	150	100	230	500	600	580	706	325	630	690	45	4×30	110	28	116	55	16	60	612		
	11	1065	202	120	324	330×2	810	710	883	420	800	880	50	6×32	130	32	137	70	20	76	809		
	12	1462	330	150	485	420×2	1040	990	1163	540	1050	1160	60	6×45	180	45	190	90	25	95	1154		

（续）

机型号		L_1	l	l_1	G	E	M	D_C	H	C	F	N	R	$n\times d$	D	b	h	D_1	b_1	h_1	A	B	D_m
B系列	12	213	35	22	99	90	120	168	184	100	150	190	15	4×11	30	8	33	15	5	17	165	按电动机尺寸	
	15	282	58	28	153	100	150	215	284	140	250	290	20	4×13	35	10	38	18	6	20.5	216		
	18	352	82	36	177	145	195	245	318	150	290	330	22	4×17	45	14	48.5	22	6	24.5	276		
	22	422	82	58	195	150	238	300	360	160	370	410	25	4×17	55	16	59	30	8	33	316		
	27	490	105	58	140	275	335	360	435	200	380	430	30	4×22	70	20	74.5	35	10	38	383		
	33	629	130	82	165	380	440	435	542	250	480	530	35	4×26	90	25	95	45	14	48.5	464		
	39	736	165	82	210	480	560	510	619	290	560	620	40	4×26	100	28	106	50	14	53.5	556		
	45	783	165	82	245	500	600	580	706	325	630	690	45	4×26	110	28	116	55	16	59	594		
	55	996	200	105	322	330×2	810	705	880	410	800	880	50	6×35	130	32	137	70	20	74.5	733		
	65	1120	240	130	354	375×2	900	820	1008	490	920	1030	55	6×38	160	40	169	80	22	85	—		

表 10.2-163　X（B）L、X（B）LD 型减速器的外形及尺寸　　（mm）

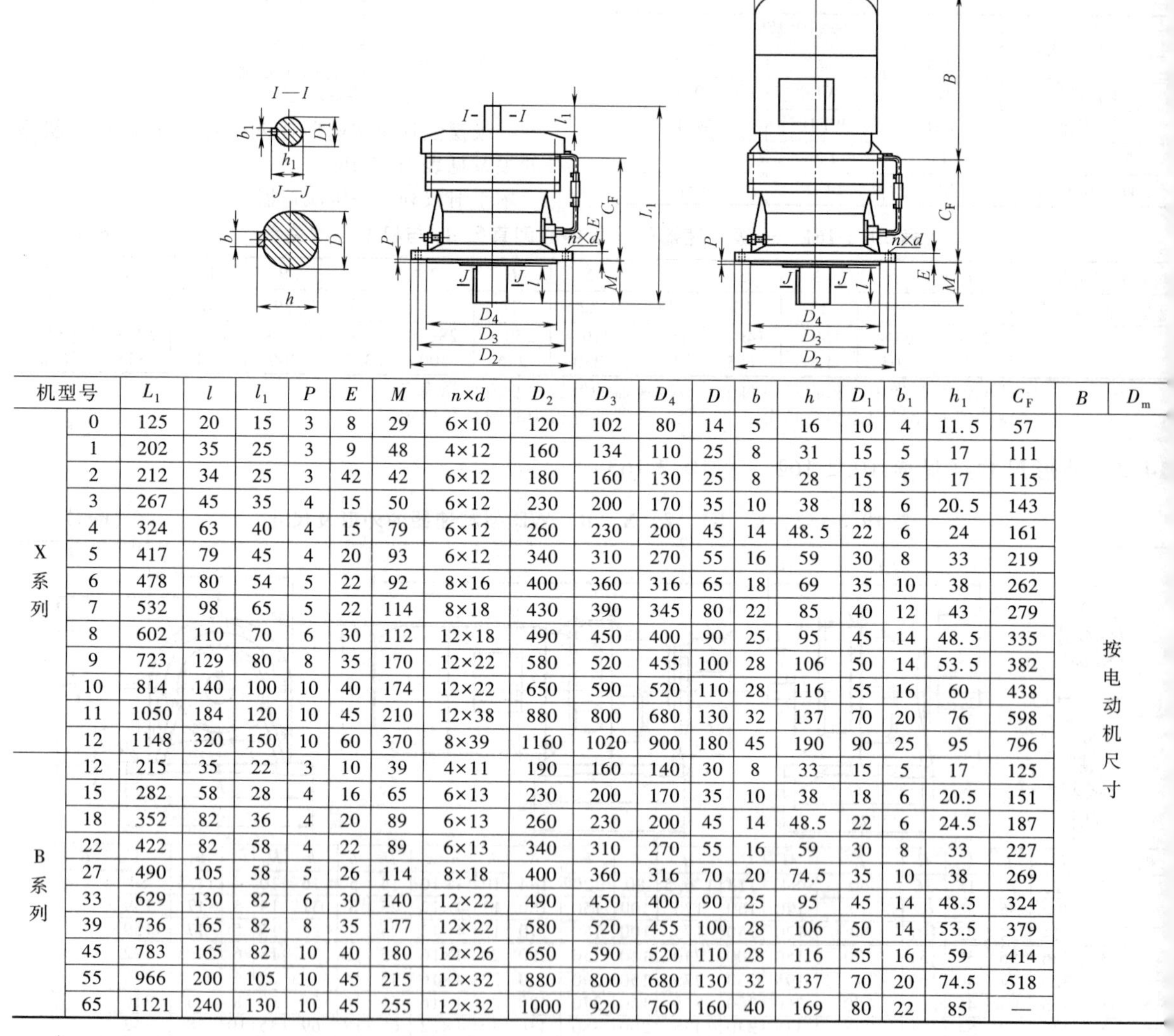

机型号		L_1	l	l_1	P	E	M	$n\times d$	D_2	D_3	D_4	D	b	h	D_1	b_1	h_1	C_F	B	D_m
X系列	0	125	20	15	3	8	29	6×10	120	102	80	14	5	16	10	4	11.5	57	按电动机尺寸	
	1	202	35	25	3	9	48	4×12	160	134	110	25	8	31	15	5	17	111		
	2	212	34	25	3	42	42	6×12	180	160	130	25	8	28	15	5	17	115		
	3	267	45	35	4	15	50	6×12	230	200	170	35	10	38	18	6	20.5	143		
	4	324	63	40	4	15	79	6×12	260	230	200	45	14	48.5	22	6	24	161		
	5	417	79	45	4	20	93	6×12	340	310	270	55	16	59	30	8	33	219		
	6	478	80	54	5	22	92	8×16	400	360	316	65	18	69	35	10	38	262		
	7	532	98	65	5	22	114	8×18	430	390	345	80	22	85	40	12	43	279		
	8	602	110	70	6	30	112	12×18	490	450	400	90	25	95	45	14	48.5	335		
	9	723	129	80	8	35	170	12×22	580	520	455	100	28	106	50	14	53.5	382		
	10	814	140	100	10	40	174	12×22	650	590	520	110	28	116	55	16	60	438		
	11	1050	184	120	10	45	210	12×38	880	800	680	130	32	137	70	20	76	598		
	12	1148	320	150	10	60	370	8×39	1160	1020	900	180	45	190	90	25	95	796		
B系列	12	215	35	22	3	10	39	4×11	190	160	140	30	8	33	15	5	17	125		
	15	282	58	28	4	16	65	6×13	230	200	170	35	10	38	18	6	20.5	151		
	18	352	82	36	4	20	89	6×13	260	230	200	45	14	48.5	22	6	24.5	187		
	22	422	82	58	4	22	89	6×13	340	310	270	55	16	59	30	8	33	227		
	27	490	105	58	5	26	114	8×18	400	360	316	70	20	74.5	35	10	38	269		
	33	629	130	82	6	30	140	12×22	490	450	400	90	25	95	45	14	48.5	324		
	39	736	165	82	8	35	177	12×22	580	520	455	100	28	106	50	14	53.5	379		
	45	783	165	82	10	40	180	12×26	650	590	520	110	28	116	55	16	59	414		
	55	966	200	105	10	45	215	12×32	880	800	680	130	32	137	70	20	74.5	518		
	65	1121	240	130	10	45	255	12×32	1000	920	760	160	40	169	80	22	85	—		

14.3　承载能力

摆线针轮减速器的承载能力见表 10.2-164～表 10.2-166。

14.4　选用方法

选择减速器时，首先应满足传动比的要求，然后按输入的计算输入功率 P_{C1}（或输出轴的计算转矩

T_C）确定机型号。即

$$P_{C1}=P_1K_A\left(\frac{n_1}{n'_1}\right)^{0.3}\leqslant P_{P1}\qquad(10.2\text{-}15)$$

或

$$T_C=TK_A\left(\frac{n'_1}{n_1}\right)^{0.3}\leqslant T_{P2}\qquad(10.2\text{-}16)$$

式中　P_{C1}——计算输入功率（kW）；

P_1——输入功率（kW）；

K_A——工况系数，见表 10.2-167；

n_1——表 10.2-164、表 10.2-165 中指定的输入转速（r/min）；

n'_1——减速器实际输入轴的转速（r/min）；

P_{P1}——在指定转速 n_1 时，许用输入功率（kW），见表 10.2-164、表 10.2-165；

T_C——计算输出转矩（N·m）；

T——名义输出转矩（N·m）；

T_{P2}——在指定转速 $n_1=n_2i$ 时，减速器许用输出转矩（N·m），见表 10.2-166。

表 10.2-164　双轴型一级减速器的许用输入功率 P_{P1}　（kW）

机型号		传动比 i								
X 系列	B 系列	11	17	23	29	35	43	59	71	87
0	—	0.2	0.2	—	0.1	—	0.1	—	—	—
1	—	0.75	0.55	—	0.37	0.25	0.25	—	—	—
2	12	1.5	0.75	0.75	0.55	0.55	0.37	—	—	—
3	15	3.0	2.2	1.5	1.1	1.1	0.75	0.55	0.55	—
4	18	4.0	4.0	3.0	2.2	1.5	1.5	1.1	1.1	0.75
5	22	7.5	7.5	5.5	5.5	4.0	3.0	2.2	2.2	1.5
6	27	11	11	11	11	7.5	5.5	4	3	2.2
7	—	15	15	11	11	11	7.5	5.5	4	4
8	33	18.5	18.5	18.5	15	15	11	7.5	5.5	5.5
9	39	22	22	18.5	18.5	18.5	18.5	11	11	11
10	45	45	45	45	37	30	30	18.5	18.5	15
11	55	55	55	55	55	45	37	30	22	22
12	65	—	75	75	75	75	55	55	37	37

注：表中粗线以上输入转速 $n_1=1500$ r/min，粗线以下输入转速 $n_1=1000$ r/min。

表 10.2-165　直连型一级减速器的许用输入功率 P_{P1}　（kW）

机型号		传动比 i								
X 系列	B 系列	11	17	23	29	35	43	59	71	87
0	—	0.09	0.09	—	0.09	—	0.09	—	—	—
1	—	0.75 0.37	0.55 0.37	0.25	0.25	0.25	0.25	—	—	—
2	12	1.5 0.75	0.75 0.55	0.55	0.37	0.37	0.37	—	—	—
3	15	2.2 1.5	2.2 1.5	1.5 1.1	1.1	1.1 0.75	0.75	0.55	0.55	—
4	18	4 3	4 3	3	3 2.2	2.2 1.5	2.2 1.5	1.5 1.1	1.1 0.75	0.75
5	22	7.5	7.5	5.5	5.5	5.5 4	4	3 2.2	2.2 1.5	1.5
6	27	11	11	11 7.5	11 7.5	7.5	5.5 4	4	4 3	3
7	—	15	15 11	11	11	11	7.5 5.5	5.5	5.5	4
8	33	22 8.5	18.5	18.5	15	15	11 7.5	7.5	7.5	7.5
9	39	22	22	22 18.5	18.5	18.5	15 11	11	11	11
10	45	45① 37	45 37	37 30	30	30	22 18.5	18.5	18.5	15
11	55	55 45	55 45	55 45	55 45	45	37 30	30	22	22
12	65	—	75①	75①	75①	75①	55①	45①	30	30

注：1. 每格中数值大者为设计输入功率，小者为可配备电动机的功率。

2. 表中粗线以上输入转速 $n_1=1500$ r/min，粗线以下输入转速 $n_1=1000$ r/min。

① 仅立式减速器配备的功率。

表 10.2-166　输出轴许用转矩 T_{P2}　（N · m）

传动比 i	机型号													
	X 系列	0	1	2	3	4	5	6	7	8	9	10	11	12
	B 系列	—	—	12	15	18	22	27	—	33	39	45	55	65
11	—	15	69	118	196	490	785	1570	2160	3530	5780	7650	9640	—
17	—	15	69	147	245	490	981	1960	2650	4220	6960	9210	13700	12700
23	—	—	69	147	245	490	981	1960	2650	4410	7840	10300	16600	16800
29	—	15.3	69	147	245	490	981	1960	2650	4410	7840	10300	16600	—
35	—	—	69	147	245	490	981	1960	2650	4410	8820	11700	19600	21200
43	—	22.7	69	147	245	490	981	1960	2650	4410	8820	11700	19600	25300
59	—	—	—	—	245	490	981	1960	2650	4410	8820	11700	19600	25300
71	—	—	—	—	245	490	981	1960	2650	4410	8820	11700	19600	31000
87	—	—	—	—	—	490	981	1960	2650	4410	8820	11700	19600	31000

表 10.2-167　减速器的工况系数 K_A

原动机	每日工作时间/h	轻微冲击（均匀）载荷 U	中等冲击载荷 M	强冲击载荷 H	原动机	每日工作时间/h	轻微冲击（均匀）载荷 U	中等冲击载荷 M	强冲击载荷 H	原动机	每日工作时间/h	轻微冲击（均匀）载荷 U	中等冲击载荷 M	强冲击载荷 H
电动机 汽轮机 水力机	≤3	0.8	1	1.5	4～6 缸的活塞发动机	≤3	1	1.25	1.75	1～3 缸的活塞发动机	≤3	1.25	1.5	2
	>3～10	1	1.25	1.75		>3～10	1.25	1.5	2		>3～10	1.5	1.75	2.25
	>10	1.25	1.5	2		>10	1.5	1.75	2.25		>10	1.75	2	2.5

15　谐波传动减速器（摘自 GB/T 14118—1993）

15.1　标记方法

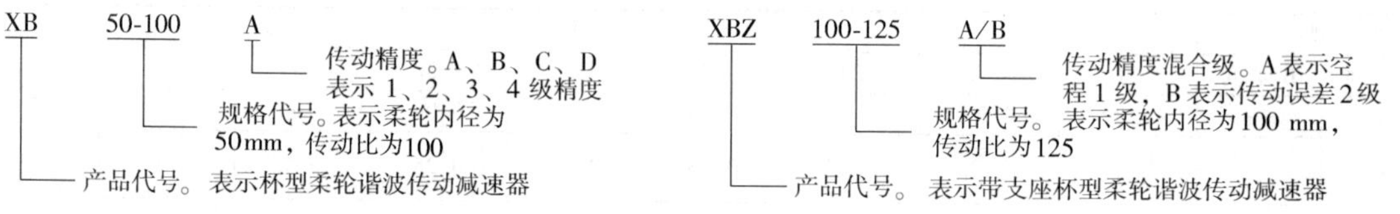

15.2　外形尺寸（见表 10.2-168）

表 10.2-168　谐波传动减速器的外形及尺寸　（mm）

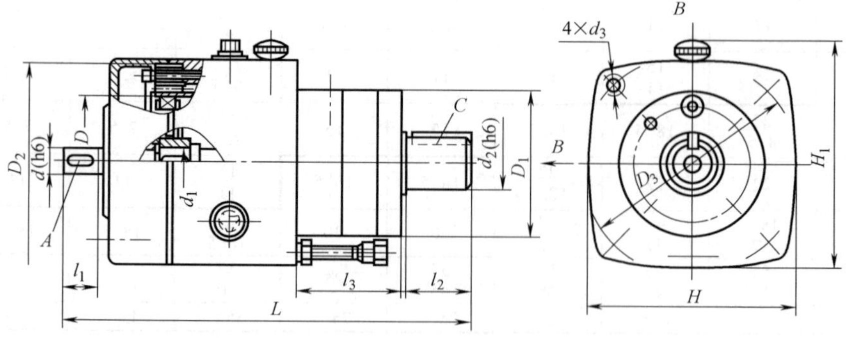

（续）

机型	d h6	d_1	d_2 h6	d_3	D	D_1	D_2	D_3	L	l_1	l_2	l_3	H	H_1	A	C	质量 /kg
25	4	6	8	M4	25	28	40	43	86	8	12	22	45	50	键 1×4	键 C2×10	0.3
32	6	10	12	M5	32	36	50	55	115	11	16	33	55	60	键 2×7	键 C4×14	0.5
40	8	12	15	M5	40	44	60	66	140	16	22	39	65	72	键 3×10	键 C5×18	1
50	10	14	18	M6	50	53	70	76	170	18	30	43	75	83	键 3×13	键 C6×25	1.5
60	14	18	22	M6	60	68	85	100	205	18	35	43	92	101	键 5×14	键 C6×32	5.5
80	14	18	30	M10	80	85	115	130	240	20	43	48	122	132	键 5×16	键 C8×40	10
100	16	24	35	M12	100	100	135	155	290	24	55	54	142	155	键 5×20	键 C10×50	16
120	18	24	45	M14	120	114	170	195	340	28	68	67	180	220	键 6×25	键 C14×62	30
160	24	40	60	M20	160	140	220	245	430	38	88	77	230	265	键 8×32	键 C18×80	58
200	30	50	80	M24	200	180	270	300	530	48	108	102	280	320	键 8×40	键 C22×100	100
250	35	60	95	M27	250	215	330	360	669	60	128	156	345	423	键 10×50	键 C25×120	—
320	40	80	110	M30	320	240	370	400	750	80	140	170	400	440	键 12×60	键 C28×130	—

注：1. 25～50 机型，A 键按 GB/T 1099.1—2003 选用；60～320 机型，A 键按 GB/T 1096—2003 选用。
　　2. 25～320 机型，C 键按 GB/T 1096—2003 选用。

支座外形及尺寸见表 10.2-169。

谐波传动减速器的重量指标见表 10.2-171。

15.3　承载能力

谐波传动减速器的性能参数见表 10.2-170。

表 10.2-169　支座外形及尺寸　（mm）

机型	60	80	100	120	160	200	250	320
H_3	101	140	160	196	255	310	380	450
G	112	140	168	205	260	320	400	480
H_2	56	80	90	106	140	170	210	250
J	92	116	138	175	220	280	340	400
d_6	7	9	10	10	14	14	18	22
d_4	68	85	100	114	140	180	215	240
M	85	130	150	100	240	280	330	380
N	115	160	180	215	280	330	390	450
O	10	13	14	16	20	20	22	25
P	54	61	67	80	90	110	120	140
d_7	8	12	14	16	24	28	30	34
d_5	100	130	155	195	245	300	350	400

表 10.2-170 谐波传动减速器的性能参数

机型	柔轮内径/mm	模数/mm	传动比 i	$n_1=3000r/min$			$n_1=1500r/min$			$n_1=1000r/min$			$n_1=750r/min$			$n_1=500r/min$		
				P_{P1}/kW	n_2/r·min^{-1}	T_{P2}/N·m	P_{P1}/kW	n_2/r·min^{-1}	T_{P2}/N·m	P_{P1}/kW	n_2/r·min^{-1}	T_{P2}/N·m	P_{P1}/kW	n_2/r·min^{-1}	T_{P2}/N·m	P_{P1}/kW	n_2/r·min^{-1}	T_{P2}/N·m
25	25	0.2	63	0.0122	47.6	2	0.0071	23.8	2.5	0.0047	15.8	2.5	0.0035	11.9	2.5	0.0023	7.9	2.5
		0.15	80	0.0096	37.5	2	0.0056	18.8	2.5	0.0044	12.5	2.9	0.0033	9.4	3	0.0023	6.25	3.4
		0.1	125	0.0061	24	2	0.0035	12	2.5	0.0028	8	2.9	0.0021	6	3	0.0016	4	3.4
32	32	0.25	63	0.027	47.6	4.5	0.0015	23.8	5	0.012	15.8	6	0.010	11.9	6.5	0.007	7.9	7
		0.2	80	0.024	37.5	5	0.015	18.8	6.5	0.012	12.5	7.6	0.010	9.4	8	0.007	6.25	9
		0.15	100	0.023	30	6	0.014	15	7.5	0.011	10	8.6	0.008	7.5	9	0.006	5	10
		0.1	160	0.015	18.6	6	0.008	9.4	7.5	0.071	6.25	8.6	0.005	4.7	9	0.004	3	10
40	40	0.25	80	0.078	37.5	16	0.044	18.8	20	0.034	12.5	23	0.027	9.4	24	0.021	6.25	28
		0.2	100	0.061	30	16	0.035	15	20	0.028	10	23	0.021	7.5	24	0.016	5	28
		0.15	125	0.049	24	16	0.029	12	20	0.022	8	23	0.018	6	24	0.013	4	28
		0.1	200	0.033	15	16	0.020	7.5	20	0.016	5	23	0.012	3.8	24	0.009	2.5	28
50	50	0.3	80	0.135	37.5	28	0.068	18.8	30	0.045	12.5	30	0.034	9.4	30	0.022	6.25	30
		0.25	100	0.115	30	30	0.068	15	38	0.051	10	42	0.041	7.5	45	0.031	5	50
		0.2	125	0.093	24	30	0.055	12	38	0.040	8	42	0.033	6	45	0.025	4	52
		0.15	160	0.076	18.6	30	0.044	9.4	38	0.032	6.25	42	0.026	4.7	45	0.019	3	52
60	60	0.4	80	0.216	37.5	45	0.136	18.8	60	0.098	12.5	65	0.074	9.4	65	0.049	6.25	65
		0.3	100	0.193	30	50	0.114	15	63	0.087	10	72	0.068	7.5	75	0.049	5	82
		0.25	125	0.154	24	50	0.092	12	63	0.069	8	72	0.054	6	75	0.041	4	86
		0.2	160	0.127	18.6	50	0.072	9.4	63	0.054	6.25	72	0.042	4.7	75	0.031	3	86
80	80	0.5	80	0.481	37.5	100	0.284	18.8	125	0.226	12.5	150	0.171	9.4	150	0.113	6.25	150
		0.4	100	0.461	30	120	0.272	15	150	0.211	10	175	0.162	7.5	180	0.121	5	200
		0.3	125	0.369	24	120	0.218	12	150	0.169	8	175	0.130	6	180	0.101	4	210
		0.25	160	0.305	18.6	120	0.171	9.4	150	0.132	6.25	175	0.102	4.7	180	0.076	3	210
		0.2	200	0.249	15	120	0.135	7.5	150	0.106	5	175	0.082	3.8	180	0.064	2.5	210
100	100	0.6	80	0.961	37.5	200	0.454	18.8	200	0.301	12.5	200	0.227	9.4	200	0.151	6.25	200
		0.5	100	0.961	30	250	0.561	15	310	0.374	10	310	0.28	7.5	310	0.187	5	310
		0.4	125	0.769	24	250	0.449	12	310	0.338	8	350	0.268	6	370	0.183	4	380
		0.3	160	0.637	18.6	250	0.352	9.4	310	0.264	6.25	350	0.209	4.7	370	0.155	3	430
		0.25	200	0.513	15	250	0.317	7.5	310	0.239	5	350	0.192	3.8	370	0.147	2.5	430

120	120	0.8	80	1.828	37.5	380	0.862	18.8	380	0.573	12.5	380	0.431	9.4	380	0.287	6.25	380
		0.6	100	1.731	30	450	1.014	15	560	0.675	10	560	0.507	7.5	560	0.338	5	560
		0.5	125	1.385	24	450	0.811	12	560	0.618	8	610	0.485	6	670	0.328	4	680
		0.4	160	1.144	18.6	450	0.635	9.4	560	0.482	6.25	640	0.380	4.7	670	0.279	3	770
		0.3	200	0.923	15	450	0.575	7.5	560	0.437	5	640	0.348	3.8	670	0.263	2.5	770
160	160	1	80				1.814	18.8	800	1.207	12.5	800	0.907	9.4	800	0.604	6.25	800
		0.8	100				1.809	15	1000	1.387	10	1150	1.086	7.5	1200	0.604	5	1000
		0.6	125				1.448	12	1000	1.111	8	1150	0.868	6	1200	0.604	4	1250
		0.5	160				1.134	9.4	1000	0.867	6.25	1150	0.680	4.7	1200	0.488	3	1350
		0.4	200				1.025	7.5	1000	0.787	5	1150	0.750	3.8	1200	0.461	2.5	1350
		0.3	250				0.82	6	1000	0.629	4	1150	0.492	3	1200	0.369	2	1350
200	200	1	80				3.402	18.8	1500	2.262	12.5	1500	1.701	9.4	1500	1.132	6.25	1500
		0.8	100				3.620	15	2000	2.413	10	2000	1.809	7.5	2000	1.207	5	2000
		0.6	125				2.896	12	2000	2.886	8	2300	1.731	6	2390	1.164	4	2410
		0.5	160				2.268	9.4	2000	1.734	6.25	2300	1.355	4.7	2390	0.995	3	2750
		0.4	200				2.051	7.5	2000	1.572	5	2300	1.241	3.8	2390	0.940	2.5	2750
		0.3	250				1.641	6	2000	1.259	4	2300	0.980	3	2390	0.752	2	2750
250	250	1.5	80				6.68	18.8	2800	4.49	12.5	2800	3.37	9.4	2800	2.24	6.25	2800
		1.25	100				6.33	15	3500	4.49	10	3500	3.37	7.5	3500	2.24	5	3500
		1	125				5.07	12	3500	3.86	8	4000	3.04	6	4200	2.33	4	4830
		0.8	160				3.96	9.4	3500	3.01	6.25	4000	2.38	4.7	4200	1.75	3	4830
		0.6	200				3.59	7.5	3500	2.73	5	4000	2.19	3.8	4200	1.65	2.5	4830
		0.5	250				2.87	6	3500	2.19	4	4000	1.72	3	4200	1.32	2	4830
		0.4	320				2.25	4.7	3500	1.69	3.1	4000	1.32	2.3	4200	1.05	1.6	4830
320	320	2	80				12.27	18.8	5300	8.50	12.5	5300	6.40	9.4	5300	4.25	6.25	5300
		1.5	100				11.4	15	6300	8.08	10	6300	6.06	7.5	6300	4.04	5	6300
		1.25	125				9.12	12	6300	6.95	8	7200	5.44	6	7500	4.15	4	8600
		1	160				7.14	9.4	6300	5.44	6.25	7200	4.26	4.7	7500	3.12	3	8600
		0.8	200				6.47	7.5	6300	4.92	5	7200	3.89	3.8	7500	2.94	2.5	8600
		0.6	250				5.17	6	6300	3.93	4	7200	3.07	3	7500	2.35	2	8600
		0.5	3200				4.05	4.7	6300	3.05	3.1	7200	2.36	2.3	7500	1.88	1.6	8600

注：n_1—输入转速；n_2—输出转速；P_{P1}—许用输入功率；T_{P2}—许用输出转矩。

表 10.2-171　谐波传动减速器的重量指标

机型	效　率 $\eta(\%)$	起动转矩 /N·cm	额定载荷下扭转刚度/[N·m/(′)]	波发生器转动惯量/kg·m²
25	$i=63\sim125$ $\eta=75\sim90$ $i>125$ $\eta=70\sim85$	≤0.8	0.365	7×10^{-7}
32		≤1.25	0.725	2.8×10^{-6}
40		≤2	1.45	8.8×10^{-6}
50		≤3	2.90	2.5×10^{-5}
60		≤5	5.80	5.85×10^{-5}
80		≤8	11.65	1.77×10^{-4}
100		≤12.5	23.25	5.46×10^{-4}
120		≤20	46.55	1.18×10^{-3}
160	$i=80\sim160$ $\eta=80\sim90$ $i>160$ $\eta=70\sim80$	≤35	93.10	5.65×10^{-3}
200		≤60	186.20	1.72×10^{-2}
250		≤100	327.35	5.16×10^{-2}
320		≤150	744.65	1.52×10^{-1}

注：使用环境温度为 -40～55℃；相对湿度为 95%±3%（20℃）；振动频率为 10～500Hz，加速度为 2g，扫频循环次数为 10 次。

16　TH、TB 型减速器

TH、TB 型减速器系采用模块化组合设计而成的平行轴和垂直轴两种不同形式的减速器，其特点为整体结构紧凑、使用方便；功率、传动比和转矩范围宽，$P=2.8\sim5366$kW，$i=1.25\sim450$，$M=0.62\sim470$ kN·m；有卧、立式安装，实心轴、空心轴和胀紧盘空心轴等多种输出方式，可广泛地应用于建筑、矿山、冶金、水泥、化工和石油等行业。

16.1　装配形式和标记方法

TH、TB 型减速器的装配形式如图 10.2-9 所示。

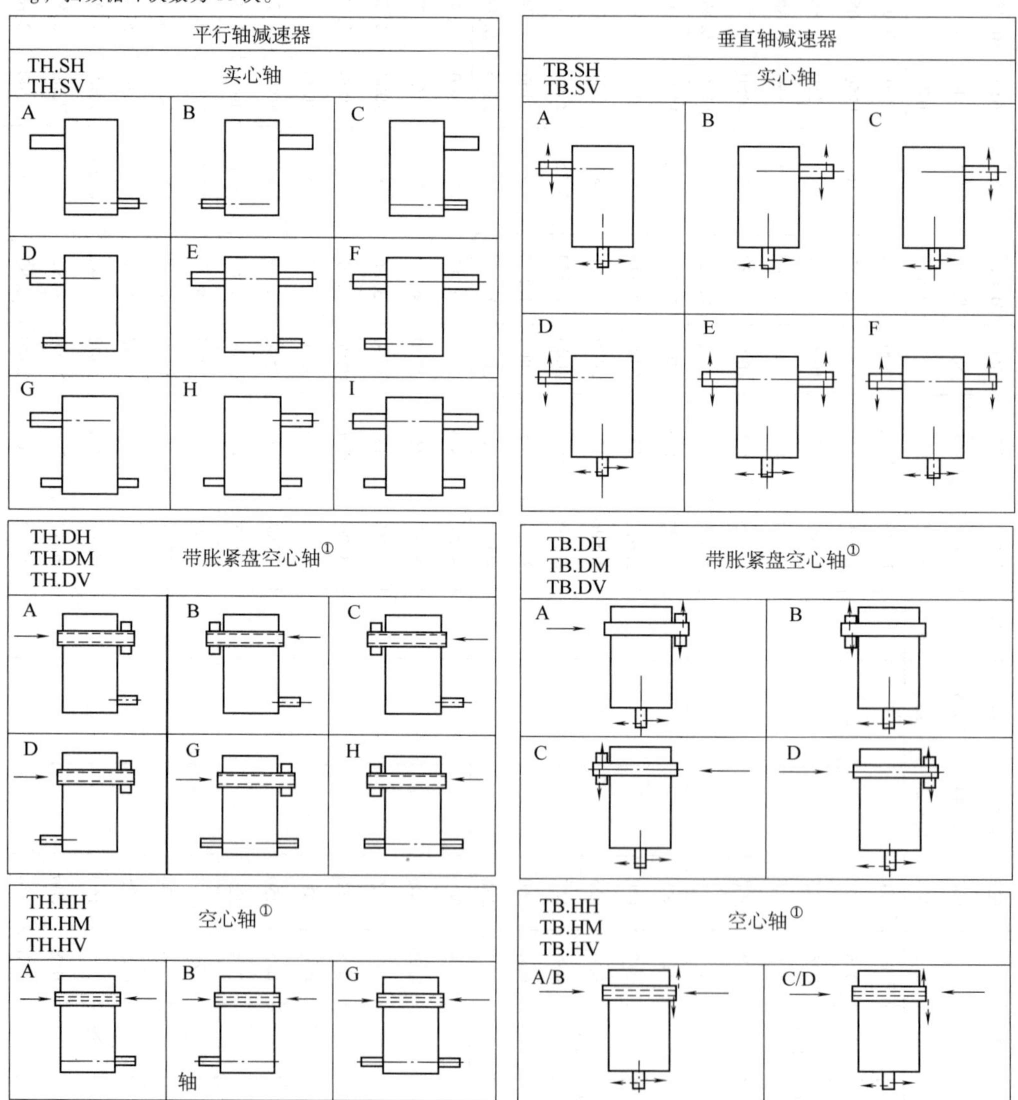

图 10.2-9　TH、TB 型减速器的装配形式
①箭头表示工作机驱动插入方向。

标记示例：

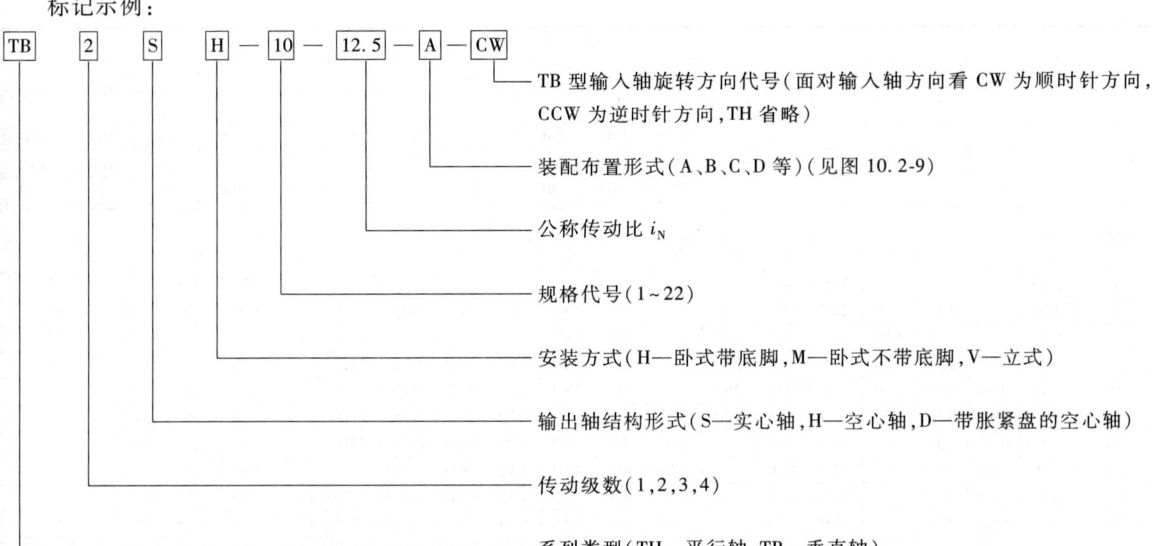

16.2　外形尺寸

TH、TB 型减速器各规格的外形尺寸见表 10.2-172~表 10.2-186（立式相同于卧式）。

表 10.2-172　TH1SH 型减速器的外形尺寸（规格 1~19）　（mm）

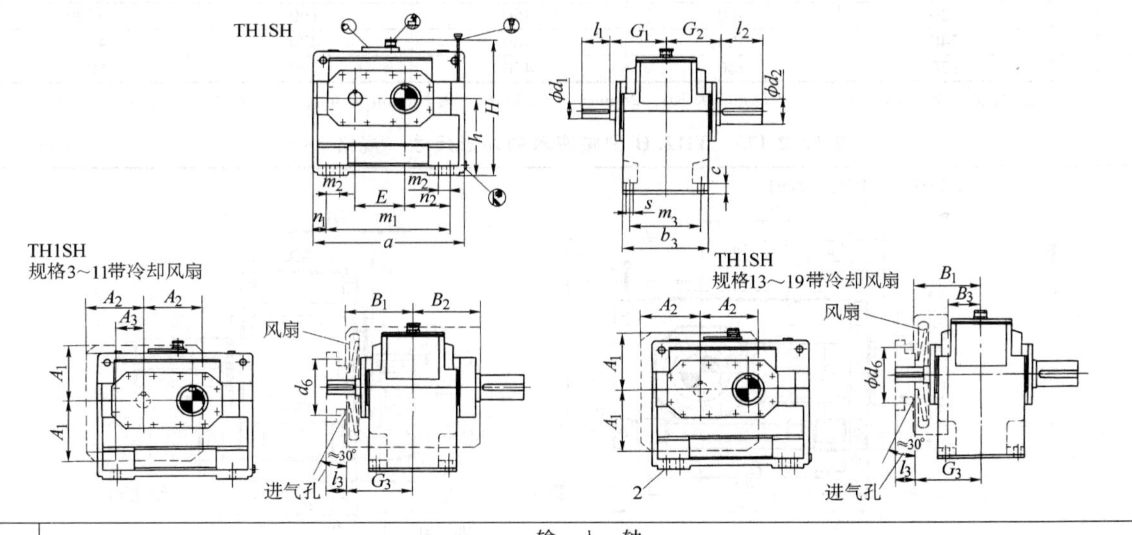

规格	输入轴																
	$i_N=1.25\sim2.8$			$i_N=1.6\sim2.8$			$i_N=2\sim2.8$			$i_N=3.15\sim4$			$i_N=4.5\sim5.6$			G_1	G_3
	$d_1$①	l_1	l_3	$d_1$①	l_1	l_3	$d_1$①	l_1	l_3	$d_1$①	l_1	l_3	$d_1$①	l_1	l_3		
1	40	70	—	—	—	—	—	—	—	30	50	—	24	40	—	110	—
3	60	125	105	—	—	—	—	—	—	45	100	80	32	80	60	170	190
5	85	160	130	—	—	—	—	—	—	60	135	105	50	110	80	210	240
7	100	200	165	—	—	—	—	—	—	75	140	105	60	140	105	250	285
9	110	200	165	—	—	—	—	—	—	90	165	130	75	140	105	280	315
11	—	—	—	130	240	205	—	—	—	110	205	170	90	170	135	325	360
13	—	—	—	150	245	200	—	—	—	130	245	200	100	210	165	365	410

（续）

规格	输入轴																
	$i_N=1.25\sim2.8$			$i_N=1.6\sim2.8$			$i_N=2\sim2.8$			$i_N=3.15\sim4$			$i_N=4.5\sim5.6$			G_1	G_3
	$d_1$①	l_1	l_3	$d_1$①	l_1	l_3	$d_1$①	l_1	l_3	$d_1$①	l_1	l_3	$d_1$①	l_1	l_3		
15	—	—	—	—	—	—	180	290	240	150	250	200	125	250	200	360	410
17	—	—	—	—	—	—	200	330	280	170	290	240	140	250	200	400	450
19	—	—	—	—	—	—	220	340	290	190	340	290	160	300	250	440	490

规格	减速器																		
	a	A_1	A_2	A_3	b	B_1	B_2	B_3	c	d_6	E	h	H	m_1	m_2	m_3	n_1	n_2	s
1	295	—	—	—	150	—	—	—	18	—	90	140	305	220	—	120	37.5	80	12
3	420	150	145	80	200	205	130	—	28	130	130	200	405	310	—	160	55	110	19
5	580	225	215	115	285	255	185	—	35	190	185	290	555	440	—	240	70	160	24
7	690	255	250	120	375	300	230	—	45	245	225	350	655	540	—	315	75	195	28
9	805	300	265	140	425	330	265	—	50	280	265	420	770	625	—	350	90	225	35
11	960	360	330	190	515	375	320	—	60	350	320	500	875	770	—	440	95	280	35
13	1100	415	350	—	580	430	—	150	70	350	370	580	1055	870	—	490	115	315	42
15	1295	500	430	—	545	430	—	120	80	450	442	600	1150	1025	—	450	135	370	48
17	1410	550	430	—	615	470	—	150	80	445	490	670	1270	1170	130	530	120	425	42
19	1590	630	475	—	690	510	—	190	90	445	555	760	1430	1290	150	590	150	465	48

规格	输出轴			润滑油/L	质量/kg
	$d_2$①	G_2	l_2		
1	45	110	80	2.5	55
3	60	170	125	7	128
5	85	210	160	22	302
7	105	250	200	42	547
9	125	270	210	68	862
11	150	320	240	120	1515
13	180	360	310	175	2395
15	220	360	350	190	3200
17	240	400	400	270	4250
19	270	440	450	390	5800

① d_1 和 d_2 的公差：d_1（和 d_2）≤24mm 为 K6，28mm≤d_1（和 d_2）≤100mm 为 m6，d_1（和 d_2）>100mm 为 n6。

表 10.2-173　TH2. H 型减速器的外形尺寸（规格 3～12）　（mm）

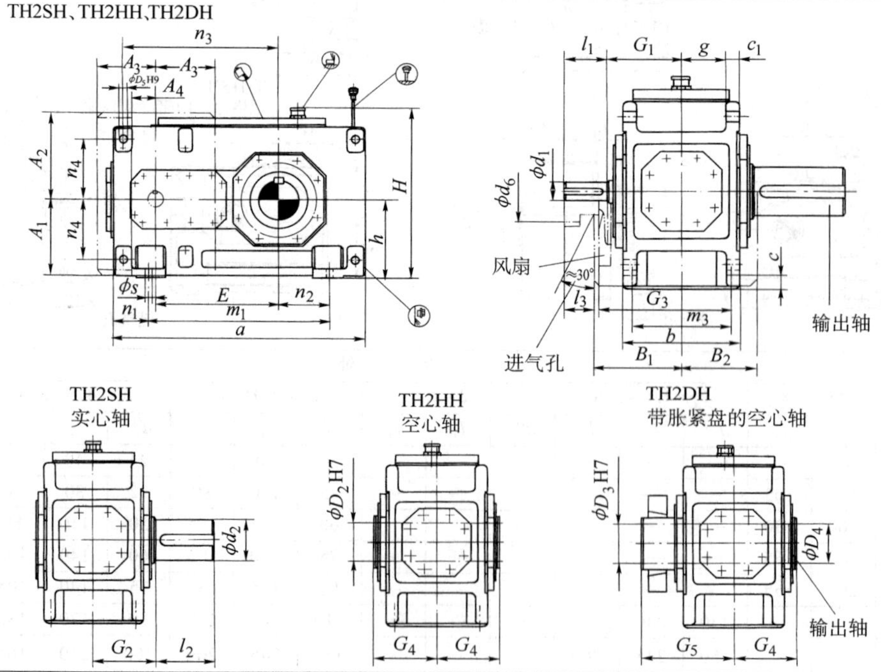

TH2SH、TH2HH、TH2DH

TH2SH 实心轴　　TH2HH 空心轴　　TH2DH 带胀紧盘的空心轴

（续）

规格	输入轴													
	$i_N=6.3\sim11.2$			$i_N=8\sim14$			$i_N=12.5\sim22.4$			$i_N=16\sim28$			G_1	G_3
	$d_1$①	l_1	l_3	$d_1$①	l_1	l_3	$d_1$①	l_1	l_3	$d_1$①	l_1	l_3		
3	35	60	—	—	—	—	28	50	—	—	—	—	135	—
4	45	100	80	—	—	—	32	80	60	—	—	—	170	190
5	50	100	80	—	—	—	38	80	60	—	—	—	195	215
6	—	—	—	50	100	80	—	—	—	38	80	60	195	215
7	60	135	105	—	—	—	50	110	80	—	—	—	210	240
8	—	—	—	60	135	105	—	—	—	50	110	80	210	240
9	75	140	110	—	—	—	60	140	110	—	—	—	240	270
10	—	—	—	75	140	110	—	—	—	60	140	110	240	270
11	90	165	130	—	—	—	70	140	105	—	—	—	275	310
12	—	—	—	90	165	130	—	—	—	70	140	105	275	310

规格	减速器											
	a	A_1	A_2	A_3	A_4	b	B_1	B_2	c	c_1	D_5	d_6
3	450	—	—	—	—	190	—	—	22	24	18	—
4	565	195	225	150	30	215	205	158	28	30	24	136
5	640	225	260	175	55	255	230	177.5	28	30	24	150
6	720	225	260	175	55	255	230	177.5	28	30	24	150
7	785	272	305	210	70	300	255	210	35	36	28	200
8	890	272	305	210	70	300	255	210	35	36	28	200
9	925	312	355	240	100	370	285	245	40	45	36	200
10	1025	312	355	240	100	380	285	245	40	45	36	200
11	1105	372	420	285	135	430	325	285	50	54	40	210
12	1260	372	420	285	135	430	325	285	50	54	40	210

规格	减速器										
	E	g	h	H	m_1	m_3	n_1	n_2	n_3	n_4	s
3	220	71	175	390	290	160	80	65	285	132.5	15
4	270	77.5	200	445	355	180	105	85	345	150	19
5	315	97.5	230	512	430	220	105	100	405	180	19
6	350	97.5	230	512	510	220	105	145	440	180	19
7	385	114	280	602	545	260	120	130	500	215	24
8	430	114	280	617	650	260	120	190	545	215	24
9	450	140	320	697	635	320	145	155	585	245	28
10	500	140	320	697	735	320	145	205	635	245	28
11	545	161	380	817	775	370	165	180	710	300	35
12	615	161	380	825	930	370	165	265	780	300	35

规格	输出轴									润滑油/L	质量/kg
	TH2SH			TH2HH		TH2DH					
	$d_2$①	G_2	l_2	$D_2$②	G_4	D_3	D_4	G_4	G_5		
3	65	125	140	65	125	70	70	125	180	6	115
4	80	140	170	80	140	85	85	140	205	10	190
5	100	165	210	95	165	100	100	165	240	15	300
6	110	165	210	105	165	110	110	165	240	16	355
7	120	195	210	115	195	120	120	195	280	27	505
8	130	195	250	125	195	130	130	195	285	30	590
9	140	235	250	135	235	140	145	235	330	42	830
10	160	235	300	150	235	150	155	235	350	45	960
11	170	270	300	165	270	165	170	270	400	71	1335
12	180	270	300	180	270	180	185	270	405	76	1615

① 同表 10.2-172①。

② 键槽 GB/T 1095—2003。

表 10.2-174 TH2.H、TH2.M 型减速器的外形尺寸（规格 13~22） （mm）

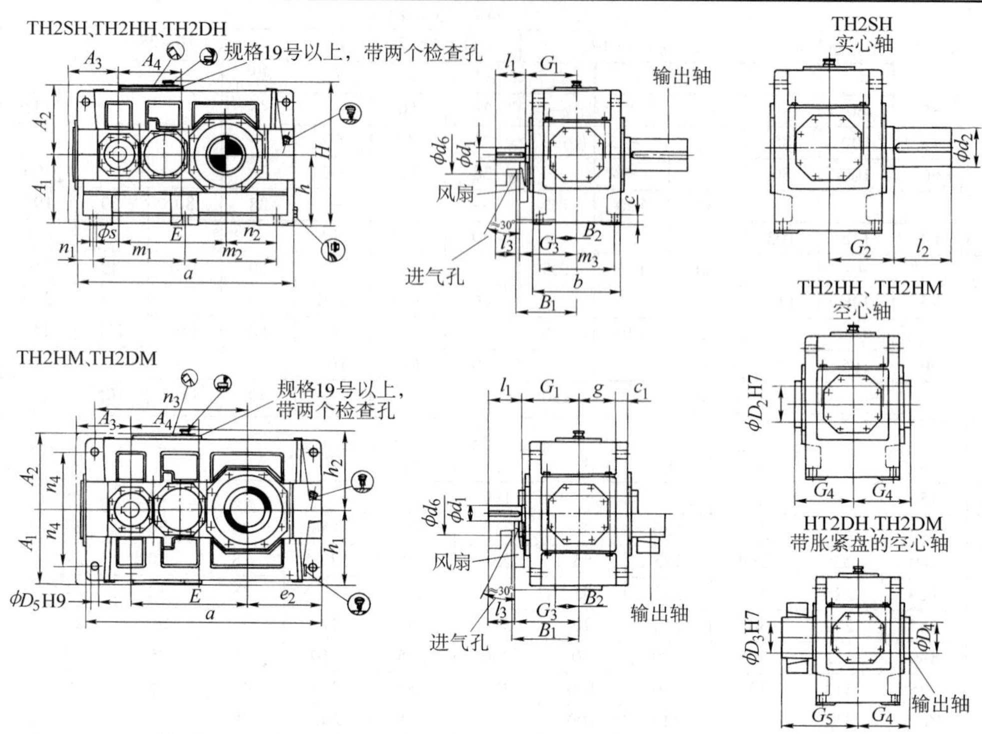

规格	输入轴																			
	$i_N=6.3\sim11.2$			$i_N=7.1\sim12.5$			$i_N=8\sim14$			$i_N=12.5\sim20$			$i_N=14\sim22.4$			$i_N=16\sim25$			G_1	G_3
	$d_1$①	l_1	l_3	$d_1$①	l_1	l_3	$d_1$①	l_1	l_3	$d_1$①	l_1	l_3	$d_1$①	l_1	l_3	$d_1$①	l_1	l_3		
13	100	205	170							85	170	135							330	365
14							100	205	170							85	170	135	330	365
15	120	210	165							100	210	165							365	410
16				120	210	165							100	210	165				365	410
17	125	245	200							110	210	165							420	465
18				125	245	200							110	210	165				420	465
19	150	245	200							120	210	165							475	520
20				150	245	200							120	210	165				475	520
21	170	290	240							140	250	200							495	545
22				170	290	240							140	250	200				495	545

规格	减速器													
	a	A_1	A_2	A_3	A_4	b	B_1	B_2	c	$c_1$③	d_6	D_5	e_2	E
13	1290	430	460	330	365	550	385	135	60	61	250	48	405	635
14	1430	430	460	330	365	550	385	135	60	61	250	48	475	705
15	1550	490	500	370	440	625	430	155	70	72	280	55	485	762
16	1640	490	500	370	440	625	430	155	70	72	280	55	530	808
17	1740	540	565	435	505	690	485	140	80	81	280	55	525	860
18	1860	540	565	435	505	690	485	140	80	81	280	55	585	920
19	2010	600	600	500	450	790	540	190	90	91	310	65	590	997
20	2130	600	600	500	450	790	540	190	90	91	310	65	650	1057
21	2140	680	680	500	610	830	565	200	100	100	450	75	655	1067
22	2250	680	680	500	610	830	565	200	100	100	450	75	710	1122

（续）

规格	减速器												
	g	h	h_1	h_2	H	m_1	m_2	m_3	n_1	n_2	n_3	n_4	s
13	211.5	440	450	495	935	545	545	475	100	305	835	340	35
14	211.5	440	450	495	935	545	685	475	100	375	905	340	35
15	238	500	490	535	1035	655	655	535	120	365	1005	375	42
16	238	500	490	535	1035	655	745	535	120	410	1050	375	42
17	259	550	555	595	1145	735	735	600	135	390	1145	425	42
18	259	550	555	595	1145	735	855	600	135	450	1205	425	42
19	299	620	615	655	1275	850	850	690	155	435	1345	475	48
20	299	620	615	655	1275	850	970	690	155	495	1405	475	48
21	310	700	685	725	1425	900	900	720	170	485	1400	520	56
22	310	700	685	725	1425	900	1010	720	170	540	1455	520	56

规格	尺寸/mm									润滑油/L		质量/kg	
	输出轴									TH2. H	TH2. M	TH2. H	TH2. M
	TH2SH			TH2HH TH2HM		TH2DH TH2DM							
	$d_2$①	G_2	l_2	$D_2$②	G_4	D_3	D_4	G_4	G_5				
13	200	335	350	190	335	190	195	335	480	135	110	2000	1880
14	210	335	350	210	335	210	215	335	480	140	115	2570	2430
15	230	380	410	230	380	230	235	380	550	210	160	3430	3240
16	240	380	410	240	380	240	245	380	550	215	165	3655	3465
17	250	415	410	250	415	250	260	415	600	290	230	4650	4420
18	270	415	470	275	415	280	285	415	600	300	240	5125	4870
19	290	465	470	—	—	285	295	465	670	320	300	5250	5000
20	300	465	500	—	—	310	315	465	670	340	320	6550	6150
21	320	490	500	—	—	330	335	490	715	320	350	7200	6950
22	340	490	550	—	—	340	345	490	725	340	370	7800	7550

① 同表 10. 2-172①。

② 键槽 GB/T 1095—2003。

③ 规格 13 和 15 号：传动比只有 $i_N=6.3\sim18$；规格 17 和 19 号：传动比只有 $i_N=6.3\sim14$。

表 10. 2-175 TH3. H 型减速器的外形尺寸（规格 5~12） （mm）

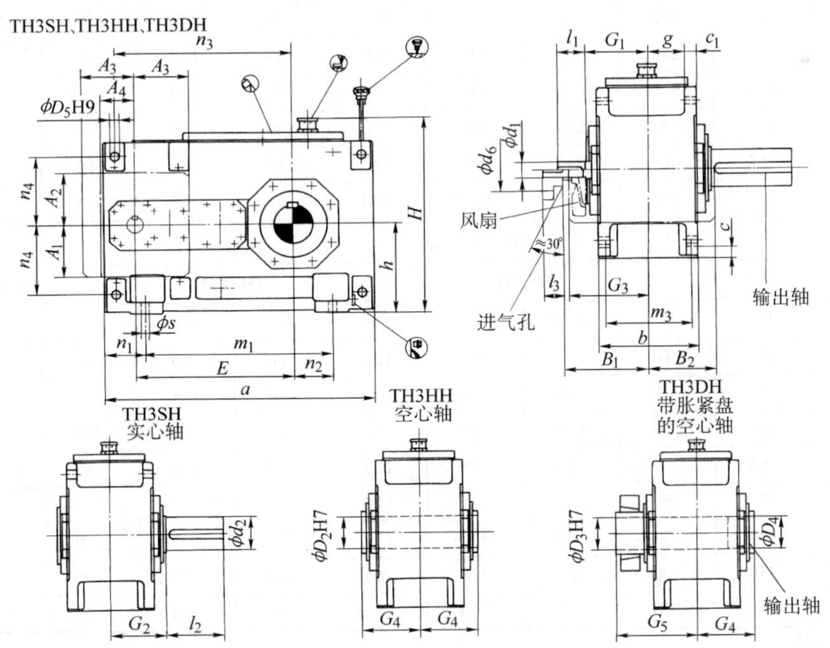

（续）

规格	输入轴																			
	$i_N=25\sim45$			$i_N=31.5\sim56$			$i_N=50\sim63$			$i_N=63\sim80$			$i_N=71\sim90$			$i_N=90\sim112$			G_1	G_3
	$d_1$①	l_1	l_3	$d_1$①	l_1	l_3	$d_1$①	l_1	l_3	$d_1$①	l_1	l_3	$d_1$①	l_1	l_3	$d_1$①	l_1	l_3		
5	40	70	70				30	50	50				24	40	40				160	220
6				40	70	70				30	50	50				24	40	40	160	220
7	45	80	80				35	60	60				28	50	50				185	250
8				45	80	80				35	60	60				28	50	50	185	250
9	60	125	105				45	100	80				32	80	60				230	300
10				60	125	105				45	100	80				32	80	60	230	300
11	70	120	120				50	80	80				42	70	70				255	330
12				70	120	120				50	80	80				42	70	70	255	330

规格	减速器											
	a	A_1	A_2	A_3	A_4	b	B_1	B_2	c	c_1	d_6	D_5
5	690	137	135	140	80	255	215	175	28	30	60	24
6	770	137	135	140	80	255	215	175	28	30	60	24
7	845	157	160	180	100	300	245	205	35	36	75	28
8	950	157	160	180	100	300	245	205	35	36	75	28
9	1000	182	190	205	120	370	295	240	40	45	90	36
10	1100	182	190	205	120	380	295	240	40	45	90	36
11	1200	218	220	255	150	430	325	280	50	54	100	40
12	1355	218	220	255	150	430	325	280	50	54	100	40

规格	减速器										
	E	g	h	H	m_1	m_3	n_1	n_2	n_3	n_4	s
5	405	97.5	230	512	480	220	105	100	455	180	19
6	440	97.5	230	512	560	220	105	145	490	180	19
7	495	114	280	602	605	260	120	130	560	215	24
8	540	114	280	617	710	260	120	190	605	215	24
9	580	140	320	697	710	320	145	155	660	245	28
10	630	140	320	697	810	320	145	205	710	245	28
11	705	161	380	817	870	370	165	180	805	300	35
12	775	161	380	825	1025	370	165	265	875	300	35

规格	输出轴									润滑油/L	质量/kg
	TH3SH			TH3HH		TH3DH					
	$d_2$①	G_2	l_2	$D_2$②	G_4	D_3	D_4	G_4	G_5		
5	100	165	210	95	165	100	100	165	240	15	320
6	110	165	210	105	165	110	110	165	240	17	365
7	120	195	210	115	195	120	120	195	280	28	540
8	130	195	250	125	195	130	130	195	285	30	625
9	140	235	250	135	235	140	145	235	330	45	875
10	160	235	300	150	235	150	155	235	350	46	1020
11	170	270	300	165	270	165	170	270	400	85	1400
12	180	270	300	180	270	180	185	270	405	90	1675

① 同表 10.2-172①。
② 键槽 GB/T 1095—2003。

表 10.2-176　TH3. H、TH3. M 型减速器的外形尺寸（规格 13～22）　　(mm)

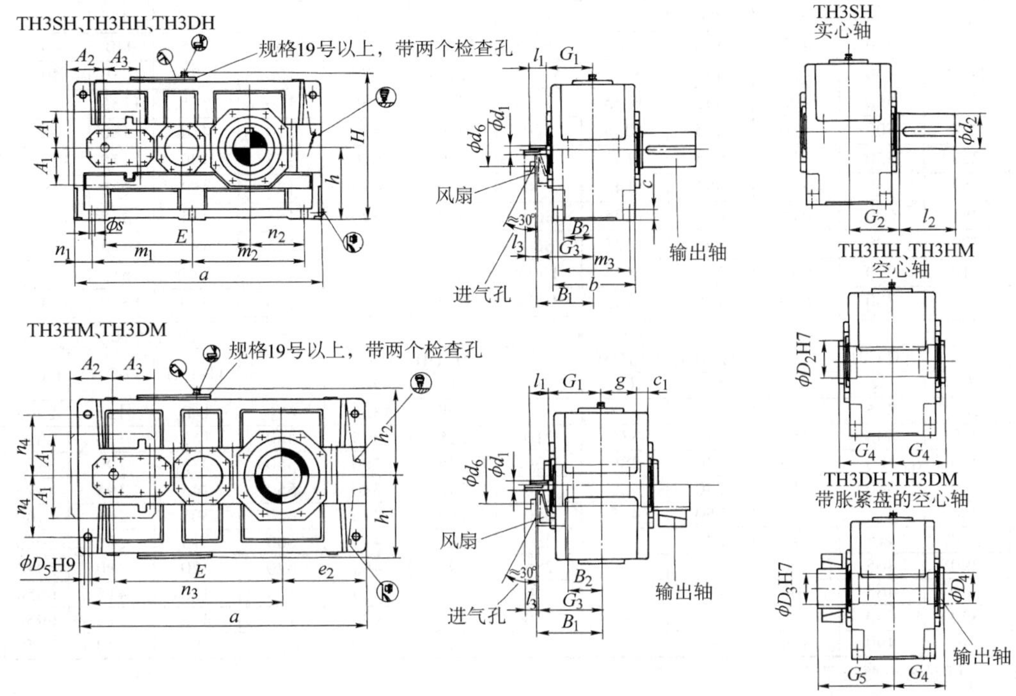

规格	输入轴																			
	$i_N=22.4\sim45$			$i_N=25\sim50$ $i_N=28\sim56^*$			$i_N=50\sim63$			$i_N=56\sim71$ $i_N=63\sim80^*$			$i_N=71\sim90$			$i_N=80\sim100$ $i_N=90\sim112^*$			G_1	G_3
	$d_1$①	l_1	l_3	$d_1$①	l_1	l_3	$d_1$①	l_1	l_3	$d_1$①	l_1	l_3	$d_1$①	l_1	l_3	$d_1$①	l_1	l_3		
13	85	160	130	—	—	—	60	135	105	—	—	—	50	110	80	—	—	—	310	385
14	—	—	—	85	160	130	—	—	—	60	135	105	—	—	—	50	110	80	310	385
15	100	200	165	—	—	—	75	140	105	—	—	—	60	140	105	—	—	—	350	420
16	—	—	—	100	200	165	—	—	—	75	140	105	—	—	—	60	140	105	350	420
17	100	200	165	—	—	—	75	140	105	—	—	—	60	140	105	—	—	—	380	450
18	—	—	—	100	200	165	—	—	—	75	140	105	—	—	—	60	140	105	380	450
19	110	200	△	—	—	—	90	165	△	—	—	—	75	140	△	—	—	—	430	△
20	—	—	—	110	200	△	—	—	—	90	165	△	—	—	—	75	140	△	430	△
21	130	240	△	—	—	—	110	205	△	—	—	—	90	170	△	—	—	—	470	△
22	—	—	—	130	240	△	—	—	—	110	205	△	—	—	—	90	170	△	470	△

∗仅指规格 14 号减速器

规格	减速器												
	a	A_1	A_2	A_3	b	B_1	B_2	c	c_1	d_6	D_5	e_2	E
13	1395	225	225	212	550	380	195	60	61	120	48	405	820
14	1535	225	225	212	550	380	195	60	61	120	48	475	890
15	1680	270	265	252	625	415	205	70	72	150	55	485	987
16	1770	270	265	252	625	415	205	70	72	150	55	530	1033
17	1770	270	265	252	690	445	235	80	81	150	55	525	1035
18	1890	270	265	252	690	445	235	80	81	150	55	585	1095
19	2030	△	△	△	790	△	△	90	91	△	65	590	1190
20	2150	△	△	△	790	△	△	90	91	△	65	650	1250
21	2340	△	△	△	830	△	△	100	100	△	75	655	1387
22	2450	△	△	△	830	△	△	100	100	△	75	710	1442

（续）

规格	减速器												
	g	h	h_1	h_2	H	m_1	m_2	m_3	n_1	n_2	n_3	n_4	s
13	211.5	440	450	495	935	597.5	597.5	475	100	305	940	340	35
14	211.5	440	450	495	935	597.5	737.5	475	100	375	1010	340	35
15	238	500	490	535	1035	720	720	535	120	365	1135	375	42
16	238	500	490	535	1035	720	810	535	120	410	1180	375	42
17	259	550	555	595	1145	750	750	600	135	390	1175	425	42
18	259	550	555	595	1145	750	870	600	135	450	1235	425	42
19	299	620	615	655	1275	860	860	690	155	435	1365	475	48
20	299	620	615	655	1275	860	980	690	155	495	1425	475	48
21	310	700	685	725	1425	1000	1000	720	170	485	1615	520	56
22	310	700	685	725	1425	1000	1110	720	170	540	1670	520	56

规格	输出轴									润滑油/L		质量/kg	
	TH3SH			TH3HH TH3HM		TH3DH TH3DM				TH3. H	TH3. M	TH3. H	TH3. M
	$d_2$①	G_2	l_2	$D_2$②	G_4	D_3	D_4	G_4	G_5				
13	200	335	350	190	335	190	195	335	480	160	125	2295	2155
14	210	335	350	210	335	210	215	335	480	165	130	2625	2490
15	230	380	410	230	380	230	235	380	550	235	190	3475	3260
16	240	380	410	240	380	240	245	380	550	245	195	3875	3625
17	250	415	410	250	415	250	260	415	600	305	240	4560	4250
18	270	415	470	275	415	280	285	415	600	315	250	5030	4740
19	290	465	470	—	—	285	295	465	670	420	390	5050	4750
20	300	465	500	—	—	310	315	465	670	450	415	6650	6250
21	320	490	500	—	—	330	335	490	715	470	515	6950	6550
22	340	490	550	—	—	340	345	490	725	490	540	7550	7050

注：△：根据客户要求供货。

①②同表 10. 2-174①②。

表 10. 2-177　TB2. H 型减速器的外形尺寸（规格 1～22）　　（mm）

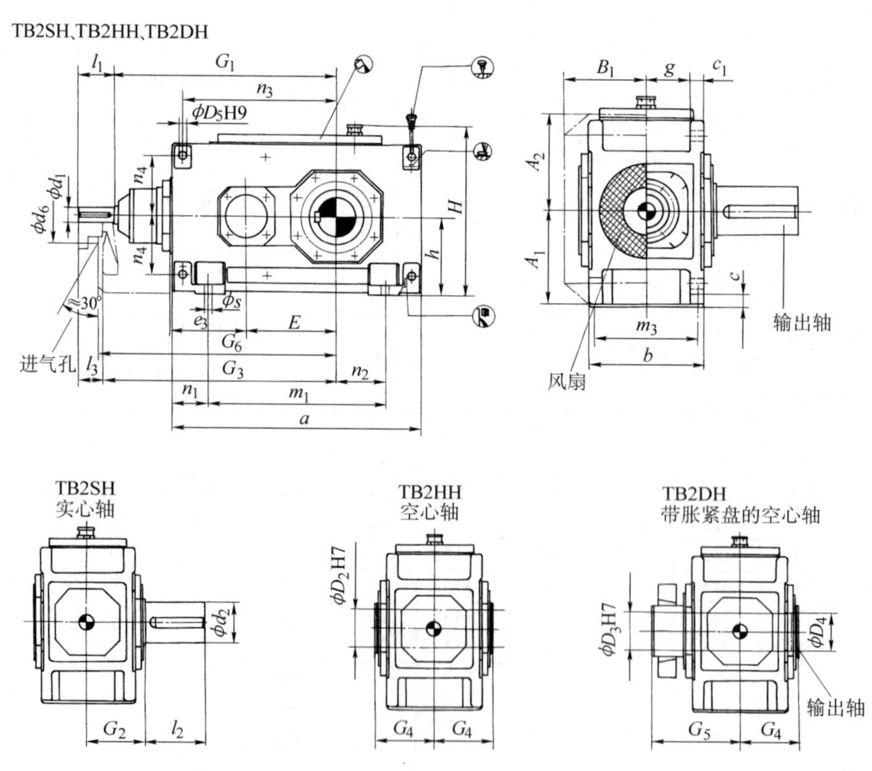

（续）

规格	输入轴 $i_N=5\sim11.2$ $d_1$①	l_1	l_3	$i_N=6.3\sim14$ $d_1$①	l_1	l_3	$i_N=12.5\sim18$ $d_1$①	l_1	l_3	G_1	G_3
1	28	55	40	—	—	—	20	50	35	300	315
2	30	70	50	—	—	—	25	60	40	340	360
3	35	80	60	—	—	—	28	60	40	390	410
4	45	100	80	—	—	—	—	—	—	465	485
5	55	110	80	—	—	—	—	—	—	535	565
6	—	—	—	55	110	80	—	—	—	570	600
7	70	135	105	—	—	—	—	—	—	640	670
8	—	—	—	70	135	105	—	—	—	685	715
9	80	165	130	—	—	—	—	—	—	755	790
10	—	—	—	80	165	130	—	—	—	805	840
11	90	165	130	—	—	—	—	—	—	925	960
12	—	—	—	90	165	130	—	—	—	995	1030

规格	减速器 a	A_1	A_2	b	B_1	c	c_1	D_5	d_6	e_3	E	g
1	305	125	130	180	128	18	16	12	110	90	90	74
2	355	140	145	205	143	18	20	14	110	110	110	82.5
3	405	170	170	225	163	22	24	18	120	130	130	88.5
4	505	195	200	270	188	28	30	24	150	160	160	105
5	565	220	235	320	215	28	30	24	160	185	185	130
6	645	220	235	320	215	28	30	24	160	185	220	130
7	690	270	285	380	250	35	36	28	210	225	225	154
8	795	270	285	380	250	35	36	28	210	225	270	154
9	820	310	325	440	270	40	48	36	195	265	265	172
10	920	310	325	440	270	40	48	36	195	265	315	172
11	975	370	385	530	328	50	54	40	210	320	320	211
12	1130	370	385	530	328	50	54	40	210	320	390	211

规格	减速器 G_6	h	H	m_1	m_3	n_1	n_2	n_3	n_4	s
1	325	130	305	185	155	60	70	160	105	12
2	370	145	335	225	180	65	75	195	115	12
3	420	175	390	245	195	80	70	235	132.5	15
4	495	200	445	295	235	105	85	285	150	19
5	575	230	512	355	285	105	100	330	180	19
6	610	230	512	435	285	105	145	365	180	19
7	685	280	612	450	340	120	130	405	215	24
8	730	280	617	555	340	120	190	450	215	24
9	805	320	697	530	390	145	155	480	245	28
10	855	320	697	630	390	145	205	530	245	28
11	980	380	825	645	470	165	180	580	300	35
12	1050	380	825	800	470	165	265	650	300	35

规格	输出轴 TB2SH $d_2$①	G_2	l_2	TB2HH $D_2$②	G_4	TB2DH D_3	D_4	G_4	G_5	润滑油/L	质量/kg
1	45	120	80	—	—	—	—	—	—	2	65
2	55	135	110	55	135	60	60	135	180	4	90
3	65	145	140	65	145	70	70	145	200	6	140
4	80	170	170	80	170	85	85	170	235	10	235
5	100	200	210	95	200	100	100	200	275	16	360
6	110	200	210	105	200	110	110	200	275	19	410
7	120	235	210	115	235	120	120	235	320	31	615
8	130	235	250	125	235	130	130	235	325	34	700
9	140	270	250	135	270	140	145	270	365	48	1000
10	160	270	300	150	270	150	155	270	385	50	1155
11	170	320	300	165	320	165	170	320	450	80	1640
12	180	320	300	180	320	180	185	320	455	95	1910

① 见表 10.2-172①。

② 键槽 GB/T 1095—2003。

表 10.2-178　TB2.H、TB2.M 型减速器的外形尺寸（规格 13～18）　　(mm)

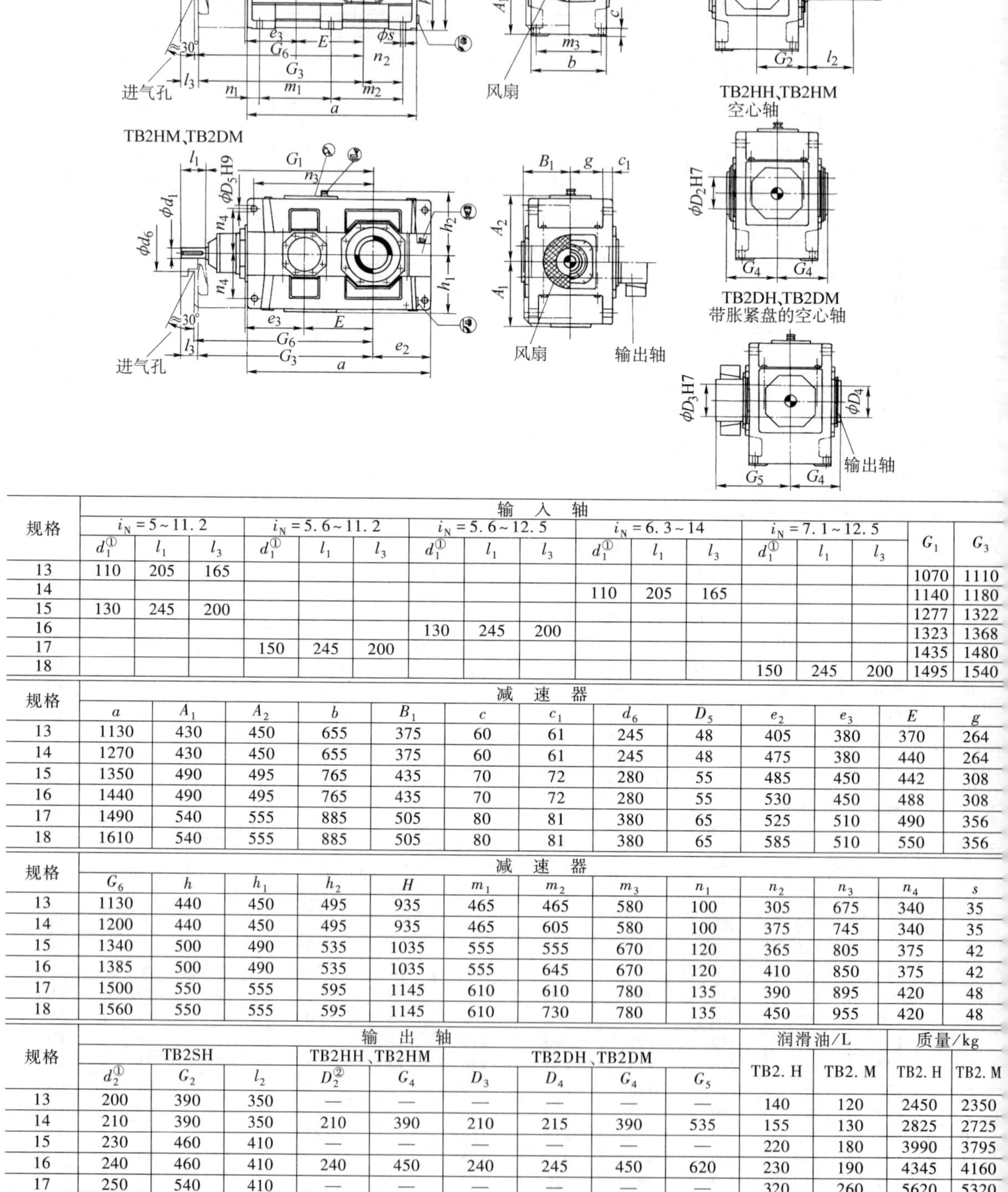

规格	输入轴																
	$i_N=5\sim11.2$			$i_N=5.6\sim11.2$			$i_N=5.6\sim12.5$			$i_N=6.3\sim14$			$i_N=7.1\sim12.5$			G_1	G_3
	$d_1$①	l_1	l_3	$d_1$①	l_1	l_3	$d_1$①	l_1	l_3	$d_1$①	l_1	l_3	$d_1$①	l_1	l_3		
13	110	205	165													1070	1110
14										110	205	165				1140	1180
15	130	245	200													1277	1322
16							130	245	200							1323	1368
17				150	245	200										1435	1480
18													150	245	200	1495	1540

规格	减速器												
	a	A_1	A_2	b	B_1	c	c_1	d_6	D_5	e_2	e_3	E	g
13	1130	430	450	655	375	60	61	245	48	405	380	370	264
14	1270	430	450	655	375	60	61	245	48	475	380	440	264
15	1350	490	495	765	435	70	72	280	55	485	450	442	308
16	1440	490	495	765	435	70	72	280	55	530	450	488	308
17	1490	540	555	885	505	80	81	380	65	525	510	490	356
18	1610	540	555	885	505	80	81	380	65	585	510	550	356

规格	减速器												
	G_6	h	h_1	h_2	H	m_1	m_2	m_3	n_1	n_2	n_3	n_4	s
13	1130	440	450	495	935	465	465	580	100	305	675	340	35
14	1200	440	450	495	935	465	605	580	100	375	745	340	35
15	1340	500	490	535	1035	555	555	670	120	365	805	375	42
16	1385	500	490	535	1035	555	645	670	120	410	850	375	42
17	1500	550	555	595	1145	610	610	780	135	390	895	420	48
18	1560	550	555	595	1145	610	730	780	135	450	955	420	48

规格	输出轴									润滑油/L		质量/kg	
	TB2SH			TB2HH、TB2HM		TB2DH、TB2DM				TB2.H	TB2.M	TB2.H	TB2.M
	$d_2$①	G_2	l_2	$D_2$②	G_4	D_3	D_4	G_4	G_5				
13	200	390	350	—	—	—	—	—	—	140	120	2450	2350
14	210	390	350	210	390	210	215	390	535	155	130	2825	2725
15	230	460	410	—	—	—	—	—	—	220	180	3990	3795
16	240	460	410	240	450	240	245	450	620	230	190	4345	4160
17	250	540	410	—	—	—	—	—	—	320	260	5620	5320
18	270	540	470	275	510	280	285	510	700	335	275	6150	5860

①②同表 10.2-174①②。

表 10.2-179　TB3.H 型减速器的外形尺寸（规格 3～12）　　（mm）

TB3SH、TB3HH、TB3DH

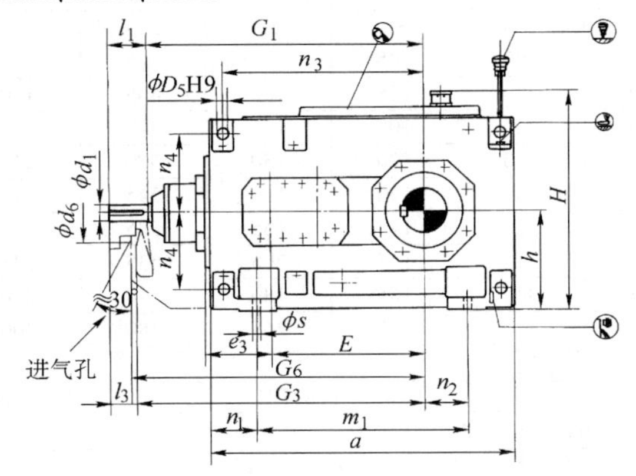

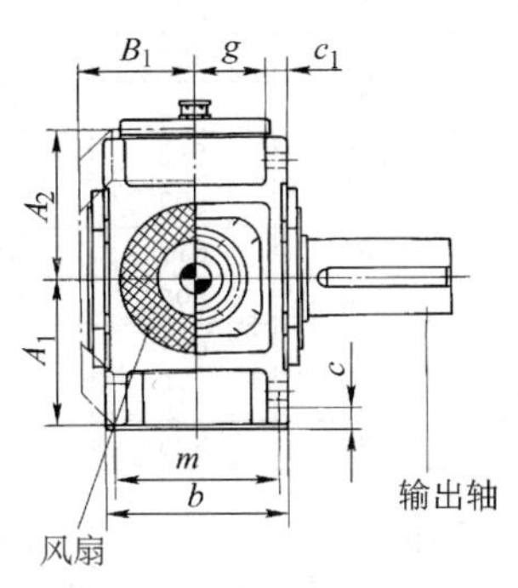

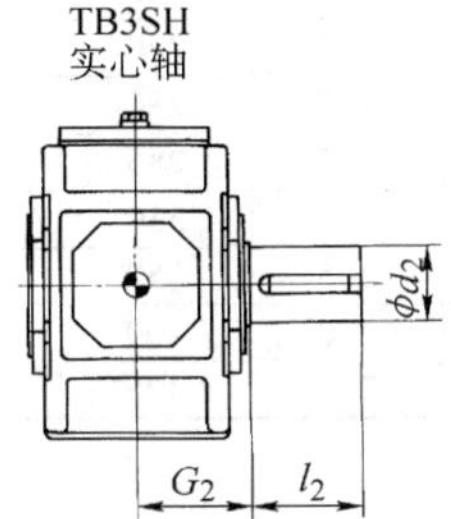

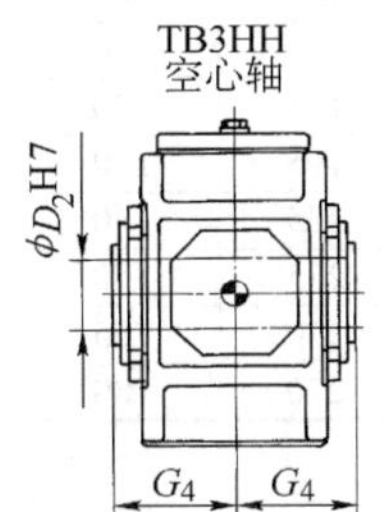

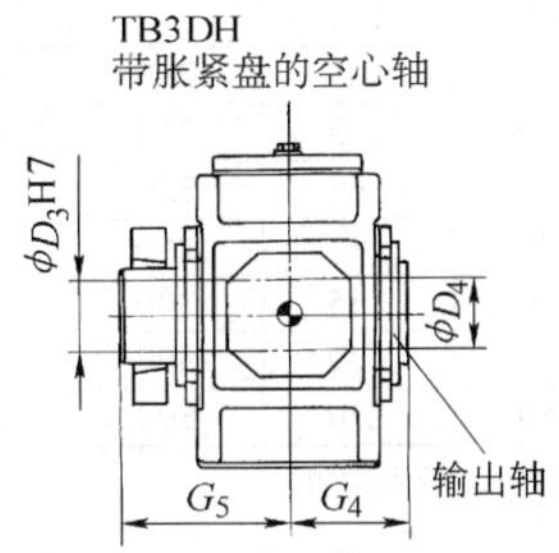

规格	输入轴															G_1	G_3
	i_N = 12.5～45			i_N = 16～56			i_N = 20～45			i_N = 50～71			i_N = 6.3～90				
	$d_1$①	l_1	l_3	$d_1$①	l_1	l_3	$d_1$①	l_1	l_3	$d_1$①	l_1	l_3	$d_1$①	l_1	l_3		
3							28	55	40	20	50	35				430	445
4	30	70	50							25	60	40				500	520
5	35	80	60							28	60	40				575	595
6				35	80	60							28	60	40	610	630
7	45	100	80							35	80	60				690	710
8				45	100	80							35	80	60	735	755
9	55	110	80							40	100	70				800	830
10				55	110	80							40	100	70	850	880
11	70	135	105							50	110	80				960	990
12				70	135	105							50	110	80	1030	1060

规格	减速器										
	a	A_1	A_2	b	B_1	c	c_1	d_6	D_5	e_3	E	g
3	450	170	170	190	128	22	24	90	18	90	220	71
4	565	195	200	215	143	28	30	110	24	110	270	77.5
5	640	220	235	255	168	28	30	130	24	130	315	97.5
6	720	220	235	255	168	28	30	130	24	130	350	97.5
7	785	275	275	300	193	35	36	165	28	160	385	114
8	890	275	275	300	193	35	36	165	28	160	430	114
9	925	315	325	370	231	40	45	175	36	185	450	140
10	1025	315	325	380	231	40	45	175	36	185	500	140
11	1105	370	385	430	263	50	54	190	40	225	545	161
12	1260	370	385	430	263	50	54	190	40	225	615	161

（续）

规格	减速器									
	G_6	h	H	m_1	m	n_1	n_2	n_3	n_4	s
3	455	175	390	290	160	80	65	285	132.5	15
4	530	200	445	355	180	105	85	345	150	19
5	605	230	512	430	220	105	100	405	180	19
6	640	230	512	510	220	105	145	440	180	19
7	720	280	602	545	260	120	130	500	215	24
8	765	280	617	650	260	120	190	545	215	24
9	845	320	697	635	320	145	155	585	245	28
10	895	320	697	735	320	145	205	635	245	28
11	1010	380	817	775	370	165	180	710	300	35
12	1080	380	825	930	370	165	265	780	300	35

规格	输出轴									润滑油/L	质量/kg
	TB3SH			TB3HH		TB3DH					
	$d_2$①	G_2	l_2	$D_2$②	G_4	D_3	D_4	G_4	G_5		
3	65	125	140	65	125	70	70	125	180	6	130
4	80	140	170	80	140	85	85	140	205	9	210
5	100	165	210	95	165	100	100	165	240	14	325
6	110	165	210	105	165	110	110	165	240	15	380
7	120	195	210	115	195	120	120	195	280	25	550
8	130	195	250	125	195	130	130	195	285	28	635
9	140	235	250	135	235	140	145	235	330	40	890
10	160	235	300	150	235	150	155	235	350	42	1020
11	170	270	300	165	270	165	170	270	400	66	1455
12	180	270	300	180	270	180	185	270	405	72	1730

①②见表 10.2-177①②。

表 10.2-180 TB3.H、TB3.M 型减速器的外形尺寸（规格 13～22） (mm)

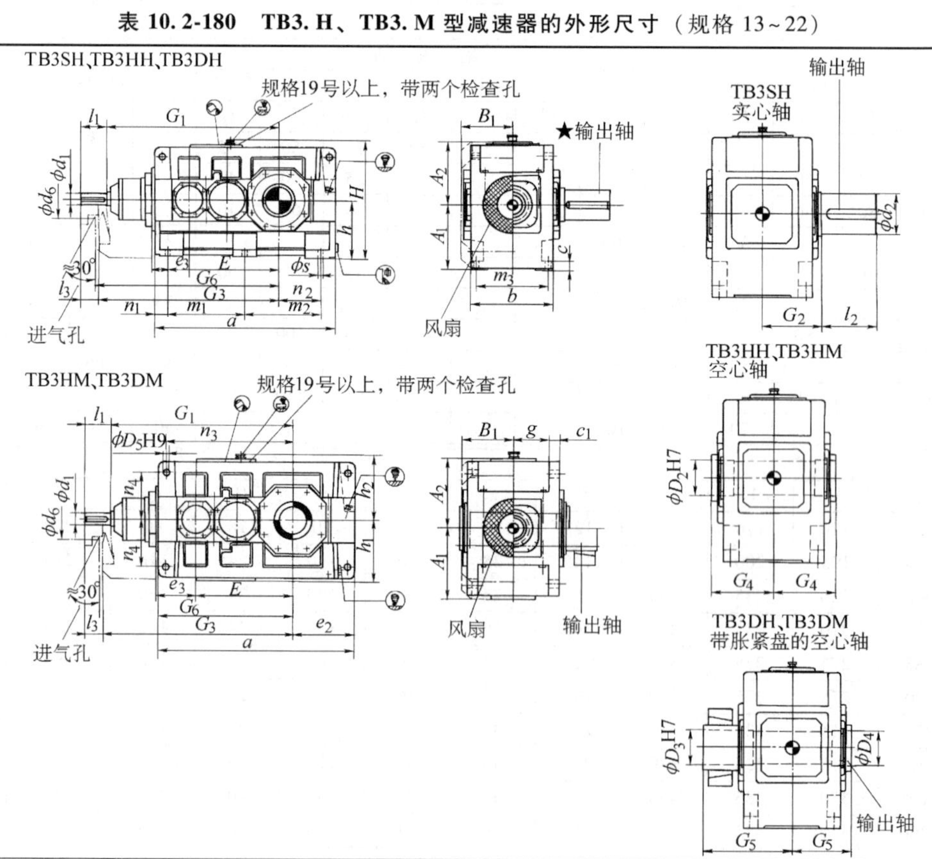

（续）

规格	输入轴																			
	$i_N=12.5\sim45$			$i_N=14\sim50$			$i_N=16\sim56$			$i_N=50\sim71$			$i_N=56\sim80$			$i_N=63\sim90$			G_1	G_3
	$d_1$①	l_1	l_3	$d_1$①	l_1	l_3	$d_1$①	l_1	l_3	$d_1$①	l_1	l_3	$d_1$①	l_1	l_3	$d_1$①	l_1	l_3		
13	80	165	130							60	140	105							1125	1160
14							80	165	130							60	140	105	1195	1230
15	90	165	130							70	140	105							1367	1402
16				90	165	130							70	140	105				1413	1448
17	110	205	165							80	170	130							1560	1600
18				110	205	165							80	170	130				1620	1660
19	130	245	200							100	210	165							1832	1877
20				130	245	200							100	210	165				1892	1937
21	130	245	200							100	210	165							1902	1947
22				130	245	200							100	210	165				1957	2002

规格	减速器												
	a	A_1	A_2	b	B_1	c	c_1	d_6	D_5	e_2	e_3	E	g
13	1290	425	475	550	325	60	61	210	48	405	265	635	211.5
14	1430	425	475	550	325	60	61	210	48	475	265	705	211.5
15	1550	485	520	625	365	70	72	210	55	485	320	762	238
16	1640	485	520	625	365	70	72	210	55	530	320	808	238
17	1740	535	570	690	395	80	81	230	55	525	370	860	259
18	1860	535	570	690	395	80	81	230	55	585	370	920	259
19	2010	610	630	790	448	90	91	245	65	590	420	997	299
20	2130	610	630	790	448	90	91	245	65	650	420	1057	299
21	2140	690	690	830	473	100	100	280	75	655	450	1067	310
22	2250	690	690	830	473	100	100	280	75	710	450	1122	310

规格	减速器												
	G_6	h	h_1	h_2	H	m_1	m_2	m_3	n_1	n_2	n_3	n_4	s
13	1180	440	450	495	935	545	545	475	100	305	835	340	35
14	1250	440	450	495	935	545	685	475	100	375	905	340	35
15	1420	500	490	535	1035	655	655	535	120	365	1005	375	42
16	1470	500	490	535	1035	655	745	535	120	410	1050	375	42
17	1620	550	555	595	1145	735	735	600	135	390	1145	425	42
18	1680	550	555	595	1145	735	855	600	135	450	1205	425	42
19	1900	620	615	655	1275	850	850	690	155	435	1345	475	48
20	1960	620	615	655	1275	850	970	690	155	495	1405	475	48
21	1970	700	685	725	1425	900	900	720	170	485	1400	520	56
22	2025	700	685	725	1425	900	1010	720	170	540	1455	520	56

规格	输出轴									润滑油/L		质量/kg	
	TB3SH			TB3HH TB3HM		TB3DH TB3DM				TB3. H	TB3. M	TB3. H	TB3. M
	$d_2$①	G_2	l_2	$D_2$②	G_4	D_3	D_4	G_4	G_5				
13	200	335	350	190	335	190	195	335	480	130	110	2380	2260
14	210	335	350	210	335	210	215	335	480	140	115	2750	2615
15	230	380	410	230	380	230	235	380	550	210	160	3730	3540
16	240	380	410	240	380	240	245	380	550	220	165	3955	3765
17	250	415	410	250	415	250	260	415	600	290	230	4990	4760
18	270	415	470	275	415	280	285	415	600	300	235	5495	5240
19	290	465	470	—	—	285	295	465	670	380	360	6240	6050
20	300	465	500	—	—	310	315	465	670	440	420	6950	6710
21	320	490	500	—	—	330	335	490	715	370	420	8480	8190
22	340	490	550	—	—	340	345	490	725	430	490	9240	8950

①②见表 10. 2-174①②。

表 10.2-181　TB4.H 型减速器的外形尺寸（规格 5～12）　　（mm）

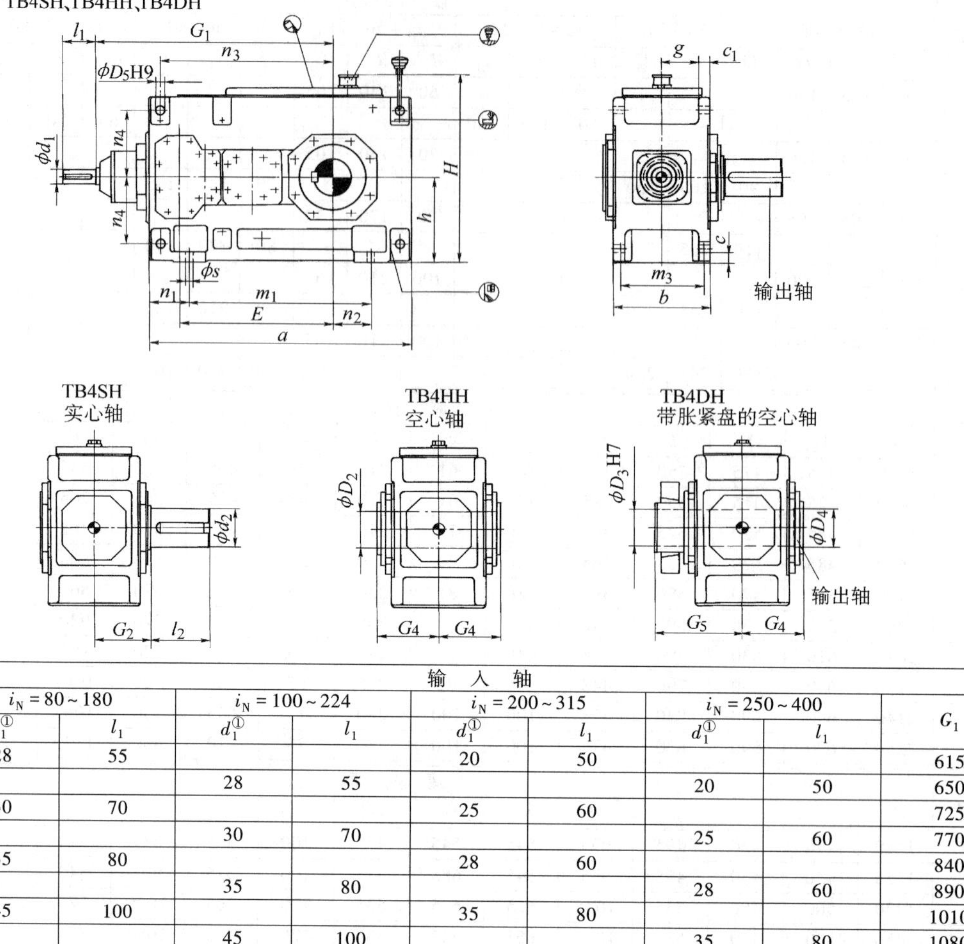

规格	输入轴								
	i_N=80～180		i_N=100～224		i_N=200～315		i_N=250～400		G_1
	$d_1$①	l_1	$d_1$①	l_1	$d_1$①	l_1	$d_1$①	l_1	
5	28	55			20	50			615
6			28	55			20	50	650
7	30	70			25	60			725
8			30	70			25	60	770
9	35	80			28	60			840
10			35	80			28	60	890
11	45	100			35	80			1010
12			45	100			35	80	1080

规格	减速器															
	a	b	c	c_1	D_5	E	g	h	H	m_1	m_3	n_1	n_2	n_3	n_4	s
5	690	255	28	30	24	405	97.5	230	512	480	220	105	100	455	180	19
6	770	255	28	30	24	440	97.5	230	512	560	220	105	145	490	180	19
7	845	300	35	36	28	495	114	280	602	605	260	120	130	560	215	24
8	950	300	35	36	28	540	114	280	617	710	260	120	190	605	215	24
9	1000	370	40	45	36	580	140	320	697	710	320	145	155	660	245	28
10	1100	380	40	45	36	630	140	320	697	810	320	145	205	710	245	28
11	1200	430	50	54	40	705	161	380	817	870	370	165	180	805	300	35
12	1355	430	50	54	40	775	161	380	825	1025	370	165	265	875	300	35

规格	输出轴									润滑油/L	质量/kg
	TB4SH			TB4HH		TB4DH					
	$d_2$①	G_2	l_2	$D_2$②	G_4	D_3	D_4	G_4	G_5		
5	100	165	210	95	165	100	100	165	240	16	335
6	110	165	210	105	165	110	110	165	240	18	385
7	120	195	210	115	195	120	120	195	280	30	555
8	130	195	250	125	195	130	130	195	285	33	655
9	140	235	250	135	235	140	145	235	330	48	890
10	160	235	300	150	235	150	155	235	350	50	1025
11	170	270	300	165	270	165	170	270	400	80	1485
12	180	270	300	180	270	180	185	270	405	90	1750

①②见表 10.2-177①②。

表 10.2-182　TB4. H、TB4. M 型减速器的外形尺寸（规格 13～22）　（mm）

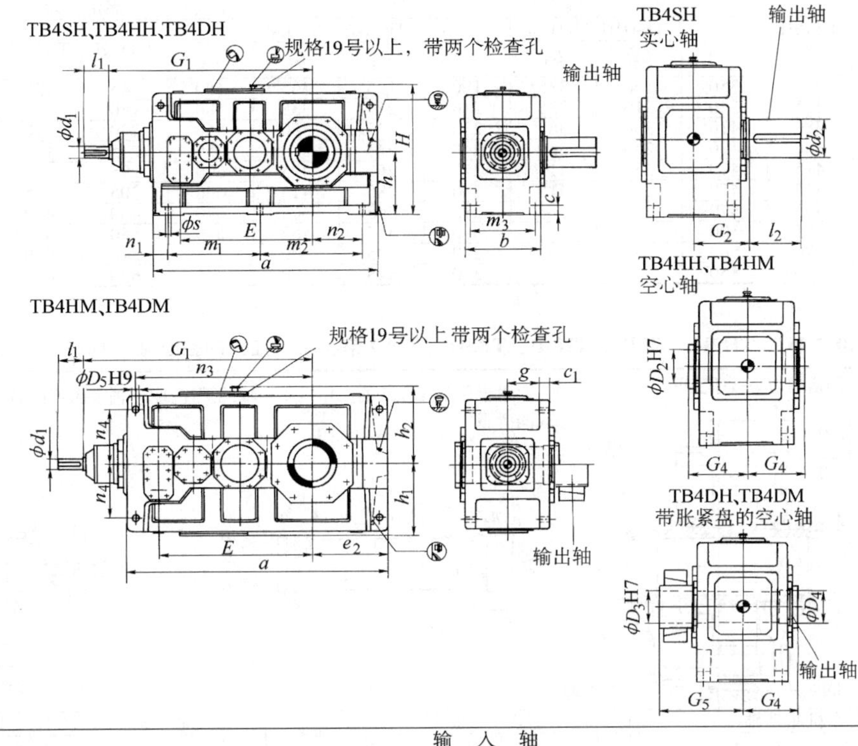

规格	输入轴												
	$i_N=80\sim180$		$i_N=90\sim200$		$i_N=100\sim224$		$i_N=200\sim315$		$i_N=224\sim355$		$i_N=250\sim400$		G_1
	$d_1$①	l_1	$d_1$①	l_1	$d_1$①	l_1	$d_1$①	l_1	$d_1$①	l_1	$d_1$①	l_1	
13	55	110					40	100					1170
14					55	110					40	100	1240
15	70	135					50	110					1402
16			70	135					50	110			1448
17	70	135					50	110					1450
18			70	135					50	110			1510
19	80	165					60	140					1680
20			80	165					60	140			1740
21	90	165					70	140					1992
22			90	165					70	140			2047

规格	减速器									
	a	b	c	c_1	D_5	e_2	E	g	h	h_1
13	1395	550	60	61	48	405	820	211.5	440	450
14	1535	550	60	61	48	475	890	211.5	440	450
15	1680	625	70	72	55	485	987	238	500	490
16	1770	625	70	72	55	530	1033	238	500	490
17	1770	690	80	81	55	525	1035	259	550	555
18	1890	690	80	81	55	585	1095	259	550	555
19	2030	790	90	91	65	590	1190	299	620	615
20	2150	790	90	91	65	650	1250	299	620	615
21	2340	830	100	100	75	655	1387	310	700	685
22	2450	830	100	100	75	710	1442	310	700	685

规格	减速器									
	h_2	H	m_1	m_2	m_3	n_1	n_2	n_3	n_4	s
13	495	935	597.5	597.5	475	100	305	940	340	35
14	495	935	597.5	737.5	475	100	375	1010	340	35
15	535	1035	720	720	535	120	365	1135	375	42
16	535	1035	720	810	535	120	410	1180	375	42
17	595	1145	750	750	600	135	390	1175	425	42
18	595	1145	750	870	600	135	450	1235	425	42
19	655	1275	860	860	690	155	435	1365	475	48
20	655	1275	860	980	690	155	495	1425	475	48
21	725	1425	1000	1000	720	170	485	1615	520	56
22	725	1425	1000	1110	720	170	540	1670	520	56

（续）

规格	输出轴									润滑油/L		质量/kg	
	TB4SH			TB4HH TB4HM		TB4DH TB4DM							
	d_2[①]	G_2	l_2	D_2[②]	G_4	D_3	D_4	G_4	G_5	TB4. H	TB4. M	TB4. H	TB4. M
13	200	335	350	190	335	190	195	335	480	145	120	2395	2280
14	210	335	350	210	335	210	215	335	480	150	125	2735	2605
15	230	380	410	230	380	230	235	380	550	230	170	3630	3435
16	240	380	410	240	380	240	245	380	550	235	175	3985	3765
17	250	415	410	250	415	250	260	415	600	295	230	4695	4460
18	270	415	470	275	415	280	285	415	600	305	235	5200	4930
19	290	465	470	—	—	285	295	465	670	480	440	5750	5400
20	300	465	500	—	—	310	315	465	670	550	510	6450	6000
21	320	490	500	—	—	330	335	490	715	540	590	7850	7350
22	340	490	550	—	—	340	345	490	725	620	680	8400	7850

①②见表 10. 2-174。

表 10. 2-183 TH2D、TH3D、TH4D、TB3D、TB4D 带胀紧盘连接的空心轴（规格 3~22） （mm）

X=要求预留的力矩扳手空间

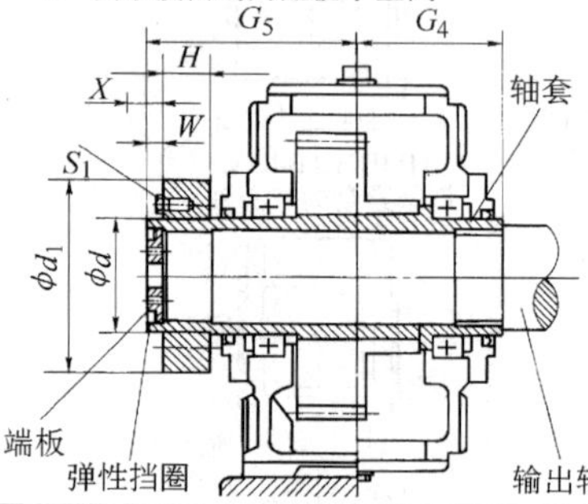

用于胀紧盘连接的工作机驱动轴，工作机驱动轴表面不得沾有机油或润滑脂

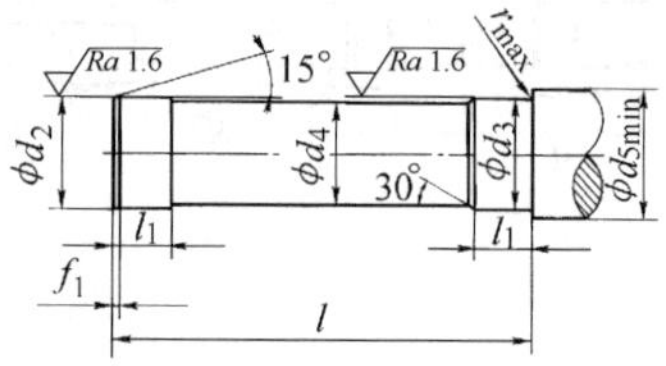

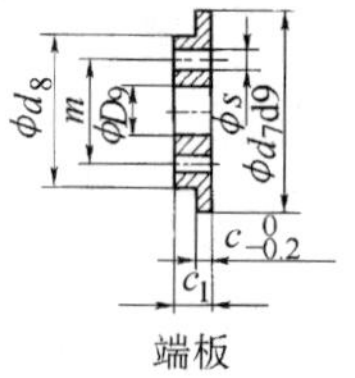

减速器规格	工作机驱动轴								端板								弹性挡圈	空心轴				胀紧盘					螺钉
	d_2	d_3	d_4	d_5	f_1	l	l_1	r	c_1	c	d_7	d_8	D_9	m	s	数量		D_2	D_3	G_4	G_5	类型	d	d_1	H	W	S_1
3	70g6	70g6	69.5	80	4	286	38	2	17	7	75	55	22	40	M8	2	75×2.5	70	70	125	180	90-32	90	155	38	20	M10
4	85g6	85h6	84.5	95	4	326	48	2	17	7	90	70	22	50	M8	2	90×2.5	85	85	140	205	110-32	110	185	49	20	M12
5	100g6	100h6	99.5	114	5	383	53	2	20	8	105	80	26	55	M10	2	105×3	100	100	165	240	125-32	125	215	53	20	M12
6	110g6	110h6	109.5	124	5	383	58	3	20	8	115	85	26	60	M10	2	115×3	110	110	165	240	140-32	140	230	58	20	M14
7	120g6	120h6	119.5	134	5	453	68	3	20	8	125	90	26	65	M12	2	125×3	120	120	195	280	155-32	155	263	62	23	M14
8	130g6	130h6	129.5	145	6	458	73	3	20	8	135	100	26	70	M12	2	135×3	130	130	195	285	165-32	165	290	68	23	M16
9	140g6	145m6	139.5	160	6	539	82	4	23	10	150	110	33	80	M12	2	150×3	140	145	235	330	175-32	175	300	68	28	M16
10	150g6	155m6	149.5	170	6	559	92	4	23	10	160	120	33	90	M12	2	160×3	150	155	235	350	200-32	200	340	85	28	M16
11	165f6	170m6	164.5	185	7	644	112	4	23	10	175	130	33	90	M12	2	175×3	165	170	270	400	220-32	220	370	103	30	M20
12	180f6	185m6	179.5	200	7	649	122	4	23	10	190	140	33	100	M16	2	190×3	180	185	270	405	240-32	240	405	107	30	M20
13	190f6	195m6	189.5	213	7	789	137	5	23	10	200	150	33	110	M16	2	200×3	190	195	335	480	260-32	260	430	119	30	M20
14	210f6	215m6	209.5	233	8	784	147	5	28	14	220	170	33	130	M16	2	220×5	210	215	335	480	280-32	280	460	132	30	M20
15	230f6	235m6	229.5	253	8	899	157	5	28	14	240	180	39	140	M16	2	240×5	230	235	380	550	300-32	300	485	140	35	M24
16	240f6	245m6	239.5	263	8	899	157	5	28	14	250	190	39	150	M20	2	250×5	240	245	380	550	320-32	320	520	140	35	M24
17	250f6	250m6	249.5	278	8	982	177	5	30	14	265	200	39	150	M20	2	265×5	250	260	415	600	340-32	340	570	155	35	M24
18	280f6	285m6	279.5	306	9	982	177	5	30	14	290	210	39	160	M20	2	290×5	280	285	415	600	360-32	360	590	162	35	M24
19	285f6	295m6	284.5	316	9	1100	187	5	32	15	300	220	39	170	M24	2	300×5	285	295	465	670	380-32	380	640	166	40	M27
20	310f6	315m6	309.5	336	9	1100	187	5	32	15	320	230	39	180	M24	2	320×6	310	315	465	670	390-32	390	650	166	40	M27
21	330f6	335m6	329	358	9	1160	205	5	40	20	340	250	45	190	M24	2	340×6	330	335	490	715	420-32	420	670	186	45	M27
22	340f6	345m6	339	368	9	1170	215	5	40	20	350	260	45	200	M24	2	350×6	340	345	490	725	440-32	440	720	194	45	M27

表 10. 2-184 TB2D 带胀紧盘连接的空心轴（规格 2~18） （mm）

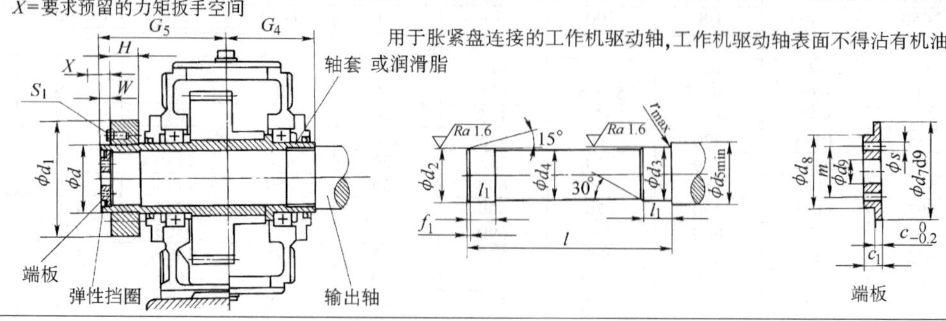

（续）

减速器规格	工作机驱动轴								端板								弹性挡圈	空心轴				胀紧盘					螺钉
	d_2	d_3	d_4	d_5	f_1	l	l_1	r	c_1	c	d_7	d_8	D_9	m	s	数量		D_2	D_3	G_4	G_5	类型	d	d_1	H	W	S_1
2	60g6	60g6	59.5	70	3	300	36	2	13	6	65	47	22	35	M6	2	65×2.5	60	60	135	180	80-32	80	141	31	16	M10
3	70g6	70h6	69.5	80	4	326	38	2	17	7	75	55	22	40	M8	2	75×2.5	70	70	145	200	90-32	90	155	38	20	M10
4	85g6	85h6	84.5	95	4	386	48	2	17	7	90	70	22	50	M8	2	90×2.5	85	85	170	235	110-32	110	185	49	20	M12
5	100g6	100h6	99.5	114	5	453	53	2	20	8	105	80	26	55	M10	2	105×3	100	100	200	275	125-32	125	215	53	20	M12
6	110g6	110h6	109.5	124	5	453	58	3	20	8	115	85	26	60	M10	2	115×3	110	110	200	275	140-32	140	230	58	20	M14
7	120g6	120h6	119.5	134	5	533	68	3	20	8	125	90	26	65	M12	2	125×3	120	120	235	320	155-32	155	263	62	23	M14
8	130g6	130h6	129.5	145	6	538	73	3	20	8	135	100	26	70	M12	2	135×3	130	130	235	325	165-32	165	290	68	23	M16
9	140g6	145m6	139.5	160	6	609	82	4	23	10	150	110	33	80	M12	2	150×3	140	145	270	365	175-32	175	300	68	28	M16
10	150g6	155m6	149.5	170	6	629	92	4	23	10	160	120	33	90	M12	2	160×3	150	155	270	385	200-32	200	340	85	28	M16
11	165f6	170m6	164.5	185	7	744	112	4	23	10	175	130	33	90	M12	2	175×3	165	170	320	450	220-32	220	370	103	30	M20
12	180f6	185m6	179.5	200	7	749	122	4	23	10	190	140	33	100	M16	2	190×3	180	185	320	455	240-32	240	405	107	30	M20
14	210f6	215m6	209.5	233	8	894	147	5	28	14	220	170	33	130	M16	2	220×5	210	215	390	535	280-32	280	460	132	30	M20
16	240f6	245m6	239.5	263	8	1039	157	5	28	14	250	190	39	150	M20	2	250×5	240	245	450	620	320-32	320	520	140	35	M24
18	280f6	285m6	279.5	306	9	1177	177	5	30	14	290	210	39	160	M20	2	290×5	280	285	510	700	360-32	360	590	162	35	M24

表 10.2-185　TH2H、TH3H、TB3H、TB4H 带平键连接的空心轴（规格 3~18）　　（mm）

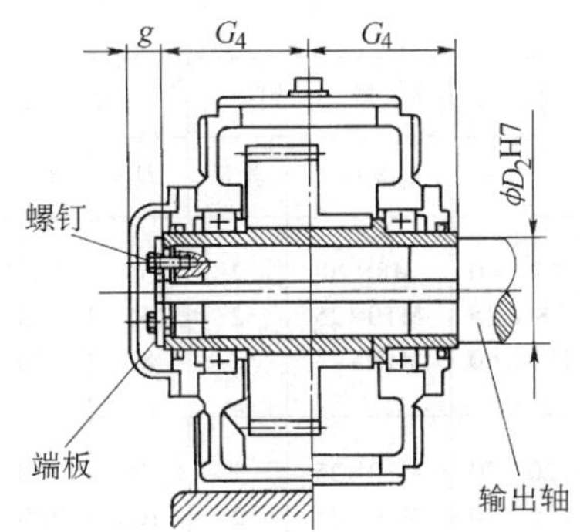

带平键连接的工作机驱动轴，键槽尺寸根据GB/T 1095确定

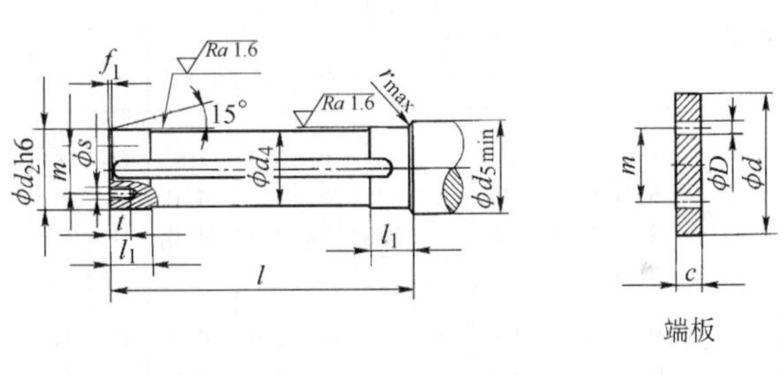

减速器规格	工作机驱动轴									端板				螺钉		空心轴		
	d_2	d_4	d_5	f_1	l	l_1	r	s	t	c	D	d	m	规格	数量	D_2	G_4	g
3	65	64.5	73	4	248	30	1.2	M10	18	8	11	78	45	M10×25	2	65	125	35
4	80	79.5	88	4	278	35	1.2	M10	18	10	11	100	60	M10×25	2	80	140	35
5	95	94.5	105	5	328	40	1.6	M10	18	10	11	120	70	M10×25	2	95	165	40
6	105	104.5	116	5	328	45	1.6	M10	18	10	11	120	70	M10×25	2	105	165	40
7	115	114.5	126	5	388	50	1.6	M12	20	12	13.5	140	80	M10×30	2	115	195	40
8	125	124.5	136	6	388	55	2.5	M12	20	12	13.5	150	85	M12×30	2	125	195	40
9	135	134.5	147	6	467	60	2.5	M12	20	12	13.5	150	90	M12×30	2	135	235	45
10	150	149.5	162	6	467	65	2.5	M12	20	12	13.5	180	110	M12×30	2	150	235	45
11	165	164.5	177	7	537	70	2.5	M16	28	15	17.5	195	120	M16×40	2	165	270	45
12	180	179.5	192	7	537	75	2.5	M16	28	15	17.5	220	130	M16×40	2	180	270	45

（续）

减速器规格	工作机驱动轴									端板				螺钉		空心轴		
	d_2	d_4	d_5	f_1	l	l_1	r	s	t	c	D	d	m	规格	数量	D_2	G_4	g
13	190	189.5	206	7	667	80	3	M16	28	18	17.5	230	140	M16×40	2	190	335	45
14	210	209.5	226	8	667	85	3	M16	28	18	17.5	250	160	M16×40	2	210	335	45
15	230	229.5	248	8	756	100	3	M20	38	25	22	270	180	M16×55	4	230	380	60
16	240	239.5	258	8	756	100	3	M20	38	25	22	280	180	M20×55	4	240	380	60
17	250	249.5	270	8	826	110	4	M20	38	25	22	300	190	M20×55	4	250	415	60
18	275	274.5	295	9	826	120	4	M20	38	25	22	330	210	M20×55	4	275	415	60

表 10.2-186　TB2H 带平键连接的空心轴（规格 2~18）　　（mm）

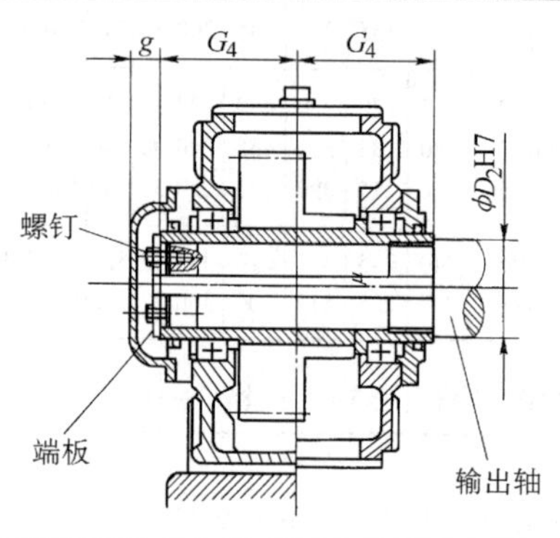

带平键连接的工作机驱动轴，键槽尺寸根据GB/T 1095确定

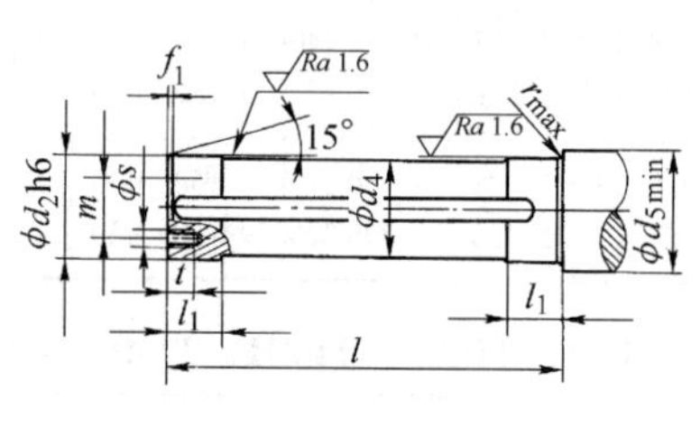

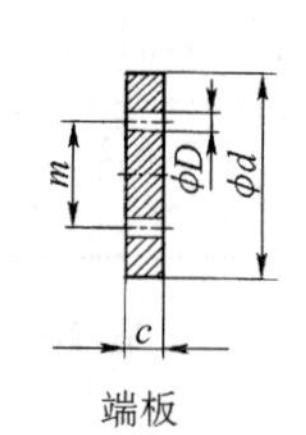

减速器规格	工作机驱动轴									端板				螺钉		空心轴		
	d_2	d_4	d_5	f_1	l	l_1	r	s	t	c	D	d	m	规格	数量	D_2	G_4	g
2	55	54.5	63	3	268	30	1.2	M8	15	8	9	70	40	M8×20	2	55	135	35
3	65	64.5	73	4	288	30	1.2	M10	18	8	11	78	45	M10×25	2	65	145	35
4	80	79.5	88	4	338	35	1.2	M10	18	10	11	100	60	M10×25	2	80	170	35
5	95	94.5	105	5	398	40	1.6	M10	18	10	11	120	70	M10×25	2	95	200	40
6	105	104.5	116	5	398	45	1.6	M10	18	10	11	120	70	M10×25	2	105	200	40
7	115	114.5	126	5	468	50	1.6	M12	20	12	13.5	140	80	M12×30	2	115	235	40
8	125	124.5	136	6	468	55	2.5	M12	20	12	13.5	150	85	M12×30	2	125	235	40
9	135	134.5	147	6	537	60	2.5	M12	20	12	13.5	150	90	M12×30	2	135	270	45
10	150	149.5	162	6	537	65	2.5	M12	20	12	13.5	185	110	M12×30	2	150	270	45
11	165	164.5	177	7	637	70	2.5	M16	28	15	17.5	195	120	M16×40	2	165	320	45
12	180	179.5	192	7	637	75	2.5	M16	28	15	17.5	220	130	M16×40	2	180	320	45
14	210	209.5	226	8	777	85	3	M16	28	18	17.5	250	160	M16×40	2	210	390	45
16	240	239.5	258	8	896	100	3	M20	38	25	22	280	180	M20×55	4	240	450	60
18	275	274.5	295	9	1016	120	4	M20	38	25	22	330	210	M20×55	4	275	510	60

16.3　承载能力

减速器额定功率见表 10.2-187~表 10.2-192，热功率见表 10.2-193~表 10.2-198。

表 10.2-187　TH1 型减速器的额定功率 P_N　　(kW)

i_N	n_1 /r·min^{-1}	n_2 /r·min^{-1}	规格									
			1	3	5	7	9	11	13	15	17	19
1.25	1500	1200	99	327	880	1671	2702	—	—	—	—	—
	1000	800	66	218	586	1114	1801	—	—	—	—	—
	750	600	50	163	440	836	1351	—	—	—	—	—
1.4	1500	1071	93	303	807	1559	2501	—	—	—	—	—
	1000	714	62	202	538	1039	1667	—	—	—	—	—
	750	536	47	152	404	780	1252	—	—	—	—	—
1.6	1500	938	85	285	737	1395	2318	3929	—	—	—	—
	1000	625	57	190	491	929	1545	2618	4123	—	—	—
	750	469	43	142	368	697	1159	1964	3094	—	—	—
1.8	1500	833	79	209	672	1326	2128	3611	—	—	—	—
	1000	556	53	140	448	885	1421	2410	3860	—	—	—
	750	417	40	105	336	664	1065	1808	2895	—	—	—
2	1500	750	73	196	644	1217	1963	3353	—	—	—	—
	1000	500	49	131	429	812	1309	2236	3571	—	—	—
	750	375	37	98	322	609	982	1677	2678	4751	—	—
2.24	1500	670	67	175	589	1087	1754	3087	—	—	—	—
	1000	446	45	117	392	724	1168	2055	3283	—	—	—
	750	335	34	88	295	544	877	1543	2466	4280	—	—
2.5	1500	600	63	163	528	974	1571	2764	—	—	—	—
	1000	400	42	109	352	649	1047	1843	3016	4607	—	—
	750	300	31	82	264	487	785	1382	2262	3455	—	—
2.8	1500	536	56	152	471	836	1330	2470	—	—	—	—
	1000	357	37	101	314	557	886	1645	2692	4224	—	—
	750	268	28	76	236	418	665	1235	2021	3171	4799	—
3.15	1500	476	50	135	419	758	1221	2088	3409	—	—	—
	1000	317	33	90	279	505	813	1391	2270	3850	—	—
	750	238	25	67	209	379	611	1044	1705	2891	4311	—
3.55	1500	423	44	124	368	687	1103	1936	3083	—	—	—
	1000	282	30	83	245	458	735	1290	2055	3484	—	—
	750	211	22	62	183	342	550	966	1538	2607	3822	—
4	1500	375	39	110	330	609	982	1728	2780	—	—	—
	1000	250	26	73	220	406	654	1152	1853	3194	4529	
	750	188	20	55	165	305	492	866	1394	2402	3406	4823
4.5	1500	333	29	77	234	481	746	1395	2008	3557	—	—
	1000	222	19	51	156	321	497	930	1339	2371	3394	—
	750	167	14	38	117	241	374	699	1007	1784	2553	3777
5	1500	300	25	66	198	377	644	1059	1712	2790	—	—
	1000	200	16	44	132	251	429	706	1141	1860	2597	3644
	750	150	12	33	99	188	322	529	856	1395	1948	2733
5.6	1500	268	17	56	168	320	491	892	1454	2371	—	—
	1000	179	12	37	112	214	328	596	971	1584	2212	2812
	750	134	9	28	84	160	246	446	727	1186	1656	2105

▒卧式安装减速器要求强制润滑。

表 10.2-188　TH2 型减速器的额定功率 P_N　　(kW)

i_N	n_1 /r·min^{-1}	n_2 /r·min^{-1}	规格																				
			1、2	3	4	5	6	7	8	9	10	11	12	13	14	15	16	17	18	19	20	21	22
6.3	1500	238	—	87	157	262	—	474	—	785	—	1383	—	2143	—	3564	—	4860	—	—	—	—	—
	1000	159	—	58	105	175	—	316	—	524	—	924	—	1432	—	2381	—	3247	—	4862	—	—	—
	750	119	—	44	79	131	—	237	—	393	—	692	—	1072	—	1782	—	2430	—	3639	—	—	—
7.1	1500	211	—	77	139	232	—	420	—	696	—	1226	—	1900	—	3159	3535	4308	5082	—	—	—	—
	1000	141	—	52	93	155	—	281	—	465	—	819	—	1270	—	2111	2362	2879	3396	4311	4946	—	—
	750	106	—	39	70	117	—	211	—	350	—	616	—	955	—	1587	1776	2164	2553	3241	3718	4551	—
8	1500	188	—	69	124	207	266	374	472	620	778	1093	1358	1693	2106	2815	3150	3839	4528	—	—	—	—
	1000	125	—	46	82	137	177	249	314	412	517	726	903	1126	1401	1872	2094	2552	3010	3822	4385	5366	—
	750	94	—	34	62	103	133	187	236	310	389	546	679	846	1053	1408	1575	1919	2264	2874	3297	4036	4508

（续）

i_N	n_1 /r·min^{-1}	n_2 /r·min^{-1}	规格																				
			1、2	3	4	5	6	7	8	9	10	11	12	13	14	15	16	17	18	19	20	21	22
9	1500	167	—	61	110	184	236	332	420	551	691	971	1207	1504	1871	2501	2798	3410	4022	—	—	—	—
	1000	111	—	41	73	122	157	221	279	366	459	645	802	1000	1244	1662	1860	2266	2673	3394	3894	4765	532
	750	83	—	30	55	91	117	165	209	274	343	482	600	747	930	1243	1391	1695	1999	2538	2912	3563	398
10	1500	150	—	55	99	165	212	298	377	495	620	872	1084	1351	1681	2246	2513	3063	3613	—	—	—	—
	1000	100	—	37	66	110	141	199	251	330	414	581	723	901	1120	1497	1675	2042	2408	3058	3508	4293	479
	750	75	—	27	49	82	106	149	188	247	310	436	542	675	840	1123	1257	1531	1806	2293	2631	3220	359
11.2	1500	134	—	49	88	147	189	267	337	442	554	779	968	1207	1501	2006	2245	2736	3227	—	—	—	—
	1000	89	—	33	59	98	126	177	224	294	368	517	643	801	997	1333	1491	1817	2143	2721	3122	3821	426
	750	67	—	25	44	74	95	133	168	221	277	389	484	603	751	1003	1123	1368	1614	2049	2350	2876	321
12.5	1500	120	—	44	79	132	170	239	302	396	496	697	867	1081	1345	1797	2010	2450	2890	3669	—	—	—
	1000	80	—	29	53	88	113	159	201	264	331	465	578	720	896	1198	1340	1634	1927	2446	2806	3435	383
	750	60	—	22	40	66	85	119	151	198	248	349	434	540	672	898	1005	1225	1445	1835	2105	2576	287
14	1500	107	—	39	71	118	151	213	269	353	443	622	773	964	1199	1602	1793	2185	2577	3272	3753	—	—
	1000	71	—	26	47	78	100	141	178	234	294	413	513	639	795	1063	1190	1450	1710	2171	2491	3048	340
	750	54	—	20	36	59	76	107	136	178	223	314	390	486	605	809	905	1103	1301	1651	1894	2318	259
16	1500	94	—	34	62	103	133	187	236	310	389	546	679	846	1053	1408	1575	1919	2264	2874	3297	—	—
	1000	63	—	23	42	69	89	125	158	208	261	366	455	567	706	943	1055	1286	1517	1926	2210	2705	302
	750	47	—	17	31	52	66	94	118	155	194	273	340	423	527	704	787	960	1132	1437	1649	2018	225
18	1500	83	—	30	55	91	117	165	209	274	343	482	600	747	930	1243	1391	1695	1999	2538	2912	—	—
	1000	56	—	21	37	62	79	111	141	185	232	325	405	504	627	839	938	1143	1349	1712	1964	2404	268
	750	42	—	15	28	46	59	84	106	139	174	244	303	378	471	629	704	858	1012	1284	1473	1803	201
20	1500	75	—	27	49	82	106	149	188	247	310	436	542	675	840	1123	1257	1531	1806	2293	2631	—	—
	1000	50	—	18	33	55	71	99	126	165	207	291	361	450	560	749	838	1021	1204	1529	1754	2147	239
	750	38	—	14	25	42	54	76	95	125	157	221	275	342	426	569	637	776	915	1162	1333	1631	182
22.4	1500	67	—	25	43	72	95	130	168	217	277	382	484	—	751	—	1123	—	1614	—	2350	—	—
	1000	45	—	16	29	48	64	88	113	146	186	257	325	—	504	—	754	—	1084	—	1579	—	215
	750	33	—	12	21	35	47	64	83	107	136	188	238	—	370	—	553	—	795	—	1158	—	158
25	1500	60	—	—	—	—	85	—	151	—	248	—	434	—	672	—	—	—	—	—	—	—	—
	1000	40	—	—	—	—	57	—	101	—	165	—	289	—	448	—	—	—	—	—	—	—	—
	750	30	—	—	—	—	42	—	75	—	124	—	217	—	336	—	—	—	—	—	—	—	—
28	1500	54	—	—	—	—	74	—	133	—	220	—	383	—	—	—	—	—	—	—	—	—	—
	1000	36	—	—	—	—	49	—	89	—	147	—	256	—	—	—	—	—	—	—	—	—	—
	750	27	—	—	—	—	37	—	66	—	110	—	192	—	—	—	—	—	—	—	—	—	—

卧式安装减速器要求强制润滑。

表 10.2-189　TH3 型减速器的额定功率 P_N　（kW）

i_N	n_1 /r·min^{-1}	n_2 /r·min^{-1}	规格																		
			1、2、3、4	5	6	7	8	9	10	11	12	13	14	15	16	17	18	19	20	21	22
22.4	1500	67	—	—	—	—	—	—	—	—	—	617	—	1073	—	1403	—	2105	—	2947	—
	1000	45	—	—	—	—	—	—	—	—	—	415	—	721	—	942	—	1414	—	1979	—
	750	33	—	—	—	—	—	—	—	—	—	304	—	529	—	691	—	1037	—	1451	—
25	1500	60	—	69	—	129	—	214	—	377	—	553	—	961	1087	1257	1508	1885	2168	2639	2953
	1000	40	—	46	—	86	—	142	—	251	—	369	—	641	725	838	1005	1257	1445	1759	1969
	750	30	—	35	—	64	—	107	—	188	—	276	—	481	543	628	754	942	1084	1319	1476
28	1500	54	—	62	—	116	—	192	—	339	—	498	616	865	978	1131	1357	1696	1951	2375	2658
	1000	36	—	41	—	77	—	128	—	226	—	332	411	577	652	754	905	1131	1301	1583	1772
	750	27	—	31	—	58	—	96	—	170	—	249	308	433	489	565	679	848	975	1187	1329
31.5	1500	48	—	55	73	103	128	171	216	302	377	442	548	769	870	1005	1206	1508	1734	2111	2362
	1000	32	—	37	49	69	85	114	144	201	251	295	365	513	580	670	804	1005	1156	1407	1575
	750	24	—	28	36	52	64	85	108	151	188	221	274	385	435	503	603	754	867	1055	1181
35.5	1500	42	—	48	64	90	112	150	189	264	330	387	479	673	761	880	1055	1319	1517	1847	2067
	1000	28	—	32	43	60	75	100	126	176	220	258	320	449	507	586	704	880	1012	1231	1378
	750	21	—	24	32	45	56	75	95	132	165	194	240	336	380	440	528	660	759	924	1034
40	1500	38	—	44	58	82	101	135	171	239	298	350	434	609	688	796	955	1194	1373	1671	1870
	1000	25	—	29	38	54	67	89	113	157	196	230	285	401	453	524	628	785	903	1099	1230
	750	18.8	—	22	29	40	50	67	85	118	148	173	215	301	341	394	472	591	679	827	925

（续）

i_N	n_1 /r · min^{-1}	n_2 /r · min^{-1}	规格																		
			1、2、3、4	5	6	7	8	9	10	11	12	13	14	15	16	17	18	19	20	21	22
45	1500	33	—	38	50	71	88	117	149	207	259	304	377	529	598	691	829	1037	1192	1451	1624
	1000	22	—	25	33	47	59	78	99	138	173	203	251	352	399	461	553	691	795	968	1083
	750	16.7	—	19	25	36	45	59	75	105	131	154	191	268	303	350	420	525	603	734	822
50	1500	30	—	35	46	64	80	107	135	188	236	276	342	481	543	628	754	942	1084	1319	1476
	1000	20	—	23	30	43	53	71	90	126	157	184	228	320	362	419	503	628	723	880	984
	750	15	—	17	23	32	40	53	68	94	118	138	171	240	272	314	377	471	542	660	738
56	1500	27	—	31	41	58	72	96	122	170	212	249	308	433	489	565	679	848	975	1187	1329
	1000	17.9	—	21	27	38	48	64	81	112	141	165	204	287	324	375	450	562	647	787	881
	750	13.4	—	15	20	29	36	48	60	84	105	123	153	215	243	281	337	421	484	589	659
63	1500	24	—	28	36	52	64	85	108	151	188	221	274	385	435	503	603	754	867	1055	1181
	1000	15.9	—	18	24	34	42	57	72	100	125	147	181	255	288	333	400	499	574	699	783
	750	11.9	—	14	18	26	32	42	54	75	93	110	136	191	216	249	299	374	430	523	586
71	1500	21	—	24	32	45	56	75	95	132	165	194	240	336	380	440	528	660	759	924	1034
	1000	14.1	—	16	21	30	38	50	63	89	111	130	161	226	255	295	354	443	509	620	694
	750	10.6	—	12	16	23	28	38	48	67	83	98	121	170	192	222	266	333	383	466	522
80	1500	18.8	—	22	29	40	50	67	85	118	148	173	215	301	341	394	472	591	679	827	925
	1000	12.5	—	14	19	27	33	45	56	79	98	115	143	200	226	262	314	393	452	550	615
	750	9.4	—	11	14	20	25	33	42	59	74	87	107	151	170	197	236	295	340	413	463
90	1500	16.7	—	19	25	35	45	59	75	105	131	154	191	268	303	350	420	507	603	717	822
	1000	11.1	—	13	17	23	30	39	50	70	87	102	127	178	201	232	279	337	401	477	546
	750	8.3	—	10	13	17	22	29	37	52	65	76	95	133	150	174	209	252	300	356	408
100	1500	15	—	—	23	—	40	—	68	—	118	—	171	—	272	—	355	—	526	—	730
	1000	10	—	—	15	—	27	—	45	—	79	—	114	—	181	—	237	—	351	—	487
	750	7.5	—	—	11	—	20	—	34	—	59	—	86	—	136	—	177	—	263	—	365
112	1500	13.4	—	—	20	—	35	—	59	—	105	—	153	—	—	—	—	—	—	—	—
	1000	8.9	—	—	13	—	23	—	39	—	70	—	102	—	—	—	—	—	—	—	—
	750	6.7	—	—	10	—	18	—	29	—	53	—	76	—	—	—	—	—	—	—	—

表 10.2-190　TB2 型减速器的额定功率 P_N　　（kW）

i_N	n_1/r · min^{-1}	n_2/r · min^{-1}	规格																	
			1	2	3	4	5	6	7	8	9	10	11	12	13	14	15	16	17	18
5	1500	300	36	63	97	182	295	—	559	—	880	—	1351	—	2073	—	—	—	—	—
	1000	200	24	42	65	121	197	—	373	—	586	—	901	—	1382	—	2555	—	—	—
	750	150	18	31	49	91	148	—	280	—	440	—	675	—	1037	—	1916	—	—	—
5.6	1500	268	32	56	87	163	264	—	500	—	786	—	1263	—	1880	—	—	—	—	—
	1000	179	22	37	58	109	176	—	334	—	525	—	843	—	1256	—	2287	—	—	—
	750	134	16	28	43	81	132	—	250	—	393	—	631	—	940	—	1712	1894	2736	—
6.3	1500	238	29	50	77	145	234	299	444	556	698	887	1171	1371	1769	2044	—	—	—	—
	1000	159	19	33	52	97	157	200	296	371	466	593	783	916	1182	1365	2164	2348	—	—
	750	119	14	25	39	72	117	150	222	278	349	444	586	685	885	1022	1620	1757	2430	—
7.1	1500	211	25	44	68	128	208	265	393	493	619	787	1083	1259	1613	1856	—	—	—	—
	1000	141	17	30	46	86	139	177	263	329	413	526	723	842	1078	1240	1949	2141	2879	—
	750	106	13	22	34	64	104	133	198	248	311	395	544	633	810	932	1465	1609	2164	2553
8	1500	188	23	39	61	114	185	236	350	439	551	701	994	1161	1516	1732	2598	—	—	—
	1000	125	15	26	41	76	123	157	233	292	366	466	661	772	1008	1152	1728	1937	2552	—
	750	94	11	20	31	57	93	118	175	219	276	350	497	581	758	866	1299	1457	1919	2264
9	1500	167	20	35	54	101	164	210	311	390	490	623	883	1067	1364	1591	2309	2588	—	—
	1000	111	13	23	36	67	109	139	207	259	325	414	587	709	907	1058	1534	1720	2266	2673
	750	83	10	17	27	50	82	104	155	194	243	309	439	530	678	791	1147	1286	1695	1999
10	1500	150	18	31	49	91	148	188	280	350	440	559	793	974	1225	1492	2073	2325	—	—
	1000	100	12	21	32	61	98	126	186	234	293	373	529	649	817	995	1382	1550	2042	2408
	750	75	9	16	24	46	74	94	140	175	220	280	397	487	613	746	1037	1162	1531	1806
11.2	1500	134	16	28	43	81	132	168	250	313	393	500	709	870	1094	1368	1852	2077	—	—
	1000	89	11	19	29	54	88	112	166	208	261	332	471	578	727	909	1230	1379	1817	2143
	750	67	8.1	14	22	41	66	84	125	156	196	250	354	435	547	684	926	1038	1368	1614
12.5	1500	120	14	25	39	—		151	—	280	—	447	—	779	—	1225	—	1860	—	—
	1000	80	10	17	26	—		101	—	187	—	298	—	519	—	817	—	1240	—	1927
	750	60	7.2	13	19	—		75	—	140	—	224	—	390	—	613	—	930	—	1445

（续）

i_N	n_1 /r·min^{-1}	n_2 /r·min^{-1}	规格																	
			1	2	3	4	5	6	7	8	9	10	11	12	13	14	15	16	17	18
14	1500	107	13	22	35	—	—	134	—	250	—	399	—	695	—	1092	—	—	—	—
	1000	71	8.5	15	23	—	—	89	—	166	—	265	—	461	—	725	—	—	—	—
	750	54	6.5	11	18	—	—	68	—	126	—	201	—	351	—	551	—	—	—	—
16	1500	94	11	19	31	—	—	—	—	—	—	—	—	—	—	—	—	—	—	—
	1000	63	7.3	13	20	—	—	—	—	—	—	—	—	—	—	—	—	—	—	—
	750	47	5.4	9.6	15	—	—	—	—	—	—	—	—	—	—	—	—	—	—	—
18	1500	83	9	16	26	—	—	—	—	—	—	—	—	—	—	—	—	—	—	—
	1000	56	6	11	18	—	—	—	—	—	—	—	—	—	—	—	—	—	—	—
	750	42	4.5	7.9	13	—	—	—	—	—	—	—	—	—	—	—	—	—	—	—

▒卧式安装减速器要求强制润滑。

表 10.2-191　TB3 型减速器的额定功率 P_N　（kW）

i_N	n_1 /r·min^{-1}	n_2 /r·min^{-1}	规格																			
			1、2	3	4	5	6	7	8	9	10	11	12	13	14	15	16	17	18	19	20	21	22
12.5	1500	200	—	—	69	118	—	214	—	352	—	635	—	980	—	1659	—	2450	—	—	—	—	—
	1000	80	—	—	46	79	—	142	—	235	—	423	—	653	—	1106	—	1634	—	2094	—	2848	—
	750	60	—	—	35	59	—	107	—	176	—	317	—	490	—	829	—	1225	—	1571	—	2136	—
14	1500	107	—	—	67	110	—	204	—	331	—	594	—	896	—	1535	1658	2185	2577	—	—	—	—
	1000	71	—	—	45	73	—	135	—	219	—	394	—	595	—	1019	1100	1450	1710	1948	2193	2676	—
	750	54	—	—	34	55	—	103	—	167	—	300	—	452	—	775	837	1103	1301	1481	1668	2036	229
16	1500	94	—	—	61	100	118	188	212	305	350	551	610	817	960	1398	1516	1969	2264	—	—	—	—
	1000	63	—	—	41	67	79	126	142	205	235	369	409	548	643	937	1016	1319	1517	1814	2032	2507	278
	750	47	—	—	31	50	59	94	106	153	175	276	305	408	480	699	758	984	1132	1353	1516	1870	207
18	1500	83	—	—	56	92	110	172	201	282	326	504	565	739	869	1286	1391	1738	2086	—	—	—	—
	1000	56	—	—	38	62	74	116	135	191	220	340	381	498	586	868	938	1173	1407	1689	1876	2346	256
	750	42	—	—	28	47	55	87	102	143	165	255	286	374	440	651	704	880	1055	1267	1407	1759	192
20	1500	75	—	28	52	86	104	161	188	267	309	471	534	691	809	1202	1312	1571	1885	—	—	—	—
	1000	50	—	19	35	58	69	107	125	178	206	314	356	461	539	801	874	1047	1257	1571	1738	2199	238
	750	38	—	14	26	44	53	82	95	135	156	239	271	350	410	609	665	796	955	1194	1321	1671	181
22.4	1500	67	—	25	46	77	97	144	174	239	288	421	505	617	744	1073	1214	1403	1684	2105	2420	—	
	1000	45	—	17	31	52	65	97	117	160	193	283	339	415	499	721	815	942	1131	1414	1626	1979	221
	750	33	—	12	23	38	48	71	86	117	142	207	249	304	366	529	598	691	829	1037	1192	1451	162
25	1500	60	—	23	41	69	91	129	160	214	270	377	471	553	685	961	1087	1257	1508	1885	2168	—	
	1000	40	—	15	28	46	61	86	107	142	180	251	314	369	457	641	725	838	1005	1257	1445	1759	196
	750	30	—	11	21	35	46	64	80	107	135	188	236	276	342	481	543	628	754	942	1084	1319	147
28	1500	54	—	20	37	62	82	116	144	192	243	339	424	498	616	865	978	1131	1357	1696	1950	2375	—
	1000	36	—	14	25	41	55	77	96	128	162	226	283	332	411	577	652	754	905	1131	1301	1583	177
	750	27	—	10.2	19	31	41	58	72	96	122	170	212	249	308	433	489	565	679	848	975	1187	132
31.5	1500	48	—	18	33	55	73	103	128	171	216	302	377	442	548	769	870	1005	1206	1508	1734	2111	—
	1000	32	—	12.1	22	37	49	69	85	114	144	201	251	295	365	513	580	670	804	1005	1156	1407	157
	750	24	—	9	17	28	36	52	64	85	108	151	188	221	274	385	435	503	603	754	867	1055	118
35.5	1500	42	—	15.8	29	48	64	90	112	150	189	264	330	387	479	673	761	880	1055	1319	1517	1847	206
	1000	28	—	11	19	32	43	60	75	100	126	176	220	258	320	449	507	586	704	880	1012	1231	137
	750	21	—	7.9	15	24	32	45	56	75	95	132	165	194	240	336	380	440	528	660	759	924	103
40	1500	38	—	14	26	44	58	82	101	135	171	239	298	350	434	609	688	796	955	1194	1373	1671	187
	1000	25	—	9	17	29	38	54	67	89	113	157	196	230	285	401	453	524	628	785	903	1099	123
	750	18.8	—	7.1	13	22	29	40	50	67	85	118	148	173	215	301	341	394	472	591	679	827	925
45	1500	33	—	12	23	38	50	71	88	117	149	207	259	304	377	529	598	691	829	1037	1192	1451	162
	1000	22	—	8.3	15	25	33	47	59	78	99	138	173	203	251	352	399	461	553	691	795	968	108
	750	16.7	—	6.3	12	19	25	36	45	59	75	105	131	154	191	268	303	350	420	525	603	734	822
50	1500	30	—	11	21	35	46	64	80	107	135	188	236	276	342	481	543	628	754	942	1083	1319	147
	1000	20	—	8	14	23	30	43	53	71	90	126	157	184	228	320	362	419	503	628	723	880	984
	750	15	—	6	10.4	17	23	32	40	53	68	94	118	138	171	240	272	314	377	471	542	660	738
56	1500	27	—	10.2	19	31	41	58	72	96	122	170	212	249	308	433	489	565	679	848	975	1187	132
	1000	17.9	—	6.7	12	21	27	38	48	64	81	112	141	165	204	287	324	375	450	562	647	787	881
	750	13.4	—	5.1	9.3	15	20	29	36	48	60	84	105	123	153	215	243	281	337	421	484	589	659
63	1500	24	—	9	17	28	36	50	64	85	108	151	188	221	274	385	435	503	603	754	867	1055	118
	1000	15.9	—	6	11	18	24	33	42	57	72	100	125	147	181	255	288	333	400	499	574	699	783

（续）

i_N	n_1 /r·min^{-1}	n_2 /r·min^{-1}	规格																				
			1、2	3	4	5	6	7	8	9	10	11	12	13	14	15	16	17	18	19	20	21	22
63	750	11.9	—	4.5	8.2	14	18	25	32	42	54	75	93	110	136	191	216	249	299	374	430	523	586
71	1500	21	—	7.9	14.5	24	32	44	56	75	95	132	165	194	240	336	380	440	528	660	759	924	1034
	1000	14.1	—	5.3	9.7	16	21	30	38	50	63	89	111	130	161	226	255	295	354	443	509	620	694
	750	10.6	—	4	7.3	12	16	22	28	38	48	67	83	98	121	170	192	222	266	333	383	466	522
80	1500	18.8	—	—	—	—	28	—	50	—	85	—	148	—	215	—	341	—	472	—	679	—	925
	1000	12.5	—	—	—	—	18	—	33	—	56	—	98	—	143	—	226	—	314	—	452	—	615
	750	9.4	—	—	—	—	14	—	25	—	42	—	74	—	107	—	170	—	236	—	340	—	463
90	1500	16.7	—	—	—	—	24	—	44	—	75	—	131	—	191	—	—	—	—	—	—	—	—
	1000	11.1	—	—	—	—	16	—	29	—	50	—	87	—	127	—	—	—	—	—	—	—	—
	750	8.3	—	—	—	—	12	—	22	—	37	—	65	—	95	—	—	—	—	—	—	—	—

卧式安装减速器要求强制润滑。

表 10.2-192　TB4 型减速器的额定功率 P_N　（kW）

i_N	n_1 /r·min^{-1}	n_2 /r·min^{-1}	规格																		
			1、2、3、4	5	6	7	8	9	10	11	12	13	14	15	16	17	18	19	20	21	22
80	1500	18.8	—	22	—	40	—	67	—	118	—	173	—	301	—	394	—	591	—	827	—
	1000	12.5	—	14	—	27	—	45	—	79	—	115	—	200	—	262	—	393	—	550	—
	750	9.4	—	11	—	20	—	33	—	59	—	87	—	151	—	197	—	295	—	413	—
90	1500	16.7	—	19	—	36	—	59	—	105	—	154	—	268	303	350	420	525	603	734	822
	1000	11.1	—	13	—	24	—	40	—	70	—	102	—	178	201	232	279	349	401	488	546
	750	8.3	—	9.6	—	18	—	30	—	52	—	76	—	133	150	174	209	261	300	365	408
100	1500	15	—	17.3	23	32	40	53	68	94	118	138	171	240	272	314	377	471	542	660	738
	1000	10	—	12	15	21	27	36	45	63	79	92	114	160	181	209	251	314	361	440	492
	750	7.5	—	8.6	11.4	16	20	27	34	47	59	69	86	120	136	157	188	236	271	330	369
112	1500	13.4	—	15	20	29	36	48	60	84	105	123	153	215	243	281	337	421	484	589	659
	1000	8.9	—	10.3	13.5	19	24	32	40	56	70	82	102	143	161	186	224	280	322	391	438
	750	6.7	—	7.7	10	14	18	24	30	42	53	62	76	107	121	140	168	210	242	295	330
125	1500	12	—	14	18	26	32	43	54	75	94	111	137	192	217	251	302	377	434	528	591
	1000	8	—	9.2	12	17	21	28	36	50	63	74	91	128	145	168	201	251	289	352	394
	750	6	—	6.9	9.1	13	16	21	27	38	47	55	68	96	109	126	151	188	217	264	295
140	1500	10.7	—	12	16.2	23	29	38	48	67	84	99	122	171	194	224	269	336	387	471	527
	1000	7.1	—	8.2	11	15	19	25	32	45	56	65	81	114	129	149	178	223	256	312	349
	750	5.4	—	6.2	8.2	12	14.4	19	24	34	42	50	62	87	98	113	136	170	195	237	266
160	1500	9.4	—	11	14.3	20	25	33	42	59	74	87	107	151	170	197	236	295	340	413	463
	1000	6.3	—	7.3	9.6	14	17	22	28	40	49	58	72	101	114	132	158	198	228	277	310
	750	4.7	—	5.4	7.1	10	13	17	21	30	37	43	54	75	85	98	118	148	170	207	231
180	1500	8.3	—	9.6	13	18	22	30	37	52	65	76	95	133	150	174	209	261	300	365	408
	1000	5.6	—	6.5	8.5	12	15	20	25	35	44	52	64	90	101	117	141	176	202	246	276
	750	4.2	—	4.8	6.4	9	11.2	15	19	26	33	39	48	67	76	88	106	132	152	185	207
200	1500	7.5	—	8.6	11.4	16	20	27	34	47	59	69	86	120	136	157	188	236	271	330	369
	1000	5	—	5.8	7.6	11	13.4	18	23	31	39	46	57	80	91	105	126	157	181	220	246
	750	3.8	—	4.4	5.8	8.2	10	14	17	24	30	35	43	61	69	80	95	119	137	167	187
224	1500	6.7	—	7.7	10	14.4	18	24	30	42	53	62	76	107	121	140	168	210	242	295	330
	1000	4.5	—	5.2	6.8	9.7	12	16	20	28	35	41	51	72	82	94	113	141	163	198	221
	750	3.3	—	3.8	5	7.1	9	12	15	21	26	30	38	53	60	69	83	104	119	145	162
250	1500	6	—	6.9	9.1	13	16	21	27	38	47	55	68	96	109	126	151	188	217	264	295
	1000	4	—	4.6	6.1	8.6	11	14	18	25	31	37	46	64	72	84	101	126	145	176	197
	750	3	—	3.5	4.6	6.4	8	11	14	19	24	28	34	48	54	63	75	94	108	132	148
280	1500	5.4	—	6.2	8.2	12	14.4	19	24	34	42	50	62	87	98	113	136	170	195	237	266
	1000	3.6	—	4.1	5.5	7.7	9.6	13	16	23	28	33	41	58	65	75	90	113	130	158	177
	750	2.7	—	3.1	4.1	5.8	7.2	10	12	17	21	25	31	43	49	57	68	85	98	119	133
315	1500	4.8	—	5.5	7.3	10.3	13	17	22	30	38	44	55	77	87	101	121	151	173	211	236
	1000	3.2	—	3.7	4.9	6.9	8.5	11	14	20	25	29	37	51	58	67	80	101	116	141	157
	750	2.4	—	2.8	3.6	5.2	6.4	8.5	11	15.1	19	22	27	38	43	50	60	75	87	106	118
355	1500	4.2	—	—	6.4	—	11.2	—	19	—	33	—	48	—	76	—	106	—	152	—	207
	1000	2.8	—	—	4.3	—	7.5	—	13	—	22	—	32	—	51	—	70	—	101	—	138
	750	2.1	—	—	3.2	—	5.6	—	9.5	—	16	—	24	—	38	—	53	—	76	—	103
400	1500	3.8	—	—	5.8	—	10	—	17	—	30	—	43	—	—	—	—	—	—	—	—
	1000	2.5	—	—	3.8	—	6.7	—	11.3	—	20	—	29	—	—	—	—	—	—	—	—
	750	1.5	—	—	2.9	—	5.1	—	8.6	—	15	—	22	—	—	—	—	—	—	—	—

表 10.2-193　TH1 型减速器的热功率 P_G　（kW）

i_N	—	热功率取决于冷却方式：P_{G1} 表示无辅助冷却装置；P_{G2} 表示带冷却风扇																		
		规格																		
		1		3		5		7		9		11		13		15		17		19
1.25	P_{G1} P_{G2}	70.4		105 146		188 360		322 580		497 875										
1.4	P_{G1} P_{G2}	68		105 144		192 358		319 579		504 870										
1.6	P_{G1} P_{G2}	66.2		104 140		186 347		316 555		507 853		516 1134		747 1394						
1.8	P_{G1} P_{G2}	66		107 151		185 335		313 561		502 834		511 1119		740 1441						
2	P_{G1} P_{G2}	65		104 146		178 321		310 544		492 806		507 1204		733 1413		991 1766				
2.24	P_{G1} P_{G2}	57		95.5 139		172 304		307 506		473 767		502 1154		725 1385		950 1752				
2.5	P_{G1} P_{G2}	54.1		88.8 127		164 285		303 474		449 720		498 1088		719 1357		923 1788				
2.8	P_{G1} P_{G2}	52.3		86.7 119		155 264		295 494		473 750		493 1015		713 1329		925 1699		955 1846		
3.15	P_{G1} P_{G2}	49.7		84.6 111		150 253		269 432		379 606		495 1067		707 1301		888 1609		919 1718		
3.55	P_{G1} P_{G2}	45		78.4 101		145 245		248 395		351 554		479 955		699 1273		849 1565		902 1649		
4	P_{G1} P_{G2}	41		73.1 91.2		132 220		233 353		300 467		452 866		665 1227		797 1520		866 1639		1051 1647
4.5	P_{G1} P_{G2}	41		77 99.7		139 221		225 331		321 492		388 728		630 1115		816 1475		916 1675		1020 1771
5	P_{G1} P_{G2}	37		69 89.7		134 209		218 314		290 439		377 697		604 1022		812 1431		980 1734		1146 1894
5.6	P_{G1} P_{G2}	36.5		66.4 79.5		122 184		212 280		274 411		364 656		571 929		736 1386		899 1541		1149 1878

表 10.2-194　TH2 型减速器的热功率 P_G　（kW）

i_N		热功率取决于冷却方式：P_{G1} 表示无辅助冷却装置；P_{G2} 表示带冷却风扇																					
		规格																					
		1	2	3	4	5	6	7	8	9	10	11	12	13	14	15	16	17	18	19	20	21	22
6.3	P_{G1} P_{G2}	—	—	53.2	75 93.9	88.1 131	—	143 214	—	182 295	—	244 417	—	406 734	—	532 993	—	572 1031	—	650 1071	—	—	—
7.1	P_{G1} P_{G2}	—	—	50.9	76.8 95.7	86.8 132	—	138 204	—	179 285	—	240 416	—	404 717	—	542 980	570 1023	575 1179	581 1026	699 1071	720 1209	770 1143	—
8	P_{G1} P_{G2}	—	—	49.2	73.4 91.2	85.1 128	93 139	135 196	155 229	174 275	180 300	235 403	281 482	398 689	437 757	548 956	579 1007	575 1125	639 1127	738 1171	745 1233	844 1332	862 131
9	P_{G1} P_{G2}	—	—	46.5	70.6 87.6	82.7 121	92.3 137	129 188	148 220	169 263	174 290	231 382	273 471	388 658	431 733	542 923	576 978	589 1110	653 1175	763 1218	778 1328	892 1435	902 147
10	P_{G1} P_{G2}	—	—	44.1	66.7 82.3	80.6 114	90.1 134	125 179	143 210	165 251	168 277	229 361	264 459	376 627	425 708	537 891	574 949	600 1094	672 1223	785 1398	801 1424	917 1537	936 163
11.2	P_{G1} P_{G2}	—	—	41.7	63.5 78.4	76.7 109	88.6 130	123 179	139 200	162 236	166 266	220 360	259 431	380 615	414 678	515 849	561 912	595 1048	673 1179	783 1301	822 1408	921 1435	972 161
12.5	P_{G1} P_{G2}	—	—	40.8	60.7 74.1	75.3 106	84.9 121	120 170	134 190	155 222	164 253	224 346	249 409	349 563	398 644	529 842	549 867	593 1016	649 1128	783 1307	815 1355	919 1457	972 157
14	P_{G1} P_{G2}	—	—	38.2	57.3 69.6	70.6 98.7	80.8 114	110 153	131 190	149 212	162 238	222 323	248 408	330 527	400 640	501 782	556 860	589 961	633 1093	765 1238	814 1312	898 1419	966 152
16	P_{G1} P_{G2}	—	—	35.3	52 63	65.8 91.5	79.2 111	108 142	127 180	143 196	160 224	218 299	242 390	300 471	367 576	476 733	525 798	552 900	594 1030	735 1161	792 1244	865 1327	943 144
18	P_{G1} P_{G2}	—	—	34.4	49.3 58.3	64.7 87	74.3 101	110 138	122 158	143 188	155 207	213 288	237 348	292 451	350 515	450 650	477 710	535 838	612 918	677 1036	767 1108	844 1200	913 128
20	P_{G1} P_{G2}	—	—	32.1	47.9 57.9	60.2 82.8	69.1 95.8	95.7 131	109 151	134 186	144 198	206 259	228 305	283 395	317 438	436 590	469 629	545 772	617 860	686 946	732 996	815 1088	883 116
22.4	P_{G1} P_{G2}	—	—	31.9	44 53.5	55.3 75.9	67.8 93.6	92 125	105 150	124 171	142 195	202 238	224 305	—	320 440	—	455 602	—	594 827	—	696 947	—	817 110
25	P_{G1} P_{G2}	—	—	—	—	—	63.1 86.7	—	102 139	—	138 188	—	219 290	—	298 404	—	—	—	—	—	—	—	—
28	P_{G1} P_{G2}	—	—	—	—	—	58.1 79.6	—	97.8 132	—	127 172	—	209 267	—	—	—	—	—	—	—	—	—	—

表 10.2-195　TH3 型减速器的热功率 P_G　　(kW)

i_N		热功率取决于冷却方式：P_{G1}表示无辅助冷却装置；P_{G2}表示带冷却风扇																					
		规　格																					
		1	2	3	4	5	6	7	8	9	10	11	12	13	14	15	16	17	18	19	20	21	22
2.4	P_{G1}													252		367		504		661		769	
	P_{G2}													376		540		712					
25	P_{G1}					61.4		94.3		127		185		262		361	397	440	491	581	610	644	679
	P_{G2}					75.6		131		176		256		378		535	587	651	712				
28	P_{G1}					59.6		95.5		127		181		258	282	355	394	434	476	577	608	642	695
	P_{G2}					73.8		134		173		247		369	414	523	582	636	694				
1.5	P_{G1}					58.4	64.5	89.7	100	123	124	176	214	251	275	347	390	422	469	564	596	638	690
	P_{G2}					71.8	8035	126	139	166	175	237	288	354	403	498	575	603	683				
5.5	P_{G1}					57	63	89.7	100	120	123	169	208	253	274	347	380	415	454	564	588	635	684
	P_{G2}					69.7	79	122	139	162	170	228	280	347	394	479	543	573	643				
40	P_{G1}					54.3	61.8	86.3	96.6	111	121	162	204	228	258	330	360	382	430	527	562	631	673
	P_{G2}					66	76.9	115	134	150	165	216	271	309	368	470	512	550	606				
45	P_{G1}					52.3	60.1	79.9	86.7	106	116	161	194	217	247	321	344	378	412	521	542	623	666
	P_{G2}					63.5	74.5	107	122	142	157	215	255	291	345	443	496	542	585				
50	P_{G1}					50.8	57.4	73.9	84.8	102	110	156	189	212	238	312	340	369	407	493	536	611	657
	P_{G2}					60.8	70.7	100	115	135	147	206	245	281	322	413	480	490	570				
56	P_{G1}					48.4	55.3	71	82.1	97.4	106	146	182	204	227	305	339	350	398	470	507	600	643
	P_{G2}					57.6	67.9	94.9	110	127	143	189	240	262	297	386	454	460	520				
63	P_{G1}					45.8	53.6	66.4	78.4	92.8	105	139	177	194	221	290	321	327	375	454	500	588	622
	P_{G2}					54	65	88.2	105	120	139	173	230	249	278	365	394	417	460				
71	P_{G1}					46.1	51.1	64.9	75	91.1	101	138	168	190	212	282	301	321	352	436	469	566	598
	P_{G2}					52.8	61.5	83.8	97.7	118	133	166	228	245	271	335	378	384	440				
80	P_{G1}					43.6	48.3	63.4	70.3	86.5	95.9	130	159	185	202	269	291	306	345	411	449	542	585
	P_{G2}					51.1	57.6	82.6	93	112	121	165	201	237	260	325	358	365	423				
90	P_{G1}					43.2	48.8	60.1	66.7	81.4	94.2	127	154	175	199	255	279	286	329	389	422	524	560
	P_{G2}					50.3	56.4	77.6	88.6	108	119	160	198	230	254	310	334	340	395				
00	P_{G1}						46.1		67.4		89.5		145		194		263		307		400		543
	P_{G2}						54.6		87.5		112		182		243		315		369				
12	P_{G1}						45.9		63.7		84.4		140		183								
	P_{G2}						54		82		105		174		235								

表 10.2-196　TB2 型减速器的热功率 P_G　　(kW)

i_N		热功率取决于冷却方式：P_{G1}表示无辅助冷却装置；P_{G2}表示带冷却风扇																	
		规　格																	
		1	2	3	4	5	6	7	8	9	10	11	12	13	14	15	16	17	18
5	P_{G1}	34.9	45.6	59.7	83.4	106		152		186		280		360		517			
	P_{G2}	38.1	50.6	73.1	115	160		218		236		478		659		828			
5.6	P_{G1}	33.4	44	57.6	77.1	107		145		180		276		376		531	558	570	
	P_{G2}	36	48.5	70.4	106	150		210		225		488		658		818	858	869	
6.3	P_{G1}	32	39.7	52.2	73.3	99.8	112	139	160	176	194	273	339	355	412	523	571	591	
	P_{G2}	34.7	43.7	63.5	100	140	173	197	210	233	252	443	540	597	673	820	848	871	
7.1	P_{G1}	30.7	39.4	51.5	68.8	91.2	106	132	155	168	188	284	350	381	429	534	586	603	627
	P_{G2}	35.4	43.5	62.7	93.6	131	162	186	201	225	237	440	527	601	667	787	838	861	880
8	P_{G1}	28.5	36.6	48	62.6	90.1	99.8	126	150	164	180	276	332	356	423	499	567	580	618
	P_{G2}	31.2	40.2	58.2	86.9	121	150	176	198	219	246	402	515	564	626	746	828	840	862
9	P_{G1}	25	34.2	45.8	58.9	83.2	93.6	121	144	150	168	283	359	374	425	529	560	591	639
	P_{G2}	26.6	37.6	55.2	82.7	117	140	167	195	211	222	387	506	520	626	678	735	773	819
10	P_{G1}	22.2	28.6	38.4	52	84.8	86.4	113	133	140	159	258	327	366	422	500	559	593	620
	P_{G2}	23	31.2	46.4	69.9	99.5	130	155	189	203	218	362	459	492	573	630	702	720	783
11.2	P_{G1}	21.3	27.8	37.6	50.9	65.6	83.2	110	125	132	152	255	336	346	440	467	550	572	619
	P_{G2}	22.1	30.4	44.8	67.2	95.5	125	138	180	195	215	308	401	420	525	536	625	655	708
12.5	P_{G1}	20.5	29.4	37.3			80.6		126		150		321		423		521		580
	P_{G2}	21.4	32	45.1			115		167		205		395		495		567		622
14	P_{G1}	19.4	25.6	33.3			76.5		117		138		302		378				
	P_{G2}	21	27.8	39.7			102		148		181		347		439				
16	P_{G1}	18.6	24	31.2															
	P_{G2}	19.8	25.9	37.1															
18	P_{G1}	17.1	21.8	28.3															
	P_{G2}	18.2	23.7	33.6															

表 10.2-197 TB3 型减速器的热功率 P_G (kW)

i_N		热功率取决于冷却方式：P_{G1}表示无辅助冷却装置；P_{G2}表示带冷却风扇																					
		规格																					
		1	2	3	4	5	6	7	8	9	10	11	12	13	14	15	16	17	18	19	20	21	22
12.5	P_{G1}				57.6	81		104		157		218		335		413		458		552		623	
	P_{G2}				66.5	97		141		205		277		434		535		625		664		761	
14	P_{G1}				55.7	78		109		152		211		322		401	429	445	460	556	605	635	654
	P_{G2}				64.9	93.2		135		197		267		417		520	565	625	648	673	737	780	854
16	P_{G1}				53.7	75.2	86.8	105	122	146	158	204	239	310	365	389	417	433	447	560	611	641	665
	P_{G2}				62.2	89.7	102	130	149	189	212	256	313	400	468	502	543	600	630	687	745	793	862
18	P_{G1}				51.4	72.2	83.7	101	118	139	152	197	232	299	353	377	404	419	436	564	621	657	677
	P_{G2}				59.8	86	98.2	125	143	181	204	246	301	383	449	482	523	581	605	701	754	802	870
20	P_{G1}			33	49.6	69.9	80.7	98.9	113	133	146	194	225	289	340	363	392	400	423	570	629	669	691
	P_{G2}			37.1	57	82.9	94.4	120	138	174	195	241	288	372	429	475	502	548	585	715	761	815	875
22.4	P_{G1}			32.8	47.8	67.5	77.4	92.1	109	130	140	184	218	275	327	344	381	394	425	575	635	681	708
	P_{G2}			37.1	54.7	79.5	90.8	112	132	165	187	227	276	353	409	460	490	537	585	730	781	837	888
25	P_{G1}			30.7	43.8	61.9	74.2	87.5	106	122	135	187	219	260	315	347	378	392	413	562	604	670	681
	P_{G2}			34.7	49.9	72.6	87.4	106	129	155	178	213	269	328	389	430	474	520	571	715	763	822	861
28	P_{G1}			29.9	43.5	61	71.4	82.7	99	115	129	179	221	249	301	330	363	380	388	540	569	638	663
	P_{G2}			33.6	49.9	71.2	84	99.8	120	145	169	201	255	315	372	400	441	486	527	679	725	797	837
31.5	P_{G1}			28.2	41	57.6	65.8	79.5	94.7	109	121	170	208	236	286	319	340	353	373	509	548	301	645
	P_{G2}			31.7	46.9	67.2	76.6	93.6	113	136	159	189	238	296	346	384	428	449	515	621	679	729	805
35.5	P_{G1}			26.7	39	55.5	65.1	75.2	89.6	106	114	149	189	226	255	293	311	315	325	475	500	588	631
	P_{G2}			29.8	44.3	64.3	75.5	89	107	131	148	180	224	282	325	369	395	430	477	496	628	700	744
40	P_{G1}			23.5	33.9	48.6	61.6	65.6	84.3	98.9	108	150	184	211	258	296	315	321	336	464	504	558	611
	P_{G2}			26.2	38.2	56	71.5	77.6	100	121	139	168	211	263	307	347	379	406	457	558	603	655	713
45	P_{G1}			23.2	33.4	47.4	59.2	63.3	80.3	90	103	144	177	192	249	271	307	311	325	445	478	513	578
	P_{G2}			25.6	37.4	54.6	68.5	75	95.1	110	134	153	201	235	294	314	355	370	430	528	563	595	667
50	P_{G1}			22.7	34.1	47.2	52	62.9	70.5	88.1	98.3	143	168	198	234	274	282	300	306	433	439	520	531
	P_{G2}			25.3	38.2	54.1	59.5	74.4	83.7	107	124	150	186	242	273	316	322	375	392	507	515	594	606
56	P_{G1}			20.3	30.4	42.7	50.4	57.5	68.3	79.4	89.9	132	164	180	211	249	275	288	311	395	424	471	521
	P_{G2}			22.4	34.1	48.8	57.9	67.5	81	96.8	113	135	170	217	246	285	323	360	397	458	512	534	593
63	P_{G1}			20	29	40.8	49.6	55.2	67.1	75.9	86.3	124	160	171	203	239	261	272	295	386	410	463	493
	P_{G2}			21.8	32	46.1	57.4	63.9	80	91.2	111	127	167	204	250	270	292	322	359	439	461	513	541
71	P_{G1}			18.6	25.8	37.6	45.8	51	65.3	69.3	79.4	112	148	154	200	226	249	261	288	365	396	436	476
	P_{G2}			20	28.3	42.1	52	58.8	72.8	82.8	99.6	129	164	185	225	249	276	300	341	411	443	480	521
80	P_{G1}						43.4		59.4		75.3		139		189		234		279		375		450
	P_{G2}						49		68.9		94.3		168		212		255		316		414		487
90	P_{G1}						40		55.1		68.7		125		171								
	P_{G2}						45		63.5		85.5		154		193								

表 10.2-198 TB4 型减速器的热功率 P_G (kW)

i_N		热功率取决于冷却方式：P_{G1}表示无辅助冷却装置；P_{G2}表示带冷却风扇																					
		规格																					
		1	2	3	4	5	6	7	8	9	10	11	12	13	14	15	16	17	18	19	20	21	22
80	P_{G1}					35.9		53.5		76.4		114		164		216		266		333		464	
90	P_{G1}					35.8		52.1		74		108		158		215	234	254	284	318	343	453	490
100	P_{G1}					33.9	38.1	48.5	57.5	68.9	79.5	103	134	149	173	204	223	238	270	299	326	439	486
112	P_{G1}					33	38.1	48.4	56	68.1	77	98.5	126	143	165	195	211	228	254	283	306	414	440
125	P_{G1}					31.3	36.1	46	52.3	65.3	71.5	93.6	120	135	156	186	203	218	241	270	291	400	440

（续）

i_N		热功率取决于冷却方式：P_{G1}表示无辅助冷却装置；P_{G2}表示带冷却风扇																					
		规　　格																					
		1	2	3	4	5	6	7	8	9	10	11	12	13	14	15	16	17	18	19	20	21	22
140	P_{G1}					29.5	35	43.9	52.1	62.9	71.1	90	115	131	149	180	194	209	230	261	278	388	413
160	P_{G1}					26.6	33.1	38.8	49.6	56.3	68.1	81	109	123	141	170	186	198	223	248	269	370	401
180	P_{G1}					26.3	31.5	38.1	47.3	54.9	65.5	78.9	105	114	138	158	176	183	209	228	255	344	383
200	P_{G1}					26.1	28.4	38.8	41.8	54.6	58.6	78.3	94.6	113	130	156	164	181	194	231	245	345	355
224	P_{G1}					23.5	28	35.5	41	50.1	57.3	72.3	91.9	103	120	144	163	166	193	214	239	318	354
250	P_{G1}					23.1	27.8	33.8	41.9	47.8	56.9	69.1	91.3	98.5	119	138	149	159	176	204	220	305	328
280	P_{G1}					21.4	25	30.4	38.1	44.4	52.4	64.5	84	90.5	109	126	143	146	168	189	210	288	313
315	P_{G1}					19.5	24.5	28.5	36.3	41.3	49.8	59.1	80.3	85.9	104	118	130	136	154	178	195	264	295
355	P_{G1}						22.8		32.9		46.5		74.8		95.5		122		144		184		270
400	P_{G1}						21		31.1		43.1		68.8		90.5								

16.4　选用方法

减速器的承载能力受机械强度和热功率两方面的限制，选用减速器时必须通过这两项功率核算。

1）计算传动比。

$$i_s = \frac{n_1}{n_2}$$

式中　i_s——要求的传动比；

n_1——输入转速（r/min）；

n_2——输出转速（r/min）。

2）确定减速器的额定功率，应满足：

$$P_N \geqslant P_2 f_1 f_2 f_3 f_4$$

式中　P_N——减速器的额定功率（见表 10.2-187～表 10.2-192）；

P_2——载荷功率（即工作机所需功率）；

f_1——工作机系数（见表 10.2-199）；

f_2——原动机系数（见表 10.2-200）；

f_3——减速器安全系数（见表 10.2-201）；

f_4——起动系数（见表 10.2-202）。

3）校核最大转矩，如峰值工作转矩、起动转矩或制动转矩应满足要求。

$$P_N \geqslant \frac{T_A n_1}{9550} f_5$$

式中　T_A——输入轴最大转矩，如峰值工作转矩、起动转矩和制动转矩（N·m）；

f_5——峰值转矩系数（见表 10.2-203）。

4）检查输出轴上是否允许有附加载荷，许用附加径向力 F_{R2} 见表 10.2-209。

5）检查实际传动比 i 是否满足要求，TH、TB 型减速器的实际传动比 i 分别见表 10.2-210、表 10.2-211。

6）确定供油方式。减速器卧式安装时采用浸油飞溅润滑，也可按用户要求提供强制润滑方式。

7）校核热平衡功率。

a. 减速器无辅助冷却装置时应满足：

立式安装时可选浸油润滑或强制润滑。

$$P_2 \leqslant P_G = P_{G1} f_6 f_7 f_8 f_9$$

式中　P_G——减速器热功率；

P_{G1}——无辅助冷却装置时的热功率（见表 10.2-193～表 10.2-198）；

f_6——环境温度系数（见表 10.2-204）；

f_7——海拔系数（见表 10.2-205）；

f_8——立式安装供油系数（见表 10.2-206）；

f_9——无辅助冷却装置时的热容量系数（见表 10.2-207）。

b. 减速器带有冷却风扇装置时应满足：

$$P_2 \leqslant P_G = P_{G2} f_6 f_7 f_8 f_{10}$$

式中　P_{G2}——带冷却风扇时的热功率（见表 10.2-193～表 10.2-198）；

f_{10}——带冷却风扇时的热容量系数（见表 10.2-208）。

表 10.2-199　工作机系数 f_1

工作机		日工作小时数 ≤0.5h	日工作小时数 0.5~10h	日工作小时数 >10h
污水处理	浓缩器(中心传动)	—	—	1.2
	压滤器	1.0	1.3	1.5
	絮混器	0.8	1.0	1.3
	暖气机	—	1.8	2.0
	接集设备	1.0	1.2	1.3
	纵向、回转组合接集装置	1.0	1.3	1.5
	预浓缩器	—	1.1	1.3
	螺杆泵	—	1.3	1.5
	水轮机	—	—	2.0
	离心泵	1.0	1.2	1.3
	1 个活塞容积式泵	1.3	1.4	1.8
	>1 个活塞容积式泵	1.2	1.4	1.5
挖泥机	斗式运输机	—	1.6	1.6
	倾卸装置	—	1.3	1.5
	Carteypillar 行走机构	1.2	1.6	1.8
	斗轮式挖掘机(用于捡拾)	—	1.7	1.7
	斗轮式挖掘机(用于粗料)	—	2.2	2.2
	切碎机	—	2.2	2.2
	行走机构①		1.4	1.8
弯板机①		—	1.0	1.0
化学工业	挤压机	—	—	1.6
	调浆机	—	1.8	1.8
	橡胶研光机	—	1.5	1.5
	冷却圆筒	—	1.3	1.4
	混料机,用于均匀介质	1.0	1.3	1.4
	混料机,用于非均匀介质	1.4	1.6	1.7
	搅拌机,用于密度均匀介质	1.0	1.3	1.5
	搅拌机,用于非均匀介质	1.2	1.4	1.6
	搅拌机,用于不均匀气体吸收	1.4	1.6	1.8
	烘炉	1.0	1.3	1.5
	离心机	1.0	1.2	1.3
金属加工设备	翻板机	1.0	1.0	1.2
	推钢机	1.0	1.2	1.2
	绕线机	—	1.6	1.6
	冷床横移架	—	1.5	1.5
	辊式矫直机	—	1.6	1.6
	辊道(连续式)	—	1.5	1.5
	辊道(间歇式)	—	2.0	2.0
	可逆式轧管机	—	1.8	1.8
	剪切机(连续式)①	—	1.5	1.5
	剪切机(曲柄式)①	1.0	1.0	1.0
	连铸机驱动装置	—	1.4	1.4
	可逆式开坯机	—	2.5	2.5
金属加工设备	可逆式板坯轧机	—	2.5	2.5
	可逆式线材轧机	—	1.8	1.8
	可逆式薄板轧机	—	2.0	2.0
	可逆式中厚板轧机	—	1.8	1.8
	辊缝调节驱动装置	0.9	1.0	—
输送机械	斗式输送机	—	1.2	1.5
	绞车	1.4	1.6	1.6
	卷扬机		1.5	1.8
	带式输送机<150kW	1.0	1.2	1.3
	带式输送机≥150kW	1.1	1.3	1.5
	货用电梯①	—	1.2	1.5
	客用电梯①		1.5	1.8
	刮板式输送机	—	1.2	1.5
	自动扶梯		1.2	1.4
	轨道行走机构	—	1.5	—
变频装置		—	1.8	2.0
往复式压缩机		—	1.8	1.9
起重机械	回转机构	2.5	2.5	3.0
	俯仰机构	2.5	2.5	3.0
	行走机构	2.5	3.0	3.0
	提升机构	2.5	2.5	3.0
	转臂式起重机	2.5	2.5	3.0
冷却塔	冷却塔风扇	—	—	2.0
	风机(轴流和离心式)	—	1.4	1.5
蔗糖生产	甘蔗切碎机①	—	—	1.7
	甘蔗碾磨机	—	—	1.7
甜菜糖生产	甜菜绞碎机	—	—	1.2
	榨取机、机械制冷机、蒸煮机	—	—	1.4
	甜菜清洗机	—	—	1.5
	甜菜切碎机	—	—	1.5
造纸机械	各种类型②	—	1.8	2.0
	碎浆机驱动装置	2.0	2.0	2.0
离心式压缩机		—	1.4	1.5
索道缆车	运货索道	—	1.3	1.4
	往返系统空中索道	—	1.6	1.8
	T 型杆升降机	—	1.3	1.4
	连续索道	—	1.4	1.6
水泥工业	混凝土搅拌器	—	1.5	1.5
	破碎机①	—	1.2	1.4
	回转窑	—	—	2.0
	管式磨机	—	—	2.0
	选粉机	—	1.6	1.6
	辊压机	—	—	2.0

① 按最大转矩确定工作机所需功率。
② 检验热功率是绝对必要的。

表 10.2-200　原动机系数 f_2

电动机,液压马达,汽轮机	1.0
4~6 缸活塞发动机	1.25
1~3 缸活塞发动机	1.5

表 10.2-201　减速器安全系数 f_3

重要性与安全要求	一般设备,减速器失效仅引起单机停产且易更换备件	重要设备,减速器失效引起机组、生产线或全厂停产	高度安全要求,减速器失效引起设备、人身事故
f_3	1.3~1.7	1.5~2.0	1.7~2.5

表 10.2-202　起动系数 f_4

每小时起动次数	$f_1f_2f_3$ 1	1.25~1.75	2~2.75	≥3
	f_4			
≤5	1	1	1	1
6~25	1.2	1.12	1.06	1
26~60	1.3	1.2	1.12	1.06
61~180	1.5	1.3	1.2	1.2
>180	1.7	1.5	1.3	1.2

表 10.2-203　峰值转矩系数 f_5

载荷类型	每小时峰值载荷次数 1~5	6~30	31~100	>100
单向载荷	0.5	0.65	0.7	0.85
交变载荷	0.7	0.95	1.10	1.25

表 10.2-204　环境温度系数 f_6

不带辅助冷却装置或仅带冷却风扇					
环境温度/℃	每小时工作周期(ED)(%)				
	100	80	60	40	20
10	1.14	1.20	1.32	1.54	2.04
20	1.00	1.06	1.16	1.35	1.79
30	0.87	0.93	1.00	1.18	1.56
40	0.71	0.75	0.82	0.96	1.27
50	0.55	0.58	0.64	0.74	0.98

表 10.2-205　海拔系数 f_7

不带辅助冷却装置或仅带冷却风扇					
系数	海拔/m				
	高达1000	高达2000	高达3000	高达4000	高达5000
f_7	1.0	0.95	0.90	0.85	0.80

表 10.2-206　立式安装供油系数 f_8

类型	供油方式	规格 1~12			
		不带辅助冷却装置	带冷却风扇	带冷却盘管	带风扇和冷却盘管
TH2. V TH3. V TH4. V	浸油润滑	0.95	…	…	…
	强制润滑	1.15	…	…	…
TB2. V TB3. V TB4. V	浸油润滑	0.95	0.95	…	…
	强制润滑	1.15	1.10	…	…
类型	供油方式	规格 13~18			
		不带辅助冷却装置	带冷却风扇	带冷却盘管	带风扇和冷却盘管
TH2. V TH3. V TH4. V	浸油润滑	…	…	…	…
	强制润滑	1.15	…	…	…
TB2. V TB3. V TB4. V	浸油润滑	…	…	…	…
	强制润滑	1.15	1.10	…	…

注：…根据用户要求供货。

表 10.2-207　无辅助冷却装置时的热容量系数 f_9

类型	$n/\mathrm{r \cdot min^{-1}}$	传动比 i	狭小空间安装				室内大厅、大车间安装				室外安装			
			规格				规格				规格			
			1~6	7~12	13~18	19~22	1~6	7~12	13~18	19~22	1~6	7~12	13~18	19~22
TH1SH	750	1.25~2	0.60	0.57	—	—	0.77	0.73	—	—	1.00	1.00	1.00	—
		2.24~5.6	0.67	0.64	0.61	0.56	0.81	0.79	0.75	0.74	1.00	1.00	1.00	1.00
	1000	1.25~2	0.55	—	—	—	0.72	0.63	—	—	0.99	0.90	—	—
		2.24~5.6	0.69	0.59	0.53	—	0.85	0.76	0.66	0.50	1.07	0.99	0.92	0.78
	1500	1.25~2	0.43	—	—	—	0.63	—	—	—	0.92	—	—	—
		2.24~3.55	0.56	—	—	—	0.76	0.56	—	—	1.04	0.86	—	—
		4~5.6	0.74	0.52	—	—	0.93	0.69	—	—	1.19	0.96	0.76	—
TH2.. TB2..	750	5~9	0.66	0.58	0.60	0.60	0.81	0.76	0.74	0.76	1.00	1.00	1.00	1.00
		10~28	0.71	0.68	0.67	0.68	0.83	0.82	0.81	0.81	1.00	1.00	1.00	1.00
	1000	5~9	0.66	0.54	0.51	—	0.83	0.69	0.65	—	1.06	0.95	0.90	0.97
		10~28	0.75	0.68	0.66	0.63	0.90	0.84	0.80	0.77	1.10	1.06	1.03	0.99
	1500	5~6.3	0.56	—	—	—	0.76	0.59	—	—	1.05	0.88	—	—
		7~9	0.64	0.47	—	—	0.82	0.62	—	—	1.10	0.87	0.81	—
		10~16	0.75	0.56	0.54	—	0.94	0.71	0.67	—	1.20	0.98	0.93	0.83
		18~28	0.81	0.69	0.63	—	0.99	0.88	0.78	0.68	1.24	1.14	1.05	0.93
TH3.. TB3..	750	12.5~112	0.71	0.70	0.70	0.70	0.83	0.83	0.83	0.82	1.00	1.00	1.00	1.00
	1000	12.5~112	0.76	0.74	0.71	0.70	0.90	0.89	0.86	0.84	1.09	1.09	1.07	1.05
	1500	12.5~31.5	0.77	0.62	0.54	0.53	0.96	0.82	0.67	0.65	1.21	1.10	0.95	0.88
		35.5~56	0.83	0.78	0.69	0.64	1.00	0.96	0.87	0.81	1.23	1.20	1.12	1.07
		63~112	0.87	0.87	0.84	0.81	1.03	1.03	1.00	0.97	1.24	1.24	1.23	1.20
TH4.. TB4..	750	80~450	0.71	0.72	0.73	0.73	0.84	0.85	0.85	0.85	1.00	1.00	1.00	1.00
	1000	80~450	0.76	0.77	0.78	0.78	0.90	0.91	0.91	0.91	1.09	1.09	1.09	1.09
	1500	80~112	0.79	0.82	0.80	0.72	0.98	0.99	0.98	0.94	1.21	1.21	1.20	1.18
		125~450	0.84	0.86	0.85	0.85	1.01	1.02	1.01	1.01	1.23	1.23	1.22	1.22

表 10.2-208　带冷却风扇时的热容量系数 f_{10}

类型	$n/\mathrm{r \cdot min^{-1}}$	传动比 i	狭小空间安装（风速≥1m/s）				室内大厅、大车间安装（风速≥2m/s）				室外安装（风速≥4m/s）			
			规格				规格				规格			
			1~6	7~12	13~18	19~22	1~6	7~12	13~18	19~22	1~6	7~12	13~18	19~22
TH1SH TH2、H3.. TB2.. TB3..	750	1.25~112	0.89	0.93	0.98	0.98	0.93	0.95	0.99	0.99	1.00	1.00	1.00	1.00
	1000		1.07	1.13	1.16	1.18	1.11	1.15	1.17	1.17	1.18	1.19	1.19	1.19
	1500		1.41	1.46	1.45	1.44	1.43	1.47	1.45	1.44	1.49	1.51	1.46	1.46

表 10.2-209　许用附加径向力 F_{R2}（作用于输出轴轴端中部）　　（kN）

类型	布置形式	规格																	
		1	2	3	4	5	6	7	8	9	10	11	12	13	14	15	16	17	18
TH1SH	A/B	*	—	*	—	*	—	*	—	*	—	*	—	*	—	*	—	*	—
TH2S	A/B/G/H	—	—	8	10	22	22	30	30	30	45	64	64	150	150	140	205	205	205
	C/D	—	—	8	10	13	13	18	18	10	28	35	35	112	112	85	135	135	135
TH3S	A/B/G/H	—	—	—	—	29	29	40	40	40	60	85	85	190	190	185	265	265	265
	C/D	—	—	—	—	18	18	26	26	18	40	50	50	150	150	120	185	185	190
TH4S	A/B	—	—	—	—	—	—	26	26	18	40	50	50	150	150	120	185	185	190
	C/D	—	—	—	—	—	—	40	40	40	60	85	85	190	190	185	265	265	265
TB2S	A/C	7	10	10	13	27	27	37	37	38	55	78	78	160	160	150	210	210	210
	B/D	4	7	9	12	15	15	17	17	10	30	35	38	110	110	75	145	100	100
TB3S	A/C	—	—	9	14	29	29	40	40	40	60	85	85	190	190	185	265	265	265
	B/D	—	—	7	9	18	18	26	26	18	40	50	50	150	150	120	185	185	190
TB4S	A/C	—	—	—	—	29	29	40	40	40	60	85	85	190	190	185	265	265	265
	B/D	—	—	—	—	18	18	26	26	18	40	50	50	150	150	120	185	185	190

注：1. 基础螺栓的最低性能等级为 8.8 级。

2. 基础必须干燥，不得有油脂。

3. * 表示需要承受附加径向力时请与厂家联系。

表 10.2-210　TH 型减速器的实际传动比

i_N	规格										
	1	2	3	4	5	6	7	8	9	10	11
1.25	1.250	—	1.243	—	1.256	—	1.263	—	1.27	—	—
1.4	1.415	—	1.371	—	1.378	—	1.389	—	1.400	—	—
1.6	1.605	—	1.594	—	1.588	—	1.606	—	1.625	—	1.636
1.8	1.829	—	1.829	—	1.839	—	1.774	—	1.800	—	1.806
2.0	2.000	—	2.000	—	2.034	—	1.966	—	2.000	—	2.000
2.24	2.194	—	2.194	—	2.259	—	2.308	—	2.231	—	2.222
2.5	2.536	—	2.536	—	2.520	—	2.583	—	2.500	—	2.480
2.8	2.808	—	2.808	—	2.826	—	2.800	—	2.741	—	2.783
3.15	3.125	—	3.125	—	3.190	—	3.130	—	3.208	—	3.080
3.55	3.500	—	3.500	—	3.591	—	3.524	—	3.591	—	3.478
4.0	3.950	—	3.950	—	4.050	—	4.000	—	4.050	—	3.905
4.5	4.476	—	4.435	—	4.619	—	4.400	—	4.381	—	4.421
5.0	5.053	—	4.952	—	4.900	—	4.905	—	4.947	—	5.150
5.6	5.571	—	5.579	—	5.556	—	5.526	—	5.684	—	5.474
6.3	—	—	6.232	6.319	6.286	—	6.088	—	6.26	—	6.246
7.1	—	—	7.099	6.844	7.213	—	7.048	—	7.247	—	6.900
8.0	—	—	7.765	7.778	7.889	7.792	7.799	7.676	8.018	7.848	7.644
9.0	—	—	8.516	8.485	8.652	8.940	8.660	8.887	8.904	9.085	8.974
10	—	—	9.845	9.722	10.002	9.778	9.660	9.833	9.932	10.053	10.046
11.2	—	—	10.900	10.694	11.075	10.724	10.648	10.920	11.138	11.163	10.889
12.5	—	—	12.132	12.444	12.326	12.397	11.807	12.180	12.574	12.452	12.174
14	—	—	13.588	13.854	13.806	13.726	13.939	13.426	14.152	13.964	13.704
16	—	—	15.335	15.556	15.581	15.278	15.717	14.887	15.962	15.765	15.556
18	—	—	17.378	17.602	17.493	17.111	17.598	17.576	18.204	17.743	17.111
20	—	—	19.616	19.444	19.534	19.311	19.742	19.817	19.312	20.012	19.074
22.4	—	—	21.630	22.037	22.006	21.681	20.982	22.189	21.895	22.824	21.491
25	—	—	—	—	25.011	24.212	25.54	24.892	25.439	24.212	24.706
28	—	—	—	—	28.490	27.275	27.661	26.456	29.187	27.451	28.602
31.5	—	—	—	—	31.161	30.999	31.433	32.202	31.924	31.894	31.648
35.5	—	—	—	—	34.177	35.312	34.291	34.877	35.013	36.593	35.144

（续）

i_N	规格										
	1	2	3	4	5	6	7	8	9	10	11
40	—	—	—	—	39.508	38.622	39.292	39.633	40.474	40.024	39.200
45	—	—	—	—	43.745	42.360	43.221	43.236	44.816	43.897	43.210
50	—	—	—	—	48.689	48.967	50.293	49.542	49.881	50.744	47.911
56	—	—	—	—	54.532	54.220	55.991	54.496	55.866	56.187	56.566
63	—	—	—	—	61.543	60.347	62.867	63.413	63.049	62.537	63.778
71	—	—	—	—	69.742	67.589	71.139	70.597	70.787	70.041	71.414
80	—	—	—	—	78.723	76.279	78.583	79.267	79.049	79.046	80.111
90	—	—	—	—	86.806	86.440	89.061	89.696	89.050	88.748	85.146
100	—	—	—	—	—	97.572	101.554	99.083	101.210	99.106	103.639
112	—	—	—	—	—	107.590	115.256	112.294	115.290	111.645	112.249
125	—	—	—	—	—	—	125.733	128.046	126.098	126.89	127.556
140	—	—	—	—	—	—	143.985	145.322	138.301	144.542	139.152
160	—	—	—	—	—	—	158.251	158.533	159.874	158.093	159.444
180	—	—	—	—	—	—	174.630	181.546	177.022	173.392	175.389
200	—	—	—	—	—	—	193.629	199.533	197.028	200.439	204.089
224	—	—	—	—	—	—	228.606	220.185	220.671	221.938	227.208
250	—	—	—	—	—	—	257.753	244.141	249.043	247.020	255.111
280	—	—	—	—	—	—	288.615	288.242	282.219	276.663	288.678
315	—	—	—	—	—	—	305.352	324.993	318.563	312.234	318.889
355	—	—	—	—	—	—	344.112	363.906	351.273	353.827	361.407
400	—	—	—	—	—	—	—	385.010	—	399.393	—
450	—	—	—	—	—	—	—	433.881	—	440.402	—

i_N	规格										
	12	13	14	15	16	17	18	19	20	21	22
1.25	—	—	—	—	—	—	—	—	—	—	—
1.4	—	—	—	—	—	—	—	—	—	—	—
1.6	—	1.588	—	—	—	—	—	—	—	—	—
1.8	—	1.839	—	—	—	—	—	—	—	—	—
2.0	—	2.034	—	2.000	—	—	—	—	—	—	—
2.24	—	2.259	—	2.231	—	—	—	—	—	—	—
2.5	—	2.520	—	2.481	—	—	—	—	—	—	—
2.8	—	2.826	—	2.760	—	2.760	—	—	—	—	—
3.15	—	3.208	—	3.087	—	3.087	—	—	—	—	—
3.55	—	3.591	—	3.476	—	3.476	—	—	—	—	—
4.0	—	4.050	—	3.947	—	3.947	—	3.944	—	—	—
4.5	—	4.619	—	4.579	—	4.526	—	4.400	—	—	—
5.0	—	4.900	—	5.100	—	4.900	—	4.950	—	—	—
5.6	—	5.556	—	5.778	—	5.556	—	5.700	—	—	—
6.3	—	6.410	—	6.449	—	6.154	—	6.410	—	6.500	—
7.1	—	7.100	—	7.120	7.316	7.125	7.147	7.100	7.313	7.200	7.258
8.0	7.941	7.889	7.944	7.882	8.076	7.884	8.274	7.889	8.100	8.000	8.040
9.0	8.772	8.799	8.800	8.758	8.941	8.755	9.155	8.799	9.000	8.923	8.933
10	9.718	9.861	9.778	9.774	9.935	9.765	10.167	9.788	10.038	9.926	9.964
11.2	11.410	10.811	10.906	10.967	11.087	10.951	11.340	10.887	11.167	11.040	11.084
12.5	12.773	12.655	12.222	12.139	12.440	12.432	12.717	12.176	12.420	12.348	12.328

（续）

i_N	规格										
	12	13	14	15	16	17	18	19	20	21	22
14	13.844	14.164	13.399	13.708	13.769	13.915	14.438	13.712	13.891	13.905	13.788
16	15.478	15.975	15.685	15.389	15.550	15.694	16.159	15.570	15.643	15.789	15.527
18	17.423	17.280	17.556	17.424	17.457	17.899	18.225	18.061	17.763	18.316	17.632
20	19.778	19.515	19.800	20.297	19.765	18.988	20.786	20.117	20.605	20.400	20.453
22.4	21.756	22.020	21.418	21.374	23.024	20.930	22.050	21.782	22.950	22.368	22.780
25	24.251	25.372	24.187	24.716	24.245	24.202	24.306	25.283	24.850	25.837	24.978
28	27.325	29.373	27.292	27.304	28.036	26.736	28.106	28.006	28.844	28.523	28.852
31.5	31.412	32.501	31.447	30.248	30.971	29.619	31.048	31.117	31.950	31.579	31.851
35.5	36.366	36.092	36.406	35.514	34.311	34.776	34.397	34.708	35.500	35.088	35.263
40	40.238	40.257	40.283	39.756	40.284	38.929	40.385	38.897	39.596	39.158	39.181
45	44.683	45.147	44.733	43.090	45.096	42.194	45.208	42.642	44.375	43.936	43.726
50	49.840	50.968	49.896	48.175	48.878	47.174	49.000	49.917	48.648	48.632	49.062
56	54.938	57.365	55.957	54.229	54.647	53.102	54.783	55.870	56.948	54.920	54.305
63	60.916	64.699	63.171	61.557	61.514	60.278	61.667	63.013	63.739	61.654	61.327
71	71.919	73.789	71.100	67.713	69.826	66.306	70.000	68.162	71.888	69.806	68.847
80	81.089	78.278	80.190	75.481	76.809	73.912	77.000	76.974	77.762	81.316	77.950
90	90.798	88.750	91.457	85.046	85.620	83.279	85.833	88.439	87.816	86.427	90.803
100	101.856	103.114	97.020	97.768	96.471	95.735	96.711	100.079	100.895	99.020	96.510
112	108.257	118.306	110.000	113.186	110.901	110.833	111.176	115.862	114.174	109.386	110.573
125	131.769	129.398	127.803	125.238	128.390	122.634	128.710	128.198	132.180	121.182	122.148
140	142.716	141.920	146.633	139.074	142.060	136.183	142.414	142.362	146.254	142.279	135.320
160	162.178	164.058	1603.380	155.125	157.756	151.900	158.148	158.792	162.413	159.273	158.878
180	176.921	181.654	1175.901	170.993	175.962	167.438	176.400	178.079	181.157	172.632	177.855
200	202.722	202.184	203.339	189.597	193.962	185.656	194.444	201.040	203.160	193.004	192.772
224	222.994	226.446	225.149	223.845	215.065	219.192	215.600	226.272	229.355	217.257	215.521
250	259.484	255.560	250.594	252.385	253.914	247.139	254.545	255.201	258.141	246.617	242.604
280	288.879	286.925	280.665	282.605	286.288	276.730	287.000	291.058	291.144	271.278	275.388
315	324.356	320.413	316.751	317.021	320.566	310.431	321.364	308.761	332.052	302.399	302.927
355	367.034	360.951	355.625	336.946	359.606	329.942	360.500	350.069	352.249	340.720	337.679
400	405.444	—	397.131	—	382.207	—	383.158	—	399.375	—	380.471
450	459.504	—	447.376	—	—	—	—	—	—	—	—

表 10.2-211 TB 型减速器的实际传动比

i_N	规格										
	1	2	3	4	5	6	7	8	9	10	11
5.0	4.980	5.043	4.895	4.936	5.006	—	4.865	—	5.002	—	4.897
5.6	5.566	5.636	5.471	5.480	5.488	—	5.333	—	5.483	—	5.534
6.3	6.445	6.526	6.334	6.296	6.386	6.205	6.206	6.135	6.381	6.271	6.296
7.1	7.068	7.158	6.947	6.959	7.058	6.802	6.860	6.725	7.053	6.875	7.037
8.0	7.668	7.765	7.536	7.549	7.657	7.915	7.880	7.825	8.101	8.000	7.994
9.0	8.829	8.941	8.678	8.693	8.817	8.749	8.569	8.649	8.810	8.842	8.693
10	10.027	10.154	9.855	9.872	10.108	9.490	9.823	9.935	10.099	10.157	9.965
11.2	10.938	11.077	10.751	10.769	10.923	10.928	10.615	10.804	10.914	11.045	10.769

（续）

i_N	规格										
	1	2	3	4	5	6	7	8	9	10	11
12.5	12.458	12.615	12.244	12.034	12.703	12.528	12.433	12.385	12.554	12.662	12.334
14	14.005	14.182	13.765	13.484	13.964	13.538	13.515	13.385	14.137	13.683	13.821
16	15.441	15.636	15.176	15.589	15.835	15.826	16.275	15.773	15.952	15.693	15.522
18	17.595	17.818	17.294	17.468	17.407	17.307	17.692	17.041	17.963	17.724	17.393
20	—	—	19.336	19.614	19.645	19.729	19.948	20.648	20.259	19.940	19.744
22.4	—	—	21.609	21.919	21.954	21.575	22.146	22.308	22.208	22.520	21.643
25	—	—	25.021	25.380	25.421	24.349	25.446	25.152	25.843	25.400	25.185
28	—	—	27.442	27.836	27.881	27.211	28.125	27.923	28.563	27.842	27.836
31.5	—	—	29.769	30.196	30.245	31.508	30.509	32.084	30.985	32.400	31.975
35.5	—	—	34.279	34.771	34.827	34.557	35.131	35.461	35.679	35.811	34.771
40	—	—	38.928	39.487	39.551	37.486	39.896	38.468	40.902	38.846	39.661
45	—	—	42.467	43.077	43.146	43.166	43.523	44.296	44.202	44.732	43.077
50	—	—	48.365	49.060	49.139	49.021	49.568	50.304	50.341	51.280	49.060
56	—	—	54.371	55.152	55.240	53.477	55.723	54.877	56.592	55.417	55.152
63	—	—	59.947	60.808	60.906	60.904	61.438	62.499	62.396	63.114	60.808
71	—	—	68.312	69.293	69.404	68.467	70.011	70.259	71.102	70.951	69.293
80	—	—	—	—	77.598	75.489	79.267	77.465	79.497	78.228	80.949
90	—	—	—	—	86.720	86.022	88.585	88.274	88.842	89.143	89.869
100	—	—	—	—	100.413	96.178	102.572	99.945	102.869	99.667	103.259
112	—	—	—	—	110.130	107.484	112.498	111.694	112.824	111.384	114.129
125	—	—	—	—	119.466	124.455	122.035	129.330	122.389	128.971	123.804
140	—	—	—	—	137.567	136.499	140.525	141.846	140.933	141.452	142.562
160	—	—	—	—	156.225	148.071	159.585	153.871	160.047	153.443	161.897
180	—	—	—	—	170.427	170.506	174.092	177.184	174.597	176.692	176.615
200	—	—	—	—	194.098	193.631	198.272	201.215	198.847	200.656	201.145
224	—	—	—	—	218.199	211.234	222.891	219.508	223.537	218.898	226.121
250	—	—	—	—	240.578	240.572	245.752	249.995	246.464	249.300	249.313
280	—	—	—	—	274.147	270.443	280.042	281.036	280.855	280.256	284.101
315	—	—	—	—	302.121	298.181	308.618	309.861	309.513	309.000	313.091
355	—	—	—	—	—	339.788	—	353.097	—	352.116	—
400	—	—	—	—	—	374.460	—	389.127	—	388.046	—
450	—	—	—	—	—		—	—	—		—

i_N	规格										
	12	13	14	15	16	17	18	19	20	21	22
5.0	—	4.967	—	4.963	—	4.880	—	—	—	—	—
5.6	—	5.613	—	5.609	5.630	5.514	—	—	—	—	—
6.3	6.226	6.386	6.156	6.340	6.362	6.234	—	—	—	—	—
7.1	7.036	7.138	6.957	7.132	7.192	7.012	7.239	—	—	—	—
8.0	8.005	8.108	7.915	8.101	8.090	7.965	8.143	—	—	—	—
9.0	8.947	8.817	8.847	8.810	9.190	8.662	9.250	—	—	—	—
10	10.164	10.108	10.049	10.099	9.993	9.930	10.059	—	—	—	—
11.2	11.052	10.923	10.928	10.914	11.456	10.731	11.531	—	—	—	—

（续）

i_N	规格										
	12	13	14	15	16	17	18	19	20	21	22
12.5	12.670	12.482	12.528	12.172	12.380	12.770	12.462	12.062	—	12.256	—
14	13.692	13.721	13.538	13.810	13.832	13.790	14.654	13.709	13.698	13.902	13.719
16	15.888	16.354	15.552	15.215	15.665	16.226	16.014	15.192	15.640	15.436	15.524
18	17.572	17.978	17.007	17.262	17.290	17.522	18.620	17.267	17.252	17.510	17.279
20	19.995	20.276	20.376	19.379	19.581	19.762	20.348	19.607	19.698	19.883	19.552
22.4	22.114	22.226	22.282	21.900	21.982	22.333	22.950	22.158	22.368	22.470	22.203
25	25.103	25.864	25.131	24.916	24.942	25.409	25.936	25.048	25.278	25.400	25.091
28	27.517	28.587	27.548	27.847	28.263	28.398	29.507	28.175	28.576	28.571	28.364
31.5	32.021	32.838	32.057	31.634	31.588	32.259	32.979	32.005	32.143	32.456	31.905
35.5	35.392	35.709	35.432	34.400	35.883	35.080	37.463	34.804	36.513	35.294	36.243
40	40.654	40.936	40.700	39.435	39.021	40.215	40.738	39.899	39.706	40.461	39.411
45	44.209	44.238	44.259	42.617	44.732	43.460	46.702	43.117	45.518	43.725	45.181
50	50.681	50.383	50.737	48.536	48.341	49.496	50.469	49.106	49.190	49.798	48.826
56	54.769	56.639	54.831	54.562	55.055	55.641	57.479	55.203	56.022	55.981	55.607
63	62.376	62.448	62.446	60.158	61.892	61.348	64.616	60.865	62.978	61.722	62.512
71	70.121	71.161	70.200	68.553	68.239	69.909	71.243	69.358	69.438	70.335	68.923
80	77.313	82.118	77.400	78.131	77.761	76.506	81.184	79.977	79.127	77.639	78.541
90	88.101	90.016	88.200	85.645	88.626	83.865	88.846	87.670	91.242	87.739	86.696
100	102.921	104.750	101.780	99.664	97.150	97.593	97.391	102.020	100.017	99.821	97.975
112	114.262	115.777	111.569	110.155	113.052	107.865	113.333	112.759	116.389	111.565	111.467
125	131.287	125.592	129.831	126.535	124.952	123.904	125.263	129.526	128.641	126.733	124.580
140	145.106	144.621	143.498	137.599	143.532	134.769	143.889	140.851	147.769	137.815	141.519
160	157.408	165.791	155.663	157.741	156.082	154.462	156.471	161.470	160.690	157.989	153.894
180	181.258	179.166	179.248	170.467	178.930	166.923	179.375	174.496	184.212	170.735	176.421
200	205.841	204.050	205.487	194.143	193.365	190.107	193.846	198.732	199.073	194.448	190.654
224	224.554	229.386	222.065	218.249	220.222	213.712	220.769	223.408	226.722	218.592	217.133
250	255.742	252.913	252.907	240.634	247.566	235.631	248.182	246.322	254.874	241.012	244.097
280	287.497	288.204	284.310	274.210	272.957	268.510	273.636	280.692	281.015	274.641	269.130
315	316.984	317.612	313.470	302.191	311.045	295.909	311.818	309.334	320.226	302.666	306.683
355	361.214	—	357.210	—	342.784	—	343.636	—	352.902	—	337.977
400	398.073	—	393.660	—	—	—	—	—	—	—	—
450		—	—	—	—	—	—	—	—	—	—

17　圆弧圆柱蜗杆减速器（摘自 JB/T 7935—2015）

此种减速器适用于机械设备的减速传动。最高输入转速不超过 1500r/min。减速器工作环境温度为 -40～40℃，当工作环境低于 0℃时，起动前润滑油应加热到 0℃以上，或采用低凝固点的润滑油，如合成油；当工作环境温度高于 40℃时，应采取冷却措施。减速器输入轴可正、反双向运转。

17.1　形式和标记方法

1）基本参数。减速器的中心距见表 10.2-212。减速器的公称传动比见表 10.2-213。

表 10.2-212　减速器的中心距（mm）

63	80	100	125	140	160	180
200	225	250	280	315	355	400

表 10.2-213　减速器的公称传动比

5	6.3	8	10	12.5	16
20	25	31.5	40	50	63

2）减速器的装配形式有 10 种，分别用 Ⅰ～Ⅹ表示，见表 10.2-214。

3）标记方法。

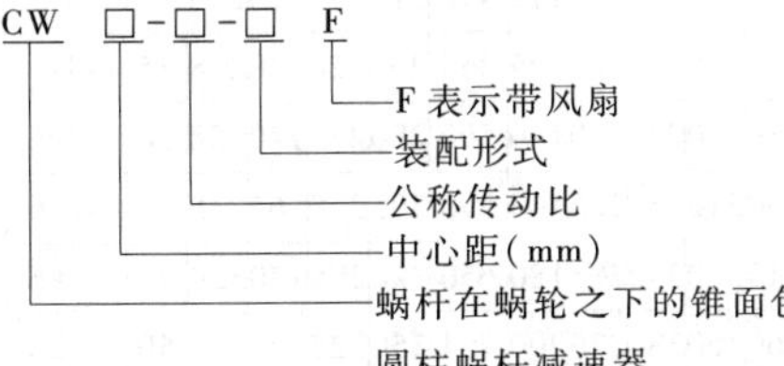

标记示例：中心距 $a=200$mm，公称传动比 $i=25$，第Ⅰ种装配形式，带风扇的圆弧圆柱蜗杆减速器标记为：

CW 200-25-IF　JB/T 7935—2015

17.2　装配形式和外形尺寸（见表 10.2-214）

表 10.2-214　减速器的装配形式和外形尺寸　（mm）

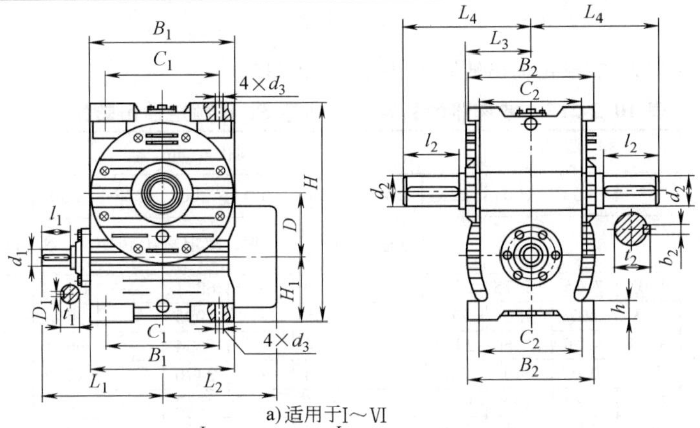

a) 适用于Ⅰ～Ⅵ

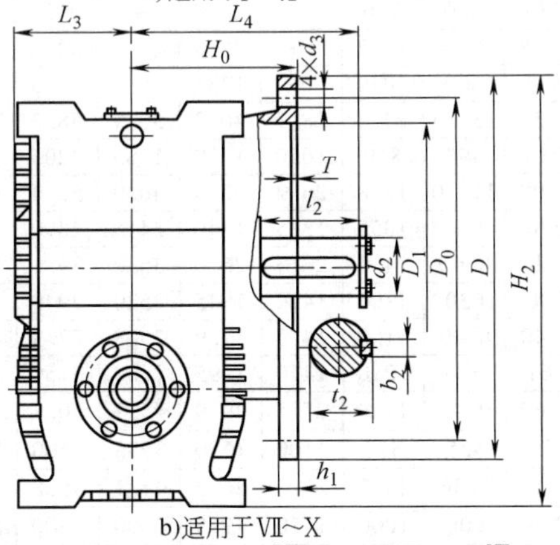

b) 适用于Ⅶ～Ⅹ

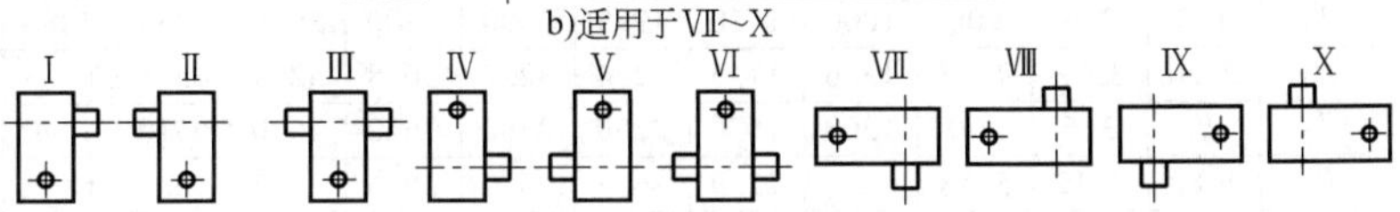

c) 装配形式

（续）

中心距	尺寸																											质量
a	B_1	B_2	C_1	C_2	H_1	H	L_1	L_2	L_3	L_4	h	d_1	b_1	t_1	l_1	d_2	l_2	b_2	t_2	d_3	D	D_0	D_1	T	h_1	H_0	H_2	/kg
63	145	125	105	100	65	225	120	118	62	140	16	19j6	6	21.5	28	32k6	58	10	35	M10	240	210	170H8	5	15	100	248	20
80	170	160	120	130	80	275	142	135	80	150	20	24j6	8	27	36	38k6	58	10	41	M12	275	240	200H8	5	15	125	298	35
100	215	190	170	155	100	340	178	170	95	190	28	28j6	8	31	42	48k6	82	14	51.5	M12	320	285	245H8	5	16	140	360	60
125	260	220	200	180	112	412	215	195	110	205	32	32j6	10	35	58	55k6	82	16	59	M16	400	355	300H8	6	20	160	437	100
140	290	250	220	205	125	455	230	220	130	238	35	38k6	10	41	58	60m6	105	18	64	M16	435	390	340H8	6	22	180	482	130
160	330	270	275	230	140	500	280	243	140	258	38	42k6	12	45	82	65m6	105	18	69	M16	490	445	395H8	6	25	195	545	145
180	360	315	280	265	160	590	295	258	165	275	40	42k6	12	45	82	75m6	105	20	79.5	M20	530	480	425H8	6	28	210	605	190
200	415	330	340	285	180	650	320	295	170	320	45	48k6	14	51.5	82	80m6	130	22	85	M20	580	530	475H8	6	30	230	670	250
225	460	360	380	320	200	724	350	325	195	330	50	48k6	14	51.5	82	90m6	130	25	95	M24	670	615	545H8	6	30	260	755	305
250	510	390	425	325	200	765	380	350	195	375	55	55k6	16	59	82	100m6	165	28	106	M24	705	640	580H8	6	32	270	808	420
280	560	450	450	380	225	857	425	390	225	395	60	60m6	18	64	105	110m6	165	28	116	M30	800	720	635H8	6	35	300	905	540
315	620	470	500	395	250	960	460	430	235	415	65	65m6	18	69	105	120m6	165	32	127	M30	890	810	725H8	8	40	325	1010	720
355	700	560	560	480	280	1068	498	485	280	480	70	70m6	20	74.5	105	130m6	200	32	137	M36	980	890	790H8	8	45	365	1125	920
400	780	600	630	520	300	1183	550	525	298	515	75	75m6	20	79.5	105	150m6	200	36	158	M36	1080	990	890H8	8	50	410	1240	1250

17.3 承载能力

减速器的额定输入功率 P_1 和额定输出转矩 T_2 见表 10.2-215。

表 10.2-215　减速器的额定输入功率 P_1 和额定输出转矩 T_2

公称传动比 i	输入转速 n_1 /r·min^{-1}	功率、转矩代号	中心距 a/mm													
			63	80	100	125	140	160	180	200	225	250	280	315	355	400
			额定输入功率 P_1/kW，额定输出转矩 T_2/N·m													
5	1500	P_1	4.03	7.35	15.75	26.5	—	46.9	—	68.1	—	103.4	—	149.0	—	197.0
		T_2	123	207	450	770	—	1365	—	1995	—	3050	—	4410	—	6300
	1000	P_1	3.44	5.60	12.60	22.4	—	37.4	—	56.4	—	96.4	—	142.5	—	203.3
		T_2	141	235	540	965	—	1630	—	2470	—	4250	—	6300	—	9030
	750	P_1	2.96	4.83	9.88	17.2	—	29.1	—	45.2	—	82.5	—	132.7	—	195.2
		T_2	162	270	560	990	—	1680	—	2625	—	4830	—	7770	—	11550
	500	P_1	2.44	3.88	7.14	12.2	—	20.8	—	32.8	—	59.0	—	109.4	—	177.9
		T_2	198	322	600	1040	—	1785	—	2835	—	5145	—	9600	—	15750
6.3	1500	P_1	3.68	6.33	13.15	22.4	28.9	40.3	50.9	58.2	72.6	88.0	107.6	127.8	158.0	193.6
		T_2	131	230	490	840	1010	1520	1785	2205	2570	3360	3830	4900	5640	7875
	1000	P_1	2.78	4.98	11.10	18.8	26.2	32.6	46.0	52.4	67.3	82.5	100.4	120.1	152.5	181.1
		T_2	146	270	610	1050	1365	1840	2415	2890	3570	4725	5355	6909	8160	11025
	750	P_1	2.40	4.13	8.65	14.9	20.5	26.0	36.2	39.1	59.8	73.3	93.2	112.6	141.5	174.8
		T_2	168	300	630	1100	1420	1945	2520	2940	4200	5565	6615	8610	10070	14175
	500	P_1	1.96	3.40	6.19	11.0	14.3	17.9	25.8	27.9	43.1	52.9	70.7	87.8	118.1	155.5
		T_2	202	362	670	1210	1470	1995	2680	3150	4515	5985	7455	10000	12590	18900
8	1500	P_1	3.37	5.60	9.45	17.9	25.5	29.9	45.7	50.7	64.4	77.5	96.3	119.3	142.8	174.3
		T_2	146	270	455	870	1100	1520	1995	2500	2835	3880	4250	6000	6340	8820
	1000	P_1	2.59	4.49	8.36	14.2	22.8	26.2	41.1	45.8	58.9	71.2	88.7	110.0	133.0	166.1
		T_2	168	316	600	1000	1470	1995	2600	3400	3885	5350	5880	8300	8860	12600
	750	P_1	2.26	3.83	7.38	13.6	17.5	22.4	32.2	36.8	52.9	65.4	81.3	99.9	119.7	156.3
		T_2	193	356	700	1300	1520	2250	2780	3620	4620	6510	7140	10000	10570	15750
	500	P_1	1.89	3.12	5.58	9.8	12.9	16.2	23.0	26.6	37.7	46.9	64.4	84.0	106.8	136.1
		T_2	240	431	780	1400	1620	2415	2940	3885	4880	6930	8400	12500	14000	20475

（续）

公称传动比 i	输入转速 n_1 /r · min^{-1}	功率、转矩代号	中心距 a/mm													
			63	80	100	125	140	160	180	200	225	250	280	315	355	400
			额定输入功率 P_1/kW，额定输出转矩 T_2/N · m													
10	1500	P_1	2.69	4.69	8.43	14.9	18.2	25.7	33.7	44.2	53.3	62.1	77.4	99.3	147.2	153.5
		T_2	152	270	500	890	1100	1575	1940	2730	3400	3990	4980	6200	7850	9660
	1000	P_1	2.07	3.69	7.45	13.4	16.9	23.1	30.1	38.9	46.1	53.7	67.6	92.1	118.0	145.0
		T_2	172	316	660	1200	1520	2100	2570	3570	4400	5140	6500	8600	11000	13650
	750	P_1	1.83	3.14	6.24	11.1	13.6	18.3	24.9	30.3	36.9	48.7	60.8	84.8	105.2	138.6
		T_2	195	356	730	1310	1620	2200	2835	3675	4670	6190	7700	10500	13000	17300
	500	P_1	1.46	2.53	4.56	8.1	9.8	13.5	17.8	21.9	27.7	37.4	47.8	67.8	86.9	124.0
		T_2	240	425	790	1410	1730	2415	2990	3935	5190	7000	9000	12500	16100	23100
12.5	1500	P_1	2.34	4.06	6.81	11.8	15.5	20.3	26.6	34.3	44.7	54.8	75.5	83.9	110.4	136.9
		T_2	158	276	475	840	1050	1470	1890	2570	3200	4040	5460	6400	8450	10500
	1000	P_1	1.83	3.27	5.78	10.4	14.0	18.5	24.4	30.5	40.4	49.6	70.2	77.6	101.5	133.5
		T_2	182	328	600	1100	1400	1995	2570	3410	4300	5460	7560	8700	11580	15220
	750	P_1	1.58	2.80	5.19	9.4	12.5	16.1	22.1	26.2	37.0	46.6	65.3	72.7	95.9	124.2
		T_2	209	374	710	1300	1680	2310	3090	3885	5250	6825	9345	11000	14595	18900
	500	P_1	1.29	2.26	4.08	7.1	9.6	11.7	16.8	18.5	29.1	34.6	47.3	58.2	80.2	106.4
		T_2	256	448	830	1470	1890	2460	3465	4000	6000	7450	9975	13000	18000	24150
16	1500	P_1	1.98	3.47	6.68	11.6	14.3	20.6	24.3	34.9	41.5	49.0	60.1	81.6	99.2	130.4
		T_2	158	287	570	1000	1260	1830	2310	3150	3885	4460	5670	7500	9360	12000
	1000	P_1	1.56	2.73	5.74	10.1	12.9	17.1	20.8	27.1	32.4	44.1	53.7	76.6	91.2	121.2
		T_2	182	333	730	1310	1680	2250	2940	3600	4500	5980	7560	10500	12580	16800
	750	P_1	1.35	2.33	4.61	8.3	10.4	13.6	16.4	21.7	27.9	39.1	47.3	68.9	88.1	111.7
		T_2	209	374	770	1410	1785	2360	3000	3830	5154	7000	8800	12510	16100	20400
	500	P_1	1.11	1.91	3.37	5.9	7.3	9.6	11.9	15.6	19.6	28.5	34.7	50.1	65.0	90.4
		T_2	256	460	830	1470	1830	2460	3300	4095	5350	7560	9550	13520	17600	24600
20	1500	P_1	1.93	3.08	5.0	9.0	11.6	15.9	20.4	26.2	33.5	44.0	54.3	65.5	84.9	103.6
		T_2	188	328	550	1010	1260	1830	2250	3050	3780	5250	6195	7900	9700	12600
	1000	P_1	1.53	2.41	4.30	8.2	9.8	13.7	17.5	23.1	28.4	39.5	49.2	61.3	78.9	95.5
		T_2	219	380	700	1310	1575	2360	2880	4000	4750	7030	8400	11000	13590	17320
	750	P_1	1.32	2.10	3.75	7.3	9.1	12.0	15.5	19.0	25.6	36.6	45.2	54.6	72.8	87.2
		T_2	252	437	810	1575	1940	2730	3360	4400	5670	8600	10185	13000	16600	21000
	500	P_1	1.00	1.69	2.71	5.5	6.8	9.0	11.4	13.8	18.9	26.7	33.2	42.7	57.0	76.6
		T_2	282	518	850	1730	2100	2940	3620	4700	6195	9240	11000	15000	19100	27300
25	1500	P_1	1.38	2.47	3.94	6.9	8.7	12.4	14.9	19.3	23.4	32.3	39.9	54.0	71.1	87.8
		T_2	162	316	500	930	1200	1680	2150	2780	3465	4725	5880	7700	10570	13100
	1000	P_1	1.16	2.04	3.41	5.6	7.1	10.9	12.7	17.3	20.8	28.9	36.8	47.1	63.6	77.8
		T_2	205	391	640	1150	1470	2200	2730	3675	4560	6300	8000	10000	14000	17300
	750	P_1	0.95	1.74	2.82	5.1	6.4	9.9	11.7	15.5	18.8	26.3	33.3	44.6	60.0	72.9
		T_2	220	437	700	1365	1730	2620	3300	4350	5460	7560	9600	12500	17600	21500
	500	P_1	0.69	1.34	1.99	3.7	4.6	7.2	8.5	12.2	14.8	21.1	27.1	37.6	49.1	63.8
		T_2	235	500	730	1470	1830	2780	3500	5040	6300	8925	11500	15500	21100	27800
31.5	1500	P_1	1.21	2.08	4.27	7.6	8.8	12.7	15.2	22.6	25.9	30.2	36.8	52.9	68.9	—
		T_2	168	299	650	1150	1400	2100	2670	3780	4500	5145	6510	9200	12000	—
	1000	P_1	0.95	1.66	3.39	6.0	7.1	9.8	11.7	17.3	19.4	26.9	32.3	48.6	61.9	78.2
		T_2	193	350	770	1365	1680	2360	3045	3885	5040	6825	8500	12500	16100	20470
	750	P_1	0.79	1.41	2.67	4.8	8.2	7.8	9.3	12.5	15.7	22.3	26.6	38.3	51.3	71.4
		T_2	215	391	790	1400	1785	2460	3150	4040	5250	7350	9240	13000	17600	24670
	500	P_1	0.67	1.17	1.98	3.5	5.8	5.6	6.9	9.1	11.5	16.1	19.4	28.1	35.8	51.3
		T_2	262	472	840	1470	1830	2570	3400	4300	5670	7770	9765	14000	18100	26250

（续）

公称传动比 i	输入转速 n_1 /r·min^{-1}	功率、转矩代号	中心距 a/mm 63	80	100	125	140	160	180	200	225	250	280	315	355	400
			额定输入功率 P_1/kW，额定输出转矩 T_2/N·m													
40	1500	P_1	1.17	1.88	3.22	5.7	7.3	9.9	12.4	16.7	21.1	28.3	35.0	42.6	58.2	70.9
		T_2	198	345	620	1150	1410	2100	2570	3620	4500	6300	7450	9600	12580	16275
	1000	P_1	0.90	1.47	2.19	4.9	6.2	8.8	10.9	13.9	18.0	24.1	31.4	39.1	51.9	66.3
		T_2	225	397	790	1470	1785	2730	3300	4410	5670	8190	9870	13000	16600	22575
	750	P_1	0.81	1.26	2.35	4.4	5.5	7.0	8.7	11.2	14.8	20.8	25.4	34.0	42.8	60.7
		T_2	262	449	870	1680	2040	2835	3465	4670	6090	8925	10500	15000	18100	27300
	500	P_1	0.64	1.02	1.68	3.2	3.9	5.2	6.5	8.0	11.0	15.2	19.3	25.0	31.6	46.8
		T_2	298	523	920	1785	2150	3045	3720	4880	6600	9450	11550	16000	19600	30975
50	1500	P_1	0.91	1.64	2.55	4.4	5.6	7.6	9.3	12.7	15.2	21.3	26.7	33.7	45.3	56.3
		T_2	183	357	570	1040	1365	1890	2415	3255	4095	5565	7245	9000	12580	15750
	1000	P_1	0.74	1.32	2.18	3.8	4.7	6.7	8.2	11.0	14.0	19.0	23.5	31.3	41.6	52.1
		T_2	220	414	720	1315	1680	2465	3150	4200	5565	7350	9450	12510	17110	21525
	750	P_1	0.60	1.11	1.77	3.4	4.0	6.1	7.3	9.5	11.9	16.9	21.8	28.6	38.1	48.2
		T_2	236	466	760	1520	1890	2885	3675	4670	6195	8610	11550	15000	20640	26250
	500	P_1	0.45	0.84	1.25	2.4	2.9	4.5	5.4	7.1	8.6	13.2	16.6	22.5	30.2	40.0
		T_2	256	523	790	1575	1995	3095	3885	5090	6510	9660	12600	17000	23650	32000
63	1500	P_1	—	1.35	1.85	3.5	4.7	5.9	8.1	10.5	13.8	16.1	23.3	26.3	35.5	47.7
		T_2	—	322	470	935	1260	1730	2360	3150	4095	4830	6400	8200	11000	15220
	1000	P_1	—	0.99	1.44	2.6	3.6	4.4	6.7	8.2	12.1	14.0	21.4	23.9	32.9	44.7
		T_2	—	345	530	1000	1410	1890	2880	3570	5250	6195	8505	11000	15000	21000
	750	P_1	—	0.82	1.21	2.3	3.0	3.9	5.4	7.2	10.1	12.2	16.2	21.4	30.9	39.7
		T_2	—	374	580	1155	1575	2150	3045	4095	5775	7000	9550	13000	18600	24600
	500	P_1	—	0.66	0.95	1.8	2.4	3.0	4.5	5.6	7.6	9.0	12.4	16.6	22.8	30.2
		T_2	—	449	660	1310	1785	2415	3500	4620	6300	7560	10500	14520	20100	27300

减速器输出轴轴端径向许用载荷 F_r 或轴向许用载荷 F_A 应符合表 10.2-216 的规定。

表 10.2-216　轴端径向许用载荷 F_r 或轴向许用载荷 F_A

中心距 a/mm	63	80	100	125	140	160	180
F_r 或 F_A/N	3500	5000	6000	8500	10000	11000	13000
中心距 a/mm	200	225	250	280	315	355	400
F_r 或 F_A/N	18000	20000	21000	27000	31000	35000	38000

注：F_r 是根据外力作用于输出轴轴端的中点确定的，如图 10.2-10 所示。

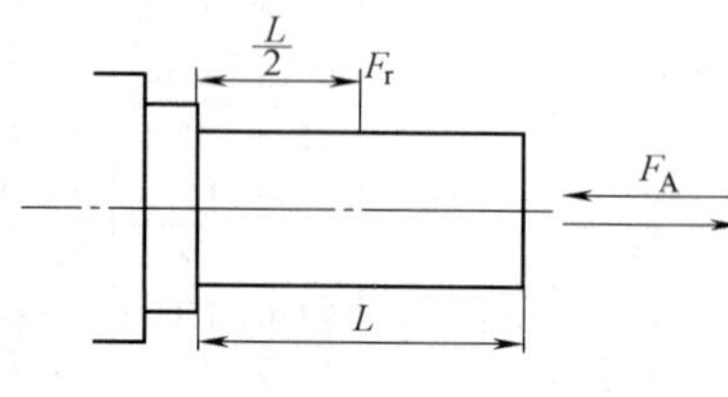

图 10.2-10　确定 F_r 示意图

当外力作用点偏离中点 ΔL 时，其许可的径向载荷应由公式（10.2-17）确定：

$$F_r' = F_r \frac{L}{L \pm 2\Delta L} \tag{10.2-17}$$

式中的正、负号分别对应于外力作用点由轴端中点向外侧及内侧偏移的情形。

17.4　选用方法

表 10.2-215 适用于如下工作条件：减速器工作载荷平稳，无冲击，每日工作 8h，每小时起动 10 次，起动转矩不超过额定转矩的 2.5 倍，小时载荷率 $J_c = 100\%$，环境温度为 20℃。当上述条件不能满足时，应依据表 10.2-217 ~ 表 10.2-219 进行修正。

由式（10.2-18）~ 式（10.2-21）进行修正计算，再由计算结果中的较大值从表 10.2-215 选取与承载能力相符或偏大的减速器。

$$P_{1J} = P_{1B} f_1 f_2 \tag{10.2-18}$$

$$P_{1R} = P_{1B} f_3 f_4 \tag{10.2-19}$$

或

$$T_{2J} = T_{2B} f_1 f_2 \tag{10.2-20}$$

$$T_{2R} = T_{2B} f_3 f_4 \tag{10.2-21}$$

式中　P_{1J}——减速器计算输入机械功率（kW）；

P_{1R}——减速器计算输入热功率（kW）；

T_{2J}——减速器计算输出机械转矩（N·m）；

T_{2R}——减速器计算输出热转矩（N·m）；

P_{1B}——减速器实际输入功率（kW）；

T_{2B}——减速器实际输出转矩（N·m）；

f_1——工作载荷系数，见表 10.2-217；

f_2——起动频率系数，见表 10.2-218；

f_3——小时载荷率系数，见表 10.2-218；

f_4——环境温度系数，见表 10.2-219。

式（10.2-19）和式（10.2-21）是油温为 100℃时热平衡计算，如果采用循环油或水冷却，温升限制在允许范围内，则无须进行热平衡计算。

在初选好减速器的规格后，还应校核减速器的最大尖峰载荷不超过额定承载能力的 2.5 倍，并按表 10.2-216 进行减速器输出轴上作用载荷的校核。

表 10.2-217　工作载荷系数 f_1

日运行时间/h	0.5h 间歇运行	0.5~2	2~10	10~24
均匀载荷(U)	0.8	0.9	1	1.2
中等冲击载荷(M)	0.9	1	1.2	1.4
强冲击载荷(H)	1	1.2	1.4	1.6

注：U、M、H 参见表 10.2-278。

表 10.2-218　起动频率系数 f_2 和小时载荷率系数 f_3

每小时起动次数	≤10	>10~60	>60~240	>240~400
f_2	1	1.1	1.2	1.3

小时载荷率 J_c（%）	100	80	60	40	20
f_3	1	0.94	0.86	0.74	0.56

表 10.2-219　环境温度系数 f_4

环境温度/℃	10~20	>20~30	>30~40	>40~50
f_4	1	1.14	1.33	1.6

例 10.2-12　试为一建筑卷扬机选择 CW 型蜗杆减速器，已知电动机转速 $n_1=725\text{r/min}$，传动比 $i=20$，输出轴转矩 $T_{2B}=2555\text{N·m}$，起动转矩 $T_{2max}=5100\text{N·m}$，输出轴端径向载荷 $F_r=11000\text{N}$，工作环境温度 30℃，减速器每日工作 8h，每小时起动次数 15 次，每次运行时间 3min，中等冲击载荷，装配形式为第Ⅰ种。

解：由于给定条件与规定的工作条件不一致，故应进行有关选型计算。

由表 10.2-217 查得 $f_1=1.2$，由表 10.2-218 查得 $f_2=1.1$，根据 $J_c=75\%\left(\dfrac{3\times15}{60}\times100\%\right)$ 由表 10.2-218 查得 $f_3=0.93$，由表 10.2-219 查得 $f_4=1.14$，由式（10.2-20）、式（10.2-21）计算得

$$
\begin{aligned}
T_{2J} &= T_{2B}f_1f_2\\
&= 2555\times1.2\times1.1\text{N·m}\\
&= 3372.6\text{N·m}\\
T_{2R} &= T_{2B}f_3f_4\\
&= 2555\times0.93\times1.14\text{N·m}\\
&= 2708.8\text{N·m}
\end{aligned}
$$

按计算结果最大值 3372.6N·m 及 $i=20$，$n_1=725\text{r/min}$，由表 10.2-215 初选减速器为 $a=200\text{mm}$，$T_2=4400\text{N·m}$，大于要求值，符合要求。

对减速器输出轴轴端载荷及最大尖峰载荷进行的校核均满足要求，故最后选定减速器的型号为

CW 200-20-ⅠF

18　轴装式圆弧圆柱蜗杆减速器（摘自 JB/T 6387—2010）

JB/T 6387—2010 规定的单级轴装式圆弧圆柱蜗杆减速器包括 SCWU、SCWS、SCWO 和 SCWF 四个系列，直接套装在工作机主轴上，主要应用于冶金、矿山、起重、运输、化工和建筑等机械设备的减速传动。

减速器蜗杆轴转速不超过 1500r/min。

减速器工作环境温度为-40~40℃，当工作环境温度低于 0℃时，起动前润滑油必须加热到 0℃以上。

减速器蜗杆轴可正、反双向运转。

18.1　标记方法

减速器型号：

SCWU——蜗杆在蜗轮之下的轴装式圆弧圆柱蜗杆减速器。

SCWS——蜗杆在蜗轮之侧的轴装式圆弧圆柱蜗杆减速器。

SCWO——蜗杆在蜗轮之上的轴装式圆弧圆柱蜗杆减速器。

SCWF——蜗杆在蜗轮之侧的带输出法兰轴装式圆弧圆柱蜗杆减速器。

S——表示轴装式。

CW——表示蜗杆齿廓为 ZC_1 形。

F——表示带法兰输出。

U、S、O——分别表示蜗杆在蜗轮之下、之侧、之上。

标记方法

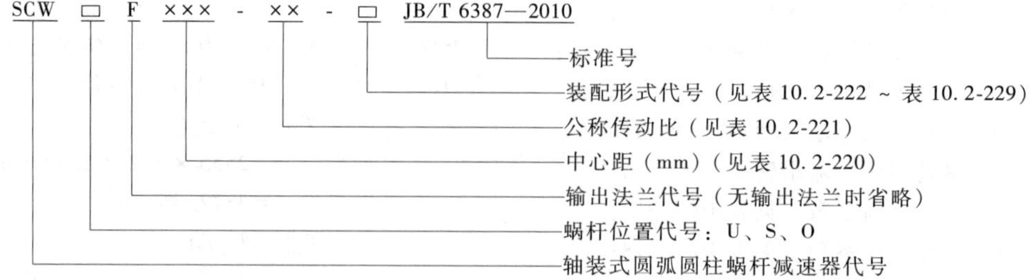

标记示例：

a=200mm，i=10，第二种装配形式，带风扇，蜗杆在蜗轮之下的轴装式圆弧圆柱蜗杆减速器标记为：

SCWU 200-10-ⅡF　JB/T 6387—2010

18. 2　装配形式和外形尺寸

（1）基本参数

减速器的中心距见表 10. 2-220。

表 10. 2-220　减速器的中心距 a

（mm）

中心距 a												
第一系列	63	80	100	125	—	160	—	200	—	250	—	315
第二系列	—	—	—	—	140	—	180	—	225	—	280	—

注：优先选用第一系列。第二系列仅提出形式尺寸，图样根据用户需要另行设计。

减速器的公称传动比 i 见表 10. 2-221。

表 10. 2-221　减速器的公称传动比 i

i	5	6.3	8	10	12.5	16	20	25	31.5	40	50	63

（2）装配形式和外形尺寸

减速器 SCWU63 ~ SCWU100 的装配形式和外形尺寸见表 10. 2-222。

减速器 SCWU125 ~ SCWU315 的装配形式和外形尺寸见表 10. 2-223。

减速器 SCWS63 ~ SCWS100 的装配形式和外形尺寸见表 10. 2-224。

减速器 SCWS125 ~ SCWS315 的装配形式和外形尺寸见表 10. 2-225。

减速器 SCWO63 ~ SCWO100 的装配形式和外形尺寸见表 10. 2-226。

减速器 SCWO125 ~ SCWO315 的装配形式和外形尺寸见表 10. 2-227。

减速器 SCWF63 ~ SCWF100 的装配形式和外形尺寸见表 10. 2-228。

减速器 SCWF125 ~ SCWF315 的装配形式和外形尺寸见表 10. 2-229。

表 10. 2-222　减速器 SCWU63 ~ SCWU100 的装配形式和外形尺寸

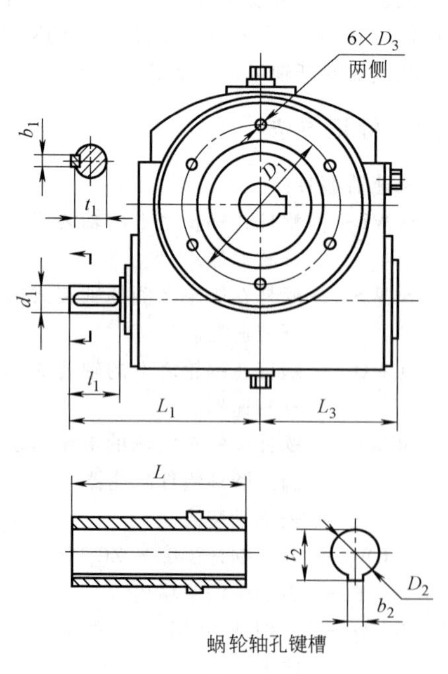

蜗轮轴孔键槽

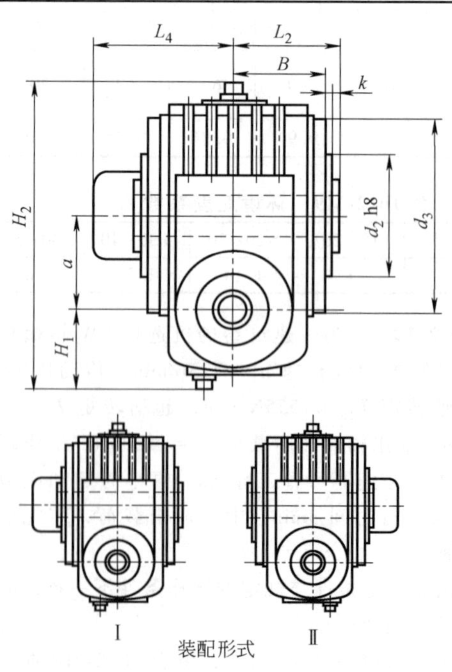

装配形式

（续）

型号 SCWU	尺寸/mm													
	a	d_3	$i<16$					$i \geqslant 16$					D_2	L
			d_1	l_1	b_1	t_1	L_1	d_1	l_1	b_1	t_1	L_1		
63	63	150	19j6	28	6	21.5	128	19j6	28	6	21.5	128	30H7	140
80	80	175	24j6	36	8	27	151	24j6	36	8	27	151	40H7	150
100	100	218	28j6	42	8	31	182	24j6	36	8	27	176	50H7	172

型号 SCWU	尺寸/mm												质量/kg（不包括油）
	b_2	t_2	L_2	L_3	L_4	H_1	H_2	D_1	D_3	B	d_2	k	
63	8	33.3	70	97	95	60	220	102	M8×16	63	80	3	17
80	12	43.3	75	110	106	66	267	125	M8×16	69	100	3	24
100	14	53.8	86	130	140	85	325	150	M10×20	80	120	3	42

表 10.2-223　减速器 SCWU125～SCWU315 的装配形式和外形尺寸

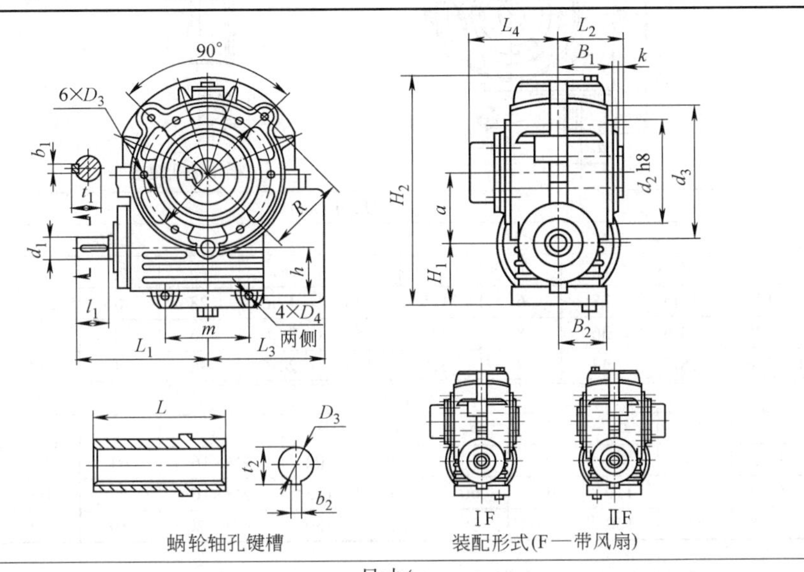

蜗轮轴孔键槽　　装配形式(F—带风扇)

型号 SCWU	尺寸/mm																
	a	d_3	$i<16$					$i \geqslant 16$					D_2	b_2	t_2	L	L_2
			d_1	l_1	b_1	t_1	L_1	d_1	l_1	b_1	t_1	L_1					
125	125	235	32k6	58	10	35	218	28j6	42	8	31	202	60H7	18	64.4	214	107
140	140	265	35k6	58	10	41	228	28j6	42	8	31	212	65H7	18	69.4	240	120
160	160	300	42k6	82	12	45	277	32k6	58	10	35	253	70H7	20	74.9	250	125
180	180	330	42k6	82	12	45	292	32k6	58	10	35	268	80H7	22	85.4	275	137.5
200	200	365	48k6	82	14	51.5	324	38k6	58	10	41	300	85H7	22	90.4	286	143
225	225	415	48k6	82	14	51.5	342	38k6	58	10	41	318	95H7	25	100.4	320	160
250	250	475	55k6	82	16	59	380	42k6	82	12	45	380	105H7	28	111.4	336	168
280	280	540	60m6	105	18	64	430	48k6	82	14	51.5	407	115H7	32	122.4	360	180
315	315	600	65m6	105	18	69	470	48k6	82	14	51.5	447	125H7	32	132.4	400	200

型号 SCWU	尺寸/mm														质量/kg（不包括油）
	L_3	L_4	H_1	H_2	D_1	D_3	D_4	B_1	B_2	m	R	h	d_2	k	
125	202	143	105	380	210	M12×24	13×35	84	84	145	135	80	180	10	80
140	220	152	125	433	235	M12×24	13×35	95	95	160	150	105	200	10	108
160	245	158	125	470	270	M12×24	13×35	95	95	170	170	95	220	10	138
180	260	175	150	530	290	M16×30	17×45	110	110	200	190	125	245	12	183
200	295	185	148	580	320	M16×30	17×45	115	115	250	213	110	245	12	243
225	320	198	170	640	360	M16×30	17×45	130	130	280	235	145	265	12	286
250	360	203	150	682	420	M16×30	17×45	135	135	320	265	125	280	12	350
280	390	227	165	755	450	M20×38	21×55	150	150	380	295	130	350	14	483
315	430	252	195	850	520	M20×38	21×55	170	170	410	340	150	380	15	655

表 10.2-224　减速器 SCWS63～SCWS100 的装配形式和外形尺寸

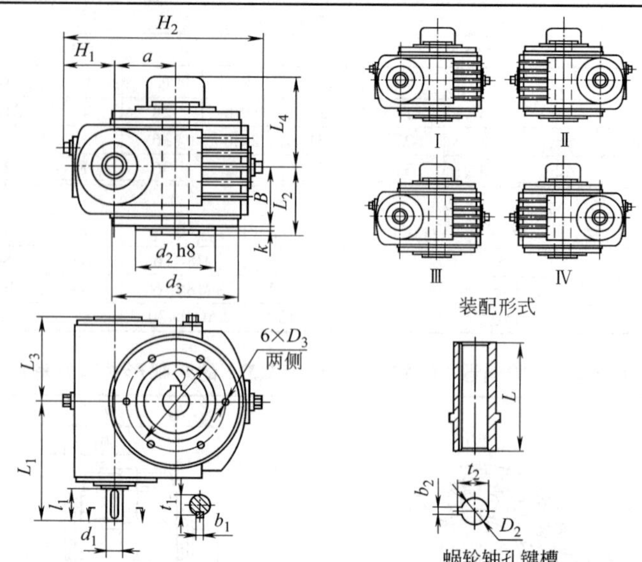

型号 SCWS	尺寸/mm													
	a	d_3	i<16					i≥16					D_2	L
			d_1	l_1	b_1	t_1	L_1	d_1	l_1	b_1	t_1	L_1		
63	63	150	19j6	28	6	21.5	128	19j6	28	6	21.5	128	30H7	140
80	80	175	24j6	36	8	27	151	24j6	36	8	27	151	40H7	150
100	100	218	28j6	42	8	31	182	24j6	36	8	27	176	50H7	172

型号 SCWS	尺寸/mm												质量/kg（不包括油）
	b_2	t_2	L_2	L_3	L_4	H_1	H_2	D_1	D_3	B	d_2	k	
63	8	33.3	70	97	95	60	220	102	M8×16	63	80	3	17
80	12	43.3	75	110	106	66	267	125	M8×16	69	100	3	24
100	14	53.8	86	130	140	85	325	150	M10×20	80	120	3	41

表 10.2-225　减速器 SCWS125～SCWS315 的装配形式和外形尺寸

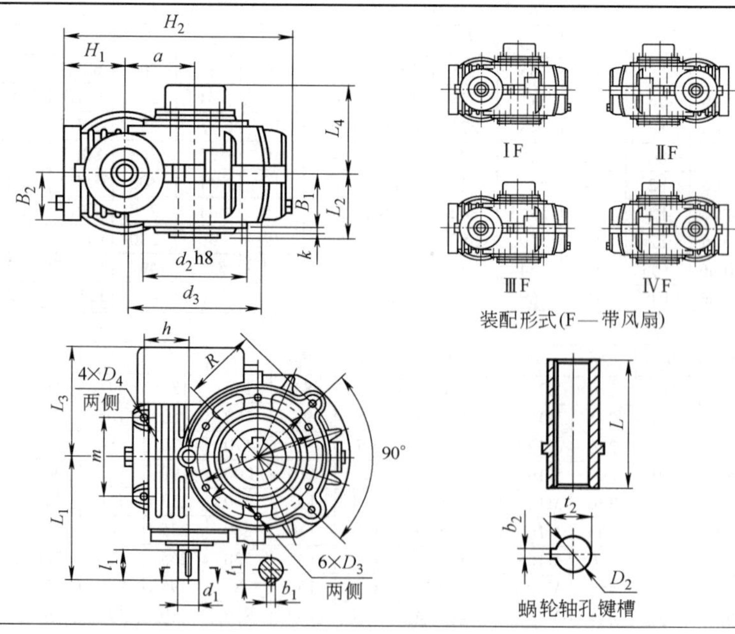

（续）

型号 SCWS	尺寸/mm																
	a	d_3	$i<16$					$i \geqslant 16$					D_2	b_2	t_2	L	L_2
			d_1	l_1	b_1	t_1	L_1	d_1	l_1	b_1	t_1	L_1					
125	125	235	32k6	58	10	35	218	28j6	42	8	31	202	60H7	18	64.4	214	107
140	140	265	38k6	58	10	41	228	28j6	42	8	31	212	65H7	18	69.4	240	120
160	160	300	42k6	82	12	45	277	32k6	58	10	35	253	70H7	20	74.9	250	125
180	180	330	42k6	82	12	45	292	32k6	58	10	35	268	80H7	22	85.4	275	137.5
200	200	365	48k6	82	14	51.5	324	38k6	58	10	41	300	85H7	22	90.4	286	143
225	225	415	48k6	82	14	51.5	342	38k6	58	10	41	318	95H7	25	100.4	320	160
250	250	475	55k6	82	16	59	380	42k6	82	12	45	380	105H7	28	111.4	336	168
280	280	540	60m6	105	18	64	430	48k6	82	14	51.5	407	115H7	32	122.4	360	180
315	315	600	65m6	105	18	69	470	48k6	82	14	51.5	447	125H7	32	132.4	400	200

型号 SCWS	尺寸/mm														质量/kg（不包括油）
	L_3	L_4	H_1	H_2	D_1	D_3	D_4	B_1	B_2	m	R	h	d_2	k	
125	202	143	105	380	210	M12×24	13×35	84	84	145	135	80	180	10	80
140	220	152	125	433	235	M12×24	13×35	95	95	160	150	105	200	10	108
160	245	158	125	470	270	M12×24	13×35	95	95	170	170	95	220	10	138
180	260	175	150	530	290	M16×30	17×45	110	110	200	190	125	245	12	183
200	295	185	148	580	320	M16×30	17×45	115	115	250	213	110	245	12	243
225	320	198	170	640	360	M16×30	17×45	130	130	280	235	145	265	12	286
250	360	203	150	682	420	M16×30	17×45	135	135	320	265	125	280	12	350
280	390	227	165	755	450	M20×38	21×55	150	150	380	295	130	350	14	483
315	430	252	195	850	520	M20×38	21×55	170	170	410	340	150	380	15	655

表 10.2-226　减速器 SCWO63～SCWO100 的装配形式和外形尺寸

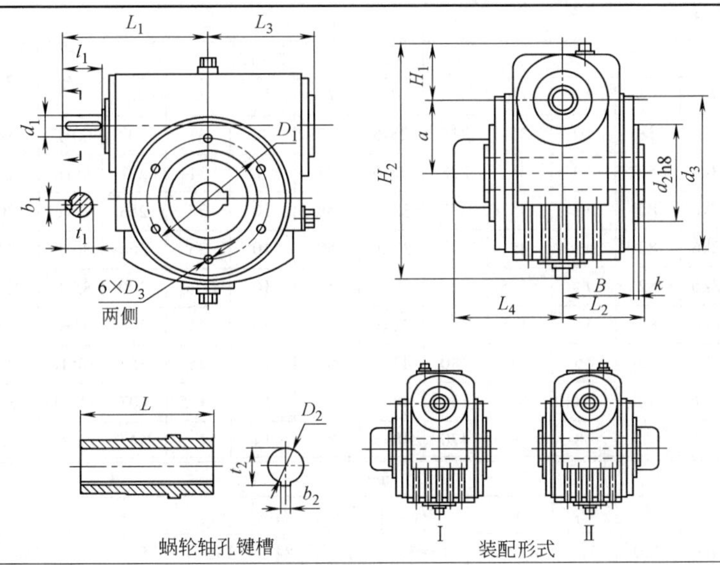

型号 SCWO	尺寸/mm												
	a	d_3	$i<16$					$i \geqslant 16$					D_2	L
			d_1	l_1	b_1	t_1	L_1	d_1	l_1	b_1	t_1	L_1		
63	63	150	19j6	28	6	140	128	19j6	28	6	21.5	128	30H7	140
80	80	175	24j6	36	8	220	151	24j6	36	8	27	151	40H7	150
100	100	218	28j6	42	8	260	182	24j6	36	8	27	176	50H7	172

型号 SCWO	尺寸/mm												质量/kg（不包括油）
	b_2	t_2	L_2	L_3	L_4	H_1	H_2	D_1	D_3	B	d_2	k	
63	8	33.3	70	97	95	60	220	102	M8×16	63	80	3	17
80	12	43.3	75	110	106	66	267	125	M8×16	69	100	3	24
100	14	53.8	86	130	140	85	325	150	M10×20	80	120	3	41

表 10.2-227　减速器 SCWO125～SCWO315 的装配形式和外形尺寸

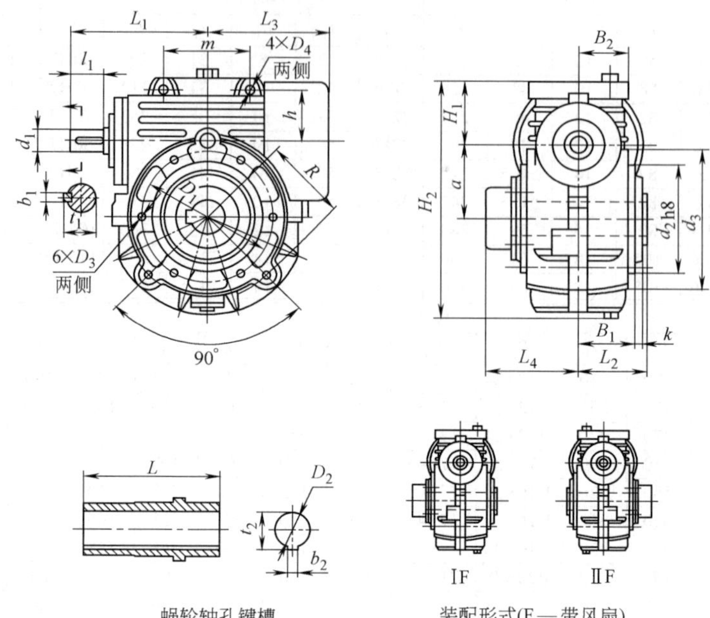

蜗轮轴孔键槽　　装配形式(F—带风扇)

型号 SCWO	尺寸/mm																
	a	d_3	$i<16$					$i\geqslant16$					D_2	b_2	t_2	L	L_2
			d_1	l_1	b_1	t_1	L_1	d_1	l_1	b_1	t_1	L_1					
125	125	235	32k6	58	10	35	218	28j6	42	8	31	202	60H7	18	64.4	214	107
140	140	265	38k6	58	10	41	228	28j6	42	8	31	212	65H7	18	69.4	240	120
160	160	300	42k6	82	12	45	277	32k6	58	10	35	253	70H7	20	74.9	250	125
180	180	330	42k6	82	12	45	292	32k6	58	10	35	268	80H7	22	85.4	275	137.5
200	200	365	48k6	82	14	51.5	324	38k6	58	10	41	300	85H7	22	90.4	286	143
225	225	415	48k6	82	14	51.5	342	38k6	58	10	41	318	95H7	25	100.4	320	160
250	250	475	55k6	82	16	59	380	42k6	82	12	45	380	105H7	28	111.4	336	168
280	280	540	60m6	105	18	64	430	48k6	82	14	51.5	407	115H7	32	122.4	360	180
315	315	600	65m6	105	18	69	470	48k6	82	14	51.5	447	125H7	32	132.4	400	200

型号 SCWO	尺寸/mm													质量/kg（不包括油）
	L_3	L_4	H_1	H_2	D_1	D_3	D_4	B_1	B_2	m	R	h	d_2	k	
125	202	143	105	380	210	M12×24	13×35	84	84	145	135	80	180	10	80
140	220	152	125	433	235	M12×24	13×35	95	95	160	150	105	200	10	108
160	245	158	125	470	270	M12×24	13×35	95	95	170	170	95	220	10	138
180	260	175	150	530	290	M16×30	17×45	110	110	200	190	125	245	12	183
200	295	185	148	580	320	M16×30	17×45	115	115	250	213	110	245	12	243
225	320	198	170	640	360	M16×30	17×45	130	130	280	235	145	265	12	286
250	360	203	150	682	420	M16×30	17×45	135	135	320	265	125	280	12	350
280	390	227	165	755	450	M20×38	21×55	150	150	380	295	130	350	14	483
315	430	252	195	850	520	M20×38	21×55	170	170	410	340	150	380	15	655

表 10.2-228　减速器 SCWF63～SCWF100 的装配形式和外形尺寸

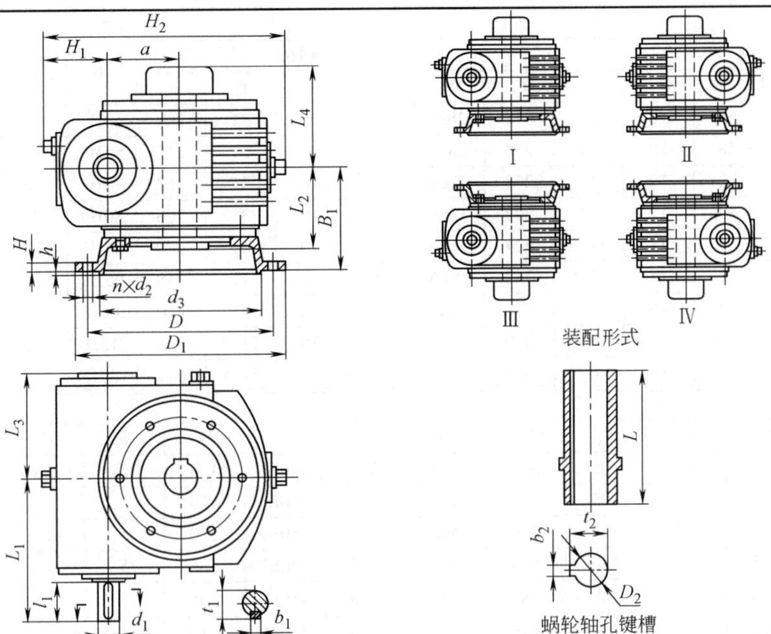

型号 SCWF	尺寸/mm														质量/kg（不包括油）
	a	d_3	$i<16$					$i\geqslant16$					D_2	L	
			d_1	l_1	b_1	t_1	L_1	d_1	l_1	b_1	t_1	L_1			
63	63	180h7	19j6	28	6	21.5	128	19j6	28	6	21.5	128	30H7	140	22
80	80	180h7	24j6	36	8	27	151	24j6	36	8	27	151	40H7	150	30
100	100	230h7	28j6	42	8	31	182	24j6	36	8	27	176	50H7	172	51

型号 SCWF	尺寸/mm													
	b_2	t_2	L_2	L_3	L_4	h	H	H_1	H_2	D	D_1	B_1	d_2	n
63	8	33.3	70	97	95	4	15	60	220	215	250	103	13	6
80	12	43.3	75	110	106	4	15	66	267	215	250	114	13	6
100	14	53.8	86	130	140	5	16	85	325	265	300	130	13	6

表 10.2-229　减速器 SCWF125～SCWF315 的装配形式和外形尺寸

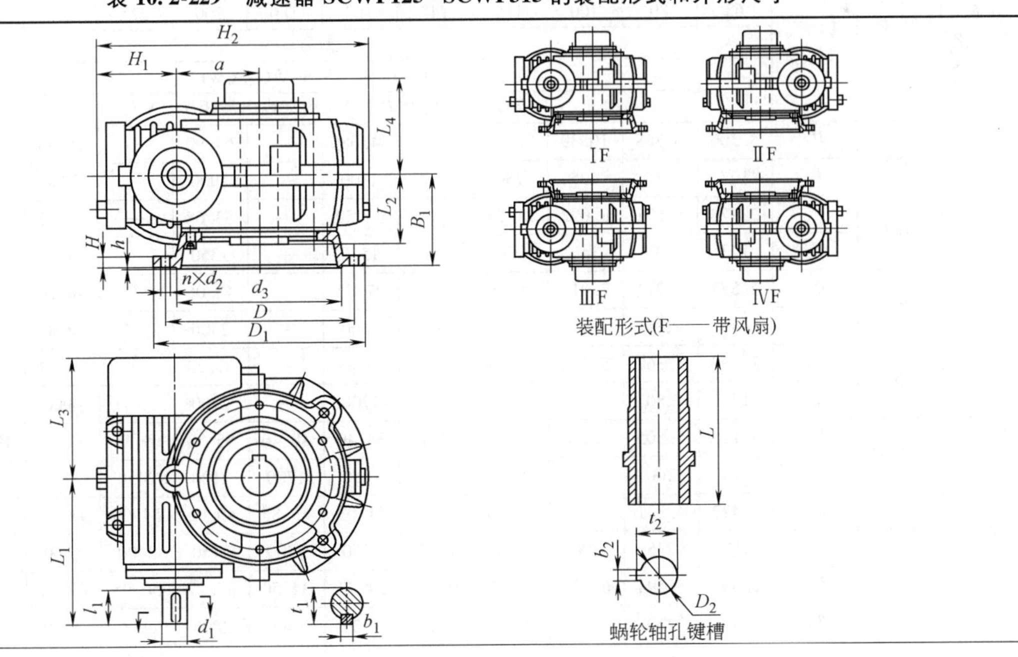

（续）

型号 SCWF	尺寸/mm															
	a	$i<16$					$i\geqslant16$					D_2	b_2	t_2	L	L_2
		d_1	l_1	b_1	t_1	L_1	d_1	l_1	b_1	t_1	L_1					
125	125	32k6	58	10	35	218	28j6	42	8	31	202	60H7	18	64.4	214	107
140	140	38k6	58	10	41	228	28j6	42	8	31	212	65H7	18	69.4	240	120
160	160	42k6	82	12	45	277	32k6	58	10	35	253	70H7	20	74.9	250	125
180	180	42k6	82	12	45	292	32k6	58	10	35	268	80H7	22	85.4	275	137.5
200	200	48k6	82	14	51.5	324	38k6	58	10	41	300	85H7	22	90.4	286	143
225	225	48k6	82	14	51.5	342	38k6	58	10	41	318	95H7	25	100.4	320	160
250	250	55k6	82	16	59	380	42k6	82	12	45	380	105H7	28	111.4	336	168
280	280	60m6	105	18	64	430	48k6	82	14	51.5	407	115H7	32	122.4	360	180
315	315	65m6	105	18	69	470	48k6	82	14	51.5	447	125H7	32	132.4	400	200

型号 SCWF	尺寸/mm												质量/kg（不包括油）
	L_3	L_4	H	H_1	H_2	D	D_1	d_3	B_1	h	d_2	n	
125	202	143	18	105	380	300	350	250h7	144	5	18	6	93
140	220	152	22	125	433	400	450	350h7	170	5	18	6	131
160	245	158	22	125	470	400	450	350h7	170	5	18	6	166.5
180	260	175	22	150	530	400	450	350h7	185	5	18	6	212
200	295	185	25	148	580	500	550	450h7	195	5	18	8	282
225	320	198	25	170	640	500	550	450h7	210	5	18	8	326
250	360	203	28	150	682	600	660	550h7	220	5	22	8	395
280	390	227	28	165	755	600	660	550h7	240	5	22	8	547
315	430	252	30	195	850	690	750	620h7	270	6	22	8	746

18.3 承载能力

减速器的额定输入功率 P_1 和额定输出转矩 T_2 见表 10.2-230。减速器的传动总效率 η 见表 10.2-231，蜗杆蜗轮啮合滑动速度 v_s 见表 10.2-232。

表 10.2-230 减速器的额定输入功率 P_1 和额定输出转矩 T_2

公称传动比 i	输入转速 n_1/r·min^{-1}	功率、转矩	中心距 a/mm											
			63	80	100	125	140	160	180	200	225	250	280	315
			型号											
			SCWU、SCWS、SCWO、SCWF											
			额定输入功率 P_1/kW，额定输出转矩 T_2/N·m											
5	1500	P_1	3.500	6.388	10.39	25.22	—	44.680	—	64.90	—	98.44	—	141.9
		T_2	107	180	295	730	—	1300	—	1900	—	2900	—	4200
	1000	P_1	2.978	4.871	8.092	21.28	—	35.59	—	53.68	—	91.75	—	135.7
		T_2	123	205	345	920	—	1550	—	2350	—	4050	—	6000
	750	P_1	2.577	4.211	7.010	16.40	—	27.73	—	43.06	—	78.56	—	126.4
		T_2	141	235	395	940	—	1600	—	2500	—	4600	—	7400
	500	P_1	2.120	3.367	5.436	11.64	—	19.81	—	31.23	—	56.14	—	104.2
		T_2	173	280	455	990	—	1700	—	2700	—	4900	—	9150
6.3	1500	P_1	3.198	5.505	9.258	21.37	27.51	38.40	48.46	55.38	69.18	83.77	102.5	121.7
		T_2	114	200	340	800	960	1450	1700	2100	2450	3200	3650	4670
	1000	P_1	2.422	4.331	7.141	17.96	24.97	31.03	43.85	49.95	54.08	78.53	95.58	114.4
		T_2	127	235	390	1000	1300	1750	2300	2750	3400	4500	5100	6580
	750	P_1	2.090	3.594	6.138	14.22	19.57	24.73	34.50	37.27	56.95	69.81	88.76	107.2
		T_2	146	260	445	1050	1350	1850	2400	2800	4000	5300	6300	8200

（续）

公称传动比 i	输入转速 n_1/r·min^{-1}	功率、转矩	中心距 a/mm											
			63	80	100	125	140	160	180	200	225	250	280	315
			型号											
			SCWU、SCWS、SCWO、SCWF											
			额定输入功率 P_1/kW,额定输出转矩 T_2/N·m											
6.3	500	P_1	1.706	2.955	4.829	10.47	13.65	17.08	24.62	26.64	41.03	50.37	67.32	83.58
		T_2	176	315	520	1150	1400	1900	2550	3000	4300	5700	7100	9540
8	1500	P_1	2.932	4.866	7.628	17.01	24.25	28.44	43.51	48.25	61.38	73.84	91.68	113.6
		T_2	127	235	365	830	1050	1450	1900	2400	2700	3700	4050	5720
	1000	P_1	2.255	3.908	6.144	13.55	21.70	24.95	39.10	43.65	56.13	67.78	84.52	104.8
		T_2	146	275	440	990	1400	1900	2550	3250	3700	5100	5600	7910
	750	P_1	1.962	3.334	5.289	12.93	16.96	21.31	30.67	35.01	50.44	62.32	77.46	95.18
		T_2	168	310	500	1250	1450	2150	2650	3450	4400	6200	6800	9540
	500	P_1	1.647	2.714	4.183	9.322	12.25	15.42	21.93	25.38	35.91	44.70	61.33	79.99
		T_2	209	375	590	1350	1550	2300	2800	3700	4650	6600	8000	11920
10	1500	P_1	2.340	4.056	6.626	14.16	17.30	24.50	32.10	42.10	50.79	59.13	73.68	94.55
		T_2	132	235	390	850	1050	1500	1850	2600	3250	3800	4750	5910
	1000	P_1	1.800	3.205	5.132	12.78	16.05	21.96	28.62	37.06	43.94	51.10	64.39	87.71
		T_2	150	275	450	1150	1450	2000	2450	3400	4200	4900	6200	8200
	750	P_1	1.594	2.729	4.401	10.54	12.95	17.41	23.73	28.83	35.14	46.40	57.94	80.74
		T_2	170	310	510	1250	1550	2100	2700	3500	4450	5900	7400	10010
	500	P_1	1.272	2.203	3.542	7.714	9.355	12.88	16.96	20.87	26.401	35.62	45.57	64.70
		T_2	209	370	610	1350	1650	2300	2850	3750	4950	6700	8600	11920
12.5	1500	P_1	2.036	3.534	5.579	11.27	14.74	19.32	25.36	32.62	42.61	52.23	71.95	79.91
		T_2	137	240	385	800	1000	1400	1800	2450	3050	3850	5200	6100
	1000	P_1	1.594	2.840	4.465	9.919	13.36	17.63	23.21	29.04	38.43	47.23	66.84	73.88
		T_2	159	285	460	1050	1350	1900	2450	3250	4100	5200	7200	8300
	750	P_1	1.370	2.432	3.977	8.946	11.91	15.38	21.05	24.93	35.26	44.42	62.16	69.26
		T_2	182	325	540	1250	1600	2200	2950	3700	5000	6500	8900	10500
	500	P_1	1.126	1.967	3.121	6.794	9.104	11.16	16.00	17.60	27.75	32.91	45.05	55.40
		T_2	223	390	630	1400	1800	2350	3300	3850	5800	7100	9500	12400
16	1500	P_1	1.728	3.019	4.930	11.06	13.63	19.62	23.11	33.22	39.52	46.71	57.25	77.70
		T_2	137	250	415	960	1200	1750	2200	3000	3700	4250	5400	7150
	1000	P_1	1.359	2.375	3.820	9.651	12.26	16.27	19.81	25.78	30.89	41.99	51.16	72.91
		T_2	159	290	480	1250	1600	2150	2800	3450	4300	5700	7200	10020
	750	P_1	1.170	2.023	3.326	7.871	9.877	12.97	15.60	20.64	26.61	37.26	45.01	65.59
		T_2	182	325	550	1350	1700	2250	2900	3650	4900	6700	8400	11920
	500	P_1	0.963	1.664	2.661	5.677	6.930	9.124	11.397	14.868	18.69	27.11	33.09	47.75
		T_2	223	400	650	1400	1750	2350	3150	3900	5100	7200	9100	12880
20	1500	P_1	1.677	2.680	4.210	8.592	11.05	15.12	19.39	24.97	31.94	41.91	51.71	62.42
		T_2	164	285	455	970	1200	1750	2150	2950	3600	5000	5900	7540
	1000	P_1	1.329	2.094	3.368	7.77	9.301	13.05	16.70	21.97	27.088	37.65	46.95	58.25
		T_2	191	330	540	1250	1500	2250	2750	3850	4550	6700	8000	10490
	750	P_1	1.147	1.825	2.957	6.915	8.694	11.45	14.75	18.14	24.38	34.87	43.07	52.03
		T_2	219	380	630	1500	1850	2600	3200	4200	5400	8200	9700	12400
	500	P_1	0.837	1.466	2.278	5.241	6.478	8.613	10.81	13.18	18.06	25.45	31.64	40.69
		T_2	246	450	710	1650	2000	2800	3450	4500	5900	8800	10500	14310
25	1500	P_1	1.205	2.152	3.531	6.526	8.323	11.82	14.19	18.38	22.32	30.80	38.03	51.46
		T_2	141	275	445	890	1150	1600	2050	2650	3300	4500	5600	7340
	1000	P_1	1.012	1.778	2.896	5.332	6.796	10.42	12.09	16.44	19.86	27.53	35.05	44.90
		T_2	178	340	540	1100	1400	2100	2600	3500	4350	6000	7700	9540
	750	P_1	0.824	1.516	2.340	4.877	6.108	9.484	11.129	14.76	17.95	25.08	31.69	42.47
		T_2	191	380	590	1300	1650	2500	3150	4150	5200	7200	9200	11920

（续）

公称传动比 i	输入转速 n_1/r·min^{-1}	功率、转矩	63	80	100	125	140	160	180	200	225	250	280	315
			中心距 a/mm											
			型号											
			SCWU、SCWS、SCWO、SCWF											
			额定输入功率 P_1/kW，额定输出转矩 T_2/N·m											
25	500	P_1	0.600	1.164	1.836	3.575	4.403	6.831	8.050	11.65	14.05	20.11	25.81	35.78
		T_2	205	435	670	1400	1750	2650	3350	4800	6000	8500	11000	14780
31.5	1500	P_1	1.054	1.809	2.901	7.208	8.413	12.14	14.47	21.53	24.69	28.73	35.02	50.41
		T_2	146	260	430	1100	1350	2000	2550	3600	4300	4900	6200	8780
	1000	P_1	0.829	1.445	2.285	5.730	6.738	9.325	11.13	16.47	18.48	25.65	30.75	46.24
		T_2	168	305	510	1300	1600	2250	2900	3700	4800	6500	8100	11920
	750	P_1	0.689	1.223	1.973	4.548	5.473	7.469	8.868	11.95	14.91	21.21	25.35	36.44
		T_2	187	340	570	1350	1700	2350	3000	3850	5000	7000	8800	12400
	500	P_1	0.581	1.021	1.588	3.284	3.879	5.332	6.568	8.700	10.93	15.30	18.47	26.79
		T_2	228	410	670	1400	1750	2450	3250	4100	5400	7400	9300	13350
40	1500	P_1	1.015	1.634	2.559	5.451	6.917	9.506	11.77	15.87	20.10	26.95	33.33	40.55
		T_2	173	300	485	1100	1350	2000	2450	3450	4300	6000	7100	9160
	1000	P_1	0.780	1.277	2.087	4.670	5.889	8.384	10.35	13.24	17.18	22.99	29.94	37.26
		T_2	196	345	590	1400	1700	2600	3150	4200	5400	7800	9400	12400
	750	P_1	0.704	1.095	1.812	4.159	5.222	6.691	8.296	10.709	14.08	19.78	24.15	32.39
		T_2	228	390	670	1600	1950	2700	3300	4450	5800	8500	10000	14310
	500	P_1	0.554	0.884	1.387	3.053	3.770	4.984	6.147	7.662	10.48	14.46	18.34	23.85
		T_2	259	455	730	1700	2050	2900	3550	4650	6300	9000	11000	15260
50	1500	P_1	0.787	1.430	2.182	4.226	5.339	7.295	8.872	12.07	14.44	20.33	25.42	32.07
		T_2	159	310	480	990	1300	1800	2300	3100	3900	5300	6900	8580
	1000	P_1	0.641	1.144	1.787	3.606	4.439	6.441	7.795	10.48	13.36	18.10	22.34	29.83
		T_2	191	360	570	1250	1600	2350	3000	4000	5300	7000	9000	11920
	750	P_1	0.525	0.966	1.511	3.221	3.839	5.829	6.992	9.088	11.38	16.18	20.76	27.24
		T_2	205	405	640	1450	1800	2750	3500	4450	5900	8200	11000	14300
	500	P_1	0.395	0.730	1.117	2.300	2.803	4.326	5.131	6.790	8.235	12.61	15.77	21.44
		T_2	223	455	700	1500	1900	2950	3700	4850	6200	9200	12000	16220
63	1500	P_1	—	1.175	1.782	3.332	4.452	5.650	7.709	9.966	13.17	15.31	20.20	25.06
		T_2	—	280	450	890	1200	1650	2250	3000	3900	4600	6100	7820
	1000	P_1	—	0.865	1.402	2.488	3.394	4.22	6.399	7.787	11.57	13.39	20.37	22.77
		T_2	—	300	510	970	1350	1800	2750	3400	5000	5900	8100	10490
	750	P_1	—	0.709	1.152	2.147	2.889	3.691	5.141	6.825	9.659	11.60	15.45	20.40
		T_2	—	325	550	1100	1500	2050	2900	3900	5500	6700	9100	12400
	500	P_1	—	0.574	0.900	1.701	2.281	2.878	4.251	5.302	7.260	8.564	11.85	15.84
		T_2	—	390	630	1250	1700	2300	3400	4400	6000	7200	10000	13830

表 10.2-231 减速器的传动总效率 η

公称传动比 i	n_1/r·min^{-1}	63	80	100	125	140	160	180	200	225	250	280	315
		型号											
		SCWU、SCWS、SCWO、SCWF											
		中心距 a/mm											
		η(%)											
5	1500	90.5	92.2	92.9	94.7	—	95.2	—	95.8	—	96.4	—	96.8
	1000	90.1	91.8	93.0	94.3	—	95.0	—	95.5	—	96.3	—	96.6
	750	89.6	91.3	92.2	93.8	—	94.4	—	95.0	—	95.8	—	96.3
	500	89.0	90.7	91.3	92.8	—	93.6	—	94.3	—	95.2	—	95.9

（续）

公称传动比 i	n_1 /r·min^{-1}	型　　号											
		SCWU、SCWS、SCWO、SCWF											
		中心距 a/mm											
		63	80	100	125	140	160	180	200	225	250	280	315
		η(%)											
6.3	1500	89.6	91.3	92.3	94.1	94.5	94.9	95.0	95.3	95.9	96.0	96.4	96.5
	1000	88.2	90.9	91.5	93.3	94.0	94.5	94.7	95.1	95.8	96.0	96.3	96.4
	750	87.8	90.9	91.1	92.8	93.4	94.0	94.2	94.4	95.1	95.4	95.8	96.1
	500	87.2	89.3	90.2	92.0	92.6	93.2	93.5	93.9	94.6	94.8	95.2	95.6
8	1500	88.1	90.0	91.1	92.9	93.8	94.2	94.6	94.7	95.3	95.4	95.7	95.9
	1000	87.3	89.3	90.9	92.7	93.2	93.8	94.2	94.5	95.2	95.5	95.7	95.9
	750	87.0	88.5	90.0	92.0	92.6	93.2	93.6	93.8	94.5	94.7	95.1	95.4
	500	85.9	87.7	89.5	91.9	91.4	91.9	92.2	92.5	93.5	93.7	94.2	94.6
10	1500	85.8	88.1	89.5	91.3	92.3	93.1	93.6	93.9	94.2	94.6	94.9	95.1
	1000	84.6	87.0	88.9	91.2	91.6	92.3	92.7	93.0	93.8	94.1	94.5	94.8
	750	82.5	86.7	88.1	90.2	91.0	91.7	92.4	92.3	93.2	93.6	94.0	94.3
	500	83.5	85.1	87.3	88.7	89.4	90.5	91.0	91.1	92.0	92.3	92.6	93.4
12.5	1500	83.2	86.5	87.9	90.4	91.3	92.3	92.9	93.1	93.7	93.9	94.6	94.7
	1000	82.6	85.2	87.5	89.9	90.7	91.5	92.1	92.5	93.1	93.5	94.0	94.3
	750	82.4	85.1	86.5	89.0	90.4	91.1	91.7	92.0	92.8	93.2	93.7	93.9
	500	81.8	84.2	85.7	87.5	88.7	89.4	90.0	90.4	91.2	91.6	92.0	92.5
16	1500	80.1	83.9	85.3	88.0	89.2	90.4	90.6	91.5	91.9	92.2	92.6	93.3
	1000	79.2	82.5	84.9	87.5	88.2	89.3	89.7	90.4	91.1	91.7	92.1	92.8
	750	78.8	81.4	83.8	86.9	87.2	87.9	88.5	89.6	90.4	91.1	91.6	92.1
	500	78.3	81.2	82.6	83.3	85.3	87.0	87.7	88.6	89.3	89.7	90.0	91.1
20	1500	78.7	81.5	82.8	86.5	87.5	88.7	89.3	90.5	90.8	91.4	91.9	92.5
	1000	77.3	80.5	81.9	85.4	86.6	88.1	88.4	89.5	90.2	90.9	91.5	92.0
	750	76.7	79.8	81.6	83.1	85.7	87.0	87.4	88.7	89.2	90.1	90.7	91.3
	500	75.6	78.4	79.6	80.4	82.9	84.5	85.7	87.2	87.7	88.3	89.1	89.8
25	1500	75.1	78.7	80.8	84.0	85.1	86.8	87.3	88.8	89.3	90.9	90.7	91.5
	1000	74.9	78.5	79.7	83.5	84.6	86.1	86.6	87.4	88.2	89.5	90.2	90.8
	750	74.4	77.2	78.8	82.1	83.2	84.5	85.5	86.6	87.5	88.4	89.4	90.0
	500	73.0	76.7	78.0	80.4	81.6	82.9	83.8	84.6	86.0	86.8	87.5	88.3
31.5	1500	70.0	72.8	75.1	79.9	81.3	83.5	83.9	84.7	85.5	86.4	86.9	88.2
	1000	68.6	71.3	75.4	79.2	80.2	81.5	82.7	84.2	85.0	85.6	86.2	87.1
	750	68.7	70.4	73.2	77.7	78.7	79.7	80.5	81.6	82.3	83.6	85.2	86.2
	500	66.1	67.8	71.3	74.4	76.2	77.6	78.5	79.6	80.8	81.7	82.4	84.2
40	1500	68.7	70.3	72.6	77.3	78.6	80.6	81.7	83.3	84.0	85.3	85.8	86.5
	1000	67.3	69.0	72.2	76.1	77.5	79.2	79.7	81.0	82.3	83.5	84.3	85.0
	750	65.1	68.2	70.8	73.7	75.2	77.3	78.1	79.6	80.9	82.3	83.4	84.6
	500	63.0	65.7	67.2	71.1	73.0	74.3	75.6	77.5	78.7	79.5	80.5	81.7
50	1500	64.9	66.8	69.1	73.6	75.0	77.5	78.3	80.7	81.6	81.9	83.6	84.1
	1000	63.8	64.6	66.8	72.6	74.0	76.4	77.5	79.9	79.9	81.0	82.7	83.7
	750	62.7	64.6	66.5	70.7	72.2	74.1	75.6	76.9	78.3	79.6	81.6	82.5
	500	60.5	64.0	65.6	68.3	69.6	71.4	72.6	74.8	75.8	76.4	78.1	79.2

（续）

公称传动比 i	n_1 /r·min^{-1}	型号											
		SCWU、SCWS、SCWO、SCWF											
		中心距 a/mm											
		63	80	100	125	140	160	180	200	225	250	280	315
		η(%)											
60	1500	—	63.4	66.1	71.1	73.0	75.2	76.4	78.8	80.2	80.0	80.4	83.1
	1000	—	61.5	63.5	69.2	71.8	73.3	75.0	76.2	78.0	78.2	79.3	81.8
	750	—	61.1	62.5	68.2	70.3	71.5	73.7	74.8	77.1	76.9	78.4	80.9
	500	—	60.3	61.1	65.2	67.3	68.6	69.8	72.4	74.6	74.6	74.9	77.5

表 10.2-232 蜗杆蜗轮啮合滑动速度v_s

公称传动比 i	n_1 /r·min^{-1}	型号											
		SCWU、SCWS、SCWO、SCWF											
		中心距 a/mm											
		63	80	100	125	140	160	180	200	225	250	280	315
		v_s/m·s^{-1}											
5	1500	3.42	4.45	5.29	6.54	—	8.13	—	10.28	—	12.47	—	15.57
	1000	2.28	2.97	3.53	4.36	—	5.42	—	6.85	—	8.32	—	10.38
	750	1.71	2.22	2.65	3.27	—	4.07	—	5.14	—	6.24	—	7.78
	500	1.14	1.48	1.76	2.18	—	2.71	—	3.43	—	4.16	—	5.19
6.3	1500	3.04	3.99	4.69	5.78	6.08	7.13	7.61	9.04	9.65	10.89	11.45	13.56
	1000	2.03	2.66	3.13	3.85	4.05	4.76	5.07	6.03	6.43	7.26	7.63	9.04
	750	1.52	1.99	2.34	2.89	3.04	3.57	3.81	4.52	4.83	5.44	5.72	6.78
	500	1.01	1.33	1.56	1.93	2.03	2.38	2.54	3.01	3.22	3.63	3.82	4.52
8	1500	2.76	3.43	4.28	4.95	5.83	6.09	7.28	7.42	9.24	9.44	10.89	11.60
	1000	1.84	2.28	2.86	3.30	3.89	4.06	4.85	4.95	6.16	6.30	7.26	7.73
	750	1.38	1.71	2.14	2.47	2.92	3.04	3.64	3.71	4.62	4.72	5.44	5.80
	500	0.92	1.14	1.43	1.65	1.94	2.03	2.43	2.47	3.08	3.15	3.63	3.87
10	1500	2.69	3.43	4.18	4.77	6.35	6.41	8.21	7.45	9.29	9.31	11.72	11.18
	1000	1.79	2.29	2.78	3.18	4.24	4.27	5.47	4.97	6.19	6.21	7.81	7.45
	750	1.34	1.71	2.09	2.38	3.17	3.21	4.10	3.73	4.64	4.66	5.86	5.59
	500	0.89	1.14	1.39	1.59	2.11	2.14	2.74	2.48	3.10	3.10	3.91	3.73
12.5	1500	2.50	3.35	4.19	4.69	5.16	6.43	6.49	7.21	7.45	9.10	9.13	11.11
	1000	1.67	2.24	2.79	3.12	3.44	4.29	4.32	4.80	4.97	6.07	6.08	7.41
	750	1.25	1.68	2.09	2.34	2.58	3.21	3.24	3.60	3.73	4.55	4.56	5.56
	500	0.83	1.12	1.40	1.56	1.72	2.14	2.16	2.40	2.48	3.03	3.04	3.70
16	1500	2.63	3.37	4.09	4.64	6.25	6.86	7.14	7.24	9.10	9.05	11.49	10.82
	1000	1.76	2.24	2.73	3.09	4.17	4.58	4.76	4.83	6.07	6.03	7.66	7.21
	750	1.32	1.68	2.05	2.32	2.12	3.43	3.57	3.62	4.55	4.53	5.75	5.41
	500	0.88	1.12	1.36	1.55	2.08	2.29	2.38	2.41	3.03	3.02	3.83	3.61
20	1500	2.27	2.94	3.52	4.24	4.92	5.26	6.62	7.02	7.90	7.24	8.94	9.43
	1000	1.51	1.96	2.35	2.83	3.28	3.51	4.41	4.68	5.27	4.83	5.96	6.29
	750	1.14	1.47	1.76	2.12	2.46	2.63	3.31	3.51	3.95	3.62	4.47	4.72
	500	0.76	0.98	1.17	1.42	1.64	1.75	2.21	2.34	2.63	2.41	2.98	3.14

（续）

公称传动比 i	n_1 /r·min^{-1}	型号 SCWU、SCWS、SCWO、SCWF 中心距 a/mm											
		63	80	100	125	140	160	180	200	225	250	280	315
		v_s/m·s^{-1}											
25	1500	2.22	2.58	3.43	3.67	4.42	5.18	5.47	5.48	6.44	6.55	8.06	9.22
	1000	1.48	1.72	2.29	2.44	2.95	2.46	3.65	3.65	4.30	4.37	5.37	6.15
	750	1.11	1.29	1.71	1.83	2.21	2.59	2.74	2.74	3.28	3.28	4.03	4.61
	500	0.74	0.86	1.14	1.22	1.47	1.73	1.82	1.83	2.15	2.18	2.69	3.07
31.5	1500	2.60	3.33	4.04	5.05	6.19	6.17	7.05	7.11	8.99	8.89	11.36	10.60
	1000	1.74	2.22	2.69	3.37	4.12	4.11	4.70	4.74	5.99	5.93	7.57	7.07
	750	1.30	1.66	2.02	2.52	3.09	3.09	3.53	3.56	4.50	4.44	5.68	5.30
	500	0.87	1.11	1.35	1.68	2.06	2.06	2.35	2.37	3.00	2.96	3.79	3.53
40	1500	2.25	2.92	3.48	4.05	4.86	5.19	5.99	6.33	7.10	7.11	8.80	9.28
	1000	1.50	1.94	2.32	2.70	3.24	3.46	4.00	4.22	4.74	4.74	5.87	6.19
	750	1.12	1.46	1.74	2.02	2.43	2.59	3.00	3.16	3.55	3.56	4.40	4.64
	500	0.75	0.97	1.16	1.35	1.62	1.73	2.00	2.11	2.37	2.37	2.93	3.09
50	1500	2.20	2.56	3.15	3.94	4.38	4.73	5.42	5.91	6.37	7.10	7.96	8.29
	1000	1.47	1.71	2.10	2.63	2.92	3.15	3.61	3.94	4.25	4.73	5.31	5.53
	750	1.10	1.28	1.58	1.97	2.19	2.36	2.71	2.96	3.18	3.55	3.98	4.14
	500	0.73	0.85	1.05	1.31	1.46	1.58	1.81	1.97	2.12	2.37	2.65	2.76
60	1500	—	2.15	2.76	3.43	3.78	4.07	4.73	5.05	5.75	6.39	7.40	7.35
	1000	—	1.43	1.84	2.28	2.52	2.71	3.15	3.36	3.84	4.26	4.93	4.90
	750	—	1.07	1.38	1.71	1.89	2.03	2.36	2.52	2.88	3.20	3.70	3.67
	500	—	0.72	0.92	1.14	1.26	1.36	1.58	1.68	1.92	2.13	2.47	2.45

18.4　选用方法

表 10.2-230 中规定的额定输入功率 P_1 和额定输出转矩 T_2 适用于载荷平稳无冲击，每日工作 8h，每小时起动 10 次，起动转矩为额定输出转矩的 2.5 倍，小时载荷率 $J_c=100\%$，环境温度为 20℃。当上述条件不满足时，需用工作状况系数（见表 10.2-233～表 10.2-237）进行修正；对中心距 $a>100$mm 减速器的承载能力，还需用装配形式系数（见表 10.2-238）予以修正。

（1）工作状况系数

工作类型和每日运转时间系数 f_1 见表 10.2-233。

起动频率系数 f_2 见表 10.2-234。

小时载荷率系数 f_3 见表 10.2-235。

环境温度系数 f_4 见表 10.2-236。

风扇系数 f_5 见表 10.2-237。

装配形式系数 f_6 见表 10.2-238。

（2）减速器的选用条件

a）原动机类型。

b）额定输入功率 P_1（kW）。

c）输入转速 n_1（r/min）。

d）工作机类型。

e）额定输出转矩 T_2（N·m）。

f）最大输出转矩 T_{2max}（N·m）。

g）传动比 i。

表 10.2-233　工作类型和每日运转时间系数 f_1

原动机	日运转时间	载荷性质及代号 均匀载荷 U②	中等冲击载荷 M②	强冲击载荷 H②
		f_1		
电动机 汽轮机 水力机	偶然性的 h/2①	0.8	0.9	1
	间断性的 2h①	0.9	1	1.25
	2～10h	1	1.25	1.5
	10～24h	1.25	1.50	1.75
活塞发动机 （4 个～6 个液压缸）	偶然性的 h/2①	0.9	1.0	1.25
	间断性的 2h①	1	1.25	1.5
	2～10h	1.25	1.50	1.75
	10～24h	1.5	1.75	2
活塞发动机 （1 个～3 个液压缸）	偶然性的 h/2①	1	1.25	1.5
	间断性的 2h①	1.25	1.50	1.75
	2～10h	1.5	1.75	2
	10～24h	1.75	2.0	2.25

① 指每日运转时间的总和

② U、M、H 见表 10.2-278。

表 10.2-234　起动频率系数 f_2

每小时起动次数	0～10	>10～60	>60～400
f_2	1	1.1	1.2

表 10.2-235　小时载荷率系数 f_3

小时载荷率 J_c(%)	100	80	60	40	20
f_3	1	0.95	0.88	0.77	0.6

注：$J_c=\frac{1h\text{ 内载荷作用时间 (min)}}{60}\times 100\%$。$J_c<20\%$时，按 $J_c=20\%$计。

表 10.2-236　环境温度系数 f_4

环境温度/℃	0~10	>10~20	>20~30	>30~40	>40~50
f_4	0.89	1	1.14	1.33	1.6

表 10.2-237　风扇系数 f_5

有风扇冷却	$f_5=1$			
无风扇冷却	n_1/r · min^{-1}			
	1500	1000	750	500
中心距 a/mm	f_5			
63~100	1	1	1	1
>100~225	1.37	1.59	1.59	1.33
>225~315	1.51	1.85	1.89	1.78

表 10.2-238　装配形式系数 f_6

中心距 a /mm	减速器形式	
	SCWU、SCWS、SCWF	SCWO
	f_6	
63~100	1	1
125~225	1.2	1.2
250~315	1.3	1.4

h）装配形式。

i）输入、输出轴转向。

j）载荷性质。

k）每日运转时间（h）。

l）每小时起动次数。

m）小时载荷率 J_c（%）。

n）环境温度（℃）。

（3）减速器的选用方法

如果已知条件符合表 10.2-230 规定的工作条件，可直接从表 10.2-230 中选取所需减速器的规格。

如果已知条件与表 10.2-230 规定的工作条件不符，应按式（10.2-22）~式（10.2-25）计算所需的计算输入功率 P_{1J}、P_{1R}或计算输出转矩 T_{2J}、T_{2R}。

$$P_{1J}=P_1f_1f_2 \tag{10.2-22}$$

$$R_{1R}=P_1f_3f_4f_5f_6 \tag{10.2-23}$$

或

$$T_{2J}=T_2f_1f_2 \tag{10.2-24}$$

$$T_{2R}=T_1f_3f_4f_5f_6 \tag{10.2-25}$$

在式（10.2-22）和式（10.2-23）或式（10.2-24）和式（10.2-25）计算结果中选择较大值，再按表 10.2-230选取与承载能力相符或偏大的减速器。

式（10.2-22）或式（10.2-24）按机械强度计算，式（10.2-23）或式（10.2-25）按热极限强度计算，系统极限油温定为 100℃。如果采用专门的冷却措施（循环油冷却、水冷却等）。油温会限定在允许的范围内，不必用式（10.2-23）或式（10.2-25）进行计算。

减速器的最大许用尖峰载荷为额定承载能力的 2.5 倍。

当 J_c 很小，按计算 P_{1J}、P_{1R} 或 T_{2J}、T_{2R} 选取减速器时，还必须核算实际功率和转矩不应超过表 10.2-230 所列额定承载能力的 2.5 倍。

例 10.2-13　已知：需要一台 SCWU 蜗杆减速器用于驱动散料带式输送机，要求减速器为第Ⅱ种装配形式，风扇冷却。具体工况条件如下。

a）原动机类型：电动机。

b）输入转速：$n_1=1000$r/min。

c）公称传动比：$i=40$。

d）输出轴转矩：$T_2=870$N · m。

e）最大输出转矩：$T_{2max}=1800$N · m。

f）每日工作时间：16h。

g）每小时起动次数：30 次（载荷始终作用）。

h）每次运转时间：1.6min。

i）环境温度；40℃。

解：由于已知条件与表 10.2-230 规定的工作条件不符，需先计算 T_{21} 及 T_{2R}，然后再从表 10.2-230 中选择所需减速器的规格。

工作机为散料带式输送机，由表 10.2-278 查得载荷性质代号为 U。

原动机为电动机，每日工作 16h，由表 10.2-233 查得 $f_1=1.25$。

每小时起动 30 次，由表 10.2-234 查得 $f_2=1.1$。

小时载荷率 $J_c=\frac{1.6\times 30}{60}\times 100\%=80\%$，由表 10.2-235 查得 $f_3=0.95$。

环境温度 40℃，由表 10.2-236 查得 $f_4=1.33$。

为初定系数 f_5 和 f_6，需估算所需减速器的中心距。根据 $i=40$，$n=1000$r/min，$T_2>870$N · m，由表 10.2-230 查得最接近的输出转矩值 $T_2=1400$N · m，其对应的减速器中心距 $a=125$mm。

风扇冷却，由表 10.2-237 查得 $f_5=1$。

由表 10.2-238 查得 $f_6=1.2$。

分别按机械强度和热极限强度计算所需转矩：

$$T_{2J}=T_2f_1f_2=870\times 1.25\times 1.1\text{N}\cdot\text{m}\approx 1196\text{N}\cdot\text{m}$$

$$T_{2R}=T_2f_3f_4f_5f_6=870\times 0.95\times 1.33\times 1\times 1.2\text{N}\cdot\text{m}\approx 1319\text{N}\cdot\text{m}$$

热极限强度要求大于机械强度要求，故应按 $T_{2R}=1319$N · m 进行选择。

由表 10.2-230 查得最接近的减速器为：$a=125$mm，$T_2=1400$N · m，略大于要求值，符合要求。因为所选择减速器中心距与初定的中心距相同，因此不必复核系数 f_5 和 f_6。

校核许用尖峰载荷 T_{2max}：

$$T_{2max}=1400\times 2.5\text{N}\cdot\text{m}=3500\text{N}\cdot\text{m}$$

计算值大于实际值 1800N · m，满足要求。

因此选择的减速器为

SCWU 125-40-ⅡF　JB/T 6387—2010

18.5　润滑

蜗杆蜗轮啮合一般采用浸油润滑。浸油深度应符合表 10.2-239 的规定。当啮合滑动速度 $v_s > 10$m/s 时，应采用喷油润滑，v_s 值见表 10.2-240。

表 10.2-239　浸油深度

中心距 a /mm	≤100	>100~250	>250~315	
型号	SCWU、SCWS、SCWO、SCWF		SCWU、SCWS、SCWF	SCWO
浸油深度	蜗杆副全部浸入油中	与蜗杆轴线重合		蜗轮外径的 1/3

润滑油应采用 L-CKE/P、L-CKE（SH/T 0094）蜗轮蜗杆润滑油，其黏度根据滑动速度大小按表 10.2-240 选取。当减速器工作环境温度低于 0℃ 时，应选用低凝固点的润滑油。

表 10.2-240　润滑油黏度

滑动速度 v_s /$m \cdot s^{-1}$	≤2.2	>2.2~5	>5~12	>12
润滑油黏度(40℃) $10^{-6}m^2 \cdot s^{-1}$	612~748	414~506	288~352	198~242

对喷油润滑，润滑油黏度（40℃）为（198～242）$\times10^{-6}m^2/s$，注油压力为 0.15～0.25MPa，每分钟注油量应符合表 10.2-241 的规定。

表 10.2-241　每分钟注油量

中心距 a /mm	100	125	140	160	180	200	225	250	280	315
注油量/(L/min)	2	3	3	4	4	6	6	10	10	15

滚动轴承一般采用飞溅润滑，对于蜗杆轴低速度运转或由于结构原因不能采用飞溅润滑的轴承，应采用锂基润滑脂润滑。

19　立式圆弧圆柱蜗杆减速器（摘自 JB/T 7848—2010[⊖]）

此种减速器主要适用于化工、制药、建筑、食品和轻工等行业。其工作环境温度为 -40～40℃，当工作环境温度低于 -10℃ 时，起动前润滑油必须加热到 0℃ 以上，或采用低凝固点的润滑油。

19.1　型号和标记方法

（1）型号

本减速器型号用字母 LCW 表示，其中 L 表示减速器的结构型式为立式，C 表示蜗杆齿廓为 ZC1 形，W 表示蜗杆减速器。

（2）标记方法

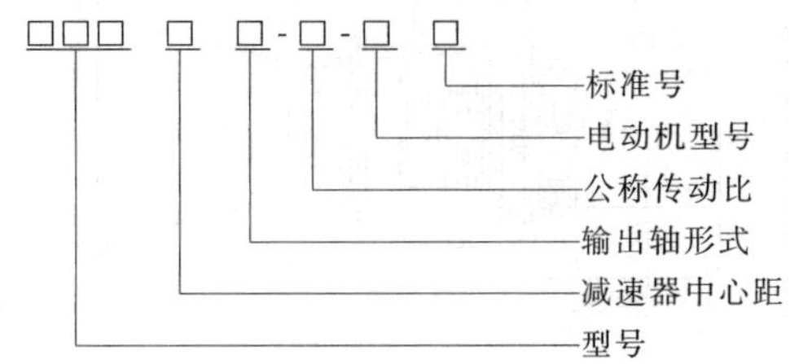

标记示例：

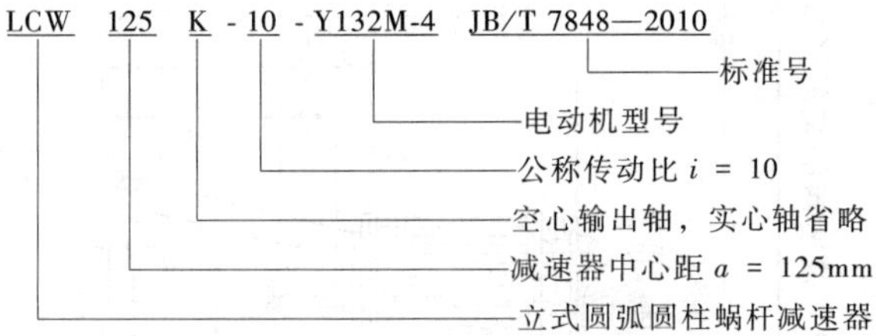

19.2　装配形式和外形尺寸

减速器的装配形式和外形尺寸见表 10.2-242。

19.3　承载能力

（1）基本参数

减速器的中心距应符合表 10.2-243 的规定。

减速器的公称传动比应符合表 10.2-244 的规定。

（2）承载能力

减速器所配用的电动机型号、功率 P_1、V 带型号及输出转矩 T_2 应符合表 10.2-245 的规定。

减速器输出轴轴端许用载荷及确定方法应符合 JB/T 7935—1999 中的规定，见表 10.2-216。

⊖ JB/T 7848—2010 中引用的标准部分已经更新，用户在引用本标准时应予以注意。

表 10.2-242 减速器的装配形式和外形尺寸

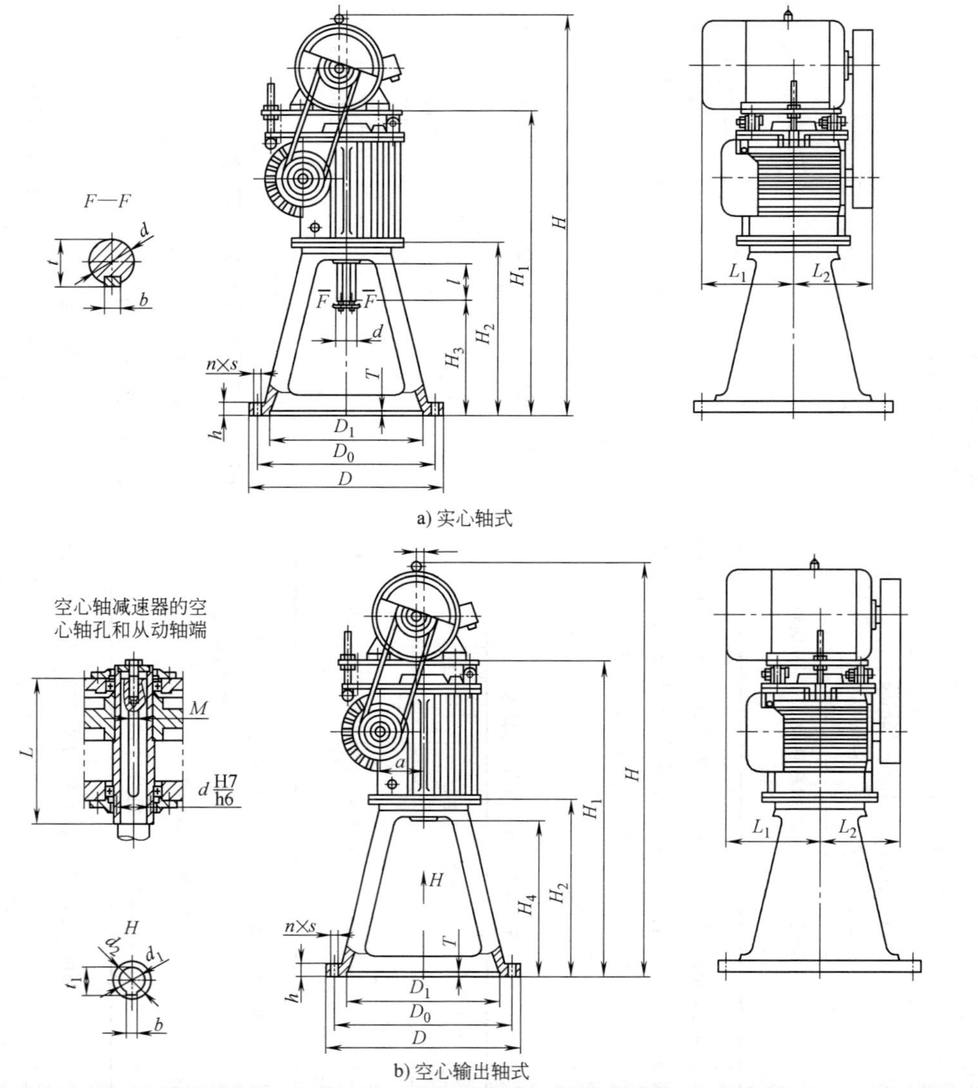

a) 实心轴式

空心轴减速器的空心轴孔和从动轴端

b) 空心输出轴式

（续）

型号	尺寸/mm																								电动机功率/kW	质量/kg
	a	D	D_0	D_1	T	h	d_1(H7)	d	d_2	l	b	t	t_1	e	H	H_1	H_2	H_3	H_4	L_1	L	M	L_2	$n×s$		
LCW80	80	305	270	235	6	24	40	40k6	55	82	12	43	43.3	10	914～989	744	445	340	422	130～225	220	M16	156	8×ϕ14.5	0.75～1.5	98～118
		350	300	250																					1.5～2.2	
		395	360	315																					3	
LCW100	100	350	300	250	6	26	45	45k6	65	82	14	48.5	48.8	10	975～1100	785	450	345	427	145～255	250	M16	186	8×ϕ14.5	1.5～2.2	145～185
		495	455	400																					4～5.5	
LCW125	125	455	400	355	6	26	60	60m6	85	105	18	64	64.4	15	1140～1280	895	505	370	475	200～330	280	M20	225	8×ϕ18.5	3	215～298
		495	455	400																					4～5.5	
		560	510	450																					5.5～11	
LCW160	160	560	510	450	6	30	70	70m6	95	105	20	74.5	74.9	20	1350～1465	1035	535	390	495	242～405	380	M20	285	8×ϕ24	5.5～11	345～465
		600	560	490																					11～15	
		650	600	550																					22	
LCW180	180	560	510	450	6	30	85	85m6	115	130	22	90	90.4	20	1459～1619	1144	585	415	545	257～455	440	M20	310	12×ϕ24	7.5～11	385～575
		600	560	490																					18.5	
		650	600	550																					22	
LCW200	200	560	510	450	6	30	90	90m6	120	130	25	95	95.4	20	1535～1750	1200	605	435	565	292～463	480	M24	330	12×ϕ24	7.5～15	480～685
		650	600	550																					22～37	
LCW225	225	600	560	490	6	30	100	100m6	130	165	28	106	106.4	25	1726～1871	1341	665	455	620	317～445	550	M24	355	12×ϕ24	11～15	620～815
		650	600	550																					22～45	
LCW250	250	600	560	490	6	30	110	110m6	145	165	28	116	116.4	25	1785～1975	1390	680	470	635	357～492	580	M24	390	12×ϕ24	11～18.5	730～1040
		650	600	550																					22～45	
		700	650	600																					55	

注：1. 减速器支架的型式与尺寸也可根据用户要求另行确定。

2. 表中与电动机相关的尺寸是按 Y 系列电动机确定的，也可根据用户要求配用其他类型的电动机。

表 10.2-243 减速器的中心距

中心距 a/mm	80	100	125	160	180	200	225	250

表 10.2-244 减速器的公称传动比

传动比 i	8	10	12.5	16	20	25	31.5	40	50	63

表 10.2-245 电动机型号、功率 P_1、V 带型号及输出转矩 T_2

规格型号	公称传动比 i	电动机功率 P_1/kW	电动机型号	蜗杆副齿数比	从/主动带轮直径/mm	V 带		输出转速 n_2 /r·min^{-1}	输出转矩 T_2 /N·m
						型号	根数		
LCW80	8	4.0	Y112M-4	33/4	90/90	SPZ	3	182	180
	10	3.0	Y100L2-4		115/90			142	173
	12.5				115/72			114	215
	16	2.2	Y100L1-4	31/2	90/90			97	165
	20				115/90			75	213
	25	1.5	Y90L-4		115/72			61	179
	31.5			31/1	90/90			48	200
	40	1.1	Y90S-4		115/90			38	185
	50				115/72			30	234
	63	0.75	Y802-4		140/72			25	191
LCW100	8	5.5	Y132S-4	33/4	112/112			182	240
	10				140/112			145	362
	12.5	4.0	Y112M-4		140/90			117	271
	16			31/2	90/90			97	320
	20	2.2	Y100L1-4		115/90			76	224
	25				115/72			60	284
	31.5			31/1	90/90			48	315
	40	1.5	Y90L-4		115/90			38	271
	50				115/72			30	343
	63				140/72			25	412
LCW125	8	11	Y160M-4	33/4	160/160	SPA		182	495
	10				200/160			145	619
	12.5	7.5	Y132M-4		200/125			114	537
	16			31/2	125/125			97	605
	20				160/125			73	803
	25	5.5	Y132S-4		160/98			59	729
	31.5			30/1	125/125			50	790
	40	4.0	Y112M-4		125/98			39	736
	50	3.0	Y100L2-4		160/98			30	718
	63				200/98			25	861
LCW160	8	22	Y180L-4	34/4	250/250	SPB		176	1060
	10				250/200			135	1380
	12.5	18.5	Y180M-4		312/200			113	1386
	16	15	Y160L-4	31/2	200/200			97	1270
	20	11	Y160M-4		200/160			77	1173
	25				250/160			61	1481
	31.5			31/1	160/160			48	1735
	40	7.5	Y132M-4		200/160			38	1489
	50	5.5	Y132S-4		250/160			30	1383
	63				312/160			25	1659
LCW180	8	30	Y200L-4	29/4	250/250			207	1200
	10				312/250			166	1496

（续）

规格型号	公称传动比 i	电动机功率 P_1/kW	电动机型号	蜗杆副齿数比	从/主动带轮直径/mm	V 带 型号	V 带 根数	输出转速 n_2 /r·min^{-1}	输出转矩 T_2 /N·m
LCW180	12.5	18.5	Y180M-4	29/4	312/200	SPB	3	132	1160
	16			33/2	200/200			91	1654
	20				250/200			70	2145
	25	11	Y160M-4		250/160			58	1539
	31.5			33/1	160/160			45	1840
	40				200/160			36	2299
	50	7.5	Y132M-4		250/160			29	1946
	63				312/160			23	2453
	8	45	Y225M-4	33/4	280/280			182	2140
	10	37	Y225S-4		320/250			140	2271
LCW200	12.5	30	Y200L-4		400/250	15N		113	2282
	16			31/2	250/250			97	2600
	20	22	Y180L-4		250/200			77	2401
	25	15	Y160L-4		320/200			60	2101
	31.5			31/1	200/200			48	2390
	40				250/200			39	2938
	50	11	Y160M-4		320/200			30	2801
	63	7.5	Y132M-4		400/200			24	2387
	8	45	Y225M-4	29/4	280/280			207	1830
	10				400/280			145	2608
LCW225	12.5	37	Y225S-4		420/250			129	2410
	16	30	Y200L-4	32/2	250/250			94	2610
	20				320/250			73	3359
	25	22	Y180L-4		320/200			58	3133
	31.5	15	Y160L-4	32/1	200/200			47	2470
	40				250/200			38	3053
	50	11	Y160M-4	32/1	320/200			29	2934
	63				400/200			23	3699
LCW250	8	55	Y250M-4	33/4	280/280		4	182	2510
	10				350/280			145	3148
	12.5	45	Y225M-4		420/280		3	121	3086
	16			31/2	280/280			97	4140
	20	37	Y225S-4		320/250			76	4184
	25	30	Y200L-4		400/250			60	4200
	31.5	22	Y180L-4	31/1	200/200			48	3595
	40				250/200			39	4417
	50	18.5	Y180M-4		320/200			30	4829
	63	11	Y160M-4		400/200			24	3589

20　直廓环面蜗杆减速器（摘自 JB/T 7936—2010）

直廓环面蜗杆减速器适用于冶金、矿山、起重、运输、石油、化工和建筑等机械设备。其工作条件如下：

1）蜗杆与蜗轮轴交角 90°。

2）转速不超过 1500r/min。

3）蜗杆中间平面分度圆滑动速度不超过 16m/s。

4）蜗杆轴可正、反向运转。

5）减速器工作的环境温度为-40~40℃。当工作环境温度低于 0℃时，起动前润滑油必须加热到 0℃以上或采用低凝固点的润滑油；当高于 40℃时，必须采取冷却措施。

20.1　型号、标记方法和基本参数

（1）型号

1）蜗杆在蜗轮之上。

HWT 型——铸造机体和机盖。

HWWT 型——焊接机体和机盖。

2）蜗杆在蜗轮之下。

HWB 型——铸造机体和机盖。

HWWB 型——焊接机体和机盖。

（2）标记方法

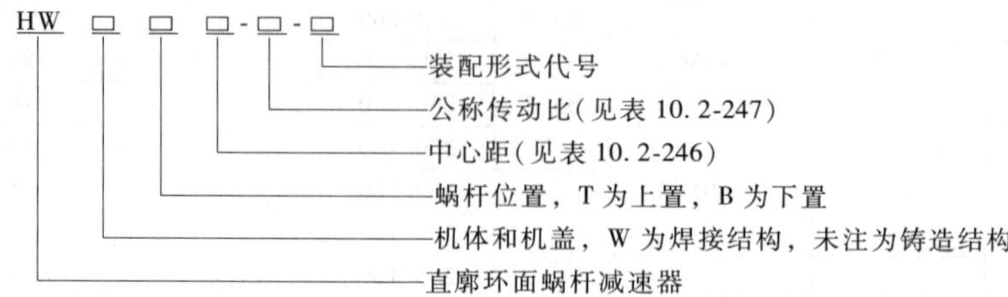

标记示例：

示例 1　中心距 250mm，公称传动比 20，第一种装配形式，蜗杆上置，铸造结构的机体和机盖直廓环面蜗杆减速器标记为：

减速器 HWT 250-20-1 JB/T 7936—2010

示例 2　中心距 250mm，公称传动比 20，第一种装配形式，蜗杆下置，焊接结构的机体和机盖直廓环面蜗杆减速器标记为：

减速器 HWWB 250-20-1 JB/T 7936—2010

（3）基本参数（见表 10.2-246～表 10.2-248）

表 10.2-246　中心距 a　（mm）

第一系列	100	125	160	200	250	—	315	—	400	—	500
第二系列	—	—	—	—	—	280	—	355	—	450	—

注：应优先选用第一系列。

表 10.2-247　公称传动比 i

第一系列	10	12.5	—	16	—	20	—	25
第二系列	—	—	14	—	18	—	22.4	—
第一系列	—	31.5		40		50	—	63
第二系列	28	—	35.5	—	45	—	56	—

注：应优先选用第一系列。

表 10.2-248　分度圆直径 d_1、成形圆直径 d_b 及蜗轮齿宽 b_2　（mm）

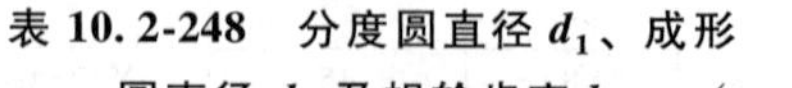

a	100	125	160	200	250	280	315	355	400	450	500
d_1	40	50	56	71	90	100	112	125	140	160	180
d_b	63	80	100	125	160	180	200	224	250	280	315
b_2	25	31.5	40	50	63	71	80	90	100	112	125

20.2　装配形式和外形尺寸

蜗杆在蜗轮之上与蜗杆在蜗轮之下各有三种装配形式，如图 10.2-11 所示。

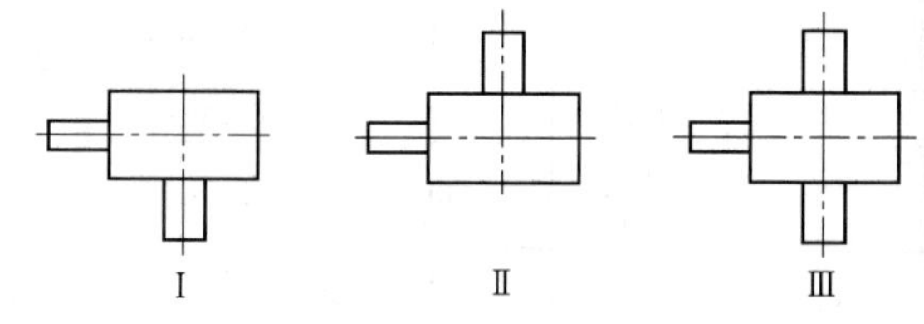

图 10.2-11　三种装配形式

HWT 型减速器的主要尺寸见表 10.2-249，HWWT 型减速器的主要尺寸见表 10.2-250。

表 10.2-249　HWT 型减速器的主要尺寸　（mm）

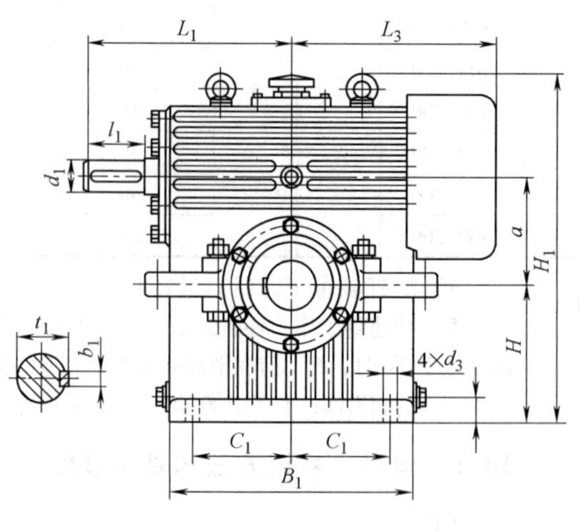

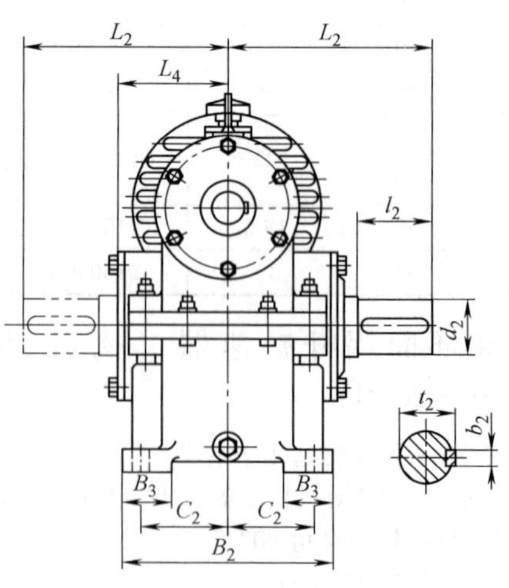

（续）

型号	a	B_1	B_2	B_3	C_1	C_2	H	d_1	l_1	b_1	t_1	L_1
HWT100	100	250	220	50	100	90	140	28js6	60	8	31	220
HWT125	125	280	260	60	115	105	160	35k6	80	10	38	260
HWT160	160	380	310	70	155	130	200	45k6	110	14	48.5	340
HWT200	200	450	360	80	185	150	250	55m6	110	16	59	380
HWT250	250	540	430	100	225	180	280	65m6	140	18	69	460
HWT280	280	640	500	110	270	210	315	75m6	140	20	79.5	530
HWT315	315	700	530	120	280	225	355	80m6	170	22	85	590
HWT355	355	750	560	130	300	245	400	85m6	170	22	90	610
HWT400	400	840	620	160	315	260	450	95m6	170	25	100	660
HWT450	450	930	700	190	355	300	500	100m6	210	28	106	740
HWT500	500	1020	760	200	400	320	560	110m6	210	28	116	790

型号	d_2	l_2	b_2	t_2	L_2	L_3	L_4	H_1	h	d_3	油量/L	质量/kg
HWT100	50k6	82	14	53.5	220	220	120	374	25	16	7	69
HWT125	60m6	82	18	64	240	260	142	430	30	20	9	129
HWT160	75m6	105	20	79.5	310	320	177	530	35	24	18	175
HWT200	90m6	130	25	95	350	380	192	640	40	24	38	290
HWT250	110m6	165	28	116	430	440	230	765	45	28	55	490
HWT280	120m6	165	32	127	470	530	255	855	50	35	71	750
HWT315	130m6	200	32	137	500	555	260	930	55	35	95	1030
HWT355	140m6	200	36	148	530	590	300	1040	60	35	126	1640
HWT400	150m6	200	36	158	560	655	310	1225	70	42	170	2170
HWT450	170m6	240	40	179	640	705	360	1345	75	42	220	2690
HWT500	180m6	240	45	190	670	775	390	1490	80	42	275	3410

表 10.2-250　HWWT 型减速器的主要尺寸　（mm）

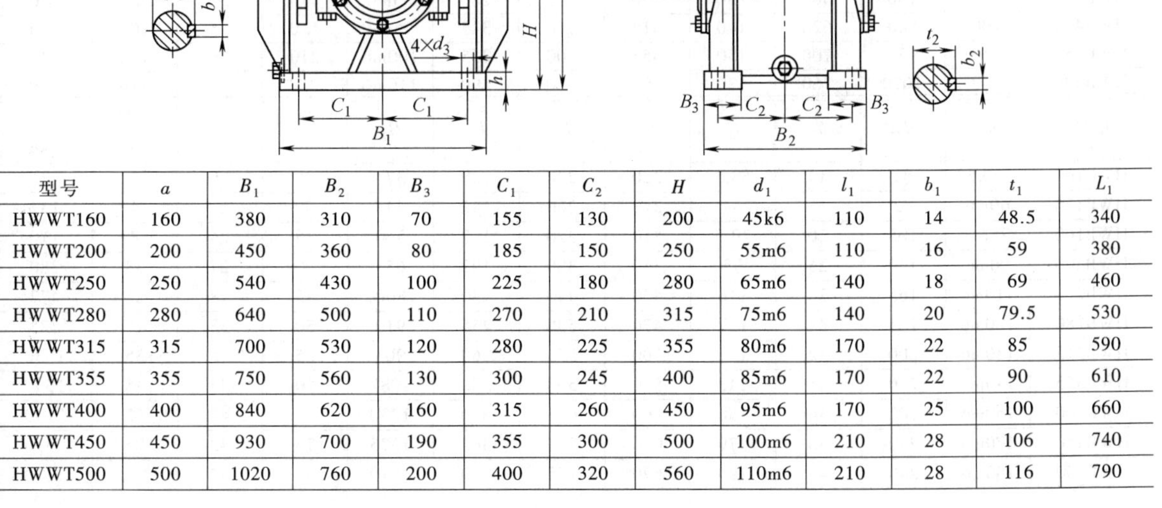

型号	a	B_1	B_2	B_3	C_1	C_2	H	d_1	l_1	b_1	t_1	L_1
HWWT160	160	380	310	70	155	130	200	45k6	110	14	48.5	340
HWWT200	200	450	360	80	185	150	250	55m6	110	16	59	380
HWWT250	250	540	430	100	225	180	280	65m6	140	18	69	460
HWWT280	280	640	500	110	270	210	315	75m6	140	20	79.5	530
HWWT315	315	700	530	120	280	225	355	80m6	170	22	85	590
HWWT355	355	750	560	130	300	245	400	85m6	170	22	90	610
HWWT400	400	840	620	160	315	260	450	95m6	170	25	100	660
HWWT450	450	930	700	190	355	300	500	100m6	210	28	106	740
HWWT500	500	1020	760	200	400	320	560	110m6	210	28	116	790

（续）

型号	d_2	l_2	b_2	t_2	L_2	L_3	L_4	H_1	h	d_3	油量 /L	质量 /kg
HWWT160	75m6	105	20	79.5	310	250	177	530	35	24	18	178
HWWT200	90m6	130	25	95	350	300	192	640	40	24	38	276
HWWT250	110m6	165	28	116	430	340	230	765	45	28	55	528
HWWT280	120m6	165	32	127	470	400	255	855	50	35	71	710
HWWT315	130m6	200	32	137	500	430	260	930	55	35	95	898
HWWT355	140m6	200	36	148	530	460	300	1040	60	35	126	1420
HWWT400	150m6	200	36	158	560	510	310	1225	70	42	170	1880
HWWT450	170m6	240	40	179	640	550	360	1345	75	42	220	2280
HWWT500	180m6	240	45	190	670	600	390	1490	80	42	275	2950

HWB 型减速器的主要尺寸见表 10.2-251。　HWWB 型减速器的主要尺寸见表 10.2-252。

表 10.2-251　HWB 型减速器的主要尺寸　（mm）

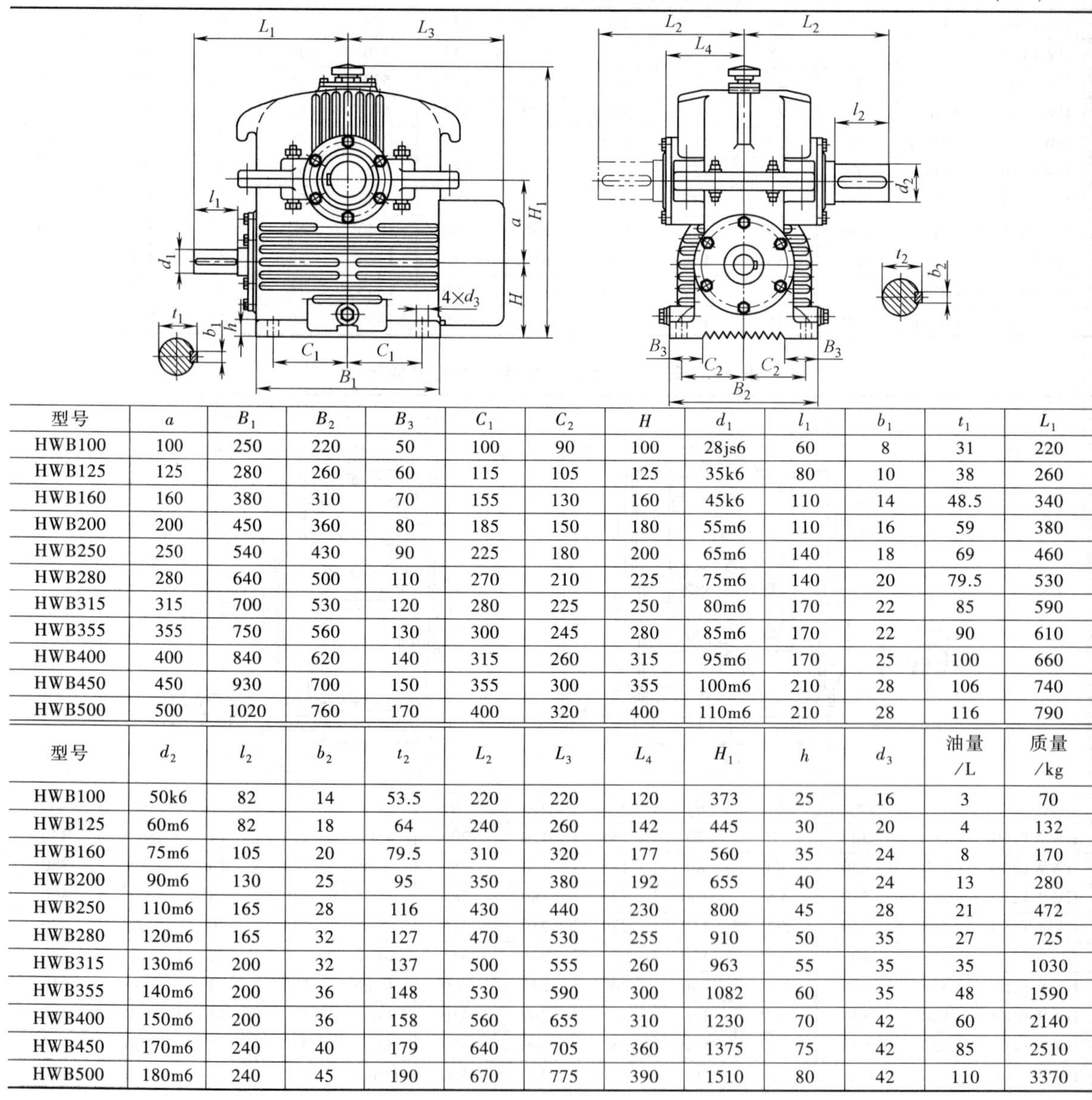

型号	a	B_1	B_2	B_3	C_1	C_2	H	d_1	l_1	b_1	t_1	L_1
HWB100	100	250	220	50	100	90	100	28js6	60	8	31	220
HWB125	125	280	260	60	115	105	125	35k6	80	10	38	260
HWB160	160	380	310	70	155	130	160	45k6	110	14	48.5	340
HWB200	200	450	360	80	185	150	180	55m6	110	16	59	380
HWB250	250	540	430	90	225	180	200	65m6	140	18	69	460
HWB280	280	640	500	110	270	210	225	75m6	140	20	79.5	530
HWB315	315	700	530	120	280	225	250	80m6	170	22	85	590
HWB355	355	750	560	130	300	245	280	85m6	170	22	90	610
HWB400	400	840	620	140	315	260	315	95m6	170	25	100	660
HWB450	450	930	700	150	355	300	355	100m6	210	28	106	740
HWB500	500	1020	760	170	400	320	400	110m6	210	28	116	790

型号	d_2	l_2	b_2	t_2	L_2	L_3	L_4	H_1	h	d_3	油量 /L	质量 /kg
HWB100	50k6	82	14	53.5	220	220	120	373	25	16	3	70
HWB125	60m6	82	18	64	240	260	142	445	30	20	4	132
HWB160	75m6	105	20	79.5	310	320	177	560	35	24	8	170
HWB200	90m6	130	25	95	350	380	192	655	40	24	13	280
HWB250	110m6	165	28	116	430	440	230	800	45	28	21	472
HWB280	120m6	165	32	127	470	530	255	910	50	35	27	725
HWB315	130m6	200	32	137	500	555	260	963	55	35	35	1030
HWB355	140m6	200	36	148	530	590	300	1082	60	35	48	1590
HWB400	150m6	200	36	158	560	655	310	1230	70	42	60	2140
HWB450	170m6	240	40	179	640	705	360	1375	75	42	85	2510
HWB500	180m6	240	45	190	670	775	390	1510	80	42	110	3370

表 10.2-252　HWWB 型减速器的主要尺寸　(mm)

型号	a	B_1	B_2	B_3	C_1	C_2	H	d_1	l_1	b_1	t_1	L_1
HWWB160	160	380	310	70	155	130	160	45k6	110	14	48.5	340
HWWB200	200	450	360	80	185	150	180	55m6	110	16	59	380
HWWB250	250	540	430	90	225	180	200	65m6	140	18	69	460
HWWB280	280	640	500	110	270	210	225	75m6	140	20	79.5	530
HWWB315	315	700	530	120	280	225	250	80m6	170	22	85	590
HWWB355	355	750	560	130	300	245	280	85m6	170	22	90	610
HWWB400	400	840	620	140	315	260	315	95m6	170	25	100	660
HWWB450	450	930	700	150	355	300	355	100m6	210	28	106	740
HWWB500	500	1020	760	170	400	320	400	110m6	210	28	116	790

型号	d_2	l_2	b_2	t_2	L_2	L_3	L_4	H_1	h	d_3	油量/L	质量/kg
HWWB160	75m6	105	20	79.5	310	250	177	560	35	24	8	176
HWWB200	90m6	130	25	95	350	300	192	655	40	24	13	276
HWWB250	110m6	165	28	116	430	340	230	800	45	28	21	300
HWWB280	120m6	165	32	127	470	400	255	910	50	35	27	730
HWWB315	130m6	200	32	137	500	430	260	963	55	35	35	920
HWWB355	140m6	200	36	148	530	460	300	1082	60	35	48	1380
HWWB400	150m6	200	36	158	560	510	310	1230	70	42	60	1860
HWWB450	170m6	240	40	179	640	550	360	1375	75	42	85	2170
HWWB500	180m6	240	45	190	670	600	390	1510	80	42	110	2910

20.3　承载能力

(1) 减速器的额定输入功率 P_1 和额定输出转矩 T_2（见表 10.2-253）

(2) 减速器的许用输入热功率 P_h

1) HWT、HWB 型减速器的许用输入热功率 P_{p1} 见表 10.2-254。

表 10.2-253　减速器的额定输入功率 P_1 和额定输出转矩 T_2

公称传动比 i	输入转速 n/r·min^{-1}	功率转矩	中心距 a/mm										
			100	125	160	200	250	280	315	355	400	450	500
			额定输入功率 P_1/kW　额定输出转矩 T_2/N·m										
10	1500	P_1	11.5	20.8	35.4	65.5	111.0	145.0	190.0	248.0	329.0	431.0	526.0
		T_2	665	1220	2100	3840	6660	8670	11380	14900	19720	26450	32260
	1000	P_1	9.2	16.8	28.9	53.7	92.3	122.0	161.0	213.0	283.0	369.0	464.0
		T_2	790	1460	2530	4660	8190	10800	14290	18910	25080	33470	42080
	750	P_1	8.0	14.8	25.6	47.8	82.9	110.0	147.0	196.0	260.0	338.0	433.0
		T_2	910	1700	2960	5490	9740	12910	17300	23030	30500	40590	51990
	500	P_1	6.1	11.6	20.5	38.7	68.1	90.7	122.0	163.0	217.0	284.0	367.0
		T_2	1040	1970	3520	6600	11870	15800	21260	28390	37740	50550	65350
	300	P_1	4.2	8.1	14.6	28.1	50.8	68.5	93.3	126.0	169.0	223.0	289.0
		T_2	1170	2250	4140	7890	14570	19670	26770	36160	48470	65360	84880

（续）

公称传动比 i	输入转速 n/r·min^{-1}	功率转矩	中心距 a/mm										
			100	125	160	200	250	280	315	355	400	450	500
			额定输入功率 P_1/kW　额定输出转矩 T_2/N·m										
12.5	1500	P_1	10.6	19.4	33.0	58.3	99.4	130.0	171.0	223.0	293.0	384.0	475.0
		T_2	725	1330	2290	4050	7060	9210	12110	15830	20760	27830	34440
	1000	P_1	8.4	15.6	26.8	47.7	82.2	109.0	145.0	191.0	253.0	330.0	418.0
		T_2	845	1580	2740	4890	8620	11420	15190	20010	26490	35330	44800
	750	P_1	7.3	13.6	23.7	42.4	73.6	97.6	131.0	175.0	232.0	303.0	389.0
		T_2	970	1820	3210	5740	10210	13540	18170	24250	32140	42920	55170
	500	P_1	5.5	10.5	18.7	34.1	60.2	80.4	108.0	145.0	193.0	253.0	327.0
		T_2	1100	2090	3760	6870	12400	16540	22290	29830	39670	53200	68850
	300	P_1	3.7	7.2	13.1	24.6	44.5	60.2	82.2	111.0	149.0	198.0	257.0
		T_2	1200	2320	4290	8050	14920	20190	27540	37310	50100	67750	88130
14	1500	P_1	9.3	17.3	29.4	51.8	88.3	115.0	151.0	197.0	260.0	342.0	419.0
		T_2	705	1300	2250	3970	6910	9000	11810	15440	20360	27380	33560
	1000	P_1	7.4	13.9	23.9	42.5	73.2	97.0	129.0	169.0	224.0	294.0	370.0
		T_2	830	1550	2710	4810	8470	11220	14890	19580	25910	34740	43730
	750	P_1	6.4	12.2	21.1	37.8	65.6	87.0	117.0	155.0	206.0	269.0	345.0
		T_2	950	1800	3170	5650	10050	13310	17850	23780	31530	42040	53940
	500	P_1	4.9	9.4	16.8	30.5	53.8	71.7	96.5	129.0	172.0	225.0	291.0
		T_2	1080	2070	3710	6770	12220	16280	21910	29280	38960	52230	67560
	300	P_1	3.3	6.5	11.8	22.1	40.0	54.0	73.6	99.5	133.0	176.0	229.0
		T_2	1170	2280	4210	7880	14600	19720	26870	36330	48760	65880	85610
16	1500	P_1	8.1	14.8	25.2	45.6	78.0	102.0	134.0	175.0	230.0	301.0	390.0
		T_2	690	1250	2170	4130	7210	9440	12430	16230	21240	28430	36860
	1000	P_1	6.5	11.9	20.7	37.3	64.4	85.0	114.0	150.0	198.0	259.0	334.0
		T_2	815	1490	2630	4990	8790	11630	15560	20510	27020	36240	46650
	750	P_1	5.7	10.5	18.2	33.1	57.6	76.4	103.0	137.0	182.0	237.0	306.0
		T_2	940	1740	3050	5850	10400	13820	18540	24750	32840	43910	56530
	500	P_1	4.3	8.2	14.5	26.6	47.1	62.8	84.7	113.0	151.0	198.0	256.0
		T_2	1070	2020	3620	6980	12610	16850	22720	30420	40480	54360	68970
	300	P_1	2.9	5.7	10.3	19.1	34.7	46.9	64.1	86.9	117.0	155.0	201.0
		T_2	1160	2240	4130	8050	14950	20250	27660	37490	50390	68260	88870
18	1500	P_1	7.4	13.5	23.0	41.7	71.5	93.6	124.0	162.0	211.0	275.0	357.0
		T_2	705	1270	2210	4180	7340	9600	12700	16580	21620	28830	37460
	1000	P_1	6.0	10.8	18.8	34.1	58.9	77.7	104.0	138.0	181.0	237.0	306.0
		T_2	845	1510	2660	5050	8920	11760	15750	20900	27400	36760	47420
	750	P_1	5.1	9.5	16.6	30.2	52.6	69.7	93.7	125.0	166.0	217.0	280.0
		T_2	950	1760	3100	5920	10550	13980	18810	25110	33320	44640	57500
	500	P_1	3.9	7.4	13.2	24.2	42.9	57.2	77.3	104.0	138.0	181.0	234.0
		T_2	1070	2040	3660	7030	12760	17020	23000	30820	41020	55150	71380
	300	P_1	2.6	5.1	9.3	17.3	31.4	42.6	58.3	79.1	106.0	141.0	184.0
		T_2	1150	2220	4100	7970	14860	20110	27530	37360	50250	68230	88860
20	1500	P_1	6.4	11.9	20.3	35.9	61.2	79.9	105.0	137.0	180.0	237.0	292.0
		T_2	700	1300	2250	3980	6950	9070	11910	15540	20450	27510	33890
	1000	P_1	5.1	9.6	16.5	29.4	50.7	66.7	88.8	118.0	156.0	203.0	257.0
		T_2	825	1550	2700	4810	8490	11180	14880	19730	26130	34860	44120
	750	P_1	4.4	8.4	14.6	26.1	45.4	60.2	80.7	108.0	143.0	186.0	239.0
		T_2	940	1790	3160	5650	10060	13350	17900	23860	31650	42290	54320
	500	P_1	3.4	6.5	11.6	21.1	37.2	49.6	66.8	89.3	119.0	156.0	202.0
		T_2	1070	2060	3700	6760	12230	16300	21950	29350	39060	52450	67870
	300	P_1	2.3	4.5	8.1	15.2	27.5	37.2	50.8	68.7	62.3	122	158.0
		T_2	1140	2230	4130	7730	14380	19420	26500	35850	48150	65190	84770
22.4	1500	P_1	6.1	11.1	18.9	33.4	57.1	74.6	98.4	128.0	168.0	220.0	285.0
		T_2	730	1310	2270	4020	7040	9190	12120	15800	20700	27740	35920
	1000	P_1	4.7	8.8	15.2	27.3	47.2	62.2	82.9	110.0	145.0	190.0	245.0
		T_2	830	1540	2710	4840	8590	11320	15090	20060	26390	35350	45580
	750	P_1	4.1	7.8	13.5	24.3	42.2	56.0	75.2	100.0	133.0	174.0	224.0
		T_2	960	1800	3190	5690	10150	13470	18100	24120	32000	42780	55070
	500	P_1	3.1	6.0	10.7	19.5	34.5	46.1	62.2	83.1	111.0	145.0	188.0
		T_2	1080	2060	3720	6800	12300	16420	22170	29640	39450	52960	68580
	300	P_1	2.1	4.1	7.5	14.0	25.5	34.4	47.1	63.7	85.7	113.0	147.0
		T_2	1150	2220	4130	7740	14400	19480	26640	36050	48460	65650	85490

（续）

公称传动比 i	输入转速 n/r·min^{-1}	功率转矩	中心距 a/mm										
			100	125	160	200	250	280	315	355	400	450	500
			额定输入功率 P_1/kW　额定输出转矩 T_2/N·m										
25	1500	P_1	5.7	10.4	17.7	31.3	53.5	70.1	92.4	121.0	158.0	206.0	268.0
		T_2	740	1340	2320	4100	4180	9400	12390	16190	21150	28270	36730
	1000	P_1	4.5	8.2	14.3	25.5	44.1	58.3	77.6	103.0	136.0	178.0	230.0
		T_2	860	1570	2770	4930	8740	11540	15360	20390	26850	36070	46590
	750	P_1	3.9	7.2	12.6	22.7	39.4	52.4	70.3	93.8	125.0	163.0	210.0
		T_2	980	1830	3230	5800	10330	3710	18410	24580	32630	43700	56290
	500	P_1	2.9	5.6	10.0	18.2	32.2	43.0	58.0	77.8	104.0	136.0	176.0
		T_2	1090	2090	3770	6900	12500	16700	22530	30180	40190	54030	69960
	300	P_1	2.0	3.8	6.9	13.0	23.7	32.1	43.8	59.5	80.0	106.0	138.0
		T_2	1160	2240	4170	7830	14580	19760	26990	36620	49250	66850	87070
28	1500	P_1	5.2	9.4	16.1	28.5	49.0	64.2	84.9	111.0	145.0	188.0	244.0
		T_2	740	1330	2310	4100	7200	9430	12490	16310	21250	28310	36760
	1000	P_1	4.1	7.5	13.0	23.2	40.3	53.2	71.1	94.1	125.0	162.0	210.0
		T_2	855	1560	2750	4920	8740	11540	15420	20400	27040	35990	46670
	750	P_1	3.5	6.6	11.5	20.6	36.0	47.7	64.2	85.7	114.0	149.0	192.0
		T_2	960	1810	3210	5780	10330	13690	18410	24590	32640	43810	56460
	500	P_1	2.6	5.0	9.0	16.5	29.3	39.1	52.9	70.9	94.4	124.0	161.0
		T_2	1060	2040	3690	6770	12310	16430	22220	29780	39660	53420	69150
	300	P_1	1.8	3.4	6.3	11.8	21.5	29.1	39.8	54.0	72.7	96.4	126.0
		T_2	1120	2190	4060	7630	14270	19330	26460	35940	48360	65810	85740
31.5	1500	P_1	4.2	7.7	13.1	25.6	44.0	57.6	76.4	99.9	130.0	169.0	218.0
		T_2	660	1200	2070	4100	7220	9480	12560	16420	21400	28390	36760
	1000	P_1	3.3	6.2	10.7	20.8	36.1	47.7	63.7	84.4	121.0	145.0	188.0
		T_2	765	1420	2490	4930	8760	11580	15470	20490	29370	36130	46860
	750	P_1	2.6	5.5	9.5	18.4	32.2	42.7	57.4	76.6	102.0	133.0	172.0
		T_2	890	1660	2910	5770	10320	13680	18410	24580	32670	43880	56650
	500	P_1	2.2	4.3	7.5	14.7	26.1	34.9	47.3	63.4	84.5	111.0	144.0
		T_2	980	1860	3350	6630	12100	16170	21880	299340	39130	52740	68350
	300	P_1	1.5	2.9	5.4	10.4	19.0	25.8	35.4	48.1	64.8	86.0	112.0
		T_2	1070	2060	3800	7540	14120	19140	26330	35660	48100	65520	85500
35.5	1500	P_1	3.8	7.0	11.9	23.1	39.7	52.2	69.4	90.8	118.0	153.0	198.0
		T_2	690	1200	2070	4070	7180	9440	12530	16420	21370	28280	36610
	1000	P_1	3.0	5.6	9.7	18.7	32.5	43.1	57.7	76.4	101.0	132.0	170.0
		T_2	770	1420	2480	4850	8650	11470	15360	20340	26910	35920	46450
	750	P_1	2.6	4.9	8.6	16.6	29.0	38.5	51.8	69.2	92.0	121.0	156.0
		T_2	880	1650	2900	5700	10220	13560	18270	24390	32440	43600	56540
	500	P_1	2.0	3.8	6.8	13.2	23.5	31.4	42.6	57.2	76.3	100.0	130.0
		T_2	970	1840	3320	6550	11950	15980	21660	29060	38770	52300	68030
	300	P_1	1.4	2.6	4.8	9.4	17.1	23.2	31.8	43.2	58.4	77.5	101.0
		T_2	1030	2000	3690	7280	13680	18570	25490	34670	46800	63870	83660
40	1500	P_1	3.3	6.1	10.4	18.4	31.5	41.1	54.1	70.6	92.7	122.0	151.0
		T_2	640	1200	2070	3660	6410	8370	11010	14360	18870	25410	31420
	1000	P_1	2.6	4.9	8.5	15.1	26.1	34.3	45.7	60.4	79.8	105.0	133.0
		T_2	740	1420	2480	4410	7840	10310	13710	18120	23950	32300	40960
	750	P_1	2.3	4.3	7.5	13.4	23.3	30.9	41.5	55.3	73.4	95.9	123.0
		T_2	860	1640	2890	5170	9250	12270	16450	21930	29120	39020	50170
	500	P_1	1.7	3.3	5.9	10.8	19.1	25.5	34.3	45.9	61.1	80.1	104.0
		T_2	940	1820	3290	6010	10910	14550	19610	26220	34910	47040	60880
	300	P_1	1.2	2.3	4.2	7.8	14.1	19.1	26.1	35.3	47.4	62.6	81.5
		T_2	1000	1960	3630	6800	12710	17180	23450	31730	42650	58000	75460

（续）

公称传动比 i	输入转速 n/r·min^{-1}	功率转矩	中心距 a/mm										
			100	125	160	200	250	280	315	355	400	450	500
			额定输入功率 P_1/kW　额定输出转矩 T_2/N·m										
45	1500	P_1	3.1	5.7	9.7	17.1	29.3	38.3	580.5	65.8	86.2	113.0	146.0
		T_2	650	1190	2050	3630	6370	8330	11000	14330	18750	25180	32660
	1000	P_1	2.4	4.5	7.8	13.9	24.1	31.8	42.5	56.1	74.1	97.0	126.0
		T_2	745	1380	2440	4360	7740	10230	13660	18040	23820	31980	41510
	750	P_1	2.1	4.0	6.9	12.4	21.6	28.6	38.5	51.3	68.1	89.0	115.0
		T_2	860	1610	2850	5120	9150	12140	16320	21760	28880	38740	49900
	500	P_1	1.6	3.1	5.5	10.0	17.6	23.6	31.8	42.5	56.6	74.3	96.2
		T_2	950	1810	3280	6000	10920	14570	19680	26310	35040	47220	61160
	300	P_1	1.1	2.1	3.8	7.2	13.0	17.6	24.1	32.6	43.8	57.9	75.5
		T_2	980	1910	3550	6660	12470	16880	23080	31260	42040	57230	74560
50	1500	P_1	2.9	5.3	9.0	15.9	27.3	35.8	47.2	61.7	80.6	105.0	137.0
		T_2	650	1190	2060	3630	6390	8370	11040	14430	18850	25240	32810
	1000	P_1	2.3	4.2	7.3	13.0	22.5	29.7	39.6	52.5	69.2	90.4	117.0
		T_2	750	1390	2460	4350	7750	10230	13660	18090	23840	32000	41430
	750	P_1	2.0	3.7	6.4	11.6	20.1	26.7	35.8	47.9	63.6	83.2	107.0
		T_2	850	1610	2850	5120	9150	12150	16320	21800	28940	38910	50150
	500	P_1	1.5	2.8	5.1	9.3	16.4	21.9	29.6	39.7	52.8	69.3	89.8
		T_2	940	1800	3260	5990	10900	14560	19650	26330	35070	47340	61320
	300	P_1	1.0	1.9	3.5	6.6	12.0	16.3	22.3	30.3	40.8	54.0	70.3
		T_2	970	1890	3520	6620	12400	16800	22960	31160	41930	57270	74560
56	1500	P_1	2.6	4.8	8.2	14.5	24.9	32.6	43.2	56.4	73.5	95.5	124.0
		T_2	640	1170	2040	3600	6360	8330	11030	14420	18780	25080	32540
	1000	P_1	2.1	3.8	6.6	11.8	20.5	27.0	36.1	47.8	62.9	82.3	107.0
		T_2	745	1370	2410	4300	7680	10130	13540	17940	23620	31750	41270
	750	P_1	1.8	3.3	5.8	10.5	18.3	24.2	32.6	443.5	57.7	75.7	97.6
		T_2	840	1580	2810	5060	9070	12020	16790	21610	28690	38670	49850
	500	P_1	1.4	2.6	4.6	8.4	14.9	19.8	26.8	36.0	47.9	63.0	81.6
		T_2	930	1760	3210	5890	10770	14380	19440	26070	34720	46960	60800
	300	P_1	0.9	1.7	3.2	6.0	10.9	14.7	20.2	27.4	36.9	48.9	63.8
		T_2	940	1840	3440	6470	12170	16480	22590	30670	41310	56490	73630
63	1500	P_1	—	—	—	12.9	22.2	29.2	38.7	50.6	65.9	85.3	110.0
		T_2	—	—	—	3630	6420	8420	11160	14600	19030	25300	32730
	1000	P_1	—	—	—	10.5	18.2	24.1	32.2	42.6	56.3	73.4	94.8
		T_2	—	—	—	4340	7710	10200	13660	18080	23880	32000	41370
	750	P_1	—	—	—	9.3	16.3	21.6	29.0	38.7	51.5	67.5	87.2
		T_2	—	—	—	5080	9120	12100	16290	21750	28910	38960	50320
	500	P_1	—	—	—	7.4	13.2	17.6	23.9	32.0	42.7	56.1	72.7
		T_2	—	—	—	5900	10790	14460	19520	26190	34930	47260	61240
	300	P_1	—	—	—	5.3	9.6	13.0	17.9	24.3	32.8	43.5	56.7
		T_2	—	—	—	6440	12120	16440	22560	30660	41360	56620	73900

注：1. 表内数值为工况系数 K_A = 1.0 时的额定承载能力。

2. 起动时或运转中的尖峰载荷允许为表内数值的 2.5 倍。

表 10.2-254　HWT、HWB 型减速器的许用输入热功率 P_{p1}

公称传动比 i	输入转速 n/r·min^{-1}	中心距 a/mm										
		100	125	160	200	250	280	315	355	400	450	500
		许用输入热功率 P_{p1}/kW										
10	1500	6.5	11	19	31	50	65	84	100	125	150	185
	1000	5.1	8.2	15	25	40	54	70	84	100	120	145
	750	4.3	7.1	12	21	34	43	54	70	86	100	125
	500	3.2	5.6	8.6	16	26	32	40	50	65	80	92
	300	2.2	3.9	6.4	11	19	24	31	37	45	58	70
12.5	1500	5.9	9.6	17	29	45	58	75	92	115	135	155
	1000	4.6	7.5	13	23	36	45	56	72	92	115	130
	750	3.9	6.6	11	19	31	38	47	64	78	94	115
	500	3.0	5.0	8	14	23	29	36	45	58	73	88
	300	2.0	3.5	5.7	9.2	17	22	28	35	40	50	67
14	1500	5.4	8.8	15	27	42	55	72	88	107	130	152
	1000	4.3	7.0	12	21	33	42	53	72	86	106	125
	750	3.6	6.2	10	18	28	35	45	60	74	90	107
	500	2.8	4.7	7.5	13	21	27	35	42	54	69	83
	300	1.8	3.2	5.3	8.6	15	20	26	33	38	48	62
16	1500	5.0	8.1	14	25	39	53	70	84	100	125	150
	1000	4.0	6.7	11	20	31	39	50	70	80	90	120
	750	3.4	5.8	9.0	17	26	34	43	54	71	85	100
	500	2.6	4.3	7.0	12	20	26	34	40	50	65	78
	300	1.6	3.0	5.0	8.0	14	19	25	31	37	46	58
18	1500	4.5	7.4	13	22	35	46	60	77	92	112	135
	1000	3.6	6.0	10	17	28	35	45	60	75	91	110
	750	3.0	5.1	8.2	15	24	30	39	48	63	79	95
	500	2.3	4.0	6.5	10	18	23	30	37	45	57	73
	300	1.5	2.7	4.5	7.4	12	16	22	28	34	42	53
20	1500	4.0	6.7	12	19	32	40	50	70	85	100	125
	1000	3.2	5.4	9.0	15	26	32	40	50	70	85	100
	750	2.7	4.5	7.5	13	22	28	36	43	55	73	90
	500	2.1	3.5	6.0	9.0	16	21	27	34	40	50	68
	300	1.4	2.4	4.0	6.7	11	15	19	25	3	38	48
22.4	1500	3.7	6.3	10	18	30	38	48	65	81	97	120
	1000	3.0	5.0	8.2	14	24	30	39	47	65	80	96
	750	2.5	4.2	7.0	12	20	26	34	40	51	69	85
	500	1.9	3.2	5.5	8.5	15	20	25	32	38	47	64
	300	1.3	2.2	3.7	6.3	10	14	18	23	29	36	44
25	1500	3.5	6.0	9.0	17	28	36	46	60	78	94	115
	1000	2.7	4.7	7.5	13	23	29	38	45	60	76	92
	750	2.3	4.0	6.5	11	19	25	33	38	48	65	86
	500	1.8	3.0	5.0	8.0	15	19	24	30	37	45	60
	300	1.2	2.0	3.5	6.0	9.0	13	18	22	28	35	40
28	1500	3.2	5.4	8.5	15	26	33	43	55	74	90	107
	1000	2.5	4.3	7.1	12	21	27	35	42	55	73	88
	750	2.1	3.7	6.1	10	18	23	30	37	45	60	76
	500	1.6	2.8	4.7	7.6	13	17	22	28	35	43	55
	300	1.1	1.9	3.2	5.5	8.5	12	16	20	26	33	39

（续）

公称传动比 i	输入转速 n/r·min^{-1}	中心距 a/mm 100	125	160	200	250	280	315	355	400	450	500
		许用输入热功率 P_{p1}/kW										
31.5	1500	3.0	5.1	8.1	14	25	31	40	50	70	86	100
	1000	2.4	4.0	6.7	11	20	26	33	40	50	70	83
	750	1.9	3.4	5.8	9.2	17	21	27	36	43	55	72
	500	1.4	2.6	4.3	7.2	12	16	21	27	34	41	50
	300	1.0	1.8	3.0	5.1	8.0	11	15	19	25	32	38
35.5	1500	2.7	4.6	7.4	13	22	29	37	46	62	80	94
	1000	2.2	3.6	6.1	10	18	23	30	38	46	60	78
	750	1.7	3.1	5.2	8.4	15	19	25	33	40	50	65
	500	1.3	2.6	4.0	6.6	11	14	19	24	31	38	46
	300	0.9	1.6	2.8	4.5	7.3	10	13	17	22	29	35
40	1500	2.4	4.1	6.8	12	20	26	34	42	54	73	89
	1000	1.9	3.3	5.6	9.0	16	22	27	35	43	53	72
	750	1.5	2.8	4.7	7.6	13	18	24	30	37	45	58
	500	1.2	2.2	3.5	6.0	9.4	13	17	22	28	35	42
	300	0.8	1.5	2.6	4.0	6.7	9.1	12	16	20	26	32
45	1500	2.2	3.7	6.4	11	18	24	31	39	49	66	83
	1000	1.7	3.0	5.1	8.3	14	19	25	32	40	50	66
	750	1.3	2.5	4.3	7.2	12	16	22	27	34	42	53
	500	1.0	2.0	3.2	5.5	8.7	12	16	20	26	32	40
	300	0.7	1.3	2.3	3.8	6.2	8.4	11	15	18	24	30
50	1500	2.0	3.4	6.0	9.8	17	22	29	36	45	60	78
	1000	1.5	2.7	4.7	7.7	13	18	24	30	37	47	60
	750	1.2	2.3	3.9	6.8	11	14	19	25	32	39	48
	500	0.9	1.7	3.0	5.0	8.0	11	15	18	24	30	37
	300	0.6	1.2	2.1	3.6	5.7	7.4	9.4	14	17	22	29
56	1500	1.7	3.1	5.4	9.0	15	20	26	33	42	55	73
	1000	1.3	2.5	4.3	7.2	12	16	21	27	34	43	55
	750	1.1	2.1	3.6	6.3	10	13	17	23	30	36	44
	500	0.8	1.5	2.7	4.7	7.5	10	13	17	22	28	34
	300	0.5	1.0	1.9	3.3	5.3	6.8	8.7	12	16	20	27
63	1500	—	—	—	8.1	14	18	24	31	40	49	68
	1000	—	—	—	6.7	11	14	19	25	32	40	49
	750	—	—	—	5.8	9.0	12	16	21	27	34	41
	500	—	—	—	4.3	7.0	9.3	12	16	20	26	32
	300	—	—	—	3.0	5.0	6.3	8.0	11	15	18	25

2）HWWT、HWWB型无风扇冷却的减速器许用输入热功率 P_{p1} 按下式计算：

$$P_{p1}=P_tK_t$$

式中 P_{p1}——无风扇冷却时许用输入热功率（kW）；

P_t——热功率（kW），见表10.2-255；

K_t——热影响系数，见表10.2-256。

表 10.2-255 热功率 P_t

中心距 a/mm	160	200	250	280	315	355	400	450	500
热功率 P_t/kW	2.0	3.0	5.0	6.5	8.5	11.0	14.0	18.1	25.0

表 10.2-256 热影响系数 K_t

环境温度/℃	较小布置空间				较大布置空间				露天布置			
	每日工作时间/h				每日工作时间/h				每日工作时间/h			
	0.5~1	>1~2	>2~10	>10~24	0.5~1	>1~2	>2~10	>10~24	0.5~1	>1~2	>2~10	>10~24
20	1.35	1.15	1.00	0.85	1.55	1.35	1.15	1.00	2.10	1.80	1.55	1.35
30	1.10	0.95	0.80	0.70	1.25	1.10	0.95	0.80	1.70	1.45	1.25	1.10
40	0.85	0.75	0.65	0.55	1.00	0.85	0.75	0.65	1.35	1.15	1.00	0.85
50	0.70	0.60	0.50	0.45	0.80	0.70	0.60	0.50	1.10	0.95	0.80	0.70

3）减速器输出轴轴伸许用悬壁载荷 F_r 见表 10.2-257。

表 10.2-257　减速器输出轴轴伸许用悬臂载荷 F_r

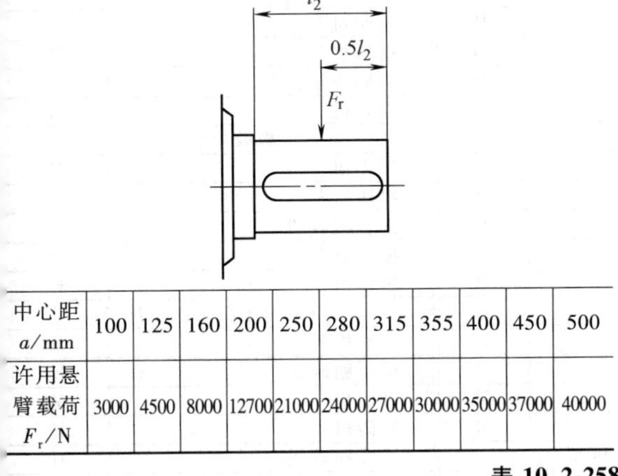

中心距 a/mm	100	125	160	200	250	280	315	355	400	450	500
许用悬臂载荷 F_r/N	3000	4500	8000	12700	21000	24000	27000	30000	35000	37000	40000

20.4　选用方法

减速器的选用需要考虑原动机、工作机类型、载荷性质和每日平均运转时间的影响，一般情况的选用计算要计入工况系数 K_A。

（1）按强度条件选择

计算输入功率 P_{1c} 按公式（10.2-26）和计算输出转矩 T_{2c} 按公式（10.2-27）。

$$P_{1c} = P_{w1}K_A \tag{10.2-26}$$

$$T_{2c} = T_{w2}K_A \tag{10.2-27}$$

式中　P_{w1}——原动机输出功率或减速器实际输入功率（kW）；

T_{w2}——工作机输入转矩或减速器实际输出转矩（N·m）；

K_A——工况系数，见表 10.2-258。

表 10.2-258　工况系数 K_A

原动机	载荷性质	载荷代号①	每日工作时间/h				
			≤0.5	>0.5~1	>1~2	>2~10	>10~24
电动机	均匀、轻微冲击	U	0.80	0.90	1.00	1.20	1.30
	中等冲击	M	0.90	1.00	1.20	1.30	1.50
	强冲击	H	1.10	1.20	1.30	1.50	1.75
多缸发动机	均匀、轻微冲击	U	0.90	1.05	1.15	1.40	1.50
	中等冲击	M	1.05	1.15	1.40	1.50	1.75
	强冲击	H	1.25	1.40	1.50	1.75	2.00
单缸发动机	均匀、轻微冲击	U	1.10	1.10	1.20	1.45	1.55
	中等冲击	M	1.20	1.20	1.45	1.55	1.80
	强冲击	H	1.45	1.45	1.55	1.80	2.10

① 工作机的载荷代号见表 10.2-259。

表 10.2-259　工作机载荷代号

工作机类型	载荷代号	工作机类型	载荷代号	工作机类型	载荷代号
风机类		压缩机类		钢带式传送机	M
风机（轴向和径向）	U	活塞式压缩机	H	链式槽型传送机	M
冷却塔风扇	M	蜗轮式压缩机	M	绞车	M
引风机	M	传送机运输类		起重机类	
螺旋活塞式风机	M	平板传送机	M	转臂式起重传动齿轮装置	M
蜗轮式风机	U	平衡块升降机	M	卷扬机齿轮传动装置	U
建筑机械类		槽式传送机	M	吊杆起落齿轮传动装置	U
混凝土搅拌机	M	带式传送机（嵌装）	U	转向齿轮传动装置	M
卷扬机	M	带式传送机（大件）	M	行走齿轮传动装置	H
路面建筑机械	M	筒式面粉传送机	U	挖泥机类	
化工机械类		链式传送机	M	筒式传送机	H
搅拌机（液体）	U	环式传送机	M	筒式转向轮	H
搅拌机（半液体）	M	货物升降机	M	挖泥头	H
离心机（重型）	M	卷扬机	M	机动绞车	M
离心机（轻型）	U	倾斜卷扬机	H	泵	M
冷却滚筒①	M	连杆式传送机	M	转向齿轮传动装置	M
干燥滚筒①	M	载人升降机	M	行走齿轮传动装置（履带）	H
搅拌机	M	螺旋式传送式	M	行走齿轮传动装置（铁轨）	M

（续）

工作机类型	载荷代号	工作机类型	载荷代号	工作机类型	载荷代号
食品工业机械类		辊道(轻型)①	M	柱塞泵①	H
灌注及装箱机械	U	薄板轧机①	H	压力泵①	H
甘蔗压榨机①	M	修整剪切机①	M	塑料工业机械类	
甘蔗切断机①	M	焊管机	H	压光机①	M
甘蔗粉碎机	H	焊接机(带材和线材)	M	挤压机①	M
搅拌机	M	线材拉拔机	M	螺旋压出机①	M
酱装物吊桶	M	金属加工机床类		混合机①	M
包装机	U	动力轴	U	橡胶机械类	
甜菜切丝机	M	锻造压力机	H	压光机①	M
甜菜清洗机	M	锻锤①	H	挤压机①	H
发电机及转换器		机床辅助装置	U	混合搅拌机①	M
频率转换器	H	机床主要传动装置	M	捏合机①	H
发电机	H	金属刨削机床	H	滚压机①	H
焊接发电机	H	板材矫直机床	H	石料、瓷土料加工机床类	
洗衣机类		冲床	H	球磨机①	H
滚筒	M	压力机床	H	挤压粉碎机	H
洗衣机	M	剪床	M	破碎机①	M
金属轧机类		薄板弯板机	M	压砖机	H
钢坯剪断机①	H	石油工业机械类		锤式粉碎机	H
链式运输机①	M	输油管油泵	H	回转窑①	H
冷轧机①	H	旋转钻井设备		筒形磨机①	H
连铸成套设备①	H	造纸机类		纺织机械类	
冷床①	M	压光机①	H	送料机	M
棒料剪切机①	H	多层纸板机①	H	织布机	M
交叉回转输送机①	M	干燥滚筒①	H	印染机	M
除鳞机①	H	上光滚筒①	H	精制桶	M
重型和中型板轧机①	H	搅浆机①	H	威罗机	M
钢坯初轧机①	H	纸浆磨机①	H	水处理机械类	
钢坯转运机械①	H	吸水滚①	H	通风器①	M
推钢机①	H	吸水滚压机①	H	螺杆泵	M
推床①	H	潮纸滚压机①	H	木材加工机床	
剪板机①	H	威罗机	H	剥皮机	H
钢板摆动升降台①	M	泵类		刨床	M
轧辊调速装置	M	离心泵(稀液体)	U	锯床①	H
辊式矫直机①	M	离心泵(半液体)	M	木材加工机床	U
辊道(重型)①	H	活塞泵	H		

注：载荷代号U、M、H的意义分别为轻微冲击、中等冲击和强冲击载荷。

① 仅用于24h工作制。

（2）校验减速器输出轴轴伸悬壁载荷

减速器输出轴轴伸装有齿轮、链轮、V带轮或平带轮时，则需校验轴伸悬臂载荷。

1）轴伸悬臂载荷按公式（10.2-28）计算。

$$F_{rc}=2T_{w2}K_Af_r/D \qquad (10.2\text{-}28)$$

式中　F_{rc}——轴伸悬臂载荷（N）；

T_{w2}——工作机输入转矩或减速器实际输出转矩（N·m）；

K_A——工况系数，见表10.2-258；

f_r——悬臂载荷系数（当轴伸装有齿轮时，f_r=1.5；当装有链轮时，f_r=1.2；当装有V带轮时，f_r=2.0；当装有平带轮时，f_r=2.5）；

D——齿轮、链轮、V带轮和平带轮节圆直径（m）。

2）校验轴伸悬臂载荷按下式。

$$F_{rc}\leqslant F_r$$

式中　F_r——轴伸许用悬臂载荷，见表10.2-257。

（3）输入热功率校验

输入热功率校验按公式（10.2-29）和工作制度来进行。在下列间歇工作中可不需校验输入热功率。

1）在1h内多次（两次以上）起动并且运转时间总和不超过20min的场合。

2）在一个工作周期内运转时间不超过30min并且间隔2h以上起动一次的场合。

除上述状况外，如果实际输入功率超过许用输入热功率，则需采用强制冷却措施或选用更大规格的减速器。

$$P_{p1}\geqslant P_{w1} \qquad (10.2\text{-}29)$$

式中　P_{p1}——许用输入热功率（kW）（有风扇冷却时，按表10.2-254选取；无风扇冷却时，按公式 $P_{p1}=P_tK_t$ 计算）；

P_{w1}——减速器实际输入功率（kW）。

例 10.2-14　带式输送机用直廓环面蜗杆减速器，中等冲击载荷，每日工作 8h，连续运转，电动机功率 $P_{w1}=15kW$，减速器输入转速 $n_1=1500r/min$，传动比 $i=31.5$，风扇冷却。

解：1）选用计算。由表 10.2-258 查得 $K_A=1.30$，则计算输入功率：

$$P_{1c}=P_{w1}K_A=15\times1.3kW=19.5kW$$

查表 10.2-253，选择减速器中心距 $a=200mm$，$n_1=1500r/min$，$i=31.5$，额定输入功率 $P_1=25.6>P_{1c}$，机械强度通过。

2）校验输入热功率。由表 10.2-254 查得 $a=200mm$，$n_1=1500r/min$，$i=31.5$ 时，许用输入热功率 $P_h=14<P_{w1}$，则需采用强制冷却措施，否则需选用 $a=250mm$ 的减速器。

例 10.2-15　卷扬机用减速器，均匀载荷，每日工作 2h，每小时工作 15min，减速器输入轴转速 $n_1=1500r/min$，传动比 $i=50$，输出轴转矩 $T_{w2}=9500N\cdot m$。

解：1）选用计算。由表 10.2-258 查得 $K_A=1.0$，则计算输出转矩：

$$T_{2c}=T_{w2}K_A=9500\times1.0N\cdot m=9500N\cdot m$$

查表 10.2-253，选择减速器中心距 $a=315mm$，$i=50$。当 $n_1=1500r/min$，额定输出转矩 $T_2=11040N\cdot m$，机械强度满足。

2）由于属间歇工作，按工作制度规定，则不需要校验输入热功率。

21　平面包络环面蜗杆减速器（摘自 JB/T 9051—2010）

平面包络环面减速器适用于冶金、矿山、起重、运输、建筑、石油、化工、航天和航海设备或精密传动。减速器蜗杆转速不超过 1500r/min，工作环境温度为-40~40℃。当工作环境温度低于 0℃时，起动前润滑油必须加热到 0℃以上或采用低凝固点的润滑油；当环境温度超过 40℃时，需采取强迫冷却措施。减速器可以承受的短时间峰值载荷为额定转矩的 3 倍。

21.1　标记方法

减速器的标记由结构型式、中心距、公称传动比、装配形式、冷却方式代号及标准号构成。

减速器有三种结构型式：TPU 型——蜗杆在蜗轮之下；TPS 型——蜗杆在蜗轮之侧；TPA 型——蜗杆在蜗轮之上。

减速器的中心距 a 见表 10.2-260，公称传动比 i 见表 10.2-261。

表 10.2-260　减速器的中心距 a　（mm）

	中心距 a													
第一系列	100	125	—	160	—	200	—	250	—	315	—	400	—	500
第二系列	—	—	140	—	180	—	224	—	280	—	355	—	450	—

注：优先选用第一系列，表中第二系列的中心距仅提出型式规格。

表 10.2-261　公称传动比 i

型　号	TPU、TPS、TPA																
第一系列	10.0	12.5		16.0		20.0		25.0		31.5		40.0		50.0		63.0	
第二系列			14.0		18.0		22.4		28.0		35.5		45.0		56.0		

注：优先选用第一系列。

标记示例：

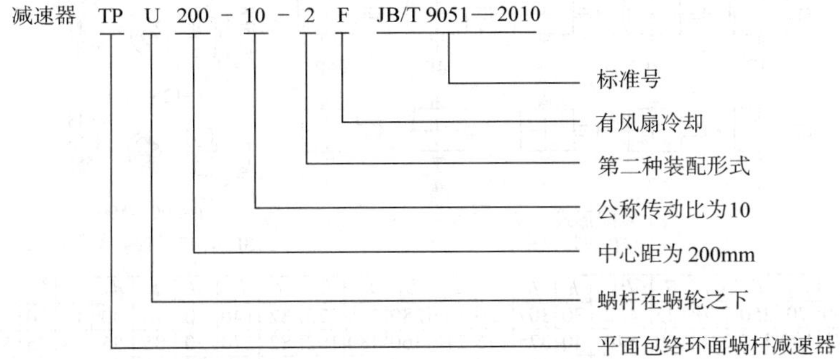

21.2　装配形式和外形尺寸

减速器的装配形式和外形尺寸见表 10.2-262~表 10.2-267。

表 10.2-262　TPU 型减速器的装配形式和外形尺寸（整箱式）　　　　（mm）

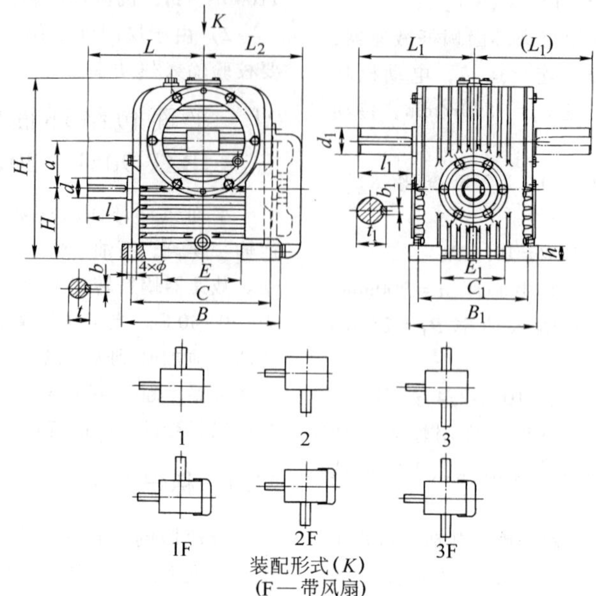

装配形式(K)
(F—带风扇)

型　号	a	B	B_1	C	C_1	E	E_1	H	H_1	L	L_1	L_2	l	l_1	d	d_1	b	b_1	t	t_1	h	ϕ	质量/kg
TPU100	100	320	260	280	220	160	130	150	382	235	237	200	82	110	40	55	12	16	43	59	30	19	88

表 10.2-263　TPU 型减速器的装配形式和外形尺寸（分箱式）　　　　（mm）

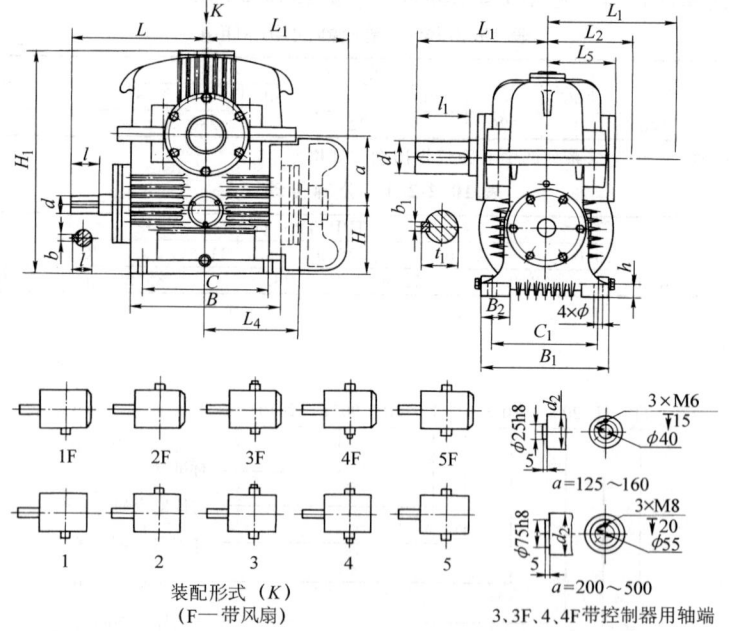

装配形式（K）
（F—带风扇）

a=125～160　　a=200～500

3、3F、4、4F带控制器用轴端

型号	a	B	B_1	B_2	C	C_1	H	H_1	h	L	L_1	L_2	L_3	L_4	L_5	l	l_1	d	d_1	d_2	b	b_1	t	t_1	ϕ	质量/kg
TPU125	125	300	300	70	250	250	125	422	30	307	320	185	280	205	175	82	140	40	70	80	12	20	43	74.5	19	157
TPU160	160	380	375	100	320	310	160	540	40	375	375	210	360	280	192	82	170	50	85	95	14	25	53.5	90	24	258
TPU200	200	450	450	125	370	370	200	650	40	420	400	235	435	345	228	82	170	55	95	110	16	28	59	101	28	475
TPU250	250	600	550	150	500	450	225	820	50	530	495	290	520	408	273	110	210	65	120	140	18	32	69	127	35	800
TPU315	315	720	590	120	630	500	280	990	65	630	600	360	605	492	349	130	250	80	140	160	22	36	85	148	39	1450
TPU400	400	850	720	160	750	620	320	1200	75	720	720	425	692	558	412	165	300	100	180	200	28	45	106	190	48	2500
TPU500	500	1060	900	200	920	760	400	1490	90	850	840	495	845	686	497	165	350	110	220	240	28	50	116	231	56	4500

表 10.2-264　TPS 型减速器的装配形式和外形尺寸（整箱式）　（mm）

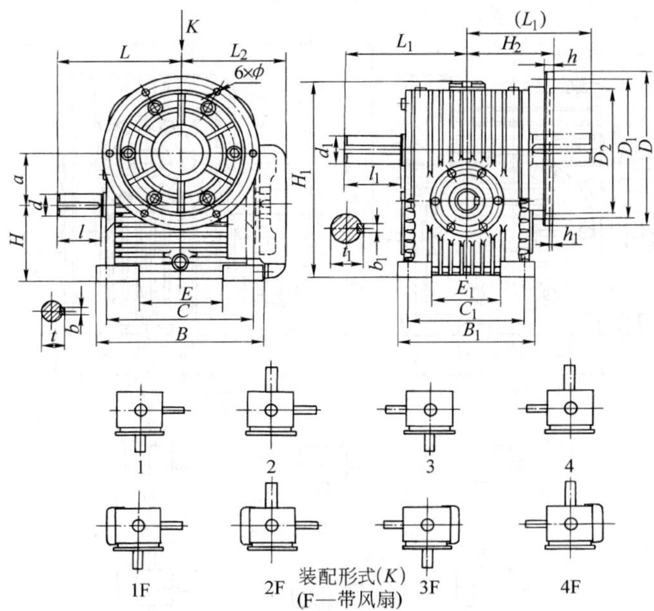

装配形式(K)
(F—带风扇)

型号	a	B	B_1	C	C_1	E	E_1	H	H_1	H_2	L	L_1	L_2	l	l_1	d	d_1	b	b_1	t	t_1	D	D_1	D_2	ϕ	h	h_1	质量/kg
TPS100	100	320	260	280	220	160	130	150	382	160	235	237	200	82	110	40	55	12	16	43	59	300	275	240	14	16	6	90

表 10.2-265　TPS 型减速器的装配形式和外形尺寸（分箱式）　（mm）

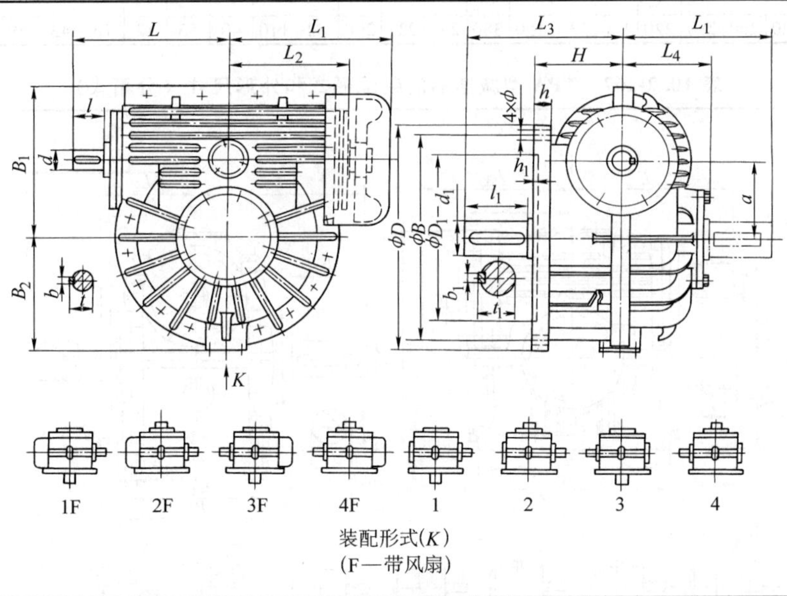

装配形式(K)
(F—带风扇)

型号	a	D	D_1	h_1	B	B_1	B_2	H	L	L_1	L_2	L_3	L_4	l	l_1	d	d_1	b	b_1	t	t_1	h	ϕ	质量/kg
TPS125	125	380	280	6	330	265	193	180	307	280	209	320	175	82	140	40	70	12	20	43	74.5	25	19	170
TPS160	160	530	380	10	470	330	265	200	375	365	280	375	192	82	170	50	85	14	25	53.5	90	35	24	290
TPS200	200	650	480	10	580	400	325	250	420	436	336	400	228	82	170	55	95	16	28	59	101	40	32	530
TPS250	250	800	600	12	700	495	400	280	530	520	408	495	273	110	210	65	120	18	32	69	127	50	35	930
TPS315	315	920	710	15	820	625	460	355	630	605	497	600	349	130	250	80	140	22	36	85	148	65	39	1650
TPS400	400	1100	850	15	1000	740	550	420	720	692	558	720	412	165	300	100	180	28	45	106	190	75	48	2800
TPS500	500	1340	1060	20	1200	920	675	530	850	845	686	840	497	165	350	110	220	28	50	116	231	90	56	4800

表 10.2-266 TPA 型减速器的装配形式和外形尺寸（整箱式） (mm)

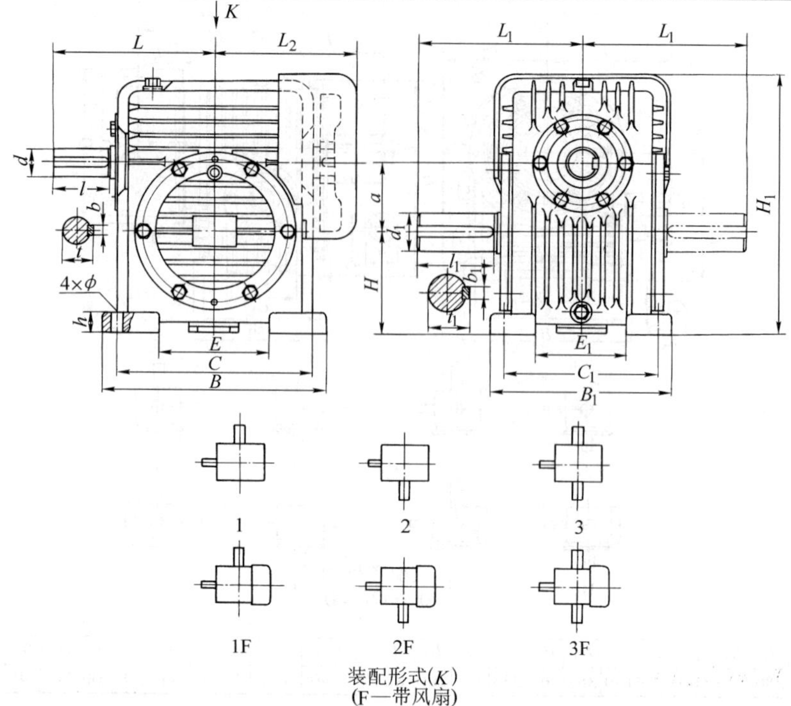

型号	a	B	B_1	C	C_1	E	E_1	H	H_1	L	L_1	L_2	l	l_1	d	d_1	b	b_1	t	t_1	h	ϕ	质量/kg
TPA100	100	320	260	280	220	160	130	150	380	235	237	200	82	110	40	55	12	16	43	59	30	19	88

表 10.2-267 TPA 型减速器的装配形式和外形尺寸（分箱式） (mm)

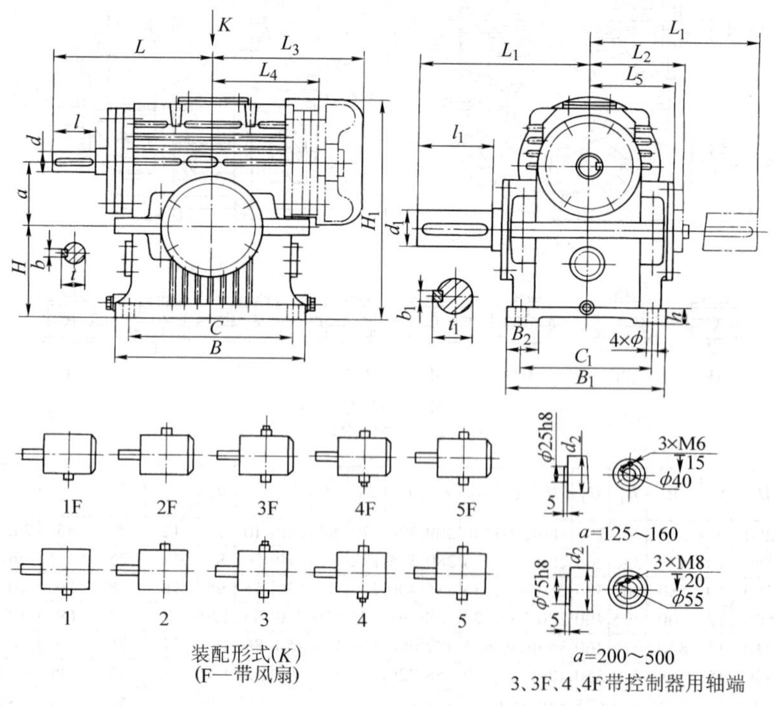

（续）

型号	a	B	B_1	B_2	C	C_1	H	H_1	h	L	L_1	L_2	L_3	L_4	L_5	l	l_1	d	d_1	d_2	b	b_1	t	t_1	ϕ	质量/kg
TPA125	125	360	300	50	310	250	180	438	30	307	320	185	280	205	175	82	140	40	70	80	12	20	43	74.5	19	165
TPA160	160	460	320	80	400	260	225	550	40	375	375	210	365	280	190	82	170	50	85	95	14	25	53.5	90	24	285
TPA200	200	540	400	100	450	320	250	658	40	420	400	235	436	345	228	82	170	55	95	110	16	28	59	101	28	510
TPA250	250	720	480	120	620	380	315	792	50	530	495	290	520	406	270	110	210	65	120	140	18	32	69	127	35	900
TPA315	315	850	600	140	750	500	400	1000	65	630	600	360	605	492	345	130	250	80	140	160	22	36	85	148	39	1550
TPA400	400	950	720	170	850	620	500	1200	75	720	720	425	690	540	410	165	300	100	180	200	28	45	106	190	48	2650
TPA500	500	1180	900	200	1040	760	630	1530	90	850	840	495	845	680	488	165	350	110	220	240	28	50	116	231	56	4700

21.3　承载能力

减速器的额定输入功率 P_1 见表 10.2-268，减速器的额定输出转矩 T_2 见表 10.2-269。

表 10.2-268　减速器的额定输入功率 P_1

中心距 a/mm	传动比 i	输入转速 n_1/r · min^{-1}				
		500	600	750	1000	1500
		额定输入功率 P_1/kW				
100	10.0	7.34	8.17	9.25	10.64	11.73
	12.5	5.79	6.53	7.53	8.90	10.30
	16.0	4.94	5.58	6.42	7.56	8.71
	20.0	4.05	4.60	5.32	6.30	7.33
	25.0	3.29	3.75	4.34	5.16	6.03
	31.5	2.74	3.10	3.58	4.22	4.87
	40.0	2.12	2.42	2.82	3.37	3.98
	50.0	1.77	2.02	2.33	2.77	3.22
	63.0	1.44	1.69	1.99	2.31	2.60
125	10.0	12.55	13.97	15.81	18.20	20.09
	12.5	9.86	11.17	12.89	15.23	17.65
	16.0	8.46	9.55	10.99	12.94	14.89
	20.0	6.93	7.86	9.09	10.77	12.55
	25.0	5.64	6.41	7.43	8.82	10.30
	31.5	4.70	5.32	6.13	7.23	8.34
	40.0	3.64	4.16	4.84	5.77	6.81
	50.0	3.05	3.46	4.00	4.74	5.52
	63.0	2.47	2.91	3.41	3.96	4.47
160	10.0	22.85	25.41	28.75	33.06	36.41
	12.5	17.95	20.32	23.42	27.63	31.93
	16.0	15.30	17.30	19.92	23.46	27.03
	20.0	12.55	14.26	16.50	19.58	22.85
	25.0	10.20	11.61	13.46	16.01	18.77
	31.5	8.53	9.64	11.11	13.09	15.10
	40.0	6.61	7.54	8.77	10.47	12.34
	50.0	5.53	6.28	7.26	8.60	10.02
	63.0	4.48	5.28	6.19	7.18	8.10
200	10.0	39.07	43.75	49.20	56.60	62.42
	12.5	30.70	34.75	40.10	47.34	54.77
	16.0	26.32	29.74	34.23	40.31	46.41
	20.0	21.52	24.44	28.28	33.52	39.07
	25.0	17.54	19.95	23.12	27.47	32.13
	31.5	14.59	16.50	19.02	22.43	25.91
	40.0	11.32	12.93	15.04	17.97	21.22
200	50.0	9.50	10.77	12.45	14.74	17.14
	63.0	7.67	9.04	10.60	12.31	13.87
250	10.0	67.01	74.57	84.41	97.11	107.10
	12.5	52.53	59.49	68.64	81.06	93.84
	16.0	45.08	50.95	58.64	69.03	79.46
	20.0	36.92	41.93	48.51	57.51	67.01
	25.0	30.09	34.22	39.65	47.10	55.08
	31.5	24.99	28.29	32.61	38.48	44.47
	40.0	19.38	22.13	25.74	30.75	36.31
	50.0	16.32	18.51	21.38	25.30	29.38
	63.0	13.16	15.50	18.18	21.09	23.77
315	10.0	117.30	130.45	148.10	169.58	187.20
	12.5	99.96	108.20	120.00	141.78	164.22
	16.0	83.90	91.88	102.80	120.54	138.72
	20.0	65.10	73.23	84.76	100.55	117.30
	25.0	53.45	59.74	69.22	82.24	96.19
	31.5	44.94	49.50	57.04	67.25	77.62
	40.0	33.86	38.66	44.98	53.73	63.44
	50.0	28.46	32.29	37.33	44.20	51.41
	63.0	23.63	27.04	31.72	36.82	41.51
400	10.0	222.20	257.40	276.90	311.00	359.90
	12.5	193.20	215.30	236.30	262.50]	304.50
	16.0	170.00	183.80	203.70	230.00	264.60
	20.0	131.30	141.80	156.50	177.50	200.60
	25.0	105.00	114.50	128.10	144.90	164.90
	31.5	88.52	96.92	107.10	121.80	138.60
	40.0	66.57	72.24	80.85	91.98	104.70
	50.0	53.55	58.70	65.21	74.03	84.11
	63.0	46.41	51.14	56.70	64.37	73.19
500	10.0	393.90	424.40	462.50	511.50	582.50
	12.5	329.70	361.20	395.90	432.60	486.20
	16.0	286.70	306.60	340.20	382.20	431.60
	20.0	218.40	240.50	263.60	293.00	326.60
	25.0	180.60	198.50	219.50	243.60	278.30
	31.5	152.30	164.90	183.80	206.90	233.10
	40.0	114.50	126.00	138.60	154.40	176.40
	50.0	92.82	101.40	112.40	123.90	141.80
	63.0	80.85	88.31	97.34	108.20	122.90

注：1. P_1 系在每日工作 10h，每小时起动一次，工作平稳，无冲击振动，起动转矩为额定转矩 3 倍，小时载荷率 J_c = 100%，环境温度为 20℃，采用合成润滑油浸油润滑，风扇冷却，制造精度 7 级，并较充分跑合条件下制定的。

2. P_1 按下式计算

$$P_1 = \frac{T_2 n_2}{9550\eta}$$

式中，P_1 为额定输入功率(kW)；T_2 为额定输出转矩(N · m)；n_2 为输出轴转速(r/min)；η 为总传动效率(%)(见表 10.2-270)。

表 10.2-269　额定输出转矩 T_2

中心距 a/mm	传动比 i	输入转速 n_1/r·min^{-1}				
		500	600	750	1000	1500
		额定输出转矩 T_2/N·m				
100	10.0	1262	1171	1083	945	695
	12.5	1225	1156	1091	977	754
	16.0	1313	1250	1178	1052	807
	20.0	1315	1259	1165	1047	822
	25.0	1306	1252	1188	1071	835
	31.5	1271	1214	1176	1053	830
	40.0	1199	1157	1120	1056	841
	50.0	1203	1171	1114	1071	741
	63.0	1213	1220	1197	1112	834
125	10.0	2157	2001	1852	1617	1190
	12.5	2096	1979	1868	1673	1292
	16.0	2248	2141	2016	1800	1380
	20.0	2250	2152	1991	1790	1406
	25.0	2236	2143	2033	1831	1427
	31.5	2178	2080	2016	1805	1422
	40.0	2059	1985	1921	1807	1439
	50.0	2068	2011	1911	1833	1441
	63.0	2081	2101	2052	1906	1434
160	10.0	3928	3641	3368	2936	2156
	12.5	3815	3598	3392	3035	2338
	16.0	4068	3876	3652	3262	2506
	20.0	4075	3904	3614	3253	2560
	25.0	4043	3881	3686	3326	2599
	31.5	3950	3771	3653	3269	2574
	40.0	3737	3601	3484	3280	2608
	50.0	3749	3646	3466	3326	2616
	63.0	3774	3812	3724	3456	2599
200	10.0	6715	6227	5764	5027	3969
	12.5	6524	6156	5808	5199	4010
	16.0	6997	6665	6277	5605	4302
	20.0	6998	6691	6194	5570	4377
	25.0	6953	6669	6330	5706	4449
	31.5	6757	6454	6256	5602	4417
	40.0	6401	6173	5975	5629	4485
	50.0	6439	6259	5945	5701	4474
	63.0	6461	6527	6377	5925	4451
250	10.0	11776	10920	10103	8810	6478
	12.5	11413	10772	10160	9096	7020
	16.0	12262	11677	10991	9810	7528
	20.0	12271	11746	10871	9776	7680
	25.0	12213	11710	11107	10008	7803
	31.5	11878	11345	10987	9839	7581
	40.0	11253	10847	10490	9516	7490
	50.0	11377	11046	10481	9421	7294
	63.0	11083	11034	10791	9518	7149
315	10.0	20612	19102	17727	15385	11322
	12.5	21718	19590	17763	15909	12285
	16.0	22819	21059	19268	17130	13142
	20.0	21635	20516	18996	17093	13443
	25.0	21694	20444	19391	17474	13626
	31.5	21360	19855	19217	17197	13232
	40.0	19260	18954	18330	16626	13087
	50.0	19839	19273	18298	16463	12765
	63.0	19904	19522	19084	16615	12488
400	10.0	39045	37692	33143	28215	21768
	12.5	41975	38981	34978	29456	22779
	16.0	46237	42127	38180	32684	25067
	20.0	44137	40174	35471	30512	23244
	25.0	43118	39638	36293	31135	23622
	31.5	42606	39360	36514	31511	23905
	40.0	39161	35874	33355	28812	21846
	50.0	37843	35504	32383	27926	21955
	63.0	39650	36922	34114	29433	22311
500	10.0	69216	62146	55358	46406	35232
	12.5	71631	65396	58603	48543	36372
	16.0	77978	70273	63765	54312	40888
	20.0	73417	68137	59746	50367	37844
	25.0	74163	68718	62188	52344	39866
	31.5	73305	66968	62664	53527	40203
	40.0	67358	62571	57181	48364	36837
	50.0	65595	61330	55818	46738	35660
	63.0	69074	63758	58565	49475	37464

注：1. T_2 系在每日工作 10h，每小时起动不超过一次，工作平稳，无冲击振动，起动转矩为额定转矩 3 倍，小时载荷率 $J_c=100\%$，环境温度为 20℃，采用合成润滑油浸油润滑，风扇冷却，制造精度 7 级，并较充分跑合条件下制定的。

减速器的总传动效率 η 见表 10.2-270，减速器低速（蜗轮轴）轴端许用径向载荷见表 10.2-271，减速器蜗杆喉平面分度圆滑动速度 v 见表 10.2-272。

21.4 选用方法

选用减速器应知如下条件：

1）原动机类型。

2）工作机类型。

3）载荷性质。

4）额定输入功率 P_1（kW）或额定输入转矩 T_1（N·m）。

5）输入转速 n_1（r/min）。

6）最大输出转矩 T_{2max}（N·m）。

7）传动比 i。

8）输入、输出轴相对位置。

9）输入、输出轴转向及装配形式。

10）每日平均运转时间。

11）每小时起动次数（起动频率）。

12）环境温度（℃）。

13）小时载荷率 J_c（%）。

14）输出轴轴端附加载荷（N）。

表 10.2-268 中的额定输入功率 P_1 及表 10.2-269

表 10.2-270　总传动效率 η

中心距 a/mm	传动比 i	输入轴转速 n_1/r·min^{-1}				
		500	600	750	1000	1500
		效率 η(%)				
100~200	10.0	90	90	92	93	93
	12.5	89	89	91	92	92
	16.0	87	88	90	91	91
	20.0	85	86	86	87	88
	25.0	83	84	86	87	87
	31.5	77	78	82	83	85
	40.0	74	75	78	82	83
	50.0	71	73	75	81	82
	63.0	70	72	75	80	80
250~315	10.0	92	92	94	95	95
	12.5	91	91	93	94	94
	16.0	89	90	92	93	93
	20.0	87	88	88	89	90
	25.0	85	86	88	89	89
	31.5	79	80	84	85	85
	40.0	76	77	80	81	81
	50.0	73	75	77	78	78
	63.0	70	71	74	75	75
400~500	10.0	92	92	94	95	95
	12.5	91	91	93	94	94
	16.0	89	90	92	93	93
	20.0	88	89	89	90	91
	25.0	86	87	89	90	90
	31.5	80	81	85	86	86
	40.0	77	78	81	82	82
	50.0	74	76	78	79	79
	63.0	71	72	75	76	76

表 10.2-271　蜗轮轴轴端许用悬臂载荷

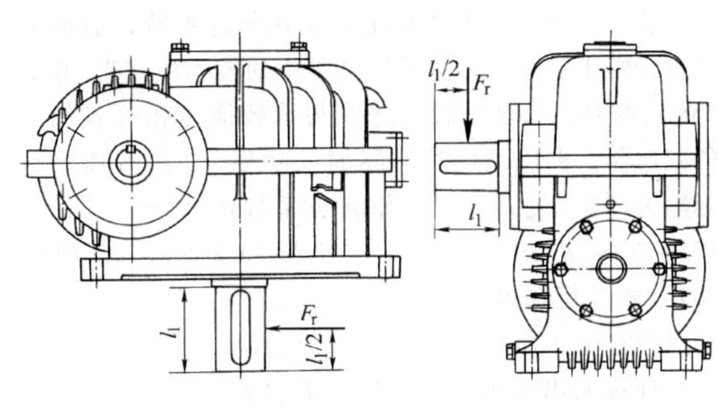

中心距 a/mm	100	125	160	200	250	315	400	500
载荷 F_r/N	7000	13000	20000	24000	40000	49000	70000	100000

中的额定输出转矩 T_2 是在减速器工作载荷平稳，每日工作 10h，每小时起动频率不大于 1 次，均匀载荷，无冲击振动，小时载荷率 100%，环境温度为 20℃，浸油润滑，制造精度为 7 级，风扇冷却，减速器经过较充分跑合的前提下制定的。

表 10.2-272　蜗杆喉平面分度圆滑动速度 v

输入转速 n_1/r·mm^{-1}	传动比 i	中心距 a/mm							
		100	125	160	200	250	315	400	500
		滑动速度 v/m·s^{-1}							
500	10.0	1.2	1.5	1.9	2.4	3.1	3.8	4.8	6.0
	12.5	1.2	1.5	1.9	2.4	3.1	3.8	4.9	6.0
	16.0	1.0	1.2	1.6	2.0	2.4	3.1	3.8	4.9
	20.0	1.0	1.3	1.6	2.0	2.4	3.0	3.7	4.7
	25.0	1.1	1.3	1.7	2.1	2.4	3.0	3.8	4.8
	31.5	1.0	1.2	1.6	1.9	2.5	3.1	3.8	4.9
	40.0	1.0	1.3	1.6	2.0	2.3	2.9	3.6	4.6
	50.0	1.1	1.3	1.7	2.0	2.4	3.0	3.7	4.7
	63.0	1.1	1.3	1.7	2.1	2.4	3.0	3.8	4.8
750	10.0	1.8	2.3	2.8	3.6	4.6	5.7	7.3	9.1
	12.5	1.8	2.3	2.9	3.6	4.6	5.7	7.3	9.0
	16.0	1.5	1.9	2.4	3.0	3.7	4.6	5.8	7.3
	20.0	1.6	1.9	2.4	3.1	3.5	4.4	5.5	7.0
	25.0	1.6	1.9	2.5	3.1	3.6	4.5	5.7	7.1
	31.5	1.5	1.8	2.3	2.9	3.7	4.6	5.8	7.3
	40.0	1.5	1.9	2.4	3.0	3.5	4.3	5.4	6.8
	50.0	1.6	1.9	2.5	3.1	3.6	4.5	5.6	7.1
	63.0	1.6	2.0	2.5	3.1	3.7	4.6	5.7	7.8

输入转速 n_1/r·mm^{-1}	传动比 i	中心距 a/mm							
		100	125	160	200	250	315	400	500
		滑动速度 v/m·s^{-1}							
1000	10.0	2.4	3.1	3.8	4.7	6.1	7.6	9.7	12.1
	12.5	2.4	3.1	3.8	4.8	6.2	7.6	9.7	12.1
	16.0	2.1	2.5	3.2	4.0	4.9	6.2	7.7	9.7
	20.0	2.1	2.6	3.3	4.1	4.7	5.9	7.4	9.3
	25.0	2.2	2.6	3.3	4.1	4.8	6.1	7.6	9.5
	31.5	2.0	2.4	3.1	3.9	4.9	6.1	7.7	9.7
	40.0	2.1	2.5	3.2	4.0	4.6	5.8	7.2	9.1
	50.0	2.2	2.6	3.3	4.1	4.8	6.0	7.5	9.4
	63.0	2.2	2.7	3.4	4.2	4.9	6.1	7.6	9.7
1500	10.0	3.6	4.6	5.7	7.1	9.2	11.4	14.5	2.2
	12.5	3.6	4.6	5.7	7.2	9.2	11.5	14.6	2.2
	16.0	3.1	3.7	4.8	6.0	7.3	9.2	11.5	14.6
	20.0	3.1	3.9	4.9	6.1	7.1	8.9	11.1	14.0
	25.0	3.3	3.9	5.0	6.2	7.3	9.1	11.3	14.3
	31.5	3.0	3.6	4.7	5.8	7.4	9.2	11.5	14.6
	40.0	3.1	3.8	4.8	6.0	7.0	8.7	10.8	13.7
	50.0	3.2	3.9	5.0	6.1	7.2	9.0	11.2	14.1
	63.0	3.2	4.0	5.0	6.3	7.3	9.1	11.4	14.5

若已知条件与上述规定的工作条件相符，可直接由表10.2-268选取所需减速器的规格。

若已知条件与上述规定的工作条件不符，应由下式进行修正计算，再由计算结果中的较大值与表10.2-268或表10.2-269比较，选取与承载能力相符或偏大的减速器，即用减速器实际输入功率 P_{1w} 或减速器实际输出转矩 T_{2w}，乘以工作状态系数进行修正（见表10.2-273～表10.2-277），再与表10.2-268、表10.2-269比较进行选用。

计算输入机械功率　$P_{1J} \geqslant P_{1w}f_1f_2$

计算输出机械转矩　$T_{2J} \geqslant T_{2w}f_1f_2$

计算输入热功率　$P_{1R} \geqslant P_{1w}f_3f_4f_5$

计算输出热转矩　$T_{2R} \geqslant T_{2w}f_3f_4f_5$

式中　P_{1w}——减速器实际输入功率；

T_{2w}——减速器实际输出转矩；

f_1——使用系数（见表10.2-273）；

f_2——起动频率系数（见表10.2-274）；

f_3——环境温度修正系数（见表10.2-275）；

f_4——减速器安装形式系数（见表10.2-276）；

f_5——散热能力系数（见表10.2-277）。

当油温为100℃时，如果采用专门的冷却措施（循环油或循环水冷却），使温升限制在允许的范围内，则无须再按上式进行修正计算。

当减速器输出轴轴伸装有齿轮、链轮、V带轮或平带轮时，则需校验轴伸悬臂载荷，即

$$F_{rc}=\frac{2T_{2w}f_1}{D}f_7$$

式中　F_{rc}——轴伸悬臂载荷（N）；

T_{2w}——减速器实际输出转矩（N·m）；

f_1——使用系数（见表10.2-273），先由表10.2-278确定载荷分类代号U、M、H，再按表10.2-273每日运转小时数，确定使用系数 f_1；

D——齿轮、链轮、V带轮或平带轮节圆直径（m）；

f_7——悬臂载荷系数（见表10.2-279）。

校验轴伸悬臂载荷

$$F_{rc} \leqslant F_r$$

式中　F_r——轴端许用悬臂载荷（见表10.2-271）。

当输入转速低于500r/min时，计算输出转矩按 $n_1=500$r/min的额定输出转矩选用。

当蜗轮轴为两端输出轴时，按两端转矩之和选用减速器。

例10.2-15　需要一台TPU蜗杆减速器驱动卷扬机，减速器为标准形式，风扇冷却，原动机为电动机。输入转速 n_1 为1000r/min，公称传动比 $i=20$，最大输出转矩 $T_{2\max}=4950$N·m，输入功率 $P_1=15$kW，输出轴轴伸悬臂载荷 $F_{rc}=5520$N，每天间歇工作6h，每小时起动15次，有冲击载荷，双向运动，每次运转时间3min，环境温度20℃，制造精度7级。

解：由表10.2-273知，每天间歇工作6h，有冲击，取使用系数 $f_1=1.00$。

由表10.2-274知，每小时起动15次，起动频率系数 $f_2=1.18$。

由表10.2-275知，环境温度修正系数 $f_3=1.0$。

由表10.2-276知，减速器安装形式系数 $f_4=1.0$。

由表10.2-277知，散热能力系数 $f_5=1.0$。

按式进行计算得 $P_{1J} \geqslant P_{1w}f_1f_2=15\times1\times1.18\text{kW}=17.7\text{kW}$

按式进行计算得 $P_{1R} \geqslant P_{1w}f_3f_4f_5=15\times1\times1\times1\text{kW}=15\text{kW}$。

由表10.2-268查出减速器为 $a=160$mm，$i=20$，$n_1=1000$r/min，$P_1=19.58$kW大于计算值，符合要求。

由表10.2-271查出 $F_r=20000$N，大于要求值，符合要求。

由表10.2-279查出 $T_2=3253$N·m。

$T_{2\max}=T_2\times2=3253\times3\text{N}\cdot\text{m}=9759\text{N}\cdot\text{m}>4950\text{N}\cdot\text{m}$，符合要求。

选型结果：

减速器TPU 160-20-1F　JB/T 9051—2010

表10.2-273　使用系数 f_1

原动机	使用时间	载荷特性		
		均匀负荷 U	中等冲击 M	重度冲击 H
电动机 汽轮机 水力发电机	间歇2h/d	0.90	1.00	1.20
	≤10h/d	1.00	1.00	1.30
	≤24h/d	1.20	1.30	1.50

表10.2-274　起动频率系数 f_2

每小时起动次数			
<1	2～4	5～9	>10
1	1.07	1.13	1.18

表10.2-275　环境温度修正系数 f_3

环境温度/℃	0～10	>10～20	>20～30	>30～40	>40～50
环境温度系数 f_3	0.85	1.0	1.14	1.33	1.6

表 10.2-276　减速器安装形式系数 f_4

减速器中心距 a/mm	减速器安装形式	
	TPU、TPS	TPA
100~250	1.0	1.2
315~500	1.0	1.2

表 10.2-277　散热能力系数 f_5

无风扇冷却	蜗杆转速 n_1/r·min^{-1}			
	1500	1000	750	500
减速器中心距 a/mm	系数 f_5			
100~200	1.59	1.54	1.37	1.33
250~500	1.85	1.80	1.70	1.51

注：有风扇时，f_5=1.0。

表 10.2-278　减速器的载荷分类

工作机类型	载荷分类代号
搅拌机类	
纯液体	U
可变密度液体	M
液固混合物	M
鼓风机类	
离心式	U
罗茨	M
叶片式	U
酿造与蒸馏	
装瓶机	U
酿造釜(持续负载)	U
蒸煮器	U
磨碎槽(持续负载)	U
磅秤料斗(频繁启动)	M
罐装机类	U
制糖机	
甘蔗刀	1.5
粉碎机	1.5
榨糖机	2.0
自卸车	H
汽车拆卸器	M
制陶机械	
压砖机	H
制坯机	H
制陶机	M
和泥磨	M
压缩机	
离心式	U
罗茨	M
往复式(多缸)	M
往复式(单缸)	H
均载输送机	
装料	
帷裙式	U
组合式	U
皮带式	U
多斗式	U
链条式	U
刮板式	U
烘箱式	U
螺旋式	U
重载输送机	
非均匀装料类	
帷裙式	M
组合式	M
皮带式	M
多斗式	M
刮板式	M
烘箱式	M
往复式	H
螺旋式	M
振动式	H
起重机类	
主卷扬	U
小车行走	①
大车行走	①
干坞起重机	
主卷扬	1.00
辅助卷扬	1.00
船舱(俯仰式)	1.00
回转(摆动)	1.25
轨道行走(驱动轮)	1.50
破碎机	
矿石	H
石头	H
糖	1.50
挖泥机	
电缆卷筒	M
输送机	M
刀头驱动	H
簸筛驱动	H
机动绞车	M
泵	H
网筛驱动	M
码垛机	M
通用绞车	M
升降机	
斗式(均载)	U
斗式(重载)	M
斗式(持续)	U
离心卸料	U
自动扶梯	U
货梯	M
载人电梯	M
施工升降机	M
挤塑机	
塑料薄膜	U
塑料板	U
塑料棒	U
塑料管	U
塑料轮管	U
吹塑	M
预增塑剂	M
风机类	
离心式	U
冷却塔吹风机	①
吸风机	M
大型(矿山等使用)	M
大型(工业用)	M
轻型(小直径)	U
送料机	
帷裙式	M
带式	M
盘式	U
往复式	H
螺旋式	M
食品工业	
带式切片机	M
谷物蒸煮器	U
和面机	M
磨肉机	M
发电机(非电焊机)	U
锤磨机	H
洗衣房	
洗衣机	M
滚筒式	M
天轴	
驱动加工设备	M
轻型	U
其他天轴	U
木材工业	①
机床	
弯板机	M

（续）

工作机类型	载荷分类代号
冲床（齿轮驱动）	M
切口冲床（带驱动）	H
刨床	①
攻丝机	①
其他机床	
主驱动	M
辅助驱动	U
金属轧制	
拔丝机托架和主驱动	M
夹送辊、干料辊、洗涤辊	①
逆转纵切机	M
台式输送机非逆转成组驱动	M
台式输送机单独驱动	H
拔丝机和平整	M
绕丝机	M
冷轧机	H
连铸成套设备	H
冷床	M
棒料剪切机	H
重型和中型板轧机	H
钢坯初轧机	H
钢坯剪切机	H
钢坯转运机械	H
推钢机	H
推床	H
剪板机	H
辊式矫直机	M
辊道（重型）	H
辊道（轻型）	M
薄板轧机	H
焊管机	H
轧辊调整装置	M
焊接机	M
线材拉拔机	M
建筑机械	
卷扬机	M
混凝土搅拌机	M
路面建筑机械	M
回转窑	M
造纸厂（见注）	
搅拌机	M
纯液搅拌机	U
剥离鼓	H
机械剥离器	H
打浆机	M
碎料叠垛	U
碾光机	U
破碎机	H
碎料输送机	M
覆膜滚压	U
干燥机	
造纸机	U
输送机式	U
窑驱动	M
碎浆机	2.00
筛滤机	
碎料	M
旋转式	M
浓缩机	
（交流电机）	M
（直流电机）	U
塑料工业	

工作机类型	载荷分类代号
转筒式内搅拌机	
a）分批搅拌机	1.75
b）连续搅拌机	1.50
连续给料、存料、混料磨	1.25
多仓磨	1.25
回转式磨机类	
球磨机和锤磨机	2.00
直齿齿圈传动	2.50
斜齿齿圈传动	1.50
直联	2.00
水泥窑	M
转筒	H
石料、瓷土料加工机床类	
球磨机	H
挤压粉碎机	H
破碎机	M
压砖机	H
锤式粉碎机	H
回转窑	H
筒形磨机	H
木材加工机械	
剥皮机	H
刨床	M
锯床	M
木材加工机床	U
碾光机	1.50
挤光机	1.50
a）变速驱动	1.50
b）恒速驱动	1.75
印刷机	①
泵机	
离心泵	U
定量泵	M
往复泵	
三缸式多缸单作用泵	M
两缸式多缸双作用泵	M
回转泵	
齿轮泵	U
叶片泵、滑片泵	U
橡胶工业	
转筒式内搅拌	
a）分批搅拌机	1.75
b）连续搅拌机	1.50
搅拌磨—2 平辊（如果用瓦楞辊，则使用和碾碎机、热炼机相同的工况系数）	1.50
分批加料磨—2 平辊	1.50
碾碎机的热炼机—2 平辊、1 瓦楞	1.75
辊碾碎机 1 瓦楞辊	2.00
混料磨—2 辊	1.25
匀料机—2 辊	1.50
金属加工机床	
剪床	M
薄板弯板机	M
压力机床	H
冲床	H
板材校直机床	H
金属刨削机床	H
机床主要传动装置	M

工作机类型	载荷分类代号
机床辅助装置	U
锻锤	H
锻造压力机	H
动力轴	U
石油工业机械	
旋转钻井设备	H
输油管油泵	M
挖泥机	
筒式传送机	H
筒式转向轮	H
挖泥头	H
行走齿轮传动装置（铁轨）	M
碾光机	1.50
混砂机	M
污水处理设备	
蓖子筛	U
化学输液器	U
集液器	U
螺旋脱水器	M
浮渣破碎器	M
快/慢搅拌器	M
浓缩器	M
真空过滤器	M
筛子	
气洗筛	U
转石	M
进水滤网	U
板坯推料机	M
炉排加炼机	U
纺织工业	
配料器	M
碾光机	M
梳理机	M
干桶	M
烘干机	M
染布机	M
针织机	①
织布机	M
轧布机	M
拉毛机	M
漂染	M
传送运输机类	
平板传送机	M
平衡块升降	M
槽式传送机	M
带式传送机（散装）	U
带式传送机（大件）	M
筒式面粉传送机	U
链式传送机	M
环式传送机	M
货物升降机	M
卷扬机	M
连杆式传送机	M
载入升降机	M
螺旋式传送机	M
绞车	M
钢带式传送机	M
链式槽型传送机	M
水处理设备	
通风器	M
螺杆泵	M

注：U 表示均匀载荷；M 表示中等冲击载荷；H 表示严重冲击载荷。
① 为向工厂了解现场工况。

表 10. 2-279　悬臂载荷系数 f_7

链轮(单排)	1.20	V 带	2.00
链轮(双排)	1.25	平带	2.50
齿轮	1.50		

21.5　润滑

蜗杆、蜗轮啮合一般采用浸油润滑。对于 TPS 型和 TPA 型，液面与蜗杆轴线重合；对于 TPU 型，油面到达蜗轮轴轴承下部滚柱部位。当啮合滑动速度 v> 10m/s 时，采用喷油润滑，润滑油牌号推荐用 N320 及 N460 合成蜗轮蜗杆油。

在通常情况下，可根据滑动速度的大小，按表 10. 2-280 选择润滑油牌号。

表 10. 2-280　润滑油

适用滑动速度/m·s^{-1}	蜗轮油牌号	黏度(40℃)/cSt
>1.0~2.5	N460 蜗轮油	506~414
>2.5~5.0	N320 蜗轮油	352~288
>5.0~10.0	N320 蜗轮油	352~288
>10.0	N320 蜗轮油	352~288

注：1cSt = $10^{-6}m^2/s$。

润滑油不允许采用极压齿轮油，以免浸蚀铜轮缘。

减速器的润滑油量按油标中心线注入。

对由于结构原因或转速较低而无法采用稀油润滑的轴承，应采用锂基润滑脂润滑。

22　平面二次包络环面蜗杆减速器（摘自 GB/T 16444—2008）

平面二次包络环面蜗杆减速器适用于冶金、矿山、起重、运输、石油、化工和建筑等行业机械设备的减速传动。

减速器的工作环境温度为-40~40℃，当环境温度低于 0℃或高于 40℃时，起动前润滑油要相应加热或冷却；蜗杆转速不超过 1500r/min；两轴交角为 90°；蜗杆轴可正、反向运转。

22.1　型号和标记方法

减速器的型号由减速器代号 PW、蜗杆位置（U、O、S）、中心距（见表 10. 2-281）、公称传动比（见表 10. 2-282）、装配形式、冷却方式（风扇冷却“F”，自然冷却不标注）和标准号组成。

减速器包括 PWU（蜗杆在蜗轮之下）、PWO（蜗杆在蜗轮之上）、PWS（蜗杆在蜗轮一侧）三个系列。每个系列有三种装配形式，用代号Ⅰ、Ⅱ、Ⅲ表示（见表 10. 2-283~表 10. 2-287）。

表 10. 2-281　减速器的中心距 a　（mm）

第一系列	80　100　125　160　200　250　315　400　500　630
第二系列	140　180　225　280　355　450　560　710

注：优先选用第一系列。

表 10. 3-282　减速器的公称传动比 i

第一系列	10　12.5　16　20　25　31.5　40　50　63
第二系列	14　18　22.4　28　35.5　45　56

注：优先选用第一系列。

标记示例：

中心距 125mm，公称传动比 20，第一种装配，蜗杆下置的平面二次包络环面蜗杆减速器，自然冷却，标记为

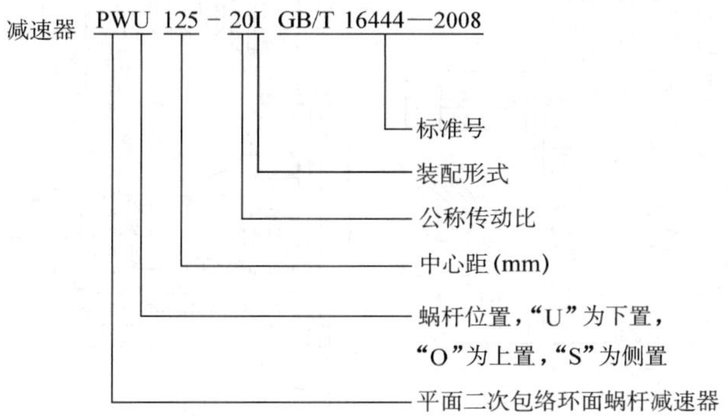

22.2　装配形式和外形尺寸

PW 减速器的装配形式和外形尺寸见表 10. 2-283~表 10. 2-287。

表 10.2-283 PWU 型减速器的装配形式和外形尺寸(整体式) (mm)

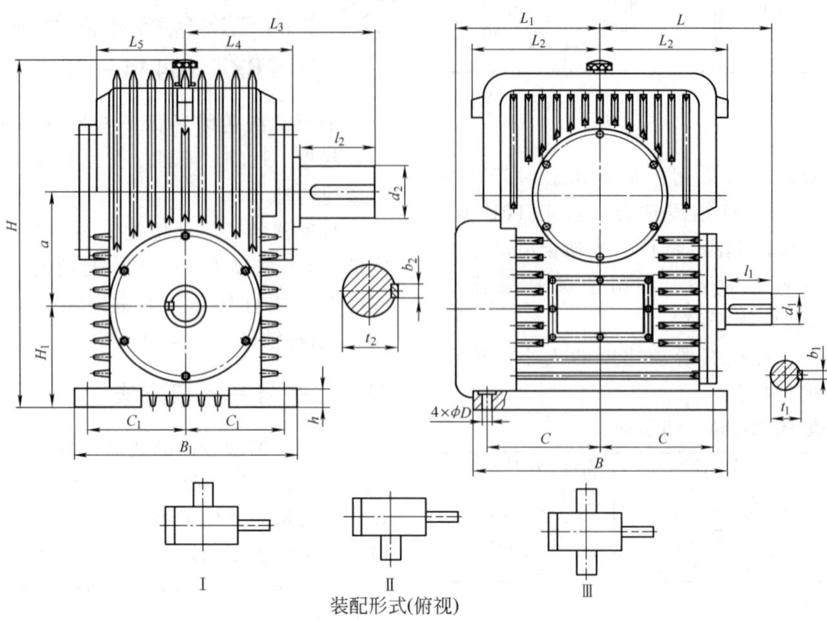

装配形式(俯视)

a	H_1	B	B_1	C	C_1	D	H	L	L_1	L_2	L_3	L_4	L_5	d_1	b_1	t_1	l_1	d_2	b_2	t_2	l_2	h
80	100	250	190	112	80	14	315	160	160	125	180	100	90	25	8	28	42	45	14	48.5	82	30
100	112	300	236	130	100	16	355	200	200	160	212	125	118	32	10	35	58	55	16	59	82	35
125	125	355	280	160	118	18	450	236	236	190	250	150	140	38	10	41	58	65	18	69	105	38
140	140	400	315	180	132	20	500	265	265	212	280	160	160	42	12	45	82	70	20	74.5	105	40
160	160	450	355	200	140	21	560	300	300	236	315	190	180	48	14	51.5	82	80	22	85	130	42
180	180	500	400	225	160	22	630	335	335	265	355	212	200	56	16	60	82	90	25	95	130	45
200	200	560	450	250	180	24	710	355	355	300	400	236	224	60	18	64	105	100	28	106	165	50
225	225	630	500	280	200	26	800	400	400	315	450	265	250	65	18	69	105	110	28	116	165	53
250	250	670	530	300	224	28	850	450	450	355	500	280	280	70	20	74.5	105	125	32	132	165	56
280	280	800	600	355	250	30	950	475	475	400	560	315	315	85	22	90	130	140	36	148	200	60
315	315	900	670	375	280	32	1060	560	560	450	630	355	355	90	25	95	130	150	36	158	200	67
355	355	1000	750	425	315	35	1250	670	670	500	710	400	400	100	28	106	165	170	40	179	240	75

表 10.2-284 PWU 型减速器的装配形式和外形尺寸(剖分式) (mm)

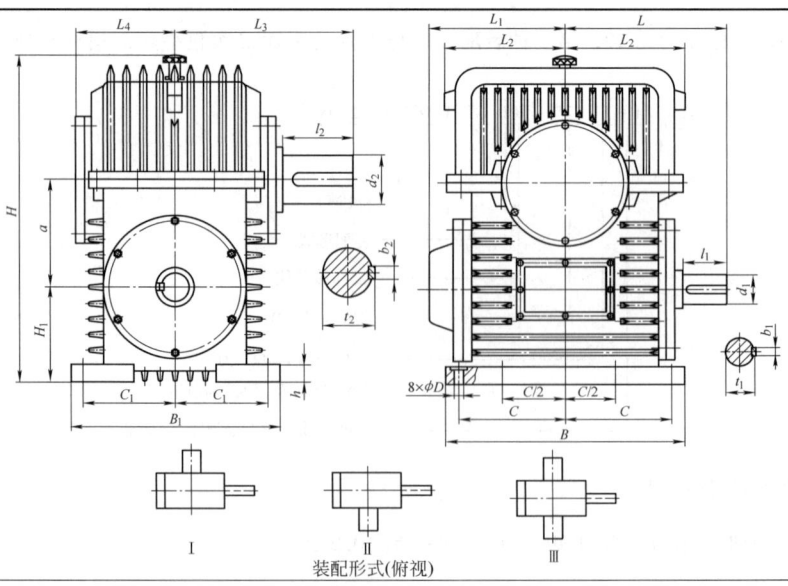

装配形式(俯视)

（续）

a	H_1	B	B_1	C	C_1	D	H	L	L_1	L_2	L_3	L_4	d_1	b_1	t_1	l_1	d_2	b_2	t_2	l_2	h
400	355	900	800	400	355	35	1250	670	600	450	630	375	110	28	116	165	180	45	190	240	55
450	400	1000	900	450	400	39	1400	750	670	500	710	425	125	32	132	165	200	45	210	280	60
500	450	1120	1000	500	450	42	1600	850	750	560	800	475	130	32	137	200	220	50	231	280	65
560	500	1250	1120	560	500	45	1800	950	850	630	900	530	150	36	158	200	250	56	262	330	72
630	560	1400	1250	630	560	48	2000	1060	950	710	1000	600	170	40	179	240	280	63	292	380	80
710	630	1600	1400	710	630	52	2240	1180	1060	800	1250	670	190	45	200	280	320	70	334	380	88

表 10.2-285　PWO 型减速器的装配形式和外形尺寸（整体式）　（mm）

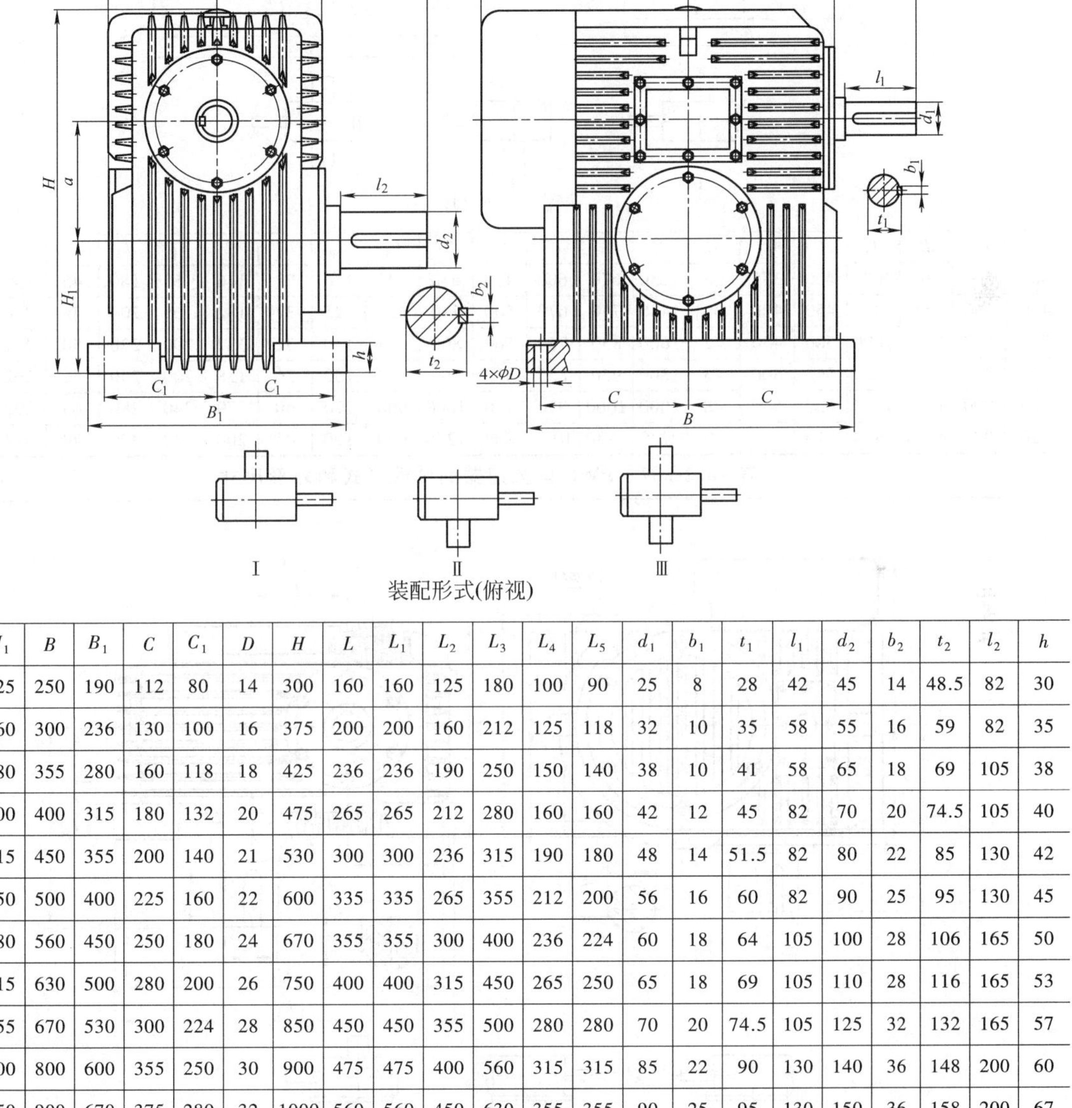

装配形式(俯视)

a	H_1	B	B_1	C	C_1	D	H	L	L_1	L_2	L_3	L_4	L_5	d_1	b_1	t_1	l_1	d_2	b_2	t_2	l_2	h
80	125	250	190	112	80	14	300	160	160	125	180	100	90	25	8	28	42	45	14	48.5	82	30
100	160	300	236	130	100	16	375	200	200	160	212	125	118	32	10	35	58	55	16	59	82	35
125	180	355	280	160	118	18	425	236	236	190	250	150	140	38	10	41	58	65	18	69	105	38
140	200	400	315	180	132	20	475	265	265	212	280	160	160	42	12	45	82	70	20	74.5	105	40
160	215	450	355	200	140	21	530	300	300	236	315	190	180	48	14	51.5	82	80	22	85	130	42
180	250	500	400	225	160	22	600	335	335	265	355	212	200	56	16	60	82	90	25	95	130	45
200	280	560	450	250	180	24	670	355	355	300	400	236	224	60	18	64	105	100	28	106	165	50
225	315	630	500	280	200	26	750	400	400	315	450	265	250	65	18	69	105	110	28	116	165	53
250	355	670	530	300	224	28	850	450	450	355	500	280	280	70	20	74.5	105	125	32	132	165	57
280	400	800	600	355	250	30	900	475	475	400	560	315	315	85	22	90	130	140	36	148	200	60
315	450	900	670	375	280	32	1000	560	560	450	630	355	355	90	25	95	130	150	36	158	200	67
355	500	1000	750	425	315	35	1180	670	670	500	710	400	400	100	28	106	165	170	40	179	240	75

表 10.2-286　PWO 型减速器的装配形式和外形尺寸（剖分式）　（mm）

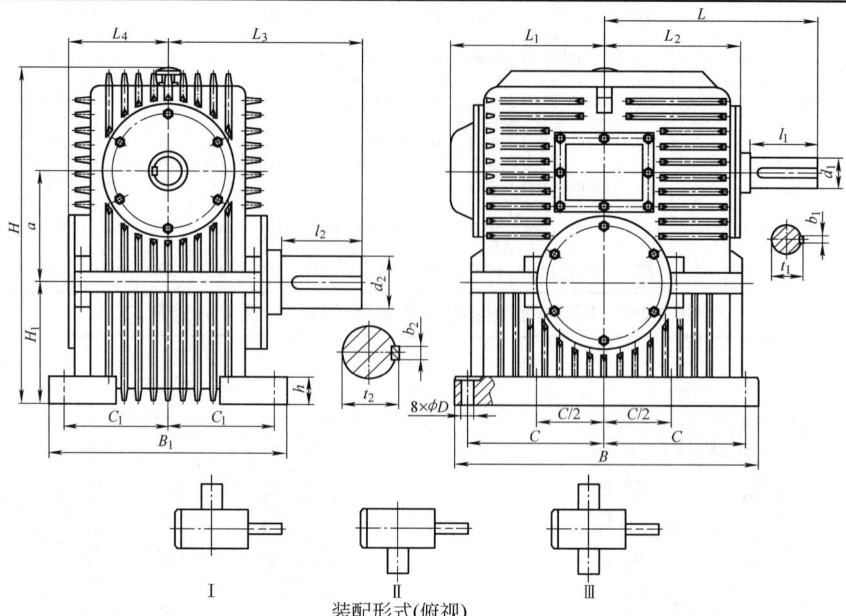

装配形式(俯视)

a	H_1	B	B_1	C	C_1	D	H	L	L_1	L_2	L_3	L_4	d_1	b_1	t_1	l_1	d_2	b_2	t_2	l_2	h
400	500	900	800	400	355	35	1250	670	600	450	630	375	110	28	116	165	180	45	190	240	55
450	560	1000	900	450	400	39	1400	750	670	500	710	425	125	32	132	165	200	45	210	280	60
500	630	1120	1000	500	450	42	1600	850	750	560	800	475	130	32	137	200	220	50	231	280	65
560	710	1250	1120	560	500	45	1800	950	850	630	900	530	150	36	158	200	250	56	262	330	72
630	800	1400	1250	630	560	48	2000	1060	950	710	1000	600	170	40	179	240	280	63	292	380	80
710	900	1600	1400	710	630	52	2240	1180	1060	800	1250	670	190	45	200	280	320	70	334	380	88

表 10.2-287　PWS 型减速器的装配形式和外形尺寸　（mm）

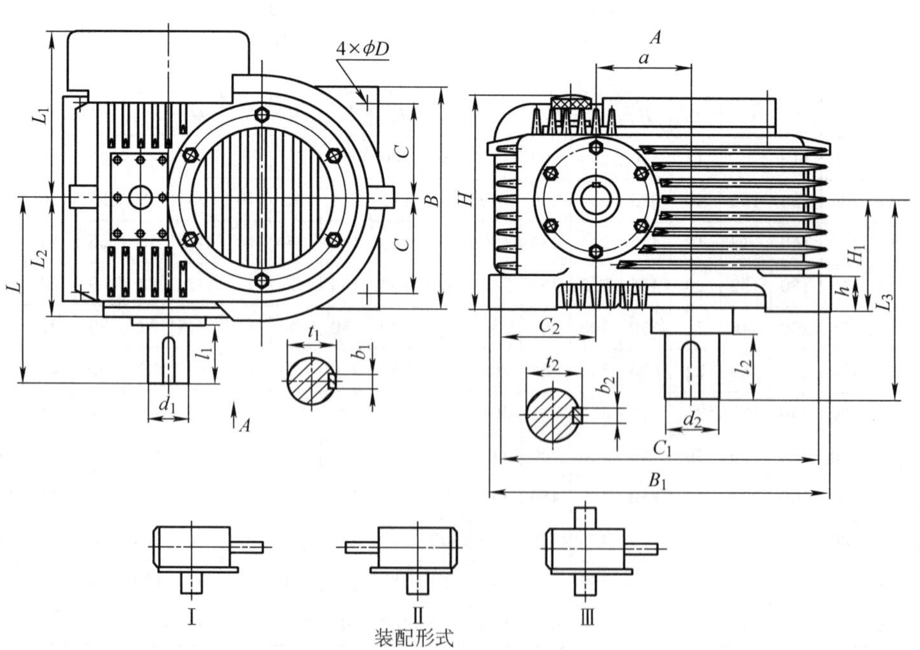

装配形式

（续）

a	H_1	B	B_1	C	C_1	C_2	D	H	L	L_1	L_2	L_3	d_1	b_1	t_1	l_1	d_2	b_2	t_2	l_2	h
80	95	100	315	80	265	80	14	200	160	118	118	170	25	8	28	42	45	14	48.5	82	30
100	125	125	355	100	315	100	16	236	200	140	140	212	32	10	35	58	55	16	59	82	35
125	140	140	400	118	355	118	18	280	236	170	170	250	38	10	41	58	65	18	69	105	38
140	160	160	450	132	400	132	20	300	265	190	190	280	42	12	45	82	70	20	74.5	105	40
160	180	180	500	150	450	150	21	335	300	212	212	315	48	14	51.5	82	80	22	85	130	42
180	200	200	560	170	500	160	22	375	335	236	236	355	56	16	60	82	90	25	95	130	45
200	224	224	630	190	560	170	24	425	355	265	265	400	60	18	64	105	100	28	106	165	48
225	250	250	710	212	630	190	26	475	400	300	300	425	65	18	69	105	110	28	116	165	50
250	280	280	800	245	710	200	28	530	450	355	355	475	70	20	74.5	105	125	32	132	165	52
280	315	315	900	265	800	224	30	600	500	375	375	530	85	22	90	130	140	36	148	200	55
315	355	355	1000	300	900	250	32	670	560	425	425	560	90	25	95	130	150	36	158	200	58
355	400	400	1120	335	1000	265	35	750	600	450	450	670	100	28	106	165	170	40	179	240	62
400	450	450	1250	375	1120	315	35	850	670	500	500	710	110	28	116	165	180	45	190	240	65
450	500	500	1400	425	1250	355	39	950	750	560	560	800	125	32	132	165	200	45	210	280	70
500	560	560	1600	475	1400	400	42	1060	800	600	600	900	130	32	137	200	220	50	231	280	75
560	630	630	1800	530	1600	450	45	1180	900	670	670	1000	150	36	158	200	250	56	262	330	78
630	710	710	2000	600	1800	500	48	1320	1000	750	750	1100	170	40	179	240	280	63	292	380	82
710	800	800	2240	670	2000	560	52	1500	1120	850	850	1250	190	45	200	280	320	70	334	380	88

2.3　承载能力

减速器的额定输入功率 P_1（kW）和额定输出转矩 T_2（N·m）见表 10.2-288，输出轴轴端许用径向力 F_r 见表 10.2-289，传动效率 η 见表 10.2-290。

表 10.2-288 减速器的额定输入功率 P_1 和额定输出转矩 T_2

公称传动比 i	输入转速 n_1/r·min^{-1}	功率、转矩	中心距 a/mm																	
			80	100	125	140	160	180	200	225	250	280	315	355	400	450	500	560	630	710
			额定输入功率 P_1/kW,额定输出转矩 T_2/N·m																	
10	1500	P_1	6.71	11.5	19.7	25.9	35.7	47.5	61.2	81.4	105	138	183	245	326	434	—	—	—	—
		T_2	384	666	1141	1516	2093	2811	3626	4870	6280	8343	11087	14795	19716	26247				
	1000	P_1	6.20	10.6	18.2	23.9	33.0	43.9	56.6	75.2	97.0	127	169	226	301	401	517	679	902	1204
		T_2	533	923	1581	2102	2901	3897	5025	6749	8703	11563	15366	20505	27305	36377	46900	61596	81825	109221
	750	P_1	5.22	8.94	15.3	20.1	27.8	36.9	47.6	63.3	81.6	107	143	190	254	337	435	572	760	1014
		T_2	591	1019	1755	2333	3220	4326	5579	7494	9664	12842	17064	22772	30399	40332	52061	68457	90957	121356
	500	P_1	4.20	7.20	12.3	16.2	22.4	29.7	38.3	50.9	65.7	86.3	115	153	204	271	350	460	611	816
		T_2	697	1202	2071	2754	3801	5107	6586	8849	11412	15167	20145	26896	35843	47615	61496	80822	107354	143373
12.5	1500	P_1	5.88	10.1	17.3	22.7	31.3	41.7	53.7	71.4	92.0	121	161	215	286	380	490	—	—	—
		T_2	417	722	1237	1645	2270	3066	3954	5311	6849	9100	12092	16137	21507	28575	36847			
	1000	P_1	5.26	9.00	15.4	20.3	28.0	37.2	48.0	63.8	82.2	108	144	192	256	340	438	576	765	1012
		T_2	558	968	1658	2204	3042	4109	5298	7117	9178	12194	16204	21624	28876	38351	49405	64971	86290	114151
	750	P_1	4.31	7.39	12.7	16.7	23.0	30.5	39.4	52.3	67.5	88.7	118	157	210	279	360	473	628	838
		T_2	604	1041	1794	2386	3293	4448	5737	7665	9884	13135	17454	23292	31081	41295	53283	70008	92950	124032
	500	P_1	3.29	5.65	9.67	12.7	17.6	23.3	30.1	40.0	51.5	67.8	90.0	120	160	213	275	361	480	640
		T_2	676	1166	2009	2672	3688	4956	6392	8589	11076	14722	19563	25819	34758	46272	59741	78424	104275	139033
14	1500	P_1	5.45	9.34	16.0	21.0	29.0	38.6	49.8	66.1	85.3	112	149	199	265	352	454	597	—	—
		T_2	430	745	1277	1688	2330	3165	4082	5483	7070	9395	12484	16660	22201	29489	38035	50015		
	1000	P_1	4.90	8.40	14.4	18.9	26.1	34.7	44.8	59.5	76.7	101	134	179	239	317	409	537	714	953
		T_2	580	1005	1723	2277	3143	4269	5506	7396	9537	12673	16840	22472	30034	39836	51397	67482	89725	119759
	750	P_1	4.00	6.85	11.7	15.4	21.3	28.3	36.5	48.5	62.6	82.3	109	146	195	259	334	438	583	777
		T_2	620	1075	1853	2464	3401	4544	5860	7917	10209	13568	18029	24060	24567	42704	55070	72217	96125	128111
	500	P_1	3.06	5.24	8.98	11.8	16.3	21.7	27.9	37.1	47.8	62.9	83.6	112	149	198	255	335	446	595
		T_2	695	1205	2078	2761	3814	5097	6572	8833	11391	15143	20122	26852	35855	47646	61362	80613	107323	143178
16	1500	P_1	4.98	8.54	14.6	19.2	26.5	35.3	45.5	60.4	77.9	102	136	182	242	322	415	546	—	—
		T_2	446	774	1326	1763	2433	3233	4169	5663	7303	9706	12897	17211	22924	30512	39311	51720		
	1000	P_1	4.51	7.73	13.2	17.4	24.0	31.9	41.2	54.7	70.6	92.8	123	165	219	292	376	494	657	877
		T_2	606	1051	1801	2394	3305	4391	5663	7692	9920	13183	17517	23377	31118	41490	53426	70192	93353	124612
	750	P_1	3.65	6.25	10.7	14.1	19.4	25.8	33.3	44.3	57.1	75.0	99.7	133	177	236	304	400	531	709
		T_2	643	1108	1920	2553	3524	4735	6106	8114	10464	14062	18685	24935	33172	44230	56974	74966	99517	132877
	500	P_1	2.62	4.84	8.29	10.9	15.0	20.0	25.8	34.3	44.2	58.1	77.2	103	137	183	235	309	411	549
		T_2	725	1250	2154	2865	3954	5316	6855	9214	11881	15797	20991	28013	37258	49768	63910	84034	111774	149304

18	1500	P_1	4.59	7.86	13.5	17.7	24.4	32.5	41.9	55.7	71.8	94.4	125	167	223	297	383	503	—	—
		T_2	460	793	1359	1817	2508	3351	4321	5742	7405	9951	13223	17646	23509	31310	40376	53027		
	1000	P_1	3.92	6.72	11.5	15.1	20.9	27.8	35.8	47.6	61.4	80.7	107	143	191	254	327	430	571	762
		T_2	587	1017	1742	2316	3197	4296	5540	7362	9493	12757	16952	22623	30203	40165	51708	67997	90293	120496
	750	P_1	3.29	5.65	9.67	12.7	17.6	23.3	30.1	40.0	51.5	67.8	90.0	120	160	213	275	361	480	640
		T_2	646	1113	1929	2565	3540	4785	6170	8246	10633	13978	18574	24787	33368	44421	57351	75287	100104	133472
	500	P_1	2.51	4.30	7.37	9.69	13.4	17.8	22.9	30.5	39.3	51.6	68.6	91.6	122	162	209	275	366	488
		T_2	716	1235	2128	2831	3908	5254	6776	9109	11746	15620	20756	27698	36907	49007	63225	83191	110720	147626
20	1500	P_1	4.20	7.19	12.3	16.2	22.4	29.7	38.3	50.9	65.7	86.3	115	153	204	271	350	460	—	—
		T_2	462	797	1365	1815	2505	3386	4367	5835	7524	9882	13144	17541	23636	31398	40551	53296		
	1000	P_1	3.61	6.18	10.6	13.9	19.2	25.5	32.9	43.8	56.5	74.2	98. 6	132	176	233	301	395	525	701
		T_2	593	1021	1761	2341	3231	4367	5632	7525	9704	12757	16952	22623	30587	40493	52311	68648	91241	121828
	750	P_1	2.98	5.11	8.75	11.5	15.9	21.1	27.2	36.2	46.6	61.3	81.5	109	145	193	248	327	434	579
		T_2	641	1106	1917	2549	3519	4783	6168	8243	10629	14052	18672	24918	33231	44231	56836	74941	99462	132693
	500	P_1	2.31	3.97	6.79	8.93	12.3	16.4	21.1	28.1	36.2	47.6	63.2	84.4	113	150	193	254	337	450
		T_2	725	1250	2154	2866	3956	5320	6860	9223	11894	15817	21018	28049	37550	49846	64135	84406	111987	149537
22.4	1500	P_1	3.84	6.59	11.3	14.8	20.5	27.2	35.1	46.6	60.1	79.1	105	140	187	248	320	421	—	—
		T_2	496	808	1384	1841	2541	3435	4429	5919	7633	10147	13483	17993	23999	31827	41068	54030		
	1000	P_1	3.29	5.65	9.67	12.7	17.6	23.3	30.1	40.0	51.5	67.8	90.0	120	160	213	275	361	480	640
		T_2	599	1039	1780	2367	3267	4416	5695	7610	9813	13046	17336	23134	30801	41004	52939	69495	92404	123205
	750	P_1	2.75	4.70	8.06	10.6	14.6	19.4	25.1	33.3	43.0	56.5	75.0	100	134	177	229	301	400	534
		T_2	654	1134	1943	2584	3567	4851	6256	8360	10781	14334	19048	25419	34013	44927	58126	76401	101530	135543
	500	P_1	2.12	3.63	6.22	8.18	11.3	15.0	19.3	25.7	33.1	43.6	57.9	77.2	103	137	177	232	308	412
		T_2	729	1258	2155	2868	3959	5325	6867	9234	11908	15935	21174	28257	37674	50110	64740	84857	112656	150695
25	1500	P_1	3.45	5.91	10.1	13.3	18.4	24.4	31.5	41.9	54.0	71.0	94.3	126	168	223	288	378	—	—
		T_2	467	810	1387	1845	2546	3423	4414	5898	7606	10056	13363	17832	23796	31586	40793	53541		
	1000	P_1	2.94	5.04	8.64	11.4	15.7	20.8	26.9	35.7	46.0	60.5	80.4	107	143	190	245	322	428	572
		T_2	590	1023	1773	2358	3255	4376	5643	7541	9724	12856	17083	22797	30383	40368	52054	68414	90935	121530
	750	P_1	2.51	4.30	7.37	9.69	13.4	17.8	22.9	30.5	39.3	51.6	68.6	91.6	122	162	209	275	366	488
		T_2	663	1143	1971	2622	3619	4865	6274	8434	10876	14463	19218	25646	34173	45377	58542	77029	102518	136691
	500	P_1	1.88	3.23	5.53	7.27	10.0	13.3	17.2	22.8	29.5	38.7	51.5	68.7	91.6	122	157	206	274	366
		T_2	710	1225	2112	2811	3880	5187	6689	9052	14091	15716	20883	27869	37174	49512	63716	83601	111198	148535

（续）

公称传动比 i	输入转速 n_1/r·min^{-1}	功率、转矩	中心距 a/mm																	
			80	100	125	140	160	180	200	225	250	280	315	355	400	450	500	560	630	710
			额定输入功率 P_1/kW，额定输出转矩 T_2/N·m																	
28	1500	P_1	3.10	5.31	9.10	12.0	16.5	21.9	28.3	37.6	48.7	63.7	84.7	113	151	200	250	340	—	—
		T_2	453	786	1354	1791	2472	3324	4287	5763	7432	9940	13209	17627	23551	31193	38992	53029		
	1000	P_1	2.71	4.64	7.95	10.4	14.4	19.2	24.7	32.8	42.3	55.7	74.0	98.7	132	175	226	297	394	526
		T_2	593	1023	1764	2346	3239	4355	5616	7550	9737	13023	17306	23094	30881	40941	52872	69483	92176	123058
	750	P_1	2.27	3.90	6.68	8.78	12.1	16.1	20.8	27.6	35.6	46.8	62.2	83.0	111	147	190	249	331	442
		T_2	657	1133	1953	2589	3587	4823	6220	8364	10786	14346	19063	25439	34031	45068	58251	76340	101480	135511
	500	P_1	1.80	3.09	5.30	6.96	9.61	12.8	16.5	21.9	28.2	37.1	49.3	65.8	87.8	117	150	198	263	351
		T_2	743	1281	2196	2905	4010	5397	6959	9365	12077	16174	21492	28681	38265	50991	65372	86292	114620	152972
31.5	1500	P_1	2.78	4.77	8.18	10.7	14.8	19.7	25.4	33.8	43.6	57.3	76.1	102	135	180	232	305	—	—
		T_2	447	770	1328	1768	2440	3282	4232	5691	7339	9763	12974	17313	23010	30681	39544	51987		
	1000	P_1	2.43	4.17	7.14	9.39	13.0	17.2	22.2	29.5	38.0	50.0	66.5	88.7	118	157	203	266	354	473
		T_2	585	1009	1740	2315	3196	4299	5543	7455	9614	12789	16994	22678	30170	40141	51902	68009	90509	120934
	750	P_1	1.80	3.09	5.30	6.96	9.61	12.8	16.5	21.9	28.2	37.1	49.3	65.8	87.8	117	150	198	263	351
		T_2	572	986	1700	2263	3123	4201	5418	7287	9397	12502	16613	22170	29578	39416	50533	66704	88602	118248
	500	P_1	1.57	2.69	4.61	6.06	8.36	11.1	14.3	19.0	24.5	32.3	42.9	57.2	76.3	101	131	172	228	305
		T_2	708	1221	2106	2787	3847	5146	6636	8932	11519	15337	20380	27196	36262	48001	62258	81744	108358	144952
35.5	1500	P_1	2.43	4.17	7.14	9.39	13.0	17.2	22.2	29.5	38.0	50.0	66.5	88.7	118	157	203	266	—	—
		T_2	431	744	1283	1697	2343	3152	4065	5468	7051	9439	12543	16738	22267	29627	38367	50195		
	1000	P_1	2.20	3.76	6.45	8.48	11.7	15.6	20.0	26.6	34.4	45.2	60.0	80.1	107	142	183	241	320	427
		T_2	584	1008	1738	2299	3174	4270	5507	7408	9553	12788	16993	22677	30287	40194	51799	68217	90578	120865
	750	P_1	1.88	3.23	5.53	7.27	10.0	13.3	17.2	22.8	29.5	38.7	51.5	68.7	91.6	122	157	206	274	366
		T_2	655	1130	1949	2595	3582	4820	6216	8363	10784	14352	19072	25451	33950	45217	58189	76349	101552	135650
	500	P_1	1.49	2.55	4.38	5.75	7.94	10.6	13.6	18.1	23.3	30.6	40.7	54.4	72.5	96.4	124	163	217	290
		T_2	738	1273	2196	2906	4011	5402	6966	9318	12016	16108	21405	28565	38094	50652	65154	85646	114019	152376
40	1500	P_1	2.27	3.90	6.68	8.78	12.1	16.1	20.8	27.6	35.6	46.8	62.2	83.0	111	147	190	249	331	—
		T_2	440	759	1310	1744	2408	3240	4178	5623	7251	9651	12825	17115	22895	30320	39189	51358	68272	
	1000	P_1	1.88	3.23	5.53	7.27	10.0	13.3	17.2	22.8	29.5	38.7	51.5	68.7	91.6	122	157	206	274	366
		T_2	547	943	1626	2165	2989	4022	5187	6980	9001	11981	15920	21246	28340	37745	48574	63734	84772	113235
	750	P_1	1.65	2.82	4.84	6.36	8.78	11.7	15.0	20.0	25.8	33.9	45.0	60.1	80.1	106	137	181	240	320
		T_2	629	1085	1872	2494	3442	4633	5975	8041	10370	13805	18345	24481	32635	43187	55817	73744	97782	130376
	500	P_1	1.22	2.08	3.57	4.69	6.48	8.61	11.1	14.8	19.0	25.0	33.2	44.3	59.2	78.6	101	133	177	236
		T_2	659	1138	1964	2617	3613	4867	6276	8452	10900	14520	19295	25748	34370	45634	58638	77217	102763	137017

45	1500	P_1	2.04	3.49	5.99	7.87	10.9	14.4	18.6	24.7	31.9	41.9	55.7	74.4	99.2	132	170	224	297	—
		T_2	435	751	1304	1737	2397	3227	4161	5600	7222	9614	12776	17049	22734	30251	38960	51335	68065	
	1000	P_1	1.76	3.02	5.18	6.81	9.40	12.5	16.1	21.4	27.6	36.3	48.2	64.4	85.9	114	147	193	257	343
		T_2	565	975	1693	2293	3112	4189	5401	7270	9375	12480	16584	22131	29259	39189	50533	66346	88347	117911
	750	P_1	1.57	2.69	4.61	6.06	8.36	11.1	14.3	19.0	24.5	32.3	42.9	57.2	76.3	101	131	172	228	305
		T_2	661	1140	1966	2602	3592	4837	6238	8343	10759	14237	18918	25246	33661	44558	43344	75880	100585	134555
	500	P_1	1.29	2.22	3.80	5.00	6.90	9.16	11.8	15.7	20.2	26.6	35.4	47.2	63.0	83.7	108	142	188	252
		T_2	773	1334	2303	3069	4238	5712	7364	9852	12705	17046	22651	30227	40336	53590	69148	90917	120369	161346
50	1500	P_1	1.84	3.16	5.41	7.12	9.82	13.1	16.8	22.4	28.8	37.9	50.4	87.2	89.7	119	154	202	268	—
		T_2	428	744	1275	1699	2345	3157	4072	5482	7069	9414	12510	16694	22270	29545	38234	50151	66537	
	1000	P_1	1.61	2.76	4.72	6.21	8.57	11.4	14.7	19.5	25.2	33.1	43.9	58.6	78.2	104	134	176	234	312
		T_2	560	974	1668	2223	3068	4132	5328	7173	9250	12318	16369	21844	29123	38731	49903	65544	87144	116192
	750	P_1	1.33	2.28	3.92	5.15	7.10	9.44	12.2	16.2	20.9	27.4	36.4	48.6	64.9	86.2	111	146	194	259
		T_2	611	1055	1820	2425	3347	4508	5814	7828	10095	13446	17867	23843	31813	42254	54410	71567	95095	126957
	500	P_1	1.02	1.74	2.99	3.94	5.43	7.22	9.31	12.4	16.0	21.0	27.9	37.2	49.6	65.9	85	112	149	198
		T_2	662	1143	1973	2631	3632	4895	6313	8507	10970	14622	19430	25929	34575	45937	59252	78073	103864	138021
56	1500	P_1	1.69	2.89	4.95	6.51	8.99	11.9	15.4	20.5	26.4	34.7	46.1	61.5	82.1	109	141	185	246	—
		T_2	430	747	1280	1706	2355	3172	4090	5471	7150	9523	12654	16887	22537	29921	38705	50783	67527	
	1000	P_1	1.45	2.49	4.26	5.60	7.73	10.3	13.2	17.6	22.7	29.8	39.7	52.9	70.6	93.8	121	159	211	282
		T_2	555	964	1652	2202	3039	4094	5279	7062	9228	12291	16332	21795	29070	38622	49822	65469	86880	116114
	750	P_1	1.33	2.28	3.92	5.14	7.10	9.44	12.2	16.2	20.9	27.4	36.4	48.6	64.9	86.2	111	146	194	259
		T_2	670	1157	1996	2661	3673	4948	6381	8595	11083	14766	19621	24184	34936	46402	59752	78593	104432	139422
	500	P_1	1.10	1.88	3.22	4.24	5.85	7.78	10.0	13.3	17.2	22.6	30.0	40.1	53.4	71.0	91.6	120	160	213
		T_2	787	1359	2345	3106	4287	5780	7453	10118	13048	17274	22954	30631	40834	54293	70045	91762	122349	162878
63	1500	P_1	1.49	2.55	4.38	5.75	7.94	10.6	13.6	18.1	23.3	30.7	40.7	54.4	72.5	96.4	124	163	217	—
		T_2	418	727	1246	1661	2293	3090	3984	5367	6921	9221	12254	16352	21807	28996	37298	49029	65272	
	1000	P_1	1.33	2.28	3.92	5.15	7.10	9.44	12.2	16.2	20.9	27.4	36.4	48.6	64.9	86.2	111	146	194	259
		T_2	562	976	1673	2230	3078	4147	5347	7203	9289	12376	16446	21946	29282	38893	50082	65874	87531	116858
	750	P_1	1.22	2.08	3.57	4.69	6.48	8.61	11.1	14.8	19.0	25.0	33.2	44.3	59.2	78.6	101	133	177	236
		T_2	673	1162	2005	2673	3690	4972	6412	8638	11279	14845	19726	26324	35139	46654	59950	78914	105061	140082
	500	P_1	0.82	1.41	2.42	3.18	4.39	5.83	7.52	9.99	12.9	16.9	22.5	30.0	40.1	53.2	68.7	90.3	120	160
		T_2	644	1112	1921	2563	3538	4771	6153	8297	10699	14269	18961	25303	33773	44806	57861	76053	101067	134755

表 10.2-289　减速器输出轴轴端许用径向力 F_r

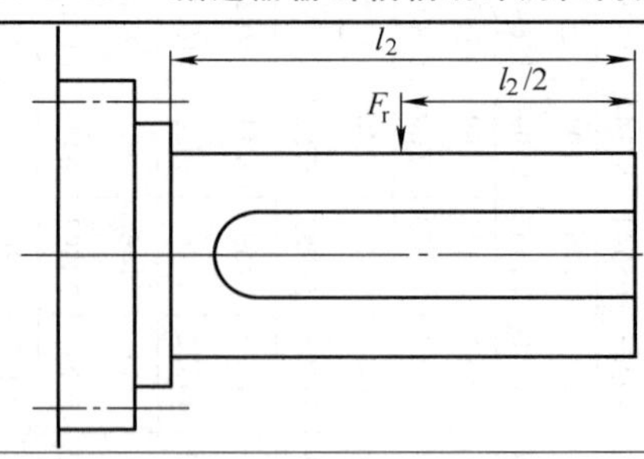

中心距 a/mm	80	100	125	140	160	180	200	225	250
许用径向力 F_r/N	2250	3500	5000	6500	9000	11000	14000	17000	21700
中心距 a/mm	280	315	355	400	450	500	560	630	710
许用径向力 F_r/N	27000	31000	35000	40000	43000	46000	49000	52000	56000

表 10.2-290　减速器的传动效率 η

公称传动比 i	输入转速 n_1 /r·min^{-1}	中心距 a/mm									
		80	100	125	140	160	180	200	225	250	280~710
		传动效率 η(%)									
10	1500	90	91	91	92	92	93	93	94	94	95
	1000	90	91	91	92	92	93	93	94	94	95
	750	89	89.5	90	91	91	92	92	93	93	94
	500	87	87.5	88	89	89	90	90	91	91	92
12.5	1500	89	90	90	91	91	92.5	92.5	93.5	93.5	94.5
	1000	89	90	90	91	91	92.5	92.5	93.5	93.5	94.5
	750	88	88.5	89	90	90	91.5	91.5	92	92	93
	500	86	86.5	87	88	88	89	89	90	90	91
14	1500	88.5	89.5	89.5	91	91	92	92	93	93	94
	1000	88.5	89.5	89.5	91	91	92	92	93	93	94
	750	87	88	88.5	89.5	89.5	91	91	91.5	91.5	92.5
	500	85	86	86.5	87.5	87.5	88	88	89	89	90
16	1500	88	89	89	90	90	91	91	92	92	93
	1000	88	89	89	90	90	91	91	92	92	93
	750	86.5	87	88	89	89	90	90	91	91	92
	500	84	84.5	85	86	86	87	87	88	88	89
18	1500	87.5	88	88	89.5	89.5	90	90	91	91	92
	1000	87	88	88	89	89	90	90	91	91	92
	750	85.5	86	87	88	88	89.5	89.5	90	90	91
	500	83	83.5	84	85	85	86	86	87	87	88
20	1500	86.5	87	87	88	88	89.5	89.5	90	90	91
	1000	86	86.5	87	88	88	89.5	89.5	90	90	91
	750	84.5	85	86	87	87	89	89	89.5	89.5	90
	500	82	82.5	83	84	84	85	85	86	86	87
22.4	1500	85.5	86	86	87	87	88.5	88.5	89	89	90
	1000	85	86	86	87	87	88.5	88.5	89	89	90
	750	83.5	84.5	84.5	85.5	85.5	87.5	87.5	88	88	89
	500	80.5	81	81	82	82	83	83	84	84	85.5
25	1500	85	86	86	87	87	88	88	88.5	88.5	89
	1000	84	85	86	87	87	88	88	88.5	88.5	89
	750	83	83.5	84	85	85	86	86	87	87	88
	500	79	79.5	80	81	81	81.5	81.5	83	84	85

（续）

公称传动比 i	输入转速 n_1 /r · min^{-1}	中心距 a/mm									
		80	100	125	140	160	180	200	225	250	280～710
		传动效率 η(%)									
28	1500	82.5	83	83.5	84	84	85	85	86	86	87.5
	1000	82	82.5	83	84	84	85	85	86	86	87.5
	750	81	81.5	82	83	83	84	84	85	85	86
	500	77	77.5	77.5	78	78	79	79	80	80	81.5
31.5	1500	80	80.5	81	82	82	83	83	84	84	85
	1000	80	80.5	81	82	82	83	83	84	84	85
	750	79	79.5	80	81	81	82	82	83	83	84
	500	75	75.5	76	76.5	76.5	77	77	78	78	79
35.5	1500	78.5	79	79.5	80	80	81	81	82	82	83.5
	1000	78.5	79	79.5	80	80	81	81	82	82	83.5
	750	77	77.5	78	79	79	80	80	81	81	82
	500	73	73.5	74	74.5	74.5	75.5	75.5	76	76	77.5
40	1500	76	76.5	77	78	78	79	79	80	80	81
	1000	76	76.5	77	78	78	79	79	80	80	81
	750	75	75.5	76	77	77	78	78	79	79	80
	500	71	71.5	72	73	73	74	74	75	75	76
45	1500	74.5	75	76	77	77	78	78	79	79	80
	1000	74.5	75	76	77	77	78	78	79	79	80
	750	73.5	74	74.5	75	75	76	76	76.5	76.5	77
	500	69.5	70	70.5	71.5	71.5	72.5	72.5	73	73	74.5
50	1500	73	74	74	75	75	76	76	77	77	78
	1000	73	74	74	75	75	76	76	77	77	78
	750	72	72.5	73	74	74	75	75	76	76	77
	500	68	68.5	69	70	70	71	71	72	72	73
56	1500	71.5	72.5	72.5	73.5	73.5	74.5	74.5	75	76	77
	1000	71.5	72.5	72.5	73.5	73.5	74.5	74.5	75	76	77
	750	70.5	71	71.5	72.5	72.5	73.5	73.5	74.5	74.5	75.5
	500	67	67.5	68	68.5	68.5	69.5	69.5	71	71	71.5
63	1500	70	71	71	72	72	73	73	74	74	75
	1000	70	71	71	72	72	73	73	74	74	75
	750	69	69.5	70	71	71	72	72	73	73	74
	500	65	65.5	66	67	67	68	68	69	69	70

22.4　选用方法

1）选用减速器应知原动机、工作机类型及载荷性质，每日平均运转时间、起动频率和环境温度。

2）表 10.2-288 中的额定输入功率 P_1 和额定输出转矩 T_2 适用于减速器工作载荷平稳，每日工作 8h，每小时起动次数不大于 10 次，起动转矩为额定转矩的 2.5 倍，小时载荷率 $J_c=100\%$，环境温度为 20℃。

其他工作状态的减速器的额定输入功率 P_1 和额定输出转矩 T_2 可按表 10.2-288 选取，用工作状况系数（见表 10.2-291～表 10.2-295）进行修正。

3）计算输入功率 P_{1J}、P_{1R}或计算输出转矩 T_{2J}、T_{2R}。

机械功率　$P_{1J} \geqslant P_{1w}K_AK_1$

或　$T_{2J} \geqslant T_{2w}K_AK_1$

热功率　$P_{1R} \geqslant P_{1w}K_2K_3K_4$

或　$T_{2R} \geqslant T_{2w}K_2K_3K_4$

式中　P_{1w}——减速器实际输入功率（kW）；

T_{2w}——减速器实际输出转矩（N · m）；

K_A——使用系数，见表 10.2-291；

K_1——起动频率系数，见表 10.2-292；

K_2——小时载荷率系数，见表 10.2-293；

K_3——环境温度系数，见表 10.2-294；

K_4——冷却方式系数，见表 10.2-295。

4）在下列间歇工作中可不校验输入热功率。

① 在 1h 内多次起动并且运转时间总和不超过 20min 的场合。

② 在一个工作周期内运转时间不超过 40min，并且间隔 2h 以上起动一次的场合。

5）当实际输入功率超过许用输入热功率时，则需采用强制冷却措施或选用更大规格的减速器。

例 10.2-16 某重型卷扬机采用平面二次包络环面蜗杆减速器（带风扇），电动机功率 $P_{1w}=15kW$，减速器输入转速 $n_1=1000r/min$，传动比 $i=40$，每日工作 8h，每小时起动 15 次，每次工作 3min，环境温度为 30℃。

解：由表 10.2-291 查得 $K_A=1.3$，查表 10.2-292 查得 $K_1=1.1$，由 $J_c=\frac{3\times15}{60}\times100\%=75\%$，查表 10.2-293 得 $K_2=0.93$，由表 10.2-294 查得 $K_3=1.14$，由表 10.2-295 查得 $K_4=1$，计算输入功率如下：

机械功率 $P_{1J}\geqslant P_{1w}K_AK_1$

$$=15\times1.3\times1.1kW=21.45kW$$

热功率 $P_{1R}\geqslant P_{1w}K_2K_3K_4$

$$=15\times0.93\times1.14\times1kW=15.9kW$$

查表 10.2-288 选择减速器中心距 $a=225mm$，$n_1=1000r/min$，$i=40$，额定输入功率 $P_1=22.8kW$ 可用。

表 10.2-291 使用系数 K_A

原动机	载荷性质（工作机特性）	每日工作时间/h ≤0.5	>0.5~1	>1~2	>2~10	>10
		K_A				
电动机，汽轮机燃气轮机（起动转矩小，偶尔作用）	均匀载荷	0.6	0.7	0.9	1	1.2
	轻度冲击	0.8	0.9	1.0	1.2	1.3
	中等冲击	0.9	1.0	1.2	1.3	1.5
	强烈冲击	1.1	1.2	1.3	1.5	1.75
汽轮机，燃气轮机，液动机或电动机（起动转矩大，经常作用）	均匀载荷	0.7	0.8	1	1.1	1.3
	轻度冲击	0.9	1	1.1	1.3	1.4
	中等冲击	1	1.1	1.3	1.4	1.6
	强烈冲击	1.1	1.3	1.4	1.6	1.9
多缸内燃机	均匀载荷	0.8	0.9	1.1	1.3	1.4
	轻度冲击	1.0	1.1	1.3	1.4	1.5
	中等冲击	1.1	1.3	1.4	1.5	1.8
	强烈冲击	1.3	1.4	1.5	1.8	2
单缸内燃机	均匀载荷	0.9	1.1	1.3	1.4	1.6
	轻度冲击	1.1	1.3	1.4	1.6	1.8
	中等冲击	1.3	1.4	1.6	1.8	2
	强烈冲击	1.4	1.6	1.8	2	2.3 或更大

注：均匀载荷：发电机、均匀装料的带式或板式输送机、螺旋输送机、轻型卷扬机、包装机械、机床进给装置、通风机、轻型离心机、离心泵、稀液料和密度均匀物料搅拌机和混合机及按最大剪切力矩设计的冲压机。
轻度冲击：不均匀装料的带式或板式输送机、机床主传动装置、重型卷扬机、起重机旋转机构、工矿通风机、重型离心机、离心泵、黏性液料及密度不均匀物料搅拌机和混合机、多缸柱塞泵、给料泵、挤压机、压延机、回转窑、锌、铝带材、线材、型材轧机。
中等冲击：橡胶挤压机、经常起动的橡胶和塑料混合机、轻型球磨机、木材加工机械、钢坯初轧机、单缸活塞泵。
强烈冲击：铲斗链传动、筛传动装置、单斗挖土机、重型球磨机、橡胶混炼机、冶金机械、重型给料泵、旋转式钻探设备、压砖机、除鳞机、冷轧机及压块机。

表 10.2-292 起动频率系数 K_1

每小时起动次数	≤10	>10~60	>60~400
启动频率系数 K_1	1	1.1	1.2

表 10.2-293 小时载荷率系数 K_2

小时载荷率 J_c(%)	100	80	60	40	20
小时载荷率系数 K_2	1	0.95	0.88	0.77	0.6

注：1. $J_c=\frac{1h\text{内载荷作用时间 (min)}}{60}\times100\%$。

2. $J_c<20\%$时按 $J_c=20\%$计。

表 10.2-294 环境温度系数 K_3

环境温度/℃	0~10	>10~20	>20~30	>30~40	>40~50
环境温度系数 K_3	0.89	1	1.14	1.33	1.6

表 10.2-295　冷却方式系数 K_4

冷却方式	减速器中心距 a/mm	蜗杆转速 n_1/r · min^{-1}			
		1500	1000	750	500
		冷却方式系数 K_4			
自然冷却（无风扇）	80	1	1	1	1
	100~225	1.37	1.59	1.59	1.33
	250~710	1.51	1.85	1.89	1.78
风扇冷却	80~710	1			

22.5　润滑

此种减速器一般采用油池润滑，当蜗杆计算圆周滑动速度 v_s>10m/s 时，采用强制润滑。减速器采用合成蜗轮蜗杆油，润滑油黏度指数（Ⅵ）应大于100。减速器润滑油油品按表 10.2-296 选取，允许采用润滑性能相当或更高的油品。当减速器轴承采用飞溅润滑时，也可用脂润滑。

表 10.2-296　润滑油油品

输入转速 /r · min^{-1}	中心距/mm																	
	80	100	125	140	160	180	200	225	250	280	315	355	400	450	500	560	630	710
1500	680 蜗轮蜗杆油							460 蜗轮蜗杆油					320 蜗轮蜗杆油[①]					
1000	680 蜗轮蜗杆油									460 蜗轮蜗杆油								320 蜗轮蜗杆油[①]
750	680 蜗轮蜗杆油													460 蜗轮蜗杆油				
500	680 蜗轮蜗杆油																	460 蜗轮蜗杆油

① 建议采用强制润滑。

第3章　机械无级变速器

机械无级变速器是在输入转速一定的情况下实现输出转速在一定范围内连续变化的一种运动和动力传递装置，由变速传动机构、调速机构及加压装置或输出机构组成。

机械无级变速器转速稳定，滑动率小，具有恒功率机械特性，传动效率较高，能更好地适应各种机械的工况要求及产品变换需要，易于实现整个系统的机械化、自动化，且结构简单，维修方便，价格相对便宜。这种减速器广泛应用于纺织、轻工、机床、冶金、矿山、石油、化工、化纤、塑料、制药、电子和造纸等领域，近年来已开始应用于汽车的机械无级调速。

由于机械无级变速器绝大多数是依靠摩擦传递动力，故承受过载和冲击的能力差，且不能满足严格的传动比要求。

1　机械无级变速器的一般资料

1.1　机械无级变速器的类型、特性及应用举例（见表10.3-1）

机械无级变速器的机械特性可分为三种：

1）恒功率特性。在传动过程中输出功率保持不变，输出转矩与输出转速呈双曲线关系，载荷的变化对转速影响小，工作中稳定性好，能充分利用原动机的全部功率。

2）恒转矩特性。在传动过程中输出转矩保持恒定，输出功率与输出转速成正比关系，不能充分利用原动机的功率，常用于工作机转矩恒定的场合。

3）变功率、变转矩特性。其特点介于上述二者之间。

表10.3-1　机械无级变速器的类型、机械特性及应用举例

名　称	简　图	机械特性	特性参数	特点及应用举例
Ⅰ. 无中间元件的机械无级变速器				
滚轮平盘式		轮主动、恒功率、盘主动、恒转矩	$i_s=0.5\sim2$；$R_{bs}=4$（单滚）、15（双滚）；$P_1\leqslant4$kW；$\eta=80\%\sim85\%$	相交轴，升、降速型，可逆转；用于机床、计算机构、测速机构
锥盘环盘式（Prym-SH）		P T P₂ T₂ O n₂	$i_s=0.25\sim1.25$；$R_{bs}\leqslant5$；$P_1\leqslant11$kW；$\eta=50\%\sim92\%$	平行轴或相交轴，降速型，可在停车时调速；用于食品机械、机床、变速电动机等
		P T P₂ T₂ O n_{min} n_{max} n_2	$i_s=0.125\sim1.25$；$R_b\leqslant10$；$P_1\leqslant15$kW；$\eta=85\%\sim95\%$	同轴或平行轴，降速型；用于船用辅机
多盘式（Reier）		P T 双级 P₂ T₂ O n₂	$i_s=0.2\sim0.8$（单级）、$0.076\sim0.76$（双级）；$R_b=3\sim6$（单级）、$10\sim12$（双级）；$P_1=0.5\sim150$kW；$\eta=75\%\sim87\%$；$\varepsilon=2\%\sim5\%$（单级）、$4\%\sim9\%$（双级）	同轴线，降速型；用于化纤、纺织、造纸、橡塑、电缆、搅拌机械和旋转泵等
光轴斜环式（Uhing）		F_2（轴向推力） O v_2	$v_2=0.0183\sim1.16$m/min；$n_1=100\sim1000$r/min；$F=50\sim1800$N	直线移动，可正、反转，可停车时调速；用于电缆机械、举重器等

（续）

名　称	简　　图	机 械 特 性	特 性 参 数	特点及应用举例
Ⅱ. 有中间元件机械无级变速器				
（1）刚性中间元件无级变速器				
滚锥平盘式（FU）	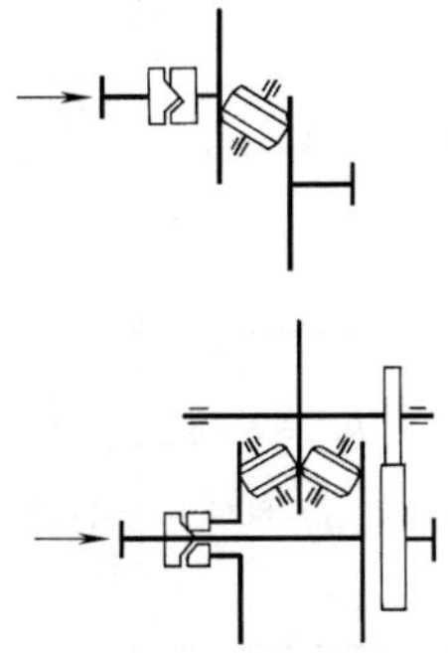	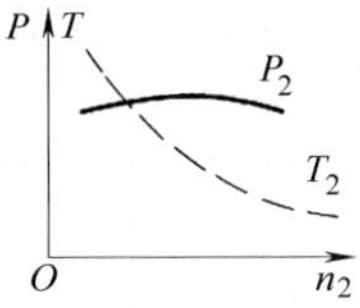	$i_s=0.17\sim1.46$；$R_{bs}\leqslant8.5$；$P_1=26.5(R_b\approx8.5)\sim104(R_b\approx2)$ kW；$\eta=87\%\sim93\%$ 四滚锥单滚锥：$R_b<10$；$P_1\leqslant3$kW；$\eta=77\%\sim92\%$	同轴或平行轴，升降速型；用于试验设备、机床主传动、运输、印染及化工机械
钢球平盘式（PIV-KS）	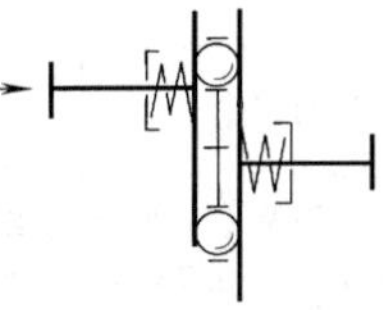	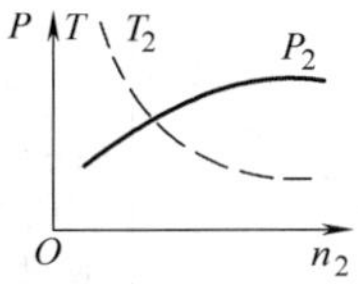	$i_s=0.05\sim1.5$；$R_{bs}\leqslant25$；$P_1=0.12\sim3$kW；$\eta\leqslant85\%$	平行轴，升降速型；用于计算机、办公及医疗设备、小型机床
长锥钢环式	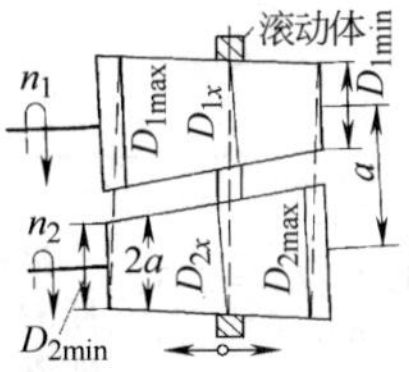	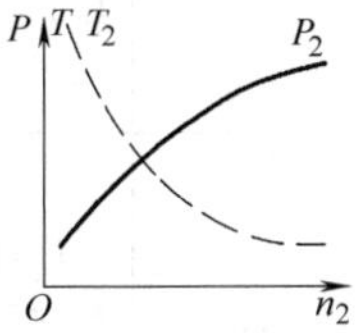	$i_s=0.5\sim2$；$R_{bs}\leqslant4$；$P_1\leqslant3.7$kW；$\eta\leqslant85\%$	平行轴，升降速型；用于机床、纺织机械等，有自紧作用，不需加压装置
钢环分离锥式（RC）	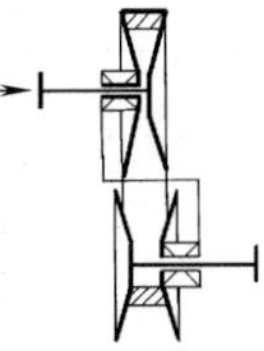	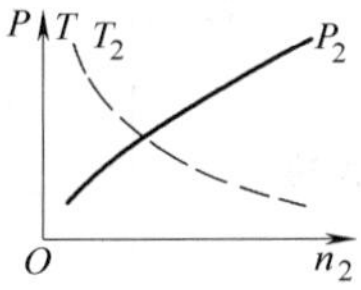	$i_s=\frac{1}{3.2}\sim3.2$；$R_{bs}\leqslant10(16)$；$P_1=0.2\sim10$kW；$\eta=75\%\sim90\%$	平行轴，对称调速型，钢环自紧加压；用于机床、纺织机械等
滚轮整环式（RF 单级）（Hayes 双级）	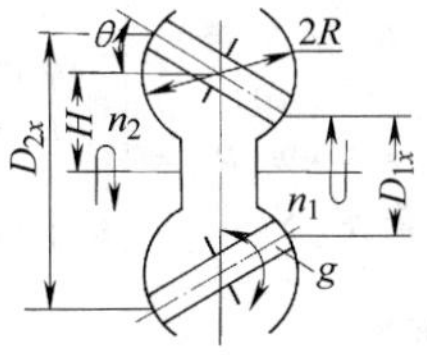	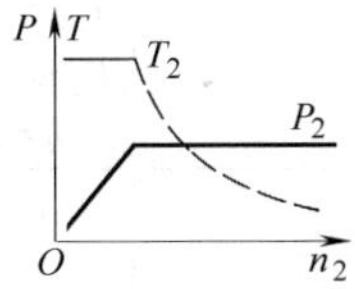	$i_s=0.1\sim3.5$；$R_{bs}=4\sim12$；$P_1=0.5\sim30$kW；$\eta=80\%\sim95\%$	同轴线，升降速型；用于航空工业、汽车
滚轮半环式（Toroidal）	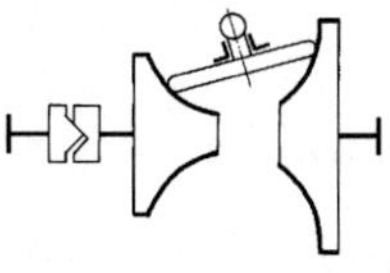		$i_s=0.22\sim2.2$；$R_{bs}=6\sim10$；$P_1=0.1\sim40$kW；$\eta=90\%\sim92\%$	同轴线或相交轴，升降速型；用于机床、拉丝机、汽车等
钢球外锥轮式（Kopp-B）	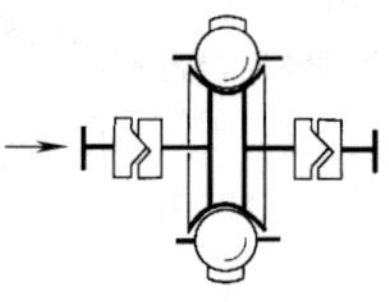	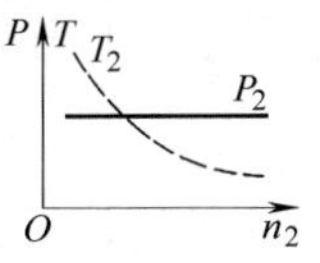	$i_s=\frac{1}{3}\sim3$；$R_{bs}\leqslant9$；$P_1=0.2\sim12$kW；$80\%\sim90\%$	同轴线，升降速型，对称调速；用于纺织机械、电影机械、机床等

（续）

名　称	简　　图	机械特性	特性参数	特点及应用举例
Ⅱ. 有中间元件机械无级变速器				
（1）刚性中间元件无级变速器				
钢球内锥轮式(Free Ball)	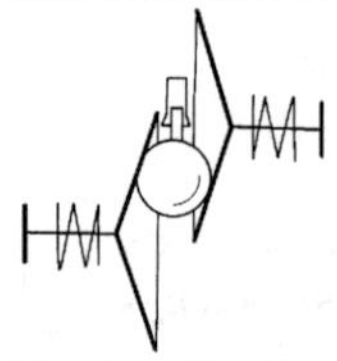	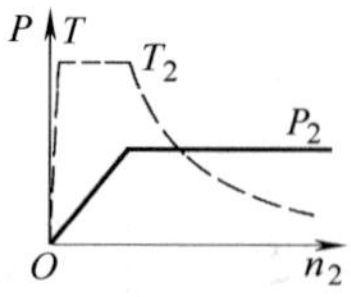 P T T_2 P_2 O n_2	$i_s=0.1\sim2$；$R_{bs}=10\sim12(20)$；$P_1=0.2\sim5kW$；$\eta=85\%\sim90\%$	同轴线，升降速型，可逆转；用于机床、电工机械、钟表机械和转速表等
菱锥式(Kopp-K)	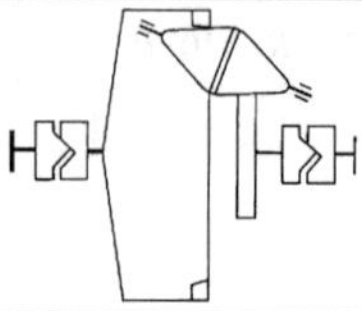	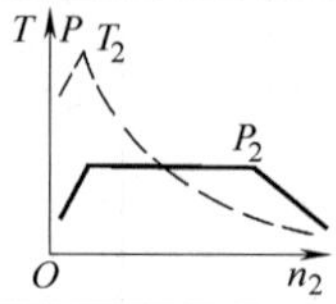 T P T_2 P_2 O n_2	$i_s=\dfrac{1}{7}\sim1.7$；$R_{bs}=4\sim12(17)$；$P_1\leqslant88kW$；$\eta=80\%\sim93\%$	同轴线，升降速型；用于化工机械、印染机械、工程机械、机床主传动和试验台等
（2）挠性中间元件无级变速器				
齿链式(PIV-A)(PIV-AS)(FMB) 滑片链	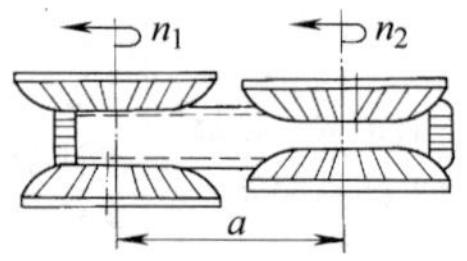 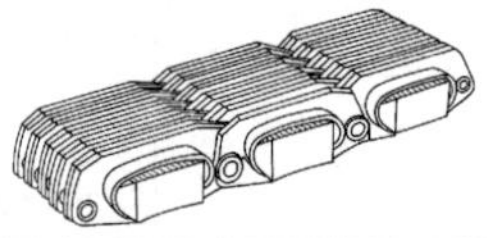 n_1 n_2 a	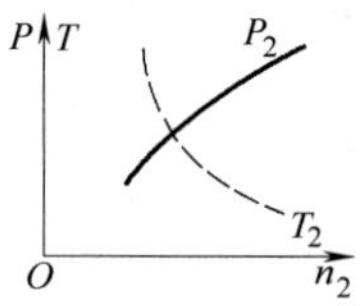 P T P_2 T_2 O n_2	$i_s=0.4\sim2.5$；$R_{bs}=3\sim6$；$\eta=90\%\sim95\%$ $P_1=0.75\sim22kW$（A 型，压靴加压）$P_1=0.75\sim7.5kW$（AS 型，剪式杠杆加压）	平行轴，对称调速；用于纺织机械、化工机械、重型机械和无滑差机床等
单变速带轮式	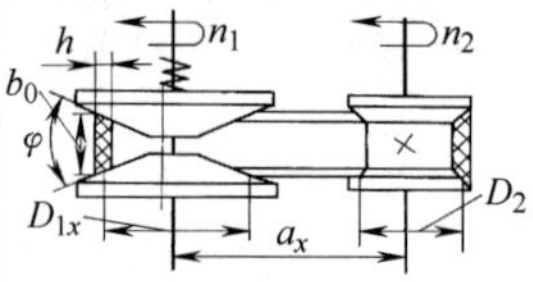 h n_1 n_2 b_0 φ D_{1x} a_x D_2	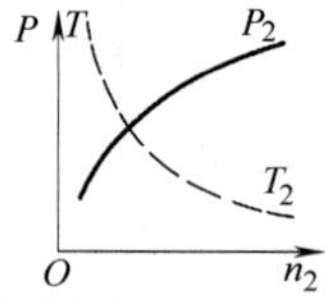 P T P_2 T_2 O n_2	$i_s=0.50\sim1.25$；$R_{bs}=2.5$；$P_1\leqslant25kW$；$\eta\leqslant92\%$	平行轴，降速型，中心距可变；用于食品工业等
长锥移带式	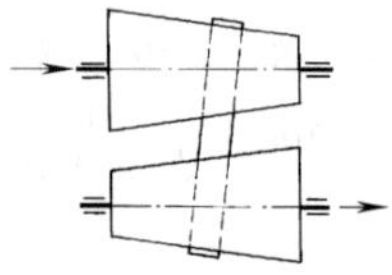	基本为恒功率	—	平行轴，升降速型，尺寸大，锥体母线应为曲线；用于纺织机械和混凝土制管机
普通 V 带、宽 V 带、块带式	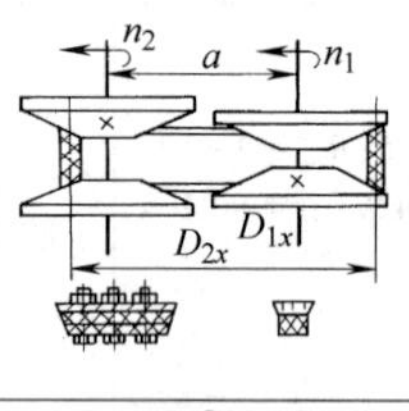 n_2 a n_1 D_{2x} D_{1x}	—	$i_s=0.25\sim4$（宽 V 带、块带），$R_{bs}=3\sim6$（宽 V 带），$P_1\leqslant55kW$；$R_{bs}=2\sim10(16)$（块带式），$P_1\leqslant44kW$；$R_{bs}=1.6\sim2.5$（普通 V 带），$P_1\leqslant40kW$ $\eta=80\%\sim90\%$	平行轴，对称调速，尺寸大；用于机床和印刷、电工、橡胶、农机、纺织、轻工机械等
光面轮链式 1）摆销链(RH)	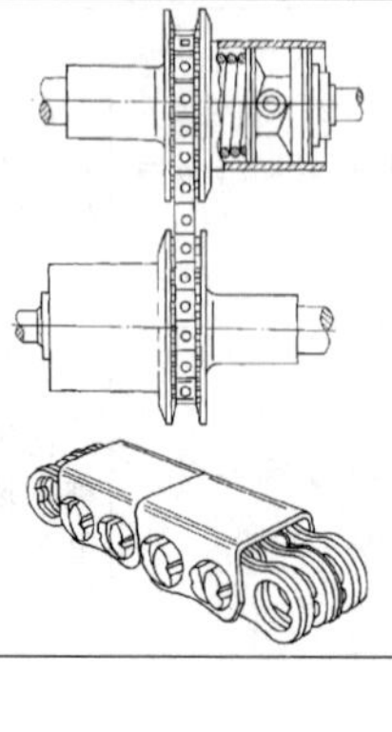	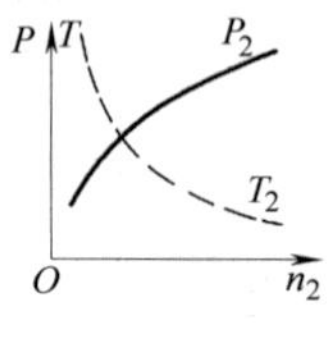 P T P_2 T_2 O n_2	$i_s=0.38\sim2.4$；$R_{bs}=2.7\sim10$；$\eta\leqslant93\%$ 摆销链 RH：$P_1=5.5\sim175kW$，$R_{bs}=2\sim6$ RK：$P_2=3.7\sim16kW$，$R_{bs}=3.6\sim10$	平行轴，升降速型，可停车调速；用于重型机器、机床和汽车等

（续）

名　称	简　图	机械特性	特性参数	特点及应用举例
（2）挠性中间元件无级变速器				
2）滚柱链（RS） 3）套环链（RS）	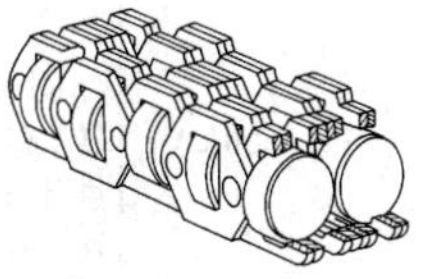 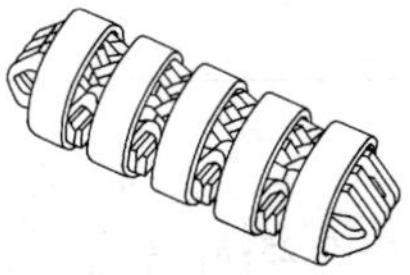	—	滚柱链 RS：$P_2=3.5\sim17$kW（恒功率用） $P_2=1.9\sim19$kW（恒转矩用） 套环链 RS：$P_2=20\sim50$kW（恒功率用） $P_2=11\sim64$kW（恒转矩用）	
4）金属带式	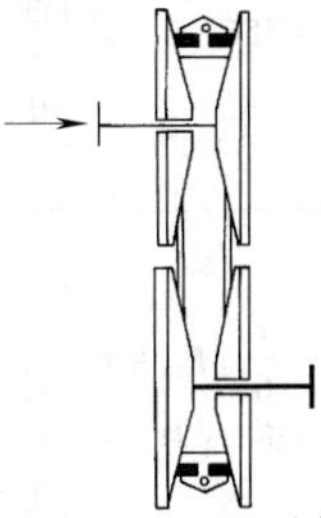		$i=0.01\sim2.45$ $R_b\leqslant6$ $P=55\sim11.0$kW $\eta\leqslant92\%$	平行轴，升降速型；适用于高速大功率传动 用于汽车等行业
Ⅲ. 行星无级变速器				
内锥输出行星锥式（B_1US）	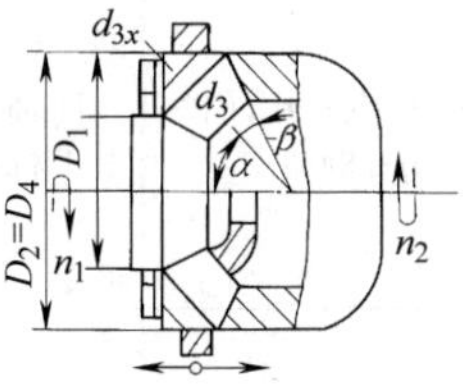 d_{3x} d_3 D_1 $D_2=D_4$ β α n_1 n_2	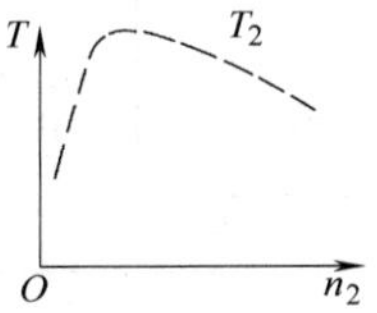 T T_2 O n_2	$i_s=-\frac{1}{115}\sim-\frac{1}{3}$；$R_{bs}\leqslant38.5(\infty)$；$P_1\leqslant2.2$kW；$\eta=60\%\sim70\%$	同轴线，降速型，可在停车时调速；用于机床进给系统
外锥输出行星锥式（RX）	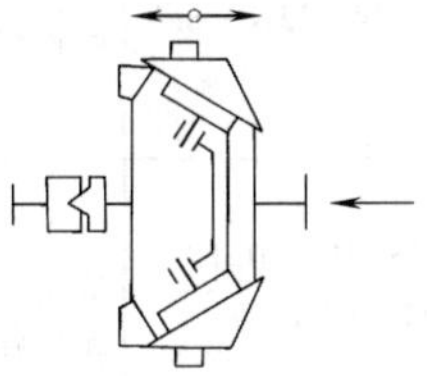	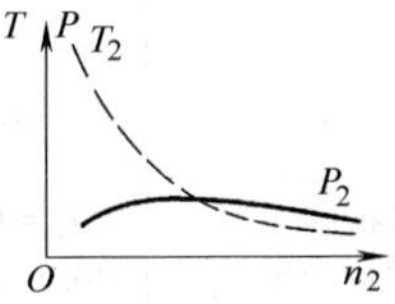 T P T_2 P_2 O n_2	$i_s=-0.57\sim0$；$R_{bs}=33(\infty)$；$P_1=0.2\sim7.5$kW；$\eta=60\%\sim80\%$	同轴线，降速型；广泛用于食品、化工、机床、印刷、包装、造纸和建筑机械等，低速时效率低于60%
转臂输出行星锥式（SC）	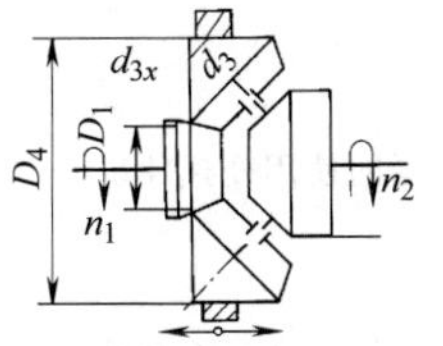 d_{3x} d_3 D_1 D_4 n_1 n_2	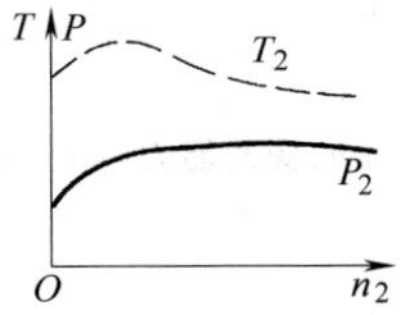 T P T_2 P_2 O n_2	$i_s=\frac{1}{6}\sim\frac{1}{4}$；$R_{bs}\leqslant4$；$P_1\leqslant15$kW；$\eta=60\%\sim80\%$	同轴线，降速型；用于机床、变速电动机等
转臂输出行星锥盘式（Disco）	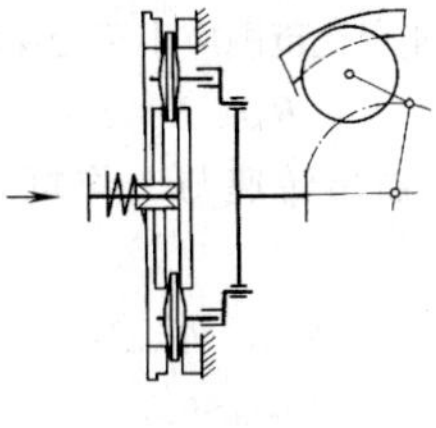	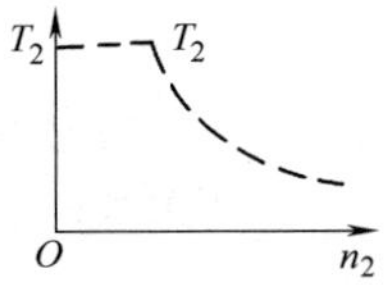 T_2 T_2 O n_2	$i_s=0.12\sim0.72$；$R_{bs}\leqslant6$；$P_1=0.25\sim22$kW；$\eta=75\%\sim84\%$	同轴线，降速型；用于陶瓷、制烟等机械和变速电动机

（续）

名　称	简　　图	机械特性	特性参数	特点及应用举例
Ⅲ. 行星无级变速器				
行星长锥式(Craham)	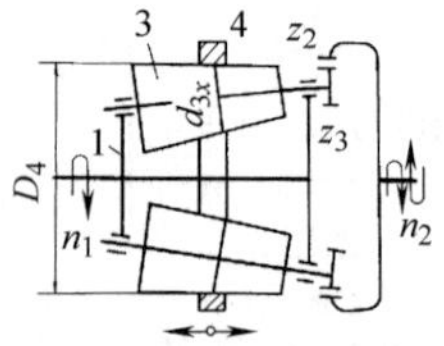	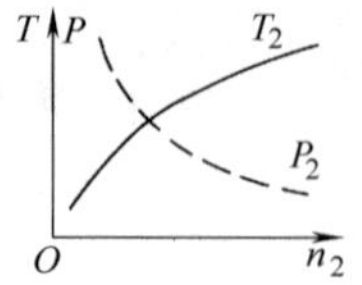	$i_s=-\frac{1}{100}\sim\frac{1}{3}$；$P_1\leqslant 4kW$；$\eta=85\%\sim90\%$	同轴线，降速型，可逆转，有零输出转速但特性不佳，可在停车时调速；用于变速电动机等
行星弧锥式(NS)	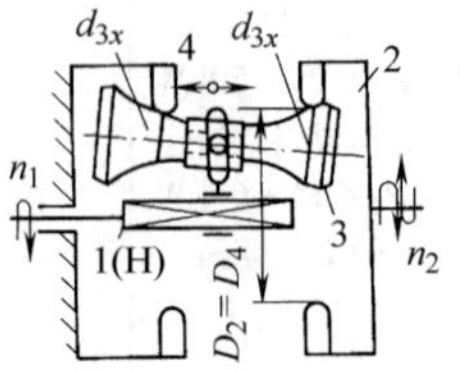	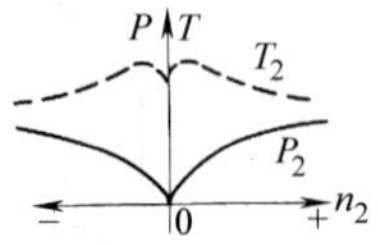	$i_s=-0.85\sim0\sim0.25$；$R_{bs}=\infty$；$P_1\leqslant 5kW$；$\eta=75\%$	同轴线，降速型，可逆转，有零输出转速但特性不佳，可在停车时调速；用于化工机械、塑料机械和试验设备等
封闭行星锥式(OM)	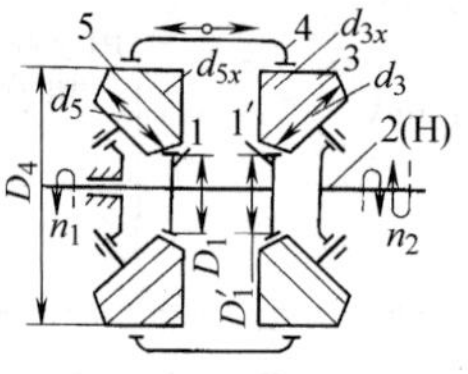	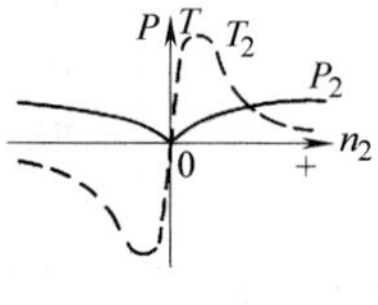	$i_s=-\frac{1}{5}\sim0\sim\frac{1}{6}$；$R_{bs}=\infty$（通常 $n_2>20r/min$）；$P_1\leqslant 3.7kW$；$\eta=65\%$	同轴线，降速型，可逆转，有零输出转速但特性不佳；用于机床、变速电动机等
行星钢球无级变速器(Planetroll, AR)	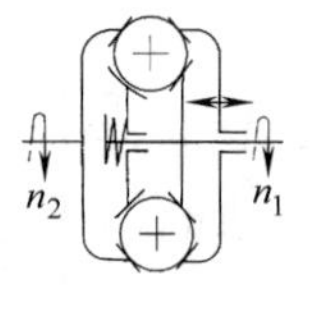	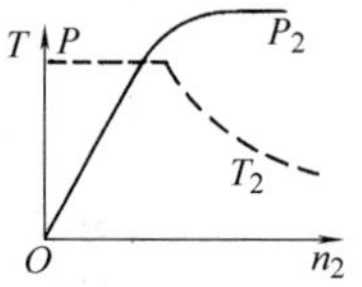	$i_s=0\sim0.414$；$R_b=\infty$；$P_1=0.03\sim7.5kW$；$\eta\leqslant84\%$	同轴线、降速型、用于木工机械
四相摇杆脉动变速器(Zero-Max)	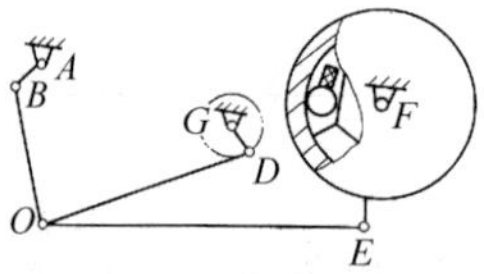	基本为恒转矩	$i_s=0\sim0.25$；$P_1=0.09\sim1.1kW$；$T_2=1.34\sim23N\cdot m$	平行轴，降速型；用于纺织、印刷、食品和农业机械等
三相摇块脉动变速器(Gusa)	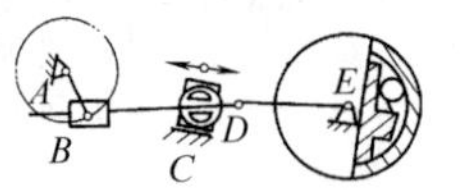	低速时恒转矩 高速时恒功率	$i_s=0\sim0.23$；$P_1=0.12\sim18kW$；$\eta=60\%\sim85\%$	平行轴，降速型；用于塑料、食品和无线电装配运输带等

注：1. 传动比 $i_{21}=\frac{n_2\text{（输出转速）}}{n_1\text{（输入转速）}}$，$i_s$ 为使用的传动比。

2. 变速比 $R_b=\frac{n_{2max}\text{（最高输出转速）}}{n_{2min}\text{（最低输出转速）}}$，表示变速器的变速能力；$R_{bs}$ 为变速器的使用变速比。

3. 除注明者外，均不可在停车时调速。

4. n—转速，下标为构件代号；T_2—输出转矩；a 和 D、d—中心距和直径，有下标 x 者为可变尺寸；η—效率；ε—滑动率；P—功率；P_1、P_2—输入、输出功率；F_2—输出轴向力。

机械无级变速器的机械特性除与传动形式有关外，还决定于加压装置的特性。

1.2 机械无级变速器的选用

机械无级变速器的选择必须综合考虑实际使用要求和变速器的特点。

1）工作机转速变化范围应小于变速器的变速比范围。

$$R'_b\leqslant R_b$$

2）变速器的输出转速与工作机要求的转速有如下关系：

$$n_{2max}>n'_{max}$$

$$n_{2min}<n'_{min}$$

如果转速不合要求，则要加减（增）速器装置。有的无级变速器产品已经考虑到这种需要，在输入轴或输出轴加上了相应的减（增）速装置，成为一种派生型号供用户选用。

3）在全部变速范围内变速器的许用功率和许用转矩不小于工作机的功率和转矩，即

$$P_1 \geqslant P'$$
$$M_1 \geqslant M'$$

4）变速器承载能力和性能表中所列的机械特性均是在一定输入转速情况下所具有的，如果输入转速不同于表中所规定的，则应依照厂家所给定的数据进行修正。这里特别要指出的是，有些变速器输入轴转速不允许太高，否则会损坏机件或降低寿命。

5）机械无级变速器的传动除了齿链式具有“啮合”的特点外，几乎都是依靠摩擦和拖动油膜来传递载荷的，因而其传动效率是很敏感的问题，也是无级变速器重要的重量指标之一。因此，在选择无级变速器时必须考虑其效率，尤其是在功率比较大、长期工作的情况下，更应选择效率高的，以提高整体的经济效益。一般说来，点、线接触类型的，如行星锥轮式、行星锥盘式、多盘式等效率偏低，一般为 $\eta=65\%\sim80\%$；金属带式、链式效率较高，$\eta=85\%\sim93\%$。

机械无级变速器在我国是近年来才得到迅速发展的产品。由于产品种类很多，有些甚至是很先进的，且研制和生产时间较短，故未能形成系列化生产，这里不能一一介绍。有的产品生产多年，已逐渐形成系列，目前已出台了行业标准，本节所提供的就是这些产品的数据。

2　齿链式无级变速器（摘自 JB/T 6952—1993）

齿链式无级变速器包括基本型、第一派生型、第二派生型和第三派生型，主要用于转速要求稳定且又需无级调节的各种场合，如化纤、纺织、造纸、印刷、食品、化工、电工、塑料、仪表、木材、电子和玻璃制品等行业，其使用条件为：

输入转速不大于 1500r/min（第一、第三派生型）；

输入转速不大于 760r/min（基本型和第二派生型）；

变速比 $R_b=2.8\sim6$；

传递功率 $P=0.75\sim22$kW；

工作环境温度为-40～40℃。当环境温度低于0℃时，起动前润滑油应预热。

2.1　形式和标记方法

齿链式无级变速器有四种类型，即基本型和三个派生型。

基本型——不包括任何减速装置，按功率大小分为七种形式（$P_0\sim P_6$），按输出输入轴的方位及轴伸的个数有 18 种安装形式。

第一派生型——在基本型的输入端加减速装置，按功率大小分为：直接装法兰电动机型（$PF_0\sim PF_6$）；用联轴器或 V 带连接电动机型（$PN_0\sim PN_6$）；按输入、输出轴的方位有两种安装形式。

第二派生型——在基本型的输出端加减速装置，按功率大小分为：一级齿轮减速型（$PB_0\sim PB_6$）；两级齿轮减速型（$PC_0\sim PC_6$）；三级齿轮减速型（$PD_1\sim PD_4$）。按输入、输出轴的方位有两种安装形式。

第三派生型——在基本型的输入端和输出端都加减速装置，是第一派生型和第二派生型的组合形式，包括 $PFB_0\sim PFB_6$、$PFC_0\sim PFC_6$、$PFD_1\sim PFD_4$、$PNB_0\sim PNB_6$、$PNC_0\sim PNC_6$、$PND_1\sim PND_4$。

结构型式与代号：

1）操作者面对示速盘，左手操作调速手轮的代号为 L。

2）操作者面对示速盘，右手操作调速手轮的代号为 R。

3）输入轴和输出轴所在平面垂直于水平面的代号为（立）。

4）输入轴和输出轴在同一水平面上的代号为（卧）。

标记方法：

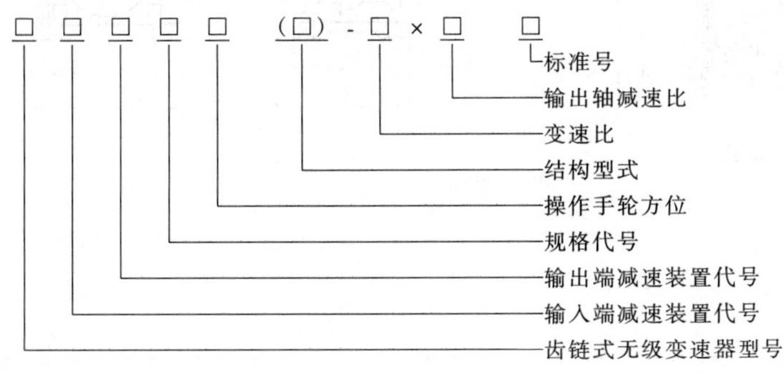

标记示例：

1）整机配用功率为1.5kW，出入轴两端均不加减速装置，变速比为3，用左手操作调速手轮的立式齿链式无级变速器，标记为：

P_1L（立）-3 JB/T 6952—1993

2）输入轴端加装的减速装置与电动机直接连接，输出轴端加装的减速装置内用两对齿轮减速的第三类派生型，电动机功率为4kW，右手操作，变速比为6，输出轴减速比为1/30的卧式齿链式无级变速器，标记为：

$$PFC_2R\text{（卧）-}6\times\frac{1}{30}\quad \text{JB/T 6952—1993}$$

2.2 外形尺寸和安装尺寸（表10.3-2）

表10.3-2 齿链式无级变速器外形尺寸及安装尺寸 （mm）

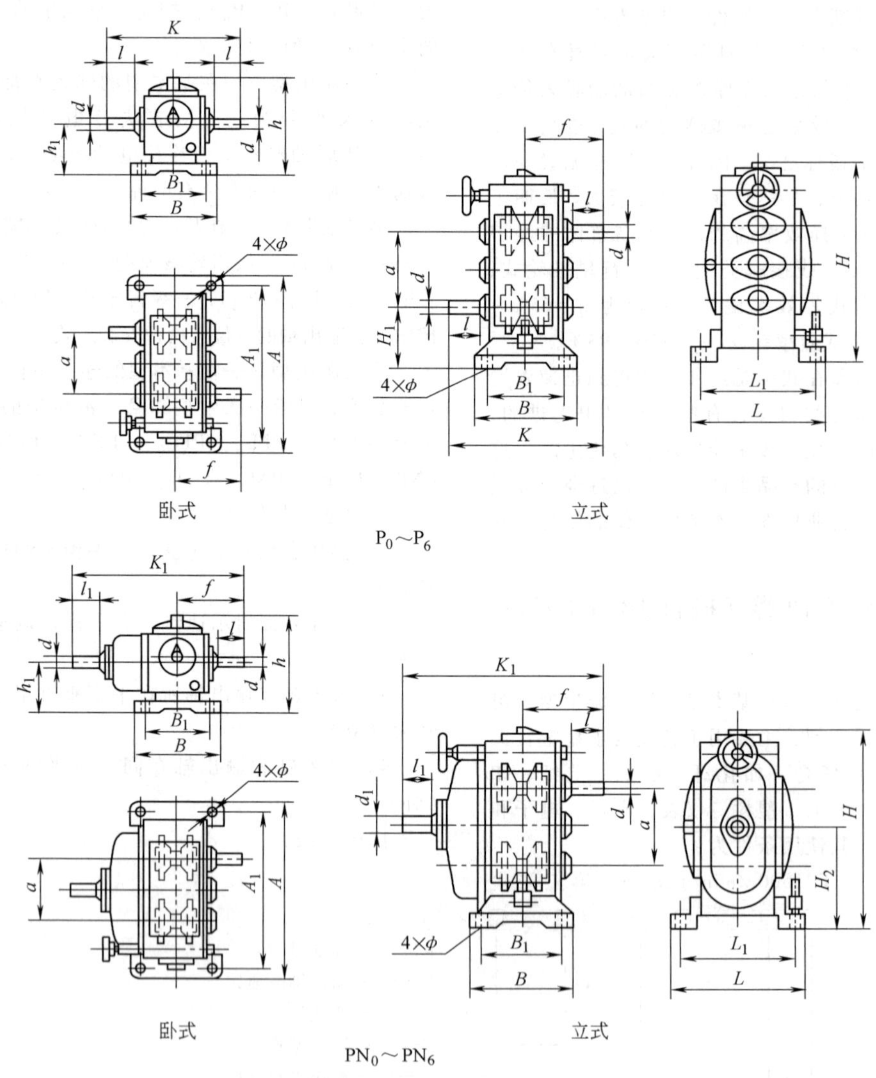

（续）

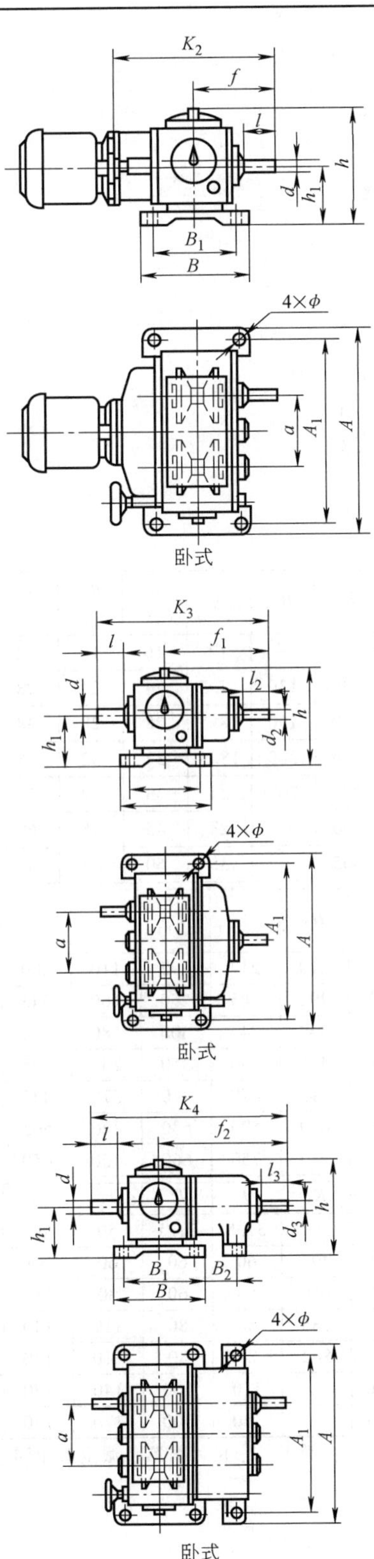

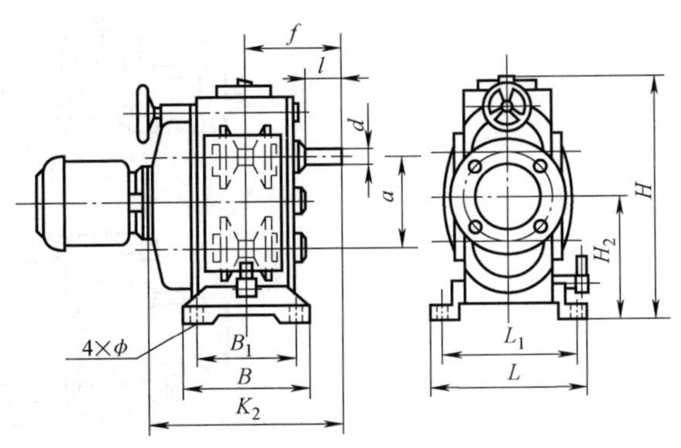

$PF_0 \sim PF_6$

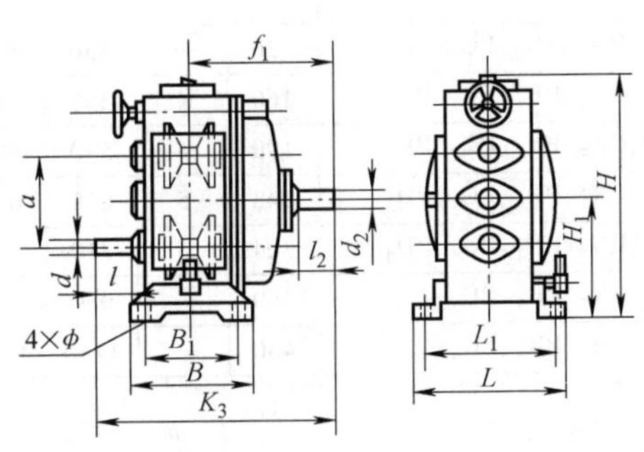

$PB_0 \sim PB_6$

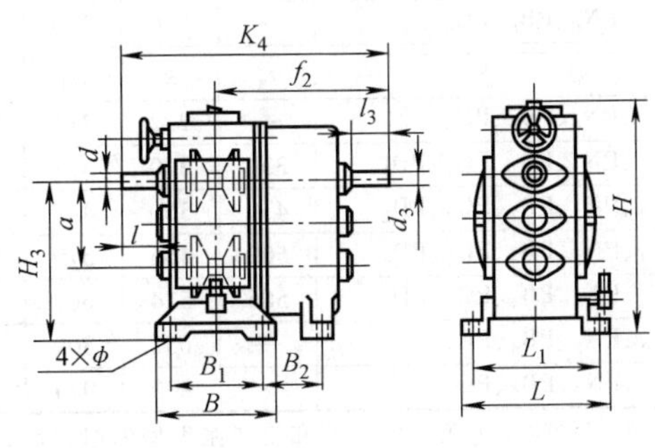

$PC_0 \sim PC_6$

（续）

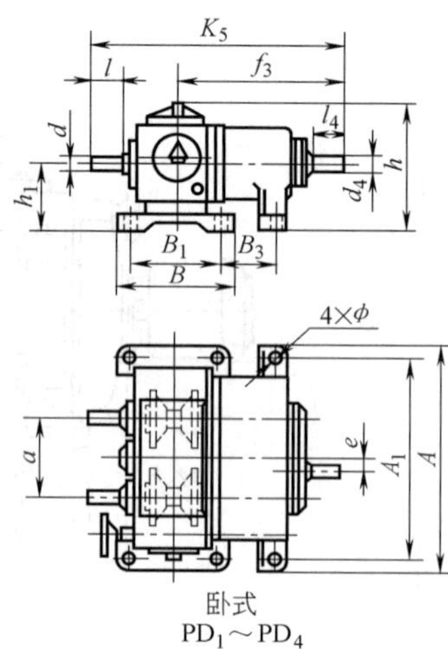

卧式
PD_1～PD_4

型号	a	e	A	A_1	B	B_1	B_2	B_3	ϕ	d (j7)	d_1 (j7)	d_2 (j7)	d_3 (j7)
P_0、PF_0、PN_0、PB_0、PC_0	120	—	350	325	136	110	—	—	12	16	16	22	28
P_1、PF_1、PN_1、PB_1、PC_1、PD_1	160	4	450	410	185	150	130	130	14.5	24	24	28	38
P_2、PF_2、PN_2、PB_2、PC_2、PD_2	190	4	540	495	235	200	150	150	18.5	28	28	38	45
P_3、PF_3、PN_3、PB_3、PC_3、PD_3	248	5	660	615	300	265	170	200	18.5	32	32	45	55
P_4、PF_4、PN_4、PB_4、PC_4、PD_4	304	5	810	755	345	295	208	208	24	38	32	50	75
P_5、PF_5、PN_5、PB_5、PC_5	360	—	930	870	425	360	260	—	28	45	45	60	85
P_6、PF_6、PN_6、PB_6、PC_6	430	—	1150	1060	510	410	305	—	35	60	55	80	100

型号	d_4 (j7)	h	h_1	H	H_1	H_2	H_3	L	L_1	f	f_1	f_2
P_0、PF_0、PN_0、PB_0、PC_0	28	182	90	308	90	150	210	217	192	110	200	227
P_1、PF_1、PN_1、PB_1、PC_1、PD_1	38	240	132	427	132	212	292	285	250	160	243	332
P_2、PF_2、PN_2、PB_2、PC_2、PD_2	45	275	150	505	150	245	340	345	300	180	310	414
P_3、PF_3、PN_3、PB_3、PC_3、PD_3	55	330	170	614	170	294	418	390	350	233	395	523
P_4、PF_4、PN_4、PB_4、PC_4、PD_4	75	380	200	753	215	367	519	470	410	572	435	585
P_5、PF_5、PN_5、PB_5、PC_5	—	480	250	875	250	430	610	590	530	326	505	710
P_6、PF_6、PN_6、PB_6、PC_6	—	590	300	1045	300	515	730	750	660	400	650	823

型号	f_3	K	K_1	K_2	K_3	K_4	K_5	l	l_1	l_2	l_3	l_4
P_0、PF_0、PN_0、PB_0、PC_0	—	222	311	273	222	378	—	31.5	31.5	50	60	—
P_1、PF_1、PN_1、PB_1、PC_1、PD_1	334	320	381	305	403	492	494	60	60	60	80	80
P_2、PF_2、PN_2、PB_2、PC_2、PD_2	430	360	443	370	490	594	610	60	60	80	110	110
P_3、PF_3、PN_3、PB_3、PC_3、PD_3	502	466	579	475	628	756	735	80	80	110	140	110
P_4、PF_4、PN_4、PB_4、PC_4、PD_4	585	514	662	522	692	842	842	80	80	110	140	140
P_5、PF_5、PN_5、PB_5、PC_5	—	652	809	666	830	1036	—	110	100	140	170	—
P_6、PF_6、PN_6、PB_6、PC_6	—	800	974	784	1051	1223	—	140	100	170	170	—

注：第三派生型为第一派生型和第二派生型的组合形式，其在输入端的技术参数及外形尺寸与第一派生型相同，其在输出端的技术参数及外形尺寸则与第二派生型相同。

2.3　性能参数

减速器的性能参数见表 10.3-3 和表 10.3-4。

表 10.3-3　基本型和第一派生型减速器的额定性能参数

型　号	配用电动机功率/kW	输入轴转速 n_1 /r·min⁻¹		变速范围 R	输出轴转速 n_2 /r·min⁻¹		输出功率/kW		输出转矩/N·m	
		基本型	第一派生型		max	min	n_{2max}时	n_{2min}时	n_{2max}时	n_{2min}时
P_0				6	1764	294		0.35	2.94	
PF_0	0.75	820	1400	4.5	1525	339	0.56	0.35	3.53	9.8
PN_0				3	1245	415		0.43	4.31	
P_1				6	1770	295		0.59	6	
PF_1	1.5	720	1400	4.5	1530	340	1.12	0.67	7	18.5
PN_1				3	1245	415		0.82	8.5	
P_2				6	1770	295		1.12	12	
PF_2	3	720	1420	4.5	1530	340	2.24	1.34	14	37.0
PN_2				3	1245	415		1.64	17	
P_3				6	1770	295		1.86	19.5	
PF_3	4	720	1440	4.5	1530	340	3.73	2.06	22.5	58.5
PN_3				3	1245	415		2.60	28.0	
P_4				6	1770	295		2.97	31	
PF_4	7.5	720	1440	4.5	1530	340	5.90	3.35	36	93.0
PN_4				3	1245	415		4.10	44	
P_5				6	1770	295		4.74	46.5	
PF_5	11	720	1440	4.5	1530	340	9.48	5.33	58.0	149
PN_5				3	1245	415		6.60	70.5	
				6	1770	295	10.40	5.60	55	
	15	720	1460	4.5	1530	340	11.20	6.30	68.5	176.5
				3	1245	415	11.20	7.80	83	
P_6	18.5	550	1470	5.6	1300	232	16.40	7.46	117	
PF_6	22	625	1470	4	1250	312	18.60	9.70	137	294
PN_6				2.8	1045	375	19.40	11.50	176.5	

表 10.3-4　第二派生型减速器的额定性能参数

型　号	配用电动机功率/kW	输入轴转速 n_1 /r·min⁻¹	输出轴端减速比 i	变速范围 R	输出轴转速 n_2 /r·min⁻¹		输出功率/kW		输出转矩/N·m	
					max	min	n_{2max}时	n_{2min}时	n_{2max}时	n_{2min}时
PB_0	0.75	720		6	900	150		0.31	6.9	
			1/1.96	4.5	774	172	0.63	0.36	8	20
				3	636	212		0.43	9.8	
				6	504	84		0.31	12.4	
			1/3.47	4.5	440	98	0.63	0.36	14.2	34
				3	360	120		0.43	17.3	
PC_0				6	270	45		0.31	23	
			1/6.5	4.5	234	52	0.63	0.36	26	50
				3	192	64		0.43	32	
				6	176.4	29.4		0.27	33.68	
			1/10	4.5	153	34.0	0.61	0.33	38.83	95
				3	124.5	41.5		0.40	47.72	
				6	100	16.7		0.27	59.41	
			1/17.7	4.5	86.4	19.2	0.61	0.33	68.76	166.5
				3	70.3	23.4		0.40	84.51	
				6	55.2	9.2		0.27	107.6	
			1/31.9	4.5	48.15	10.7	0.61	0.33	123.4	185
				3	39	13		0.40	152.3	

（续）

型 号	配用电动机功率 /kW	输入轴转速 n_1 /r · min^{-1}	输出轴端减速比 i	变速范围 R	输出轴转速 n_2 /r · min^{-1}		输出功率 /kW		输出转矩 /N · m	
					max	min	n_{2max} 时	n_{2min} 时	n_{2max} 时	n_{2min} 时
PB_1	1.5	720	1/1.96	6	900	150	1.12	0.60	11.8	37.2
				1.5	774	172	1.27	0.67	15.2	
				3	636	212	1.27	0.82	19.1	
			1/3.47	6	504	84	1.04	0.56	20.6	65.7
				4.5	440	98	1.23	0.63	27.4	
				3	360	120	1.23	0.78	33.3	
			1/6.5	6	270	45	1.12	0.48	38.2	98
				4.5	234	52	1.27	0.52	51	
				3	192	64	1.27	0.66	62.7	
PC_1			1/10	6	174	29	1.04	0.56	56.8	181.3
				4.5	153	34	1.23	0.63	75.5	
				3	126	42	1.23	0.78	92.1	
			1/17.7	6	100	16.5	1.04	0.56	100	323.4
				4.5	87	19.2	1.23	0.63	133.3	
				3	69	23	1.23	0.78	163.7	
			1/33.2	6	54	9	1.04	0.34	187.2	343
				4.5	46	10.2	1.23	0.37	250	
				3	37.5	12.5	1.23	0.45	303.8	
PD_1			1/39.8	6	44.4	7.4	1.04	0.26	249	343
				4.5	38.2	8.5	1.12	0.30	294	
				3	31.2	10.4	1.12	0.37	343	
			1/60.0	6	29.4	4.9	1.04	0.19	343	343
				4.5	25.6	5.6	0.93	0.20		
				3	21	7	0.75	0.26		
PB_2	3		1/2.13	6	828	138	2.24	1.12	25.5	78.4
				4.5	720	160		1.34	29.4	
				3	585	195		1.64	26.3	
			1/3.58	6	498	83	2.24	1.12	42.1	132.3
				4.5	432	96		1.34	49	
				3	354	118		1.64	59.8	
			1/6	6	294	49	2.24	1.04	72.5	196
				4.5	256	57		1.19	83.3	
				3	210	70		1.49	102.9	
PC_2			1/10.6	6	168	28	2.16	1.12	117.6	372.4
				4.5	144	32		1.27	137.2	
				3	117	39		1.57	166.6	
			1/17.7	6	101	16.8	2.16	1.12	196	607.6
				4.5	85	19		1.27	225.4	
				3	70.5	23.5		1.57	274.4	
			1/30	6	60	10	2.16	0.67	323.4	637
				4.5	51	11.4		0.78	382.2	
				3	42	14		0.97	470.4	
PD_2			1/39.5	6	45	7.5	2.01	0.52	421.4	637
				4.5	38.2	8.5	2.01	0.62	490	
				3	31.5	10.5	2.01	0.75	597.8	
			1/35.6	6	31.8	5.3	2.01	0.37	597	637
				4.5	27	6	1.87	0.41	631	
				3	22.5	7.5	1.49	0.52	631	

（续）

型　号	配用电动机功率 /kW	输入轴转速 n_1 /r · min^{-1}	输出轴端减速比 i	变速范围 R	输出轴转速 n_2 /r · min^{-1}		输出功率 /kW		输出转矩 /N · m	
					max	min	n_{2max}时	n_{2min}时	n_{2max}时	n_{2min}时
PB$_3$	4	720	1/2	6	882	147	3.95	1.87	42	117
				4.5	765	170		2.09	49	
				3	624	208		2.16	58.6	
			1/3.11	6	570	95	3.95	1.87	64.7	181.3
				4.5	490	109		2.09	75.5	
				3	402	134		2.61	92.1	
			1/6	6	294	49	3.95	1.49	125.4	294
				4.5	256	57		1.79	146	
				3	210	70		2.16	178.4	
PC$_3$			1/10.2	6	174	29	3.80	1.72	205.8	568.4
				4.5	148	33		2.01	235.2	
				3	123	41		2.46	289	
			1/15.8	6	111	18.5	3.80	1.72	318.5	882
				4.5	97	21.5		2.01	367.5	
				3	78	26		2.46	450.8	
			1/30.5	6	57.6	9.6	3.80	1.34	607.6	1274
				4.5	50	11.1		1.49	705.6	
				3	40.5	13.5		1.87	872.2	
PD$_3$			1/38.6	6	45.6	7.6	3.73	1.04	744.8	1274
				4.5	39.6	8.8		1.19	882	
				3	32.4	10.8		1.49	1078	
			1/59.5	6	29.7	4.95	3.58	0.67	1127	1274
				4.5	25.7	5.7	3.51	0.82	1274	
				3	21	7	2.83	0.97	1274	
PB$_4$	7.5		1/22.3	6	790	132	5.97	2.98	69.6	205.8
				4.5	685	152		3.36	81.3	
				3	555	185		4.10	98	
			1/4	6	440	74	5.97	2.98	125.4	372.4
				4.5	382	85		3.36	145	
				3	312	104		4.10	176.4	
			1/6	6	295	49	5.97	2.54	187.2	490
				4.5	255	57		2.98	215.6	
				3	216	70		3.66	264.4	
PC$_4$			1/10.7	6	165	27.5	5.60	2.69	313.6	940.8
				4.5	143	31.8		3.21	362.6	
				3	117	39		3.88	441	
			1/19.2	6	92	15.2	5.60	2.69	568.4	1685.6
				4.5	80	17.8		3.21	656.6	
				3	65	21.5		3.88	793.8	
			1/32.5	6	54	9	5.60	2.16	960.4	2254
				4.5	47	10.5		2.54	1107.4	
				3	38.5	12.8		3.13	1352.4	
PD$_4$			1/41.3	6	42.8	7.1	5.30	1.72	1176	2254
				4.5	37	8.2	5.22	2.01	1323	
				3	30	10	5.22	2.36	1666	
			1/62.5	6	28.2	4.7	5.30	1.13	1764	2254
				4.5	24.5	5.4	5.22	1.34	1960	
				3	20	6.7	4.85	1.65	2254	

（续）

型　号	配用电动机功率 /kW	输入转速 n_1 /r · min^{-1}	输出端减速比 i	变速范围 R	输出轴转速 n_2 /r · min^{-1}		输出功率 /kW		输出转矩 /N · m	
					max	min	n_{2max} 时	n_{2min} 时	n_{2max} 时	n_{2min} 时
PB_5	15	720	1/1.98	6	900	150	10.0	5.4	106	338
				4.5	780	173	11.0	6.1	134.3	
				3	635	212	11.0	7.6	166.6	
			1/8.4	6	520	87	10.0	5.4	183	582
				4.5	450	100	11.0	6.1	225	
				3	362	123	11.0	7.6	284.2	
			1/5.9	6	300	50	10.0	4.85	318	864
				4.5	260	58	11.0	5.6	403	
				3	210	70	11.0	6.34	499	
PC_5			1/9.2	6	192	32	9.55	5.22	475.3	1519
				4.5	165	37	10.3	5.97	597.8	
				3	136	45.2	10.3	7.46	725.2	
			1/16	6	110	18.5	9.5	5.22	824	2665
				4.5	94	21	10.3	5.67	1024	
				3	78	26	10.3	7.46	1154	
			1/36.3	6	58	9.7	9.5	3.95	1563	3528
				4.5	50	11.2	10.3	4.33	1966	
				3	41.2	13.7	10.3	5.60	2386	
PB_6	18.5	550	1/1.62	5.6	802	144	16	7.46	191.1	475.3
			1/3.4		374	66.9	16.4	7.46	400	1000
			1/6.45		202	36	16.49	6.34	754.6	1666
			1/8.1		161	28.8	15.0	6.08	888.8	2009
			1/17		76.4	13.6	15.0	6.08	1862	4919.6
			1/32.25		40.5	7.2	15.0	5.53	3508.4	7350
	22	625	1/1.62	2.8	650	232	19.4	11.56	284.2	475.3
				4	770	192	18.65	9.7	223.4	
			1/3.4	2.8	308	110	19.4	11.56	597.8	1000
				4	368	92	18.65	9.7	465.5	
			1/6.45	2.8	162	58	19.4	10.29	1127	1666
				4	195	48.7	18.65	8.58	882	
PC_6			1/8.1	2.8	130	46.4	18.05	10.66	1323	2009
				4	154	38.4	17.27	9.00	1068.2	
			1/17	2.8	61.6	22	18.0	10.66	2759.7	4919.6
				4	73.6	18.4	17.27	9.11	2241.3	
			1/32.25	2.8	32.4	11.6	18.0	10.66	5243	7350
				4	39	9.5	17.27	9.00	4230.7	

2.4　选用方法

1）根据工作机传动系统要求，首先确定变速器输出的极限转速 n_{2max}、n_{2min} 及在两极限转速时所需输出的功率或转矩。算出变速比 $R_b=\dfrac{n_{2max}}{n_{2min}}$，考虑是否选用派生型。

当基本型变速器输出的极限转速 n_{2max} 或 n_{2min} 高于工作机的需要转速 n'时，则可选用第二类派生型，所加减速装置的变速比可按 $i=\dfrac{n'_{max}}{n_{2max}}$ 或 $i=\dfrac{n'_{min}}{n_{2min}}$ 中较小者选用。

2）根据所驱动工作机所需的功率、变速范围和减速比，确定变速器的型号。应该明确所驱动的工作机，在转速变化时是按恒功率使用，还是按恒转矩使用，以及开停的频繁程度和持续运转的周期。

当作恒功率使用时，应按最低转速时的输出功率选用；当作恒转矩使用时，应按最高转速时的输出功率选用；当转矩在高低速之间达到最高值时，则应根据各种转速所对应功率的最大值来选用型号。

按计算功率 P_c 来选择变速器型号：

$$P_c = KP \leqslant P_P$$

式中　K——工作系数，查表 10.3-5；

P——工作机需要传递的功率（kW）；

P_P——许用输出功率（kW），见表 10.3-3 和表 10.3-4。

3）根据驱动方式选取变速器形式。因为变速器输入转速须低于 720r/min，故电动机与变速器之间一般需加减速装置。

若采用基本型，则需加带传动。

若直接装法兰式四极异步电动机驱动，则可选用第一派生型中的 PF 型。

若用地脚式四极异步电动机驱动，则可选用第一派生型中的 PN 型，用联轴器连接。

4）根据使用要求确定结构型式（卧式或立式）和装配形式（如调速手轮所在方位、输入轴和输出轴所在方位以及轴伸的个数，手动调速还是遥控等）。

需要遥控时，可按遥控要求选用伺服调速装置及输出轴测速装置。0~3 号变速器的基本型和派生型都可装 TY3 伺服调速装置及 TY6 气动调速装置（瞬时降速用）。PC_2、PNC_2、PFC_2 可装 ZCC3 测速装置。PC_3、PNC_3、PFC_3 可装 ZCC_4 测速装置。

例 10.3-1　已知某化纤设备传动轴需要在 45~270r/min 范围内无级变速，作恒转矩使用，在 270r/min时需用功率约为 2.2kW；工作中开停次数少，载荷平稳，三班连续工作。试选用齿链式无级变速器。

解：

1）求变速范围。

$$R_b = \frac{n_{2max}}{n_{2min}} = \frac{270}{45} = 6$$

2）求计算载荷。

查表 10.3-5，取 $K=1.3$。

$$P_c = KP = 1.3 \times 2.2\text{kW} = 2.86\text{kW}$$

3）选型号。

查表 10.3-3 应选用 PF_3L（卧）-6 JB/T 6952—1993。但该型号的变速器输入转速为 1440r/min，输出轴速为 295~1770r/min，不合乎要求。为此，需要在输出轴端加上传动比为 6.556 的减速传动装置。

表 10.3-5　工作系数 *K* 值

每天工作时间	连续工作 8~10 h	连续工作 10~24h
开停次数少,无冲击	1.0	1.25~1.33
开停次数多,有冲击	1.25~1.33	1.5~1.7

电动机功率 $P_1 = \frac{2.86}{\eta} = \frac{2.86}{0.812}\text{kW} = 3.52\text{kW} < 3.73\text{kW}$。

3　行星锥盘无级变速器（摘自 JB/T 6950—1993）

行星锥盘无级变速器包括基本型和派生型，主要用于食品、造纸、印刷、橡胶、塑料、陶瓷、制药和制革等轻工行业，以及机床、石油和化工等行业，使用条件为：

1）输入轴转速不大于 3000r/min。

2）变速比 $R_b=4$（恒功率型）、$R_b=5$ 和 $R_b=7$（恒转矩型）。

3）传递功率 $P=0.09$~22kW。

4）工作环境温度为-20~40℃。

3.1　形式和标记方法

变速器的标记包括产品代号、机型号、产品型号、电动机功率、机械特性（恒功率或恒转矩型）、装配形式及电动机极数。

1）行星锥盘无级变速器代号是“D”。

2）变速器的结构型式有三种：A 型、B 型和 C 型。

3）变速器为恒功率型用“G”表示，恒转矩型不标。

4）装配形式分为五种，见表 10.3-6。

5）电动机极数用数字表示，四极电动机不标。

标记示例：

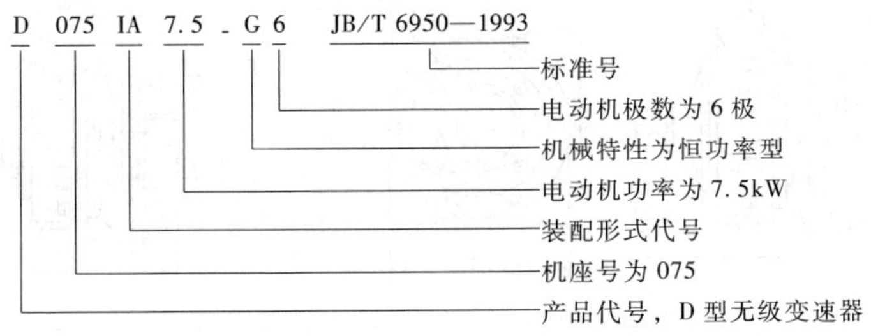

表 10.3-6　装配形式及代号

代号	ⅠA、ⅠB、ⅠC	ⅡA、ⅡB、ⅡC	ⅢA、ⅢB、ⅢC	ⅣA、ⅣB、ⅣC	ⅤA、ⅤB、ⅤC
装配形式					
结构特点	无凸缘端盖、有底脚	有凸缘端盖、无底脚	有凸缘端盖、有底脚	无凸缘端盖、有底脚	有凸缘端盖、无底脚

3.2　外形尺寸和安装尺寸

基本型行星锥盘无级变速器的外形尺寸和安装尺寸见表 10.3-7。

表 10.3-7　外形尺寸和安装尺寸　（mm）

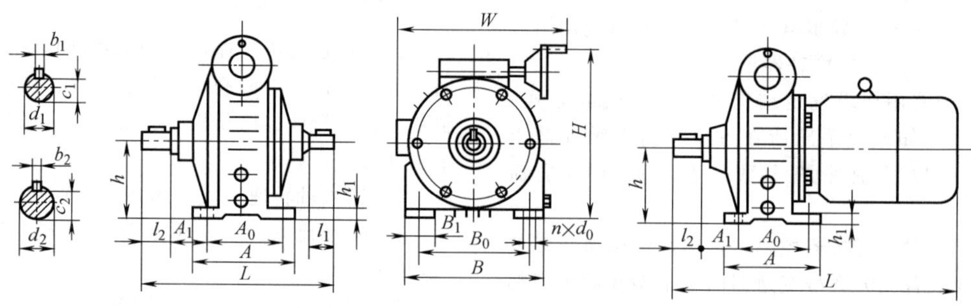

机座号	安装尺寸																外形尺寸					
	h	A_0	A_1	B_0	B_1	h_1	n	d_0	输入轴				输出轴				A	B	W	H	L	
									d_1	b_1	c_1	l_1	d_2	b_2	c_2	l_2					双轴型	直联型
001	80	100	22	125	30	12	4	10	11	4	8.5	23	14	5	11	30	125	160	225	200	170	290
002	90		28	140	35													180	245	220	195	300
004	100	112	36	160		16		12	14	5	11	30					145	200	280	245	220	395
007	112	140	40	190	40				19	6	15.5	40	19	6	15.5	40	170	225	325	280	264	435
015	140	178		216	55	20			24	8	20	50	24	8	20	50	195	260	360	320	315	485
																						510
022	160	210	45	254	60			15	28		24	60	28		24	60	260	310	400	380	370	595
040	180	241		279	70												295	360	430		390	625
075	200	267	50	318	80	30		19	38	10	33	80	38	10	33	80	335	400	480	490	520	725
																						765
150	225	356	56	356					42	12	37	110	42	12	37	110	435	455	540		690	960
																						1000
220	250	349	70	406	90	35		24	—	—	—	—	48	14	42.5			490	630	620	—	1025
																						1065

ⅡA、ⅤA

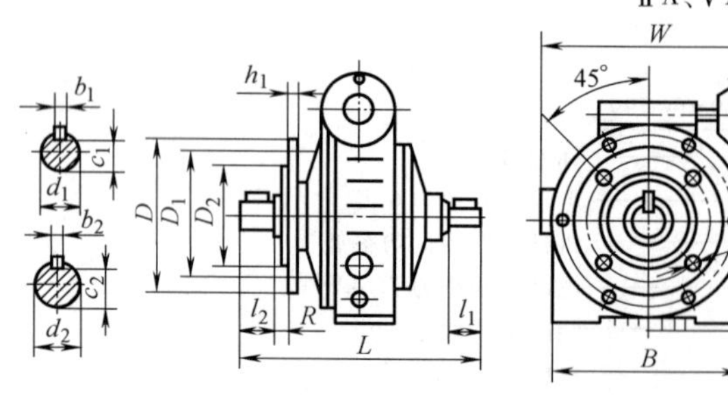

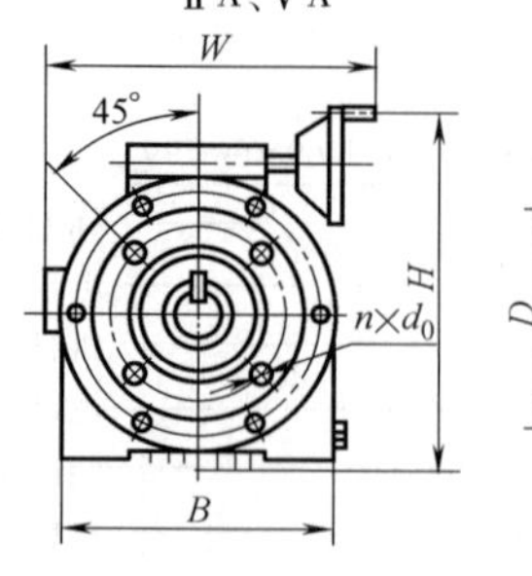

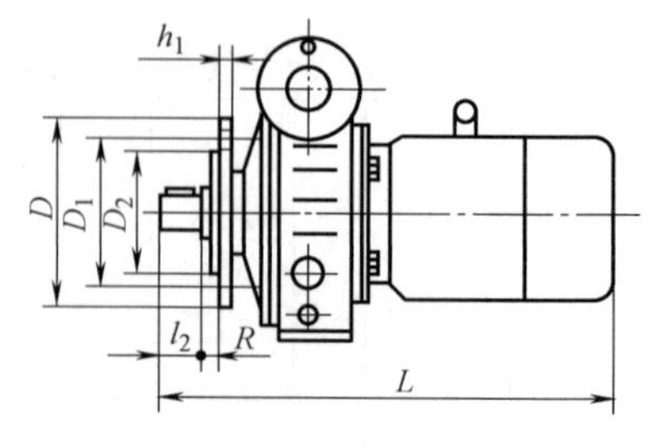

（续）

机座号	安装尺寸															外形尺寸					
	D_1	D_2	h_1	R	n	d_0	输入轴 d_1	输入轴 b_1	输入轴 c_1	输入轴 l_1	输出轴 d_2	输出轴 b_2	输出轴 c_2	输出轴 l_2	D	B	W	H	L 双轴型	L 直联型
001	100	80	8	0	4	7	11	4	8.5	23	14	5	11	30	120	160	225	200	178	290
002	115	95				10									140	180	245	220	195	300
004	130	110	12				14	5	11	30					160	200	280	245	220	395
007	165	130	12			12	19	6	15.5	40	19	6	15.5	40	200	225	325	280	264	435
015							24	8	20	50	24	8	20	50		260	360	320	315	485
																				510
022	215	180	15			15	28		24	60	28		24	60	250	325	400	390	370	595
040																360	430		395	625
075	265	230	18			19	38	10	33	80	38	10	33	80	300	400	475	490	520	725
																				765
150	300	250	22				42	12	37	110	42	12	37	110	350	455	540		690	960
																				1000
220							48	14	42.5		48	14	42.5			490	630	618	705	1025
																				1065

ⅢA

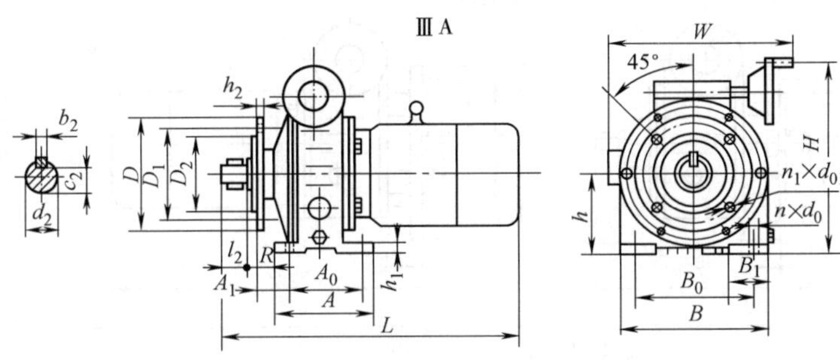

机座号	安装尺寸																		外形尺寸					
	h	D_1	D_2	A_0	A_1	B_0	B_1	h_1	h_2	R	n	d_0	n_1	d_{01}	d_2	b_2	c_2	l_2	D	A	B	W	H	L
001	80	100	80	100	22	125	30	12	12	0	4	10	4	7	14	5	11	30	120	125	160	225	200	290
002	90	115	90		28	140	35							10					140		180	245	220	300
004	100	130	110	112	36	160		16				12							160	145	200	280	245	395
007	112	165	130	140	40	190	40		16					12	19	6	15.5	40	200	170	225	325	280	435
015	132			170		216	55	20							24	8	20	50		195	260	360	320	485
																								510
022	160	215	180	210	45	254	60					15		15	28		24	60	250	260	325	400	390	595
040	180			241		279	70													295	360	430	430	625
075	200	265	230	267	50	318	80	30	20			19		19	38	10	33	80	300	335	400	475	490	725
																								765
150	225	300	250	356	56	356									42	12	37	110	350	435	455	540	540	960
																								1000

ⅠB、ⅣB

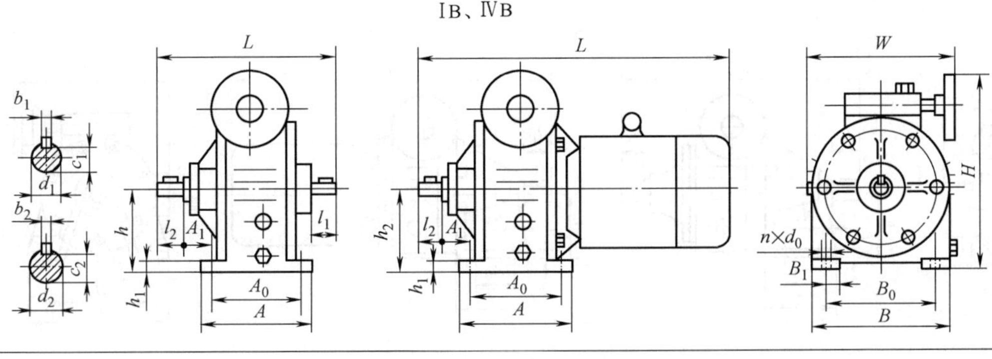

（续）

机座号	安装尺寸																外形尺寸					
	h	A_0	A_1	B_0	B_1	h_1	n	d_0	输入轴				输出轴				A	B	W	H	L	
									d_1	b_1	c_1	l_1	d_2	b_2	c_2	l_2					双轴型	直联型
002	70	25	0	95	33	11	4	10	11	4	8.5	23	11	4	8.5	30	55	120	200	180	220	356
004	80	55	8	150	53				14	5	11	30	14	5	11	40	90	190	210	202	247	416
007	105	66	10	165	54	12		12	19	6	15.5	40	24	8	20	50	125	212	260	260	346	490
015	125	76	18	185	60	13		15	24	8	20	43	28	8	24	60	145	235	302	307	418	602
022	150	85		240	80	20			28		24	60	38	10	33		148	310	340	368	530	727
040								19								80			350			747
075	190	120	17	295	100	26			38	10	33	70	42	12	37		185	380	400	452	608	980

ⅡB、ⅤB

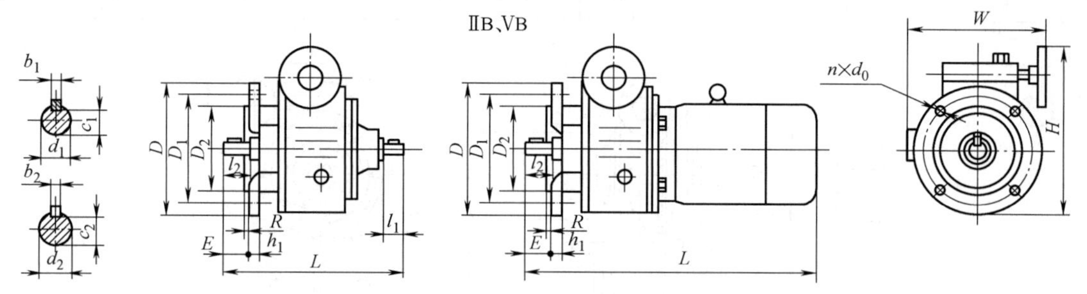

机座号	安装尺寸															外形尺寸				
	D_1	D_2	E	h_1	R	n	d_0	输入轴				输出轴				D	W	H	L	
								d_1	b_1	c_1	l_1	d_2	b_2	c_2	l_2				双轴型	直联型
002	130	110	30	12	3.5	4	10	14	5	11	25	14	5	11	30	160	172	197	193	355
004	165	130					12				30					200	179	215	221	276
007			40					19	6	15.5	30	20	6	15.5	40		200	246	243	425
015	215	180	50	16	4		15	24	8	20	40	25	8	21	50	250	245	309	314	483 508
022	265	230	90								50	30		26	60	300	305	350	387	588
040																				608
075	300	250	70	20	5	6	19	32	10	27	60	35	10	30	75	350	430	460	428	714 754

ⅠC、ⅣC

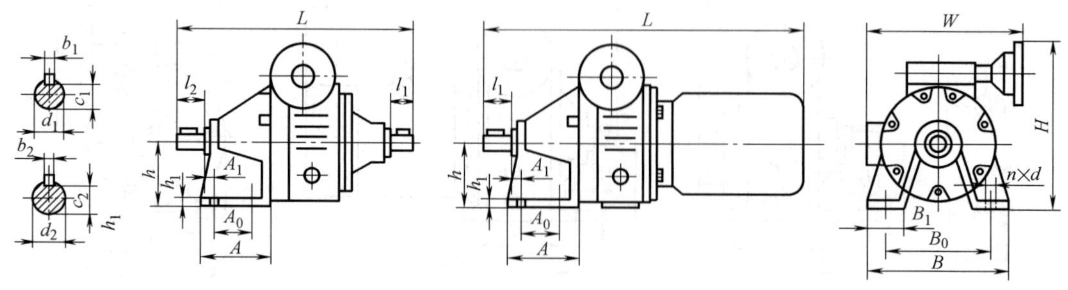

（续）

机座号	安装尺寸																外形尺寸					
	h	A_0	A_1	B_0	B_1	h_1	n	d_0	输入轴				输出轴				A	B	W	H	L	
									d_1	b_1	c_1	l_1	d_2	b_2	c_2	l_2					双轴型	直联型
002	70	25	0	95	33	11	4	10	11	4	8.3	23	11	4	8.5	30	55	120	200	180	220	356
004	80	55	8	150	53				14	5	11	30	14	5	11	40	90	190	210	202	247	416
007	105	66	10	165	54	12		12	19	6	15.5	40	24	8	20	50	125	212	260	260	346	490
015	125	76	18	185	60	13		15	24	8	20	43	38	8	24	60	145	235	302	307	408	602
022	150	85		240	80	20		19	28		24	60	38	10	33	80	148	310	340	368	530	727
040																			350			747
075	190	120	17	295	100	26			38	10	33	70	42	12	37		185	380	400	452	608	980

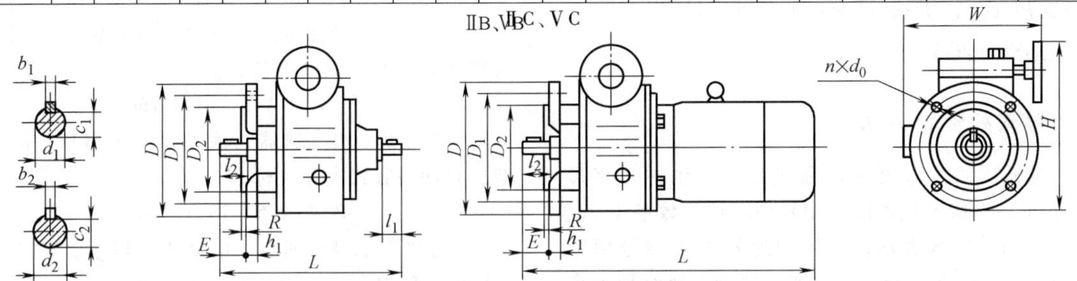

机座号	安装尺寸															外形尺寸				
	D_1	D_2	E	h_1	R	n	d_0	输入轴				输出轴				D	W	H	L	
								d_1	b_1	c_1	l_1	d_2	b_2	c_2	l_2				双轴型	直联型
002	115	95	30	9	3	4	10	11	4	8.5	23	11	4	8.5	30	142	200	181	251	357
004	130	110	40	10	3.5			14	5	11	30	14	5	11	40	160	210	203	242	375
007	165	130	50	12			12	19	6	15.5	40	24	8	20	50	200	260	255	318	453
015	215	180	60	15	4		15	24	8	20	43	28		24	60	250	302	307	420	592
022	265	230	80					28		24	60	38	10	33	80	300	340	368	475	634
040																	350			654
075	300	250		18	5		19	38	10	33	70	42	12	37		350	400	436	608	787

3.3　性能参数

行星锥盘无级变速器包括恒功率型、恒转矩型两种。基本型和由基本型与齿轮减速器或摆线针轮减速器组合而成的派生型，这里给出基本型的参数（见表10.3-8和表10.3-9），如需派生型，可向厂家索取样本。

表 10.3-8　恒转矩型性能参数

机座号		电动机功率/kW	输出转矩/N·m	机座号	电动机功率/kW	输出转矩/N·m	输出转速n_2/r·min^{-1}
配套二极电动机	002	0.18	0.7~0.8	015	1.1	4.2~9.8	当$R_b=5\sim6$时 $n_2=380\sim1900$
	004	0.25	0.8~0.9		1.5	6.5~13.5	
		0.37	1.5~3.7	022	2.2	9.6~18.5	
	007	0.55	2.1~5				
配套四极电动机	001	0.09	0.6~1.3	022	2.2	14.1~30.6	当$R_b=5\sim6$时 $n_2=190\sim950$；当$R_b=7\sim8$时 $n_2=145\sim1015$
	002	0.12	0.7~1.6		3.0	18.8~46.6	
		0.18	1.1~2.5	040	4.0	25.5~55.7	
	004	0.25	1.5~3.3	075	5.5	35.3~76.7	
		0.37	2.2~5.1		7.5	47.0~104.5	
	007	0.55	3.1~7.6	150	11	70.6~153.3	
		0.75	4.7~10.7		15	94.1~209.1	
	015	1.1	7.0~15.3	220	18.5	117~257.9	
		1.5	9.4~20.9		22	140~306.7	
配套六极电动机		0.75	6.7~17.7	075	4.0	35.9~94.3	当$R_b=7\sim8$时 $n_2=95\sim665$
		1.1	9.9~25.9		5.5	49.4~129.7	
	022	1.5	13.5~35.4	150	7.5	67.4~176.9	
	040	2.2	19.8~51.8		11	98.8~259.4	
	075	3.0	27.0~70.7	220	15	134.7~353.7	
配套八极电动机		2.2	25.8~61.8	150	5.5	64.6~169.4	当$R_b=7\sim8$时 $n_2=75\sim510$
		3.0	35.2~92.5		7.5	88.1~231.8	
	150	4.0	47.0~123.4	220	11	129.2~229.2	

表 10.3-9　恒功率型性能参数（摘自 JB/T 6950—1993）

机座号	电动机功率/kW	输出转矩/N·m	输出转速 n_2/r·min^{-1}	机座号	电动机功率/kW	输出转矩/N·m	输出转速 n_2/r·min^{-1}
002	0.12	0.6~2.8	250~1000	015	1.5	8.6~35.3	250~1000
	0.18	0.9~4.2		022	2.2	11.8~58.8	
004	0.25	1.2~5.9			3.0	16.5~74.5	
	0.37	1.8~8.7		040	4.0	24.3~93.1	
007	0.55	2.6~12.7		075	5.5	31.4~117.6	
	0.75	3.6~17.6			7.5	43.1~176.4	
015	1.1	6.6~30.4		150	11	63.6~235.2	

注：仅适用于四极电动机。

4　多盘式无级变速器（摘自 JB/T 7668—2014）

4.1　形式和标记方法

多盘式无级变速器的产品代号用汉语拼音字母“P”表示。一级变速器的机型号用阿拉伯数字 1、2、3、4、5、6、7、8 表示，二级变速器的机型号用阿拉伯数字 1、2、3 表示。一级变速器的变速级数不表示，二级变速器用“S”表示。一级变速器恒功率型用“G”表示，恒转矩型不表示；二级变速器的机械特性介于恒功率和恒转矩之间，不表示。

标记方法

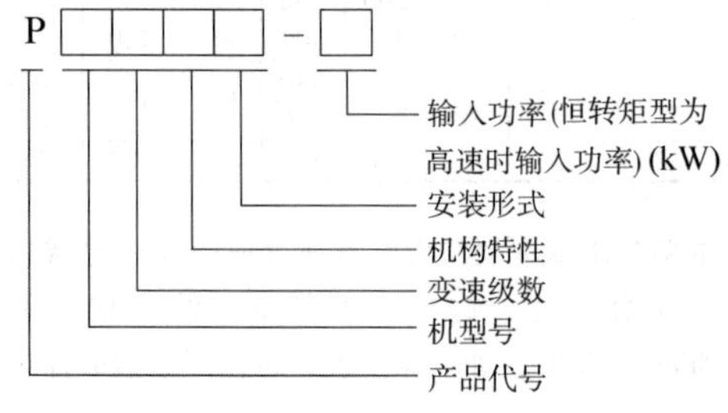

标记示例：

3 号机型一级变速器，电动机直联恒功率型，输入功率 2.2kW，立式安装，标记为：

P3GLD-2.2　JB/T 7668

5 号机型一级变速器，输入功率 7.5kW，恒转矩型，双轴型卧式安装，标记为：

P5W-7.5　JB/T 7668

2 号机型二级变速器，电动机直联型，输入功率 1.5kW，卧式安装，标记为：

P2SWD-1.5　JB/T 7668

安装形式

W——表示双轴型、卧式安装。

WD——表示与电动机直联型、卧式安装。

LD——表示与电动机直联型、立式安装。

4.2　外形尺寸和安装尺寸

多盘式无级变速器的安装尺寸、连接尺寸和外形尺寸见表 10.3-10~表 10.3-13。

4.3　性能参数（见表 10.3-14 和表 10.3-15）

表 10.3-10　卧式双轴型变速器的安装尺寸、连接尺寸及外形尺寸　（mm）

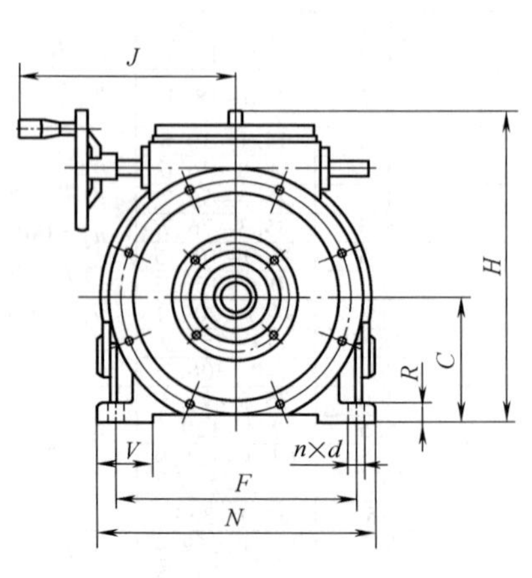

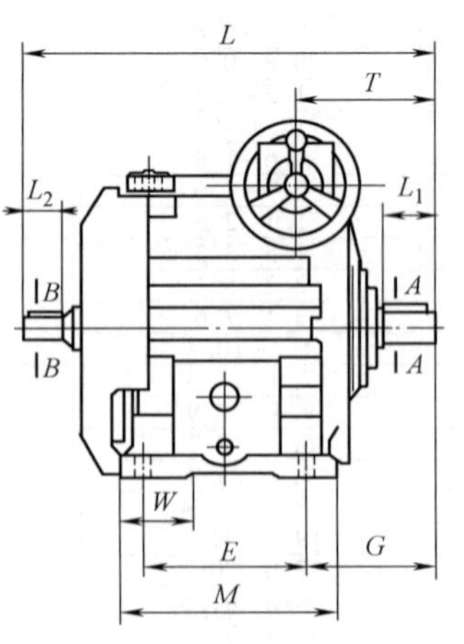

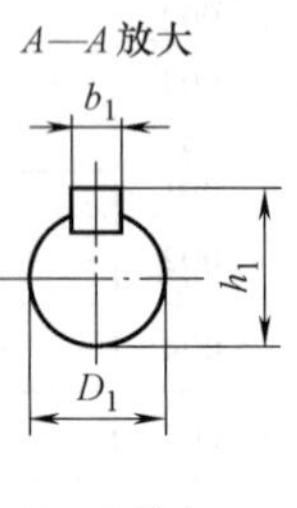

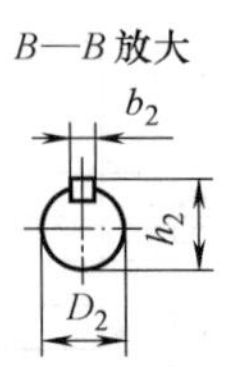

（续）

机型号	安装尺寸							轴伸连接尺寸								外形尺寸							
								输出轴				输入轴											
	F	E	G	V	W	n	d	D_1	b_1	h_1	L_1	D_2	b_2	h_2	L_2	C	H	M	N	R	J	T	L
1	165	85	86	40	35	4	11	19	6	21.5	40	16	5	18.0	30	100	240	113	190	18	150	96	242
2	190	70	119	50	—	4	12	20	6	22.5	35	20	6	22.5	40	130	275	110	220	22	168	110	305
3	260	180	135	60	55	4	14	28	8	31.0	60	25	8	28.0	50	160	352	230	300	25	235	153	397
4	310	150	160	80	55	4	14	40	12	43.0	70	28	8	31.0	50	180	406	200	350	25	296	185	460
5	400	260	180	90	70	4	22	45	14	48.5	90	35	10	38.0	55	240	512	310	450	35	296	208	580
6	500	180	199	95	50	4	22	50	14	53.5	100	48	14	51.5	90	270	608	230	550	40	285	209	633
7	630	280	217	150	100	4	22	55	16	59.0	120	48	14	51.5	110	330	726	330	680	50	340	232	795
8	660	360	370	150	120	4	28	95	25	100	200	75	20	79.5	109	400	925	460	740	60	390	405	1085

表 10.3-11　卧式电动机直联型变速器的安装尺寸、连接尺寸及外形尺寸　　（mm）

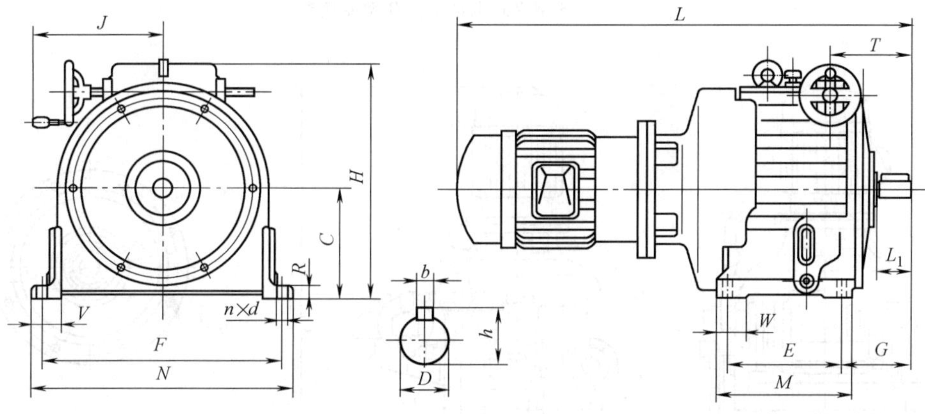

机型号	输入功率/kW	安装尺寸							轴伸连接尺寸				外形尺寸							
		F	E	G	V	W	n	d	D	b	h	L_1	C	H	M	N	R	J	T	L
1	0.2	165	85	86	40	35	4	11	19	6	21.5	40	100	240	113	190	18	150	96	409
	0.4																			434
2	0.4	190	70	119	50	—	4	12	20	6	22.5	35	130	272	110	220	22	168	110	547
	0.75																			557
	1.5																			607
3	1.5	260	180	135	60	55	4	14	28	8	31.0	60	160	352	230	300	25	235	153	714
	2.2																			759
	4																			779
4	4	310	150	160	80	55	4	14	40	12	43.0	70	180	406	200	350	25	296	185	862
	5.5																			937
5	5.5	400	260	180	90	70	4	22	45	14	48.5	90	240	512	310	450	35	296	208	1055
	7.5																			1095

注：输入功率≥11kW 时，一般不采用电动机直联形式。

表 10.3-12　1 型~3 型和 4 型~7 型立式电动机直联型变速器的安装尺寸、连接尺寸及外形尺寸　　(mm)

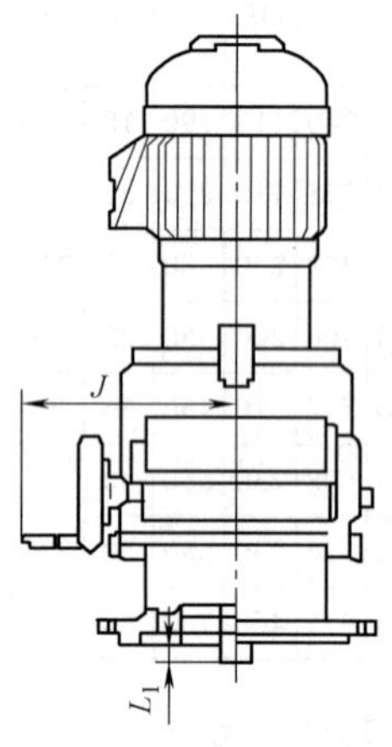

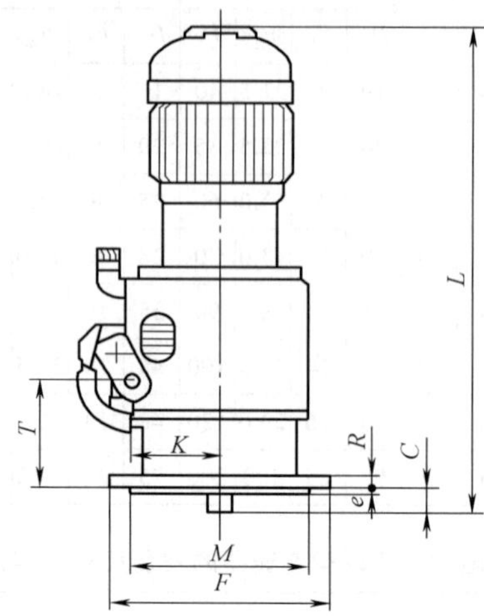

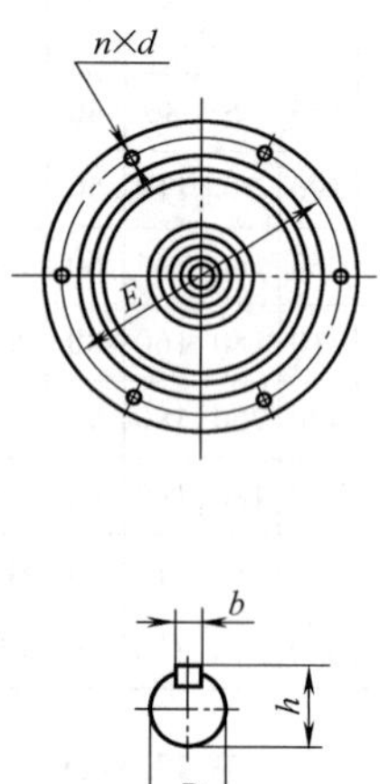

a) 1 型~3 型立式电动机直联型变速器

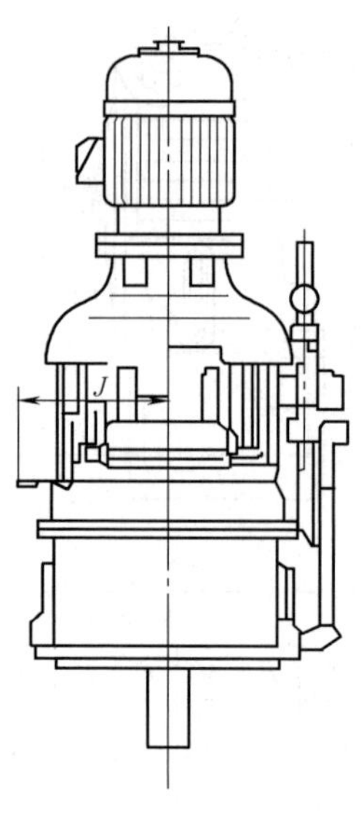

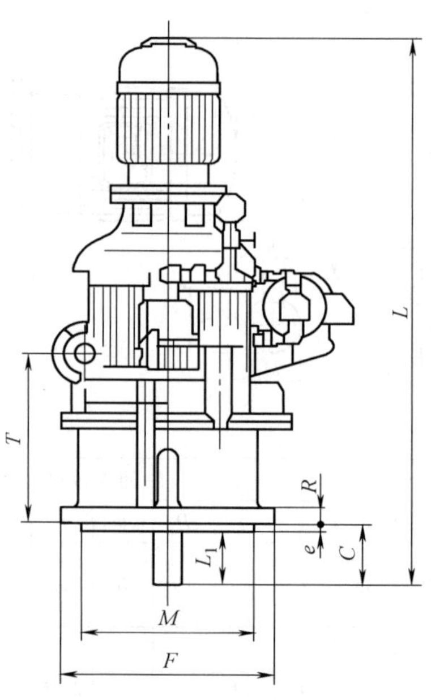

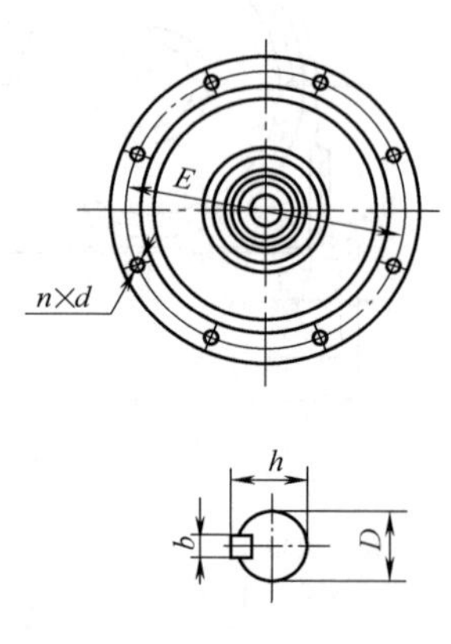

b) 4 型~7 型立式电动机直联型变速器

机型号	输入功率/kW	E	M	n	d	e	C	D	b	h	L_1	F	T	J	K	R	L
1	0.2	200	170	6	11	5	45	19	6	21.5	35	225	91	150	98	12	410
	0.4																435
2	0.4	260	225	6	14	5	48	20	6	22.5	40	290	92	150	108	14	577
	0.75																587
	1.5																637
3	1.5	315	280	6	14	5	34	28	8	31.0	62	350	173	250	140	15	765
	2.2																810
	4																830

（续）

机型号	输入功率/kW	E	M	n	d	e	C	D	b	h	L_1	F	T	J	K	R	L
4	4	410	370	6	18	6	43	40	12	43.0	70	450	169	300	170	21	867
	5.5																922
5	5.5	440	400	6	22	5	65	45	14	48.5	90	485	227	300	212	22	1100
	7.5																1140
	11																1225
6	11	510	460	8	18	8	70	50	14	53.5	100	550	228	300	265	25	1293
	15																1358
7	15	590	520	8	22	10	85	55	16	59.0	120	650	257	340	325	30	1509
	22																1574
	30																1644

注：采用Ⅵ结构型式电动机时，L 值应在表中所列数值中加上电动机罩子高度。

表 10.3-13　二级变速器的安装尺寸、连接尺寸及外形尺寸　（mm）

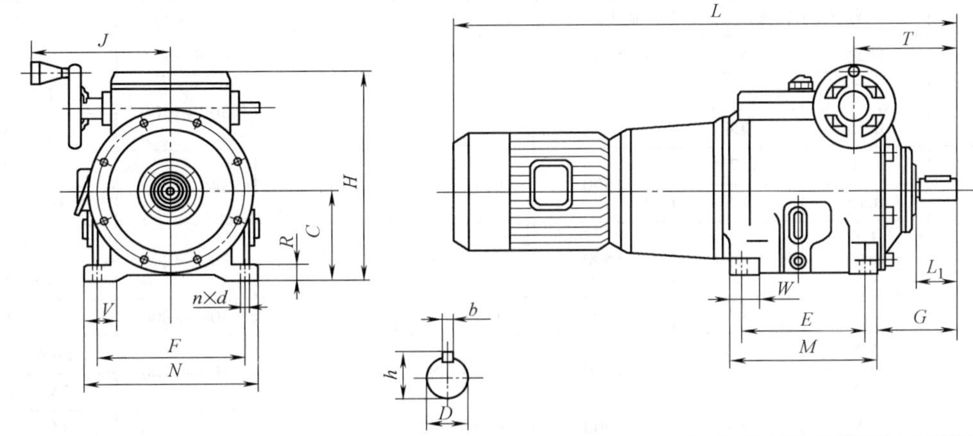

机型号	输入功率/kW	安装尺寸							轴伸连接尺寸				外形尺寸							
		F	E	G	V	W	n	d	D	b	h	L_1	C	H	M	N	R	J	T	L
1	0.4	215	150	115	60	53	4	14	20	6	22.5	40	135	303	200	250	22	200	111	586
	0.75																			586
2	1.5	280	230	171	60	55	4	14	35	10	38.5	70	160	365	280	320	25	260	190	765
	2.2																			815
3	4	345	245	200	80	65	4	18	45	14	48.5	90	180	415	295	390	30	296	235	1100
	5.5																			1174

表 10.3-14　变速器机械效率 η 和滑动率 ε

产品型号	一级变速器		二级变速器
	恒功率型	恒转矩型	
机械效率 η	76%	75%	69%
滑动率 ε	5%	4%	6%

表 10.3-15　变速器的性能参数

一级恒功率型变速器						
机　型　号	输入功率/kW	输入转速/$r \cdot min^{-1}$	变速比	调速范围	输出转速/$r \cdot min^{-1}$	输出转矩/N·m
1	0.2	1500	0.2～0.8	4	300～1200	1.3～4.8
2	0.4	1500	0.23～0.76	3.3	345～1140	2.7～8.5
	0.75					5.1～16.1

（续）

一级恒功率型变速器						
机 型 号	输入功率 /kW	输入转速 /r · min^{-1}	变速比	调速范围	输出转速 /r · min^{-1}	输出转矩 /N · m
3	1.5	1500	0.2~0.8	4	300~1200	9.8~37.2
	2.2					14.5~54.5
4	4	1500	0.2~0.8	4	300~1200	24.4~91.8
5	5.5	1500	0.2~0.8	4	300~1200	36.3~136.0
	7.5					49.5~186.0
6	11	1000	0.28~1.12	4	280~1120	77.8~290.0
7	15	1000	0.27~1.08	4	270~1080	110.0~414.0
	22					161.0~607.0
8	37	750	0.31~1.24	4	232~928	313.0~1186.0
	55					470.0~1764.0

恒转矩型变速器							
机型号	输入功率/kW		输入转速 /r · min^{-1}	变速比	调速范围	输出转速 /r · min^{-1}	输出转矩 /N · m
	低速	高速					
1	0.125	0.2	1500	0.2~0.8	4	300~1200	1.3~2.9
	0.25	0.4					2.7~5.8
2	0.4	0.75	1500	0.23~0.76	3.3	345~1140	5.3~8.3
	0.75	1.5					10.6~15.6
3	1.5	2.2	1500	0.2~0.8	4	300~1200	14.8~35.7
	2.2	3.7					24.9~52.5
4	3.7	5.5	1500	0.2~0.8	4	300~2000	37.1~88.2
5	5.5	7.5	1500	0.2~0.8	4	300~1200	50.6~131.0
	7.5	11					74.4~179.0
6	11	15	1000	0.28~1.12	4	280~1120	107.8~281.0
7	15	22	1000	0.27~1.08	4	270~1080	165.4~397.0
	22	30					225.0~583.0
8	22	37	750	0.31~1.24	4	232~928	323.0~679.0
	37	55					480.0~1142.0
	55	75					655.0~1695.0

二级变速器							
机型号	输入功率/kW		输入转速 /r · min^{-1}	变速比	调速范围	输出转速 /r · min^{-1}	输出转矩 /N · m
	低速	高速					
1	0.15	0.4	1500	0.07~0.7	10	105~1050	2.9~10.4
	0.25	0.75					5.5~17.6
2	0.75	1.5	1500	0.06~0.72	12	90~1080	10.8~60.4
	0.75	1.5					15.8~88.7
3	1.9	3.7	1500	0.06~0.72	12	90~1080	26.8~152.87
	2.6	5.5					39.8~209.0

5 环锥行星无级变速器（摘自 JB/T 7010—2014）

环锥行星无级变速器的输入转速不大于 1500r/min，工作环境温度为-10~45℃。其特点是恒功率（低速时传递大转矩）；变速范围宽，变速灵活；效率较高，寿命长等。

5.1 型号编制方法

型号编制方法如下：

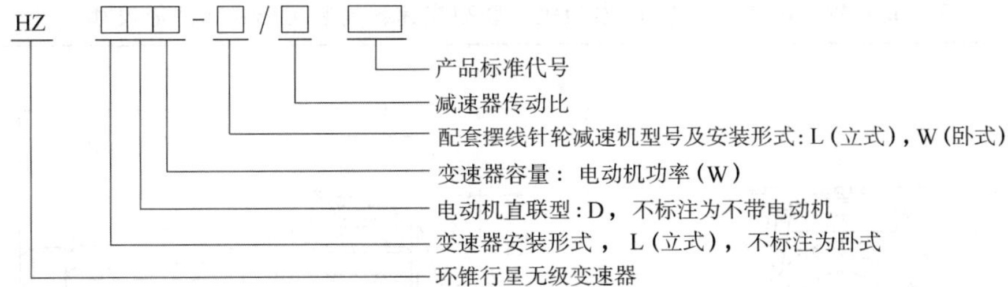

标记示例：配立式传动比为 17 的 BL15 型摆线针轮减速机，带 550W 电动机直联型立式安装，执行标准为 JB/T 7010—2014 的环锥行星无级变速器的标记为：HZ LD550—BL15/17 JB/T 7010—2014

5.2　装配形式和外形尺寸（见表 10.3-16～表 10.3-20）

表 10.3-16　HZ 90～7500 双出轴式变速器的装配形式和外形尺寸　　（mm）

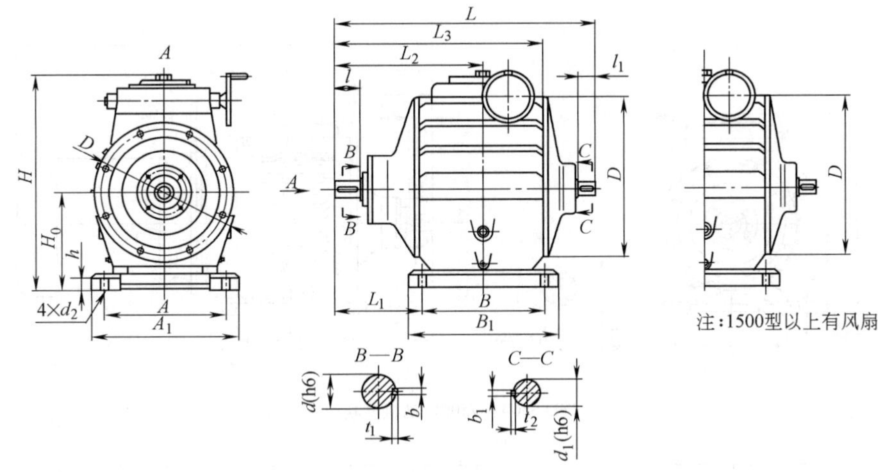

<table>
<tr><th>型号</th><th>L_2</th><th>L</th><th>L_3</th><th>D</th><th>H</th><th>H_0</th><th>L_1</th><th>h</th><th>A</th><th>B</th><th>A_1</th><th>B_1</th><th>$4\times d_2$</th><th>d</th><th>b</th><th>t_1</th><th>l</th><th>d_1</th><th>b_1</th><th>t_2</th><th>l_1</th><th>质量/kg</th></tr>
<tr><td>HZ 90</td><td>75</td><td>215</td><td>139</td><td>104</td><td>146</td><td>65</td><td>65</td><td>9</td><td>70</td><td>90</td><td>90</td><td>110</td><td>9</td><td>12</td><td>4</td><td>2.5</td><td rowspan="3">25</td><td>10</td><td>3</td><td>1.8</td><td>20</td><td>5.6</td></tr>
<tr><td>HZ 250</td><td>68</td><td>250</td><td>162</td><td rowspan="2">150</td><td rowspan="2">202</td><td rowspan="2">94</td><td rowspan="2">48</td><td rowspan="2">12</td><td rowspan="2">90</td><td rowspan="2">140</td><td rowspan="2">120</td><td rowspan="2">180</td><td rowspan="3">11</td><td rowspan="3">16</td><td rowspan="3">5</td><td rowspan="3">3</td><td rowspan="3">14</td><td rowspan="3">5</td><td rowspan="3">3</td><td rowspan="3">25</td><td>11</td></tr>
<tr><td>HZ 370</td><td>68</td><td>250</td><td>162</td><td>13</td></tr>
<tr><td>HZ 400</td><td>68</td><td>297</td><td>171</td><td>170</td><td>233</td><td>106</td><td>50</td><td>12</td><td>120</td><td>155</td><td>150</td><td>185</td><td>30</td><td>16</td></tr>
<tr><td>HZ 550</td><td rowspan="2">126</td><td rowspan="2">386</td><td rowspan="2">258</td><td rowspan="2">210</td><td rowspan="2">290</td><td rowspan="2">120</td><td rowspan="2">118</td><td rowspan="2">12</td><td rowspan="2">140</td><td rowspan="2">170</td><td rowspan="2">170</td><td rowspan="2">200</td><td rowspan="4">13</td><td rowspan="2">24</td><td rowspan="2">8</td><td rowspan="2">4</td><td rowspan="2">50</td><td rowspan="2">20</td><td rowspan="7">8</td><td rowspan="7">4</td><td rowspan="2">38</td><td>25</td></tr>
<tr><td>HZ 750</td><td>30</td></tr>
<tr><td>HZ 1100</td><td rowspan="2">142</td><td rowspan="2">445</td><td rowspan="2">292</td><td rowspan="2">254</td><td rowspan="2">359</td><td rowspan="2">154</td><td rowspan="2">120</td><td rowspan="2">16</td><td rowspan="2">160</td><td rowspan="2">230</td><td rowspan="2">200</td><td rowspan="2">270</td><td rowspan="2">32</td><td rowspan="2">10</td><td rowspan="5">5</td><td rowspan="2">55</td><td rowspan="4">24</td><td rowspan="5">50</td><td rowspan="2">48</td></tr>
<tr><td>HZ 1500</td></tr>
<tr><td>HZ 2200</td><td rowspan="2">157</td><td rowspan="2">500</td><td rowspan="2">333</td><td rowspan="2">300</td><td rowspan="2">385</td><td rowspan="2">175</td><td rowspan="2">138</td><td rowspan="2">18</td><td rowspan="2">210</td><td rowspan="2">260</td><td rowspan="2">260</td><td rowspan="2">310</td><td rowspan="3">15</td><td rowspan="3">42</td><td rowspan="3">12</td><td rowspan="3">70</td><td>79</td></tr>
<tr><td>HZ 3000</td><td>103</td></tr>
<tr><td>HZ 4000</td><td>190</td><td>557</td><td>390</td><td>325</td><td>432</td><td>196</td><td>160</td><td>20</td><td>230</td><td>270</td><td>280</td><td>330</td><td>28</td><td>150</td></tr>
<tr><td>HZ 5500</td><td>217</td><td>741</td><td>557</td><td>410</td><td>515</td><td>235</td><td>200</td><td>24</td><td>290</td><td>375</td><td>350</td><td>425</td><td rowspan="2">20</td><td rowspan="2">55</td><td rowspan="2">16</td><td rowspan="2">6</td><td rowspan="2">100</td><td>40</td><td>12</td><td>5</td><td rowspan="2">80</td><td>200</td></tr>
<tr><td>HZ 7500</td><td>245</td><td>884</td><td>585</td><td>440</td><td>550</td><td>250</td><td>225</td><td>24</td><td>300</td><td>425</td><td>365</td><td>490</td><td>48</td><td>14</td><td>5.5</td><td>220</td></tr>
</table>

表 10.3-17　HZD 90～7500 电动机直联型变速器的装配形式和外形尺寸　　(mm)

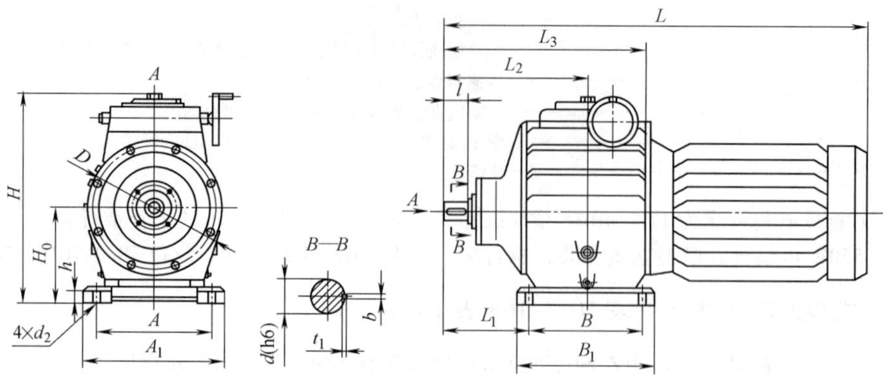

a) HZD 90～4000 电动机直联型变速器

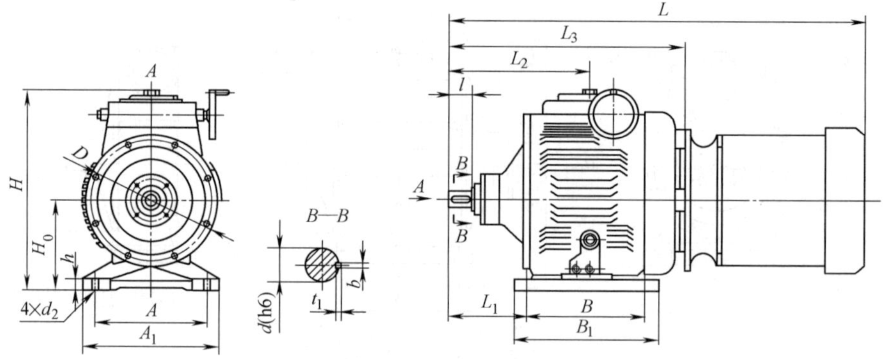

b) HZD 5500～7500电动机直联型变速器

<table>
<tr><th>型号</th><th>L_2</th><th>L_3</th><th>L</th><th>D</th><th>H</th><th>H_0</th><th>L_1</th><th>h</th><th>A</th><th>B</th><th>A_1</th><th>B_1</th><th>$4\times d_2$</th><th>d</th><th>b</th><th>t_1</th><th>l</th><th>质量 /kg</th></tr>
<tr><td>HZD 90</td><td>75</td><td>139</td><td>315</td><td>104</td><td>146</td><td>65</td><td>65</td><td>9</td><td>70</td><td>90</td><td>90</td><td>110</td><td>9</td><td>12</td><td>4</td><td>2.5</td><td rowspan="3">25</td><td>5.6</td></tr>
<tr><td>HZD 250</td><td>68</td><td>162</td><td>400</td><td rowspan="2">150</td><td rowspan="2">202</td><td rowspan="2">94</td><td rowspan="2">48</td><td rowspan="2">12</td><td rowspan="2">90</td><td rowspan="2">140</td><td rowspan="2">120</td><td rowspan="2">180</td><td rowspan="3">11</td><td rowspan="3">16</td><td rowspan="3">5</td><td rowspan="3">3</td><td>11</td></tr>
<tr><td>HZD 370</td><td>68</td><td>162</td><td>400</td><td>13</td></tr>
<tr><td>HZD 400</td><td>68</td><td>171</td><td>410</td><td>170</td><td>233</td><td>106</td><td>50</td><td>12</td><td>120</td><td>155</td><td>150</td><td>185</td><td>30</td><td>16</td></tr>
<tr><td>HZD 550</td><td rowspan="2">126</td><td rowspan="2">258</td><td rowspan="2">520</td><td rowspan="2">210</td><td rowspan="2">290</td><td rowspan="2">120</td><td rowspan="2">118</td><td rowspan="2">12</td><td rowspan="2">140</td><td rowspan="2">170</td><td rowspan="2">170</td><td rowspan="2">200</td><td rowspan="4">13</td><td rowspan="2">24</td><td rowspan="2">8</td><td rowspan="2">4</td><td rowspan="2">50</td><td>25</td></tr>
<tr><td>HZD 750</td><td>30</td></tr>
<tr><td>HZD 1100</td><td rowspan="2">142</td><td rowspan="2">292</td><td rowspan="2">610</td><td rowspan="2">254</td><td rowspan="2">359</td><td rowspan="2">154</td><td rowspan="2">120</td><td rowspan="2">16</td><td rowspan="2">160</td><td rowspan="2">230</td><td rowspan="2">200</td><td rowspan="2">270</td><td rowspan="2">32</td><td rowspan="2">10</td><td rowspan="5">5</td><td rowspan="2">55</td><td rowspan="2">48</td></tr>
<tr><td>HZD 1500</td></tr>
<tr><td>HZD 2200</td><td rowspan="2">157</td><td rowspan="2">333</td><td rowspan="2">680</td><td rowspan="2">300</td><td rowspan="2">385</td><td rowspan="2">175</td><td rowspan="2">138</td><td rowspan="2">18</td><td rowspan="2">210</td><td rowspan="2">260</td><td rowspan="2">260</td><td rowspan="2">310</td><td rowspan="3">15</td><td rowspan="3">42</td><td rowspan="3">12</td><td rowspan="3">70</td><td>79</td></tr>
<tr><td>HZD 3000</td><td>103</td></tr>
<tr><td>HZD 4000</td><td>190</td><td>390</td><td>810</td><td>325</td><td>432</td><td>196</td><td>160</td><td>20</td><td>230</td><td>270</td><td>280</td><td>330</td><td>150</td></tr>
<tr><td>HZD 5500</td><td>217</td><td>557</td><td>1010</td><td>410</td><td>515</td><td>235</td><td>200</td><td>24</td><td>290</td><td>375</td><td>350</td><td>425</td><td rowspan="2">20</td><td rowspan="2">55</td><td rowspan="2">16</td><td rowspan="2">6</td><td rowspan="2">100</td><td>200</td></tr>
<tr><td>HZD 7500</td><td>245</td><td>585</td><td>1120</td><td>440</td><td>550</td><td>250</td><td>225</td><td>24</td><td>300</td><td>425</td><td>365</td><td>490</td><td>220</td></tr>
</table>

注：表中所列变速器的质量不包括电动机的质量。

表 10.3-18　HZLD 90～7500 立式变速器的装配形式和外形尺寸　（mm）

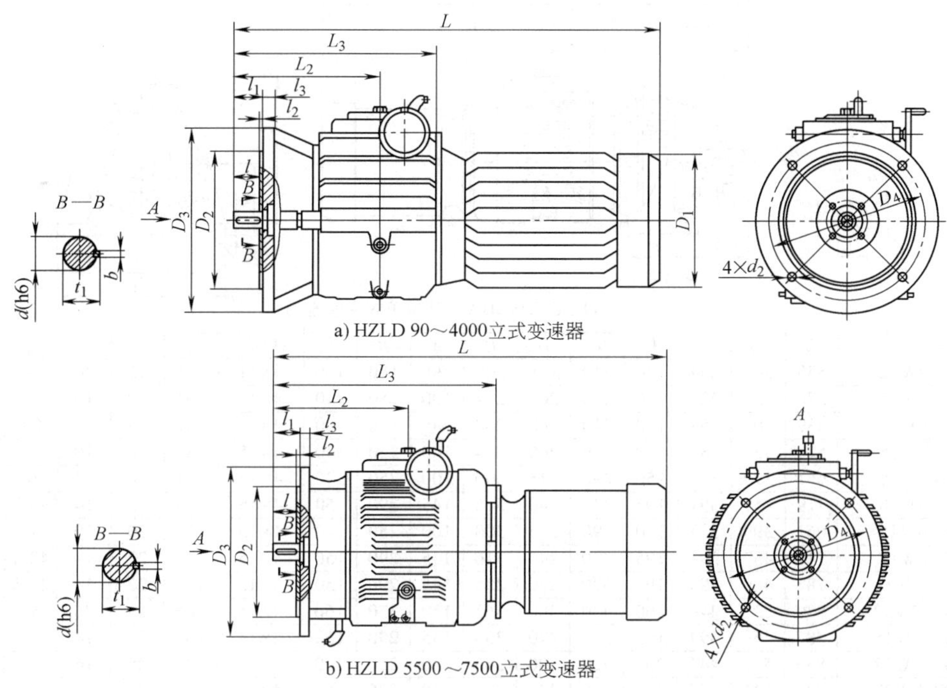

a) HZLD 90～4000立式变速器

b) HZLD 5500～7500立式变速器

型号	d	b	t_1	l	D_4	D_2	l_1	l_3	l_2	$4\times d_2$	D_3	L	L_3	L_2
HZLD 90	12	4	13.8	25	115	92	25	10	3	4×9	140	330	139	75
HZLD 250	16	5	18	25	165	130	25	12	3.5	4×12	200	400	162	68
HZLD370														
HZLD 400	16	5	18	30	165	130	30	12	3.5	4×12	200	410	171	68
HZLD 550	24	8	27	50	215	180	50	14	4	4×15	250	520	258	126
HZLD 750														
HZLD 1100	32	10	35	55	265	230	55	16	4	4×15	300	610	292	142
HZLD 1500														
HZLD 2200	42	12	45	70	300	250	70	20	4	4×19	350	680	333	157
HZLD 3000														
HZLD 4000	42	12	45	70	300	250	70	20	4	4×19	350	680	390	190
HZLD 5500	55	16	59	100	350	300	100	25	8	4×19	400	1010	557	217
HZLD 7500	55	16	59	100	350	300	100	25	8	4×19	400	1120	585	245

表 10.3-19　HZD 250-BW□～7500-BW□变速器的装配形式和外形尺寸　（mm）

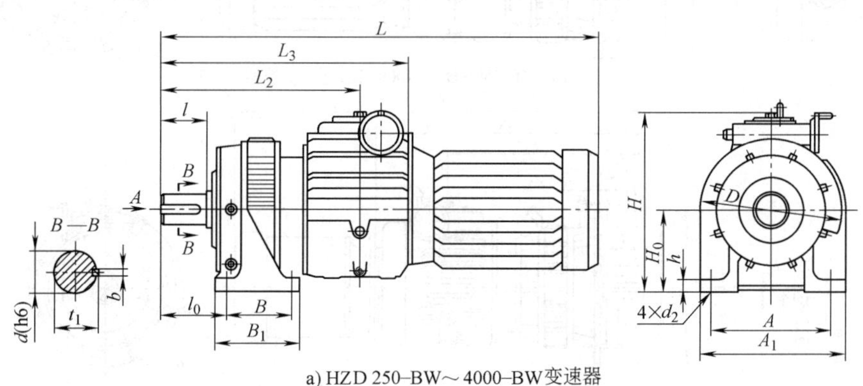

a) HZD 250–BW～4000–BW变速器

（续）

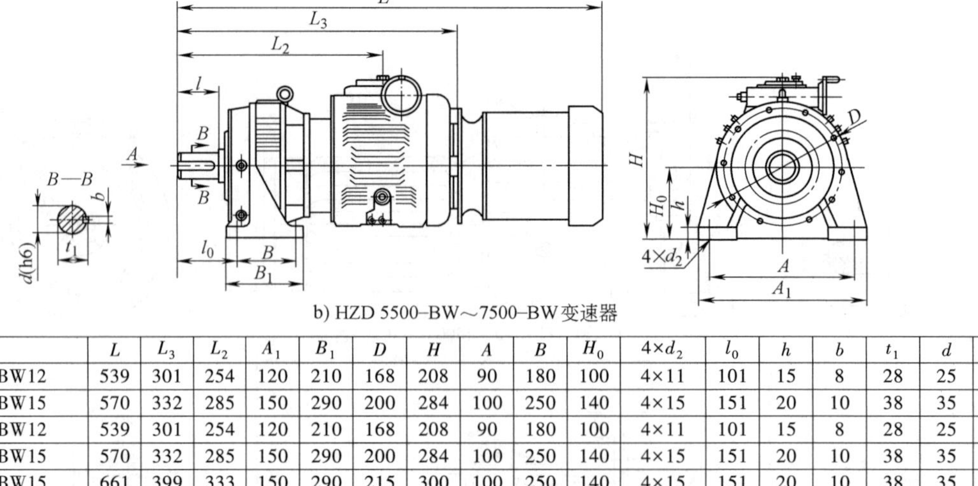

b) HZD 5500-BW～7500-BW变速器

型号	L	L_3	L_2	A_1	B_1	D	H	A	B	H_0	$4\times d_2$	l_0	h	b	t_1	d	l
HZD 250-BW12	539	301	254	120	210	168	208	90	180	100	4×11	101	15	8	28	25	34
HZD 250-BW15	570	332	285	150	290	200	284	100	250	140	4×15	151	20	10	38	35	55
HZD 370-BW12	539	301	254	120	210	168	208	90	180	100	4×11	101	15	8	28	25	34
HZD 370-BW15	570	332	285	150	290	200	284	100	250	140	4×15	151	20	10	38	35	55
HZD 550-BW15	661	399	333	150	290	215	300	100	250	140	4×15	151	20	10	38	35	55
HZD 550-BW18	719	457	391	195	330	240	316	145	290	150	4×15	169	22	14	48.5	45	74
HZD 750-BW15	661	399	333	150	290	215	300	100	250	140	4×15	151	20	10	38	35	55
HZD 750-BW18	719	457	391	195	330	240	316	145	290	150	4×15	169	22	14	48.5	45	74
HZD 1100-BW18	787	469	394	195	330	270	355	145	290	150	4×15	169	22	14	48.5	45	74
HZD 1100-BW22	839	521	446	260	420	300	365	150	370	160	4×15	206	25	26	59	55	91
HZD 1500-BW18	787	469	394	195	330	270	355	145	290	150	4×15	169	22	14	48.5	45	74
HZD 1500-BW22	839	521	446	260	420	300	365	150	370	160	4×15	206	25	16	59	55	91
HZD 2200-BW22	839	546	458	260	420	300	370	150	370	160	4×15	206	25	16	59	55	91
HZD 3000-BW22	839	546	458	260	420	300	370	150	370	160	4×15	206	25	16	59	55	91
HZD 4000-BW27	1109	689	589	335	430	390	436	275	380	200	4×21	125	30	18	69	65	89
HZD 4000-BW33	1193	773	673	440	530	400	529	380	480	250	4×22	155	35	24	95	90	120
HZD 5500-BW33	1373	920	750	440	530	400	529	380	480	250	4×22	155	35	24	95	90	120
HZD 5500-BW39	1426	973	803	560	620	500	614	480	560	250	4×26	186	40	28	106	100	140
HZD 7500-BW39	1426	973	803	560	620	500	614	480	560	250	4×26	186	40	28	106	100	140

表 10.3-20　HZD 250-BL□～7500-BL□立式变速器的装配形式和外形尺寸　（mm）

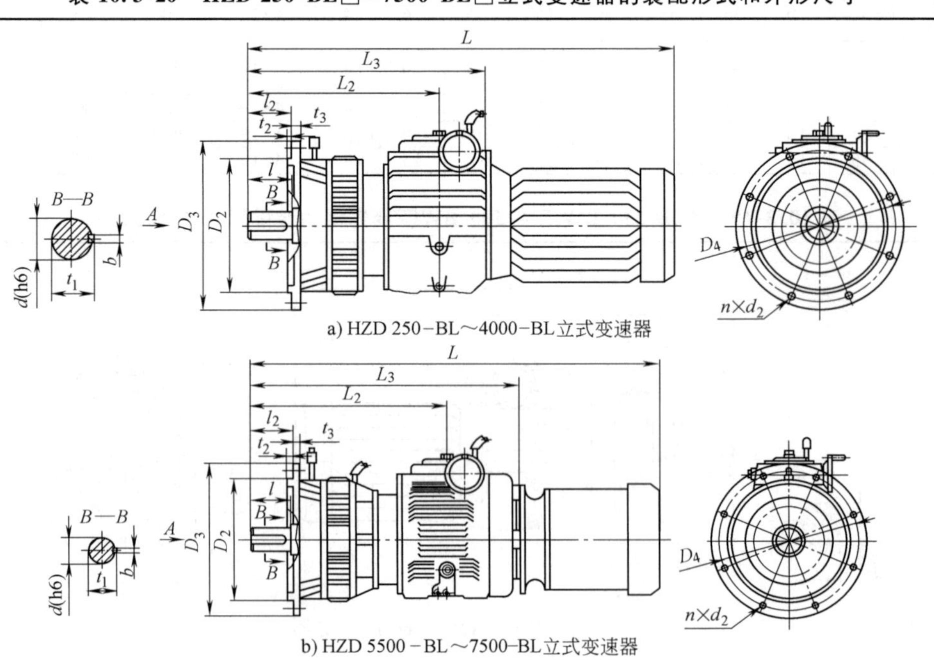

a) HZD 250-BL～4000-BL立式变速器

b) HZD 5500-BL～7500-BL立式变速器

（续）

型　号	L	L_2	L_3	D_3	D_2	D_4	$n \times d_2$	l_2	t_2	t_3	l	d	b	t_1	质量/kg	油量/L
HZD 250-BL12	539	254	301	180	130	160	6×12	42	3	12	34	25	8	28	30	1
HZD 250-BL15	573	288	335	230	170	200	6×12	50	4	15	45	35	10	38	40	1
HZD 370-BL12	539	254	301	180	130	160	6×12	42	3	12	34	25	8	28	30	1
HZD 370-BL15	573	288	335	230	170	200	6×12	50	4	15	45	35	10	38	42	1
HZD 550-BL15	664	336	402	230	170	200	6×12	50	4	15	45	35	10	38	69	2
HZD 550-BL18	718	390	456	260	200	230	6×12	79	4	15	63	45	14	48.5	80	2
HZD 750-BL15	664	336	402	230	170	200	6×12	50	4	15	45	35	10	38	74	2
HZD 750-BL18	718	390	456	260	200	230	6×12	79	4	15	63	45	14	48.5	85	2
HZD 1100-BL18	786	393	468	260	200	230	6×12	79	4	15	63	45	14	48.5	108	4
HZD 1100-BL22	842	443	518	340	270	310	6×12	93	4	20	79	55	16	59	138	4
HZD 1500-BL18	786	393	468	260	200	230	6×12	79	4	15	63	45	14	48.5	112	4
HZD 1500-BL22	842	443	518	340	270	310	6×12	93	4	20	79	55	16	59	142	4
HZD 2200-BL22	890	455	543	340	270	310	6×12	93	4	20	79	55	16	59	172	6
HZD 3000-BL22	890	455	543	340	270	310	6×12	93	4	20	79	55	16	59	180	6
HZD 4000-BL27	1106	586	686	400	316	360	8×16	92	5	22	80	65	18	69	268	8
HZD 4000-BL33	1191	671	771	490	400	450	8×18	112	6	30	110	90	24	95	315	8
HZD 5500-BL33	1371	748	918	490	400	450	8×18	112	6	30	110	90	24	95	460	10
HZD 5500-BL39	1428	805	975	580	455	520	12×22	170	8	35	129	100	28	106	540	10
HZD 7500-BL39	1428	805	975	580	455	520	12×22	170	8	35	129	100	28	106	540	10

.3　性能参数

1）变速器的电动机功率见表 10. 3-21。

2）变速器为降速，公称传动比范围为 1～1. 8。

3）变速器在额定输入转速为 1500r/min 时，输出转速为 0～833r/min。

4）变速器额定输出转矩见表 10. 3-22。

5）所匹配摆线减速器传动比见表 10. 3-23。

6）HZD □-BW、HZD □-BL 变速器输出转速与转矩见表 10. 3-24。

表 10. 3-21　变速器的电动机功率　（kW）

0.09	0.25	0.37	0.4	0.55	0.75	1.1	1.5
2.2	3.0	4.0	5.5	7.5	11	15	—

表 10. 3-22　变速器额定输出转矩　（N · m）

型　号	电动机功率/kW	额定输出转矩		型　号	电动机功率/kW	额定输出转矩	
		最　大	最　小			最　大	最　小
HZD 90	0.09	6.0	0.6	HZD 1500	1.5	120	12
HZD 250	0.25	10.4	2.0	HZD 2200	2.2	190	19
HZD 370	0.37	29	2.9	HZD 3000	3.0	210	21
HZD 400	0.40	31	3.1	HZD 4000	4.0	250	28
HZD 550	0.55	40	4.0	HZD 5500	5.5	410	41
HZD 750	0.75	60	6.0	HZD 7500	7.5	550	55
HZD 1100	1.1	85	8.5				

表 10. 3-23　摆线减速器传动比

11	17	23	25	29	35	43
47	59	71	87	—	—	—

表 10.3-24 HZD 250-BW（-BL）~7500-BW（-BL）变速器输出转速与转矩

B 型摆线减速器传动比	输出转速范围 /$r \cdot min^{-1}$	型号										
		HZD 250-BW (-BL)	HZD 370-BW (-BL)	HZD 550-BW (-BL)	HZD 750-BW (-BL)	HZD 1100-BW (-BL)	HZD 1500-BW (-BL)	HZD 2200-BW (-BL)	HZD 3000-BW (-BL)	HZD 4000-BW (-BL)	HZD 5500-BW (-BL)	HZD 7500-BW (-BL)
		输出转矩/N · m										
11	0~75.7	50.0~38.6	156~77.2	167~39	245~49	328~76	490~98	647~147	882~206	1176~274	1617~392	2205~529
17	0~49	70.0~59.7	200~119	245~59	343~78	490~118	686~157	980~235	1372~323	1813~431	2499~598	3400~813
23	0~36.2	105~87	250~167	343~78	461~108	676~161	921~216	1352~323	1842~441	2450~588	3332~803	4410~1097
29	0~28.7	206~102	300~204	431~98	588~137	852~201	1156~274	1705~402	2323~549	3097~735	4253~1019	4410~1392
35	0~23.8	249~123	300~246	490~118	706~167	1029~245	1401~333	2058~490	2646~666	3724~892	4410~1225	4410~1675
43	0~19.3	260~160	360~300	490~147	862~206	1264~304	1725~412	2528~608	2646~823	4410~1098	4410~1510	4410~2068
59	0~14	300~207	400~310	490~206	980~284	1323~416	1960~568	2646~833	2646~1137	4410~1519	4410~2087	4410~2852
71	0~11.7	350~250	400~340	490~255	980~343	1323~500	1960~686	2646~1000	2646~1370	4410~1823	4410~2499	4410~2499
87	0~9.57	370~290	410~360	490~304	980~412	1323~613	1960~833	2646~1225	2646~1670	4410~2225	4410~3058	4410~3058

6 三相并列连杆脉动无级变速器

这种变速器的特点：体积小，重量轻，变速范围大，操作灵活，可手动、电动，可在静止或运转情况下调速，并可变换输出轴的旋向等。

6.1 型号和标记方法

变速器的型号包括产品代号（U34）、电动机功率、输出轴旋转方向代号（顺时针为 S、逆时针为 N）、装配形式及其代号（见图 10.3-1）。

标记示例：

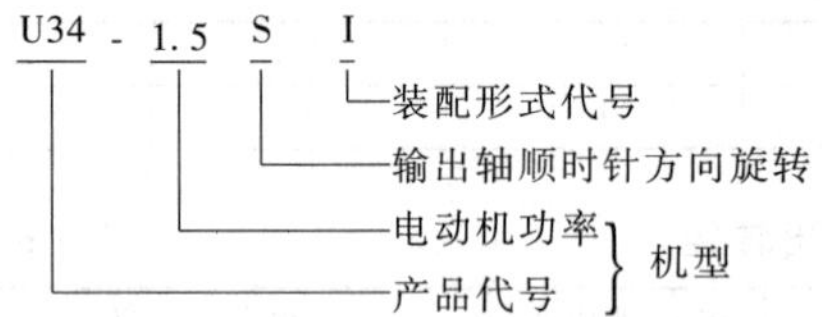

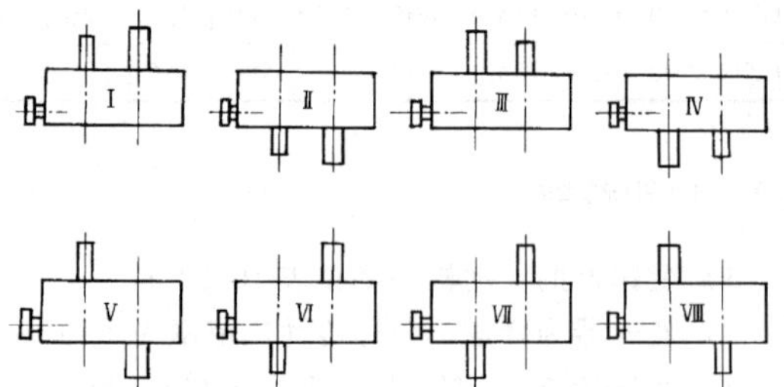

图 10.3-1 装配形式及其代号

6.2 外形尺寸和安装尺寸

变速器的外形尺寸和安装尺寸见表 10.3-25 和表 10.3-26。

表 10.3-25 变速器 I ~ IV 型的外形尺寸和安装尺寸 (mm)

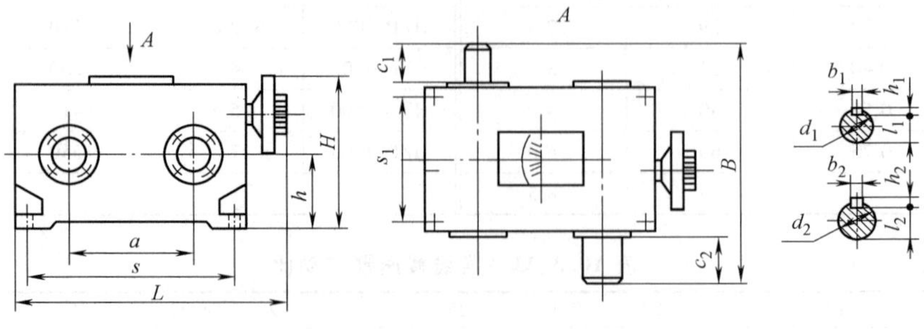

（续）

机型	外形尺寸			安装尺寸														
	L	B	H	a	h	s	s_1	配用螺栓	c_1	d_1	b_1	l_1	h_1	c_2	d_2	b_2	l_2	h_2
U34-0.75	342	248	166	150	80	214	126	4×M10	36	20	6	16.5	6	42	25	8	21	7
U34-1.5	410	300	225	180	100	304	146		42	25	8	21	7	58	30		26	
U34-3	595	408	295	300	135	462	196	4×M12	58	35	10	30	8	82	45	14	39.5	9
U34-5.5		466	297		160	414	256	6×M14	82	40	12	35			50		44.5	

表 10.3-26　变速器Ⅴ～Ⅷ型的外形尺寸和安装尺寸　（mm）

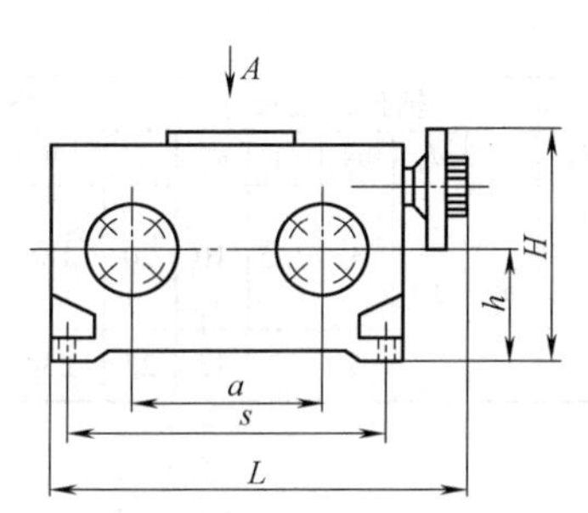

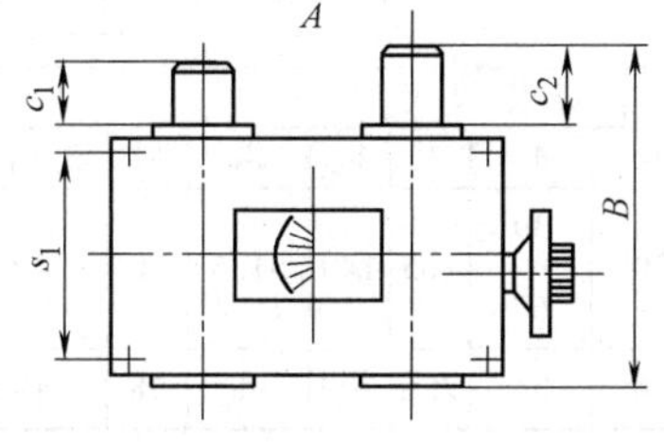

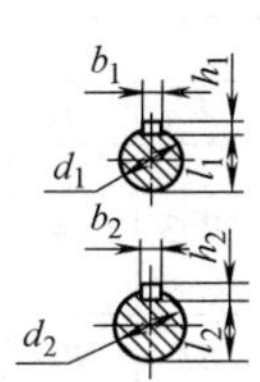

机型	外形尺寸			安装尺寸														
	L	B	H	a	h	s	s_1	配用螺栓	c_1	d_1	b_1	l_1	h_1	c_2	d_2	b_2	l_2	h_2
U34-0.75	342	212	166	150	80	214	126	4×M10	36	20	6	16.5	6	42	25	8	21	7
U34-1.5	410	250	225	180	100	304	146		42	25	8	21	7	58	30		26	
U34-3	595	350	295	300	135	462	196	4×M12	50	35	10	30	8	82	45	14	39.5	9
U34-5.5		384	297		160	414	256	6×M14	82	40	12	35			50		44.5	

.3　性能参数

减速器的主要性能参数见表 10.3-27。

表 10.3-27　主要性能参数

机型	输入功率 /kW	输入转速 /r·min^{-1}	最大输出转矩 /N·m	最大输出功率 /kW	输出转速范围 /r·min^{-1}
U34-0.75	0.75	1390	53	0.56	0～150
U34-1.5	1.5	1400	108	1.13	
U34-3	3	1420	215	2.25	
U34-5.5	5.5	960	394	4.13	0～200

四相并列连杆脉动无级变速器

这种变速器由四组平行布置、其相位差为 90°的向超越离合器和曲柄摇杆机构组成，在承载或静止态下均可调速，高速时呈恒功率特性，低速时呈恒转矩特性。输入功率范围为 0.09～0.37kW，以传递运动为主。

7.1　型号和标记方法

变速器的型号包括产品代号（MT）、输入功率和输出轴旋转方向代号。

变速器输出轴旋转方向分为顺时针方向旋转（以“S”表示）和逆时针方向旋转（以“N”表示）。

标记示例：

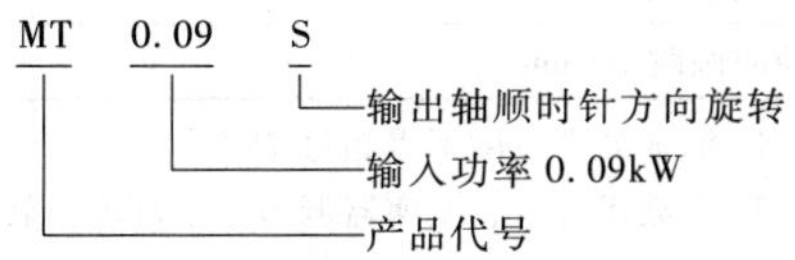

7.2　外形尺寸和安装尺寸

变速器的外形尺寸和安装尺寸见表 10.3-28。

表 10.3-28　变速器的外形尺寸和安装尺寸　(mm)

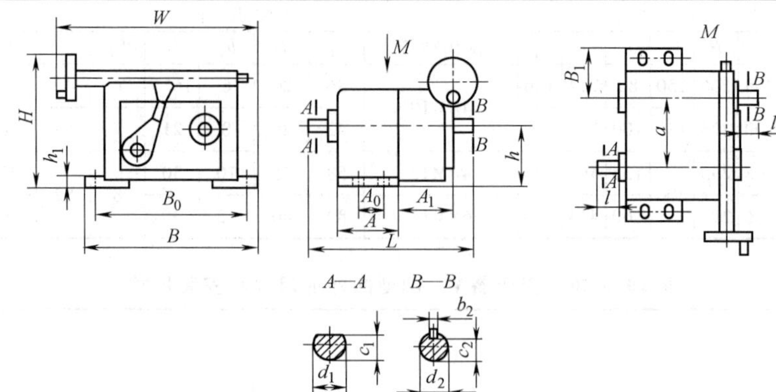

型号	安装尺寸										轴伸连接尺寸						外形尺寸		
	a	h	A	A_0	A_1	B	B_0	B_1	h_1	配用螺栓	c_1	d_1	b_2	c_2	d_2	l	W	H	L
MT0.09	63.5	57.3	64	30	39	165	149	51.5	10	4×M5	8	10	4	7.5	10	20	186	122	139
MT0.18					67														167
MT0.37	90	67	90	56	34	226	200	68	18	4×M8			5	12	15	23	234	172	158

7.3　性能参数

变速器的性能参数见表 10.3-29。

表 10.3-29　变速器的性能参数

项　　目		型　　号		
		MT0.09	MT0.18	MT0.37
输入功率/kW		0.09	0.18	0.37
输入转速/r · min^{-1}		1440		
空载最大输入转矩/N · m		0.597	1.19	2.45
最大输出转矩/N · m		2	4.9	7.2
最大输出功率/kW		0.063	0.136	0.26
输出转速范围/r · min^{-1}		0~300		
噪声声功率级/dB(A)		65		
滑动率 ε(%)		输出转速 $n_2=40$r/min 时,$\varepsilon=30$,$\eta=38$；$n_2=150$r/min 时,$\varepsilon=12$,$\eta=60$；$n_2=300$r/min 时,$\varepsilon=10$,$\eta=70$		
效率 η(%)				
油池温升/℃	空载	20	25	30
	承载	35	37	38
振动速度有效值/mm · s^{-1}		中心高 $h\leqslant70$mm 时为 2		
清洁度/mg · L^{-1}		杂质含量<132		
轴伸径向圆跳动/mm		$d=9\sim15$mm 时为 0.06		

注：1. 油池最高温度不得超过 78℃。

2. 空载运转时，变速器调节至最高输出转速，2min 内起动 5 次，不得出现任何故障。

8　锥盘环盘式无级变速器

ZH 型（相交轴、干摩擦）锥盘环盘式无级变速器主要适用于食品、制药、化工、纺织、塑料、机床和包装等行业。变速器工作环境温度为 -15 ~ 40℃，海拔不超过 1000m。变速器输出轴可正、反向运转。变速器在额定载荷及输出范围内的最高温升不得超过 45℃，必要时应采用散热装置。

8.1　型号和标记方法

1. 型号

变速器分为 A、B 型。A 型按其形式不同分别包括基本代号、机座号、组合代号、减速单元参数、电动机型号、调速方式代号及装配形式代号中的全部或一部分；B 型按其形式不同分别包括基本代号、机座号、最低输出转速、电动机型号及调速方式代号。

（1）A 型

1）基本代号：ZH 表示卧式结构，ZHF 表示法兰安装结构。

2）组合代号：用于派生型变速器，W 表示连接有蜗轮蜗杆的第一派生型，B 表示连接有摆线针轮的第二派生型，T 表示连接有 TZS 型同轴式圆柱齿轮的第三派生型。

3）减速参数代号：由两位数字组成，第一位数字表示规格代号，见表 10.3-38，第二位数字为速比代号，见表 10.3-39。

4）调速方式代号：D 表示电动调速，手动调速时代号省略。

5）装配形式代号：用于第一派生型变速器，分别表示其相应的装配形式。

注意：调速手轮可安装在变速器上部，或左或右安装均可，为简化型号标记而省略，用户可在订货时提出或在使用中自行调整。

（2）B 型

1）基本代号：ZHB 表示卧式结构，ZHBF 表示法兰安装结构。

2）调速方式代号：D 表示电动调速，手动调速时代号省略。

2. 标记

（1）标记方法

A 型：

基本型

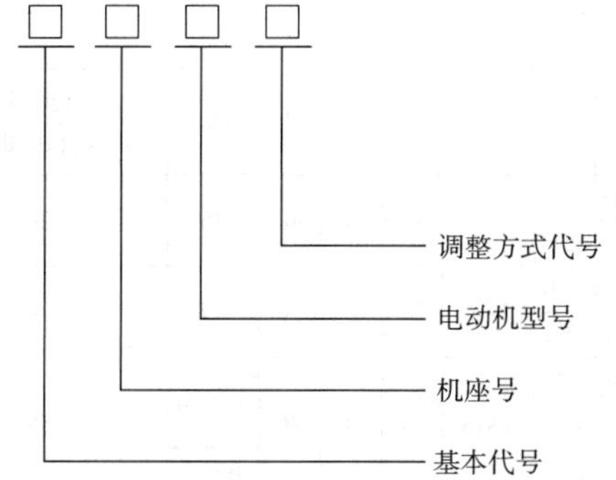

派生型

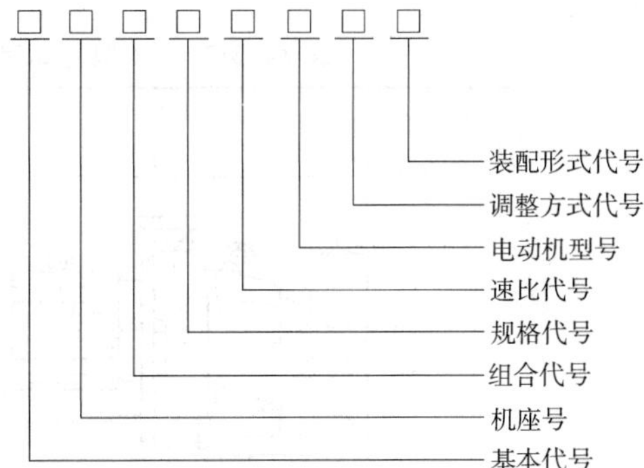

B 型：

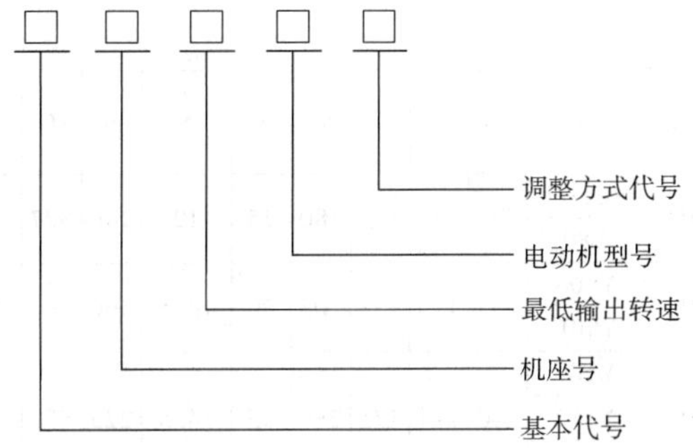

（2）标记示例

示例 1：基本形式为 ZHF 型、2 号机座、电动调速、配用电动机型号为 Y90S-4 的变速器可表示为：

ZHF2 Y90S-4D

示例 2：基本形式为 ZH 型、2 号机座、手动调速、配用电动机型号为 Y90S-4，所连接的蜗轮蜗杆副的中心距为 80mm，速比为 7.5，第 Ⅰ 种装配形式，其标记为：

ZH2W21　Y90S-4 Ⅰ

示例 3：基本形式为 ZHB、2 号机座、最低输出转速为 330r/min、电动调速、配用电动机型号为 Y802-4 的变速器可表示为：

ZHB2-330-Y802-4D

8.2　形式与外形尺寸

A 型：

1）基本型变速器的形式与外形尺寸见表 10.3-30 和表 10.3-31。

2）第一派生型变速器的形式与外形尺寸见表 10.3-32。

3）第二派生型变速器的形式与外形尺寸见表 10.3-33 和表 10.3-34。

4）第三派生型变速器的形式与外形尺寸见表

10. 3-35。

B 型：

1）ZHB 型变速器的形式与外形尺寸见表 10. 3-36。

2）ZHBF 型变速器的形式与外形尺寸见表 10. 3-37。

表 10. 3-30　A 型基本型变速器的形式与外形尺寸（卧式）　　（mm）

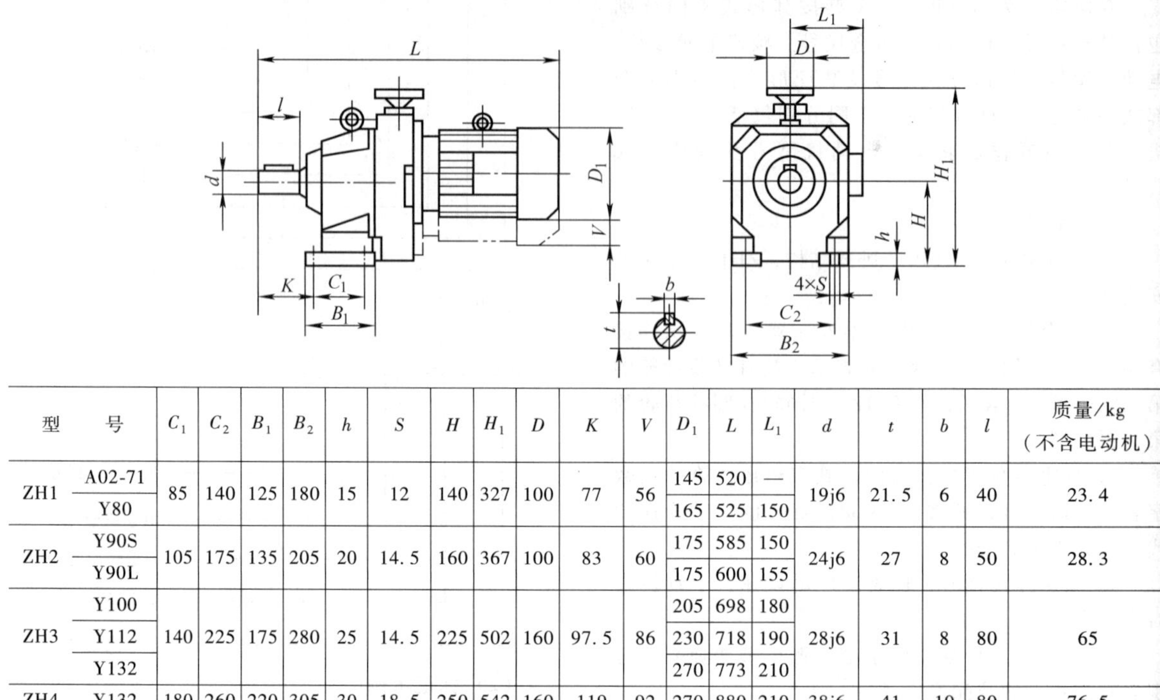

型号		C_1	C_2	B_1	B_2	h	S	H	H_1	D	K	V	D_1	L	L_1	d	t	b	l	质量/kg（不含电动机）
ZH1	A02-71	85	140	125	180	15	12	140	327	100	77	56	145	520	—	19j6	21. 5	6	40	23. 4
	Y80												165	525	150					
ZH2	Y90S	105	175	135	205	20	14. 5	160	367	100	83	60	175	585	150	24j6	27	8	50	28. 3
	Y90L												175	600	155					
ZH3	Y100	140	225	175	280	25	14. 5	225	502	160	97. 5	86	205	698	180	28j6	31	8	80	65
	Y112												230	718	190					
	Y132												270	773	210					
ZH4	Y132	180	260	220	305	30	18. 5	250	542	160	119	92	270	880	210	38j6	41	10	80	76. 5

表 10. 3-31　A 型基本型变速器的形式与外形尺寸（法兰安装）　　（mm）

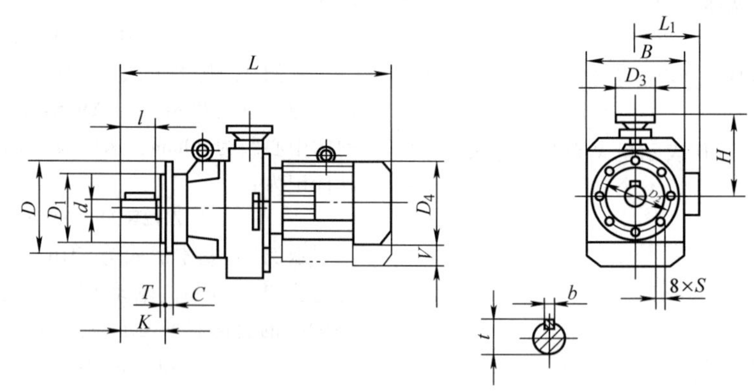

型号		D	D_1	D_2	B	T	C	S	D_3	H	V	D_4	L	L_1	d	t	b	l	K	质量/kg（不含电动机）
ZHF1	A02-71	180	120j6	150	180	3. 5	10	12	100	187	56	145	520	—	19j6	21. 5	6	40	45	20
	Y80											165	525	150						
ZHF2	Y90S	200	130j6	165	205	3. 5	10	12	100	207	60	175	585	150	24j6	27	8	50	47	24
	Y90L											175	600	155						
ZHF3	Y100	250	180j6	215	280	3. 5	12	15	160	277	86	205	698	180	28j6	31	8	80	62. 5	58
	Y112											230	718	190						
	Y132	300	230j6	265		4	15	15				270	773	210					67. 5	
ZHF4	Y132	300	230j6	265	305	4	15	15	160	292	92	270	880	210	38j6	41	10	80	67. 5	62

表 10.3-32　A 型第一派生型变速器的形式与外形尺寸　(mm)

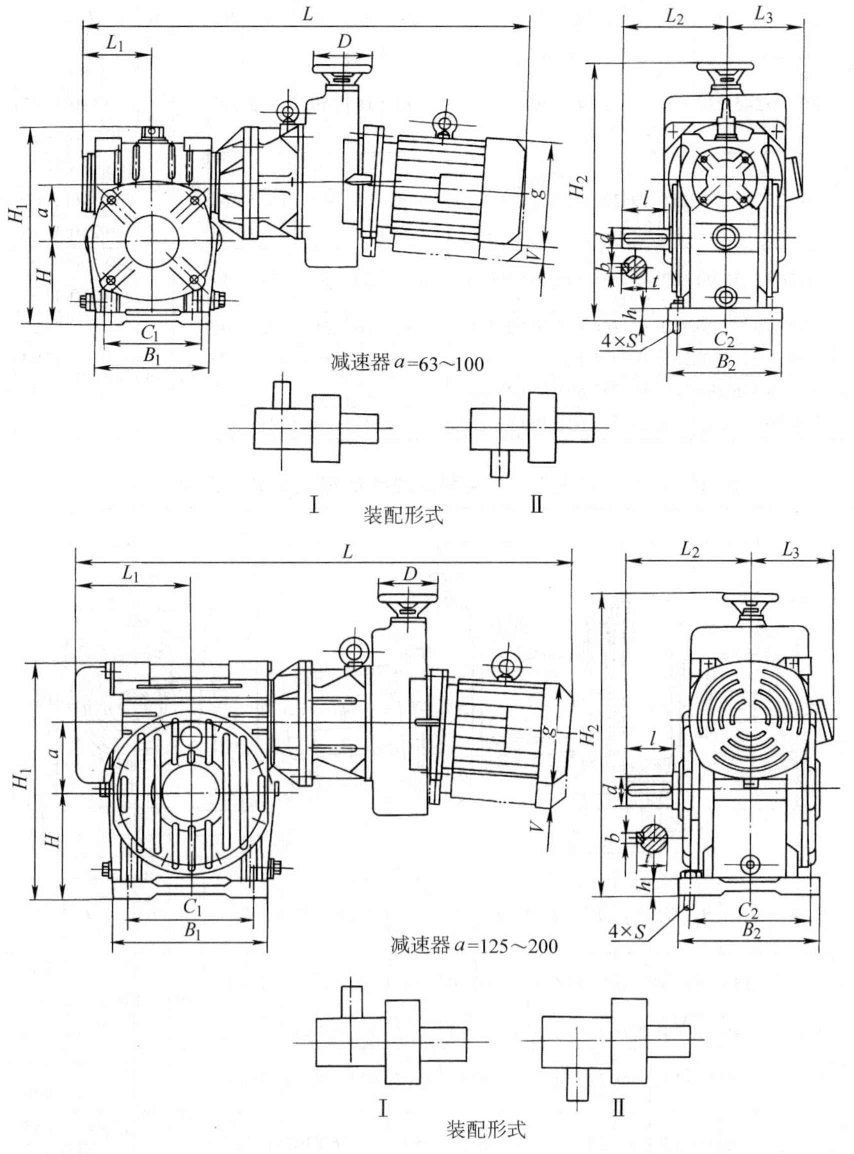

型号			a	B_1	B_2	C_1	C_2	h	H	H_1	L_1	L_2	l	d	b	t	S	H_2	V	D	g	L_3	L	质量/kg（不含电动机及油）
ZH1	W1	A02-71	63	146	140	115	120	16	97	221	86	136	58	30j6	8	33	12	347	56	100	145	—	647	46.2
		Y80																			165	150	647	
	W2	A02-71	80	175	170	140	145	20	120	270	105	158	58	38k6	10	41	14.5	387			145	—	690	59
		Y80																			165	150	690	
	W3	Y80	100	210	200	170	170	24	150	339	123	190	82	40k6	12	43	14.5	437			165	150	716	72
ZH2	W2	Y90S	80	175	170	140	145	20	120	270	105	158	58	38k6	10	41	14.5	387	60	100	175	150	737	63
		Y90L																				155	752	
	W3	Y90S	100	210	200	170	170	24	150	339	123	190	82	40k6	12	43	14.5	457				150	772	76
		Y90L																				155	782	
	W4	Y90S	125	270	245	220	210	32	190	424	202	215	82	55m6	16	59	18.5	522				150	893	122
		Y90L																				155	908	

（续）

型号			a	B_1	B_2	C_1	C_2	h	H	H_1	L_1	L_2	l	d	b	t	S	H_2	V	D	g	L_3	L	质量/kg（不含电动机及油）
ZH3	W4	Y100	125	270	245	220	210	32	190	424	202	215	82	55m6	16	59	18.5	592	86	160	205	180	987	132
		Y112																			230	190	1007	
		Y132																			270	210	1062	
	W5	Y100	160	325	295	270	255	40	225	525	242	266	105	65m6	18	69	18.5	662			205	180	1040	190
		Y112																			230	190	1060	
		Y132																			270	210	1115	
	W6	Y112	180	368	325	290	280	45	255	595	267	280	105	75m6	20	79.5	24	712			230	190	1107	244
		Y132																			270	210	1162	
ZH4	W4	Y132	125	270	245	220	210	32	190	424	202	215	82	55m6	16	59	18.5	607	92	160	270	210	1127	142
	W5	Y132	160	325	295	270	255	40	225	525	242	266	105	65m6	18	69	18.5	677					1194	230
	W6	Y132	180	368	325	290	280	45	255	595	267	280	105	75m6	20	79.5	24	727					1240	281
	W7	Y132	200	410	325	315	295	45	275	645	299	321	130	80m6	22	85	24	767					1295	320

表 10.3-33　A 型第二派生型变速器的形式与外形尺寸（一）　（mm）

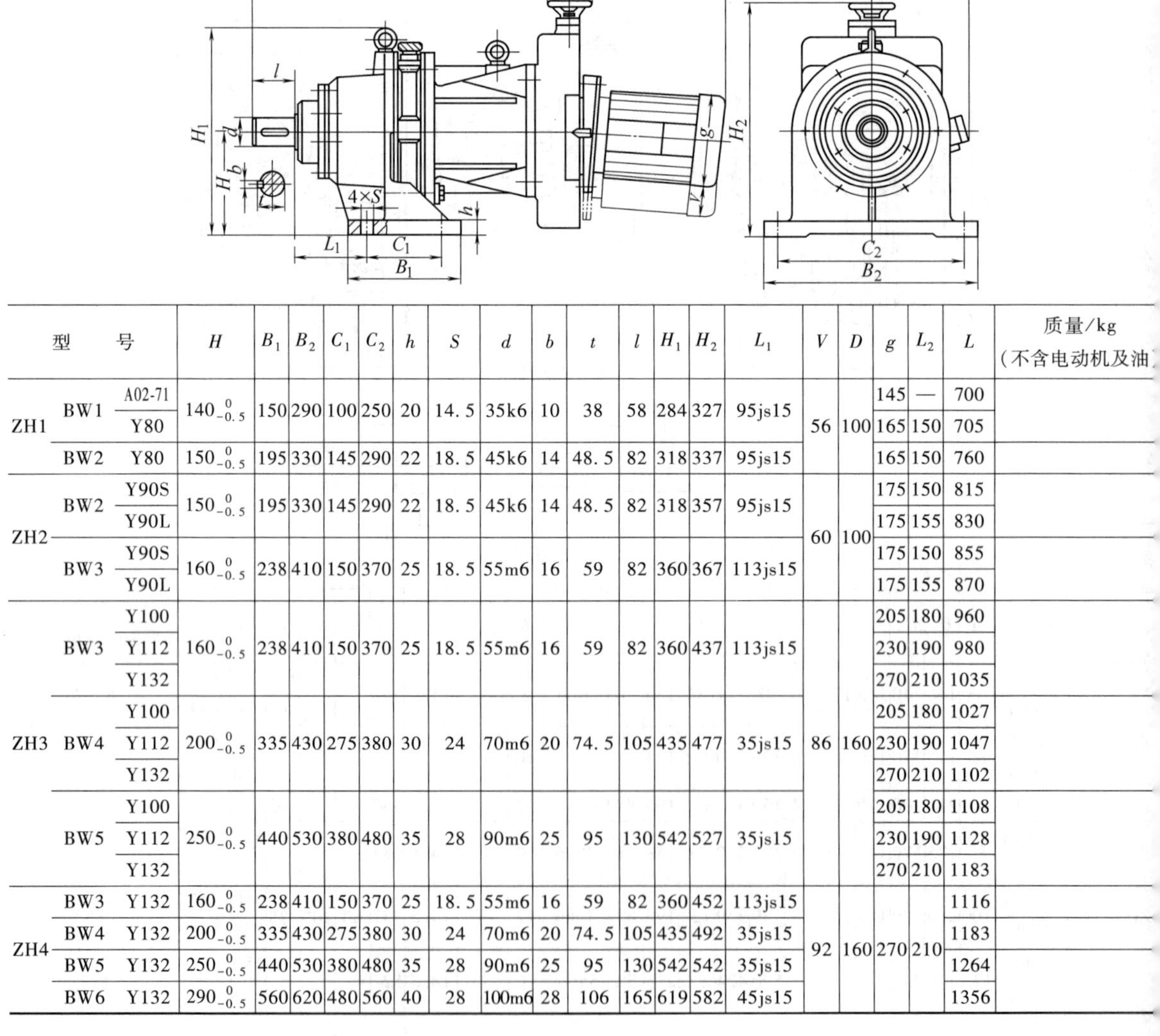

型号			H	B_1	B_2	C_1	C_2	h	S	d	b	t	l	H_1	H_2	L_1	V	D	g	L_2	L	质量/kg（不含电动机及油）
ZH1	BW1	A02-71	$140_{-0.5}^{0}$	150	290	100	250	20	14.5	35k6	10	38	58	284	327	95js15	56	100	145	—	700	
		Y80																	165	150	705	
	BW2	Y80	$150_{-0.5}^{0}$	195	330	145	290	22	18.5	45k6	14	48.5	82	318	337	95js15			165	150	760	
ZH2	BW2	Y90S	$150_{-0.5}^{0}$	195	330	145	290	22	18.5	45k6	14	48.5	82	318	357	95js15	60	100	175	150	815	
		Y90L																	175	155	830	
	BW3	Y90S	$160_{-0.5}^{0}$	238	410	150	370	25	18.5	55m6	16	59	82	360	367	113js15			175	150	855	
		Y90L																	175	155	870	
ZH3	BW3	Y100	$160_{-0.5}^{0}$	238	410	150	370	25	18.5	55m6	16	59	82	360	437	113js15	86	160	205	180	960	
		Y112																	230	190	980	
		Y132																	270	210	1035	
	BW4	Y100	$200_{-0.5}^{0}$	335	430	275	380	30	24	70m6	20	74.5	105	435	477	35js15			205	180	1027	
		Y112																	230	190	1047	
		Y132																	270	210	1102	
	BW5	Y100	$250_{-0.5}^{0}$	440	530	380	480	35	28	90m6	25	95	130	542	527	35js15			205	180	1108	
		Y112																	230	190	1128	
		Y132																	270	210	1183	
ZH4	BW3	Y132	$160_{-0.5}^{0}$	238	410	150	370	25	18.5	55m6	16	59	82	360	452	113js15	92	160	270	210	1116	
	BW4	Y132	$200_{-0.5}^{0}$	335	430	275	380	30	24	70m6	20	74.5	105	435	492	35js15					1183	
	BW5	Y132	$250_{-0.5}^{0}$	440	530	380	480	35	28	90m6	25	95	130	542	542	35js15					1264	
	BW6	Y132	$290_{-0.5}^{0}$	560	620	480	560	40	28	100m6	28	106	165	619	582	45js15					1356	

表 10.3-34　A 型第二派生型变速器的形式与外形尺寸（二）　　（mm）

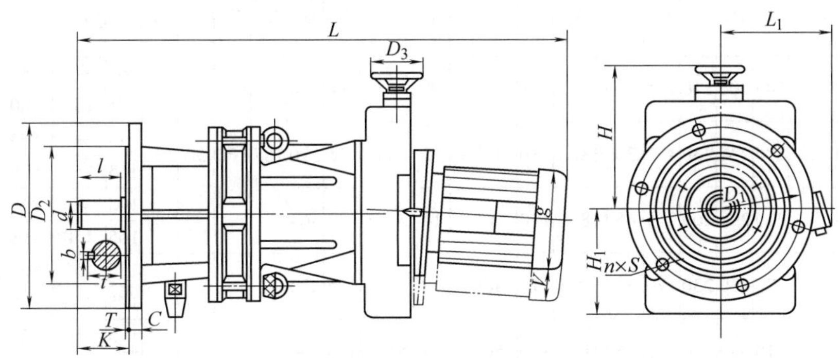

型号			D_1	D_2	D	n	S	K	C	T	d	b	t	l	H	H_1	V	D_3	g	L_1	L	质量/kg（不含电动机及油）
ZH1	BL1	A02-71	200	170h9	230	6	14.5	65	16	4	35k6	10	38	58	187	130	56	100	145	—	700	
		Y80																	165	150	705	
	BL2	Y80	230	200h9	260	6	14.5	89	20	4	45k6	14	48.5	82					165	150	760	
ZH2	BL2	Y90S	230	200h9	260	6	14.5	89	20	4	45k6	14	48.5	82	207	150	60	100	175	150	815	
		Y90L																	175	155	830	
	BL3	Y90S	310	270h9	340	6	14.5	89	22	4	55m6	16	59	82					175	150	855	
		Y90L																	175	155	870	
ZH3	BL3	Y100	310	270h9	340	6	14.5	89	22	4	55m6	16	59	82	277	205	86	160	205	180	960	
		Y112																	230	190	980	
		Y132																	270	210	1035	
	BL4	Y100	360	316h9	400	8	18.5	114	26	5	70m6	20	74.5	105					205	180	1027	
		Y112																	230	190	1047	
		Y132																	270	210	1102	
	BL5	Y100	450	400h9	490	12	24	140	30	6	90m6	25	95	130					205	180	1108	
		Y112																	230	190	1128	
		Y132																	270	210	1183	
ZH4	BL3	Y132	310	270h9	340	6	14.5	89	22	4	55m6	16	59	82	292	220	92	160	270	210	1116	
	BL4	Y132	360	316h9	400	8	18.5	114	26	5	70m6	20	74.5	105							1183	
	BL5	Y132	450	400h9	490	12	24	140	30	6	90m6	25	95	130							1264	
	BL6	Y132	520	455h9	580	12	24	177	35	8	100m6	28	106	165							1356	

表 10.3-35　A 型第三派生型变速器的形式与外形尺寸　　（mm）

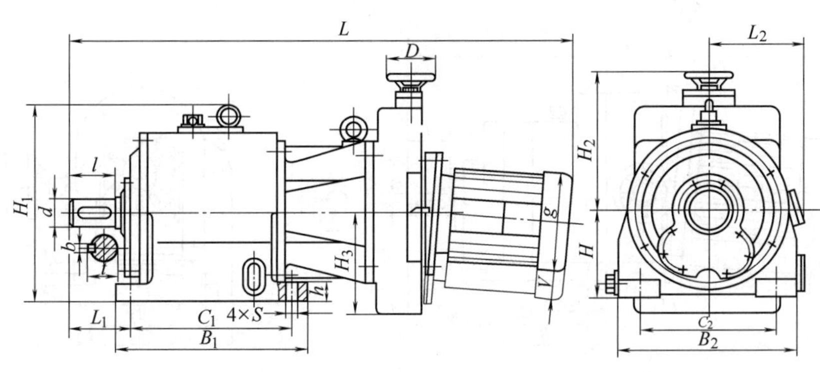

（续）

型号			H	B_1	B_2	C_1	C_2	h	S	l	d	b	t	L_1	H_1	H_2	H_3	V	D	g	L_2	L	质量/kg（不含电动机及油）
	T1	A02-71	$112_{-0.5}^{0}$	245	200	210	155	25	14.5	80	30js6	8	33	99	260					145	—	755	41
		Y80																		165	150	760	
ZH1	T2	A02-71	$140_{-0.5}^{0}$	270	230	230	170	30	18.5	110	40k6	12	43	135	290	187	130	56	100	145	—	804	47
		Y80																		165	150	809	
	T3	A02-71	$180_{-0.5}^{0}$	310	290	260	215	45	18.5	110	50k6	14	53.5	144	364					145	—	843	79
		Y80																		165	150	848	
	T2	Y90S	$140_{-0.5}^{0}$	270	230	230	170	30	18.5	110	40k6	12	43	135	290					175	150	867	51
		Y90L																		175	155	882	
	T3	Y90S	$180_{-0.5}^{0}$	310	290	260	215	45	18.5	110	50k6	14	53.5	144	364					175	150	906	83
ZH2		Y90L														207	150	60	100	175	155	921	
	T4	Y90S	$225_{-0.5}^{0}$	365	340	310	250	50	24	140	60m6	18	64	182	468					175	150	989	138
		Y90L																		175	155	1004	
	T5	Y90L	$250_{-0.5}^{0}$	440	400	370	290	60	28	140	70m6	20	74.5	170	503					175	155	1030	177
	T3	Y100	$180_{-0.5}^{0}$	310	290	260	215	45	18.5	110	50k6	14	53.5	144	364					205	180	1004	104
		Y112																		230	190	1024	
		Y100																		205	180	1087	
	T4	Y112	$225_{-0.5}^{0}$	365	340	310	250	50	24	140	60m6	18	64	182	468					230	190	1107	159
		Y132																		270	210	1157	
ZH3		Y100														277	205	86	160	205	180	1113	
	T5	Y112	$250_{-0.5}^{0}$	440	400	370	290	60	28	140	70m6	20	74.5	170	503					230	190	1133	198
		Y132																		270	210	1183	
		Y100																		205	180	1176	
	T6	Y112	265_{-1}^{0}	470	450	390	340	60	35	170	80m6	22	90	208	543					230	190	1196	234
		Y132																		270	210	1246	
		Y100																		205	180	1274	
ZH3	T7	Y112	300_{-1}^{0}	550	530	460	380	60	42	210	100m6	28	106	246	620	277	205	86	160	230	190	1294	351
		Y132																		270	210	1344	
	T8	Y132	355_{-1}^{0}	570	600	480	440	80	42	210	110m6	28	116	251	742					270	210	1377	469
	T4	Y132	$225_{-0.5}^{0}$	365	340	310	250	50	24	140	60m6	18	64	182	468							1264	164
	T5	Y132	$250_{-0.5}^{0}$	440	400	370	290	60	28	140	70m6	20	74.5	170	503							1290	203
ZH4	T6	Y132	265_{-1}^{0}	470	450	390	340	60	35	170	80m6	22	90	208	543	292	220	92	160	270	210	1353	239
	T7	Y132	300_{-1}^{0}	550	530	460	380	60	42	210	100m6	28	106	246	620							1451	356
	T8	Y132	355_{-1}^{0}	570	600	480	440	80	42	210	110m6	28	116	251	742							1484	474

表 10.3-36 B 型 ZHB 型变速器的形式与外形尺寸 （mm）

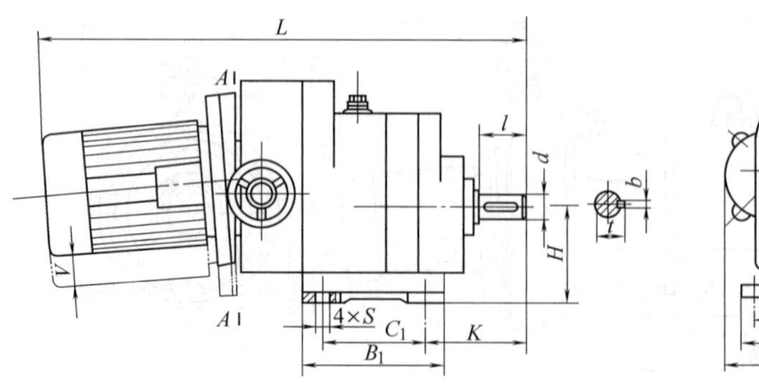

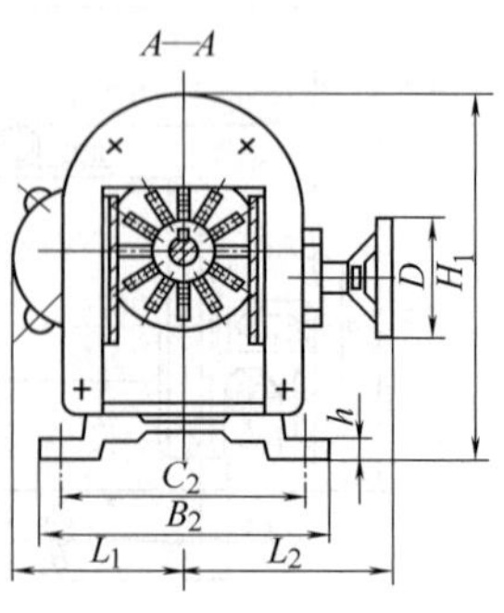

（续）

型号		C_1	C_2	B_1	B_2	h	S	K	d	t	b	l	H	H_1	L	L_1	L_2	D	V	质量/kg
ZHB1	420~50	100	160	155	184	14	10	136	28js6	31	8	60	85	220	550~600	—	146	130	51	≤33
	12,11.5							136												≤35
	3	163		187				108	32k6	35	10		150							≤40
ZHB2	332~34.5	115	200	180	240	18	14.5	126	32k6	35	10	60	120	300	660~760	—	175	130	70	≤65
	17,11							148					125			135				≤72
	5,3.5			215				172	48k6	51.5	14	73								≤85
ZHB3	438~54	200	280	240	324	25	18.5	128	60k6	64	18	80	160	400	800~900	—	208	150	80	≤136
	15,10	230		270				126					180			207				≤160
	4~2.5	240		284				149	80k6	85	22	80	300							≤190

表 10.3-37　B 型 ZHBF 型变速器的形式与外形尺寸　（mm）

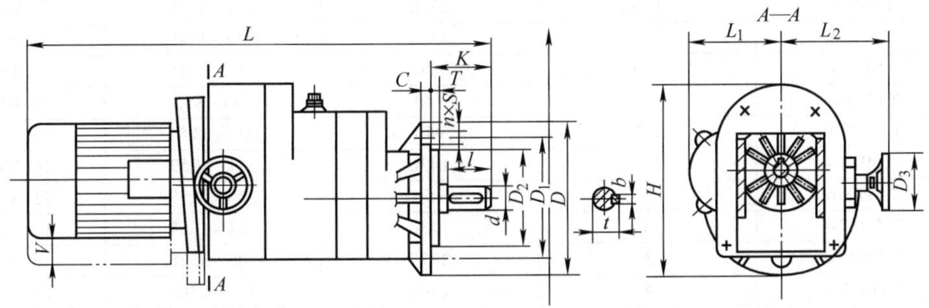

型号	D	D_2	D_1	T	C	K	$n\times S$	d	t	b	l	H	L	L_1	L_2	D_3	V	质量/kg
ZHBF1	200	130j6	175	4	12	48	4×14.5	28js6	31	8	60	220	556~600	—	146	130	51	≤35
ZHBF2	260	160j6	210	5	15	53	4×14.5	32k6	35	10	80	330	662~780	135	175	130	70	≤72
ZHBF3	350	250j6	300	8	20	53	6×18.5	48k6	51.5	14	80	370	807	—	208	150	80	≤136

变速器的规格代号和速比代号见表 10.3-38 和表 10.3-39。

表 10.3-38　规格代号

规格代号	1	2	3	4	5	6	7	8
蜗轮蜗杆中心距/mm	63	80	100	125	160	180	200	—
摆线针轮机座号	15	18	22	27	33	39	—	—
同轴式圆柱齿轮机座号	112	140	180	225	250	265	300	355

表 10.3-39　速比代号

速比代号	1	2	3	4	5	6	7	8
蜗轮蜗杆速比	7.5	10	12.5	15	20	25	30	40
摆线针轮速比	11	17	23	29	35	43	59	71
同轴式圆柱齿轮速比	14	16	18	20	22.4	25	28	31.5
速比代号	9	10	11	12	13	14	15	16
蜗轮蜗杆速比	50	63	—	—	—	—	—	—
摆线针轮速比	87	—	—	—	—	—	—	—
同轴式圆柱齿轮速比	35.5	40	45	50	56	63	71	80

8.3　承载能力

A 型基本型变速器的额定输出参数见表 10.3-40，A 型第一、二、三派生型变速器的额定输出参数分别见表 10.3-41~表 10.3-43，B 型变速器的额定输出参数见表 10.3-44。

表 10.3-40　A 型基本型变速器的额定输出参数

型号		配用电动机功率 /kW	电动机转速 /r·min^{-1}	输出转速 n_2 /r·min^{-1}	输出转矩 T_2 /N·m
ZH1 ZHF1	A02-7114	0.25	1400	356~1782	1.07~4.69
	A02-7124	0.37	1400	356~1782	1.58~6.94
	A02-7112	0.37	2800	713~3564	0.79~3.46
	Y801-4	0.55	1390	353~1769	2.38~10.39
	A02-7122	0.55	2800	713~3564	1.18~5.16
	Y802-4	0.75	1390	353~1769	3.24~14.17
	Y801-2	0.75	2830	720~3602	1.59~6.96
	Y802-2	1.1	2830	720~3602	2.33~10.21
ZH2 ZHF2	Y90S-6	0.75	910	221~1105	5.51~22.68
	Y90L-6	1.1	910	221~1105	8.08~33.27
	Y90S-4	1.1	1400	340~1700	5.25~21.62
	Y90L-4	1.5	1400	340~1700	7.16~29.49
	Y90S-2	1.5	2840	690~3448	3.53~14.54
	Y90L-2	2.2	2840	690~3448	5.18~21.32
ZH3 ZHF3	Y100L-6	1.5	940	231~1155	11.16~46.52
	Y132S-8	2.2	710	174~872	21.68~90.32
	Y112M-6	2.2	940	231~1155	16.37~68.22
	Y100L1-4	2.2	1430	351~1757	10.76~44.89
	Y132S-6	3	960	236~1179	21.86~91.09
	Y100L2-4	3	1430	351~1757	14.67~61.15
	Y100L-2	3	2870	705~3526	7.31~30.47
	Y112M-4	4	1440	354~1769	19.43~80.97
	Y112M-2	4	2890	710~3551	9.68~40.35
	Y132S-4	5.5	1440	354~1769	26.72~111.35
	Y132S1-2	5.5	2900	713~3563	13.27~55.28
ZH4 ZHF4	Y132M-8	3	710	211~845	30.50~101.69
	Y132M1-6	4	960	288~1142	30.08~100.28
	Y132M2-6	5.5	960	285~1142	41.36~137.88
	Y132M-4	7.5	1440	428~1713	37.60~125.34
	Y132S2-2	7.5	2900	462~3451	18.67~62.24

表 10.3-41　A 型第一派生型变速器的额定输出参数

型号			配用电动机功率/kW	输出转速 n_2 /r·min^{-1}	输出转矩 T_2 /N·m	型号			配用电动机功率/kW	输出转速 n_2 /r·min^{-1}	输出转矩 T_2 /N·m
ZH1	W11	A02-7114	0.25	49~245	6.82~27.2	ZH1	W15	A02-7124	0.37	18.3~91.5	23.9~92.0
	W12			36.5~182.5	8.87~34.3		W16			14~70	31.1~106.0
	W13			27.9~139.5	11.6~44.85		W17			12.3~61.5	30.8~112.0
	W14			24.6~123	12.4~48.96		W18			9.2~45.7	39.44~145.0
	W15			18.3~91.5	16.2~62.20		W29			6.7~33.5	53.6~195.0
	W16			14~70	21.0~83.5		W210			5.8~29	49.0~208.7
	W17			12.3~61.5	20.8~75.7		W11	Y801-4	0.55	48.7~244	15.1~60.25
	W18			9.2~45.7	26.7~98.7		W12			36.2~181	19.7~77.4
	W19			7~35	34.76~126.7		W13			27.7~138.5	25.3~101.0
	W110			5.8~29	38.5~137.0		W14			24.3~121.5	27.6~108.0
	W11	A02-7124	0.37	49~245	10~40.25		W15			18.1~90.5	36.0~116.7
	W12			36.5~182.5	13.1~50.75		W26			13.3~66.5	49.0~192.7
	W13			27.9~139.5	17.2~66.36		W27			11.4~57	53.6~198.0
	W14			24.6~123	18.3~72.45		W28			9.1~45.5	59.8~218.0

（续）

型号			配用电动机功率/kW	输出转速 n_2 /r·min^{-1}	输出转矩 T_2 /N·m
ZH1	W29	Y801-4	0.55	6.7~33.5	81.0~292.0
	W210			5.7~28.5	85.6~312.0
	W11	Y802-4	0.75	48.7~244	20.6~82.2
	W12			36.2~181	26.9~105.6
	W13			27.7~138.5	34.5~137.8
	W14			24.3~121.5	37.6~147.3
	W25			18.1~90.5	50.6~191.2
	W26			13.3~66.5	66.5~263.0
	W27			11.4~57	73.0~270.0
	W28			9.1~45.5	81.4~297.0
	W39			6.7~33.5	118.5~439.0
	W310			5.7~28.5	125.0~445.0
ZH2	W21	Y90S-6	0.75	28.5~142.5	37.5~140
	W22			22.7~113.5	42.5~174
	W23			16.7~83.5	67.8~235
	W24			14.3~71.5	69.5~255
	W25			11.4~57	84.7~306
	W26			8.4~42	112.4~415
	W27			7.2~36	121~426
	W28			5.7~28.5	132.4~467
	W39			4.2~20.5	197~690
	W310			3.5~17.5	207~682
	W21	Y90L-6	1.1	28.5~142.5	55~206
	W22			22.7~113.5	68.6~224
	W23			16.7~83.5	92~346
	W24			14.3~71.5	102~374
	W25			11.4~57	124~442
	W36			8.4~42	168~622
	W37			7.2~36	182~635
	W38			5.7~28.5	234~825
	W39			4.2~21	290~1014
	W410			3.5~17.5	321~1083
	W21	Y90S-4	1.1	44~220	36.5~135.7
	W22			35~175	45~169
	W23			25.7~128.5	61~228
	W24			22~210	67~243
	W25			17.5~87.5	82~287
	W36			12.8~64	112~410
	W37			11~55	121~420
	W38			8.3~41.5	158~545
	W39			6.4~32	192~670
	W410			5.5~27.5	208~704
	W21	Y90L-4	1.5	44~220	50~185
	W22			35~175	61~230
	W33			27.5~128.5	84~312
	W34			22~110	95~340
	W35			16.6~83	117~445

型号			配用电动机功率/kW	输出转速 n_2 /r·min^{-1}	输出转矩 T_2 /N·m
ZH2	W36	Y90L-4	1.5	12.8~64	152~559
	W37			11~55	165~572
	W48			8.3~41.5	220~751
	W49			6.7~33.5	263~942
	W410			5.5~27.5	295~978
ZH3	W41	Y100L-6	1.5	29.8~149	77~293
	W42			22.5~112.5	102~382
	W43			18.1~90.5	126~475
	W44			14.9~74.5	145~549
	W45			11.3~56.5	189~697
	W46			9.1~45.5	231~851
	W47			7.5~37.5	259~891
	W48			5.6~28	326~1165
	W49			4.5~22.5	396~1462
	W410			3.7~18.5	444~1514
	W41	Y132S-8	2.2	22.5~112.5	149~560
	W42			17.0~85	195~732
	W43			13.6~68	241~909
	W44			11.2~56	275~1025
	W45			8.5~42.5	262~1335
	W46			6.8~34	437~1628
	W47			5.6~28	477~1700
	W48			4.2~21	619~2225
	W49			3.4~17	757~2764
	W510			2.8~14	853~2965
	W41	Y112M-6	2.2	29.8~149	112.5~428.6
	W42			22.5~112.5	149~560.5
	W43			18.1~90.5	184~695
	W44			15.0~75	213~785
	W45			11.2~56	278~1022
	W46			9~45	340~1247
	W47			7.5~37.5	380~1300
	W48			5.6~28	477~1705
	W49			4.5~22.5	580~2140
	W510			3.7~18.5	662~2285
	W41	Y100L1-4	2.2	45.2~226.5	75.8~285
	W42			34.2~171	100~374
	W43			27.5~137.5	125~463
	W44			22.6~113	144~523
	W45			17.1~85.5	188~682
	W46			13.7~68.5	228~832
	W47			11.3~56.5	258~918
	W48			8.6~42.9	330~1143
	W49			6.9~34.5	395~1433
	W410			5.7~28.3	444~1490
	W41	Y132S-6	3	30.5~152	150~575
	W42			23~115	200~750

（续）

型号			配用电动机功率/kW	输出转速 n_2 /r·min^{-1}	输出转矩 T_2 /N·m
ZH3	W43	Y132S-6	3	18.5~92.5	245~925
	W44			15.2~76	284~1045
	W45			11.5~57.5	370~1365
	W46			9.3~46	450~1665
	W47			7.6~38	505~1745
	W58			5.7~28.5	646~2342
	W59			4.5~22.5	798~2964
	W510			3.8~19	885~3060
	W41	Y100L2-4	3	45.2~226.5	117~390
	W42			34.2~171	135~510
	W43			27.5~137.5	170~630
	W44			22.6~113	196~713
	W45			17.1~85.5	257~930
	W46			13.7~68.5	310~1134
	W47			11.3~56.5	352~1190
	W58			8.5~42.5	464~1557
	W59			6.6~33	565~2022
	W510			5.6~28	612~2093
	W41	Y112M-4	4	45.7~228.5	137~515
	W42			34.5~172.5	179~674
	W43			27.8~139	225~835
	W44			22.8~114	260~944
	W45			17.3~86.5	340~1230
	W56			13.4~67	428~1592
	W57			11.4~57	465~1590
	W58			8.6~43	613~2115
	W59			6.7~33.5	750~2675
	W610			5.7~28.5	810~2770
	W41	Y132S-4	5.5	45.7~228.5	188~708
	W42			34.5~172.5	246~926
	W43			27.8~139	305~1148
	W44			22.8~114	357~1298
	W55			17.3~86.5	473~1705
	W56			13.4~67	588~2190
	W57			11.4~57	640~2185
	W68			8.6~43	844~2900
	W69			6.7~33	1030~3680
	W610			5.7~29	1115~3810
ZH4	W41	Y132M-8	3	27.3~109	210~630
ZH4	W42	Y132M-8	3	20.6~82.4	275~825
	W43			16.5~66.3	340~1020
	W44			13.6~54.5	390~1155
	W45			10.3~41.2	510~1500
	W46			8.3~33.2	615~1830
	W47			6.8~27.2	670~1915
	W58			5.1~20.6	897~2570
	W59			4~16	1095~3255
	W510			3.4~13.6	1200~3354
	W41	Y132M1-6	4	37.2~147.4	207~630
	W42			28.1~111.4	274~825
	W43			22.6~89.6	340~1022
	W44			18.6~73.7	390~1153
	W45			14~55.7	510~1500
	W56			10.9~43.1	660~1895
	W57			9.3~36.8	700~1940
	W58			7~28	890~2575
	W59			5.4~21.6	1095~3265
	W610			4.7~18.7	1284~3460
	W41	Y132M2-6	5.5	36.8~147.4	285~867
	W42			27.8~111.4	375~1135
	W43			22.4~89.6	465~1405
	W44			18.4~73.6	540~1585
	W55			14~55.7	718~2085
	W56			10.8~43.2	905~2675
	W57			9.3~36.8	965~2665
	W68			7.5~30	1163~3355
	W69			6~23.8	1415~4105
	W610			4.7~18.7	1770~4755
	W51	Y132M-4	7.5	55.2~221	266~800
	W52			41.7~167	350~1060
	W53			32.3~129.2	452~1360
	W54			27.6~110.4	500~1440
	W65			22.5~90	625~1810
	W66			17.8~71.2	760~2240
	W77			13.8~55.2	935~2590
	W78			10.4~41.8	1195~3410
	W79			8~32	1470~4225
	W710			6.9~27.6	1695~4525

表 10.3-42　A型第二派生型变速器的额定输出参数

型号			配用电动机功率/kW	输出转速 n_2 /r·min^{-1}	输出转矩 T_2 /N·m
ZH1	B11	A02-7114	0.25	32.4~162	11.1~48.5
	B12			20.9~104.8	17.1~79.3
	B13			15.5~77.5	24.5~107.2
ZH1	B14	A02-7114	0.25	12.3~61.4	31.0~135.2
	B15			10.2~50.9	37.2~163.2
	B16			8.3~41.4	45.7~200.5

（续）

型号			配用电动机功率/kW	输出转速 n_2 /r · min^{-1}	输出转矩 T_2 /N · m
ZH1	B17	A02-7114	0.25	6.0~30.2	62.8~275.0
	B11	A02-7124	0.37	32.4~162	16.3~71.8
	B12			20.9~104.8	25.3~110.9
	B13			15.5~77.5	34.2~150
	B14			12.3~61.4	43~189
	B15			10.2~50.9	52~228
	B16			8.3~41.4	64~280
	B17			6.0~30.2	88~385
	B11	Y801-4	0.55	32.1~160.8	24.6~107
	B12			20.8~104.1	38~166
	B13			15.3~76.9	52~225
	B14			12.2~61.0	65~283
	B15			10.1~50.5	78~342
	B16			8.2~41.1	96~420
	B17			6.0~30.0	132~576
	B21	Y802-4	0.75	32.1~160.8	34~147
	B22			20.8~104.1	52~226
	B23			15.3~76.9	70~306
	B24			12.2~61.0	88~386
	B25			10.1~50.5	107~466
	B26			8.2~41.1	131~573
	B27			6.0~30.0	180~786
ZH2	B21	Y90S-6	0.75	20.1~100.5	57~235
	B22			13.0~65.0	88~362
	B23			9.6~48.0	119~490
	B24			7.6~38.1	150~618
	B25			6.3~31.6	181~746
	B26			5.1~25.7	223~917
	B27			3.7~18.7	306~1258
	B21	Y90L-6	1.1	20.1~100.5	84~344
	B22			13.0~65.0	129~532
	B23			9.6~48.0	175~720
	B24			7.6~38.1	220~907
	B35			6.3~31.6	266~1095
	B36			5.1~25.7	327~1345
	B37			3.7~18.7	448~1845
	B21	Y90S-4	1.1	30.9~154.5	54~224
	B22			20.0~100.0	84~346
	B23			14.8~73.9	114~467
	B24			11.7~58.6	143~589
	B35			9.7~48.6	173~711
	B36			7.9~39.5	212~874
	B37			5.7~28.8	291~1200
	B31	Y90L-4	1.5	30.9~154.5	74~305
	B32			20.0~100.0	115~471
	B33			14.8~73.9	155~638
	B34			11.7~58.6	195~804
ZH2	B35	Y90L-4	1.5	9.7~48.6	236~970
	B36			7.9~39.5	289~1192
	B37			5.7~28.8	397~1636
	B48			4.8~23.9	478~1968
	B49			3.9~19.5	585~2410
ZH3	B31	Y100L-6	1.5	21.0~105.0	115~480
	B32			13.6~67.9	178~743
	B33			10.0~50.2	240~1006
	B34			8.0~39.8	305~1268
	B35			6.6~33.0	367~1530
	B36			5.4~26.8	450~1880
	B47			3.9~19.6	620~2580
	B48			3.2~16.3	745~3105
	B49			2.66~13.3	910~3805
	B31	Y132S-8	2.2	15.8~79.3	225~935
	B32			10.2~51.3	345~1440
	B33			7.6~37.9	470~1950
	B34			6.0~30.1	590~2460
	B35			4.97~24.9	715~2970
	B46			4.05~20.3	875~3650
	B47			2.95~14.8	1200~5010
	B58			2.45~12.3	1450~6030
	B59			20.0~10.0	1775~7385
	B31	Y112M-6	2.2	21.0~105.0	170~705
	B32			13.6~67.9	262~1090
	B33			10.0~50.2	355~1475
	B34			8.0~39.8	446~1860
	B35			6.6~33.0	540~2245
	B46			5.4~26.8	660~2755
	B47			3.9~19.6	910~3785
	B58			3.2~16.3	1090~4550
	B59			2.66~13.3	1340~5580
	B31	Y100L1-4	2.2	31.9~159.7	110~465
	B32			20.6~103.3	170~715
	B33			15.3~76.4	235~970
	B34			12.1~60.6	295~1225
	B35			10.0~50.2	355~1475
	B46			8.2~40.9	435~1815
	B47			5.9~29.8	600~2490
	B58			4.9~24.7	720~2995
	B59			4.0~20.2	880~3670
	B31	Y132S-6	3	21.5~107.2	225~940
	B32			13.9~69.4	350~1455
	B33			10.3~51.3	475~1970
	B34			8.1~40.7	595~2480
	B45			6.7~33.7	720~2995
	B46			5.5~27.4	885~3680

（续）

型号		配用电动机	配用电动机功率/kW	输出转速 n_2 /r · min^{-1}	输出转矩 T_2 /N · m
ZH3	B47	Y132S-6	3	4. 0 ~ 20. 0	1210 ~ 5050
	B58			3. 3 ~ 16. 6	1460 ~ 6080
	B59			2. 7 ~ 13. 6	1790 ~ 7450
	B31	Y100L2-4	3	31. 9 ~ 159. 7	150 ~ 630
	B32			20. 6 ~ 103. 3	235 ~ 975
	B33			15. 3 ~ 76. 4	315 ~ 1320
	B34			12. 1 ~ 60. 6	400 ~ 1665
	B45			10. 0 ~ 50. 2	485 ~ 2010
	B46			8. 2 ~ 40. 9	590 ~ 2470
	B47			5. 9 ~ 29. 8	815 ~ 3390
	B58			4. 9 ~ 24. 7	980 ~ 4080
	B59			4. 0 ~ 20. 2	1200 ~ 5000
	B31	Y112M-4	4	32. 2 ~ 160. 8	200 ~ 835
	B32			20. 8 ~ 104. 1	310 ~ 1395
	B33			15. 4 ~ 76. 9	420 ~ 1750
	B34			12. 2 ~ 61. 0	530 ~ 2205
	B45			10. 1 ~ 50. 5	640 ~ 2665
	B46			8. 2 ~ 41. 1	785 ~ 3270
	B57			6. 0 ~ 30. 0	1080 ~ 4490
	B58			5. 0 ~ 24. 9	1295 ~ 5400
	B41	Y132S-4	5. 5	32. 2 ~ 160. 8	275 ~ 1150
	B42			20. 8 ~ 104. 1	425 ~ 1780
	B43			15. 4 ~ 76. 9	580 ~ 2405
	B44			12. 2 ~ 61. 0	730 ~ 3035
	B55			10. 1 ~ 50. 5	880 ~ 3660
	B56			8. 2 ~ 41. 1	1080 ~ 4500
ZH4	B31	Y132M-8	3	19. 2 ~ 76. 8	315 ~ 1050

型号		配用电动机	配用电动机功率/kW	输出转速 n_2 /r · min^{-1}	输出转矩 T_2 /N · m
ZH4	B32	Y132M-8	3	12. 4 ~ 49. 7	485 ~ 1625
	B33			9. 2 ~ 36. 7	660 ~ 2200
	B34			7. 3 ~ 29. 1	830 ~ 2770
	B45			6. 0 ~ 24. 1	1005 ~ 3345
	B46			4. 9 ~ 19. 6	1235 ~ 4110
	B47			3. 6 ~ 14. 3	1690 ~ 5640
	B31	Y132M1-6	4	26. 2 ~ 103. 8	310 ~ 1035
	B32			16. 9 ~ 67. 2	480 ~ 1600
	B33			12. 5 ~ 49. 6	650 ~ 2165
	B34			9. 9 ~ 39. 4	820 ~ 2730
	B55			8. 2 ~ 32. 6	990 ~ 3300
	B56			6. 7 ~ 26. 5	1215 ~ 4050
	B57			4. 8 ~ 19. 3	1665 ~ 5560
	B41	Y132M2-6	5. 5	25. 9 ~ 103. 8	430 ~ 1425
	B42			16. 8 ~ 67. 2	660 ~ 2200
	B43			12. 4 ~ 49. 6	895 ~ 2980
	B44			9. 8 ~ 39. 4	1225 ~ 3755
	B65			8. 1 ~ 32. 6	1360 ~ 4535
	B66			6. 6 ~ 26. 5	1670 ~ 5570
	B67			4. 8 ~ 19. 3	2290 ~ 7645
	B51	Y132M-4	7. 5	38. 9 ~ 155. 7	390 ~ 1295
	B52			25. 2 ~ 100. 7	600 ~ 2000
	B53			18. 6 ~ 74. 5	815 ~ 2710
	B54			14. 7 ~ 59. 1	1025 ~ 3415
	B55			12. 2 ~ 48. 9	1235 ~ 4120
	B56			10. 0 ~ 39. 8	1520 ~ 5060

表 10. 3-43　A 型第三派生型变速器的额定输出参数

型号		配用电动机	配用电动机功率/kW	输出转速 n_2 /r · min^{-1}	输出转矩 T_2 /N · m
ZH1	T11	A02-7114	0. 25	25. 2 ~ 126. 3	14. 5 ~ 63. 5
	T12			23. 3 ~ 116. 8	15. 7 ~ 68. 7
	T13			20. 1 ~ 100. 8	18. 2 ~ 79. 6
	T14			18. 4 ~ 92. 2	19. 8 ~ 87. 0
	T15			16. 4 ~ 82. 3	22. 2 ~ 97. 5
	T16			14. 3 ~ 71. 7	25. 5 ~ 111. 8
	T17			12. 9 ~ 64. 5	28. 4 ~ 124. 3
	T18			11. 7 ~ 58. 7	31. 2 ~ 136. 7
	T19			10. 3 ~ 51. 4	35. 6 ~ 156. 0
	T110			8. 9 ~ 44. 7	40. 9 ~ 179. 3
	T111			8. 1 ~ 40. 7	45. 0 ~ 197. 2
	T112			7. 0 ~ 35. 1	52. 1 ~ 228. 5
	T213			6. 2 ~ 31. 1	59. 0 ~ 258. 4
	T214			5. 5 ~ 27. 8	66. 0 ~ 289. 0
	T315			5. 0 ~ 25. 2	74. 0 ~ 325. 0

型号		配用电动机	配用电动机功率/kW	输出转速 n_2 /r · min^{-1}	输出转矩 T_2 /N · m
ZH1	T316	A02-7114	0. 25	4. 4 ~ 22. 1	84. 0 ~ 368. 0
	T11	A02-7124	0. 37	25. 2 ~ 126. 3	21. 4 ~ 94
	T12			23. 3 ~ 116. 8	23. 2 ~ 102
	T13			20. 1 ~ 100. 8	26. 8 ~ 118
	T14			18. 4 ~ 92. 2	29. 3 ~ 129
	T15			16. 4 ~ 82. 3	33. 0 ~ 144
	T16			14. 3 ~ 71. 7	37. 7 ~ 165
	T17			12. 9 ~ 64. 5	42 ~ 184
	T18			11. 7 ~ 58. 7	46 ~ 202
	T19			10. 3 ~ 58. 7	53 ~ 231
	T210			8. 8 ~ 44. 3	61 ~ 268
	T211			7. 6 ~ 38. 2	71 ~ 310
	T212			6. 9 ~ 34. 5	78 ~ 344
	T213			6. 2 ~ 31. 1	87 ~ 382
	T214			5. 5 ~ 27. 8	97 ~ 427

（续）

型　号			配用电动机功率/kW	输出转速 n_2 /r·min^{-1}	输出转矩 T_2 /N·m
ZH1	T315	A02-7124	0.37	5.0～25.2	107～470
	T316			4.4～22.1	122～536
	T11	Y801-4	0.55	25.0～125.4	32～141
	T12			23.1～115.9	35～152
	T13			20.0～100.1	40～176
	T14			18.3～91.5	44～193
	T15			12.3～81.7	50～216
	T26			14.7～73.5	55～240
	T27			12.2～61.0	66～289
	T28			11.1～55.7	73～317
	T29			9.7～48.4	84～365
	T210			8.8～44.0	92～410
	T311			7.7～39.0	105～460
	T312			6.8～34.4	118～513
	T313			6.1～30.7	132～575
	T314			5.7～28.4	143～622
	T315			5.0～25.1	161～704
	T316			4.4～22.0	184～803
	T11	Y802-4	0.75	25.0～125.4	44～192
	T12			23.1～115.9	48～208
	T23			19.0～95.3	58～253
	T24			17.1～85.9	64～280
	T25			16.0～80.1	69～300
	T26			14.7～73.5	75～327
	T27			12.2～61.0	90～395
	T28			11.1～55.7	99～432
	T39			10.1～50.6	109～475
	T310			8.8～44.2	125～545
	T311			7.7～38.4	143～627
	T312			6.9～34.4	160～700
	T313			6.1～30.7	179～784
	T314			5.7～28.4	194～849
	T315			5.0～25.1	220～960
	T316			4.4～22.0	250～1095
ZH2	T21	Y90S-6	0.75	15.7～78.7	74～306
	T22			14.4～72.0	81～334
	T23			11.9～59.5	98～404
	T24			10.7～53.7	109～448
	T35			10.0～50.0	117～480
	T36			8.5～42.5	138～567
	T37			8.0～39.8	147～605
	T38			6.9～34.5	169～697
	T39			6.3～31.6	185～761
	T310			5.5～27.6	212～872
	T311			4.8～24.0	244～1004
	T412			4.5～22.7	257～1058
	T413			4.0～20.1	291～1197
ZH2	T414	Y90S-6	0.75	3.5～17.6	331～1363
	T415			3.2～16.1	363～1494
	T416			2.9～14.5	404～1662
	T21	Y90L-6	1.1	15.7～78.7	109～448
	T32			13.4～67.1	128～526
	T33			12.5～62.6	137～564
	T34			10.8～54.1	158～652
	T35			10.0～50.1	171～705
	T36			8.5～42.5	202～831
	T37			8.0～39.8	216～888
	T48			7.1～35.3	243～1000
	T49			6.4～32.1	267～1098
	T410			5.7～28.7	298～1228
	T411			4.9～24.6	348～1433
	T412			4.6～22.8	377～1552
	T413			4.0～20.1	427～1756
	T514			3.6～17.8	481～1780
	T515			3.1～15.7	546～2249
	T516			2.9～14.4	596～2460
	T21	Y90S-4	1.1	24.2～121.1	71～291
	T22			22.2～110.7	77～319
	T23			18.3～91.5	94～385
	T24			16.5～82.6	104～427
	T25			15.4～77.0	111～458
	T36			13.1～65.3	131～540
	T37			12.2～61.2	140～578
	T38			10.6～53.1	161～664
	T39			9.7～48.7	176～725
	T310			8.5～42.4	202～831
	T311			7.4～36.9	232～957
	T412			7.0～35.0	245～1008
	T413			6.2～30.9	277～1141
	T414			5.4～27.1	316～1300
	T415			5.0～24.8	346～1424
	T416			4.5～22.3	385～1584
	T21	Y90L-4	1.5	24.2～121.1	96.5～397
	T22			22.2～110.7	106～435
	T33			19.3～96.3	121～500
	T34			16.7～83.3	140～578
	T35			15.4～77.0	152～625
	T36			13.1～65.3	179～737
	T37			12.2～61.2	191～787
	T38			10.6～53.1	220～906
	T39			9.7～48.7	240～989
	T410			8.8～44.2	264～1090
	T411			7.6～37.9	308～1270
	T412			7.0～35.0	334～1375

（续）

型号			配用电动机功率/kW	输出转速 n_2 /r·min^{-1}	输出转矩 T_2 /N·m
ZH2	T413	Y90L-4	1.5	6.2~30.9	378~1557
	T414			5.4~27.1	430~1773
	T515			4.8~24.1	484~1994
	T616			4.4~21.0	530~2180
ZH3	T31	Y100L-6	1.5	16.0~80.0	155~645
	T32			14.0~70.1	177~736
	T33			13.1~65.4	189~788
	T34			11.3~56.6	219~912
	T45			10.5~52.4	236~984
	T46			9.6~48.1	257~1072
	T47			8.0~40.0	310~1290
	T48			7.4~36.9	336~1400
	T49			6.7~33.6	368~1535
	T410			6.0~30.0	412~1717
	T511			5.3~26.3	470~1962
	T512			4.5~22.7	545~2274
	T513			4.2~21.0	590~2455
	T514			3.7~18.6	664~2768
	T515			3.4~17.0	727~3028
	T616			2.9~14.3	866~3610
	T41	Y132S-8	2.2	12.3~61.8	294~1223
	T42			10.7~53.9	337~1404
	T43			10.0~50.1	362~1510
	T44			8.6~43.0	423~1760
	T45			7.9~39.6	460~1910
	T56			6.9~34.5	527~2195
	T57			6.3~31.5	576~2398
	T58			5.7~27.9	650~2710
	T69			4.9~24.5	741~3087
	T610			4.3~21.5	844~3516
	T711			3.8~18.9	961~4004
	T712			3.5~17.4	1042~4340
	T713			3.1~15.4	1182~4925
	T714			2.8~14.0	1293~5385
	T715			2.4~12.2	1492~6215
	T816			2.2~11.0	1655~6894
	T31	Y112M-6	2.2	16.0~80.0	227~946
	T42			12.3~71.3	254~1060
	T43			13.3~66.3	274~1140
	T44			11.4~56.9	319~1330
	T45			10.5~52.4	346~1443
	T46			9.6~48.1	377~1572
	T47			8.0~40.0	454~1891
	T58			7.4~37	491~2046
	T59			6.5~32.7	556~2315
	T510			5.8~28.8	631~2630
	T511			5.3~26.3	691~2878

型号			配用电动机功率/kW	输出转速 n_2 /r·min^{-1}	输出转矩 T_2 /N·m
ZH3	T612	Y112M-6	2.2	4.6~23.2	783~3264
	T613			4.1~20.5	883~3681
	T714			3.7~18.6	976~4070
	T715			3.2~16.1	1127~4696
	T716			2.9~14.5	1250~5204
	T31	Y100L1-4	2.2	24.3~121.5	150~622
	T32			21.3~106.5	170~710
	T33			20.0~99.4	182~761
	T34			17.2~86.0	211~880
	T35			15.9~79.5	228~951
	T46			14.6~73.1	248~1035
	T47			12.2~60.9	298~1243
	T48			11.2~56.0	323~1350
	T49			10.2~51.0	355~1480
	T410			9.1~45.6	397~1655
	T411			7.8~39.1	463~1931
	T512			6.9~34.5	525~2191
	T513			6.4~31.9	567~2366
	T514			5.7~28.3	640~2668
	T615			5.2~25.9	700~2920
	T616			4.3~21.7	834~3478
	T41	Y132S-6	3	16.7~83.6	296~1234
	T42			14.6~72.9	340~1416
	T43			13.6~67.8	365~1522
	T44			11.6~58.1	426~1775
	T45			10.7~53.6	462~1926
	T56			9.3~46.6	531~2213
	T57			8.5~42.7	580~2418
	T58			7.6~37.8	656~2732
	T69			6.6~33.1	747~3113
	T610			5.8~29.1	851~3546
	T711			5.1~25.5	969~4038
	T712			4.7~23.6	1050~4376
	T713			4.2~20.8	1192~4967
	T714			3.8~19.0	1303~5431
	T715			3.3~16.5	1504~6268
	T816			3.0~14.8	1667~6947
	T31	Y100L2-4	3	24.3~121.5	203~848
	T32			21.3~106.5	232~967
	T43			20.2~100.8	245~1022
	T44			17.3~86.5	286~1192
	T45			15.9~79.7	310~1293
	T46			14.6~73.1	338~1410
	T47			12.2~60.8	407~1695
	T48			11.2~56.0	441~1840
	T59			9.9~49.6	498~2075
	T510			8.7~43.7	565~2357

（续）

型号			配用电动机功率/kW	输出转速 n_2 /r·min^{-1}	输出转矩 T_2 /N·m
ZH3	T511	Y100L2-4	3	8.0～39.9	620～2580
	T512			6.9～34.5	717～2990
	T613			6.2～31.2	791～3300
	T614			5.6～28.1	880～3669
	T615			5.2～25.9	955～3981
	T716			4.4～22.1	1138～4743
	T41	Y112M-4	4	25.1～125.4	263～1097
	T42			21.9～109.3	302～1260
	T43			20.3～101.7	325～1353
	T44			17.4～87.2	380～1578
	T45			16.1～80.3	411～1712
	T46			14.7～73.7	448～1866
	T57			12.8～64.0	516～2150
	T58			11.3～56.7	583～2428
	T59			10.0～50.1	660～2748
	T610			8.7～43.6	756～3152
	T611			7.9～39.5	837～3487
	T612			7.1～35.5	930～3873
	T713			6.2～31.2	1048～4368
	T714			5.7～28.5	1158～4828
	T715			4.9～24.7	1337～5572
	T716			4.5～22.3	1482～6175
	T41	Y132S-4	5.5	25.1～125.4	362～1508
	T42			21.9～109.3	415～1731
	T43			20.3～101.7	447～1861
	T54			17.2～85.9	530～2203
	T55			15.2～76.0	597～2490
	T56			14.0～69.9	650～2706
	T57			12.8～64.0	710～2956
	T68			11.2～56.0	812～3382
	T69			9.9～49.7	913～3806
	T710			8.9～44.7	1017～4237
	T711			7.7～38.3	1185～4937
	T712			7.1～35.4	1284～5350
	T713			6.2～31.2	1457～6072
	T814			5.8～29.0	1563～6514
	T815			5.1～25.5	1778～7410
	T816			4.5～22.3	2040～8500
ZH4	T41	Y132M-8	3	15.0～74.8	413～1377
	T42			13.0～65.2	474～1580
	T43			12.1～60.6	510～1700
	T54			10.2～51.2	604～2012
	T55			9.1～45.3	682～2273
	T56			8.3～41.7	741～2470
	T57			7.6～38.2	810～2700
	T58			6.8～33.8	915～3050
	T69			5.9～29.6	1042～3475
ZH4	T610	Y132M-8	3	5.2～26.0	1187～3960
	T711			4.6～22.8	1352～4510
	T712			4.2～21.1	1465～4885
	T713			3.7～18.6	1663～5545
	T714			3.4～17.0	1820～6063
	T815			3.0～15.2	2030～6765
	T816			2.7～13.3	2328～7762
	T41	Y132M1-6	4	20.4～102.1	408～1358
	T42			17.8～88.9	468～1560
	T43			16.5～82.7	503～1676
	T54			14.0～70.0	595～1984
	T55			12.4～61.9	672～2241
	T56			11.4～57.0	731～2437
	T57			10.4～52.1	798～2662
	T58			9.2～46.1	902～3009
	T69			8.1～40.5	1028～3427
	T610			7.1～35.5	1171～3904
	T711			6.2～31.2	1334～4446
	T712			5.8～28.8	1445～4817
	T713			5.1～25.4	1640～5468
	T714			4.6～23.2	1794～5980
	T815			4.2～20.8	2000～6670
	T816			3.7～18.3	2296～7654
	T41	Y132M2-6	5.5	20.2～101.0	560～1868
	T52			17.7～88.6	638～2128
	T53			16.4～82.0	691～2302
	T54			13.8～69.1	818～2728
	T65			12.4～62.1	910～3035
	T66			11.6～57.8	980～3265
	T67			9.9～49.5	1144～3813
	T78			8.7～43.5	1300～4336
	T79			8.0～40.1	1412～4705
	T710			7.2～35.9	1574～5247
	T711			6.2～31.0	1834～6113
	T812			5.7～28.5	1983～6612
	T813			5.1～25.4	2230～7435
	T814			4.7～23.4	2420～8066
	T815			4.1～20.7	2752～9173
	T816			3.7～18.5	3155～10520
	T41	Y132M-4	7.5	30.3～121.4	510～1698
	T52			26.6～106.5	580～1935
	T53			24.6～98.4	628～2094
	T54			20.8～83.0	744～2480
	T55			18.4～73.5	840～2800
	T66			17.3～69.4	890～2968
	T67			14.9～59.4	1040～3467
	T68			13.5～54.1	1142～3807

（续）

型号			配用电动机功率/kW	输出转速 n_2 /r·min^{-1}	输出转矩 T_2 /N·m
ZH4	T79	Y132M-4	7.5	12.0～48.2	1283～4278
	T710			10.8～43.2	1430～4770
	T711			9.3～37.1	1667～5557
	T712			8.6～34.2	1806～6020
ZH4	T813	Y132M-4	7.5	7.6～30.5	2030～6760
	T814			7.0～28.1	2200～7335
	T815			6.2～24.7	2500～8340

表 10.3-44　B 型变速器的额定输出参数

型号			配用电动机功率/kW	输出转速 n_2 /r·min^{-1}	输出转矩 T_2 /N·m
ZHB1 ZHBF1	420	A02-7124	0.37	420～1680	2～3.5
	205			205～820	3.5～10
	50			50～197	16～30
	11.5			11.5～44	70～140
	417	Y801-4	0.55	417～1668	2.5～7.5
	205			205～820	6～11.5
	50			50～196	23～50
	12			12～44	100～210
ZHB1	3			3～11	400～700
ZHB2 ZHBF2	330	Y802-4	0.75	330～1647	3.5～10
	220	Y90S-6		220～1100	5.5～15
	160	Y802-4		160～820	7.5～19
	106	Y90S-6		106～540	11.5～28
	53	Y802-4		53～262	24～60
	34.5	Y90S-6		34.5～172	36～88
	17	Y802-4		17～82	76～180
	11	Y90S-6		11～54	110～300
	332	Y90S-4	1.1	332～1659	5.5～14
	220	Y90L-6		220～1100	8.5～21
	165	Y90S-4		165～820	12～28
	110	Y90L-6		110～550	17～42
	53	Y90S-4		53～264	35～90
	34.5	Y90L-6		34.5～172	50～130
	17	Y90S-4		17～83	110～270
	11	Y90L-6		11.54	170～320
ZHB2	5	Y90S-4		5～24	350～700
ZHB2	3.5	Y90L-6	1.1	3.5～15	600～1100
ZHB2 ZHBF2	332	Y90L-4	1.5	332～1659	7.5～18
	220	Y100L-6		220～1100	11～25
	166	Y90L-4		166～825	14～32
	110	Y100L-6		110～550	23～39
	53	Y90L-4		53～264	46～94
	35.5	Y100L-6		35.5～177	72～140
	17	Y90L-4		17～83	140～290
	11.5	Y100L-6		11.5～56	230～410
ZHB2	5	Y90L-4		5～24	430～900
	3.5	Y100L-6		3.5～16	700～1400
ZHB3 ZHBF3	438	Y100L1-4	2.2	438～1752	11～21
	290	Y112M-6		290～1160	16～31
	215	Y100L1-4		215～870	20～42
	144	Y112M-6		144～580	32～63
	81	Y100L1-4		81～323	56～110
	54	Y112M-6		54～214	85～160
ZHB3	15	Y100L1-4		15～59	300～580
	10	Y112M-6		10～39	470～850
	4	Y100L1-4		4～14.5	1200～2100
	2.5	Y112M-6		2.5～9	2000～3400
ZHB3 ZHBF3	438	Y100L2-4	3.0	438～1752	14～28
	220			220～825	31～60
	81			81～323	74～150
ZHB3	15			15～59	400～815
	4			4～14.5	1600～3000

8.4　选用方法

表 10.3-40～表 10.3-44 规定的额定输出参数的适用条件为：日工作时间不大于 10h，载荷平稳无冲击。当上述条件不满足时，应按表 10.3-45～表 10.3-48 进行修正。

表 10.3-45　工况系数 f_1

载荷性质	日工作时间/h		
	≤3	>3～10	>10～24
均匀载荷	0.9	1.0	1.2
中等冲击载荷	1.0	1.2	1.4
强冲击载荷	1.4	1.6	1.8

表 10.3-46　起动频率系数 f_2

每小时起动次数	0～10	>10～60	>60～400
f_2	1	1.1	1.2

表 10.3-47　小时载荷率系数 f_3

小时载荷率 J_c(%)	100	80	60	40	20
f_3	1	0.94	0.86	0.74	0.56

注：1. $J_c=\dfrac{1h\text{ 内载荷作用时间 (min)}}{60}\times100\%$。

2. $J_c<20\%$ 时按 $J_c=20\%$ 计。

3. 表中未列入的 J_c 值，其系数可由线性插值法求出。

表 10.3-48　环境温度系数 f_4

环境温度/℃	>0~10	>10~20	>20~30	>30~40	>40~50
f_4	0.87	1	1.14	1.33	1.6

当已知条件与表 10.3-45 规定的条件一致时，可直接由各表选取所需变速器规格。

当已知条件与表 10.3-45 规定的条件不一致时，应先按照所需的电动机功率及输出转速初选其规格，然后对基本型按式（10.3-1）、复合型及 B 型按式（10.3-1）和式（10.3-2），计算其所需输出转矩 T_{2J} 及 T_{2R}，按式（10.3-3）校核其输出转矩。

$$T_{2J} = T_2 f_1 f_2 \tag{10.3-1}$$

$$T_{2R} = T_2 f_3 f_4 \tag{10.3-2}$$

由式（10.3-1）和式（10.3-2）的计算结果中选取较大值，要求变速器的输出转矩 T_2 等于或略大于所需输出转矩 T_{2J} 及 T_{2R}，即

$$T_2 \geqslant T_{2J} \text{ 及 } T_{2R} \tag{10.3-3}$$

当式（10.3-3）满足时，表明选择的变速器是适用的，否则应重新进行选择。

例 10.3-2　已知一搅拌机的工作转矩 T_2 = 2.4N·m并保持恒定，工作转速为 n_2 = 500~1200r/min，日运行时间 10h，连续运转，中等冲击载荷，要求变速器为 ZHF 型。

解：由于给定条件与表 10.3-45 规定的条件不一致，故应按上述有关公式计算 T_{2J} 及 T_{2R}，然后再由表 10.3-40 选择所需变速器规格。

根据已知条件，首先可查得 $f_1 = 1.2$，$f_2 = 1$。

（1）计算电动机功率 P_1

取变速器的效率 $\eta = 0.75$，则

$$P_1 = \frac{T_2 n_{2\max}}{9550\eta} = \frac{2.4 \times 1200}{9550 \times 0.75}\text{kW} = 0.4\text{kW}$$

（2）计算所需的输出转矩 T_{2J}

$$T_{2J} = T_2 f_1 f_2 = 2.4 \times 1.2 \times 1\text{N}\cdot\text{m} = 2.88\text{N}\cdot\text{m}$$

按上述条件，由表 10.3-40 查得适用的变速器型号为：ZHF1Y801-4。

注意：在计算所需电动机功率时，可取变速器的效率 $\eta_1 = 0.75$，蜗杆减速器的效率 $\eta_2 = 0.7$，同轴式圆柱齿轮、摆线和齿轮的效率 $\eta_3 = 0.9$，或参考蜗杆、同轴式、摆线及齿轮减速器的相应标准进行计算。

9　XZW 型行星锥轮无级变速器

XZW 型行星锥轮无级变速器适用于各种工作机械（车床、磨床等）、化工、纺织、轻工、冶金、建筑和印刷造纸机械等。其特点为：恒功率，可以零或低速缓慢起动，故可用于起动载荷较大、转动惯量大及起动、停止频繁的机械装置。

9.1　装配形式和标记方法

变速器的装配形式如图 10.3-2 所示。

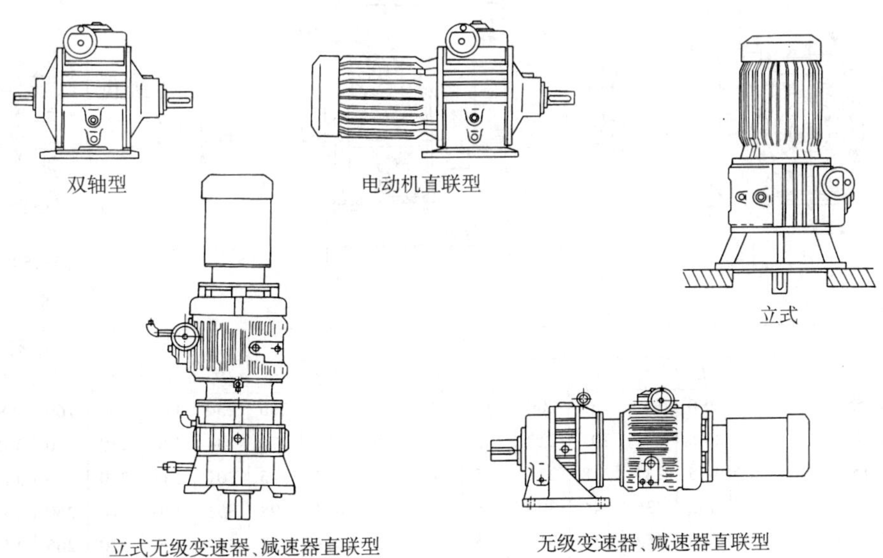

图 10.3-2　XZW 型行星锥轮无级变速器的装配形式

标记示例：

（1）双轴、电动机直联型

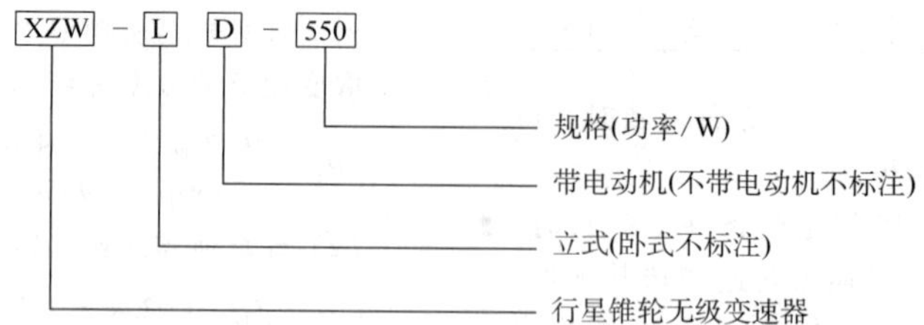

（2）无级变速器、减速器直联型

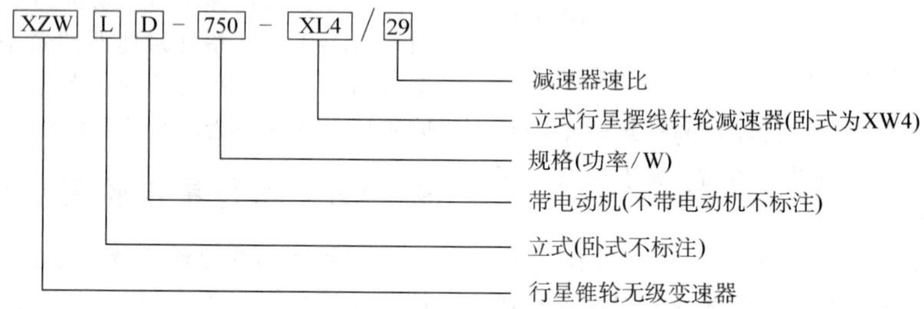

9.2 外形尺寸和安装尺寸

变速器的外形尺寸和安装尺寸见表 10.3-49～表 10.3-53。

表 10.3-49　XZW 型变速器的外形尺寸和安装尺寸　　（mm）

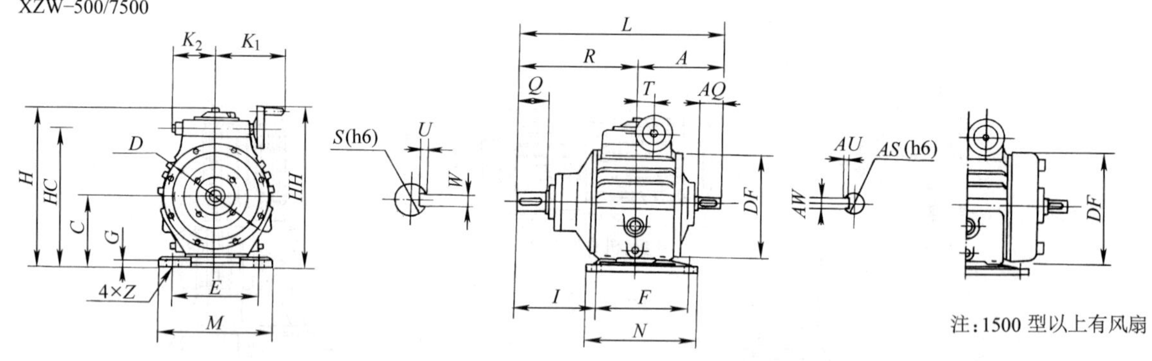

型　号	长			宽				高				地脚尺寸				
	L	A	R	D	K_1	K_2	DF	HH	H	HC	C	N	F	I	M	E
XZW-550	290	121	169	200	110	72	190	270	260	230	115	190	160	88	160	130
XZW-750	346	145	201	210	123	86	190	274	270	234	120	230	170	115	170	140
XZW-1500	445	227	218	254	175	117	270	361	345	301	154	270	230	116	200	160
XZW-2200	482	236	246	300	185	127	310	411	398	351	180	310	260	131	260	210
XZW-3000	510	252	258	315	185	125	325	429	414	369	190	320	265	146	270	220
XZW-4000	555	272	283	325	185	127	335	441	428	381	196	330	270	158	280	230
XZW-5500	709	349	360	410	241	162	400	530	514	455	235	425	375	205	340	290
XZW-7500	776	392	384	440	238	157	440	573	554	498	249	490	425	218	365	300

（续）

型　　号	地脚尺寸		输出轴端尺寸			输入轴端尺寸			手轮尺寸		质量	油量
	G	Z	Q	S	$W\times U$	AQ	AS	$AW\times AU$	T	$HS\times HQ$	/kg	/L
XZW-550	15	9	34	24	8×4	30	15	5×3	26	10×15	25	0.8
XZW-750	17	13	48	24	8×4	38	20	8×4	27	10×15	30	2.0
XZW-1500	20	11	55	32	10×5	50	24	8×4	40.5	12×20	48	1.5
XZW-2200	22	15	55	32	10×5	50	24	8×4	40.5	12×20	79	2.5
XZW-3000	22	15	60	35	10×5	50	25	8×4	40.5	12×20	90	3.0
XZW-4000	25	15	70	42	12×5	50	28	8×4	40.5	12×20	150	3.5
XZW-5500	30	19	101	55	16×6	80	40	12×5	60	25×32	180	5.0
XZW-7500	30	19	100	55	16×6	80	48	14×5.5	60	25×32	220	7.5

表 10.3-50　XZWD 型变速器的外形尺寸和安装尺寸　　（mm）

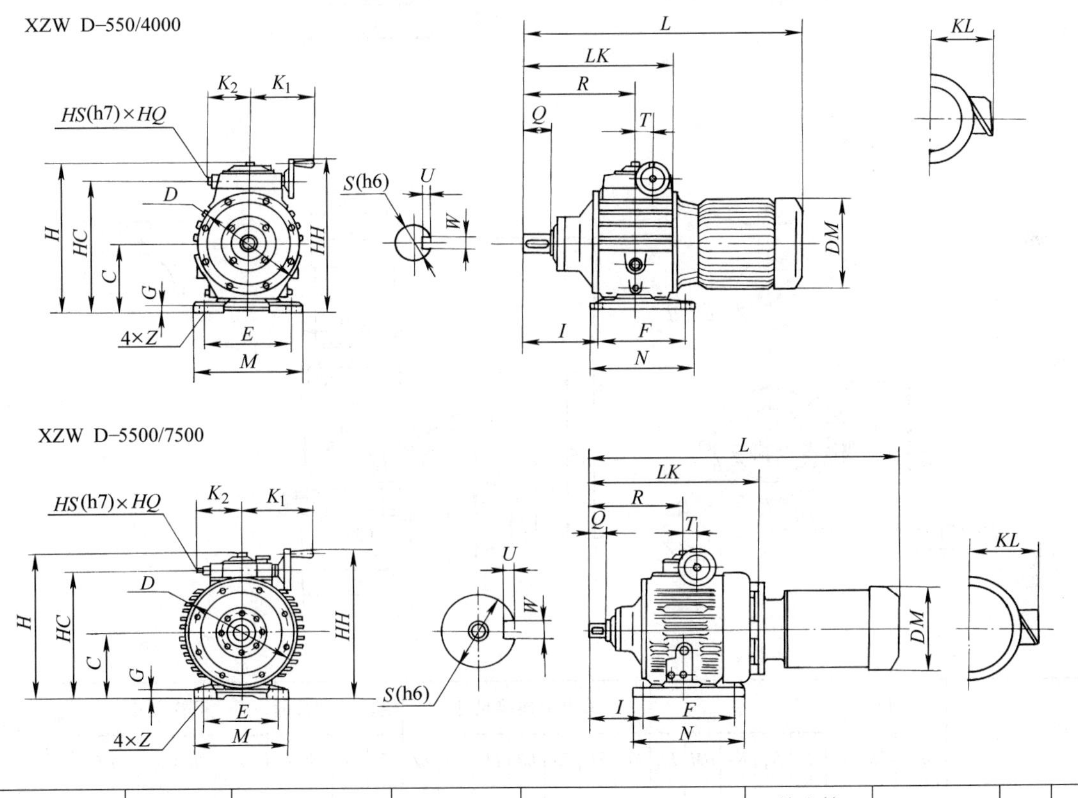

型　　号	长			宽				高				地脚尺寸							输出轴端尺寸			手轮尺寸		质量	油量
	L	LK	R	D	K_1	K_2	DM	KL	HH	H	HC	C	N	F	I	M	E	G	Z	Q	S	$W\times U$	T	$HS\times HQ$	/kg	/L
XZWD-550	525	234	169	200	110	72	175	150	270	260	230	115	190	160	88	160	130	15	9	34	24	8×4	26	10×15	35	0.8
XZWD-750	578	282	201	210	123	86	175	150	274	270	234	120	230	170	115	170	140	17	13	48	24	8×4	27	10×15	39	2.0
XZWD-1500	666	295	218	254	175	117	195	160	361	345	301	154	270	230	116	200	160	20	11	55	32	10×5	40.5	12×20	60	1.5
XZWD-2200	748	340	246	300	185	127	215	180	411	398	351	180	310	260	131	260	210	22	15	55	32	10×5	40.5	12×20	102	2.5
XZWD-3000	765	360	258	315	185	125	215	180	429	414	369	190	320	265	146	270	220	22	15	60	35	10×5	40.5	12×20	110	3.0
XZWD-4000	810	390	283	325	185	127	240	190	441	428	381	196	330	270	158	280	230	25	15	70	42	12×5	40.5	12×20	145	3.5
XZWD-5500	1014	619	360	410	240	162	275	210	530	514	455	235	425	375	205	340	290	30	19	101	55	16×6	60	25×32	290	5.0
XZWD-7500	1125	670	384	440	238	157	275	210	573	554	498	249	490	425	218	365	300	30	19	100	55	16×6	60	25×32	310	7.5

表 10.3-51　XZWLD 型变速器的外形尺寸和安装尺寸　　(mm)

XZWLD-550/4000

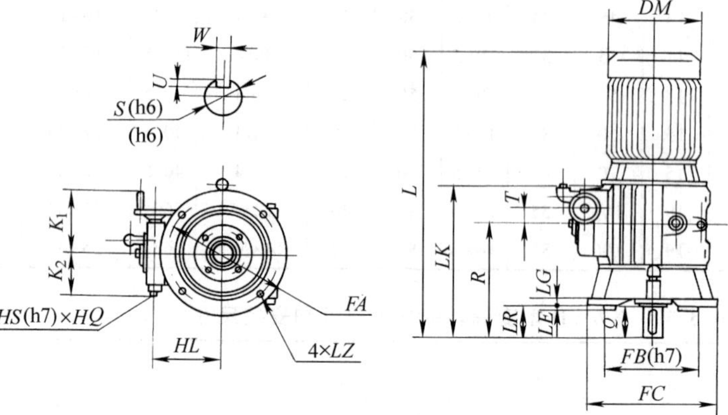

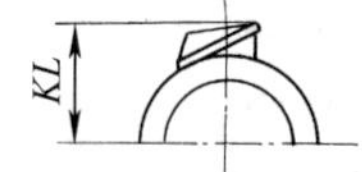

XZWL D-5500/7500

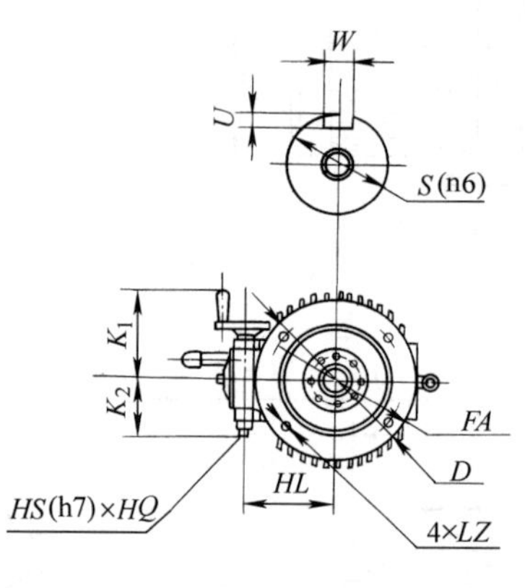

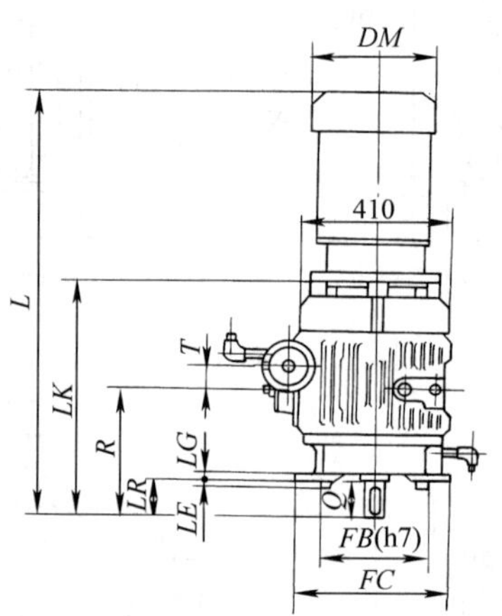

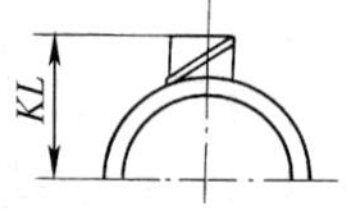

型　号	长			宽					输出端连接尺寸							输出轴端尺寸			手轮尺寸			质量/kg	油量/L
	L	LK	R	D	K_1	K_2	DM	KL	FC	FB	FA	LR	LE	LG	LZ	Q	S	$W\times U$	T	$HS\times HQ$	HL		
XZWLD-550	525	234	169	200	110	72	175	150	250	180	215	32	4	16	15	34	24	8×4	26	10×15	115	38	1.0
XZWLD-750	578	282	201	210	123	86	175	150	250	180	215	38	4	16	15	48	24	8×4	27	10×15	114	43	1.9
XZWLD-1500	666	295	218	254	115	117	195	160	300	230	265	54	4	20	15	55	32	10×5	40.5	12×20	147	66	2.7
XZWLD-2200	748	395	246	300	185	127	215	180	300	230	265	52	4	20	15	55	32	10×5	40.5	12×20	171	123	4.8
XZWLD-3000	765	340	258	315	185	125	215	180	300	230	265	63	4	20	19	60	35	10×5	40.5	12×20	179	132	5.4
XZWLD-4000	810	390	283	325	185	127	240	190	350	250	300	68	5	20	19	70	42	12×5	40.5	12×20	185	170	5.5
XZWLD-5500	1014	619	360	410	241	162	275	210	400	300	350	94	8	25	19	101	55	16×6	60	25×32	220	290	8.0
XZWLD-7500	1125	670	384	440	238	157	275	210	400	300	350	90	8	25	19	100	55	16×6	60	25×32	249	311	8.8

表 10.3-52　XZWD-XW 型变速器的外形尺寸和安装尺寸　（mm）

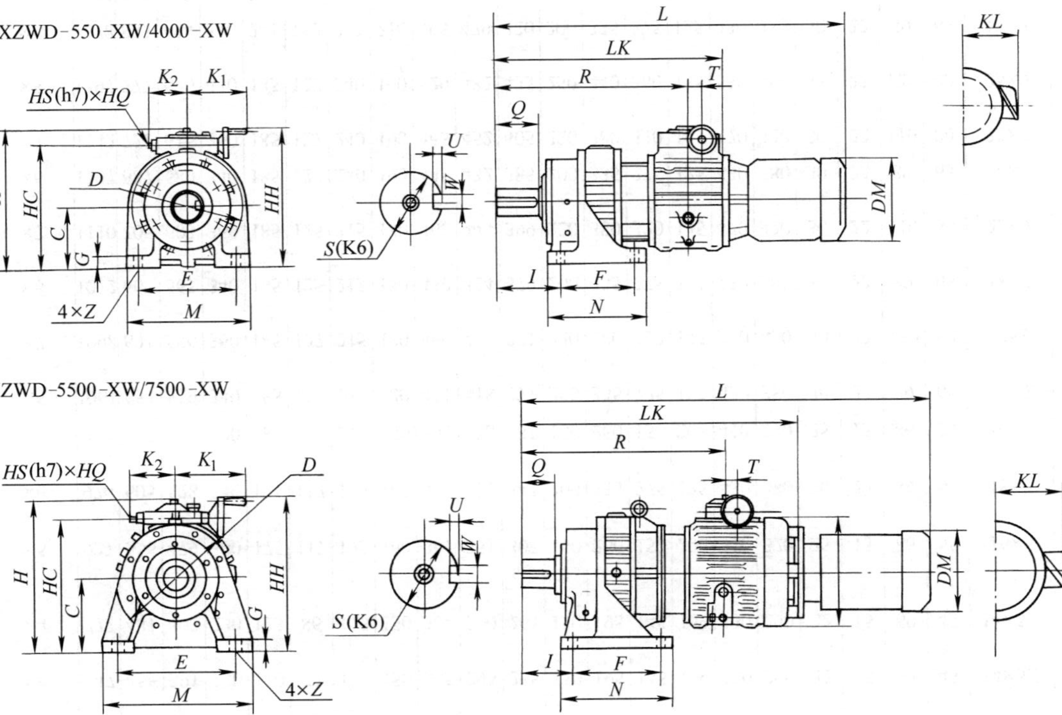

（续）

规格型号	减速比	相配减速器型号	长			宽					高				地脚尺寸							输出轴端尺寸			手轮尺寸		质量/kg	油量/L	
			L	LK	R	D	K_1	K_2	DM	KL	HH	H	HC	C	N	F	I	M	E	G	Z	Q	S	$W×U$	T	$HS×HQ$		变速部	减速部
XZWD-550-X	11、17、	×3	693	402	337	200	110	72	175	150	295	285	255	140	150	100	151	290	250	20	15	55	35	10×5	26	10×15	69	0.8	
	23、29、35、43、59、71	×4	747	456	391	230	110	72	175	150	305	295	265	150	195	145	169	330	290	22	15	69	45	14×5.5	26	10×15	80	0.8	
XZWD-750-X	11、17、23、29、	×4	777	481	400	230	123	86	175	150	304	300	264	150	195	145	169	330	290	22	15	69	45	14×5.5	27	10×15	84	2.0	
	35、43、59、71																								40.5				
XZWD-1500-X	11、17、23、	×5	927	556	479	300	175	117	195	160	367	351	307	160	260	150	206	410	370	25	15	86	55	16×6	40.5	12×20	143	1.5	
	29、35、43、59、71、87	×6	976	605	528	340	175	117	195	160	425	391	347	200	335	275	125	430	380	30	22	89	65	18×7	40.5	12×20	183	1.5	
XZWD-2200-X	11、17、	×5	1005	598	503	300	185	127	215	180	391	378	331	160	260	150	206	410	370	25	15	86	55	16×6	40.5	12×20	185	2.5	
	23、29、	×6	1061	654	559	340	185	127	215	180	431	418	371	200	335	275	125	430	380	30	22	89	65	18×7	40.5	12×20	225	2.5	
	35、43、59、71、87	×7	1098	691	596	360	185	127	215	180	460	438	391	220	380	320	145	470	420	30	22	110	80	22×9	40.5	12×20	272	2.5	
XZWD-3000-X	11、17、23、	×6	1072	667	565	340	185	125	215	180	439	424	379	200	335	275	125	430	380	30	22	89	65	18×7	40.5	12×20	233	3.0	
	29、35、43、59、71、87	×7	1110	705	603	360	185	125	215	180	460	444	399	220	380	320	145	470	420	30	22	110	80	22×9	40.5	12×20	280	3.0	
XZWD-4000-X	11、17、	×6	1107	687	580	340	185	127	240	190	445	432	385	200	335	275	125	430	380	30	22	89	65	18×7	40.5	12×20	268	3.5	
	23、	×7	1142	722	615	360	185	127	240	190	465	452	405	220	380	320	145	470	420	30	22	110	80	22×9	40.5	12×20	315	3.5	
	29、35、43、59、71、87	×8	1197	777	670	430	185	127	240	190	529	482	435	250	440	380	155	530	480	35	22	120	90	25×9		12×20	395	3.5	
XZWD-5500-X	11、17、	×6	1278	883	624	340	241	162	275	210	495	479	420	200	335	275	125	430	380	30	22	89	65	18×7	60	25×32	413	5.0	
	23、29、35、43、	×7	1321	926	667	360	241	162	275	210	515	499	440	220	380	320	145	470	420	30	22	110	80	22×9	60	25×32	460	5.0	
	59、71、87	×8	1374	979	720	430	241	162	275	210	545	529	470	250	440	380	155	530	480	35	22	120	90	25×9	60	25×32	540	5.0	
XZWD-7500-X	11、17、23、29、35、43、59、71、87	×8	1483	1048	742	430	238	157	275	210	574	555	499	250	440	380	155	530	480	35	22	120	90	25×9	60	25×32	560	7.5	

表 10.3-53　XZWLD-XL 型变速器的外形尺寸和安装尺寸　(mm)

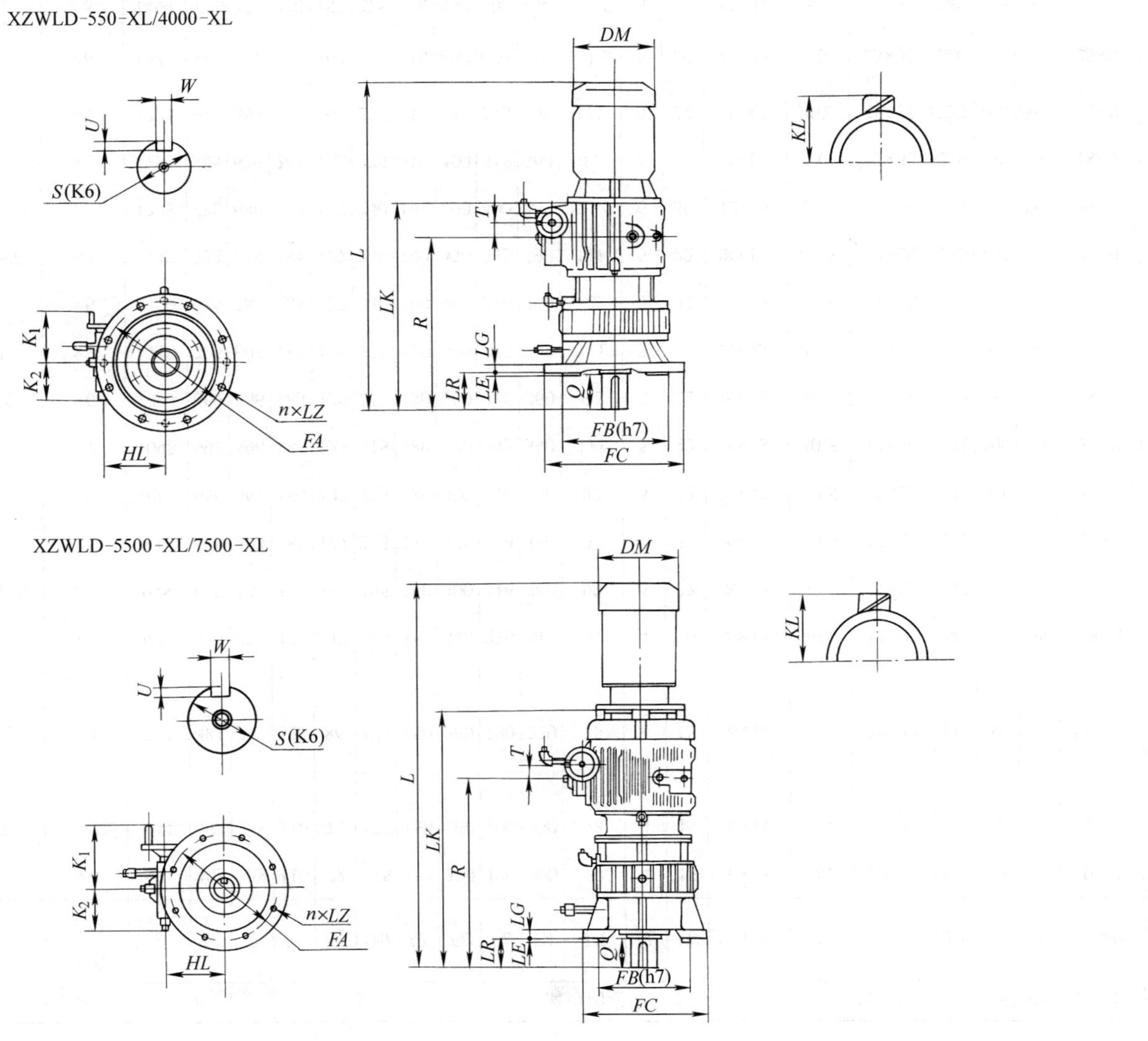

（续）

规格型号	变速比	相配减速器型号	长			宽				输出端连接尺寸							手轮尺寸			输出轴端尺寸			质量/kg	油量/L	
			L	LK	R	K_1	K_2	DM	KL	FC	FB	FA	LR	LE	LG	$n\times LZ$	T	$HS\times HQ$	HL	Q	S	$W\times U$		变速部	减速部
XZWLD-550-XL	11、17、	×3	694	403	338	110	72	175	150	230	170	200	50	4	15	6×11	26	10×15	115	43	35	10×5	69		
	23、29、35、43	×4	744	453	388	110	72	175	150	260	200	230	78	4	15	6×11	26	10×15	115	58	45	14×5.5	80	1.0	
	59、71、																								
XZWLD-750-XL	11、17、23、29、	×4	777	481	397	123	86	175	150	260	200	230	78	4	15	6×11	27	10×15	114	58	45	14×5.5	84		
	35、43、59、71、																							1.9	
XZWLD-1500-XL	11、17、23、	×5	927	556	479	175	117	195	160	340	270	310	91	4	20	6×15	40.5	12×20	147	74	55	16×6	145		
	29、35、54、59、71、87	×6	978	607	530	175	117	195	160	400	316	360	92	5	22	8×15	40.5	12×20	147	80	65	18×7	183	2.7	
XZWLD-2200-XL	11、17、	×5	1005	598	503	185	127	215	180	340	270	310	91	4	20	6×15	40.5	12×20	171	74	55	16×6	185		
	23、29、35、43、	×6	1063	656	561	185	127	215	180	400	316	360	92	5	22	8×15	40.5	12×20	171	80	65	18×7	225	4.8	
	59、71、87	×7	1098	691	596	185	127	215	180	430	345	390	111	5	22	8×18	40.5	12×20	171	100	80	22×9	272		
XZWLD-3000-XL	11、17、23、29、35、	×6	1074	669	566	185	125	215	180	400	316	360	92	5	22	8×15	40.5	12×20	179	89	65	18×7	233	5.4	
	43、59、71、87	×7	1110	705	603	185	125	215	180	430	345	390	111	5	22	8×18	40.5	12×20	179	100	80	22×9	280		
XZWLD-4000-XL	11、17、23、29、	×6	1109	689	582	185	127	240	190	400	316	360	92	5	22	8×15	40.5	12×20	185	89	65	18×7	268		
	35、43、59、71、87	×7	1142	722	615	185	127	240	190	430	345	390	111	5	22	8×18	40.5	12×20	185	100	80	22×9	315	5.5	
		×8	1208	788	680	185	127	240	190	490	400	450	121.5	6	30	12×18	40.5	12×20	185	110	90	25×7	395		
XZWLD-5500-XL	11、17、	×6	1280	885	626	241	162	275	210	400	316	360	42	5	22	8×15	60	25×32	220	89	65	18×7	413		
	23、29、35、43、	×7	1321	926	667	241	162	275	210	430	345	390	111	5	22	8×18	60	25×32	220	100	80	22×9	460	8.0	
	59、71、87	×8	1385	990	731	241	162	275	210	490	400	450	121.5	6	30	12×18	60	25×32	220	110	90	25×9	540		
XZWLD-7500-XL	11、17、23、29、	×8	1494	1059	753	238	157	275	210	490	400	450	121.5	6	30	12×18	60	25×32	249	110	90	25×9	560	8.8	
	35、43、59、71、87																								

9.3　承载能力

XZW 型行星锥轮无级变速器机械特性如图 10.3-3所示。XZW-X 型行星锥轮无级变速器与摆线针轮减速器配置见表 10.3-54。

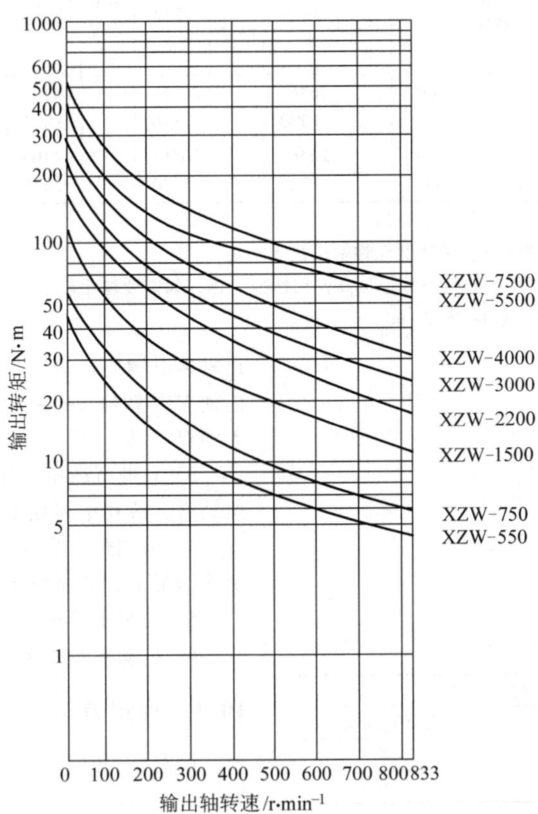

图 10.3-3　XZW 型行星锥轮无级变速器机械特性曲线图（转矩图）

表 10.3-54　XZW-X 型行星锥轮无级变速器及摆线针轮减速器配置

<table>
<tr><th rowspan="3">输入转速 1500r/min 时输出端变速范围 /r·min⁻¹</th><th rowspan="3">减速器速比</th><th colspan="2">XZW-550</th><th colspan="2">XZW-750</th><th colspan="2">XZW-1500</th><th colspan="2">XZW-2200</th><th colspan="2">XZW-3000</th><th colspan="2">XZW-4000</th><th colspan="2">XZW-5500</th><th colspan="2">XZW-7500</th></tr>
<tr><th colspan="2">功率 0.55kW</th><th colspan="2">功率 0.75kW</th><th colspan="2">功率 1.5kW</th><th colspan="2">功率 2.2kW</th><th colspan="2">功率 3.0kW</th><th colspan="2">功率 4.0kW</th><th colspan="2">功率 5.5kW</th><th colspan="2">功率 7.5kW</th></tr>
<tr><th>转矩 /N·m</th><th>相配减速器</th><th>转矩 /N·m</th><th>相配减速器</th><th>转矩 /N·m</th><th>相配减速器</th><th>转矩 /N·m</th><th>相配减速器</th><th>转矩 /N·m</th><th>相配减速器</th><th>转矩 /N·m</th><th>相配减速器</th><th>转矩 /N·m</th><th>相配减速器</th><th>转矩 /N·m</th><th>相配减速器</th></tr>
<tr><td>0～75.7</td><td>11</td><td>164～39</td><td rowspan="2">×3</td><td>224～49</td><td rowspan="7">×4</td><td>149～98</td><td rowspan="3">×5</td><td>647～147</td><td rowspan="2">×5</td><td>882～206</td><td rowspan="3">×6</td><td>1176～274</td><td rowspan="2">×6</td><td>1617～392</td><td>×6</td><td>2205～529</td><td rowspan="7">×8</td></tr>
<tr><td>0～49</td><td>17</td><td>245～59</td><td>343～78</td><td>686～157</td><td>980～235</td><td>1372～323</td><td>1813～431</td><td>2499～598</td><td>×7</td><td>3400～813</td></tr>
<tr><td>0～36.2</td><td>23</td><td>343～78</td><td rowspan="5">×4</td><td>461～108</td><td>921～216</td><td>1352～323</td><td rowspan="2">×6</td><td>1842～441</td><td>2450～588</td><td>×7</td><td>3332～803</td><td rowspan="5">×8</td><td>4410～1097</td></tr>
<tr><td>0～28.7</td><td>29</td><td>431～98</td><td>490～137</td><td>1156～274</td><td rowspan="4">×6</td><td>1705～402</td><td>2323～549</td><td rowspan="4">×7</td><td>3097～735</td><td rowspan="4">×8</td><td>4253～1019</td><td>4410～1392</td></tr>
<tr><td>0～23.8</td><td>35</td><td>490～118</td><td>490～167</td><td>1401～333</td><td>2058～490</td><td rowspan="3">×7</td><td>2646～666</td><td>3724～892</td><td>4410～1225</td><td>4410～1675</td></tr>
<tr><td>0～19.3</td><td>43</td><td>490～147</td><td>490～206</td><td>1725～412</td><td>2528～608</td><td>2646～823</td><td>4410～1098</td><td>4410～1519</td><td>4410～2068</td></tr>
<tr><td>0～14</td><td>59</td><td>490～206</td><td>490～284</td><td>1960～568</td><td>2646～833</td><td>2646～1137</td><td>4410～1519</td><td>4410～2087</td><td>4410～2852</td></tr>
</table>

（续）

输入转速1500r/min时输出端变速范围/r·min^{-1}	减速器速比	XZW-550		XZW-750		XZW-1500		XZW-2200		XZW-3000		XZW-4000		XZW-5500		XZW-7500	
		功率 0.55kW		功率 0.75kW		功率 1.5kW		功率 2.2kW		功率 3.0kW		功率 4.0kW		功率 5.5kW		功率 7.5kW	
		转矩/N·m	相配减速器	转矩/N·m	相配减速器	转矩/N·m	相配减速器	转矩/N·m	相配减速器	转矩/N·m	相配减速器	转矩/N·m	相配减速器	转矩/N·m	相配减速器	转矩/N·m	相配减速器
0~11.7	71	490~255		490~343		1960~686		2646~1000		2646~1370		4410~1823		4410~2499		4410~2499	×8
0~9.57	87	490~304		980~412		1960~833		2646~1225		2646~1670		4410~2225		4410~3058		4410~3058	

注：1. 相配减速器为 X 型行星摆线针轮减速器。

2. 最大转矩为 X 型行星摆线针轮减速器允许输出最大转矩。

3. 如果转矩符合要求，应尽可能选择接近最高使用转速一档，如需要输出转速最高为 30r/min 时，应选择 0~36.2r/min，而不选择 0~49r/min 或 0~75.7r/min。

9.4　选用方法

计算功率、转矩：

$$T = \frac{9550P}{n}K$$

式中　T——转矩（N·m）；

P——功率（kW）；

n——转速（r/min）；

K——使用系数，按下表选取：

每天运转时间	载荷条件	
	载荷变动小	载荷变动大
8h	1.0	1.5
8h 以上	1.5	2.0

参照图 10.3-3 确定分析所需变速器功率。

变速器在低速时效率较低（200r/min 以下），故按额定载荷加载连续运行时，容易导致温度过高，所以在转速低于 200r/min 时，应选用 XZW-X 型变速器。

10　宽 V 带无级变速器

宽 V 带无级变速器是利用特制的 V 带通过改变摩擦锥体的传动半径而实现无级调速的。它广泛地应用于金属切削机床、纺织机械、造纸机械、印刷机械、木工机械、化学机械、食品工业及造船工业等，起着传递动力和增减速的作用。其特点是：

1）结构简单，制造精细，性能优良，经久耐用。

2）依靠 V 带与摩擦锥体间的摩擦传递动力，输出轴装有螺旋自动调压装置，在工作载荷变化时，仍能使 V 带两侧保持一定的压力，故保证了转速均匀，无相对滑动。

3）V 带由涤纶、橡胶制成，外加金属骨架，刚柔结合，故功率损耗小，耐磨性强。

4）采用封闭式自给润滑，经长时间使用后才需更换润滑油，故维修保养简单。

5）安装不受角度限制。

6）传动平稳，无噪声。

10.1　标记方法

（1）MWB 型

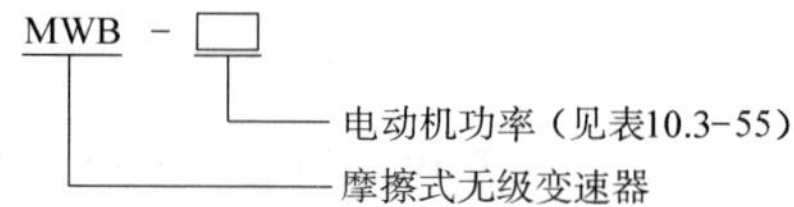

（2）GMWB 型

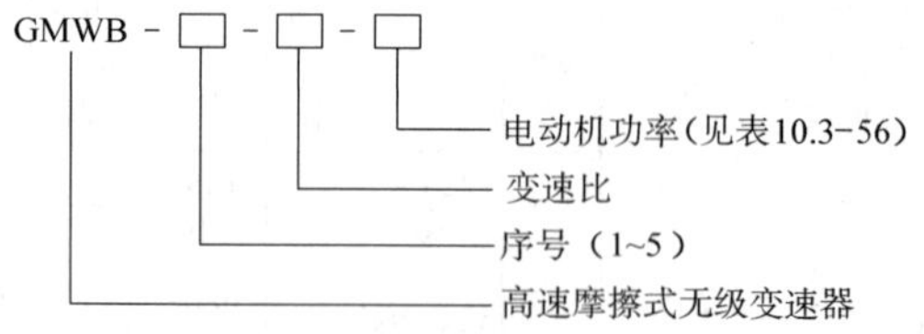

（3）V 型宽 V 带无级变速器

1）标准型的标记方法：

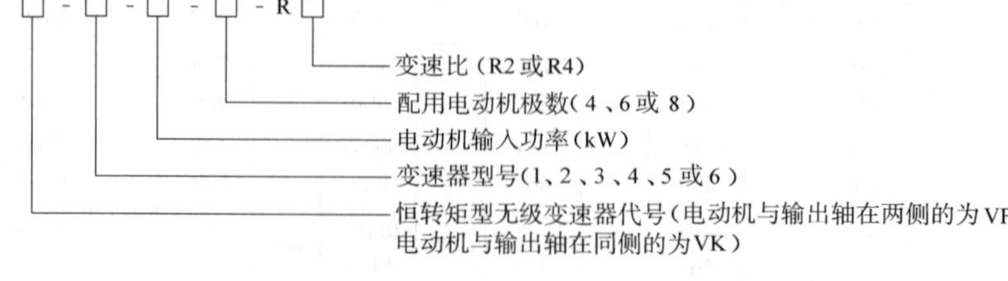

标记示例：VF5-15-6-R2 表示电动机与输出轴在变速器两侧，配用 15kW 六极电动机，变速比 $R=2$（传动比 $i=1\sim2$）的 V 型宽 V 带变速机。

注：标准型为法兰式安装，若需甲板式安装，可在型号后面注 W。

2）标准型与齿轮减速器或摆线针轮减速器组合的标记方法：

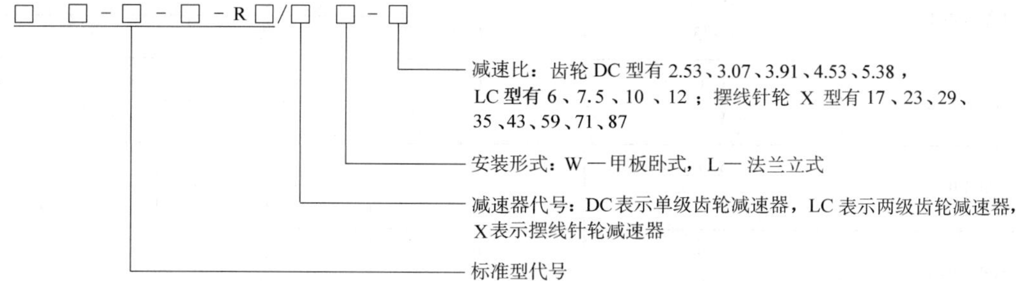

10.2 性能参数、装配形式和外形尺寸

MWB 型胶带式无极变速器的性能参数、装配形式和外形尺寸见表 10.3-55；GMWB 型无级变速器的性能参数见表 10.3-56，其外形尺寸和安装尺寸见表 10.3-57；不同形式的 V 型宽 V 带无级变速器的性能参数及外形尺寸分别见表 10.3-58～表 10.3-61。

表 10.3-55 MWB 型胶带式无级变速器的性能参数、装配形式和外形尺寸 （mm）

性能参数

规　格	电动机功率/kW	变速范围	输入转速 /r·min⁻¹	输出转速 /r·min⁻¹
MWB-0.4	0.4	4	800	400～1600
MWB-0.75	0.75	4	800	400～1600
MWB-1.5	1.5	4	800	400～1600
MWB-2.2	2.2	4	800	400～1600
MWB-3.7	3.7	4	700	350～1400
MWB-5.5	5.5	4	600	300～1200

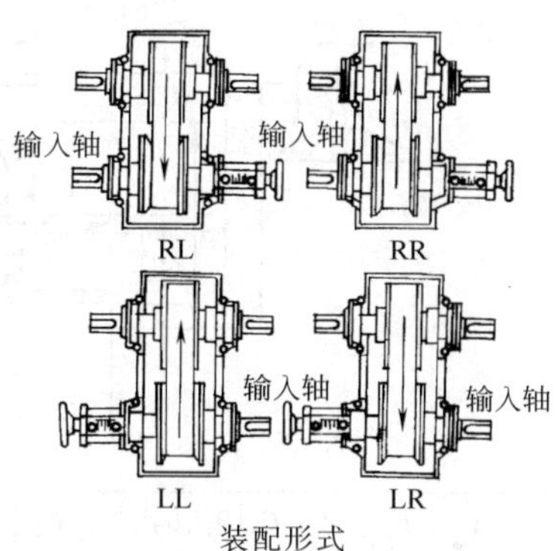

装配形式

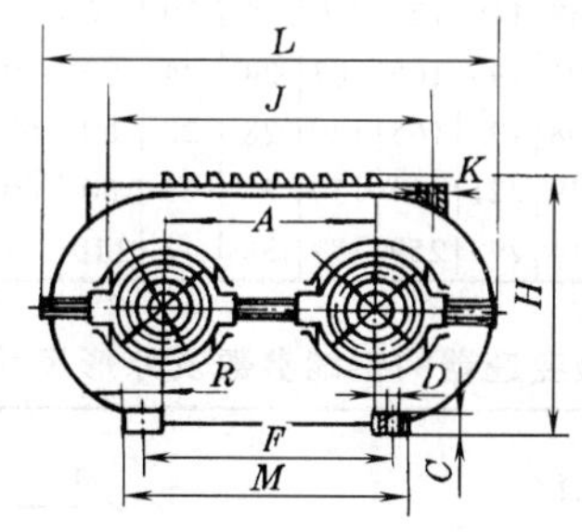

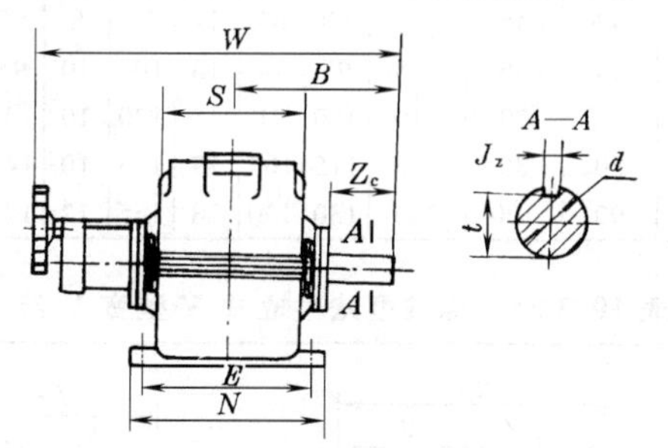

外形图

规　格	电动机功率/kW	L	W	H	J	A	F	M	R	D	K	C	B	S	E	N	d	t	J_z	Z_c	质量/kg
MWB-0.4	0.4	340	370	190	205	160	192	222	30	11	M10	15	168	130	164	190	20	17.5	5	50	23
MWB-0.75	0.75	393	485	232	265	173	210	246	36	14	M12	20	221	170	201	236	25	20.5	8	70	40
MWB-1.5	1.5	474	483	268	345	220	260	300	40	14	M12	22	221	170	201	240	27	23	8	70	46
MWB-2.2	2.2	554	577	317	350	242	290	334	44	14	M12	25	260	210	240	292	30	26	8	80	70
MWB-3.7	3.7	655	643	358	325	318	350	402	52	14	M12	26	292	237	270	315	35	30.5	10	90	101
MWB-5.5	5.5	778	731	426	420	365	400	456	56	17	M12	30	334	315	378	420	40	35.5	12	95	150

表 10.3-56　GMWB 型无级变速器的性能参数

	功率 /kW	输入转速/r · min⁻¹		
		1500	1000	750
GMWB-1	0.55	0		
	0.75	0	0	
GMWB-2	1.1	0	0	
	1.5	0	0	
GMWB-3	2.2	0	0	0
	3.0	0	0	0
GMWB-4	4.0	0	0	
	5.5	0	0	
GMWB-5	7.5	0		

注："0" 为可生产规格。

表 10.3-57　GMWB 型无级变速器的外形尺寸和安装尺寸

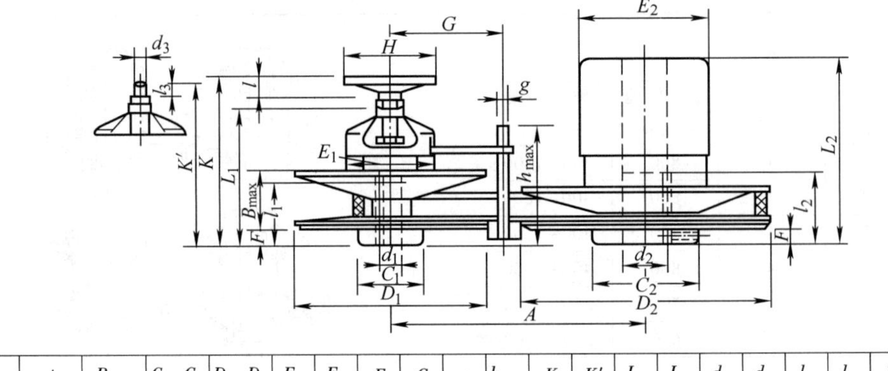

型号	A	B_{max}	C_1、C_2	D_1、D_2	E_1	E_2	F	G	g	h_{max}	K	K'	L_1	L_2	d_1	d_2	l_1	l_2	H	d_3	l_3	l
GWMB-1	328	42	46	125	80	65	12	75	8	65	158	148	123	88	19	20	40	50	80	8	16	27
GWMB-2	270	59	56	175	95	74	13	100	10	95	206	193	166	103	24	24	50	60	100	12	17	30
GMWB-3	305	66	70	210	100	91	15	120	10	105	208	193	165	120	28	28	60	60	125	12	18	33.5
GWMB-4	445	80	80	245	115	105	17	135	10	145	239	221	194	150	38	38	80	80	140	14	19	36.5
GWMB-5	410	90	100	285	130	130	28	165	12	177	314	293	259	177	38	42	110	110	200	18	24	45

表 10.3-58　标准型法兰立式 V 型宽 V 带无级变速器的性能参数及外形尺寸

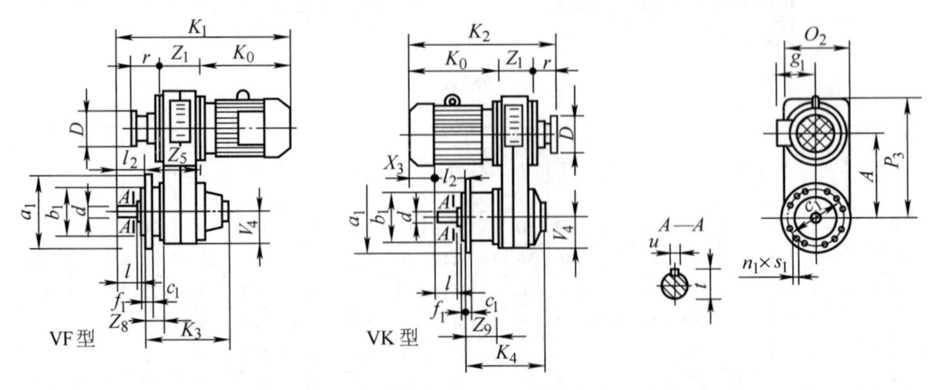

（续）

机型号	所配电动机型号	电动机功率/kW			许用转矩/N·m		安装尺寸/mm									
		4 极	6 极	8 极	$R=2$	$R=4$	d (k6)	l	u	t	f_1	l_2	c_1	b_1 (h9)	a_1	$n_1 \times s_1$
1	Y80	0.55			3.8	1.9	19	40	6	21.5	4	40	12	130	190	4×12
	Y80	0.75			5.2	2.6										
2	Y90S	1.1	0.75		7.5	3.8	24	50	8	27	4	50	12	130	200	4×12
	Y90L	1.5	1.1		10.2	5.1										
3	Y100L	2.2	1.5		15	7.5	28	60	8	31	4	60	14	180	250	4×15
	Y100L	3.0			20.2	10.1										
	Y112M	4.0	2.2		26.5	13.3										
4	Y132S	5.5	3	2.2	36.5	18.2	38	80	10	41	4	80	14	230	300	4×15
	Y132M	7.5	4~5.5	3	50	25										
5	Y160M	11	7.5	4~5.5	72	36	42	110	12	45	5	110	16	250	350	4×19
	Y160L	15	11	7.5	98	49										

机型号	所配电动机型号	外形尺寸/mm																	含电动机质量/kg
		A	D	g_1	K_1	K_2	K_0	K_3	K_4	O_2	P_3	r	V_4	X_3	Z_1	Z_5	Z_8	Z_9	
1	Y80	192	100	150	480	458	245	285	230	235	296	109	104	114	104	195	91	91	59
	Y80																		
2	Y90S	231	125	155	541	539	260	341	273	280	356	163	125	95	116	231	115	115	93
	Y90L				566	564	285							120					97
3	Y100L	326	160	180	595	601	320	354	300	320	471	141	145	150	140	215	75	110	124
	Y100L																		127
	Y112M			190	615	621	340							170					134
4	Y132S	323	200	210	725	730	395	422	398	380	498	165	175	135	170	250	80	180	185
	Y132M				765	770	435							175					196
5	Y160M	434	320	255	910	885	490	482	432	510	674	185	240	210	210	310	100	170	345
	Y160L				955	930	535							255					370

注：1. 表中 K_0 值是按 Y 系列 B_5 型电动机高度计入，若配用其他系列电动机，K_0 值应相应变动。

2. 输出轴转速因电动机极数而异。

表 10.3-59　标准型甲板卧式 V 型宽 V 带无级变速器的性能参数及外形尺寸

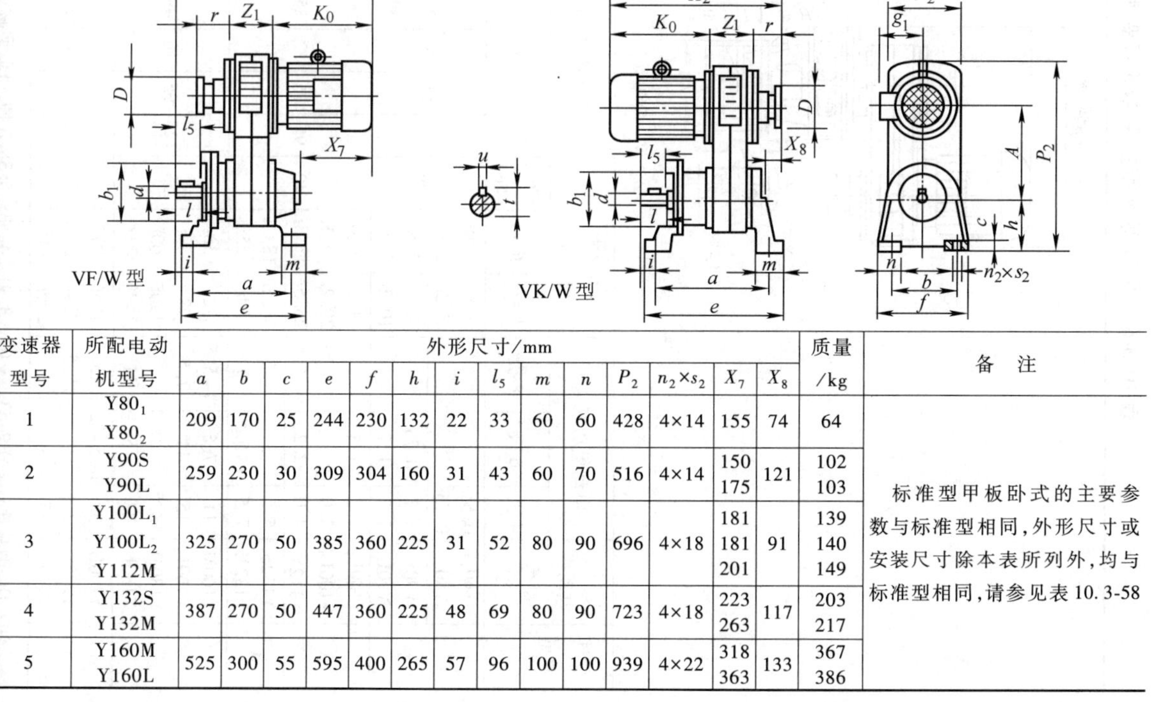

变速器型号	所配电动机型号	外形尺寸/mm														质量/kg	备　注
		a	b	c	e	f	h	i	l_5	m	n	P_2	$n_2 \times s_2$	X_7	X_8		
1	$Y80_1$ $Y80_2$	209	170	25	244	230	132	22	33	60	60	428	4×14	155	74	64	标准型甲板卧式的主要参数与标准型相同，外形尺寸或安装尺寸除本表所列外，均与标准型相同，请参见表 10.3-58
2	Y90S Y90L	259	230	30	309	304	160	31	43	60	70	516	4×14	150 175	121	102 103	
3	$Y100L_1$ $Y100L_2$ Y112M	325	270	50	385	360	225	31	52	80	90	696	4×18	181 181 201	91	139 140 149	
4	Y132S Y132M	387	270	50	447	360	225	48	69	80	90	723	4×18	223 263	117	203 217	
5	Y160M Y160L	525	300	55	595	400	265	57	96	100	100	939	4×22	318 363	133	367 386	

表 10.3-60　标准型 V 型宽 V 带无级变速器与减速器组合的减变速器（立式安装）的性能参数及外形尺寸

VF-DCL型

VF-LCL型

变速器型号	电动机型号	电动机功率/kW			许用转矩/N·m		输出轴尺寸/mm								安装尺寸/mm					配DC型						配LC型					
																				外形尺寸/mm					质量/kg	外形尺寸/mm					质量/kg
		4极	6极	8极	$R=2$	$R=4$	d（k6）	l_1	l_2	b	t	d_1	a_1	b_1	D_1	D_2	D_3	$n\times d_0$	h	D	B	H_1	H_D VF型	H_D VK型		D	B	H_1	H_L VF型	H_L VK型	
1	$Y80_1$	0.55			3.8i	1.9i	30	75	55	8	26	25	4	5	200 H8	230	260	6×14	16	275	436	229	669	—	117	252	456 316	262	702	—	118
	$Y80_2$	0.75			5.2i	2.6i																									
2	Y90S	1.1	0.75		7.5i	3.8i															496		720	623	151				753	665	152
	Y90L	1.5	1.1		10.2i	5.1i																	745		155				778		156
3	$Y100L_1$	2.2	1.5		15i	7.5i	40	95	75	12	35	35	4	5	230 H8	260	290	6×14	16	335	641	261	796	652	215	316	671 698	326	861	717	228
	$Y100L_2$	3.0			20.2i	10.1i																	796		218						231
	Y112M	4.0	2.2		26.5i	13.3i																	816		225				881		238
4	Y132S	5.5	3	2.2	36.5i	18.2i															668		906	776	276				971	841	289
	Y132M	7.5	4~5.5	3	50i	25i																	946		287				1011		300
5	Y160M	11	7.5	4~5.5	72i	36i	55	125	95	16	49	47	5	6	270 H8	305	340	8×18	18	425	889	331	1131	896	500	390	924	403	1203	968	529
	Y160L	15	11	7.5	98i	49i																	1176		525				1248		554
	Y180M	18.5			120i	60i																	1201		557				1273		586
	Y180L	22	15	11	143i	71i																	1241		575				1313		604
6	Y200L	30	18.5~22	15	195i	97i	70	145	115	20	62.5	60	6	8	320 H8	360	400	8×18	20	530	1177	379	1448	1068	1245	470	1199	455	1524	1144	1201
	Y225S	37		18.5	239i	119i																	1463		1295				1539		1251
	225M	45	30	22	290i	145i																	1488		1315				1564		1271

注：DC 型减速比 i 分 2.53、3.07、3.91、4.53、5.38 五种，LC 型减速比 i 分 6、7.5、10、12 四种。

表 10.3-61 标准型 V 型宽 V 带无级变速器与减速器组合的减变速器（卧式安装）的性能参数及外形尺寸

VF-DCW LCW 型

VL-DCW LCW 型

A. 标准型与 DCW 型卧式组合

变速器型号	电动机型号	电动机功率/kW 4 极	6 极	8 极	许用转矩/N·m R=2	R=4	输出轴尺寸/mm d(k6)	l	u	t	安装尺寸/mm a	b	c	e	f	m	n	i	$n_1\times s_1$	外形尺寸/mm A	g_1	g_2	h	K_3	K_4	K_5	K_6	L_1	O_2	P_4	X_4	质量/kg
1	$Y80_1$	0.55			3.8i	1.9i	30	55	8	33	195	240	20	245	280	60	45	95	4×14	192	150	310	160	285	—	735	—	295	235	456	—	119
	$Y80_2$	0.75			5.2i	2.6i																										
2	Y90S	1.1	0.75		7.5i	3.8i														231	155			341	273	786	689		280	516	150	153
	Y90L	1.5	1.1		10.2i	5.1i																				811					125	157
3	$Y100L_1$	2.2	1.5		15i	7.5i	40	75	12	43	230	320	22	290	370	85	55	130	4×18	326	180	375	180	354	300	894	750	359	320	651	149	219
	$Y100L_2$	3.0			20.2i	10.1i																										222
	Y112M	4.0	2.2		26.5i	13.3i															190					914					129	229
4	Y132S	5.5	3	2.2	36.5i	18.2i														323	210			422	398	1004	874		380	678	144	280
	Y132M	7.5	4~5.5	3	50i	25i																				1044					104	291
5	Y160M	11	7.5	4~5.5	72i	36i	55	95	16	59	275	335	30	340	390	90	65	160	4×22	434	255	438	225	482	432	1235	1000	435	510	899	115	505
	Y160L	15	11	7.5	98i	49i																				1280					70	530
	Y180M	18.5			120i	60i															285					1305					45	562
	Y180L	22	15	11	143i	71i																				1345					5	580
6	Y200L	30	18.5	15	195i	97i	70	115	20	74.5	320	430	35	400	500	105	75	190	4×26	618	310	545	280	604	543	1581	1201	512	680	1223	47	1252
	Y225S	37	22	18.5	239i	119i															345					1596					32	1302
	225M	45	30	22	290i	145i																				1621					12	1322

（续）

B. 标准型与 LCW 型卧式组合

变速器型号	电动机型号	电动机功率/kW 4极	6极	8极	许用转矩/N·m $R=2$	$R=4$	输出轴尺寸/mm d(k6)	l	u	t	安装尺寸/mm a	b	c	e	f	m	n	i	$n_1\times s_1$	外形尺寸/mm A	g_1	g_2	h	K_3	K_4	K_5	K_6	L_1	O_2	P_4	X_4	质量/kg
1	$Y80_1$	0.55			3.8i	1.9i	30	55	8	33	205	170	30	245	230	70	60	95	4×14	192	150	255	140	285	230	760	624	320	235	436	166	118
	$Y80_2$	0.75			5.2i	2.6i																										
2	Y90S	1.1	0.75		7.5i	3.8i														231	155			341	273	811	714		280	496	175	152
	Y90L	1.5	1.1		10.2i	5.1i																				836					150	156
3	$Y100L_1$	2.2	1.5		15i	7.5i	40	75	12	43	310	250	30	365	325	85	75	130	4×22	326	180	375	210	354	300	945	801	410	320	681	200	228
	$Y100L_2$	3.0			20.2i	10.1i																										231
	Y112M	4.0	2.2		26.5i	13.3i															190					965					180	238
4	Y132S	5.5	3	2.2	36.5i	18.2i														323	210			422	398	1055	925		380	708	195	289
	Y132M	7.5	4~5.5	3	50i	25i																				1095					155	300
5	Y160M	11	7.5	4~5.5	72i	36i	55	95	16	59	370	290	45	435	380	115	90	167	4×20	434	255	450	250	482	432	1297	1062	497	510	924	177	529
	Y160L	15	11	7.5	98i	49i																				1342					132	554
	Y180M	18.5			120i	60i															285					1367					107	586
	Y180L	22	15	11	143i	71i																				1407					67	604
6	Y200L	30	18.5	15	195i	97i	65	115	18	69	410	340	45	480	460	120	120	195	4×33	618	310	536	300	604	543	1647	1267	578	680	1243	113	1201
	Y225S	37	22	18.5	239i	119i															345					1662					98	1234
	225M	45	30	22	290i	145i																				1687					73	1271

注：1. DC 型减速比 i 分 2.53、3.07、3.91、4.53、5.38 五种，LC 型减速比 i 分 6、7.5、10、12 四种。

2. VK 型与 DCL、LCL 型组合图略，尺寸及参数见表 10.3-60（仅外形总高尺寸 H_D 或 H_L 不同）。

3. X_4 值可根据用户需要，在订货时提出。

10.3　选用方法（GMWB 型）

按下式计算实际使用功率 P_m：

$$P_m = Pf_1f_2f_3f_4$$

式中　P_m——理论使用功率；

f_1——机器运转状况系数（见表 10.3-62）；

f_2——每天工作时间系数（见表 10.3-63）；

f_3——每小时开停次数系数（见表 10.3-64）；

f_4——工作环境温度系数（见表 10.3-65）。

表 10.3-62　机器运转状况系数 f_1

冲击性质	调速状态	f_1
无冲击	调速缓慢	1.0
	适度调速	1.1
适当冲击	适当调速	1.2
	调速频繁、调速快	1.3
大冲击	频繁调速、快速调速	1.5

表 10.3-63　每天工作时间系数 f_2

每天工作时间	f_2
2h	0.7
2~8h	1.0
8~16h	1.2
16h 以上	1.3

表 10.3-64　每小时开停次数系数 f_3

每小时起停次数	f_3
10 次以下	1.0
10~20 次	1.1
20~30 次	1.2
30~60 次	1.4

表 10.3-65　工作环境温度系数 f_4

工作环境温度	f_4
10℃以下	0.9
10~20℃	1.0
20~30℃	1.2
30~40℃	1.5

11　摆销链式无级变速器

摆销链式无级变速器采用摆销链作为中间挠性元件，由两对锥盘夹持产生摩擦力来传递运动和动力，由动锥盘的移动改变摆销链的工作半径实现无级变速。

摆销链式无级变速器属恒功率型无级变速器，承载能力高，传动效率高，广泛用于冶金、矿山、石油和化工等领域，近年来又扩展到汽车传动中。

这里介绍的是德国 P.I.V 公司的产品，国内已有厂家研制和开发类似产品。

11.1　代号和标记方法

RH——基本构件系统。

FK——带法兰式电动机和联轴器。

N——带输入端升速齿轮传动。

M——带电动机和带轮传动。

B——带输出端一级齿轮减速。

C——带输出端二级齿轮减速。

D——带输出端三级齿轮减速。

标记示例：

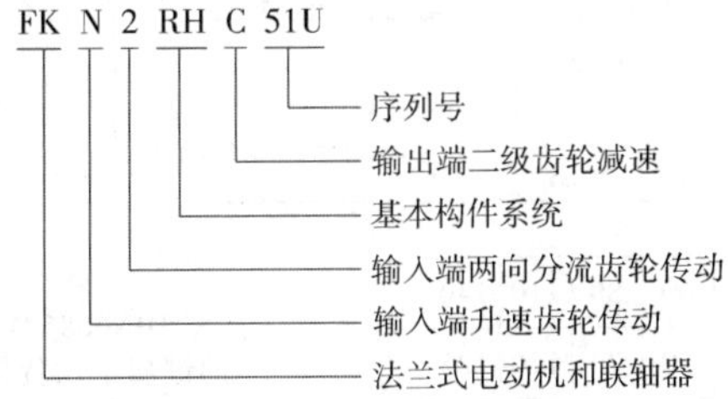

其中序列号分为 21U~24U、41U~45U 和 51U~55U。

11.2　安装形式和安装尺寸

变速器的安装形式见表 10.3-66。

各种型号的摆销链式无级变速器的安装尺寸见表 10.3-67~表 10.3-74。

表 10.3-66　摆销链式无级变速器的安装形式

结构型式	V 形维护窗口		H 形维护窗口		结构型式	V 形维护窗口		H 形维护窗口	
	输入端	输出端	输出端	输入端		输入端	输出端	输出端	输入端
RH MRH FKRH	II	IV	III	I	RHB MRHB FKRHB	II	中间	中间	I
NRH FKNRH	中间	IV	III	中间	NRHB FKNRHB	中间	中间	中间	中间

（续）

结构型式	V 形维护窗口		H 形维护窗口		结构型式	V 形维护窗口		H 形维护窗口	
	输入端	输出端	输出端	输入端		输入端	输出端	输出端	输入端
RHC MRHC FKRHC	II 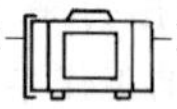	III	IV 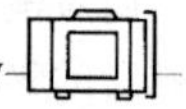	I	NRHD FKNRHD	中间 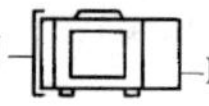	IV	—	
NRHC FKNRHC	中间 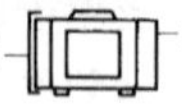	III	IV 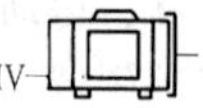	中间	N2RHB	中间 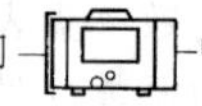	中间	—	
RHD MRHD FKRHD	II 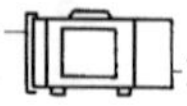	IV	—		N2RHC	中间 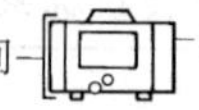	III	—	

表 10.3-67　RH、NRH、FKRH、FKNRH 型的安装尺寸　（mm）

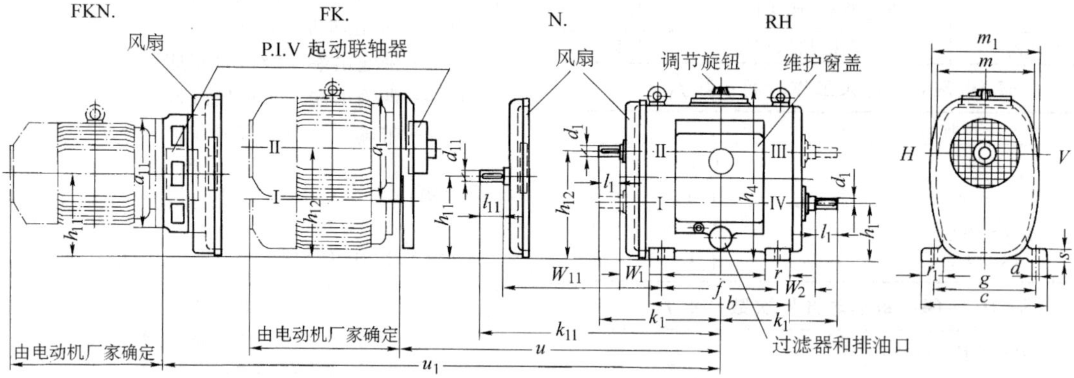

l_1, l_{11}	60	80	110	140
键长度	50	70	100	125

按照 DIN6885/1 标准的键属于供货范围

d_1, d_{11}	28	38	45	48	50	70
轴端中心孔	M8×18	M12×24	M16×32			

结构型式	$a_1$①	a_{11}①	b	c	d	d_1 (k6)	d_{11} (k6)	f	g	h_1	h_{11}	h_{12} ($\pm\frac{1}{600}h$②)	h_4	k_1	k_{11}	l_1	l_{11}	m	m_1	r	r_1	s	u	u_1
.RH2..	300	300 350	409	350	18	28	38	334	305	153	228	303	500	343	384	60	80	270	—	75	80	35	260	374 403
.RH4..	350	350 400	544	420	23	38	48	454	365	178	273	368	587	440	494	80	110	330	365	90	80	45	343	481
.RH5..	—	—	732	560	27	50	70	602	490	227.5	360	492.5	754	591	649	110	140	450	497	130	125	70	—	—

结构型式	W_1	W_{11}	W_2	风扇		油量/L				质量(不包括电动机)/kg				P.I.V. 起动联轴器		电动机规格 (B5)	
				RH NRH FKNRH	FKRH	RH	NRH	FKRH	FKNRH	RH	NRH	FKRH	FKNRH	FK	FKN	FK	FKN
.RH2..	116	137	116	○	—	4.5	5	4	5	140	150	145	160	SCa1	SCCa1	...132M	...180M
.RH4..	133	157	133	●	—	7.5	8	7	8	240	255	255	270	SCa2	SCCa2	...180L	...225M
.RH5..	180	208	180	●	—	14	15	—	—	540	580	—	—	—	—	—	—

注：○ 风扇 P_1>7.5kW。

① 孔的分布圆和中心孔按照 DIN42948 标准。

② h 为图中几种 h（h_1、h_4、h_{11}、h_{12}）的简化统称。后同。

表 10.3-68　MRH 型的安装尺寸　　(mm)

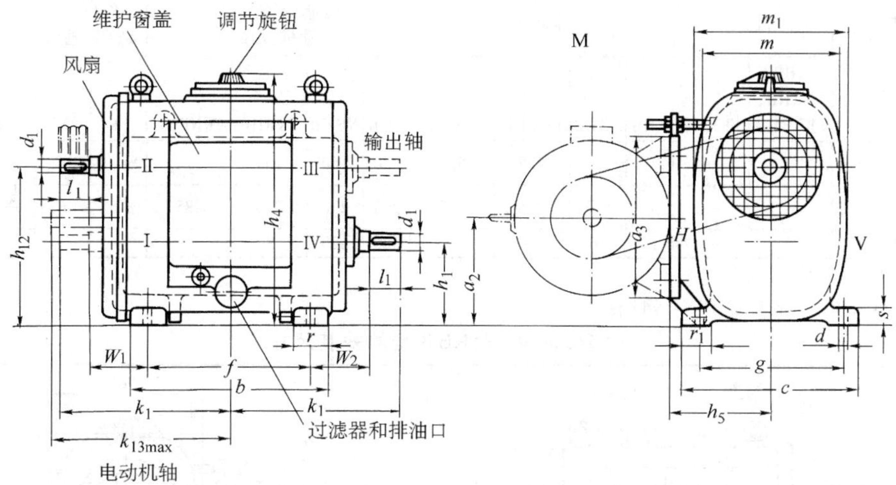

结构型式	a_2 ≈	a_3	b	c	d	d_1 k6	f	g	h_1 $\pm\frac{1}{600}h$	h_{12}	h_4	h_5 ≈	k_1	k_{13}	l_1	m	m_1	r	r_1	s
MRH2..	213	320	409	350	18	28	334	305	153	303	500	200	343	392	60	270	—	75	80	35
MRH4..	251	406	544	420	23	38	454	365	178	368	587	263	440	470	80	330	365	90	80	45
MRH5..	350	570	732	560	27	50	602	490	227.5	492.5	754	368	591	621	110	450	497	130	125	70

结构型式	W_1	W_2	风扇	油量/L	质量(不包括电动机)/kg	P.I.V. 起动联轴器	电动机规格
MRH2..	116	116	○	4.5	145	SCaN1	...180M
MRH4..	133	133	●	7.5	250	SCaN2	...200L
MRH5..	180	180	●	14	575	SCaN3	...280M

注：○ 风扇 P_1>7.5kW。

表 10.3-69　RHB、NRHB、FKRHB、FKNRHB 型的安装尺寸　　(mm)

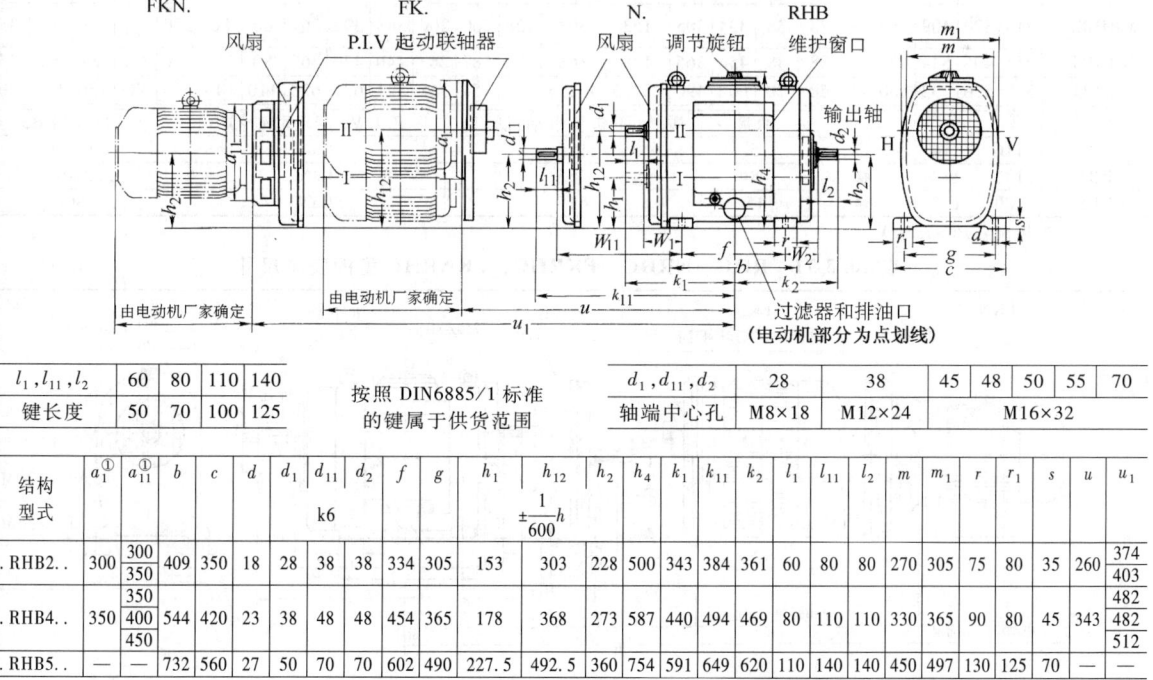

FKN.　FK.　N.　RHB
风扇　P.I.V 起动联轴器　风扇　调节旋钮　维护窗口　输出轴　H　V
由电动机厂家确定　由电动机厂家确定
过滤器和排油口
(电动机部分为点划线)

l_1, l_{11}, l_2	60	80	110	140
键长度	50	70	100	125

按照 DIN6885/1 标准的键属于供货范围

d_1, d_{11}, d_2	28	38	45	48	50	55	70
轴端中心孔	M8×18	M12×24	M16×32				

结构型式	a_1[①]	a_{11}[①]	b	c	d	d_1	d_{11} k6	d_2	f	g	h_1	h_{12} $\pm\frac{1}{600}h$	h_2	h_4	k_1	k_{11}	k_2	l_1	l_{11}	l_2	m	m_1	r	r_1	s	u	u_1
.RHB2..	300	300 350	409	350	18	28	38	38	334	305	153	303	228	500	343	384	361	60	80	80	270	305	75	80	35	260	374 403
.RHB4..	350	350 400 450	544	420	23	38	48	48	454	365	178	368	273	587	440	494	469	80	110	110	330	365	90	80	45	343	482 482 512
.RHB5..	—	—	732	560	27	50	70	70	602	490	227.5	492.5	360	754	591	649	620	110	140	140	450	497	130	125	70	—	—

（续）

结构型式	W_1	W_{11}	W_2	风扇		油量/L				质量(不包括电动机)/kg				P. I. V. 起动联轴器		电动机规格 B5	
				RHB NRHB FKNRHB	FKRHB	RHB	NRHB	FKRHB	FKNRHB	RHB	NRHB	FKRHB	FKNRHB	FK	FKN	FK	FKN
. RHB2. .	116	137	114	○	—	5	5.5	4.5	5.5	150	160	155	170	SCa1	SCCa1	. . . 132M —	— . . . 180M
. RHB4. .	133	157	132	●	—	8	8.5	7.5	8.5	255	270	270	285	SCa2	SCCa2	. . . 180L —	— . . . 225M
. RHB5. .	180	208	179	●	—	15	16	—	—	580	620	—	—	—	—	—	—

注：○ 风扇 $P_1>7.5\text{kW}$。

① 孔的分布圆和中心孔按照 DIN42948 标准。

表 10.3-70　MRHB 型的安装尺寸　　（mm）

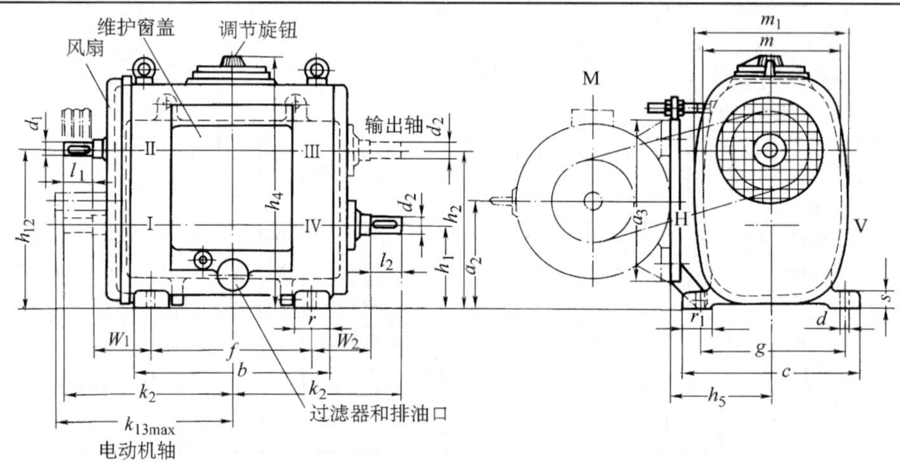

结构型式	a_2 ≈	a_3	b	c	d	d_1 k6	d_2 k6	f	g	h_1	h_{12} $\pm\frac{1}{600}h$	h_2	h_4	h_5 ≈	k_1	k_{13}	k_2	l_1	l_2	m	m_1	r	r_1	s
MRHB2. .	213	320	409	350	18	28	38	334	305	153	303	228	500	200	343	392	361	60	80	270	— 305	75	80	35
MRHB4. .	251	406	544	420	23	38	48	454	365	178	368	273	587	263	440	470	469	80	110	330	365	90	80	45
MRHB5. .	350	570	732	560	27	50	70	602	490	227.5	492.5	360	754	368	591	621	620	110	140	450	485	130	125	70

结构型式	W_1	W_2	风扇	油量	质量(不包括电动机)/kg	P. I. V. 起动联轴器	电动机规格 B3
MRB2. .	116	114	○	5	155	SCaN1	. . . 180M
MRB4. .	133	132	●	8	265	SCaN2	. . . 200L
MRB5. .	180	179	●	15	615	SCaN3	. . . 280M

注：○ 风扇：$P_1>7.5\text{kW}$。

表 10.3-71　RHC、NRHC、FKRHC、FKNRHC 型的安装尺寸　　（mm）

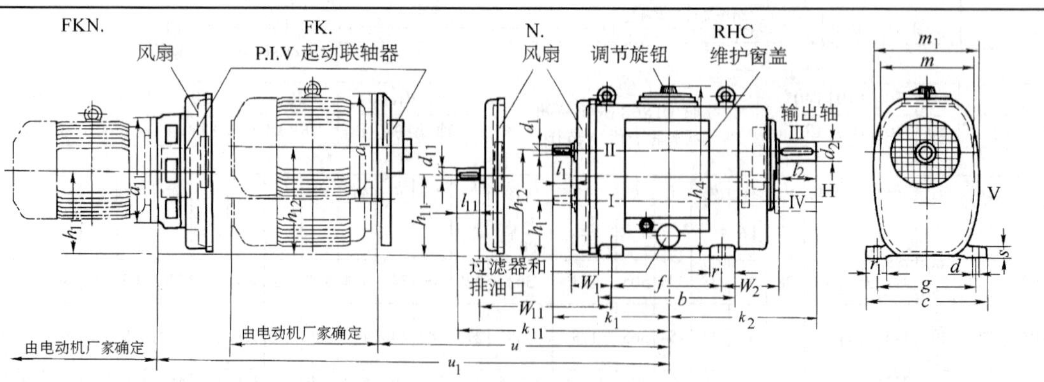

（续）

l_1, l_{11}, l_2	60	80	110	140	170	按照 DIN6885/1 标准的键属于供货范围	d_1, d_{11}, d_2	28	38	45	48	50	55	70	75	85	95
键长度	50	70	100	125	160		轴端中心孔	M8×18	M12×24	M16×32						M20×40	

结构型式	$a_1$①	a_{11}①	b	c	d	d_1	d_{11}	d_2	f	g	h_1	h_{11}	h_{12}	h_4	k_1	k_{11}	k_2	l_1	l_{11}	l_2	m	m_1	r	r_1	s	u	u_1
							k6					$\pm\frac{1}{600}h$															
. RHC2. .	300	300 350	409	350	18	28	38	55	334	305	153	228	303	500	343	384	440	60	80	110	270	305	75	80	35	260	374 403
. RHC4. .	350	350 400 450	544	420	23	38	48	75	454	365	178	273	368	587	440	494	581	80	110	140	330	365	90	80	45	343	481 481 511
. RHC5. .	—	—	732	560	27	50	70	95	602	490	227.5	360	492.5	754	591	649	760	110	140	170	450	497	130	125	70	—	—

结构型式	W_1	W_{11}	W_2	风扇		油量/L				质量(不包括电动机)/kg				P. I. V. 起动联轴器		电动机规格(B5)	
				RHC NRHC FKNRHC	FKRHC	RHC	NRHC	FKRHC	FKNRHC	RHC	NRHC	FKRHC	FKNRHC	FK	FKN	FK	FKN
. RHC2. .	116	137	163	○	—	5.5	6	5	6	175	185	180	195	SCa1	SCCa1	. . . 132M —	— . . . 180M
. RHC4. .	133	157	214	●	—	9	9.5	8.5	9.5	310	325	325	340	SCa2	SCCa2	. . . 180M —	— . . . 225S
. RHC5. .	180	208	289	●	—	17	18	—	—	675	726	—	—	—	—	—	—

注：○ 风扇：P_1>7.5kW。

① 孔的分布圆和中心孔按照 DIN42948 标准。

表 10.3-72　MRHC 型的安装尺寸　（mm）

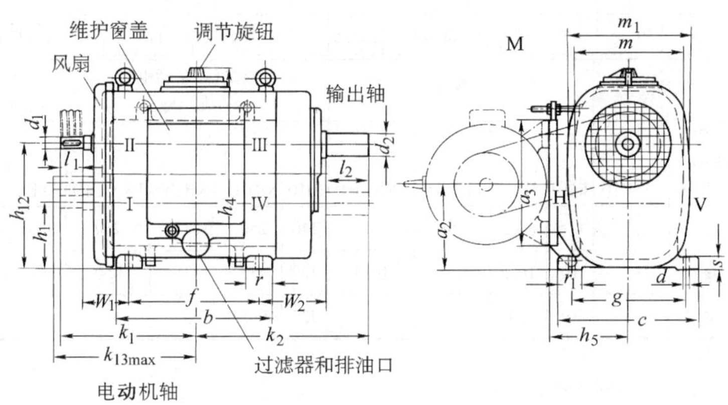

结构型式	a_2	a_3	b	c	d	d_1	d_2	f	g	h_1	h_{12}	h_4	h_5	k_1	k_{13}	k_2	l_1	l_2	m	m_1	r	r_1	s
	≈					k6					$\pm\frac{1}{600}h$		≈										
MRHC2. .	213	320	409	350	18	28	55	334	305	153	303	500	200	343	392	440	60	110	270	305	75	80	35
MRHC4. .	251	406	544	420	23	38	75	454	365	178	368	587	263	440	470	581	80	140	330	365	90	80	45
MRHC5. .	350	570	732	560	27	50	95	602	490	227.5	492.5	754	368	591	621	760	110	170	450	485	130	125	70

结构型式	W_1	W_2	风扇	油量	质量(不包括电动机)/kg	P. I. V. 起动联轴器	电动机规格 B3
MRHC2. .	116	163	○	5.5	180	SCaN1	. . . 180M
MRHC4. .	133	214	●	9	320	SCaN2	. . . 200L
MRHC5. .	180	289	●	17	710	SCaN3	. . . 280M

注：○ 风扇：P_1>7.5kW。

表 10.3-73　RHD、NRHD、FKRHD、FKNRHD 型的安装尺寸　　(mm)

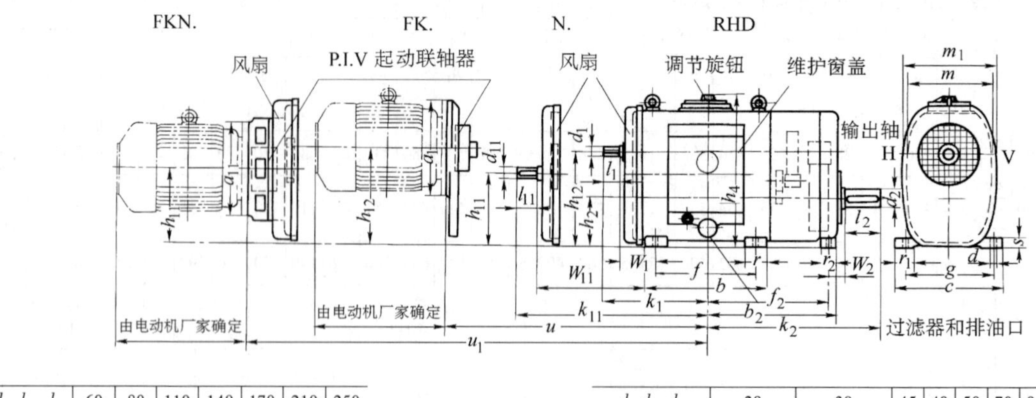

l_1,l_{11},l_2	60	80	110	140	170	210	250
键长度	50	70	100	125	160	200	240

按照 DIN6885/1 标准的键属于供货范围

d_1,d_{11},d_2	28	38	45	48	50	70	95	110	130
轴端中心孔	M8×18	M12×24	M16×32				M20×40		

结构型式	$a_1$①	a_{11}①	b	b_2	c	d	d_1	d_{11}	d_2	f	f_2	g	h_{11}	h_{12}	h_2	h_4	k_1	k_{11}	k_2	l_1	l_{11}	l_2	m	m_1	r	r_1	r_2	s	u	u_1
							k6							$\pm\frac{1}{600}h$																
.RHD2..	300	300 350	409	430	350	18	28	38	70	334	400	305	228	303	153	500	343	384	600	60	80	140	270	305	75	80	60	35	260	374 403
.RHD4..	350	350 400 450	544	575	420	23	38	48	95	454	545	365	273	368	178	587	440	494	778	80	110	170	330	365	90	80	60	45	343	481 481 511
.RHD5..	—	—	732	757	560	27	50	70	130	602	695	490	360	492.5	227.5	754	591	649	1053	110	140	250	450	497	130	125	125	70	—	—

结构型式	W_1	W_{11}	W_2	风扇		油量/L				质量(不包括电动机)/kg				P.I.V. 起动联轴器		电动机规格 B5	
				RHD NRHD FKNRHD	FKRHD	RHD	NRHD	FKRHD	FKNRHD	RHD	NRHD	FKRHD	FKNRHD	FK	FKN	FK	FKN
.RHD2..	116	137	60	○	—	6.5	7	6	7	240	250	245	260	SCa1	SCCa1	...132M —	— ...180M
.RHD4..	133	157	63	●	—	10	10.5	9.5	10.5	420	435	435	450	SCa2	SCCa2	...180M —	— ...225M
.RHD5..	180	208	108	●	—	19	20	—	—	925	965	—	—	—	—	—	—

注：○ 风扇：$P_1>7.5\text{kW}$。

① 孔的分布圆和中心孔按照 DIN42948 标准。

表 10.3-74　MRHD 型的安装尺寸　　(mm)

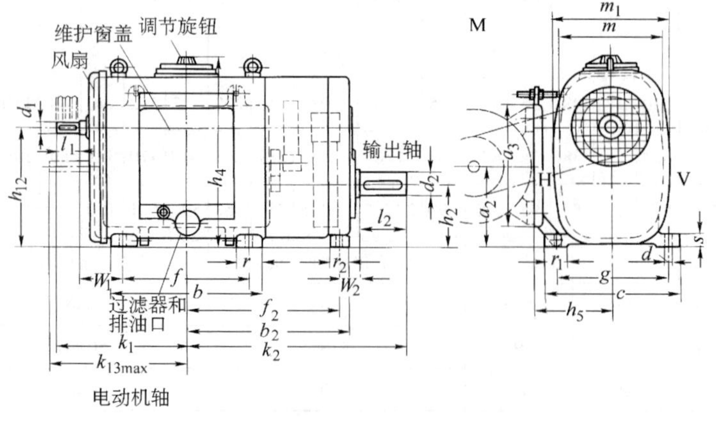

（续）

结构型式	a_2 ≈	a_3	b	b_2	c	d	d_1 k6	d_2	f	f_2	g	h_{12} $\pm\frac{1}{600}h$	h_2	h_4	h_5 ≈	k_1	k_{13}	k_2	l_1	l_2	m	m_1	r	r_1	r_2	s
MRHD2..	213	320	409	430	350	18	28	70	334	400	305	303	153	500	200	343	392	600	60	140	270	305	75	80	60	35
MRHD4..	251	406	544	575	420	23	38	95	454	545	365	368	178	587	263	440	470	778	80	170	330	365	90	80	60	45
MRHD5..	350	570	732	757	560	27	50	130	602	695	490	492.5	227.5	754	368	591	621	1053	110	250	450	485	130	125	100	70

结构型式	W_1	W_2	风扇	油量/L	质量（不包括电动机）/kg	P.I.V. 起动联轴器	电动机规格 B3
MRHD2..	116	60	○	6.5	245	SCaN1	...180M
MRHD4..	133	63	●	10	430	SCaN2	...200L
MRHD5..	180	108	●	19	960	SCaN3	...280M

注：○ 风扇：$P_1>7.5\text{kW}$。

11.3　承载能力

摆销链式无级变速器的承载能力见表 10.3-75～表 10.3-93。

11.4　选用方法

首先要根据工作机所要求的最高和最低转速（n_{2max}和 n_{2min}）按下式计算传动的变速比：

$$R=\frac{n_{2max}}{n_{2min}}$$

目前摆销链式无级变速器的变速比范围分为四种：2、3、4、6，选择变速比大于计算变速比的系列值。

根据工作机所需的转矩或功率，按下式求计算功率

$$P_c=\frac{KP}{\eta}$$

式中　K——工作系数，见表 10.3-5；

η——传动效率，通常取 $\eta=0.88\sim0.90$。

确定输入功率 P_1：

$$P_1\geqslant P_c$$

在电动机功率系列选择合适的电动机。

按照所求得的 P_1 和 R 查表 10.3-75～表 10.3-93，选择合适的机型，使工作机所要求的最高和最低转速落在所选机型的 n_2 的范围中，同时校核工作机所需的功率和转矩，应当落在所选机型的 P_2 和 M_2 的范围中。如果计算不通过，则重选同样变速比，功率大一型号的机型，重复上述的校核直到合格。

表 10.3-75　RH21U 型的承载能力

输入功率 P_1												结构型式	减速比 i
5.5kW			7.5kW			8.5kW			9.5kW				
变速比 R													
6			4			3			2				
输　出　轴													
n_2 /r·min^{-1}	P_2 /kW	T_2 /N·m	n_2 /r·min^{-1}	P_2 /kW	T_2 /N·m	n_2 /r·min^{-1}	P_2 /kW	T_2 /N·m	n_2 /r·min^{-1}	P_2 /kW	T_2 /N·m		
3550	5.1	13.5	2370	6.9	28	1780	8	42	1450	8.5	58	(FK)RH21U	—
590	4	65	590	4.1	65	590	4.1	65	725	6	79	[MRH21U]	
3080	5	15.5	2060	6.8	31	1540	7.5	47	1260	8.5	65		1.15
515	4	74	515	4	74	515	4	74	630	5.9	89		
2690	5	17.5	1790	6.8	36	1340	7.5	55	1100	8.5	75		1.32
450	4	85	450	4	85	450	4	85	550	5.9	102		
2310	5	20.5	1540	6.8	42	1160	7.5	63	945	8.5	87		1.54
385	4	98	385	4	98	385	4	98	470	5.9	119		
2020	5	23.5	1350	6.8	48	1010	7.5	73	825	8.5	99		1.76
335	4	113	335	4	113	335	4	113	410	5.9	135		
1810	5	26	1210	6.8	53	905	7.5	81	740	8.5	110		1.96
300	4	125	300	4	125	300	4	125	370	5.9	150		
1550	5	30	1040	6.8	62	775	7.5	94	635	8.5	130		2.29
260	4	145	260	4	145	260	4	145	315	5.9	175		
1350	5	35	900	6.8	72	675	7.5	108	550	8.5	150		2.63
225	4	170	225	4	170	225	4	170	275	5.9	205	RHB21U	
1160	5	41	775	6.8	83	580	7.5	125	475	8.5	175	FKRHB21U	3.06
194	4	195	194	4	195	194	4	195	237	5.9	235	[MRHB21U]	
1030	5	46	690	6.8	94	515	7.5	140	420	8.5	195		3.44
172	4	220	172	4	220	172	4	220	211	5.5	250		
905	5	52	605	6.8	107	450	7.5	160	370	8.5	220		3.93
151	3.9	245	151	3.9	245	151	3.9	245	185	4.7	245		
785	5	61	520	6.8	124	390	7.5	185	320	7	210		4.54
130	2.9	210	130	2.9	210	130	2.9	210	160	3.5			

（续）

输入功率 P_1												结构型式	减速比 i
5.5kW			7.5kW			8.5kW			9.5kW				
变速比 R													
6			4			3			2				
输　出　轴													
n_2 /r·min^{-1}	P_2 /kW	T_2 /N·m	n_2 /r·min^{-1}	P_2 /kW	T_2 /N·m	n_2 /r·min^{-1}	P_2 /kW	T_2 /N·m	n_2 /r·min^{-1}	P_2 /kW	T_2 /N·m		
658 114	4.9 3.9	68 330	455 114	6.6 3.9	140 330	345 114	7.5 3.9	210 330	280 140	8.5 5.7	290 390		5.18
595 99	4.9 3.9	78 370	400 99	6.6 3.9	160 370	300 99	7.5 3.9	240 370	244 122	8.5 5.7	330 450		5.95
515 86	4.9 3.9	90 430	345 86	6.6 3.9	185 430	255 86	7.5 3.9	280 430	210 105	8.5 5.7	380 520		6.91
450 75	4.9 3.9	103 500	300 75	6.6 3.9	210 500	224 75	7.5 3.9	320 500	183 92	8.5 5.7	440 600		7.92
405 67	4.9 3.9	115 550	270 67	6.6 3.9	235 550	202 67	7.5 3.9	360 550	165 82	8.5 5.7	490 670		8.81
345 58	4.9 3.9	135 650	230 58	6.6 3.9	270 650	173 58	7.5 3.9	420 650	141 70	8.5 5.7	570 780		10.3
300 50	4.9 3.9	155 740	200 50	6.6 3.9	320 740	150 50	7.5 3.9	480 740	122 61	8.5 5.1	650 800		11.8
260 43	4.9 3.6	180 800	172 43	6.6 3.6	370 800	129 43	7.5 3.6	560 800	105 53	8.5 4.4	760 800	RHC21U FKRHC21U [MRHC21U]	13.8
230 38.5	4.9 3.2	200 800	153 38.5	6.6 3.2	410 800	115 38.5	7.5 3.2	620 800	94 47	8 3.9	800		15.5
201 33.5	4.9 2.8	230 800	134 33.5	6.6 2.8	470 800	100 33.5	7.5 2.8	710 800	82 41	6.9 3.4	800		17.7
174 29	4.9 2.4	270 800	116 29	6.6 2.4	550 800	87 29	7.3 2.4	800	71 35.5	5.9 3	800		20.4
154 25.5	4.8 3.8	290 1400	103 25.5	6.5 3.8	600 1400	77 25.5	7.4 3.8	910 1400	63 31.5	8 5.6	1250 1700		23
132 22	4.8 3.8	340 1650	88 22	6.5 3.8	700 1650	66 22	7.4 3.8	1060 1650	54 27	8 5.6	1450 2000		26.9
115 19.1	4.8 3.8	400 1900	77 19.1	6.5 3.8	810 1900	57 19.1	7.4 3.8	1220 1900	47 23.4	8 5	1700 2050		30.9
99 16.5	4.8 3.5	460 2050	66 16.5	6.5 3.5	940 2050	49.5 16.5	7.4 3.5	1400 2050	40.5 20.2	8 4.3	1950 2050		35.9
88 14.7	4.8 3.1	520 2050	59 14.7	6.5 3.1	1060 2050	44 14.7	7.4 3.1	1600 2050	36 17.9	7.5 3.8	2050		40.4
77 12.8	4.8 2.7	590 2050	51 12.8	6.5 2.7	1210 2050	38.5 12.8	7.4 2.7	1850 2050	31.5 15.7	6.7 3.4	2050	RHD21U FKRHD21U [MRHD21U]	46.2
67 11.1	4.8 2.4	680 2050	44.5 11.1	6.5 2.4	1400 2050	33.5 11.1	7.1 2.4	2050	27 13.6	5.8 2.9	2050		53.3

注：输入端转速 $n_1=1450$r/min（输入轴或法兰式电动机），[ ] 按带传动比修正。

表 10.3-76　RH22U 型的承载能力

输入功率 P_1												结构型式	减速比 i
7.5kW			9kW			10kW			11kW				
变速比 R													
6			4			3			2				
输　出　轴													
n_2 /r·min^{-1}	P_2 /kW	T_2 /N·m	n_2 /r·min^{-1}	P_2 /kW	T_2 /N·m	n_2 /r·min^{-1}	P_2 /kW	T_2 /N·m	n_2 /r·min^{-1}	P_2 /kW	T_2 /N·m		
3550 590	6.9 5.5	18.5 89	2370 590	8.5 5.5	33 89	1780 590	9 5.5	49 89	1450 725	10 7.4	67 97	(FK)RH22U [MRH22U]	—
3080 515	6.8 5.4	21 100	2060 515	8 5.4	38 100	1540 515	9 5.4	56 100	1260 630	10 7.2	75 109		1.15
2690 450	6.8 5.4	24 115	1790 450	8 5.4	43 115	1340 450	9 5.4	64 115	1100 550	10 7.2	86 125		1.32
2310 385	6.8 5.4	28 135	1540 385	8 5.4	50 135	1160 385	9 5.4	74 135	945 470	10 7.2	100 145		1.54

（续）

输入功率 P_1												结构型式	减速比 i
7.5kW			9kW			10kW			11kW				
变速比 R													
6			4			3			2				
输　出　轴													
n_2 /r·min^{-1}	P_2 /kW	T_2 /N·m	n_2 /r·min^{-1}	P_2 /kW	T_2 /N·m	n_2 /r·min^{-1}	P_2 /kW	T_2 /N·m	n_2 /r·min^{-1}	P_2 /kW	T_2 /N·m		
2020 335	6.8 5.4	32 155	1350 335	8 5.4	58 155	1010 335	9 5.4	85 155	825 410	10 7.2	115 165	RHB22U FKRHB22U [MRHB22U]	1.76
1810 300	6.8 5.4	36 170	1210 300	8 5.4	64 170	905 300	9 5.4	95 170	740 370	10 7.2	130 185		1.96
1550 260	6.8 5.4	42 200	1040 260	8 5.4	75 200	775 260	9 5.4	111 200	635 315	10 7.2	150 215		2.29
1350 225	6.8 5.4	48 230	900 225	8 5.4	86 230	675 225	9 5.4	130 230	550 275	10 7.2	170 250		2.63
1160 194	6.8 5.3	56 260	775 194	8 5.3	100 260	580 194	9 5.3	150 260	475 237	10 6.5	200 260		3.06
1030 172	6.8 4.5	62 250	690 172	8 4.5	112 250	515 172	9 4.5	165 250	420 211	10 5.5	225 250		3.44
905 151	6.8 3.9	71 245	605 151	8 3.9	130 245	450 151	9 3.9	190 245	370 185	9.5 4.7	245		3.93
785 130	6.8 2.9	83 210	520 130	8 2.9	150 210	390 130	8.5 2.9	210	320 160	7 3.5	210		4.54
685 114	6.6 5.3	92 440	455 114	8 5.3	165 440	345 114	9 5.3	245 440	280 140	9.5 7.1	330 480	RHC22U FKRHC22U [MRHC22U]	5.18
595 99	6.6 5.3	106 510	400 99	8 5.3	190 510	300 99	9 5.3	280 510	244 122	9.5 7.1	380 550		5.95
515 86	6.6 5.3	123 590	345 86	8 5.3	220 590	255 86	9 5.3	330 590	210 105	9.5 7.1	440 640		6.91
450 75	6.6 5.3	140 680	300 75	8 5.3	250 680	224 75	9 5.3	380 680	183 92	9.5 7.1	510 740		7.92
405 67	6.6 5.3	155 750	270 67	8 5.3	280 750	202 67	9 5.3	420 750	165 82	9.5 6.9	560 800		8.81
345 58	6.6 4.8	185 800	230 58	8 4.8	330 800	173 58	9 4.8	490 800	141 70	9.5 5.9	660 800		10.3
300 50	6.6 4.2	210 800	200 50	8 4.2	380 800	150 50	9 4.2	560 800	122 61	9.5 5.1	760 800		11.8
260 43	6.6 3.6	245 800	172 43	8 3.6	440 800	129 43	9 3.6	650 800	105 53	9 4.4	800		13.8
230 38.5	6.6 3.2	280 800	153 38.5	8 3.2	500 800	115 38.5	9 3.2	730 800	94 47	8 3.9	800		15.5
201 33.5	6.6 2.8	310 800	134 33.5	8 2.8	570 800	100 33.5	8.5 2.8	800	82 41	6.9 3.4	800		17.7
174 29	6.6 2.4	360 800	116 29	8 2.4	660 800	87 29	7.3 2.4	800	71 35.5	5.9 3	800		20.4
154 25.5	6.5 5.2	400 1950	103 25.5	8 5.2	720 1950	77 25.5	8.5 5.2	1070 1950	63 31.5	9.5 6.8	1450 2050	RHD22U FKRHD22U [MRHD22U]	23
132 22	6.5 4.7	470 2050	88 22	8 4.7	840 2050	66 22	8.5 4.7	1250 2050	54 27	9.5 5.8	1700 2050		26.9
115 19.1	6.5 4.1	540 2050	77 19.1	8 4.1	970 2050	57 19.1	8.5 4.1	1450 2050	47 23.4	9.5 5	1950 2050		30.9
99 16.5	6.5 3.5	630 2050	66 16.5	8 3.5	1130 2050	49.5 16.5	8.5 3.5	1650 2050	40.5 20.2	8.5 4.3	2050		35.9
88 14.7	6.5 3.1	710 2050	59 14.7	8 3.1	1250 2050	44 14.7	8.5 3.1	1900 2050	36 17.9	7.5 3.8	2050		40.4
77 12.8	6.5 2.7	810 2050	51 12.8	8 2.7	1450 2050	38.5 12.8	8 2.7	2050	31.5 15.7	6.7 3.4	2050		46.2
67 11.1	6.5 2.4	930 2050	44.5 11.1	8 2.4	1700 2050	33.5 11.1	7.1 2.4	2050	27 13.6	5.8 2.9	2050		53.3

注：输入端转速 n_1 = 1450r/min（输入轴或法兰式电动机），[　] 按带传动比修正。

表 10.3-77 RH23U 型的承载能力

输入功率 P_1												结构型式	减速比 i
11kW			12kW			13kW			15kW				
变速比 R													
6			4			3			2				
输出轴													
n_2 /r·min^{-1}	P_2 /kW	T_2 /N·m	n_2 /r·min^{-1}	P_2 /kW	T_2 /N·m	n_2 /r·min^{-1}	P_2 /kW	T_2 /N·m	n_2 /r·min^{-1}	P_2 /kW	T_2 /N·m		
4570 760	9.5 8	20.5 98	3040 760	10.5 8	33 98	2280 760	11.5 8	48 98	1860 930	13.5 9.5	68 100		1.03
4080 680	9.5 8	23 109	2720 680	10.5 8	37 109	2040 680	11.5 8	54 109	1670 835	13.5 9.5	76 111		1.15
3550 590	9.5 8	26 125	2370 590	10.5 8	43 125	1780 590	11.5 8	62 125	1450 725	13.5 9.5	87 130		1.32
3060 510	9.5 8	30 145	2040 510	10.5 8	50 145	1530 510	11.5 8	72 145	1250 625	13.5 9.5	101 150		1.54
2670 445	9.5 8	35 165	1780 445	10.5 8	57 165	1330 445	11.5 8	82 165	1090 545	13.5 9.5	116 170		1.76
2400 400	9.5 8	39 185	1600 400	10.5 8	63 185	1200 400	11.5 8	91 185	980 490	13.5 9.5	130 190		1.96
2060 345	9.5 8	45 215	1370 345	10.5 8	74 215	1030 345	11.5 8	107 215	840 420	13.5 9.5	150 220		2.29
1790 300	9.5 8	52 250	1190 300	10.5 8	85 250	895 300	11.5 8	123 250	730 365	13.5 9.5	175 250		2.63
1540 255	9.5 7	60 260	1020 255	10.5 7	99 260	770 255	11.5 7	145 260	625 315	13.5 8.5	200 260	NRHB23U FKNRHB23U [MRHB23U]	3.06
1370 228	9.5 6	68 250	910 228	10.5 6	111 250	685 228	11.5 6	160 250	560 280	13.5 7.3	225 250		3.44
1200 199	9.5 5.1	78 245	795 199	10.5 5.1	125 245	600 199	11.5 5.1	185 245	490 244	12.5 6.3	245		3.93
1040 173	9.5 3.8	90 210	690 173	10.5 3.8	145 210	520 173	11.5 3.8	210	425 211	9.5 4.6	210		4.54
905 151	9.5 7.5	100 480	605 151	10.5 7.5	165 480	455 151	11.5 7.5	235 480	370 185	13 9.5	340 490		5.18
790 132	9.5 7.5	115 550	525 132	10.5 7.5	190 550	395 132	11.5 7.5	270 550	320 161	13 9.5	380 560		5.95
680 113	9.5 7.5	135 640	455 113	10.5 7.5	220 640	340 113	11.5 7.5	320 640	280 139	13 9.5	450 660		6.91
595 99	9.5 7.5	155 740	395 99	10.5 7.5	250 740	295 99	11.5 7.5	360 740	242 121	13 9.5	510 750		7.92
535 89	9.5 7.4	170 800	355 89	10.5 7.4	280 800	265 89	11.5 7.4	400 800	218 109	13 9	570 800		8.81
455 76	9.5 6.4	200 800	305 76	10.5 6.4	330 800	228 76	11.5 6.4	470 800	186 93	13 8	670 800		10.3
395 66	9.5 5.5	230 800	265 66	10.5 5.5	380 800	198 66	11.5 5.5	540 800	162 81	13 6.8	770 800		11.8
340 57	9.5 4.8	270 800	228 57	10.5 4.8	440 800	171 57	11.5 4.8	630 800	139 70	11.5 5.8	800	NRHC23U FKNRHC23U [MRHC23U]	13.8
305 51	9.5 4.2	300 800	202 51	10.5 4.2	490 800	152 51	11.5 4.2	710 800	124 62	10.5 5.2	800		15.5
265 44.5	9.5 3.7	340 800	177 44.5	10.5 3.7	560 800	133 44.5	11 3.7	800	108 54	9 4.5	800		17.7
230 38.5	9.5 3.2	400 800	153 38.5	10.5 3.2	650 800	115 38.5	9.5 3.2	800	94 47	8 3.9	800		20.4
204 34	9.5 7.3	440 2050	136 34	10 7.3	710 2050	102 34	11 7.3	1030 2050	83 41.5	12.5 9	1450 2050		23
175 29	9.5 6.2	510 2050	117 29	10 6.2	830 2050	87 29	11 6.2	1200 2050	71 35.5	12.5 7.5	1700 2050		26.9
152 25.5	9.5 5.4	590 2050	101 25.5	10 5.4	960 2050	76 25.5	11 5.4	1400 2050	62 31	12.5 6.6	1950 2050		30.9
131 21.8	9.5 4.7	680 2050	87 21.8	10 4.7	1120 2050	65 21.8	11 4.7	1600 2050	53 26.5	11.5 5.7	2050		35.9
116 19.4	9.5 4.2	770 2050	78 19.4	10 4.2	1250 2050	58 19.4	11 4.2	1800 2050	47.5 23.7	10 5.1	2050	NRHD23U FKNRHD23U [MRHD23U]	40.4
102 17	9.5 3.6	880 2050	68 17	10 3.6	1450 2050	51 17	11 3.6	2050	41.5 20.8	9 4.5	2050		46.2
88 14.7	9.5 3.1	1010 2050	59 14.7	10 3.1	1650 2050	44 14.7	9.5 3.1	2050	36 18	7.5 3.9	2050		53.3

注：输入端转速 $n_1=1450$r/min（输入轴或法兰式电动机），[ ] 按带传动比修正。

表 10.3-78　RH24U 型的承载能力

输入功率 P_1												结构型式	减速比 i
15kW			16.5kW			17.5kW			18.5kW				
变速比 R													
6			4			3			2				
输　出　轴													
n_2 /r·min^{-1}	P_2 /kW	T_2 /N·m	n_2 /r·min^{-1}	P_2 /kW	T_2 /N·m	n_2 /r·min^{-1}	P_2 /kW	T_2 /N·m	n_2 /r·min^{-1}	P_2 /kW	T_2 /N·m		
6760	13.5	18.5	4510	14.5	31	3380	15	44	2760	16	57	NRHB24U FKNRHB24U [MRHB24U]	1.03
1130	10.5	90	1130	10.5	90	1130	10.5	90	1380	13.5	92		
6040	13.5	21	4030	14.5	35	3020	15	49	2470	16	63	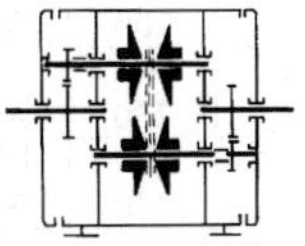	1.15
1010	10.5	101	1010	10.5	101	1010	10.5	101	1230	13.5	103		
5260	13.5	24	3510	14.5	40	2630	15	56	2150	16	73		1.32
875	10.5	116	875	10.5	115	875	10.5	116	1070	13.5	118		
4530	13.5	28	3020	14.5	46	2260	15	65	1850	16	84		1.54
755	10.5	135	755	10.5	135	755	10.5	135	925	13.5	135		
3950	13.5	32	2630	14.5	53	1980	15	75	1610	16	97		1.76
660	10.5	155	660	10.5	155	660	10.5	155	805	13.5	155		
3550	13.5	36	2370	14.5	59	1780	15	83	1450	16	108		1.96
590	10.5	170	590	10.5	170	590	10.5	170	725	13.5	175		
3040	13.5	42	2030	14.5	69	1520	15	97	1240	16	125		2.29
505	10.5	200	505	10.5	200	505	10.5	200	620	13.5	205		
2640	13.5	48	1760	14.5	79	1320	15	112	1080	16	145		2.63
440	10.5	230	440	10.5	230	440	10.5	230	540	13.5	235		
2270	13.5	56	1520	14.5	92	1140	15	130	930	16	170		3.06
380	10.5	260	380	10.5	260	380	10.5	260	465	12.5	260		
2020	13.5	63	1350	14.5	103	1010	15	145	825	16	190		3.44
335	9	250	335	9	250	335	9	250	415	11	250		
1770	13.5	71	1180	14.5	118	885	15	165	725	16	215		3.93
295	7.5	245	295	7.5	245	295	7.5	245	360	9.5	245		
1530	13.5	83	1020	14.5	135	765	15	195	625	14.5	210		4.54
255	5.6	210	255	5.6	210	255	5.6	210	315	6.9			
1340	13	92	895	14.5	150	670	15	215	550	16	280	NRHC24U FKNRHC24U [MRHC24U]	5.18
224	10.5	440	224	10.5	440	224	10.5	440	275	13	450		
1170	13	106	780	14.5	175	585	15	250	475	16	320	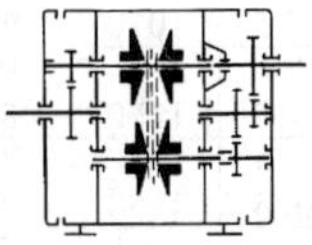	5.95
195	10.5	510	195	10.5	510	195	10.5	510	239	13	520		
1010	13	123	670	14.5	205	505	15	290	410	16	370		6.91
168	10.5	590	168	10.5	590	168	10.5	590	205	13	600		
880	13	140	585	14.5	235	440	15	330	360	16	430		7.92
146	10.5	680	146	10.5	680	146	10.5	680	179	13	690		
790	13	155	525	14.5	260	395	15	370	320	16	470		8.81
132	10.5	750	132	10.5	750	132	10.5	750	161	13	770		
675	13	185	450	14.5	300	340	15	430	275	16	550		10.3
113	9.5	800	113	9.5	800	113	9.5	800	138	11.5	800		
585	13	210	390	14.5	350	395	15	490	240	16	640		11.8
98	8	800	98	8	800	98	8	800	120	10	800		
505	13	245	335	14.5	410	255	15	570	206	16	740		13.8
84	7.1	800	84	7.1	800	84	7.1	800	103	8.5	800		
450	13	280	300	14.5	460	225	15	640	184	15	800		15.5
75	6.3	800	75	6.3	800	75	6.3	800	92	7.5			
395	13	320	260	14.5	520	197	15	740	161	13.5	800		17.7
66	5.5	800	66	5.5	800	66	5.5	800	80	6.7			
340	13	360	227	14.5	600	170	14.5	800	139	11.5	800		20.4
57	4.8	800	57	4.8	800	57	4.8		70	5.8			
300	12.5	400	202	14	660	151	15	940	123	16	1210	NRHD24U FKNRHD24U [MRHD24U]	23
50	10	1950	50	10	1950	50	10	1950	62	12.5	1950		
260	12.5	470	173	14	770	129	15	1100	106	16	1400		26.9
43	9.5	2050	43	9.5	2050	43	9.5	2050	53	11.5	2050		
225	12.5	540	150	14	890	112	15	1250	92	16	1650	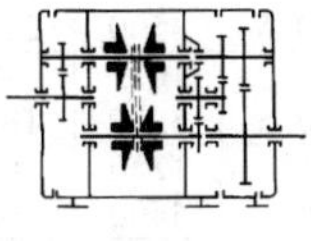	30.9
37.5	8	2050	37.5	8	2050	37.5	8	2050	46	10	2050		
194	12.5	630	129	14	1040	97	15	1450	79	16	1900		35.9
32.5	6.9	2050	32.5	6.9	2050	32.5	6.9	2050	39.5	8.5	2050		
172	12.5	710	115	14	1160	86	15	1650	70	15	2050		40.4
28.5	6.2	2050	28.5	6.2	2050	28.5	6.2	2050	35	7.5			
151	12.5	810	100	14	1350	75	15	1900	62	13	2050		46.2
25	5.4	2050	25	5.4	2050	25	5.4	2050	31	6.6			
130	12.5	930	87	14	1550	65	14	2050	53	11.5	2050		53.3
21.7	4.7	2050	21.7	4.7	2050	21.7	4.7		26.5	5.7			

注：输入端转速 n_1 = 1450r/min（输入轴或法兰式电动机），[　] 按带传动比修正。

表 10.3-79　RH41U 型的承载能力

输入功率 P_1 15kW 变速比 R 6 n_2 /r·min^{-1}	P_2 /kW	T_2 /N·m	18.5kW 4 n_2 /r·min^{-1}	P_2 /kW	T_2 /N·m	29kW 3 n_2 /r·min^{-1}	P_2 /kW	T_2 /N·m	22kW 2 n_2 /r·min^{-1}	P_2 /kW	T_2 /N·m	结构型式	减速比 i
3550	14	37	2370	17	69	1780	18	99	1450	20	135	(FK)RH41U* [MRH41U]	—
590	11	180	590	11	180	590	11	180	725	16	205		
3080	13.5	42	2060	17	77	1540	18	112	1260	20	150	RHB41U FKRHB41U* [MRHB41U]	1.15
515	11	200	515	11	200	515	11	200	630	15	235		
2690	13.5	48	1790	17	89	1340	18	130	1100	20	175		1.32
450	11	230	450	11	230	450	11	230	550	15	270		
2310	13.5	56	1540	17	103	1160	18	150	945	20	200		1.54
385	11	270	385	11	270	385	11	270	470	15	310		
2020	13.5	64	1350	17	118	1010	18	170	825	20	230		1.76
335	11	310	335	11	310	335	11	310	410	15	360		
1810	13.5	71	1210	17	130	905	18	190	740	20	260		1.96
300	11	340	300	11	340	300	11	340	370	15	400		
1550	13.5	83	1040	17	155	775	18	220	635	20	300		2.29
260	11	400	260	11	400	260	11	400	315	15	460		
1350	13.5	96	900	17	175	675	18	260	550	20	340		2.63
225	11	460	225	11	460	225	11	460	275	15	530		
1160	13.5	111	775	17	205	580	18	300	475	20	400		3.06
194	11	530	194	11	530	194	11	530	237	15	620		
1030	13.5	125	690	17	230	515	18	330	420	20	450		3.44
172	11	600	172	11	600	172	11	600	211	15	680		
905	13.5	145	605	17	260	450	18	380	370	20	510		3.93
151	11	690	151	11	690	151	11	690	185	13.5	700		
785	13.5	165	520	17	310	390	18	440	320	20	590		4.54
130	8.5	640	130	8.5	640	130	8.5	640	160	10.5	640		
690	13.5	185	460	16	340	345	18	490	285	19	660	RHC41U FKRHC41U* [MRHC41U]	5.13
115	10.5	880	115	10.5	880	115	10.5	880	141	15	1020		
605	13.5	210	400	16	390	300	18	560	246	19	750		5.89
100	10.5	1010	100	10.5	1010	100	10.5	1010	123	15	1170		
520	13.5	245	345	16	450	260	18	650	212	19	880		6.84
87	10.5	1170	87	10.5	1170	87	10.5	1170	106	15	1350		
455	13.5	280	300	16	520	227	18	750	185	19	1000		7.84
76	10.5	1350	76	10.5	1350	76	10.5	1350	92	15	1550		
405	13.5	310	270	16	580	204	18	830	166	19	1120		8.72
68	10.5	1500	68	10.5	1500	68	10.5	500	83	15	1750		
350	13.5	360	233	16	670	174	18	970	142	19	1300		10.2
58	10.5	1750	58	10.5	1750	58	10.5	1750	71	14	2000		
305	13.5	420	202	16	770	151	18	1110	124	19	1500		11.7
50	10.5	2000	50	10.5	2000	50	10.5	2000	62	15	2300		
260	13.5	490	174	16	900	130	18	1300	106	19	1750		13.6
43.5	10.5	2350	43.5	10.5	2350	43.5	10.5	2350	53	15	2700		
232	13.5	550	155	16	1010	116	18	1450	95	19	1950		15.3
38.5	10.5	2600	38.5	10.5	2600	38.5	10.5	2600	47.5	13.5	2700		
203	13.5	620	135	16	1150	101	18	1650	83	19	2250		17.5
34	9.5	2700	34	9.5	2700	34	9.5	2700	41.5	11.5	2700		
176	13.5	720	117	16	1350	88	18	1900	72	19	2600		20.2
29.5	8.5	2700	29.5	8.5	2700	29.5	8.5	2700	36	10	2700		
155	13	800	103	16	1500	77	17	2150	63	19	2900	RHD41U FKRHD41U* [MRHD41U]	23
26	10.5	3800	26	10.5	3900	26	10.5	3800	31.5	14.5	4500		
133	13	940	88	16	1750	66	17	2500	54	19	3400		26.8
22.1	10.5	4500	22.1	10.5	4500	22.1	10.5	4500	27	14.5	5200		
115	13	1080	77	16	2000	58	17	2900	47	19	3900		30.8
19.2	10.5	5200	19.2	10.5	5200	19.2	10.5	5200	23.5	13.5	5400		
99	13	1250	66	16	2300	49.5	17	3300	40.5	19	4500		35.9
16.5	9.5	5400	16.5	9.5	5400	16.5	9.5	5400	20.2	11.5	5400		
88	13	1400	59	16	2600	44	17	3802	36	19	5100		40.3
14.7	8.5	5400	14.7	8.5	5400	14.7	8.5	5400	18	10	5400		
77	13	1600	54	16	3000	38.5	17	4300	31.5	18	5400		46.1
12.9	7.3	5400	12.9	7.3	5400	12.9	7.3	5400	15.7	9			
67	13	1850	44.5	16	3400	33.5	17	5000	27.5	15	5400		53.2
11.1	6.3	5400	11.1	6.3	5400	11.1	6.3	5400	13.6	7.5			

注：输入端转速 n_1 = 1450r/min（输入轴或法兰式电动机），[　] 按带传动比修正。

表 10.3-80　RH42U 型的承载能力

输入功率 P_1												结构型式	减速比 i
18.5kW			22kW			22kW			22kW				
变速比 R													
6			4			3			2				
输出轴													
n_2 /r·min^{-1}	P_2 /kW	T_2 /N·m	n_2 /r·min^{-1}	P_2 /kW	T_2 /N·m	n_2 /r·min^{-1}	P_2 /kW	T_2 /N·m	n_2 /r·min^{-1}	P_2 /kW	T_2 /N·m		
3550	17	46	2370	20	82	1780	20	109	1450	20	135	(FK)RH42U*	
590	14	225	590	14	225	590	14	225	725	18	235	[MRH42U]	
3080	17	52	2060	20	92	1540	20	123	1260	20	150		1.15
515	13.5	250	515	13.5	250	515	13.5	250	630	18	270		
2690	17	59	1790	20	106	1340	20	140	1100	20	175		1.32
450	13.5	290	450	13.5	290	450	13.5	290	550	18	310		
2310	17	69	1540	20	123	1160	20	165	945	20	200		1.54
385	13.5	340	385	13.5	340	385	13.5	340	470	18	360		
2020	17	79	1350	20	140	1010	20	190	825	20	230		1.76
335	13.5	380	335	13.5	380	335	13.5	380	410	18	410		
1810	17	88	1210	20	155	905	20	210	740	20	260		1.96
300	13.5	430	300	13.5	430	300	13.5	430	370	18	450		
1550	17	103	1040	20	185	775	20	245	635	20	300		2.29
260	13.5	500	260	13.5	500	260	13.5	500	315	18	530		
1350	17	118	900	20	210	675	20	280	550	20	340		2.63
225	13.5	570	225	13.5	570	225	13.5	570	275	18	610		
1160	17	135	775	20	245	580	20	330	475	20	400	RHB42U	3.06
194	13.5	670	194	13.5	670	194	13.5	670	237	17	700	FKRHB42U*	
1030	17	155	690	20	270	515	20	370	420	20	450	[MRHB42U]	3.44
172	12.5	680	172	12.5	680	172	12.5	680	211	15	680		
905	17	175	605	20	310	450	20	420	370	20	510		3.93
151	11	700	151	11	700	151	11	700	185	13.5	700		
785	17	205	520	20	360	390	20	480	320	20	590		4.54
130	8.5	640	130	8.5	640	130	8.5	640	160	10.5	640		
690	16	225	460	19	400	345	19	540	285	19	660		5.13
115	13.5	1100	115	13.5	1100	115	13.5	110	141	17	1160		
605	16	260	400	19	460	300	19	620	246	19	750		5.89
100	13.5	1250	100	13.5	1250	100	13.5	1250	123	17	1350		
520	16	300	345	19	540	260	19	720	212	19	880		6.84
87	13.5	1450	87	13.5	1450	87	13.5	1450	106	17	1550		
455	16	340	300	19	610	227	19	820	185	19	1000		7.84
76	13.5	1700	76	13.5	1700	76	13.5	1700	92	17	1800		
405	16	380	270	19	680	204	19	910	166	19	1120		8.72
68	13.5	1850	68	13.5	1850	68	13.5	1850	83	17	2000		
350	16	450	233	19	800	174	19	1060	142	19	1300		10.2
58	13.5	2200	58	13.5	2200	58	13.5	2200	71	17	2300		
305	16	520	202	19	920	151	19	1230	124	19	1500		11.7
50	13.5	2500	50	13.5	2500	50	13.5	2500	62	17	2700		
260	16	600	174	19	1070	130	19	1400	106	19	1750	RHC42U	13.6
43.5	12.5	2700	43.5	12.5	2700	43.5	12.5	2700	53	15	2700	FKRHC42U*	
232	16	670	155	19	1200	116	19	1600	95	19	1950	[MRHC42U]	15.3
38.5	11	2700	38.5	11	2700	38.5	11	2700	47.5	13.5	2700		
203	16	770	135	19	1350	101	19	1850	83	19	2250		17.5
34	9.5	2700	34	9.5	2700	34	9.5	2700	41.5	11.5	2700		
176	16	890	117	19	1600	88	19	2100	72	19	2600		20.2
29.5	8.5	2700	29.5	8.5	2700	29.5	8.5	2700	36	10	2700		
155	16	990	103	19	1750	77	19	2350	63	19	2900		23
26	13	4800	26	13	4800	26	13	4800	31.5	17	5100		
133	16	1150	88	19	2050	66	19	2700	54	19	3400		26.8
22.1	12.5	5400	22.1	12.5	5400	22.1	12.5	5400	27	15	5400		
115	16	1350	77	19	2350	58	19	3200	47	19	3900		30.8
19.2	11	5400	19.2	11	5400	19.2	11	5400	23.5	13.5	5400		
99	16	1550	66	19	2800	49.5	19	3700	40.5	19	4500		35.9
16.5	9.5	5400	16.5	9.5	5400	16.5	9.5	5400	20.2	11.5	5400		
88	16	1750	59	19	3100	44	19	4100	36	19	5100		40.3
14.7	8.5	5400	14.7	8.5	5400	14.7	8.5	5400	18	10	5400		
77	16	2000	51	19	3500	38.5	19	4700	31.5	18	5400	RHD42U	46.1
12.9	7.3	5400	12.9	7.3	5400	12.9	7.3	5400	15.7	9		FKRHD42U*	
67	16	2300	44.5	19	4100	33.5	19	5400	27.5	15	5400	[MRHD42U]	53.2
11.1	6.3	5400	11.1	6.3	5400	11.1	6.3		13.6	7.5			

注：输入端转速 n_1 = 1450r/min（输入轴或法兰式电动机），[　] 按带传动比修正。

表 10.3-81　RH43U 型的承载能力

输入功率 P_1												结构型式	减速比 i
22kW			26kW			28kW			30kW				
变速比 R													
6			4			3			2				
输　出　轴													
n_2 /r·min^{-1}	P_2 /kW	T_2 /N·m	n_2 /r·min^{-1}	P_2 /kW	T_2 /N·m	n_2 /r·min^{-1}	P_2 /kW	T_2 /N·m	n_2 /r·min^{-1}	P_2 /kW	T_2 /N·m		
4570	19	41	3040	23	72	2280	25	103	1860	27	135	NRHB43U FKNRHB43U [MRHB43U]	1.03
760	16	200	760	16	200	760	16	200	930	21	215		
4080	19	46	2720	23	81	2040	25	116	1670	27	150		1.15
680	16	225	680	16	225	680	16	225	835	21	245		
3550	19	52	2370	23	93	1780	25	135	1450	27	175	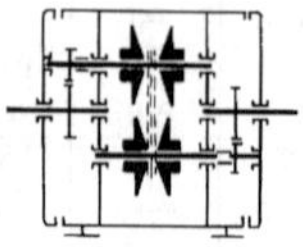	1.32
590	16	260	590	16	260	590	16	260	725	21	280		
3060	19	61	2040	23	108	1530	25	155	1250	27	205		1.54
510	16	300	510	16	300	510	16	300	625	21	320		
2670	19	70	1780	23	123	1330	25	175	1090	27	230		1.76
445	16	340	445	16	340	445	16	340	545	21	370		
2400	19	77	1600	23	135	1200	25	195	980	27	260		1.96
400	16	380	400	16	380	400	16	380	490	21	410		
2060	19	90	1370	23	160	1030	25	230	840	27	300		2.29
345	16	440	345	16	440	345	16	440	420	21	480		
1790	19	104	1190	23	185	895	25	260	730	27	350		2.63
300	16	510	300	16	510	300	16	510	365	21	560		
1540	19	121	1020	23	215	770	25	310	625	27	400		3.06
255	16	590	255	16	590	255	16	590	315	21	650		
1370	19	135	910	23	240	685	25	350	560	27	450		3.44
228	16	670	228	16	670	228	16	670	280	20	680		
1200	19	155	795	23	280	600	25	400	490	27	520		3.93
199	14.5	700	199	14.5	700	199	14.5	700	244	18	700		
1040	19	180	690	23	320	520	25	460	425	27	600		4.54
173	11.5	640	173	11.5	640	173	11.5	640	211	14	640		
915	19	200	610	23	350	460	24	510	375	26	660	NRHC43U FKNRHC43U [MRHC43U]	5.13
153	16	970	153	16	970	153	16	980	187	21	1060		
795	19	230	530	23	400	400	24	580	325	26	760		5.89
133	16	1120	133	16	1120	133	16	1120	163	21	1220		
685	19	260	460	23	470	345	24	670	280	26	880	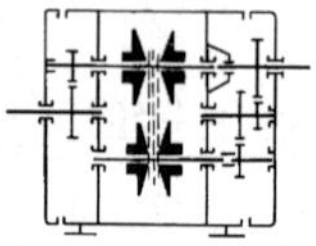	6.84
114	16	1300	114	16	1300	114	16	1300	1400	21	1400		
600	19	300	400	23	540	300	24	770	245	26	1010		7.84
100	16	1500	100	16	1500	100	16	1500	122	21	1600		
540	19	340	360	23	600	270	24	860	220	26	1130		8.72
90	16	1650	90	16	1650	90	16	1650	110	21	1800		
460	19	390	310	23	700	231	24	1000	188	26	1300		10.2
77	16	1950	77	16	1950	77	16	1950	94	21	2100		
400	19	450	265	23	800	200	24	1160	164	26	1500		11.7
67	16	2250	67	16	2250	67	16	2250	82	21	2450		
345	19	530	230	23	940	172	24	1350	141	26	1750		13.6
57	16	2600	57	16	2600	57	16	2600	70	20	2700		
305	19	590	205	23	1050	153	24	1500	125	26	2000		15.3
51	14.5	2700	51	14.5	2700	51	14.5	2700	63	18	2700		
270	19	680	179	23	1200	134	24	1750	110	26	2250		17.5
44.5	12.5	2700	44.5	12.5	2700	44.5	12.5	2700	55	15	2700		
232	19	780	155	23	1400	116	24	2000	95	26	2600		20.2
38.5	11	2700	38.5	11	2700	38.5	11	2700	47.5	13.5	2700		
205	19	870	130	22	1550	102	24	2200	84	25	2900	NRHD43U FKNRHD43U [MRHD43U]	23
34	15	4300	34	15	4300	34	15	4300	42	20	4700		
175	19	1020	117	22	1800	88	24	2600	72	25	3400		26.8
29	15	5000	29	15	5000	29	15	5000	36	20	5400		
152	19	1170	102	22	2100	76	24	3000	62	25	3900	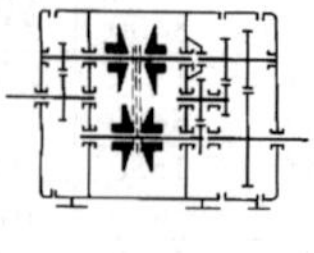	30.8
25.5	14.5	5400	25.5	14.5	5400	25.5	14.5	5400	31	18	5400		
131	19	1350	87	22	2400	66	24	3500	53	25	4500		35.9
21.8	12.5	5400	21.8	12.5	5400	21.8	12.5	5400	26.5	15	5400		
117	19	1550	78	22	2700	58	24	3900	47.5	25	5100		40.3
19.4	11	5400	19.4	11	5400	19.4	11	5400	23.8	13.5	5400		
102	19	1750	68	22	3100	51	24	4400	41.5	24	5400		46.1
17	9.5	5400	17	9.5	5400	17	9.5	5400	20.8	12			
88	19	2000	59	22	3600	44	24	5100	36	20	5400		53.2
14.7	8.5	5400	14.7	8.5	5400	14.7	8.5	5400	18	10			

注：输入端转速 n_1 = 1450r/min（输入轴或法兰式电动机），[　] 按带传动比修正。

表 10.3-82　RH44U 型的承载能力

输入功率 P_1												结构型式	减速比 i
30kW *			33kW *			35kW *			37kW *				
变速比 R													
6			4			3			2				
输　　出　　轴													
n_2 /r · min^{-1}	P_2 /kW	T_2 /N · m	n_2 /r · min^{-1}	P_2 /kW	T_2 /N · m	n_2 /r · min^{-1}	P_2 /kW	T_2 /N · m	n_2 /r · min^{-1}	P_2 /kW	T_2 /N · m		
5300	27	48	3540	29	79	2650	31	111	2160	33	145		1.03
885	21	230	885	21	230	885	21	230	1080	27	235		
4740	27	53	3160	29	88	2370	31	125	1930	33	160		1.15
790	21	260	790	21	260	790	21	260	965	27	260		
4120	27	61	2750	29	101	2060	31	145	1680	33	185		1.32
685	21	290	685	21	290	685	21	290	840	27	300		
3550	27	71	2370	29	118	1780	31	165	1450	33	215		1.54
590	21	340	590	21	340	590	21	340	725	27	350		
3100	27	82	2070	29	135	1550	31	190	1270	33	245		1.76
515	21	390	515	21	390	515	21	390	635	27	400		
2790	27	91	1860	29	150	1390	31	210	1140	33	270		1.96
465	21	440	465	21	440	465	21	440	570	27	450		
2390	27	106	1590	29	175	1190	31	250	975	33	320		2.29
400	21	510	400	21	510	400	21	510	485	27	520		
2070	27	122	1380	29	200	1040	31	280	845	33	370		2.63
345	21	590	345	21	590	345	21	590	425	27	600	NRHB44U FKNRHB44U [MRHB44U]	
1780	27	140	1190	29	235	890	31	330	730	33	430		3.06
295	21	680	295	21	680	295	21	680	365	27	700		
1590	27	160	1060	29	260	795	31	370	650	33	480		3.44
265	19	680	265	19	680	265	19	680	325	23	680		
1390	27	180	925	29	300	695	31	430	565	33	550		3.93
231	17	700	231	17	700	231	17	700	285	21	700		
1200	27	210	800	29	350	600	31	490	490	33	640		4.54
200	13.5	640	200	13.5	640	200	13.5	640	245	16			
1060	26	235	710	29	380	530	30	540	435	32	700		5.13
177	21	1120	177	21	1120	177	21	1120	217	26	1140		
925	26	270	615	29	440	465	30	630	380	32	810		5.89
154	21	1300	154	21	1300	154	21	1300	189	26	1300		
795	26	310	530	29	510	400	30	730	325	32	940		6.84
133	21	1500	133	21	1500	133	21	1500	163	26	1500		
695	26	360	465	29	590	350	30	830	285	32	1080		7.84
116	21	1700	116	21	1700	116	21	1700	142	26	1750		
625	26	400	415	29	650	315	30	930	255	32	1200		8.72
104	21	1900	104	21	1900	104	21	1900	128	26	1950		
535	26	4600	355	29	760	270	30	1080	219	32	1400		10.2
89	21	2200	89	21	2200	89	21	2200	109	26	2250		
465	26	530	310	29	880	233	30	1240	190	32	1600		11.7
78	21	2600	78	21	2600	78	21	2600	95	26	2600		
400	26	620	265	29	1020	200	30	1450	163	32	1850	NRHC44U FKNRHC44U [MRHC44U]	13.6
67	19	2700	67	19	2700	67	19	2700	82	23	2700		
355	26	700	237	29	1150	178	30	1650	145	32	2100		15.3
59	17	2700	59	17	2700	59	17	2700	73	21	2700		
310	26	800	208	29	1300	156	30	1850	127	32	2400		17.5
52	14.5	2700	52	14.5	2700	52	14.5	2700	64	18	2700		
270	26	920	180	29	1500	135	30	2150	110	31	2700		20.2
45	12.5	2700	45	12.5	2700	46	12.5	2700	55	16			
238	25	1020	158	28	1700	119	30	2400	97	31	3100		23
39.5	20	4900	39.5	20	4900	39.5	20	4900	48.5	25	5000		
204	25	1190	136	28	1950	102	30	2800	83	31	3600		26.8
34	19	5400	34	19	5400	34	19	5400	41.5	23	5400		
177	25	1350	118	28	2250	88	30	3200	72	31	4200		30.8
29.5	17	5400	29.5	17	5400	29.5	17	5400	36	20	5400		
152	25	1600	101	28	2600	76	30	3700	62	31	4800		35.9
25.5	14.5	5400	25.5	14.5	5400	25.5	14.5	5400	31	18	5400		
135	25	1800	90	28	3000	68	30	4200	55	31	5400		40.3
22.6	13	5400	22.6	13	5400	22.6	13	5400	27.5	16			
118	25	2050	79.1	28	3400	59	30	4800	48.5	27	5400	NRHD44U FKNRHD44U [MRHD44U]	46.1
19.7	11	5400	9.7	11	5400	19.7	11	5400	24.2	13.5			
103	25	2350	68.1	28	3900	51	29	5400	42	24	5400		53.2
17.1	9.5	5400	17.1	9.5	5400	17.1	9.5		20.9	12			

注：输入端转速 n_1 = 1450r/min（输入轴或法兰式电动机），[　] 按带传动比修正。

表 10.3-83 RH45U 型的承载能力

输入功率 P_1												结构型式	减速比 i
35kW			40kW			43kW			45kW				
变速比 R													
6			4			3			2				
输出轴													
n_2 /r·min^{-1}	P_2 /kW	T_2 /N·m	n_2 /r·min^{-1}	P_2 /kW	T_2 /N·m	n_2 /r·min^{-1}	P_2 /kW	T_2 /N·m	n_2 /r·min^{-1}	P_2 /kW	T_2 /N·m		
6760	31	44	4510	35	75	3380	38	107	2760	40	140		1.03
1130	25	210	1130	25	210	1130	25	210	1380	33	225		
6040	31	49	4030	35	84	3020	38	120	2470	40	155		1.15
1010	25	235	1010	25	235	1010	25	235	1230	33	250		
5260	31	56	3510	35	96	2630	38	140	2150	40	175		1.32
875	25	270	875	25	270	875	25	270	1070	33	290		
4530	31	65	3020	35	112	2260	38	160	1850	40	205		1.54
755	25	310	755	25	310	755	25	310	925	33	340		
3950	31	75	2630	35	130	1980	38	185	1610	40	235		1.76
660	25	360	660	25	360	660	25	360	805	33	390		
3550	31	83	2370	35	145	1780	38	205	1450	40	260		1.96
590	25	400	590	25	400	590	25	400	725	33	430		
3040	31	97	2030	35	165	1520	38	240	1240	40	310		2.29
505	25	470	505	25	470	505	25	470	620	33	500		
2640	31	112	1760	35	190	1320	38	270	1080	40	350		2.63
440	25	540	440	25	540	440	25	540	540	33	580		
2270	31	130	1520	35	225	1140	38	320	930	40	410	NRHB45U	3.06
380	25	620	380	25	620	380	25	620	465	33	670	FKNRHB45U	
2020	31	145	1350	35	250	1010	38	360	825	40	460		3.44
335	24	680	335	24	680	335	24	680	415	29	680		
1770	31	165	1180	35	290	885	38	410	725	40	530		3.93
295	22	700	295	22	700	295	22	700	360	26	700		
1530	31	195	1020	35	330	765	38	470	625	40	610		4.54
255	17	640	255	17	640	255	17	640	315	21	640		
1360	30	215	905	35	370	680	37	520	555	39	670		5.13
226	24	1020	226	24	1020	226	24	1020	275	32	1110		
1180	30	245	785	35	420	590	37	600	480	39	770		5.89
197	24	1180	197	24	1180	197	24	1180	241	32	1250		
1020	30	280	680	35	490	510	37	700	415	39	900		6.84
169	24	1350	169	24	1350	169	24	1350	208	32	1450		
885	30	330	590	35	560	445	37	800	360	39	1030		7.84
148	24	1550	148	24	1550	148	24	1550	181	32	1700		
795	30	360	530	35	620	400	37	890	325	39	1140		8.72
133	24	1750	133	24	1750	133	24	1750	163	32	1900		
685	30	420	455	35	730	340	37	1040	280	39	1350		10.2
114	24	2050	114	24	2050	114	24	2050	139	32	2200		
595	30	490	395	35	840	295	37	1200	242	39	1550		11.7
99	24	2350	99	24	2350	99	24	2350	121	32	2500		
510	30	570	340	35	970	255	37	1400	208	39	1800	NRHC45U	13.6
85	24	2700	85	24	2700	85	24	2700	104	29	2700	FKNRHC45U	
455	30	640	305	35	1090	227	37	1550	185	39	2000		15.3
76	21	2700	76	21	2700	76	21	2700	93	26	2700		
395	30	730	265	35	1250	199	37	1800	162	39	2300		17.5
66	19	2700	66	19	2700	66	19	2700	81	23	2700		
345	30	840	229	35	1450	172	37	2050	140	39	2600		20.2
57	16	2700	57	16	2700	57	16	2700	70	20	2700		
305	30	940	202	34	1600	151	36	2300	124	38	2900		23
50	24	4500	50	24	4500	50	24	4500	62	31	4800		
260	30	1090	173	34	1850	130	36	2700	106	38	3400		26.8
43.5	24	5200	43.5	24	5200	43.5	24	5200	53	30	5400		
225	30	1250	150	34	2150	113	36	3100	92	38	4000		30.8
37.5	21	5400	37.5	21	5400	37.5	21	5400	46	26	5400		
194	30	1450	129	34	2500	97	36	3600	79	38	4600		35.9
32.5	18	5400	32.5	18	5400	32.5	18	5400	39.5	22	5400		
173	30	1650	115	34	2800	86	36	4000	70	38	5200		40.3
29	16	5400	29	16	5400	29	16	5400	35	20	5400		
151	30	1900	101	34	3200	76	36	4600	62	35	5400	NRHD45U	46.1
25	14	5400	25	14	5400	25	14	5400	31	17		FKNRHD45U	
131	30	2150	87	34	3700	65	36	5300	53	30	5400		53.2
21.8	12.5	5400	21.8	12.5	5400	21.8	12.5	5400	26.5	15			

注：输入端转速 $n_1=1450$r/min（输入轴或法兰式电动机）。

表 10.3-84　RH51U 型的承载能力

输入功率 P_1												结构型式	减速比 i
37kW			45kW			50kW			55kW				
变速比 R													
6			4			3			2				
输　出　轴													
n_2 /r·min^{-1}	P_2 /kW	T_2 /N·m	n_2 /r·min^{-1}	P_2 /kW	T_2 /N·m	n_2 /r·min^{-1}	P_2 /kW	T_2 /N·m	n_2 /r·min^{-1}	P_2 /kW	T_2 /N·m		
3550	34	92	2370	41	165	1780	46	245	1450	51	330	RH51U [MRH51U]	—
590	28	450	590	28	450	590	28	450	725	38	500		
3080	33	103	2060	41	190	1540	45	280	1260	50	380		1.15
515	27	500	515	27	500	515	27	500	630	37	560		
2690	33	119	1790	41	215	1340	45	320	1100	50	430		1.32
450	27	580	450	27	580	450	27	580	550	37	640		
2310	33	140	1540	41	250	1160	45	370	945	50	500		1.54
385	27	670	385	27	670	385	27	670	470	37	750		
2020	33	160	1350	41	290	1010	45	430	825	50	570		1.76
335	27	770	335	27	770	335	27	770	410	37	860		
1810	33	175	1210	41	320	905	45	470	740	50	640		1.96
300	27	850	300	27	850	300	27	850	370	37	950		
1550	33	205	1040	41	370	775	45	550	635	50	750		2.29
260	27	1000	260	27	1000	260	27	1000	315	37	1110		
1350	33	235	900	41	430	675	45	640	550	50	860		2.63
225	27	1150	225	27	1150	225	27	1150	275	37	1300		
1160	33	270	775	41	500	580	45	740	475	50	1000	RHB51U [MRHB51U]	3.06
194	27	1350	194	27	1350	194	27	1350	237	37	1500		
1030	33	310	690	41	560	515	45	830	420	50	1120		3.44
172	27	1500	172	27	1500	172	27	1500	211	37	1700		
905	33	350	605	41	640	450	45	950	370	50	1300		3.93
151	24	1550	151	24	1550	151	24	1550	185	30	1550		
785	33	410	520	41	740	390	45	1100	320	47	1400		4.54
130	19	1400	130	19	1400	130	19	1400	160	23			
690	33	450	460	40	820	345	44	1220	280	49	1650		5.14
115	27	2200	115	27	2200	115	27	2200	141	36	2450		
600	33	520	400	40	950	300	44	1400	246	49	1900		5.9
100	27	2500	100	27	2500	100	27	2500	123	36	2800		
520	33	600	345	40	1100	260	44	1650	212	49	2200		6.85
86	27	2900	86	27	2900	86	27	2900	106	36	3300		
450	33	690	300	40	1250	226	44	1850	185	49	2500		7.85
75	27	3400	75	27	3400	75	27	3400	92	36	3700		
405	33	770	270	40	1400	203	44	2100	166	49	2800		8.74
68	27	3700	68	27	3700	68	27	3700	83	36	4200		
350	33	900	232	40	1650	174	44	2400	142	49	3300		10.2
58	27	4400	58	27	4400	58	27	4400	71	36	4900		
305	33	1030	202	40	1900	151	44	2800	124	49	3800		11.7
50	27	5000	50	27	5000	50	27	5000	62	34	5300		
260	33	1200	174	40	2200	130	44	3200	106	49	4400	RHC51U [MRHC51U]	13.6
43.5	24	5300	4.35	24	5300	43.5	24	5300	53	29	5300		
232	33	1350	154	40	2450	116	44	3600	95	49	4900		15.3
38.5	21	5300	38.5	21	5300	38.5	21	5300	47.5	26	5300		
203	33	1550	135	40	2800	101	44	4200	83	46	5300		17.5
34	19	5300	34	19	5300	34	19	5300	41.5	23			
175	33	1800	117	40	3200	88	44	4800	72	40	5300		20.2
29	16	5300	29	16	5300	29	16	5300	36	20			
158	32	1950	106	39	3500	79	43	5200	65	48	7000		22.4
26.5	26	9400	26.5	26	9400	26.5	26	9400	32.5	36	10500		
136	32	2250	91	39	4100	68	43	6100	55	48	8200		26.2
22.6	26	11000	22.6	26	11000	22.6	26	11000	27.5	36	12200		
118	32	2600	79	39	4700	59	43	7000	48	48	9400		30.1
19.7	26	12600	19.7	26	12600	19.7	26	12600	24.1	32	12700		
101	32	3000	68	39	5500	51	43	8200	41.5	48	11000		35
16.9	22	12700	16.9	22	12700	16.9	22	12700	20.7	28	12700		
90	32	3400	60	39	6200	45	43	9200	37	48	12300		39.3
15	20	12700	15	20	12700	15	20	12700	18.4	25	12700		
79	32	3900	53	39	7100	39.5	43	10500	32	43	12700	RHD51U [MRHD51U]	45
13.2	18	12700	13.2	18	12700	13.2	18	12700	16.1	21			
68	32	4500	45.5	39	8200	34	43	12100	28	37	12700		51.9
11.4	15	12700	11.4	15	12700	11.4	15	12700	14	19			

注：输入端转速 n_1 = 1450r/min（输入轴或法兰式电动机），[　] 按带传动比修正。

表 10.3-85　RH52U 型的承载能力

输入功率 P_1												结构型式	减速比 i
45kW			52kW			55kW			55kW				
变速比 R													
6			4			3			2				
输　出　轴													
n_2 /r·min^{-1}	P_2 /kW	T_2 /N·m	n_2 /r·min^{-1}	P_2 /kW	T_2 /N·m	n_2 /r·min^{-1}	P_2 /kW	T_2 /N·m	n_2 /r·min^{-1}	P_2 /kW	T_2 /N·m		
3550	41	111	2370	48	195	1780	51	280	1450	51	330	RH52U [MRH52U]	—
590	33	530	590	33	530	590	33	530	725	44	580		
3080	41	125	2060	47	220	1540	50	310	1260	50	380		1.15
515	32	600	515	32	600	515	32	600	630	43	660		
2690	41	145	1790	47	250	1340	50	360	1100	50	430		1.32
450	32	690	450	32	690	450	32	690	550	43	750		
2310	41	170	1540	47	290	1160	50	420	945	50	500		1.54
385	32	800	385	32	800	385	32	800	470	43	880		
2020	41	190	1350	47	330	1010	50	480	825	50	570		1.76
335	32	920	335	32	920	335	32	920	410	43	1000		
1810	41	215	1210	47	370	905	50	530	740	50	640		1.96
300	32	1030	300	32	1020	300	32	1030	370	43	1120		
1550	41	250	1040	47	430	775	50	620	635	50	750		2.29
260	32	1200	260	32	1200	260	32	1200	315	43	1300		
1350	41	290	900	47	500	675	50	710	550	50	860		2.63
225	32	1400	225	32	1400	225	32	1400	275	43	1500		
1160	41	330	775	47	580	580	50	830	475	50	1000	RHB52U FKRHB52U	3.06
194	32	1600	194	32	1600	194	32	1600	237	43	1750		
1030	41	370	690	47	650	515	50	930	420	50	1120		3.44
172	31	1700	172	31	1700	172	31	1700	211	38	1700		
905	41	430	605	47	740	450	50	1070	370	50	1300		3.93
151	24	1550	151	24	1550	151	24	1550	185	30	1550		
785	41	500	520	47	860	390	50	1230	320	47	1400		4.54
130	19	1400	130	19	1400	130	19	1400	160	23			
690	40	550	460	46	950	345	49	1350	280	49	1650		5.14
115	32	2600	115	32	2600	115	32	2600	141	42	2900		
600	40	630	400	46	1090	300	49	1550	246	49	1900		5.9
100	32	3000	100	32	3000	100	32	3000	123	42	3300		
520	40	730	345	46	1250	260	49	1800	212	49	2200		6.85
86	32	3500	86	32	3500	86	32	3500	106	42	3800		
450	40	840	300	46	1450	226	49	2100	185	49	2500		7.85
75	32	4000	75	32	4000	75	32	4000	92	42	4400		
405	40	930	270	46	1600	203	49	2300	166	49	2800		8.74
68	32	4500	68	32	4500	68	32	4500	83	42	4900		
350	40	1090	232	46	1900	174	49	2700	142	49	3300		10.2
58	32	5200	58	32	5200	58	32	5200	71	39	5300		
305	40	1250	202	46	2200	151	49	3100	124	49	3800		11.7
50	28	5300	50	28	5300	50	28	5300	62	34	5300		
260	40	1450	174	46	2500	130	49	3600	106	49	4400	RHC52U [MRHC52U]	13.6
43.5	24	5300	43.5	24	5300	43.5	24	5300	53	29	5300		
232	40	1650	154	46	2800	116	49	4100	95	49	4900		15.3
38.5	21	5300	38.5	21	5300	38.5	21	5300	47.5	26	5300		
203	40	1850	135	46	3200	101	49	4700	83	46	5300		17.5
34	19	5300	34	19	5300	34	19	5300	41.5	23			
175	40	2150	117	46	3800	88	49	5300	72	40	5300		20.2
29	16	5300	29	16	5300	29	16		36	20			
158	39	2350	106	45	4100	79	48	5800	65	48	7000		22.4
26.5	31	11300	26.5	31	11300	26.5	31	11300	32.5	42	12300		
136	39	2700	91	45	4800	68	48	6800	55	48	8200		26.2
22.6	30	12700	22.6	30	12700	22.6	30	12700	27.5	37	12700		
118	39	3200	79	45	5500	59	48	7900	48	48	9400		30.1
19.7	26	12700	19.7	26	12700	19.7	26	12700	24.1	32	12700		
101	39	3700	68	45	6400	51	48	9100	41.5	48	11000		35
16.9	22	12700	16.9	22	12700	16.9	22	12700	20.7	28	12700		
90	39	4100	60	45	7100	45	48	10300	37	48	12300		39.3
15	20	12700	15	20	12700	15	20	12700	18.4	25	12700		
79	39	4700	53	45	8200	39.5	48	11700	32	43	12700	RHD52U [MRHD52U]	45
13.2	18	12700	13.2	18	12700	13.2	18	12700	16.1	21			
68	39	5400	45.5	45	9400	34	45	12700	28	37	12700		51.9
11.4	15	12700	11.4	15	12700	11.4	15		14	19			

注：输入端转速 n_1 = 1450r/min（输入轴或法兰式电动机），[　] 按带传动比修正。

表 10.3-86　RH53U 型的承载能力

输入功率 P_1												结构型式	减速比 i
55kW			62kW			66kW			70kW				
变速比 R													
6			4			3			2				
输　出　轴													
n_2 /r·min^{-1}	P_2 /kW	T_2 /N·m	n_2 /r·min^{-1}	P_2 /kW	T_2 /N·m	n_2 /r·min^{-1}	P_2 /kW	T_2 /N·m	n_2 /r·min^{-1}	P_2 /kW	T_2 /N·m		
3980	49	117	2650	55	195	1990	58	280	1620	62	360	NRHB53U [MRHB53U]	1.03
665	40	570	665	40	570	665	40	570	810	53	620		
3550	49	130	2370	55	220	1780	58	310	1450	62	410		1.15
590	40	640	590	40	640	590	40	640	725	53	700		
3090	49	150	2060	55	250	1550	58	360	1260	62	470		1.32
515	40	740	515	40	740	515	40	740	630	53	800		
2660	49	175	1780	55	290	1330	58	420	1090	62	540		1.54
445	40	860	445	40	860	445	40	860	545	53	930		
2320	49	200	1550	55	340	1160	58	480	950	62	620		1.76
385	40	980	385	40	980	385	40	980	475	53	1070		
2090	49	220	1390	55	380	1040	58	530	855	62	690		1.96
350	40	1090	350	40	1090	350	40	1090	425	53	1190		
1790	49	260	1190	55	440	895	58	620	730	62	810		2.29
300	40	1250	300	40	1250	300	40	1250	365	53	1400		
1550	49	300	1040	55	500	775	58	720	635	62	930		2.63
260	40	1450	260	40	1450	260	40	1450	315	53	1600		
1340	49	350	890	55	590	670	58	830	545	62	1080		3.06
223	40	1700	223	40	1700	223	40	1700	275	51	1800		
1190	49	390	795	55	660	595	58	940	485	62	1220		3.44
198	35	1700	198	35	1700	198	35	1700	243	43	1700		
1040	49	450	695	55	750	520	58	1070	425	62	1400		3.93
174	28	1550	174	28	1550	174	28	1550	213	34	1550		
900	49	510	600	55	870	450	58	1240	370	54	1400		4.54
150	22	1400	150	22	1400	150	22	1400	184	27			
795	48	570	530	54	970	400	57	1350	325	61	1800	NRHC53U [MRHC53U]	5.14
133	39	2800	133	39	2800	133	39	2800	163	52	3100		
695	48	660	460	54	1110	345	57	1550	285	61	2050		5.9
116	39	3200	116	39	3200	116	39	3200	141	52	3500		
595	48	760	400	54	1300	300	57	1850	244	61	2400		6.85
99	39	3700	99	39	3700	99	39	3700	122	52	4100		
520	48	870	345	54	1500	260	57	2100	213	61	2700		7.85
87	39	4300	87	39	4300	87	39	4300	106	52	4700		
470	48	970	310	54	1650	234	57	2350	191	61	3000		8.74
78	39	4800	78	39	4800	78	39	4800	96	52	5200		
400	48	1130	265	54	1900	201	57	2700	164	61	3500		10.2
67	37	5300	67	37	5300	67	37	5300	82	45	5300		
350	48	1300	232	54	2200	174	57	3100	142	61	4100		11.7
58	32	5300	58	32	5300	58	32	5300	71	39	5300		
300	48	1500	200	54	2600	150	57	3600	122	61	4700		13.6
50	28	5300	50	28	5300	50	28	5300	61	34	5300		
265	48	1700	178	54	2900	133	57	4100	109	60	5300		15.3
44.5	25	5300	44.5	25	5300	44.5	25	5300	54	30			
233	48	1950	156	54	3300	117	57	4700	95	53	5300		17.5
39	22	5300	39	22	5300	39	22	5300	47.5	26			
202	48	2250	135	54	3800	101	56	5300	82	46	5300		20.2
33.5	19	5300	33.5	19	5300	33.5	19		41	23			
182	47	2450	122	53	4100	91	56	5900	74	59	7600	NRHD53U [MRHD53U]	22.4
30.5	38	12000	30.5	38	1200	30.5	38	12000	37	50	12700		
156	47	2900	104	53	4800	78	56	6800	64	59	8900		26.2
26	35	12700	26	35	12700	26	35	12700	32	42	12700		
136	47	3300	91	53	5500	68	56	7900	55	59	10200		30.1
22.6	30	12700	22.6	30	12700	22.6	30	12700	27.5	37	12700		
117	47	3800	78	53	6500	58	56	9200	47.5	59	11900		35
19.5	26	12700	19.5	26	12700	19.5	26	12700	23.8	32	12700		
104	47	4300	69	53	7200	52	56	10300	42.5	56	12700		39.3
17.3	23	12700	17.3	23	12700	17.3	23	12700	21.2	28			
91	47	4900	61	53	8300	45.5	56	11800	37	49	12700		45
15.2	20	12700	15.2	20	12700	15.2	20	12700	18.6	25			
79	47	5700	52	53	9600	39.5	52	12700	32	43	12700		51.9
13.1	17	12700	13.1	17	12700	13.1	17		16.1	21			

注：输入端转速 n_1 = 1450r/min（输入轴或法兰式电动机），[　] 按带传动比修正。

表 10.3-87 RH54U 型的承载能力

输入功率 P_1												结构型式	减速比 i
65kW			72kW			75kW			80kW				
变速比 R													
6			4			3			2				
输出轴													
n_2 /r·min^{-1}	P_2 /kW	T_2 /N·m	n_2 /r·min^{-1}	P_2 /kW	T_2 /N·m	n_2 /r·min^{-1}	P_2 /kW	T_2 /N·m	n_2 /r·min^{-1}	P_2 /kW	T_2 /N·m		
4570	57	120	3040	64	200	2280	66	280	1860	71	360	NRHB54U [MRHB54U]	1.03
760	46	580	760	46	580	760	46	580	930	62	630		
4080	57	135	2720	64	225	2040	66	310	1670	71	410		1.15
680	46	650	680	46	650	680	46	650	835	62	710		
3550	57	155	2370	64	26	1780	66	360	1450	71	470		1.32
590	46	740	590	46	740	590	46	740	725	62	810		
3060	57	180	2040	64	300	1530	66	410	1250	71	540		1.54
510	46	860	510	46	860	510	46	860	625	62	950		
2670	57	205	1780	64	340	1330	66	470	1090	71	620		1.76
445	46	990	445	46	990	445	46	990	545	62	1080		
2400	57	230	1600	64	380	1200	66	530	980	71	690		1.96
400	46	1100	400	46	1100	400	46	1100	490	62	1210		
2060	57	270	1370	64	440	1030	66	620	840	71	800		2.29
345	46	1300	345	46	1300	345	46	1300	420	62	1400		
1790	57	310	1190	64	510	895	66	710	730	71	930		2.63
300	46	1450	300	46	1450	300	46	1450	365	62	1600		
1540	57	360	1020	64	590	770	66	820	625	71	1080		3.06
255	46	1700	255	46	1700	255	46	1700	315	59	1800		
1370	57	400	910	64	670	685	66	930	560	71	1210		3.44
228	41	1700	228	41	1700	228	41	1700	2800	50	1700		
1200	57	460	795	64	760	600	66	1060	490	71	1400		3.93
199	32	1550	199	32	1550	199	32	1550	244	40	1550		
1040	57	530	690	64	880	520	66	1220	425	62	1400		4.54
173	25	1400	173	25	1400	173	25	1400	211	31			
915	56	590	610	62	980	455	65	1350	375	69	1750	NRHC54U [MRHC54U]	5.14
152	45	2800	152	45	2800	152	45	2800	187	61	3100		
795	56	680	530	62	1120	400	65	1550	325	69	2050		5.9
133	45	3200	133	42	3200	133	45	3200	162	61	3600		
685	56	780	455	62	1300	345	65	1800	280	69	2350		6.85
114	45	3800	114	45	3800	114	45	3800	140	61	4100		
600	56	900	400	62	1500	300	65	2050	244	69	2700		7.85
100	45	4300	100	45	4300	100	45	4300	122	61	4700		
540	56	1000	360	62	1650	270	65	2300	219	69	3000		8.74
90	45	4800	90	45	4800	90	45	4800	110	61	5300		
460	56	1170	305	62	1950	230	65	2700	188	69	3500		10.2
77	43	5300	77	43	5300	77	43	5300	94	52	5300		
400	56	1350	265	62	2250	200	65	3100	163	69	4100		11.7
67	37	5300	67	37	5300	67	37	5300	82	45	5300		
345	56	1550	229	62	2600	172	65	3600	141	69	4700		13.6
57	32	5300	57	32	5300	57	32	5300	70	39	5300		
305	56	1750	204	62	2900	153	65	4000	125	69	5300		15.3
51	28	5300	51	28	5300	51	28	5300	63	35			
270	56	2000	179	62	3300	134	65	4600	109	61	5300		17.5
44.5	25	5300	44.5	25	5300	44.5	25	5300	55	30			
232	56	2300	155	62	3800	116	64	5300	95	53	5300		20.2
38.5	21	5300	38.5	21	5300	38.5	21		47.5	26			
210	55	2500	140	61	4200	105	64	5800	86	68	7600	NRHD54U [MRHD54U]	22.4
35	44	12100	35	44	12100	35	44	12100	43	57	12700		
180	55	2900	120	61	4900	90	64	6800	73	68	8800		26.2
30	40	12700	30	40	12700	30	40	12700	36.5	49	12700		
156	55	3400	104	61	5600	78	64	7800	64	68	10200		30.1
26	35	12700	26	35	12700	26	35	12700	32	42	12700		
134	55	3900	89	61	6500	67	64	9100	55	68	11800		35
22.4	30	12700	22.4	30	12700	22.4	30	12700	27.5	36	12700		
119	55	4400	80	61	7300	60	64	10200	48.5	68	12700		39.3
19.9	26	12700	19.9	26	12700	19.9	26	12700	24.4	32			
104	55	5000	70	61	8400	52	64	11600	42.5	57	12700		45
17.4	23	12700	17.4	23	12700	17.4	23	12700	21.3	28			
90	55	5800	60	61	9700	45	60	12700	37	49	12700		51.9
15.1	20	12700	15.1	20	12700	15.1	20		18.5	25			

注：输入端转速 n_1 = 1450r/min（输入轴或法兰式电动机），[ ] 按带传动比修正。

表 10.3-88 RH55U 型的承载能力

输入功率 P_1												结构型式	减速比 i
75kW			82kW			86kW			90kW				
变速比 R													
6			4			3			2				
输 出 轴													
n_2 /r·min⁻¹	P_2 /kW	T_2 /N·m	n_2 /r·min⁻¹	P_2 /kW	T_2 /N·m	n_2 /r·min⁻¹	P_2 /kW	T_2 /N·m	n_2 /r·min⁻¹	P_2 /kW	T_2 /N·m		
5300	66	119	3540	72	195	2650	75	270	2160	80	350	NRHB55U [MRHB55U]	1.03
885	53	570	885	53	570	885	53	570	1080	71	620		
4740	66	135	3160	72	220	2370	75	310	1930	80	390		1.15
790	53	640	790	53	640	790	53	640	965	71	700		
4120	66	155	2750	72	250	2060	75	350	1680	80	450		1.32
685	53	740	685	53	740	685	53	740	840	71	800		
3550	66	180	2370	72	290	1780	75	410	1450	80	520		1.54
590	53	860	590	53	860	590	53	860	725	71	930		
3100	66	205	2070	72	330	1550	75	470	1270	80	600		1.76
515	53	980	515	53	980	515	53	980	635	71	1070		
2790	66	225	1860	72	370	1390	75	520	1140	80	670		1.96
465	53	1090	486	53	1090	465	53	1090	570	71	1190		
2390	66	270	1590	72	430	1190	75	610	975	80	780		2.29
400	53	1250	400	53	1250	400	53	1250	485	71	1400		
2070	66	310	1380	72	500	1040	75	700	845	80	900		2.63
345	53	1450	345	53	1450	345	53	1450	425	71	1600		
1780	66	350	1190	72	580	890	75	810	730	80	1040		3.06
295	53	1700	295	53	1700	295	53	1700	365	69	1800		
1590	66	400	1060	72	650	795	75	910	650	80	1170		3.44
265	47	1700	265	47	1700	265	47	1700	325	58	1700		
1390	66	460	925	72	750	695	75	1050	565	80	1350		3.93
231	38	1550	231	38	1550	231	38	1550	285	46	1550		
1200	66	530	800	72	860	600	75	1210	490	72	1400		4.54
200	29	1400	200	29	1400	200	29	1400	245	36			
1060	65	580	710	71	960	530	74	1350	435	80	1700	NRHC55U [MRHC55U]	5.14
177	52	2800	177	52	2800	177	52	2800	217	69	3100		
925	65	670	615	71	1100	460	74	1550	375	80	1950		5.9
154	52	3200	154	52	3200	154	52	3200	189	69	3500		
795	65	780	530	71	1300	400	74	1800	325	80	2300		6.85
133	52	3700	133	52	3700	133	52	3700	162	69	4100		
695	65	890	465	71	1450	345	74	2050	285	80	2600		7.85
116	52	4300	116	52	4300	116	52	4300	142	69	4700		
625	65	990	415	71	1650	310	74	2300	255	80	2900		8.74
104	52	4800	104	52	4800	104	52	4800	127	69	5200		
535	65	1160	355	71	1900	265	74	2700	218	80	3400		10.2
89	49	5300	89	49	5300	89	49	5300	109	61	5300		
465	65	1350	310	71	2200	232	74	3100	190	80	3900		11.7
77	43	5300	77	43	5300	77	43	5300	95	53	5300		
400	65	1550	265	71	2500	200	74	3600	163	80	4600		13.6
67	37	5300	67	37	5300	67	37	5300	82	45	5300		
355	65	1750	237	71	2900	178	74	4000	145	80	5100		15.3
59	33	5300	59	33	5300	59	33	5300	73	40	5300		
310	65	2000	207	71	3300	156	74	4600	127	71	5300		17.5
52	29	5300	52	29	5300	52	29	5300	64	35			
270	65	2300	180	71	3800	135	74	5300	110	61	5300		20.2
45	25	5300	45	25	5300	45	25		55	31			
243	64	2500	162	70	4100	122	73	5700	99	75	7300	NRHD55U [MRHD55U]	22.4
40.5	51	12000	40.5	51	12000	40.5	51	12000	49.5	66	12700		
209	64	2900	139	70	4800	104	73	6700	85	75	8600		26.2
35	46	12700	35	46	12700	35	46	12700	42.5	57	12700		
181	64	3400	121	70	5500	91	73	7700	74	75	9900		30.1
30	40	12700	30	40	12700	30	40	12700	37	49	12700		
156	64	3900	104	70	6400	78	73	8900	64	75	11500		35
26	35	12700	26	35	12700	26	35	12700	32	42	12700		
139	64	4400	92	70	7200	69	73	10100	57	75	12700		39.3
23.1	31	12700	23.1	31	12700	23.1	31	12700	28.5	38			
121	64	5000	81	70	8200	61	73	11500	49.5	66	12700		45
20.2	27	12700	20.2	27	12700	20.2	27	12700	24.8	33			
105	64	5800	70	70	9500	53	70	12700	43	57	12700		51.9
17.5	23	12700	17.5	23	12700	17.5	23	12700	21.4	29			

注：输入端转速 n_1 = 1450r/min（输入轴或法兰式电动机），[ ] 按带传动比修正。

表 10.3-89　N2RH51U 型的承载能力

输入功率 P_1												结构型式	减速比 i
75kW			90kW			100kW			110kW				
变速比 R													
6			4			3			2				
输　出　轴													
n_2 /r·min^{-1}	P_2 /kW	T_2 /N·m	n_2 /r·min^{-1}	P_2 /kW	T_2 /N·m	n_2 /r·min^{-1}	P_2 /kW	T_2 /N·m	n_2 /r·min^{-1}	P_2 /kW	T_2 /N·m		
3550	66	180	2370	80	320	1780	90	480	1450	95	640	N2RHB51U	1.02
590	53	860	590	53	860	590	53	860	725	72	950		
3160	66	200	2110	80	360	1580	90	530	1290	95	720		1.15
525	53	960	525	53	960	525	53	960	645	72	1070		
2760	66	230	1840	80	410	1380	90	610	1130	95	820		1.31
460	53	110	460	53	1100	460	53	1100	565	72	1230		
2390	66	260	1600	80	480	1200	90	700	980	95	950		1.51
400	53	1250	400	53	1250	400	53	1250	490	72	1400		
2050	66	310	1370	80	550	1030	90	820	840	95	1110		1.76
340	53	1500	340	53	1500	340	53	1500	420	72	1650		
1840	66	340	1220	80	620	920	90	920	750	95	1240		1.97
305	53	1650	305	53	1650	305	53	1650	375	72	1850		
1590	66	400	1060	80	720	795	90	1060	650	95	1450		2.28
265	53	1900	265	53	1900	265	53	1900	325	72	2150		
1360	66	460	910	80	840	680	90	1240	555	95	1650		2.66
227	53	2250	227	53	2250	227	53	2250	280	72	2500		
1190	66	530	795	80	960	595	90	1400	485	95	1900		3.04
199	53	2500	199	53	2500	199	53	2500	243	72	2800		
1050	66	600	700	80	1090	525	90	1600	425	95	2150		3.46
175	53	2900	175	53	2900	175	53	2900	214	72	3200		
915	66	690	610	80	1240	460	90	1850	375	95	2500		3.95
153	53	3300	153	53	3300	153	53	3300	187	72	3700		
775	66	820	515	80	1450	385	90	2200	315	95	2900		4.68
129	53	3900	129	53	3900	129	53	3900	158	66	4000		
675	66	940	450	80	1700	340	90	2500	275	95	3400		5.35
113	47	4000	113	47	4000	113	47	4000	138	58	4000		
590	65	1050	395	80	1900	295	85	2800	241	95	3800	N2RHC51U	6.14
98	52	5000	98	52	5000	98	52	5000	120	71	5600		
505	65	1230	335	80	2200	255	85	3300	207	95	4400		7.16
84	52	5900	84	52	5900	84	52	5900	103	71	6600		
455	65	1350	300	80	2450	226	85	3700	185	95	4900		8
75	52	6600	75	52	6600	75	52	6600	92	71	7300		
390	65	1600	260	80	2900	196	85	4200	160	95	5700		9.26
65	52	7600	65	52	7600	65	52	7600	80	71	8500		
335	65	1850	224	80	3300	168	85	4900	137	95	6600		10.8
56	52	8900	56	52	8900	56	52	8900	69	71	9900		
295	65	2100	196	80	3800	147	85	5600	120	95	7600		12.3
49	52	10100	49	52	10100	49	52	10100	60	71	11300		
260	65	2400	172	80	4300	129	85	6400	105	95	8600		14
43	52	11500	43	52	11500	43	52	11500	53	66	12000		
226	65	2700	150	80	4900	113	85	7300	92	95	9900		16.1
37.5	47	12000	37.5	47	12000	37.5	47	12000	46	58	12000		
190	65	3300	127	80	5900	95	85	8700	78	95	11700		19
31.5	40	12000	31.5	40	12000	31.5	40	12000	39	49	12000		
167	65	3700	111	80	6700	83	85	9900	68	85	12000		21.7
28	35	12000	28	35	12000	28	35	12000	34	43			

注：输入端转速 n_1 = 1450r/min（输入轴或法兰式电动机），[　] 按带传动比修正。

表 10.3-90　N2RH52U 型的承载能力

输入功率 P_1												结构型式	减速比 i
90kW			100kW			110kW			110kW				
变速比 R													
6			4			3			2				
输　出　轴													
n_2 /r·min^{-1}	P_2 /kW	T_2 /N·m	n_2 /r·min^{-1}	P_2 /kW	T_2 /N·m	n_2 /r·min^{-1}	P_2 /kW	T_2 /N·m	n_2 /r·min^{-1}	P_2 /kW	T_2 /N·m		
3550	80	215	2370	90	360	1780	95	520	1450	95	640		1.02
590	62	1000	590	62	1000	590	62	1000	725	85	1110		
3160	80	240	2110	90	400	1580	95	590	1290	95	720		1.15
525	62	1120	525	62	1120	525	62	1120	645	85	1240		
2760	80	270	1840	90	460	1380	95	670	1130	95	820		1.31
460	62	1300	460	62	1300	460	62	1300	565	85	1400		

（续）

输入功率 P_1												结构型式	减速比 i
90kW			100kW			110kW			110kW				
变速比 R													
6			4			3			2				
输　出　轴													
n_2 /r·min^{-1}	P_2 /kW	T_2 /N·m	n_2 /r·min^{-1}	P_2 /kW	T_2 /N·m	n_2 /r·min^{-1}	P_2 /kW	T_2 /N·m	n_2 /r·min^{-1}	P_2 /kW	T_2 /N·m		
2390 400	80 62	320 1500	1600 400	90 62	530 1500	1200 400	95 62	780 1500	980 490	95 85	950 1650		1.51
2050 340	80 62	370 1750	1370 340	90 62	620 1750	1030 340	95 62	900 1750	840 420	95 85	1110 1900		1.76
1840 305	80 62	410 1950	1220 305	90 62	690 1950	920 305	95 62	1010 1950	750 375	95 85	1240 2150	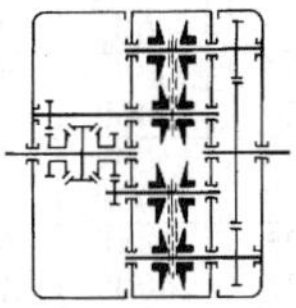	1.97
1590 265	80 62	480 2250	1060 265	90 62	800 2250	795 265	95 62	1170 2250	650 325	95 85	1450 2450		2.28
1360 227	80 62	560 2600	910 227	90 62	930 2600	680 227	95 62	1350 2600	555 280	95 85	1650 2900		2.66
1190 199	80 62	640 3000	795 199	90 62	1060 3000	595 199	95 62	1550 3000	485 243	95 85	1900 3300		3.04
1050 175	80 62	730 3400	700 175	90 62	1210 3400	525 175	95 62	1750 3400	425 214	95 85	2150 3800		3.46
915 153	80 62	830 3900	610 153	90 62	1400 3900	460 153	95 62	2050 3900	375 187	95 80	2500 4000	N2RHB52U	3.95
775 129	80 54	980 4000	515 129	90 54	1650 4000	385 129	95 54	2400 4000	315 158	95 66	2900 4000		4.68
675 113	80 47	1120 4000	450 113	90 47	1850 4000	340 113	95 47	2700 4000	275 138	95 58	3400 4000		5.35
590 98	80 61	1250 5900	395 98	85 61	2100 5900	295 98	95 61	3100 5900	241 120	95 80	3800 6500		6.14
505 84	80 61	1450 6900	335 84	85 61	2450 6900	255 84	95 61	3600 6900	207 103	95 80	4400 7600		7.16
455 75	80 61	1650 7700	300 75	85 61	2700 7700	226 75	95 61	4000 7700	185 92	95 80	4900 8500		8
390 65	80 61	1900 8900	260 65	85 61	3200 8900	196 65	95 61	4700 8900	160 80	95 80	5700 9800	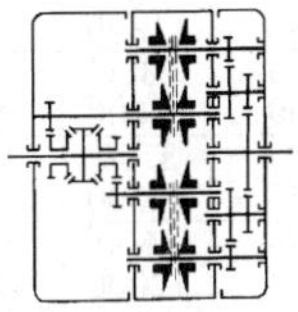	9.26
335 56	80 61	2200 10300	224 56	85 61	3700 10300	168 56	95 61	5400 10300	137 69	95 80	6600 11500		10.8
295 49	80 61	2500 11800	196 49	85 61	4200 11800	147 49	95 61	6200 11800	120 60	95 75	7600 12000		12.3
260 43	80 54	2900 12000	172 43	85 54	4800 12000	129 43	95 54	7100 12000	105 53	95 66	8600 12000		14
226 37.5	80 47	3300 12000	150 37.5	85 47	5500 12000	113 37.5	95 47	8100 12000	92 46	95 58	9900 12000	N2RHC52U	16.1
190 31.5	80 40	3900 12000	127 31.5	85 40	6500 12000	95 31.5	95 40	9600 12000	78 39	95 49	11700 12000		19
167 28	80 35	4500 12000	111 28	85 35	7400 12000	83 28	95 35	10900 12000	68 34	85 43	12000		21.7

注：输入端转速 n_1 = 1450r/min（输入轴或法兰式电动机），[　] 按带传动比修正。

表 10.3-91　N2RH53U 型的承载能力

输入功率 P_1												结构型式	减速比 i
110kW			120kW			132kW			132kW				
变速比 R													
6			4			3			2				
输　出　轴													
n_2 /r·min^{-1}	P_2 /kW	T_2 /N·m	n_2 /r·min^{-1}	P_2 /kW	T_2 /N·m	n_2 /r·min^{-1}	P_2 /kW	T_2 /N·m	n_2 /r·min^{-1}	P_2 /kW	T_2 /N·m		
3990 665	95 80	235 1140	2660 665	105 80	380 1140	2000 665	115 80	560 1140	1630 815	115 100	680 1190		1.02
3550 590	95 80	260 1300	2370 590	105 80	430 1300	1780 590	115 80	630 1300	1450 725	115 100	770 1350	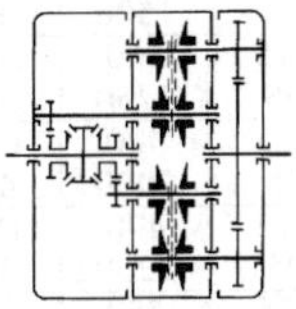	1.15
3100 515	95 80	300 1450	2070 515	105 80	490 1450	1550 515	115 80	720 1450	1270 635	115 100	880 1550		1.31
2690 450	95 80	340 1700	1790 450	105 80	560 1700	1350 450	115 80	830 1700	1100 550	115 100	1010 1750		1.51
2310 385	95 80	400 1950	1540 385	105 80	660 1950	1150 385	115 80	970 1950	940 470	115 100	1180 2050	N2RHB53U	1.76

（续）

输入功率 P_1												结构型式	减速比 i
110kW			120kW			132kW			132kW				
变速比 R													
6			4			3			2				
输　出　轴													
n_2 /r·min^{-1}	P_2 /kW	T_2 /N·m	n_2 /r·min^{-1}	P_2 /kW	T_2 /N·m	n_2 /r·min^{-1}	P_2 /kW	T_2 /N·m	n_2 /r·min^{-1}	P_2 /kW	T_2 /N·m		
2060	95	450	1380	105	740	1030	115	1080	845	115	1300	N2RHB53U	1.97
345	80	2200	345	80	2200	345	80	2200	420	100	2300		
1780	95	520	1190	105	850	890	115	1250	730	115	1550		2.28
295	80	2600	295	80	2600	295	80	2600	365	100	2700		
1530	95	610	1020	105	990	765	115	1450	625	115	1800		2.66
255	80	3000	255	80	3000	255	80	3000	315	100	3100		
1340	95	690	895	105	1130	670	115	1650	545	115	2050		3.04
223	80	3400	223	80	3400	223	80	3400	275	100	3500		
1180	95	790	785	105	1300	590	115	1900	480	115	2300		3.46
196	80	3900	196	80	3900	196	80	3900	240	100	4000		
1030	95	900	685	105	1500	515	115	2150	420	115	2700		3.95
172	72	4000	172	72	4000	172	72	4000	210	90	4000		
870	95	1070	580	105	1750	435	115	2600	355	115	3100		4.68
145	61	4000	145	61	4000	145	61	4000	177	74	4000		
760	95	1220	505	105	2000	380	115	2900	310	115	3600		5.35
127	53	4000	127	53	4000	127	53	4000	155	65	4000		
665	95	1350	440	105	2250	330	115	3300	270	115	4000	N2RHC53U	6.14
111	80	6700	111	80	6700	111	80	6700	135	100	7000		
570	95	1600	380	105	2600	285	115	3800	232	115	4700		7.16
95	80	7900	95	80	7900	95	80	7900	116	100	8200		
510	95	1800	340	105	2900	255	115	4300	208	115	5300		8
85	80	8800	85	80	8800	85	80	8800	104	100	9200		
440	95	2050	295	105	3400	220	115	5000	179	115	6100		9.26
73	80	10200	73	80	10200	73	80	10200	90	100	10600		
380	95	2400	250	105	3900	189	115	5800	154	115	7100		10.8
63	80	11800	63	80	11800	63	80	11800	77	95	12000		
330	95	2800	220	105	4500	165	115	6600	135	115	8100		12.3
55	69	12000	55	69	12000	55	69	12000	67	85	12000		
290	95	3100	193	105	5100	145	115	7500	118	115	9200		14
48.5	61	12000	48.5	61	12000	48.5	61	12000	59	74	12000		
255	95	3600	169	105	5900	127	115	8600	104	115	10500		16.1
42.5	53	12000	42.5	53	12000	42.5	53	12000	52	65	12000		
214	95	4200	143	105	7000	107	115	10200	87	110	12000		19
35.5	45	12000	35.5	45	12000	35.5	45	12000	43.5	55			
187	95	4900	125	105	7900	94	115	11700	76	95	12000		21.7
31	39	12000	31	39	12000	31	39	12000	38	48			

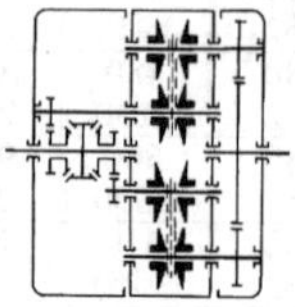

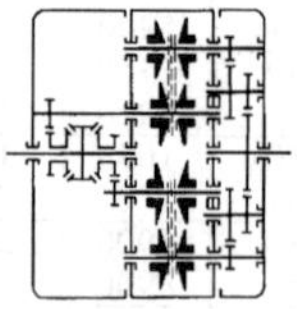

注：输入端转速 n_1 = 1450r/min（输入轴或法兰式电动机），[　] 按带传动比修正。

表 10.3-92　N2RH54U 型的承载能力

输入功率 P_1												结构型式	减速比 i
132kW			140kW			150kW			160kW				
变速比 R													
6			4			3			2				
输　出　轴													
n_2 /r·min^{-1}	P_2 /kW	T_2 /N·m	n_2 /r·min^{-1}	P_2 /kW	T_2 /N·m	n_2 /r·min^{-1}	P_2 /kW	T_2 /N·m	n_2 /r·min^{-1}	P_2 /kW	T_2 /N·m		
4570	115	245	3040	125	390	2280	135	550	1860	140	720	N2RHB54U	1.02
760	95	1160	760	95	1160	760	95	1160	930	120	1220		
4060	115	270	2710	125	440	2030	135	620	1660	140	810		1.15
675	95	1300	675	95	1300	675	95	1300	830	120	1350		
3550	115	310	2370	125	500	1780	135	710	1450	140	930		1.31
590	95	1500	590	95	1500	590	95	1500	725	120	1550		
3080	115	360	2050	125	580	1540	135	820	1260	140	1070		1.51
515	95	1750	515	95	1750	515	95	1750	630	120	1800		
2640	115	420	1760	125	670	1320	135	960	1080	140	1250		1.76
440	95	2000	440	95	2000	440	95	2000	540	120	2100		
2360	115	470	1570	125	750	1180	135	1070	965	140	1400		1.97
395	95	2250	395	95	2250	395	95	2250	480	120	2350		
2040	115	550	1360	125	870	1020	135	1240	835	140	1600		2.28
340	95	2600	340	95	2600	340	95	2600	415	120	2700		
1750	115	640	1170	125	1010	875	135	1450	715	140	1900		2.65
290	95	3000	290	95	3000	290	95	3000	360	120	3200		

（续）

输入功率 P_1												结构型式	减速比 i
132kW			140kW			150kW			160kW				
变速比 R													
6			4			3			2				
输　出　轴													
n_2 /r · min^{-1}	P_2 /kW	T_2 /N · m	n_2 /r · min^{-1}	P_2 /kW	T_2 /N · m	n_2 /r · min^{-1}	P_2 /kW	T_2 /N · m	n_2 /r · min^{-1}	P_2 /kW	T_2 /N · m		
530 255	115 95	730 3500	1020 255	125 95	1160 3500	765 255	135 95	1650 3500	625 315	140 1200	2150 3600	N2RHB54U	3.04
1350 224	115 95	830 3900	900 224	125 95	1300 3900	675 224	135 95	1900 3900	550 275	140 115	2450 4000		3.46
1180 196	115 80	950 4000	785 196	125 80	1500 4000	590 196	135 80	2150 4000	480 240	140 100	2800 4000		3.95
995 166	115 69	1120 4000	665 166	125 69	1800 4000	495 166	135 69	2500 4000	405 203	140 85	3300 4000		4.68
870 145	115 61	1300 4000	580 145	125 61	2050 4000	435 145	135 61	2900 4000	355 178	140 74	3800 4000		5.35
760 126	115 90	1450 6900	505 126	120 90	2300 6900	380 126	130 90	3300 6900	310 155	140 115	4300 7200	N2RHC54U	6.14
650 108	115 90	1700 8000	435 108	120 90	2700 8000	325 108	130 90	3800 8000	265 133	140 115	5000 8400		7.16
580 97	115 90	1900 8900	390 97	120 90	3000 9000	290 97	130 90	4300 9000	238 119	140 115	5600 9400		8
505 84	115 90	2150 10400	335 84	120 90	3500 10400	250 84	130 90	4900 10400	205 103	140 115	6400 10900		9.26
430 72	115 90	2500 12000	290 72	120 90	4000 12000	216 72	130 90	5700 12000	176 88	140 110	7500 12000		10.8
380 63	115 80	2900 12000	250 63	120 80	4600 12000	189 63	130 80	6600 12000	154 77	140 95	8600 12000		12.3
330 55	115 69	3300 12000	221 55	120 69	5200 12000	166 55	130 69	7500 12000	135 68	140 85	9800 12000		14
290 48.5	115 61	3800 12000	193 48.5	120 61	6000 12000	145 48.5	130 61	8600 12000	118 59	140 74	11200 12000		16.1
245 41	115 51	4500 12000	163 41	120 51	7100 12000	122 41	130 51	10100 12000	100 50	125 63	12000		19
214 35.5	115 45	5100 12000	143 35.5	120 45	8100 12000	107 35.5	130 45	11600 12000	88 44	110 55	12000		21.7

注：输入端转速 n_1 = 1450r/min（输入轴或法兰式电动机），[　] 按带传动比修正。

表 10.3-93　N2RH55U 型的承载能力

输入功率 P_1												结构型式	减速比 i
150kW			160kW			170kW			175kW				
变速比 R													
6			4			3			2				
输　出　轴													
n_2 /r · min^{-1}	P_2 /kW	T_2 /N · m	n_2 /r · min^{-1}	P_2 /kW	T_2 /N · m	n_2 /r · min^{-1}	P_2 /kW	T_2 /N · m	n_2 /r · min^{-1}	P_2 /kW	T_2 /N · m		
5270 880	135 105	240 1150	3510 880	140 105	380 1150	2630 880	150 105	540 1150	2150 1080	150 135	690 1220	N2RHB55U	1.02
4690 780	135 105	270 1300	3120 780	140 105	430 1300	2340 780	150 105	610 1300	1910 955	150 135	770 1350		1.15
4100 685	135 105	310 1500	2730 685	140 105	490 1500	2050 685	150 105	700 1500	1670 835	150 135	880 1550		1.31
3550 590	135 105	360 1700	2370 590	140 105	570 1700	1780 590	150 105	810 1700	1450 725	150 135	1020 1800		1.51
3050 510	135 105	420 2000	2030 510	140 105	660 2000	1520 510	150 105	940 2000	1240 620	150 135	1190 2100		1.76
2720 455	135 105	460 2250	1820 455	140 105	740 2250	1360 455	150 105	1050 2250	1110 555	150 135	1350 2350		1.97
2350 390	135 105	540 2600	1570 390	140 105	860 2600	1180 390	150 105	1220 2600	960 480	150 135	1550 2700		2.28
2020 335	135 105	630 3000	1350 335	140 105	1000 3000	1010 335	150 105	1400 3000	825 415	150 135	1800 3200		2.66
1770 295	135 105	720 3400	1180 295	140 105	1150 3400	885 295	150 105	1600 3400	720 360	150 135	2050 3600		3.04
1550 260	135 105	810 3900	1040 260	140 105	1300 3900	775 260	150 105	1850 3900	635 315	150 135	2350 4000		3.46
1360 226	135 95	930 4000	905 226	140 95	1500 4000	680 226	150 95	2100 4000	555 275	150 115	2700 4000		3.95

（续）

输入功率 P_1												结构型式	减速比 i
150kW			160kW			170kW			175kW				
变速比 R													
6			4			3			2				
输　出　轴													
n_2 /r·min^{-1}	P_2 /kW	T_2 /N·m	n_2 /r·min^{-1}	P_2 /kW	T_2 /N·m	n_2 /r·min^{-1}	P_2 /kW	T_2 /N·m	n_2 /r·min^{-1}	P_2 /kW	T_2 /N·m		
1150	135	1100	765	140	1750	575	150	2500	470	150	3200		4.68
191	80	4000	191	80	4000	191	80	4000	234	100	4000		
1000	135	1250	670	140	2000	500	150	2900	410	150	3600		5.35
167	70	4000	167	70	4000	167	70	4000	205	85	4000		
875	130	1400	585	140	2250	440	145	3200	355	150	4100	N2RHC55U	6.14
146	105	6800	146	105	6800	146	105	6800	179	135	7200		
750	130	1650	500	140	2600	375	145	3700	305	150	4700		7.16
125	105	7900	125	105	7900	125	105	7900	153	135	8400		
670	130	1850	445	140	3000	335	145	4200	275	150	5300		8
112	105	8900	112	105	8900	112	105	8900	137	135	9400		
580	130	2150	385	140	3400	290	145	4800	237	150	6100		9.26
97	105	10300	97	105	10300	97	105	10300	118	135	10800		
500	130	2500	330	140	4000	249	145	5600	203	150	7100		10.8
83	105	11900	83	105	11900	83	105	11900	102	130	12000		
435	130	2800	290	140	4600	218	145	6500	178	150	8100		12.3
73	90	12000	73	90	12000	73	90	12000	89	110	12000		
385	130	3200	255	140	5200	191	145	7300	156	150	9300		14
64	80	12000	64	80	12000	64	80	12000	78	100	12000		
335	130	3700	223	140	5900	167	145	8400	137	150	10600		16.1
56	70	12000	56	70	12000	56	70	12000	68	85	12000		
280	130	4400	188	140	7000	141	145	10000	115	145	12000		19
47	59	12000	47	59	12000	47	59	12000	58	72			
247	130	5000	165	140	8000	124	145	11400	101	125	12000		21.7
41	52	12000	41	52	12000	41	52	12000	50	63			

注：输入端转速 $n_1=1450$r/min（输入轴或法兰式电动机），[　] 按带传动比修正。

12　金属带式无级变速器

金属带式无级变速器是荷兰 VDT 公司的工程师 Van Doorne 发明的。这种变速器用金属带代替了胶带，大幅度提高了传动的效率、可靠性、功率和寿命，经过 50 多年的研究开发，已经在汽车传动领域占有重要的地位。目前金属带式无级变速器的全球总产量已经达到 400 万部/年，发展速度很快。

金属带式无级变速器的核心元件是金属带组件，如图 10.3-4 所示。金属带组件由两组 9~12 层的钢环组和 350~400 片的摩擦片组成。要实现强度高（$R_m>$ 2000MPa）、各层带环之间“无间隙”配合，钢环组的材料，尤其是制造工艺是最难的。

金属带式无级变速器的传动原理如图 10.3-5 所示。主、从动两对锥盘夹持金属带，靠摩擦力传递运动和转矩。主、从动边的动锥盘的轴向移动，使金属带径向工作半径发生无级变化，从而实现传动比的无级变化，即无级变速。

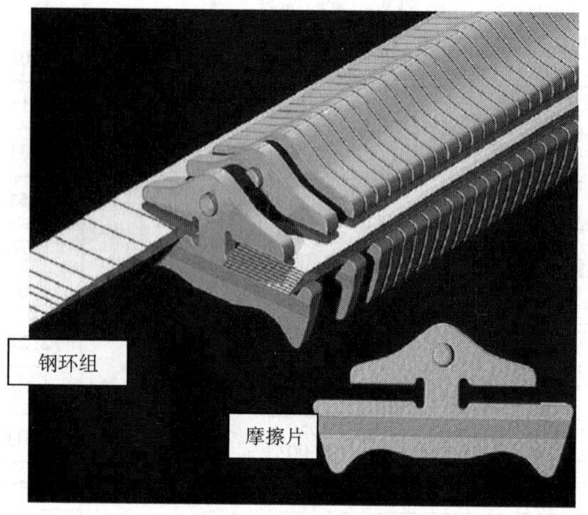

图 10.3-4　金属带组件

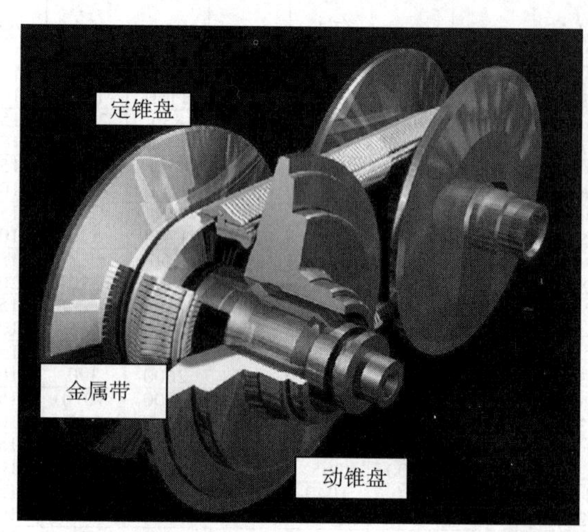

图 10.3-5　金属带式无级变速器的传动原理

金属带式无级变速器的典型结构如图 10.3-6 所示。在这种结构中，采用带锁止离合器的液力变矩器作为起步离合器，液压泵提供锥盘加压、传动与调速系统用高压油，高压油通过液压缸、活塞作用于主、从动两对锥盘，夹持金属带，产生摩擦力传递运动和转矩。该结构的后面是齿轮传动和差速器传动。

图 10.3-7 所示为一种汽车用金属带式无级变速器的基本组成。图 10.3-8 所示为一种等强共轭母线锥盘无级变速传动的示意图，其变速比 $R_b=6.02$；图 10.3-9 所示为一种非对称金属带式无级变速传动，其变速比范围可达 $R_b=7.2$。

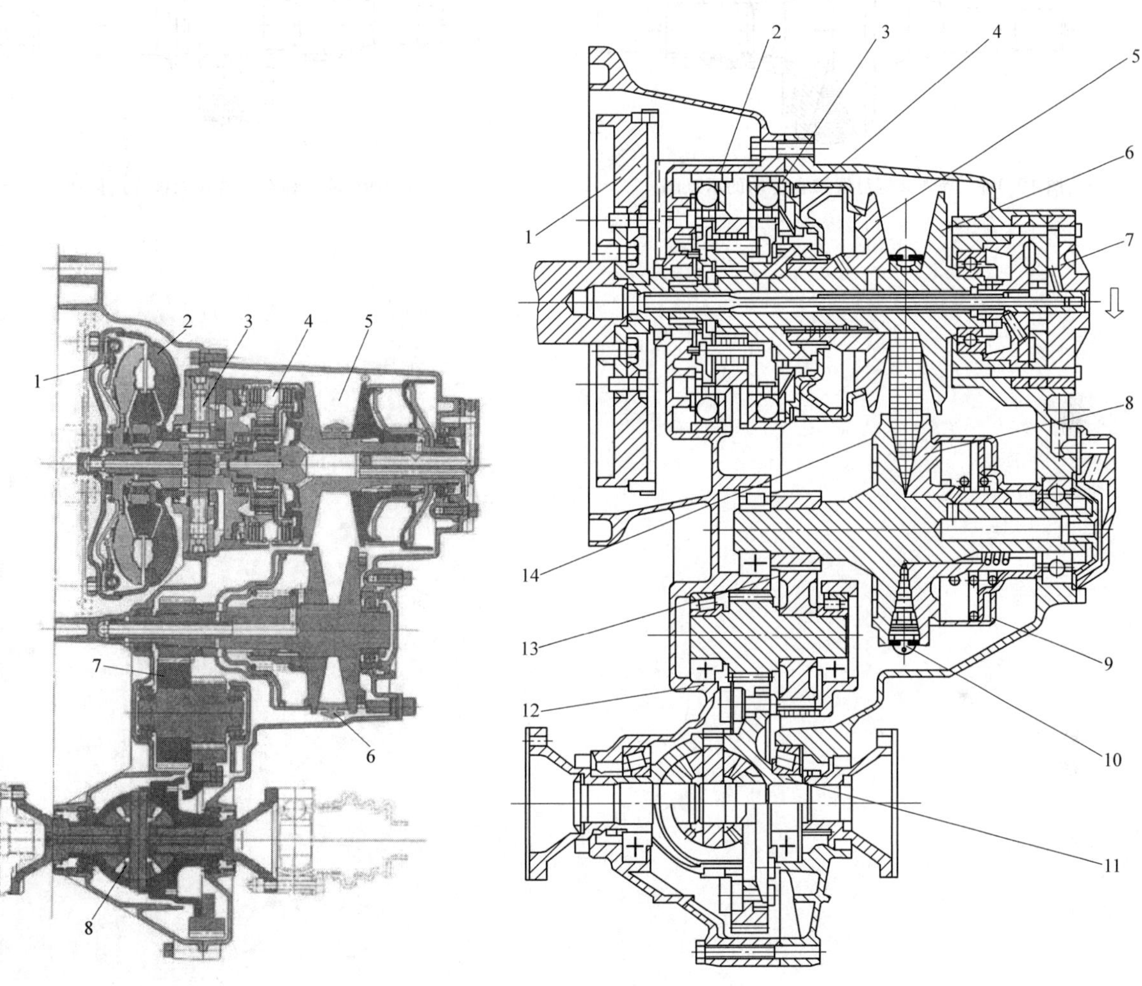

图 10.3-6　金属带式无级变速器的典型结构
1—变矩器离合器　2—液力变矩器
3—液压泵　4—前进、倒档离合器
5—锥盘变速装置　6—金属带
7—减速装置　8—差速器

图 10.3-7　汽车用金属带式无级变速器的基本组成
1—发动机飞轮　2—倒档离合器　3—前进离合器
4—主动轮液压控制缸　5—主动移动锥盘
6—主动轴及主动固定锥盘　7—液压泵
8—从动移动锥盘　9—从动轮液压控制缸
10—金属带　11—差速器　12—主减速齿轮
13—中间减速齿轮　14—从动轴及从动固定锥盘

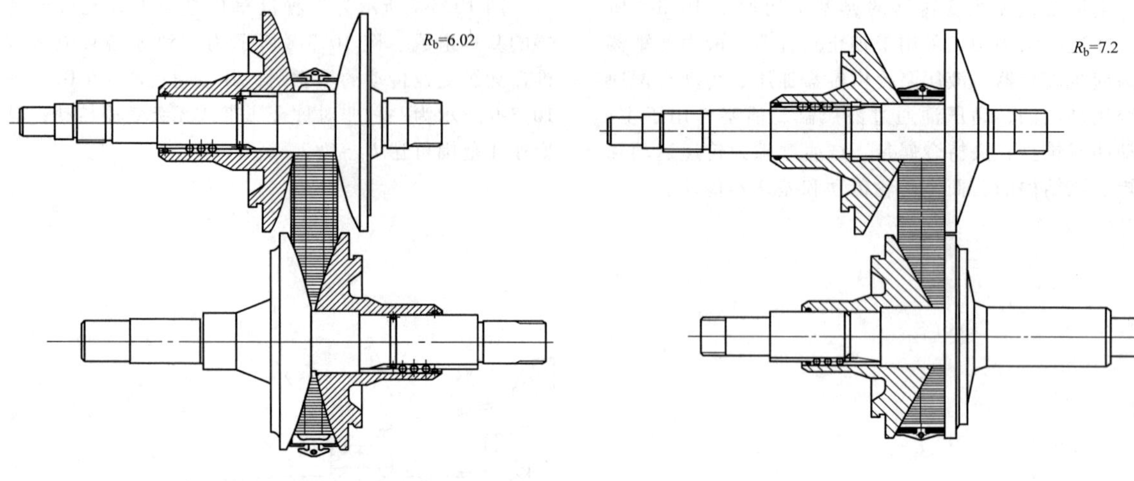

图 10.3-8 等强共轭母线锥盘传动的示意图

图 10.3-9 非对称金属带式无级变速传动

参考文献

[1] 机械工程手册电机工程手册编辑委员会. 机械工程手册：机械传动卷［M］. 2版. 北京：机械工业出版社，1997.

[2] 闻邦椿. 机械设计手册：第2卷［M］. 5版. 北京：机械工业出版社，2010.

[3] 闻邦椿. 现代机械设计师手册. 上册［M］. 北京：机械工业出版社，2012.

[4] 闻邦椿. 现代机械设计实用手册［M］. 北京：机械工业出版社，2015.

[5] 机械设计手册编辑委员会. 机械设计手册：第3卷［M］. 新版. 北京：机械工业出版社，2004.

[6] 成大先. 机械设计手册. 第4卷［M］. 6版. 北京：化学工业出版社，2016.

[7] 王启义. 中国机械设计大典. 第4卷［M］. 南昌：江西科学技术出版社，2002.

[8] 程乃士. 减速器和变速器设计与选用手册［M］. 北京：机械工业出版社，2007.

[9] 阮忠唐. 机械无级变速器设计与选用指南［M］. 北京：机械工业出版社，1999.

[10] 张展. 实用机械传动设计手册［M］. 北京：科学出版社，1994.

[11] EUROTRAN S. Woerterbuch der Kraftuebertragungselement：Band3 Stufenlose einstellbare Getriebe［M］. Berlin：Springer-Verlag，1985.

[12] 程乃士. 汽车金属带式无级变速器—CVT原理和设计［M］. 北京：机械工业出版社，2007.

[13] 王太辰. 宝钢减速器图册［M］. 北京：机械工业出版社，1995.

第 11 篇　机构设计

主　编　邓宗全　于红英　邹　平　焦映厚

编写人　邓宗全　于红英　邹　平　焦映厚
陈照波　唐德威　杨　飞　刘文涛
陶建国　荣伟彬　王乐锋　陈　明
刘荣强

审稿人　陈良玉　杨玉虎

第 5 版
第 11 篇　机构设计

主　编　施永乐　邹平

撰写人　施永乐　邹慧君

　　　　李德锡　邹　平　郭凤麟

审稿人　陈良玉

第 1 章　机构的基本概念和分析方法

1　与机构相关的常用名词术语（见表 11.1-1）

表 11.1-1　常用名词术语

名词术语			定义及意义
零件			机构中的制造单元，如螺钉、键、轴等，也是组成构件的单元体
构件	定义		机构中独立的运动单元，可以是一个零件或多个零件刚性连接而成，所以构件可看作为刚体
	分类	主动件	机构中由外部（原动机或传动系统）输入驱动力（力矩）的构件，一般与机架相连，又称原动件、起始构件或输入构件
		从动件	机构中除机架和主动件以外的构件，其中直接输出运动或力的构件称输出构件
		机架	机构中用以支承运动构件的构件，一般认为它是相对静止的，可作为研究运动的参考基准
运动副	定义		两构件直接接触而又保持一定相对运动的可动连接
	分类	低副	两构件以面接触组成的运动副
		高副	两构件以点或线接触组成的运动副
运动链	定义		若干个构件通过运动副连接而成的可动构件系统
	分类	闭式	运动链形成封闭环路，可分为单闭环和多闭环
		开式	运动链没有形成封闭环路
机构	定义		用来传递运动和力的，以一个构件为机架，用运动副连接而成的构件系统
	分类	平面机构	机构中各个构件上的点都在相互平行的平面内运动
		空间机构	机构中各个构件上的点不都在相互平行的平面内运动
机器			由一个或多个机构组成，用以执行机械运动，以变换和传递能量、物料或信息
机械			一般为机构和机器两者的总称

2　运动副及其分类

构件通过直接接触组成一个运动副时，彼此限制了某些相对运动，这种限制运动的条件称为约束。例如，一个没有任何约束的自由构件在空间运动时具有 6 个独立运动参数（自由度），即绕 x、y、z 轴的 3 个独立转动 θ_x、θ_y、θ_z 和沿这 3 个轴的独立移动 S_x、S_y、S_z。当两个构件组成运动副时，由于某些相对运动受到限制，自由度减少。表 11.1-2 中列举了各种不同运动副的简图符号、级别、代号、相对自由度和约束情况。

表 11.1-2　常用各级运动副及其表示方法

名称		图例	简图符号	副级	代号	约束条件	自由度
开式空间运动副	球面高副	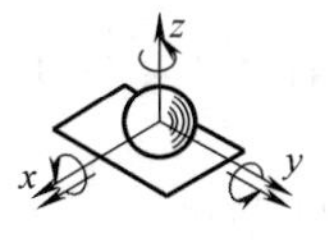	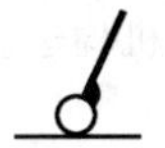	Ⅰ	P_1 (S_h)	S_z	5
	柱面高副	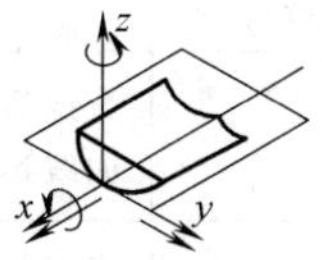	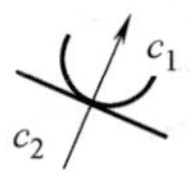	Ⅱ	P_2 (C_h)	S_z、θ_y	4
闭式空间运动副	球面低副	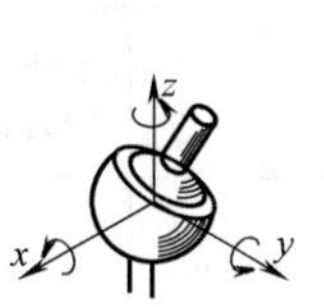	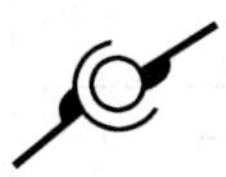	Ⅲ	P_3 (S)	S_x、S_y、S_z	3

（续）

名称		图例	简图符号	副级	代号	约束条件	自由度
闭式空间运动副	球销副			Ⅳ	P_4 (S′)	S_x、S_y、S_z、θ_z	2
	圆柱副			Ⅳ	P_4 (C)	S_y、S_z、θ_y、θ_z	2
	螺旋副			Ⅴ	P_5 (H)	S_x、S_y、S_z、θ_z、θ_y	1
开式平面运动副	平面高副			Ⅳ	P_4	S_y、S_z、θ_x、θ_y	2
闭式平面运动副	转动副			Ⅴ	P_5 (R)	S_x、S_y、S_z、θ_x、θ_y	1
	移动副			Ⅴ	P_5 (P)	S_y、S_z、θ_x、θ_y、θ_z	1

注：1. 表中 P_1、P_2、P_3、P_4、P_5 分别表示运动副的级别为 Ⅰ、Ⅱ、Ⅲ、Ⅳ、Ⅴ等级。

2. 表中带括号的代号是机构学中常用的代号。

3　机构运动简图

3.1　机构运动简图的定义及符号

为了使问题简化，在研究机构的运动时可以不考虑构件、运动副的外形和具体构造，用简单的线条和符号代表构件和运动副，按一定比例确定各运动副的相对位置。这种描述构件间相对位置关系的简单图形称为机构运动简图，如不按比例来绘制，把这样的简图称为机构示意图。

机构运动简图的符号见表 11.1-3。

表 11.1-3　机构运动简图符号（参考 GB/T 4460—2013）

类别	名　　称	基本符号	可用符号	附　　注
机构构件的运动	运动轨迹			直线运动 曲线运动
	运动指向			表示点沿轨迹运动的指向
	中间位置的瞬时停顿			直线运动 回转运动
	中间位置的停留			

（续）

类别	名称		基本符号	可用符号	附注
机构构件的运动	极限位置的停留				
	局部反向运动				直线运动 回转运动
	停止				
	单向运动	直线或曲线的单向运动			直线运动 曲线运动
		具有瞬时停顿的单向运动			直线运动 回转运动
		具有停留的单向运动			直线运动 回转运动
		具有局部反向的单向运动			直线运动 回转运动
		具有局部反向及停留的单向运动			直线运动 回转运动
	往复运动	直线或回转的往复运动			直线运动 回转运动
		在一个极限位置停留的往复运动			直线运动 回转运动
		在中间位置停留的往复运动			直线运动 回转运动
		在两个极限位置停留的往复运动			直线运动 回转运动
		运动终止			直线运动 回转运动
构件及其组成部分的连接	机架				
	轴、杆				
	构件组成部分的永久连接				
	组成部分与轴（杆）的固定连接				
	构件组成部分的可调连接				

（续）

类别	名称				基本符号	可用符号	附注
多杆构件及其组成部分	单副元素构件	构件是回转副的一部分	平面机构		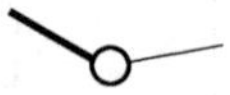		细实线表示相邻构件
			空间机构				
		机架是回转副的一部分	平面机构				
			空间机构				
		构件是棱柱副的一部分			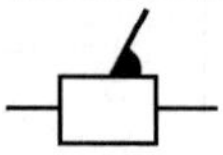		
		构件是圆柱副的一部分					
		构件是球面副的一部分			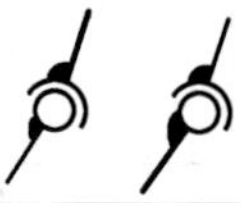		
	双副元素构件	连接两个回转副的构件	通用情况		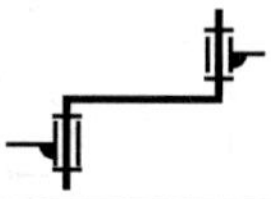		
			连杆	平面机构	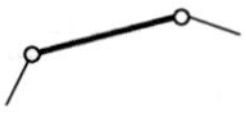		
				空间机构			
			曲柄（或摇杆）	平面机构	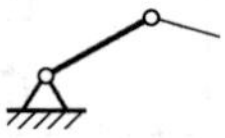		
				空间机构			
			偏心轮				
		连接两个棱柱副的构件	通用情况		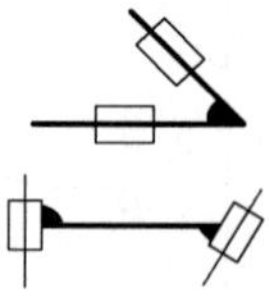		
			滑块		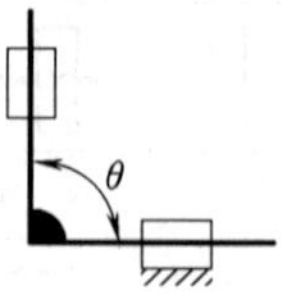 θ	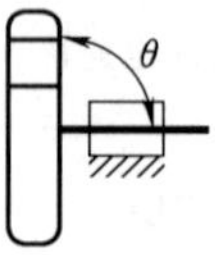 θ	

（续）

类别	名称			基本符号	可用符号	附　注
多杆构件及其组成部分	双副元素构件	连接回转副与棱柱副的构件	通用情况			细实线表示相邻构件
			导杆			
			滑块			
	三副元素构件					
	多副元素构件					符号与双副、三副元素构件类似
	运动简图示例					
摩擦机构	摩擦轮	圆柱轮				
		圆锥轮				
		曲线轮				
		冕状轮				
		挠性轮				

（续）

类别	名　　称		基本符号	可用符号	附　　注
摩擦机构	摩擦传动	圆柱轮	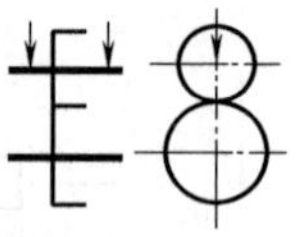	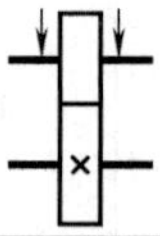	
		圆锥轮	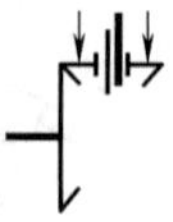	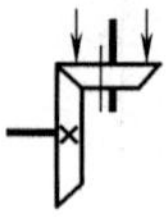	
		双曲面轮		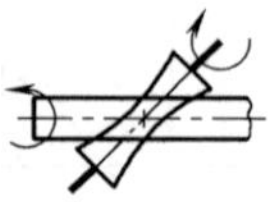	
		可调圆锥轮	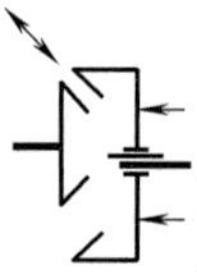	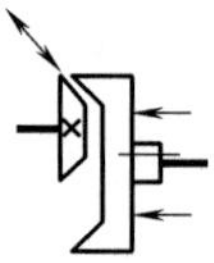	带中间体的可调圆锥轮 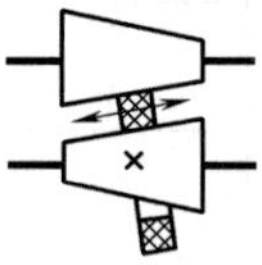 带可调圆环的圆锥轮 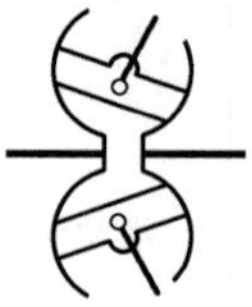 带可调球面轮的圆锥轮 
		可调冕状轮	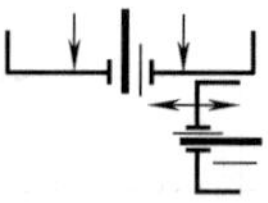	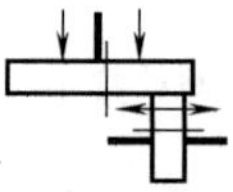	
齿轮机构	齿轮（不指明齿线）	圆柱齿轮	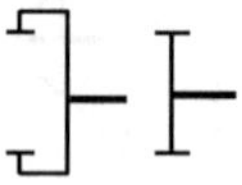	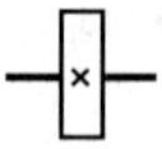	
		锥齿轮	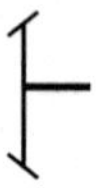	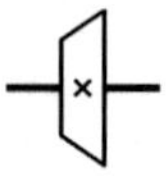	
		挠性齿轮	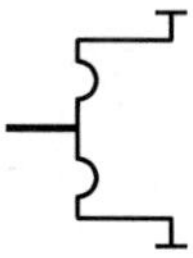		

（续）

类别	名　　称			基本符号	可用符号	附　　注
齿轮机构	齿线符号	圆柱齿轮	直齿	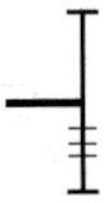	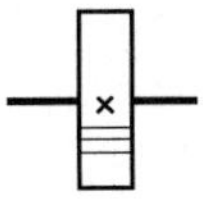	
			斜齿		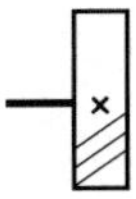	
			人字齿		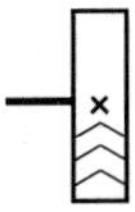	
		锥齿轮	直齿	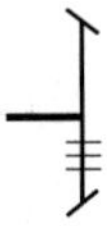	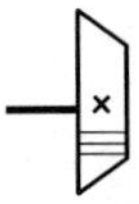	
			斜齿	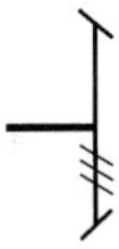	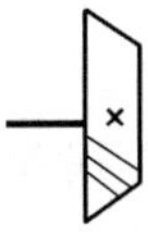	
			弧齿	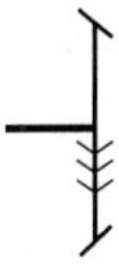	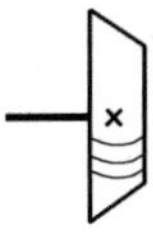	
	齿轮传动（不指明齿线）	圆柱齿轮		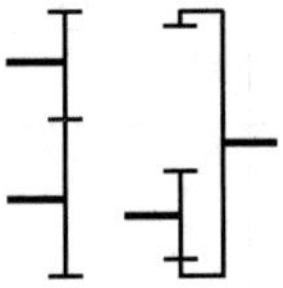	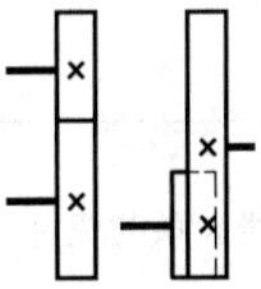	
		非圆齿轮		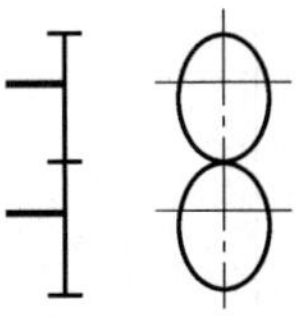	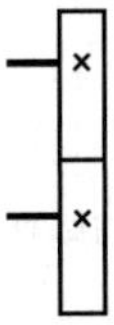	
		锥齿轮		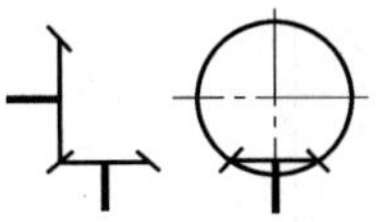	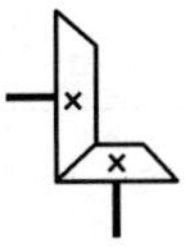	
		准双曲面齿轮		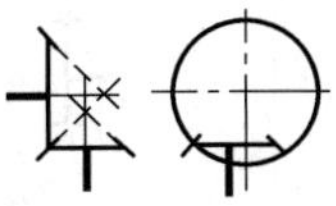	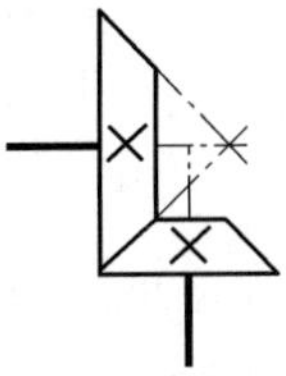	

（续）

类别	名称		基本符号	可用符号	附注
齿轮机构	齿轮传动（不指明齿线）	蜗轮与圆柱蜗杆	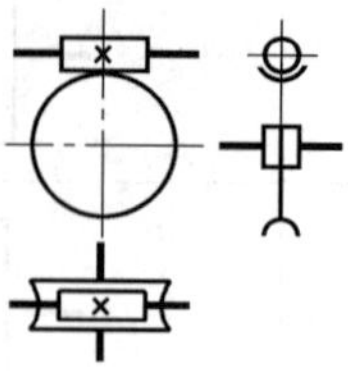	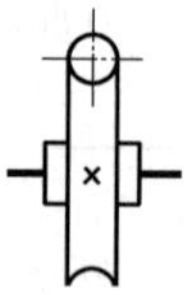	
		蜗轮与球面蜗杆	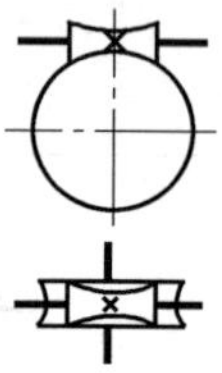	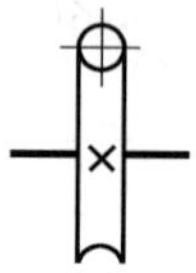	
		交错轴斜齿轮	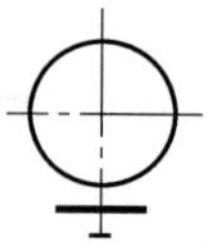	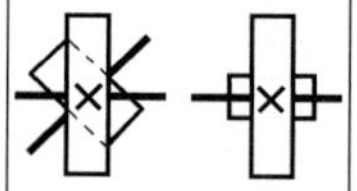	
	齿条传动	一般表示	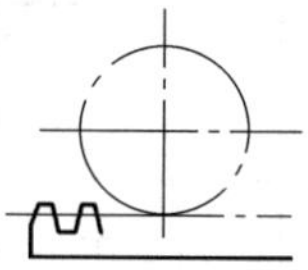	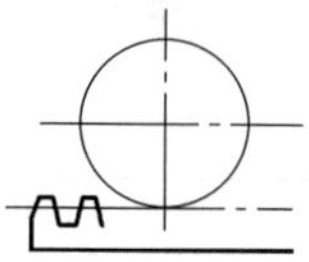	
		蜗线齿条与蜗杆		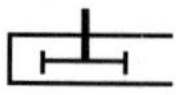	
		齿条与蜗杆		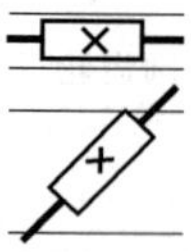	
	扇形齿轮传动		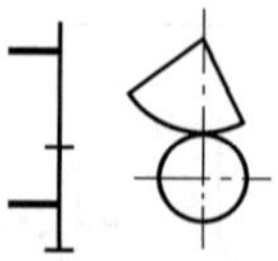	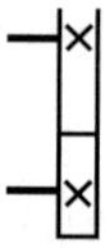	

（续）

类别	名　称		基本符号	可用符号	附　注
齿轮机构	运动简图示例		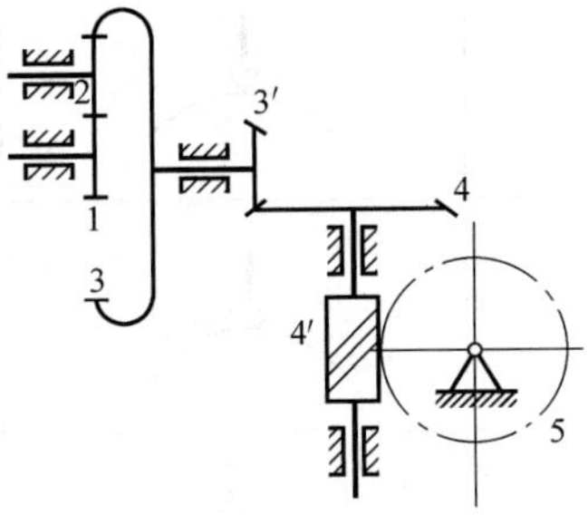 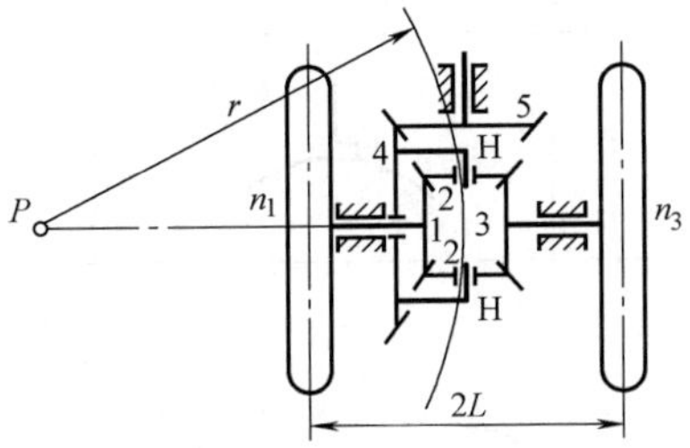 1 2 3 3′ 4 4′ 5；5 E 8 4 H S 2 9 12 6 7 3 10 11 M N 1；P r n1 4 5 H 2 1 3 2 H n3 2L；6 4 1″ 1′ 2 2′ H 1 3 5′ 5	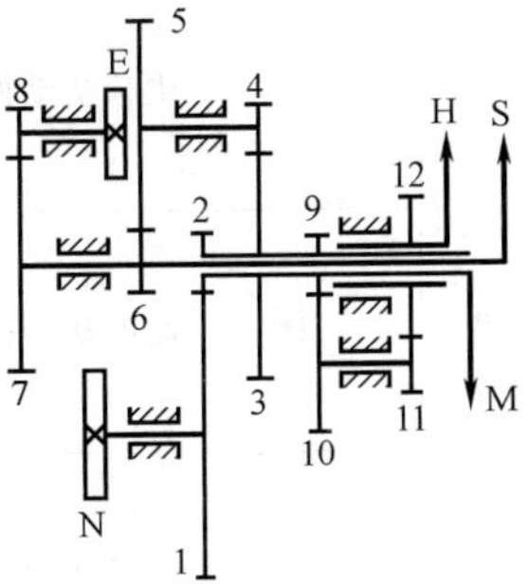 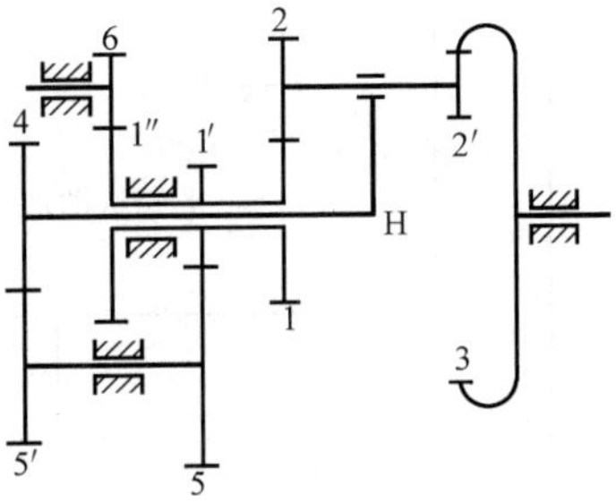	
凸轮机构	盘形凸轮		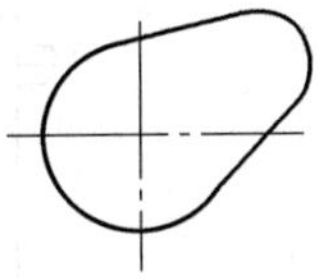		沟槽盘形凸轮 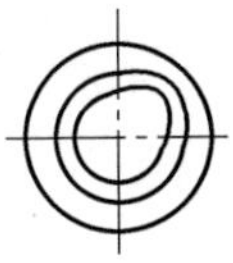
	移动凸轮		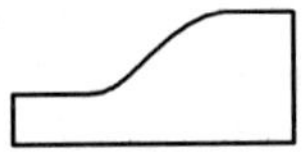		
	与杆固连的凸轮		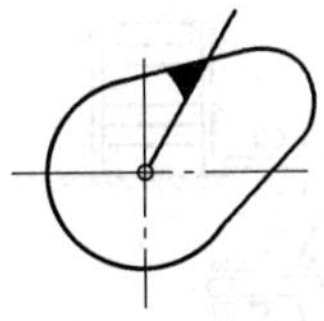		可调连接 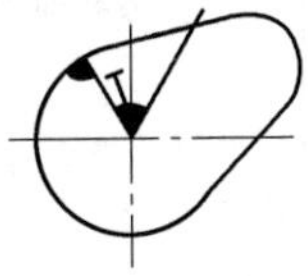
	空间凸轮	圆柱凸轮	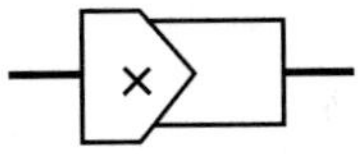	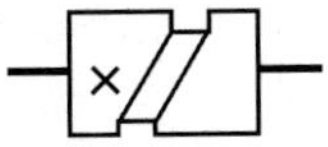	
		圆锥凸轮		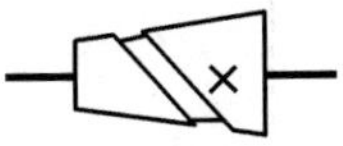	
		双曲面凸轮		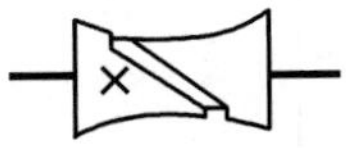	

（续）

类别	名称		基本符号	可用符号	附注
	凸轮从动件	尖顶从动件	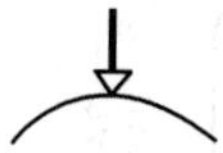		在凸轮副中，凸轮从动件的符号 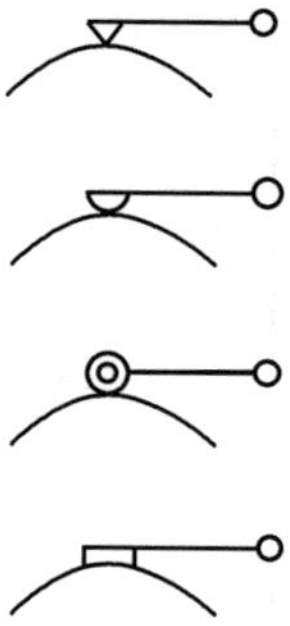
		曲面从动件			
		滚子从动件	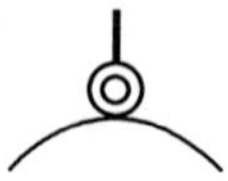		
		平底从动件	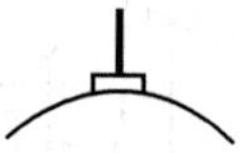		
凸轮机构	运动简图示例		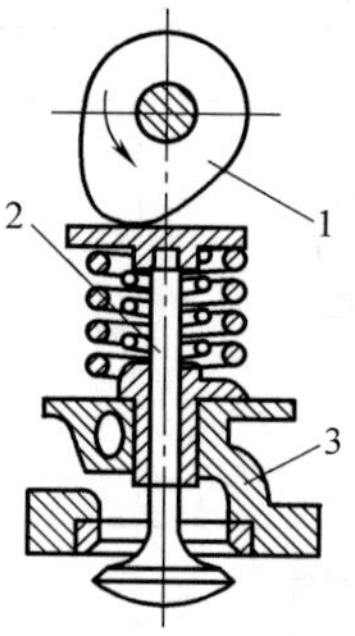 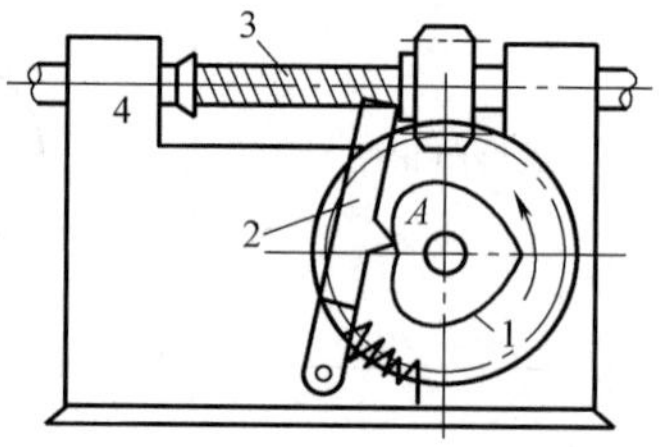 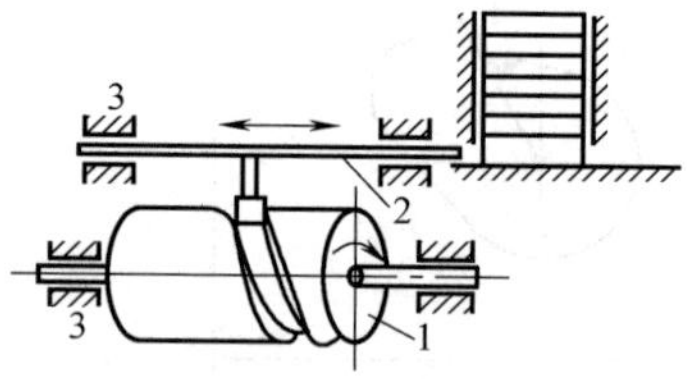 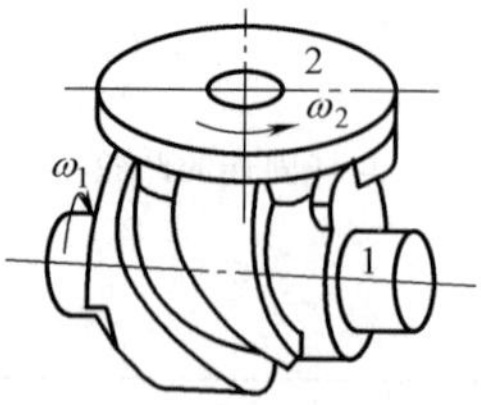 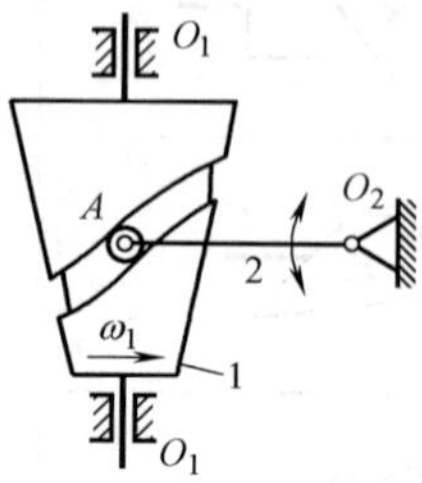 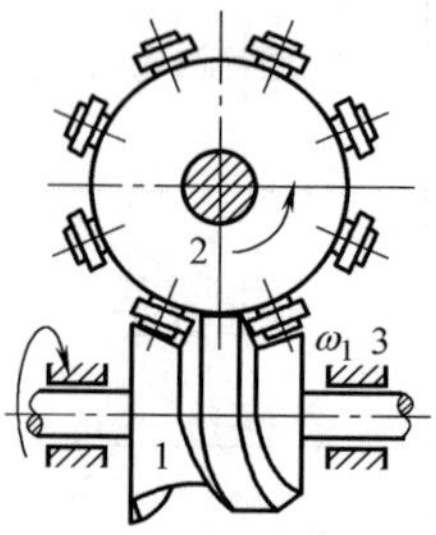		

（续）

类别	名　称		基本符号	可用符号	附　注
槽轮机构和棘轮机构	槽轮机构	一般符号	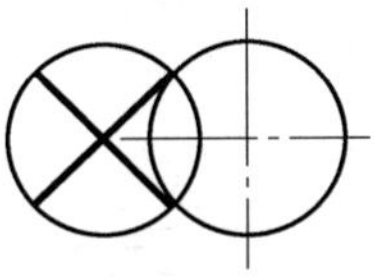		
		外啮合	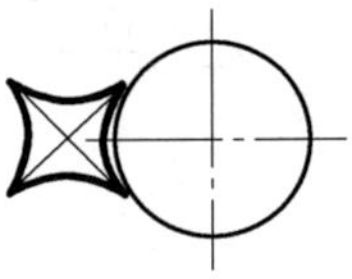	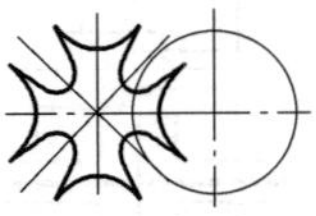	
		内啮合		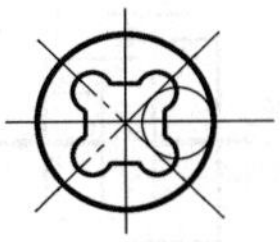	
	棘轮机构	外啮合	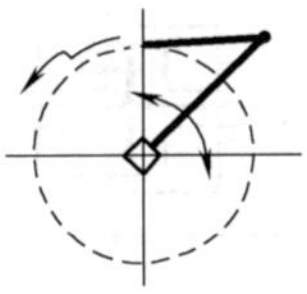	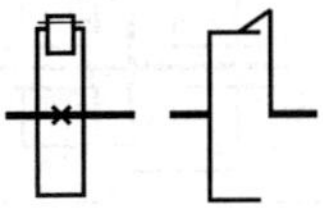	
		内啮合	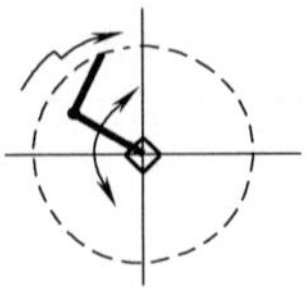	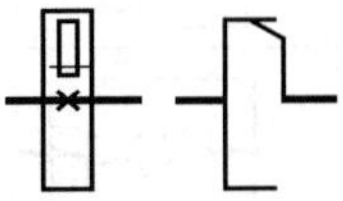	
		棘齿条啮合	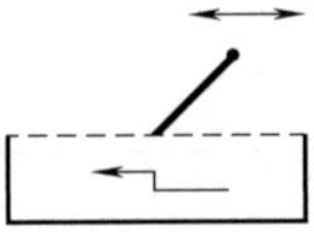		
联轴器、离合器及制动器	联轴器	一般符号(不指明类型)			
		固定联轴器	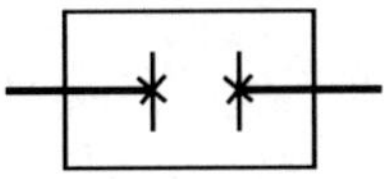		
		可移式联轴器	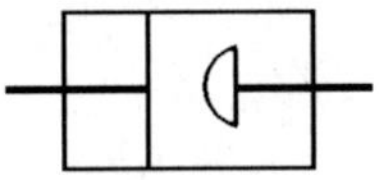		
		弹性联轴器	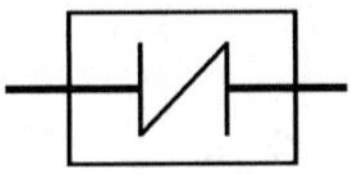		

（续）

类别	名称				基本符号	可用符号	附注
联轴器、离合器及制动器	离合器	可控离合器	一般符号		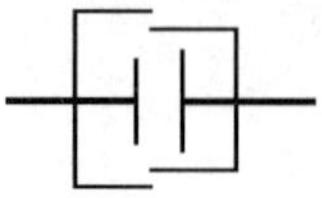		当需要表明操作方式时，可使用下列符号 M—机动的 H—液动的 P—气动的 E—电动的（如电磁） 例：具有气动开关起动的单向摩擦离合器 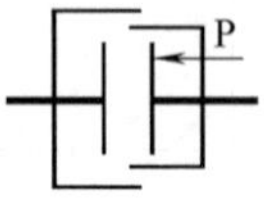
			啮合式离合器	单向式	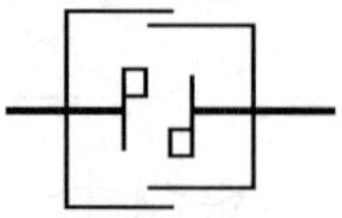	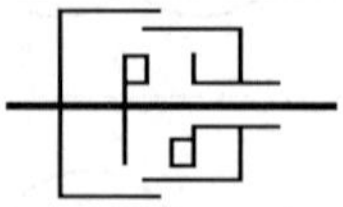	
				双向式	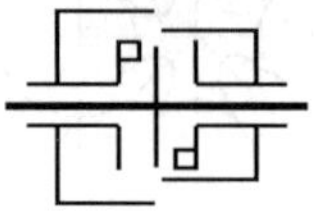		
			摩擦离合器	单向式	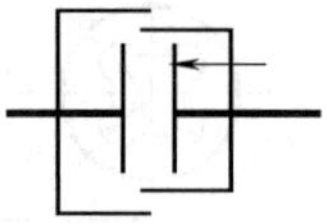	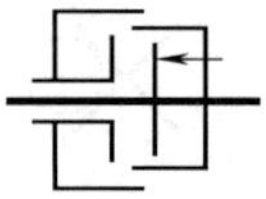	
				双向式	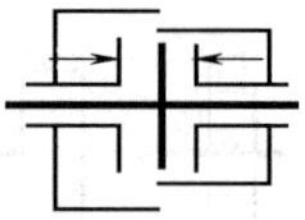	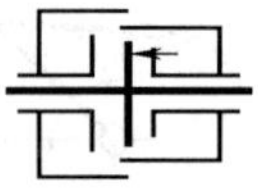	
			液压离合器一般符号		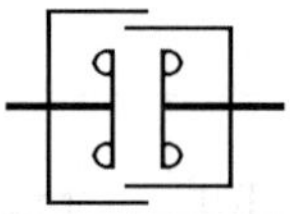		
			电磁离合器		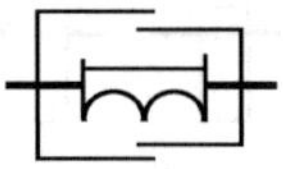		
		自动离合器	一般符号		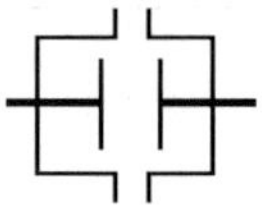		
			离心摩擦离合器		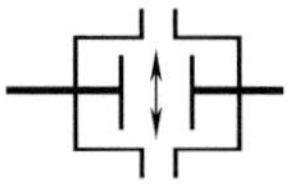		
			超越离合器		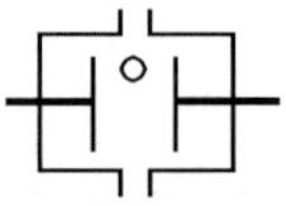		
			安全离合器	带有易损元件	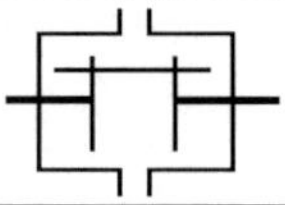		
				无易损元件	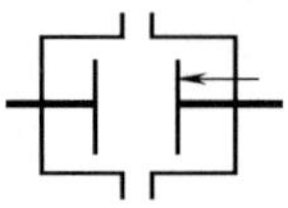		
	制动器	一般符号			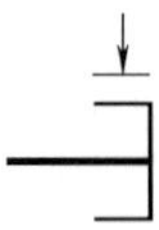		不规定制动器外观

（续）

类别	名　称		基本符号	可用符号	附　注
其他机构及其组件	带传动 一般符号（不指明类型）		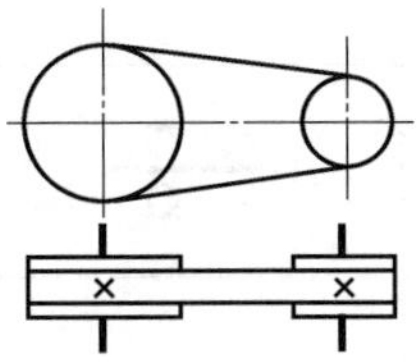 或 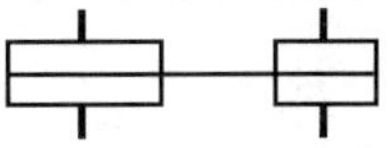		若需指明带类型可采用下列符号 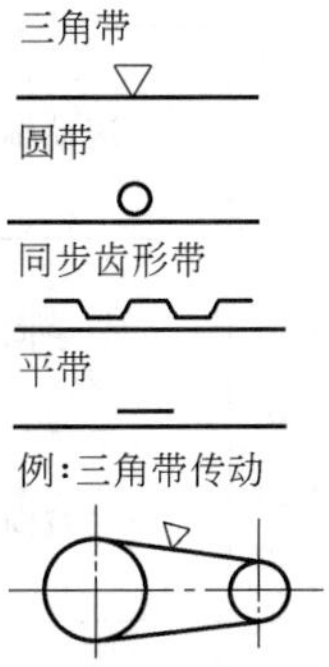 三角带 圆带 同步齿形带 平带 例：三角带传动
	轴上的宝塔轮				
	链传动 一般符号（不指明类型）				若需指明链条类型，可采用下列符号  环形链 滚子链 无声链 例：无声链传动
	螺杆传动	整体螺母	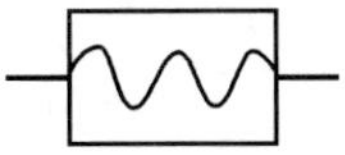		
		开合螺母			
		滚珠螺母			

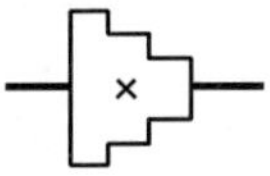

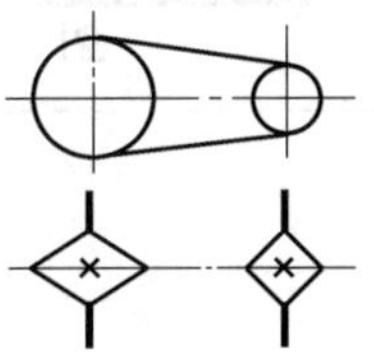

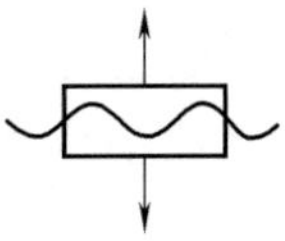

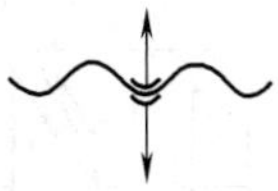

（续）

类别	名称			基本符号	可用符号	附注
其他机构及其组件	轴承	向心轴承	滑动轴承	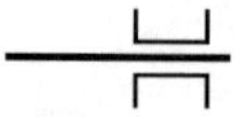		若有需要可指明轴承型号
			滚动轴承	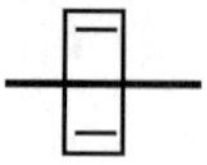	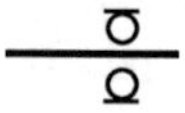	
		推力轴承	单向	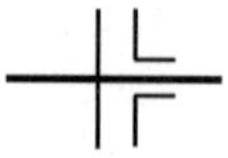		
			双向	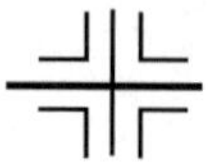		
			滚动轴承	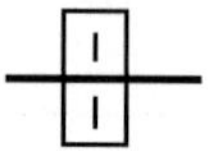	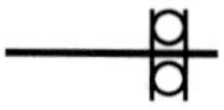	
		向心推力轴承	单向	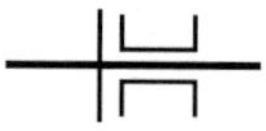		
			双向	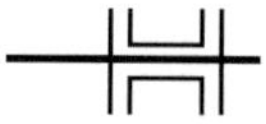		
			滚动轴承	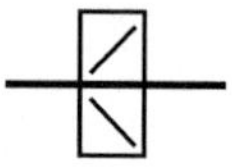	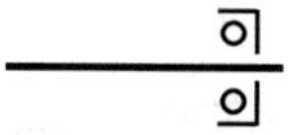	
	弹簧	压缩弹簧		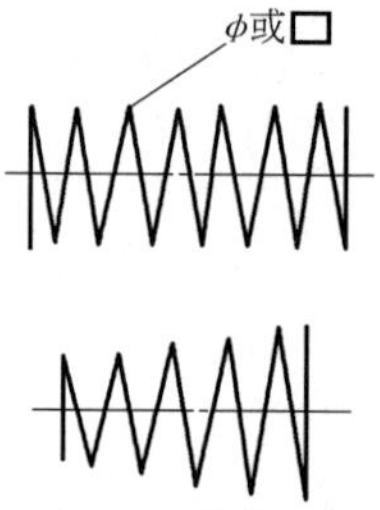 ϕ或□		弹簧的符号详见 GB/T 4459.4
		拉伸弹簧				
		扭转弹簧				
		碟形弹簧		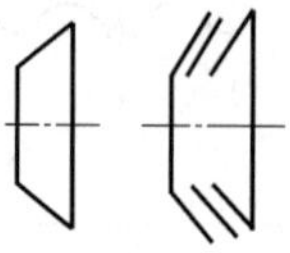		
		截锥涡卷弹簧		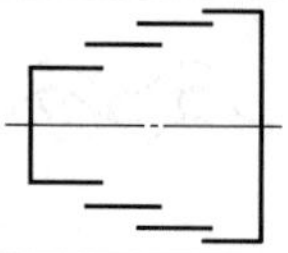		

（续）

类别	名　　称		基本符号	可用符号	附　　注
其他机构及其组件	弹簧	涡卷弹簧			弹簧的符号详见 GB/T 4459.4
		板状弹簧			
	挠性轴				可以只画一部分
	轴上飞轮				
	分度头				n 为分度数
	原动机	通用符号（不指明类型）			说明 GB/T 4460—2013 没有原动机的符号。这里编入的是 GB/T 4460—1984 中的符号
		电动机一般符号			
		装三支架上的电动机			

3.2　机构运动简图的绘制

根据表 11.1-3 中规定的符号，可以绘制出给定机构的运动简图，步骤如下：

1）确定机架和活动构件数，标注序号。

2）由组成运动副两构件间的相对运动特性，定出该运动副要素：转动副中心位置、移动副导路的方位和高副廓线的形状等。具有两个以上转动副的构件，其转动副中心的连线即代表该构件。

3）选择恰当的视图，以主动件的某一位置为作图位置（如令主动件与水平线呈某一角度），用规定的符号，根据构件尺寸，选定比例尺，按比例画出机构运动简图。

4）必要时应标出主动件的运动方向和参数，如转速、功率和转矩以及齿轮的齿数、模数等。

机构运动简图绘制图例见表 11.1-4。

表 11.1-4　机构运动简图的绘制图例

图　　例	说　　明
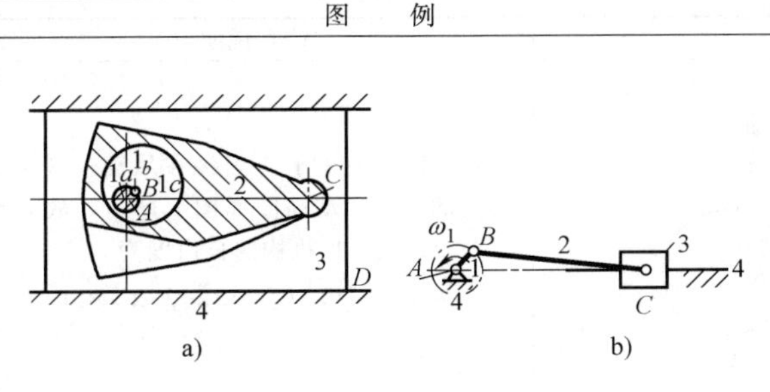 a)　　　b)	图 a 为一压力机机构，构件有主动件 1（包括 $1a$、1_b、$1c$ 3 个零件）、连杆 2、滑块 3 共 3 个活动构件及固定机架 4。4 与 1、1 与 2 和 2 与 3 分别绕 A、B、C 相对转动（B 为圆盘 $1c$ 的圆心），为 3 个 V 级转动副。3 与 4 可沿 AC 方向相对移动，是一个 V 级移动副，则杆 AB 和 BC 可分别代表杆 1 和杆 2。机构运动简图见图 b，为一曲柄滑块机构

（续）

图　　例	说　　明
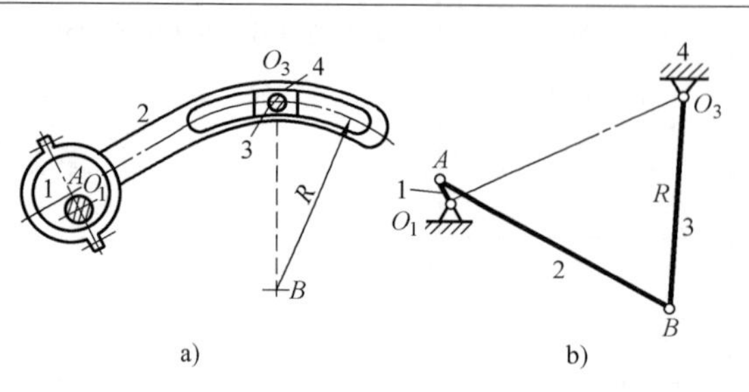 a)　　b)	先确定图 a 中主动件 1、从动件 2 和 3 及机架 4。构件 4 与 1、1 与 2、2 与 3、3 与 4 分别绕 O_1、A、B 及 O_3 点相对转动（这里构件 3 与 4 为圆柱面接触），因此都是 V 级转动副。连接 O_1A、AB、BO_3 及 O_1O_3 可分别代表 1、2、3、4 四杆。最后得机构运动简图见图 b，为一曲柄摇杆机构
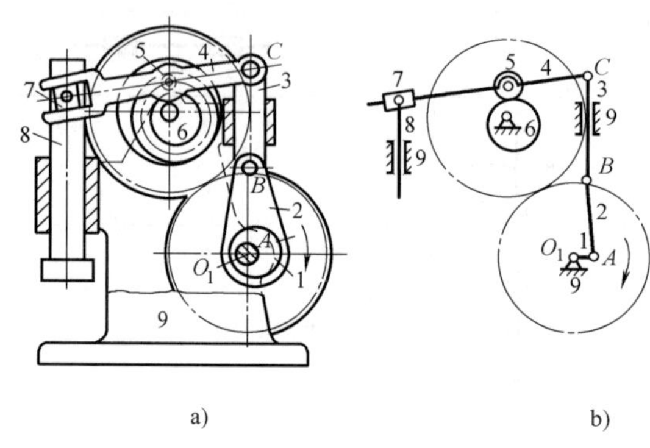 a)　　b)	图 a 为一带有齿轮、凸轮和连杆的压力机机构，先确定主动曲轴 1、从动杆 2～4、滚子 5、凸轮 6、滑块 7、压杆 8 以及机架 9。凸轮的转动用一对齿轮由曲轴传入（这两个齿轮分别与曲轴 1 和凸轮 6 固连，不能另外算作构件） 构件 1 与 9、1 与 2、2 与 3、3 与 4、4 与 5、7 与 8、6 与 9 都组成转动副；3 与 9、4 与 7、8 与 9 组成移动副；5 与 6、1 与 6（即一对齿轮啮合）组成高副。最后得机构运动简图见图 b，为一组合机构

4　机构的自由度

机构的自由度 F 就是保证机构有确定运动所需的独立运动参数的数目。一般来说，机构自由度也是机构所需的主动件数。

4.1　平面机构的自由度

（1）平面机构自由度计算公式

大多数平面机构具有 3 个公共约束（$M=3$），即所有构件都失去了 3 个自由度。设平面的坐标系为 xOy，则这 3 个公共约束为绕 x 和 y 轴的转动及沿 z 轴方向的移动。组成机构的运动副只有转动副、移动副和平面高副三种类型。设机构中活动构件数为 n，低副（转动副和移动副）数为 P_5，高副数为 P_4，则机构的自由度为

$$F=3n-2P_5-P_4 \tag{11.1-1a}$$

对于全部由移动副组成的平面机构来说，由于多了一个绕 z 轴转动的公共约束，故 $M=4$，机构自由度的计算公式应为

$$F=2n-P_5 \tag{11.1-1b}$$

式中　n——机构的活动构件数；

P_5、P_4——平面低副（Ⅴ级运动副）及做平面运动的高副（Ⅳ级运动副）个数，参照表 11.1-2 确定。

（2）计算机构自由度时的注意事项

用式（11.1-1a）、式（11.1-1b）计算机构自由度时还应注意一些事项，详见表 11.1-5。

（3）平面机构自由度计算例题　计算平面机构自由度的图例见表 11.1-6。

表 11.1-5　计算 F 时的注意事项

注意事项	定义	图例	计算说明
局[①]部自由度	不影响机构整体运动特性的自由度（如滚子的自转），称为局部自由度，主要是为了减少磨损	a)　b)	可将图 a 中滚子 4 固接在从动件 2 上，得到的机构运动简图如图 b 所示。故 $n=2$、$P_5=2$、$P_4=1$，机构的自由度为 $F=3n-2P_5-P_4=3\times2-2\times2-1=1$

（续）

注意事项	定义		图例	计算说明
复合铰链	当两个以上构件用同一个铰链连接时就形成复合铰链		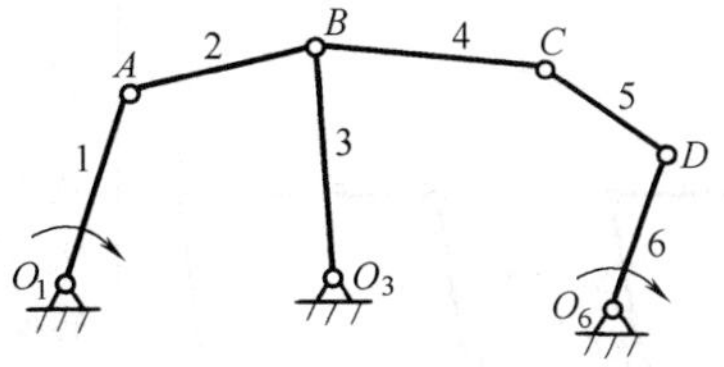	图中 B 为复合铰链，其转动副数为 3-1=2，故 $n=6$、$P_5=8$、$P_4=0$，该机构的自由度为 $F=3n-2P_5-P_4=3\times6-2\times8-0=2$
虚约束	在运动副所加的约束中，有些约束互相重合，重合的约束中有一些对构件运动不起约束作用的称为虚约束，亦称消极约束，计算 F 时应除去虚约束	两构件间形成多个运动副	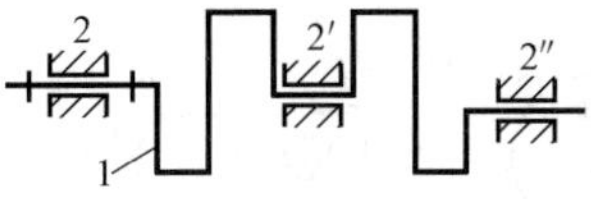 a) 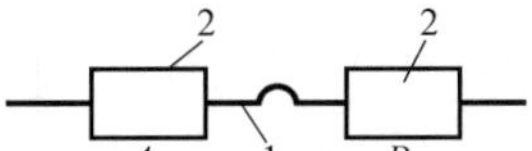 b) 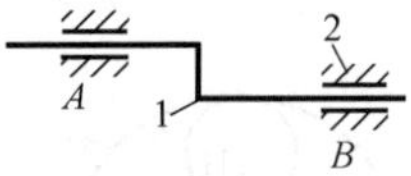 c) 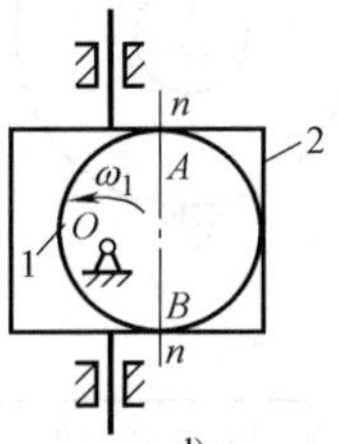 d) 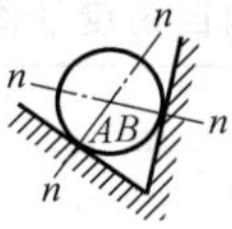 e) 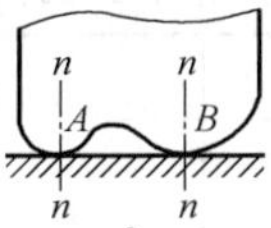　f)	（1）转动副轴线重合：如图 a 所示，构件 1 与机架形成三个转动副，而且转动副的轴线重合，所以只有一个约束起作用，存在虚约束。其转动副数为 1，故 $n=1$、$P_5=1$、$P_4=0$，该机构的自由度为 $F=3n-2P_5-P_4=3\times1-2\times1-0=1$ （2）移动副导路重合或平行：如图 b、c 所示，构件 1 与构件 2 间形成两个移动副，这两个移动副导路重合或平行，所以只有一个约束起作用，存在虚约束。其移动副数为 1，故 $n=1$、$P_5=1$、$P_4=0$，该机构的自由度为 $F=3n-2P_5-P_4=3\times1-2\times1-0=1$ （3）高副接触点的法线重合：如图 d 所示，凸轮 1 与从动件 2 形成两个高副，且这两个高副机构接触点的法线重合，所以只有一个约束起作用，存在虚约束。其高副数为 1，故 $n=2$、$P_5=2$、$P_4=1$，该机构的自由度为 $F=3n-2P_5-P_4=3\times2-2\times2-1=1$ 如果两构件接触形成的两个高副接触点的法线不重合，则不形成虚约束，如图 e 和图 f 所示。图 e 相当于一个转动副，图 f 相当于一个移动副
		轨迹重合	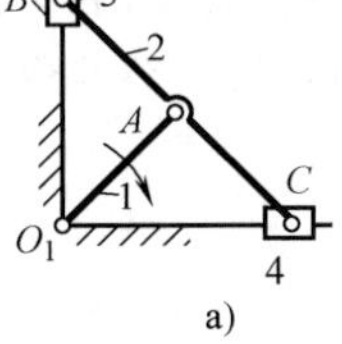 a) 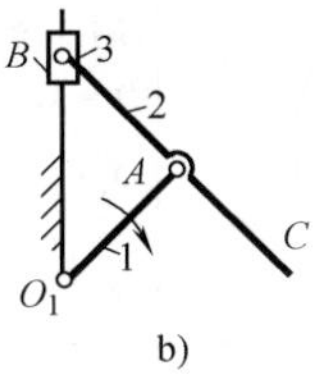　b) 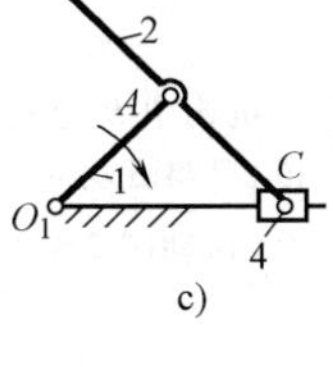 c)	当尺寸满足特定条件时引入的虚约束。图 a 中，当 $AB=AC$、$O_1B\perp O_1C$ 时，C 点的轨迹始终为直线，滑块 4 的存在对其运动轨迹并不产生影响。故计算机构自由度时，滑块 4 连同 C 点的转动副和移动副都应去除，得到的转换机构如图 b 所示。该机构中，$n=3$、$P_5=4$、$P_4=0$，自由度为 $F=3n-2P_5-P_4=3\times3-2\times4-0=1$ 注意：此机构也可看成滑块 3 是虚约束，将滑块 3 连同 B 点的转动副和移动副都去除，得到的转换机构如图 c 所示

（续）

注意事项	定义		图例	计算说明
虚约束	在运动副所加的约束中，有些约束互相重合，重合的约束中有一些对构件运动不起约束作用的称为虚约束，亦称消极约束，计算 F 时应除去虚约束	不同构件上两点间距离始终保持不变	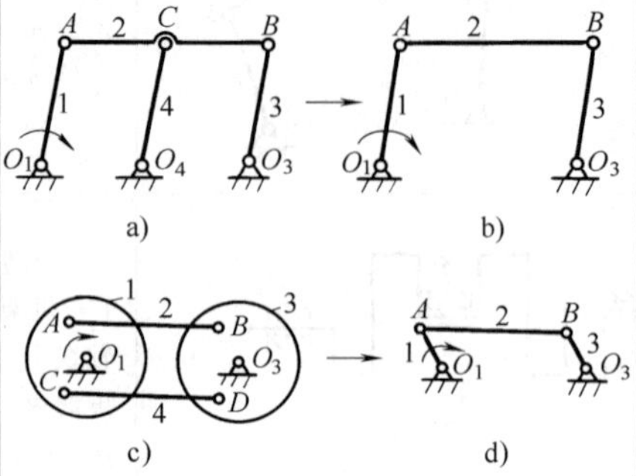 a)　b) c)　d)	图 a 中由于杆 4 不论存在与否，点 O_4 与点 C 间的距离始终保持不变，故杆 4 连同 O_4、C 两个转动副在计算自由度时应去掉。转换后的机构简图如图 b 所示。该机构中，$n=3$、$P_5=4$、$P_4=0$，机构的自由度为 $F=3n-2P_5-P_4=3\times3-2\times4-0=1$ 图 c 中由于点 C、D 间距离始终保持不变，同样存在一个虚约束，也应去除，转换后的机构简图如图 d 所示。该机构中，$n=3$、$P_5=4$、$P_4=0$，机构的自由度为 $F=3n-2P_5-P_4=3\times3-2\times4-0=1$
		具有重复或对称的结构	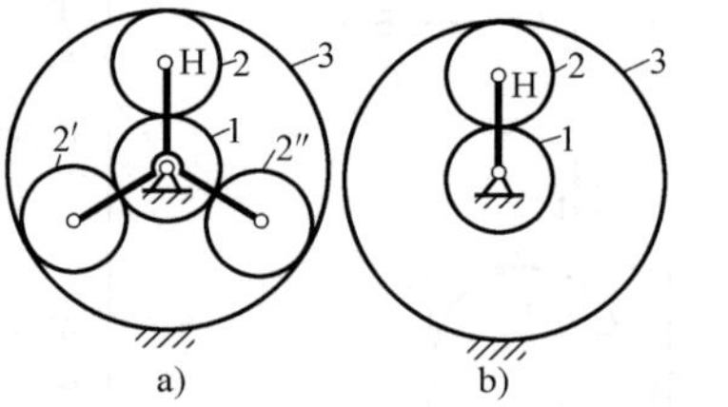 a)　b)	图 a 所示的行星轮系中，为了受力均衡，采取三个行星轮 2、2′和 2″对称布置的结构，而事实上只要一个行星轮便可满足运动要求，其他两个行星轮则引入两个虚约束，应该去除，转换后的机构简图如图 b 所示，该机构的 $n=3$、$P_5=3$、$P_4=2$，机构的自由度为 $F=3n-2P_5-P_4=3\times3-2\times3-2=1$

① 空间机构也有局部自由度问题，可参见表 11.1-8 中的图例 2 和图例 3。

表 11.1-6　计算平面机构自由度的图例

序号	图　例	自由度分析
1	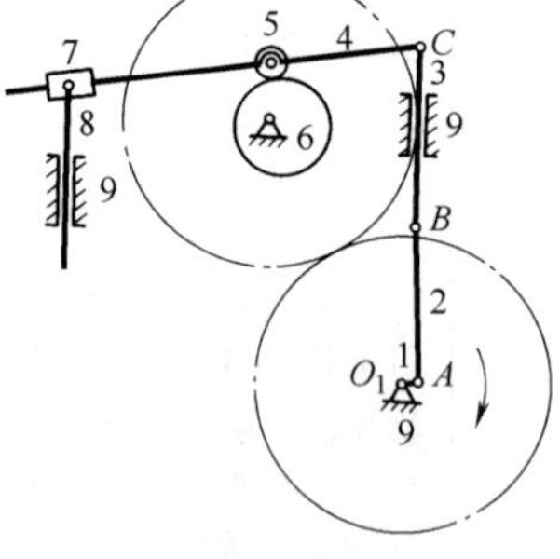	滚子具有一个局部自由度，在计算机构自由度时可以去掉，即将构件 4 与 5 合并为一件，于是 $n=7$、$P_5=9$（其中转动副 6 个、移动副 3 个）、$P_4=2$（其中凸轮高副和齿轮高副各 1 个），机构自由度 $F=3n-2P_5-P_4=3\times7-2\times9-2=1$
2	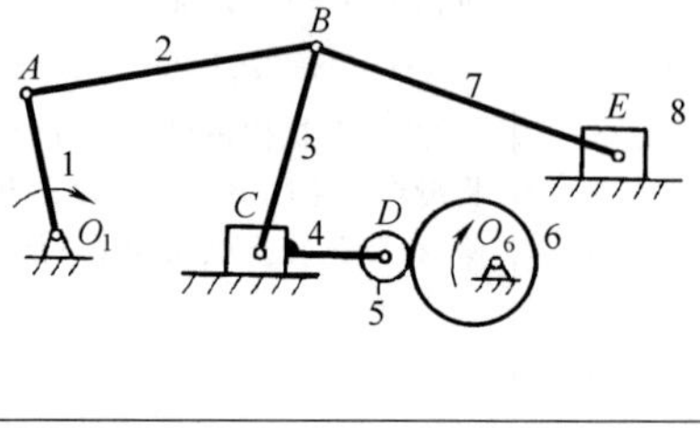	机构中 B 为复合铰链，具有两个转动副，滚子 5 有一个局部自由度，可将 5 与 4 合并为一个构件，于是 $n=7$、$P_5=9$（其中转动副 7 个、移动副 2 个）、$P_4=1$，$F=3n-2P_5-P_4=3\times7-2\times9-1=2$

（续）

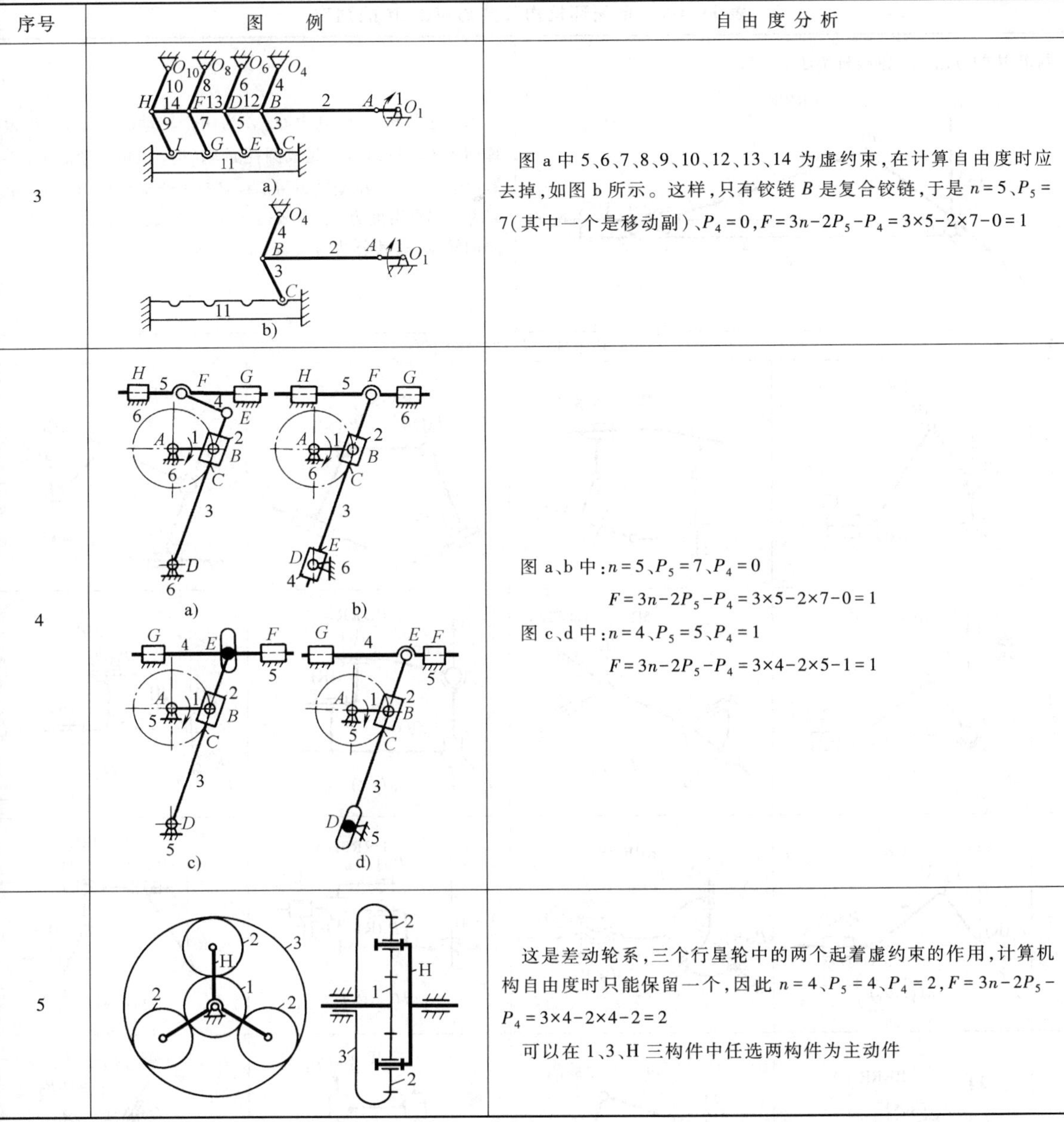

序号	图　例	自由度分析
3	a)　b)	图 a 中 5、6、7、8、9、10、12、13、14 为虚约束，在计算自由度时应去掉，如图 b 所示。这样，只有铰链 B 是复合铰链，于是 $n=5$、$P_5=7$（其中一个是移动副）、$P_4=0$，$F=3n-2P_5-P_4=3\times5-2\times7-0=1$
4	a)　b)　c)　d)	图 a、b 中：$n=5$、$P_5=7$、$P_4=0$ $F=3n-2P_5-P_4=3\times5-2\times7-0=1$ 图 c、d 中：$n=4$、$P_5=5$、$P_4=1$ $F=3n-2P_5-P_4=3\times4-2\times5-1=1$
5		这是差动轮系，三个行星轮中的两个起着虚约束的作用，计算机构自由度时只能保留一个，因此 $n=4$、$P_5=4$、$P_4=2$，$F=3n-2P_5-P_4=3\times4-2\times4-2=2$ 可以在 1、3、H 三构件中任选两构件为主动件

4.2　空间机构的自由度

4.2.1　单闭环空间机构

多数的空间机构属于单闭环，如表 11.1-7 中所示的机构，都是由一个封闭的运动链固定其中一个构件而成。这种机构的自由度为

$$F=P_5+2P_4+3P_3+4P_2+5P_1-(6-M) \quad (11.1\text{-}2)$$

式中　P_1、P_2、P_3、P_4和 P_5——Ⅰ、Ⅱ、Ⅲ、Ⅳ和Ⅴ级运动副的个数，见表 11.1-2；其相对运动自由度依次为 5、4、3、2 和 1；

M——各运动副的公共约束数，可用割断机架法参考表 11.1-7 判定。

4.2.2　多闭环空间机构

由若干个封闭运动链组成的空间机构，其自由度为

$$F=P_5+2P_4+3P_3+4P_2+5P_1-\sum_{i=1}^{k}(6-M_i) \quad (11.1\text{-}3)$$

式中　k——闭环数，$k=\sum P-n=P_1+P_2+P_3+P_4+P_5-n$；

M_i——第 i 个闭环的公共约束数。

空间机构自由度的计算见表 11.1-8。

表 11.1-7　单闭环机构公共约束数 M 的判定

判定 M 的方法——割断机架法	
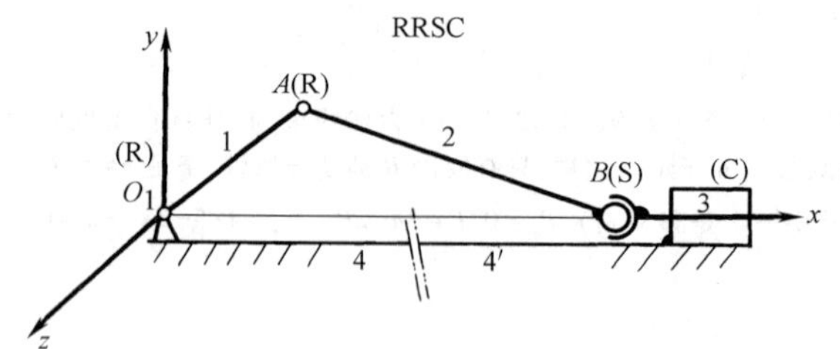 	以左边机构为例，其中 O_1、A 为两个转动副 P_5(R)，B 为球面副 P_3(S)，3 与 4 组成圆柱副 P_4(C)，该机构形成 4-1-2-3-4 闭环。今将机架 4 割断，将 4′看成活动构件，可以看出 4′的全部自由度为 x、y 两个方向的移动及绕 x、y、z 三个方向的转动，故其公共约束 $M=1$(z 方向的移动)

M	M 不同的各种机构图例			
0	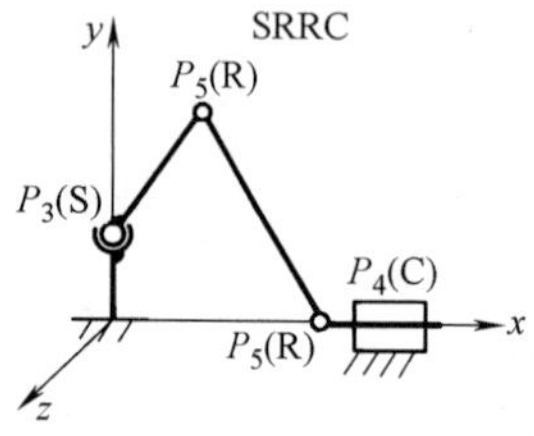 SRRC P_5(R)　P_3(S)　P_4(C)　P_5(R)	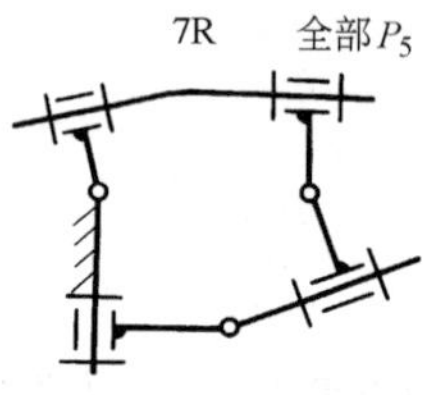 7R　全部 P_5	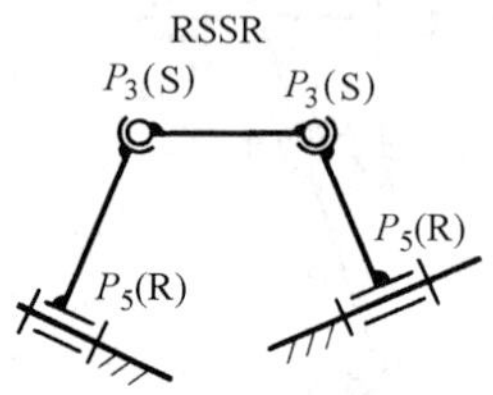 RSSR P_3(S)　P_3(S)　P_5(R)　P_5(R)	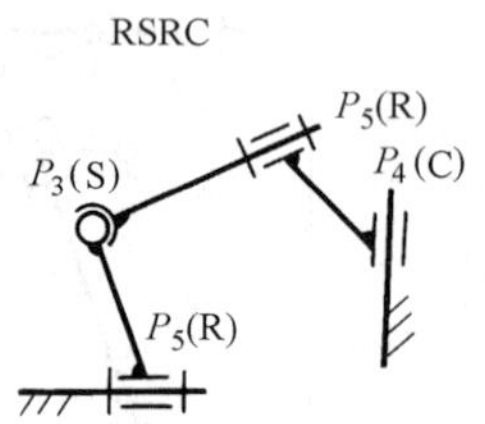 RSRC P_5(R)　P_3(S)　P_4(C)　P_5(R)
1	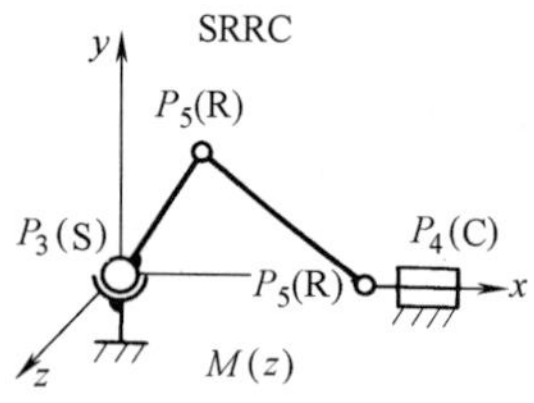 SRRC P_5(R)　P_3(S)　P_5(R)　P_4(C) $M(z)$	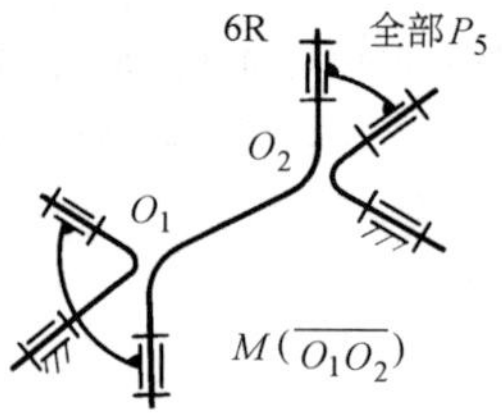 6R　全部 P_5 O_2　O_1 $M(\overline{O_1O_2})$	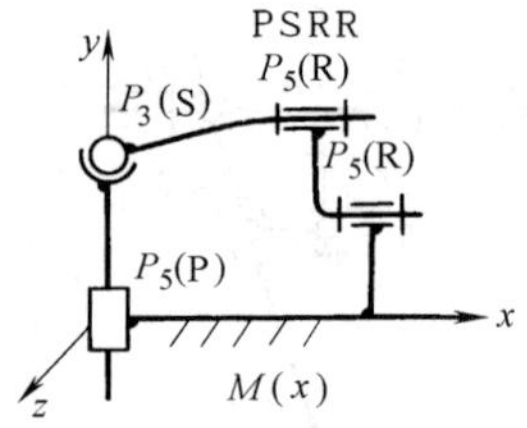 PSRR P_5(R)　P_3(S)　P_5(R)　P_5(P) $M(x)$	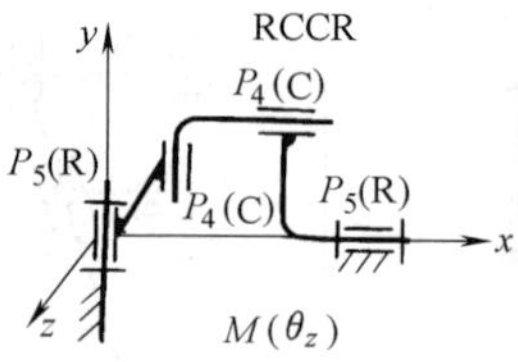 RCCR P_4(C)　P_5(R)　P_4(C)　P_5(R) $M(\theta_z)$
2	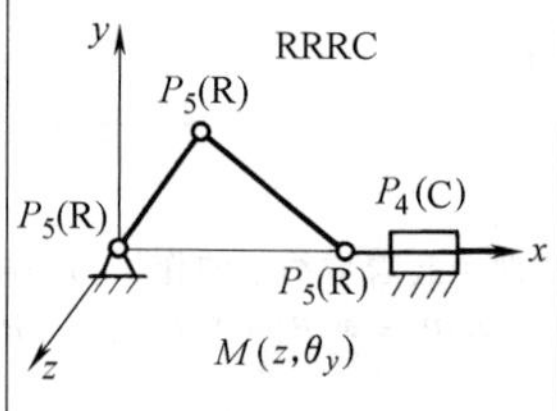 RRRC P_5(R)　P_5(R)　P_4(C)　P_5(R) $M(z,\theta_y)$	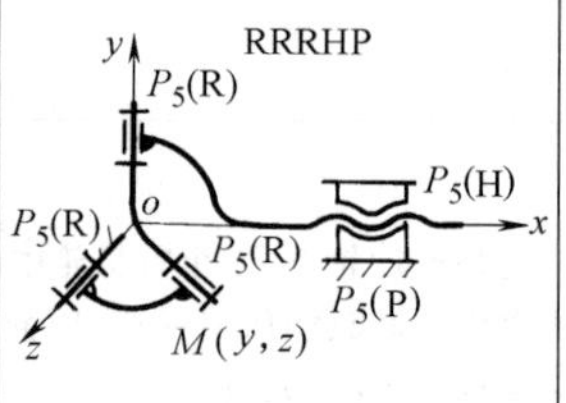 RRRHP P_5(R)　P_5(H)　P_5(R)　o　P_5(R)　P_5(P) $M(y,z)$	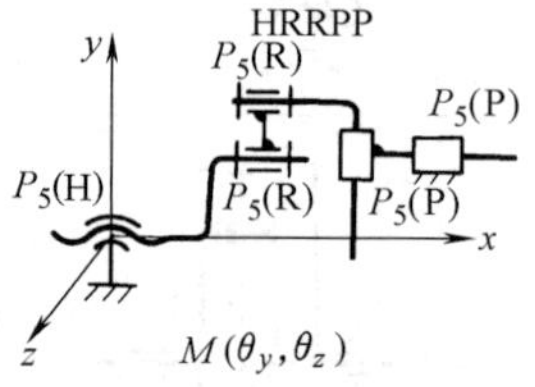 HRRPP P_5(R)　P_5(P)　P_5(H)　P_5(R)　P_5(P) $M(\theta_y,\theta_z)$	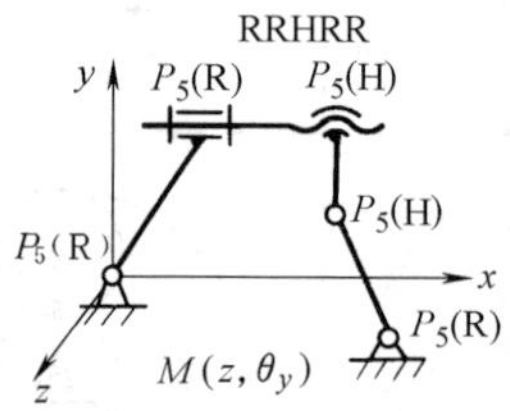 RRHRR P_5(R)　P_5(H)　P_5(H)　P_5(R)　P_5(R) $M(z,\theta_y)$
3	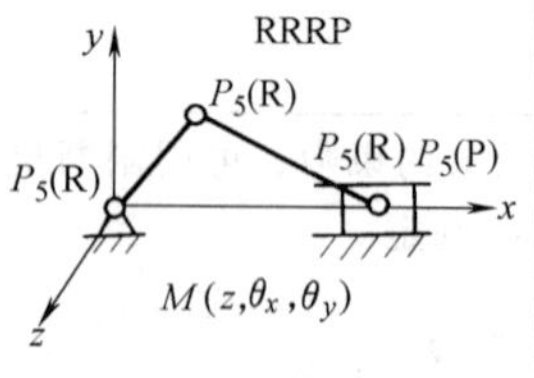 RRRP P_5(R)　P_5(R)　P_5(R)　P_5(P) $M(z,\theta_x,\theta_y)$	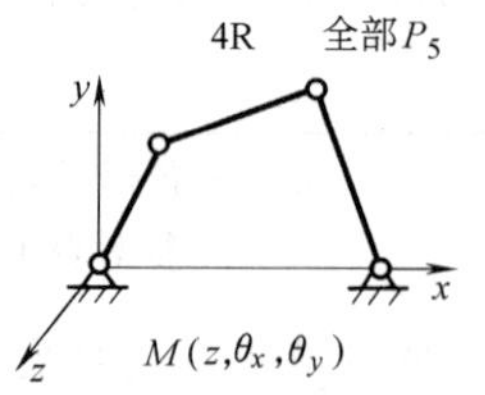 4R　全部 P_5 $M(z,\theta_x,\theta_y)$	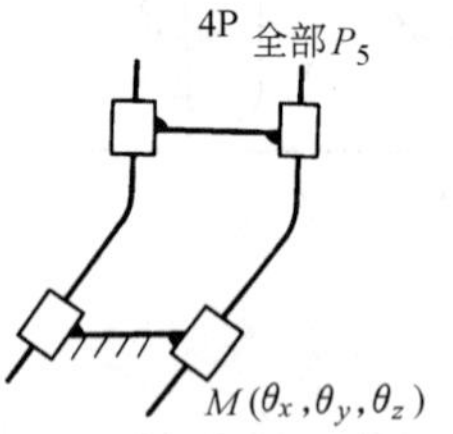 4P　全部 P_5 $M(\theta_x,\theta_y,\theta_z)$	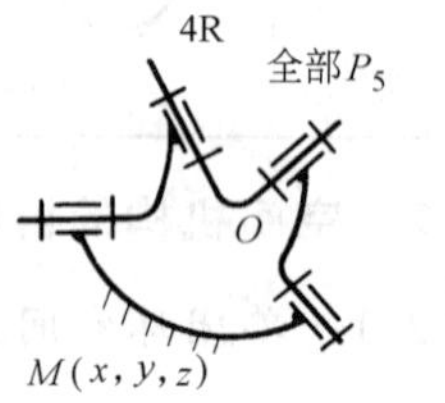 4R　全部 P_5 O $M(x,y,z)$
4	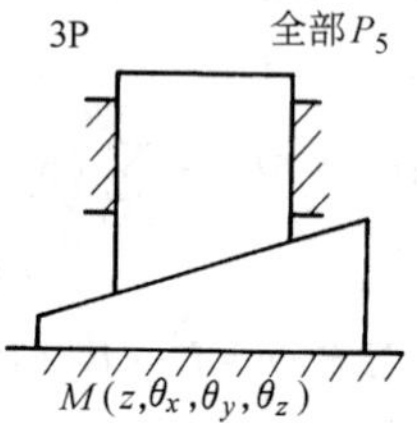 3P　全部 P_5 $M(z,\theta_x,\theta_y,\theta_z)$	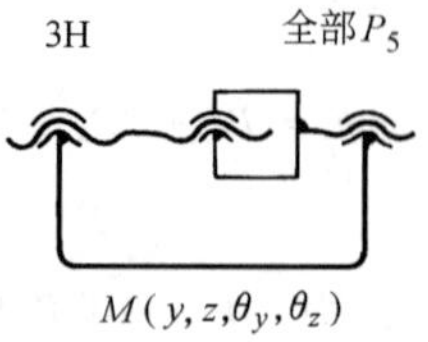 3H　全部 P_5 $M(y,z,\theta_y,\theta_z)$	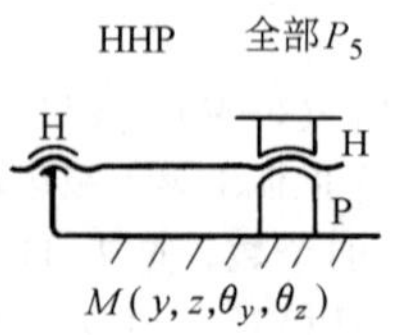 HHP　全部 P_5 H　H　P $M(y,z,\theta_y,\theta_z)$	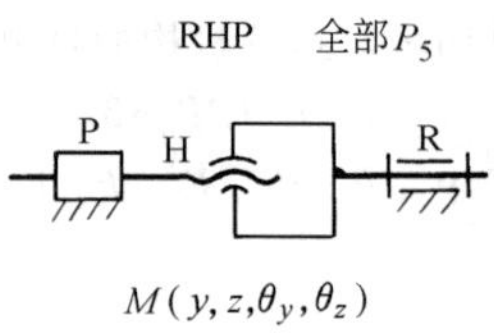 RHP　全部 P_5 P　H　R $M(y,z,\theta_y,\theta_z)$

表 11.1-8　计算空间机构自由度的图例

序号	图　例	自由度分析
1	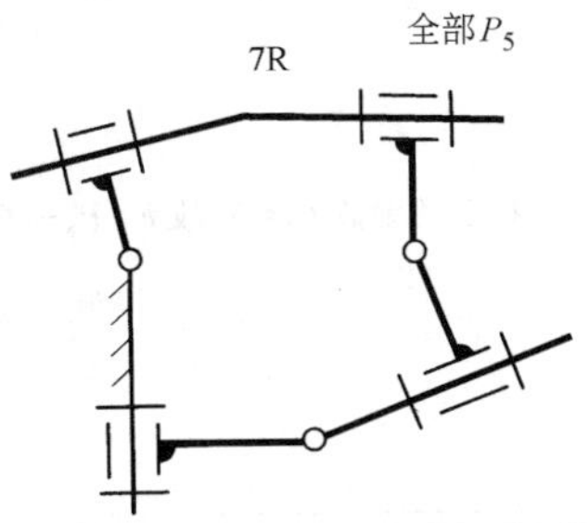 7R　全部P_5	查表 11.1-7 知其公共约束数 $M=0$，全部运动副为 $P_5=7$，由式(11.1-2)得 $F=P_5+2P_4+3P_3+4P_2+5P_1-(6-M)=P_5-(6-M)=7-(6-0)=1$
2	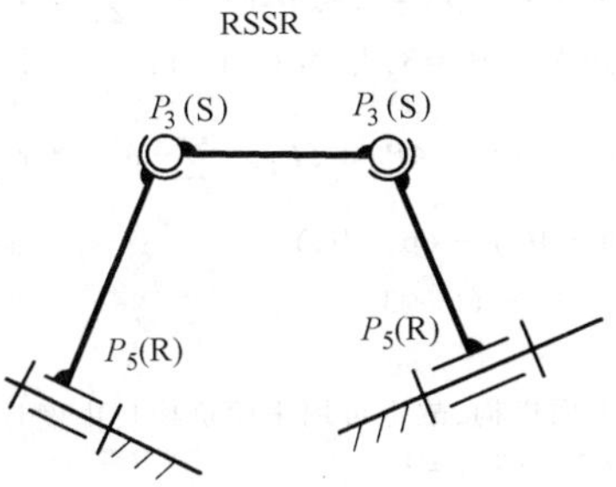 RSSR　P_3(S)　P_3(S)　P_5(R)　P_5(R)	查表 11.1-7 知 $M=0$，运动副数为 $P_5=2$、$P_3=2$，故 $F=P_5+3P_3-(6-M)=2+3\times2-(6-0)=2$ 由于连杆带有两个球面副，因此存在一个绕自身轴线自转的局部自由度，故机构实际自由度 $F=1$
3	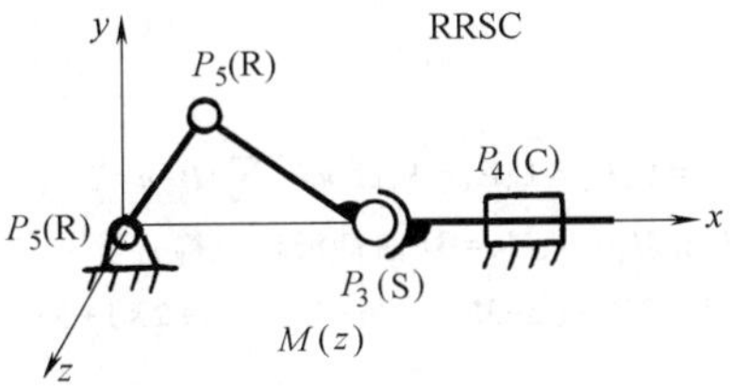 RRSC　y　P_5(R)　P_4(C)　P_5(R)　x　P_3(S)　$M(z)$　z	查表 11.1-7 知 $M=1$，运动副数 $P_5=2$、$P_4=1$、$P_3=1$，故 $F=P_5+2P_4+3P_3-(6-M)=2+2\times1+3\times1-(6-1)=2$ 这里活塞与固定气缸组成的圆柱副具有一个局部自由度，故机构实际自由度 $F=1$
4	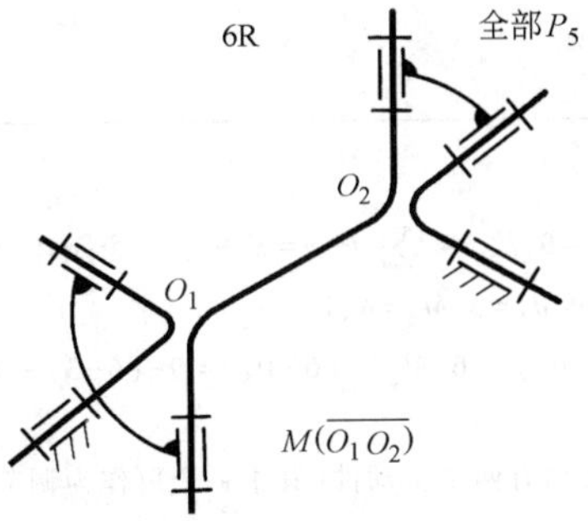 6R　全部P_5　O_2　O_1　$M(\overline{O_1O_2})$	查表 11.1-7 知 $M=1$，运动副数 $P_5=6$，故 $F=P_5-(6-M)=6-(6-1)=1$
5	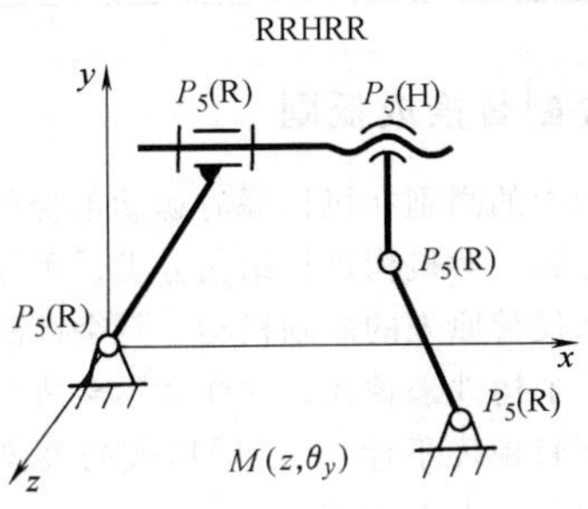 RRHRR　y　P_5(R)　P_5(H)　P_5(R)　P_5(R)　x　P_5(R)　$M(z,\theta_y)$　z	查表 11.1-7 知 $M=2$，运动副数 $P_5=5$，故 $F=P_5-(6-M)=5-(6-2)=1$

（续）

序号	图　例	自由度分析
6	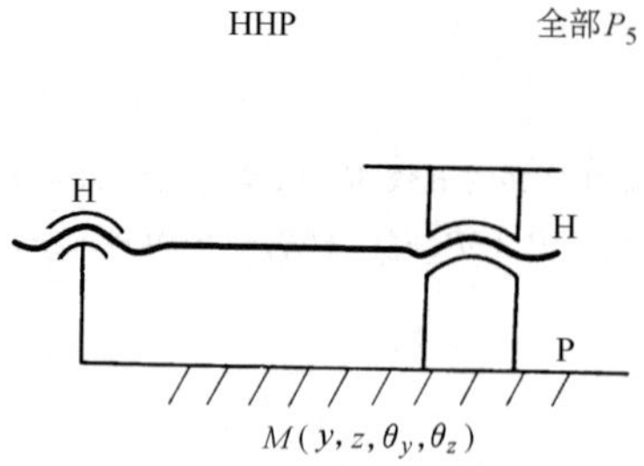 HHP　全部P_5 H H P $M(y,z,\theta_y,\theta_z)$	查表11.1-7知$M=4$,运动副数$P_5=3$,故$F=P_5-(6-M)=3-(6-4)=1$
7	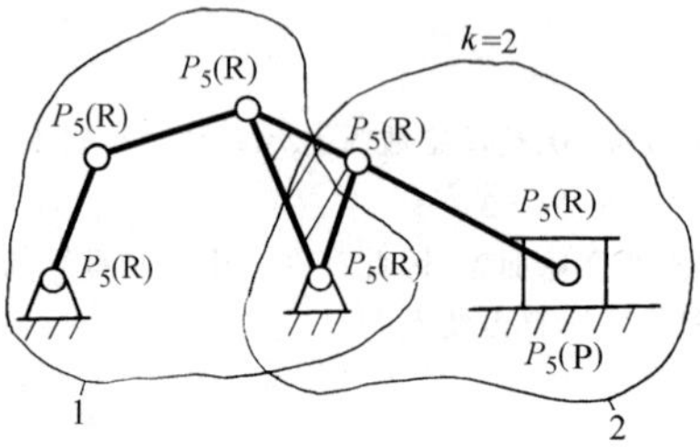 k=2 P_5(R) P_5(R) P_5(R) P_5(R) P_5(R) P_5(R) P_5(P) 1 2	这里活动构件数$n=5$、$P_5=7$,故闭环数$k=\sum P-n=2$ 查表11.1-7知$M_1=M_2=3$,由式(11.1-3)得 $F=P_5+2P_4+3P_3+4P_2+5P_1-\sum_{i=1}^{k}(6-M_i)$ $=P_5-(6-M_1)-(6-M_2)$ $=7-(6-3)-(6-3)$ $=1$ 又因这是一平面机构,故也可用平面机构自由度计算公式$F=3n-2P_5-P_4=3\times5-2\times7-0=1$
8	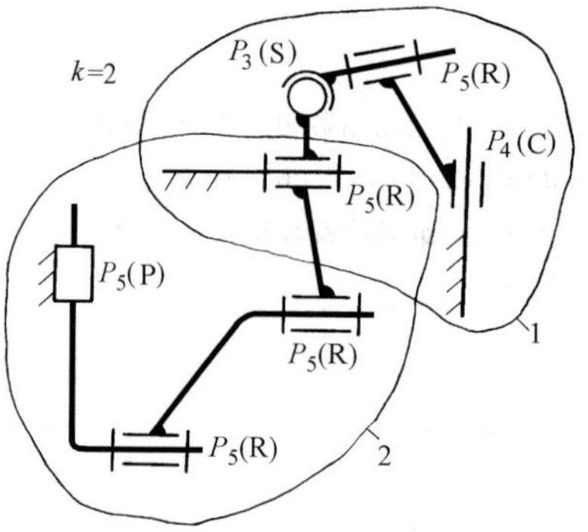 k=2 P_3(S) P_5(R) P_4(C) P_5(R) P_5(P) P_5(R) P_5(R) 1 2	这里$n=5$、$P_5=5$、$P_4=1$、$P_3=1$,故$k=\sum P-n=2$ 查表11.1-7知$M_1=0$、$M_2=3$(曲柄滑块机构) 故$F=P_5+2P_4+3P_3-(6-M_1)-(6-M_2)=5+2\times1+3\times1-(6-0)-(6-3)=1$
9	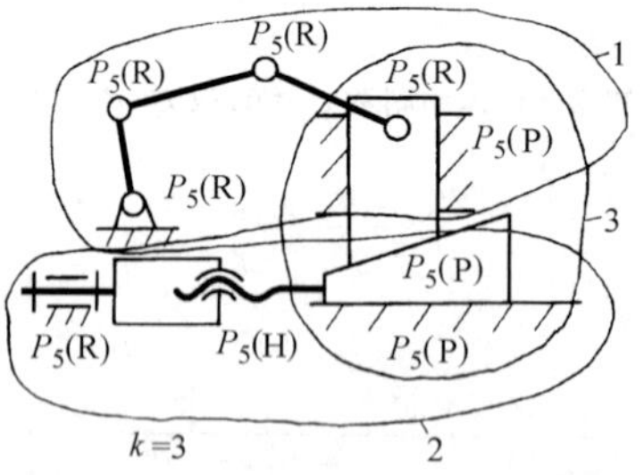 P_5(R) P_5(R) P_5(R) P_5(P) P_5(R) P_5(P) P_5(R) P_5(H) P_5(P) 1 3 2 k=3	这里$n=6$、$P_5=9$,故$k=\sum P-n=3$,故有三个闭环 查表11.1-7知$M_1=3$、$M_2=4$、$M_3=4$ 故$F=P_5-(6-M_1)-(6-M_2)-(6-M_3)=9-(6-3)-(6-4)-(6-4)=2$ 可见该机构必须有两个主动件(其中一个可作为调节用)

5　平面机构的结构分析

机构结构分析就是先画出各种具体机构的机构运动简图并进行自由度计算，然后从机构结构的角度研究机构组成原理，并以此进行机构分类。平面机构的这种分类法是以低副机构为基础的，如机构中含有高副，应将其替换成低副，然后再进行机构结构分类。

5.1　高副替换成低副

机构中的高副在机构瞬时运动不变的前提下可以替换成低副。对机构进行结构分类，可用替换后的低副机构来代替原先的高副机构。每个高副用带有两个低副的一个构件来替换，这样就不会改变机构的自由度（局部自由度不计）。不同形式的高副，替换的方法也不同，见表11.1-9。

表 11.1-9　高副替换成低副

接触形式	曲线和曲线	曲线和直线	曲线和点	点和直线
原机构	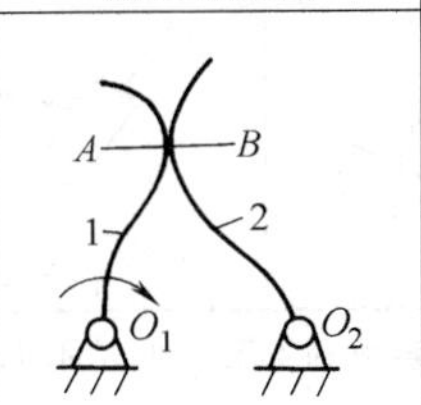 A, B, 1, 2, O_1, O_2	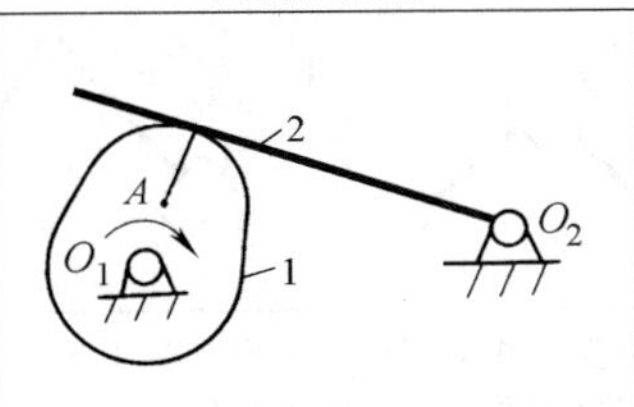 A, 1, 2, O_1, O_2	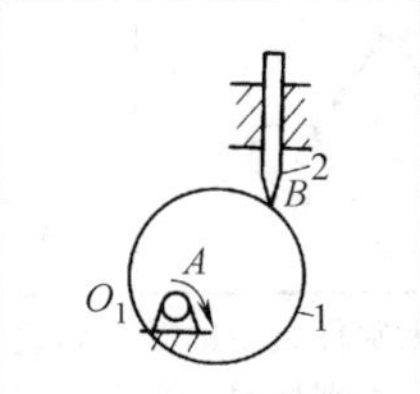 A, B, 1, 2, O_1	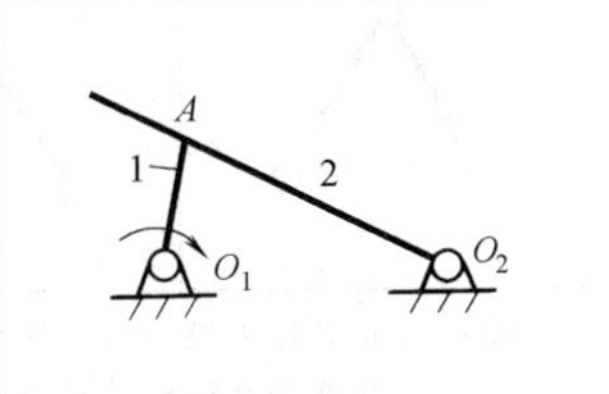 A, 1, 2, O_1, O_2
替换后机构	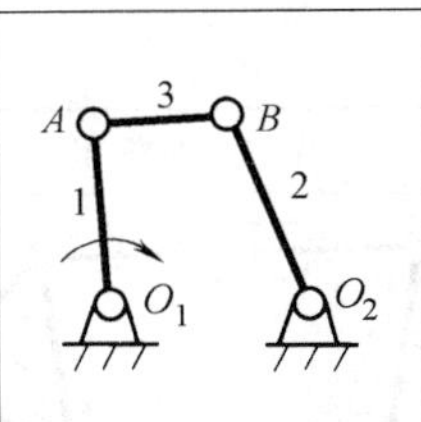 A, B, 1, 2, 3, O_1, O_2	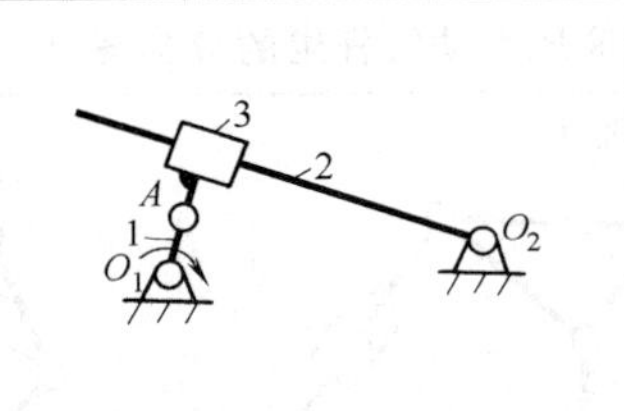 A, 1, 2, 3, O_1, O_2	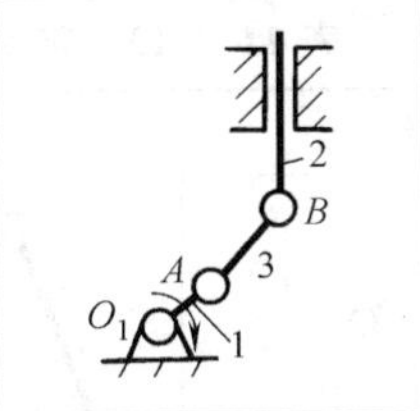 A, B, 1, 2, 3, O_1	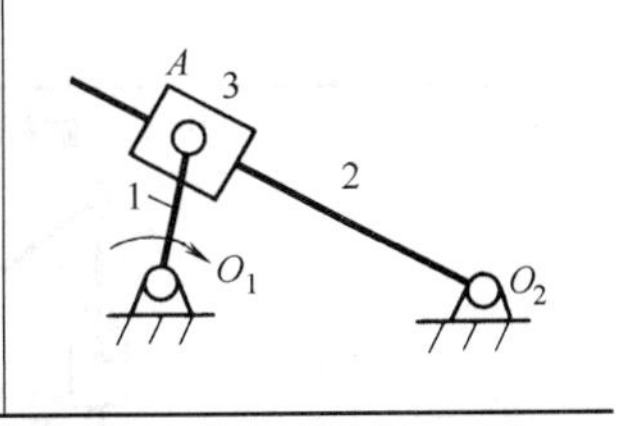 A, 1, 2, 3, O_1, O_2

注：图中的 A、B 点为构件 1、2 上相应曲线在接触点的曲率中心，如果曲线改成圆弧，则曲率中心成为圆心，替换后的机构相同。不同的是前者为瞬时替换，而后者为永久替换。

当替换后的低副机构中带有移动副时，机构的形式可能有多种，表 11.1-10 所示的一系列机构，是由表 11.1-9 中的摆动从动件盘形凸轮机构转化而得，其运动特性完全一样，只是形式不同，实质上仍是一种机构。

表 11.1-10　带有移动副机构的变形

原　机　构	变　形　1	变　形　2	变　形　3
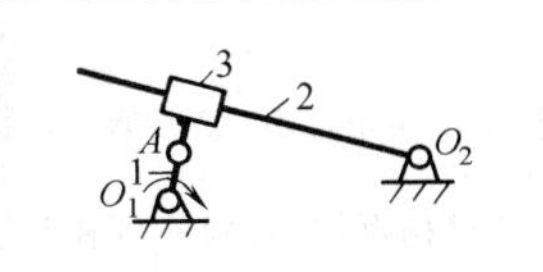 A, 1, 2, 3, O_1, O_2	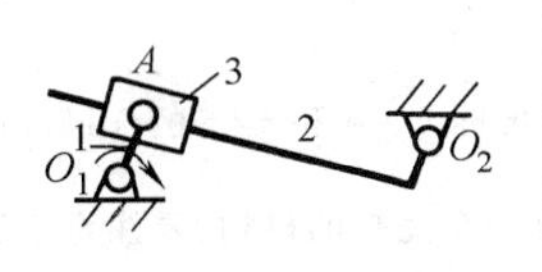 A, 1, 2, 3, O_1, O_2	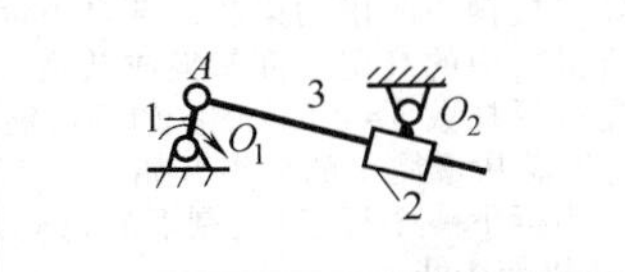 A, 1, 2, 3, O_1, O_2	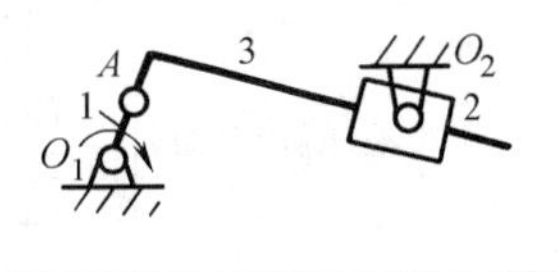 A, 1, 2, 3, O_1, O_2

注：上面这四种机构中，3 个转动副位置相同，2、3 构件组成的移动副滑动方向相同。

5.2　杆组及其分类

各种平面低副机构（带液压气动元件的除外）都可看成是由一些自由度为零的运动链与主动件和机架相连组成。这些不可再分解的、自由度为 0 的运动链称为基本杆组或简称杆组。设组成杆组的构件数为 n，低副数为 P_5，则其自由度为

$$F=3n-2P_5=0$$

可见杆组中的构件数 n 必须是偶数，且当 $n=2$、4、6、…时，$P_5=3$、6、9、…。根据杆组的复杂程度，将杆组分成Ⅱ、Ⅲ、Ⅳ等级，见表 11.1-11。Ⅱ级杆组的全部形式见表 11.1-12。

机构中如含有液压、气动元件，则机构的组成可以看成是由一些带缸的特殊杆组与机架相连组成。这些特殊杆组的自由度等于杆组中的缸数，而不等于 0。机构的自由度则是组成机构的各带缸杆组自由度之和，即等于机构中的总缸数。由于带缸杆组是由一般杆组派生而得，故其级别与原杆组相同（见表 11.1-13）。由带缸杆组组成的机构，其级别同样由组成该机构的杆组最高级别而定。

表 11.1-11　杆组及其分类

级别	Ⅱ	Ⅲ		Ⅳ	
	$n=2$、$P_5=3$	$n=4$、$P_5=6$	$n=6$、$P_5=9$	$n=4$、$P_5=6$	$n=6$、$P_5=9$
图例	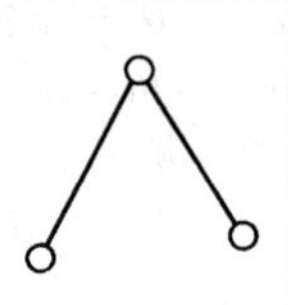	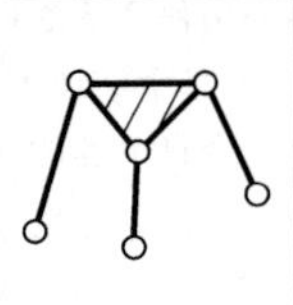	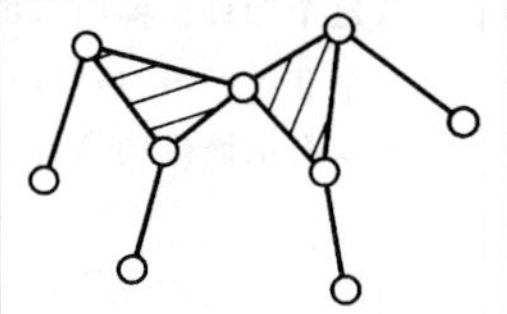	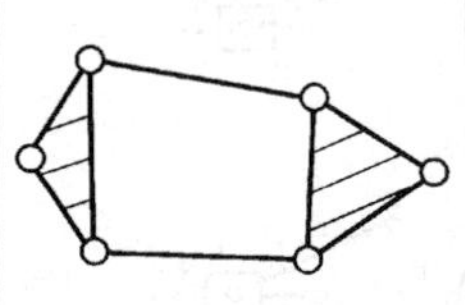	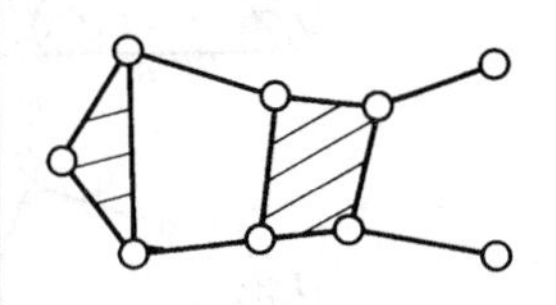
说明	每个构件含两个低副	至少有一个构件具有三个低副		杆组中具有一个四边形	

表 11.1-12　Ⅱ级杆组的全部形式

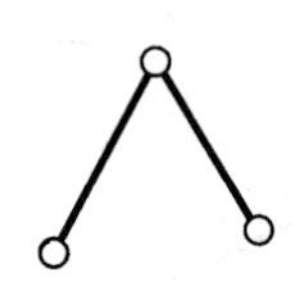	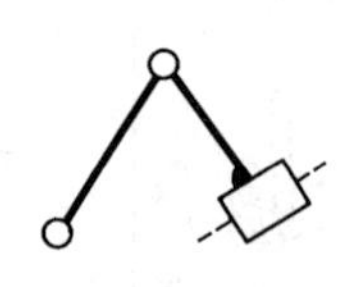	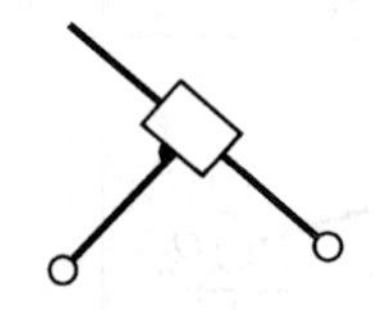	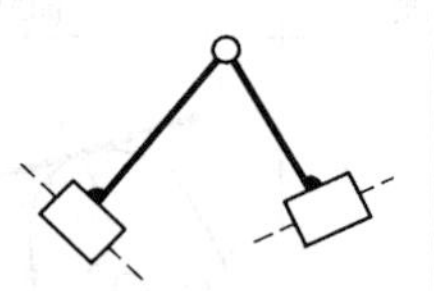	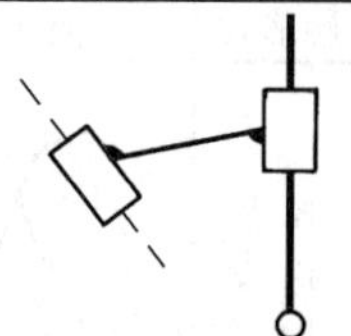

注：与Ⅱ级杆组类似，其他级别杆组中的转动副也可换成移动副而派生出多种形式，其级别不变，但是不能把杆组中的转动副全都换成移动副，否则杆组的自由度就不等于0而不称其为杆组了。

表 11.1-13　带有液压气动缸杆组的分类图例

分类	Ⅱ级一缸杆组	Ⅲ级一缸杆组	Ⅳ级一缸杆组
图例			

注：各级杆组的自由度等于杆组中的缸数。

5.3　平面机构级别的判定（见表 11.1-14）

表 11.1-15 为判定平面机构级别的图例。

表 11.1-14　平面机构级别的判定

类　别	判 定 步 骤
不带液压缸、气缸的机构	(1)除去机构中的虚约束和局部自由度 (2)将机构中的高副全部替换成低副 (3)先试拆杆数 $n=2$ 的杆组，如不可能，再拆 $n=4$ 和 $n=6$ 的杆组，当已分出一个杆组，要拆第二个杆组时，仍需从最简单的杆组开始 (4)每当拆下一个杆组后，剩下的仍应是一个完整的机构，要注意不能把机构拆散，直到最后剩下主动件和机架为止 (5)根据所得杆组的级别确定机构的级别
带液压缸、气缸的机构	(1)除去机构中的虚约束和局部自由度 (2)将机构中的高副全部替换成低副 (3)先试拆杆数较少的带缸或不带缸的杆组，如不可能，再拆杆数较多的杆组。注意不带缸的杆组，其自由度为零；带缸的杆组，其自由度等于缸数 (4)每当拆下一个杆组后，剩下的仍应是一个完整的机构，要注意不要把机构拆散，直到最后剩下的只是机架为止 (5)根据所得杆组的级别确定机构的级别

表 11.1-15　判定平面机构级别的图例

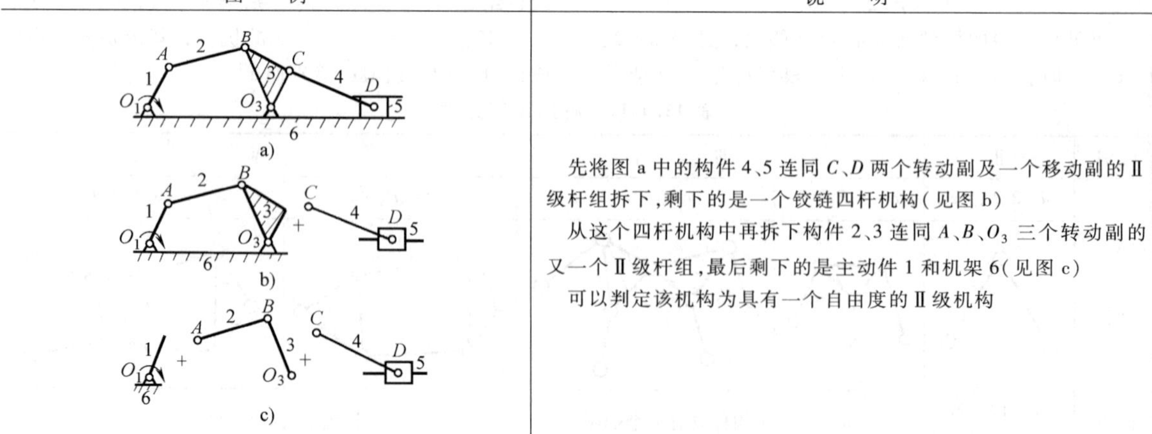

图　例	说　明
a)　b)　c)	先将图 a 中的构件 4、5 连同 C、D 两个转动副及一个移动副的Ⅱ级杆组拆下，剩下的是一个铰链四杆机构（见图 b） 从这个四杆机构中再拆下构件 2、3 连同 A、B、O_3 三个转动副的又一个Ⅱ级杆组，最后剩下的是主动件 1 和机架 6（见图 c） 可以判定该机构为具有一个自由度的Ⅱ级机构

（续）

图 例	说 明
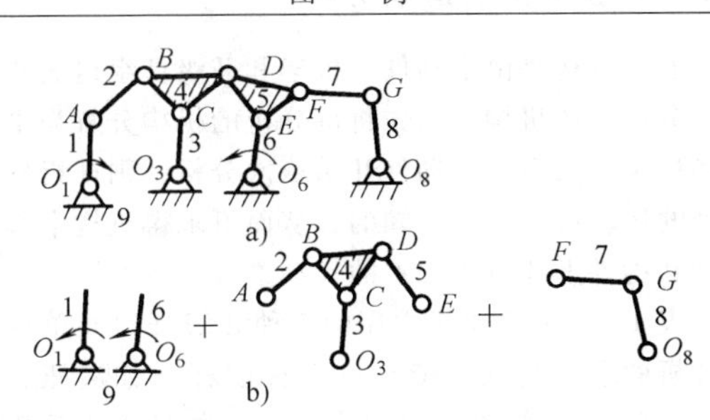	先将图 a 中的构件 7、8 连同 F、G、O_8 三个转动副组成的Ⅱ级杆组拆下 再将构件 2、3、4、5 连同转动副 A、B、C、D、E、O_3 组成的Ⅲ级杆组拆下，最后剩下主动件 1 和 6 以及机架 9（见图 b） 可以判定该机构为具有两个自由度的Ⅲ级机构
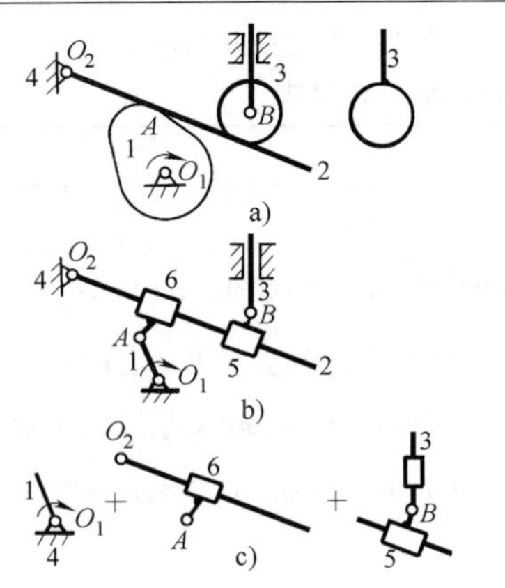	先将图 a 中滚子自转的局部自由度去掉（参考表 11.1-5） 将高副用低副替换后所得机构见图 b（参考表 11.1-9） 将机构中构件 3、5 连同转动副 B 和两个移动副组成的Ⅱ级杆组拆下 再将构件 2、6 连同 A、O_2 两个转动副及一个移动副组成的另一Ⅱ级杆组拆下，最后剩下主动件 1 和机架 4，见图 c 可以判定该机构为具有一个自由度的Ⅱ级机构
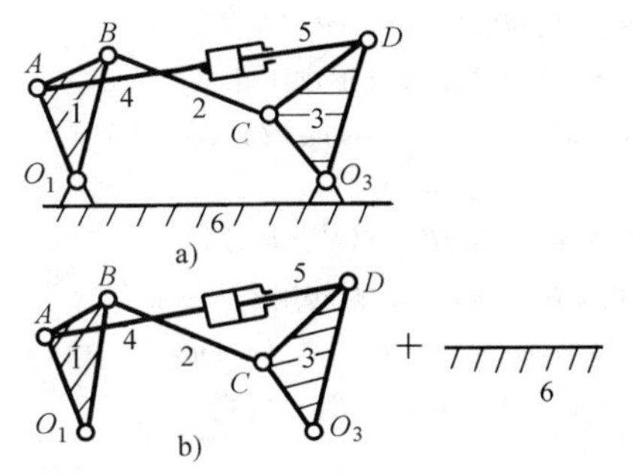	先从图 a 所示的带缸机构中试拆带缸或不带缸的Ⅱ级杆组，都会导致将机构拆散，再试拆Ⅲ级杆组也行不通 将全部运动构件连同 O_1、O_3 两个转动副从机架上拆下，得一Ⅳ级一缸杆组，见图 b 可以判定该机构为一个自由度的Ⅳ级机构
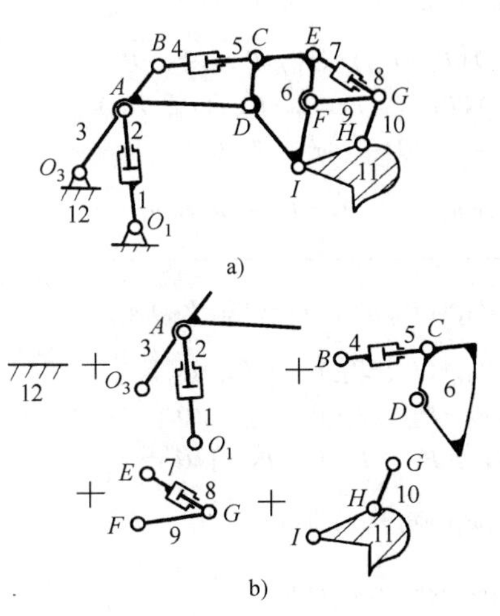	这是一个多缸机构。先从图 a 中将构件 10、11 连同 G、H、I 三个转动副组成的Ⅱ级杆组拆下。由于 G 是复合铰链，拆去一个后还剩一个 拆下构件 7、8、9 连同 E、F、G 三个转动副和一个移动副组成的Ⅱ级一缸杆组 再将构件 4、5、6 连同 B、C、D 三个转动副和一个移动副组成的另一个Ⅱ级一缸杆组拆下 最后将构件 1、2、3 连同 O_1、O_3、A 三个转动副和一个移动副组成的第三个Ⅱ级一缸杆组拆下，剩下的就只有机架 12 可以判定该机构为具有 3 个自由度带缸的Ⅱ级机构

6 平面机构的运动分析

机构运动分析的任务是对于结构型式及尺寸参数已定的具体机构，按主动件的位置、速度和加速度来确定从动件或从动件上指定点的位置、速度和加速度。大部分机械的运动学特性和运动参数直接关系到机械工艺动作的质量，而且运动参数又是机械动力学分析的依据，所以机构的运动分析是机械设计过程中必不可少的重要环节。以计算机为手段的解析方法，由于运算速度快，精确度高，程序有一定的通用性，现已成为机构运动分析的主要方法。

6.1 Ⅱ级机构的运动分析

Ⅱ级机构是由主动件、机架和Ⅱ级杆组组成的机构。分析具体机构时，先将待分析的机构分解为主动件和杆组，然后从主动件开始依次分析，则杆组外运动副的运动参数总是已知的，从而可求得机构中所有构件和构件上任意指定点的运动参数。

表 11.1-16 给出了常用的 5 种Ⅱ级杆组及单杆运动分析的求解公式。带有可变长度杆（如液压、气动缸）的 RRR 杆组的运动分析，基本上可借用 RRR 杆组的分析公式，在此一并列出。

表 11.1-16 几种常见基本杆组及单杆运动分析公式

RRR 杆组简图	说明
	N_1、N_2 为杆组外运动副的虚拟点号，N_1、N_2 点的位置 (P_{1x},P_{1y})、(P_{2x},P_{2y})，速度 $(\dot{P}_{1x},\dot{P}_{1y})$、$(\dot{P}_{2x},\dot{P}_{2y})$，加速度 $(\ddot{P}_{1x},\ddot{P}_{1y})$、$(\ddot{P}_{2x},\ddot{P}_{2y})$，和杆长 r_1、r_2 是已知的。求内运动副 N_3 点的位置 (P_{3x},P_{3y})、速度 $(\dot{P}_{3x},\dot{P}_{3y})$ 和加速度 $(\ddot{P}_{3x},\ddot{P}_{3y})$ 及杆①、②的位置角 $(\theta_1、\theta_2)$、角速度 $(\omega_1、\omega_2)$ 和角加速度 $(\varepsilon_1、\varepsilon_2)$
位置分析	$d=[(P_{2x}-P_{1x})^2+(P_{2y}-P_{1y})^2]^{1/2}$ 如果 $d>r_1+r_2$ 或 $d<\lvert r_1-r_2\rvert$，则此位置不能形成杆组 $\cos\alpha=(d^2+r_1^2-r_2^2)/(2r_1d)$ $\sin\alpha=(1-\cos^2\alpha)^{1/2}$ $\alpha=\arctan(\sin\alpha/\cos\alpha)$ $\phi=\arctan[(P_{2y}-P_{1y})/(P_{2x}-P_{1x})]$ 如果 $\boldsymbol{r}_1\times\boldsymbol{r}_2>0$（图中实线位置），则 $\theta_1=\alpha-\phi$，否则 $\theta_1=\alpha+\phi$ $P_{3x}=P_{1x}+r_1\cos\theta_1$ $P_{3y}=P_{1y}+r_1\sin\theta_1$ $\theta_2=\arctan[(P_{3y}-P_{2y})/(P_{3x}-P_{2x})]$
速度分析	$E_v=(\dot{P}_{2x}-\dot{P}_{1x})(P_{3x}-P_{2x})+(\dot{P}_{2y}-\dot{P}_{1y})(P_{3y}-P_{2y})$ $F_v=(\dot{P}_{2x}-\dot{P}_{1x})(P_{3x}-P_{1x})+(\dot{P}_{2y}-\dot{P}_{1y})(P_{3y}-P_{1y})$ $Q=(P_{3y}-P_{1y})(P_{3x}-P_{2x})-(P_{3y}-P_{2y})(P_{3x}-P_{1x})$ $\omega_1=-E_v/Q$ $\omega_2=-F_v/Q$ $\dot{P}_{3x}=\dot{P}_{1x}-r_1\omega_1\sin\theta_1$ $\dot{P}_{3y}=\dot{P}_{1y}+r_1\omega_1\cos\theta_1$
加速度分析	$E_a=\ddot{P}_{2x}-\ddot{P}_{1x}+(\dot{P}_{3y}-\dot{P}_{1y})\omega_1-(\dot{P}_{3y}-\dot{P}_{2y})\omega_2$ $F_a=\ddot{P}_{2y}-\ddot{P}_{1y}+(\dot{P}_{3x}-\dot{P}_{1x})\omega_1-(\dot{P}_{3x}-\dot{P}_{2x})\omega_2$ $\varepsilon_1=-[E_a(P_{3x}-P_{2x})+F_a(P_{3y}-P_{2y})]/Q$ $\varepsilon_2=-[E_a(P_{3x}-P_{1x})+F_a(P_{3y}-P_{1y})]/Q$ $\ddot{P}_{3x}=\ddot{P}_{1x}-r_1\omega_1^2\cos\theta_1-r_1\varepsilon_1\sin\theta_1$ $\ddot{P}_{3y}=\ddot{P}_{1y}-r_1\omega_1^2\sin\theta_1+r_1\varepsilon_1\cos\theta_1$

（续）

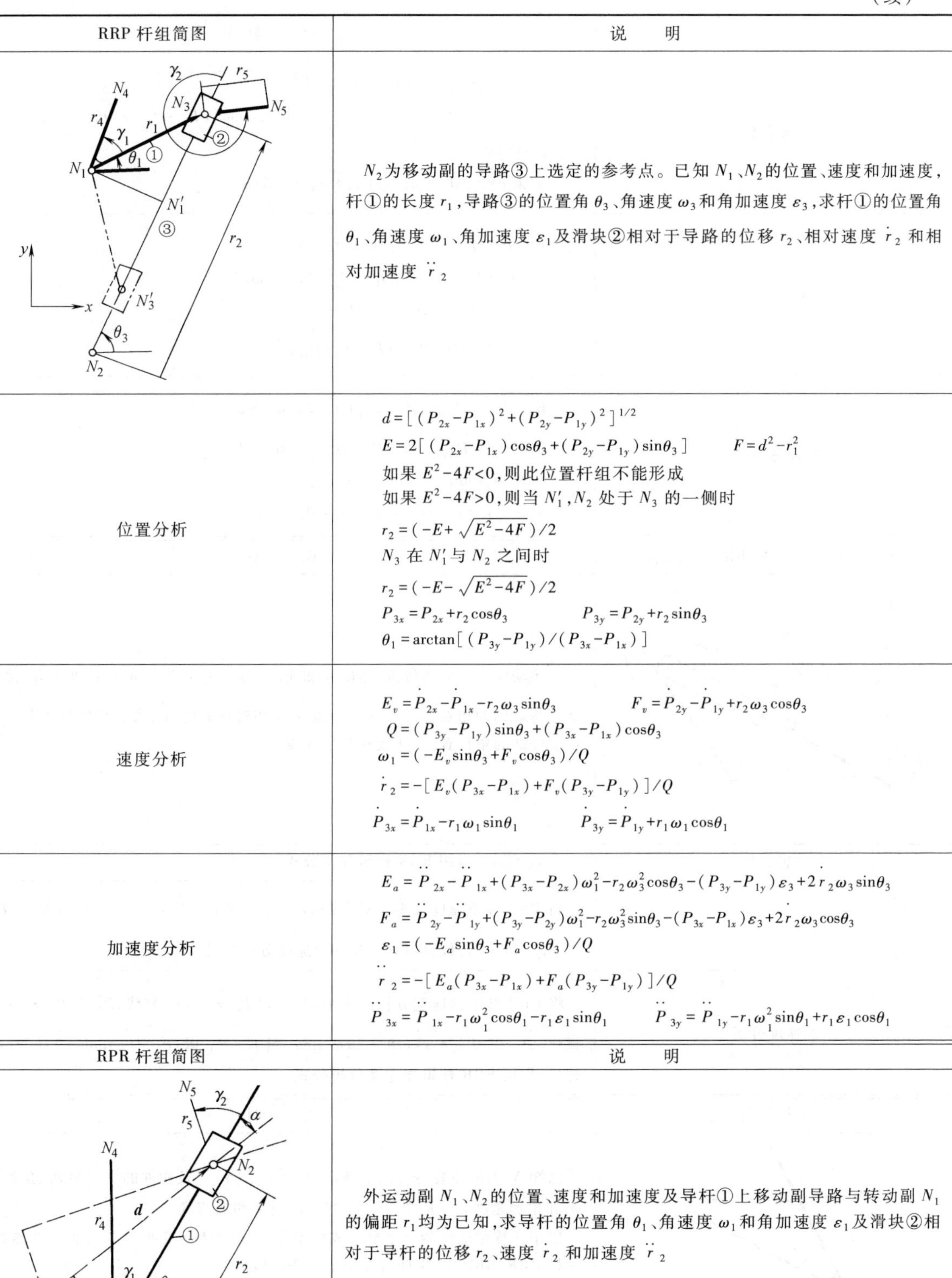

RRP 杆组简图	说　　明
	N_2为移动副的导路③上选定的参考点。已知 N_1、N_2的位置、速度和加速度，杆①的长度 r_1，导路③的位置角 θ_3、角速度 ω_3和角加速度 ε_3，求杆①的位置角 θ_1、角速度 ω_1、角加速度 ε_1及滑块②相对于导路的位移 r_2、相对速度 $\dot{r}_2$ 和相对加速度 $\ddot{r}_2$
位置分析	$d=[(P_{2x}-P_{1x})^2+(P_{2y}-P_{1y})^2]^{1/2}$ $E=2[(P_{2x}-P_{1x})\cos\theta_3+(P_{2y}-P_{1y})\sin\theta_3]$　　$F=d^2-r_1^2$ 如果 $E^2-4F<0$，则此位置杆组不能形成 如果 $E^2-4F>0$，则当 N_1'，N_2 处于 N_3 的一侧时 $r_2=(-E+\sqrt{E^2-4F})/2$ N_3 在 N_1'与 N_2 之间时 $r_2=(-E-\sqrt{E^2-4F})/2$ $P_{3x}=P_{2x}+r_2\cos\theta_3$　　$P_{3y}=P_{2y}+r_2\sin\theta_3$ $\theta_1=\arctan[(P_{3y}-P_{1y})/(P_{3x}-P_{1x})]$
速度分析	$E_v=\dot{P}_{2x}-\dot{P}_{1x}-r_2\omega_3\sin\theta_3$　　$F_v=\dot{P}_{2y}-\dot{P}_{1y}+r_2\omega_3\cos\theta_3$ $Q=(P_{3y}-P_{1y})\sin\theta_3+(P_{3x}-P_{1x})\cos\theta_3$ $\omega_1=(-E_v\sin\theta_3+F_v\cos\theta_3)/Q$ $\dot{r}_2=-[E_v(P_{3x}-P_{1x})+F_v(P_{3y}-P_{1y})]/Q$ $\dot{P}_{3x}=\dot{P}_{1x}-r_1\omega_1\sin\theta_1$　　$\dot{P}_{3y}=\dot{P}_{1y}+r_1\omega_1\cos\theta_1$
加速度分析	$E_a=\ddot{P}_{2x}-\ddot{P}_{1x}+(P_{3x}-P_{2x})\omega_1^2-r_2\omega_3^2\cos\theta_3-(P_{3y}-P_{1y})\varepsilon_3+2\dot{r}_2\omega_3\sin\theta_3$ $F_a=\ddot{P}_{2y}-\ddot{P}_{1y}+(P_{3y}-P_{2y})\omega_1^2-r_2\omega_3^2\sin\theta_3-(P_{3x}-P_{1x})\varepsilon_3+2\dot{r}_2\omega_3\cos\theta_3$ $\varepsilon_1=(-E_a\sin\theta_3+F_a\cos\theta_3)/Q$ $\ddot{r}_2=-[E_a(P_{3x}-P_{1x})+F_a(P_{3y}-P_{1y})]/Q$ $\ddot{P}_{3x}=\ddot{P}_{1x}-r_1\omega_1^2\cos\theta_1-r_1\varepsilon_1\sin\theta_1$　　$\ddot{P}_{3y}=\ddot{P}_{1y}-r_1\omega_1^2\sin\theta_1+r_1\varepsilon_1\cos\theta_1$

RPR 杆组简图	说　　明
	外运动副 N_1、N_2的位置、速度和加速度及导杆①上移动副导路与转动副 N_1的偏距 r_1均为已知，求导杆的位置角 θ_1、角速度 ω_1和角加速度 ε_1及滑块②相对于导杆的位移 r_2、速度 $\dot{r}_2$ 和加速度 $\ddot{r}_2$

（续）

RPR杆组简图	说　明
位置分析	$d=[(P_{2x}-P_{1x})^2+(P_{2y}-P_{1y})^2]^{1/2}$ $r_2=(d^2-r_1^2)^{1/2}$　　$\phi=\arctan[(P_{2y}-P_{1y})/(P_{2x}-P_{1x})]$ $\alpha=\arctan(r_1/r_2)$ 如果 $\boldsymbol{d}\times\boldsymbol{r}_2>0$，则 $\theta_1=\phi+\alpha$，否则 $\theta_1=\phi-\alpha$
速度分析	$E_v=\dot{P}_{2x}-\dot{P}_{1x}$　　$F_v=\dot{P}_{2y}-\dot{P}_{1y}$ $Q=-[(P_{2x}-P_{1x})\cos\theta_1+(P_{2y}-P_{1y})\sin\theta_1]$ $\omega_1=(E_v\sin\theta_1-F_v\cos\theta_1)/Q$ $\dot{r}_2=-[E_v(P_{2x}-P_{1x})+F_v(P_{2y}-P_{1y})]/Q$
加速度分析	$E_a=\ddot{P}_{2x}-\ddot{P}_{1x}+(P_{2x}-P_{1x})\omega_1^2+2\dot{r}_2\omega_1\sin\theta_1$ $F_a=\ddot{P}_{2y}-\ddot{P}_{1y}+(P_{2y}-P_{1y})\omega_1^2-2\dot{r}_2\omega_1\cos\theta_1$ $\varepsilon_1=(E_a\sin\theta_1-F_a\cos\theta_1)/Q$ $\ddot{r}_2=-[E_a(P_{2x}-P_{1x})+F_a(P_{2y}-P_{1y})]/Q$

带有液压(气动)缸的RRR杆组简图	说　明
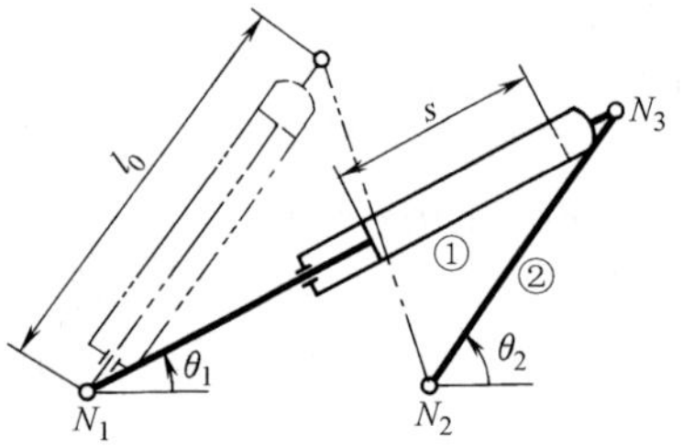 l_0　s　N_3　①　②　θ_1　θ_2　N_1　N_2	外运动副 N_1、N_2 的位置、速度和加速度已知，N_1 与 N_3 间最短长度为 l_0，给定活塞与缸体的相对位移 s、相对速度 $\dot{s}$ 和相对加速度 $\ddot{s}$，求变长度杆①及不变长度杆②的角位置、角速度和角加速度
位置分析	令 $r_1=l_0+s$，借用RRR杆组分析公式
速度分析	将RRR杆组速度分析公式中的 r_1 以 l_0+s 替代，$\dot{P}_{1x}$ 以 $\dot{P}_{1x}+\dot{s}\cos\theta_1$ 替代，$\dot{P}_{1y}$ 以 $\dot{P}_{1y}+\dot{s}\sin\theta_1$ 替代，借用RRR杆组速度分析公式
加速度分析	将RRR杆组加速度分析公式中的 $\dot{P}_{1x}$ 以 $\dot{P}_{1x}+\dot{s}\cos\theta_1$ 替代，$\dot{P}_{1y}$ 以 $\dot{P}_{1y}+\dot{s}\sin\theta_1$ 替代，$\ddot{P}_{1x}$ 以 $\ddot{P}_{1x}+\ddot{s}\cos\theta_1-2\dot{s}\omega_1\sin\theta_1$ 替代，$\ddot{P}_{1y}$ 以 $\ddot{P}_{1y}+\ddot{s}\sin\theta_1+2\dot{s}\omega_1\cos\theta_1$ 替代，借用RRR杆组加速度分析公式

单杆简图	说　明
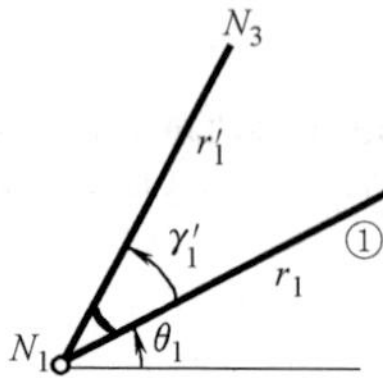 N_3　r_1'　N_2　γ_1'　①　r_1　N_1　θ_1	已知 N_1 点的位置、速度、加速度，尺寸 r_1、r_1' 和 γ_1' 及构件的位置角 θ_1、角速度 ω_1 和角加速度 ε_1，求 N_2、N_3 点的位置、速度和加速度 用于计算主动件的运动参数或机构中运动构件上某些指定点的运动参数，例如RRR、RRP、RPR杆组简图上的 N_4、N_5 点
位置分析	$P_{2x}=P_{1x}+r_1\cos\theta_1$　　$P_{2y}=P_{1y}+r_1\sin\theta_1$ $P_{3x}=P_{1x}+r_1'\cos(\theta_1+\gamma_1')$　$P_{3y}=P_{1y}+r_1'\sin(\theta_1+\gamma_1')$

（续）

单杆简图	说　　明
速度分析	$\dot{P}_{2x}=\dot{P}_{1x}-r_1\omega_1\sin\theta_1$　　$\dot{P}_{2y}=\dot{P}_{1y}+r_1\omega_1\cos\theta_1$ $\dot{P}_{3x}=\dot{P}_{1x}-r_1'\omega_1\sin(\theta_1+\gamma_1')$　　$\dot{P}_{3y}=\dot{P}_{1y}+r_1'\omega_1\cos(\theta_1+\gamma_1')$
加速度分析	$\ddot{P}_{2x}=\ddot{P}_{1x}-r_1\varepsilon_1\sin\theta_1-r_1\omega_1^2\cos\theta_1$ $\ddot{P}_{3x}=\ddot{P}_{1x}-r_1'\varepsilon_1\sin(\theta_1+\gamma_1')-r_1'\omega_1^2\cos(\theta_1+\gamma_1')$ $\ddot{P}_{3y}=\ddot{P}_{1y}+r_1'\varepsilon_1\cos(\theta_1+\gamma_1')-r_1'\omega_1^2\sin(\theta_1+\gamma_1')$ $\ddot{P}_{2y}=\ddot{P}_{1y}+r_1\varepsilon_1\cos\theta_1-r_1\omega_1^2\sin\theta_1$

注：表列公式中 P、$\dot{P}$、$\ddot{P}$ 的下标数字为杆组中虚拟点号，r、θ、ω、ε 的下标数字为杆组中虚拟构件号，在分析具体题目时应把它们代换为实际题目中对应的点和构件编号，见表 11.1-17 基本杆组运动分析例题。

表 11.1-17　基本杆组运动分析例题

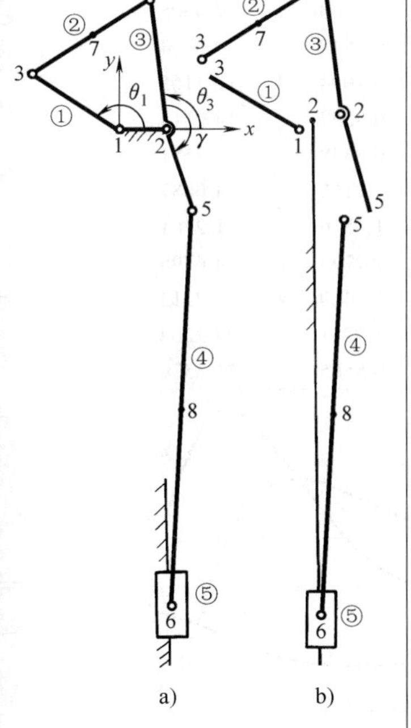

左图所示六杆机构。已知各部分尺寸：$l_{12}=0.056\text{m}$，$l_{13}=0.125\text{m}$，$l_{34}=0.167\text{m}$，$l_{24}=0.163\text{m}$，$l_{25}=0.125\text{m}$，$l_{56}=0.5\text{m}$，$\gamma=-170°$，滑块⑤的导路过点 2，铅垂方向

设主动件①顺时针匀速转动，角速度为 $\omega_1=-10\text{rad/s}$，求主动件转动一周过程中滑块⑤的位移、速度和加速度的变化规律

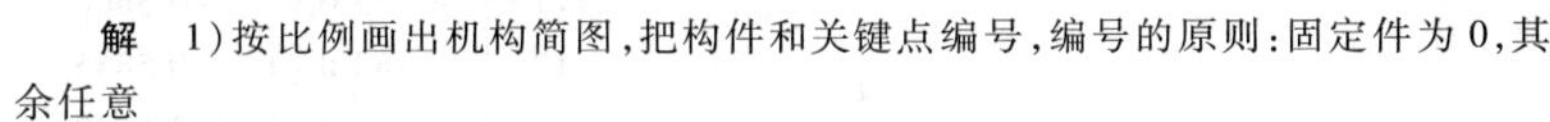

解　1）按比例画出机构简图，把构件和关键点编号，编号的原则：固定件为 0，其余任意

2）选定坐标系，视解题方便任意选取。本例坐标原点在点 1，x 轴沿 1、2 点连线，右手坐标系

3）将机构分解为 RRP 杆组（④⑤）、RRR 杆组（②③）及单杆（①）（见左图）

4）令主动件位置角 θ_1 从零开始，以步长 $-15°$ 转至 $-360°$

5）用单杆运动分析公式计算点 3 的位置、速度和加速度，在此应以实际题目中点和构件的编号代换公式中的虚拟编号

虚拟点号	1　2　3	虚拟构件号	1
实际点号	1　3　0	实际构件号	1

6）用 RRR 杆组运动分析公式，计算构件②、③的位置角 θ_2、θ_3，角速度 ω_2、ω_3 和角加速度 ε_2、ε_3

虚拟点号	1　2　3	虚拟构件号	1　2
实际点号	3　2　4	实际构件号	2　3

$r_1=l_{34}$，$r_2=l_{24}$

7）用单杆运动分析公式求点 5 的运动参数

虚拟点号	1　2　3	虚拟构件号	1
实际点号	2　4　5	实际构件号	3

$r_1=l_{24}$，$r_1'=l_{25}$，$\gamma_1'=\gamma=-170°$

8）用 RRP 杆组运动分析公式计算点 6 的运动参数

（续）

虚拟点号	1　2　3
实际点号	5　2　6

虚拟构件号	1　2　3
实际构件号	4　5　0

$\theta_3=-90°,\omega_3=\varepsilon_3=0$

点 6 的位移、速度和加速度随主动件转角的变化规律

序号	$\theta_1/(°)$	P_{6y}/m	$V_{6y}/(\mathrm{m\cdot s^{-1}})$	$a_{6y}/(\mathrm{m\cdot s^{-2}})$
0	0.0	-0.3800	0.5565	-31.8579
1	-15.0	-0.3757	-0.1824	-22.5206
2	-30.0	-0.3866	-0.5955	-9.7068
3	-45.0	-0.4046	-0.7450	-2.7252
4	-60.0	-0.4246	-0.7777	-0.2787
5	-75.0	-0.4450	-0.7762	-0.2179
6	-90.0	-0.4653	-0.7716	0.0875
7	-105.0	-0.4855	-0.7723	-0.1350
8	-120.0	-0.5057	-0.7774	-0.2202
9	-135.0	-0.5261	-0.7815	-0.0333
10	-150.0	-0.5466	-0.7758	0.5354
11	-165.0	-0.5666	-0.7493	1.5759
12	-180.0	-0.5855	-0.6888	3.1338
13	-195.0	-0.6022	-0.5810	5.1750
14	-210.0	-0.6154	-0.4148	7.5605
15	-225.0	-0.6234	-0.1842	10.0474
16	-240.0	-0.6245	0.1094	12.3165
17	-255.0	-0.6172	0.4557	14.0114
18	-270.0	-0.6004	0.8348	14.7551
19	-285.0	-0.5735	1.2160	14.0887
20	-300.0	-0.5371	1.5536	11.2401
21	-315.0	-0.4931	1.7725	4.6796
22	-330.0	-0.4464	1.7469	-7.7212
23	-345.0	-0.4052	1.3281	-24.2262
24	-360.0	-0.3800	0.5565	-31.8579

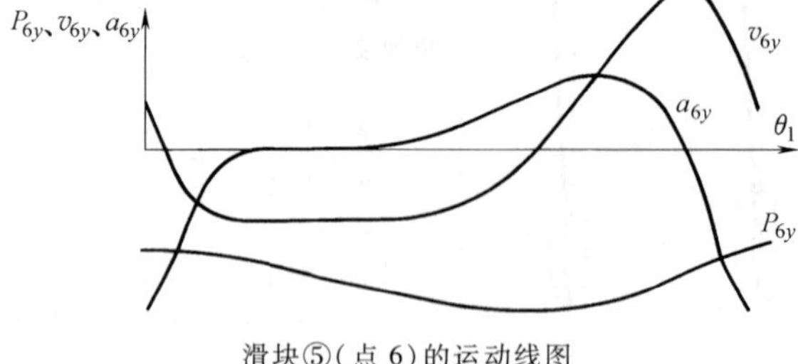

滑块⑤(点 6)的运动线图

6.2　高级机构的运动分析

由于Ⅲ、Ⅳ级杆组的位置分析不易求得解析解，故包括Ⅲ、Ⅳ级杆组的高级机构的运动分析通常应用求解环约束方程的方法。

（1）环约束方程的建立

将机构图中的构件或某些结构尺寸以矢量表示，则可形成若干个矢量环。每一个矢量环，按其闭合条件都可以写出两个标量方程。因为低副机构中每个构件的相对位置可由一个广义坐标确定，而主动件的位

置是给定的，故求解机构位置所必需的标量方程个数应与除主动件外的机构活动构件数相等。表 11. 1-18 给出了几种典型情况的环方程及相应的标量位置方程的建立方法。

（2）位置分析

Ⅲ级机构的运动位置求解见表 11. 1-19。

表 11. 1-18　Ⅲ级机构的运动分析方程式

机构简图	矢量环方程	标量环方程
	$\boldsymbol{P}_1+\boldsymbol{r}+\boldsymbol{l}_1-\boldsymbol{l}_2-\boldsymbol{l}_3-\boldsymbol{P}_2=0$ $\boldsymbol{P}_2+\boldsymbol{l}_3+\boldsymbol{l}_2'-\boldsymbol{l}_4-\boldsymbol{P}_3=0$	$P_{1x}+r\cos q+l_1\cos\phi_1-l_2\cos\phi_2-l_3\cos\phi_3-P_{2x}=0$ $P_{1y}+r\sin q+l_1\sin\phi_1-l_2\sin\phi_2-l_3\sin\phi_3-P_{2y}=0$ $P_{2x}+l_3\cos\phi_3+l_2'\cos(\phi_2-\gamma)-l_4\cos\phi_4-P_{3x}=0$ $P_{2y}+l_3\sin\phi_3+l_2'\sin(\phi_2-\gamma)-l_4\sin\phi_4-F_{3y}=0$
	$\boldsymbol{P}_1+\boldsymbol{r}+\boldsymbol{l}_1-\boldsymbol{l}_2-\boldsymbol{l}_3-\boldsymbol{P}_2=0$ $\boldsymbol{P}_2+\boldsymbol{l}_3+\boldsymbol{l}_2'-\boldsymbol{\phi}_4-\boldsymbol{P}_3=0$	$P_{1x}+r\cos q+l_1\cos\phi_1-l_2\cos\phi_2-l_3\cos\phi_3-P_{2x}=0$ $P_{1y}+r\sin q+l_1\sin\phi_1-l_2\sin\phi_2-l_3\sin\phi_3-P_{2y}=0$ $P_{2x}+l_3\cos\phi_3+l_2'\cos(\phi_2-\gamma)-\phi_4\cos\beta-P_{3x}=0$ $P_{2y}+l_3\sin\phi_3+l_2'\sin(\phi_2-\gamma)-\phi_4\sin\beta-P_{3y}=0$
	$\boldsymbol{P}_1+\boldsymbol{r}+\boldsymbol{l}_1-\boldsymbol{l}_2-\boldsymbol{l}_3-\boldsymbol{P}_2=0$ $\boldsymbol{P}_2+\boldsymbol{l}_3+\boldsymbol{l}_2'-\boldsymbol{\phi}_4-\boldsymbol{P}_3=0$	$P_{1x}+r\cos q+l_1\cos\phi_1-l_2\cos\phi_2-l_3\cos\phi_3-P_{2x}=0$ $P_{1y}+r\sin q+l_1\sin\phi_1-l_2\sin\phi_2-l_3\sin\phi_3-P_{2y}=0$ $P_{2x}+l_3\cos\phi_3+l_2'\cos\left(\phi_2-\gamma-\frac{\pi}{2}\right)-\phi_4\cos(\phi_2-\gamma)-P_{3x}=0$ $P_{2y}+l_3\sin\phi_3+l_2'\sin\left(\phi_2-\gamma-\frac{\pi}{2}\right)-\phi_4\sin(\phi_2-\gamma)-P_{3y}=0$

表 11. 1-19　Ⅲ级机构的运动位置求解

求 解 步 骤	运 动 方 程
位置方程是包括待定广义坐标 $\phi_1,\phi_2,\cdots,\phi_m$ 的强耦合、非线性方程组	$f(q,\boldsymbol{\Phi})=0$　　(1) 式中　$\boldsymbol{\Phi}=(\phi_1,\phi_2,\cdots,\phi_m)$
设定初值 $\boldsymbol{\Phi}^0=\{\phi_1^0,\phi_2^0,\cdots,\phi_m^0\}$ 代上式，并设定一组校正值	$\Delta\boldsymbol{\Phi}^0=(\Delta\phi_1^0,\Delta\phi_2^0,\cdots,\Delta\phi_m^0)$
设系统在初值附近存在扰动	$f(q,\boldsymbol{\Phi}^0+\Delta\boldsymbol{\Phi}^0)=0$　　(2)
将上式展开成泰勒级数，并略去非线性项	$\begin{pmatrix}\frac{\partial f_1}{\partial\phi_1} & \frac{\partial f_1}{\partial\phi_2} & \cdots & \frac{\partial f_1}{\partial\phi_m}\\ \frac{\partial f_2}{\partial\phi_1} & \frac{\partial f_2}{\partial\phi_2} & \cdots & \frac{\partial f_2}{\partial\phi_m}\\ \cdots & \cdots & & \cdots\\ \frac{\partial f_m}{\partial\phi_1} & \frac{\partial f_m}{\partial\phi_2} & \cdots & \frac{\partial f_m}{\partial\phi_m}\end{pmatrix}\begin{pmatrix}\Delta\phi_1^0\\ \Delta\phi_2^0\\ \cdots\\ \Delta\phi_m^0\end{pmatrix}=\begin{pmatrix}-f_1\ \boldsymbol{\Phi}^0\\ -f_2\ \boldsymbol{\Phi}^0\\ \cdots\\ -f_m\ \boldsymbol{\Phi}^0\end{pmatrix}$　　(3) 写成 $\boldsymbol{A}\Delta\boldsymbol{\Phi}^0=\boldsymbol{B}$ 如果 $\boldsymbol{A}$ 非奇异，则可解出 $\Delta\boldsymbol{\Phi}^0$

注：1. 但一般情况下 $f(q,\boldsymbol{\Phi}^0+\Delta\boldsymbol{\Phi}^0)\neq0$，这是因把式（2）展成泰勒级数后略去了非线性项。继续令 $\boldsymbol{\Phi}^1=\boldsymbol{\Phi}^0+\Delta\boldsymbol{\Phi}^0$，求 $\Delta\boldsymbol{\Phi}'$，直到 $\|\Delta\boldsymbol{\Phi}^k\|$ 充分小，此时可认为解 $\boldsymbol{\Phi}=\boldsymbol{\Phi}^k+\Delta\boldsymbol{\Phi}^k$。

2. 这种方法称牛顿-拉夫森算法，用计算机解题时有现成子程序可供调用。

3. 算法是否收敛及收敛快慢主要决定于初值选得是否恰当。可应用图解试凑方法选定初值。通常经几次迭代即可收敛于足够精度的解。

（3）速度和加速度分析

Ⅲ级机构的运动速度与加速度求解见表 11.1-20。

表 11.1-20 Ⅲ级机构的运动速度与加速度求解

求解步骤	运动方程
标量位置方程组对时间 t 微分	$$A\dot{\Phi}=C \quad (1)$$
对时间微分式	$$A\ddot{\Phi}=\dot{C}-\dot{A}\dot{\Phi}=D \quad (2)$$ 可解得 $\ddot{\Phi}=(\ddot{\phi}_1,\ddot{\phi}_2,\cdots,\ddot{\phi}_m)$ 求出 $\dot{\Phi}$、$\ddot{\Phi}$ 后，任一构件上指定点的位置、速度和加速度都很容易求得

注：此中 A 与表 11.1-19 式（3）中系数矩阵相同，$\dot{\Phi}=(\dot{\phi}_1,\ \dot{\phi}_2,\ \cdots,\ \dot{\phi}_m)$，$C$ 为 m 行列阵，包括有主动件的结构和运动参数，是已知的。

（4）Ⅲ级机构的运动分析例题（见表 11.1-21）

表 11.1-21 Ⅲ级机构的运动分析例题

求解步骤	运动方程
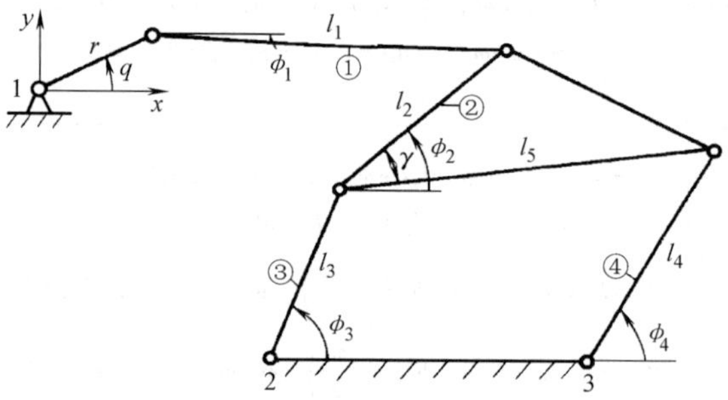	左图所示机构，$r=0.02$，$l_1=0.12$，$l_2=0.035$，$l_3=0.03$，$l_4=0.04$，$l_5=0.06$，$\gamma=30°$，长度单位为 m 点 1、2、3 的坐标分别为：(0，0)、(0.1，-0.045)、(0.15，-0.045) 给定 $\dot{q}=10\text{rad/s}$，$\ddot{q}=0$ 求 q 从 0°转动 360°过程中构件①②的位置角 ϕ_1、ϕ_2，角速度 ω_1、ω_2 及角加速度 ε_1、ε_2 的变化规律
位置方程见表 11.1-19，写成式(1)的形式	$$\begin{pmatrix} -l_1\sin\phi_1 & l_2\sin\phi_2 & l_3\sin\phi_3 & 0 \\ l_1\cos\phi_1 & -l_2\cos\phi_2 & -l_3\cos\phi_3 & 0 \\ 0 & -l_5\sin(\phi_2-\gamma) & -l_3\sin\phi_3 & l_4\sin\phi_4 \\ 0 & l_5\cos(\phi_2-\gamma) & l_3\cos\phi_3 & -l_4\cos\phi_4 \end{pmatrix}\begin{pmatrix}\Delta\phi_1\\ \Delta\phi_2\\ \Delta\phi_3\\ \Delta\phi_4\end{pmatrix}=\begin{pmatrix} -(P_{1x}+r\cos q+l_1\cos\phi_1-l_2\cos\phi_2-l_3\cos\phi_3-P_{2x}) \\ -(P_{1y}+r\sin q+l_1\sin\phi_1-l_2\sin\phi_2-l_3\sin\phi_3-P_{2y}) \\ -(P_{2x}+l_3\cos\phi_3+l_5\cos(\phi_2-\gamma)-l_4\cos\phi_4-P_{3x}) \\ -(P_{2y}+l_3\sin\phi_3+l_5\sin(\phi_2-\gamma)-l_4\sin\phi_4-P_{3y}) \end{pmatrix} \quad (1)$$
给定 $q=0$，设定一组初值 $\Phi^0=(\phi_1^0,\phi_2^0,\phi_3^0,\phi_4^0)=(0,30,70,60)$，代入后经几次迭代得满足一定精度的解	$\Phi=(1.1527,35.9315,67.2171,57.8325)$ 然后以此为初值，求 $q=q+\Delta q$ 时的解（本题取 $\Delta q=10°$），如此继续下去，即可求出全部解
求解角速度和角加速度时，系数矩阵 A 不变，计算见式(2)和式(3)的形式	$$C=\begin{pmatrix} \dot{q}r\sin q \\ -\dot{q}r\cos q \\ 0 \\ 0 \end{pmatrix} \quad (2)$$ $$D=\begin{pmatrix} \ddot{q}r\sin q+\dot{q}^2r\cos q+\omega_1^2l_1\cos\phi_1-\omega_2^2l_2\cos\phi_2-\omega_3^2l_3\cos\phi_3 \\ -\ddot{q}r\cos q+\dot{q}^2r\sin q+\omega_1^2l_1\sin\phi_1-\omega_2^2l_2\sin\phi_2-\omega_3^2l_3\sin\phi_3 \\ \omega_2^2l_5\cos(\phi_2-\gamma)+\omega_3^2l_3\cos\phi_3-\omega_4^2l_4\cos\phi_4 \\ \omega_2^2l_5\sin(\phi_2-\gamma)+\omega_3^2l_3\sin\phi_3-\omega_4^2l_4\sin\phi_4 \end{pmatrix} \quad (3)$$

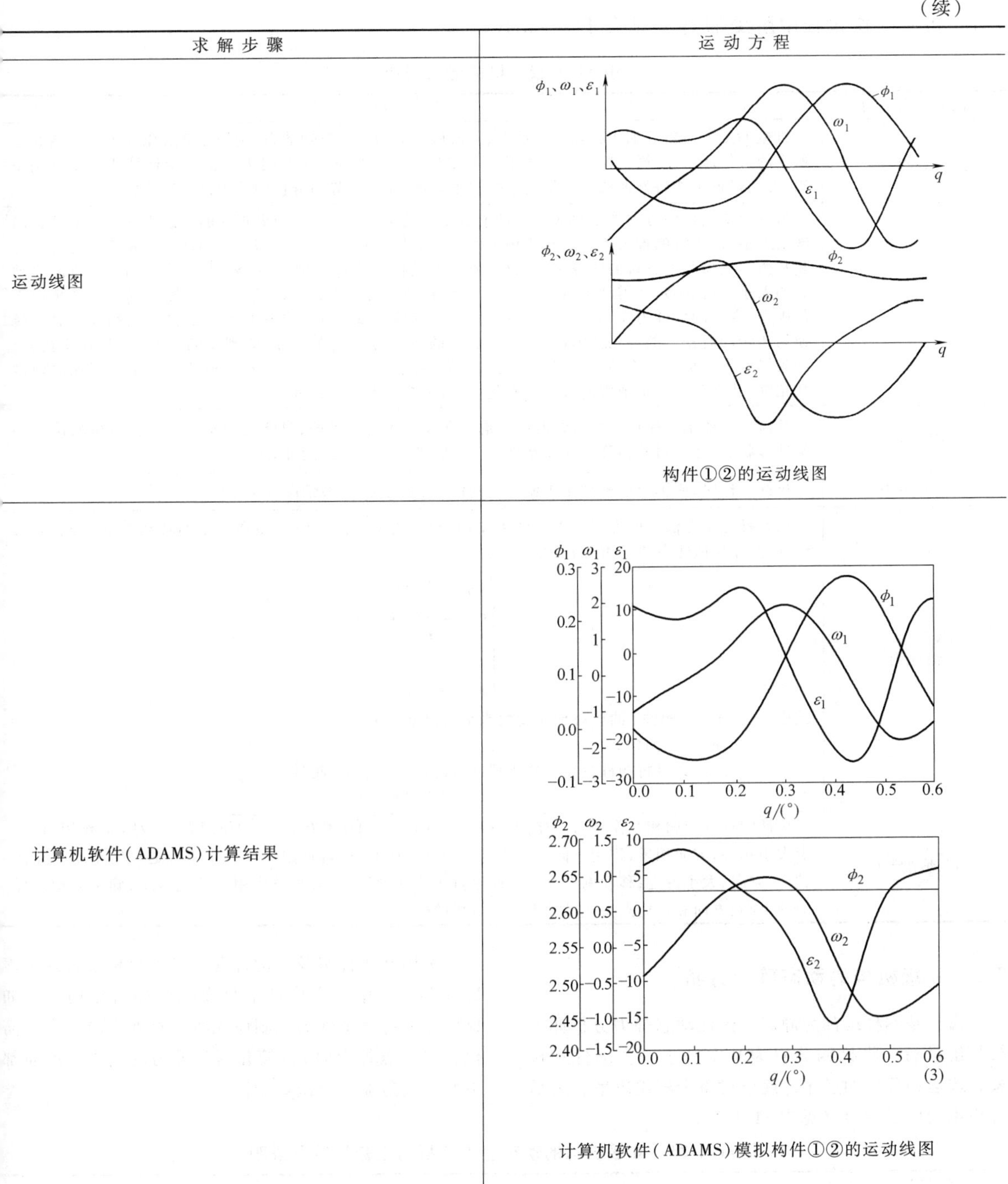

（续）

求解步骤	运动方程
运动线图	构件①②的运动线图
计算机软件(ADAMS)计算结果	计算机软件(ADAMS)模拟构件①②的运动线图

注：图中字母下标表示构件号。

7　平面机构的动态静力分析

机械在工作过程中除受各种外力作用外，各构件相连接的运动副处产生构件之间相互作用的约束反力，即所谓“运动副反力”。计算运动副反力，可应用动态静力学方法，即在机械中非匀速运动的构件上，加惯性力和惯性力偶，再用静力学平衡方程式求解。

一般情况下，可根据机械主动件按名义转速匀速转动时求得的各构件的加速度值，计算相应的惯性力和惯性力偶，用以代替机械运动过程中各构件真实的惯性力和惯性力偶。

7.1 机械工作过程中所受的力（见表 11.1-22）

表 11.1-22 机械受力说明

机械运动受力	说明
工艺阻力	机械的工艺对象施加于机械工作部分，阻碍机械运动而做负功的力，例如往复式压气机气缸活塞上所受的气体压力，金属切削机床中作用于刀具上的切削力等。工艺阻力可由理论计算或实验方法得出，可用机械工作特性曲线或一组离散数据来表示，在动态静力分析中认为是已知外力
原动力	由动力机输出部分施加于机械主动件上驱使机械完成工艺运动而做正功的力或力偶。如电动机的输出力矩、液压缸的推力等。它在机械工作过程中与机械所受的工艺阻力、构件自重和惯性力等外力相平衡。机械受力分析的任务之一，就是要求出机械工作过程中，每一瞬时（或每一位置）所需原动力的大小，进而确定所需动力机的功率。但是，在动力机尚未选定的情况下，机械的真实运动规律无从确定，真实的惯性力大小也难以求得。因此，在计算原动力时，也常常用按机械的主动件以名义转速匀速转动时算得的各构件惯性力，替代真实的惯性力。这样求得的"理想的"原动力称作平衡力。因为惯性力在机械工作的一个周期之内做功为零，故平衡力与原动力在机械的一个工作周期之内做功相等，从而可以按平衡力的大小和变化规律，选择动力机的容量
构件自重	其值与工作阻力相比不容忽略时应考虑。在设计的初始阶段，只能按初步结构设计所概略确定的构件形状、尺寸和材质估算。在动态静力分析时被认为是已知的外力
介质阻力	机械工作时，周围介质施加于机械运动构件上的阻力。一般情况下可忽略
惯性力	动态静力学方法中的虚拟外力。设构件 i 的质心为 s_i，质量为 m_i，绕质心轴的转动惯量为 J_{si}，则其惯性力 F_{Ii} 与惯性力偶矩 M_{Ii} 的计算公式为 $\begin{cases} F_{Ii}=(F_{Iix}^2+F_{Iiy}^2)^{1/2} \\ \alpha_{Ii}=\arctan(F_{Iiy}/F_{Iix}) \\ M_{Ii}=-J_{si}\varepsilon_i \\ F_{Iix}=-m_i a_{six} \\ F_{Iiy}=-m_i a_{siy} \end{cases}$ 式中 a_{six}、a_{siy}—构件 i 的质心加速度的水平与铅垂分量 α_{Ii}—方向角； 为了方便，亦可将构件自重合并于惯性力的铅垂分量中，此时 $F_{Iiy}=-m_i(a_{siy}+g)$
运动副反力	机械中构件间的相互作用力。连接 i、j 两构件的运动副反力有 i 对 j 的作用力和 j 对 i 的作用力，二者大小相等，方向相反，作用于同一直线上。如果不计摩擦，转动副中反力作用线通过转动副的几何轴心，方向、大小待定；移动副中反力方向垂直于移动副导路，大小及作用点位置待定，确定运动副反力的大小、方向和作用点是机械动态静力分析的任务之一

7.2 Ⅱ级机构的动态静力分析

由于基本杆组都为静定，因此动态静力分析亦可按杆组进行。将机构分解为基本杆组、主动件和机架，按运动分析的逆序，逐个对每个杆组求解，最后分析主动件上的力（见表 11.1-23）。

常用Ⅱ级杆组及主动件动态静力分析公式列于表 11.1-24。表中每个构件上只设一个外力作用点，如果构件上有多个外力，则应先将所有外力向一个点简化，将 K 点外力向 j 点简化时，外力的大小、方向都不变，只附加一力偶矩 M_{FKj}。

表 11.1-23 Ⅱ级机构的动态静力分析约定标记符号说明

符号标记	说明
F_{ix}、F_{iy}	杆组中作用在 i 点上外力的水平及铅垂分量
M_j	杆组中作用在 j 构件上的力偶矩
R_{ix}、R_{iy}	标号为 i 的运动副反力。对于杆组上的外运动副而言，它是作用在杆组构件上的力，对内运动副而言，约定为杆组中①构件对②构件的作用力
R_{kx}、R_{ky}	移动副中的反力，K 为反力作用点

注：为了简化计算公式，令

$$P_{ijx}=P_{ix}-P_{jx};\quad P_{ijy}=P_{iy}-P_{jy}$$

$M_{Fij}=P_{ijx}F_{iy}-P_{ijy}F_{ix}$ 为作用在 i 点的外力 F_i 对 j 点的力矩。

表 11.1-24　常见Ⅱ级杆组及主动件动态静力分析公式

杆组图例	公式说明
RRR 杆组	$A=-(M_{F42}+M_{F52}+M_1+M_2)$ $B=-(M_{F43}+M_1)$ $C=P_{12y}P_{13x}-P_{12x}P_{13y}$ $R_{1y}=(-P_{13y}A+P_{12y}B)/C, R_{1x}=(P_{12x}B-P_{13x}A)/C$ $R_{2y}=-(R_{1y}+F_{4y}+F_{5y}), R_{2x}=-(R_{1x}+F_{4x}+F_{5x})$ $R_{3y}=-(R_{2y}+F_{5y}), R_{3x}=-(R_{2x}+F_{5x})$
RRP 杆组 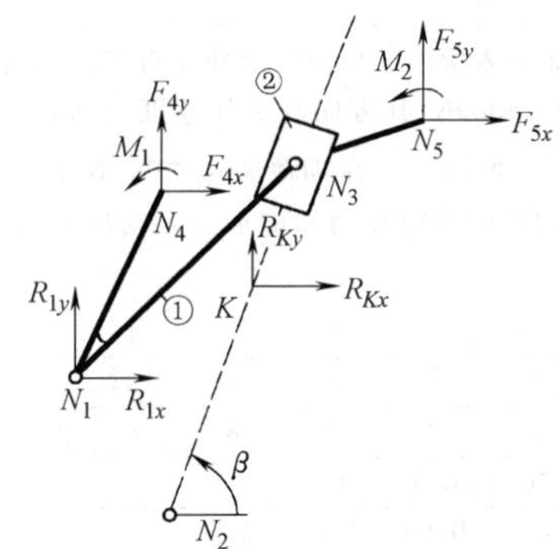	$A=-(M_{F43}+M_1), B=-[(F_{4x}+F_{5x})\cos\beta+(F_{4y}+F_{5y})\sin\beta]$ $C=P_{13x}\cos\beta+P_{13y}\sin\beta$ $R_{1x}=(P_{13x}B-A\sin\beta)/C, R_{1y}=(P_{13y}B+A\cos\beta)/C$ $R_{3x}=R_{1x}+F_{4x}, R_{3y}=R_{1y}+F_{4y}$ $R_{Kx}=-(R_{3x}+F_{5x}), R_{Ky}=-(R_{3y}+F_{5y})$ $E=-(M_{F53}+M_2)$ $P_{K3x}=E/(R_{Ky}-R_{Kx}\tan\beta)$ $P_{K3y}=P_{K3x}\tan\beta$ $P_{Kx}=P_{3x}+P_{K3x}, P_{Ky}=P_{3y}+P_{K3y}$
RPR 杆组 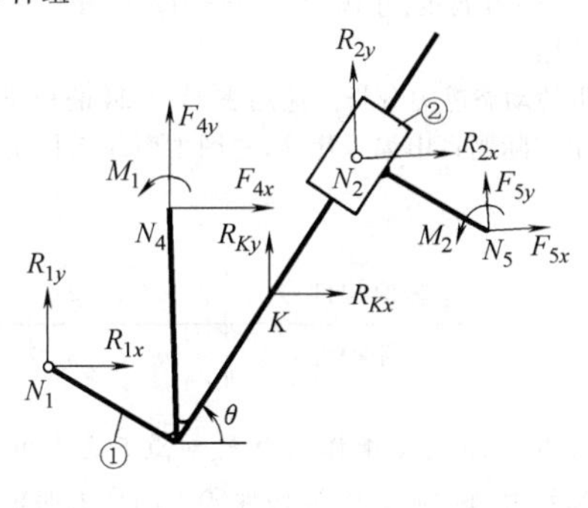	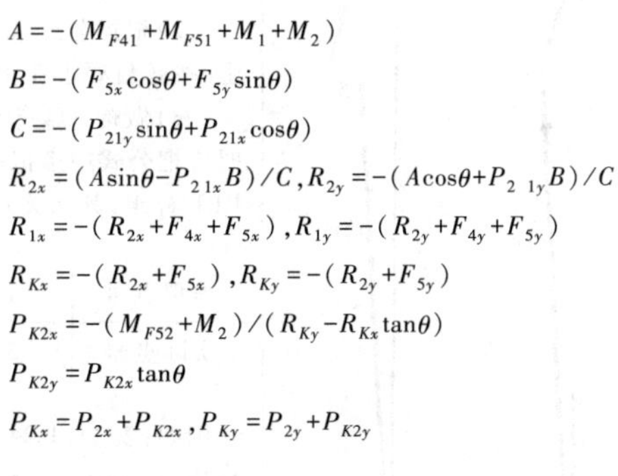 $A=-(M_{F41}+M_{F51}+M_1+M_2)$ $B=-(F_{5x}\cos\theta+F_{5y}\sin\theta)$ $C=-(P_{21y}\sin\theta+P_{21x}\cos\theta)$ $R_{2x}=(A\sin\theta-P_{21x}B)/C, R_{2y}=-(A\cos\theta+P_{21y}B)/C$ $R_{1x}=-(R_{2x}+F_{4x}+F_{5x}), R_{1y}=-(R_{2y}+F_{4y}+F_{5y})$ $R_{Kx}=-(R_{2x}+F_{5x}), R_{Ky}=-(R_{2y}+F_{5y})$ $P_{K2x}=-(M_{F52}+M_2)/(R_{Ky}-R_{Kx}\tan\theta)$ $P_{K2y}=P_{K2x}\tan\theta$ $P_{Kx}=P_{2x}+P_{K2x}, P_{Ky}=P_{2y}+P_{K2y}$
主动件,平衡力偶矩 M_b 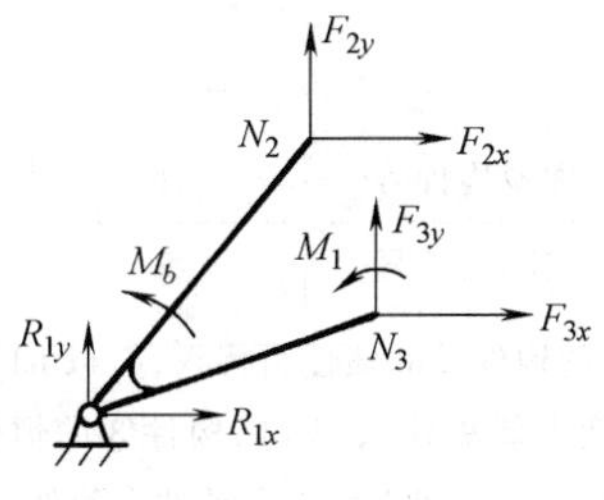	$M_b=(M_{F21}+M_{F31}+M_1)$ $R_{1x}=-(F_{2x}+F_{3x})$ $R_{1y}=-(F_{2y}+F_{3y})$

（续）

杆组图例	公式说明
主动件，平衡力 F_b 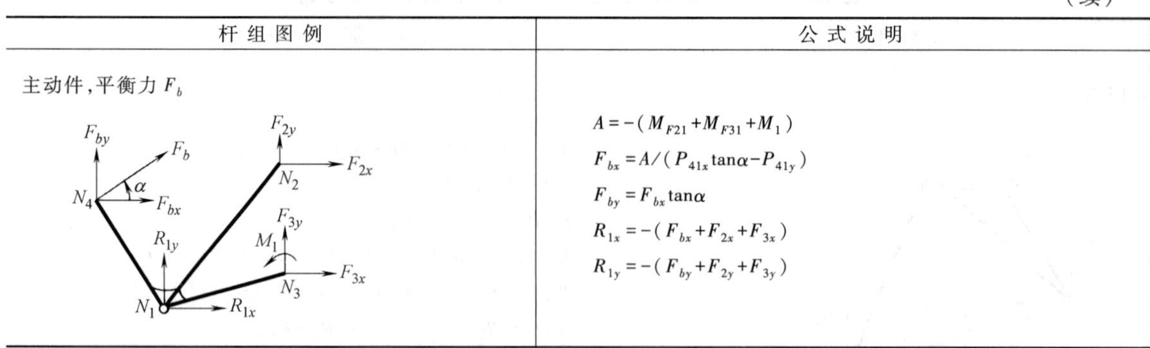	$A=-(M_{F21}+M_{F31}+M_1)$ $F_{bx}=A/(P_{41x}\tan\alpha-P_{41y})$ $F_{by}=F_{bx}\tan\alpha$ $R_{1x}=-(F_{bx}+F_{2x}+F_{3x})$ $R_{1y}=-(F_{by}+F_{2y}+F_{3y})$

注：表中各式中 P、F、R 的下标数字为杆组中虚拟的点号，M 的下标数字为杆组中虚拟的构件号，应用这些公式时应替换为实际题目中的点和构件的标号（见表 11.1-25）。

表 11.1-25　Ⅱ级机构的动态静力分析示例

机构简图	示　　例
a)　　b)	见下文

左图所示机构中，各构件的惯性参量如下表所列。滑块⑤上作用有工艺阻力，作用线通过点 6；当 $-45°\geqslant\theta_1\geqslant-165°$ 时，$F=7000\text{N}$，其方向与滑块速度方向相反，其他位置 $F=0$。主动件①的角速度 $\omega_1=-12.567\text{rad/s}$，角加速度 $\varepsilon_1=0$。在主动件转动 1 周过程中，按步长 15°，求出各运动副中的约束反力和应加于主动件上的平衡力偶矩

构件号	1	2	3	4	5
质心位置点号	1	7	2	8	6
质量/kg	20	6.5	13	10	3
转动惯量/kg·m²	45	0.65	0.76	2.5	—

解　1）做机构的运动分析，求出各构件的质心速度和加速度及各构件的角速度和角加速度

2）根据公式求构件的惯性力及惯性力偶矩，并作为已知外力加到相应的构件上；按题目要求在构件⑤上施加工艺阻力

3）做构件④⑤组成的 RRP 杆组的动态静力分析。应用表 11.1-24 的相应公式时应把公式中虚拟的点号、构件号用实际题目中编号代换，左图中由④⑤杆组成的 RRP 杆组，其间关系如下：

虚拟点号	1　2　3　4　5
实际点号	5　2　6　8　6

虚拟构件号	1　2
实际构件号	4　5

例如：表 11.1-24 中 M_{F43} 实际应为 M_{F86}，即点 8 上作用力 F_8 对点 6 之力矩；点 8 为构件 4 的质心，F_8 应为构件④的惯性力；M_1 应为 M_4 即构件④上的外力偶矩。在此应为构件④的惯性力偶矩

解得 R_{5x}、R_{5y} 为构件③对构件④的作用力；R_{6x}、R_{6y} 为构件④对构件⑤的作用力；R_{kx}、R_{ky} 为导路对滑块⑤的作用力

4）做构件②③组成的 RRR 杆组的力分析

虚拟点号	1　2　3　4　5
实际点号	3　2　4　7　5

虚拟构件号	1　2
实际构件号	2　3

按表 11.1-24 中有关公式，F_4 以作用于点 7 的构件②的惯性力代入，F_5 以 RRP 杆组分析中求得的 $-R_5$ 代入，M_1 以构件②的惯性力偶矩代入，M_2 以构件③的惯性力偶矩代入，可解得 R_{3x}、R_{3y}、R_{2x}、R_{2y} 及 R_{4x} 及 R_{4y}。$-R_3$ 即作用于主动件上的外力 F_3

（续）

机构简图	示　　例
	5）做主动构件的力分析

虚拟点号	1　2　3
实际点号	1　3　0

虚拟构件号	1
实际构件号	1

解得 R_{1x}、R_{1y} 及应作用于主动件上的平衡力偶矩 M_b

下面给出固定铰链 1、2 处运动副反力 R_1、R_2 及其方向角 β_1、β_2 和平衡力偶矩 M_b 的计算结果

$$R_1=(R_{1x}^2+R_{1y}^2)^{1/2},\quad \beta_1=\arctan(R_{1y}/R_{1x})$$

$$R_2=(R_{2x}^2+R_{2y}^2)^{1/2},\quad \beta_2=\arctan(R_{2y}/R_{2x})$$

序号	θ_t/(°)	R_1/N	β_1/(°)	R_2/N	β_2/(°)	M_b/N · m
0	0.00	620.29	71.67	1165.53	266.44	73.60
1	-15.00	2191.60	55.10	2508.50	234.45	257.59
2	-30.00	2216.99	32.38	2319.81	204.18	245.54
3	-45.00	4199.88	176.95	7267.90	-67.55	-350.92
4	-60.00	5409.47	159.68	8970.94	-67.23	-431.78
5	-75.00	5988.32	143.50	10406.64	-72.63	-465.95
6	-90.00	6224.53	128.43	11444.75	-79.36	-483.63
7	-105.00	6272.50	114.33	12124.61	-86.10	-496.94
8	-120.00	6195.13	101.06	12479.88	267.55	-508.70
9	-135.00	6003.06	88.54	12519.05	261.76	-516.92
10	-150.00	5678.54	76.70	12233.83	256.66	-516.59
11	-165.00	5190.81	65.49	11613.83	252.47	-500.61
12	-180.00	174.70	257.51	869.35	83.31	21.32
13	-195.00	137.65	248.37	888.50	83.17	17.09
14	-210.00	71.40	249.38	897.97	85.91	8.81
15	-225.00	64.49	6.37	903.22	93.19	-6.30
16	-240.00	249.47	17.15	946.54	105.84	-30.40
17	-255.00	513.80	11.02	1099.05	120.76	-64.07
18	-270.00	846.46	2.64	1393.08	132.17	-105.70
19	-285.00	1227.32	-6.81	1781.89	137.63	-151.85
20	-300.00	1621.78	-17.49	2163.28	137.75	-197.91
21	-315.00	1957.59	-30.09	2371.34	133.07	-236.46
22	-330.00	2032.44	-45.73	2109.90	122.56	-246.21
23	-345.00	1317.75	-64.27	931.94	101.53	-161.84
24	-360.00	620.29	71.67	1165.53	266.44	73.60

8　平面机构的动力学分析

由动力机、传动机构和工作机组成的系统称机械系统。机械系统动力学研究机械系统上所受的外力、系统的惯性参量和系统运动三者的关系。在实际情况中，机械系统动力学主要解决的问题见表 11.1-26。

表 11.1-26　实际情况中机械系统动力学主要解决的问题

序号	说　　明
1	在系统的惯性参量已定的情况下，按系统的外力（主要是驱动力和工艺阻力）求系统的真实运动规律。确定机械的起动、制动时间，过渡过程分析、机械运转稳定性分析以及机械运转过程中动载荷的分析等都可归结为这一类问题
2	系统的和系统中各构件的惯性参量的合理设计。应用飞轮以减小机械运转过程中的速度波动或利用飞轮的惯性蓄能作用减小动力机容量，调节和合理设计各构件的惯性参量以减小机械的振动等可归结为这一类问题
3	调节外力以保证机械的稳定运转。这一类机械动力学问题详见调节器的设计，在分析机械系统动力学问题中常对实际情况做一定程度的简化，主要是不计系统中摩擦阻力，不考虑运动副的间隙和不考虑构件的弹性。如果在某些特殊问题中不允许做这样的简化，则将使分析难度大为增加

动力学分析与设计可以应用解析方法、图解方法和数值近似分析方法。图解法烦琐，工效低，而许多机械系统动力学难以求得解析解，故以计算机为手段的数值解法已成为机械系统动力学分析与设计的主要方法。此外有些问题目前还只能借助于实验方法解决。

作用于机械系统中的外力主要有动力机的驱动力（驱动力矩）、工艺阻力和构件自重。驱动力和工艺阻力随动力机形式和工艺过程不同有不同的变化规律。如果它们的大小只与机械的工作位置有关，则在动力学分析之前可以解析函数或列表方式给出；如果它们还与机械的运动速度有关，则只能在动力学分析过程中确定。

8.1 机械系统的等效

(1) 等效模型（见表11.1-27）

对常见的单自由度机械系统，等效模型方法是动力学分析的一种简捷有效的方法。

(2) 等效参量的求法

等效参量方法原理及示例见表11.1-28及表11.1-29。

表11.1-27 等效模型方法说明

机构简图	说明
m_2 J_{s2} J_{s1} T_1 F_2 m_3 F_3 T_V J_V F_V m_V	设想在机械中选定一个构件，解除机械中其他构件对它的约束后它具有一个自由度，则此构件应为以低副与机架相连接的构件。设想此构件有一虚拟的惯性参量 m_V 或 J_V，此惯性参量与机械系统中所有构件的惯性参量的动力学效应相同；同时此构件上作用一虚拟外力 F_V 或 T_V，此外力与机械系统中所有外力的动力学效应相同，则这个具有虚拟惯性参量的选定构件在虚拟外力作用下，其运动规律必与它在原来机械系统中的运动规律相同。这样的选定构件称为等效构件，它就是机械系统的动力学等效模型。等效构件的虚拟惯性参量 m_V 或 J_V 称为等效质量或等效转动惯量，其上作用的虚拟外力 F_V 或 T_V 称为等效力或等效力偶。如果能用动力学方法求得等效构件的运动规律，则对于单自由度的机械系统，其余所有构件的运动规律可由运动学方法求出

表11.1-28 等效参量方法原理

等效参量	原理
—	依据动能定理 等效惯性参量的动能应与机械系统中各运动构件的动能之和相等 等效外力的瞬时功率与机械系统中所有外力瞬时功率之和相等
等效构件为转动件或移动件	等效转动惯量 J_V 和等效力偶矩 T_V 的计算式为 $$J_V=\frac{\sum_{i=1}^{n}\left(m_i(v_{six}^2+v_{siy}^2)+J_{si}\omega_i^2\right)}{\omega_V^2} \quad (1)$$ $$T_V=\frac{\sum_{i=1}^{n}\left(F_{ix}v_{pix}+F_{iy}v_{piy}+T_i\omega_i\right)}{\omega_V} \quad (2)$$ 式中 m_i—机械系统中构件 i 的质量 v_{six}，v_{siy}—构件 i 的质心的速度 J_{si}—构件 i 绕其质心轴的转动惯量 ω_i—构件 i 的角速度 ω_V—等效构件的角速度 F_{ix}，F_{iy}—作用于构件 i 上的外力 v_{pix}，v_{piy}—F_i 作用点的速度 T_i—构件 i 上作用的外力偶矩 选择坐标系时使某一坐标轴与其导路方向一致，等效力 F_V 的方向沿导路方向，则等效质量 m_V 和等效力 F_V 的计算式为 $$m_V=\frac{\sum_{i=1}^{n}\left(m_i(v_{six}^2+v_{siy}^2)+J_{si}\omega_i^2\right)}{v_V^2} \quad (3)$$ $$F_V=\frac{\sum_{i=1}^{n}\left(F_{ix}v_{pix}+F_{iy}v_{piy}+T_i\omega_i\right)}{v_V} \quad (4)$$ 式中 v_V—移动的等效构件的速度 因为运动参量的比值是机构位置的函数而与机构真实运动参量无关，所以上述 J_V、m_V、T_V、F_V 的计算式中 ω_V 与 v_V 值可任意设定，之后用运动分析方法即可求出各项运动参数 分析上述公式可见，J_V、m_V 可在动力学分析之前计算出来，按机构位置以列表函数形式给出。但机械上所作用的某些外力可能与运动参数有关，在动力学分析之前不能求出其具体数值。如果所分析的机械系统外力中有与运动参数有关的外力，则可按如下方法处理 令 $$T_V=T_{V1}+T_{V2}$$ 式中 T_{V1}—只与机构位置有关的外力和常量外力的等效力偶矩，在动力学分析前可求得 T_{V2}—与运动参数有关的外力的等效力偶矩，它可以表达为运动参数的解析函数，其值只能在动力学分析过程中求得

表 11.1-29　等效参量方法原理示例

机构简图	说　明
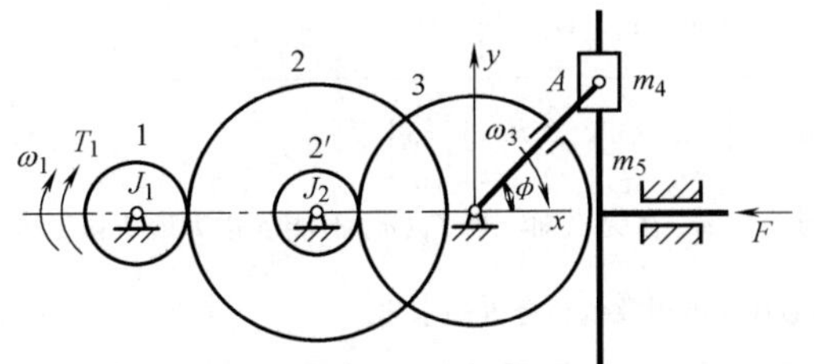	左图所示机械系统中，电动机、联轴器和齿轮 1 的转动惯量为 J_1，齿轮 2 及 2′的转动惯量为 J_2，齿轮 3 及长度为 R 的曲柄的转动惯量为 J_3，滑块 4、5 的质量分别为 m_4、m_5。系统上作用的外力有电动机的驱动力矩 $T_1=a-b\omega_1$；工艺阻力 F。当 $\phi=0\sim\pi$ 时 $F=0$；当 $\phi=\pi\sim2\pi$ 时 $F=F_c$=常数 求以曲柄为等效构件时的 J_V 及 T_V **解** $\omega_V=\omega_3,v_{Ax}=v_5=-R\omega_3\sin\phi,v_{Ay}=R\omega_3\cos\phi$ $J_V=[J_1\omega_1^2+J_2\omega_2^2+J_3\omega_3^2+m_4(v_{Ax}^2+v_{Ay}^2)+m_5v_{Ax}^2]/\omega_V^2$ $=J_1\left(\frac{\omega_1}{\omega_3}\right)^2+J_2\left(\frac{\omega_2}{\omega_3}\right)^2+J_3+m_4\frac{R^2\omega_3^2(\sin^2\phi+\cos^2\phi)}{\omega_3^2}$ $+m_5R^2\frac{\omega_3^2}{\omega_3^2}\sin^2\phi$ $=J_1\left(\frac{z_3z_2}{z_2'z_1}\right)^2+J_2\left(\frac{z_3}{z_2'}\right)^2+J_3+m_4R^2+m_5R^2\sin^2\phi$ 等效力距 T_V分两种情况 当 $\phi=0\sim\pi,F=0$ $T_V=T_1\omega_1/\omega_2=(a-b\omega_1)\frac{z_3z_2}{z_2'z_1}=A-B\omega_3$ $A=a\frac{z_3z_2}{z_2'z_1},B=b\left(\frac{z_3z_2}{z_2'z_1}\right)^2$ 当 $\phi=\pi\sim2\pi,F=F_c$=常数时，有 $T_V=A-B\omega_3+F_c\frac{v_{Ax}}{\omega_3}=A-B\omega_3-F_cR\sin\phi=T_{V_1}+T_{V_2}$ $T_{V_1}=A-F_cR\sin\phi$ 为只与机构位置有关的部分 $T_{V_2}=-B\omega_3$ 为与速度有关的部分 由此例可见 1)　J_V一般由常量与变量组成。等速比传动部分，等效转动惯量为常量；变速比传动部分，等效转动惯量是机构位置的函数 2)转速高的部分构件的惯性参量在 J_V中占较大比例 3)等效力矩一般是机构的位置、速度的函数

（3）等效构件的运动方程式及其求解

等效构件运动方程式求解及示例见表11.1-30及表11.1-31。

对于机械系统起动过程的分析，这两种迭代方法都会遇到困难，因为 $\phi=\phi_0$ 时 $\omega_V=\omega_{V_0}=0$，这时可按某一给定的 $\Delta\omega_V$ 值求出 ϕ_1，例如由动能定理可近似

表11.1-30 等效构件运动方程式求解

运动方程式	说明
—	根据拉格朗日方程或动能定理，可以导出机械系统等效构件的运动方程 如果所选取的等效构件为转动件，则 $$T_V=J_V\frac{d\omega_V}{dt}+\frac{\omega_V^2}{2}\frac{dJ_V}{d\phi} \quad (1)$$ $$\int_{\phi0}^{\phi}T_V d\phi=\frac{1}{2}(J_V\omega_V^2-J_{V_0}\omega_{V_0}^2) \quad (2)$$ 如果所选取的等效构件为移动件，则 $$F_V=m_V\frac{dv_V}{dt}+\frac{v_V^2}{2}\frac{dm_V}{ds} \quad (3)$$ $$\int_{s_0}^{s}F_V ds=\frac{1}{2}(m_V v_V^2-m_{V_0}v_{V_0}^2) \quad (4)$$ 不同类型的机械系统，运动方程的解法也不相同，通常可有下面四种类型
T_V=常数，J_V=常数，此时$\frac{dJ_V}{d\phi}=0$	$$\begin{cases}\varepsilon_V=\frac{d\omega_V}{dt}=\frac{T_V}{J_V}\\ \omega_V=\omega_{V_0}+\varepsilon_V t\\ \phi_V=\phi_{V_0}+\omega_V t+\frac{1}{2}\varepsilon_V t^2\end{cases} \quad (5)$$
$T_V=T_V(\phi)$，$J_V=J_V(\phi)$	$$\omega_V=\left[\frac{J_{V_0}}{J_V}\omega_{V_0}^2+\frac{2}{J_V}\int_{\phi_0}^{\phi}T_V d\phi\right]^{1/2} \quad (6)$$ 利用上式时，$\phi=\phi_0$ 时刻的 ω_{V_0} 认为已知。当 $T_V(\phi)$ 不能表达为解析函数或难于求积分时，$\int_{\phi_0}^{\phi}T_V(\phi)d\phi$ 需用数值积分方法求出
$T_V=T_V(\omega)$，J_V=常数	运动方程因$\frac{dJ_V}{d\phi}=0$，成为 $$T_V(\omega)=J_V\frac{d\omega_V}{dt} \quad (7)$$ 其解的一般形式为 $$t=t_0+J_V\int_{\omega_{V_0}}^{\omega_V}\frac{d\omega_V}{T_V(\omega)} \quad (8)$$ 由此得出 $\omega_V=\omega_V(t)$，积分之后可求得角位移 $$\phi=\phi_0+\int_{t_0}^{t}\omega(t)dt \quad (9)$$ 当 T_V 为 ω_V 的一次函数时，例如以交流电动机带动一恒定阻力矩定速比系统，则 $$T_V=A-B\omega_V \quad (10)$$ 此系统稳定运转为等速转动，稳定运转时 $T_V=0$，等效构件角速度为 $$\omega_{Vs}=\frac{A}{B} \quad (11)$$ 如研究其起动过程，$t=0$ 时 $\omega_V=0$，则 $$\omega_V=\omega_{Vs}(1-e^{-\frac{B}{J_V}t}) \quad (12)$$ $$t=-\frac{J_V}{B}\ln\left(1-\frac{\omega_V}{\omega_{V_s}}\right) \quad (13)$$

（续）

运动方程式	说　　明
$T_V=T_V(\omega)$，$J_V=$常数	可见欲使 $\omega_V=\omega_{Vs}$，需 $t\to\infty$，是一个无限渐近过程。实际上当 ω_V 与 ω_{Vs} 相当接近时，例如$\dfrac{\omega_V}{\omega_{Vs}}=0.95$ 即可认为已进入稳定运转阶段。据此计算起动时间 t_s $$t_s\approx 3\frac{J_V}{B} \tag{14}$$ 起动过程角加速度 $$\varepsilon_V=\frac{d\omega_V}{dt}=\frac{A}{J}e^{-\frac{B}{J_V}t} \tag{15}$$
$T_V=T_V(\phi,\omega)$，$J_V=J_V(\phi)$	运动方程 $$T_V(\phi,\omega)=J_V(\phi)\frac{d\omega_V}{dt}+\frac{\omega_V^2}{2}\frac{dJ_V(\phi)}{d\phi} \tag{16}$$ 是二阶非线性变系数微分方程，一般情况下只能求数值解 设 $\phi=\phi_0$ 时，$\omega_V=\omega_{V_0}$为已知，则可求出 $\phi_1=\phi_0+\Delta\phi$ 时的 ω_{V_1}，如此连续迭代即可求得 $\omega_V=\omega_V(\phi)$ 应用欧拉方法的迭代公式为 $$\omega_{V_{(i+1)}}=\frac{T_V(\phi_i,\omega_i)\Delta\phi}{\omega_{V_i}J_V(\phi_i)}+\omega_{V_i}\frac{3J_V(\phi_i)-J_V(\phi_{i+1})}{2J_V(\phi_i)} \tag{17}$$ 应用四阶龙格-库塔方法的迭代公式为 $$\omega_{V_{(i+1)}}=\omega_{V_i}+(k_1+2k_2+2k_3+k_4)/6 \tag{18}$$ 式中 $k_j=f_j\Delta\phi(j=1,2,3,4)$ $f_j=\left[T_V(\phi_j,\omega_j)-\dfrac{\omega_j^2}{2}\dfrac{dJ_V}{d\phi}(\phi_j)\right]/J_V(\phi_j)/\omega_j\quad(j=1,2,3,4)$ $\omega_1=\omega_{V_i}\quad\phi_1=\phi_i$ $\omega_2=\omega_{V_i}+k_1/2\quad\phi_2=\phi_i+\Delta\phi/2$ $\omega_3=\omega_{V_i}+k_2/2\quad\phi_3=\phi_i+\Delta\phi/2$ $\omega_4=\omega_{V_i}+k_3\quad\phi_4=\phi_i+\Delta\phi=\phi_{i+1}$ $\dfrac{dJ_V}{d\phi}(\phi_i)=\dfrac{J_V(\phi_{i+1})-J_V(\phi_i)}{\Delta\phi}$

注：1. 欧拉方法计算简单但精度差，用小步长计算较宜。四阶龙格-库塔方法精度好，计算过程较繁，求 f_2、f_3时需要插值计算。

2. 对于机械系统稳定运转过程真实运动规律的求解可取等效构件的名义角速度作为迭代的初始值 ω_{V_0}，计算次数超过 $N=\dfrac{\Phi}{\Delta\phi}$（$\Phi$ 为等效构件一个周期的转角）后随时检验 ω_{V_i} 与 $\omega_{V_{(i-N)}}$ 的值，如果 $|\omega_{V_i}-\omega_{V_{(i-N)}}|\leqslant\delta$（$\delta$ 可取 $10^{-4}\sim10^{-6}$）则可认为 $\omega_{V_{(i-N)}}$，$\omega_{V_{(i+1-N)}}$，$\omega_{V_{(i+2-N)}}$，…，ω_{V_i}即为等效构件稳定运转一个周期之内的速度解。

得出：

$$\phi_1=\phi_0+\frac{1}{2}\frac{J_V(\phi_0)(\Delta\omega_V)^2}{T_V(\phi_0,\omega_{V_0})}$$

然后从 $\phi=\phi_1$、$\omega_V=\Delta\omega_V$开始用欧拉方法或四阶龙格-库塔方法迭代求解。

表 11.1-31 等效构件运动方程式求解例题

机构简图	说明

左图为卷扬机简图,已知重物质量 $m=100\text{kg}$,鼓轮半径 $r=0.2\text{m}$,减速机齿轮齿数 $z_1=17, z_2=32, z_3=85$ 各轮对中心转动惯量 $J_1=0.7\text{kg}\cdot\text{m}^2$(包括电动机转子、制动轮),$J_2=0.3\text{kg}\cdot\text{m}^2$,$J_2'=0.2\text{kg}\cdot\text{m}^2$,$J_3=0.4\text{kg}\cdot\text{m}^2$,鼓轮 $J_3'=0.6\text{kg}\cdot\text{m}^2$,当重物下降速度 $v=1\text{m/s}$ 时突然断电,同时在轮 1 轴上施制动力矩 $T_f=40\text{N}\cdot\text{m}$,试求停车时间

解 本例为定速比传动,$J_V=$常数,断电后只有制动力矩 T_f 作用,$T_V=$常数,故为类型 a 系统

取轮 1 为等效构件

$$J_V=J_1+(J_2+J_2')\left(\frac{z_1}{z_2}\right)^2+(J_3+J_3'+mr^2)\left(\frac{z_1z_2'}{z_2z_3}\right)^2$$

$$=\left[0.7+(0.3+0.2)\times\left(\frac{17}{64}\right)^2+(0.4+0.6+100\times0.2^2)\times\left(\frac{17}{64}\times\frac{32}{85}\right)^2\right]\text{kg}\cdot\text{m}^2$$

$$=0.8828\text{kg}\cdot\text{m}^2$$

$$T_V=-T_f\frac{\omega_1}{\omega_1}+mgr\frac{\omega_3}{\omega_1}=-T_f+mgr\frac{z_1z_2'}{z_2z_3}$$

$$=\left[-40+100\times9.81\times0.2\times\left(\frac{17}{64}\times\frac{32}{85}\right)\right]\text{N}\cdot\text{m}=-59.62\text{N}\cdot\text{m}$$

运动方程:$T_V=J_V\frac{\text{d}\omega_V}{\text{d}t}$。积分后可求得制动时间

$$t_p=\frac{J_V}{T_V}\int_{\omega_1}^{0}\text{d}\omega_1 \quad 因\ \omega_1=\frac{z_2z_3}{z_1z_2'}\omega_3,\ \omega_3=\frac{v}{r}$$

故

$$t_p=-\frac{J_V}{T_V}\frac{z_2z_3}{z_1z_2'}\frac{v}{r}=-\frac{0.8828\times64\times85\times1}{-59.62\times17\times32\times0.2}\text{s}=0.74\text{s}$$

8.2 飞轮设计

(1) 飞轮转动惯量的计算

对于以减小机械系统稳定运转过程中速度波动为目的的飞轮设计的设计准则可归结为

$$\delta\leqslant[\delta]$$

其中,$\delta=\frac{\omega_{V\max}-\omega_{V\min}}{\omega_p}$ 称速度波动系数,ω_p 为等效构件的平均角速度,可近似表示为 $\omega_p=\frac{\omega_{V\max}+\omega_{V\min}}{2}$。

速度波动系数的许用值见表 11.1-32。

表 11.1-32 许用速度波动系数

机械类型		[δ]	机械类型		[δ]
破碎机		$\frac{1}{20}\sim\frac{1}{5}$	印刷机,磨粉机,驱动螺旋桨用船用发动机		$\frac{1}{20}\sim\frac{1}{50}$
轧钢机		$\frac{1}{10}\sim\frac{1}{25}$	织布机,磨面机,造纸机		$\frac{1}{40}\sim\frac{1}{50}$
农业机械		$\frac{1}{10}\sim\frac{1}{50}$	纺纱机		$\frac{1}{60}\sim\frac{1}{100}$
压力机,剪床,活塞泵,水泥搅拌机		$\frac{1}{7}\sim\frac{1}{30}$	电动机驱动的活塞式压缩机	带传动	$\frac{1}{30}\sim\frac{1}{40}$
金属切削机床		$\frac{1}{30}\sim\frac{1}{40}$		弹性连接	$\frac{1}{80}$
汽车,拖拉机		$\frac{1}{20}\sim\frac{1}{60}$		刚性连接	$\frac{1}{100}\sim\frac{1}{150}$
直流发电机	带传动	$\frac{1}{70}\sim\frac{1}{80}$	交流发电机	带传动	$\frac{1}{125}\sim\frac{1}{150}$
	直联	$\frac{1}{100}\sim\frac{1}{150}$		直连	$\frac{1}{150}\sim\frac{1}{200}$
	用于电车	$\frac{1}{250}\sim\frac{1}{300}$		并列运行	$<\frac{1}{150}$
小汽车用汽油机		$\frac{1}{200}\sim\frac{1}{300}$	航空发动机		$\frac{1}{200}\sim\frac{1}{300}$

1）运动方程式迭代求解法。

机械系统的飞轮转动惯量的计算可用机械系统运动方程式迭代求解，首先令飞轮转动惯量 $J_F=0$，解机械系统运动方程求出 $\omega_{V\max}$ 和 $\omega_{V\min}$，计算 ω_p 及 δ，如果 $\delta>[\delta]$，则令 $J_V=J_V+\Delta J_F$，重新计算，直至 $\delta\leqslant[\delta]$，迭代过程如图 11.1-1 所示。

这种迭代方法是求解飞轮转动惯量通用而准确的方法。

2）盈亏功计算方法（见表 11.1-33 和表 11.1-34）。

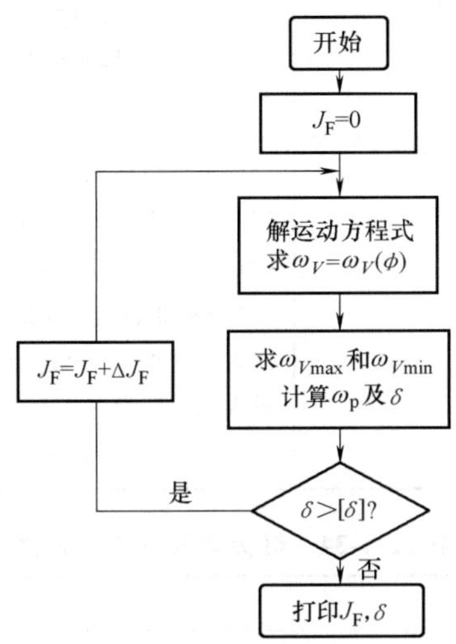

图 11.1-1　求解飞轮转动惯量的运动方程式迭代求解方法

表 11.1-33　计算盈亏功的图解法

盈 亏 功 图	说　　明
T_V/N·m　ϕ/rad　a b c d e f g　S_1 S_2 S_3 S_4 S_5 S_6　T_{V_1} T_{V_2}	如果等效驱动力矩和等效阻力矩都可以表达为等效构件位置的函数,则可以用以下公式求飞轮的转动惯量 $$J_F=\frac{A^{\pm}_{\max}}{\omega_p^2[\delta]}-J_{V_0} \quad (1)$$ 式中　$A^{\pm}_{\max}$—等效构件在稳定运转一个同期之内的最大盈亏功即等效构件动能的最大值 $E_{\max}$ 和最小值 $E_{\min}$ 之差,可按等效阻力矩 $T_{V_1}(\phi)$ 等效驱动力矩 $T_{V_2}(\phi)$ 数值积分方法或图解方法求得 ω_p—等效构件的平均角速度,可以等效构件的名义角速度替代 J_{V_0}—不包括飞轮的等效转动惯量,如果 J_{V_0} 是变量,则取其最小值
a	在坐标纸上以一定比例尺 $\mu_T\frac{\text{N}\cdot\text{m}}{\text{mm}}$、$\mu_\phi\frac{\text{rad}}{\text{mm}}$ 画出等效阻力(包括工艺阻力和构件自重)曲线 $T_{V_1}(\phi)$ 这条曲线与横坐标轴之间包围的面积就是以比例尺 $\mu_A=\mu_T\mu_\phi$ 表示的等效阻力功
b	画出等效驱动力矩 $T_{V_2}(\phi)$ 曲线,此曲线与横坐标轴之间包围的面积就是以比例尺 μ_A 表示的等效驱动力功(左图中,T_{V_2} = 常数,一般可为周期变量) 在机械系统稳定运转的一个周期之内等效驱动力功与等效阻力功一定是数值相等的 $$\int_a^{\Phi}(T_{V_2}-T_{V_1})\mathrm{d}\phi=0 \quad (2)$$

（续）

盈亏功图	说　　明
c	$T_{V_1}(\phi)$与$T_{V_2}(\phi)$间包围的面积就是以μ_A比例尺表示的盈亏功$A^{\pm}$，在$T_{V_2}>T_{V_1}$区间称盈功A^{+}，在$T_{V_2}<T_{V_1}$区间称亏功A^{-}，当有盈功时，机械系统动能增加，有亏功时动能减少。由于稳定运转一个周期的始末，机械系统的动能应相等，故在一个周期之内盈亏功之和应为零
d	如果近似地认为J_V=常数，则从左图可以看出机械系统稳定运转一个周期之内的动能变化。设左图中$S_1=-5\text{m}^2$，$S_3=S_5=-30\text{mm}^2$，$S_2=S_6=30\text{mm}^2$，$S_4=5\text{mm}^2$，取点为参考点，其他点动能与a点动能相较其变化量为：b点为$-5\mu_A$，c点为$25\mu_A$，d点为$-5\mu_A$，e点为零，f点为$-30\mu_A$，g点为零，可见c点动能最大，f点动能最小，最大盈亏功为 $A^{\pm}_{max}=E_{max}-E_{min}=[25-(-30)]\mu_A=55\mu_A$

表 11.1-34　最大盈亏功求解例题

盈亏功图	说　　明
500, 400, 300, 200, 100; T_V/N·m; S_1', S_2', S_3', S_4', S_5'; T_{V_1}, T_{V_2}; $\frac{\pi}{2}$, π, $\frac{3\pi}{2}$, 2π, φ	左图为异步电动机通过定速比传动驱动工作图，$\omega_{V\max}=13.197\text{rad/s}$，$\omega_{V\min}=12.170\text{rad/s}$。$\delta=0.08097$ 如果许用速度波动系数$[\delta]=0.05$，求所需飞轮转动惯量J_F **解**　1）用运动方程迭代方法，按图 11.1-1 迭代计算，当$J_F=35\text{kg}\cdot\text{m}^2$时$\delta=0.04995$，已满足$\delta<[\delta]$要求。取$J_F=35\text{kg}\cdot\text{m}^2$，令$J_V=J_V+J_F$，计算等效构件角速度$\omega_V$具体见表 11.1-30 等效构件运动方程式求解 2）用盈亏功法 按本章例 2 算得的等效阻力矩T_{V_1}的数据，以$\mu_T=10\frac{\text{N}\cdot\text{m}}{\text{mm}}$，$\mu_\phi=\frac{\pi}{60}\frac{\text{rad}}{\text{mm}}$比例尺画出$T_{V_1}$-$\phi$曲线左图。可算出稳定运转一个周期之内的等效阻力功 $A_{V_1}=(S_1'+S_3'+S_5'-S_2'-S_4')\mu_T\mu_\phi=2427.5\times10\times\frac{\pi}{60}\text{N}\cdot\text{m}=1271.04\text{N}\cdot\text{m}$ 本例中动力机为异步电动机，T_{V_2}为ω的函数T_{V_2}，具体数值只能由求解运动方程求得。在近似求解飞轮转动惯量时可假定T_{V_2}=常数，由稳定运转条件 $\int_0^{\Phi}(T_{V_2}-T_{V_1})\text{d}\phi=0$ 可求得：$T_{V_2}=\frac{A_{V_1}}{\Phi}=\frac{1271.04}{2\pi}\text{N}\cdot\text{m}=202.29\text{N}\cdot\text{m}$ 在左图上画出T_{V_2}-ϕ为平行于横轴的直线，T_{V_2}-ϕ与T_{V_1}-ϕ曲线包围的面积就是以μ_A比例尺表示的盈亏功，经分析，T_{V_2}-ϕ直线上方和T_{V_1}-ϕ曲线包围的面积为最大亏功，其面积为1290mm^2 $\lvert A^{\pm}_{max}\rvert=1290\times10\times\frac{\pi}{60}\text{N}\cdot\text{m}=675.44\text{N}\cdot\text{m}$ 所需飞轮转动惯量 $J_F\geqslant\frac{\lvert A^{\pm}_{max}\rvert}{\omega_p^2[\delta]}-J_{V_0}=\left(\frac{675.44}{12.567^2\times0.05}-45.978\right)\text{kg}\cdot\text{m}^2=39.56\text{kg}\cdot\text{m}^2$ 计算结果J_F偏大，这是由于假定J_V=常数和T_{V_2}=常数所致

（2）飞轮的结构尺寸设计

满足转动惯量 J_F 的飞轮结构尺寸可以设计成多种方案，质量应集中于轮缘，外径尺寸大则重量可以小。一般小型飞轮可设计成圆盘式（见图 11.1-2a），中小型可设计成辐板式（见图 11.1-2b），大型飞轮设计成辐条式（见图 11.1-2c）。如有可能也可以将某些传动件（如大带轮等）的转动惯量加大，使同时起飞轮作用。

结构尺寸可参照表 11.1-35 设计，常需反复试凑才能得到经济合理的结构尺寸。

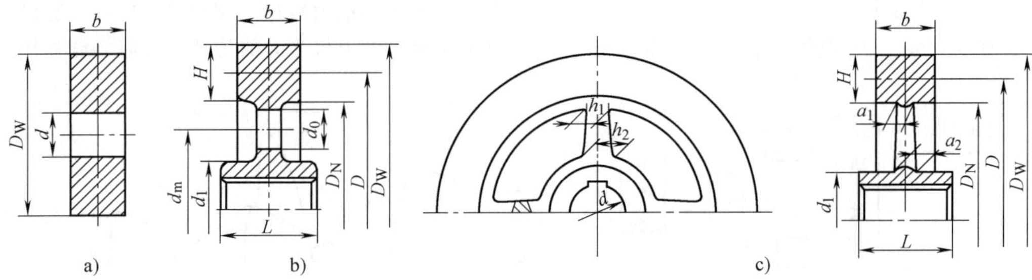

图 11.1-2　飞轮结构设计

表 11.1-35　飞轮结构尺寸设计

<table>
<tr><th>飞轮结构类型</th><th>圆盘式</th><th>辐板式</th><th>辐条式</th></tr>
<tr><td>初定平均直径 D</td><td colspan="3">初步可由结构及允许圆周速度 $[v]$ 确定：$D \leqslant \frac{1910[v]}{n_p}$(cm)，$n_p$ 名义转速(r/min)</td></tr>
<tr><td>允许圆周速度 $[v]$</td><td colspan="2">铸铁　(30～50)m/s
铸钢　(70～90) m/s
锻钢　(100～120) m/s</td><td>铸铁　(45～55)m/s
铸钢　(40～60)m/s</td></tr>
<tr><td>飞轮矩 GD^2</td><td colspan="2">$GD^2=8gJ_F$</td><td>只计轮缘：$GD^2=4gJ_F$</td></tr>
<tr><td>飞轮重力 G</td><td colspan="2">$G=8gJ_F/D^2$(N)</td><td>轮缘重力 $G_0=(0.7\sim0.9)\times 4gJ_F/D^2$(N)</td></tr>
<tr><td>飞轮宽度 b 及轮缘厚度 H
$\rho=0.0078\text{kg/cm}^3$</td><td colspan="2">$b=\frac{32J_F}{\pi D^4\rho}$(cm)
$\rho=0.0078\text{kg/cm}^3$</td><td>$b=(10.7\sim12.1)\sqrt{\frac{J_F}{kD^3}}$(cm)
$H=kb$
$k=1\sim2$ 大型飞轮取小值</td></tr>
<tr><td rowspan="2">其他尺寸参照图 11.1-2</td><td rowspan="2">—</td><td colspan="2">轮毂直径　$d_1=(2\sim2.5)d$
轮毂长度　$L=(1.5\sim2)d$
飞轮外径　$D_w=D+H$，轮缘内径 $D_N=D-H$</td></tr>
<tr><td>$S=\left(\frac{1}{5}\sim\frac{1}{4}\right)b$
$d_m=\frac{1}{2}(D_N+d_1)$
$d_0=\frac{1}{4}(D_N-d_1)$</td><td>h_1 由强度条件决定
$h_2=0.8h_1$
$a_1=(0.4\sim0.6)h_1$
$a_2=0.8a_1$</td></tr>
<tr><td>辐条式飞轮的辐条设计</td><td colspan="3">$h_1=\sqrt[3]{\frac{F(R_m)}{4z}}$，$z$ 的取值为：辐条数 $D<500$，$z=4$，$500<D<2000$，$z=6$，$2000<D<3000$，$z=8$；
$F=\frac{2M_{max}}{D}$N，M_{max} 为作用在飞轮轴上的最大转矩(N·m)；铸铁$[R_m]=12\sim14$MPa，铸钢$[R_m]=35$MPa</td></tr>
</table>

（3）飞轮在传动系统中安装位置

从减小飞轮重量的观点来看，飞轮应装在传动系统中转速较高的轴上。设等效构件的角速度为 ω_V，按此算得飞轮转动惯量为 J_F，若在角速度为 ω' 的轴上安装飞轮，仍使其达到相同的匀速作用，则所需转动惯量为：$J'_F=J_F\left(\frac{\omega_V}{\omega'}\right)^2$

可见，如 $\omega'>\omega_V$，$J'_F\ll J_F$，相应的飞轮重量大为减小。

但应注意到：如果传动系统中装有飞轮，则工作机与飞轮之间所有零件都承受工作机的工艺阻力矩作用，而飞轮与动力机之间所有零件只承受电动机力矩。二者相差飞轮的惯性力矩，对于冲压、剪切类工艺阻力作用时间甚短但数值很大的机械，飞轮的惯性力矩可能达到很大数值（见图 11.1-3）。所以，飞轮对于飞轮与动力机之间的传动零件起卸载作用。

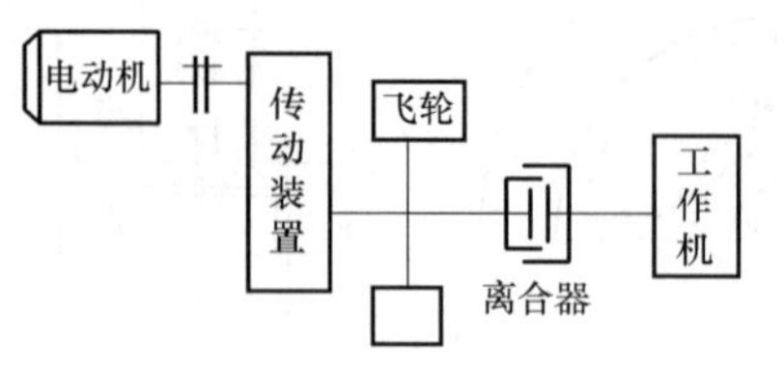

图 11.1-3　飞轮的卸载作用

如果动力机与飞轮之间装有制动器，则应注意制动过程飞轮惯性力矩的数值可能很大，有可能使传动件损坏。例如在蜗轮轴上安装飞轮，而蜗杆自锁时的情况。

8.3　刚性转子的平衡

（1）刚性转子的平衡要求和平衡方法

机械中绕固定轴连续转动的构件称转子。如果转子的转速 ω 远低于其一阶临界转速 $\omega_e\left(\frac{\omega}{\omega_e}<0.7\right)$ 称为刚性转子。如果刚性转子的结构形状及其质量分布不匀称，则在转动过程中不匀称质量产生的离心惯性力和惯性力偶将在支承中引起动反力，是机械产生振动及噪声的根源。消除支承中由于不匀称质量分布引起的动反力是刚性转子平衡的目的。

在研究刚性转子平衡问题中，常把产生离心惯性力的不平衡质量简化为质点的质量，设质点的质量为 m，与转动轴线偏距为 r，当转子转速为 ω 时，其离心惯性力为 $mr\omega^2$，故其不平衡效应可以质径积 $m\vec{r}$ 或重径积 $Q\vec{r}$ 来表示。刚性转子的平衡问题可分为静平衡和动平衡两类，见表 11.1-36。

表 11.1-36　刚性转子的平衡要求和平衡方法

	刚性转子的静平衡	刚性转子的动平衡
转子类型	$L/D<0.2$ 的转子的质量可认为分布于垂直于转动轴线的同一平面内，称短转子	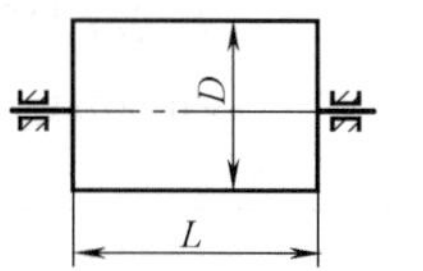 $L/D>0.2$ 的转子其质量分布是一空间质量系，称长转子
平衡要求	转子上 n 个不平衡质量 $m_i(i=1\sim n)$ 与应加的平衡质量 m_b 所产生的离心惯性力之和为零，即 $\sum_{i=1}^{n} m_i\vec{r}_i+m_b\vec{r}_b=0$。即使转子的质心位于转动轴线上	转子上不平衡质量与应加的平衡质量的惯性力之和为零，所形成惯性力偶之和亦为零。任一不平衡质量可以按惯性等效原则分解为选定平面内两个质量 $m_i^{\rm I}=\frac{m_i r_i l_i^{\rm II}}{r_i^{\rm I}(l_i^{\rm I}+l_i^{\rm II})}$，$m_i^{\rm II}=\frac{m_i r_i l_i^{\rm I}}{r_i^{\rm II}(l_i^{\rm I}+l_i^{\rm II})}$ 所以任一空间不平衡质量系可以惯性等效分解为在两个选定平面内的两个不平衡平面质量系，分别平衡这两个不平衡的平面质量系，即可使长转子平衡

（续）

	刚性转子的静平衡	刚性转子的动平衡
平衡措施	1. 在转子的设计阶段，应尽可能设计成对称形状，如果结构不对称应用加（减）质量的办法使满足 $\sum_{i=1}^{n} m_i \vec{r}_i + m_b \vec{r}_b = 0$ 2. 对称形状的转子或加了平衡质量、理论上已平衡的转子，由于材料不均匀，或制造装配误差所形成的不平衡是设计阶段无法查明的，所以在加工装配完毕之后，必须用实验方法加以最终平衡	1. 对具有结构上明显不平衡质量的转子，应在设计阶段用加（减）平衡质量的办法予以平衡。在结构允许的情况下可分别就每个不平衡质量分别平衡（例如曲轴），否则，亦可把不平衡质量按惯性等效原则分解到两个选定平面内，再就两个平面分别平衡 转子在结构设计时，应预留选定的平衡平面 2. 同理，对于形状对称的转子或理论上已平衡的转子，加工装配完毕后必需用实验法最终平衡
平衡实验	将转子安放在两个平行的光滑水平导轨上，如果质心在轴线上，则呈随遇平衡状态，否则将滚动，停止时其质心应位于转轴的正下方。可在上方试加平衡质量或在下方试减平衡质量，令其偏离平衡位置检验能否随遇平衡。这样反复进行，直至达到随遇平衡。静平衡的转子可能是动不平衡的	动平衡须在选定的两个平衡平面内分别加（减）平衡质量。平衡质量质径积的大小和方位，须在专用的动平衡实验机上确定。把转子安放在动平衡机上，使其按规定转速旋转，动平衡机的检测系统可指示出在选定平面内的不平衡质径积的大小和方位，然后分别予以平衡

（2）动平衡机的选择

工业用动平衡机种类繁多，从工作原理上可分为测振式软支承动平衡机及测力式硬支承动平衡机两大类，选用时应考虑。选择平衡机可参考表11.1-37进行。

表11.1-37　动平衡机的选择说明

序号	说　明
1	被平衡转子的质量、外径及支承间距，小型平衡机可平衡质量为0.01~1kg的转子，大型平衡机可平衡质量达200t的转子。应选用规格相宜的平衡机
2	平衡精度是指动平衡机的检测系统能反映出的转子最小不平衡量。通常以重心偏移量度量。一般平衡机为≤0.5~1μm，以这种平衡机平衡质量为100kg的转子，残留的不平衡质积将小于5~10g·cm
3	平衡效率，即经过一次平衡后转子的不平衡量的减少百分数。一般平衡机可≥85%~90%

（3）转子的许用不平衡度

转子达到完全平衡是困难的，平衡精度要求高则需要高精度的平衡机和更高的平衡技术，将增加制造费用。实际上对不同工作条件下的转子的平衡程度应有一合理要求，这就是转子的许用不平衡度。ISO 1940推荐的刚性转子许用不平衡度为：

$$G=\frac{[e]\omega}{1000}\quad \text{mm/s} \tag{11.1-4}$$

式中　ω——转子工作角速度；

$[e]$——经平衡后的转子容许残留的重心偏移量（μm）。

重心偏移量与在动平衡机上能检测和指示出来的转子容许残留的重径积 $[Q'r']$ 的关系为：

$$Q[e]=[Q'r'] \tag{11.1-5}$$

$$[e]=\frac{[Q'r']}{Q} \tag{11.1-6}$$

表11.1-38中给出了典型转子的许用不平衡度 G。静平衡的转子的许用不平衡量可由表中查得 G 值直接计算。对于动平衡的转子，应将由表11.1-38中查得的 G 值换算而得的容许残留不平衡重径积分解到选定的两个平衡基面上。如果两个平衡基面对称于质心，则各平衡基面上容许不平衡重径积为：

$$[Q'r']^{\mathrm{I}}=[Q'r']^{\mathrm{II}}=\frac{1}{2}[Q'r'] \tag{11.1-7}$$

如果平衡基面与质心距离分别为 l^{I}、l^{II}，则

$$[Q'r']^{\mathrm{I}}=[Q'r']\frac{l^{\mathrm{II}}}{l^{\mathrm{I}}+l^{\mathrm{II}}} \tag{11.1-8}$$

$$[Q'r']^{\mathrm{II}}=[Q'r']\frac{l^{\mathrm{I}}}{l^{\mathrm{I}}+l^{\mathrm{II}}} \tag{11.1-9}$$

表 11.1-38　许用不平衡量的推荐值

平衡精度等级	$G/\text{mm}\cdot\text{s}^{-1}$	转子类型举例
G4000	4000	刚性安装的具有奇数气缸的低速①船用柴油机曲轴、传动装置②
G1600	1600	刚性安装的大型两冲程发动机曲轴、传动装置
G630	630	刚性安装的大型四冲程发动机曲轴传动装置；弹性安装的船用柴油机曲轴传动装置
G250	250	刚性安装的高速四缸柴油机曲轴传动装置
G100	100	六缸和六缸以上高速①柴油机曲轴传动装置；机车或汽车用发动机整体（汽油机或柴油机）
G40	40	汽车轮、轮缘、轮组、传动轴；弹性安装的六缸和六缸以上高速四冲程发动机（汽油机或柴油机）曲轴传动装置，汽车、机车用发动机曲轴传动装置
G16	16	特殊要求的传动轴（螺旋桨轴，万向联轴器轴），破碎机械的零件；农业机械的零件；汽车发动机（汽油机或柴油机）部件；特殊要求的六缸或六缸以上的发动机曲轴传动装置
G6.3	6.3	作业机械的零件；船用主汽轮机齿轮（商船用）；离心机鼓轮；风扇；装配好的航空燃气机；泵转子；机床和一般的机械零件；普通电动机转子；特殊要求的发动机部件
G2.5	2.5	燃气轮机和汽轮机，包括船用主汽轮机（商船用）；刚性汽轮发电机转子；透平压缩机；机床传动装置；特殊要求的中型和大型电动机转子；小型电动机转子；透平驱动泵
G1	1	磁带录音机传动装置；磨床传动装置；特殊要求的小型电动机转子
G0.4	0.4	精密磨床主轴；砂轮盘及电动机转子；陀螺仪

① 按国际标准，低速柴油机活塞速度小于 9m/s；大于 9m/s 者称高速柴油机。

② 曲轴传动装置包括曲轴、飞轮、离合器、带轮、减振器、连杆回转部分等的组件。

8.4　平面机构的平衡

平面连杆机构由于存在着连杆、滑块等做平面复杂运动和往复运动的构件，在高速运动中它们所产生的惯性力和惯性力偶在基础上会引起动反力，形成整机振动。运动构件惯性力的合力称振颤力，垂直于机构运动平面的惯性力偶矢量称振颤力偶。使振颤力和振颤力偶消失或减小的措施就是机构平衡。

（1）对称机构法

如果结构允许，可将机构设计成对称形式，使其惯性力相互抵消，运动构件的总质心保持不动，振颤力为零，例如图 11.1-4a 所示。但机构外廓尺寸增大，振颤力偶不能平衡。

应用准对称机构，亦可使振颤力部分平衡，如图 11.1-4b 所示。

（2）配重平衡法

应用加配重方法调整各运动构件的惯性参量，使机构总质心在机构运动过程中保持不动，即可使振颤力完全消失。但机构的结构必须满足如下条件：即机构中任一运动构件必须至少有一条只由转动副连接而达机架的通路，否则用配重方法不能完全平衡振颤力。此外，为了完全平衡振颤力，可能需要在做平面复杂运动的构件上加配重，这常常使结构不合理和运转困难，这种情况下只能使振颤力部分平衡。

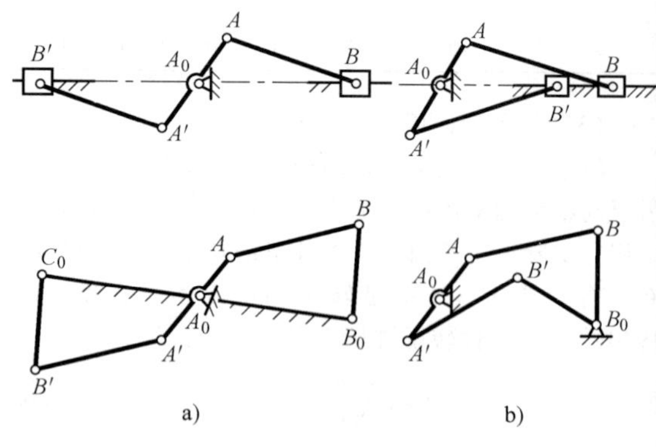

图 11.1-4　对称机构法

曲柄摇杆机构和曲柄滑块机构应用加配重法平衡

振颤力的计算见表 11.1-39。

用配重平衡振颤力偶一般是困难的。此外配重增加机构的惯性参量，使惯性驱动力偶变大。一些研究表明：完全消除振颤力的配重平衡结果常会使振颤力偶变大，起动时驱动力偶变大，运动副反力增加。因而不单以振颤力（振颤力偶）完全消失为目标，而是以整个机构动力学品质综合改善为目标的优化平衡策略是可取的。

表 11.1-39　曲柄摇杆机构和曲柄滑块机构的配重平衡法

	机构的结构尺寸和惯性参量	配重的计算公式
振颤力完全平衡	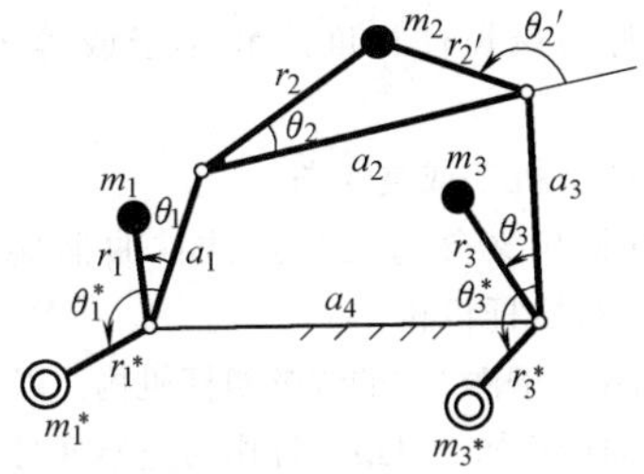 m_2 r_2' θ_2' r_2 θ_2 a_2 m_3 a_3 m_1 θ_1 r_1 a_1 θ_3 r_3 θ_1^* a_4 θ_3^* r_1^* r_3^* m_1^* m_3^*	$k_1=\dfrac{a_1}{a_2}m_2r_2',k_2=\theta_2',k_3=\dfrac{a_3}{a_2}m_2r_2,k_4=\theta_2\pm\pi$ $m_1^*r_1^*=[k_1^2+(m_1r_1)^2-2m_1r_1k_1\cos(k_2-\theta_1)]^{1/2}$ $m_3^*r_3^*=[k_3^2+(m_3r_3)^2-2m_3r_3k_3\cos(k_4-\theta_3)]^{1/2}$ $E_1=k_1\sin k_2-m_1r_1\sin\theta_1,F_1=k_1\cos k_2-m_1r_1\cos\theta_1$ $\theta_1^*=\arctan(E_1/F_1)$ $E_3=k_3\sin k_4-m_3r_3\sin\theta_3,F_3=k_3\cos k_4-m_3r_3\cos\theta_3$ $\theta_3^*=\arctan(E_3/F_3)$
振颤力部分平衡	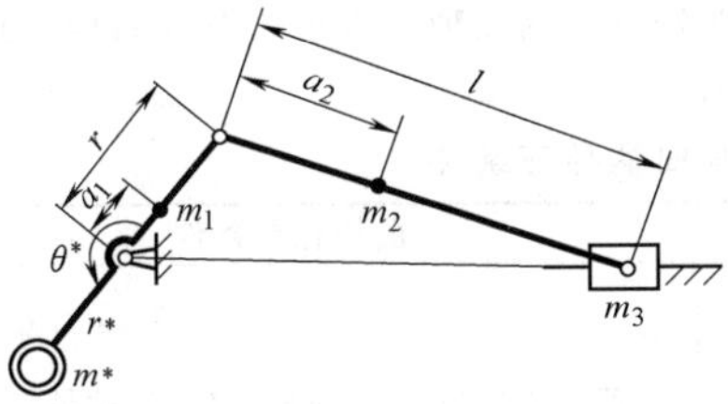 a_2 l r a_1 m_1 m_2 θ^* r^* m^* m_3	$k_1=\dfrac{a_1}{r}m_1+\dfrac{l-a_2}{l}m_2,k_2=\dfrac{a_2}{l}m_2+m_1$ $k_3=0.5+0.41\dfrac{r}{l}-0.17\left(\dfrac{r}{l}\right)^2$ 或取 $k_3=\dfrac{1}{2}\sim\dfrac{1}{3}$ $m^*r^*=(k_1+k_2k_3)r$ $\theta^*=\pi$

第 2 章　连杆机构设计

1　平面四杆机构的应用和基本形式

1.1　平面连杆机构的特点和应用

平面连杆机构是若干个刚性构件由平面低副连接而成，各构件均在相互平行的平面内运动的机构。平面连杆机构又称平面低副机构。由于平面连杆机构能够实现多种运动轨迹曲线和运动规律，且低副不易磨损，而又易于加工以及能由本身几何形状保证接触等优点，广泛应用于各种机器和运动变换装置中。

1.2　平面四杆机构的基本形式及其曲柄存在条件

由 4 个构件通过 4 个转动副连接组成的铰链四杆机构是平面四杆机构的最基本形式。曲柄滑块机构、导杆机构等可以看作由铰链四杆机构演化而来。

铰链四杆机构的曲柄存在条件为：

1）最短杆与最长杆长度之和小于或等于其余两杆长度之和。

2）最短杆是机架或连架杆。

铰链四杆机构又分为三种形式：曲柄摇杆机构、双曲柄机构、双摇杆机构。

满足曲柄存在条件 1）的铰链四杆机构，以最短杆作为机架时为双曲柄机构；以最短杆作为连架杆时为曲柄摇杆机构；以最短杆的对边作为机架时为双摇杆机构。

如果铰链四杆机构中的最短杆与最长杆长度之和大于其余两杆长度之和，则不论以哪个杆作为机架均只能得到双摇杆机构。

平面四杆机构的几种基本形式及其曲柄存在条件见表 11. 2-1。

表 11. 2-1　平面四杆机构的基本形式及其曲柄存在条件

类　别	基本形式	曲柄存在条件
铰链四杆机构	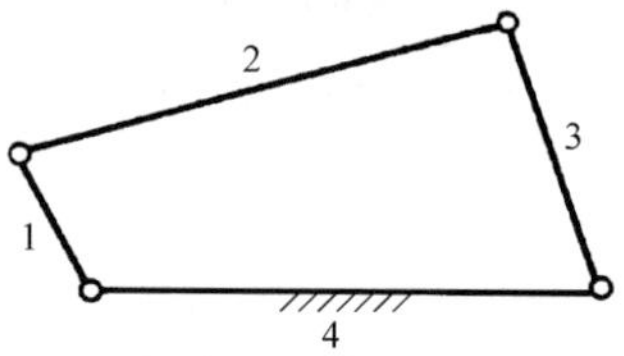 1　2　3　4	若 l_1 为最短杆，l_4 为最长杆，且满足 $l_1+l_4 \leqslant l_2+l_3$，则当杆 1 为机架时，杆 2 与杆 4 为曲柄；当杆 2 或杆 4 之一为机架时，杆 1 为曲柄
具有一个移动副的四杆机构	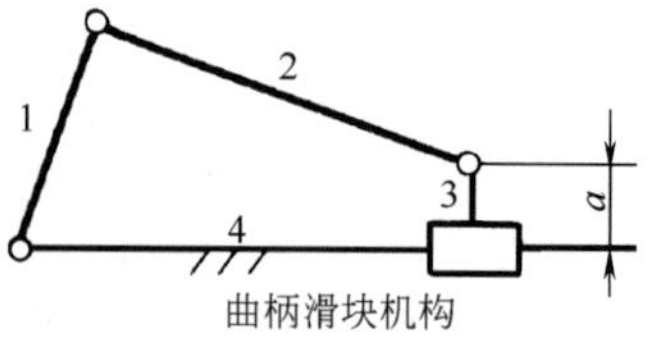 1　2　3　4　a 曲柄滑块机构	若 l_1 为最短杆，且满足 $l_1+a \leqslant l_2$，则当杆 1 为机架时，杆 2 与杆 4 为曲柄；当杆 2 或杆 4 之一为机架时，杆 1 为曲柄
	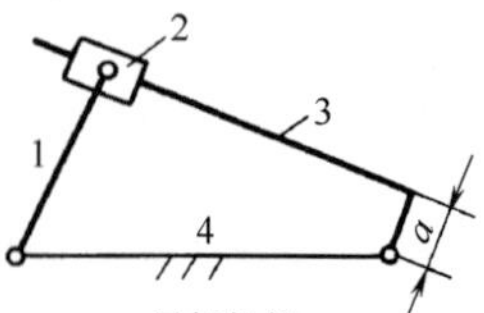 1　2　3　4　a 导杆机构 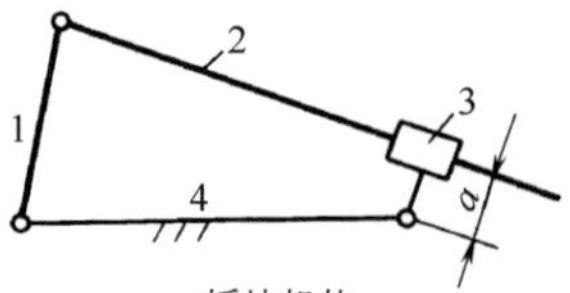 1　2　3　4　a 摇块机构	若 l_1 为最短杆，且满足 $l_1+a \leqslant l_4$，则当杆 1 为机架时，杆 2 与杆 4 为曲柄；当杆 2 或杆 4 之一为机架时，杆 1 为曲柄
具有两个移动副的四杆机构	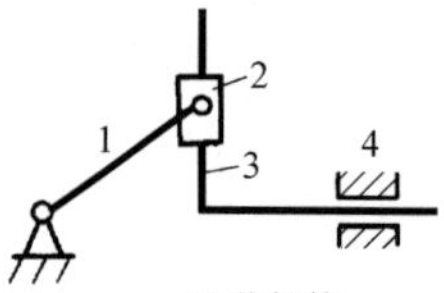 1　2　3　4 正弦机构 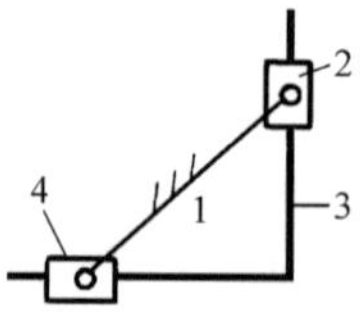 1　2　3　4 双转块机构	四杆中只有杆 1 为有限长，它是最短杆，当杆 1 为机架时，杆 4 为曲柄；杆 4 为机架时，杆 1 为曲柄

（续）

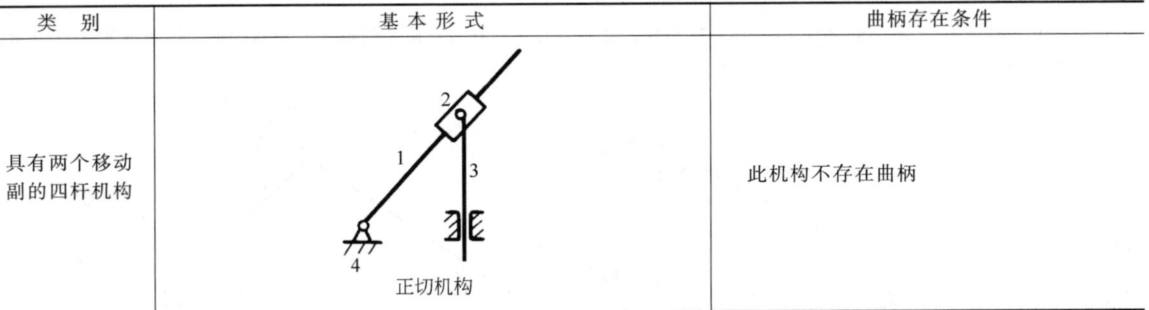

类　别	基 本 形 式	曲柄存在条件
具有两个移动副的四杆机构	正切机构	此机构不存在曲柄

表 11.2-2 列出了平面四杆机构 3 种基本形式以及通过改变不同构件作机架的演化方法，从演化可以看出各个机构间的内在联系。

1.3　平面四杆机构的基本特性

平面四杆机构的基本特性见表 11.2-3。

表 11.2-2　平面四杆机构 3 种基本形式及其演化

名称	基 本 形 式	演 化 形 式		
铰链四杆机构	l_1为最短杆，l_4为最长杆，$l_1+l_4 \leqslant l_2+l_3$	双曲柄机构	曲柄摇杆机构	双摇杆机构
曲柄滑块机构	$l_1<l_2$	转动导杆机构	曲柄摇块机构	移动导杆机构
正弦机构		双转块机构	正弦机构	双滑块机构

表 11.2-3　平面四杆机构的基本特性

<table>
<tr>
<td>平面四杆机构的急回特性</td>
<td>平面四杆机构中的曲柄摇杆机构、偏心曲柄滑块机构及导杆机构等都有急回特性。图 a 中所示的曲柄摇杆机构，当主动曲柄等速回转时，从动摇杆自点 C_1 摆至点 C_2 和自点 C_2 摆回点 C_1 的平均角速度不同，即摆出（$C_1 \rightarrow C_2$）慢，摆回（$C_2 \rightarrow C_1$）快，称为急回特性。将摇杆处于两极限位置时所对应曲柄的一个位置与另一位置反向延长线间的夹角 θ 称为极位夹角，则
$$K=\frac{180°+\theta}{180°-\theta}$$
$$\theta=\frac{K-1}{K+1}180°$$
K 为行程速比系数，一般取 $K=1.1 \sim 1.3$</td>
<td>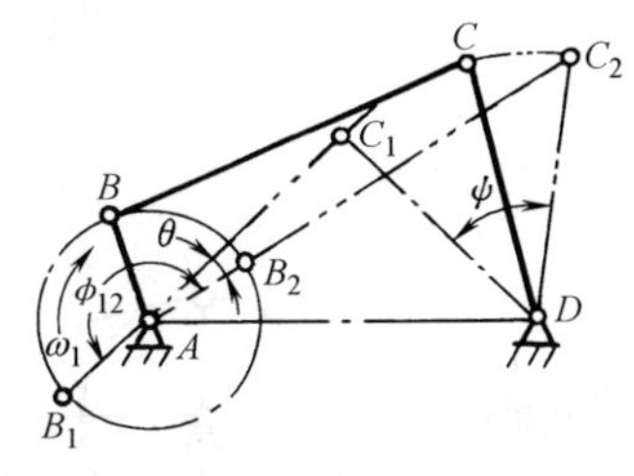

a) 曲柄摇杆机构的急回特性</td>
</tr>
</table>

（续）

平面四杆机构的压力角与传动角	在不计摩擦力、重力和惯性力时，机构输出构件受力点的受力方向与该点的速度方向间所夹的锐角 α 称为压力角，见图 b 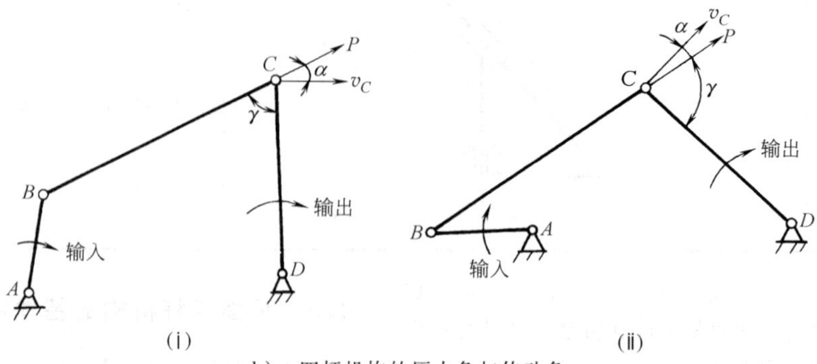 b）四杆机构的压力角与传动角 压力角的余角 γ 称为传动角。传动角越大，传力性能越好 在机构运动过程中，传动角是变化的，合理地选择各构件的尺寸，可使机构的最小传动角具有最大值。机构运转中最小传动角的容许值是按受力情况、运动副间隙大小、摩擦和速度等因素而定的。一般传动角不小于 40°，高速机构则不小于 50° 平面四杆机构最小传动角发生的位置见表 11.2-4
平面四杆机构的运动连续性	在平面四杆机构的设计中，对所得机构都应按运动连续要求，通过几何作图检验该机构是否的确在运动时能实现给定的位置要求 图 c 所示的铰链四杆机构 $ABCD$，在实际运动时，如果 B、C、D 按顺时针装配，通过几何作图可以发现，B 点无论是顺时针还是逆时针从 B_1 点"连续"运动至 B_2 点时，杆 CD 只能在 ψ 域内运动；如果 B、C、D 按逆时针装配（即 $BC'D$），通过几何作图可以发现，B 点无论是顺时针还是逆时针从 B_1 点"连续"运动至 B_2 点时，杆 $C'D$ 只能在 ψ' 域内运动。ψ 和 ψ' 称为可行域。在曲柄整周回转的过程中，摇杆只能在一个可行域内运动，而不能从一个可行域跃入到另一个可行域，这就是平面四杆机构运动的连续性 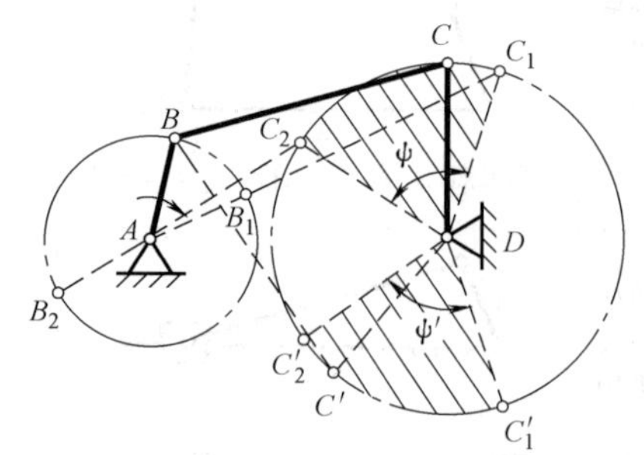 c）铰链四杆机构的运动连续性

表 11.2-4　平面四杆机构最小传动角发生的位置

机构类型	图例	简要说明
铰链四杆机构（曲柄摇杆机构、双曲柄机构）		最小传动角 γ_{min} 或 γ'_{min} 发生在曲柄与机架重合位置
曲柄滑块机构		最小传动角 γ_{min} 发生在曲柄与滑块速度方向垂直位置

（续）

机构类型	图例	简要说明
导杆机构	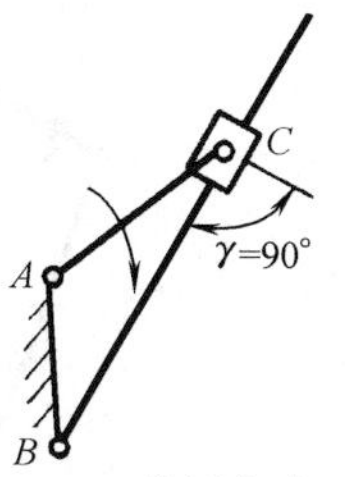 曲柄主动 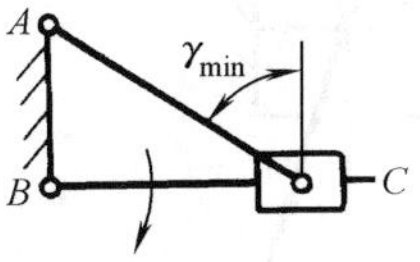　导杆主动	对于转动导杆机构，导杆为主动时，最小传动角 γ_{min} 发生在导杆与机架垂直位置

.4　平面四杆机构应用举例

平面四杆机构应用十分广泛，其应用举例见表 11.2-5。

表 11.2-5　平面四杆机构应用举例

机构名称	应用举例			
曲柄摇杆机构	搅拌机	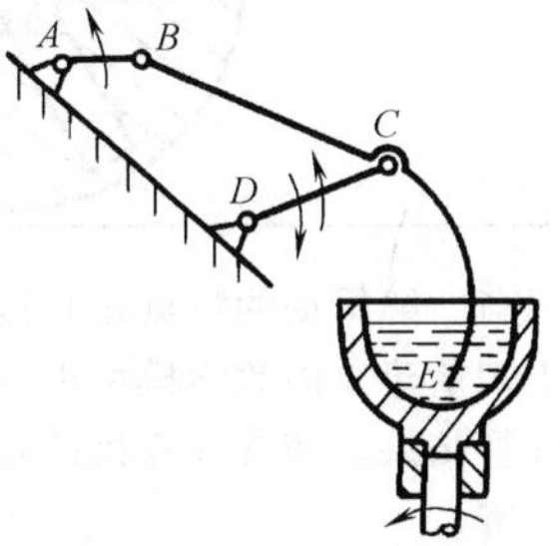	颚式破碎机	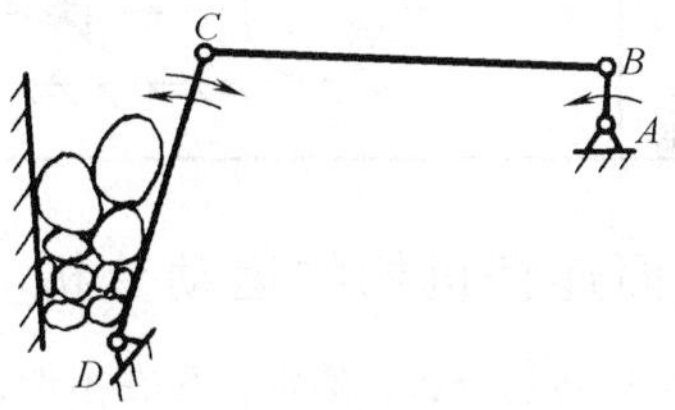
双曲柄机构	挖土机	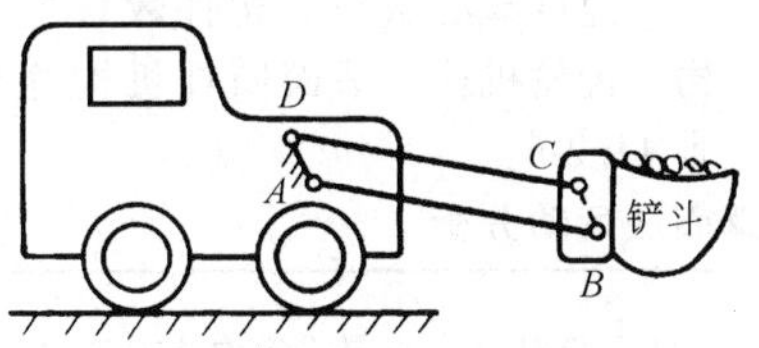	惯性筛	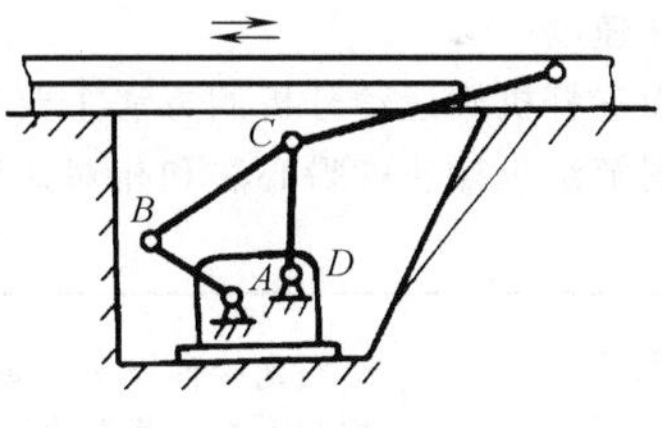
双摇杆机构	起重机	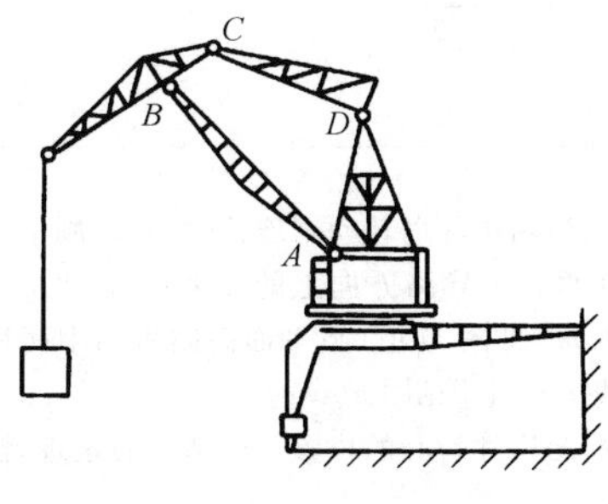	电气开关分闸	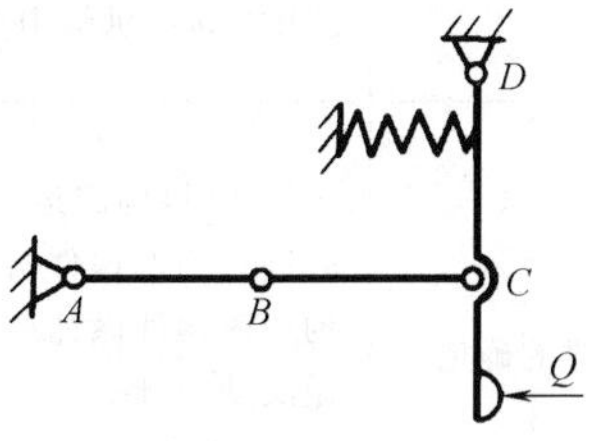

（续）

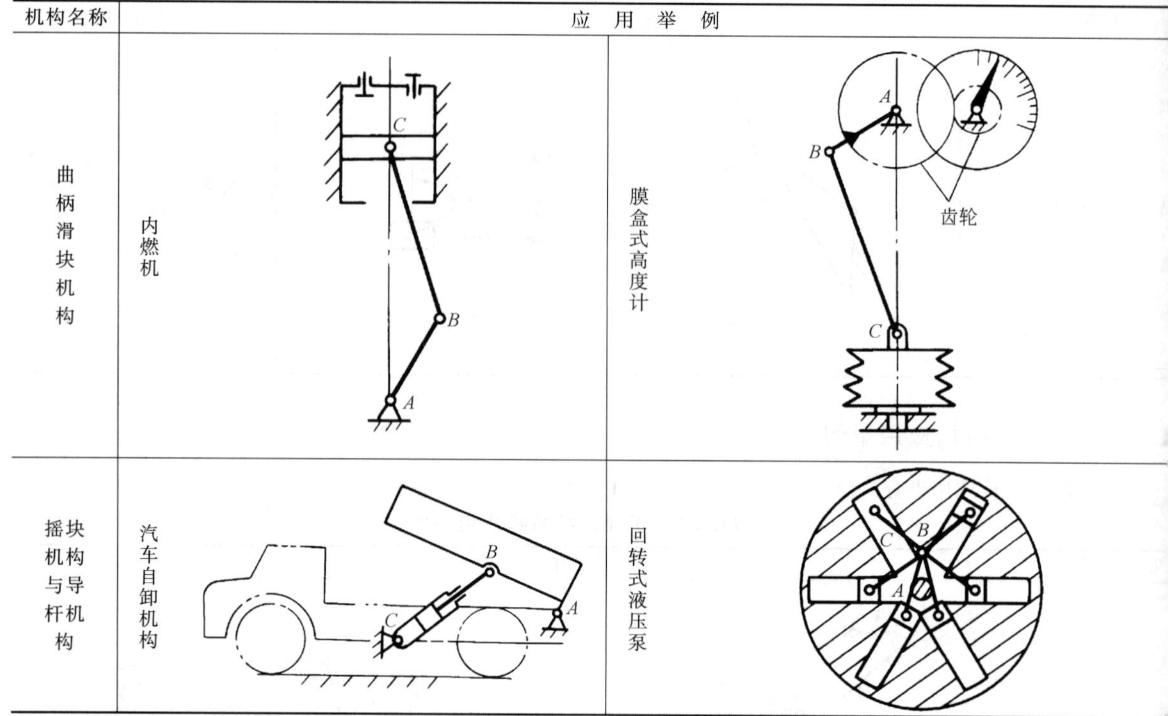

机构名称	应用举例			
曲柄滑块机构	内燃机		膜盒式高度计	
摇块机构与导杆机构	汽车自卸机构		回转式液压泵	

2　平面连杆机构的运动分析

机构的运动分析，通常就是在不考虑机构的外力及构件的弹性变形等影响，仅仅研究在已知主动件的运动规律的条件下，机构中其余构件上各点的位移、轨迹、速度和加速度，以及这些构件的角位移、角速度和角加速度。

平面连杆机构运动分析的方法主要有图解法和解析法。图解法包括速度瞬心法和相对速度图解法，精度不高。解析法的特点是直接用机构已知参数和应求的未知量建立的数学模型进行求解，从而可获得精确的计算结果。随着计算机的发展，解析法应用前景更加广阔。

2.1　速度瞬心法运动分析

速度瞬心法适合构件数目少的机构（如凸轮机构、齿轮机构、平面四杆机构等）的运动分析，见表 11.2-6。

表 11.2-6　速度瞬心法运动分析

瞬心的定义及数目	当两构件互做平面相对运动时，在这两构件上绝对速度相同或者说相对速度等于零的瞬时重合点称为瞬心。绝对速度为零的瞬心称为绝对瞬心，绝对速度不等于零的瞬心称为相对瞬心。用符号 P_{ij} 表示构件 i 与构件 j 的瞬心 机构中速度瞬心的数目 K 可以表示为 $$K=\frac{m(m-1)}{2}$$ 式中　m—机构中构件（含机架）数
瞬心位置的确定	1）直接构成运动副两构件的瞬心位置　当两构件以转动副连接时，转动副中心 P_{12} 即为瞬心［见图 a(i)］；当两构件构成移动副时，瞬心 P_{12} 在垂直于导路方向上的无穷远处［见图 a(ii)］；平面高副机构中两构件做纯滚动时，瞬心 P_{12} 为接触点 M［见图 a(iii)］；平面高副机构中两构件既做相对滑动又做滚动时，瞬心 P_{12} 位于过接触点的公法线 n-n 上［见图 a(iv)］ 2）用三心定理确定不直接构成运动副的两构件瞬心的位置　所谓三心定理就是：三个做平面运动的构件的三个瞬心必在同一条直线上

（续）

瞬心位置的确定	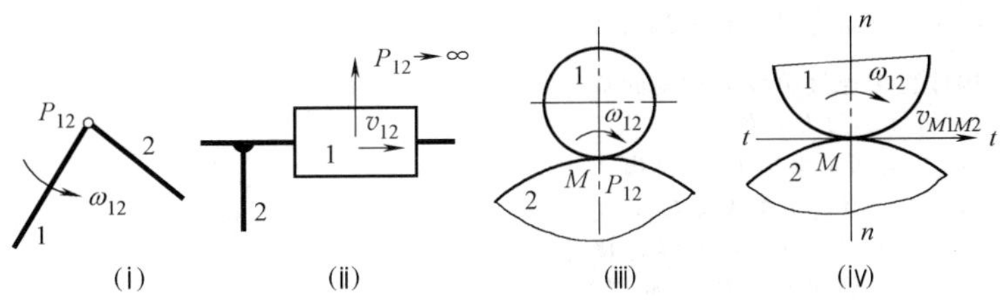 a）瞬心位置的确定
速度分析举例	**例**　在图 b 所示的曲柄摇杆机构中，若已知四杆件长度和主动件（曲柄）1 以角速度 ω_1 顺时针方向回转，求图示位置从动件（摇杆）3 的角速度 ω_3 和角速度比 ω_1/ω_3 **解**　应用瞬心公式求得瞬心数目 $K=6$，即瞬心为 P_{14}、P_{12}、P_{23}、P_{34}、P_{24} 和 P_{13} 构件 1、3 在瞬心 P_{13} 处的线速度大小相等、方向相同。则有 $\omega_1\ \overline{P_{14}P_{13}}\mu_l=\omega_3\ \overline{P_{34}P_{13}}\mu_l$ 式中，μ_l 为构件长度比例尺，并且 $\mu_l=\dfrac{\text{构件实际长度(m)}}{\text{图样上构件长度(mm)}}$ 即 $\omega_3=\omega_1\dfrac{\overline{P_{14}P_{13}}}{\overline{P_{34}P_{13}}}$ $\dfrac{\omega_1}{\omega_3}=\dfrac{\overline{P_{34}P_{13}}}{\overline{P_{14}P_{13}}}$ 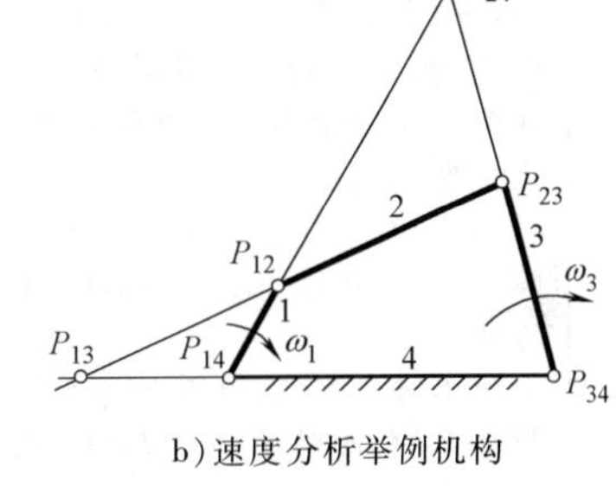 b）速度分析举例机构

对于含 5 个以上构件的机构，直接求瞬心的位置非常困难，表 11.2-7 介绍按三心定理如何借助瞬心多边形法确定瞬心的位置。

表 11.2-7　用瞬心多边形法确定速度瞬心的位置

步骤	1）按 $K=\dfrac{m(m-1)}{2}$ 计算出瞬心的数目 2）按构件数目画凸 m 边形的 m 个顶点，每个顶点代表一个构件，并按顺序标注顶点号 1、2、…、m，两个顶点间的连线代表一个以该两顶点号为下标的两构件的瞬心 3）三个顶点连线构成的三角形的三条边表示三瞬心共线 4）利用两个三角形的公共边可求未知瞬心，即未知瞬心位于能与该瞬心组成三角形的其他两已知瞬心的连线上
例题	图 a 所示的齿轮-连杆机构中，若已知各构件的尺寸和主动件齿轮 1 的角速度 ω_1 为顺时针回转，求图示位置时机构的全部瞬心和构件 3 的角速度 ω_3 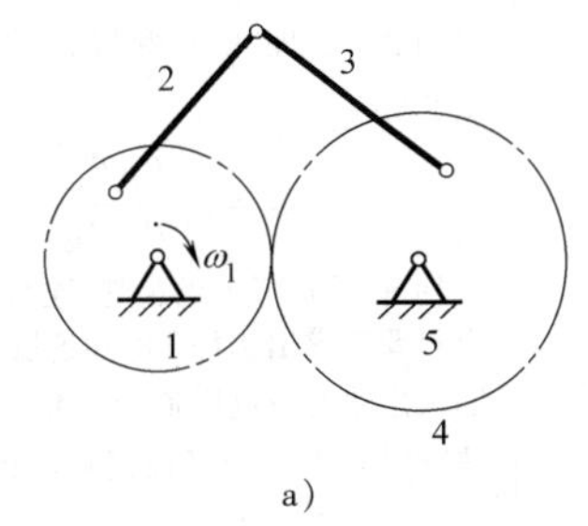 a）

（续）

解题过程	**解**　该机构有 5 个构件，根据式 $K=\frac{m(m-1)}{2}$ 可知，共有 10 个瞬心，其中由构件直接连接组成运动副的瞬心有 6 个，分别为 P_{12}、P_{23}、P_{34}、P_{45}、P_{15} 和 P_{14}。按瞬心多边形法，画出凸五边形的 5 个顶点 1、2、3、4 和 5，表示该机构的 5 个构件。用实线连接顶点 1、2，表示已知瞬心 P_{12}。同理，将其他 5 个已知瞬心的两顶点用实线连起来，则表示瞬心 P_{23}、P_{34}、P_{45}、P_{15} 和 P_{14}，如图 b(ⅰ)所示。本例可按如下步骤求其他四个未知瞬心 1）求瞬心 P_{13}。在图 b(ⅱ)中，用虚线连接顶点 1 和 3，表示未知瞬心 P_{13}。由图可知，P_{12}、P_{23} 和 P_{34}、P_{14} 分别能与 P_{13} 组成两个三角形△132 和△134。所以瞬心 P_{13} 在连线 $P_{12}P_{23}$、$P_{34}P_{14}$ 的交点处。求得瞬心 P_{13} 后，在图 b(ⅱ)中将代表未知瞬心 P_{13} 的虚线改成实线 2）求瞬心 P_{35}。由图 b(ⅲ)可知，瞬心 P_{35} 在连线 $P_{13}P_{15}$、$P_{34}P_{45}$ 的交点处 3）求瞬心 P_{25}。由图 b(ⅳ)可知，瞬心 P_{25} 在连线 $P_{12}P_{15}$、$P_{23}P_{35}$ 的交点处 4）求瞬心 P_{24}。由图 b(ⅴ)可知，以未知瞬心 P_{24} 为公共边可组成 3 个三角形△241、△245 和△243。任取其中两个三角形即可求出未知瞬心 P_{24}。本例取△245 和△243。瞬心 P_{24} 在连线 $P_{25}P_{45}$、$P_{23}P_{34}$ 的交点处 至此，瞬心多边形中，任意两点间的连线都已是实线，如图 b(ⅵ)所示，则表示该齿轮-连杆机构的 10 个瞬心的位置全部确定（见图 c）。又因瞬心 P_{13} 是构件 1 和构件 3 的等速重合点，即构件 1 和构件 3 分别绕绝对速度瞬心 P_{15} 和 P_{35} 转动时，在重合点 P_{13} 处的线速度大小相等、方向相同。则有 $\omega_1\ \overline{P_{13}P_{15}}\mu_l=\omega_3\ \overline{P_{13}P_{35}}\mu_l$ 由上式，即可求得构件 3 的角速度 ω_3 $\omega_3=\omega_1\frac{\overline{P_{13}P_{15}}}{\overline{P_{13}P_{35}}}$ 对于图 a 所示的齿轮-连杆机构，如果只要求求出构件 3 的角速度 ω_3，则只需求出绝对速度瞬心 P_{15} 和 P_{35} 与相对速度瞬心 P_{13}，即可根据瞬心的概念求出 ω_3，不必求出全部瞬心

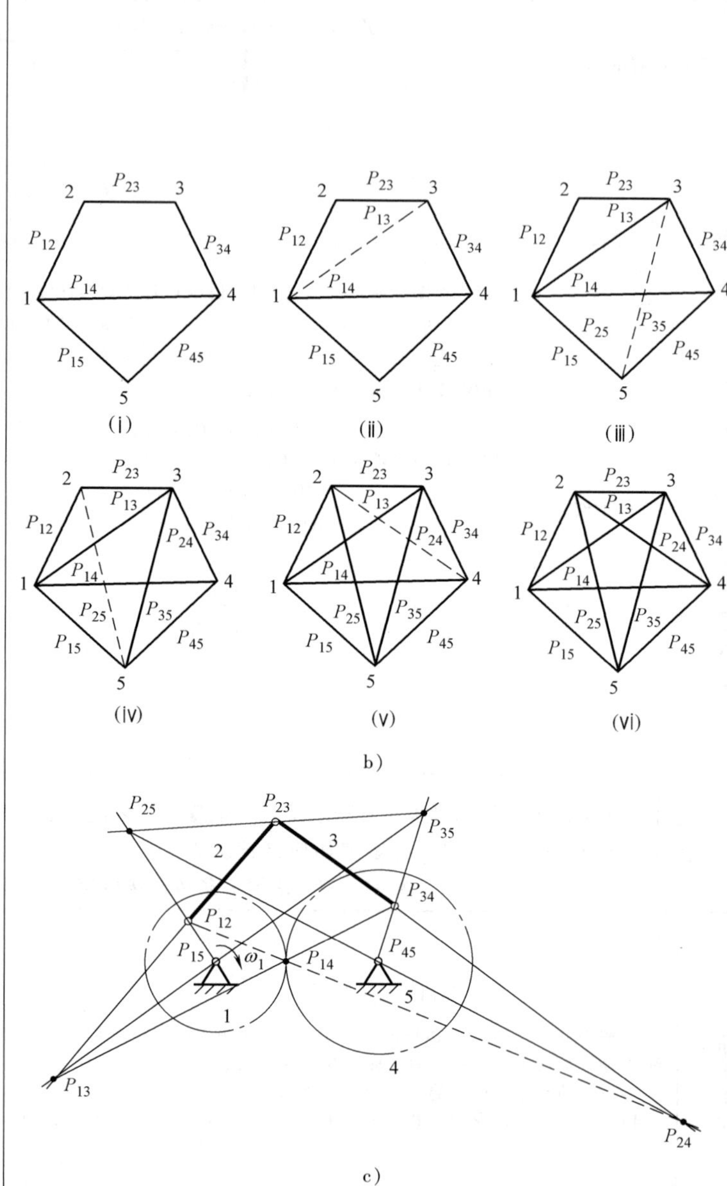

b）

c）

2.2　常用平面四杆机构的解析法运动分析公式

常用平面四杆机构的运动分析的步骤是先建立四杆机构的位移方程式，求导得速度方程式，再求导可得加速度方程式。常用平面四杆机构的运动分析公式见表 11.2-8。

表 11.2-8　常用平面四杆机构的运动分析公式

名称	简　图	计　算　公　式
曲柄摇杆机构	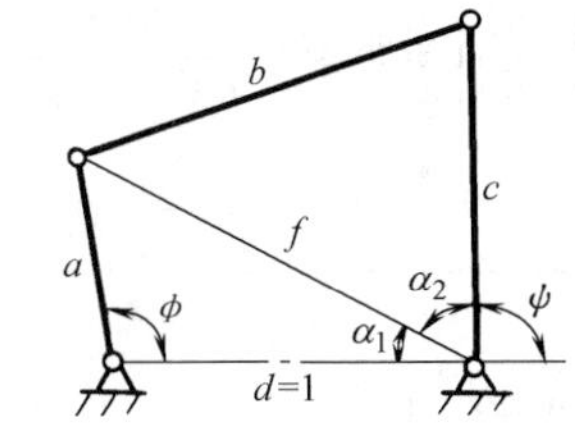	角位移　$\psi=\pi-(\alpha_1+\alpha_2),\alpha_1=\arctan\dfrac{a\sin\phi}{1-a\cos\phi},\alpha_2=\arccos\dfrac{K^2-2a\cos\phi}{2fc}$ 角速度　$\dfrac{d\psi}{dt}=\left[\dfrac{a(a-\cos\phi)}{f^2}+\dfrac{a\sin\phi}{s^2}\left(2-\dfrac{M^2}{f^2}\right)\right]\omega$ 角加速度　$\dfrac{d^2\psi}{dt^2}=\left[\dfrac{a(a-\cos\phi)}{f^2}+\dfrac{a\sin\phi}{s^2}\left(2-\dfrac{M^2}{f^2}\right)\right]\dfrac{d^2\phi}{dt^2}+\left\{\dfrac{a\sin\phi}{f^2}\left[1-\dfrac{2a(a-\cos\phi)}{f^2}\right]-\dfrac{2a^2\sin^2\phi}{s^2f^2}\left(1-\dfrac{M^2}{f^2}\right)+\left(2-\dfrac{M^2}{f^2}\right)\times\left[\dfrac{a\cos\phi}{s^2}-\dfrac{2a^2\sin^2\phi(2c^2-M^2)}{s^6}\right]\right\}\omega^2$ 式中　$f^2=1+a^2-2a\cos\phi,\ \omega=\dfrac{d\phi}{dt},\ K=1+a^2+c^2-b^2,\ M=K^2-2a\cos\phi,\ s^2=\sqrt{4f^2c^2-M^2}$
对心曲柄滑块机构	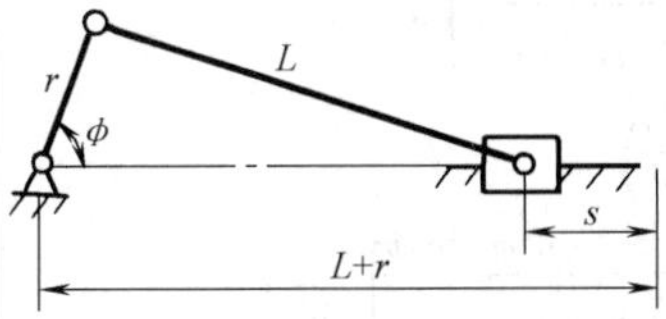	精确式 位移　$s=r\left[1-\cos\phi+\dfrac{1}{\lambda}-\dfrac{(1-\lambda^2\sin^2\phi)^{\frac{1}{2}}}{\lambda}\right]$ 速度　$v=r\omega\left[\sin\phi+\dfrac{\lambda\sin^2\phi}{2(1-\lambda^2\sin^2\phi)^{\frac{1}{2}}}\right]$ 加速度　$a=r\omega^2\left[\cos\phi+\dfrac{\lambda(\cos2\phi+\lambda^2\sin4\phi)}{(1-\lambda^2\sin^2\phi)^{\frac{3}{2}}}\right]$ 式中　$\omega=\dfrac{d\phi}{dt}$，一般 $\lambda=\dfrac{r}{L}=\dfrac{1}{6}\sim\dfrac{1}{4}$
		近似式 略去 λ^3，近似式为 位移　$s=r\left[1+\dfrac{\lambda}{4}-\cos\phi-\dfrac{\lambda}{4}\cos2\phi\right]$ 速度　$v=r\omega\left(\sin\phi+\dfrac{\lambda\sin2\phi}{2}\right)$ 加速度　$a=r\omega^2(\cos^2\phi+\lambda\cos2\phi)$ 式中　$\lambda=\dfrac{r}{L},\omega=\dfrac{d\phi}{dt}$
偏心曲柄滑块机构	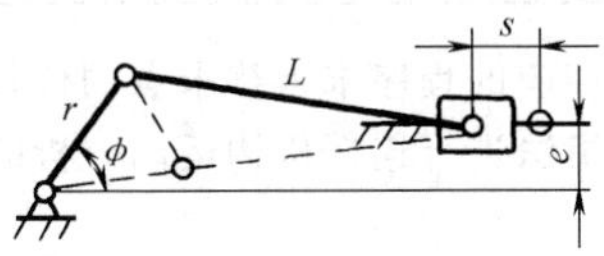	略去 λ^3 及 ε^2，近似式为 位移　$s=r\left(1+\dfrac{\lambda}{4}-\cos\phi-\varepsilon\sin\phi-\dfrac{\lambda}{4}\cos2\phi\right)$ 速度　$v=r\omega\left(\sin\phi-\varepsilon\cos\phi+\dfrac{r\sin2\phi}{2}\right)$ 加速度　$a=r\omega^2(\cos\phi+\varepsilon\sin\phi+\lambda\cos2\phi)$ 尺寸范围　$e<r,\varepsilon=\dfrac{e}{L},\lambda=\dfrac{r}{L}$ 滑块行程　$H=[(L+r)^2-e^2]^{\frac{1}{2}}-[(L-r)^2-e^2]^{\frac{1}{2}}$ 式中　$\lambda=\dfrac{r}{L},\omega=\dfrac{d\phi}{dt}$
曲柄摇块机构	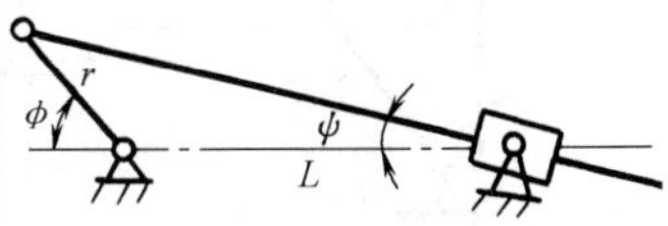	导杆的角位移　$\psi=\arctan\left(\dfrac{\lambda\sin\phi}{1+\lambda\cos\phi}\right)$ 导杆的角速度　$\dfrac{d\psi}{dt}=\dfrac{\lambda(\lambda+\cos\phi)}{1+\lambda^2+2\lambda\cos\phi}\omega$ 导杆的角加速度　$\dfrac{d^2\psi}{dt^2}=\dfrac{\lambda(\cos\phi+\lambda)}{1+\lambda^2+2\lambda\cos\phi}\dfrac{d^2\phi}{dt^2}+\dfrac{\lambda\sin\phi(\lambda^2-1)}{(1+\lambda^2+2\lambda\cos\phi)^2}\omega^2$ 式中　$\lambda=\dfrac{r}{L}$（当 $\cos\phi=-\lambda$ 时，$\sin\psi=\lambda$），$\omega=\dfrac{d\phi}{dt}$

（续）

名称	简　图	计　算　公　式
回转导杆机构		导杆主动,曲柄从动 曲柄的角位移　$\psi=\arcsin\left(\frac{\sin\phi}{\lambda}\right)+\phi$ 曲柄的角速度　$\frac{d\psi}{dt}=\left[\frac{\cos\phi+(\lambda^2-\sin^2\phi)^{\frac{1}{2}}}{(\lambda^2-\sin^2\phi)^{\frac{1}{2}}}\right]\omega$ 曲柄的角加速度　$\frac{d^2\psi}{dt^2}=\left[1+\frac{\cos\phi}{(\lambda^2-\sin^2\phi)^{\frac{1}{2}}}\right]\frac{d^2\phi}{dt^2}+\left[\sin\phi\cos^2\phi-\frac{\sin\phi}{(\lambda^2-\sin^2\phi)^{1/2}}\right]\omega^2$ 式中　$\lambda=\frac{r}{L},\omega=\frac{d\phi}{dt}$
回转导杆机构		导杆主动时,滑块的位移 $s=\sqrt{x^2+y^2}$ $x=r\left[\frac{\cos\phi}{\lambda}+\frac{(\lambda^2-\sin^2\phi)^{\frac{1}{2}}}{\lambda}\right]\sin\phi$ $y=r\left[\frac{\cos\phi}{\lambda}+\frac{(\lambda^2-\sin^2\phi)^{\frac{1}{2}}}{\lambda}\right]\cos\phi$ 滑块的速度　$v=\sqrt{\left(\frac{dx}{dt}\right)^2+\left(\frac{dy}{dt}\right)^2}$ $\frac{dx}{dt}=r\left[\frac{\cos2\phi}{\lambda}+\frac{(\lambda^2-2\sin^2\phi)\cos\phi}{\lambda(\lambda^2-\sin^2\phi)^{\frac{1}{2}}}\right]\omega$ $\frac{dy}{dt}=-r\left[\frac{\sin2\phi}{\lambda}+\frac{(\lambda^2+\cos2\phi)\sin\phi}{\lambda(\lambda^2-\sin^2\phi)^{\frac{1}{2}}}\right]\omega$ 滑块的加速度　$a=\sqrt{\left(\frac{d^2x}{dt^2}\right)^2+\left(\frac{d^2y}{dt^2}\right)^2}$ $\frac{d^2x}{dt^2}=r\left[\frac{\cos2\phi}{\lambda}+\frac{(\lambda^2-2\sin^2\phi)\cos\phi}{\lambda(\lambda^2-\sin^2\phi)^{\frac{1}{2}}}\right]\frac{d^2\phi}{dt^2}+$ $r\left\{-\frac{2\sin2\phi}{\lambda}+\frac{\sin\phi[(1-\lambda^2)(\lambda^2-2\sin^2\phi)+4\cos^2\phi(\sin^2\phi-\lambda^2)]}{\lambda(\lambda^2-\sin^2\phi)^{\frac{3}{2}}}\right\}\omega^2$ $\frac{d^2y}{dt^2}=-r\left[\frac{\sin2\phi}{\lambda}+\frac{(\lambda^2+\cos2\phi)\sin\phi}{\lambda(\lambda^2-\sin^2\phi)^{\frac{1}{2}}}\right]\frac{d^2\phi}{dt^2}-$ $r\left\{\frac{2\cos2\phi}{\lambda}+\frac{\cos\phi[\lambda^2(\lambda^2+\cos2\phi)+4\sin^2\phi(\sin^2\phi-\lambda^2)]}{\lambda(\lambda^2-\sin^2\phi)^{\frac{3}{2}}}\right\}\omega^2$ 式中　$\lambda=\frac{r}{L},\omega=\frac{d\phi}{dt}$

2.3　杆组法运动分析

用杆组法进行运动分析的关键是先正确划分基本杆组，然后调用相应的程序求得待求点的位移、速度和加速度。用杆组法进行连杆机构运动分析的例题见表 11.2-9。

表 11.2-9　杆组法运动分析例题

例题	图 a 所示的机构中,已知 $l_{AB}=60\text{mm}$,$l_{BC}=180\text{mm}$,$l_{DE}=200\text{mm}$,$l_{CD}=120\text{mm}$,$l_{EF}=300\text{mm}$,$h=80\text{mm}$,$h_1=85\text{mm}$,$h_2=225\text{mm}$,构件 1 以等角速度 $\omega_1=100\text{rad/s}$ 转动。求在一个运动循环中,滑块 5 的位移、速度和加速度曲线	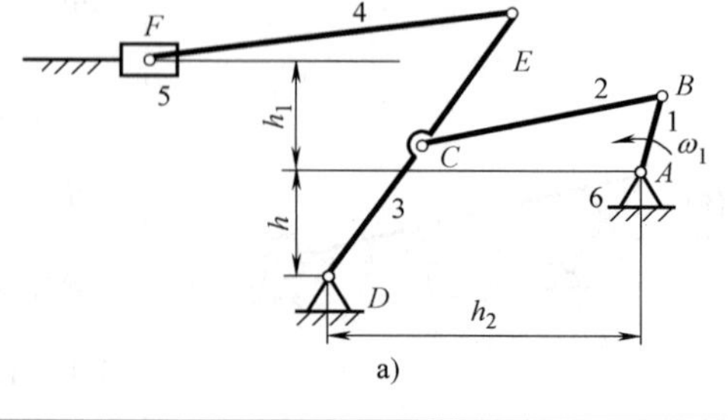 a)

（续）

解题步骤

解

1）建立坐标系

建立以点 D 为原点的固定平面直角坐标系 xDy，如图 b 所示。各运动副编号分别为：$A=1,B=2,C=3,D=4,E=5,F=6$。另外，为了计算 F 点的位移，选其导路上一点 K 为参考点，令 $K=7$。各杆的长度标号为：$L_1=l_{AB}$，$L_2=l_{BC},L_3=l_{CD},L_4=l_{DE},L_5=l_{EF},L_6=0$

2）划分基本杆组

该机构由Ⅰ级机构 AB、RRR Ⅱ级基本杆组 BCD 和 RRP Ⅱ级基本杆组 EF 组成。Ⅰ级机构如图 c(ⅰ)所示，RRRⅡ级基本杆组如图 c(ⅱ)所示，RRPⅡ级基本杆组如 c(ⅲ)所示

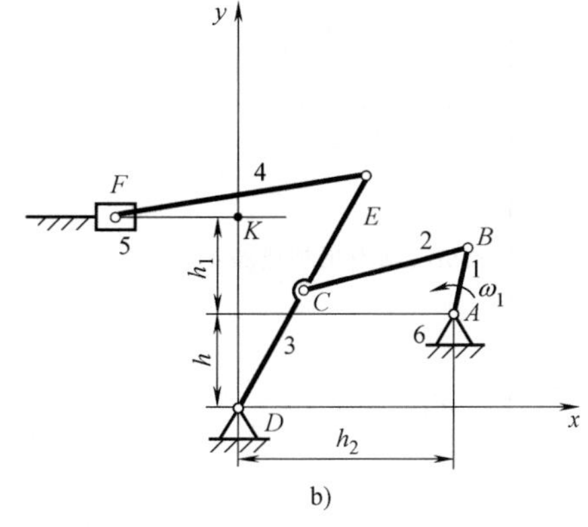

b)

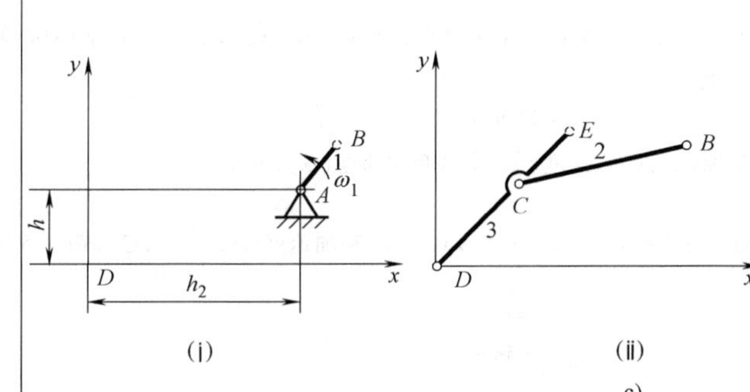

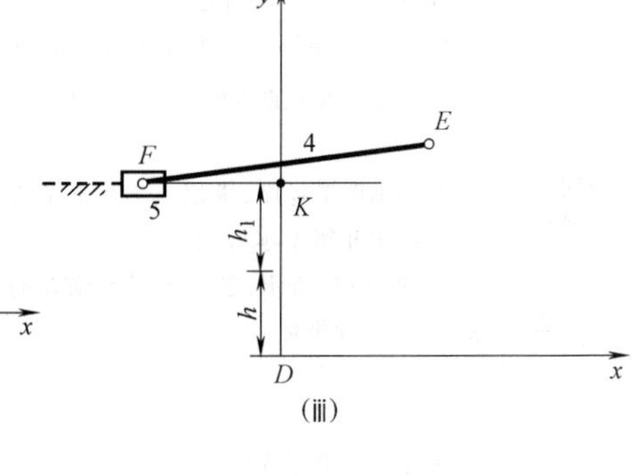

(ⅰ)　(ⅱ)　(ⅲ)

c)

3）确定已知参数和求解流程

① 主动件杆 1（Ⅰ级机构）

如图 c(i) 所示，已知主动件杆 1 的转角

$$\varphi=0\sim360^\circ$$
$$\delta=0$$

主动件杆 1 的角速度

$$\dot{\varphi}=\omega_1=100\text{rad/s}$$

主动件杆 1 的角加速度

$$\ddot{\varphi}=\varepsilon=0$$

运动副 A 的位置坐标

$$x_A=225\text{mm}$$
$$y_A=80\text{mm}$$

运动副 A 的速度

$$\dot{x}_A=0$$
$$\dot{y}_A=0$$

运动副 A 的加速度

$$\ddot{x}_A=0$$
$$\ddot{y}_A=0$$

主动件杆 1 的长度

$$l_{AB}=60\text{mm}$$

调用 RR 子程序，计算运动副 B 的位置坐标（x_B,y_B）、速度（$\dot{x}_B,\dot{y}_B$）和加速度（$\ddot{x}_B,\ddot{y}_B$）

②RRRⅡ级基本杆组

如图 c(ii)所示，已求出运动副 B 的位置（x_B,y_B）、速度（$\dot{x}_B,\dot{y}_B$）和加速度（$\ddot{x}_B,\ddot{y}_B$），已知运动副 D 的位置坐标

（续）

<table>
<tr><td>解题步骤</td><td>
$$x_D=0$$
$$y_D=0$$
运动副 D 的速度
$$\dot{x}_D=0$$
$$\dot{y}_D=0$$
运动副 D 的加速度
$$\ddot{x}_D=0$$
$$\ddot{y}_D=0$$
杆长
$$l_{BC}=180\text{mm}$$
$$l_{CD}=120\text{mm}$$
调用 RRR 子程序，求出杆 CD 的转角 φ_3、角速度 $\dot{\varphi}_3$ 和角加速度 $\ddot{\varphi}_3$
③杆 CD 上点 E 的运动
如图 c(ii) 所示，已知运动副 D 的位置(x_D,y_D)、速度($\dot{x}_D,\dot{y}_D$)和加速度($\ddot{x}_D,\ddot{y}_D$)，已经求出杆 CD 的转角 φ_3，角速度 $\dot{\varphi}_3$ 和角加速度 $\ddot{\varphi}_3$，杆 DE 的长度
$$l_{DE}=200\text{mm}$$
调用 RR 子程序，求出点 E 的位置坐标(x_E,y_E)、速度($\dot{x}_E,\dot{y}_E$)和加速度($\ddot{x}_E,\ddot{y}_E$)
④RRP Ⅱ级基本杆组
如图 c(iii) 所示，已求出运动副 E 的位置坐标(x_E,y_E)、速度($\dot{x}_E,\dot{y}_E$)和加速度($\ddot{x}_E,\ddot{y}_E$)，已知滑块 6 导路参考点 K 的位置坐标
$$x_K=0$$
$$y_K=165\text{mm}$$
参考点 K 的位置角
$$\varphi_j=\pi$$
参考点 K 的速度
$$\dot{x}_K=0$$
$$\dot{y}_K=0$$
参考点 K 的加速度
$$\ddot{x}_K=0$$
$$\ddot{y}_K=0$$
杆长
$$l_{EF}=300\text{mm}$$
$$l_j=0$$
调用 RRP 子程序，求出滑块 5 的位移 $s(x_F,y_F)$、速度 $v(\dot{x}_F,\dot{y}_F)$ 和加速度 $a(\ddot{x}_F,\ddot{y}_F)$ 曲线
</td></tr>
<tr><td>Matlab 主程序</td><td>

```
clc
clear
%各杆组的参数
%%%%%%%%%%%%%%%%%%%%%%%%%%    RR1 构件
xA=[225,80];%运动副 A 的位置
vA=[0,0];%A 的速度
aA=[0,0];%A 的加速度
l_AB=60;%主动杆 1 的长度
omega_1=100;%主动杆 1 的角速度
alpha_1=0;%主动杆 1 的角加速度
delta_RR1=0;

%%%%%%%%%%%%%%%%%%%%%%%%%%    RRR1 杆组
l_BC=180;%杆 BC 的长度
```

</td></tr>
</table>

（续）

Matlab 主程序

```
l_CD=120;%杆 CD 的长度
xD=[0,0];%运动副 D 的位置
vD=[0,0];%运动副 D 的速度
aD=[0,0];%运动副 D 的加速度
M=0;
%%%%%%%%%%%%%%%%%%%%%%% RR2 构件
l_DE=200;%杆 DE 的长度
delta_RR2=0;

%%%%%%%%%%%%%%%%%%%%%%%  RRP 杆组
phi_j=pi;%导路的位置角
omega_j=0;%导路的角速度
alpha_j=0;%导路的角加速度
xK=[0,165];%参考点 K 的位置坐标
vK=[0,0];%参考点 K 的速度
aK=[0,0];%参考点 K 的加速度
h=80;h1=85;
l_j=0;
l_EF=300;%杆 EF 的长度

i=1;phi=[0:0.1:2*pi];%主动件转角范围
for i=1:length(phi)
  [xB(i,:),vB(i,:),aB(i,:)]=RR(xA,vA,aA,phi(i),omega_1,alpha_1,l_AB,delta_RR1);%RR1 杆组
  [P_DC(i,:),P_BC(i,:),P_C(i,:)]=RRR(xD,vD,aD,xB(i,:),vB(i,:),aB(i,:),l_CD,l_BC,M);%RRR 杆组
  [xE(i,:),vE(i,:),aE(i,:)]=RR(xD,vD,aD,P_DC(i,1),P_DC(i,2),P_DC(i,3),l_DE,delta_RR2);%RR2 杆组
  [xF(i,:),vF(i,:),aF(i,:)]=RRP(l_EF,l_j,xE(i,:),vE(i,:),aE(i,:),xK,vK,aK,phi_j,omega_j,alpha_j);%RRP 杆组
end;

%绘图
phi=phi*180/pi;%将弧度转化为角度
figure(); plot(phi,xF(:,1));xlabel('构件 1 的转角 φ/°');ylabel('滑块 5 的位移/mm');grid on;
figure();plot(phi,vF(:,1));xlabel('构件 1 的转角 φ/°');ylabel('滑块 5 的速度/mm/s');grid on;
figure();plot(phi,aF(:,1));xlabel('构件 1 的转角 φ/°');ylabel('滑块 5 的加速度/mm/s^2');grid on;
```

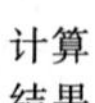

计算结果

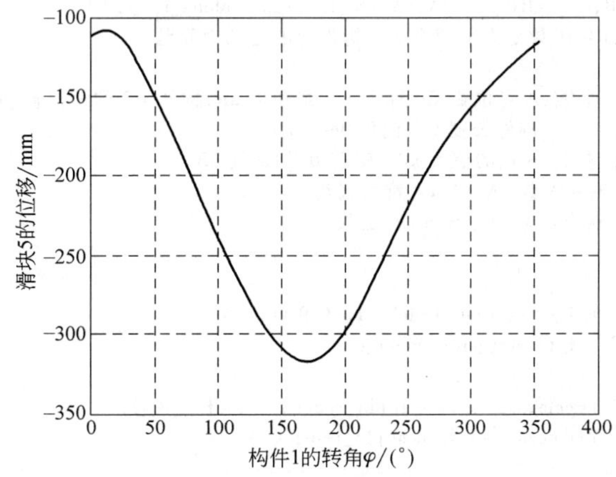

d）滑块 5 的位移曲线

（续）

<table>
<tr><td>计算结果</td><td>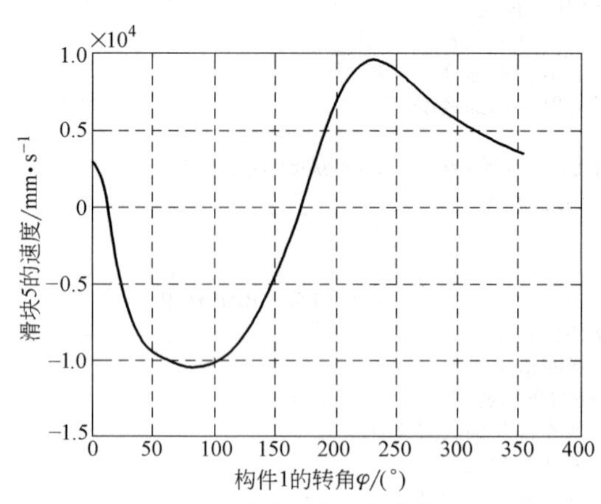

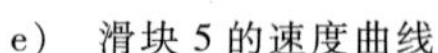
e）滑块 5 的速度曲线
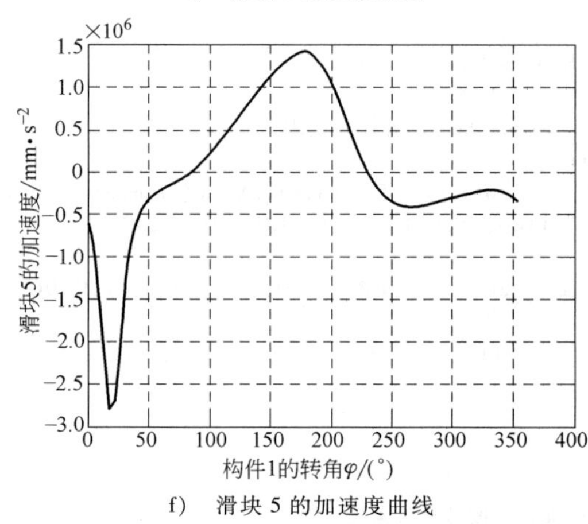

f）滑块 5 的加速度曲线</td></tr>
</table>

注：本表中例题所用到的 II 级基本杆组 Matlab 子程序见表 11.2-10。

表 11.2-10　部分 II 级基本杆组的 Matlab 子程序

<table>
<tr><th>杆组名</th><th>Matlab 子程序</th></tr>
<tr><td>RR</td><td>function [xB,vB,aB]=RR(xA,vA,aA,phi_i,omega_i,alpha_i,l_i,delta_i)
　%函数功能:RR 函数是为了解决同一构件上的运动学问题
　%函数参数:
　%　　　输入参数:A 点位置 xA、速度 vA、加速度 aA;构件 AB 的角位置 phi_i,角速度 omega_i、角加速 alpha_i;
　　　　　　　构件长度 l_i、偏角 delta_i ;
　%　　　输出参数:B 点的位置 xB、速度 vB、加速度 aB;
　%注意事项:输入参数 xA、vA、aA 都是矢量
　%　　　　　输出参数 xB、vB、aB 都是矢量

　xB(1)=xA(1)+l_i * cos(phi_i+delta_i);%B 点位移
　xB(2)=xA(2)+l_i * sin(phi_i+delta_i);

　vB(1)=vA(1)-omega_i * l_i * sin(phi_i+delta_i);%B 点速度
　vB(2)=vA(2)+omega_i * l_i * cos(phi_i+delta_i);

　aB(1)=aA(1)-omega_i^2 * l_i * cos(phi_i+delta_i)-alpha_i * l_i * sin(phi_i+delta_i);% B 点加速度
　aB(2)=aA(2)-omega_i^2 * l_i * sin(phi_i+delta_i)+alpha_i * l_i * cos(phi_i+delta_i);
end</td></tr>
</table>

（续）

杆组名	Matlab 子程序

RRR	function [P_BC,P_CD,P_C]=RRR(xB,vB,aB,xD,vD,aD,l_i,l_j,DIR_flag)
	　%函数功能:RRR 函数是为了解决 RRR 杆组运动学问题
	　%函数参数:
	　%　　　输入参数:B 点位置 xB、速度 vB、加速度 aB;
	　%　　　　　　　D 点位置 xD、速度 vD、加速度 aD;
	　%　　　　　　　杆 BC 的长度 l_i;
	　%　　　　　　　杆 CD 的长度 l_j;
	　%　　　　　　　方向标志位-DIR_flag(0 为顺时针,其他为逆时针)
	　%　　　输出参数:
	　%　　　　　　　杆 BC 运动学参数 P_BC:(杆 BC 的角位置 phi_i、角速度 omega_i、角加速度 alpha_i)
	　%　　　　　　　杆 CD 运动学参数 P_CD:(角位置 phi_j、角速度 omega_j、角加速度 alpha_j;)
	　%　　　　　　　C 点的位置 xC、速度 vC、加速度 aC
	　%　　　中间参数:
	　%　　　　　　　杆 BC 的角位置 phi_i、角速度 omega_i、角加速度 alpha_i;
	　%　　　　　　　杆 CD 的角位置 phi_j、角速度 omega_j、角加速度 alpha_j;
	　%注意事项:
	　%　　　输入参数:xB、vB、aB;xD、vD、aD 都是矢量
	　%　　　输出参数:xC、vC、aC 都是矢量
	
	　%计算杆 BC 的位置角 phi_i
	　l_BD=((xD(1)-xB(1))^2 + (xD(2)-xB(2))^2)^0.5;
	　switch DIR_flag
	　　case 0　%运动副为顺时针;按以下四种情况进行分析
	%%
	　　　　if xD(1)>=xB(1) && xD(2)>xB(2)　　　　　　%1:点 D 相对于点 B 在 I 象限
	　　　　　if xD(1)= =xB(1)
	　　　　　　phi_DB=pi/2;
	　　　　　else
	　　　　　　phi_DB=atan((xD(2)-xB(2)) / (xD(1)-xB(1)));
	　　　　　end
	　　　　　if l_BD= =abs(l_i-l_j)
	　　　　　　if l_i>l_j
	　　　　　　　phi_CBD=0;
	　　　　　　else
	　　　　　　　phi_CBD=pi;
	　　　　　　end
	　　　　　else
	　　　　　　phi_CBD=acos((l_i^2+l_BD^2-l_j^2) / (2 * l_i * l_BD));
	　　　　　end
	　　　　　phi_i=phi_DB+phi_CBD;
	%%
	　　　　elseif　xD(1)<xB(1) && xD(2)>=xB(2)　　　　　%2:点 D 相对于点 B 在 II 象限
	　　　　　if xD(2)= =xB(2)
	　　　　　　phi_DB=pi;
	　　　　　else
	　　　　　　phi_DB=pi + atan((xD(2)-xB(2))/(xD(1)-xB(1)));
	　　　　　end
	　　　　　phi_CBD=acos((l_i^2+l_BD^2-l_j^2)/(2 * l_i * l_BD));
	　　　　　phi_i=phi_DB+phi_CBD;
	%%
	　　　　elseif xD(1)<xB(1) && xD(2)<xB(2)　　　　　%3:点 D 相对于点 B 在 III 象限
	　　　　　if xD(1)= =xB(1)
	　　　　　　phi_DB=3 * pi/2;
	　　　　　else
	　　　　　　phi_DB=pi + atan((xD(2)-xB(2))/(xD(1)-xB(1)));

（续）

杆组名	Matlab 子程序
RRR	(见下方代码)

```
                    end
                    phi_CBD=acos( (l_i^2+l_BD^2-l_j^2)/(2*l_i*l_BD) );
                    phi_i=phi_DB+phi_CBD;
 %%%%%%%%%%%%%%%%%%%%%%%%%%%%%%%%%%%%%%%%%%%%%%%%%%%%%%%%%%%%%%%%
                elseif xD(1)>xB(1) && xD(2)<=xB(2)                %4:点 D 相对于点 B 在 IV 象限
                    if xD(2)==xB(2)
                        phi_DB=0;
                    else
                        phi_DB=2*pi + atan( (xD(2)-xB(2))/(xD(1)-xB(1)) );
                    end
                    phi_CBD=acos( (l_i^2+l_BD^2-l_j^2)/(2*l_i*l_BD) );
                    phi_i=phi_DB+phi_CBD;
                end

        otherwise  %运动副为顺时针;按以下四种情况进行分析

%%%%%%%%%%%%%%%%%%%%%%%%%%%%%%%%%%%%%%%%%%%%%%%%%%%%%%%%%%%%%%%%
                if xD(1)>=xB(1) && xD(2)>xB(2)                    %1:点 D 相对于点 B 在 I 象限
                    if xD(1)==xB(1)
                        phi_DB=pi/2;
                    else
                        phi_DB=atan( (xD(2)-xB(2))/(xD(1)-xB(1)) );
                    end
                    phi_CBD=acos( (l_i^2+l_BD^2-l_j^2)/(2*l_i*l_BD) );
                    phi_i=phi_DB-phi_CBD;
 %%%%%%%%%%%%%%%%%%%%%%%%%%%%%%%%%%%%%%%%%%%%%%%%%%%%%%%%%%%%%%%%
                elseif  xD(1)<xB(1) && xD(2)>=xB(2)         %2:点 D 相对于点 B 在 II 象限
                    phi_DB=pi + atan( (xD(2)-xB(2))/(xD(1)-xB(1)) );
                    phi_CBD=acos( (l_i^2+l_BD^2-l_j^2)/(2*l_i*l_BD) );
                    phi_i=phi_DB-phi_CBD;
 %%%%%%%%%%%%%%%%%%%%%%%%%%%%%%%%%%%%%%%%%%%%%%%%%%%%%%%%%%%%%%%%
                elseif xD(1)<=xB(1) && xD(2)<xB(2)          %3:点 D 相对于点 B 在 III 象限
                    if xD(2)==xB(2)
                     phi_DB=3*pi/2;
                    else
                        phi_DB=pi + atan( (xD(2)-xB(2))/(xD(1)-xB(1)) );
                    end
                    phi_CBD=acos( (l_i^2+l_BD^2-l_j^2)/(2*l_i*l_BD) );
                    phi_i=phi_DB-phi_CBD;
 %%%%%%%%%%%%%%%%%%%%%%%%%%%%%%%%%%%%%%%%%%%%%%%%%%%%%%%%%%%%%%%%
                elseif xD(1)>xB(1) && xD(2)<=xB(2)          %4:点 D 相对于点 B 在 IV 象限
                    phi_DB=2*pi + atan( (xD(2)-xB(2))/(xD(1)-xB(1)) );
                    phi_CBD=acos( (l_i^2+l_BD^2-l_j^2)/(2*l_i*l_BD) );
                    phi_i=phi_DB-phi_CBD;
                end
        end

        xC(1)=xB(1)+l_i*cos(phi_i);
        xC(2)=xB(2)+l_i*sin(phi_i);

 %%%%%%%%%%%%%%%%%%%%%%%%%%%%%%%%%%%%%%%%%%%%%%%%%%%%%%%%%%%%%%%%
        if xC(1)>xD(1) && xC(2)>=xD(2)                        %1:点 C 相对于点 D 在 I 象限
            if xC(1)==xD(1)
                phi_j=pi/2;
            else
```

（续）

杆组名	Matlab 子程序
RRR	(see code below)

```
        phi_j=atan( (xC(2)-xD(2))/(xC(1)-xD(1)) );
      end
%%%%%%%%%%%%%%%%%%%%%%%%%%%%%%%%%%%%%%%%%%%%%%%%%%%%%%%%%%%%%%%%%%%%%%%%%%%%%%%%%%%%%%%%%%%%%%%%%%%%%%%
elseif xC(1)<xD(1) && xC(2)>=xD(2)                    %2:点 C 相对于点 D 在 II 象限
    phi_j=pi + atan( (xC(2)-xD(2))/(xC(1)-xD(1)) );
%%%%%%%%%%%%%%%%%%%%%%%%%%%%%%%%%%%%%%%%%%%%%%%%%%%%%%%%%%%%%%%%%%%%%%%%%%%%%%%%%%%%%%%%%%%%%%%%%%%%%%%
elseif xC(1)<xD(1) && xC(2)<xD(2)                     %3:点 C 相对于点 D 在 IV 象限
   if xC(1)= =xD(1)
        phi_j=3 * pi/2;
     else
        phi_j=pi + atan( (xC(2)-xD(2))/(xC(1)-xD(1)) );
   end
%%%%%%%%%%%%%%%%%%%%%%%%%%%%%%%%%%%%%%%%%%%%%%%%%%%%%%%%%%%%%%%%%%%%%%%%%%%%%%%%%%%%%%%%%%%%%%%%%%%%%%%
elseif xC(1)>xD(1) && xC(2)<=xD(2)                    %4:点 C 相对于点 D 在 IV 象限
   phi_j=2 * pi + atan( (xC(2)-xD(2))/(xC(1)-xD(1)) );
end

%%%%%%%%%%%%%%%%%%%%%%%%%%%%%%%%%%%%%%%%%%%%%%%%%%%%%%%%%%%%%%%%%%%%%%%%%%%%%%%%%%%%%%%%%%%%%%%%%%%%%%%速度分析
Ci=l_i * cos(phi_i);
Si=l_i * sin(phi_i);
Cj=l_j * cos(phi_j);
Sj=l_j * sin(phi_j);
G1=Ci * Sj-Cj * Si;
omega_i=( Cj * (vD(1)-vB(1)) + Sj * (vD(2)-vB(2)) )/G1;
omega_j=( Ci * (vD(1)-vB(1)) + Si * (vD(2)-vB(2)) )/G1;
vC(1)= vD(1)-omega_j * l_j * sin(phi_j);
vC(2)= vD(2)+omega_j * l_j * cos(phi_j);

%%%%%%%%%%%%%%%%%%%%%%%%%%%%%%%%%%%%%%%%%%%%%%%%%%%%%%%%%%%%%%%%%%%%%%%%%%%%%%%%%%%%%%%%%%%%%%%%%%%%%%%加速度分析
G2=aD(1)-xB(1)+omega_i^2 * Ci-omega_j^2 * Cj;
G3=aD(2)-xB(2)+omega_i^2 * Si-omega_j^2 * Sj;
alpha_i=(G2 * Cj+G3 * Sj)/G1;
alpha_j=(G2 * Ci+G3 * Si)/G1;
aC(1)= aB(1) - alpha_i * l_i * sin(phi_i) - omega_i^2 * l_i * cos(phi_i);
aC(2)= aB(2) + alpha_i * l_i * cos(phi_i) - omega_i^2 * l_i * sin(phi_i);

P_BC=[phi_i omega_i alpha_i];%整合并返回
P_CD=[phi_j omega_j alpha_j];
P_C=[xC,vC,aC];
end
```

杆组名	Matlab 子程序
RRP	(see code below)

```
function[xD,vD,aD]=RRP(l_i,l_j,xB,vB,aB,xK,vK,aK,phi_j,omega_j,alpha_j)
  %函数参数:
  %          输入参数:
  %                        杆长 BC 长度 l_i
  %                        杆长 CD 长度 l_j
  %                        B 点位置 xB、速度 vB、加速度 aB;
  %                        K 点位置 xK、速度 vK、加速度 aK;
  %                        滑块导路方向 phi_j、导路转动角速度 omega_j、导路转动角加速度导路转动角速度
  %
  %          输入参数:
  %                        移动副的位移 xD、速度 vD、加速度 aD

  mp=-( xK(2)-xB(2) ) * cos(phi_j);
  mn=-( xK(1)-xB(1) ) * sin(phi_j);
```

（续）

杆组名	Matlab 子程序

RRP	np=-mp+mn;
	CE=l_j-np;
	alpha=asin(CE/l_i);
	phi_i=phi_j-alpha;
	
	%确定C的位置
	xC(1)=xB(1) + l_i * cos(phi_i);
	xC(2)=xB(2) + l_i * sin(phi_i);
	s=(xC(1)-xK(1)) * cos(phi_j) + (xC(2)-xK(2)) * sin(phi_j);
	xD(1)=xK(1) + s * cos(phi_j);
	xD(2)=xK(2) + s * sin(phi_j);
	
	%速度分析
	Q1 = vK(1)-vB(1)-omega_j * (s * sin(phi_j)+l_j * cos(phi_j));
	Q2 = vK(2)-vB(2)+omega_j * (s * cos(phi_j)-l_j * sin(phi_j));
	Q3 = l_i * sin(phi_i) * sin(phi_j) + l_i * cos(phi_i) * cos(phi_j);
	omega_i= (-Q1 * sin(phi_j) + Q2 * cos(phi_j))/Q3;
	SS= -(Q1 * l_i * cos(phi_i) + Q2 * l_i * sin(phi_i))/Q3;
	% vC(1)= vB(1) - omega_i * l_i * sin(phi_i);
	% vC(2)= vB(2) + omega_i * l_i * cos(phi_i);
	vD(1)= vK(1) + SS * cos(phi_j) - SS * omega_j * sin(phi_j);
	vD(2)= vK(2) + SS * sin(phi_j) + SS * omega_j * cos(phi_j);
	
	%加速度分析
	Q4= aK(1)-aB(1)+omega_i^2 * l_i * cos(phi_i)-alpha_j * (s * sin(phi_j)+l_j * cos(phi_j))-omega_j^2 * (s * cos(phi_j)-l_j * sin(phi_j)-2 * SS * omega_j * sin(phi_j));
	Q5= aK(2)-aB(2)+omega_i^2 * l_i * sin(phi_i)+alpha_j * (s * cos(phi_j)-l_j * sin(phi_j))-omega_j^2 * (s * sin(phi_j)+l_j * cos(phi_j)+2 * SS * omega_j * cos(phi_j));
	alpha_i=(-Q4 * sin(phi_j)+Q5 * cos(phi_j))/Q3;
	SSS=(-Q4 * l_i * cos(phi_i)-Q5 * l_i * sin(phi_i))/Q3;
	aC(1)=aB(1)-alpha_i * l_i * sin(phi_i)-omega_i^2 * cos(phi_i);
	aC(2)=aB(2)+alpha_i * l_i * cos(phi_i)-omega_i^2 * sin(phi_i);
	aD(1)=xK(1)+SSS * cos(phi_j)-s * alpha_j * sin(phi_j) -s * omega_j^2 * cos(phi_j)-2 * s * omega_j * sin(phi_j);
	aD(2)=xK(2)+SSS * sin(phi_j)+s * alpha_j * cos(phi_j)-s * omega_j^2 * sin(phi_j)+2 * s * omega_j * cos(phi_j);
	end

3 平面连杆机构设计

3.1 平面连杆机构设计的基本问题

平面连杆机构设计的基本问题是根据生产工艺所提出的运动条件（动作和运动规律等要求）并考虑动力条件（传力特性等）确定机构运动简图及其参数。通常，平面连杆机构的设计可以归纳为表11.2-11中三方面的基本问题。

表 11.2-11 平面连杆机构设计的基本问题

序号	基本问题	主要设计内容
1	刚体导引 （构件通过给定的若干位置）	1)按照连杆几个位置设计铰链四杆机构、曲柄滑块机构 2)按照连杆上定点的位置设计铰链四杆机构、曲柄滑块机构
2	再现函数 （从动件实现给定运动规律）	1)按输入杆与输出杆满足几组对应位置关系设计铰链四杆机构、曲柄滑块机构 2)按两连架杆实现角位置的函数关系设计平面四杆机构 3)按从动杆的急回特性设计铰链四杆机构、曲柄滑块机构等 4)按从动杆近似停歇要求设计平面连杆机构
3	再现轨迹 （连杆上一点实现给定运动轨迹）	1)按照连杆上某点的轨迹与给定的曲线准确或近似地重合来设计平面四杆机构 2)利用连杆曲线的近似圆段或直线段设计从动杆近似停歇的平面连杆机构 3)利用连杆曲线的直线段设计做近似直线运动的平面连杆机构

按运动条件设计得到的机构，都应进行最小传动角的校核（见表 11. 2-4）。

3. 2　刚体导引机构设计

刚体导引机构设计的相关概念及方法见表 11. 2-12。

表 11. 2-12　刚体导引机构设计

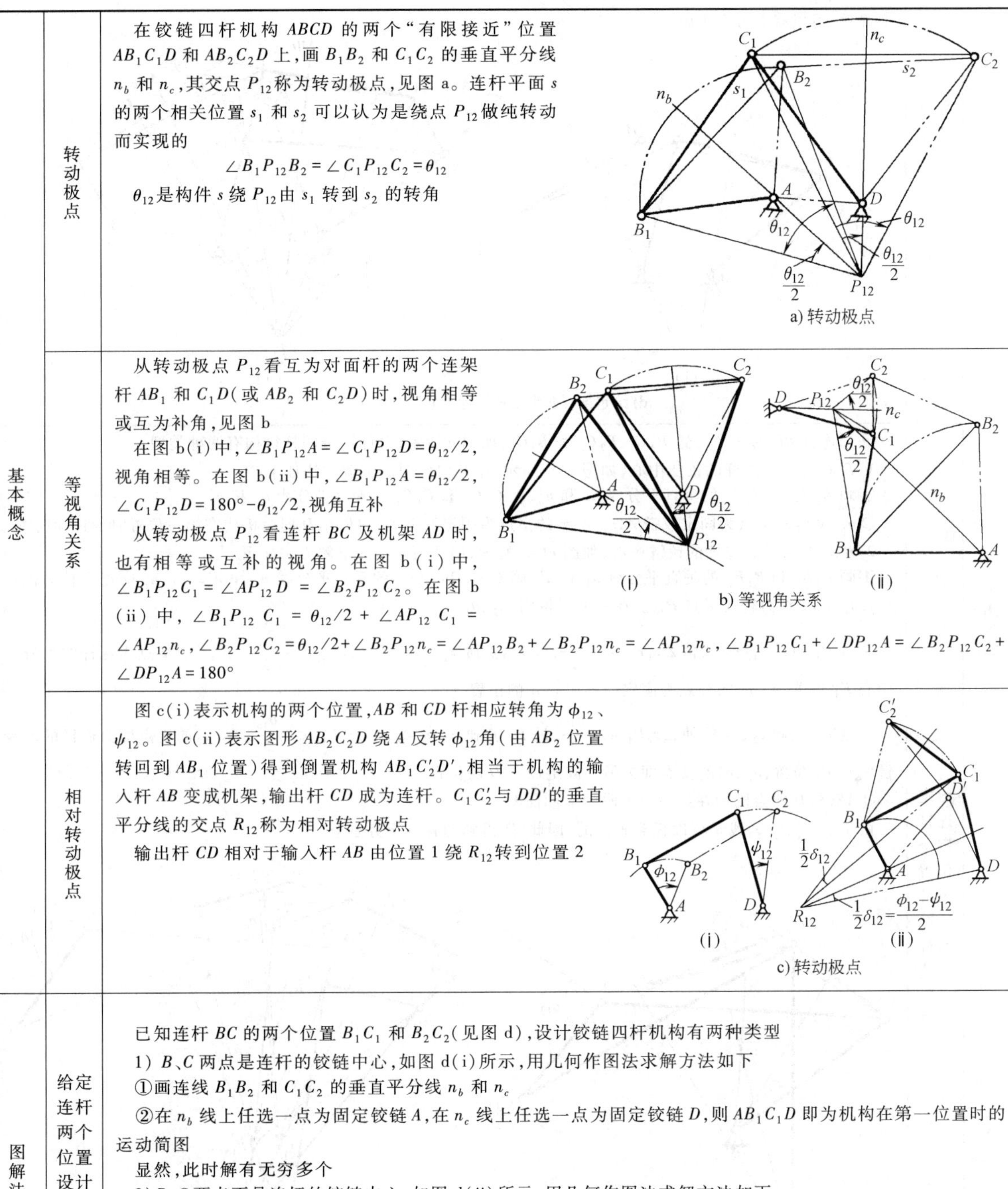

基本概念	转动极点	在铰链四杆机构 $ABCD$ 的两个"有限接近"位置 AB_1C_1D 和 AB_2C_2D 上，画 B_1B_2 和 C_1C_2 的垂直平分线 n_b 和 n_c，其交点 P_{12} 称为转动极点，见图 a。连杆平面 s 的两个相关位置 s_1 和 s_2 可以认为是绕点 P_{12} 做纯转动而实现的 $\angle B_1P_{12}B_2=\angle C_1P_{12}C_2=\theta_{12}$ θ_{12} 是构件 s 绕 P_{12} 由 s_1 转到 s_2 的转角 a) 转动极点
	等视角关系	从转动极点 P_{12} 看互为对面杆的两个连架杆 AB_1 和 C_1D（或 AB_2 和 C_2D）时，视角相等或互为补角，见图 b 在图 b(i) 中，$\angle B_1P_{12}A=\angle C_1P_{12}D=\theta_{12}/2$，视角相等。在图 b(ii) 中，$\angle B_1P_{12}A=\theta_{12}/2$，$\angle C_1P_{12}D=180°-\theta_{12}/2$，视角互补 从转动极点 P_{12} 看连杆 BC 及机架 AD 时，也有相等或互补的视角。在图 b(i) 中，$\angle B_1P_{12}C_1=\angle AP_{12}D=\angle B_2P_{12}C_2$。在图 b(ii) 中，$\angle B_1P_{12}C_1=\theta_{12}/2+\angle AP_{12}C_1=\angle AP_{12}n_c$，$\angle B_2P_{12}C_2=\theta_{12}/2+\angle B_2P_{12}n_c=\angle AP_{12}B_2+\angle B_2P_{12}n_c=\angle AP_{12}n_c$，$\angle B_1P_{12}C_1+\angle DP_{12}A=\angle B_2P_{12}C_2+\angle DP_{12}A=180°$ (i)　(ii) b) 等视角关系
	相对转动极点	图 c(i) 表示机构的两个位置，AB 和 CD 杆相应转角为 ϕ_{12}、ψ_{12}。图 c(ii) 表示图形 AB_2C_2D 绕 A 反转 ϕ_{12} 角（由 AB_2 位置转回到 AB_1 位置）得到倒置机构 $AB_1C_2'D'$，相当于机构的输入杆 AB 变成机架，输出杆 CD 成为连杆。C_1C_2' 与 DD' 的垂直平分线的交点 R_{12} 称为相对转动极点 输出杆 CD 相对于输入杆 AB 由位置 1 绕 R_{12} 转到位置 2 $\frac{1}{2}\delta_{12}=\frac{\phi_{12}-\psi_{12}}{2}$ (i)　(ii) c) 转动极点
图解法	给定连杆两个位置设计平面四杆机构	已知连杆 BC 的两个位置 B_1C_1 和 B_2C_2（见图 d），设计铰链四杆机构有两种类型 1）B、C 两点是连杆的铰链中心，如图 d(i) 所示，用几何作图法求解方法如下 ①画连线 B_1B_2 和 C_1C_2 的垂直平分线 n_b 和 n_c ②在 n_b 线上任选一点为固定铰链 A，在 n_c 线上任选一点为固定铰链 D，则 AB_1C_1D 即为机构在第一位置时的运动简图 显然，此时解有无穷多个 2）B、C 两点不是连杆的铰链中心，如图 d(ii) 所示，用几何作图法求解方法如下 ①画连线 B_1B_2 和 C_1C_2 的垂直平分线 n_b 和 n_c，交点 P_{12} 为转动极点。θ_{12} 为连杆从第一位置到第二位置时的角位移 ②根据等视角关系，过 P_{12} 画 m_1 线和 n_1 线使 $\angle m_1P_{12}n_1=\theta_{12}/2$（$m_1$ 线和 n_1 线可以有任意多对）。在 m_1 线上可任选一点为连杆上动铰链中心 E_1 的位置，在 n_1 线上可任选一点为固定铰链中心 A 的位置

（续）

图解法	给定连杆两个位置设计平面四杆机构	③同理，过 P_{12} 画 m_2 线和 n_2 线使 $\angle m_2P_{12}n_2=\theta_{12}/2$（可以有任意多对）。在 m_2 线上可任选一点为连杆上动铰链中心 F_1 的位置，在 n_2 线上可任选一点为固定铰链中心 D 的位置 ④AE_1F_1D 即为机构在第一位置时的运动简图 显然，可以有无穷多个解 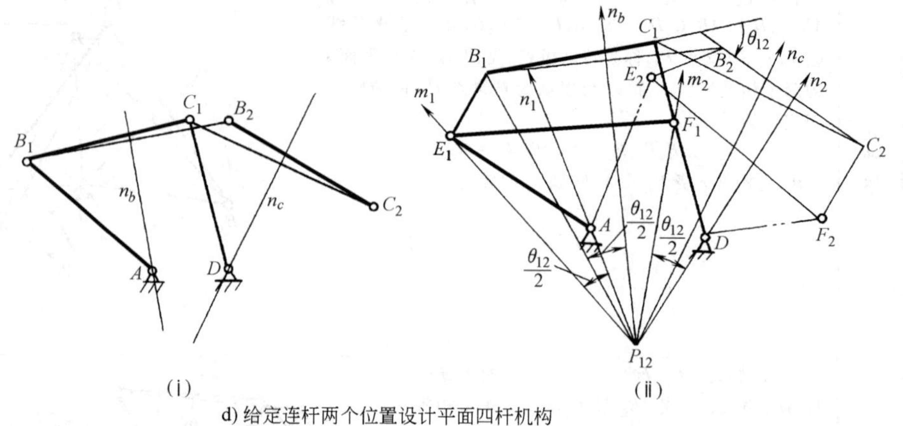 (i) (ii) d) 给定连杆两个位置设计平面四杆机构
	给定连杆三个位置设计平面四杆机构	已知连杆 BC 的三个位置 B_1C_1、B_2C_2 和 B_3C_3，如图 e 所示，设计铰链四杆机构有两种类型 1) B、C 两点是连杆的铰链中心，如图 e(i) 所示，用几何作图法求解方法如下 ①画 B_1B_2 和 B_1B_3 的垂直平分线 n_b 和 n_b'，画 C_1C_2 和 C_1C_3 的垂直平分线 n_c 和 n_c' ②n_b 和 n_b' 的交点为固定铰链 A，n_c 和 n_c' 的交点为固定铰链 D。AB_1C_1D 即为机构在第一位置时的运动简图 2) B、C 两点不是连杆的铰链中心，如图 e(ii) 所示，用几何作图法求解方法如下 ①画 B_1B_2 和 B_1B_3 的垂直平分线 n_b 和 n_b'，画 C_1C_2 和 C_1C_3 的垂直平分线 n_c 和 n_c'。n_b、n_c 交点为转动极点 P_{12}，n_b'、n_c' 交点为转动极点 P_{13}。在图上可得到 θ_{12}、θ_{13} ②过 P_{12} 点画 z_1、n_1 线使 $\angle z_1P_{12}n_1=\dfrac{\theta_{12}}{2}$，过 P_{13} 点画 z_1'、n_1' 线使 $\angle z_1'P_{13}n_1'=\dfrac{\theta_{13}}{2}$。$z_1$、$z_1'$ 的交点为连杆的动铰链中心 E_1 位置，n_1、n_1' 的交点为固定铰链中心 A 的位置 ③过 P_{12} 点画 z_2、n_2 线使 $\angle z_2P_{12}n_2=\dfrac{\theta_{12}}{2}$，过 P_{13} 点画 z_2'、n_2' 线使 $\angle z_2'P_{13}n_2'=\dfrac{\theta_{13}}{2}$。$z_2$、$z_2'$ 的交点即为连杆的动铰链中心 F_1 位置，n_2、n_2' 的交点即为另一固定铰链 D 的位置 ④AE_1F_1D 即为机构在第一位置时的运动简图 由于 z_1、z_1'、z_2、z_2' 线是可以任意画出的，因此，所得到的解有无穷多个 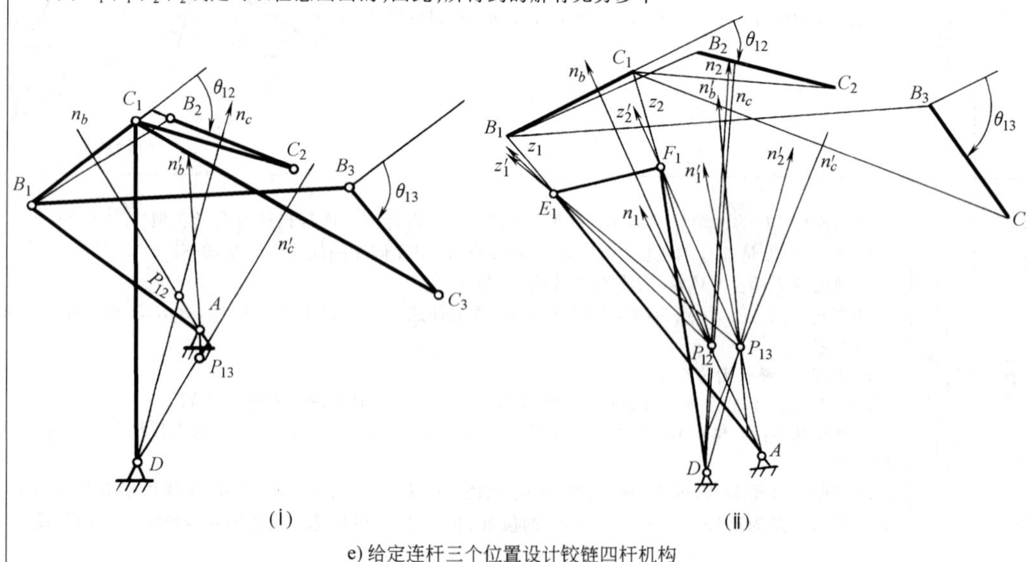 (i) (ii) e) 给定连杆三个位置设计铰链四杆机构

（续）

<table>
<tr>
<td rowspan="3">解析法</td>
<td rowspan="3">给定连杆三个位置设计平面四杆机构</td>
<td>设计原理</td>
<td>

定长法是一种解析设计方法。如已知连杆 BC 的三个位置 B_1C_1、B_2C_2 和 B_3C_3，即 s_1、s_2 和 s_3 三个位置，如图 f 所示，设计一铰链四杆机构。由于应用铰链四杆机构实现连杆预定的若干个位置，关键在于设计相应的连架杆。若连架杆为“双铰杆”，则要求在连杆 s 上某点 B 的相应位置为 B_1、B_2、B_3、…。若它们位于一圆弧上，该点就称为圆点。圆点 B 可作为连架杆与连杆的铰接点中心。而该圆弧的圆心 B_0 点即可作为连架杆与机架的铰接点中心。由此可知，要设计一相应的连架杆，就要求连杆 s 上某点 B 在给定的 j 个位置上与固定点 B_0 应保持定长，即满足定长条件

$$(B_{jx}-B_{0x})^2+(B_{jy}-B_{0y})^2=(B_{1x}-B_{0x})^2+(B_{1y}-B_{0y})^2 \quad (1)$$

或简写为

$$(\boldsymbol{B}_j-\boldsymbol{B}_0)^{\mathrm{T}}(\boldsymbol{B}_j-\boldsymbol{B}_0)=(\boldsymbol{B}_1-\boldsymbol{B}_0)^{\mathrm{T}}(\boldsymbol{B}_1-\boldsymbol{B}_0) \quad (j=2,3,4,\cdots) \quad (2)$$

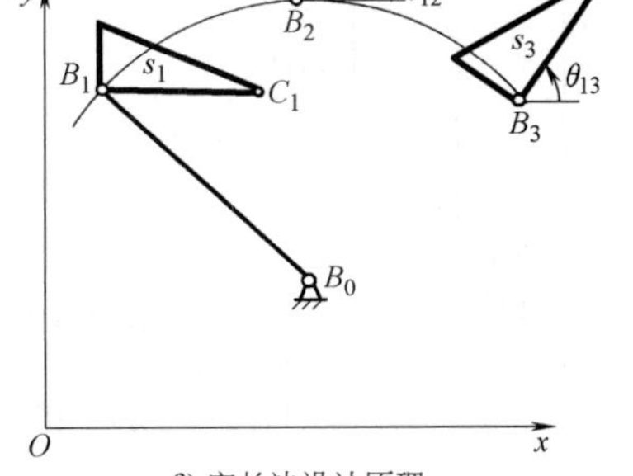

f) 定长法设计原理

上式中

$$\boldsymbol{B}_j=\boldsymbol{D}_{1j}\boldsymbol{B}_1 \quad (3)$$

连杆自位置 1 至位置 j（$j=3$）的位置矩阵

$$\boldsymbol{D}_{1j}=\begin{pmatrix}\cos\theta_{1j} & -\sin\theta_{1j} & B_{jx}-B_{1x}\cos\theta_{1j}+B_{1y}\sin\theta_{1j}\\ \sin\theta_{1j} & \cos\theta_{1j} & B_{jy}-B_{1y}\cos\theta_{1j}-B_{1x}\sin\theta_{1j}\\ 0 & 0 & 1\end{pmatrix}=\begin{pmatrix}d_{11j} & d_{12j} & d_{13j}\\ d_{21j} & d_{22j} & d_{23j}\\ 0 & 0 & 1\end{pmatrix} \quad (4)$$

对于连杆三个位置，有两个定长约束方程

$$(\boldsymbol{B}_2-\boldsymbol{B}_0)^{\mathrm{T}}(\boldsymbol{B}_2-\boldsymbol{B}_0)=(\boldsymbol{B}_1-\boldsymbol{B}_0)^{\mathrm{T}}(\boldsymbol{B}_1-\boldsymbol{B}_0) \quad (5)$$

$$(\boldsymbol{B}_3-\boldsymbol{B}_0)^{\mathrm{T}}(\boldsymbol{B}_3-\boldsymbol{B}_0)=(\boldsymbol{B}_1-\boldsymbol{B}_0)^{\mathrm{T}}(\boldsymbol{B}_1-\boldsymbol{B}_0) \quad (6)$$

由式（3）可写出下列关系

$$\boldsymbol{B}_2=\boldsymbol{D}_{12}\boldsymbol{B}_1 \quad (7)$$

$$\boldsymbol{B}_3=\boldsymbol{D}_{13}\boldsymbol{B}_1 \quad (8)$$

其中 $\boldsymbol{D}_{12}$、$\boldsymbol{D}_{13}$ 均是 3×3 位移矩阵，可由连杆上定点的三个位置及连杆相对转角 θ_{12} 和 θ_{13} 求出

将式（7）、（8）代入式（5）、（6）便可得到具有四个未知量 B_{1x}、B_{1y}、B_{0x}、B_{0y} 的两个设计方程式

$$(\boldsymbol{D}_{12}\boldsymbol{B}_1-\boldsymbol{B}_0)^{\mathrm{T}}(\boldsymbol{D}_{12}\boldsymbol{B}_1-\boldsymbol{B}_0)=(\boldsymbol{B}_1-\boldsymbol{B}_0)^{\mathrm{T}}(\boldsymbol{B}_1-\boldsymbol{B}_0) \quad (9)$$

$$(\boldsymbol{D}_{13}\boldsymbol{B}_1-\boldsymbol{B}_0)^{\mathrm{T}}(\boldsymbol{D}_{13}\boldsymbol{B}_1-\boldsymbol{B}_0)=(\boldsymbol{B}_1-\boldsymbol{B}_0)^{\mathrm{T}}(\boldsymbol{B}_1-\boldsymbol{B}_0) \quad (10)$$

由于 $d_{11j}=d_{22j}$、$d_{21j}=-d_{12j}$，式（9）、（10）可简写成

$$B_{1x}E_j+B_{1y}F_j=G_j \quad (j=2,3) \quad (11)$$

式中 $E_j=d_{11j}d_{13j}+d_{21j}d_{23j}+(1-d_{11j})B_{0x}-d_{21j}B_{0y}$

$F_j=d_{12j}d_{13j}+d_{22j}d_{23j}+(1-d_{22j})B_{0y}-d_{12j}B_{0x}$

$G_j=d_{13j}B_{0x}+d_{23j}B_{0y}-0.5(d_{13j}^2+d_{23j}^2)$

</td>
</tr>
<tr>
<td>设计步骤</td>
<td>

1）给定固定铰链 B_0 位置，即 B_{0x} 和 B_{0y}，用式（11）计算 B_{1x}、B_{1y}

2）再给定另一固定铰链 C_0 位置，即 C_{0x} 和 C_{0y}，则以 C_0 和 C_1 分别替换上述各式中的 B_0 和 B_1，从而可确定 $C_1(C_{1x},\ C_{1y})$

3）由 B_0、B_1、C_1 和 C_0 构成的平面四杆机构即为所求的机构

</td>
</tr>
<tr>
<td>设计实例</td>
<td>

已知连杆上某一定点，在其三个位置上的位置坐标分别为 $P_1(1.0,\ 1.0)$、$P_2(2.0,\ 0.5)$、$P_3(3.0,\ 1.5)$；连杆的相对转角 $\theta_{12}=0.0°$、$\theta_{13}=45.0°$。试用定长法设计实现此杆三个位置的铰链四杆机构（见图 g）

解　由于

$$\begin{pmatrix}B_{2x}\\ B_{2y}\end{pmatrix}=\begin{pmatrix}\cos\theta_{12} & -\sin\theta_{12}\\ \sin\theta_{12} & \cos\theta_{12}\end{pmatrix}\begin{pmatrix}B_{1x} & -1\\ B_{1y} & -1\end{pmatrix}+\begin{pmatrix}2.0\\ 0.5\end{pmatrix}$$

得

$$\begin{cases}B_{2x}=B_{1x}+1\\ B_{2y}=B_{1y}-0.5\end{cases}$$

又因为

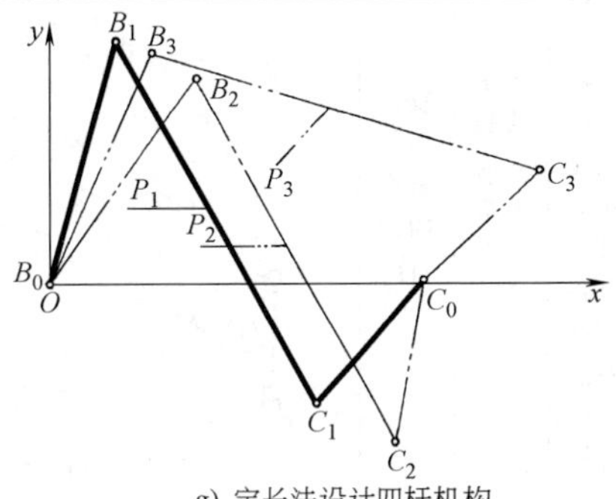

g) 定长法设计四杆机构

</td>
</tr>
</table>

（续）

<table>
<tr>
<td rowspan="2">解析法</td>
<td>给定连杆三个位置设计平面四杆机构</td>
<td>设计实例</td>
<td>

$$\begin{pmatrix}B_{3x}\\B_{3y}\end{pmatrix}=\begin{pmatrix}\cos\theta_{13} & -\sin\theta_{13}\\ \sin\theta_{13} & \cos\theta_{13}\end{pmatrix}\begin{pmatrix}B_{1x} & -1\\B_{1y} & -1\end{pmatrix}+\begin{pmatrix}3.0\\1.5\end{pmatrix}$$

得

$$\begin{cases}B_{3x}=\dfrac{\sqrt{2}}{2}B_{1x}-\dfrac{\sqrt{2}}{2}B_{1y}+3.0\\ B_{3y}=\dfrac{\sqrt{2}}{2}B_{1x}+\dfrac{\sqrt{2}}{2}B_{1y}+0.085786\end{cases}$$

假设固定铰链位置 $B_0=(0.0,\ 0.0)$，由式（11）求得相应的动铰链中心位置 $B_1=(0.994078,\ 3.238155)$

用同样的方法可得

$$\begin{cases}C_{2x}=C_{1x}+1\\ C_{2y}=C_{1y}-0.5\end{cases}$$

及

$$\begin{cases}C_{3x}=\dfrac{\sqrt{2}}{2}C_{1x}-\dfrac{\sqrt{2}}{2}C_{1y}+3.0\\ C_{3y}=\dfrac{\sqrt{2}}{2}C_{1x}+\dfrac{\sqrt{2}}{2}C_{1y}+0.085786\end{cases}$$

再假设第二个固定铰链位置 $C_0=(5.0,\ 0.0)$，由式（11）求得相应的动铰链中心位置 $C_1=(3.547722,\ -1.654555)$。最后得到所求的平面四杆机构 $B_0B_1C_1C_0$
</td>
</tr>
<tr>
<td>给定连杆四个位置设计平面四杆机构</td>
<td colspan="2">

当已知连杆 BC 的四个位置，即 s_1、s_2、s_3 和 s_4 四个位置，设计一铰链四杆机构，可应用前面这些公式。此时 $j=4$，由式（1）、（3）得设计方程组为

$$\begin{cases}(B_{2x}-B_{0x})^2+(B_{2y}-B_{0y})^2-(B_{1x}-B_{0x})^2-(B_{1y}-B_{0y})^2=0\\(B_{3x}-B_{0x})^2+(B_{3y}-B_{0y})^2-(B_{1x}-B_{0x})^2-(B_{1y}-B_{0y})^2=0\\(B_{4x}-B_{0x})^2+(B_{4y}-B_{0y})^2-(B_{1x}-B_{0x})^2-(B_{1y}-B_{0y})^2=0\end{cases}$$

其中　$(B_{jx},\ B_{jy},\ 1)^{\mathrm T}=\boldsymbol{D}_{1j}(B_{1x},\ B_{1y},\ 1)^{\mathrm T}$　　$(j=2,\ 3,\ 4)$

因此，方程组为含有四个未知数 B_{0x}、B_{0y}、B_{1x}、B_{1y} 的三个非线性方程。可以任意选定其中一个未知数，而求解其余三个未知数。由于一个参数可以任意选取，通过解非线性方程组，就可得到一系列的动铰链点中心（圆点）和固定铰链中心（圆心点），从而得到相应的一对圆点曲线和圆心点曲线

实现连杆四个位置的平面四杆机构的设计与三个位置的平面四杆机构的设计不同之处主要是需要求解非线性方程组。解非线性方程组通常采用各种数值迭代法，如牛顿-莱夫森法等
</td>
</tr>
</table>

3.3　函数机构设计

函数机构设计的方法见表 11.2-13。

表 11.2-13　函数机构设计

<table>
<tr>
<td>用图解法按输入杆和输出杆满足几组对应位置设计平面四杆机构</td>
<td>满足两组对应位置的设计</td>
<td>铰链四杆机构的设计</td>
<td>

已知机架长度 d、输入角 ϕ_{12} 和输出角 ψ_{12}（均为顺时针方向转动），如图 a(i) 所示。用图解法设计铰链四杆机构[见图 a(ii)]的步骤如下

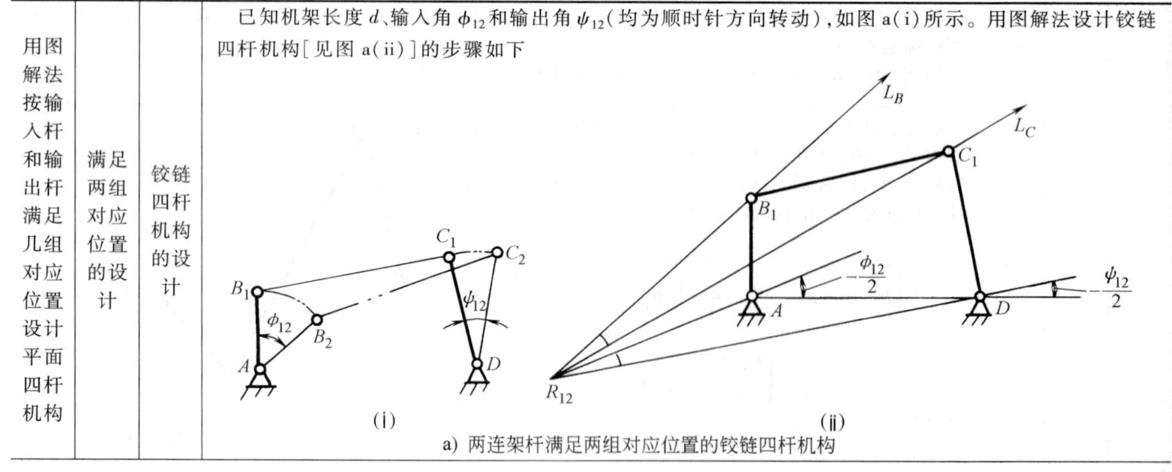

a) 两连架杆满足两组对应位置的铰链四杆机构
</td>
</tr>
</table>

（续）

<table>
<tr>
<td rowspan="3">用图解法按输入杆和输出杆满足几组对应位置设计平面四杆机构</td>
<td rowspan="2">满足两组对应位置的设计</td>
<td>铰链四杆机构的设计</td>
<td>1）画机架 AD，长度为 d
2）过输入端固定铰链中心 A 画 $R_{12}A$ 线与 AD 的夹角为 $-\frac{\phi_{12}}{2}$（从 AD 量起，与输入杆转角 ϕ_{12} 方向相反）。过输出端固定铰链中心 D 画 $R_{12}D$ 线与 AD 的夹角为 $-\frac{\psi_{12}}{2}$（从 AD 量起，与输出杆转角 ψ_{12} 方向相反）。$R_{12}A$ 与 $R_{12}D$ 的交点即为相对转动极 R_{12}
3）过 R_{12} 任意画一线 $R_{12}L_B$，同时画线 $R_{12}L_C$，使 $\angle L_BR_{12}L_C=\angle AR_{12}D$
4）在 $R_{12}L_B$ 上任选一点作为动铰链中心 B_1 的位置，在 $R_{12}L_C$ 上任选一点作为动铰链中心 C_1 的位置
5）AB_1C_1D 即为机构在第一位置时的运动简图，它可以有无穷多个解</td>
</tr>
<tr>
<td>曲柄滑块机构的设计</td>
<td>已知曲柄滑块机构滑块偏距 e 在固定铰链 A 的上方［见图 b(i)］。曲柄顺时针方向向转 ϕ_{12} 角时，滑块在点 A 右侧向水平方向移动 s_{12} 距离。用图解法设计曲柄滑块机构［见图 b(ii)］的步骤如下
1）画 l_1、l_2 两平行线相距为偏距 e，在 l_2 上任选一点 A 作为固定铰链中心，并截取 $AE=-\frac{1}{2}s_{12}$（E 点在与位移 s_{12} 的反方向来取）
2）画 AY 垂直于 s_{12} 的方位线，画直线 $R_{12}A$ 使 $\angle YAL_1=-\frac{\phi_{12}}{2}$（从 AY 量起，与输入杆转角 ϕ_{12} 方向相反）
3）过 E 点画 EL_4 线与 AY 线平行，EL_4 线与 $R_{12}A$ 线的交点 R_{12} 是相对转动极点
4）过 R_{12} 点画任一 $R_{12}L_B$ 线，同时画 $R_{12}L_C$ 线使 $\angle B_1R_{12}C_1=\frac{\phi_{12}}{2}$（转向与 ϕ_{12} 转向相同）。在 $R_{12}L_B$ 线上任选一点作为输入杆动铰链中心 B_1，$R_{12}L_C$ 线与 l_1 线的交点即为输出杆上动铰链中心 C_1
5）$A_1B_1C_1$ 即为机构在第一位置时的运动简图，它可以有无穷多个解 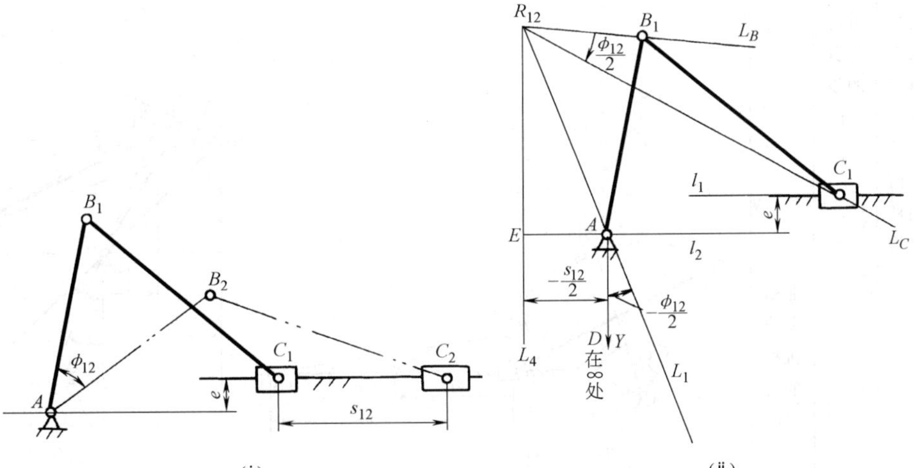

(i)　　(ii)
b) 两连架杆满足两组对应位置的曲柄滑块机构</td>
</tr>
<tr>
<td>满足三组对应位置的设计</td>
<td>铰链四杆机构的设计</td>
<td>已知机架长度 d，输入角 ϕ_{12}、ϕ_{13}（顺时针方向），和输出角 ψ_{12}、ψ_{13}（顺时针方向），如图 c(i) 所示。用图解法设计铰链四杆机构的步骤如下
1）按图 a 中的作图法求出相对转动极点 R_{12}、R_{13}［见图 c(ii)］
2）过 R_{12} 在任意位置画 $R_{12}L_B$ 与 $R_{12}L_C$ 线，使 $\angle L_BR_{12}L_C=\angle AR_{12}D$
3）过 R_{13} 在任意位置画 $R_{13}L'_B$ 与 $R_{13}L'_C$ 线，使 $\angle L'_BR_{13}L'_C=\angle AR_{13}D$
4）$R_{12}L_B$ 与 $R_{13}L'_B$ 交于 B_1 点，$R_{12}L_C$ 与 $R_{13}L'_C$ 交于 C_1 点
5）得 AB_1C_1D 即为机构在第一位置时的运动简图，它可以有无穷多个解</td>
</tr>
</table>

（续）

<table>
<tr>
<td rowspan="2">用图解法按输入杆和输出杆满足几组对应位置设计平面四杆机构</td>
<td rowspan="2">满足三组对应位置的设计</td>
<td>铰链四杆机构的设计</td>
<td>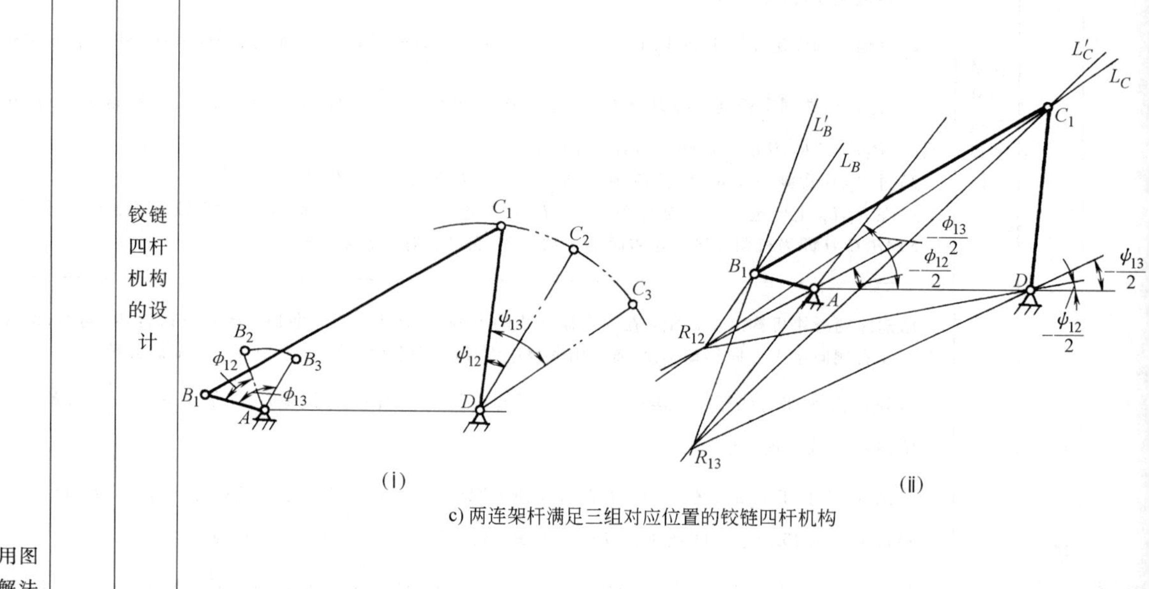

c) 两连架杆满足三组对应位置的铰链四杆机构</td>
</tr>
<tr>
<td>曲柄滑块机构的设计</td>
<td>已知曲柄转角 $\phi_{12}=45°$、$\phi_{13}=90°$（顺时针方向）、滑块相应的位移 s_{12}、s_{13}［见图 d(ⅰ)］。用图解法设计曲柄滑块机构的步骤如下
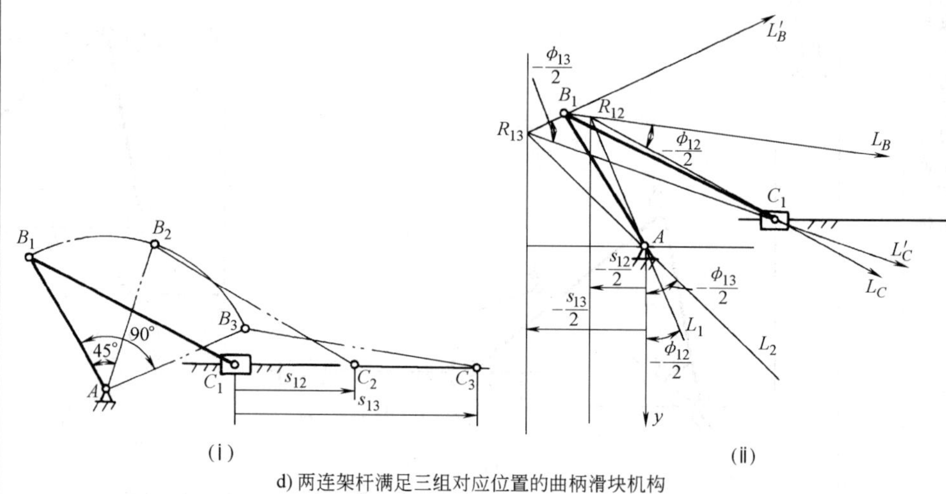

d) 两连架杆满足三组对应位置的曲柄滑块机构
1）任取 A 点，用图 b 的方法画出两个相对转动极点 R_{12} 和 R_{13}［见图 d(ii)］
2）过 R_{12} 在任意位置上画 $R_{12}L_B$ 与 $R_{12}L_C$ 使 $\angle L_BR_{12}L_C=\frac{\phi_{12}}{2}$；过 R_{13} 在任意位置上画 $R_{13}L'_B$ 与 $R_{13}L'_C$ 使 $\angle L'_BR_{13}L'_C=\frac{\phi_{13}}{2}$
3）L_BR_{12} 与 L'_BR_{13} 的交点为曲柄上动铰链中心 B_1 的位置，L_CR_{12} 与 L'_CR_{13} 的交点为连杆上铰链中心 C_1 的位置
4）AB_1C_1 为机构在第一位置上的运动简图，它可以有无穷多个解</td>
</tr>
</table>

（续）

用解析法实现两连架杆角位置函数关系设计平面四杆机构

按两连架杆预定的对应位置设计

铰链四杆机构的设计

在图 e 所示的铰链四杆机构中，两连架杆对应角位置为 ϕ_0、ψ_0，ϕ、ψ；各杆的长度分别为 a、b、c、d。由图 e 可得两连架杆对应的角位置关系式

$$\cos(\phi+\phi_0)=P_0\cos(\psi+\psi_0)+P_1\cos[(\psi+\psi_0)-(\phi+\phi_0)]+P_2 \quad (1)$$

其中

$$P_0=n, P_1=-\frac{n}{l}, P_2=\frac{l^2+n^2+1-m^2}{2l}, m=\frac{b}{a}, n=\frac{c}{a}, l=\frac{d}{a}$$

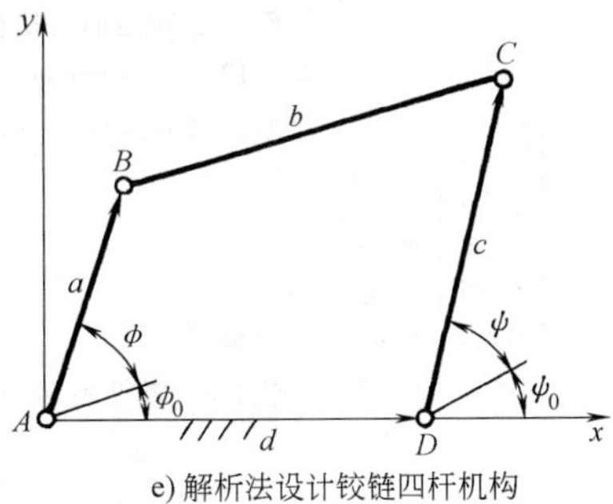

e) 解析法设计铰链四杆机构

式（1）中包含有 P_0、P_1、P_2、ϕ_0 及 ψ_0 五个待定参数，说明此铰链四杆机构所能满足的两连架杆对应角位置数最多为 5 组。若取 $\phi_0=\psi_0=0°$，则式（1）又可写成

$$\cos\phi=P_0\cos\psi+P_1\cos(\psi-\phi)+P_2 \quad (2)$$

利用式（2）可以设计两连架杆三组对应角位置的铰链四杆机构，其设计步骤如下

1）将三组对应的角位置 ϕ_1、ψ_1，ϕ_2、ψ_2，ϕ_3、ψ_3 分别代入式（2），得方程组

$$\begin{cases}\cos\phi_1=P_0\cos\psi_1+P_1\cos(\psi_1-\phi_1)+P_2\\ \cos\phi_2=P_0\cos\psi_2+P_1\cos(\psi_2-\phi_2)+P_2\\ \cos\phi_3=P_0\cos\psi_3+P_1\cos(\psi_3-\phi_3)+P_2\end{cases} \quad (3)$$

2）解方程组（3），可得 P_0、P_1、P_2 值

3）由 $P_0=n$，$P_1=-\frac{n}{l}$，$P_2=\frac{l^2+n^2+1-m^2}{2l}$ 可求得 m、n 及 l 的值

4）根据实际情况定出曲柄的长度 a，从而确定其他三构件的长度 b、c、d

如果按式（2）设计时，只给定两连架杆的两组对应位置，则有无穷多个解。相反，如果给定两连架杆对应位置组数过多，或者是一个连续函数 $\psi=\psi(\phi)$，则问题将成为不可解

例　已知铰链四杆机构中，要求两连架杆的对应位置为 $\phi_1=45°$、$\psi_1=52°10'$，$\phi_2=90°$、$\psi_2=82°10'$；$\phi_3=135°$、$\psi_3=112°10'$。$\phi_0=\psi_0=0°$、机架长度 $d=50\text{mm}$，试求其余各杆的长度

解　将 ϕ 和 ψ 的三组对应值代入式（3），得

$$\begin{cases}\cos45°=P_0\cos52°10'+P_1\cos(52°10'-45°)+P_2\\ \cos90°=P_0\cos82°10'+P_1\cos(82°10'-90°)+P_2\\ \cos135°=P_0\cos112°10'+P_1\cos(112°10'-135°)+P_2\end{cases}$$

可解得　$P_0=1.481$、$P_1=-0.8012$、$P_2=0.5918$

$n=1.481$、$m=2.103$、$l=1.8484$

从而求得

$$a=\frac{d}{l}=27.05\text{mm}$$

$$b=am=56.88\text{mm}$$

$$c=an=40.06\text{mm}$$

曲柄滑块机构的设计

在图 f 所示曲柄滑块机构中，应用几何关系可推导出曲柄与滑块对应位置间的关系式

$$Q_1 s\cos\phi+Q_2\sin\phi-Q_3=s^2 \quad (4)$$

其中　$Q_1=2a$、$Q_2=2ae$、$Q_3=a^2-b^2+e^2$，将三组对应位置 ϕ_1、s_1，ϕ_2、s_2，ϕ_3、s_3 代入式（4）得

$$\begin{cases}Q_1 s_1\cos\phi_1+Q_2\sin\phi_1-Q_3=s_1^2\\ Q_1 s_2\cos\phi_2+Q_2\sin\phi_2-Q_3=s_2^2\\ Q_1 s_3\cos\phi_3+Q_2\sin\phi_3-Q_3=s_3^2\end{cases} \quad (5)$$

由此可得 $a=\frac{Q_1}{2}$，$b=\sqrt{a^2+e^2-Q_3}$，$e=\frac{Q_2}{2a}$

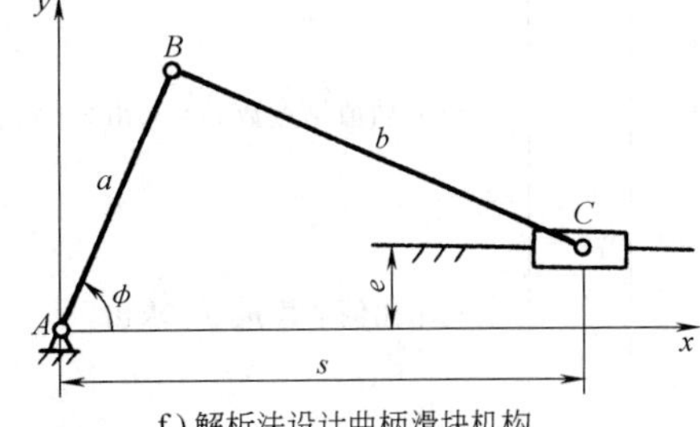

f) 解析法设计曲柄滑块机构

（续）

<table>
<tr>
<td rowspan="3">用解析法实现两连架杆角位置函数关系设计平面四杆机构</td>
<td>按两连架杆预定的对应位置设计</td>
<td>曲柄滑块机构的设计</td>
<td>

例 已知曲柄滑块机构中，曲柄与滑块的三组对应位置为 $\phi_1=60°$、$s_1=36\text{mm}$，$\phi_2=85°$、$s_2=28\text{mm}$，$\phi_3=120°$、$s_3=19\text{mm}$。试求各杆的长度

解 将 ϕ 和 s 的三组对应值代入式(5)，得

$$\begin{cases}Q_1\times36\cos60°+Q_2\sin60°-Q_3=36^2\\Q_1\times28\cos85°+Q_2\sin85°-Q_3=28^2\\Q_1\times19\cos120°+Q_2\sin120°-Q_3=19^2\end{cases}$$

解得

$Q_1=33.9999\approx34\text{mm}$，$Q_2=130.8122\text{mm}$，$Q_3=-570.7133\text{mm}$，最后可得曲柄滑块机构的尺寸

$$a=\frac{Q_1}{2}=17\text{mm}$$

$$b=\sqrt{a^2+e^2-Q_3}=29.572\text{mm}$$

$$e=\frac{Q_2}{2a}=3.847\text{mm}$$

</td>
</tr>
<tr>
<td rowspan="2">按两连架杆角位置呈连续函数关系设计铰链四杆机构</td>
<td colspan="2">

利用铰链四杆机构的两连架杆的转角 $\psi=\psi(\phi)$ 来模拟给定的函数关系 $y=f(x)$。x 的变化区间 (x_0,x_m) 和 y 的变化区间 (y_0,y_m) 如图 g 所示

根据具体条件可以选定比例系数

$$\begin{cases}\mu_\phi=\dfrac{x_m-x_0}{\phi_m}\\\mu_\psi=\dfrac{y_m-y_0}{\psi_m}\end{cases}\qquad(6)$$

g) 两连架杆角位置的连续函数关系

式中 ϕ_m—x 变化区间内对应的转角

ψ_m—y 变化区间内对应的转角

由于平面四杆机构待定的尺寸参数是有限的，所以一般只能近似地实现预期函数。常用的近似设计采用插值逼近法，其插值结点的横坐标根据式(7)确定

$$x_i=\frac{x_0+x_m}{2}+\frac{x_0-x_m}{2}\cos\frac{2i-1}{2m}180°\qquad(7)$$

式中 $i=1,2,\cdots$

m—插值结点数

如果取 $m=3$，则得三个插值结点，那么这三组对应角位置可以利用式(3)求出机构的尺寸参数

如果取 $m=5$，则得五个插值结点，这五组对应角位置可以得用式(1)求出机构的尺寸参数

</td>
</tr>
<tr>
<td colspan="2">

例 试设计一铰链四杆机构，近似实现函数 $y=\lg x$，x 的变化区间为 $1\leqslant x\leqslant2$

解

1) 由已知条件 $x_0=1$、$x_m=2$ 得 $y_0=0$、$y_m=0.301$

2) 根据经验试取 $\phi_m=60°$、$\psi_m=90°$，由式(6)得

$$\mu_x=\frac{1}{60°}$$

$$\mu_y=\frac{0.301}{90°}$$

3) 取插值结点数 $m=3$，由式(7)得

$$x_1=1.067\qquad y_1=0.02816$$
$$x_2=1.5\qquad y_2=0.1761$$
$$x_3=1.933\qquad y_3=0.2862$$

利用比例系数 μ_x、μ_y 求出

$$\phi_1=4°\qquad \psi_1=8.5°$$
$$\phi_2=30°\qquad \psi_2=52.5°$$
$$\phi_3=56°\qquad \psi_3=85.6°$$

4) 试取初始角 $\phi_0=86°$，$\psi_0=23.5°$

</td>
</tr>
</table>

（续）

用解析法实现两连架杆角位置函数关系设计平面四杆机构	按两连架杆角位置呈连续函数关系设计铰链四杆机构	5）将各结点的坐标值，即三组对应的角位移(ϕ_1,ψ_1)、(ϕ_2,ψ_2)、(ϕ_3,ψ_3)以及初始角 ϕ_0、ψ_0 代入式(1)，得方程组 $$\begin{cases}\cos90°=P_0\cos32°+P_1\cos58°+P_2\\ \cos116°=P_0\cos76°+P_1\cos40°+P_2\\ \cos142°=P_0\cos109°+P_1\cos33°+P_2\end{cases}$$ 可解得 $$P_0=0.56357,P_1=-0.40985,P_2=-0.26075$$ $$n=0.56357,\quad l=1.37506,\quad m=1.98129$$ 6）取 $d=50\text{mm}$，则得其余各杆长度为 $$a=\frac{d}{l}=36.3620\text{mm}$$ $$b=am=72.0438\text{mm}$$ $$c=an=20.4925\text{mm}$$
按从动件的急回特性设计平面四杆机构	曲柄摇杆机构的设计	已知摇杆长度 c、摆角 ψ 及行程速比系数 K，设计一曲柄摇杆机构的方法如下 由图 h 可见 $$\overline{C_1C_2}=2c\sin\frac{\psi}{2}$$ $$\overline{AC_1}=b+a$$ $$\overline{AC_2}=b-a$$ 又由四个三角形$\triangle AC_1C_2$、$\triangle AC_2D$、$\triangle AC_1D$、$\triangle B'C'D$，应用余弦定理得 $$\left(2c\sin\frac{\psi}{2}\right)^2=(b+a)^2+(b-a)^2-2(b+a)(b-a)\cos\theta$$ $$(b-a)^2=c^2+d^2-2cd\cos\psi_0$$ $$(b+a)^2=c^2+d^2-2cd\cos(\psi_0+\psi)$$ $$(d-a)^2=b^2+c^2-2bc\cos\gamma_{min}$$ 若 c、ψ、θ（或 K）、γ_{min} 已知时，可由上述方程组解出 a、b、d 及 ψ_0 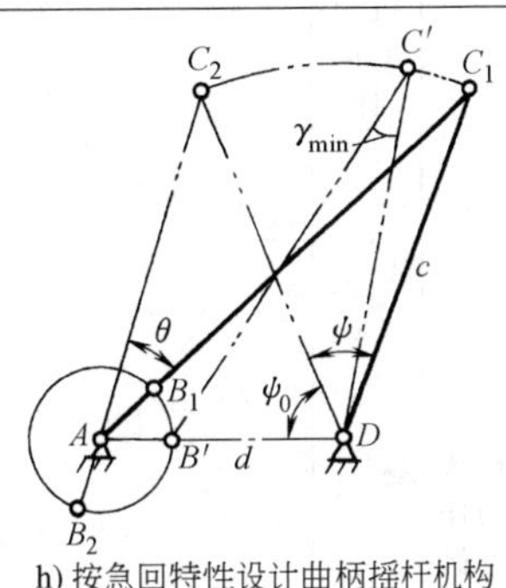 h）按急回特性设计曲柄摇杆机构
	曲柄滑块机构的设计	已知滑块冲程 H、偏距 e 及行程速比系数 K，设计一曲柄滑块机构的方法如下 由图 i 中的两个三角形$\triangle DBC$、$\triangle AC_1C_2$，应用余弦定理得 $$\cos\gamma_{min}=\frac{a+e}{b}$$ $$\cos\theta=\frac{(b+a)^2+(b-a)^2-H^2}{2(b+a)(b-a)}$$ 若 H、θ（或 K）、λ（即$\frac{a}{b}$）及 γ_{min} 已知时，由上述方程组可解出 a、b、e 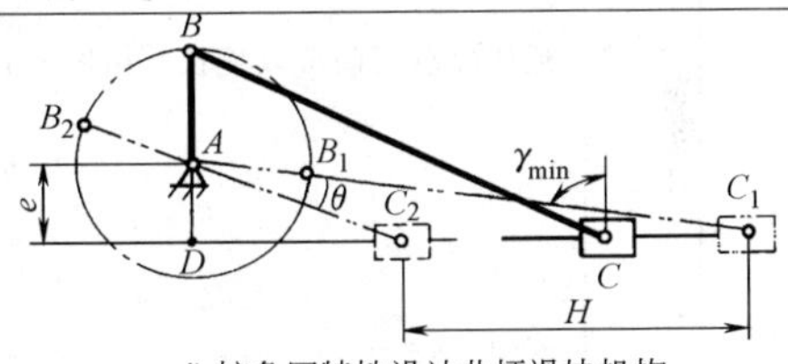 i）按急回特性设计曲柄滑块机构
	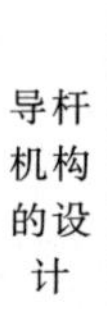 导杆机构的设计	已知机架的长度 d、行程速比系数 K，设计一导杆机构的方法如下： 在图 j 中，由$\triangle ADC_1$ 得 $$a=d\cos\frac{\psi}{2}=d\cos\frac{\theta}{2}$$ 若 d、θ（或 K）已知时，可求出 a 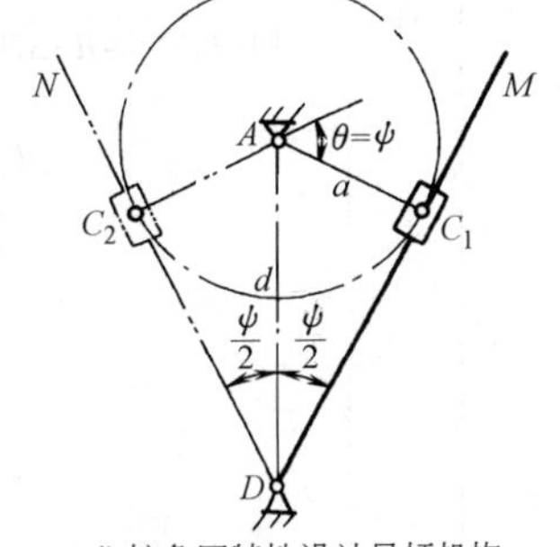 j）按急回特性设计导杆机构

（续）

按从动杆近似停歇要求设计平面四杆机构

曲柄摇杆机构的设计

在图 k(i)所示的曲柄滑块机构中，摇杆 CD 的两个极限位置为 C_1D、C_2D。C_1D 为前极限位置，C_2D 为后极限位置。从图 k(ii)可以看出，摇杆在后极限位置附近运动要比在前极限位置附近更加缓慢。当曲柄与连杆的长度比 $\frac{a}{b}=\lambda$ 较大时，近似停歇时间可以更长

利用两极限位置的两三角形 $\triangle AC_1D$、$\triangle AC_2D$ 以及在后极限位置附近的四边形 $AB'DC'$、$AB''C'D$ 得

$$c^2=(b+a)^2+d^2-2(b+a)d\cos\phi_0 \tag{8}$$

$$(b-a)^2=c^2+d^2-2cd\cos\psi_s \tag{9}$$

$$b^2=[d-c\cos(\psi_s+\Delta\psi)-a\cos(\phi_0+\phi)]^2+[c\sin(\psi_s+\Delta\psi)-a\sin(\phi_0+\phi)]^2 \tag{10}$$

若 a、b、c、d 已知，由式(8)得 ϕ_0，由式(9)得 ψ_s。选择一个合适的 $\Delta\psi$，即可由式(10)求得近似停歇的曲柄转角

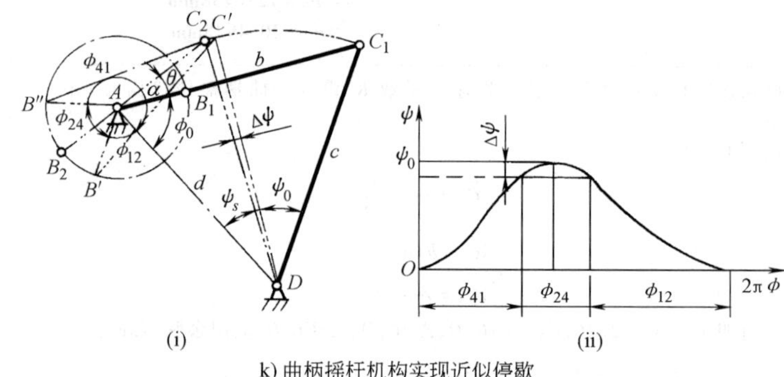

k) 曲柄摇杆机构实现近似停歇

曲柄滑块机构的设计

在图 l(i)所示的偏置曲柄滑块机构中，滑块的两个极限位置为 C_1、C_2。C_1 为前极限位置，C_2 为后极限位置。可以看出，滑块在后极限位置附近运动要比在前极限位置附近更加缓慢，当曲柄与连杆长度比 $\frac{a}{b}=\lambda$ 较大时，近似停歇时间可以更长。由图 l(i)可得

$$\frac{e}{b+a}=\sin\alpha$$

$$s=(b+a)\cos\alpha-a\left[\left(\frac{1}{\lambda}-\frac{1}{2}\lambda k^2\right)+\cos\phi-\frac{\lambda}{2}\sin^2\phi-\lambda k\sin\phi\right]$$

式中　$k=\frac{e}{a}$

如果冲程为 H，则取 $s=H-\Delta H$，可以求出在后极限位置附近近似停歇的曲柄转角

对于对心曲柄滑块机构，如图 l(ii)，可得

$$s=(b+a)-a\left[\frac{1}{\lambda}+\cos\phi-\frac{1}{2}\lambda\sin^2\phi\right]$$

同理，取 $s=H-\Delta H$，可以求出在后极限位置附近近似停歇的曲柄转角

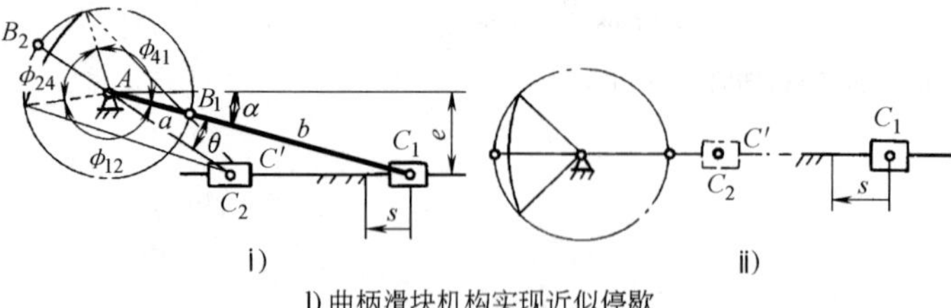

l) 曲柄滑块机构实现近似停歇

3.4　轨迹机构设计

轨迹机构设计的方法见表 11.2-14。

表 11.2-14　轨迹机构设计

按照连杆上某点的轨迹与给定的曲线准确或近似地重合来设计平面四杆机构	铰链四杆机构设计	按给定轨迹设计平面四杆机构，就是使连杆上一点 M 的轨迹（称连杆曲线），在某一区段上或是在其整个曲线长度上，逼近于给定的曲线 m-m，求出此四杆机构的各有关参数 图 a 所示的平面四杆机构，其位于直角坐标系 xOy 中的连杆曲线形态受九个机构参数的影响。其中包括各构件的长度 a、b、c、d，机架相对于坐标的位置参数（A_x，A_y，η）以及 M 点在连杆上的位置参数（k，β） 由图 b 可得铰链四杆机构的连杆曲线方程式 $\frac{b\cos\beta}{k}(N^2-a^2-k^2)+\frac{b\sin\beta}{k}U-\frac{d}{k}V\{[b\sin(\beta+\eta)-k\sin\eta](M_x-A_x)-[b\cos(\beta+\eta)-k\cos\eta](M_y-A_y)\}-\frac{d}{k}W\{[b\cos(\beta+\eta)-k\cos\eta](M_x-A_x)+[b\sin(\beta+\eta)-k\sin\eta](M_y-A_y)\}-2d[(M_x-A_x)\cos\eta+(M_y-A_y)\sin\eta]+a^2+b^2+d^2-c^2=0$　（1） 式中　$N^2=(M_x-A_x)^2-(M_y-A_y)^2$ $U=\pm\sqrt{4k^2N^2-(N^2+k^2-a^2)}$（两个符号对应于连杆曲线的两个支） $V=\frac{U}{N^2}$ $W=\frac{N^2+k^2-a^2}{N^2}$ 式（1）中有 9 个待定参数：a、b、c、d、β、k、A_x、A_y、η。所以，如在给定轨迹中选取 9 组坐标值（m_{xi}，m_{yi}）分别代入上式，得到 9 个方程式，解此方程组可求得机构的 9 个待定尺度参数 采用插值逼近法确定 9 个结点坐标值，可以使连杆曲线与给定轨迹曲线更为接近 若取 $A_x=A_y=0$，$\eta=0°$，则待定尺度参数减为 6 个	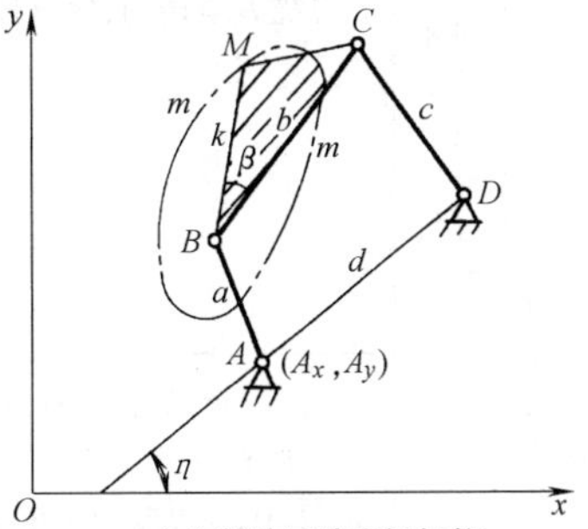 a) 实验轨迹的四杆机构 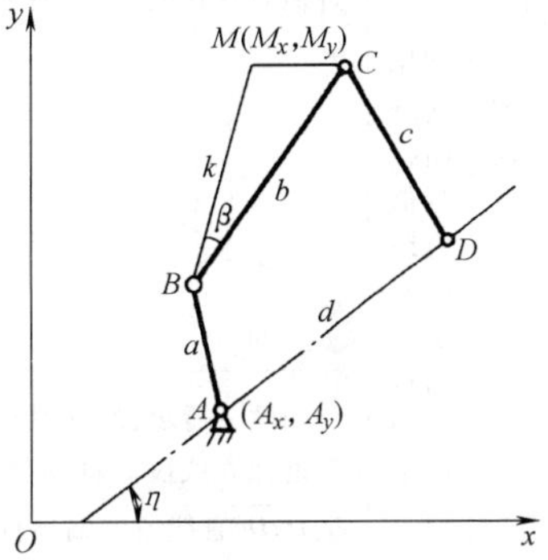 b) 解析法实现轨迹的铰链四杆机构
	曲柄滑块机构设计	由图 c 可得曲柄滑块机构的连杆曲线方程式 $(M_x-A_x)^2+(M_y-A_y)^2+k^2+b^2-2kb\cos\beta-a^2+\frac{2}{k}\{(k-b\cos\beta)[(M_x-A_x)\sin\eta-(M_y-A_y)\cos\eta]+b\sin\beta[(M_x-A_x)\cos\eta+(M_y-A_y)\sin\eta]\}[e-(M_x-A_x)\sin\eta+(M_y-A_y)\cos\eta]\pm\frac{2}{k}\{(k-b\cos\beta)[(M_x-A_x)\cos\eta+(M_y-A_y)\sin\eta]-b\sin\beta[(M_x-A_x)\sin\eta-(M_y-A_y)\cos\eta]\}\sqrt{k^2-[e-(M_x-A_x)\sin\eta+(M_y-A_y)\cos\eta]^2}=0$　（2） 式中正、负号对应于连杆曲线的两个分支 式（2）有 8 个待定尺度参数：a、b、e、k、β、A_x、A_y、η。所以，如在给定轨迹中选取 8 组坐标值（m_{xi}，m_{yi}）分别代入上式，得到 8 个方程式，解此方程组可求得机构的 8 个待定尺度参数 采用插值逼近法确定 8 个结点坐标值，可以使连杆曲线与给定轨迹曲线更为接近 若取 $A_x=A_y=0$，$\eta=0°$，则待定尺度参数减为 5 个	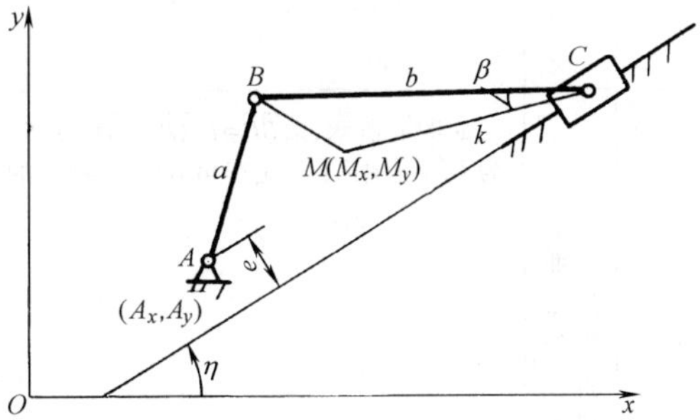 c）解析法实现轨迹的曲柄滑块机构
利用连杆曲线设计输出杆近似停歇运动的平面四杆机构	利用连杆曲线近似圆弧段实现输出杆近似停歇	如图 d 所示，曲柄摇杆机构连杆上 M 点的轨迹为 δ，其中 $\overset{\frown}{M_1M_2M_3}$ 为近似圆弧，其圆心为 E，半径为 M_1E。在 M_1 与 E 点处将构件 5 分别与连杆 2 和输出杆 6 铰接。显然，M 点经过 $\overset{\frown}{M_1M_2M_3}$ 圆弧时，构件 5 将绕 E 点转动，输出杆 6 相应地处于近似停歇位置	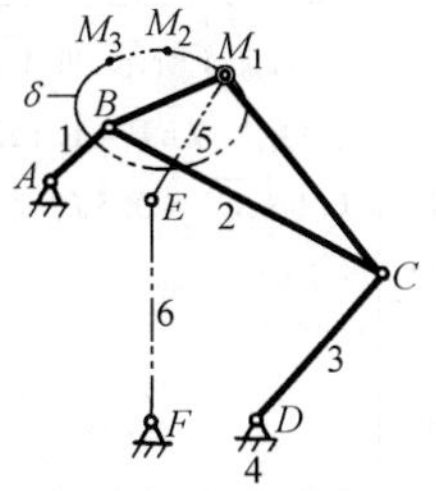 d) 曲柄摇杆机构实现转动输出构件停歇运动

（续）

<table>
<tr>
<td rowspan="3">利用连杆曲线设计输出杆近似停歇运动的平面四杆机构</td>
<td>利用连杆曲线近似圆弧段实现输出杆近似停歇</td>
<td>如图 e 所示，曲柄滑块机构连杆上 M 点的轨迹为 β，其中 $\overset{\frown}{M_1M_2M_3}$ 为近似圆弧，其圆心为 D，半径为 M_1D。在 M_1 与 D 点处将构件 5 分别与连杆 2 和输出杆 6 铰接。显然，M 点经过 $\overset{\frown}{M_1M_2M_3}$ 圆弧时，构件 5 将绕 D 点转动，输出杆 6 相应地处于近似停歇位置</td>
<td>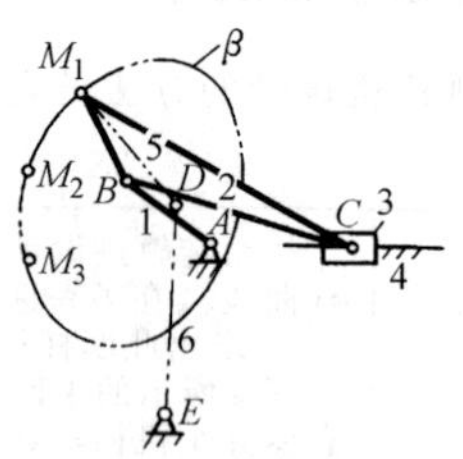

e) 曲柄滑块机构实现转动输出构件停歇运动</td>
</tr>
<tr>
<td rowspan="2">利用连杆曲线近似直线段实现输出杆近似停歇</td>
<td>如图 f 所示，曲柄摇杆机构连杆上 M 点的轨迹为 δ，其中 $\overline{M_1M_2M_3}$ 为近似直线段。将构件 5 与连杆 2 上 M 点铰接，并使构件 5 与过 $\overline{M_1M_2M_3}$ 直线段的输出杆 6 组成移动副。显然，M 点经过 $\overline{M_1M_2M_3}$ 近似直线段时，输出杆 6 将处于近似停歇位置</td>
<td>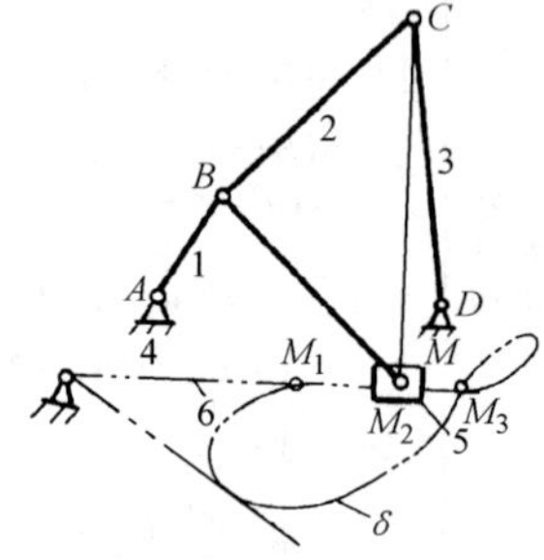

f) 曲柄摇杆机构实现移动输出构件停歇运动</td>
</tr>
<tr>
<td>如图 g 所示，曲柄滑块机构连杆上 D 点的轨迹为 β，其中 $\overline{D_1D_2D_3}$ 为近似直线段。将构件 5 与连杆 2 上 D 点铰接，并使构件 5 与过 $\overline{D_1D_2D_3}$ 直线段的输出杆 6 组成移动副。显然，D 点经过 $\overline{D_1D_2D_3}$ 近似直线段时，输出杆 6 将处于近似停歇位置</td>
<td>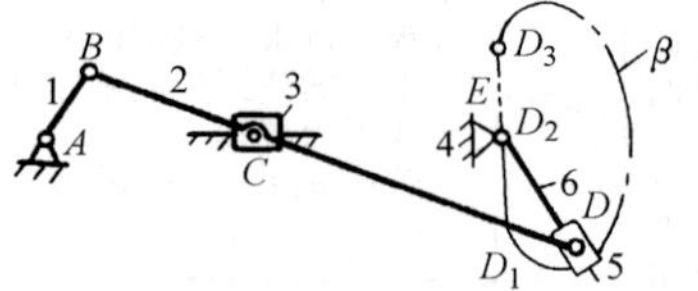

g) 曲柄滑块机构实现移动输出构件停歇运动</td>
</tr>
<tr>
<td rowspan="2">利用连杆曲线的直线段做近似直线运动的平面四杆机构</td>
<td>双曲线型近似直线机构</td>
<td>如图 h 所示，取 $\overline{BC}=l$，$\overline{AB}=\overline{CD}=1.5l$，则 $\overline{BC}$ 中点 M 在行程为 l 的范围内（相应摆角 $\alpha=\beta\approx40°$）的轨迹为近似直线</td>
<td>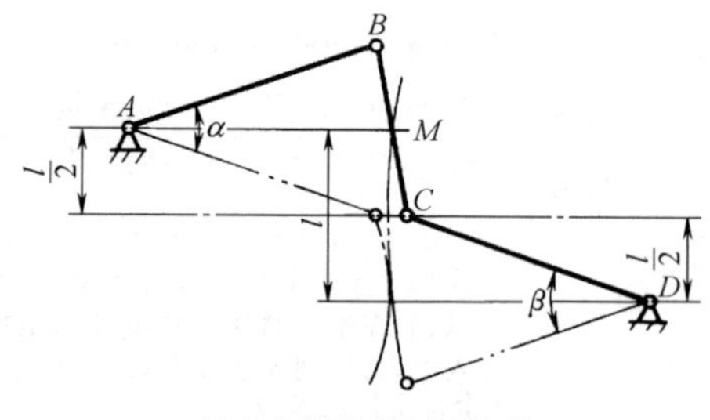

h) 双曲线型近似直线机构</td>
</tr>
<tr>
<td>罗伯特近似直线机构</td>
<td>如图 i 所示，取 $\overline{AC}=\overline{BD}=0.584d$，$\overline{AB}=d$，$\overline{CD}=0.593d$，在 $\overline{CD}$ 的垂直平分线上取 $\overline{EM}=1.112d$，则连杆上 M 点的轨迹为近似直线，若 $\overline{AC}=\overline{BD}=0.6d$，$\overline{CD}=0.5d$，则 M' 点近似沿 AB 直线运动</td>
<td>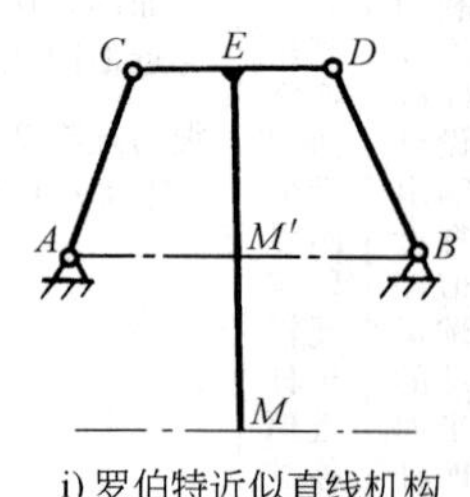

i) 罗伯特近似直线机构</td>
</tr>
</table>

（续）

<table>
<tr>
<td rowspan="2">利用连杆曲线的直线段做近似直线运动的平面四杆机构</td>
<td>仪器用的一种近似直线机构</td>
<td>如图 j 所示，取 $\overline{BC}=\overline{CD}=\overline{CM}=1$，$\overline{AD}=\frac{2+\overline{AB}}{3}$，$\sin^2\frac{\alpha_1}{2}=\frac{4\overline{AB}-1}{\overline{AB}(2+\overline{AB})}$，则在曲柄转 α_1 角时，M 点相应在 M_1、M_1' 间做近似直线运动</td>
<td>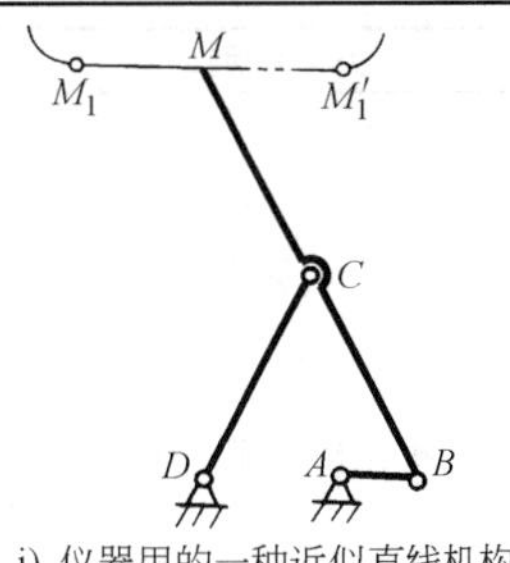

j) 仪器用的一种近似直线机构</td>
</tr>
<tr>
<td>切比雪夫近似直线机构</td>
<td>如图 k 所示，取 $\overline{AB}=r$，$\overline{AD}=2r$，$\overline{BC}=\overline{CD}=\overline{CM}=2.5r$，则连杆上 M 点的轨迹为近似直线</td>
<td>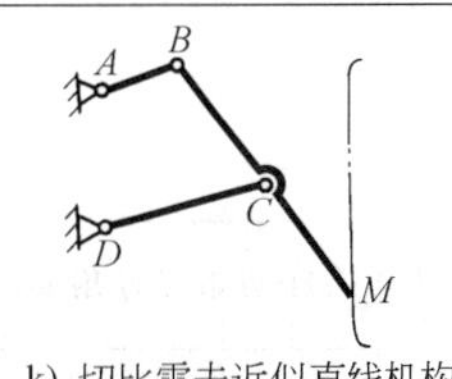

k) 切比雪夫近似直线机构</td>
</tr>
<tr>
<td colspan="2">实现同一轨迹的相当机构</td>
<td>在机构设计中，所得实现给定轨迹的连杆机构的某些方面（如传动角的大小、机构的尺寸和安装位置等）不能满足要求时，可按罗伯茨定理应用重演同样连杆曲线的另外两个相当机构来解决
相当机构的做法和其与基础机构的关系见图 l。铰链四杆机构 $O_1A_1B_1O_2$ 为基础机构。P 为其连杆 A_1B_1 上的一点。以 O_1O_2 为底边画 $\triangle O_1O_2O_3$ 与 $\triangle A_1B_1P$ 相似。画平行四边形 $O_2B_1PA_2$，画 $\triangle PA_2B_2$ 与 $\triangle A_1B_1P$ 相似，则 $O_2A_2B_2O_3$ 为原机构 $O_1A_1B_1O_2$ 的一个相当机构。P 点也为连杆 A_2B_2 上的一点。再画平行四边形 $O_1A_1PA_3$ 和 $\triangle PA_3B_3$ 与 $\triangle B_1A_1P$ 相似。则 $O_1A_3B_3O_3$ 为原机构 $O_1A_1B_1O_2$ 的另一个相当机构，P 点也为连杆 A_3B_3 上的一点。这三个铰链四杆机构在公共点 P 具有同一的连杆曲线
相当机构与其础机构在类型上的关系如下
<table>
<tr><th>各构件的长度关系</th><th>基础机构</th><th>相当机构</th></tr>
<tr><td rowspan="3">最短杆与最长杆长度之和不大于其余两杆长度之和</td><td>曲柄摇杆机构</td><td>曲柄摇杆机构和双摇杆机构</td></tr>
<tr><td>双摇杆机构</td><td>曲柄摇杆机构</td></tr>
<tr><td>双曲柄机构</td><td>双曲柄机构</td></tr>
<tr><td>最短杆与最长杆长度之和大于其余两杆长度之和</td><td>双摇杆机构</td><td>双摇杆机构</td></tr>
</table></td>
<td>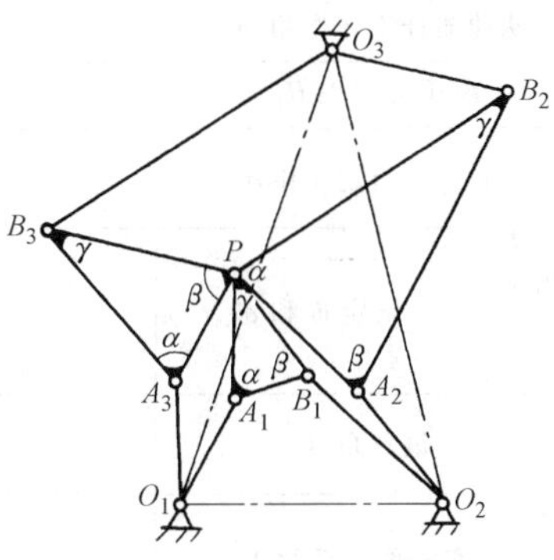

l) 实现同一轨迹的相当机构</td>
</tr>
</table>

4　气液动连杆机构

4.1　气液动连杆机构的特点和基本形式

气液动连杆机构在矿山、冶金、建筑、交通运输、轻工等部门中应用十分广泛。这种机构具有制造容易、价格低廉、坚实耐用、便于维修保养等优点。

气液动连杆机构的结构特点是含有移动副，它由动作缸和活塞杆组合而成。气液动连杆机构中总是以活塞杆作主动件。

图 11.2-1 所示对中式气液动连杆机构，3 为动作缸，2 为活塞杆，1 为从动件。

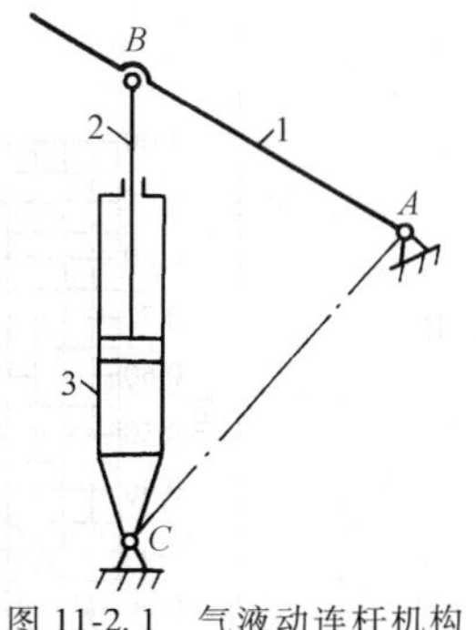

图 11-2.1　气液动连杆机构

4.2　气液动连杆机构位置参数的计算

气液动连杆机构位置参数的计算见表 11.2-15。

表 11.2-15　气液动连杆机构位置参数的计算公式

<table>
<tr><th colspan="2">类　型</th><th>对　中　式</th><th>偏　置　式</th><th>说明</th></tr>
<tr><td colspan="2">机　构　简　图</td><td></td><td></td><td rowspan="10">r—摇杆长度
d—机架长度
e—液压缸偏置距离
L_1—初始位置时铰链点 B_1 到液压缸铰链点 C 的距离
L_2—终止位置时铰链点 B_2 到液压缸铰链点 C 的距离
L—任意位置时铰链点 B 到液压缸铰链点 C 的距离
φ—从动摇杆任意位置角</td></tr>
<tr><td colspan="2">从动摇杆初始位置角 ϕ_1</td><td colspan="2">$\cos\phi_1=\dfrac{1+\sigma^2-\rho_1^2}{2\sigma}$</td></tr>
<tr><td colspan="2">从动摇杆终止位置角 ϕ_2</td><td colspan="2">$\cos\phi_2=\dfrac{1+\sigma^2-\lambda^2\rho_1^2}{2\sigma}$</td></tr>
<tr><td colspan="2">从动摇杆工作摆角 ϕ_{12}</td><td colspan="2">$\phi_{12}=\phi_2-\phi_1$</td></tr>
<tr><td colspan="2">液压缸行程 H_{12}</td><td>$H_{12}=L_2-L_1$</td><td>$H_{12}=\sqrt{L_2^2-e^2}-\sqrt{L_1^2-e^2}$</td></tr>
<tr><td rowspan="2">传动角 γ</td><td>给定 ρ 和 σ</td><td colspan="2">$\cos\gamma=\dfrac{\rho^2+\sigma^2-1}{2\rho\sigma},\sin\gamma=\dfrac{\sqrt{4\rho^2\sigma^2-(\rho^2+\sigma^2-1)}}{2\rho\sigma}$</td></tr>
<tr><td>给定 φ 和 σ</td><td colspan="2">$\cos\gamma=\dfrac{\sigma-\cos\phi}{\sqrt{1+\sigma^2-2\sigma\cos\phi}},\sin\gamma=\dfrac{1}{\sqrt{\left(\dfrac{\sigma-\cos\phi}{\sin\phi}\right)^2+1}}$</td></tr>
<tr><td colspan="2">偏置角 β</td><td>0</td><td>$\sin\beta=\dfrac{e}{L}$</td></tr>
<tr><td colspan="2">活塞杆伸出系数 λ′</td><td>$\lambda'=\lambda$</td><td>$\lambda'=\sqrt{\dfrac{\lambda^2-(e/L_1)^2}{1-(e/L_2)^2}}=\lambda$</td></tr>
<tr><td colspan="2">计算参数</td><td colspan="2">$\lambda=\dfrac{L_2}{L_1},\sigma=\dfrac{r}{d},\rho_1=\dfrac{L_1}{d},\rho_2=\dfrac{L_2}{d}=\lambda\rho_1,\rho=\dfrac{L}{d}$</td></tr>
<tr><td colspan="2">参数选择</td><td colspan="3">活塞杆伸出系数 λ′应根据活塞杆伸出时稳定性的要求来确定，一般可取 λ′≈1.5~1.7
基本参数 σ 和 ϕ_1、ϕ_2 或 σ 和 ρ_1、ρ_2 可根据气液动连杆机构工作位置和传力的要求，用下图来确定
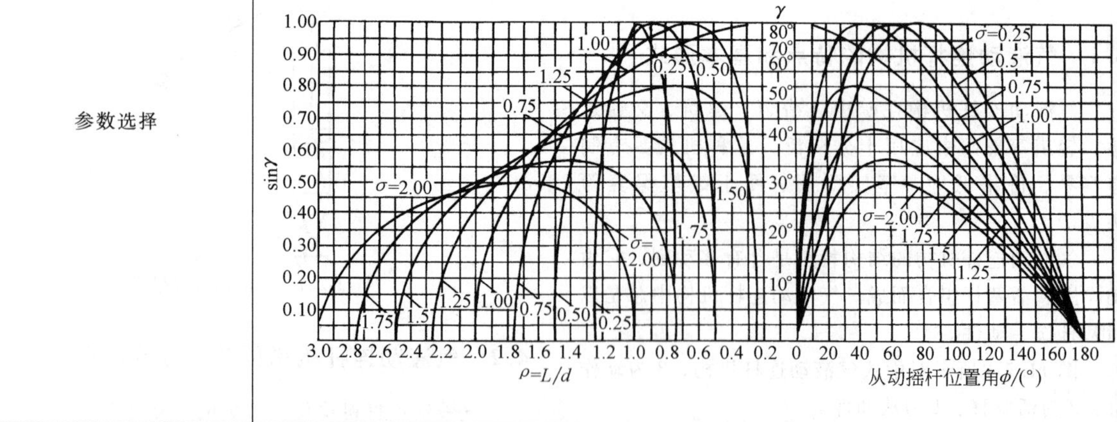
</td></tr>
</table>

4.3　气液动连杆机构运动参数和动力参数的计算

气液动连杆机构运动参数和动力参数的计算见表 11.2-16。

4.4　气液动连杆机构的设计

气液动连杆机构的设计见表 11.2-17。

表 11.2-16　气液动连杆机构运动参数和动力参数的计算公式

类型	对中式	偏置式
机构简图	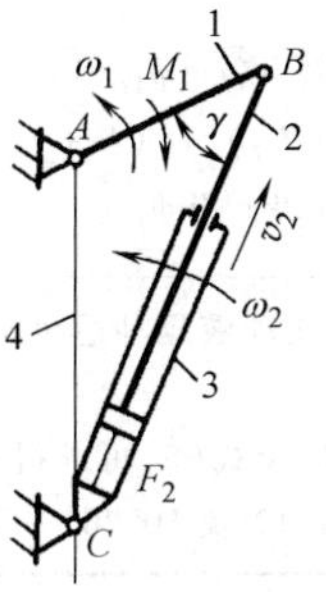	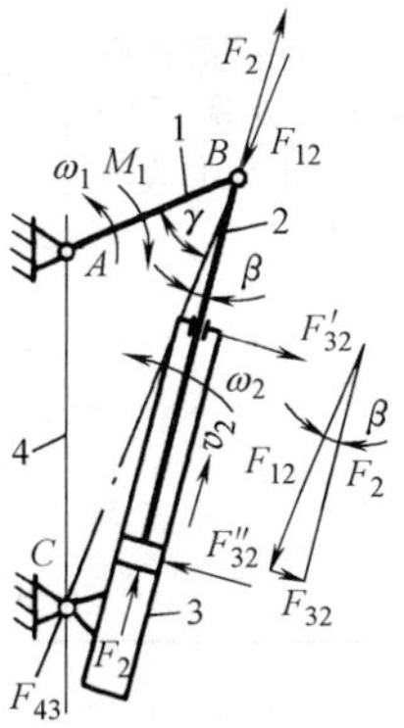
摇杆角速度 ω_1	$\omega_1=\dfrac{v_2}{r\sin\gamma}$	$\omega_1=\dfrac{v_2\cos\beta}{r\sin\gamma}$
液压缸角速度 ω_2	$\omega_2=\dfrac{v_2}{L\tan\gamma}$	$\omega_2=\dfrac{v_2(\cot\gamma\cos\beta-\sin\beta)}{L}$
所需液压缸推力 F_2	$F_2=\dfrac{M_1}{r\sin\gamma}$	$F_2=\dfrac{M_1}{r\sin\gamma}\cos\beta$
液压缸对活塞杆的横向力 F_{32}	0	$F_{32}=\dfrac{M_1}{r\sin\gamma}\sin\beta$
所传递的阻力矩 M_1	$M_1=F_2r\sin\gamma$	$M_1=F_2r\dfrac{\sin\gamma}{\cos\beta}$
所传递的阻力矩 M_1 相对值	$\dfrac{M_1}{F_2r}=\sin\gamma$	$\dfrac{M_1}{F_2r}=\dfrac{\sin\gamma}{\cos\beta}$

注：v_2—活塞的平均相对运动速度的大小；F_{32}—液压缸 3 给活塞杆 2 的作用力合力，作用在 B 点上；F'_{32} 和 F''_{32}—F_{32} 的两个分力；$r=\overline{AB}$；$L=\overline{BC}$。

表 11.2-17　气液动连杆机构的设计

<table>
<tr><td rowspan="2">按摇杆摆角 ϕ_{12} 及初始角 ϕ_1 设计对中式气液动连杆机构</td><td>由表 11.2-15 可得 σ 和 ρ_1 的计算公式
$$\sigma=\frac{-B\pm\sqrt{B^2-4AC}}{2A} \tag{1}$$
式中
$$\begin{cases}A=\lambda^2-1\\B=-2(\lambda^2\cos\phi_1-\cos\phi_2)\\C=\lambda^2-1\end{cases} \tag{2}$$
而
$$\rho_1=\sqrt{1+\sigma^2-2\sigma\cos\phi_1} \tag{3}$$</td></tr>
<tr><td>**例**　某汽车吊要求举升液压缸将起重臂从 $\phi_1=0°$ 举升到 $\phi_2=60°$，试确定 σ 和 ρ_1 值
解　取活塞杆伸出系数 $\lambda=1.6$，代入式(2)得 $A=C=1.56$，$B=-4.12$，再代入式(1)、式(3)可得到 $\sigma=2.17$、$\rho_1=1.17$ 及 $\sigma=0.47$、$\rho_1=0.53$ 两组数值，根据汽车底盘结构取机架长度 $d=1200$mm，则得 $r=2604$mm、$L_1=1404$mm 及 $r=564$mm、$L_1=636$mm 两组数值</td></tr>
</table>

(续)

按摇杆摆角 ϕ_{12}、液压缸初始长度 L_1、活塞行程 $H_{12}=L_2-L_1$ 设计对中式气液动连杆机构	令 $d=1$,由表 11.2-15 可得 $$\begin{cases}(L_1+H_{12})^2=1+r^2-2r\cos(\phi_1+\phi_{12})\\ \cos\phi_1=\dfrac{1+r^2-L_1^2}{2r}\end{cases} \qquad (4)$$ 将式(4)消去 ϕ_1,可得 $$ar^4-br^2+c=0 \qquad (5)$$ 式中 $a=2(1-\cos\phi_{12})$ $b=2[(2L_1^2+2L_1H_{12}+H_{12}^2)(\cos\phi_{12}-1)+2\cos\phi_{12}(\cos\phi_{12}-1)]$ $c=(L_1+H_{12})^4-2(L_1+H_{12})^2+[(L_1+H_{12})^2-1](2-2L_1^2)\cos\phi_{12}+L_1^4-2L_1^2+2$ 由式(4)与式(5)可分别解出 r 和 ϕ_1
	例 某摆动导板送料辊的摆动液压马达机构,要求导板的摆角 $\phi_{12}=60°$,$H_{12}=0.5\text{m}$,$L_1=d=1\text{m}$,试确定 r 和 ϕ_1 值 **解** 将已知数据代入式(4)及式(5)可求得 $r=0.638\text{m}$、$\phi_1=71°36'$及 $r=1.932\text{m}$、$\phi_1=10°20'$两组解。相应的传动角为 71°12′及 10°20′。后一组数据的传动角太小,不宜采用

5 空间连杆机构

5.1 空间连杆机构的特点和应用

在连杆机构中,如果构件不都对同一平面做平面平行运动,则称为空间连杆机构。

常用空间连杆机构中的运动副有球面副、圆柱副、转动副、移动副及螺旋副等。

与平面连杆机构相比,空间连杆机构具有以下特点:

1)空间连杆机构所能实现的运动远比平面连杆机构复杂。这是由于运动副排列的多样化使空间连杆机构可实现复杂多样的刚体导引、再现函数及再现轨迹等。

2)空间连杆机构的结构紧凑,一般又灵活可靠,可以避免由于制造安装误差和构件受力变形所引起的运动不灵活,甚至卡住不动的现象。

3)空间连杆机构由于分析和设计方法比较复杂,目前应用还不十分普遍。但随着这种机构的分析和设计方法的发展和计算机在机构分析与设计中的普遍应用,空间连杆机构的应用具有广阔的前景,其应用情况见表 11.2-18。

表 11.2-18 空间连杆机构的应用

机械类别	应用举例
轻工、纺织机械	缝纫机的弯针机构、缝纫机“之”字线迹针杆机构、熟制毛皮机的送料机构、成绞机的横动机构、剑杆织机的引纬机构、揉面机等
农业机械	清粮机筛子机构、变行程果实抖落机构、马铃薯挖取机构、联合收割机的切割机构等
飞机和汽车	飞机升降舵传动机构、副翼操纵机构、飞机起落架收放机构、汽车前轮转向的操纵机构等
仪器和仪表	实现双变量函数关系的五杆机构、打字机中驱动打字杆机构、仪表中的拨杆机构等
工业机械手	三自由度机械手、六自由度机械手、八自由度机械手等

5.2 空间四杆机构的设计

主、从动轴垂直交错的 RSSR 机构是应用最广泛的一种空间连杆机构。这种机构的设计计算方法见表 11.2-19。

表 11.2-19 RSSR 机构的设计

设计方法	说明	
按主、从动杆三组对应位置设计 RSSR 机构	基本原理	已知主动轴 O_1 和从动轴 O_3 垂直交错,见图 a(i),两轴中心距 d、从动杆 O_3B 长度 L_3 及主动杆 O_1A 和从动杆 O_3B 的三个对应位置间的角位移 ϕ_{12}、ψ_{12} 和 ϕ_{13}、ψ_{13}。求空间机构 RSSR 机构的主动杆 O_1A 长度 L_1、连杆长度 L_2、O_1 和 O_3 至 ZZ 轴的距离 h、f 通过图 a(i)所示球面副的球心 A、B 各画平面 V 和 W 分别垂直于主动轴 O_1 和从动轴 O_3,这两个平面交线为 ZZ。A 点在 W 平面上的投影为 A'',B 点在 V 平面上的投影为 B',它们都在直线 ZZ 上 该空间 RSSR 机构在平面 V 上的投影可视作一个假想的平面四杆机构,故其可简化为按主动杆 O_1A 及滑块 B'三个对应位置设计该机构,见图 a(ii)。将折线 O_1AB'分别在水平方向和垂直方向投影得

（续）

<table>
<tr><th colspan="2">设计方法</th><th>说　　明</th></tr>
<tr><td rowspan="2">按主、从动杆三组对应位置设计 RSSR 机构</td><td>基本原理</td><td>

$$\begin{cases} l_{2V}\sin\beta = h - L_1\sin\phi \\ l_{2V}\cos\beta = z + L_1\cos\phi \end{cases}$$

将上述两式各自平方后相加得

$$P_1 z\cos\phi + P_2\sin\phi + P_3 = z^2 \tag{1}$$

其中

$$\begin{cases} P_1 = -2L_1 \\ P_2 = 2L_1 h \\ P_3 = l_{2V}^2 - L_1^2 - h^2 \end{cases} \tag{2}$$

或

$$\begin{cases} L_1 = -\dfrac{P_1}{2} \\ h = \dfrac{P_2}{2L_1} \\ l_{2V} = \sqrt{L_1^2 + h^2 + P_3} \end{cases} \tag{3}$$ 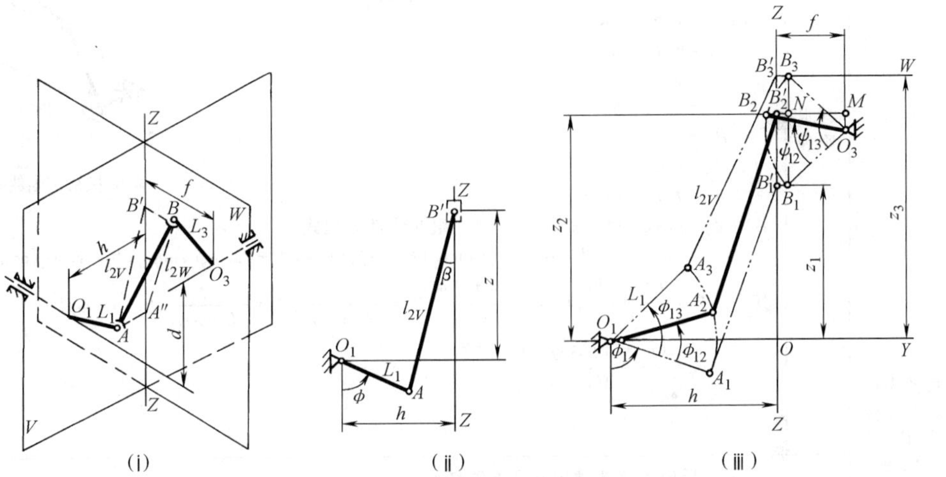

（ⅰ）　　（ⅱ）　　（ⅲ）

a) 按三组对应位置设计RSSR机构

</td></tr>
<tr><td>设计步骤</td><td>

1）选择平面 V 和 W 的交线 ZZ 如图 a(iii) 所示。可以过 B_2 画 B_1B_3 的垂线得垂足 N，将 B_2N 的中垂线定为 ZZ，则点 B_1、B_2、B_3 至 ZZ 的垂距必分别相等，即

$$B_1B_1' = B_2B_2' = B_3B_3' = B_V$$

此时连杆 AB 的三个位置 A_1B_1、A_2B_2、A_3B_3 在平面 V 上的投影长度也必分别相等，即

$$A_1B_1' = A_2B_2' = A_3B_3' = l_{2V}$$

2）计算 B_V、f、z_1、z_2、z_3

$$B_V = \frac{1}{2}\overline{B_2N} = \frac{1}{2}(\overline{B_2M} - \overline{NM}) = L_3\sin[(\psi_{13}-\psi_{12})/2]\sin\frac{\psi_{12}}{2}$$

$$f = L_3\cos[(\psi_{13}-\psi_{12})/2]\cos\frac{\psi_{12}}{2}$$

$$z_1 = d - L_3\sin\frac{\psi_{13}}{2}$$

$$z_2 = d + L_3\sin\left(\psi_{12} - \frac{\psi_{13}}{2}\right)$$

$$z_3 = d + L_3\sin\frac{\psi_{13}}{2}$$

</td></tr>
</table>

（续）

设计方法		说明
按主、从动杆三组对应位置设计 RSSR 机构	设计步骤	3）假定 ϕ_1，求 ϕ_2、ϕ_3 $\phi_2=\phi_1+\phi_{12}$ $\phi_3=\phi_1+\phi_{13}$ 用不同的 ϕ_1，可得到若干个方案，择优取一个 4）确定 L_1、L_2 和 h 依次将 ϕ_1、z_1，ϕ_2、z_2，ϕ_3、z_3 代入式(2)得 $P_1z_1\cos\phi_1+P_2\sin\phi_1+P_3=z_1^2$ $P_1z_2\cos\phi_2+P_2\sin\phi_2+P_3=z_2^2$ $P_1z_3\cos\phi_3+P_2\sin\phi_3+P_3=z_3^2$ 由解得的 P_1、P_2、P_3 就可确定 L_1、h、l_{2V}。而 $L_2=\sqrt{l_{2V}^2+B_V^2}$
按给定函数关系设计 RSSR 机构	基本原理	已知主动轴 O_1 与从动轴 O_3 垂直交错，两轴中心距 d，给定函数关系 $\psi=f(\phi)$，见图 b，求 L_1、L_2、L_3、f、h、ϕ_1 六个参数 由于该机构中待定参数为6个，故可用插值法确定 ψ 和 ϕ 关系的6个插值结点。由于当机构尺寸按同一比例放大或缩小时实现函数 $\psi=\psi(\phi)$ 不受影响，因此可任意设定 d。又如果主、从动杆的初始角分别为 ϕ_1、ψ_1，由连杆 AB 的定长约束方程式得 $(A_{jx}-B_{jx})^2+(A_{jy}-B_{jy})^2+(A_{jz}-B_{jz})^2=L_2^2$ （4） 式中 $j=1,2,\cdots,6$ $A_{jx}=h-L_1\sin\phi_j$ $A_{jy}=0$ $A_{jz}=-L_1\cos\phi_j$ $B_{jx}=0$ $B_{jy}=f-L_3\sin\psi_j$ $B_{jz}=d-L_3\cos\psi_j$ 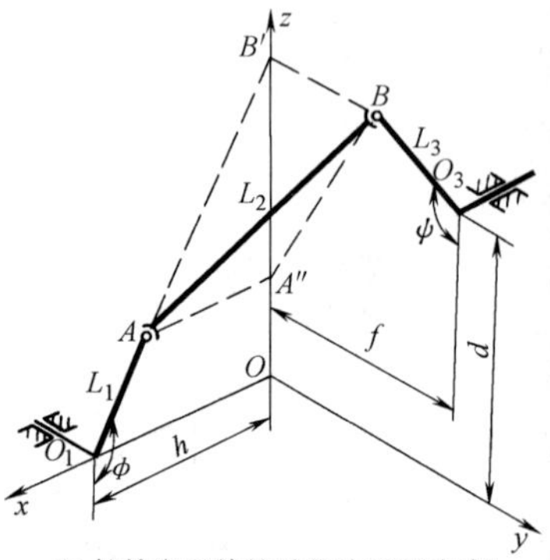 b）按给定函数关系设计RSSR机构 若将 $\phi_j=\phi_1+\phi_{1j}$ 代入式(4)，可得一组非线性方程式 $P_1\cos\phi_{1j}+P_2\sin\phi_{1j}+P_3\cos\psi_j+P_4\sin\psi_j+P_5\cos\psi_j\sin\phi_{1j}+P_6=\cos\psi_j\cos\phi_{1j}$ （5） 其中 $P_1=\dfrac{d-h\tan\phi_1}{L_3}$，$P_2=-\dfrac{d\tan\phi_1+h}{L_3}$，$P_3=-\dfrac{d}{L_1\cos\phi_1}$，$P_4=-\dfrac{f}{L_1\cos\phi_1}$，$P_5=\tan\phi_1$， $P_6=\dfrac{(h^2+L_1^2+L_3^2+f^2+d^2-L_2^2)}{2L_1L_3\cos\phi_1}$
	设计步骤	1）由插值逼近法确定6个插值结点 2）假定 ψ_1，求 ψ_j $\psi_j=\psi_1+\psi_{1j}$，$j=1,2,\cdots,6$ 3）确定 P_1、P_2、…、P_6 以 $\phi_{11}(=0)$、ψ_1、ϕ_{12}、ψ_2、…、ϕ_{16}、ψ_6 代入式(5)，并用矩阵表示为 $\begin{pmatrix}1 & 0 & \cos\psi_1 & \sin\psi_1 & 0 & 1\\ \cos\phi_{12} & \sin\phi_{12} & \cos\psi_2 & \sin\psi_2 & \cos\psi_2\sin\phi_{12} & 1\\ \vdots & \vdots & \vdots & \vdots & \vdots & \vdots\\ \cos\phi_{16} & \sin\phi_{16} & \cos\psi_6 & \sin\psi_6 & \cos\psi_6\sin\phi_{16} & 1\end{pmatrix}\begin{pmatrix}P_1\\P_2\\ \vdots\\P_6\end{pmatrix}=\begin{pmatrix}\cos\psi_1\\ \cos\psi_2\cos\phi_{12}\\ \vdots\\ \cos\psi_6\cos\phi_{16}\end{pmatrix}$ 可解出 P_1、P_2、…、P_6 4）计算 ϕ_1、L_1、f、h、L_3 和 L_2 $\phi_1=\arctan(P_5)$ $L_1=-\dfrac{d}{P_3\cos\phi_1}$ $f=-P_4L_1\cos\phi_1$ $h=\dfrac{d(P_1\tan\phi_1+P_2)}{P_2\tan\phi_1-P_1}$ $L_3=\dfrac{d-h\tan\phi_1}{P_1}$ $L_2=\sqrt{h^2+L_1^2+L_3^2+f^2+d^2-2L_1L_3P_6\cos\phi_1}$

（续）

设计方法		说　明
按从动杆摆角和急回特性设计 RSSR 机构	基本原理	已知主动轴 O_1 与从动轴 O_3 垂直交错（见图 c），两轴中心距 d、摆杆摆角 ψ_0 及行程速比系数 $K=1$。求此空间曲柄摇杆机构的曲柄长度 L_1、连杆长度 L_2、摇杆长度 L_3、O_1 至 ZZ 的距离 h 及 O_3 至 ZZ 的距离 f 按行程速比系数 $K=1$ 的要求，可使摇杆上 B 点的两极限位置 B_1、B_2 连线的延长线 ZZ 通过曲柄轴心 O_1。这个方案有利于机构运转平稳，受力状态良好，也简化设计过程。因为此时 $h=0$，连杆 AB 的两极限位置 A_1B_1、A_2B_2 位于平面 V 和 W 的交线 ZZ 上。且 $L_2=\overline{A_1B_1}=\overline{A_2B_2}=\overline{A_1O_1}+\overline{O_1B'}-\overline{B_1B'}=\overline{O_1B'}=d$ 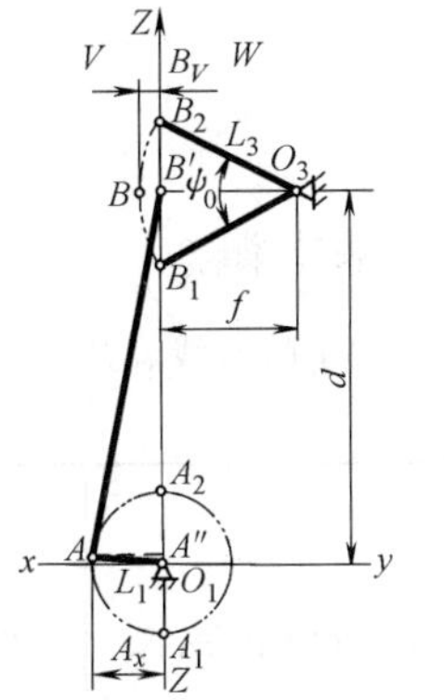 c) 按急回特性设计RSSR机构
	设计步骤	1）选择曲柄长度 L_1 $L_1=\dfrac{L_2}{3}$，L_1 小对传动平稳有利 2）计算 L_3 和 f $$L_3=\frac{\overline{B_1B_2}}{2\sin\dfrac{\psi_0}{2}}=\frac{L_1}{\sin\dfrac{\psi_0}{2}}$$ $$f=L_1\cot\frac{\psi_0}{2}$$ 3）$L_2=d$，$h=0$
按主、从动杆三组对应位置设计 RSSP 机构	基本原理	已知从动滑块的移动导路与主动轴垂直交错（见图 d），又给定主、从动杆三组对应位置 θ_1、θ_2、θ_3 和 s_{D1}、s_{D2}、s_{D3}。求此空间曲柄滑块机构的设计参数 h_1、h_4 和 s_A（选定 l 时）或 l（选定 s_A 时） 此空间曲柄滑块机构的设计方程式为 $$s_{Di}^2+2(s_A\cos\alpha_4+h_1\sin\theta_i\sin\alpha_4)s_{Di}+h_1^2-l^2+h_4^2+s_A^2+2h_1h_4\cos\theta_i=0$$ 由已知条件 $\alpha_4=90°$，上式可简化为 $$R_1\cos\theta_i-R_2s_{Di}\sin\theta_i+R_3=0.5s_{Di}^2$$ 式中 $R_1=-h_1h_4$，$R_2=h_1$，$R_3=0.5(l^2-h_1^2-h_4^2-s_A^2)$ 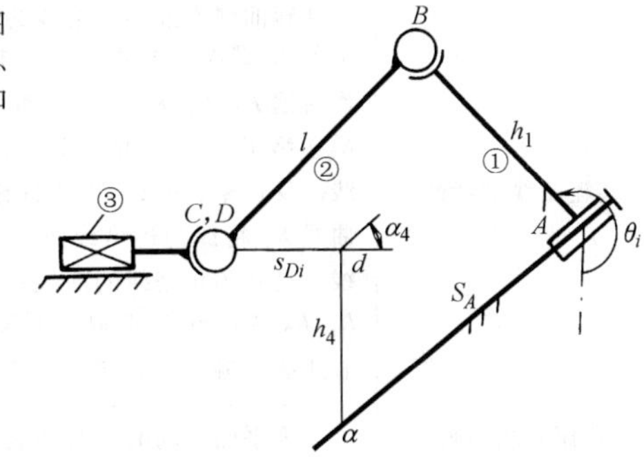 d) 按三组对应位置设计RSSP机构
	设计步骤	1）将主、从动杆的三组对应位置 θ_1、θ_2、θ_3 和 s_{D1}、s_{D2}、s_{D3} 代入设计计算公式得三个线性方程式 $$R_1\cos\theta_1-R_2s_{D1}\sin\theta_1+R_3=0.5s_{D1}^2$$ $$R_1\cos\theta_2-R_2s_{D2}\sin\theta_2+R_3=0.5s_{D2}^2$$ $$R_1\cos\theta_3-R_2s_{D3}\sin\theta_3+R_3=0.5s_{D3}^2$$ 2）由上述三个线性方程式可解出 R_1、R_2 和 R_3 3）再由 R_1、R_2 和 R_3 等式，在选定 l 后解得机构设计参数 h_1、h_4 和 s_A。或者在选定 s_A 后，解得机构设计参数 h_1、h_4 和 l

第 3 章　共轭曲线机构设计

1　基本概念

关于瞬心线、共轭曲线、包络线及共轭曲线机构的基本概念见表 11.3-1。

表 11.3-1　瞬心线、共轭曲线、包络线及共轭曲线机构的基本概念

瞬心线的相关定义	瞬心	当两构件互做平面相对运动时，在这两构件上绝对速度相同或者说相对速度等于零的瞬时等速重合点称为瞬心
	相对瞬心线	把每一个构件上曾经作为瞬心的各点连接起来，所得到的两条轨迹曲线称为相对瞬心线
	定瞬心线	如果两构件中有一构件为机架，则在机架上的瞬心轨迹曲线称为定瞬心线
	动瞬心线	在运动构件上的瞬心轨迹称为动瞬心线
共轭曲线与包络的概念	所谓共轭曲线（如齿轮齿廓曲线）是指两构件上用以实现给定运动规律的连续相切的一对曲线，两共轭曲线的运动是滚动加滑动。两条曲线中的任意一条曲线都是另一条曲线的包络线。包络线的定义是：若有一条曲线 Γ，它上面的每一点都属于曲线族（这里所称的曲线族是一条在曲线运动过程所占据一系列位置的曲线）$\{K^t\}$ 中唯一的一条曲线 K^t 上的点，而且 Γ 和 K^t 在该点相切，曲线 Γ 称为曲线族 $\{K^t\}$ 的包络线	
瞬心线与共轭曲线的形成	如图所示，构件 1 上有曲线 C_1 和 K_1；构件 2 上有曲线 C_2 和 K_2。当 C_1 和 C_2 做纯滚动时，K_1 和 K_2 始终相切，并且做连滚带滑的运动。则 C_1 和 C_2 为一对瞬心线，而 K_1 和 K_2 为一对共轭曲线	
共轭曲线的特性	共轭曲线有互为包络线的特性。如让构件 2 固定不动，此时 K_2 和 C_2 都固定不动。让 C_1 相对 C_2 做纯滚动，则 K_1 在 K_2 上依次占据 K_1、K_1^1、K_1^2 等位置而形成一个曲线族。由图可见，曲线 K_2 包络了曲线 K_1 的各个位置。称 K_2 为包络线而 K_1 为被包络线。反过来，如果构件 1 固定不动，当 C_2 相对 C_1 做纯滚动时，曲线 K_1 将成为包络线而 K_2 变为被包络线。因此一对共轭曲线也是互为包络线的曲线；从图中也可看到，过一对共轭曲线 K_1、K_2 的接触点 M、M^1、M^2 等画其公法线必定通过 C_1、C_2 两瞬心线的接触切点 P、P^1、P^2 等瞬心	
共轭曲线与瞬心线的区别	作为平面运动的一对共轭曲线与一对瞬心线的相同之处是两者都是点接触的高副运动；不同之处是两瞬心线间在接触点处的运动是纯滚动，而共轭曲线间在接触点处的运动是滚动兼滑动	
共轭曲线机构的定义	通过共轭曲线来传递运动的机构称为共轭曲线机构	
共轭曲线机构的分类	1）定速比传动共轭曲线机构 2）变速比传动共轭曲线机构	

2　定速比传动的共轭曲线机构设计

2.1　坐标转换

坐标变换的意义及公式见表 11.3-2。

2.2　共轭曲线的求法

2.2.1　应用包络法求共轭曲线

用包络法求共轭曲线 K_2 见表 11.3-3。

表 11.3-2　坐标变换的意义及公式

坐标变换的意义	在机械工程中如空间复杂曲面建模、空间机构的运动关系等都需要坐标变换。在共轭曲线机构设计中，更离不开坐标变换

（续）

坐标变换的意义	空间同一点在不同坐标系下的运动轨迹是不同的，如车刀车削螺杆［见图 a(i)］，刀头与旋转工件接触点 P［图 a(ii)］，在机架的固定坐标系下，刀头上的 P 点的运动是沿工件轴向做直线运动，工件上的 P 点是绕工件回转轴线转动。而当观察者站在与刀头固连的动坐标系下，看与旋转工件相固连的动坐标系时，工件上的 P 点既转动又沿直线移动，即做螺旋运动，所以才能加工出螺纹。在确定的坐标系下，空间每一点的坐标是确定的，但在不同的坐标系下，同一点一般有不同的坐标 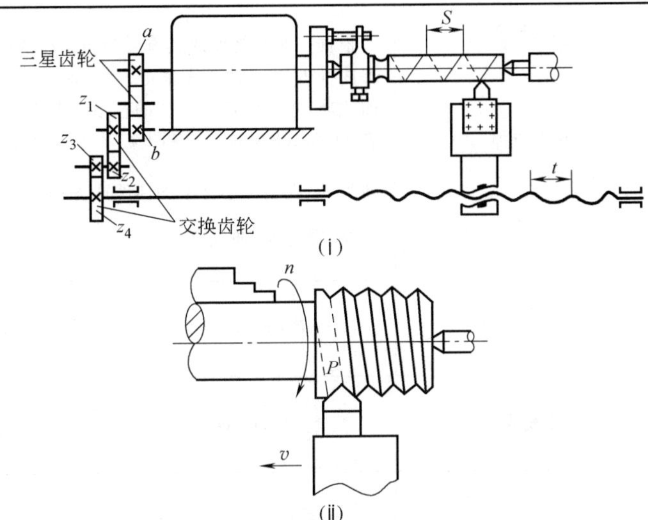 a）车削螺杆过程的坐标关系
已知条件	如图 b 所示，齿轮 1、2 分别绕 O_1、O_2 旋转，其中心距为 a，节圆半径为 r_1 和 r_2，节点为 P。齿条 r 的节线在两节圆的公切线位置。xPy 是以节点 P 为原点的固定坐标系，$x_1O_1y_1$、$x_2O_2y_2$、$x_rO_ry_r$ 是分别与齿轮 1、齿轮 2 及齿条 r 固连的坐标系。当齿轮 1 从初始位置起转动 ϕ_1 角时、齿轮 2 从初始位置起转动了 ϕ_2 角，齿条移动了 $r_1\phi_1=r_2\phi_2$ 距离 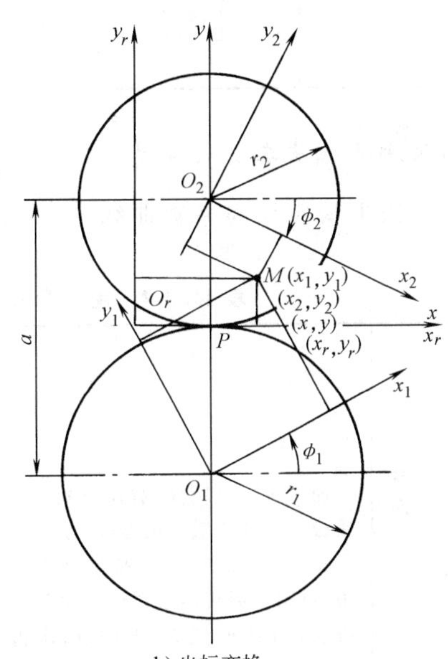 b) 坐标变换

已知坐标		x_1、y_1	x_2、y_2	x_r、y_r	x、y
待求坐标	x_1	—	$x_2\cos(\phi_1+\phi_2)+y_2\sin(\phi_1+\phi_2)+a\sin\phi_1$	$(x_r-r_1\phi_1)\cos\phi_1+(y_r+r_1)\sin\phi_1$	$x\cos\phi_1+(y+r_1)\sin\phi_1$
	y_1	—	$-x_2\sin(\phi_1+\phi_2)+y_2\cos(\phi_1+\phi_2)+a\cos\phi_1$	$(-x_r+r_1\phi_1)\sin\phi_1+(y_r+r_1)\cos\phi_1$	$-x\sin\phi_1+(y+r_1)\cos\phi_1$
	x_2	$x_1\cos(\phi_1+\phi_2)-y_1\sin(\phi_1+\phi_2)+a\cos\phi_2$	—	$(x_r-r_2\phi_2)\cos\phi_2-(y_r-r_2)\sin\phi_2$	$x\cos\phi_2-(y-r_2)\sin\phi_2$
	y_2	$x_1\sin(\phi_1+\phi_2)+y_1\cos(\phi_1+\phi_2)-a\cos\phi_2$	—	$(x_r-r_2\phi_2)\sin\phi_2+(y_r-r_2)\cos\phi_2$	$x\sin\phi_2+(y-r_2)\cos\phi_2$
	x_r	$x_1\cos\phi_1-y_1\sin\phi_1+r_1\phi_1$	$x_2\cos\phi_2+y_2\sin\phi_2+r_2\phi_2$	—	$x+r_1\phi_1$
	y_r	$x_1\sin\phi_1+y_1\cos\phi_1-r_1$	$-x_2\sin\phi_2+y_2\cos\phi_2+r_2$	—	y
	x	$x_1\cos\phi_1-y_1\sin\phi_1$	$x_2\cos\phi_2+y_2\sin\phi_2$	$x_r-r_1\phi_1$	—
	y	$x_1\sin\phi_1+y_1\cos\phi_1-r_1$	$-x_2\sin\phi_2+y_2\cos\phi_2+r_2$	y_r	—

注：表中齿轮 2 也可以是内齿轮，只要将表中的 r_2、ϕ_2 及 a 都以负值代入即可。

表 11.3-3　用包络法求共轭曲线 K_2

基本原理	根据一对共轭曲线具有互为包络线的性质，当给定其中一条曲线 K_1 时，可用包络法求得另一曲线 K_2。方法是先求得 K_1 运动过程中在与 K_2 固连的坐标系 2 上的一系列位置，得到一个曲线族，然后画该曲线族的包络线即为 K_2。求曲线族方程可以用坐标转换法来完成，即根据表 11.3-2 中坐标系 1 和坐标系 2 间的坐标转换式，将曲线 K_1 式中的 x_1、y_1 代以 x_2、y_2 和 ϕ_1，即为 K_1 在坐标系 2 上的曲线族方程（式中的 $\phi_2=\phi_1\dfrac{r_1}{r_2}=\phi_1 i_{21}$）。然后应用微分几何求其包络线，即得 K_2 曲线		
给定 K_1 曲线	$F_1(x_1,y_1)=0$	$y_1=y_1(x_1)$	$\begin{cases}x_1=x_1(u)\\y_1=y_1(u)\end{cases}$
曲线族	$F_2(x_2,y_2,\phi_1)=0$	$y_2=y_2(x_2,\phi_1)$	$\begin{cases}x_2=x_2(u,\phi_1)\\y_2=y_2(u,\phi_1)\end{cases}$
包络线 K_2	$\begin{cases}F_2(x_2,y_2,\phi_1)=0\\\dfrac{\partial F_2}{\partial\phi_1}=0\end{cases}$	$\begin{cases}y_2=y_2(x_2,\phi_1)\\\dfrac{\partial y_2}{\partial\phi_1}=0\end{cases}$	$\begin{cases}x_2=x_2(u,\phi_1)\\y_2=y_2(u,\phi_1)\\\dfrac{\partial y_2}{\partial u}\dfrac{\partial x_2}{\partial\phi_1}-\dfrac{\partial y_2}{\partial\phi_1}\dfrac{\partial x_2}{\partial u}=0\end{cases}$

2.2.2　应用齿廓法线法求共轭曲线

用齿廓法线法求啮合线和共轭曲线 K_2 见表 11.3-4。

2.2.3　应用卡姆士定理求一对共轭曲线

用卡姆士定理求一对共轭曲线 K_1 和 K_2 见表 11.3-5。

表 11.3-4　用齿廓法线法求啮合线和共轭曲线 K_2

基本原理	如图所示，根据齿廓啮合基本定律，一对共轭齿廓在接触点的公法线必定通过节点 P。当给定 K_1 求 K_2 时，可在 K_1 上任选一点，找出该点进入啮合位置时的 ϕ_1 角，再用坐标转换法即可求得啮合线和 K_2 曲线上的对应点。不断改变 K_1 上的点，求得的即是啮合线和 K_2 曲线		
给定 K_1 曲线	$F_1(x_1,y_1)=0$	$y_1=y_1(x_1)$	$\begin{cases}x_1=x_1(u)\\y_1=y_1(u)\end{cases}$
γ	$\tan\gamma=\dfrac{\partial F_1}{\partial x_1}\Big/\dfrac{\partial F_1}{\partial y_1}$	$\tan\gamma=\dfrac{dy_1}{dx_1}$	$\tan\gamma=\dfrac{dy_1}{du}\Big/\dfrac{dx_1}{du}$
ϕ_1	$\phi_1=\arcsin\left(\dfrac{x_1\cos\gamma+y_1\sin\gamma}{r_1}\right)-\gamma$		

（续）

啮合线	$\begin{cases}x=x_1\cos\phi_1-y_1\sin\phi_1\\y=x_1\sin\phi_1+y_1\cos\phi_1-r_1\end{cases}$
K_1 曲线	$\begin{cases}x_r=x_1\cos\phi_1-y_1\sin\phi_1+r_1\phi_1\\y_r=x_1\sin\phi_1+y_1\cos\phi_1-r_1\end{cases}$
K_2 曲线①	$\begin{cases}x_2=x_1\cos(\phi_1+\phi_2)-y_1\sin(\phi_1+\phi_2)+a\sin\phi_2\\y_2=x_1\sin(\phi_1+\phi_2)+y_1\cos(\phi_1+\phi_2)-a\sin\phi_2\end{cases}$

① 理论上齿轮 2 也可以是内齿轮，只要将表中的 a、ϕ_2 都用负值来代入即可。

表 11.3-5　用卡姆士定理求一对共轭曲线 K_1 和 K_2

基本原理	如图所示，应用卡姆士定理，当 C_1、C_2 和 C_r 三条节线互相滚动时，如给出齿条齿廓曲线 K_r，则由 K_r 求得的两条共轭曲线 K_1 和 K_2 一定也互相共轭。这是用齿条形刀具加工一对共轭齿廓的通用方法。但是应该注意的是当展成 K_1 和 K_2 时，K_r 必须采用不同侧的实体刀具 $K_r^{(1)}$ 或 $K_r^{(2)}$ 来加工	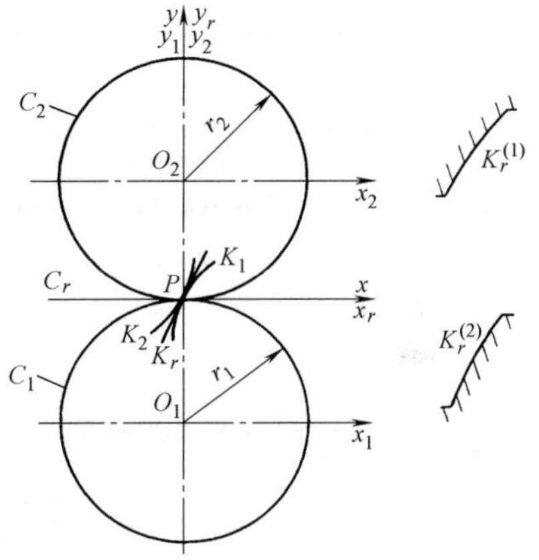	
给定 K_r 曲线	$F_r(x_r,y_r)=0$	$y_r=y_r(x_r)$	$\begin{cases}x_r=x_r(u)\\y_r=y_r(u)\end{cases}$
γ	$\tan\gamma=-\dfrac{\partial F_r}{\partial x_r}\Big/\dfrac{\partial F_r}{\partial y_r}$	$\tan\gamma=\dfrac{\mathrm{d}y_r}{\mathrm{d}x_r}$	$\tan\gamma=\dfrac{\mathrm{d}y_r}{\mathrm{d}u}\Big/\dfrac{\mathrm{d}x_r}{\mathrm{d}u}$
ϕ_1	$\phi_1=\dfrac{x_r+y_r\tan\gamma}{r_1}$		
啮合线	$\begin{cases}x=-y_r\tan\gamma\\y=y_r\end{cases}$		
K_1 曲线	$\begin{cases}x_1=(x_r-r_1\phi_1)\cos\phi_1+(y_r+r_1)\sin\phi_1\\y_1=(-x_r+r_1\phi_1)\sin\phi_1+(y_r+r_1)\cos\phi_1\end{cases}$		
K_2 曲线①	$\begin{cases}x_2=(x_r-r_2\phi_2)\cos\phi_2-(y_r-r_2)\sin\phi_2\\y_2=(x_r-r_2\phi_2)\sin\phi_2+(y_r-r_2)\cos\phi_2\end{cases}$		

① 理论上齿轮 2 也可以是内齿轮，只要将表中的 r_2、ϕ_2 都用负值来代入即可。当然从加工的角度看，内齿轮是不能用齿条形刀具切制的。

2.2.4　设计实例

设计实例见表 11.3-6。

2.3　过渡曲线

过渡曲线见表 11.3-7。

表 11.3-6 设计实例

题目	求与矩形花键共轭的插齿刀齿廓方程
应用包络线法求解	**解** 花键齿形及有关的坐标系如图所示,各坐标系都处于起始位置,花键齿廓方程为 $$F_1=x_1\pm b=0 \quad (1)$$ 式中 加减符号分别代表花键的左、右齿廓 将表 11.3-2 中的 $x_1=x_2\cos(\phi_1+\phi_2)+y_2\sin(\phi_1+\phi_2)+a\sin\phi_1$ 代入式(1)得 $$F_2(x_2,y_2,\phi_1)=x_2\cos(\phi_1+\phi_2)+y_2\sin(\phi_1+\phi_2)+a\sin\phi_1\pm b=0$$ 因为 $\phi_2=\phi_1\dfrac{r_1}{r_2}=\phi_1 i_{21}$, 所以 $$F_2(x_2,y_2,\phi_1)=x_2\cos(\phi_1+\phi_1 i_{21})+y_2\sin(\phi_1+\phi_1 i_{21})+a\sin\phi_1\pm b=0 \quad (2)$$ 于是 $$\frac{\partial F_2}{\partial\phi_1}=-x_2\sin(\phi_1+\phi_1 i_{21})(1+i_{21})+y_2\cos(\phi_1+\phi_1 i_{21})(1+i_{21})+a\cos\phi_1=0 \quad (3)$$ 联立式(2)、式(3)可得包络线方程 $$\begin{cases}x_2=\mp b\cos(\phi_1+\phi_2)-r_1\cos\phi_1\sin(\phi_1+\phi_2)+a\sin\phi_2\\ y_2=\mp b\sin(\phi_1+\phi_2)+r_1\cos\phi_1\cos(\phi_1+\phi_2)-a\cos\phi_2\end{cases}$$
应用齿廓法线法求解	**解** 花键齿形与有关的坐标系如右图所示, 应用表 11.3-4 可得 K_1 曲线方程 $$x_1=\mp b$$ 式中 减加符号分别代表花键的左、右齿廓 及 $$\gamma=\arctan\left(\frac{dy_1}{dx_1}\right)=\frac{\pi}{2}$$ 故 $$\phi_1=\arcsin\left(\frac{x_1\cos\gamma+y_1\sin\gamma}{r_1}\right)-\gamma=\arcsin\left(\frac{y_1}{r_1}\right)-\frac{\pi}{2}$$ 或 $$y_1=r_1\cos\phi_1$$ 啮合线方程 $$\begin{cases}x=\mp b\cos\phi_1-r_1\sin\phi_1\cos\phi_1\\ y=\mp b\sin\phi_1-r_1\sin^2\phi_1\end{cases}$$ K_2 曲线方程 $$\begin{cases}x_2=\mp b\cos(\phi_1+\phi_2)-r_1\cos\phi_1\sin(\phi_1+\phi_2)+a\sin\phi_2\\ y_2=\mp b\sin(\phi_1+\phi_2)+r_1\cos\phi_1\cos(\phi_1+\phi_2)-a\cos\phi_2\end{cases}$$ 显然, 用齿廓法线法求得的 K_2 曲线方程与用包络线法求得的结果相同

表 11.3-7 过渡曲线

过渡曲线的概念	用展成法加工齿轮时,刀具齿顶在被加工齿轮1的轮齿根部形成一条曲线,将齿廓共轭曲线段和齿根圆弧段连接起来,这段曲线称为过渡曲线,如图 a 中的 *FG* 段	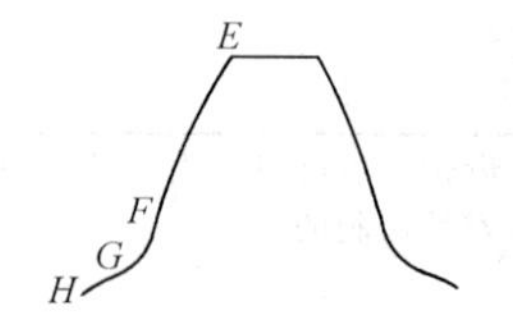 *EF*—共轭曲线段 *GH*—齿根圆弧段 *FG*—过渡曲线段 a)

（续）

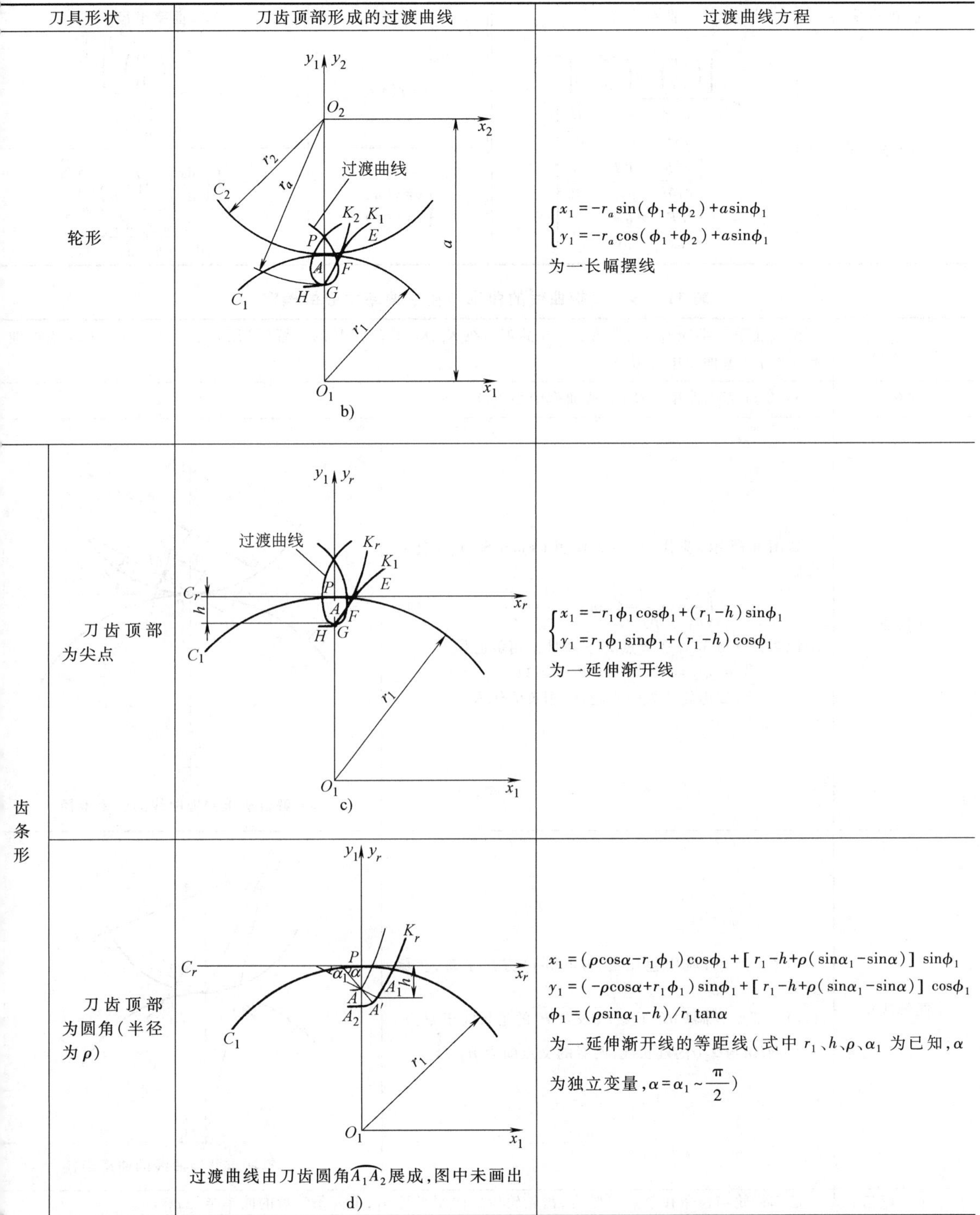

刀具形状	刀齿顶部形成的过渡曲线	过渡曲线方程
轮形	b)	$\begin{cases} x_1=-r_a\sin(\phi_1+\phi_2)+a\sin\phi_1 \\ y_1=-r_a\cos(\phi_1+\phi_2)+a\sin\phi_1 \end{cases}$ 为一长幅摆线
齿条形 刀齿顶部为尖点	c)	$\begin{cases} x_1=-r_1\phi_1\cos\phi_1+(r_1-h)\sin\phi_1 \\ y_1=r_1\phi_1\sin\phi_1+(r_1-h)\cos\phi_1 \end{cases}$ 为一延伸渐开线
齿条形 刀齿顶部为圆角（半径为 ρ）	过渡曲线由刀齿圆角$\widehat{A_1A_2}$展成，图中未画出 d)	$x_1=(\rho\cos\alpha-r_1\phi_1)\cos\phi_1+[r_1-h+\rho(\sin\alpha_1-\sin\alpha)]\sin\phi_1$ $y_1=(-\rho\cos\alpha+r_1\phi_1)\sin\phi_1+[r_1-h+\rho(\sin\alpha_1-\sin\alpha)]\cos\phi_1$ $\phi_1=(\rho\sin\alpha_1-h)/r_1\tan\alpha$ 为一延伸渐开线的等距线（式中 r_1、h、ρ、α_1 为已知，α 为独立变量，$\alpha=\alpha_1\sim\frac{\pi}{2}$）

．4　共轭曲线的曲率半径及其关系

已知不同形式的齿廓曲线方程，由表 11.3-8 可求得曲线上各点的曲率半径。一般情况下，齿廓曲线 K_1 方程比较简单，故 ρ_1 容易求，有时甚至于可不用公式计算，直接从齿形上获得。而齿廓曲线 K_2 的方程往往比较复杂，用表 11.3-8 求 ρ_2 就更复杂。表 11.3-9 给出了不通过 K_2 方程，直接由 ρ_1 求 ρ_2 的方法。

表 11.3-8　曲线的曲率半径

已知曲线	曲率半径	已知曲线	曲率半径
$F(x,y)=0$	$\rho=\dfrac{\left[\left(\dfrac{\partial F}{\partial x}\right)^2+\left(\dfrac{\partial F}{\partial y}\right)^2\right]^{\frac{3}{2}}}{\begin{vmatrix}\dfrac{\partial^2 F}{\partial x^2} & \dfrac{\partial^2 F}{\partial x\partial y} & \dfrac{\partial F}{\partial x}\\ \dfrac{\partial^2 F}{\partial y\partial x} & \dfrac{\partial^2 F}{\partial y^2} & \dfrac{\partial F}{\partial y}\\ \dfrac{\partial F}{\partial x} & \dfrac{\partial F}{\partial y} & 0\end{vmatrix}}$	$y=y(x)$	$\rho=\dfrac{\left[1+\left(\dfrac{dy}{dx}\right)^2\right]^{\frac{3}{2}}}{\dfrac{d^2y}{dx^2}}$
		$\begin{cases}x=x(u)\\ y=y(u)\end{cases}$	$\rho=\dfrac{\left[\left(\dfrac{dx}{du}\right)^2+\left(\dfrac{dy}{du}\right)^2\right]^{\frac{3}{2}}}{\dfrac{dx}{du}\times\dfrac{d^2y}{du^2}-\dfrac{d^2x}{du^2}\times\dfrac{dy}{du}}$

表 11.3-9　共轭曲线的曲率半径或曲率中心的确定

已知条件	两齿轮节圆半径 r_1、r_2，齿轮上一对共轭曲线 K_1、K_2 啮合点 M 的位置（可用 α'、r 表示），K_1 在 M 点的曲率半径 ρ_1（或曲率中心 H_1）	
求解	K_2 在 M 点的曲率半径 ρ_2（或曲率中心 H_2）	
解析法	如图 a 所示，应用欧拉-萨伐里（Euler-Savary）公式求解 $$\left(\frac{1}{\rho_1-r}+\frac{1}{\rho_2+r}\right)\sin\alpha'=\frac{1}{r_1}+\frac{1}{r_1}\qquad(1)$$ 说明：1）当 M 点在节点 P 下面时，r 用负值代入 2）ρ_1、ρ_2 以外凸为正，内凹为负 3）如齿轮 2 为内齿轮，r_2 用负值代入	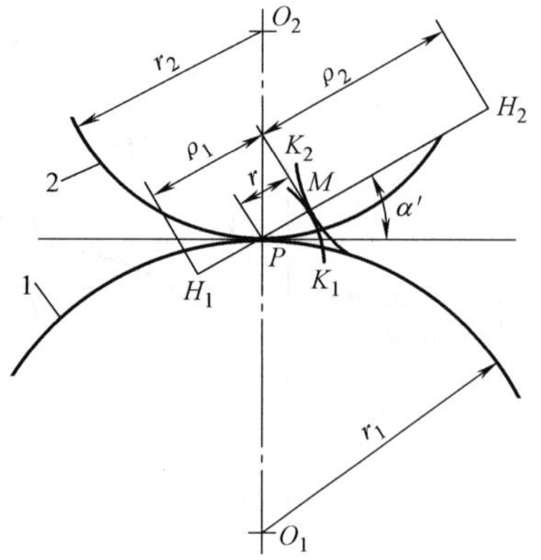 a）解析法求共轭曲线的曲率半径
图解法	如图 b 所示，应用包比雷（Bobillier）方法求解，步骤如下 1）过节点 P 画 $\overline{PM}$ 的垂线 $\overline{PQ}$ 交 $\overline{O_1H_1}$ 的延长线于 Q 点 2）画 $\overline{PM}$ 与 $\overline{O_2Q}$ 的延长线，两者的交点即为 H_2	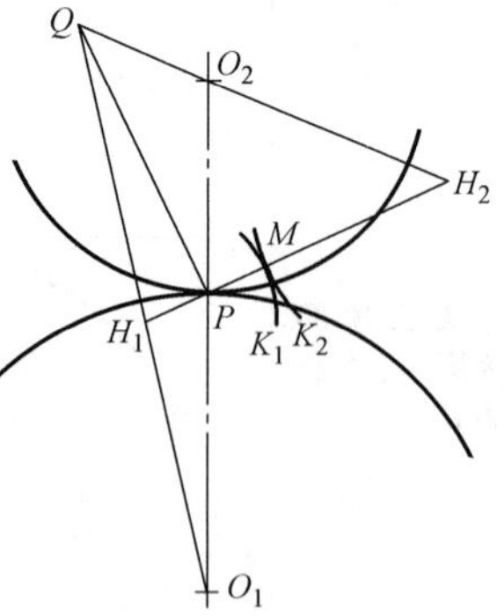 b）图解法求共轭曲线的曲率半径
例题　题目	已知齿轮与齿条在节点 P 啮合，齿轮轮齿的曲率半径 ρ_1，求齿条轮齿的曲率半径 ρ_r	
例题　解析法	**解**　将图 a 中的齿轮 2 改成齿条 r，则从啮合点到节点的距离 $r=0$，$r_r\to\infty$，故式（1）可改写成 $$\left(\frac{1}{\rho_1}+\frac{1}{\rho_r}\right)\sin\alpha'=\frac{1}{r_1}$$	

（续）

例题	解析法	或 $$\rho_r=\frac{\rho_1 r_1 \sin\alpha'}{\rho_1-r_1\sin\alpha'}$$ 比较 ρ_1 和 $r_1\sin\alpha'$ 的大小，有以下三种情况： 1）当 $\rho_1>r_1\sin\alpha'$ 时，$\rho_r>0$，K_r 外凸 2）当 $\rho_1=r_1\sin\alpha'$ 时，$\rho_r\to\infty$，K_r 可以是直线 3）当 $\rho_1<r_1\sin\alpha'$ 时，$\rho_r<0$，K_r 内凹
	图解法	**解**　图 c 中，齿轮轮齿的曲率中心为 H_1，用图解法求得了齿条轮齿的曲率中心 H_r 的位置，与解析法得到的结果是一致的 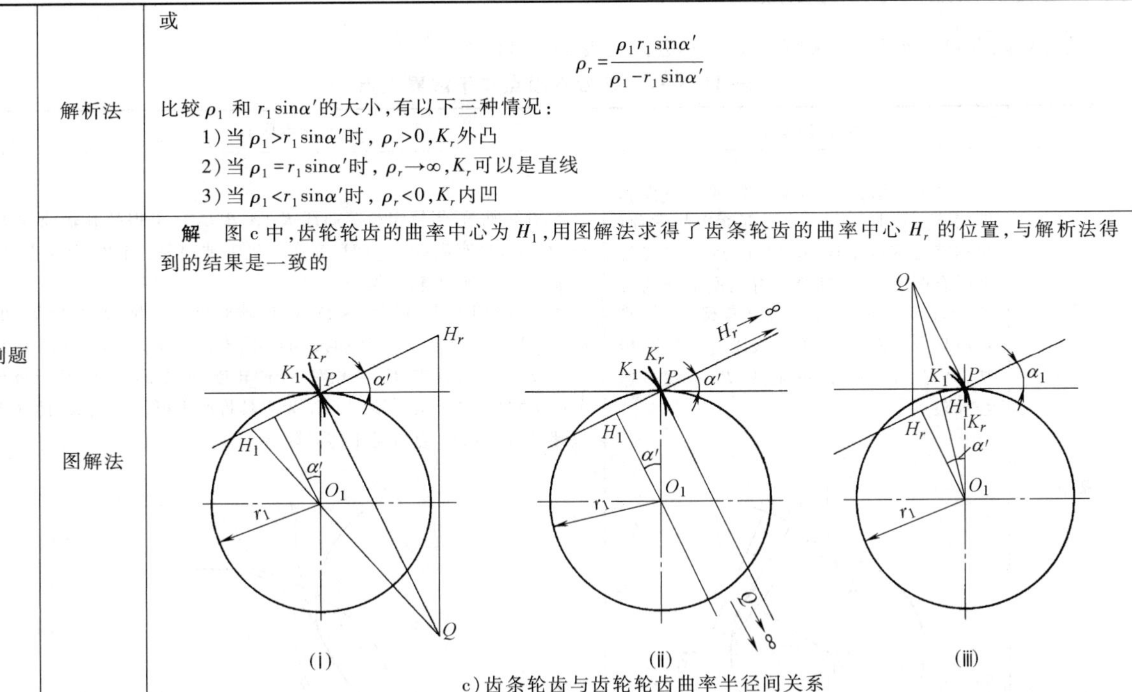 c）齿条轮齿与齿轮轮齿曲率半径间关系

2.5　啮合角、压力角、滑动系数和重合度

一对共轭齿廓在传递运动过程中，具有啮合角、压力角、滑动系数及重合度等一些质量指标。这些质量指标的定义、作用和计算公式见表 11.3-10。

表 11.3-10　啮合角、压力角、滑动系数和重合度

名称	啮合角 α'	压力角 α	滑动系数 U	重合度 ε
定义	共轭齿廓过啮合点 M 的公法线与两节圆公切线所夹的锐角	轮齿受力点的法线与该点速度 v_{M2} 方向间所夹的锐角	在 dt 时间内，K_1、K_2 上啮合点移动的弧长为 ds_1 和 ds_2，则 $U_1=\frac{ds_1-ds_2}{ds_1}$ $U_2=\frac{ds_2-ds_1}{ds_2}$	一对共轭齿廓从开始啮合到终止啮合，在一个轮上所转角度与该轮一个齿距对应的圆心角之比
作用	啮合角越大，轮轴受力也越大，啮合角波动对轮轴受力平稳性有影响	压力角越大，轮齿传递运动的有效分离越小	滑动系数是衡量轮齿磨损难易的一个质量指标	ε 越大，同时啮合的轮齿对数越多，为了连续传动，应使 $\varepsilon>1$
计算公式	$\alpha'=\left\|\arctan\frac{y}{x}\right\|$	$\alpha=\left\|\arccos\frac{x_2x_2'+y_2y_2'}{\sqrt{x_2^2+y_2^2}\sqrt{x_2'^2+y_2'^2}}\right\|$	$U_1=\frac{(1+i_{21})l}{l+r_1}$ $U_2=\frac{(1+i_{12})l}{l-r_2}$ $l=y+s\frac{x'}{y'}$	对于任意齿廓曲线，应通过电算求解

注：1. 表中 $x=x(u)$、$y=y(u)$ 为啮合点 M 的坐标，$x'=\frac{dx}{du}$、$y'=\frac{dy}{du}$。同样，$x_2=x_2(u)$、$y_2=y_2(u)$ 为 K_2 上 M 点坐标，$x_2'=\frac{dx_2}{du}$、$y_2'=\frac{dy_2}{du}$，$i_{12}=\frac{r_2}{r_1}$、$i_{21}=\frac{r_1}{r_2}$。

2. 这里压力角 α 的计算是对从动轮 2 来说的，主动轮的压力角从略。

2.6 啮合界限点的干涉界限点

啮合界限点和干涉界限点的概念及计算公式见表 11.3-11。

表 11.3-11 啮合界限点和干涉界限点

	啮合界限点			干涉界限点		
概念	如图 a 所示，对于任意给定的一条齿廓曲线 K_1，其上各点不一定都能参与啮合。根据啮合基本定律，图中 A_1 点的法线与节圆有两个交点，理论上有两次啮合的可能。C_1 点的法线与节圆没有交点，就不可能啮合。而 B_1 点的法线刚好与节圆相切，只有一次啮合的可能，故 B_1 点就是啮合界限点 a)			如图 b 所示，当给定齿廓曲线 $K_1(A_1B_1C_1)$，求得的共轭曲线 $K_2(A_2B_2C_2)$ 具有尖点 (B_2) 时，就会产生干涉现象（当 B_2 为拐点时，也能产生干涉，但较少见） 虽然 K_1 的 A_1B_1 段与 K_2 的 A_2B_2 段是能正常啮合的，但 K_2 的 B_2C_2 段因与 K_1 产生干涉而无用。不仅如此，K_1 的 B_1C_1 段在与 B_2C_2 段共轭过程中，C_1 点相对 K_2 的轨迹（图中的双点画线）将与 A_2B_2 段相交也产生干涉（如 K_1 为刀具将产生根切），故 K_1 曲线不应超过 B_1 点，B_1 点就是干涉界限点 b)		
啮合情况	齿轮与齿轮	齿轮与齿条		齿轮与齿轮	齿轮与齿条	
已知	K_1	K_1	K_r	K_1	K_1	K_r
计算公式	$x_1\cos\gamma+y_1\sin\gamma=r_1$ 式中的 γ 可利用表 11.3-4 根据 K_1 的表达式求解。将上式与 K_1 方程联解，即得啮合界限点	由于齿条的节圆是直线，齿廓的法线与其交点只有一点，且在理论上都能相交，故没有啮合界限点		根据干涉界限点的概念，其曲率 $k_2=\infty$，可得 $[y_1-i_{21}(a\cos\phi_1-y_1)]\dfrac{d\phi_1}{du}-\dfrac{dx_1}{du}=0$ 或 $[x_1-i_{21}(a\sin\phi_1-x_1)]\dfrac{d\phi_1}{du}+\dfrac{dy_1}{du}=0$ 与 K_1 方程联解，即得干涉界限点	根据曲率 $k_r=\infty$ 可得 $(y_1-r_1\cos\phi_1)\dfrac{d\phi_1}{du}-\dfrac{dx_1}{du}=0$ 或 $(x_1-r_1\sin\phi_1)\dfrac{d\phi_1}{du}+\dfrac{dy_1}{du}=0$ 与 K_1 方程联解，即得干涉界限点	根据曲率 $k_1=\infty$ 可得 $y_r\dfrac{d\phi_1}{du}+\dfrac{dx_r}{du}=0$ 或 $(r_1\phi_1-x_r)\dfrac{d\phi_1}{du}+\dfrac{dy_r}{du}=0$ 与 K_r 方程联解，即得干涉界限点
说明	1. K_1 已知时，根据 $x_1=x_1(u)$、$y_1=y_1(u)$，利用表 11.3-4 可求得 $\phi_1=\phi_1(u)$ 2. K_r 已知时，根据 $x_r=x_r(u)$、$y_r=y_r(u)$，利用表 11.3-5 可求得 $\phi_1=\phi_1(u)$ 3. 干涉界限点也是待求齿廓的尖点，其曲率 $k=\infty$，滑动系数 $U=\infty$ 4. 对于已知齿廓，如果其上没有奇点（尖点），则一般没有干涉界限点（与待求齿廓奇点啮合的对应点除外），否则该奇点就是已知齿廓的干涉界限点 5. 对于已知齿廓不一定都有啮合界限点，如渐开线齿廓就没有啮合界限点					

（续）

<table>
<tr><td rowspan="2">例题</td><td>题目</td><td>求矩形花键与其共轭齿廓的啮合界限点和干涉界限点</td></tr>
<tr><td>求解过程</td><td>

解　在本章 2.2.4 节的例题中根据给定的 K_1 曲线（$x_1=\mp b, y_1=u$），已求得 $\gamma=\frac{\pi}{2}$、$\phi_1=\arccos\frac{u}{r_1}$，从本表中啮合界限点的计算式 $x_1\cos\gamma+y_1\sin\gamma=r_1$ 得 $y_1=r_1$，故得啮合界限点 $x_1=\mp b$、$y_1=r_1$ 及对应的 $\phi_1=0$，如图 c 中的 H 点。显然，在初始位置过 H 点画齿廓的法线刚好和节圆 C_1 相切于节点 P。根据干涉界限点的条件式

$$[x_1-i_{21}(a\sin\phi_1-x_1)]\frac{\mathrm{d}\phi_1}{\mathrm{d}u}+\frac{\mathrm{d}y_1}{\mathrm{d}u}=0$$

其中，$\frac{\mathrm{d}x_1}{\mathrm{d}u}=0$，$\frac{\mathrm{d}y_1}{\mathrm{d}u}=1$，$\frac{\mathrm{d}\phi_1}{\mathrm{d}u}=-\frac{1}{r_1\sin\phi_1}$

得干涉界限点 $x_1=\mp b$、$y_1=u=r_1\sqrt{1-\left[\frac{a(i+i_{21})}{r_1(2+i_{21})}\right]^2}$。这里 $y_1<r_1$，即干涉界限点 I 位于啮合界限点 H 的下边，如图 c(ii) 所示。设 $b=10$mm、$r_1=50$mm、传动比 $i=1$，可得 $u=49.554$mm，还可算得 $\phi_1=\mp7.66°$。这就是说干涉界限点 I 要从图 c(i) 的初始位置旋转 7.66°后才进入啮合位置（左、右两侧齿廓转向不同）。另外 I 与 H 点是很接近的，花键齿廓的实际可用范围应在 I 点以下

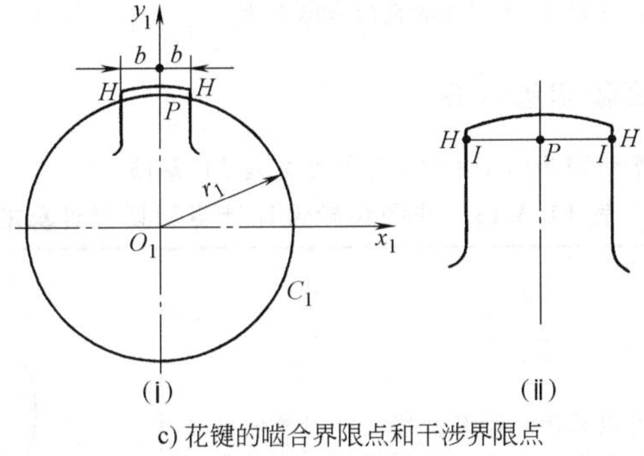

c) 花键的啮合界限点和干涉界限点

</td></tr>
</table>

3　变速比传动的非圆齿轮设计

非圆齿轮具有非圆形的瞬心线（节曲线），一对非圆齿轮传动时，两瞬心线做纯滚动，故可实现变速比传动。它比连杆机构结构紧凑、传动平稳，且能实现连续的单向周期运动。非圆齿轮也能和槽轮机构、连杆机构等其他机构组合，起到减小振动、改善运动特性等作用。

3.1　非圆齿轮瞬心线计算的一般方法

非圆齿轮瞬心线计算公式见表 11.3-12。

表 11.3-12　非圆齿轮的瞬心线

<table>
<tr><td>基本概念</td><td colspan="5">瞬心线是两条做纯滚动的曲线。对于一对非圆齿轮来说，两瞬心线 C_1、C_2 的接触点即瞬心 P 必然始终在 O_1、O_2 连线上。一般以极坐标表示两瞬心线，θ 和 r 分别为极角和向径。根据不同的已知条件可求得 C_1、C_2</td></tr>
<tr><td rowspan="4">一对非圆齿轮传动</td><td rowspan="2">已知条件</td><td colspan="3">中心距 a</td><td rowspan="4">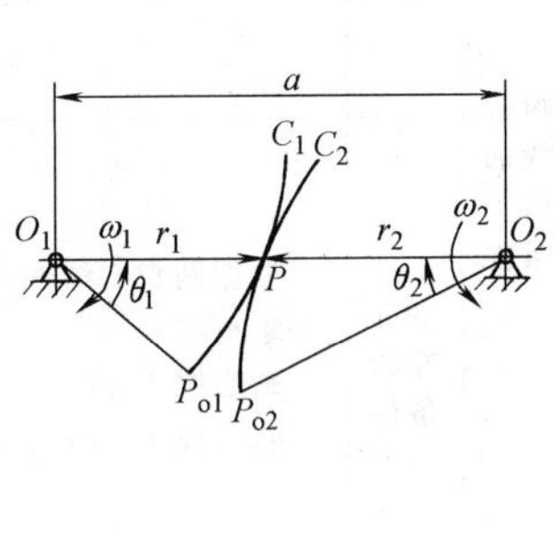</td></tr>
<tr><td>$i_{12}=i_{12}(\theta_1)$</td><td>$\theta_2=\theta_2(\theta_1)$</td><td>$r_1=r_1(\theta_1)$</td></tr>
<tr><td>瞬心线 C_1</td><td>$r_1=\frac{a}{i_{12}+1}=r_1(\theta_1)$</td><td>$r_1=\frac{a\frac{\mathrm{d}\theta_2}{\mathrm{d}\theta_1}}{\frac{\mathrm{d}\theta_2}{\mathrm{d}\theta_1}+1}=r_1(\theta_1)$</td><td>$r_1=r_1(\theta_1)$</td></tr>
<tr><td>瞬心线 C_2</td><td>$\begin{cases}r_2=a-r_1=r_2(\theta_1)\\ \theta_2=\int_0^{\theta_1}\frac{\mathrm{d}\theta_1}{i_{12}}=\theta_2(\theta_1)\end{cases}$</td><td>$\begin{cases}r_2=a-r_1=r_2(\theta_1)\\ \theta_2=\theta_2(\theta_1)\end{cases}$</td><td>$\begin{cases}r_2=a-r_1=r_2(\theta_1)\\ \theta_2=\int_0^{\theta_1}\frac{r_1}{a-r_1}\mathrm{d}\theta_1=\theta_2(\theta_1)\end{cases}$</td></tr>
</table>

（续）

	已知条件	a			
		$v_r=v_r(\theta_1)$	$s_r=s_r(\theta_1)$	$r_1=r_1(\theta_1)$	
非圆齿轮与齿条传动	瞬心线 C_1	$r_1=\dfrac{v_r}{\omega_1}=r_1(\theta_1)$	$r_1=\dfrac{\mathrm{d}s_r}{\mathrm{d}\theta_1}=r_1(\theta_1)$	$r_1=r_1(\theta_1)$	
	瞬心线 C_r	$\begin{cases}x_r=\int_0^{\theta_1}r_1\mathrm{d}\theta_1=x_r(\theta_1)\\ y_r=r_1-a=y_r(\theta_1)\end{cases}$			
说明	1. 角速度 $\omega_1=-\dfrac{\mathrm{d}\theta_1}{\mathrm{d}t}$、$\omega_2=-\dfrac{\mathrm{d}\theta_2}{\mathrm{d}t}$，角速比 $i_{12}=\dfrac{\omega_1}{\omega_2}=\dfrac{\mathrm{d}\theta_1}{\mathrm{d}\theta_2}$ 2. s_r 和 v_r 分别为齿条的位移和速度				

注：1. 表中也给出了非圆齿轮与齿条啮合时瞬心线 C_1 和 C_r 的计算式。
2. 表中对齿条的瞬心线用与齿条固连的直角坐标表达。

3.2 非圆齿轮设计计算和切齿计算

有关非圆齿轮设计计算和切齿计算的相关公式见表 11.3-13。

表 11.3-13 非圆齿轮设计计算和切齿计算的相关公式

用展成法加工一对非圆齿轮的原理	加工一对非圆齿轮可以采用切制渐开线圆柱齿轮的齿条形刀具或轮形刀具，在数控机床上应用展成法加工。只要使刀具的瞬心线与非圆齿轮的瞬心线保持滚动即可。用同一把齿条形刀具可以加工出一对非圆齿轮［见图 a(i)］。但用轮形插齿刀加工时，一般得用两把轮形插齿刀 3 和 4 分别加工齿轮 1 和 2［见图 a(ii)］。当然这两把插刀也可相同，或者就是同一把刀。这样加工得到的一对非圆齿轮也能共轭，可用卡姆士定理推广加以证明		(i) (ii) a)
		内容	说明
瞬心线的两个条件	封闭条件	1. 角速比函数 $i_{12}=i_{12}(\theta_1)$ 必须是周期函数 2. 两瞬心线的周期数 n_1、n_2 必须都是整数 $n_1=\dfrac{T_1}{T}$、$n_2=\dfrac{T_2}{T}$	T—$i_{12}(\theta_1)$ 的周期 T_1、T_2—两轮的回转周期
	全部外凸条件	根据两瞬心线在各点的曲率半径 ρ_1 和 ρ_2 都大于零可得 瞬心线 C_1：$1+i_{12}+i''_{12}\geqslant 0$ 瞬心线 C_2：$1+i_{12}+(i'_{12})^2-i_{12}i''_{12}\geqslant 0$	$\rho_1=a\dfrac{[(1+i_{12})^2+(i'_{12})^2]^{\frac{3}{2}}}{(1+i_{12})^3(1+i_{12}+i''_{12})}$ $\rho_2=a\dfrac{i_{12}[(1+i_{12})^2+(i'_{12})^2]^{\frac{3}{2}}}{(1+i_{12})^3[1+i_{12}+(i'_{12})^2-i_{12}i''_{12}]}$ i'_{12}、i''_{12} 分别为 i_{12} 对 θ_1 的一阶和二阶导数（$i'_{12}>0$）

（续）

	项目	定义及设计内容	计算公式及附图	说明
非圆齿轮的齿形角、压力角、模数和齿数	齿形角 α	齿廓啮合点的公法线 N_{12} 与瞬心线的公切线 tt 间所夹锐角，也即齿条形刀具的齿形角，一般为 20°	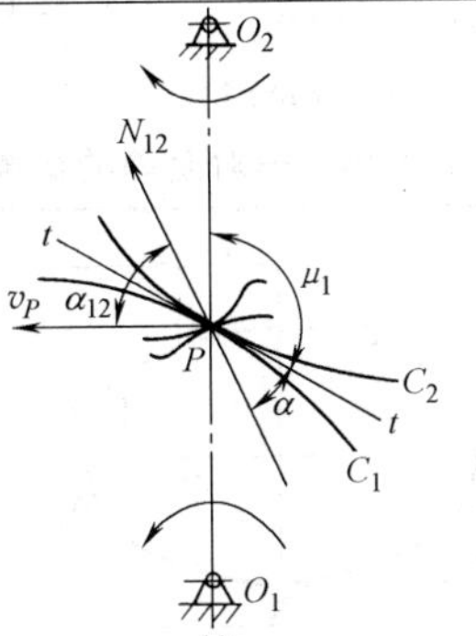 b)	非圆齿轮的齿形角实质是圆齿轮在分度圆上的压力角 非圆齿轮的压力角与圆齿轮的压力角定义也不同（后者见表 11.3-10） 左边式中的 $i'_{12}=\dfrac{\mathrm{d}(i_{12})}{\mathrm{d}\theta_1}$ α_{12} 有正、负，当 N_{12} 偏到 v_P 的另一侧时 α_{12} 为负 注意：1）计算 $\alpha_{12\max}$ 时，应以绝对值计算 2）当 $\tan\mu_1$ 小于零时，μ_1 取第二象限
	压力角 α_{12}	在节点啮合时，公法线 N_{12} 与节点 P 的速度 v_P 间的夹角 为了使轮齿间有良好的受力状态，应使 $\alpha_{12\max}\leqslant 65°$	$\alpha_{12}=\mu_1+\alpha-\dfrac{\pi}{2}$ $\tan\mu_1=r_1/\dfrac{\mathrm{d}r_1}{\mathrm{d}\theta_1}=-\dfrac{1+i_{12}}{i'_{12}}$	
	模数 m	为了避免根切，应控制最大模数 $m_{\max}$	$m_{\max}=2\rho_{\min}/z_{\min}$ 当 $\alpha=20°$、$h_a^*=1$ 时 $m_{\max}=0.117\rho_{\min}$	用轮形插齿刀加工时，为了避免轮齿顶切，最好使插齿刀齿数 $z_c>17$ （$\rho_{\min}$ 为瞬心线的最小曲率半径）
	齿数 z	因为瞬心线的周长 s 和 m、z 都有关，所以 s 的计算必须保证 m 为标准值，z 为整数	$s=n_i\displaystyle\int_0^{\frac{360}{n_i}}\sqrt{r^2+\left(\frac{\mathrm{d}r}{\mathrm{d}\theta}\right)^2}\,\mathrm{d}\theta$ $=\pi mz$	设计时由瞬心线 $r=r(\theta)$ 初算 s 值，从而确定 m 与 z。反过来再修正瞬心线的原始参数（如椭圆齿轮的偏心距和中心距等） 对于一对全等的椭圆齿轮，为了便于叠在一起加工，齿数应为奇数 n_i（$i=1$、2）为轮 1 或轮 2 的周期数（详见 3.3.2 卵形齿轮传动）

	步骤	内容	计算公式	附图与说明
应用数控机床加工非圆齿轮时的数值计算法	1	先将非圆齿轮瞬心线的总周长 s 分成 n 个等份，每小段弧长为 Δs，然后确定一个 s_i 值	$\Delta s=s/n$ $s_i=i\Delta s$ （$i=1$、2、3、…、n）	工件与插齿刀的两条瞬心线由初始位置到任意位置滚过的弧长为 $\overset{\frown}{C_0C}$ 和 $\overset{\frown}{C'_0C}$，显然 $\overset{\frown}{C_0C}$ 和 $\overset{\frown}{C'_0C}=s_i$ 图 c 中工件的转动轴心为 O_1，插齿刀轴心相对工件的初始位置为 O_0。任意位置为 O，对应的中心距为 a_0 和 a 图中 C_0 和 C 为两瞬心线的切点，对应的工件向径为 r_0 和 r，极角为 θ，r_g 为插齿刀的节圆（瞬心线）半径 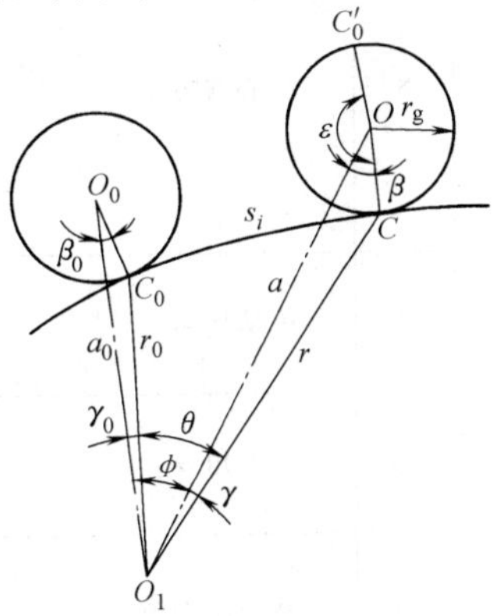 c)
	2	根据给定工件的瞬心线 $r=r(\theta)$，用迭代法由 s_i 求得对应的 θ 角	$s_i=\displaystyle\int_0^{\theta}\sqrt{r^2+\left(\frac{\mathrm{d}r}{\mathrm{d}\theta}\right)^2}\,\mathrm{d}\theta$	
	3	求与 θ 角对应的 ϕ 角（工件转角）	$\phi=\theta-(\gamma-\gamma_0)$ $\gamma=\arctan\dfrac{r_g\cos\mu}{r+r_g\sin\mu}$ $\mu=\arctan\left(r/\dfrac{\mathrm{d}r}{\mathrm{d}\theta}\right)$ $\gamma_0=\arctan\dfrac{r_g\cos\mu_0}{r+r_g\sin\mu_0}$ $\mu_0=\arctan\left(r/\dfrac{\mathrm{d}r}{\mathrm{d}\theta}\right)_{\theta=0}$	
	4	求插齿刀的转角 ψ（相对于插齿刀和非圆齿轮的回转轴心连线）	$\psi=\varepsilon-(\beta-\beta_0)$ $\varepsilon=s_i/r_g$ $\beta=\arctan\dfrac{r\cos\mu}{r_g+r\sin\mu}$ $\beta_0=\arctan\dfrac{r_0\cos\mu_0}{r_g+r_0\sin\mu_0}$	
	5	求中心距 a	$a=r\cos\gamma+r_g\cos\beta$	
	6	改变 i 值，重复上面计算，可求得 n 组的 ϕ、ψ 和 a 值。将这些数值换算成相应的脉冲数输入到数控机床中去即可		

3.3 椭圆齿轮

椭圆齿轮是非圆齿轮中最常用的一种，特别是一对全等的椭圆齿轮，作为椭圆齿轮变形的卵形齿轮用得也较多。

3.3.1 一对全等的椭圆齿轮传动

一对全等的椭圆齿轮传动见表11.3-14。

表 11.3-14 一对全等的椭圆齿轮传动

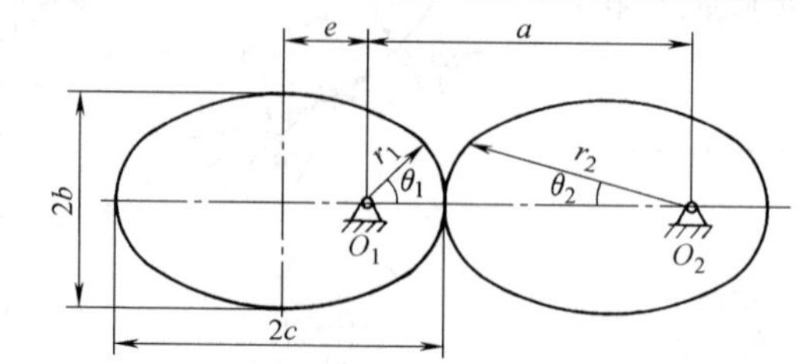

	步骤	内容	计算公式	说明
一对全等椭圆齿轮的设计计算	1	根据从动件变速范围 K 确定偏心率 $\lambda=\frac{e}{c}$	$K=\frac{\omega_{2\max}}{\omega_{2\min}}=\left(\frac{1+\lambda}{1-\lambda}\right)^2 \quad \lambda=\frac{\sqrt{K}-1}{\sqrt{K}+1}$	K 按工作条件选定，为了使运转平稳，一般 $K\leqslant5$
	2	为了确定模数 m 与齿数 z，先求椭圆的最小曲率半径 $\rho_{\min}$	$\rho_{\min}=c(1-\lambda^2)$	c 可按结构尺寸初步选定
	3	求不产生根切的最大模数 $m_{\max}$	$m_{\max}=\frac{2\rho_{\min}}{17}$	对于齿形角 $\alpha=20°$ 的正常齿圆柱齿轮来说，不产生根切的最少齿数为17
	4	初算椭圆瞬心线的周长 s	$s=4cE \quad E=\int_0^{\frac{\pi}{2}}\sqrt{1-k^2\sin^2\psi}\,\mathrm{d}\psi$	式中 $k=\lambda$，E 可根据 arcsin$k$ 查表 11.3-16
	5	确定 m 与 z，反过来计算 s 的精确值	$s=\pi mz$	应使 $m<m_{\max}$，且为标准值，z 必须是整数。为了加工方便，最好还是奇数
	6	计算 c 的精确值	$c=\frac{s}{4E}$	必要的话，重新验算 $\rho_{\min}$ 与 $m_{\max}$
	7	求短轴半径 b、焦距 e 及中心距 a	$b=c\sqrt{1-\lambda^2}$、$e=\lambda c$、$a=2c$	
	8	瞬心线方程	$r_1=\frac{c(1-\lambda^2)}{1+\lambda\cos\theta_1}=r_1(\theta_1)$ $\begin{cases}r_2=a-r_1=\frac{c(1+2\lambda\cos\theta_1+\lambda^2)}{1+\lambda\cos\theta_1}=r_2(\theta_1)\\\theta_2=2\arctan\left(\frac{1-\lambda}{1+\lambda}\tan\frac{\theta_1}{2}\right)=\theta_2(\theta_1)\end{cases}$	
	9	传动比 i_{12}	$i_{12}=\frac{\omega_1}{\omega_2}=\frac{r_2}{r_1}=\frac{1+2\lambda\cos\theta_1+\lambda^2}{1-\lambda^2}$	
	10	压力角 α_{12}	$\alpha_{12}=\arctan\left(\frac{1+\lambda\cos\theta_1}{\lambda\sin\theta_1}\right)+\alpha-90°$	一般 $\alpha=20°$。求压力角 α_{12} 时，负值的反正切取第二象限
	11	最大压力角 $\alpha_{12\max}$	$\alpha_{12\max}=\arctan\left(-\frac{\sqrt{1-\lambda^2}}{\lambda}\right)+\alpha-90°$	$\alpha_{12\max}\leqslant65°$（这里 $\alpha_{12\max}$ 以绝对值计算）

（续）

例题	题目	设计一对全等椭圆齿轮传动，要求变速范围 $K=4$，中心距 a 为 100mm 左右

例题　解题过程

解　按以下步骤进行

1）根据从动件变速范围 K 确定偏心率

$$\lambda=\frac{\sqrt{K}-1}{\sqrt{K}+1}=\frac{\sqrt{4}-1}{\sqrt{4}+1}=\frac{1}{3}$$

2）初选长半径 $c=50\text{mm}$，则椭圆的最小曲率半径

$$\rho_{\min}=c(1-\lambda^2)=50\times\left[1-\left(\frac{1}{3}\right)^2\right]\text{mm}=44.44\text{mm}$$

3）不产生根切的最大模数

$$m_{\max}=2\rho_{\min}/17=(2\times44.44/17)\text{mm}=5.229\text{mm}$$

4）初算椭圆瞬心线的周长 s

根据 $\arcsin k(k=\lambda)$ 查表 11.3-16 得 $E=1.5262$，于是

$$s=4cE=4\times50\times1.5262\text{mm}=305.24\text{mm}$$

5）根据 $s=\pi mz$ 确定

$$m=3.5\text{mm}(m<m_{\max})$$

$$z=28$$

反过来可算出 s 的精确值

$$s=\pi mz=3.1416\times3.5\times28\text{mm}=307.88\text{mm}$$

6）计算 c 的精确值

$$c=s/4E=[307.88/(4\times1.5262)]\text{mm}=50.43\text{mm}$$

7）短轴半径

$$b=c\sqrt{1-\lambda^2}=50.43\times\sqrt{1-\frac{1}{9}}\text{mm}=47.55\text{mm}$$

焦距 $e=\lambda c=\dfrac{1}{3}\times50.43\text{mm}=16.81\text{mm}$

中心距 $a=2c=2\times50.43\text{mm}=100.86\text{mm}$

8）最大压力角

$$\alpha_{12\max}=\arctan\left(-\frac{\sqrt{1-\lambda^2}}{\lambda}\right)+\alpha-90^\circ=\arctan\left(-\frac{\sqrt{1-\frac{1}{9}}}{\frac{1}{3}}\right)+20^\circ-90^\circ=39.47^\circ<65^\circ$$（这里取齿形角 $\alpha=20^\circ$）

9）瞬心线方程 $r_1(\theta_1)$、$r_2(\theta_1)$、$\theta_2(\theta_1)$ 及相应的传动比 $i_{12}(\theta_1)$ 和压力角 $\alpha_{12}(\theta_1)$ 的计算式如下

$$r_1=\frac{c(1-\lambda^2)}{1+\lambda\cos\theta_1}=\frac{50.43\times\left(1-\frac{1}{9}\right)}{1+\frac{1}{3}\cos\theta_1}=\frac{134.48}{3+\cos\theta_1}$$

$$\theta_2=2\arctan\left(\frac{1-\lambda}{1+\lambda}\tan\frac{\theta_1}{2}\right)=2\arctan\left(\frac{1-\frac{1}{3}}{1+\frac{1}{3}}\tan\frac{\theta_1}{2}\right)=2\arctan\left(\frac{\tan\frac{\theta_1}{2}}{2}\right)$$

$$r_2=a-r_1=100.86-r_1$$

$$i_{12}=\frac{r_2}{r_1}$$

$$\alpha_{12}=\arctan\left(\frac{1+\lambda\cos\theta_1}{\lambda\sin\theta_1}\right)+\alpha-90^\circ=\arctan\left(\frac{1+\frac{1}{3}\cos\theta_1}{\frac{1}{3}\sin\theta_1}\right)+20^\circ-90^\circ=\arctan\left(\frac{3+\cos\theta_1}{\sin\theta_1}\right)-70^\circ$$（这里取 $\alpha=20^\circ$）

（续）

例题

解题过程

对于不同的 θ_1 值,相应的各个参数如下

θ_1/(°)	r_1/mm	θ_2/(°)	r_2/mm	i_{12}	α_{12}/(°)	θ_1/(°)	r_1/mm	θ_2/(°)	r_2/mm	i_{12}	α_{12}/(°)
0.0	33.62	0.00	67.24	2.00	20.00	190.0	66.74	199.85	34.13	0.51	24.93
10.0	33.75	5.01	67.11	1.99	17.50	200.0	65.27	218.85	35.59	0.55	29.43
20.0	34.14	10.08	66.73	1.95	15.04	210.0	63.02	236.37	37.84	0.60	33.18
30.0	34.79	15.26	66.08	1.90	12.63	220.0	60.20	252.10	40.66	0.68	36.05
40.0	35.71	20.63	65.15	1.82	10.31	230.0	57.05	266.01	43.81	0.77	38.00
50.0	36.92	26.25	63.95	1.73	8.12	240.0	53.79	278.21	47.07	0.88	39.11
60.0	38.42	32.20	62.44	1.63	6.10	250.0	50.60	288.94	50.27	0.98	39.47
70.0	40.24	38.59	60.62	1.51	4.30	260.0	47.58	298.42	53.28	1.12	39.21
80.0	42.38	45.52	58.49	1.38	2.76	270.0	44.83	306.87	56.04	1.25	38.43
90.0	44.83	53.13	56.04	1.25	1.57	280.0	42.38	314.48	58.49	1.38	37.24
100.0	47.58	61.58	53.28	1.12	0.79	290.0	40.24	321.41	60.62	1.51	35.70
110.0	50.60	71.06	50.27	0.99	0.53	300.0	38.42	327.80	62.44	1.63	33.90
120.0	53.79	81.79	47.07	0.87	0.89	310.0	36.92	333.75	63.95	1.73	31.88
130.0	57.05	93.99	43.81	0.77	2.00	320.0	35.71	339.37	65.15	1.82	29.69
140.0	60.20	107.90	40.66	0.68	3.95	330.0	34.79	344.74	66.08	1.90	27.37
150.0	63.02	123.63	37.84	0.60	6.81	340.0	34.14	349.92	66.73	1.95	24.96
160.0	65.27	141.15	35.59	0.55	10.57	350.0	33.75	354.99	67.11	1.99	22.50
170.0	66.74	160.15	34.13	0.51	15.08	360.0	33.62	360.00	67.24	2.00	20.00
180.0	67.24	180.00	33.62	0.50	20.00	—	—	—	—	—	—

3.3.2 卵形齿轮传动

卵形齿轮传动见表 11.3-15。

表 11.3-15 卵形齿轮传动

卵形齿轮是椭圆齿轮的变形,是通过保留椭圆齿轮径向长度不变,把极角缩小 n_i 倍得到的。n_i 也称为周期数。如 $n_i=1$ 为原始椭圆。$n_i=2$、3、4 分别为二叶、三叶和四叶卵形齿轮。其转动中心位于形心。图 a 给出了二叶和三叶两种卵形齿轮。椭圆齿轮可以和卵形齿轮啮合;卵形齿轮与卵形齿轮也可啮合,因此可以有多种组合。其传动特点是从动件变速范围大而运转平稳

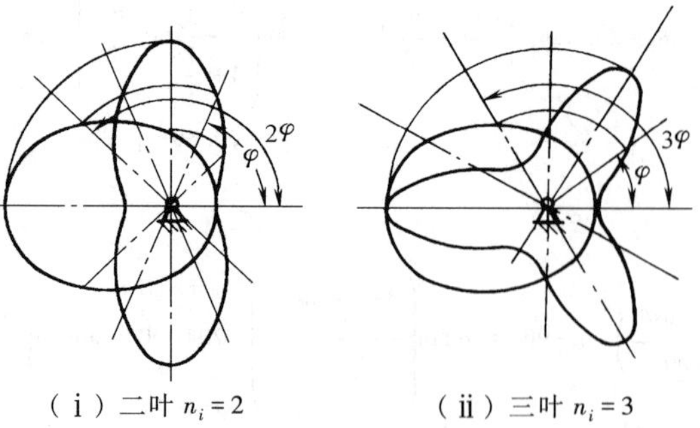

（ⅰ）二叶 $n_i=2$　　（ⅱ）三叶 $n_i=3$

a） 卵形齿轮

（续）

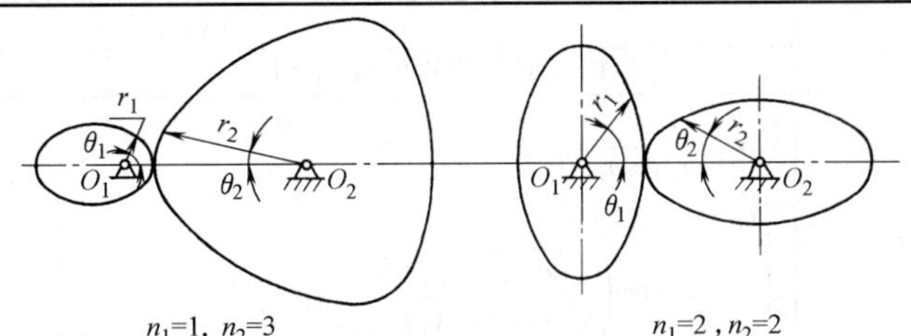

$n_1=1,\ n_2=3$

b) 椭圆-卵形齿轮传动

$n_1=2,\ n_2=2$

c) 卵形齿轮传动

	步骤	内容		计算公式	
				椭圆-卵形齿轮传动 $n_1=1$	卵形齿轮传动 $n_1=n_2=n$
卵形齿轮的设计计算	1	根据传动比 i 选定极角缩小倍数（即周期数）n_1、n_2		$i=\dfrac{z_2}{z_1}=\dfrac{n_2}{n_1}=n_2$	$i=\dfrac{z_2}{z_1}=\dfrac{n_2}{n_1}=1$
	2	瞬心线不出现内凹时，主动轮的极限偏心率 $\lambda_{1\max}$	主动轮不出现内凹时	主动轮为椭圆，不会出现内凹	$\lambda_{1\max}=\dfrac{1}{n_2^2-1}$
			从动轮不出现内凹时	$\lambda_{1\max}=\dfrac{1}{\sqrt{n_2^2-1}}$ 如 $n_2=1$，则 λ_1 为任何值时都不会出现内凹	$\lambda_{1\max}=\dfrac{1}{\sqrt{n^4-2n^2+1}}$
	3	瞬心线不出现内凹时的最大变速范围 $K_{\max}$ $K=\dfrac{\omega_{2\max}}{\omega_{2\min}}$		$K_{\max}=\dfrac{(1+\lambda_{1\max})(\sqrt{n_2^2-1}+\lambda_{1\max})}{(1-\lambda_{1\max})(\sqrt{n_2^2-1}-\lambda_{1\max})}$ $n_2=2, K_{\max}=7.46$ $n_2=3, K_{\max}=2.69$	—
	4	在变速范围 $K<K_{\max}$ 的条件下，选定偏心率 λ_1、λ_2		$K=\dfrac{\omega_{2\max}}{\omega_{2\min}}=\dfrac{(1+\lambda_1)(1+\lambda_2)}{(1-\lambda_1)(1-\lambda_2)}$ $\lambda_2=\dfrac{\lambda_1}{\sqrt{1+(n_2^2-1)(1-\lambda_1^2)}}$	$K=\dfrac{\omega_{2\max}}{\omega_{2\min}}=\left(\dfrac{1+\lambda_1}{1-\lambda_1}\right)^2$ $\lambda_2=\lambda_1$
	5	为了确定模数 m 与齿数 z，先求椭圆的曲率半径 $\rho_{\min}$。长半径 c_1 可根据结构尺寸初步选定		当 $\lambda_1<\lambda_{1\max}$ 时 $\rho_{1\min}=c_1(1-\lambda_1^2)$ $\rho_{2\min}=\dfrac{c_1(1-\lambda_1^2)\lambda_2 n_2^2}{\lambda_1[1+\lambda_2(n_2^2-1)]}$	当 $\lambda_1<\lambda_{1\max}$ 时 $\rho_{1\min}=\dfrac{c_1(1-\lambda_1^2)}{1+\lambda_1(n^2-1)}$ $\rho_{2\min}=\rho_{1\min}$
	6	求不产生根切的最大模数 $m_{\max}$		$m_{\max}=\dfrac{2\rho_{\min}}{17}$	
	7	初算瞬心线的周长		$s_1=4Ec_1$ E 可根据 arcsin$k$ 查表 11.3-16，$k=\lambda_1$	$s_1=4Ec_1\sqrt{1+(n^2-1)\lambda_1^2}$ E 可根据 arcsin$k$ 查表 11.3-16， $k=\dfrac{n\lambda_1}{\sqrt{1+(n^2-1)\lambda_1^2}}$
	8	确定 m、z，应使 $m<m_{\max}$，且为标准值，z 必须是整数，反过来计算 s 的精确值		$z_2=iz_1$ ① $s_1=\pi mz_1$ $s_2=is_1$	
	9	计算 c_1、c_2 的精确值		$c_1=\dfrac{s_1}{4E}$ $c_2=c_1\lambda_1/\lambda_2$	$c_1=\dfrac{s_1}{4E\sqrt{1+(n^2-1)\lambda_1^2}}$ $c_2=c_1$
	10	中心距 a		$a=c_1(\lambda_1+\lambda_2)/\lambda_2$	$a=2c_1$

（续）

	步骤	内容	计算公式	
			椭圆-卵形齿轮传动 $n_1=1$	卵形齿轮传动 $n_1=n_2=n$
卵形齿轮的设计计算	11	瞬心线方程	$r_1=\dfrac{c_1(1-\lambda_1^2)}{1+\lambda_1\cos\theta_1}=r_1(\theta_1)$ $\begin{cases} r_2=a-r_1=r_2(\theta_1) \\ \theta_2=\dfrac{2\arctan\left(\sqrt{\dfrac{a-c_1(1-\lambda_1^2)-a\lambda_1}{a-c_1(1-\lambda_1^2)+a\lambda_1}}\tan\dfrac{\theta_1}{2}\right)}{n_2}=\theta_2(\theta_1)\end{cases}$	$r_1=\dfrac{c_1(1-\lambda_1^2)}{1+\lambda_1\cos n\theta_1}=r_1(\theta_1)$ $\begin{cases} r_2=a-r_1=r_2(\theta_1) \\ \theta_2=\dfrac{2\arctan\left(\dfrac{1-\lambda_1}{1+\lambda_1}\tan\dfrac{n\theta_1}{2}\right)}{n}=\theta_2(\theta_1)\end{cases}$
	12	瞬时传动比 i_{12}	$i_{12}=\dfrac{\omega_1}{\omega_2}=\dfrac{r_2}{r_1}$	
	13	压力角 α_{12}②	$\alpha_{12}=\arctan\left(\dfrac{1+\lambda_1\cos\theta_1}{\lambda_1\sin\theta_1}\right)+\alpha-90°$	$\alpha_{12}=\arctan\left(\dfrac{1+\lambda_1\cos n\theta_1}{n\lambda_1\sin n\theta_1}\right)+\alpha-90°$
			一般 $\alpha=20°$	
	14	最大压力角 $\alpha_{12\max}$	$\alpha_{12\max}=\arctan\left(-\dfrac{\sqrt{1-\lambda_1^2}}{\lambda_1}\right)+\alpha-90°$	$\alpha_{12\max}=\arctan\left(-\dfrac{\sqrt{1-\lambda_1^2}}{n\lambda_1}\right)+\alpha-90°$
			$\alpha_{12\max}\leqslant 65°$③ 一般 $\alpha=20°$	
例题	题目	设计一对卵形齿轮传动，要求传动比 $i=1$，周期数 $n=2$，变速范围 $K=2.8$ 左右，中心距 $a=100\text{mm}$ 左右		
	解题过程	见下		

解　按以下步骤进行设计

1）主动轮不出现内凹时主动轮的极限偏心率

$$\lambda_{1\max}=\frac{1}{n^2-1}=\frac{1}{2^2-1}=\frac{1}{3}$$

从动轮不出现内凹时主动轮的极限偏心率

$$\lambda_{1\max}=\frac{1}{\sqrt{n^4-2n^2+1}}=\frac{1}{\sqrt{2^4-2\times2^2+1}}=\frac{1}{3}$$

2）根据 $K=\left(\dfrac{1+\lambda_1}{1-\lambda_1}\right)^2$、$\lambda_1=\dfrac{\sqrt{K}-1}{\sqrt{K}+1}=\dfrac{\sqrt{2.8}-1}{\sqrt{2.8}+1}=0.252$

取 $\lambda_1=0.25<\lambda_{1\max}$

实际的 $K=\left(\dfrac{1+\lambda_1}{1-\lambda_1}\right)^2=\left(\dfrac{1+0.25}{1-0.25}\right)^2=2.78$

3）初选长半径 $c_1=50\text{mm}$，则椭圆的最小曲率半径

$$\rho_{1\min}=\rho_{2\min}=\frac{c_1(1-\lambda_1^2)}{1+\lambda_1(n^2-1)}=\frac{50\times(1-0.25^2)}{1+0.25\times(2^2-1)}\text{mm}=26.79\text{mm}$$

4）不产生根切的最大模数

$$m_{\max}=\frac{2\rho_{\min}}{17}=\frac{2\times26.79}{17}\text{mm}=3.15\text{mm}$$

5）初算瞬心线周长 s_1

$$k=\frac{n\lambda_1}{\sqrt{1+(n^2-1)\lambda_1^2}}=\frac{2\times0.25}{\sqrt{1+(2^2-1)\times0.25^2}}=0.45883$$

$$\arcsin k=\arcsin 0.45883=27.312°$$

查表 11.3-16 可得 $E=1.4845$，初算瞬心线周长

$$s_1=4Ec_1\sqrt{1+(n^2-1)\lambda_1^2}=4\times1.4845\times50\times\sqrt{1+(2^2-1)\times0.25^2}\text{mm}=323.544\text{mm}$$

6）根据 s_1 选定模数和齿数，再精算 s_1，选

$$m=2.5\text{mm}<m_{\max}$$

$$z_1=z_2=42$$

则 $s_1=s_2=\pi mz_1=\pi\times2.5\times42\text{mm}=329.87\text{mm}$

7）精算长半径

$$c_1=c_2=\frac{s_1}{4E\sqrt{1+(n^2-1)\lambda_1^2}}=\frac{329.87}{4\times1.4845\times\sqrt{1+(2^2-1)\times0.25^2}}\text{mm}=50.98\text{mm}$$

（续）

例题　解题过程

8）中心距　$a=2c_1=2\times50.98\text{mm}=101.96\text{mm}$

9）最大压力角

$$\alpha_{12\max}=\arctan\left(-\frac{\sqrt{1-\lambda_1^2}}{n\lambda_1}\right)+\alpha-90^\circ=\arctan\left(-\frac{\sqrt{1-0.25^2}}{2\times0.25}\right)+20^\circ-90^\circ$$

$=47.31^\circ<65^\circ$（这里取齿形角 $\alpha=20^\circ$）

10）瞬心线方程 $r_1(\theta_1)$、$r_2(\theta_1)$、$\theta_2(\theta_1)$ 及相应的传动比 $i_{12}(\theta_1)$ 和压力角 $\alpha_{12}(\theta_1)$ 的计算式如下

$$r_1=\frac{c_1(1-\lambda_1^2)}{1+\lambda_1\cos n\theta_1}=\frac{50.98\times(1-0.25^2)}{1+0.25\cos2\theta_1}\text{mm}=\frac{191.18}{4+\cos2\theta_1}\text{mm}$$

$$\theta_2=\frac{2\arctan\left(\dfrac{1-\lambda_1}{1+\lambda_1}\tan\dfrac{n\theta_1}{2}\right)}{n}=\frac{2\arctan\left(\dfrac{1-0.25}{1+0.25}\tan\dfrac{2\theta_1}{2}\right)}{2}=\arctan(0.6\tan\theta_1)$$

$$r_2=a-r_1=101.96\text{mm}-r_1$$

$$i_{12}=\frac{r_2}{r_1}$$

$$\alpha_{12}=\arctan\left(\frac{1+\lambda_1\cos n\theta_1}{n\lambda_1\sin n\theta_1}\right)+\alpha-90^\circ=\arctan\left(\frac{1+0.25\cos2\theta_1}{2\times0.25\sin2\theta_1}\right)+20^\circ-90^\circ$$

$$=\arctan\left(\frac{4+\cos2\theta_1}{2\sin2\theta_1}\right)-70^\circ\quad（这里取\ \alpha=20^\circ）$$

对于不同的 θ_1 值，相应的各个参数如下

$\theta_1/(^\circ)$	r_1/mm	$\theta_2/(^\circ)$	r_2/mm	i_{12}	$\alpha_{12}/(^\circ)$	$\theta_1/(^\circ)$	r_1/mm	$\theta_2/(^\circ)$	r_2/mm	i_{12}	$\alpha_{12}/(^\circ)$
0.00	38.23	0.00	63.72	1.67	20.00	190.00	38.70	186.04	63.26	1.63	12.12
10.00	38.70	6.04	63.26	1.63	12.12	200.00	40.11	192.32	61.85	1.54	4.90
20.00	40.11	12.32	61.85	1.54	4.90	210.00	42.48	199.11	59.47	1.40	−1.05
30.00	42.48	19.11	59.47	1.40	−1.05	220.00	45.80	206.72	56.15	1.23	−5.26
40.00	45.80	26.72	56.15	1.23	−5.26	230.00	49.96	215.57	52.00	1.04	−7.24
50.00	49.96	35.57	52.00	1.04	−7.24	240.00	54.62	226.10	47.34	0.87	−6.33
60.00	54.62	46.10	47.34	0.87	−6.33	250.00	59.11	238.76	42.84	0.72	−1.68
70.00	59.11	58.76	42.84	0.72	−1.68	260.00	62.47	253.62	39.49	0.63	7.40
80.00	62.47	73.62	39.49	0.63	7.40	270.00	63.72	270.00	38.23	0.60	20.00
90.00	63.72	90.00	38.23	0.60	20.00	280.00	62.47	286.38	39.49	0.63	32.60
100.00	62.47	106.38	39.49	0.63	32.60	290.00	59.11	301.24	42.84	0.72	41.68
110.00	59.11	121.24	42.84	0.72	41.68	300.00	54.62	313.90	47.34	0.87	46.33
120.00	54.62	133.90	47.34	0.87	46.33	310.00	49.96	324.43	52.00	1.04	47.24
130.00	49.96	144.43	52.00	1.04	47.24	320.00	45.80	333.28	56.15	1.23	45.26
140.00	45.80	153.28	56.15	1.23	45.26	330.00	42.48	340.89	59.47	1.40	41.05
150.00	42.48	160.89	59.47	1.40	41.05	340.00	40.11	347.68	61.85	1.54	35.10
160.00	40.11	167.68	61.85	1.54	35.10	350.00	38.70	353.96	63.26	1.63	27.88
170.00	38.70	173.96	63.26	1.63	27.88	360.00	38.23	360.00	63.72	1.67	20.00
180.00	38.23	180.00	63.72	1.67	20.00	—	—	—	—	—	—

① 这里的传动比 i 是轮 1 与轮 2 转速之比。
② 求压力角 α_{12}时，负值的反正切取第二象限。
③ 这里 $\alpha_{12\max}$为其绝对值。

表 11.3-16　椭圆积分数值表 $E=\int_0^{\frac{\pi}{2}}\sqrt{1-k^2\sin^2\psi}\,d\psi$

arcsin$k$ /(°)	E	arcsin$k$ /(°)	E	arcsin$k$ /(°)	E	arcsin$k$ /(°)	E	arcsin$k$ /(°)	E	arcsin$k$ /(°)	E
0	1.5708	15	1.5442	30	1.4675	45	1.3506	60	1.2111	75	1.0764
1	1.5707	16	1.5405	31	1.4608	46	1.3418	61	1.2015	76	1.0686
2	1.5703	17	1.5367	32	1.4539	47	1.3329	62	1.1920	77	1.0611
3	1.5697	18	1.5326	33	1.4469	48	1.3238	63	1.1826	78	1.0538
4	1.5689	19	1.5283	34	1.4397	49	1.3147	64	1.1732	79	1.0468
5	1.5678	20	1.5238	35	1.4323	50	1.3055	65	1.1638	80	1.0401
6	1.5665	21	1.5191	36	1.4248	51	1.2963	66	1.1545	81	1.0338
7	1.5649	22	1.5141	37	1.4171	52	1.2870	67	1.1453	82	1.0278
8	1.5632	23	1.5090	38	1.4092	53	1.2776	68	1.1362	83	1.0223
9	1.5611	24	1.5037	39	1.4013	54	1.2681	69	1.1272	84	1.0172
10	1.5589	25	1.4981	40	1.3931	55	1.2587	70	1.1184	85	1.0127
11	1.5564	26	1.4924	41	1.3849	56	1.2492	71	1.1096	86	1.0086
12	1.5537	27	1.4864	42	1.3765	57	1.2397	72	1.1011	87	1.0053
13	1.5507	28	1.4803	43	1.3680	58	1.2301	73	1.0927	88	1.0026
14	1.5476	29	1.4740	44	1.3594	59	1.2206	74	1.0844	89	1.0008

3.4　偏心圆齿轮

3.4.1　一对全等的偏心圆齿轮传动

一对全等的偏心圆齿轮传动见表 11.3-17。

3.4.2　偏心圆齿轮与非圆齿轮传动

偏心圆齿轮与非圆齿轮传动见表 11.3-18。

表 11.3-17　一对全等的偏心圆齿轮传动

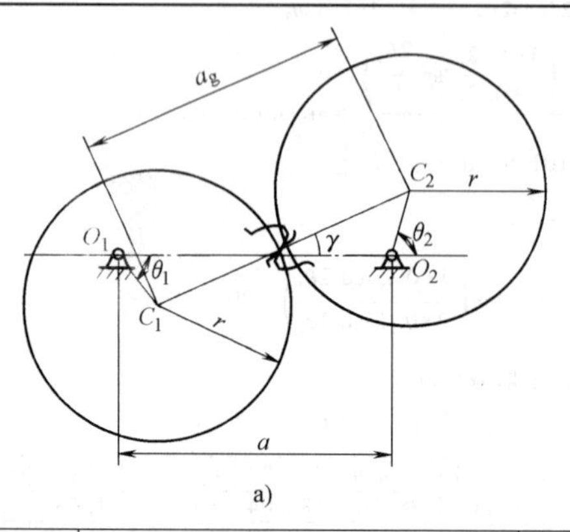

a)

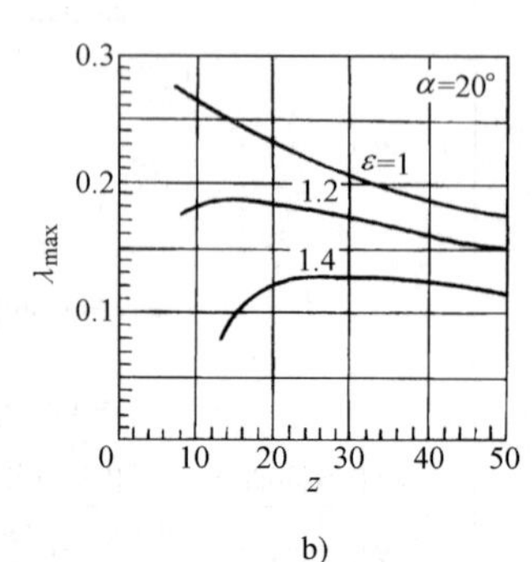

b)

	步骤	内容	计算公式	说明
一对全等偏心圆齿轮的设计计算	1	选定模数 m 和齿数 z，计算分度圆半径 r	$z_1=z_2=z$ $r=mz/2$	齿轮各部尺寸可按标准圆柱齿轮计算
	2	根据角速度变化范围 K 确定偏心率 λ	$K=\dfrac{\omega_{2\max}}{\omega_{2\min}}\approx\left(\dfrac{1+\lambda}{1-\lambda}\right)^2$ $\lambda\approx\dfrac{\sqrt{K}-1}{\sqrt{K}+1}\leqslant\lambda_{\max}$	$\lambda_{\max}$ 受重合度 ε 的限制，可根据图 b 查取
	3	偏心距 e	$e=\lambda r$	$e=O_1C_1=O_2C_2$
	4	标准中心距 a_0	$a_0=mz$	
	5	安装中心距 a	$a=\sqrt{a_0^2+4e^2}=a_0\sqrt{1+\lambda^2}$	
	6	几何中心距 a_g	$a_g=a\cos\gamma$ $\gamma=\arctan\left(\dfrac{2e\sin\theta_1}{a+2e\cos\theta_1}\right)$	齿轮传动过程中，几何中心距是随主动轮转角 θ_1 而变动的，a 为其最大值，a_0 为最小值
	7	当 $a_g=a_0$ 时的 γ 和 θ_1	$\gamma'=\gamma_{\max}=\arcsin\left(\dfrac{2e}{a}\right)$ $\theta_1'=\gamma_{\max}+\dfrac{\pi}{2}$	此时为无侧隙啮合
	8	当 $a_g=a$ 时的 γ 和 θ_1	$\gamma''=0°$ $\theta_1''=0°$或$180°$	此时具有最大的侧隙
	9	瞬时传动比 i_{12}	$i_{12}=\dfrac{\omega_1}{\omega_2}=\dfrac{a^2+4ae\cos\theta_1+4e^2}{a^2-4e^2}=i_{12}(\theta_1)$	当 $\theta_1=0°$时，$i_{12}=i_{12\max}=\dfrac{a+2e}{a-2e}$ $\theta_1=180°$时，$i_{12}=i_{12\min}=\dfrac{a-2e}{a+2e}$ $\theta_1=\gamma_{\max}+\dfrac{\pi}{2}$时，$i_{12}=1$
	10	角速度变化范围 K 的精确值	$K=\left(\dfrac{a+2e}{a-2e}\right)^2$	

（续）

例题

题目　设计一全等偏心圆齿轮，要求变速范围 $K=1.5$，中心距 a 为 100mm 左右

解题过程

解

1）根据要求的中心距选定 $m=2\text{mm}$，$z=50$，则

$$r=mz/2=(2\times50/2)\text{mm}=50\text{mm}$$

2）偏心率和偏心距

$$\text{偏心率 }\lambda\approx\frac{\sqrt{K}-1}{\sqrt{K}+1}=\frac{\sqrt{1.5}-1}{\sqrt{1.5}+1}=0.101$$

$$\text{偏心距 }e=\lambda r=0.101\times50\text{mm}=5.05\text{mm}$$

查本表中图 b 可见重合度 $\varepsilon>1.4$

3）标准中心距和安装中心距

$$\text{标准中心距 }a_0=mz=2\times50\text{mm}=100\text{mm}$$

$$\text{安装中心距 }a=a_0\sqrt{1+\lambda^2}=100\times\sqrt{1+0.101^2}\text{ mm}=100.51\text{mm}$$

4）当几何中心距 $a_g=a_0$ 时的转角 θ_1' 和当 $a_g=a$ 时的转角 θ_1''

$$\theta_1'=\arcsin\left(\frac{2e}{a}\right)+\frac{\pi}{2}=\arcsin\left(\frac{2\times5.05}{100.51}\right)+\frac{\pi}{2}=95.667^\circ\text{或}264.333^\circ$$

$$\theta_1''=0^\circ\text{或}180^\circ$$

5）瞬时传动比 i_{12} 的最大值和最小值

$$i_{12\max}=\frac{a+2e}{a-2e}=\frac{100.51+2\times5.05}{100.51-2\times5.05}=1.223$$

$$i_{12\min}=\frac{a-2e}{a+2e}=\frac{100.51-2\times5.05}{100.51+2\times5.05}=0.817$$

6）变速范围的精确值

$$K=\left(\frac{a+2e}{a-2e}\right)^2=\left(\frac{100.51+2\times5.05}{100.51-2\times5.05}\right)^2=1.496$$

7）几何中心距 $a_g(\theta_1)$ 和瞬时传动比 $i_{12}(\theta_1)$ 的计算式

$$a_g=a\cos\gamma=100.51\cos\gamma$$

$$\gamma=\arctan\left(\frac{2e\sin\theta_1}{a+2e\cos\theta_1}\right)=\arctan\left(\frac{2\times5.05\sin\theta_1}{100.51+2\times5.05\cos\theta_1}\right)=\arctan\left(\frac{\sin\theta_1}{9.95+\cos\theta_1}\right)$$

$$i_{12}=\frac{a^2+4ae\cos\theta_1+4e^2}{a^2-4e^2}=\frac{100.51^2+4\times100.51\times5.05\cos\theta_1+4\times5.05^2}{100.51^2-4\times5.05^2}=1.02+0.203\cos\theta_1$$

对于不同的 θ_1 值相应的 a_g 与 i_{12} 如下

θ_1/(°)	a_g/mm	i_{12}	θ_1/(°)	a_g/mm	i_{12}	θ_1/(°)	a_g/mm	i_{12}	θ_1/(°)	a_g/mm	i_{12}
0	100.509	1.223	100	100.003	0.985	200	100.437	0.830	300	100.166	1.122
10	100.496	1.220	110	100.032	0.951	210	100.357	0.845	310	100.247	1.151
20	100.459	1.211	120	100.089	0.919	220	100.264	0.865	320	100.329	1.176
30	100.402	1.196	130	100.170	0.890	230	100.170	0.890	330	100.402	1.196
40	100.329	1.176	140	100.264	0.865	240	100.089	0.919	340	100.459	1.211
50	100.247	1.151	150	100.357	0.845	250	100.032	0.951	350	100.496	1.220
60	100.166	1.122	160	100.437	0.830	260	100.003	0.985	360	100.509	1.223
70	100.093	1.090	170	100.490	0.820	270	100.005	1.020	—	—	—
80	100.037	1.056	180	100.509	0.817	280	100.037	1.056	—	—	—
90	100.005	1.020	190	100.490	0.820	290	100.093	1.090	—	—	—

表 11.3-18　偏心圆齿轮与非圆齿轮传动

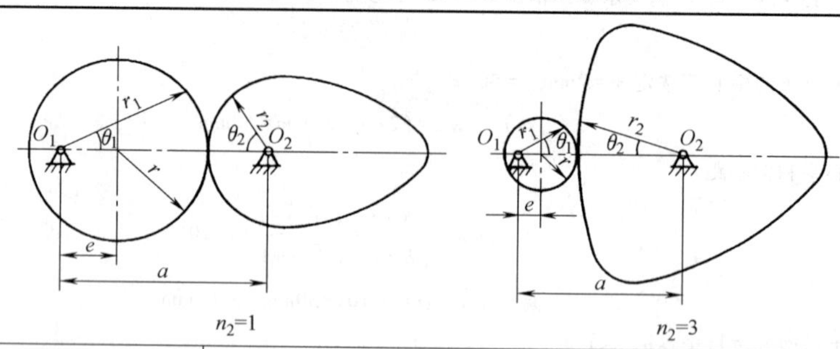

$n_2=1$　　　　$n_2=3$

	步骤	内容	计算公式	说明
偏心圆齿轮与非圆齿轮传动的设计计算	1	确定模数 m 与齿数 z	$z_1 \geqslant 17$ $z_2 = iz_1 = n_2 z_1$	周期数 n_2 与传动比 i 相同，根据工作需要选定，m 按标准选
	2	偏心圆齿轮的节圆半径 r	$r=\dfrac{1}{2}mz_1$	
	3	从动轮瞬心线不出现内凹时的极限偏心率 $\lambda_{\max}=\dfrac{e_{\max}}{r}$	$n_2=1\sim3$ 时，$\lambda_{\max}=1$ $n_2=4$ 时，$\lambda_{\max}=0.40$ $n_2=5$ 时，$\lambda_{\max}=0.27$	当瞬心线出现内凹时，计算与加工较烦琐，应尽量避免
	4	根据变速范围 K 及瞬心线封闭条件确定偏心率 $\lambda=e/r$ 和中心距系数 $s=a/r$	$K=\dfrac{\omega_{2\max}}{\omega_{2\min}}=\dfrac{(1+\lambda)(s+\lambda-1)}{(1-\lambda)(s-\lambda-1)}$ $s\approx(n_2+1)\times\left[1-\dfrac{(n_2-2)}{4n_2}\lambda^2+\dfrac{(-3n_2^3+2n_2^2+12n_2+24)}{64n_2^3}\lambda^4\right]$	根据工作需要选定 K 后，即可解得 λ 和 s，应使 $\lambda\leqslant\lambda_{\max}$
	5	瞬心线外凸时的最小曲率半径 $\rho_{2\min}$	$\rho_{2\min}=\dfrac{(1-\lambda)(s+\lambda-1)}{(1-\lambda)^2+s\lambda}r$	
	6	避免根切的最大模数 $m_{\max}$	$m_{\max}=\dfrac{2\rho_{2\min}}{17}$	渐开线标准圆齿轮不产生根切的最少齿数为17，应使 $m\leqslant m_{\max}$，否则就得修正，重新计算
	7	确定偏心距 e 及中心距 a	$e=\lambda r, a=sr$	
	8	瞬心线方程	$r_1=e\cos\theta_1+\sqrt{r^2-e^2\sin^2\theta_1}=r_1(\theta_1)$ $\begin{cases} r_2=a-\sqrt{r^2-e^2\sin^2\theta_1}-e\cos\theta_1=r_2(\theta_1) \\ \theta_2\approx b\arctan\left(u\tan\dfrac{\theta_1}{2}\right)+p\theta_1+q\sin\theta_1=\theta_2(\theta_1) \end{cases}$	式中 b、u、p、q 都是 λ、s 的函数，可用以下公式计算 $b=\sqrt{\dfrac{(s+1)^2-\lambda^2}{(s-1)^2-\lambda^2}}-\dfrac{B_2}{s\lambda^2}\times\dfrac{(s^2+\lambda^2-1)^2}{\sqrt{[(s+1)^2-\lambda^2][(s-1)^2-\lambda^2]}}$ $u=\sqrt{\dfrac{(s-1)^2-\lambda^2}{(s+1)^2-\lambda^2}}$， $p=\dfrac{B_2}{2s\lambda^2}(s^2+\lambda^2-1)-\dfrac{1}{2}$ $q=\dfrac{B_2}{\lambda}, B_2=\dfrac{1}{4}\lambda^2+\dfrac{1}{16}\lambda^4$
	9	瞬时传动比 i_{12}	$i_{12}=\dfrac{a}{\sqrt{r^2-e^2\sin^2\theta_1}+e\cos\theta_1}-1$	
	10	压力角 α_{12}	$\alpha_{12}=\arctan\left(\dfrac{\sqrt{r^2-e^2\sin^2\theta_1}}{e\sin\theta_1}\right)+\alpha-90°$	一般取 $\alpha=20°$，求压力角 α_{12} 时，负值的反正切取第二象限
	11	最大压力角 $\alpha_{12\max}$	$\alpha_{12\max}=\arctan\left(-\dfrac{\sqrt{r^2-e^2}}{e}\right)+\alpha-90°$	应使 $\alpha_{12\max}\leqslant 65°$，这里的 $\alpha_{12\max}$ 为其绝对值

（续）

例题	题目	设计一偏心圆齿轮和非圆齿轮传动，要求传动比 $i=4$；变速范围 $K=2$ 左右；中心距 $a=150\text{mm}$ 左右
	解题过程	**解** 1）根据要求的传动比和中心距确定模数和齿数 $$m=2\text{mm}$$ $$z_1=30, z_2=120$$ 2）偏心圆齿轮的节圆半径 $$r=\frac{1}{2}mz_1=\frac{1}{2}\times 2\times 30\text{mm}=30\text{mm}$$ 3）根据变速范围 K 和瞬心线的封闭条件确定中心距系数 s 和偏心率 λ，可先忽略 λ^4 这一项（见步骤 4），初算 s 和 λ，然后取定 $\lambda(=0.26)$，重新计算 s 和 K 的精确值 $$s\approx(n_2+1)\left[1-\frac{(n_2-2)\lambda^2}{4n_2}+\frac{(-3n_2^3+2n_2^2+12n_2+24)}{64n_2^3}\lambda^4\right]$$ $$=(4+1)\left[1-\frac{(4-2)\times 0.26^2}{4\times 4}+\frac{(-3\times 4^3+2\times 4^2+12\times 4+24)\times 0.26^4}{64\times 4^3}\right]$$ $$=4.9573$$ $$K=\frac{(1+\lambda)(s+\lambda-1)}{(1-\lambda)(s-\lambda-1)}=\frac{(1+0.26)(4.9573+0.26-1)}{(1-0.26)(4.9573-0.26-1)}=1.94（这里周期数 n_2=i=4）$$ 4）瞬心线外凸时的最小曲率半径 $$\rho_{2\min}=\frac{(1-\lambda)(s+\lambda-1)}{(1-\lambda)^2+s\lambda}r=\frac{(1-0.26)(4.9573+0.26-1)}{(1-0.26)^2+4.9573\times 0.26}\times 30\text{mm}=50.98\text{mm}$$ 5）避免根切的最大模数 $$m_{\max}=\frac{2\rho_{2\min}}{17}=\frac{2\times 50.98}{17}\text{mm}=5.998\text{mm}$$ $$m\leqslant m_{\max}$$ 6）偏心距和中心距 偏心距 $e=\lambda r=0.26\times 30\text{mm}=7.8\text{mm}$ 中心距 $a=sr=4.9573\times 30\text{mm}=148.72\text{mm}$ 7）最大压力角 $$\alpha_{12\max}=\arctan\left(-\frac{\sqrt{r^2-e^2}}{e}\right)+\alpha-90°=\arctan\left(-\frac{\sqrt{30^2-7.8^2}}{7.8}\right)+20°-90°=35.07°<65°（这里取齿形角 \alpha=20°）$$ 8）瞬心线方程 $r_1(\theta_1)$、$r_2(\theta_1)$、$\theta_2(\theta_1)$ 及相应的传动比 $i_{12}(\theta_1)$ 和压力角 $\alpha_{12}(\theta_1)$ 的计算式如下 $$r_1=e\cos\theta_1+\sqrt{r^2-e^2\sin^2\theta_1}=7.8\cos\theta_1+\sqrt{30^2-7.8^2\sin^2\theta_1}$$ $$B_2=\frac{1}{4}\lambda^2+\frac{1}{16}\lambda^4=\frac{1}{4}\times 0.26^2+\frac{1}{16}\times 0.26^4=0.0172$$ $$b=\sqrt{\frac{(s+1)^2-\lambda^2}{(s-1)^2-\lambda^2}}-\frac{B_2}{s\lambda^2}\frac{(s^2+\lambda^2-1)^2}{\sqrt{[(s+1)^2-\lambda^2][(s-1)^2-\lambda^2]}}$$ $$=\sqrt{\frac{(4.9573+1)^2-0.26^2}{(4.9573-1)^2-0.26^2}}-\frac{0.0172}{4.9573\times 0.26^2}\frac{(4.9573^2+0.26^2-1)^2}{\sqrt{[(4.9573+1)^2-0.26^2][(4.9573-1)^2-0.26^2]}}$$ $$=0.2875$$ $$u=\sqrt{\frac{(s-1)^2-\lambda^2}{(s+1)^2-\lambda^2}}=\sqrt{\frac{(4.9573-1)^2-0.26^2}{(4.9573+1)^2-0.26^2}}=0.6635$$ $$p=\frac{B_2}{2s\lambda^2}(s^2+\lambda^2-1)-\frac{1}{2}=\frac{0.0172}{2\times 4.9573\times 0.26^2}(4.9573^2+0.26^2-1)-\frac{1}{2}=0.1062$$ $$q=\frac{B_2}{\lambda}=\frac{0.0172}{0.26}=0.0661$$ $$\theta_2\approx b\arctan\left(u\tan\frac{\theta_1}{2}\right)+p\theta_1+q\sin\theta_1=0.2875\arctan\left(0.6635\tan\frac{\theta_1}{2}\right)+0.1062\theta_1+0.0661\sin\theta_1$$ $$r_2=a-r_1=148.72-r_1$$

（续）

例题 解题过程

$$i_{12}=\frac{a}{\sqrt{r^2-e^2\sin^2\theta_1}+e\cos\theta_1}-1=\frac{148.72}{\sqrt{30^2-7.8^2\sin^2\theta_1}+7.8\cos\theta_1}-1$$

$$\alpha_{12}=\arctan\left(\frac{\sqrt{r^2-e^2\sin^2\theta_1}}{e\sin\theta_1}\right)+\alpha-90°=\arctan\left(\frac{\sqrt{30^2-7.8^2\sin^2\theta_1}}{7.8\sin\theta_1}\right)+20°-90°=\arctan\left(\frac{\sqrt{14.79-\sin^2\theta_1}}{\sin\theta_1}\right)-70°$$

（这里取齿形角 $\alpha=20°$）

对于不同的 θ_1 值相应的各个参数如下

θ_1/(°)	r_1/mm	θ_2/(°)	r_2/mm	i_{12}	α_{12}/(°)	θ_1/(°)	r_1/mm	θ_2/(°)	r_2/mm	i_{12}	α_{12}/(°)
0	37.80	0.00	110.92	2.93	20.00	210	22.99	52.61	125.73	5.47	27.47
30	36.50	7.98	112.22	3.07	12.53	240	25.33	59.89	123.39	4.87	33.01
60	33.13	15.68	115.59	3.49	6.99	270	28.97	66.99	119.75	4.13	35.07
90	28.97	23.00	119.75	4.13	4.93	300	33.13	74.31	115.59	3.49	33.01
120	25.33	30.11	123.39	4.87	6.99	330	36.50	82.01	112.22	3.07	27.47
150	22.99	37.38	125.73	5.47	12.53	360	37.80	89.99	110.92	2.93	20.00
180	22.20	45.00	126.52	5.70	20.00	—	—	—	—	—	—

第 4 章　凸轮机构设计

1　概述

凸轮机构一般是由机架、凸轮和从动件组成的高副机构，图 11.4-1 是它最基本的结构型式，常用于将凸轮的匀速转动（或往复移动）转换成从动件的往复移动（直动）或摆动，也可做间歇转动。凸轮一般为主动件，从动件为传递动力或实现预期运动规律的构件，而机架主要用来支撑或固定机体并兼具定位和导向的作用。从动件的运动规律可以任意拟定，从而可以控制执行机构的自动工作循环。

凸轮机构结构简单，几乎所有简单的、复杂的重复性机械动作都可由凸轮机构或包含凸轮机构的组合机构来实现。近年来随着数控机床和计算机辅助设计与制造的广泛应用，使凸轮轮廓的精确加工也比较容易。

凸轮机构的常用术语和符号见表 11.4-1。

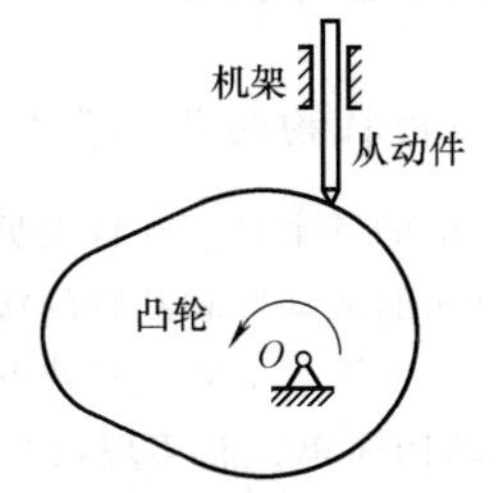

图 11.4-1　凸轮机构的基本结构示意图

表 11.4-1　凸轮机构的常用术语和符号

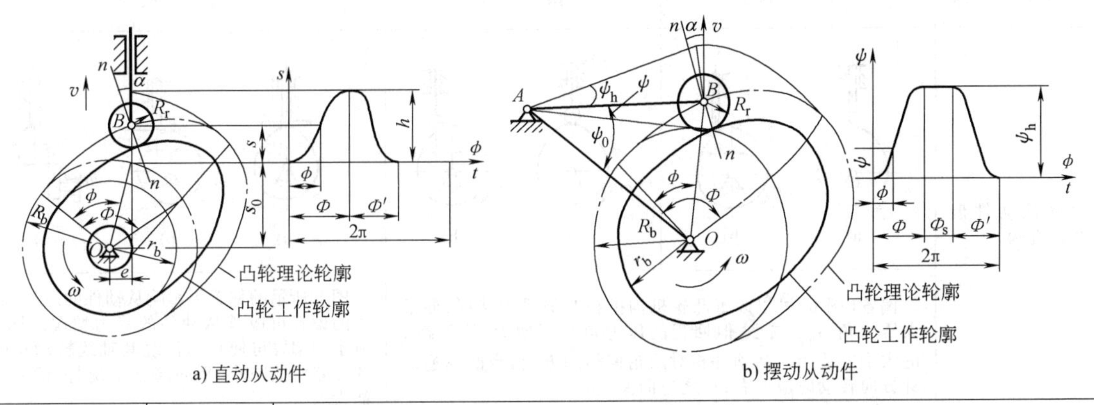

a) 直动从动件　　b) 摆动从动件

术语	符号	定　义
凸轮理论轮廓		从动件对凸轮做相对运动时，从动件上的参考点（尖顶从动件的尖顶和滚子从动件的滚子中心等）在凸轮平面上所画的曲线
凸轮工作轮廓		与从动件直接接触的凸轮轮廓曲线，也称凸轮实际轮廓
基圆及其半径	R_b	以凸轮转动中心 O 为圆心，凸轮理论轮廓的最小向径为半径所画的圆称为基圆，其半径称为基圆半径，以 R_b 表示
滚子及其半径	R_r	为了减少从动件和凸轮轮廓间的摩擦，常在从动件底部装一个滚子，其半径以 R_r 表示
凸轮最小半径	r_b	凸轮工作轮廓的最小半径，有的称之为工作轮廓的基圆半径，$r_b=R_b-R_r$
起始位置		从动件在距凸轮转动中心最近所处的位置，亦即推程刚开始时机构的位置
凸轮转角	ϕ	从起始位置起，经过时间 t 后凸轮转过的角度。通常凸轮以等角速度 ω 旋转
从动件的位移	s ψ	从起始位置起，经过时间 t 或凸轮旋转 ϕ 角后，从动件移动的距离（s）或摆动的角度（ψ）
从动件的行程	h ψ_h	从动件从起始位置运动到最远位置称为推程（升程），反之称为回程。在推程或回程中，直动从动件移动的距离（h）或摆动从动件摆动的角度（ψ_h）都称为行程
推程运动角	Φ	在推程阶段凸轮的转角
远休止角	Φ_s	从动件在距离凸轮最远处停歇时凸轮的转角
回程运动角	Φ'	在回程阶段凸轮的转角

（续）

术语	符号	定　义
偏距	e	凸轮转动中心与直动从动件导路间垂直距离。e 有正、负
摆杆长度	l	摆动从动件摆动中心 A 到滚子中心 B 的距离
中心距	L	摆动从动件摆动中心 A 到凸轮转动中心 O 的距离
压力角	α	凸轮给从动件的正压力方向（即接触点的公法线 nn 方向）与从动件受力点速度 v 方向间所夹的锐角

1.1　凸轮机构的基本类型

1.1.1　平面凸轮机构的基本类型和特点

平面凸轮机构的基本类型和特点见表 11.4-2。

平面凸轮机构的从动件和凸轮的接触部位可分为三种类型：尖顶、滚子、平底。其特点如下：

1）尖顶：结构简单，能实现较复杂的运动，但易磨损从而使运动失真，故多用于低速及受力不大的场合；

2）滚子：耐磨损，可传递较大的动力，但结构复杂，尺寸和重量大，不易润滑及销轴强度低，广泛用于中、低速场合；

3）平底：受力情况好，构造及维护简单，易润滑。但平底不能太长，多用于高速小型凸轮机构。

1.1.2　空间凸轮机构的基本类型和特点

空间凸轮机构的基本类型和特点见表 11.4-3。

表 11.4-2　平面凸轮机构的基本类型和特点

从动件和凸轮类型	尖　顶	滚　子	平　底
直动从动件盘形凸轮机构	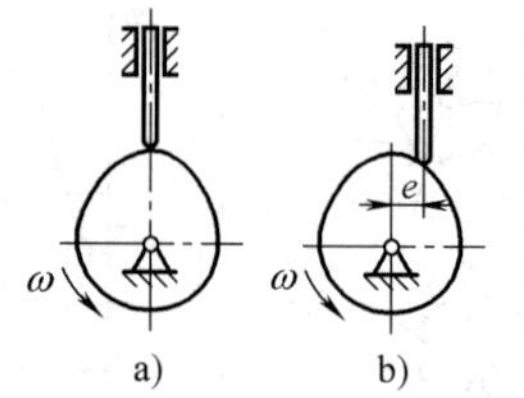 a)　b)	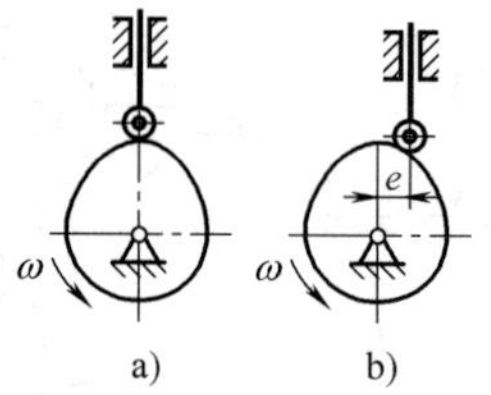 a)　b)	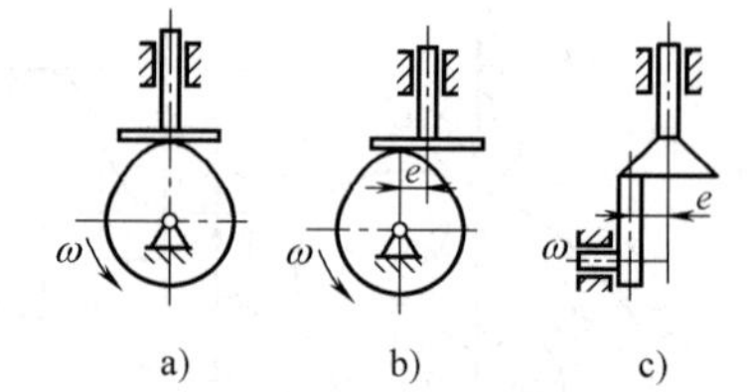 a)　b)　c)
	偏置（图 b）可以改善凸轮机构推程时的受力情况，使最大压力角 α_{max} 减小，但回程的压力角有所增大，故偏距 e 的大小要适当。从动件相对凸轮偏移的方向，当凸轮逆时针方向转动时应向右，反之应向左		图 b 所示的偏置不影响从动件的运动，适当的偏置可改善从动件的受力情况。图 c 所示的偏置可使从动件绕其轴线转动从而使导路摩擦减小、平底磨损情况好，但 e 不能太大
摆动从动件盘形凸轮机构	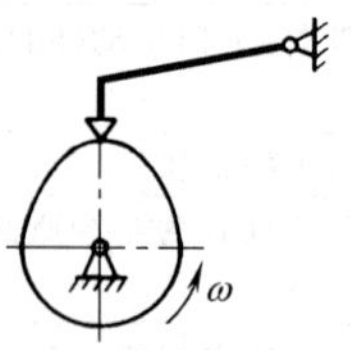	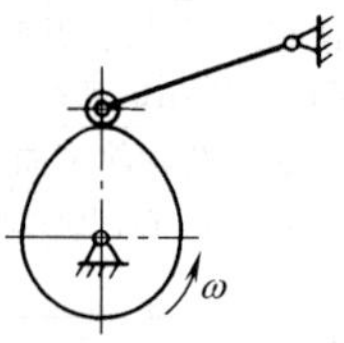	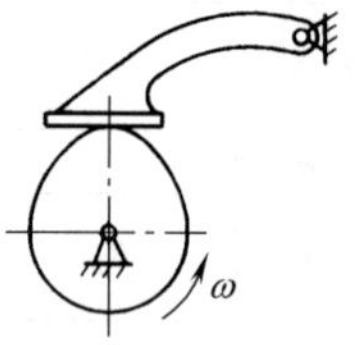
	摆动从动件比直动从动件结构简单、制造容易、摩擦阻力小，故应用较广		
直动从动件移动凸轮机构	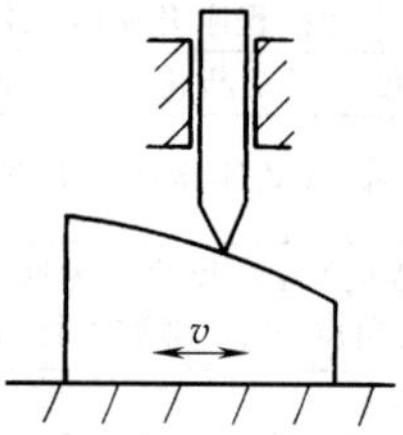	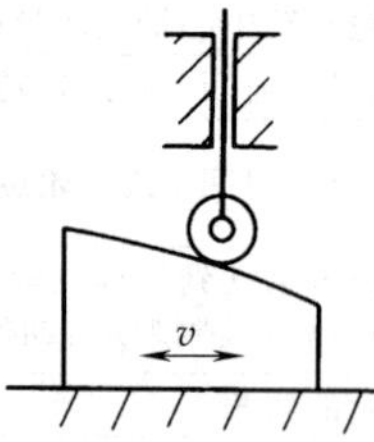	
	移动凸轮设计制造简单、精度较高，但因凸轮做往复运动，故不宜用于高速，这里平底从动件不适用		

（续）

从动件和凸轮类型	尖　顶	滚　子	平　底
摆动从动件移动凸轮机构	v	v	v
	从动件受力情况好，不易自锁，凸轮和从动件都容易制造，但不宜用于高速		

注：从动件和凸轮的接触部位，还可采用大直径的球面来代替平面，可避免由于安装偏斜而产生的载荷集中现象。

表 11.4-3　空间凸轮机构的基本类型和特点

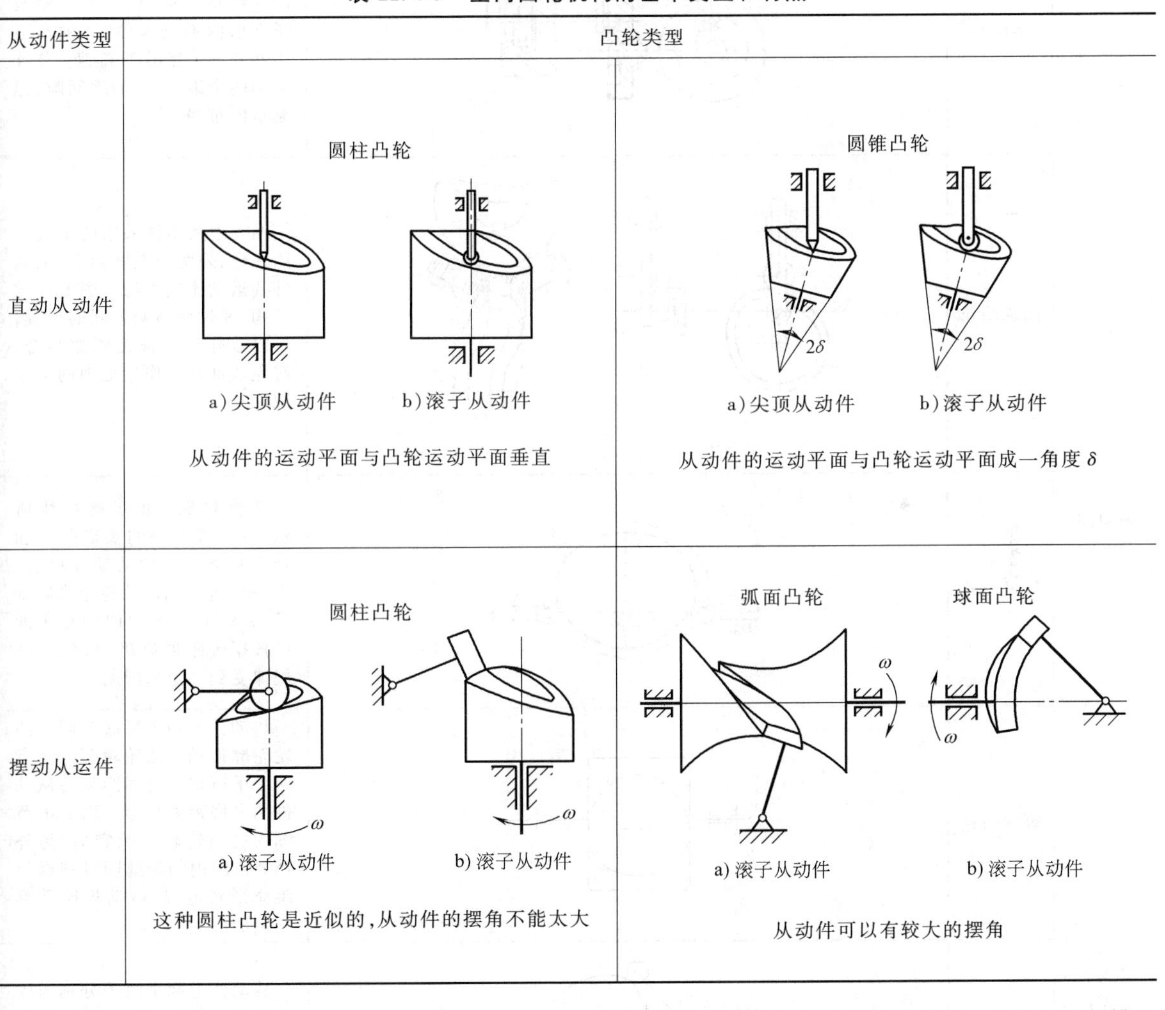

从动件类型	凸轮类型	
直动从动件	圆柱凸轮 a）尖顶从动件　b）滚子从动件 从动件的运动平面与凸轮运动平面垂直	圆锥凸轮 a）尖顶从动件　b）滚子从动件 从动件的运动平面与凸轮运动平面成一角度 δ
摆动从运件	圆柱凸轮 a）滚子从动件　b）滚子从动件 这种圆柱凸轮是近似的，从动件的摆角不能太大	弧面凸轮　球面凸轮 a）滚子从动件　b）滚子从动件 从动件可以有较大的摆角

1.2　凸轮机构的封闭方式

为了使从动件和凸轮始终保持接触，可以采用力封闭或形封闭。力封闭是利用重力、弹簧力或流体压力等外力使从动件和凸轮保持接触，形封闭可用槽凸轮、凸缘凸轮、等径凸轮、等宽凸轮或共轭凸轮等来达到这个目的，详见表 11.4-4。

表 11.4-4　凸轮机构封闭方式

封闭类型	封闭结构型式	结构示意图	特点
力封闭	/	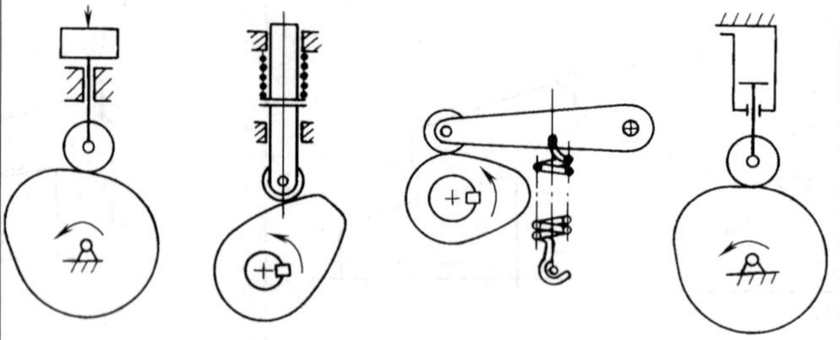 利用重力　利用弹簧　利用拉簧　利用液压或气压	凸轮轮廓制造比较方便，传动件与凸轮在机构运转过程中可以实现无间隙传动，但力封闭产生的附加力会使构件受到较大的载荷，且从动件的惯性力超过封闭力会导致从动件与凸轮脱离接触
形封闭	槽凸轮	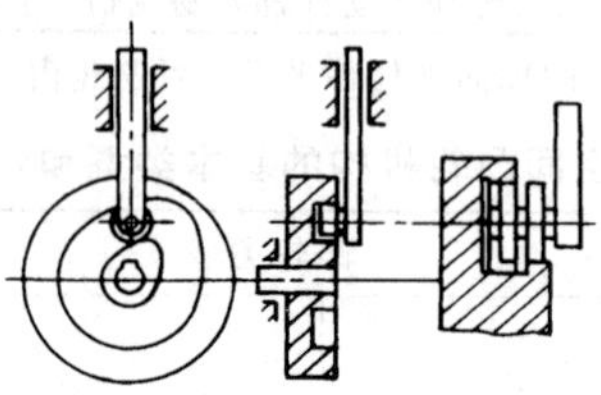 a)　b)	这种封闭方式要求凸轮的尺寸较大，通常采用滚子从动件。图 a 结构较简单，但为了使滚子在槽内不会卡住，必须有适当间隙，不宜用于高速。图 b 采用两个滚子，可消除间隙，但制造困难些
	凸缘凸轮	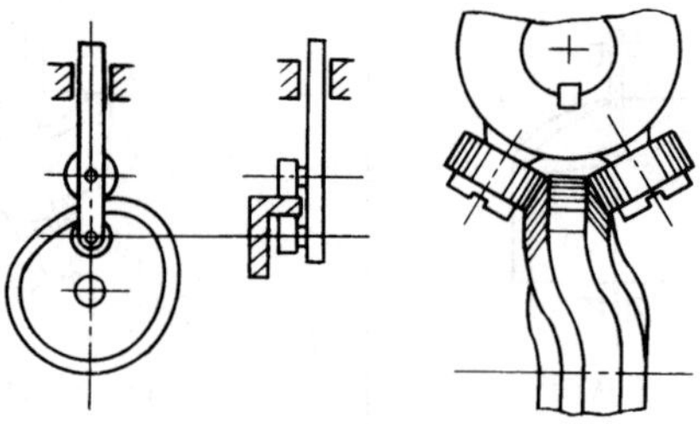 a)　b)	图 a 中从动件采用两个滚子压在内、外两个轮廓面上，从动件的运动比较平稳。图 b 这种结构，通过调整两轴间的位置，可以很好地保证无侧隙啮合，避免从动件工作过程中的空回现象
	等径凸轮	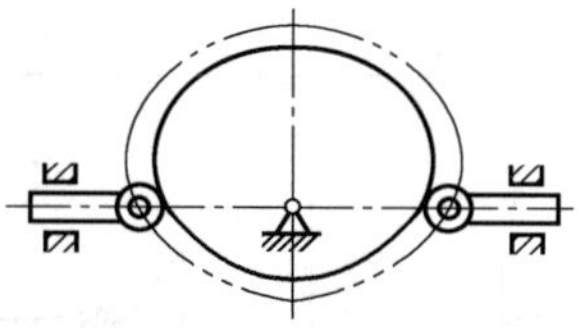	理论轮廓（如双点画线所示）具有等直径的盘形凸轮和带有两个滚子的从动件接触。当 180°范围内的凸轮轮廓确定后，另外 180°范围内的轮廓即可根据等距原则确定，故运动规律受到一定的限制
	等宽凸轮	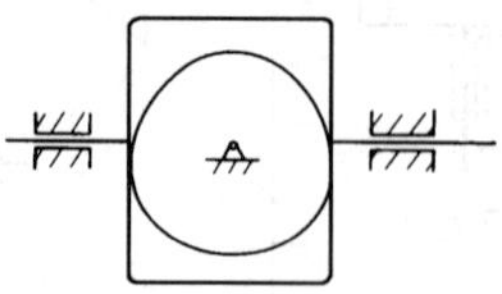	从动件上两个平底与同一凸轮轮廓接触。凸轮轮廓的任意两个平行切线之间距离与从动件两平底距离相等。当 180°范围内的凸轮轮廓确定后，另外 180°范围内的轮廓即可根据等距原则确定，故运动规律受到一定的限制
	共轭凸轮	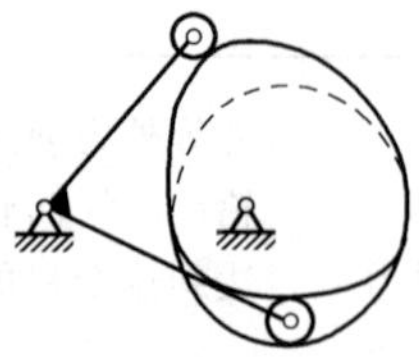	从动件上两个滚子分别与固定在同一轴上两个凸轮相接触，适用于高速中载。运动规律可以任选，但结构较复杂，且对凸轮的加工精度要求较高

1.3　凸轮机构的一般设计步骤

图 11.4-2 给出了凸轮机构设计过程中的一般流程。在图中初选凸轮偏距、摆杆长度和中心距等参数时，凸轮尺寸过大会造成机构总体尺寸偏大，带来原材料及加工工时的浪费；凸轮尺寸过小，会造成运动失真、机构自锁及强度不足等不良后果。因此，在设计凸轮过程中要综合考虑各结构参数的选择，使得凸轮结构紧凑和受力良好。

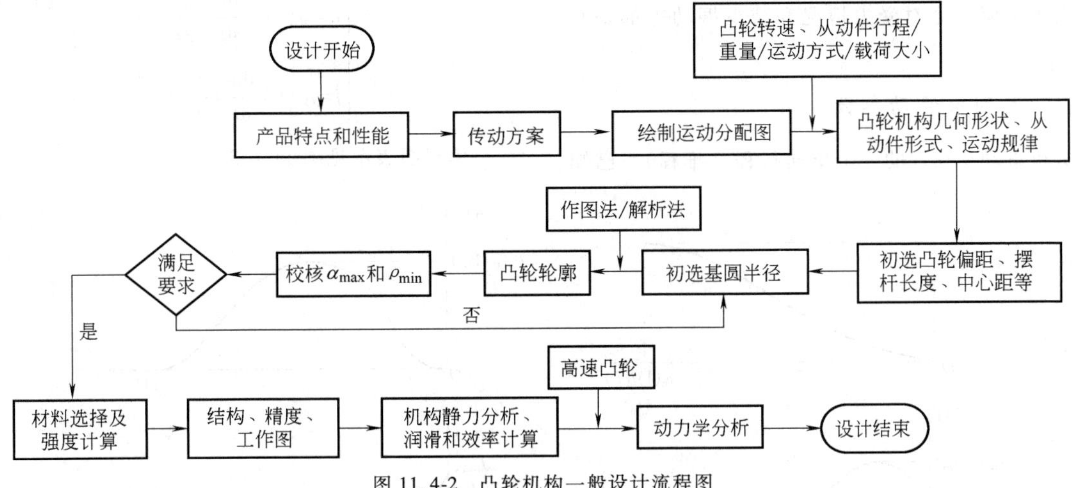

图 11.4-2　凸轮机构一般设计流程图

2　从动件的运动规律

2.1　一般概念

2.1.1　从动件的运动类型

在实际的凸轮机构设计中，凸轮轮廓的形状主要取决于从动件的运动规律，凸轮曲线并不是凸轮的轮廓形状曲线，而是凸轮驱动从动件的运动规律曲线。在凸轮曲线图中，一般用横坐标表示时间（t），纵坐标表示从动件位移（s）。

实际工作中的凸轮机构运动规律复杂与繁多，但凸轮运动规律曲线都可以归纳成三种基本类型，其位移 s、加速度 a 和时间 t 的关系见表 11.4-5。

表 11.4-5　从动件运动类型

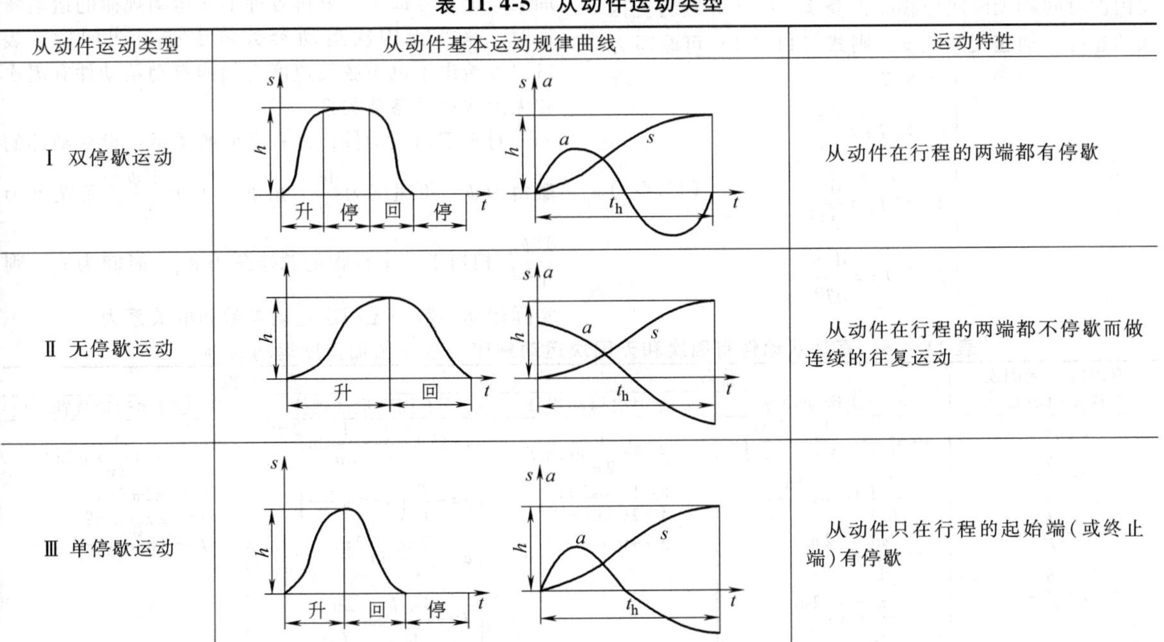

从动件运动类型	从动件基本运动规律曲线	运动特性
Ⅰ 双停歇运动		从动件在行程的两端都有停歇
Ⅱ 无停歇运动		从动件在行程的两端都不停歇而做连续的往复运动
Ⅲ 单停歇运动		从动件只在行程的起始端（或终止端）有停歇

在选择从动件的运动规律时，对于这 3 种运动类型应该有不同的考虑。对双停歇运动，从动件在行程两端的速度和加速度都应为零。对其他两种运动，从动件在停歇端的速度和加速度应为零，在无停歇端的速度也为零，而加速度最好不为零，这样在推程和回程衔接处的加速度过渡平滑，且可使最大速度和最大加速度等下降，这对受力情况和减少振动等都是有利的。

2.1.2　无因次运动参数

分析直动从动件的一个单向行程（推程），已知其位移 s、速度 v、加速度 a 和跃度 j 都是时间 t 的函数，相应为

$$\begin{cases} s=s(t) \\ v=v(t)=\dfrac{\mathrm{d}s}{\mathrm{d}t} \\ a=a(t)=\dfrac{\mathrm{d}v}{\mathrm{d}t}=\dfrac{\mathrm{d}^2 s}{\mathrm{d}t^2} \\ j=j(t)=\dfrac{\mathrm{d}a}{\mathrm{d}t}=\dfrac{\mathrm{d}^2 v}{\mathrm{d}t^2}=\dfrac{\mathrm{d}^3 s}{\mathrm{d}t^3} \end{cases} \tag{11.4-1}$$

用线图表示见图 11.4-3。

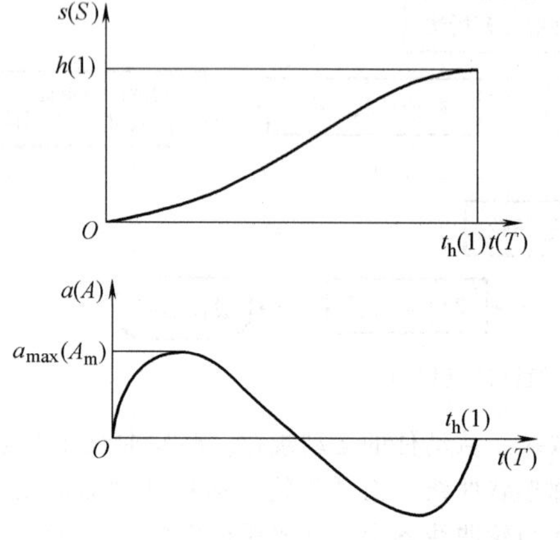

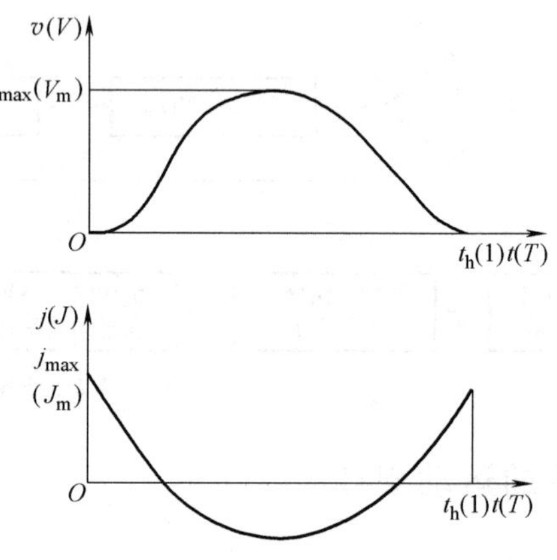

图 11.4-3　运动线图

令
$$\begin{cases} T=t/t_h \\ S=s/h \end{cases} \tag{11.4-2}$$

则当 $t=t_h$、$s=h$ 时，$T=1$，$S=1$。T 和 S 相应称为无因次时间和无因次位移。再令 V、A、J 分别为无因次的速度、加速度和跃度，则式（11.4-1）可改写为

$$\begin{cases} S=S(T) \\ V=V(T)=\dfrac{\mathrm{d}S}{\mathrm{d}T} \\ A=A(T)=\dfrac{\mathrm{d}^2 S}{\mathrm{d}T^2} \\ J=J(T)=\dfrac{\mathrm{d}^3 S}{\mathrm{d}T^3} \end{cases} \tag{11.4-3}$$

上面这些运动参数都是对推程来说的。回程时只要将推程中的有关公式适当地加以修正即可，如 s、S 可分别代以 $h-s$、$1-S$，而 v、a、j、V、A、J 则分别加上一个负号即可。分析各种不同运动规律的运动特性时，采用无因次运动参数将更能说明问题。表 11.4-6 给出了以正弦加速度为例的直动从动件有因次和无因次运动参数关系。

对于摆动从动件，也有类似的关系。设从动件的摆角为 ψ，角速度为 $\dfrac{\mathrm{d}\psi}{\mathrm{d}t}$，角加速度为 $\dfrac{\mathrm{d}^2\psi}{\mathrm{d}t^2}$，角跃度为 $\dfrac{\mathrm{d}^3\psi}{\mathrm{d}t^3}$，相当于一个行程的总摆角为 ψ_h，时间为 t_h，则实际运动参数和无因次运动参数间的关系为

表 11.4-6　直动从动件有因次和无因次运动规律（以正弦加速度运动为例）

有因次和无因次参数变换表达式	推程		回程	
	有因次运动规律	无因次运动规律	有因次运动规律	无因次运动规律
$s=hS$ $v=\dfrac{h}{t_h}V$ $a=\dfrac{h}{t_h^2}A$ $j=\dfrac{h}{t_h^3}J$	$s=h\left(\dfrac{t}{t_h}-\dfrac{1}{2\pi}\sin\dfrac{2\pi t}{t_h}\right)$ $v=\dfrac{h}{t_h}\left(1-\cos\dfrac{2\pi t}{t_h}\right)$ $a=\dfrac{2\pi h}{t_h^2}\sin\dfrac{2\pi t}{t_h}$ $j=\dfrac{4\pi^2 h}{t_h^3}\cos\dfrac{2\pi t}{t_h}$	$S=T-\dfrac{1}{2\pi}\sin 2\pi T$ $V=1-\cos 2\pi T$ $A=2\pi\sin 2\pi T$ $J=4\pi^2\cos 2\pi T$	$s=h\left(1-\dfrac{t}{t_h}+\dfrac{1}{2\pi}\sin\dfrac{2\pi t}{t_h}\right)$ $v=-\dfrac{h}{t_h}\left(1-\cos\dfrac{2\pi t}{t_h}\right)$ $a=-\dfrac{2\pi h}{t_h^2}\sin\dfrac{2\pi t}{t_h}$ $j=-\dfrac{4\pi^2 h}{t_h^3}\cos\dfrac{2\pi t}{t_h}$	$S=1-T+\dfrac{1}{2\pi}\sin 2\pi T$ $V=\cos 2\pi T-1$ $A=-2\pi\sin 2\pi T$ $J=-4\pi^2\cos 2\pi T$

$$\begin{cases}\psi=\psi_h S\\ \dfrac{d\psi}{dt}=\dfrac{\psi_h}{t_h}V\\ \dfrac{d^2\psi}{dt^2}=\dfrac{\psi_h}{t_h^2}A\\ \dfrac{d^3\psi}{dt^3}=\dfrac{\psi_h}{t_h^3}J\end{cases}\tag{11.4-4}$$

同样，上面这些运动参数都是对推程来说的，回程时只要将 ψ 代以 $\psi_h-\psi$，而 $\dfrac{d\psi}{dt}$、$\dfrac{d^2\psi}{dt^2}$、$\dfrac{d^3\psi}{dt^3}$、V、A、J 分别加上一个负号即可。

2.1.3　运动规律特性值

运动规律的特性值是指无因次运动参数中的最大速度 V_m、最大加速度 A_m 和最大跃度 J_m 等，见表 11.4-7。

2.1.4　高速凸轮机构判断方法

高速、中速和低速凸轮机构的划分没有严格的规定，一般可按表 11.4-8 中的四种方法来区分。

表 11.4-7　从动件运动规律特性值

名称	符号	特点及设计过程注意事项
最大速度	V_m	运动着的从动件具有一定的动量。从安全角度考虑，应使动量小一些。为此，对于重载的凸轮机构，因从动件的重量大，应采用 V_m 小的运动规律为宜。V_m 还影响到凸轮的受力和尺寸大小，采用 V_m 小的运动规律，同样尺寸的凸轮，其最大压力角 α_{max} 也小（等速运动除外）；反之，如果 α_{max} 相同，则 V_m 小的凸轮尺寸也小
最大加速度	A_m	主要影响凸轮的使用寿命和工作精度。因为惯性力等于实际加速度乘以质量，故当无因次最大加速度 A_m 越大时，从动件的最大惯性力越大，凸轮与从动件间的动压力也越大。对于高速凸轮，更应选择 A_m 值小的运动规律
最大跃度	J_m	表示惯性力的变化率，主要影响高速凸轮的运动精度。跃度和从动件的振动关系较大，为了减小振动，应使 J_m 值减小
最大动载转矩	$(AV)_m$	从动件的惯性力还可引起凸轮轴上的附加动载转矩。可以证明，它与加速度和速度乘积的最大值 $(AV)_m$ 成正比。为减小凸轮动载转矩并降低电动机功率，应选用 $(AV)_m$ 较小的运动规律

表 11.4-8　高速凸轮机构判断方法

序号	判断标准	区分方法	
1	按凸轮转速 n	高速	$n\geqslant 500\text{r/min}$
2	按从动件最大加速度 a_{max} 或最大速度 v_{max}	低速	$a_{max}\leqslant g$ 或 $v_{max}\leqslant 1\text{m/s}$
		中速	$1g<a_{max}\leqslant 3g$ 或 $1\text{m/s}<v_{max}\leqslant 2\text{m/s}$
		高速	$3g<a_{max}\leqslant 8g$ 或 $v_{max}>2\text{m/s}$
3	按凸轮的角速度 ω 与机构的固有圆频率 ω_n 之比的平方 δ_m	低速	$\delta_m=(\omega/\omega_n)^2\approx 10^{-6}$
		中速	$\delta_m=(\omega/\omega_n)^2\approx 10^{-4}$
		高速	$\delta_m=(\omega/\omega_n)^2\approx 10^{-2}$
4	按从动件的激振周期 T 与机构的自由振动周期 τ 之比	低速	$15<T/\tau<\infty$
		中速	$6<T/\tau\leqslant 15$
		高速	$0<T/\tau\leqslant 6$

表中前两种是经验办法，可在设计新机构时用作粗略估计；后两种与机构的运动规律、结构和质量分配有关，具有较高的参考价值。

2.2　多项式运动规律

2.2.1　多项式的一般形式及其求解方法

位移 S 和时间 T 的函数关系可用一般形式的多项式来表达：

$$S=C_0+C_1T+C_2T_2+C_3T_3+\cdots+C_nT_n\tag{11.4-5}$$

C_0、C_1、C_2、…、C_n 为常数，可根据对 S、V、A 和 J 等不同的边界条件求得，从而可获得多种形式。如要求图 11.4-3 所示的 $T=0$ 时 $S=0$、$V=0$、$A=0$ 及 $T=1$ 时 $S=1$、$V=0$、$A=0$ 这样 6 个边界条件下的曲线表达式，可先写出

$$\begin{cases}S=C_0+C_1T+C_2T^2+C_3T^3+C_4T^4+C_5T^5\\ V=\dfrac{dS}{dt}=C_1+2C_2T+3C_3T^2+4C_4T^3+5C_5T^4\\ A=\dfrac{dV}{dt}=2C_2+6C_3T+12C_4T^2+20C_5T^3\end{cases}$$

再将 6 个边界条件代入，从而求解得到 6 个常数：

$$C_0=C_1=C_2=0, C_3=10, C_4=-15, C_5=6$$

最后得运动方程：

$$\begin{cases} S=10T^3-15T^4+6T^5 \\ V=30T^2-60T^3+30T^4 \\ A=60T-180T^2+120T^3 \\ J=60-360T+360T^2 \end{cases} \quad (11.4\text{-}6)$$

由于位移 S 的方程式中包含有 T^3、T^4 和 T^5 三项，故这种运动规律也称为3-4-5多项式运动规律。

2.2.2　典型边界条件下多项式的通用公式

若给定的边界条件为在 $T=0$ 时，全部运动参数都为零，而 $T=1$ 时，除 $S=1$ 外，其余都为零，则可用下面的方法直接计算式（11.4-5）中的各个常数。首先，在边界条件中，要求 $T=0$ 时 $\frac{\mathrm{d}^kS}{\mathrm{d}T^k}=0$，可得 $C_k=0$（$k=0, 1, 2, \cdots, m$），如上例中 $m=2$，$k=0$、1、2，则要求 $T=0$ 时，$S=\frac{\mathrm{d}^0S}{\mathrm{d}T^0}=0$、$V=\frac{\mathrm{d}S}{\mathrm{d}T}=0$、$A=\frac{\mathrm{d}^2S}{\mathrm{d}T^2}=0$，可得 $C_0=C_1=C_2=0$。选定 m 后，式（11.4-5）可写成

$$S=C_pT^p+C_qT^q+C_rT^r+\cdots+C_nT^n \quad (11.4\text{-}7)$$

$p=m+1$、$q=m+2$、$r=m+3$、$\cdots$、$n=2m+1$。C_p、C_q、C_r、$\cdots$、C_n 可用下式求得：

$$\begin{cases} C_p=\dfrac{qr\cdots n}{(q-p)(r-p)\cdots(n-p)} \\ C_q=\dfrac{pr\cdots n}{(p-q)(r-q)\cdots(n-q)} \\ C_r=\dfrac{pq\cdots n}{(p-r)(q-r)\cdots(n-r)} \\ \cdots \\ C_n=\dfrac{pqr\cdots(n-1)}{(p-n)(q-n)\cdots(-1)} \end{cases} \quad (11.4\text{-}8)$$

例如取 $m=2$，则 $p=3$、$q=4$、$r=n=5$，$C_p=10$、$C_q=-15$、$C_r=C_n=6$。可得

$$S=10T^3-15T^4+6T^6$$

与式（11.4-6）中的结果完全相同。如边界条件有所改变，则应按2.2.1节中的方法求解。表11.4-9给出了在不同边界条件下得到的几种多项式运动规律的计算式及运动线图。

用式（11.4-7）求得的双停歇多项式运动方程，其加速度曲线呈对称性。有时为了某些特殊需要，设计非对称多项式运动规律，可取幂次数的间隔大于1，间隔越大非对称性越强，高阶导数越光滑，表11.4-10给出了多种加速度不对称的双停歇多项式运动规律。

上面讨论的运动参数都是无因次的。若需求出实际的运动参数，只要进行一些参数变换即可。根据式（11.4-2）和表11.4-6，将 $T=\frac{t}{t_h}$、$S=\frac{s}{h}$、$V=v\frac{t_h}{h}$、$A=a\frac{t_h^2}{h}$、$J=j\frac{t_h^3}{h}$ 代入上面有关公式，即得实际运动参数 $s=s(t)$、$v=v(t)$、$a=a(t)$ 及 $j=j(t)$ 等关系式。作为多项式一般形式的式（11.4-5）可改写成

$$s=h\left[C_0+C_1\left(\frac{t}{t_h}\right)+C_2\left(\frac{t}{t_h}\right)^2+\cdots+C_n\left(\frac{t}{t_h}\right)^n\right]$$

用凸轮的转角 ϕ 代替时间 t，则上式也可写成

$$s=h\left[C_0+C_1\left(\frac{\phi}{\phi_h}\right)+C_2\left(\frac{\phi}{\phi_h}\right)^2+\cdots+C_n\left(\frac{\phi}{\phi_h}\right)^n\right]$$

式中　$\phi=\omega t$；

$\phi_h=\omega t_h$；

ω——凸轮的角速度。

根据这个方法，对于3-4-5多项式运动规律（见表11.4-9）可得

$$\begin{cases} s=h\left[10\left(\dfrac{t}{t_h}\right)^3-15\left(\dfrac{t}{t_h}\right)^4+6\left(\dfrac{t}{t_h}\right)^5\right] \\ v=\dfrac{h}{t_h}\left[30\left(\dfrac{t}{t_h}\right)^2-60\left(\dfrac{t}{t_h}\right)^3+30\left(\dfrac{t}{t_h}\right)^4\right] \\ a=\dfrac{h}{t_h^2}\left[60\left(\dfrac{t}{t_h}\right)-180\left(\dfrac{t}{t_h}\right)^2+120\left(\dfrac{t}{t_h}\right)^3\right] \\ j=\dfrac{h}{t_h^3}\left[60-360\left(\dfrac{t}{t_h}\right)+360\left(\dfrac{t}{t_h}\right)^2\right] \end{cases} \quad (11.4\text{-}9)$$

$\frac{t}{t_h}$ 可用 $\frac{\phi}{\phi_h}$ 来代替。与此同时，将 t_h 代以 $\frac{\phi_h}{\omega}$，上式就变成以凸轮转角 ϕ 为变量的表达式。

2.3　组合运动规律

组合运动规律是将几种不同运动规律组合成一种运动和动力特性更好的运动规律，使从动件既可避免刚性冲击和柔性冲击从而具有较好的运动特性值，又可将其运动参数写成通用计算式。适当改变某些参变量，可以得到多种运动规律以适应多方面的需要。表11.4-11所示为双停歇改进梯形加速度组合运动规律，其运动线图由5段曲线组成，衔接点的位移 S、速度 V 和加速度 A 都相同，而跃度 J 都是零。表中给出了全部 S、V、A 和 J 的计算式。

表11.4-11中 $0\leqslant T_1\leqslant T_2<1/2$，根据工作需要适当选择 T_1、T_2 值，即可求得相应运动规律的全部运动。常用的改进梯形加速度运动规律的 $T_1=1/8$，$T_2=3/8$，可算得 $A_m=4.89$、$V_m=2.00$。表11.4-12给出了用不同的 T_1 和 T_2 值得到的各种运动规律。显

表 11.4-9 几种常用的多项式运动规律

序号	边界条件	m、n	C_k 和 p、q、r、$s\cdots$	运动方程	运动线图	说明
1	$T=0$ 时，$S=V=0$ $T=1$ 时，$S=1, V=0$	$m=1$ $n=3$	$C_0=C_1=0$ $p=2$ $q=3$	$S=3T^2-2T^3$ $V=6T-6T^2$ $A=6-12T$ $J=-12$	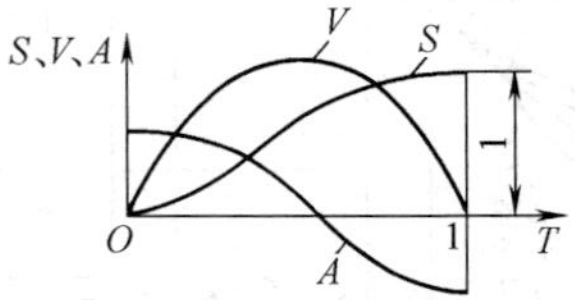	称为 2-3 多项式，在行程的两端存在加速度突变，有柔性冲击
2	$T=0$ 时，$S=V=A=0$ $T=1$ 时，$S=1, V=A=0$	$m=2$ $n=5$	$C_0=C_1=C_2=0$ $p=3$ $q=4$ $r=5$	$S=10T^3-15T^4+6T^5$ $V=30T^2-60T^3+30T^4$ $A=60T-180T^2+120T^3$ $J=60-360T+360T^2$	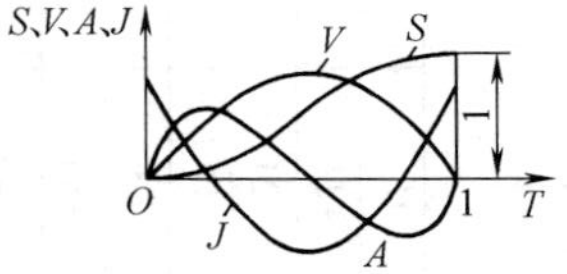	称为 3-4-5 多项式，加速度没有突变现象
3	$T=0$ 时，$S=V=A=J=0$ $T=1$ 时，$S=1, V=A=J=0$	$m=3$ $n=7$	$C_0=C_1=C_2$ $=C_3=0$ $p=4 \quad q=5$ $r=6 \quad s=7$	$S=35T^4-84T^5+70T^6-20T^7$ $V=140T^3-420T^4+420T^5-140T^6$ $A=420T^2-1680T^3+2100T^4-840T^5$ $J=840T-5040T^2+8400T^3-4200T^4$	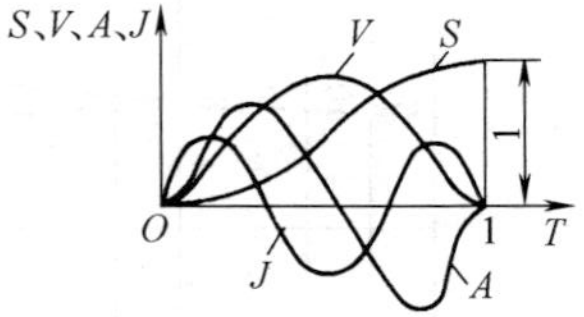	称为 4-5-6-7 多项式，跃度没有突变现象
4	推程 $T=0$ 时，$S=V=A=0$ $T=1$ 时，$S=1, V=J=0(A\neq 0)$	$m=2$ $n=5$	$C_0=C_1=C_2=0$	$S=\frac{20}{3}T^3-\frac{25}{3}T^4+\frac{8}{3}T^5$ $V=20T^2-\frac{100}{3}T^3+\frac{40}{3}T^4$ $A=40T-100T^2+\frac{160}{3}T^3$ $J=40-200T+160T^2$	(V、J线图从略) 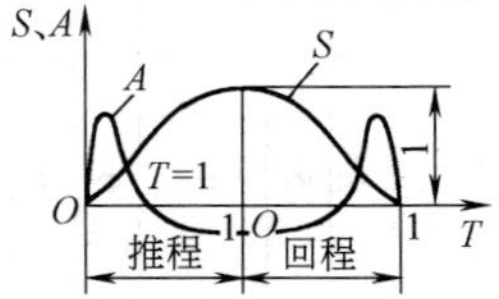	这里 $T=1$ 时，$A\neq 0$，适用于单停歇运动。由于回程和推程的时间相同，两者的运动规律是对称的
5	推程 $T=0$ 时，$S=V=A=0$ $T=1$ 时，$S=1, V=0, A=-A_1$ 回程 $T=0$ 时，$S=1, V=0, A=-A_1$ $T=r$ 时，$S=V=A=0$，一般取 $r\leqslant 1$	$m=2$ $n=5$	推程 $C_0=C_1=C_2=0$ 回程 $C_2=0$	推程 $S=\left(10-\frac{A_1}{2}\right)T^3-(15-A_1)T^4+\left(6-\frac{A_1}{2}\right)T^5$ 回程 $S=1-\frac{A_1}{2}T^2-\frac{1}{r^3}\left(10-\frac{3}{2}A_1r^2\right)T^3$ $+\frac{1}{r^4}\left(15-\frac{3}{2}A_1r^2\right)T^4-\frac{1}{r^5}\left(6-\frac{A_1}{2}r^2\right)T^5$ $A_1=\frac{20}{3r^2}\left(\frac{1+r^3}{1+r}\right)$ (V、A、J 的计算式从略)	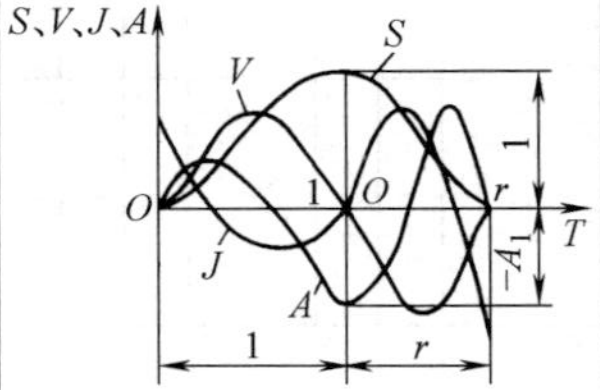	适用于单停歇运动且可使推程和回程的时间不同，故两者的运动规律不同，但在衔接点要求有相同的加速度 $-A_1$。根据工作需要选择一个 r 值，即可算得 A_1，从而可算得 $S=S(T)$

表 11.4-10　加速度不对称的双停歇多项式运动规律

位　移	$S=C_pT^p+C_qT^q+C_rT^r+C_sT^s+\cdots$							
系　数	$C_p=\dfrac{qrs\cdots}{(q-p)(r-p)(s-p)\cdots}$　$C_q=\dfrac{prs\cdots}{(p-q)(r-q)(s-q)\cdots}$　$C_r=\dfrac{pqs\cdots}{(p-r)(q-r)(s-r)\cdots}$　$C_s=\dfrac{pqr\cdots}{(p-s)(q-s)(r-s)\cdots}$							
常用多项式	p	q	r	s	C_p	C_q	C_r	C_s
	3	4	5	—	10	-15	6	—
	3	5	7	—	$\frac{35}{8}$	$-\frac{21}{4}$	$\frac{15}{8}$	—
	3	6	9	—	3	-3	1	—
	4	5	6	7	35	-84	70	-20
	4	6	8	10	10	-20	15	-4
	4	7	10	13	455/81	-260/27	182/27	-140/81
	4	8	12	16	4	-6	4	-1

然，对于正弦（摆线）和余弦加速度及等加速、等减速这 3 种基本运动规律也可以看成为组合运动规律的特例，其运动同样可用表 11.4-11 给出的公式计算。余弦适用于无停歇运动，用同样公式还可得到另外 3 种无停歇类型的运动规律。可见这些公式是计算多种运动规律运动的通用公式，可将其编成使用方便的通用计算程序。

等速运动规律也是一种基本运动规律。如自动车床控制车刀行走的凸轮，要求车刀做等速移动，有的地方希望从动件的最大速度 V_m 小一些，都可采用等速运动规律。但等速运动规律有一个很大的缺点，即在行程的两端有速度突变而产生刚性冲击，当速度较高时，这个问题更为严重。为此可以采用改进等速运动规律，既可保留等速的优点（工作段仍为等速），又避免了刚性冲击，甚至可消除柔性冲击。表 11.4-13给出了这种运动规律位移 S 的计算式。至于速度 V、加速度 A 和跃度 J，只要将 S 对时间 T 求导数即得。表中 T_1、T_2 可根据需要来选择，$T_1\neq 0$ 用于双停歇运动，$T_1=0$ 用于无停歇运动。为了保证足够的等速段，应使 $T_2\leqslant 1/4$。

上面讨论的这些运动规律为双停歇或无停歇两种，在行程两端的加速度都等于零或都不等于零。加速度曲线在加速和减速段是对称的。图 11.4-4 给出了正弦、改进梯形和改进正弦加速度三种组合运动规律。每种运动规律都有Ⅰ、Ⅱ、Ⅲ这三种类型，分别用于双停歇、无停歇和单停歇运动，后者在加速和减速段是不对称的。不同运动类型的各种运动规律的特性值 V_m、A_m、J_m、$(AV)_m$ 及说明详见表 11.4-17。

以上各种运动规律，加速段和减速段的时间是相等的，即 $T_a=T_d$ 或 $P=T_d/T_a=1$。若要求两者不相等 $(P\neq 1)$，除采用表 11.4-10 的多项式运动规律外，也可采用组合运动规律。对于改进梯形和改进正弦加速度运动规律可分别用表 11.4-14、表 11.4-15 求得在一个行程中相对于不同时间 T 的位移 S 值。

上面求得的 S 为无因次位移，直动从动件的实际位移为 $s=hS$，摆动从动件的实际角位移为摆角 $\psi=\psi_h S$。

2.4　数值微分法求速度和加速度

已知从动件的位移 s 与凸轮转角 ϕ（或时间 t）的函数关系 $s=s(\phi)$［或 $s=s(t)$］，用微分的方法不难求得速度 $v=v(\phi)$［或 $v=v(t)$］及加速度 $a=a(\phi)$［或 $a=a(t)$］。如已知 s 和 ϕ 的关系是以列表的形式给出时，要求各个不同位置的 v 和 a，采用数值微分是可行的办法。目前数值微分有多种计算公式，这里给出一种精度较高的计算式，不仅可求得 v 和 a，还可进一步求得各个位置的压力角和曲率半径（详见 3 节）。

设已知凸轮转角以相隔 $\Delta\phi$ 角变化时，从动件相应位移为…、s_{i-3}、s_{i-2}、s_{i-1}、s_i、s_{i+1}、s_{i+2}、s_{i+3}、…。这里 s_i 为凸轮转角 $\phi=\phi_i$ 时从动件的位移。$\phi_{i-1}=\phi_i-\Delta\phi$、$\phi_{i+1}=\phi_i+\Delta\phi$，其余类推。若要求 $\phi=\phi_i$ 时从动件的速度 v 和加速度 a，可先求得类速度 s' 和类加速度 s''，即

表 11.4-11　改进梯形加速度运动规律

常数项	区间	S	V	A	J	运动曲线
$A_m=\dfrac{\pi^2}{(\pi^2-8)(T_1^2-T_2^2+T_2)-\pi(\pi-2)T_1+2}$ $C_1=\dfrac{2}{\pi}T_1$、$C_2=T_2-T_1$、$C_3=\dfrac{1-2T_2}{\pi}$ $S_1=(T_1-C_1)C_1A_m$、$S_2=S_1+C_2V_1+\dfrac{C_2^2}{2}A_m$ $V_1=C_1A_m$、$V_2=V_1+C_2A_m$、$V_1+V_2=V_m$ （任选 T_1、T_2）	Ⅰ $0\leqslant T\leqslant T_1$	$V_1\left(T-C_1\sin\dfrac{T}{C_1}\right)$	$V_1\left(1-C_1\cos\dfrac{T}{C_1}\right)$	$A_m\sin\dfrac{T}{C_1}$	$\dfrac{A_m}{C_1}\cos\dfrac{T}{C_1}$	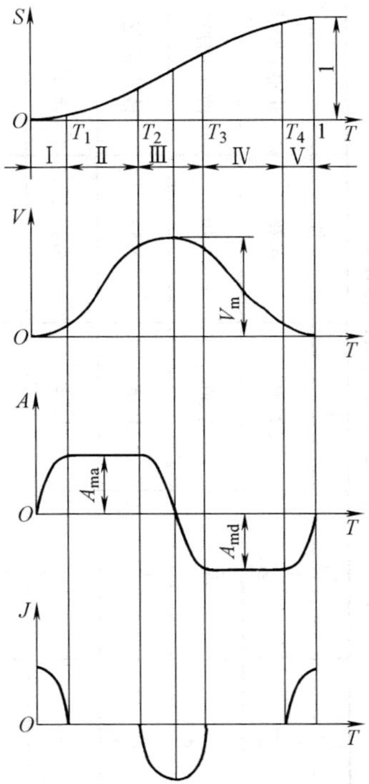 $T_3=1-T_2$ $T_4=1-T_1$ $A_{ma}=A_{md}=A_m$
	Ⅱ $T_1\leqslant T\leqslant T_2$	$S_1+V_1(T-T_1)+\dfrac{A_m}{2}(T-T_1)^2$	$V_1+A_m(T-T_1)$	A_m	0	
	Ⅲ $T_2\leqslant T\leqslant T_3$	$S_2+V_2(T-T_2)+C_3^2A_m\left(1-\cos\dfrac{T-T_2}{C_3}\right)$	$V_2+C_3A_m\sin\dfrac{T-T_2}{C_3}$	$A_m\cos\dfrac{T-T_2}{C_3}$	$-\dfrac{A_m}{C_3}\sin\dfrac{T-T_2}{C_3}$	
	Ⅳ $T_3\leqslant T\leqslant T_4$	$1-S_1-V_1(1-T_1-T)-\dfrac{A_m}{2}(1-T_1-T)^2$	$V_1+A_m(1-T_1-T)$	$-V_m$	0	
	Ⅴ $T_4\leqslant T\leqslant 1$	$1-V_1\times\left(1-T-C_1\sin\dfrac{1-T}{C_1}\right)$	$V_1\left(1-\cos\dfrac{1-T}{C_1}\right)$	$-V_m\sin\dfrac{1-T}{C_1}$	$\dfrac{A_m}{C_1}\cos\dfrac{1-T}{C_1}$	

表 11.4-12　各种典型组合运动规律

运动类型	T_1	T_2	V_m	A_m	加速度规律
双停歇	$\frac{1}{4}$	$\frac{1}{4}$	2.00	6.28	正弦(摆线)
	$\frac{1}{8}$	$\frac{3}{8}$	2.00	4.89	改进梯形
	$\frac{1}{8}$	$\frac{1}{8}$	1.76	5.53	改进正弦
无停歇	0	$\frac{1}{4}$	1.72	4.20	正弦
	0	$\frac{3}{8}$	1.84	4.05	改进梯形
	0	$\frac{1}{8}$	1.63	4.48	改进正弦
	0	0	1.57	4.93	余弦(简谐)
	0	$\frac{1}{2}$	2.00	4.00	等加速、等减速

注：等加速、等减速运动规律即使用在无停歇运动中仍有柔性冲击，目前很少用。

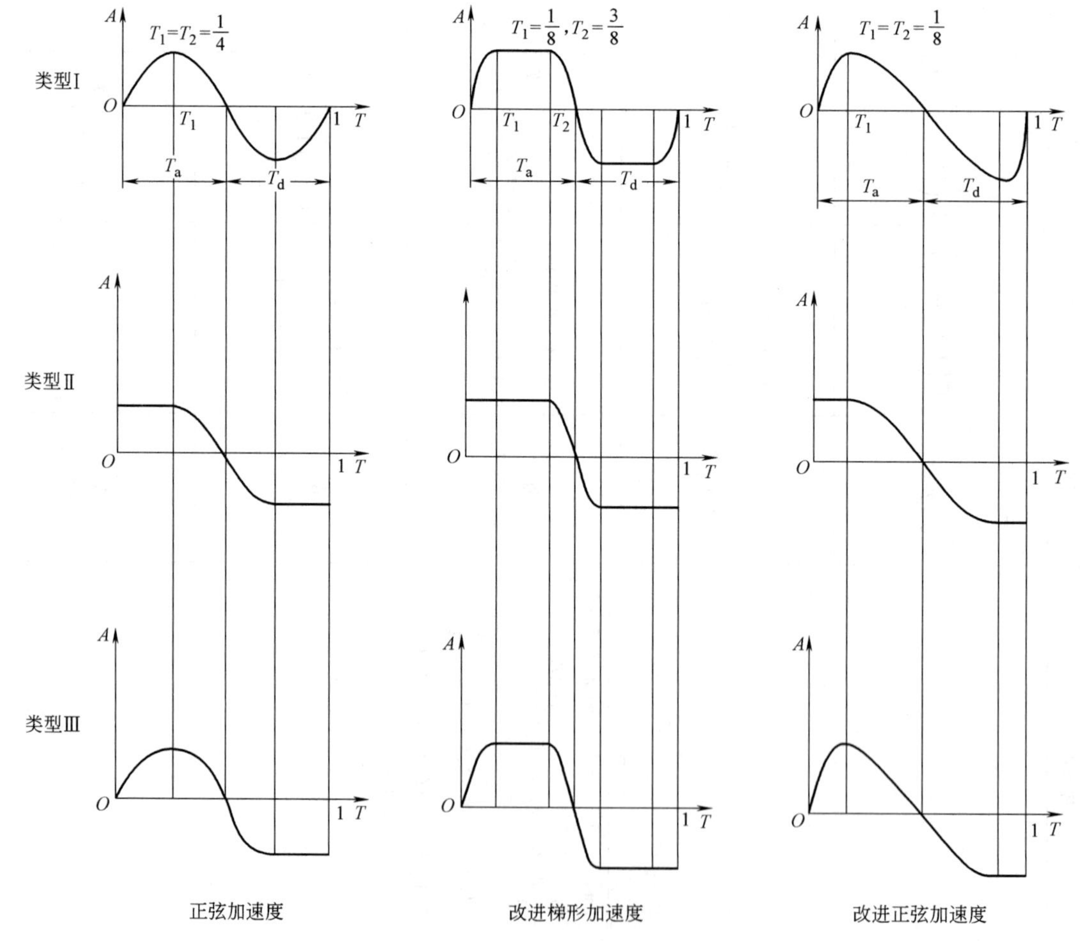

图 11.4-4　组合运动规律的三种类型

表 11.4-13　改进等速运动规律

常数项	区间		运动曲线
$A_m=\dfrac{1}{\dfrac{2}{\pi}\left[\left(2-\dfrac{8}{\pi}\right)T_1T_2+\left(\dfrac{4}{\pi}-2\right)T_2^2+T_2\right]}$ $S_1=\dfrac{2T_1^2A_m}{\pi}T-\dfrac{4T_1^2A_m}{\pi^2}$、$V_1=\dfrac{2T_1A_m}{\pi}$ $S_2=S_1+V_1(T_2-T_1)+\dfrac{4(T_2-T_1)^2A_m}{\pi^2}$ $V_2=V_m=\dfrac{2T_2A_m}{\pi}$ （任选 T_1,T_2）	Ⅰ $0\leqslant T\leqslant T_1$	$S=\dfrac{2T_1A_m}{\pi}T-\dfrac{4T_1^2A_m}{\pi^2}\sin\dfrac{\pi T}{2T_1}$	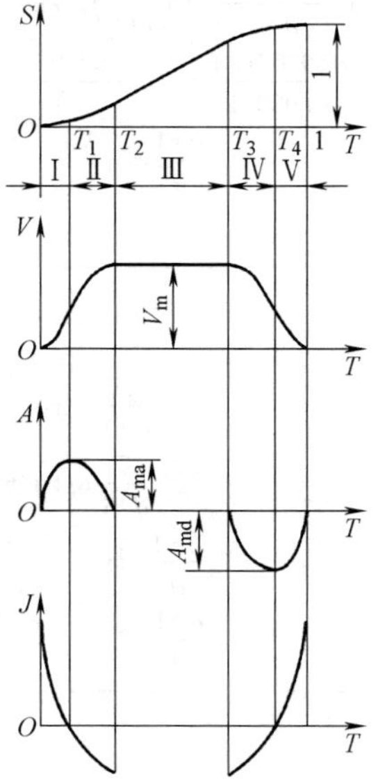 $T_3=1-T_2$ $T_4=1-T_1$ $A_{ma}=A_{md}=A_m$
	Ⅱ $T_1\leqslant T\leqslant T_2$	$S=S_1+V_1(T-T_1)+\dfrac{4(T_2-T_1)^2A_m}{\pi^2}\left[1-\cos\dfrac{\pi(T-T_1)}{2(T_2-T_1)}\right]$	
	Ⅲ $T_2\leqslant T\leqslant T_3$	$S=S_2+V_m(T-T_2)$	
	Ⅳ $T_3\leqslant T\leqslant T_4$	$S=1-S_1-V_1(1-T_1-T)-\dfrac{4(T_2-T_1)^2A_m}{\pi^2}\left[1-\cos\dfrac{\pi(1-T_1-T)}{2(T_2-T_1)}\right]$	
	Ⅴ $T_4\leqslant T\leqslant 1$	$S=1-\dfrac{2T_1A_m}{\pi}(1-T)+\dfrac{4T_1^2A_m}{\pi^2}\sin\dfrac{\pi(1-T)}{2T_1}$	

表 11.4-14 改进梯形加速度运动的位移表 $\left(P=\frac{T_d}{T_a}\neq 1\right)$

等分号	运动类型 Ⅰ-a	Ⅰ-d	Ⅱ-a	Ⅱ-d	等分号	运动类型 Ⅰ-a	Ⅰ-d	Ⅱ-a	Ⅱ-d
0	0.00000	0.00000	0.00000	0.00000	31	0.22597	0.80737	0.27014	0.76359
1	0.00001	0.03332	0.00028	0.03066	32	0.24365	0.82302	0.28785	0.77961
2	0.00009	0.06657	0.00112	0.06126	33	0.26202	0.83798	0.30612	0.79507
3	0.00032	0.09968	0.00253	0.09174	34	0.28106	0.85228	0.32496	0.80997
4	0.00075	0.13258	0.00450	0.12205	35	0.30078	0.86589	0.34435	0.82431
5	0.00146	0.16521	0.00703	0.15213	36	0.32118	0.87882	0.36431	0.83808
6	0.00251	0.19749	0.01012	0.18193	37	0.34226	0.89107	0.38483	0.85130
7	0.00396	0.22938	0.01377	0.21140	38	0.36402	0.90265	0.40592	0.86394
8	0.00586	0.26081	0.01799	0.24050	39	0.38646	0.91354	0.42756	0.87603
9	0.00826	0.29174	0.02277	0.26917	40	0.40957	0.92376	0.44977	0.88756
10	0.01122	0.32212	0.02811	0.29739	41	0.43337	0.93330	0.47254	0.89852
11	0.01476	0.35191	0.03401	0.32513	42	0.45784	0.94216	0.49587	0.90892
12	0.01892	0.38108	0.04048	0.35235	43	0.48299	0.95034	0.51976	0.91876
13	0.02372	0.40961	0.04751	0.37904	44	0.50883	0.95784	0.54422	0.92804
14	0.02919	0.43747	0.05510	0.40518	45	0.53534	0.96466	0.56924	0.93675
15	0.03534	0.46466	0.06325	0.43076	46	0.56253	0.97081	0.59482	0.94490
16	0.04216	0.49117	0.07196	0.45578	47	0.59039	0.97628	0.62096	0.95249
17	0.04966	0.51701	0.08124	0.48024	48	0.61892	0.98108	0.64765	0.95952
18	0.05784	0.54216	0.09108	0.50413	49	0.64809	0.98524	0.67487	0.96599
19	0.06670	0.56663	0.10148	0.52746	50	0.67788	0.98878	0.70261	0.97189
20	0.07624	0.59043	0.11244	0.55023	51	0.70826	0.99174	0.73083	0.97723
21	0.08646	0.61354	0.12397	0.57244	52	0.73919	0.99414	0.75950	0.98201
22	0.09735	0.63598	0.13606	0.59408	53	0.77062	0.99604	0.78860	0.98623
23	0.10893	0.65774	0.14871	0.61517	54	0.80251	0.99749	0.81807	0.98988
24	0.12118	0.67882	0.16192	0.63569	55	0.83479	0.99854	0.84787	0.99297
25	0.13411	0.69922	0.17569	0.65565	56	0.86742	0.99925	0.87795	0.99550
26	0.14772	0.71894	0.19003	0.67504	57	0.90032	0.99968	0.90826	0.99747
27	0.16202	0.73798	0.20493	0.69388	58	0.93343	0.99991	0.93874	0.99888
28	0.17698	0.75635	0.22039	0.71215	59	0.96668	0.99999	0.96934	0.99972
29	0.19263	0.77403	0.23641	0.72986	60	1.00000	1.00000	1.00000	1.00000
30	0.20896	0.79104	0.25300	0.74700					

类型 Ⅰ

$T_a=\frac{1}{1+P}$　$T_d=\frac{P}{1+P}$

$S_a=\frac{1}{1+P}$　$S_d=\frac{P}{1+P}$

$A_{ma}=4.8881\frac{1+P}{2}$

$A_{md}=4.8881\frac{1+P}{2P}$

$\frac{A_{ma}}{A_{md}}=P$

类型 Ⅱ

$T_a=\frac{1}{1+P}$　$T_d=\frac{P}{1+P}$

$S_a=\frac{1}{1+P}$　$S_d=\frac{P}{1+P}$

$A_{ma}=4.0479\frac{1+P}{2}$

$A_{md}=4.0479\frac{1+P}{2P}$

$\frac{A_{ma}}{A_{md}}=P$

类型 Ⅲ

$T_a=\frac{1}{1+P}$　$T_d=\frac{P}{1+P}$

$S_a=\frac{1}{1+1.0869P}$　$S_d=\frac{1.0869P}{1+1.0869P}$

$A_{ma}=4.8881\left(\frac{1+P}{2}\right)\left(\frac{1+P}{1+1.0869P}\right)$

$A_{md}=4.3907\left(\frac{1+P}{2P}\right)\left(\frac{1+P}{1+1.0869P}\right)$

$\frac{A_{ma}}{A_{md}}=1.111P$

计算步骤：

1. 选择 P，计算 S_a、S_d 和 A_{ma}、A_{md}
2. 计算加速部分的位移 S，对于类型Ⅰ和Ⅲ，可将表中的Ⅰ-a 乘以 S_a，对于类型Ⅱ，可以将表中的Ⅱ-a 乘以 S_a
3. 计算减速部分的位移 S，对于类型Ⅰ，可将表中的Ⅰ-d 乘以 S_d，再加上 S_a，对于类型Ⅱ和Ⅲ，可将表中的Ⅱ-d 乘以 S_d，再加上 S_a

表 11.4-15　改进正弦加速度运动的位移表$\left(P=\dfrac{T_d}{T_a}\neq 1\right)$

等分号	运动类型				等分号	运动类型			
	Ⅰ-a	Ⅰ-d	Ⅱ-a	Ⅱ-d		Ⅰ-a	Ⅰ-d	Ⅱ-a	Ⅱ-d
0	0.00000	0.00000	0.00000	0.00000	31	0.25302	0.78364	0.29673	0.73973
1	0.00001	0.02932	0.00031	0.02714	32	0.27233	0.80095	0.31576	0.75715
2	0.00011	0.05862	0.00124	0.05425	33	0.29227	0.81758	0.33531	0.77400
3	0.00036	0.08786	0.00280	0.08133	34	0.31284	0.83351	0.35535	0.79029
4	0.00085	0.11702	0.00497	0.10833	35	0.33401	0.84872	0.37589	0.80600
5	0.00165	0.14608	0.00777	0.13525	36	0.35578	0.86321	0.39690	0.82112
6	0.00284	0.17500	0.01119	0.16207	37	0.37811	0.87697	0.41838	0.83566
7	0.00447	0.20376	0.01523	0.18875	38	0.40099	0.89000	0.44030	0.84960
8	0.00662	0.23234	0.01990	0.21528	39	0.42441	0.90228	0.46266	0.86293
9	0.00934	0.26070	0.02518	0.24164	40	0.44834	0.91381	0.48543	0.87566
10	0.01268	0.28883	0.03109	0.26781	41	0.47276	0.92458	0.50860	0.88777
11	0.01669	0.31669	0.03762	0.29377	42	0.49766	0.93459	0.53215	0.89927
12	0.02139	0.34427	0.04477	0.31949	43	0.52301	0.94384	0.55607	0.91015
13	0.02683	0.37154	0.05254	0.34496	44	0.54878	0.95232	0.58033	0.92041
14	0.03301	0.39846	0.06094	0.37016	45	0.57497	0.96004	0.60493	0.93005
15	0.03996	0.42503	0.06995	0.39507	46	0.60154	0.96699	0.62984	0.93906
16	0.04768	0.45122	0.07959	0.41967	47	0.62846	0.97317	0.65504	0.94746
17	0.05616	0.47699	0.08985	0.44393	48	0.65573	0.97861	0.68051	0.95523
18	0.06541	0.50234	0.10073	0.46785	49	0.68331	0.98331	0.70623	0.96238
19	0.07542	0.52724	0.11223	0.49140	50	0.71117	0.98732	0.73219	0.96891
20	0.08619	0.55166	0.12434	0.51457	51	0.73930	0.99066	0.75836	0.97482
21	0.09772	0.57559	0.13707	0.53734	52	0.76766	0.99338	0.78472	0.98010
22	0.11000	0.59901	0.15040	0.55970	53	0.79624	0.99553	0.81125	0.98477
23	0.12303	0.62189	0.16434	0.58162	54	0.82500	0.99716	0.83793	0.98881
24	0.13679	0.64422	0.17888	0.60310	55	0.85392	0.99835	0.86475	0.99223
25	0.15128	0.66599	0.19400	0.62411	56	0.88298	0.99915	0.89167	0.99503
26	0.16649	0.68716	0.20971	0.64465	57	0.91214	0.99964	0.91867	0.99720
27	0.18242	0.70773	0.22600	0.66469	58	0.94138	0.99989	0.94575	0.99876
28	0.19905	0.72767	0.24285	0.68424	59	0.97068	0.99999	0.97286	0.99969
29	0.21636	0.74698	0.26027	0.70327	60	1.00000	1.00000	1.00000	1.00000
30	0.23436	0.76564	0.27823	0.72177					

类型 Ⅰ

$$S_a=T_a=\frac{1}{1+P}$$
$$S_d=T_d=\frac{P}{1+P}$$
$$A_{ma}=5.528\,\frac{1+P}{2}$$
$$A_{md}=5.528\,\frac{1+P}{2P}$$
$$\frac{A_{ma}}{A_{md}}=P$$

类型 Ⅱ

$$S_a=T_a=\frac{1}{1+P}$$
$$S_d=T_d=\frac{P}{1+P}$$
$$A_{ma}=4.477\,\frac{1+P}{2}$$
$$A_{md}=4.477\,\frac{1+P}{2P}$$
$$\frac{A_{ma}}{A_{md}}=P$$

类型 Ⅲ

$$T_a=\frac{1}{1+P}\qquad T_d=\frac{P}{1+P}$$
$$S_a=\frac{1}{1+1.085P}\qquad S_d=\frac{1.085P}{1+1.085P}$$
$$A_{ma}=5.528\,\frac{1+P}{2}\,\frac{1+P}{1+1.085P}$$
$$A_{md}=4.438\,\frac{1+P}{2P}\,\frac{1+P}{1+1.085P}$$
$$\frac{A_{ma}}{A_{md}}=1.143$$

计算步骤：

1. 选择 P，计算 S_a、S_d 和 A_{ma}、A_{md}
2. 计算加速部分的位移 S，对于类型Ⅰ和Ⅲ，可将表中的Ⅰ-a 乘以 S_a，对于类型Ⅱ，可以将表中的Ⅱ-a 乘以 S_a
3. 计算减速部分的位移 S，对于类型Ⅰ，可将表中的Ⅰ-d 乘以 S_d，再加上 S_a，对于类型Ⅱ和Ⅲ，可将表中的Ⅱ-d 乘以 S_d，再加上 S_a

$$s'=\left(\frac{\mathrm{d}s}{\mathrm{d}\phi}\right)_{\phi i}=\frac{1}{60\Delta\phi}(s_{i+3}-9s_{i+2}+45s_{i+1}-45s_{i-1}+9s_{i-2}-s_{i-3}) \tag{11.4-10}$$

$$s''=\left(\frac{\mathrm{d}^2s}{\mathrm{d}\phi^2}\right)_{\phi i}=\frac{1}{180(\Delta\phi)^2}(2s_{i+3}-27s_{i+2}+270s_{i+1}-490s_i+270s_{i-1}-27s_{i-2}+2s_{i-3}) \tag{11.4-11}$$

于是 $v=s'\omega \quad a=s''\omega^2$

如果是摆动从动件，可将 s 改成摆角 ψ，s' 与 s'' 相应改成 $\psi'=\left(\frac{\mathrm{d}\psi}{\mathrm{d}\phi}\right)_{\phi i}$ 及 $\psi''=\left(\frac{\mathrm{d}^2\psi}{\mathrm{d}\phi^2}\right)_{\phi i}$，$v$ 和 a 就改成摆杆的角速度 $\frac{\mathrm{d}\psi}{\mathrm{d}t}$ 和角加速度 $\frac{\mathrm{d}^2\psi}{\mathrm{d}t^2}$ 了。

例 11.4-1 有一直动从动件盘形凸轮，凸轮以角速度 $\omega=10\mathrm{rad/s}$ 等速旋转，凸轮的推程运动角 $\phi=120°$，从动件的推程 $h=10\mathrm{mm}$。已知从动件以正弦加速度规律运动，且已求得 13 个位置的位移 s（见表 11.4-16），求从动件在不同位置时的速度 v 和加速度 a。

解 对于正弦加速度运动规律，其位移 s、类速度 s' 和类加速度 s'' 都有相应的计算公式，即

$$s(\phi)=h\left(\frac{\phi}{\Phi}-\frac{1}{2\pi}\sin\frac{2\pi\phi}{\Phi}\right) \tag{11.4-12}$$

$$s'(\phi)=\frac{\mathrm{d}s}{\mathrm{d}\phi}=\frac{h}{\Phi}\left(1-\cos\frac{2\pi\phi}{\Phi}\right) \tag{11.4-13}$$

$$s''(\phi)=\frac{\mathrm{d}^2s}{\mathrm{d}\phi^2}=\frac{2\pi h}{\Phi^2}\sin\frac{2\pi\phi}{\Phi} \tag{11.4-14}$$

由此可以求得精确的 s' 及 s'' 值，从而可求得精确的 v 和 a。如用数值微分法求解，可令 $\Delta\phi=10°=\frac{\pi}{18}\mathrm{rad}$，用式（11.4-12）先求得 ϕ 从 0°到 120°共 13 个位置的 s 值，见表 11.4-16。再应用式（11.4-10）及式（11.4-11）求出近似的 s' 和 s''。表 11.4-16 列出了 s' 和 s'' 的数值微分值、由式（11.4-13）和式（11.4-14）计算的精确值，可见这种数值微分法精度是相当高的。

表 11.4-16 从动件的位移、类速度和类加速度 (mm)

等分号	s	s'（精确）	s'（近似）	s''（精确）	s''（近似）
0	0.000	0.000	0.000	0.000	0.761
1	0.038	0.640	0.645	7.162	7.082
2	0.288	2.387	2.384	12.405	12.418
3	0.908	4.775	4.775	14.324	14.323
4	1.955	7.162	7.162	12.405	12.404
5	3.371	8.910	8.909	7.162	7.162
6	5.000	9.549	9.549	0.000	0.000
7	6.629	8.910	8.909	−7.162	−7.162
8	8.045	7.162	7.162	−12.405	−12.404
9	9.092	4.775	4.775	−14.324	−14.323
10	9.712	2.387	2.384	−12.405	−12.418
11	9.962	0.640	0.645	−7.162	−7.082
12	10.000	0.000	0.000	0.000	−0.761

注：1. 在有关的运算中，角度都应化成弧度，$v=\omega s'=10s'$、$a=\omega^2s''=100s''$，计算从略。

2. 在应用式（11.4-10）和式（11.4-11）时，s_{i+3}、s_{i-3} 等如越出数据以外时，应相应延伸；对双停歇运动，当计算 $i=0$ 时的 s'_0 和 s''_0，用到 s_{-1}、s_{-2}、s_{-3} 等，这些都等于 $s_0=0.000$。当计算 $i=12$ 时的 s'_{12}、s''_{12}，用到 s_{15}、s_{14}、s_{13} 等，这些都等于 $s_{12}=10.000$。

2.5 运动规律选择原则

表 11.4-17 列出了各种不同运动规律的 V_m、A_m、J_m 及 $(AV)_m$ 值，可供选择运动规律时参考。

一般来说，应该避免由于速度突变引起的刚性冲击，还应尽量避免由于加速度突变引起的柔性冲击。目前常用的有多项式运动规律和组合运动规律两大类。从表中可见：使 V_m、A_m、J_m 和 $(AV)_m$ 都最小的运动规律是没有的，它们之间是相互制约的，因此应该根据不同的工作情况进行合理选择，表 11.4-18 中的选用原则可供参考。

表 11.4-17 凸轮机构各种运动规律比较表

运动类型	名称	备注	加速度线图形状	V_m	A_{ma} / A_{md}	J_{ma} / J_{md}	$(AV)_{ma}$ / $(AV)_{md}$	说明
加速度不连续运动	等速		∞ −∞	1.00	∞	∞	∞	V_m 最小，但有刚性冲击，制造容易，可用于低速

（续）

运动类型	名称	备注	加速度线图形状	V_m	A_{ma} / A_{md}	J_{ma} / J_{md}	$(AV)_{ma}$ / $(AV)_{md}$	说明
加速度不连续运动	等加速、等减速		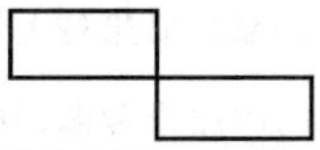	2.00	4.00	∞	8.00	A_m最小，但有柔性冲击，目前很少用
	余弦加速度（简谐运动）		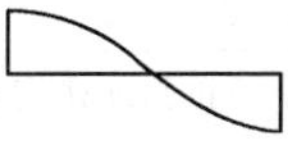	1.57	4.93	∞	3.88	V_m及转矩小，但有柔性冲击，可用于低速
Ⅰ、双停歇运动	等跃度		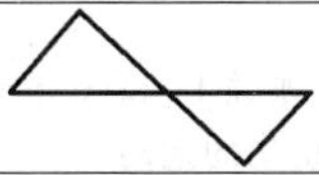	2.00	8.00	32.0	8.71	J_m很小，但由于A_m大，很少用
	3-4-5 多项式		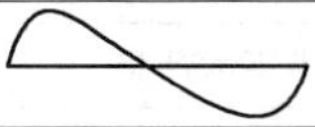	1.88	5.77	60.0 30.0	6.69	特性值较好，常用
	正弦加速度（摆线）		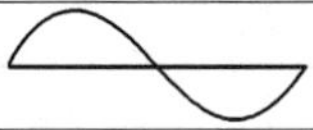	2.00	6.28	39.5	8.16	适用于高速轻载，缺点是V_m、A_m较大
	改进梯形加速度	$T_1=\frac{1}{8}$	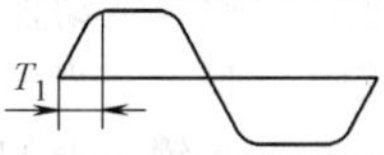 T_1	2.00	4.89	61.4	8.09	A_m小，适用于高速轻载，近来在分度凸轮中应用较多
	非对称改进梯形加速度	$P=\frac{T_d}{T_a}=1.5$	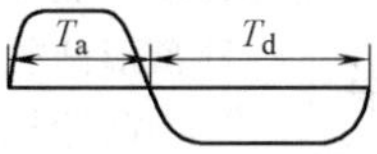 T_a　T_d	2.00	6.11 4.07	95.9 42.6	10.11 6.74	$A_{md}<A_{ma}$，对弹簧设计有利
	改进正弦加速度	$T_1=\frac{1}{8}$	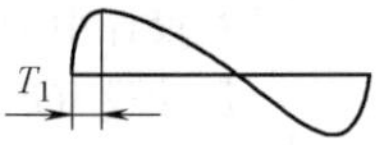 T_1	1.76	5.53	69.5 23.2	5.46	V_m及转矩小，适用于中速中载，性能较好
	改进等速	$T_1=1/16$ $T_2=1/4$	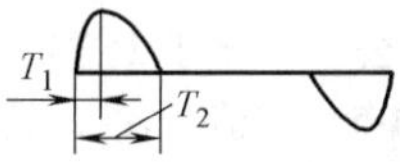 T_1　T_2	1.28	8.01	201.4 67.1	5.73	V_m很小，转矩小，适用于低速重载，也可用以替代等速运动，避免冲击
Ⅱ、无停歇运动	余弦加速度		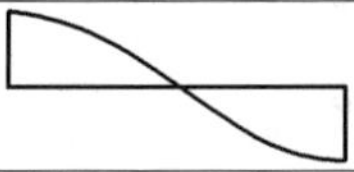	1.57	4.93	15.5	3.88	用于无停歇运动中，这是一种很好的运动规律
	正弦加速度		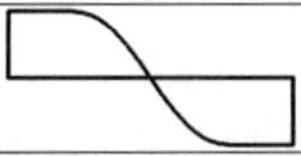	1.72	4.20	—	—	与相应的双停歇或单停歇运动相比，各特性值都有所改善
	改进梯形加速度		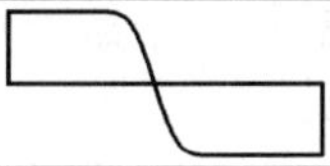	1.84	4.05	—	—	
	改进正弦加速度		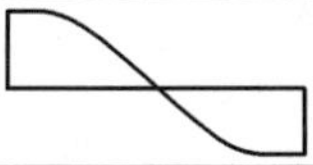	1.63	4.48	—	—	
	改进等速		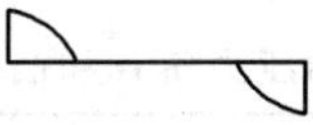	1.22	7.68	48.2	4.69	
Ⅲ、单停歇运动	3-4-5 多项式			1.73	4.58 6.67	40.0 22.5	4.96 5.61	特性值较好，但A_{md}值较大，方程见表 11.4-9 中第 4 项
	正弦加速度			1.85	5.81 4.52	—	—	与对应的双停歇运动相比，各特性值都有所改善。因此将双停歇运动规律用于单停歇运动是不恰当的（这里几种规律的加速段和减速段时间相同）
	改进梯形加速度		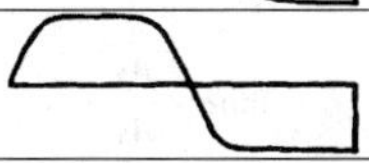	1.92	4.68 4.21	—	—	
	改进正弦加速度		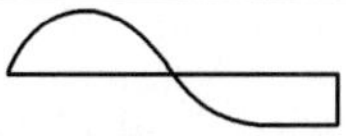	1.69	5.31 4.65	—	—	

注：1. 特性值中的角标 a 代表加速部分，d 代表减速部分。A_{md}、J_{md}、$(AV)_{md}$为减速部分相应的最大值，实际都是负值，表中取其绝对值。

2. 表中除注明的以外，各种运动规律减速段与加速段时间比 $P=T_d/T_a=1$。

表 11.4-18　从动件运动规律选用原则

载荷类型	选 用 原 则
高速轻载	各特性值大体可按 A_m、V_m、J_m、$(AV)_m$ 的主次顺序来考虑。改进梯形类型的 A_m 值比较小，是较理想的一种运动规律，但因其 V_m 较大，不宜用于从动系统质量较大的凸轮机构
低速重载	各特性值大体可按 V_m、A_m、$(AV)_m$、J_m 的顺序来考虑，故改进等速运动规律是比较理想的，但因其 V_m 较大，不宜用于高速或中速运转的凸轮机构
中速中载	要求 A_m、V_m、J_m、$(AV)_m$ 等特性值都较小。正弦加速度规律较好，但其 V_m 较大，因此用改进正弦加速度或 3-4-5 多项式运动规律也较为理想
高速中载	凸轮机构由于其本身高副接触的特点，兼顾 V_m 和 A_m 有困难，通常不宜用于高速重载的工作场合，一般的做法是尽可能用低副机构来实现凸轮机构的运动
低速轻载	低速轻载的凸轮机构对运动规律的要求不太严格
高速重载	要求 V_m 比较小并希望 A_m 越小越好

为减小弹簧尺寸，采用减速时间和加速时间比值 $P=T_d/T_a>1$ 的非对称运动规律效果较好（如非对称改进梯形）。

3　凸轮机构的压力角、凸轮的基圆半径和最小曲率半径

3.1　压力角

凸轮机构的压力角 α 是从动件与凸轮接触的公法线方向与从动件运动方向所夹的锐角，如图 11.4-5 所示。表 11.4-19 给出了四种凸轮机构压力角的计算式，盘形凸轮的位移 s 和 $\dfrac{ds}{d\phi}\left(\text{或 }\psi\text{ 和}\dfrac{d\psi}{d\phi}\right)$ 都是凸轮转角 ϕ 的函数，这对于已知运动规律的凸轮机构，可根据 ϕ 角求得，从而很容易求得相应的压力角 α。凸轮机构压力角的大小，不仅和机构传动时的受力情况好坏有关，还和凸轮尺寸的大小有关。当载荷和机构的运动规律确定以后，为了使凸轮具有较小的尺寸，可选取较小的基圆半径，但此时压力角就要增大，从而使机构受力情况变坏。因为压力角增大，不但使凸轮与从动件的作用力增大，而且使导路中的摩擦力也增大，当压力角大到某一临界值 α_c 时，机构将发生自锁。表 11.4-20 给出了直动从动件和摆动从动件两种盘形凸轮 α_c 的计算公式。

凸轮机构的最大压力角 α_m 不仅不能超过 α_c，且在设计中为了使机构具有良好的受力情况，在对机构尺寸没有严格限制时可将基圆半径选得大一些以减小压力角；反之如要求凸轮尺寸尽量小而受力情况也不至于太差时，所用基圆半径也应保证 α_m 不超过许用值 $[\alpha]$，具体见表 11.4-21。

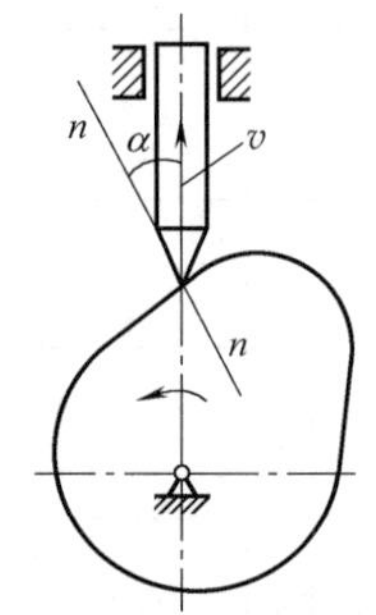

图 11.4-5　压力角 α 示意图

表 11.4-19　滚子从动件凸轮机构的压力角 α 和凸轮理论轮廓的曲率半径 ρ_t

类别	机 构 简 图	α	ρ_t
移动凸轮直动从动件	n α v y y=y(x) B n O x	$\tan\alpha=\dfrac{dy}{dx}$	$\rho_t=\dfrac{\left[1+\left(\dfrac{dy}{dx}\right)^2\right]^{3/2}}{\dfrac{d^2y}{dx^2}}$

（续）

类别	机构简图	α	ρ_t
盘形凸轮对心直动从动件	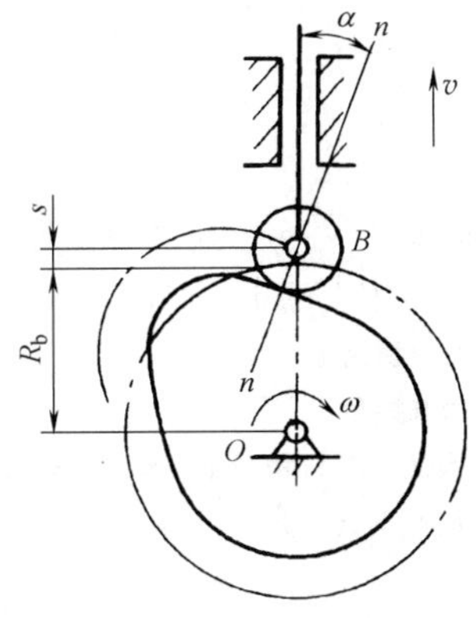	$\tan\alpha=\dfrac{\dfrac{ds}{d\phi}}{R_b+s}$ 式中　ϕ—凸轮转角（rad） R_b—凸轮基圆半径（mm） s—从动件位移（mm）	$\rho_t=\dfrac{\left[(R_b+s)^2+\left(\dfrac{ds}{d\phi}\right)^2\right]^{3/2}}{(R_b+s)^2+2\left(\dfrac{ds}{d\phi}\right)^2-(R_b+s)\dfrac{d^2s}{d\phi^2}}$
盘形凸轮偏置直动从动件	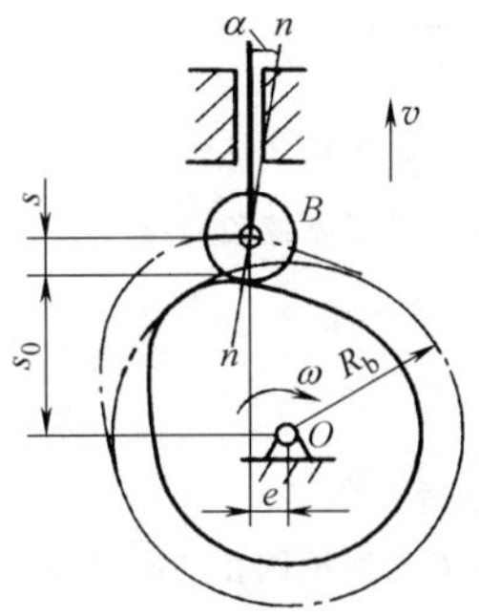	$\tan\alpha=\dfrac{\dfrac{ds}{d\phi}-e}{s+\sqrt{R_b^2-e^2}}$ 式中　e—偏距（mm），有正、负 当凸轮顺时针旋转而从动件位于 O 点左侧时 e 为正，这对减小 α 是有利的。反之，e 为负，对 e 不利。当凸轮转向相反时，正、负号相反 $s_0=\sqrt{R_b^2-e^2}$	$\rho_t=\dfrac{1}{T\left[1+T\left(\dfrac{ds}{d\phi}\sin\alpha-\dfrac{d^2s}{d\phi^2}\cos\alpha\right)\right]}$ $T=\dfrac{\cos\alpha}{s+s_0}$
盘形凸轮摆动从动件	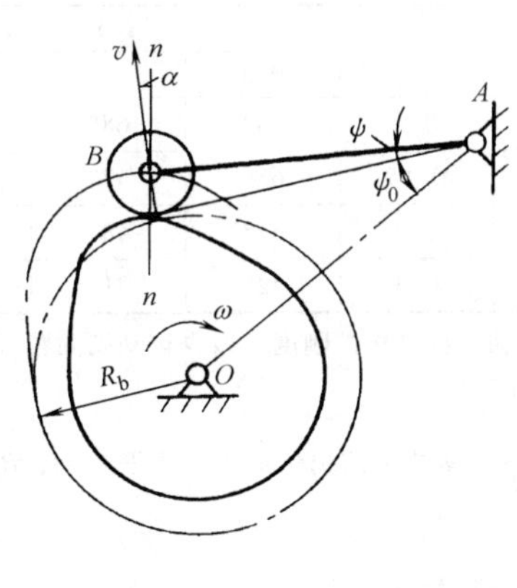	$\tan\alpha=\cot(\psi+\psi_0)-\dfrac{l\left(1-\dfrac{d\psi}{d\phi}\right)}{L\sin(\psi+\psi_0)}$ 式中　ψ_0—从动件初始角（rad） $\psi_0=\arccos\dfrac{l^2+L^2-R_b^2}{2lL}$ ψ—从动件摆角（rad），$\psi=\psi(\phi)$ ϕ—凸轮转角（rad） l—从动件长度（mm），$l=l_{AB}$ L—凸轮转动中心与从动件摆动中心距离（mm），$L=l_{OA}$	$\rho_t=$ $\dfrac{1}{\lambda\left\{1+\lambda\left[\left(1-\dfrac{d\psi}{d\phi}\right)\dfrac{d\psi}{d\phi}\sin\alpha-\dfrac{d^2\psi}{d\phi^2}\cos\alpha\right]\right\}}$ $\lambda=\dfrac{\cos\alpha}{L\sin\alpha}$

注：1. 表中的$\dfrac{ds}{d\phi}$及$\dfrac{d^2s}{d\phi^2}$向上为正，$\dfrac{d\psi}{d\phi}$及$\dfrac{d^2\psi}{d\phi^2}$与凸轮转向相同时为正，当凸轮轮廓向外凸时 ρ_t 为正。α 也可能有负值，此时公法线 n-n 偏向速度 v 的另一侧。

2. 如果用表 11.4-9、表 11.4-11 和表 11.4-13 等求得了无因次速度 V 和无因次加速度 A，即可求得$\dfrac{ds}{d\phi}=\dfrac{h}{\omega t_h}V$、$\dfrac{d\psi}{d\phi}=\dfrac{\psi_h}{\omega t_h}V$、$\dfrac{d^2s}{d\phi^2}=\dfrac{h}{\omega^2t_h^2}A$、$\dfrac{d^2\psi}{d\phi^2}=\dfrac{\psi_h}{\omega^2t_h^2}A$，这里 h 为行程，t_h 为推程时间，ψ_h 为摆角。

3. 凸轮工作轮廓的曲率半径 ρ 和理论轮廓半径 ρ_t 的关系见图 11.4-6。

表 11.4-20　凸轮机构的临界压力角 α_c

类别	机构受力图	α_c
直动从动件	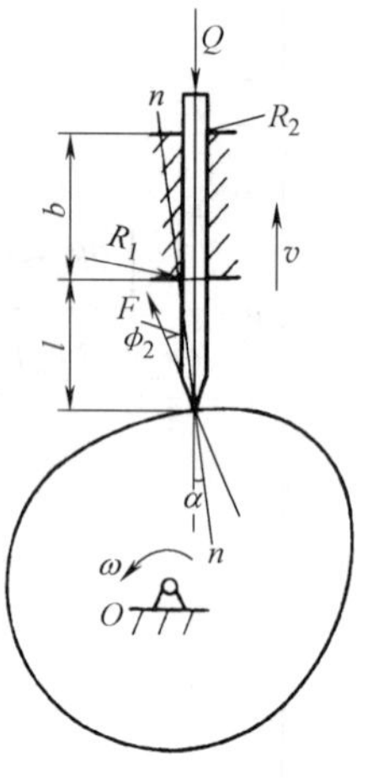	$\alpha_c=\arctan\dfrac{1}{f_1\left(1+\dfrac{2l}{b}\right)}-\phi_2$ 式中　f_1—从动件与导路间的摩擦因数 ϕ_2—从动件与凸轮间的摩擦角 图中 Q、R_1、R_2 为载荷和支反力。当机构开始自锁，即 $\alpha=\alpha_c$ 时，凸轮给从动件的作用力 F 与 R_1、R_2 平衡，$Q=0$
摆动从动件	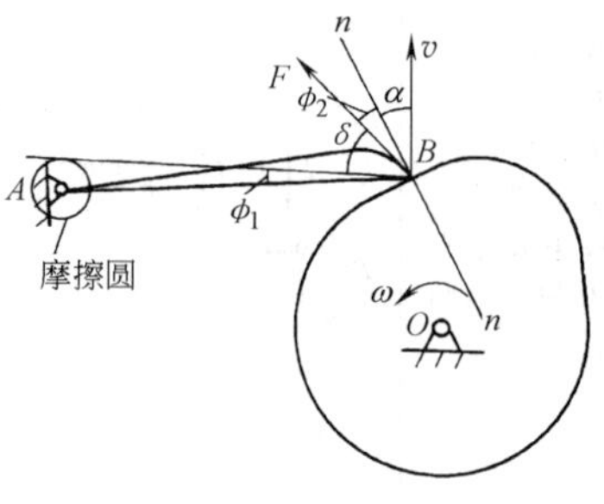	$\alpha_c=\dfrac{\pi}{2}-\phi_1-\phi_2$ 式中　ϕ_1—从动件与轴承 A 间的当量摩擦角(rad) $\phi_1\approx\arctan\dfrac{f_1r_1}{l_{AB}}$ f_1—摩擦因数 r_1—轴 A 的半径，f_1r_1 为摩擦圆半径 当凸轮给从动件的作用力 F 与摩擦圆相切时，机构自锁，此时 $\delta=0$，$\alpha=\alpha_c$

尖顶直动从动件 α_c 的参考值

设摩擦因数 $f=f_1=f_2=\tan\phi_2$			l/b		
			0.5	1	2
有润滑剂时	钢对钢、钢对铸铁、钢对青铜、铸铁对铸铁、铸铁对青铜	0.1	73°	68°	58°
无润滑剂时	钢对钢、钢对青铜	0.15	65°	57°	45°
	钢对软钢、软钢对铸铁	0.2	57°	48°	34°
	钢对铸铁	0.3	42°	31°	17°

注：1. 提高 α_c 的措施，除了减小 l/b、增加润滑外，还可采用滚动代替滑动、提高构件刚度、减少运动副间隙等措施。

2. 对于摆动从动件，ϕ_2 同样可根据表中的 f_2 算得。$\phi_2=\arctan f_2=\arctan f$。

3. 表中的 ϕ_2 适用于尖顶从动件，对于滚动从动件，可令 $\phi_2=\arctan\dfrac{f_2r_2}{R_r}$，表中公式仍然适用。这里 $f_2=f$，R_r 为滚子半径，r_2 为滚子轴半径。

表 11.4-21　凸轮机构的许用压力角 [α] 的值

类别	推程	回程	
		力封闭	形封闭
直动从动件	≤30°	≤70°~80°	≤30°
摆动从动件	≤30°~45°	≤70°~80°	≤35°~45°

注：1. 直动从动件当要求凸轮尽可能小时，[α] 可用到 45°或更大些。

2. 滚子从动件比尖顶从动件的 [α] 可稍大些。

3.2　凸轮轮廓的基圆半径

盘形凸轮的基圆半径 R_b 就是指凸轮理论轮廓的最小半径。根据基圆半径和压力角的关系，基圆半径的确定一般有两种方法：

1）首先确定凸轮的许用压力角［α］，然后根据最大压力角 $\alpha_m \leqslant [\alpha]$，得出凸轮许用的最小基圆半径［$R_b$］。考虑结构特点和条件，根据空间位置和经验初选基圆，以此进行凸轮轮廓的设计计算，使凸轮的基圆半径 $R_b \geqslant [R_b]$。

2）初步确定凸轮的基圆半径并进行凸轮轮廓设计，调整凸轮的基圆半径直至 $\alpha_m \leqslant [\alpha]$。一般情况下，由于凸轮的结构条件（如凸轮机构所占的空间、凸轮轴的尺寸等）已知，所以第二种方法采用得较多。此外，在仪器仪表机构的设计中，由于负载一般较小，而尺寸要求比较严格，所以也宜采用第二种方法。

在工程实践中，也可采用如下的经验公式进行初步计算来确定基圆半径：

$$R_b \geqslant 1.75r+(7\sim10)\text{mm} \qquad (11.4\text{-}15)$$

式中　r——安装凸轮处轴径的半径。

盘形凸轮的基圆半径 R_b 是凸轮理论轮廓的最小半径，而工作轮廓的最小半径 r_b 比 R_b 要差一个滚子半径 R_r，即 $r_b=R_b-R_r$，对于尖顶从动件，则 $r_b=R_b$。R_b 的选定除考虑最大压力角 α_m 不超过许用值［α］外，还要考虑凸轮和轴的连接方式，可用表 11.4-22 校核。此外还应考虑凸轮工作轮廓的最小曲率半径 ρ_{min} 不能过小，如果 ρ_{min} 满足不了要求，仍应增大 R_b（详见 3.3 节）。表 11.4-22 中给出了圆柱凸轮最小半径 R_{min} 的最小值。

表 11.4-22　根据凸轮与轴的连接方式校核 R_b 或 R_{min}　（单位：mm）

类别	盘形凸轮		圆柱凸轮	
	凸轮与轴一体	凸轮装在轴上	凸轮与轴一体	凸轮装在轴上
简图	R_s, R_b, R_r	R_b, R_h, R_r	R_s, R_{min}	R_{min}, R_h
公式	$R_b \geqslant R_s+R_r+(2\sim5)$	$R_b \geqslant R_h+R_r+(2\sim5)$	$R_{min} \geqslant R_s+(2\sim5)$	$R_{min} \geqslant R_h+(2\sim5)$
说明	R_s—凸轮轴半径；R_h—凸轮轮毂半径；R_{min}—圆柱凸轮最小半径			

3.3　凸轮轮廓的曲率半径

3.3.1　滚子从动件凸轮轮廓的曲率半径

滚子从动件凸轮轮廓的曲率半径计算公式见表 11.4-19。已知从动件的运动规律 $s=s(\phi)$［或 $\psi=\psi(\phi)$］就不难求得类速度 $\frac{ds}{d\phi}$（或 $\frac{d\psi}{d\phi}$）以及类加速度 $\frac{d^2s}{d\phi^2}\left(或\frac{d^2\psi}{d\phi^2}\right)$。

当从动件的位移 s（或 ψ）与凸轮转角 ϕ 的关系不能用函数式表达，而是以离散点列表形式给出时，与求压力角相仿，可用 2.4 节中的数值微分法先求得相应的类速度和类加速度，再求曲率半径。

例 11.4-2　有一带滚子的直动从动件盘形凸轮，凸轮做等速旋转，凸轮的推程运动角 $\Phi=120°$，从动件的行程 $h=10$mm、偏距 $e=10$mm，基圆半径 $R_b=50$mm，从动件以正弦加速度规律运动。求从动件在不同位置的压力角 α 和凸轮理论轮廓的曲率半径 ρ_t。

解　将 Φ 角分成 12 等分。根据 2.4 节中所得结果，包括用函数式求得的类速度和类加速度以及用数值微分法求得的近似值，应用表 11.4-19 中有关公式，即可求得压力角 α 和曲率半径 ρ_t 的精确值和近似值，见表 11.4-23。从表中可见用数值微分法求得的结果精度是相当高的（表中 $\alpha<0$ 表示表 11.4-19 中的公法线 n—n 偏到另一边）。

表 11.4-23　α 和 ρ_t 的值

等分号	α(精确)/(°)	α(近似)/(°)	ρ_t(精确)/mm	ρ_t(近似)/mm
0	−11.537	−11.537	50.000	50.757
1	−10.809	−10.803	58.265	58.159
2	−8.782	−8.786	66.766	66.789
3	−5.978	−5.978	71.050	71.049
4	−3.189	−3.189	68.082	68.081

（续）

等分号	α(精确)/(°)	α(近似)/(°)	ρ_t(精确)/mm	ρ_t(近似)/mm
5	-1.193	-1.194	60.916	60.916
6	-0.478	-0.479	54.072	54.072
7	-1.123	-1.124	49.423	49.423
8	-2.849	-2.849	47.166	47.166
9	-5.141	-5.141	47.132	47.132
10	-7.389	-7.392	49.219	49.210
11	-9.022	-9.017	53.447	53.510
12	-9.621	-9.621	59.831	59.090

对于带滚子的从动件，用表 11.4-19 求得其理论轮廓的曲率半径 ρ_t后，其工作轮廓的曲率半径为

$$\rho=\rho_t-R_r \tag{11.4-16}$$

ρ 与 ρ_t都有正、负，凸轮外凸为正、内凹为负。R_r为滚子半径，如图 11.4-6 所示。当凸轮外凸时，应使 $\rho_t>R_r$（见图 11.4-6a），否则工作轮廓就会出现尖点（当 $\rho_t=R_r$ 时，见图 11.4-6b），或形成交叉而产生干涉（当 $\rho_t<R_r$ 时，见图 11.4-6c），此时不仅出现轮廓变尖现象，还会产生运动失真。当凸轮内凹时，工作轮廓与理论轮廓均内凹，ρ 的绝对值大于 ρ_t的绝对值，因此不会引起变尖或干涉（见图 11.4-6d）。滚子半径 R_r的选择，除了考虑应使凸轮不产生干涉或变尖外，还应考虑结构等问题，表 11.4-24 给出了选择 R_r的经验选用范围。

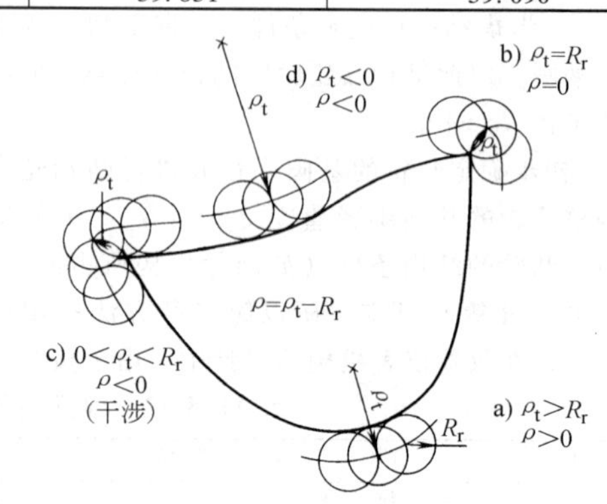

图 11.4-6 凸轮曲率半径和滚子的关系

表 11.4-24 滚子半径 R_r的选择

考虑因素	滚子半径选用范围
保证从动件运动不失真，并具有一定安全系数	$R_r\leqslant0.8\rho_{t\min}$
凸轮有足够的接触强度	$R_r\leqslant1/3\rho_{t\min}$
凸轮的结构性	$R_r\leqslant0.4\rho_{t\min}$

注：如果上面条件满足不了或 R_r过小而无法制造时，可改用尖顶从动件。即使是尖顶从动件，实际上也常有 1mm 左右的圆弧。

3.3.2 平底从动件凸轮轮廓的曲率半径

平底从动件凸轮轮廓的曲率半径计算公式见表 11.4-25，为了避免凸轮轮廓发生交叉而产生干涉并引起运动失真现象，应使 $\rho_{\min}>0$，否则应增大 R_b重新计算。

表 11.4-25 平底从动件凸轮轮廓的曲率半径 ρ①

类别	盘形凸轮直动从动件	盘形凸轮摆动从动件
机构简图	（图：$\frac{ds}{d\phi}$、B、s、R_b、ω、O）	（图：B、b、$\psi+\psi_0$、A、ω、R_b、O）
ρ	$\rho=s+R_b+\dfrac{d^2s}{d\phi^2}$	$\rho=\dfrac{L}{\left(1-\dfrac{d\psi}{d\phi}\right)^2}\left[\dfrac{d^2\psi}{d\phi^2}\dfrac{\cos(\psi+\psi_0)}{1-\dfrac{d\psi}{d\phi}}+\left(1-2\dfrac{d\psi}{d\phi}\right)\sin(\psi+\psi_0)\right]-b$② $L=l_{OA}$ $\psi_0=\arcsin\dfrac{R_b+b}{L}$

① 为了避免运动失真，应使 $\rho_{\min}>0$。

② 这里$\dfrac{d\psi}{d\phi}$、$\dfrac{d^2\psi}{d\phi^2}$为正、负的规定及其他一些说明同表 11.4-19。

4　盘形凸轮轮廓的设计

4.1　作图法

当确定了从动件的运动形式和运动规律、从动件与凸轮接触部位的形状以及凸轮与从动件的相对位置和凸轮转动方向等以后,就可用作图法求凸轮轮廓,如图 11.4-7 所示。作图的原理是应用反转法,将整个凸轮机构绕凸轮转动中心 O 加上一个与凸轮角速度 ω 大小相同方向取反的公共角速度 $-\omega$。这样一来,从动件对凸轮的相对运动并未改变,但凸轮将固定不动,而从动件将随机架一起以等角速度 $-\omega$ 绕 O 点转动,并按已知的运动规律对机架做相对运动。由于从动件始终与凸轮轮廓相接触,因此从动件的反转运动可包络出凸轮的实际轮廓。如果从动件底部是尖顶,则尖顶的运动轨迹即为凸轮的轮廓曲线,见图 11.4-7a 和图 11.4-7b。如果从动件底部带有滚子,则滚子中心的轨迹为理论轮廓,滚子的包络线为工作轮廓,见图 11.4-7c。图中的理论轮廓与图 11.4-7b 的凸轮轮廓相同,如果从动件的底部是平底,则平底的包络线即为凸轮轮廓,如图 11.4-7d 所示。以上几种凸轮机构都是直动从动件,图 11.4-7e 是摆动尖顶从动件凸轮轮廓的画法,图 11.4-7f 是摆动平底从动件凸轮轮廓的画法。图 11.4-7e 和图 11.4-7f 中两个凸轮轮廓的区别在于前者是从动件尖顶 B 点的轨迹,而后者则是一系列平底的包络线。从图中可以清楚地看到,由于从动件底部形状的不同,同一运动规律其凸轮轮廓的形状是不一样的。由于作图法精度差,只能用于要求不高的场合。

由几段圆弧连接而成的四圆弧凸轮,由于比较容易制造,在生产中常有应用,它可近似地代替等加速、等减速规律运动。这种凸轮的设计应用作图法比较方便,当给定行程 h、推程运动角 Φ、远休止角 Φ_s、回程运动角 Φ'、减速和加速比例系数 $P=\Phi_2/\Phi_1$,以及基圆半径 R_b 和最小曲率半径 ρ_{min}后,凸轮各部尺寸的确定见表 11.4-26。这种凸轮存在柔性冲击,因此不能用于转速较高的场合。

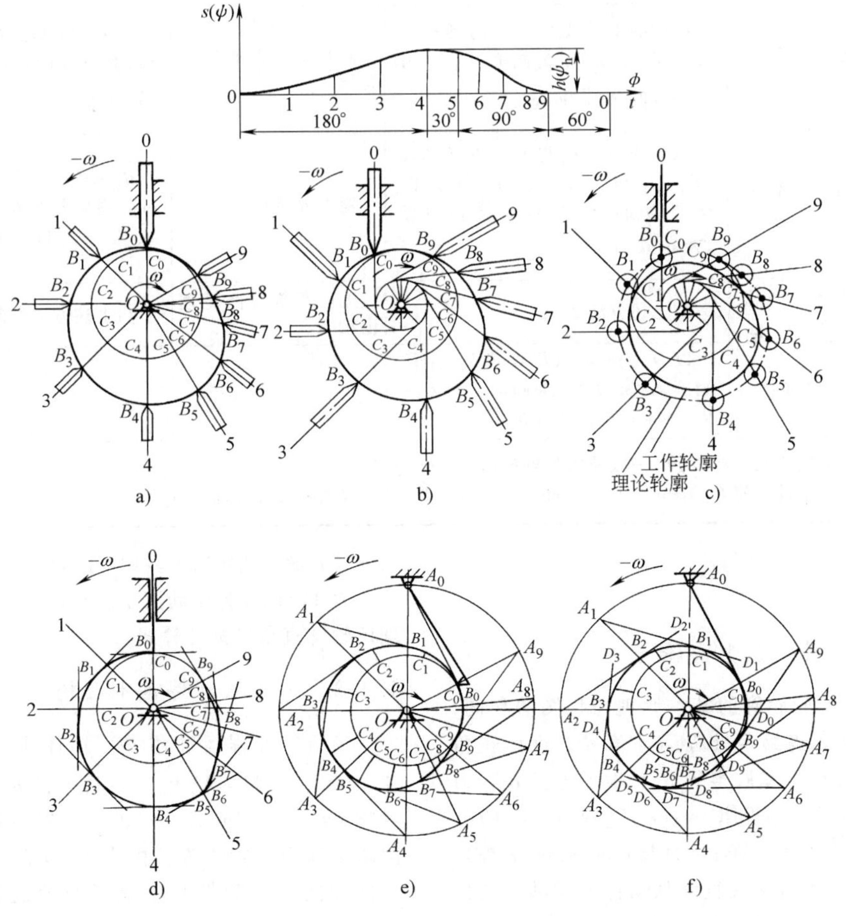

图 11.4-7　作图法求凸轮轮廓

表 11.4-26　对心直动滚子从动件和直角平底从动件四圆弧凸轮轮廓的设计(作图法)

	对心直动滚子从动件		直动直角平底从动件	
		$\Phi_1=\dfrac{\Phi}{1+P}$ $\Phi_2=\dfrac{\Phi P}{1+P}$ $P=\dfrac{\Phi_2}{\Phi_1}$		$\Phi_1=\dfrac{\Phi}{1+P}$ $\Phi_2=\dfrac{\Phi P}{1+P}$ $R_1=\dfrac{h\cos\dfrac{\Phi_2}{2}}{2\sin\dfrac{\Phi}{2}\sin\dfrac{\Phi_1}{2}}$ $R_2=\dfrac{h\cos\dfrac{\Phi_1}{2}}{2\sin\dfrac{\Phi}{2}\sin\dfrac{\Phi_2}{2}}$
画图步骤	画基圆及 Φ_1、Φ_2 等	任选凸轮轴心 A,画 $\angle C_1AC=\Phi_1$ 及 $\angle CAC_2=\Phi_2$,取 $AC_1=R_b$、$AC_2=R_b+h$	画三角形 $\triangle AO_1O_2$	任选凸轮轴心 A,画 ΔAO_1O_2,使 $\angle O_1AO_2=180°-\Phi$,$AO_1=R_1$、$AO_2=R_2$
	确定加速段及减速段	连 C_1C_2,画 $\angle C_2C_1O=90°-\dfrac{\Phi}{2}$,$C_1O$ 与 C_1C_2 的中垂线相交于 O。以 O 为圆心,C_1O 为半径画圆弧,交 AC 于 C 点。C_1C 之间为加速段,CC_2 之间为减速段	画减速段凸轮工作轮廓	延长 O_1O_2 至 C,使 $O_2C\geqslant\rho_{min}$,以 O_2 为圆心,O_2C 为半径画圆弧 $\overset{\frown}{CC_2}$ 即是
	画加速段凸轮理论轮廓	C_1C 的中垂线与 C_1A 的延长线交于 O_1。以 O_1 为圆心,C_1O_1 为半径画圆弧 $\overset{\frown}{C_1C}$ 即是	画加速段凸轮工作轮廓	以 O_1 为圆心、O_1C 为半径画圆弧,交 O_1A 的延长线于 C_1 点,得 $\overset{\frown}{CC_1}$ 即是
	画减速段凸轮理论轮廓	CC_2 的中垂线与 C_2A 交于 O_2,(O_2、O_1 与 C 在一条直线上),以 O_2 为圆心,O_2C_2 为半径画圆弧 $\overset{\frown}{CC_2}$ 即是	检查 R_b 值	$R_b=AC_1$,若 $R_b<R_{S(h)}+(2\sim5)$ mm,则加大 O_2C 后重新设计(R_s 或 R_h 见表 11.4-22)
	画回程部分凸轮理论轮廓	与上述方法类似	画回程部分凸轮理论轮廓	与上述方法类似
	画凸轮工作轮廓	以 O_1 为圆心,(O_1C-R_r)为半径画圆弧,又以 O_2 为圆心,($O_2C_2-R_r$)为半径画圆弧即是		
说明	1. Φ_1—加速段凸轮转角,Φ_2—减速段凸轮转角,$\Phi_1+\Phi_2=\Phi$ 2. 滚子从动件应使 $O_2C_2-R_r\geqslant(2\sim5)$mm,若不满足此条件,应重新设计并加大 R_b			

4.2　解析法

4.2.1　滚子从动件盘形凸轮

解析法设计凸轮轮廓的基本原理与作图法相同,也是应用反转法。当给定推程运动角 Φ、远休止角 Φ_s、回程运动角 Φ'、基圆半径 R_b、滚子半径 R_r、刀具半径 R_c、从动件运动规律 $s=s(\phi)$ [或 $\psi=\psi(\phi)$],以及偏心距 e(或摆动从动件的杆长 l 和中心距 L 等),由表 11.4-27 即可求得偏置直动从动件或摆动从动件两种盘形凸轮的轮廓。表中给出了理论轮廓、工作轮廓及用圆形截面刀具(如铣刀、砂轮或线切割机中的钼丝等)加工凸轮时刀具中心的轨迹方程。

表 11.4-28 为摆动滚子从动件的一对共轭凸轮的理论轮廓直角坐标计算式。

4.2.2　平底从动件盘形凸轮

当给定推程运动角 Φ、远休止角 Φ_s、回程运动角 Φ'、基圆半径 R_b、刀具半径 R_c、从动件运动规律 $s=s(\phi)$ [或 $\psi=\psi(\phi)$],以及摆动从动件的偏距 b 和中心距 L 等,由表 11.4-29 可求得直动从动件和摆动从动件两种盘形凸轮的轮廓和用圆形截面刀具加工凸轮时的刀具中心轨迹及从动件平底长度等。

表 11.4-27　直动和摆动滚子从动件盘形凸轮轮廓的设计（解析法）

<table>
<tr><th></th><th>直动滚子从动件</th><th>摆动滚子从动件</th></tr>
<tr><td>理论轮廓</td><td>$s_0=\sqrt{R_b^2-e^2}$
$\begin{cases}x_t=(s_0+s)\cos\phi-e\sin\phi\\ y_t=(s_0+s)\sin\phi+e\cos\phi\end{cases}$（直角坐标）
$\begin{cases}r_t=\sqrt{x_t^2+y_t^2}\\ \theta_t=\arctan\left(\dfrac{y_t}{x_t}\right)\end{cases}$（极坐标）</td><td>$\psi_0=\arccos\dfrac{L^2+l^2-R_b^2}{2Ll}$
$\begin{cases}x_t=L\cos\phi-l\cos(\psi+\psi_0-\phi)\\ y_t=L\sin\phi+l\sin(\psi+\psi_0-\phi)\end{cases}$（直角坐标）
$\begin{cases}r_t=\sqrt{x_t^2+y_t^2}\\ \theta_t=\arctan\left(\dfrac{y_t}{x_t}\right)\end{cases}$（极坐标）</td></tr>
<tr><td rowspan="2">工作轮廓</td><td>$\begin{cases}\dfrac{dx_t}{d\phi}=\left(\dfrac{ds}{d\phi}-e\right)\cos\phi-(s_0+s)\sin\phi\\ \dfrac{dy_t}{d\phi}=\left(\dfrac{ds}{d\phi}-e\right)\sin\phi+(s_0+s)\cos\phi\end{cases}$</td><td>$\begin{cases}\dfrac{dx_t}{d\phi}=l\sin(\psi+\psi_0-\phi)\left(\dfrac{d\psi}{d\phi}-1\right)-L\sin\phi\\ \dfrac{dy_t}{d\phi}=l\cos(\psi+\psi_0-\phi)\left(\dfrac{d\psi}{d\phi}-1\right)+L\cos\phi\end{cases}$</td></tr>
<tr><td>$\begin{cases}x=x_t\pm R_r\dfrac{\dfrac{dy_t}{d\phi}}{\sqrt{\left(\dfrac{dx_t}{d\phi}\right)^2+\left(\dfrac{dy_t}{d\phi}\right)^2}}\\ y=y_t\mp R_r\dfrac{\dfrac{dx_t}{d\phi}}{\sqrt{\left(\dfrac{dx_t}{d\phi}\right)^2+\left(\dfrac{dy_t}{d\phi}\right)^2}}\end{cases}$（直角坐标）
$\begin{cases}r=\sqrt{x^2+y^2}\\ \theta=\arctan\left(\dfrac{y}{x}\right)\end{cases}$（极坐标）</td><td>式中上面一组加减号用于滚子的外包络线（如图中双点画线所示）；下面一组加减号用于滚子的内包络线</td></tr>
</table>

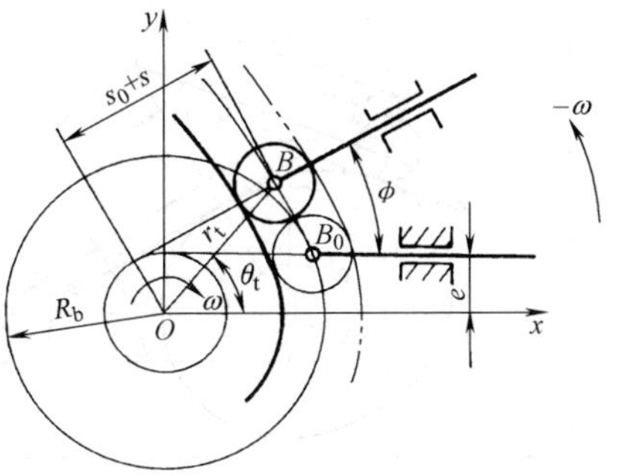

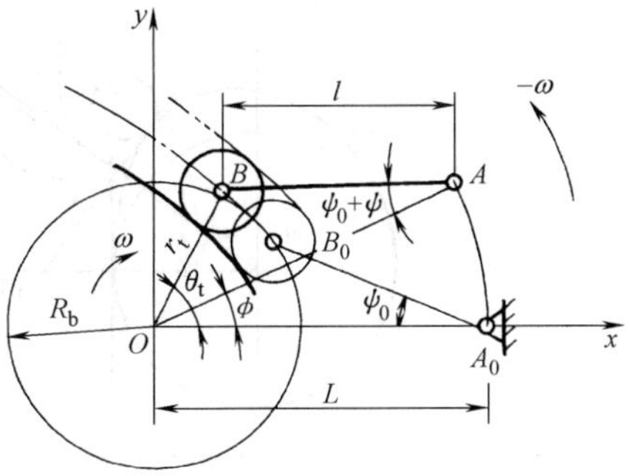

注：1. 参变量中 ϕ 的增量根据精度要求而定，通常取 1°~2°左右。

2. 表图中的 $e>0$，为有利偏距。当从动件向另外一侧偏置时，用 $e<0$ 带入。对于对心从动件，可令式中的 $e=0$。

3. 如果令滚子半径 $R_r=0$，即为尖顶从动件，其工作轮廓与理论轮廓重合。

4. 如果凸轮转向相反，x_t、y_t 算式中的可用“$-\phi$”来代，重新推导 $\dfrac{dx_t}{d\phi}$ 及 $\dfrac{dy_t}{d\phi}$ 的计算式（过程从略）。

5. 在计算理论轮廓的同时应校核压力角 α 和曲率半径 ρ_t（见表 11.4-19），应使 $\alpha_m<[\alpha]$、$\rho_{min}>R_r$，否则应增大基圆半径 R_b 重算。

表 11.4-28　共轭凸轮理论轮廓方程式

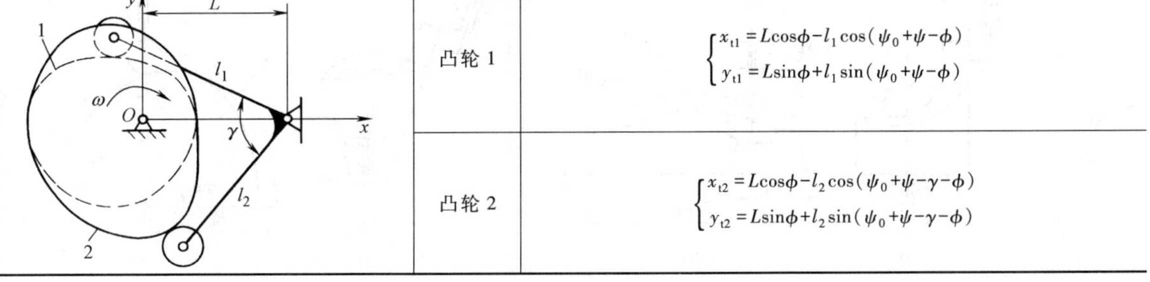

凸轮 1	$\begin{cases}x_{t1}=L\cos\phi-l_1\cos(\psi_0+\psi-\phi)\\ y_{t1}=L\sin\phi+l_1\sin(\psi_0+\psi-\phi)\end{cases}$
凸轮 2	$\begin{cases}x_{t2}=L\cos\phi-l_2\cos(\psi_0+\psi-\gamma-\phi)\\ y_{t2}=L\sin\phi+l_2\sin(\psi_0+\psi-\gamma-\phi)\end{cases}$

表 11.4-29　直动和摆动平底从动件盘形凸轮轮廓的设计

	直动平底从动件	摆动平底从动件
机构简图	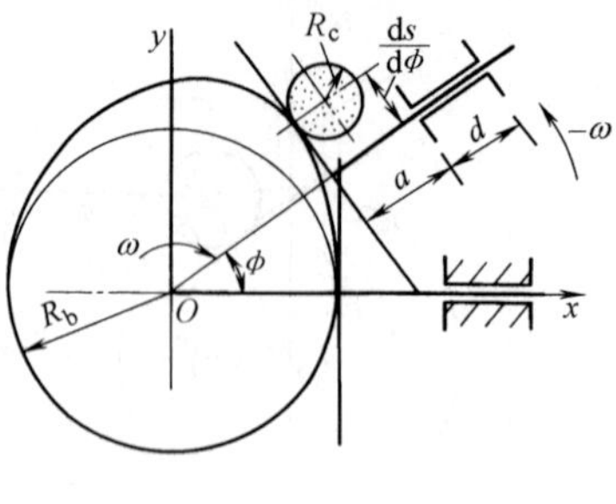	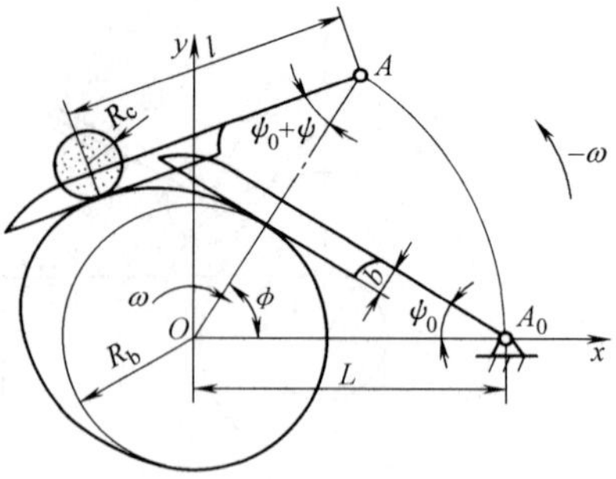
凸轮轮廓	$\begin{cases}x=(R_b+s)\cos\phi-\dfrac{ds}{d\phi}\sin\phi\\ y=(R_b+s)\sin\phi+\dfrac{ds}{d\phi}\cos\phi\end{cases}$（直角坐标） $\begin{cases}r=\sqrt{x^2+y^2}\\ \theta=\arctan\left(\dfrac{y}{x}\right)\end{cases}$（极坐标）	$\begin{cases}x=L\cos\phi-l\cos\beta-b\sin\beta\\ y=L\sin\phi+l\sin\beta-b\cos\beta\end{cases}$ $l=\dfrac{L\cos(\psi+\psi_0)}{1-\dfrac{d\psi}{d\phi}}$、$\beta=\psi+\psi_0-\phi$ （极坐标同左）
刀具中心轨迹	$\begin{cases}x_c=x+R_c\cos\phi\\ y_c=y+R_c\sin\phi\end{cases}$（直角坐标） $\begin{cases}r_c=\sqrt{x_c^2+y_c^2}\\ \theta_c=\arctan\left(\dfrac{y_c}{x_c}\right)\end{cases}$（极坐标）	$\begin{cases}x_c=x+R_c\sin\beta\\ y_c=y+R_c\cos\beta\end{cases}$（直角坐标） （极坐标同左）

注：1. 参变量中 ϕ 的增量根据精度要求而定，通常取 1°~2°左右。

2. 为了改善受力情况，a 不能太大，应使 $a_{max}\leqslant\dfrac{d}{4f^2}$（$f$ 为摩擦因数）。

3. 直动从动件平底的长度为 $\left|\dfrac{ds}{d\phi}\right|_{max}+(5\sim10)$mm，摆动从动件平底的长度为 $l_{max}+(3\sim5)$mm。

4. 摆动从动件的偏距 b 有正、负，表图中的 b 为正。

5. $\dfrac{d\psi}{d\phi}$以从动件和凸轮的转向相同为正，相反为负。

6. 当凸轮转向与表中图示相反时，式中 ϕ 用“$-\phi$”来代。

7. 在计算凸轮轮廓的同时，还应校核最小曲率半径 ρ_{min}（见表 11.4-25）。应使 $\rho_{min}>0$，否则应增大基圆半径 R_b 重算。

5　空间凸轮设计

空间凸轮有圆柱凸轮和圆锥凸轮，这两种凸轮机构通过凸轮的等速转动推动从动件按要求做往复直动或摆动。直动从动件的运动方向与凸轮轴线平行或成一定的角度。摆动从动件由于其接触形式及设计的近似性，且不易加工，要慎用。表 11.4-30 给出了直动从动件的圆柱凸轮和圆锥凸轮的设计计算式。设计的基本方法是将圆柱面和圆锥面展成平面，转化成移动凸轮和盘形凸轮，从而可用相应的计算方法进行计算。

表 11.4-30　圆柱凸轮和圆锥凸轮设计

	圆柱凸轮	圆锥凸轮
图例	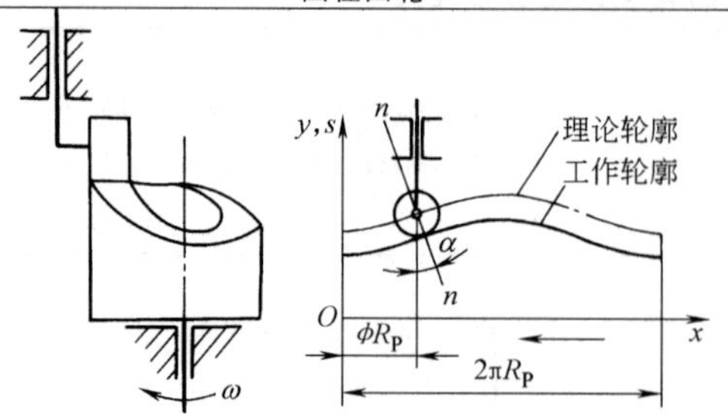 a)　b)	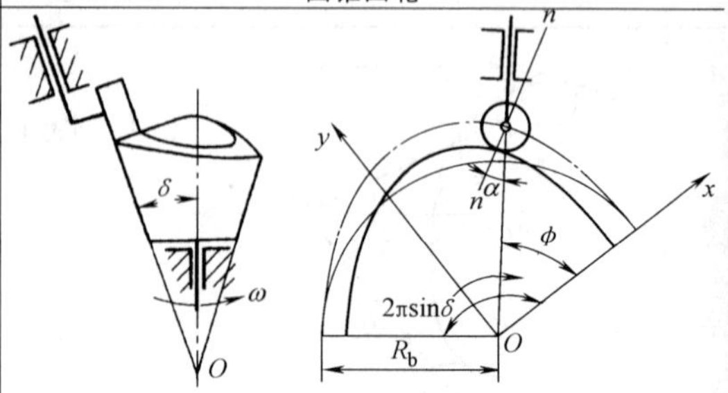 a)　b)

（续）

	圆柱凸轮	圆锥凸轮
方法	将圆柱面展成平面，圆柱凸轮转化成一移动凸轮	将圆锥面展成平面，圆锥凸轮转化成一盘形凸轮
已知条件	$s=s(\phi)$ 及 $s=y_t,\phi=\dfrac{x_t}{R_P}$ 式中　s—从动件位移 ϕ—凸轮转角 R_P—凸轮外圆半径（可任选）	$s=s(\phi_c)$ 及 $\phi_c=\dfrac{\phi}{\sin\delta}$ 可得 $s=s(\phi)$ 式中　s—从动件位移 ϕ_c—圆锥凸轮转角 ϕ—盘形凸轮转角
理论轮廓	$y_t=y_t(x_t)$	$\begin{cases}x_t=(R_b+s)\cos\phi\\y_t=(R_b+s)\sin\phi\end{cases}$
工作轮廓	$\begin{cases}x=x_t+R_r\sin\alpha\\y=y-R_r\cos\alpha\end{cases}$	$\begin{cases}x=x_t-R_r\cos(\phi-\alpha)\\y=y_t-R_r\sin(\phi-\alpha)\end{cases}$
压力角	$\tan\alpha=\dfrac{\mathrm{d}y_t}{\mathrm{d}x_t}$	$\tan\alpha=\dfrac{\dfrac{\mathrm{d}s}{\mathrm{d}\phi}}{R_b+s}$ 式中　R_b—盘形凸轮基圆半径
	图示的 $\alpha>0$，如 $\alpha<0$ 表示公法线 n-n 向图示的另一侧倾斜	
曲率半径	$\rho_t=\dfrac{\left[1+\left(\dfrac{\mathrm{d}y_t}{\mathrm{d}x_t}\right)^2\right]^{\frac{3}{2}}}{\dfrac{\mathrm{d}^2y_t}{\mathrm{d}x_t^2}}$ $\rho=\rho_t-R_r$	$\rho_t=\dfrac{\left[(R_b+s)^2+\left(\dfrac{\mathrm{d}s}{\mathrm{d}\phi}\right)^2\right]^{\frac{3}{2}}}{\left[(R_b+s)^2+2\left(\dfrac{\mathrm{d}s}{\mathrm{d}\phi}\right)^2-(R_b+s)\dfrac{\mathrm{d}^2s}{\mathrm{d}\phi^2}\right]}$ $\rho=\rho_t-R_r$
	式中　R_r—滚子半径 ρ_t—理论轮廓曲率半径 ρ—工作轮廓曲率半径 ρ_t 和 ρ 以外凸为正、内凹为负	
最小半径	$R_{P\min}=V_m\dfrac{h}{\Phi\tan\alpha_m}$ 式中　V_m—无因次最大速度（查表 11.4-17） h—行程 Φ—推程运动角（rad） α_m—最大压力角（可用许用压力角[α]代替）	$R_{b\min}=V_m\dfrac{h}{\Phi\tan\alpha_m}-\dfrac{h}{2}$ 式中　Φ—盘形凸轮推程运动角（rad），$\Phi=\Phi_c\sin\delta$ Φ_c—圆锥凸轮推程运动角（rad） h、α_m、V_m 同左

注：在计算理论轮廓的同时应校核 α 和 ρ_t，应使 $\alpha_m<[\alpha]$、$\rho_{\min}>R_r$，否则应增大凸轮外圆半径或基圆半径 R_b 重算。

6　凸轮和滚子的结构、材料、强度、精度和工作图

6.1　凸轮和滚子的结构

6.1.1　凸轮结构举例

凸轮与轴的连接见图 11.4-8。

6.1.2　滚子结构举例

滚子的结构与部分尺寸见图 11.4-9、表 11.4-31。

6.2　凸轮副常见的失效形式

凸轮副常见的失效形式、原因及预防方法见表 11.4-32。

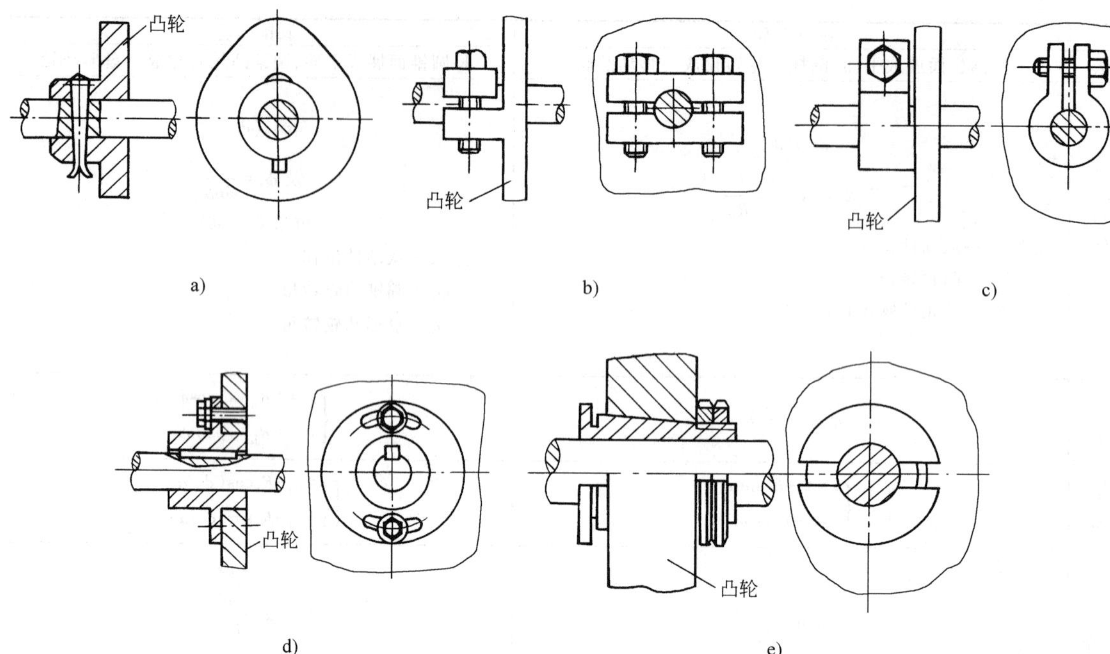

图 11.4-8　凸轮与轴的连接

a）用销钉连接　b）用压板连接　c）用弹性开口环连接　d）用法兰盘连接　e）用开口锥套连接

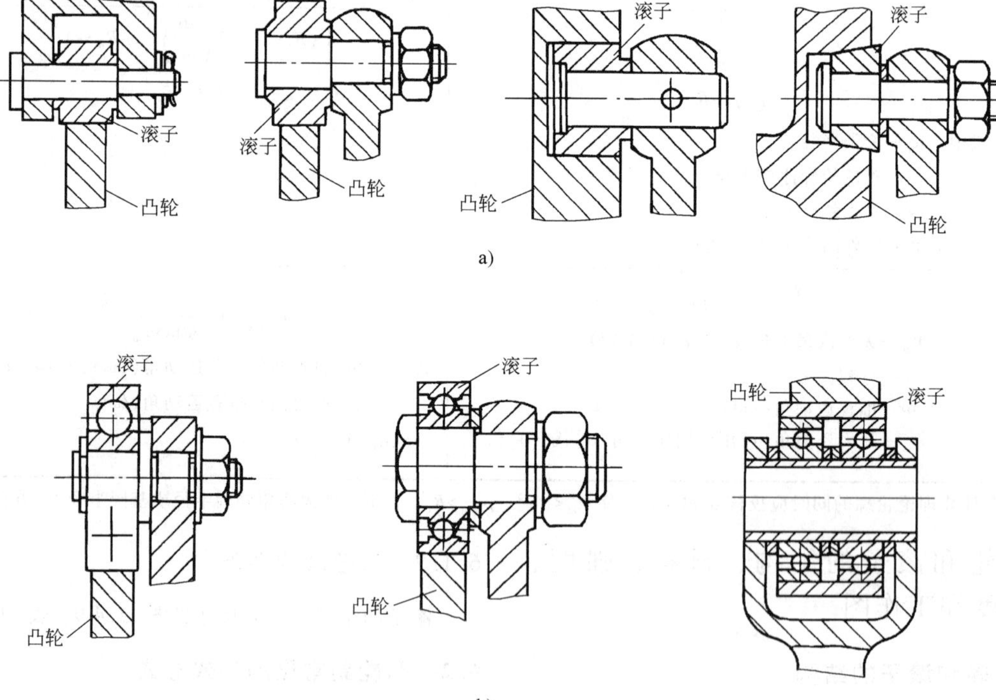

图 11.4-9　滚子的结构

a）用滑动轴承制作的滚子　b）用滚动轴承制作的滚子

表 11.4-31　滚子各部分尺寸参考值

主要尺寸/mm										承载能力/N	
D	d	d_1	d_2	d_3	b	b_1	L	l	l_1	额定动载荷	额定静载荷
16	M6×0.75	3			11	12	28	9		2650	2060
19	M8×0.75	4			12	13	32	11		3330	2840
22	M10×1.0	4			12	13	36	13		3820	3430
30	M12×1.5	6	3	3	14	15	40	14	6	5590	5000
35	M16×1.5	6	3	3	18	19.5	52	18	8	8530	8630
40	M18×1.5	6	3	3	20	21.5	58	20	10	12360	14020
52	M20×1.5	8	4	4	24	25.5	66	22	12	17060	19510
62	M24×1.5	8	4	4	29	30.5	80	25	12	20980	25690
80	M30×1.5	8	4	4	35	37	100	32	15	32950	38150

表 11.4-32　凸轮副常见的失效形式、原因及预防方法

失效形式	磨损形成原因	预防方法
接触疲劳磨损	在交变接触和剪切应力作用下，凸轮副表面金属材料由塑性变形开始产生微小裂纹，裂纹进一步扩展使表面金属脱落，在工作表面上遗留一个个小凹坑	在可能条件下，采取如渗碳和渗氮等表面强化工艺，以提高凸轮副表面硬度，并选用合适的润滑方式。选用接触疲劳强度大的材料是延缓凸轮副发生接触疲劳磨损的主要措施
粘着磨损	相互接触的凸轮副表面存在微小凸起部分时，在接触挤压的过程中，相对运动中接触表面材料从一表面转移到另一表面，形成粘着磨损，此时凸轮副相互接触的两金属容易形成合金或固溶体	凸轮副材料选择过程中，使凸轮副的组成材料不容易形成合金或固溶体，铸铁和粉末冶金材料具有自润滑特性，是良好的耐磨材料
磨粒磨损	相互接触的两金属表面之间渗入或带入硬质颗粒物，从而使得凸轮副表面金属材料脱落	工件硬度越大，其耐磨性就越好，提高凸轮副的硬度
冲击磨损	凸轮副受到某种较大的冲击力引起的磨损	凸轮副表面金属材料不仅要具有合适的硬度，整个凸轮副还要具有较高的韧性
腐蚀磨损	在高温、潮湿、强酸和强盐环境中，凸轮副工作表面与周围介质发生化学反应或电化学反应，腐蚀产生的氧化物剥离和脱落造成了凸轮的腐蚀磨损	可从凸轮副表面处理工艺、润滑材料及添加剂的选择等方面采取措施
微振动摩擦磨损	动力传递零件的配合处的金属表面在压力作用下的微振动容易产生微振动摩擦磨损	凸轮副表面进行高频感应淬火是最有效的预防方法

6.3　凸轮和从动件的常用材料

试验证明：相同金属材料之间比不同金属材料之间的粘着倾向大；单相材料、塑性材料比多相材料、脆性材的粘着倾向大。为了减轻粘着磨损，须合理选配凸轮副材料。通常将制造简便的从动件滚子或平底的镶块作为易损件定期更换，可对其取较低的硬度。但若凸轮零件由于工作需要频繁更换，则凸轮的工作表面硬度应取低值。凸轮副相接触材料硬度差一般不小于 3~5HRC。

推荐凸轮副采用下列材料匹配：铸铁-青铜、淬硬或非淬硬钢；非淬硬钢-软黄铜、巴氏合金；淬硬钢-软青铜、黄铜非淬硬钢、尼龙及积层热压树脂。禁忌的材料匹配是：非淬硬钢-青铜、非淬硬钢、尼龙及积层热压树脂；淬硬钢-硬青铜；淬硬镍钢-淬硬镍钢。表 11.4-33 列出了凸轮机构常用材料。

表 11.4-33　凸轮和从动件接触处常用材料、热处理及极限应力 σ_{HO}　（MPa）

工作条件	凸轮		从动件接触处	
	材料	热处理、极限应力 σ_{HO}	材料	热处理
低速轻载	40、45、50	调质 220~260HBW，σ_{HO} = 2HBW +70	45	表面淬火 40~45HRC
	HT200、HT250、HT300 合金铸铁	退火 180~250HBW，σ_{HO} = 2HBW	青铜	时效 80~120HBW
	QT500-7　QT600-3	正火 200~300HBW，σ_{HO} = 2.4HBW	软、硬黄铜	退火 55~90HBW，140~160HBW

（续）

工作条件	凸轮		从动件接触处	
	材料	热处理、极限应力 σ_{HO}	材料	热处理
中速中载	45	表面淬火 40～45HRC σ_{HO} = 17HRC+200	尼龙	积层热压树脂吸振及降噪效果好
	45、40Cr	高频淬火 52～58HRC，σ_{HO} = 17HRC+200	20Cr	渗碳淬火，渗碳层深 0.8～1mm，55～60HRC
	15、20、20Cr、20CrMnTi	渗碳淬火，渗碳层深 0.8～1.5mm，56～62HRC，σ_{HO} = 23HRC		
高速重载或靠模凸轮	40Cr	高频淬火，表面 56～60HRC，心部 45～50HRC，σ_{HO} = 17HRC+200	GCr15 T8 T10 T12	淬火 58～62HRC
	38CrMoAl 35CrAl	渗氮、表面硬度 700～900HV（约 60～67HRC），σ_{HO} = 1050		

注：合金钢尚可采用硫氮共渗；耐磨钢可渗矾，硬度为 64～66HRC；不锈钢可渗铬或多元共渗。

6.4　延长凸轮副使用寿命的方法

表 11.4-34 给出了一些延长凸轮使用寿命的方法，在凸轮设计过程中可以借鉴用来延长凸轮的工作时间。

6.5　凸轮机构的强度计算

凸轮机构最常见的失效形式是磨损。当受力较大、带有冲击或凸轮转速较高时，可能发生疲劳点蚀，需要进行接触强度校核。接触应力的大小随着从动件形状和接触位置的不同而变化，接触强度的校核公式见表 11.4-35。

6.6　凸轮精度及表面粗糙度

根据凸轮精度可选定凸轮的公差和表面粗糙度（见表 11.4-36）。

表 11.4-34　凸轮副延寿方法列表

延寿类型	作用方式		作用效果	备注
喷丸	喷丸强化，可使工件表面产生冷作硬化层			
工件表面化学处理	喷镀	用一定的动力装置将喷涂材料覆盖到凸轮副表面	喷镀氧化铬可提高工件表面硬度；喷镀镍铬硼硅自熔合金可提高抗腐蚀性和耐磨性；喷镀碳化钨钴等金属陶瓷材料可显著改善工件表面耐磨、耐高温和抗冲击等综合性能	
	工件表面合金化	对用碳素钢制作的凸轮表面进行渗铝、渗硅等	提高抗腐蚀性能	
	磷化处理	对凸轮副工件表面采用磷化处理工艺，对其工作表面进行厚膜型磷酸锰膜处理	可减轻磨损程度并且还可起到防锈的作用	
提高工作面加工质量	采取研磨、刮削和磨光等措施，降低硬化工件表面的不平度		有效减轻凸轮副表面粘着磨损的破坏程度	
磨合	一对新凸轮副在投入使用前需进行一段时间的低载荷、低转速的磨合运转		凸轮副相互接触工件的接触面积逐渐增大并进入稳定工作阶段，可减小磨损、噪声，提高接触精度和作用效率	磨合过程中的载荷和速度必须缓慢地增加
润滑	凸轮副接触表面之间采取添加润滑剂等方式进行润滑处理		起到减少摩擦和磨损、冷却、延长凸轮副寿命及防止生锈的作用	

表 11.4-35　凸轮与滚子接触强度校核公式

滚子从动件盘形凸轮	平底从动件盘形凸轮
$\sigma_H = Z_E\sqrt{\dfrac{F}{b\rho}} \leqslant \sigma_{HP}$	$\sigma_H = Z_E\sqrt{\dfrac{F}{2b\rho_1}} \leqslant \sigma_{HP}$
$\rho = \dfrac{\rho_1\rho_2}{\rho_2 \pm \rho_1}$ 两个外凸面接触时用“+”，外凸与内凹接触时用“−”；$Z_E = 0.418\sqrt{\dfrac{2E_1E_2}{E_1+E_2}}$；$\sigma_{HP} = \sigma_{HO}Z_R\sqrt[6]{N_O/N}/S_H$；$N = 60nT$	

（续）

滚子从动件盘形凸轮		平底从动件盘形凸轮	
F	凸轮与从动件在接触处的法向力(N)	σ_{HP}	接触许用应力
b	凸轮与从动件的接触宽度(mm)	σ_{HO}	见表 11.4-33
ρ	综合曲率半径(mm)	Z_R	0.95~1,表面粗糙度值低时取大值
ρ_1	凸轮轮廓在接触处的曲率半径(mm)	n	凸轮转速(r/min)
ρ_2	从动件在接触处的曲率半径(mm)	T	凸轮预期寿命(h)
Z_E	综合弹性系数($\sqrt{N/mm^2}$)	N_0	对 HT 渗氮处理的表面,$N_0=2\times10^6$;其他材料,$N_0=10^5$
E_1、E_2	分别为凸轮和从动件接触处材料的弹性模量(N/mm^2),钢对钢的 $Z_E=189.8$、钢对铸铁的 $Z_E=165.4$、钢对球墨铸铁的 $Z_E=181.3$	S_H	安全系数,$S_H=1.1\sim1.2$

表 11.4-36　凸轮的公差和表面粗糙度

凸轮精度	极限偏差			表面粗糙度 $Ra/\mu m$	
	向径/mm	基准孔	凸轮槽宽	凸轮工作廓面	凸轮槽壁
低	±0.2~0.5	H8,H9	H8,H9	3.2	3.2
一般	±0.1~0.3	H8,H7	H8	1.6~3.2	1.6~3.2
较高	±0.05~0.1	H7	H8(H7)	0.8	1.6
高	±0.01~0.05	H7,H6	H7	0.2~0.4	0.4~0.8

6.7　凸轮工作图

凸轮工作图的主要要求如下：

1）标注凸轮理论轮廓或工作轮廓尺寸。盘形凸轮以极坐标形式标出或列表给出，圆柱凸轮在其外圆柱的展开图上以直角坐标形式标出，也可列表给出。

2）对于滚子从动件凸轮，其理论轮廓比较准确，一般都在理论轮廓上标出其向径和极角（图 11.4-10），平底从动件凸轮的向径和极角标注在凸轮工作轮廓上（见图 11.4-11）。

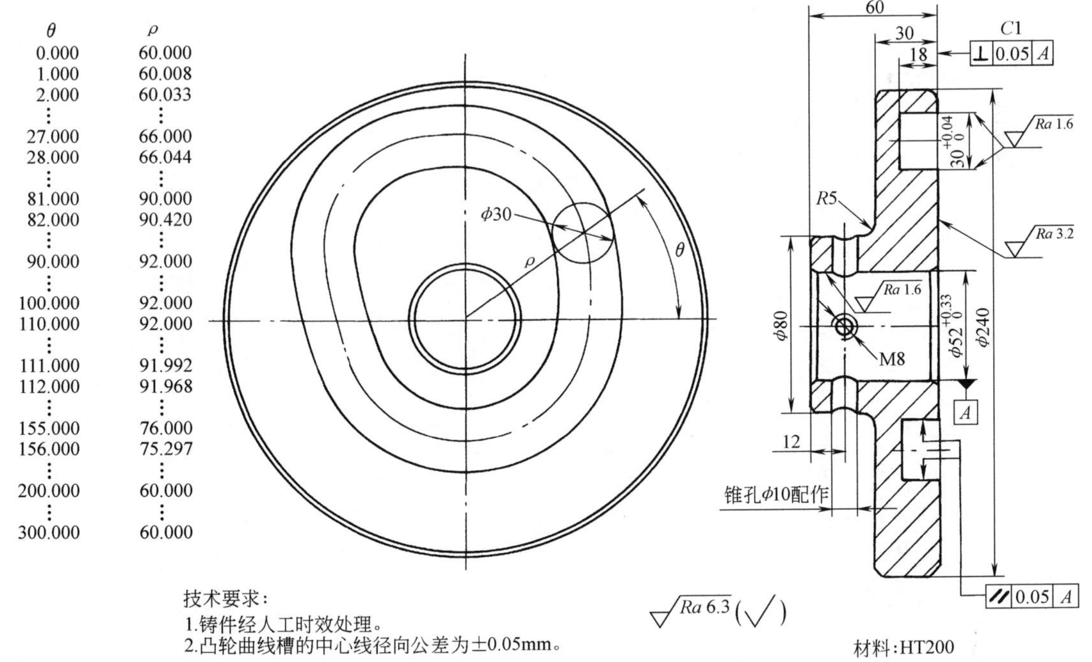

图 11.4-10　沟槽式盘形凸轮工作图

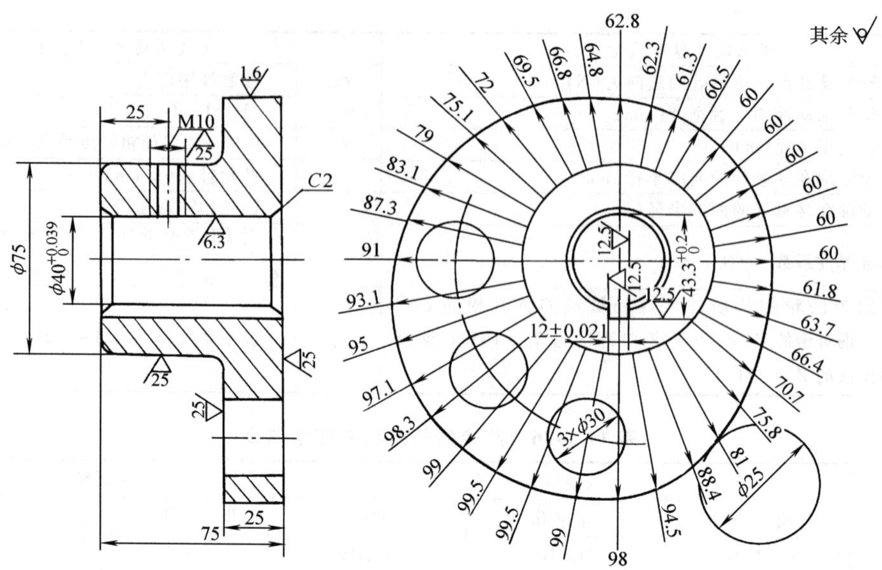

图 11.4-11 盘形凸轮工作图

3）当同一轴上有若干个凸轮时，应根据工作循环图确定各凸轮的键槽位置。

4）标注凸轮的公差和表面粗糙度。当凸轮的向径在500mm以下时，可参考表11.4-36选取。为了保证从动件与凸轮轮廓接触良好，对凸轮工作表面与轴线间的平行度、端面和轴线的垂直度都应提出具体要求。

第 5 章　棘轮机构、槽轮机构和不完全齿轮机构设计

1　棘轮机构设计

棘轮机构能将往复摆动转换成单向间歇转动。常用于工件的进给或分度。可用作防逆转装置，也可用作超越离合器。棘轮机构常见形式见表 11. 5-1。外接齿啮式棘轮机构运动设计和尺寸计算分别见表11. 5-2和表 11. 5-3。

表 11. 5-1　棘轮机构常见形式

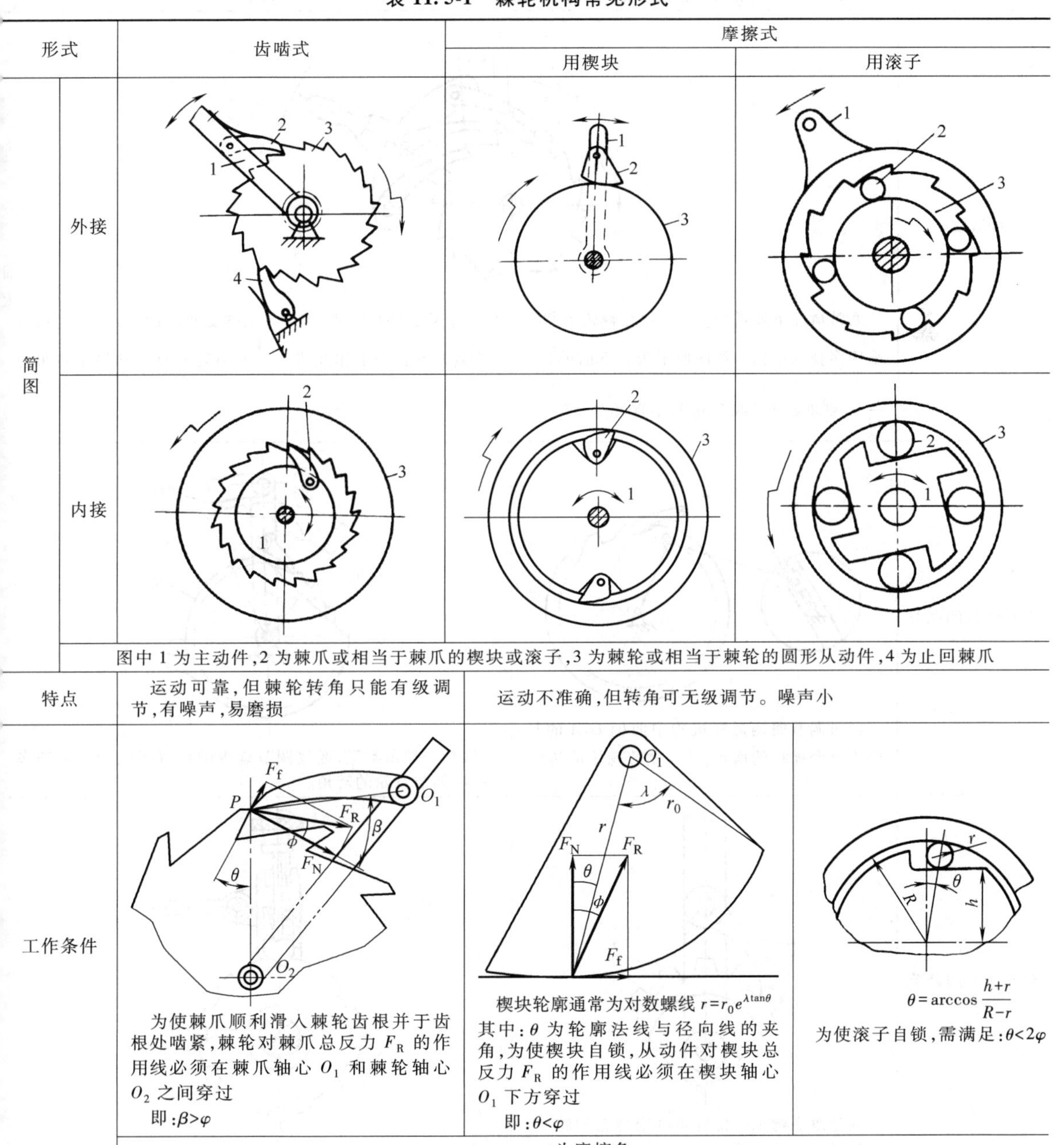

形式		齿啮式	摩擦式：用楔块	摩擦式：用滚子
简图	外接	（图）	（图）	（图）
	内接	（图）	（图）	（图）
	图中 1 为主动件，2 为棘爪或相当于棘爪的楔块或滚子，3 为棘轮或相当于棘轮的圆形从动件，4 为止回棘爪			
特点		运动可靠，但棘轮转角只能有级调节，有噪声，易磨损	运动不准确，但转角可无级调节。噪声小	
工作条件		为使棘爪顺利滑入棘轮齿根并于齿根处啮紧，棘轮对棘爪总反力 F_R 的作用线必须在棘爪轴心 O_1 和棘轮轴心 O_2 之间穿过 即：$\beta>\varphi$	楔块轮廓通常为对数螺线 $r=r_0e^{\lambda\tan\theta}$ 其中：θ 为轮廓法线与径向线的夹角，为使楔块自锁，从动件对楔块总反力 F_R 的作用线必须在楔块轴心 O_1 下方穿过 即：$\theta<\varphi$	$\theta=\arccos\dfrac{h+r}{R-r}$ 为使滚子自锁，需满足：$\theta<2\varphi$
		φ 为摩擦角		

表 11.5-2　外接齿啮式棘轮机构运动设计

棘轮齿形	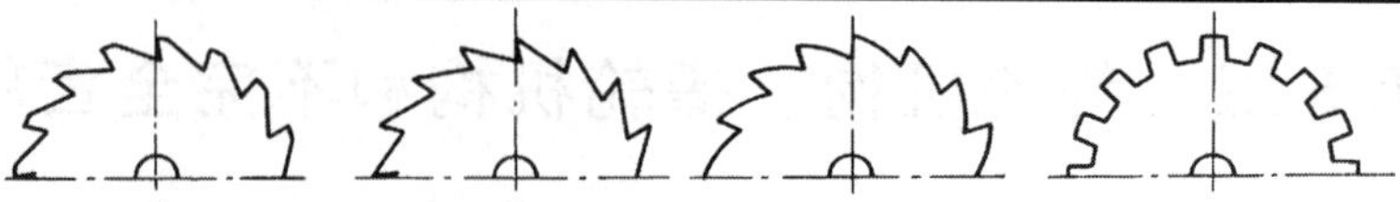 a)　b)　c)　d) 单向驱动的棘轮机构一般采用不对称梯形齿(图 a);负荷较小时可选用直线形三角齿(图 b)或圆弧形三角齿(图 c);双向驱动的棘轮常选用对称梯形齿(图 d)	
齿距 p 模数 m	与齿轮类似,棘轮的齿距 p 也以模数 m 表示:$p=\pi m$ 模数的标准值参见表 11.5-3。棘轮设计时,应按轮齿的弯曲强度对模数进行校核	
棘轮齿数 z	一般情况下可取 $z=8\sim30$。齿数 z 过少会使棘轮的齿距角 t 过大,无法实现小角度的间歇运动;齿数 z 过多则在相同直径情况下会使棘轮的轮齿偏小,导致棘齿强度不足并且棘爪易脱离	
棘爪数 j	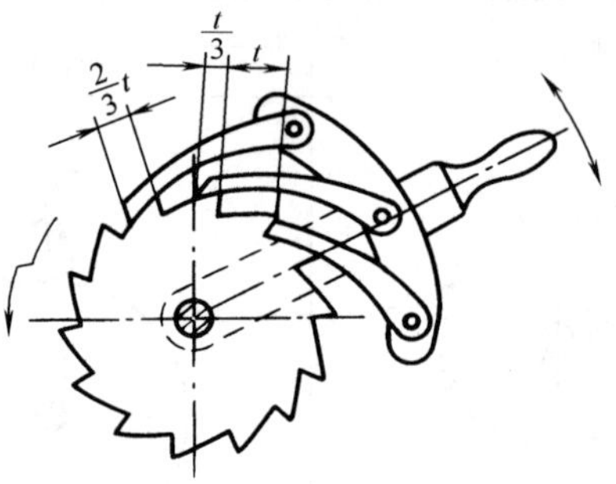 $\frac{t}{3}$　t　$\frac{2}{3}t$ 通常情况下棘爪数 $j=1$。但在棘轮承载较大且尺寸又受限制的情况下,为获得更小的间歇运动转角,可采用多棘爪结构。如图所示为 $j=3$ 时的情况,三个棘爪在齿面上相互错开 $\frac{4}{3}t$,棘轮间歇运动最小转角为 $\frac{t}{3}$。棘爪数 j 可取 2 或 3,不宜过多	
棘轮转角的调节	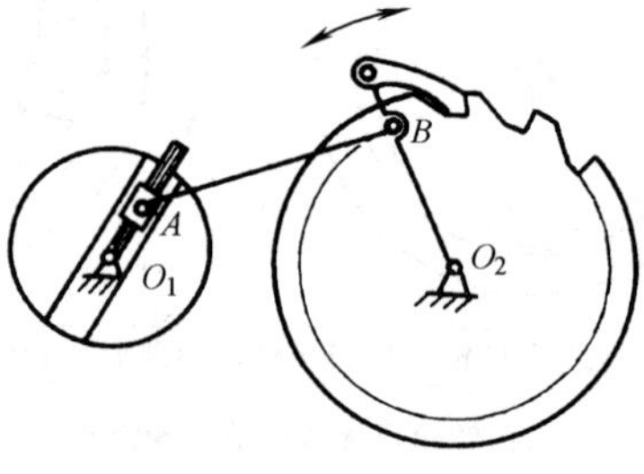 B　A　O_1　O_2 通过调节曲柄摇杆机构中曲柄 O_1A 的长度来改变摇杆的摆角,从而调节棘轮的转角	φ　γ　摆杆　棘轮　遮板 摆杆的摆角不变,通过调节遮板的位置来改变遮齿的多少,以调节棘轮的转角
棘轮转向的调节	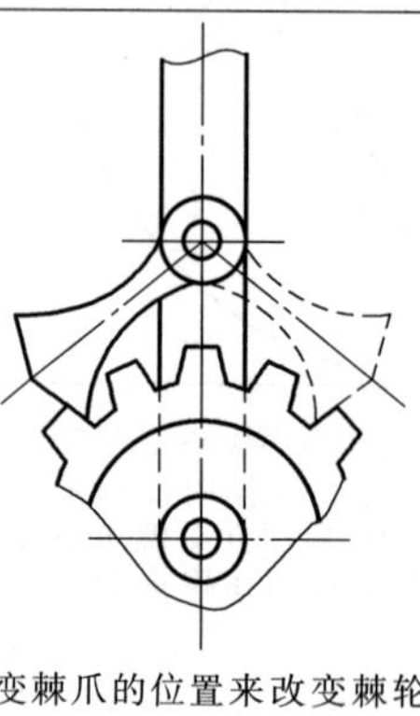 通过改变棘爪的位置来改变棘轮的转向。棘爪是可以翻转的	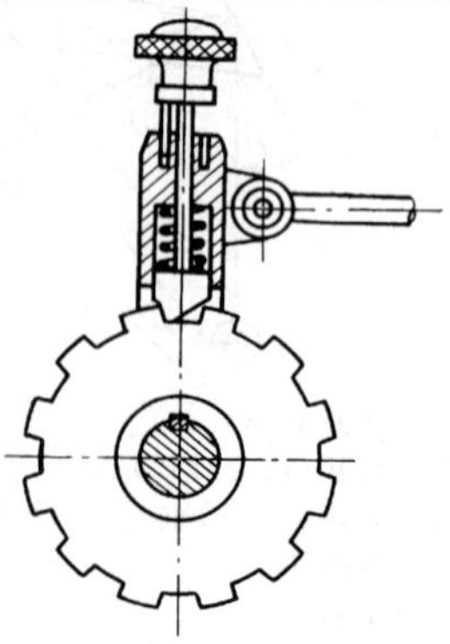 把棘爪提起转 180°后放下,可以改变棘轮的转向

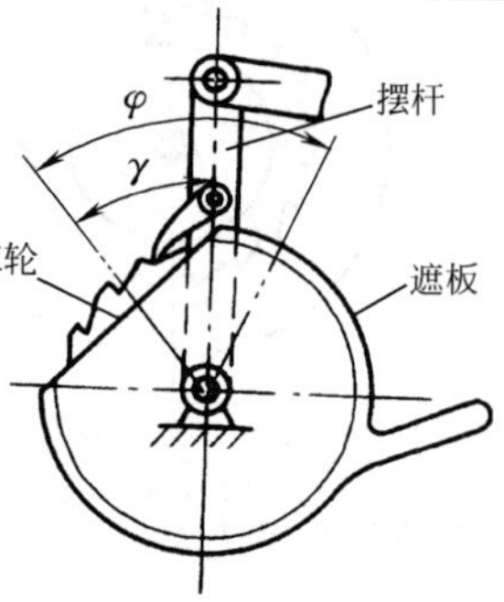

表 11.5-3　外接齿啮式棘轮机构尺寸计算　(mm)

模数 m		0.6	0.8	1	1.25	1.5	2	2.5	3	4	5	6	8	10	12	14	16	18	20	22	24	26	30
棘轮	齿距 $p=\pi m$	1.88	2.51	3.14	3.92	4.71	6.28	7.85	9.43	12.57	15.71	18.85	25.13	31.42	37.70	43.98	50.27	56.55	62.83	69.12	75.40	81.69	94.25
	齿高 h	0.8	1.0	1.2	1.5	1.8	2.0	2.5	3	3.5	4	4.5	6	7.5	9	10.5	12	13.5	15	16.5	18	19.5	22.5
	齿顶弦厚 a								3	4	5	6	8	10	12	14	16	18	20	22	24	26	30
	齿根角半径 r	0.3	0.3	0.3	0.5	0.5	0.5	0.5	1	1	1	1.5	1.5	1.5	1.5	1.5	1.5	1.5	1.5	1.5	1.5	1.5	1.5
	齿面偏斜角 α	10°~15°																					
	轮宽 b	$(1\sim4)m$																					
	齿槽夹角 ψ	55°			60°																		
棘爪	工作面边长 h_1	3			4		5		5	5	6	6	8	10	12	14	14	16	18	20	20	22	25
	非工作面边长 a_1								2	3	3	4	4	6	6	8	8	12	12	14	14	14	16
	爪尖圆角半径 r_1	0.4			0.8				1.5			2											
	齿形角 ψ_1	50°			55°				60°														
	棘爪长度 L								18.85	25.14	31.42	37.70	50.62	62.84	75.40	87.96	100.54	113.10	125.66	138.24	150.40	163.36	188.50

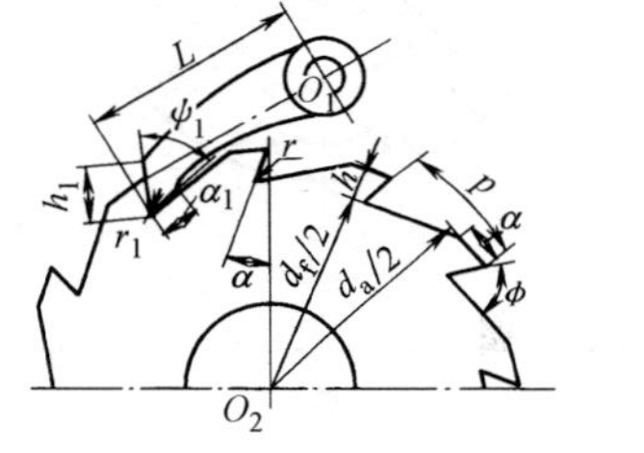

注：1. 表中模数 m 根据齿部强度取标准，棘轮外径 $d_a=mz$。
2. 当 $m=3\sim30$mm 时，$h=0.75m$，$a=m$，$L=2p$。

2　槽轮机构设计

槽轮机构（马耳他机构、日内瓦机构）能够将主动轴的匀速连续转动转换成从动轴的间歇转动，常用于各种转位机构中。表 11.5-4 给出了槽轮机构的常见形式。表 11.5-5～11.5-7 为平面槽轮机构的主要参数计算式和参数值。

图 11.5-1 中，将不同槽数的槽轮机构运动曲线进行了比较，同时也对相同槽数的内、外槽轮机构进行了比较。为了便于比较，将槽轮开始转动位置设置为起始位置。表 11.5-8 给出了球面槽轮机构的主要参数。

表 11.5-4　槽轮机构常见形式

形式		简图	特点
单销	外接	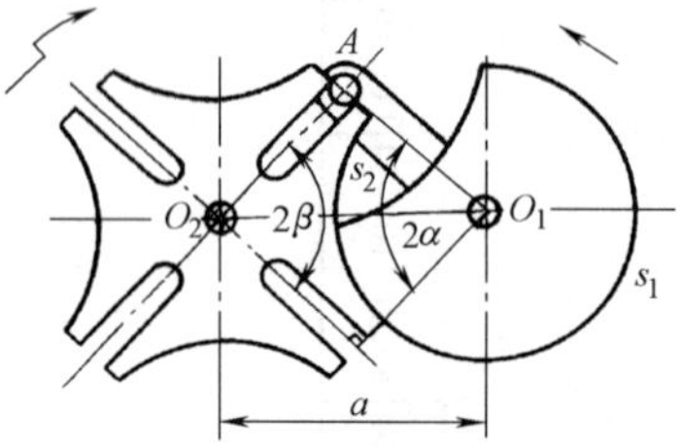	带圆销的主动轴 O_1 做匀速连续转动，从图示位置开始，轴 O_1 转动角 2α 时，槽轮反向转动角 2β。当轴 O_1 继续旋转，与轴 1 固连的凸锁止弧 s_1 与槽轮的凹锁止弧 s_2 配合，可防止槽轮运动。因此当轴 1 每转一圈，从动槽轮做周期的间歇转动
	内接	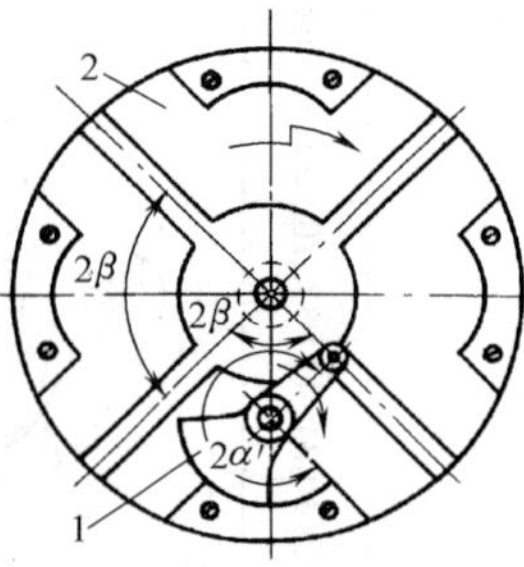	与外接不同的是，主动轴 1 转动角 $2\alpha'$ 时，从动槽轮 2 同向转动角 2β。显然内接槽轮机构转动的时间比停歇时间长
	球面	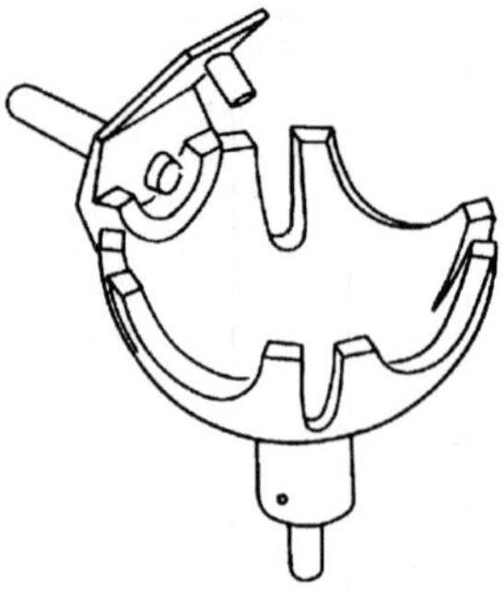	用于把两相交轴中主动轴的连续转动变为从动轴的间歇运动，一般两轴为直交 槽轮转动时间和停歇时间相同
双销	对称	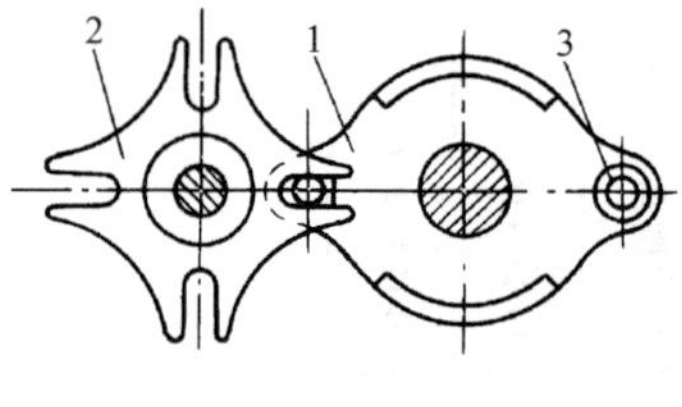	主动件 1 带有两个对称布置的圆销 3，因此主动件转一圈时，从动槽轮 2 可做相同的两次转动和停歇

（续）

形式		简　图	特　点
双销	不对称	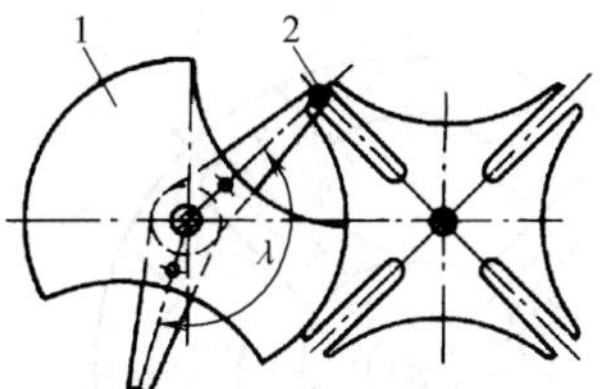 a) 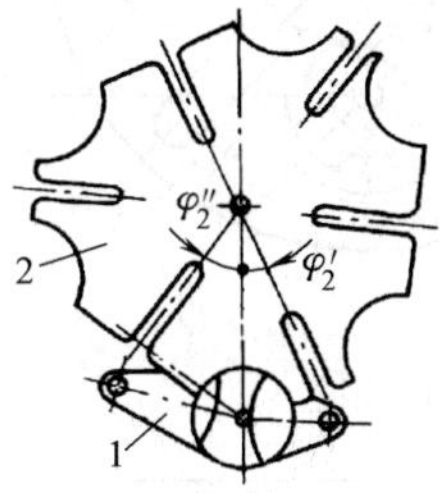 b)	图 a 中主动件 1 的两个圆销为不对称布置，其夹角为λ，但两销与轴心的距离相等。这样一来，当主动件转一圈时，从动槽轮两次转动时间相同，但停歇时间不同 图 b 中主动件 1 的两个圆销不对称布置。两销与轴心的距离也不等。因此槽轮两次转动与停歇的时间都不相同
组合机构	椭圆齿轮组合	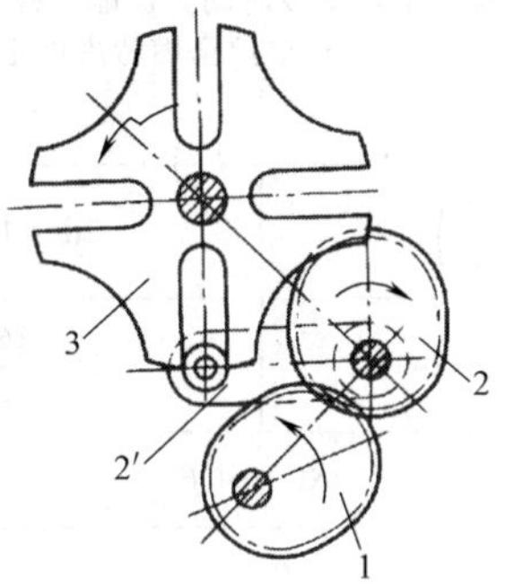	槽轮机构与一对椭圆齿轮串联。主动轮 1 等速旋转，从动轮 2 做变速转动。带圆销的杆 2′与 2 固连，带动槽轮 3 做间歇转动。由于槽轮是在 2′转动最快时旋转，故可缩短槽轮的转动时间
	行星齿轮组合	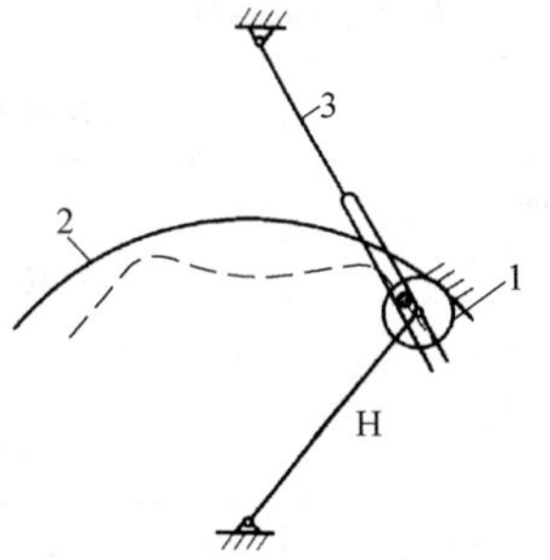	具有系杆 H、固定太阳轮 2、行星轮 1 的行星轮系与槽轮机构组合，当主动系杆 H 等速转动时，行星轮 1 上的圆销即可带动从动槽轮 3（图中只画出一个槽）做间歇转动。合理选择各部参数，可缩短槽轮的转动时间，并可改善其动力特性
	凸轮组合	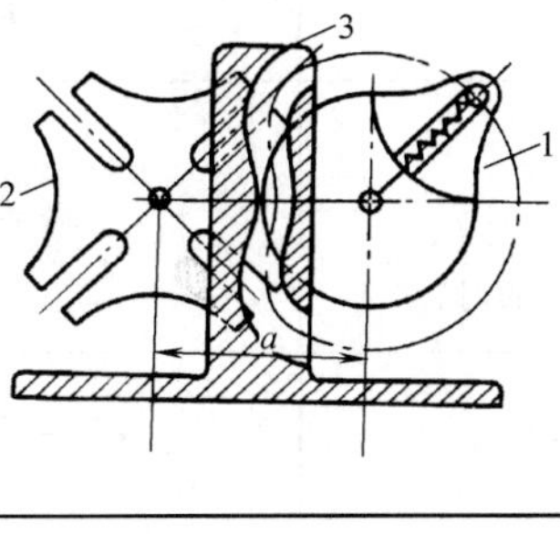	槽轮机构与凸轮机构组合，主动件 1 的圆销装在一个弹性支撑上，当其进入固定凸轮 3 的导槽后，圆销即沿导槽运动。合理设计导槽曲线，可改善槽轮 2 运动时的动力特性

表 11.5-5 平面槽轮机构主要参数计算式

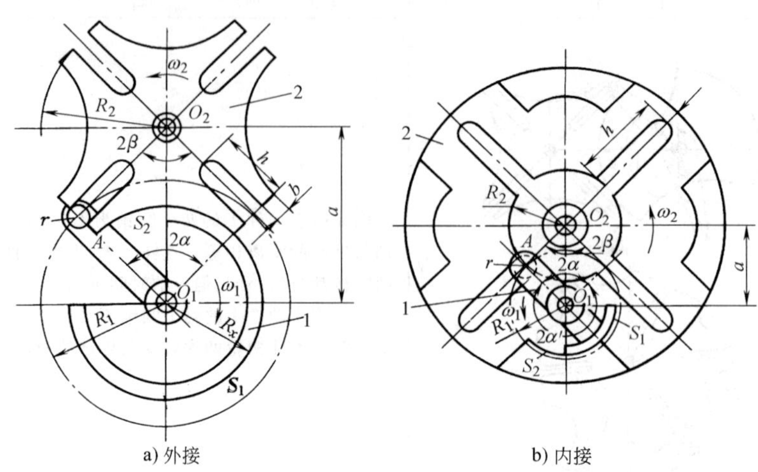

序号	项目	符号	外接	内接
1	槽数 中心距 圆销半径	z a r	$3\leqslant z\leqslant 18$,z 多时机构尺寸大,z 少时动力性能不好。运动系数等机构特性也与 z 直接有关,故应根据工作要求全面考虑而定 a 和 r 根据结构选定	
2	槽轮每次转位时,主动件1的转角	2α $(2\alpha')$	$2\alpha=180°\left(1-\dfrac{2}{z}\right)$	$2\alpha'=180°\left(1+\dfrac{2}{z}\right)$
3	槽间角	2β	$2\beta=\dfrac{360°}{z}=180°-2\alpha$	$2\beta=\dfrac{360}{z}=2\alpha'-180°$
4	主动件圆销中心轨迹半径	R_1	$R_1=a\sin\beta$	
5	圆销中心轨迹半径 R_1 与中心距 a 的比	λ	$\lambda=\dfrac{R_1}{a}=\sin\beta$	
6	槽轮外圆半径	R_2	$R_2=\sqrt{(a\cos\beta)^2+r^2}$	
7	槽轮深度	h	$h\geqslant a(\lambda+\cos\beta-1)+r$	$h\geqslant a(\lambda-\cos\beta+1)+r$
8	主动件轮毂直径	d_0	$d_0<2a(1-\cos\beta)$ 悬臂时不受此限制	按结构选定
9	槽轮轮毂直径	d_k	$d_k<2a(1-\lambda)-2r$	
10	锁止弧半径	R_x	$R_x<R_1-r$	$R_x<R_1+r$
11	锁止凸弧张角	γ	$\gamma=360°-2\alpha$(当 $K=1$ 时)	$\gamma=360°-2\alpha'$
12	圆销数目	K	$K<\dfrac{2z}{z-2}$	$K=1$
13	动停比(槽轮每次转位时间 t_d 与停歇时间 t_j 之比)	k	$k=\dfrac{z-2}{\dfrac{2z}{K}-(z-2)}$ (当 K 个圆销均布时)	$k=\dfrac{z+2}{z-2}>1$
14	运动系数(槽轮每次转位时间与周期 T 之比)	τ	$\tau=\dfrac{z-2}{2z}K<1$	$\tau=\dfrac{z+2}{2z}<1$

（续）

序号	项目	符号	外接	内接
15	机构运动简图		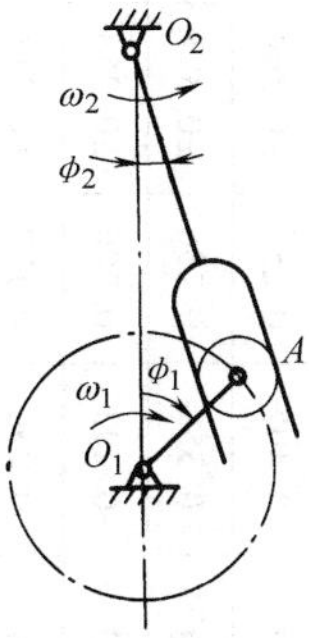 $-\alpha \leqslant \phi_1 \leqslant \alpha$ $\phi_1 = \pm\alpha$ 时，$\phi_2 = \pm\beta$ 当 $\phi_1 = 0$ 时，A 点在 O_1 与 O_2 之间	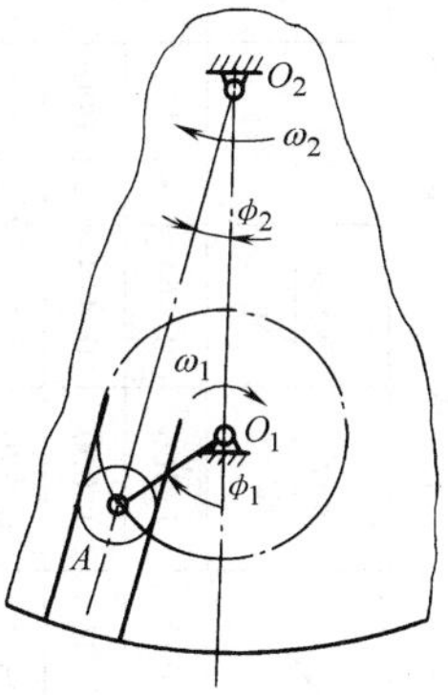 $-\alpha' \leqslant \phi_1 \leqslant \alpha'$ $\phi_1 = \pm\alpha'$ 时，$\phi_2 = \pm\beta$ 当 $\phi_1 = 0$ 时，A 点在 O_1 与 O_2 一侧
16	槽轮的角位移	ϕ_2	$\phi_2 = \arctan\dfrac{R_1\sin\phi_1}{a-R_1\cos\phi_1} = \arctan\dfrac{\lambda\sin\phi_1}{1-\lambda\cos\phi_1}$	$\phi_2 = \arctan\dfrac{R_1\sin\phi_1}{a+R_1\cos\phi_1} = \arctan\dfrac{\lambda\sin\phi_1}{1+\lambda\cos\phi_1}$
17	槽轮的角速度	ω_2	$\omega_2 = \dfrac{d\phi_2}{dt} = \dfrac{\lambda(\cos\phi_1 - \lambda)}{1-2\lambda\cos\phi_1+\lambda^2}\omega_1$	$\omega_2 = \dfrac{d\phi_2}{dt} = \dfrac{\lambda(\cos\phi_1 + \lambda)}{1+2\lambda\cos\phi_1+\lambda^2}\omega_1$
18	槽轮的角加速度	ε_2	$\varepsilon_2 = \dfrac{d\omega_2}{dt} = \dfrac{\lambda(1-\lambda^2)\sin\phi_1}{(1-2\lambda\cos\phi_1+\lambda^2)^2}\omega_1^2$	$\varepsilon_2 = \dfrac{d\omega_2}{dt} = \dfrac{\lambda(1-\lambda^2)\sin\phi_1}{(1+2\lambda\cos\phi_1+\lambda^2)^2}\omega_1^2$
19	机构运动线图		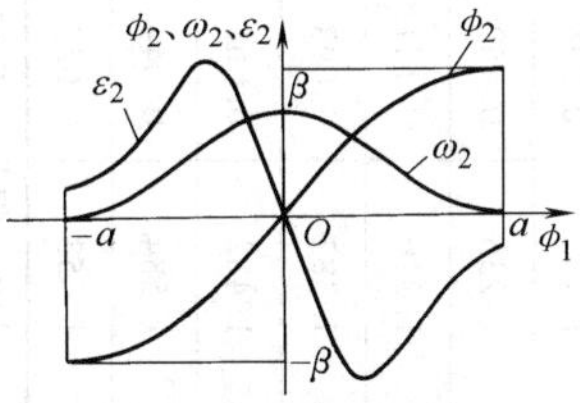 ϕ_2、ω_2、ε_2 均以逆时针为负	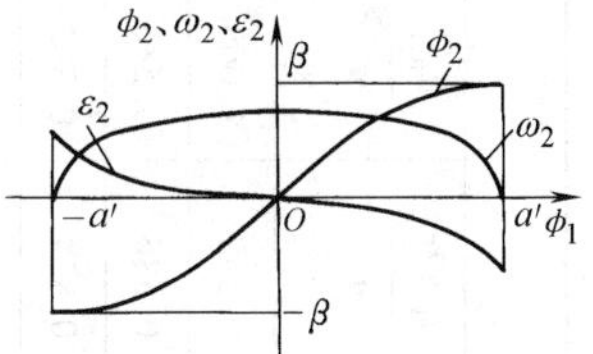 ϕ_2、ω_2、ε_2 均以顺时针为正
20	$\omega_{2\max}$ 及对应的 ϕ_1 角	ϕ_1'	$\phi_1 = \phi_1' = 0$ $\omega_{2\max} = \dfrac{\lambda}{1-\lambda}\omega_1$	$\phi_1 = \phi_1' = 0$ $\omega_{2\max} = \dfrac{\lambda}{1+\lambda}\omega_1$
21	对应于 $\varepsilon_{2\max}$ 的 ϕ_1 角	ϕ''_1	$\phi_1 = \phi_1'' = \arccos\left[-\dfrac{1+\lambda^2}{4\lambda} + \sqrt{\left(\dfrac{1+\lambda^2}{4\lambda}\right)^2 + 2}\right]$	$\phi_1 = \phi_1'' = \pm\alpha'$

注：ϕ_1、ω_1 均以顺时针方向为正。

表 11.5-6 平面槽轮机构的主要参数值

z	2β	λ	外接									内接				
			2α	$\frac{h-r}{a}\geqslant$	$\frac{d_k+2r}{a}<$	$\frac{d_0}{a}<$	$\frac{\omega_{2max}}{\omega_1}$	$\frac{\varepsilon_{2max}}{\omega_1^2}$	ϕ_1''	$\left(\frac{\varepsilon_2}{\omega_1^2}\right)_{\phi_1=\pm\alpha}$	K_{max}	$2\alpha'$	$\frac{h-r}{a}>$	$\frac{\omega_{2max}}{\omega_1}$	$\frac{\varepsilon_{2max}}{\omega_1^2}$	ϕ_1''
3	120°	0.8660	60°	0.366	0.268	1.000	6.464	±31.393	±4°45′	±1.732	5	300°	1.366	0.464	±1.732	±150°
4	90°	0.7071	90°	0.414	0.586	0.586	2.414	±5.407	±11°28′	±1.000	3	270°	1.000	0.414	±1.000	±135°
5	72°	0.5878	108°	0.397	0.824	0.382	1.426	±2.299	±17°34′	±0.727	3	252°	0.779	0.370	±0.727	±126°
6	60°	0.5000	120°	0.366	1.000	0.268	1.000	±1.350	±22°54′	±0.577	2	240°	0.634	0.333	±0.577	±120°
7	51°26′	0.4339	128°34′	0.335	1.132	0.198	0.766	±0.928	±27°33′	±0.482	2	231°26′	0.533	0.303	±0.482	±115°43′
8	45°	0.3827	135°	0.307	1.235	0.152	0.620	±0.700	±31°39′	±0.414	2	225°	0.459	0.277	±0.414	±112°30′
9	40°	0.3420	140°	0.282	1.316	0.121	0.520	±0.560	±35°16′	±0.364	2	220°	0.402	0.255	±0.364	±110°
10	36°	0.3090	144°	0.260	1.382	0.098	0.447	±0.465	±38°29′	±0.325	2	216°	0.358	0.236	±0.325	±108°
12	30°	0.2588	150°	0.225	1.482	0.068	0.349	±0.348	±40°00′	±0.268	2	210°	0.293	0.206	±0.268	±105°
15	24°	0.2079	156°	0.186	1.584	0.044	0.262	±0.253	±50°30′	±0.213	2	200°	0.230	0.172	±0.213	±102°
18	20°	0.1737	160°	0.158	1.653	0.030	0.210	±0.200	±55°31′	±0.176	2	200°	0.189	0.148	±0.176	±100°

注：1. 外接时 $2\alpha=180°-2\beta=360°-\gamma$，其中 γ 都是对 $K=1$ 来说的。

2. 内接时，在进出口处的类角加速度 $\left(\frac{\varepsilon_2}{\omega_1^2}\right)_{\phi_1=\pm\alpha}$ 等于最大加速度 $\frac{\varepsilon_{2max}}{\omega_1^2}$。

3. 内接时最多圆销数 $K_{max}=1$。

表 11.5-7 平面槽轮机构的动停比 k 和运动系数 τ 值

槽数 z		3						4				5			6		7		8		9		10		12		15		18	
圆销数 K		1	2	3	4	5	6	1	2	3	4	1	2	3	1	2	1	2	1	2	1	2	1	2	1	2	1	2	1	2
外接	k	1/5	1/2	1	2	5	∞	1/3	1	3	∞	3/7	3/2	9	1/2	2	5/9	5/2	3/5	3	7/11	7/2	2/3	4	5/7	5	13/17	13/2	4/5	8
	τ	1/6	1/3	1/2	2/3	5/6	1	1/4	1/2	3/4	1	3/10	3/5	9/10	1/3	2/3	5/14	5/7	3/8	3/4	7/18	7/9	2/5	4/5	5/12	5/6	13/30	13/15	4/9	8/9
内接	k	5						3				7/3			2		9/5		5/3		11/7		3/2		7/5		17/13		5/4	
	τ	5/6						3/4				7/10			2/3		9/14		5/8		11/18		3/5		7/12		17/30		5/9	

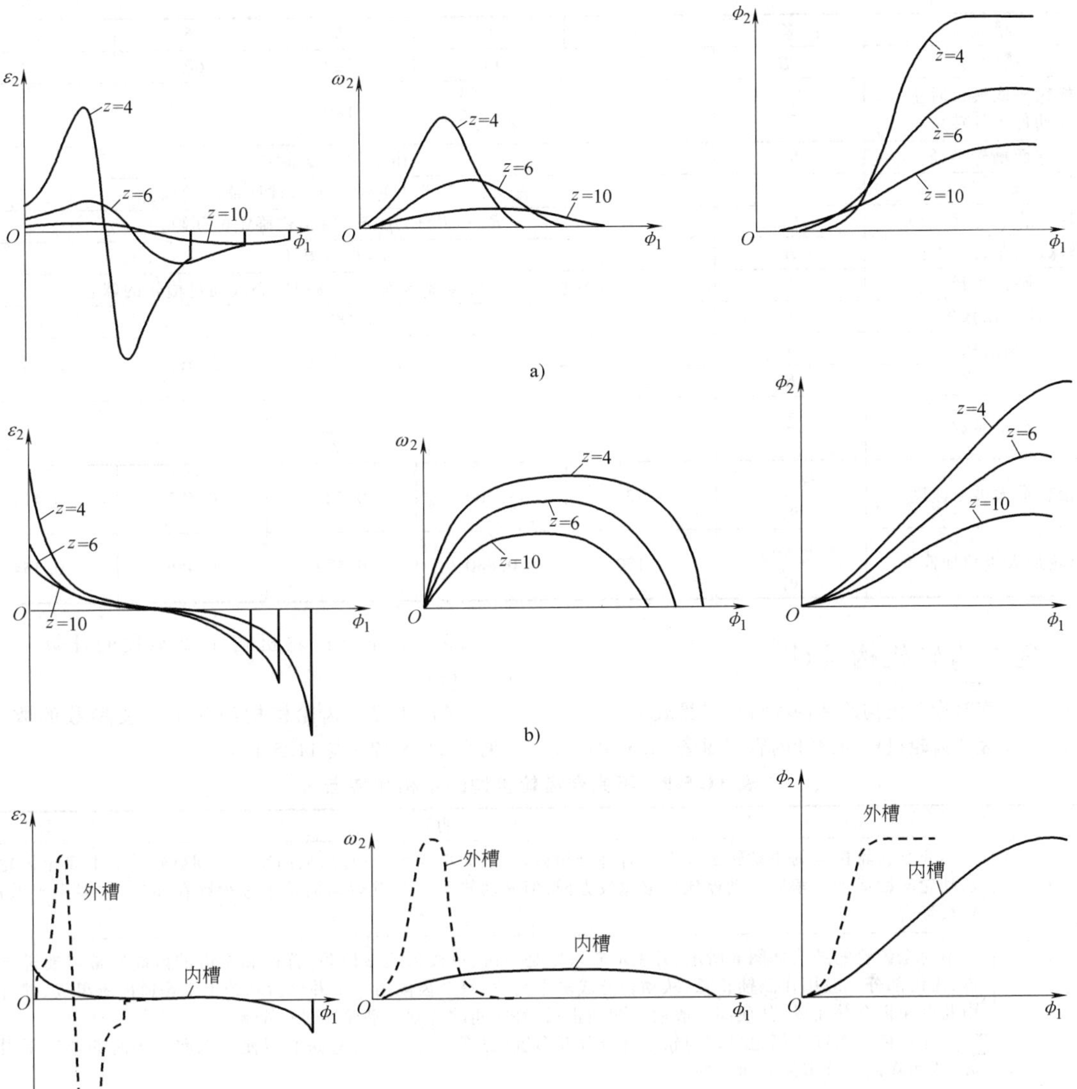

a)

b)

c)

图 11.5-1　不同槽数的内、外槽轮机构运动曲线比较

a）外槽轮机构运动曲线　b）内槽轮机构运动曲线　c）四槽内、外槽轮机构运动曲线的比较

表 11.5-8　球面槽轮机构的主要参数

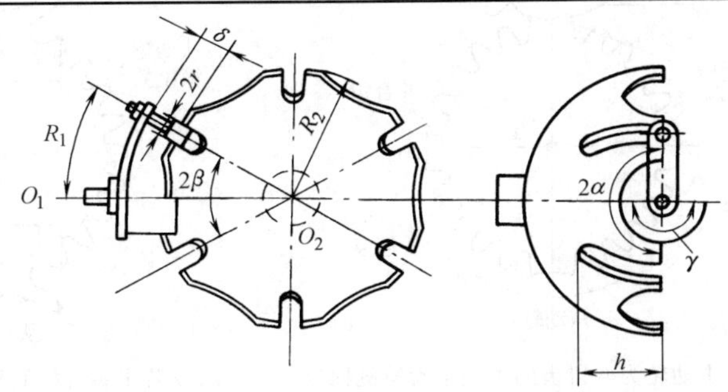

（续）

槽数	Z	3	4	5	6	8
槽间角	2β	120°	90°	72°	60°	45°
槽轮每次转位时主动件 1 的转角	2α	180°				
球面槽轮半径	R_2	由结构需要而定				
两轴线位置		直交，主动件 1 的轴线通过球面槽轮的球心				
杆 1 的半径（弧长）	R_1	$R_1=(R_2+\delta)\beta$，δ—由结构确定的间隙				
槽深（槽轮轴线方向）	H	$h>R_2\sin\beta+r$				
圆销半径	R	根据结构和强度要求而定。圆销中心线通过槽轮的球心				
锁止弧张角	γ	180°				
圆销数	K	1				
动停比	K	1				
运动系数	τ	$\frac{1}{2}$				
槽轮最大类角速度	$\frac{\omega_{2\max}}{\omega_1}$	1.732	1.000	0.727	0.577	0.414
槽轮最大类角加速度	$\frac{\varepsilon_{2\max}}{\omega_1^2}$	2.172	0.880	0.579	0.456	0.354

3　不完全齿轮机构设计

（1）不完全齿轮机构的结构和特点（见表 11.5-9）

（2）不完全齿轮机构的设计内容（见表 11.5-10）

（3）不完全齿轮机构主要参数的计算（见表 11.5-11）

（4）不完全齿轮机构的几个主要参数的数值表（见表 11.5-12～表 11.5-15）

表 11.5-9　不完全齿轮机构的结构和特点

	说　明
特点	不完全齿轮机构的主动轮圆周上只有部分轮齿，当主动轮连续转动时，从动轮进行间歇转动。不完全齿轮的从动轮间歇运动转角以及动停比调整比较方便，但从动轮每次间歇运动的始末过程存在冲击，故多用于低速、轻载场合
结构	不完全齿轮的结构如图 a 所示，其主动轮可以是单齿、单段齿或多段齿，首齿和末齿的齿高通常需要进行修形，无齿部分一般用作凸锁止弧；从动轮分成多个齿段，每个齿段由一个并合齿和若干个普通齿所组成，并合齿由几个轮齿合并而成，其顶部一般用作凹锁止弧，每次间歇运动从动轮转过一个齿段 不完全齿轮的锁止弧也可以与轮齿部分分开布置（见图 b），还可设置瞬心板使啮入和啮出时的速度平滑过渡，从而降低了首末齿的速度冲击 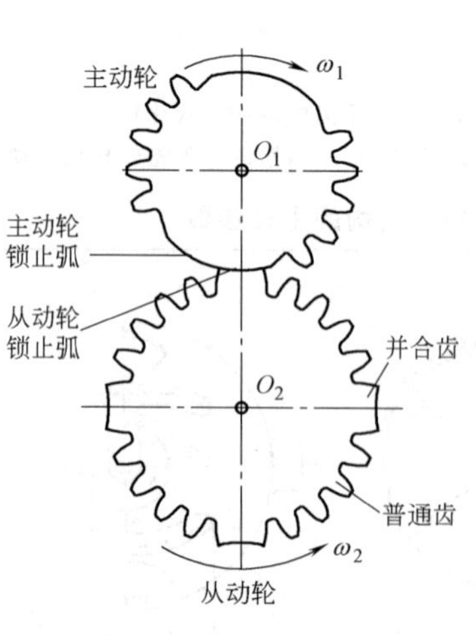 a）主动轮为两段齿的不完全齿轮机构 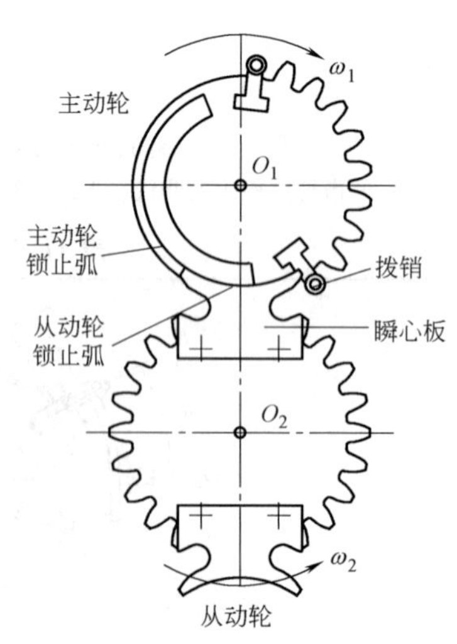 b）安装了瞬心板的不完全齿轮机构

（续）

	说　　明
不完全齿轮啮合过程	从动轮停歇时，其并合齿处于相对于两轮连心线的对称位置 间歇运动开始时，首先是主动轮首齿与从动轮并合齿啮合；随后主动轮后续各齿与从动轮各普通齿依次啮合；当主动轮末齿与从动轮齿段最后一个普通齿脱离接触时，间歇运动周期结束 整个啮合过程中，主动轮与从动轮轮齿的接触线分三段：首齿啮入线，实际啮合线，末齿啮出线。各段接触线处的传动特性见下表

	首齿啮入线	实际啮合线	末齿啮出线
图示	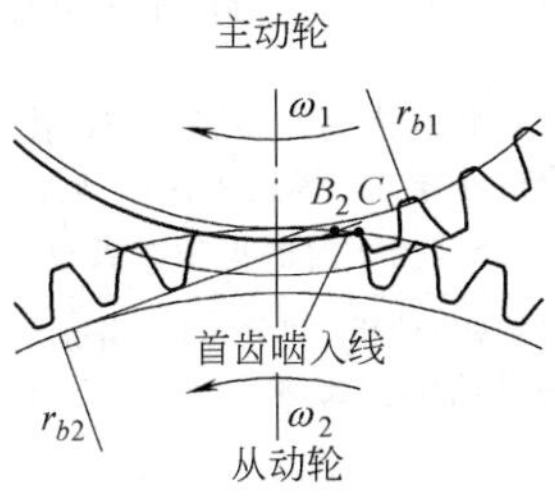 a）首齿啮入线	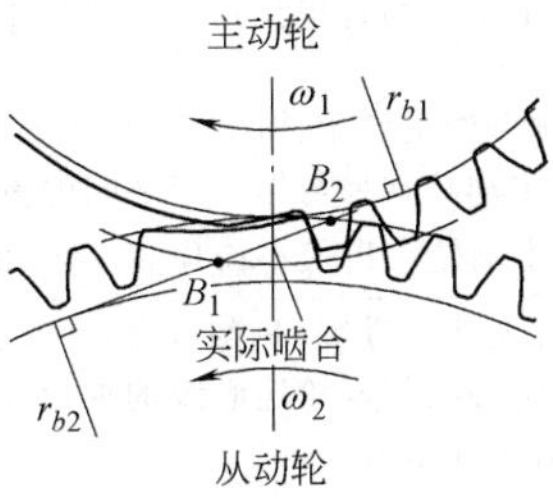 b）实际啮合线	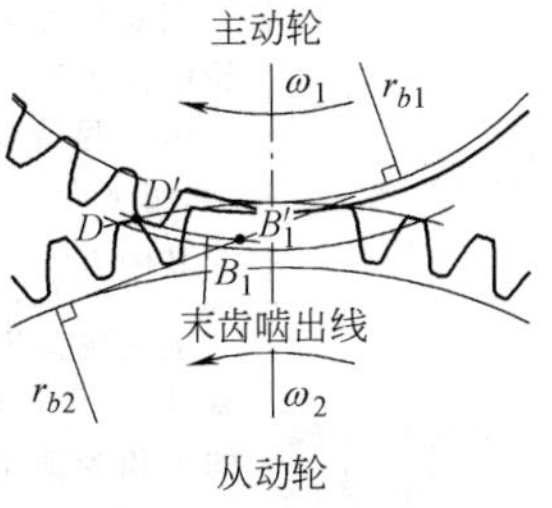 c）末齿啮出线
接触轨迹	从动轮齿顶圆弧 CB_2 段	实际啮合线 B_1B_2 段	主动轮末齿齿顶圆弧段 $B_1'D'$ 段
接触部位	主动轮：首齿齿廓部位 从动轮：并合齿齿顶尖部位	主动轮：各齿齿廓部位 从动轮：各齿齿廓部位	主动轮：末齿齿顶尖部位 从动轮：末齿齿廓部位
从动轮转速	$\omega_2>\omega_1/i$	$\omega_2=\omega_1/i$	$\omega_2<\omega_1/i$

注：当主动轮的假想齿数 z_1' 或从动轮的假想齿数 z_2' 较少时，在停歇位置处的从动轮并合齿齿廓将处于实际啮合线 B_1B_2 之内，此时不存在首齿啮入线，主动轮首齿与从动轮齿廓直接在实际啮合线 B_1B_2 上开始啮合

表 11.5-10　不完全齿轮机构的设计内容

	说　　明
主要设计参数	不完全齿轮机构设计时需要确定的主要参数包括：主动轮末齿齿顶高系数 h_{am}^*，主动轮首齿齿顶高系数 h_{as}^*，主动轮锁止弧进入角 Q_E，主动轮锁止弧离开角 Q_S 等 需要满足的技术指标通常包括：每次间歇运动时从动轮的转角，以及间歇运动的运动系数或动停比等
间歇运动开始和结束位置图	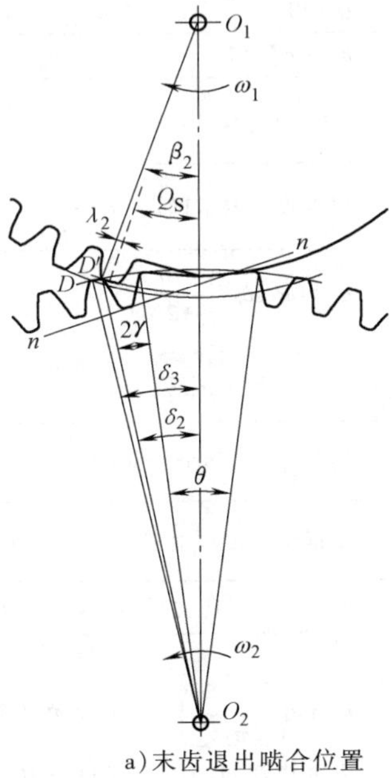 a）末齿退出啮合位置 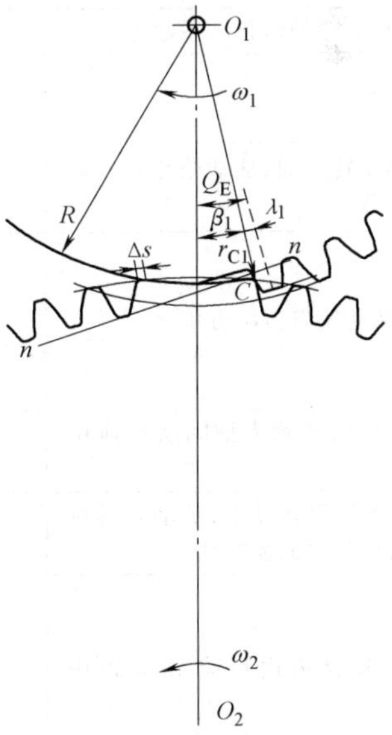　　b）首齿进入啮合位置

（续）

	说 明
主动轮末齿齿顶高系数 h_{am}^*	主动轮末齿齿顶圆与从动轮齿顶圆交点 D' 是每次间歇运动过程的最后接触点，决定了从动轮的停歇位置。不完全齿轮机构设计时通常要求在停歇位置处从动轮的并合齿相对于两轮中心线对称，这可以通过对主动轮末齿的齿顶高系数 h_{am}^* 进行精确调整的方法实现。 调整后主动轮末齿齿顶圆正好通过从动轮并合齿两侧相邻轮齿的齿顶尖，所割从动轮齿顶圆弧段弧长（$2\delta_2$）正好包含 K 个齿和 1 个齿槽 h_{am}^* 的计算公式见表 11. 5-11，也可由表 11. 5-12 直接查出
主动轮首齿齿顶高系数 h_{as}^*	因对称关系，主动轮的首齿齿顶高不能高于其末齿齿顶高，否则在间歇运动起始处主动轮首齿将与从动轮的齿顶发生干涉 由于起始接触点处主动轮首齿为齿廓接触，故调整其齿高并不影响初始接触；但若首齿的齿高调整得过低，可能会导致主动轮首齿与第 2 齿之间的重合度小于 1。因此须保证：$h_{am}^* \geqslant h_{as}^* > h_{asmin}^*$ 其中 h_{asmin}^* 为主动轮首齿最小齿顶高系数，即重合度为 1 时的齿顶高系数，可由表 11. 5-13 直接查出
主动轮锁止弧进入角 Q_E 及离开角 Q_S	主动轮首齿进入啮合位置（见图 b）和末齿退出啮合位置（见图 a）即分别为锁止弧打开的位置和关闭位置，图 b 中首齿中心线与两轮连心线的夹角为主动轮锁止弧进入角 Q_E，图 a 中末齿中心线与两轮连心线的夹角为锁止弧离开角 Q_S Q_E 和 Q_S 计算公式见表 11. 5-11，也可以分别由表 11. 5-14、表 11. 5-15 直接查出 从动轮并合齿顶部锁止弧边缘到两侧齿顶距离应保证：$\Delta s \geqslant 0.5m$，以避免锁止弧的磨损影响到齿廓，改变啮入点的位置
从动轮间歇运动转过齿数 z_2 及转角 δ'	当主动轮为单齿时，每次间歇运动从动轮转过 1 个并合齿：$z_2 = K$ 当主动轮为齿数为 z_1 的单段齿时，每次间歇运动从动轮转过 1 个并合齿+（z_1-1）个普通齿，即：$z_2 = K + z_1 - 1$ 从动轮对应的转角为：$\delta' = 2\pi z_2 / z_2'$
间歇运动的运动系数 τ	从动轮间歇运动过程中，若主动轮为单齿时的转角为：$\beta = Q_E + Q_S$ 主动轮为齿数为 z_1 的单段齿时的转角为：$\beta = Q_E + Q_S + \psi$，其中 ψ 为（z_1-1）个齿的转角 故运动系数为：$\tau = \beta / 2\pi$ 设计之初因 Q_S、Q_E 未知，对运动系数也可用下式预估：$\tau' = z_2 / z_1'$

表 11. 5-11 不完全齿轮机构主要参数的计算

序号	参 数	符号	计 算 式
1	主、从动轮布满齿时的假想齿数	z_1'、z_2'	按工作条件确定
2	模数	m	按工作条件确定
3	压力角	α	$\alpha = 20°$
4	主、从动轮的齿顶高系数	h_{a1}^*、h_{a2}^*	$h_{a1}^* = h_{a2}^* = 1$
5	中心距	a	$a = \dfrac{1}{2}(z_1' + z_2')m$
6	主动轮转一周，从动轮完成间歇运动次数	N	根据设计要求确定：$N = \dfrac{z_2'}{z_2}$
7	主、从动轮齿顶压力角	α_{a1} α_{a2}	$\alpha_{a1} = \arccos \dfrac{z_1' \cos\alpha}{z_1' + 2}$ $\alpha_{a2} = \arccos \dfrac{z_2' \cos\alpha}{z_2' + 2}$
8	从动轮齿顶圆齿槽间所对应中心角	2γ	$2\gamma = \dfrac{\pi}{z_2'} + 2(\mathrm{inv}\alpha_{a2} - \mathrm{inv}\alpha)$
9	在一次间歇运动中，从动轮转过角度内所包含的齿距数	z_2	根据设计要求确定
10	一个并合齿内所合并的轮齿个数	K	$\delta_3 = \arccos \dfrac{(z_2'+2)^2 + (z_1'+z_2')^2 - (z_1'+2)^2}{2(z_2'+2)(z_1'+z_2')}$ $K = \mathrm{int}\left(\dfrac{2\delta_3 - 2\gamma}{2\pi / z_2'}\right)$ （int 函数为取不大于的最接近整数） 也可从表 11. 5-12~表 11. 5-16 中的任一表内查取

（续）

序号	参　　数	符号	计　算　式
11	主动轮单段齿的齿数	z_1	$z_1=z_2+1-K$
12	在一次间歇运动中，从动轮的转角	δ δ'	$\delta=\dfrac{2\pi}{z_2'}K$　当 $z_1=1$ 时 $\delta'=\dfrac{2\pi}{z_2'}z_2$　当 $z_1>1$ 时
13	主动轮末齿顶高系数	h_{am}^*	$h_{am}^*=\dfrac{-z_1'+\sqrt{z_1'^2+4L}}{2}$ $L=\dfrac{z_2'(z_1'+z_2')+2(z_2'+1)-(z_1'+z_2')(z_2'+2)\cos\delta_2}{2}$ $\delta_2=\dfrac{\pi}{z_2'}K+\gamma$
14	主动轮首齿顶高系数	h_{as}^*	$h_{as}^*<h_{am}^*$（当 $z_1=1$ 时，$h_{as}^*=h_{am}^*$）
15	主动轮首齿和末齿的齿顶压力角	α_{as} α_{am}	$\alpha_{as}=\arccos\dfrac{z_1'\cos\alpha}{z_1'+2h_{as}^*}$ $\alpha_{am}=\arccos\dfrac{z_1'\cos\alpha}{z_1'+2h_{am}^*}$
16	首齿重合度	ε	$\varepsilon=\dfrac{z_1'}{2\pi}(\tan\alpha_{as}-\tan\alpha)+\dfrac{z_2'}{2\pi}(\tan\alpha_{a2}-\tan\alpha)>1$
17	从动轮并合齿齿顶圆弧对应角度	θ	$\theta=\delta-2\gamma$
18	锁止弧半径	R	需满足 $\Delta s\geqslant 0.5m$
19	主动轮齿顶圆半径	r_{a1}	$r_{a1}=m(z_1'+2h_{a1}^*)/2$
20	主动轮首齿顶圆半径	r_{as}	$r_{as}=m(z_1'+2h_{as}^*)/2$
21	主动轮末齿顶圆半径	r_{am}	$r_{am}=m(z_1'+2h_{am}^*)/2$
22	从动轮齿顶圆半径	r_{a2}	$r_{a2}=m(z_2'+2h_{a2}^*)/2$
23	主动轮首、末两齿中心线间夹角	ψ	$\psi=2\pi(z_1-1)/z_1'$
24	主动轮锁止弧进入角	Q_E	分两种情况： a）初始啮合点首齿啮入线上（即从动轮齿顶圆 CB_2），此时： $\dfrac{\theta}{2}>\alpha_{a2}-\alpha$ $Q_E=\beta_1+\lambda_1$ $\beta_1=\arcsin\left(\dfrac{r_{a2}}{r_{c1}}\sin\dfrac{\theta}{2}\right)$ $r_{c1}=\dfrac{m}{2}\sqrt{(z_2'+2)^2+(z_1'+z_2')^2-2(z_2'+2)(z_1'+z_2')\cos\dfrac{\theta}{2}}$ $\alpha_{c1}=\arccos\dfrac{mz_1'\cos\alpha}{2r_{c1}}$ $\lambda_1=\dfrac{\pi}{2z_1'}-\mathrm{inv}\alpha_{c1}+\mathrm{inv}\alpha$ b）初始啮合点在实际啮合线 B_1B_2 上，此时：$\dfrac{\theta}{2}\leqslant\alpha_{a2}-\alpha$ $Q_E=\dfrac{K\pi}{z_1'}$
25	主动轮锁止弧离开角	Q_S	$Q_S=\beta_2-\lambda_2$ $\lambda_2=\dfrac{\pi}{2z_1'}-\mathrm{inv}\alpha_{am}+\mathrm{inv}\alpha$ $\beta_2=\arcsin\left(\dfrac{z_2'+2}{z_2'+2h_{am}^*}\sin\delta_2\right)$
26	主动轮的运动角	β β'	$\beta=Q_E+Q_S$（当 $z_1=1$ 时） $\beta'=Q_E+Q_S+\psi$（当 $z_1>1$ 时）
27	动停比和运动系数	k τ	$k=\dfrac{\beta'N}{2\pi-\beta'N}$ 运动系数预估式：$\tau'=z_2/z_1'$ 运动系数准确计算公式：$\tau=\dfrac{\beta'N}{2\pi}$（当 $z_1=1$ 时，$\beta'=\beta$）

表 11.5-12 并合齿包含齿数 K 和主动轮末齿齿顶高系数 h_{am}^{*}

z_2'	$K=1$	$K=2$																													
20	—	0.997	0.924	0.861	0.806	0.758	0.715	0.677	0.644	0.613	0.586	0.561	0.538	0.517	0.498	0.480	0.464	0.448	0.434	0.421	0.409	0.397	0.386	0.376	0.367	0.357	0.349	0.341	0.333	0.326	0.319	
22	0.981	0.894	0.820	0.756	0.701	0.653	0.610	0.572	0.538	0.508	0.480	0.455	0.432	0.411	0.392	0.374	0.358	0.343	0.329	0.316	0.303	0.292	0.281	0.271	0.261	0.252	0.244	0.235	0.228	0.221	—	$K=2$
24	0.896	0.808	0.734	0.670	0.614	0.566	0.523	0.485	0.451	0.420	0.393	0.368	0.345	0.324	0.305	0.287	0.271	0.256	0.241	0.228	0.216	—	—	—	—	—	—	—	—	—	—	
26	0.824	0.735	0.661	0.596	0.541	0.492	0.449	0.411	0.377	0.347	0.319	0.294	0.271	0.250	0.231	0.214	0.197	—	—	—	—	—	—	—	0.990	0.975	0.961	0.947	0.934	0.921	0.910	
28	0.762	0.673	0.598	0.534	0.478	0.429	0.386	0.348	0.314	0.284	0.256	0.231	0.209	—	—	—	—	—	0.996	0.974	0.954	0.934	0.916	0.898	0.882	0.867	0.852	0.839	0.825	0.813	0.801	
30	0.708	0.619	0.544	0.480	0.424	0.375	0.332	0.294	0.260	0.230	0.202	—	—	—	—	0.980	0.953	0.927	0.903	0.881	0.860	0.841	0.822	0.805	0.789	0.773	0.759	0.745	0.732	0.719	0.707	
32	0.661	0.572	0.497	0.432	0.376	0.328	0.285	0.247	0.213	0.182	—	—	0.996	0.961	0.929	0.899	0.871	0.846	0.822	0.799	0.779	0.759	0.741	0.723	0.707	0.691	0.677	0.663	0.650	0.637	0.625	
34	0.620	0.531	0.455	0.391	0.335	0.286	0.243	0.205	0.171	—	—	0.963	0.925	0.890	0.857	0.827	0.800	0.774	0.750	0.728	0.707	0.687	0.669	0.651	0.635	0.619	0.605	0.591	0.578	0.565	0.553	
36	0.583	0.494	0.418	0.354	0.298	0.249	0.206	0.168	—	0.988	0.942	0.900	0.862	0.826	0.794	0.764	0.736	0.710	0.686	0.664	0.643	0.623	0.605	0.587	0.571	0.555	0.541	0.527	0.514	0.501	0.489	$K=3$
38	0.550	0.461	0.385	0.321	0.265	0.216	0.173	—	0.983	0.932	0.886	0.843	0.805	0.770	0.737	0.707	0.679	0.653	0.629	0.607	0.586	0.566	0.548	0.530	0.514	0.498	0.484	0.470	0.457	0.444	0.432	
40	0.521	0.431	0.356	0.291	0.235	0.187	—	0.989	0.932	0.881	0.835	0.792	0.754	0.718	0.686	0.656	0.628	0.602	0.578	0.556	0.535	0.515	0.496	0.479	0.463	0.447	0.432	0.419	0.405	0.393	0.381	
42	0.494	0.405	0.329	0.265	0.209	0.160	—	0.943	0.887	0.835	0.789	0.746	0.708	0.672	0.640	0.610	0.582	0.556	0.532	0.509	0.488	0.469	0.450	0.433	0.416	0.401	0.386	0.372	0.359	0.347	0.335	
44	0.470	0.380	0.305	0.240	0.184	—	0.965	0.902	0.845	0.794	0.747	0.705	0.666	0.630	0.598	0.568	0.540	0.514	0.490	0.467	0.446	0.427	0.408	0.391	0.374	0.359	0.344	0.330	0.317	0.305	0.293	
46	0.448	0.358	0.283	0.218	0.162	0.999	0.928	0.864	0.807	0.756	0.709	0.667	0.628	0.592	0.560	0.529	0.501	0.476	0.451	0.429	0.408	0.388	0.370	0.352	0.336	0.320	0.306	0.292	0.279	0.266	0.984	
48	0.428	0.338	0.263	0.198	0.142	0.965	0.893	0.829	0.772	0.721	0.674	0.632	0.593	0.557	0.525	0.494	0.466	0.441	0.416	0.394	0.373	0.353	0.335	0.317	0.301	0.285	0.271	0.988	0.967	0.948	0.930	
50	0.409	0.320	0.244	0.179	—	0.933	0.861	0.797	0.740	0.689	0.642	0.599	0.561	0.525	0.492	0.462	0.434	0.408	0.384	0.362	0.341	0.321	0.302	0.285	0.269	0.981	0.959	0.938	0.918	0.899	0.880	
52	0.392	0.302	0.227	0.162	0.985	0.904	0.832	0.768	0.711	0.659	0.612	0.570	0.531	0.495	0.463	0.432	0.405	0.379	0.354	0.332	0.311	0.291	0.273	0.984	0.959	0.936	0.913	0.892	0.872	0.853	0.835	
54	0.376	0.287	0.211	0.146	0.958	0.877	0.805	0.741	0.683	0.632	0.585	0.542	0.504	0.468	0.435	0.405	0.377	0.351	0.327	0.305	0.283	0.997	0.968	0.942	0.917	0.893	0.871	0.849	0.829	0.810	0.792	
56	0.361	0.272	0.196	0.132	0.933	0.851	0.780	0.716	0.658	0.606	0.560	0.517	0.478	0.443	0.410	0.380	0.352	0.326	0.302	0.279	0.987	0.957	0.929	0.902	0.877	0.854	0.831	0.810	0.790	0.771	0.753	
58	0.348	0.258	0.183	0.118	0.909	0.828	0.756	0.692	0.635	0.583	0.536	0.493	0.454	0.419	0.386	0.356	0.328	0.302	0.278	0.983	0.951	0.921	0.892	0.866	0.841	0.817	0.795	0.773	0.753	0.734	0.716	
60	0.335	0.245	0.170	0.980	0.888	0.806	0.734	0.670	0.613	0.561	0.514	0.471	0.432	0.397	0.364	0.334	0.306	0.280	0.983	0.949	0.917	0.887	0.858	0.832	0.807	0.783	0.760	0.739	0.719	0.700	0.682	
62	0.323	0.233	0.158	0.960	0.867	0.786	0.714	0.649	0.592	0.540	0.493	0.451	0.412	0.376	0.343	0.313	0.285	0.988	0.951	0.917	0.885	0.855	0.826	0.800	0.775	0.751	0.728	0.707	0.687	0.668	0.649	
64	0.312	0.222	0.147	0.941	0.848	0.767	0.695	0.630	0.573	0.521	0.474	0.431	0.392	0.357	0.324	0.294	0.998	0.958	0.921	0.887	0.855	0.825	0.797	0.770	0.745	0.721	0.698	0.677	0.657	0.638	0.619	$K=4$
66	0.301	0.212	0.136	0.923	0.830	0.749	0.676	0.612	0.555	0.503	0.456	0.413	0.374	0.339	0.306	0.276	0.970	0.930	0.893	0.859	0.827	0.797	0.768	0.742	0.717	0.693	0.670	0.649	0.629	0.610	0.591	
68	0.292	0.202	0.126	0.906	0.813	0.732	0.660	0.595	0.538	0.486	0.439	0.396	0.357	0.322	0.289	0.986	0.943	0.904	0.867	0.833	0.801	0.770	0.742	0.715	0.690	0.666	0.644	0.622	0.602	0.583	0.565	
70	0.282	0.193	0.997	0.891	0.798	0.716	0.644	0.579	0.522	0.470	0.423	0.380	0.341	0.305	0.273	0.961	0.919	0.879	0.842	0.808	0.776	0.745	0.717	0.690	0.665	0.641	0.619	0.598	0.577	0.558	0.540	
72	0.274	0.184	0.982	0.876	0.783	0.701	0.628	0.564	0.506	0.454	0.408	0.365	0.326	0.290	0.984	0.938	0.895	0.856	0.819	0.784	0.752	0.722	0.694	0.667	0.642	0.618	0.595	0.574	0.554	0.534	0.516	
74	0.265	0.176	0.968	0.862	0.768	0.687	0.614	0.550	0.492	0.440	0.393	0.351	0.312	0.276	0.962	0.916	0.873	0.834	0.797	0.762	0.730	0.700	0.671	0.645	0.619	0.596	0.573	0.552	0.531	0.512	0.494	
76	0.257	0.168	0.955	0.848	0.755	0.673	0.601	0.536	0.478	0.427	0.380	0.337	0.298	0.990	0.941	0.895	0.852	0.813	0.776	0.741	0.709	0.679	0.650	0.623	0.598	0.574	0.552	0.531	0.510	0.491	0.473	
78	0.250	0.160	0.942	0.835	0.742	0.660	0.588	0.523	0.466	0.414	0.367	0.324	0.285	0.971	0.921	0.875	0.832	0.793	0.756	0.721	0.689	0.659	0.630	0.604	0.578	0.554	0.532	0.511	0.490	0.471	0.453	
80	0.243	0.153	0.931	0.823	0.730	0.648	0.576	0.511	0.453	0.401	0.354	0.312	0.273	0.952	0.902	0.856	0.813	0.774	0.737	0.702	0.670	0.640	0.611	0.585	0.559	0.535	0.513	0.492	0.471	0.452	0.434	
z_2' / z_1'	20	22	24	26	28	30	32	34	36	38	40	42	44	46	48	50	52	54	56	58	60	62	64	66	68	70	72	74	76	78	80	z_1'

表 11.5-13　主动轮首齿最小齿顶高系数 h_{asmin}^{*}（重合度 $\varepsilon=1$ 时）

z_2'	$K=1$	$K=2$																													
20	—	0.241	0.240	0.239	0.238	0.237	0.236	0.235	0.235	0.234	0.234	0.233	0.233	0.232	0.232	0.232	0.231	0.231	0.231	0.231	0.230	0.230	0.230	0.230	0.230	0.230	0.229	0.229	0.229	0.229	0.229	
22	0.229	0.227	0.226	0.225	0.224	0.223	0.223	0.222	0.221	0.221	0.221	0.220	0.220	0.219	0.219	0.219	0.219	0.218	0.218	0.218	0.218	0.218	0.217	0.217	0.217	0.217	0.217	0.217	0.217	0.216	—	$K=2$
24	0.216	0.215	0.214	0.213	0.212	0.212	0.211	0.210	0.210	0.209	0.209	0.209	0.208	0.208	0.208	0.208	0.207	0.207	0.207	0.207	0.207	—	—	—	—	—	—	—	—	—	—	
26	0.205	0.204	0.203	0.202	0.202	0.201	0.200	0.200	0.199	0.199	0.199	0.198	0.198	0.198	0.198	0.197	0.197	—	—	—	—	—	—	—	0.196	0.196	0.196	0.196	0.196	0.195	0.195	
28	0.196	0.195	0.194	0.193	0.192	0.192	0.191	0.191	0.190	0.190	0.189	0.189	0.189	—	—	—	—	—	0.188	0.188	0.187	0.187	0.187	0.187	0.187	0.187	0.187	0.187	0.187	0.186	0.186	
30	0.187	0.186	0.185	0.184	0.184	0.183	0.183	0.182	0.182	0.181	0.181	—	—	—	—	0.180	0.180	0.180	0.180	0.179	0.179	0.179	0.179	0.179	0.179	0.179	0.179	0.179	0.178	0.178	0.178	
32	0.179	0.178	0.177	0.176	0.176	0.175	0.175	0.174	0.174	0.174	—	—	0.173	0.173	0.173	0.173	0.172	0.172	0.172	0.172	0.172	0.172	0.172	0.171	0.171	0.171	0.171	0.171	0.171	0.171	0.171	
34	0.171	0.171	0.170	0.169	0.169	0.168	0.168	0.167	0.167	—	—	0.166	0.166	0.166	0.166	0.166	0.166	0.165	0.165	0.165	0.165	0.165	0.165	0.165	0.165	0.165	0.164	0.164	0.164	0.164	0.164	
36	0.165	0.164	0.163	0.163	0.162	0.162	0.161	0.161	—	0.161	0.160	0.160	0.160	0.160	0.160	0.159	0.159	0.159	0.159	0.159	0.159	0.159	0.159	0.159	0.158	0.158	0.158	0.158	0.158	0.158	0.158	$K=3$
38	0.159	0.158	0.157	0.157	0.156	0.156	0.155	—	0.155	0.155	0.154	0.154	0.154	0.154	0.154	0.154	0.153	0.153	0.153	0.153	0.153	0.153	0.153	0.153	0.153	0.153	0.153	0.153	0.152	0.152	0.152	
40	0.153	0.152	0.152	0.151	0.151	0.150	—	0.150	0.149	0.149	0.149	0.149	0.149	0.149	0.148	0.148	0.148	0.148	0.148	0.148	0.148	0.148	0.148	0.148	0.147	0.147	0.147	0.147	0.147	0.147	0.147	
42	0.148	0.147	0.146	0.146	0.146	0.145	—	0.145	0.144	0.144	0.144	0.144	0.144	0.144	0.143	0.143	0.143	0.143	0.143	0.143	0.143	0.143	0.143	0.143	0.143	0.142	0.142	0.142	0.142	0.142	0.142	
44	0.143	0.142	0.142	0.141	0.141	—	0.140	0.140	0.140	0.140	0.139	0.139	0.139	0.139	0.139	0.139	0.139	0.139	0.138	0.138	0.138	0.138	0.138	0.138	0.138	0.138	0.138	0.138	0.138	0.138	0.138	
46	0.138	0.138	0.137	0.137	0.136	0.136	0.136	0.136	0.135	0.135	0.135	0.135	0.135	0.135	0.135	0.134	0.134	0.134	0.134	0.134	0.134	0.134	0.134	0.134	0.134	0.134	0.134	0.134	0.134	0.133	0.133	
48	0.134	0.133	0.133	0.133	0.132	0.132	0.132	0.132	0.131	0.131	0.131	0.131	0.131	0.131	0.131	0.130	0.130	0.130	0.130	0.130	0.130	0.130	0.130	0.130	0.130	0.130	0.130	0.130	0.130	0.130	0.129	
50	0.130	0.130	0.129	0.129	—	0.128	0.128	0.128	0.128	0.127	0.127	0.127	0.127	0.127	0.127	0.127	0.127	0.126	0.126	0.126	0.126	0.126	0.126	0.126	0.126	0.126	0.126	0.126	0.126	0.126	0.126	
52	0.126	0.126	0.125	0.125	0.125	0.125	0.124	0.124	0.124	0.124	0.124	0.124	0.123	0.123	0.123	0.123	0.123	0.123	0.123	0.123	0.123	0.123	0.123	0.123	0.123	0.123	0.122	0.122	0.122	0.122	0.122	
54	0.123	0.122	0.122	0.122	0.121	0.121	0.121	0.121	0.121	0.120	0.120	0.120	0.120	0.120	0.120	0.120	0.120	0.120	0.120	0.120	0.119	0.119	0.119	0.119	0.119	0.119	0.119	0.119	0.119	0.119	0.119	
56	0.120	0.119	0.119	0.118	0.118	0.118	0.118	0.118	0.117	0.117	0.117	0.117	0.117	0.117	0.117	0.117	0.117	0.117	0.116	0.116	0.116	0.116	0.116	0.116	0.116	0.116	0.116	0.116	0.116	0.116	0.116	
58	0.117	0.116	0.116	0.115	0.115	0.115	0.115	0.115	0.114	0.114	0.114	0.114	0.114	0.114	0.114	0.114	0.114	0.114	0.114	0.113	0.113	0.113	0.113	0.113	0.113	0.113	0.113	0.113	0.113	0.113	0.113	
60	0.114	0.113	0.113	0.113	0.112	0.112	0.112	0.112	0.112	0.112	0.111	0.111	0.111	0.111	0.111	0.111	0.111	0.111	0.111	0.111	0.111	0.111	0.111	0.111	0.110	0.110	0.110	0.110	0.110	0.110	0.110	
62	0.111	0.110	0.110	0.110	0.110	0.109	0.109	0.109	0.109	0.109	0.109	0.109	0.109	0.108	0.108	0.108	0.108	0.108	0.108	0.108	0.108	0.108	0.108	0.108	0.108	0.108	0.108	0.108	0.108	0.108	0.108	
64	0.108	0.108	0.108	0.107	0.107	0.107	0.107	0.107	0.106	0.106	0.106	0.106	0.106	0.106	0.106	0.106	0.106	0.106	0.106	0.106	0.106	0.106	0.105	0.105	0.105	0.105	0.105	0.105	0.105	0.105	0.105	$K=4$
66	0.106	0.105	0.105	0.105	0.105	0.104	0.104	0.104	0.104	0.104	0.104	0.104	0.104	0.104	0.104	0.103	0.103	0.103	0.103	0.103	0.103	0.103	0.103	0.103	0.103	0.103	0.103	0.103	0.103	0.103	0.103	
68	0.103	0.103	0.103	0.103	0.102	0.102	0.102	0.102	0.102	0.102	0.102	0.101	0.101	0.101	0.101	0.101	0.101	0.101	0.101	0.101	0.101	0.101	0.101	0.101	0.101	0.101	0.101	0.101	0.101	0.101	0.101	
70	0.101	0.101	0.101	0.100	0.100	0.100	0.100	0.100	0.100	0.099	0.099	0.099	0.099	0.099	0.099	0.099	0.099	0.099	0.099	0.099	0.099	0.099	0.099	0.099	0.099	0.099	0.099	0.099	0.099	0.099	0.098	
72	0.099	0.099	0.098	0.098	0.098	0.098	0.098	0.098	0.097	0.097	0.097	0.097	0.097	0.097	0.097	0.097	0.097	0.097	0.097	0.097	0.097	0.097	0.097	0.097	0.097	0.097	0.097	0.097	0.097	0.096	0.096	
74	0.097	0.097	0.096	0.096	0.096	0.096	0.096	0.096	0.096	0.095	0.095	0.095	0.095	0.095	0.095	0.095	0.095	0.095	0.095	0.095	0.095	0.095	0.095	0.095	0.095	0.095	0.095	0.095	0.095	0.095	0.095	
76	0.095	0.095	0.094	0.094	0.094	0.094	0.094	0.094	0.094	0.094	0.093	0.093	0.093	0.093	0.093	0.093	0.093	0.093	0.093	0.093	0.093	0.093	0.093	0.093	0.093	0.093	0.093	0.093	0.093	0.093	0.093	
78	0.093	0.093	0.093	0.092	0.092	0.092	0.092	0.092	0.092	0.092	0.092	0.092	0.092	0.091	0.091	0.091	0.091	0.091	0.091	0.091	0.091	0.091	0.091	0.091	0.091	0.091	0.091	0.091	0.091	0.091	0.091	
80	0.091	0.091	0.091	0.091	0.091	0.090	0.090	0.090	0.090	0.090	0.090	0.090	0.090	0.090	0.090	0.090	0.090	0.090	0.090	0.089	0.089	0.089	0.089	0.089	0.089	0.089	0.089	0.089	0.089	0.089	0.089	
z_2' / z_1'	20	22	24	26	28	30	32	34	36	38	40	42	44	46	48	50	52	54	56	58	60	62	64	66	68	70	72	74	76	78	80	z_1'

表 11.5-14 主动轮锁止弧离开角 Q_S

(°)

z_2' \ z_1'	20	22	24	26	28	30	32	34	36	38	40	42	44	46	48	50	52	54	56	58	60	62	64	66	68	70	72	74	76	78	80	
	$K=1$	$K=2$																														
20	—	21.28	19.47	17.95	16.64	15.51	14.52	13.65	12.88	12.19	11.57	11.01	10.50	10.03	9.61	9.22	8.85	8.52	8.21	7.92	7.65	7.40	7.17	6.95	6.74	6.54	6.36	6.19	6.02	5.86	5.71	
22	23.25	21.10	19.30	17.79	16.49	15.37	14.38	13.52	12.75	12.07	11.45	10.89	10.39	9.93	9.50	9.12	8.76	8.43	8.12	7.83	7.57	7.32	7.09	6.87	6.66	6.47	6.28	6.11	5.95	5.79	—	$K=2$
24	23.08	20.94	19.15	17.65	16.36	15.24	14.26	13.40	12.64	11.96	11.35	10.79	10.29	9.83	9.41	9.03	8.67	8.34	8.04	7.76	7.49	—	—	—	—	—	—	—	—	—	—	
26	22.94	20.80	19.03	17.52	16.24	15.13	14.16	13.30	12.54	11.87	11.26	10.71	10.21	9.75	9.34	8.95	8.60	—	—	—	—	—	—	—	9.52	9.25	8.99	8.74	8.51	8.29	8.08	
28	22.81	20.68	18.91	17.42	16.14	15.03	14.07	13.21	12.46	11.78	11.18	10.63	10.13	—	—	—	—	—	11.52	11.12	10.75	10.40	10.07	9.76	9.47	9.19	8.93	8.69	8.46	8.24	8.03	
30	22.70	20.58	18.81	17.32	16.05	14.95	13.98	13.14	12.38	11.71	11.11	—	—	—	—	12.86	12.36	11.90	11.46	11.06	10.69	10.34	10.01	9.70	9.41	9.14	8.88	8.64	8.41	8.19	7.98	
32	22.60	20.48	18.72	17.24	15.97	14.87	13.91	13.07	12.32	11.65	—	—	14.58	13.94	13.35	12.80	12.30	11.84	11.41	11.01	10.64	10.29	9.96	9.66	9.37	9.09	8.84	8.60	8.37	8.15	7.94	
34	22.51	20.40	18.64	17.16	15.90	14.80	13.84	13.00	12.26	—	—	15.23	14.52	13.88	13.29	12.75	12.25	11.79	11.36	10.96	10.59	10.24	9.92	9.61	9.32	9.05	8.80	8.56	8.33	8.11	7.90	
36	22.42	20.32	18.57	17.10	15.83	14.74	13.79	12.95	—	16.80	15.94	15.17	14.47	13.83	13.24	12.70	12.20	11.74	11.31	10.92	10.55	10.20	9.88	9.57	9.28	9.01	8.76	8.52	8.29	8.07	7.87	$K=3$
38	22.35	20.25	18.51	17.03	15.77	14.68	13.73	—	17.69	16.74	15.89	15.12	14.42	13.78	13.19	12.65	12.16	11.70	11.27	10.88	10.51	10.16	9.84	9.53	9.25	8.98	8.72	8.48	8.26	8.04	7.84	
40	22.28	20.19	18.45	16.98	15.72	14.63	—	18.70	17.64	16.69	15.84	15.07	14.37	13.73	13.15	12.61	12.12	11.66	11.23	10.84	10.47	10.13	9.80	9.50	9.21	8.95	8.69	8.45	8.23	8.01	7.81	
42	22.22	20.13	18.39	16.93	15.67	14.59	—	18.65	17.60	16.65	15.80	15.03	14.33	13.69	13.11	12.57	12.08	11.62	11.20	10.80	10.44	10.09	9.77	9.47	9.18	8.92	8.66	8.42	8.20	7.98	7.78	
44	22.17	20.08	18.35	16.88	15.63	—	19.80	18.61	17.55	16.61	15.76	14.99	14.29	13.66	13.07	12.54	12.05	11.59	11.17	10.77	10.41	10.06	9.74	9.44	9.16	8.89	8.64	8.40	8.17	7.96	7.76	
46	22.12	20.03	18.30	16.84	15.59	21.10	19.76	18.57	17.51	16.57	15.72	14.95	14.26	13.62	13.04	12.51	12.01	11.56	11.14	10.74	10.38	10.03	9.71	9.41	9.13	8.86	8.61	8.37	8.15	7.93	10.22	
48	22.07	19.99	18.26	16.80	15.55	21.06	19.71	18.53	17.47	16.53	15.68	14.92	14.22	13.59	13.01	12.48	11.99	11.53	11.11	10.72	10.35	10.01	9.69	9.39	9.10	8.84	8.59	11.04	10.74	10.46	10.20	
50	22.03	19.95	18.22	16.76	—	21.02	19.68	18.49	17.44	16.50	15.65	14.89	14.19	13.56	12.98	12.45	11.96	11.50	11.08	10.69	10.33	9.98	9.66	9.36	9.08	11.66	11.33	11.02	10.72	10.44	10.18	
52	21.99	19.91	18.18	16.73	22.52	20.99	19.64	18.46	17.41	16.47	15.62	14.86	14.16	13.53	12.95	12.42	11.93	11.48	11.06	10.67	10.30	9.96	9.64	12.35	11.98	11.63	11.30	10.99	10.70	10.42	10.16	
54	21.95	19.88	18.15	16.70	22.49	20.95	19.61	18.43	17.38	16.44	15.59	14.83	14.14	13.51	12.93	12.40	11.91	11.46	11.04	10.64	10.28	13.14	12.72	12.33	11.96	11.61	11.28	10.97	10.68	10.40	10.14	
56	21.91	19.84	18.12	16.67	22.45	20.92	19.58	18.40	17.35	16.41	15.57	14.80	14.11	13.48	12.91	12.37	11.89	11.43	11.01	10.62	13.56	13.11	12.70	12.31	11.94	11.59	11.26	10.95	10.66	10.38	10.12	
58	21.88	19.81	18.09	16.64	22.42	20.89	19.55	18.37	17.32	16.38	15.54	14.78	14.09	13.46	12.88	12.35	11.87	11.41	10.99	14.01	13.54	13.09	12.68	12.28	11.92	11.57	11.24	10.93	10.64	10.36	10.10	
60	21.85	19.78	18.06	24.16	22.39	20.86	19.52	18.34	17.29	16.36	15.52	14.76	14.07	13.44	12.86	12.33	11.85	11.39	14.50	13.99	13.52	13.07	12.66	12.27	11.90	11.55	11.22	10.92	10.62	10.35	10.08	
62	21.82	19.76	18.04	24.14	22.37	20.84	19.50	18.32	17.27	16.34	15.50	14.74	14.05	13.42	12.84	12.31	11.83	15.03	14.48	13.97	13.50	13.05	12.64	12.25	11.88	11.53	11.21	10.90	10.61	10.33	10.07	$K=4$
64	21.80	19.73	18.02	24.11	22.34	20.81	19.47	18.29	17.25	16.31	15.47	14.72	14.03	13.40	12.82	12.30	15.60	15.01	14.46	13.95	13.48	13.04	12.62	12.23	11.86	11.52	11.19	10.88	10.59	10.31	10.05	
66	21.77	19.71	17.99	24.08	22.32	20.79	19.45	18.27	17.23	16.29	15.46	14.70	14.01	13.38	12.81	12.28	15.58	14.99	14.45	13.94	13.46	13.02	12.60	12.21	11.85	11.50	11.18	10.87	10.58	10.30	10.04	
68	21.75	19.69	17.97	24.06	22.29	20.76	19.43	18.25	17.21	16.28	15.44	14.68	13.99	13.36	12.79	16.20	15.56	14.97	14.43	13.92	13.45	13.00	12.59	12.20	11.83	11.49	11.16	10.85	10.56	10.29	10.02	
70	21.72	19.66	26.10	24.03	22.27	20.74	19.41	18.23	17.19	16.26	15.42	14.66	13.97	13.35	12.77	16.18	15.55	14.96	14.41	13.90	13.43	12.99	12.57	12.18	11.82	11.47	11.15	10.84	10.55	10.27	10.01	
72	21.70	19.64	26.07	24.01	22.25	20.72	19.39	18.21	17.17	16.24	15.40	14.65	13.96	13.33	16.86	16.17	15.53	14.94	14.40	13.89	13.42	12.97	12.56	12.17	11.80	11.46	11.13	10.83	10.54	10.26	10.00	
74	21.68	19.62	26.05	23.99	22.23	20.70	19.37	18.20	17.15	16.22	15.39	14.63	13.94	13.32	16.84	16.15	15.51	14.93	14.38	13.87	13.40	12.96	12.55	12.16	11.79	11.45	11.12	10.81	10.52	10.25	9.99	
76	21.66	19.61	26.03	23.97	22.21	20.69	19.35	18.18	17.14	16.21	15.37	14.62	13.93	17.57	16.82	16.13	15.50	14.91	14.37	13.86	13.39	12.95	12.53	12.14	11.78	11.43	11.11	10.80	10.51	10.24	9.97	
78	21.64	19.59	26.01	23.95	22.19	20.67	19.34	18.16	17.12	16.19	15.36	14.60	13.92	17.56	16.81	16.12	15.49	14.90	14.35	13.85	13.38	12.93	12.52	12.13	11.77	11.42	11.10	10.79	10.50	10.23	9.96	
80	21.63	19.57	25.99	23.94	22.18	20.65	19.32	18.15	17.11	16.18	15.34	14.59	13.90	17.54	16.79	16.11	15.47	14.89	14.34	13.83	13.36	12.92	12.51	12.12	11.76	11.41	11.09	10.78	10.49	10.22	9.95	
z_2' / z_1'	20	22	24	26	28	30	32	34	36	38	40	42	44	46	48	50	52	54	56	58	60	62	64	66	68	70	72	74	76	78	80	z_1'

表 11.5-15　主动轮锁止弧进入角 Q_E　(°)

z_2' \ z_1'	20	22	24	26	28	30	32	34	36	38	40	42	44	46	48	50	52	54	56	58	60	62	64	66	68	70	72	74	76	78	80	
z_2'	$K=1$	$K=2$																														
20	—	16.36	15.00	13.85	12.86	12.00	11.25	10.59	10.00	9.47	9.00	8.57	8.18	7.83	7.50	7.20	6.92	6.67	6.43	6.21	6.00	5.81	5.63	5.45	5.29	5.14	5.00	4.86	4.74	4.62	4.50	$K=2$
22	18.00	16.36	15.00	13.85	12.86	12.00	11.25	10.59	10.00	9.47	9.00	8.57	8.18	7.83	7.50	7.20	6.92	6.67	6.43	6.21	6.00	5.81	5.63	5.45	5.29	5.14	5.00	4.86	4.74	4.62	—	
24	18.00	16.36	15.00	13.85	12.86	12.00	11.25	10.59	10.00	9.47	9.00	8.57	8.18	7.83	7.50	7.20	6.92	6.67	6.43	6.21	6.00	—	—	—	—	—	—	—	—	—	—	
26	18.00	16.36	15.00	13.85	12.86	12.00	11.25	10.59	10.00	9.47	9.00	8.57	8.18	7.83	7.50	7.20	6.92	—	—	—	—	—	—	—	7.80	7.58	7.37	7.18	6.99	6.81	6.64	$K=3$
28	18.00	16.36	15.00	13.85	12.86	12.00	11.25	10.59	10.00	9.47	9.00	8.57	8.18	—	—	—	—	—	9.47	9.15	8.85	8.57	8.30	8.05	7.82	7.60	7.39	7.19	7.00	6.82	6.66	
30	18.00	16.36	15.00	13.85	12.86	12.00	11.25	10.59	10.00	9.47	9.00	—	—	—	—	10.61	10.21	9.84	9.49	9.17	8.87	8.58	8.32	8.07	7.83	7.61	7.40	7.20	7.01	6.83	6.67	
32	18.00	16.36	15.00	13.85	12.86	12.00	11.25	10.59	10.00	9.47	—	—	12.06	11.54	11.07	10.63	10.23	9.85	9.50	9.18	8.88	8.59	8.33	8.08	7.84	7.62	7.41	7.21	7.02	6.84	6.67	
34	18.00	16.36	15.00	13.85	12.86	12.00	11.25	10.59	10.00	—	—	12.64	12.07	11.56	11.08	10.64	10.24	9.86	9.52	9.19	8.89	8.60	8.34	8.09	7.85	7.63	7.42	7.22	7.03	6.85	6.68	
36	18.00	16.36	15.00	13.85	12.86	12.00	11.25	10.59	—	13.96	13.28	12.65	12.09	11.57	11.09	10.66	10.25	9.87	9.53	9.20	8.90	8.61	8.34	8.09	7.86	7.63	7.42	7.22	7.04	6.86	6.69	
38	18.00	16.36	15.00	13.85	12.86	12.00	11.25	—	14.74	13.98	13.29	12.67	12.10	11.58	11.10	10.67	10.26	9.88	9.53	9.21	8.90	8.62	8.35	8.10	7.86	7.64	7.43	7.23	7.04	6.86	6.69	
40	18.00	16.36	15.00	13.85	12.86	12.00	—	15.60	14.75	13.99	13.30	12.68	12.11	11.59	11.11	10.67	10.27	9.89	9.54	9.21	8.91	8.62	8.36	8.11	7.87	7.65	7.43	7.23	7.05	6.87	6.69	
42	18.00	16.36	15.00	13.85	12.86	12.00	—	15.62	14.77	14.00	13.31	12.69	12.12	11.60	11.12	10.68	10.28	9.90	9.55	9.22	8.92	8.63	8.36	8.11	7.87	7.65	7.44	7.24	7.05	6.87	6.70	
44	18.00	16.36	15.00	13.85	12.86	—	16.58	15.63	14.78	14.01	13.32	12.70	12.13	11.61	11.13	10.69	10.28	9.90	9.55	9.23	8.92	8.64	8.37	8.12	7.88	7.65	7.44	7.24	7.05	6.87	6.70	
46	18.00	16.36	15.00	13.85	12.86	17.67	16.60	15.64	14.79	14.02	13.33	12.71	12.14	11.61	11.14	10.69	10.29	9.91	9.56	9.23	8.93	8.64	8.37	8.12	7.88	7.66	7.45	7.25	7.06	6.88	8.73	$K=4$
48	18.00	16.36	15.00	13.85	12.86	17.69	16.61	15.65	14.80	14.03	13.34	12.71	12.14	11.62	11.14	10.70	10.29	9.91	9.56	9.23	8.93	8.64	8.37	8.12	7.88	7.66	7.45	9.43	9.19	8.96	8.74	
50	18.00	16.36	15.00	13.85	—	17.70	16.62	15.66	14.81	14.04	13.35	12.72	12.15	11.63	11.15	10.70	10.30	9.92	9.57	9.24	8.93	8.65	8.38	8.13	7.89	9.97	9.70	9.45	9.20	8.97	8.75	
52	18.00	16.36	15.00	13.85	18.94	17.71	16.63	15.67	14.81	14.05	13.35	12.73	12.15	11.63	11.15	10.71	10.30	9.92	9.57	9.24	8.94	8.65	8.38	10.57	10.27	9.98	9.71	9.46	9.21	8.98	8.76	
54	18.00	16.36	15.00	13.85	18.95	17.72	16.64	15.68	14.82	14.05	13.36	12.73	12.16	11.64	11.16	10.71	10.30	9.92	9.57	9.24	8.94	11.25	10.91	10.59	10.28	10.00	9.72	9.47	9.22	8.99	8.77	
56	18.00	16.36	15.00	13.85	18.96	17.73	16.65	15.69	14.83	14.06	13.37	12.74	12.16	11.64	11.16	10.72	10.31	9.93	9.58	9.25	11.63	11.26	10.92	10.60	10.29	10.01	9.73	9.48	9.23	9.00	8.78	
58	18.00	16.36	15.00	13.85	18.97	17.74	16.65	15.69	14.83	14.06	13.37	12.74	12.17	11.64	11.16	10.72	10.31	9.93	9.58	12.03	11.64	11.27	10.93	10.61	10.30	10.02	9.74	9.49	9.24	9.01	8.79	
60	18.00	16.36	15.00	20.40	18.98	17.75	16.66	15.70	14.84	14.07	13.37	12.74	12.17	11.65	11.17	10.72	10.31	9.93	12.45	12.04	11.65	11.28	10.94	10.62	10.31	10.02	9.75	9.49	9.25	9.02	8.79	
62	18.00	16.36	15.00	20.41	18.99	17.75	16.67	15.70	14.84	14.07	13.38	12.75	12.17	11.65	11.17	10.73	10.32	12.91	12.47	12.05	11.66	11.29	10.95	10.63	10.32	10.03	9.76	9.50	9.26	9.02	8.80	
64	18.00	16.36	15.00	20.42	19.00	17.76	16.67	15.71	14.85	14.08	13.38	12.75	12.18	11.65	11.17	10.73	13.40	12.92	12.48	12.06	11.67	11.30	10.96	10.63	10.33	10.04	9.77	9.51	9.26	9.03	8.81	
66	18.00	16.36	15.00	20.43	19.01	17.77	16.68	15.71	14.85	14.08	13.39	12.75	12.18	11.66	11.17	10.73	13.41	12.93	12.49	12.07	11.68	11.31	10.97	10.64	10.33	10.05	9.77	9.51	9.27	9.03	8.81	
68	18.00	16.36	15.00	20.43	19.01	17.77	16.68	15.72	14.86	14.09	13.39	12.76	12.18	11.66	11.18	13.94	13.42	12.94	12.49	12.08	11.68	11.32	10.97	10.65	10.34	10.05	9.78	9.52	9.27	9.04	8.82	
70	18.00	16.36	22.09	20.44	19.02	17.78	16.69	15.72	14.86	14.09	13.39	12.76	12.19	11.66	11.18	13.95	13.43	12.95	12.50	12.08	11.69	11.32	10.98	10.65	10.35	10.06	9.78	9.52	9.28	9.04	8.82	
72	18.00	16.36	22.10	20.45	19.03	17.78	16.69	15.73	14.86	14.09	13.39	12.76	12.19	11.66	14.52	13.96	13.44	12.96	12.51	12.09	11.70	11.33	10.99	10.66	10.35	10.06	9.79	9.53	9.28	9.05	8.83	
74	18.00	16.36	22.10	20.46	19.03	17.79	16.70	15.73	14.87	14.09	13.40	12.77	12.19	11.66	14.53	13.97	13.45	12.97	12.52	12.10	11.71	11.34	10.99	10.67	10.36	10.07	9.79	9.53	9.29	9.05	8.83	
76	18.00	16.36	22.11	20.46	19.04	17.79	16.70	15.73	14.87	14.10	13.40	12.77	12.19	15.14	14.54	13.98	13.46	12.97	12.52	12.10	11.71	11.34	11.00	10.67	10.36	10.07	9.80	9.54	9.29	9.06	8.83	
78	18.00	16.36	22.12	20.47	19.04	17.80	16.70	15.74	14.87	14.10	13.40	12.77	12.19	15.15	14.55	13.98	13.46	12.98	12.53	12.11	11.72	11.35	11.00	10.68	10.37	10.08	9.80	9.54	9.30	9.06	8.84	
80	18.00	16.36	22.12	20.47	19.05	17.80	16.71	15.74	14.88	14.10	13.40	12.77	12.20	15.16	14.55	13.99	13.47	12.99	12.54	12.12	11.72	11.35	11.01	10.68	10.37	10.08	9.81	9.55	9.30	9.06	8.84	

（5）不完全齿轮机构设计实例（见表 11.5-16）

表 11.5-16　不完全齿轮机构设计实例

	说　明
设计要求	设计一对外啮合不完全齿轮机构，主动轮连续转动，从动轮每转 1/5 周停歇一次，运动时间占总时间的 1/3，中心距为 100mm 左右
设计步骤 1：确定从动轮的假想齿数 z_2' 和实际齿数 z_2	因从动轮每转 1/5 周停歇一次，故：$\frac{z_2}{z_2'}=\frac{1}{5}$，取 $z_2'=60$，$z_2=12$
设计步骤 2：确定主动轮的假想齿数 z_1' 和实际齿数 z_1	因运动时间占总时间的 1/3 左右，根据运动系数预估公式 $\frac{z_2}{z_1'}=\frac{1}{3}$，取 $z_1'=36$ 查表 11.5-11 得：$K=3$ 故：$z_1=z_2+1-K=10$
设计步骤 3：确定齿轮的模数 m	取模数 $m=2\text{mm}$，则中心距为 $a=\frac{m(z_1'+z_2')}{2}=96\text{mm}$
设计步骤 4：确定主动轮的首齿顶高系数 h_{as}^* 和末齿顶高系数 h_{am}^*	查表 11.5-12 得：主动轮末齿顶高系数 $h_{am}^*=0.613$ 查表 11.5-13 得：主动轮首齿最小顶高系数 $h_{asmin}^*=0.112$ 因 $h_{am}^* \geqslant h_{as}^* > h_{asmin}^*$，取 $h_{as}^*=0.5$
设计步骤 5：确定主动轮的锁止弧进入角 Q_E 和离开角 Q_S	查表 11.5-15 得主动轮锁止弧进入角 $Q_E=14.84°$ 查表 11.5-14 得主动轮锁止弧离开角 $Q_S=17.29°$
设计步骤 6：验证运动系数 τ	主动轮的运动角 $\beta'=Q_S+Q_E+\psi=14.84°+17.29°+90°=122.13°$ 运动系数 $\tau=\frac{\beta'}{360}=\frac{122.13°}{360°}=0.339$
所设计的不完全齿轮机构尺寸图	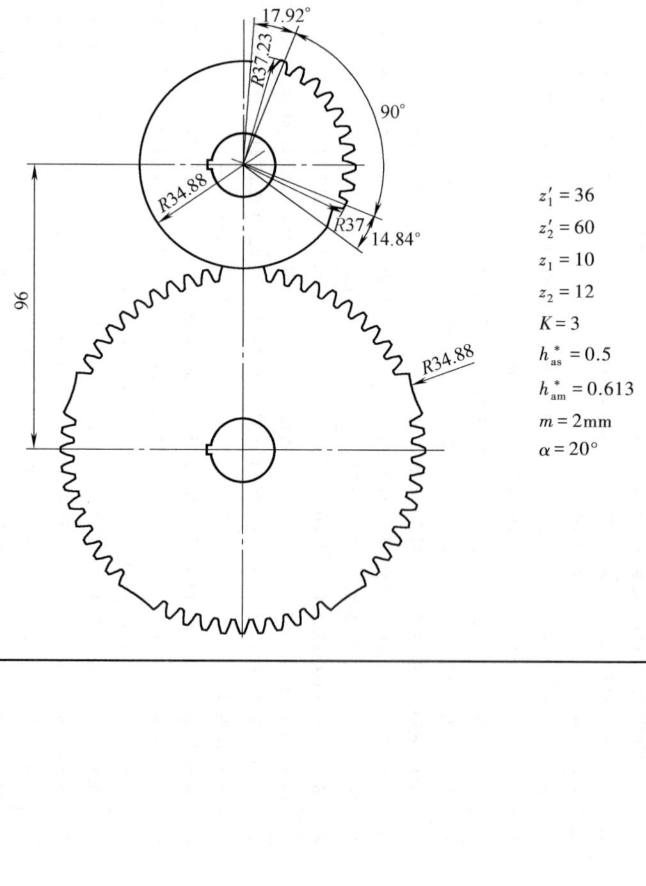 17.92° R37.23 90° R34.88 R37 14.84° 96 R34.88 $z_1'=36$ $z_2'=60$ $z_1=10$ $z_2=12$ $K=3$ $h_{as}^*=0.5$ $h_{am}^*=0.613$ $m=2\text{mm}$ $\alpha=20°$

第6章　组 合 机 构

生产和生活中对机构的运动要求是多种多样的，而凸轮机构、齿轮机构或连杆机构等基本机构由于自身结构的限制，很难满足运动的多方面要求。如单一的凸轮机构，不能使从动件获得复杂的运动轨迹；连杆机构也很难精确实现符合要求形状的运动轨迹或长时间停歇；齿轮机构往往只能使从动件实现整周转动或移动，而不能使从动件停歇甚至逆转运动。为了扩大基本机构的应用范围，可以将几种基本机构组合起来使用，能够综合各种基本机构的优点，从而得到基本机构实现不了的新的运动，以满足生产和生活中的多种需要以及提高自动化程度。

组合机构通常是由若干个同类型或不同类型的基本机构组合在一起，通过机构之间的运动约束或耦合；或者通过机构之间的运动协调和配合而形成的一种新机构。组合机构的分类有按其组成的结构型式分类和按其包含的基本机构的类型分类两种方法。

1　组合机构的主要结构型式及其特性

1.1　组合机构的主要结构型式

尽管组合机构的结构型式呈现多样性和复杂性，但归纳起来，其结构的组合方式可以根据各基本机构之间输入、输出运动之间的联系特征，分为串联组合、并联组合、反馈组合和装载组合等类型，这些组合方式可以用组合传动框图来表征，见表 11.6-1。其中，反馈组合与并联组合的结构型式较为复杂和多样，且具有一些相同的结构特征，都是以自由度大于 1 的基本机构为基础机构，附加其他基本机构的输出运动作为其输入运动；但从组合传动框图可以看出，反馈组合与并联组合中的附加机构的输入运动方式具有一定的差别。

除了以上四种主要组合方式外，有的组合机构也可能由这些形式混合组合而成，见表 11.6-2。表中的组合机构包含有多个基本机构，其结构组合均包含了两种不同的组合方式。

1.2　组合机构的运动特性

从结构特性可以看出，组合机构往往通过一个机构或构件将基本机构的两个独立运动约束起来。为了使二者运动协调，一般要考虑以下 3 个方面：

1）两个独立运动的速度关系，如频率比或两轴的转速比。

2）两独立运动构件的相位关系，亦即两者的相对安装位置。

3）两部分的位移关系，即两者尺寸参数的确定。

以图 11.6-1 中的齿轮-连杆组合机构为例。其中，图 a 为一铰链五杆机构，杆 5 为固定机架。该机构具有两个自由度，即两连架杆 1 和 4 都可以独立运动。现将一对相啮合的一定转速比的齿轮 a 和 b 安装在机架上，并分别与杆 1 和杆 4 固连，就构成图 b 所示单自由度的齿轮-连杆机构。图 11.6-1 中的机构运动时，连杆 2 和 3 的铰接点 C 将描绘出复杂的轨迹曲线 mm。显然，机构的输出运动曲线 mm 的形状和机构中齿轮的转速比、安装位置及各杆的尺寸都有关系。如图 c 中铰链 D 相对铰链 B 有 3 个不同的位置 D_{I}、D_{II}、D_{III}，与此对应铰链 C 的 3 个位置为 C_{I}、C_{II}、C_{III}，分别相应的轨迹为 $m_{\mathrm{I}}m_{\mathrm{I}}$、$m_{\mathrm{II}}m_{\mathrm{II}}$、$m_{\mathrm{III}}m_{\mathrm{III}}$。

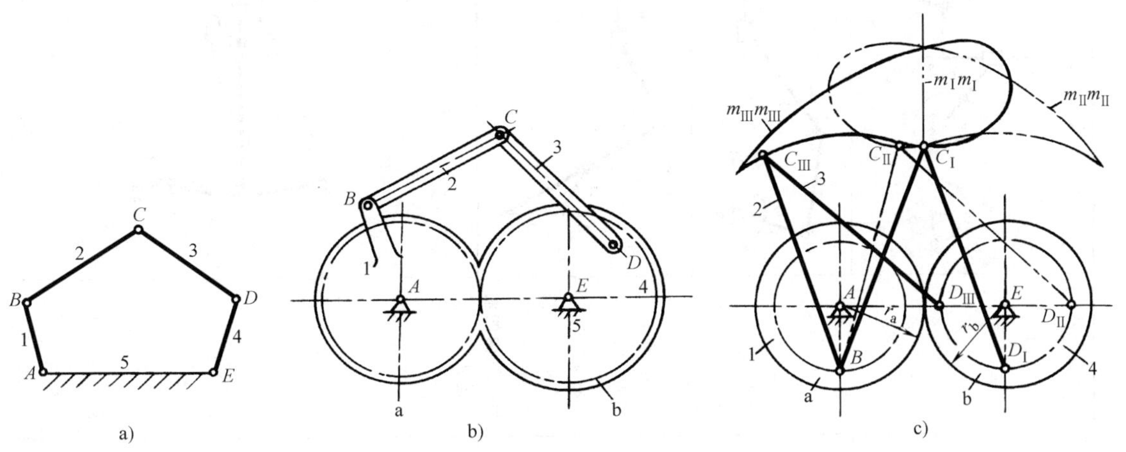

图 11.6-1　实现轨迹的齿轮-连杆组合机构

表 11.6-1 组合机构的组合方式及其特性

序号	组合方式	实例	结构特性	组合传动框图	运动特性	设计要点
1	串联组合（前一机构的输出运动是后一机构的输入运动）		构件固连式串联（前一机构Ⅰ的输出构件与后一机构Ⅱ的输入构件固连或即是同一构件）	ω_1 → Ⅰ → ω_2 → Ⅱ → v_6	改变构件 2 和 2′串接的相位角，可获得急回特性、近似等速段和特殊的加速度变化等运动特性	机构Ⅰ选择具有改变等速转动为变速转动功能的机构；机构Ⅱ选择具有往复运动功能的机构 进行尺度设计时，先根据使用要求决定一个机构的全部参数，再设计另外一个机构的参数
2						
3						
4					或 改变机构尺寸和两机构的相对位置，可使机构具有瞬时停歇和增力功能；或可使从动件实现二次往复摆动或移动	选择合适的机构尺寸和两机构的相对位置，在 ϕ_1 范围内可实现瞬时停歇和增力功能

（续）

序号	组合方式	实　例	结构特性	组合传动框图	运动特性	设计要点
5	串联组合（前一机构的输出运动是后一机构的输入运动）	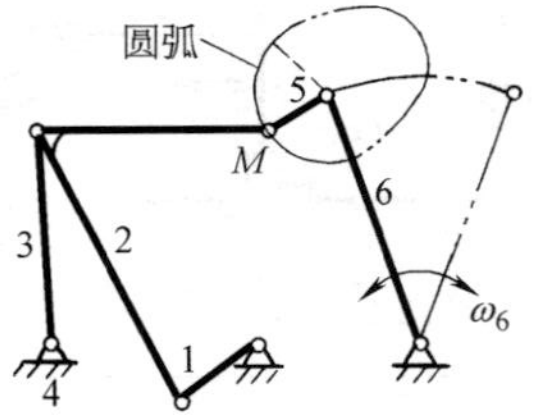	通过轨迹点 M 串联（前一机构Ⅰ的输出为平面运动构件上一点 M 的轨迹，通过点 M 与后一机构Ⅱ相串联。机构Ⅱ为一个二自由度机构）	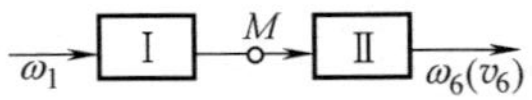 ω_1 → Ⅰ → M → Ⅱ → $\omega_6(v_6)$	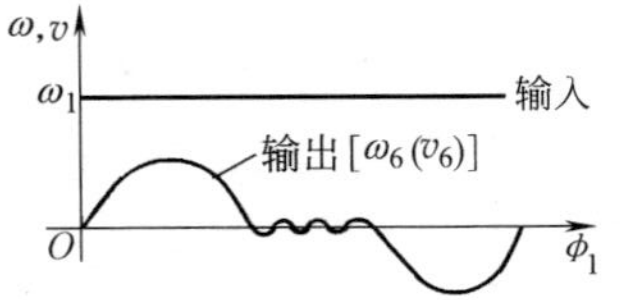 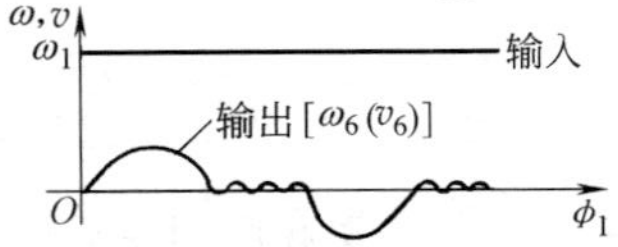 ω_6 或 v_6 与点 M 的轨迹特性有关，具有往复摆动（移动）和在摆幅的一端或二端实现停歇的功能	主要设计一能使 M 点实现圆弧或直线轨迹的机构Ⅰ 对近似“8”字形轨迹，输出构件有可能得到在摆幅的二端均具有停歇和增力功能
6		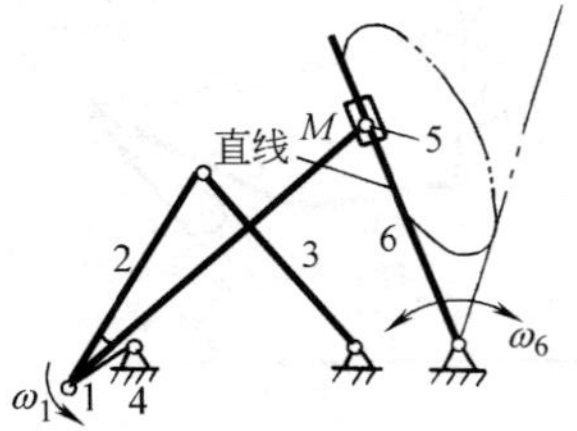				
7		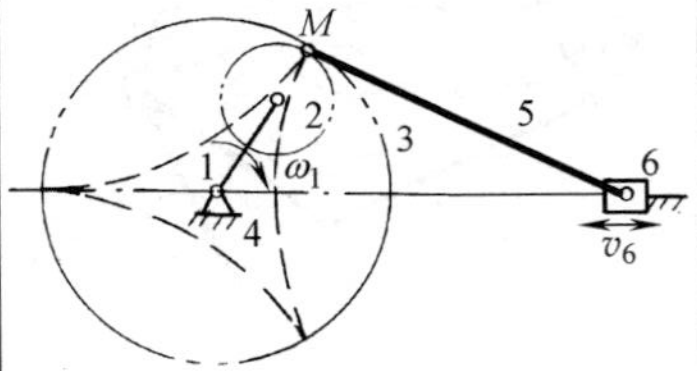				行星轮的轨迹形状与两齿轮的齿数比有关
8		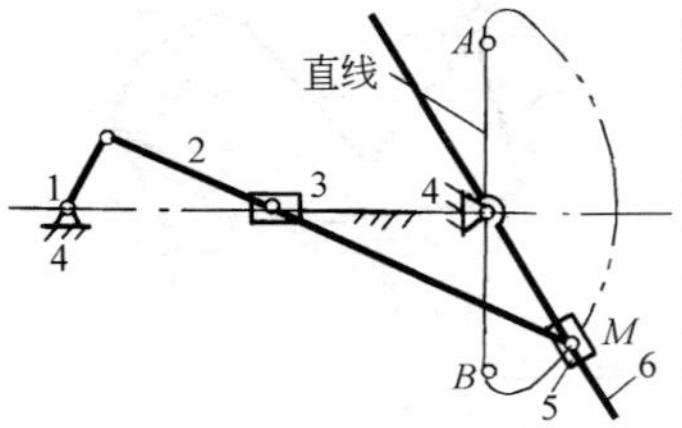			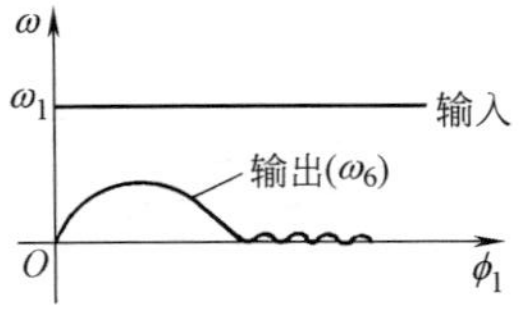 具有单向转动或兼有停歇的功能	当杆6的转动副在近似直线的轨迹中时，可得到有停歇的单向转动机构

（续）

序号	组合方式	实　例	结构特性	组合传动框图	运动特性	设计要点
9	并联组合（基础机构的自由度大于1，附加机构的输出运动是基础机构的输入运动）	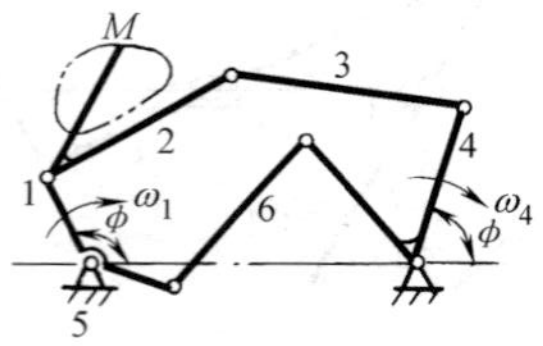	五连杆机构为基础机构Ⅲ，四连杆机构5-1-6-4为附加机构Ⅰ	ω_1→Ⅰ→ω_4→Ⅲ→V_M（ω_1同时输入Ⅲ）	输出点M的轨迹决定于基础机构两主动件1、4的运动规律，而1、4构件分别是附加机构Ⅰ的主动件和输出构件 能够精确或近似重演给定的轨迹（或其中一段轨迹）	任选五连杆机构各参数，求出给定轨迹上五个点位置相应的ϕ_i或ψ_i，以此要求设计四杆机构5-1-6-4，并验算曲柄存在条件
10		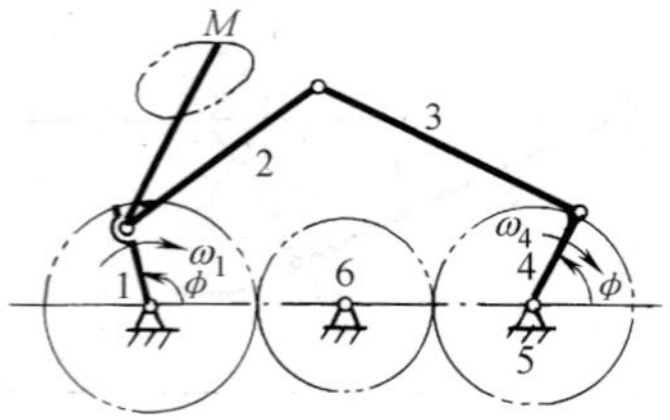	五连杆机构为基础机构Ⅲ，齿轮机构5-1-6-4为附加机构Ⅰ	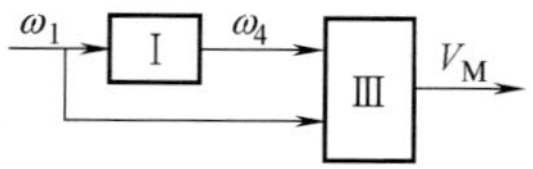	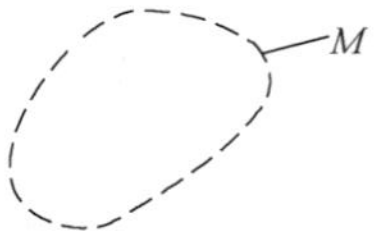	在给定轨迹段上任选五个点，在与其对应的5个角位移$\Delta\phi_i=\Delta\psi_i$条件下求解五连杆机构各构件的参数，并验算主动构件能否实现360°连续运动
11		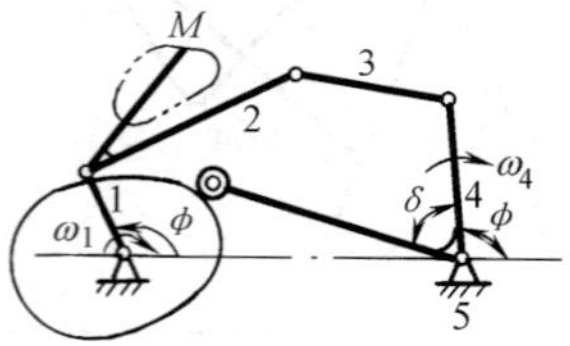	五连杆机构为基础机构Ⅲ，凸轮机构5-1-4为附加机构Ⅰ			任选五连杆机构各参数，求出完成复演轨迹时ϕ-x曲线，按此曲线设计凸轮轮廓
12		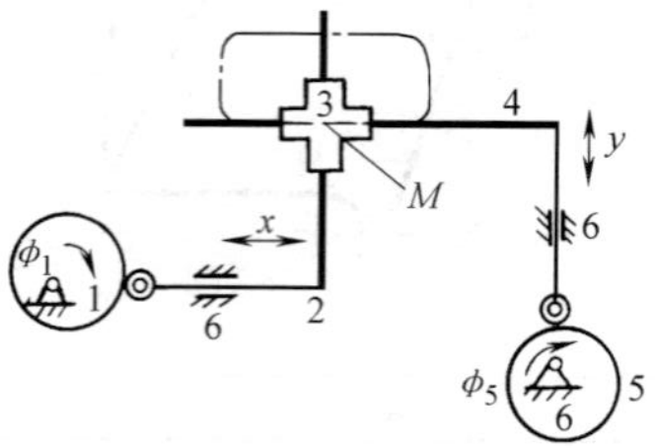	全移动副差动机构为基础机构Ⅲ（构件6-2-3-4组成自由度为2的全移动副差动机构），凸轮机构6-1-2和凸轮机构6-5-4分别为附加机构Ⅰ和Ⅱ	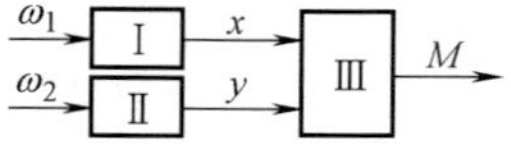 ω_1→Ⅰ→x→Ⅲ；ω_2→Ⅱ→y→Ⅲ；Ⅲ→M	 构件3上点M的轨迹受凸轮1、5廓线所控制（分别控制构件3的x和y方向的运动），能够重演复杂的轨迹	根据给定的轨迹曲线，求得ϕ_1-x和ϕ_5-y曲线，按此曲线分别设计凸轮1和5轮廓

（续）

序号	组合方式	实例	结构特性	组合传动框图	运动特性	设计要点
13	并联组合（基础机构的自由度大于1，附加机构的输出运动是基础机构的输入运动）	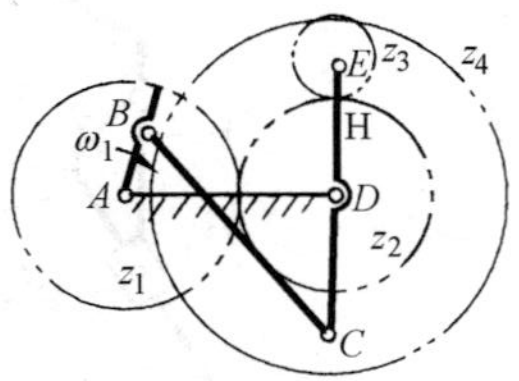	差动轮系为基础机构Ⅲ（齿轮2、3、4及系杆H组成自由度为2的差动轮系），齿轮1、2组成附加机构Ⅰ，四杆机构*ABCD*为附加机构Ⅱ	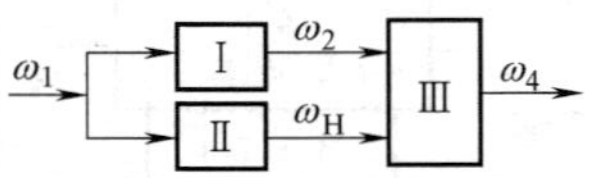	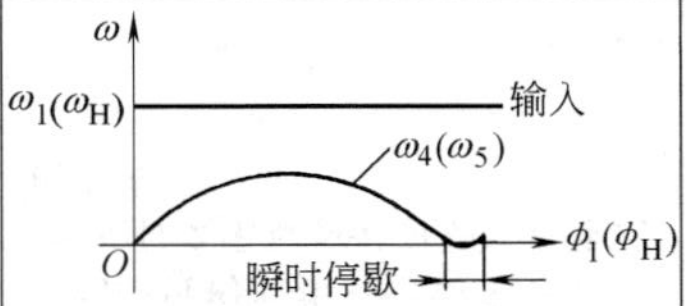 具有单向转动和瞬时停歇的功能，输出运动为两输入运动的叠加。对于例图13有 $\omega_4=(1+z_2/z_4)\omega_H+z_1\omega_1/z_4$ 或 $\Delta\phi_4=(1+z_2/z_4)\Delta\phi_H+z_1\Delta\phi_1/z_4$ 对于例图14有 $\omega_5=\omega_H+i_{52}^H\omega_2^H$ 或 $\Delta\phi_5=\Delta\phi_H+i_{52}^H\Delta\phi_2^H$	选择合适的差动轮系齿数 $z_1\sim z_4$；在输出运动停歇段，四杆机构满足 $\Delta\phi_H=-z_1\Delta\phi_1/(z_2+z_4)$ 当要求一周期中齿轮4转过 ϕ_4 时，满足 $\phi_4=2\pi z_1/z_4$
14		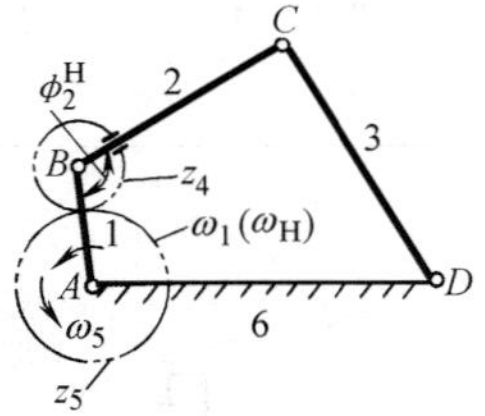	以差动轮系为基础机构Ⅲ（齿轮4、5及系杆H(1)组成自由度为2的差动轮系），四杆机构*ABCD*为附加机构Ⅰ	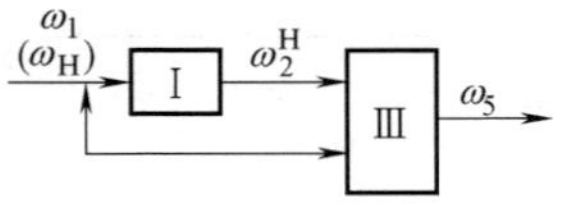		选择合适的齿数 $z_4\sim z_5$；在输出运动停歇段，四杆机构满足 $\Delta\phi_H=-i_{52}^H\Delta\phi_2^H$ $i_{52}^H=-z_4/z_5$
15		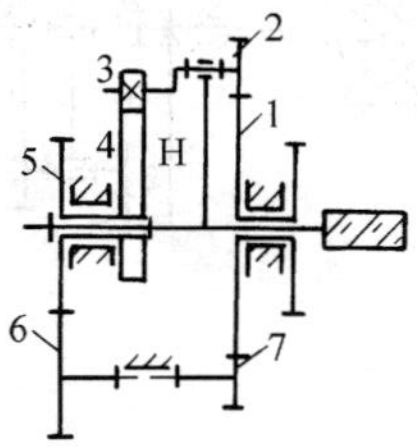	差动轮系及凸轮机构为基础机构Ⅲ（齿轮1、2，凸轮4，摆杆3及系杆H组成自由度为2的基础机构），定轴轮系1、7、6、5作为附加机构Ⅰ	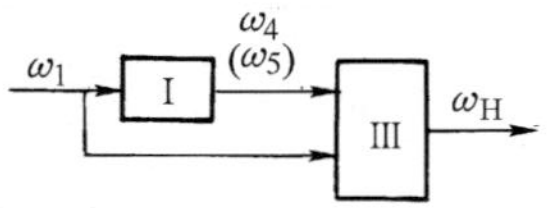	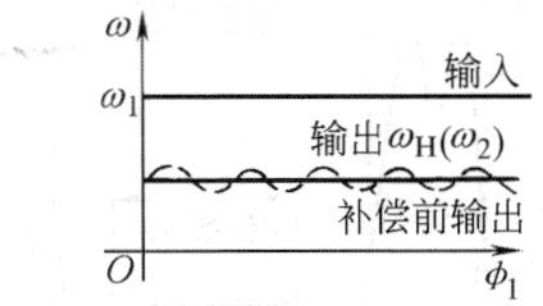 本机构为滚齿机的误差补偿机构，输出 ω_H 的运动受凸轮4的廓线控制 凸轮在滚齿机工作台旋转一周时比齿轮1多转或少转1整周，从而通过摆杆3使行星轮2获得附加转动而改变系杆H的运动	设计定轴轮系中齿轮1、7、6、5的齿数，使凸轮4（与齿轮5固连）在每个运动周期中比齿轮1多转或少转1整周 根据被补偿的误差值，并考虑到轮系的传动比设计凸轮廓线
16	反馈组合（基础机构的自由度大于1，机构的输出运动反馈作为附加机构的输入运动，并通过附加机构反作用于基础机构）	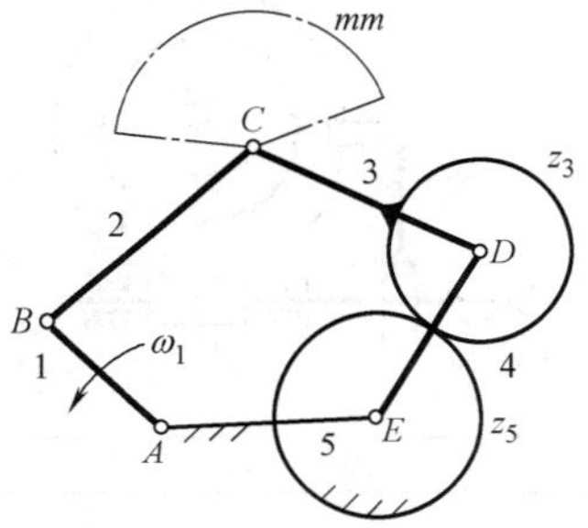	二自由度五杆机构1-2-3-4-5为基础机构Ⅲ。行星轮系 z_3-4-z_5 为附加机构Ⅰ，其行星轮 z_3 与连杆3固连，杆4分别与 z_3 和固定中心轮 z_5 铰接	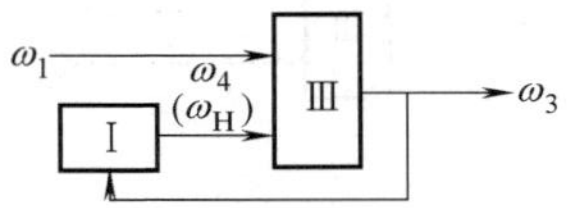	该组合机构的输入运动仅有 ω_1，其杆3与杆4的运动还受到行星轮系的约束，使杆2和杆3的铰接点*C*获得确定的运动轨迹 *mm*	合理选择 z_3 和 z_5 的齿数比，以及各杆件的长度，能够在*C*点处得到所需要的运动轨迹

（续）

序号	组合方式	实　例	结 构 特 性	组合传动框图	运 动 特 性	设 计 要 点
17	反馈组合（基础机构的自由度大于1，机构的输出运动反馈作为附加机构的输入运动，并通过附加机构反作用于基础机构）	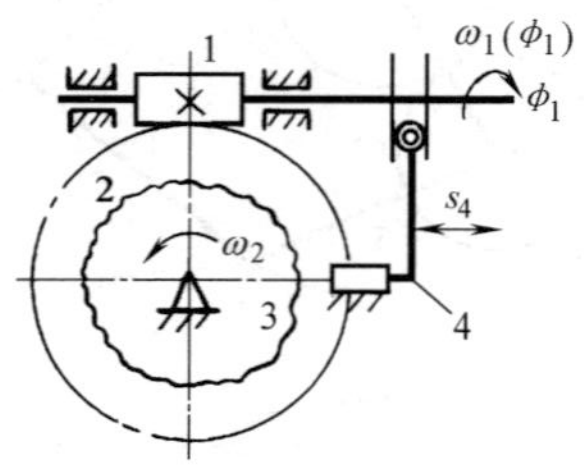	二自由度蜗杆蜗轮机构为基础机构Ⅲ（主动件蜗杆1绕轴线转动的同时可以实现轴向移动，与蜗轮2构成二自由度机构）；构件3、4、5构成的凸轮机构为附加机构Ⅰ	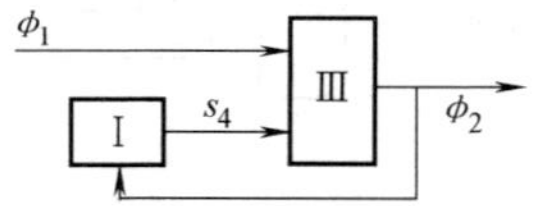	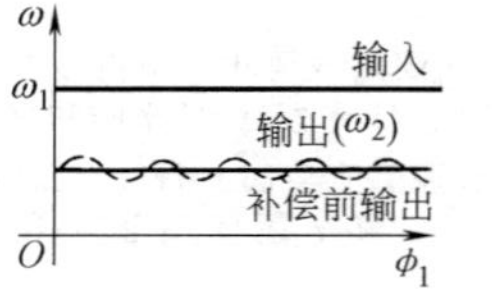 蜗杆的轴向移动受到与蜗轮固连的凸轮3的控制 该机构是齿轮加工机床的误差补偿装置	实测蜗杆蜗轮副一个周期的运动误差，以此误差设计凸轮轮廓
18		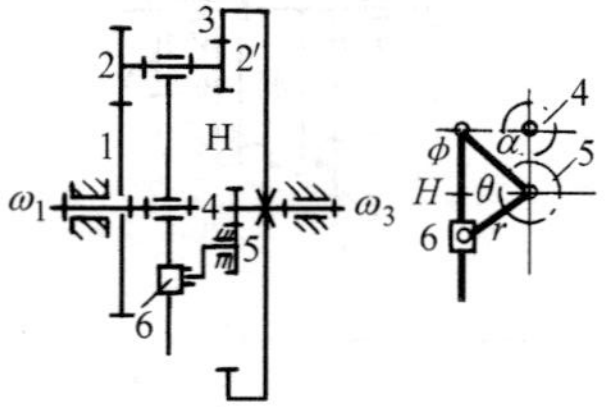	差动轮系为基础机构Ⅲ（齿轮1为输入，齿轮3为输出；以构件7-1-2-2′-3-H构成差动轮系），以齿轮3-4-5及串联的由5-6-H-3构成的导杆机构为附加机构Ⅰ	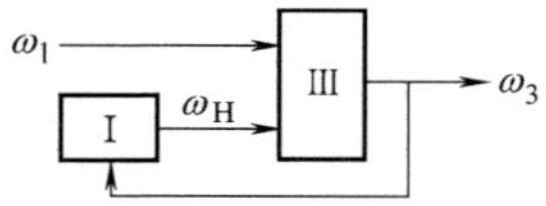	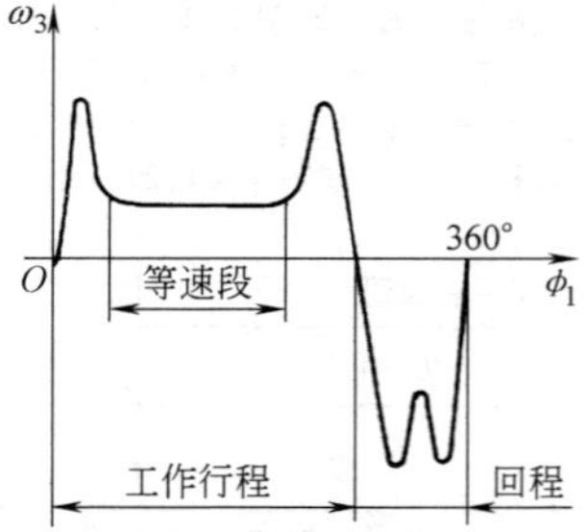 该机构的输出速度 ω_3 与导杆机构的输出运动函数成倒数关系。其近似等速段范围可达200°，行程速比系数 K 可接近6	求出该机构的运动方程式为 $\omega_1=\dfrac{\lambda(\cos\theta-\lambda)i_{13}^{H}(i_{13}^{H}-1)i_{53}}{1-2\lambda\cos\theta+\lambda^2}\omega_3$ $\lambda=r/l$ 选择合适的反馈系数 λ，求解 ω_3
19	装载组合（一基本机构装载于另一基本机构的运动构件上）	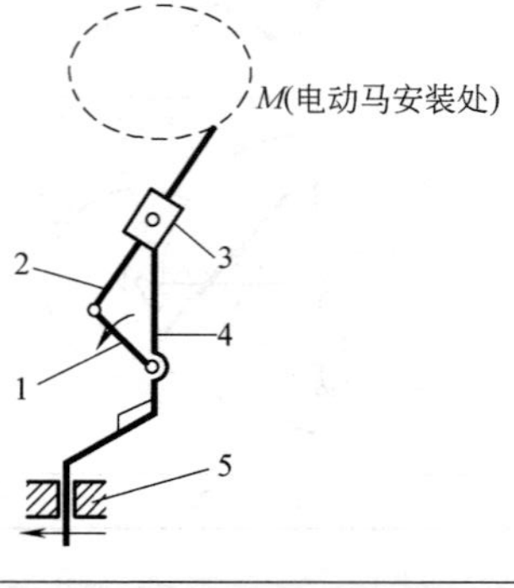	单自由度式装载（电动马游戏机。其机构是一曲柄摇块机构装在二杆机构的转动构件4上而构成的）	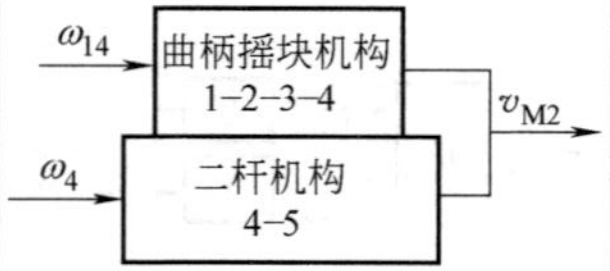	两个机构的相对运动都是独立的，构件2末端的运动是二者运动的合成	根据两个机构的相对运动特性进行构件2末端的运动分解，然后可以分别设计两个机构中各构件的运动和结构参数

（续）

序号	组合方式	实　例	结 构 特 性	组合传动框图	运 动 特 性	设 计 要 点
20	装载组合（一基本机构装载于另一基本机构的运动构件上）		单自由度式装载（驱动蜗杆转动的电动机装在摆动构件 3 上，而构件 3 的摆动是通过四杆机构 5-3-2-4 实现的。由蜗轮带动的构件 2 两端是整转副）		实现两运动的合成 用一个驱动源得到风扇的旋转运动和风扇座的摇摆运动	合适选择蜗杆蜗轮传动比，以得到适当的摆动速度 选择合理的四杆长度，以得到需要的摆角
21			多自由度式装载（各构件间的相对运动是独立的，而其绝对运动则受所在构件牵连运动的影响）		实现挖掘机末端的空间某一位置、姿态和运动 末端运动为机构各关节独立运动参数的叠加	对于给定的末端运动和位姿，同平面的三个关节存在一定的运动耦合，需要根据运动方程选定各关节运动范围，然后分别设计各构件的运动和结构参数

表 11.6-2　组合机构的混合组合方式

序号	实　例	结 构 特 性	组合传动框图	运 动 特 性	说　明
1		四杆机构 1-2-3-4 中的杆 3 与凸轮 3′固连，凸轮机构的直动推杆 8′与移动齿条 8 固连；齿轮 6 同时与移动齿条 8′、7 啮合，其与杆 5 的铰接中心 F 只做移动，与杆 3、5 和机架 4 构成四杆滑块机构		通过凸轮机构控制齿条 8 的运动，可使齿条 7 获得较大的移动位移的同时，还可以控制齿条 7 的移动速度	该组合机构是串联组合和并联组合方式的混合
2		差动机构 K 为基础机构，其一输入端与齿轮 4 连接，输出端与蜗杆 1 连接，蜗轮 2 为输出构件，与蜗轮 2 固连的凸轮 2′能够推动齿条 3 移动，从而控制齿轮 4 的转动		因制造、安装误差使蜗轮运动精度难以达到要求，根据其误差设计一凸轮机构，经齿轮齿条、差动机构 K 使蜗杆得到一附加运动，以校正误差	该组合机构是串联组合和反馈组合方式的混合 这也是一种齿轮加工机床的误差补偿装置。需要实测蜗杆蜗轮副一个周期的运动误差，以此误差设计凸轮轮廓

从表 11.6-1 和表 11.6-2 中可以看出，各组合机构的输出运动特性与组合方式、机构类型、机构传动特性、构件尺寸和安装位置等都密切相关。因此，需要根据机构具体的运动要求来设计组合机构。表 11.6-3 列出了根据不同的运动特性要求推荐的几种组合机构及其设计方法。

表 11.6-3 根据运动要求设计组合机构

序号	要 求	方 法	例 子
1	输出一个比较复杂的函数	用两个表达简单函数的连杆机构串联而形成复合函数	要求实现 $z=\sin x^2$，可将其拆成 $z=\sin y$ 及 $y=x^2$。则用一平方机构串联一个正弦机构即可
2	近似等速往复运动	将一个机构在其输出构件的速度为最大时的位置，与另一机构在其输出构件的速度为最小时的位置串联起来，则所串联的机构可得近似等速	导杆机构与正弦机构串联（见表 11.6-4） 表 11.6-1 中序号 1、2、3 和 18 等机构也可达到近似等速运动的要求
3	实现大摆角或大冲程	单一的铰链四杆机构和凸轮机构，由于压力角的限制，都难以实现大摆角或大冲程。为此，可将两者串联，或采用齿轮连杆机构等也可	1. 凸轮-连杆机构 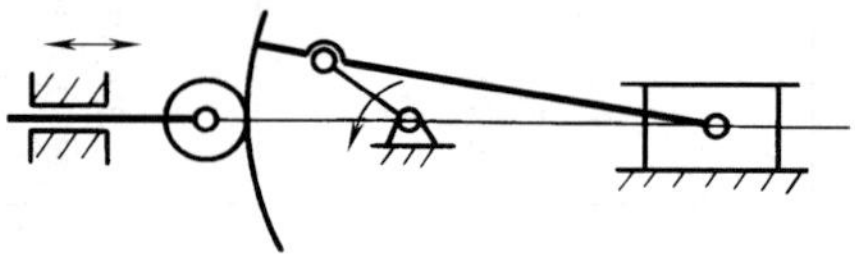 这种机构还能实现复杂运动规律，而压力角较小 2. 齿条、齿轮-曲柄摇块机构（见表 11.6-5）
4	回转运动构件，具有周期性停歇或短时逆转	可采用齿轮-连杆机构	三齿轮-曲柄摇杆机构（见表 11.6-7） 采用不同的参数可获得瞬时停歇或短时逆转。如在输出运动中再接一个超越离合器，可使带逆转的运动变成较长时间停歇的间歇运动 表 11.6-1 中序号 13、14 的机构也能满足这种要求
5	往复运动构件，具有周期性停歇	可采用齿轮-连杆机构	行星轮系-连杆机构（见表 11.6-6） 这种机构可使往复移动（或摆动）构件在行程的一端做近似停歇 表 11.6-1 中序号 5～8 的机构也有这种特性
6	改善槽轮机构的运动和动力性能	将槽轮机构与其他机构组合	1. 槽轮机构与椭圆齿轮串联（见表 11.5-9） 2. 槽轮机构与凸轮机构组合（见表 11.5-4） 3. 两个槽轮机构串联 后两种可消除从动件在运动起始和终了两个位置的加速度突变而引起的柔性冲击
7	精确实现特定运动规律	可采用凸轮-连杆机构	见表 11.6-10
8	精确复演复杂的轨迹曲线	可采用凸轮-连杆机构、齿轮-凸轮机构或联动凸轮机构等	1. 凸轮-连杆机构（见表 11.6-11） 2. 齿轮-凸轮机构（见表 11.6-13） 3. 联动凸轮机构（见图 11.6-12）或表 11.6-1 中序号 12 的机构

表 11.6-1 中序号 17 对应的组合机构和表 11.6-2 中序号 2 对应的组合机构均可用于齿轮加工机床的误差补偿装置，但二者采用的基本机构不同，组合成的机构复杂程度也不同。在设计各种组合机构时，也应尽量做到结构简单、设计方便和便于应用。以下将讨论按基本机构类型分类的组合机构的运动特性分析及其机构设计方法。

2 齿轮-连杆机构

齿轮-连杆机构是种类最多、应用较广的一种组合机构，它由齿轮机构与连杆机构组合而成，可以实现较复杂的运动规律和轨迹。图 11.6-1 就是一种实现轨迹的齿轮-连杆机构。下面给出几种实现特定运动规律的齿轮-连杆机构。

2.1 获得近似等速往复运动规律的齿轮-连杆机构

虽然连杆机构和正弦机构都是变速比的，但是经过与齿轮机构的串联组合，并合理设计齿轮转速比、相对安装位置以及尺寸参数后，可以使从动件实现近似等速往复运动。这种机构的设计步骤和方法见表 11.6-4。

表 11.6-4　实现近似等速往复运动的齿轮-连杆正弦机构

类别	内容	说明
机构简图与运动特性要求	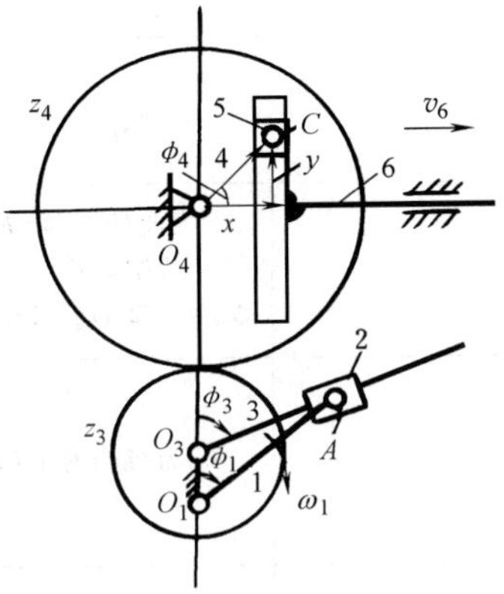	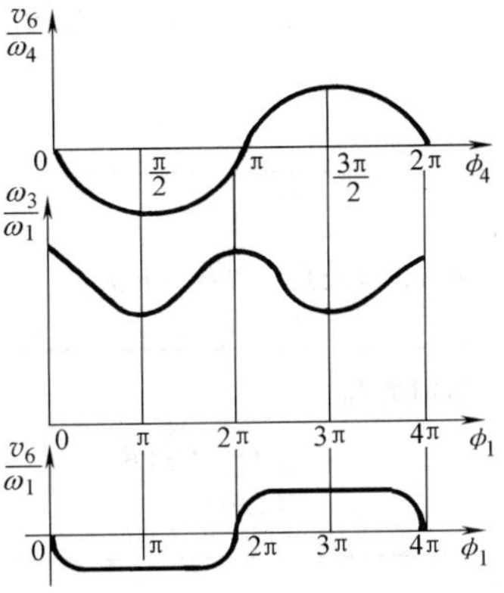
设计步骤和方法	1)确定两套机构的转速比 根据运动特性要求，选取$\frac{\omega_3}{\omega_4}=2$ 或 $z_4=2z_3$	这里正弦机构一个周期中从动件的最大速度和最小速度(指绝对值)各有 2 个，而导杆机构一个周期中只有 1 个最大速度和 1 个最小速度
	2)确定两套机构的相对安装位置 根据运动特性要求确定	为了在 $\left\|\frac{v_6}{\omega_4}\right\|_{max}$ 处能够对应 $\left(\frac{\omega_3}{\omega_1}\right)_{min}$ 位置，应使$\overline{O_4C}$在向上或向下位置时，$\overline{O_1A}$都是在向下位置
	3)确定机构的相关尺寸参数 取正弦机构曲柄长度$\overline{O_4C}=H/2$，根据 $$\frac{v_6}{\omega_4}=-\frac{H}{2}\sin\phi_4$$ $$\frac{\omega_3}{\omega_1}=\frac{\tau_1(\tau_1-\cos\phi_1)}{\tau_1^2-2\tau_1\cos\phi_1+1}$$ 及 $$\phi_4=\phi_3/2$$ $$\omega_4=\omega_3/2$$ 得 $$\frac{v_6}{\omega_1}=\frac{-H\tau_1(\tau_1-\cos\phi_1)}{4(\tau_1^2-2\tau_1\cos\phi_1+1)}\sin\frac{\phi_3}{2}$$ $$\phi_3=\arctan\left(\frac{\tau_1\sin\phi_1}{\tau_1\cos\phi_1-1}\right)$$	这里 H 为正弦机构行程，$\tau_1=\overline{O_1A}/\overline{O_1O_3}$。设计时优选 τ_1 值，使 v_6 在工作区间的误差最小。如 $\tau_1=2.5$，则当 $\phi_1=60°\sim300°$时，v_6 的最大误差只有 1.95% τ_1 选定后，任取$\overline{O_1O_3}$，则$\overline{O_1A}=\tau_1\cdot\overline{O_1O_3}$

2.2 获得大摆角的齿轮-连杆机构

将一曲柄摇块机构加上齿条、齿轮形成一种齿轮-连杆组合机构。表 11.6-5 为这种机构的运动分析，该机构的 1-2-3-5 为曲柄导杆机构，构件 3 的滑块约束构件 2 带有的齿条与从动齿轮 4 保持啮合，形成串联组合。齿轮 4 能够相对构件 3 和机架 5 转动，当主动杆 1 转动时，可使从动轮 4 获得很大的摆角，其结构比较紧凑。

表 11.6-5　实现大摆角运动的齿轮-曲柄摇块机构运动分析

类别	内　　容	说　　明
机构简图	a)	b)
运动分析步骤和方法	1)已知条件 杆 1 的角速度 ω_1,以及尺寸参数 r、R、l_5	r 为曲柄长度,R 为从动齿轮 4 的分度圆半径。初始位置时(见图 a)的 $\phi_{10}=\phi_{20}=\phi_{40}=0$,$\phi_{30}=\pi/2$,$\omega_{40}=0\text{rad/s}$
	2)求初始位置时的 l_{20} $l=\sqrt{l_5^2-R^2}$ $l_{20}=l-r$	l_{20}为机构处于初始位置时(见图 a)的 l_2值
	3)求杆 2 的位移参数 $l_2(\phi_1)$与 $\phi_2(\phi_1)$ 建立方程 $\begin{cases} r\cos\phi_1+l_2\cos\phi_2=l-R\sin\phi_2 \\ r\sin\phi_1+l_2\sin\phi_2=R(\cos\phi_2-1) \end{cases}$	联立方程求得的 l_2 与 ϕ_2 都是 ϕ_1 的函数。图 b 是机构的任意位置,图中 $\phi_2<0°$
	4)求轮 4 的摆角 $\phi_4(\phi_1)$及 $\phi_{4\max}$ $\phi_4=\phi_2+\dfrac{l_2-l_{20}}{R}$ $\phi_{4\max}=\dfrac{2r}{R}$	这里,$\phi_{4\max}$是 ϕ_4 的最大值。显然,欲增大 $\phi_{4\max}$,可增大 r 或减小 R
	5)求杆 2 的速度参数 $\mathrm{d}l_2(\phi_1)/\mathrm{d}t$ 与 $\omega_2(\phi_1)$ $\dfrac{\mathrm{d}l_2}{\mathrm{d}t}=\dfrac{R\cos(\phi_1-\phi_2)+l_2\sin(\phi_1-\phi_2)}{l_2}r\omega_1$ $\omega_2=-\dfrac{r\cos(\phi_1-\phi_2)}{l_2}\omega_1$	这里,$\mathrm{d}l_2(\phi_1)/\mathrm{d}t$ 是杆 2 相对滑块 3 的相对速度;ω_2 是杆 2 的角速度,$\omega_2=\omega_3$
	6)求轮 4 的角速度 $\omega_4(\phi_1)$ $\omega_4=\dfrac{r\sin(\phi_1-\phi_2)}{R}\omega_1$	

2.3　获得近似停歇运动的齿轮-连杆机构

2.3.1　行星轮系-连杆机构

对于一对由内啮合齿轮组成的行星轮系，当大轮固定时，作为行星轮的小齿轮上的点可以画出各种各样的内摆线。选择恰当的齿数比，可以使内摆线由几段近似圆弧组成，或由几段近似直线组成。利用该特性，在行星轮系的基础上串联由连杆、滑块或导路等构成的连杆机构，即可获得带有近似停歇运动的组合机构。表 11.6-6 为该类机构的运动分析，表中图 a（即表 11.6-1 中序号 7 的机构）和图 b 的从动件 4 在行星轮运动至内齿轮一侧做近似停歇；而图 c 在内齿轮左、右两侧都做近似停歇。

表 11.6-6　行星轮系-连杆机构近似停歇机构运动分析

项目	内　　容		
机构简图	a)	b)	c)
已知参数	大小齿轮的模数 m 和齿数 z_1、z_2(或节圆半径 R、r)；相关尺寸参数 $l_1=l_{OA}=R-r$、$l_2=l_{AB}=\lambda r$、$l_3=l_{BC}=7r$ 其中，设 $K=R/r$；$\lambda=l_{AB}/r$		
B 点坐标通式	$\begin{cases}x=l_1\cos\phi-l_2\cos[(K-1)\phi]\\y=l_1\sin\phi+l_2\sin[(K-1)\phi]\end{cases}$ 式中　ϕ——主动件 1 的转动角位移		
B 点坐标	$K=3,\lambda=1$ $\begin{cases}x=l_1\cos\phi-l_2\cos2\phi\\y=l_1\sin\phi+l_2\sin2\phi\end{cases}$	$K=3,\lambda=1/2$ $\begin{cases}x=l_1\cos\phi-l_2\cos2\phi\\y=l_1\sin\phi+l_2\sin2\phi\end{cases}$	$K=4,\lambda=1/3$ $\begin{cases}x=l_1\cos\phi-l_2\cos3\phi\\y=l_1\sin\phi+l_2\sin3\phi\end{cases}$
B 点边界特征	$x_0=l_1-l_2=r$ $x_{\min}=-(l_1+l_2)=-3r$ 当 $\phi=0°$时，　$x=x_0$ $\phi=180°$时，$x=x_{\min}$	$x_0=l_1-l_2=3r/2$ $x_{\min}=-(l_1+l_2)=-5r/2$ 当 $\phi=0°$时，　$x=x_0$ $\phi=180°$时，$x=x_{\min}$	$x_0=l_1-l_2=8r/3$ $x_{\min}=-(l_1+l_2)=-8r/3$ 当 $\phi=0°$时，　$x=x_0$ $\phi=180°$时，$x=x_{\min}$
构件 4 的行程	$H\approx x_0-x_{\min}=4r$	$H\approx x_0-x_{\min}=4r$	$H\approx x_0-x_{\min}=\frac{16}{3}r$
构件 4 的位移	$s=R+x+l_3(\cos\gamma-1)$ $\gamma=\arcsin\frac{y}{l_3}$	$s=R+x-r+l_2$	$s=R+x-r-l_2$
构件 4 的速度	$v_4=\omega_1\frac{ds}{d\phi}=\omega_1\left(\frac{dx}{d\phi}-\frac{y\frac{dy}{d\phi}}{l_3\cos\gamma}\right)$	$v_4=\omega_1\frac{ds}{d\phi}=\omega_1\frac{dx}{d\phi}$	$v_4=\omega_1\frac{ds}{d\phi}=\omega_1\frac{dx}{d\phi}$
B 点坐标对 ϕ 的导数	$\frac{dx}{d\phi}=-l_1\sin\phi+2l_2\sin2\phi$ $\frac{dy}{d\phi}=l_1\cos\phi+2l_2\cos2\phi$	$\frac{dx}{d\phi}=-l_1\sin\phi+2l_2\sin2\phi$ $\frac{dy}{d\phi}=l_1\cos\phi+2l_2\cos2\phi$	$\frac{dx}{d\phi}=-l_1\sin\phi+3l_2\sin3\phi$ $\frac{dy}{d\phi}=l_1\cos\phi+3l_2\cos3\phi$

2.3.2　齿轮-曲柄摇杆机构

齿轮-曲柄摇杆机构以曲柄摇杆机构为基础，再加上一些齿轮组成。表 11.6-7 中图 a 所示的三齿轮-曲柄摇杆机构是有代表性的一种。其中 O_1ABO_3 为一曲柄摇杆机构。当给定主动件曲柄 O_1A 的运动时，连杆 AB 和摇杆 O_3B 的运动随之确定。齿轮 1 和曲柄 O_1A 固连，齿轮 4、5 分别活套在 B 和 O_3 轴上；齿轮 1、4 和连杆 AB 组成一周转轮系；齿轮 4、5 和摇杆 O_3B 组成另一周转轮系。当曲柄 O_1A 等速回转时，根据机构的不同尺寸，可使从动轮 5 做变速转动（$\omega_5>0$）或带有瞬时停歇的变速转动（某瞬时 $\omega_5=0$），也可使齿轮 5 在一段时期内做逆向转动（该段时期内 $\omega_5<0$）。从动轮 5 这 3 种运动形式的存在情况与固定杆长 l_0 的大小有很大关系，其特征曲线如表中图 b 所示。表 11.6-7 对这种机构进行了设计与运动分析，并介绍了判定这 3 种运动形式 l_0 的临界值 l_{0e} 的计算方法，从而可以根据需要修正 l_0。从表 11.6-7 中 ω_5 的计算式中还可看到，ω_5 的正、负与 λ（即 $\lambda=l_1/r_1$）也有关系。

表 11.6-7 三齿轮-曲柄摇杆机构设计与运动分析

类别	内容	说明
机构简图与运动曲线	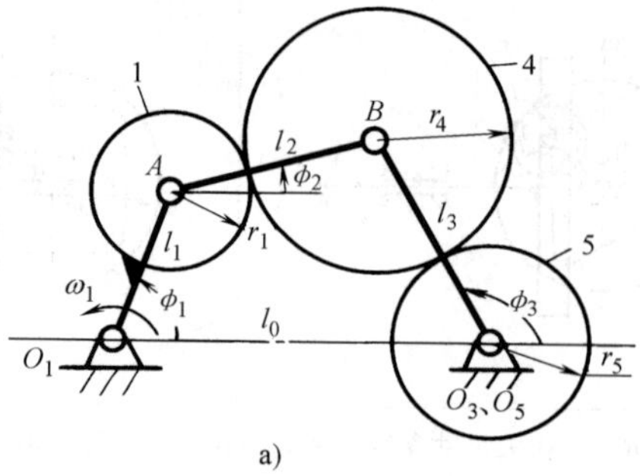 a)	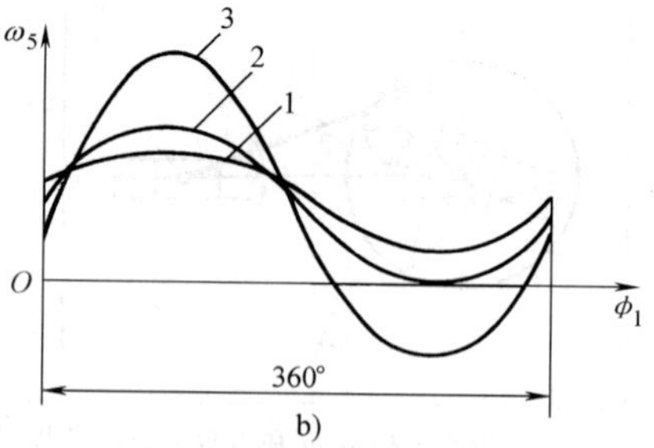 b)
运动分析的步骤和方法	1)已知条件 各杆长度 l_1、l_2、l_3、l_0，主动件 1 的角速度 ω_1 及 $\lambda=l_1/r_1$	可确定相关联结构参数为：$r_1=l_1/\lambda$；$r_4=l_2-r_1$；$r_5=l_3-r_4$
	2)求连架杆 3 的转角位移 $\phi_3(\phi_1)$ $\phi_3=2\arctan\dfrac{F+\sqrt{E^2+F^2-G^2}}{E-G}$ $E=l_0-l_1\cos\phi_1$ $F=-l_1\sin\phi_1$ $G=(E^2+F^2+l_3^2-l_2^2)/(2l_3)$	ϕ_1 是主动件 1 的转动角位移(由 ω_1 确定)
	3)求连杆 2 的转角位移 $\phi_2(\phi_1)$ $\phi_2=\arctan\dfrac{E+l_3\sin\phi_3}{E+l_3\cos\phi_3}$	式中 ϕ_3 由 2)步骤中求出
	4)求轮 5 的转角位移 $\phi_5(\phi_1)$ $\phi_5=\dfrac{r_1}{r_5}\phi_1-\dfrac{r_1+r_4}{r_5}(\phi_2-\phi_{20})-\dfrac{r_4+r_5}{r_5}(\phi_3-\phi_{30})$ $\phi_{30}=2\arctan\sqrt{(E_0+G_0)/(E_0-G_0)}$ $E_0=l_0-l_1$ $G_0=(E_0^2+l_3^2-l_2^2)/(2l_3)$ $\phi_{20}=\arctan[(E_0+l_3\sin\phi_{30})/(E_0+l_3\cos\phi_{30})]$	ϕ_{20}、ϕ_{30}分别为起始位置($\phi_1=0$)时相应构件的角位移，可由 2)、3)步骤中求出
	5)求轮 5 的角速度 $\omega_5(\phi_1)$ $\omega_5=\omega_1\dfrac{r_1}{r_5}\left[1+\lambda\dfrac{\sin(\phi_3-\phi_1)}{\sin(\phi_3-\phi_2)}+\lambda\dfrac{\sin(\phi_2-\phi_1)}{\sin(\phi_2-\phi_3)}\right]$	ω_5 的运动规律与 λ 的大小有关，与 l_0 值也有很大关系，图 b 中的 3 种不同曲线即是其体现
设计计算的步骤和方法	1)已知条件 选取杆长 l_1、l_2、l_3、l_0 及 $\lambda=l_1/r_1$	为了保证 O_1ABO_3 为曲柄摇杆机构，四杆中的最短杆与最长杆杆长之和应该小于其他二杆杆长之和
	2)求当轮 5 瞬时停歇时，杆 2 的转角位移 $\phi_2(\phi_1)$ $K\cos^4\phi_{2c}-L\cos^2\phi_{2c}-M=0$ $K=(r_5^2-r_1^2)^2-2(r_5^2+r_1^2)(r_1+2r_4+r_5)^2+(r_1+2r_4+r_5)^4$ $L=K(1-\lambda^2)$ $M=r_1^2(r_1+2r_4+r_5)^2(1-\lambda^2)^2$	该步骤用于设计时判定机构的运动形式。对应图 b 中曲线 2 的情况，ϕ_{2c} 为轮 5 处于瞬时停歇时的 ϕ_2 值 在理论上轮 5 做瞬时停歇，但由于运动副中的间歇和材料的弹性等原因，实际上在杆 1 转动的一定范围内轮 5 都是停歇的
	3)求轮 5 有瞬时停歇时固定杆长度 l_{0e} $l_{0e}=\left\{[(r_1+2r_4+r_5)\cos\phi_{2c}-r_1\sqrt{\cos^2\phi_{2c}-1+\lambda^2}]^2+r_5^2\sin^2\phi_{2c}\right\}^{\frac{1}{2}}$	l_{0e}为轮 5 有瞬时停歇运动特性(图 b 中曲线 2)时固定杆的长度。当 $l_0<l_{0e}$时，轮 5 只是变速，无停歇，如图 b 中的曲线 1；当 $l_0>l_{0e}$时，轮 5 有逆转，如图 b 中的曲线 3

齿轮-曲柄摇杆机构中，除了常见的三齿轮-曲柄摇杆机构外，还有二齿轮、四齿轮等组成的齿轮-曲柄摇杆机构，且各有多种形式，这些机构的运动分析见表 11.6-8。

表 11.6-8　其他几种齿轮-曲柄摇杆机构的运动分析①

机构简图	计算公式	说　　明
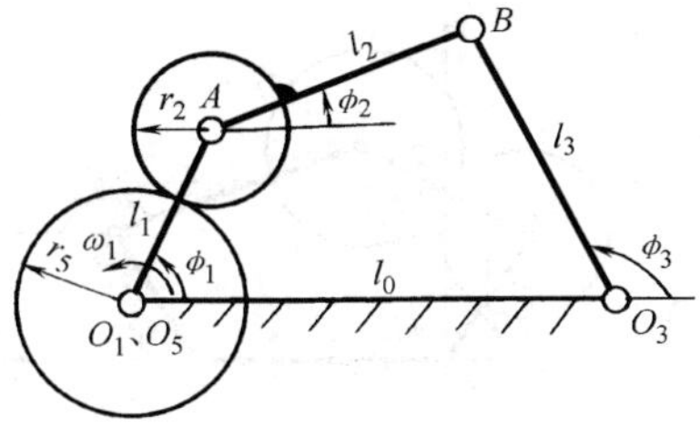	$\phi_5=-\dfrac{r_2}{r_5}(\phi_2-\phi_{20})+\left(1+\dfrac{r_2}{r_5}\right)\phi_1$ $\omega_5=\left[\dfrac{r_2 l_1\sin(\phi_1-\phi_3)}{r_5 l_2\sin(\phi_2-\phi_3)}+1+\dfrac{r_2}{r_5}\right]\omega_1$	轮 2 与杆 2 固连，轮 5 套在 O_1 轴上。这里轮 5 与主动杆 1 的回转轴线重合 此机构即表 11.6-1 中序号 14 对应的机构
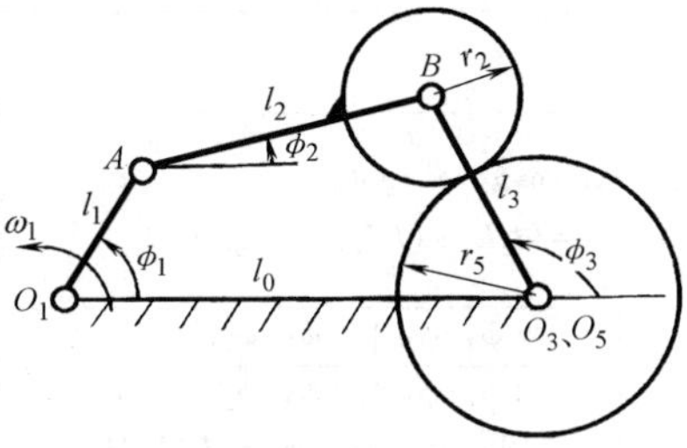	$\phi_5=-\dfrac{r_2}{r_5}(\phi_2-\phi_{20})+\left(1+\dfrac{r_2}{r_5}\right)(\phi_3-\phi_{30})$ $\omega_5=\left[\dfrac{r_2 l_1\sin(\phi_1-\phi_3)}{r_5 l_2\sin(\phi_2-\phi_3)}+\dfrac{l_1\sin(\phi_1-\phi_2)}{r_5\sin(\phi_3-\phi_2)}\right]\omega_1$	轮 2 与杆 2 固连，轮 5 套在 O_3 轴上
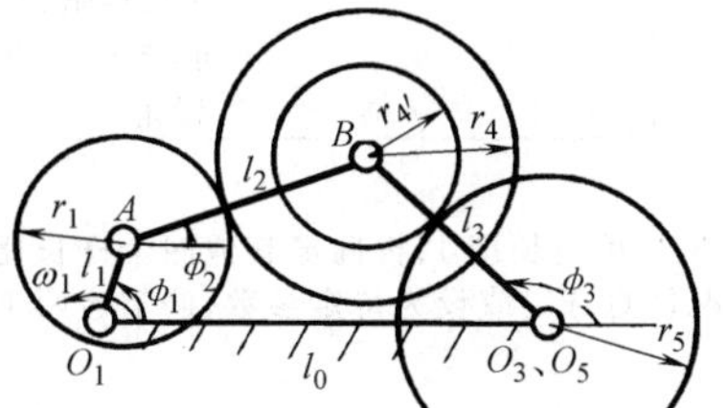	$\phi_5=i_{41}i_{54'}\phi_1-i_{54'}(1+i_{41})(\phi_2-\phi_{20})+(1+i_{54'})(\phi_3-\phi_{30})$ $\omega_5=i_{41}i_{54'}\left[1+\dfrac{\sin(\phi_1-\phi_3)}{\sin(\phi_2-\phi_3)}\lambda+\dfrac{r_4\sin(\phi_1-\phi_2)}{r_{4'}\sin(\phi_3-\phi_2)}\lambda\right]\omega_1$	轮 1 与杆 1 固连，轮 4 与 4′为双联齿轮，套在 B 轴上，轮 5 套在 O_3 轴上 如令 $r_{4'}=r_4$，则该机构就转化成表 11.6-6 中所示的三齿轮-曲柄摇杆机构
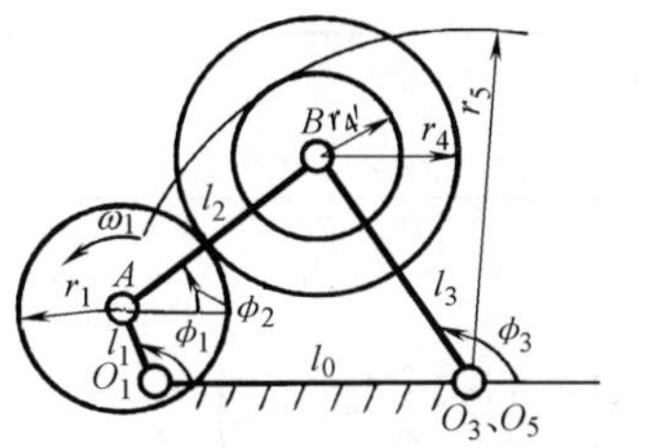	$\phi_5=-i_{41}i_{54'}\phi_1+i_{54'}(1+i_{41})(\phi_2-\phi_{20})+(1-i_{54'})(\phi_3-\phi_{30})$ $\omega_5=-i_{41}i_{54'}\left[1+\dfrac{\sin(\phi_1-\phi_3)}{\sin(\phi_2-\phi_3)}\lambda+\dfrac{r_4\sin(\phi_1-\phi_2)}{r_{4'}\sin(\phi_3-\phi_2)}\lambda\right]\omega_1$	输出构件轮 5 为内齿轮，可获得较长时间的停歇

① 式中 $\lambda=l_1/r_1$；$i_{41}=r_1/r_4$；$i_{54'}=r_{4'}/r_5$；ϕ_{20}、ϕ_{30} 及 $\phi_2(\phi_1)$、$\phi_3(\phi_1)$ 可从表 11.6-7 中的有关公式算出，从而可得 $\phi_5=\phi_5(\phi_1)$ 及 $\omega_5=\omega_5(\phi_1)$。改变有关参数，同样可以得到轮 5 为瞬时停歇或逆转等运动特性。

2.4　近似实现给定轨迹的齿轮-连杆机构

在图 11.6-1 所示的齿轮机构与五杆机构的组合中，连杆 2 和 3 的铰接点 C 将描绘出复杂的轨迹曲线 mm，曲线 mm 的形状和机构中齿轮的转速比、安装位置及各杆的尺寸都有关系。合理设计齿轮的转速比、安装位置及各杆的尺寸，可以使点 C 近似实现给定的轨迹。例如，在振摆式轧钢机中就应用了这种组合机构，其机构简图如图 11.6-2 所示。

表 11.6-9 对三种实现给定轨迹的齿轮-五杆机构进行了设计与运动分析，给出了相关步骤和方法。

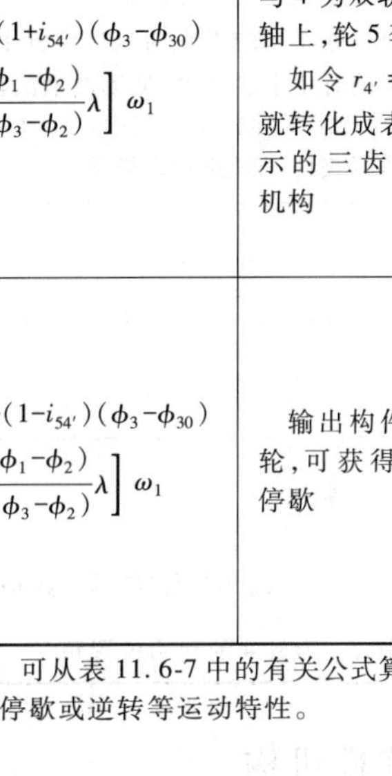

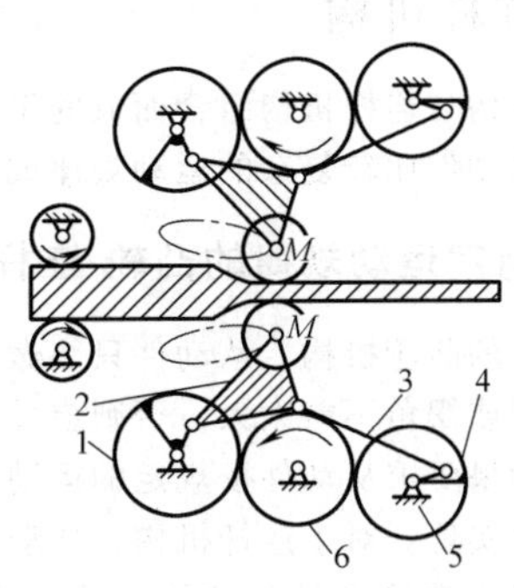

图 11.6-2　振摆式轧钢机中的齿轮-连杆机构简图

表 11.6-9　实现给定轨迹的齿轮-五杆机构设计与分析

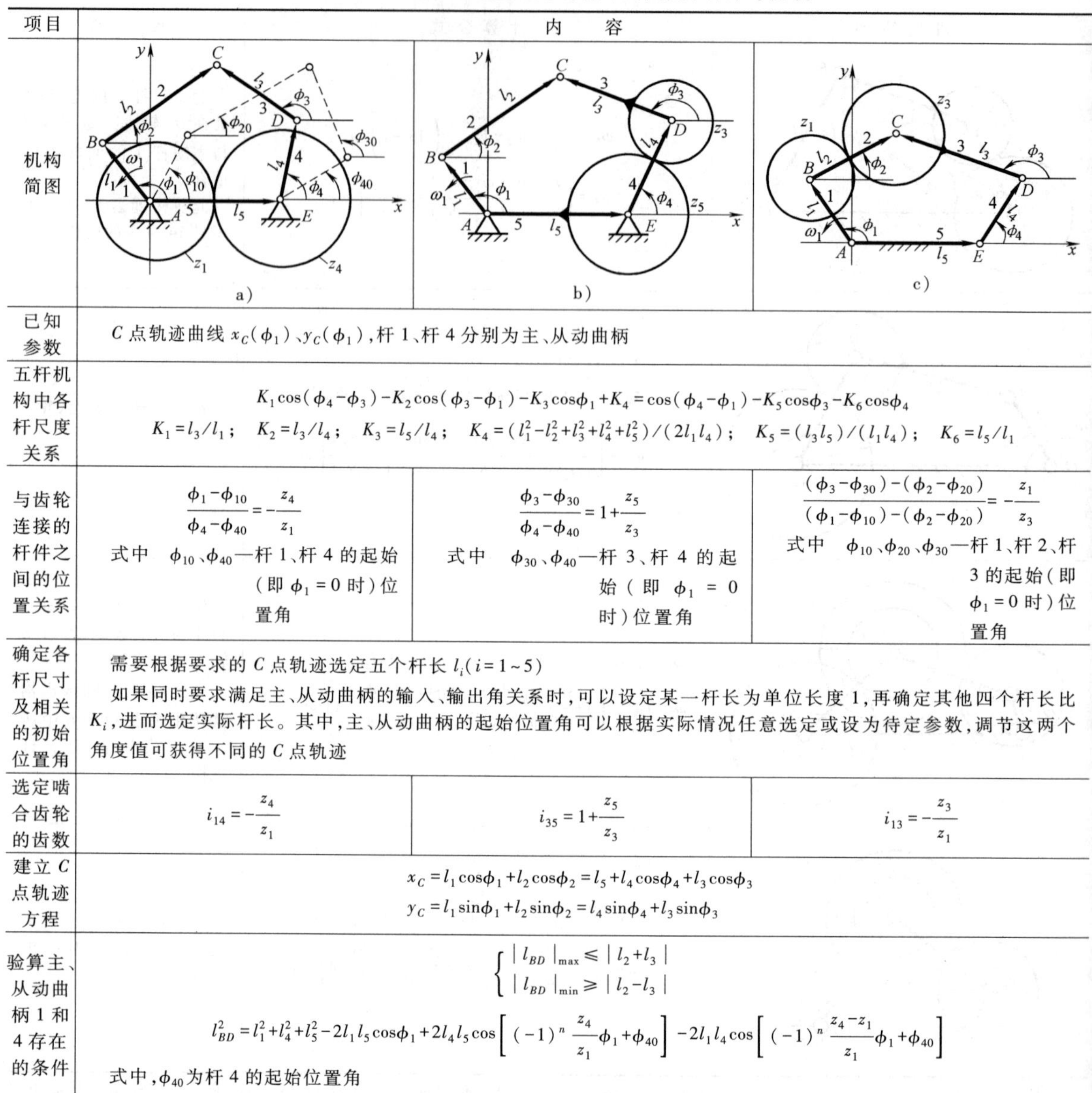

项目	内容		
机构简图	a)	b)	c)
已知参数	C 点轨迹曲线 $x_C(\phi_1)$、$y_C(\phi_1)$，杆 1、杆 4 分别为主、从动曲柄		
五杆机构中各杆尺度关系	$K_1\cos(\phi_4-\phi_3)-K_2\cos(\phi_3-\phi_1)-K_3\cos\phi_1+K_4=\cos(\phi_4-\phi_1)-K_5\cos\phi_3-K_6\cos\phi_4$ $K_1=l_3/l_1$；　$K_2=l_3/l_4$；　$K_3=l_5/l_4$；　$K_4=(l_1^2-l_2^2+l_3^2+l_4^2+l_5^2)/(2l_1l_4)$；　$K_5=(l_3l_5)/(l_1l_4)$；　$K_6=l_5/l_1$		
与齿轮连接的杆件之间的位置关系	$\dfrac{\phi_1-\phi_{10}}{\phi_4-\phi_{40}}=-\dfrac{z_4}{z_1}$ 式中　ϕ_{10}、ϕ_{40}—杆 1、杆 4 的起始（即 $\phi_1=0$ 时）位置角	$\dfrac{\phi_3-\phi_{30}}{\phi_4-\phi_{40}}=1+\dfrac{z_5}{z_3}$ 式中　ϕ_{30}、ϕ_{40}—杆 3、杆 4 的起始（即 $\phi_1=0$ 时）位置角	$\dfrac{(\phi_3-\phi_{30})-(\phi_2-\phi_{20})}{(\phi_1-\phi_{10})-(\phi_2-\phi_{20})}=-\dfrac{z_1}{z_3}$ 式中　ϕ_{10}、ϕ_{20}、ϕ_{30}—杆 1、杆 2、杆 3 的起始（即 $\phi_1=0$ 时）位置角
确定各杆尺寸及相关的初始位置角	需要根据要求的 C 点轨迹选定五个杆长 $l_i(i=1\sim5)$ 如果同时要求满足主、从动曲柄的输入、输出角关系时，可以设定某一杆长为单位长度 1，再确定其他四个杆长比 K_i，进而选定实际杆长。其中，主、从动曲柄的起始位置角可以根据实际情况任意选定或设为待定参数，调节这两个角度值可获得不同的 C 点轨迹		
选定啮合齿轮的齿数	$i_{14}=-\dfrac{z_4}{z_1}$	$i_{35}=1+\dfrac{z_5}{z_3}$	$i_{13}=-\dfrac{z_3}{z_1}$
建立 C 点轨迹方程	$x_C=l_1\cos\phi_1+l_2\cos\phi_2=l_5+l_4\cos\phi_4+l_3\cos\phi_3$ $y_C=l_1\sin\phi_1+l_2\sin\phi_2=l_4\sin\phi_4+l_3\sin\phi_3$		
验算主、从动曲柄 1 和 4 存在的条件	$\begin{cases}\lvert l_{BD}\rvert_{\max}\leqslant\lvert l_2+l_3\rvert\\ \lvert l_{BD}\rvert_{\min}\geqslant\lvert l_2-l_3\rvert\end{cases}$ $l_{BD}^2=l_1^2+l_4^2+l_5^2-2l_1l_5\cos\phi_1+2l_4l_5\cos\left[(-1)^n\dfrac{z_4}{z_1}\phi_1+\phi_{40}\right]-2l_1l_4\cos\left[(-1)^n\dfrac{z_4-z_1}{z_1}\phi_1+\phi_{40}\right]$ 式中，ϕ_{40} 为杆 4 的起始位置角		

3　凸轮-连杆机构

由凸轮机构与连杆机构组合而成的组合机构，容易精确实现从动件比较复杂的运动规律或运动轨迹。

3.1　实现特定运动规律的凸轮-连杆机构

对于单一的凸轮机构，从动件只能做往复移动或摆动，且行程或摆角不能太大，否则会导致压力角超过许用值。如果要求从动件按规定的运动规律做整周转动，则很难实现。对于连杆机构，从动件可做整周转动，但又很难精确满足要求的运动规律。而凸轮-连杆机构就可以取长补短，使从动件既可做整周转动，又能精确满足要求的运动规律。表 11.6-10 中图 a 所示的凸轮-连杆机构由五杆机构和凸轮机构（凸轮 5 与机架固连）组成。主动杆 1 和从动杆 4 的转动轴线重合于 A 点。当杆 1 等速转动时，铰链 C 处的滚子 6 沿固定凸轮 5 的凹槽运动，使 C 点相对 A 点的向径变化，迫使杆 1 和连杆 2 的夹角发生变化，从而杆 4 按要求做变速转动，也可以实现局部停歇。当杆 1 旋转一周时，杆 4 也旋转一周。这种凸轮-连杆机构的运动设计，可以应用相对运动原理，根据要求的运动规律将机构分解成连杆机构（见表 11.6-10 中图 b）和凸轮机构（见表 11.6-10 中图 c）两部分进行。

表 11.6-10　实现特定运动规律的凸轮-连杆机构运动设计

<table>
<tr><th>类别</th><th>内　　容</th><th>说　　明</th></tr>
<tr><td>机构简图及其分析图</td><td colspan="2">a)　　b)　　c)</td></tr>
<tr><td rowspan="4">运动设计的步骤和方法</td><td>1)已知条件
主动杆 1 转角 ϕ_1 和从动杆 4 转角 ϕ_4 的关系(逆时针方向转角为正)</td><td>图 a 中的虚线 $A_0B_0C_0D_0$ 是五杆机构的起始位置</td></tr>
<tr><td>2)计算 $\phi_1=0°\sim360°$变化时的 ϕ_4 值和对应的杆 1 与杆 4 间夹角($\phi_4-\phi_1$)值</td><td>图 b 是该机构的五杆机构部分</td></tr>
<tr><td>3)选择五杆机构的杆长并求出杆 2 与杆 1 间的转角位移 $\psi=\psi(\phi_1)$
$\psi=\pi-2\arctan\dfrac{F+\sqrt{E^2+F^2+G^2}}{E-G}-\psi_0$
$E=l_1-l_4\cos(\phi_4-\phi_1)$
$F=-l_4\sin(\phi_4-\phi_1)$
$G=(E^2+F^2+l_2^2-l_3^2)/(2l_2)$</td><td>$\psi_0$ 是机构处于起始位置时杆 2 与杆 1 的夹角;根据 $\phi_1=0$ 时,$\psi=0$,$\phi_4=\phi_{40}$,可由左式求出 ψ_0。杆长 $l_1\sim l_4$ 的选择可以比较随意,最好使$\angle CDA$ 在 90°上下变化</td></tr>
<tr><td>4)求凸轮轮廓
理论轮廓
$\begin{cases}x_1=l_1\cos\phi_1-l_2\cos(\psi_0+\psi-\phi_1)\\y_1=l_1\sin\phi_1+l_2\sin(\psi_0+\psi-\phi_1)\end{cases}$
基圆半径
$R_b=\sqrt{l_1^2+l_2^2-2l_1l_2\cos\psi_0}$</td><td>应用相对运动原理,将 AB 杆看作凸轮机构的机架,ϕ_1 为凸轮的转角,ψ 为从动件摆角(见图 c)。根据前面求得的 $\psi=\psi(\phi_1)$,用表 11.4-27 中凸轮轮廓的设计方法即可求得该凸轮轮廓</td></tr>
</table>

3.2　实现特定运动轨迹的凸轮-连杆机构

凸轮-连杆机构也能够精确实现特定的运动轨迹，且也有不同的类型。表 11.6-11 中图 a 所示的凸轮-连杆机构，是在具有两个自由度的连杆机构中接入与曲柄 1 固连的凸轮 6，使凸轮 6 与从动件 4 的滚子组成高副，形成具有一个自由度的凸轮-连杆机构。只要凸轮轮廓设计得当，在凸轮和曲柄一起绕 A 转动时，就能使铰链 C 沿给定的轨迹 cc 运动。表 11.6-11 给出了这种组合机构运动设计的解析法。

3.3　联动凸轮-连杆机构

联动凸轮-连杆机构一般是利用协调配合的两个凸轮与二自由度的连杆机构组合以实现特定的运动轨迹。表 11.6-12 中图 a 所示的组合机构由联动的直动凸轮机构与双滑块连杆机构组成。凸轮 1、2 装在同一根轴上，可使双滑块机构的 M 点沿任意形状的曲线 mm 运动。表 11.6-12 给出了这种组合机构运动设计的解析法。

表 11.6-11　实现特定运动轨迹的凸轮-连杆机构设计

类别	内　容	说　明
机构简图及其设计分析图	a)	b)
运动设计的步骤和方法	1)已知条件 轨迹曲线 cc 的方程$\begin{cases}x=x(u)\\y=y(u)\end{cases}$或曲线上各点的坐标$(x,\ y)$	
	2)选定铰链 A 与轨迹曲线 cc 的相对位置并求出杆长 l_1 和 l_2 $l=\sqrt{x^2+y^2}$ $l_1=(l_{\max}-l_{\min})/2$ $l_2=(l_{\max}+l_{\min})/2$	l 为曲线 cc 上各点到 A 点的距离，从中可求出 $l_{\max}$ 和 $l_{\min}$，如图 b 所示。如果坐标的原点与 A 点不重合，则 A 点确定后，应修正曲线 cc 的方程或坐标
	3)求曲柄转角 ϕ_1 与曲线 cc 上对应点关系 $(x-x_B)^2+(y-y_B)^2=l_2^2$ $x_B=l_1\cos\phi_1$ $y_B=l_1\sin\phi_1$	在曲线 cc 上任选各个点，根据其已知坐标(x,y)可求得对应的 ϕ_1 角，或 $\phi_1=\phi_1(u)$
	4)选取杆长 l_3 $l_3>y_{\max}$	$y_{\max}$从曲线 cc 的坐标(x,y)中得到，如图 b 所示
	5)求 ϕ_1 与铰链 D 的对应位置关系 $(x-x_D)^2+y^2=l_3^2$	根据 C 点坐标(x,y)可求得对应的 x_D，从而可得 x_D 和 ϕ_1 的关系，并可求得 $x_{D\min}$
	6)求从动件 4 的位移 s_4与 ϕ_1 的关系 $s_4=x_D-x_{D\min}$	如图 b 所示，$x_{D\min}$在位置 6 附近
	7)求凸轮轮廓	根据 s_4 与 ϕ_1 的对应关系，用表 11.4-27 的方法求解

表 11.6-12　实现特定运动轨迹的凸轮-连杆机构设计

类别	内　容	说　明
机构简图及其设计分析图	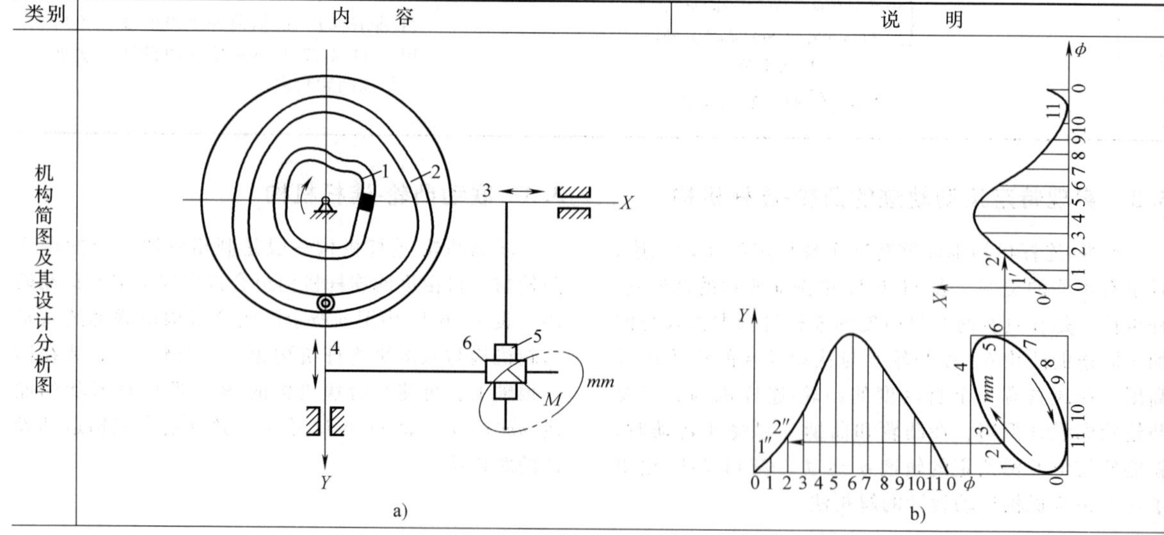 a)	b)

（续）

类别	内　　容	说　　明
运动设计的步骤和方法	1）已知条件 轨迹曲线 mm 的方程 $\begin{cases}X=X(u)\\Y=Y(u)\end{cases}$ 或曲线上各点的坐标（X，Y）	
	2）选定联动凸轮的轴心	如果曲线 mm 的坐标原点与凸轮轴心不重合，则应修正曲线 mm 的方程或坐标
	3）确定轨迹曲线 mm 上点的坐标与凸轮转角 ϕ 的关系	得到 X-ϕ 和 Y-ϕ 两个运动曲线，分别作为凸轮 1、2 从动件的运动规律，如图 b 所示
	4）求联动凸轮的轮廓	根据 X-ϕ 和 Y-ϕ 曲线的对应关系，用表 11.4-27 的方法分别求解两个凸轮轮廓曲线。在设计时还要注意两个凸轮安装的初始方位

4　齿轮-凸轮机构

齿轮（包括蜗杆、齿条等）与凸轮机构组合，结构紧凑，可以实现复杂的运动规律或运动轨迹。

4.1　实现特定运动规律的齿轮-凸轮机构

齿轮-凸轮机构可以使从动件获得变速运动、间歇运动以及作为机械传动校正装置中的补偿机构等。表 11.6-13 蜗杆-凸轮机构中，蜗轮的运动是由蜗杆的转动和移动两部分合成运动来驱动的，而蜗杆的移动是通过圆柱凸轮机构来实现的。合理地设计凸轮轮廓可使蜗轮获得复杂的运动规律。

表 11.6-13　实现特定运动规律的蜗杆-凸轮机构的运动分析与设计

类别	内　　容	说　　明
机构简图		
运动分析的步骤和方法	1）已知条件 机构参数、蜗杆角速度 ω_1 与轴向位移 $s_1=s_1(\phi_1)$	蜗杆为主动件，ϕ_1 为蜗杆转动角位移
	2）求蜗轮的角位移 $\phi_2(\phi_1)$ 和角速度 $\omega_2(\phi_1)$ $\phi_2=\dfrac{z_1}{z_2}\phi_1+\dfrac{s_1}{r'_2}=\phi_2(\phi_1)$ $\omega_2=\dfrac{z_1}{z_2}\omega_1+\dfrac{v_1}{r'_2}=\omega_2(\phi_1)$	z_1、z_2 分别为蜗杆头数与蜗轮齿数；$v_1=v_1(\phi_1)$ 为蜗杆轴向移动速度，是 ϕ_1 的函数；r'_2 为蜗轮节圆半径
运动设计的步骤和方法	1）已知条件 蜗轮的角位移 $\phi_2=\phi_2(\phi_1)$	
	2）选择蜗杆头数 z_1、蜗轮齿数 z_2 $r'_2=mz_2$	根据蜗杆与蜗轮的平均转速比确定蜗杆头数 z_1 和蜗轮齿数 z_2；根据结构与强度确定模数 m
	3）求蜗杆轴向位移 $s_1=s_1(\phi_1)$ $s_1=r'_2\left(\phi_2-\dfrac{z_1}{z_2}\phi_1\right)$	获得凸轮从动件运动规律
	4）凸轮轮廓设计	根据 $s_1=s_1(\phi_1)$ 选择凸轮外圆半径 R_P，用表 11.4-30 中的方法即可求得该圆柱凸轮的轮廓曲线

4.2　实现特定运动轨迹的齿轮-凸轮机构

表 11.6-14 所示的齿轮-凸轮机构由一对齿数相同的定轴齿轮 1、2 和具有曲线槽的构件 3 组成。构件 3 实质上就是一个做复杂运动的凸轮，齿轮 2 的销轴 B 嵌入凸轮槽中，凸轮 3 与齿轮 1 通过铰链 A 连接。当齿轮 1 转动时，凸轮 3 上的 C 点走出一定的轨迹。

表 11.6-14　实现特定运动轨迹的齿轮-凸轮机构的运动分析与设计

类别	内　容	说　明
机构简图	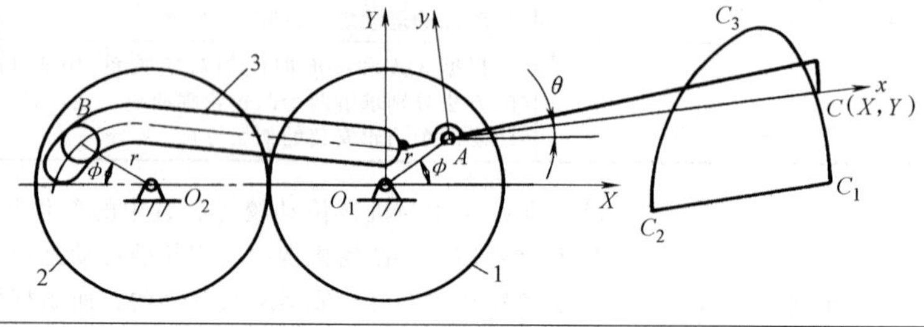	XO_1Y—固定坐标系 xAy—与凸轮 3 固联的动坐标系
运动分析的步骤和方法	1)已知条件 齿轮参数、中心距 a，铰接点位置尺寸 r(即 O_1A 长度)，杆长 l_{AC}，以及凸轮理论轮廓线 $\begin{cases}x_B=x_B(u)\\y_B=y_B(u)\end{cases}$	这里凸轮理论轮廓线是相对动坐标系给出的
	2)求杆 O_1A 的转角位移 $\phi(u)$ 和杆 AC 转角位移 $\theta(u)$ $\begin{cases}X_B=-(a+r\cos\phi)=x_B\cos\theta-y_B\sin\theta+r\cos\phi\\Y_B=r\cos\phi=x_B\sin\theta+y_B\cos\theta+r\sin\phi\end{cases}$	将凸轮轮廓线上的点 $B(x_B,y_B)$ 转化到固定坐标中，得到对应的 ϕ 和 θ 的两个关系式，从而可求得 ϕ 和 θ
	3)求 C 点轨迹 $X_C(u)$、$Y_C(u)$ $\begin{cases}X_C=r\cos\phi+l_{AC}\cos\theta\\Y_C=r\sin\phi+l_{AC}\sin\theta\end{cases}$	
运动设计的步骤和方法	1)已知条件 构件 3 上 C 点轨迹 $\begin{cases}X_C=X_C(u)\\Y_C=Y_C(u)\end{cases}$	
	2)确定铰接点位置尺寸 r 和杆长 l_{AC} $l=\sqrt{X_C^2+Y_C^2}$ $r=(l_{max}-l_{min})/2$ $l_{AC}=(l_{max}+l_{min})/2$	由于齿轮做整周运动，而杆 3 只是摆动，因此必有 $\overline{O_1A}$ 和 $\overline{AC}$ 两个重合位置，分别对应 l_{max} 和 l_{min}
	3)求杆 O_1A 的转角位移 $\phi(u)$ 和杆 AC 转角位移 $\theta(u)$ $\begin{cases}r\cos\phi+l_{AC}\cos\theta=X_C\\r\sin\phi+l_{AC}\sin\theta=Y_C\end{cases}$	
	4)选择 a，求 B 点轨迹(即凸轮的理论轮廓) $x_B(u)$、$y_B(u)$ $\begin{cases}x_B=-(a+2r\cos\phi)\cos\theta\\y_B=(a+2r\cos\phi)\sin\theta\end{cases}$	一般来说，当任意给定 C 点的轨迹为一条封闭曲线时，求得的凸轮理论轮廓也将是一条封闭曲线。如果必须保证 $\overline{C_1C_2}$ 段为直线，而对曲线部分 $\widehat{C_2C_3C_1}$ 段的形状不做严格要求，则为了简化凸轮轮廓线，设计时可按 $\overline{C_1C_2}$ 求出凸轮轮廓；而回程 $\widehat{C_2C_3C_1}$ 段可仍由这段轮廓即 $\overline{C_2C_1}$ 近似完成，解析求出回程轨迹，大体上符合要求即可

5　其他形式的组合机构

这里泛指含有与以上所述组合机构不同基本机构的组合机构。这样的机构也有很多形式，下面仅仅举出有限的几个例子。

5.1　具有挠性件的组合机构

具有链条、同步带等挠性件传动的组合机构可以在实现主、从动轴较长距离传动的同时，使从动件实现要求的运动规律或运动轨迹。

5.1.1　同步带-连杆机构

表 11.6-15 所示为一由同步带传动和连杆机构串联组成的组合机构。当主动轮 1 以等角速度 ω_1 连续转动时，根据连杆机构的不同尺度关系，输出构件 5 可能获得三种不同的运动规律：①做单纯的匀速-非匀速转动；②做匀速-具有瞬时停歇的非匀速转动；③做匀速-具有逆转或一定区间内近似停歇的非匀速转动。

表 11.6-15　由同步带传动和连杆机构串联组成的组合机构的运动分析

类别	内　容	说　明
机构简图		
运动分析的步骤和方法	1)已知条件 杆件尺寸参数 l_4、l_5，两带轮的半径 r_1、r_2，带轮中心 O_1 与 O_2 间的距离为 a	带轮 1 为主动件；l_4 为杆件 AB 的长度；l_5 为杆件 O_1A 的长度
	2)求输出构件 5 的转角位移 ϕ $\cos(\phi-\theta_s)=\dfrac{l_5^2+r_1^2+s^2-l_4^2}{2l_5l_4}$　$[0\leqslant s\leqslant\sqrt{a^2-(r_1-r_2)^2}]$ $\theta_s=\dfrac{\pi}{2}-\arctan\dfrac{r_1-r_2}{\sqrt{a^2-(r_1-r_2)^2}}-\arctan\dfrac{s}{r_1}$	ϕ 为构件 5 相对两带轮连心线的转角；s 为铰链 B 离开带与轮 1 切点的距离；θ_s 为 O_1B 相对两带轮连心线的角度，随 s 变化而改变 当 l_4 增大时，构件 5 发生近似停歇的区间缓慢增加；而 l_5 增大时，构件 5 出现近似停歇的区间可能迅速减少

5.1.2　杆-绳-凸轮机构

表 11.6-16 所示为由连架杆、一对凸轮和绳传动组成的组合机构。连架杆 1 为主动件，其两端分别与凸轮 2、凸轮 4 铰接，凸轮 4 与机架固定；绳 3 两端分别与凸轮 2、凸轮 4 曲面固连，并可沿两凸轮轮廓做纯滚动。当杆 1 转动时，根据凸轮 2、凸轮 4 的不同轮廓，与凸轮 2 固连的输出构件 5 能获得与连架杆 1 不同的转角关系，从而使构件 5 获得需要的空间方位。表 11.6-16 中给出了假设凸轮 2、凸轮 4 均为圆柱面时，构件 5 的转角位移规律。

这种机构可作为一种载荷转移机构。我国的“玉兔号”月球车自着陆器高处转移至月面所应用的机构就借鉴了这一原理，以保证月球车在转移至不平坦的月面时，姿态始终保持在不会倾覆的安全范围内。

表 11.6-16　杆-绳-凸轮机构的运动分析

类别	内　容	说　明
机构简图	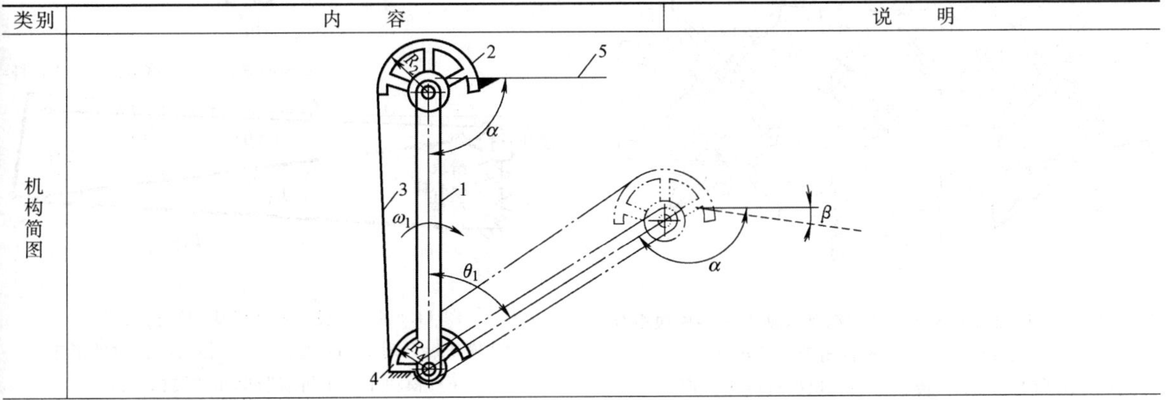	

（续）

类别	内 容	说 明
运动分析	1)已知条件 凸轮2、凸轮4的轮廓曲线 $R_2(\theta_2)$、$R_4(\theta_4)$，连杆长 l_1	当轮2、4均为圆柱面时，R_2、R_4为定值
	2)求输出构件5的转角位移 β $i_{24}^1=\dfrac{\omega_2-\omega_1}{\omega_4-\omega_1}=\dfrac{R_4}{R_2}=1-\dfrac{\theta_1}{\beta}$ $\beta=\left(1-\dfrac{R_4}{R_2}\right)\theta_1$	借助轮系传动比计算方法建立构件5转角位移 β 与杆1转角 θ_1 的解析关系 合理设计两个凸轮的轮廓曲线，可以获得期望的构件5转角位移

5.2 大型折展机构中的连杆-连杆组合机构

空间天线的大型可折展桁架机构通常是由一些可以折展的连杆机构单元组合而成的，其折叠形式和结构组成也是多种多样的。如图11.6-3a底部所示为一种处于展开状态的空间抛物面天线的六棱台折展模块，若干个这样的六棱台折展模块按照一定的规则进行结构连接（称为组网，见图11.6-3b），并辅以张紧索和索网面就可以展开成符合要求的空间抛物面天线形状。图11.6-4a所示为处于展开状态的六棱台折展桁架模块结构，可以像雨伞一样折叠收拢，如图11.6-4b所示；这种六棱台折展桁架模块是由6个如图11.6-4c所示的折展肋单元机构组合构成的，通过

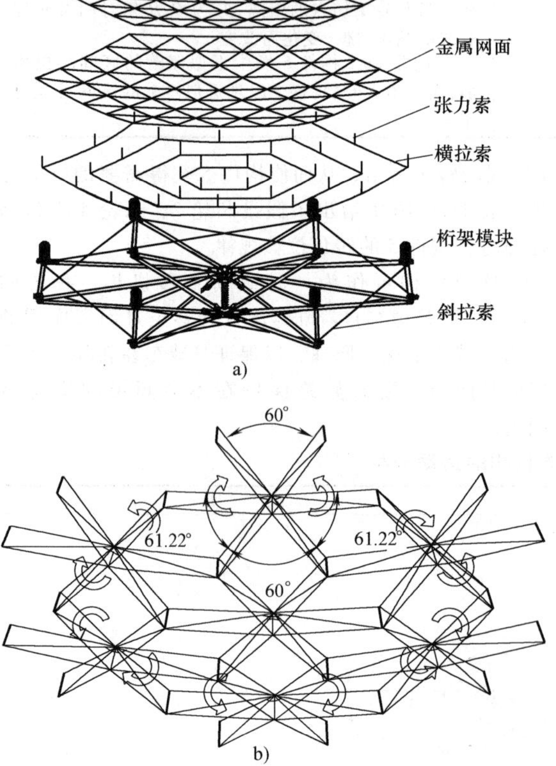

图11.6-3 折展抛物面天线六棱台桁架模块及其多模块组合
a）展开时的一个六棱台桁架模块组成
b）展开时的多个六棱台桁架模块机构的组合形式

图11.6-4 六棱台桁架模块的结构型式
a）模块展开时的结构型式 b）模块收拢时的形态
c）模块中一个折展肋单元的结构型式

6 个机构中滑块的联动，可以驱动这 6 个折展肋单元机构同时展开或折叠。

图 11.6-5 是 1 个折展肋单元机构的机构运动简图，该机构为单自由度连杆机构，滑块 A 是主动构件。图 11.6-5a 所示为折展肋单元机构的展开状态，此状态下杆 NQ、杆 JQ 处于死点位置，能够使肋单元机构处于自锁的稳定状态；图 11.6-5b 是该折展肋单元机构的折叠状态，大大减小了机构横向的尺寸。

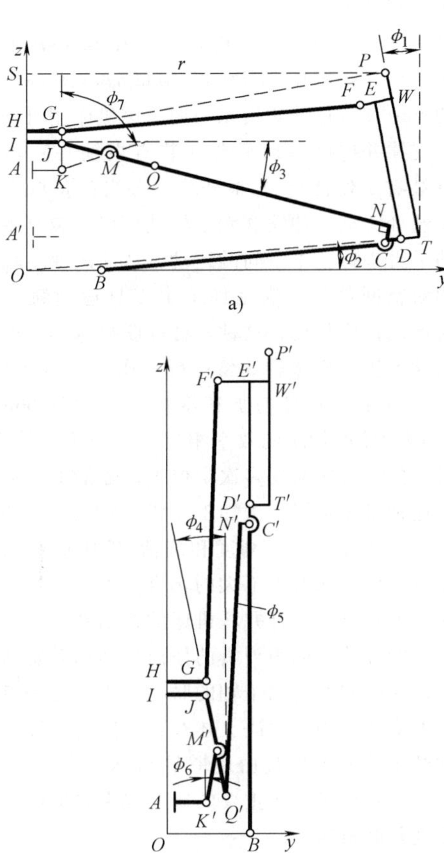

图 11.6-5　折展肋单元的机构运动简图
a）展开状态　b）折叠状态

从图 11.6-6 可以看出，折展肋单元机构本身也是由 3 个四杆机构作为基本机构串联组合而成的，图 11.6-6 展示了折展肋单元的基本机构及其组合关系。

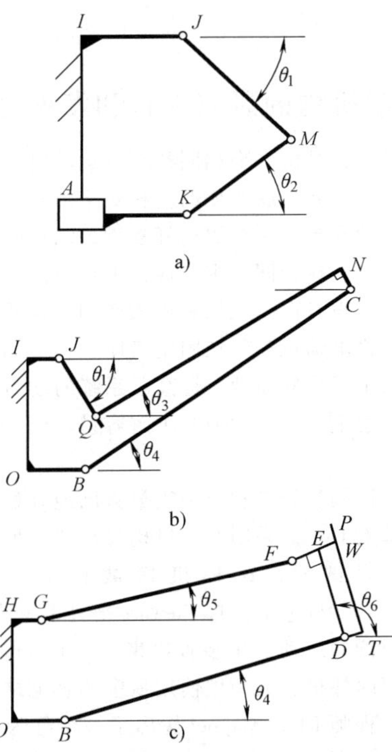

图 11.6-6　折展肋单元的基本机构组合关系

根据图 11.6-6 可以建立折展肋单元机构各基本机构间的运动学关系（位移方程）如下：

$$\begin{cases} l_{IJ}+l_{JM}\cos\theta_1=l_{AK}+l_{KM}\cos\theta_2 \\ l_{AI}+l_{JM}\sin\theta_1=l_{KM}\sin\theta_2 \end{cases}$$

$$\begin{cases} l_{OB}+l_{BC}\cos\theta_4=l_{IJ}+l_{JQ}\cos\theta_1+l_{QN}\cos\theta_3+l_{NC}\cos\left(\dfrac{\pi}{2}-\theta_3\right) \\ l_{BC}\sin\theta_4=l_{OI}+l_{JQ}\sin\theta_1+l_{QN}\sin\theta_3-l_{NC}\sin\left(\dfrac{\pi}{2}-\theta_3\right) \end{cases}$$

$$\begin{cases} l_{OB}+l_{BD}\cos\theta_4=l_{HG}+l_{GF}\cos\theta_5+l_{FE}\cos\left(\theta_6-\dfrac{\pi}{2}\right)-l_{ED}\cos\theta_6 \\ l_{BD}\sin\theta_4=l_{OH}+l_{GF}\sin\theta_5+l_{FE}\sin\left(\theta_6-\dfrac{\pi}{2}\right)-l_{ED}\sin\theta_6 \end{cases}$$

第7章　并联机构的设计与应用

1　并联机构的研究现状和发展趋势

并联机构是由多个相同类型的运动链在运动平台和固定平台之间并联而成的。相对于串联机构，并联机构的运动平台由多个驱动杆支承，结构刚度大，结构更加稳定；在相同自重与体积下承载能力更高；对末端执行器没有误差积累和放大作用，误差小，精度高；可以将电动机安装在固定机座上，运动负荷比较小，降低了系统的惯性，提高了系统的动力性能；在运动学求解上，运动学逆解求解容易，便于实现实时控制。

并联机构的研究和应用很早就已经开始了。1947年，英国人 Gough 采用并联机构设计了一种六自由度的轮胎测试机，这种机构被称为六足结构(Hexapod)。1965年，自 Stewart 把并联机构应用到飞行模拟器的运动产生装置以来，“Stewart Platform”已成为国内外机器人领域使用最多的名词之一。1964年美国工程师 Klaus Cappel 提出了一个称为八面体的六腿机构并利用并联机构建造了世界上第一个飞行模拟器。至今，由并联机构构造的多种运动模拟器得到了广泛应用。1978年，澳大利亚机构学家 Hunt 提出将并联机构应用于机器人操作，并联机构在机器人研究领域得到关注，在并联机器人运动学求解算法、动力学性能分析、误差建模与分析、并联机器人机构设计及并联机器人应用等方面进行了深入的研究，产生了很多理论和应用研究成果。这些成果同时也成为并联机床研究与开发的理论和技术基础。

并联机床属于新结构机床，其主要特征在于机床中采用了不同于传统机床的并联机构。并联机床通过改变驱动杆的长度或位置来改变安装有执行器的活动平台的位姿，在活动平台上安装不同执行器就可进行多坐标铣、钻、磨、抛光以及异型刀具刃磨等多种加工任务，装备机械手腕、高能光源或 CCD 摄像机等末端执行器，还可完成精密装配、特种加工与测量等作业。1994年的芝加哥机床展览会上，Giddings&Lewis 公司和 Ingersoll 公司分别推出了基于并联机构的六足机床。当时被媒体誉为“机床结构的重大革命”和“21世纪的数控加工装备”。并联机床逐步成为制造业的研究热点，从而引起了各国机床行业的极大兴趣和广泛关注。除了上述提到的两家公司外，俄罗斯 Lapik 公司、美国 Hexel 公司、英国 Geodetic 公司、意大利 Comau 公司、德国 Mikromat 公司和瑞典 Neos 机器人公司以及国内的清华大学、天津大学、哈尔滨工业大学和北京航空航天大学、沈阳自动化研究所、东北大学、燕山大学等均开发了多种并联机床（机器人）。

最初推出的并联机床均是建立在 Stewart 平台基础上的六杆并联机床。以美国 Giddings & Lewis 公司推出的 Variax 六杆并联机床为例，该机床用可伸缩的六根杆支撑并连接运动平台（装有主轴头）与固定平台（装有工作台）。每根杆均由各自的侍服电动机与滚珠丝杠驱动。伸缩这六根杆就可以使装有主轴头的运动平台进行三维空间的运动，从而改变主轴与工件的相对空间位置，满足加工中刀具运动轨迹的要求。与传统机床相比，这种六杆并联机床具有如下优点：刚性为传统机床的5倍；精度比传统机床高2~10倍；轮廓加工速度与加速度可分别达到66m/min和1g，因而轮廓加工的效率相当于传统机床的5~10倍。对于传统机床需要多次定位工件才能加工的复杂曲面，这种机床可以一次加工完成。然而，六杆并联机床适合应用在精度、刚度和载荷/机床重量比要求高，而对工作空间要求不大的场合。另外，为了实现所需加工的轨迹，六杆并联机床的控制系统必须进行大量复杂的计算，因为刀具的任何运动都需要高性能的计算机来控制所有六个轴的联动，正是这一点限制了它们的应用。为了解决上述存在的问题，许多公司和大学开始致力于少自由度并联机床（机器人）的研制工作，获得了许多重要的研究成果并推出了多种少自由度并联机床。

然而，基于 Stewart 平台的六杆并联机构有工作空间小、本身的奇异性和耦合性使其构型和总体布局受限、任何运动均需六轴联动、运动正解复杂而难于实现快速的实时控制等局限，使其难以实现产业化。此外，并联机床（机器人）的每一个支链均通过铰链与动、静平台相连，正是由于铰链的精度、间隙和接触刚性等问题，使得并联机床（机器人）的实际整体精度和刚性降低。而且，并联的分支链越多，连接这些分支链的铰链越容易产生叠加的随机性误差，从而影响并联机器人（机床）的整体工作精度。从这个意义上说，也可以解释为何少自由度并联机床（机器人）比六杆并联机床（机器人）更易实现实用化。所以，早期开发出的六杆并联机床（机器人）

基本都停留在原理样机阶段，如 Giddings & Lewis 公司的 Variax 六杆并联数控加工中心现放置在英国诺丁汉大学（Nottingham University）的先进制造技术中心用于并联机床（机器人）的实验研究。为了克服六杆并联机构存在的上述问题，少自由度并联机构特别是三自由度并联机构由于具有工作空间相对较大，奇异性和耦合性相对较小，运动学、动力学分析相对简单，灵活性较高，控制容易，并且设计制造方便等优势，成为近年来国内外研究发展的主流，特别是为了扩大工作空间，串并联结构的混联机床（机器人）亦成为机器人领域的重要发展方向。目前已经实现实用化和产业化的并联机床（机器人）基本都是基于少自由度并联机构而研制开发的，如瑞典 Neos Robotics 公司生产的 Tricept 系列三并联机床，瑞士 ABB 公司的 Delta 系列三并联机器人等。

并联机构将在机器人、机械加工、航空航天、水下作业、医疗、包装、装配、短距离运输等许多行业发挥越来越重要的作用。而并联机床作为机器人技术和机床技术相结合的新兴产物，具有许多传统机床无法替代的优点，可以预见在不远的将来并联机床将会在机械工程领域对传统机床构成强有力的挑战和补充。

2　并联机构的自由度分析

2.1　自由度的一般计算公式

空间机构的自由度是由构件数、运动副数和约束条件决定的。

设在三维空间中，有 n 个完全不受约束的物体（构件），且任意选定其中一个作为固定参照物。由于每个物体都有 6 个自由度，则 n 个物体相对参照物共有 $6(n-1)$ 个运动自由度。

若将上述 n 个物体，用 g 个约束数为 1～5 之间的任意数的运动副连接起来，组成空间机构，并设第 i 个运动副的约束数为 u_i，则该机构的自由度 F 应该等于 n 个物体的运动自由度减去所有运动副约束数的总和，即

$$F = 6(n-1) - \sum u_i \qquad (11.7\text{-}1)$$

在一般情况下，式（11.7-1）中的 u_i 可以用 $(6-f_i)$ 替代，就成为一般形式的空间机构自由度计算公式

$$F = 6(n-g-1) + \sum_{i=1}^{g} f_i \qquad (11.7\text{-}2)$$

2.2　自由度的计算举例

由 3 个运动链组成的空间多环机构如图 11.7-1 所示，现将它作为计算并联机构自由度的第一个例子。

由图可见，该机构的构件数（以圆圈中的数字表示）$n=8$，运动副数（以方框中的数字表示）$g=9$。其中方框 1～3 为转动副，其自由度为 1，方框 4～6 为移动副，其自由度也等于 1，方框 7～9 是球面副，自由度为 3。

所以，$\sum_{i=1}^{9} f_i = 3+3+9 = 15$，代入自由度计算式（11.7-2），则有

$$F = 6(n-g-1) + \sum_{i=1}^{g} f_i = 6(8-9-1) + 15 = 3$$

对于多环空间并联机构，式（11.7-2）可写成更加方便的计算形式

$$F = \sum_{i=1}^{g} f_i - 6l \qquad (11.7\text{-}3)$$

式中　l——独立的环路数目。

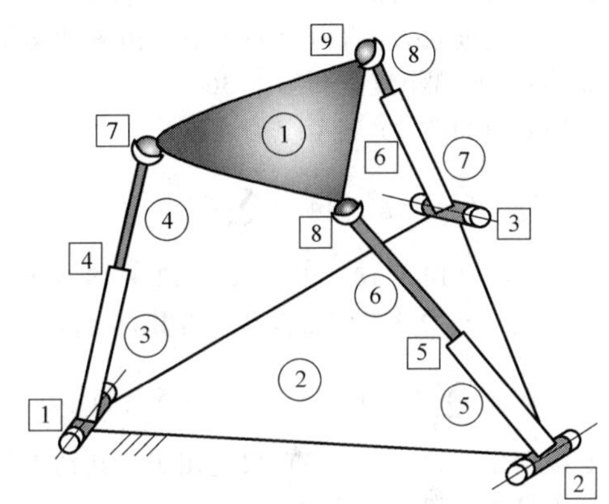

图 11.7-1　三自由度的空间并联机构

显而易见，式（11.7-2）和式（11.7-3）是等同的。因为在一个单闭环（$g=n$）运动链的基础上，加上一条两端都有运动副的开环链，则可形成另一闭环。此时，增加的运动副数比增加的构件数多 1。换句话说，每增加一个独立的环路，增加的运动副为 g，而增加的构件数为 $g-1$。这样，若所增加的独立闭环环路数为 2、3、…、$(l-1)$，则增加的运动副数 g 比构件数 n 多 2、3、…、$(l-1)$ 个，而机构的总环路数为 l，所以下列等式存在

$$(g-n)=(l-1)$$

或

$$l=g-n+1$$

将上式代入式（11.7-3），即可获得式（11.7-2），可见两式是等效的。利用式（11.7-3）计算多环空间并联机构特别方便，现举例加以说明。

一个运动副数（以方框中的数字表示）为 18（12 个球铰链和 6 根伸缩杆），构件数（以圆圈中的数字表示）为 14（2 个上下平台和 6 根由两个构件组成的伸缩杆）的空间并联机构，如图 11.7-2 所示。

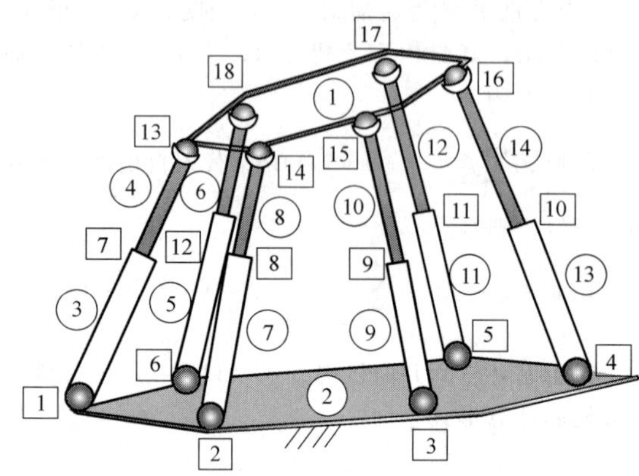

图 11.7-2 自由度的空间并联机构

从图中可见，该机构具有独立环路数为 5。同时具有 1 个自由度、2 个自由度和 3 个自由度的运动副各为 6，即构件自由度之和等于 36。

按照式（11.7-2）计算其自由度

$$F = 6(n - g - 1) + \sum_{i=1}^{g} f_i$$

$$= 6(14 - 18 - 1) + 6 + 12 + 18 = 6$$

按照式（11.7-3）更加容易求得其自由度

$$F = \sum_{i=1}^{g} f_i - 6l = 36 - 6 \times 5 = 6$$

必须指出，式（11.7-3）仅适用于公共约束等于零，即不具有公共约束的空间机构。

3 并联机构的性能评价指标

3.1 雅可比矩阵

相比串联机器人而言，并联机器人的速度雅可比求解要复杂得多，这主要是并联机器人所具有的多环结构特点决定的。求解的方法有多种，其中有两种主流的方法：封闭向量求导法和旋量法。这里重点介绍封闭向量求导法。

如图 11.7-3 所示，这个并联机构有 3 个转动自由度。参考 11.7-4 图，我们可以获得一个封闭的矢量方程

$$\overrightarrow{OP}+\overrightarrow{PC_i}=\overrightarrow{OA_i}+\overrightarrow{A_iB_i}+\overrightarrow{B_iC_i}, i=1,2,3 \tag{11.7-4}$$

将上式对时间求导，得

$$v_p=\omega_{1i}\times a_i+\omega_{2i}\times b_i \tag{11.7-5}$$

式中 v_p——运动平台的线速度；

$a_i=\overrightarrow{A_iB_i}$，$b_i=\overrightarrow{B_iC_i}$；

ω_{ji}——第 i（$i=1, 2, 3$）个杆组的第 j（$j=1, 2$）个杆的角速度。这里将 $\overrightarrow{A_iB_i}$ 作为第 1 个杆，$\overrightarrow{B_iC_i}$ 作为第 2 个杆。

假设这个并联机构的输入矢量是

$$\dot{q}=(\dot{\theta}_{11}, \quad \dot{\theta}_{12}, \quad \dot{\theta}_{13})^{\mathrm{T}},$$

输出矢量是

$\boldsymbol{v}_p=(v_{p,x}, \quad v_{p,y}, \quad v_{p,z})^{\mathrm{T}}$。所有其他关节的速度都是被动变量。为了消除被动变量，我们用 b_i 乘以式（11.7-5）的两边，得

$$\boldsymbol{b}_i \boldsymbol{v}_p=\boldsymbol{\omega}_{1i}(\boldsymbol{a}_i\times\boldsymbol{b}_i) \tag{11.7-6}$$

式（11.7-6）中的矢量在（x_i，y_i，z_i）坐标系中可表示为

$${}^i\boldsymbol{a}_i=a\begin{pmatrix}\cos\theta_{1i}\\0\\\sin\theta_{1i}\end{pmatrix},$$

$${}^i\boldsymbol{b}_i=b\begin{pmatrix}\sin\theta_{3i}\cos(\theta_{1i}+\theta_{2i})\\\cos\theta_{3i}\\\sin\theta_{3i}\sin(\theta_{1i}+\theta_{2i})\end{pmatrix},$$

$${}^i\boldsymbol{\omega}_{1i}=\begin{pmatrix}0\\-\dot{\theta}_{11}\\0\end{pmatrix},$$

$${}^i\boldsymbol{v}_p=\begin{pmatrix}v_{p,x}\cos\phi_i+v_{p,y}\sin\phi_i\\-v_{p,x}\sin\phi_i+v_{p,y}\cos\phi_i\\v_{p,z}\end{pmatrix}$$

将上列等式带入式（11.7-6），简化后得

$$j_{ix}v_{p,x}+j_{iy}v_{p,y}+j_{iz}v_{p,z}=a\sin\theta_{2i}\theta_{3i}\dot{\theta}_{1i} \tag{11.7-7}$$

式中

$$j_{ix}=\cos(\theta_{1i}+\theta_{2i})\sin\theta_{3i}\cos\phi_i-\cos\theta_{3i}\sin\phi_i$$

$$j_{iy}=\cos(\theta_{1i}+\theta_{2i})\sin\theta_{3i}\sin\phi_i-\cos\theta_{3i}\cos\phi_i$$

$$j_{iz}=\sin(\theta_{1i}+\theta_{2i})\sin\theta_{3i}$$

注意这里 $\boldsymbol{j}_i=(j_{ix}, \ j_{iy}, \ j_{iz})^{\mathrm{T}}$ 表示在固定坐标系（x，y，z）中从 B_i 点指向 C_i 点的一个单位矢量。

将 $i=1, 2, 3$ 带入式（11.7-7），产生 3 个标量方程，它们可用矩阵形式表示如下

$$J_x \boldsymbol{v}_p=J_q\dot{\boldsymbol{q}} \tag{11.7-8}$$

式中

$$\boldsymbol{J}_x=\begin{pmatrix}j_{1x}&j_{1y}&j_{1z}\\j_{2x}&j_{2y}&j_{2z}\\j_{3x}&j_{3y}&j_{3z}\end{pmatrix}$$

$$\boldsymbol{J}_q=a\begin{pmatrix}\sin\theta_{21}\sin\theta_{31}&0&0\\0&\sin\theta_{22}\sin\theta_{32}&0\\0&0&\sin\theta_{23}\sin\theta_{33}\end{pmatrix}$$

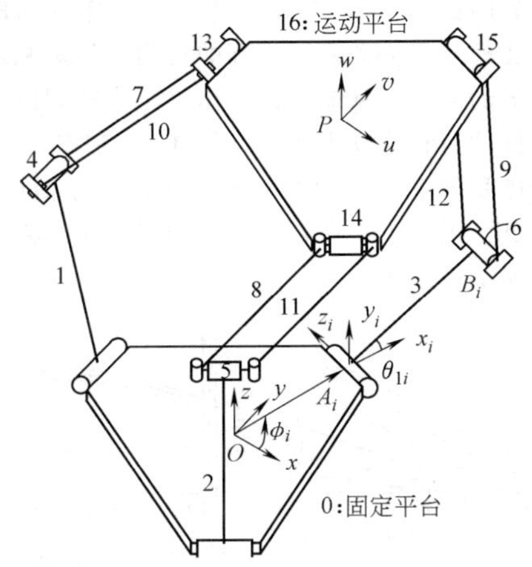

图 11.7-3　只具有转动自由度的并联机构

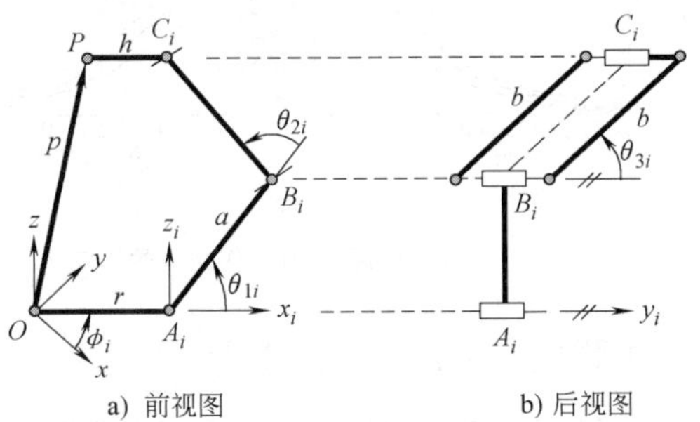

a) 前视图　　b) 后视图

图 11.7-4　每条支链转动副转动角的定义

3.2　奇异位形

并联机构的奇异位形分为边界奇异、局部奇异和结构奇异三种形式。奇异位形是机构固有的性质，它对机器人机构的工作性能有着严重的影响。当机构处于某些特定的位形时，其雅可比（Jacobian）矩阵成为奇异阵，其行列式为零或无穷大或不确定。此时机构的位形就称为奇异位形。当机构处于奇异位形时，其操作平台具有多余的自由度，这时机构就失去了控制，因此在设计和应用并联机构时应该避开奇异位形。下面分别介绍并联机构的三种奇异位形。

（1）边界奇异位形

当雅可比矩阵的行列式等于零时，即

$$\det J=0 \tag{11.7-9}$$

机构处于边界奇异位形。边界奇异位形有外边界和内边界奇异位形两种类型。

（2）局部奇异位形

当雅可比矩阵的行列式趋于无穷大时，即

$$\det J\to\infty \tag{11.7-10}$$

机构处于局部奇异位形。局部奇异位形表示机构末端在该位形有一个不可控的局部自由度。局部奇异位形是并联机构特有的，它不存在于串联机构中。局部奇异位形是并联机构领域重点研究的问题。

（3）结构奇异位形

当雅可比矩阵的行列式趋于零比零时，即

$$\det J\to\frac{0}{0} \tag{11.7-11}$$

机构处于结构奇异位形。结构奇异位形也是并联机构特有的，只有在特殊机构尺寸时方能产生，故称之为结构奇异位形。

3.3　工作空间

机器人的工作空间是机器人操作器的工作区域，它是衡量机器人性能的重要指标。并联机器人由于其结构的复杂性，其工作空间的确定是一个具有挑战性的课题。并联机器人工作空间的解析求解是一个非常复杂的问题，它在很大程度上依赖于机构位置解的结果，至今仍没有完善的方法。

根据操作器工作时的位姿特点，机器人的工作空间可划分为可达工作空间、灵巧工作空间和全工作空间。

1）可达工作空间（Reachable workspace），即机器人末端可达位置点的集合。

2）灵巧工作空间（Dextrous workspace），即在满足给定位姿范围时机器人末端可达点的集合。

3）全工作空间（Global workspace），即给定所有位姿时机器人末端可达点的集合。

图 11.7-5 所示的 6-SPS 机构的尺寸和约束相对于 R_P 正则化后的无量纲尺寸如下：

$R_P=1$　　$R_B=3$　　$\alpha_P=15°$　　$\alpha_B=30°$

$\theta_{P\max}=\theta_{B\max}=45°$　　$L_{\min}=4.5$　　$L_{\max}=7.5$　　$D=0.1$

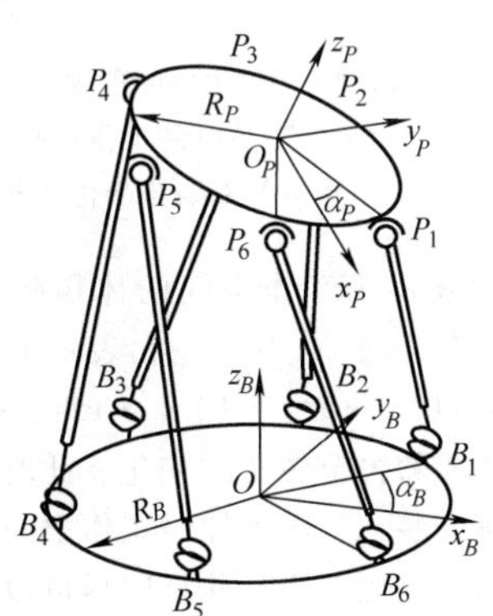

图 11.7-5　Stewart 平台机构

图 11.7-6 所示为工作空间的截面，其中图 11.7-6a、b 分别对应于上下平台始终平行的条件下（即 Roil = Pitch = Yaw = 0）工作空间的不同的 xz 和 xy 截面，其中

的虚线部分表示由于受关节转角的限制而产生的边界，实线部分则表示由于受杆长的限制而产生的边界。图11.7-6 c、d表示工作空间的截面受运动平台姿势变化的影响，图中分别为运动平台的回转、俯仰和偏转角（Roll、Pitch、Yaw，下面简称为R、P、Y）均为0°、+5°、+10°和+15°时的工作空间的 xz 和 xy 截面。从图中可以得出如下结论：

1）工作空间的边界由三部分组成，第一部分是由于受最大杆长限制而产生的工作空间的上部边界，第二部分是由于受最短杆长限制而产生的工作空间的下部边界，第三部分是由于受关节转角限制产生的两侧边界；

2）当上下平台始终平行时，工作空间是关于 z 轴对称的；

3）对运动平台的姿势角要求越大，则工作空间越小。

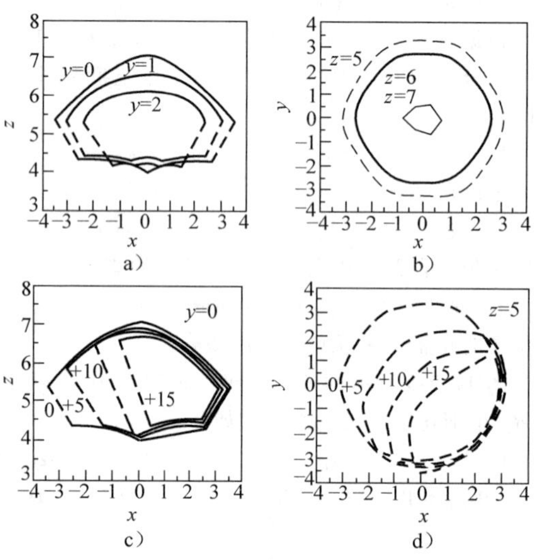

图11.7-6　工作空间截图

a）、b）固定姿势时的工作空间

c）、d）工作空间随姿势变化情况

图11.7-7所示为工作空间的体积随不同的机构参数的影响情况，图11.7-7a是在表示上平台姿势的转角R=P=Y=0°、+5°、+10°、+15°、+20°和+25°时工作空间体积随关节转角的变化，此时各关节相对于平台成垂直安装，从图可知，工作空间的体积大约与关节的转角成正比关系，并且同样可以看出，运动平台的姿势角越大，则工作空间的体积越小。若改变关节相对于平台的安装姿势，使得表示关节方位的向量沿 l_m 方向，则可以扩大工作空间的体积，此时工作空间的体积与关节转角的关系如图11.7-7b所示，在这种情况下，当关节转角比较小时，工作空间的体积有明显的增加。图11.7-7c所示为工作空间的体积与驱动连杆行程的关系，连杆的行程与最短和最长杆具有同等的意义，从图可以看出，工作空间的体积大约与连杆的行程成立方关系。图11.7-7d所示为工作空间的体积与下平台和上平台的半径的比值的关系，如此可见，当上下平台具有相同的尺寸时，操作器具有最大的工作空间。

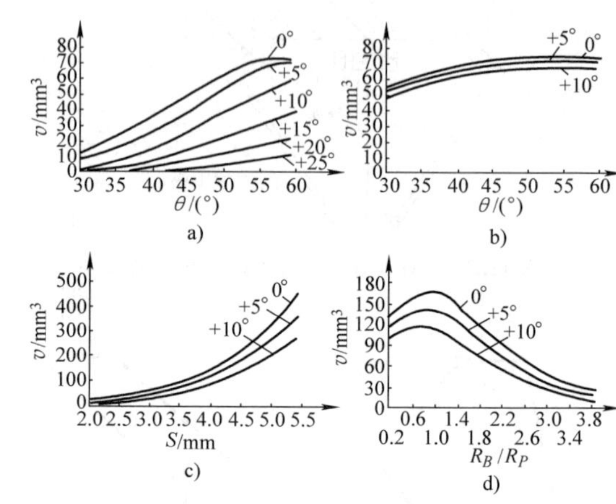

图11.7-7　机构的参数对工作空间的影响

4　并联机构的运动学分析

并联机构运动学的主要任务是描述并联机构关节与组成并联机构的各刚体之间的运动关系。大多数并联机构都是由一组通过运动副（关节）连接而成的刚性连杆构成。不管并联机构关节采用何种运动副，都可以将它们分解为单自由度的转动副和移动副。

本部分以一个并联机构的实例来介绍并联机构的位置分析、运动学逆解和正解计算。

4.1　并联机构的位置分析

本文介绍了一种新型四自由度二并联杆机构。因为该机构是由两个串并联杆系组成，所以其可兼顾并联杆机构刚性好和串联机构工作空间大的特点。由于采用了四个平行四边形机构，故运动平台将始终保持三维空间的平动。

这台二并联杆机构由固定平台（BP）、运动平台（MP），以及两个串并联杆系组成，如图11.7-8所示。每个杆系由转动块构件1、平行四边形构件2、构件3、构件4及平行四边形构件5组成。转动块构件1可绕固定在固定平台上的垂直轴转动。转动块构件1通过平行四边形构件2与构件3相连。构件3与构件4通过转动副相连。构件4通过平行四边形构件5与运动平台联系起来。由于两个串并联杆系拥有4个平行四边形构件，所以运动平台将始终保持在水平面中平动。

此外，该机构具有 θ_{11}、θ_{21}、θ_{12} 和 θ_{22} 共 4 个主动关节角，因此，这台二并联杆磨床具有 4 个自由度。

固定平台的坐标系 (x, y, z) 如图 11.7-8 所示。该坐标系的原点是 O，x 轴的方向从左指向右，z 轴垂直于固定平台且方向从上到下，y 轴的方向按照右手规则确定。

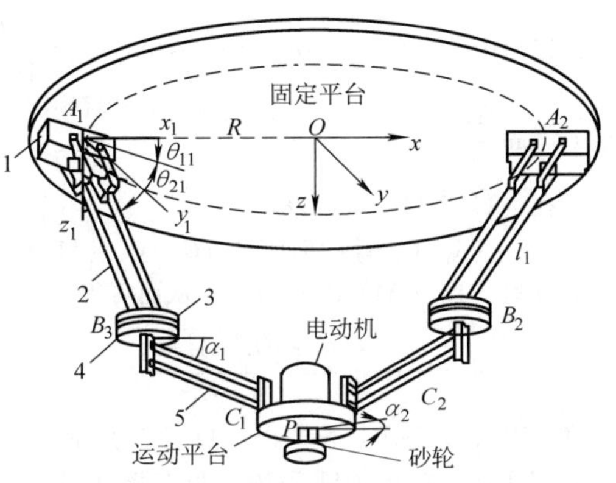

图 11.7-8　四自由度二并联机构示意图

对这个并联机构来说，θ_{11}、θ_{21}、θ_{12} 和 θ_{22} 是 4 个驱动关节的 4 个驱动变量。那么，可获得每个并联支链的封闭运动矢量方程如下

$$\overrightarrow{OP}+\overrightarrow{PC_i}=\overrightarrow{OA_i}+\overrightarrow{A_iB_i}+\overrightarrow{B_iC_i}, i=1,2 \tag{11.7-12}$$

坐标系 (x_i, y_i, z_i) 中，方程（11.7-12）可写为如下形式

$$\begin{aligned} x_{ci} &= l_1\cos\theta_{2i}\cos\theta_{1i}+l_2\cos\alpha_i\cos\phi \\ y_{ci} &= l_1\cos\theta_{2i}\sin\theta_{1i}+l_2\cos\alpha_i\sin\phi \\ z_{ci} &= l_1\sin\theta_{2i}+l_2\sin\alpha_i \end{aligned} \tag{11.7-13}$$

这里 l_1 和 l_2 分别是每个并联杆组中上、下并联杆的杆长。

在 (x, y, z) 坐标系中，可得

$$\begin{pmatrix} x_{ci} \\ y_{ci} \\ z_{ci} \end{pmatrix} = \begin{pmatrix} \cos\psi_i & \sin\psi_i & 0 \\ -\sin\psi_i & \cos\psi_i & 0 \\ 0 & 0 & 1 \end{pmatrix} \begin{pmatrix} x_P \\ y_P \\ z_P \end{pmatrix} + \begin{pmatrix} R-r\cos\phi \\ -r\sin\phi \\ 0 \end{pmatrix} \tag{11.7-14}$$

式中　ψ_i——坐标系 (x_i, y_i, z_i) 相对固定坐标系 (x, y, z) 的角度，$\psi_1=0°$，$\psi_2=180°$；

ϕ——运动平台的转角。

当 $\psi_1=0°$ 时，将方程（11.7-13）代入方程（11.7-14）中，得

$$x_P=l_1\cos\theta_{21}\cos\theta_{11}+(l_2\cos\alpha_1+r)\cos\phi-R \tag{11.7-15}$$

$$y_P=l_1\cos\theta_{21}\sin\theta_{11}+(l_2\cos\alpha_1+r)\sin\phi \tag{11.7-16}$$

$$z_P=l_1\sin\theta_{21}+l_2\sin\alpha_1 \tag{11.7-17}$$

当 $\psi_1=180°$ 时，将方程（11.7-13）代入方程（11.7-14）中，得

$$x_P=-l_1\cos\theta_{22}\cos\theta_{12}-(l_2\cos\alpha_2+r)\cos\phi+R \tag{11.7-18}$$

$$y_P=-l_1\cos\theta_{22}\sin\theta_{12}-(l_2\cos\alpha_2+r)\sin\phi \tag{11.7-19}$$

$$z_P=l_1\sin\theta_{22}+l_2\sin\alpha_2 \tag{11.7-20}$$

4.2　运动学逆解

如果并联机构运动平台的位姿已经给定，即运动平台的点 $P(x_P, y_P, z_P)$ 和转角 ϕ 是已知的，则求驱动关节变量 θ_{11}、θ_{21}、θ_{12} 和 θ_{22} 的值称为运动学逆解。与串联机器人相比，并联机构运动学逆解计算要容易得多。因为 α_i 是被动关节角，所以对其求解后就可以获得 θ_{1i} 和 θ_{2i} 的解。为此，由方程（11.7-15）和方程（11.7-16）可得

$$x_P-(l_2\cos\alpha_1+r)\cos\phi+R=l_1\cos\theta_{21}\cos\theta_{11} \tag{11.7-21}$$

$$y_P-(l_2\cos\alpha_1+r)\sin\phi=l_1\cos\theta_{21}\sin\theta_{11} \tag{11.7-22}$$

将方程（11.7-21）和方程（11.7-22）的等式两边平方相加，得

$$\begin{aligned} &-2[(x_P-r\cos\phi+R)\cos\phi+(y_P-r\sin\phi)\sin\phi]l_2\cos\alpha_1+ \\ &(x_P-r\cos\phi+R)^2+(y_P-r\sin\phi)^2+l_2^2\cos^2\alpha_1=l_1^2\cos^2\theta_{21} \end{aligned} \tag{11.7-23}$$

由方程（11.7-17）可得

$$z_P-l_2\sin\alpha_1=l_1\sin\theta_{21} \tag{11.7-24}$$

将方程（11.7-23）和方程（11.7-24）的等式两边平方相加，得

$$A+B\sin\alpha_1+C\cos\alpha_1=0 \tag{11.7-25}$$

式中

$$\begin{aligned} A &= (x_P-r\cos\phi+R)^2+(y_P-r\sin\phi)^2+z_P^2+l_2^2-l_1^2 \\ B &= -2z_Pl_2 \\ C &= -2[(x_P-r\cos\phi+R)\cos\phi+(y_P-r\sin\phi)\sin\phi]l_2 \end{aligned}$$

将三角函数半角公式　$\sin\alpha_1=\dfrac{2t_1}{1+t_1^2}$ 和 $\cos\alpha_1=\dfrac{1-t_1^2}{1+t_1^2}$，这里 $t_1=\tan\dfrac{\alpha_1}{2}$

带入方程（11.7-25）中，得

$$(A-C)t_1^2+2Bt_1+A+C=0 \tag{11.7-26}$$

对方程（11.7-26）求解得 t_1，从而可得

$$\alpha_1=2\arctan\frac{B\pm\sqrt{C^2-A^2+B^2}}{-A+C} \tag{11.7-27}$$

将方程（11.7-27）带入到方程（11.7-17）中，我们可以获得 θ_{21} 的精确解，然后，将 θ_{21} 值带入到方程（11.7-15）或方程（11.7-16）中可解得 θ_{11}。同理，我们也可以获得另一并联杆 θ_{12}、θ_{22} 的解。

4.3 运动学正解

对于并联机构运动学正解来说，已知驱动关节变量 θ_{11}、θ_{21}、θ_{12} 和 θ_{22} 的值，求运动平台的位姿，即求运动平台的点 $P(x_P, y_P, z_P)$ 和转角 ϕ。与串联机器人相比，并联机构运动学正解计算要困难得多。为了完成此并联机构运动学的正解计算，通过消除方程（11.7-15）到方程（11.7-20）中的 α_1 和 α_2 即可完成求解。

用方程（11.7-18）的两边减去方程（11.7-15）的两边，可得

$$\cos\phi=\frac{2R-l_1(\cos\theta_{21}\cos\theta_{11}+\cos\theta_{22}\cos\theta_{12})}{l_2(\cos\alpha_1+\cos\alpha_2)+2r} \tag{11.7-28}$$

用方程（11.7-19）的两边减去方程（11.7-16）的两边，可得

$$\sin\phi=-\frac{l_1(\cos\theta_{21}\sin\theta_{11}+\cos\theta_{22}\sin\theta_{12})}{l_2(\cos\alpha_1+\cos\alpha_2)+2r} \tag{11.7-29}$$

因为 α_1 和 α_2 是两个被动关节角，所以它们应该从方程（11.7-28）和方程（11.7-29）中消除。为此用方程（11.7-29）的两边除以方程（11.7-28）的两边，可得

$$\phi=\arctan\frac{l_1(\cos\theta_{21}\sin\theta_{11}+\cos\theta_{22}\sin\theta_{12})}{l_1(\cos\theta_{21}\cos\theta_{11}+\cos\theta_{22}\cos\theta_{12})-2R} \tag{11.7-30}$$

用方程（11.7-20）的两边减去方程（11.7-17）的两边，可得

$$\sin\alpha_2=-\frac{l_1}{l_2}(\sin\theta_{21}-\sin\theta_{22})+\sin\alpha_1 \tag{11.7-31}$$

用方程（11.7-19）的两边减去方程（11.7-16）的两边，可得

$$\cos\alpha_2=-\frac{l_1}{l_2\sin\phi}(\cos\theta_{21}\sin\theta_{11}+\cos\theta_{22}\sin\theta_{12})-\cos\alpha_1-\frac{2r}{l_2} \tag{11.7-32}$$

将方程（11.7-31）和方程（11.7-32）的等式两边平方相加，得

$$A_1+B_1\sin\alpha_1+C_1\cos\alpha_1=0 \tag{11.7-33}$$

式中 $A_1=\frac{l_1^2}{l_2^2}(\sin\theta_{21}-\sin\theta_{22})^2+\frac{1}{l_2^2}\left[\frac{l_1}{\sin\phi}(\cos\theta_{21}\sin\theta_{11}+\cos\theta_{22}\sin\theta_{12})+2r\right]^2$

$$B_1=\frac{2l_1}{l_2}(\sin\theta_{21}-\sin\theta_{22})$$

$$C_1=\frac{1}{l_2}\left[\frac{l_1}{\sin\phi}(\cos\theta_{21}\sin\theta_{11}+\cos\theta_{22}\sin\theta_{12})+2r\right]$$

将三角函数半角公式 $\sin\alpha_1=\frac{2t_2}{1+t_2^2}$ 和 $\cos\alpha_1=\frac{1-t_2^2}{1+t_2^2}$，这里 $t_2=\tan\frac{\alpha_1}{2}$

代入方程（11.7-33）中，得

$$(A_1-C_1)t_2^2+2B_1t_2+A_1+C_2=0 \tag{11.7-34}$$

对方程（11.7-34）求解得 t_2，从而可得

$$\alpha_1=2\arctan\frac{B_1\pm\sqrt{C_1^2-A_1^2+B_1^2}}{-A_1+C_1} \tag{11.7-35}$$

将方程（11.7-30）和方程（11.7-35）带入到方程（11.7-15）、方程（11.7-16）和方程（11.7-17）中，可以解得 x_P、y_P 和 z_P。

5 并联机构的动力学分析

5.1 拉格朗日动力学方程

对于一些相对简单的并联机构的逆动力学问题可以应用拉格朗日动力学方程来求解。

拉格朗日动力学方程可表示为

$$\frac{\mathrm{d}}{\mathrm{d}t}\left(\frac{\partial L}{\partial \dot{q}_j}\right)-\frac{\partial L}{\partial q_j}=Q_j+\sum_{i=1}^{k}\lambda_i\frac{\partial \Gamma_i}{\partial q_j},\quad j=1,2,\cdots,n \tag{11.7-36}$$

式中 Γ_i——第 i 个限制函数；
k——限制函数的数量；
λ_i——拉格朗日乘数。

大于自由度数的坐标未知数用 k 表示。将拉格朗日动力学方程分为两组更有利于方程的求解。第一组方程里拉格朗日乘数是唯一的未知量，由驱动关节产生的力作为附加的未知量被包含在另一组方程里。让前 k 个方程对应多余的坐标未知数，其余的 $n-k$ 个方程对应驱动关节的变量。那么，第一组方程可写成下列形式

$$\sum_{i=1}^{k}\lambda_i\frac{\partial \Gamma_i}{\partial q_j}=\frac{\mathrm{d}}{\mathrm{d}t}\left(\frac{\partial L}{\partial \dot{q}_j}\right)-\frac{\partial L}{\partial q_j}-\dot{Q}_j \tag{11.7-37}$$

式中 Q_j——在外载荷力作用下产生的力。

对于逆动力学分析来说 Q_j 是已知量。因此方程式（11.7-37）中等式的右侧均为已知量。对应每个多余的坐标未知数可以获得 k 个线性方程组，从而可获得 k 个拉格朗日乘数。

一旦获得拉格朗日乘数，驱动力矩或力可以直接

从余下的方程中求得。第二组方程可写成下列形式

$$Q_j = \frac{\mathrm{d}}{\mathrm{d}t}\left(\frac{\partial L}{\partial \dot{q}_j}\right) - \frac{\partial L}{\partial q_j} - \sum_{i=1}^{k} \lambda_i \frac{\partial \Gamma_i}{\partial q_j}, \quad j = k+1, \cdots, n \tag{11.7-38}$$

式中　Q_j——驱动力或转矩。

5.2　并联机器人动力学分析实例

下面以图 11.7-9 所示的三并联机器人为例进行动力学分析。建立的坐标系、杆长和机器人的关节角可参见图 11.7-4。在这个并联机器人中，θ_{11}、θ_{12}和θ_{13}是驱动关节。

理论上，由于这是一个 3 自由度机器人，所以用 3 个坐标变量即可完成动力学分析。可是因为这个机器人运动学的复杂性将使拉格朗日函数也表现得很复杂。由此，这里将引入 3 个附加的坐标变量 p_x、p_y和 p_z 来进行拉格朗日动力学方程计算。现在有 θ_{11}、θ_{12}、θ_{13}、p_x、p_y 和 p_z 共 6 个坐标变量。方程（11.7-36）就可表示为包含 6 个变量的 6 个方程。6 个变量是 $\lambda_i(i=1,2,3)$ 和 3 个驱动转矩 $Q_j(j=4,5,6)$。注意力 $Q_i(i=1,2,3)$ 表示外力作用在运动平台中点 P 上在 x、y 和 z 方向的 3 个分量。

这个公式需要 4 个限制方程 $\Gamma_i(i=1,2,3)$。由于关节 B 和 C 的距离总是等于上连杆 b 的长度，所以

$$\begin{aligned}\Gamma_i = \overrightarrow{B_iC_i}^2 - b^2 &= (p_x + h\cos\phi_i - r\cos\phi_i - a\cos\phi_i\cos\theta_{1i})^2 + \\ &\quad (p_y + h\sin\phi_i - r\sin\phi_i - a\sin\phi_i\cos\theta_{1i})^2 + \\ &\quad (p_z - a\sin\theta_{1i})^2 - b^2 \\ &= 0 \quad (i=1,2,3)\end{aligned} \tag{11.7-39}$$

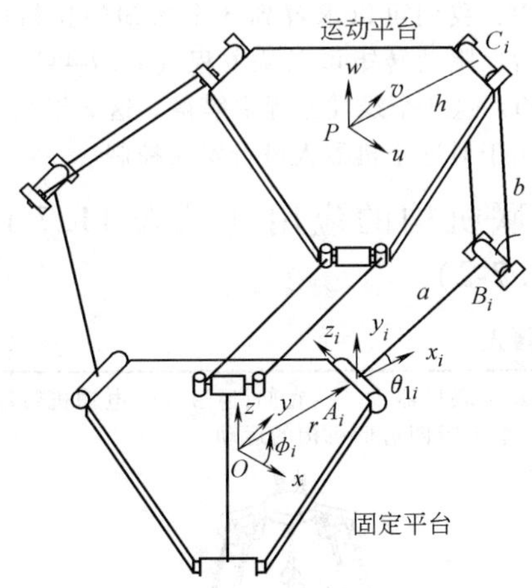

图 11.7-9　三并联机器人

为了简化分析，假设每个上连杆 b 的质量 m_b 平均集中在杆的两个端点 B_i 和 C_i。

机器人的总动能是

$$K = K_P + \sum_{i=1}^{3}(K_{ai} + K_{bi}) \tag{11.7-40}$$

式中　K_P——运动平台的动能；

K_{ai}——输入杆和臂 i 上转子的动能；

K_{bi}——臂 i 的两个连杆的动能。

简化后得

$$\begin{aligned}K_P &= \frac{1}{2}m_P(\dot{p}_x^2 + \dot{p}_y^2 + \dot{p}_z^2) \\ K_{ai} &= \frac{1}{2}\left(I_m + \frac{1}{3}m_a a^2\right)\dot{\theta}_{1i}^2 \\ K_{bi} &= \frac{1}{2}m_b(\dot{p}_x^2 + \dot{p}_y^2 + \dot{p}_z^2) + \frac{1}{2}m_b a^2 \dot{\theta}_{1i}^2\end{aligned} \tag{11.7-41}$$

式中　m_P——运动平台的质量；

m_a——输入杆的质量；

m_b——两个连杆中一个连杆的质量；

I_m——安装在第 i 杆上转子的惯性矩。

假设重力加速度的方向是 z 轴的反方向，机器人相对 x-y 固定平面的总势能为

$$U = U_P + \sum_{i=1}^{3}(U_{ai} + U_{bi}) \tag{11.7-42}$$

式中　U_P——运动平台的势能；

U_{ai}——在杆 i 上输入杆的势能；

U_{bi}——第 i 杆上两个连杆的势能。

简化后得

$$\begin{aligned}U_P &= m_P g_c p_z \\ U_{ai} &= \frac{1}{2}m_a g_c a\sin\theta_{1i} \\ U_{bi} &= m_b g_c(p_z + a\sin\theta_{1i})\end{aligned} \tag{11.7-43}$$

因此，拉格朗日函数是

$$\begin{aligned}L = &\frac{1}{2}(m_P + 3m_b)m_P(\dot{p}_x^2 + \dot{p}_y^2 + \dot{p}_z^2) + \\ &\frac{1}{2}\left(I_m + \frac{1}{3}m_a a^2 + m_b a^2\right)(\dot{\theta}_{11}^2 + \dot{\theta}_{12}^2 + \dot{\theta}_{13}^2) - (m_P + 3m_b)g_c p_z - \\ &\left(\frac{1}{3}m_a + m_b\right)g_c a(\sin\theta_{11} + \sin\theta_{12} + \sin\theta_{13})\end{aligned} \tag{11.7-44}$$

相对 6 个坐标变量对拉格朗日函数求导，得

$$\frac{\mathrm{d}}{\mathrm{d}t}\left(\frac{\partial L}{\partial \dot{p}_x}\right) = (m_P + 3m_b)\ddot{p}_x, \quad \frac{\partial L}{\partial p_x} = 0$$

$$\frac{\mathrm{d}}{\mathrm{d}t}\left(\frac{\partial L}{\partial \dot{p}_y}\right) = (m_P + 3m_b)\ddot{p}_y, \quad \frac{\partial L}{\partial p_y} = 0$$

$$\frac{\mathrm{d}}{\mathrm{d}t}\left(\frac{\partial L}{\partial \dot{p}_z}\right) = (m_P + 3m_b)\ddot{p}_z, \quad \frac{\partial L}{\partial p_x} = -(m_P + 3m_b)g_c$$

$$\frac{\mathrm{d}}{\mathrm{d}t}\left(\frac{\partial L}{\partial \dot{\theta}_{11}}\right) = \left(I_m + \frac{1}{3}m_a a^2 + m_b a^2\right)\ddot{\theta}_{11},$$

$$\frac{\partial L}{\partial \theta_{11}}=-\left(\frac{1}{2}m_a+m_b\right)g_c a\cos\theta_{11}$$

$$\frac{\mathrm{d}}{\mathrm{d}t}\left(\frac{\partial L}{\partial \dot{\theta}_{12}}\right)=\left(I_m+\frac{1}{3}m_a a^2+m_b a^2\right)\ddot{\theta}_{12},$$

$$\frac{\partial L}{\partial \theta_{12}}=-\left(\frac{1}{2}m_a+m_b\right)g_c a\cos\theta_{12}$$

$$\frac{\mathrm{d}}{\mathrm{d}t}\left(\frac{\partial L}{\partial \dot{\theta}_{13}}\right)=\left(I_m+\frac{1}{3}m_a a^2+m_b a^2\right)\ddot{\theta}_{13},$$

$$\frac{\partial L}{\partial \theta_{13}}=-\left(\frac{1}{2}m_a+m_b\right)g_c a\cos\theta_{13}$$

相对6个坐标变量对限制函数Γ_i求偏导，得

$$\frac{\partial \Gamma_i}{\partial p_x}=2(p_x+h\cos\phi_i-r\cos\phi_i-a\cos\phi_i\cos\theta_{1i}),i=1,2,3$$

$$\frac{\partial \Gamma_i}{\partial p_y}=2(p_y+h\sin\phi_i-r\sin\phi_i-a\sin\phi_i\cos\theta_{1i}),i=1,2,3$$

$$\frac{\partial \Gamma_i}{\partial p_z}=2(p_z-a\sin\theta_{1i}),\quad i=1,2,3$$

$$\frac{\partial \Gamma_1}{\partial \theta_{11}}=2a[(p_x\cos\phi_1+p_y\sin\phi_i+h-r)\sin\theta_{11}-p_z\cos\theta_{11}]$$

$$\frac{\partial \Gamma_i}{\partial \theta_{11}}=0,\quad i=2,3$$

$$\frac{\partial \Gamma_i}{\partial \theta_{12}}=0,\quad i=1,3$$

$$\frac{\partial \Gamma_2}{\partial \theta_{12}}=2a[(p_x\cos\phi_2+p_y\sin\phi_2+h-r)\sin\theta_{12}-p_z\cos\theta_{12}]$$

$$\frac{\partial \Gamma_i}{\partial \theta_{13}}=0,\quad i=1,2$$

$$\frac{\partial \Gamma_3}{\partial \theta_{13}}=2a[(p_x\cos\phi_3+p_y\sin\phi_3+h-r)\sin\theta_{13}-p_z\cos\theta_{13}]$$

将上面的导数方程带入到式（11.7-37）和式（11.7-38）中，可以得到$j=1$，2，3时的动力学方程

$$2\sum_{i=1}^{3}\lambda_i(p_x+h\cos\phi_i-r\cos\phi_i-a\cos\phi_i\cos\theta_{1i})$$
$$=(m_P+3m_b)\ddot{p}_x-f_{px} \tag{11.7-45}$$

$$2\sum_{i=1}^{3}\lambda_i(p_y+h\sin\phi_i-r\sin\phi_i-a\sin\phi_i\cos\theta_{1i})$$
$$=(m_P+3m_b)\ddot{p}_y-f_{py} \tag{11.7-46}$$

$$2\sum_{i=1}^{3}\lambda_i(p_z-a\sin\theta_{1i})$$
$$=(m_P+3m_b)\ddot{p}_z+(m_P+3m_b)g_c-f_{pz} \tag{11.7-47}$$

这里f_{Px}、f_{Py}和f_{Pz}是施加在运动平台上的外力在x、y和z方向的分量。$j=4$，5，6时，可得

$$\tau_1=\left(I_m+\frac{1}{3}m_a a^2+m_b a^2\right)\ddot{\theta}_{11}+\left(\frac{1}{2}m_a+m_b\right)g_c a\cos\theta_{11}-$$
$$2a\lambda_1[(p_x\cos\phi_1+p_y\sin\phi_1+h-r)\sin\theta_{11}-p_z\cos\theta_{11}] \tag{11.7-48}$$

$$\tau_2=\left(I_m+\frac{1}{3}m_a a^2+m_b a^2\right)\ddot{\theta}_{12}+\left(\frac{1}{2}m_a+m_b\right)g_c a\cos\theta_{12}-$$
$$2a\lambda_2[(p_x\cos\phi_2+p_y\sin\phi_2+h-r)\sin\theta_{12}-p_z\cos\theta_{12}] \tag{11.7-49}$$

$$\tau_3=\left(I_m+\frac{1}{3}m_a a^2+m_b a^2\right)\ddot{\theta}_{13}+\left(\frac{1}{2}m_a+m_b\right)g_c a\cos\theta_{13}-$$
$$2a\lambda_3[(p_x\cos\phi_3+p_y\sin\phi_3+h-r)\sin\theta_{13}-p_z\cos\theta_{13}] \tag{11.7-50}$$

从方程（11.7-45）到方程（11.7-47）这3个线性方程中，我们可以求解到3个未知的拉格朗日乘数。然后，驱动转矩可以从方程（11.7-48）到方程（11.7-50）这3个线性方程中解得。这2组共6个方程式可用于对这个机器人进行实时控制。

6 并联机构的应用（见表11.7-1、表11.7-2）

表11.7-1 典型并联机器人

(1)Delta并联机器人,通过顶部的3个转动来驱动运动平台	(2)Star并联机器人。在底部,通过3个电动机带动3个丝杠驱动3个平行四边形机构的运动
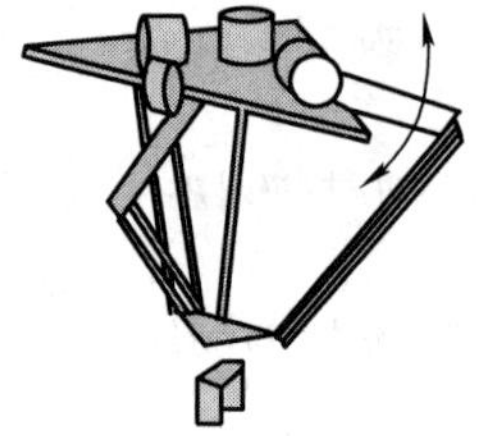	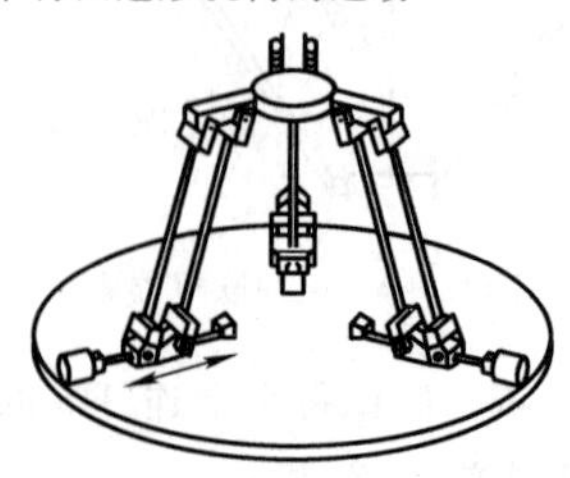

（续）

(3)由于驱动轴的两端均采用万向联轴器，该并联机器人的运动平台只能实现转动 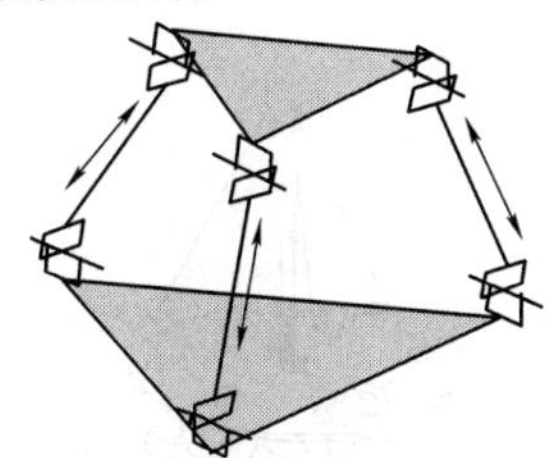	(4)三个垂直运动的轴驱动运动平台的运动 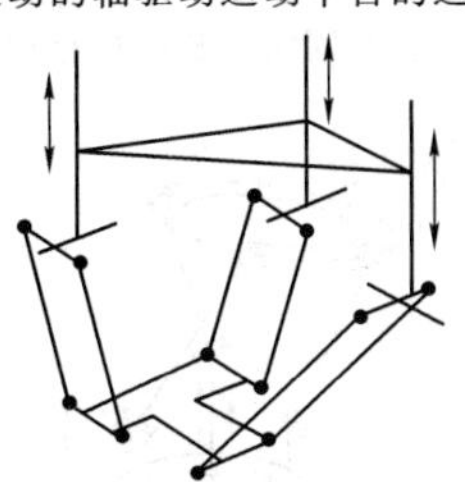
(5)H 型机器人，3 个平行的轴驱动 3 个平行四边形机构，使运动平台获得确切的运动 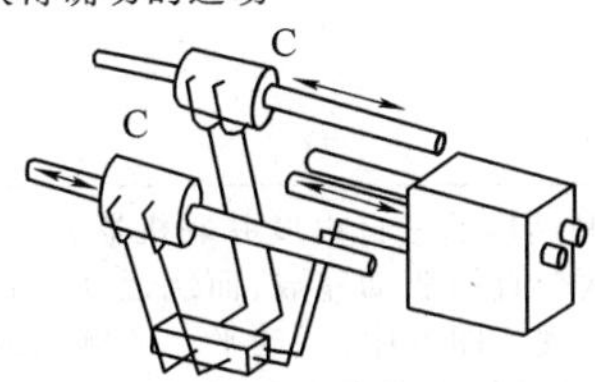 	(6)Prism 机器人，3 个杆的伸缩驱动运动平台上的万向联轴器机构，使运动平台获得确切的运动 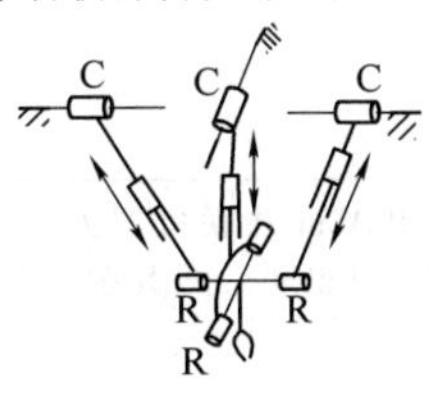
(7)六自由度的 Tetrabot 型并联机器人，3 个转动自由度由 Neumann 机构来完成，而姿态的 3 个自由度由普通腕关节实现 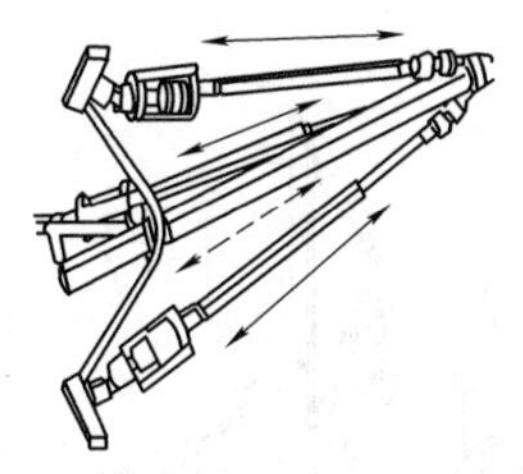	(8)Neumann 型并联机器人，3 个与万向联轴器相连的伸缩轴驱动运动平台获得确切的运动 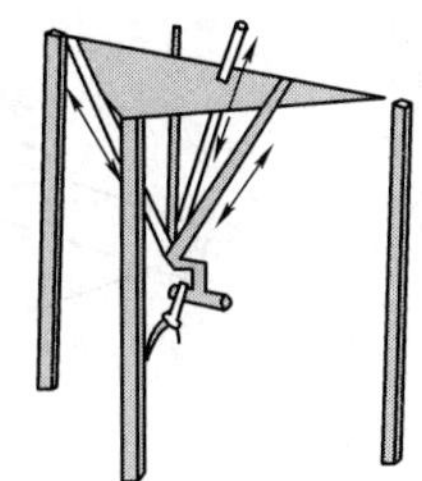
(9)Hayward 型冗余并联机器人，冗余性可以减少驱动力并回避奇异点 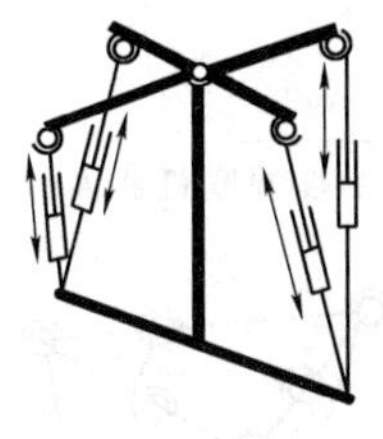	(10)UPS 型并联机器人，R、V 的转换移动使运动平台获得两个姿态自由度，同时 OG 的转动可使最上面的 S 平台实现旋转运动 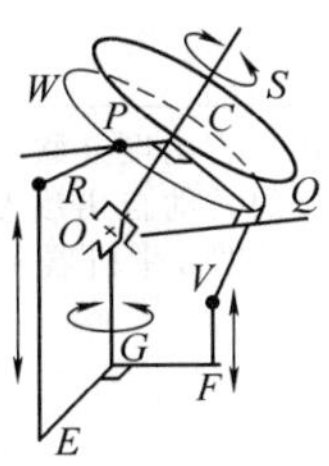
(11)三并联腕关节机构，这些机构均是靠转动实现驱动，且所有关节的轴线相交于一点 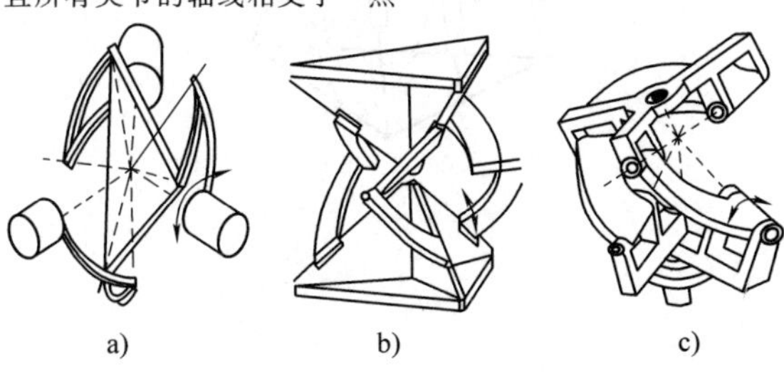 a)　b)　c)	(12)图 a 中，三个与固定平台相连的转动关节呈 120°角，三个球关节与运动平台相连；图 b 和图 c 中，两个并联机器人的结构与图 a 中的机器人类似 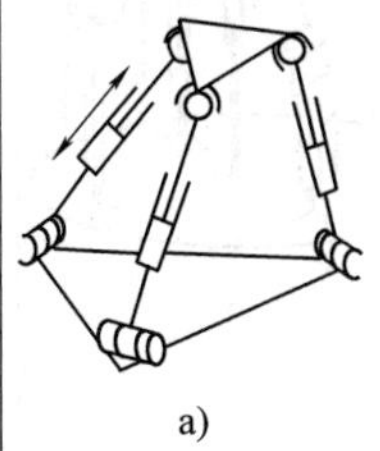 a) 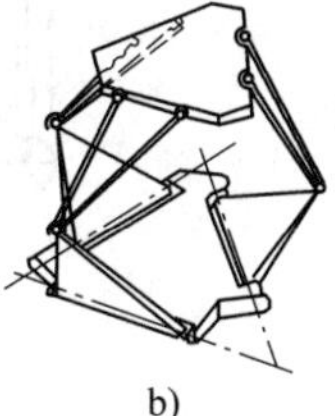 b) 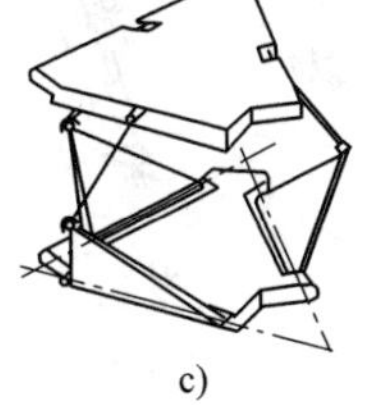 c)

（续）

<table>
<tr>
<td>（13）Mips 型并联机器人，与固定平台相连的驱动轴沿垂直方向移动，运动平台与固定杆长的杆相连
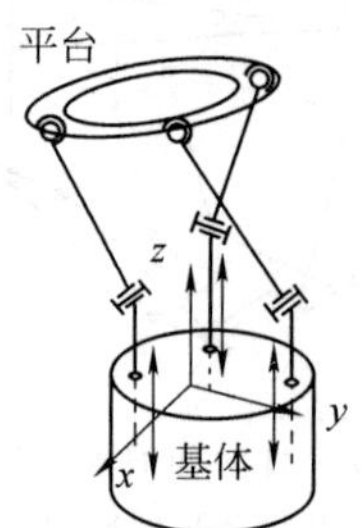
</td>
<td>（14）三自由度线型并联机器人，末端执行器的位姿靠3根并联绳的卷放来确定
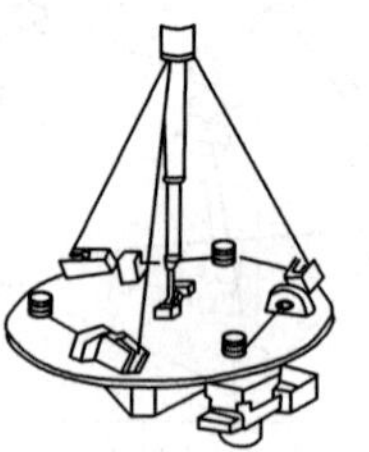</td>
</tr>
<tr>
<td>（15）图a中的CaPaMan并联机器人，在每个支链中由一个平行四边形机构实现驱动。图b中的并联机器人结构与图a中的类似
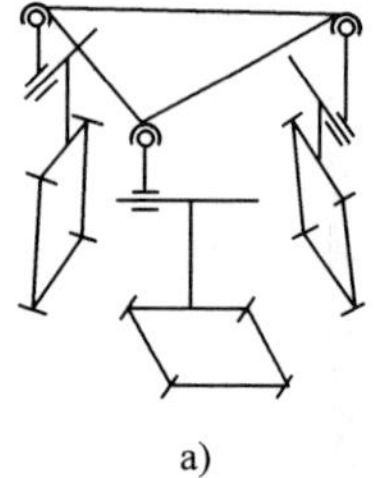
a)
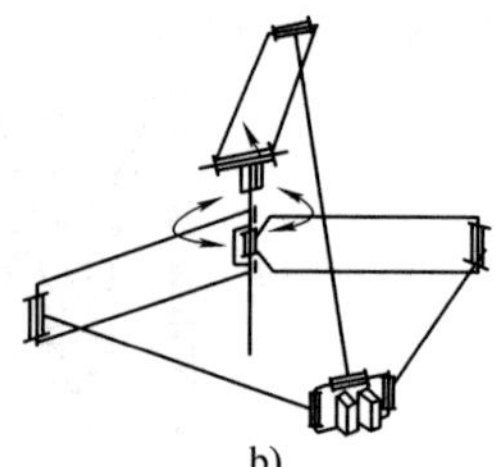
b)</td>
<td>（16）带有限制结构的三自由度并联机器人。图a中，运动平台的摆动靠两个直线驱动完成，而绕运动平台法线方向的转动由中心轴实现。图b中，运动平台的倾斜靠三个直线驱动完成，而运动平台与固定平台的距离靠与运动平台中心相连的杆的滑移来实现。图c中，中间的 OT 杆在 O 点通过万向联轴器与运动平台相连，OT 杆可伸缩，但不能扭转，从而限制了运动平台的扭转
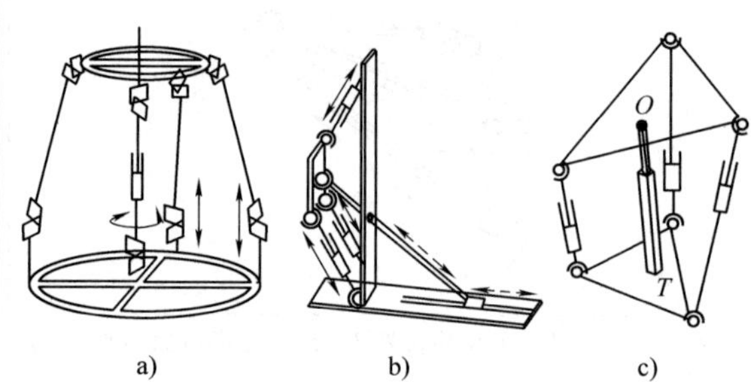

a) b) c)</td>
</tr>
<tr>
<td>（17）带有限制结构的四自由度并联机器人。图a中，运动平台可以实现3个方向的转动自由度和垂直方向的移动自由度。图b中的机器人与图a中机器人的传动结构类似
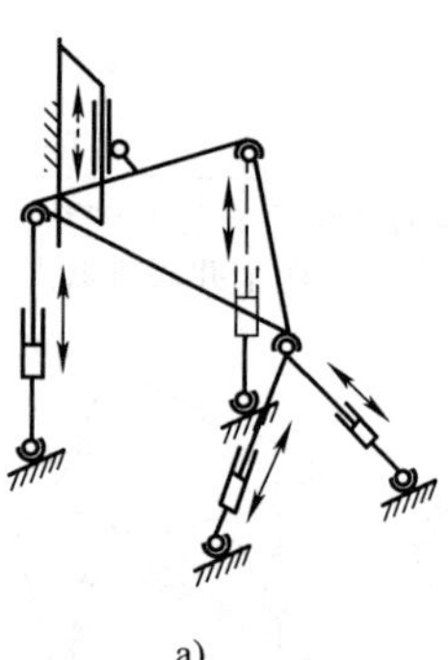
a)
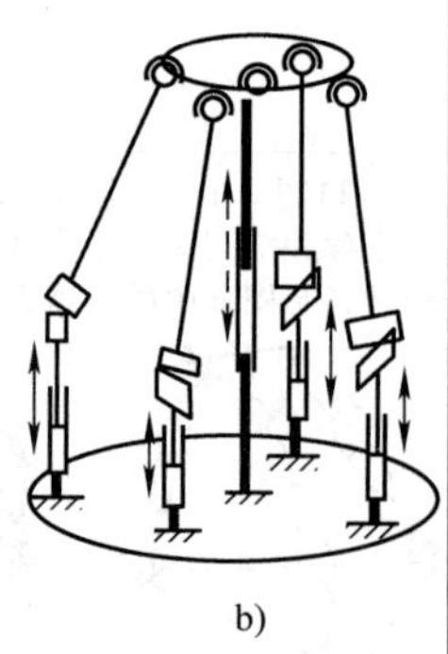
b)</td>
<td>（18）Griffis 型六自由度并联机器人，运动平台的位姿由6根杆的伸缩来确定
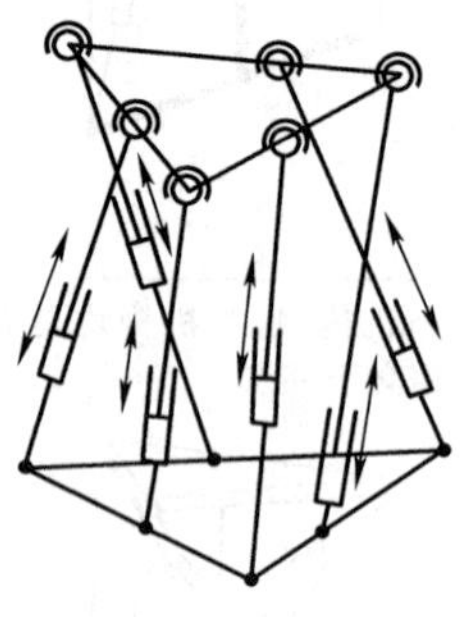</td>
</tr>
</table>

（续）

(19) Falcon 六自由度线型并联机器人，运动平台的位姿由 6 根绳的拉伸来确定

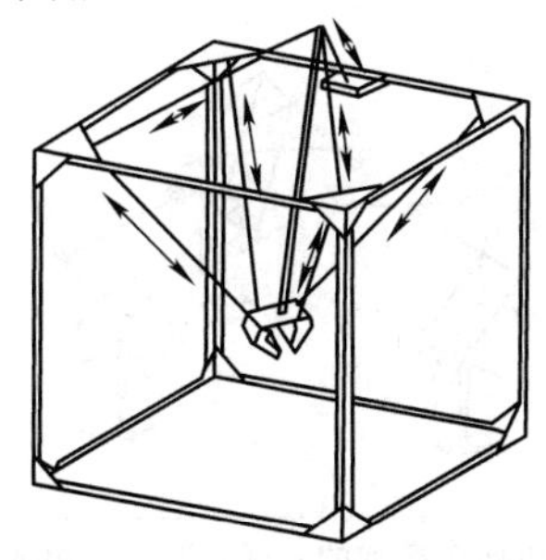

(20) Nabla 型六自由度并联机器人，里面的 3 根杆控制 B 点的位置，外面的 3 根杆控制运动平台的姿态

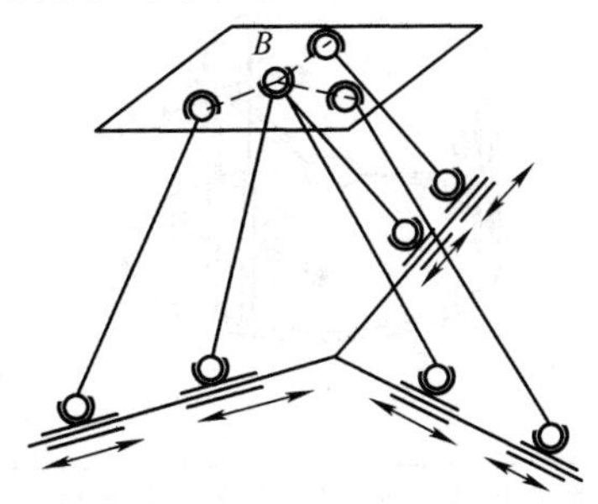

(21) Hexaglide 型六自由度并联机器人，6 根定长的杆在固定平台上被 6 个并联的驱动器在水平方向上驱动

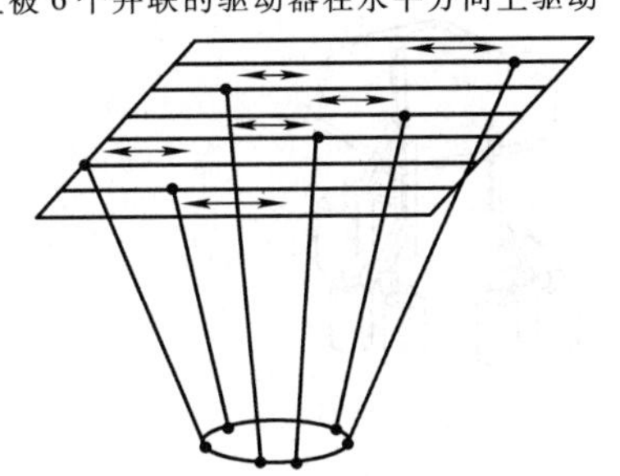

(22) 驱动方式为旋转运动的并联机器人

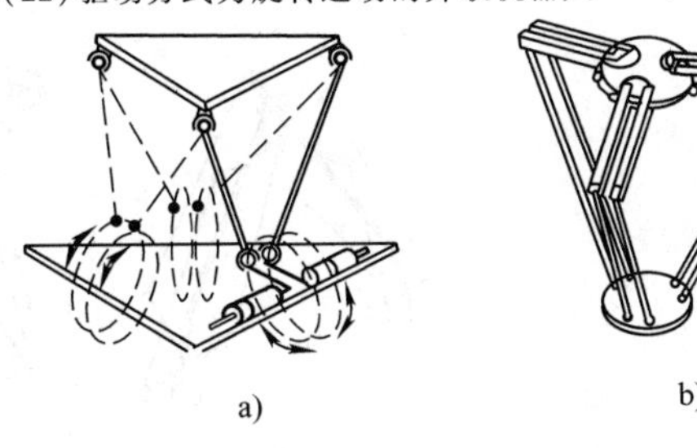

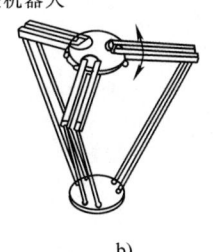

a)　　b)

(23) 图 a 中，固定平台上的每个驱动器驱动一个平行四边形机构，改变其上铰接点的位置，从而实现对运动平台位姿的控制；图 b 中，固定平台上的每两个驱动器驱动一个五边形机构，改变其上铰接点的位置，从而实现对运动平台位姿的控制；图 c 中，固定平台为一圆环，3 个支架可在其上滑动。工作时驱动 3 个支架及杆的伸缩即可实现对运动平台位姿的控制

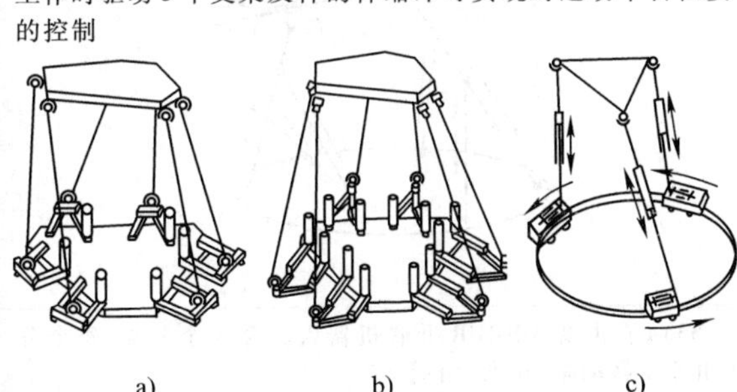

a)　　b)　　c)

(24) 双驱动并联机器人。图 a 中，两个驱动由转动和直线移动来实现；图 b 中，两个驱动均由直线移动来实现

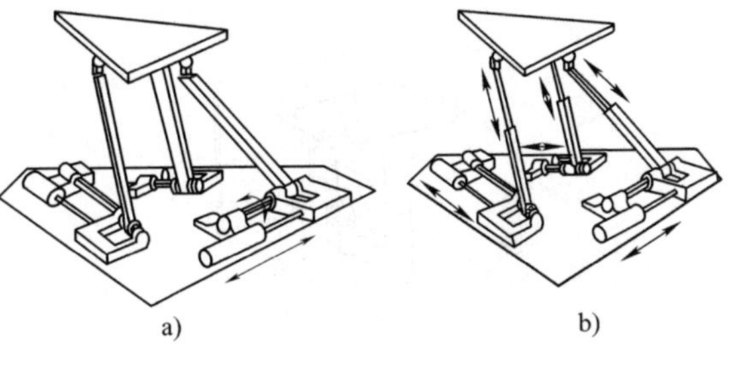

a)　　b)

(25) 与固定平面相连的每个支架有两个自由度，支架通过球铰与定长的杆相连

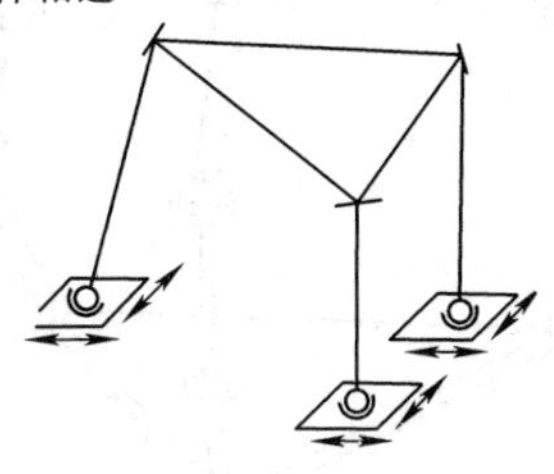

(26) 与固定平面相连的每个支架可以沿圆环滑动，而支架上与定长杆相连的转动副还可在垂直方向上实现滑动

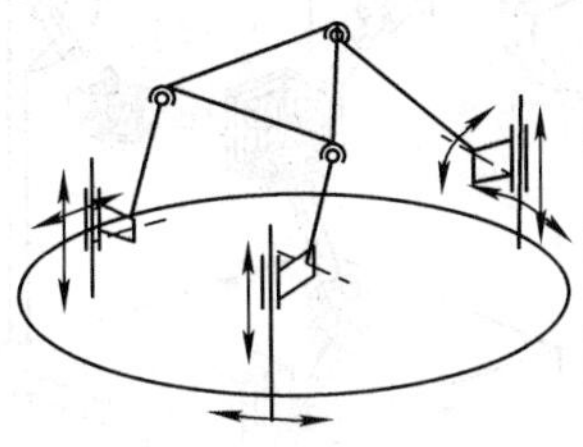

（续）

(27)在每个支链中有两个垂直方向的驱动，它们确定了运动平台的位姿

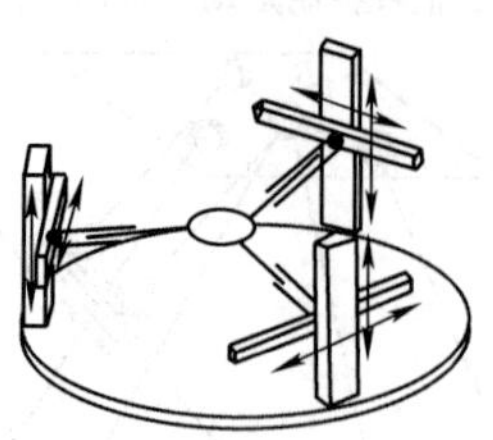

(28)在每个支链中，与固定平台相连的转动副和一个平行四边形机构相连，而平行四边形机构的两个边分别被两个驱动器控制

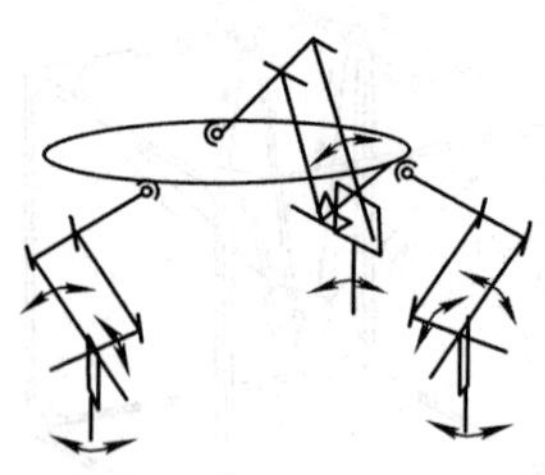

(29)图 a 所示的是一个六自由度双并联线型机器人；图 b 所示的并联机器人由两个叠加的 6 杆并联机构组成，在每个 6 杆并联机构中，3 根杆是固定杆长，3 根杆可伸缩；图 c 所示的为 Smartee 并联机器人，在每个支链中差分机构控制杆的两个运动

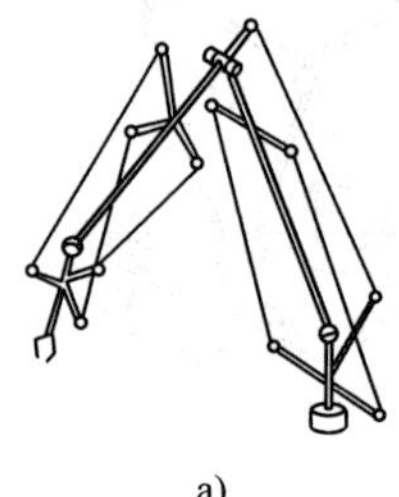

a)

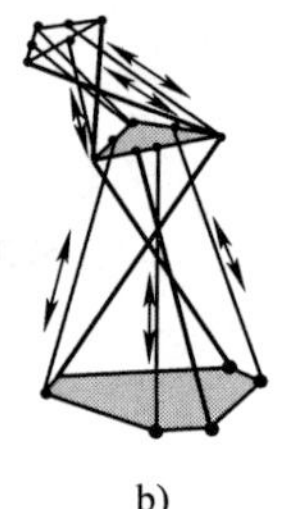

b)

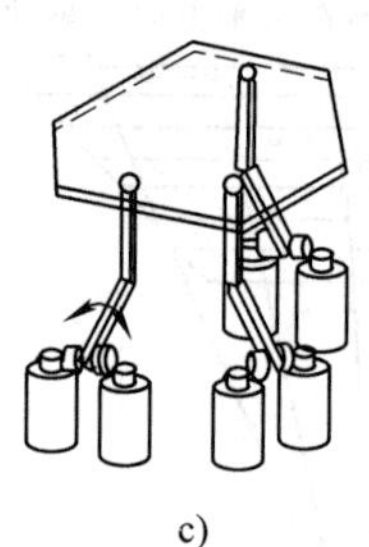

c)

(30) Limbro 型并联机器人，6 根直线驱动器的一端与固定平面相连，与球铰相连的另一端通过滑动副与运动平面相连。该机器人可以在每个方向上保持刚度一致性

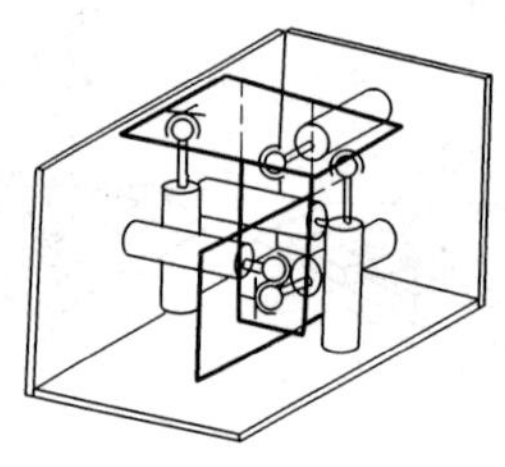

(31)冗余度三杆双并联机器人。两组支链中的 6 根直线驱动器使 P_1 点和 P_2 点在空间具有确切的位置，另一个机构控制机器人终端执行器的转动

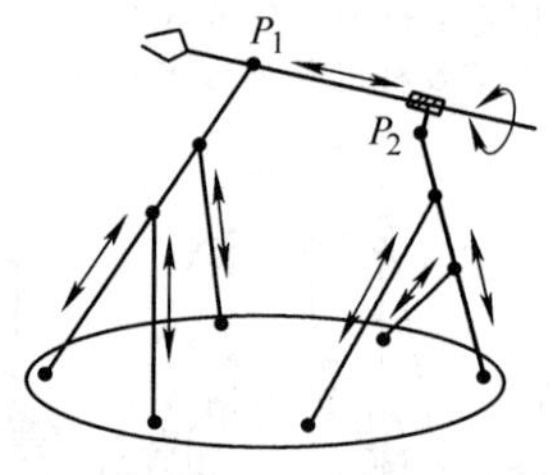

(32)三平动自由度 3-PRUR 并联机器人。从基座算起，第一个转动副的轴线和 U 副的一条转动轴线是平行的

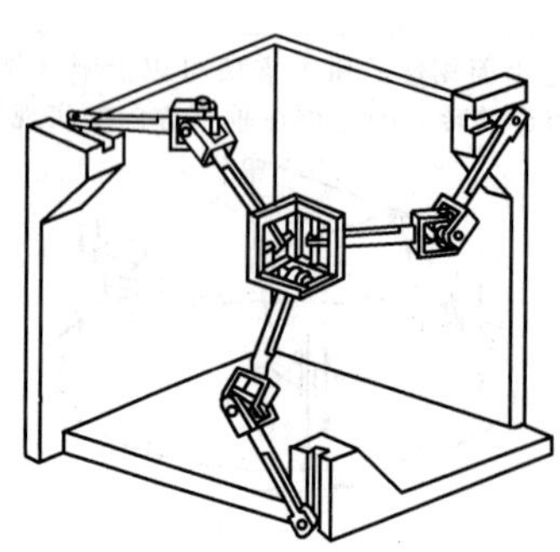

(33)4 自由度 3-RRUR 并联机器人。含 3 个分支，每个分支由 5 个转动副（R 副）组成

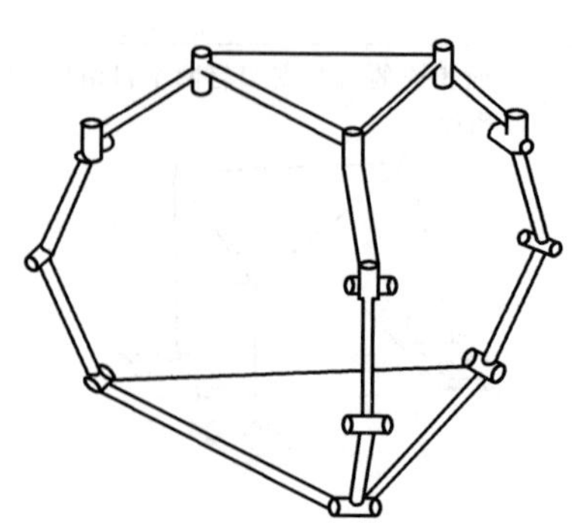

（续）

(34) 3-CRR 机器人。每个分支都包括 1 个圆柱副和 2 个转动副 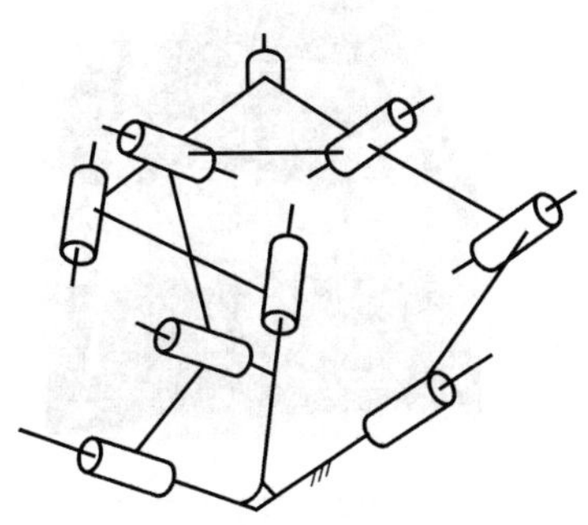	(35) Orthoglide 机器人，它包含 3 个分支并且每个分支都有 1 个平行四边形机构 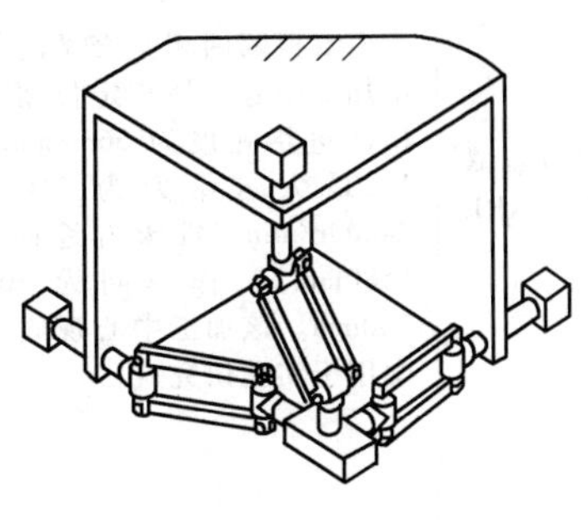
(36) Carricato 机器人。用 3 个相同的 PRPR 分支和一个 6 自由度的 UPUR 支链连接机架和动平台 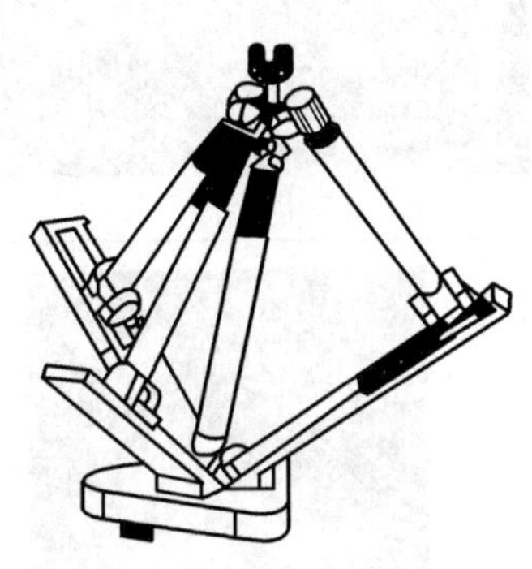	(37) 2-UPR-SPR 并联机器人。分支 1 和分支 3 均为 UPR 支链 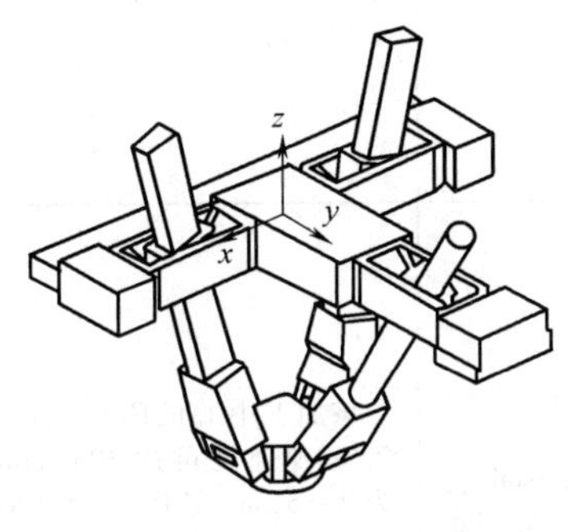
(38) 两转一移解耦并联机器人 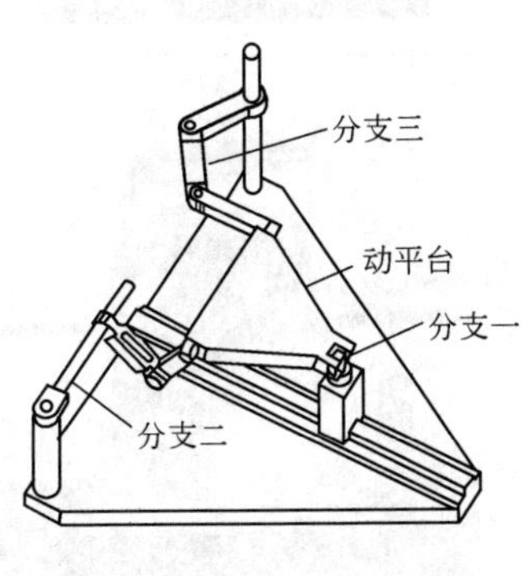	(39) 具有三分支，且分支中不具有闭环的两转一移解耦并联机器人 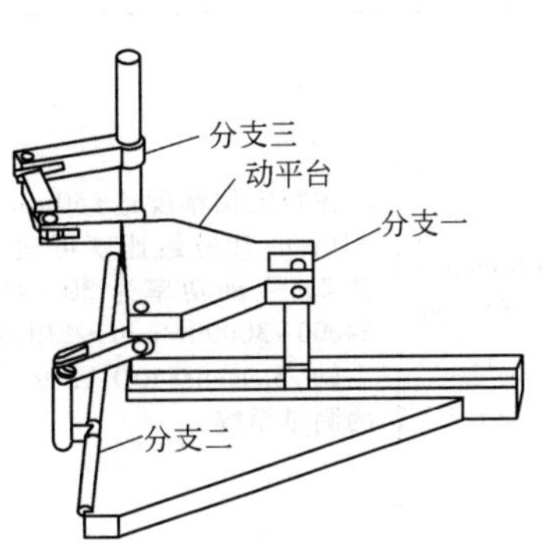

表 11.7-2　典型并联机床

名称	说明	图示
美国 Giddings & Lewis 公司的 VARIAX	由6根两两相互交叉的并联杆组成的铣削加工中心。体积定位精度为11μm，最大横向进给速度为66m/min，最大加速度为1g，最大进给力为31kN，主轴转速为24000r/min。机床占地面积为7800mm×8180mm，工作空间为700mm×700mm×750mm。该加工中心现放在英国诺丁汉大学用于实验研究	
俄罗斯 Lapik 公司的 KIM-750	在固定的上平台和运动的下平台之间安装有6根激光干涉测量尺，对伸缩杆的位移进行测量，并实时反馈，工作精度可达±0.001～0.002mm。工作空间为750mm×550mm×450mm。该机床已应用于苏27战斗机生产线。北京工业大学购置了一台用于实验研究	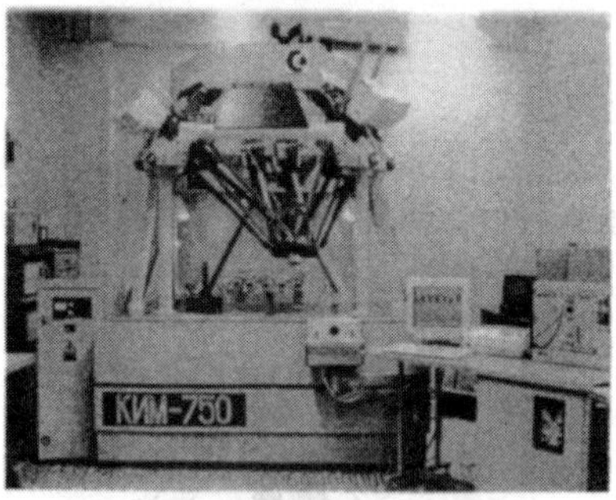
美国 Ingersoll 公司的 VOH 1000 型立式加工中心	该加工中心的闭环刚度是传统机床的5倍，进给速度可达30m/min，加工精度一般为2～5μm，工作空间1000mm×1000mm×1200mm。制造出的两台 VOH 1000 型立式加工中心分别交付给美国国家标准和技术研究所和美国国家航空航天局进行研究	
瑞典 Neos Robotics 公司生产的 Tricept 845	体积定位精度达±50μm，重复定位精度达±10μm，其进给速度可达90m/min，加速度达2g，主轴功率为30～45kW，主轴转速为24000～30000r/min，采用瑞士 IBAG 公司电主轴、Siemens840D 数控系统和 Heidenhain 的测量系统	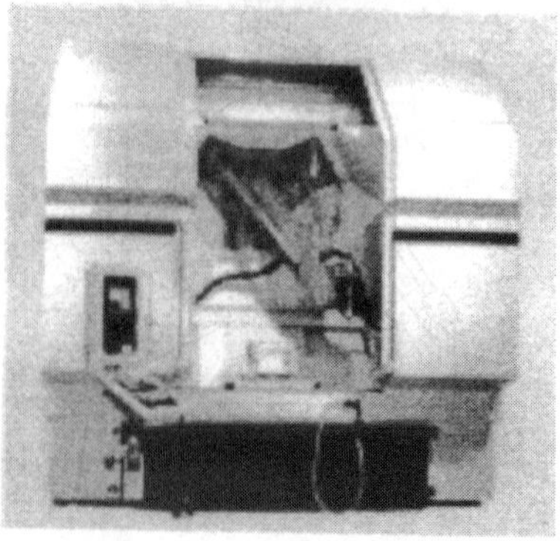

（续）

名　称	说　　明	图　　示
瑞典 Neos Robotics 公司生产的 Tricept 600	体积定位精度达±200μm，重复定位精度达±20μm，其进给速度可达 40m/min，加速度可达 0.5g	
德国 Mikromat 公司的 6X Hexa 立式加工中心	采用变型 Stewart 平台，分别将上下平台都分为两层，两层上平台固定在 3 根立柱的侧面，两层下平台共同支持主轴部件。这种变型结构改善了工作空间与机床所占体积之比，使主轴姿态变化时受力更加均匀。该机床主要用于模具加工，可以实现 5 坐标高速铣削，加工精度可达 0.01～0.02mm	
法国 Renault Automation 公司推出 Urane SX 卧式加工中心	机构特点是在机床的床身上分布 3 根水平导轨，直线电动机的滑板沿导轨移动。3 块滑板通过 3 组平行杆机构以及万向铰和球铰支承动平台和主轴部件，使主轴实现 3 个坐标方向的移动。该加工中心具有很高的动态特性，快速移动可达 100m/min，最大加速度甚至可达 5g	
德国 Herkert 机床公司 SKM400 型卧式加工中心	机床的左前方配置有数控系统和容量为 16 把刀具的盘状刀库，3 根伸缩杆分布在机床的顶部横梁和左右两侧倾斜立柱上，由中空转子伺服电动机的滚珠丝杠驱动。3 根伸缩杆的末端共同支承主轴部件，实现 x、y、z 坐标运动	

(续)

名称	说明	图示
德国 DS Technologie 机床公司的 Ecospeed 型大型5坐标卧式加工中心	该机床的主要特点在于采用3杆并联机构。伺服电动机驱动导轨上的滑板前后移动。滑板通过板状连杆和万向铰链与主轴部件的壳体相连。如果3块滑板同步运动,则主轴部件进行 z 方向的前后移动	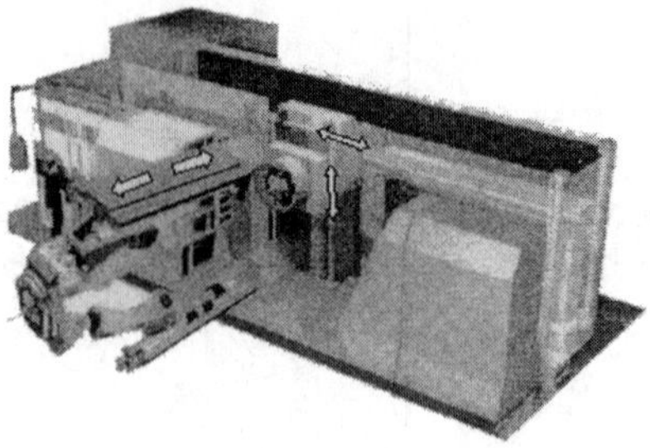
德国 Reichenbacher 公司的 Pegasus 型木材加工中心	结构特点是,采用3组固定杆长的、两端有万向铰链的杆系,借助铰链将杆系分别与3块移动滑板和动平台连接。3块滑板皆有各自的直线电动机初级线圈,但它们共用一个固定在机床横梁上的次级线圈。改变3个移动滑板相对主轴刀头点垂直截面(zy 坐标平面)的距离,就可以实现刀头点在 x、y、z 坐标方向的运动	
METRO M 公司的 P800 并联机床	机床占地面积为2.2m×1.9m×2.3m,工作空间为800mm×800mm×500mm	
日本 Toyoda 公司的 Hexa M	6-PUS 并联机构机床,可实现5轴数控加工。进给速度可达100m/min,加速度可达14.7m/s^2,主轴转速为24000r/min,工作精度为 4μm,工作空间为 400mm × 400mm×350mm	

（续）

名　称	说　明	图　示
瑞士联邦技术学院的 HexaGlide	并联机床的并联杆由定长的简单杆件组成，没有内置热源，减少了热变形对工作精度的影响	
美国 Hexel 公司的 P2000 型 5 坐标铣床	P2000 铣床工作台是一个采用并联机构的 6 自由度动平台，它可以作为单独部件提供给用户，也可以配置成完整的 5 坐标立式铣床	
瑞典 NEOS Robotics 公司的 Tricept 805	定位精度达 ±30μm，重复定位精度达 ±10μm，其进给速度可达 90m/min，加速度可达 $2g$	
韩国 Daeyoung 公司的 Eclipse-RP	具有冗余度的混联机床。工作空间为 ϕ150mm×170mm，其进给速度可达 10m/min，主轴转速为 5000~40000r/min	
西班牙 Fatronik 公司的 3 自由度 Ulyses	并联机床最大进给速度为 120m/min，最大加速度为 20m/s^2，主轴转速为 24000r/min	

（续）

名　称	说　　明	图　　示
德国 Index 机床公司的 V100 立式车削中心	结构特点是3根立柱固定在机床底座上，顶端由多边形框架连接。每根立柱上有导轨，滑板在滚珠丝杆驱动下沿导轨移动，通过6根固定杆长的杆件将主轴部件吊住，使主轴实现3个直角坐标的移动	
Tekniker 公司的 SEYANKA	工作空间为500mm×500mm×500mm，并联机床最大进给速度为60m/min，最大加速度为10m/s^2，主轴转速为34000r/min	
Krause & Mauser 公司的 Quickstep 并联机床	用于高速切削的3自由度并联机床。工作空间为630mm×630mm×500mm，并联机床最大进给速度为100m/min，最大加速度为2g，主轴转速为15000r/min	
日本 Okuma 公司的 PM-600 并联加工中心	定位精度为5μm，横向进给速度为100m/min，加速度可达1.5g，主轴转速为30000r/min。有一个可携带12把刀具的刀库	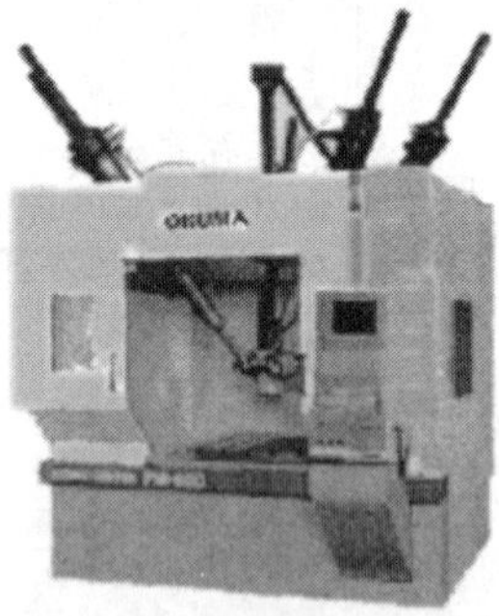
清华大学与天津大学联合研制的 VAMT1Y 镗铣类并联机床原型样机	我国第一台 VAMT1Y 镗铣类6杆并联机床原型样机	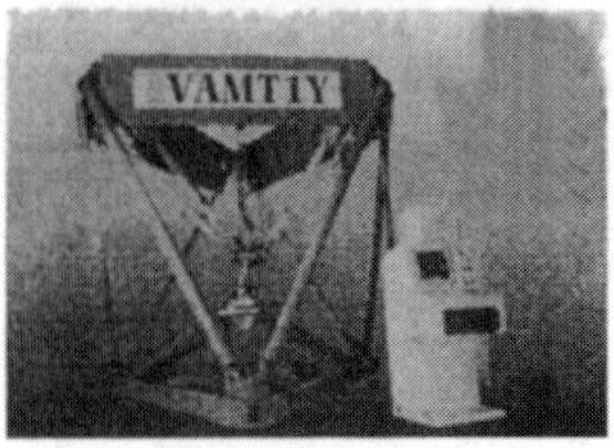

（续）

名　称	说　明	图　示
天津大学与天津第一机床厂研制的 3-HSS 型并联机床 Linapod	3-HSS 型并联机床由动平台、静平台和三对立柱-滑鞍-支链组成；每条支链中含三根平行杆件，各杆件一端与滑鞍连接，另一端与动平台用球铰连接，滑鞍在伺服电动机和滚珠丝杠螺母副驱动下，沿安装在立柱上的滚动导轨进行上下运动。考虑到各支链中三根杆件两两构成平行四边形结构，故可有效地约束动平台转动自由度，使其仅提供沿笛卡儿坐标的平动	
北京航空航天大学研制的 6-SPS 结构并联刀具磨床	采用了国产 CH2010 数控系统，达到 5μm 重复定位精度	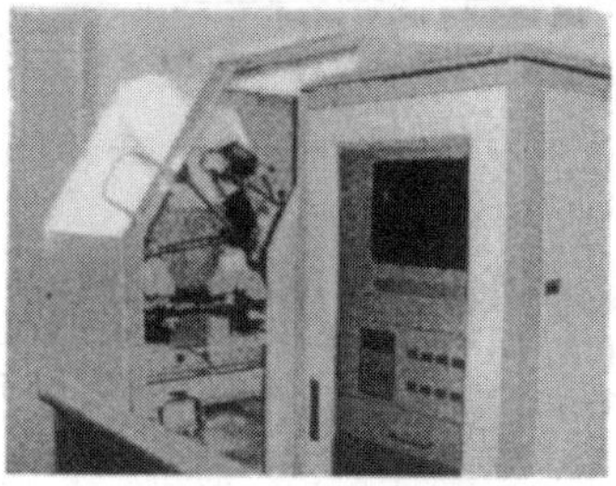
哈尔滨工业大学研制的 6-SPS 并联机床	最大进给速度为 25m/min，最大加速度为 1g，主轴转速为 12000r/min。机床占地面积为 1500mm × 2800mm，工作空间为 ϕ400mm×350mm	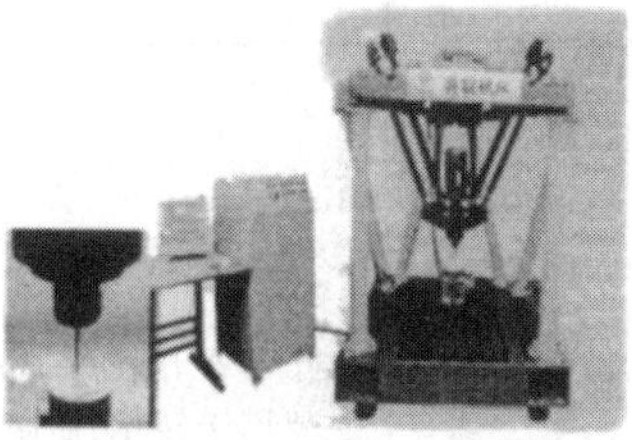
东北大学的 DSX5-70 型三并联铣削机床	DSX5-70 型三并联铣削机床是由三自由度的并联机构和两自由度的串联机构混联组成的五自由度虚拟轴机床。其中，两自由度串联机构置于运动平台上，整个机构通过三杆的伸缩和两驱动轴可实现五轴联动，用以完成多种作业任务	

（续）

名 称	说 明	图 示
清华大学与大连机床厂联合研制的DCB-510五轴联动串并联机床	能够通过并联机构实现 x、y 和 z 方向的移动，采用传统的串联方式实现主轴头转动	
哈量集团研制的并联加工中心LINKS-EXE700	引进了瑞典EXECHON并联运动机床新技术，机床带有数控刀库	
西班牙Fatronik公司的VERNE	由一个并联模块和倾斜台组成，并联模块主要用于转化，而倾斜台用于旋转工件两个正交的轴	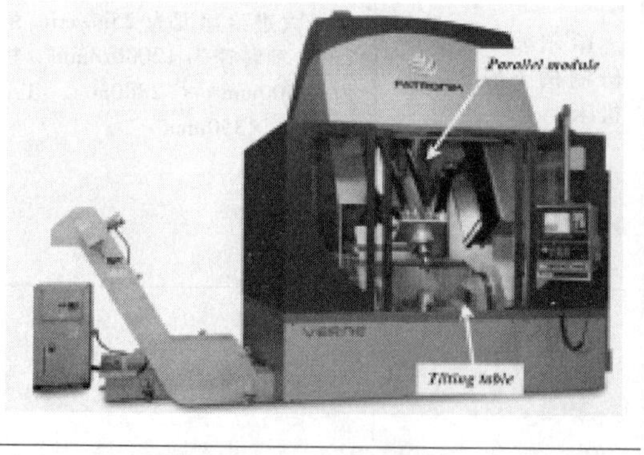
清华大学研制的一种新型四轴联动并联机床XNZD755	主轴转速高，可达2400r/min，运动加速度可达 $10m/s^2$，用以加工汽车和摩托车发动机箱、模具等零件	

第 8 章　柔顺机构设计

1　柔顺机构简介

1.1　柔顺机构的概念

传统的刚性机构由刚性构件通过运动副连接而成，这在高速、精密、微型等极端性能要求下会出现一些不可避免的问题，如由惯性引起的振动，由运动副带来的间隙、摩擦、磨损及润滑，由机械结构决定的加工和安装误差等，柔顺机构的出现为解决这些问题提供了有效的途径和方法。

如果物体能够按照预定的方式弯曲，则可认为它是柔顺的。如果该物体所具有的弯曲柔性可以完成某项任务，即可称其为柔顺机构。自然界中绝大多数的生物体是柔性而非刚性的，它们的运动产生于柔性单元的弯曲。比如人类的心脏便可看作是一个柔顺机构，在一个人出生之前就开始工作，在有生之年一刻也不停歇。再如蜻蜓的翅膀、大象的鼻子、盛开的鲜花等。人们从自然界得到启示，一些早期的工具和机器也采用了柔顺机构。比如有着几千年历史的弓，古代的弓是由骨头、木头和动物肌腱等多种材料制成，利用弓臂的柔性存储能量，并利用能量的瞬间释放将箭推射出去。再如实现人类持续飞行的飞行器，最初也采用了柔顺机构。

随着对柔顺机构的理解和认识越来越深入，柔顺机构的应用得到了迅速增长，这些应用涉及从高端、高精度装置到普通成本的生活用品，从微机电系统到大尺寸的机器，从武器到医疗产品等。

1.2　柔顺机构的特点

柔顺机构的优越性主要表现在可提高性能和降低成本两方面。通常柔顺机构可以用很少的零件实现复杂的任务，但其设计难度也可能相应增大。柔顺机构的特点见表 11. 8-1。

1.3　柔顺机构的分类

按照柔顺机构中是否含有传统运动副，柔顺机构可分为混合型柔顺机构和全柔顺机构，见表 11. 8-2。

表 11. 8-1　柔顺机构的特点

柔顺机构的优点	柔顺机构的缺点
1)将功能集成到少数零件上,可减少零件总数 2)由于机构中运动副少,运动相对可靠 3)可有效提升机构性能,包括由于减少磨损和减少甚至消除间隙而带来的高精度 4)重量轻,便于运输,适合重量敏感的应用场合 5)无须润滑,对许多应用场合和环境非常有利 6)更加易于小型化	1)柔顺机构的分析和设计比较困难,需要有机构分析和柔性构件变形方面的知识,应具有几何非线性分析的能力 2)在某些应用场合,柔顺构件中有能量存储将会降低其工作效率 3)受变形元件强度的限制,柔顺构件难以像铰链那样完成连续运动 4)长时间经受应力和高温的柔顺构件可能会出现应力松弛或蠕变现象

表 11. 8-2　柔顺机构的分类

分　类	特　征	示　例
混合型柔顺机构	机构中含有传统运动副	

（续）

分类		特征	示例
全柔顺机构	具有集中柔度的全柔顺机构	用柔性运动副代替了全部的传统运动副。柔性铰链的功能相当于刚性转动铰链运动副。柔性铰链有很多种：单轴柔性铰链、弹性球副型柔性铰链、平行弹簧片移动副型柔性铰链等	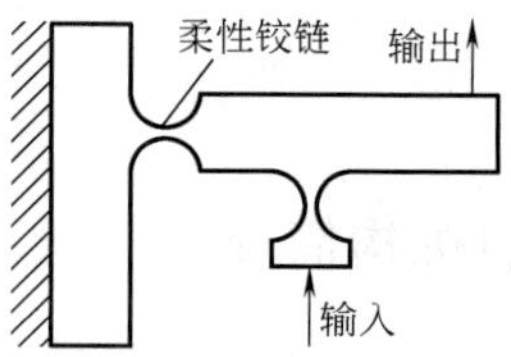 柔性铰链 输出 输入
	具有分布柔度的全柔顺机构	整个机构中并无任何柔性铰链的存在。根据弹性杆的初始构形，可以将其分为直弹性杆和弯曲弹性杆。根据截面是否变化，又分为均匀弹性杆和复合弹性杆	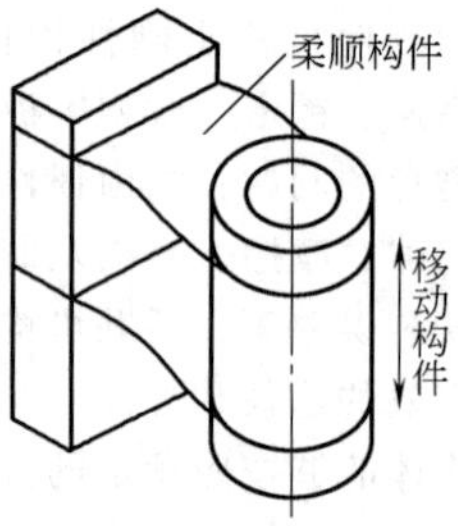 柔顺构件 移动构件

1.4 产生柔性的基本方法

产生柔性的基本方法包括改变材料属性、改变几何参数、改变加载与边界条件等，见表 11.8-3。

表 11.8-3 产生柔性的基本方法

方法	说明	示例
改变材料属性	几何尺寸相同而材料不同的构件具有不同的刚度，可用弹性模量来度量。如右图所示，两根梁具有相同的尺寸和形状，下面受到的拉力也相同，但它们用的是不同的材料，分别为铝和聚丙烯，它们的弹性模量分别为 72GPa 和 1.4GPa。因此，相同几何尺寸的梁在同样的拉力作用下，铝梁的变形量只有聚丙烯梁变形量的 2%左右	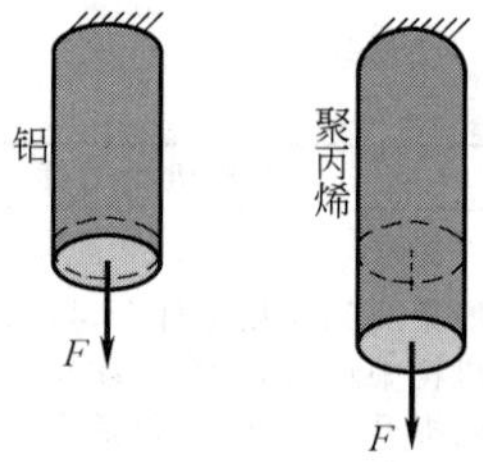 铝 F 聚丙烯 F
改变几何参数	形状和尺寸对柔性的影响很大。如右图所示，两根梁所用的材料相同，下面挂的重物也相同。两根梁都是圆柱形，但具有不同的直径。因为直径小的梁刚度更小，所以其产生的变形更大	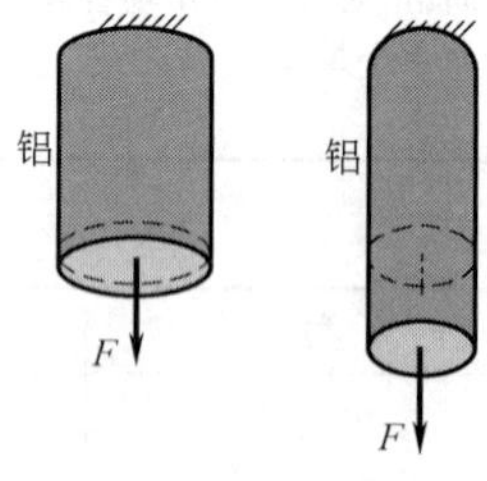 铝 F 铝 F
改变加载与边界条件	考虑如右图所示的两根梁，两根梁由相同的材料制成，具有相同的几何形状，下面挂的重物也相同。但是，两根梁的变形量却可能完全不同。载荷施加的方式以及梁的固定方式会使梁呈现不同的柔性	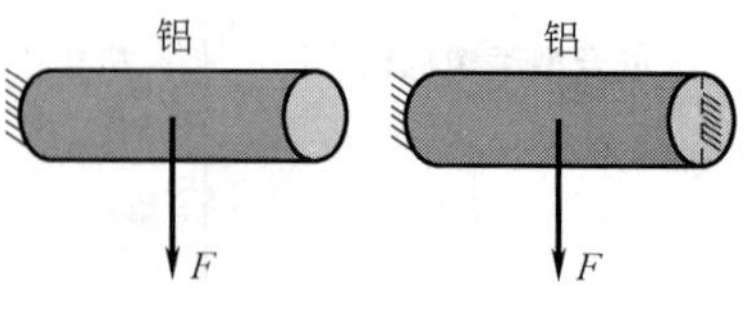 铝 F 铝 F

1.5　柔顺机构术语与简图

术语和简图是沟通机构设计信息的重要媒介，用于柔顺机构的术语和刚性机构是一致的，但对柔顺机构需要进一步描述和辨识。

1.5.1　术语

刚性机构由刚性构件组成，彼此之间通过运动副连接，这些部件容易辨认和描述。由于柔顺机构中至少有一部分运动是来源于其柔性构件的变形，因此其中的杆件和铰链部件就不容易区分。正确辨识这些部件对于设计和分析是很有必要的。

（1）杆件

杆件可以定义为连接一个或多个运动副相应表面的连续体。运动副包括转动副和移动副。杆件可以通过在运动副处拆开机构计算所得杆数的办法来确认。如图 11.8-1a 所示具有一个铰链的柔顺装置，其拆分后如图 11.8-1b 所示，仅由一根杆构成。

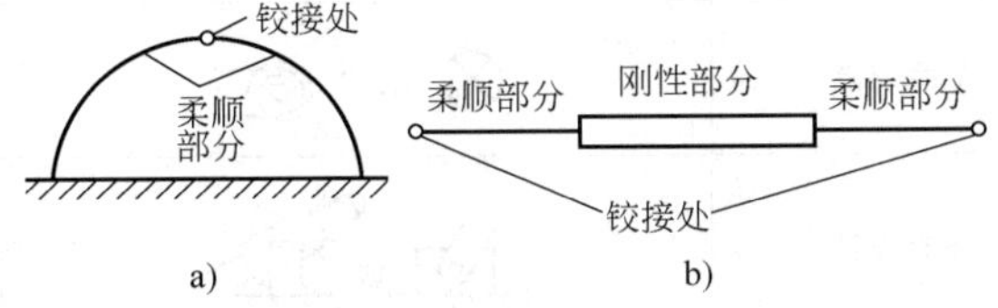

图 11.8-1　单杆柔顺机构
a）具有一个铰链的柔顺装置　b）拆分后的柔顺装置

对于一个刚性杆件来说，运动副之间的距离是固定的，杆件形状和受力情况对其运动影响不大。然而，柔顺杆件的运动依赖于其杆件的几何特性和所受作用力。因为这样的差别，柔顺杆件是用其结构类型和功能类型来描述的。

结构类型在没有外力时就确定了，这与刚性杆件的辨识相似。含有两个铰链的刚性杆称为二级杆，具有三个或四个铰链的刚性杆件分别称为三级杆和四级杆，如图 11.8-2a 所示。含有两个铰链的柔顺杆件具有与二级杆同样的结构，因而称为二级结构杆，其他类型的杆件也是如此。

一个杆件的功能类型包括其结构类型和虚铰链的数目。当有力作用在一个柔顺段上时会出现虚铰链，如图 11.8-2b 所示。如果外力施加在柔顺杆的某处而不是铰链上，其作用将会有很大变化。只含有作用在铰链上的力或力矩的二级结构杆称为二级功能杆。具有三个铰链的柔顺杆件是三级结构杆，如果载荷仅作用在铰链处，它也称为三级功能杆，这同样适用于四级杆。如果一根杆含有两个铰链和一个作用在柔顺部分的力，由于该力造成了附加伪铰链，因而它既是二级结构杆又是三级功能杆，如图 11.8-2b 中的二级杆和三级杆所示。

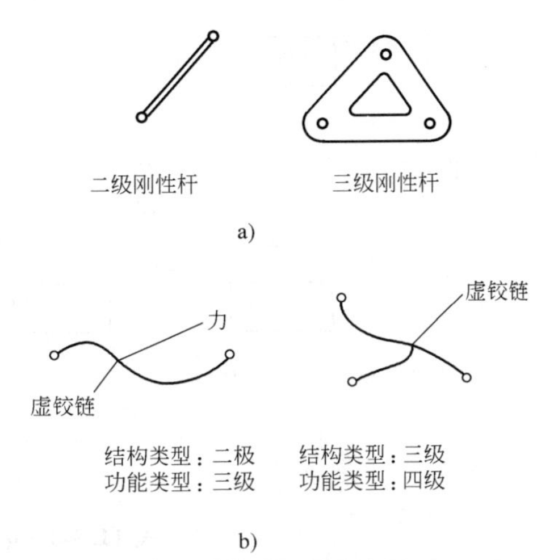

图 11.8-2　杆件类型举例
a）二级杆和三级杆　b）杆件的结构类型和功能类型

（2）片段

作用在一根柔顺杆上的力或力矩会影响该杆件的变形，因而产生机构的运动。影响变形的杆件特性包括其截面特性、材料特性、负载的大小和作用点以及位移。因此，将柔顺杆分解成片段来描述其特性，片段可以定义为杆件在结构上根据运动特性或材料和横截面特性的不同，或在函数关系上根据力或位移的边界条件不同而划分的变形单元。

一根杆可以由一个或多个片段组成，各段之间的区别需要根据机构的结构、功能和载荷来判断。材料或几何特性上的不连续经常出现在片段的端点。图 11.8-1 所示的杆由三段组成，其中一个刚性段和两个柔顺段，由于刚性段上两端点之间的距离保持常量，因此，不管其形状和大小如何，它都被认为是单独一个片段。

片段可以是刚性的，也可以是柔性的。柔性单元还可以进一步分为简单段和复合段，简单段是初始为直型、单一材料特性和等横截面的段，其他的形式都为复合段。杆件既可以是刚性的，也可以是柔性的。柔性杆由一个简单柔性段组成，其他都是复合杆。复合杆既可以是同质的也可以是非同质的。图 11.8-3a 和图 11.8-3b 分别描述了片段和杆件的种类。

1.5.2　简图

简图常用于帮助描述刚性机构的结构。柔顺机构需要用类似的简图来区分刚性与柔顺的杆件和片段，用于表达各种运动副或片段的符号见表 11. 8-4。柔顺片段用单线表示，而刚性片段则用两条平行线表示。轴向柔顺段是能够承受拉或压的片段，如拉伸弹簧。

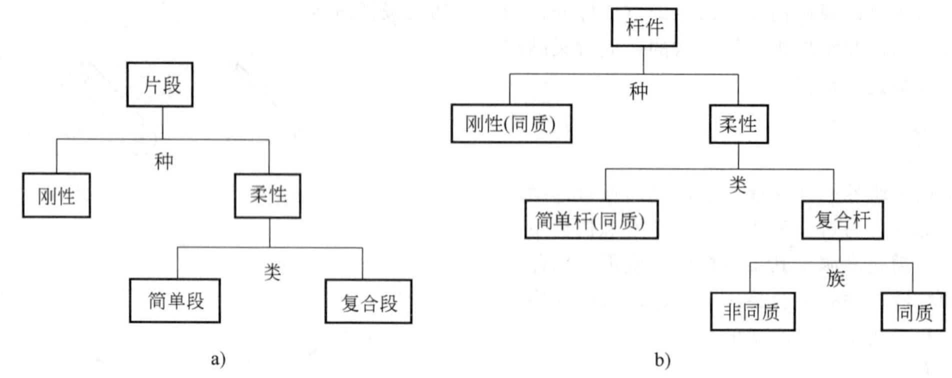

图 11. 8-3　片段和杆件的种类
a）片段　b）构件

表 11. 8-4　柔顺机构简图的符号规定

柔顺机构中的片段或运动副	符号表示	柔顺机构中的片段或运动副	符号表示
刚性片段		柔性铰链	或
柔顺片段		滑动铰链	或
轴向柔顺片段		固定连接	或
转动铰链			

2　柔顺机构相关的基本概念

2. 1　线性与非线性变形

在大多数变形分析中，都假设相对于结构的几何尺寸来说其变形很小并且应变与应力成正比关系，利用这些假设可将变形方程线性化，从而使分析简化。在许多应用中，结构变形较小，应力在弹性范围内，可以根据线性方程得到精确结果。但是当结构发生非线性变形时，这些假设不再适用，此时必须进行非线性分析。

结构非线性分为两类：材料非线性和几何非线性。材料非线性出现在不能应用胡克定律所阐述的应力与应变成正比关系的情况下。材料非线性的例子包括塑性、非线性弹性、超弹性变形及蠕变等。当变形改变了问题的本质时就会出现几何非线性。几何非线性的例子有大变形、应力硬化和大应变等。如果应变大到能造成几何结构上的显著变化，这种大应变造成的非线性必须加以考虑。当结构的刚度是变形的函数时，就会产生应力硬化。

在非线性分析中，区分载荷是保守力还是非保守力是非常重要的。保守力问题是指最终变形与加载的次序和载荷增加的次数无关的情况。保守系统的势能仅仅取决于最终的变形，而与获得该变形的路径无关。利用这一特性，可以用有利于提高求解方法收敛性的方式来加载，从而简化保守系统的分析过程。几何非线性和非线性弹性都是保守问题的例子。如果系统的能量与路径有关，例如塑性变形或者蠕变，就属于非保守力问题，其分析过程必须与实际加载路径一致。

2. 2　刚度与强度

刚度是指材料或结构在承受载荷时抵抗弹性变形的能力，是材料或结构弹性变形难易程度的表征。在宏观弹性范围内，刚度是零件荷载与位移成正比的比例系数，即引起单位位移所需的力。

强度是指材料或结构在承受载荷后抵抗发生断裂或超过容许限度的残余变形的能力，是衡量零件本身承载能力（即抵抗失效能力）的重要指标。强度是机械零部件应满足的基本要求。

如果一个小载荷造成相对大的变形，那么该构件的刚度很低，但不能说明它的强度。由载荷产生的变形量与构件的刚度或刚性有关。强度是材料在失效以前所能承受应力的特性，结构的刚度决定了在载荷作用下能产生多大的变形，而强度则决定了失效前能承受多大的应力。

机构的刚度既是材料特性的函数也是几何参数的函数。在弯曲过程中，抗弯刚度为 EI，其中 E 为弹性模量，I 为横截面惯性矩。对于轴向载荷，它的轴向刚度为 EA，其中 A 为横截面面积。

如图 11.8-4 所示的悬臂梁，材料各向同性，即各个方向上的弹性模量和强度都相同。梁在几何上对某根轴的惯性矩要比对其他轴的惯性矩大得多。

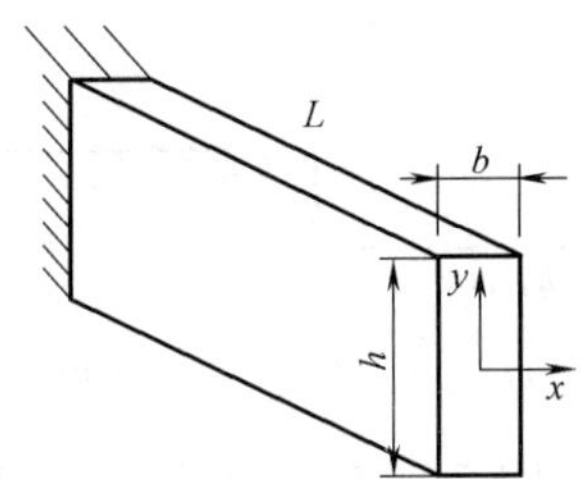

图 11.8-4　在 x 和 y 方向上等强度但不等刚度的悬臂梁

如果在 x 方向上作用一个可使最大应力等于屈服强度 S 的力 F_x 时，x 轴方向的变形为

$$\delta_x = \frac{2SL^2}{3Eb} \tag{11.8-1}$$

在 y 方向上作用一个可使最大应力等于屈服强度的力 F_y，y 方向产生的变形为

$$\delta_y = \frac{2SL^2}{3Eh} \tag{11.8-2}$$

该构件在失效以前，x 方向的变形比 y 方向的变形大，通过比值 h/b 表示为

$$\delta_x = \frac{h}{b}\delta_y \tag{11.8-3}$$

此例表明，虽然梁在 x 方向和 y 方向上的强度相同，但两个方向的刚度却有很大差别。刚度与强度没有必然的联系，在很多情况下可以通过降低某一构件的刚度来避免疲劳失效，这在柔顺机构中是很常见的。

2.3　柔度

在大多数结构和机械系统中，不希望梁有柔性和变形。然而由于柔顺机构的运动是依靠变形来实现的，其构件的柔度是必需的，很多情况下希望通过尽可能小的载荷和应力得到所需的变形。

柔度与刚度互为倒数，即单位力引起的位移，是反映构件在载荷作用下的变形能力。梁的柔度可以通过改变材料特性或者几何尺寸来改变。如图 11.8-5 所示，假设变形是在线性范围内，变形 δ 为

$$\delta = \frac{FL^3}{3EI} \tag{11.8-4}$$

式中　惯性矩 $I = bh^3/12$。

因此

$$\delta = 4F\frac{1}{E}\frac{L^3}{bh^3} \tag{11.8-5}$$

梁的变形大小受作用力（F）、材料特性（$1/E$）和几何参数（L^3/bh^3）的影响。对于给定载荷，梁的柔性可以通过修改其材料和几何尺寸来改变。

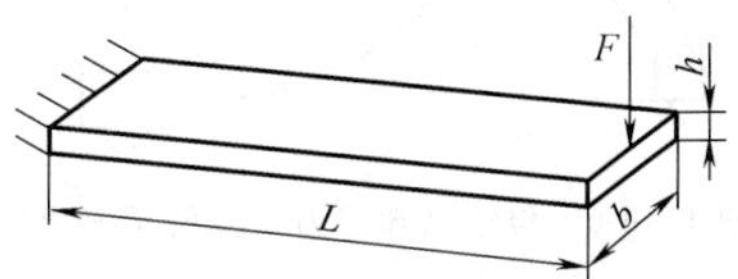

图 11.8-5　力作用下梁的变形

柔性与脆性并没有必然联系，脆性材料在达到失效应力时会被严重地破坏，但对于延展性材料，当应力超过屈服强度时会伸长，这种伸长表明此构件已处于过应力状态，它不会破断，但会产生永久变形，一些延展性材料可以承受超过其屈服强度几千倍的应力而不破断。总之，脆性材料可以做成柔性的，但是在过载荷的情况下会造成严重的破坏。

2.4　位移与力载荷

柔顺机构要在保持应力低于最大允许应力的情况下，使机构有足够大的变形以实现其功能。一旦柔顺机构的变形位置已知，就可以直接进行应力分析。大多数柔顺机构是在二维空间内工作的，弯曲应力和轴向应力是柔顺机构中最主要的载荷形式，由轴向力 F 造成的轴向应力为

$$\sigma = \frac{F}{A} \tag{11.8-6}$$

式中　F——轴向力；

A——横截面面积。

弯曲应力为

$$\sigma = \frac{My}{I} \tag{11.8-7}$$

式中　M——力矩载荷；

y——考察点到中性轴的距离；

I——横截面的惯性矩。

最大应力发生在离中性轴最远距离 c 处，最大应力为

$$\sigma_{\max}=\frac{Mc}{I} \tag{11.8-8}$$

大多数结构都受力载荷的作用，例如受到交通工具压力和风力作用的桥梁，受到动载荷的高速连杆机构，以及受到空气动力载荷的机翼等。然而柔顺机构的载荷形式却大不相同，其位移是已知的，无须计算由已知载荷引起的变形和应力，而是计算出相应的应力和运动副反力。如图 11.8-6 所示，柔性梁的变形是由系统的其他部分决定的，而且载荷是未知的，具有位移载荷结构的设计方法与具有力载荷结构的设计方法是完全不同的。

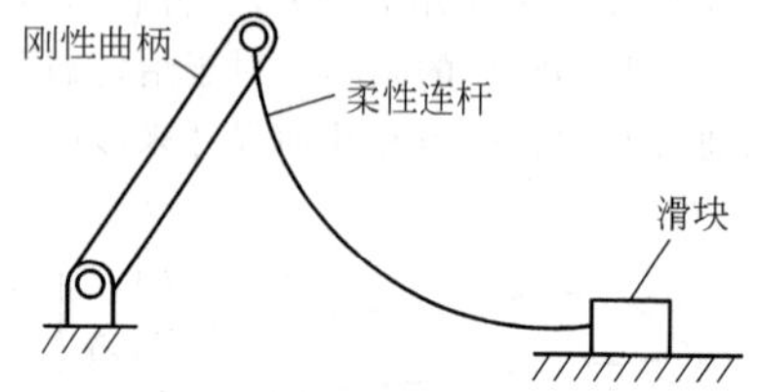

图 11.8-6　位移已知但力未知的柔顺机构

考虑如图 11.8-7 所示的两根梁。第一根梁受一个已知力的作用，固定端的力矩为 $M=FL$，由式 (11.8-8) 得到其最大应力为

$$\sigma_{\max}=\frac{FLc}{I} \tag{11.8-9}$$

第二根梁的位移由凸轮轮廓线决定，运动副反力是未知的，最大力矩 $M_{\max}$ 作用在固定端，变形方程为

$$\delta=\frac{FL^3}{3EI}=\frac{M_{\max}L^2}{3EI} \tag{11.8-10}$$

解方程得

$$M_{\max}=\frac{3\delta EI}{L^2} \tag{11.8-11}$$

代入式 (11.8-7) 得

$$\sigma=\frac{3\delta Ey}{L^2} \tag{11.8-12}$$

对于受力载荷的梁，如图 11.8-7a 所示，增加惯性矩可以减小应力，这表明，可以通过附加材料来提高结构强度。但是，如果这种方法应用到位移载荷的情况，如图 11.8-7b 所示，将造成严重的损失。对于这种梁，要通过降低刚度来减小应力，承受给定位移的构件应该更有柔性，这可以通过使用弹性模量较低的材料或者通过减小惯性矩的方法来实现。

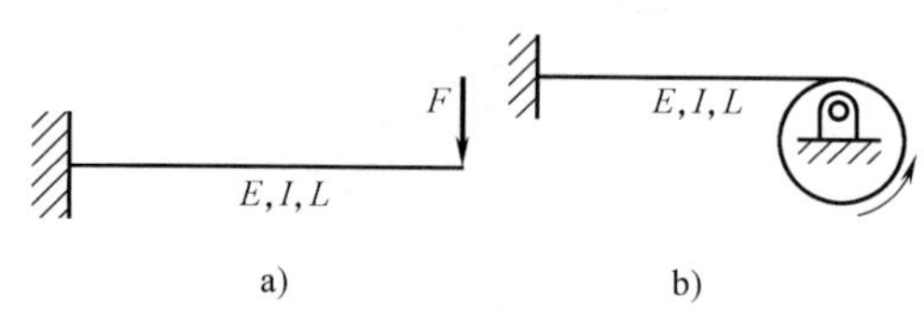

图 11.8-7　已知力或位移载荷的梁
a）已知力载荷的梁　b）已知位移的梁

3　典型的柔顺单元与机构（见表 11.8-5）

表 11.8-5　典型的柔顺单元与机构

柔顺机构类型	说　明	图　例
平面柔性铰链	图中所示为几种常用的平面柔性铰链。其中图 a 为长方形柔性铰链，其分析计算相对较简单；图 b 为圆弧形柔性铰链，在长方体上两侧各加工圆柱形表面；图 c 为椭圆形柔性铰链，在长方体上两侧各加工椭圆柱形表面；图 d 为圆柱体圆弧形柔性铰链，在圆柱体对称两侧各加工出圆柱形表面，其分析计算相对较复杂	a)　b)　c)　d) a）长方形柔性铰链　b）圆弧形柔性铰链　c）椭圆形柔性铰链　d）圆柱体圆弧形柔性铰链
空间柔性铰链	图中所示为常见的空间柔性铰链。其中，图 a 所示为圆柱体中间加工出一个细的圆柱棒，能产生空间变形；图 b 所示为在正方体上加工出相互垂直的两圆弧形柔性铰链，能产生空间变形	a)　b) a）圆柱体上的空间柔性铰链 b）正方体上的空间柔性铰链

（续）

柔顺机构类型	说　明	图　例
柔顺平行运动机构	柔顺平行导向机构用途十分广泛，其结构型式也可多种多样。图 a 所示为椭圆形柔性铰链的平行导向机构，图 b 所示为交错轴柔性铰链的平行导向机构。平行导向机构具有可消除铰链摩擦、回差和不用润滑油等优点	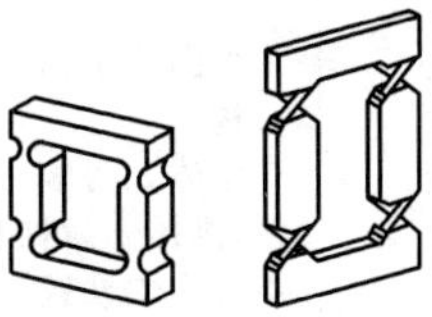 a)　b) a）椭圆柔性铰链平行导向机构 b）交错轴柔性铰链平行导向机构
柔顺能量存储机构	图中所示的叠簧采用叠堆的方法减小体积和重量，同时保持了它们本来的功能 图 a 是一种典型的叠簧构型，其簧片 a 的长度是变化的。b 是板簧的安装部位 图 b 是另一种叠簧构型，其簧片 a 的长度相同。b 是簧片的安装部位	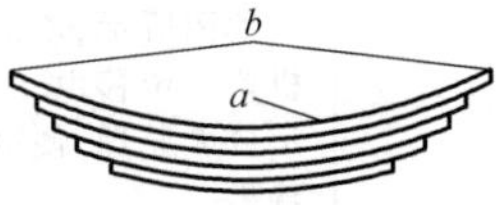  b　a a) b　a　b b)
单稳态机构	如图所示，该机构中有一个悬臂梁，在没有输入力的情况下，该悬臂梁迫使机构保持在唯一稳态位置 a）刚体 a 固定，刚体 b 是二副杆，在没有输入的情况下，柔性杆 c 借助能量传递将机构保持在当前位置 b）在输入 d 作用下机构的变形状态（不稳定）	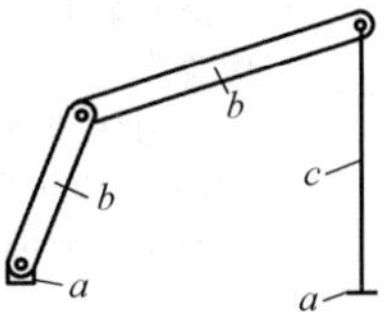 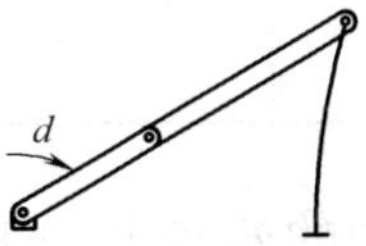 b　b　c　a　a a) d b)
双稳态机构	如图所示，该机构是一种全柔顺的电灯开关 a）刚体 a 固定，段 b 是活铰，段 c 可以停留在对应电灯开和关的两个稳态位置 b）机构的变形状态	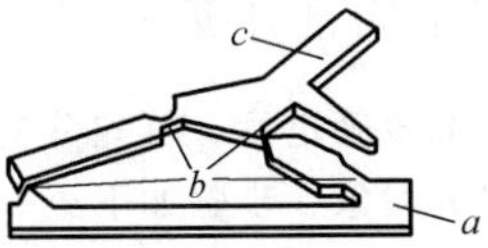 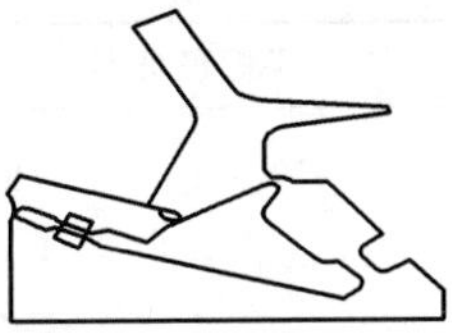 c　b　a a) b)

（续）

柔顺机构类型	说明	图例
位移放大机构	如图所示，该机构是一种杠杆式位移放大机构 刚体 a 为输出平台，通过柔性段与边框连接，刚体 b 为杠杆机构，其输入输出点和支点都为柔性铰。在输入 c 的作用下，平台 a 会有大的位移输出	柔性铰链 b a c
	如图所示，该机构是一种三角式位移放大机构。位移由 a 端输入，经过该机构的三角形放大原理，便可在 b 端获得放大后的位移输出	b a
力放大机构	如图所示，该机构是一种全柔顺夹钳，从理论上来讲，其局部运动具有无穷大的机械增益 a）刚性段 a 是输入杆，刚体 b 是输出杆（此处的力被放大），c 为被动铰链 b）变形后的形态	a c b b a) b)

4 柔顺机构的建模与分析方法

4.1 柔顺机构的自由度计算

4.1.1 段的自由度计算

柔顺机构的段确定后，首先分析它的自由度。以平面机构为研究对象，步骤如下：

1）柔顺段不发生弹性变形，则有 3 个自由度，这与刚体段相同。

2）柔顺段发生弹性变形，则要确定柔顺段弹性变形的参数个数，参数的个数为其自由度数。

常见的柔顺段自由度分析见表 11.8-6。

4.1.2 柔顺段连接类型

柔顺段连接类型见表 11.8-7。

表 11.8-6 常见的柔顺段自由度分析

柔顺段类型	自由度分析
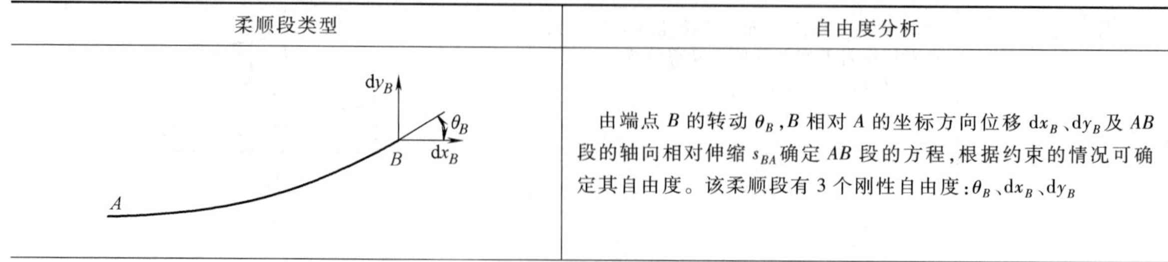	由端点 B 的转动 θ_B，B 相对 A 的坐标方向位移 dx_B、dy_B 及 AB 段的轴向相对伸缩 s_{BA} 确定 AB 段的方程，根据约束的情况可确定其自由度。该柔顺段有 3 个刚性自由度：θ_B、dx_B、dy_B

（续）

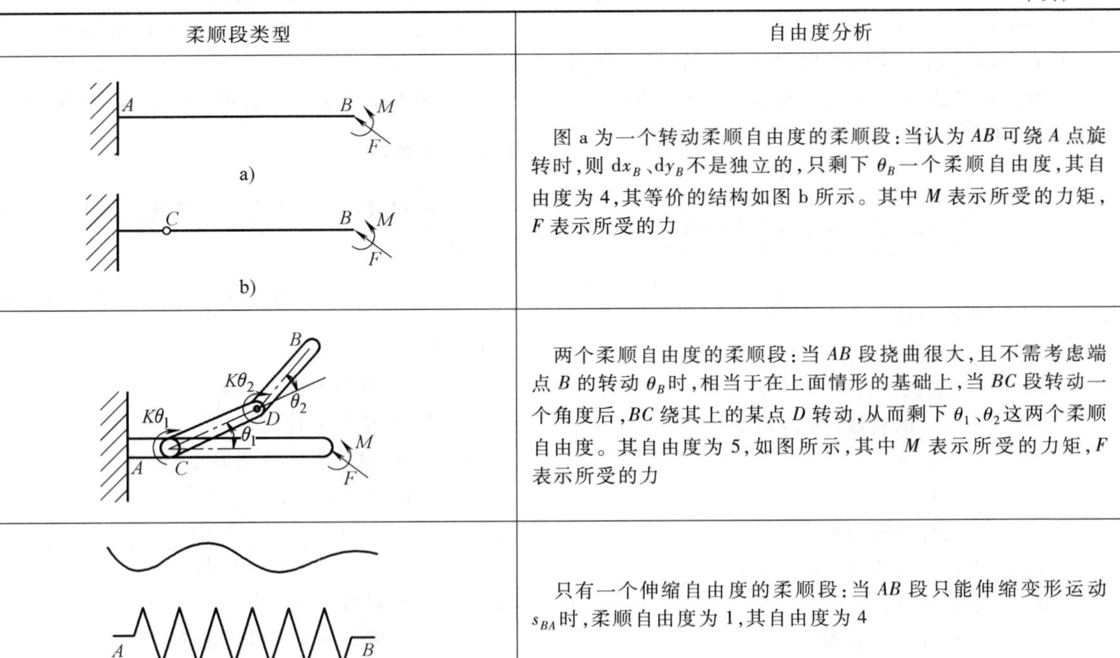

柔顺段类型	自由度分析
a) b)	图 a 为一个转动柔顺自由度的柔顺段：当认为 AB 可绕 A 点旋转时，则 dx_B、dy_B 不是独立的，只剩下 θ_B 一个柔顺自由度，其自由度为 4，其等价的结构如图 b 所示。其中 M 表示所受的力矩，F 表示所受的力
	两个柔顺自由度的柔顺段：当 AB 段挠曲很大，且不需考虑端点 B 的转动 θ_B 时，相当于在上面情形的基础上，当 BC 段转动一个角度后，BC 绕其上的某点 D 转动，从而剩下 θ_1、θ_2 这两个柔顺自由度。其自由度为 5，如图所示，其中 M 表示所受的力矩，F 表示所受的力
	只有一个伸缩自由度的柔顺段：当 AB 段只能伸缩变形运动 s_{BA} 时，柔顺自由度为 1，其自由度为 4

表 11.8-7　柔顺段连接类型

连接类型	图　　例	说　　明
固接型	A　B	柔顺段的固定连接方式：约束了 3 个自由度
铰接型	A　B	柔顺段与其他段铰接：约束了两个自由度
柔顺铰接型	A　B	刚性段间的柔顺铰接：这是刚性段与刚性段的一种连接方式，约束了 2 个自由度

4.1.3　柔顺机构总自由度计算

机构自由度等于机构全部构件在没有约束时的自由度数减去被约束的自由度数，所以柔顺机构的总自由度 F 公式为

$$F=\sum_{j=4}^{6} j n_1+3 n_2-\sum_{j=1}^{2}(3-j) n_3-3 n_4-\sum_{j=1}^{2}(3-j) n_5 \tag{11.8-13}$$

式中　n_1——自由度等于 j 的柔顺段的数目；

n_2——除去机架外刚性段的数目；

n_3——自由度等于 j 的刚性运动副的数目；

n_4——两端是固定连接的数目；

n_5——柔顺自由度等于 j 的柔顺运动副的数目。

4.2　柔顺机构的频率特性分析

固有频率是重要的动力学特性参数，体现了柔顺机构的振动特点。下面以平行导向柔顺机构为例对柔顺机构的固有频率特性进行分析。

图11.8-8所示为含椭圆形柔性铰链的平行导向柔顺机构，设椭圆形铰链长半轴为 a，短半轴为 b，宽度为 w，其固有频率 ω 为

$$\omega=\frac{1}{2\pi}\sqrt{\frac{Ew\,t^3}{6a\lambda\left[\left(m_1+\frac{1}{2}m_2\right)d^2+2I\right]}} \tag{11.8-14}$$

式中　E——弹性模量；

t——厚度；

λ——s 的函数，且 $s=b/t$；

m_1——导向杆的质量，$m_1=\rho LA_1$；

ρ——材料密度；

L——导向杆长；

A_1——导向杆截面面积；

m_2——平行杆的质量，$m_2=\rho dA_2$；

d——平行杆杆长；

A_2——平行杆截面面积；

I——惯性矩。

因此有

$$\omega=\frac{1}{2\pi}\sqrt{\frac{Ew\,t^3}{6a\lambda\rho\left[\left(LA_1+\frac{1}{2}dA_2\right)d^2+2I\right]}} \tag{11.8-15}$$

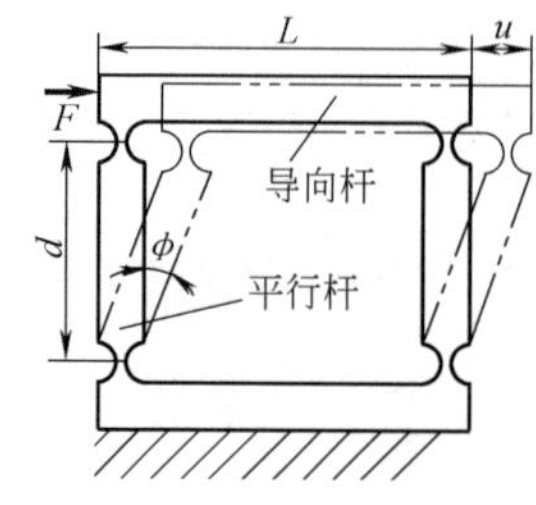

图11.8-8　平行导向柔顺机构

若铰链为直圆形柔性铰链，即 $a=b$，则其固有频率 ω 为

$$\omega=\frac{1}{2\pi}\sqrt{\frac{Ew\,t^2}{6\,\lambda'\rho\left[\left(LA_1+\frac{1}{2}dA_2\right)d^2+2I\right]}} \tag{11.8-16}$$

式中　$\lambda'=s\cdot\lambda$。

由式（11.8-16）可知：

1）若机构的几何参数和结构参数选定，则机构的固有频率 ω 与材料参数 $\sqrt{E/\rho}$ 成正比。

2）机构的固有频率随着 a 的增加而降低，随着 b 的增加而提高，而与 w 无关。

3）最小厚度 t 的增大能够提高机构的固有频率。

4）杆长 d 的减小，会提高机构的固有频率。

4.3　小变形分析

Bernoulli-Euler 方程表明，弯矩与梁的曲率成正比，即

$$M=EI\frac{\mathrm{d}\theta}{\mathrm{d}s} \tag{11.8-17}$$

式中　M——弯矩；

E——材料的弹性模量；

I——梁的惯性矩；

$\mathrm{d}\theta/\mathrm{d}s$——沿着梁的角变形速率。

梁的曲率可以写成

$$\frac{\mathrm{d}\theta}{\mathrm{d}s}=\frac{\mathrm{d}^2y/\mathrm{d}x^2}{[1+(\mathrm{d}y/\mathrm{d}x)^2]^{3/2}} \tag{11.8-18}$$

式中　y——梁的横向变形；

x——梁沿未变形轴方向的坐标。

当变形很小时，式（11.8-18）分母中斜率的平方项 $(\mathrm{d}y/\mathrm{d}x)^2$ 可以看作是一个与单位1相比很小的量。由此假设可以导出经典的梁弯矩-曲率方程为

$$M=EI\frac{\mathrm{d}^2y}{\mathrm{d}x^2} \tag{11.8-19}$$

以图11.8-9所示末端受垂直力作用的悬臂梁为例，力矩可以写成

$$M=F(L-x) \tag{11.8-20}$$

式中　F——垂直力的值；

L——梁的长度。根据边界条件可求得

$$y=\frac{F\,x^2}{6EI}(3L-x) \tag{11.8-21}$$

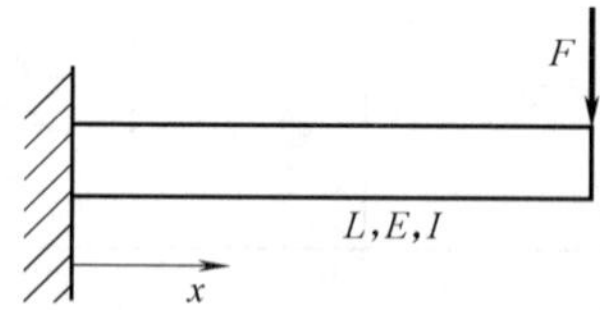

图11.8-9　末端受力的小变形悬臂梁

在许多结构应用场合，以力和力矩等表示的载荷是已知的，变形和应力可以通过类似于式（11.8-21）的方程求出，然而在柔顺机构分析中，所要求的变形却是已知的，产生的力和相应的应力则需由计算求出。

根据不同边界条件得到的不同类型的梁的变形方程见表11.8-8。

表 11.8-8　不同边界条件下不同类型梁的变形方程

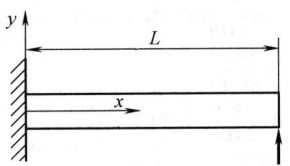

(1)自由端受力的悬臂梁 $y=\frac{Fx^2}{6EI}(3L-x)$，在 $x=L$ 处 $y_{max}=\frac{FL^3}{3EI}$ $\theta=\frac{Fx}{2EI}(2L-x)$，$\theta_{max}=\frac{FL^2}{2EI}$ 在 $x=0$ 处 $M_{max}=FL$	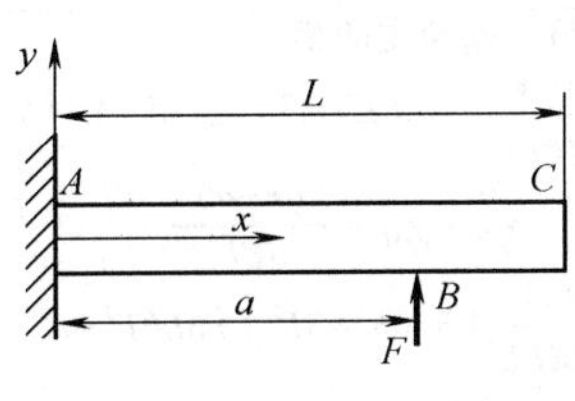
(2)任意点垂直受力的悬臂梁 $y_{AB}=\frac{Fx^2}{6EI}(3a-x)$ $y_{BC}=\frac{Fa^2}{6EI}(3x-a)$ 在 $x=L$ 处 $y_{max}=\frac{Fa^2}{6EI}(3L-a)$ $\theta_{AB}=\frac{Fx}{2EI}(2a-x)$，$\theta_{max}=\theta_{BC}=\frac{Fa^2}{2EI}$ 在 $x=0$ 处 $M_{max}=Fa$	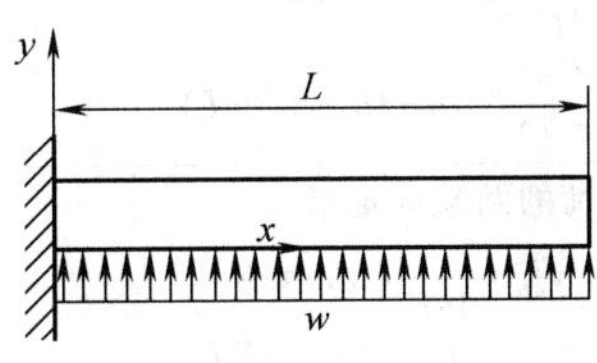
(3)受均布载荷的悬臂梁 $y=\frac{wx^2}{24EI}(6L^2+x^2-4Lx)$，在 $x=L$ 处 $y_{max}=\frac{wL^4}{8EI}$ $\theta=\frac{wx}{6EI}(3L^2+x^2-3Lx)$，在 $x=L$ 处 $\theta_{max}=\frac{wL^3}{6EI}$ 在 $x=0$ 处 $M_{max}=\frac{wL^2}{2}$	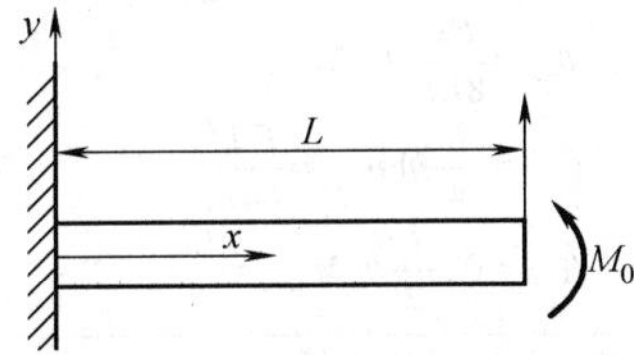
(4)自由端受力矩作用的悬臂梁 $y=\frac{M_0x^2}{2EI}$，在 $x=L$ 处 $y_{max}=\frac{M_0L^2}{2EI}$ $\theta=\frac{M_0x}{EI}$，在 $x=L$ 处 $\theta_{max}=\frac{M_0L}{EI}$ $M_{max}=M_0$	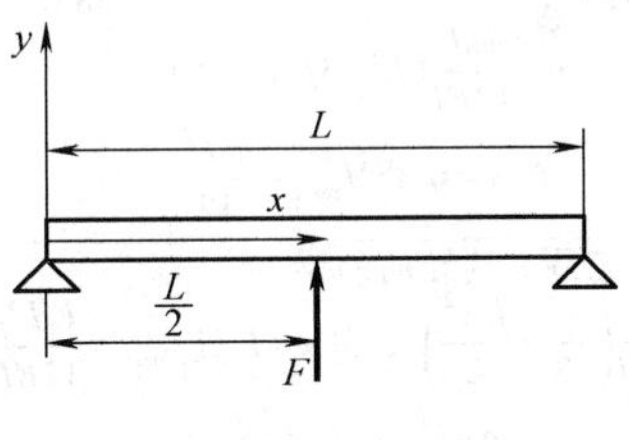
(5)中点受力的简支梁 $y_{AB}=\frac{Fx}{48EI}(3L^2-4x^2)$，在 $x=\frac{L}{2}$ 处 $y_{max}=\frac{FL^3}{48EI}$ $\theta_{AB}=\frac{F}{16EI}(L^2-4x^2)$ 在 $x=0$ 处　$\theta_{max}=\frac{FL^2}{16EI}$ 在 $x=\frac{L}{2}$ 处 $M_{max}=\frac{FL}{4}$	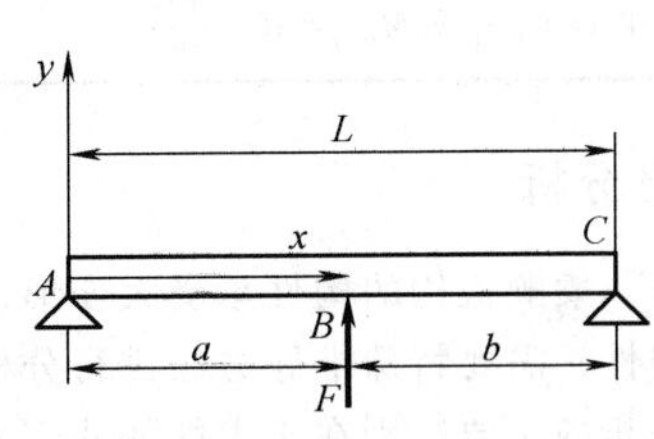
(6)任意点垂直受力的简支梁 $a<b$，$y_{AB}=\frac{Fbx}{6EIL}(L^2-x^2-b^2)$， $y_{BC}=\frac{Fa(L-x)}{6EIL}(2Lx-x^2-a^2)$ $\theta_{AB}=\frac{Fb}{6EIL}(L^2-3x^2-b^2)$， $\theta_{BC}=\frac{Fa}{6EIL}(3x^2+a^2+2L^2-6Lx)$ $M_{AB}=\frac{Fbx}{L}$，$M_{BC}=\frac{Fa}{L}(L-x)$	y L x A C B a b F

（续）

(7)受均布载荷的简支梁 $y=\frac{wx}{24EI}(L^3-2Lx^2+x^3)$ 在 $x=\frac{L}{2}$ 处 $y_{\max}=\frac{5wL^4}{384EI}$ $\theta=\frac{w}{24EI}(L^3-6Lx^2+4x^3)$ 在 $x=0$ 处 $\theta_{\max}=\frac{wL^3}{24EI}$ 在 $x=\frac{L}{2}$ 处 $M_{\max}=\frac{wL^2}{8}$	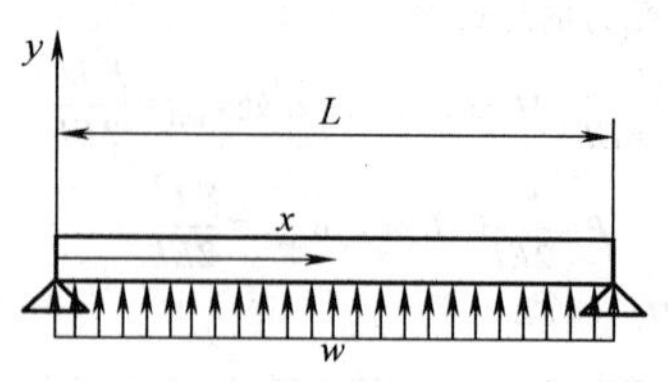
(8)一端固定另一端简支的梁 $y_{AB}=\frac{Fbx^2}{12EIL^3}[3L(L^2-b^2)+x(b^2-3L^2)]$ $y_{BC}=y_{AB}+\frac{F(x-a)^3}{6EI}$ $\theta_{AB}=\frac{Fbx}{12EIL^3}[3x(b^2-3L^2)+6L(L^2-b^2)]$ $\theta_{BC}=\theta_{AB}+\frac{F(x-a)^2}{2EI}$ $M_{AB}=\frac{Fb}{2L^3}[L^3-b^2L+x(b^2-3L^2)]$ $M_{BC}=\frac{Fa^2}{2L^3}(3Lx-3L^2-ax+aL)$	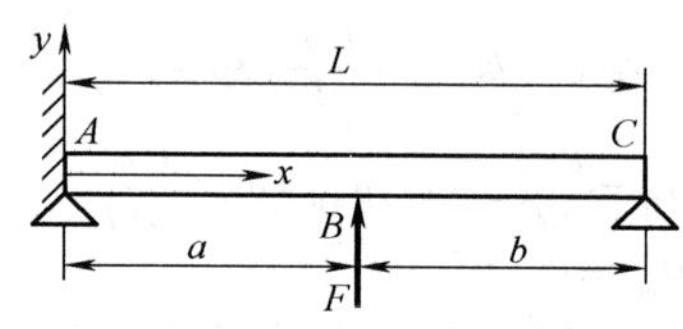
(9)中点受载荷的两端固定梁 $y_{AB}=\frac{Fx^2}{48EI}(3L-4x)$ 在 $x=\frac{L}{2}$ 处 $y_{\max}=\frac{FL^3}{192EI}$ $\theta_{AB}=\frac{Fx}{8EI}(L-2x)$， 在 $x=\frac{L}{4}$ 处 $\theta_{\max}=\frac{FL^2}{64EI}$ 在 $x=0,\frac{L}{2}$ 处 $M_{\max}=\frac{FL}{8}$	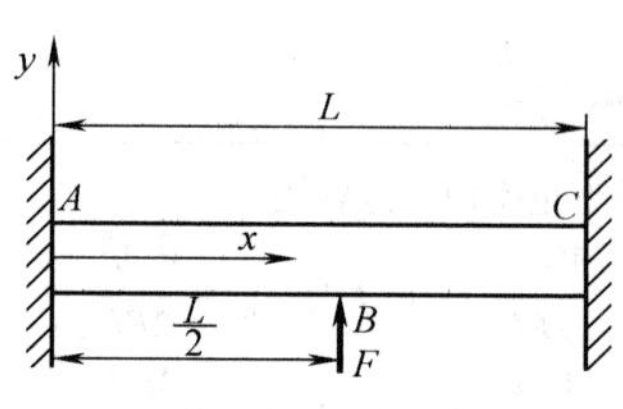
(10)受均布载荷的两端固定梁 $y=\frac{wx^2}{24EI}(L-x)^2$，在 $x=\frac{L}{2}$ 处 $y_{\max}=\frac{wL^4}{384EI}$ $\theta=\frac{wxL}{12EI}(L^2-3Lx+2x^2)$ 在 $x=0$ 处 $M_{\max}=\frac{wL^2}{12}$	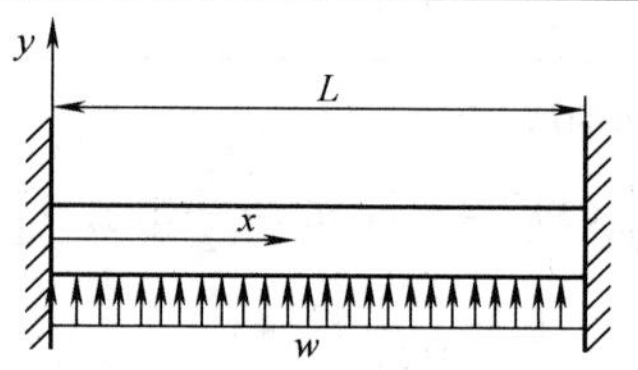
(11)一端固定另一端导向的梁 $y=\frac{F}{2EI}\left(\frac{x^3}{3}-\frac{Lx^2}{2}\right)$，在 $x=L$ 处 $y_{\max}=\frac{FL^3}{12EI}$ $\theta=\frac{F}{2EI}(x^2-Lx)$ 在 $x=\frac{L}{2}$ 处 $\theta_{\max}=\frac{FL^2}{4EI}$ 在 $x=0,\frac{L}{2}$ 处 $M_{\max}=M_0=\frac{FL}{2}$	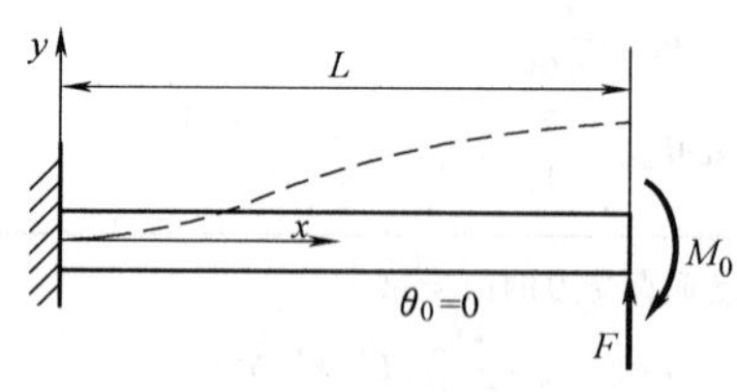

4.4　大变形分析

一般而言，柔顺机构的构件承受大变形，因此会引入几何非线性，需要特殊推导方法进行分析。大变形和小变形分析的主要区别在于求解如式（11.8-17）的 Bernoulli-Euler 方程的假设。对于小变形，假设斜率非常小，曲率可近似为如式（11.8-19）的变形的二次微分。如果斜率较大，那么此假设失效。若假设写成以下形式

$$\frac{\mathrm{d}\theta}{\mathrm{d}s}=C\frac{\mathrm{d}^2y}{\mathrm{d}x^2} \qquad (11.8\text{-}22)$$

那么

$$C=\frac{1}{[1+(\mathrm{d}y/\mathrm{d}x)^2]^{3/2}} \tag{11.8-23}$$

对于小变形，假设 $C=1$。当变形增加，C 值也随之改变，它与单位 1 的偏差就表示出小变形假设的不准确性。斜率很小时，C 接近于 1，随着斜率的增加，C 值减小。

以自由端受到力矩作用的悬臂梁为例，如图 11.8-10 所示，其 Bernoulli-Euler 方程为

$$\frac{\mathrm{d}\theta}{\mathrm{d}s}=\frac{M_0}{EI} \tag{11.8-24}$$

其中，M_0在沿着梁的长度上都是常量。梁末端的变形角 θ_0可以通过分离变量后积分求得，即

$$\int_0^{\theta_0}\mathrm{d}\theta=\int_0^L\frac{M_0}{EI}\mathrm{d}s \tag{11.8-25}$$

$$\theta_0=\frac{M_0L}{EI} \tag{11.8-26}$$

其中，θ_0的单位为弧度。因为是对沿着梁方向的距离 s 的积分，而不是对水平距离 x 的积分，因此，方程中无小变形假设。

通过积分可以得到无量纲形式的梁垂直变形为

$$\frac{b}{L}=\frac{EI}{M_0L}(1-\cos\theta_0) \tag{11.8-27}$$

用类似的方法可以得到无量纲形式的梁水平坐标为

$$\frac{a}{L}=\frac{\sin\theta_0}{\theta_0}=\frac{\sin[M_0L/(EI)]}{M_0L/(EI)} \tag{11.8-28}$$

无量纲水平变形为 $1-a/L$。式（11.8-27）和式（11.8-28）所表示的变形如图 11.8-10 中的虚线所示。

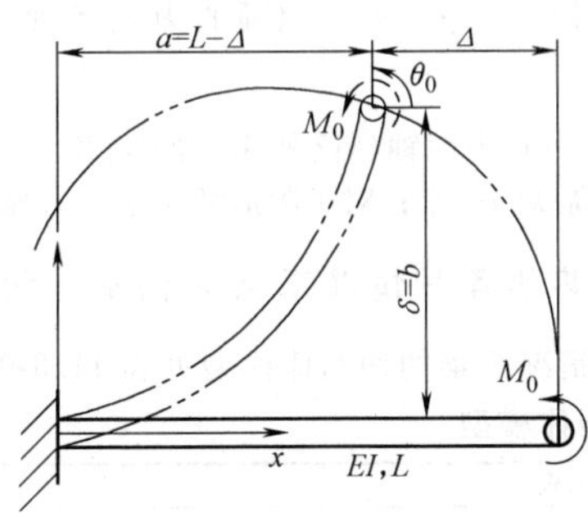

图 11.8-10　自由端受力矩作用的柔性悬臂梁

4.5　基于伪刚体模型的建模方法

伪刚体模型是用具有等效力-变形关系的刚体构件来模拟柔性部件的变形，这样刚体机构的理论就可以用来分析柔顺机构。伪刚体模型将刚体机构与柔顺机构理论联系起来，这种方法对于柔顺机构的设计来说非常有用。对每一个柔性片段，伪刚体模型可以预测其变形轨迹和力-变形关系，其运动是用具有铰链的刚性杆来模拟的，柔顺片段的力-变形关系是用附加的弹簧来准确描述的。伪刚体模型建立的关键是确定特征铰链的位置以及扭转弹簧的参数。

4.5.1　短臂柔铰

如图 11.8-11a 所示的悬臂梁，它有两段，一段短而柔，而另一段则长而硬。如果短段比起长段足够短而且柔软的多，即

$$L\gg l \tag{11.8-29}$$

$$(EI)_L\gg(EI)_l \tag{11.8-30}$$

则短段称为短臂柔铰。为清楚起见，图 11.8-11 中的 l 是用夸大了的长度表示的，一般来说，L 的长度是 l 的 10 倍以上。对端点受一力矩作用的柔性片段，其变形方程为

$$\theta_0=\frac{M_0l}{EI} \tag{11.8-31}$$

$$\frac{\delta_y}{l}=\frac{1-\cos\theta_0}{\theta_0} \tag{11.8-32}$$

$$\frac{\delta_x}{l}=1-\frac{\sin\theta_0}{\theta_0} \tag{11.8-33}$$

这可以用来定义短臂柔铰的简单伪刚体模型。由于柔性部分比刚性部分短得多，此系统的运动可以用由特征铰链连接的两根刚性杆来模拟，如图 11.8-11b 所示，特征铰链位于柔性铰链的中点。因为变形仅发生在比刚性部分短得多的柔性部分，所以这种假设是准确的。基于这个原因，柔性段上几乎任何点都可以作为特征铰链的安装点，而中点用起来比较方便。伪刚体杆的角度 Θ 称为伪刚体角。对于短臂柔铰，伪刚体角等于梁末端角

$$\Theta=\theta_0(\text{短臂柔铰}) \tag{11.8-34}$$

梁末端的 x 和 y 坐标分别用 a 和 b 表示，可近似为

$$a=\frac{l}{2}+\left(L+\frac{l}{2}\right)\cos\Theta \tag{11.8-35}$$

及

$$b=\left(L+\frac{l}{2}\right)\sin\Theta \tag{11.8-36}$$

或表示成无量纲形式为

$$\frac{a}{l}=\frac{1}{2}+\left(\frac{L}{l}+\frac{1}{2}\right)\cos\Theta \tag{11.8-37}$$

和

$$\frac{b}{l}=\left(\frac{L}{l}+\frac{1}{2}\right)\sin\Theta \tag{11.8-38}$$

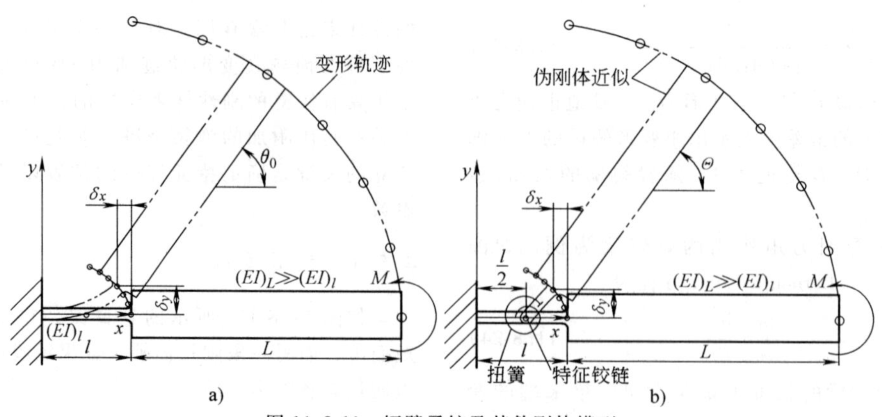

图 11.8-11　短臂柔铰及其伪刚体模型

a）短臂柔铰　b）伪刚体模型

对于给定的角变形，所求的近似梁的刚性部分将会是平行的，这使得分别用两种方法确定出的相应轨迹点之间的距离与刚性部分两端点间的距离相等，此距离 d 随着 l 的减小而减小，如图 11.8-12 所示。

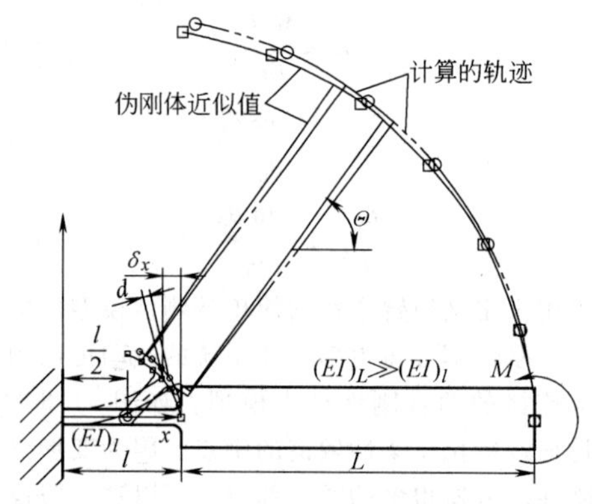

图 11.8-12　短臂柔铰的近似误差

梁的抗变形能力可用以弹簧常数为 K 的扭簧来模拟。使扭簧产生角变形为 Θ 的力矩为

$$T = K\Theta \tag{11.8-39}$$

弹簧常数 K 可以根据有关梁的基本理论确定。末端有力矩作用的梁的末端转角为

$$\theta_0 = \frac{Ml}{(EI)_l} \tag{11.8-40}$$

整理可以求出 M 为

$$M = \frac{(EI)_l}{l}\theta_0 \tag{11.8-41}$$

注意到 $M = T$ 和 $\theta_0 = \Theta$，可求得弹簧常数 K 为

$$K = \frac{(EI)_l}{l} \tag{11.8-42}$$

如果柔铰中弯曲是主要载荷，这一模型就更加精确，如果横向和轴向载荷比弯曲力矩大，则此模型会引入较大的误差。由于在推导过程中没有做小变形假设，因此在纯弯曲情况下，即使是对大变形来说，式（11.8-31）至式（11.8-33）仍然是精确的，这是此模型的一个优点。

对于短臂柔铰，最大应力 σ_{max} 发生在固定端，其值为

$$\sigma_{max} = \begin{cases} \dfrac{M_0 c}{I}\ \text{（末端受力矩载荷}M_0\text{）} \\ \dfrac{Pac}{I}\ \text{（自由端受垂直力}\ P\ \text{载荷）} \\ \pm\dfrac{P(a+nb)c}{I} - \dfrac{nP}{A}\ \text{（垂直力}\ P\text{，水平力}\ nP\text{）} \end{cases} \tag{11.8-43}$$

式中　c——自中性轴到梁外表面的距离，即对于矩形梁，为梁高度的一半；对于圆形截面梁，为圆的半径。

4.5.2　其他各种情况下梁的伪刚体模型

各种情况下梁的伪刚体模型见表 11.8-9。

表 11.8-9　各种情况下梁的伪刚体模型

类　型	伪刚体模型
	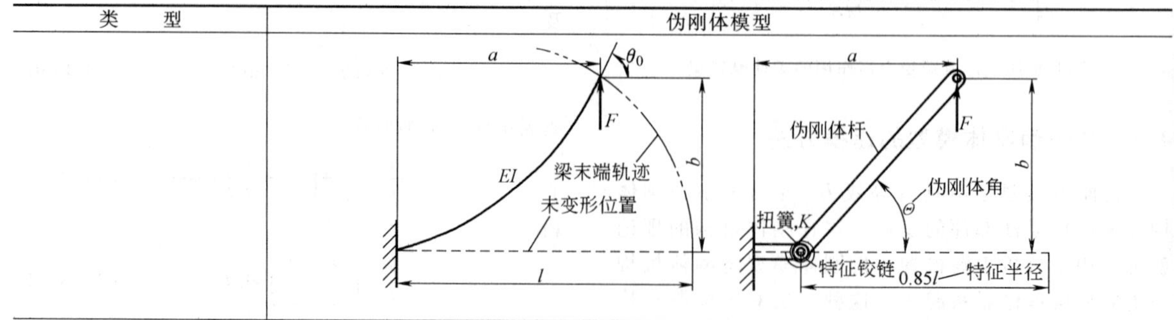

（续）

<table>
<tr><th>类　型</th><th>伪刚体模型</th></tr>
<tr><td>自由端受垂直力作用的悬臂梁</td><td>

$$a=l[1-0.85(1-\cos\Theta)] \quad (11.8\text{-}44)$$

$$b=0.85l\sin\Theta \quad (11.8\text{-}45)$$

$\Theta<64.3°$　用于精确的位置预测

$$\theta_0=1.24\Theta \quad (11.8\text{-}46)$$

$$K=2.25\frac{EI}{l} \quad (11.8\text{-}47)$$

$\Theta<58.5°$　用于精确的力预测

$$\sigma_{\max}=\frac{Pac}{I}\quad 在固定端 \quad (11.8\text{-}48)$$

式中　c—从中性轴到梁外表面的距离，即对于矩形梁，为梁高度的一半；对于圆形截面梁，为圆的半径</td></tr>
<tr><td>自由端受力的悬臂梁</td><td>

说明：梁所受力的角度用水平分量和垂直分量的比值 n 来描述。在柔顺机构中，这表示一端有铰链的柔性梁

$$a=l[1-\gamma(1-\cos\Theta)] \quad (11.8\text{-}49)$$

$$b=\gamma l\sin\Theta \quad (11.8\text{-}50)$$

$\Theta<\Theta_{\max}(\gamma)$　用于精确的位置预测

$$\theta_0=c_\theta\Theta \quad (11.8\text{-}51)$$

$$K=\gamma K_\Theta\frac{EI}{l} \quad (11.8\text{-}52)$$

式中　c_θ—梁末端变形角与伪刚体角之间的转换系数；
γ—特征半径系数。

$\Theta_{\max}<\Theta_{\max}(K_\Theta)$ 用于精确的力预测

$$\Phi=\arctan\frac{-1}{n} \quad (11.8\text{-}53)$$

$$\gamma=\begin{cases}0.841655-0.0067807n+0.000438n^2 & (0.5\leqslant n<10.0)\\ 0.852144-0.0182867n & (-1.8316\leqslant n<0.5)\\ 0.912364+0.0145928n & (-5<n<-1.8316)\end{cases} \quad (11.8\text{-}54)$$

$$K_\Theta=\begin{cases}3.024112+0.121290n+0.003169n^2\ (-5<n\leqslant-2.5)\\ 1.967647-2.616021n-3.738166n^2-2.649437n^3-0.891906n^4-0.113063n^5\ (-2.5<n\leqslant-1)\\ 2.654855-0.509896\times10^{-1}n+0.126749\times10^{-1}n^2-0.142039\times10^{-2}n^3\\ +0.584525\times10^{-4}n^4\ (-1<n\leqslant10)\end{cases}$$

(11.8-55)

或者对快速逼近：$K_\Theta\approx\pi\gamma$。表 11.8-10 列出了 γ 和 K_Θ 的数值

$$\sigma_{\max}=\pm\frac{P(a+nb)c}{I}-\frac{nP}{A}\quad 在固定端 \quad (11.8\text{-}56)$$

式中　c—从中性轴到梁外表面的距离</td></tr>
<tr><td>固定-导向梁</td><td> 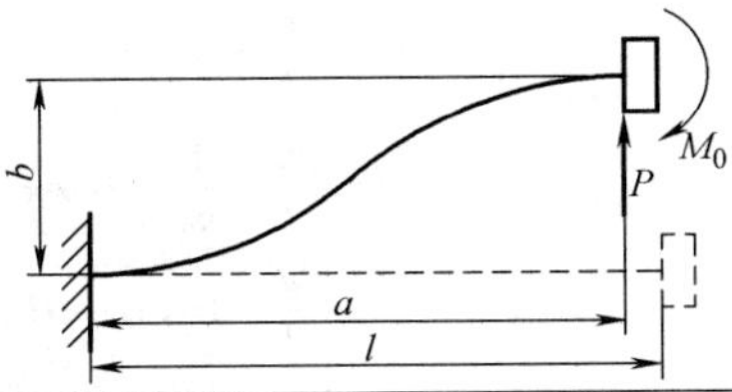 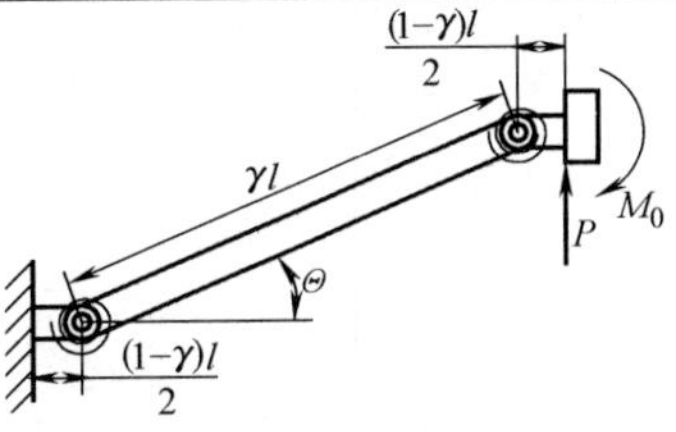

</td></tr>
</table>

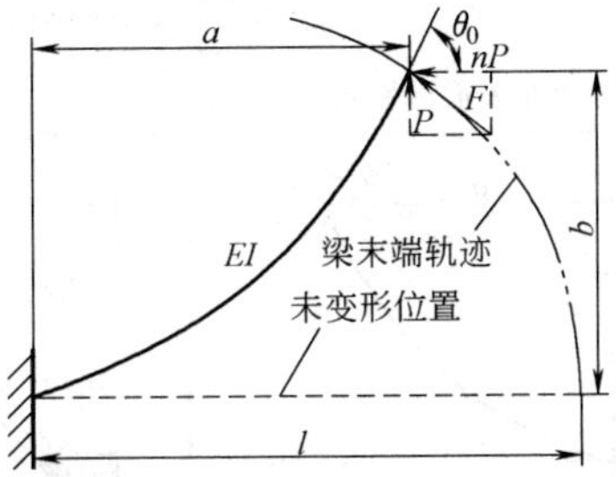

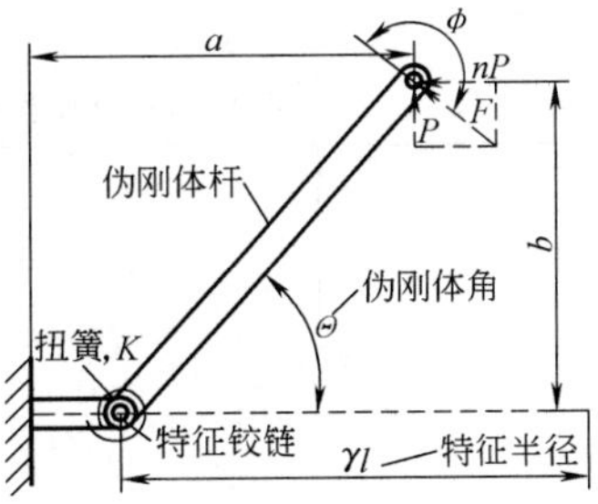

（续）

<table>
<tr><th>类　型</th><th>伪刚体模型</th></tr>
<tr><td>固定-导向梁</td><td>说明：梁在一端固定，另一端发生变形，而端点处的角变形保持恒定，梁的形状关于中心对称。这种类型的梁在平行运动机构中出现。力矩 M_0 是保持梁末端角不变的反力
$$a=l[1-\gamma(1-\cos\Theta)] \quad (11.8\text{-}57)$$
$$b=\gamma l\sin\Theta \quad (11.8\text{-}58)$$
$\Theta<\Theta_{max}(\gamma)$ 用于精确的位置预测
$$\theta_0=0 \quad (11.8\text{-}59)$$
$$K=2\gamma K_\Theta\frac{EI}{l} \quad (11.8\text{-}60)$$
$\Theta_{max}<\Theta_{max}(K_\Theta)$ 用于精确的力预测
γ、K_Θ、$\Theta_{max}(\gamma)$ 和 $\Theta_{max}(K_\Theta)$ 的值见表 11.8-10
$$\sigma_{max}=\frac{Pac}{2I} \text{在梁的两端} \quad (11.8\text{-}61)$$
式中　c—从中性轴到梁外表面的距离</td></tr>
<tr><td>自由端受力矩作用的悬臂梁</td><td> 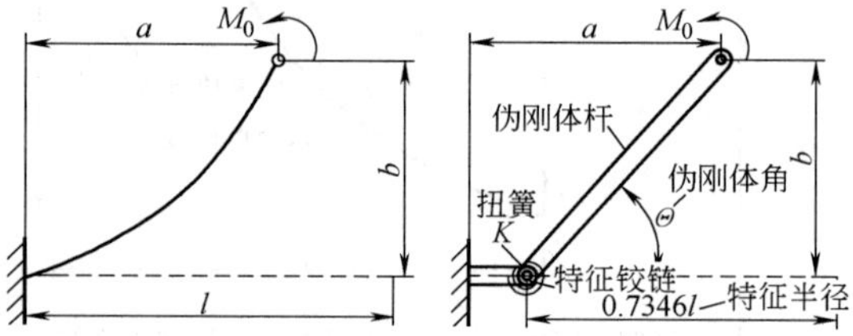
说明：在自由端受力矩载荷的柔性悬臂梁
$$a=l[1-0.7346(1-\cos\Theta)] \quad (11.8\text{-}62)$$
$$b=0.7346l\sin\Theta \quad (11.8\text{-}63)$$
$$\theta_0=1.5164\Theta \quad (11.8\text{-}64)$$
$$K=1.5164K_\Theta\frac{EI}{l} \quad (11.8\text{-}65)$$
$$\sigma_{max}=\frac{M_0c}{I} \quad (11.8\text{-}66)$$
式中　c—从中性轴到梁外表面的距离</td></tr>
<tr><td>初始弯曲悬臂梁</td><td> 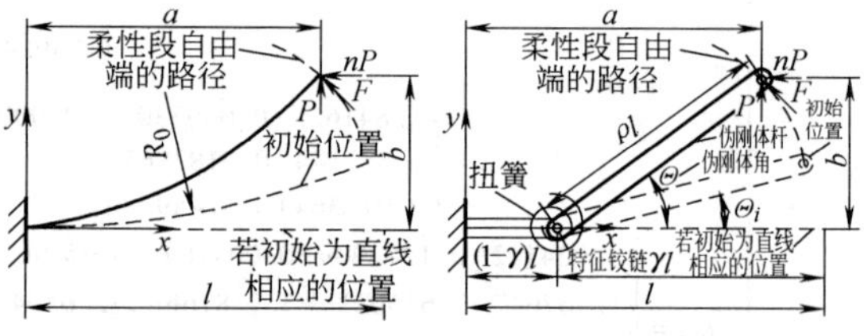
说明：未变形时曲率半径为常量的悬臂梁，在自由端有力作用
$$\kappa_0=\frac{l}{R_i} \quad (11.8\text{-}67)$$
$$\Theta_i=\arctan\frac{b_i}{a_i-l(1-\gamma)} \quad (11.8\text{-}68)$$
$$\rho=\left[\left(\frac{a_i}{l}-(1-\gamma)\right)^2+\left(\frac{b_i}{l}\right)^2\right]^{1/2} \quad (11.8\text{-}69)$$
$$\frac{a_i}{l}=\frac{1}{\kappa_0}\sin\kappa_0 \quad (11.8\text{-}70)$$
$$\frac{b_i}{l}=\frac{1}{\kappa_0}(1-\cos\kappa_0) \quad (11.8\text{-}71)$$
$$\frac{a}{l}=1-\gamma+\rho\cos\Theta \quad (11.8\text{-}72)$$</td></tr>
</table>

（续）

类　　型	伪刚体模型
初始弯曲悬臂梁	$$\frac{b}{l}=\rho\sin\Theta \quad (11.8\text{-}73)$$ $$K=\rho K_{\Theta}\frac{EI}{l} \quad (11.8\text{-}74)$$ $$\sigma_{max}=\pm\frac{P(a+nb)c}{I}-\frac{np}{A} \text{在梁的固定端} \quad (11.8\text{-}75)$$ 式中　c—从中性轴到梁外表面的距离。表 11.8-11 给出了各种κ_0值对应的γ、ρ、K_{Θ}值
铰接-铰接片段	说明：在两端只受力、没有力矩作用的柔性片段。此片段可以用两端铰接的弹簧来模拟。弹簧常数取决于具体的几何尺寸和所用材料的特性。下面给出了常见类型的铰接-铰接片段的一种模型 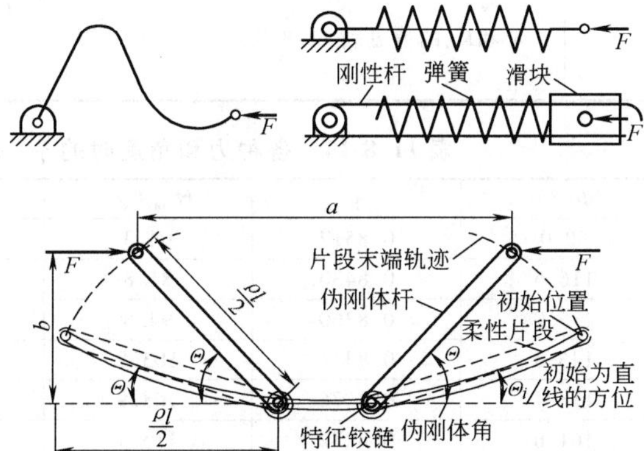 说明：未变形时曲率半径为常量的悬臂梁，两端铰接 初始坐标 $$\frac{a_i}{l}=\frac{2}{\kappa_0}\sin\frac{\kappa_0}{2} \quad (11.8\text{-}76)$$ $$\frac{b_i}{l}=\frac{1}{\kappa_0}\left(1-\cos\frac{\kappa_0}{2}\right) \quad (11.8\text{-}77)$$ $$\Theta_i=\arctan\frac{2b_i}{a_i-l(1-\gamma)} \quad (11.8\text{-}78)$$ $$a=l(1-\gamma+\rho\cos\Theta) \quad (11.8\text{-}79)$$ $$b=\frac{l}{2}\rho\sin\Theta \quad (11.8\text{-}80)$$ $$K=2\rho K_{\Theta}\frac{EI}{l} \quad (11.8\text{-}81)$$ $$\rho=\left[\left(\frac{a_i}{l}-(1-\gamma)\right)^2+\left(\frac{2b_i}{l}\right)^2\right]^{1/2} \quad (11.8\text{-}82)$$ $$\gamma=\begin{cases}0.8063-0.0265\kappa_0 & 0.500\leqslant\kappa_0\leqslant0.595\\0.8005-0.0173\kappa_0 & 0.595\leqslant\kappa_0\leqslant1.500\end{cases} \quad (11.8\text{-}83)$$ $$K_{\Theta}=2.568-0.028\kappa_0+0.137\kappa_0^2 \text{ 对于 } 0.5\leqslant\kappa_0\leqslant1.5 \quad (11.8\text{-}84)$$ 表 11.8-12 列出了每种不同κ_0值对应的γ、K_{Θ}和$\Delta\Theta_{max}$数值 $$\sigma_{max}=\pm\frac{Fbc}{I}-\frac{F}{A} \quad \text{在单元中点} \quad (11.8\text{-}85)$$ 式中　c—从中性轴到梁外表面的距离

（续）

类　　型	伪刚体模型
末端受力-力矩复合载荷的梁	说明：初始为直线的柔性片段在末端同时受力和力矩作用。如同两端固定在可进行相对运动的刚性片段上所出现的情况。这种近似的精度大大低于前面讨论的其他伪刚体模型，但是，此处提出这种模型可作为研究具有这类载荷的柔性片段的出发点 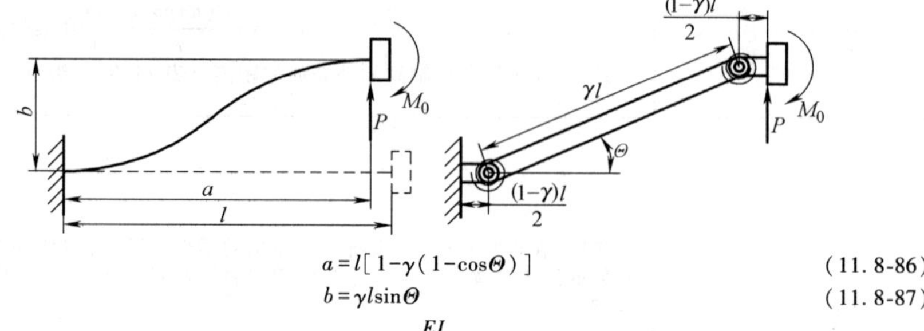 $a=l[1-\gamma(1-\cos\Theta)]$ （11.8-86） $b=\gamma l\sin\Theta$ （11.8-87） $K=2\gamma K_{\Theta}\dfrac{EI}{l}$ （11.8-88） γ 和K_{Θ}的值见表 11.8-10

表 11.8-10　各种力和角度时的 γ、c_{θ}和K_{Θ}值

n	$\Phi(°)$	γ	$\Theta_{max}(\gamma)$	c_{θ}	K_{Θ}	$\Theta_{max}(K_{\Theta})$
0.0	90.0	0.8517	64.3	1.2385	2.67617	58.5
0.5	116.6	0.8430	81.8	1.2430	2.63744	64.1
1.0	135.0	0.8360	94.8	1.2467	2.61259	67.5
1.5	146.3	0.8311	103.8	1.2492	2.59289	65.8
2.0	153.4	0.8276	108.9	1.2511	2.59707	69.0
3.0	161.6	0.8232	115.4	1.2534	2.56737	64.6
4.0	166.0	0.8207	119.1	1.2548	2.56506	66.4
5.0	168.7	0.8192	121.4	1.2557	2.56251	67.5
7.5	172.4	0.8168	124.5	1.2570	2.55984	69.0
10.0	174.3	0.8156	126.1	1.2578	2.56597	69.7
-0.5	63.4	0.8612	47.7	1.2348	2.69320	44.4
-1.0	45.0	0.8707	36.3	1.2323	2.72816	31.5
-1.5	33.7	0.8796	28.7	1.2322	2.78081	23.6
-2.0	26.2	0.8813	23.2	1.2293	2.80162	18.6
-3.0	18.4	0.8869	16.0	1.2119	2.68893	12.9
-4.0	14.0	0.8522	11.9	1.1971	2.58991	9.8
-5.0	11.3	0.8391	9.7	1.1788	2.49874	7.9

4.5.3　利用伪刚体模型对柔性机构建模分析

图 11.8-13a 所示一个常见的平行四边形柔性机构，该机构由两根相同的柔性梁组成。沿 z 轴方向的宽度为 50mm，材料弹性模量 $E=2\times10^{11}$Pa。该机构左侧固定，右侧受到一沿 y 轴正向的力 F 的作用。下面利用伪刚体模型法求解该机构右侧刚体部分在 x 轴和 y 轴方向上的位移 U_x和 U_y。

对该机构进行分析，利用表 11.8-9 所述的固定-导向梁结构建立如图 11.8-13b 所示的伪刚体模型，查表可得模型参数 $\gamma=0.8517$、$K_{\Theta}=2.65$，相应的载荷-位移关系可以表示为

$$F\gamma L\cos\phi=4\times2\gamma K_{\Theta}\frac{EI}{L}\phi \qquad (11.8\text{-}89)$$

$$U_y=\gamma L\sin\phi \qquad (11.8\text{-}90)$$

$$U_x=\gamma L(1-\cos\phi) \qquad (11.8\text{-}91)$$

代入数值可得 $U_x=0.54$mm，$U_y=9.56$mm。

由于单根梁上的实际载荷会随着机构的运动发生变化，因此在理想的情况下，增加位移的每一步迭代，伪刚体模型的参数都要更新，这里假设模型参数的这种变化可以忽略。

表 11.8-11　各种κ_0值对应的γ、ρ和K_θ值

κ_0	γ	ρ	K_θ
0.00	0.85	0.850	2.65
0.10	0.84	0.840	2.64
0.25	0.83	0.829	2.56
0.50	0.81	0.807	2.52
1.00	0.81	0.797	2.60
1.50	0.80	0.775	2.80
2.00	0.79	0.749	2.99

表 11.8-12　初始弯曲的铰接-铰接片段的伪刚体杆特性

κ_0	γ	ρ	$\Delta\Theta_{max}(\gamma)$	K_Θ	$\Theta_{max}(K_\Theta)$
0.50	0.793	0.791	1.677	2.59	0.99
0.75	0.787	0.783	1.456	2.62	0.86
1.00	0.783	0.775	1.327	2.68	0.79
1.25	0.779	0.768	1.203	2.75	0.71
1.50	0.775	0.760	1.070	2.83	0.63

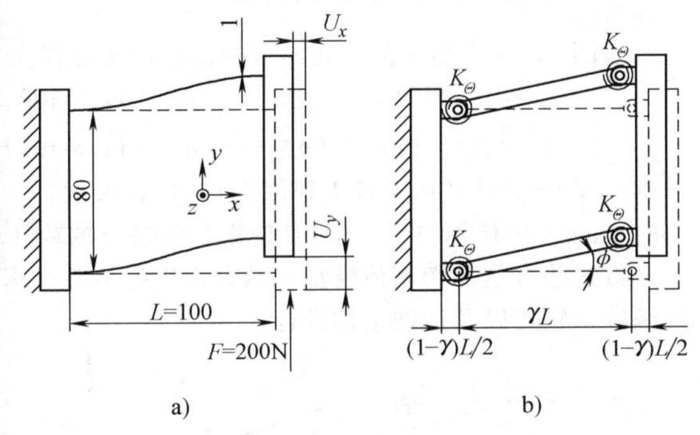

图 11.8-13　平行四边形柔性机构及其伪刚体模型
a）平行四边形柔性机构　b）伪刚体模型

5　柔顺机构的综合与设计方法

柔顺机构的运动取决于作用力的大小、方向和作用点。柔顺机构在实际几何尺度上有很大的限制，如柔性铰链不能整周转动，很多柔顺机构要保证完全在平面内，因此交叉杆件通常是不能接受的。与刚性机构相比，柔顺机构的设计更加重视应力和疲劳问题，对于一个要完成某种运动的柔顺机构，其中部分构件必须有变形，因此就会带来应力问题。

柔顺机构的综合主要分为两类：转换刚体综合和柔顺综合。

5.1　转换刚体综合

柔顺机构综合最简单的形式是用柔顺机构的伪刚体模型来完成的，假设杆件长度不变，直接应用刚体运动学方程。当柔顺机构用来完成传统刚性机构的任务，如轨迹或运动生成，而不考虑柔性构件中的能量存储时，这种方法很有效。一旦机构的运动几何关系确定后，柔性构件的结构性质就可以按照许用应力和所需的输入来选择。这种将刚体方程直接应用到伪刚体模型中的综合问题称为转换刚体综合。在转换刚体综合中，伪刚体模型相当于刚体机构模型，相应的柔顺机构由这些模型确定。

5.1.1　Hoeken 直线机构综合

Hoeken 直线机构上有一连杆点 P，其轨迹在很大程度上几乎是直线。该机构杆件长度可定义为曲柄长度 r_2的函数

$$r_1=2r_2,\ r_3=2.5r_2,\ r_4=2.5r_2,\ a_3=5r_2 \tag{11.8-92}$$

$r_2=1$ 时机构的轨迹如图 11.8-14 所示。直线轨迹的中点是 $\theta_2=180°$，为柔顺机构的未变形位置。

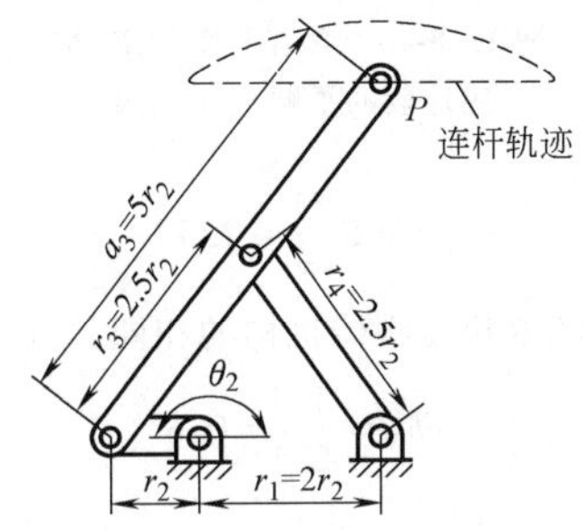

图 11.8-14　刚性杆 Hoeken 直线机构

该机构的刚体原理图与所求柔顺机构的伪刚体模型相似。如图 11.8-15a 所示，将每个铰链用柔性铰链代替，就可以设计出一个全柔顺机构。此机构的伪刚体模型与图 11.8-14 中的相同，只是在每个铰链处用扭簧来反映柔性片段的应变能。该机构不能整周转动，但是可以在大部分直线轨迹内运动。在曲柄两端都用铰链连接，而在其他部分用短臂柔铰连接的部分柔性机构可以实现整周转动，如图 11.8-15b 所示，其短臂柔铰的中心位于伪刚体模型中铰链的位置。

另一种可能的结构是用两个固定-铰接的片段，如图 11.8-16 所示。

特征铰链应处于合适的位置：

$$l_2=\frac{r_2}{\gamma} \tag{11.8-93}$$

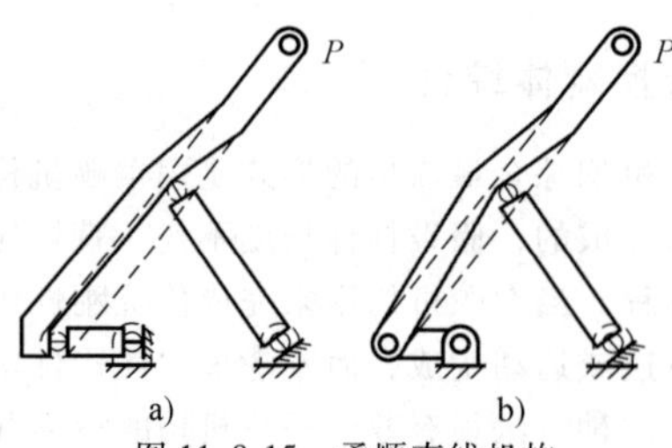

图 11.8-15 柔顺直线机构

a）含有四个短臂柔铰 b）含有两个短臂柔铰

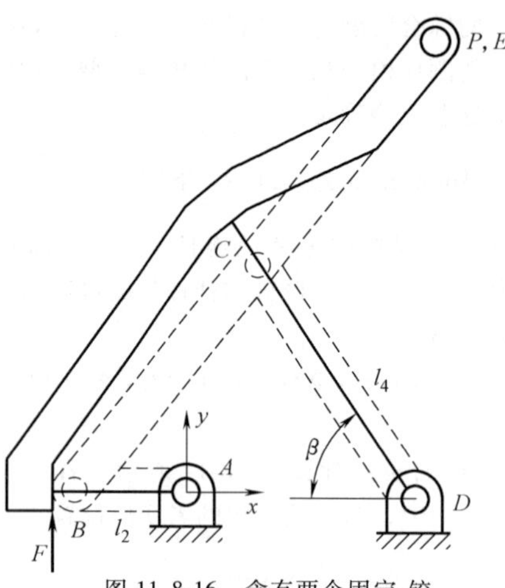

图 11.8-16 含有两个固定-铰接片段的柔顺直线机构

$$l_4 = 2.5\frac{r_2}{\gamma} = 2.5\, l_2 \qquad (11.8\text{-}94)$$

此机构的 β 角与刚体机构的相同，且

$$\cos\beta = \frac{1.5}{2.5} = 0.6 \qquad (11.8\text{-}95)$$

$$\sin\beta = \frac{2}{2.5} = 0.8 \qquad (11.8\text{-}96)$$

可用这些值来计算表 11.8-13 所列的点 A 至点 E 的初始坐标。例如，对点 C，有

$$x_c = 2\,r_2 - l_4\cos\beta = 2\,r_2 - 1.5\frac{r_2}{\gamma} \qquad (11.8\text{-}97)$$

$$y_c = l_4\sin\beta = 2\frac{r_2}{\gamma} \qquad (11.8\text{-}98)$$

如图 11.8-16 所示，假设力 F 作用于点 B，可应用虚功原理确定该机构的力与变形关系为

$$F = \frac{T_3 h_{42} - (T_2 + T_3) h_{32} + T_2}{r_2\cos\theta_2 - b_3\sin\theta_3 h_{32}} \qquad (11.8\text{-}99)$$

具体的几何关系为

$$b_3 = l_2(1-\gamma) \qquad (11.8\text{-}100)$$

$$h_{32} = \frac{\sin(\theta_4 - \theta_2)}{2.5\sin(\theta_3 - \theta_4)} \qquad (11.8\text{-}101)$$

$$h_{42} = \frac{\sin(\theta_3 - \theta_2)}{2.5\sin(\theta_3 - \theta_4)} \qquad (11.8\text{-}102)$$

$$T_2 = -\gamma K_\Theta \frac{E I_2}{l_2}(\theta_2 - \theta_{20}) \qquad (11.8\text{-}103)$$

表 11.8-13 图 11.8-16 所示柔顺直线机构的各点坐标

点	x	y
A	0	0
B	$-r_2/\gamma$	0
C	$2\,r_2 - 1.5\,r_2/\gamma$	$2\,r_2/\gamma$
D	$2\,r_2$	0
E	$2\,r_2$	$4\,r_2$

$$T_3 = -\gamma K_\Theta \frac{E I_4}{l_4}[(\theta_4 - \theta_{40}) - (\theta_3 - \theta_{30})] \qquad (11.8\text{-}104)$$

假设未变形时的位置如图 11.8-16 所示，则

$$\theta_{20} = \pi \qquad (11.8\text{-}105)$$

$$\theta_{30} = \arccos(1.5/2.5) \qquad (11.8\text{-}106)$$

$$\theta_{40} = \arccos(-1.5/2.5) \qquad (11.8\text{-}107)$$

这个例子介绍了转换刚体方法，其中将已知的刚体机构直接用柔顺机构替代。另一种方法是利用刚体综合方程设计柔顺机构。下面通过封闭环方程用一些例子说明这个概念。

5.1.2 通过封闭环方程设计综合

如图 11.8-17 所示的二元结构的标准形式方程为

$$Z_2(e^{i\phi_j} - 1) + Z_3(e^{i\gamma_j} - 1) = \delta_j \qquad (11.8\text{-}108)$$

$$Z_5(e^{i\gamma_j} - 1) + Z_4(e^{i\psi_j} - 1) = \delta_j \qquad (11.8\text{-}109)$$

式中 δ_j——点 P 从位置 1 到位置 j 的位移矢量；

ϕ_j, γ_j, ψ_j——杆 2、杆 3、杆 4 从位置 1 到位置 j 的转角。

将这些方程与伪刚体模型相结合来进行柔顺机构的函数、轨迹以及运动生成设计。

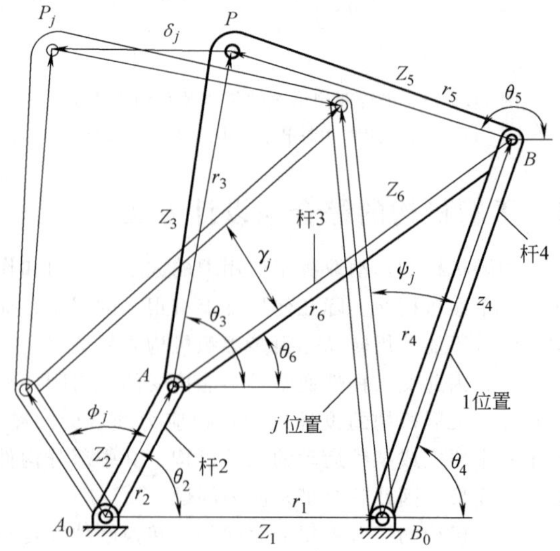

图 11.8-17 包含连杆点 P 的四杆机构矢量环

(1) 函数生成

综合一个柔顺机构以满足如下连架杆角度要求：$\phi_2=20°$，$\phi_3=40°$，$\psi_2=30°$，$\psi_3=50°$。该机构的伪刚体模型为一个四杆机构。

伪刚体机构的两连架杆都不能是柔顺构件，如果连架杆为柔性片段，那对于其伪刚体模型来说，可保持所需的输入与输出之间的关系，但连架杆实际上为一柔性梁，而不是一个按给定角度转动的刚性杆件。图 11.8-18a 所示为一个柔顺函数生成机构，图 11.8-18b所示为它的伪刚体模型。

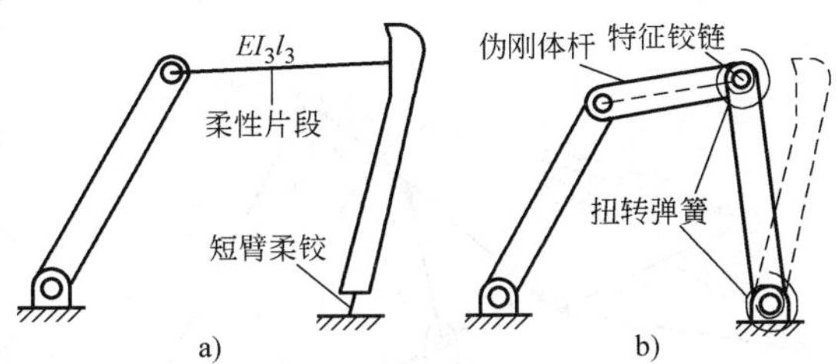

图 11.8-18　柔顺机构及其伪刚体模型
a) 柔顺函数生成机构　b) 伪刚体模型

既然对于这个问题有许多自选变量，可以将虚拟连杆上某点的变形描述为自选变量。这样，可用式(11.8-108) 和式 (11.8-109) 求出剩余的未知数。

自选量取为 $\gamma_2=10°$、$\gamma_3=15°$、$\delta_2=(1,\ 1)$、$\delta_3=(2,\ 2)$，并应用这种方法可得

$$
\begin{aligned}
Z_1&=-5.20-\mathrm{i}6.26=8.14\,\mathrm{e}^{\mathrm{i}(-129.7°)}\\
Z_2&=-0.30-\mathrm{i}3.95=3.96\,\mathrm{e}^{\mathrm{i}(-94.4°)}\\
Z_3&=5.13-\mathrm{i}1.67=5.39\,\mathrm{e}^{\mathrm{i}18.0°}\\
Z_4&=-3.66-\mathrm{i}4.32=5.66\,\mathrm{e}^{\mathrm{i}(-130.3°)}\\
Z_5&=13.68+\mathrm{i}9.30=16.00\,\mathrm{e}^{\mathrm{i}31.3°}\\
Z_6&=-8.56-\mathrm{i}6.64=10.83\,\mathrm{e}^{\mathrm{i}(-142.2°)}
\end{aligned}
\tag{11.8-110}
$$

图 11.8-19 所示为伪刚体模型的原理图。因为没有能量存储方面的限制，所以柔性构件发生变形时的位置可以任意选择。如果特征半径参数 $\gamma=0.85$，那么柔性构件的长度为

$$
\text{长度}=\frac{|Z_6|}{0.85}=12.74 \tag{11.8-111}
$$

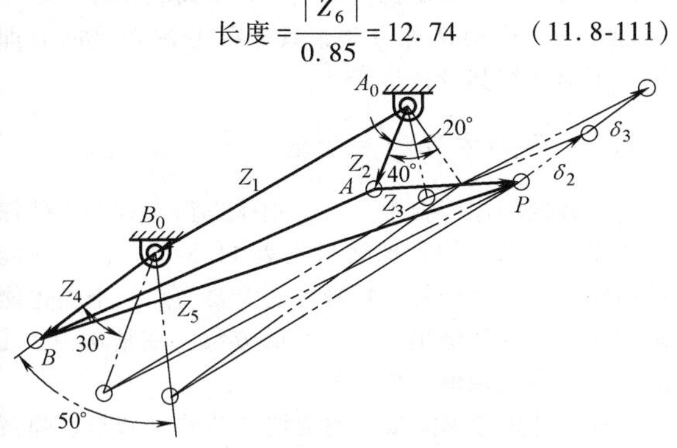

图 11.8-19　函数生成柔顺机构的伪刚体原理图

(2) 定时轨迹生成

要求设计一个全柔顺（单片式）机构，在给定时间内满足三个精确点的轨迹生成。要求连杆上点的位移为当 $\phi_2=10°$时，$\delta_2=-5+\mathrm{i}3$；当 $\phi_3=25°$时，$\delta_3=-8+\mathrm{i}10$；机构的一般形式如图 11.8-20a 所示，其伪刚体模型如图 11.8-20b 所示，图 11.8-21 所示为该机构的伪刚体计算模型原理图。如果将剩余的未知角选为自选变量，那么求解是线性的。式 (11.8-108) 和式 (11.8-109) 可以整理为

$$
\begin{pmatrix}\mathrm{e}^{\mathrm{i}\phi_2}-1 & \mathrm{e}^{\mathrm{i}\gamma_2}-1\\ \mathrm{e}^{\mathrm{i}\phi_3}-1 & \mathrm{e}^{\mathrm{i}\gamma_3}-1\end{pmatrix}\begin{pmatrix}Z_2\\ Z_3\end{pmatrix}=\begin{pmatrix}\delta_2\\ \delta_3\end{pmatrix} \tag{11.8-112}
$$

$$
\begin{pmatrix}\mathrm{e}^{\mathrm{i}\psi_2}-1 & \mathrm{e}^{\mathrm{i}\gamma_2}-1\\ \mathrm{e}^{\mathrm{i}\psi_3}-1 & \mathrm{e}^{\mathrm{i}\gamma_3}-1\end{pmatrix}\begin{pmatrix}Z_4\\ Z_5\end{pmatrix}=\begin{pmatrix}\delta_2\\ \delta_3\end{pmatrix} \tag{11.8-113}
$$

自选变量取为 $\gamma_2=-8°$、$\gamma_3=-25°$、$\psi_2=10°$、$\psi_3=15°$，解式 (11.8-112) 和式 (11.8-113) 可得

$$
\begin{aligned}
Z_1&=-45.75+\mathrm{i}15.26=48.23\,\mathrm{e}^{\mathrm{i}161.6°}\\
Z_2&=-19.48+\mathrm{i}29.85=35.65\,\mathrm{e}^{\mathrm{i}123.1°}\\
Z_3&=-48.82-\mathrm{i}4.22=49.01\,\mathrm{e}^{\mathrm{i}(-175.1°)}\\
Z_4&=-0.25+\mathrm{i}21.30=21.30\,\mathrm{e}^{\mathrm{i}89.3°}\\
Z_5&=-22.80-\mathrm{i}10.92=25.28\,\mathrm{e}^{\mathrm{i}154.4°}\\
Z_6&=-26.02-\mathrm{i}6.70=26.87\,\mathrm{e}^{\mathrm{i}165.6°}
\end{aligned}
\tag{11.8-114}
$$

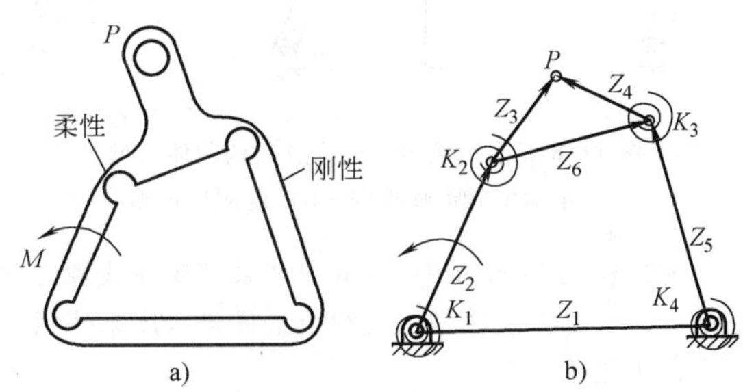

图 11.8-20　全柔顺机构
a) 轨迹生成全柔顺机构　b) 其伪刚体模型

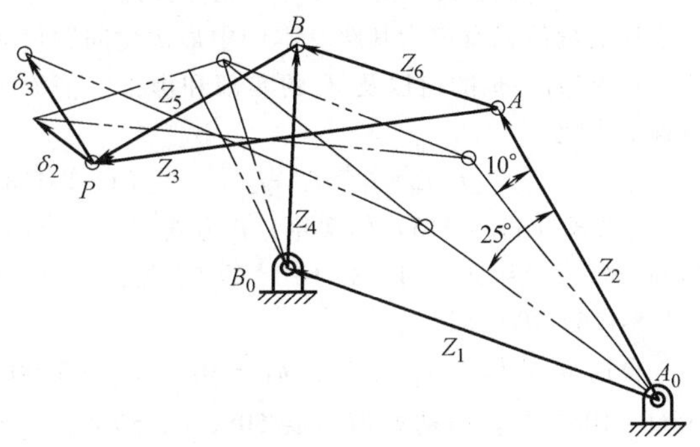

图 11.8-21　轨迹生成柔顺机构的伪刚体原理图

（3）运动生成

一个柔顺机构及其伪刚体模型如图 11.8-22 所示，要求进行三精确点运动生成的综合。在前面提到的例子中，取自选变量使之得到线性求解，但是本例中，因为 Z_2 值受控制，没有剩下足够的自选变量来进行线性求解。预定的运动可描述为：$\delta_2=-10+i5$、$\delta_3=-15-i2$、$\gamma_2=-20°$、$\gamma_3=-10°$、$Z_2=10e^{i60.0°}$。根据式（11.8-108）和式（11.8-112）可知，ϕ_j 值也不可能当作自选变量，因为那样可能会变成过约束问题。然而选定式（11.8-109）中的 ψ_j 值，可使式（11.8-113）线性求解。剩余的非线性方程可以利用式（11.8-112）来表达

$$Z_2(e^{i\phi_2}-1)+Z_3(e^{i\gamma_2}-1)-\delta_2=0 \tag{11.8-115}$$

$$Z_2(e^{i\phi_3}-1)+Z_3(e^{i\gamma_3}-1)-\delta_3=0 \tag{11.8-116}$$

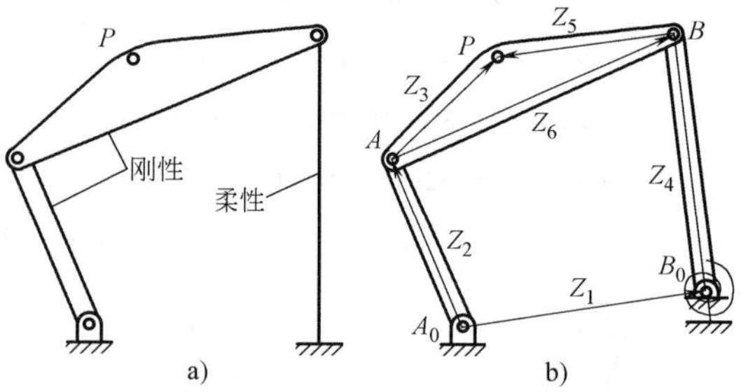

图 11.8-22 示例柔顺机构及其伪刚体模型
a）运动生成柔顺机构 b）伪刚体模型

通常应用 Newton-Raphson 方法来解决非线性方程系统。另一种方法就是用无约束最优化程序来使目标函数最小化：

$$f=f_1^2+f_2^2+\cdots+f_n^2 \tag{11.8-117}$$

f_i 为标量方程 i 的值，设计变量是问题中的未知值。将目标函数 f 最小化，直到它充分接近零，这时的设计变量值就设定为其解。本例中最优化问题可表述为：求 ϕ_2、ϕ_3 的值以及 Z_3 的实部和虚部，使以下方程最小化：

$$f=f_1^2+f_2^2+f_3^2+f_4^2 \tag{11.8-118}$$

f_1 为式（11.8-115）的实部；f_2 为式（11.8-115）的虚部；f_3 为式（11.8-116）的实部；f_4 为式（11.8-116）的虚部。

自选变量值：$\psi_2=15°$、$\psi_3=30°$、$Z_2=5.00+i8.66=10e^{i60.0°}$。用初始值 $\phi_2=50°$、$\phi_3=75°$、$Z_3=1.87+i3.26$，可得到以下结果

$$\begin{aligned}
&Z_1=15.09+i14.10=20.56\,e^{i(-43.1°)}\\
&Z_3=-10.73-i7.65=13.17\,e^{i(-144.5°)}\\
&Z_4=-3.20+i27.20=27.38\,e^{i(-96.7°)}\\
&Z_5=-17.6-i12.08=21.36\,e^{i145.6°}\\
&Z_6=6.89+i4.43=8.20\,e^{i32.8°}\\
&\phi_2=47.7°\\
&\phi_3=92.1°
\end{aligned} \tag{11.8-119}$$

图 11.8-23 所示为该机构的伪刚体计算模型原理图。

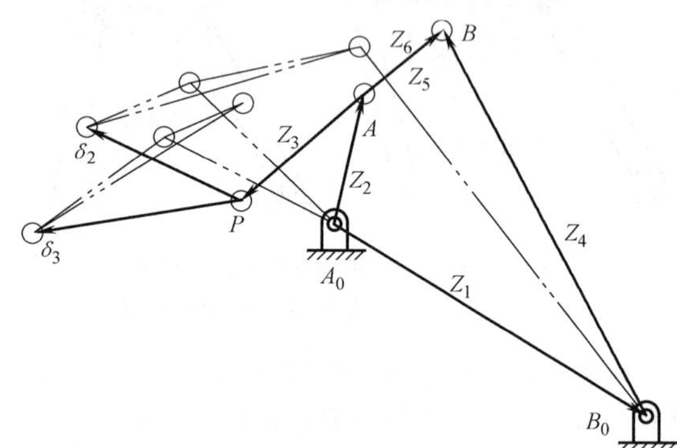

图 11.8-23 运动生成柔顺机构及其伪刚体原理图

5.2 柔顺综合

如果柔顺机构综合需要考虑能量的存储时，柔顺机构的本质特征可以用来设计具有给定能量存储特性的机构。综合方程不仅包括从伪刚体模型中产生的刚体封闭环方程，还涉及给定能量存储关系的方程。这种类型的综合称为柔顺综合，因为同时考虑到运动和静力特征，所以也可以称为运动静力综合。

在柔顺机构中，能量以应变能的形式存储在柔性构件中。考虑这种能量存储的一个方法是将具有适当刚度的弹簧放在伪刚体模型中的适当位置处，所得到的模型可以用来确定机构的性能，从而利用虚功原理进行分析。应用这种方法，只需要考虑必要的力即可，下面介绍其设计步骤。

5.2.1 附加方程和未知量

在转换刚体综合中只需要刚体方程，对于各种任务所需方程和未知量的数目见表 11.8-14。在考虑能量的综合中，对于每一精确点还需要增加一个描述能量存储或输入和输出之间关系的方程。在精确点 j 处能量方程的给定值可用 E_j 表示。

在设计中考虑能量问题会增加新的未知量，弹簧刚度值和各柔性片段的未变形位置都包括在未知量中，

这些量表示为 k_i、θ_{0i}，其中 $i=1, 2, \cdots, m$，m 为机构中柔顺片段的数目。弹簧刚度 k_i 根据柔性片段的性质可取不同的形式，短臂柔铰链的刚度值为 $k=KI/l$，对于二级功能型固定铰接片段来说，$k=K_\Theta \gamma KI/l$。根据机构的几何关系，θ_{0i} 的形式也有所变化。对于不同的任务要求，已知变量和未知变量见表 11.8-14。注意，Z 和 δ 为复数形式，因此每个值都表示两个标量变量。各种任务时未知量、标量方程和自选变量的数目见表 11.8-15。其中 n 是精确点的数目，m 为柔性片段的数目或伪刚体模型中弹簧的数量。

表 11.8-14　考虑能量的综合中的已知变量和未知变量

任务	已知量	未知量
函数	E_k、ϕ_j、ψ_j	Z_2、Z_4、Z_6、γ_j、k_i、θ_{0_i}
未给定时间轨迹	k_k、δ_j	Z_2、Z_3、Z_4、Z_5、ϕ_j、γ_j、ψ_j、k_i、θ_{0_i}
给定时间轨迹	E_k、δ_j、ϕ_j	Z_2、Z_3、Z_4、Z_5、γ_j、ψ_j、k_i、θ_{0_i}
运动	E_k、δ_j、γ_j	Z_2、Z_3、Z_4、Z_5、ϕ_j、ψ_j、k_i、θ_{0_i}

表 11.8-15　各种综合问题中未知量、方程和自选变量的数目

任务	未知量数	方程数	自选变量数
函数	$5+n+2m$	$3n-2$	$7-2n+2m$
非定时轨迹	$5+3n+2m$	$5n-4$	$9-2n+2m$
定时轨迹	$5+2n+2m$	$5n-4$	$10-3n+2m$
运动	$5+2n+2m$	$5n-4$	$10-3n+2m$

5.2.2　方程的耦合

在综合问题中，输入/输出方程或能量/存储方程的引入将给要求解的方程系统增加 n 个方程，如果这些方程能从运动方程中解耦，或耦合效应能被最小化，则可单独求解运动综合和能量综合方程。

在 n 个精确点问题中考虑能量因素会增加最多 n 个方程和 $2m$ 个未知量。典型的情况是，这些附加方程中也包含未知的运动学变量，这使得方程耦合可采用将系统分解为弱耦合的方法求解，在弱耦合系统中，运动综合方程可以在不考虑能量方程的情况下求解，一旦所有的运动学变量已知，则可用能量方程求解其他未知量。系统可以变为弱耦合的条件为

$$2m \geqslant n \tag{11.8-120}$$

然而如果系统中引入方程的数目大于未知量的数目，那么前面处理成自选变量的运动变量就要当成未知量。这样系统就成为强耦合的了，而且运动方程和能量方程必须同时求解。

在一些特殊情况下，运动方程和能量方程可以完全解耦，一组方程可独立于另一组方程求解。给定输入转矩的两精确点综合就是一个例子，在其机架和输入杆之间用了一个柔性铰链。

5.2.3　设计约束

可将用于确定刚体综合和转换刚体综合的可行方案的约束应用到考虑能量的综合中，但是还必须考虑一些附加约束。下面给出考虑能量因素的函数、轨迹和运动生成例子，这些例子包括弱耦合、非耦合以及强耦合方程系统。

给定输入转矩的函数生成：

在 5.1 节的柔顺机构函数生成综合实例是对前一例的运动特征以及给定的输入转矩进行综合。在精确点的输入转矩 M_2 指定为：$M_{21}=-56492.42\ \text{N}\cdot\text{mm}$、$M_{22}=6779.08\text{N}\cdot\text{mm}$、$M_{23}=22596.96\text{N}\cdot\text{mm}$。可以应用虚功原理来确定输入转矩 M_2。根据以前给出的伪刚体四杆机构公式，在精确点 i 处的 M_2 为

$$M_{2_i}=\frac{k_3}{r_6}[(\theta_{4_i}-\theta_{4_0})-(\theta_{6_i}-\theta_{6_0})](h_{62_i}-h_{42_0})+k_4(\theta_{4_i}-\theta_{4_0})h_{42_i} \tag{11.8-121}$$

其中

$$k_3=\gamma k_\theta \frac{EI_3}{l_3} \tag{11.8-122}$$

$$k_4=\frac{EI_4}{l_4} \tag{11.8-123}$$

$$h_{62_i}=\frac{r_2\sin(\theta_{4_i}-\theta_{2_i})}{r_6\sin(\theta_{6_i}-\theta_{4_i})} \tag{11.8-124}$$

$$h_{42_i}=\frac{r_2\sin(\theta_{6_i}-\theta_{2_i})}{r_6\sin(\theta_{4_i}-\theta_{6_i})} \tag{11.8-125}$$

式中　γ——柔性连杆的特征半径系数；

E——弹性模量；

l——柔性片段的惯性矩；

θ_i、r_i 如图 11.8-24 中所定义。

在这个问题中引入能量方面的考虑，增加了三个方程（M_{2i}；$i=1, 2, 3$）和四个新未知量（k_3、k_4、θ_{4_0}、θ_{6_0}）。因为新的未知量数比方程数多，其中一个未知量可以看作自选变量。取 θ_{4_0} 为自选变量，可以将输入转矩方程表达成线性形式：

$$\begin{pmatrix} -(\theta_{4_1}-\theta_{6_1}-\theta_{4_0})(h_{62_1}-h_{42_1}) & (\theta_{5_1}-\theta_{5_0})h_{42_1} & h_{62_1}-h_{42_1} \\ -(\theta_{4_2}-\theta_{6_2}-\theta_{4_0})(h_{62_2}-h_{42_2}) & (\theta_{5_2}-\theta_{5_0})h_{42_2} & h_{62_2}-h_{42_2} \\ -(\theta_{4_3}-\theta_{6_3}-\theta_{4_0})(h_{62_3}-h_{42_3}) & (\theta_{5_3}-\theta_{5_0})h_{42_3} & h_{62_3}-h_{42_3} \end{pmatrix}\begin{pmatrix} k_3 \\ k_3\theta_{6_0} \\ k_4 \end{pmatrix}=\begin{pmatrix} M_{2_1} \\ M_{2_2} \\ M_{2_3} \end{pmatrix} \tag{11.8-126}$$

式（11.8-126）中包含了位置分析的未知量，因此运动学和输入转矩的分析是耦合的。然而由于运动综合方程可以不依赖于输入转矩方程求解，所以该系统是弱耦合的，一旦运动变量已知，可以将式（11.8-126）作为线性方程组来求解，从而求出其他未知量的值。如果得到不合理的结果，可以修改自选变量，直到得到合理的结果。

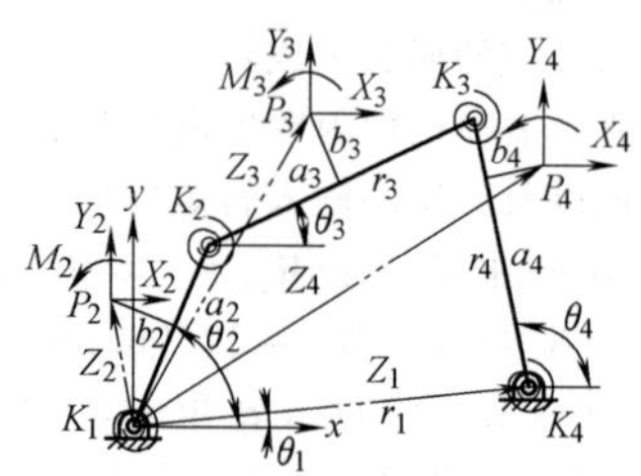

图 11.8-24 伪刚体四杆机构

在 5.1 节函数生成的例子中已完成了运动综合，当 $\theta_{4_0}=\theta_{4_2}=\theta_{4_1}+\phi_2=79.75°$时，由式（11.8-126）得

$$k_3=14.66$$
$$\theta_{60}=-154.90°$$
$$k_4=458.23 \tag{11.8-127}$$

一旦 k_3、k_4的值已知，柔性片段的具体尺寸就确定了。假设长度单位为 mm，$K_\Theta=2.65$，$\gamma_{ps}=0.85$，材料为钢，$E=2.07\times10^{11}$ Pa，短臂柔铰链长度为 5.08mm，相应的两柔性片段惯性矩 $I_3=1.15\text{mm}^4$。用厚度为 0.794mm、宽度 $b_3=27.69$mm、$b_4=30.48$mm 的矩形截面构件，得到的机构如图 11.8-25 所示。

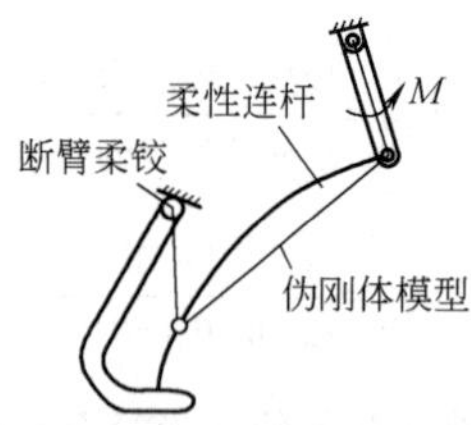

图 11.8-25 给定输入转矩的函数生成柔顺机构

5.2.4 $\theta_0=\theta_j$的特殊情况

柔顺机构中柔性构件的未变形位置可以指定在精确点，这种情况下，$\theta_0=\theta_j$。假设所有柔性构件未变形位置都处在同一个精确点上，此位置的能量存储为零，即 $E_j=0$。

因为 $E_j=0$，并且机构的未变形位置已经给定，减少了一个能量方程和 m 个未知数，其自选变量的数目见表 11.8-16。这种特殊情况非常重要，因为它可以描述出现稳定平衡位置的地点。由于在这个位置能量很低，所以当机构在此位置附近时就有向它靠近的趋势，它就是机构在静止时所选择的位置。

表 11.8-16 当 $\theta_0=\theta_j$ 时未知量、方程和自选变量的数目

任务	未知量数	方程数	自选变量数
函数	$5+n+2m$	$3n-3$	$8-2n+m$
非定时轨迹	$5+3n+m$	$5n-5$	$10-2n+m$
定时轨迹	$5+2n+m$	$5n-5$	$11-3n+m$
运动	$5+2n+m$	$5n-5$	$11-3n+m$

（1）给定势能的轨迹生成

考虑 5.1 节中定时轨迹生成的例子。现在要设计该机构，使之稳态位置处于第一精确点位置［$\theta_{0i}=\theta_{i1}$（$i=1, 2, 6, 5$）］，各精确点处的总势能 V 为

$$V_1=0$$
$$V_2=564.9\text{mm}\cdot\text{N}$$
$$V_3=3389.63\text{mm}\cdot\text{N} \tag{11.8-128}$$

柔性铰链处的扭转弹簧常数可近似为 KI/l，与之相应的势能为

$$V=\frac{KI}{2l}(\theta-\theta_0)^2 \tag{11.8-129}$$

在点 j 处的系统总势能为

$$V_j=\frac{1}{2}k_1(\theta_{2_j}-\theta_{2_0})^2+k_2[(\theta_{2_j}-\theta_{2_0})-(\theta_{6_j}-\theta_{6_0})]^2+k_3[(\theta_{5_j}-\theta_{5_0})-(\theta_{6_j}-\theta_{6_0})]^2+k_4(\theta_{5_j}-\theta_{5_0})^2 \tag{11.8-130}$$

然而，由于 $\theta_{0i}=\theta_{i1}$，系统可以简化为

$$V_1=0$$
$$V_2=\frac{1}{2}[k_1\phi_2{}^2-k_2(\phi_2-\gamma_2)^2+k_3(\psi_2-\gamma_2)^2+k_4\psi_2{}^2]$$
$$V_3=\frac{1}{2}[k_1\phi_3{}^2-k_2(\phi_3-\gamma_3)^2+k_3(\psi_3-\gamma_3)^2+k_4\psi_3{}^2] \tag{11.8-131}$$

因为上面的方程中仅有 k_i（$i=1, 2, 6, 5$）为未知量，能量方程和运动方程是非耦合的。一旦自选变量 γ_j和 ψ_j确定后，无论是能量方程还是运动方程都可以相互独立求解。

能量方程中包括四个未知量和两个方程，结果有两个自选变量。假设柔性构件为条形弹簧钢，其中

$E=2.07\times10^{11}$Pa。当自选变量为 k_2 和 k_3，构件的厚度、宽度、长度分别为 0.794mm、25.4mm、50.8mm 时，可得到结果为 $k_2=k_3=4310.13$mm·N。将式（11.8-131）整理成线性形式，可求得 k_1 和 k_4 的值，即有

$$\begin{pmatrix}\phi_2^2 & \psi_2^2\\ \phi_3^2 & \psi_3^2\end{pmatrix}\begin{pmatrix}k_1\\ k_4\end{pmatrix}=\begin{pmatrix}2V_2-k_2(\phi_2-\gamma_2)^2-k_3(\psi_2-\gamma_2)^2\\ 2V_3-k_2(\phi_3-\gamma_3)^2-k_3(\psi_3-\gamma_3)^2\end{pmatrix} \tag{11.8-132}$$

解方程，可得

$$k_1=6304.79\text{mm}\cdot\text{N} \tag{11.8-133}$$

$$k_4=2856.93\text{mm}\cdot\text{N} \tag{11.8-134}$$

如果厚度为 0.794mm，宽度为 25.4mm，长度可以由 k_3 和 k_4 计算得到：$l_3=34.8$mm 和 $l_4=76.71$mm。至此，给定势能、指定平衡位置、指定时间条件下的机构轨迹生成综合已经完成。

（2）给定输入转矩的运动生成

对于 5.1 节中讨论的运动生成机构例子进行运动生成和给定输入转矩的综合，各精确点的输入转矩 M_{2j} 为

$$M_{2_1}=56.49\text{mm}\cdot\text{N}$$

$$M_{2_2}=56.49\text{mm}\cdot\text{N}$$

$$M_{2_3}=225.96\text{mm}\cdot\text{N} \tag{11.8-135}$$

用虚功附加原理可求得输入转矩为

$$M_j=k_4(\theta_{4_j}-\theta_{4_0})\frac{r_2\sin(\theta_{6_j}-\theta_{4_j})}{r_4\sin(\theta_{4_j}-\theta_{6_j})}\quad(j=1,2,3) \tag{11.8-136}$$

这里增加了三个方程却仅有两个未知量 k_4 和 θ_{4_0}，因此有一个附加运动变量必须当作未知量。运动方程和输入转矩方程中共同含有三个变量，所以该系统为强耦合系统，该耦合系统需要联立求解含有 11 个未知变量的 11 个非线性方程。

在前面的运动分析中，将 ϕ_2、ϕ_3、Z_2 选择为自由变量，在此分析中需要一个附加未知量，结果仅有一个自选变量，选择 $\phi_2=15°$，$Z_2=10e^{60°}$，ϕ_3 为未知量，解 11 个非线性方程得

$$Z_1=6.48+i2.64=7.00\,e^{i22.2°}$$

$$Z_3=-10.74-i7.64=13.17\,e^{i(-144.6°)}$$

$$Z_4=0.46+i16.97=16.98\,e^{i88.4°}$$

$$Z_5=-12.68-i18.59=22.50\,e^{i(-124.3°)}$$

$$Z_6=1.95+i10.95=11.21\,e^{i79.9°} \tag{11.8-137}$$

$$\phi_2=47.7°$$

$$\phi_3=92.1°$$

$$\psi_3=44.2° \tag{11.8-138}$$

其中

$$k_4=500.53\text{mm}\cdot\text{N} \tag{11.8-139}$$

假设 $K_\Theta=2.58$、$\gamma=0.83$、$E=2.07\times10^{11}$Pa，柔性构件的长度 $l=r_5/\gamma_{ps}=519.43$mm，矩形横截面的厚度为 0.794mm，宽度为 14.07mm，机构的初始未变形位置如图 11.8-26 所示。

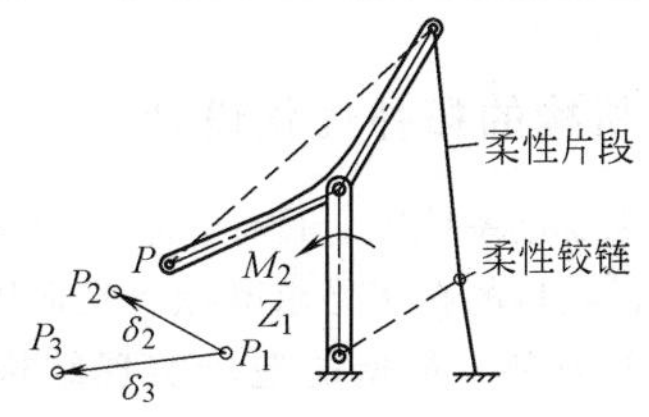

图 11.8-26　处于变形位置的柔顺机构

第一种方法是最直接的，当进行刚性机构分析时，将常量 γ、K_Θ 的值应用到伪刚体模型中，因为 γ、K_Θ 值在分析和综合时总保持一致，所以可以得到精确的给定轨迹；第二种方法是在伪刚体模型中使用更新的 γ、K_Θ 值，当机构处于不同位置时，载荷方向改变，γ、K_Θ 值也发生改变，由于 γ、K_Θ 值变化很小，所以这种方法得到的结果与用常 γ、K_Θ 值所得到的结果是相似的；还有一种分析方法是非线性有限元分析，这种方法在得到初始设计后用它检验设计还是非常有用的。

表 11.8-17 列出了不同曲柄转角（精确点位置）时 P 点的位移矢量 δ_j。在精确点 3 处，用有限元分析和伪刚体模型所得结果在 y 轴上位移的相对误差为 3%，这是计算出的最大误差。

表 11.8-17　连杆点位移比较

位置参数	有限元分析	伪刚体模型	
		更新的	常量
60.000	0.000+i0.000	0.000+i0.000	0.000+i0.000
107.674	−10.006+i5.009	−10.006+i5.008	−10.000+i5.000
152.095	−15.030−i1.941	−15.011−i1.982	−15.000−i2.000

表 11.8-18 列出了在精确点处连杆的角度 θ_6，精确点处输入转矩 M_2 的值列在表 11.8-19 中，更新的伪刚体模型与有限元分析之间的最大相对误差为 2.2%。

表 11.8-18　连杆角度比较

位置参数	有限元分析	伪刚体模型	
		更新的	常量
60.000	79.963	79.966	79.919
107.674	59.920	59.925	59.919
152.095	69.681	69.873	69.919

表 11.8-19　输入转矩比较

位置参数	有限元分析	伪刚体模型	
		更新的	常量
60.000	0.47916	0.47743	0.50000
107.674	0.48319	0.50304	0.50000
152.095	1.96510	2.00758	2.00000

5.3　柔顺机构的拓扑优化设计

结构优化通过系统的、目标定向的过程与方法代替传统设计，其目的在于寻求既经济又适用的结构型式，以最少的材料、最低的造价实现结构的最佳性能。结构优化一般可分为尺寸优化、形状优化和拓扑优化。拓扑优化以结构的最大约束尺寸范围作为设计区域，通过有限元分析和数值计算得到最优结构，最初的拓扑结构是未知的，完全摆脱了对设计者经验的依赖。

按照优化对象不同拓扑优化可分为两大类：离散体拓扑优化设计和连续体拓扑优化设计，离散体拓扑优化设计包括桁架、刚架、网架等，连续体拓扑优化设计包括平面问题、板壳问题、实体结构等。离散体结构拓扑优化设计是在一定的边界条件下，寻求结构组成部件的最优布局形式、杆件尺寸和连接方式等。连续体拓扑优化设计是在一定边界条件和给定载荷的情况下，把一定百分比的给定材料放到设计区域，使材料在某些区域聚集，在某些区域形成孔洞，得到最优的拓扑结构。

拓扑优化的拓扑描述方式和材料插值模型是优化设计的基础，主要的拓扑表达形式和材料插值模型方法有均匀化方法、密度法、独立连续映射模型法、分级结构模型法、变厚度模型法、水平集法。均匀化方法和密度法应用最为广泛。拓扑优化问题数值求解，最初采用数学中判断最优解的 K-T 条件，即优化准则法。后又引入数学规划法，其中主要方法有复合形法、可行方向法、惩罚函数法和序列规划法等，近来泡泡法、进化结构拓扑优化方法、模拟退火算法、人工神经网络算法、遗传基因算法也引入到拓扑优化之中。拓扑优化的数值求解过程中会出现多孔材料、棋盘格式、网络依赖和局部极值等不稳定问题，进而造成优化结果可靠性下降、可制造性差和得不到工程可行解等问题。可通过合理选用高阶单元，滤波法和实用小波函数来降低不稳定性，得到可行的拓扑优化结构。连续体拓扑优化商用优化软件主要有 Optistruct、Tosca、Ansys Workbench 中的 ACT 插件，以及 Ansys 和 Comsol 的拓扑优化模块。

连续体结构拓扑优化中的一个重要应用就是对柔性机构进行拓扑结构设计，拓扑优化可以在仅已知给定设计域和指定输入输出位置的情况下，综合出新的功能型柔性机构。

下面应用拓扑优化方法设计两种典型的柔性机构：位移反向机构和柔性微夹钳，设计域如图 11.8-27 所示，其中 F_{in} 为输入力，K_{out} 为虚拟弹簧输出刚度，u_{out} 为虚拟输出位移，Ω 为设计域。

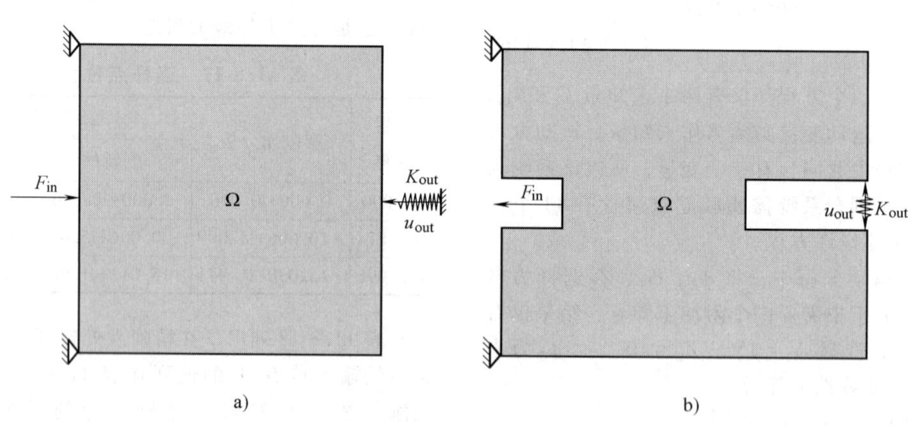

图 11.8-27　典型柔性机构设计
a）位移反向机构　b）柔性微夹钳

一般结构优化问题数学模型可表示为

$$\min: J(u)=\int_{\Omega} j(u)\,\mathrm{d}\Omega \quad (11.8\text{-}140)$$

$$s.t.: V \leqslant V_{max}$$

式中　u——状态变量；

V_{max}——可用材料的总体积；

J——某种性能，如柔度 C 和几何增益 GA 等。

结合 SIMP 方法优化模型可以改写成

$$\min: c(\boldsymbol{x})=\boldsymbol{U}^{\mathrm{T}}\boldsymbol{K}\boldsymbol{U}=\sum_{e=1}^{N}(x_e)^p\boldsymbol{u}_e^T\boldsymbol{k}_e\boldsymbol{u}_e$$

$$s.t.:\frac{V(\boldsymbol{x})}{V_0}=f \quad (11.8\text{-}141)$$
$$\boldsymbol{KU}=\boldsymbol{F}_{\text{in}}$$
$$0<\boldsymbol{x}_{\min}\leqslant\boldsymbol{x}\leqslant 1$$

式中　$c(\boldsymbol{x})$——柔度目标函数；
$\boldsymbol{K}$——整体刚度矩阵；
$\boldsymbol{U}$——整体位移矢量；
$\boldsymbol{x}_{\text{e}}$——单元相对密度；
N——设计区域离散化的元素数目；
p——惩罚因子（通常取 $p=3$）；
$\boldsymbol{u}_e$——元素的位移矢量；
$\boldsymbol{k}_e$——元素的刚度矩阵；
$V(\boldsymbol{x})$——材料体积；
V_0——设计区域体积；
f——规定的容积率；
$\boldsymbol{F}$——力矢量；
$\boldsymbol{x}_{\min}$——相对密度最小向量；
$\boldsymbol{x}$——设计变量向量。

柔度 C 和几何增益 GA 可表示为

$$C=u^{\text{T}}ku \quad (11.8\text{-}142)$$

$$GA=\frac{u_{\text{out}}}{u_{\text{in}}} \quad (11.8\text{-}143)$$

对式（11.8-141）应用拉格朗日乘数法，得到无约束优化的拉格朗日方程，满足库恩塔克必要条件，由此得到基于优化准则法的迭代公式

$$x_e^{\text{new}}=\begin{cases}\max(x_{\min},x_e-m) & \text{if}\quad x_eB_e^{\eta}\leqslant\max(x_{\min},x_e-m)\\ x_eB_e^{\eta} & \text{if}\quad \max(x_{\min},x_e-m)<x_eB_e^{\eta}<\min(1,x_e+m)\\ \min(1,x_e+m) & \text{if}\quad \min(1,x_e+m)<x_eB_e^{\eta}\end{cases} \quad (11.8\text{-}144)$$

式中　m——正的移动界限；
η——数值阻尼系数（$\eta=0.5$）。

$$B_e=-\frac{\partial c}{\partial x_e}/\lambda\frac{\partial V}{\partial x_e}$$

λ——拉格朗日乘子。

目标函数的敏感度为

$$\frac{\partial \boldsymbol{c}}{\partial \boldsymbol{x}_e}=-p(\boldsymbol{x}_e)^{p-1}\boldsymbol{u}_e^{\text{T}}\boldsymbol{k}_0\boldsymbol{u}_e \quad (11.8\text{-}145)$$

过滤技术中网格独立性滤波器可表示为

$$\widehat{\frac{\partial \boldsymbol{c}}{\partial \boldsymbol{x}_e}}=\frac{1}{\boldsymbol{x}_e\sum\limits_{f=1}^{N}\hat{H}_f}\sum_{f=1}^{N}\hat{H}_f\boldsymbol{x}_f\frac{\partial \boldsymbol{x}}{\partial \boldsymbol{x}_f} \quad (11.8\text{-}146)$$

式（11.8-146）卷积算子可表示为

$$\hat{H}_f=r_{\min}-\text{dist}(e,f),\ \{f\in N\mid \text{dist}(e,f)\leqslant r_{\min}\},\quad e=1,\cdots,N \quad (11.8\text{-}147)$$

$\text{dist}(e,f)$ 定义为元素中心 e 到元素中心 f 的距离。

应用 SIMP 方法进行拓扑优化设计流程如下：

1）定义设计域、非设计域、约束、载荷等，设计域中单元的相对密度可随迭代过程而变化，非设计域中的相对单元密度只能为 0 或 1；

2）对设计区域进行单元网格划分，计算所有单元的相对密度设置为 1 时的单元刚度矩阵；

3）初始化单元设计变量，预先设定设计域中的每个单元的相对密度值；

4）计算每个单元的材料特性，计算所有单元刚度矩阵，再对号入座将其组装到整个结构的刚度矩阵中，并计算节点位移；

5）计算目标函数值和约束函数值，并计算相应导数，用螺旋整数因子法处理设计变量；

6）用优化迭代算法更新设计变量值；

7）检验计算结果的收敛性，设计变量的相对误差或目标函数的相对误差都可以作为收敛判断条件：

$$\left|\frac{\max(x_{k+1})-\max(x_k)}{\max(x_k)}\right|<\varepsilon\quad 或\quad \left|\frac{c_{k+1}-c_k}{c_k}\right|<\varepsilon \quad (11.8\text{-}148)$$

若不收敛，则返回至第 4 步继续进行迭代计算，若收敛则进行第 8 步，结束迭代计算过程；

8）输出设计变量值，目标函数值和约束函数值，完成迭代计算。

优化过程如图 11.8-28 所示。

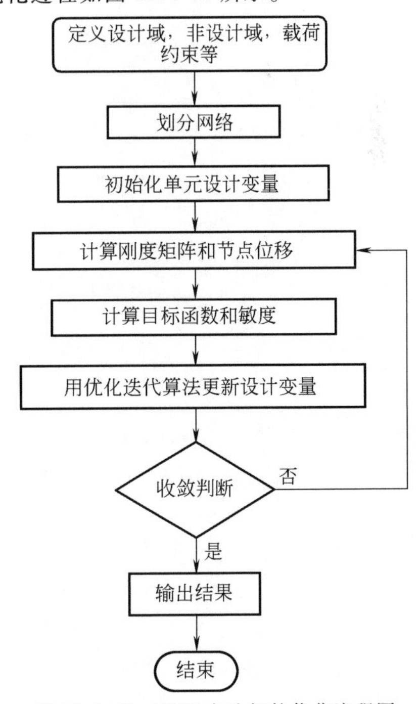

图 11.8-28　SIMP 方法拓扑优化流程图

对于位移反向机构的拓扑优化设计，设计域如图 11.8-27a 所示。长宽比 1∶1，设计域的左上角和左下角均为固定支座，左侧中部受水平作用力 F_{in}。设计域离散为 400×400 个四边形单元，体积约束为 30%，F_{in}表示为 $K_{in}u_{in}$，取 $K_{in}=1$，$K_{out}=0.1$，按照 SIMP 法拓扑优化求解步骤，应用 Matlab 编程运行得到拓扑构型如图 11.8-29a 所示。同理对于柔性微夹钳，设计域如图 11.8-27b 所示。长宽比 5∶4，设计域尺寸为 3000μm×2400μm，弹性模量为 4.4GPa，泊松比为 0.22，$K_{out}=100\text{N/m}$，$F_{in}=6\mu\text{N}$，体积约束为 30%，按照 SIMP 法拓扑优化求解步骤，应用 Matlab 编程运行得到拓扑构型如图 11.8-29b 所示，输出与输入位移之比为 9.57。

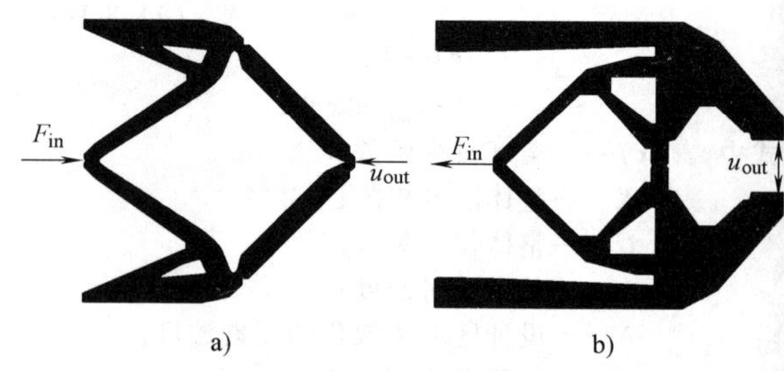

图 11.8-29　典型柔性机构拓扑构型
a）位移反向机构拓扑构型　b）两端固支梁拓扑构型

第9章　机构选型

1　概述

设计机械首先依据工艺要求拟定从动件的运动形式、功能范围，正确选择合适的机构类型、动力传递方式及功率等，从而进行新机械、新机器的设计，同时分析其运动的精确性、实用性与可靠性等。所谓机构的选型就是选择合理的机构类型实现工艺要求的运动形式、运动规律。

机构选型的原则如下：

1）依照生产工艺要求选择恰当的机构形式和运动规律。机构形式包括连杆机构、凸轮机构、齿轮机构、轮系和组合机构等。机构的运动规律包括位移、速度、加速度及变化特点，它与各构件间的相对尺寸有直接关系，选用时应进行充分考虑，或按要求进行分析计算。

从生产工艺对从动件的运动特性、功能等方面的具体要求，选取最佳的机构形式，以实现生产中的连续或间歇运动，移动或摆动，等速或变速运动，直线轨迹或圆弧、圆或各种特殊曲线轨迹等，在功能上完成转位、抓取、旋紧、检测、控制、调节、增力伸缩以及定位联锁、安全保险等要求。此外，从动件在工作循环中的速度、加速度的变化应符合要求，其功能动作误差应不超过允许限度，以利于保证产品质量，并具有足够的使用寿命。

2）结构简单，尺寸适度，在整体布置上占的空间小，布局紧凑，能节约原材料。选择结构时也应考虑逐步实现结构的标准化、系列化，以期降低成本。

3）制造加工工艺性好。通过比较简单的机械加工，即可满足构件的加工精度与表面粗糙度的要求。还应考虑机器在维修时拆装方便，在工作中稳定可靠、使用安全，以及各构件在运转中振动轻微、噪声小等环保要求。

4）局部或部件机构的选型应与动力机的运动方式、功率、转矩及其载荷特性能够相互匹配协调，与其他相邻机构正常衔接，传递运动和力可靠，运动误差应控制在允许范围内，绝对不能发生运动的干涉。

5）具有较高的生产率与机械效率，经济上有竞争能力。

2　匀速转动机构

主动件和从动件均做匀速转动的机构称为匀速转动机构，可分定传动比转动机构和可变传动比转动机构两类。

2.1　定传动比转动机构

定传动比转动机构见表 11.9-1。

表 11.9-1　定传动比转动机构

机构	结　构　图	说　　明
(1)摩擦传动机构		
摩擦轮传动机构	1 2 3 ω_1 α β ω_3	摩擦轮传动机构由主动轮 1 通过中间滚轮 2 带动从动轮 3 做匀速转动。滚轮 2 可自动调节压紧力，能可靠地楔入 1 和 3 之间。为保证机构正常工作，应使最小摩擦因数 μ 和 α、β 角值保持下列关系，当 $\alpha\neq0°$、$\beta\neq0°$时 $$\mu\geqslant\tan\frac{\alpha+\beta}{2}$$ 不考虑滚轮间的滑动，其传动比应为 $$i_{13}=\frac{\omega_1}{\omega_3}=\frac{r_3}{r_1}$$ 式中　ω_1、ω_3—1、3 轮的角速度； r_1、r_3—滚轮 1、3 的半径

（续）

机构	结构图	说明
	(1)摩擦传动机构	
内滚轮机构		内滚轮机构以及双臂曲柄1作主动件，通过曲柄两端的滚轮2驱动从动轮3绕固定轴 O_3 与主动件同向匀速转动、滚轮中心 A、B 相对圆盘3的运动轨迹为摆线 γ，是圆盘内侧曲线 β 的等距线，两线相距滚轮半径 r。该机构主、从动轴中心距应符合要求：$\overline{O_1O_3} \leqslant \frac{\overline{AO_1}}{2}$，否则 γ 曲线将出现交叉。主、从动轮的传动比为 $i_{13}=\frac{n_1}{n_3}=\frac{3}{2}$ 式中　n_1、n_3—轮1、3的转速
	(2)齿轮轮系传动机构	
差动轮系机构	a) b)	由中心齿轮1、3，行星齿轮2、2′和系杆H组成，机构自由度为2。它的传动比不仅与各轮齿数有关，还与各轮转速有关。当给该机构一公共转速“$-n_H$”时，系杆H变为固定，差动轮系转化为定轴轮系，其传动比仅与齿数成反比 $i_{13}^H=\frac{n_1-n_H}{n_3-n_H}=-\frac{z_3}{z_1}$（图a） $i_{13}^H=\frac{n_1-n_H}{n_3-n_H}=\frac{z_2z_3}{z_1z_{2'}}$（图b） 式中　n_1、n_3、n_H—齿轮1、3和系杆H的转速 z_1、z_2、$z_{2'}$、z_3—各齿轮的齿数
行星轮系机构	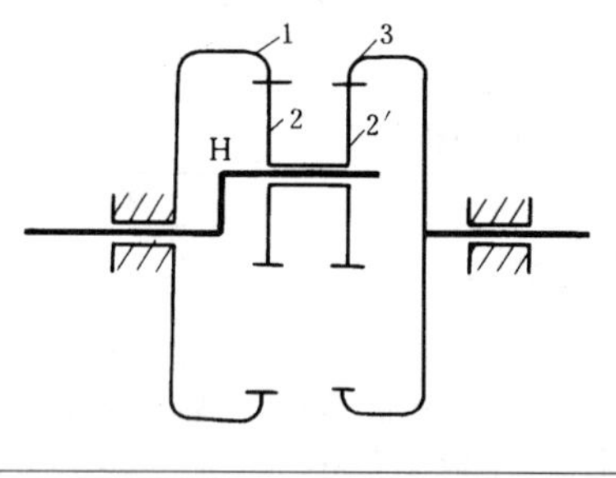	行星轮系与差动轮系不同，它有一个太阳轮是固定的，其自由度为1，它们同属周转轮系。如图所示机构的传动比为 $i_{3H}=\frac{n_3}{n_H}=1-\frac{z_1z_{2'}}{z_2z_3}$ 式中　n_3、n_H—太阳轮3和系杆H的转速 z_1、z_2、$z_{2'}$、z_3—各齿轮的齿数 若 $i_{3H}>0$，则 n_3、n_H 为同向转动；若 $i_{3H}<0$，则为反向转动。此机构可获得很大的传动比，例如作为机床的示数机构；但增速时效率很低，甚至会产生自锁，故一般不用于增速
行星减速器		主动轴H作为系杆带动两个行星齿轮2，2同时与从动齿轮1和固定齿轮3啮合，可得到较大减速比。如：$z_1=100$、$z_3=98$ 时，其减速比为 $i_{H1}=50$，即主动轴H每转一周，从动齿轮1转过2个齿

（续）

机构	结 构 图	说 明
(2)齿轮轮系传动机构		
有缺口齿轮机构	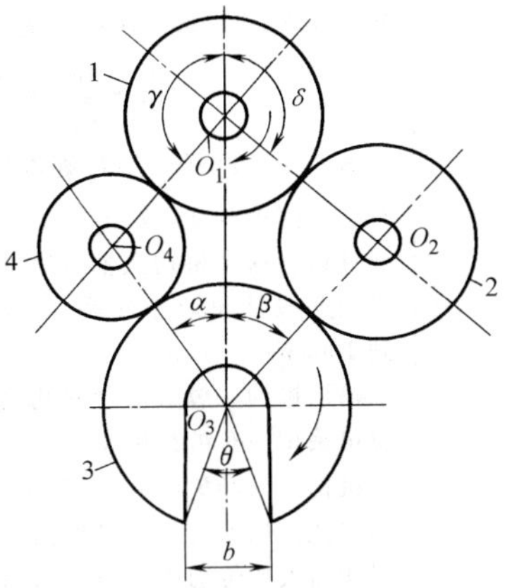	以齿轮 1 作主动轮，通过惰轮 2、4 驱动有缺口的从动轮 3。由于功率分流传动，可减小机构的体积和重量，为了满足生产要求，在轮 3 上开一宽度为 b 的钳口槽（如石油钻井的旋扣器），并保证从动轮 3 做整周转动。机构尺寸关系应满足下列条件 ① 正确安装条件 $\alpha(z_3-z_4)+\gamma(z_4-z_1)+\beta(z_3-z_2)+\delta(z_2-z_1)=2\pi k$ 式中　α、γ、β、δ—各齿轮中心线的夹角 z_1、z_2、z_3、z_4—各齿轮齿数 ② 槽宽 b 所对应的中心角 $\theta<\alpha+\beta$ ③ 齿轮中心距 $\overline{O_1O_3}>\dfrac{d_{a1}+d_{a3}}{2}$ $\overline{O_2O_4}>\dfrac{d_{a2}+d_{a4}}{2}$ 式中　d_{a1}、d_{a2}、d_{a3}、d_{a4}—各齿轮的齿顶圆直径
复合轮系机构	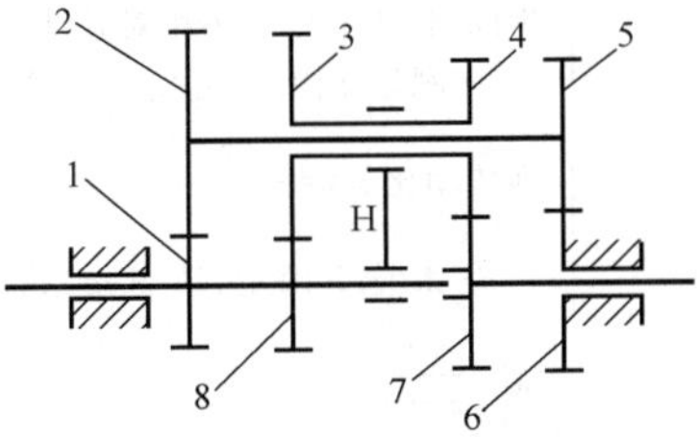	由周转轮系和定轴轮系或若干周转轮系组合而成的复杂轮系，也称混合轮系。图中由行星轮系1-2-5-6-H 和差动轮系 8-3-4-7-H 组合而成。若 $z_1=z_8$、$z_6=z_7$、$z_4=z_5$，则传动比为 $i_{71}=\dfrac{n_7}{n_1}=\dfrac{1-\dfrac{z_2}{z_3}}{1-\dfrac{z_2z_7}{z_1z_4}}$ 当 z_2 和 z_3 相差一个齿时，可获得结构紧凑的大传动比机构。例如 $z_1=32$、$z_2=81$、$z_3=80$、$z_4=z_5=20$、$z_6=z_7=50$，则 $i_{17}\approx426$ 复合轮系多数用于减速器、变速器
3 个太阳轮的行星减速机构	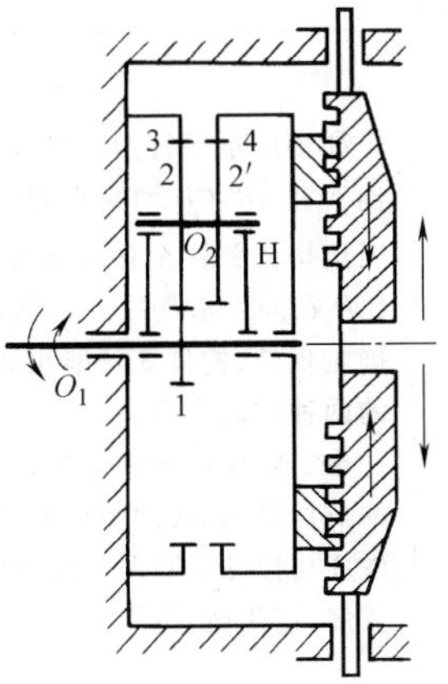	图为车床电动三爪自定心卡盘行星减速装置。主动轮 1 通过 H 所支承的齿轮 2 和 2′与固定齿轮 3 和从动齿轮 4 的啮合传动而驱使齿轮 4 转动，轮 4 上的阿基米德螺旋槽控制卡盘，使其卡紧或松开工件。传动比为 $i_{14}=\left(1+\dfrac{z_3}{z_1}\right)\Big/\left(1-\dfrac{z_{2'}z_3}{z_4z_2}\right)$ 若齿数 $z_1=6$、$z_{2'}=z_2=25$、$z_3=57$、$z_4=56$，则 $i_{14}=-588$，负号表示齿轮 1 与 4 转向相反。该轮系结构紧凑，体积小、传动比大，但安装比较复杂、常用于中小功率传动或机械的控制部分

（续）

机构	结构图	说明
	（2）齿轮轮系传动机构	
少齿差行星减速机构	a)　b)　c) 零齿差内齿轮副	以系杆 H 为主动件，驱动行星齿轮 1 与固定太阳轮 2 啮合，带动输出轴 3 匀速转动，传动比为 $i_{H3}=\frac{n_H}{n_3}=-\frac{z_1}{z_2-z_1}$ 若轮 2 齿数 $z_2=z_1+1$，则得到大传动比 $i_{H3}=-z_1$，且结构简单紧凑。轮 1、2 的齿廓可用渐开线、摆线或针齿。这类机构主轴转速可达 1500～1800r/min，采用摆线针轮效率较高，功率可达 45kW，甚至达到 100kW 输出机构一般由销盘和孔盘组成。如图 b 所示。也可采用一对齿数相等的内外齿轮组成的零齿差输出机构。为避免齿形干涉，齿轮除径向变位外还要切向变位（图 c）。该机构仅用很少几个构件，可获得相当大的传动比，结构简单紧凑
谐波齿轮传动机构	啮合　啮入　啮出　脱离	图示为双波发生器谐波传动机构，波发生器 H 的触头 3 将柔性齿轮 1 撑成椭圆形，在长轴处柔性齿轮 1 与刚性齿轮 2 沿全齿高啮合，在短轴处完全脱离啮合。当 H 转动时，将轮 1 的轮齿依次压入轮 2 齿间，使 1、2 轮产生相对转动。 ① 刚轮 2 固定，波发生器 H 为主动、柔轮 1 从动，则传动比 $i_{H1}=-\frac{z_1}{z_2-z_1}$ ② 柔轮 1 固定，H 主动、轮 2 为从动，则传动比 $i_{H2}=\frac{z_2}{z_2-z_1}$ 谐波传动的特点是传动比大，传动平稳，结构简单，效率高，且体积小，重量轻。但柔轮易出现疲劳损伤。谐波齿轮传动机构有双波、三波和单级、双级等各种类型
	（3）平行四杆机构	
简单平行四杆机构	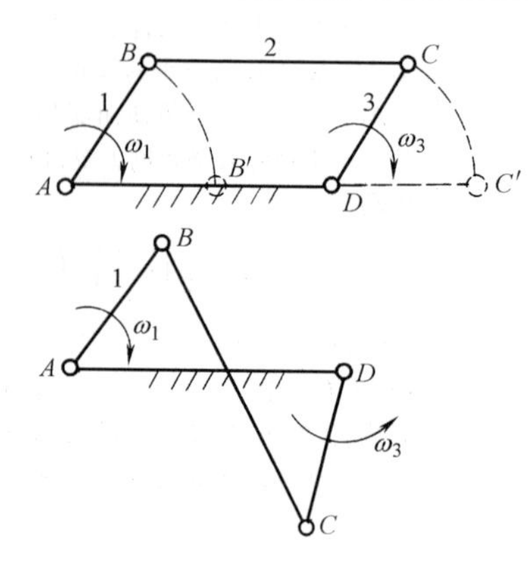	如图所示平行四杆机构 $ABCD$ 中连杆 BC 做平动，连架杆 AB、CD 均为曲柄做匀速转动，传动比 $i_{13}=1$。当机构位置转至各杆处在同一水平位置时（即 $AB'C'D$ 在同一水平线上），从动件 C 点的运动将出现不确定现象，构件 3 可能出现与主动件 1 相同或相反的两种转动方向 在实际应用中利用从动件本身导向，或附加重量的惯性导向，或加装辅助曲柄等方法克服反转，使构件 3 与构件 1 同向匀速转动。平行四杆机构的类型较多，应用较广

（续）

<table>
<tr><th>机构</th><th>结构图</th><th>说明</th></tr>
<tr><td colspan="3">(3)平行四杆机构</td></tr>
<tr><td>清障车平行四杆托举机构</td><td></td><td>随着汽车拥有量的增加，各种道路上的交通量不断增长，交通事故不时发生。一般故障车多是前部冲撞失去正常行驶能力，而须迅速拖走故障汽车疏通道路，将其前轮托起拖离事故现场
平行四杆托举机构如图所示，机架（AD）5 固定在车架上，上摇杆（AB）1、下摇杆（CD）4 作为连架杆，相互平行，长度相等，和连杆 3 固连的托举臂 3′做平动，始终平行地面。托举臂另设伸缩机构，完成放至地面，并伸入故障车前下部，由液压缸 2 拉起，将其抬高拖走</td></tr>
<tr><td>多头钻机构</td><td></td><td>图中多头钻由多个平行四杆机构组成，偏心轴 1 为主动件，通过圆盘制成的连杆 2 带动四个具有相同偏心距的钻头 3 等做同向匀速转动。该机构结构紧凑，用于加工多孔、小孔距的工件，但要求较高的制造精度。如果润滑有保证，机构的平衡较好，可以在较高的转速下工作</td></tr>
<tr><td>可变轴距多平行四杆机构</td><td>a)　b)
0＜位移＜2l　零位移
c)　d)</td><td>如图所示，主、从动轴距可变的多平行四杆机构，在圆盘构件 2、4、6 的等圆周上各设 3 个等间距的轴销，分别与长为 l 的连杆 3、5 等相互铰接，形成多个平行四杆机构。主动轴 1 通过连杆及中间盘带动从动轴 7 做同向同速转动，主、从动轴的轴距可根据需要改变，最大轴距为 2l</td></tr>
<tr><td>砂轮边缘圆磨机构</td><td>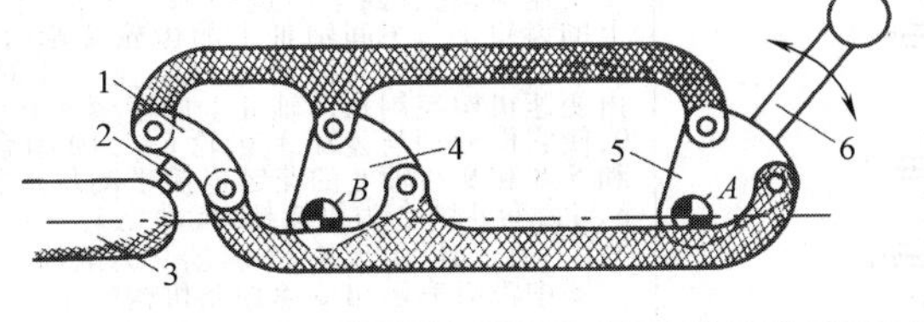</td><td>图中两个三角盘 4、5 分别绕固定支点 A、B 转动，当构件 6 做主动件往复摆动时，通过四杆机构带动从动件 1 做绕定点的摆动，构件 1 上的金刚石 2 做圆弧运动，把砂轮 3 的边缘磨成圆形。砂轮对称中心线与固定铰点 A、B 重合，故也称该机构为三支点机构</td></tr>
</table>

（续）

<table>
<tr><th>机构</th><th>结 构 图</th><th>说 明</th></tr>
<tr><td colspan="3">（4）联轴器与转动导杆机构</td></tr>
<tr><td>双万向联轴器</td><td>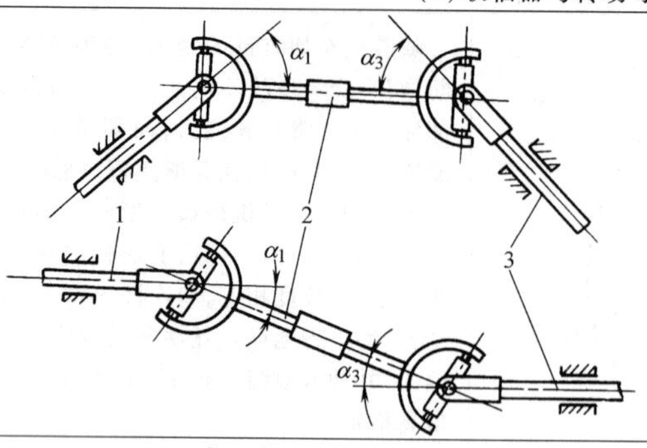
</td><td>单万向联轴器为不等速传动，瞬时传动比是变化的，但如图所示双万向联轴器可以实现等速传动，其条件如下
① 主动轴 1 与中间轴 2 的夹角 α_1，必须等于从动轴 3 与中间轴的夹角 α_3，即 $\alpha_1=\alpha_3$
② 中间轴 2 两端的轴叉必须位于同一平面内
一般主动轴与从动轴的轴线在传动中不重合或成一定的角度，均可采用万向联轴器，而双万向联轴器可实现等速传动，传动比 $i_{13}=1$，它广泛用于汽车、多头钻等机械上</td></tr>
<tr><td>十字槽联轴器</td><td>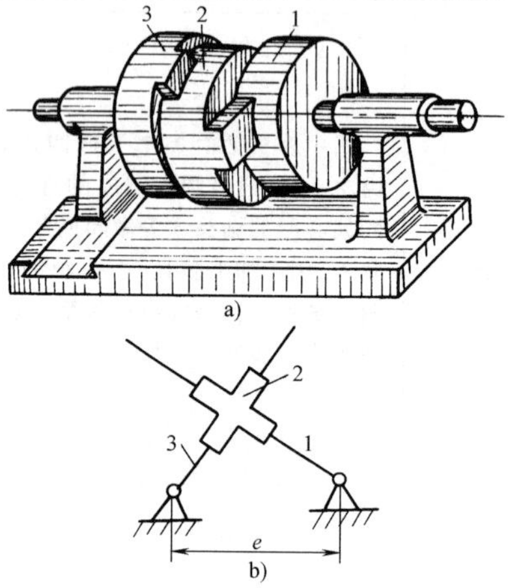
</td><td>图中十字槽联轴器由主动盘 1、中间盘 2 和从动盘 3 组成。主动盘 1 的凹槽带动中间盘 2 右侧的嵌入凸肩，中间盘 2 的左侧凹槽与右侧凸肩相互垂直，左侧凹槽驱动从动盘 3 上的嵌入凸肩，使从动盘 3 做同向转动
十字槽联轴器常用于偏距 e 不太大，或两轴线不易重合的平行轴的连接传动。图 b 为机构简图</td></tr>
<tr><td>转动导杆机构</td><td>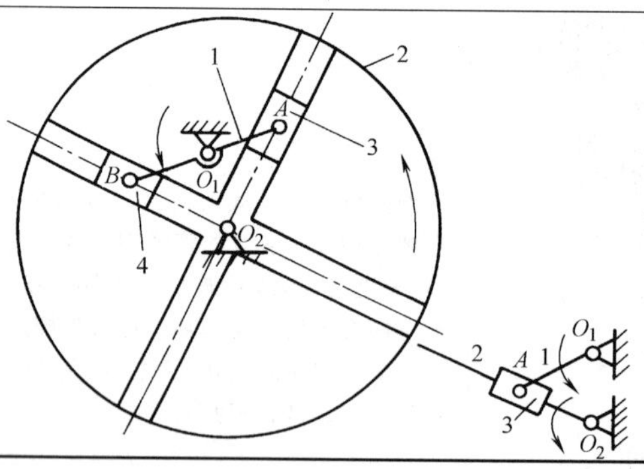
</td><td>图示转动导杆机构的主动杆 1 绕固定轴 O_1 转动，它的两端以铰链 A、B 连接滑块 3、4 并带动滑块在从动盘 2 的垂直导槽内滑动，同时驱动从动盘绕固定轴 O_2 做同向匀速转动，尺寸条件为$\overline{O_1O_2}=\overline{O_1B}=\overline{O_1A}$
传动比为
$$i_{12}=\frac{n_1}{n_2}=2$$</td></tr>
</table>

2.2 可变传动比转动机构

可变传动比转动机构见表 11.9-2 和表 11.9-3。

表 11.9-2 有级变速传动机构

<table>
<tr><th>机构</th><th>结 构 图</th><th>说 明</th></tr>
<tr><td>圆柱齿轮变速机构</td><td>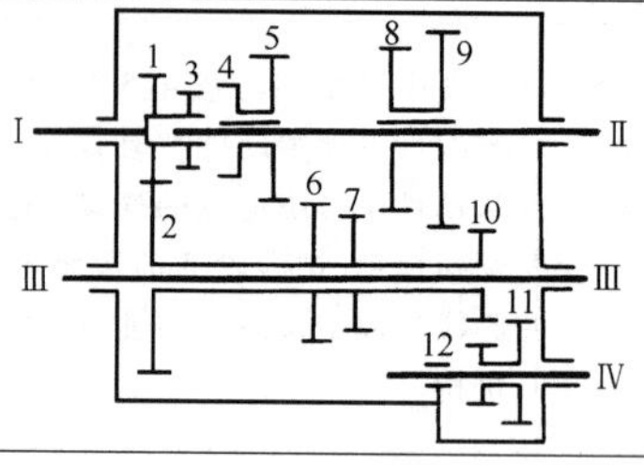
</td><td>如图所示，圆柱齿轮变速机构为跃进牌 NJ130 汽车变速器，它有四个前进档和一个倒档。主动轴 I 上的齿轮 1 与中间轴 Ⅲ 上的齿轮 2 啮合，空套在中间轴上的齿轮 2 与齿轮 6、7、10 是一体的。变速时，由变速机构控制从动轴 Ⅱ 上的齿套 4 和齿轮 5、8 和 9，使它们分别与齿环 3、齿轮 6、7、10 啮合，并通过 4 和 5、8 和 9 与轴 Ⅱ 的花键连接带动从动轴 Ⅱ。齿环 3 与齿套 4 啮合为直接档，传动比 $i_{34}=1$。当齿轮 10 与 11 啮合时，由齿轮 12 驱动 9 为倒档
图中没有表示出变速控制机构</td></tr>
</table>

（续）

机构	结　构　图	说　　明
三轴滑移式齿轮变速机构		图中轴Ⅰ、Ⅱ、Ⅲ是相互平行的3根轴，轴Ⅰ、Ⅲ和轴Ⅲ、Ⅱ的中心距相等。在轴Ⅰ、Ⅱ上各有两个滑移齿轮 a、b，分别与轴Ⅲ上的 A、B 两组公用固连齿轮啮合。各组齿轮模数相等，齿数不同但齿数差小于4。利用齿轮变位凑中心距，实现无侧隙啮合，获得多组变速。设Ⅲ轴上有 N 个齿轮，变速级数为 K，则 $$K=N(N-1)+1$$ 该机构的各档传动比具有倒数关系，若用它作切制米制或寸制螺纹的基本传动组时，不需改变传动路线，可省去改换机构的麻烦和简化操作。也可用于按等差或等比级数排列变速，但设计计算较复杂
圆周布置的齿轮变速机构		图示沿圆周方向布置的齿轮变速机构将各齿轮轴绕从动轴Ⅸ依定长半径沿圆周布置，包括主动轴Ⅰ和中间轴Ⅱ-Ⅷ。第一档为主动轮1通过惰轮3驱动从动轮4，轮1与轮4转向相同，传动比 $i_{14}=\frac{z_4}{z_1}$。其余各档由转动手柄5控制，如第二档为1-2-2-3-4齿轮啮合传动，从动轮在单数档和双数档转向相反。要使转向恒定，可采用另外附加惰轮的方式布置。图上的齿轮1和6是不啮合的 沿圆周布置可缩小机构尺寸，尤其是明显缩短了轴向尺寸
单齿轮滑移多级变速机构		图中花键轴Ⅰ上装有一可滑动的直齿圆柱齿轮 A，可与轴Ⅱ上的等高直齿锥齿轮组 B 中的任一锥齿轮啮合。锥齿轮组的各轮齿数按等差级数变化，由销子连接固定，保证所有锥齿轮有一齿槽在共同一条直线上，各齿轮之间留有足够的空隙，以便操纵主动轮 A 顺利由原来啮合位置脱离，并滑入另一啮合位置完成多级变速 该机构在运转中可进行变速，变速级数多，齿轮数目少，结构紧凑，刚性好，但啮合性能较差，啮合齿轮不能沿全齿宽啮合，且磨损不均匀

表 11.9-3　无级变速传动机构

机构	结　构　图	说　　明
弹簧加载圆盘无级变速机构	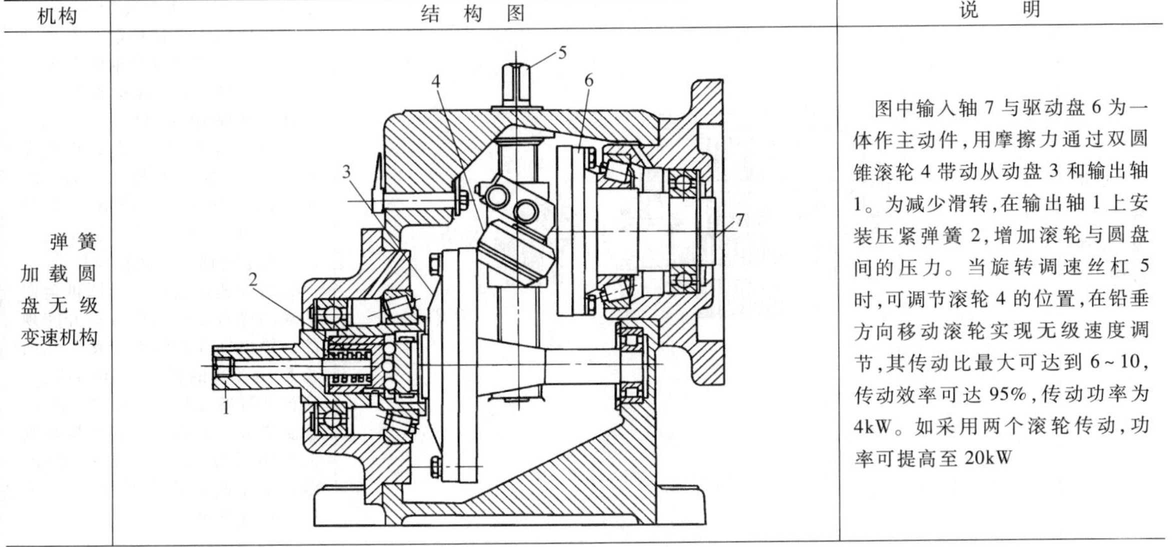	图中输入轴7与驱动盘6为一体作主动件，用摩擦力通过双圆锥滚轮4带动从动盘3和输出轴1。为减少滑转，在输出轴1上安装压紧弹簧2，增加滚轮与圆盘间的压力。当旋转调速丝杠5时，可调节滚轮4的位置，在铅垂方向移动滚轮实现无级速度调节，其传动比最大可达到6～10，传动效率可达95%，传动功率为4kW。如采用两个滚轮传动，功率可提高至20kW

（续）

机构	结构图	说明
行星圆锥无级变速机构	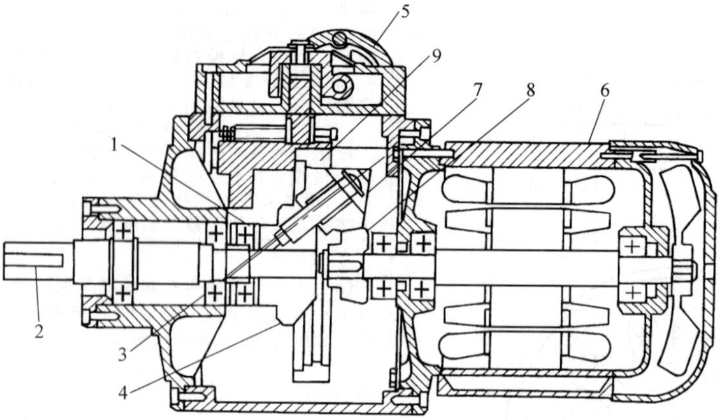	图中是以摩擦圆锥代替齿轮的行星轮系传动机构。由电动机6驱动中心圆锥摩擦轮8，通过行星摩擦圆锥7带动行星定位器4、加压器1和输出轴2。行星圆锥7的外侧锥面与不转动的滑环9内侧面接触，用速度控制轮5改变滑环9的轴向位置。可改变行星定位器及输出轴的转速。序号3是图示机构可得到较大的无级变速范围，其主、从动轴的传动比达4～24
球面滚轮无级变速机构	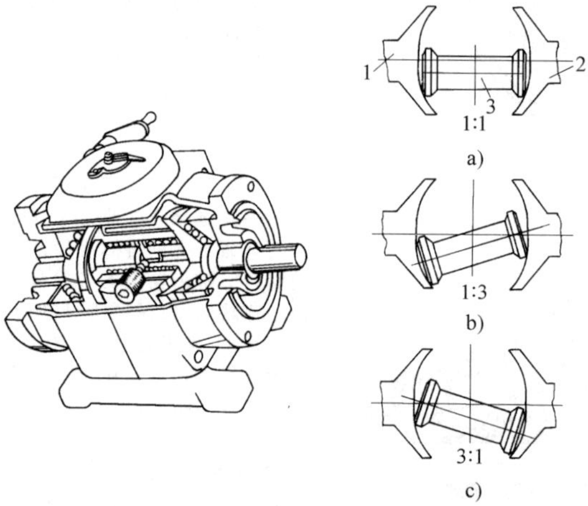 1:1 a) 1:3 b) 3:1 c)	图中在同一轴线上的主、从动球面圆盘1、2之间装有球形端面的偏置滚轮3。通过操纵机构改变滚轮的角度，得到无级变速（增速或减速）。当滚轮3轴线与两圆盘1、2的轴线平行时（见图a），主、从动盘等速；当滚轮与主动盘的接触点远离轴线时（见图b），则为增速；反之，滚轮与从动盘接触点在大直径处（见图c），则为减速 为保持圆盘与滚轮间必需的接触压力，附设加载凸轮。该类型机构的传动比最高可达到9，效率接近90%
油膜圆盘无级变速机构	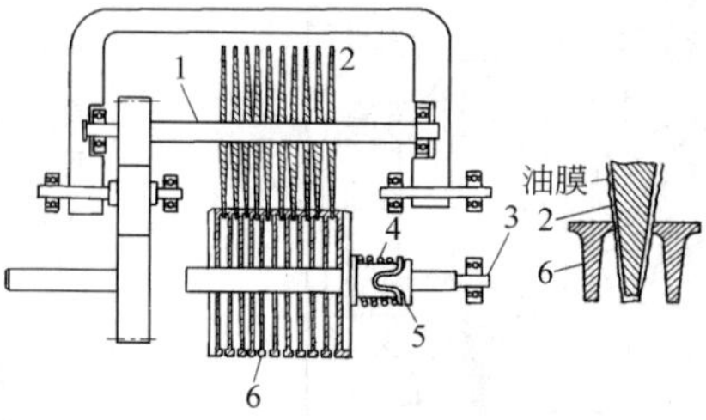 油膜	由3组主动圆锥圆盘2围着中间从动凸缘圆盘6组成，图仅表示其中一组。这类装置中，金属与金属之间不直接接触。在传动中互相夹持的圆盘被油涂敷而形成表面油膜，在各接触点处依靠凸缘盘所施加的轴向力，挤压油膜使其正压力增加，主动圆锥盘2在剪切高黏度油膜分子的同时将运动传给从动凸缘盘6，其传动效率可达85%以上。圆锥圆盘2可在花键轴1上做轴向移动 无级变速是通过主动圆锥盘向从动凸缘盘径向靠近或离开实现的。输出轴3上装有弹簧4和凸轮5，由弹簧的弹力压住凸缘盘。这种装置的传动功率可达60kW，甚至更大。冷却方式在小型装置上采用气冷，大型装置用液冷。滑转率在额定载荷下，高速时为1%，低速为3%

（续）

机构	结构图	说明
金属带式无级变速传动装置 CVT (Continuously Variable Transmission)	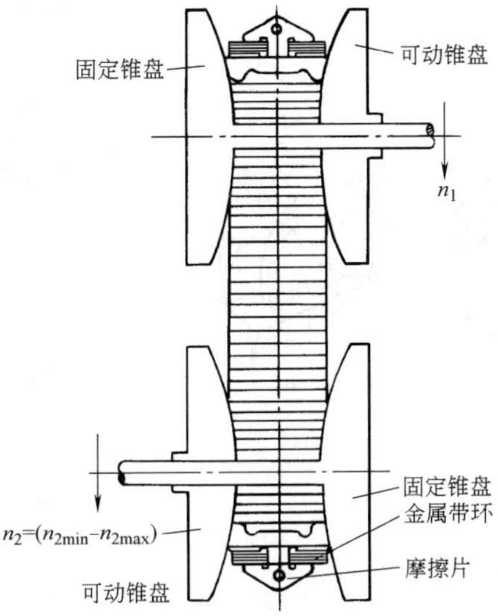	它由上部主动锥盘形成的 V 形槽通过金属带摩擦片驱动下部从动锥盘同向转动。主、从动锥盘各有一盘固定，另一盘可做轴向移动，改变金属带与锥盘接触的节圆半径，达到无级变速传动的要求 金属带由相互挤推的 V 形薄片状摩擦片和若干很薄的金属带环连接而成，通过几百件摩擦片与主、从动锥盘的摩擦而传递转矩，金属带环承受较大的张力和上亿次的弯曲。一般由 10 片左右厚约 0.2mm 的无缝环带叠套一组，各环带间有严格公差要求以求均载，两组金属环带分别嵌入摩擦片两侧平槽内 主、从动锥盘各设对轴固定的锥盘和可动锥盘、动盘，由液压或电动控制做协调的轴向移动，使金属带做整体平移，改变锥盘与摩擦片接触摩擦节圆，达到无级变速传动 荷兰 DAF 公司、VDT 公司率先于 20 世纪 70 年代将 CVT 金属带式无级变速器应用于轿车上，得到可观的效益，现在已大量投放欧美、日本轿车市场
液力变速机构	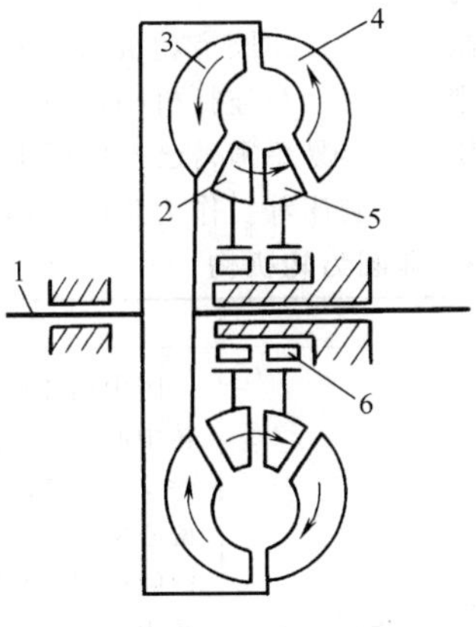	图中主动轴 1 带动泵轮 4 旋转、泵轮叶片搅动变矩器内的工作液推动输出涡轮 3 上的叶片，由涡轮输出转矩。视泵轮输入转矩与转速为常数，则涡轮输出转矩与其转速成反比，涡轮转速越高，输出转矩越小。构件 2、5 为导向轮，6 为超越离合器 液力变速机构常与行星变速器串联使用，在汽车上作为自动变速机构，也称它为液力变矩器。除图中所示四元件式外，还有三或五元件式，它们结构简单、效率高，且工作可靠，无冲击
脉冲式无级变速机构	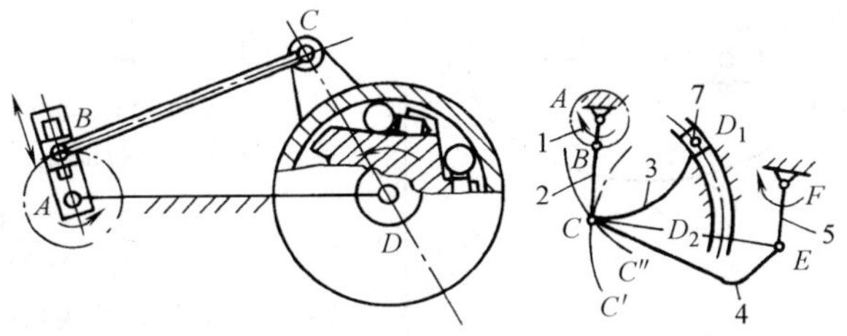 a)　　b)	图中以单向离合器代替曲柄摇杆机构中的摇杆固定铰链，当曲柄做匀速转动时，摇杆通过单向离合器带动从动轴做单向脉冲转动。若改变曲柄长度或附加二级杆组，将获得脉冲式无级变速转动

（续）

机构	结　构　图	说　　明
脉冲式无级变速机构	a)　　b)	图 a 中曲柄上的销轴 B 可在滑槽中滑动，借以改变曲柄长度。摇杆 CD 与超越离合器的外环固连，曲柄每转一周，摇杆 CD 转动一定角度。曲柄（或机架）的长度改变，摇杆 CD 的转角也随之改变，输出轴 D 做单向脉冲间歇回转 图 b 所示为多杆机构，铰链 D 在曲槽内固定在 D_1 或 D_2 位置，C 绕 D 转动的轨迹分别为 C'' 或 C'。当主动曲柄 1 匀速转动时，通过滑块 7 在曲槽内位置的改变（即改变机架 AD 的长度），使输出杆 5 实现变速 一个曲柄摇杆机构带动一单向超越离合器，输出的单向脉冲转动是极不稳定的，为减少脉冲的不均匀性，常采用多相（3～5 相）并列，提高输出轴的均匀性。这种机构简单可靠、变速性稳定、停止和运行时均可进行调节，适用于中、小功率（约 10kW 以下）、中低速（40～1000r/min）的减速器，例如用在机床进给、搅拌机、轻工包装、食品等机械中

3　非匀速转动机构

主动件做匀速转动，从动件做非匀速转动的机构称为非匀速转动机构。这里主要介绍非圆齿轮机构、双曲柄四杆机构、转动导杆机构和组合机构等。选型的主要依据是运动特点及特殊性，如急回作用，或使从动件角速度按特殊规律变化，即非线性函数的变化等。

3.1　非圆齿轮机构

非圆齿轮机构见表 11.9-4。

与连杆机构比较，非圆齿轮机构结构紧凑简单，容易平衡，已被广泛地应用于印刷机、剪切机、龙门刨床等。作为急回传动装置或某些自动进给机构。

表 11.9-4　非圆齿轮机构

机构	结　构　图	说　　明
椭圆齿轮机构	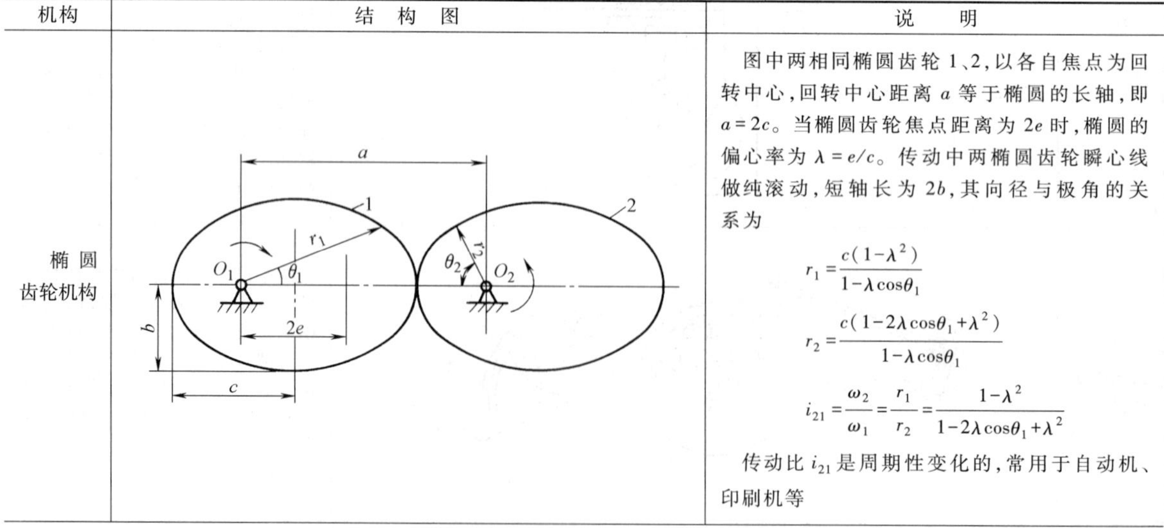	图中两相同椭圆齿轮 1、2，以各自焦点为回转中心，回转中心距离 a 等于椭圆的长轴，即 $a=2c$。当椭圆齿轮焦点距离为 $2e$ 时，椭圆的偏心率为 $\lambda=e/c$。传动中两椭圆齿轮瞬心线做纯滚动，短轴长为 $2b$，其向径与极角的关系为 $r_1=\dfrac{c(1-\lambda^2)}{1-\lambda\cos\theta_1}$ $r_2=\dfrac{c(1-2\lambda\cos\theta_1+\lambda^2)}{1-\lambda\cos\theta_1}$ $i_{21}=\dfrac{\omega_2}{\omega_1}=\dfrac{r_1}{r_2}=\dfrac{1-\lambda^2}{1-2\lambda\cos\theta_1+\lambda^2}$ 传动比 i_{21} 是周期性变化的，常用于自动机、印刷机等

（续）

机构	结构图	说明
卵形齿轮机构	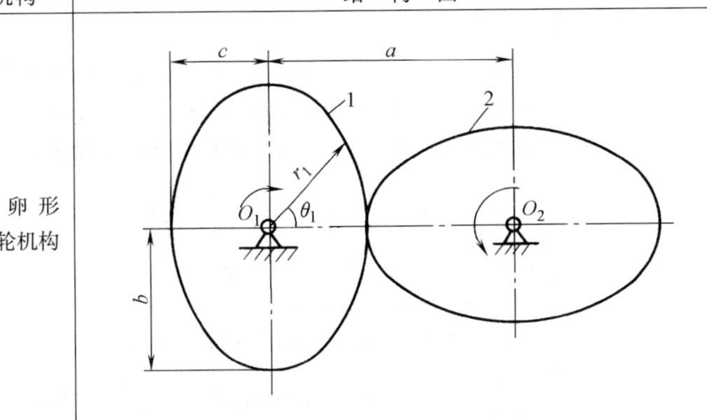	图中以卵形齿轮 1、2 的几何中心 O_1、O_2 作为回转中心的齿轮机构具有较好的平衡性。在每循环中传动比 i_{21}周期变化 2 次。中心距 $a=b+c$，向径 r_1 与极角 θ_1 的关系为 $r_1=2bc/[(b+c)+(b-c)\cos2\theta_1]$
偏心圆形齿轮及其共轭齿轮机构	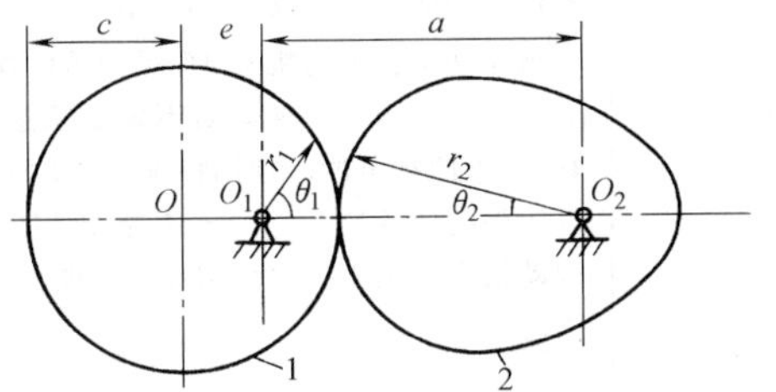	图中将标准圆柱齿轮 1 改作偏心齿轮，按本篇第 4 章设计其共轭齿轮 2，使传动比 i_{21}周期性变化
对数螺线齿轮机构	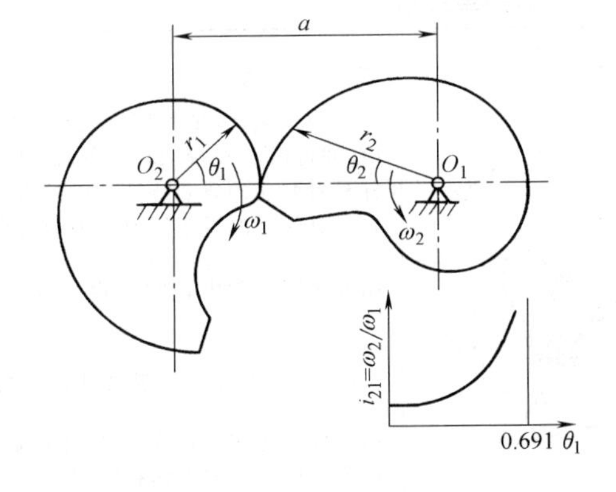	图中两相同的对数螺线齿轮啮合可获得一函数机构，其瞬心线不封闭，连续转动不到一圈。一般应用在计算机械上。基本方程为 $r_1=ce^{k\theta_1}$ $r_2=a-r_1$ 式中　r_1、r_2—对数螺线齿轮瞬心线向径 c、k—常数 e—自然对数的底 θ_1—齿轮 1 向径 r_1 所对应的极角 a—中心距

3.2　双曲柄四杆机构

双曲柄四杆机构见表 11.9-5。

3.3　转动导杆机构

转动导杆机构见表 11.9-6。

表 11.9-5　双曲柄四杆机构

机构	结构图	说明
双曲柄惯性筛	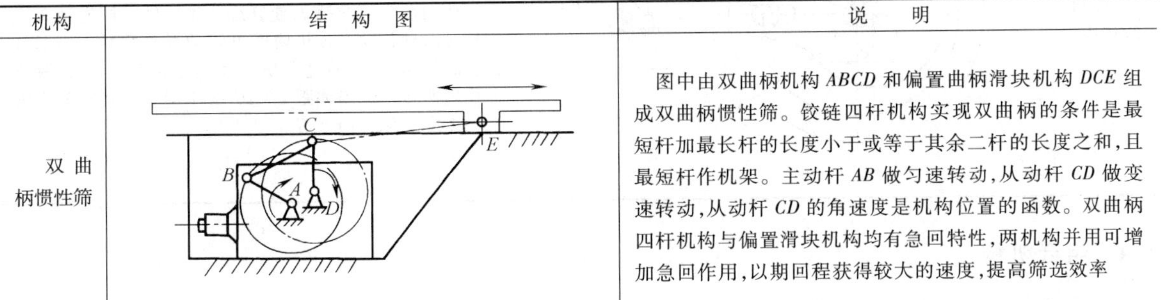	图中由双曲柄机构 $ABCD$ 和偏置曲柄滑块机构 DCE 组成双曲柄惯性筛。铰链四杆机构实现双曲柄的条件是最短杆加最长杆的长度小于或等于其余二杆的长度之和，且最短杆作机架。主动杆 AB 做匀速转动，从动杆 CD 做变速转动，从动杆 CD 的角速度是机构位置的函数。双曲柄四杆机构与偏置滑块机构均有急回特性，两机构并用可增加急回作用，以期回程获得较大的速度，提高筛选效率

（续）

机构	结构图	说明
反平行四杆机构	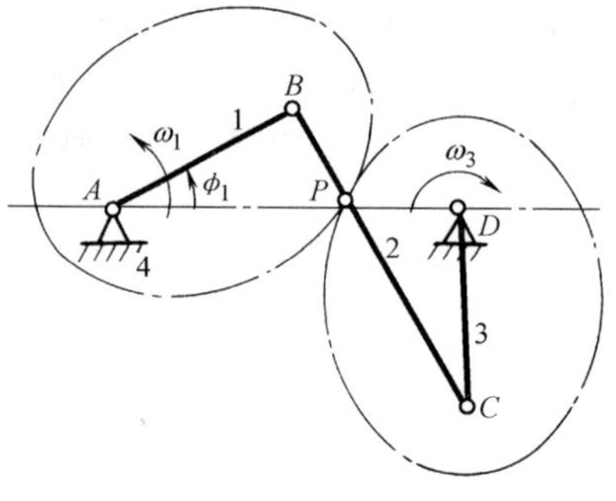	图中以短杆 1、3 作曲柄，长杆 2 作连杆，构件 4 为机架，各杆长应为 $\overline{AB}=\overline{CD}=a$，$\overline{BC}=\overline{DA}=b$，$a<b$，构件 1 为主动件，从动曲柄 3 做反向非匀速转动，瞬时传动比为 $i_{31}=\dfrac{\omega_3}{\omega_1}=\dfrac{\overline{AP}}{\overline{DP}}=\dfrac{b^2-a^2}{-(b^2+a^2)+2ab\cos\phi_1}$ 式中 P—构件 1、3 的速度瞬心 ϕ_1—曲柄 1 的转角 上式说明 i_{31} 是 ϕ_1 的函数。当 $\phi_1=0$ 时，$i_{31}=(i_{31})_{\max}=-\dfrac{b+a}{b-a}$；当 $\phi_1=180°$ 时，$i_{31}=(i_{31})_{\min}=-\dfrac{b-a}{b+a}$。这种反平行四杆机构的平均传动比 $i_{31}=-1$ 当曲柄 1 转至与机架 AD 重合的位置时，从动杆 3 也与 AD 重合，机构将出现运动不确定状态，即从动件 3 转向有反、正两种可能。须用特殊装置（如死点引出器等）或以构件的惯性来渡过这个位置，保证从动件转向不变。运动精度要求不高时可用反平行四杆机构代替椭圆齿轮传动

表 11.9-6 转动导杆机构

机构	结构图	说明
刨床转动导杆机构	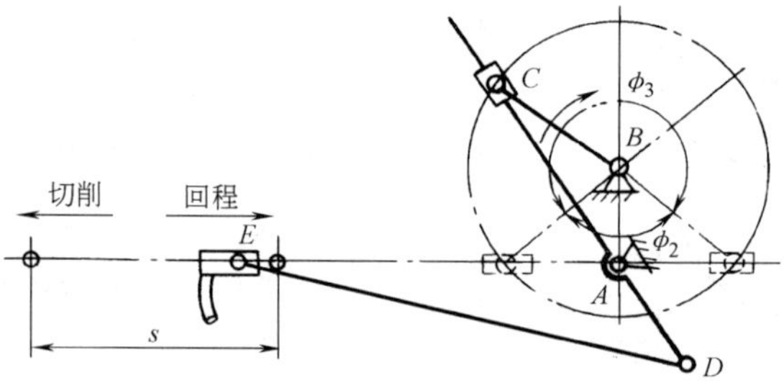	图中机架 AB 的长度比主动曲杆 BC 的长度短，BC 通过滑块 C 带动转动导杆 AC 做非匀速转动，并具有明显的急回特性。该机构用于刨床、插床，它具有较慢的近于等速的切削行程速度和较快的回程速度。滑块 E 的行程 $s=2\overline{AD}$，当比值 $\dfrac{\overline{BC}}{AB}$ 较小时，机构的动力性能变坏，一般推荐 $\dfrac{\overline{BC}}{AB}>2$。转动导杆机构在回转柱塞泵、叶片泵、切纸机及旋转式发动机等机器上均有应用
联轴器机构	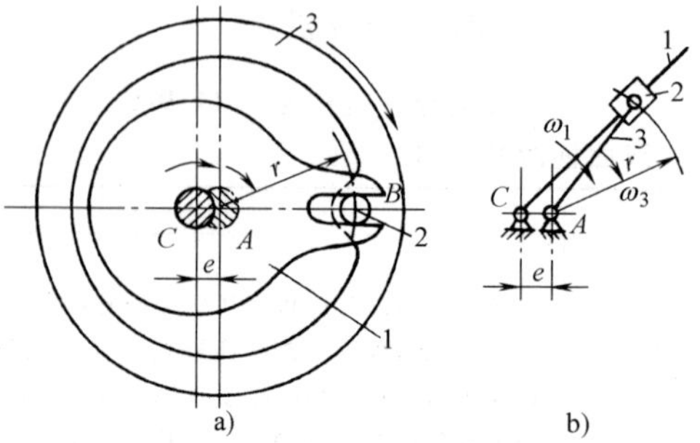 a) b)	图中用联轴器连接轴心线不重合的两轴，在两轴间传递运动和动力 主动盘 1 绕 C 轴转动时，圆盘 1 上的滑槽拨动从动盘 3 上的销 2，使其绕 A 轴旋转。同时销 2 相对滑槽移动。该机构属于转动导杆机构。导杆 1 做匀速转动，通过滑块与铰链带动从动杆 3 做非匀速转动。当偏距 $c=AC$ 很小时，从动杆 3 的角速度变化趋向平缓

3.4 组合机构

组合机构见表 11.9-7。

表 11.9-7　组合机构

机构	结构图	说明
两齿轮连杆机构	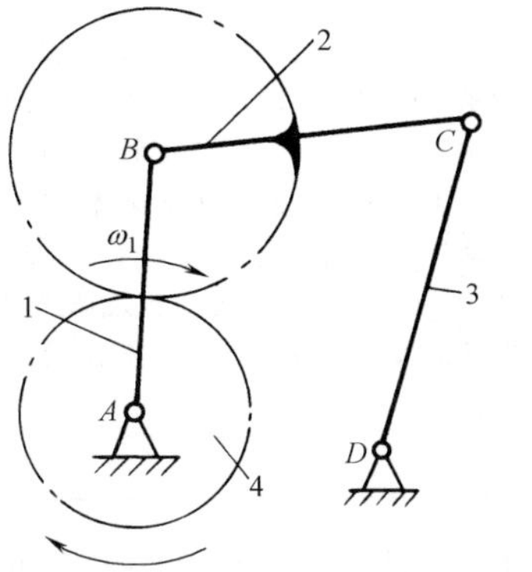	由四杆机构 $ABCD$ 和齿轮 2、4 组合而成，如图所示。行星齿轮 2 固连在连杆 BC 上，太阳轮 4 绕固定轴 A 转动。当主动件 1 以 ω_1 匀速转动时，通过构件 2 带动从动轮 4 做非匀速转动，其角速度为 $$\omega_4=\omega_1\left(1+\frac{z_2}{z_4}\right)-\omega_2\frac{z_2}{z_4}$$ 式中　z_2、z_4—齿轮 2、4 的齿数 ω_2—齿轮与连杆固连构件 2 的角速度 由上式可见，ω_4 是两齿轮齿数 z_2、z_4 和 ω_2 的函数，当确定齿数后，上式中第一项为常数项，第二项是变量。ω_2 是各杆长与机构位置的函数。如果第一、二项瞬时相等，可得到瞬时停歇机构；如果第二项大于第一项，则将改变 ω_4 的转向，即变为逆转。显然用该机构可实现从动件的复杂运动规律
三齿轮连杆机构	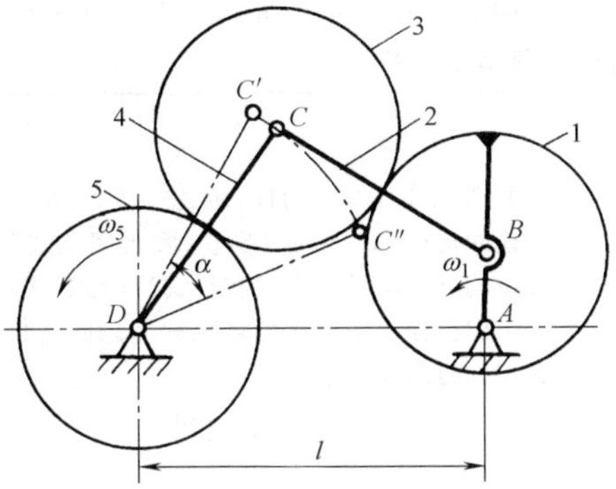	由曲柄摇杆机构 $ABCD$ 和安装在该机构上的 3 个齿轮组成，如图所示。齿轮 1 与主动曲柄 AB 固连，并绕 A 轴转动，齿轮 3、5 分别空套在 C、D 轴上。当主动曲柄 AB 做匀速转动时，通过齿轮 1、连杆 BC 和齿轮 3 带动齿轮 5 做非匀速转动，摇杆 4 在 α 角范围内做加速或减速摆动。各构件尺寸选择适当可使齿轮 5 实现瞬时停歇或逆转。齿轮 5 的角速度为 $$\omega_5=\omega_4\left(1+\frac{z_3}{z_5}\right)-\omega_2\frac{z_3}{z_5}\left(1+\frac{z_1}{z_3}\right)+\omega_1\frac{z_1}{z_5}$$ 式中　ω_4、ω_2—摇杆 4、连杆 2 的角速度 当齿轮的齿数比和曲柄 AB 的长度一定时，如果适当调节机架 AD 的长度 l，可以得到齿轮 5 不同的运动规律
齿轮连杆差速机构	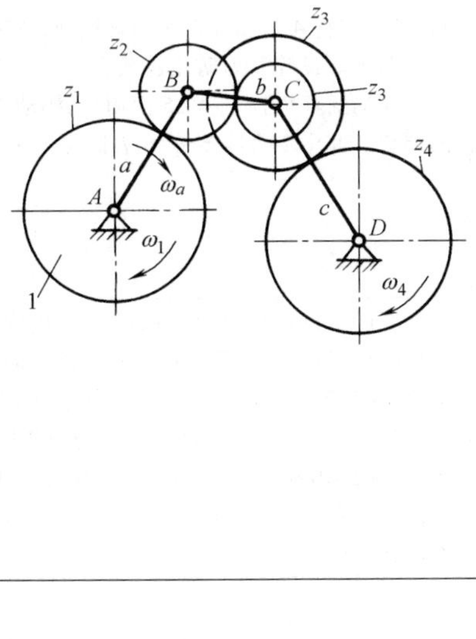	差速机构具有两个自由度，需要两个主动件。如图所示齿轮连杆差速机构主动齿轮 1 的角速度 ω_1 和主动曲柄 a 的角速度 ω_a 均为匀速转动。各轮齿数为 z_1、z_2、z_3、z'_3、z_4，如欲求从动件的角速度 ω_4，可把该机构看作由构件 a、b、c 作为系杆的 3 个差动轮系的组合 $$i_{21}^{a}=\frac{\omega_2-\omega_a}{\omega_1-\omega_a}=-\frac{z_1}{z_2}$$ $$i_{32}^{b}=\frac{\omega_3-\omega_b}{\omega_2-\omega_b}=-\frac{z_2}{z_3}$$ $$i_{43}^{c}=\frac{\omega_4-\omega_c}{\omega_3-\omega_c}=-\frac{z'_3}{z_4}$$ 上式联立求解可得 ω_4 $$\omega_4=\omega_1 i_{21}^{a}i_{32}^{b}i_{43}^{c}+\omega_a\left[(1-i_{21}^{a})i_{32}^{b}i_{43}^{c}+(1-i_{32}^{b})i_{43}^{c}i_{ba}+(1-i_{43}^{c})i_{ca}\right]$$ 式中　$i_{ba}=\frac{\omega_b}{\omega_a}$、$i_{ca}=\frac{\omega_c}{\omega_a}$—铰链四杆机构 $ABCD$ 各杆长与机构位置的函数 如果齿轮 1 与曲柄 a 固连，$\omega_1=\omega_a$，则 $\omega_4=\omega_a\left[i_{32}^{b}i_{43}^{c}+(1-i_{32}^{b})i_{43}^{c}i_{ba}+(1-i_{43}^{c})i_{ca}\right]$

（续）

机构	结构图	说明
凸轮差动齿轮机构	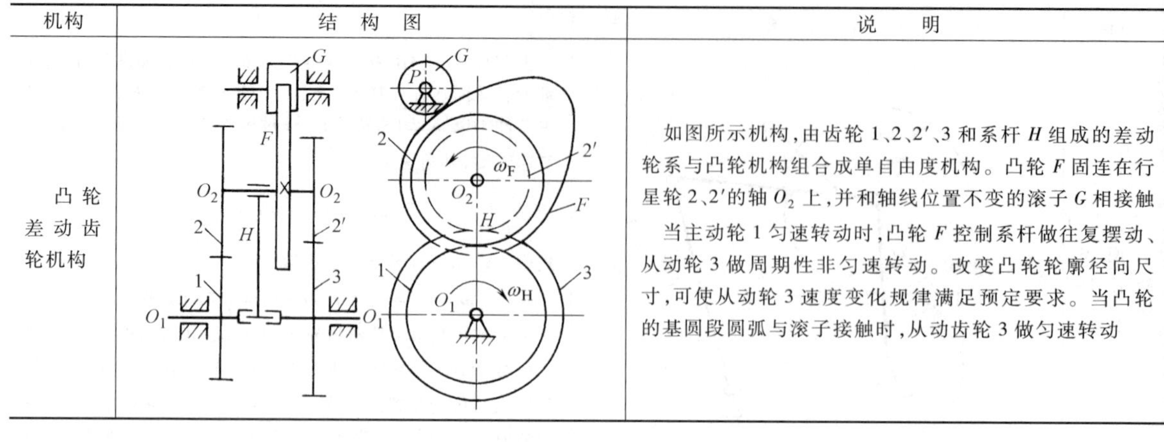	如图所示机构，由齿轮1、2、2′、3和系杆H组成的差动轮系与凸轮机构组合成单自由度机构。凸轮F固连在行星轮2、2′的轴O_2上，并和轴线位置不变的滚子G相接触 当主动轮1匀速转动时，凸轮F控制系杆做往复摆动、从动轮3做周期性非匀速转动。改变凸轮轮廓径向尺寸，可使从动轮3速度变化规律满足预定要求。当凸轮的基圆段圆弧与滚子接触时，从动齿轮3做匀速转动

4　往复运动机构

机器中常以各种往复运动机构变换运动形式或传递运动，或作为执行机构完成生产工艺所要求的功能动作，同时满足速度、加速度等方面的要求。

4.1　曲柄摇杆往复运动机构

曲柄摇杆往复运动机构见表11.9-8。

表11.9-8　曲柄摇杆往复运动机构

机构	结构图	说明
摆动式供矿机构		曲柄1（AB）做主动件，通过连杆2（BC）控制与闸门3固连的摇杆CD做往复摆动，实现间歇式放矿。曲柄摇杆机构$ABCD$具有急回特性，摇杆往复摆动的空回行程与工作行程的平均速度之比称为急回系数K，它是极位夹角θ的函数，即 $$K=\frac{180°+\theta}{180°-\theta}$$ 急回系数K值越大，急回效果越显著，但不宜过大，否则将增大压力角，从而影响传动效率
料斗激振机构		如图所示机构利用带减速器的电动机1驱动圆盘3回转，通过连杆4带动摇臂5连续摆动，使物料在料斗内沿出口漏下。设计时为防止过载应装设安全装置。该机构属于曲柄摇杆机构，摇臂5摆动角、摆动速度和传动力不能调节。其中2为连接销、6为摇臂5的固定铰链
翻板机构		如图所示机构是由两个曲柄摇杆机构$ABCD$和$AEFG$组成的翻板机构，利用摇杆的延长部分DM、GN将金属板HJ翻转180°。金属板$H'J'$由左侧进入，并放置在DM上面。当DM与NG转到相互对立的位置时，金属板HJ由DM过渡到摇杆GN上，同时完成翻转180°到另一端$J''H''$位置后运走。该机构应用于有色金属轧机后部作为金属板翻转机构

（续）

机构	结构图	说明
颚式碎矿机构	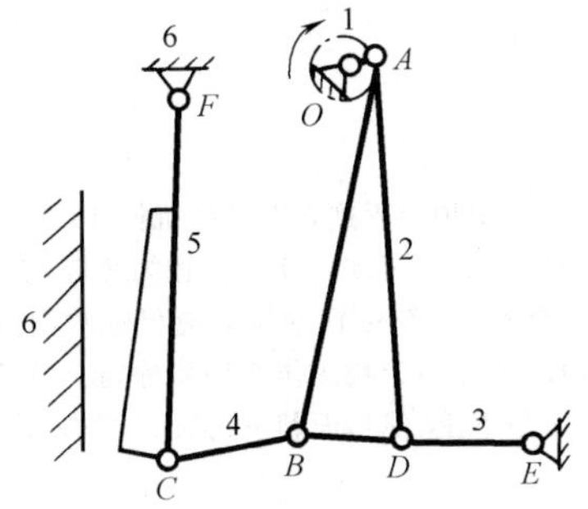	如图所示小机构由曲柄摇杆机构 *OADE* 加上 4、5 两杆组成。曲柄 1（*OA*）做主动件，通过连杆 2 带动摇杆 3（*DE*）做摆动，同时驱使动颚 *CF* 往复摆动，相对定颚 6 不断挤压两颚之间的矿料，完成破碎矿料的工艺要求。两颚间的夹角必须进行分析计算，保证两颚挤压碎矿时矿料不被挤跑

4.2　双摇杆往复运动机构

双摇杆往复运动机构见表 11.9-9。

4.3　滑块往复移动机构

滑块往复移动机构见表 11.9-10。

表 11.9-9　双摇杆往复运动机构

机构	结构图	说明
汽车前轮转向机构	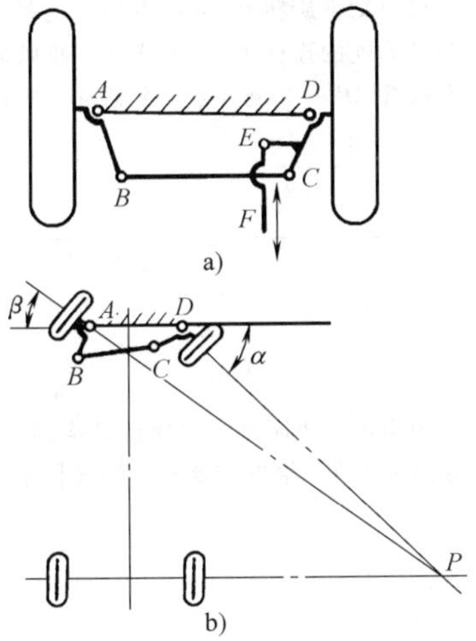 a) b)	如图所示等腰梯形 *ABCD* 是双摇杆机构，也称作汽车前轮转向梯形机构。在摇杆 *CD* 上连接拉臂 *EF*。当汽车的转向操纵机构控制 *EF* 前后运动时，带动双摇杆机构使摇杆 *CD* 与 *AB* 同向摆动，实现汽车前轮的转向。汽车转弯时要求两前轮的转角 α 和 β 按规定比值变化，使两前轮轴线与后轮轴线交于 *P* 点，从而保证两前轮的轮胎在路面上纯滚，避免因滑动使轮胎过早磨损或消耗动力
飞机起落架机构	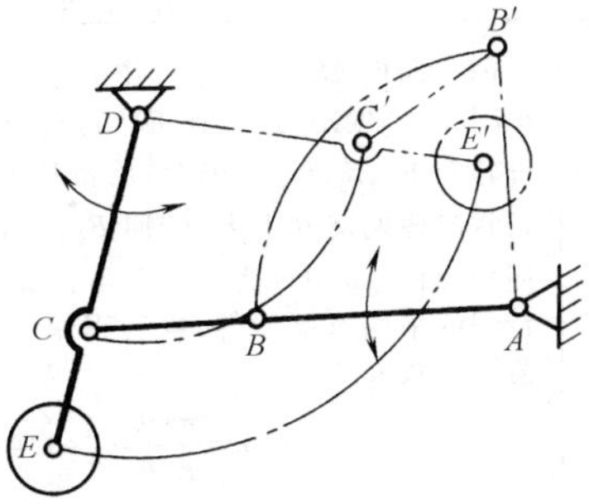	图中的实线位置是飞机着陆时轮子的位置，它利用双摇杆机构 *ABCD* 的死点位置，即摇杆 *AB* 与连杆 *BC* 在同一直线上的位置来保证飞机着陆的安全。飞机起飞后，以 *AB* 为主动件带动双摇杆机构运动到点画线 *AB′C′D′* 位置，将轮子等收藏在机舱内，减少飞行中的空气阻力

（续）

机构	结构图	说明
炉门开闭机构	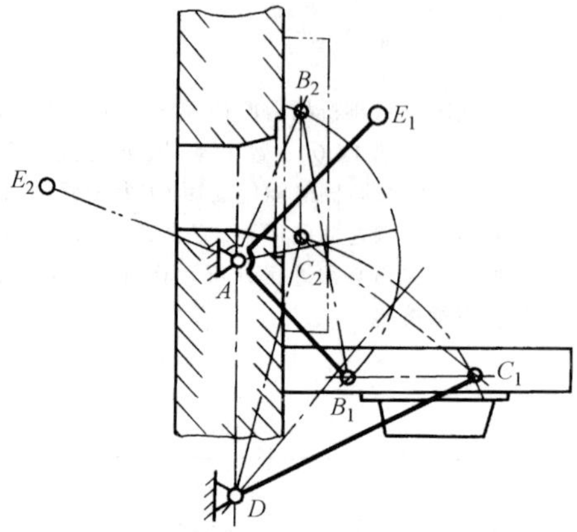	图中炉门固连在双摇杆机构 $ABCD$ 的连杆 BC 上，由手柄 AE 控制开闭。实线位置为开启，双点画线为关闭。固定铰链 A、D 位置的选取应保证炉门开闭时不与炉壁碰撞，并且不影响操作或妨碍通行。开启后炉门放置在水平位置上，使热面朝下，保证工作安全
电风扇摇头机构	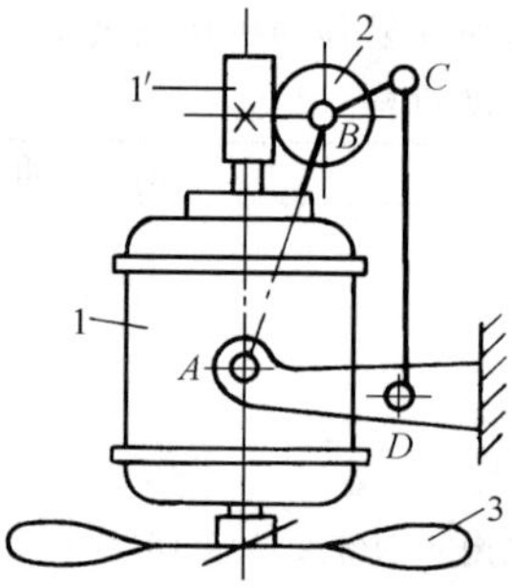	图中风扇 3、电动机 1 固连在双摇杆机构 $ABCD$ 的摇杆 AB 上，连杆 BC 与蜗轮 2 固连，AD 作机架。当风扇在电动机驱动下旋转时，电动机轴端的蜗杆 1′带动蜗轮 2 和与其固连的连杆 BC 一同转动，使风扇在旋转的同时随着摇杆 AB 一起绕 A 点往复摆动
可逆座席机构	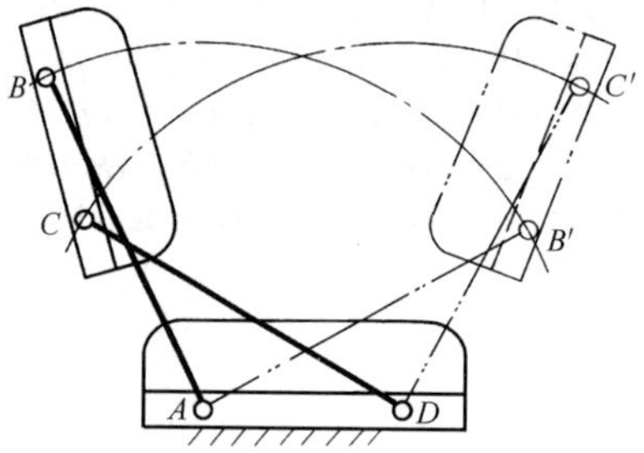	图中可逆座席是一双摇杆机构，席底座 AD 固定不动，座席靠背 BC 根据需要改变位置和方向，移到 $B'C'$ 位置

表 11.9-10 滑块往复移动机构

机构	结构图	说明
偏置曲柄滑块机构	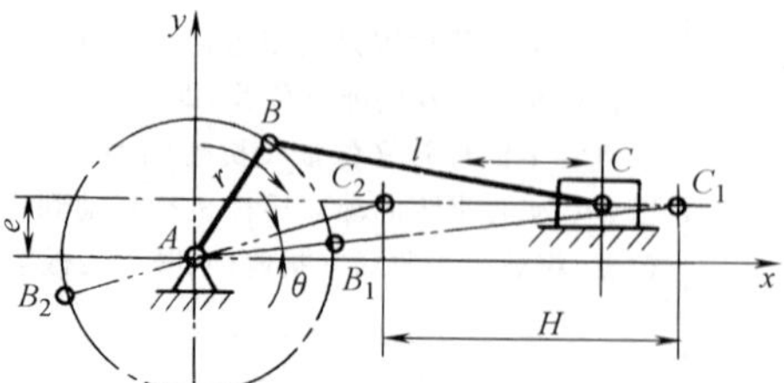	图中曲柄 AB 长度为 r，作为主动件匀速转动，连杆 BC 长为 l、偏距为 e。在工作行程曲柄销 B 由 B_2 顺时针转至 B_1，旋转 $(\pi+\theta)$ 角，将滑块 C 由 C_2 推至 C_1；空行程时曲柄销 B 由 B_1 转回 B_2，旋转 $(\pi-\theta)$ 角。滑块回到原位。θ 角称为极位夹角。滑块在空行程和工作行程的平均速度不等，空行程快一些以便提高工效。急回系数 K 为 $$K=\frac{\pi+\theta}{\pi-\theta}\approx 1\sim 1.4$$ 适当增长 r 或 e，可使 θ 增大，急回作用增强。机构有曲柄的条件为 $r+e\leqslant l$，滑块行程 $H<2r$

（续）

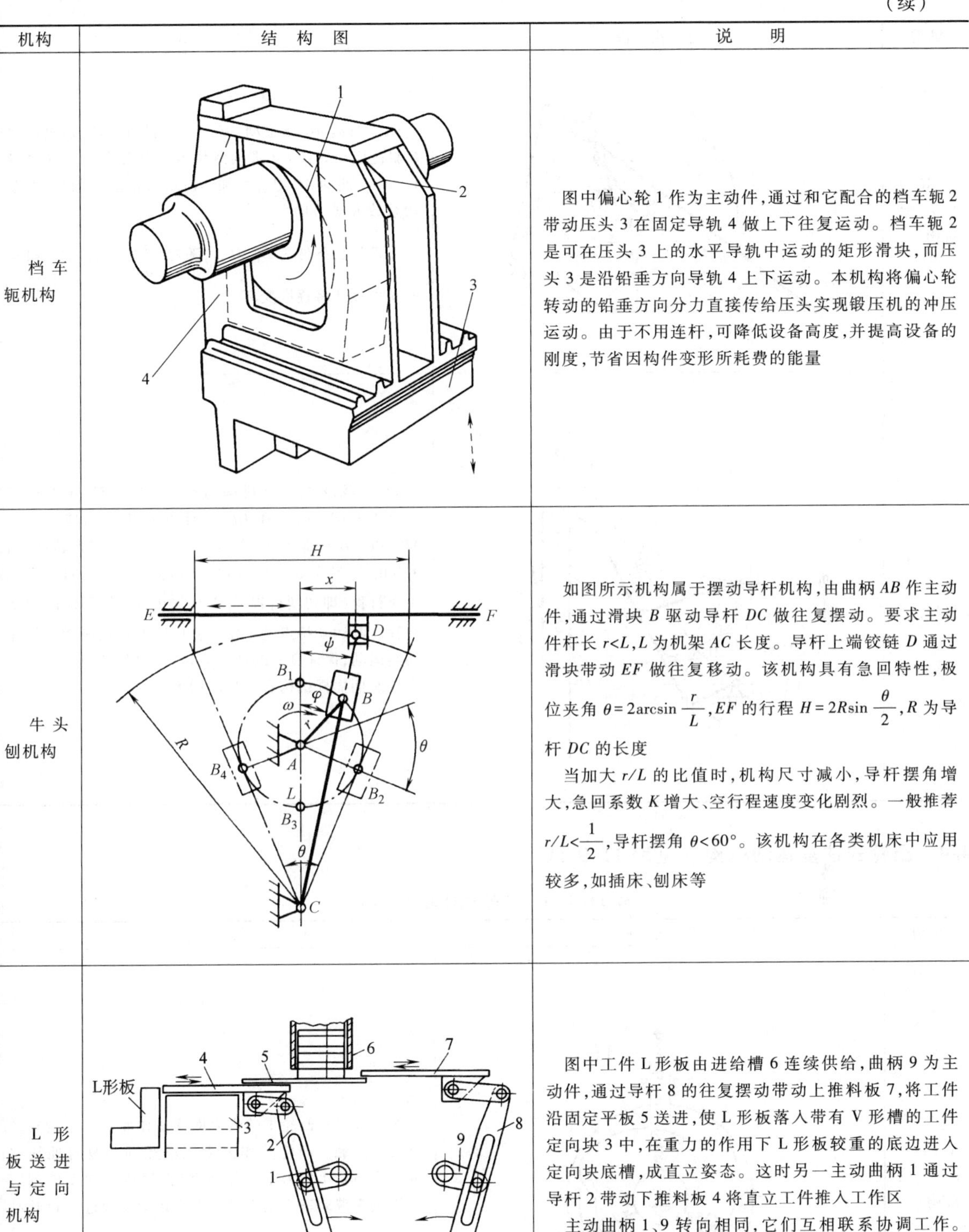

机构	结构图	说明
档车轭机构		图中偏心轮 1 作为主动件，通过和它配合的档车轭 2 带动压头 3 在固定导轨 4 做上下往复运动。档车轭 2 是可在压头 3 上的水平导轨中运动的矩形滑块，而压头 3 是沿铅垂方向导轨 4 上下运动。本机构将偏心轮转动的铅垂方向分力直接传给压头实现锻压机的冲压运动。由于不用连杆，可降低设备高度，并提高设备的刚度，节省因构件变形所耗费的能量
牛头刨机构		如图所示机构属于摆动导杆机构，由曲柄 AB 作主动件，通过滑块 B 驱动导杆 DC 做往复摆动。要求主动件杆长 $r<L$，L 为机架 AC 长度。导杆上端铰链 D 通过滑块带动 EF 做往复移动。该机构具有急回特性，极位夹角 $\theta=2\arcsin\dfrac{r}{L}$，$EF$ 的行程 $H=2R\sin\dfrac{\theta}{2}$，$R$ 为导杆 DC 的长度 当加大 r/L 的比值时，机构尺寸减小，导杆摆角增大，急回系数 K 增大、空行程速度变化剧烈。一般推荐 $r/L<\dfrac{1}{2}$，导杆摆角 $\theta<60°$。该机构在各类机床中应用较多，如插床、刨床等
L 形板送进与定向机构		图中工件 L 形板由进给槽 6 连续供给，曲柄 9 为主动件，通过导杆 8 的往复摆动带动上推料板 7，将工件沿固定平板 5 送进，使 L 形板落入带有 V 形槽的工件定向块 3 中，在重力的作用下 L 形板较重的底边进入定向块底槽，成直立姿态。这时另一主动曲柄 1 通过导杆 2 带动下推料板 4 将直立工件推入工作区 主动曲柄 1、9 转向相同，它们互相联系协调工作。工件送进速率由工作区的工艺要求决定，该机构送进速率可达 360 件/h

（续）

机构	结构图	说明
双导杆滑块机构	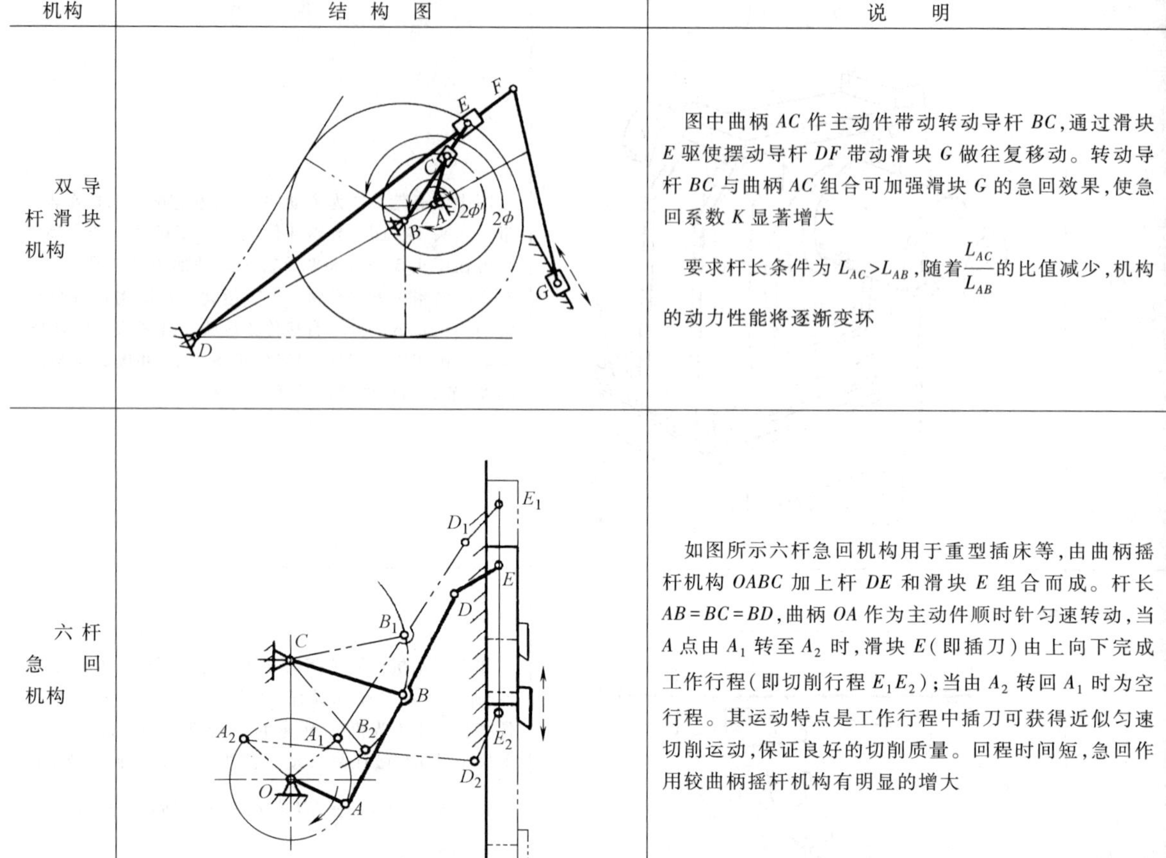	图中曲柄 AC 作主动件带动转动导杆 BC，通过滑块 E 驱使摆动导杆 DF 带动滑块 G 做往复移动。转动导杆 BC 与曲柄 AC 组合可加强滑块 G 的急回效果，使急回系数 K 显著增大 要求杆长条件为 $L_{AC}>L_{AB}$，随着$\frac{L_{AC}}{L_{AB}}$的比值减少，机构的动力性能将逐渐变坏
六杆急回机构		如图所示六杆急回机构用于重型插床等，由曲柄摇杆机构 $OABC$ 加上杆 DE 和滑块 E 组合而成。杆长 $AB=BC=BD$，曲柄 OA 作为主动件顺时针匀速转动，当 A 点由 A_1 转至 A_2 时，滑块 E（即插刀）由上向下完成工作行程（即切削行程 E_1E_2）；当由 A_2 转回 A_1 时为空行程。其运动特点是工作行程中插刀可获得近似匀速切削运动，保证良好的切削质量。回程时间短，急回作用较曲柄摇杆机构有明显的增大

4.4　凸轮式往复运动机构（见表 11.9-11）

表 11.9-11　凸轮式往复运动机构

机构	结构图	说明
三头钻进刀凸轮机构		图中以圆盘凸轮 1 的内表面为工作面与三个均布的滚轮 2 接触。凸轮工作面由三段相同的复合曲线组成。当凸轮 1 作为主动件转动时，通过滚轮 2 控制三块拖板 3 带动三个钻头以同样的运动规律进刀和退刀

（续）

机构	结构图	说明
盘形槽凸轮连杆机构	A B C 2 1	如图所示在曲柄滑块机构 ABC 的铰链 B 上，装有滚子与主动槽凸轮 1 配合，通过滚子带动 AB 与 BC 杆组成的肘杆驱动从动滑块 2 做往复直线运动。该机构多用于中等速度的挤压、冷矫正等压力机械
凸轮控制肘杆式冲压机构	1 2 3 4 5 6 7 8	如图所示的冲压机构由盘形槽凸轮 1 控制，通过从动摆臂 7 拉动连杆 2 驱使冲压头 4 沿固定铅垂滑道 5 下降，完成对工件的冲压加工。随后凸轮槽带动从动臂反向运动使冲压头 4 升起。图中构件 3 为固定支架、6 和 8 为固定轴 该机构由连杆拉、推肘杆来完成对工件的冲压，它属于重型冲压设备，其结构紧凑、精密，也可制成双向对置肘杆机构，上、下两套机构对置，在上、下冲压头协调动作时，可对工件的顶部和底部同时冲压，或下部机构的冲压头只作为上部冲压头的支承。冲压头的运动规律取决于凸轮的槽形曲面
转、移动凸轮缫丝机导丝机构	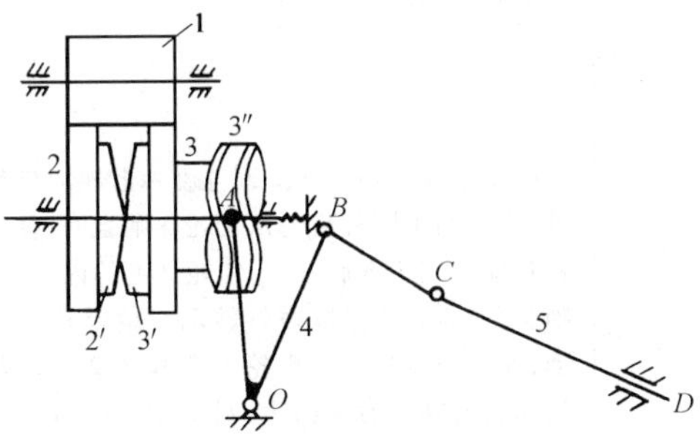 1 2 3 3″ 2′ 3′ A B C 4 5 O D	图中，主动件为齿轮 1，从动件为导丝器 5，由导丝器 5 带动丝做往复移动，工艺要求往复行程始末位置周期性变化，齿轮 1 与齿轮 2（$z_2=60$）及齿轮 3（$z_3=61$）同时啮合，齿轮 3、端面凸轮 3′及圆柱凸轮 3″固结为一体，可沿轴向移动；端面凸轮 2′与齿轮 2 固结，轴向位置固定。齿轮 3 及凸轮 3′转 1 周，齿轮 2 转 $1\frac{1}{60}$周，摆杆 4 及导丝器 5 做往复运动一次，由于齿轮 2、3 有相对转动，故两端面凸轮 2′及 3′的接触点变化，使圆柱凸轮 3″随同端面凸轮 3′做微小的轴向位移，改变导丝器 5 往复行程始末位置。当齿轮 3 转 60 周时，齿轮 2 转 61 周，两轮的相对位置及导丝器 5 的轨迹恢复到初始位置，所以，一个循环中，导丝器 5 往复运动 60 次
往复螺旋圆柱凸轮机构	1 2 3	如图所示的圆柱凸轮 1 上刻有左右旋相互交叉的螺旋槽，二螺旋槽首尾均用圆滑圆弧连接。槽中装有与螺旋槽相吻合的船形导向块 3，导向块 3 与从动杆 2 相连。当凸轮 1 旋转时，螺旋槽通过导向块 3 带动从动杆 2 左右往复移动，在凸轮转过的圈数为两条螺旋槽导程的总数时，从动杆 2 完成一次往复循环。该机构效率低，一般用于低速运动，如卷筒式导绳机构、纺织机构等

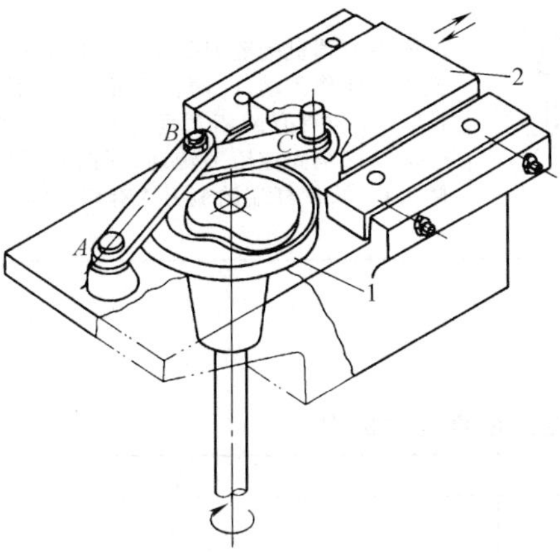

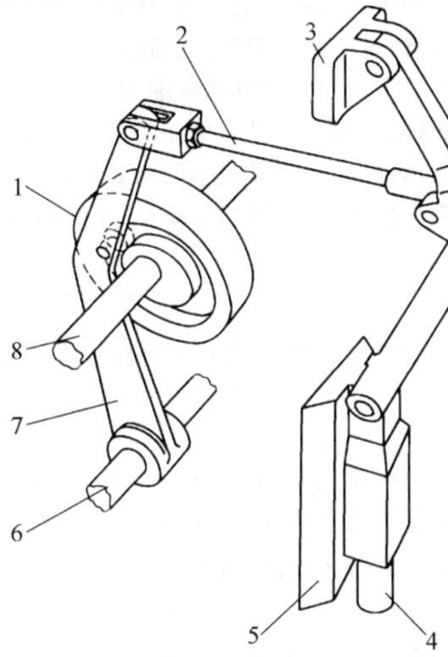

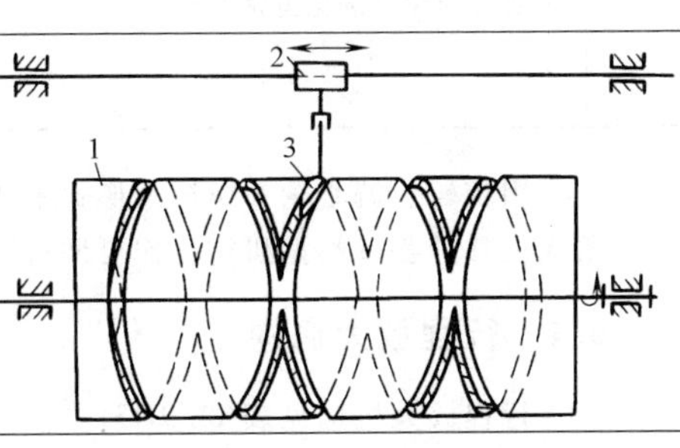

（续）

机构	结构图	说明
铡刀凸轮机构	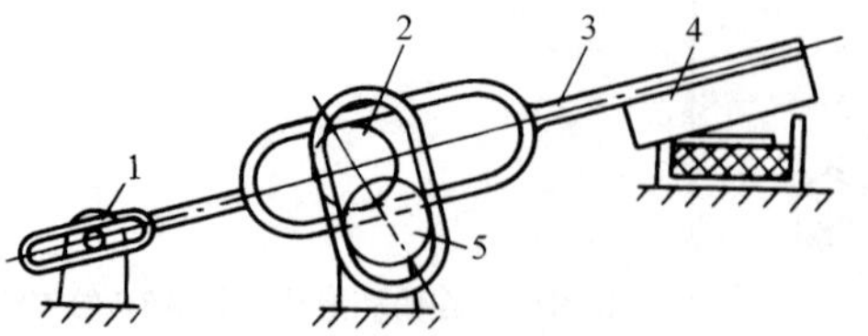	图中铡草机的铡刀凸轮机构是由两个偏心轮 2、5 固连为一体作主动件，两偏心轮位于两平行平面上相差 180°，并与具有两相互垂直导槽的导杆 3 连接。凸轮带动导杆绕固定销 1 转动，同时沿平行杆 3 的方向做微量移动，使杆端的铡刀 4 有切拉的动作以完成铡草

4.5 齿轮式往复运动机构（见表 11.9-12）

表 11.9-12　齿轮式往复运动机构

机构	结构图	说明
椭圆齿轮往复移动机构	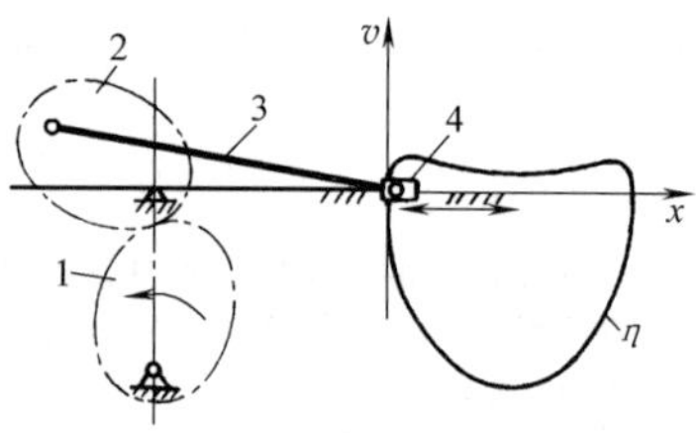	图中将椭圆齿轮 1 作为主动件与椭圆齿轮 2 啮合传动，齿轮 2 兼作曲柄，并通过连杆 3 带动滑块 4 做往复移动。滑块由左端移向右端为工作行程，其速度近似等速。回程，即空行程具有明显的急回作用，如图中速度曲线 η 所示，在机床刀具进给段时要求切削近似等速，在空行程要求快速，既保证切削质量，又能提高工效
行星齿轮简谐移动机构	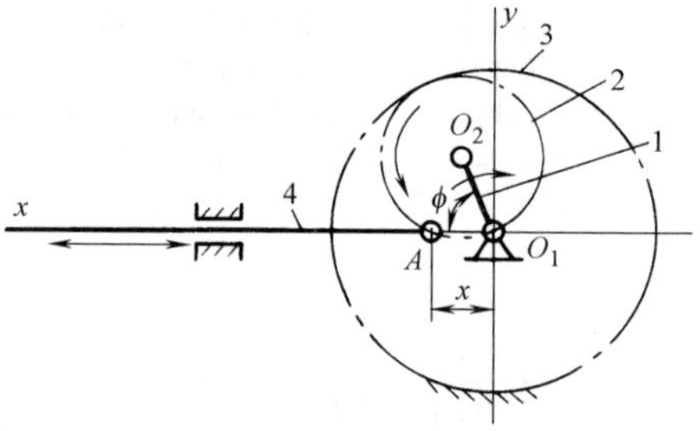	图中固定内齿轮 3 的节圆半径为 r_3、行星齿轮 2 的节圆半径为 r_2，$r_2=\frac{1}{2}r_3$，齿轮 2 节圆周的 A 点上用铰链连接滑杆 4。当系杆 1 作为主动件转动时，通过齿轮 2、3 的啮合传动带动滑杆 4 沿 O_1x 方向做往复移动，其运动规律为简谐运动，位移 x 为 $x=2r_2\cos\phi$ 式中　ϕ—主动件 1 的转角 这种机构用于快速印刷机
不完全齿轮往复摆动机构	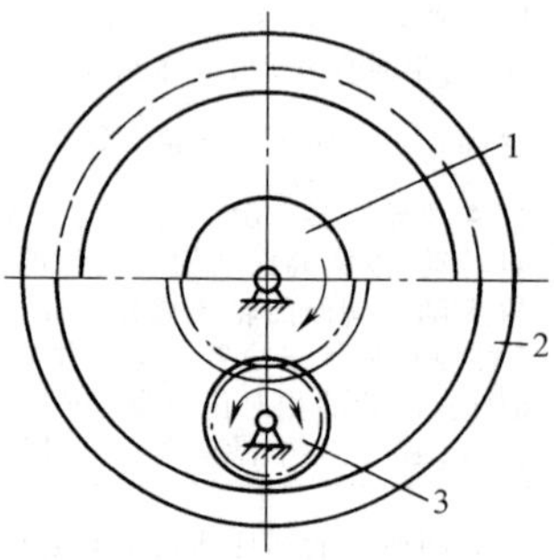	图中不完全齿轮 1、2 固连在一起顺时针转动作为主动件，当 1 的半圈外齿与从动轮 3 啮合时，使齿轮 3 做逆时针转动。当 1、3 脱开时，齿轮 2 上的内齿立即与从动轮 3 啮合，使齿轮 3 做顺时针转动。结果从动轮 3 做往复摆动，摆动角度决定于齿轮 1、3 和 3、2 的齿数比。不完全齿轮交替啮合时冲击大，只适用于轻载低速场合。设计中要特别注意避免齿轮干涉

5 行程放大和可调行程机构

由曲柄连杆、齿轮齿条、链轮链条和凸轮等机构的不同组合，可增大从动件的行程，故这类机构被称作行程放大机构。

用棘轮、偏心轮和螺杆等形式来调节从动件的摆角或位移的各种类型机构称作可调行程机构。

5.1 行程放大机构

行程放大机构见表 11.9-13。

表 11.9-13 行程放大机构

机构	结 构 图	说 明
曲柄齿轮齿条机构	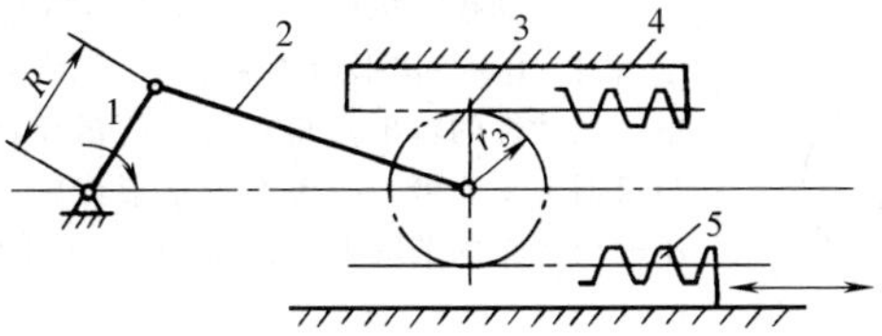	图中曲柄 1 半径为 R,作为主动件转动,通过连杆 2 推动齿轮 3 与上、下齿条 4、5 啮合传动,上齿条 4(或下齿条)固定,下齿条 5(或上齿条)做往复移动。齿条移动行程 $H=4R$ 若将齿轮 3 改用双联齿轮 3 与 3′,半径分别为 r_3、$r_{3'}$。齿轮 3 与固定齿条 5 啮合,齿轮 3′与移动齿条 4 啮合,其行程为 $$H=2\left(1+\frac{r_{3'}}{r_3}\right)R$$ 当 $r_{3'}>r_3$ 时,$H>4R$
齿轮连杆机构	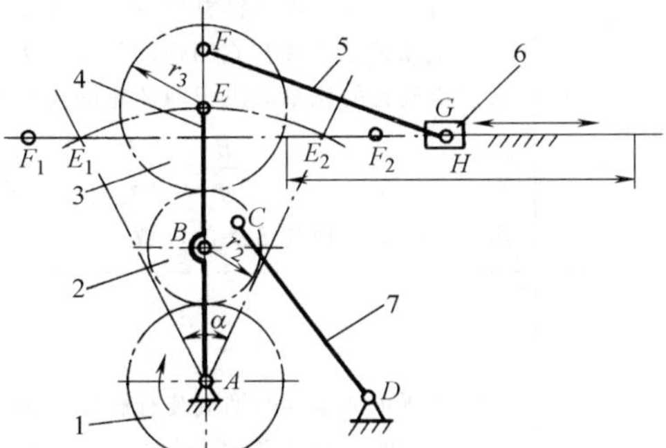	图中由双摇杆 $ABCD$、周转轮系和曲柄滑块机构等组合而成,用来增大滑块 6 的行程。齿轮 1、2、3 的节圆半径分别为 r_1、r_2、r_3,均与摇杆 4(系杆)铰接,其中轮 3 与连杆 5 铰接于 F、轮 2 与摇杆 7 铰接于 C。当齿轮 1 作为主动件顺时针转动时,通过齿轮 2、3 和系杆 4 等带动滑块 6 做往复移动,行程 H 为 $$H=\frac{a+r_2+r_3}{d}\sqrt{2(b^2+c^2)+2(b^2-c^2)\cos\theta}+2L$$ $$\theta=\arccos\frac{a^2+(c-b)^2-d^2}{2a(c-b)}-\arccos\frac{a^2+(b+c)^2-d^2}{2a(b+c)}$$ 式中 $a=\overline{AB}=r_1+r_2$;$d=\overline{DA}$;$b=\overline{BC}$;$c=\overline{CD}$;$L=\overline{EF}$ 为保证 E 点由 E_1 到 E_2 时,F 点由 F_1 到 F_2,必须满足下列条件,即 $$r_3=r_2\frac{\pi+\theta}{\pi-\theta}=r_2\frac{\pi+\theta}{\phi_1+\phi_3+\phi_4}$$ 式中 $\phi_1=\arccos\dfrac{a^2+(b+c)^2-d^2}{2a(b+c)}$ $\phi_3=\arccos\dfrac{d^2+(b+c)^2-a^2}{2a(b+c)}$ $\phi_4=\arccos\dfrac{d^2+c^2-(c-b)^2}{2dc}$
滑块行程增大机构	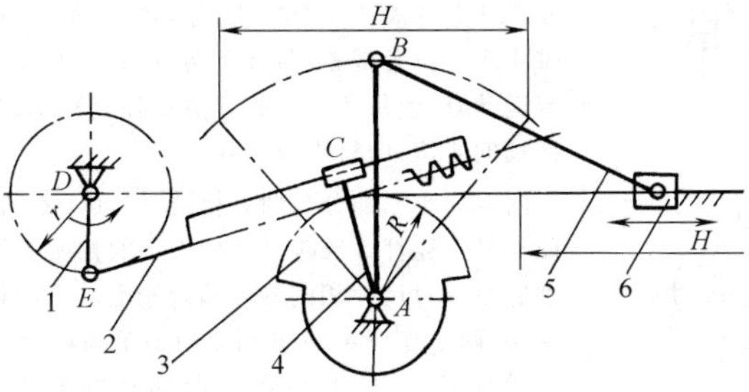	图中由齿条作为导杆的构件 2 与扇形齿轮 3 啮合,2 又与构件 4 的滑块在 C 点滑动,以保证齿条与齿轮的正常啮合。曲柄 DE 长度为 r,当曲柄作为主动件转动时,通过齿条推动齿轮,使固连在齿轮上的摆杆 AB 摆动,并由连杆 5 带动滑块 6 做往复移动,其行程为 $$H=2\,\overline{AB}\sin\frac{r}{R}$$ 式中 R—齿轮节圆半径 如 AB 较长,$\dfrac{r}{R}$值较小时,则 $H\approx 2\,\overline{AB}\dfrac{r}{R}$

（续）

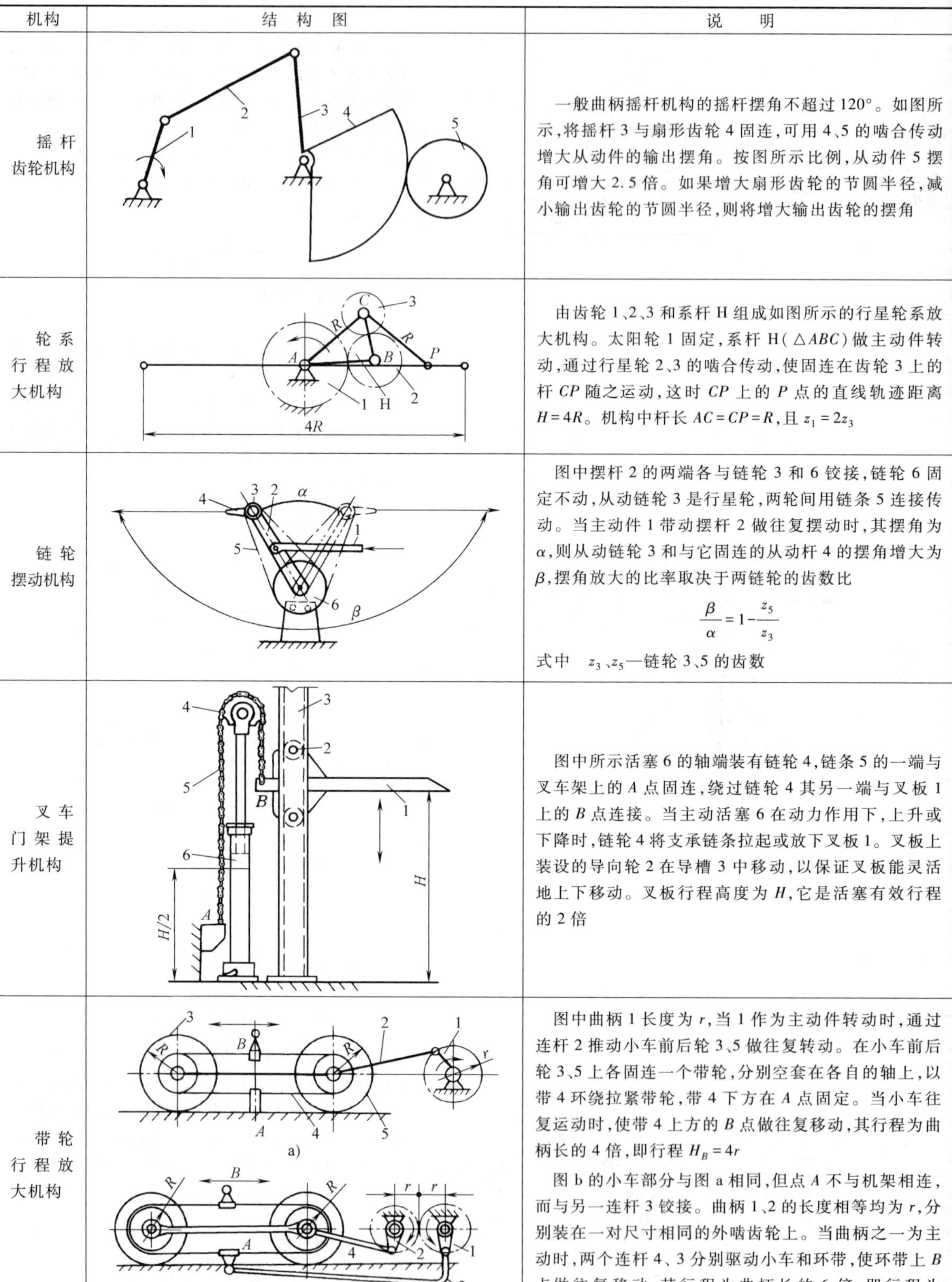

机构	结　构　图	说　　明
摇杆齿轮机构		一般曲柄摇杆机构的摇杆摆角不超过 120°。如图所示，将摇杆 3 与扇形齿轮 4 固连，可用 4、5 的啮合传动增大从动件的输出摆角。按图所示比例，从动件 5 摆角可增大 2.5 倍。如果增大扇形齿轮的节圆半径，减小输出齿轮的节圆半径，则将增大输出齿轮的摆角
轮系行程放大机构		由齿轮 1、2、3 和系杆 H 组成如图所示的行星轮系放大机构。太阳轮 1 固定，系杆 H（$\triangle ABC$）做主动件转动，通过行星轮 2、3 的啮合传动，使固连在齿轮 3 上的杆 CP 随之运动，这时 CP 上的 P 点的直线轨迹距离 $H=4R$。机构中杆长 $AC=CP=R$，且 $z_1=2z_3$
链轮摆动机构		图中摆杆 2 的两端各与链轮 3 和 6 铰接，链轮 6 固定不动，从动链轮 3 是行星轮，两轮间用链条 5 连接传动。当主动件 1 带动摆杆 2 做往复摆动时，其摆角为 α，则从动链轮 3 和与它固连的从动杆 4 的摆角增大为 β，摆角放大的比率取决于两链轮的齿数比 $$\frac{\beta}{\alpha}=1-\frac{z_5}{z_3}$$ 式中　z_3、z_5—链轮 3、5 的齿数
叉车门架提升机构		图中所示活塞 6 的轴端装有链轮 4，链条 5 的一端与叉车架上的 A 点固连，绕过链轮 4 其另一端与叉板 1 上的 B 点连接。当主动活塞 6 在动力作用下，上升或下降时，链轮 4 将支承链条拉起或放下叉板 1。叉板上装设的导向轮 2 在导槽 3 中移动，以保证叉板能灵活地上下移动。叉板行程高度为 H，它是活塞有效行程的 2 倍
带轮行程放大机构	a) b)	图中曲柄 1 长度为 r，当 1 作为主动件转动时，通过连杆 2 推动小车前后轮 3、5 做往复转动。在小车前后轮 3、5 上各固连一个带轮，分别空套在各自的轴上，以带 4 环绕拉紧带轮，带 4 下方在 A 点固定。当小车往复运动时，使带 4 上方的 B 点做往复移动，其行程为曲柄长的 4 倍，即行程 $H_B=4r$ 图 b 的小车部分与图 a 相同，但点 A 不与机架相连，而与另一连杆 3 铰接。曲柄 1、2 的长度相等均为 r，分别装在一对尺寸相同的外啮齿轮上。当曲柄之一为主动时，两个连杆 4、3 分别驱动小车和环带，使环带上 B 点做往复移动，其行程为曲柄长的 6 倍，即行程为 $H_B=6r$

（续）

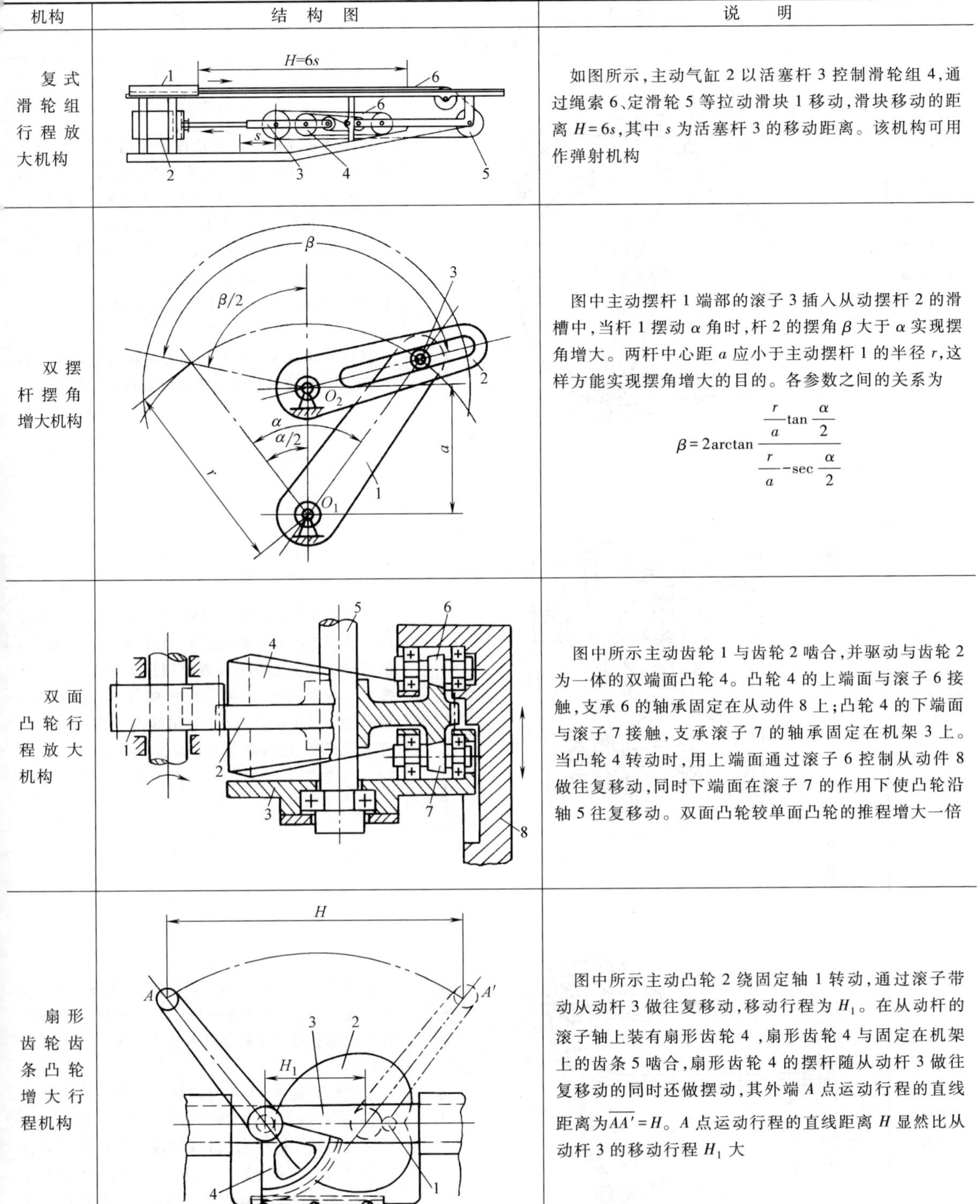

机构	结构图	说明
复式滑轮组行程放大机构		如图所示，主动气缸 2 以活塞杆 3 控制滑轮组 4，通过绳索 6、定滑轮 5 等拉动滑块 1 移动，滑块移动的距离 $H=6s$，其中 s 为活塞杆 3 的移动距离。该机构可用作弹射机构
双摆杆摆角增大机构		图中主动摆杆 1 端部的滚子 3 插入从动摆杆 2 的滑槽中，当杆 1 摆动 α 角时，杆 2 的摆角 β 大于 α 实现摆角增大。两杆中心距 a 应小于主动摆杆 1 的半径 r，这样方能实现摆角增大的目的。各参数之间的关系为 $$\beta=2\arctan\frac{\frac{r}{a}\tan\frac{\alpha}{2}}{\frac{r}{a}-\sec\frac{\alpha}{2}}$$
双面凸轮行程放大机构		图中所示主动齿轮 1 与齿轮 2 啮合，并驱动与齿轮 2 为一体的双端面凸轮 4。凸轮 4 的上端面与滚子 6 接触，支承 6 的轴承固定在从动件 8 上；凸轮 4 的下端面与滚子 7 接触，支承滚子 7 的轴承固定在机架 3 上。当凸轮 4 转动时，用上端面通过滚子 6 控制从动件 8 做往复移动，同时下端面在滚子 7 的作用下使凸轮沿轴 5 往复移动。双面凸轮较单面凸轮的推程增大一倍
扇形齿轮齿条凸轮增大行程机构		图中所示主动凸轮 2 绕固定轴 1 转动，通过滚子带动从动杆 3 做往复移动，移动行程为 H_1。在从动杆的滚子轴上装有扇形齿轮 4，扇形齿轮 4 与固定在机架上的齿条 5 啮合，扇形齿轮 4 的摆杆随从动杆 3 做往复移动的同时还做摆动，其外端 A 点运动行程的直线距离为 $\overline{AA'}=H$。A 点运动行程的直线距离 H 显然比从动杆 3 的移动行程 H_1 大

5.2　可调行程机构

可调行程机构见表 11.9-14。

表 11.9-14 可调行程机构

机构	结构图	说明
(1)棘轮调节机构		
T形固定板棘轮调节机构	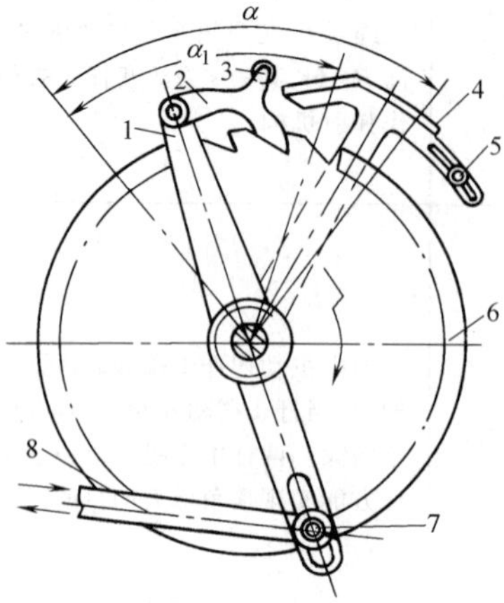	图中所示摇杆1在驱动杆8作用下摆动，当其要顺时针摆动时，通过棘爪2推动棘轮6同向转动。当棘爪上的滚轮3和T形固定板4接触时，滚子沿其上斜面抬起棘爪，使爪与棘轮脱离啮合。T形固定板位置用该板上的沟槽中紧固螺钉5来调节，当把固定板逆棘爪工作转向移动时将减少棘轮转动角度，顺棘爪工作转向移动则增加棘轮转角 摇杆的摆角由推杆8和摇杆1间的可调连接销7予以调整，可伸长或缩短驱动摇杆的工作半径
螺钉限位棘轮调节机构	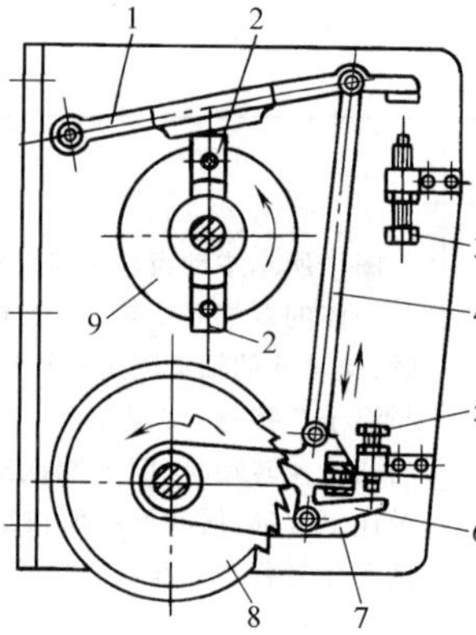	如图所示，主动圆盘9转动时，圆盘上可调节的凸块2顶起杠杆1和拉杆4。拉杆4与装有棘爪6的摇杆7铰接，棘爪6被弹簧压紧在棘轮8上。螺钉3限制杠杆1的下降量，螺钉5可使棘爪6由棘轮中退出啮合，故此处用这两个螺钉调节拉杆4的行程，也同时调节了棘轮的转角
牙板式棘轮调节机构	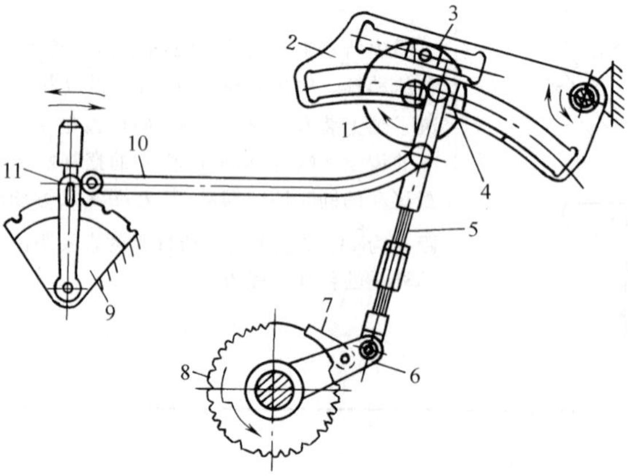	如图所示，主动曲柄1以滑块3带动复导板2绕固定轴摆动，再通过滑块4带动长度可调的拉杆5和装有棘爪7的摇杆6，驱使棘轮8做定向间歇转动 改变弹力插销11在固定的扇形牙板9上的位置，可调整摆杆10的固定铰链位置，从而改变滑块4在导槽中的位置，借以实现调节拉杆5的行程；另外，还可通过旋转拉杆5上的调整螺母改变拉杆长度。以上两种方法均可调节棘轮的间歇转角，但弹力插销11可在运动中调节，而拉杆5上的螺母只在运动停止后方可调节

（续）

机构	结构图	说明
（1）棘轮调节机构		
定位销式棘轮调节机构	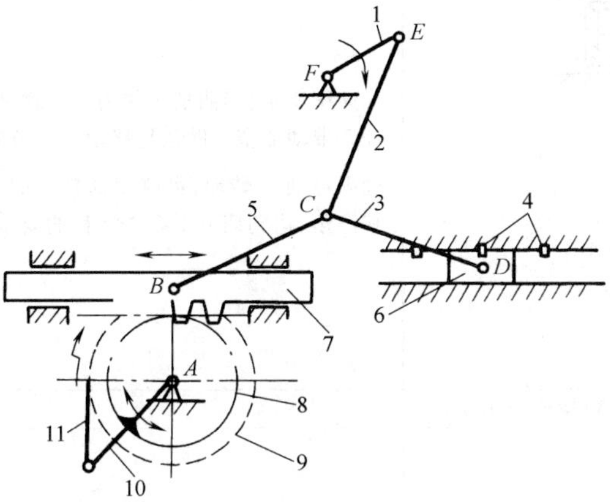	如图所示，主动曲柄 1 通过连杆 2 带动杆 3、5。杆 3 铰接定滑块 6，滑块 6 由定位销 4 固定在所需位置上。杆 5 通过齿条 7 使啮合齿轮 8 往复转动一定角度。摆杆 10 与齿轮 8 固连，齿轮 8 往复转动时通过固连杆 10 带动棘爪 11，用 11 推动空套在 A 轴上的棘轮 9 做定向间歇转动。这种机构可在运行中调节定位销 4，从而改变定滑块 6 的位置，使棘轮 9 的转角获得调节，以此来控制机床的进给运动
（2）偏心调节机构		
偏心轮式调节曲柄长度机构	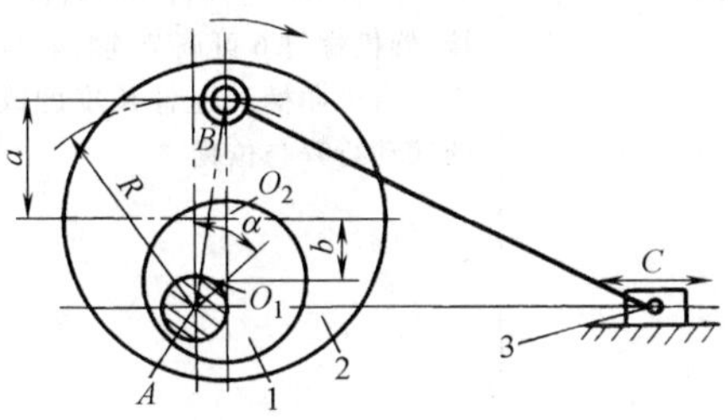	如图所示，主动盘上的曲柄 AB 绕 A 轴转动，通过连杆 BC 带动滑块 3 做往复移动。曲柄 AB 长度 R 可用圆盘 2 内的偏心轮 1 来调节。调节 R 时，将偏心轮 1 绕 A 转动 α 角后加以固定，R 按下式计算 $R=\sqrt{(a+b)^2+e^2+2(a+b)e\cos\alpha}$ 式中　a—曲柄销 B 到圆盘 2 的圆心 O_2 的距离 b—圆盘 2 的圆心 O_2 到偏心轮 1 的圆心 O_1 的距离 e—偏心轮 1 的偏心距，$e=\overline{AO_1}$ α—偏心轮 1 的调节回转角度 曲柄半径的最大值 $R_{max}=a+b+e$ 曲柄半径的最小值 $R_{min}=a+b-e$
斜轴式偏心调节机构	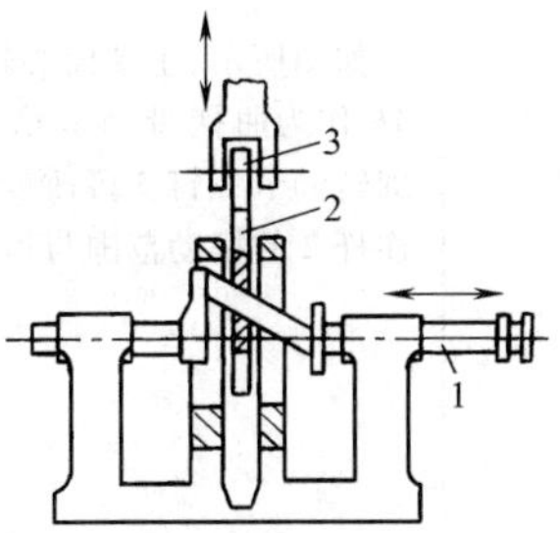	如图所示，凸轮 2 用滑键安装在轴 1 的倾斜轴颈上，当轴 1 在它的轴向移动一定距离时，改变了凸轮 2 在倾斜轴颈上的相对位置，即改变了凸轮的偏心距，从而改变滚子从动件 3 的行程

（续）

机构	结构图	说明
(2)偏心调节机构		
偏心轮式调节摇杆长度机构	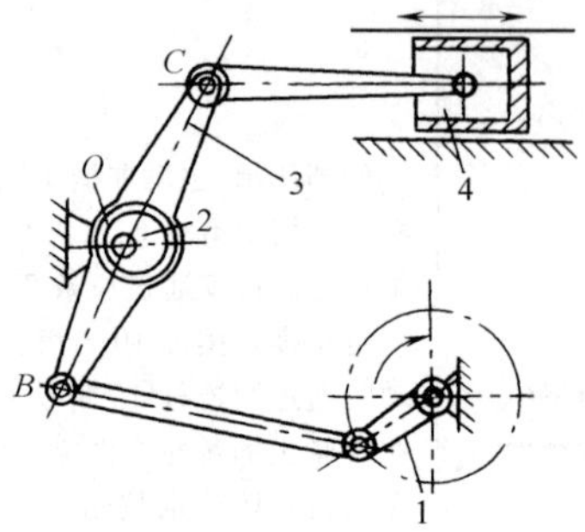	如图所示，当曲柄1作为主动件回转时，通过摇杆3带动活塞4做往复移动。调节时，将偏心轮2绕固定轴O转动，可改变摇杆3的$\overline{OC}$、$\overline{OB}$长度及其摆角，达到调节活塞4行程的要求
(3)螺旋调节机构		
曲柄连杆长度可调机构	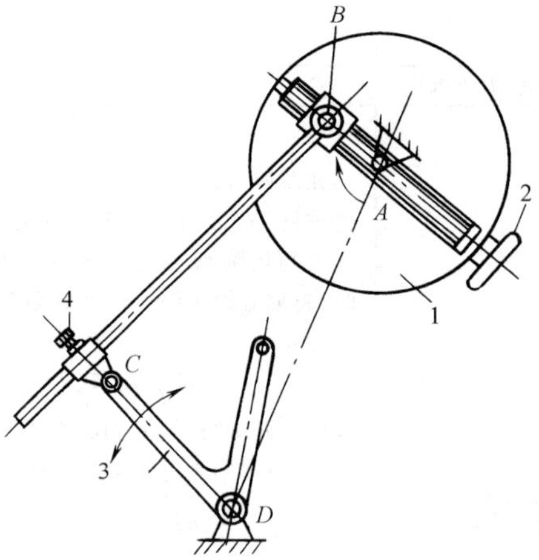	如图所示，曲柄摇杆机构$ABCD$的曲柄和连杆长度都可用螺旋调整。主动圆盘1上装有调节螺旋2可改变曲柄销B的位置，即改变曲柄AB的长度。连杆BC与摇杆CD以杆套和紧固螺钉4连接，旋松螺钉6可调节连杆长度，随后将螺钉6紧固。由于曲柄和连杆长度的改变，调节了摇杆3的摆动行程与位置
滑槽连杆调节机构	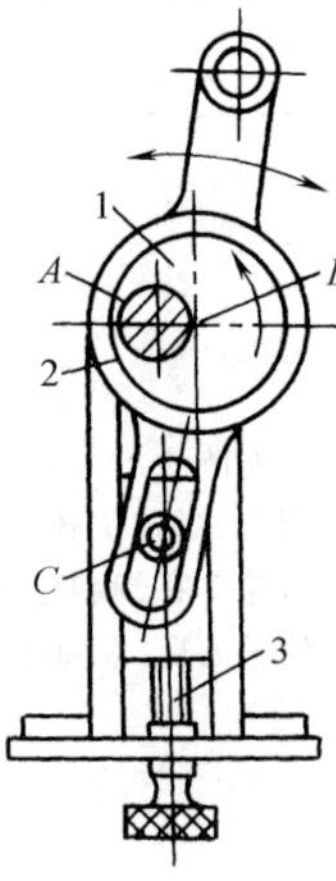	如图所示，主动偏心轮1绕固定轴A转动，即以AB作为曲柄带动滑槽连杆2做平面复杂运动。旋转调节螺钉3可改变滑销C的位置，结果改变连杆2的摆动范围与运动规律

（续）

机构	结　构　图	说　　明
（3）螺旋调节机构		
摆杆长度可调的凸轮机构	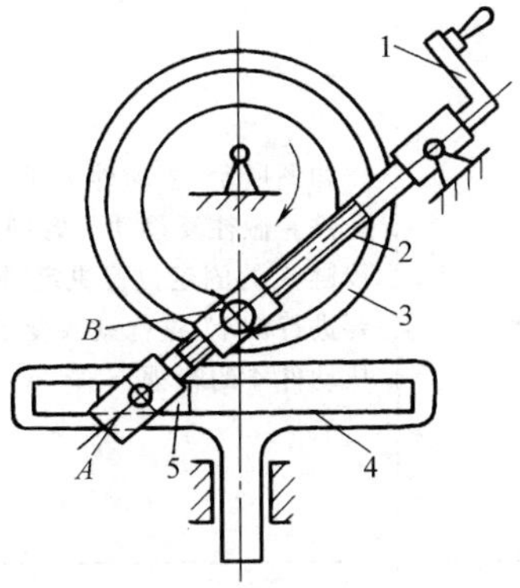	如图所示，主动偏心圆凸轮 3 上设有环形槽与摆杆 2 上的滚子 B 接触，通过滚子带动摆杆 2 做摆动，并以摆杆 2 杆端的铰链 A 与滑块 5 来驱动从动件 4 做上下往复移动 摆杆 2 是螺杆，它与滚子 B 外侧固连的螺母相配合，当旋转手柄 1 时，可用螺旋改变 AB 的长度，以此来调整从动件 4 的移动行程和运动规律
行程可调的导杆机构	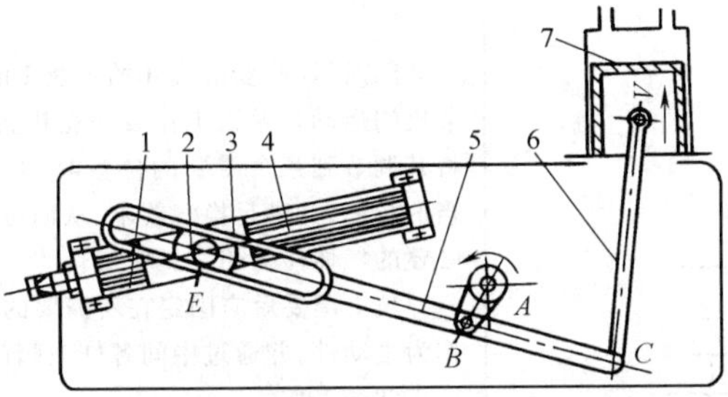	如图所示，滑块 2 与定滑块 3 铰接于 E 点，定滑块 3 的位置由螺杆 4 调节，使 3 在固定导轨 1 中移动，从而改变滑块 2 在导杆 5 中的相对位置，经活塞杆 6 实现对活塞 7 行程的调节
（4）摇杆调节机构		
换向配气机构	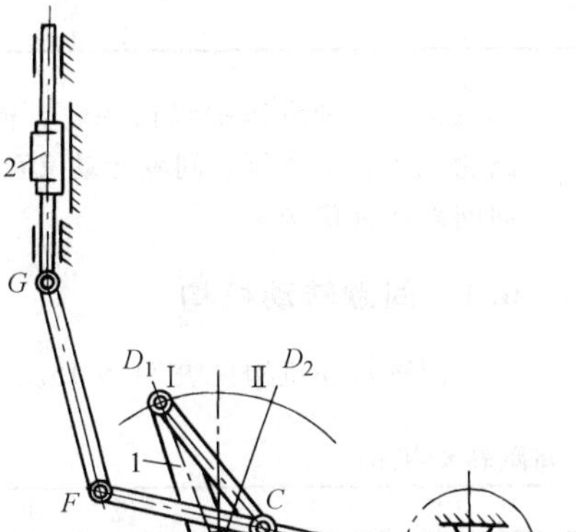	如图所示，铰链五杆机构 $ABCDE$ 有 2 个自由度，当摇杆 1（DE）根据生产工艺要求固定在 D_1E 或 D_2E 时，该机构就变为曲柄摇杆机构 $ABCD$。曲柄 AB 作为主动件转动，通过连杆 BF、FG 推动滑块 2 移动。当改变 DE 的位置后，可使滑块 2 完成生产工艺上所要求的换向配气工作
供油泵机构	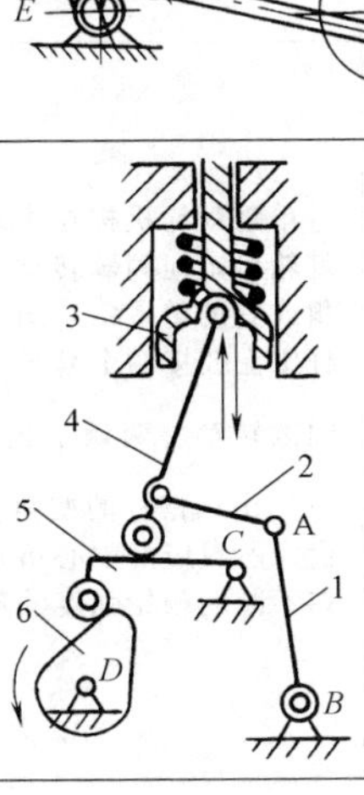	如图所示的机构为调节式柴油机的供油泵机构，可根据供油的需要量将摇杆 1 调节至规定位置，使摇杆 1 与杆 2 的铰链 A 在相应的位置上固定，从而改变杆 4 端部的滚子与凸轮从动件 5 的接触位置，达到控制柱塞 3 的行程和供油量的目的。主动凸轮 6 通过杆 5、4 带动柱塞 3 供油

（续）

机构	结构图	说明
(4)摇杆调节机构		
双滑杆调节机构		如图所示，主动件1通过连杆2、摇杆3带动从动件4做往复移动。弯槽形摇杆3的长度由槽中铰链A的固定位置决定，铰链A的位置可根据需要进行调节，这样就改变了杆3的长度，同时调节从动件4的行程
滑块行程调节机构		如图所示，改变滑块A的导轨1的导向，可以调节机构运动。导轨1在α角范围内绕B转动，当将其调节到某个需要的位置时，阀门2可得到恰当的行程，并满足换气要求，从而可为活塞3提供必要的气体压力使之正常工作 导轨1调妥后应固定在所需要的位置上，活塞3作为主动件，并通过中间各杆与阀门2联动，以保证正常的工作

6 间歇运动机构

间歇机构广泛应用在各类机械上，常被作为分度、夹持、进给、装配、包装、运输等机构中的一个重要组成部分，尤其在自动机上应用较多。将间歇机构按其运动变换形式的不同分为间歇转动、摆动和移动机构，每种机构中包括棘轮、槽轮、不完全齿轮、凸轮和组合机构等。间歇运动又可分为单向间歇和双向间歇两种机构。

6.1 间歇转动机构

间歇转动机构见表11.9-15。

表11.9-15 间歇转动机构

机构	结构图	说明
(1)棘轮间歇机构		
双爪棘轮机构		单爪棘轮机构在主动摆杆作用下，通过单爪推动棘轮做定向间歇转动，其转角为齿距所对应的中心角或它的整数倍。图中所示双爪棘轮机构的主动摆杆1上铰接两个棘爪2、2′，通过棘爪驱动棘轮3做间歇转动。两棘爪相距$1\frac{1}{2}$齿距（或$2\frac{1}{2}$、$3\frac{1}{2}$、…），由于摆杆的摆角不同，可使棘轮每次转过半个齿距所对应的中心角α或它的整数倍。多爪机构可在不减弱棘轮强度的条件下得到较小的棘轮转角

（续）

机构	结构图	说明
(1)棘轮间歇机构		
浮动棘轮机构	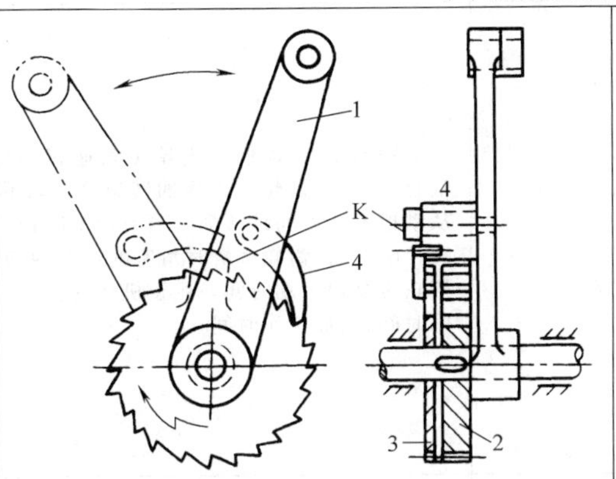	如图所示，浮动棘轮3空套在轴上与棘轮2的直径、模数、齿数均相同，但附有一个犬齿K。在一般情况下主动摆杆1通过棘爪4同时驱动棘轮2、3做间歇转动，但当棘轮3上的犬齿K进入啮合时，棘爪4被抬起仅与犬齿啮合，只推动棘轮3空转，而棘轮2不动。棘轮2停歇不转的时间长短与犬齿K的齿数有关，犬齿的齿数多，停歇时间就长。棘爪与犬齿脱离啮合时，将仍间歇地推动棘轮2、3做同步转动。这种停歇时间不等的棘轮机构称作浮动棘轮机构
短暂停歇的棘轮机构	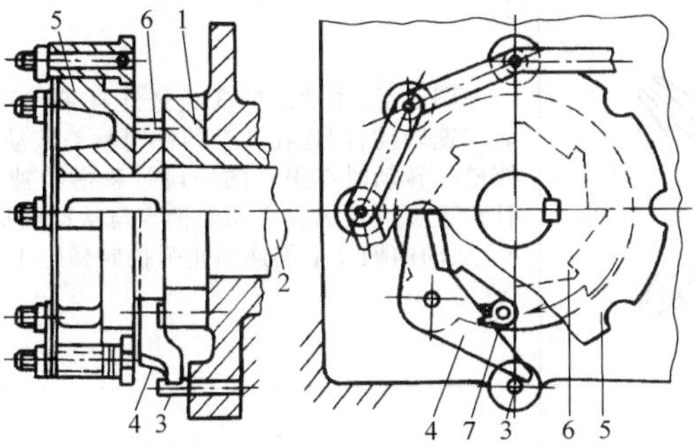	如图所示，链轮5和棘轮6固连于轴2上，主动套筒1空套在轴2上，套筒1上铰接有棘爪4。若1顺时针转动时通过棘爪4带动棘轮6和链轮5同时转动。当棘爪4的端部与固定在机架上的档杆3接触时，棘爪4与棘轮6脱开，棘轮和链轮停转。1继续转动到棘爪4与档杆3脱离时，在扭簧7的作用下棘爪再次与棘轮啮合带动链轮转动。此机构用于运送涂料零件通过干燥炉的链条式间歇运动机构，如印染烘干机等
摩擦式间歇机构	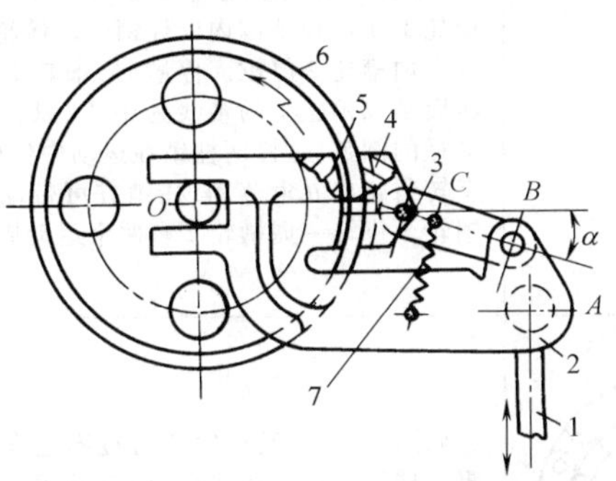	如图所示，主动杆1做上下往复移动，通过摇臂2和推杆3使摩擦片4、5夹紧从动轮6的内外轮缘而使其做定向间歇转动。当主动杆1向上推动摇臂2绕O点向上转动时，摩擦片4在摩擦力作用下使推杆3向下摆动，并借助辅助弹簧7的拉力使摩擦片4紧贴轮6外缘，因摇臂2继续向上转动的同时有微量横向外移使摩擦片5紧贴轮6内缘。结果摩擦片4、5夹紧轮6的轮缘并推动其做逆时针转动。当主动杆1拉摇臂2向下转动时，摩擦片4与轮6的摩擦力使推杆3向上摆动而成浮动，轮6静止，这样就形成了间歇转动。该机构的优点是摩擦面积大，可用于大载荷。但角α过大将减弱夹紧力，α过小将造成回程时不易分离，一般取$\alpha \leqslant 7°$
(2)槽轮间歇机构		
附设模板的槽轮机构	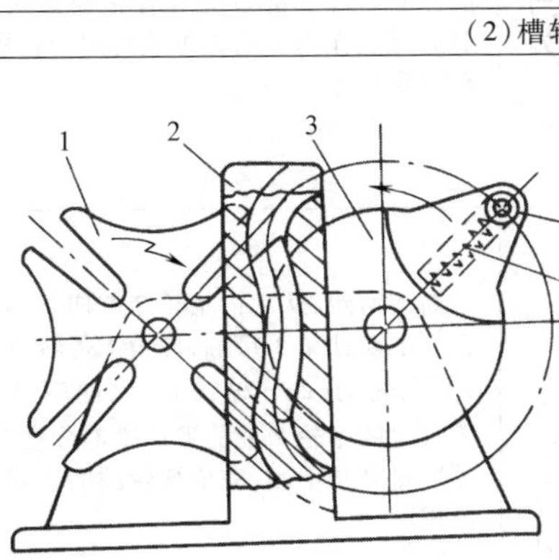	如图所示，柱销4可在销轮3上的滑槽中移动，并由弹簧5支撑。当主动销轮3匀速转动时，以可径向伸缩的柱销4带动槽轮1转动。同时柱销4也在附设凸轮模板2的曲线槽内运动，由曲线槽控制柱销4的驱动半径，使槽轮1做近似等速转动，或按工艺要求改变模板曲线槽的形状，从而改变从动槽轮的运动规律，以期得到较好的运动规律和动力特性

（续）

机构	结构图	说明
（2）槽轮间歇机构		
椭圆齿轮槽轮机构	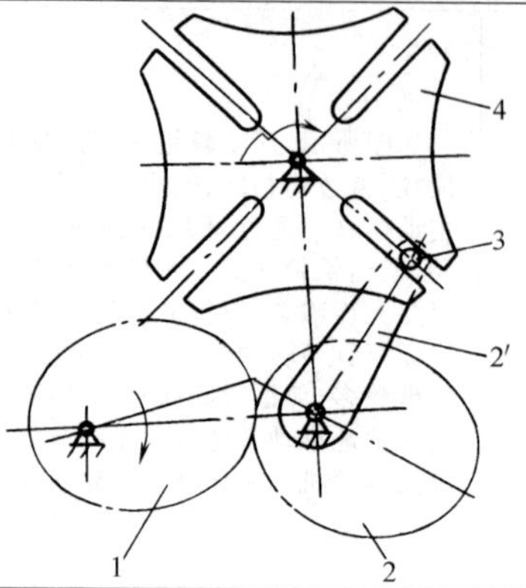	如图所示，主动椭圆齿轮 1 匀速转动与椭圆齿轮 2 啮合，带动与齿轮 2 固连的转臂 2′。转臂柱销 3 驱动从动槽轮 4 做间歇转动。当齿轮 1 以长径与齿轮 2 的短径啮合时，齿轮 2 瞬时角速度较大，此时柱销 3 驱动槽轮可缩短运动时间。用于机床的转位机构可缩短辅助时间，增加工作时间
双曲柄槽轮机构	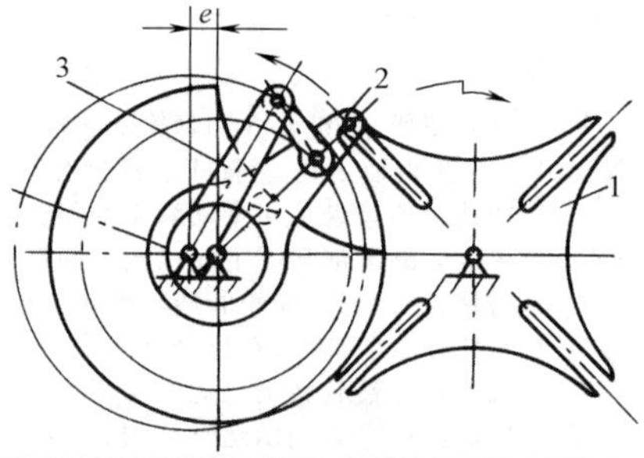	如图所示，主动曲柄 3 通过连杆带动从动曲柄 2 做非匀速转动，固连在 2 上的柱销驱动从动槽轮 1 转动，使槽轮转动时在很长的一段行程内角速度接近不变，且角速度值较大。主动曲柄 3 与从动曲柄 2 的轴距为 e。从动曲柄 2 上固连锁止弧控制槽轮 1 的稳定停歇
双柱销变形槽轮机构	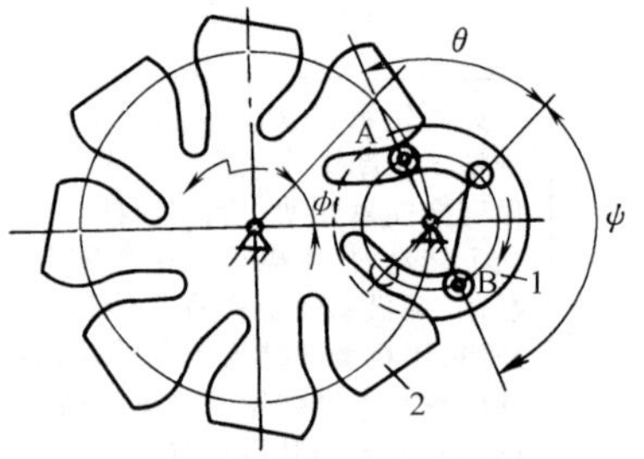	如图所示，主动销轮 1 上有两个对称的柱销 A、B。销轮 1 在 ψ 角范围内以柱销带动槽轮 2 转动 ϕ 角；在 θ 范围内槽轮 2 停歇。停歇时，槽轮 2 与柱销接触的廓线段是以销轮 1 的轴线为中心、以柱销中心的距离为半径的圆弧，这样两柱销在运动中使槽轮固定不动，直至转角超出 θ 角范围，柱销方可带动槽轮转动。主动销轮 1 每转一周槽轮 2 有两个运动周期，转过两个槽
长时间停歇的槽轮机构	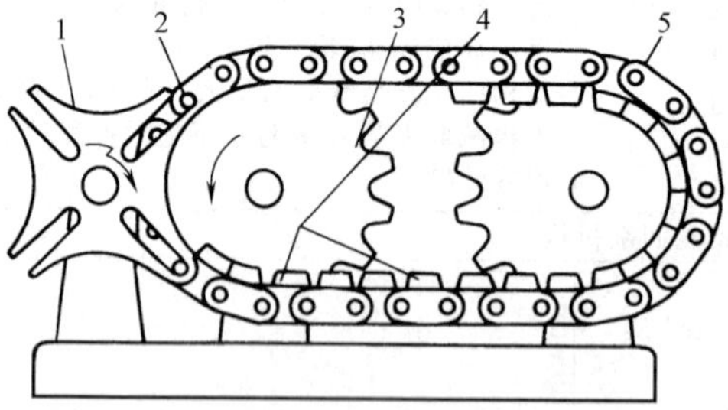	如图所示，主动链轮 3 通过固连在链条 5 上的一个驱动柱销 2 带动从动槽轮 1 转动 90°，之后有较长时间的停歇。部分链条上带有止动弧块 4，在槽轮不运动时起锁止作用。槽轮停歇时间的长短由两链轮的中心距决定
内槽轮机构	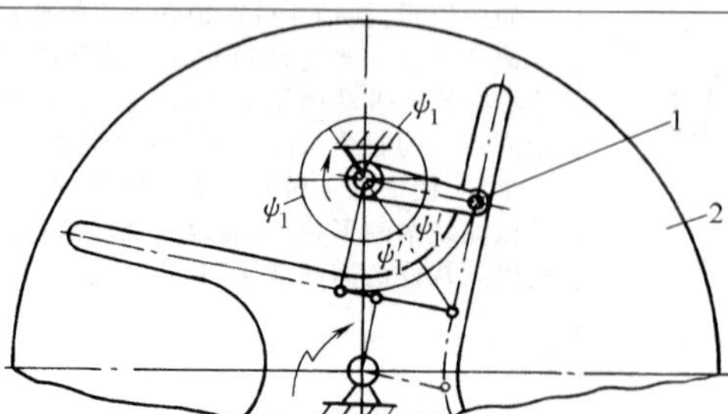	如图所示，从动内槽轮 2 有四条侧向槽成均匀分布，它与主动柱销 1 接触，柱销 1 每转过 $2\psi_1$ 角度时，槽轮 2 同向转动（$2\pi-2\psi'_1$）角度，随后，柱销转动的圆弧与所对应的槽轮 2 上的弧形槽部分吻合，起锁止作用，这时槽轮静止不动，完成槽轮的间歇转动，转向与主动柱销相同

（续）

机构	结构图	说明
(2)槽轮间歇机构		
齿轮槽轮机构	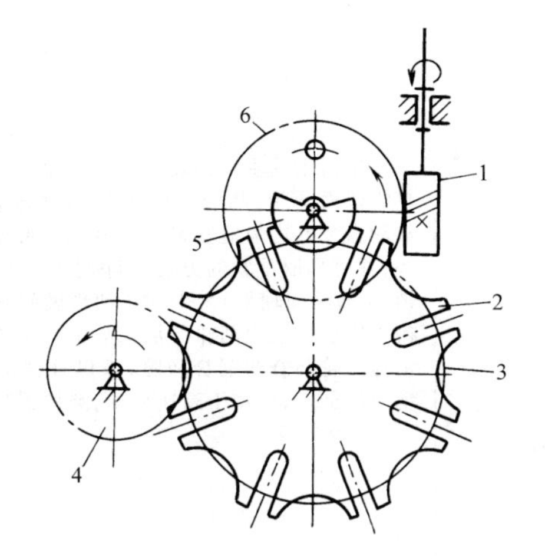	如图所示，机构满足工艺要求分度角为定值（如齿轮4每次转90°），并且有较好的动力特性，这里采用槽数较多的槽轮，用齿轮增速。这时机构的动力性能比槽数少的槽轮机构好。图中，销轮5与蜗轮6固连，由蜗杆1带动，槽轮2与齿轮3固连，齿轮4由齿轮3带动 增加槽轮的槽数固然优点较多，但将导致机构尺寸的增大，设计时应全面考虑
(3)凸轮间歇机构		
凸轮控制离合器间歇机构	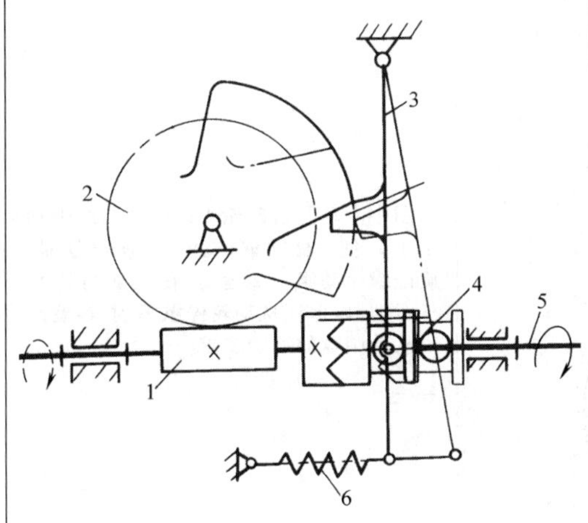	图中主动蜗杆轴1通过离合器4带动从动轴5转动，同时蜗杆轴1又带动蜗轮2和与蜗轮2固连的凸轮转动，当凸轮与摆杆3上的挡块接触时，推动摆杆3向右摆动，使离合器脱开，中断主动轴1与从动轴5的连接，使轴5停止转动。这时凸轮仍继续转动直至它与挡块脱离，杆3在复位弹簧6的作用下使离合器重新啮合，从动轴5继续转动。更换凸轮（改变远停弧长）可调整从动轴5停、转的时间比例
凸轮连杆齿轮间歇机构	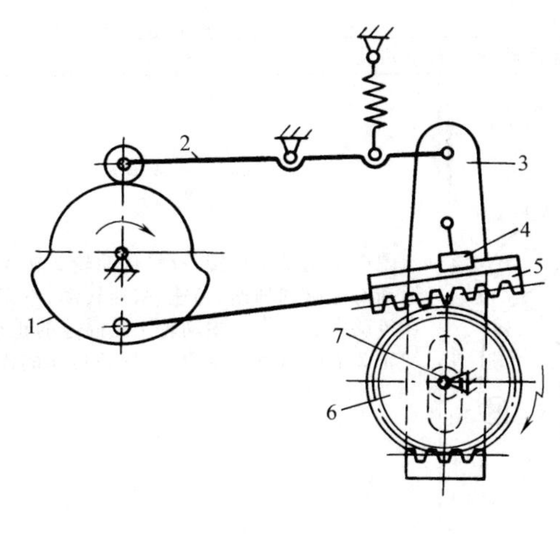	图中凸轮1和连杆齿条5、摆块4组成曲柄摆块机构，连杆齿条5做平面复合运动，既与摆块4一起摆动又与摆块4做相对滑动。凸轮1和摆杆2组成摆动从动件凸轮机构，带动杆3沿导槽与机架上的滚子7做相对滑动，又可做一定的摆动。当凸轮1顶起杆2上的滚子，使杆3向下运动时，3下端的齿条与绕定点转动的齿轮6脱开，同时杆3带动在3上铰接的摆块4，使齿条5与齿轮6啮合。主动凸轮1又通过齿条5驱动齿轮6转动 但在凸轮控制杆3上行时，杆3带动齿条5上行与齿轮6脱离啮合，而杆3下端的齿条与齿轮6啮合使其停歇。这样使齿轮6完成定向间歇转动

（续）

机构	结构图	说明
(3)凸轮间歇机构		
弧面分度凸轮机构	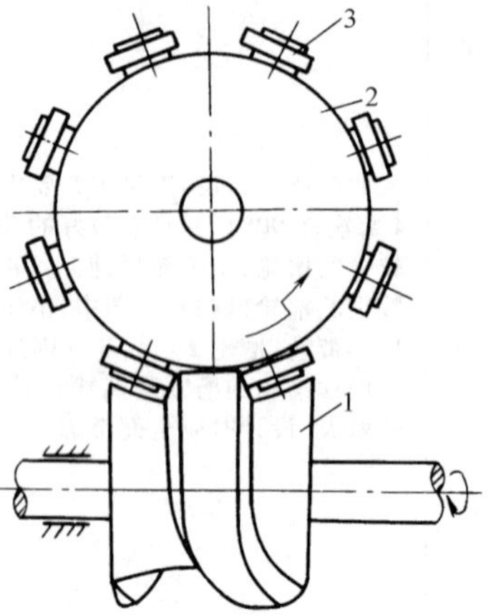	图中所示的主动凸轮1上有一条凸脊如同蜗杆，称其为弧面凸轮，凸脊曲面由从动件运动规律来确定。从动盘2上均匀地安装圆柱销3，一般常用滚动轴承代替，并可采取预紧的方法消除间隙。凸轮1通过圆柱销3(即滚动轴承)来带动从动盘做间歇转动。这种机构可以通过改变凸轮与从动盘中心距的方法调整圆柱销与凸轮凸脊的配合间隙，借以补偿磨损。该机构的动力性能好，可用于高速分度，圆柱销数目一般大于6
螺旋凸缘凸轮间歇机构	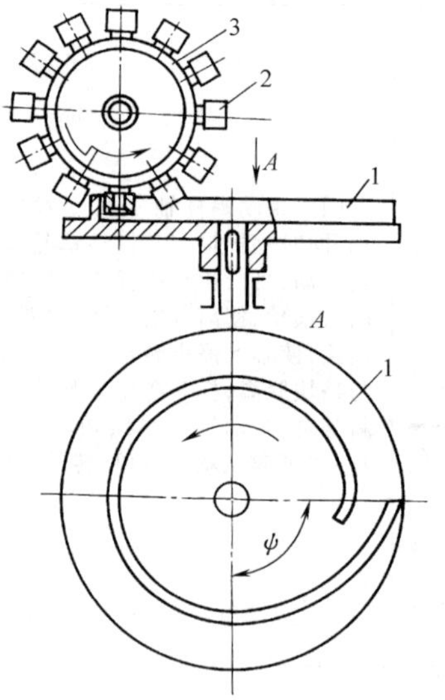	图中主动圆盘凸轮1以螺旋凸缘带动从动件3上的滚子2，使3做间歇转动。在ψ角范围内，凸轮1的螺旋凸缘驱动滚子2运动，在螺旋的其他部分则限制滚子运动，以保证从动轮停歇不动，螺旋凸缘凸轮设计取决从动圆盘的运动要求
(4)不完全齿轮间歇转动机构		
制鞋机的不完全齿轮机构	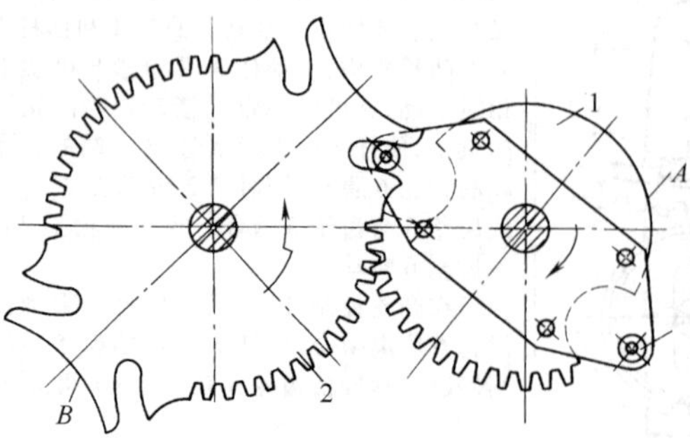	图中主动轮1每转一周，从动轮2转半周，从动轮的运动有停歇和加速、匀速、减速转动，不完全齿轮1和2在传动中有冲击。主动轮1上固连的止动圆弧A与从动轮2上的圆弧B配合，可保持可靠的停歇

（续）

机构	结 构 图	说 明
（4）不完全齿轮间歇转动机构		
十进位计数器机构		图中主动轮 1 圆周上有一凹口，凹口一侧有圆柱销。从动轮 2 有 20 个齿，轴向齿长为 2*W* 和 *W* 且长短相间排列。主动轮 1 转动时，圆柱销和凹口先后拨动从动轮 2 转过两个齿，然后主动轮 1 以圆弧和从动轮 2 的两长齿齿端圆角接触，锁住从动轮 2。结果，主动轮 1 每转一周，从动轮 2 转 1/10 周。该机构动力性能差，只适用于低速轻载，可用它串联制成十进位计数器
两次停歇不完全齿轮机构		图中主动轮 1 上固连两扇形块 2、3，扇形块 2 上附有 7 个针齿，块 3 上附有 4 个针齿。从动轮 4 制成与针齿数对应的齿槽数，以便齿槽与针齿正常啮合。为了使从动轮 4 在停歇和转动之间能平稳过渡，第一个齿槽和最后一个齿槽的廓线要特殊设计。主动轮 1 先以 3 带动从动轮 4 转动，然后用锁止弧锁止使从动轮 4 停歇；再以 2 带动从动轮 4 转动，并用另一锁止弧锁止使从动轮 4 停歇。这样，主动轮 1 每转一周，从动轮 4 间歇转动完成两次停歇
（5）偏心轮分度定位机构		
偏心轮分度定位机构		如图所示，端部有滑槽的杆 7 空套在轴 *O* 上，滑销 6 可在 7 的滑槽内移动，滑销 6 和滑销 4 均铰接于摆杆 5 的两端部，滑销 4 可在固定槽 3 内滑动。当主动偏心轮 1 转动时通过摆杆 5 使两滑销 6、4 交替拨动或锁住带有槽孔的从动盘 2 做单向间歇转动。主动偏心轮每转一周，通过摆杆 5 拨动从动盘 2 转过一定的角度，即相邻二槽孔的中心角，从而实现分度定位。该机构用在搓线机输送器上

6.2　间歇摆动机构

间歇摆动机构见表 11.9-16。

6.3　间歇移动机构

间歇移动机构见表 11.9-17。

表 11.9-16　间歇摆动机构

机构	机 构 图	说 明
（1）单侧停歇摆动机构		
利用连杆曲线间歇摆动机构		图中所示主动曲柄 *AO* 通过四杆机构 *OABC* 的连杆 *AB* 带动Ⅱ级杆组 *MDF*，使从动件 *EF* 做间歇摆动。连杆 *AB* 上 *M* 点的曲线轨迹 *m* 类似椭圆形，选 *DM* 的长度近似等于 *M* 点处曲线短的曲率半径，*D* 点相当于曲率中心，以期 *M* 点至此段曲线处近似实现杆 *EF* 停歇不动，停歇时间约等于曲柄转过半周的时间 各杆长与其夹角可按下列比例数据选取：$\overline{AB}=\overline{BC}=\overline{BM}=1$，$\overline{AO}=0.305$，$\overline{CO}=0.76$，$\phi=114°$，$\overline{MD}=0.06$，$\overline{FD}=0.8$，$\overline{CF}=1.66$，$\overline{OF}=2.36$

（续）

机构	机构图	说明
(1)单侧停歇摆动机构		
利用连杆曲线直线段间歇摆动机构	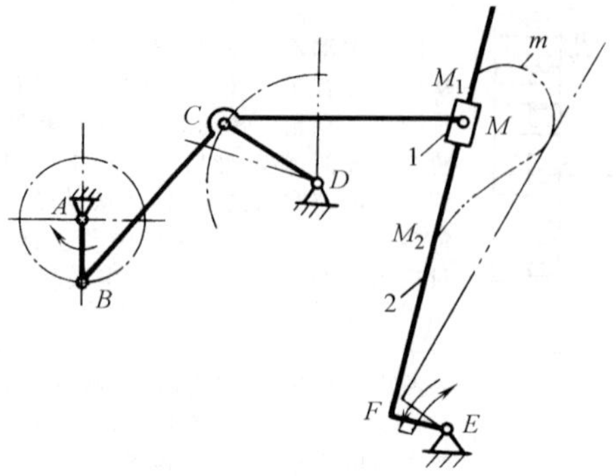	利用连杆曲线直线段做单侧停歇。图中主动曲柄 AB 通过四杆机构 $ABCD$ 的连杆 BC 上的 M 点带动Ⅱ级杆组 MFE，使从动件 EF 绕 E 点做间歇摆动。连杆上 M 点的曲线轨迹 m 中 M_1M_2 段近似直线，在此位置上连杆带动滑块 1 在从动件 2 上移动，使从动导杆 2 近似停歇，实现单侧停歇摆动
单侧停歇摆动机构	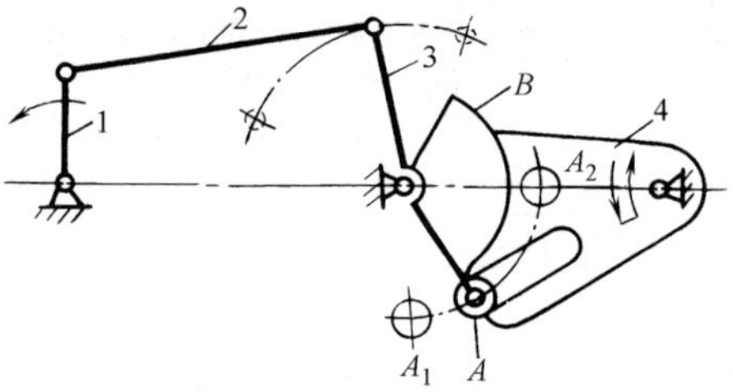	利用沟槽做单侧停歇。图中主动曲柄 1 通过连杆 2 使摇杆 3 摆动，摇杆 3 上的滚子 A 在弧 A_1A_2 范围内摆动，从而带动从动杆 4 摆动。但当滚子 A 由摆杆 4 的沟槽中脱离时，摇杆 3 上的锁止弧 B 锁止摆杆 4，使摆杆 4 停歇不动。该机构停歇也只在一侧，即当滚子 A 脱离摆杆 4 的沟槽时停歇，当滚子进入摆杆 4 槽内时，将继续带动摆杆 4 做摆动
(2)双侧停歇摆动机构		
两极限位置停歇摆动机构之一	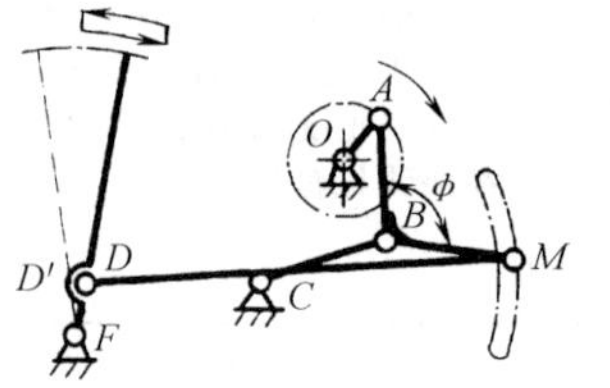	图中主动曲杆 AO 通过四杆机构 $OABC$ 的连杆 AB 上的 B 点带动杆 BM，通过 M 点带动从动件 DM 做往复摆动，但因为 M 点的轨迹有两段曲率近似相同的圆弧，而 DM 长度恰好等于圆弧曲率半径，且 D 和 D' 分别位于曲率中心，从而使摆杆从动件 DF 做在两极限位置有停歇的间歇摆动
两极限位置停歇摆动机构之二	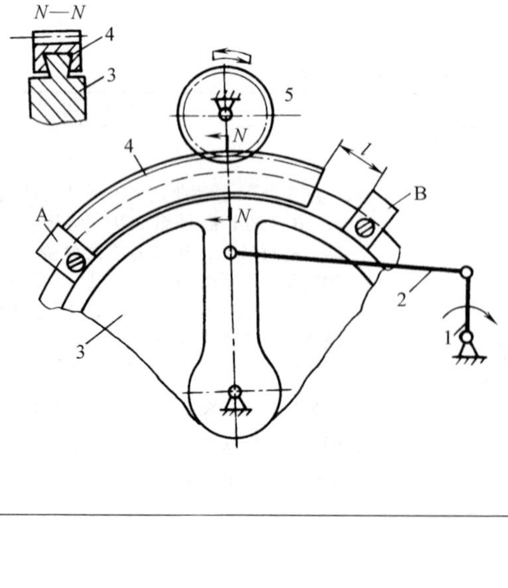	如图所示的机构中，主动曲柄 1 通过连杆 2 带动扇形板 3 摆动，在扇形板 3 上装有可移动的齿圈 4。当主动曲柄带动扇形板 3 顺时针转动时，扇形板 3 上的挡块 A 推动齿圈 4 与齿轮 5 啮合，使齿轮 5 逆时针转动。当扇形板 3 逆时针回摆时，齿圈 4 在扇形板 3 上滑动，这时齿圈 4 与齿轮 5 相对静止，齿轮 5 停歇不动。直至扇形板 3 上的挡块 B 推动齿圈，齿轮 5 方做顺时针转动。扇形板 3 再次变相摆动时，齿轮 5 同样也有一段停歇时间。因此该机构具有双侧停歇特点。如果改变挡块 B 与齿圈的间距 l，可调整齿轮 5 的停歇时间

（续）

<table>
<tr><th>机构</th><th>机 构 图</th><th>说 明</th></tr>
<tr><td colspan="3">(2) 双侧停歇摆动机构</td></tr>
<tr><td>瞬时停歇摆动机构</td><td>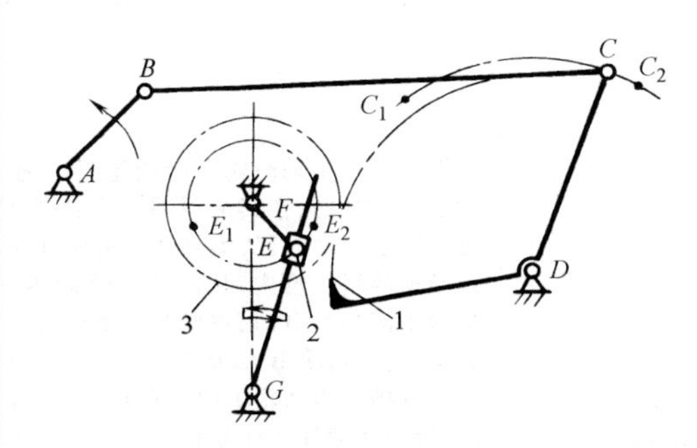</td><td>图中主动曲柄 AB 逆时针转动，带动摇杆 CD 和固连在 CD 上的扇形齿轮 1。齿轮 1 与齿轮 3 啮合使铰链在齿轮 3 上的滑块摆动，由滑块 2 驱动从动杆 EG 做往复摆动，且在两摆动极限位置时有瞬时停顿。摇杆 CD 在摆动的两极限位置 C_1D、C_2D 时角度较小，且改变方向。摆动导杆机构 FEG 的从动杆 EG 在两极限位置 E_1G、E_2G 附近时其角速度也较小，且改变方向。用轮 1、3 将它们联动起来，并使之同时达到极限位置，结果使导杆在两极限位置附近实现近似停歇，且可停歇较长的时间</td></tr>
<tr><td colspan="3">(3) 中途停歇摆动机构</td></tr>
<tr><td>中途停歇摆动机构</td><td>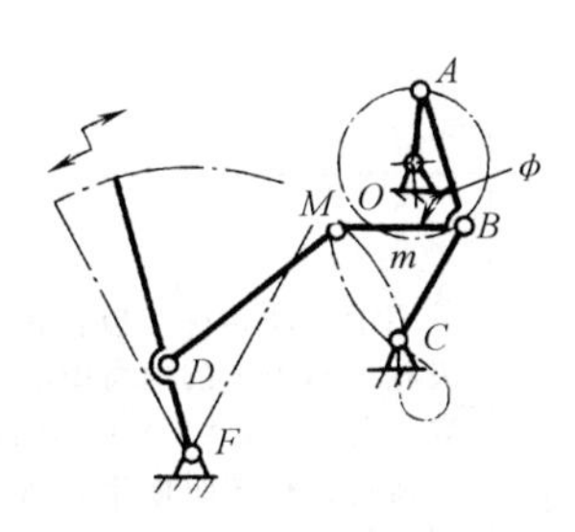</td><td>图中所示主动曲柄 OA 通过四杆机构 $OABC$ 的连杆 AB 上的 B 点带动杆 BM，通过 M 点带动摆动杆 DF 做往复摆动。因为 M 点的轨迹 m 的某段曲线与以 DM 为半径、D 为圆心的圆弧近似，即 D 是该段曲线的曲率中心，故使摆杆在摆动中途做近似停歇。各杆长度可参考下列比例数据 $\overline{AB}=\overline{BC}=\overline{BM}=1$，$\overline{MD}=106.3$，$\overline{AO}=0.54$，$\overline{FD}=0.695$，$\overline{CO}=1.3$，$\overline{CF}=1.8$，$\overline{OF}=2.78$，$\phi=80°$</td></tr>
</table>

表 11.9-17　间歇移动机构

<table>
<tr><th>机构</th><th>机 构 图</th><th>说 明</th></tr>
<tr><td colspan="3">(1) 单侧停歇移动机构</td></tr>
<tr><td>单侧停歇曲线槽导杆机构</td><td>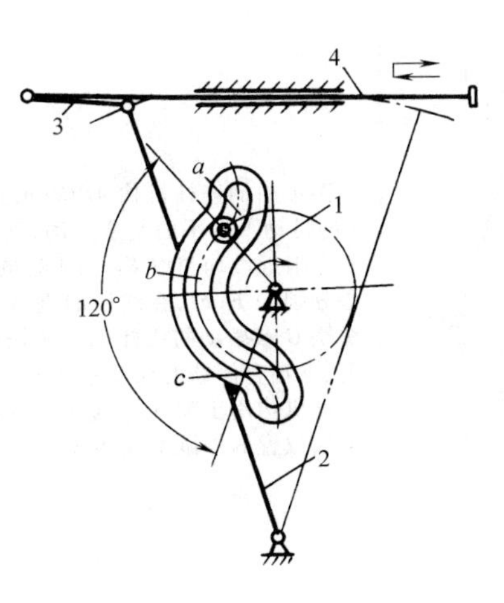</td><td>图中导杆 2 上的曲线导槽由 3 段圆弧 a、b、c 组成，当曲柄 1 作为主动件通过滚子带动导杆 2 摆动时，在图所示的 120°范围内，滚子运动轨迹与曲线槽 b 段的圆弧相吻合，使导杆做单侧停歇。由导杆 2 通过连杆 3 带动滑杆 4 做单侧停歇的往复运动。该机构用于食品加工机械，作为物料的推进机构，如果导槽曲线由两段左右对称的曲率相同的圆弧组成，则可获得双侧停歇机构。该机构结构紧凑，制造简单，运动性能好，有急回作用，但噪声大，不适用于高速场合</td></tr>
</table>

（续）

机构	机 构 图	说　明
(1)单侧停歇移动机构		
移动凸轮间歇移动机构	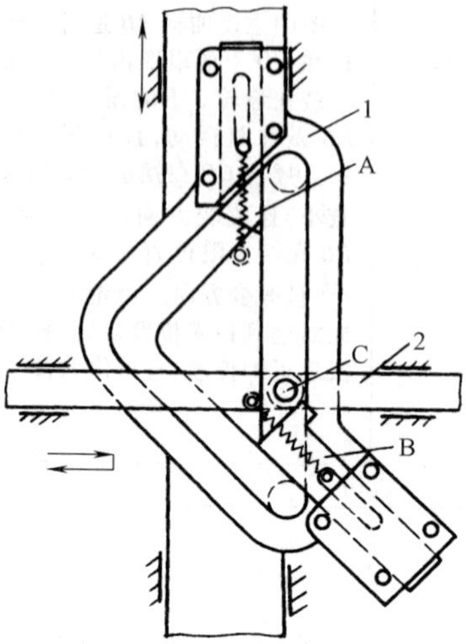	图中所示主动凸轮1沿固定导轨做往复移动，凸轮上三角导槽，在其上下部装有活挡块A、B。当凸轮1向上移动时，从动件2上的滚子C是在凸轮三角导槽的铅垂槽内，从动件2停歇不动。当滚子C接触下部挡块B时，克服弹簧力移动挡块B后进入斜槽，随之挡块B在弹簧力作用下往复挡住滚子C重回直槽。当凸轮1向下移动时，滚子C沿斜槽移动，带动从动件2往复移动。当滚子C接触活动挡块A时，克服弹簧力推移挡块A并再次进入直槽。这样，凸轮的往复移动就可以带动从动件做一端停歇的往复移动
行星轮内摆线间歇移动机构	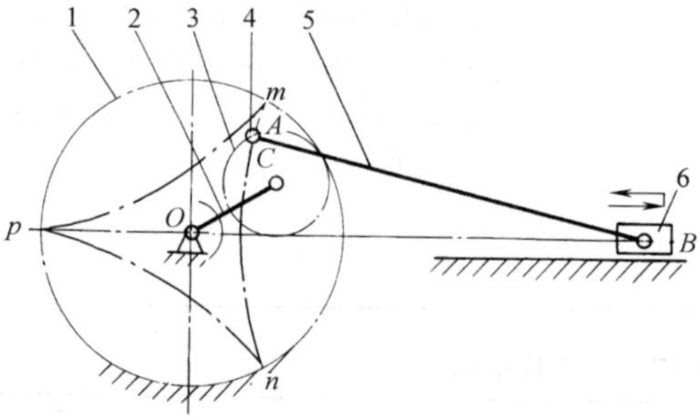	图中主动系杆2以铰链C带动行星齿轮3运动，齿轮3与固定的内齿中心齿轮1啮合。两齿轮的齿数比为$z_3:z_1=1:3$。在齿轮3的节圆上装有铰销4，通过连杆5驱使滑块6做单侧停歇的往复运动。因铰销4随齿轮3移动时做内摆线运动，如图中点画线所示。取连杆5长等于弧mn段曲线的平均曲率半径，且使B点处在曲率中心位置，则滑块6在右极限位置上近似停歇，停歇时间相当于一个运动周期的1/3
(2)双侧停歇移动机构		
滑块上下端停歇移动机构	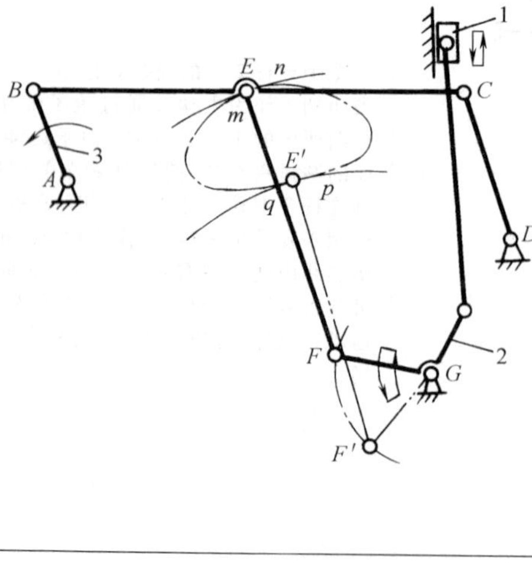	图中曲柄连杆机构$ABCD$的连杆BC在主动曲柄3的带动下做平面复杂运动，其上E点的轨迹在E、E'点附近段均与以EF为半径的圆弧近似，圆弧的中心分别为F、F'，在线段的垂直平分线上取G点，设置绕G点摆动的摆杆2，并用摆杆2来带动滑块1做上、下端有停歇的往复移动 该机构用于喷气织机开口机构中，利用滑块在上下端位置的停歇引入纬纱

（续）

机构	机构图	说明
（2）双侧停歇移动机构		
重力急回间歇式移动机构		图中主动臂 1 通过从动件 2 的上凸耳 b 将 2 抬升，2 升至下凸耳 a 被摆动挡块 3 钩住，1 与 b 脱离，2 停止不动。转臂 1 继续转动到与 3 接触时使挡块 3 与 2 脱钩，2 以自身重力下落被机架上的凸台 4 挡住 2 上的凸耳 c，2 停歇不动。然后再由转臂抬起凸耳 b 继续下一循环。该机构具有上、下不等时的停顿和快速下落的急回特点
不完全齿轮往复移动间歇机构		图中不完全齿轮 1 作为主动顺时针移动，用其齿轮交替地与从动齿条 2 及不完全齿轮 3 啮合，可使齿条做间歇往复移动。当齿轮 1 的 a 部分轮齿在顺时针移动时先于齿条啮合使之右移；脱开后，齿条有短暂的停歇。当 a 部分轮齿与齿轮 3 啮合时，齿轮 3 将带动齿条左移；脱开后，齿条再次停歇。b 部分轮齿转至 a 的初始位置后重复 a 的动作一次。结果主动齿轮 1 每转一周从动齿条往复移动两次。改变齿轮 1 上的齿数可调节齿条在两端的停歇时间 不完全齿轮机构在啮合开始和脱离啮合时均有冲击，故只适用于低速轻载场合，如印刷机等
（3）中途停歇移动机构		
滑块行程中间停歇的移动机构		主动件 1 内部的滑槽中装有弹簧 2 以支撑可移动的插销 3，插销 3 由两部分组成，左端为滚子，右端为销块。当 3 的销块嵌在圆盘 5 的缺口 K_1 时，杆 1 带着圆盘一同转动。当经过固定挡块 4 前端的斜面 A 时，A 将插销 3 上的滚子向左推移，使 3 上的销块由圆盘 5 的缺口 K_1 中拔出，圆盘 5 立即停止转动。由圆盘 5 驱动的滑块 6 不动，并在弹簧定位销 7 作用下可靠地定位在 a_1 处。当 1 转至缺口 K_2 处时，在弹簧 2 的作用下销 3 嵌入 K_2 中，继续带动圆盘 5 一同转动，直至主动件 1 再次经过挡块 4 重复第二次停歇。主动件每转两周，圆盘 5 转一周，滑块 6 在 a_1、a_2 两处停歇

7　换向、单向机构

换向、单向机构见表 11.9-18 和表 11.9-19。

换向机构是通过操纵杆来变换传动机构间的关系，以改变从动件的运动方向，或是同时改变主、从动件的传动比；单向机构是指从动件在主动件的驱动下，做连续或间歇的定向移动或转动的机构。单向机构中的主动件是通过一些特殊的连接形式来驱动从动件的，它的特点是主动件改变方向时，从动件仍按原方向移动或不动。多数单向机构中，当从动件的转速超过主动件时，主动件就不再起驱动作用，因此也称这类单向机构为超越机构。

表 11.9-18 换向机构

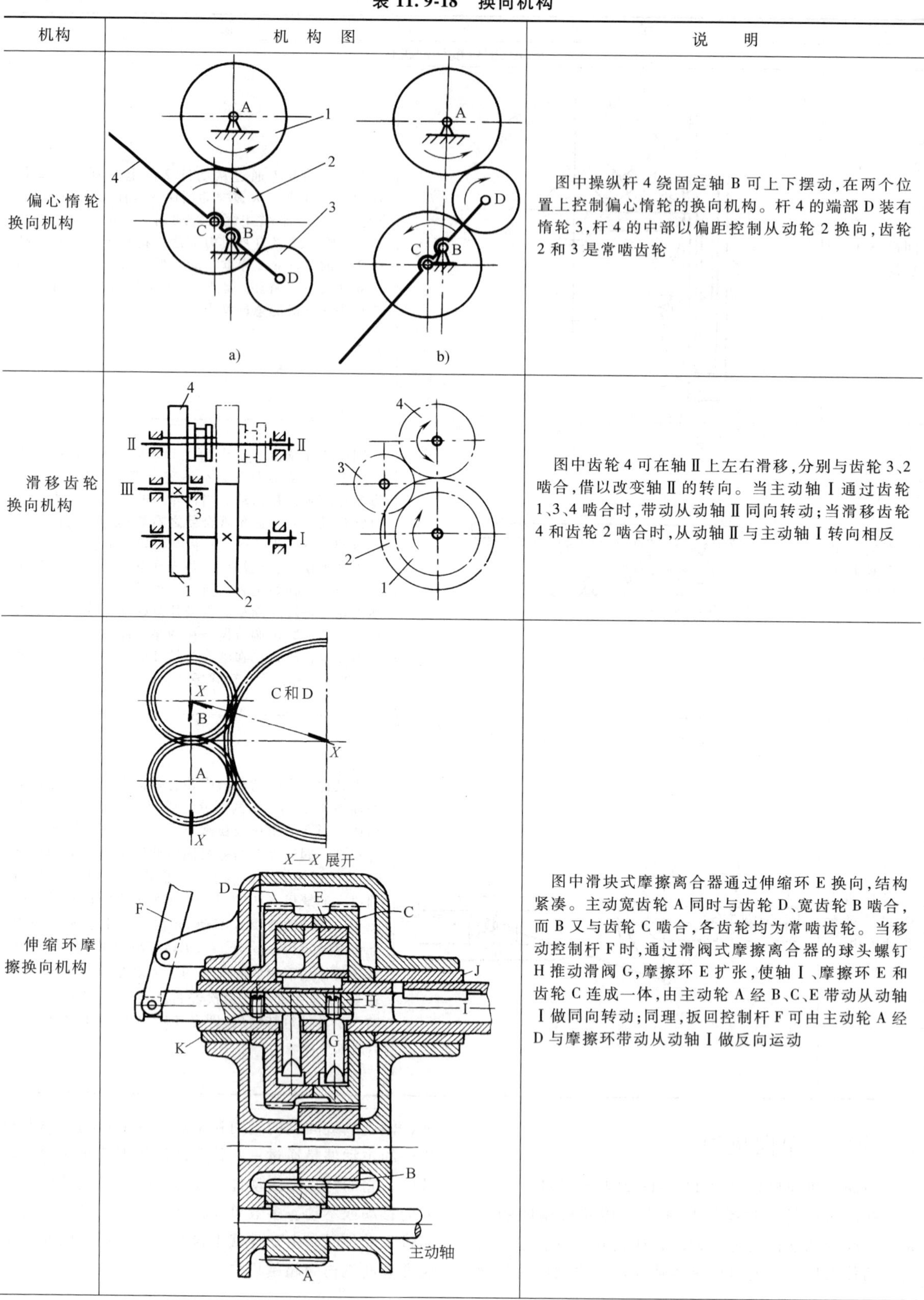

机构	机构图	说明
偏心惰轮换向机构	a) b)	图中操纵杆4绕固定轴B可上下摆动,在两个位置上控制偏心惰轮的换向机构。杆4的端部D装有惰轮3,杆4的中部以偏距控制从动轮2换向,齿轮2和3是常啮齿轮
滑移齿轮换向机构		图中齿轮4可在轴Ⅱ上左右滑移,分别与齿轮3、2啮合,借以改变轴Ⅱ的转向。当主动轴Ⅰ通过齿轮1、3、4啮合时,带动从动轴Ⅱ同向转动;当滑移齿轮4和齿轮2啮合时,从动轴Ⅱ与主动轴Ⅰ转向相反
伸缩环摩擦换向机构	*X—X* 展开	图中滑块式摩擦离合器通过伸缩环E换向,结构紧凑。主动宽齿轮A同时与齿轮D、宽齿轮B啮合,而B又与齿轮C啮合,各齿轮均为常啮齿轮。当移动控制杆F时,通过滑阀式摩擦离合器的球头螺钉H推动滑阀G,摩擦环E扩张,使轴Ⅰ、摩擦环E和齿轮C连成一体,由主动轮A经B、C、E带动从动轴Ⅰ做同向转动;同理,扳回控制杆F可由主动轮A经D与摩擦环带动从动轴Ⅰ做反向运动

（续）

机构	机　构　图	说　　明
离合器锥齿轮换向机构	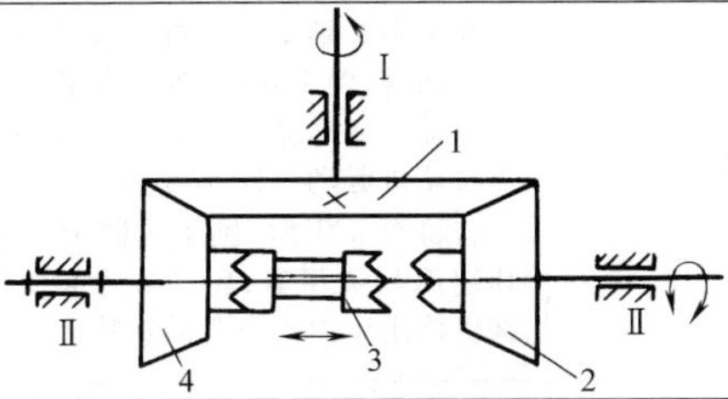	图中主动锥齿轮 1 与空套在轴Ⅱ上的锥齿轮 2、4 啮合，锥齿轮 2、4 转向相反。离合器 3 与轴Ⅱ为花键连接并同向转动。当离合器 3 在轴Ⅱ上向左移动与锥齿轮 4 接合，通过离合器带动轴Ⅱ转动；如离合器 3 向右移动与锥齿轮 2 接合，通过离合器 3 使轴Ⅱ反向转动
行星齿轮换向机构	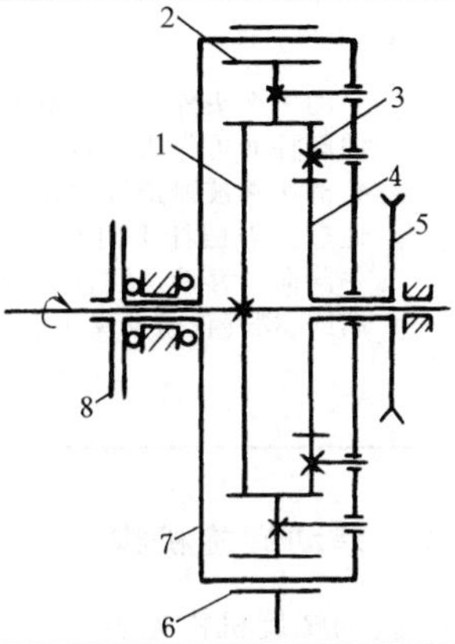	图中由主动太阳轮 1、从动太阳轮 4、行星轮 2、3 和支撑壳体 7 组成的行星轮系机构用于履带式水稻收割机的转向机构。当离合器 8 接通，制动器 6 松开时，$n_1=n_7$。此时与轮 4 固连一体的从动链轮 5 也和轮 1 等速同向转动。当离合器、制动器都脱开时，轮 5 受外界阻力而处于停滞状态，$n_4=n_5=0$，$n_7=n_1 z_1/(z_1+z_4)$。其中 z_1、z_4 均为齿轮齿数。当离合器脱开，制动器 6 制动时，$n_7=0$，$n_5=-n_1z_1/z_4$。从动链轮 5 与主动轮 1 的转向相反，转速不等

表 11.9-19　单向机构

机构	机　构　图	说　　明
摩擦棘轮超越式单向机构	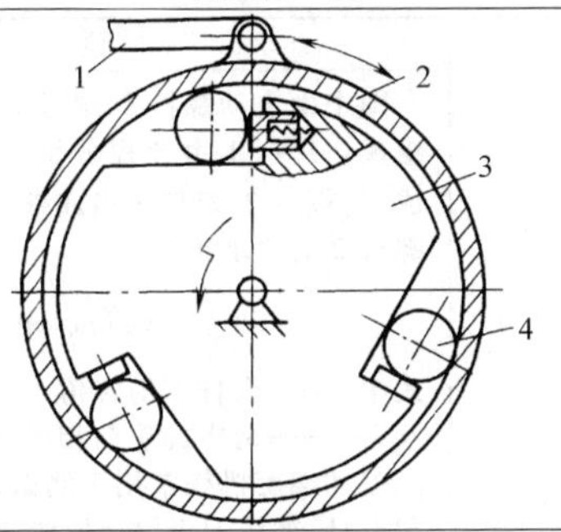	图中主动杆 1 带动外筒套 2 逆时针转动时，通过内壁与滚子 4 摩擦，将滚子挤向所在空间的尖角部位，从而将其楔紧在外筒套 2 与从动件 3 之间，使主动杆驱动从动件 3 一起同向转动。当 1 顺时针转动时，摩擦作用使 2、3 分开，从动件 3 不动；当 2、3 同时逆时针转动，但 $n_3>n_2$ 时，则 2、3 也将分开，3 做超越转动。该机构不仅是单向机构，也可作为超越离合器使用
柱销超越式单向机构	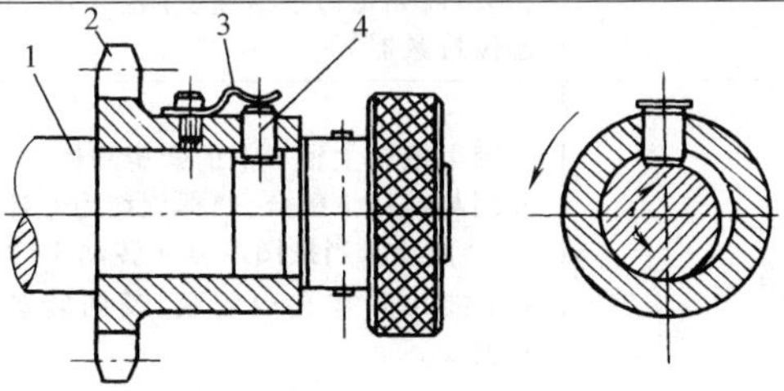	图中圆柱销 4 被弹簧 3 压紧在从动轴 1 的特制沟槽内，主动链轮 2 逆时针转动，通过 4 带动 1 同向转动。若 $n_1>n_2$，则 1 可做超越转动。若 1 固定，则 2 逆时针转动被制动；若 2 固定，则 1 顺时针转动被制动
弹簧摩擦式单向机构	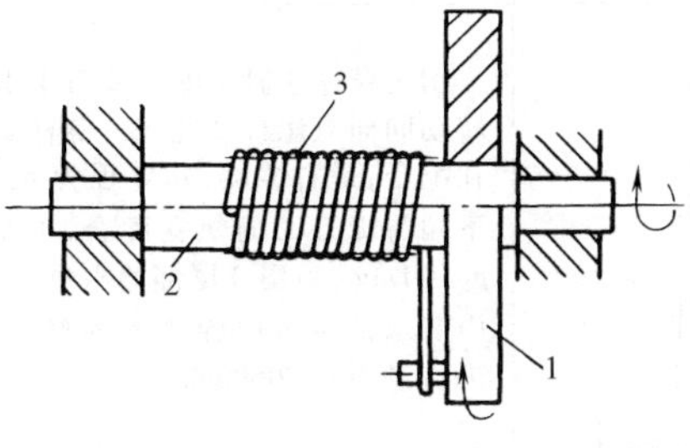	图中左旋弹簧 3 的内径稍小于轴 2 的外径，接合面上略有预压紧力，弹簧的右端与主动轮 1 上的拔销接触，左端为自由端。当主动轮 1 按图上实线箭头方向移动时，通过拔销旋紧弹簧使其内径缩小增大结合面压紧力和摩擦力，从而带动从动轴 2 同向转动。当主动轮 1 反转时，弹簧内径增大，接合面压紧力消失，不能带动轴 2 同向转动，使轴 2 只做单向转动。当 2 同 1 按图中所示方向转动且 2 的转速超过 1 的转速时，将使接合面压紧力消失成超越转动。如 1 或 2 中其一固定，将产生单向制动作用

（续）

机构	机构图	说明
螺旋摩擦式单向机构	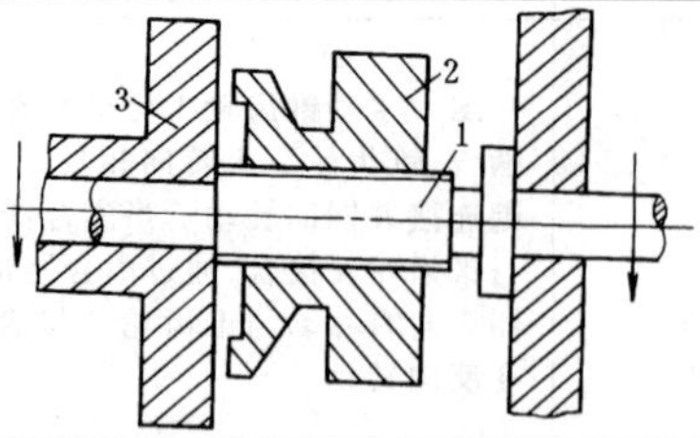	图中主动轴 1 以右旋与轮 2 连接，当 1 按图示方向转动时，轮 2 左移，使其端面与盘 3 压紧，通过摩擦力带动从动盘 3，经盘 3 带动曲轴来起动发动机。当发动机起动后使 n_3 超过 n_1，2 与 3 脱开 若将盘 3 固定，轴 1 按图示方向转动，轮 2 左移，其端面与 3 压紧，轮 2 在摩擦力的作用下被制动。该机构用于内燃机起动机构上
金属线送料单向机构	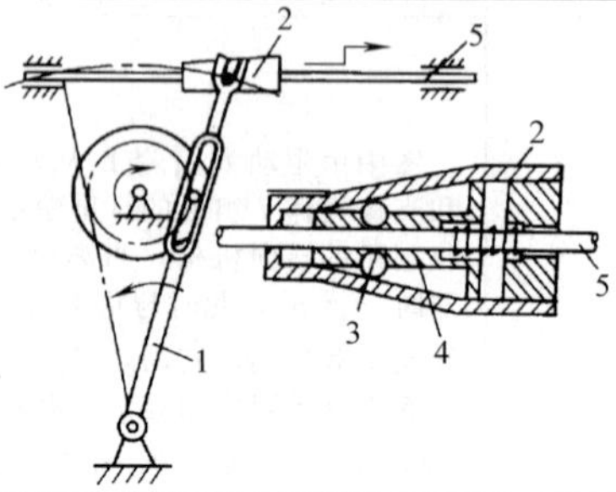	图中夹头外壳 2 内侧有圆锥面，两端有大小不同的圆柱面可作为导路，用它引导嵌着钢球 3 的滑块 4，滑块 4 被弹簧压向左边，金属线 5 由 4 内中心孔通过。当摆杆 1 向右摆动时，钢球 3 夹紧金属线 5 一同向右移动。摆杆 1 向左移动时，钢球 3 放松金属线，摆杆仅带动夹头返回，金属线不动

8　差动机构

差动机构主要用于将两个运动合成一个运动，实现微调、增力、均衡或补偿等目的。

8.1　差动螺旋机构

差动螺旋机构见表 11.9-20。

表 11.9-20　差动螺旋机构

机构	机构图	说明
典型差动螺旋机构	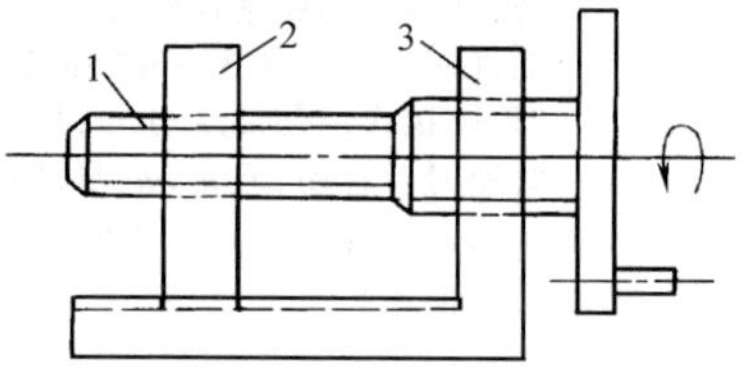	图中由主动螺杆 1、螺母滑块 2 和带螺孔的机架 3 组成。螺杆 1 由导程分别为 p_{h2}、p_{h3} 的两段螺纹制成，与螺母 2、机架 3 组成螺旋副。当螺杆 1 转动时，螺母 2 的移动距离 $$s=(p_{h2}\pm p_{h3})\frac{\phi}{2\pi}$$ 式中　ϕ—螺杆 1 的转角 $\pm$—两螺旋旋向相同取“-”；相反时取“+” 差动螺旋机构常用于测微计、分度机构、调解机构和夹具，如镗刀进给速度调解机构、反向螺旋的车辆连接拉紧器等
铣刀心轴紧固机构	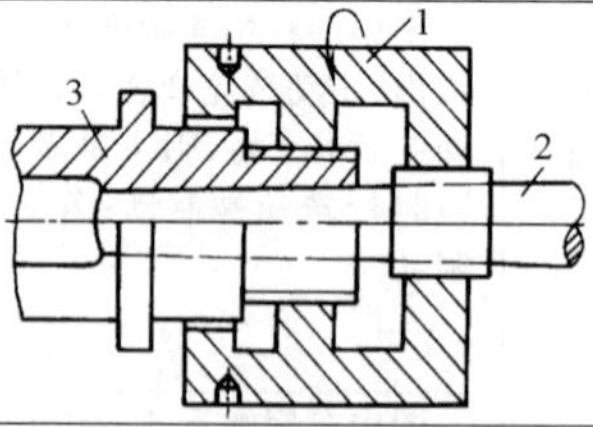	图中铣床主轴 3 上的螺旋和铣刀心轴 2 上的螺旋分别与螺母 1 配合，二螺旋均为左螺旋，其导程不等（$p_{h2}>p_{h3}$）。当按图示方向转动 1 时，使心轴 2 移向 3 的锥孔并在孔内固紧，反向转动 1 则松开拔出心轴
镗刀进给速度调节机构	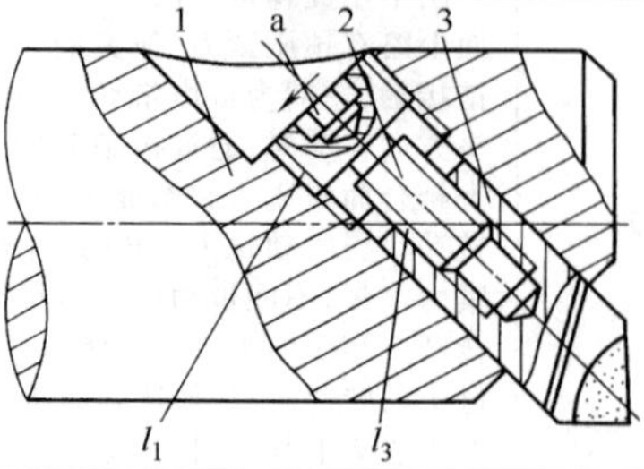	图为镗床主轴 1 安装镗刀 3，其进给速度的调节由转动同向双螺杆 2 完成。螺杆 2 上端与主轴 1 的螺孔配合，是右螺旋，其导程为 $p_{h1}=1.25$mm。螺杆 2 下端与镗刀 3 的螺孔配合，也是右螺旋，其导程为 $p_{h3}=1$mm，当用 2 尾部的六角孔 a 调节镗刀时，按图中所示箭头方向旋转 2，每转 10°，镗刀沿刀杆方向进给量为 0.0069mm

（续）

机构	机构图	说明
同心螺旋差动机构	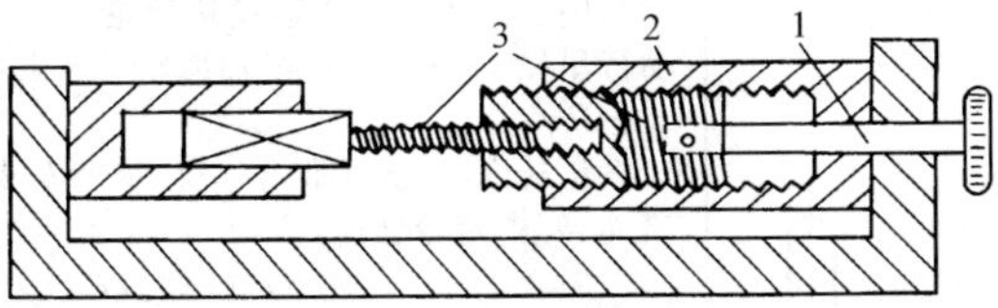	图中主动螺杆 1 的外螺旋与机架上的螺孔 2 配合，1 的内螺旋与阀门的螺杆 3 配合，组成同心同向螺距不等的差动螺旋机构。该机构可用于煤气罐气阀开关上，可缓慢开闭和微调
变转动为低速直动的差动机构	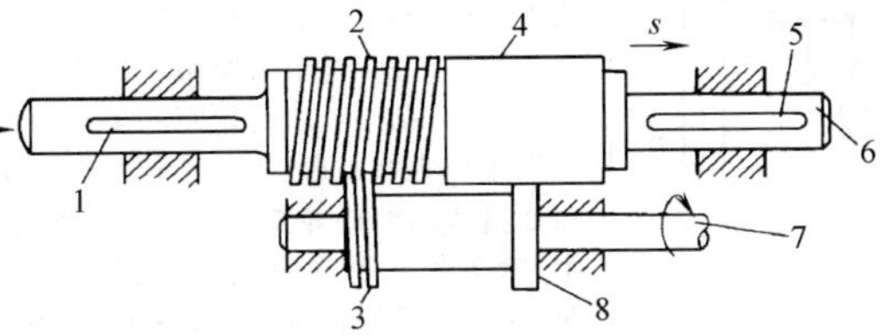	图中在主动轴 7 上固连齿轮 8 和右旋转 3，8、3 分别和空套在从动轴 6 上的宽齿轮 4、左螺旋 2 相互配合，4 和 2 固连为一体，其两端有轴肩定位可与轴 6 同时做轴向移动。右旋螺距 $p_{h3}=2.540$mm、左旋螺距 $p_{h2}=2.527$mm，当主动轴 7 按图中所示方向每转一圈时，从动轴 6 在滑动键 1、5 的限制下向右做轴向移动，移动距离为 $s=0.013$mm。这样就将高速转动转换为低速直线移动。当主动轴 7 改变转向时，从动轴 6 也将改变移动方向。该机构可用于机床的刀具进给机构
螺旋运动误差补偿机构	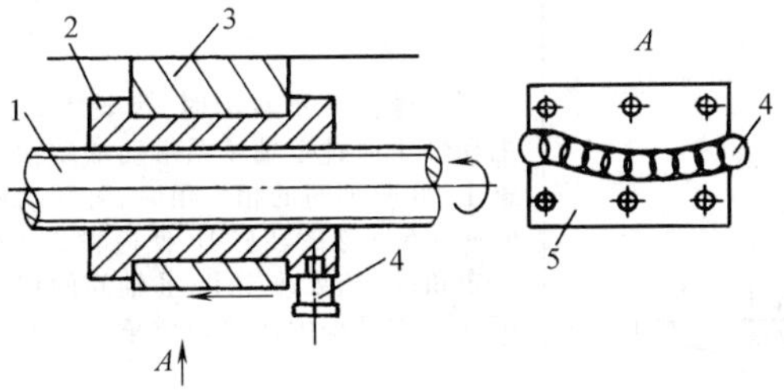	图中主动螺杆 1 通过螺母 2 带动拖板 3 做匀速移动。由于配合的误差，托板不能实现预期的匀速运动，用附加固定导板 5 进行找正。根据螺杆运动实际误差制成导板上的曲线沟槽，并在螺母 2 上加装柱销 4，4 插入导板 5 的曲线槽内。当螺杆 1 带动螺母 2 和托板 3 移动时，曲线沟槽通过柱销 4 迫使螺母产生附加运动，借以补偿误差。为提高补偿精度，通常将螺杆与螺母的运动误差放大若干倍后制作导板曲线槽，再用杠杆系统大幅度缩小传递给螺母以产生附加运动
快慢速进退的差动螺旋机构	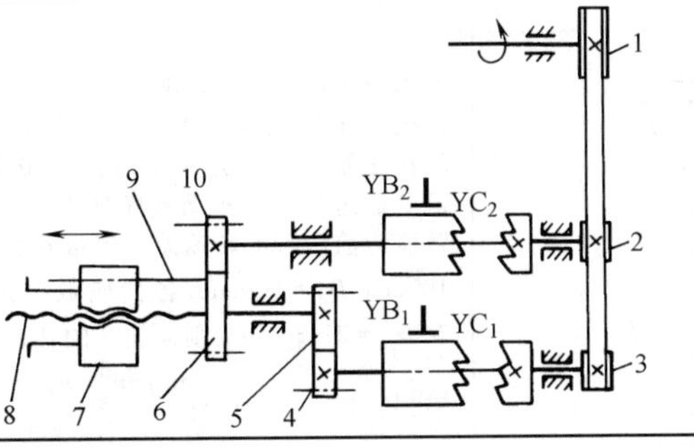	图中主动带轮 1 用传动带驱动从动轮 2、3 同向转动。齿轮 5 固连丝杠 8、齿轮 6 和螺母 7 用滑键 9 相连，二者可同时转动和相对移动，齿轮 6 空套在轮 5 的轴上。当离合器 K_2 断开、制动器 YB_2 制动、YB_1 松开、离合器 YC_1 接通时，即齿轮 10、6 不动，4 带动 5、8 转动，则丝杠 8 推动 7 做快速进给（7 不转）；若制动器 T_1、T_2 同时松开且离合器 K_1、K_2 同时接通，机轮 4、5 和 6、10 同时转动，则螺母 7 除与丝杠 8 同向转动外，还相对丝杠做轴向移动，即得到慢速进给；然后保持 T_2 开、K_2 通，而使 T_1 制动、K_1 开，则丝杠 8 不动，螺母 7 转动并快速退回。若使电动机反转，T_2 制动、T_1 开、K_2 开、K_1 通，则螺母 7 不转而得到快速退回

8.2　差动棘轮和差动齿轮机构

差动棘轮和差动齿轮机构见表 11.9-21。

8.3　差动连杆机构

差动连杆机构见表 11.9-22。

表 11.9-21　差动棘轮和差动齿轮机构

机构	机构图	说明
内棘轮差动机构	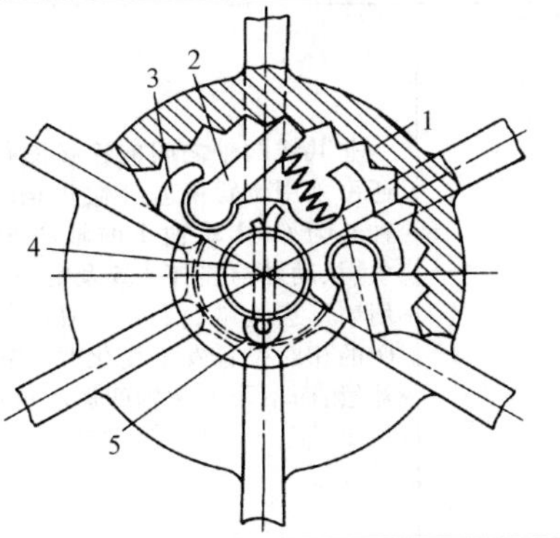	图中割草机轮轴 4 的两端各设有行走轮 1，在转弯时，要求左右轮转速不等，棘轮式差动机构可满足此要求。内棘轮 1 是行走轮，它空套在轴 4 上，六槽圆盘 3 用销 5 与轮轴固连，并装有棘爪 2 与内棘轮 1 啮合。当行走轮逆时针旋转时，带动轮轴转动；当行走轮顺时针转动时，轮 1 在棘爪上滑动，达到差动要求。该机构用于以行走轮为主动力的割草机

（续）

机构	机构图	说明
锥齿轮差动机构	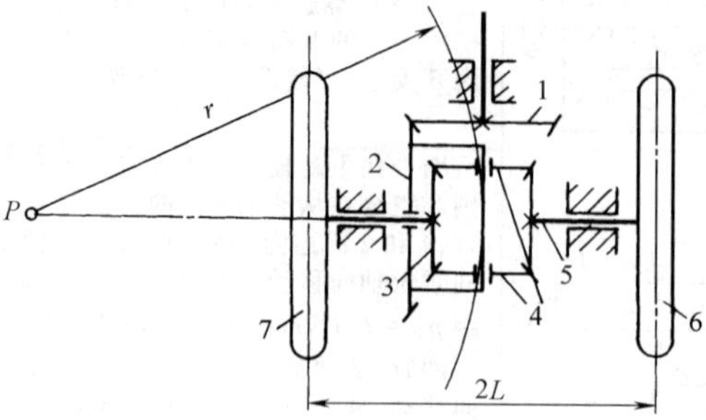	图中主动锥齿轮1通过从动轮2及2上的系杆带动行星轮4，驱使左右半轴齿轮3、5来带动左右驱动车轮7、6。 汽车转弯时，为了保持左右驱动车轮在地面做纯滚动，要求两轮转速为 $n_6=n_2(r+L)/r$ $n_7=n_2(r-L)/r$ 式中　n_6、n_7—左右车轮转速，且 $n_7=n_4$，$n_6=n_5$ r—汽车后轴中心转弯半径 L—汽车后轮距一半 汽车在直线行驶时，$n_2=n_6=n_7$，此时由齿轮3、4、5和2组成的差动轮系不起作用。当车轮6陷入泥泞中，轮7在干硬路面上，两轮的道路阻力相差甚大时，相当轮7被制动，即 $n_7=0$。轮6近似没有阻力，则 $n_6=2n_2$
两轮相位角调整机构	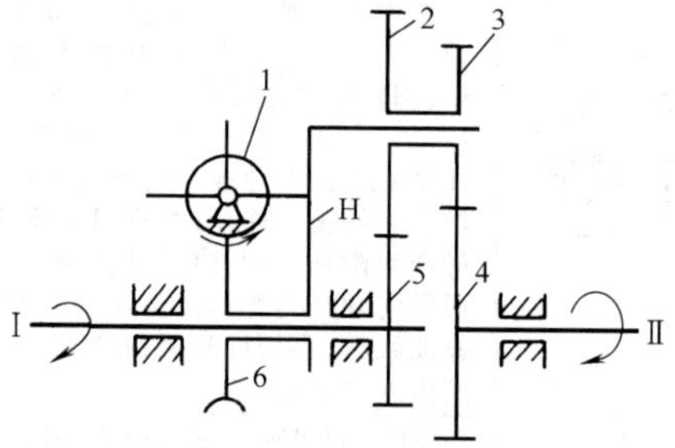	图中螺杆1不转动时，齿轮5-2-3-4为定轴轮系。主动轴Ⅰ通过定轴轮系带动从动轴Ⅱ转动。如要调整Ⅰ、Ⅱ两轴间的相位角时，可转动蜗杆1带动蜗轮6和与6固连的转臂H，使齿轮2、3、4带动轴Ⅱ转动一定角度，结果改变Ⅰ、Ⅱ轴间的相位角。这种机构可在工作过程中调整相位角
同步转速仪差动机构	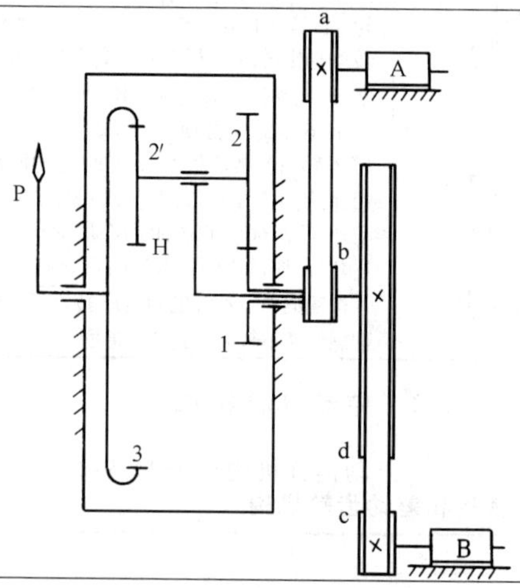	图中由构件1-2-2′-3-H组成的差动轮系将两个涡轮机A、B的转动合成一个运动，用以测定两涡轮机的转速差。涡轮机A通过传动带驱动齿轮1，涡轮机B通过传动带驱动系杆H做同向转动。齿轮3的转速为前两者的转速差。若带轮直径 $D_a=D_b=D_c=$ 100mm、$D_d=500$mm，各齿轮数分别为：$z_1=18$、$z_2=$ 24、$z_{2'}=21$、$z_3=63$，则齿轮3的转速为 $n_3=\dfrac{5n_H-n_1}{4}=\dfrac{n_B-n_A}{4}$ 轮3固连指针P，当涡轮机A、B转速相等（同步）时，$n_3=0$，齿轮3上的指针P不动，而且指针在“0”点；当 $n_B>n_A$ 时，$n_3>0$，为“+”，则指针与涡轮机转向相同；当 $n_B<n_A$ 时，$n_3<0$ 为“-”，则指针与蜗轮转向相反，实现两蜗轮同步运转
轴线位置偏差补偿机构	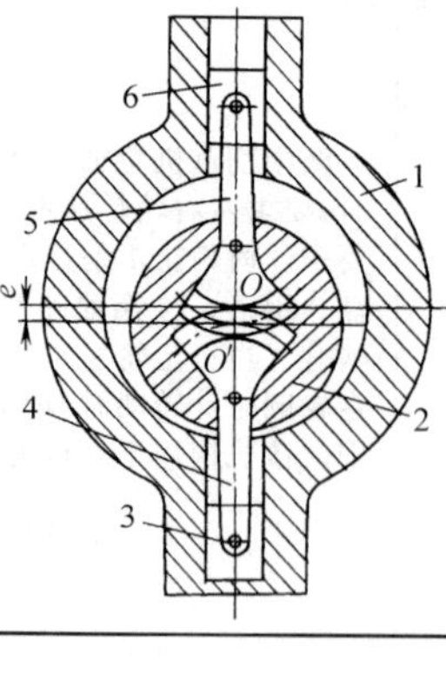	非共线两轴之间的连接除可采用各式联轴器外，还可采用位置偏差补偿机构。在图中，主动轴1的轴心为 O，从动轴2的轴心为 O'，两轴线偏差 $=e$。主、从动轴与连杆4、5及滑块3、6组成差动机构，并用扇形齿轮啮合封闭。在工作过程中，当轴心 O 与 O' 的相对位置发生变化时，借助此机构可自动得到补偿，而不影响两轴的运动传递

表 11.9-22　差动连杆机构

机构	机构图	说明
单制动均衡机构	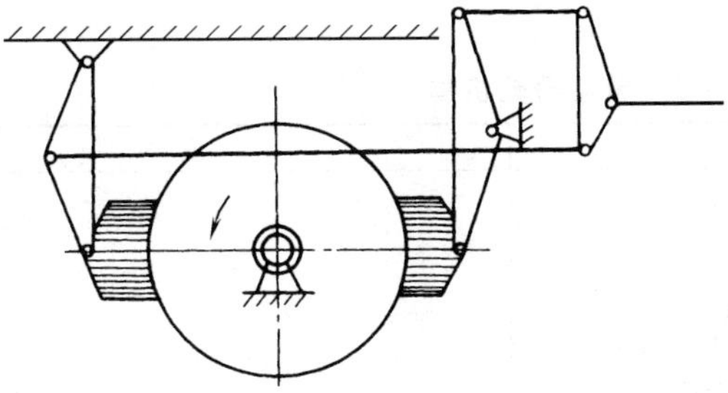	如图所示，在制动时，将操纵杆向右拉，通过差动连杆机构上的制动块均衡地施加作用力，避免车轮滚动制动时受到附加制动力的影响，以提高制动效果
七杆差动连杆机构	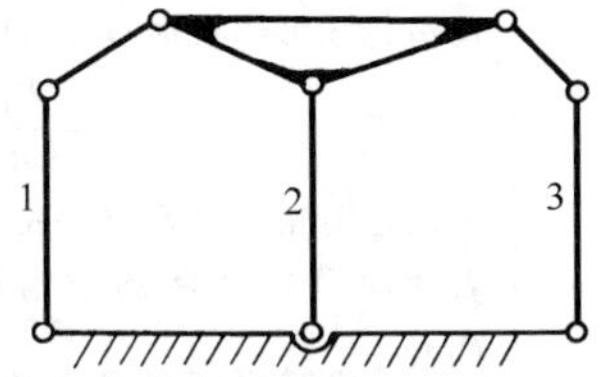	图中铰链七杆机构具有两个自由度，以构件 1、3 为主动件，由从动件 2 输出合成运动。2 的运动规律取决于构件 1、3 的运动和其他各构件长度及位置等因素
变形七杆差动机构	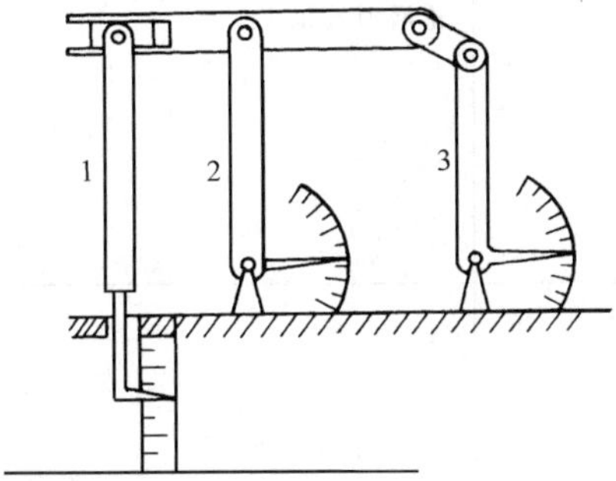	七杆低副差动机构的转动副可改为移动副，从而得到它的多种变形，图所示机构为其中之一。以构件 1、3 为主动件，从动件 2 的转动角度为 1、3 运动合成
曲柄滑块合成机构	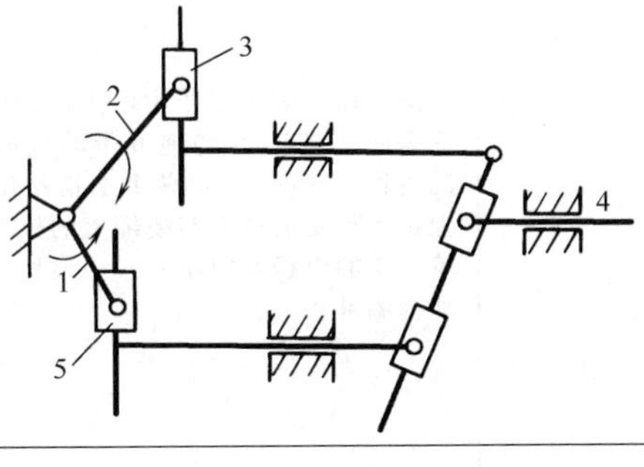	图中主动曲柄 1、2 按不同方法回转，通过滑块 5、3 及其他杆件带动从动滑杆 4 做往复移动。显然 4 的运动是两主动件运动的合成
凸轮连杆差动机构	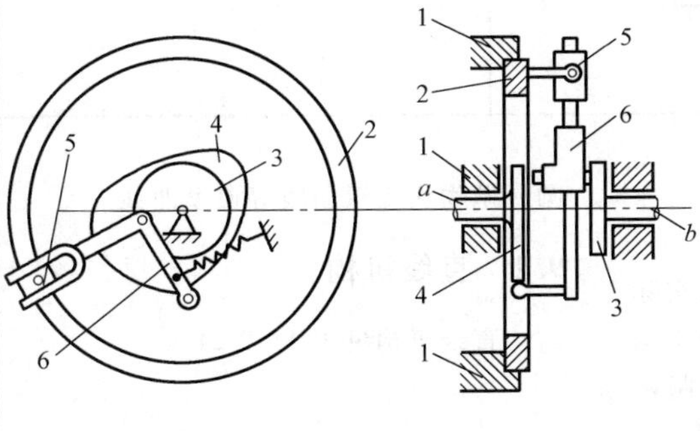	图中主动轴 a 与凸轮 4 固连，另一主动轴 b 与圆盘 3 固连，两个主动件通过构件 6、滑块 5 带动从动盘 2 转动，2 的运动为主动件 3、4 的合成运动。Ⅰ为机架，复杂构件 6 是凸轮 4 的从动件，用作连杆与滑叉。凸轮轮廓的设计对从动盘 2 的运动规律有重要影响

8.4　差动滑轮机构

差动滑轮机构见表 11.9-23。

表 11.9-23　差动滑轮机构

机构	机构图	说明
增力差动滑轮	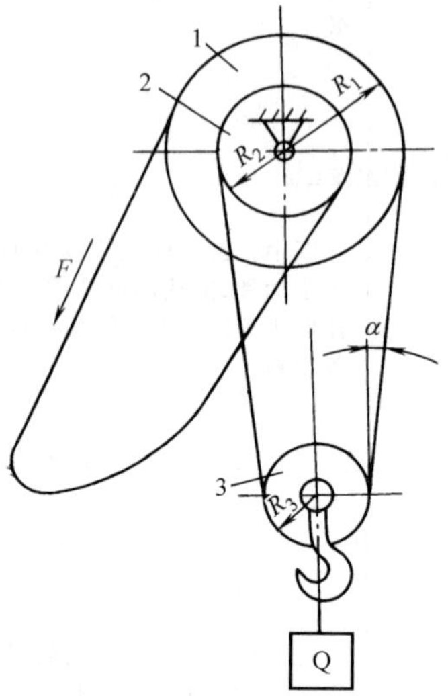 1、2、R_1、R_2、F、α、3、R_3、Q	图中双联定滑轮 1、2 受链条拉力 F 作用时，通过动滑轮 3 吊起重物 Q，拉力 F 为 $$F=\frac{R_1-R_2}{2R_1\cos\alpha}$$ 两定滑轮半径差（R_1-R_2）值越小，增力效果越大；若使动滑轮 3 距离定滑轮中心更远，且使 $R_3=\frac{R_1+R_2}{2}$，链条沿垂线的夹角 $\alpha=0°$，也可提高差动滑轮增力效果
压力表差动滑轮	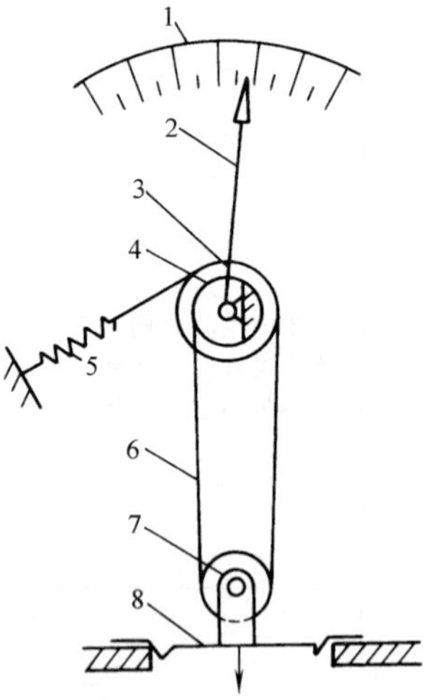 1、2、3、4、5、6、7、8	图中压力表承受压力增大时，通过膜片 8 使滑轮 7 垂直向下移动，用缆绳 6 带动定滑轮 4 和与它固连的指针 2 转动，在表盘 1 上指示出压力数值。平衡弹簧 5 承受的拉力与缆绳上的拉力相平衡。双联滑轮 3、4 的半径差应小一些。膜片 8 换成热感应元件即为温度表

9　实现预期轨迹的机构

精确地实现预期轨迹是比较复杂的问题，在实际应用上多为近似实现。本节介绍实现直线轨迹的机构有精确与近似两种，特殊曲线绘制机构主要绘制椭圆、抛物线、双曲线等典型曲线。

9.1　直线机构

直线机构见表 11.9-24。

表 11.9-24　直线机构

(1)精确直线机构

机构	机　构　图	说　　明
锯床进给直线机构	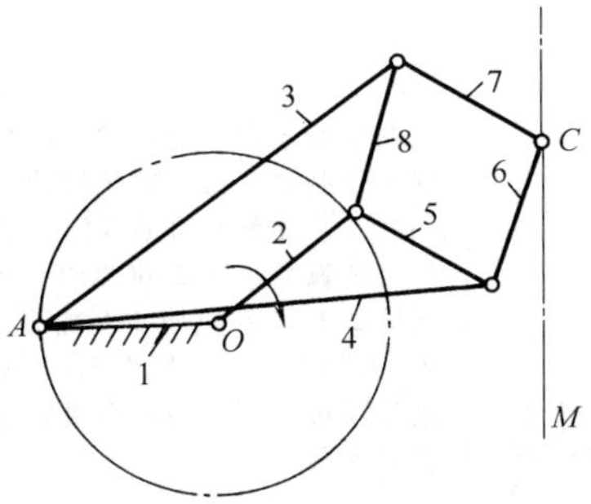	图中多杆机构各杆长度应满足下列条件 $L_1=L_2$ $L_3=L_4$ $L_5=L_6=L_7=L_8$ 杆 2 作为主动件带动机构运动,铰链 C 点的轨迹为垂直 AO 的一条直线 CM,成为直线导向机构,用来实现锯床的进给运动等
曲柄滑块的连杆直线机构	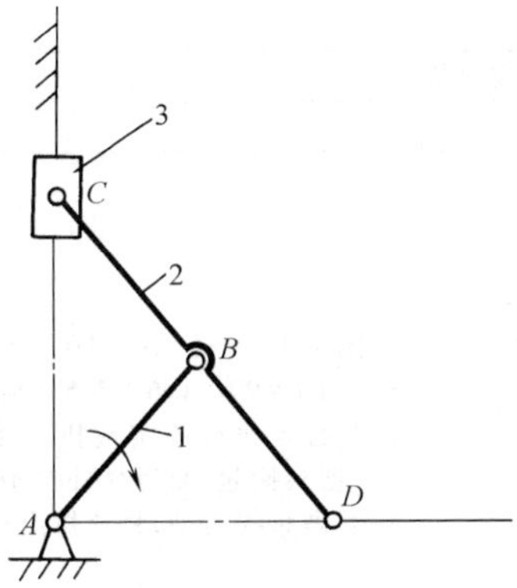	以构件 1 为主动曲柄,使滑块 3 沿直线导轨 AC 上下滑动,则连杆 2 上 D 点的轨迹为垂直于 AC 的一条水平直线
行星轮直线机构	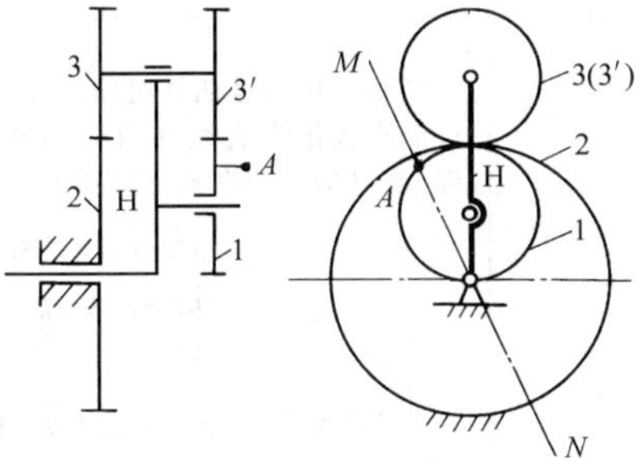	图中固定中心齿轮 2 的节圆半径等于行星齿轮 1 的节圆半径。主动系杆 H 带动双联行星齿轮 3(3′),使行星齿轮 1 转动,轮 1 节圆上点 A 的轨迹 MN 为直线,即点 A 做直线往复移动
卡尔登行星齿轮直线机构	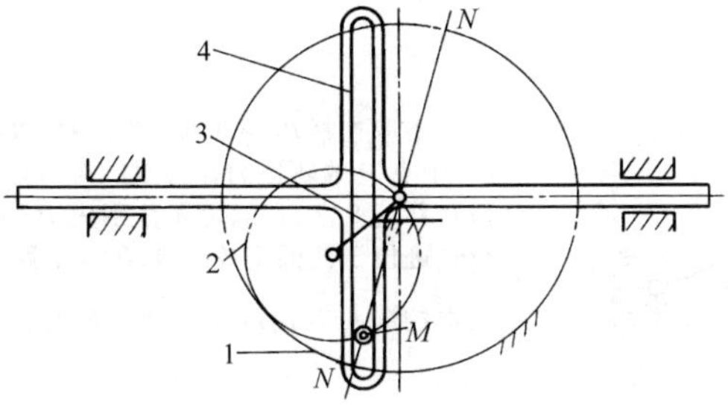	卡尔登行星齿轮直线机构形式较多。图中固定中心齿轮 1 采用内齿与行星齿轮 2 啮合,轮 1 的节圆半径等于轮 2 的节圆半径。当系杆 3 带动轮 2 转动时,轮 2 节圆上的 M 点轨迹为通过轮 1 中心的直线 NN。若在 M 点加设圆销与十字滑杆 4 的直槽配合,可与圆销带动滑杆 4 做往复移动。适量转动轮 1 的固定位置可调节滑杆 4 的往复行程大小

（续）

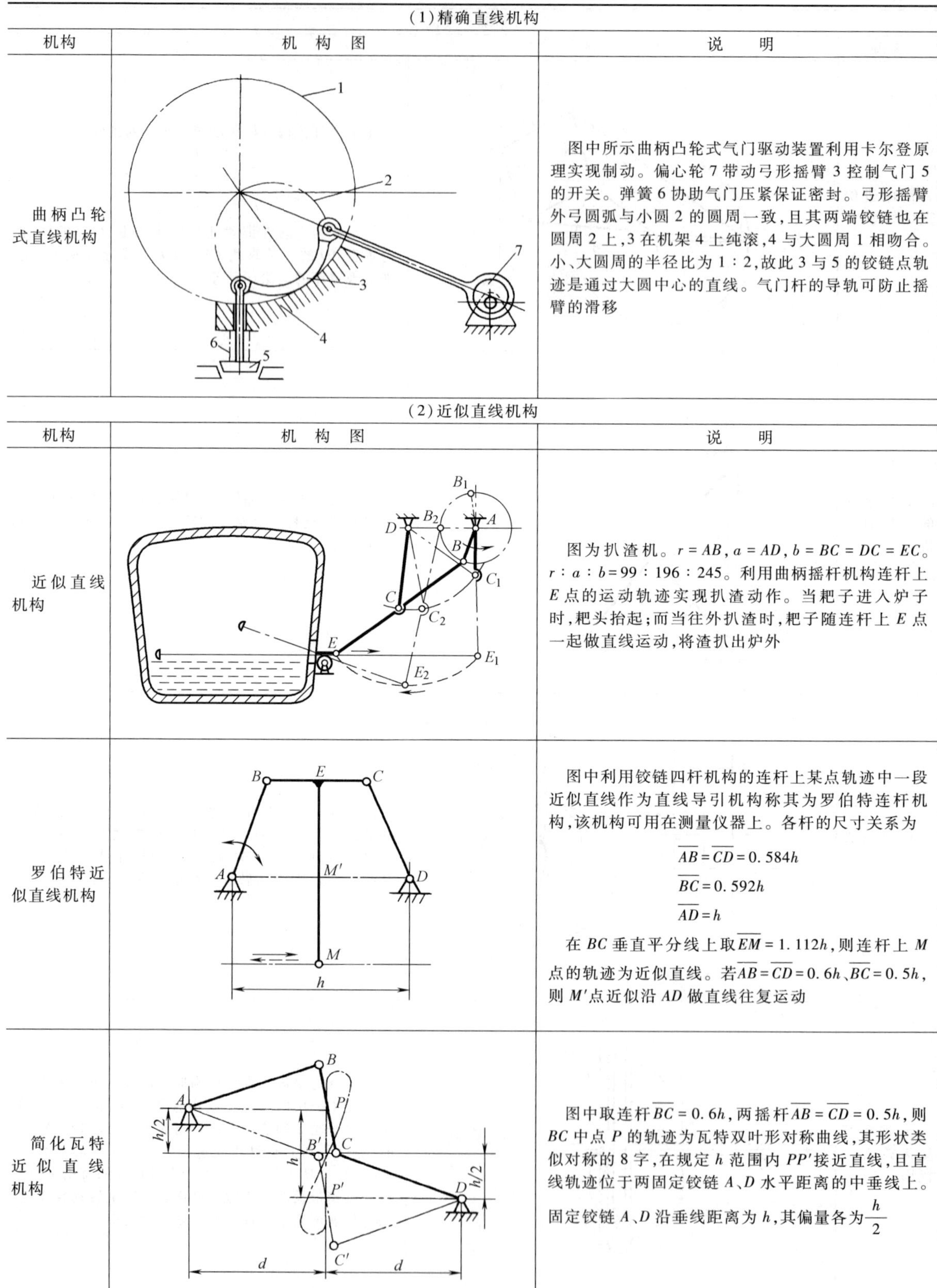

(1)精确直线机构		
机构	机构图	说明
曲柄凸轮式直线机构		图中所示曲柄凸轮式气门驱动装置利用卡尔登原理实现制动。偏心轮 7 带动弓形摇臂 3 控制气门 5 的开关。弹簧 6 协助气门压紧保证密封。弓形摇臂外弓圆弧与小圆 2 的圆周一致，且其两端铰链也在圆周 2 上，3 在机架 4 上纯滚，4 与大圆周 1 相吻合。小、大圆周的半径比为 1∶2，故此 3 与 5 的铰链点轨迹是通过大圆中心的直线。气门杆的导轨可防止摇臂的滑移
(2)近似直线机构		
机构	机构图	说明
近似直线机构		图为扒渣机。$r=AB$，$a=AD$，$b=BC=DC=EC$。$r:a:b=99:196:245$。利用曲柄摇杆机构连杆上 E 点的运动轨迹实现扒渣动作。当耙子进入炉子时，耙头抬起；而当往外扒渣时，耙子随连杆上 E 点一起做直线运动，将渣扒出炉外
罗伯特近似直线机构		图中利用铰链四杆机构的连杆上某点轨迹中一段近似直线作为直线导引机构称其为罗伯特连杆机构，该机构可用在测量仪器上。各杆的尺寸关系为 $\overline{AB}=\overline{CD}=0.584h$ $\overline{BC}=0.592h$ $\overline{AD}=h$ 在 BC 垂直平分线上取 $\overline{EM}=1.112h$，则连杆上 M 点的轨迹为近似直线。若 $\overline{AB}=\overline{CD}=0.6h$、$\overline{BC}=0.5h$，则 M' 点近似沿 AD 做直线往复运动
简化瓦特近似直线机构		图中取连杆 $\overline{BC}=0.6h$，两摇杆 $\overline{AB}=\overline{CD}=0.5h$，则 BC 中点 P 的轨迹为瓦特双叶形对称曲线，其形状类似对称的 8 字，在规定 h 范围内 PP' 接近直线，且直线轨迹位于两固定铰链 A、D 水平距离的中垂线上。固定铰链 A、D 沿垂线距离为 h，其偏量各为 $\frac{h}{2}$

（续）

(2)近似直线机构		
机构	机 构 图	说 明
2-4-5 连杆直线机构	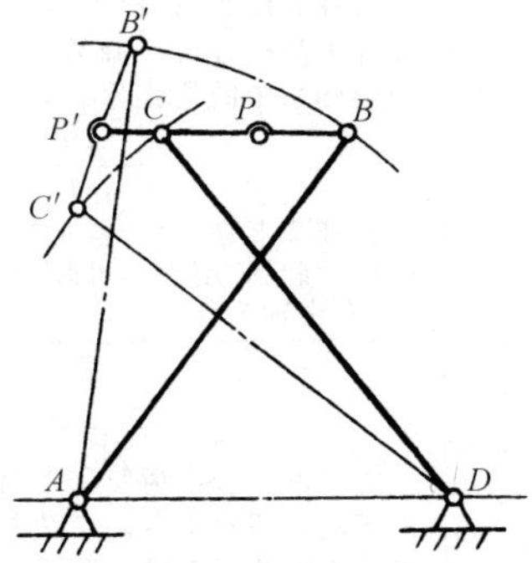	图中铰链四杆机构 $ABCD$ 的各杆长度取 $\overline{AB}=\overline{CD}$ $\overline{BC}:\overline{AD}:\overline{AB}=2:4:5$ 故此称作 2-4-5 连杆机构。当摇杆 CD 转到 $C'D$ 位置,连杆 BC 的中点 P 的轨迹 PP' 为近似直线,且平行于 AD
起重铲直线机构	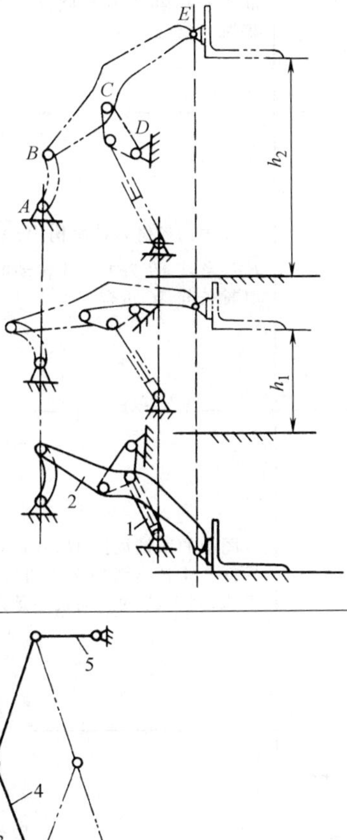	当机构各杆具有图中所示机构的尺寸关系时,主动液压缸 1 的活塞在液压作用下,用活塞杆的伸缩带动起重臂 2,使 2 上的 E 点沿铅垂线升降,保证和 E 固连的起重铲完成升降要求。图中 h_1、h_2 表示起重铲的两个升高位置
皮革打光剂近似直线机构	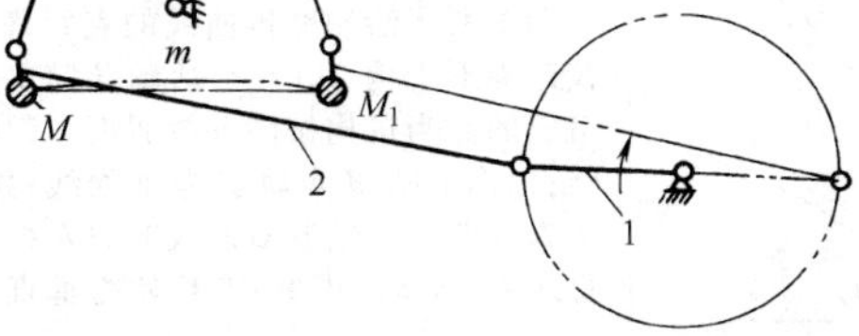	主动曲柄 1 带动杆 2 上的 M 点按图中所示双点画线 m 的轨迹运动,在 m 轨迹的下半部分是近似直线 MM_1。在 M 点设置抛光轮,可利用 M 点的直线轨迹部分用抛光轮在皮革上完成抛光作业,轨迹 m 的上半部分曲线抬高作为空行程

9.2 特殊曲线绘制机构

特殊曲线绘制机构见表 11.9-25。

9.3 工艺轨迹机构（见表 11.9-26）

表 11.9-25　特殊曲线绘制机构

机构	机构图	说明
椭圆规机构	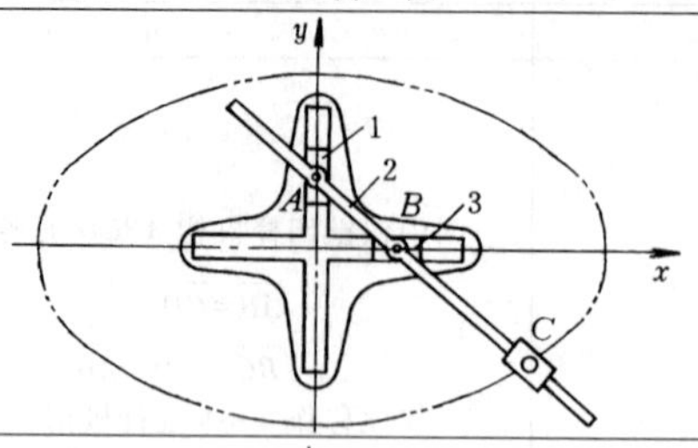	图中滑块 1、3 在十字滑槽中移动，并以铰链 A、B 与连杆 2 连接，连杆上 C 点的轨迹为椭圆。C 点在连杆上的位置可以调节，令 $\overline{AB}=a$、$\overline{BC}=b$，C 点在直角坐标系中的位置为 x、y，则 $$\frac{x^2}{(a+b)^2}+\frac{y^2}{b^2}=1$$ 连杆 2 上除 AB 中点的轨迹为圆外，其余各点的轨迹均为椭圆，用它们可画出各种椭圆，长半轴为 $(a+b)$，短半轴为 b
行星轮椭圆轨迹机构	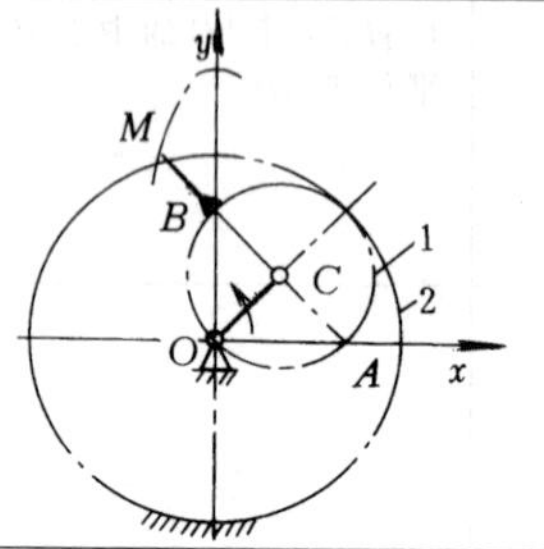	图中的中心内齿轮 2 为固定轮，系杆 OC 作为主动件带动行星轮 1 在轮 2 内运动，轮 2 的节圆半径等于轮 1 的节圆直径。固连在行星轮 1 上的杆 BM 随轮 1 一起运动，在节圆外 BM 上任一点 M 的轨迹为椭圆
铰链六杆椭圆轨迹机构	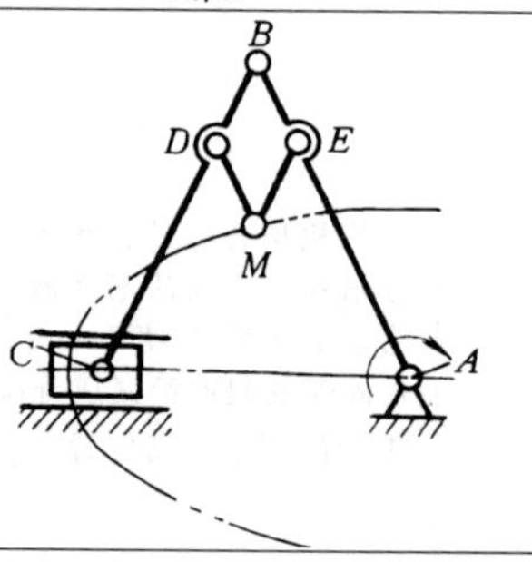	图中的铰链六杆机构中，$\overline{AB}=\overline{BC}$、$\overline{BD}=\overline{DM}=\overline{BE}=\overline{EM}$，当以 AB 为主动件转动时，M 点的轨迹为椭圆，其轴长与 AC 重合
双曲线轨迹机构	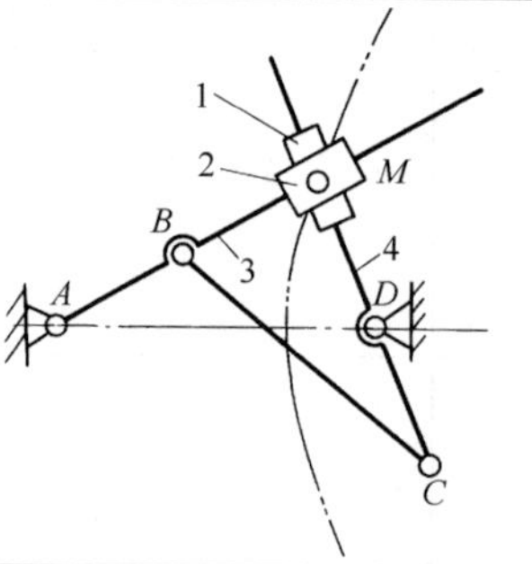	图中的四杆机构 ABCD 的杆长，$\overline{AB}=\overline{CD}$、$\overline{BC}=\overline{AD}$，导杆 3、4 各与滑块 2、1 组成移动副，滑块 1、2 铰接于 M，则 M 点的运动轨迹是以 D 为焦点的双曲线
截锥曲线绘制机构	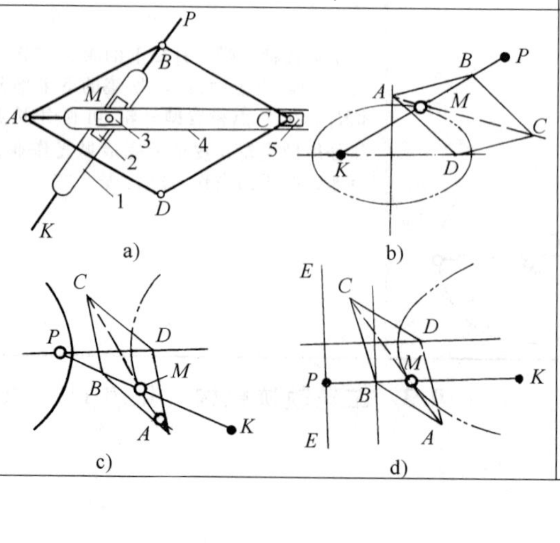 a)　b)　c)　d)	图中所示绘制截锥曲线的克姆普别尔机构是由四铰链菱形机构 ABCD 与活动导槽 1、4 滑块 2、3、5 等组成的。当机构按图 b 放置时，其 M 点的轨迹为椭圆；按图 c 则 M 点轨迹为抛物线；按图 d 则 M 点轨迹为双曲线。绘制双曲线时，PK 杆末端的 P 点应沿直线 EE 滑动，并使 PK 杆始终垂直于 EE

（续）

机构	机构图	说明
摆线正多边形轨迹机构	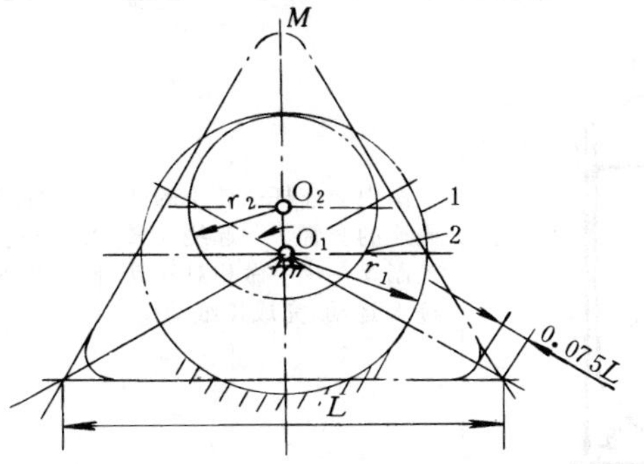 M r_2 O_2 O_1 r_1 1 2 0.075L L	图中内齿轮 1 固定，系杆 O_1O_2 带动行星轮 2 在轮 1 内啮合转动。齿轮 2 节圆上任一点的轨迹为内摆线。轮 2 外部固连某点 M 的轨迹为余摆线。适当选择轮 1、2 的节圆半径比及 M 点的位置，用 M 点可画出近似直线的正多边形。如轮 2、1 的节圆半径比为 $r_2:r_1=2:3$，点 M 轨迹为正三角形；$r_2:r_1=3:4$ 则为正四边形；$r_2:r_1=4:5$ 则为正五边形；$r_2:r_1=5:6$ 则为正六边形

表 11.9-26　工艺轨迹机构

机构	机构图	说明
掘薯机固定凸轮机构	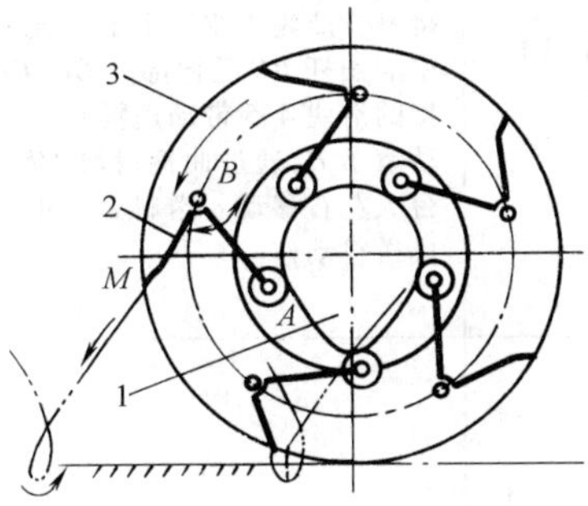 3 B 2 M A 1	图中凸轮 1 固定在机架上，在地面上滚动的圆轮 3 上装有摆动杠杆 2，2 的一端以滚子 A 靠紧凸轮轮廓，另一端装有挖掘器 M。当轮 3 绕凸轮轴向前转动时，以铰链 B 带动摆杆 2 同向转动，滚子 A 随着凸轮向径的增大，使杆 2 另一端的 M 点逐渐外伸，并按图中所示双点画线轨迹运动，完成挖掘马铃薯的运动
机动插秧机分插机构	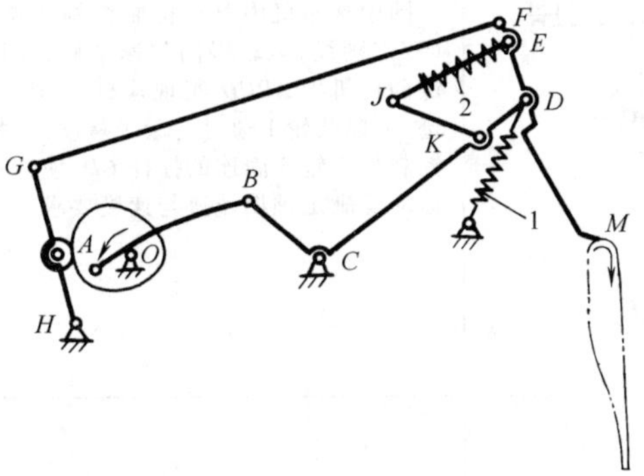 F E J 2 D K G B 1 M A O C H	图中铰链五杆机构 CDFGH 中，摆杆 CD 的运动由曲柄连杆机构 OABC 控制，摆杆 HG 的配合运动由凸轮控制，连杆 FD(秧爪)上一点 M 按图所示双点画线轨迹运动。为减少铰链间隙，对秧爪运动精度的影响，把凸轮机构的力封闭弹簧 2 放在 JE 上，因为作用于连杆 FD 上的弹簧力使构件间的接触相对稳定，从而提高了分秧精度。弹簧 1 用于平衡秧爪的惯性冲击力，使机构平稳地工作
实现任意轨迹的固定槽凸轮机构	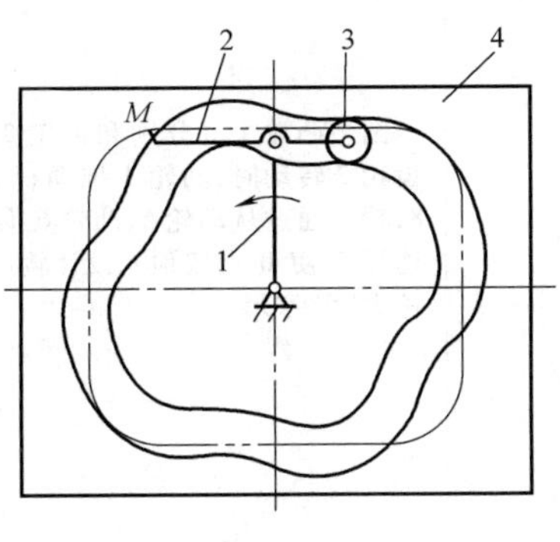 2 3 4 M 1	图中槽形凸轮 4 固定，当曲柄 1 转动时，带动从动件 3 和 2，使 2 上 M 点按要求轨迹运动，图中从动件 2 上的 M 点轨迹(即图示双点画线)为近似正方形，凸轮槽依据轨迹要求设计

（续）

机构	机构图	说明
接纸凸轮连杆机构	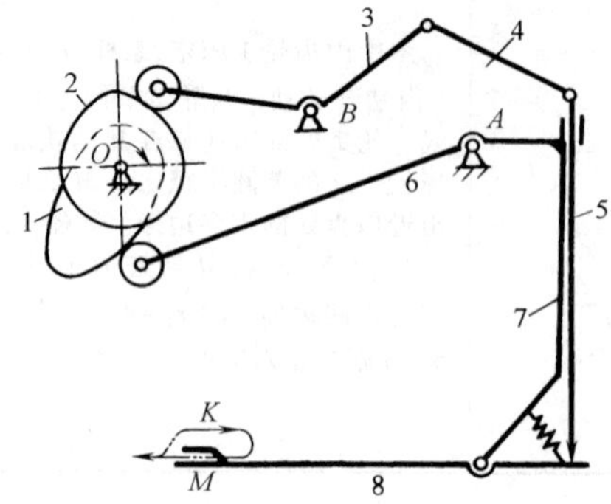	图中双连杆凸轮中的凸轮1的控制构件6和与其固连的套管7一起绕A转动。凸轮2通过构件3、4控制5在7中做相对移动，使构件8的左端M沿轨迹K运动，完成接纸动作
近似矩形送料凸轮连杆机构	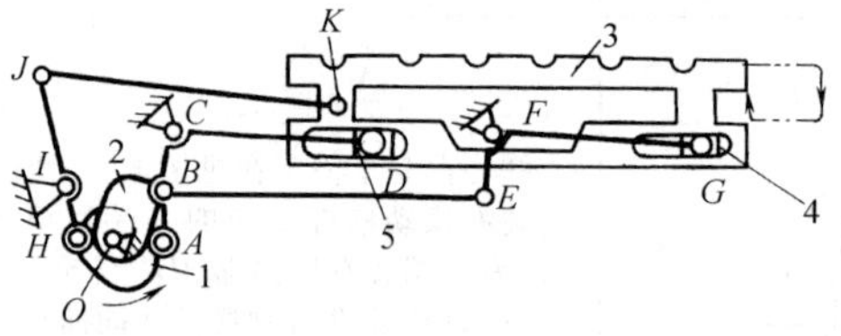	图中双联凸轮1、2作为主动件，分别与滚子A、H接触。凸轮1驱动滚子A，通过平行四杆机构BCFE中的摆杆BC延伸部分CD、EF延伸部分FG上所铰接的滑块4、5带动送料台3上升或下降。凸轮2驱动滚子H，通过曲柄滑块IJK，由铰接点K带动送料台3左右移动。送料台3的运动轨迹近似矩形，完成送料动作
推瓶凸轮连杆机构	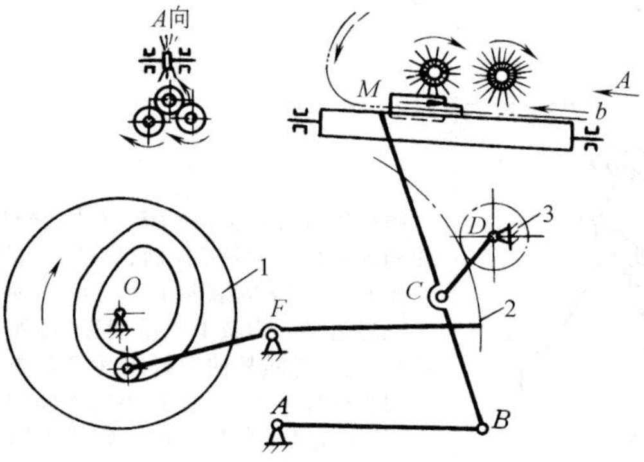	图中洗瓶机中要求推瓶机构的推头M沿轨迹ab（双点画线）以较慢的匀速推瓶，并快速退回。以铰链四杆机构ABCD实现连杆上M点的推平运动轨迹，又以凸轮1通过与滚子从动件固连的扇形齿轮2控制与齿轮3固连的摇杆CD，使连杆BC上的M点运动能满足预期轨迹与速度要求
实现任意轨迹的凸轮连杆机构	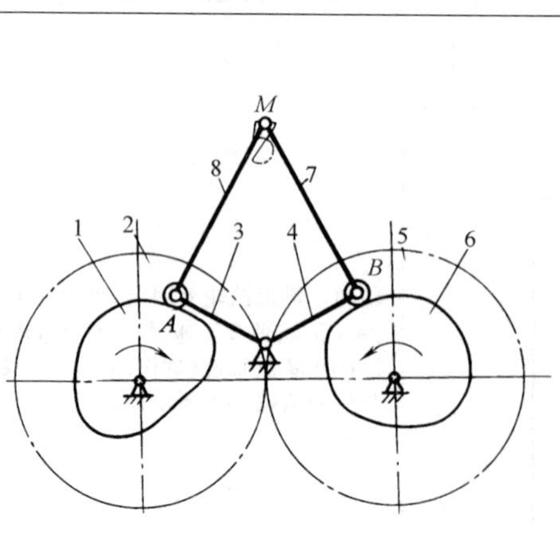	图中凸轮1、6分别和齿轮2、5固连一体，当主动齿轮2转动时，凸轮1推动杆3上的滚子A和连杆8，轮2通过从动轮5、凸轮6推动杆4上的滚子B和连杆7，使M点按预先设计轨迹运动，图上的M点轨迹为“5”字形

（续）

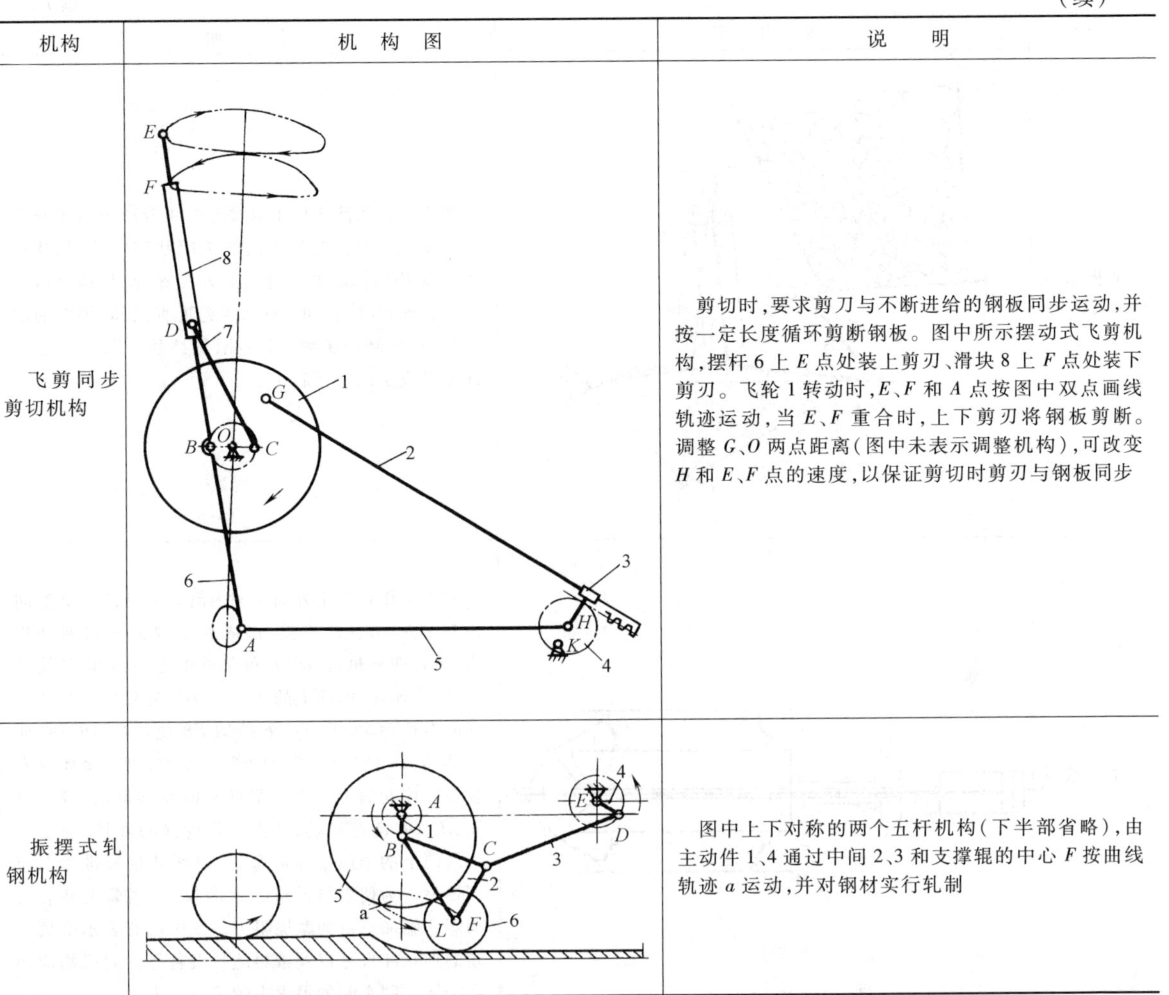

机构	机 构 图	说　明
飞剪同步剪切机构		剪切时，要求剪刀与不断进给的钢板同步运动，并按一定长度循环剪断钢板。图中所示摆动式飞剪机构，摆杆 6 上 E 点处装上剪刃、滑块 8 上 F 点处装下剪刃。飞轮 1 转动时，E、F 和 A 点按图中双点画线轨迹运动，当 E、F 重合时，上下剪刃将钢板剪断。调整 G、O 两点距离（图中未表示调整机构），可改变 H 和 E、F 点的速度，以保证剪切时剪刃与钢板同步
振摆式轧钢机构		图中上下对称的两个五杆机构（下半部省略），由主动件 1、4 通过中间 2、3 和支撑辊的中心 F 按曲线轨迹 a 运动，并对钢材实行轧制

10　气、液驱动连杆机构

气、液驱动连杆机构见表 11.9-27。

以气、液压缸为动力驱动连杆机构，将活塞的简单直线运动通过连杆机构变为复杂运动，以满足生产工艺对从动件的行程、摆角、速度和复杂动作等多方面要求。气、液压驱动在机械传动中广泛应用，其中多数采用一个或几个摆动、直动液压缸作为动力，这里介绍几个例子供参考（见表 11.9-27）。

表 11.9-27　气、液驱动连杆机构

机构	机 构 图	说　明
铸锭供料机构	自加热炉	图中主动水压缸 1 通过连杆 2 驱动双摇杆机构 $ABCD$，将由加热炉出料的铸锭 6 运送到升降台 7 上。图中所示实线位置为出料铸锭进入盛料器 4 内，4 即是双摇杆的连杆 BC，当机构运动到双点画线位置时，4 翻转 180°，BC 到 $B'C'$ 位置把铸锭卸放在升降台上

（续）

机构	机构图	说明
平板式气动闸门机构	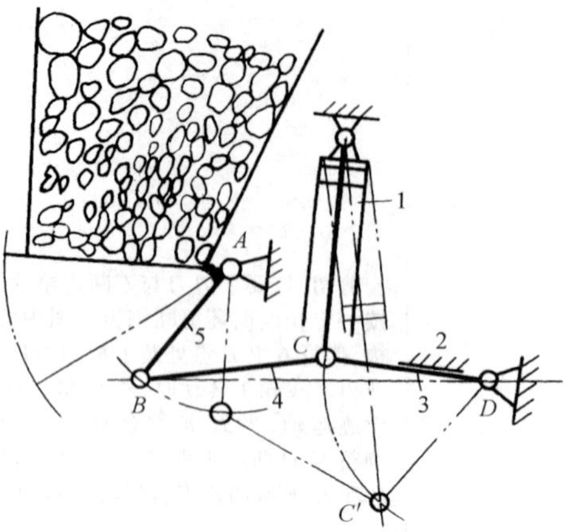	图中气缸的活塞杆1通过连杆4带动闸门5开或关。实线所示位置为闸门的关闭状态。此时，C点稍越过BD连线，处于连线上方位置，使其具有自锁作用。即在将关闭时，杆3、4趋近直线，有很大的增力作用，使闸门关紧。2为限位挡块。图中双点画线位置表示闸门开启状态
卷筒胀缩机构	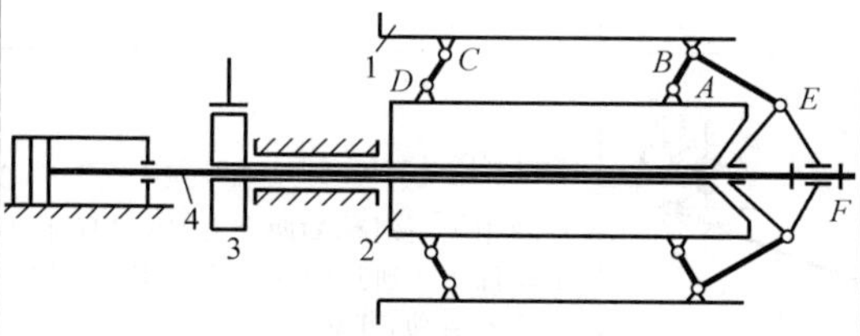	图中工作卷筒由外筒1和内筒2组成，1与2筒间用若干杆AB、CD连接，形成若干铰链平行四杆机构，平行四杆机构ABCD就是其中之一，它以外筒的BC作为连杆，内筒上的A、D作为固定铰链。当活塞杆向右移动时，用端点F拉动EB使摇杆AB、DC向右移动，缩小工作卷筒的外径。这时，可将金属带卷装在工作卷筒上。当活塞杆4向左移动时，通过F使AB、DC向左移动，增大工作卷筒的外径，使装在金属筒上的金属带卷被张紧，以便从金属带卷上拉下带材。为使带材保持一定的拉力，卷筒上装有制动器3施加一定的摩擦阻力。图中没有表示金属带卷的形状和尺寸以及带材施拉设备等。此机构应用在金属轧制车间的退火电炉等设备上
挖掘机机构	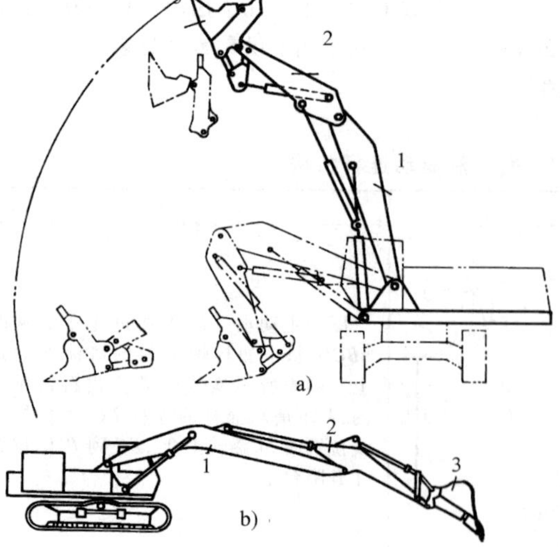	图为正、反铲挖掘机的动臂屈伸液压机构，分别由大臂1、小臂2和铲头3组成，用三个液压缸驱动，控制大小臂和铲头的运动，使之完成不同高度的挖掘和卸载。各种装载机结构和挖掘机类似，不同的是用两个液压缸驱动

（续）

机构	机构图	说明
液压柱塞铰链式步行机构	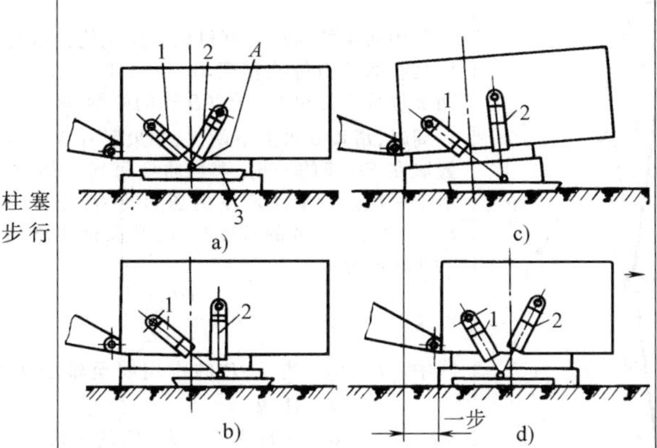	图中所示大型挖掘机步行机构，由推进液压缸1、举升液压缸2和靴座3共同铰接于A组成。步行动作如下：两柱塞杆缩回到液压缸内，并将靴座悬起（见图a）；推进液压缸1的柱塞杆伸出，使靴座右移并放下（见图b）；举升液压缸2的柱塞杆伸出，使靴座紧压在土壤上，并将挖掘机的基体升起斜支在土壤上（见图c）；推进液压缸1将柱塞杆缩回，产生拉力使挖掘机向右移动一步（见图d）。至此，完成一个循环。重复上述循环将挖掘机向右步行移动
凿岩台车液压托架摆动机构		隧道普通工程采用凿岩机8打眼时，要求它在巷道断面的各个方位都可工作。图中所示机构由两个液压缸4、5控制托架摆杆1完成上述要求，如在AK'、AK'''、$A'K'$、$A'K''$等位置由凿岩机8打眼 凿岩机8打眼前，先用气压千斤顶顶在坑道顶板上将立柱2固定。当液压缸5的活塞杆伸缩时，可使摇臂6绕E转动，并可停在摆角α内的任意位置。摆臂7上的A、O、B先后处在AOB、$A_1O_1B_1$、$A_2O_2B_2$、$A'O'B'$等位置，其中B随滑块3在立柱2上做相应移动，O点在摇臂6上绕E转动。当AB位置固定后，液压缸4的活塞杆可使托架1绕A点转动，并可在β角范围内的任意位置停住（如AK或AK'''等），使AK上的凿岩机8随之动作。通过液压缸4、5配合动作，可使凿岩机在坑道横断面内的任意方位进行打眼

11　增力和夹持机构

在机械制造中加工或传递工件需要可靠地夹紧，而且夹紧机构还要求结构简单、动作迅速或有一定的自锁能力，一般采用机构的死点、摩擦自锁等形式。另外，常用肘杆机构、双角斜楔、杠杆等作增力。增力和夹持机构见表11.9-28。

表11.9-28　增力和夹持机构

机构	机构图	说明
斜面杠杆式增力机构		图中气缸通过与活塞4铰链的双角斜楔块2控制压紧杠杆1压紧工件。当双角斜楔块2与杠杆1上的滚子3接触时，先用大升角α_1使杠杆压紧工件，然后用小角α使杠杆压紧工件，并能保持自锁

（续）

机构	机构图	说明
肘杆式增力冲压机构	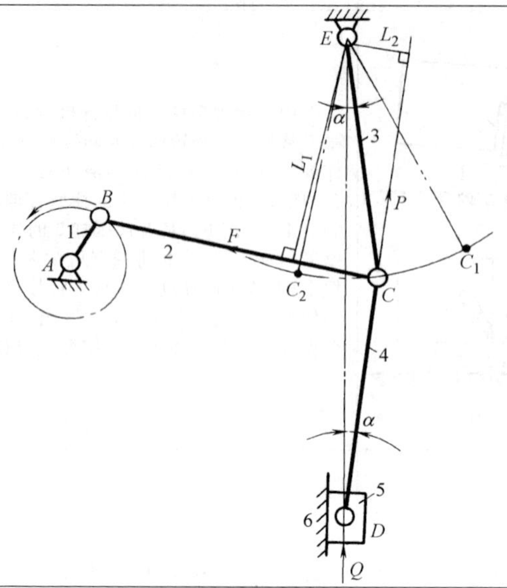	图中所示的曲柄肘杆机构利用机构接近死点位置所具有的传力特性实现增力。如图所示，肘杆3的两极位置 EC_1 和 EC_2 在 ED 线的两侧，则曲柄1每转一周时，滑块5可上下两次；如果肘杆3的两极限位置取在 ED 线的一侧，则当曲柄每转一周时，滑块5上下一次。设滑块产生的压力为 Q，杆2、4受力为 F、P，两肘杆3、4的长度相等，则曲柄1施加于连杆2的力 F 为 $$F=\frac{QL_2}{L_1\cos\alpha}$$ 式中 L_1、L_2—力 F、P 的作用线至轴心 E 的垂直距离 α—肘杆3、4与 ED 线的夹角 在加压阶段开始时，角 α 和线段 L_2 很小，因此曲柄1施加于杆2的力 F 很小，达到增力效果。在精压机、压力机等锻造设备中，为了获得短行程和高压力，常采用这种机构
卸载式压砖机构	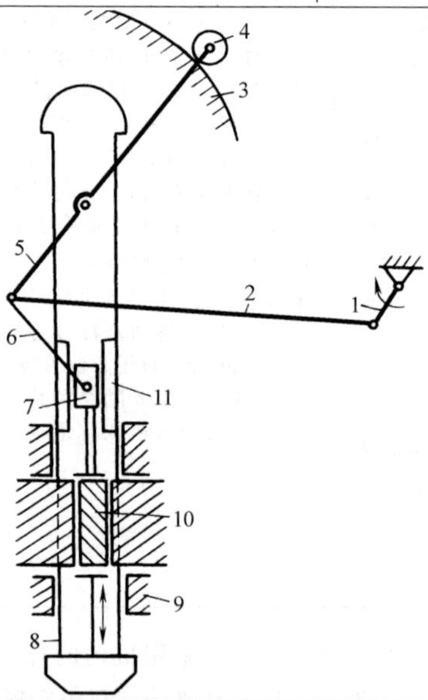	图中为保证砖坯10上下密度一致，需上下压头同时移动，进行双向等量加压。作为上压头的滑块7在与拉杆架8固连的导轨11中滑动。下压头装在8的下部，8的上部与杆5铰接，5的上端有一滚子4可沿固定凸轮3滚动，凸轮3的轮廓曲线应能满足双向等量加压要求。拉杆架8在固定导轨9中上下移动。此机构可使压砖时的压力不作用在机架上，最高压力可达12MN
利用死点自锁的压紧机构	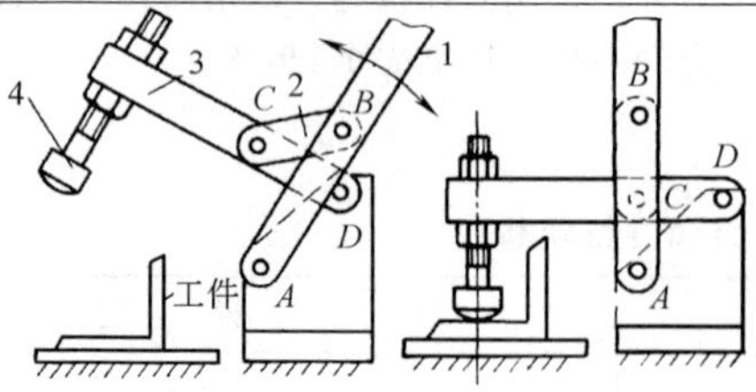 a) 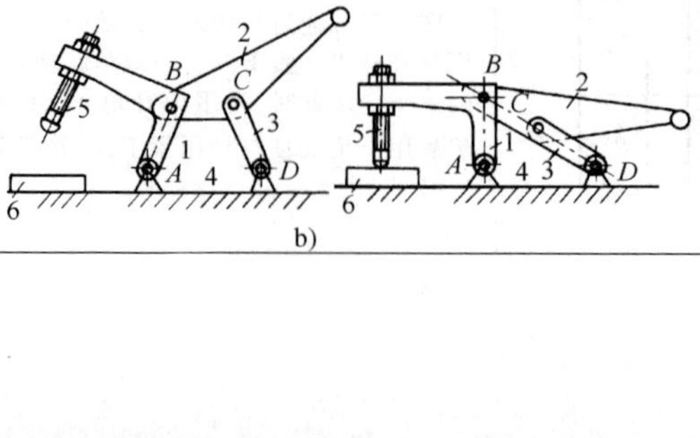 b)	图中，逆时针方向转动手柄1，使1与连杆2成一条直线处在铅垂位置时，将机构置于死点位置。这时摇杆3带动压头4把工件6压紧。压头4的压紧位置和压紧力可由4上的调整螺母调整。图b中，转动手柄1，使2上的 BC 与摇杆 CD 成一直线，机构处于死点位置而自锁，并压紧工件。压头5的压紧力可由5上的调整螺母调整。这种利用死点实现自锁的夹具，虽自锁性差，但结构简单，动作迅速

（续）

机构	机　构　图	说　　明
压铸机合模机构	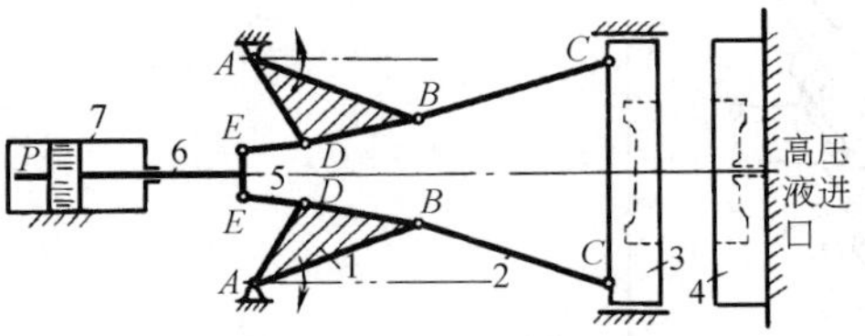	图中高压油进入液压缸 7 内推动活塞杆 6，驱动两个对称安装的摆杆滑块机构。驱动力 P 通过连杆 5 加在摆杆 1 上的 D 点处，迫使杆 1 绕 A 摆动，并通过连杆 2 使活动压模 3 向固定压模 4 靠近，当活塞移至右端位置时，两压模 3 和 4 正好合拢，而摆杆 1 的 AB 线刚好与连杆 2 的 BC 线共线。这时，金属液进入两模空间，因上下两套曲柄滑块机构同时处于死点自锁状态，虽然注入金属液产生几兆牛的压力，压模 3 也不会移动
简单机械手的夹持机构	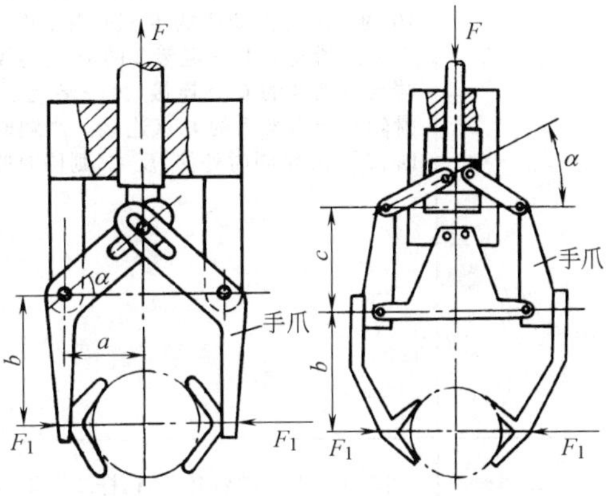 a)　b)	图中为滑槽杠杆式夹持机构，其结构简单动作灵活，手爪开闭角度大。如果尺寸 a、b 和拉力 F 一定时，增大 α 角可使夹紧力 F_1 增大，但 α 过大将导致驱动气缸行程过大，一般选取 $\alpha = 30° \sim 40°$。图 b 中连杆式夹持机构可产生较大的夹紧力，各杆的铰链连接处磨损较小，但结构比较复杂，适用于抓取重量较大的工件。如果 b、c 和推力 F 一定，减小 α 角可增大加紧力 F_1。当 $\alpha = 0°$ 时，利用死点能自锁，这时去掉外力 F，重物不会把手爪推开而脱落

12　伸缩机构和装置

在一些设备的安装、维修或某些专业的特殊工作中需要在长度上能伸缩的装置，或需要在高度上能升降的机构，这些装置或机构被称作伸缩机构和装置。本节介绍少量的典型实例（见表 11.9-29），选型中必须注意伸缩或升降轻便灵活、安全可靠。

表 11.9-29　伸缩机构和装置

机构	机　构　图	说　　明
偏心套伸缩套管	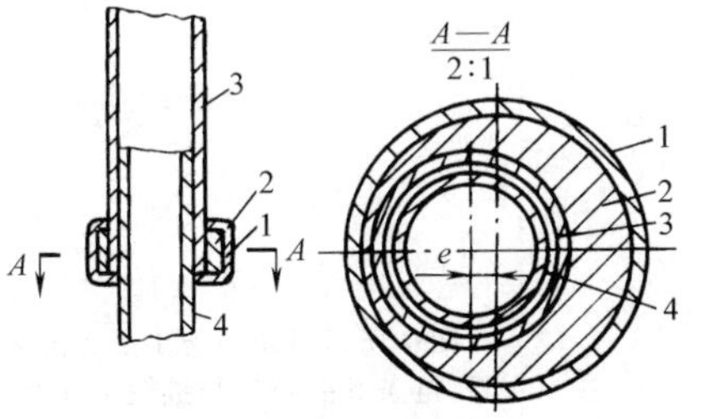 A—A 2:1	图中的偏心环 2 以偏心距 e 与外管 3 偏心固定在一起。偏心套 1 活套在偏心环 2 的外侧，且上下两端卷边包住偏心环 2，偏心套 1 的上端只需稍稍卷边，其下端卷边后的端面孔应与外管 3 同心，孔径稍大于内管 4 的外径，包卷后不影响 1、2 间的相对移动。当相对 2 旋转 1 时，内管 4 随偏心套下端面孔的偏摆与外管 3 楔紧，从而实现内外套管伸长、缩短后的紧固连接
销钉伸缩套管	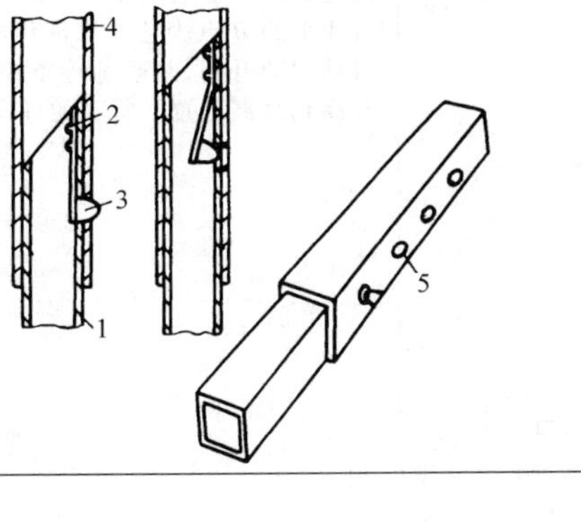	图中的方形内伸缩套管 1 上固定弹簧片 2，在弹簧片上固定销钉 3，销钉 3 可嵌入方形伸缩套管 4 上的定距孔 5 内，固定内外套管的伸缩位置。销钉 3 嵌入 4 上的不同孔 5，可得到不同长度的套管

（续）

机构	机构图	说明
钢绳联动伸缩架	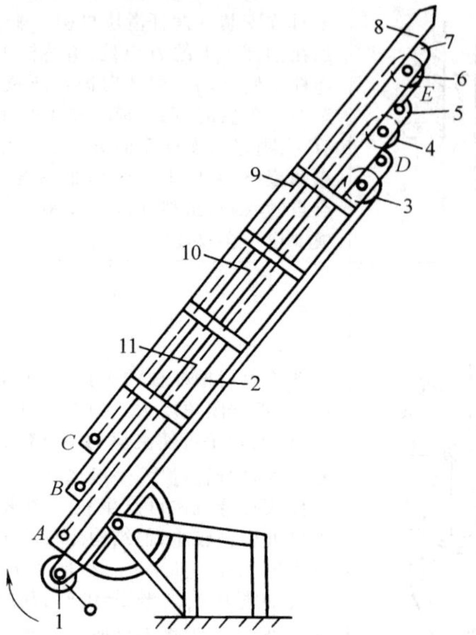	图中钢绳11的下端与滑架5的A点连接，另一端绕过固定架2上部的滑轮3缠绕在卷筒1上。钢绳10的下端与滑架7的B点连接，另一端绕过滑架5上部的滑轮4与固定架2的D点连接。钢绳9的下端与滑架8的C点连接，另一端绕过滑架7上部的滑轮6与滑架5的E点连接。当顺时针转动卷筒1时，3个滑轮同时外伸，反之，则同时收缩
大行程剪式伸缩架	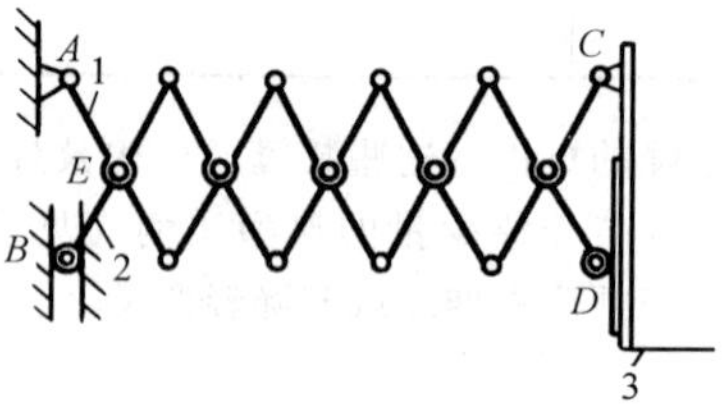	图中杆1上端铰接于A，杆2下端铰接于滚子B，B可在铅垂的导槽中滑动，1、2铰接于E，中间通过若干平行四边形铰接组成剪式伸缩架。它的右上端C与托叉3铰接，而右下端铰接滚子D紧贴3的铅垂面，并可沿该面上下滑动。这样，托叉3可在水平方向左右移动。这种多个平行四边伸缩架以液压缸作为驱动控制升降，可获得较大的伸缩行程。铅垂升降的检修平台和仓库用升降台均可采用这种伸缩机构
叉车三级门架升降机构	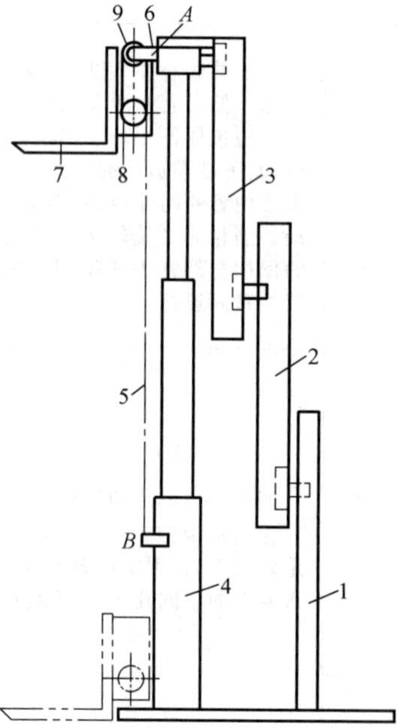	图中所示滑块门架1、2、3由多级液压缸4带动升降，链条5的一端与链轮架6上的A点固连，另一端绕过货叉7上的链轮8和链轮架6上链轮9与液压缸4上的B点固连。当液压缸驱动活塞杆外伸时，带动门架升高，并通过链条控制货叉7由最低位置升高到最高位置。货叉的导向架未在图上表示

（续）

机构	机构图	说明
平行四杆平移升降台	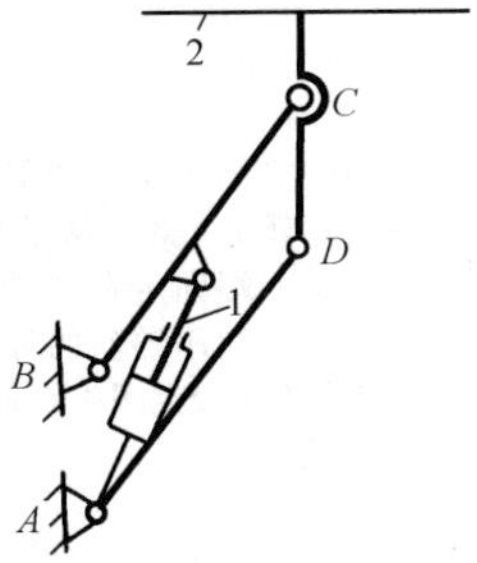	图中液压缸驱动活塞杆1伸缩，由活塞杆1控制平行四杆机构$ABCD$，使工作台2平移升降，但平台2平移升降的轨迹并非直线，而是按圆弧轨迹平移
剪式升降台	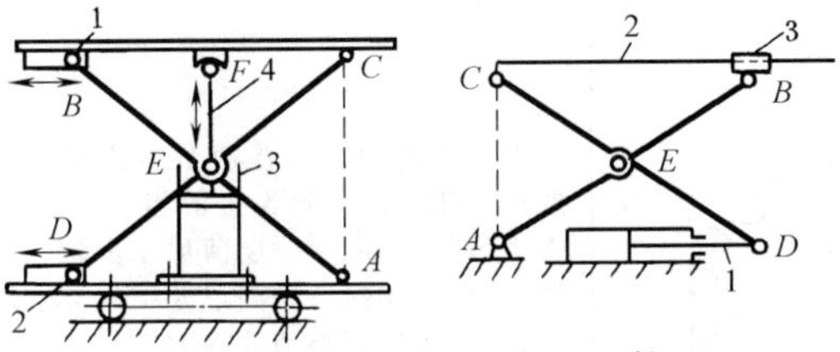 a)　b)	图a中，支撑杆AB和CD的长度相等，二杆的中点铰接于E，滚轮1、2与支撑杆铰接于B、D点，并可在上下平板的导槽内滚动，支撑杆另一端与上下平板铰接于C、A。驱动气缸3的下部固定在下平板上，上部的活塞杆4以球头与上平板球窝接触于F点。气缸3通过活塞杆4驱使上平板垂直升降。该机构为平行四杆机构的变形。图b中，等支撑杆AB、CD铰接于二杆的中点E，二杆的B、D端分别与滑块3、活塞杆1铰接，卧式液压缸驱动活塞杆1控制平台2铅垂升降
高空升降作业车	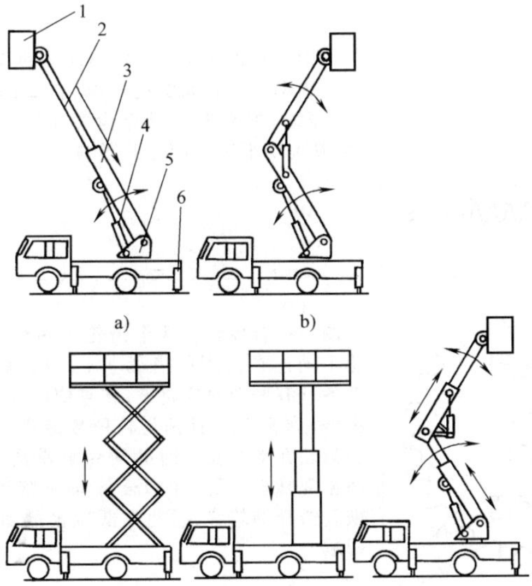 a)　b)　c)　d)　e)	图中所示为五种基本形式的高空作业车。其中，图a为直臂伸缩式，在其高空作业前先将4个支撑腿6可靠牢固地支撑在地面上。安装在汽车底盘上的转动台5将主臂3随转台转动对准工作位置方向，以液压缸4驱动主臂摆动，另一液压缸驱动伸缩臂2伸出将工作斗1对正工作位置实施高空作业。各机构的动作都由发动机驱动液压系统控制。主臂、伸缩臂和工作斗等随同回转台绕垂直地面的轴线做360°的回转。机构保证工作斗在任何升降位置时保持斗内底面平行地面。图b为折展臂式。图c为剪式垂直升降。图d为直臂垂直升降式。图e为混合式

13　间隙消除装置

由于机器零件的尺寸、形状和装配存在误差，而且零件在工作中将因受力而发生形变、磨损，因此造成零件配合间隙的增大，会使运动规律发生不良变化，甚至产生冲击振动和使噪声增大、寿命减短。可见，在机械设计中应适当选用间隙消除装置。本节主要介绍齿轮、螺旋机构的间隙消除装置（见表11.9-30与表11.9-31）。

表 11.9-30　齿轮啮合间隙消除装置

机构	机构图	说明
游丝控制齿轮啮合间隙装置	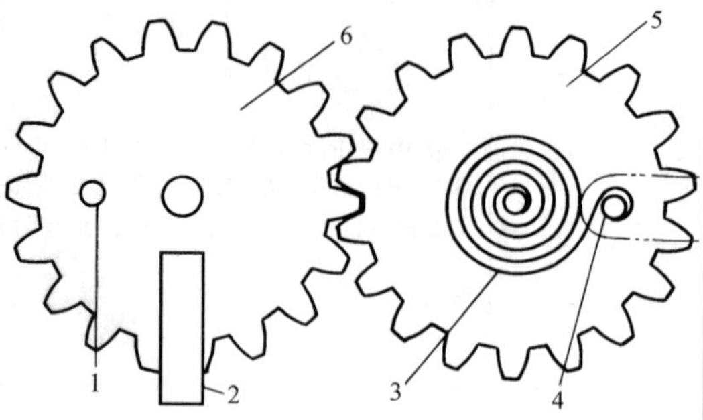	图中由限位销 1 和限位器 2 控制主动轮 6 在小范围内回转，并驱动从动轮 5。从动轮 5 上装有游丝 3，游丝一端固定在从动轮 5 轴上，另一端固定在机架 4 上。利用游丝的弹簧力使两啮合齿轮的齿廓始终单侧接触，克服啮合间隙的影响，减少齿廓的冲击和振动
多层叠合齿轮装置	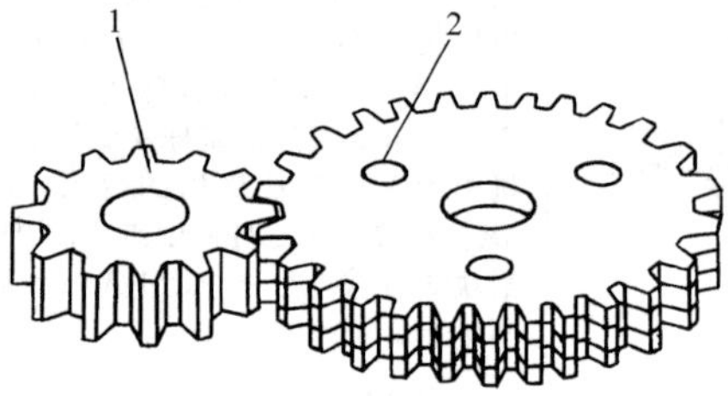	图中小齿轮 1 为普通金属齿轮，大齿轮 2 是由 3 层尺寸相同的齿轮铆接的组合齿轮，上下两层是磷青铜齿轮，中间装一层薄尼龙齿轮，虽然按同一尺寸加工，但在铆接后中间尼龙层略微挤出，比铜轮稍大些，借以补偿误差消除间隙
拉簧控制齿轮齿条间隙消除装置	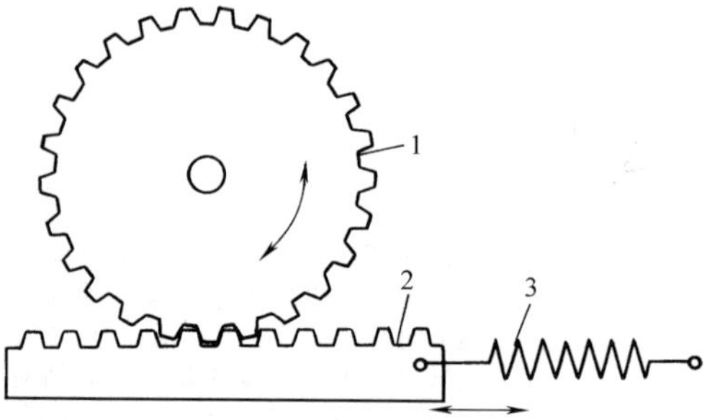	图中主动齿轮 1 以摆转驱动从动齿条 2 做往复移动。为消除啮合间隙的影响，在 2 的右端装有拉伸(或压缩)弹簧 3，使啮合齿廓在运动中始终一侧接触，从而降低啮合间隙的影响
张力弹簧拼合齿轮装置		图中拼合齿轮由两个齿轮 1、4 组合而成，其中齿轮 1 固连在公用的齿毂 5 上，且比较宽。齿轮 1、4 上各开有两个对应直槽，在直槽内分别装有压缩(或拉伸)弹簧 2、3，使两齿轮稍微错开一定的角度。拼合齿轮在啮合安装时必须克服弹簧力，齿轮方可进入正常啮合位置，在啮合传动中弹簧力仍有使 1、4 恢复错开的趋势，因此降低齿轮传动中啮合间隙的影响
卡簧拼合齿轮装置	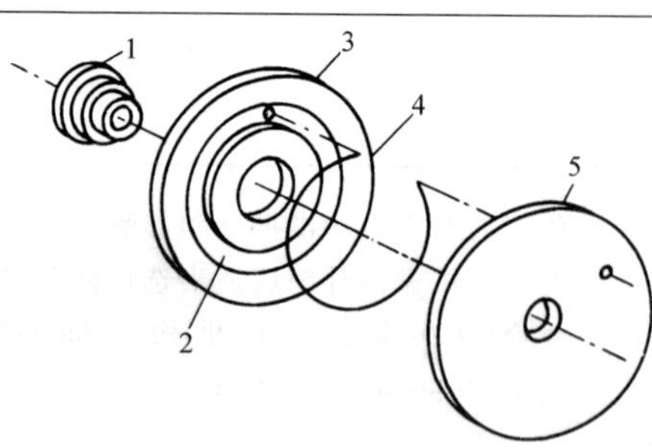	图中所示拼合齿轮由齿轮 3、5 组合而成，齿轮 3 空套在轮毂 1 上，3 上车制有卡簧沟槽 2 和孔销，卡簧 4 装在沟槽内一端插入 3 上的小孔内，卡簧的另一端插入齿轮 5 上的小孔内，齿轮 5 与轮毂 1 固连。所组成的拼合齿轮在传动中由于卡簧的弹簧力作用，可消除啮合间隙。该齿轮结构简单，但因卡簧的加载作用使啮合齿面载荷增加，对齿轮的疲劳寿命有一定影响

（续）

机构	机构图	说明
磁性齿轮装置	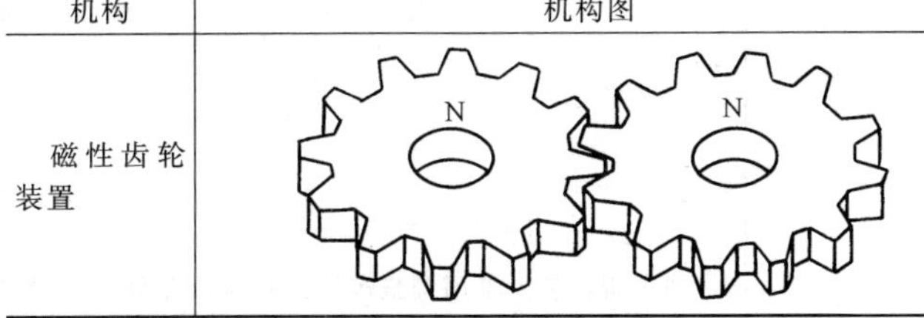	磁性齿轮传动装置应用在小转矩的齿轮机构中。图中的齿轮磁化后轴孔为 S 极、齿轮为 N 极，显然轮齿侧面都具有相同的磁性，在啮合传动中利用轮齿间的排斥力降低啮合间隙的影响，减小轮齿间的冲击与噪声

表 11.9-31　螺旋间隙消除机构和装置

机构	机　构　图	说　　明
摩擦式螺旋轴向间隙消除机构	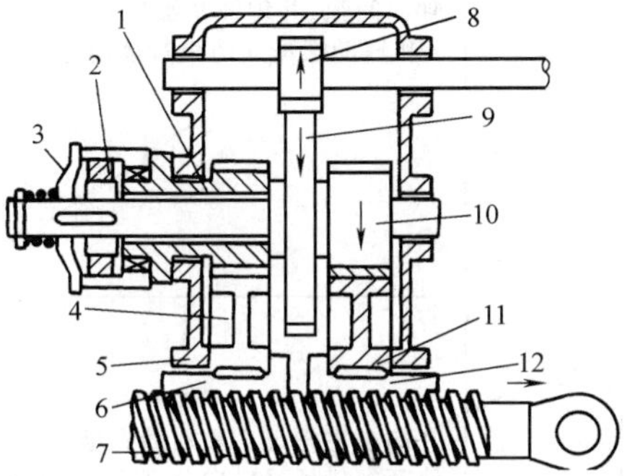	图中所示装置通过主动齿轮 8 以直接传动和通过离合器间接传动分别带动两个螺母，使从动轴做轴向移动，消除传动间隙的影响。主齿轮 8 通过中间齿轮 9 和与 9 固连的齿轮 10、啮合齿轮 11 带动右侧螺母 12；同时主动轮 8 通过 9、摩擦圆盘 3、摩擦离合器 2、齿轮 1、齿轮 4 带动左侧螺母 6，并由两螺母 12、6 带动从动轴 7 做轴向移动，由于摩擦离合器的作用可实现无间隙传动
切口螺母消除轴向间隙装置	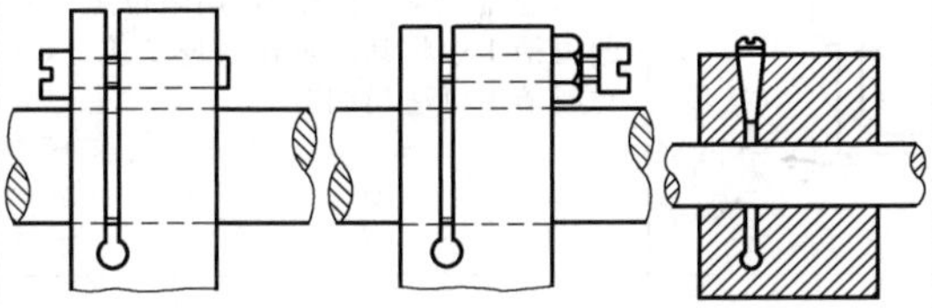 a)　b)　c)	图中为消除螺杆和螺母的轴向间隙，将螺母制成切口，并在切口装有调整螺栓或螺钉。当旋紧调整螺栓或螺钉时，可改变切口尺寸，从而消除螺杆与螺母的轴向间隙。为防止调整螺栓松动可附设紧锁螺母和紧定螺钉等
双螺母式消除轴向间隙装置	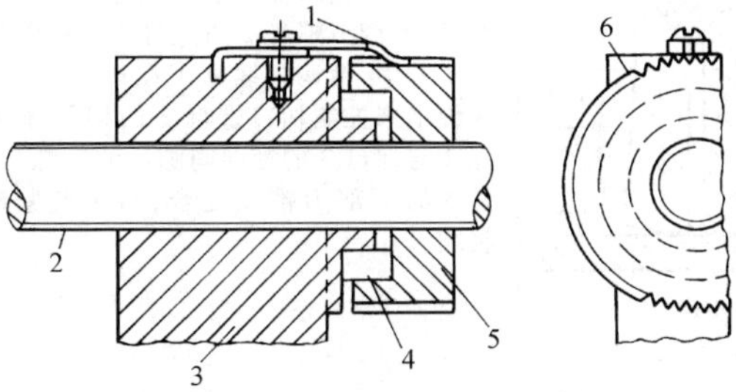	图中丝杠 2 与螺母 3 之间存在着轴向间隙，为消除间隙附设调整螺母 5，在 3 与 5 之间装有橡胶垫圈 4，3 上装有定位弹簧片 1，1 的右端与调整螺母 5 外圆周上的三角形牙齿 6 啮合。当旋紧调整螺母 5 时，可消除丝杠 2 与螺母 3 的配合间隙，并以弹簧片 1 定位
自动消除螺旋轴向间隙机构	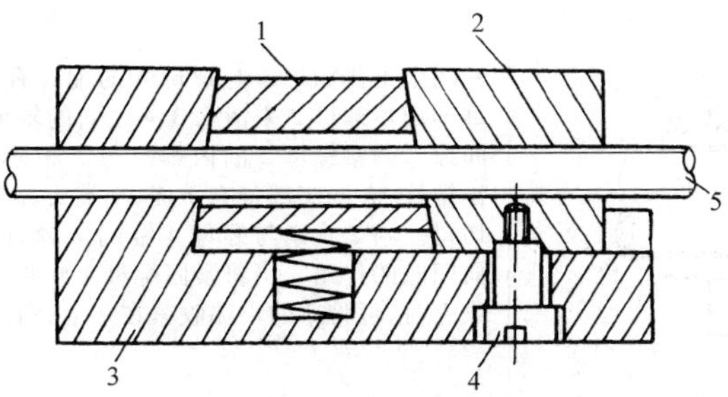	图中用螺钉 4 定位的调整螺母 2 上带有梯形切槽，推动调整螺母 2 做微小的轴向移动，以此消除主动螺杆 5 与螺母 3 的轴向配合间隙

（续）

机构	机构图	说明
辅助螺母调整轴向间隙机构	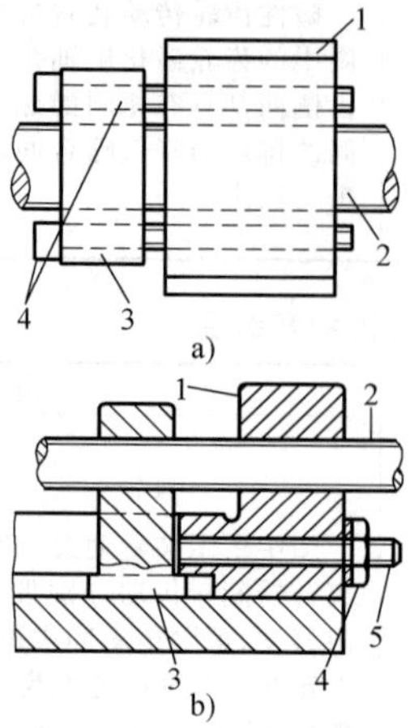 1 2 4 3 a) 1 2 5 3 4 b)	图中所示装置是用调整螺栓控制辅助螺母的位置实现工作螺杆与螺母轴向配合间隙的调整。图a中，旋转调整螺栓4将工作螺母1和辅助螺母3拉紧，借以消除轴向间隙。图b中，旋转调整螺栓5，使其端部顶住辅助螺母3，消除工作螺杆2与螺母1的轴向间隙，并用锁紧螺母4将5锁紧，限制工作螺母1和辅助螺母3的相对运动
压缩弹簧消除螺旋间隙机构	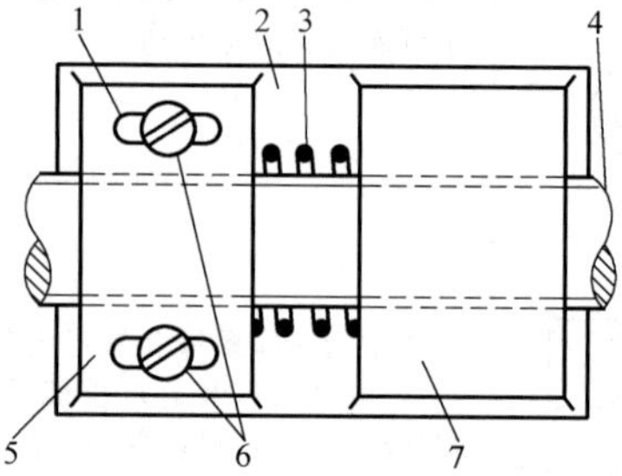 1 2 3 4 5 6 7	图中主螺母7和辅助螺母5之间装有压缩弹簧3，使两螺母承受轴向分开力，借此消除螺杆4与螺母7的轴向间隙。为防止运动中相对位置发生变化，并适当控制弹簧3的张力，用限位螺钉6在辅助螺母5的滑槽1中将其固定在底座2上。6的固定位置相对滑槽1可适当调节
切口螺母消除径向间隙装置	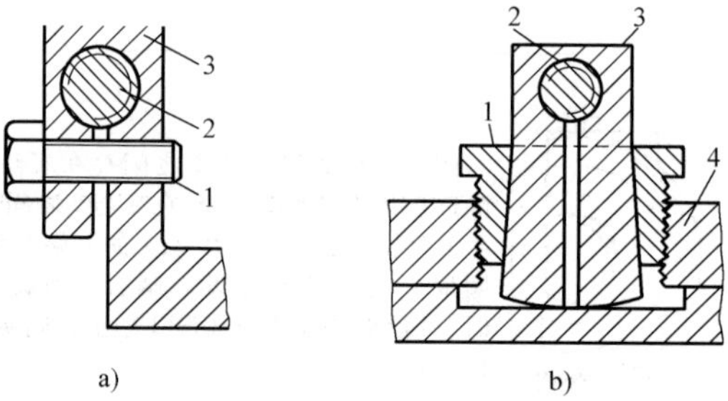 3 2 1 a) 2 3 1 4 b)	图a中，由调整螺钉1控制切口螺母3的切口开度，借此调节螺杆2与螺母3的径向间隙 图b中，由调整螺母1在机架上的螺孔4中旋入或旋出来控制切口螺母3的切口开度，借此消除螺杆2与螺母3的径向间隙。调整螺母1的内孔与螺母3的下部为锥面配合，当1旋紧时将3的切口收缩
锥形调整螺母消除间隙机构	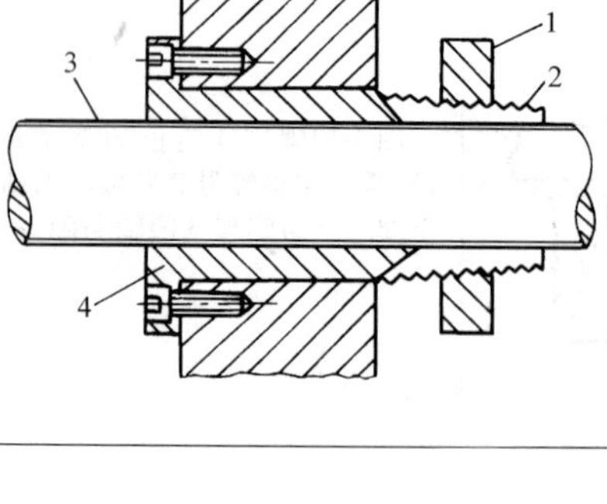 1 3 2 4	图中工作螺杆3与螺母4的配合存在间隙，可由锥形调整螺母2来消除3、4之间的轴向间隙和径向间隙。调整螺母2的内螺纹与3相同，外螺纹为圆锥螺纹，大端头部带有锥面，小端头部开有四个对称切口。当2旋紧与螺母4锥端接触时，产生消除轴向间隙的作用。当将紧固螺母1旋紧在2的圆锥螺纹上时，可将2的小端收紧在3上，消除径向间隙

（续）

机构	机　构　图	说　　明
自动调整螺旋间隙装置	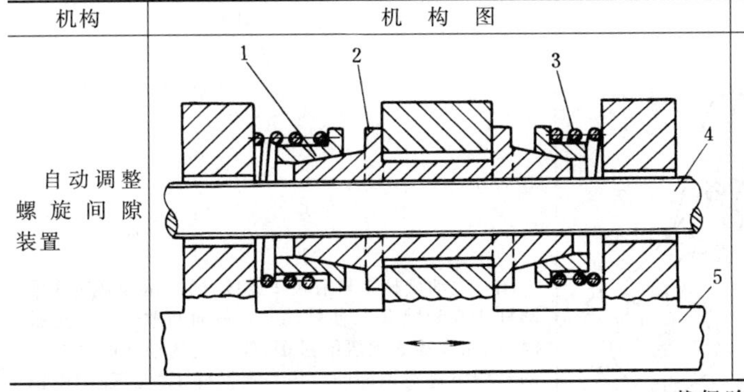	图中工作螺杆 4 与方形螺母 2 配合，2 的方形部分紧固在支撑架 5 上，2 的两端有对称锥形，锥形部分制有切口与锥套 1 配合，螺杆在转动中，由左右弹簧 3 将锥套 1 始终压紧在螺母 2 带有切槽的圆锥上，产生收紧力将自动螺杆 4 与螺母 2 的配合间隙收紧

14　过载保险装置

机件传递的动力，经常因载荷的变化而发生较大波动，如果超出机件的承受能力，就可能损伤机件，甚至造成事故性破坏。所以在一些机器上设置安全过载保险装置是必要的，一般采用过载螺钉、剪切销和摩擦式保险装置，以螺钉、销子的折断或摩擦面的打滑等方式来切断动力，防止过载以保证安全。过载保险装置的例子见表 11.9-32。

表 11.9-32　过载保险装置

机构	机　构　图	说　　明
加压机构的保险装置		图中所示为卧式锻造机中加压机构的螺栓断开式保险装置。主动件 1 通过中间构件 3、2 和连杆 *AB* 带动加压滑块 7，连杆 *AB* 由 4、6 两构件铰接于 *C* 点，并用过载螺栓 5 固紧组成，铰接点 *C* 不在 *AB* 线上。当 *AB* 受力过载时，螺栓 5 被拉断，连杆 *AB* 变为两个铰接着的构件 4、6，这时机构运动即使不停止也不会造成其他构件的损坏。杆 4、6 的过载保护连接还可用气压、弹簧等方法实现
带断路开关的剪切销保险装置		图中主动轮 1 通过剪切销 5 带动从动盘 6，当过载时销 5 被剪断，1 和 6 产生相对转动，使 1 上的摆臂 2 摆动到图上双点画线位置，并用柱销 4 碰撞停车开关 3 实现停车
弹性支座过载保险装置		图中曲柄摇杆机构 *ABCD* 以曲柄 1 为主动件转动，通过连杆 2 带动摇杆 3 绕弹性支座 *D* 摆动。当 3 上的 *E* 处承受的载荷过载时，杆 3 的支点 *D* 将用构件 4 压缩弹簧实现保护作用

（续）

机构	机构图	说明
弹簧保险装置	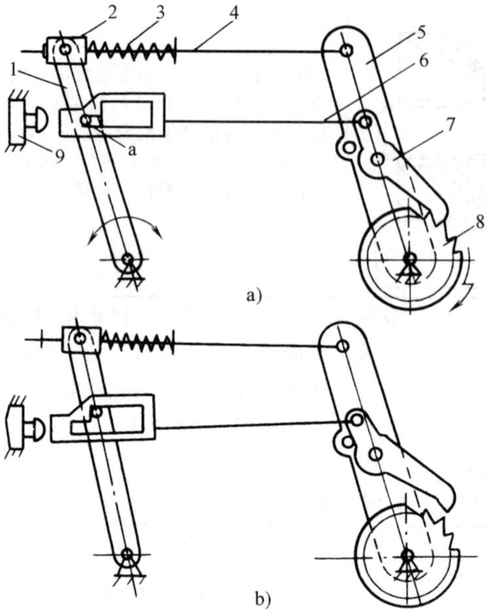 a) b)	图a主动摆杆1与滑块2铰接，通过压缩弹簧3推动杆4、5和棘爪7，使棘轮8做单向间歇转动。过载时，压缩弹簧3被压缩过多，使1上的销a由杆6上的窄槽滑进宽槽的凹口内。在摆杆1的回程中由销a带动杆6拉起棘爪7，如图b所示，杆5摆动不再推动棘轮。如果在主动摆杆1的左端适当位置安装断路停止开关9，在过载时杆1带动杆6的左端与开关9相碰撞时电路切断，实现停车
丝锥防断钢球保险装置	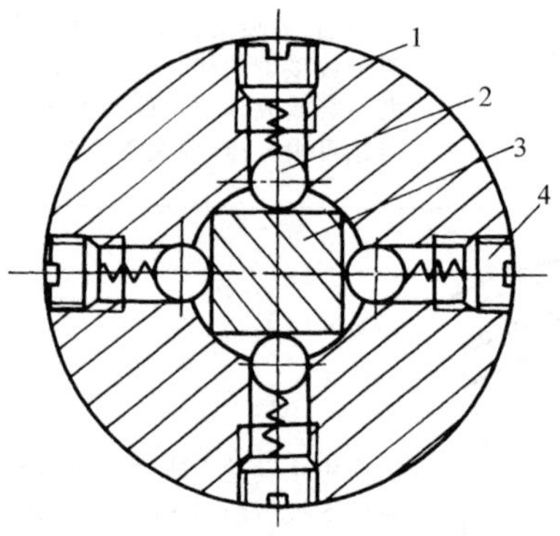	图中主动套1通过用弹簧压紧的钢球2带动丝锥的方柄3。当过载时，丝锥方柄将钢球2推到球孔中，1、3之间打滑，以防丝锥扭断。用调整螺钉4调节弹簧压力得到不同的打滑转矩，当螺钉4旋到底时，可得极限转矩
滚珠式安全联轴器	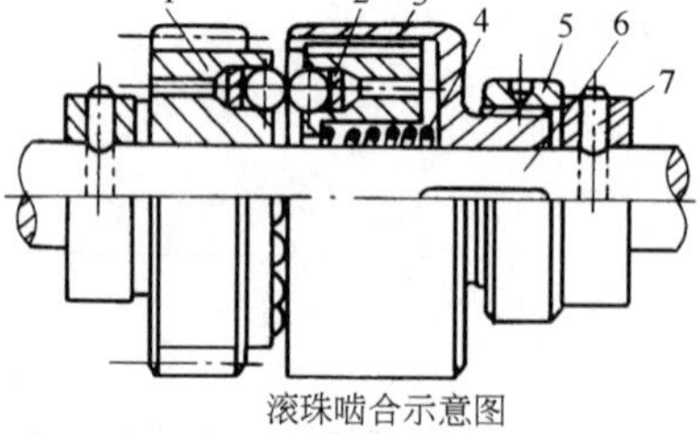 滚珠啮合示意图 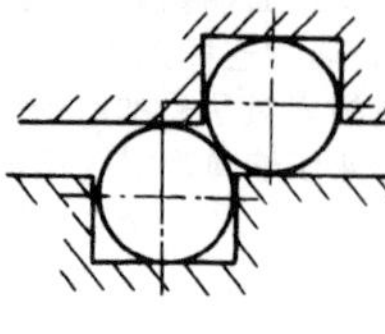	图中主动盘1和从动盘2都装有滚珠，由于弹簧4的推力作用，主、从动盘的滚珠互相啮合。套筒3用滑键与从动盘2连接，同时3用键与轴6连接，用螺母5来调整弹簧4的压力，调整后用销钉7将5固定在轴6上。当传递的转矩过载时，弹簧4被压缩，使从动盘在轴6上右移，主、从动盘产生滑移。该机构用于经常过载又需要安全的地方，如机床的进给机构

（续）

机构	机构图	说明
爪式保险离合器	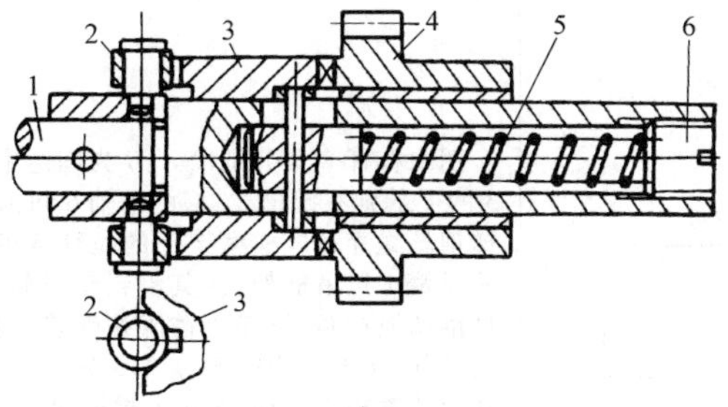	图中负载齿轮 4 和中间套 3 用爪式离合器连接，在 3 的左端隔 180°配有 V 形槽与滚子 2 接合，2 装在主动轴 1 上。过载时，V 形槽斜面与滚子相互作用，通过 3 克服弹簧 5 的推力，使 3、4 向右移动，将传动系统断开。当 1 转过 180°后，3 在弹簧的作用下其 V 形槽再度对准滚子重新接合。旋转螺塞 6 可调整弹簧力的压力
差动保险离合器	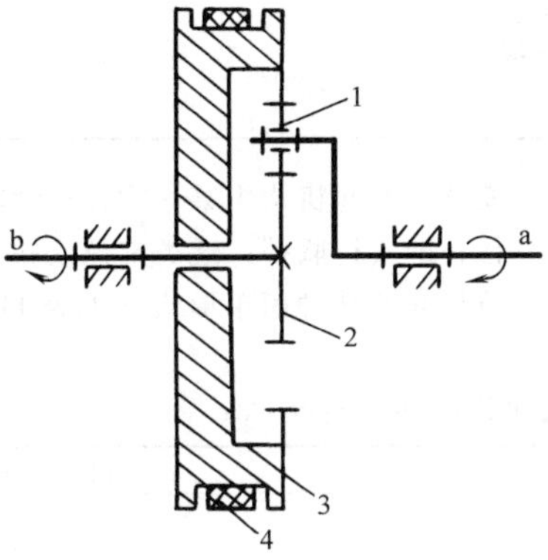	图中主动轴 a 作为系杆带动行星齿轮 1，使 1 分别与内齿太阳轮 3、外齿太阳轮 2 啮合传动，2 轮轴 b 是有负载的从动轴。如拉紧制动器 4，则 3 不动，a 带动 b 转动。如松开制动器 4，2 因有负载不转，3 空转。调整 4 的制动力矩，过载时可使 3 克服制动力矩而转动，起到保险作用
离心式保险离合器	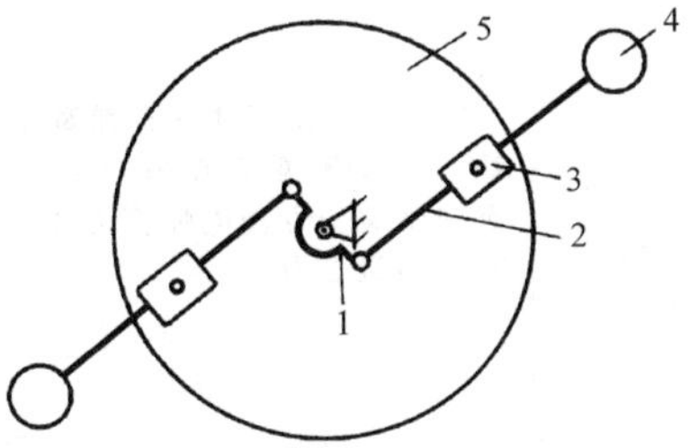	图中曲柄 1 为主动件，摇块 3 与从动盘 5 铰接，装有重锤 4 的杆 2 可相对 3 滑动。当曲柄 1 转速不高时，由于盘 5 带有负载不动，1、2、3 成为曲柄摇块机构。当曲柄 1 转速增高到一定值后，4 的离心力有使 1、2 拉成直线趋势，盘 5 被带动。若从动盘 5 过载，盘 5 将不动，构件 1、2、3 又成为曲柄摇块机构做不传力的运动
平面摩擦保险离合器	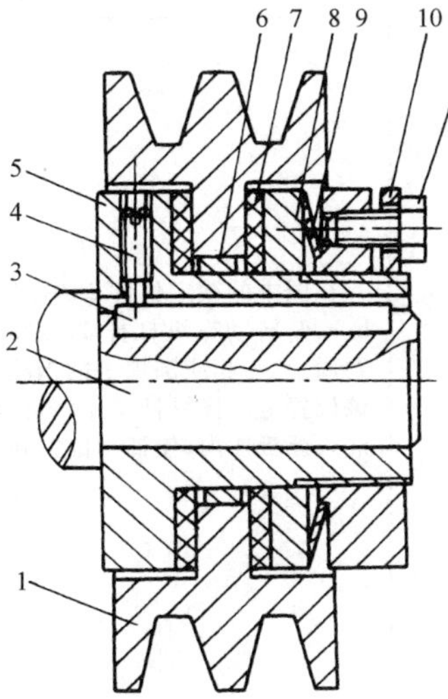	图中主动带轮 1 通过摩擦片 7 等用摩擦力带动套筒 5 和从动轴 2 转动。套筒 8 用作轴向定位。当轴 2 过载时，摩擦面打滑起保险作用。摩擦面间的压紧力是由碟形弹簧 9 产生的，旋转螺母 10 调整压紧力大小，可改变传递转矩的极限值。图中 3 是键，4、11 是紧定螺钉，6 为隔套。摩擦面也可做成锥面，以增大接触面间的摩擦力。压紧力可由弹簧产生，也可用斜面、杠杆压紧机构、液压机构、电磁力和离心力等产生

（续）

机构	机 构 图	说 明
杠杆式安全保险机构		图中杠杆 2、3 分别以 *A*、*B* 为固定中心摆动，杆 2、3 的上端则有滑槽，二槽由销轴 6 和构件 5 连接。电梯钢丝绳穿过电梯框架上的拉杆 4 的顶环，通过压缩弹簧 1 拉吊框架，使其沿铅垂导轨上下运动。一旦钢丝绳拉断，拉杆 4 在压缩弹簧 1 推动下向下移动，同时 4 推压构件 5，使 2、3 分别绕 *A*、*B* 转动促使联锁装置动作，及时防止电梯框架下滑而保证安全

15 定位机构和联锁装置

一般采用球、销、挡块与凹槽等配合，将从动件定位，实现从动件的分度定位或控制机件位置。为了安全，有些机构中某一构件运动时，其他构件必须锁住，即实行联锁。这类定位或联锁装置形式较多，本节只介绍几种简单形式（见表 11.9-33）。

表 11.9-33 定位机构和联锁装置

机构	机 构 图	说 明
限制式定位器	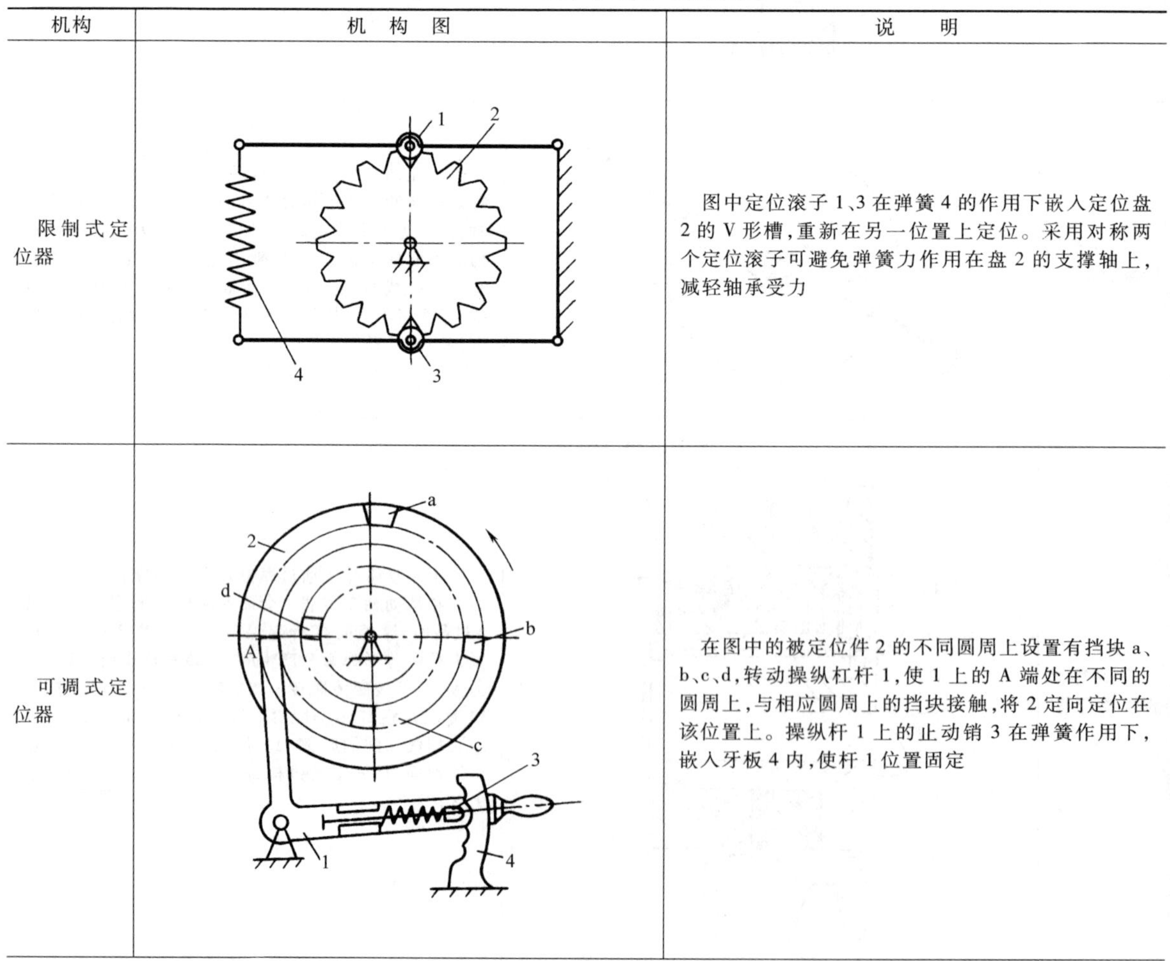	图中定位滚子 1、3 在弹簧 4 的作用下嵌入定位盘 2 的 V 形槽，重新在另一位置上定位。采用对称两个定位滚子可避免弹簧力作用在盘 2 的支撑轴上，减轻轴承受力
可调式定位器		在图中的被定位件 2 的不同圆周上设置有挡块 a、b、c、d，转动操纵杠杆 1，使 1 上的 A 端处在不同的圆周上，与相应圆周上的挡块接触，将 2 定向定位在该位置上。操纵杆 1 上的止动销 3 在弹簧作用下，嵌入牙板 4 内，使杆 1 位置固定

（续）

机构	机 构 图	说 明
单销定位装置	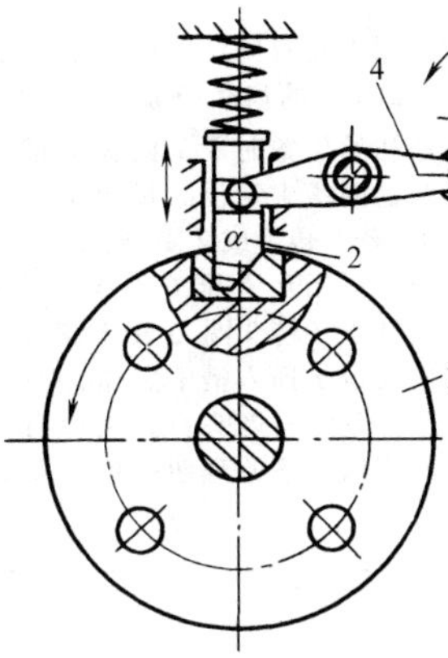	图中定位销 2 在弹簧力的作用下，嵌入转动轮 1 的定位槽孔内实现定位。利用凸轮 3 控制摆杆 4 使销 2 退出。为防止定位销自动滑出定位槽，其楔角应满足自锁条件，即 α 角应小于摩擦角，一般选择$\alpha=5°\sim7°$
双销定位装置	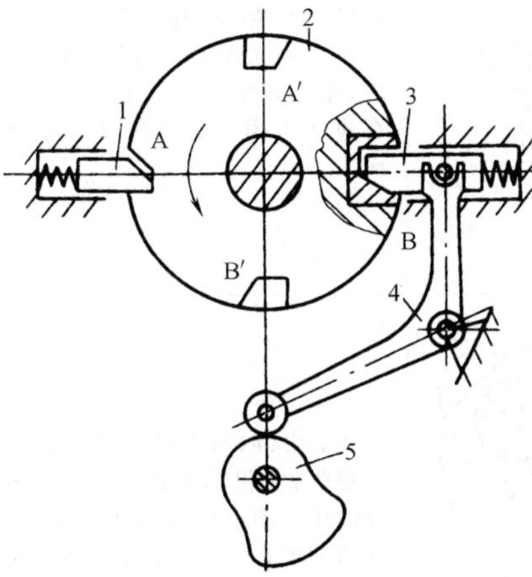	图中转盘 2 逆时针方向转位时，定位销 1 在斜面的作用下，从定位槽 A 中退出，同时主动定位销 3 在凸轮 5 和杠杆 4 的控制下由定位槽 B 中退出。转盘转位后，定位销 1 在其弹簧作用下插入定位槽 A′中。同时另一定位销 3 也在弹簧的作用下插入相应定位槽 B′。双销定位比单销定位可靠、磨损小、精度高，其精度主要由定位销 1 和滑槽接触面的精度保证，而主动定位销 3 主要是起控制作用
转位斜板分度定位机构	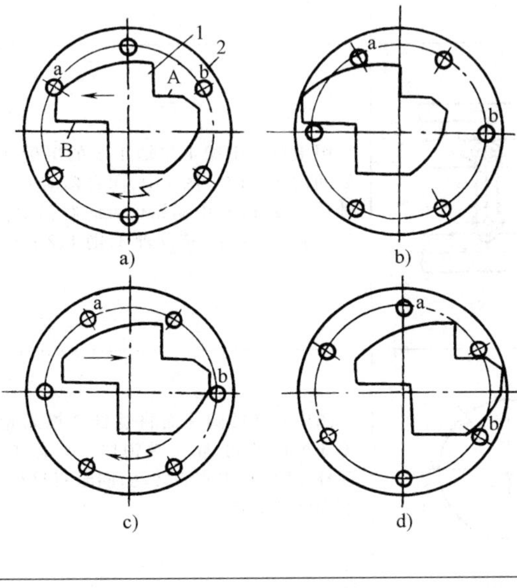	图中转位斜板 1 作为主动件往复移动。图 a 中，斜板 1 左移，以左斜面推动分度盘 2 上的销 a，使 2 转动一定角度。图 b 为 1 左移终止，斜板左端卡入 2 上的两销子中间使 2 定位。图 c 为 1 右移，以右斜面推动盘 2 上的销 b，使 2 定向间歇转动。图 d 为右移终止，2 定位。这种机构起动时有冲击现象，不宜用于高速分度定位。定位精度取决于斜板上的 A、B 平面分度盘上各柱销的位置精度

（续）

机构	机构图	说明
差动定位机构	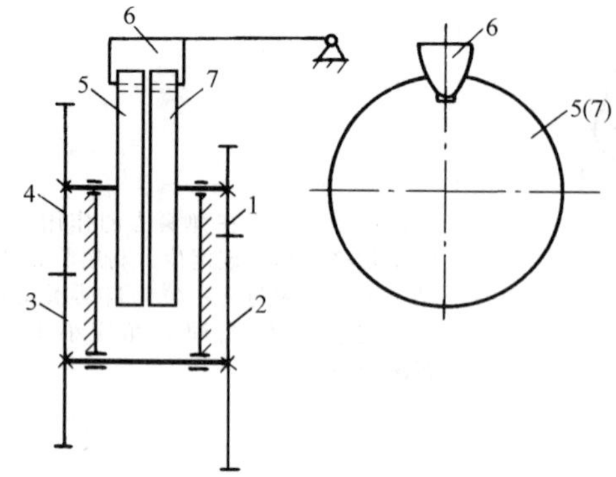 6 5 7 4 1 3 2 5(7)	图中具有同样凹槽的定位盘5、7大小相同，齿轮1、2、3、4的齿数分别为$z_1=50$，$z_2=150$，$z_3=z_4=50$。在初始位置时5、7两盘的槽口对准，定位尺6插入两盘的槽中定位。拔出定位尺后，定位盘7开始转动，若7转1或2圈，则5仅转1/3或2/3圈，两盘的槽口仍相互错开，6不能同时嵌入两盘槽口内定位。只有当7转3圈、5转1圈方可使两盘槽口对准，定位尺再次插入槽中定位，所以盘5还可起计数的作用。万能分度头要扩大原有分度孔的分度数目时，就可依上述原理使孔板与分度销盘间产生转速差
两轴移动联锁装置	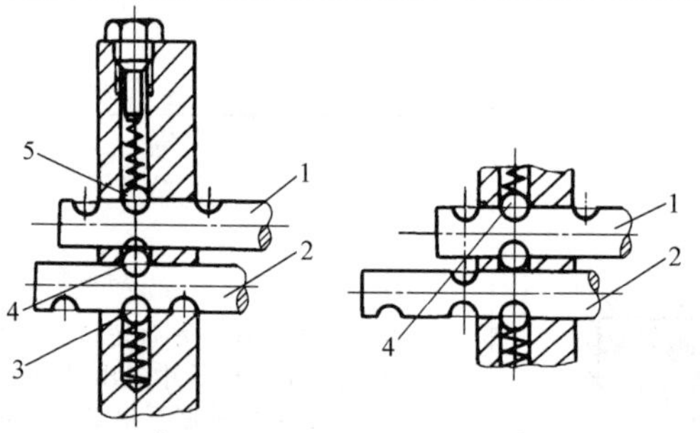 5 1 2 4 3 a) 1 2 4 b)	图中轴1、2用钢球4互相联锁，移动其中一根轴，则另一根轴被锁住。图b中，先移动轴2，则2将钢球4向上推入轴1的凹槽内，轴1被锁住不动。反之，先移动轴1，可将轴2锁住。图a中的钢球3、5在弹簧作用下嵌入轴2、1的凹槽内，起轴向定位作用
钢球式三轴移动联锁装置	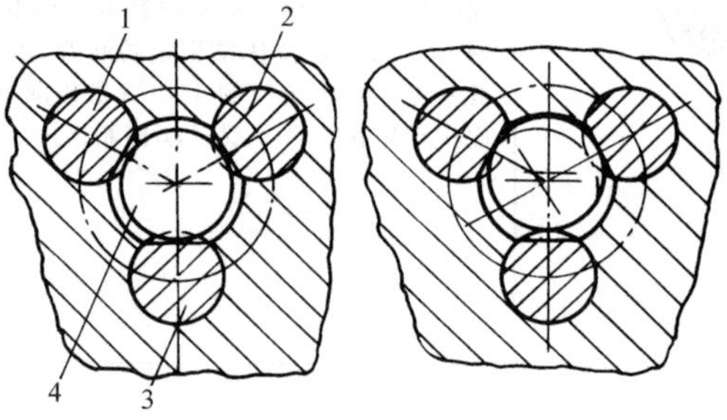 1 2 4 3 a) b)	图a中，钢球4对应轴1、2、3的凹槽，3根轴无一被锁住。3根轴先移动其中一根，则其余两根轴就被锁住。图b中移动轴3后，迫使钢球4嵌入1、2轴的凹槽内，将轴1、2锁住，如图b中的实线所示位置
双联钢球式三轴联锁装置	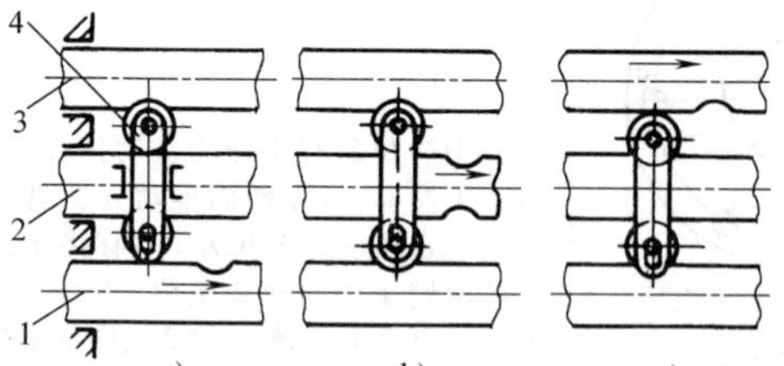 4 3 2 1 a) b) c)	图中双联钢球4与轴1、3的单侧凹槽、轴2的双侧凹槽相对应。图a中，向右移动轴1，使4将轴2、3锁住。图b中，由初始位置向右移动轴2，则4将1、3锁住。图c中，移动轴3，则1、2被锁住
锁杆式两转动轴联锁装置	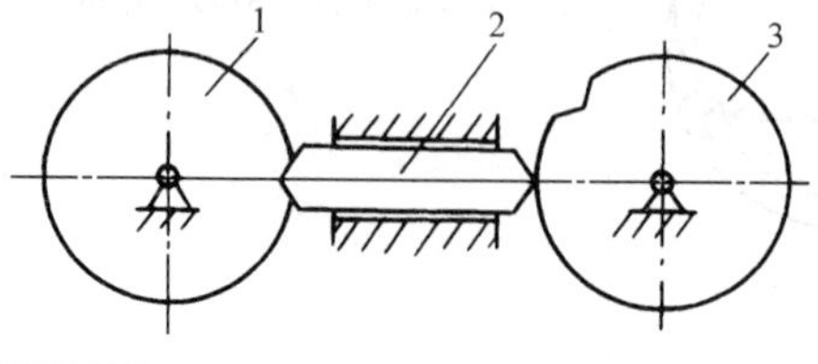 1 2 3	图中轮3的圆柱面将锁杆2推入轮1的凹槽时，轮3可以转动，轮1被锁住。只有在3的凹口对正锁杆2时，轮1才能转动，同时将锁杆2推入轮3凹槽内将3锁住

（续）

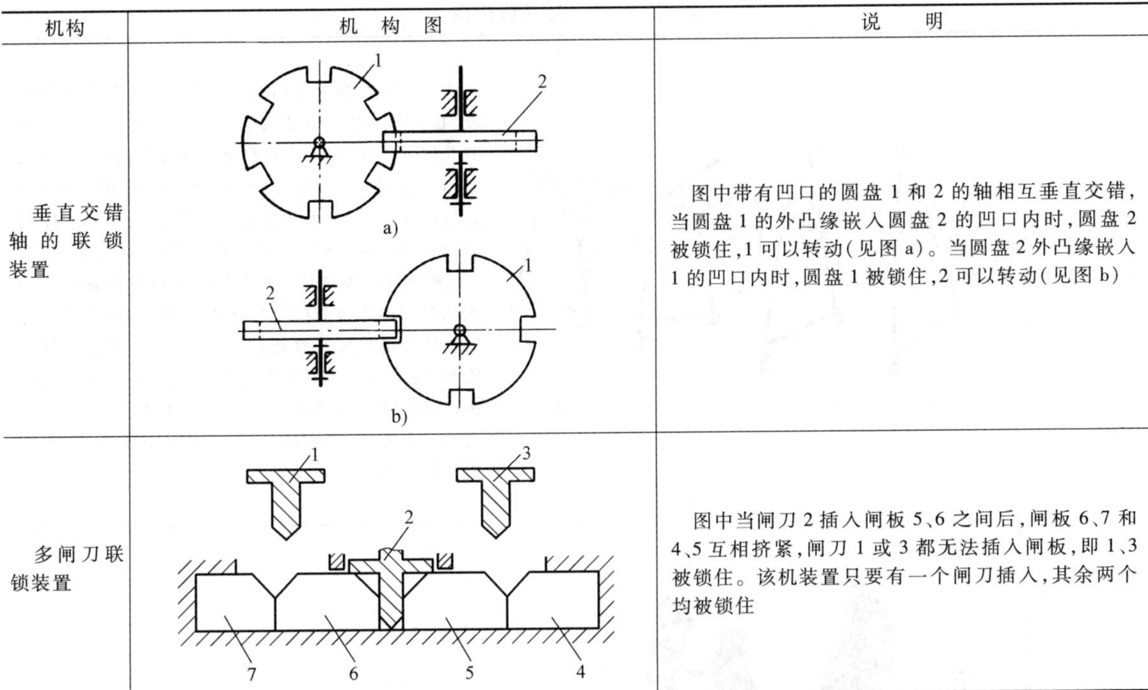

机构	机　构　图	说　　明
垂直交错轴的联锁装置	a) b)	图中带有凹口的圆盘 1 和 2 的轴相互垂直交错，当圆盘 1 的外凸缘嵌入圆盘 2 的凹口内时，圆盘 2 被锁住，1 可以转动（见图 a）。当圆盘 2 外凸缘嵌入 1 的凹口内时，圆盘 1 被锁住，2 可以转动（见图 b）
多闸刀联锁装置		图中当闸刀 2 插入闸板 5、6 之间后，闸板 6、7 和 4、5 互相挤紧，闸刀 1 或 3 都无法插入闸板，即 1、3 被锁住。该机装置只要有一个闸刀插入，其余两个均被锁住

16　机械自适应机构

16.1　变机架机构

变机架机构见表 11.9-34。

表 11.9-34　变机架机构

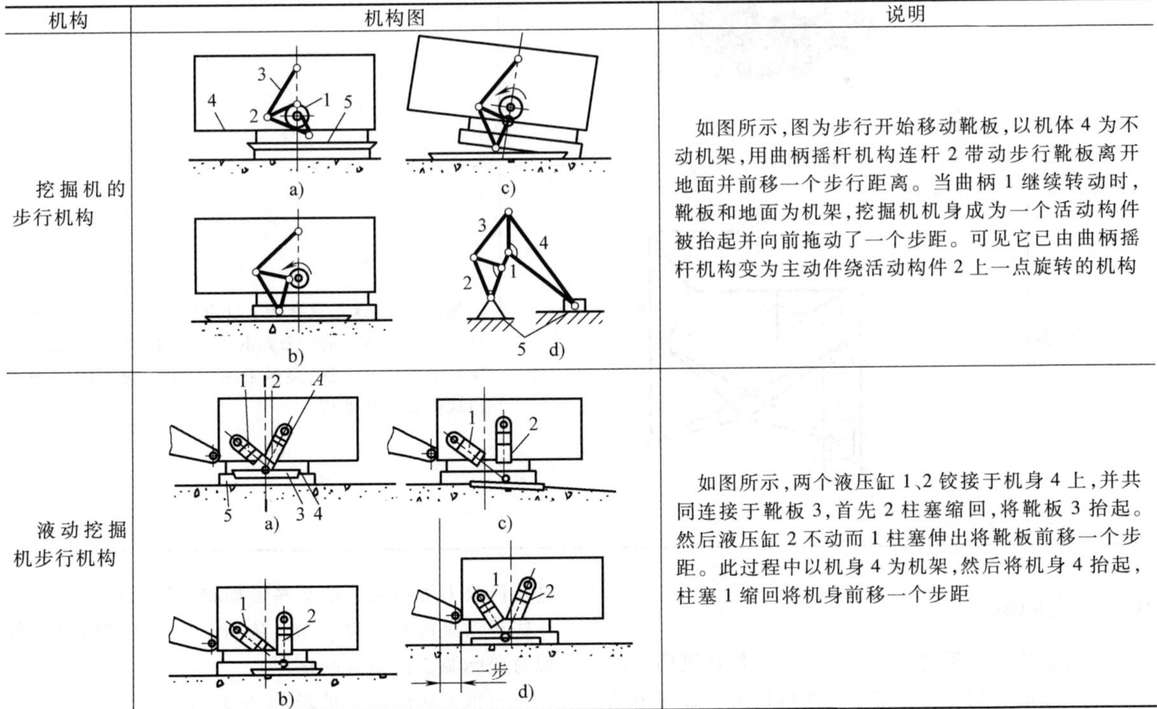

机构	机构图	说明
挖掘机的步行机构	a)　c) b)　d)	如图所示，图为步行开始移动靴板，以机体 4 为不动机架，用曲柄摇杆机构连杆 2 带动步行靴板离开地面并前移一个步行距离。当曲柄 1 继续转动时，靴板和地面为机架，挖掘机机身成为一个活动构件被抬起并向前拖动了一个步距。可见它已由曲柄摇杆机构变为主动件绕活动构件 2 上一点旋转的机构
液动挖掘机步行机构	a)　c) b)　d)	如图所示，两个液压缸 1、2 铰接于机身 4 上，并共同连接于靴板 3，首先 2 柱塞缩回，将靴板 3 抬起。然后液压缸 2 不动而 1 柱塞伸出将靴板前移一个步距。此过程中以机身 4 为机架，然后将机身 4 抬起，柱塞 1 缩回将机身前移一个步距

16.2　欠驱动机构（见表 11.9-35）

表 11.9-35　欠驱动机构

含有两个关节的欠驱动手指机构	a)　b)　c)　d)	图中机构有两个自由度，为了约束其中一个自由度，在关节 1 和关节 2 的铰接处加了一个单行元件和几何约束，限定一个自由度。在抓取过程开始时，手指只受到驱动力的作用，由于结构的限制和弹性元件的作用，关节 1 和关节 2 可看作同一个刚体同时绕支点旋转而向被抓取物体靠拢；在图 b 中，关节 1 与被抓取物体接触，这时手指受到来自驱动力和被抓取物体的两个作用力；在图 c 中，此时关节 1 受到物体外部轮廓的限制而停止运动，而驱动力继续施加，使关节 2 克服弹性元件的约束单独向物体靠拢；在图 d 中，关节 2 也与被抓取物体接触上，手指受到三个方向上的力，在一定情况下达到力平衡，完成抓取过程
三指机械手		图所示是基于欠驱动手指机构开发的 10 自由度超欠驱动三指机械手
毛坯剪切机	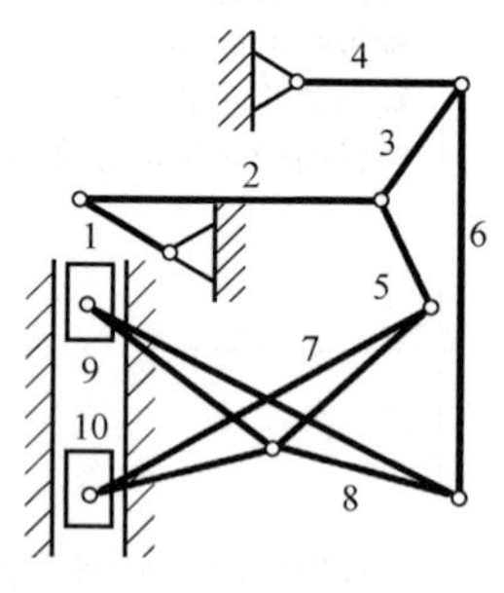	如图所示，这是具有 2 个自由度的 10 杆机构。曲柄 1 为主动件。剪切开始时下滑块 10 不动，由曲柄驱动上滑块 9 下移，接触毛坯后，上滑块不动，由下滑块上移实现剪切

16.3　变胞机构

变胞机构是一种变自由度、变结构拓扑机构，能够根据工况的变化和任务需求，在机构运动过程中通过几何或力等约束，使某些运动副的运动被限定而另一些运动副的约束被解除，从而改变机构的构型，实现对变胞源机构构态的重构。

变胞机构的例子见表 11.9-36。

表 11.9-36　变胞机构

<table>
<tr><td>2 自由度 5 杆机构变胞机构</td><td>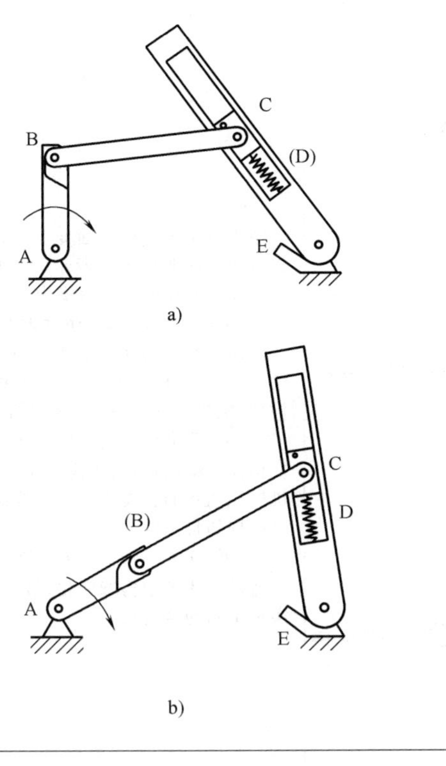
</td><td>图中是 2 自由度 5 杆机构变胞机构可实现的 2 种变胞方式和变胞构型实例。其中图 a 是滑动副 D 被弹簧力约束构成的一种变胞工作机构——铰接四杆机构。图 b 是转动副 B 被几何约束限定，运动副 D 处弹簧的约束力小于 B 的几何约束力，滑动副 D 的约束解除，构成的一种变胞工作构型——导杆机构</td></tr>
<tr><td>板坯截切机机构</td><td>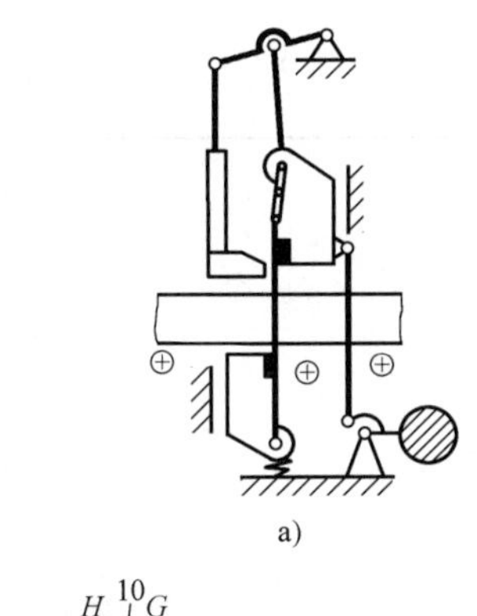
a)
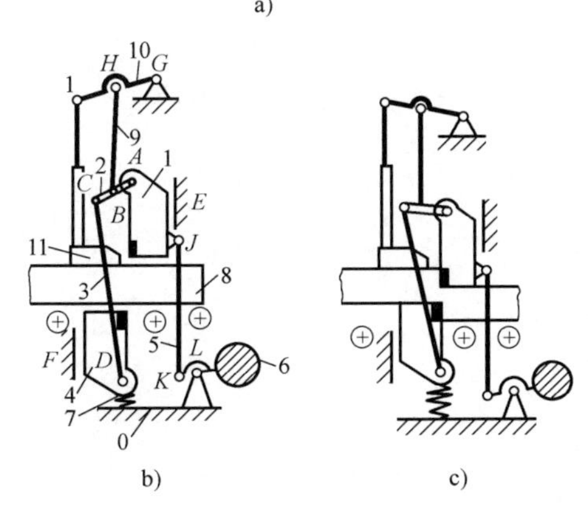

b)　c)</td><td>图 a 为机构初始工作状态，其工作过程为：主动件 2 绕 A 点顺时针方向转动，由于弹簧力 7 的约束，4 构件静止不动，拉动 H 点下降使压板 11 压紧初轧坯 8，同时拉动上剪刃压紧钢坯后，在钢坯及机架的约束作用下 1 构件静止不动，2 构件继续转动克服 7 的阻力带动下剪刃上移实施剪切作业（见图 c）。剪切作业完成后，在 6 的重力辅助下机构恢复到初始工作状态。该板坯剪切机的主机构就是由 ACDEF 组成的 2 自由度变胞机构</td></tr>
</table>

（续）

制动机构	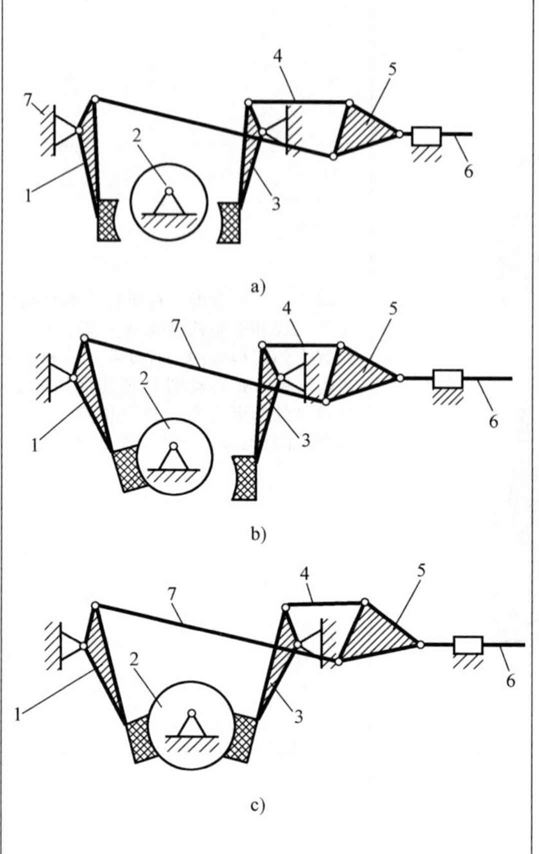 a) b) c)	图中所示为一种平面变胞制动机构，正常行驶时该机构的简图如图 a 所示。此时，该平面变胞制动机构在未制动时的自由度为 $F=3(n-1)-2p_l-p_h=3\times(7-1)-2\times8=2$ 制动时在6构件的拉动下（向右），当构件 1 与车轮抱紧后，构件 1 不动，相当于和机架 7 合并为一个构件，机构简图如图 b 所示。此时机构的自由度为 $F=3(n-1)-2p_l-p_h=3\times(6-1)-2\times7=1$ 构件6继续移动，使构件3与车轮抱紧不动（成为机构），机构自由度消失。机构简图如图 c 所示。此时机构的自由度为 $F=3(n-1)-2p_l-p_h=3\times(5-1)-2\times6=0$ 通过上述各个构态变化，最后自由度变为 0，从而实现了制动全过程

第 10 章　机构创新设计

1　机构创新设计概述

机构是把一个或几个构件的运动变换成其他构件所需要的确定运动的构件系统。机构中的各构件可以都是刚性构件，也可以某些构件是柔性构件、弹性构件、液体、气体和电磁体等，而且可以将各驱动元件与构件融合在一起。

创新是人类引入新概念、新思想、新方法和新技术或运用已有的知识、经验和技能，研究新事物，解决新问题，产生新的思想及物质成果，创造出具有相当社会价值的事物、形式，用以满足人类物质和精神生活需求的社会实践活动。设计是一种创造性的实践活动，创新性是对设计的基本要求，人类社会中的一切物质文明成果都是设计的产物。在世界经济高速发展的今天，设计水平更是成为国家核心竞争力的重要标志。机械设计过程经过方案设计、运动方案设计、参数设计、结构设计和施工设计等阶段，通过选择机构、结构及其组合，实现所要求的功能。

创新设计要求设计者能够用与众不同的设计方法实现给定的功能，创新设计不仅是一种创造性的活动，还是一个具有经济性、时效性的活动。创新设计就是要能构思出与众不同的设计方案，相应地要求设计者具有与众不同的创新设计能力。

机构创新设计是指充分发挥设计者的创造力和智慧，利用人类已有的相关科学理论、方法和原理，进行新的构思，设计出具有新颖性、创造性及实用性的机构或机械产品的一种实践活动。机构创新设计的目标是由所要求的机构功能出发，改进和完善现有机构或创造发明新机构，实现预期的功能，并使其具有良好的工作品质和经济性。

2　机构创新设计方法

机构创新设计的基本形式：机构的组合，机构的演化与变异，机构的再生运动链等。创新技法一般又有以下方法：观察法、类比法、移植法、组合法、换元法、穷举法等（见表 11.10-1）。

表 11.10-1　几种创新技法

创新技法	基本概念
观察法	指人们通过感官或科学仪器，有目的、有计划地对研究对象进行反复细致的观察，再通过思维器官的综合分析，以解释研究对象本质及规律的一种方法
类比法	指两类事物加以比较并进行逻辑推理，即比较对象之间的相似点或不同点，采用同中求异或异中求同的方法实现创新的一种技法
移植法	指借用某一领域的成果，引用、渗透到其他领域，用以变革和创新，包括原理的移植、方法的移植和结构的移植
组合法	指两种或两种以上的技术、事物、产品、材料等进行有机的组合，以产生新的事物或成果的创新技法
换元法	指人们在创新的过程中，采用替换或代换的方法，使研究不断深入，思路获得更新
穷举法	把与待解决问题相关的众多要素逐一罗列，将复杂的事物分解后分别研究，帮助人们深入感知待解决问题的各个方面，从而寻求合理的解决方案
集智法	指集中大家智慧，并激励智慧进行创新

2.1　机构的组合

机构的组合就是将几个简单的基本机构按照一定的原则或规律组合成一个复杂的机构以便实现复杂动作或运动规律。通过机构之间的运动约束或耦合，或者通过机构之间的运动协调和配合而形成的一种新机构。连杆机构、凸轮机构、齿轮机构和一些其他常用机构等单一基本机构都具有一定的局限性，在某些性能上不能满足使用要求，因此往往需要将某些基本机构进行适当地组合，克服单一机构的缺点，以满足现代机械的复杂运动与性能要求。

机构组合是机构创新构型的重要方法之一，组合方式一般分为：串联式组合、并联式组合、复合式组合等。见表 11.10-2，详见第 11 篇第 6 章。

2.2　机构的演化与变异

2.2.1　机架的变换与演化

机架的变换与演化是机构创新设计的主要方法之一，基本方法是变换机构中的运动构件或机架。按照相对运动原理，变换后机构内各构件的相对运动关系不变，但可以改变输出构件的运动规律，从而满足不同功能的要求。因此利用机架的变换与演化可以得到不同特性的创新机构。

表 11.10-2　机构组合基本形式

类　别	基本型式	基本概念
串联式组合	 输入→机构1→机构2→机构3→输出	串联式组合是将若干个基本机构顺序连接,每一个前置机构的输出运动是后置机构的输入,连接点设置在前置机构的输出构件上。串联式组合可以是两个基本机构的串联组合,也可以为三个或三个以上基本机构的多级串联组合。采用串联方式组合机构可以改善机构的运动与动力特性
并联式组合	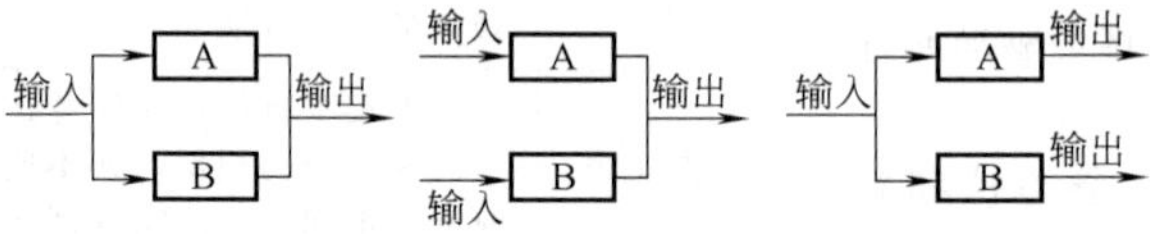 输入 A B 输出；输入 A 输出 输入 B；输入 A 输出 B 输出	并联式组合是指两个或多个基本机构并列布置,运动并行传递,可实现机构的平衡,改善机构的动力特性,还可以实现需要相互配合的复杂动作与运动
复合式组合	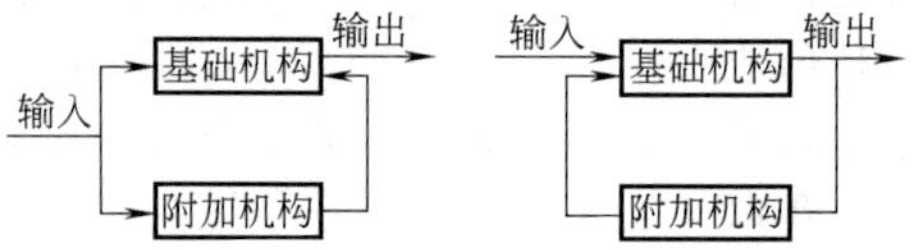 输入 基础机构 输出 附加机构；输入 基础机构 输出 附加机构	复合式组合是指具有两个或两个以上的机构为基础机构,将两个机构以一定的方式相连接,组成一个单自由度的组合机构。基础机构的两个输入运动中,一个来自于机构的主动构件,另一个则与附加机构的输出件相联系。组合方式有构件并接式和机构反馈式两种

(1) 低副机构的机架变换与演化。

1) 铰链四杆机构的机架变换与演化。

铰链四杆机构在满足曲柄存在的条件下，取不同的构件为机架可以演化得到曲柄摇杆机构、双曲柄机构和双摇杆机构，见表 11.10-3。

2) 含有一个移动副的四杆机构的机架变换与演化。

含有一个移动副的典型四杆机构是曲柄滑块机构，取不同的构件为机架可以演化得到转动（或摆动）导杆机构、曲柄摇块机构和移动导杆机构，见表 11.10-3。

3) 含有两个移动副的四杆机构的机架变换与演化。

含有两个移动副的典型四杆机构是正旋机构，取不同的构件为机架可以演化得到双转块机构、曲柄移动导杆机构和双滑块机构，见表 11.10-3。

表 11.10-3　低副机构的机架变换与演化

	铰链四杆机构	含有一个移动副的四杆机构	含有两个移动副的四杆机构
构件4为机架	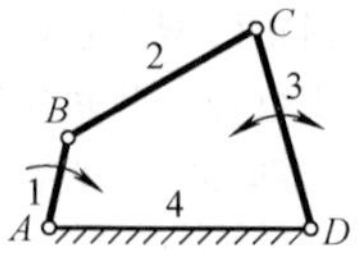 A B C D 1 2 3 4 曲柄摇杆机构	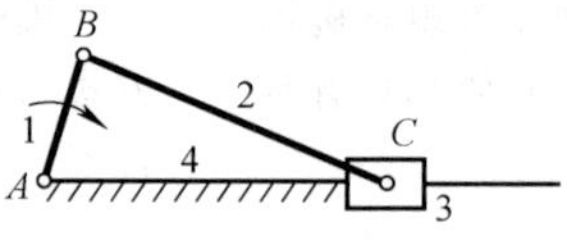 A B C 1 2 3 4 曲柄滑块机构	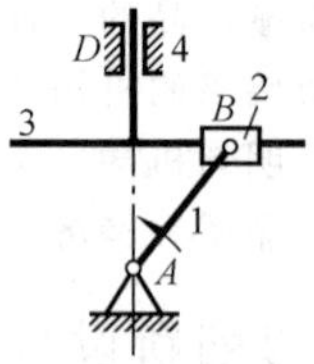 A B D 1 2 3 4 正弦机构
用途	搅拌机、颚式碎矿机等	压力机、内燃机、空气压缩机等	仪表、解算装置、织布机构、印刷机械等
构件1为机架	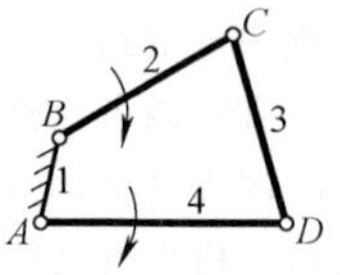 A B C D 1 2 3 4 双曲柄机构	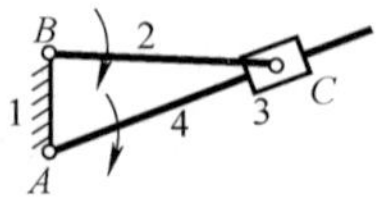 A B C 1 2 3 4 转动(或摆动)导杆机构	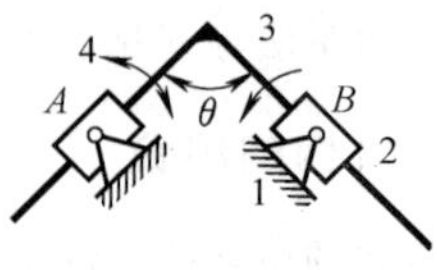 A B θ 1 2 3 4 双转块机构

（续）

	铰链四杆机构	含有一个移动副的四杆机构	含有两个移动副的四杆机构
用途	插床、惯性筛、平行双曲柄机构用于机车车轮联动机构，反向双曲柄机构用于车门开关等	回转式液压泵、小型刨床、插床等	十字滑块联轴器等
构件2为机架	曲柄摇杆机构	曲柄摇块机构	曲柄移动导杆机构
用途	同前面曲柄摇杆机构	摆缸式原动机，液压驱动装置，气动装置、插齿机主传动等	仪表、解算装置等
构件3为机架	双摇杆机构	移动导杆机构	双滑块机构
用途	鹤式起重机、飞机起落架及汽车、拖拉机上操纵前轮转向等	手摇唧筒、双作用式水泵等	椭圆仪等

（2）高副机构的机架变换

高副机构不具有运动的可逆性，通过机架的变换演化后可以产生新的运动形式。如图 11.10-1a 所示是凸轮机构常用的工作形式，此时凸轮 1 为主动构件，摆杆 2 为从动构件；如果对主动构件进行机架变换，摆杆 2 为主动构件，则可得到如图 11.10-1b 所示的反凸轮机构；如果对机架进行变换，构件 2 为机架，构件 3 为主动件，则得到如图 11.10-1c 所示的浮动凸轮机构；或凸轮固定，构件 3 为主动构件，则变成了如图 11.10-1d 所示的固定机构。

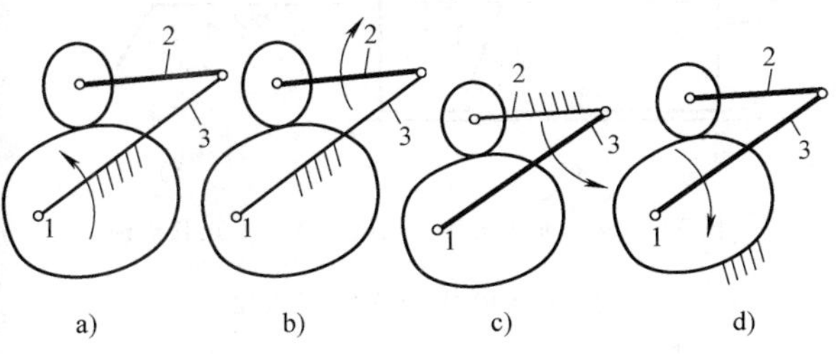

图 11.10-1　凸轮机构机架的变换

2.2.2　运动副的变异与演化

运动副是构件与构件之间构成的可动连接，其作用是传递运动、动力或改变运动形式。通过对运动副元素的变异与演化，可改变原有机构的工作性能。运动副的变异与演化有以下几种形式：高副与低副之间的变异与演化；运动副大小的变异与演化；运动副元素形状的变异与演化。

（1）高副与低副之间的变异与演化

根据一定的约束条件，将平面机构中的高副虚拟地用低副代替，这就是所谓的高副低代，它表明了平面高副与平面低副的内在联系。为了不改变机构的结构特性及运动特性，高副低代的条件如下：

1）代替前后机构的自由度完全相同。

2）代替前后机构的瞬时运动状况（位移、速度、加速度）不变。

如图 11.10-2a 所示，构件 1 和构件 2 分别为绕 A 和 B 转动的两个圆盘，两圆盘的圆心分别为 O_1、O_2，半径为 R_1、R_2，它们在 C 点构成高副，当机构运动时，AO_1、O_1O_2 和 O_2B 均保持不变。设想在 O_1、O_2 间加入一个虚拟的构件 4，它在 O_1、O_2 处分别与构件 1 和构件 2 构成转动副，形成虚拟的四杆机构，如图中虚线所示，用此机构替代原机构时，代替前后机构中构件 1 和构件 2 之间的相对运动完全一样，并且代替后机构中虽增加了一个构件（增加了三个自由度），但又增加了两个转动副（引入了四个约束，仅相当于引入了一个约束，与原来 C 点处高副所引入的约束数相同），所以替代前后两机构的自由度完全相同。因此，机构中的高副 C 完全可用构件 4 和位于 O_1、O_2（曲率中心）的两个低副来代替。

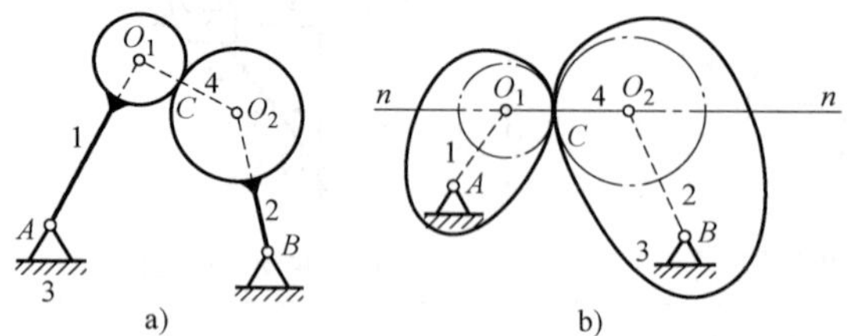

图 11.10-2　高副机构的高副低代（1）

图 11.10-2b 所示高副机构，两高副元素是非圆曲线，假设在某运动瞬时高副接触点为 C，可以过接触点 C 作公法线 n-n，在公法线上找出两轮廓曲线在 C 点处曲率中心 O_1 和 O_2，用在 O_1、O_2 处有两个转动副的构件 4 将构件 1、2 连接起来，便可得到它的代替机构，如图中虚线所示。需要注意的是，当机构运动时，随着接触点的改变，两轮廓曲线在接触点处的曲率中心也随着改变，O_1 和 O_2 点的位置也将随之改变。因此，对于一般高副机构只能进行瞬时替代，机构在不同位置时将有不同的瞬时替代机构，但是替代机构的基本形式是不变的。

高副低代的关键是找出构成高副的两轮廓曲线在接触点处的曲率中心，再用一个构件和位于两个曲率中心的两个转动副代替该高副。如两接触轮廓之一为直线，如图 11.10-3a 所示，则可把直线的曲率中心看成趋于无穷远处，此时替代转动副演化成移动副，如图 11.10-3b 所示。若两接触轮廓之一为一点，如图 11.10-4a 所示，那么点的曲率半径等于零，其替代机构如图 11.10-4b 所示。

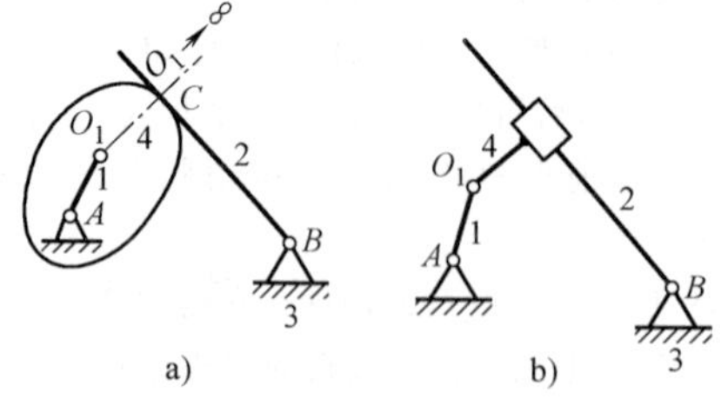

图 11.10-3　高副机构的高副低代（2）

（2）运动副大小的变异与演化

在图 11.10-5 所示的曲柄滑块机构中，若曲柄 AB 的结构尺寸很短而传递动力又较大时，在一个尺寸较短的构件 AB 上加工装配两个尺寸较大的转动副是不可能的，此时可将曲柄改为几何中心与回转中心距离等于长度 AB 的圆盘，如图 11.10-5b 所示，常称此种机构为偏心轮机构。这种机构可以看成曲柄滑块机构中转动副 B 的半径扩大超过曲柄 AB 的长度。这种机构的转动副可以承受很大的力，故在压力机、剪床、夹具以及锻压设备中得到了广泛应用。

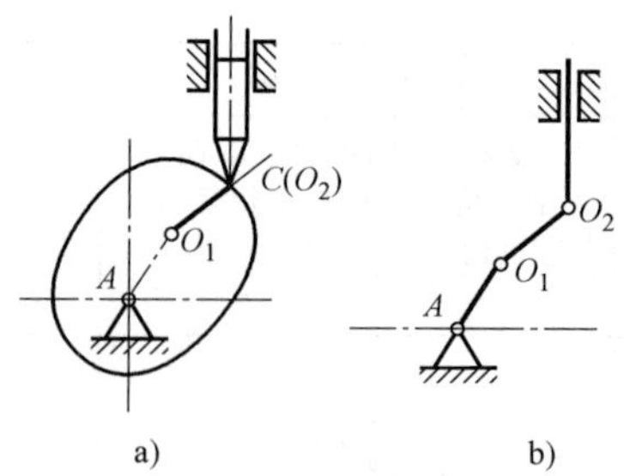

图 11.10-4　高副机构的高副低代（3）

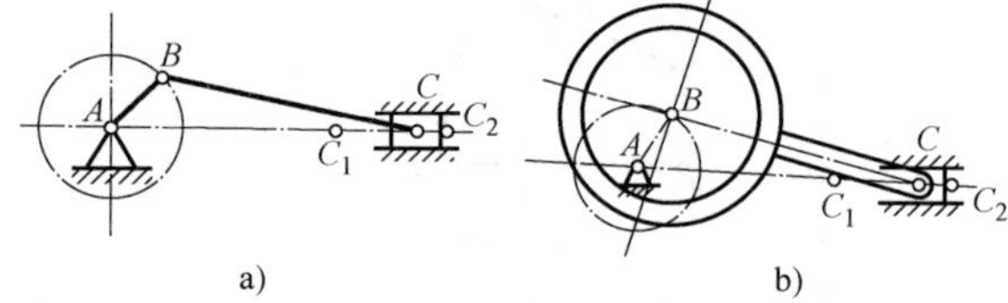

图 11.10-5　转动副的大小的变异与演化

移动副的扩大是指组成移动副的滑块与导路尺寸的增大，并且尺寸增大到将机构中其他运动副包含在其中。如图 11.10-6 所示是由正弦机构构成的冲压机构，将移动副 C 的尺寸扩大，将转动副 A 和移动副 B 包括在其中，由于滑块的质量很大，可产生很大的冲击力。如图 11.10-7 所示是由曲柄滑块机构构成的冲压机构，将构件 3 与滑轨之间移动副 C 扩大，将转动副 A 和移动副 B 包括在其中，由于滑块的质量很大，可产生很大的冲击力。

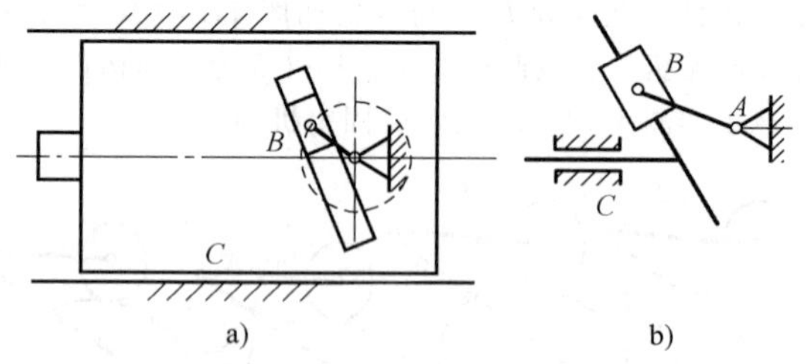

图 11.10-6　冲压机构移动副扩大——正弦机构

（3）运动副元素形状的变异与演化

1）展直。

如图 11.10-8 所示的曲柄摇杆机构中，将杆 3 的长度增大，则 C 点轨迹 β-β 的半径增大至无穷大，即 D 点位于无限远处，此时 C 点将沿直线 β'-β' 移动，即转动副 D 转化成移动副，曲柄摇杆机则演化成偏距 $e\neq0$ 的偏

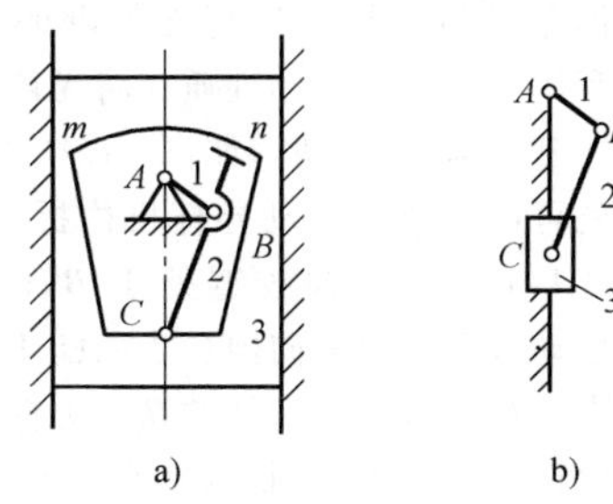

图 11.10-7　冲压机构移动副扩大——曲柄滑块机构

置曲柄滑块机构，如图 11.10-8b 所示，当偏距 $e=0$ 时称为对心曲柄滑块机构，如图 11.10-8c 所示。这种机构常应用在压力机和内燃机等机构中。若继续改变图 11.10-8c 中对心曲柄滑块机构中杆 2 的长度，转动副 C 转化成移动副，又可演化成双滑块机构，如图 11.10-8d 所示。这种机构常应用在仪表和解算装置中。

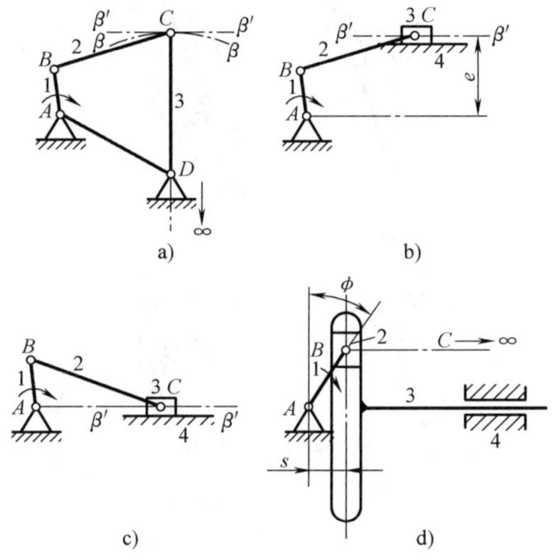

图 11.10-8　曲柄摇杆机构的运动副元素形状的变异与演化

2）绕曲。

楔块机构的斜面接触，如图 11.10-9a 所示，若在移动平面上进行绕曲，就变成盘形凸轮机构的平面高副，如图 11.10-9b 所示，若在水平平面上绕曲就演化成螺旋机构的螺旋副，如图 11.10-9c 所示。

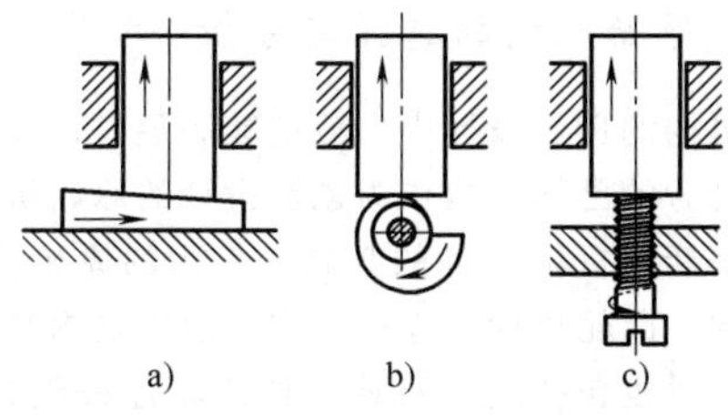

图 11.10-9　楔块机构运动副的绕曲

3）重复再现。

当运动副元素在机构的一个运动周期内重复再现时，原始机构就演化为具有新功能的机构。如图 11.10-10a 所示为一摆动从动件弧面凸轮机构，将摆杆设计成垂直面的圆盘形状，并使高副接触的小滚子沿圆盘轮缘重复再现，就演化成凸轮式间歇运动机构，如图 11.10-10b 所示；如图 11.10-10c 所示为一移动从动件圆柱凸轮机构，将推杆设计成水平面的圆盘形状，并使高副接触的小滚子沿圆盘轮缘重复再现，就演化成凸轮式间歇运动机构，如图 11.10-10d 所示。

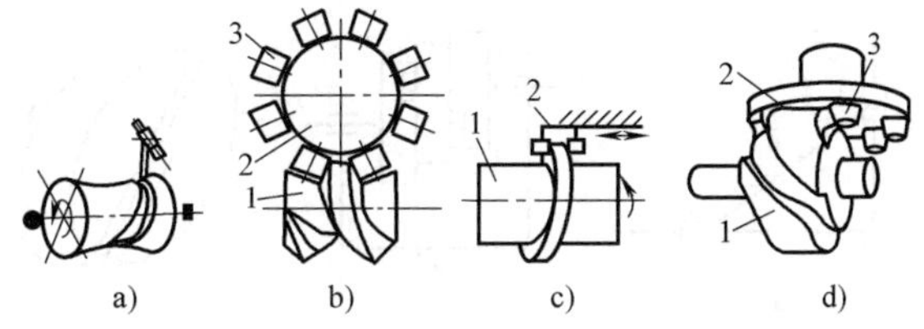

图 11.10-10　运动副元素的重复再现

2.2.3　构件的变异与演化

（1）构件形状的变异

图 11.10-11 为圆盘式联轴器的变异与演化过程，它是由平行四边形机构（见图 11.10-11a），增加虚约束后变为图 11.10-11b，将连架杆 AOD 和 BCE 的形状变为两个圆盘（见图 11.10-11c），可实现一个圆盘转动带动另一个圆盘旋转。进一步缩小机架 OC 的尺寸，继续增加虚约束，以增加运动与动力传动的稳定性和联轴器的连接刚度，形成了圆盘式联轴器，将连杆和两个转动副 A、B 用高副替代，即构造成孔与销的结构，形成了孔销式联轴器，如图 11.10-11d 所示。这种联轴器结构紧凑，常用于摆线针轮减速器的输出装置中。

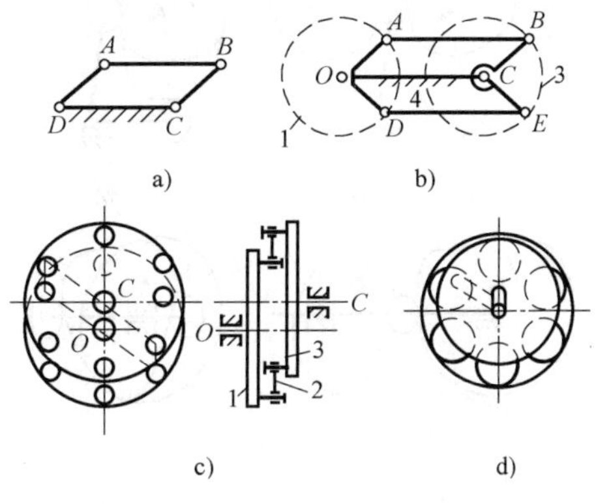

图 11.10-11　联轴器的变异与演化

十字滑块联轴器就是在如图 11.10-12a 所示的双滑块机构的基础上通过构件的变异与演化而成的。在图 11.10-12a 中构件 4 为机架，A、B 为两个固定转动副，当转块 1 为主动构件时，可以通过连杆 2 将转动传递给转块 3，将 1、2、3 构件的形状改变成含有滑槽和凸缘的圆盘形状，如图 11.10-12b 所示，可实现构件 1 和 3 的整周转动。其中连杆 2 变成了如图 11.10-12c 所示的两面各有矩形条状的凸缘圆盘，圆盘 2 的凸缘分别嵌入转盘 1 和转盘 3 相应凹槽内。机架支承两固定转轴，此时当转盘 1 转动时，转盘 3 以同样的速度转动，构成十字滑块联轴器。

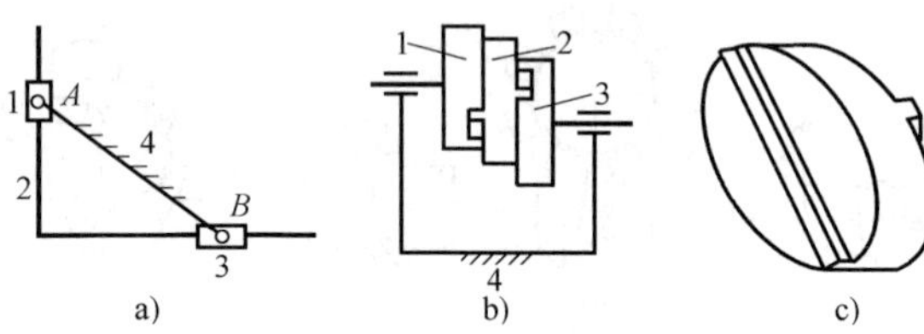

图 11.10-12　十字滑块联轴器的变异与演化

（2）构件的合并与拆分

构件的变异与演化还可以通过对机构中的某个构件进行合并与拆分，以实现新的功能或各种工作要求。

1）构件合并。

共轭凸轮可以看成是由主凸轮和从凸轮合并而成的，如图 11.10-13 所示。图 11.10-13a 和图11.10-13b 为凸轮分开结构，这种结构需要同步驱动装置，而且体积大、成本高、应用较少；如果将主凸轮和从凸轮合并，从动件也相应改变，即可得到合并式共轭凸轮机构，如图 11.10-13c 和图 11.10-13d 所示，这种凸轮机构应用较多。

2）构件拆分。

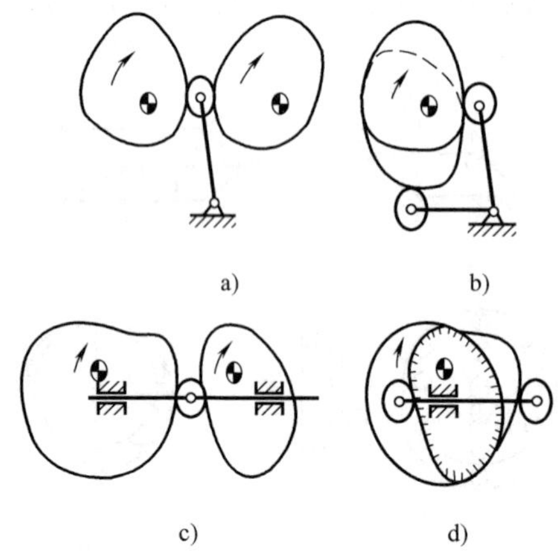

图 11.10-13　共轭凸轮的合并变异

构件的拆分是指当构件进行无停歇的往复运动时，可以只利用其单程的运动性质，将无停歇的往复运动改变为单程的间歇运动。如图 11.10-14 所示内外槽轮机构就可以看成由摆动导杆机构拆分而成的。当如图 11.10-14a 所示机构铰链处于 B（B'）位置时，摆杆的摆动方向与曲柄同向；当曲柄 1 上原处于 B 处的铰链处于 B''位置时，摆杆的摆动方向与曲柄相反，摆动方向改变的位置是曲柄垂直于导杆时的位置，如图 11.10-14b 所示。若以该垂直位置为分界线，把导杆形状改为盘形，则同时把导杆的槽分成两部分，一部分为外槽轮，一部分为内槽轮。当曲柄上的拨销进入外槽轮时，转盘 2 与曲柄 1 的转动方向相反，如图 11.10-14c 所示；当曲柄上的拨销进入内槽轮时，转盘 2 与曲柄 1 的转动方向相同，如图 11.10-14d 所示。

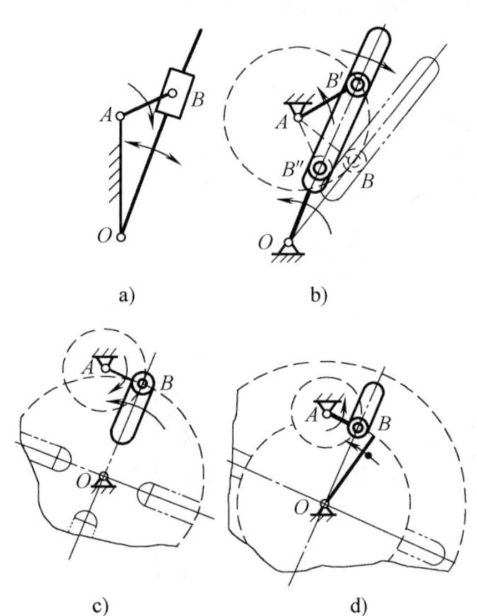

图 11.10-14　摆动导杆机构的拆分变异

2.3　机构运动链的再生

机构运动链再生是首先确定原始已有机构，并分析其机构组成，将原始机构转化成一般运动链，求出一般运动链图谱，将特定化运动链转化成特定化机构，即再生的新机构。

2.3.1　原始机构的选择与分析

在机构的创新设计中一般把能满足设计要求又具有开发潜力的已知机构作为创新设计的原始机构，原始机构是新型机构设计的基础，常用的原始机构有：齿轮机构、凸轮机构、连杆机构、槽轮机构和棘轮机构等。同时也包括组合机构，如齿轮连杆组合机构、凸轮连杆组合机构等。

2.3.2　一般化运动链

将原始运动链一般化的转化原则：

1）将非刚性构件转化为刚性构件；

2）将非连杆形状的构件转化为连杆；

3）将高副转化为低副；

4）将非转动副转化为转动副；

5）各构件与运动副的邻接关系应保持不变；

6）解除固定杆的约束，机构转化为运动链；

7）运动链在转化过程中自由度应保持不变。

常用的弹簧、滚动副、高副、移动副、液压缸和力的一般化图例见表 11.10-4。

表 11.10-4　一般化图例

名称	图　例	一般化	说　明
弹簧		S	两构件之间的弹簧连接，用Ⅱ级杆组代替，中间铰接点标注“S”
滚动副	1 2	R	两构件之间纯滚动接触，形成滚动副，用滚动副 R 代替
高副	1 O_1 2 O_2	HS O_1 1 O_2 2	构件 1 和 2 组成高副，O_1 和 O_2 分别为该高副在接触点的曲率中心，以一杆（HS）、两转动副 O_1 和 O_2 代替
移动副	1 2	P 1 2	移动副用转动副代替并标注“P”
液压缸	1 2	H	两构件之间构成变长度杆，用Ⅱ级杆组代替，中间铰接点标注“H”
力	1 2	$F_p(F_r)$ 1 2	构件 1、2 之间作用力 F，该力的作用效果等价于弹簧力，可用Ⅱ级杆组代替，当为主动力时，中间铰接点标注“F_p”；当为阻力时，中间铰接点标注“F_r”

图 11.10-15 是凸轮机构及其一般化运动链，图 11.10-16 是齿轮机构及其一般化运动链，图 11.10-17 是力作用构件及其一般化运动链，图 11.10-18 是夹持机构及其一般化运动链。

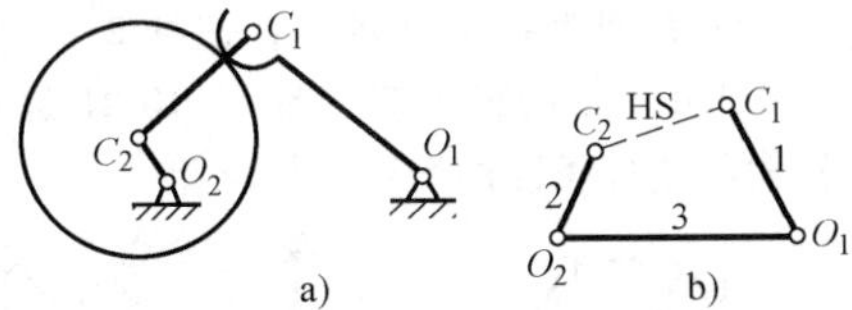

图 11.10-15　凸轮机构及其一般化运动链

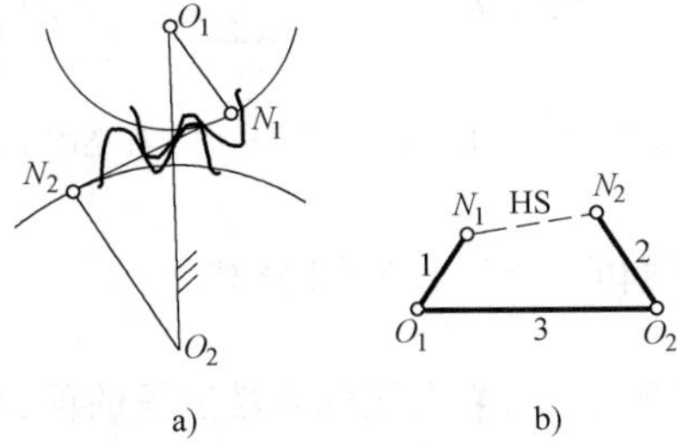

图 11.10-16　齿轮机构及其一般化运动链

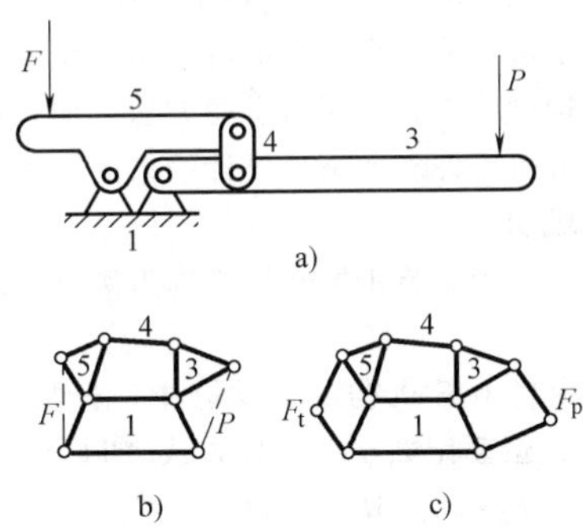

图 11.10-17　力作用构件及其一般化运动链

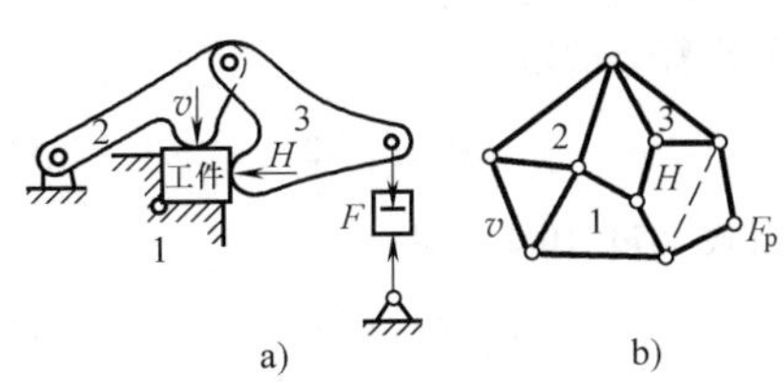

图 11.10-18　夹持机构及其一般化运动链

2.3.3 运动链的连杆类配

将机构转化为一般运动链后，可以得到一个或几个运动链，每一个运动链包含不同数量的运动副和杆，这些运动链的总合称为连杆类配。一般化运动链中的连杆类配可表示为：

$$L_A(L_2/L_3/L_4/\cdots L_n)$$

式中，L_2、L_3、L_4、…、L_n 为具有 2 个运动副、3 个运动副、…、n 个运动副的连杆数量。

连杆类配可分为两类：1）由原始机构转化成的一般化运动链得到的连杆类配，称为自身连杆类配；2）按照自由度不变、连杆数不变、运动副数量不变的原则，由一般化运动链推导出可能构成的连杆类配，称为相关连杆类配。根据相关连杆类配原则，相关连杆类配应满足下列条件：

$$L_2+L_3+L_4+\cdots+L_n=N(\text{连杆数量不变}) \quad (11.10\text{-}1)$$

$$2L_2+3L_3+4L_4+\cdots+nL_n=2J(\text{运动副数量不变}) \quad (11.10\text{-}2)$$

式中 N——运动链中的连杆数量；

J——运动链中的运动副的数量。

将上式代入平面连杆机构自由度公式得

$$F=3(N-1)-2J(\text{自由度不变})$$

得 $$F=L_2-L_4-2L_5-\cdots-(n-3)L_n-3 \quad (11.10\text{-}3)$$

将式（11.10-2）与式（11.10-3）相减得

$$L_3+2L_4+3L_5+\cdots+(n-2)L_n=N-(F+3) \quad (11.10\text{-}4)$$

由式（11.10-1）和式（11.10-4）可以确定组成一般化运动链可能出现的全部可能结构型式。在这些可能的结构型式中，按照组合的方法，加入设计的约束条件，可得到许多能满足设计约束的再生运动链及其相应的机构。

下面以一个单自由度 6 杆机构为例进行运动链的连杆类配。

单自由度 6 杆机构的运动链中，杆数 $N=6$，自由度 $F=1$，运动副数 $J=7$。代入式（11.10-4）中得

$$L_3+2L_4+3L_5+\cdots+(n-2)L_n=2$$

由上式可知：因为 L_2、L_3、L_4、…、L_n 为正整数，所以该运动链中不可能含有 5 个及以上运动副的杆，即 6 杆机构的运动链中只可能含有 4 个运动副元素以下的连杆，所以

$$L_3+2L_4=2 \quad (11.10\text{-}5)$$

根据式（11.10-1）得

$$L_2+L_3+L_4=6 \quad (11.10\text{-}6)$$

同时能满足式（11.10-5）和式（11.10-6）的 6 杆机构连杆类配方案，见表 11.10-5。

表 11.10-5 单自由度 6 杆机构运动链的类配方案

类配方案	L_2	L_3	L_4	$L_2+L_3+L_4$	L_3+2L_4
Ⅰ	4	2	0	6	2
Ⅱ	5	0	1	6	2

方案Ⅰ可表示为 $L_A(4/2/0)$，其连杆类配可用图 11.10-19 表示，方案Ⅱ可表示为 $L_A(5/0/1)$，其连杆类配可用图 11.10-20 表示。

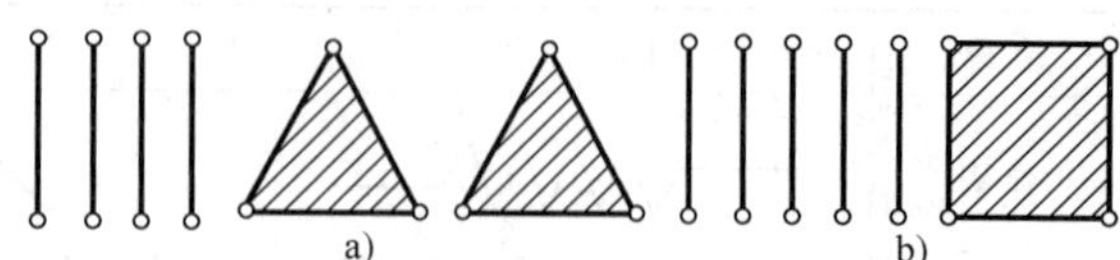

图 11.10-19 6 杆机构的运动链连杆类配

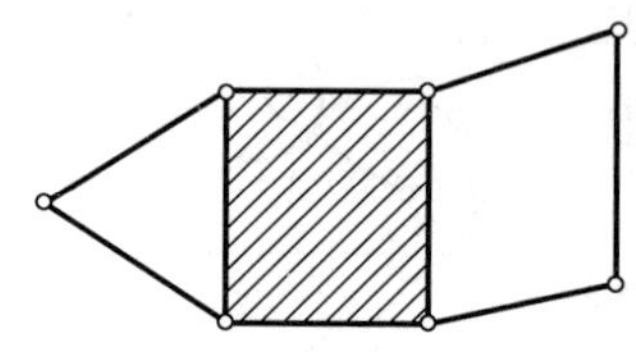
图 11.10-20 运动链 L_A（5/0/1）

将方案Ⅰ和方案Ⅱ中的 2 副元素杆和 4 副元素杆分别进行组合构建新的运动链，按照自由度不变的条件，方案Ⅱ只能构成如图 11.10-20 所示的运动链，而该运动链必然会出现一个由 3 构件构成的刚体，将这样的运动链还原成为 4 杆机构，已不同于原始 6 杆机构运动链的结构，因此 6 杆机构的运动链连杆类配方案只有方案Ⅰ。

将方案Ⅰ中的 4 个 2 副元素杆和 2 个 3 副元素杆进行组合，能得到图 11.10-21a 的史蒂芬孙链（称为Ⅰ型链）和图 11.10-21b 所示的瓦特链（Ⅱ型链）。在图 11.10-21a、b 的基础上，使 1、4 与 5 构成复合铰链，变成图 11.10-21c 所示的Ⅲ型链。在图 11.10-21c所示的Ⅲ型链的基础上，使杆 2、3 和 6 构成图 11.10-21d 所示的Ⅳ型链。图 11.10-21 是 6 杆单自由度机构的连杆类配的全部分析结果。

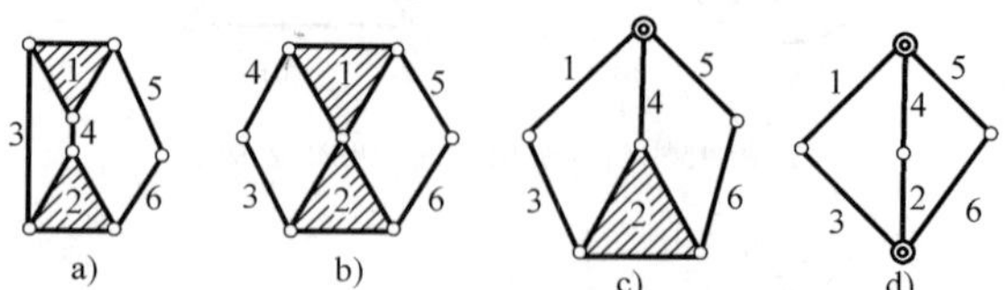

图 11.10-21 6 杆单自由度机构的连杆类配结果

3 机构创新设计案例分析

3.1 案例 1 摩托车尾部悬挂装置的创新设计

下面以摩托车尾部悬挂装置的设计为例，进一步

说明机构的再生运动链及创新设计。

（1）原始机构

选择如图 11.10-22 五十铃越野摩托车后轮悬架机构为原始机构，1 为机架、2 为支承臂、3 为摆动杆、4 为浮动杆，5 和 6 分别为减振器的活塞和气缸。

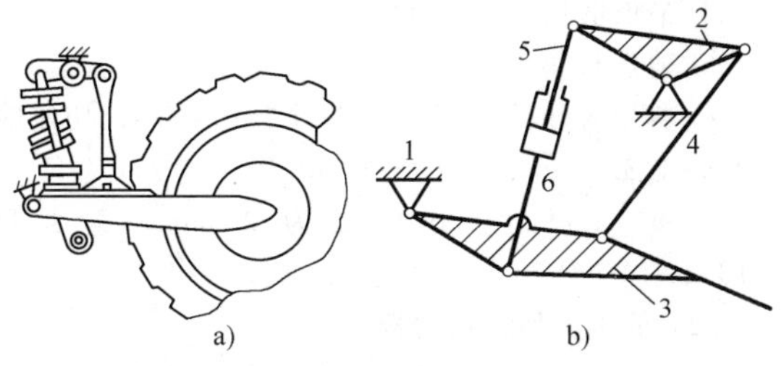

图 11.10-22　五十铃越野摩托车后轮悬架原始机构简图

（2）设计约束

对悬挂系统中的连杆的功能和相互位置关系提出以下约束条件，作为新机构类型的创新设计依据：

1）必须有一个减振器 S；

2）必须有一个固定杆作为机架 G；

3）必须有一个安装后轮的摆动杆 S_w；

4）机架 G、减振器 S 和摆动杆 S_w 必须是不同的构件；

5）摆动杆 S_w 必须与机架 G 相邻。

（3）一般化运动链

将原始机构的机架释放，并将减振器（液压缸）用表 11.10-4 所列图例代替后，得到原始机构转化出的两种基本的一般化运动链，即史蒂芬孙运动链（见图 11.10-21a）和瓦特运动链（见图 11.10-21b）。将两种运动链中的连杆按应用功能进行组合分配。

1）两种运动链取不同的构件为机架，构成非同构形式的 5 种运动链形式，如图 11.10-23 所示。

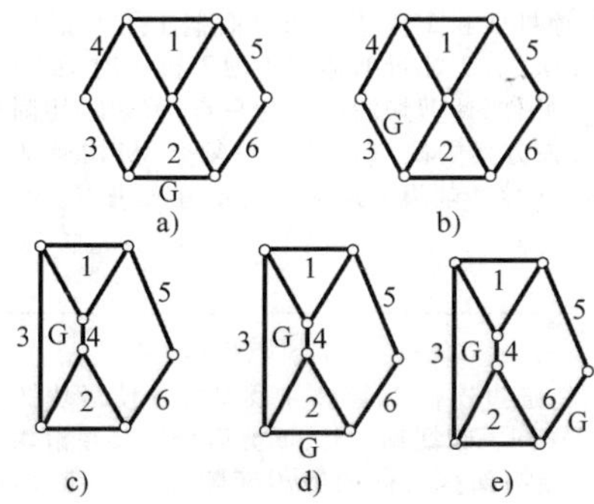

图 11.10-23　满足机架设置要求的再生运动链

2）由于只有Ⅱ级杆组才可以构成减振器，而在图 11.10-23e 中没有可以作为减振器的Ⅱ级杆组，故在安排上机架 G 和减振器 S 后，运动链的非同构形式只有如图 11.10-24 所示的 4 种运动链形式。

3）将图 11.10-24 所示的 4 种运动链形式分别取不同的构件为摆杆 S_w，其可以构成如图 11.10-25 所示的 10 种非同构的结构型式，从而获得 10 种后轮悬挂机构的可行性方案。

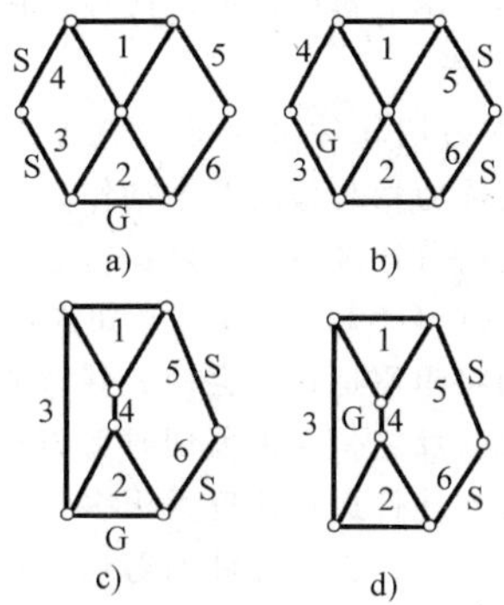

图 11.10-24　满足减振器设置要求的再生运动链

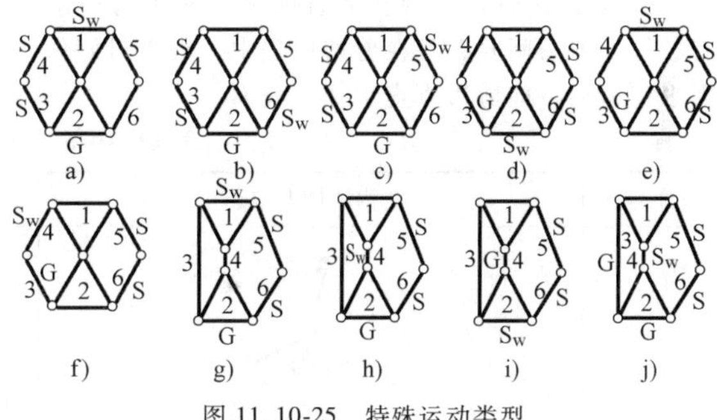

图 11.10-25　特殊运动类型

（4）新机构

对于实际设计问题，其约束是多变的。考虑摆动杆 S_w 必须与机架 G 相邻的约束条件。如图 11.10-25 所示的 10 种方案中只有图 11.10-25a、b、d、f、h、i 能满足实际要求，于是用一般化过程反推得到图 11.10-26 所示的 6 种机构。

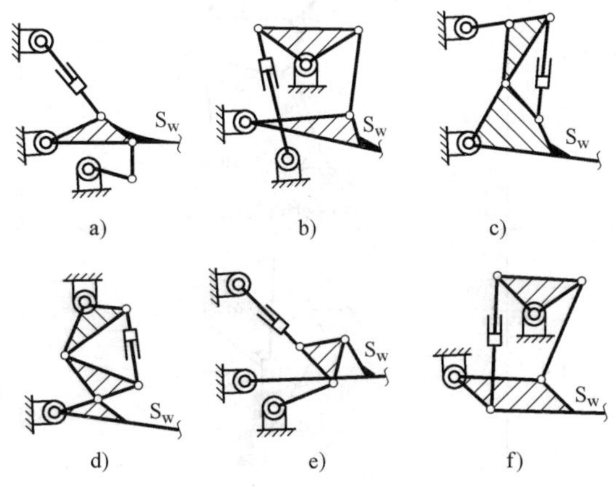

图 11.10-26　满足运动链条件的新机构

3.2　案例2　飞剪机剪切机构的创新设计

（1）飞剪机的功能和设计要求

1）功能。

在轧钢过程中，能够横向剪切运行中轧件的剪切机称作飞剪机，将飞剪机安置在连续轧制线上，用于剪切轧件的头、尾或将轧件剪切成规定尺寸。

2）设计要求。

① 剪刃在剪切轧件时要随着轧件一起运动，即剪刃应同时完成剪切与移动两个动作，且剪刃在轧件运行方向的瞬时分速度应与轧件运行速度相等或稍大于扎件运行速度（不超过3%）。如果小于轧件的运行速度则剪刃将阻碍运行，会使轧件弯曲，甚至产生轧件缠刀事故。反之，如果剪切时剪刃在轧件运动方向的瞬时速度比轧件送行速度大很多，则轧件中将产生较大的拉伸应力，影响轧件的剪切质量并增加飞剪机的冲击载荷。

② 为保证剪切质量和节省能量，两个剪刃应具有较好的剪刃间隙，且在剪切过程中，剪刃最好做平面平移运动，即剪刃垂直于扎件表面。

③ 剪刃不得阻碍轧件的连续运动，即剪刃在空行程时应脱离轧件。

3）性能要求和原始数据

① 最大剪切力：300000N；

② 侧向推力：95000N；

③ 最大剪切截面：20mm×230mm；

④ 最低剪切温度：900℃；

⑤ 剪切材料：碳素钢；

⑥ 剪切时轧件速度：切头时为0.4m/s，切尾时为0.8～1.3m/s；

⑦ 剪刃尺寸：开口度为205mm，重叠量为10mm。

（2）剪机剪切机构的选型

生产中使用的飞剪机剪切机构类型很多，如圆盘式、滚筒式、曲柄摇杆式、摆式等，其结构特点、运动特性及适用范围各不相同，就剪切机构而言，可以是一个基本机构，也可以是组合机构。表11.10-6给出了几种飞剪机剪切机构，在机构选型时进行分析比较、评价选优。

表11.10-6　几种飞剪机剪切机构

序号	结构简图与名称	机构组成、特点及应用
1	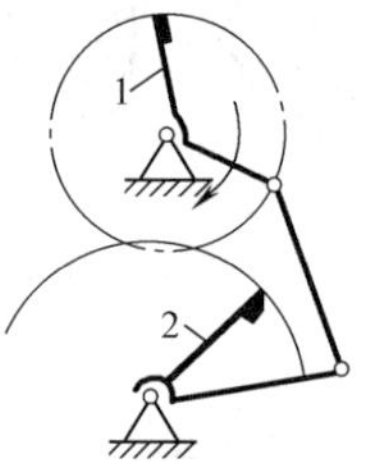 四连杆式剪切机构	上剪刃与曲柄1固连，下剪刃与摇杆2固连。剪切时上剪刃随主动件曲柄1做整周转动，下剪刃随从动件摇杆2做往复摆动。该方案结构简单，剪切速度高，但由于剪切过程中剪刃的间隙变化，所以剪切质量不好，且下剪刃空行程时将阻碍轧件运动
2	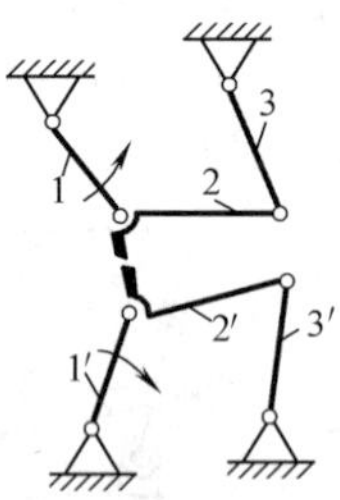 双四杆式剪切机构	由两套完全对称的铰链四杆机构组成，曲柄1与1′同步运动。上、下剪刃分别与连杆2和2′固连。如果曲柄1、1′与摇杆3、3′的长度设计得相差不大，剪刃能近似地做平面平行运动，故剪刃在剪切时切削刃垂直于轧件，使剪切断面较为平直，剪切时切削刃的垂叠量也容易保证。该方案的缺点是结构较复杂，机构运动质量较大，动力特性不够好，故切削刃的运动速度不宜太快
3	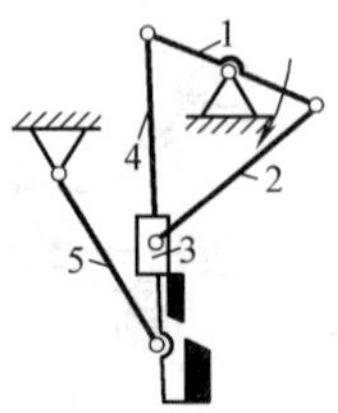 摆式剪切机构	构件1为主动件，通过连杆2、导杆4及摆杆5使滑块3既相对于导杆移动，又随导杆一起摆动。上、下剪刃分别装在滑块3与导杆4上。该机构可始终保持相同的剪刃间隙，故剪切断面质量较好。如果将摆杆5制成弹簧杆，可保证剪切时剪刃随轧件一起运动，剪切结束靠弹簧力返回原始位置。该剪切机构能够剪切截面较大的钢坯

（续）

序号	结构简图与名称	机构组成、特点及应用
4	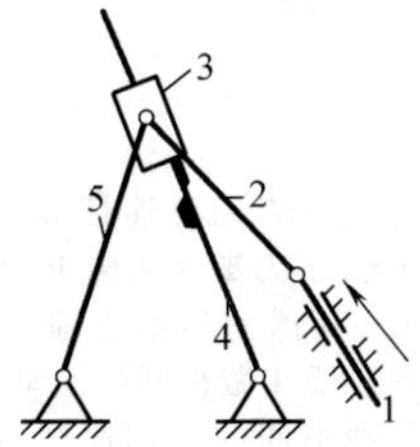 杠杆摆动式剪切机构	构件 1 为主动件，做往复移动，上、下剪刃分别安装在滑块 3 与构件 4 上。当主动件运动时，通过连杆 2 带动摆杆 5 往复摆动。由于构件 2、摆杆 5 与滑块 3 铰接，使其沿构件 4 滑动且带动构件 4 往复摆动。该机构无剪刃间隙变化，但由于主动件做往复移动，使剪刃的轨迹为非圆周的复杂运动轨迹，另外，由于往复运动的惯性，限制了剪切速度，一般用于速度较低的场合
5	 偏心轴式摆动剪切机构	偏心轴 1 为主动件，上、下剪刃分别安装在构件 3 与构件 2 上。偏心轴转动时，上、下剪刃靠拢进行剪切。该剪切机构主要用于剪切钢坯的头部，剪切断面较平直
6	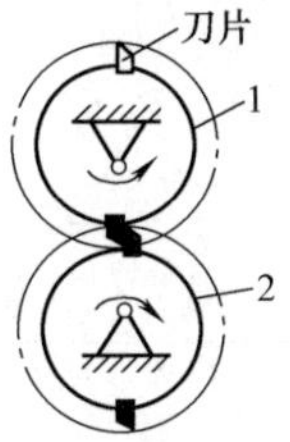 滚筒式剪切机构	上、下剪刃分别安装在滚筒 1、2 上。滚筒旋转时，刀片做圆周运动。当剪刃在图示位置相遇时，对轧件进行剪切。由于这种剪切机构的剪刃做简单的圆周运动，可以剪切运动速度较高的轧件，但由于上、下剪刃之间的间隙变化，剪切断面质量较差，仅适用于剪切线材或截面尺寸较小的轧件
7	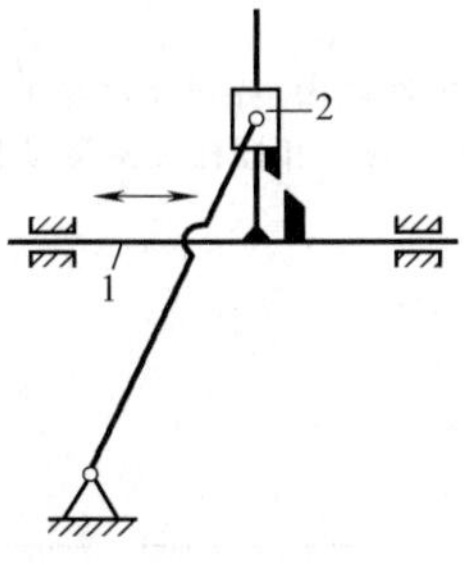 移动式剪切机构	含有两个移动副，移动导杆 1 为主动件，上、下剪刃分别安装在导杆 1 与滑块 2 上。当移动导杆运动时，上剪刃在前进过程中与下剪刃相遇将轧件剪断。该剪切机构剪刃无间隙变化，故剪切度量较好，但由于下剪刃装在移动导杆上，故其运动轨迹为直线
8	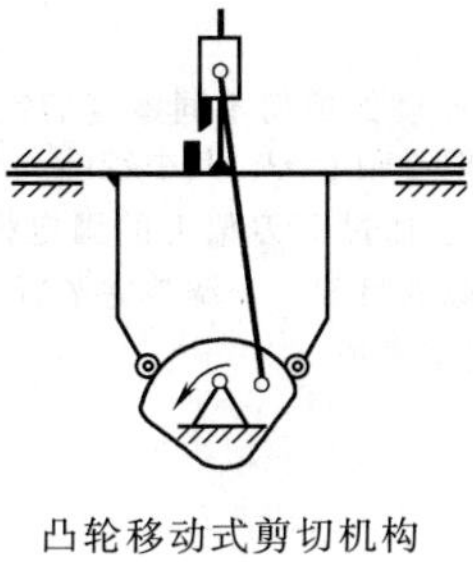 凸轮移动式剪切机构	该机构的执行构件与移动式剪切机构相同，只是主动件采用了等宽凸轮，凸轮机构的从动件则为移动导杆。与移动式剪切机构相比，由于主动件为连续的回转运动，避免了往复运动的惯性，剪切速度可相对提高，其他性能两者大致相同

（续）

序号	结构简图与名称	机构组成、特点及应用
9	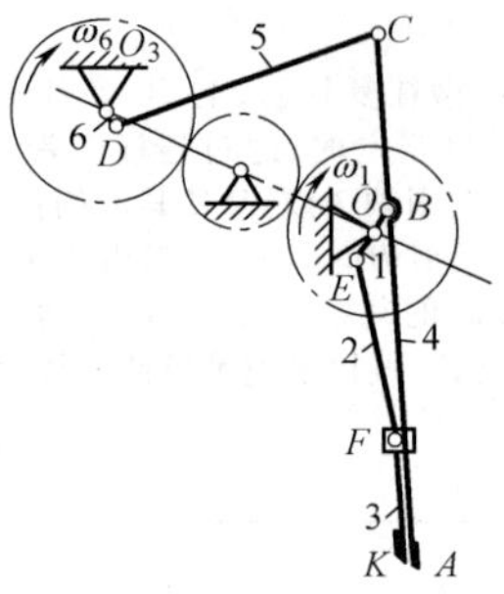 偏心摆式剪切机构	偏心轴1为主动件，偏心 OE 通过连杆2与上刀台3相连，另一偏心 OB 与下刀架4相连，下刀架4上装下刀台。偏心轴6由偏心轴1通过齿轮机构带动，其运动与偏心轴1同步。通过连杆2、5分别带动上刀台3与下刀架4做相同的摆动，同时又有相对移动，以完成剪切运作。为得到不同的剪切速度，还可将连杆5制成弹簧杆
10	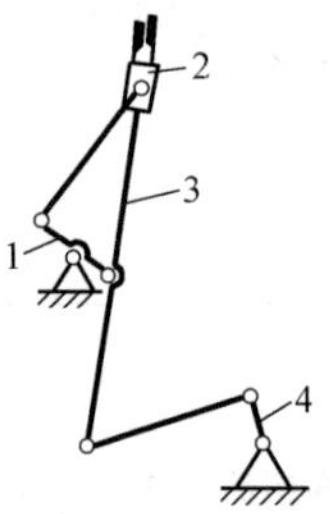 轨迹可调摆式剪切机构	构件1为主动件，下剪刃与滑块2固连，上剪刃固连于导杆3上。构件4为调节构件，可以通过其位置调节剪刃的运动轨迹和剪切位置，以使飞剪在最有利的条件下工作。剪切机工作时，构件4不动
11	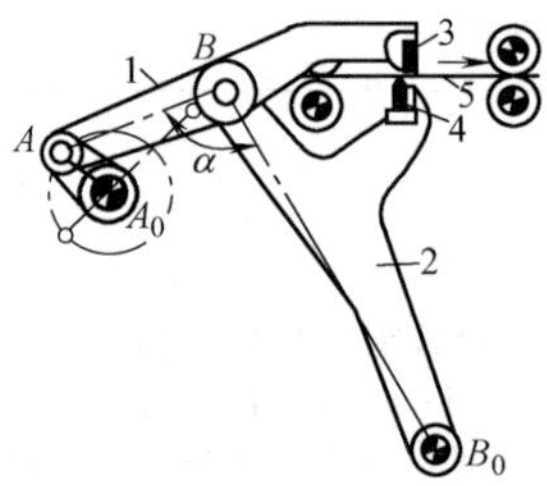 曲柄摇杆式剪切机构	主体机构为曲柄摇杆机构，分别在连杆1和摇杆2上安装上刀片3和下刀片4。由连杆1和摇杆2两运动构件的相对运动将钢带5切断
12	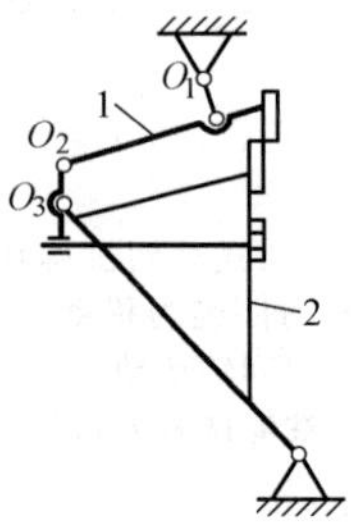 剪刃间隙可调剪切机构	为实现剪切不同厚度的剪切不同厚度的钢板，在上刀架1与下刀架2之间设置一偏心轴 O_2O_3，其中铰链点 O_2 固连于上刀架上，O_3 固连于下刀架上。通过下刀架上的固定螺栓，使偏心轴转动，以达到调整剪刃间隙的目的。当调整完毕后，O_2O_3 不能相对于下刀架运动，即与下刀架固连

（续）

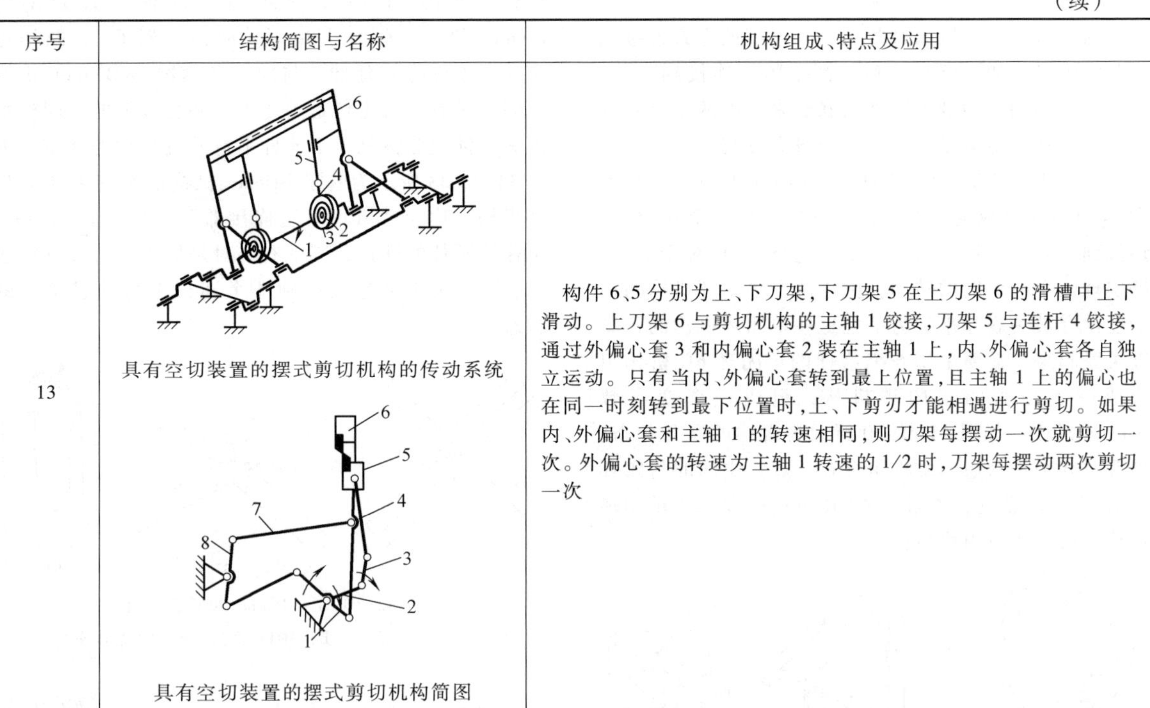

序号	结构简图与名称	机构组成、特点及应用
13	具有空切装置的摆式剪切机构的传动系统 具有空切装置的摆式剪切机构简图	构件 6、5 分别为上、下刀架，下刀架 5 在上刀架 6 的滑槽中上下滑动。上刀架 6 与剪切机构的主轴 1 铰接，刀架 5 与连杆 4 铰接，通过外偏心套 3 和内偏心套 2 装在主轴 1 上，内、外偏心套各自独立运动。只有当内、外偏心套转到最上位置，且主轴 1 上的偏心也在同一时刻转到最下位置时，上、下剪刃才能相遇进行剪切。如果内、外偏心套和主轴 1 的转速相同，则刀架每摆动一次就剪切一次。外偏心套的转速为主轴 1 转速的 1/2 时，刀架每摆动两次剪切一次

（3）飞剪机剪切机构方案评价

考虑满足基本运动形式的要求，即切头、切尾的速度要求及开口度和重叠量的要求。对 13 种方案进行分析、比较，筛选出满足要求的双四杆式剪切机构、摆式剪切机构、偏心摆式剪切机构为初选方案，进一步可以用模糊综合评价法进行评价选优。

3.3　案例 3　折展机构的创新设计

大型空间折展机构往往是由一系列基本折展单元按照一定的机构学原理连接而成的，折展机构网络组网的基础是将两个基本折展机构模块单元可动地连接在一起，可动连接的方式有：1）共用支链连接：两个基本机构模块单元的部分运动支链具有相同的运动度时，两个机构的这部分支链通过共用方式合并到一起；2）共用连杆连接：两个机构通过共用某个刚性体而连接到一起；3）共用附加机构连接：两个机构通过附加在第三个开环或者闭环机构上而连接到一起。

（1）共用支链连接

由于任何两个连杆连接到一个转动副上均具有绕着该转动副的转动自由度，这一点使得任何两个含有转动副的单闭环机构都可以共用两个连杆和一个转动副。如图 11.10-27 所示为两个 5R Myard 折展机构，由连杆 b、e 和转动副 D 所组成的支链与由连杆 c、e 和转动副 C 所组成的支链具有相同的自由度，则可以通过共用这部分运动链把两个相同的折展机构连接到一起，相邻的两个单闭环支链共用了一个转动副和两个连杆，也可以通过共用任何一个具有相同运动度的支链将相邻的两个单闭环机构连接到一起。本方法称为共用支链的可动连接方法。如图 11.10-28 所示为 5R Myard 折展机构单元通过共用部分支链连接而成的四模块伞形机构，a）为展开状态，b）为中间状态，c）为折叠状态。

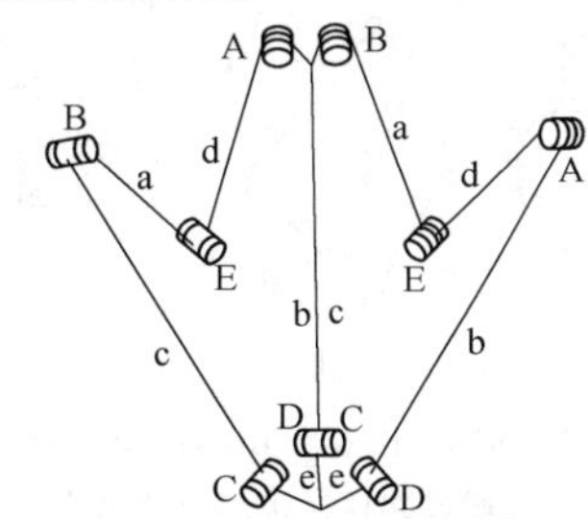

图 11.10-27　两个单闭环 5R 折展机构共支链连接

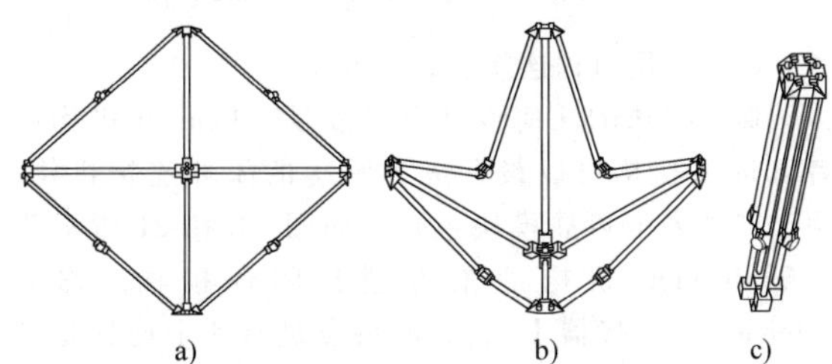

图 11.10-28　由 5R Myard 折展机构单元通过共用部分支链连接而成的四模块伞形机构
a）展开状态　b）中间状态　c）折叠状态

(2) 共用连杆连接

两个机构还可以通过共用一个连杆的方式连接到一起，此时，如果仅有单独的两个闭环连接到一起，则两个闭环的运动度不能被关联起来，即两个单闭环机构可以独立地运动，相互之间没有影响。

如图 11.10-29 所示为两个 Bricard 机构，连杆 f_1 和 c_2 可以合并成为一个公共的连杆而把两个 6R 机构连接到一起。该种连接方式中，连杆 e_1 相对于 d_2 能够实现两个自由度的转动，由于两个单闭环机构的运动度没有被关联起来。为了把这些单闭环机构的运动度关联起来，需要采用 6 个这样的单闭环 6R 机构组合成一个更大的封闭环机构，组成一个变参数 Bricard 机构。如图 11.10-30 所示为机构的展开状态，展开时 6 个正六边形结构组合在一起，中间的封闭环含有 12 个转动副，通过 6 个 6R 机构把该 12R 单闭环机构约束成单自由度机构。

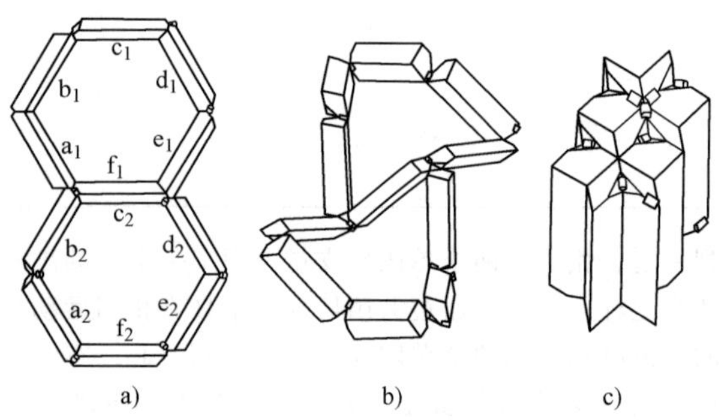

图 11.10-29 两个 Bricard 机构的共杆连接

a) 展开状态 b) 中间状态 c) 收拢状态

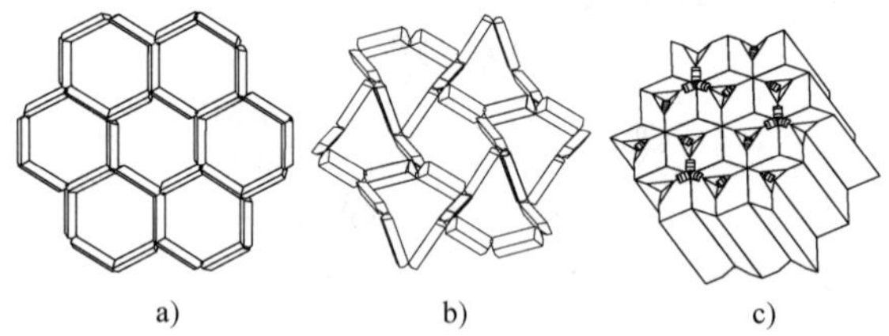

图 11.10-30 由 6 个 Bricard 机构模块单元通过共杆连接而成的网络

a) 展开状态 b) 中间状态 c) 收拢状态

(3) 共用机构连接

通过特殊的几何设计可以发现，Bennett 机构或者 Bricard 机构可以设计成为紧凑的闭环连接机构，用于连接多个可展模块单元。如图 11.10-31 所示为基于 Bennett 机构的紧凑型封闭环机构，称为"Bennett 型连接器Ⅰ"，它的特点是有 4 个连杆是从封闭环机构往外延伸的，在展开状态呈现 X 形，而在收拢状态下 4 个连杆可以无干涉地收拢到 4 个连杆平行并且接触的状态，这四个连杆可以用于连接其他机构。如图 11.10-32 所示是另一种形式紧凑型 Bennett 机构，称为"Bennett 型连接器Ⅱ"，同样也有 4 个连杆往外延伸，与前一种紧凑型 Bennett 机构不同的是有 2 对连杆是始终平行并且接触的，同样可以无干涉地收拢到 4 个连杆平行并且接触的状态。如图 11.10-33 所示为基于 Bricard 机构的紧凑型闭环折展机构，称为"Bricard 型连接器"，它的特点是有 6 个往外延伸的连杆，其中有 3 对是始终平行并且接触的，可以无干涉地收拢到 4 个连杆平行并且接触的状态。

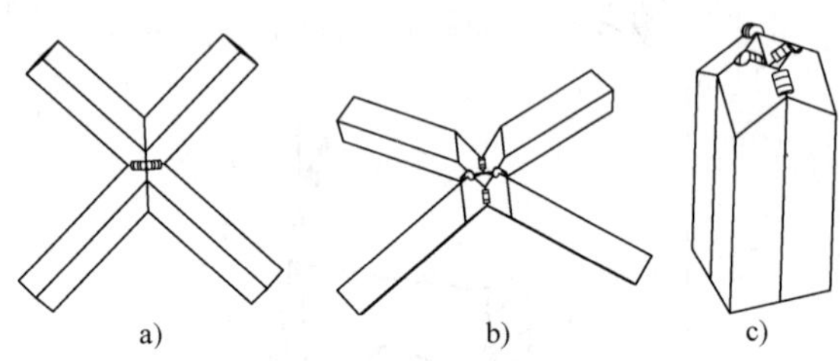

图 11.10-31 Bennett 型连接器Ⅰ

a) 展开状态 b) 中间状态 c) 收拢状态

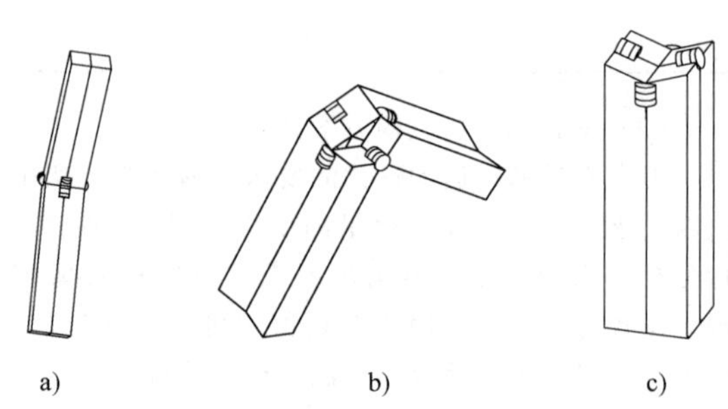

图 11.10-32 Bennett 型连接器Ⅱ

a) 展开状态 b) 中间状态 c) 收拢状态

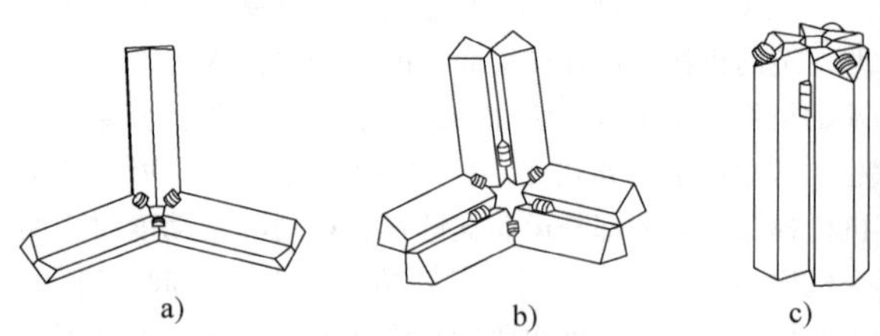

图 11.10-33 Bricard 型连接器

a) 展开状态 b) 中间状态 c) 收拢状态

Bennett 型连接器Ⅰ可以用于 Bennett 机构网络的构建，如图 11.10-34 所示是由 4 个 Bennett 封闭环机构通过共用 4 个 Bennett 型连接器Ⅰ而组成的可展网络，机构可以紧凑地收拢到所有连杆平行并且接触的收拢状态。

采用 Bricard 型连接器可以把三个 Y 形折展 6R Bricard 机构单元连接到一起，整个机构连接后仍为单自由度机构，机构网络折展状态如图 11.10-35

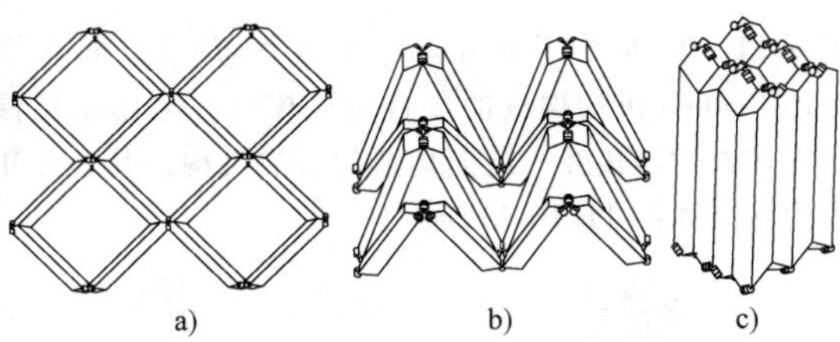

图 11.10-34　基于 Bennett 型连接器 I 的 Bennett 机构组网
a) 展开状态　b) 中间状态　c) 收拢状态

所示。

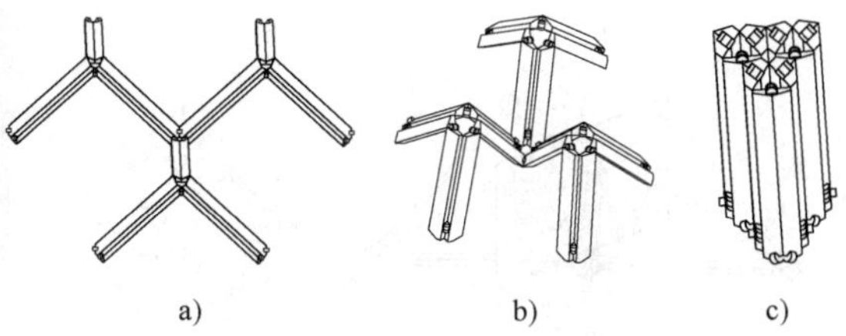

图 11.10-35　基于 Bricard 型连接器的 Y 型 Bricard 机构组网
a) 展开状态　b) 中间状态　c) 收拢状态

基于紧凑型封闭环机构的可动连接方式，两个闭环机构也可以以非紧凑型的封闭环机构可动地连接到一起。如图 11.10-36 所示是两个 Y 形折展 6R Bricard 机构单元通过共用一个非紧凑型的 Bennett 机构可动地连接到一起，机构可以紧凑地收拢到所有连杆平行并且接触的收拢状态，机构网络折展状态。

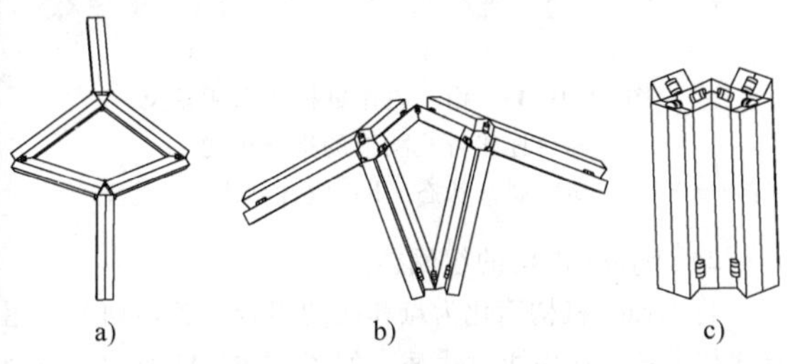

图 11.10-36　基于非紧凑型 Bennett 连接器的 Y 型 Bricard 机构组网
a) 展开状态　b) 中间状态　c) 收拢状态

如图 11.10-37 所示是三个 Y 形折展 6R Bricard 机构单元通过共用一个非紧凑型的 Bricard 机构而可动地连接到一起而构成的单自由度多闭环机构，机构可以紧凑地收拢到所有连杆平行并且接触的收拢状态，机构网络折展状态。

(4) 典型机构单元的大尺度组网

1) 4R Bennett 机构的组网。

如图 11.10-38 所示是 4R Bennett 机构通过共杆的可动连接方式构成大尺度的折展机构网络。在多模块的组网当中，它也是一种基于紧凑型 Bennett 机构的共闭环机构的连接方式，每 4 个 Bennett 模块通过共杆方式实现可动连接，4 个共用杆的交汇处形成了一个紧凑型的 Bennett 机构。Bennett 机构也可以通过空间剪叉机构与共紧凑型 Bennett 机构联合实现组网。如图 11.10-39 所示，两个几何参数完全相同的 Bennett 机构通过剪叉机构 G 连接，杆件 FG 和 GT 固连为一个杆件 FT，杆件 HG 和 GR 固连为一个杆件 HR，相当于杆件 FT 和杆件 HR 共用转动副 G，形成剪叉式 Bennett 机构的可动连接，剪叉 Bennett 机构的完全展开状态，最终各个杆件的轴线相互平行，达到完全收拢状态。

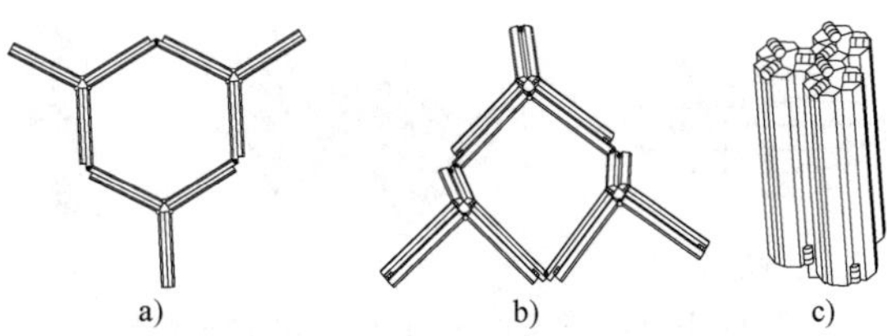

图 11.10-37　基于非紧凑型 Bricard 连接器的 Y 型 Bricard 机构组网
a) 展开状态　b) 中间状态　c) 收拢状态

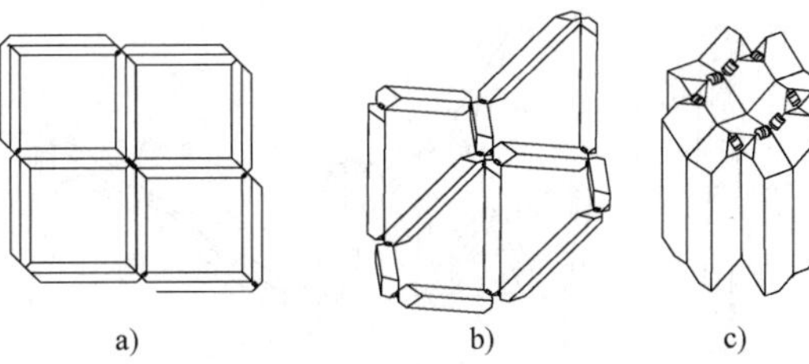

图 11.10-38　由 4R Bennett 机构模块单元通过共杆连接组成的网络
a) 展开状态　b) 中间状态　c) 收拢状态

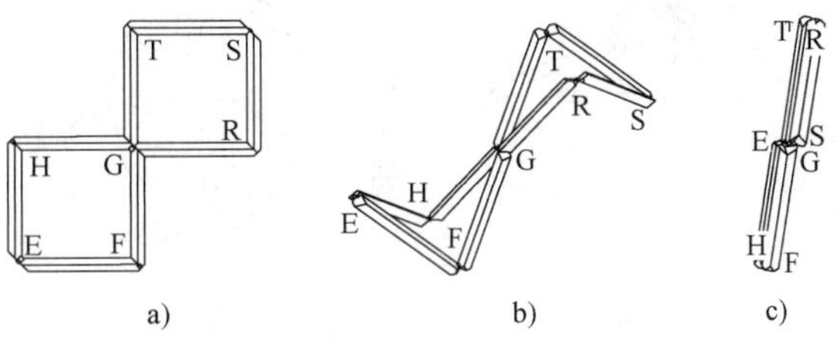

图 11.10-39　剪叉式 Bennett 机构示意图
a) 展开状态　b) 半展开状态　c) 收拢状态

通过同时采用剪叉机构连接和共用紧凑型 Bennett 机构连接方式，则也可以把 Bennett 机构连接成为大尺度折展网络，如图 11.10-40 所示。

通过共用附加机构连接方式也可以对 Bennett 机构进行可动连接，如图 11.10-41 所示，中间连接处形成的 6R 机构为 Bricard 机构，其中转动副 A、B 和

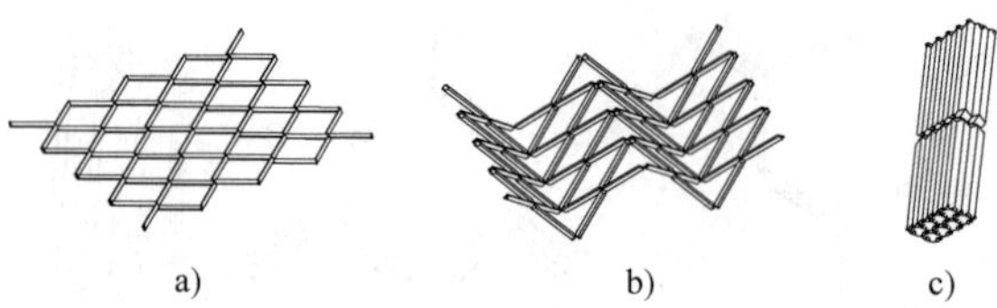

图 11.10-40　剪叉式 Bennett 机构扩展示意图
a）展开状态　b）半展开状态　c）收拢状态

C 的轴线相交于一点 R，转动副 E、F 和 G 的轴线相交于另外一点 T。

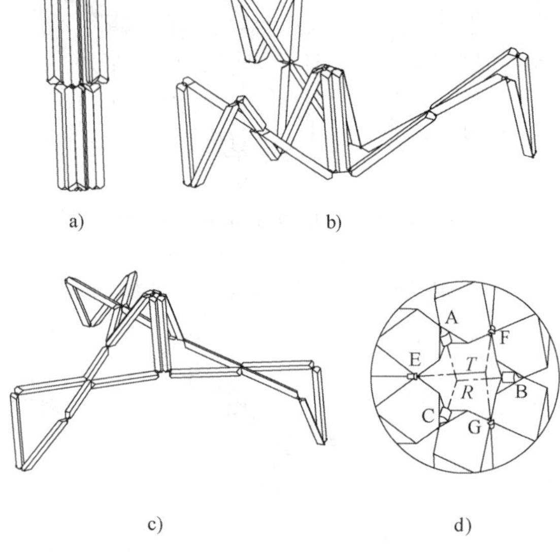

图 11.10-41　基于剪叉 Bennett 机构的单自由度模块
a）收拢状态　b）半展开状态
c）最大展开状态　d）中间连接处

将 4 个 Bennett 机构通过共用附加机构连接方式实现可动连接，如图 11.10-42 所示为 4 个 Bennett 机构组成的基本模块从完全收拢状态到完全展开状态。由于模块由 4 个单自由度 Bennett 机构组成，因此模块的自由度由中间连接处形成的 $8R$ 机构所决定。对模块的实际运动分析可知，模块的自由度不唯一，但是在不加任何限制条件的情况下，模块从收拢状态到完全展开状态的整个过程中，整个机构是关于如图 11.10-42c 中的平面 α 和 γ 对称的，即在图 11.10-42d 的 $8R$ 机构中，分别以 A、B、C 和 D 为轴线展开的角度始终是相等的，从而可以证明 E、F、G 和 H 的轴线始终交于一点。由于间隔的 Bennett 机构展开状态相同，相邻的展开状态一般不相同，这样过 A、B、C 和 D 的轴线一般不再交于一点，而是分别交于关于平面 α 和 γ 对称的不同的两点，同样可以得到如图 11.10-42b 转动副 T 和 R 的轴线交于一点，转动副 U 和 S 的轴线一般交于另外一点，这两个不同的交点位于图 11.10-42c 中平面 α 和 γ 的交线 $\overline{MN}$ 上。将多个上述 Bennett 机构构成的二自由度模块，采用正反梯台连接方式连接在一起而构造的折展机构，其展开和收拢状态如图 11.10-43 所示。

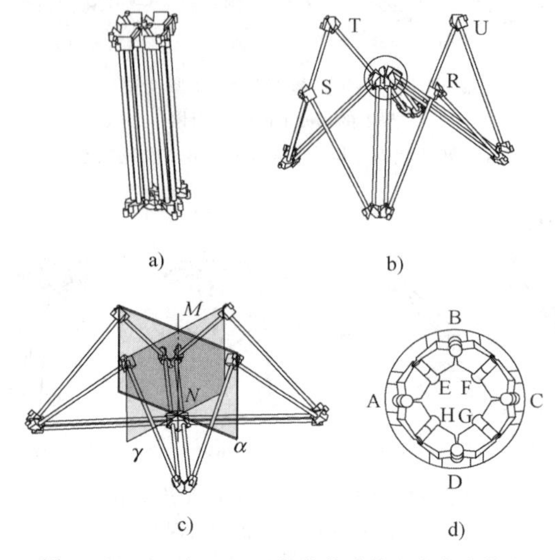

图 11.10-42　由 Bennett 机构构造的二自由度模块
a）收拢状态　b）半展开状态
c）展开状态　d）中间连接处

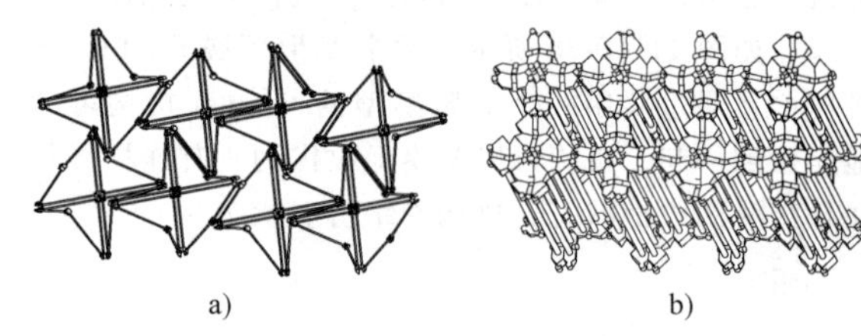

图 11.10-43　由二自由度模块采用正反梯台连接方式构造的折展机构
a）展开状态　b）收拢状态

2）Myard 机构的组网。

将 Myard 机构简化为点和线的组合，各转动关节用点代替，各连杆用线段代替，如图 11.10-44 所示，一个 Myard 机构单元可以展开成一个平面构型，即等腰三角形。三角形的三个顶点为 A、B、D，点 C 为杆 2 和 3 的连接点，即边 BD 的中点，此三角形的顶角为原 U 副所在位置，大小为 $2\alpha_{12}$，两底角的大小均为 $90°-\alpha_{12}$。由于单个 Myard 机构完全展开后形成的三角形顶角为 $2\alpha_{12}$，那么 n 个 Myard 机构通过伞式连接装配在一起展开后会形成一个正 n 边形，则 $2\alpha_{12}\cdot n=2\pi$，即推出满足伞式装配方式的几何协调条件为 $\alpha_{12}=\pi/n$。此新型机构完全展开后可构成一个平面正 n 边形，完全折叠后形成一捆，各杆均平行布置且垂直于中心底座，展开折叠过程像雨伞打开合拢过程一样，因此称此机构为伞形折展机构。图 11.10-45 为基于 Myard 机构的伞形折展机构的实体模型图，展示了展开、中间和折叠三个状态，且满足 $\alpha_{12}=30°$；当 $\alpha_{12}=45°$时，伞形折展机构如图 11.10-46 所示；当 $\alpha_{12}=60°$时，伞形折展机构如图 11.10-47 所示。三种机构的中心底座分别采用正六边形、正方形和三角形底座，在棱边上均匀布置转动副与长杆相连，完全展开后分别形成正六边形、正方形和等边三角形构型。

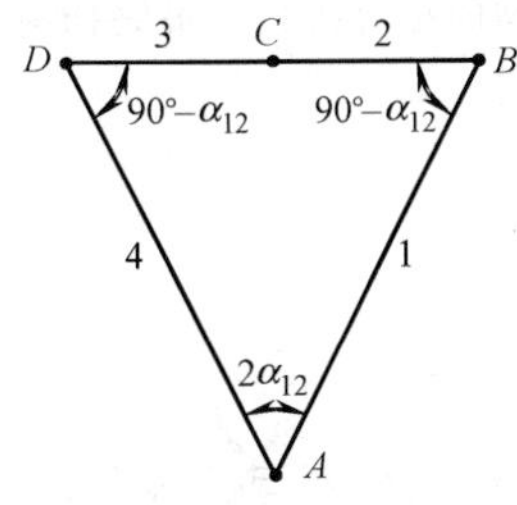

图 11.10-44　由 Myard 机构展开的平面三角形

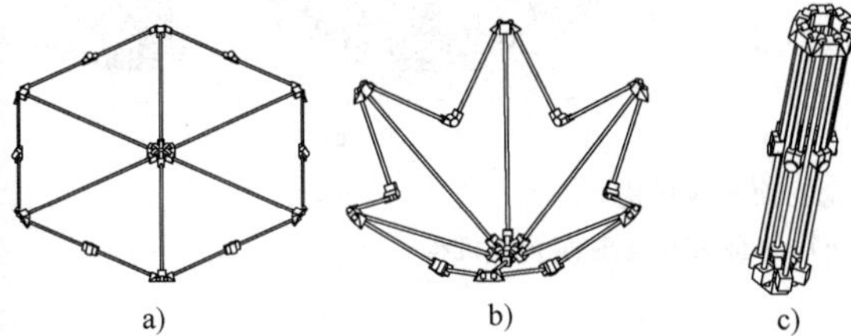

图 11.10-45　$\alpha_{12}=30°$的 Myard 机构的伞形折展机构的实体模型图
a）展开状态　b）中间状态　c）收拢状态

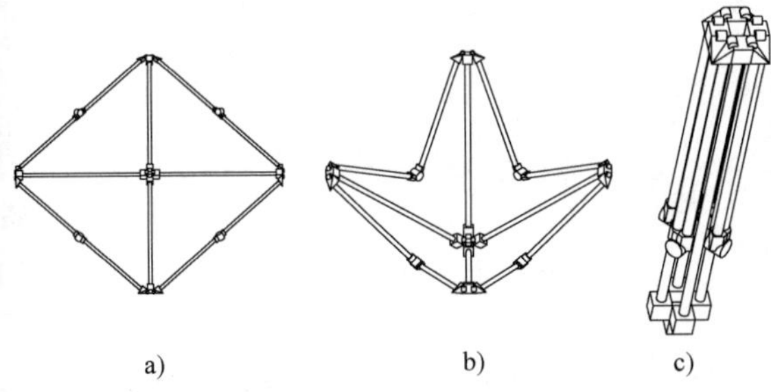

图 11.10-46　$\alpha_{12}=45°$的 Myard 机构的伞形折展机构的实体模型图
a）展开状态　b）中间状态　c）收拢状态

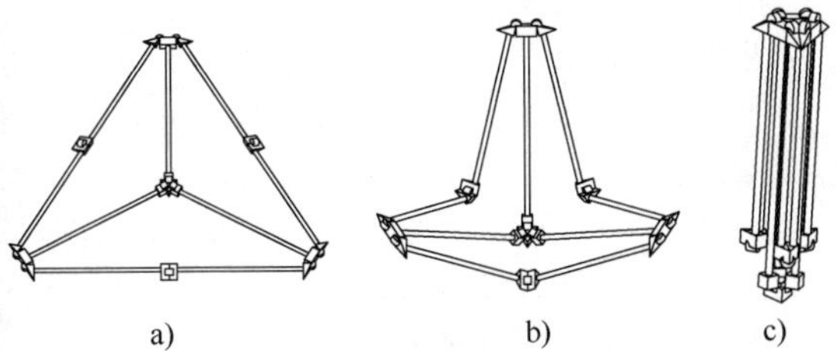

图 11.10-47　$\alpha_{12}=60°$的 Myard 机构的伞形折展机构的实体模型图
a）展开状态　b）中间状态　c）收拢状态

按照上述装配方法，可以对满足$\alpha_{12}=45°$和 $\alpha_{12}=60°$的 Myard 机构进行装配扩展，分别构造出另外两种第Ⅰ类大尺度空间折展机构。如图 11.10-48 所示为满足 $\alpha_{12}=45°$的 Myard 机构进行伞形-闭环装配的模型图，验证了其运动折展特性。如图 11.10-49 所示为满足 $\alpha_{12}=60°$的 Myard 机构进行伞形-闭环装配的模型图，验证了其运动折展特性。

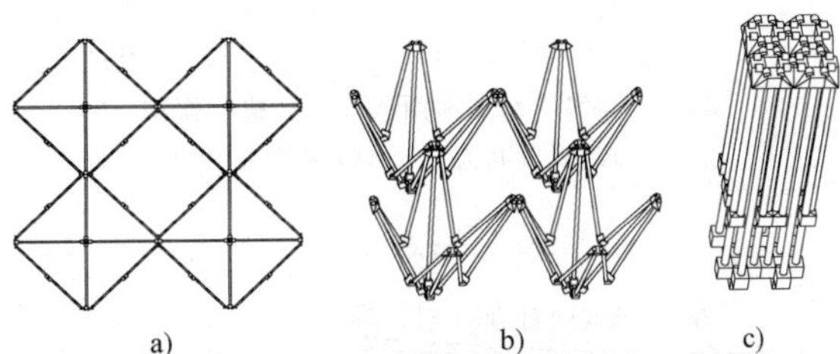

图 11.10-48　第Ⅰ类基于 $\alpha_{12}=45°$的 Myard 机构装配模型图
a）展开状态　b）中间状态　c）收拢状态

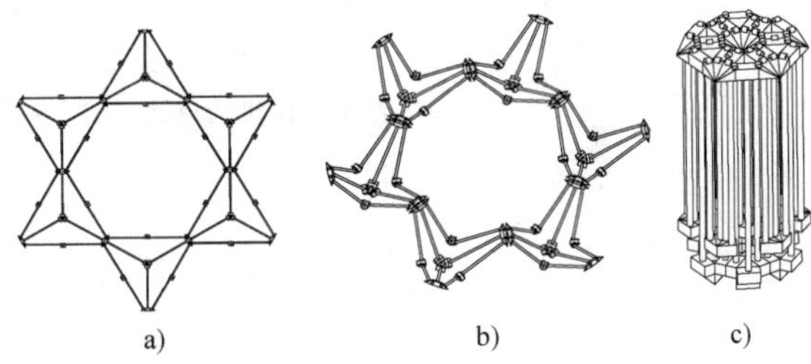

图 11.10-49　第Ⅰ类基于 $\alpha_{12}=60°$的 Myard 机构装配模型图
a）展开状态　b）中间状态　c）收拢状态

对空间大型模块化折展机构而言，组网方式与机构的性能有着密切的联系。从结构刚度和稳定性角度考虑，多层的桁架式结构能承受更高的载荷。如图 11.10-50 所示是一个更大的模块网络。

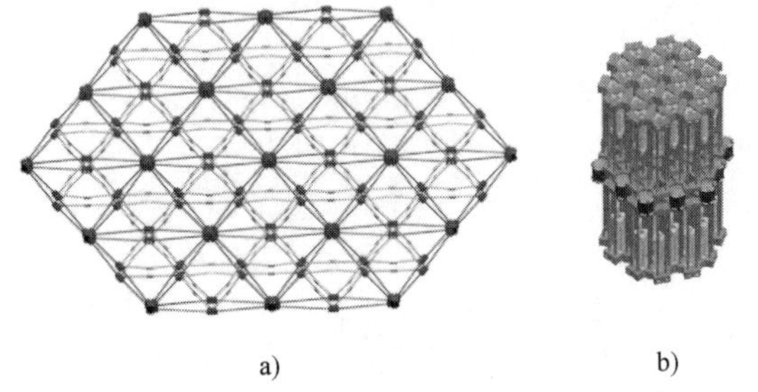

图 11.10-50　大型双层桁架式折展机构网络
a）大型网络展开状态　b）大型网络收拢状态

同样，6R Bricard 机构模块之间的连接可以采用公用机构连接的方式，即用转动副连接相邻模块之间的竖直杆，最后可以得到如图 11.10-51 所示的大型双层式曲面桁架机构。

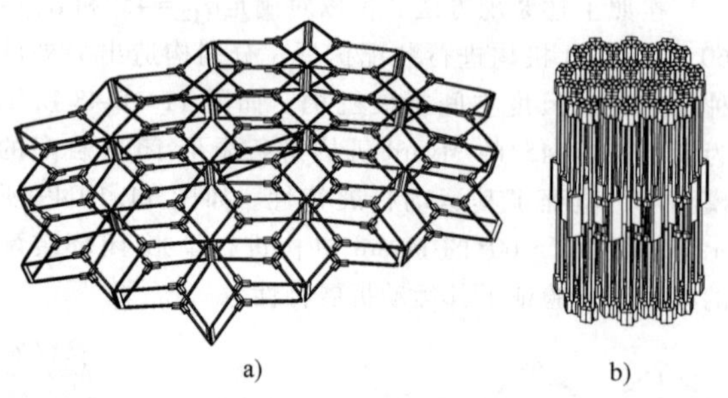

a)　　b)

图 11.10-51　双层曲面天线背架机构模型
a）展开状态　b）收拢状态

如图 11.10-52 所示，通过基本平面机构单元沿中心杆进行周向阵列构成折展模块，折展模块中的 6 个基本平面折展机构单元通过带有预张力的柔性索连接实现刚化。将多个折展模块通过变角度或者变杆长的方法进行抛物面拟合拼接，最终构建出大口径折展抛物面天线机构。

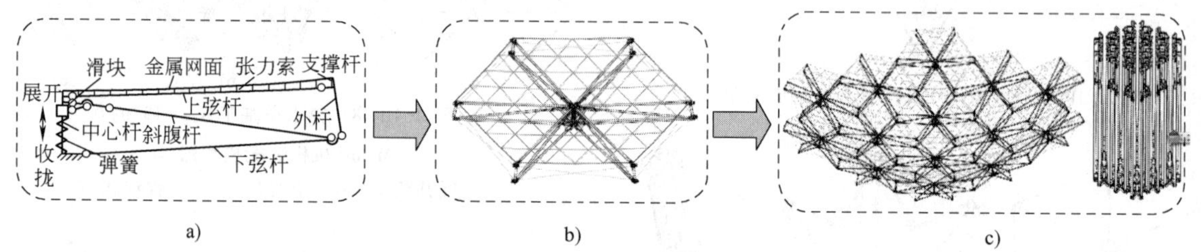

a)　　b)　　c)

图 11.10-52　大口径折展抛物面天线机构
a）基本平面机构单元　b）折展模块　c）大型柔性反射面天线机构

第11章　机构系统方案设计

1　机构系统方案设计的基本知识

1.1　机构系统方案设计的主要步骤

机构系统是由若干执行机构组成的协调执行系统，用以完成工艺动作过程，达到实现总功能的要求。以下是机构系统方案设计的主要步骤。

（1）总功能要求

组成机器的机构系统要实现多个功能要求，各个功能的集成构成了机器的总功能要求。

（2）工艺动作过程的分解与实现

工艺动作过程的分解是指将工艺动作过程分解为若干个执行动作。工艺动作过程的实现是寻求实现分解得到的若干执行动作的可行机构类型。

（3）执行机构系统的方案设计及评价和选择

由于实现某一执行动作的机构方案不是唯一的，因此执行机构系统可行方案一般有很多可选方案，在众多的可行方案中按照一定的评价方法评价和选择最优的方案。

（4）执行机构系统的尺寸参数设计

执行机构系统方案的确定中，一般先确定各执行机构的类型。选择机构类型实现机械的工艺动作过程应根据机械的运动循环图所表达的执行构件的运动规律及运动时间关系来进行各执行机构的尺寸参数设计，这是一个循环往复选择、设计的过程。

1.2　机构系统方案设计的原则

机构系统方案设计就是根据总功能要求，提出所设计机器的基本功能和机构系统组成，通过类型和尺寸参数设计及方案优选，形成机构运动简图。机构系统方案设计是一个创新设计的过程，可以有多种不同的运动设计方案，各种运动设计方案可能又各具特色。确定运动方案是设计的最关键过程。一个机构系统一般是由原动机、不同类型的传动机构和执行机构并经适当组合而成的，用以实现不同工艺动作过程要求。机构系统方案设计的目的是从运动学角度考虑绘制出其性能完全满足设计要求的机构运动简图。首先，选择执行机构；其次，选择动力源；第三，设计传动和执行机构系统。机构系统方案设计一般应遵循以下基本原则：

（1）传动链应尽可能短

影响一部机器传动链过长的因素主要有：

1）一部电动机带动多条传动链，使中间传动环节过于复杂。

2）动力源安装位置距执行机构过远。

3）变换运动形式及转动方向的环节太多。

过长的传动链会引起传动精度和传动效率的降低，增加成本，或使故障率增加、可靠性降低。因此，设计中应尽量避免过长的传动链。

（2）机械效率应尽可能高

某些传动机构的效率较高，而另一些传动机构的效率较低。如齿轮传动效率较高而蜗杆传动和丝杠传动的效率均较低。一部机械的效率决定于组成机械的各机构效率的乘积，因此合理地选择传动机构非常重要。尤其是在主传动中，因其传递功率较大，所以更应使用传动效率高的机构。但也并不能因某机构传动效率低而完全不在主传动中采用，应全面比较其利弊后，再做决定。所占空间大小，成本高低，使用寿命长短等均应作为比较条件。

（3）传动比分配应尽可能合理

一部机器的总传动比一经确定之后，还应将其合理地分配给整个传动链中的各级传动机构。传动比的大小不应超出各种机构的常规范围，否则将造成机构尺寸增大，性能降低。带传动宜用于传动比 $i\leqslant5$，直齿圆柱齿轮传动比 $i\leqslant8$，链传动传动比 $i\leqslant5$。多级齿轮传动视情况可选用大传动比减速器代之。当传动链为减速时，从电动机至执行机构间的各级传动比一般宜由小到大，这样有利于中间轴的高转速、低转矩，使轴及轴上零件有较小的尺寸，使机构结构紧凑。

（4）传动机构的安排顺序应尽可能恰当

带传动不宜传递大转矩，因此多安排在传动链的高速端，如安排在电动机轴一端，同时它还可起到减振的作用。凸轮机构能实现复杂的运动规律，但一般不能承受太大的载荷，所以安排在传动链的低速端。连杆机构不宜用于高速，常用于低速机械，或机械传动链的末端。斜齿圆柱齿轮运转平稳，用于传动链高速端较直齿圆柱齿轮有更大的优越性。传动机构的安排顺序有很大的灵活性，它与机器的功用、运转速度、运动形式等都有密切的关系，所以其安排顺序并非一成不变。

（5）机械的安全运转必须保证

机械运转必须满足其使用性能要求，但设计中对安全问题绝不可忽视。起重机械在重物作用下不可倒转，为此，可使用自锁机构，或安装制动器完成此项功能。某些机械为防止过载损坏，可安装安全联轴节或采用过载打滑的摩擦传动机构。在封闭狭窄空间中工作的多自由度机器人，为防止出现意外的超作业空间运动，可在手臂的某些关键部位安装上光电传感器，以限定其所达到的最远位置。

2 机构系统的协调设计与运动循环图

2.1 机构系统的工艺动作设计

执行机构系统一般由一系列执行机构组成，执行机构系统是组成机器的重要组成部分。一台机器的功能是要完成一系列工艺动作过程，一个公益动作过程又可以分解为若干个工序。根据机器总功能的要求，首先应选择机器的工作原理，机器完成同一种功能，可以应用不同的工作原理来实现。例如印刷机可以采用平版印刷工作原理，也可以采用轮转式印刷工作原理。工作原理的选择与产品加工的数量、生产率、工艺要求、产品数量等有密切关系。在选定和构思机器的工作原理时，不应墨守成规。构思一个优良的工作原理可使机器的结构既简单又可靠，动作既巧妙又高效。

2.2 机构系统的集成设计

机械系统的设计目标是实现所要求的功能。机械系统的设计包括：确定功能要求、选择工作原理、构思工艺动作过程、分解工艺动作过程为若干执行动作、创新或选定执行机构、执行机构的集成等。机械运动系统的集成设计是指如何将确定的执行机构按工艺动作过程要求进行系统集成，使机械运动系统中各执行机构之间达到运动协调、使系统整体功能达到综合最优。

下面是机械运动系统集成设计的基本原理。

（1）合理地分解工艺动作过程

在机械总功能和工作原理确定后，工艺动作过程的类型一般比较有限。将工艺动作过程分解成若干执行动作时应充分考虑这些执行动作能否用比较简单的执行机构来完成。同时也应考虑前后两执行动作的衔接的协调和有效的配合。总之，分解工艺动作过程要符合下列原则：

1）动作的可实现性。分解后的动作能被机构实现，因此设计人员应全面掌握各种机构的运动特性。

2）动作实现机构的简单化。即所需实现的动作尽量采用简单机构，有利于机械运动系统的设计、制造。

3）动作的协调性。前后两执行机构产生的动作要相互协调和有效配合，尽量避免两执行机构产生运动会发生干涉和运动不匹配。

（2）选择合适的执行机构

对分解工艺动作过程后所得的若干执行动作要进行详细分析，包括它们的运动规律要求、运动参数、动力性能、正反行程所需曲柄转角等。选择执行机构应符合下列要求：

1）执行构件的运动规律与工艺动作的一致性；

2）执行构件的位移、速度、加速度（包括角位移、角速度、角加速度）变化要有利于完成工艺动作；

3）前后执行构件的工作节拍要基本一致，否则无法协调工作；

4）执行机构的动力特性和负载能力要能满足工艺动作要求；

5）机械运动系统内各执行机构应满足相容性，即输入和输出轴相容、运动相容、动力相容、精度相容等；

6）机械运动系统尺寸紧凑性，即要求各执行机构尺寸尽量紧凑。

2.3 机构系统的协调设计

根据机械的工作原理和工艺动作分析所设计构思机械工艺路线方案是机械运动方案设计的重要依据。由机械工艺路线，可以进行执行机构的选定和布局。此时必须考虑机械中的各执行机构的协调设计。需深入了解机械运动方案所采用各执行机构和传动系统的类型、工作原理和运动特点，同时要了解执行机构协调设计的目的和要求，掌握有关协调设计的基本方法。

当根据生产工艺要求确定了机械的工作原理和各执行机构的运动规律，并确定了各执行机构的形式及驱动方式后，还必须将各执行机构统一于一个整体，形成一个完整的执行机构系统。执行机构系统中的各机构必须以一定的次序协调动作，互相配合，以完成机械预期的功能和生产过程。

各执行机构之间的协调设计应满足以下几方面的要求。

（1）满足各执行构件动作先后的顺序性要求

执行机构系统中各执行机构的执行构件的动作过程和先后顺序，必须符合工艺过程所提出的要求，以确保系统中各执行机构最终完成的动作及物质、能量、信息传递的总体效果能满足所规定的总功能要求和技术要求。

（2）满足各执行构件在时间上的同步性要求

为了保证各执行构件的动作不仅能够以一定的先

后顺序进行，而且整个系统能够周而复始地循环协调工作，必须使各执行构件的运动循环时间间隔相同，或按工艺要求成一定的倍数关系。

（3）各执行机构运动速度的协调配合

有些执行机构运动之间必须保持严格的速比关系。例如，滚齿或插齿按范成法加工齿轮时，刀具和齿坯的范成运动必须保持某一运动的转速比。

（4）满足各执行机构在操作上的协同性设计

当两个或两个以上的执行机构同时作用于同一操作对象完成同一执行动作时，各执行机构之间的运动必须协同一致。

（5）各执行构件的动作安排要有利于提高生产率

为了提高生产率，应尽量缩短执行机构系统的运动循环周期。通常采用以下两种方法：

1）尽量缩短各执行机构工作行程和空回行程的时间，特别是空回行程的时间。

2）在前一个执行机构回程结束之前，后一个执行机构即开始工作行程，即在不发生相互干涉的前提下，充分利用两个执行机构的空间裕量。在系统中有多个执行机构的情况下，采用这种方法可取得明显效果。

（6）各执行机构的布置要有利于系统的能量协调和效率的提高

当进行执行机构的系统协调设计时 不仅要考虑系统的运动和完成的工艺动作，还要考虑功率流向、能量分配和机械效率。

2.4　机构系统的运动循环图

为了保证具有固定循环周期的机械完成工艺动作过程时各执行构件间的动作协调配合关系，在设计机械系统时，应编制用以表明在机械系统的一个循环中，各执行构件运动配合关系的机械运动循环图。用它的运动位置（转角或位移）作为确定各个执行构件的运动先后次序的基准，表达整个机械系统工艺动作过程的时序关系。

（1）机械的运动循环周期

机器的运动循环是指完成其功能所需的总时间，通常用字母 T 表示。在机器的运动循环内，各执行机构必须实现复合工件的工艺动作要求和确定的运动规律，有一定的顺序的协调动作。执行机构完成某道工序的工作行程、空回行程（回程）和停歇所需要时间的总和，称为执行机构的运动循环周期。

（2）机械系统运动循环图设计的步骤与方法

机械系统运动循环图是用来表示各执行机构之间有序的、既相互制约又相互协调配合的运动关系。机器的生产工艺动作顺序是通过拟定机器的运动循环图选用各执行机构来实现的。因此，机器的运动循环是设计机器控制系统和设计执行机构非常重要的依据。

常用机械运动循环图有三种形式：即直线式、圆周式和直角坐标式。

绘制机械运动循环图的步骤如下：

1）分析加工工艺对执行构件的运动要求。一般以工艺过程开始点作为机器运动循环的起始点，确定最先开始运行的那个执行机构在循环图上的位置，其他执行机构也按照工艺动作先后顺序列出。

2）确定执行构件的运动规律。主要确定执行构件的工作行程、回程、停歇与时间或主轴转角的对应关系，根据加工工艺要求确定各执行构件工作行程和空回行程的运动规律。尽量使各执行机构的动作重合，以便缩短机器的运动循环周期，提高生产率。

3）根据上述要求和条件绘制机械运动循环图并反复修改。

现以牛头刨床为例讨论运动循环图的绘制方法。牛头刨床所进行工作的最终目的是刨削出合格的工件表面。其结构及传动系统简图如图 11.11-1 所示。为完成整个工件表面的刨削，夹紧工件的工作台必须有垂直于刀具运动方向的移动，这一运动称之为工作台的横向进给运动。为了使刀具能与被加工件接触，并刨削掉多余的金属表面层，工作台及刀架应能上下运动，称其为工作台及刀架的垂直进给运动。为刨削掉多余金属，刀具的前后往复移动称之为切削运动。上述三种运动必须协调动作，有机配合才能完成工件的刨削任务。如在刀具完成了一次前进刨削返回后，工作台才能进行横向进给。工件的一层表面被刨削完成后，才能进行工作台或刀架的垂直进给。为实现以上三种运动，该牛头刨床由多种机构组成：实现切削运动的连杆机构 1，其中装有刨刀的滑枕为执行构件；实现工作台横向进给的是棘轮机构 2 及丝杠传动机构 5；实现工作台及刀架垂直进给的丝杠传动机构 3 和 4，其中工作台及刨刀为执行构件。

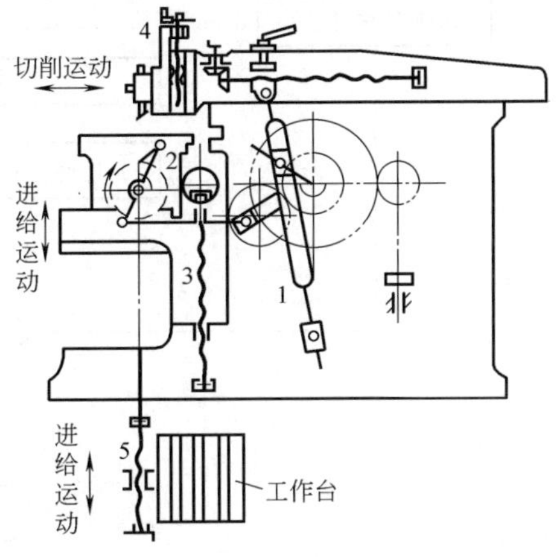

图 11.11-1　牛头刨床传动系统简图

图 11.11-2a、b、c 分别为牛头刨床的直线式、圆周式及直角坐标式运动循环图。它们都是以曲柄导杆机构中的曲柄为定标件的。曲柄回转一周为一个运动循环。工作台的横向进给是在刨头空回行程开始一段时间以后开始，在空回行程结束以前完成的。这种安排考虑了刨刀与移动的工件不发生干涉，也考虑了设计中机构容易实现这一时序的运动。

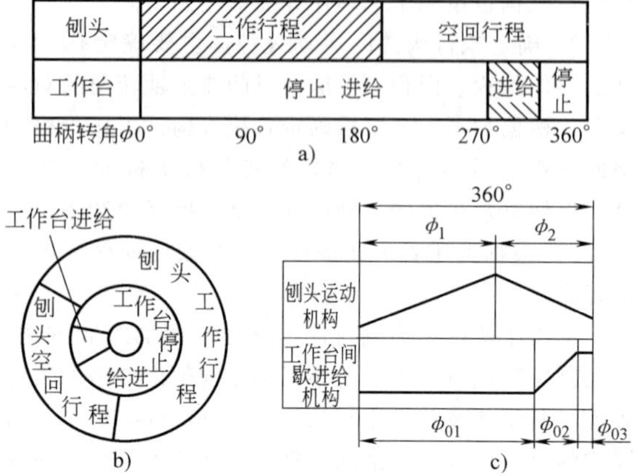

刨头
工作行程
空回行程
工作台
停止 进给
进给
停止
曲柄转角φ0°
90°
180°
270°
360°
a)
工作台进给
刨头工作行程
刨头空回行程
工作台停止
给进
b)
360°
ϕ_1
ϕ_2
刨头运动机构
工作台间歇进给机构
ϕ_{01}
ϕ_{02}
ϕ_{03}
c)
图 11.11-2 牛头刨床的机械运动循环图

3 机构系统方案设计过程

设计一台新机器，必须构思且拟定好运动方案，在此过程中，可以运用多种设计方法，例如：系统设计法、功能分析法等，但其总的步骤及各步骤之间的相互关系，大体上可由图 11.11-3 来描述。

3.1 运动方案构思与拟定的步骤

图 11.11-3 描述了设计拟定机器运动方案的全过程：明确总的功能要求；把总功能逐项分解为各分功能；给各分功能选择合适的机构形式；对机构系统各执行机构进行协调设计，画出机构系统的运动循环图；对各机构进行尺度综合，判断所选机构是否满足功能要求，最后画出机构系统的运动简图。上述过程并不总是单方向、直线式进行的，有时要经过多次反复，以便对各种运动方案进行评价、检验和判断才能拟定出一个综合评价优的运动方案。

3.2 总功能分析

机械功能分析需求见表 11.11-1。

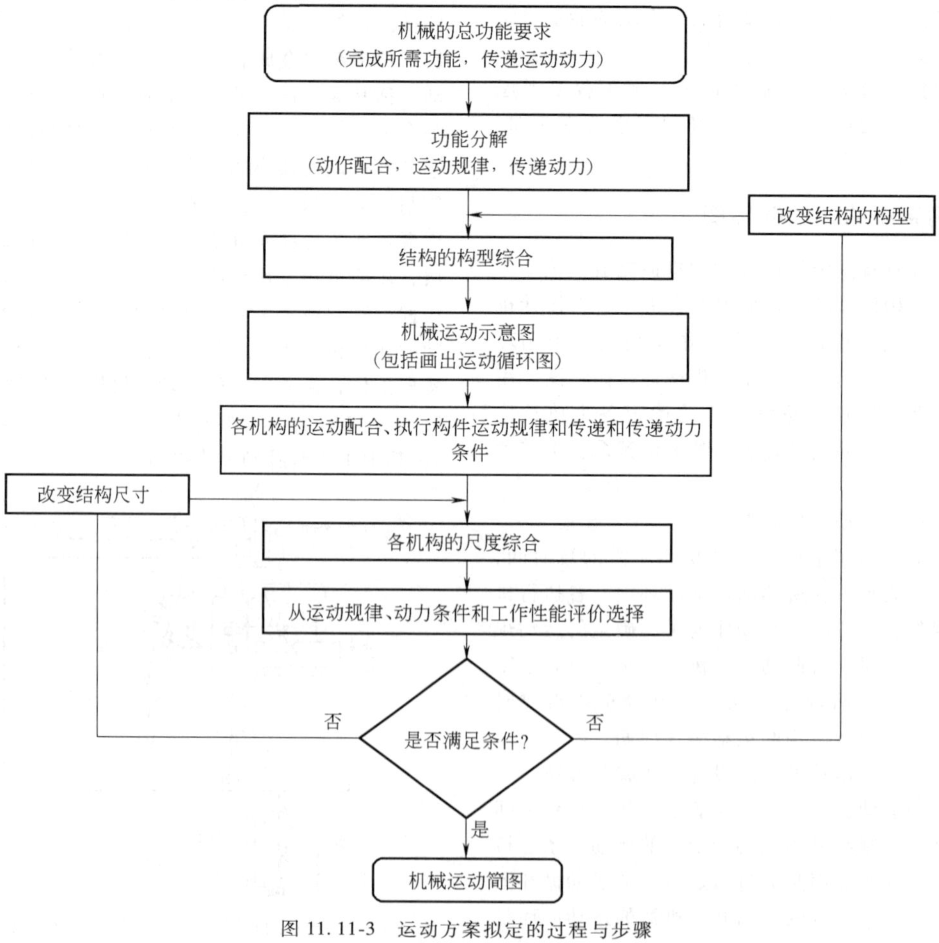

机械的总功能要求
（完成所需功能，传递运动动力）
功能分解
（动作配合，运动规律，传递动力）
改变结构的构型
结构的构型综合
机械运动示意图
（包括画出运动循环图）
各机构的运动配合、执行构件运动规律和传递和传递动力条件
改变结构尺寸
各机构的尺度综合
从运动规律、动力条件和工作性能评价选择
否
是否满足条件?
否
是
机械运动简图
图 11.11-3 运动方案拟定的过程与步骤

表 11.11-1　机械功能分析需求表

机器规格	(1)动力特性、能源种类(电源、汽液源等)、功率 (2)生产率 (3)机械效率 (4)结构尺寸的限制及布置	使用功能	(1)使用对象、环境 (2)使用年限、可靠度要求 (3)安全、过载保护装置 (4)环境要求:噪声标准、振动控制、废异物的处置 (5)工艺美学:外观、色彩、造型等 (6)人机工程学要求:操纵、控制、照明等
执行功能	(1)运动参数:运动形式、方向、转速、变速要求 (2)执行构件的运动参数 (3)执行动作顺序和步骤 (4)在步骤之间要否加入检验 (5)可容许人工的程度	制造功能	(1)加工:公差、特殊加工条件、专用加工设备等 (2)检验:测量和检验的仪器、检验的方法等 (3)装配:装配要求、地基及现场安装要求等 (4)禁用物质

3.3　功能分解

机器的功能是多种多样的，但每一种机器都要完成若干个工艺动作，仔细的剖析、确定这些独立的或相关的工艺动作，这一过程就是把总功能分解为分功能的过程。然后把这些工艺动作，即分功能，用树状功能图来描述，使机器的总的功能及各分功能一目了然。实现这些工艺动作需要采用和设计合理的执行机构来完成。根据上述要求可画出如图 11.11-4 及图 11.11-5 所示的四工位专用机床的执行动作要求图和树状功能图。

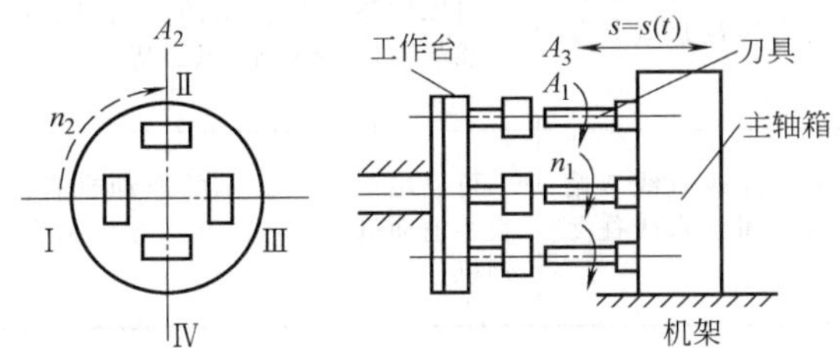

图 11.11-4　四工位专用机床执行动作

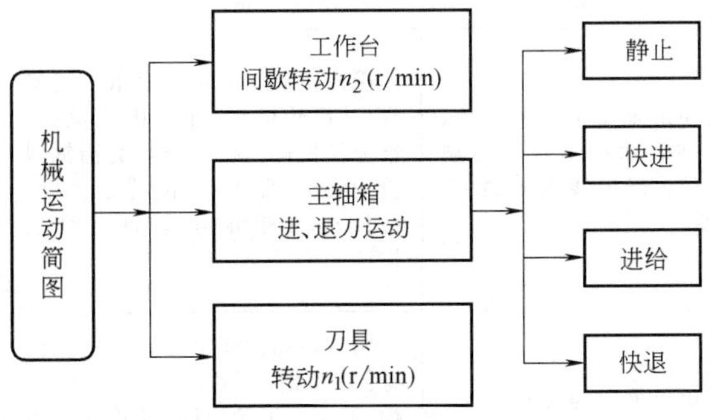

图 11.11-5　四工位专用机床树状功能图

机器工艺动作过程分解一般采用以下原则：动作最简化原则、动作可实现性原则和动作数最小原则。

例如，设计一台四工位专用机床，它可以分解为下列几个工艺动作：

1）安置工件的工作台要求进行间歇转动，转速 n_2（r/min）。

2）安装刀具的主轴箱能实行静止、快进、进给、快退的动作。

3）刀具以转速 n_1（r/min）转动来切削工件。

3.4　机构的选择

机构选型，就是创造或选择合适的机构形式，实现机器中所要求的各种执行动作和运动形式。由于实现同一种功能，可采用不同的技术原理，不同的技术原理可选择不同的机构，这样的组合就有许多种机构选型方案。机构选型，要求设计者具有丰富的实践经验和机构学知识。它是机械运动方案拟定中非常重要，也是最具创造性的一个环节。

3.4.1　按运动形式选择机构

常见的机器工艺动作所要求的运动形式列于表 11.11-2 中。另外，还有要求是实现构件上一点轨迹：直线轨迹、圆轨迹、曲线轨迹和实现构件上的运动是两种运动的合成：移动加移动、转动加转动、转动加移动。按上述运动形式、在轨迹分类的机构有关手册中搜寻到。如果不能满足要求，则可在已有机构形式的基础上，采用增加辅助机构或组合成新机构的方法，来实现构件的运动要求。

3.4.2　按运动转换基本功能选择机构

机械系统中的传动机构和执行机构都是承担运动转换功能的，不同的机构承担不同的运动转换功能，每一种机构都有输入运动形式转换为输出运动形式的功能，这种功能称为运动转换基本功能。运动转换基本功能常用运动转换基本功能表达符号表示，运动转换基本功能表达符号列于表 11.11-3 中。符号一般由五部分组成：

左边箭头表示运动输入，左边矩形框内的符号表示输入运动的运动特性，中间矩形框内的符号表示输出运动与输入运动的相对位置关系，右边矩形符号表示输出运动的运动特性，右边的箭头便是运动的输出。特殊运动功能常用特殊运动功能单元表达符号表示，特殊运动功能单元表达符号列于表 11.11-4 中。

表 11.11-2 运动形式与表达符号

符号名称	符 号	说 明	应 用
连续转动	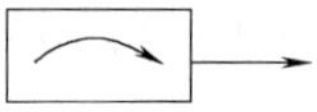	符号左边矩形框中的实线圆弧箭头表示原动机的运动为连续转动	可以用该符号表示的原动机有：三相交流电动机、步进电动机、交流伺服电动机、直流伺服电动机、内燃机、液压马达、气动马达等
间歇转动		符号左边矩形框中的虚线圆弧箭头表示原动机的运动为间歇转动	可以用该符号表示的原动机有：步进电动机、交流伺服电动机、直流伺服电动机、液压马达等控制原动机
连续摆动	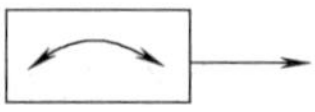	符号左边矩形框中的实线圆弧双箭头表示原动机的运动为连续摆动	可以用该符号表示的原动机有：步进电动机、交流伺服电动机、直流伺服电动机、液压马达等控制原动机
间歇摆动	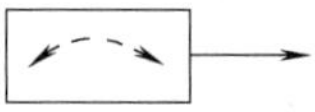	符号左边矩形框中的虚线圆弧双箭头表示原动机的运动为间歇摆动	可以用该符号表示的原动机有：步进电动机、交流伺服电动机、直流伺服电动机、液压马达等控制原动机
连续直线移动	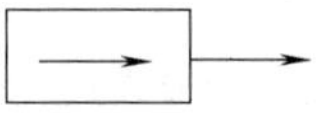	符号左边矩形框中的实线直线箭头表示原动机的运动为连续直线移动	可以用该符号表示的原动机有：直线电动机、液压缸、气缸等
连续往复移动	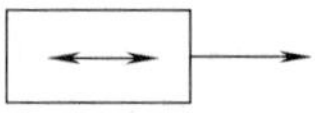	符号左边矩形框中的实线直线双箭头表示原动机的运动为连续直线往复移动	可以用该符号表示的原动机有：直线电动机、液压缸、气缸等。
间歇往复移动	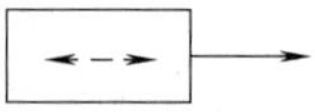	符号左边矩形框中的虚线直线双箭头表示原动机的运动为间歇直线往复移动	可以用该符号表示的原动机有：直线电动机、液压缸、气缸等控制原动机

表 11.11-3 运动转换基本功能表达符号

符号名称	符 号	说 明	应 用
连续转动转换为连续转动	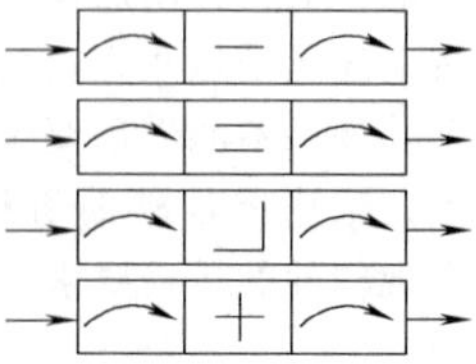	中间矩形框中的符号−、=、⅃、+分别表示输出转动与输入转动的回转轴线为同轴、平行、相交、交错	用该运动功能符号表示的机构有：柱齿轮机构、非圆齿轮机构、锥齿轮机构、蜗杆机构、交错轴斜齿轮机构、带传动、链传动、双曲柄铰链四杆机构、转动导杆机构等
连续转动转换为间歇转动	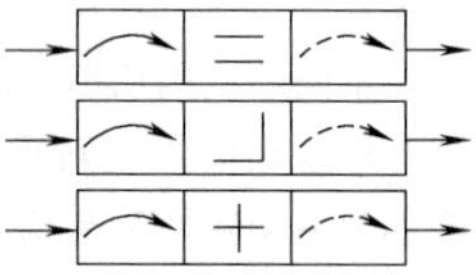	中间矩形框中的符号=、⅃、+分别表示输出转动与输入转动的回转轴线为平行、相交、交错	用该运动功能符号表示的机构有：平面槽轮机构、空间槽轮机构、不完全齿轮机构、针轮间歇转动机构、圆柱凸轮分度机构、蜗杆凸轮分度机构、偏心轮分度定位机构、内啮合行星轮间歇机构、组合机构等

（续）

符号名称	符　号	说　明	应　用
连续转动转换为连续摆动	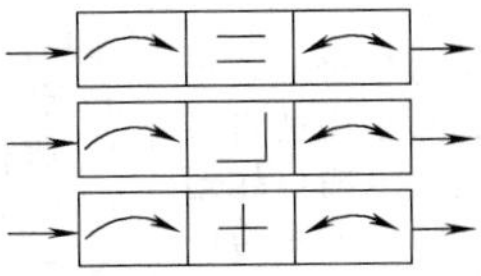	中间矩形框中的符号 =、⅃、+分别表示输出转动与输入转动的回转轴线为平行、相交、交错	用该运动功能符号表示的机构有：平面曲柄摇杆机构、空间曲柄摇杆机构、摆动从动件盘形凸轮机构、摆动从动件圆柱凸轮机构、曲柄摇块机构、电风扇摇头机构、摆动导杆机构、曲柄六连杆机构、组合机构等
连续转动转换为间歇摆动	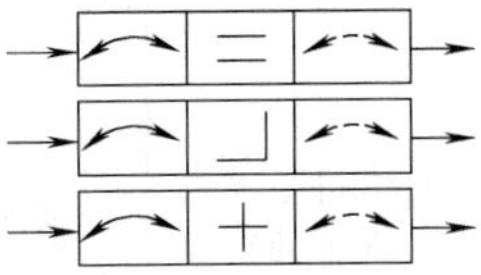	中间矩形框中的符号 =、⅃、+分别表示输出转动与输入转动的回转轴线为平行、相交、交错	用该运动功能符号表示的机构有：摆动从动件盘形凸轮机构、摆动从动件圆柱凸轮机构、连杆曲线间歇摆动机构、曲线槽导杆机构、六杆机构两极限位置停歇摆动机构、四杆扇形齿轮双侧停歇摆动机构、组合机构等
连续转动转换为预定轨迹	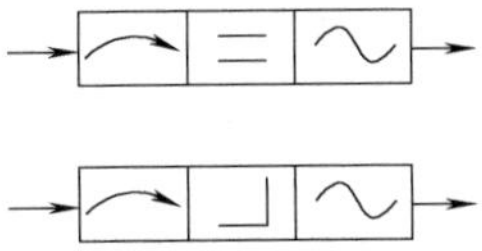	中间矩形框中的符号 =、⅃分别表示输出轨迹的运动平面与输入转动的运动平面平行、相交	用该运动功能符号表示的机构有：连杆机构、连杆凸轮机构、行星轮直线机构、联动凸轮机构、起重机近似直线机构、铰链六杆椭圆轨迹机构、曲柄凸轮式直线机构、行星轮摆线正多边形轨迹机构、组合机构等
连续摆动转换为间歇转动	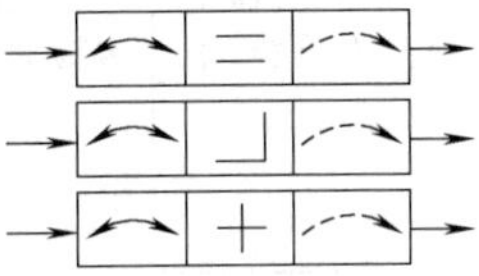	中间矩形框中的符号 =、⅃、+分别表示输出转动与输入转动的回转轴线为平行、相交、交错	用该运动功能符号表示的机构有：棘轮机构、组合机构等
连续转动转换为单向连续直线移动	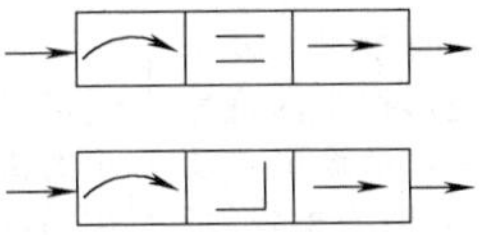	中间矩形框中的符号 =、⅃分别表示输出移动的运动平面与输入转动的运动平面平行、相交	用该运动功能符号表示的机构有：齿轮齿条机构、螺旋机构、带传动机构、链传动机构、组合机构等
连续转动转换为往复连续直线移动	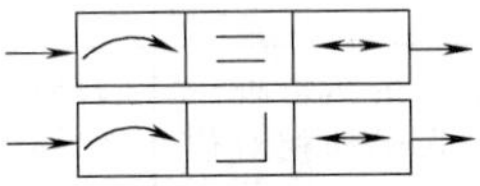	中间矩形框中的符号 =、⅃分别表示输出移动的运动平面与输入转动的运动平面平行、相交	用该运动功能符号表示的机构有：曲柄滑块机构、六连杆滑块机构、移动从动件凸轮机构、不完全齿轮齿条机构、连杆组合机构、正弦机构、正切机构、组合机构等
连续转动转换为往复间歇直线移动	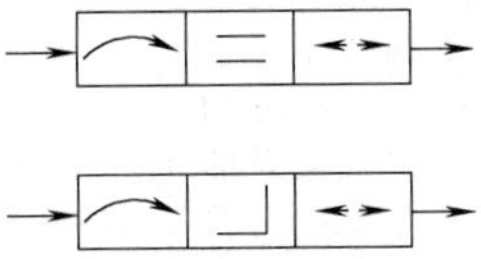	中间矩形框中的符号 =、⅃分别表示输出移动的运动平面与输入转动的运动平面平行、相交	用该运动功能符号表示的机构有：连杆单侧停歇曲线槽导杆机构、移动凸轮间歇移动机构、行星轮内摆线间歇移动机构、不完全齿轮齿条往复间歇移动机构、不完全齿轮导杆往复间歇移动机构（用于印刷机）、移动从动件凸轮机构、八连杆滑块上下端停歇机构（用于喷气织机开口机构）、组合机构等

（续）

符号名称	符 号	说 明	应 用
连续转动运动缩小	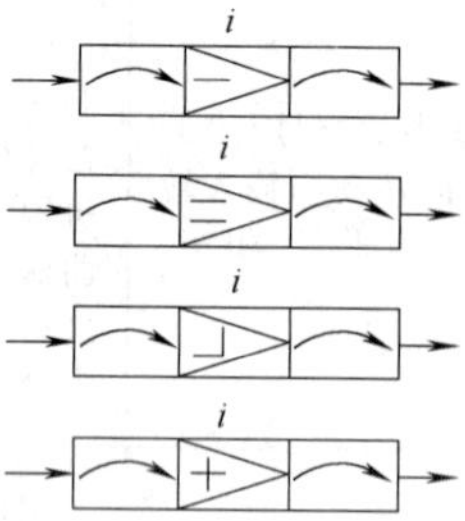	矩形框上面的字母 i 表示传动比；中间矩形框中的符号 -、=、⌋、+分别表示输出转动与输入转动的回转轴线为同轴、平行、相交、交错	用该运动功能符号表示的机构有：齿轮传动机构、谐波传动机构、带传动机构、链传动机构、行星传动机构、摆线针轮传动机构、摩擦轮传动机构、蜗杆机构、螺旋传动机构、连杆机构等
连续转动运动放大	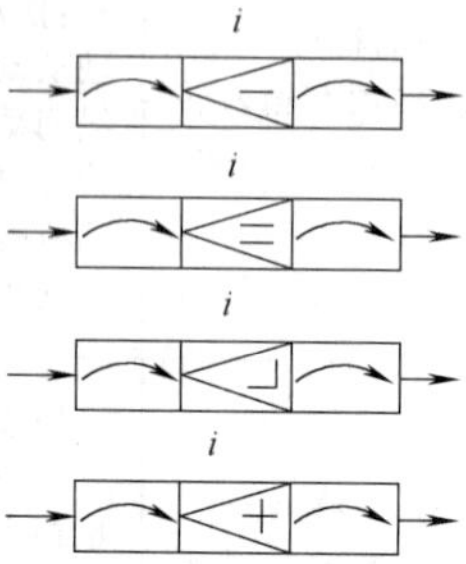	矩形框上面的字母 i 表示传动比；中间矩形框中的符号 -、=、⌋、+分别表示输出转动与输入转动的回转轴线为同轴、平行、相交、交错	用该运动功能符号表示的机构有：齿轮传动机构、带传动机构、链传动机构、行星传动机构、摩擦轮传动机构、连杆机构等
连续直线移动运动缩小	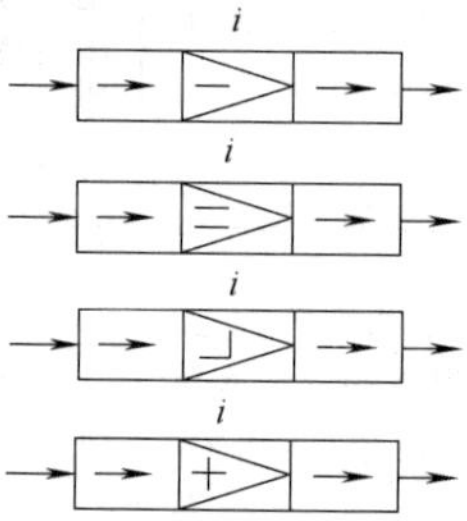	矩形框上面的字母 i 表示传动比；中间矩形框中的符号 -、=、⌋、+分别表示输出移动与输入移动的方向为重合、平行、相交、交错	用该运动功能符号表示的机构有：斜面机构、双滑块机构、直动从动件移动凸轮机构等
连续直线移动运动放大	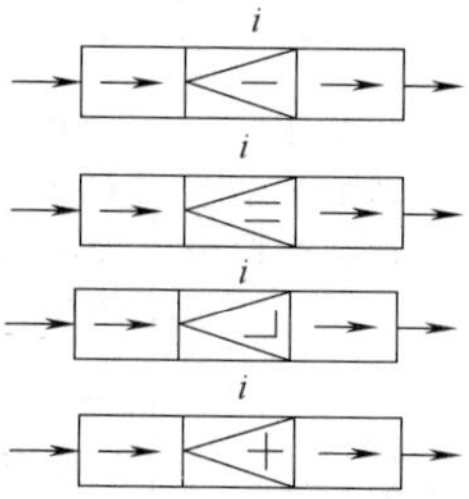	矩形框上面的字母 i 表示传动比；中间矩形框中的符号 -、=、⌋、+分别表示输出移动与输入移动的方向为重合、平行、相交、交错	可以用该运动功能单元符号表示的机构有：斜面机构、双滑块机构、直动从动件移动凸轮机构等
运动合成	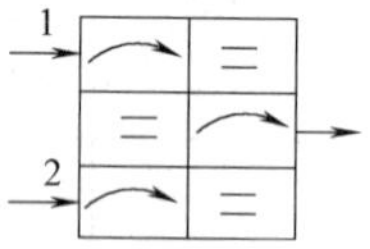	符号左端中间的矩形框中是表达两个输入运动相对位置关系的符号，可以是 -、=、⌋和+；符号右端上下两个矩形框中是表达输出运动分别与两个输入运动相对位置关系的符号，可以是 -、=、⌋和+	可以用该运动功能单元符号表示的机构有：差动螺旋机构、差动轮系、差动连杆机构等
运动分解	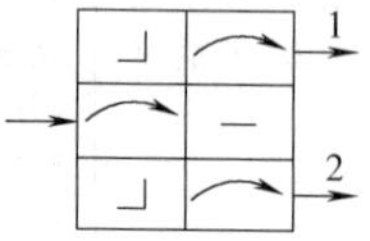	符号左端上下两个矩形框中是表达两个输出运动分别与输入运动相对位置关系的符号，可以是 -、=、⌋和+；符号右端中间的矩形框中是表达两个输出运动相对位置关系的符号，可以是 -、=、⌋和+	用该运动功能符号表示的机构有：差动轮系、其他两自由度机构等

（续）

符号名称	符　号	说　明	应　用
有级变速	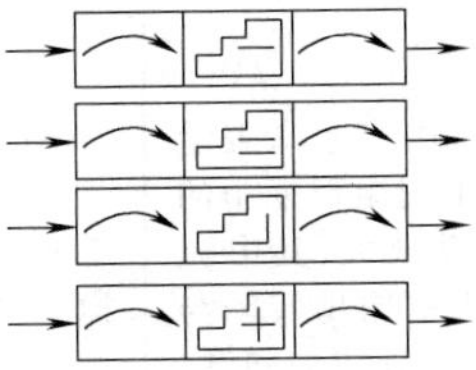	符号中间矩形框中的阶梯符号表示输入运动经过有级变速后输出，其中 -、=、⅃、+ 分别表示输出转动与输入转动的回转轴线为同轴、平行、相交、交错	用该运动功能符号表示的机构有：塔轮变速机构、配换挂轮变速机构、滑移齿轮变速机构等
无级变速	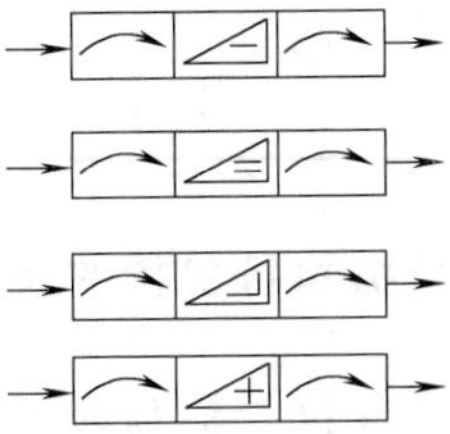	符号中间矩形框中的斜面符号表示输入运动经过无级变速后输出，其中的 -、=、⅃、+ 分别表示输出转动与输入转动的回转轴线为同轴、平行、相交、交错	用该运动功能单元符号表示的机构有：带式无级变速器、钢球无级变速器、摩擦盘无级变速器等

表 11.11-4　特殊运动功能表达符号

符号名称	符　号	说　明	应　用
运动分支	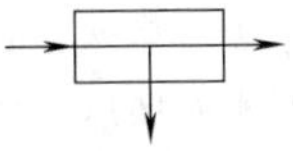	输出运动可以有 2 个以上。每个输出运动的运动特性均与输入运动相同	用该运动功能符号表示的功能结构有：同一回转轴上固连多个输出齿轮或带轮等
运动连接	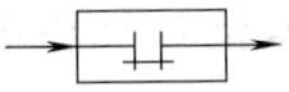	把输出运动与输入运动连接，输出运动的运动特性与输入运动相同	用该运动功能符号表示的功能结构有：弹性联轴器、滑块联轴器、齿式联轴器、套筒联轴器、凸缘联轴器等
万向联轴器	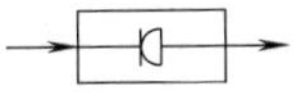	把输出运动与输入运动连接。输出运动的运动特性与输入运动或相同或不同	用该运动功能符号表示的功能结构有：万向联轴器
运动离合	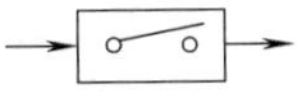	根据需要把输出运动与输入运动连接或断开。连接时，输出运动的运动特性与输入运动相同	用该运动功能符号表示的功能结构有：摩擦离合器、电磁离合器、牙嵌离合器、自动离合器、超越离合器等
过载保护	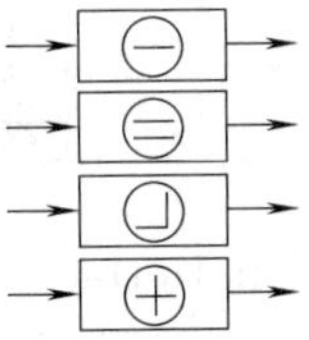	符号中间矩形框中的符号 -、=、⅃、+ 分别表示输出运动与输入运动的相对位置关系	用该运动功能符号表示的功能结构有：带传动、摩擦轮传动、安全联轴器、安全离合器等
减速过载保护	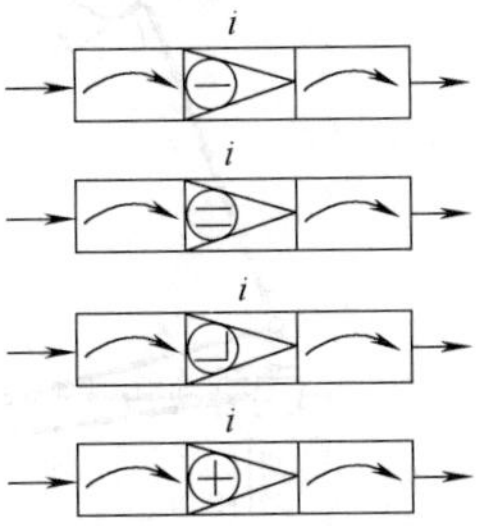 i i i i	矩形框上面的字母 i 表示传动比；符号中间矩形框中的符号>表示运动缩小，其中的 -、=、⅃、+ 分别表示输出转动与输入转动的回转轴线为同轴、平行、相交、交错	用该运动功能符号表示的功能结构有：带传动、摩擦轮传动等

（续）

符号名称	符 号	说 明	应 用
增速过载保护	i i i i	矩形框上面的字母 i 表示传动比；符号中间矩形框中的符号<表示运动放大，其中–、=、⅃、+分别表示输出转动与输入转动的回转轴线为同轴、平行、相交、交错	用该运动功能符号表示的功能结构有：带传动、摩擦轮传动等

由表 11.11-3 可知，实现一运动转换基本功能的机构有多种，因此，把这些机构按传动链中的顺序组合起来构成的运动方案也有很多种。

3.4.3 按执行机构的功能选择机构

1）用于执行作业：分度、定位、夹紧、供给、分离、整列、挑选、装配、检查、包装、机械手。

2）用于控制：控制动作、联锁、制动、导向。

3）用于检测：测量、放大、比较、计算、显示、记录。

设计者可根据所指定的功能，在有关机械设计手册中去查阅、选择有关机构形式。

3.4.4 按不同的动力源形式选择机构

常用的动力源：电动机、气液动力源、直线电动机等。当有气、液压动力源时常选用气动、液压机构，尤其对具有多个执行构件的工程机械、自动生产线和自动机等，更应优先考虑。

3.4.5 机构选型时应考虑的主要条件

1）运动规律。执行构件的运动规律及其调节范围是机构选型及机构组合的基本依据。

2）运动精度。运动精度低则所选机构结构简单，易于设计、制造，反之则要求高。

3）承载能力与工作速度。各种机构的承载能力和所能达到的最大工作速度是不同的，因而需根据速度的高低、载荷的大小及其特性等选用合适的机构。

4）总体布局。原动机与执行构件工作位置，以及传动机构与执行机构的布局要求是机构选型和组合安排必须考虑的因素。要求总体布局合理、紧凑，尽量使机械的输出端靠近输入端，这样可省掉不必要的传动机构。

5）使用要求与工作条件。使用单位对生产工作要求，车间的条件、使用和维修要求等等，均对机构选型和组合安排有很大影响。

3.5 机械执行机构的协调设计

3.5.1 各执行机构的动作在时间和空间上协调配合

如图 11.11-6 所示为一干粉料压片机。料筛由传送机构送至上、下冲头之间，通过上、下冲头加压把粉料压成片状。显然，只有当料筛位于上、下冲头之间时，冲头才能加压。所以送料、上、下冲头之间的运动在时间顺序上有严格的协调配合要求。

3.5.2 各执行机构运动速度的协调配合

例如按展成法加工齿轮时，刀具和工件的展成运动必须保持某一预定的转速比。

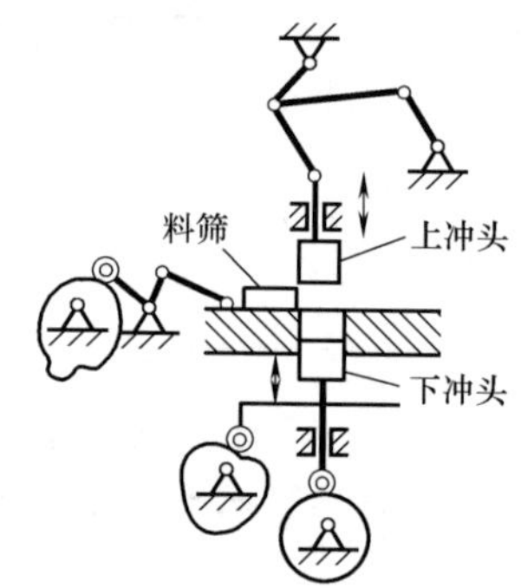

图 11.11-6 干粉料压片机机构

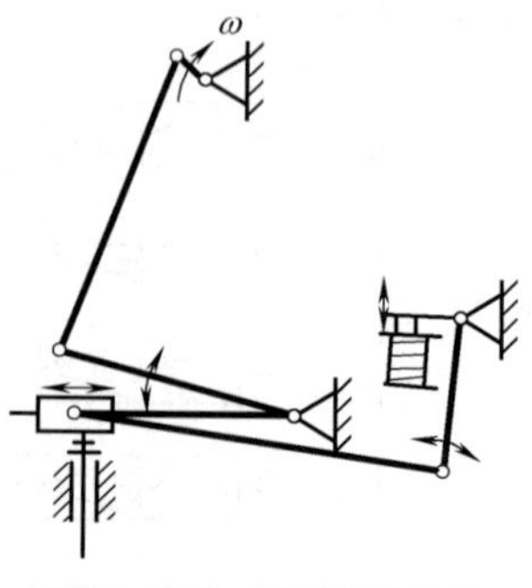

图 11.11-7 纸板冲孔机构

3.5.3　多个执行机构完成一个执行动作时，执行机构运动的协调配合

图 11.11-7 为一纸板冲孔机构，完成冲孔这一工艺动作，要求由两个执行机构的组合运动来实现：由曲柄摇杆机构带动冲头滑块上下摆动；由电磁铁动作带动摇杆滑块机构中的滑块（冲头）在动导路上移动，移至冲针上方。上述两组运动的组合，才能使冲针完成冲孔任务。所以这两个执行机构的运动必须协调配合，否则就会产生空冲现象。

3.5.4　机构系统运动循环图

机械在一个运动循环中，各执行机构之间有序的、制约的、相互配合的运动关系可在一个图中表达出来，该图称为运动循环图。

如图 11.11-6 所示的干粉料压片机为例，可用三种形式的运动循环图来表示，见表 11.11-5。

表 11.11-5　运动循环图类别

名称	特　点	图　例
圆周式运动循环图	曲柄转一周为一个运动循环，描述各工艺动作的先后次序和动作持续时间的长短	 0°；180°；下冲头加压；上冲头下冲；上冲头在台面停止；上冲头提升；上冲头向下；送料筛停止；送料；下冲头下沉
直线式运动循环图	定标构件为曲柄，ϕ 为曲柄转角	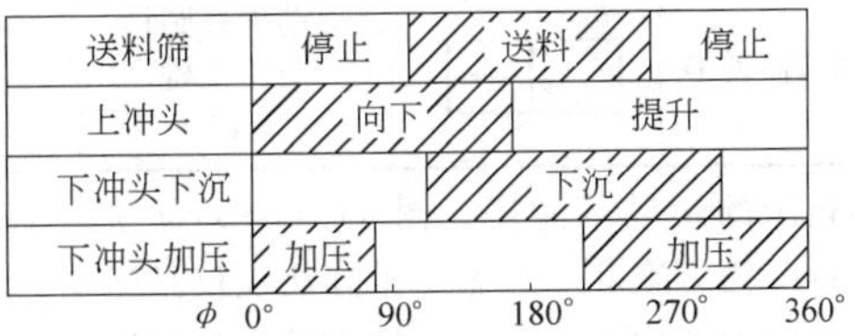 送料筛：停止、送料、停止；上冲头：向下、提升；下冲头下沉：下沉；下冲头加压：加压、加压；ϕ 0° 90° 180° 270° 360°
直角坐标式运动循环图	横坐标 ϕ 是曲柄转角，纵坐标为运动位移，能描述执行动作的运动规律、配合关系	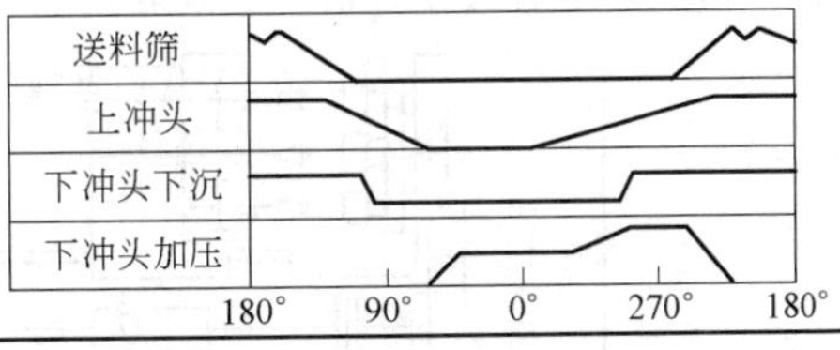 送料筛；上冲头；下冲头下沉；下冲头加压；180° 90° 0° 270° 180°

3.6　形态学矩阵及运动方案示意图

3.6.1　传动链的运动转换功能图

选定原动机的形式及个数，确定原动机到执行构件之间的传动链：通过变速、分支、运动转换，原动机的运动形式变成执行构件的运动形式，描述这一过程的图称为传动链的运动转换功能图。

图 11.11-8 为 3.3 节所述四工位专用机床的运动转换功能图。选用两个电动机，由 3 条传动链来实施运动转换，以满足 3 种工艺动作的需要。

3.6.2　四工位专用机床的形态学矩阵

根据传动链运动转换功能图，以每一矩形框——基本运动转换功能为列；以基本运动转换功能的载体作为行，构成一个矩阵，该矩阵称为形态学矩阵。

对该形态学矩阵的行、列进行组合，可以求解得很多方案。理论上可得到 N 种方案

$$N=5\times5\times5\times5=625 \text{ 种方案}$$

在这些方案中剔除明显不合理的，再进行综合评价是否满足预定的运动要求，运动链中机构安排是否合理，制造的难易、经济性、可靠性等，然后选择较好的方案。表 11.11-6 中挑选出两种方案：Ⅰ为实线所示，Ⅱ为虚线所示。

3.6.3　四工位专用机床的运动示意图

把方案Ⅰ与方案Ⅱ分别按运动传递线路及选择的机构形式，用机构简图组合画在一起形成两个四工位

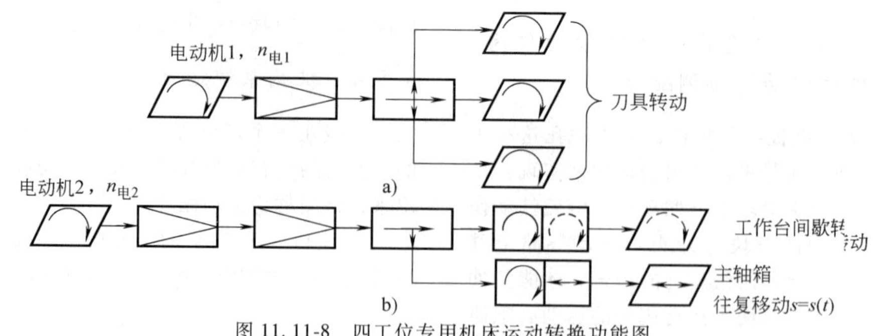

图 11.11-8 四工位专用机床运动转换功能图

表 11.11-6 四工位专用机床形态学矩阵

分功能		分功能解(功能载体)				
		1	2	3	4	5
减速 A		带传动	链传动	蜗杆传动	齿轮传动	摆线针轮传动
减速 B		带传动	链传动	蜗杆传动	齿轮传动	行星传动
工作台间歇转动 C		圆柱凸轮间歇机构	弧面凸轮间歇机构	曲柄摇杆棘轮机构	不完全齿轮机构	槽轮机构
主轴箱移动 D		移动推杆圆柱凸轮机构	移动推杆盘形凸轮机构	摆动推杆盘形凸轮与摆杆滑块机构	曲柄滑块机构	六杆(带滑块)机构

专用机床的运动示意图。图 11.11-9a 为方案Ⅰ；图 11.11-9b 为方案Ⅱ。形态学矩阵法仅仅是运动方案构思与拟定方法中的一种。它的出发点是把已有的机构进行组合，构成许多种方案，借以发现新的设计方案。在运用形态学矩阵法的同时，设计者还可同时运用：机构演绎法、变异法及其他一些创造技法，构思创造出好的新颖的设计方案。

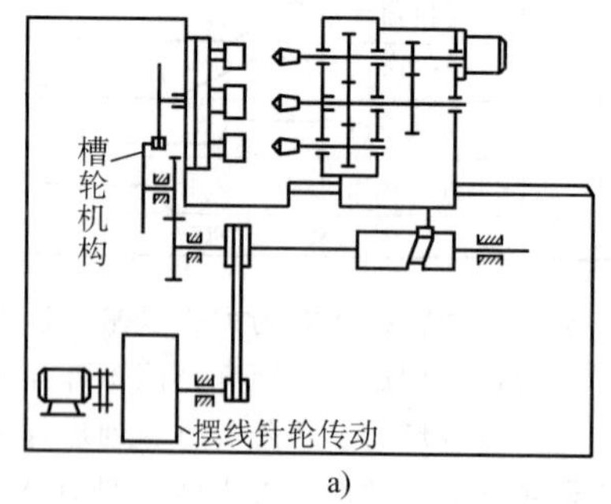

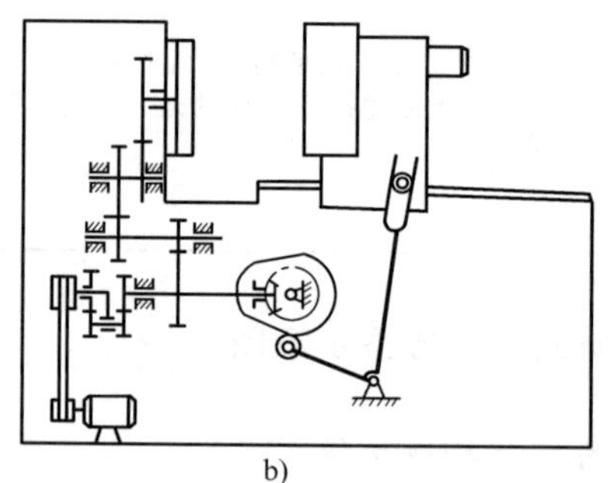

图 11.11-9 四工位专用机床运动方案示意图

a）方案Ⅰ b）方案Ⅱ

3.7 机构的尺度综合

机械运动示意图只是定性地描述了由原动机到执行构件间的运动转换功能，及执行动作的可行性。要完全肯定所选机构能定量地实现执行构件所需的运动参数，必须先对各机构进行尺度综合，设计出各机构中各构件的几何尺寸或几何形状（如凸轮廓线）。然后再对设计出的机构进行评价，如果不满足设计要求，则根据图 11.11-3 所示，须回到前面的步骤：或改变机构尺寸，或改变机构的形式，直至满足为止。

3.8 机构系统运动简图

经尺度综合后，把满足运动要求的机构，按真实尺寸的比例画出各机构简图。机械运动简图是一个机构系统，它反映了机构各构件间的真实运动关系。机械运动简图上的运动参数、动力参数、构件尺寸等可作为机械总图和零部件设计的依据。

4　机构系统方案设计实例

4.1　纹版自动冲孔机的方案设计

4.1.1　设计任务与总功能分析

1）总体功能。微机控制纹版自动冲孔系统，由扫描系统、微机图像处理系统、冲孔机 3 部分组成。光学扫描系统从织物的意向图（或小样图）中获得图像信息，经微机图像系统处理后，控制冲孔机在纹版上冲出各种排列的孔。然后把一批冲成各种排列孔的纹版送至提花织机，就可织出所需图案的织物。本题目是设计冲孔机。

2）纹版规格。厚度为 0.8～1mm 的纸板，纸板的规格如图 11.11-10 所示，每块纹版上最多能冲 16 排孔，每排最多能冲 98 个孔，孔径为 0.3mm。

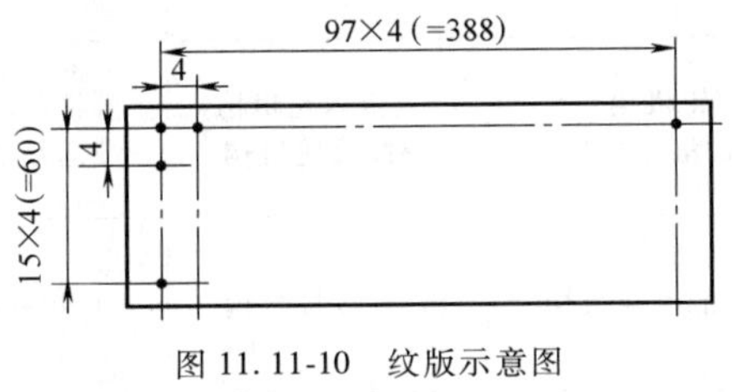

图 11.11-10　纹版示意图

3）生产率。15 块/min。

4）执行动作。分纸、递纸、步进送纸、冲孔、集纸。

5）控制。冲孔指令由微机发出，每排冲针为 98 个，由微机提供信息，控制每个冲针的动作（冲孔或不冲孔）。纹版做间歇步进运动，冲完 16 排孔。这些冲成不同排列孔的纹版，就代表着所需的图案信息。

6）结构与环境。冲孔机的结构要紧凑、动作要稳定可靠、精确。该机与光学扫描系统、微机控制系统设置在环境洁净的室内。

4.1.2　纹版冲孔机的功能分解

根据总体功能的要求，把工艺动作用图 11.11-11 的树状功能图来描述。

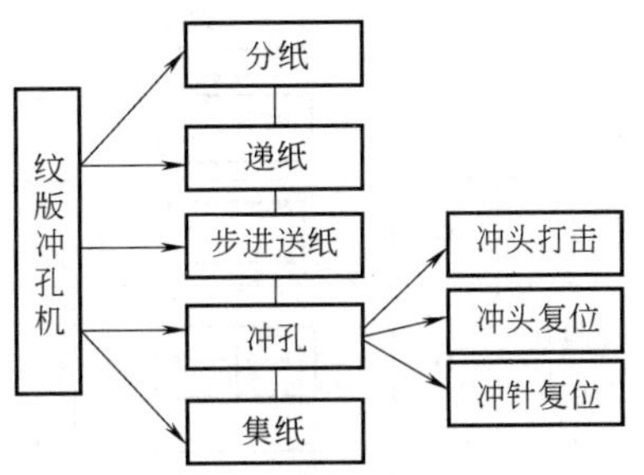

图 11.11-11　纹版冲孔机树状功能图

4.1.3　纹版自动冲孔机的功能原理

1）根据树状功能图，确定完成这些分功能的技术原理。

2）选择原动机的形式及运动参数。确定执行构件的运动形式。

3）确定传动链。仔细分析电动机的运动参数与各执行构件的运动形式、运动参数；考虑总体布局，通过减速器、离合器、运动分支和变向，把电动机的转动通过传动机构转化为执行机构所要实现的运动形式。

把上述的传动链构思用运动转换功能图来表示，如图 11.11-12 所示。

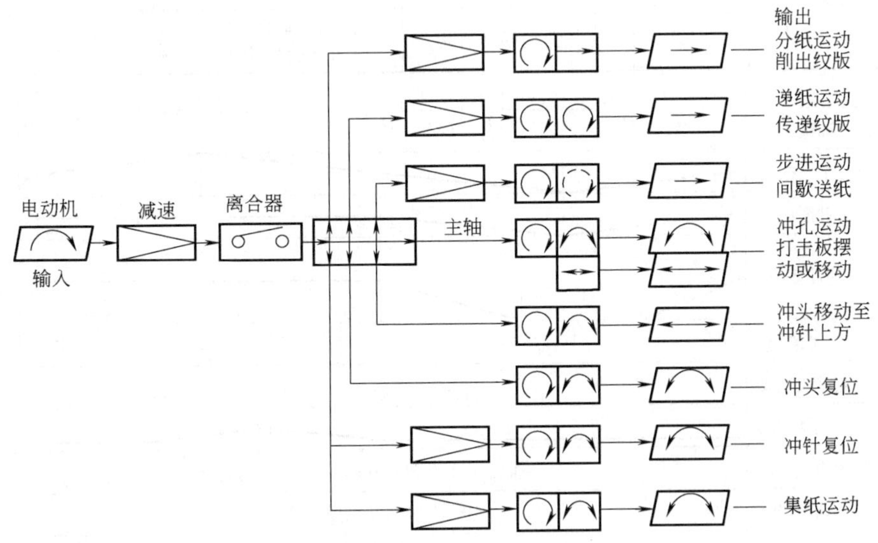

图 11.11-12　纹版自动冲孔机运动的功能原理图

4.1.4　纹版自动冲孔机的运动循环图

根据表 11.11-7 纹版自动冲孔机的功能原理和图 11.11-12 纹版自动冲孔机运动的功能原理图，把每一个矩形框中的基本运动进行功能转换，以主轴转角 ϕ 为横坐标，各执行机构中执行构件的运动为纵坐标，形成纹版冲孔机中，分纸、递纸、步进、冲孔动作之间相互协调配合的运动循环图，如图 11.11-13 所示。

表 11.11-7　纹版自动冲孔机的功能原理

分功能			分功能解（匹配机构或载体）			
			1	2	3	4
减速	A		带传动（平带、V 带）	链传动	齿轮传动	蜗杆传动
离合	B		电磁离合器	—	—	—
减速	C		同步带传动	链传动	齿轮传动	摆线针轮传动
分纸：把纹版从库中分离出来	D		摆动从动件盘形凸轮机构+摇杆滑块机构	摆动从动件圆柱凸轮机构+摇杆滑块机构	移动从动件盘形凸轮机构	移动从动件圆柱凸轮机构
递纸：传送纹版	E		摩擦叶轮机构使纹版移动	链传动机构使纹版移动	带传动使纹版移动	—
间歇送纹版	F		槽轮机构+摩擦滚轮机构	棘轮机构+摩擦滚轮机构	不完全齿轮机构+摩擦滚轮机构	圆柱凸轮间隙运动机构
冲孔运动：打击板摆动或移动	G		曲柄摇杆机构	曲柄滑块机构	六杆摇杆机构	六杆摇杆机构
冲头（滑块）移动至冲针上方	H		曲柄滑块机构	—	—	—
冲头（滑块）复位	I		摆动从动件盘形凸轮机构+四杆摇杆机构	—	—	—
冲针复位	J		摆动从动件盘形凸轮机构+四杆摇杆机构	—	—	—
集纸运动	K		曲柄摇杆机构	摆动从动件盘形凸轮机构	摆动从动件圆柱凸轮机构	—

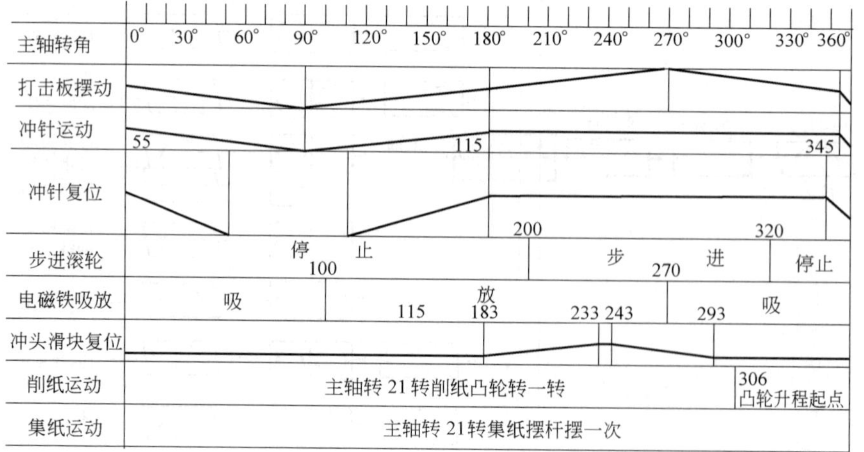

图 11.11-13　纹版冲孔机运动循环图

4.1.5　纹版自动冲孔机的运动方案设计

图 11.11-14 为方案 I 的运动方案设计机构简图。

1）分纸运动：由图 11.11-14 中 1 的凸轮连杆滑块机构把纹版从库中逐张削出。

2）递纸运动：由图 11.11-14 中 2 的摩擦滚轮把纹版传送至步进机构处。

3）步进送纸：由图 11.11-14 中 3 槽轮机构带动摩擦滚轮，接住递纸滚轮送来的纹版，使之做间歇移动，移距为 4mm。

4）冲孔运动：由图 11.11-14 中 5 曲柄摇杆机构控制冲头上下摆动；由图中 8 电磁铁控制的曲柄滑块机构控制冲头或在冲针上方或不在冲针上方，这两个机构的组合运动使冲头打击冲针或不打击冲针，以达到冲孔或不冲孔的目的。而电磁铁吸、放的信号是由微机控制系统提供的。

5）冲针复位运动：由图 11.11-14 中 6 凸轮连杆机构带动梳子板摆动使冲针向上运动复位。

6）冲头复位运动：由图 11.11-14 中 7 凸轮连杆机构带动镶齿摆动，向左摆动把冲头推至冲针上方而复位。起到类似计算机清零的作用，以防止发生误冲孔的动作。

7）集纸运动：由图 11.11-14 中 9 曲柄摇杆机构的摇杆接住已冲好孔的纹版，通过摆动把纹版按顺序堆放起来。该机构的曲柄亦与原动机通过传动链相连接。

4.2　冰淇淋自动包装机的方案设计

4.2.1　设计任务与总功能分析

冰淇淋自动包装机的总功能见表 11.11-8。

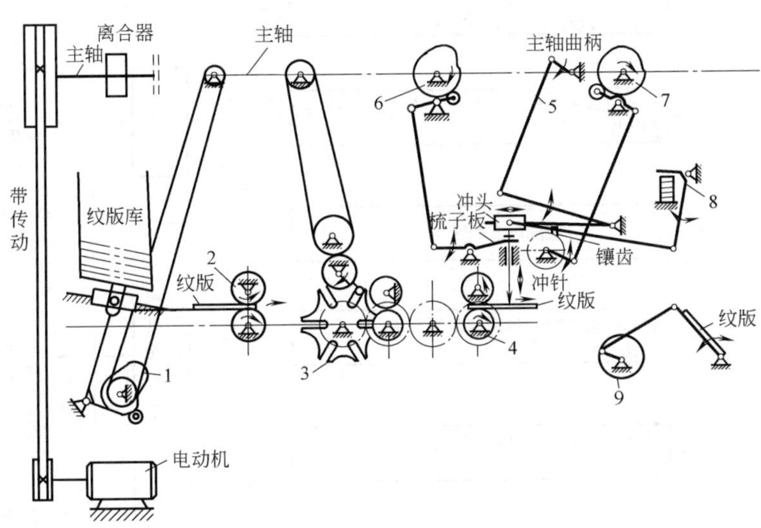

图 11.11-14　纹版自动冲孔机运动方案示意图

1—削纸凸轮滑块机构　2—递纸机构　3—槽轮机构　4—步进滚轮　5—冲孔曲柄摇杆机构　6—冲针复位凸轮连杆机构　7—冲头复位凸轮连杆机构　8—电磁铁驱动曲柄滑块机构　9—集纸曲柄摇杆机构

表 11.11-8　冰淇淋自动包装机的总功能

1. 生产率 30~40 盒/min	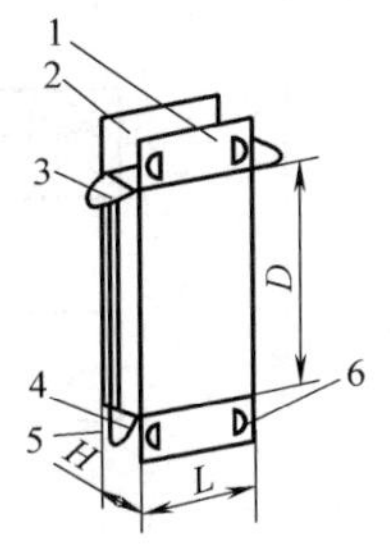1—上前盖　2—上后盖　3—上塞耳 4—下塞耳　5—下后盖　6—上后盖
2. 盒式冰淇淋的纸盒容量为 83g	
3. 把片状纸盒从库中分离出来，展开成盒状，封好底盖，传送纸盒，灌装冰淇淋，封好顶盖，送至冰库。这一系列动作都由自动包装机完成	
4. 机器运行过程中不污染食物	
5. 机器便于装拆，并能经常冲洗（电器元件应有较好的绝缘性，并应配以密封装置）	
6. 结构简单、动作可靠，易于维修、造价低	

4.2.2　冰淇淋自动包装机的功能分解

从纸盒库内将压平的片状纸盒，展开成长方形六面体容器，直至冰淇淋灌装，包装结束，可分解成如下几个动作，如图11.11-15所示。a. 纸盒库中的纸盒成片状；b. 把纸盒从库中吸出；c. 把纸盒转位90°使之撑开成六面体；d. 将底部两侧塞耳向外撑开，以便于两侧边关闭；e. 底部后盖关闭；f. 底部前盖关闭，同时两塞耳塞进耳孔内，以使底部封口；g. 纸盒上升至灌注口一定距离，开阀灌注冰淇淋；h. 纸盒离开灌注口下移，上端前后盖及塞耳恢复直立状态；i. 关闭上端后盖；j. 关闭上端前盖；k. 封闭上端两塞耳，顶部封口，然后送入冰库。

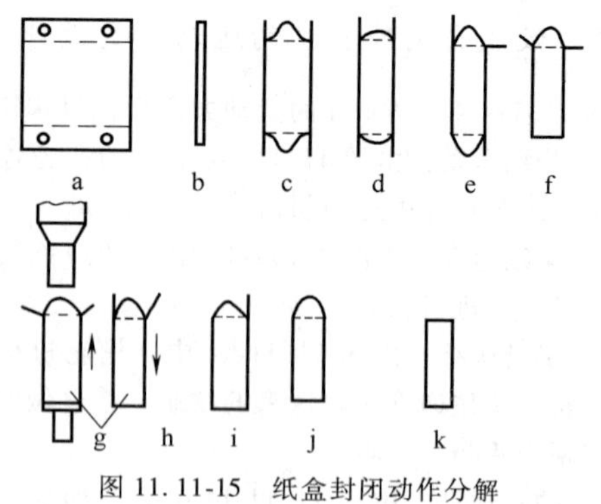

图11.11-15　纸盒封闭动作分解

4.2.3　冰淇淋自动包装机的功能原理

图11.11-16为冰淇淋自动包装机功能分解后的树状功能图。

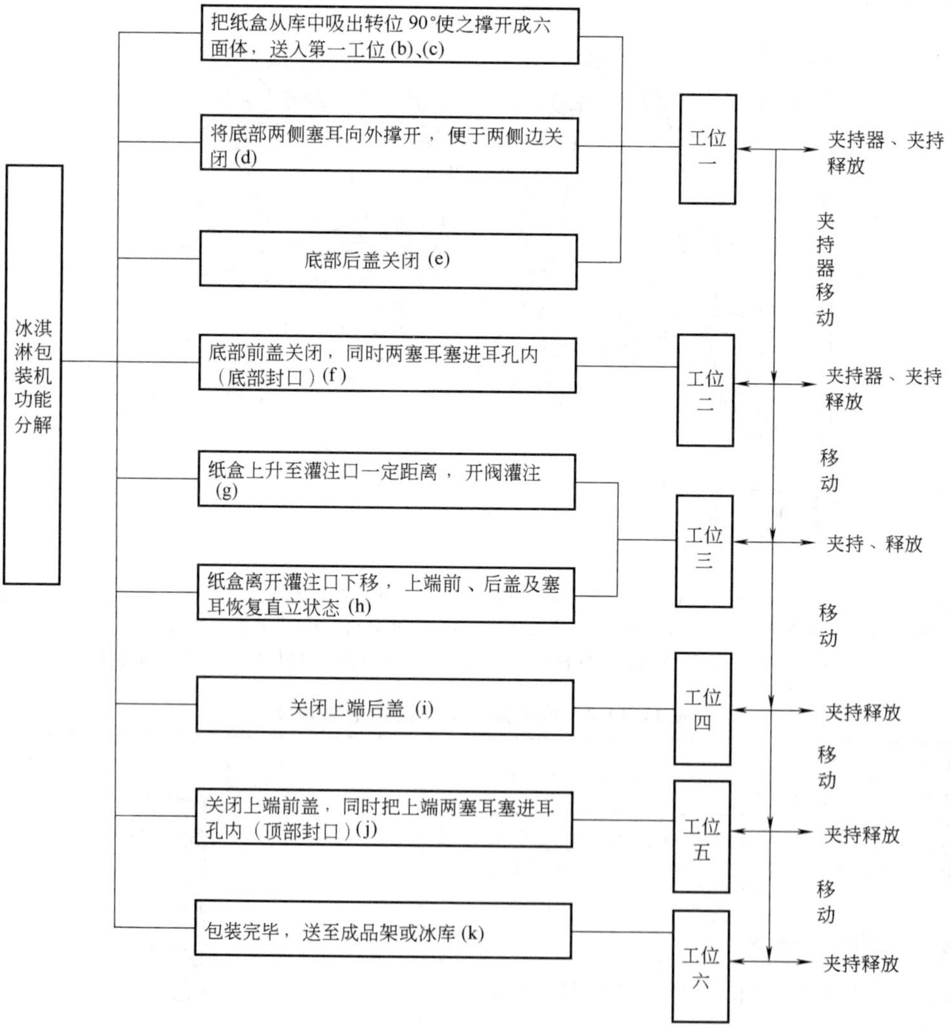

冰淇淋包装机功能分解

- 把纸盒从库中吸出转位90°使之撑开成六面体，送入第一工位 (b)、(c)
- 将底部两侧塞耳向外撑开，便于两侧边关闭 (d)
- 底部后盖关闭 (e)
  - → 工位一 ↔ 夹持器、夹持释放
  - 夹持器移动
- 底部前盖关闭，同时两塞耳塞进耳孔内（底部封口）(f)
  - → 工位二 ↔ 夹持器、夹持释放
  - 移动
- 纸盒上升至灌注口一定距离，开阀灌注 (g)
- 纸盒离开灌注口下移，上端前、后盖及塞耳恢复直立状态 (h)
  - → 工位三 ↔ 夹持、释放
  - 移动
- 关闭上端后盖 (i)
  - → 工位四 ↔ 夹持释放
  - 移动
- 关闭上端前盖，同时把上端两塞耳塞进耳孔内（顶部封口）(j)
  - → 工位五 ↔ 夹持释放
  - 移动
- 包装完毕，送至成品架或冰库 (k)
  - → 工位六 ↔ 夹持释放

图11.11-16　冰淇淋自动包装机的树状功能图

表 11.11-9 为树状功能图向运动功能图的转化步骤。由此可把冰淇淋自动包装机的树状功能图进而用图 11.11-17 的运动转换功能图来描述。

4.2.4　冰淇淋自动包装机的运动循环图

根据表 11.11-10 冰淇淋自动包装机的功能原理和图 11.11-17 冰淇淋自动包装机运动转换功能图，把每一个矩形框中的基本运动进行功能转换，以主轴转角度为横坐标，各执行机构中执行构件的运动为纵坐标，其运动循环图如图 11.11-18 所示。

表 11.11-9　树状功能图向运动功能图的转化步骤

1. 分析找出各分功能所要求的不同的运动形式
2. 选择电动机形式，通过减速、运动分支、运动轴线平移、运动再分支，把转动转化为各分功能所需的运动形式
3. 把灌装阀门的摆动运动、纸盒的升降运动、夹持器的进退运动，用电磁阀气路系统单独控制，使机器不显得庞杂，且能使机械传动和气动相得益彰、各尽其长
4. 把上下塞耳分别塞进耳孔的运动，在纸盒输送移动的过程中，分别在第二、第五工位内实施

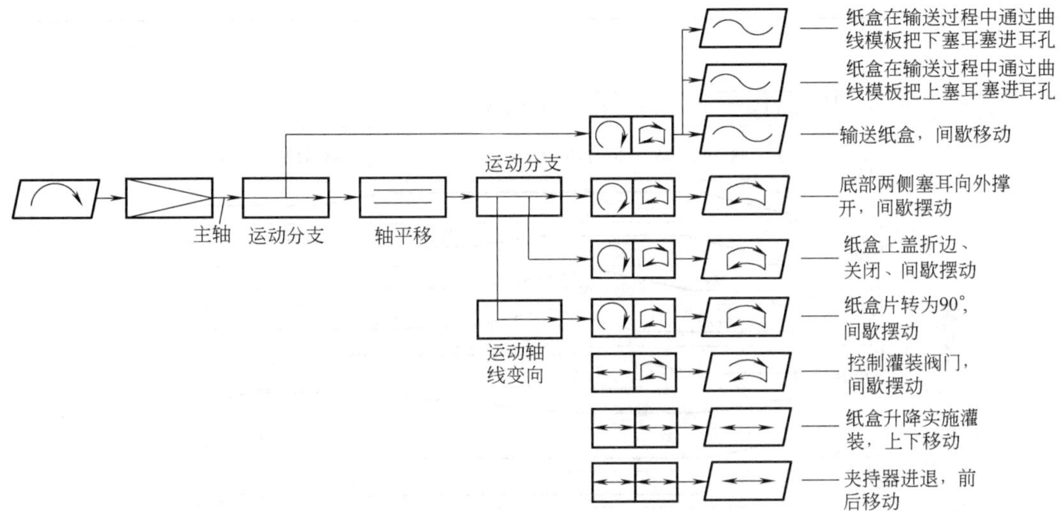

图 11.11-17　冰淇淋自动包装机运动转换功能图

表 11.11-10　冰淇淋自动包装机的功能原理

分功能			分功能解(匹配机构或载体) 1	2	3
减速	*A*		摆线针轮传动	蜗杆传动	圆柱齿轮传动
纸盒输送，塞耳塞进耳孔	*B*		摆动从动件圆柱凸轮+连杆滑块机构，特制曲线模板	摆动从动件盘形凸轮+连杆滑块机构，特制曲线模板	电磁阀控制气缸活塞移动，特制曲线模板
运动轴线平移	*C*		链传动	带传动	齿轮传动
纸盒片分离转出 90°	*D*		摆动从动件盘形凸轮+扇形齿轮吸头机构	不完全齿轮+吸头机构	电磁阀控制气缸吸头机构
底部两塞耳向外撑开	*E*		移动从动件盘形凸轮+连杆机构	摆动从动件盘形凸轮+连杆滑块机构	电磁阀控制气缸+连杆机构
纸盒上、下盖折边关闭	*F*		摆动从动件圆柱凸轮+连杆机构	摆动从动件盘形凸轮+连杆机构	电磁阀控制气缸+连杆机构
灌装阀摆动	*G*		四杆摆块机构	—	电磁阀控制摆动气马达机构

（续）

分功能			分功能解（匹配机构或载体）		
			1	2	3
纸盒升降	H		移动从动件盘形凸轮机构	摆动从动件盘形凸轮+连杆滑块机构	电磁阀控制移动气缸机构
夹持器进退前后移动	I		—	—	电磁阀控制移动气缸机构
信号控制	J		—	—	信号凸轮发出信息控制电磁阀动作

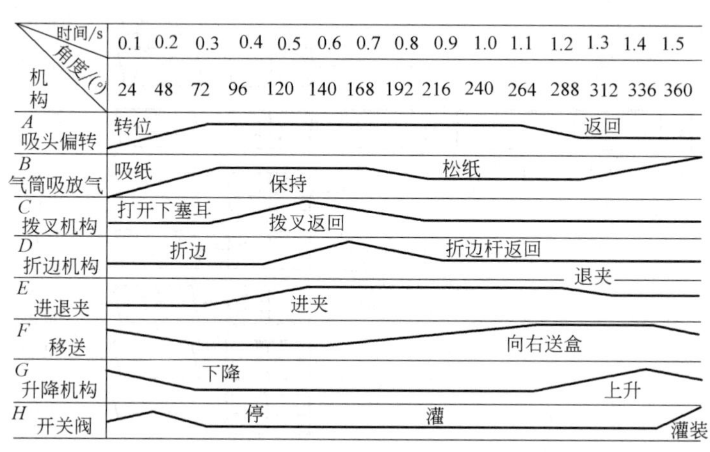

图 11.11-18 冰淇淋自动包装机的运动循环图

4.2.5 冰淇淋自动包装机的运动方案设计

此处设计了两套冰淇淋自动包装机的运动方案。方案1的运动方案图，如图11.11-19所示；方案2的运动方案图，如图11.11-20所示。设计方案的信息流是由控制凸轮按如图11.11-21所示的时序发出信号；由电器控制如图11.11-22所示中电磁阀及气动元件，执行各动作，实施有序地取纸、成形、下底封闭、移送、灌装、上端封口，送入冰库的功能。实施过程中还把物质流、能量流信息反馈给系统，如当纸库里纸盒量少到一定程度时，反馈信息发出警报声，告之要添空纸盒。当灌注头下没纸盒时，光控信息告诉系统不能打开灌注阀。根据需要还可设置其他反馈信息，使系统能安全、顺利地输出产品。

4.3 产品包装生产线的方案设计

4.3.1 设计任务与总功能分析

某产品包装生产线功能描述如图11.11-23所示。输送线1上为已包装产品，其尺寸为长×宽×高=600mm×200mm×200mm。采取步进式输送方式，将产品送至托盘A上（托盘A上平面与输送线1的上平面同高）后，托盘A上升5mm、顺时针回转90°，把产品推入输送线2；托盘A逆时针回转90°，然后下降5mm，回复到原始位置。原动机转速为1430r/min，产品输送数量分三档可调，输送线1每分钟分别输送7、14、21件小包装产品。

4.3.2 绘制包装生产线初始机械运动循环图

该生产线需要四个工艺动作完成其功能。第一个工艺动作是产品在输送线1上的推送动作，由执行构件Ⅰ实现；第二个工艺动作是产品向输送线2的推送动作，由执行构件Ⅱ实现；第三个工艺动作是产品在托盘上的升降动作，由执行构件Ⅲ实现；第四个工艺动作是产品在托盘上的回转动作，由执行构件Ⅲ实现。根据包装生产线的功能描述和功能简图，可以绘制出执行构件Ⅰ、执行构件Ⅱ、执行构件Ⅲ的初始机械运动循环图，见表11.11-11。

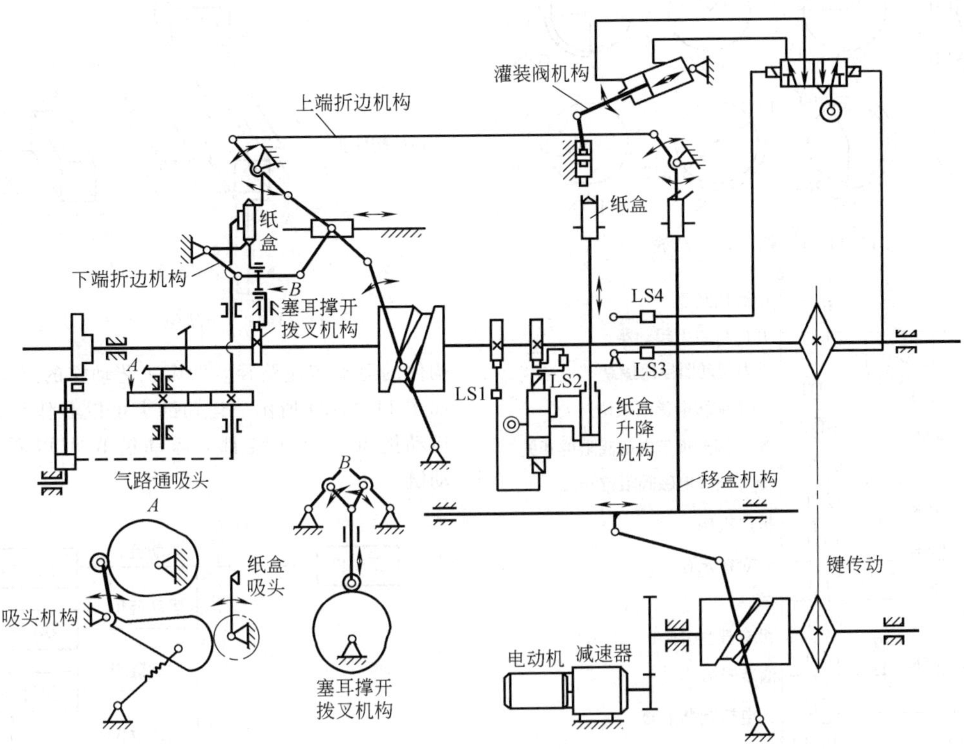

图 11.11-19　冰淇淋自动包装机的运动示意图（方案 1）

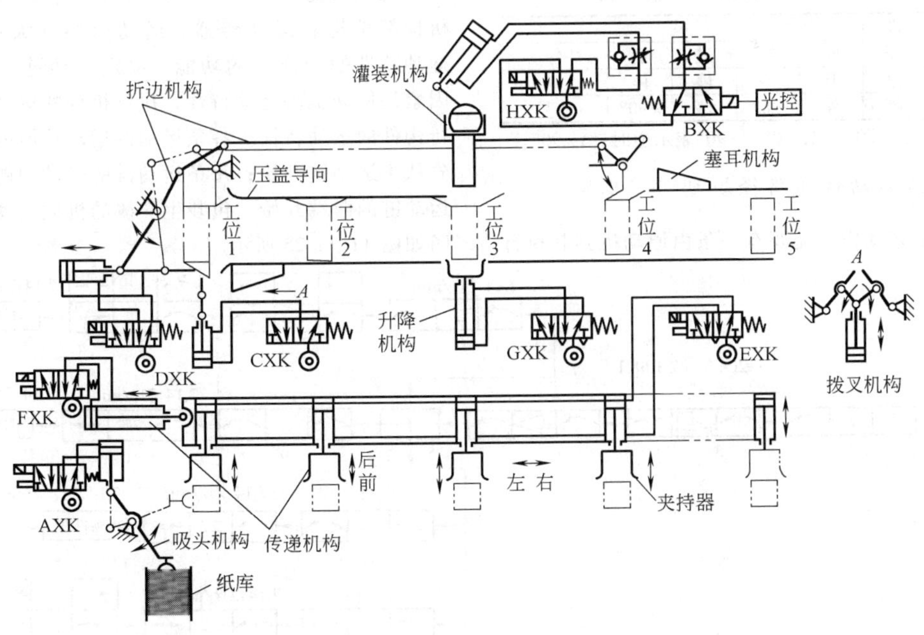

图 11.11-20　冰淇淋自动包装机的运动示意图（方案 2）

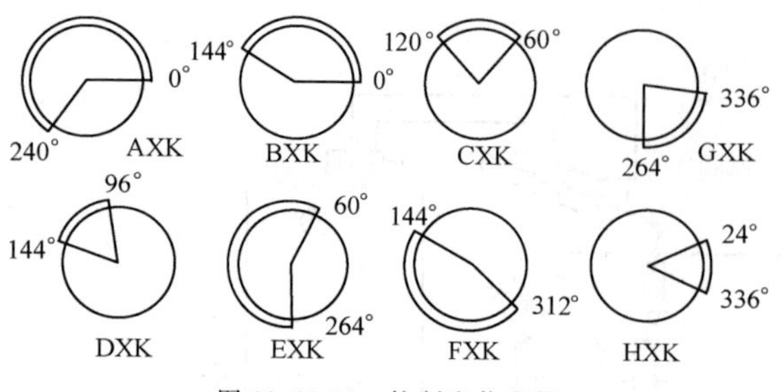

图 11.11-21　控制发信凸轮

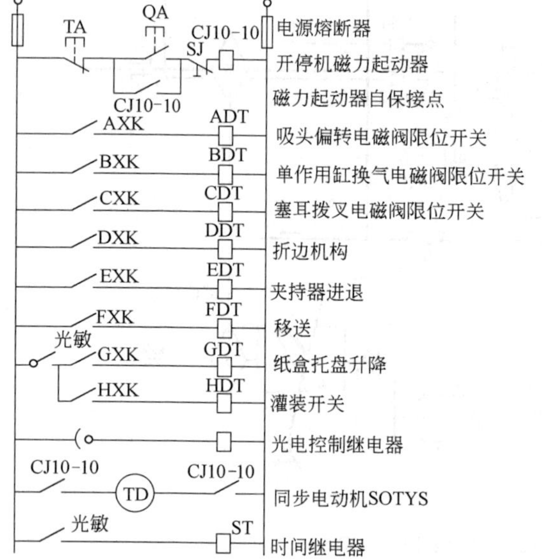

图 11.11-22　电气控制图

表 11.11-11　初始机械运动循环图

构件Ⅰ	进	退				
构件Ⅱ	停	停	停	进	退	停
构件Ⅲ	停	升	停	停	停	降
	停	停	-90°	停	+90°	停

注：-90°表示顺时针转 90°；+90°表示逆时针转 90°。

4.3.3　机械运动传递路径规划

每一个工艺动作都需要有一条由原动机到其执行构件的运动传递路径。四个工艺动作的运动传递路径如图 11.11-24 所示。运动链Ⅰ可以看作是主运动链，运动链Ⅱ、运动链Ⅲ、运动链Ⅳ可以看作是副运动链。

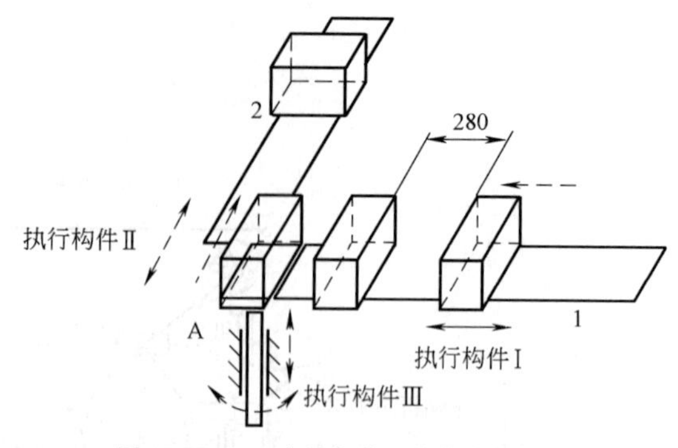

图 11.11-23　产品包装生产线功能简图

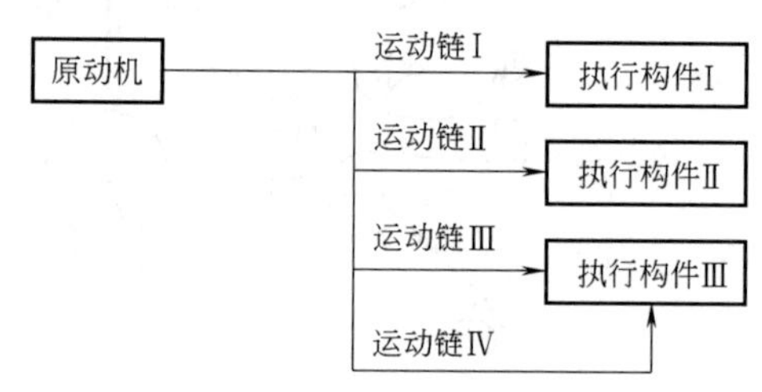

图 11.11-24　运动传递路径

4.3.4　机械运动功能系统图

机械系统中的运动链是由各种机构组成的，每种机构都承担着运动传递、运动变换（大小、方向、运动特性的变换）的功能。决定运动链运动功能的因素是原动机的运动特性、执行机构的运动特性及执行构件的运动特性。各条运动链运动功能的设计应首先从主运动链开始；每条运动链的运动功能设计，从运动链的两端开始。包装生产线的机械运动功能系统图如图 11.11-25 所示。

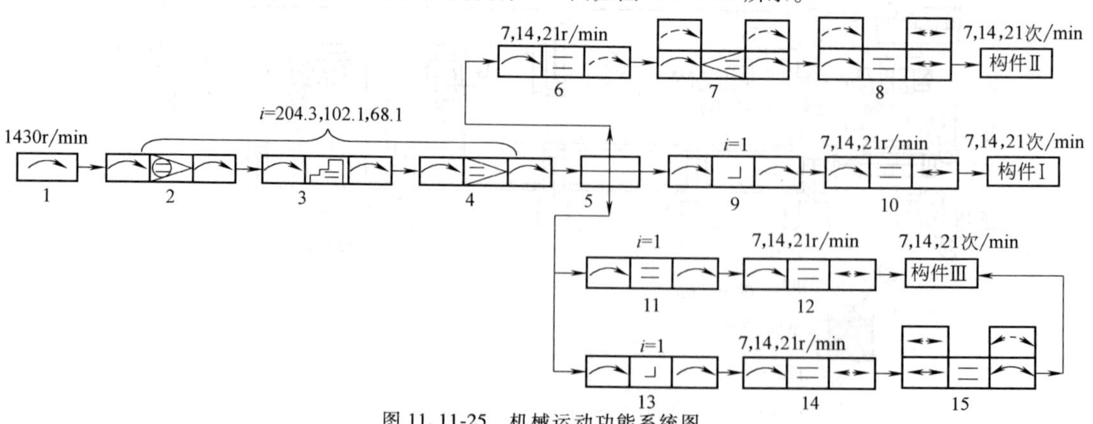

图 11.11-25　机械运动功能系统图

4.3.5　机械系统运动方案

根据图 11.11-25 所示的机械运动功能系统图，选择合适的机构逐一替代图 11.11-25 中的各个“运动功能单元表达符号”，便可形成图 11.11-26 所示的包装生产线的机械系统运动方案。

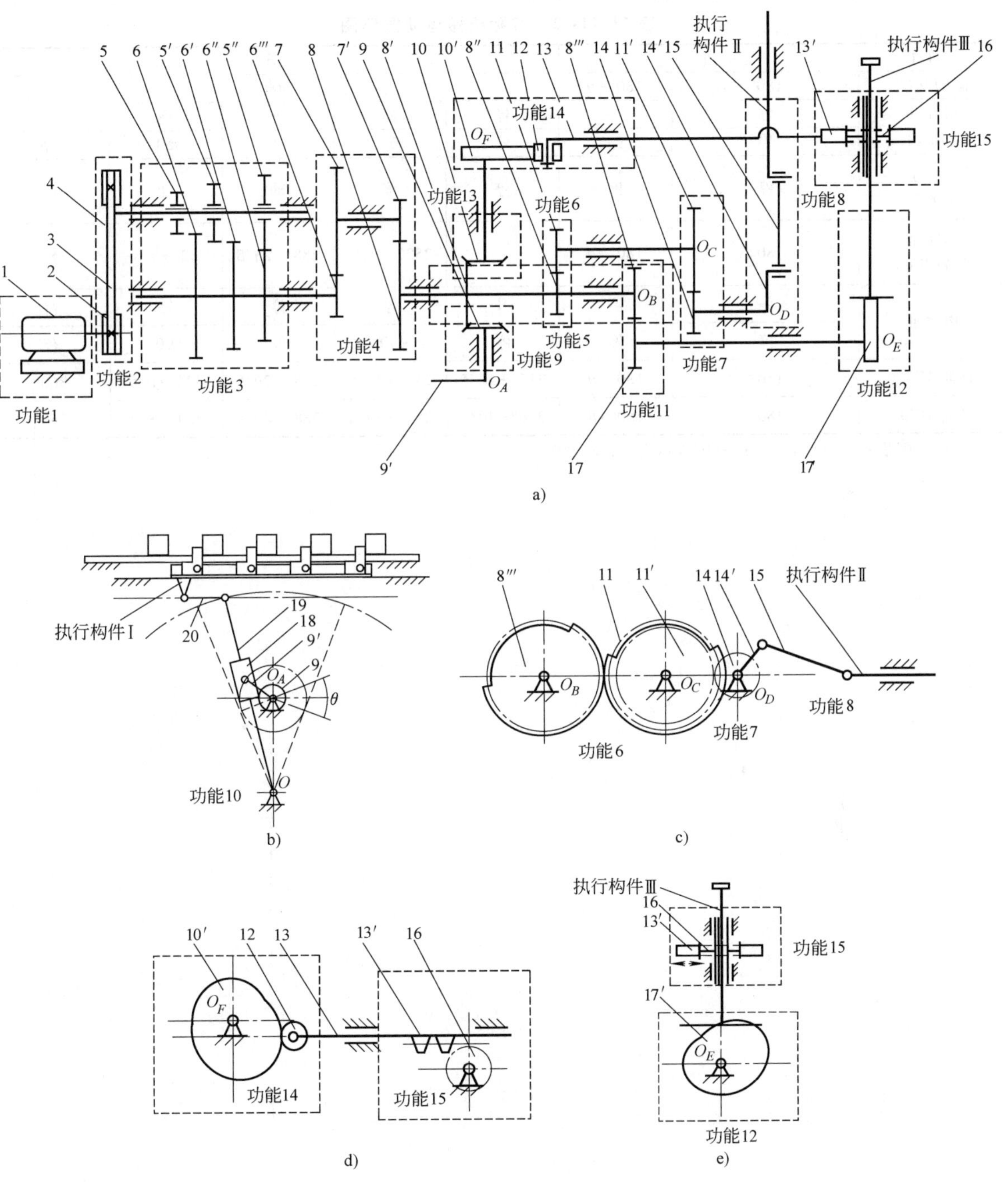

图 11.11-26　机械系统运动方案

a）机械系统运动方案　b）执行机构Ⅰ　c）执行机构Ⅱ　d）凸轮机构　e）执行构件Ⅲ

1—电动机　2，4—带轮　3—传动带　5，5′，5″，6，6′，6″，6‴，7，7′，8，8‴，11′，14，16，17—齿轮

8′，9，10—锥齿轮　8″，11，—不完全齿轮　9′,14—曲柄　10′，17′—凸轮　12—滚子

13—推杆　13′—齿条　15，20—连杆　18—滑块　19—摇杆

4.3.6 实际机械运动循环图

对包装生产线的机械系统运动方案进行运动分析，可以绘制出实际机械运动循环图（见表11.11-12）。通过对实际机械运动循环图进行分析，可以判断该机械系统运动方案能否实现其功能描述的运动功能。

表 11.11-12 实际机械运动循环图

构件Ⅰ	进		退				
曲柄 9′0°	180°	180°+θ	360°				
构件Ⅱ	停	停	停	停	进	退	停
曲柄 14′	停	停	停	0°	180°	360°	停
不完全齿轮 11	停	停	停	停	动	动	停
不完全齿轮 8″0°	180°	180°+θ		252°+3θ/5	288°+2θ/5	324+θ/5	360°
构件Ⅲ	停	停	升	停	停	停	降
	停	停	停	-90°	停	+90°	停
凸轮 17′0°	180°	180°+θ	216°+4θ/5	252°+3θ/5	288°+2θ/5	324°+θ/5	360°
凸轮 10′0°	180°	180°+θ	216°+4θ/5	252°+3θ/5	288°+2θ/5	324°+θ/5	360°

注：-90°表示顺时针转90°；+90°表示逆时针转90°。

参考文献

[1] 机械工程手册电机工程手册编辑委员会．机械工程手册：机械设计基础卷［M］．2版．北京：机械工业出版社，1997.

[2] 闻邦椿．机械设计手册：第2卷［M］．5版．北京：机械工业出版社，2010.

[3] 闻邦椿．现代机械设计师手册：上册［M］．北京：机械工业出版社，2012.

[4] 闻邦椿．现代机械设计实用手册［M］．北京：机械工业出版社，2015.

[5] 机械设计手册编辑委员会．机械设计手册：第2卷［M］．3版．北京：机械工业出版社，2004.

[6] 秦大同，谢里阳．现代机械设计手册：第2卷［M］．北京：化学工业出版社，2011.

[7] 成大先．机械设计手册：第1卷［M］．6版．北京：化学工业出版社，2016.

[8] 王启义．中国机械设计大典：第4卷［M］．南昌：江西科学技术出版社，2002.

[9] 全国技术产品文件标准化技术委员会．GB/T 4460—2013 机械制图 机构运动简图用图形符号［S］．北京：中国标准出版社，2014.

[10] 邓宗全，于红英，王知行．机械原理［M］．3版．北京：高等教育出版社，2015.

[11] 孙恒，陈作模．机械原理［M］．6版．北京：高等教育出版社，2000.

[12] 陈明．机械原理课程设计［M］．武汉：华中科技大学出版社，2014.

[13] 吕庸厚，沈爱红．组合机构设计与应用创新［M］．北京：机械工业出版社，2008.

[14] 成大先．机械设计手册：第1卷［M］．5版．北京：化学工业出版社，2007.

[15] 吕庸厚．组合机构设计［M］．上海：上海科学技术出版社，1996.

[16] 邓宗全．空间折展机构设计［M］．哈尔滨：哈尔滨工业大学出版社，2013.

[17] Howell L L. 柔顺机构学［M］．余跃庆，译．北京：高等教育出版社，2007.

[18] 陈定方．现代机械设计师手册［M］．北京：机械工业版社，2015.

[19] 于靖军，毕树生，宗光华，等．基于伪刚体模型法的全柔性机构位置分析［J］．机械工程学报，2002，38（2）：75-78.

[20] Howell L L, et al. 柔顺机构设计理论与实例［M］．陈贵敏，等译．北京：高等教育出版社，2015.

[21] 王雯静．柔顺机构动力学分析与综合［D］．北京：北京工业大学，2009.

[22] 吴鹰飞，周兆英．柔性铰链的设计计算［J］．工程力学，2002，19（6）：136-140.

[23] Kota S, Ananthasuresh G K. Designing compliant mechanisms［J］. Mechanical Engineering-CIME, 1995, 117（11）：93-97.

[24] Boyle C, Howell L L, Magleby S P, et al. Dynamic modeling of compliant constant-force compression mechanisms［J］. Mechanism and machine theory, 2003, 38（12）：1469-1487.

[25] 谢先海，罗锋武．柔顺机构自由度的一种计算方法［J］．华中理工大学学报，2000，28（2）：40-41.

[26] Howell L L, Midha A. A method for the design of compliant mechanisms with small-length flexural pivots［J］. Journal of Mechanical Design, 1994, 116（1）：280-290.

[27] Howell L L, Midha A, Norton T W. Evaluation of equivalent spring stiffness for use in a pseudo-rigid-body model of large-deflection compliant mechanisms［J］. Journal of Mechanical Design, 1996, 118（1）：126-131.

[28] Howell L L, Midha A. Parametric deflection approximations for end-loaded, large-deflection beams in compliant mechanisms［J］. Journal of Mechanical Design, 1995, 117（1）：156-165.

[29] 李海燕，张宪民，彭惠青．大变形柔顺机构的驱动特性研究［J］．机械科学与技术，2004，23（9）：1040-1043.

[30] 李海燕．柔顺机构的分析及基于可靠性的优化设计［D］．汕头：汕头大学，2004.

[31] 黄进，谢先海．平行导向柔顺机构的加工制造与性能测试［J］．实验技术与管理，2002，19（6）：7-9.

[32] 吴鹰飞，周兆英．柔性铰链的应用［J］．中国机械工程，2002，13（18）：1615-1618.

[33] 于靖军，郝广波，陈贵敏，等．柔性机构及其应用研究进展［J］．机械工程学报，2015，51（13）：53-68.

[34] Mahomoud Mohamed K. H. Atiia. 柔性微夹持器的拓扑结构优化设计［D］．哈尔滨：哈尔滨工业大学，2011.

[35] 胡三宝．多学科拓扑优化方法研究［D］．武汉：华中科技大学，2011.

[36] 李冬梅．多场耦合及多相材料的柔顺机构拓扑优化研究［D］．广州：华南理工大学，2011.

[37] 楼鸿棣，邹慧君．高等机械原理［M］．北京：高等教育出版社，2000.

[38] 闻邦椿，韩清凯，姚红良．产品的结构性能及动态优化设计［M］．北京：机械工业出版社，2008.

[39] 高志，刘莹．机械创新设计［M］．北京：清华大学出版社，2009.

[40] 李艳．基于 TRIZ 的印刷机械创新设计理论和方法［M］．北京：机械工业出版社，2014.

[41] Neil Sclater．机械设计实用机构与装置图册［M］．邹平，译．北京：机械工业出版社，2015.

[42] 李瑞琴．机构系统创新设计［M］．北京：国防工业出版社，2008.

[43] 邹慧君．机构系统设计与应用创新［M］．北京：机械工业出版社，2008.

[44] 于靖军，裴旭，宗光华．机械装置的图谱化创新设计［M］．北京：科学出版社，2014.

[45] 张春林，曲继方，张美麟．机械创新设计［M］．北京：机械工业出版社，2001.

[46] 杨家军．机械创新设计技术［M］．北京：科学出版社，2008.

[47] 张春林．机械创新设计［M］．北京：机械工业出版社，2013.

[48] 张有枕，张莉彦．机械创新设计［M］．北京：清华大学出版社，2011.

[49] 张美麟．机械创新设计［M］．北京：化学工业出版社，2005.

[50] 王树才，吴晓．机械创新设计［M］．武汉：华中科技大学出版社，2014.

[51] 高志，黄纯颖．机械创新设计［M］．2 版．北京：高等教育出版社，2010.

[52] 徐起贺．机械创新设计［M］．北京：机械工业出版社，2013.

[53] 徐灏．新编机械设计师手册［M］．北京：机械工业出版社，1995.

[54] 机械工程师手册编委会．机械工程师手册：第 5 篇［M］．2 版．北京：机械工业出版社，2000.

[55] 孟宪源．现代机构手册［M］．北京：机械工业出版社，1994.

[56] 卜炎．机械传动装置设计手册［M］．北京：机械工业出版社，1999.

[57] 辛一行．现代机械设备设计手册：第 1 卷［M］．北京：机械工业出版社，1996.

[58] 黄继昌，等．实用机械机构图册［M］．北京：人民邮电出版社，1996.

[59] 邹慧君，等．机械原理［M］．北京：高等教育出版社，1999.

[60] 邹慧君，高峰．现代机构学进展：第 1 卷［M］．北京：高等教育出版社，2007.

[61] 邹慧君，颜鸿森．机械创新设计理论和方法［M］．北京：高等教育出版社，2012.

[62] 沈允楣．机构设计的组合与变异方法［M］．北京：机械工业出版社，1982.

[63] 华大年，等．连杆机构设计与应用创新［M］．北京：机械工业出版社，2008.

[64] 谢存禧，李琳．空间机构设计与应用创新［M］．北京：机械工业出版社，2008.

[65] 曹龙华，蒋希成．平面连杆机构综合［M］．北京：高等教育出版社，1990.

[66] 张启先．空间机构的分析与综合［M］．北京：机械工业出版社，1987.

[67] 石永刚，徐振华．凸轮机构设计［M］．上海：上海科学技术出版社，1995.

[68] 殷鸿樑，朱邦贤．间歇运动机构设计［M］．上海：上海科学技术出版社，1996.

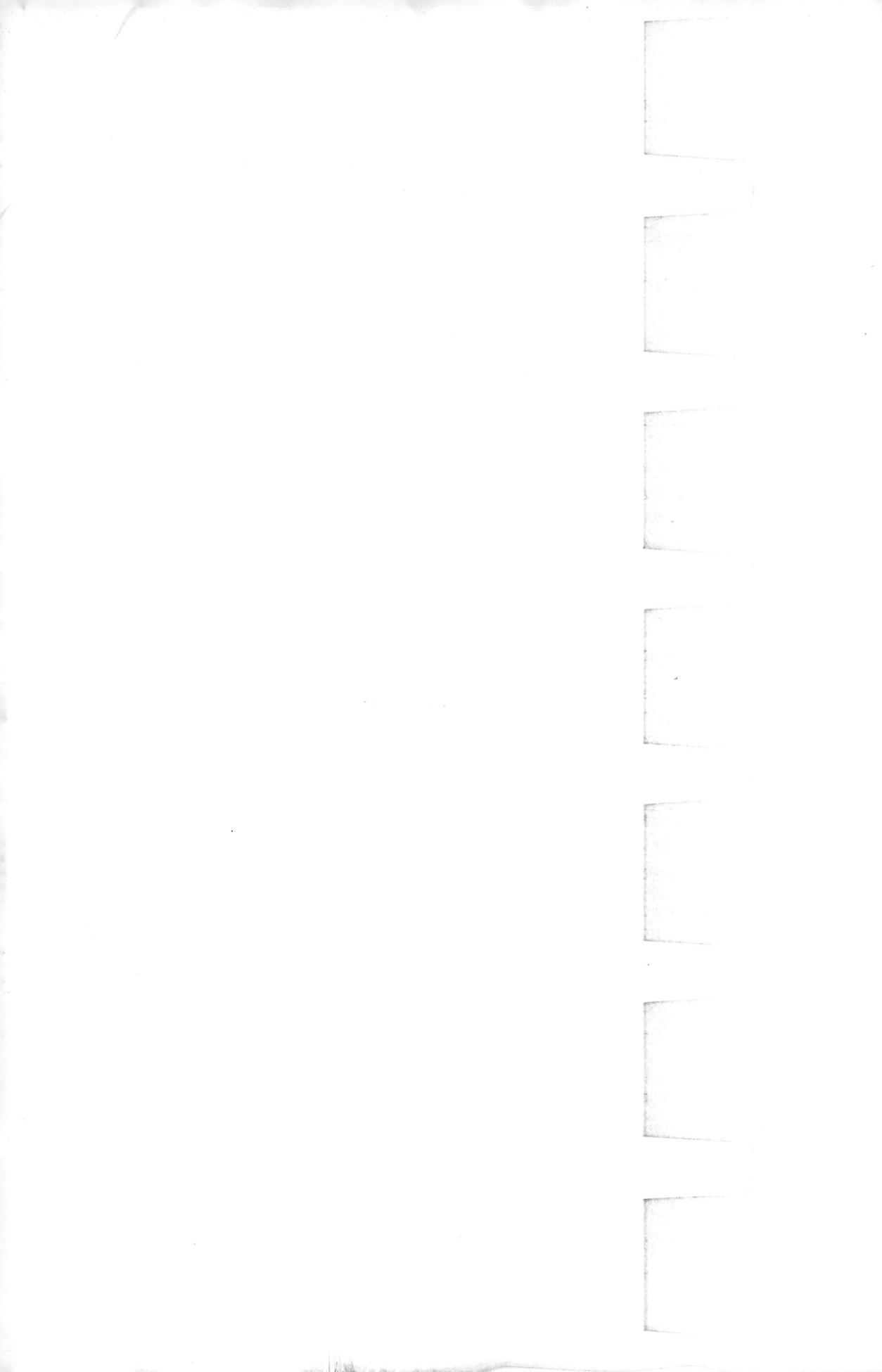